March
高等有机化学
——反应、机理与结构

原著第七版

[美] 迈克尔 B. 史密斯（Michael B. Smith） 编著

李艳梅　黄志平　译

March's Advanced Organic Chemistry
Reactions, Mechanisms, and Structure

化学工业出版社

·北京·

本书是 Michael B Smith 教授编著的《March's Advanced Organic Chemistry》第 7 版，是高等有机化学的经典教材。该书内容全面，条理清晰，通过有机化学日益发展的新方法、新技术系统地讲述有机化学的基本理论，并讲述如何运用新理论、新方法来解释有机化学反应中的新现象。书中根据反应类型给出了大量的反应并收集了大量的文献。

本书适合作为高年级和研究生有机化学教材，低年级基础有机化学课程的教师用书，以及有机化学工具书。

图书在版编目（CIP）数据

March 高等有机化学——反应、机理与结构（原著第 7 版）/（美）迈克尔 B. 史密斯（Michael B. Smith）编著；李艳梅，黄志平译. —北京：化学工业出版社，2018.1（2025.1 重印）

书名原文：March's Advanced Organic Chemistry

ISBN 978-7-122-29675-7

Ⅰ. ①M… Ⅱ. ①迈…②李…③黄… Ⅲ. ①有机化学 Ⅳ. ①O62

中国版本图书馆 CIP 数据核字（2017）第 101049 号

March's Advanced Organic Chemistry, 7th ed/by Michael B. Smith
ISBN 978-0-470-46259-1
Copyright©2013 by John Wiley & Sons. All rights reserved.
This translation published under license.

本书中文简体字版由 John Wiley & Sons 授权化学工业出版社独家出版发行。

未经许可，不得以任何方式复制或抄袭本书的任何部分。

未粘贴防伪标签销售的图书视为非法图书。

北京市版权局著作权合同登记号：01-2016-6349

责任编辑：李晓红　　　　　　　　　　装帧设计：王晓宇
责任校对：宋　夏

出版发行：化学工业出版社（北京市东城区青年湖南街 13 号　邮政编码 100011）
印　　装：河北鑫兆源印刷有限公司
787mm×1092mm　1/16　印张 77½　字数 2473 千字　2025 年 1 月北京第 1 版第 8 次印刷

购书咨询：010-64518888　　　　　　　售后服务：010-64518899
网　　址：http://www.cip.com.cn
凡购买本书，如有缺损质量问题，本社销售中心负责调换。

定　　价：298.00 元　　　　　　　　　　　　　　　　　　版权所有　违者必究

译者前言

几年前，我有幸翻译了《March 高等有机化学》这本书的第五版和第六版。译著出版后受到了广大读者的喜爱和好评。然而，近年来，有机化学领域进展迅速，各种新的发现层出不穷，微波、离子液体、固相反应等各种新技术、新手段在有机反应中的应用日益增多。《March 高等有机化学》顺应学术潮流推出了第七版，对第六版之后几年的有机化学领域新进展进行了全面的更新，增补了大量新的内容，删去了部分老旧内容，更新了参考文献和索引。原著第七版的整体结构也按照有机反应机理的实质做了不少调整，结构编排和反应归类更加合理清晰。为了向读者全面展示新的内容和进展，我们推出了《March 高等有机化学》第七版的译本。

正如本书原作者所言，本书注重有机化学学习中的三个基本方面：反应、机理和结构，旨在为学生提供现代有机化学领域的基础知识，并促使学生形成直接参考和理解文献的能力。而本书的结构也切实地反映了作者的想法，以反应类型来划分章节，旨在以少量的化学原理来带动读者掌握大量的有机化学反应，形成符合现代化学研究思路的思维习惯和方法。而对于一些有机化学的特殊领域，本书只是略加叙述，希望进一步学习和了解的读者可以参考相关领域的专著和文献，从而更详细地理解这些主题。

本书的内容，可以作为低年级研究生或者具有有机化学、物理化学基础知识的高年级本科生的教材，帮助他们比较全面地了解有机化学领域的知识和最新发展，在本书的引导下一窥现代有机化学的门径，不断增强学习兴趣和研究创新；对于有经验的研究者，本书也可以作为一本系统归纳有机化学机理及反应的参考书。

《March 高等有机化学》是一本经典的有机化学教材，她影响了几代人，能有幸再次翻译这本书是我的荣幸！在此，还要感谢陈永湘、任丽君、周蕾、徐彩霞和戴智非等老师的热心帮助！感谢化学工业出版社李晓红编辑的鼓励和耐心！

最后，谨祝本书的读者能够在各自的学习和研究中取得更好的成绩。

李艳梅
2018 年 1 月

前　言

《March 高等有机化学》第七版对 2005 年至 2010 年间的有机化学领域新进展进行了全面的更新。第六版中保留的每个主题都更新到了那个领域在此五年间的最新进展。该书的变化还包括对书进行了很大程度的重新编写，增补了自 2005 年以来发表的 5500 多篇参考文献。如同第六版一样，为给新的文献腾出空间，删除了相对比较老的文献，对于主要作者相同的一系列工作的文献，只保留了最新的文献，其它的文献都被删除了。更早的文献可以参阅本书中新文献的引文。许多关于分子轨道的图形都更新到了 20 世纪 60 年代。在所有可能的情况下，分子轨道都用 Wavefunction 公司的 Spartan 软件绘制（Spartan software from Wavefunction, Inc.）。第七版中的基本框架结构与前几版相同。

与前几版的目的一致的是，本书仍将同时注重有机化学学习中的三个基本方面：反应、机理和结构。以本书为基础完成高等有机化学课程学习的学生应该具有现代基础有机化学的基础知识，从而具备直接参考文献的能力。对于有机化学的一些主要的特殊领域，如萜类、糖、蛋白质、金属有机试剂、组合化学、聚合反应与电化学反应、类固醇等，有些在本书中只作简单介绍，有些则未加赘述。研究生在一年级的学习中使用本书有助于其掌握基本知识。希望本书能引导学生去查阅各个主题所引用的许多优秀书籍或综述文章，从而更详细地理解这些主题。事实上，这些主题中的许多主题所包含的内容十分丰富，本书并不能对其进行完全地阐释。

本书依据反应的类型来组织内容，通过少数的原理就足以解释几乎所有数量庞大的有机化学反应。因此本书的反应机理部分（下篇）被分为十章（第 10～19 章），每章都介绍了一种不同类型的反应。在每一章的第一部分，介绍基本的反应机理，以及反应活性和反应方向。第二部分则由数个编号的小节组成，每个小节对应相应的反应，在每个小节中对每个反应的适用范围和反应机理加以讨论。编号的小节被设置成粗体，用于讨论各个反应。由于某些类别化合物（如酮、腈等）的制备方法可能并不在同一处介绍，我们在附录 B 中提供了一个更新和修订的索引，通过这个索引可以查到一些种类的化合物合成方法。必须指出的是，第七版中每个反应的序号很多与第一版至第五版不同，但与第六版一致。

上篇中，第 1～5 章主要讨论有机化合物的结构，为后面反应机理的理解提供了必要的基础知识，同时本身也是十分重要的部分。该部分首先讨论了化学键（第 1 章），最后讨论了立体化学（第 4 章）。此后两章（第 6、7 章）主要介绍反应机理概论，其中一章介绍常规化学反应机理，另一章介绍光化学反应机理。最后还利用另外两章（第 8、9 章）的篇幅介绍了有关反应机理的更多背景知识。

本书包括了从第三版开始介绍的 IUPAC 有机转化命名法。由于第三版出版后，相应的命名法为了能够涵盖新的反应类型而有所扩展，我们在本版中更多地使用了新的命名法。此外 IUPAC 发布了一个新的描述反应机理的命名系统，同时一些较简单的描述方法也被列出。

附录 A 介绍有机化学文献。

有机化学涉及基本结构、反应和反应机理，编写有机化学这样丰富内容的学科的教材，显然不可能在包罗万象的同时也做到内容深入。即使能够做到，恐怕也没有必要这样做。我们力图能让读者得以了解本书所涵盖领域的一级文献。为此目的，本书共计引用了 20000 多篇原始论文，以及综述、书籍和专著等二级文献资源。附录 A 还简要介绍了基于计算机的文献搜索引擎（例如，Reaxys[®] 和 SciFinder[®]）。

我们将这本书定位为具有研究生水平的学生为期一年的课程采用的教材。然而对于在至少修过一年的基础有机化学以及最好修过一年的无机化学和物理化学的高年级本科学生中开设的高等有机化学课程，本书也是适用的。根据我的经验，结束一年课程学习的学生对这些知识的印象难免变得模糊，而如果这些知识容易获取，当他们回顾时，往往使他们受益匪浅。如果将这本书用于课程，前九章，特别是第 1、2、4、6 和 8 章中的知识会有助于学生回顾这些知识。

本书最具价值之处在于其文献资料的及时更新。学生在准备资格考试或者进行有机化学实验过程中可能会发现，本书下篇中包括了反应机理相关材料的归纳和大量反应的介绍，这些材料按照反应类型，以及反应中破坏和形成键的种类编号排列。

IUPAC规定能量的单位为焦耳（J），这一单位也被广大期刊所接受。然而在美国期刊上，有些有机化学家发表论文时习惯使用卡路里（cal）作为单位。本书中几乎所有的能量都同时采用了卡路里和焦耳为单位进行表示。虽然IUPAC并未推荐Å为键长单位，而是使用皮米（pm），但在文献中，大量的键长单位是Å，因此这本书使用Å为键长单位。

在此谨向那些March教授在前四版中提到并致谢的化学家们、以及我在第五版和第六版中致谢的化学家们做出的贡献表示感谢。没有他们的工作就不会有本书的出版。对于第七版，感谢Lou Allinger指出了超共轭部分的不足并帮助我在此新版中撰写了新的内容。感谢Warren Hehre在使用Spartan计算和描述分子轨道方面给予的宝贵帮助。同时要感谢Adrian Shell（Elsevier）为附录A中介绍的Reaxys程序的相关资料提供便利。感谢许多人对第六版给予评论或指出谬误，这些在第七版的编写过程中是弥足珍贵的。感谢CA Irvine Wavefunction公司（www.wavefun.com）的Warren Hehre和Sean Ohlinger提供Spartan 10 Macintosh（v.1.0.1），使得一些分子和中间体可以使用Spartan模型。书中所有的结构式和线条都是用ChemDraw Ultra 11.0.1（350440）完成的，感谢MA Cambridge的CambridgeSoft公司（www.cambridgesoft.com）提供的画图软件。

特别感谢John Wiley & Sons出版社的交叉学科部门，特别感谢Jonathan Rose。还要特别感谢Wiley公司的编辑Kristen Parrish和Amanda Amanullah，他们为此书从初稿到最后成书以及转化为Sanchari Sil Thomson数字出版付出了细致辛勤的劳动。也感谢Jeanette Stiefel为初稿的复制编排做了优秀的工作。

感谢Jerry March的工作，在他工作的基础上，此书新版才得以成功，他对本书涉及的概念负责，并在前四个非常成功的版本中体现。我作为学生时就使用Jerry的书，并且很荣幸继承这一传统。

在此我衷心地希望本书的读者能够直接和我联系，对本书进行评论，指出本书中的谬误，以为下一版的编写做准备。我希望新版书将保持March教授从第一版开始就建立的传统风格。

我的电子邮箱为michael.smith@uconn.Edu，主页是http://orgchem.chem.uconn.edu/home/mbs-home.html。

最后，我还要感谢我的妻子Sarah和儿子Steven，他们的耐心和理解使我得以完成此书。没有他们的支持，这项工作不可能完成。

MICHAEL B. SMITH

2012年5月

目 录

上 篇

第1章　定域化学键 ⋯⋯⋯⋯⋯⋯⋯⋯ 2
　1.1　共价键 ⋯⋯⋯⋯⋯⋯⋯⋯⋯⋯ 2
　1.2　多价态 ⋯⋯⋯⋯⋯⋯⋯⋯⋯⋯ 3
　1.3　杂化 ⋯⋯⋯⋯⋯⋯⋯⋯⋯⋯⋯ 4
　1.4　多重键 ⋯⋯⋯⋯⋯⋯⋯⋯⋯⋯ 5
　1.5　光电子能谱 ⋯⋯⋯⋯⋯⋯⋯⋯ 6
　1.6　分子的电子结构 ⋯⋯⋯⋯⋯⋯ 7
　1.7　电负性 ⋯⋯⋯⋯⋯⋯⋯⋯⋯⋯ 8
　1.8　偶极矩 ⋯⋯⋯⋯⋯⋯⋯⋯⋯⋯ 9
　1.9　诱导效应和场效应 ⋯⋯⋯⋯⋯ 9
　1.10　键长 ⋯⋯⋯⋯⋯⋯⋯⋯⋯⋯ 10
　1.11　键角 ⋯⋯⋯⋯⋯⋯⋯⋯⋯⋯ 12
　1.12　键能 ⋯⋯⋯⋯⋯⋯⋯⋯⋯⋯ 13
　参考文献 ⋯⋯⋯⋯⋯⋯⋯⋯⋯⋯⋯ 14

第2章　离域化学键 ⋯⋯⋯⋯⋯⋯⋯ 18
　2.1　分子轨道 ⋯⋯⋯⋯⋯⋯⋯⋯⋯ 18
　2.2　含离域键化合物的键能和键长 ⋯ 20
　2.3　含有离域键分子的种类 ⋯⋯⋯ 20
　2.4　交叉共轭 ⋯⋯⋯⋯⋯⋯⋯⋯⋯ 23
　2.5　共振规则 ⋯⋯⋯⋯⋯⋯⋯⋯⋯ 23
　2.6　共振效应 ⋯⋯⋯⋯⋯⋯⋯⋯⋯ 24
　2.7　共振的位阻效应和张力影响 ⋯ 24
　2.8　pπ-dπ键：内鎓盐 ⋯⋯⋯⋯⋯⋯ 26
　2.9　芳香性 ⋯⋯⋯⋯⋯⋯⋯⋯⋯⋯ 26
　　2.9.1　六元环 ⋯⋯⋯⋯⋯⋯⋯⋯ 28
　　2.9.2　五元、七元和八元环 ⋯⋯ 29
　　2.9.3　其它含有芳香六隅体的体系 ⋯ 31
　2.10　交替的和非交替的烃 ⋯⋯⋯ 32
　2.11　电子数不是6的芳香体系 ⋯⋯ 33
　　2.11.1　双电子体系 ⋯⋯⋯⋯⋯ 33
　　2.11.2　四电子体系：反芳香性 ⋯ 34
　　2.11.3　八电子体系 ⋯⋯⋯⋯⋯ 35
　　2.11.4　十电子体系 ⋯⋯⋯⋯⋯ 35
　　2.11.5　超过10个电子的体系：
　　　　　$4n+2$电子 ⋯⋯⋯⋯⋯⋯ 36
　　2.11.6　超过10个电子的体系：
　　　　　$4n$电子 ⋯⋯⋯⋯⋯⋯⋯ 38
　2.12　其它芳香化合物 ⋯⋯⋯⋯⋯ 40
　2.13　超共轭 ⋯⋯⋯⋯⋯⋯⋯⋯⋯ 41
　2.14　互变异构 ⋯⋯⋯⋯⋯⋯⋯⋯ 42
　　2.14.1　酮-烯醇互变异构 ⋯⋯⋯ 43
　　2.14.2　其它质子迁移互变异构 ⋯ 44
　参考文献 ⋯⋯⋯⋯⋯⋯⋯⋯⋯⋯⋯ 45

第3章　比共价键弱的作用 ⋯⋯⋯⋯ 58
　3.1　氢键 ⋯⋯⋯⋯⋯⋯⋯⋯⋯⋯⋯ 58
　3.2　π-π相互作用 ⋯⋯⋯⋯⋯⋯⋯ 60
　3.3　加合化合物 ⋯⋯⋯⋯⋯⋯⋯⋯ 61
　　3.3.1　电子供体-受体（EDA）复合物 ⋯ 61
　　3.3.2　冠醚复合物和穴状化合物 ⋯ 62
　　3.3.3　包含化合物 ⋯⋯⋯⋯⋯⋯ 64
　　3.3.4　环糊精 ⋯⋯⋯⋯⋯⋯⋯⋯ 65
　3.4　索烃和轮烷 ⋯⋯⋯⋯⋯⋯⋯⋯ 66
　3.5　葫芦[n]脲基陀螺烷 ⋯⋯⋯⋯ 67
　参考文献 ⋯⋯⋯⋯⋯⋯⋯⋯⋯⋯⋯ 67

第4章　立体化学 ⋯⋯⋯⋯⋯⋯⋯⋯ 74
　4.1　光学活性与手性 ⋯⋯⋯⋯⋯⋯ 74
　　4.1.1　旋光度与测量条件的关系 ⋯ 75
　4.2　什么样的分子具有光学活性 ⋯ 75
　4.3　Fischer投影式 ⋯⋯⋯⋯⋯⋯ 79
　4.4　绝对构型 ⋯⋯⋯⋯⋯⋯⋯⋯⋯ 80
　　4.4.1　Cahn-Ingold-Prelog体系 ⋯ 80
　　4.4.2　测定构型的方法 ⋯⋯⋯⋯ 82
　4.5　光学活性的产生 ⋯⋯⋯⋯⋯⋯ 83
　4.6　含有不止一个手性中心的分子 ⋯ 84
　4.7　不对称合成 ⋯⋯⋯⋯⋯⋯⋯⋯ 85
　4.8　拆分的方法 ⋯⋯⋯⋯⋯⋯⋯⋯ 87
　4.9　光学纯度 ⋯⋯⋯⋯⋯⋯⋯⋯⋯ 89
　4.10　顺反异构 ⋯⋯⋯⋯⋯⋯⋯⋯ 90
　　4.10.1　由双键引起的顺反异构 ⋯ 90
　　4.10.2　单环化合物的顺反异构 ⋯ 91
　　4.10.3　稠环和桥环系的顺反异构 ⋯ 92
　4.11　外-内异构 ⋯⋯⋯⋯⋯⋯⋯⋯ 93
　4.12　对映异位和非对映异位的原子、
　　　　基团和面 ⋯⋯⋯⋯⋯⋯⋯⋯ 93
　4.13　立体专一性和立体选择性合成 ⋯ 95
　4.14　构象分析 ⋯⋯⋯⋯⋯⋯⋯⋯ 95
　　4.14.1　开链体系构象 ⋯⋯⋯⋯ 96
　　4.14.2　六元环构象 ⋯⋯⋯⋯⋯ 98
　　4.14.3　含杂原子的六元环构象 ⋯ 100
　　4.14.4　其它环构象 ⋯⋯⋯⋯⋯ 101
　4.15　分子力学 ⋯⋯⋯⋯⋯⋯⋯⋯ 101
　4.16　张力 ⋯⋯⋯⋯⋯⋯⋯⋯⋯⋯ 102
　　4.16.1　小环中的张力 ⋯⋯⋯⋯ 103
　　4.16.2　其它环中的张力 ⋯⋯⋯ 105
　　4.16.3　不饱和环 ⋯⋯⋯⋯⋯⋯ 106
　　4.16.4　无法避免拥挤所导致的张力 ⋯ 107

参考文献 ... 109

第5章 碳正离子、碳负离子、自由基、卡宾和氮烯 ... 124

5.1 碳正离子 ... 124
  5.1.1 命名 ... 124
  5.1.2 碳正离子的稳定性和结构 ... 124
  5.1.3 碳正离子的产生和湮灭 ... 128
5.2 碳负离子 ... 129
  5.2.1 稳定性和结构 ... 129
  5.2.2 金属有机化合物的结构 ... 132
  5.2.3 碳负离子的产生和湮灭 ... 134
5.3 自由基 ... 134
  5.3.1 稳定性和结构 ... 134
  5.3.2 自由基的产生和湮灭 ... 138
  5.3.3 自由基离子 ... 140
5.4 卡宾 ... 140
  5.4.1 稳定性和结构 ... 140
  5.4.2 卡宾的产生和湮灭 ... 141
5.5 氮烯 ... 143
参考文献 ... 144

第6章 机理及其测定方法 ... 156

6.1 反应机理的类型 ... 156
6.2 反应类型 ... 156
6.3 反应的热力学要求 ... 158
6.4 反应的动力学要求 ... 158
6.5 关环反应的 Baldwin 规则 ... 160
6.6 动力学和热力学控制 ... 161
6.7 Hammond 假说 ... 161
6.8 微观可逆性 ... 161
6.9 Marcus 理论 ... 161
6.10 确定机理的方法 ... 162
  6.10.1 产物的鉴定 ... 162
  6.10.2 确定中间体的存在 ... 162
  6.10.3 催化的研究 ... 163
  6.10.4 同位素标记 ... 163
  6.10.5 立体化学证据 ... 163
  6.10.6 动力学证据 ... 163

  6.10.7 同位素效应 ... 166
参考文献 ... 168

第7章 有机化学中的辐射过程 ... 172

7.1 光化学 ... 172
  7.1.1 激发态和基态 ... 172
  7.1.2 单线态和三线态:"禁阻"跃迁 ... 173
  7.1.3 激发类型 ... 173
  7.1.4 激发态的命名和性质 ... 174
  7.1.5 光解 ... 175
  7.1.6 激发态分子的猝灭:物理过程 ... 175
  7.1.7 激发态分子的猝灭:化学过程 ... 177
  7.1.8 光化学反应机理的确定 ... 179
7.2 声化学 ... 180
7.3 微波化学 ... 180
参考文献 ... 181

第8章 酸和碱 ... 186

8.1 Brønsted 理论 ... 186
  8.1.1 Brønsted 酸 ... 186
  8.1.2 Brønsted 碱 ... 189
8.2 质子转移反应的机理 ... 190
8.3 溶剂酸性的测量 ... 190
8.4 酸碱催化 ... 192
8.5 Lewis 酸和碱 ... 193
  8.5.1 软硬酸碱 ... 193
8.6 结构对酸碱强度的影响 ... 194
8.7 介质对酸碱强度的影响 ... 198
参考文献 ... 199

第9章 结构和介质对反应性的影响 ... 207

9.1 共振效应和场效应 ... 207
9.2 位阻效应 ... 208
9.3 结构对反应影响的定量计算 ... 209
9.4 介质对反应性和反应速率的影响 ... 213
  9.4.1 高压 ... 213
  9.4.2 水溶液及其它非有机溶剂 ... 213
  9.4.3 离子溶剂 ... 214
  9.4.4 无溶剂反应 ... 214
参考文献 ... 215

下 篇

II.1 对不同转化的 IUPAC 命名法 ... 220
II.2 IUPAC 制定的表示机理的符号 ... 221
II.3 有机合成参考条目 ... 222
参考文献 ... 222

第10章 脂肪族亲核取代反应和金属有机反应 ... 224

10.1 机理 ... 224
  10.1.1 S_N2 机理 ... 224
  10.1.2 S_N1 机理 ... 226
  10.1.3 S_N1 机理中的离子对 ... 228
  10.1.4 混合 S_N1 和 S_N2 机理 ... 230
10.2 SET 机理 ... 231
10.3 邻基参与机理 ... 232

  10.3.1 借助 π 键和 σ 键的邻基参与:非经典碳正离子 ... 233
10.4 S_Ni 机理 ... 239
10.5 烯丙位碳上的亲核取代:烯丙位重排 ... 239
10.6 三角形脂肪碳上的亲核取代:四面体机理 ... 241
10.7 反应性 ... 243
  10.7.1 底物结构的影响 ... 243
  10.7.2 亲核试剂的影响 ... 246
  10.7.3 离去基团的影响 ... 249
  10.7.4 反应介质的影响 ... 250
  10.7.5 相转移催化 ... 253
  10.7.6 影响反应性的外部手段 ... 254

10.7.7	两可亲核试剂：区域选择性……255	10.8.3.2	NHCOR 进攻……272
10.7.8	两可底物……256	10-41	酰胺及酰亚胺的 N-烷基化或 N-芳基化……272
10.8	反应……257	10.8.3.3	其它氮亲核试剂……273
10.8.1	氧亲核试剂……257	10-42	硝基化合物的生成……273
10.8.1.1	OH 进攻烷基碳……257	10-43	叠氮化物的形成……273
10-1	卤代烷的水解……257	10-44	异氰酸酯和异硫氰酸酯的形成……274
10-2	偕二卤代物的水解……257	10-45	氧化偶氮化合物的形成……274
10-3	1,1,1-三卤化物的水解……257	10.8.4	卤素亲核试剂……274
10-4	无机酸烷基酯的水解……258	10-46	卤素交换……274
10-5	重氮酮的水解……258	10-47	由硫酸酯和磺酸酯生成卤代烷……274
10-6	缩醛、烯醇酯及类似化合物的水解……258	10-48	由醇形成卤代烷……274
10-7	环氧化物的水解……260	10-49	由醚形成卤代烷……276
10.8.1.2	OR 进攻烷基碳……260	10-50	环氧化物形成卤代醇……277
10-8	利用卤代烃的烷基化：Williamson 反应……260	10-51	碘化锂裂解羧酸酯……277
10-9	形成环氧化物（分子内 Williamson 醚合成）……261	10-52	重氮酮到 α-卤代酮的转化……277
10-10	使用无机酯的烷基化反应……261	10-53	胺到卤化物的转化……278
10-11	用重氮化合物烷基化……261	10-54	三级胺到氰基胺的转化：von Braun 反应……278
10-12	醇的脱水……261	10.8.5	碳亲核试剂……278
10-13	醚交换反应……262	10-55	与硅烷偶联……278
10-14	环氧化物的醇解……262	10-56	卤代烷的偶联：Wurtz 反应……279
10-15	使用氧鎓盐烷基化……263	10-57	卤代烷和磺酸酯与第 1 族（ⅠA）和第 2 族（ⅡA）有机金属试剂的反应……280
10-16	硅烷的羟基化……263	10-58	卤代烷和磺酸酯与有机铜试剂的反应……282
10.8.1.3	OCOR 进攻烷基碳……263	10-59	卤代烷和磺酸酯与其它金属有机试剂的反应……283
10-17	羧酸盐的烷基化反应……263	10-60	金属有机试剂与羧酸酯的偶联……284
10-18	酸酐或酰卤分解醚……264	10-61	金属有机试剂与硫酸酯、亚砜、砜、硝基化合物和缩醛的偶联……285
10-19	用重氮化合物烷基化羧酸……264	10-62	Bruylants 反应……286
10.8.1.4	其它氧亲核试剂……264	10-63	醇的偶联……286
10-20	氧鎓盐的形成……264	10-64	金属有机试剂与含醚键化合物的偶联……286
10-21	过氧化物和氢过氧化物的制备……265	10-65	金属有机试剂与环氧化物的反应……287
10-22	无机酯的制备……265	10-66	金属有机化合物与吖丙啶的反应……288
10-23	胺转化成醇……266	10-67	有一个活泼 H 的碳的烷基化……288
10-24	肟的烷基化……266	10-68	酮、醛、腈和羧酸酯的烷基化……290
10.8.2	硫亲核试剂……266	10-69	Stork 烯胺反应……293
10-25	SH 进攻烷基碳：硫醇的形成……266	10-70	羧酸盐的烷基化……293
10-26	S 进攻烷基碳：硫醚的形成……266	10-71	杂原子 α 位的烷基化……294
10-27	二硫化物的生成……267	10-72	二氢-1,3-噁嗪的烷基化：醛、酮和羧酸的 Meyers 合成……295
10-28	Bunte 盐的生成……267	10-73	用硼烷、硼酸和硼酸酯烷基化……296
10-29	亚磺酸盐的烷基化……267	10-74	炔基碳上的烷基化……297
10-30	烷基硫氰酸酯的生成……268	10-75	腈的制备……297
10.8.3	氮亲核试剂……268	10-76	卤代烷直接转化为醛酮……298
10.8.3.1	NH_2、NHR 或 NR_2 进攻烷基碳……268	10-77	卤代烯、醇或烷烃的羰基化……299
10-31	胺的烷基化……268	参考文献……300	
10-32	氨基取代羟基或烷氧基的反应……269	**第 11 章 芳香亲电取代反应**……345	
10-33	转氨基反应……270	11.1	机理……345
10-34	重氮化合物将胺烷基化……270	11.1.1	芳基正离子机理……345
10-35	环氧化物与氮试剂反应……270	11.1.2	S_E1 机理……348
10-36	由环氧化物生成吖丙啶……271		
10-37	氧杂环丁烷的胺化……271		
10-38	吖丙啶的胺化……271		
10-39	烷烃的胺化……271		
10-40	异腈的合成……272		

11.2 定位和反应性 348
  11.2.1 单取代苯环的定位效应和反应性 348
  11.2.2 邻/对位产物比率 350
  11.2.3 本位进攻 350
  11.2.4 多取代苯环的定位效应 351
  11.2.5 其它环体系的定位效应 351
11.3 底物反应性的定量处理 352
11.4 亲电试剂反应性的定量处理：选择性关系 353
11.5 离去基团的影响 355
11.6 反应 355
  11.6.1 氢在简单取代反应中作为离去基团 355
    11.6.1.1 氢作为亲电试剂 355
    11-1 氢氚交换或氚代 355
    11.6.1.2 氮亲电试剂 355
    11-2 硝化或脱氢硝化 355
    11-3 亚硝化或脱氢亚硝基化 357
    11-4 重氮盐偶联反应 357
    11-5 直接引入重氮基 357
    11-6 胺化或胺化脱氢 358
    11.6.1.3 硫亲电试剂 358
    11-7 磺化或脱氢磺化 358
    11-8 卤磺化或脱氢卤磺化 359
    11-9 磺酰化 359
    11.6.1.4 卤素亲电试剂 359
    11-10 卤化 359
    11.6.1.5 碳亲电试剂 361
    11-11 Friedel-Crafts 烷基化反应 362
    11-12 羟烷基化或脱氢羟烷基化 364
    11-13 含羰基化合物的成环脱水 365
    11-14 卤烷化或者脱氢卤烷化 366
    11-15 Friedel-Crafts 芳基化反应：Scholl 反应 366
    11-16 金属芳基对芳香化合物的芳基化反应 366
    11-17 Friedel-Crafts 酰基化反应 366
    11-18 甲酰化 368
    11-19 用碳酸酰卤羧化 370
    11-20 用 CO_2 羧化：Kolbe-Schmitt 反应 370
    11-21 酰胺化 370
    11-22 氰烷基化 371
    11-23 硫烷基化 371
    11-24 用腈酰基化：Hoesch 反应 371
    11-25 氰化或脱氢氰化 371
    11.6.1.6 氧亲电试剂 372
    11-26 羟基化或脱氢羟基化 372
    11.6.1.7 金属亲电试剂 372
  11.6.2 氢在重排反应中作为离去基团 372
    11.6.2.1 从氧离去的基团 372
    11-27 Fries 重排 372
    11.6.2.2 从氮离去的基团 373
    11-28 硝基的迁移 373
    11-29 亚硝基的迁移：Fischer-Hepp 重排 374
    11-30 芳基偶氮基的迁移 374
    11-31 卤原子的迁移：Orton 重排 374
    11-32 烷基的迁移 374
  11.6.3 其它离去基团 374
    11.6.3.1 碳离去基团 375
    11-33 Friedel-Crafts 烷基化的逆反应 375
    11-34 芳醛的脱羰基化 375
    11-35 芳酸的脱羧基化 376
    11-36 Jacobsen 反应 376
    11.6.3.2 氧离去基团 376
    11-37 脱氧 376
    11.6.3.3 硫离去基团 377
    11-38 脱磺化或脱磺化氢化 377
    11.6.3.4 卤原子离去基 377
    11-39 脱卤化或者脱卤加氢 377
    11-40 有机金属化合物的形成 377
    11.6.3.5 金属离去基团 377
    11-41 有机金属化合物的水解 377
参考文献 377

第 12 章 烷基、烯基和炔基的取代反应（亲电取代反应和金属有机反应） 393

12.1 反应机理 393
  12.1.1 双分子反应机理：S_E2 和 S_Ei 393
  12.1.2 S_E1 机理 395
  12.1.3 伴随双键迁移的亲电取代 396
  12.1.4 其它机理 397
12.2 反应性 397
12.3 反应 398
  12.3.1 氢作为离去基团 398
    12.3.1.1 氢作为亲电试剂 398
    12-1 氢交换 398
    12-2 双键的迁移 398
    12-3 酮-烯醇异构化 400
    12.3.1.2 卤原子亲电试剂 401
    12-4 醛和酮的卤代 401
    12-5 羧酸和酰卤的卤代反应 403
    12-6 亚砜和砜的卤代反应 403
    12.3.1.3 氮亲电试剂 404
    12-7 脂肪重氮盐偶联反应 404
    12-8 含活泼氢碳上的亚硝化反应 404
    12-9 烷烃的硝化 405
    12-10 重氮化合物的直接形成 405
    12-11 将酰胺转化为 α-叠氮酰胺 405
    12-12 活化位点的直接胺化 406
    12-13 氮烯的插入反应 406
    12.3.1.4 硫亲电试剂 406
    12-14 酮和酯的亚磺酰化、磺化和硒化 406
    12.3.1.5 碳亲电试剂 407
    12-15 烯烃的烷基化和烯基化 407
    12-16 脂肪碳的酰化 408
    12-17 烯醇盐转化为烯醇硅醚、烯醇酯和烯醇磺酸酯 409
    12-18 醛转化为 β-羰基酯或酮 409
    12-19 氰化 410

12-20	烷烃的烷基化 ……………………… 410
12-21	卡宾的插入反应 …………………… 411
12.3.1.6	金属亲电试剂 ………………… 412
12-22	利用有机金属化合物的金属化作用 … 412
12-23	利用金属和强碱的金属化作用 …… 413
12.3.2	金属作为离去基 ……………………… 413
12.3.2.1	氢作为亲电试剂 ……………… 413
12-24	金属被氢置换 ……………………… 413
12.3.2.2	氧亲电试剂 …………………… 414
12-25	金属有机试剂与氧的反应 ………… 414
12-26	金属有机试剂与过氧化物的反应 … 414
12-27	三烷基硼烷氧化为硼酸酯 ………… 414
12-28	硼酸酯和硼酸的制备 ……………… 414
12-29	金属有机试剂及其它底物氧化成 O-酯及相关化合物 ……………… 415
12.3.2.3	硫亲电试剂 …………………… 415
12-30	金属有机试剂转变为硫化合物 …… 415
12.3.2.4	卤素亲电试剂 ………………… 415
12-31	卤素-去-金属化 …………………… 415
12.3.2.5	氮亲电试剂 …………………… 416
12-32	金属有机化合物转变为胺 ………… 416
12.3.2.6	碳亲电试剂 …………………… 417
12-33	金属有机化合物转变为酮、醛、羧酸酯或酰胺 ……………………… 417
12-34	氰基-去-金属化 …………………… 417
12.3.2.7	金属亲电试剂 ………………… 418
12-35	金属置换金属 ……………………… 418
12-36	用金属卤化物进行金属置换 ……… 418
12-37	用金属有机化合物进行金属置换 … 418
12.3.3	卤原子作为离去基团 ………………… 419
12-38	金属-去-卤化 ……………………… 419
12-39	金属有机化合物中的金属置换卤原子 … 420
12.3.4	碳离去基团 …………………………… 420
12.3.4.1	碳碳键断裂的同时形成羰基 … 421
12-40	脂肪酸的脱羧 ……………………… 421
12-41	醇盐的裂解 ………………………… 422
12-42	羧基被酰基置换 …………………… 422
12.3.4.2	酰基断裂 ……………………… 422
12-43	β-酮酸酯和 β-二酮的碱性断裂 …… 422
12-44	卤仿反应 …………………………… 423
12-45	不能烯醇化的酮的断裂 …………… 423
12-46	Haller-Bauer 反应 ………………… 423
12.3.4.3	其它断裂 ……………………… 424
12-47	烷烃的断裂 ………………………… 424
12-48	脱氰化或氢-去-氰基化 …………… 424
12.3.5	氮上的亲电取代反应 ………………… 424
12-49	肼转化为叠氮化物 ………………… 424
12-50	N-亚硝基化 ………………………… 424
12-51	亚硝基化合物转化为氧化偶氮化合物 ……………………………… 425
12-52	N-卤化 ……………………………… 425
12-53	胺和 CO 或 CO_2 的反应 ………… 425
参考文献	……………………………………… 426

第 13 章 芳香族化合物的取代反应（亲核取代反应和金属有机反应） …… 444

13.1	反应机理 …………………………… 444
13.1.1	S_NAr 机理 ………………………… 444
13.1.2	S_N1 机理 ………………………… 445
13.1.3	苯炔机理 …………………………… 446
13.1.4	$S_{RN}1$ 机理 ……………………… 447
13.1.5	其它机理 …………………………… 447
13.2	反应活性 …………………………… 448
13.2.1	底物结构的影响 …………………… 448
13.2.2	离去基团的影响 …………………… 449
13.2.3	亲核试剂的影响 …………………… 449
13.3	反应 ………………………………… 449
13.3.1	所有离去基团（不包括氢和 N_2^+） … 449
13.3.1.1	氧亲核试剂 …………………… 449
13-1	芳香化合物的羟基化 ……………… 449
13-2	磺酸盐的碱熔融 …………………… 450
13-3	被 OR 或者 OAr 取代 ……………… 450
13.3.1.2	硫亲核试剂 …………………… 451
13-4	被 SH 或 SR 取代 ………………… 451
13.3.1.3	氮亲核试剂 …………………… 451
13-5	卤原子被 NH_2、NHR 或 NR_2 取代 … 451
13-6	氨基取代羟基的反应 ……………… 453
13.3.1.4	卤素亲核试剂 ………………… 453
13-7	卤原子的引入 ……………………… 453
13.3.1.5	碳亲核试剂 …………………… 454
13-8	芳香环氰化反应 …………………… 454
13-9	芳基和烷基金属有机化合物与官能团化芳基化合物的偶联反应 ……… 454
13-10	烯烃的芳基化和烷基化 …………… 456
13-11	芳基卤化物的自偶联：Ullmann 反应 … 457
13-12	芳基化合物与芳基硼酸衍生物的偶联 ……………………………… 458
13-13	芳基-炔基偶联反应 ………………… 459
13-14	含有活泼氢碳原子的芳基化 ……… 460
13-15	芳基转化为羧酸、羧酸衍生物、醛和酮 ………………………… 461
13-16	硅烷的芳基化 ……………………… 462
13.3.2	氢作为离去基团 …………………… 462
13-17	烷基化和芳基化 …………………… 462
13-18	含氮杂环化合物的胺化 …………… 463
13.3.3	氮作为离去基团 …………………… 464
13-19	重氮化 ……………………………… 464
13-20	芳香重氮盐的羟基化 ……………… 465
13-21	被含硫基团取代 …………………… 465
13-22	重氮基被碘原子取代 ……………… 465
13-23	Schiemann 反应 …………………… 465
13-24	胺转化为偶氮化合物 ……………… 466
13-25	重氮盐的甲基化、乙烯化和芳基化 … 466
13-26	活化烯烃被重氮盐芳基化：Meerwein 芳基化 ………………………… 466
13-27	用重氮盐芳基化芳香族化合物 …… 466
13-28	重氮盐的芳基二聚 ………………… 467

13-29	硝基的取代反应	467
13.3.4	重排反应	468
13-30	von Richter 重排	468
13-31	Sommelet-Hauser 重排反应	468
13-32	芳基羟胺的重排	469
13-33	Smiles 重排	469
参考文献		470

第14章 自由基取代 …… 490

- 14.1 机理 …… 490
  - 14.1.1 自由基机理概述 …… 490
  - 14.1.2 自由基取代机理 …… 492
  - 14.1.3 芳香底物取代的机理 …… 492
  - 14.1.4 自由基反应中的邻基促进 …… 493
- 14.2 反应性 …… 494
  - 14.2.1 脂肪族底物的反应性 …… 494
  - 14.2.2 桥头碳的反应性 …… 496
  - 14.2.3 芳香底物的反应性 …… 496
  - 14.2.4 自由基的反应性 …… 497
  - 14.2.5 溶剂对反应性的影响 …… 497
- 14.3 反应 …… 497
  - 14.3.1 氢作为离去基团 …… 497
    - 14.3.1.1 被卤原子取代 …… 497
      - 14-1 烷基碳上的卤代 …… 497
      - 14-2 硅烷的卤代 …… 499
      - 14-3 烯丙位和苄基位的卤代 …… 499
      - 14-4 醛的卤代 …… 501
    - 14.3.1.2 被氧取代 …… 501
      - 14-5 在芳香碳上羟基化 …… 501
      - 14-6 环醚的形成 …… 501
      - 14-7 氢过氧化物的形成 …… 501
      - 14-8 过氧化物的形成 …… 503
      - 14-9 酰氧化 …… 503
    - 14.3.1.3 被硫取代 …… 503
      - 14-10 氯磺化 …… 503
    - 14.3.1.4 被氮取代 …… 504
      - 14-11 醛直接转变为酰胺 …… 504
      - 14-12 烷烃碳的酰胺化和胺化 …… 504
      - 14-13 被硝基取代 …… 504
    - 14.3.1.5 被碳取代 …… 504
      - 14-14 在敏感位点的简单偶联 …… 504
      - 14-15 通过硅烷在敏感位点上的偶联 …… 505
      - 14-16 炔的偶联 …… 505
      - 14-17 过氧化物烷基化和芳基化芳香族化合物 …… 506
      - 14-18 芳香族化合物的光化学芳基化 …… 506
      - 14-19 含氮杂环的烷基化、酰基化和烷氧羰基化 …… 506
  - 14.3.2 N_2 作为离去基 …… 507
    - 14-20 重氮基被氯或溴置换 …… 507
    - 14-21 重氮基被硝基置换 …… 507
    - 14-22 重氮基被含硫基团置换 …… 508
    - 14-23 重氮盐转变为醛、酮或羧酸 …… 508
  - 14.3.3 金属作为离去基 …… 508
    - 14-24 Grignard 试剂的偶联 …… 508
    - 14-25 其它金属有机试剂的偶联 …… 508
    - 14-26 硼烷的偶联 …… 509
  - 14.3.4 卤原子作为离去基 …… 509
  - 14.3.5 硫作为离去基 …… 509
    - 14-27 脱硫 …… 509
    - 14-28 硫化物转变为有机锂化合物 …… 509
  - 14.3.6 碳作为离去基 …… 509
    - 14-29 脱羧二聚：Kolbe 反应 …… 509
    - 14-30 Hunsdiecker 反应 …… 510
    - 14-31 脱羧基烯丙基化作用 …… 511
    - 14-32 醛和酰卤的脱羰基化 …… 511
- 参考文献 …… 511

第15章 不饱和碳-碳键的加成反应 …… 523

- 15.1 反应机理 …… 523
  - 15.1.1 亲电加成反应 …… 523
  - 15.1.2 亲核加成反应 …… 525
  - 15.1.3 自由基加成反应 …… 526
  - 15.1.4 环状机理 …… 527
  - 15.1.5 共轭体系的加成反应 …… 527
- 15.2 定位与反应性 …… 528
  - 15.2.1 反应性 …… 528
  - 15.2.2 定位 …… 529
  - 15.2.3 立体化学取向 …… 531
  - 15.2.4 环丙烷的加成 …… 531
- 15.3 反应 …… 532
  - 15.3.1 双键和叁键的异构化 …… 532
    - 15-1 异构化 …… 532
  - 15.3.2 氢加到一端的反应 …… 533
    - 15.3.2.1 卤原子加到另一端 …… 533
      - 15-2 卤代氢加成 …… 533
    - 15.3.2.2 氧加成到另一端 …… 534
      - 15-3 双键上的水合反应 …… 534
      - 15-4 叁键上的水合反应 …… 535
      - 15-5 加成醇和酚 …… 536
      - 15-6 与羧酸加成形成酯 …… 537
    - 15.3.2.3 硫加到另一端 …… 537
      - 15-7 加成 H_2S 和硫醇 …… 537
    - 15.3.2.4 氮或磷加成到另一端 …… 538
      - 15-8 加成氨、胺、膦及相应化合物 …… 538
      - 15-9 加成酰胺 …… 539
      - 15-10 加成叠氮酸 …… 540
    - 15.3.2.5 氢加在两侧 …… 540
      - 15-11 双键和叁键的氢化反应 …… 540
      - 15-12 双键和叁键的其它还原反应 …… 543
      - 15-13 芳环的氢化 …… 544
      - 15-14 与羰基、氰基、硝基等共轭双键和叁键的还原 …… 546
      - 15-15 环丙烷的还原开链 …… 547
    - 15.3.2.6 金属进攻另一侧 …… 547
      - 15-16 硼氢化反应 …… 547
      - 15-17 其它氢金属化反应 …… 549
    - 15.3.2.7 碳或硅进攻另一侧 …… 550

15-18	加成烷烃	550
15-19	加成硅烷	550
15-20	烯烃和/或炔烃加成到烯烃和/或炔烃	551
15-21	有机金属化合物和与羰基未共轭的双键和叁键的加成	553
15-22	两个烷基加成到炔烃上	554
15-23	单烯加成	555
15-24	Michael 反应	555
15-25	金属有机化合物与活泼双键的1,4-加成反应	557
15-26	Sakurai 反应	560
15-27	硼烷与活泼双键的加成	560
15-28	活泼双键的自由基加成	561
15-29	不活泼双键的自由基加成	561
15-30	自由基环化反应	562
15-31	杂原子亲核试剂的共轭加成	563
15-32	活泼双键和叁键的酰化反应	564
15-33	加成醇、胺、羧酸酯和醛等	565
15-34	加成醛	565
15-35	氢羧基化反应	566
15-36	双键和叁键的羰基化、烷氧基羰基化和氨基羰基化反应	567
15-37	氢甲酰化反应	568
15-38	加成 HCN	569
15.3.3	没有氢原子加成的反应	569
15.3.3.1	卤原子加成在一侧或两侧	569
15-39	双键和叁键的卤化（加成卤素）	569
15-40	次卤酸和次卤酸盐的加成（加成卤素、氧）	571
15-41	卤内酯化和卤内酰胺化	571
15-42	加成硫化物（加成氢、硫）	572
15-43	加成卤原子和氨基（加成卤素、氮）	572
15-44	加成 NOX 和 NO_2X（加成卤素、氮）	572
15-45	加成 XN_3（加成卤素、氮）	573
15-46	加成烷基卤化物（加成卤素、碳）	573
15-47	加成酰卤（加成卤素、碳）	573
15.3.3.2	氧、氮或硫加成在一侧或两侧	574
15-48	二羟基化和二烷氧基化（加成氧、氧）	574
15-49	芳香环的二羟基化	576
15-50	环氧化（加成氧、氧）	576
15-51	羟基亚磺酰化（加成氧、硫）	578
15-52	羟胺化（加成氧、氮）	579
15-53	二胺化（加成氮、氮）	579
15-54	生成氮杂丙啶（加成氮、氮）	580
15-55	氨基亚磺酰基化（加成氮、硫）	580
15-56	酰氧酰氧基化和酰基胺化（加成氧、碳；或氮、碳）	581
15-57	烯烃或炔烃转化为内酯（加成氧、碳）	581
15.3.4	环加成反应	581
15-58	1,3-偶极加成（加成氧、氮和碳）	581
15-59	全碳原子体系的[3+2]环加成反应	583
15-60	Diels-Alder 反应	584
15-61	含杂原子的 Diels-Alder 反应	590
15-62	二烯烃的光氧化（加成氧、氧）	591
15-63	[2+2]环加成	592
15-64	卡宾和类卡宾与双键和叁键的加成	595
15-65	炔烃的三聚和四聚	598
15-66	其它环加成反应	600
参考文献		601

第16章 与碳-杂原子多重键的加成 ... 659

16.1	机理和反应性	659
16.1.1	三角形脂肪碳上的亲核取代：四面体机理	660
16.2	反应	662
16.2.1	氢或金属离子加成到杂原子上的反应	663
16.2.1.1	OH 的进攻（加成 H_2O）	663
16-1	水加成到醛和酮上：形成水合物	663
16-2	碳-氮双键的水解	663
16-3	脂肪族硝基化合物的水解	664
16-4	腈的水解	664
16.2.1.2	OR 的进攻（加成 ROH）	665
16-5	醇和硫醇加成到醛和酮上	665
16-6	醛和酮的酰化	666
16-7	醇的还原烷基化	666
16-8	醇加成到异氰酸酯	666
16-9	腈的醇解	667
16-10	碳酸酯和黄原酸盐的生成	667
16.2.1.3	硫亲核试剂	667
16-11	H_2S 和硫醇加成到羰基化合物上	667
16-12	亚硫酸根加成产物的形成	668
16.2.1.4	被 NH_2、NHR 或 NR_2 进攻（NH_3、RNH_2 或 R_2NH 的加成）	668
16-13	胺与醛、酮的加成	668
16-14	肼衍生物与羰基化合物的加成	669
16-15	肟的形成	670
16-16	醛转化为腈	670
16-17	氨或胺的还原烷基化	671
16-18	酰胺与醛加成	672
16-19	Mannich 反应	672
16-20	胺与异氰酸酯的加成	673
16-21	氨或胺与腈的加成	673
16-22	胺与二硫化碳和二氧化碳的加成	674
16.2.1.5	卤素亲核试剂	674
16-23	从醛和酮形成偕二卤化物	674
16.2.1.6	碳被金属有机化合物进攻	675
16-24	格氏试剂和有机锂试剂与醛和酮的加成	675
16-25	其它有机金属与醛和酮的加成	677
16-26	三烷基烯丙基硅烷与醛和酮的加成	681
16-27	共轭烯烃与醛的加成：Baylis-Hillman 反应	681
16-28	Reformatsky 反应	682
16-29	有机金属化合物将羧酸盐转化为酮	683

16-30	有机金属化合物与 CO_2 和 CS_2 的加成 …… 683		16-71	羧酸转化为卤化物 …… 714
			16.2.2.5	酰基碳被氮进攻 …… 714
16-31	有机金属化合物与含 C=N 键化合物的加成 …… 683		16-72	酰卤对胺的酰基化 …… 714
			16-73	酐对胺的酰基化 …… 714
16-32	卡宾和重氮烷与含 C=N 键化合物的加成 …… 685		16-74	羧酸对胺的酰基化 …… 715
			16-75	羧酸酯对胺的酰基化 …… 716
16-33	格氏试剂与腈和异氰酸酯的加成 …… 686		16-76	用酰胺酰基化胺 …… 717
16.2.1.7	碳被含活性氢化合物进攻 …… 686		16-77	用其它羧酸衍生物酰基化胺 …… 717
16-34	羟醛缩合反应 …… 687		16-78	叠氮化物的酰基化 …… 718
16-35	Mukaiyama 羟醛反应及相关反应 …… 690		16.2.2.6	卤素进攻酰基碳 …… 718
16-36	羧酸衍生物与醛或酮之间的类羟醛缩合反应 …… 691		16-79	由羧酸形成酰卤 …… 718
			16-80	由羧酸衍生物生成酰卤 …… 718
16-37	Henry 反应 …… 692		16.2.2.7	碳进攻酰基碳 …… 718
16-38	Knoevenagel 反应 …… 692		16-81	金属有机化合物将酰卤转化为酮 …… 718
16-39	Perkin 反应 …… 693		16-82	有机金属化合物将酸酐、羧酸酯或酰胺转化为酮 …… 719
16-40	Darzen's 缩水甘油酸酯缩合 …… 694			
16-41	Peterson 烯化反应 …… 694		16-83	酰卤的偶联 …… 721
16-42	活泼氢化合物与 CO_2 和 CS_2 的加成 …… 695		16-84	含有活泼氢碳的酰化 …… 721
16-43	Tollen's 反应 …… 695		16-85	由羧酸酯酰化羧酸酯：Claisen 和 Dieckmann 缩合 …… 721
16-44	Wittig 反应 …… 695			
16-45	Tebbe、Petasis 和交替的烯烃化 …… 699		16-86	羧酸酯酰化酮和腈 …… 722
16-46	从醛和酮形成环氧化物 …… 699		16-87	羧酸盐的酰化 …… 723
16-47	从亚胺形成氮丙啶 …… 700		16-88	酰基腈的制备 …… 723
16-48	环硫化物和环砜的形成 …… 700		16-89	重氮酮的制备 …… 723
16-49	共轭羰基化合物的环丙烷化 …… 700		16-90	脱羧成酮反应 …… 723
16-50	Thorpe 反应 …… 701		16.2.3	碳加成到杂原子上的反应 …… 724
16.2.1.8	其它碳亲核试剂 …… 701		16.2.3.1	氧加成到碳上 …… 724
16-51	硅烷的加成 …… 701		16-91	Ritter 反应 …… 724
16-52	氰醇的生成 …… 701		16-92	醛与醛的加成 …… 724
16-53	HCN 与 C=N 和 C≡N 键的加成 …… 702		16.2.3.2	氮加成到碳上 …… 724
16-54	Prins 反应 …… 702		16-93	异氰酸酯与异氰酸酯的加成（形成碳二亚胺） …… 724
16-55	安息香缩合 …… 703			
16-56	自由基与 C=O、C=S、C=N 化合物的加成 …… 704		16-94	羧酸盐转化为腈 …… 725
			16.2.3.3	碳加成到碳上 …… 725
16.2.2	酰基取代反应 …… 704		16-95	β-内酯和环氧烷的形成 …… 725
16.2.2.1	O、N 和 S 亲核试剂 …… 704		16-96	β-内酰胺的形成 …… 725
16-57	酰卤的水解 …… 704		16.2.4	与异腈的加成 …… 726
16-58	酸酐的水解 …… 705		16-97	水与异腈的加成 …… 726
16-59	羧酸酯的水解 …… 705		16-98	Passerini 和 Ugi 反应 …… 726
16-60	酰胺的水解 …… 708		16-99	金属醛亚胺的形成 …… 727
16.2.2.2	OR 进攻酰基碳 …… 709		16.2.5	对磺酰基硫原子的亲核取代 …… 727
16-61	酰卤的醇解 …… 709		16-100	被 OH 进攻：磺酸衍生物的水解 …… 728
16-62	酸酐的醇解 …… 710		16-101	被 OR 进攻：磺酸酯的形成 …… 728
16-63	羧酸的酯化 …… 710		16-102	被氮进攻：磺胺的形成 …… 728
16-64	羧酸酯的醇解：酯交换反应 …… 712		16-103	被卤素进攻：磺酰卤的形成 …… 728
16-65	酰胺的醇解 …… 712		16-104	被氢进攻：磺酸氯的还原 …… 729
16.2.2.3	OCOR 进攻酰基碳 …… 712		16-105	被碳进攻：砜的制备 …… 729
16-66	用酰卤酰基化羧酸 …… 712		参考文献 …… 729	
16-67	用羧酸酰基化羧酸 …… 713			
16-68	有机无机混合酸酐的制备 …… 713		**第 17 章**	**消除反应**
16-69	SH 或 SR 进攻酰基碳 …… 713		17.1	机理和消除方向 …… 780
16-70	转酰胺反应 …… 713		17.1.1	E2 机理 …… 780
16.2.2.4	被卤素进攻 …… 714		17.1.2	E1 的机理 …… 783
			17.1.3	E1cB 机理 …… 784

| 17.1.4 E1-E2-E1cB 系列 ·············· 786
| 17.1.5 E2C 机理 ······················· 787
| 17.2 双键的定位（消除方向） ············ 787
| 17.3 双键的空间定位 ······················ 789
| 17.4 反应性 ···································· 789
| 17.4.1 底物结构的影响 ················ 789
| 17.4.2 进攻碱的影响 ··················· 790
| 17.4.3 离去基的影响 ··················· 790
| 17.4.4 介质的影响 ······················ 791
| 17.5 热消除的机理和消除方向 ············ 791
| 17.5.1 机理 ································· 791
| 17.5.2 热消除的定位（消除方向） ···· 792
| 17.5.3 1,4-共轭消除 ····················· 793
| 17.6 反应 ······································· 793
| 17.6.1 形成 C=C 和 C≡C 键的反应 ···· 793
| 17.6.1.1 从一侧移去氢的反应 ········ 793
| 17-1 醇的脱水 ····························· 793
| 17-2 醚的裂解生成烯 ···················· 794
| 17-3 环氧化物和环硫化物转变为烯烃 ···· 794
| 17-4 羧酸和羧酸酯的热解 ··············· 795
| 17-5 Chugaev 反应 ······················ 795
| 17-6 其它酯的分解 ······················· 795
| 17-7 季铵碱的裂解 ······················· 796
| 17-8 用强碱使季铵盐裂解 ··············· 796
| 17-9 氧化胺的裂解 ······················· 797
| 17-10 酮-内鎓盐的热解 ·················· 797
| 17-11 对甲苯磺酰腙的分解 ·············· 797
| 17-12 亚砜、硒亚砜和砜的裂解 ········ 798
| 17-13 卤代烷的脱卤化氢 ················ 798
| 17-14 酰卤和磺酰卤的脱卤化氢 ········ 799
| 17-15 硼烷的消除 ························· 799
| 17-16 从烯烃到炔烃的转变 ············· 800
| 17-17 酰卤的脱羰 ························· 800
| 17.6.1.2 非氢原子离去基的反应 ······ 800
| 17-18 邻二醇的脱羟基 ··················· 800
| 17-19 环硫代碳酸酯的裂解 ············· 800
| 17-20 Ramberg-Bäcklund 反应 ········ 801
| 17-21 氮丙啶转变成烯烃 ················ 801
| 17-22 邻二卤化物的脱卤反应 ·········· 802
| 17-23 α-卤代酰卤的脱卤反应 ·········· 802
| 17-24 卤素和含杂原子基团的消除 ···· 802
| 17.6.2 断链反应 ·························· 802
| 17-25 γ-氨基卤化物，γ-羟基卤化物及
| 1,3-二醇的 1,3-断链反应 ········ 803
| 17-26 β-羟基酸和 β-内酯的脱羧 ······· 803
| 17-27 α,β-环氧腙的开环反应 ··········· 803
| 17-28 从桥二环化合物中消除 CO 和 CO_2 ···· 804
| 17.6.3 形成 C≡N 或 C=N 键的反应 ····· 804
| 17-29 醛肟及类似化合物的脱水 ······· 804
| 17-30 无取代酰胺的脱水 ················ 805
| 17-31 N-烷基甲酰胺转变为异腈 ········ 805
| 17.6.4 形成 C=O 键的反应 ············· 805
| 17-32 β-羟基烯烃的热解 ················ 805
| 17.6.5 形成 N=N 键的反应 ············· 806
| 17-33 消除生成重氮烷 ··················· 806
| 17.6.6 挤出反应 ·························· 806
| 17-34 从吡唑啉、吡唑和三唑啉中
| 挤出 N_2 ·························· 806
| 17-35 CO 或 CO_2 的挤出 ··············· 806
| 17-36 SO_2 的挤出 ························ 807
| 17-37 Story 合成 ·························· 807
| 17-38 通过 Twofold 挤出反应合成烯 ···· 807
| 参考文献 ··· 807

第 18 章 重排反应 ·································· 820

18.1 机理 ·· 820
   18.1.1 亲核重排 ····························· 820
   18.1.2 迁移的本质 ·························· 821
   18.1.3 迁移能力 ····························· 823
   18.1.4 记忆效应 ····························· 824
18.2 长程亲核重排 ································ 825
18.3 自由基重排 ···································· 826
18.4 卡宾（碳烯）重排 ··························· 827
18.5 亲电重排 ······································ 827
18.6 反应 ·· 828
   18.6.1 1,2-重排 ································ 828
   18.6.1.1 R、H 和 Ar 的碳-碳迁移 ······· 828
   18-1 Wagner-Meerwein 及相关反应 ······ 828
   18-2 频哪醇重排 ······························ 830
   18-3 扩环和缩环反应 ······················· 831
   18-4 醛和酮的酸催化重排反应 ············ 832
   18-5 二烯酮-苯酚重排 ······················ 833
   18-6 偶苯酰-二苯乙醇酸重排 ············· 833
   18-7 Favorskii 重排 ·························· 833
   18-8 Arndt-Eistert 合成反应 ·············· 834
   18-9 醛和酮的升级 ·························· 835
   18.6.1.2 其它基团的碳-碳迁移 ·········· 836
   18-10 卤素、羟基、氨基等的迁移 ······· 836
   18-11 硼的迁移 ······························· 837
   18-12 Neber 重排 ···························· 837
   18.6.1.3 R 和 Ar 的碳-氮迁移 ············ 837
   18-13 Hofmann 重排 ······················· 838
   18-14 Curtius 重排 ·························· 838
   18-15 Lossen 重排 ·························· 839
   18-16 Schmidt 反应 ························· 839
   18-17 Beckmann 重排 ······················ 840
   18-18 Stieglitz 重排及相关的重排 ········ 841
   18.6.1.4 R 和 Ar 的碳-氧迁移 ············ 841
   18-19 Baeyer-Villiger 重排 ················· 841
   18-20 氢过氧化物的重排 ·················· 842
   18.6.1.5 氮-碳，氧-碳和硫-碳迁移 ····· 842
   18-21 Steven 重排 ··························· 842
   18-22 Wittig 重排 ··························· 843
   18.6.1.6 硼-碳迁移 ·························· 844
   18-23 硼烷转变为醇 ························ 844
   18-24 硼烷转变为一级醇、醛或羧酸 ···· 845
   18-25 乙烯基硼烷转变为烯烃 ············ 845

| 18-26 | 从硼烷和炔化物合成炔烃、烯烃和酮 …………………… 846
| 18.6.2 | 非-1,2-重排 ……………………………… 846
| 18.6.2.1 | 电环化重排 …………………… 846
| 18-27 | 环丁烯和1,3-环己二烯的电环化重排 ……………………………… 846
| 18-28 | 一个芳香化合物转变成另一个芳香化合物 ……………………………… 851
| 18.6.2.2 | σ迁移重排 …………………… 852
| 18-29 | 氢[1,j]σ迁移 …………………… 852
| 18-30 | 碳[1,j]σ迁移 …………………… 853
| 18-31 | 乙烯基环丙烷转变为环戊烯 …… 855
| 18-32 | Cope 重排 ……………………… 855
| 18-33 | Claisen 重排 …………………… 858
| 18-34 | Fischer 吲哚合成 ……………… 860
| 18-35 | [2,3]σ迁移重排 ………………… 860
| 18-36 | 联苯胺重排 ……………………… 861
| 18.6.2.3 | 其它环状重排 ………………… 862
| 18-37 | 烯烃复分解反应 ………………… 862
| 18-38 | 金属离子催化的 σ 键重排 …… 864
| 18-39 | 二-π-甲烷和相关的重排 ……… 864
| 18-40 | Hofmann-Löffler 反应以及相关反应 ……………………………… 865
| 18.6.2.4 | 非环重排 ……………………… 866
| 18-41 | 氢迁移 …………………………… 866
| 18-42 | Chapman 重排 ………………… 866
| 18-43 | Wallach 重排 …………………… 866
| 18-44 | 双位移重排 ……………………… 867
参考文献 ……………………………………… 867

第19章 氧化还原反应 ……………………… 891

19.1 机理 …………………………………… 891
19.2 反应 …………………………………… 892
19.2.1 氧化 ……………………………… 892
19.2.1.1 氢的消除 ……………………… 893
19-1 六元环的芳构化 ……………………… 893
19-2 脱氢产生碳-碳双键 ………………… 893
19-3 醇氧化或脱氢生成醛和酮 …………… 894
19-4 苯酚和芳胺被氧化成醌 ……………… 897
19-5 胺的脱氢反应 ………………………… 897
19-6 肼、脒和羟胺的氧化 ………………… 898
19.2.1.2 导致C—C键断裂的氧化 …… 898
19-7 邻二醇及相关化合物的氧化裂解 …… 898
19-8 酮、醛和醇的氧化裂解 ……………… 899
19-9 臭氧化 ………………………………… 899
19-10 双键及芳环的氧化裂解 …………… 901
19-11 芳基侧链的氧化 …………………… 902
19-12 氧化脱羧 …………………………… 903
19-13 双脱羧反应 ………………………… 904
19.2.1.3 氢被杂原子置换的反应 …… 904
19-14 脂肪碳上羟基化 …………………… 904
19-15 亚甲基氧化成 OH、O_2CR 或 OR … 905
19-16 亚甲基氧化成除氧或羰基之外的杂原子官能团 …………………… 906
19-17 亚甲基被氧化成羰基 ……………… 907
19-18 芳基甲烷氧化成醛 ………………… 908
19-19 芳烃氧化为醌 ……………………… 908
19-20 伯卤代烷和伯醇的酯被氧化成醛 … 908
19-21 胺或硝基化合物氧化成醛、酮或二卤化物 …………………………… 909
19-22 伯醇氧化成羧酸或羧酸酯 ………… 909
19-23 醛被氧化为羧酸、羧酸酯及相关化合物 ……………………………… 909
19-24 羧酸氧化成过酸 …………………… 911
19.2.1.4 氧与底物加成的反应 ……… 911
19-25 烯烃氧化成醛或酮 ………………… 911
19-26 炔烃氧化成 α-二酮 ………………… 911
19-27 胺氧化成亚硝基化合物和羟胺 …… 912
19-28 一级胺、肟、叠氮化物、异氰酸酯及亚硝基化合物氧化成硝基化合物 … 912
19-29 三级胺氧化成氧化胺 ……………… 912
19-30 硫醇及其它含硫化合物氧化成磺酸 … 912
19-31 硫醚氧化成亚砜和砜 ……………… 913
19.2.1.5 氧化偶联反应 ……………… 913
19-32 涉及碳负离子的偶联 ……………… 913
19-33 甲硅基烯醇醚或烯醇锂的二聚 …… 913
19-34 硫醇氧化成二硫化物 ……………… 914
19.2.2 还原 ……………………………… 914
19.2.2.1 还原：选择性 ……………… 914
19.2.2.2 进攻 C—O 和 C=O 碳的反应 … 916
19-35 环氧化物的还原 …………………… 916
19-36 醛和酮被还原为醇 ………………… 916
19.2.2.3 不对称还原 ………………… 919
19-37 羧酸还原成醇 ……………………… 920
19-38 羧酸酯还原成醇 …………………… 920
19-39 酰卤的还原 ………………………… 921
19-40 将羧酸、酯和酐还原为醛 ………… 921
19-41 将酰胺还原为醛 …………………… 921
19.2.2.4 进攻非羰基多重键的杂原子 … 922
19-42 碳-氮双键的还原 …………………… 922
19-43 腈还原成胺 ………………………… 922
19-44 腈还原成醛 ………………………… 923
19-45 硝基化合物还原成胺 ……………… 923
19-46 硝基化合物还原成羟胺 …………… 924
19-47 亚硝基化合物和羟胺还原成胺 …… 924
19-48 肟还原成一级胺或氮丙啶 ………… 924
19-49 脂肪族硝基化合物还原成肟或腈 … 924
19-50 叠氮化物还原成一级胺 …………… 925
19-51 各种含氮化合物的还原 …………… 925
19.2.2.5 杂原子从底物中脱除的反应 … 925
19-52 硅烷还原成亚甲基化合物 ………… 925
19-53 卤代烷的还原 ……………………… 925
19-54 醇的还原 …………………………… 927
19-55 苯酚和其它芳香羟基化合物的还原 … 927
19-56 氢取代烷氧基 ……………………… 927
19-57 甲苯磺酸酯及类似化合物的还原 … 928
19-58 酯的氢解（Barton-McCombie 反应） … 928

| 19-59 | 羧酸酯的还原裂解 …………………… 928
| 19-60 | 氢过氧化物和过氧化物的还原 ……… 928
| 19-61 | 醛和酮的羰基被还原成亚甲基 ……… 928
| 19-62 | 羧酸酯还原成醚 …………………… 930
| 19-63 | 环酐还原成内酯，羧酸衍生物还原成醇 …………………… 930
| 19-64 | 酰胺还原成胺 …………………… 930
| 19-65 | 羧酸或羧酸酯还原成烷烃 ………… 931
| 19-66 | 腈的氢解 …………………………… 931
| 19-67 | C—N 键的还原 …………………… 931
| 19-68 | 氧化胺和氧化偶氮化合物的还原 … 932
| 19-69 | 重氮基被氢置换 …………………… 932
| 19-70 | 脱硫反应 …………………………… 933
| 19-71 | 磺酰卤和磺酸还原成硫醇或二硫化物 …………………… 933
| 19-72 | 亚砜和砜的还原 …………………… 933
| 19.2.2.6 | 裂解还原 …………………………… 933
| 19-73 | 胺和酰胺的去烷基化 ……………… 933
| 19-74 | 偶氮、氧化偶氮和氢化偶氮化合物还原成胺 …………………… 934
| 19-75 | 二硫化物还原成硫醇 ……………… 934
| 19.2.2.7 | 还原偶联 …………………………… 934
| 19-76 | 醛和酮双分子还原成 1,2-二醇及亚胺还原成 1,2-二胺 …………… 934
| 19-77 | 醛或酮双分子还原成烯 …………… 935
| 19-78 | 酮醇缩合 …………………………… 936
| 19-79 | 硝基化合物还原成氧化偶氮化合物 … 936
| 19-80 | 硝基化合物还原成偶氮化合物 …… 937
| 19.2.2.8 | 有机底物既被氧化又被还原 …… 937
| 19-81 | Cannizzaro 反应 …………………… 937
| 19-82 | Tishchenko 反应 …………………… 938
| 19-83 | Pummerer 重排 …………………… 938
| 19-84 | Willgerodt 反应 …………………… 938

参考文献 ……………………………………… 939

附录 A　有机化学文献 ………………… 979
参考文献 ………………………………… 1004

附录 B　反应分类 ……………………… 1006

主题词索引 ……………………………… 1027

上篇

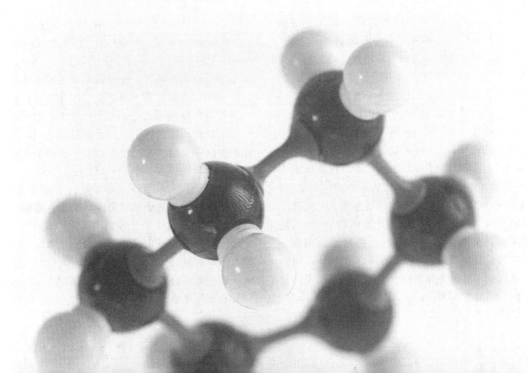

第 1 章
定域化学键

所谓定域化学键，是指成键电子属于两个核且仅为两个核所共有的化学键。这类化学键是有机分子结构的本质特征[1]。在第 2 章中我们将讨论离域化学键，此类化学键上的电子至少同时为两个以上的原子核共享。

1.1 共价键[2]

波动力学的理论基础是电子具有波动性（例如电子可以被衍射），因此正如光波、声波等可以用波动方程描述一样，电子的运动也可以写出波动方程。描述电子数学模型的方程通称 Schrödinger 方程。在下式所表示的单电子体系 Schrödinger 方程中，m 为电子的质量，E 为电子的总能量，V 为电子的势能，h 为 Plank 常数。

$$\frac{\delta^2\psi}{\delta x^2}+\frac{\delta^2\psi}{\delta y^2}+\frac{\delta^2\psi}{\delta z^2}+\frac{8\pi^2 m}{h^2}(E-V)\psi=0$$

从物理意义上讲，函数 ψ 表示以原子核作原点，坐标分别为 x、y 和 z 所确定的任意点上发现电子的概率的平方根。对于包含不止一个电子的体系，其方程类似，但更复杂一些。

Schrödinger 方程是微分方程，因此它的解也是方程，只不过解方程本身不再是微分方程。解方程是可以作图的简单方程。根据解方程作出的三维（3D）图形代表着电子分布的概率密度，称之为轨道或者电子云。对于 s 轨道或 p 轨道的形状想必大家都很熟悉（如图 1.1）。每一个 p 轨道上都有一个节面——电子出现概率非常小的区域[3]。从图 1.1 中还可以看到，p 轨道的不同"波瓣"上，有的标志为"+"号，有的标志为"-"号。这里的符号并不代表正电荷或负电荷，因为两种"波瓣"上分布的都是电子，它们都应该带负电。这些符号代表的是波函数 ψ 的正负。当轨道被节面分为两部分时，两侧的波函数 ψ 的符号总是相反的。根据 Pauli（泡利）不相容原理，同一轨道上排布的电子不能超过两个，且它们的自旋方向相反。

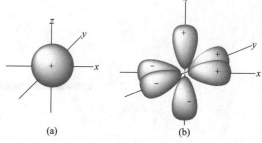

图 1.1 一个 1s 轨道（a）和三个 2p 轨道（b）

遗憾的是，只有单电子体系（如氢原子）的 Schrödinger 方程能得出精确解。假如能得出 Schrödinger 方程对于两个或两个以上电子体系的精确解[4]，就可以得到每一个电子的轨道（尤其是重要的基态轨道）的准确形状和能量。由于不能得到准确的解，我们就必须进行较大的近似处理。常用的近似方法有两种：分子轨道法（molecular orbital，MO）和价键法（valence bond，VB）。

分子轨道法认为，化学键是通过原子轨道的相互叠加产生的。多少原子轨道相互叠加，就会产生相同数量的新轨道，即分子轨道。分子轨道与原子轨道的区别在于，分子轨道的电子云围绕在两个或两个以上的原子核周围，而原子轨道上的电子云只围绕着一个原子核。也就是说，电子由两个原子共享，而不是定域在一个原子周围。对于定域键中的共价单键来说，相互重叠的原子轨道数为 2（且每个原子轨道各带一个电子），从而产生了两个分子轨道。其中一个被称作成键轨道，它的能量比原来的两个原子轨道的能量要低（否则就不能成键）；另一个被称作反键轨道，它具有比原子轨道更高的能量。由于电子优先填充在能量较低的轨道上,且每个分子轨道可以容纳两个电子,因此来自不同原子轨道的两个电子可以同时排布在成键轨道上。基态时,反键轨道是空的。

化学键的强弱取决于处于两个原子核间的电子云密度大小。原子轨道重叠程度越大,所形成的化学键就越强,但是由于原子核的排斥作用,完全重叠是不可能的。图1.2展示了由两个1s电子的原子轨道相互叠加而成的成键和反键轨道。从图中可以看到,反键轨道被一个节面从两个原子核中间分开。由于节面处的电子密度几乎为零,因此可以想象反键轨道不可能充分成键。由两个原子轨道重叠形成分子轨道时,若其电子云密度中心在两个原子核的连线上,则此分子轨道称为σ轨道,所成的键则为σ键;相应的反键轨道则称为σ*轨道。σ轨道不只可以由两个s轨道相互重叠形成,任何相同或不同的原子轨道(s,p,d或f)的相互重叠都可以形成σ轨道,但相互重叠的两个"波瓣"的符号必须相同。例如,符号为正的s轨道,可以与另一个符号为正的s轨道或者p,d,f轨道中符号为正的"波瓣"重叠形成分子轨道。无论是由哪些原子轨道重叠形成的σ轨道,其外形都近似为椭球体状。

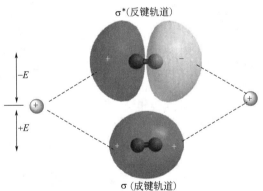

图1.2 两个1s轨道的重叠产生一个σ轨道和一个σ*轨道

通常根据对称性对轨道进行分类,例如氢分子的σ轨道经常被写作ψ_g,其中的字母"g"是gerade(德语,意为"偶的"、"中心对称的")的缩写。中心对称轨道相对于对称中心进行对称操作后,轨道的符号不变。而σ*轨道则是中心反对称(ungerade,德语,意为"奇的"、"中心反对称的")轨道(标作ψ_u)。当以轨道的对称中心进行对称操作时,中心反对称轨道的符号会发生反转。

在分子轨道的计算中,波函数是由参与叠加的原子轨道波函数线性组合而得到的。这种方法通常被称为原子轨道线性组合(linear combination of atomic orbitals,LCAO)。原子轨道相加得到成键轨道(式1.1):

$$\psi = c_A\psi_A + c_B\psi_B \quad (1.1)$$

其中,波函数ψ_A和ψ_B分别为参与成键的原子A和B的原子轨道函数,而c_A和c_B则分别是两个原子轨道的权重因子。原子轨道相减也是一种线性组合(式1.2),这样得到的则是反键轨道。

$$\psi = c_A\psi_A - c_B\psi_B \quad (1.2)$$

当采用价键理论法近似时,对于分子而言,每一种可能的电子结构(称之为"正则式",canonical form)都用相应的轨道方程表示,最终的分子轨道方程则由许多可能的轨道方程相加而成,并考虑每个轨道方程的权重因子(式1.3):

$$\psi = c_1\psi_1 + c_2\psi_2 + \cdots \quad (1.3)$$

此方程与式(1.1)类似,只是此处每一个ψ代表一个虚构的正则式的波函数,而c则为各个正则式对总电子结构贡献的权重。举个简单的例子,对于氢分子的以下三种电子结构都可以写出相应的波函数[5]:

H—H   H:⁻ H⁺   ⁺H H:⁻

各种方法中参数c的求得是通过解各个不同c值的方程,最后获得能量最低的解。在实际操作中,两种方法对只含有定域电子的分子解出来的结果相差不大,并且能够与有机化学家所熟知的Lewis结构相符。离域体系将在第2章中讨论。要注意的是,轨道函数是能用几种不同的方法通过测试所得数据构建的。但是,通常所得结果比起纯粹理论计算得到的结果还是不够精确[6]。

1.2 多价态

一价原子只能提供一个原子轨道用于成键,价态等于或大于2的原子则必须提供至少两个原子轨道用于成键。氧原子有两个半充满的原子轨道,因而其价态为2。氧原子能以这两个原子轨道与其它两个原子的原子轨道重叠形成两根单键。由于这两个用于成键的轨道都是p轨道,彼此是垂直的,根据最大重叠原理,另外参与成键的两个原子核应当以氧原子为中心互成90°角。类似的,我们可以想象具有三个相互垂直的p轨道的氮原子,与其它原子形成三根单键之后也应该具有90°的键角。然而,事实上在这些结构中并没有观察到90°的键角。水分子的键角[7]为106°46′,氨分子的键角为106°46′,乙醇、乙醚的键角甚至更大。具体的讨论放在 1.11 节，但重点是要注意到共价化合物是有确定的键角的。虽然原子一直处于振动之中，但对于给定的化合物，每个原子的平均位置是一样的。

1.3 杂化

以汞为例，汞原子的电子结构如下：

$$[Xe]4f^{14}5d^{10}6s^2$$

尽管没有半充满的轨道，但其价态为 2，所以参与形成两根共价键。可以设想，6s 轨道上的一个电子跃迁到空的 6p 轨道上，形成这样的激发态电子构型：

$$[Xe]4f^{14}5d^{10}6s^16p^1$$

在这种状态中，汞原子有两个不等价的半充满轨道。如果通过这两个轨道与其它原子的原子轨道重叠成键，所得的两个共价键也将是不等价的。由 6p 轨道所成的键将比 6s 轨道所成的键更稳定，这是因为 6p 轨道与其它原子轨道的重叠比 6s 轨道的重叠大。另一个更稳定的成键方式是，在成键的过程中 6s 和 6p 轨道混合成两个等价的新轨道而后参与成键，如图 1.3 所示。

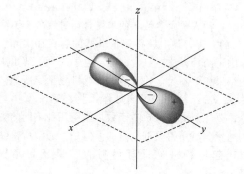

图 1.3　由汞形成的两个 sp 轨道

因为参与成键的这些新轨道是由两个不同的轨道混合而成的，所以称之为"杂化轨道"。每个杂化轨道被称为一个 sp 轨道，因为它们都是由一个 s 轨道和一个 p 轨道杂化而成的。sp 杂化轨道由一个大波瓣和一个非常小的波瓣组成，它们仍然是原子轨道，但只有在成键过程中才会形成；而在自由原子态中并不存在这样的电子结构。汞原子以如图 1.3 所示的两个 sp 轨道的大波瓣与外来的原子轨道重叠形成两个共价键。外来的轨道可以是前面所提到的任何原子轨道（包括 s，p，d 或 f，或者另一个杂化轨道）。这些轨道在成键时同样要遵守一个原则——只有符号相同的轨道才能彼此重叠成键。以这种方式所形成的分子轨道都是 σ 轨道，因为它们都符合上文对 σ 轨道的定义。

一般来说，由于分子轨道之间的排斥作用，共价轨道会尽量彼此远离，因此两个 sp 轨道之间成 180° 角。这就意味着 $HgCl_2$ 应该是一个直线形的分子（与水分子不同），实际上也的确如此。这样的杂化称为对角杂化（digonal hybridization）。sp 杂化轨道在空间上更充分地向外来原子轨道的方向伸展，能够达到更大程度的重叠。故与相应的 s 轨道和 p 轨道相比，sp 杂化轨道能形成更强的共价键。比如：$HgCl_2$ 分子形状为直线形，而 H_2O 为角形。这个事实表明，水分子中氧原子用于成键的杂化轨道与 $HgCl_2$ 分子中汞原子所用的杂化轨道是不同的。

杂化可以有多种形式。硼原子的电子构型为 $1s^22s^22p^1$，但它的价态却是 3，因而硼原子只有 3 个价电子可以参与成键。任何杂化模型都要考虑这种情况。同样，我们可以设想发生了电子跃迁和原子轨道的杂化：

$$1s^22s^22p^1 \xrightarrow{\text{电子跃迁}} 1s^22s^12p_x^12p_y^1 \xrightarrow{\text{杂化}} 1s^2(sp^2)^3$$

这样就会产生 3 个等价的杂化轨道，都称之为 sp^2（三角杂化，trigonal hybridization）轨道。这样表示杂化轨道可能会带来一些问题，因为非杂化的轨道仅用一个字母即可标识，因此必须记住三个杂化轨道中的任何一个都称为"sp^2"轨道。要理解的关键是，通过 sp 杂化，原子形成两个 σ 键；而通过 sp^2 杂化，则形成 3 个 σ 键。sp^2 轨道的示意图见图 1.4。图中所示的那三个轨道都在同一个平面上，并且指向等边三角形的三个角。这与已知的三氟化硼（BF_3）的分子结构一致，即键角为 120° 的平面型分子。

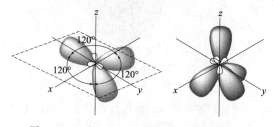

图 1.4　三个 sp^2（a）和四个 sp^3 轨道（b）

还有另外一种杂化轨道形式，由可以形成四根键的原子产生。碳原子就是可以形成四根单键（σ 键）的重要原子。形成四根键的碳原子的电子跃迁和轨道杂化的情况如下：

$$1s^22s^22p_x^12p_y^1 \xrightarrow{\text{电子跃迁}} 1s^22s^12p_x^12p_y^12p_z^1$$

$$\xrightarrow{\text{杂化}} 1s^2(sp^3)^4$$

杂化产生的四个等价的轨道，均被称为 sp^3 轨道，由于电子排斥作用，每个轨道都分别指向正四面体的一个角（如图 1.4）。因此可以设想甲烷（CH_4）的键角是 $109°28'$，而这正是正四面体每个顶点与重心连线所成的角。实际上，在原子轨道中，电子是没有跃迁的，但原子轨道不同于分子轨道。电子跃迁的模型是数学假设，以便用原子轨道来描述分子轨道。

虽然本节中所讨论的杂化轨道可以很好地解释相关分子的大多数物理和化学性质，但有必要指出的是，杂化轨道，例如 sp^3 杂化轨道，只是 Schrödinger 方程的一个近似解。一个 s 轨道和三个 p 轨道可以有很多种其它合理的组合方式。在 1.5 节（光电子能谱）中我们会看到，甲烷中的四个 C—H 键并不总是等价的。Bickelhaupt[6] 提出了另一种解决碳原子成键的方法，指出碳原子的最大配位数不能超过 4，因为碳原子太小而不允许多于 4 个取代基接近形成合适的化学键。

1.4　多重键

如果利用前面讨论过的分子轨道（MO）概念来观察乙烯分子（C_2H_4），就会发现每一个碳原子通过三个 sp^2 轨道与邻近的三个原子成键。这些 sp^2 轨道来自碳原子激发态的 $2s^1$、$2p_x^1$ 和 $2p_y^1$ 轨道的杂化（1.3 节）。对于任何分子中的碳原子，如果它只与三个其它原子成键，则都应当是 sp^2 杂化的。乙烯分子中的每个碳原子都通过三根 σ 键与其它原子相连：两个分别与氢原子相连，余下的一个与另一个碳原子相连。这样，每一个碳原子上还有一个电子处于与 sp^2 平面垂直的 $2p_z$ 轨道上。这两个相互平行的 p_z 轨道可以肩并肩地重叠形成两个分子轨道：一个成键轨道和一个反键轨道（如图 1.5 所示）。当然，在基态时两个电子都排布在成键轨道中，而反键轨道则是空的。也就是说，通过相邻碳的两个 p 轨道侧面重叠形成了新键，而不像 σ 轨道直接重叠。若形成分子轨道的两个原子轨道的轴线相互平行，这样所形成的成键轨道称为 π 轨道，反键轨道则称为 $π^*$ 轨道。

在乙烯分子轨道示意图中，组成双键的两个分子轨道是不等价的[8]。其中的 σ 轨道是椭球形的，并且呈 C—C 轴对称。π 轨道的形状是两个椭球形，一个在 sp^2 轨道平面上，另一个在平面下。这个平面就是 π 轨道的一个节面。为了让两个 p 轨道得到最大程度的重叠，它们应该是互相平行的。也就是说，双键不能自由

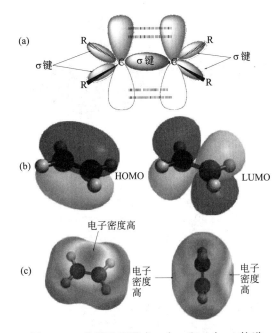

图 1.5　p 轨道重叠形成一个 π 和一个 $π^*$ 轨道
（a）σ 轨道；（b）π 轨道，在（b）中左边为能量最高占有轨道（HOMO），右边为能量最低空轨道（LUMO）；（c）乙烯的电子势能图，表示电子密度集中在原子所在平面的上方和下方，与乙烯分子中存在 π 键的情况一致

旋转——如果两个 H—C—H 平面发生相对旋转，两个 p 轨道的重叠程度就会降低（即 π 键消失）。因此，乙烯分子中的六个原子应当在同一个平面上，且键角约为 $120°$。双键的键长比单键略短，这是因为两个 p 轨道最大限度重叠时分子最稳定（参见 1.10 节）。碳原子与氧原子或氮原子之间的双键也很相似，都由一个 σ 轨道和一个 π 轨道组成。

在具有叁键的化合物（例如乙炔）中，碳原子只与两个其它原子相连，因此采用 sp 杂化，也就是说，乙炔中的四个原子（2H 和 2C）在一条直线上（如图 1.6）[9]。每个碳原子形成 σ 键之后还有两个剩余的 p 轨道，每个轨道上各有一个电子。这两个 p 轨道相互垂直，并且都与 C—C 轴垂直。它们以如图 1.7 所示的方式相互重叠形成两个 π 轨道。因此，叁键由一个 σ 轨道和两个 π 轨道组成。碳原子与氮原子之间的叁键与此类似。

图 1.6　乙炔的 σ 电子

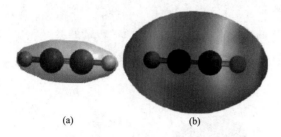

图1.7 乙炔的电子势能图
（a）图中电子密度集中在各个原子核间的连线上，与叁键中存在σ轨道重叠的情况一致；
（b）图中乙炔的电子势能图表示电子密度集中在碳原子之间，与乙炔分子中存在两个垂直π键的情况一致

对于大多数有机分子，形成双键和叁键典型的元素在第二周期，如碳、氮、氧[10]。第三周期的元素形成的π键强度较第二周期元素的弱[11]，故而含有这些原子的多重键的分子比较少见，且含有这些原子的多重键的分子通常稳定性较差[12]。例如：含有C═S键的分子的稳定性要远低于含有C═O键的分子（参见2.8节pπ-dπ键）。稳定的具有Si═C键或者Si═Si键的化合物十分少见，但也有报道[13]，例如发现了含有Si═Si键的顺反异构体[14]。

至少有一个关于四氰基乙烯二聚体的所谓二电子、四中心C—C键的报道[15]。但是这样的多中心键在形式上并不是本节所述的多重键的例子，相比早前提到的简单C—C键，它是一种不同类型的键。

1.5 光电子能谱

依据杂化模型，甲烷应当具有四根等价的σ键。事实上，根据大多数物理或化学检测方法，甲烷的四个键的确是等价的。例如核磁共振（NMR）谱和红外（IR）光谱都不能区分出甲烷分子中各个C—H键的峰。但有一种物理方法可以区分出甲烷中的8个价电子，这就是光电子能谱[16]（photoelectron spectroscopy，PES）。该法利用真空紫外（UV）射线轰击分子或自由原子，使电子射出。被射出电子的能量可以测量，其与入射紫外线的能量之差就是这个电子的电离能。含有多个不同能量电子的分子，只要电子的电离能低于辐射的能量，就可能失去一个电子（一个分子只能失去一个电子，失去两个电子的情况几乎不可能）。因此，电子能谱由一系列谱线组成，每一条谱线代表一个能量不同的轨道。

只要辐射的能量足够高，光电子能谱就能按能量递增的顺序给出各个轨道能量的直观实验值[17]。通常情况下，光电子能谱中的宽峰对应于强键的电子，窄峰则对应于弱键或非键电子。

利用光电子能谱就能探究成键杂化轨道模型的有效性。图1.8为一个典型的N_2分子的光电子能谱[18]，N_2分子的电子结构如图1.9所示。

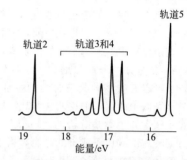

图1.8 N_2的光电子能谱[18]

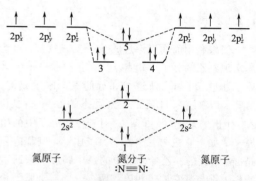

图1.9 N_2的电子结构（未画出内层电子）

两个2s轨道组合而成的两个轨道分别标记为1（成键）和2（反键），而六个2p轨道则组合成六个分子轨道，其中有三个成键轨道（标记为3、4、5），余下的三个反键轨道（在图1.9中未标示出来）是空轨道。在图1.8中没有找到轨道1的峰，这是因为此电子的电离能高于辐射的能量（当采用更高能量的辐射时可以看到此峰）。图1.8中的宽峰对应于轨道3和轨道4上的四个电子（参见第7章）。因此，N_2分子中的叁键由这两个轨道和轨道1组成。能谱中对应于轨道2和轨道5的峰很窄，因此这两个轨道对成键的贡献很小，氮分子（:N≡N:）中的那两对孤对电子就排布在这两个轨道上。值得注意的是，实验结果与那种"轨道重叠成键"的简单设想所得出的结论是矛盾的。根据轨道重叠理论，两对孤对电子应该排布在2s轨道上，即在轨道1和轨道2上，叁键则应该由轨道3、轨道4和

轨道 5 组成，即来自于 p 轨道的重叠。这个例子是光电子能谱学重要性的一个实例。

甲烷的光电子能谱[19]上有两个峰[20]，分别在大约 23 eV 和 14 eV 处，而不是由四个等价的 C—H 键形成设想的一个吸收峰。图 1.10 表明碳原子利用有效的轨道形成四根键，键中的电子处于成键的碳原子与四个原子之间。前面提到杂化模型预测四根等同的 σ 键是由四个等同的杂化轨道重叠而成的。23eV 左右的峰来自两个处于较低能级的电子。此能级称为 a_1 能级，由碳原子的 2s 轨道与氢原子的 1s 轨道适当组合而得。14 eV 左右的峰来自一个三重简并能级（t_2 能级）上的六个能量较高的电子，相应地这三个轨道由碳的三个 2p 轨道与氢原子的 1s 轨道组合而得。如前所述，大多数物理或化学过程不能区别这样的能级差别，但光电子能谱可以做到。至今已获得了许多其它有机分子的光电子能谱[21]，例如单环烯烃，其能谱上小于 10 eV 的峰属于 π 轨道的离子化，而大于 10 eV 的峰则来自 s 轨道的离子化[22]。要指出的是，普通的 sp^3 杂化理论不足以解释离子化的分子（例如甲烷失去一个电子后得到的自由基阳离子 $CH_4^{\cdot+}$）。要解释这些现象，就需要用到原子轨道的其它组合方式（参见 1.3 节）。

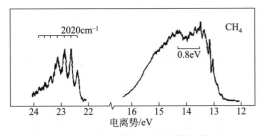

图 1.10　甲烷的光电子能谱扫描图

1.6　分子的电子结构

对于只具有定域电子的分子、离子或者自由基，我们都可以画出一个用以表示各电子位置的电子结构式，称为 Lewis 结构式。Lewis 结构式中只标出价电子，价电子可以存在于两个原子之间的化学键中，也可能是未共用电子[23]。准确地写出电子结构式是基本要求，因为在化学反应过程中可能发生电子转移，而在分析电子的转移方向之前，先要清楚每个电子的初始位置。书写电子结构式要遵循以下规则：

（1）分子、离子或自由基中的价电子总数应当是所有原子的外层电子数之和；如果是离子，还要加上负电荷的绝对值或减去正电荷的值。因此，对于硫酸分子（H_2SO_4）而言，

价电子总数 = 2（每个氢原子各 1 个）+ 6（硫原子）+ 24（每个氧原子各 6 个）= 32；

而硫酸根离子（SO_4^{2-}）的价电子总数亦为 32，因为其中每个原子贡献的价电子数都为 6，此外还要加上两个负电荷。

（2）确定价电子总数之后，要进一步确定这些价电子中哪些是参与形成共价键的电子，哪些是未共用的电子。未被共用的电子（单电子或电子对）只围绕在一个原子核的外层，而参与形成共价键的电子则围绕在相互键合的两个原子核外层。第二周期原子（如 B，C，N，O，F）周围最多可以容纳 8 个价电子，并且在大多数情况下其价电子数就是 8，只有少数情况下价电子数为 6 或 7。当一个分子的结构可能有两种写法，其中一种写法使第二周期原子拥有 6 个或 7 个电子，而另一种写法可使第二周期原子拥有 8 个电子，通常八电子结构的能量比观察到的结构低。例如，乙烯的分子结构为下式中的Ⅰ，而不是Ⅱ或Ⅲ。

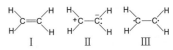

但也有少数例外。例如在 O_2 分子中，$\overset{..}{O}\!=\!\overset{..}{O}$ 结构的能量比 $\overset{..}{O}\!=\!\overset{..}{O}\!:$ 要低。第二周期元素受到八电子规则的限制，第三周期元素则不然，它们可以容纳 10 个，甚至 12 个价电子，因为它们还可以利用空的 d 轨道[24]。例如五氯化磷（PCl_5）和六氟化硫（SF_6）都是稳定的化合物。在 SF_6 中，s 轨道和 p 轨道上的电子从基态的 $3s^2 3p^4$ 激发到空的 d 轨道上，形成 6 个 sp^3d^2 杂化轨道，6 个杂化轨道分别指向正八面体的 6 个角。

（3）通常习惯上将形式电荷标注在某个原子上。在标注形式电荷时，假定每一个原子完全拥有其外围的未共用电子，同时只拥有共价键上电子的一半。将这原子所"拥有"的所有电子与其"贡献"给整个分子的电子数相比较，如果拥有的电子多于贡献的电子，则其形式电荷为负；反之则为正。所有原子的形式电荷之和与整个分子或离子带有的电荷相同。需要注意的是，形式电荷的计算方法与价电子数的计算方法不同。尽管二者采用同样的方式统计未共享电子，但是在计算形式电荷时，共价键上的电子只按一半计算；而计算价电子数时，共价键上的所有电子都计入。

电子结构式的具体例子如下:

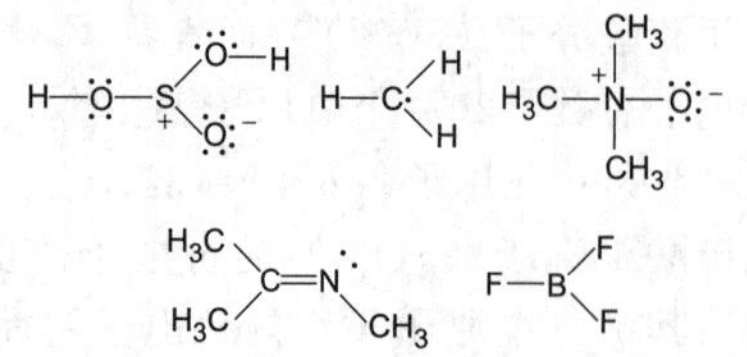

用箭头表示配位键,配位键上的电子来自同一个原子。也就是说,这个键可以视为由一个带两个电子的轨道与一个空轨道重叠形成。因此氧化三甲胺可以这样表示:

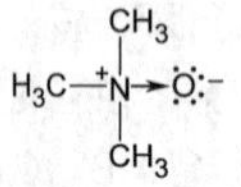

对于配位键,计算形式电荷的方法应当有所改动,配位键上的两个电子只属于给体原子,而不属于受体原子。因此,在氧化三甲胺分子中,氮原子和氧原子都没有形式电荷。尽管如此,在很多情况下,所画出的氧化胺的结构与上图所示一致,我们所要做的,就是在配位键形式和电荷分离形式之间做出选择。对于一些化合物(例如氧化胺),必须在两种形式之间做出选择。电荷分离的处理方法看起来简单一些。

1.7 电负性

除非两个原子相同,并且有完全相同的取代基,否则成键的两个原子之间的电子云是不对称的(相对于两个原子之间等距离的等分平面来说)。当成键的两个原子相同时,电子云是对称的,而当成键的两个原子不同时,电子云是不对称的。对于两个不同的原子,且其中一个比另一个更显负电,电子云必然会偏向键的一侧或另一侧,具体偏向哪一则取决于哪一侧的原子(包括原子核及其外层电子)对电子云有更大的吸引力。这种对电子的吸引能力称为电负性[25]。在元素周期表中,右上角的元素电负性最高,左下角的元素电负性最低。因此如果氟和氯之间形成共价键的话,成键电子云会发生偏离,电子出现在氟原子附近的概率要比出现在氯原子附近大得多。我们称这样的键被极化了,C—F 键就是极性共价键的一个例子。极化使得氟原子带部分负电荷(δ^-),碳原子带部分正电荷(δ^+)。

很多人尝试过将电负性量化成一张表格,以预言任何一对原子之间电子云偏向的方向和程度。其中最常用的是 Pauling 根据双原子分子的键能(参见 1.12 节)做出的电负性表格。其假设的根据是,若 A—B 分子中的键电子云是对称的,则 A—B 分子的键能则应该是 A—A 键能和 B—B 键能的平均值,因为在这些情况下电子云是无偏向的。如果 A—B 分子的实际键能大于该平均值(通常如此),则是由于两个原子均带部分电荷,这些所带的相反电荷相互吸引,使键能增加。如果要破坏这种键,就需要更多的能量。在处理数据时,需要将某个元素的电负性指定为一个特定值(如:F=4.0);然后,通过 A—B 键的实际键能与 A—A 和 B—B 平均键能的差值表示其它元素的电负性,我们称这个差值为 Δ,则其它元素的电负性通过如下公式计算:

$$x_A - x_B = \sqrt{\frac{\Delta}{23.06}}$$

其中,x_A 和 x_B 分别为已知原子和未知原子的电负性,23.06 为经验常数。从这种方法得到的部分原子的电负性如表 1.1 所示[26,27]。

表 1.1 某些原子的 Pauling 电负性[26]与 Sanderson 电负性[27]

元素	Pauling 电负性	Sanderson 电负性	元素	Pauling 电负性	Sanderson 电负性
F	4.0	4.000	H	2.1	2.592
O	3.5	3.654	P	2.1	2.515
Cl	3.0	3.475	B	2.0	2.275
N	3.0	3.194	Si	1.8	2.138
Br	2.8	3.219	Mg	1.2	1.318
S	2.5	2.957	Na	0.9	0.835
I	2.5	2.778	Cs	0.7	0.220
C	2.5	2.746			

还有根据其它原理求取电负性的方法[28]。如平均离子化能和电子亲和势法[29],基态游离原子价层电子层平均单电子能量法[30],以及原子的电子云"紧密度"法[24]。在这些方法中,不同价态的原子,不同杂化方式的原子(例如,碳原子电负性:sp 杂化>sp^2 杂化>sp^3 杂化)[31],甚至伯、仲、叔碳的电负性都可以求出。此外,还可以求出基团的电负性(表 1.2)[32]。

表 1.2 部分基团的电负性
(以 H 的电负性=2.176 为参照)[32]

基团	电负性	基团	电负性
CH_3	2.472	CCl_3	2.666
CH_3CH_2	2.482	C_6H_5	2.717
CH_2Cl	2.538	CF_3	2.985
CBr_3	2.561	$C \equiv N$	3.208
$CHCl_2$	2.602	NO_2	3.421

NMR 谱也可以反映电负性的大小。当不存

在磁各向异性基团时[33],^{1}H 和 ^{13}C 的化学位移与其原子周围的电子云密度成一定比例关系,从而亦和与之相连的原子或基团的电负性相关。所连原子或基团的电负性越大,^{1}H 或 ^{13}C 核上的电子云密度越小,化学位移越向低场移动。此相关性在以下一系列分子的芳环氢的化学位移中都有反映,如甲苯、乙基苯、异丙基苯、叔丁基苯,虽然这些分子中存在磁各向异性基团,但它们对这一系列分子的影响是恒定的。此系列分子中芳环氢核周围的电子云密度依次减小[34,35]。当然,这样的相关性从原理上来说并不严格,因为进行核磁测量时分子被置于强磁场中,而强磁场本身就会对电子云分布造成很大影响。研究还发现,—CH—CH—X 分子中两个 H 原子之间的偶合常数也受到 X 原子电负性的影响[36]。

当键合的两个原子的电负性相差很大时,轨道中的电子云可能只定域在一个原子上,这就形成了离子键。此结论很容易从先前的讨论中得出。极性共价键可以认为介于离子键和共价键之间。基于这一观点,电子云偏离的程度可以用化学键的离子性程度来表示。根据这个模型,从离子键到共价键之间有一个连续的过渡。

1.8 偶极矩

偶极矩是分子的一种性质,起源于上文讨论过的电荷偏移。我们无法测量分子中单个化学键的偶极矩,只能测量整个分子的偶极矩。整个分子的偶极矩是所有化学键偶极矩的矢量和[37]。某一特定化学键的偶极矩在不同分子之间近似相等[38],但也不是完全不变。从而我们根据甲苯和硝基苯的偶极矩(图 1.11)[39]可以估算出 4-甲基硝基苯的偶极矩应为 4.36D。实际测量的偶

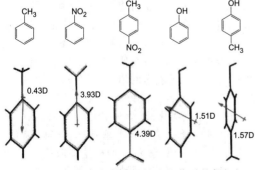

图 1.11 在苯溶液中测得的一些分子的偶极矩
(单位为 D, 德拜)[39]
在 3D 模型中箭头表示分子偶极矩的方向,
指向分子中负电性大的方向

极矩为 4.39D,与估算值十分接近。但有时估算值与实际值差别很大,例如对甲苯酚的偶极矩估算值为 1.11D,其实际值为 1.57D。在一些情况下,尽管分子中存在有偶极矩的化学键,但整个分子的偶极矩却为 0,这是因为分子整体的对称性使得各个键的偶极矩相互抵消。这样的例子包括 CCl_4、反-1,2-二溴乙烯和对二硝基苯。

由于 C 和 H 的电负性的差别很小,因此烷烃的偶极矩也很小,甚至难以测量。例如异丁烷的偶极矩为 0.132D[40],丙烷的偶极矩为 0.085D[41]。当然,由于甲烷和乙烷分子的对称性,它们没有偶极矩[42]。几乎没有分子的偶极矩大于 7D。

1.9 诱导效应和场效应

乙烷中的 C—C 键没有极性,因为与它相连的是两个具有相同电负性等价的原子。然而,当其中一个碳原子与一个电负性较大的原子相连后,将导致键的极性,这就是我们熟知的诱导偶极。例如氯乙烷中的 C—C 键却有极性,因为其中一个碳原子与电负性较大的氯原子相连。此化学键的极化实际上是由两个效应造成的。首先,C-1 原子的电子云被电负性大的氯吸走一部分之后,会将 C—C 键上的电子云吸向自己,而使得 C—C 键发生下列极化:

$$^2CH_3 \xrightarrow{\delta\delta+} {^1CH_2} \xrightarrow{\delta+} Cl^{\delta-}$$

C-2 原子出现部分正电荷,产生诱导偶极。由相邻化学键的极化导致的化学键极性变化,称为诱导效应。该效应在相邻键上的作用最明显,但也可以传递得更远,例如在氯乙烷分子中甲基上的三个 C—H 键也会发生(轻度)的诱导极化。在实际处理时,距离极化基团三个键以上时,诱导效应可以忽略。

另外一种导致化学键极性变化的效应不通过化学键,而直接通过空间或溶剂分子起作用,这种因素被称为场效应[43]。这两种效应通常很难区分,但由于场效应主要决定于分子的几何结构,而诱导效应主要决定于键的性质,因此有些情况下也可以分辨二者。例如,在异构体 **1** 和 **2**[44] 中,氯原子对羧基的诱导效应应该是相等的(参见第 8 章),因为氯原子和羧基之间所隔的化学键相同;而场效应却是不相等的,因为分子 **1** 中氯原子和羧基的距离比分子 **2** 要近。因而,通过比较

两个同分异构体酸性的不同，就可以判断场效应是否真的存在。实验结果明确地证实，场效应要比诱导效应重要得多[45]。在大多数情况下，这两种效应被放在一起考虑；在本书中，我们也并不想将它们分开考虑，而是将它们的共同作用统称为"场效应"[46]。需要注意的是，分子 1 中的场效应可以认为是分子内氢键的结果（参见 3.1 节）。

以氢为参照，可以将官能团分为吸电子基团（−I）和给电子基团（+I）。例如，NO_2 是一个吸电子（−I）基团，当处于分子中的相同位置时，NO_2 的吸电子能力大于 H 原子。

$$O_2N \leftarrow CH_2 \leftarrow Ph$$
$$H-CH_2-Ph$$

因此，在 α-硝基甲苯中，N—C 键上的电子离碳原子的距离要比甲苯上的 C—H 键上的电子离碳原子的距离远。类似的，在 α-硝基甲苯中 C—Ph 键上的电子比甲苯中甲基的 C—H 键上的电子会更多地偏向碳原子。场效应是一种相对的效应，我们比较的是一个基团与另一个基团（通常是 H）的吸电子性和给电子性。一般来说，与 H 相比，NO_2 是吸电子基团，O^- 是给电子基团。实际上并没有真正发生电子的吸引或给出，而是发生了电子的偏移或重新分布。吸电子或给电子的说法是为了用起来方便，仅仅表示电子的位置因为 H 与 NO_2 或 O^- 基团之间电负性的差异而发生了改变。

表 1.3 列出了常见的吸电子基团和给电子基团[47]。从表中可见，与 H 相比，大多数基团是吸电子的。给电子的通常都是带有形式负电荷的基团（但也并非都如此），以及电负性小的原子，例如 $Si^{[48]}$、Mg 等，另外可能还包括烷基。以前烷基[49] 通常被认为是给电子基团，但后来人们发现了许多现象，这些现象只有假定烷基相对于 H 是吸电子的才能得到合理解释[50]。与此说法吻合的是，甲基的电负性为 2.472（见表 1.2），而 H 的电负性为 2.176。需要注意的是，当烷基与不饱和碳或三价碳（或其它原子）相连时，只有将其视为给电子基团，它的行为才能更好地被解释（见 5.1.2 节、5.2.1 节、8.5 节和 11.2.1 节）；但当其与饱和碳原子相连时，烷基有时表现为吸电子基团，有时表现为给电子基团[51]（亦见 8.6 节）。当其与正电碳相连时，烷基必定是给电子的。

类似地，当烷基与不饱和体系相连时，其场效应强度顺序为：三级＞二级＞一级＞CH_3；而当烷基与饱和体系相连时却并不总是如此。与氢相比，氘原子是给电子的[52]。其它条件相同时，以 sp 杂化轨道成键的原子的吸电子能力要大于以 sp^2 杂化轨道成键的原子，同时 sp^2 又大于 $sp^{3[53]}$。例如，芳基、乙烯基和炔基都是吸电子基团。场效应通常随距离的增大而很快减弱，在大多数情况下（除非是一个特别强的给电子或吸电子基团），当距离超过四根键时其影响已可以忽略。有研究表明，场效应还会受到溶剂的影响[54]。

场效应对酸碱性和反应性的影响分别参见第 8 章和第 9 章。

1.10 键长[55]

分子中两个原子之间的距离是该分子的特征性质。比较相同化学键在不同分子中的键长，可以得到一些有用的信息。X 射线衍射法（只用于固相）、电子衍射法（只用于气相）和光谱方法，尤其是微波光谱等，是测量键长和键角的主要方法。分子中化学键的长度并非固定的，因为键两端的原子一直处于振动之中，因此测量所得结果都是平均值，不同的测量方法会给出不同的结果[56]。除非用于精细分析，一般不予特别关注。

不同测量方法的精度不同，但相似的化学键在不同分子中的键长区别不大，其差别通常在 1% 以下，当然也有例外[57]。表 1.4 列出了不同化合物中两个 sp^3 杂化的碳原子之间的键长[58-65]。然而，对 2000 多种醚和羧酸酯（均为 sp^3 杂化的碳）的研究表明，C—OR 键的键长随着 R 基团吸电子能力的增强而增长，同时随着一级碳、二级碳、三级碳、四级碳的顺序增长[66]。对于这些分子，其平均键长从 1.418Å 至 1.475Å 不等。一些特定的取代基也影响键长。醚分子中 C—O 键 β 位上的硅烷基取代可以使 C—O 键增长而键强减弱[67]。这可以解释为 C—Si 键和 C—O 键之间的 σ-σ* 作用导致的，在此间 C—Si 键的 σ 轨道为电子给体，C—O 键的 σ* 轨道为电子受体。

表 1.3　一些基团相对于氢的场效应①

+I		−I	
O^-	NR_3^+	COOH	OR
COO^-	SR_2^+	F	COR
CR_3	NH_3^+	Cl	SH
CHR_2	NO_2	Br	SR
CH_2R	SO_2R	I	OH
CH_3	CN	OAr	C≡CR
D	SO_2Ar	COOR	Ar
			$C=CR_2$

① 大致按照吸电子能力和给电子能力下降的顺序排列。

表 1.4　一些化合物分子中 sp³ 杂化的 C—C 键的键长

化合物	参考文献	键长/Å
金刚石	[58]	1.544
C_2H_6	[59]	1.5324±0.0011
C_2H_5Cl	[60]	1.5495±0.0005
C_3H_8	[61]	1.532±0.003
环己烷	[62]	1.540±0.015
叔丁基氯	[63]	1.532
正丁烷至正庚烷	[64]	1.531~1.534
异丁基	[65]	1.535±0.0001

一些重要类型化学键的键长如表 1.5 所示[68]。虽然典型的 C—C 单键的键长约为 1.54Å，但在一些分子中 C—C 单键却明显地更长[69]。计算表明，不稳定的分子中碳碳单键键长较长；通过 X 射线衍射实验测得，[2.2]四苯并对环芳烷（**3A**）的光学异构体 **4**（参见第 2 章 2.7 节）的 C—C 键长为 1.77Å[69,70]。要指出的是，**3A** 的分子模型是 **3B** 与光学异构体 **4** 相比，它有两个四元环单元。在稳定的分子如苯并环丁烷衍生物中也观察到了较长的键长[71]。在 1,1-二叔丁基-2,2-二苯基-3,8-二氯环丁[b]萘（**5**）中的键长为 1.729Å[72]。对于这类化合物衍生物的 X 射线分析，可以肯定这种长键长的 C—C 键存在，在分子 **6** 中，键长为 1.734Å[73]。

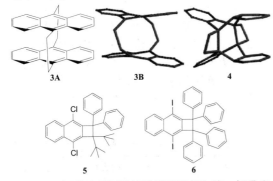

已经报道过利用计算机模拟进行包胶、折叠和"C 的压缩"的理论研究。研究表明，如果杂化和共轭效应单独考虑，会使 C 键比预想的情况变得更短[74]。其他的研究者提出来，由于三重对称几何限制导致的额外张力应该是造成这种效应的原因，而不仅仅是由杂化状态的改变所致[75-82]。

数据表明，C—D 键的键长比 C—H 键略短。电子衍射法测得 C_2H_6 的 C—H 键长为 1.1122Å±0.0012Å，而 C_2D_6 中的 C—D 键长为 1.1071Å±0.0012Å[59]。

从表 1.5 可知，碳原子杂化轨道中的 s 轨道成分越多，其键长越短。最常见的解释是，杂化轨道中 s 轨道的成分越多，它就越像 s 轨道，被原子核束缚得越紧。然而，也有一些人提出了其它的解释（参见 2.3 节），而这一争论尚未结束。一般来说，具有一根 π 键（X═X）的分子比具有单键 X—X 的分子的键长要短，具有两根 π 键（X≡X）的分子键长更短。事实上，在分子 $H_3C—CH_3$、$H_2C═CH_2$ 和 $HC≡CH$ 中，C—C 键长明显缩短，分别为 1.538Å、1.338Å 和 1.203Å[83]。研究显示，在只有 π 键的分子中，由于没有 σ 键的存在，对键长变短可能有一定作用[84]。这表明 σ 键阻止了 π 键采取最优的较短的键长。这样的化学键存在于一些金属有机化合物中。

表 1.5　键长①

键类型	键长/Å	典型分子
C—C 键		
sp³—sp³	1.53	
sp³—sp²	1.51	乙醛,甲苯,丙烯
sp³—sp	1.47	乙腈,丙炔
sp²—sp²	1.48	丁二烯,乙二醛,联苯
sp²—sp	1.43	丙烯腈,乙烯基乙炔
sp—sp	1.38	丙炔腈,丁二炔
C═C 键		
sp²—sp²	1.32	乙烯
sp²—sp	1.31	烯酮,乙烯酮
sp—sp[76]	1.28	丙二烯,二氧化三碳
C≡C 键[77]		
sp—sp	1.18	乙炔
C—H 键[78]		
sp³—H	1.09	甲烷
sp²—H	1.08	苯,乙烯
sp—H[79]	1.08	HCN,乙炔
C—O 键		
sp³—O	1.43	二甲醚,乙醇
sp²—O	1.34	甲酸
C═O 键		
sp²—O	1.21	甲醛,甲酸
sp—O[62]	1.16	二氧化碳(CO_2)
C—N 键		
sp³—N	1.47	甲胺
sp²—N	1.38	甲酰胺
C═N 键		
sp²—N	1.28	肟,亚胺
C≡N 键		
sp—N	1.14	HCN
C—S 键		
sp³—S	1.82	甲硫醇
sp²—S	1.75	二苯硫醚
sp—S	1.68	CH_3SCN
C═S 键		
sp—S	1.67	二硫化碳(CS_2)

C—卤素[80]	F	Cl	Br	I
sp³—卤素	1.4	1.79	1.97	2.16
sp²—卤素	1.34	1.73	1.88	2.10
sp—卤素	1.27[81]	1.63	1.79[82]	1.99[82]

① 所给键长为平均值，与列出的典型分子的键长并不完全相等（参见参考文献 [80]）。

1.11 键角

对于 sp³ 杂化的碳原子，当碳上的 4 个原子或基团相对较小且相同时，例如甲烷、新戊烷或四氯化碳，其分子应都是正四面体型，键角为 109°28′。但是随着所连原子或基团的增大，键角会发生偏离，以容纳较大的连接基团。除非连接两个或更多很大的基团，在大多数情况下，键角略偏离构型为正四面体时的值。用分子模型 7～9 可以解释这一现象，甲烷模型 (**7**) 的 H—C—H 键角计算值为 109°47′，而模型 **8** 的 Br—C—H 键角为 108.08°，模型 **9** 的 Br—C—Br 键角为 113.38°。要注意的是，C—Br 键的键长比 C—H 键的长。为了容纳较大的原子，键角要扩大，**8** 和 **9** 中的 H—C—H 键角势必要压缩变小。例如 2-溴丙烷分子中，溴原子也连有一个甲基，而在溴甲烷 (**8**) 分子中 Br 只与 H 竞争，相比之下，2-溴丙烷中的 C—C—Br 键角为 114.2°[85]。

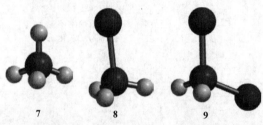

7　　　　**8**　　　　**9**

通常的 sp² 杂化和 sp 杂化的分子键角也会分别偏离 120°和 180°。这种分子变形是因为杂化轨道的轻微杂化差异，也就是说，与 4 个取代基相连的碳原子轨道是由 1 个 s 轨道和 3 个 p 轨道杂化而来的，但 4 个杂化轨道并不等价，并不都含有 25% 的 s 轨道成分和 75% 的 p 轨道成分。这是由于对于大多数此类分子来说，4 个取代基的电负性不尽相同，对电子的吸引能力也不尽相同[86]。当所连的原子电负性比较大时，与此原子成键所用的杂化轨道可能含有较多的 p 轨道成分。正如在氯甲烷中，与氯原子成键的碳原子杂化轨道中 p 轨道的成分大于 75%，当然其它杂化轨道中 p 轨道的成分会相应减少，因为只有 3 个 p 轨道和 1 个 s 轨道可以用于形成 4 个杂化轨道[87]。当然，在结构拥挤的分子中，键角会明显地偏离理想值（参见 4.17 节）。

对于含氧和氮的分子来说，若通过 p² 轨道成键，则其键角理论上应为 90°。然而如 1.2 节所述，水和氨分子的键角都远远大于 90°，含有氧和氮的其它分子亦如此（见表 1.6）[88-92]；事实上，比起 90° 来它们更加接近于正四面体的 109°28′。由此可以设想，它们应该是通过 sp³ 杂化轨道成键。也就是说，根据杂化轨道模型，它们并不是通过两个或三个 p 轨道与氢原子的 1s 轨道相互重叠成键，而是将 2s 轨道和 2p 轨道杂化成 sp³ 轨道，再利用其中的两个或者三个轨道与氢键合，其它轨道则由未共享的电子对（亦称孤对电子）填充。如果这一假设成立的话（事实上它被今天的大多数化学家所接受[93]），就需要解释为什么这些分子的实际键角并不是 109°28′，而是比此略小。一种解释是孤对电子需要占据的空间比成键电子对要大（见 4.17 节），因为没有其它原子核可以分散其电子云，这使得所形成化学键变得拥挤。然而大多数实验证据表明，孤对电子需要占据的空间比成键电子要小[94]。更受支持的解释是，氧原子和氮原子并不采取纯粹的 sp³ 杂化。如前所述，与电负性较高的原子成键的杂化轨道中 p 轨道的成分较大。孤对电子可以视为与电负性最小的"原子"（因为这个"原子"根本没有吸引电子的能力）键合，因而其占据的杂化轨道中 s 轨道的成分较大。从而成键的轨道中 p 轨道的成分比纯 sp³ 杂化轨道大，与 p² 轨道接近，从而使键角减小。然而，这些解释都忽视了连接在氧或氮上的原子或基团的空间位阻。从表 1.6 可见，氧、氮和硫的键角均随取代基电负性的减小而增大。需要注意的是，这个假设并不能解释为什么有的结构中键角大于 109°28′。

表 1.6　一些含氧、硫、氮化合物的键角

键	键　角	化合物	参考文献
H—O—H	104°27′	水	[7]
C—O—H	107°～109°	甲醇	[62]
C—O—C	111°43′	二甲醚	[88]
C—O—C	124°±5′	二苯醚	[89]
H—S—H	92.1°	硫化氢	[82]
C—S—H	99.4°	甲硫醇	[82]
C—S—C	99.1°	二甲硫醚	[90]
H—N—H	106°46′	氨	[7]
H—N—H	106°	甲胺	[91]
C—N—H	112°	甲胺	[83]
C—N—C	108.7°	三甲胺	[92]

1.12 键能[95]

通常所说的"键的能量"包括两种，其一称为"离解能" D，是将化学键打开，解离出组成原子形成自由基所吸收的能量。例如对于过程 $H_2O \rightarrow HO + H$，$D = 118$kcal/mol（494kJ/mol）。然而这并不是水分子中 O—H 键的键能，因为对于过程 $H—O \rightarrow H + O$，$D = 100$kcal/mol（418kJ/mol）。这两个值的平均值 109kcal/mol（456kJ/mol）就是键能 E。在双原子分子中，当然 $D = E$。

D 值的测量可能很容易也可能很困难，可以通过许多方法获得[96]，当方法运用适当时，"鲍林的初始电负性方程精确地描述了普通共价键均裂解离焓，也包括极性较高的共价键，与文献值的平均偏差为 1.5kcal/mol（约 6.3kJ/mol）"[97]。无论是测量的还是计算的，D 值的意义也十分明确。而对于 E 值来说，问题就没有那么简单。以甲烷为例，在 0K 时将 CH_4 分子完全转化为 $C + 4H$ 所需要的能量为 393kcal/mol（1644kJ/mol）[98]。因而在 0K 时，C—H 键的 E 值应为 98kcal/mol（411kJ/mol）。实际上，比测量原子化热（即，将化合物转变为相应原子所需的能量）更常用的方法是利用燃烧热计算键能。计算方法见图 1.12。

		kcal	kJ
C_2H_6(气相) + 3.5 O_2(气相) = 2 CO_2(气相) + 3 H_2O(液相)		+372.9	+1560
2 CO_2(气相) = 2 C(石墨) + 2 O_2(气相)		−188.2	−787
3 H_2O(液相) = 3 H_2(气相) + 1.5 O_2(气相)		−204.9	−857
3 H_2(气相) = 6 H(气相)		−312.5	−1308
2 C(石墨) = 2 C(气相)		−343.4	−1437
C_2H_6(气相) = 6 H(气相) + 2 C(气相)		−676.1	−2829

图 1.12 乙烷在 25℃下原子化热的计算方法

碳氢化合物的燃烧热已经准确知道[99]。甲烷在 25℃ 的燃烧热是 212.8kcal/mol（890.4kJ/mol），由此求出原子化热为 398.0kcal/mol（1665kJ/mol），C—H 键在 25℃ 的 E 值为 99.5kcal/mol（416kJ/mol）。这样的计算方法对像甲烷这样所有键都等价的分子来说很合适，但对于更复杂的分子就必须做一些假设。因此，对于乙烷来说，25℃ 时的原子化能为 676.1kcal/mol（2829kJ/mol）（如图 1.12），此时我们必须区分，有多少能量属于 C—C 键，又多少能量属于 C—H 键。任何假定都是主观做出的，因为并没有合适的方法求得其真实比例。事实上对这个问题的讨论是没有实际意义的。如果我们假设，乙烷中的 C—H 键能与甲烷中的相等（同为 99.5kcal/mol，即 416kcal/mol），那么 6×99.5（或 416）=597.0（或 2498），余下 79.1kcal/mol（331kJ/mol）即为 C—C 键能。然而同样的假定用于丙烷时得出的 C—C 键能却是 80.3kcal/mol（336kJ/mol），用于异丁烷则是 81.6kcal/mol（341kJ/mol）。采用同分异构体的原子化能进行计算也得出不同的结果：采用这样的假设，根据原子化能求出的 25℃ 时戊烷、异戊烷和新戊烷的 C—C 键能分别为 81.1kcal/mol（339kJ/mol）、81.8kcal/mol（342kJ/mol）和 82.4kcal/mol（345kJ/mol），尽管它们同样都有 12 根 C—H 键和 4 根 C—C 键。

这些差异来自新引入的不同结构因素。异戊烷中有一个叔碳原子，它参与形成的 C—H 键中所含的 s 轨道成分与戊烷中的 C—H 键不同。同理，戊烷中仲碳参与形成的 C—H 键所含 s 轨道的成分也与甲烷不同。化学键的解离能（D 值）是可以测定的，而伯、仲、叔碳形成的 C—H 键的 D 值并不相等（参见表 5.2）。此外还有空间效应的影响（参见 4.17 节）。因此将所有 C—H 键的键能都假定为与甲烷一样的 99.5kcal/mol（416kJ/mol）显然是错误的。人们提出了许多经验公式用以计算键能，当引入一些合适的参数（每个特征结构都有一个参数）时就可以求出总能量[100]。当然，这些参数最初是通过一些已知的包含了这些特定结构分子的总能量计算而来的。

表 1.7[101-104] 给出了不同化学键的 E 值。这些值是从大量化合物的相关数据平均而来的。该数据考虑了杂化的因素（因此 sp^3 的 C—H 键能与 sp^2 的 C—H 键能不同）[105]。其中键的离解能由计算得到，并且通过了实验的验证和修正。从中可以得到的改进的数据有：过氧化物中的 O—O 键能[106]；烷基胺中的 C—H 键能[107]；苯胺衍生物中的 N—H 键能[108]；质子化胺中的 N—H 键能[109]；苯酚中的 O—H 键能[110]；烯烃[111]、酰胺、酮[112] 以及 CH_2X_2 和 CH_3X 类（X=COOR，C=O，SR，NO_2 等）[113] 衍生物的 C—H 键能；醇和硫醇中的 O—H 和 S—H 键能[114]，以及芳香硅烷中的 C—Si 键能[115]。溶剂对 E 值有影响。当苯酚上连有给电子基团时，在水溶液中的计算结果表明，由于与水分子形成了氢键，导致键解离能的减小；当苯酚上连有吸电子基团时，键解离能会增大[116]。

表 1.7 25℃时一些重要类型化学键的键能值（E）[101]①

化学键	键能 /(kcal/mol)	键能 /(kJ/mol)
O—H	110～111	460～464
C—H	96～99	400～415
N—H	93	390
S—H	82	340
C—F		
C—H	96～99	400～415
C—O	85～91	355～380
C—C	83～85	345～355
C—Cl	79	330
C—N[103]	69～75	290～315
C—Br	66	275
C—S[103]	61	255
C—I	52	220
C≡C	199～200	835
C=C	146～151	610～630
C—C	83～85	345～355
C≡N	204	854
C=O	173～181	724～757
C=N[103]	143	598
O—O[104]	42.9	179.6±4.5

① 每组的 E 值按键能由大到小的顺序排列。该值是一系列该类化合物的平均值。

由表 1.7 中的数据可以总结出如下规律：

(1) 键能与键长有关。将表 1.5 与表 1.7 进行比较可以发现，一般来说，键长越短，键能越大。由于轨道中 s 轨道的成分越大，其键长越短（参见 1.10 节）；从而可推出，s 轨道的成分越大，其键能也越大。计算结果表明，环张力对于键解离能有显著影响，尤其是对于烃中的 C—H 键，因为它迫使分子采取一种非理想的杂化态[117]。

(2) 元素在周期表中的位置越靠下，所形成的键越弱，从 C—O、C—S 及 4 种碳-卤键的强度变化趋势即可看出这个规律。这是第一条总结的合理推论——元素在周期表中的位置越靠下，原子内层电子也随之增加，其键长必然越长。然而高阶分子轨道从头算的计算结果表明，烷基取代基对 R—X 键解离能的影响与 X 的性质有关（离子结构的稳定性影响按照 Me < Et < i-Pr < t-Bu 的顺序增加，说明随着 R—OCH$_3$、R—OH 和 R—F 分子中烷基化程度升高，R—X 键解离能也随之增大。此处 X 的影响可以被理解为由于负电性的 X 基团的取代，R$^+$X$^-$ 离子结构贡献的增大）[118]。

(3) 与相应的单键相比，双键的键长更短，键能更高。但是双键的键能小于单键键能的两倍，这是因为 π 重叠的程度不如 σ 重叠。这意味着 σ 键比 π 键要强。双键与单键（如：C—C 键）键能的差值，就是使双键旋转的最低能量[119]。

计算结果表明，共价键的键能和平均键长并不是如前面所说的由 σ 价电子轨道的最大重叠决定的[120]，而是由轨道相互作用、鲍林互斥作用和类似经典静电吸引作用共同决定的。

溶剂对分子离解能有影响，如前面提到的苯酚，对于中间体也是如此（参见第 5 章）。有人假设溶剂化焓很小，在各种反应相关的计算中一般可以忽略。溶剂化效应对分子离解能的影响可能是由于分子和关键中间体的溶剂化焓的不同引起的。对于有极性分子参与的自由基反应，自由基-溶剂相互作用可能更强[121]。

参 考 文 献

[1] See Hoffmann, R. ; Schleyer, P. v. R. ; Schaefer, III, H. F. *Angew. Chem. Int. Ed. (Engl.)* **2008**, *47*, 7164.

[2] This treatment of orbitals is simplified by necessity. For more detailed treatments of orbital theory, as applied to organic chemistry, see Matthews, P. S. C. *Quantum Chemistry of Atoms and Molecules*, Cambridge University Press, Cambridge, **1986**; Clark, T. *A Handbook of Computational Chemistry*, Wiley, NY, **1985**; Albright, T. A.; Burdett, J. K.; Whangbo, M. *Orbital Interactions in Chemistry*, Wiley, NY, **1985**; MacWeeny, R. M. *Coulson's Valence*, Oxford University Press, Oxford, **1980**; Murrell, J. N.; Kettle, S. F. A.; Tedder, J. M. *The Chemical Bond*, Wiley, NY, **1978**; Dewar, M. J. S.; Dougherty. R. C. *The PMO Theory of Organic Chemistry*, Plenum, NY, **1975**; Zimmerman, H. E. *Quantum Mechanics for Organic Chemists*, Academic Press, NY, **1975**; Borden, W. T. *Modern Molecular Orbital Theory for Organic Chemists*, Prentice-Hall, Englewood Cliffs, NJ, **1975**.

[3] When wave mechanical calculations are made according to the Schrödinger equation, the probability of finding the electron in a node is zero, but this treatment ignores relativistic considerations. When such considerations are applied, Dirac has shown that nodes do have a very small electron density: Powell, R. E. *J. Chem. Educ.* **1968**, *45*, 558. See also, Ellison, F. O.; Hollingsworth, C. A. *J. Chem. Educ.* **1976**, *53*, 767; McKelvey, D. R. *J. Chem. Educ.* **1983**, *60*, 112; Nelson, P. G. *J. Chem. Educ.* **1990**, *67*, 643. For a general review of relativistic effects on chemical structures, see Pyykkö, P. *Chem. Rev.* **1988**, *88*, 563.

[4] See Roothaan, C. C. J.; Weiss, A. W. *Rev. Mod. Phys.* **1960**, *32*, 194; Kolos, W.; Roothaan, C. C. J. *Rev. Mod. Phys.* **1960**, *32*, 219. For a review, see Clark, R. G.; Stewart, E. T. *Q. Rev. Chem. Soc.* **1970**, *24*, 95.

[5] In this book, a pair of electrons in a bond is represented by two dots.

[6] Schwarz, W. H. E. *Angew. Chem. Int. Ed.* **2006**, 45, 1508. For the ball-in-box model, see Pierrefixe, S. C. A. H.; Guerra, C. F.; Bickelhaupt, F. M. *Chem. Eur. J.* **2008**, 14, 819; Pierrefixe, S. C. A. H.; Bickelhaupt, F. M. *J. Phys. Chem. A.* **2008**, 112, 12816.

[7] Bent, H. A. *Chem. Rev.* **1961**, 61, 275, 277.

[8] For an alternative representation, see Pauling, L. *Theoretical Organic Chemistry*, The Kekulé Symposium, Butterworth, London, **1959**, pp. 2-5; Palke, W. E. *J. Am. Chem. Soc.* **1986**, 108, 6543.

[9] See Simonetta, M.; Gavezzotti, A., in Patai, S. *The Chemistry of the Carbon-Carbon Triple Bond*, Wiley, NY, 1978, pp. 1-56; Dale, J., in Viehe, H. G. *Acetylenes*, Marcel Dekker, NY, **1969**, pp. 3-96.

[10] For a review of metal-metal multiple bonds, see Cotton, F. A. *J. Chem. Educ.* **1983**, 60, 713.

[11] For discussions, see Schmidt, M. W.; Truong, P. N.; Gordon, M. S. *J. Am. Chem. Soc.* **1987**, 109, 5217; Schleyer, P. von R.; Kost, D. *J. Am. Chem. Soc.* **1988**, 110, 2105.

[12] For double bonds between carbon and elements other than C, N, S, or O, see Jutzi, P. *Angew. Chem. Int. Ed.* **1975**, 14, 232; Raabe, G.; Michl, J. *Chem. Rev.* **1985**, 85, 419 (Si only); Wiberg, N. *J. Organomet. Chem.* **1984**, 273, 141 (Si only); Gordon, M. S. *Mol. Struct. Energ.* **1986**, 1, 101. For reviews of C=P and C≡P bonds, see Regitz, M. *Chem. Rev.* **1990**, 90, 191; Appel, R.; Knoll, F. *Adv. Inorg. Chem.* **1989**, 33, 259; Markovski, L. N.; Romanenko, V. D. *Tetrahedron* **1989**, 45, 6019.

[13] For Si=C bonds, see Fink, M. J.; DeYoung, D. J.; West, R.; Michl, J. *J. Am. Chem. Soc.* **1983**, 105, 1070; Fink, M. J.; Michalczyk, M. J.; Haller, K. J.; West, R.; Michl, J. *Organometallics* **1984**, 3, 793; West, R. *Pure Appl. Chem.* **1984**, 56, 163; Masamune, S.; Eriyama, Y.; Kawase, T. *Angew. Chem. Int. Ed.* **1987**, 26, 584; Shepherd, B. D.; Campana, C. F.; West, R. *Heteroat. Chem.* **1990**, 1, 1.

[14] Michalczyk, M. J.; West, R.; Michl, J. *J. Am. Chem. Soc.* **1984**, 106, 821, *Organometallics* **1985**, 4, 826.

[15] Miller, J. S.; Novoa, J. J. *Acc. Chem. Res.* **2007**, 40, 189.

[16] See Ballard, R. E. *Photoelectron Spectroscopy and Molecular Orbital Theory*, Wiley, NY, **1978**; Rabalais, J. W. *Principles of Ultraviolet Photoelectron Spectroscopy*, Wiley, NY, **1977**; Baker, A. D.; Betteridge, D. *Photoelectron Spectroscopy*, Pergamon, Elmsford, NY, **1972**; Turner, D. W.; Baker, A. D.; Baker, C.; Brundle, C. R. *High Resolution Molecular Photoelectron Spectroscopy*, Wiley, NY, **1970**. For reviews, see Westwood, N. P. C. *Chem. Soc. Rev.* **1989**, 18, 317; Baker, C.; Brundle, C. R.; Thompson, M. *Chem. Soc. Rev.* **1972**, 1, 355; Bock, H.; Ramsey, B. G. *Angew. Chem. Int. Ed.* **1973**, 12, 734; Turner, D. W. *Adv. Phys. Org. Chem.* **1966**, 4, 31. For the IUPAC descriptive classification of various electron spectroscopy techniques, see Porter, H. Q.; Turner, D. W. *Pure Appl. Chem.* **1987**, 59, 1343.

[17] The correlation is not perfect, but the limitations do not seriously detract from the usefulness of the method. The technique is not limited to vacuum UV radiation. Higher energy radiation can also be used.

[18] From Brundle, C. R.; Robin, M. B., in Nachod, F. C.; Zuckerman, J. J. *Determination of Organic Structures by Physical Methods*, Vol. 3, Academic Press, NY, **1971**, p. 18.

[19] Brundle, C. R.; Robin, M. B.; Basch, H. *J. Chem. Phys.* **1970**, 53, 2196; Baker, A. D.; Betteridge, D.; Kemp, N. R.; Kirby, R. E. *J. Mol. Struct.* **1971**, 8, 75; Potts, A. W.; Price, W. C. *Proc. R. Soc. London, Ser, A* **1972**, 326, 165.

[20] A third band, at 290 eV, caused by the 1s electrons of carbon, can also be found if radiation of sufficiently high energy is used.

[21] See Robinson, J. W., *Practical Handbook of Spectroscopy*, CRC Press, Boca Raton, FL, **1991**, p. 178.

[22] Novak, I.; Potts, A. W. *Tetrahedron* **1997**, 53, 14713.

[23] It has been argued that although the Lewis picture of two electrons making up a covalent bond may work well for organic compounds, it cannot be successfully applied to the majority of inorganic compounds: Jørgensen, C. K. *Top. Curr. Chem.* **1984**, 124, 1.

[24] For a review concerning sulfur compounds with a valence shell larger than eight, see Salmond, W. G. *Q. Rev. Chem. Soc.* **1968**, 22, 235.

[25] For a collection of articles on this topic, see Sen, K. D.; Jørgensen, C. K. *Electronegativity* (Vol. 6 of *Structure and Bonding*), Springer, NY, **1987**. For a review, see Batsanov, S. S. *Russ. Chem. Rev.* **1968**, 37, 332.

[26] Taken from Pauling, L. *The Nature of the Chemical Bond*, 3rd ed., Cornell University Press, Ithaca, NY, **1960**, p. 93, except for the value for Na, which is from Sanderson, R. T. *J. Am. Chem. Soc.* **1983**, 105, 2259; *J. Chem. Educ.* **1988**, 65, 112, 223.

[27] See Sanderson, R. T. *J. Am. Chem. Soc.* **1983**, 105, 2259; *J. Chem. Educ.* **1988**, 65, 112, 223.

[28] See Huheey, J. E. *Inorganic Chemistry*, 3rd ed., Harper and Row, NY, **1983**, pp. 146-148; Mullay, J., in Sen, K. D.; Jørgensen, C. K. *Electronegativity* (Vol. 6 of *Structure and Bonding*), Springer, NY, **1987**, p. 9.

[29] Hinze, J.; Jaffé, H. H. *J. Am. Chem. Soc.* **1962**, 84, 540; Rienstra-Kiracofe, J. C.; Tschumper, G. S.; Schaefer, III, H. F.; Nandi, S.; Ellison, G. B. *Chem. Rev.* **2002**, 102, 231.

[30] Allen, L. C. *J. Am. Chem. Soc.* **1989**, 111, 9003.

[31] Walsh, A. D. *Discuss. Faraday Soc.* **1947**, 2, 18; Bergmann, D.; Hinze, J., in Sen, K. D.; Jørgensen, C. K. *Electronegativity* (Vol. 6 of *Structure and Bonding*), Springer, NY, **1987**, pp. 146-190.

[32] Inamoto, N.; Masuda, S. *Chem. Lett.* **1982**, 1003. See also, Bratsch, S. G. *J. Chem. Educ.* **1988**, 65, 223; Mullay, J. *J. Am. Chem. Soc.* **1985**, 107, 7271; Zefirov, N. S.; Kirpichenok, M. A.; Izmailov, F. F.; Trofimov, M. I. *Dokl. Chem.* **1987**, 296, 440; Boyd, R. J.; Edgecombe, K. E. *J. Am. Chem. Soc.* **1988**, 110, 4182.

[33] A magnetically anisotropic group is one that is not equally magnetized along all three axes. The most common such groups are benzene rings (see Sec. 2. I) and triple bonds.

[34] This order is opposite to that expected from the field effect (Sec. 1. I). It is an example of the Baker-Nathan order (Sec. 2. M).

[35] Moodie, R. B.; Connor, T. M.; Stewart, R. *Can. J. Chem.* **1960**, 38, 626.

[36] Williamson, K. L. *J. Am. Chem. Soc.* **1963**, 85, 516; Laszlo, P.; Schleyer, P. v. R. *J. Am. Chem. Soc.* **1963**, 85, 2709; Niwa, J. *Bull. Chem. Soc. Jpn.* **1967**, 40, 2192.

[37] See Exner, O. *Dipole Moments in Organic Chemistry*, Georg Thieme Publishers, Stuttgart, **1975**; McClellan, A. L. *Tables of Experimental Dipole Moments*, Vol. 1, W. H. Freeman, San Francisco, **1963**; Vol. 2, Rahara Enterprises, El Cerrito, CA, **1974**.

[38] For example, see Koudelka, J.; Exner, O. *Collect. Czech. Chem. Commun.* **1985**, 50, 188, 200.

[39] The values for toluene, nitrobenzene, and p-nitrotoluene are from MacClellan, A. L., *Tables of Experimental Dipole Moments*, Vol. 1, W. H. Freeman: San Francisco, **1963**; Vol. 2, Rahara Enterprises, El Cerrito, CA, **1974**. The values for phenol and p-cresol were determined by Goode, E. V.; Ibbitson, D. A. *J. Chem. Soc.* **1960**, 4265.

[40] Lide Jr., D. R.; Mann, D. E. *J. Chem. Phys.* **1958**, 29, 914.

[41] Muenter, J. S.; Laurie, V. W. *J. Chem. Phys.* **1966**, 45, 855.

[42] Actually, symmetrical tetrahedral molecules like methane do have extremely small dipole moments, caused by centrifugal distortion effects; these moments are so small that they can be ignored for all practical purposes. For CH_4, μ is $\sim 5.4 \times 10^{-6}$ D: Ozier, I. *Phys. Rev. Lett.* **1971**, 27, 1329; Rosenberg, A.; Ozier, I.; Kudian, A. K. *J. Chem. Phys.* **1972**, 57, 568.

[43] Roberts, J. D.; Moreland, Jr., W. T. *J. Am. Chem. Soc.* **1953**, 75, 2167.

[44] This example is from Grubbs, E. J.; Fitzgerald, R.; Phillips, R. E.; Petty, R. *Tetrahedron* **1971**, 27, 935.

[45] See Schneider, H.; Becker, N. *J. Phys. Org. Chem.* **1989**, 2, 214; Bowden, K.; Ghadir, K. D. F. *J. Chem. Soc. Perkin Trans.* 2 **1990**, 1333. Also see Exner, O.; Fiedler, P. *Collect. Czech. Chem. Commun.* **1980**, 45, 1251; Li, Y.; Schuster, G. B. *J. Org. Chem.* **1987**, 52, 3975.

[46] There has been some question as to whether it is even meaningful to maintain the distinction between the two types of effect: see Grob, C. A. *Helv. Chim. Acta* **1985**, 68, 882; Lenoir, D.; Frank, R. M. *Chem. Ber.* **1985**, 118, 753; Sacher, E. *Tetrahedron Lett.* **1986**, 27, 4683.

[47] See also, Ceppi, E.; Eckhardt, W.; Grob, C. A. *Tetrahedron Lett.* **1973**, 3627.

[48] For a review of field and other effects of silicon-containing groups, see Bassindale, A. R.; Taylor, P. G., in Patai, S.; Rappoport, Z. *The Chemistry of Organic Silicon Compounds*, pt. 2, Wiley, NY, **1989**, pp. 893-963.

[49] See Levitt, L. S.; Widing, H. F. *Prog. Phys. Org. Chem.* **1976**, 12, 119.

[50] See Sebastian, J. F. *J. Chem. Educ.* **1971**, 48, 97.

[51] SeeWahl, Jr., G. H.; Peterson, Jr., M. R. *J. Am. Chem. Soc.* **1970**, 92, 7238; Minot, C.; Eisenstein, O.; Hiberty, P. C.; Anh, N. T. *Bull. Soc. Chim. Fr.* **1980**, II-119.

[52] Streitwieser, Jr., A.; Klein, H. S. *J. Am. Chem. Soc.* **1963**, 85, 2759.

[53] Bent, H. A. *Chem. Rev.* **1961**, 61, 275, p. 281.

[54] See Laurence, C.; Berthelot, M.; Lucon, M.; Helbert, M.; Morris, D. G.; Gal, J. *J. Chem. Soc. Perkin Trans.* 2 **1984**, 705.

[55] For tables of bond distances and angles, see Allen, F. H.; Kennard, O.; Watson, D. G.; Brammer, L.; Orpen, A. G.; Taylor, R. *J. Chem. Soc. Perkin Trans.* 2 **1987**, S1-S19 (follows p. 1914); Tables of Interatomic Distances and Configurations in Molecules and Ions *Chem. Soc. Spec. Publ.* No. 11, **1958**; Interatomic Distances Supplement *Chem. Soc. Spec. Publ.* No. 18, **1965**; Harmony, M. D.; Laurie, V. W.; Kuczkowski, R. L.; Schwendeman, R. H.; Ramsay, D. A.; Lovas, F. J.; Lafferty, W. J.; Maki, A. G. *J. Phys. Chem. Ref. Data* **1979**, 8, 619-721. See Lathan, W. A.; Curtiss, L. A.; Hehre, W. J.; Lisle, J. B.; Pople, J. A. *Prog. Phys. Org. Chem.* **1974**, 11, 175; Topsom, R. D. *Prog. Phys. Org. Chem.* **1987**, 16, 85.

[56] Burkert, U.; Allinger, N. L. *Molecular Mechanics*, ACS Monograph 177, American Chemical Society, Washington, **1982**, pp. 6-9; Whiffen, D. H. *Chem. Ber.* **1971**, 7, 57-61; Stals, J. *Rev. Pure Appl. Chem.* **1970**, 20, 1, pp. 2-5.

[57] Schleyer, P. v. R.; Bremer, M. *Angew. Chem. Int. Ed.* **1989**, 28, 1226.

[58] Lonsdale, K. *Philos. Trans. R. Soc. London* **1947**, A240, 219.

[59] Bartell, L. S.; Higginbotham, H. K. *J. Chem. Phys.* **1965**, 42, 851.

[60] Wagner, R. S.; Dailey, B. P. *J. Chem. Phys.* **1957**, 26, 1588.

[61] Iijima, T. *Bull. Chem. Soc. Jpn.* **1972**, 45, 1291.

[62] Tables of Interatomic Distances, Ref. 55.

[63] Momany, F. A.; Bonham, R. A.; Druelinger, M. L. *J. Am. Chem. Soc.* **1963**, 85, 3075. Also see, Lide, Jr., D. R.; Jen, M. *J. Chem. Phys.* **1963**, 38, 1504.

[64] Bonham, R. A.; Bartell, L. S.; Kohl, D. A. *J. Am. Chem. Soc.* **1959**, 81, 4765.

[65] Hilderbrandt, R. L.; Wieser, J. D. *J. Mol. Struct.* **1973**, 15, 27.

[66] Allen, F. H.; Kirby, A. J. *J. Am. Chem. Soc.* **1984**, 106, 6197; Jones, P. G.; Kirby, A. J. *J. Am. Chem. Soc.* **1984**, 106, 6207.

[67] White, J. M.; Robertson, G. B. *J. Org. Chem.* **1992**, 57, 4638.

[68] Except where noted, values are from Allen, F. H.; Kennard, O.; Watson, D. G.; Brammer, L.; Orpen, A. G.; Taylor, R. *J. Chem. Soc. Perkin Trans.* 2 **1987**, S1-S19 (follows p. 1914). In this source, values are given to three significant figures.

[69] Kaupp, G.; Boy, J *Angew. Chem. Int. Ed.* **1997**, 36, 48.

[70] Ehrenberg, M. *Acta Crystallogr.* **1966**, 20, 182.

[71] Toda, F.; Tanaka, K.; Stein, Z.; Goldberg, I. *Acta Crystallogr.*, Sect. C **1996**, 52, 177.

[72] Toda, F.; Tanaka, K.; Watanabe, M.; Taura, K.; Miyahara, I.; Nakai, T.; Hirotsu, K. *J. Org. Chem.* **1999**, 64, 3102.

[73] Tanaka, K.; Takamoto, N.; Tezuka, Y.; Kato, M.; Toda, F. *Tetrahedron* **2001**, 57, 3761.

[74] Huntley, D. R.; Markopoulos, G.; Donovan, P. M.; Scott, L. T.; Hoffmann, R. *Angew. Chem. Int. Ed.* **2005**, 44, 7549.

[75] See Tanaka, M; Sekiguchi, A. *Angew. Chem. Int. Ed.* **2005**, 44, 5821-5823.

[76] Costain, C. C.; Stoicheff, B. P. *J. Chem. Phys.* **1959**, 30, 777.

[77] For a full discussion of alkyne bond distances, see Simonetta, M.; Gavezzotti, A. in Patai, S. *The Chemistry of the Carbon-Carbon Triple Bond*, Wiley, NY, **1978**.

[78] See Henry, B. R. *Acc. Chem. Res.* **1987**, 20, 429.

[79] Bartell, L. S.; Roth, E. A.; Hollowell, C. D.; Kuchitsu, K.; Young, Jr., J. E. *J. Chem. Phys.* **1965**, 42, 2683.

[80] For reviews of carbon-halogen bonds, see Trotter, J. in Patai, S. *The Chemistry of the Carbon-Halogen Bond*, pt. 1; Wiley, NY, 1973, pp. 49-62; Mikhailov, B. M. *Russ. Chem. Rev.* **1971**, 40, 983.

[81] Lide, Jr., D. R. *Tetrahedron* **1962**, 17, 125.

[82] Rajput, A. S. ; Chandra, S. *Bull. Chem. Soc. Jpn.* ***1966***, 39, 1854.
[83] Vannes, G. J. H. ; Vos, A. *Acta Crystallogr. Sect. B* ***1978***, *B*34, 1947; Vannes, G. J. H. ; Vos, A. *Acta Crystallogr. Sect. B*, ***1979***, *B*35, 2593; Mcmullan, R. K. ; Kvick, A. *Acta Crystallogr. Sect. B*, ***1992***, *B*48, 726.
[84] Jemmis, E. D. ; Pathak, B. ; King, R. B. ; Schaefer, III, H. F. *Chem. Commun.* ***2006***, 2164.
[85] Schwendeman, R. H. ; Tobiason, F. L. *J. Chem. Phys.* ***1965***, 43, 201.
[86] For a review of this concept, see Bingel, W. A. ; Lüttke, W. *Angew. Chem. Int. Ed.* ***1981***, 20, 899.
[87] This assumption has been challenged: see Pomerantz, M. ; Liebman, J. F. *Tetrahedron Lett.* ***1975***, 2385.
[88] Blukis, V. ; Kasai, P. H. ; Myers, R. J. *J. Chem. Phys.* ***1963***, 38, 2753.
[89] Abrahams, S. C. *Q. Rev. Chem. Soc.* ***1956***, 10, 407.
[90] Iijima, T. ; Tsuchiya, S. ; Kimura, M. *Bull. Chem. Soc. Jpn.* ***1977***, 50, 2564.
[91] Lide, Jr. , D. R. *J. Chem. Phys.* ***1957***, 27, 343.
[92] Lide, Jr. , D. R. ; Mann, D. E. *J. Chem. Phys.* ***1958***, 28, 572.
[93] The O—H bonding is between 2 H 1*s* and 2 O *p* orbitals, and that the increased angles come from repulsion of the hydrogen or carbon atoms. See Laing, M. , *J. Chem. Educ.* ***1987***, 64, 124.
[94] See Blackburne, I. D. ; Katritzky, A. R. ; Takeuchi, Y. *Acc. Chem. Res.* ***1975***, 8, 300; Aaron, H. S. ; Ferguson, C. P. *J. Am. Chem. Soc.* ***1976***, 98, 7013; Anet, F. A. L. ; Yavari, I. *J. Am. Chem. Soc.* ***1977***, 99, 2794; Vierhapper, F. W. ; Eliel, E. L. *J. Org. Chem.* 1979, 44, 1081; Gust, D. ; Fagan, M. W. *J. Org. Chem.* ***1980***, 45, 2511. For other views, see Lambert, J. B. ; Featherman, S. I. *Chem. Rev.* ***1975***, 75, 611; Breuker, K. ; Kos, N. J. ; van der Plas, H. C. ; van Veldhuizen, B. *J. Org. Chem.* ***1982***, 47, 963.
[95] Blanksby, S. J. ; Ellison, G. B. *Acc. Chem. Res.* ***2003***, 36, 255. For reviews including methods of determination, see Wayner, D. D. M. ; Griller, D. *Adv. Free Radical Chem.* (*Greenwich, Conn.*) ***1990***, 1, 159; Kerr, J. A. *Chem. Rev.* ***1966***, 66, 465; Wiberg, K. B. , in Nachod, F. C. ; Zuckerman, J. J. *Determination of Organic Structures by Physical Methods*, Vol. 3, Academic Press, NY, ***1971***, pp. 207-245.
[96] Cohen, N. ; Benson, S. W. *Chem. Rev.* ***1993***, 93, 2419; Korth, H. -G. ; Sicking, W. *J. Chem. Soc. Perkin Trans. 2* ***1997***, 715.
[97] Matsunaga, N. ; Rogers, D. W. ; Zavitsas, A. A. *J. Org. Chem*, ***2003***, 68, 3158.
[98] For the four steps, *D* values are 101~102, 88, 124, and 80 kcal/mol (423~427, 368, 519, and 335 kJ/mol), respectively, though the middle values are much less reliable than the other two: Knox, B. E. ; Palmer, H. B. *Chem. Rev.* ***1961***, 61, 247; Brewer, R. G. ; Kester, F. L. *J. Chem. Phys.* ***1964***, 40, 812; Linevsky, M. J. *J. Chem. Phys.* ***1967***, 47, 3485.
[99] See Cox, J. D. ; Pilcher, G. , *Thermochemistry of Organic and Organometallic Compounds*, Academic Press, NY, ***1970***; Domalski, E. S. *J. Phys. Chem. Ref. Data* ***1972***, 1, 221-277; Stull, D. R. ; Westrum Jr. , E. F. ; Sinke, G. C. *The Chemical Thermodynamics of Organic Compounds*, Wiley, NY, ***1969***.
[100] For a review, see Cox, J. D. ; Pilcher, G. *Thermochemistry of Organic and Organometallic Compounds*, Academic Press, NY, ***1970***, pp. 531-597. See also, Gasteiger, J. ; Jacob, P. ; Strauss, U. *Tetrahedron* ***1979***, 35, 139.
[101] These values, except where noted, are from Lovering, E. G. ; Laidler, K. J. *Can. J. Chem.* ***1960***, 38, 2367; Levi, G. I. ; Balandin, A. A. *Bull. Acad. Sci. USSR, Div. Chem. Sci.* ***1960***, 149.
[102] Grelbig, T. ; Pötter, B. ; Seppelt, K. *Chem. Ber.* ***1987***, 120, 815.
[103] Bedford, A. F. ; Edmondson, P. B. ; Mortimer, C. T. *J. Chem. Soc.* ***1962***, 2927.
[104] The average of the values obtained was $DH°$ (O—O). dos Santos, R. M. B. ; Muralha, V. S. F. ; Correia, C. F. ; Simões, J. A. M. *J. Am. Chem. Soc.* ***2001***, 123, 12670.
[105] Cox, J. D. ; Pilcher, G. *Thermochemistry of Organic and Organometallic Compounds*, Academic Press, NY, ***1970***, pp. 531-597; Cox, J. D. *Tetrahedron* ***1962***, 18, 1337.
[106] Bach, R. D. ; Ayala, P. Y. ; Schlegel, H. B. *J. Am. Chem. Soc.* ***1996***, 118, 12758.
[107] Wayner, D. D. M. ; Clark, K. B. ; Rauk, A. ; Yu, D. ; Armstrong, D. A. *J. Am. Chem. Soc.* ***1997***, 119, 8925. For the α C—H bond of tertiary amines, see Dombrowski, G. W. ; Dinnocenzo, J. P. ; Farid, S. ; Goodman, J. L. Gould, I. R. *J. Org. Chem.* ***1999***, 64, 427.
[108] Bordwell, F. G. ; Zhang, X. -M. ; Cheng, J. -P. *J. Org. Chem.* ***1993***, 58, 6410. See also, Li, Z. ; Cheng, J. -P. *J. Org. Chem.* ***2003***, 68, 7350.
[109] Liu, W. -Z. ; Bordwell, F. G. *J. Org. Chem.* ***1996***, 61, 4778.
[110] Lucarini, M. ; Pedrielli, P. ; Pedulli, G. F. ; Cabiddu, S. ; Fattuoni, C. *J. Org. Chem.* ***1996***, 61, 9259. For the O—H, *E* of polymethylphenols, see de Heer, M. I. ; Korth, H. -G. ; Mulder, P. *J. Org. Chem.* ***1999***, 64, 6969.
[111] Zhang, X. -M. *J. Org. Chem.* ***1998***, 63, 1872.
[112] Bordwell, F. G. ; Zhang, X. -M. ; Filler, R. *J. Org. Chem.* ***1993***, 58, 6067.
[113] Brocks, J. J. ; Beckhaus, H. -D. ; Beckwith, A. L. J. ; Rüchardt, C. *J. Org. Chem.* ***1998***, 63, 1935.
[114] Hadad, C. M. ; Rablen, P. R. ; Wiberg, K. B. *J. Org. Chem.* ***1998***, 63, 8668.
[115] Cheng, Y. -H. ; Zhao, X. ; Song, K. -S. ; Liu, L. ; Guo, Q. -X. *J. Org. Chem.* ***2002***, 67, 6638.
[116] Guerra, M. ; Amorati, R. ; Pedulli, G. F. *J. Org. Chem.* ***2004***, 69, 5460.
[117] Feng, Y. ; Liu, L. ; Wang, J. -T. ; Zhao, S. -W. ; Guo, Q. X. *J. Org. Chem.* ***2004***, 69, 3129; Song, K. -S. ; Liu, L. ; Guo, Q. X. *Tetrahedron* ***2004***, 60, 9909.
[118] Coote, M. L. ; Pross, A. ; Radom, L. *Org. Lett.* ***2003***, 5, 4689.
[119] See Miller, S. I. *J. Chem. Educ.* ***1978***, 55, 778.
[120] Krapp, A. ; Bickelhaupt, F. M. ; Frenking, G. *Chem. : Eur. J.* ***2006***, 12, 9196.
[121] Borges dos Santos, R. M. ; Costa Cabral, B. J. ; Martinho Simões, J. A. *Pure Appl. Chem.* ***2007***, 79, 1369.

第 2 章
离域化学键

尽管许多化合物的成键情况可以用一个Lewis结构充分描述（参见1.6节），但是Lewis结构对于许多其它化合物却不适用。这些化合物包含一个或多个不限于两个原子的成键轨道，而是扩大到3个或更多的原子上，这样的化学键称为离域键[1]。换句话说，成键电子分散在几个原子上，而不是定域在某一个原子上。本章中，我们将看到什么类型的化合物需要用离域键来描述。

第1章中介绍的近似解波动方程的两种常用方法也适用于含有离域键的化合物[2]。在价键理论中，画出若干可能的Lewis结构（称为正则式或极限式），认为分子就是这些正则式的加权平均。第1章方程式1.3中：

$$\psi = c_1\psi_1 + c_2\psi_2 + \cdots$$

其中每个 ψ 代表其中一个正则式。

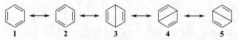

像这样把分子真实结构看作两个或更多正则式加权平均的方法称为共振（resonance）。苯的正则式是 **1** 和 **2**，图中双箭头（↔）表示共振。解波动方程时，可以发现采用结构 **1** 与结构 **2** 共振方式所得到的分子能量要比单独的结构 **1** 或结构 **2** 所得到的能量低。若同时考虑 **3**、**4** 和 **5**（称为Dewar结构）的贡献，所得到的能量值更低。根据这种方法，结构 **1** 和结构 **2** 对实际分子各自贡献39%，其它结构各贡献7.3%[3]。这样计算得到的碳碳键的键级是1.463（而不是只考虑 **1** 和 **2** 贡献所得出的1.5）。

在价键理论中，给定化学键的键级由含双键的正则式权重再加上代表单键的1计算而得[4]。于是，根据这个结果，苯环中的每根碳碳键并不是一根单键和一根双键的中间值，而是稍低。真实分子的能量小于任何一个Lewis结构的能量，否则真实结构就是这些Lewis结构中的一种。真实分子的能量与最低能量的Lewis结构之间的能量差值称为共振能。当然，Lewis结构并非真实存在的，所以它们的能量只能估算出。

苯中垂直于碳原子和氢原子所在平面的p轨道重叠而产生共振。通过共振形成芳香π电子云。图2.1显示了苯的σ键骨架平面，以及p轨道重叠形成的芳香π电子云；另外还显示了苯的电子势能图。图中环平面中间上方的深色区域所对应的高电子密度，与芳香π电子云的高电子密度对应。

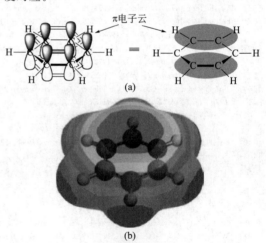

图2.1 (a) 传统画法：苯的p轨道重叠形成π电子云；(b) 苯的电子势能图：表示原子所在六元环平面中心的上方和下方电子密度高，与芳香π电子云的情况一致

2.1 分子轨道

共振式经常用来定性描述分子结构，定量的价键理论计算会随着结构的复杂化而变得越来越困难（例如：萘、吡啶等）。因此波动方程问题更多地用分子轨道法来解决[5]。如果我们用分子轨道法（定性地）观察一下苯，就会发现每个碳原子用 sp^2 轨道与另外3个原子相连，形成σ键，因此所有12个原子处于同一平面。每个碳还剩余一个p轨道（各包含一个电子），所有这

些 p 轨道都与相邻的两个 p 轨道等性重叠。这 6 个 p 轨道的重叠（见图 2.2）形成 6 个新轨道，其中有 3 个（已示意在图中）是成键轨道。这 3 个成键轨道（称为 π 轨道）占据的空间大致一致[6]。这 3 个成键轨道中有一个能量低于其它两个，其余两个是简并的。3 个分子轨道均以环所在平面为节面，被分成两部分，分别在环的上下。其中能量高的两个成键轨道还有一个另外的节面。像这样 6 个电子占据圆环状电子云的情况称为芳香六隅体（aromatic sextet）。该圆环状电子云就像一个炸面圈。基于这样的理解，苯的对称六边形结构是 σ 键和 p 轨道两者共同作用的结果。而根据 MO 计算，这种对称性可能只是 σ 键骨架的结果，π 体系则有利于 3 个定域双键的形成[6]。由分子轨道法得出的苯的碳碳键键级是 1.667[7]。

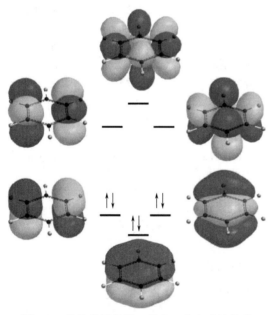

图 2.2　苯的分子轨道，其中三个为成键轨道
（用 Spartan.10，v.1.0.1 画出）

对于平面不饱和分子以及芳香分子，许多分子轨道计算采用将 σ 电子和 π 电子分别处理的方法，它假定 σ 轨道可以当作定域键处理，那么计算中只需要涉及 π 电子。首次以这种思想进行计算的是 Hükel，因此这类计算通常称为 Hükel 分子轨道法（HMO）计算[8]。由于在 HMO 方法中电子间的排斥作用被忽略或平均化，人们又发明了自洽场法（self-consistent field，SCF）和 Hartree-Fock(HF) 法等计算方法[9]。尽管通过这些方法对平面型不饱和分子及芳香分子的计算中得到了许多有用结果，但在其它类型分子的应用上常常不成功。很明显，如果在计算中能够把 σ 电子和 π 电子都加以考虑的话情况就会好得多。现代计算机技术的发展使其成为可能[10]。利用许多方法已经做过这样的计算[11]，这样的方法有 Hückel 法的推广（EHMO）[12] 和将自洽场法推广到所有价电子[13]。

一种包括所有电子的分子轨道计算方法称为从头算法（ab initio）[14]。尽管有这样一个名称（意为"来自第一定理"），这种方法仍需要一些假设，尽管所需的假设并不多。从头算法需要花费大量计算机时，尤其是对于含有 5 个或 6 个以上非氢原子的分子。对从头算法进行一定简化假设（但仍然包括全部电子）的处理手法称为半经验法[15]。其中最早提出的是全略微分重叠法（complete neglect of differential overlap，CNDO）[16]，但是随着计算机功能的日益强大，它又被更现代的方法所取代，如包括改进的间略微分重叠法（modified intermediate neglect of differential overlap，MINDO/3）[17]、改进的忽略双原子微分重叠法（modified neglect of diatomic overlap，MNDO）[17] 和 Austin 模型 1（AM1），这些方法都是由 Dewar 及其同事[18] 引入的。另外还有 PM3 或参数化模型数 3，该方法与 AM1 方法具有相同的形式和方程，但是 AM1 方法利用了光谱测量的数据，而 PM3 方法则将这些数据当作可优化的数值[19]。半经验计算的精度一般不如从头计算法[20]，但是计算速度却快得多，也经济得多[21]。要指出的是，现代计算机能够完成超过每秒 30 亿次的计算，这使得 MO 计算法在现代有机化学中真正实用。

分子轨道计算，无论是用从头计算法还是半经验法，都可以得到分子、离子或自由基的结构（键长、键角）、能量（例如生成热）、偶极矩、离子化能以及其它性质。它不仅可以用于计算稳定自由基的性质，还可以计算一些很不稳定，以致无法用实验获得的自由基的性质[22]。许多这类计算方法已应用于过渡态的研究（参见 6.4 节），因为过渡态通常不能直接观测，所以计算是获得其性质的唯一途径。当然，在不稳定分子和过渡态计算中得到的数据无法用实验检验，因此如何检验分子轨道法计算的可靠性始终困扰着人们。但是如果①不同分子轨道法都给出相似结果，或者②一种计算方法在可以被实验验证的体系计算中显示较好的精度，我们就认为这种计算方法是较为可信的[23]。

价键法和分子轨道法的计算结果都显示苯分子中包含离域键。例如，它们都预测六根碳碳键有相同的键长，与事实一致。由于针对特定目的，每种方法都有其用途，我们应当挑选合适的使用。近来的从头计算法和自洽场计算结果证实了离域效应对对称的苯的影响具有重要作用，这与经典的共振理论是一致的[24]。人们已经知道取代基会影响共振的程度[25]。

2.2　含离域键化合物的键能和键长

如果根据表 1.7 的数据将苯分子中全部化学键的键能加起来，所得到的苯原子化能要比实际值小（图 2.3）。实际值是 1323kcal/mol(5535kJ/mol)。如果用环己烯中 C═C 键的 E 值（148.8kcal/mol；622.6kJ/mol）、环己烷中 C—C 键的 E 值（81.8kcal/mol；342kJ/mol）以及甲烷中 C—H 键的 E 值（99.5kcal/mol；416kJ/mol）进行计算，那么得到的结构 **1** 或结构 **2** 的总原子化能为 1289kcal/mol(5390kJ/mol)。根据这个计算结果，共振能应为 34kcal/mol（145kJ/mol）。当然，这是一个比较粗略的计算，此外，我们为了计算一个不存在的结构（**1**）的原子化热不得不采用缺乏确凿事实依据的 E 值。实际上苯在 300K 时的 C—H 键键能测量值为（113.5±0.5）kcal/mol，估算在 0K 时为（112±0.6）kcal/mol[26]。共振能永远无法测量出，而只能估算出，因为尽管我们可以测量真实分子的原子化热，但是却只能对最低能量的 Lewis 结构做出合理的估计。

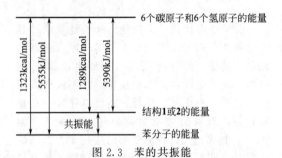

图 2.3　苯的共振能

另一种经常用于估算共振能的方法是测量氢化热[27]。例如，环己烯的氢化热是 28.6kcal/mol(120kJ/mol)，于是由此我们假设 **1** 或 **2** 这两个具有三根双键的假定结构的氢化热约为 85kcal/mol(360kJ/mol)。而苯的真实氢化热是 49.8kcal/mol(208kJ/mol)。据此，苯分子的真实氢化热与假定结构的计算氢化热之间的差值（即共振能）为 36kcal/mol（152kJ/mol）。无论根据何种计算方法，真实分子都要比假想结构 **1** 或 **2** 稳定。

苯分子 6 个轨道的能量可以通过 HMO 法用 α、β 两个量算出。α 是重叠之前孤立的 2p 轨道拥有的能量，而 β（称为共振积分）是用来表示 π 轨道重叠引起的稳定化程度的能量单位。负的 β 意味着更加稳定，所以 6 个轨道的能量为（从低到高）：$\alpha+2\beta$, $\alpha+\beta$, $\alpha+\beta$, $\alpha-\beta$, $\alpha-\beta$ 和 $\alpha-2\beta$[28]。3 个被占据轨道的每个轨道上有两个电子，所以它们的总能量为 $6\alpha+8\beta$。一个普通双键的能量为 $\alpha+\beta$，所以结构 **1** 或 **2** 的能量为 $6\alpha+6\beta$。于是苯的共振能就是 2β。遗憾的是分子轨道理论没有计算 β 的简单方法。一般认为 β 等于 18kcal/mol(76kJ/mol)，这一数值是通过燃烧热或氢化热计算出的共振能的一半。使用现代的从头计算法算出了很多除苯之外的芳香族化合物的共振能[29]。

等键反应和均键反应常被用于从能量的角度研究芳香性[30]。然而，在实验或者计算中使用的反应能量仅可以反映苯的相对芳香性，而不是它的绝对芳香性。在 MP4(SDQ)/6-31G-(d,p) 水平研究了一类新的基于自由基体系的均键反应，结果显示，苯的绝对芳香性（见 2.11.2 节）为 29.13kcal/mol(121.9kJ/mol)，环丁二烯的反芳香性为 40.28kcal/mol(168.5kJ/mol)[31]。

我们可以认为在具有离域性质的化合物中，键长介于表 1.5 所给数值之间。对于苯来说确实如此，因为苯的碳碳键长为 1.40Å[32]，介于 sp^2-sp^2 的碳碳单键键长的 1.48Å 与 sp^2-sp^2 的碳碳双键键长的 1.32Å 之间[33]。

2.3　含有离域键分子的种类

含有离域键的分子主要有三种类型，介绍如下。

（1）共轭双键（或叁键）[34]　苯当然是一个例子，但是在非环的分子中，例如丁二烯（**6**），也存在共轭体系。在分子轨道图（图 2.4）中，4 个轨道的重叠产生了两个包含有 4 个电子的成键轨道和两个空的反键轨道。可以看到每一个轨道都比能量低一级的轨道多一个节面。这 4 个轨道的能量（从低到高）为：$\alpha+1.618\beta$, $\alpha+0.618\beta$, $\alpha-0.618\beta$, $\alpha-1.618\beta$；因此，两个占有轨道的总能量是 $4\alpha+4.472\beta$。由于两根孤立双键的能量是 $4\alpha+4\beta$，所以依此计算得到的共振能是 0.472β。

第 2 章　　　　含有离域键分子的种类

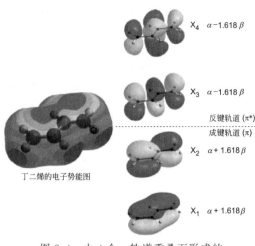

图 2.4　由 4 个 p 轨道重叠而形成的丁二烯的 4 个 π 轨道

在共振描述中，下面的结构均作出贡献：

$$H_2C=CH-CH=CH_2 \longleftrightarrow \overset{+}{H_2C}-CH=CH-\overset{-}{CH_2}$$
$$\mathbf{6} \qquad\qquad\qquad \mathbf{7}$$
$$\longleftrightarrow \overset{-}{H_2C}-CH=CH-\overset{+}{CH_2}$$
$$\mathbf{8}$$

虽然在共振描述中有结构 **7** 和 **8** 的贡献，但是丁二烯及相似的共轭体系在基态时并不是共振稳定的。无论在 MO 或者 VB 的描述中，尽管结构中的三根键的电子云密度不等，但是中间键的键级都应该大于 1，其它碳碳键的键级小于 2。经计算，其分子轨道键级分别为 1.894 和 1.447[35]。

丁二烯及类似分子中存在离域键这个观点受到了质疑。丁二烯中双键的键长是 1.34Å，单键的键长为 1.48Å[36]。然而经典的不与不饱和基团相邻的单键键长是 1.53Å（参见 1.11 节），人们认为丁二烯中单键的变短由共振所引起。这种单键键长变短的效应也可以用轨道杂化效应解释（参见 1.11 节），还有人提出了其它的一些解释[37]。通过燃烧热或氢化热计算得到的丁二烯共振能只有约 4kcal/mol(17kJ/mol)，这个数值或许不能认为完全是共振的贡献[38]。通过原子化热数据计算得出的顺-1,3-戊二烯的共振能为 4.6kcal/mol(19.2kJ/mol)，1,4-戊二烯的共振能为 −0.2kcal/mol(−0.8kJ/mol)。这两个化合物各自含有两个 C=C 键、两个 C—C 单键以及 8 个 C—H 键，似乎可以用这两种化合物进行共轭与非共轭结构的比较，但是实际上它们并不是严格可比的。前者有 3 个 sp³ 杂化的 C—H 键和 5 个 sp² 杂化的 C—H 键，而后者分别有两个 sp³ 杂化的 C—H 键和 6 个 sp² 杂化的 C—H 键。1,4-二烯的两个 C—C 键都是 sp²-sp³ 键，而 1,3-二烯的两个 C—C 键中一个是 sp²-sp³ 键，另一个是 sp²-sp² 键。因此，可能这个已经很小的 4kcal/mol(17kJ/mol) 能量中有一部分不是共振能，而是由于化学键杂化方式不同而导致的能量变化[39]。如前所述的那样，通常认为丁二烯及相似分子在基态时并不是共振稳定的。

虽然键长证明不了共振，而共振能又太低了，但是丁二烯为平面结构[40]的事实显示了某种程度离域的存在。在其它共轭体系（如：C=C—C=O[41] 和 C=C—C=N）、在更长的含有叁键或多重键的共轭体系，以及与芳香环共轭的双键或叁键体系中都发现了类似的离域。二炔烃，例如 1,3-丁二炔（**9**），是另一类共轭分子。基于计算的结果，Roger 等人报道 1,3-丁二炔的共轭稳定性是零[42]。之后的计算研究结果显示，若将超共轭效应（参见 2.13 节）考虑在内，可以获得精度更好的共轭稳定性计算结果[43]。当在计算中引入超共轭效应时，所研究的异构化和氢化反应的共振能与共轭稳定性一致，即共轭稳定性对二炔而言为 9.3（共振能 0.5kcal/mol, 2.1kJ/mol），对二烯而言为 8.2（共振能 0.1kcal/mol, 0.4kJ/mol）。

$$H-C\equiv C-C\equiv C-H$$
$$\mathbf{9}$$

（2）双（或叁）键与相邻 p 轨道共轭　当含有一个 p 轨道的原子与双键相邻时，这 3 个彼此平行的 p 轨道就会相互重叠。正如前面所提到的，n 个原子轨道叠加将形成 n 个分子轨道，因此一个 p 轨道与相邻的双键叠加将得到 3 个新的轨道（如图 2.5）。中间的轨道是键能为零的非键轨道，中间碳原子并不分享非键轨道。

存在三种情况：原来的 p 轨道可能含有 2 个、1 个电子或根本没有电子。原来的双键提供 2 个电子，因此新轨道容纳的电子数分别为 4、3 或 2。第一种情况的经典例子是氯乙烯（CH₂=CH—Cl）。虽然氯原子的 p 轨道是充满的，但是它仍然与双键发生叠加（如 **10**）。这 4 个电子占据了能量最低的两个分子轨道。这是本书所提及的由未充满轨道与充满轨道叠加而共振的第一个例子。氯乙烯的正则式如 **11** 所示（参见 2.13 节）：

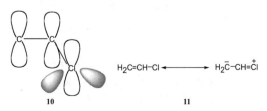

10　　　　　　　　**11**

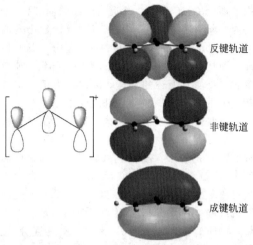

图 2.5 由 3 个 p 轨道重叠形成的
丙二烯体系的 3 个轨道

只要体系中有一个包含孤对电子的原子并且该原子与一个多重键直接相连，那么该体系就会出现这类离域。共振离域对于带电物种具有更重要的意义，如碳酸根离子，实际共振贡献体如下：

烯丙基碳负离子（$CH_2=CH-CH_2^-$）的成键情况与此类似。

另两种情况是：原来的 p 轨道只含有 1 个或不含电子，这两种情况一般分别在自由基和正离子中出现。烯丙基自由基的非键轨道上填有一个电子；而烯丙基正离子的该轨道是空的，只有成键轨道被占据。所以烯丙基负离子、自由基和正离子的轨道结构的不同之处只是非键轨道是充满、半满或全空。由于非键轨道是一个零键能的轨道，因此这三种由于 p 轨道所带电子数目不同而形成的三类 π 键的能量是相同的。非键轨道上的电子对键能没有贡献[44]。

根据共振描述，带电的或含有一个未共用电子的三种物种可以分别视为一对孤对电子、一个未成对的单电子、一个空轨道与双键的共轭（如烯丙基正离子 **12**，参见第 5 章）。

12

(3) π-烯丙基及其它 η 复合物 如果存在过渡金属，烯丙基正离子中的离域电子则可能供给该金属，促使体系稳定化[45]。在碳-金属键如

H_3C—Fe 中，碳原子供给金属（与金属共享）一个电子，因而被认为是单电子供体。如果存在 π 键，如乙烯中的 π 键，那么它可以供给金属两个电子而形成复合物（例如 **14**），该复合物可通过 Wilkinson（威尔金森）催化剂（**13**）与烯烃及氢气反应获得[46]，因而 π 键被认为是双电子供体。这两种情况中，与金属络合的基团（配体）的给电子能力用符号 η^1、η^2 和 η^3 等表示，分别表示提供 1 个、2 个和 3 个电子等。

根据配体供给金属电子的能力可将其称为 η 配体。氢原子（如 **14** 中）或卤原子（如 **13** 中）为 η^1-配体，胺（NR_3）、膦（PR_3，如 **13**、**14** 和 **18** 中）、CO（如 **16** 或 **17** 中）、醚（OR_2）以及硫醚（SR_2）为 η^2-配体。还有烃类配体，包括：烷基（如 **15** 中的甲基）或形成碳-金属单键的芳基为 η^1-配体，烯烃或卡宾为 η^2-配体（参见 3.3.1 节），π-烯丙基为 η^3-配体，共轭二烯烃（如 1,3-丁二烯）为 η^4-配体，环戊二烯基为 η^5-配体（如 **15** 中，参见 2.9.2 节），以及芳烃或苯为 η^6-配体[47]。要注意的是，在从 **13** 制备 **14** 的过程中，双电子供体烯烃取代了双电子供体膦。其它典型的复合物如：六羰基铬 $Cr(CO)_6$（**16**），其中含有 6 个 η^2-CO 配体；η^6-$C_6H_6Cr(CO)_3$（**18**）；以及四配位三苯基膦钯（0）（**17**），其中含有 4 个 η^2-膦配体。

在本节的相关内容中，我们认为电子离域的配体 π-烯丙基正离子（**12**）是一个 η^3-给体，如众所周知的烯丙基卤与 $PdCl_2$ 反应生成双 η^3-复合物 **19**（见 **20**）[48]。该复合物与亲核试剂反应生成相应的偶合产物（反应 10-60）[49]。乙酸烯丙基酯或碳与催化量 Pd(0) 化合物反应也得到可与亲核试剂反应的 η^3-复合物[50]。

$[PdCl(\pi\text{-allyl})]_2 = [PdCl(\eta^3\text{-}C_3H_5)]_2$

19 **20**

(4) 超共轭 离域的第 3 种情况称为超共轭（hyperconjugation），将在 2.13 节讨论。

此外，我们也会发现不严格属于以上三种类

2.4 交叉共轭[51]

交叉共轭的化合物中包含 3 个可共轭基团，其中的两个基团彼此不共轭但都与第 3 个基团共轭。一些例子如二苯甲酮（**21**）、三烯（**22**）[52]和二乙烯基醚（**23**）：

如果采用分子轨道法考察，会发现化合物 **22**（被称作树状烯 dendralene 家族中的一个化合物）[52]中六个 p 轨道的叠加产生了六个分子轨道，其中三个成键轨道及其能量如图 2.6 所示。值得注意的是，有两个碳原子未参与到 $\alpha+\beta$ 轨道中。这三个占有轨道的总能量是 $6\alpha+6.900\beta$，所以共振能是 0.900β。C-1 与 C-2 之间键的键级是 1.930；C-3 与 C-6 之间键的键级是 1.859；C-2 与 C-3 之间键的键级是 1.363[51]。与丁二烯（参见 2.3 节）相比，可以看出 C-1 与 C-2 之间键的键级比丁二烯中的双键具有更多的双键特征，而 C-3 与 C-6 之间键的键级比丁二烯的双键小。它们的共振结构支持这个结论，因为在共振的五个正则结构中，其中三个的 C-1 与 C-2 之间是双键，而只有一个的 C-3 与 C-6 之间是双键。在多数情况下，使用分子轨道法处理交叉共轭分子问题要比价键法简便。

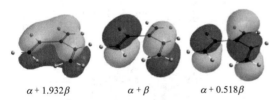

$\alpha+1.932\beta$ $\alpha+\beta$ $\alpha+0.518\beta$

图 2.6　树状烯 3-亚甲基-1,4-戊二烯（**22**）的 3 个成键轨道

这个现象的一个重要推论是交叉共轭体系中的双键键长要比非交叉共轭体系的相应键的键长更长一些。例如，在结构 **24** 中交叉共轭键就比非交叉共轭键约长 0.01Å[53]。双键或叁键单元的共轭效应可测量，共轭烯酮中乙烯基取代的贡献为 4.2kcal/mol（17.6kJ/mol），乙炔基取代的影响变化比较大，其贡献一般为 2.3kcal/mol（9.6kJ/mol）[54]。

匀共轭（homoconjugation）现象中 C=C 键单元彼此接近却互不共轭，这一点与交叉共轭有相关之处。当两个互相垂直的 π 体系的交界处被螺环四面体碳原子连接起来时，会产生匀共轭效应[55]。螺[4.4]壬四烯（**25**）[56]就是一例，并且已经知道化合物 **25** 的最高占有轨道（HOMO）（参见反应 15-60）能量上升至环戊二烯的水平，然而最低未占有分子轨道（LUMO）却未受影响[57]。另一个例子是化合物 **26**，分子中由于不饱和双环单元与环丙基单元的电子相互作用导致键长变化[58]，估计环丙基的匀共轭现象与这一现象有关。

2.5 共振规则

表示含有离域键分子实际结构的一种方法是画出若干种可能的结构，并假设实际分子是这些结构的杂化体。这些结构被称为极限式，实际并不存在。换句话说，真实分子并非在它们之间迅速转换，一个给定的化合物只有一个真实结构。所有该真实分子只有一个相同的结构，而且保持不变，它是所有极限结构的加权平均。在画极限结构并由此推及分子真实结构的时候，应遵循以下规则：

（1）所有的极限结构必须是典型的、规范的 Lewis 结构（参见第 1.6 节）。例如，一个碳原子不能有五根键。

（2）所有极限结构中原子的位置必须相同。也就是说在画不同的极限结构时，只是将电子以不同的方式进行分布。因此，表示共振的简便方法为：

如果考虑超共轭效应（参见 2.13 节），氯和苯环的共振作用可以用 **27** 或 **28** 表示，一些文献也采用此描述方式以节省空间。然而，由于本书已采用弯曲箭头表示电子的转移，因此书中不采用 **27** 这种表示方法，而偶尔会使用 **28** 这种表示方法，但更多见到的是使用其中一个或多个极限式。使用 **28** 这种虚线表示方法的惯例是：所有共振结构中都存在的化学键用实线表示，而并不是所有极限结构中都存在的键则用虚线表示。该模型存在的缺点是苯环上反应所涉及的电子转移很难清楚地分辨，因此，正如刚才提到的，通常使用其中的一个极限结构代表共振结构。在大多数共振中并不涉及 σ 键的变化，只有 π 键和未共用电子以各种方式的转移。所以我们只要画出分子的一个极限式，在此基础上只移动π键和未共用电子就能得到其它极限式。

(3) 所有参加共振的，亦即被离域电子覆盖的原子，必须处于或近似处于同一平面(参见2.7节)。当然这并不适用于所有极限式中成键情况相同的原子。p轨道的最大重叠必然产生共平面。

(4) 所有共振结构的未成对电子数量必须相同。例如·CH_2—CH=CH—CH_2·就不是丁二烯的极限式。

(5) 很明显，真实分子的能量比任何一个极限结构的能量都低。因此，离域是一个稳定化现象[59]。

(6) 并不是所有极限结构对真实分子的贡献都一样。每种极限结构贡献的比例与它的稳定性有关，稳定性最高的贡献也就最大。如乙烯，$\overset{+}{CH_2}$—$\overset{-}{CH_2}$ 结构的能量比 CH_2=CH_2 高得多，因此前者对真实分子结构基本没有贡献。这一观点也适用于丁二烯分子[39]。像 **1、2** 这样等价的极限结构，其贡献是一样的。在其它条件相同的情况下，能够写出的有意义的极限结构数量越多，而且它们之间越等价，那么共振能就越大。

有时很难判别假想结构的相对稳定性，化学家经常凭直觉进行判定[60]。下面的这些规则有助于进行判定：

a. 包含共价键多的结构通常比包含共价键少的结构更稳定（如比较结构 **6** 和 **7**）。

b. 随着电荷分离程度的加大，稳定性降低。带有形式电荷的结构稳定性低于不带电的结构，有两个以上形式电荷的结构的贡献非常小，相邻原子带有相同电荷的结构尤其不稳定。

c. 负电荷位于电负性大的原子上的结构要比位于电负性小的原子上的结构稳定。因此，烯醇负离子 **30** 比极限式 **29** 稳定。类似地，正电荷最好在电负性小的原子上。

d. 键长、键角变形的结构不稳定，例如：乙烷的结构 **31**。

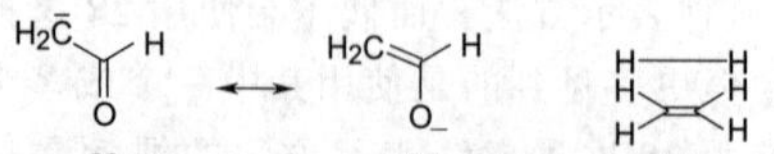

2.6 共振效应

共振结构与没有共振的结构的电子密度不同，亦即共振结构的电子是分散于几个原子上，而不是集中在某一个原子上。例如：如果认为结构 **32** 是苯胺的实际结构，那么氮的两个未共用电子应该完全属于氮原子。然而真实结构 **32** 是包括如图所示的共振结构的杂化，未共用电子对并不只局限于氮原子而是离域到整个环。但是，苯胺的电子势能图显示的电荷分布情况证实电子密度还是大部分集中在氮原子上。苯胺中电子密度在某一处减少（相应地在别处增大），表明 NH_2 基团通过共振效应向苯环贡献或提供了电子（"电子释放"，尽管实际上并没有电子转移发生），这种现象称为共振或中介效应（mesomeric effect）。需要强调的是，与 **32** 相关的极限结构表明电子由氮原子向苯环释放（中介效应），而不一定表明存在四个极限结构。在氨分子中没有共振效应，未共用电子对定域在氮原子上。当考虑场效应（参见1.9节）时，我们将以一个分子（这种情况下是氨）作为底物，考察这个分子被取代之后电子云密度会发生什么变化：当氨分子中的一个氢原子被一个苯环取代（形成苯胺 **32**），电子就会由于共振被"拉"走，就像甲基取代苯环上的一个氢时，甲基会因为场效应而贡献出电子。要指出的是，通过与图 2.1b 中苯的比较，模型中氮原子上电子密度的增大如图中深色区域所示，该区域正好位于模型中间的上方，以及在氮原子上（在模型的右边）。这种电子的偏移仅仅发生在比较两种非常接近的化合物时，或是真实分子与其极限结构的比较时。

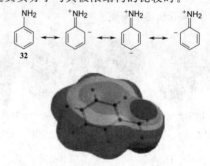

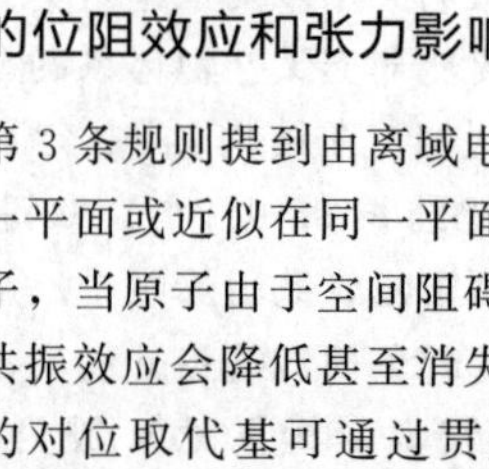

2.7 共振的位阻效应和张力影响

共振的第 3 条规则提到由离域电子覆盖的原子必须在同一平面或近似在同一平面上。已经发现很多的例子，当原子由于空间阻碍而共平面性被破坏时，共振效应会降低甚至消失。我们知道如果苯环上的对位取代基可通过贯穿-共振机理相互作用，那么由取代基效应引起的 π 电子离域则使稳定性提高[61]。而如果取代基都是给电子的，稳定性则大大降低。

碘代 2,4,6-三硝基苯（**33**）邻、对位的硝基的键长差异明显[62]。a 键的长度为 1.45Å，而 b

键的长度为 1.35Å。该现象可解释为：对位硝基的氧原子与芳环共平面并发生共振，所以 b 键具有部分双键性质，而邻硝基团上的氧原子由于碘原子的位阻效应而无法与芳环共面。如 2.13 节所讨论的，键长的不同与超共轭效应有关，这可以从其极限式显示出来：

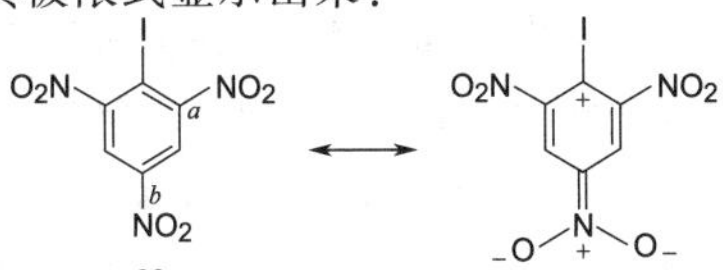

化合物 **34** 被认为是蒽的 Dewar 结构[63]。Dewar 苯结构（例如，盆苯，**3**）被认为是苯的原子价异构体[64]。由于蒽的真实结构是 **35**，我们不禁要问 **34** 是不是其极限结构呢？答案并不是，原因是 **34** 中 9、10 位的取代基阻止了体系的共平面性，因而它是一个分子的真实结构，并不是与 **35** 存在共振关系的结构。这是规则 2 的推论（参见 2.5 节）。为了使类似 **35** 的结构对结构 **34** 的共振做出贡献，两种结构的原子核必须在相同的位置。然而，对于蒽（**35**）来说，Dewar 结构还是被认为对其真实结构具有贡献的。

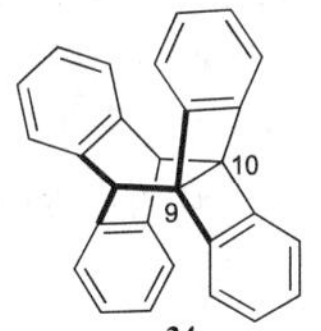

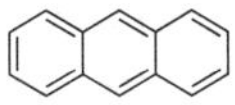

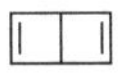

即使是苯环，其共振平面也可能被破坏[65]。在[5]对环芳烷[66]（**36**）中短桥的存在（这是已知的对于苯环的最短对位桥）使苯环变为船式构象。**36** 的分子模型清晰地显示了苯环的变形情况。结构 **36** 很不稳定，无法分离出。但紫外光谱数据显示此时苯环虽然发生变形，但仍然具有芳香性[67]。化合物 **36** 的 8,11-二氯取代物是一个稳定的固体，X 射线衍射显示，苯环为船式结构，一端翘起与平面约成 27°角，另一端成约 12°角[68]。UV 和 NMR 数据显示这个化合物也具有芳香性。[6]对环芳烷也是非平面的[69]，而[7]对环芳烷的桥足够长，环平面只是略有弯曲。类似地，对于[n,m]对环芳烷（**37**），当 n 和 m 均小于或等于 3 时（目前制备出的最小的是[2.2]对环芳烷）[70]，会使苯环弯曲成船式构象。所有这些化合物的性质与典型的含苯化合物有很大不同。具有张力的对环芳烷同时存在 π-张力和 σ-张力，它们对分子结构变形的作用可以近似叠加[71]。在"扭曲的"环芳烷（**38**）[72]中有 C_3 对称轴，分子呈锥形结构而不是像[18]轮烯那样呈平面结构。1,8-二氧杂环[8]-2,7-芘芳烷（**39**）[73]是另一种芳环严重变形的化合物（见 **39A**），它下面的桥能够发生迅速的假旋转（参见 4.1.5.4 节）。近期的研究显示，尽管碳原子的杂化形式发生显著变化，同时还导致芘环芳烷类分子（例如 **39**）的 σ-电子结构发生变化，但是体系的芳香性只是略微下降，并且随弯曲角 θ 从 0 变化到 109.2°而有规律地变化[74]。含杂环的对环芳烷类似物也被制备，例如已报道的 [2,n]-2,5-吡啶环芳烷[75]。

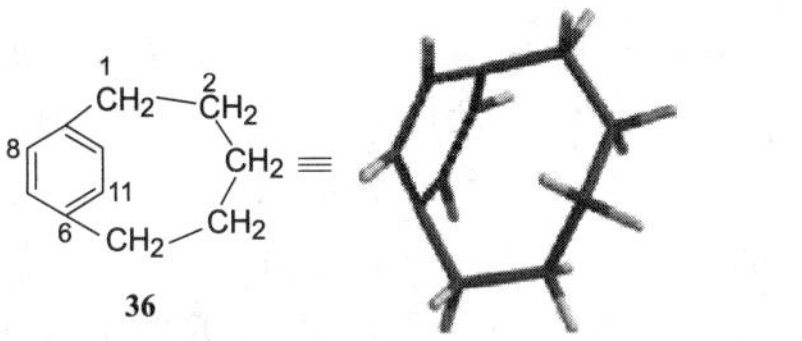

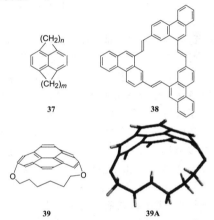

分子中苯环共平面被破坏的例子有很多，例如：7-环烯（**40**）[76]，8,9-二苯基四苯并[a,c,h,j]蒽（**41**）[77]和 **42**[78]（另见 4.1.5.4 节）。这些分子有时被称为扭曲芳香体系[79]。芳香性 π 电子体系严重扭曲的最高"纪录"是 9,10,11,12,13,14,15,16-八苯基二苯并[a,c]并四苯（**43**）[80]，扭曲的两端呈 105°角。这比前面提到的聚芳香烃还大 1.5 倍以上。文献中曾报道全氯苯并[9,10]菲分子结构严重扭曲，但是近期的工作显示该分子实际上并未与同时生成的全氯芴-9-螺-2',5'-环己二烯分离开[81]。X 射线研究发现，[3]苯烯（苯并[3,4]环丁[1,2-b]联苯烯，**44**）的结构是线型的，而当中心结构改变为环状的双烯丙基构架时，将发生相当大程度的键的变形[82]。还可以在苯环上接

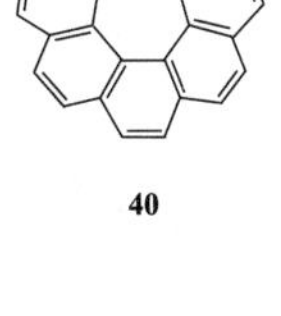

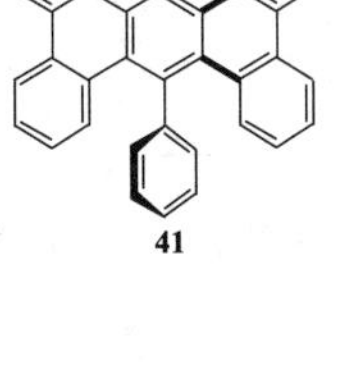

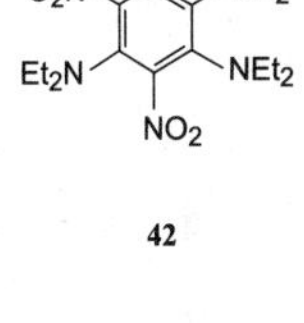

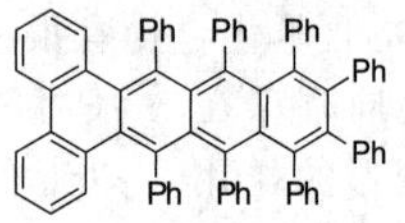

有张力的环,但这会使苯环的张力变得很大。在 **45** 中,苯环被四氢吡喃单元的张力所压缩,由于张力作用而被扭曲成船式构象[83]。

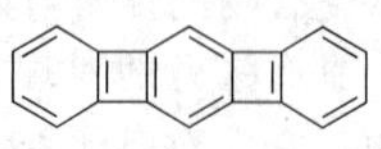

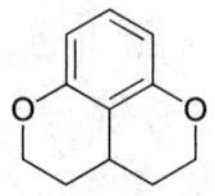

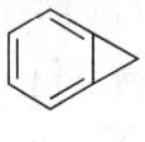

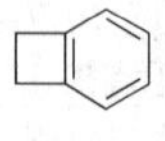

Mills 和 Nixon 于 1930 年提出了张力诱导的键离域的概念[84],因而通常也称为 Mills-Nixon 效应(参见 11.2.5 节)。邻位稠合的芳香化合物(例如苯并环丙烯,**46**)与已知的环丙芳烃(cyclopropazrene)一样[85],也具有很大的张力。环丙苯(**46**)是一个稳定的分子,具有 68kcal/mol (284.5kJ/mol) 的张力能[86],其稠合的键最短,而在苯并环丁烯 **47** 中却是相邻的键最短[87]。稠合的键和相邻的键都具有张力。环丙芳烃中,可以预测存在部分芳香性键的离域,芳香环中的键长发生了改变[88]。如果桥连的结构单元是饱和的,苯环的形式基本不发生变化,但是一旦稠合一个或多个环丁烯单元,苯环的形式将受到影响[89]。环丙芳烃的化学主要受到高张力能的影响。当双环[1.1.0]丁烷结构单元与苯环稠合时,也会产生张力诱导的芳香 π 键离域[90]。

2.8 pπ-dπ 键:内鎓盐

在第 1 章 1.4 节已经讨论过,一般情况下元素周期表中第三周期的原子不能形成稳定的典型双键(p 轨道平行重叠形成 π 键)。但是,另外一种双键在第三周期的硫、磷等原子中特别常见。例如:在 H_2SO_3 中就有这样的双键。

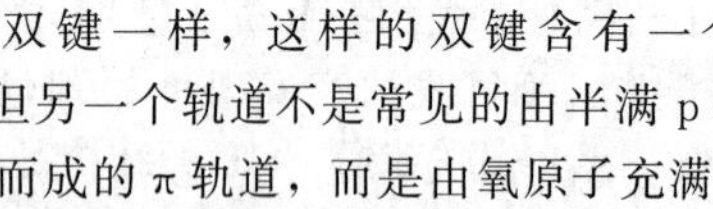

和普通双键一样,这样的双键含有一个 σ 轨道❶,但另一个轨道不是常见的由半满 p 轨道相互重叠而成的 π 轨道,而是由氧原子充满电子的 p 轨道和硫原子的空 d 轨道重叠而成的 pπ-dπ 轨道[91]。我们可以用两个极限式来描述这个分子,尽管有共振,键仍然是定域的。其它含 pπ-dπ 键的例子有:氧化膦、砜、次磷酸和亚砜。

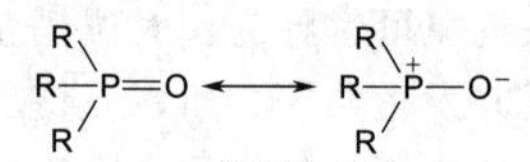

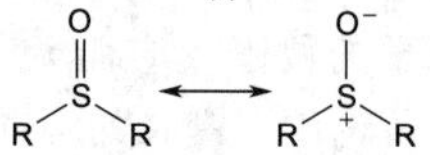

含氮化合物也有与含磷化合物类似的结构,但是由于没有共振,它们的稳定性较差。例如与氧化膦类似的氧化胺,它只能写成 $R_3\overset{+}{N}$—O^- 形式。在该分子中,含 pπ-dπ 的极限结构是不存在的,因为氮外层电子达到了 8 电子稳定结构。

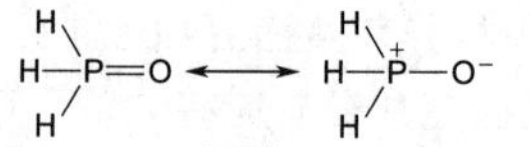

以上所有例子中都是氧原子提供电子对,实际上氧也是常见的此类原子。但是在一类重要的称为叶立德(ylid)的内鎓盐化合物中,提供电子的原子是碳[92]。主要有三种叶立德:磷叶立德[93]、氮叶立德[94]和硫叶立德[95],此外还有砷叶立德[96]、硒叶立德等。叶立德可以被定义为周期表中 VA 族或 VIA 族的原子带正电,并与带未共用电子对的碳相连所形成的结构。由于 pπ-dπ 键的关系,磷和硫叶立德的极限式有两个而氮叶立德只有一个。磷叶立德比氮叶立德稳定得多(另见反应 **12-22**),这也是氮叶立德的反应更像碳正离子(参见反应 **13-31** 和 **18-21**)的一个原因。虽然硫叶立德也没有磷叶立德稳定,但却相当常见。

$R_3P=CR_2 \longleftrightarrow R_3\overset{+}{P}-\overset{-}{C}R_2$
磷叶立德

$R_2S=CR_2 \longleftrightarrow R_2\overset{+}{S}-\overset{-}{C}R_2 \qquad R_3\overset{+}{N}-\overset{-}{C}R_2$
硫叶立德 氮叶立德

在几乎所有含有 pπ-dπ 键的化合物中,中心原子都连着四个原子或者三个原子及一个未共用电子对,使得成键的空间构型近似为四面体型。因此,pπ-dπ 键并没有很大改变分子的几何构型,而普通 π 键却相反,它将中心原子从四面体型变为三角构型。计算表明不稳定磷叶立德的内鎓盐碳具有非平面几何构型,而稳定叶立德的相应碳原子为平面构型[97]。

2.9 芳香性[98]

早在十九世纪,人们就已经认识到芳香族化合物[99]与不饱和脂肪族化合物有很大不同[100],但是很多年来化学家都没能对芳香性给出令人满意的定义[101]。从定性角度,人们已达成共识:

---

❶ 原文误为"s 轨道"。——译者注

通常认为芳香化合物是具有特殊的稳定性、发生取代反应比发生加成反应容易的一类化合物。但是根据这些特征来判断一个化合物是否有芳香性容易产生争议，同时也不适用于边界情况。芳香性的定义[102]应当涵盖从多环共轭烃分子[103]到各种环大小的杂环化合物[104]，以及活泼中间体。1925 年，Armit 和 Robinson[105] 发现苯环的芳香性质与闭合的电子环——芳香六隅体（aromatic sextet）有关，因此认为芳香族化合物是一类具有离域键的化合物。但是除了苯环，其它环是否具有这种闭合的环电子则不易判定。随着磁技术的发展，尤其是核磁共振（NMR）技术的出现，可以通过实验判定某个化合物是否有闭合的电子环。芳香性现在被定义为维持抗磁环电流的能力。拥有这种能力的化合物称为纬向（diatropic）分子。尽管这种定义依然有缺陷[106]，但却是现在被普遍接受的判断方法。有若干种判定化合物是否具有维持环电流的方法，最重要的还是基于 NMR 化学位移（δ 值）的方法[107]。水溶性的杯[4]间苯二酚芳烃（参见第 3 章 3.3.2 节）已被发展成具有对映选择性的 NMR 化学位移试剂，可用于检测芳香化合物[108]。为了能够理解这种方法，有必要记住：一般来说，NMR 谱中质子（氢核）的化学位移取决于该质子周围的电子云密度，围绕或部分围绕质子的电子云密度越大，它的化学位移越向高场移动（δ 值更小）。但是这个规则也有例外，例如与芳环相邻的质子。当外加磁场作用在芳香环上时（正如在 NMR 仪器中），闭合感应磁场的芳环电子形成环电流，环电流产生了感应磁场（称作磁各向异性）。如图 2.7 所示，感应磁场的磁力线在质子所在区域与外加磁场平行，因此这些质子感受到的磁场要比没有芳环电子环流时强。与只考虑电子密度的影响相比，质子向低场移动得更多（更大的 δ 值）。普通的烯烃质子的化学位移约为 5～6，而苯环上氢原子的化学位移在 7～8 左右。但是如果分子中有（氢核）位于环的上方或环中的质子，那么它将受到磁场被减弱的影响，而比普通 CH_2 基有更低的化学位移值（CH_2 的常见化学位移值是 1～2）。[10]对环芳烷（**48A**）的 NMR 谱图显示它属于这种情况[109]，越靠近环中心的 CH_2 质子，其化学位移值越低。该分子中部分亚甲基链位于苯环的正上方，这可从分子模型 **48B** 中很容易地看出来，因而这些质子受到磁各向异性的影响而发生化学位移减小。

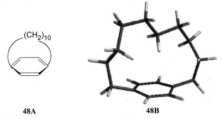

48A　　　　　　　**48B**

因此，芳香性可利用 NMR 谱判定。如果连接在环上质子的化学位移值比普通烯烃的化学位移值更移向低场，就能确定该分子具有芳香性。此外，如果某个化合物在环上方或在环内部有质子（后一种情况的例子参见 2.11.6 节），而且如果该化合物是纬向性的，那么它将向高场移动。然而，局部分子骨架情况还对芳香性有重要影响，因而人们提出质疑：芳烃氢原子化学位移向低场并不能作为芳香性判定的可靠依据[110]。该判定方法的缺点是不适用于在这些区域没有质子的体系。例如，方酸（squaric acid，二羟基环丁烯二酮）的双负离子（参见 2.12 节）。遗憾的是，^{13}C NMR 无法应用于判断芳香性，因为它不能体现环电流的影响[111]。

Bickelhaupt 提出观点认为"双键离域"实质上表现为键长平均化，其主要原因是 σ 键的充分重叠，而 π 电子只是促使键长稍微缩短。反芳香体系的 π 电子具有更强的离域倾向[111]。

研究表明，对于中性的、正电性的和带一个负电荷的物质，如果将一系列芳香性的及反芳香性的碳氢所含质子的各个化学位移相加，那么所得数值与磁化系数增值（magnetic susceptibility exaltation，指化合物测定的磁化系数值与基于分子中各基团数据相加所得值之差）之间存在线性关系[112]。芳香性及反芳香性的双负离子也表现出类似的线性关系，但其线性的斜率不同[112]。

现已表明能量及磁性标准都可用于判定芳香

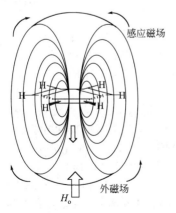

图 2.7　苯环的环电流

性。所谓的环共振能[113]就是一个重要的量化标准，将能量及磁性标准与芳香性联系起来。它被定义为多环π体系中各个环路对芳香稳定化能的贡献。多环体系磁感应产生芳香性，单个环对这种芳香性的贡献已经被确定，称作环共振能，它与 Bosanac 和 Gutman 定义的环共轭能具有相同的符号，数值也基本相同[114]。环电流抗磁性反映了多环 π 体系中维持单环芳香稳定化能的能力。

反芳香体系表现出顺磁环电流[115]，产生的顺磁环电流导致环外质子的化学位移向高场移动，而环内的质子向低场移动，这与反磁环电流产生的影响恰好相反。可以产生顺磁环电流的化合物被称为"经向性的"（paratropic），这在四电子和八电子体系中很常见。与芳香性类似，我们推测当分子具有平面结构且键长相等时，反芳香性可以达到最大。与芳香和反芳香化合物相关的环电流反磁场和顺磁场效应（即，对原子核的屏蔽和去屏蔽效应）可以通过被称为"不依赖核的化学位移（nucleus independent chemical shift, NICS）"的简单、有效的方法测定[116]。芳香-反芳香环电流可以反映出化合物所受到的额外 π 效应。环丁二烯环中心的 NICS 值接近于零，这一特殊现象是由于大的、作用效果相反的各向异性成分相互抵消所导致的[117]。

除了实验 NMR 技术外，目前至少有四种判断芳香性的理论模型。在最近的文献中，还对这些方法进行了比较和评价[118]。Hess-Schaad 模型[119]可以预测苯型烃类（benzenoid hydrocarbon）化合物的芳香稳定性，但是不能预测其反应性。Herndon 模型[120]也可以很好地预测芳香稳定性，但是对于苯系性质（benzenoidicity）的预测不可靠，而且不能预测反应性。共轭环模型（conjugated-circuit model）[121]可以很好地预测芳香稳定性，但是也不能预测反应性。Hardness 模型[122]是预测动力学稳定性的最好模型。π 电子的离域能也被当作多环芳香烃芳香性的一项判断指标[123]。曾经提出的芳香性与能量、几何形状、磁性标准呈线性关系的观点则被证明在含不同杂原子数的杂环芳香体系的判断中是不准确的[124]。

需要强调的是，芳香性的新旧定义并不是彼此一致的。如果一种化合物采用新定义判定具有纬向性，即芳香性的，它就要比能量最低的极限结构稳定得多。但这并不意味着它对于空气、光以及反应试剂是稳定的，因为该稳定性不是由共振能决定的，而是由分子与反应过渡态之间自由能的差异决定的。即使共振能很大，该分子与过渡态之间能量的差异也可能会非常小。已经建立了一种将环电流、共振能、芳香特征统一起来的理论[125]。需要注意的是，芳香性可能会在数量级上发生很大变化，有时完全随包括介质极性在内的分子环境的变化而变化[126]。

大多数芳香化合物含有六电子的闭合环，这就是芳香六隅体，在本书中我们先讨论这些化合物[127]。对于苯型多芳基烃类（benzenoid polyaromatic hydrocarbon）已经建立了"公式周期表"[128]。

2.9.1 六元环

不仅苯环有芳香性，很多环中的碳原子被一个或多个杂原子取代的杂环化合物也有芳香性[129]。当杂原子为 N 时，形成的六隅体环电流基本没有变化，并且 N 原子的孤对电子不参与芳香体系。因此，它们的衍生物如 N-氧化产物、吡啶离子等仍具有芳香性。然而，含氮杂环与苯环相比，它明显地具有更多的有意义的共振式（如 49）。当杂原子为 O 或 S 时，为了满足在此体系中出现的三价，杂原子就必须以离子的形式出现（如 50）。由此可知，吡喃（51）没有芳香性，而吡喃离子（50）却具有芳香性[130]。

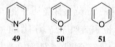

49　　50　　51

在稠合的六元芳环体系中[131]，主要的共振式通常都不等价。萘（52）结构式的中间有一根双键，这与其另外两个相互等价的共振式不同[132]。对萘而言，如果不考虑 Dewar 式和电荷分离情况的话，就只有这三种共振式[133]。

$$\underset{52}{\begin{array}{c}8\ 1\\7\quad\quad 2\\6\quad\quad 3\\5\ 4\end{array}} \leftrightarrow \cdots \leftrightarrow \cdots$$

假设这三种共振式对萘结构的贡献相同，那么 1,2-位之间的键就比 2,3-位之间的键具有更多的双键性质。分子轨道计算表明，它们的键级分别为 1.724 和 1.603（苯的键级为 1.667）。实验测得 1,2-位和 2,3-位之间的键长分别为 1.36Å和 1.415Å[134]，这与计算结果相符。而且臭氧（反应 **19-09** 和 **15-58**）倾向于进攻 1,2-位之间的键[135]。这种被称作"键部分固定化"（partial-bond fixation）[136]键不等价性，在几乎所有的稠环芳烃体系都能发现。要注意的是，已经制备出有张力的萘衍生物，由一个苯环与两个双环体系稠合而成。在新的萘衍生物中，其中一个六元环具有相同的键长，而其它环的键长是不同的[137]。萘及其它芳烃的正离子、负离子和离子型自由基衍生物的芳香性也已经得到计算[138]。经常用一个六元环加一个圈表示芳香体系，但在本书中最常用的是具有 C=C 结构单元的 Kekulé 式而不是画圈的形式。这里之所以这样提出，是因为可以用一个圈表示苯，但我们以萘为例，在用两个圈表示时就会产生误解，因为两个圈表示含有 12 个芳环电子，而萘实际只有 10 个芳环电子[139]。

在菲的五种共振式中，仅有一种（**53**）表明 9,10-位之间的键为单键，因此此时键固定现象就很极端，该键很容易被许多试剂进攻[140]：

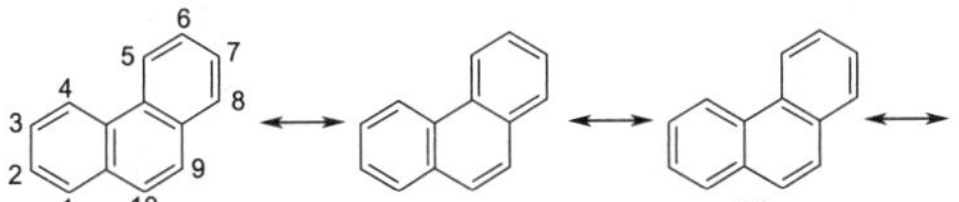

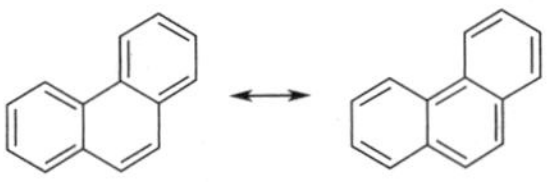

已经发现随着空间拥挤程度的增大，Dewar 苯式结构成分也增加[141]。一般情况下，稠环芳烃的键长和键级存在良好的相关性。另一个稠环芳烃中与键级符合得很好的实验数据是成键的两个碳原子上的质子之间的 NMR 偶合常数[142]。

稠环体系的共振能随着主要共振式数目的增加而增大，这正如规则 6（参见 2.5 节）[143] 指出的那样。对于苯、萘、蒽和菲来说，分别可以画出 2、3、4、5 个主要极限式；而从燃烧热数据可以算出，它们的共振能分别为 36kcal/mol（150kJ/mol）、61kcal/mol（255kJ/mol）、84kcal/mol（351kJ/mol）、92kcal/mol（385kJ/mol）[144]。菲的总共振能为 92kcal/mol（385kJ/mol），被臭氧、溴等试剂进攻时，9,10-位的双键被打开，产物中只剩下两个完整的苯环，而每个苯环的共振能为 36kcal/mol（150kJ/mol）。这样的进攻方式比直接进攻苯环所损失的共振能小。若苯环受到类似的进攻，相应的共振能也会失去。蒽的 9 位和 10 位易发生多种反应，也可用类似方式解释。稠环体系的共振能可以通过计算极限式数目的方式来估算[145]。计算还提供了在菲的分隔区 H—H 之间存在互斥作用的补充证据[146]。

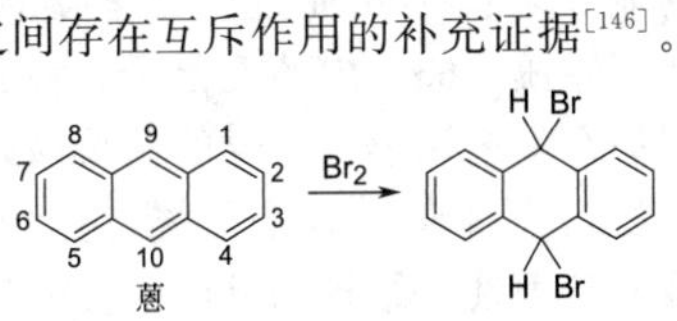

不是所有的稠环体系的整个分子都具有芳香性。就菲烯（phenalene，**54**）而言，双键因无法恰当地分配，因而无法保证每个碳原子都有一根单键和一根双键[147]。但是菲烯具有酸性，与甲醇钾发生反应生成相应的负离子（**55**），该负离子具有芳香性。相应的自由基和正离子也类似，它们的共振能相同（参见 2.9.3 节）[148]。

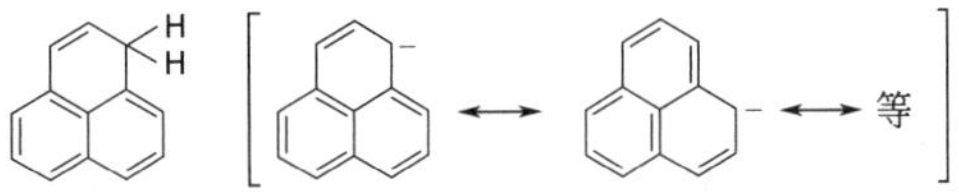

含有稠环的分子如菲和蒽通常被当作线性的或具有规则角度的聚并苯。并苯是一类多环芳香烃类有机化合物，由苯环线性稠合而成。在稠环体系中，并不是每个环中的电子数目都是六[149]。例如萘，如果一个环有六个电子，那么另一个环就只能有四个电子。萘的反应活性比苯的高，其中一种解释认为萘中的一个环具有芳香性，而另一个环则可以视为是丁烯体系[150]。这种效应可能很极端，就像苯并[9,10]菲的情况[151]。该化合物有八个极限式与 **56** 类似，**56** 中标有 a 的三根键都不是双键，而至少有一个 a 键是双键的极限式只有一个，即 **57**。这个分子中似乎 18 个电子分布在外围的三个环中，每个环都各自形成闭合的六电子环电流，而中间的环是"空"的。由于外围的环不需要与邻近的环共用电子，因而它们与苯一样稳定；因而苯并[9,10]菲与大多数稠环芳烃不一样，它不溶于浓硫酸，反应活性也很低[152]。这种稠合体系中一些环把部分芳香性给了邻近环的现象，被称作"稠合作用"（annellation）。这种作用可用紫外光谱[131]和反应活性来证实。一般来说，无论是线型的还是有规则角度的聚并苯，其芳香性将随着分子大小的增大而显著减小，线型聚并苯的芳香性减小得更多[153]。值得注意的是，可用并苯制成分子环或分子带[154]。

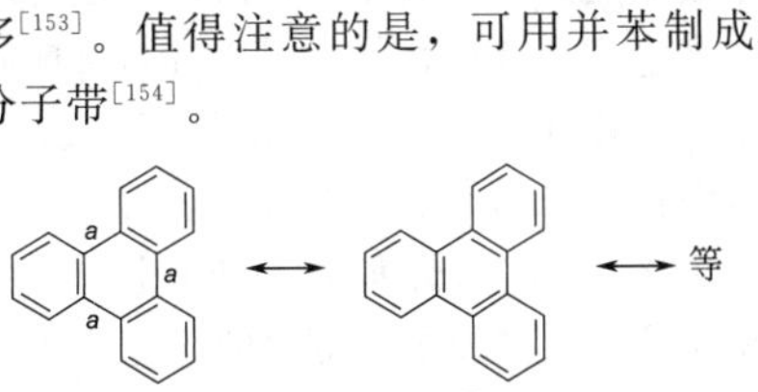

2.9.2 五元、七元和八元环

芳香六隅体也可以在五元环和七元环中出现。如果一个五元环有两个双键，并且第五个原子含有一对未共用电子，那么这个环有五个 p 轨道，可叠加生成五个新轨道——三个成键轨道和两个反键轨道。这些轨道上有六个电子：四个双键上的 p 轨道各贡献一个电子，而那个充满电子

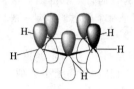 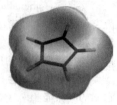

图 2.8 吡咯中 5 个 p 轨道的重叠和吡咯的电子势能图

的轨道贡献出另外两个电子。这六个电子占据了成键轨道，形成了芳香六隅体体系，如图 2.8 所示。图中吡咯的电子势能图显示了芳香电子云（位于分子模型上方的深色区域），表示具有很大的电子密度。杂环化合物吡咯、噻吩和呋喃是最重要的此类芳香化合物，其中呋喃的芳香性比另外两个差一些[155]。这三个化合物的共振能分别为 21kcal/mol、29kcal/mol 和 16kcal/mol（88kJ/mol、121kJ/mol 和 67kJ/mol）[156]。这类分子的芳香性也可用共振式来表示（以吡咯为例）：

与吡啶不同，吡咯共振式 A 中的未共用电子对也参与芳香六隅体的形成。由于该电子对不能拿出来供给，因而吡咯的碱性比吡啶弱得多。

第五个原子也可以是含有未共用电子对的碳原子。环戊二烯可与合适的碱反应，失去一个质子而生成碳负离子，因而尽管该离子能与烷基化试剂和亲电试剂反应，却由于具有芳香性而变得十分稳定。由于能够形成稳定的环戊二烯负离子，因而环戊二烯的酸性大致与水的酸性一样强（$pK_a \approx 16$）。环戊二烯负离子通常以 58 形式表示。由于环中五个原子是等价的，该离子的共振效应要比吡咯、噻吩和呋喃中的共振强得多，据估计 58 的共振能为 24～27kcal/mol（100～113kJ/mol）[157]。用 ^{14}C 标记起始化合物，在重新生成环戊二烯时，每个碳原子的位置都被等量的标记物标记，从而证明了五个碳原子是等价的[158]。正如我们期待在芳香体系中发现的那样，环戊二烯负离子是纬向性的[159]，已经成功地在环上进行了芳香取代反应[160]。平均键级可以作

为表征这些环的芳香性的参数，但对非芳香体系和反芳香体系的相关性太差[161]。有人提出了一种通过适当的分子碎片来计算相对芳香性的模型[162]。Bird 给出了芳香性指数（I_A）[163]，该指数是对环键级范围的统计评价，现被用作芳香性的评价标准。Pozharskii[164] 基于 Fringuelli 的工作提出了另一个键级指数[165]。对一系列芳香族和杂环芳香族化合物的分子碎片计算表明，绝对硬度（参见 8.5 节）与芳香性具有良好的线性相关性[166]。茚和芴也有酸性（pK_a 分别约为 20 和 23），但酸性不及环戊二烯，这是由于稠合作用使电子不那么容易进入五元环所致。另一方面，1,2,3,4,5-五（三氟甲基）环戊二烯（59）的酸性比硝酸强[167]，这是由于三氟甲基具有强吸电子效应（参见 8.6）。已经对 Bird[163] 和 Pozharskii[164] 的体系进行了修正，修正后的体系特别适用于五元杂环[168]。最近的研究中又引入了一种新的局部芳香性度量方法，用六元环中对位相关碳原子的 Bader 电子离域指数（DI）[169] 的平均值来表示[170]。键的共振能已经被用作衡量局部芳香性的指标[171]。已经对一些芳香性指数的相对数值进行了讨论[172]。

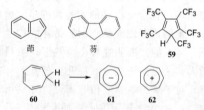

前面的论述已经表明，一个给定化合物的相对酸性可用于研究其对应共轭碱的芳香特性。与环戊二烯（参见 2.9.2 节）截然不同，环庚三烯（60）没有反常强度的酸性。这一点用芳香六隅体理论很容易解释，从共振式或简单考虑轨道叠加，61 应当与环戊二烯负离子（58）一样稳定。即使 61 可在溶液中制备[173]，但 61 不如 58 稳定，而且稳定性也远低于 62，62 由 60 失去一个氢负离子而不是质子而形成。草鎓离子（tropylium ion，62）[174] 上的六个双键电子与第七个碳原子上的空轨道叠加，形成了在七元碳环上的六电子体系，因而非常稳定。但该离子一般从相应的卤化物制得，而不是通过失去氢负离子而得到。如果草鎓溴（63）中的溴原子能够有效地进攻碳环，那么就应该形成完全的共价碱，而实际上该化合物是一种离子型化合物[175]。为了研究这种体系的芳香性、结构和反应活性，目前已经合成出许多种取代了的草鎓离子[176]。与 58 类

似，**62** 中碳原子的等价性也通过同位素标记的方法得到证明[177]。已经报道了像 $C_7Me_7^+$ 和 $C_7Ph_7^+$ 这样的环庚三烯正离子[178]，但是它们很难与过渡金属形成配合物，可能是因为这些离子采取的是船式构象而不是平面构象[179]。

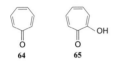

另一种表现出一定芳香特征的七元环化合物是环庚三烯酮（**64**）。如果 C=O 键上的两个电子远离碳环，位于电负性较大的氧原子附近时，这个分子就有芳香六隅体结构。实际上，环庚三烯酮是一类稳定的化合物，在自然界中已发现环庚三烯酚酮（**65**）[180]。然而，偶极矩、NMR 谱

和 X 射线衍射的测量结果表明，环庚三烯酮和环庚三烯酚酮中具有单双键交替出现的现象[181]。尽管这些化合物具有一定的芳香性特征，但它们还应该被认为是非芳香族化合物。环庚三烯酚酮很容易发生芳香取代，这表明芳香性的新旧定义不总是一致的。已经知道 **65** 呈现酸性（pK_a 约为 6.7）[182]，主要是由于其对应的负离子具有芳香性特征。实际上，可把 **65** 看作插烯的羧酸。与 **64** 截然不同，环戊二烯酮（**66**）只有在低于 38K 的 Ar 气氛中才能分离出来[183]；高于此温度，则发生二聚。因此早期尝试了许多制备方法都未能成功[184]。就如同 **64**，电负性大的氧原子将电子拉向它自己，结果碳环中只留下了四个电子，导致了分子的不稳定。一些 **66** 的衍生物已经被合成出[145]。

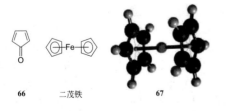

另一类五元环的芳香化合物是茂金属化合物（metallocene，也称作三明治夹心化合物）在这些结构中，两个环戊二烯负离子环夹着一个金属离子，形成三明治结构。其中最常见的是二茂铁，从 3D 模型（**67**）可以看出两个环戊二烯与铁离子形成了 η^5-配位。当然用 Co、Ni、Cr、Ti、V 和其它金属也能制成类似化合物[185]。符号 η 代表与金属形成配位的 π 供体（π-烯丙基体系表示为 η^3，苯环体系表示为 η^6），η^5 表示有 5 个 π 电子与 Fe 发生配位。二茂铁相当稳定，高于 100℃ 才能升华，加热到 400℃ 也不发生变化。同时，上下两个环可自由旋转[186]。茂金属化合物能够发生各种芳香取代反应（第 11 章）[187]。含有两个金属原子、三个环戊二烯负离子的茂金属化合物也已经制备出来了，被称作三层三明治（triple-decker sandwiche）[188]。甚至四层、五层、六层的三明治夹心类结构也有报道[189]。

二茂铁的成键情况可采用简化的分子轨道理论做出如下解释[190]：每个环戊二烯负离子环有五个分子轨道——三个充满的成键轨道和两个空的反键轨道（参见 2.9.2 节）。铁原子的外层有 9 个原子轨道，它们分别是一个 4s、三个 4p 和五个 3d 轨道。两个环戊二烯负离子环上充满电子的六个轨道与铁原子的一个 s 轨道、三个 p 轨道以及 d 轨道中的两个叠加形成 12 个新轨道，其中 6 个为成键轨道。这 6 个轨道形成两个环-金属的叁键。此外，环上空的反键轨道与铁原子另外几个充满的 d 轨道也可相互叠加。总之，9 个轨道上合计有 18 个电子（10 个可认为来自环戊二烯负离子环，8 个来自零价的铁）；9 个轨道中的 6 个是成键较强的轨道，3 个轨道是成键较弱的或非键的。

草钅翁离子含有分散在七个碳原子上的芳香六隅体结构。一个类似环庚三烯的离子，1,3,5,7-四甲基环辛四烯二价离子（**68**），由八个碳原子共用六个电子，它在 -50℃ 的溶液中可稳定存在，具有纬向性的近似平面结构，高于 -30℃ 时不稳定[191]。

2.9.3 其它含有芳香六隅体的体系

简单共振理论认为，并环戊二烯（pentalene，**69**）、茂并芳庚（azulene，又称"奠"，**70**）和庚间三烯并庚间三烯（heptalene，**71**）应当具有芳香性，虽然这些结构的非离子型极限式在环的连接处都没有双键。分子轨道计算表明，茂并芳庚（**70**）是稳定的结构，而另外两个结构却不稳定，这也已被实验证实。庚间三烯并庚间三烯（**71**）已被制备出来[192]，它不仅很容易与氧、酸和溴反应，也很容易发生氢化和聚合反应。NMR 分析表明，该分子不是平面型的[193]。**71** 的 3,8-二溴和 3,8-二甲氧酰基衍生物在室温

下的空气中是稳定的,但它们不具有纬向性[194]。一些甲基化的庚间三烯并庚间三烯和1,2-庚间三烯并庚间三烯二羧酸盐也已被制备出来,它们都是稳定的非芳香性化合物[195]。并环戊二烯(**69**)还未被制备出来[196],但它的六苯基衍生物[197]和1,3,5-三叔丁基衍生物[198]已见报道。前者在溶液中对空气敏感;后者较稳定,但 X 射线衍射和光电子能谱数据表明它的结构中有单双键交替出现的现象[199]。并环戊二烯(**69**)及其甲基、二甲基衍生物可在溶液中生成,但在分离前它们就二聚了[200]。其它制备这些化合物的尝试都失败了。

并芳庚是一种非交替烃:

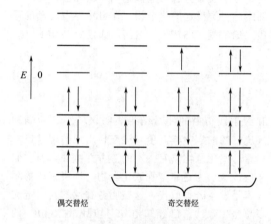

在交替烃中,成键轨道与反键轨道成对出现;就是说,对每个能量为 $-E$ 的成键轨道,就会有一个能量为 $+E$ 的反键轨道与之对应(图2.9[209])。偶交替烃就是有偶数个共轭原子的交替烃,就是说,标有星号的原子与未标的原子数目相同。这些烃的所有成键轨道都是充满的,π电子均匀地分布在不饱和原子上。

与 **69** 和 **71** 完全不同,茂并芳庚(**70**)是一种蓝色固体,相当稳定,它的许多衍生物已被制备出[201]。茂并芳庚很容易发生芳香取代反应。茂并芳庚(**70**)可认为是 **58** 与 **62** 的结合产物,实际上,它的偶极矩为 0.8D(参见 **72**)[202]。有趣的是,当在并环戊二烯(**69**)上加上两个电子,就形成了一个稳定的二价阴离子 **73**[203]。由此可以得出结论:只有当参与共振的电子数为 10 时(不是 8 个也不是 12 个),这些电子可在两个环中流动,相应的化合物具有芳香性。由于受偶极芳香共振结构的作用,[n,m]富烯(fulvalene, $n \neq m$),如亚甲基环戊二烯(**74**)和茂并芳庚(**70**),它们的 π 电子是移动着的[204]。然而,计算表明偶极芳香共振结构对亚甲基环庚三烯(**75**)电子结构的贡献只有 5%,而对杯烯(calicene, **76**)电子结构的贡献为 22%~31%[205]。根据 Bird 的理论[206],这些分子既受处于基态的芳香性又受处于激发态的芳香性的影响,因而具有芳香"变色龙"的作用。这个说法得到了 Ottosson 及其同事的证实[204]。各种取代富烯化合物的芳香性指数已经有报道[207]。

图 2.9 奇交替烃和偶交替烃的能级图[209]
箭头代表电子;轨道具有不同的能量,
有些轨道可能是简并的

正如烯丙基体系一样,奇交替烃(必须是碳正离子、碳负离子或自由基)除了数量相等的成键和反键轨道,还有一个能量为零的非键轨道。当奇数个轨道叠加时,产生奇数个轨道。由于交替烃的轨道中能量为 $-E$ 和 $+E$ 的轨道是成对出现的,最后剩余一个轨道,它的能量只能为零。例如,在苄基体系中,阳离子有一个未被占用的非键轨道,自由基在该轨道上有一个电子,而阴离子在那里有两个电子(图2.10)。苄基体系中,这三种结构具有同样的键能,整个分子上的电荷分布情况(或未成对电子的分布)也是一样的,可通过相对简单的方法计算得出[208]。

对于非交替烃,成键轨道和反键轨道的能量不是大小相等符号相反的,阳离子、阴离子和自由基的电荷分布情况也不同。该体系的计算尽管很复杂,但已有文献报道[210]。运用理论方法计算这类烃的拓扑极化及反应性情况已见报道[211]。

2.10 交替的和非交替的烃[208]

芳烃可分为两类:交替烃(alternant hydrocarbon)和非交替烃(nonalternant hydrocarbon)。在交替烃中,共轭的碳原子可分成两组,同一组的两个原子不直接相连。为了方便起见,一组原子用星号标记。萘是一种交替的烃,而茂

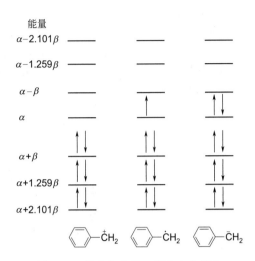

图 2.10 苄基阳离子、苄基自由基和苄基阴离子的能级图

α 代表 p 轨道的能量（见 2.2 节）；非键轨道的键能为 0

2.11 电子数不是 6 的芳香体系

人们已经深刻认识到苯的稳定性，这种稳定性也存在于其它结构类似但大小不同的环中，如环丁二烯（**77**）、环辛四烯（**78**）、环癸五烯（**79**）[212]等。这些化合物统称为轮烯（annulene）[213]，苯为[6]轮烯，**77**～**79** 分别被称为[4]轮烯、[8]轮烯、[10]轮烯[214]。如果简单地考虑共振式，这些轮烯以及更高级的轮烯应当有如同苯那样的芳香性。事实上，它们的性质难以捉摸。苯环在成千上万的天然产物中，以及煤炭和石油中普遍存在，它可由非环化合物在剧烈的反应条件下生成。而除了环辛四烯，其它轮烯未曾在自然界中发现，实验合成也不容易。显然，数字 6 对环体系的电子数有某种特殊意义。

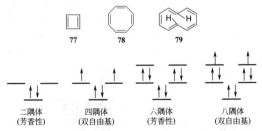

基于分子轨道计算[215]的 Hückel 规则表明，如果成环的电子数为 $4n+2$，那么该环电子就组成了一个芳香体系，这里的 n 可取 0 或其它正整数；含有 $4n$ 个电子的体系被认为是非芳香性的。这个规则预测，含有 2、6、10、14 等电子数的环具有芳香性；含有 4、8、12 等电子数的环则没有芳香性。这实际是 Hund 规则的必然结果：轮烯的第一对电子进入能量最低的 π 轨道，然后进入能量相同、成对出现的简并成键轨道。当共有 4 个电子时，Hund 规则表明，2 个电子会进入最低的轨道，另外 2 个会变成未成对电子，因此，这个体系会以双自由基的形式出现，而不是两对电子。如果分子被扭曲，它的对称性会下降，轨道的简并也会消失。例如，假设 **77** 是矩形而不是正方形的，先前的简并轨道就会变得一个能量高、一个能量低，两个电子将会配对地占据能量低的轨道。当然，在这种情况下，双键之间是相互孤立的，分子也就没有芳香性。对称性破坏也出现在当一个或多个碳原子被杂原子取代时，或被其它方式干扰时[216]。Kass 及其同事报道了环丁二烯的生成焓[217]。简要讨论了对环丁二烯反芳香性的重要意义[218]。当需要对这些体系进行 MO 计算时，应当谨慎运用。已经报道，采用大量常用机组[219]对苯进行电子相关的 MP2、MP3、CISD 和 CCSD 水平下的从头计算，表明其具有反常的、非平面的平衡结构[220]，并对这种反常性进行了讨论[220]。

接下来的几部分将会讨论含不同电子数的体系。当我们判断芳香性时，应该注意化合物的以下特性：①存在可产生感应磁场的环电流；②相等或近似相等的键长，除了体系的对称性被杂原子取代或被其它方式干扰的情况；③平面性；④化学性质稳定；⑤能发生芳香取代反应。

2.11.1 双电子体系[221]

很明显，尽管一个双键也可被认为是简并的，但两个碳原子不能成环。但是，与䓬鎓离子类似，带有一根双键且第 3 个原子上又带有一个正电荷的三元环（环丙烯正离子）是 $4n+2$ 体系，它应当具有芳香性。未取代的 **80** 已被制备出[222]，**80** 的衍生物（如三氯代、二苯代、二丙基取代）也见报道。尽管环的内角只有 60°，这些化合物却都是稳定的。事实上，三丙基环丙烯[223]、三环丙基环丙烯[224]、氯代二丙基环丙烯[225]和氯代二(二烷基氨基)环丙烯[226]等正离子是已知的最稳定的几种碳正离子，它们甚至在水中也能稳定存在。三叔丁基环丙烯正离子也非常稳定[227]。此外，环丙烯酮和它的几个衍生物也是稳定的化合物[228]，它们与相应的环庚三烯酮的稳定性一致[229]。**80** 这种环体系是非交替的，相应的自由基和阴离子（它们没有芳香性的二电子环电流）在反键轨道上也有电子，因此它们的能量要高得多。像 **58** 和 **62** 一样，三苯基环丙烯正离子的三个碳原子的等价性也已通过 ^{14}C 的标记实验得到证实[230]。令人感兴趣的二价阳离子（**81**，其中 R＝Me 或 Ph）已被制备出[231]，它们也有二电子的芳香性[232]。

2.11.2 四电子体系：反芳香性

最常见的闭合的四电子环状化合物是环丁二烯（**77**）[233]。Hückel 规则表明，它没有芳香性，因为其电子数为 4，不满足 $4n+2$ 的形式。很长时间以来，人们试图合成这种化合物及其简单衍生物，那些工作充分证实了 Hückel 的预言。环丁二烯不具备任何芳香性的特征，而且有证据表明这类有四个电子的闭合体系实际上是反芳香性的[234]。对于这样的仅仅是缺乏芳香性的化合物，我们通常会认为它们的稳定性应当类似于非芳香化合物，但理论和实验都表明它比一般非芳香化合物要不稳定得多[235]。反芳香性化合物可定义为由于具有闭合的电子环而变得更不稳定的化合物。

Pettit 及其同事[236]首次合成了环丁二烯。现在已经确定 **77** 和它的简单衍生物是极不稳定的化合物，存在寿命很短（它们会通过 Diels-Alder 反应生成二聚体，参见反应 **15-60**），除非用某种方式稳定之，如在常温下嵌入在半坚果壳结构分子（hemicarcerand，又称"分子监狱"）的孔洞中[237]（坚果壳分子（carcerand）的结构参见 3.3.3 节），或者存在于很低温度（通常低于 35K）的基质中。在这两种条件下，环丁二烯分子被相互分离，并且其它分子也不能接近。人们已采用低温基质技术研究了 **77** 和它的一些衍生物的结构[238]。将 **77** 及其氘代物束缚于基质中获得的红外谱图表明 **77** 的基态结构是矩形的二烯（而不是双自由基）[239]，光电子能谱结果也证实了这一点[240]。以上结论也在分子轨道计算中得到验证[241]。这些结论也被一个设计精妙的实验所支持：实验中合成了 1,2-二氘代环丁二烯。如果 **77** 是矩形二烯，则其氘代产物应有下列两种异构体：

在合成的化合物中（仅仅是中间产物，并未分离），果然发现了两种异构体[242]。环丁二烯分子即使在基质中也很不稳定。环丁二烯有两种异构体（**77a** 和 **77b**），这二者之间迅速相互转化[243]。值得注意的是，证明中性的及带两个负电荷的体系具有芳香特征或反芳香特征的实验，越来越多是通过氘代实现的[244]。

有一些环丁二烯的简单衍生物在室温下可稳定存在一段时间。这些稳定的衍生物结构中要么有大体积的取代基，要么有其它的使其稳定的取代基，如三叔丁基环丁二烯（**82**）[245]。这些化合物如果发生二聚反应，反应的空间位阻很大，因此显得相对稳定。**82** 的 NMR 谱图结果表明，环上质子的化学位移（δ 5.38）与类似位置的非芳香性质子（例如环戊二烯）相比，是向高场位移的。正如 2.11.6 节将提出的，这表明该化合物是反芳香性的。

另一种稳定的环丁二烯含有两个给电子基和两个吸电子基的结构[246]，它们在无水的条件下能稳定存在[247]，**83** 就是其中一例。尽管光电子能谱（PES）研究表明二级键固定化更为重要[249]，一般认为这些化合物的稳定性源于如下的共振，这种共振稳定性称作推-拉效应（push-pull effect 或 captodative effect）[248]。**83** 的 X 射线晶体研究表明[250]，这是一个变形的正方形环，键长为 1.46Å，键角为 87°和 93°。

很明显，如果简单环丁二烯的平面化会导致结构的芳香稳定化，那么环丁二烯结构应该是一个平面四方形。但实际上却不是这样，它也不具有芳香性。这些化合物的高反应活性不仅仅是由于环张力，因为它的张力不会比简单的环丙烯更大。它的高反应性有可能是由反芳香性引起的[251]。

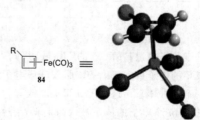

通过与金属形成 η^4-复合物[252]，如铁复合物 **84**（参见第 3 章），环丁二烯体系会变得稳定。

但是在这种情况下,电子云被金属吸引而远离环,环上没有芳香性的四电子体系。实际上,这样的环丁二烯-金属配合物可被认为含有芳香性的二电子体系。这个环是平面正方形结构[253],化合物可发生芳香取代反应[254],单取代的衍生物的 NMR 谱表明 C-2 和 C-4 上的质子是等价的[229]。

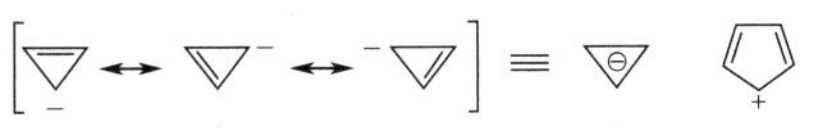

$$\left[\triangledown \leftrightarrow \triangledown^- \leftrightarrow {}^-\triangledown \right] \equiv \triangledown_\ominus \quad \pentagon_\oplus$$

85　　　　　　　**86**　　**87**

其它一些研究过的可能具有芳香性或反芳香性的四电子体系如环丙烯阴离子 (**86**) 和环戊二烯阳离子 (**87**)[255]。与 **86** 相比,HMO 理论认为,未共轭的 **85** (即其中的一个极限结构式) 比共轭的 **86** 要稳定[256],也就是说 **85** 如果形成闭合的四电子环,它的稳定性会大大下降。另外还有其它证据。研究表明,**88**(R=COPh) 的质子交换反应速率比 **89**(R=COPh) 的交换反应速率慢约 6000 倍[257]。如果 R=CN,质子交换反应速率则变慢约 10000 倍[258]。这表明 **88** 与 **89** 相比,前者更更不容易形成碳负离子 (即环丙烯碳负离子),而 **89** 形成的是普通的碳负离子。因此 **88** 的碳负离子要比相应的普通碳负离子更不稳定。尽管环丙烯负离子的衍生物作为稍纵即逝的短暂中间体已被制备出来 (通过上述的交换反应),但是到目前为止,所有试图制备其稳定的离子或衍生物的尝试都以失败而告终[259]。

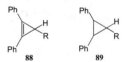

88　　　　　**89**

至于 **87**,该离子已被制备出,并且正如 2.11.2 节中讨论所指出的那样[261],它的基态是双自由基[260]。通过对 **90** 和 **92** 性质的研究,表明 **87** 不仅是非芳香性的,还是反芳香性的[262]。当在丙酸中用高氯酸银处理 **90** 时,分子迅速被溶剂解 (反应中生成了中间体 **91**;见第 5 章和第 10 章)。在同样条件下,**92** 根本不发生溶剂解反应;也就是说,没有生成 **87**。如果 **87** 仅仅是非芳香性的,那么它应当与 **91**(**91** 显然没有共振稳定化效应) 的稳定性类似。**87** 不容易生成的事实表明它不如 **91** 稳定。值得注意的是,**91** 可以在某种特定条件下由溶剂解反应生成[263]。

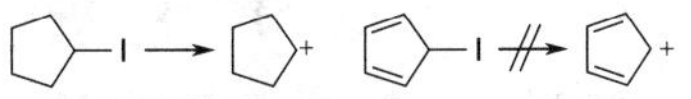

$$\pentagon\!-\!I \longrightarrow \pentagon^+ \quad \pentagon^+ \not\longrightarrow \pentagon^+$$

90　　**91**　　**92**　　**87**

86 和 **87** 没有芳香性而环丙烯正离子 (**80**) 和环戊二烯负离子 (**58**) 有芳香性,这些都有力地佐证了 Hückel 规则。而简单共振理论认为 **86** 与 **80** 及 **87** 与 **58** 没有区别 (**86** 和 **80** 可画出同样数目的等价共振式,**87** 和 **58** 的情况也类似)。

2.11.3　八电子体系

环辛四烯 ([8]轮烯 **78a**)[264] 不是平面的,而是槽形的[265]。因此它既没有芳香性也没有反芳香性,因为无论芳香性还是反芳香性都要求平行的 p 轨道重叠。分子缺乏平面性的原因是正八边形的内角应该为 135°,而 sp^2 杂化轨道的夹角在 120°时最稳定,为了减小环张力,分子采取了非平面的构象,这样轨道的交叠就大大减弱了[266]。**78** 中单、双键的键长分别为 1.46Å 和 1.33Å,这正是具有四个独立双键的化合物应该具有的数值[265]。Jahn-Teller 效应可被用来解释这类反芳香性化合物的不稳定性[267]。该效应的产生是由于电子基态简并而导致的分子变形[268]。

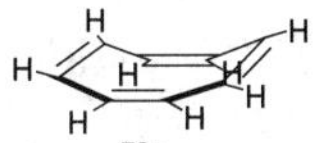

78a

这类化合物反应活性也应该与链状多烯类似,在溶液状态下可以生成活性中间体。例如在 -100℃下溴代环辛四烯的脱氢卤酸反应已见报道,并且采用快速电子转移法捕获反应中间体,获得了稳定的[8]轮烯炔自由基负离子溶液[269]。

然而,环辛二烯二炔 **93**、**94** 是平面的八电子共轭体系 (四个多余的叁键电子不参与成环),NMR 结果表明它们是反芳香性的[270]。有证据表明,**78** 缺乏平面性的部分原因是平面结构会导致反芳香性的产生[271]。环庚三烯负离子 (**61**) 也有八个电子,但它的性质表明它不像芳香体系[167]。一系列含有环庚三烯负离子分子的键长数据已有文献报道[272]。苯并环庚三烯负离子 (**95**) 的 NMR 谱表明,与 **82**、**93** 和 **94** 类似,**95** 也是反芳香性的[273]。有人制备了一种新的反芳香性化合物:1,4-亚联苯醌 (**96**)。由于不稳定,它会迅速形成二聚体[274]。

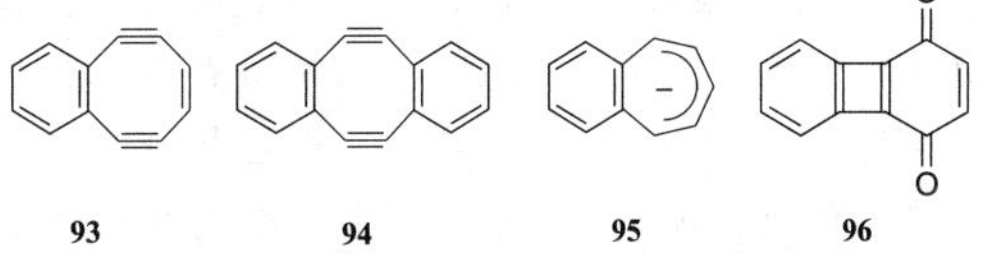

93　　**94**　　**95**　　**96**

2.11.4　十电子体系[275]

[10]轮烯有三种可能的几何异构体:全顺式 (**97**)、单反式 (**98**) 和顺-反-顺-反式 (**79**)。如果应用 Hückel 规则分析这些化合物,它们应当是平面形的。由于形成平面结构需要克服相当大的张力,分子显然不会采用平面构象。正十边

形（**97**）内角应当为 144°，比 sp² 杂化要求的 120°大得多，**98** 中也存在这样的张力。而 **79** 中由于所有的角都是 120°，环张力消失了。然而，Mislow[276] 指出 1,6-位的 H 会互相干扰，使分子失去平面性。分子发生这样的构型变化必须克服一些能量。例如，已经确证[14]轮烯发生构型变化需要进行反芳香性的 Möbius 键迁移[277]。

有人在 −80℃ 制备了 **97** 和 **98** 的晶体[278]。NMR 谱图数据表明，所有的氢都位于双键区，而且两种化合物都不具有芳香性。最近有人做了关于 **98** 的计算，结果却指出它可能有芳香性，而其它的异构体都没有[279]。我们知道，Hartree-Fock（HF）方法不适用于键长交替变化结构的[10]轮烯，密度泛涵理论不适用于芳香结构。改进的计算结果表明，扭曲的构象能量最低，类似萘的构象和心形构象的能量分别比扭曲构象高 1.40kcal/mol 和 2.42kcal/mol（5.86kJ/mol 和 17.75kJ/mol）[280]。从 ¹³C NMR 谱和 ¹H NMR 谱可以推测出，它们都不是平面型的。然而，通过合成了几个键角很大但确定是平面型的十电子芳香体系，证明了角张力不是不可克服的。这些化合物包括二价负离子 **99**、负离子 **100**

和 **101** 以及偶氮宁 **102**[281]。化合物 **99**[282] 的键角约为 135°，而 **100**[283] 和 **101**[284] 的键角约为 140°，它们均与 144°相差不大。**101**[285] 是全顺式结构 **100** 的单反式异构体，其内部质子的化学位移大大移向高场（δ −3.5）。对 **97** 和 **98** 来说，达到平面结构需克服的张力能显然超过形成芳环带来的额外稳定性。为了说明这些因素之间微妙的平衡，我们给出下面的例子：**102** 的含氧类似物（氧杂环壬四烯）和 **102** 的 N-乙氧羰基衍生物（X=N—COOC₂H₅）是非芳香性的和非平面型的，而 **102**(X=N) 是具有芳香性的平面型分子[286]。已有报道的其它氮杂轮烯包括：Vogel 2,7-亚甲基氮杂轮烯[287] 和 3,8-亚甲基氮杂[10]轮烯[288]，以及两者的烷氧基衍生物[289]。对氮杂[10]轮烯的计算结果表明，最优扭曲的烯烃异构体比芳香形式稳定了 2.1kcal/mol（8.8kJ/mol）[290]，可能是比较稳定的结构。

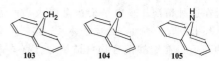

尽管有许多人尝试，**79** 至今未被合成出。有多种方法可避免内部两个 H 的相互干扰。最成功的方法是在 1,6-位之间搭桥[291]。采用这个设计思想，1,6-亚甲基[10]轮烯（**103**）[292] 及其含氧、含氮类似物 **104**[293] 和 **105**[294] 都被制备出来，它们是稳定的化合物，具有纬向性，可发生芳香取代反应[295]。例如，**103** 分子周边质子的核磁共振化学位移 δ 为 6.9～7.3，而桥上质子的 δ 为 −0.5。**103** 的晶体结构表明周边的原子是非平面的，但是键长在 1.37～1.43Å 之间[296]。由此表明闭合的 10 电子环体系是芳香体系，尽管一些分子严重变形而不能保证分子的共平面性，因而没有芳香性。相对小的变形（如 **103**）不会对芳香性产生很大影响，至少不会令芳香性完全丧失。其原因是 s 轨道自身会发生变形，以保证 p 轨道的最大程度重叠，形成 10 电子的芳香体系[297]。

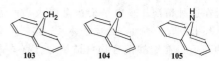

103 与两个苯环稠合形成的 **106**，它没有能写成两个苯环都含有六个电子形式的共振式。由于环合作用，它的芳香性下降，事实表明，这个分子会迅速转变为更稳定的 **107**，**107** 中两个苯环都具有充分的芳香性[298]（这与反应 18-32 所讨论的环庚三烯-降莕二烯的转化类似）。

一些分子尽管从结构上看与平面形结构差别较大，但却仍保持其芳香性。1,3-二(三氯乙酰基)高薁（**108**）从几何尺寸判据上看符合芳香性的标准，只不过与[10]轮烯外周 C—C 键的键长略有差异[299]。X 射线晶体衍射分析表明分子中 1,5-桥键使[10]轮烯的平面 π-体系发生扭曲（参见 3D 模型），在桥头位置扭转角度可达 42.2°，但是分子 **108** 仍具有芳香性。

2.11.5 超过 10 个电子的体系：4n + 2 电子[300]

从[10]轮烯的讨论外推，我们认为更大的

$4n+2$ 体系如果是平面结构,它应该具有芳香性。Mislow[276]预计,[14]轮烯(**109**)与 **79** 一样有内部 H 之间的相互干扰,尽管程度会小一

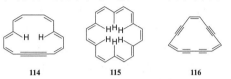

些。这一点已被实验证明。化合物 **109** 具有芳香性(它是纬向性的:内部质子化学位移为 0.00,外部质子为 7.6)[301],但是 **109** 的反应活性很高,在一天内就会被空气和光完全破坏。X 射线衍射分析表明,尽管没有交替的单双键,但这个分子却不是平面型的[302]。许多稳定的桥连[14]轮烯仍然被成功地制备[303],例如,反-15,16-二甲基二氢芘(**110**)[304],顺-1,6:8,13-二亚氨基[14]轮烯(**111**)[305],及顺式与反式的 1,6:8,13-二亚甲基[14]轮烯(**112** 和 **113**)[306]。二氢芘(**110**,及其二乙基、二丙基同系物)无疑具有芳香性:外周的 π 电子大致为平面型的[307],键长均为 1.39~1.40Å,可发生芳香取代反应[304],且分子为纬向性的[308]:分子外部质子的化学位移 δ 为 8.14~8.67,而 CH₃中质子的 δ 为 −4.25。其它非平面型的芳香二氢芘也已见报道[309]。化合物 **111** 和 **112** 也是纬向性的[310],尽管 X 射线晶体分析指出,至少对于 **111**,外围的 π 电子并不分布在一个平面上[311]。由于桥头位置的 p 轨道与邻近的 p 轨道的重叠因受其分子几何构型的影响而削弱了,**113** 明显地没有芳香性[312],这一点和 NMR 谱[306]和 X 射线晶体分析数据都吻合:**113** 分子中,双键的键长为 1.33~1.36Å,单键的键长为 1.44~1.49Å[313]。与此相反,**111** 中所有的键长都约为 1.38~1.40Å[311]。

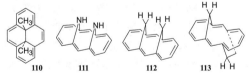

另一种消除[14]轮烯内部 H 之间相互干扰的方法是在体系中引入一个或多个叁键,例如脱氢[14]轮烯(**114**)[314]。所有五种已知的脱氢[14]轮烯都是纬向性的。化合物 **114** 可被硝化或磺化[315]。叁键上额外的电子不参与形成芳香体系,仅作为定域键存在。关于脱氢苯并轮烯中电子的离域化程度,也曾有过争论[316]。但是有证据表明,分子中环电流虽然微弱但却可以观测到[317]。例如,3,4,7,8,9,10,13,14-八氢[14]轮烯(**116**)已被制得,有证据显示它具有芳香性[318]。这项研究表明,随着化合物 **116** 的苯并轮烯化程度增高,芳香性却逐渐下降,这是轮烯体系产生竞争性环电流的结果。要指出的是,[12]轮炔已被制得[319]。

[18]轮烯(**115**)是纬向性的[320],因为 12 个外部质子的化学位移约为 9,6 个内部质子的化学位移约为 −3。X 射线晶体衍射分析[321]表明,该分子接近平面型,这样大尺寸的轮烯中,内部 H 之间的干扰已经很弱了。化合物 **115** 相当稳定,可由减压蒸馏制得,并且可进行芳香取代反应(见第 11 章)[322]。其环上 C—C 键的键长并不相同,但不是交替的。其中有 12 个约为 1.38Å 的内部键和 6 个约 1.42Å 的外部键[321]。据估计,化合物 **115** 的共振能约为 37kcal/mol(155kJ/mol),与苯相近[323]。

已知桥连的[18]轮烯也都是纬向性的[324],这正如大部分已知的脱氢[18]轮烯[325]。桥连的和未桥连的[16]轮烯的二价阴离子[326],以及二苯并[18]轮烯[327]也都是 18 电子的芳香体系[328]。

[22]轮烯[329]和脱氢[22]轮烯[330]也都是纬向性的。有人制备了含 8 个碳碳叁键的脱氢苯并[22]轮烯,它是平面型分子,有微弱的感应环电流[331]。后一个化合物中有 13 个化学位移为 6.25~8.45 的外部质子和 7 个化学位移为 0.70~3.45 的内部质子。一些芳香性的桥连[22]轮烯也已见报道[332]。[26]轮烯还未制备出来,但几种脱氢[26]轮烯是有芳香性的[333]。此外,1,3,7,9,13,15,19,21-八脱氢[24]轮烯是另一个芳香性的 26 电子体系[334]。Ojima 和他的同事[335]制备了[26]轮烯、[30]轮烯、[34]轮烯的桥连脱氢衍生物,这些化合物都是纬向性的。该研究组还制备了桥连的四脱氢[38]轮烯[335],这种化合物中没有环电流。另一方面,环芳烃 **117** 的二价阴离子有 38 个外围电子,该化合物也是纬向性的[336]。

现在毫无疑问，$4n+2$ 体系如果是平面的，它就会呈现芳香性，尽管 **97** 和 **113** 等证明不是所有这样的体系都具有足够的平面性以产生芳香性。**109** 和 **111** 的例子证明芳香性并不要求绝对平面，但芳香性随平面性增加而增大。

Kekule 烯（kekulene）**118** 的 ^{1}H NMR 谱表明，如果电子既可以形成六电子体系，又可以形成更大的芳香体系，那么它更倾向于形成六电子体系[337]。最初认为，**118** 可能会有超级芳香性（superaromatic），就是说，它可能会有增强的芳香稳定性。近期的计算研究表明，在该结构中并没有增强的芳香稳定性[338]。**118** 的 48 个 π 电子理论上倾向于形成结构 **118a**，此时每个环都是稠合的苯环；或者形成结构 **118b**，此时外层为一个[30]轮烯，并且内层是[18]轮烯。该化合物的 ^{1}H NMR 谱上有 3 个峰，$\delta = 7.94$、8.37 和 10.45，比例为 2∶1∶1。从结构上看，**118** 有 3 组氢。化学位移为 7.94 的峰归属于 12 个互为邻位方式存在的质子，互为邻位方式存在的质子分为两组，δ 为 8.37 的峰归属于其中 6 个环外的质子，余下的峰由 6 个环内质子产生。如果分子倾向于 **118b** 结构，那么应当与 **115** 的情况类似，环内质子的峰向高场移动，化学位移可能为负值。事实是这个峰在很低场的位置，表明电子更倾向于留在苯环中。要注意的是，在 **117** 的二价负离子中发现了不同的情况。在这个离子中更倾向于形成 36❶ 电子体系，尽管这样得从 6 个苯环中拿出 24 个电子，破坏了芳香六隅体。

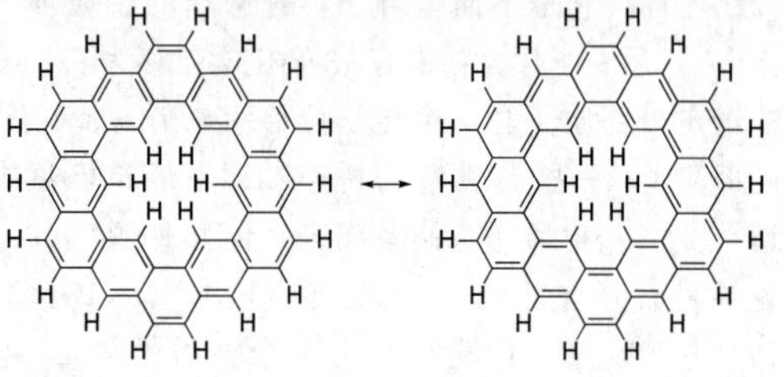

苯并苯（phenacene）是一类"色带"（graphite ribbon）结构的分子，它们中的苯环是通过交替的方式稠合在一起的。菲是这一族化合物中最简单的成员，此外还有 22 电子体系的苉（即二苯品并苯，picene，**119**），26 电子体系的菲并菲（fulminene，**120**）及该族中较大的含 7 个环的成员，30 电子体系的[7]苯并苯（**121**）[339]。从苯到并七苯，尽管并苯每个 π 电子的共振能几乎保持不变，但反应活性却逐渐增高。"并苯"内环的反应性更高，计算结果显示这些环的芳香性比外环的芳香性强，甚至比苯的芳香性还强[340]。N-杂并苯也已见报道[341]。

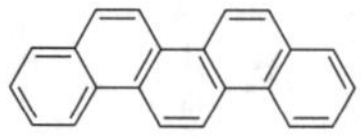

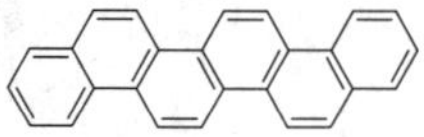

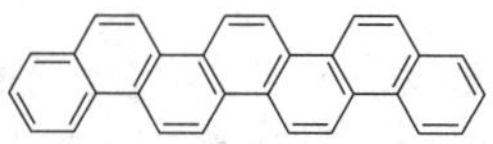

通过卷曲多并苯（polyacene）分子，将一边的苯环折叠到另一边，形成一个环，就制成了一个大环分子。它们被称作环多并苯（cyclopolyacene 或 cyclacene）[342]。虽然折线型的环六并苯（**122**）具有高度的芳香性（它是 22 电子体系的实例），但直线型的环六并苯（就如 24 电子体系的 **123**）芳香性却弱得多[343]。通过单价共价键在并苯的外周引入大体积的取代基，可以使并苯发生变形。因为这些大体积取代基常常致使扭转角发生扭曲，这比 C—C 键角或键长的扭曲变形更容易发生。这类化合物被称为扭曲并苯[344]。

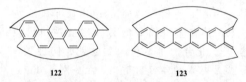

2.11.6　超过 10 个电子的体系：$4n$ 电子[249]

如 2.11.2 节所述，这样的体系将不仅是非芳香性的，实际上还是反芳香性的。有人制备了[12]轮烯（**124**）[345]。这种分子在溶液中构象迅速翻转（许多其它轮烯也是如此）[346]，在一定温度以上，所有质子都是磁等价的，对此分子来说，该温度为 $-150℃$；但在 $-170℃$，翻转速度大大下降，3 个环内质子的化学位移值约为 8，而 9 个环外质子的化学位移值约为 6。轮烯 **124** 的环内 H 相互干扰，该分子显然应该是非平面型的。轮烯 **124** 非常不稳定，在 $-50℃$ 以上重排为 **125**。几种桥连的脱氢[12]轮烯已见报道，例如，

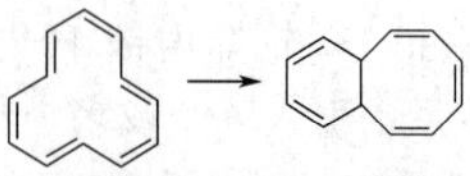

5-溴-1,9-二脱氢[12]轮烯（**126**）[347]，环[3.3.3]吖嗪（**127**）[348]，s-二环戊二烯并苯（**128**）[349] 和 1,7-亚甲基[12]轮烯（**129**）[350]。s-二环戊二烯并苯具有被两个交叉键扰乱的平面共

---

❶ 原文误为 38。——译者注

轭体系，研究表明低能量的构象有定域的双键。这些化合物既没有环内 H 之间的干扰，又阻止了构象翻转。在 **127~129** 中，桥键阻止了构象翻转，而 **126** 中的 Br 原子体积太大，不能进入环内部，也阻止了构象翻转。NMR 谱表明这 4 种化合物都是经向性的，**126** 中的环内质子的化学位移为 16.4。**112**[351] 的二价正离子和 **103**[352] 的二价负离子都是 12 电子的经向性分子。最近报道了一种有趣的 12 电子体系——[13]轮烯酮。5,10-二甲基[13]轮烯酮（**130**）是第一种比妥烷（莨菪烷）大的单环轮烯[353]。直线型稠合的苯并脱氢[12]轮烯体系也已被报道[354]。

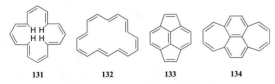

[16]轮烯的情况类似。有两种方法可以合成该化合物[355]，它们都生成了 **131**，**131** 在溶液中与 **132** 形成平衡。高于 -50℃ 会发生构象翻转，导致所有的质子都是磁等价的；但在 -130℃，该化合物明显是经向性的：有 4 个质子化学位移为 10.56，另外 12 个的化学位移为 5.35。固态时，化合物完全以 **131** 的形式存在，X 射线晶体分析[356]表明该分子是非平面型的，几乎完全是单双键交替出现，单键键长 1.44~1.47Å，双键键长 1.31~1.35Å。许多脱氢和桥连的[16]轮烯也是经向性的[375]，[20]轮烯[358]和[24]轮烯[359]也如此。但是，有一种桥连的四脱氢[32]轮烯却是纬向性的[333]。

131 **132** **133** **134**

NMR 谱表明，对环戊二烯并萘（peracyclene，**133**）[360]和对二环庚二烯并萘（dipleiadiene，**134**）[361]都是经向性的，**133** 由于环张力只在溶液中是稳定的。人们本以为这些分子的性质会像连有外部桥的萘那样，但结果却不是，外部的 π 电子框架（分别有 12、16 个电子）形成了有额外中心双键的反芳香性体系。对于对环戊二烯并萘（**133**），根据 $4n+2$ 规则判断，如果把它看作是连有两个 2π 电子的亚乙基的 10π 电子的萘体系，则是"芳香性的"；如果把它看作是受内部交联的亚乙基单元扰乱、外周为 12π 电子的环十二碳六烯体系，则 **133** 是"反芳香性的"[362]。最近的研究从能量角度指出，**133** 的芳香-反芳香特征是一种"边界"情况[360]。而对二环庚二烯并萘（**134**）显示出反芳香性[361]。

即使有些 $4n$ 体系可能是非平面的，键长也可能不相同，许多 $4n$ 体系仍是经向性的。这个事实表明，如果平面性提高，环电流会更大。**110**[363] 的二价负离子（及其二乙基、二丙基同系物）[364] 的 NMR 谱有力地证明了这一点。我们还记得在 **110** 中，外部质子的化学位移为 8.14~8.67，内部的甲基质子为 -4.25。而 **110** 的双负离子，虽然有同样的近似平面的几何构型，但却有 16 个电子，该双负离子的外部质子化学位移移动到 -3 左右，甲基质子化学位移移动到 21，移动了大约 25！反向位移的情况我们早已遇到：当[16]轮烯转化为 18 电子的双负离子时，分子就从反芳香性转变为芳香性[282]。这些例子中 NMR 化学位移的变化是非常显著的。燃烧热的测量结果也表明[16]轮烯比它的二价负离子稳定性要差很多[365]。也有报道指出，芴正离子相当的不稳定，表明它是反芳香性的物质[366]。

现在似乎已经确定，对 $4n$ 电子体系，当分子被强制拉成一个平面时，反芳香性达到最大（如 **86** 和 **110** 的二价负离子）。因此只要有可能，分子就会发生变形，破坏其平面性，键长也不再相等，以降低反芳香性。一些情况中，如环辛四烯，平面扭曲和单双键交替出现已经可以完全避免反芳香性。其它的情况（如 **124** 或 **131**），显然至少一些 p 轨道的重叠是无法避免的，因此这些分子表现出具有顺磁环电流，并有反芳香性的迹象，尽管不如 **86** 和 **110** 的二价负离子那样显著。

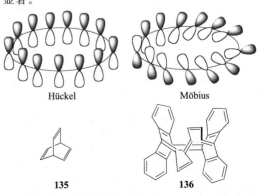

"Möbius 芳香性"（Möbius aromaticity）的

概念是 Helbronner 于 1964 年提出的[367], Helbronner 指出如果 π 轨道沿着 Möbius 环逐渐发生扭转, 则可以稳定大环[4n]轮烯。如上图所示, 标注为 Hückel 的结构是不稳定的[4n]体系, 与之对应的 Möbius 模型是稳定的[4n]体系[368]。Zimmerman 总结了这个观点, 并将 "Hückel-Möbius 概念" 应用于基态体系, 如桶烯 (**135**) 的分析中[369]。1998 年计算结果证实了已有的实验结果, 证明 $(CH)_9^+$ 是具有 Möbius 芳香性的 $4n$ 个 π 电子环状轮烯体系[370]。通过将环堆叠成超级芳烷, 可以实现[4n]轮烯反芳香性的反转[371]。超级芳烷由 6 个桥连的环芳烷构成, 其中环芳烷的所有并苯通过亚乙基单元连接形成二聚体[372]。近期的计算研究预测了[12]轮烯、[16]轮烯、[20]轮烯结构中多个具有 Möbius 结构的局部极小值[373]。已经制得了扭曲的[16]轮烯, 计算结果显示它应该具有 Möbius 芳香性[374]。使用高效液相色谱 (HPLC) 对异构体进行分离得到化合物 **136**, 研究人员认为它具有 Möbius 芳香性。具有 Möbius 芳香性分子的合成与性质研究是一个有趣的领域[375]。

2.12 其它芳香化合物

这里主要介绍四种其它类型的芳香化合物。

（1）介离子化合物 (mesoionic compound)[376]

这类化合物不能很好地用无电荷分离形式的 Lewis 结构式表示。它们中的大部分都含有五元环。最常见的是悉尼酮 (sydnone, 又称斯德酮), 它是稳定的芳香化合物, 当 R′=H 时可发生芳香取代反应。

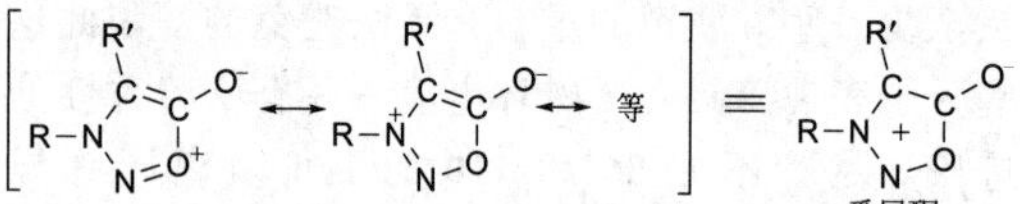

（2）方酸的双负离子[377] 方酸 (二羟基环丁烯二酮, squaric acid)[378] 的 pK_1 约为 1.5, pK_2 约为 3.5[379], 即使是第二个质子也比乙酸的质子容易失去, 这说明方酸的二价负离子是稳定的[380]。类似的三元环[381]、五元环、六元环化合物也有报道[382]。

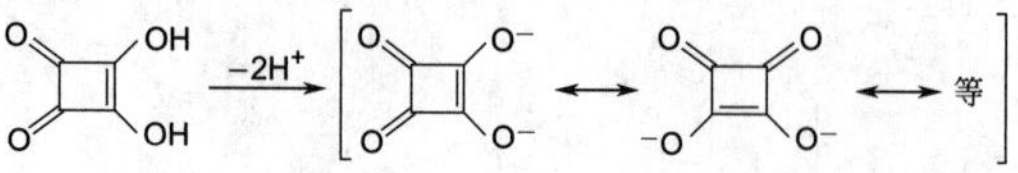

（3）同芳香性化合物 (homoaromatic compounds) 当环辛四烯溶于浓硫酸时, 一个质子加到双键上, 生成同䓬鎓离子 (homotropylium ion, **137**)[383]。在 **137** 中, 芳香性的六电子分布于 7 个碳原子上, 与䓬鎓离子一样。第 8 个碳是 sp^3 杂化的碳, 无法参与芳香性。NMR 谱表明存在纬向性的环电流: H_b 的 $\delta = -0.3$; H_a 的 $\delta = 5.1$; H_1 和 H_7 的 δ 为 6.4; $H_2 \sim H_6$ 的 δ 为 8.5。这个离子是同芳香化合物的例子, 同芳香性化合物可定义为比平轭环状化合物多一个或多个[384] sp^3 杂化碳原子的化合物[385]。

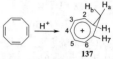

为了使轨道最有效地重叠, 以形成闭合环, sp^3 杂化的原子几乎垂直于芳香原子构成的平面[386]。在 **137** 中, H_b 恰好位于芳香性六隅体电子的上方, 所以 NMR 中它向高场移动很多。迄今发现的同芳香性化合物都是离子, 至于同芳香性特征能否存在于没有电荷的体系[387], 还是没有答案[388]。但是, 已经发现一些杂环化合物具有中性的同芳香性, 如将双环[3.2.1]辛-3,6-二烯中 C-2 位置的 CH_2 用 X=BH、AlH、Be、Mg、O、S、PH、NH 替换 (当 X=BH、AlH、Be 时, 具有反同芳香性; 当 X=O、S、PH、NH 时, 具有非同芳香性); 将双环[3.2.1]辛-3,6-二烯-2-炔正离子中 C-3 位的 CH 用 X=PH、S、NH、O 替换 (当 X=PH、S、NH、O 时, 具有同芳香性), 或将其 C-2 和 C-3 分别用 N 和 O 替换 (此时具有同芳香性)[389]。含 2 个和 10 个电子的同芳香性离子也已见报道。

对立方烷 (cubane)、十二面体烷 (dodecahedrane) 和金刚烷 (adamantane) 骨架的三维同芳香性体系进行全新视角地研究已见报道[390]。这个研究还涉及含有 2 个或 8 个流动电子的球形同芳香性类物质。每组结构都具有完全的球形同芳香性, 亦即结构中所有的 sp^2 碳原子非常对称地被一个或两个 sp^3 杂化碳原子分隔开。

（4）富勒烯 富勒烯是以布克敏斯特富勒烯 (buckminsterfullerene, **138**; C_{60}, 以发明者 Buckminster Fuller 的名字命名)[391] 为母体的一类芳香烃[392], 具有各种有趣的性质[393]。**138** 的衍生物有时被称为巴基球 (buckyball)。分子轨道计算表明, 富勒烯的 "芳香性" 取决于假想的卷曲的石墨球中平均每个碳原子 2kcal/mol (8.4kJ/mol) 的共振能[394]。富勒烯可能存在所谓的球形芳香性 (3D 芳香性)[395], 而 Hückel 并不适用于球形体系 (如富勒烯)。Hirsch 提出了

$2(n+1)^2$ 规则[396]，该规则是 Hückel 提出的平面体系 $4n+2$ 规则的 3D 系列[397]。杂富勒烯也已有报道[398]。

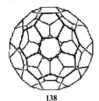

138　　　　　139

另一类多核芳烃是巴基球，它是组成 **138** 的基本碎片。环轮烯（corannulene，**139**）[399]，也称作 5-环烯（5-circulene），是最简单的曲面烃（curved-surface hydrocarbon）。它具有一个布克敏斯特富勒烯表面的碳结构特征，已被 Scott[399] 和其他几个研究组合成出[400]。环轮烯是柔性分子，有一个约为 $10 \sim 11 \text{kcal/mol}$（$41.8 \sim 46.0 \text{kJ/mol}$）的碗-碗翻转能垒[401]。苯并环轮烯已见报道[402]，其它碗形的烃如 acenaphtho[3,2,1,8-$ijklm$]diindeno[4,3,2,1-$cdef$-1′,2′,3′,4′$pqra$]triphenylene[403]。通过碗边缘的苯并化处理可降低碗-碗翻转的能垒[404]。其它的半布克敏斯特富勒烯包括 C_{2v}-$C_{30}H_{12}$ 和 C_3-$C_{30}H_{12}$ [399]。大一些的富勒烯包括 C_{60} 和 C_{80}，富勒烯还可以含有内包的金属如 Sc，甚至是 Sc_3N [405]。运用合成的方法通常得到富勒烯的混合物，必须进行分离，分离可参照文献报道的分离 C_{84} 富勒烯的方法[406]。同富勒烯[407]以及具有碗形的杂环化合物氮杂苯并五炔（azaacepentalenide）负离子[408]也已经制得。

2.13　超共轭

有机化学家在 19 世纪就已经很好地认识到分子的共轭现象（如 1,3-丁二烯和苯）。例如，将 1,3-丁二烯看作连接在一起的两个乙烯单元，这容易被人们理解。两个乙烯单元被连接在一起后，处于末端的 p 轨道就会重叠而产生共轭，共轭反过来会导致体系能量的降低、引起分子几何结构的多个改变，最明显的是引起分子物理和化学性质的变化。这种共轭情况是两个 p 轨道重叠而产生的。Mulliken 提出，一个 σ 轨道与一个 p 轨道重叠，称之为"超共轭"（hyperconjugation）。就定性而言，超共轭与共轭相似，但比共轭弱。例如，当甲基连接到乙烯上后，分子的 UV 吸收光谱向长波方向移动，反应活性增强，能量降低，这与乙烯连接成了丁二烯所产生的变化类似，只不过变化程度小些。超共轭表现出与共轭相同的效应，只是程度弱些，这是因为 σ 轨道所处的能级比 π 轨道要低，因而在超共轭中电子从 σ 轨道离域的程度不及共轭作用中从 π 轨道离域的程度。超级共轭的形式对分子基态产生小的但又是确定的贡献，其超共轭的名称由此而来[409]。

另一种所讨论的离域现象是关于 σ 电子的[410]。Baker 和 Nathan[411] 发现，当对位取代的苄基溴与吡啶反应时（见反应 **10-31**），反应速率与预期的给电子顺序相反。也就是说，甲基取代的化合物反应最快而叔丁基取代的反应最慢。烷基在这里显现出反常的给电子顺序，因为根据场效应推测，连接在不饱和体系上的简单烷基的给电子顺序应为：叔丁基＞异丙基＞乙基＞甲基。在与 sp^2 碳连接的 α-碳原子上至少有一个氢原子时，才会产生 Baker-Nathan 效应。Baker-Nathan 效应解释了刚才的问题，因为有些人认为，超共轭效应发生在氢与双键之间，而在碳与双键之间并不发生或只是略微发生。在 20 世纪 30 年代，由于缺乏手段，Baker 和 Nathan 无法从实验或理论上深入地理解超共轭。那时的化学家们只能测试可被检测到的能量降低情况，然而这些实验并无助于解释超共轭。实际上，现在我们知道了 Baker-Nathan 效应是由溶剂化能变化引起的[412]，与超共轭的关系很小。最近的研究报道指出，超共轭是决定烷基 C—H 键离解能的重要因素[413]。在一些例子中，溶液里发现存在 Baker-Nathan 效应，但在气相中反应速率顺序完全相反[414]。由于在分子从气相到溶液的过程中结构没有发生变化，证明在这些情况下不同烷基有不同的溶剂化程度[415]。然而，这仅仅说明 Baker-Nathan 效应与超共轭是不相同的。超共轭引起的结构变化可通过量子力学和实验确定，也可通过相关的共振结构进行定性预测。

对碳正离子、自由基[416]和激发态的分子[417]，超共轭在其中起重要作用。在碳正离子和自由基中，它们的极限结构式并不比最稳定的形式有更多的电荷分离。Muller 和 Mulliken 称之为等价超共轭（isovalent hyperconjugation）。

除了有利于芳香性外，超共轭可用于解释中间体如碳正离子（参见第 5 章）的稳定性。有报道指出：如果参与超共轭的 C—C 键具有高于 75% 的 p 轨道特征，那么 C—C 超共轭对于碳正离子的稳定性是最重要的[418]。这种效应可以用一个典型例子来解释，例如碳正离子 **140**，当与碳正离子连接的基团不同时，可用超共轭解释离子的相对稳定性。如果正电中心的相邻 C—H 键的轨道与其空轨道平行，则可画出下面的极限结构：

这个结构是由烯烃与 H⁺ 形式上结合后 H 向 C⁺ 供给电子的极限结构。需要指出的是，**140** 中的 H 可以是任何原子，C 可以是任何 sp^2 杂化的原子，它们仍然能发生超共轭。该超共轭主要是由 σ 键与 π 键重叠产生的。**140** 中烯烃和邻近连接的质子构成了极限结构，该结构能够稳定碳正离子。三个甲基氢中每个氢原子均对超共轭稳定化发挥作用。换句话说，由于超共轭，包括 C—H 键在内的共振贡献体使化学键延长了，从而稳定了碳正离子[419]。为了用分子模型确定超共轭在某一给定情况下是否重要，我们必须知道定域模型在某一特定精度水平下对于此种情况是否足够，或者是否必须考虑离域情况加以修正[420]。若作粗略的近似，可以忽略离域，但若作较精确的近似，则需要考虑离域。相比超共轭不起作用的情况，烯烃极限结构式对 **140** 的影响表现在 C—H 键中的电子与碳更接近了。

中性分子的超共轭应当画出参与的结构成分，通常至少含有一个 sp^2 杂化的原子，其中碳原子最常见，但是对于超共轭而言，则需要一个 σ 键。超共轭的共振结构画出来时其 α-C 和 H 原子之间"没有键"，如下述的烯烃所示。

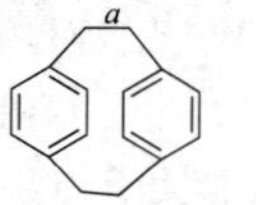

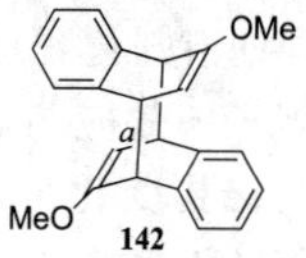

从 **141** 和 **142** 的 X 射线晶体衍射数据与 MM40 计算数据比较可以看出此类超共轭对分子的贡献。X 射线晶体衍射分析得到的 **141** 中 a 键键长为 1.571Å，而 MM40 计算所得键长为 1.565Å[421]。类似地，实验得到的 **142** 中 a 键长为 1.627Å，而 MM40 计算所得键长为 1.589Å，可见键长的计算值比实验值小。当 MM4 计算考虑超共轭时，**141** 和 **142** 的 a 键计算值分别为 1.574Å 和 1.623Å[421]。由此计算得到的超共轭键长拉伸效应分别为 0.009Å 和 0.034Å。此项研究工作表明，超共轭实质上是一种键长拉伸效应[421]，在本章中已经多次把它画成共振贡献体了。如果丙烯分子中由于超共轭而使键拉长了，画成如 **143** 所示的极限结构式，那么其电荷分离形式则表现了键的拉长。一个不同的例子是甲苯，有数据表明，芳香烃正离子中甲基与环系之间的主要相互作用是由超共轭引起的，而不是诱导效应所致[422]。

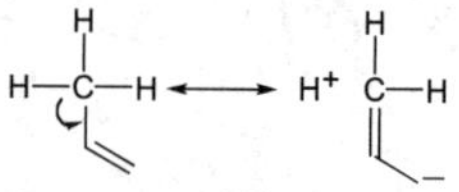

有证据表明，键长效应是由甲基中饱和碳的 s 轨道成分所引起的，而不是中性的超共轭所致[423]。这些实验结果似乎符合基态中性分子的超共轭情况，而且有证据表明，这些结果是支持超共轭的[424]。实际上，在各种体系中，超共轭既作用于碳又作用于氢（得到量子力学的支持）[425]。这些研究工作将实验和计算结果联系在一起，统一到了支持超共轭的统一描述中[424,425]。一项关于芳香体系 **144** 的单键偶合常数的研究似乎给出了中性分子基态时存在超共轭的结构证据[426]。Muller 和 Mulliken 称中性分子基态中的超共轭现象为牺牲超共轭（sacrificial hyperconjugation）[427]。

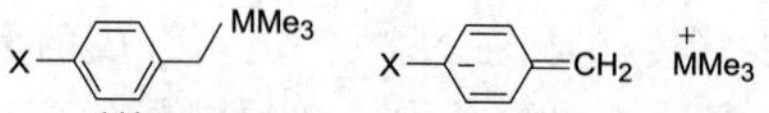

理解这种现象的另一种方法是观察实质为异构化效应（2.14 节）机制中的给电子作用。Dewar 指出，仅当分子中电子不能用定域情况描述时，应当描述单键电子的离域（超共轭）以及 p 或 π 电子的离域（共轭）情况[428]。该描述方法是一种较好的粗略近似做法，但现代力学使得可以进行更为精确得多的电子分析。

本章前面运用超共轭解释了芳香性的多种特性。取代基为正电性基团的 5,5-二取代的环戊二烯比环戊二烯本身具有增强的环状共轭[429]。例如，已经发现 5,5-二甲锡烷基环戊二烯具有与呋喃接近的芳香性。该现象可通过取代基的超共轭给电子作用而产生的部分负离子环来解释[424]。另一种效应被称为 C*-芳香性，这是一种二取代小环中发现的超共轭效应，该效应导致不饱和环环张力能的降低，当环上连接电负性取代基时尤为明显[430]。

2.14 互变异构[431]

这是另一个专题，对于我们理解有机化合物

的化学键具有重要意义。对绝大多数化合物来说，同种物质所有的分子只有一种结构。但是对许多化合物而言，它们是由两个或更多结构不同的化合物形成快速互变平衡的混合物。当存在这种被称为互变异构（tautomerism）[432]的现象时，分子之间迅速相互转变。大多数情况下，发生的是分子中的一个质子从一个原子迁移到另一个原子上。质谱可用于研究互变异构[433]，因为互变异构的分子以几种不同的结构形式存在。

2.14.1 酮-烯醇互变异构[433~444]

含有 α-H 的羰基化合物与它的烯醇式的互变是非常常见的互变现象[445]：

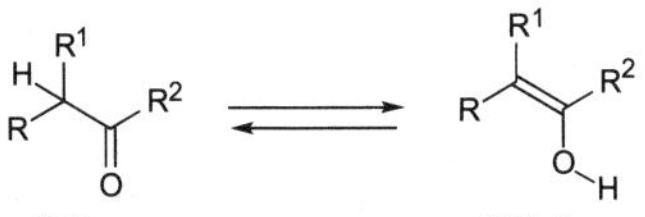

酮式 ⇌ 烯醇式

这种互变平衡取决于 pH 值，如 2-乙酰基环己酮的互变平衡[446]。在简单的情况时（R^2 = H、烷基、OR 等），平衡倾向于左边（见表 2.1）。究其原因只要研究一下表 1.7 的键能就明白了。酮式不同于烯醇式

表 2.1 一些羰基化合物的烯醇式含量

化 合 物	烯醇式含量/%	参考文献
丙酮	6×10^{-7}	[435]
PhCOCH$_3$	1.1×10^{-6}	[436]
环戊酮	1×10^{-6}	[437]
CH$_3$CHO	6×10^{-5}	[438]
环己酮	4×10^{-5}	[437]
正丁醛	5.5×10^{-4}	[439]
(CH$_3$)$_2$CHCHO	1.4×10^{-2}	[439,440]
Ph$_2$CHCHO	9.1	[441]
CH$_3$COOEt	未检出①	[437]
CH$_3$COCH$_2$COOEt	8.4	[442]
CH$_3$COCH$_2$COCH$_3$	80	[353]
PhCOCH$_2$COCH$_3$	89.2	[437]
EtOOCCH$_2$COOEt	7.7×10^{-3}	[437]
N≡CCH$_2$COOEt	2.5×10^{-1}	[437]
1,2-二氢化茚-1-酮	3.3×10^{-8}	[443]
丙二酰胺	未检出①	[444]

① $<1 \times 10^{-7}$。

之处在于它有一个 C—H 键、一个 C—C 键和一个 C=O 键，而烯醇式有一个 C=C 键、一个 C—O 键和一个 O—H 键。前面三个键的键能合计大概为 359kcal/mol（1500kJ/mol），后三个键的键能之和为 347kcal/mol（1450kJ/mol）。故酮式比烯醇式热力学稳定约 12kcal/mol（50kJ/mol），因此烯醇式通常分离不出来[447]。但在某些情况下，烯醇式含量会多一些，有时甚至是主要形式[448]。有三种较稳定的烯醇式[449]：

（1）分子中烯醇的双键与另一个双键共轭。表 2.1 给出了一些例子，如表所示，羧酸酯比酮的烯醇式含量要小得多。而在像乙酰乙酸乙酯（**145**）这样的分子中，烯醇式被分子内氢键稳定，得不到酮式：

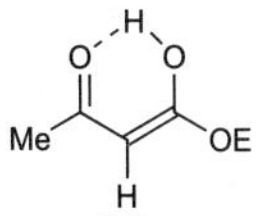

145

气相电子衍射分析表明，74℃时乙酰乙酰胺以 63% 烯醇式和 37% 酮式的混合物存在[450]。有人对酰胺的电子离域情况进行了讨论[451]。

（2）分子中含有 2~3 个大体积芳基[452]。例如 2,2-二(2,4,6-三甲基苯基)乙烯醇（**146**），达到平衡时，酮式结构只占 5%[453]。此时，空间位阻（参见 4.17.4 节）使得酮式结构不稳定。在 **146** 中，两个芳基夹角约为 120°，而在 **147** 中，它们必须靠近一些（约为 109.5°）。这类化合物通常称为 Fuson 型烯醇[454]。有一种含有大体积芳基的酰胺，N-甲基-二(2,4,6-三异丙基苯基)乙酰胺，它与其它大多数酰胺不同，有可检测量的烯醇[455]。

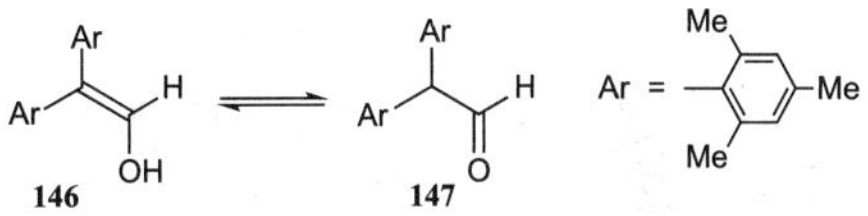

146 ⇌ **147**   Ar =

（3）高度氟化的烯醇，例如 **148**[456]。

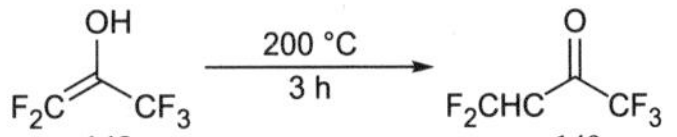

148 $\xrightarrow[3h]{200℃}$ **149**

在这种情况，烯醇式并不比酮式（**149**）更稳定。烯醇式较不稳定，长时间加热会转化为酮式。但由于氟的吸电子能力很强，互变异构反应（反应 12-3）进行得很慢，烯醇式可以在室温下保持很长时间。

有时候，当烯醇式含量高时，两种形式的结构都能分离出来。纯的酮式乙酰乙酸乙酯在 −39℃ 凝固，而烯醇式在 −78℃ 仍为液态。如果将诸如酸、碱之类的催化剂完全除去，它们都能在室温下保存数日[457]。即使是最简单的烯醇，乙烯醇（CH$_2$=CHOH），也已经在室温的气相中制备出来，在此环境下它的半衰期约为 30min[458]。烯醇 Me$_2$C=CHOH 在 −78℃ 的固态中非常稳定，在 25℃ 液态的半衰期约为 24h[459]。当两种形式不能分离时，烯醇化的程度通常可由 NMR 测定[460]。

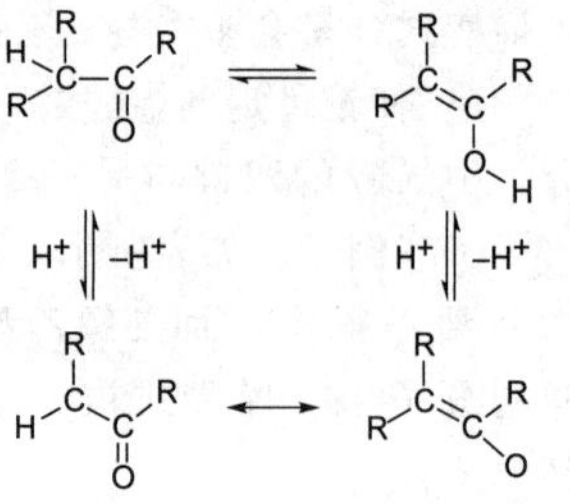

烯醇化程度[461]受溶剂[462]、浓度和温度的影响很大。例如，内酯在气相中稳定，而在溶液中不稳定[463]。又如乙酰乙酸乙酯在水中含有 0.4% 的烯醇式，在甲苯中烯醇式占 19.8%[464]。在这个例子中，由于水与羰基形成氢键，使羰基不能很好地形成分子内氢键，结果导致烯醇式的浓度下降。再举个温度影响的例子，2,4-戊二酮（$CH_3COCH_2COCH_3$）在 22℃、180℃、275℃ 时，烯醇式含量分别为 95%、68%、44%[465]。加入强碱时，烯醇式和酮式都会失去一个质子。两种情况产生的负离子——烯醇盐负离子（enolate ion）——是相同的。由于 150 和 151 只是电子位置的不同，它们不是互变异构体，而是共振式。烯醇离子的真实结构是 150 和 151 的杂化，但是由于 151 中的负电荷在电负性较大的原子上，因此它的贡献较大。

2.14.2 其它质子迁移互变异构

现在讨论原子价互变异构，在这种异构中，由于共振，两个互变异构体都失去一个质子时得到的负离子是一样的。这些例子是[466]：

（1）酚-酮互变异构[467]

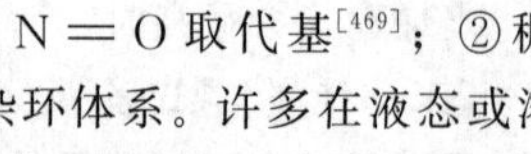

对于最简单的一些酚而言，平衡倾向于酚这边，因为酚具有芳香性。没有证据证明苯酚中存在酮式结构[468]。但酮式在下列情况下会变得重要，甚至是主要的形式：①存在某些基团，如第 2 个 OH 或 N=O 取代基[469]；②稠环芳烃体系[470]；③杂环体系。许多在液态或溶液里的杂环化合物，其酮式更稳定[471]，而在气相中，平衡大多会向反方向移动[472]。以 4-吡啶酮（**152**）和 4-羟基吡啶（**153**）的平衡为例，在乙醇溶液中只能检测到 152，而气相中 153 是主要成分。其它的杂环化合物中，一般羟基形式是主要的。例如 2-羟基吡啶（**154**）和 2-巯基吡啶（**156**）[473] 分别与它们的互变异构体 155、157 形成平衡，两种情况都是含有羟基（巯基）的互变异构体

154 和 156 更稳定[474]。

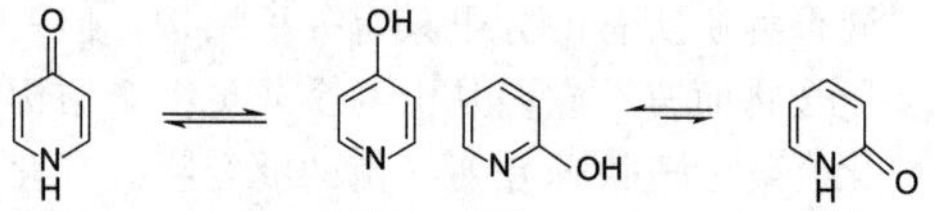

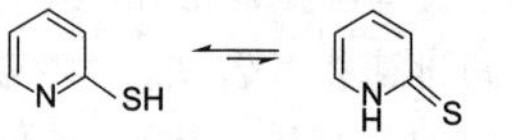

（2）亚硝基-肟互变异构　下面所示的是甲醛肟与亚硝基甲烷之间的平衡[475]。如果一个平衡的产物分子是稳定的，则这个平衡会大大偏向右侧。因此没有氢的亚硝基化合物才是稳定的。

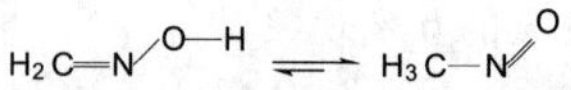

$$H_2C=N-OH \rightleftharpoons H_3C-N=O$$

（3）脂肪族硝基化合物与酸式形式的平衡

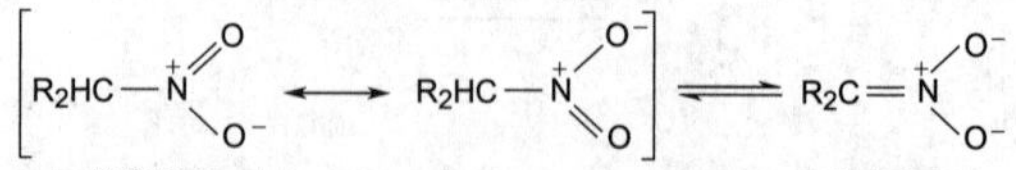

与亚硝基-肟的互变异构截然不同，硝基形式比酸式要稳定得多，这无疑是因为硝基形式具有亚硝基所没有的共振。硝基化合物的酸式形式也被称为氮酸（nitronic acid 或 azinic acid）。

（4）亚胺-烯胺互变异构[476]

$$R_2HC-CR=NR \rightleftharpoons R_2C=CR-NHR$$
亚胺　　　　烯胺

烯胺通常只有在氮上没有氢时才稳定（$R_2C=CR-NR_2$），否则，亚胺就是主要形式[477]。多种亚胺-烯胺互变异构体的能量已经得到计算[478]。6-氨基富烯-1-亚胺（6-aminofulvene-1-aldimines）在固态和溶液中都存在互变异构[479]。卟啉和卟烯（porphycene）也能发生这种类型的互变异构，利用单分子光谱可以区分两个异构体的结构[480]。

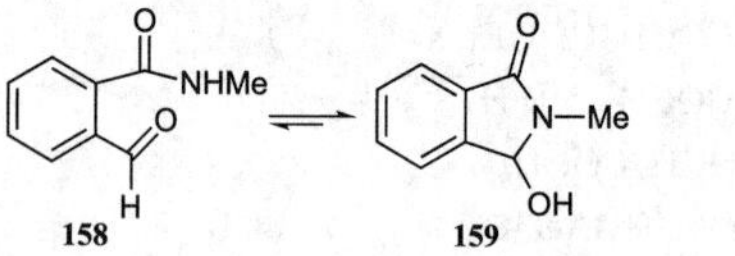

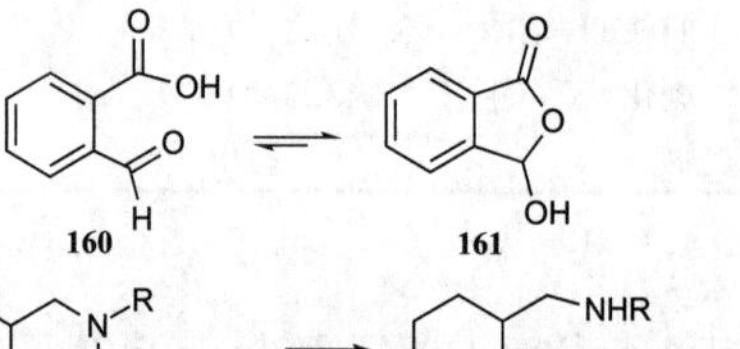

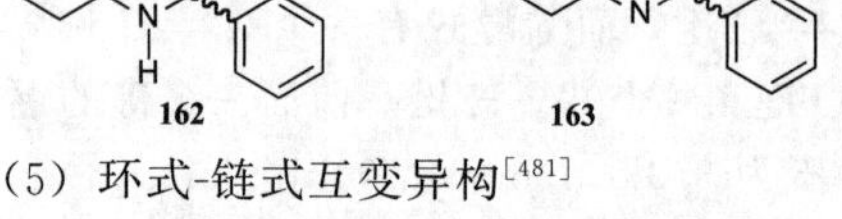

（5）环式-链式互变异构[481]
发生在糖类化合物中（醛对吡喃糖或呋喃糖）或 γ-氧代羧酸中[482]。例如 N-甲基邻甲酰基苯甲酰胺（**159**，benzamide carboxaldehyde），

其环式-链式互变异构体是 **158**，平衡偏向于环式结构（**159**）[483]。类似的，邻甲酰基苯甲酸（**160**）也主要以环式结构（**161**）存在[484]。在后一种以及其它许多情况下，这种互变异构现象影响化学反应活性。例如，要将 160 酯化是很困难的，因为大多数常规方法会得到 161 的 OR 衍生物而不是 160 的酯。环式-链式互变异构还发生在螺氧代噻烷（spriooxathianes）[485]、十氢喹唑啉（例如 **162** 和 **163**）[486]、其它的 1,3-杂环化合物[487]，以及 2-二茂铁基-2,4-二氢-1H-3,1-苯并噁嗪衍生物[488] 中。

还有许多其它高度专一性的质子迁移互变异构现象，如 2-(2,2-二氰基乙烯基)苯甲酸（**164**），可发生分子内 Michael 反应（见反应 15-24），它在固态时大部分以开链的形式存在，而不是它的互变异构体 **165**，而在溶液中随着溶剂极性的增大，**165** 的量则会增加[489]。

参 考 文 献

[1] See Wheland, G. W. *Resonance in Organic Chemistry*, Wiley, NY, **1955**.
[2] There are other methods. See Streitwieser, Jr., A. *Molecular Orbital Theory for Organic Chemists*, Wiley, NY, **1961**, pp. 27-29; Hirst, D. M.; Linnett, J. W. *J. Chem. Soc.* **1962**, 1035; Firestone, R. A. *J. Org. Chem.* **1969**, 34, 2621.
[3] Pullman, A. *Prog. Org. Chem.* **1958**, 4, 31, p. 33.
[4] See Clarkson, D.; Coulson, C. A.; Goodwin, T. H. *Tetrahedron* **1963**, 19, 2153. See also, Herndon, W. C.; Párkányi, C. *J. Chem. Educ.* **1976**, 53, 689.
[5] See Dewar, M. J. S. *Mol. Struct. Energ.* **1988**, 5, 1.
[6] Shaik, S. S.; Hiberty, P. C.; Lefour, J.; Ohanessian, G. *J. Am. Chem. Soc.* **1987**, 109, 363; Stanger, A.; Vollhardt, K. P. C. *J. Org. Chem.* **1988**, 53, 4889. See also, Jug, K.; Köster, A. M. *J. Am. Chem. Soc.* **1990**, 112, 6772; Aihara, J. *Bull. Chem. Soc. Jpn.* **1990**, 63, 1956.
[7] See Pullman, A. *Prog. Org. Chem.* **1958**, 4, 31, p. 36; Clarkson, D.; Coulson, C. A.; Goodwin, T. H. *Tetrahedron* **1963**, 19, 2153. For a MO picture of aromaticity, see Pierrefixe, S. C. A. H.; Bickelhaupt, F. M. *Chem. Eur. J.* **2007**, 13, 6321.
[8] See Yates, K. *Hückel Molecular Orbital Theory*, Academic Press, NY, **1978**; Coulson, C. A.; O'Leary, B.; Mallion, R. B. *Hückel Theory for Organic Chemists*, Academic Press, NY, **1978**; Lowry, T. H.; Richardson, K. S. *Mechanism and Theory in Organic Chemistry*, 3rd ed., Harper and Row, NY, **1987**, pp. 100-121.
[9] Pople, J. A. *Trans. Faraday Soc.* **1953**, 49, 1375, *J. Phys. Chem.* **1975**, 61, 6; Dewar, M. J. S. *The Molecular Orbital Theory of Organic Chemistry*, McGraw-Hill, NY, **1969**; Dewar, M. J. S., *in Aromaticity*, Pub. no. 21, **1967**, pp. 177-215. See Merino, G.; Vela, A.; Heine, T. *Chem. Rev.* **2005**, 105, 3812; Poater, J.; Duran, M.; Solà, M.; Silvi, B. *Chem. Rev.* **2005**, 105, 3911.
[10] See Ramsden, C. A. *Chem. Ber.* 1978, 14, 396; Hall, G. G. *Chem. Soc. Rev.* **1973**, 2, 21.
[11] See Herndon, W. C. *Prog. Phys. Org. Chem.* **1972**, 9, 99.
[12] Hoffmann, R. *J. Chem. Phys.* **1963**, 39, 1397. See Yates, K. *Hückel Molecular Orbital Theory*, Academic Press, NY, **1978**, pp. 190-201.
[13] Dewar, M. J. S. *The Molecular Orbital Theory of Chemistry*, McGraw-Hill, NY, **1969**; Jaffé, H. H. *Acc. Chem. Res.* **1969**, 2, 136; Kutzelnigg, W.; Del Re, G.; Berthier, G. *Fortschr. Chem. Forsch.* **1971**, 22, 1.
[14] Hehre, W. J.; Radom, L.; Schleyer, P. v. R.; Pople, J. A. *Ab Initio Molecular Orbital Theory*, Wiley, NY, **1986**; Clark, T. *A Handbook of Computational Chemistry*, Wiley, NY, **1985**, pp. 233-317; Richards, W. G.; Cooper, D. L. *Ab Initio Molecular Orbital Calculations for Chemists*, 2nd ed., Oxford University Press, Oxford, **1983**.
[15] For a review, see Thiel, W. *Tetrahedron* **1988**, 44, 7393.
[16] Pople, J. A.; Segal, G. A. *J. Chem. Phys.* **1965**, 43, S136; **1966**, 44, 3289; Pople, J. A.; Beveridge, D. L. *Approximate Molecular Orbital Theory*, McGraw-Hill, NY, **1970**.
[17] For a discussion of MNDO and MINDO/3, and a list of systems for which these methods have been used, with references, see Clark, T. *A Handbook of Computational Chemistry*, Wiley, NY, **1985**, pp. 93-232. For a review of MINDO/3, see Lewis, D. F. V. *Chem. Rev.* **1986**, 86, 1111.
[18] See Dewar, M. J. S.; Zoebisch, E. G.; Healy, E. F.; Stewart, J. J. P. *J. Am. Chem. Soc.* **1985**, 107, 3902.
[19] Stewart, J. J. P. *J. Comput. Chem.* **1989**, 10, 209, 221.
[20] See Dewar, M. J. S.; Storch, D. M. *J. Am. Chem. Soc.* **1985**, 107, 3898.
[21] Clark, T. *A Handbook of Computational Chemistry*, Wiley, NY, **1985**, p. 141.
[22] Another method of calculating such properies is molecular mechanics (Sec. 4. O).
[23] Dias, J. R. *Molecular Orbital Calculations Using Chemical Graph Theory*, Spring-Verlag, Berlin, **1993**.
[24] Glendening, E. D.; Faust, R.; Streitwieser, A.; Vollhardt, K. P. C.; Weinhold, F. *J. Am. Chem. Soc.* **1993**, 115, 10952.
[25] For an electrostatic scale of substituent resonance effects, see Sayyed, F. B.; Suresh, C. H. *Tetrahedron Lett.* **2009**, 50, 7351.
[26] Davico, G. E.; Bierbaum, V. M.; DePuy, C. H.; Ellison, G. B.; Squires, R. R. *J. Am. Chem. Soc.* **1995**, 117, 2590. See also, Pratt, D. A.; DiLabio, G. A.; Mulder, P.; Ingold, K. U. *Acc. Chem. Res.* **2004**, 37, 334.

[27] See Jensen, J. L. *Prog. Phys. Org. Chem.* **1976**, 12, 189.
[28] For the method for calculating these and similar results given in this chapter, see Higasi, K. ; Baba, H. ;Rembaum, A. *Quantum Organic Chemistry*, Interscience, NY, **1965**. For values of calculated orbital energies andbond orders for many conjugated molecules, see Coulson, C. A. ; Streitwieser, Jr. , A. *Dictionary of π Electron Calculations*, W. H. Freeman, San Francisco, **1965**.
[29] Aihara, J-i. *J. Chem. Soc. Perkin Trans.* 2 **1996**, 2185.
[30] George, P. ; Trachtman, M. ; Bock, C. W. ; Brett, A. M. *J. Chem. Soc. Perkin Trans.* 2 **1976**, 1222; George, P. ;Trachtman, M. ; Bock, C. W. ; Brett, A. M. *Tetrahedron* **1976**, 32, 317; George, P. ; Trachtman, M. ; Brett, A. M. ; Bock, C. W. *J. Chem. Soc. Perkin Trans.* 2 **1977**, 1036.
[31] Suresh, C. H. ; Koga, N. *J. Org. Chem.* **2002**, 67, 1965. The heat of hydrogenation of phenylcyclobutadiene isreported to be 57. 4± 4. 9 kcal/mol(240. 3 kJ/mol): Fattahi, A. ; Lis, L. ; Kass, S. R. *J. Am. Chem. Soc.* **2005**, 127,3065.
[32] Tamagawa, K. ; Iijima, T. ; Kimura, M. *J. Mol. Struct.* **1976**, 30, 243.
[33] The average C-C bond distance in aromatic rings is 1. 38Å: Allen, F. H. ; Kennard, O. ; Watson, D. G. ; Brammer, L. ; Orpen, A. G. ; Taylor, R. *J. Chem. Soc. Perkin Trans.* 2 **1987**, p. S8.
[34] See Simmons, H. E. *Prog. Phys. Org. Chem.* **1970**, 7, 1; Popov, E. M. ; Kogan, G. A. *Russ. Chem. Rev.* **1968**, 37,119.
[35] Coulson, C. A. *Proc. R. Soc. London*, *Ser. A* **1939**, 169, 413.
[36] Marais, D. J. ; Sheppard, N. ; Stoicheff, B. P. *Tetrahedron* **1962**, 17, 163.
[37] Politzer, P. ; Harris, D. O. *Tetrahedron* **1971**, 27, 1567.
[38] For a discussion of so-called Y-aromaticity, and the relative stability of the butadienyl dication in relation toother dications, see Dworkin, A. ; Naumann, R. ; Seigfred, C. ; Karty. J. M. ; Mo, Y. *J. Org. Chem.* **2005**, 70, 7605.
[39] For negative views on delocalization in butadiene and similar molecules, see Dewar, M. J. S. ; Gleicher, G. J. *J. Am. Chem. Soc.* **1965**, 87, 692; Mikhailov, B. M. *J. Gen. Chem. USSR* **1966**, 36, 379. For positive views, seeMiyazaki, T. ; Shigetani, T. ; Shinoda, H. *Bull. Chem. Soc. Jpn.* **1971**, 44, 1491; Altmann, J. A. ; Reynolds, W. F. *J. Mol. Struct*, **1977**, 36, 149. In general, the negative argument is that resonance involving excited structures, (e. g. , **7** and **8**) is unimportant. (see rule 6 in Sec. 2. E). See Popov, E. M. ; Kogan, G. A. *Russ. Chem. Rev.* **1968**, 37, 119, pp. 119-124.
[40] Wiberg, K. B. ; Rosenberg, R. E. ; Rablen, P. R. *J. Am. Chem. Soc.* **1991**, 113, 2890.
[41] See Patai, S. ; Rappoport, Z. *The Chemistry of Enones*, two parts; Wiley, NY, **1989**.
[42] Rogers, D. W. ; Matsunaga, N. ; McLafferty, F. J. ; Zavitsas, A. A. ; Liebman, J. F. *J. Org. Chem.* **2004**, 69, 7143.
[43] Jarowski, P. D. ; Wodrich, M. D. ; Wannere, C. S. ; Schleyer, P. v. R. ; Houk, K. N. *J. Am. Chem. Soc.* **2004**, 126,15036.
[44] It has been argued that the geometry is forced upon allylic systems by the σ framework, and not the π system:Shaik, S. S. ; Hiberty, P. C. ; Ohanessian, G. ; Lefour, J. *Nouv. J. Chim.* , **1985**, 9, 385. ab initio calculations suggestthat the allyl cation has significant resonance stabilization, but the allyl anion has little stabilization:Wiberg, K. B. ;Breneman, C. M. ; LePage, T. J. *J. Am. Chem. Soc.* **1990**, 112, 61.
[45] Crabtree, R. H. *The Organometallic Chemistry of the Transition Metals*, Wiley-Interscience, NY, **2005**; Hill, A. F. *Organotransition Metal Chemistry*, Wiley Interscience, Canberra, **2002**.
[46] Jardine, F. H. ; Osborn, J. A. ; Wilkinson, G. ; Young, G. F. *Chem. Ind. (London)* **1965**, 560; Imperial Chem. Ind. Ltd. , *Neth. Appl.* 6,602,062 [*Chem. Abstr.* , 66: 10556y **1967**]; Bennett, M. A. ; Longstaff, P. A. *Chem. Ind.* **1965**,846.
[47] Davies, S. G. *Organotransition Metal Chemistry*, Pergamon, Oxford, **1982**, p. 4.
[48] Trost, B. M. ; Strege, P. E. ; Weber, L. ; Fullerton, T. J. ; Dietsche, T. J. *J. Am. Chem. Soc.* **1978**, 100, 3407.
[49] Trost, B. M. ; Weber, L. ; Strege, P. E. ; Fullerton, T. J. ; Dietsche, T. J. *J. Am. Chem. Soc.* **1978**, 100, 3416.
[50] Melpolder, J. B. ; Heck, R. F. *J. Org. Chem.* **1976**, 41, 265; Trost, B. M. ;Verhoeven, T. R. *J. Am. Chem. Soc.* , **1978**,100, 3435; Trost, B. M. ; Verhoeven, T. R. *J. Am. Chem. Soc.* **1980**, 102, 4730.
[51] See Phelan, N. F. ; Orchin, M. *J. Chem. Educ.* **1968**, 45, 633.
[52] For a review of such compounds, see Hopf, H. *Angew. Chem. Int. Ed.* **1984**, 23, 948.
[53] Trætteberg, M. ; Hopf, H. *Acta Chem. Scand. B* **1994**, 48, 989.
[54] Trætteberg, M. ; Liebman, J. F. ; Hulce, M. ; Bohn, A. A. ; Rogers, D. W. *J. Chem. Soc. Perkin Trans.* 2 **1997**, 1925.
[55] See Durr, H. ; Gleiter, R. *Angew. Chem. Int. Ed.* **1978**, 17, 559.
[56] For the synthesis of **25**, see Semmelhack, M. F. ; Foos, J. S. ; Katz, S. *J. Am. Chem. Soc.* **1973**, 95, 7325.
[57] Raman, J. V. ; Nielsen, K. E. ; Randall, L. H. ; Burke, L. A. ; Dmitrienko, G. I. *Tetrahedron Lett.* **1994**, 35, 5973.
[58] Haumann, T. ; Benet-Buchholz, J. ; Klärner, F. -G. ; Boese, R. *Liebigs Ann. Chem.* **1997**, 1429.
[59] It has been argued that resonance is not a stabilizing phenomenon in all systems, especially in acyclic ions:Wiberg, K. B. *Chemtracts. Org. Chem.* **1989**, 2, 85. See also, Siggel, M. R. ; Streitwieser, Jr. , A. ; Thomas, T. D. *J. Am. Chem. Soc.* **1988**, 110, 8022; Thomas, T. D. ; Carroll, T. X. ; Siggel, M. R. *J. Org. Chem.* **1988**, 53, 1812.
[60] A quantitative method for weighting canonical forms was proposed by Gasteiger, J. ; Saller, H. *Angew. Chem. Int. Ed.* **1985**, 24, 687.
[61] Krygowski, T. M. ; Stepień, B. T. *Chem. Rev.* **2005**, 105, 3482.
[62] Wepster, B. M. *Prog. Stereochem.* **1958**, 2, 99, p. 125. Also see Exner, O. ; Folli, U. ; Marcaccioli, S. ; Vivarelli, P. *J. Chem. Soc. Perkin Trans.* 2 **1983**, 757.
[63] Applequist, D. E. ; Searle, R. *J. Am. Chem. Soc.* **1964**, 86, 1389.
[64] Cardillo, M. J. ; Bauer, S. H. *J. Am. Chem. Soc.* **1970**, 92, 2399. See Hückel, E. *Elektrochem.* 1937, 43, 752; vanTamelen, E. *Angew. Chem. Int. Ed.* **1965**, 4, 738; Viehe, H. G. *Angew. Chem. Int. Ed.* **1965**, 4, 746.
[65] See Ferguson, G. ; Robertson, J. M. *Adv. Phys. Org. Chem.* **1963**, 1, 203.
[66] For a monograph, see Keehn, P. M. ; Rosenfeld, S. M. *Cyclophanes*, 2 Vols. , Academic Press, NY, **1983**. Forreviews, see Bickelhaupt, F. *Pure Appl. Chem.* **1990**, 62, 373; Cram, D. J. ; Cram, J. M. *Acc. Chem. Res.* **1971**, 4, 204; Vögtle, F. ; Neumann, P. Reviews in *Top. Curr. Chem.* **1985**, 115, 1.

[67] Kostermans, G. B. M.; de Wolf, W. E.; Bickelhaupt, F. *Tetrahedron Lett.* **1986**, 27, 1095; van Zijl, P. C. M.; Jenneskens, L. W.; Bastiaan, E. W.; MacLean, C.; de Wolf, W. E.; Bickelhaupt, F. *J. Am. Chem. Soc.* **1986**, 108, 1415; Rice, J. E.; Lee, T. J.; Remington, R. B.; Allen, W. D.; Clabo, Jr., D. A.; Schaefer, III, H. F. *J. Am. Chem. Soc.* **1987**, 109, 2902.

[68] Jenneskens, L. W.; Klamer, J. C.; de Boer, H. J. R.; deWolf, W. H.; Bickelhaupt, F.; Stam, C. H. *Angew. Chem. Int. Ed.* **1984**, 23, 238.

[69] See Tobe, Y.; Ueda, K.; Kakiuchi, K.; Odaira, Y.; Kai, Y.; Kasai, N. *Tetrahedron* **1986**, 42, 1851.

[70] For a computational study of [2.2]cyclophanes, see Caramori, G. F.; Galembeck, S. E.; Laali, K. K. *J. Org. Chem.* **2005**, 70, 3242.

[71] Stanger, A.; Ben-Mergui, N.; Perl, S. *Eur. J. Org. Chem.* **2003**, 2709.

[72] Meier, H.; Müller, K. *Angew. Chem. Int. Ed.*, **1995**, 34, 1437.

[73] Bodwell, G. J.; Bridson, J. N.; Houghton, T. J.; Kennedy, J. W. J.; Mannion, M. R. *Angew. Chem. Int. Ed.*, **1996**, 35, 1320.

[74] Bodwell, G. J.; Bridson, J. N.; Cyrański, M. K.; Kennedy, J. W. J.; Krygowski, T. M.; Mannion, M. R.; Miller, D. O. *J. Org. Chem.* **2003**, 68, 2089; Bodwell, G. J.; Miller, D. O.; Vermeij, R. J. *Org. Lett.* **2001**, 3, 2093.

[75] Funaki, T.; Inokuma, S.; Ida, H.; Yonekura, T.; Nakamura, Y.; Nishimura, J. *Tetrahedron Lett.* **2004**, 45, 2393.

[76] Yamamoto, K.; Harada, T.; Okamoto, Y.; Chikamatsu, H.; Nakazaki, M.; Kai, Y.; Nakao, T.; Tanaka, M.; Harada, S.; Kasai, N. *J. Am. Chem. Soc.* **1988**, 110, 3578.

[77] Pascal Jr., R. A.; McMillan, W. D.; Van Engen, D.; Eason, R. G. *J. Am. Chem. Soc.* **1987**, 109, 4660.

[78] Chance, J. M.; Kahr, B.; Buda, A. B.; Siegel, J. S. *J. Am. Chem. Soc.* **1989**, 111, 5940.

[79] Pascal Jr., R. A. *Pure Appl. Chem.* **1993**, 65, 105.

[80] Qiao, X.; Ho, D. M.; Pascal Jr., R. A. *Angew. Chem. Int. Ed.*, **1997**, 36, 1531.

[81] Campbell, M. S.; Humphries, R. E.; Munn, N. M. *J. Org. Chem.* **1992**, 57, 641.

[82] Schleifenbaum, A.; Feeder, N.; Vollhardt, K. P. C. *Tetrahedron Lett.* **2001**, 42, 7329.

[83] Hall, G. G *J. Chem. Soc. Perkin Trans.* 2 **1993**, 1491.

[84] Mills, W. H.; Nixon, I. G. *J. Chem. Soc.* **1930**, 2510.

[85] See Halton, B. *Chem. Rev.* **2003**, 103, 1327 and reviews cited therein.

[86] Apeloig, Y.; Arad, D. *J. Am. Chem. Soc.* **1986**, 108, 3241.

[87] Boese, R.; Bläser, D.; Billups, W. E.; Haley, M. M.; Maulitz, A. H.; Mohler, D. L.; Vollhardt, K. P. C. *Angew. Chem. Int. Ed.*, **1994**, 33, 313.

[88] Stanger, A. *J. Am. Chem. Soc.* **1998**, 120, 12034; Yáñez, O. M. O.; Eckert-Maksić, M.; Maksić, Z. B. *J. Org. Chem.* **1995**, 60, 1638; Eckert-Maksić, M.; Glasovac, Z.; Maksić, Z. B.; Zrinski, I. *J. Mol. Struct. (THEOCHEM)* **1996**, 366, 173; Baldridge, K. K.; Siegel, J. S. *J. Am. Chem. Soc.* **1992**, 114, 9583.

[89] Soncini, A.; Havenith, R. W. A.; Fowler, P. W.; Jenneskens, L. W.; Steiner, E. *J. Org. Chem.* **2002**, 67, 4753.

[90] Cohrs, C.; Reuchlein, H.; Musch, P. W.; Selinka, C.; Walfort, B.; Stalke, D.; Christl, M. *Eur. J. Org. Chem.* **2003**, 901.

[91] For a monograph, see Kwart, H.; King, K. *d-Orbitals in the Chemistry of Silicon, Phosphorus, and Sulfur*, Springer, NY, **1977**.

[92] See Johnson, A. W. *Ylid Chemistry*, Academic Press, NY, **1966**; Morris, D. G., *Surv. Prog. Chem.* **1983**, 10, 189; Lowe, P. A. *Chem. Ind. (London)* **1970**, 1070. See Padwa, A.; Hornbuckle, S. F. *Chem. Rev.* **1991**, 91, 263.

[93] Although the phosphorus ylid shown has three R groups on the phosphorus atom, other phosphorus ylids areknown where other atoms, (e.g, oxygen), replace one or more of these R groups. When the three groups are allalkyl or aryl, the phosphorus ylid is also called a phosphorane.

[94] See Trost, B. M.; Melvin, Jr., L. S. *Sulfur Ylids*, Academic Press, NY, **1975**; Fava, A. in Bernardi, F.; Csizmadia, I. G.; Mangini, A. *Organic Sulfur Chemistry*; Elsevier, NY, **1985**, pp. 299-354; Belkin, Yu. V.; Polezhaeva, N. A. *Russ. Chem. Rev.* **1981**, 50, 481; Block, E. in Stirling, C. J. M. *TheChemistry of the Sulphonium Group*, p. 2, Wiley, NY, **1981**, pp. 680-702; Block, E. *Reactions of Organosulfur Compounds*; Academic Press, NY, **1978**, pp. 91-127.

[95] For a review of nitrogen ylids, see Musker, W. K. *Fortschr. Chem. Forsch.* **1970**, 14, 295.

[96] For reviews of arsenic ylids, see Lloyd, D.; Gosney, I.; Ormiston, R. A. *Chem. Soc. Rev.* **1987**, 16, 45; Yaozeng, H.; Yanchang, S. *Adv. Organomet. Chem.* **1982**, 20, 115.

[97] Bachrach, S. M. *J. Org. Chem.* **1992**, 57, 4367.

[98] Krygowski, T. M.; Cyrański, M. K. *Chem. Rev.* **2001**, 101, 1385; Katritzky, A. R.; Jug, K.; Oniciu, D. C. *Chem. Rev.* **2001**, 1421; Fowler, P. W.; Lillington, M.; Olson, L. P. *Pure Appl. Chem.* **2007**, 79, 969. See also, Cyrański, M. K.; Krygowski, T. M.; Katritzky, A. R.; Schleyer, Pv. R. *J. Org. Chem.* **2002**, 67, 1333.

[99] See Lloyd, D. *The Chemistry of Conjugated Cyclic Compounds*, Wiley, NY, **1989**; *Non-Benzenoid Conjugated Carbocyclic Compounds*, Elsevier, NY, **1984**; Garratt, P. J. *Aromaticity*, Wiley, NY, **1986**; Balaban, A. T.; Banciu, M.; Ciorba, V. *Annulenes, Benzo-, Hetero-, Homo-Derivatives and their Valence Isomers*, 3 Vols., CRC Press, Boca Raton, FL, **1987**; Badger, G. M. *Aromatic Character and Aromaticity*, Cambridge University Press, Cambridge, **1969**; Snyder, J. P. *Nonbenzenoid Aromatics*, 2 Vols., Academic Press, NY, **1969-1971**; Bergmann, E. D.; Pullman, B. *Aromaticity, Pseudo-Aromaticity, and Anti-Aromaticity*, Israel Academy of Sciences and Humanities, Jerusalem, **1971**. See Gorelik, M. V. *Russ. Chem. Rev.* **1990**, 59, 116; Stevenson, G. R. *Mol. Struct. Energ.*, **1986**, 3, 57; Figeys, H. P. *Top. Carbocyclic Chem.* **1969**, 1, 269; Garratt, P. J.; Sargent, M. V. Papers in *Top. Curr. Chem.* **1990**, 153 and *Pure Appl. Chem.* **1980**, 52, 1397.

[100] See Snyder, J. P., in Snyder, J. P. *Nonbenzenoid Aromatics*, Vol. 1, Academic Press, NY, **1971**, pp. 1-31. See also, Balaban, A. T. *Pure Appl. Chem.* **1980**, 52, 1409.

[101] See Jones, A. J. *Pure Appl. Chem.* **1968**, 18, 253. For methods of assigning Aromaticity, see Jug, K.; Köster, A. M. *J. Phys. Org. Chem.* **1991**, 4, 163; Zhou, Z.; Parr, R. G. *J. Am. Chem. Soc.* **1989**, 111, 7371; Katritzky, A. R.; Barczynski, P.; Musumarra, G.; Pisano, D.; Szafran, M. *J. Am. Chem. Soc.* **1989**, 111, 7. See also, Bird, C. W. *Tetrahedron* **1985**, 41, 1409;

1986, 42, 89; *1987*, 43, 4725.
[102] For a critique of the concept of aromaticity, see Stanger, A. *Chem. Commun.* *2009*, 1939.
[103] Randic, M. *Chem. Rev.* *2003*, 103, 3449.
[104] Balaban, A. T. ; Oniciu, D. C. ; Katritzky, A. R. *Chem. Rev.* *2004*, 104, 2777.
[105] Armit, J. W. ; Robinson; R. *J. Chem. Soc.* *1925*, 127, 1604.
[106] Jones, A. J. *Pure Appl. Chem.* *1968*, 18, 253, pp. 266-274; Mallion, R. B. *Pure Appl. Chem.* *1980*, 52, 1541. Also see, Schleyer, P. v. R. ; Jiao, H. *Pure Appl. Chem.* *1996*, 68, 209. For a discussion of the relationship between Pauing resonance energy and ring current, see Havenith, R. W. A. *J. Org. Chem.* *2006*, 71, 3559.
[107] Geuenich, D. ; Hess, K. ; Felix Köhler, F. ; Herges, R. *Chem. Rev.* *2005*, 105, 3758; Haddon, R. C. ; Haddon, V. R. ; Jackman, L. M. *Fortschr. Chem. Forsch.* *1971*, 16, 103; Dauben, Jr. , H. J. ; Wilson, J. D. ; Laity, J. L. in Snyder, J. P. *Nonbenzenoid Aromatics*, Vol. 2, Academic Press, NY, *1971*, pp. 167-206.
[108] Dignam, C. F. ; Zopf, J. J. ; Richards, C. J. ; Wenzel, T. J. *J. Org. Chem.* *2005*, 70, 8071.
[109] Waugh, J. S. ; Fessenden, R. W. *J. Am. Chem. Soc.* *1957*, 79, 846. See also, Pascal, Jr. , R. A. ; Winans, C. G. ; Van Engen, D. *J. Am. Chem. Soc.* *1989*, 111, 3007.
[110] Wannere, C. S. ; Corminboeuf, C. ; Allen, W. D. ; Schaefer, III, H. F. ; v. R. Schleyer, P. *Org. Lett.* *2005*, 7, 1457.
[111] See Günther, H. ; Schmickler, H. *Pure Appl. Chem.* *1975*, 44, 807. See Pierrefixe, S. C. A. H. ; Bickelhaupt, F. M. *Chem. Eur. J.* *2007*, 13, 6321; Pierrefixe, S. C. A. H. ; Bickelhaupt, F. M. *J. Phys. Chem. A* *2008*, 112, 12816.
[112] Mills, N. S. ; Llagostera, K. B. *J. Org. Chem.* *2007*, 72, 9163.
[113] Aihara, J. *J. Am. Chem. Soc.* *2006*, 128, 2873.
[114] Gutman, I. *Monatsh. Chem.* *2005*, 136, 1055; Bosanac, S. ; Gutman, I. Z. *Naturforsch.* *1977*, 32a, 10; Gutman, I. ; Bosanac, S. *Tetrahedron* *1977*, 33, 1809.
[115] Pople, J. A. ; Untch, K. G. *J. Am. Chem. Soc.* *1966*, 88, 4811; Longuet-Higgins, H. C. in Garratt, P. J. *Aromaticity*, Wiley, NY, *1986*, pp. 109-111.
[116] Schleyer, P. v. R. ; Maerker, C. ; Dransfeld, A. ; Jiao, H. ; Hommes, N. J. R. v. E. *J. Am. Chem. Soc.* *1996*, 118, 6317.
[117] Schleyer, P. v. R. ; Manoharan, M. ; Wang, Z. -X. ; Kiran, B. ; Jiao, H. ; Puchta, R. ; Hommes, N. J. R. v. E. *Org. Lett.* *2001*, 3, 2465
[118] Plavšić, D. ; Babić, D. ; Nikolić, S. ; Trinajstic, N. *Gazz. Chim. Ital.*, *1993*, 123, 243.
[119] Hess, Jr. , B. A. ; Schaad, L. J. *J. Am. Chem. Soc.* *1971*, 93, 305.
[120] Herndon, W. C. *Isr. J. Chem.* *1980*, 20, 270.
[121] Randič; M : Chem : Phys : Lett : *1976*; 38; 68.
[122] Zhou, Z. ; Parr, R. G. *J. Am. Chem. Soc.* *1989*, 111, 7371; Zhou, Z. ; Navangul, H. V. *J. Phys. Org. Chem.* *1990*, 3, 784.
[123] See Cyrański, M. K. *Chem. Rev.* *2005*, 105, 3773.
[124] Katritzky, A. R. ; Karelson, M. ; Sild, S. ; Krygowski, T. M. ; Jug, K. *J. Org. Chem.* *1998*, 63, 5228.
[125] Haddon, R. C. *J. Am. Chem. Soc.* *1979*, 101, 1722; Haddon, R. C. ; Fukunaga, T. *Tetrahedron Lett.* *1980*, 21, 1191.
[126] Katritzky, A. R. ; Karelson, M. ; Wells, A. P. *J. Org. Chem.* *1996*, 61, 1619.
[127] Values of MO energies for many aromatic systems, calculated by the HMO method, are given in Coulson, C. A. ; Streitwieser, Jr. , A. *A Dictonary of p Electron Calculations*, W. H. Freeman, San Francisco, *1965*. Values calculated by a variation of the SCF method are given by Dewar, M. J. S. ; Trinajstic, N. *Collect. Czech. Chem. Commun.* *1970*, 35, 3136, 3484.
[128] Dias, J. R. *Chem. in Br.* *1994*, 384.
[129] See Katritzky, A. R. ; Karelson, M. ; Malhotra, N. *Heterocycles* *1991*, 32, 127.
[130] See Balaban, A. T. ; Schroth, W. ; Fischer, G. *Adv. Heterocycl. Chem.* *1969*, 10, 241.
[131] See Gutman, I. ; Cyvin, S. J. *Introduction to the Theory of Benzenoid Hydrocarbons*, Springer, NY, *1989*; Dias, J. R. *Handbook of Polycyclic Hydrocarbons, Part A: Benzenoid Hydrocarbons*, Elsevier, NY, *1987*; Clar, E. *Polycyclic Hydrocarbons*, 2 Vols. , Academic Press, NY, *1964*. For a "periodic table" that systematizes fused aromatic hydrocarbons, see Dias, J. R. *Acc. Chem. Res.* *1985*, 18, 241; *Top. Curr. Chem.* *1990*, 253, 123; *J. Phys. Org. Chem.* *1990*, 3, 765.
[132] See Fuji, Z. ; Xiaofeng, G. ; Rongsi, C. *Top. Curr. Chem.* *1990*, 153, 181; Wenchen, H. ; Wenjie, H. *Top. Curr. Chem.* *1990*, 153, 195; Sheng, R. *Top. Curr. Chem.* *1990*, 153, 211; Rongsi, C. ; Cyvin, S. J. ; Cyvin, B. N. ; Brunvoll, J. ; Klein, D. J. *Top. Curr. Chem.* *1990*, 153, 227, and references cited in these papers. For a monograph, see Cyvin, S. J. ; Gutman, I. *Kekulé Structures in Benzenoid Hydrocarbons*, Springer, NY, *1988*.
[133] See Sironi, M. ; Cooper, D. L. ; Gerratt, J. ; Raimondi, M. *J. Chem. Soc. Chem. Commun.* *1989*, 675.
[134] Cruickshank, D. W. J. *Tetrahedron* *1962*, 17, 155.
[135] Kooyman, E. C. *Recl. Trav. Chim. Pays-Bas*, *1947*, 66, 201.
[136] For a review, see Efros, L. S. *Russ. Chem. Rev.* *1960*, 29, 66.
[137] Uto, T. ; Nishinaga, T. ; Matsuura, A. ; Inoue, R. ; Komatsu, K. *J. Am. Chem. Soc.* *2005*, 127, 10162.
[138] Rosokha, S. V. ; Kochi, J. K. *J. Org. Chem.* *2006*, 71, 9357.
[139] See Belloli, R. *J. Chem. Educ.* *1983*, 60, 190.
[140] See also, Lai, Y. *J. Am. Chem. Soc.* *1985*, 107, 6678.
[141] Zhang, J. ; Ho, D. M. ; Pascal, Jr. , R. A. *J. Am. Chem. Soc.* *2001*, 123, 10919.
[142] Cooper, M. A. ; Manatt, S. L. *J. Am. Chem. Soc.* *1969*, 91, 6325.
[143] See Herndon, W. C. ; Ellzey, Jr. , M. L. *J. Am. Chem. Soc.* *1974*, 96, 6631.
[144] Wheland, G. W. *Resonance in Organic Chemistry*, Wiley, NY, *1955*, p. 98.
[145] Swinborne-Sheldrake, R. ; Herndon, W. C. *Tetrahedron Lett.* *1975*, 755.
[146] Poater, J. ; Visser, R. ; Solà, M. ; Bickelhaupt, F. M. *J. Org. Chem.* *2007*, 72, 1134.

[147]   For reviews of phenalenes, see Murata, I. *Top. Nonbenzenoid Aromat. Chem.* ***1973***, 1, 159; Reid, D. H. *Q. Rev. Chem. Soc.* ***1965***, 19, 274.
[148]   Pettit, R. *J. Am. Chem. Soc.* ***1960***, 82, 1972.
[149]   See Glidewell, C.; Lloyd, D. *Tetrahedron* ***1984***, 40, 4455, *J. Chem. Educ.* ***1986***, 63, 306; Hosoya, H. *Top. Curr. Chem.* ***1990***, 153, 255.
[150]   Meredith, C. C.; Wright, G. F. *Can. J. Chem.* ***1960***, 38, 1177.
[151]   For a review of triphenylenes, see Buess, C. M.; Lawson, D. D. *Chem. Rev.* ***1960***, 60, 313.
[152]   Clar, E.; Zander, M. *J. Chem. Soc.* ***1958***, 1861.
[153]   Cyrański, M. K.; Stňepień, B. T.; Krygowski, T. M. *Tetrahedron* ***2000***, 56, 9663.
[154]   Tahara, K.; Tobe, Y. *Chem. Rev.* ***2006***, 106, 5274.
[155]   The order of aromaticity of these compounds is benzene ＞ thiophene ＞ pyrrole ＞ furan, as calculated by an aromaticity index based on bond distance measurements. This index has been calculated for five- and sixmembered monocyclic and bicyclic heterocycles: Bird, C. W. *Tetrahedron* ***1985***, 41, 1409; ***1986***, 42, 89; ***1987***, 43, 4725.
[156]   Wheland, G. W. *Resonance in Organic Chemistry*, Wiley, NY, ***1955***, p. 99. See also, Calderbank, K. E.; Calvert, R. L.; Lukins, P. B.; Ritchie, G. L. D. *Aust. J. Chem.* ***1981***, 34, 1835.
[157]   Bordwell, F. G.; Drucker, G. E.; Fried, H. E. *J. Org. Chem.* ***1981***, 46, 632.
[158]   Tkachuk, R.; Lee, C. C. *Can. J. Chem.* ***1959***, 37, 1644.
[159]   Bradamante, S.; Marchesini, A.; Pagani, G. *Tetrahedron Lett.* ***1971***, 4621.
[160]   Webster, O. W. *J. Org. Chem.* ***1967***, 32, 39; Rybinskaya, M. I.; Korneva, L. M. *Russ. Chem. Rev.* ***1971***, 40, 247.
[161]   Jursic, B. S. *J. Heterocyclic Chem.* ***1997***, 34, 1387.
[162]   Hosmane, R. S.; Liebman, J. F. *Tetrahedron Lett.* ***1992***, 33, 2303.
[163]   Bird, C. W. *Tetrahedron* ***1996***, 52, 9945; Hosoya, H. *Monat. Chemie* ***2005***, 136, 1037.
[164]   Pozharskii, A. F. *Khimiya Geterotsikl Soedin* ***1985***, 867.
[165]   Fringuelli, F. Marino, G.; Taticchi, A.; Grandolini, G. *J. Chem. Soc. Perkin Trans. 2* ***1974***, 332.
[166]   Bird, C. W. *Tetrahedron* ***1997***, 53, 3319; *Tetrahedron* ***1998***, 54, 4641.
[167]   Laganis, E. D.; Lemal, D. M. *J. Am. Chem. Soc.* ***1980***, 102, 6633.
[168]   Kotelevskii, S. I.; Prezhdo, O. V. *Tetahedron* ***2001***, 57, 5715.
[169]   See Bader, R. F. W. *Atoms in Molecules: A Quantum Theory*, Clarendon, Oxford, ***1990***; Bader, R. F. W. *Acc. Chem. Res.* ***1985***, 18; 9; Bader, R. F. W. *Chem. Rev.* ***1991***, 91, 893.
[170]   Poater, J.; Fradera, X.; Duran, M.; Solà, M. *Chem. Eur. J.* ***2003***, 9, 400; 1113.
[171]   Aihara, J.; Ishida, T.; Kanno, H. *Bull. Chem. Soc. Jpn.* ***2007***, 80, 1518.
[172]   Fallah-Bagher-Shaidaei, H.; Wannere, C. S.; Corminboeuf, C.; Puchta, R.; v. R. Schleyer, P. *Org. Lett.* ***2006***, 8, 863.
[173]   Dauben Jr., H. J.; Rifi, M. R. *J. Am. Chem. Soc.* ***1963***, 85, 3041; also see, Breslow, R.; Chang, H. W. *J. Am. Chem. Soc.* ***1965***, 87, 2200.
[174]   See Pietra, F. *Chem. Rev.* 1973, 73, 293; Bertelli, D. J. *Top. Nonbenzenoid Aromat. Chem.* ***1973***, 1, 29; Kolomnikova, G. D.; Parnes, Z. N. *Russ. Chem. Rev.* ***1967***, 36, 735; Harmon, K. H., in Olah, G. A.; Schleyer, P. v. R. *Carbonium Ions*, Vol. 4; Wiley, NY, ***1973***, pp. 1579-1641.
[175]   Doering, W. von E.; Knox, L. H. *J. Am. Chem. Soc.* ***1954***, 76, 3203.
[176]   Pischel, U.; Abraham, W.; Schnabel, W.; Müller, U. *Chem. Commun.* ***1997***, 1383. See Komatsu, K.; Nishinaga, T.; Maekawa, N.; Kagayama, A.; Takeuchi, K. *J. Org. Chem.* ***1994***, 59, 7316 for a tropylium dication.
[177]   Vol'pin, M. E.; Kursanov, D. N.; Shemyakin, M. M.; Maimind, V. I.; Neiman, L. A. *J. Gen. Chem. USSR* ***1959***, 29, 3667.
[178]   Takeuchi, K.; Yokomichi, Y.; Okamoto, K. *Chem. Lett.* ***1977***, 1177; Battiste, M. A. *J. Am. Chem. Soc.* ***1961***, 83, 4101.
[179]   Tamm, M.; Dreßel, B.; Fröhlich, R. *J. Org. Chem.* ***2000***, 65, 6795.
[180]   Pietra, F. *Acc. Chem. Res.* 1979, 12, 132; Nozoe, T. *Pure Appl. Chem.* ***1971***, 28, 239.
[181]   Schaefer, J. P.; Reed, L. L. *J. Am. Chem. Soc.* ***1971***, 93, 3902; Watkin, D. J.; Hamor, T. A. *J. Chem. Soc. B* ***1971***, 2167; Barrow, M. J.; Mills, O. S.; Filippini, G. *J. Chem. Soc. Chem. Commun.* ***1973***, 66.
[182]   von E. Doering, W.; Knox, L. H. *J. Am. Chem. Soc.* ***1951***, 73, 828.
[183]   Maier, G.; Franz, L. H.; Hartan, H.; Lanz, K.; Reisenauer, H. P. *Chem. Ber.* ***1985***, 118, 3196.
[184]   See Ogliaruso, M. A.; Romanelli, M. G.; Becker, E. I. *Chem. Rev.* ***1965***, 65, 261.
[185]   See Rosenblum, M. *Chemistry of the Iron Group Metallocenes*, Wiley, NY, ***1965***; Lukehart, C. M. *Fundamental Transition Metal Organometallic Chemistry*, Brooks/Cole, Monterey, CA, ***1985***, pp. 85-118; Sikora, D. J.; Macomber, D. W.; Rausch, M. D. *Adv. Organomet. Chem.* ***1986***, 25, 317; Pauson, P. L. *Pure Appl. Chem.* ***1977***, 49, 839; Perevalova, E. G.; Nikitina, T. V. *Organomet. React.* ***1972***, 4, 163; Bublitz, D. E.; Rinehart, Jr., K. L. *Org. React.*, ***1969***, 17, 1; Rausch, M. D. *Pure Appl. Chem.* ***1972***, 30, 523; Bruce, M. I. *Adv. Organomet. Chem.* ***1972***, 10, 273, 322-325.
[186]   For a discussion of the molecular structure, see Haaland, A. *Acc. Chem. Res.* ***1979***, 12, 415.
[187]   See Plesske, K. *Angew. Chem. Int. Ed.* ***1962***, 1, 312, 394.
[188]   For a review, see Werner, H. *Angew. Chem. Int. Ed.* ***1977***, 16, 1.
[189]   See, for example, Siebert, W. *Angew. Chem. Int. Ed.* ***1985***, 24, 943.
[190]   Rosenblum, M. *Chemistry of the Iron Group Metallocenes*, Wiley, NY, ***1965***, pp. 13-28; Coates, G. E.; Green, M. L. H.; Wade, K. *Organometallic Compounds*, 3rd ed., Vol. 2, Methuen, London, ***1968***, pp. 97-104; Grebenik, P.; Grinter, R.; Perutz, R. N. *Chem. Soc. Rev.* ***1988***, 17, 453, 460.
[191]   Olah, G. A.; Staral, J. S.; Liang, G.; Paquette, L. A.; Melega, W. P.; Carmody, M. J. *J. Am. Chem. Soc.* ***1977***, 99, 3349. See also, Radom, L.; Schaefer III, H. F. *J. Am. Chem. Soc.* ***1977***, 99, 7522; Olah, G. A.; Liang, G. *J. Am. Chem. Soc.* ***1976***, 98,

3033; Willner, I. ; Rabinovitz, M. *Nouv. J. Chim.* , **1982** , 6, 129.

[192] Paquette, L. A. ; Browne, A. R. ; Chamot, E. *Angew. Chem. Int. Ed.* **1979** , 18, 546. For a review of heptalenes, see Paquette, L. A. *Isr. J. Chem.* **1980** , 20, 233.

[193] Bertelli, D. J. , in Bergmann, E. D. ; Pullman, B. *Aromaticity, Pseudo-Aromaticity, and Anti-Aromaticity*, Israel Academy of Sciences and Humanities, Jerusalem, **1971** , p. 326. See also, Stegemann, J. ; Lindner, H. J. *Tetrahedron Lett.* **1977** , 2515.

[194] Vogel, E. ; Ippen, J. *Angew. Chem. Int. Ed.* **1974** , 13, 734; Vogel, E. ; Hogrefe, F. *Angew. Chem. Int. Ed.* **1974** , 13, 735.

[195] Hafner, K. ; Knaup, G. L. ; Lindner, H. J. *Bull. Soc. Chem. Jpn.* **1988** , 61, 155.

[196] See Knox, S. A. R. ; Stone, F. G. A. *Acc. Chem. Res.* **1974** , 7, 321.

[197] LeGoff, E. *J. Am. Chem. Soc.* **1962** , 84, 3975. See also, Hartke, K. ; Matusch, R. *Angew. Chem. Int. Ed.* **1972** , 11, 50.

[198] Hafner, K. ; Süss, H. U. *Angew. Chem. Int. Ed.* **1973** , 12, 575. See also, Hafner, K. ; Suda, M. *Angew. Chem. Int. Ed.* **1976** , 15, 314.

[199] Bischof, P. ; Gleiter, R. ; Hafner, K. ; Knauer, K. H. ; Spanget-Larsen, J. ; Süss, H. U. *Chem. Ber.* **1978** , 111, 932.

[200] Hafner, K. ; Dönges, R. ; Goedecke, E. ; Kaiser, R. *Angew. Chem. Int. Ed.* **1973** , 12, 337.

[201] For a review on azulene, see Mochalin, V. B. ; Porshnev, Yu. N. *Russ. Chem. Rev.* **1977** , 46, 530.

[202] Tobler, H. J. ; Bauder, A. ; Günthard, H. H. *J. Mol. Spectrosc.* , **1965** , 18, 239.

[203] Katz, T. J. ; Rosenberger, M. ; O'Hara, R. K. *J. Am. Chem. Soc.* **1964** , 86, 249. See also, Willner, I. ; Becker, J. Y. ; Rabinovitz, M. *J. Am. Chem. Soc.* **1979** , 101, 395.

[204] Möllerstedt, H. ; Piqueras, M. C. ; Crespo, R. ; Ottosson, H. *J. Am. Chem. Soc.* **2004** , 126, 13938.

[205] Scott, A. P. ; Agranat, A. ; Biedermann, P. U. ; Riggs, N. V. ; Radom, L. *J. Org. Chem.* **1997** , 62, 2026.

[206] Baird, N. C. *J. Am. Chem. Soc.* **1972** , 94, 4941.

[207] Stepien, B. T. ; Krygowski, T. M. ; Cyrański, M. K. *J. Org. Chem.* **2002** , 67, 5987.

[208] See Jones, R. A. Y. *Physical and Mechanistic Organic Chemistry*, 2nd ed. , Cambridge University Press, Cambridge, **1984** , pp. 122-129; Dewar, M. J. S. *Prog. Org. Chem.* **1953** , 2, 1.

[209] Taken from Dewar, M. J. S *Prog. Org. Chem.* **1953** , 2, 1, p. 8.

[210] Brown, R. D. ; Burden, F. R. ; Williams, G. R. *Aust. J. Chem.* **1968** , 21, 1939. For reviews, see Zahradnik, R. , in Snyder, J. P. *Nonbenzenoid Aromatics* Vol. 2, Academic Press, NY, **1971** , pp. 1-80; Zahradnik, R. *Angew. Chem. Int. Ed.* **1965** , 4, 1039.

[211] Langler, R. F. *Aust. J. Chem.* **2000** , 53, 471; Fredereiksen, M. U. ; Langler, R. F. ; Staples, M. A. ; Verma, S. D. *Aust. J. Chem.* **2000** , 53, 481.

[212] For other stereoisomers, see Section 2. K. iv.

[213] Spitler, E. L. ; Johnson, II, C. A. ; Haley, M. M. *Chem. Rev.* **2006** , 106, 5344; for a discussion of annulenylenes, annulynes, and annulenes, see Stevenson, C. D. *Acc. Chem. Res.* **2007** , 40, 703.

[214] For a discussion of bond shifting and automerization in [10]annulene, see Castro, C. ; Karney, W. L. ; McShane, C. M. ; Pemberton, R. P. *J. Org. Chem.* **2006** , 71, 3001.

[215] See Nakajima, T. *Pure Appl. Chem.* **1971** , 28, 219; *Fortschr. Chem. Forsch.* **1972** , 32, 1.

[216] See Hoffmann, R. *Chem. Commun.* **1969** , 240.

[217] Fattahi, A. ; Liz, L. ; Tian, Z. ; Kass, S. R. *Angew. Chem.* **2006** , 118, 5106.

[218] Bally, T. *Angew. Chem. Int. Ed.* **2006** , 45, 6616-6619.

[219] Hehre, W. J. ; Radom, L. ; Pople, J. A. ; Schleyer, P. v. R. *Ab Initio Molecular Orbital Theory*, John Wiley & Sons: New York, **1986** ; v. R. Schleyer, P. ; Allinger, N. L. ; Clark, T. ; Gasteiger, J. ; Kollman, P. A. ; Schaefer, III, H. F. ; Schreiner, P. R. (Eds.) *The Encyclopedia of Computational Chemistry*, JohnWiley & Sons, Ltd. , Chichester, **1998** .

[220] Moran, D. ; Simmonett, A. C. ; Leach, III, F. E. ; Allen, W. D. ; v. R. Schleyer, P. ; Schaefer, III, H. F. *J. Am. Chem. Soc.* **2006** , 128, 9342.

[221] See Billups, W. E. ; Moorehead, A. W. , in Rappoport *The Chemistry of the Cyclopropyl Group*, pt. 2, Wiley, NY, **1987** , pp. 1533-1574; Potts, K. T. ; Baum, J. S. *Chem. Rev.* **1974** , 74, 189; Closs, G. L. *Adv. Alicyclic Chem.* **1966** , 1, 53, 102-126; Krebs, A. W. *Angew. Chem. Int. Ed.* **1965** , 4, 10.

[222] Breslow, R. ; Groves, J. T. *J. Am. Chem. Soc.* **1970** , 92, 984.

[223] Breslow, R. ; Höver, H. ; Chang, H. W. *J. Am. Chem. Soc.* **1962** , 84, 3168.

[224] Moss, R. A. ; Shen, S. ; Krogh-Jespersen, K. ; Potenza, J. A. ; Schugar, H. J. ; Munjal, R. C. *J. Am. Chem. Soc.* **1986** , 108, 134.

[225] Ito, S. ; Morita, N. ; Asao, T. *Tetrahedron Lett.* **1992** , 33, 3773.

[226] Taylor, M. J. ; Surman, P. W. J. ; Clark, G. R. *J. Chem. Soc. Chem. Commun.* **1994** , 2517.

[227] Ciabattoni, J. ; Nathan, III, E. C. *J. Am. Chem. Soc.* **1968** , 90, 4495.

[228] See Breslow, R. ; Oda, M. *J. Am. Chem. Soc.* **1972** , 94, 4787; Yoshida, Z. ; Konishi, H. ; Tawara, Y. ; Ogoshi, H. *J. Am. Chem. Soc.* **1973** , 95, 3043.

[229] See Eicher, T. ; Weber, J. L. *Top. Curr. Chem. Soc.* **1975** , 57, 1; Tobey, S. W. , in Bergmann, E. D. ; Pullman, B. *Aromaticity, Pseudo-Aromaticity, and Anti-Aromaticity*, Israel Academy of Sciences and Humanities, Jerusalem, **1971** , pp. 351-362; Greenberg, A. ; Tomkins, R. P. T. ; Dobrovolny, M. ; Liebman, J. F. *J. Am. Chem. Soc.* **1983** , 105, 6855.

[230] D'yakonov, I. A. ; Kostikov, R. R. ; Molchanov, A. P. *J. Org. Chem. USSR* **1969** , 5, 171; **1970** , 6, 304.

[231] Olah, G. A. ; Staral, J. S. *J. Am. Chem. Soc.* **1976** , 98, 6290. See also, Lambert, J. B. ; Holcomb, A. G. *J. Am. Chem. Soc.* **1971** , 93, 2994; Seitz, G. ; Schmiedel, R. ; Mann, K. *Synthesis*, **1974** , 578.

[232] See Pittman Jr. , C. U. ; Kress, A. ; Kispert, L. D. *J. Org. Chem.* **1974** , 39, 378. See, however, Krogh-Jespersen, K. ; Schleyer, P. v. R. ; Pople, J. A. ; Cremer, D. *J. Am. Chem. Soc.* **1978** , 100, 4301.

[233] For a monograph, see Cava, M. P. ; Mitchell, M. J. *Cyclobutadiene and Related Compounds*, Academic Press, NY, **1967** . For reviews, see Maier, G. *Angew. Chem. Int. Ed.* **1988** , 27, 309; **1974** , 13, 425-438; Bally, T. ; Masamune, S. *Tetrahedron* **1980** ,

36, 343; Vollhardt, K. P. C. *Top. Curr. Chem.* **1975**, 59, 113.

[234] See Glukhovtsev, M. N. ; Simkin, B. Ya. ; Minkin, V. I. *Russ. Chem. Rev.* **1985**, 54, 54; Breslow, R. *Pure Appl. Chem.* **1971**, 28, 111; *Acc. Chem. Res.* **1973**, 6, 393.
[235] See Bauld, N. L. ; Welsher, T. L. ; Cessac, J. ; Holloway, R. L. *J. Am. Chem. Soc.* **1978**, 100, 6920.
[236] Watts, L. ; Fitzpatrick, J. D. ; Pettit, R. *J. Am. Chem. Soc.* **1965**, 87, 3253, **1966**, 88, 623. See also, Cookson, R. C. ; Jones, D. W. *J. Chem. Soc.* **1965**, 1881.
[237] Cram, D. J. ; Tanner, M. E. ; Thomas, R. *Angew. Chem. Int. Ed.* **1991**, 30, 1024.
[238] See Chapman, O. L. ; McIntosh, C. L. ; Pacansky, J. *J. Am. Chem. Soc.* **1973**, 95, 614; Maier, G. ; Mende, U. *Tetrahedron Lett.* **1969**, 3155. For a review, see Sheridan, R. S. *Org. Photochem.* **1987**, 8, 159; pp. 167-181.
[239] Masamune, S. ; Souto-Bachiller, F. A. ; Machiguchi, T. ; Bertie, J. E. *J. Am. Chem. Soc.* **1978**, 100, 4889.
[240] Kreile, J. ; Münzel, N. ; Schweig, A. ; Specht, H. *Chem. Phys. Lett.* **1986**, 124, 140.
[241] See Ermer, O. ; Heilbronner, E. *Angew. Chem. Int. Ed.* **1983**, 22, 402; Voter, A. F. ; Goddard, III, W. A. *J. Am. Chem. Soc.* **1986**, 108, 2830.
[242] Whitman, D. W. ; Carpenter, B. K. *J. Am. Chem. Soc.* **1980**, 102, 4272. See also, Whitman, D. W. ; Carpenter, B. K. *J. Am. Chem. Soc.* **1982**, 104, 6473.
[243] Orendt, A. M. ; Arnold, B. R. ; Radziszewski, J. G. ; Facelli, J. C. ; Malsch, K. D. ; Strub, H. ; Grant, D. M. ; Michl, J. *J. Am. Chem. Soc.* **1988**, 110, 2648. See, however, Arnold, B. R. ; Radziszewski, J. G. ; Campion, A. ; Perry, S. S. ; Michl, J. *J. Am. Chem. Soc.* **1991**, 113, 692.
[244] For experiments with [16]annulene (see Sec. 2. K. v), see Stevenson, C. D. ; Kurth, T. L. *J. Am. Chem. Soc.* **1999**, 121, 1623.
[245] Masamune, S. ; Nakamura, N. ; Suda, M. ; Ona, H. *J. Am. Chem. Soc.* **1973**, 95, 8481; Maier, G. ; Alzérreca, A. *Angew. Chem. Int. Ed.* **1973**, 12, 1015; Masamune, S. *Pure Appl. Chem.* **1975**, 44, 861.
[246] See Gompper, R. ; Wagner, H. *Angew. Chem. Int. Ed.* **1988**, 27, 1437.
[247] Gompper, R. ; Kroner, J. ; Seybold, G. ; Wagner, H. *Tetrahedron* **1976**, 32, 629.
[248] Hess, Jr. , B. A. ; Schaad, L. J. *J. Org. Chem.* **1976**, 41, 3058.
[249] Gompper, R. ; Holsboer, F. ; Schmidt, W. ; Seybold, G. *J. Am. Chem. Soc.* **1973**, 95, 8479.
[250] Lindner, H. J. ; von Ross, B. *Chem. Ber.* **1974**, 107, 598.
[251] For evidence, see Breslow, R. ; Murayama, D. R. ; Murahashi, S. ; Grubbs, R. *J. Am. Chem. Soc.* **1973**, 95, 6688; Herr, M. L. *Tetrahedron* 1976, 32, 2835.
[252] Efraty, A. *Chem. Rev.* **1977**, 77, 691; Pettit, R. *Pure Appl. Chem.* **1968**, 17, 253; Maitlis, P. M. *Adv. Organomet. Chem.* **1966**, 4, 95; Maitlis, P. M. ; Eberius, K. W. , in Snyder, J. P. *Nonbenzenoid Aromatics*, Vol. 2, Academic Press, NY, **1971**, pp. 359-409.
[253] See Yannoni, C. S. ; Ceasar, G. P. ; Dailey, B. P. *J. Am. Chem. Soc.* **1967**, 89, 2833.
[254] Fitzpatrick, J. D. ; Watts, L. ; Emerson, G. F. ; Pettit, R. *J. Am. Chem. Soc.* **1965**, 87, 3255. For a discussion, see Pettit, R. *J. Organomet. Chem.* **1975**, 100, 205.
[255] See Breslow, R. *Top. Nonbenzenoid Aromat. Chem.* **1973**, 1, 81.
[256] Breslow, R. *Pure Appl. Chem.* **1971**, 28, 111; *Acc. Chem. Res.* **1973**, 6, 393.
[257] Breslow, R. ; Brown, J. ; Gajewski, J. J. *J. Am. Chem. Soc.* **1967**, 89, 4383.
[258] Breslow, R. ; Douek, M. *J. Am. Chem. Soc.* **1968**, 90, 2698.
[259] See Breslow, R. ; Cortés, D. A. ; Juan, B. ; Mitchell, R. D. *Tetrahedron Lett.* **1982**, 23, 795. See Bartmess, J. E. ; Kester, J. ; Borden, W. T. ; Köser, H. G. *Tetrahedron Lett.* **1986**, 27, 5931.
[260] Saunders, M. ; Berger, R. ; Jaffe, A. ; McBride, J. M. ; O'Neill, J. ; Breslow, R. ; Hoffman, Jr. , J. M. ; Perchonock, C. ; Wasserman, E. ; Hutton, R. S. ; Kuck, V. J. *J. Am. Chem. Soc.* **1973**, 95, 3017.
[261] See Breslow, R. ; Chang, H. W. ; Hill, R. ; Wasserman, E. *J. Am. Chem. Soc.* **1967**, 89, 1112; Gompper, R. ; Glöckner, H. *Angew. Chem. Int. Ed.* **1984**, 23, 53.
[262] Breslow, R. ; Mazur, S. *J. Am. Chem. Soc.* **1973**, 95, 584. See Lossing, F. P. ; Treager, J. C. *J. Am. Chem. Soc.* **1975**, 97, 1579. See also, Breslow, R. ; Canary, J. W. *J. Am. Chem. Soc.* **1991**, 113, 3950.
[263] Allen, A. D. ; Sumonja, M. ; Tidwell, T. T. *J. Am. Chem. Soc.* **1997**, 119, 2371.
[264] See Fray, G. I. ; Saxton, R. G. *The Chemistry of Cyclooctatetraene and its Derivatives*, Cambridge University Press, Cambridge, **1978**; Paquette, L. A. *Tetrahedron* **1975**, 31, 2855. For reviews of heterocyclic 8p systems, see Kaim, W. *Rev. Chem. Intermed.* **1987**, 8, 247; Schmidt, R. R. *Angew. Chem. Int. Ed.* **1975**, 14, 581.
[265] Bastiansen, O. ; Hedberg, K. ; Hedberg, L. *J. Chem. Phys.* **1957**, 27, 1311. See Havenith, R. W. A. ; Fowler, P. W. ; Jenneskens, L. W. *Org. Lett.* **2006**, 8, 1255.
[266] See Einstein, F. W. B. ; Willis, A. C. ; Cullen, W. R. ; Soulen, R. L. *J. Chem. Soc. Chem. Commun.* **1981**, 526. See also, Paquette, L. A. ; Wang, T. ; Cottrell, C. E. *J. Am. Chem. Soc.* **1987**, 109, 3730.
[267] Frank-Gerrit Klärner, F-G. *Angew. Chem. Int. Ed.* **2001**, 40, 3977.
[268] *The Jahn-Teller Effect* Bersuker, I. B. Cambridge University Press, **2006**; Ceulemans, A. ; Lijnen, E. *Bull. Chem. Soc. Jpn.* **2007**, 80, 1229.
[269] Peters, S. J. ; Turk, M. R. ; Kiesewetter, M. K. ; Stevenson, C. D. *J. Am. Chem. Soc.* **2003**, 125, 11264.
[270] Huang, N. Z. ; Sondheimer, F. *Acc. Chem. Res.* **1982**, 15, 96. See also, Chan, T. ; Mak, T. C. W. ; Poon, C. ; Wong, H. N. C. ; Jia, J. H. ; Wang, L. L. *Tetrahedron* **1986**, 42, 655.
[271] Figeys, H. P. ; Dralants, A. *Tetrahedron Lett.* **1971**, 3901; Buchanan, G. W. *Tetrahedron Lett.* **1972**, 665.
[272] Dietz, F. ; Rabinowitz, M. ; Tadjer, A. ; Tyutyulkov, N. *J. Chem. Soc. Perkin Trans. 2* **1995**, 735.
[273] Staley, S. W. ; Orvedal, A. W. *J. Am. Chem. Soc.* **1973**, 95, 3382.

[274] Kiliç, H. ; Balci, M. *J. Org. Chem.* **1997**, 62, 3434.
[275] See Kemp-Jones, A. V. ; Masamune, S. *Top. Nonbenzenoid Aromat. Chem.* **1973**, 1, 121; Masamune, S. ; Darby, N. *Acc. Chem. Res.* **1972**, 5, 272; Burkoth, T. L. ; van Tamelen, E. E. in Snyder, J. P. *Nonbenzenoid Aromaticty*, Vol. 1, Academic Press, NY, **1969**, pp. 63-116; Vogel, E. , in Garratt, P. J. *Aromaticity*, Wiley, NY, **1986**, pp. 113-147.
[276] Mislow, K. *J. Chem. Phys.* **1952**, 20, 1489.
[277] Moll, J. F. ; Pemberton, R. P. ; Gertrude Gutierrez, M. ; Castro, C. ; Karney, W. L. *J. Am. Chem. Soc.* **2007**, 129, 274.
[278] Masamune, S. ; Hojo, K. ; Bigam, G. ; Rabenstein, D. L. *J. Am. Chem. Soc.* **1971**, 93, 4966; van Tamelen, E. E. ; Burkoth, T. L. ; Greeley, R. H. *J. Am. Chem. Soc.* **1971**, 93, 6120.
[279] Sulzbach, H. M. ; Schleyer, P. v. R. ; Jiao, H. ; Xie, Y. ; Schaefer, III, H. F. *J. Am. Chem. Soc.* **1995**, 117, 1369; Sulzbach, H. M. ; Schaefer, III, H. F. ; Klopper, W. ; Lüthi, H. P. *J. Am. Chem. Soc.* **1996**, 118, 3519.
[280] King, R. A. ; Crawford, T. D. ; Stanton, J. F. ; Schaefer, III, H. F. *J. Am. Chem. Soc.* **1999**, 121, 10788.
[281] See Anastassiou, A. G. *Acc. Chem. Res.* **1972**, 5, 281, *Top. Nonbenzenoid Aromat. Chem.* **1973**, 1, 1, *Pure Appl. Chem.* **1975**, 44, 691. For a review of heteroannulenes in general, see Anastassiou, A. G. ; Kasmai, H. S. *Adv. Heterocycl. Chem.* **1978**, 23, 55.
[282] Evans, W. J. ; Wink, D. J. ; Wayda, A. L. ; Little, D. A. *J. Org. Chem.* **1981**, 46, 3925; Heinz, W. ; Langensee, P. ; Müllen, K. *J. Chem. Soc. Chem. Commun.* **1986**, 947.
[283] Paquette, L. A. ; Ley, S. V. ; Meisinger, R. H. ; Russell, R. K. ; Oku, M. *J. Am. Chem. Soc.* **1974**, 96, 5806; Radlick, P. ; Rosen, W. *J. Am. Chem. Soc.* **1966**, 88, 3461.
[284] Anastassiou, A. G. ; Gebrian, J. H. *Tetrahedron Lett.* **1970**, 825.
[285] Boche, G. ;Weber, H. ; Martens, D. ; Bieberbach, A. *Chem. Ber.* **1978**, 111, 2480. See also, Anastassiou, A. G. ; Reichmanis, E. *Angew. Chem. Int. Ed.* **1974**, 13, 728.
[286] Chiang, C. C. ; Paul, I. C. ; Anastassiou, A. G. ; Eachus, S. W. *J. Am. Chem. Soc.* **1974**, 96, 1636.
[287] Shani, A. ; Sondheimer, F. *J. Am. Chem. Soc.* **1967**, 89, 6310; Bailey, N. A. ; Mason, R. *J. Chem. Soc. Chem. Commun.* **1967**, 1039.
[288] Destro, R. ; Simonetta, M. ; Vogel, E. *J. Am. Chem. Soc.* **1981**, 103, 2863.
[289] Schleyer, P. v. R. ; Jiao, H. ; Sulzbach, H. M. ; Schaefer, III, H. F. *J. Am. Chem. Soc.* **1996**, 118, 2093.
[290] Bettinger, H. F. ; Sulzbach, H. M. ; Schleyer, P. v. R. ; Schaefer, III, H. F. *J. Org. Chem.* **1999**, 64, 3278.
[291] See Vogel, E. *Pure Appl. Chem.* **1982**, 54, 1015; *Isr. J. Chem.* **1980**, 20, 215; *Chimia*, **1968**, 22, 21; Vogel, E. ; Günther, H. *Angew. Chem. Int. Ed.* **1967**, 6, 385.
[292] Vogel, E. ; Roth, H. D. *Angew. Chem. Int. Ed.* **1964**, 3, 228; Vogel, E. ; Böll, W. A. *Angew. Chem. Int. Ed.* **1964**, 3, 642; Vogel, E. ; Böll, W. A. ; Biskup, M. *Tetrahedron Lett.* **1966**, 1569.
[293] Vogel, E. ; Biskup, M. ; Pretzer, W. ; Böll, W. A. *Angew. Chem. Int. Ed.* **1964**, 3, 642; Shani, A. ; Sondheimer, F. *J. Am. Chem. Soc.* **1967**, 89, 6310; Bailey, N. A. ; Mason, R. *Chem. Commun.* **1967**, 1039.
[294] Vogel, E. ; Pretzer, W. ; Böll, W. A. *Tetrahedron Lett.* **1965**, 3613. See also, Vogel, E. ; Biskup, M. ; Pretzer, W. ; Böll, W. A. *Angew. Chem. Int. Ed.* **1964**, 3, 642.
[295] Also see McCague, R. ; Moody, C. J. ; Rees, C. W. *J. Chem. Soc. Perkin Trans. 1* **1984**, 165, 175; Gibbard, H. C. ; Moody, C. J. ; Rees, C. W. *J. Chem. Soc. Perkin Trans. 1* **1985**, 731, 735.
[296] Bianchi, R. ; Pilati, T. ; Simonetta, M. *Acta Crystallogr. Sect. B*, **1980**, 36, 3146. See also, Dobler, M. ; Dunitz, J. D. *Helv. Chim. Acta* **1965**, 48, 1429.
[297] For a discussion, see Haddon, R. C. *Acc. Chem. Res.* **1988**, 21, 243.
[298] Hill, R. K. ; Giberson, C. B. ; Silverton, J. V. *J. Am. Chem. Soc.* **1988**, 110, 497. See also, McCague, R. ; Moody, C. J. ; Rees, C. W. ; Williams, D. J. *J. Chem. Soc. Perkin Trans. 1* **1984**, 909.
[299] Scott, L. T. ; Sumpter, C. A. ; Gantzel, P. K. ; Maverick, E. ; Trueblood, K. N. *Tetrahedron* **2001**, 57, 3795.
[300] See Sondheimer, F. *Acc. Chem. Res.* **1972**, 5, 81-91, *Pure Appl. Chem.* **1971**, 28, 331; *Proc. R. Soc. London. Ser. A*, **1967**, 297, 173; Sondheimer, F. ; Calder, I. ; Elix, J. A. ; Gaoni, Y; Garratt, P. J. ; Grohmann, K. ; di Maio, D. ; Mayer, J. ; Sargent, M. V. ;Wolovsky, R. in Garratt, P. G. *Aromaticity*, Wiley, NY, **1986**, pp. 75-107; Nakagawa, M. *Angew. Chem. Int. Ed.* **1979**, 18, 202; Müllen, K. *Chem. Rev.* **1984**, 84, 603; Rabinovitz, M. *Top. Curr. Chem.* **1988**, 146, 99. Also see, Cyvin, S. J. ; Brunvoll, J. ; Chen, R. S. ; Cyvin, B. N. ; Zhang, F. J. *Theory of Coronoid Hydrocarbons II*, Springer-Verlag, Berlin, **1994**.
[301] Gaoni, Y. ; Melera, A. ; Sondheimer, F. ; Wolovsky, R. *Proc. Chem. Soc.* **1964**, 397.
[302] Chiang, C. C. ; Paul, I. C. *J. Am. Chem. Soc.* **1972**, 94, 4741; Oth, J. F. M. ; Schröder, G. *J. Chem. Soc. B*, **1971**, 904. See also, Oth, J. F. M. ; Müllen, K. ; Königshofen, H. ; Mann, M. ; Sakata, Y. ; Vogel, E. *Angew. Chem. Int. Ed.* **1974**, 13, 284; Wife, R. L. ; Sondheimer, F. *J. Am. Chem. Soc.* **1975**, 97, 640; Willner, I. ; Gutman, A. L. ; Rabinovitz, M. *J. Am. Chem. Soc.* **1977**, 99, 4167; Röttele, H. ; Schröder, G. *Chem. Ber.* **1982**, 115, 248.
[303] For a review, see Vogel, E. *Pure Appl. Chem.* **1971**, 28, 355.
[304] Boekelheide, V. ; Phillips, J. B. *J. Am. Chem. Soc.* **1967**, 89, 1695; Boekelheide, V. ; Miyasaka, T. *J. Am. Chem. Soc.* **1967**, 89, 1709. For reviews of dihydropyrenes, see Mitchell, R. H. *Adv. Theor. Interesting Mol.* **1989**, 1, 135; Boekelheide, V. *Top. Nonbenzoid Arom. Chem.* **1973**, 1, 47; *Pure Appl. Chem.* **1975**, 44, 807.
[305] Destro, R. ; Pilati, T. ; Simonetta, M. ; Vogel, E. *J. Am. Chem. Soc.* **1985**, 107, 3185, 3192. For the di-O-analogue of **102**, see Vogel, A. ; Biskup, M. ; Vogel, E. ; Günther, H. *Angew. Chem. Int. Ed.* **1966**, 5, 734.
[306] Vogel, E. ; Sombroek, J. ; Wagemann, W. *Angew. Chem. Int. Ed.* **1975**, 14, 564.
[307] Hanson, A. W. *Acta Crystallogr.* **1965**, 18, 599, **1967**, 23, 476.
[308] See Mitchell, R. H. ;Williams, R. V. ; Mahadevan, R. ; Lai, Y. H. ; Dingle, T. W. *J. Am. Chem. Soc.* **1982**, 104, 2571 and other papers in this series.
[309] Bodwell, G. J. ; Bridson, J. N. ; Chen, S. -L. ; Poirier, R. A. *J. Am. Chem. Soc.* **2001**, 123, 4704; Bodwell, G. J. ; Fleming, J. J. ; Miller, D. O. *Tetrahedron* **2001**, 57, 3577.

[310] See Vogel, E. ; Wieland, H. ; Schmalstieg, L. ; Lex, J. *Angew. Chem. Int. Ed.* **1984**, 23, 717; Neumann, G. ; Müllen, K. *J. Am. Chem. Soc.* **1986**, 108, 4105.
[311] Ganis, P. ; Dunitz, J. D. *Helv. Chim. Acta*, **1967**, 50, 2369.
[312] See Vogel, E. ; Nitsche, R. ; Krieg, H. *Angew. Chem. Int. Ed.* **1981**, 20, 811. See also, Vogel, E. ; Schieb, T. ; Schulz, W. H. ; Schmidt, K. ; Schmickler, H. ; Lex, J. *Angew. Chem. Int. Ed.* **1986**, 25, 723.
[313] Gramaccioli, C. M. ; Mimun, A. ; Mugnoli, A. ; Simonetta, M. *Chem. Commun.* **1971**, 796. See also, Destro, R. ; Simonetta, M. *Tetrahedron* **1982**, 38, 1443.
[314] For a review of dehydroannulenes, see, Nakagawa, M. *Top. Nonbenzenoid Aromat. Chem.* **1973**, 1, 191.
[315] Gaoni, Y. ; Sondheimer, F. *J. Am. Chem. Soc.* **1964**, 86, 521.
[316] Balaban, A. T. ; Banciu, M. ; Ciorba, V. *Annulenes, Benzo-, Hetero-, Homo- Derivatives and their Valence Isomers*, Vols. 1-3, CRC Press, Boca Raton, FL, **1987**; Garratt, P. J. *Aromaticity*, Wiley, NY, **1986**; Minkin, V. I. ; Glukhovtsev, M. N. ; Simkin, B. Ya. *Aromaticity and Antiaromaticity*, Wiley, NY, **1994**.
[317] Bell, M. L. ; Chiechi, R. C. ; Johnson, C. A. ; Kimball, D. B. ; Matzger, A. J. ; Wan, W. B. ; Weakley, T. J. R. ; Haley, M. M. *Tetahedron* **2001**, 57, 3507; Wan, W. B. ; Chiechi, R. C. ; Weakley, T. J. R. ; Haley, M. M. *Eur. J. Org. Chem.* **2001**, 3485.
[318] Boydston, A. J. ; Haley, M. M. ; Williams, R. V. ; Armantrout, J. R. *J. Org. Chem.* **2002**, 67, 8812.
[319] Gard, M. N. ; Kiesewetter, M. K. ; Reiter, R. C. ; Stevenson, C. D. *J. Am. Chem. Soc.* **2005**, 127, 16143.
[320] Gilles, J. ; Oth, J. F. M. ; Sondheimer, F. ; Woo, E. P. *J. Chem. Soc. B*, **1971**, 2177. For a thorough discussion, see Baumann, H. ; Oth, J. F. M. *Helv. Chim. Acta*, **1982**, 65, 1885.
[321] Bregman, J. ; Hirshfeld, F. L. ; Rabinovich, D. ; Schmidt, G. M. J. *Acta Crystallogr.* **1965**, 19, 227; Hirshfeld, F. L. ; Rabinovich, D. *Acta Crystallogr.* **1965**, 19, 235.
[322] Sondheimer, F. *Tetrahedron* **1970**, 26, 3933.
[323] Oth, J. F. M. ; Bünzli, J. ; de Julien de Zélicourt, Y. *Helv. Chim. Acta*, **1974**, 57, 2276.
[324] Ogawa, H. ; Sadakari, N. ; Imoto, T. ; Miyamoto, I. ; Kato, H. ; Taniguchi, Y. *Angew. Chem. Int. Ed.* **1983**, 22, 417; Vogel, E. ; Sicken, M. ; Röhrig, P. ; Schmickler, H. ; Lex, J. ; Ermer, O. *Angew. Chem. Int. Ed.* **1988**, 27, 411.
[325] Sondheimer, F. *Acc. Chem. Res.* **1972**, 5, 81. For two that are not, see Endo, K. ; Sakata, Y. ; Misumi, S. *Bull. Chem. Soc. Jpn.* **1971**, 44, 2465.
[326] See Rabinovitz, M. ; Willner, I. ; Minsky, A. *Acc. Chem. Res.* **1983**, 16, 298.
[327] Oth, J. F. M. ; Baumann, H. ; Gilles, J. ; Schröder, G. *J. Am. Chem. Soc.* **1972**, 94, 3948. See also, Brown, J. M. ; Sondheimer, F. *Angew. Chem. Int. Ed.* **1974**, 13, 337; Rabinovitz, M. ; Minsky, A. *Pure Appl. Chem.* **1982**, 54, 1005.
[328] Michels, H. P. ; Nieger, M. ; Vögtle, F. *Chem. Ber.* **1994**, 127, 1167.
[329] McQuilkin, R. M. ; Metcalf, B. W. ; Sondheimer, F. *Chem. Commun.* **1971**, 338.
[330] Iyoda, M. ; Nakagawa, M. *J. Chem. Soc. Chem. Commun.* **1972**, 1003. See also, Akiyama, S. ; Nomoto, T. ; Iyoda, M. ; Nakagawa, M. *Bull. Chem. Soc. Jpn.* **1976**, 49, 2579.
[331] Wan, W. B. ; Kimball, D. B. ; Haley, M. M. *Tetrahedron Lett.* **1998**, 39, 6795.
[332] See Ojima, J. ; Ejiri, E. ; Kato, T. ; Nakamura, M. ; Kuroda, S. ; Hirooka, S. ; Shibutani, M. *J. Chem. Soc. Perkin Trans. 1* **1987**, 831; Yamamoto, K. ; Kuroda, S. ; Shibutani, M. ; Yoneyama, Y. ; Ojima, J. ; Fujita, S. ; Ejiri, E. ; Yanagihara, K. *J. Chem. Soc. Perkin Trans. 1* **1988**, 395.
[333] Ojima, J. ; Fujita, S. ; Matsumoto, M. ; Ejiri, E. ; Kato, T. ; Kuroda, S. ; Nozawa, Y. ; Hirooka, S. ; Yoneyama, Y. ; Tatemitsu, H. *J. Chem. Soc. Perkin Trans. 1* **1988**, 385.
[334] McQuilkin, R. M. ; Garratt, P. J. ; Sondheimer, F. *J. Am. Chem. Soc.* **1970**, 92, 6682. See also, Huber, W. ; Müllen, K. ; Wennerström, O. *Angew. Chem. Int. Ed.* **1980**, 19, 624.
[335] Ojima, J. ; Fujita, S. ; Matsumoto, M. ; Ejiri, E. ; Kato, T. ; Kuroda, S. ; Nozawa, Y. ; Hirooka, S. ; Yoneyama, Y. ; Tatemitsu, H. *J. Chem. Soc., Perkin Trans. 1* **1988**, 385.
[336] Müllen, K. ; Unterberg, H. ; Huber, W. ; Wennerström, O. ; Norinder, U. ; Tanner, D. ; Thulin, B. *J. Am. Chem. Soc.* **1984**, 106, 7514.
[337] Staab, H. A. ; Diederich, F. *Chem. Ber.* **1983**, 116, 3487; Staab, H. A. ; Diederich, F. ; Krieger, C. ; Schweitzer, D. *Chem. Ber.* **1983**, 116, 3504; Funhoff, D. J. H. ; Staab, H. A. *Angew. Chem. Int. Ed.* **1986**, 25, 742.
[338] Jiao, H. ; Schleyer, P. v. R. *Angew. Chem. Int. Ed.*, **1996**, 35, 2383.
[339] Mallory, F. B. ; Butler, K. E. ; Evans, A. C. ; Mallory, C. W. *Tetrahedron Lett.* **1996**, 37, 7173.
[340] Schleyer, P. v. R. ; Manoharan, M. ; Jiao, H. ; Stahl, F. *Org. Lett.* **2001**, 3, 3643. For a discussion of local aromaticity, see Portella, G. ; Poater, J. ; Bofill, J. M. ; Alemany, P. ; Solà, M. *J. Org. Chem.* **2005**, 70, 2509.
[341] Bunz, U. H. F. *Chemistry : Eur. J.* **2009**, 15, 6780.
[342] Ashton, P. R. ; Girreser, U. ; Giuffrida, D. ; Kohnke, F. H. ; Mathias, J. P. ; Raymo, F. M. ; Slawin, A. M. Z. ; Stoddart, J. F. ; Williams, D. J. *J. Am. Chem. Soc.* **1993**, 115, 5422.
[343] Aihara, J-i. *J. Chem. Soc. Perkin Trans. 2* **1994**, 971. For a discussion of hexacene stability, see Mondal, R. ; Adhikari, R. M. ; Shah, B. K. ; Neckers, D. C. *Org. Lett.* **2007**, 9, 2505.
[344] Pascal, Jr. , R. A. *Chem. Rev.* **2006**, 106, 4809. See also, Chauvin, R. ; Lepetit, C. ; Maraval, V. ; Leroyer, L. *Pure Appl. Chem.* **2010**, 82, 769.
[345] Oth, J. F. M. ; Röttele, H. ; Schröder, G. *Tetrahedron Lett.* **1970**, 61; Oth, J. F. M. ; Gilles, J. ; Schröder, G. *Tetrahedron Lett.* **1970**, 67. See Braten, M. N. ; Castro, C. ; Herges, R. ; Köhler, F. ; Karney, W. L. *J. Org. Chem.* **2008**, 73, 1532.
[346] For a review of conformational mobility in annulenes, see Oth, J. F. M. *Pure Appl. Chem.* **1971**, 25, 573.
[347] Untch, K. G. ; Wysocki, D. C. *J. Am. Chem. Soc.* **1967**, 89, 6386.

[348] Farquhar, D.; Leaver, D. *Chem. Commun.* **1969**, 24. For a review, see Matsuda, Y.; Gotou, H. *Heterocycles* **1987**, 26, 2757.
[349] Hertwig, R. H.; Holthausen, M. C.; Koch, W.; Maksić, Z. B. *Angew. Chem. Int. Ed.* **1994**, 33, 1192.
[350] Scott, L. T.; Kirms, M. A.; Günther, H.; von Puttkamer, H. *J. Am. Chem. Soc.* **1983**, 105, 1372; Destro, R.; Ortoleva, E.; Simonetta, M.; Todeschini, R. *J. Chem. Soc. Perkin Trans. 2* **1983**, 1227.
[351] Müllen, K.; Meul, T.; Schade, P.; Schmickler, H.; Vogel, E. *J. Am. Chem. Soc.* **1987**, 109, 4992. See also, Hafner, K.; Thiele, G. F. *Tetrahedron Lett.* **1984**, 25, 1445.
[352] Schmalz, D.; Günther, H. *Angew. Chem. Int. Ed.* **1988**, 27, 1692.
[353] Higuchi, H.; Hiraiwa, N.; Kondo, S.; Ojima, J.; Yamamoto, G. *Tetrahedron Lett.* **1996**, 37, 2601.
[354] Gallagher, M. E.; Anthony, J. E. *Tetrahedron Lett.* **2001**, 42, 7533.
[355] Gilles, J. *Tetrahedron Lett.* **1968**, 6259; Calder, I. C.; Gaoni, Y.; Sondheimer, F. *J. Am. Chem. Soc.* **1968**, 90, 4946. See Schröder, G.; Kirsch, G.; Oth, J. F. M. *Chem. Ber.* **1974**, 107, 460.
[356] Johnson, S. M.; Paul, I. C.; King, G. S. D. *J. Chem. Soc. B* **1970**, 643.
[357] See Ogawa, H.; Kubo, M.; Tabushi, I. *Tetrahedron Lett.* **1973**, 361; Nakatsuji, S.; Morigaki, M.; Akiyama, S.; Nakagawa, M. *Tetrahedron Lett.* **1975**, 1233; Vogel, E.; Kürshner, U.; Schmickler, H.; Lex, J.; Wennerström, O.; Tanner, D.; Norinder, U.; Krüger, C. *Tetrahedron Lett.* **1985**, 26, 3087.
[358] Metcalf, B. W.; Sondheimer, F. *J. Am. Chem. Soc.* **1971**, 93, 6675. See also, Wilcox, Jr., C. F.; Farley, E. N. *J. Am. Chem. Soc.* **1984**, 106, 7195.
[359] Calder, I. C.; Sondheimer, F. *Chem. Commun.* **1966**, 904. See also, Yamamoto, K.; Kuroda, S.; Shibutani, M.; Yoneyama, Y.; Ojima, J.; Fujita, S.; Ejiri, E.; Yanagihara, K. *J. Chem. Soc. Perkin Trans. 1* **1988**, 395.
[360] Trost, B. M.; Herdle, W. B. *J. Am. Chem. Soc.* **1976**, 98, 4080.
[361] Vogel, E.; Neumann, B.; Klug, W.; Schmickler, H.; Lex, J. *Angew. Chem. Int. Ed.* **1985**, 24, 1046.
[362] Diogo, H. P.; Kiyobayashi, T.; Minas da Piedade, M. E.; Burlak, N.; Rogers, D. W.; McMasters, D.; Persy, G.; Wirz, J.; Liebman, J. F. *J. Am. Chem. Soc.* **2002**, 124, 2065.
[363] For a review of polycyclic dianions, see Rabinovitz, M.; Cohen, Y. *Tetrahedron* **1988**, 44, 6957.
[364] Mitchell, R. H.; Klopfenstein, C. E.; Boekelheide, V. *J. Am. Chem. Soc.* **1969**, 91, 4931. For another example, see Deger, H. M.; Müllen, K.; Vogel, E. *Angew. Chem. Int. Ed.* **1978**, 17, 957.
[365] Stevenson, G. R.; Forch, B. E. *J. Am. Chem. Soc.* **1980**, 102, 5985.
[366] Herndon, W. C.; Mills, N. S. *J. Org. Chem.* **2005**, 70, 8492.
[367] Heilbronner, E. *Tetrahedron Lett.* **1964**, 1923.
[368] Kawase, T; Oda, M. *Angew. Chem. Int. Ed.*, **2004**, 43, 4396.
[369] Zimmerman, H. E. *J. Am. Chem. Soc.* **1966**, 88, 1564; Zimmerman, H. E. *Acc. Chem. Res.* **1972**, 4, 272.
[370] Mauksch, M.; Gogonea, V.; Jiao, H.; Schleyer, P. v. R. *Angew. Chem. Int. Ed.* **1998**, 37, 2395.
[371] Bean, D. E.; Fowler, P. W. *Org. Lett.* **2008**, 10, 5573.
[372] For a discussion of superphanes and beltenes, see Gleiter, R.; Hellbach, B.; Gath, S.; Schaller, R. J. *Pure Appl. Chem.* **2006**, 78, 699.
[373] Castro, C.; Isborn, C. M.; Karney, W. L.; Mauksch, M.; Schleyer, P. v. R. *Org. Lett.* **2002**, 4, 3431.
[374] Ajami, D.; Oeckler, O.; Simon, A.; Herges, R. *Nature (London)* **2003**, 426, 819; Rappaport, S. M.; Rzepa, H. S. *J. Am. Chem. Soc.* **2008**, 130, 7613.
[375] Rzepa, H. S. *Chem. Rev.* **2005**, 105, 3697; Herges, R. *Chem. Rev.* **2006**, 106, 4820. For monocyclic [11] annulenium cations see- Warner, P. M. *J. Org. Chem.* **2006**, 71, 9271. For lemniscular hexaphyrins see Rzepa, H. S. *Org. Lett.* **2008**, 10, 949.
[376] For reviews, see Newton, C. G.; Ramsden, C. A. *Tetrahedron* **1982**, 38, 2965; Ollis, W. D.; Ramsden, C. A. *Adv. Heterocycl. Chem.* **1976**, 19, 1; Yashunskii, V. G.; Kholodov, L. E. *Russ. Chem. Rev.* **1980**, 49, 28; Ohta, M.; Kato, H., in Snyder, J. P. *Nonbenzenoid Aromaticity*, Vol. 1, Academic Press, NY, **1969**, pp. 117-248.
[377] West, R.; Powell, D. L. *J. Am. Chem. Soc.* **1963**, 85, 2577; Ito, M.; West, R. *J. Am. Chem. Soc.* **1963**, 85, 2580.
[378] See Wong, H. N. C.; Chan, T.; Luh, T. in Patai, S.; Rappoport, Z. *The Chemistry of the Quinonoid Compounds*, Vol. 2, pt. 2, Wiley, NY, **1988**, pp. 1501-1563.
[379] MacDonald, D. J. *J. Org. Chem.* **1968**, 33, 4559.
[380] There has been a controversy as to whether this dianion is in fact aromatic. See Aihara, J. *J. Am. Chem. Soc.* **1981**, 103, 1633.
[381] Eggerding, D.; West, R. *J. Am. Chem. Soc.* **1976**, 98, 3641; Pericás, M. A.; Serratosa, F. *Tetrahedron Lett.* **1977**, 4437; Semmingsen, D.; Groth, P. *J. Am. Chem. Soc.* **1987**, 109, 7238.
[382] See West, R. *Oxocarbons*, Academic Press, NY, **1980**; Serratosa, F. *Acc. Chem. Res.* **1983**, 16, 170; Schmidt, A. H. *Synthesis* **1980**, 961; West, R. *Isr. J. Chem.* **1980**, 20, 300; West, R.; Niu, J., in Snyder, J. P. *Nonbenzenoid Aromaticity*, Vol. 1, Academic Press, NY, **1969**, pp. 311-345; Maahs, G.; Hegenberg, P. *Angew. Chem. Int. Ed.* **1966**, 5, 888.
[383] Haddon, R. C. *J. Am. Chem. Soc.* **1988**, 110, 1108. See also, Childs, R. F.; Mulholland, D. L.; Varadarajan, A.; Yeroushalmi, S. *J. Org. Chem.* **1983**, 48, 1431. See also, Alkorta, I.; Elguero, J.; Eckert-Maksić, M.; Maksić, Z. B. *Tetrahedron* **2004**, 60, 2259.
[384] If a compound contains two such atoms it is bishomoaromatic; if three, trishomoaromatic, and so on. For examples see Paquette, L. A. *Angew. Chem. Int. Ed.* **1978**, 17, 106.
[385] See Childs, R. F. *Acc. Chem. Res.* **1984**, 17, 347; Paquette, L. A. *Angew. Chem. Int. Ed.* **1978**, 17, 106; Garratt, P. J. *Aromaticity*, Wiley, NY, **1986**, pp. 5-45; and in Olah, G. A.; Schleyer, P. v. R. *Carbonium Ions*, Wiley, NY, Vol. 3, **1972**, the reviews by Story, P. R.; Clark Jr., B. C. 1007-1098, pp. 1073-1093.
[386] Calculations show that only ~60% of the chemical shift difference between H_a and H_b is the result of the aromatic ring current, and that even H_a is shielded; it would appear at $\delta \sim 5.5$ without the ring current: Childs, R. F.; McGlinchey, M. J.; Varadarajan,

[387] A. *J. Am. Chem. Soc.* **1984**, 106, 5974.

[387] Examples of uncharged homoantiaromatic compounds have been claimed: See Scott, L. T.; Cooney, M. J.; Rogers, D. W.; Dejroongruang, K. *J. Am. Chem. Soc.* **1988**, 110, 7244.

[388] Houk, K. N.; Gandour, R. W.; Strozier, R. W.; Rondan, N. G.; Paquette, L. A. *J. Am. Chem. Soc.* **1979**, 101, 6797; Paquette, L. A.; Snow, R. A.; Muthard, J. L.; Cynkowski, T. *J. Am. Chem. Soc.* **1979**, 101, 6991. See, however, Liebman, J. F.; Paquette, L. A.; Peterson, J. R.; Rogers, D. W. *J. Am. Chem. Soc.* **1986**, 108, 8267.

[389] Freeman, P. K. *J. Org. Chem.* **2005**, 70, 1998. See the discussion for methano[10]annulenes, Caramori, G. F.; de Oliveira, K. T.; Galembeck, S. E.; Bultinck, P.; Constantino, M. G. *J. Org. Chem.* **2007**, 72, 76.

[390] Chen, Z.; Jiao, H.; Hirsch, A.; Schleyer, P. v. R. *Angew. Chem. Int. Ed.*, **2002**, 41, 4309

[391] Billups, W. E.; Ciufolini, M. A. *Buckminsterfullerenes*, VCH, NY, **1993**; Taylor, R. *The Chemistry of Fullerenes*, World Scientific, River Edge, NJ, Singapore, **1995**; Aldersey-Williams, H. *The Most Beautiful Molecule: The Discovery of the Buckyball*, Wiley, NY, **1995**; Baggott, J. E. *Perfect Symmetry: the Accidental Discovery of Buckminsterfullerene*, Oxford University Press, Oxford, NY, **1994**. Also see, Kroto, H. W.; Heath, J. R.; O'Brien, S. C.; Curl, R. F.; Smalley, R. E. *Nature (London)* **1985**, 318, 162.

[392] Thilgen, C.; François Diederich, F. *Chem. Rev.* **2006**, 106, 5049.

[393] Smalley, R. E. *Acc. Chem. Res.* **1992**, 25, 98; Diederich, F.; Whetten, R. L. *Acc. Chem. Res.* **1992**, 25, 119; Hawkins, J. M. *Acc. Chem. Res.* **1992**, 25, 150; Wudl, F. *Acc. Chem. Res.* **1992**, 25, 157; McElvany, S. W.; Ross, M. M.; Callahan, J. H. *Acc. Chem. Res.* **1992**, 25, 162; Johnson, R. D.; Bethune, D. S.; Yannoni, C. S. *Acc. Chem. Res.* **1992**, 25, 169.

[394] Warner, P. M. *Tetrahedron Lett.* **1994**, 35, 7173.

[395] Chen, Z.; King, R. B. *Chem. Rev.* **2005**, 105, 3613; Bühl, M.; Hirsch, A. *Chem. Rev.* **2001**, 101, 1153.

[396] Hirsch, A.; Chen, Z.; Jiao, H. *Angew. Chem., Int. Ed.* **2000**, 39, 3915.

[397] Hückel, E. *Z. Phys.* 1931, 70, 204; Hückel, E. *Z. Phys.* **1931**, 72, 310; Hückel, E. *Z. Phys.* **1932**, 76, 628.

[398] Vostrowsky, O.; Hirsch, A. *Chem. Rev.* **2006**, 106, 5191.

[399] Scott, L. T.; Hashemi, M. M.; Meyer, D. T.; Warren, H. B. *J. Am. Chem. Soc.* **1991**, 113, 7082.

[400] Liu, C. Z.; Rabideau, P. W. *Tetrahedron Lett.* **1996**, 37, 3437.

[401] Biedermann, P. U.; Pogodin, S.; Agranat, I. *J. Org. Chem.* **1999**, 64, 3655; Rabideau, P. W.; Sygula, A. *Acc. Chem. Res.* **1996**, 29, 235; Hagan, S.; Bratcher, M. S.; Erickson, M. S.; Zimmermann, G.; Scott, L. T. *Angew. Chem. Int. Ed.* **1997**, 36, 406. See also, Dinadayalane, T. C.; Sastry, G. N. *Tetrahedron* **2003**, 59, 8347.

[402] Dinadayalane, T. C.; Sastry, G. N. *J. Org. Chem.* **2002**, 67, 4605.

[403] Marcinow, Z.; Grove, D. I.; Rabideau, P. W. *J. Org. Chem.* **2002**, 67, 3537. Multiethynyl corannulenes have been prepared: Wu, Y.-T.; Bandera, D.; Maag, R.; Linden, A.; Baldridge, K. K.; Siegel, J. S. *J. Am. Chem. Soc.* **2008**, 130, 10729.

[404] Marcinow, Z.; Sygula, A.; Ellern, D. A.; Rabideau, P. W. *Org. Lett.* **2001**, 3, 3527.

[405] Stevenson, S.; Rice, G.; Glass, T.; Harich, K.; Cromer, F.; Jordan, M. R.; Craft, J.; Hadju, E.; Bible, R.; Olmstead, M. M.; Maitra, K.; Fisher, A. J.; Balch, A. L.; Dorn, H. C. *Nature (London)* **1999**, 401, 55.

[406] Wang, G.-W.; Saunders, M.; Khong, A.; Cross, R. J. *J. Am. Chem. Soc.* **2000**, 122, 3216.

[407] Kiely, A. F.; Haddon, R. C.; Meier, M. S.; Selegue, J. P.; Brock, C. P.; Patrick, B. O.; Wang, G.-W.; Chen, Y. *J. Am. Chem. Soc.* **1999**, 121, 7971.

[408] Mascal, M.; Bertran, J. C. *J. Am. Chem. Soc.* **2005**, 127, 1352.

[409] Pauling, L.; Springall, H. D.; Palmer, K. J. *J. Am. Chem. Soc.* **1939**, 61, 927; Wheland, G. W. *J. Chem. Phys.* **1934**, 2, 474.

[410] For monographs, see Baker, J. W. *Hyperconjugation*, Oxford University Press, Oxford, **1952**; Dewar, M. J. S. *Hyperconjugation*, Ronald Press, NY, **1962**. For a review, see de la Mare, P. B. D. *Pure Appl. Chem.* **1984**, 56, 1755.

[411] Baker, J. W.; Nathan, W. S. *J. Chem. Soc.* **1935**, 1840, 1844.

[412] This idea was first suggested by Schubert, W. M.; Sweeney, W. A. *J. Org. Chem.* **1956**, 21, 119.

[413] Ingold, K. U.; DiLabio, G. A. *Org. Lett.* **2006**, 8, 5923.

[414] Hehre, W. J.; McIver, Jr., R. T.; Pople, J. A.; Schleyer, P. v. R. *J. Am. Chem. Soc.* **1974**, 96, 7162; Arnett, E. M.; Abboud, J. M. *J. Am. Chem. Soc.* **1975**, 97, 3865; Glyde, E.; Taylor, R. *J. Chem. Soc. Perkin Trans. 2* **1977**, 678. See also, Taylor, R. *J. Chem. Res. (S)* **1985**, 318.

[415] For an opposing view, see Cooney, B. T.; Happer, D. A. R. *Aust. J. Chem.* **1987**, 40, 1537.

[416] Symons, M. C. R. *Tetrahedron* **1962**, 18, 333.

[417] Rao, C. N. R.; Goldman, G. K.; Balasubramanian, A. *Can. J. Chem.* **1960**, 38, 2508.

[418] Jensen, F. R.; Smart, B. E. *J. Am. Chem. Soc.* **1969**, 91, 5686.

[419] See Radom, L.; Poppinger, D.; Haddon, R. C. in Olah, G. A.; Schleyer, P. v. R. *Carbonium Ions*, Vol. 5; Wiley, NY, **1976**, pp. 2303-2426.

[420] Lowry, T. H.; Richardson, K. S. *Mechanism and Theory in Organic Chemistry*, 3rd Ed., Harper Collins, NY, **1987**, p. 68.

[421] Allinger, N. L. *J. Comput. Aided Mol. Des.* **2011**, 25, 295.

[422] Bolton, J. R.; Carrington, A.; McLachlan, A. D. *Mol. Phys.* **1962**, 5, 31.

[423] Dewar, M. J. S.; Schmeising, H. N. *Tetrahedron* **1959**, 5, 166; Dewar, M. J. S. *Hyperconjugation*, Ronald Press, New York, **1962**; Alden, R. A.; Kraut, J.; Traylor, T. G. *J. Am. Chem. Soc.* **1968**, 90, 74. Also see Lambert, J. B.; Shawl, C. E.; Basso, E. *Can. J. Chem.* **2000**, 78, 1441.

[424] See Laube, T.; Ha, T. *J. Am. Chem. Soc.* **1988**, 110, 5511.

[425] Allinger, N. L. *Molecular Structure: Understanding Steric and Electronic Effect from Molecular Mechanics* Wiley, Hoboken, NJ, **2010**.

[426] Lambert, J. B.; Singer, R. A. *J. Am. Chem. Soc.* **1992**, 114, 10246.

[427] Muller, N.; Mulliken, R. S. *J. Am. Chem. Soc.* **1958**, 80, 3489.

[428] Dewar, M. J. S. *Hyperconjugation* Ronald Press Co., New York, *1962*.
[429] Nyulászi, L. ; Schleyer, P. v. R. *J. Am. Chem. Soc.* *1999*, 121, 6872.
[430] Goller, A. ; Clark, T. J. *J. Mol. Model.* *2000*, 6, 133.
[431] Baker, J. W. *Tautomerism*, D. Van Nostrand Company, Inc., New York, *1934*; Minkin, V. I. ; Olekhnovich, L. P. ; Zhdanov, Y. A. *Molecular Design of Tautomeric Compounds*, D. Reidel Publishing Co. : Dordrecht, Holland, *1988*.
[432] Toullec, J. *Adv. Phys. Org. Chem.* *1982*, 18, 1; Kolsov, A. I. ; Kheifets, G. M. *Russ. Chem. Rev.* *1971*, 40, 773; *1972*, 41, 452-467; Forsén, S. ; Nilsson, M., in Zabicky, J. *The Chemistry of the Carbonyl Group*, Vol. 2, Wiley, NY, *1970*, pp. 157-240.
[433] Furlong, J. J. P. ; Schiavoni, M. M. ; Castro, E. A. ; Allegretti, P. E. *Russ. J. Org. Chem.* *2008*, 44, 1725.
[434] The mechanism for conversion of one tautomer to another is discussed in Chapter 12 (Reaction *12-3*).
[435] Chiang, Y. ; Kresge, A. J. ; Tang, Y. S. ; Wirz, J. *J. Am. Chem. Soc.* *1984*, 106, 460. See also, Dubois, J. E. ; El-Alaoui, M. ; Toullec, J. *J. Am. Chem. Soc.* *1981*, 103, 5393; Toullec, J. *Tetrahedron Lett.* *1984*, 25, 4401; Chiang, Y. ; Kresge, A. J. ; Schepp, N. P. *J. Am. Chem. Soc.* *1989*, 111, 3977.
[436] Keeffe, J. R. ; Kresge, A. R. ; Toullec, J. *Can. J. Chem.* *1986*, 64, 1224.
[437] Keeffe, J. R. ; Kresge, A. J. ; Schepp, N. P. *J. Am. Chem. Soc.* *1990*, 112, 4862; Iglesias, E. *J. Chem. Soc. Perkin Trans. 2* *1997*, 431. See these papers for values for other simple compounds.
[438] Chiang, Y. ; Hojatti, M. ; Keeffe, J. R. ; Kresge, A. J. ; Schepp, N. P.; Wirz, J. *J. Am. Chem. Soc.* *1987*, 109, 4000.
[439] Bohne, C. ; MacDonald, I. D. ; Dunford, H. B. *J. Am. Chem. Soc.* *1986*, 108, 7867.
[440] Chiang, Y. ; Kresge, A. J. ; Walsh, P. A. *J. Am. Chem. Soc.* *1986*, 108, 6314.
[441] Chiang, Y. ; Kresge, A. J. ; Krogh, E. T. *J. Am. Chem. Soc.* *1988*, 110, 2600.
[442] Moriyasu, M. ; Kato, A. ; Hashimoto, Y. *J. Chem. Soc. Perkin Trans. 2* *1986*, 515. For enolization of b-ketoamides, see Hynes, M. J. ; Clarke, E. M. *J. Chem. Soc. Perkin Trans. 2* *1994*, 901.
[443] Jefferson, E. A. ; Keeffe, J. R. ; Kresge, A. J. *J. Chem. Soc. Perkin Trans. 2* *1995*, 2041.
[444] Williams, D. L. H. ; Xia, L. *J. Chem. Soc. Chem. Commun.* *1992*, 985.
[445] Capponi, M. ; Gut, I. G. ; Hellrung, B. ; Persy, G. ; Wirz, J. *Can. J. Chem.* *1999*, 77, 605. For a treatise, see Rappoport, Z. *The Chemistry of Enols*, Wiley, NY, *1990*.
[446] Iglesias, E. *J. Org. Chem.* *2003*, 68, 2680.
[447] For reviews on the generation of unstable enols, see Kresge, A. J. *Pure Appl. Chem.* *1991*, 63, 213; Capon, B. in Rappoport, Z. *The Chemistry of Enols*, Wiley, NY, *1990*, pp. 307-322.
[448] For reviews of stable enols, see Kresge, A. J. *Acc. Chem. Res.* *1990*, 23, 43; Hart, H. ; Rappoport, Z. ; Biali, S. E. in Rappoport, Z. *The Chemistry of Enols*, Wiley, NY, *1990*, pp. 481-589; Hart, H. *Chem. Rev.* *1979*, 79, 515; Hart, H. ; Sasaoka, M. *J. Chem. Educ.* *1980*, 57, 685.
[449] For some examples of other types, see Pratt, D. V. ; Hopkins, P. B. *J. Am. Chem. Soc.* *1987*, 109, 5553; Nadler, E. B. ; Rappoport, Z. ; Arad, D. ; Apeloig, Y. *J. Am. Chem. Soc.* *1987*, 109, 7873.
[450] Belova,, N. V. ; Girichev, G. V. ; Shlykov, S. A. ; Oberhammer, H. *J. Org. Chem.* *2006*, 71, 5298.
[451] Mujika, J. I. ; Matxain, J. M. ; Eriksson, L. A. ; Lopez, X. *Chem. Eur. J.* *2006*, 12, 7215; Kemnitz, C. R. ; Loewen, M. *J. Am. Chem. Soc.* *2007*, 129, 2521.
[452] For a review, see Rappoport, Z. ; Biali, S. E. *Acc. Chem. Res.* *1988*, 21, 442. For a discussion of their structures, see Kaftory, M. ; Nugiel, D. A. ; Biali, D. A. ; Rappoport, Z. *J. Am. Chem. Soc.* *1989*, 111, 8181.
[453] Nugiel, D. A. ; Nadler, E. B. ; Rappoport, Z. *J. Am. Chem. Soc.* *1987*, 109, 2112; O'Neill, P. ; Hegarty, A. F. *J. Chem. Soc. Chem. Commun.* *1987*, 744; Becker, H. ; Andersson, K. *Tetrahedron Lett.* *1987*, 28, 1323.
[454] See Fuson, R. C. ; Southwick, P. L. ; Rowland, S. P. *J. Am. Chem. Soc.* *1944*, 66, 1109.
[455] Frey, J. ; Rappoport, Z. *J. Am. Chem. Soc.* *1996*, 118, 3994.
[456] For a review, see Bekker, R. A. ; Knunyants, I. L. *Sov. Sci. Rev. Sect. B* *1984*, 5, 145.
[457] For an example of particularly stable enol and keto forms, which could be kept in the solid state for more than a year without significant interconversion, see Schulenberg, J. W. *J. Am. Chem. Soc.* *1968*, 90, 7008.
[458] Saito, S. *Chem. Phys. Lett.* *1976*, 42, 399. See also, Rodler, M. ; Blom, C. E. ; Bauder, A. *J. Am. Chem. Soc.* *1984*, 106, 4029; Capon, B. ; Guo, B. ; Kwok, F. C. ; Siddhanta, A. K. ; Zucco, C. *Acc. Chem. Res.* *1988*, 21, 135.
[459] Chin, C. S. ; Lee, S. Y. ; Park, J. ; Kim, S. *J. Am. Chem. Soc.* *1988*, 110, 8244.
[460] Cravero, R. M. ; González-Sierra, M. ; Olivieri, A. C. *J. Chem. Soc. Perkin Trans. 2* *1993*, 1067.
[461] See Toullec, J. in Rappoport, Z. *The Chemistry of Enols*, Wiley, NY, *1990*, pp. 323-398.
[462] For an extensive study, see Mills, S. G. ; Beak, P. *J. Org. Chem.* *1985*, 50, 1216. for keto-enol tautomerism in aqueous alcohol solutions, see Blokzijl, W. ; Engberts, J. B. F. N. ; Blandamer, M. *J. Chem. Soc. Perkin Trans. 2* *1994*, 455; For theoretical calculations of keto-enol tautomerism in aqueous solutions, see Karelson, M. ; Maran, U. ; Katritzky, A. R. *Tetrahedron* *1996*, 52, 11325.
[463] Tureček, F. ; Vivekananda, S. ; Sadilek, M. ; Polášek, M. *J. Am. Chem. Soc.* *2002*, 124, 13282.
[464] Meyer, K. H. *Leibigs Ann. Chem.* *1911*, 380, 212. See also, Moriyasu, M. ; Kato, A. ; Hashimoto, Y. *J. Chem. Soc. Perkin Trans. 2* *1986*, 515.
[465] Hush, N. S. ; Livett, M. K. ; Peel, J. B. ; Willett, G. D. *Aust. J. Chem.* *1987*, 40, 599.
[466] For a review of the use of X-ray crystallography to determine tautomeric forms, see Furmanova, N. G. *Russ. Chem. Rev.* *1981*, 50, 775.
[467] For reviews, see Ershov, V. V. ; Nikiforov, G. A. *Russ. Chem. Rev.* *1966*, 35, 817; Forsén, S. ; Nilsson, M., in Zabicky, J. *The Chemistry of the Carbonyl Group*, Vol. 2, Wiley, NY, *1970*, pp. 168-198.
[468] See Lasne, M. ; Ripoll, J. ; Denis, J. *Tetrahedron Lett.* *1980*, 21, 463. See also, Capponi, M. ; Gut, I. ; Wirz, J. *Angew.*

Chem. Int. Ed. **1986**, 25, 344.
[469] Ershov, V. V.; Nikiforov, G. A. *Russ. Chem. Rev.* **1966**, 35, 817. See also, Highet, R. J.; Chou, F. E. *J. Am. Chem. Soc.* **1977**, 99, 3538.
[470] See, for example, Majerski, Z.; Trinajstic, N. *Bull. Chem. Soc. Jpn.* **1970**, 43, 2648.
[471] See Elguero, J.; Marzin, C.; Katritzky, A. R.; Linda, P. *The Tautomerism of Heterocycles*, Academic Press, NY, **1976**. For reviews, see Katritzky, A. R.; Karelson, M.; Harris, P. A. *Heterocycles* **1991**, 32, 329; Beak, P. *Acc. Chem. Res.* **1977**, 10, 186; Katritzky, A. R. *Chimia*, **1970**, 24, 134.
[472] Beak, P.; Fry, Jr., F. S.; Lee, J.; Steele, F. *J. Am. Chem. Soc.* **1976**, 98, 171.
[473] Moran, D.; Sukcharoenphon, K.; Puchta, R.; Schaefer, III, H. F.; Schleyer, P. v. R.; Hoff, C. D. *J. Org. Chem.* **2002**, 67, 9061.
[474] Parchment, O. G.; Burton, N. A.; Hillier, I. H.; Vincent, M. A. *J. Chem. Soc. Perkin Trans.* 2 **1993**, 861.
[475] Long, J. A.; Harris, N. J.; Lammertsma, K. *J. Org. Chem.* **2001**, 66, 6762.
[476] See Shainyan, B. A.; Mirskova, A. N. *Russ. Chem. Rev.* **1979**, 48, 107; Mamaev, V. P.; Lapachev, V. V. *Sov. Sci. Rev. Sect. B.* **1985**, 7, 1.
[477] For examples of the isolation of primary and secondary enamines, see Shin, C.; Masaki, M.; Ohta, M. *Bull. Chem. Soc. Jpn.* **1971**, 44, 1657; de Jeso, B.; Pommier, J. *J. Chem. Soc. Chem. Commun.* **1977**, 565.
[478] Lammertsma, K.; Prasad, B. V. *J. Am. Chem. Soc.* **1994**, 116, 642.
[479] Sanz, D.; Perez-Torralba, M.; Alarcon, S. H.; Claramunt, R. M.; Foces-Foces, C.; Elguero, J. *J. Org. Chem.* **2002**, 67, 1462.
[480] Piwoński, H.; Stupperich, C.; Hartschuh, A.; Sepiol, J.; Meixner, A.; Waluk, J. *J. Am. Chem. Soc.* **2005**, 127, 5302.
[481] Valters, R. E.; Flitsch, W. *Ring-Chain Tautomerism*, Plenum, NY, **1985**. For reviews, see Valters, R. E. *Russ. Chem. Rev.* **1973**, 42, 464; **1974**, 43, 665; Escale, R.; Verducci, J. *Bull. Soc. Chim. Fr.*, **1974**, 1203.
[482] Fabian, W. M. F.; Bowden, K. *Eur. J. Org. Chem.* **2001**, 303.
[483] Bowden, K.; Hiscocks, S. P.; Perjéssy, A. *J. Chem. Soc. Perkin Trans.* 2 **1998**, 291.
[484] Ring chain tautomer of benzoic acid 2-carboxaldehyde.
[485] Terec, A.; Grosu, I.; Muntean, L.; Toupet, L.; Plé, G.; Socaci, C.; Mager, S. *Tetrahedron* **2001**, 57, 8751; Muntean, L.; Grosu, I.; Mager, S.; Plé, G.; Balog, M. *Tetrahedron Lett.* **2000**, 41, 1967.
[486] Lazar, L.; Goblyos, A.; Martinek, T. A.; Fulop, F. *J. Org. Chem.* **2002**, 67, 4734.
[487] Lázár, L.; Fülöp, F. *Eur. J. Org. Chem.* **2003**, 3025.
[488] Pérez, S.; López, C.; Caubet, A.; Roig, A.; Molins, E. *J. Org. Chem.* **2005**, 70, 4857.
[489] Kolsaker, P.; Arukwe, J.; Barcôczy, J.; Wiberg, A.; Fagerli, A. K. *Acta Chem. Scand. B* **1998**, 52, 490.

第 3 章
比共价键弱的作用

在前两章中,我们讨论了分子结构,这些分子是由原子通过能量为 50～100kcal/mol(200～400kJ/mol) 的键结合在一起、以特定的三维空间分布的聚集体。分子之间也存在很弱的吸引力,能量为十分之几千卡每摩尔量级。这些力是由于静电吸引,如偶极-偶极之间、诱导偶极和诱导偶极之间等吸引力引起的,称为范德华力[1]。足够低的温度下的气体液化就是依靠这种作用力。在本章中讨论的结合作用具有 2～10kcal/mol(8.4～41.8kJ/mol) 量级的能量,介于化学键和范德华力这两个极端之间,是分子簇产生的驱动力。我们还将讨论一些化合物,其中分子中的一些部分之间根本没有任何吸引力,但却结合在一起。

3.1 氢键[2]

氢键(hydrogen bond)是基团 A—H 与相同或不同分子中的一个原子或一组原子中的 B 原子之间的键[3]。除了后面将介绍的特殊情况外,只有当 A 为氧、氮或氟而 B 为氧、氮或氟时,才能形成氢键[4]。通过形成 1∶1 氢键或完全形成氢键的平衡常数,可获知起氢键酸或氢键碱功能的官能团的反应能力。还有所谓的非传统氢键,这是存在于金属有机配合物以及过渡金属或主族金属氢化物之间的特殊氢键[5]。本章中暂不讨论这类化合物。在正常的氢键中,其中的氧可以是单键或双键的,氮可以是单键、双键或叁键的。氢键通常用虚线表示,如下例所示:

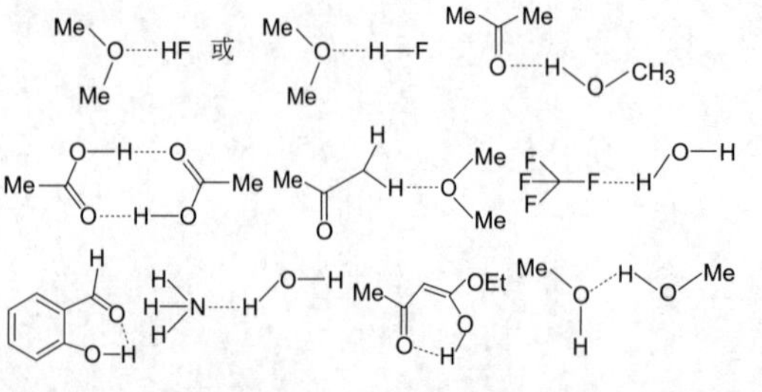

氢键在固相[6]、液相和溶液[7]中都能存在。在后面章节中将讨论的许多有机反应能在水介质中完成[8],部分原因是由于水介质的氢键性质[9]。形成特别强氢键的化合物甚至在气相时仍然缔合在一起[10]。例如乙酸,除了在非常低的压力下外,在气相中以上例所示的二聚体形式存在[11]。在溶液或液相中,氢键迅速地形成和破坏。$NH_3\cdots H_2O$ 氢键的平均寿命为 $2\times10^{-12}s$[12]。除了个别很强的氢键[13],如 $FH\cdots F^-$ 键具有约 50kcal/mol(209kJ/mol) 的键能外,最强的氢键是连接羧酸之间的键。这些键的能量在 6～8kcal/mol(25～33.4kJ/mol) 的范围内(对羧酸,指的是每根键的能量)。一般而言,氟与 HO 或 NH 间的短氢键很少见[14]。其它 $OH\cdots O$ 和 NH 氢键[15]具有 3～6kcal/mol(12.5～25kJ/mol) 的能量。羟胺分子中的分子内 $O—H\cdots N$ 氢键也相当强[16]。

氢键的强度大致随着 A—H 的酸性[17]和 B 的碱性的增强而增强,但这种关系与真实值相差较大[18]。现在已经有了定量测定氢键强度的方法,在这种方法中,使用参数 α 表示氢键供体的酸性,参数 β 表示氢键受体的碱性[19]。使用参数 β,同时使用另一个参数 ξ,这样就在氢键碱性与质子转移碱性(pK 值)之间建立了联系[20]。剑桥结构数据库(Cambridge Structural Database)[21]中已经创建了一个数据库,它包括所有可能的双分子环状氢键片段。同时,氢键溶剂的供体-受体和极性参数也被计算了[22]。Bickelhaupt 及其同事指出[22],X—H⋯Y 氢键具有相当程度的共价相互作用,它是由 Y 的孤对电子与 X—H 的空 σ* 受体轨道相互作用引起的,因而并非主要的静电作用。

相互之间能形成氢键的两种化合物溶于水后,两个分子之间的氢键常常被大大减弱或完全消除[23],因为这些分子一般更倾向于与水分子形成氢键而不是相互间形成氢键,更何况水分子是大量存在的。在酰胺中，氧原子是质子化或与水形成复合物的优先位点[24]。尽管最近的研究表明在顺-丁烯二酸和顺-1,2-环己二酸的丙酮水溶液（水的摩尔分数 0.31）中，二酸可以形成强的分子内氢键[25]，但是争论仍然存在，有观点认为几乎没有证据可以证明水溶液中强的氢键的存在[26]。

许多研究都涉及氢键的几何结构[27]，研究证据表明，在大多数情况下（即使不是全部情况），氢是位于或接近 A 原子和 B 原子所形成的直线上[28]。在固相（固相样品可用 X 射线晶体结构和中子衍射法确定结构）[29]和溶液中都符合这一规律[30]。很重要的是，如果形成分子内氢键后恰好组成六元环（氢是六个原子中的一个），那么这样的分子内氢键最常见，此时氢键的线形结构在几何学上也有优势。然而对于五元环，由于三个原子的共线性通常是不利的，因此含氢键的五元环很少见（当然有时也会发现这种结构）。一种新型的九元环分子内氢键已有报道[31]。

在某些情况下，X 射线晶体学研究表明，单个 H—A 能同时与两个 B 原子形成氢键，即分叉氢键（bifurcated hydrogen bond）或三中心氢键（three-center hydrogen bond）。以 2,4-戊二酮的烯醇式（参见 2.14.1 节）和二乙基胺形成的加合物（**1**）为例，其中，O—H 的氢原子同时与一个 O 和一个 N 原子形成氢键[32]，与此同时 N—H 的氢与另一个 2,4-戊二酮分子的 O 形成氢键[33]。另一方面，在由 1,8-联苯烯二酚与六甲基磷酰胺（HMPA）形成的加合物（**2**）中，B 原子（在此为氧原子）同时与两个 A···H 氢形成氢键[34]。另外一个这样的例子是肼基甲酸甲酯（**3**）[35]。除了 FH···F⁻ 键这种特殊情况（如前所述），H 原子与 A 原子和 B 原子的距离是不等的。例如冰中 O—H 键长为 0.97Å，H···O 键长为 1.79Å[36]。对乙烯醇-乙烯醇体系（即烯醇-烯醇离子体系）的理论研究也发现氢键虽然很强，但也不是对称的[37]。在有机溶剂中，丙二醛烯醇式结构中的氢键也是不对称的，H 原子距离碱性的氧原子更近些[38]。但是最近有证据表明，羧酸盐的对称氢键应当被认为是二中心的，而不是三中心的，因为通常用于判断三中心氢键的传统标准对羧酸盐是不充分的[39]。6,8-二苯基-2-乙炔基-7H-苯并环庚二烯-7-醇（**4**）的晶体结构中存在一个协同氢键 [O—H···C≡C—H···Ph][40]。相关的研究工作表明，OH、NH 和酸性 CH 的氢键半径分别为（0.60±0.15）Å、（0.76±0.15）Å 和（1.10±0.20）Å[41]。

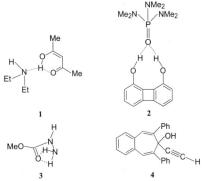

有多种检测氢键的方法，包括测量偶极矩、溶解行为、冰点降低和混合热，但最重要的方法是通过观察氢键对 IR 光谱的影响[42]。当基团如 O—H 或 C=O 形成氢键时，它们的红外吸收频率发生移动。对 A—H 和 B 基团来说，氢键的形成总是导致吸收峰向低频移动，其中前者的移动要大些。例如，醇或酚的游离 OH 在大约 3590~3650cm⁻¹ 处有吸收，然而形成氢键后的 OH 的吸收要低约 50~100cm⁻¹[43]。通常在稀溶液中只有部分羟基形成氢键，也就是说，有些 OH 是游离的，有些 OH 是形成氢键的，此时红外光谱上就会出现两个峰。

红外光谱还能区别分子间和分子内氢键，因为分子间氢键的峰强度随浓度增加而增强，而分子内氢键的峰不受浓度影响。其它用来检测氢键的光谱方法包括 Raman、电子谱[44]和 NMR[45]。由于氢键中质子快速地从一个原子移动到另一个原子，因此 NMR 记录的是化学位移的平均值。由于氢键的形成通常使化学位移移向低场，因此能被检测到。例如羧酸-羧酸盐体系中由于存在单体或二聚体酸，核磁共振通常移向低场，这表明在无水非质子溶剂中它们形成了"强"的氢键[46]。氢键会随温度和浓度变化，因此比较不同条件下获得的光谱也可用于检测和测量氢键。正如 IR 一样，通过观察浓度变化时 NMR 信号的变化情况，也能区分分子内和分子间氢键。从 NMR 研究获得的氢键自旋-自旋偶合常数可作为氢键类型的"指纹"数据[47]。实际上，通过测定 $^1J_{CH}$ 可判断醇分子间形成氢键的强度[48]。

氢键因影响化合物的性质而显得很重要，其主要影响有：

（1）分子间氢键使沸点升高，有时也使熔点升高。

（2）如果溶质与溶剂间能形成氢键，这将大大提高溶解性。有时候溶解度的提高程度是意想不到的，甚至可达到任意比互溶。

（3）氢键使气体和溶液定律失去理想性。

（4）如前所述，氢键使光谱吸收峰位置发生改变。

（5）氢键，尤其是分子内氢键，改变分子的许多化学性质。例如，在一些烯醇-酮的互变异构平衡中，分子内氢键使烯醇式能够大量存在（参见2.14节）。同样的，通过对分子构象的影响（参见第4章），氢键在决定反应速率方面通常也起到了重要作用[49]。氢键在维持蛋白质和核酸分子的三维结构中也很重要。

除了氧、氮和氟之外，有证据显示在其它体系中也存在较弱的氢键[50]。尽管人们一直在找寻当 A 为碳时所形成的氢键[51]，但是目前只发现三类 C—H 键的氢有足够的酸性以形成弱氢键[52]。这三类体系为：端炔（RC≡CH）[53]、氯仿和一些卤代烷及 HCN。没有空间位阻的 C—H(CHCl₃，CH₂Cl₂，RC≡CH) 与羰基受体形成短的接触氢键，此氢键优先在传统的羰基孤电子对方向形成[54]。含有 S—H 键的化合物也可形成弱氢键[55]。推测 B 原子可能还有一些其它可能性。有证据显示，Cl 能形成弱的氢键[56]，而 Br 和 I 即使能形成氢键也只是非常弱的氢键[57]。然而，Cl⁻、Br⁻ 和 I⁻ 离子却形成比共价原子之间强得多的氢键[58]。正如我们已经知道的，FH⋯F⁻ 是相当强的氢键。在这种情况下，氢到两个氟原子的距离是相等的[59]。类似地，硫原子[55] 可以作为 B 成分（A⋯B）形成弱氢键[60]，但是 ⁻SH 离子却形成强得多的氢键[61]。已有关于弱氢键的理论研究[62]。通过 NMR 和 IR 方法已经直接观察到了带负电荷的碳（参见碳负离子，第5章）与同一分子中的 OH 之间的氢键[63]。另一类分子如异氰根离子（R—N⁺≡C⁻）中的 B 成分也是碳原子，它能形成相当强的氢键[64]。有证据表明，双键、叁键、芳香环[65]，甚至是环丙烷[66] 也可以作为氢键的 B 成分，但它们形成的氢键很弱。一个有趣的例子是内-二环[4.4.4]-1-十四烷基正离子（**5**）（参见外-内异构，out-in isomerism，见 4.11 节）。NMR 和 IR 光谱结果表明这个离子的真正结构是 **6**，在这个结构中，形成氢键的 A 和 B 成分都是碳[67]。有时称这种结构为三中心两电子 C—H—C 键[68]。一种被称为归纳通用分析（generalized population analysis）的技术已经被用于研究该类多中心键[69]。

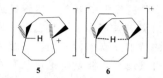

已报道在一类二吡咯烯酮化合物[6]半胆红素（[6]semirubin）中，可以形成弱的 C—H⋯O=C 氢键（约 1.5kcal/mol，6.3kJ/mol），这类氢键比较少见[70]。有证据表明，在末端带有吡啶基团的 α,β-不饱和酮的晶体结构中，具有 C—H⋯N/CH⋯OH 氢键[71]。也有证据证明存在 R₃N⁺—C—H⋯O=C 氢键[72]。

氘也能形成氢键。在有些体系中，这种氢键似乎比相应的氢键强些，而在有些体系中，又弱一些[73]。

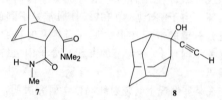

合适的氢与π键（如与烯烃和芳香化合物）之间也能形成弱的氢键。例如，在浓度较低的二氯甲烷溶液中，IR 数据表明，双酰胺化合物（**7**）的主要构象包含 N—H⋯π氢键，该键含有 C=C 单元[74]。经估算，在氯仿中，NH 与芳香环之间的分子内π面氢键的强度较低，为 (−4.5±0.5) kcal/mol（约 −18.8kJ/mol）[75]。2-乙炔基金刚烷-2-醇（**8**）晶体的中子衍射研究显示：分子中存在一个不常见的 O—H⋯π氢键，该键距离短，呈线形，就像较常见的 O—H⋯O 和 C—H⋯O 氢键那样[76]。

3.2 π-π 相互作用

很多理论和实验研究都显示了 π-π 相互作用的重要性[77]，在很多超分子组装和识别过程中，π-π 相互作用都起到关键作用[78]。芳香 π-π 相互作用最简单的例子可能就是苯二聚体[79]。在苯二聚体这类二聚芳香体系中，π-π 相互作用的可能形式为图中所示的夹层结构（三明治结构）和T形结构。所有带有取代基芳环的夹层结构二聚体比相应苯二聚体的结合要强，但是在T形结构中，结合能力大小与取代基种类有关[80]。静电作用、分散体系、诱导效应和交换排斥作用等因素都会显著地影响总的结合能[80]。

第 3 章　　　　　　　　　　　　　　　　　　　　　　　　　　　　　　　　　　　　　　加合化合物　　**61**

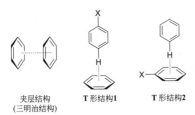

夹层结构　　T 形结构1　　T 形结构2
（三明治结构）

芳香环的 π 电子可以与带电荷的反应物种发生相互作用，由于静电作用和极化效应产生强的正离子-π 相互作用[81]。芳环也可以与 CH 单元发生相互作用。无论是基于烷基的模型还是基于芳基的模型，分散效应对 CH-π 相互作用都起到关键的作用，同时静电子效应也有影响[82]。

π-π 相互作用的检测很大程度上依赖 NMR 技术，这些技术包括化学位移的变化[83]、核欧沃豪斯效应谱（NOESY）或旋转坐标系 NOE 谱（ROESY）[84]。扩散排序核磁共振谱（Diffusion-ordered NMR spectroscopy，DOSY）也被应用于检测 π-π 相互作用[85]。

3.3　加合化合物

当两个化合物反应的产物包含那两个反应物的所有物质时，该产物就称为加合化合物（addition compound）。在本章的剩余部分我们将讨论加合化合物。在这些加合化合物中，起始原料的分子保持一定的完整性，通过弱键将两个或多个分子结合在一起。我们将它们分成以下四大类：电子供体-受体复合物，冠醚与类似化合物形成的复合物，包含化合物（inclusion compounds）和索烃（catenanes）。

3.3.1　电子供体-受体（EDA）复合物[86]

在 EDA 复合物（EDA complexes）[87]中，总是有一个供体分子和一个受体分子。供体提供一对未共用电子对（n 供体），或者提供双键或芳香体系中 π 轨道上的一对电子（π 供体）。检测 EDA 复合物存在的方法是用电子光谱。这些复合物通常存在一个光谱（称为电荷转移光谱），它不同于原先两个独立分子光谱的叠加[88]。由于这个复合物第一激发态的能量与基态相当接近，所以通常在可见区或近紫外区有一个峰。EDA 复合物常常有颜色。许多 EDA 复合物不稳定，在溶液中与形成它们的单体分子处于平衡状态，但有些却是稳定的固体。大多数 EDA 复合物的供体和受体分子是呈整数比例的，经常是 1∶1，但也存在非整数比的复合物。目前已发现好几种受体，我们将讨论由其中两种形成的复合物。

（1）受体是金属离子，供体为烯烃或芳环电子的复合物。需要注意的是，n 供体并不与金属离子形成 EDA 复合物，而是形成共价键[89]。许多金属离子与烯烃、二烯烃（通常是共轭的，但也不全是）、炔烃和芳环形成复合物，它们通常是稳定的固体。这些复合物中的供体（或配体）可用前缀复合体（hapto）[90]和/或符号 η^n 表示，其中 n 表示配体与金属键合的原子数[91]。这些复合物普遍被人们接受的成键模式[92]首次由 Dewar[93] 提出，如银离子与烯烃成键的复合物可表示为：

9

在此复合物中烯烃结构单元与银离子形成 η^2-复合物（烯烃作为供给金属两个电子的配体）。有证据表明 Na^+ 与 C=C 也可形成 π 复合物[94]。对于银复合物，所形成的键不是由 C=C 结构单元的其中一个原子到银离子，而是由整个 π 轨道中心到银离子（两个电子由烯烃转移至金属离子）。由于烯烃具有两个 π 电子，因此称其为双配合体或 η^2-配体，其它简单的烯烃也是如此。同理，由于苯具有 6 个 π 电子，因而苯是六配合体或 η^6-配体。二茂铁（10）是茂金属化合物的一个例子，它具有两个环戊二烯配体（每个都是 5 电子给体或 η^5-配体）。二茂铁的准确名称应当为双（η^5-环戊二烯）铁（Ⅱ）。该命名体系可以扩展至其它化合物，包括只有一根 σ 键将有机基团与金属连接起来的化合物，例如 C_6H_5-Li，它是一个单络合体或 η^1-配体，以及有机基团是离子的复合物，例如 π 烯丙基复合物 11，其中烯丙基是一个三络合体或 η^3-配体。要注意的是，像烯丙基锂这样通过 σ 键将碳原子与金属连接起来的化合物，烯丙基只是一个单配合体或 η^1-配体。

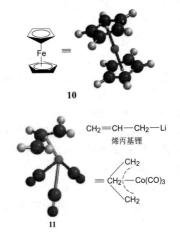

10

$CH_2=CH-CH_2-Li$
烯丙基锂

11

我们前面刚刚提到，苯是可以与银离子和其它金属离子形成复合物的 η^6-配体[95]。当参与的金属离子配位数大于1时，则有多于1个的供体分子（配体）参与形成复合物。CO基团是常见的配体（2电子给体或 η^2-配体），在金属复合物中，被称为金属羰基。苯-三羰基铬（**12**）是一个稳定的化合物[96]，其中苯和羰基均为配体。图中显示了三个箭头，表示配体向金属离子贡献了6个电子（该配体为 η^6-配体），但清晰完整的成键情况却如相应的模型所示。环辛四烯是8电子给体或 η^8-配体，也可以与金属形成复合物。茂金属化合物（例如，**10**）可以认为是这类复合物的特殊例子，尽管茂金属化合物中的键强得多。

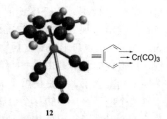

12

在许多情况下，一些由于稳定性差而难以分离的烯烃却可以以离子复合物的形式分离得到。例如降莰烯酮（norbornadienone）就以铁-三羰基复合物（**13**）的形式分离出来了[97]。其中降莰烯单元是 η^4-配体，每个羰基单元是 η^2-配体。游离的二烯酮通常自动分解成一氧化碳和苯（参见反应 **17-28**）。

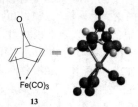

13

（2）受体是有机分子的复合物。苦味酸（即1,3,5-三硝基苯酚）以及类似的多硝基化合物，是组成这些复合物的最重要部分[98]。苦味酸与许多芳烃、芳胺、脂肪胺和烯烃等化合物都能形成加合复合物。这些复合物通常是具有确定熔点的固体，因此常常用作制备未知化合物的衍生物。它们被称作苦味酸盐（picrate），但是它们并不是苦味酸的盐而是加合化合物。容易引起混乱的是，苦味酸的盐也被称作苦味酸盐。苯酚与苯醌（氢醌）间也形成类似的复合物[99]。含有吸电子取代基的烯烃、四卤化碳[100]以及某些酸酐也可以作为受体分子[101]，其中四氰基乙烯就是一个特别强的烯烃受体[102]。

这些复合物中的键比前述的键更难以解释，实际上目前还没有令人满意的解释[103]。困难在于，虽然供体有一对可以给出的电子（n供体和π供体中都有这样的电子），但受体并没有一个空轨道。偶极-诱导偶极型简单吸引能解释一些键[104]，但这种作用太弱了，不能解释所有的成键情况[105]。例如硝基甲烷，与硝基苯具有大致相同的偶极矩，却形成弱得多的复合物。显然许多EDA复合物一定存在其它类型的成键方式。这类称为电荷转移成键（charge-transfer bonding）的成键方式，其真正本质并没有被人们很好地认识，但是它可能存在于一些供体-受体相互作用中。

3.3.2 冠醚复合物和穴状化合物[106]

冠醚是包含多个氧原子的大环化合物，通常有规则的模式。例如：12-冠-4（**14**，其中12指环的大小，4代表环上可配位杂原子的个数，这里是氧）[107]，二环己基-18-冠-6（**15**）和15-冠-5（**16**）。这些化合物具有与正离子形成复合物的性质[108]，此时正离子通常为金属离子（但是通常不是过渡金属离子）或铵离子和取代铵离子[109]。冠醚被称为主体，离子被称为客体。大多数情况下离子被紧紧地固定在空穴中心[110]。不同冠醚与不同离子的结合情况取决于空穴的尺寸。例如，**14** 与 Li^+ 结合[111]，而不与 K^+ 结合[112]，**15** 却与 K^+ 结合而不与 Li^+ 结合[113]。类似地，**15** 与 Hg^{2+} 结合而不与 Cd^{2+} 或 Zn^{2+} 结合，与 Sr^{2+} 结合而不与 Ca^{2+} 结合[114]。化合物 15-冠-5 与碱金属离子和铵离子的结合能力比 18-冠-6 弱 1000 多倍，这可能是因为较大的 18-冠-6 的空穴具有较多的氢键[115]。这种复合物经常制备成具有特定精确熔点的固体。

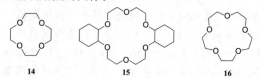

14　　　　**15**　　　　**16**

除了在分离正离子混合物方面的明显用途[116]，冠醚在有机合成中也有广泛应用（具体讨论见 10.7.5 节）。手性冠醚能用于拆分消旋混合物（参见 4.1 节）。虽然冠醚主要用于与正离子形成复合物，但它也能与胺、苯酚和其它中性分子复合[117]（也可以与负离子复合，参见 4.12 节）[118]。

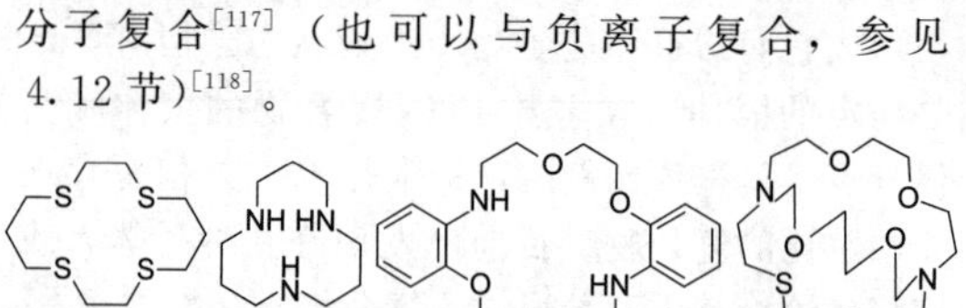

17　　**18**　　　**19**　　　　**20**

含有氮（氮杂冠醚）或硫原子（硫杂冠醚）的大环化合物（如 **17**[119] 和 **18**[120]）具有与冠醚相似的性质，含有多于一种杂原子的大环化合物也如此（如 **19**[121]、**20**[122] 或 **21**[123]）。像 **20** 这样的双环分子能从三维立体角度将相应的离子包裹，它与离子的结合比单环冠醚更紧。双环或更多环的化合物[124] 称为穴状配体（cryptand），形成的复合物称为穴状化合物（cryptate）（单环化合物有时也被称作穴状配体）。当分子含有通过氢键作用能够容纳一个客体分子的空腔时，有时也称该分子为腔状配体（cavitand）[125]。三环穴状配体 **21** 具有 10 个结合位点和球形的空腔[98]。另一个具有球形空腔的分子 **21**（但它不是一个穴状配体），能与 Li^+ 和 Na^+ 复合（更易与 Na^+ 复合），但不与 K^+、Mg^{2+} 或 Ca^{2+} 结合[126]。像这些分子，它们的空腔只能被球形的实体占据，被称为球形配体（spherand）[83]。其它的类型还有杯芳烃（calixarene）[127]（如 **23**）[128]。

球形配体型杯芳烃已为人们所知[129]。在杯[4]芳烃中，苯酚 OH 存在大量的氢键，但是随着杯芳烃环增大，空腔增大，氢键会消失[130]。此外还有杯[6]芳烃[131]，存在构象异构体（见 4.15 节）的平衡（锥形互变），有时可以将二者分离出来[132]，以及杯[8]芳烃[133]、氮杂杯芳烃（azacalixarene）[134]、均氧代杯芳烃（homooxacalixarene）[135] 和杯[9～20]芳烃[136]。应当指出的是，在未取代的间位加入取代基，可使杯[4]芳烃结构更固定，也可大大减少杯[8]芳烃的构象可变性（参见 4.15.4 节）[137]。人们已经知道有酰胺桥连的杯[4]芳烃[138]、杯[4]䓬[139] 和醌桥连的杯[4]芳烃[140]，杯[4]芳烃二铵盐也已制得[141]。对映体纯的杯[4]间苯二酚芳烃衍生物已有报道[142]，水溶性的杯[4]芳烃也被制备出[143]。此外，还有各种各样的杯[n]冠醚[144]，其中有些是穴状配体[145]。已有证据证实了杯[4]芳烃-质子复合物的形成[146]。

此外还有隐含配体（cryptophane，如 **24**）[147]，半球形配体（hemispherand，如 **25**[148]）和荚醚配体（podand）[149]。最后一种配体是从中心结构伸展出来两个或两个以上手臂的主体化合物，例如 **26**[150] 和 **27**[151]。化合物 **27** 也称作章鱼分子（octopus molecule），它可与简单的正离子如 Na^+、K^+ 和 Ca^{2+} 结合。套索醚（Lariat ether）[152] 包含一个冠醚环和一个或多个侧链的化合物，侧链也起配体的作用，如 **28**[153]。还有一种邻位环芳烷（cyclophane）也是冠醚（如 **29**），被称为星型配体（starand）[154]。

这些复合物中的成键是由于杂原子和正离子间离子-偶极作用的结果。有时可以通过 NMR 测量主客体之间相互作用的参数[155]。

我们已经提到，主体与客体之间的结合常常是非常专一的，这通常与主体形成氢键的能力有关[156]，这种性质使主体能从混合物中提取出一种分子或离子，这被称为分子识别[157]。一般来说，穴状配体具有确定的三维空间腔体，比单环冠醚及其衍生物更适合用于分子识别。例如主体化合物 **30**，它选择性地结合双正离子 **31**（$n=5$，

$n=6$）而不是 32（$n=4$，$n=7$）[158]。水溶性的主体化合物 **32** 与中性的芳烃如芘和荧蒽（fluoranthene）形成 1∶1 的复合物，甚至与联苯和萘（尽管结合较弱）结合，因此能将它们运送通过水相[159]。

当然，人们很早就知道，分子识别在生物化学中非常重要。酶和各种各样其它生物分子的作用极其专一，就是因为这些分子也有主体空腔，仅能识别一种或几种特定的客体分子。就在最近几年，有机化学家已经合成出非天然的主体，也能起粗略的（相对于生物分子）分子识别作用。大环化合物 **33** 已经用作催化剂，催化乙酰磷酸酯的水解和焦磷酸酯的合成[160]。

不管是什么类型的主体，当主体与客体结合后导致主体的变形最小时，此时发生的吸引是最强的[161]。也就是说，比起主体必须改变其分子形状以适应客体分子而进行结合，一个固定结构的主体与客体的结合更强。

3.3.3　包含化合物

这种类型的加合化合物与前面讨论的 EDA 复合物或冠醚型复合物不同。这里，主体化合物形成晶格，具有足够大的空间容纳客体分子。除了范德华力，在主体与客体之间没有成键。根据空间形状的不同，主要有两类包含化合物（inclusion compound）[162]。一种包含化合物中的空间呈长的隧道或通道形状；而另一种通常被称为窗格型（clathrate）[163] 或笼型化合物（cage compound），它们所具有的空间是完全封闭的。对于两种类型的包含化合物，客体分子必须适合其中的空间大小，潜在客体太大或太小都不能进入晶格，将不能形成加合化合物。这样的结构不会受到大分子的限制。实际上，氢窗格型水合物与环己酮的结构和稳定性已经被报道[164]。

人们已经知道好几种重要的主体分子，也包括小分子如尿素[165]。硫化氢形成六角形窗格型水合物笼子，客体分子如频哪酮可以存在其中，如图 3.1 所示[166]。通常，主体与客体之间存在范德华力，这种作用力虽然比较小，对于结构的稳定是必需的。什么分子可作为客体通常取决于其形状和大小，而不必考虑任何静电或化学效应。

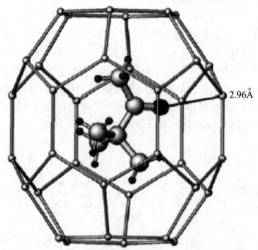

图 3.1　100K 时频哪酮在硫化氢六角形窗格型水合物笼子中的 X 射线晶体结构[166]

例如，辛烷和 1-溴辛烷是尿素合适的客体，而 2-溴辛烷、2-甲基庚烷和 2-甲基辛烷都不是其合适的客体。此外，马来酸二丁酯和富马酸二丁酯都可以作为尿素的客体，而马来酸二乙酯和富马酸二乙酯却不能作为其客体；富马酸二丙酯可以作其客体，马来酸二丙酯却又不能作为其客体[167]。在这些复合物中，通常没有整数的摩尔比（即使偶然会遇上整数比的情况）。例如，辛烷/尿素比率是 1∶6.73[168]。对一个尿素复合物的重氢四极杆回波谱（deuterium quadrupole echo spectroscopy）的研究表明，尿素分子并不总是保持刚性不变的，在 30℃ 时以大于每秒 10^6 次的速率沿着 C=O 轴 180° 翻转[169]。

复合物是固体，但作为衍生物并没有应用价值。因为复合物在尿素的熔点就熔化并分解。然而当采用其它方法难以分离一些异构体时，该复合物就很有用处。硫脲也能形成包含化合物，形成的通道具有较大的直径，因此正烷烃不能作为其客体，但是 2-溴辛烷、环己烷和氯仿等却是很合适的客体。

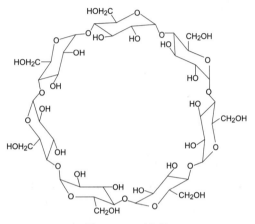

3.3.4 环糊精

有一类主体分子既能形成通道又能形成笼形化合物。这种化合物称为环糊精（cyclodextrin）或环状淀粉（cycloamylose）[183]。这个主体分子由6个、7个或8个葡萄糖单元连接形成一个大环，分别称为 α-、β-或 γ-环糊精（图3.2 显示的是 β 型，即七元环化合物）。3 个分子都是中空的截锥形（如图3.3）分子，在截锥形的窄口端分布着伯羟基，在宽口端分布着仲羟基。与糖分

最重要的窗格型化合物（clathrate）主体是氢醌（对苯二酚）[170]。3 个分子通过氢键结合在一起，形成一个笼子，一个客体分子正好能够装入。典型的客体是甲醇（而不是乙醇）、SO_2、CO_2 和氩气（而不是氖气）。这类复合物的一个重要的用途是通过形成复合物分离无水肼[171]。无水肼具有高度的爆炸性，通过蒸馏水合肼溶液的方法制备无水肼很困难且危险。包含化合物很容易分离，反应在固相进行，例如与酯反应生成酰肼（反应 **16-75**）[172]。与包含化合物相反，这里的晶格有部分的空间。另一个主体是水。通常 6 个水分子形成笼子，许多客体分子，其中有 Cl_2、C_3H_8 和 MeI 等都能适应。水形成的窗格化合物（如图3.1所示）是固体，只能存在于低温下，在室温下发生分解[171]。甲烷水合物是该型窗格化合物的典型例子，它大量存在于海底床层，是具有发展前景的能源[173]。另一个无机主体是氯化钠（和其它一些碱金属卤化物），它们能捕获有机分子，如苯、萘和二苯基甲烷[174]。

包含化合物和/或窗格型化合物的其它主体分子[175]是脱氧胆酸[176]、胆酸[177]、蒽的衍生物如 **34**[178]、二苯并-24-冠-8[179] 和被称作"分子监狱"（carcerand）的化合物 **35**[180]。当分子监狱型分子捕获了离子或其它分子（称作客体）后，形成的复合物称为坚果型复合物（carciplex）[181]。研究表明，在有些情况下，客体在坚果型复合物内的运动是受限制的[182]。

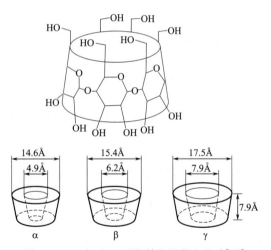

图 3.2 β-环糊精

图 3.3 α-、β-和 γ-环糊精的形状和尺寸[185]

子一样，三种环糊精都溶于水，水分子通过氢键作用正常地填入空腔（α-、β-或 γ-环糊精分别能容纳 6 个、12 个和 17 个水分子），但是截锥体里面的极性比外面的小，因此非极性的有机分子可以容易地取代其中的水分子。苯甲酰卤的溶剂解反应（反应 **16-57**）实验证实了该空腔里面的极性情况[184]。这样环糊精与许多客体形成 1∶1 的笼形复合物，客体分子尺寸范围小到可以容纳

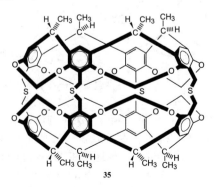

惰性气体分子，大到有机分子。虽然已经发现许多稳定的复合物中，客体分子的一端可以从空腔中伸展出来（如图3.4）[186]，但是一个客体分子不能太大，否则它将不适合形成复合物。另一方面，客体分子如果太小，它将会从底面的孔中通过（虽然有些极性分子如甲醇确实形成了复合物，但在这些复合物的空腔中还包含有一些水分子）。由于3种环糊精空腔的尺寸不同（如图3.3所示），因此可以适应不同尺寸的分子。因为环糊精是无毒的（它们实际上是小淀粉分子），因此现在工业上它们被用于包覆食品和药物[187]。

图 3.4 β-环糊精与对碘苯胺
形成复合物图解[186]

环糊精也能形成通道型复合物，这个复合物中主体分子互相重叠堆积在一起，像一串硬币[188]。例如，α-环糊精（环六淀粉）与乙酸、丙酸和丁酸形成笼形复合物，但却与戊酸和更高级的酸形成通道形复合物。另外还有封盖型的环糊精[189]。

3.4 索烃和轮烷[190]

这些化合物包含两个或两个以上独立的部分，它们不通过任何价键互相成键，但却连接在一起。[n]索烃（catenane）由两个或两个以上的环连接在一起，像链中的一个个链节。而轮烷（rotaxane）中，一个线性部分穿过一个环，由于线性部分两端存在庞大的基团而不易脱落分开。在很多大体积的结构单元中，卟啉结构以及C_{60}都被用于封堵轮烷[191,192]。[2]轮烷和[2]索烃很常见，[3]索烃分子中存在牢固的酰胺连接结构[193]。更复杂的这类化合物也已经有报道，例如寡聚索烃[194]、分子项链[195]（一类环状低聚索烃，由若干小环串联在一个大环上）和环状菊花链[196]（一类交织的低聚索烃，其中每个单体单元既作为一个螺纹连接的供体，又作为螺纹连接的受体）。环内有环的复合物也已见报道[197]。分子线、分子带及其组装体已被合成出[198]。轮烷被作为分子开关的基本组成[199]，已经有报道一种轮烷可以被用作分子光控装置[200]。

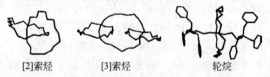

[2]索烃　　　[3]索烃　　　轮烷

[2]轮烷可能有平移异构体（translational isomer）[201]。索烃和轮烷可以通过统计学方法或直接合成方法来制备[202]。索烃可以包含杂原子和杂环单元。在有些情况下，索烃与环-非索烃结构存在平衡，在有些情况下，这个转换被认为是通过配体交换和 Möbius 带机理进行的[203]。用统计学方法合成轮烷的一个例子是，在一个大环 C 的存在下化合物 A 的两个位点与另一个化合物 B 发生成键反应。有些 A 分子在与两个 B 分子结合前有望随机穿过 C，这样伴随着正常产物 E 的生成同时就能形成一些轮烷 D[204]。在直接合成中[205]，分子中的独立部分先由其它键连接在一起，而后再被切开。

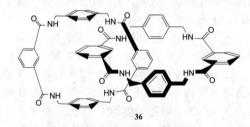

索烃中一个环单元穿过另一个环单元旋转的情况复杂，常常通过关键氢键或 π-π 相互作用的形成与断裂而驱动。对于间苯二甲酰基[2]索烃（**36**），其环单元旋转的决速步并不是对应于最大基团穿过环的步骤[206]。

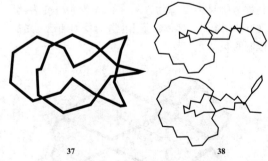

36

单一和双环相扣的[2]索烃[207]存在拓扑异构体[208]（见 4.7 节关于非对映异构体的讨论）。索烃 **37** 和 **38** 就是这样的立体异构体，它们有相同的质谱质量。分析表明 **37** 分子有更大的张力，在质谱离子化过程中不容易容忍过量的能量，因此更易断裂。

37　　　　**38**

索烃、分子结及具有这类结构的其它分子存在对映异构体。也就是说，有些情况下可以得到立体异构体。Frisch 和 Wassermann 首先预测了这种现象[209]，Sauvage 和 Dietrich-

Buchecker 合成了首个立体异构的索烃和分子结[216]。已经完成了对映异构体的拆分[211]。已有报道称，包含两个手性轮的手性[3]轮烷机械地键连在一起可以产生环状非对映异构化合物[212]，其对映异构体已经利用手性 HPLC 进行分离。Prelog 提出了环状对映异构和环状非对映异构现象[213]。该类立体异构是由于在一个大环上定向地环状排列几个中心手性的元素而产生的[212]。

轮烷也可以是包含化合物[214]。这个分子具有庞大的端基或"塞子"，如三异丙基硅烷基，i-Pr_3Si—，和由一系列—O—CH_2CH_2—O—基以及两个苯基组成的链。环糊精可以被轴向分子穿过而串连起来[215]。围绕链的环或"珠"是一个包含两个苯基和四个吡啶环的大环，该环倾向于与链中的一个苯环吸引（苯部分作为"珠"的"站点"）。然而，对称的链使两个站点等价，因此"珠"就均衡地受它们吸引，迅速地在两个"站点"之间来回移动，这一点已被变温 NMR 结果所证实[216]。这类分子被称为分子梭（molecular shuttle）。一种以两个富勒烯（见 2.2 节）为塞子并络合了一个铜（Ⅰ）的轮烷已经制备得到[217]。

39 这样的分子结（molecular knot）是这些分子的另一种变化形式。"●"代表金属[这里指的是 Cu（Ⅰ）][218]。这一点尤其令人感兴趣，因为已有关于打结形式 DNA 的报道[219]。也有机械地互相紧扣的分子，该分子的一个例子是套[2]烷（suit[2]ane）[220]。

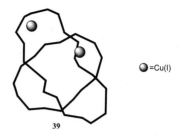

39

3.5 葫芦[n]脲基陀螺烷

有一类被称为陀螺烷（gyroscane）的新分子已被合成，人们认为陀螺烷是一类新的超分子形式[221]。这类化合物中为人们所知的是葫芦[n]脲（cucurbit[n]uril，缩写为 Q_n）（化合物 **40**）[222]，它是甘脲和甲醛聚合的产物。这类大环分子可以作为分子主体。之所以称之为"新的超分子形式"，是因为在这类分子中，由一个大环 Q_{10} 包裹一个小环 Q_5 组成，在溶剂中二者很容易可以发生相对旋转（化合物 **41**）[221]。这种内外两层环可以各自自由转动看起来很像陀螺（gyroscope），这就是为什么这类超分子体系被称作陀螺烷[222]。

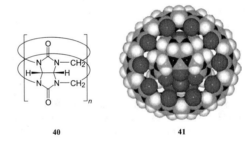

40　　　　　41

参 考 文 献

[1] For a theoretical treatment, see Becke, A. A. A. ; Kannemann, F. O. *Can. J. Chem.* **2010**, 88, 1057.

[2] For a discussion of hydrogen bonding in organic synthesis, *Hydrogen Bonding in Organic Synthesis*, see Pihko, M. (Ed.), Wiley-VCH Verlag GmbH & Co. KGaA, Weinheim, **2009**.

[3] See Schuster, P. ; Zundel, G. ; Sandorfy, C. *The Hydrogen Bond*, 3 Vols. , North Holland Publishing Co. , Amsterdam, The Netherlands, **1976**. For a monograph, see Joesten, M. D. ; Schaad, L. J. *Hydrogen Bonding*, Marcel Dekker, NY, **1974**. For reviews, see Meot-Ner, M. *Mol. Struct. Energ.* **1987**, 4, 71; Joesten, M. D. *J. Chem. Educ.* **1982**, 59, 362; Gur'yanova, E. N. ; Gol'dshtein, I. P. ; Perepelkova, T. I. *Russ. Chem. Rev.* **1976**, 45, 792; Kollman, P. A. ; Allen, L. C. *Chem. Rev.* **1972**, 72, 283; Huggins, M. L. *Angew. Chem. Int. Ed.* **1971**, 10, 147; Rochester, C. H. in Patai, S. *The Chemistry of the Hydroxyl Group*, pt. 1, Wiley, NY, **1971**, pp. 327-392. See also, Hamilton, W. C. ; Ibers, J. A. *Hydrogen Bonding in Solids*, W. A. Benjamin, NY, **1968**. Also see, Chen, J. ; McAllister, M. A. ; Lee, J. K. ; Houk, K. N. *J. Org. Chem.* **1998**, 63, 4611.

[4] See Abraham, M. H. ; Platts, J. A. *J. Org. Chem.* **2001**, 66, 3484.

[5] Belkova, N. V. ; Shubina, E. S. ; Epstein, L. M. *Acc. Chem. Res.* **2005**, 38, 624. For a review of hydrogen bonding in cluster ions, see Meot-Ner (Mautner), M. *Chem. Rev.* **2005**, 105, 213.

[6] Steiner, T. *Angew. Chem. Int. Ed.* **2002**, 41, 48. See also, Damodharan, L. ; Pattabhi, V. *Tetrahedron Lett.* **2004**, 45, 9427.

[7] See Nakahara, M. ; Wakai, C. *Chem. Lett.* **1992**, 809.

[8] Li, C. -J. ; Chen, T. -H. *Organic Reactions in Aqueous Media*, Wiley, NY, **1997**.

[9] Li, C. -J. *Chem. Rev.* **1993**, 93, 2023.

[10] See Curtiss, L. A. ; Blander, M. *Chem. Rev.* **1988**, 88, 827.

[11] For a review of hydrogen bonding in carboxylic acids and acid derivatives, see Hadži, D. ; Detoni, S. in Patai, S. *The Chemistry of*

Acid Derivatives, pt. 1, Wiley, NY, *1979*, pp. 213-266.
[12] Emerson, M. T. ; Grunwald, E. ; Kaplan, M. L. ; Kromhout, R. A. *J. Am. Chem. Soc.* *1960*, 82, 6307.
[13] For a review of very strong hydrogen bonding, see Emsley, J. *Chem. Soc. Rev.* *1980*, 9, 91.
[14] Howard, J. A. K. ; Hoy, V. J. ; O'Hagan, D. ; Smith, G. T. *Tetrahedron* *1996*, 52, 12613. For a discussion of the strength of such hydrogen bonds, see Perrin, C. L. *Acc. Chem. Res.* *2010*, 43, 1550.
[15] See Sorensen, J. B. ; Lewin, A. H. ; Bowen, J. P. *J. Org. Chem.* *2001*, 66, 4105. Also see Ohshima, Y. ; Sato, K. ; Sumiyoshi, Y. ; Endo, Y. *J. Am. Chem. Soc.* *2005*, 127, 1108.
[16] Grech, E. ; Nowicka-Scheibe, J. ; Olejnik, Z. ; Lis, T. ; Pawęka, Z. ; Malarski, Z. ; Sobczyk, L. *J. Chem. Soc.*, *Perkin Trans.* 2 *1996*, 343. See Steiner, T. *J. Chem. Soc.*, *Perkin Trans.* 2 *1995*, 1315.
[17] For a comparison of the relative strengths of OH⋯Cl versus OH⋯F hydrogen bonds, see Caminati, W. ; Melandri, S. ; Maris, A. ; Paolo Ottaviani, P. *Angew. Chem. Int. Ed.* *2006*, 45, 2438.
[18] For reviews of the relationship between hydrogen bond strength and acid-base properties, see Pogorelyi, V. K. ; Vishnyakova, T. B. *Russ. Chem. Rev.* *1984*, 53, 1154; Epshtein, L. M. *Russ. Chem. Rev.* *1979*, 48, 854.
[19] See Abraham, M. H. ; Doherty, R. M. ; Kamlet, M. J. ; Taft, R. W. *Chem. Br.* *1986*, 551; Kamlet, M. J. ; Abboud, J. M. ; Abraham, M. H. ; Taft, R. W. *J. Org. Chem.* *1983*, 48, 2877. For a criticism of the β scale, see Laurence, C. ; Nicolet, P. ; Helbert, M. *J. Chem. Soc.*, *Perkin Trans.* 2 *1986*, 1081. See also, Roussel, C. ; Gentric, E. ; Sraidi, K. ; Lauransan, J. ; Guihéneuf, G. ; Kamlet, M. J. ; Taft, R. W. *J. Org. Chem.* *1988*, 53, 1545; Abraham, M. H. ; Grellier, P. L. ; Prior, D. V. ; Morris, J. J. ; Taylor, P. J. *J. Chem. Soc.*, *Perkin Trans.* 2 *1990*, 521. Deuterium exchange has been used as an indicator of hydrogen-bond donors and acceptors: see Strobel, T. A. ; Hester, K. C. ; Sloan Jr., E. D. ; Koh, C. A. *J. Am. Chem. Soc.* *2007*, 129, 9544.
[20] Kamlet, M. J. ; Gal, J. ; Maria, P. ; Taft, R. W. *J. Chem. Soc.*, *Perkin Trans.* 2 *1985*, 1583.
[21] Allen, F. H. ; Raithby, P. R. ; Shields, G. P. ; Taylor, R. *Chem. Commun.* *1998*, 1043.
[22] Joerg, S. ; Drago, R. S. ; Adams, J. *J. Chem. Soc.*, *Perkin Trans.* 2 *1997*, 2431. See Guerra, C. F. ; van derWijst, T. ; Bickelhaupt, F. M. *Chem. Eur. J.* *2006*, 12, 3032; Guerra, C. F. ; Zijlstra, H. ; Paragi, G. T. ; Bickelhaupt, F. M. *Chem. Eur. J.* *2011*, 17, 12612.
[23] Stahl, N. ; Jencks, W. P. *J. Am. Chem. Soc.* *1986*, 108, 4196.
[24] Scheiner, S. ; Wang, L. *J. Am. Chem. Soc.* *1993*, 115, 1958.
[25] Lin, J. ; Frey, P. A. *J. Am. Chem. Soc.* *2000*, 122, 11258.
[26] Perrin, C. L. *Annu. Rev. Phys. Org. Chem.* *1997*, 48, 511.
[27] Etter, M. C. *Acc. Chem. Res.* *1990*, 23, 120; Taylor, R. ; Kennard, O. *Acc. Chem. Res.* *1984*, 17, 320.
[28] Stewart, R. *The Proton: Applications to Organic Chemistry*, Academic Press, NY, *1985*, pp. 148-153.
[29] A statisical analysis of X-ray crystallographic data has shown that most hydrogen bonds in crystals are nonlinear by ～10-15°: Kroon, J. ; Kanters, J. A. ; van Duijneveldt-van de Rijdt, J. G. C. M. ; van Duijneveldt, F. B. ; Vliegenthart, J. A. *J. Mol. Struct.* *1975*, 24, 109. See also, Taylor, R. ; Kennard, O. ; Versichel, W. *J. Am. Chem. Soc.* *1983*, 105, 5761; *1984*, 106, 244.
[30] For a discussion of the symmetry of hydrogen bonds in solution, see Perrin, C. L. *Pure Appl. Chem.* *2009*, 81, 571. For reviews of a different aspect of hydrogen bond geometry, see Legon, A. C. ; Millen, D. J. *Chem. Soc. Rev.* *1987*, 16, 467, *Acc. Chem. Res.* *1987*, 20, 39.
[31] Yoshimi, Y. ; Maeda, H. ; Sugimoto, A. ; Mizuno, K. *Tetrahedron Lett.* *2001*, 42, 2341.
[32] Emsley, J. ; Freeman, N. J. ; Parker, R. J. ; Dawes, H. M. ; Hursthouse, M. B. *J. Chem. Soc.*, *Perkin Trans.* 1 *1986*, 471.
[33] For some other three-center hydrogen bonds, see Taylor, R. ; Kennard, O. ; Versichel, W. *J. Am. Chem. Soc.* *1984*, 106, 244; Jeffrey, G. A. ; Mitra, J. *J. Am. Chem. Soc.* *1984*, 106, 5546; Staab, H. A. ; Elbl, K. ; Krieger, C. *Tetrahedron Lett.* *1986*, 27, 5719.
[34] Hine, J. ; Hahn, S. ; Miles, D. E. *J. Org. Chem.* *1986*, 51, 577.
[35] Caminati, W. ; Fantoni, A. C. ; Schäfer, L. ; Siam, K. ; Van Alsenoy, C. *J. Am. Chem. Soc.* *1986*, 108, 4364.
[36] Pimentel, G. C. ; McClellan, A. L. *The Hydrogen Bond*, W. H. Freeman, San Francisco, *1960*, p. 260.
[37] Chandra, A. K. ; Zeegers-Huyskens, T. *J. Org. Chem.* *2003*, 68, 3618.
[38] Perrin, C. L. ; Kim, Y.-J. *J. Am. Chem. Soc.* *1998*, 120, 12641.
[39] Görbitz, C. H. ; Etter, M. C. *J. Chem. Soc.*, *Perkin Trans.* 2 *1992*, 131.
[40] Steiner, T. ; Tamm, M. ; Lutz, B. ; van der Maas, J. *Chem. Commun.* *1996*, 1127.
[41] Lakshmi, B. ; Samuelson, A. G. ; Jovan Jose, K. V. ; Gadre, S. R. ; Arunan, E. *New J. Chem.* *2005*, 29, 371.
[42] See Symons, M. C. R. *Chem. Soc. Rev.* *1983*, 12, 1; Egorochkin, A. N. ; Skobeleva, S. E. *Russ. Chem. Rev.* *1979*, 48, 1198; Aaron, H. S. *Top. Stereochem.* *1979*, 11, 1. For a review of the use of rotational spectra to study hydrogen bonding, see Legon, A. C. *Chem. Soc. Rev.* *1990*, 19, 197.
[43] Tichy, M. *Adv. Org. Chem.* *1965*, 5, 115 contains a lengthy table of free and intramolecularly hydrogen-bonding peaks. For a discussion of the role of methyl groups in the formation of hydrogen bonds in dimithyl sulfide (DMS) -methanol mixtures, see Li, Q. ; Wu, G. ; Yu, Z. *J. Am. Chem. Soc.* *2006*, 128, 1438.
[44] See Lees, W. A. ; Burawoy, A. *Tetrahedron* *1963*, 19, 419.
[45] See Davis, Jr., J. C. ; Deb, K. K. *Adv. Magn. Reson.* *1970*, 4, 201. Also see, Kumar, G. A. ; McAllister, M. A. *J. Org. Chem.* *1998*, 63, 6968.
[46] Bruck, A. ; McCoy, L. L. ; Kilway, K. V. *Org. Lett.* *2000*, 2, 2007. For a discussion of the effect of solvents on hydrogen bonding, see Cook, J. L. ; Hunter, C. A. ; Low, C. M. R. ; Perez-Velasco, A. ; Vinter, J. G. *Angew. Chem. Int. Ed.* *2007*, 46, 3706.
[47] Del Bene, J. E. ; Perera, S. A. ; Bartlett, R. J. *J. Am. Chem. Soc.* *2000*, 122, 3560.
[48] Maiti, N. C. ; Zhu, Y. ; Carmichael, I. ; Serianni, A. S. ; Anderson, V. E. *J. Org. Chem.* *2006*, 71, 2878.
[49] For reviews of the effect of hydrogen bonding on reactivity, see Hibbert, F. ; Emsley, J. *Adv. Phys. Org. Chem.* *1990*, 26, 255; Sadekov, I. D. ; Minkin, V. I. ; Lutskii, A. E. *Russ. Chem. Rev.* *1970*, 39, 179.

[50] For a review, see Pogorelyi, V. K. *Russ. Chem. Rev. 1977*, 46, 316.
[51] See Green, R. D. *Hydrogen Bonding by C—H Groups*, Wiley, NY, *1974*. See also, Nakai, Y.; Inoue, K.; Yamamoto, G.; Öki, M. *Bull. Chem. Soc. Jpn. 1989*, 62, 2923; Seiler, P.; Dunitz, J. D. *Helv. Chim. Acta 1989*, 72, 1125.
[52] For a theoretical study of weak hydrogen-bonds, see Calhorda, M. J. *Chem. Commun. 2000*, 801.
[53] For a review, see Hopkinson, A. C., in Patai, S. *The Chemistry of the Carbon-Carbon Triple Bond*, pt. 1, Wiley, NY, *1978*, pp. 75-136. See also, DeLaat, A. M.; Ault, B. S. *J. Am. Chem. Soc. 1987*, 109, 4232.
[54] Streiner, T.; Kanters, J. A.; Kroon, J. *Chem. Commun. 1996*, 1277.
[55] See Zuika, I. V.; Bankovskii, Yu. A. *Russ. Chem. Rev. 1973*, 42, 22; Crampton, M. R. in Patai, S. *The Chemistry of the Thiol Group*, pt. 1, Wiley, NY, *1974*, pp. 379-396; Pogorelyi, V. K. *Russ. Chem. Rev. 1977*, 46, 316.
[56] See Smith, J. W. in Patai, S. *The Chemistry of the Carbon-Halogen Bond*, pt. 1; Wiley, NY, *1973*, pp. 265-300. See also, Bastiansen, O.; Fernholt, L.; Hedberg, K.; Seip, R. *J. Am. Chem. Soc. 1985*, 107, 7836.
[57] Fujimoto, E.; Takeoka, Y.; Kozima, K. *Bull. Chem. Soc. Jpn. 1970*, 43, 991; Azrak, R. G.; Wilson, E. B. *J. Chem. Phys. 1970*, 52, 5299.
[58] Fujiwara, F. Y.; Martin, J. S. *J. Am. Chem. Soc. 1974*, 96, 7625; French, M. A.; Ikuta, S.; Kebarle, P. *Can. J. Chem. 1982*, 60, 1907.
[59] In a few cases, the presence of an unsymmetrical cation causes the hydrogen to be closer to one fluorine than to the other: Williams, J. M.; Schneemeyer, L. F. *J. Am. Chem. Soc. 1973*, 95, 5780.
[60] Schaefer, T.; McKinnon, D. M.; Sebastian, R.; Peeling, J.; Penner, G. H.; Veregin, R. P. *Can. J. Chem. 1987*, 65, 908; Marstokk, K.; Møllendal, H.; Uggerud, E. *Acta Chem. Scand. 1989*, 43, 26.
[61] McDaniel, D. H.; Evans, W. G. *Inorg. Chem, 1966*, 5, 2180; Sabin, J. R. *J. Chem. Phys. 1971*, 54, 4675.
[62] Calhorda, M. J. *Chem. Commun. 2000*, 801.
[63] Ahlberg, P.; Davidsson, O.; Johnsson, B.; McEwen, I.; Rönnqvist, M. *Bull. Soc. Chim. Fr. 1988*, 177.
[64] Allerhand, A.; Schleyer, P. v. R. *J. Am. Chem. Soc. 1963*, 85, 866.
[65] For example, see Bakke, J. M.; Chadwick, D. J. *Acta Chem. Scand. Ser. B 1988*, 42, 223; Atwood, J. L.; Hamada, F.; Robinson, K. D.; Orr, G. W.; Vincent, R. L. *Nature 1991*, 349, 683.
[66] Yoshida, Z.; Ishibe, N.; Kusumoto, H. *J. Am. Chem. Soc. 1969*, 91, 2279.
[67] McMurry, J. E.; Lectka, T.; Hodge, C. N. *J. Am. Chem. Soc. 1989*, 111, 8867. See also, Sorensen, T. S.; Whitworth, S. M. *J. Am. Chem. Soc. 1990*, 112, 8135.
[68] McMurry, J. E.; Lectka, T. *Accts. Chem. Res. 1992*, 25, 47.
[69] Ponec, R.; Yuzhakov, G.; Tantillo, D. J. *J. Org. Chem. 2004*, 69, 2992.
[70] Huggins, M. T.; Lightner, D. A. *J. Org. Chem. 2001*, 66, 8402.
[71] Mazik, M.; Bläser, D.; Boese, R. *Tetrahedron 2001*, 57, 5791.
[72] Cannizzaro, C. E.; Houk, K. N. *J. Am. Chem. Soc. 2002*, 124, 7163.
[73] Cummings, D. L.; Wood, J. L. *J. Mol. Struct. 1974*, 23, 103.
[74] Gallo, E. A.; Gelman, S. H. *Tetrahedron Lett. 1992*, 33, 7485.
[75] Adams, H.; Harris, K. D. M.; Hembury, G. A.; Hunter, C. A.; Livingstone, D.; McCabe, J. F. *Chem. Commun. 1996*, 2531. See Steiner, T.; Starikov, E. B.; Tamm, M. *J. Chem. Soc., Perkin Trans. 2 1996*.
[76] Allen, F. H.; Howard, J. A. K.; Hoy, V. J.; Desiraju, G. R.; Reddy, D. S.; Wilson, C. C. *J. Am. Chem. Soc. 1996*, 118, 4081.
[77] Tsuzuki, S.; Lüthi, H. P. *J. Chem. Phys. 2001*, 114, 3949; Arunan, E.; Gutowsky, H S. *J. Chem. Phys. 1993*, 98, 4294; Felker, P. M.; Maxton, P. M.; Schaeffer, M. W. *Chem. Rev. 1994*, 94, 1787; Venturo, V. A.; Felker, P. M. *J. Chem. Phys. 1993*, 99, 748; Tsuzuki, S.; Honda, K.; Uchimaru, T.; Mikami, M.; Tanabe, K. *J. Am. Chem. Soc. 2002*, 124, 104; Hobza, P.; Jureceka, P. *J. Am. Chem. Soc. 2003*, 125, 15608.
[78] Meyer, E. A.; Castellano, R. K.; Diederich, F. *Angew. Chem. Int. Ed. 2003*, 42, 1210.
[79] Sinnokrot, M. O.; Valeev, E. F.; Sherrill, C. D. *J. Am. Chem. Soc. 2002*, 124, 10887.
[80] Sinnokrot, M. O.; Sherrill, C. D. *J. Am. Chem. Soc. 2004*, 126, 7690.
[81] Lindeman, S. V.; Kosynkin, D.; Kochi, J. K. *J. Am. Chem. Soc. 1998*, 120, 13268; Ma, J. C.; Dougherty, D. A. *Chem. Rev. 1997*, 97, 1303; Dougherty, D. A. *Science 1996*, 271, 163; Cubero, E.; Luque, F. J.; Orozco, M. *Proc. Natl. Acad. Sci. USA 1998*, 95, 5976.
[82] Ribas, J.; Cubero, E.; Luque, F. J.; Orozco, M. *J. Org. Chem. 2002*, 67, 7057.
[83] Petersen, S. B.; Led, J. J.; Johnston, E. R.; Grant, D. M. *J. Am. Chem. Soc. 1982*, 104, 5007.
[84] Wakita, M.; Kuroda, Y.; Fujiwara, Y.; Nakagawa, T. *Chem. Phys. Lipids 1992*, 62, 45.
[85] Viel, S.; Mannina, L.; Segre, A. *Tetrahedron Lett. 2002*, 43, 2515. See also, Ribas, J.; Cubero, E.; Luque, F. J.; Orozco, M. *J. Org. Chem. 2002*, 67, 7057. For a discussion of substituent effects on aromatic stacking interactions, see Cockroft, S. L.; Perkins, J.; Zonta, C.; Adams, H.; Spey, S. E.; Low, C. M. R.; Vinter, J. G.; Lawson, K. R.; Urch, C. J.; Hunter, C. A. *Org. Biomol. Chem. 2007*, 5, 1062.
[86] Foster, R. *Organic Charge-Transfer Complexes*, Academic Press, NY, *1969*; Mulliken, R. S.; Person, W. B. *Molecular Complexes*, Wiley, NY, *1969*; Rose, J. *Molecular Complexes*, Pergamon, Elmsford, NY, *1967*; Poleshchuk, O. Kh.; Maksyutin, Yu. K. *Russ. Chem. Rev. 1976*, 45, 1077; Banthorpe, D. V. *Chem. Rev. 1970*, 70, 295; Kosower, E. M. *Prog. Phys. Org. Chem. 1965*, 3, 81; Foster, R. *Chem. Br. 1976*, 12, 18.
[87] These have often been called charge-transfer complexes, but this term implies that the bonding involves charge transfer, which is not always the case, so that the more neutral name EDA complex is preferable. See Mulliken, R. S.; Person, W. B. *J. Am. Chem. Soc. 1969*, 91, 3409.
[88] Also see Bentley, M. D.; Dewar, M. J. S. *Tetrahedron Lett. 1967*, 5043.

[89] See Collman, J. P.; Hegedus, L. S.; Norton, J. R.; Finke, R. G. *Principles and Applications of Organotransition Metal Chemistry*, 2nd ed, University Science Books, Mill Valley, CA, **1987**; Alper, H. *Transition Metal Organometallics in Organic Synthesis*, 2 Vols., Academic Press, NY, **1976**, **1978**. For general reviews, see Churchill, M. R.; Mason, R. *Adv. Organomet. Chem.* **1967**, 5, 93; Cais, M. in Patai, S. *The Chemistry of Alkenes*, Vol. 1, Wiley, NY, **1964**, pp. 335-385; Nakamura, A. *J. Organomet. Chem.* **1990**, 400, 35; Bennett, M. A.; Schwemlein, H. P. *Angew. Chem. Int. Ed.* **1989**, 28, 1296; metals-pentadienyl ions, Powell, P. *Adv. Organomet. Chem.* **1986**, 26, 125; complexes of main group metals. For a list of review articles on this subject, see Bruce, M. I. *Adv. Organomet. Chem.* **1972**, 10, 273, pp. 317-321.

[90] For a discussion of how this system originated, see Cotton, F. A. *J. Organomet. Chem.* **1975**, 100, 29.

[91] Another prefix used for complexes is μ (mu), which indicates that the ligand bridges two metal atoms.

[92] See Pearson, A. J. *Metallo-organic Chemistry* Wiley, NY, **1985**; Ittel, S. D.; Ibers, J. A. *Adv. Organomet. Chem.* **1976**, 14, 33; Hartley, F. R. *Chem. Rev.* **1973**, 73, 163; *Angew. Chem. Int. Ed.* **1972**, 11, 596.

[93] Dewar, M. J. S. *Bull. Soc. Chim. Fr.* **1951**, 18, C79.

[94] Hu, J.; Gokel, G. W.; Barbour, L. *J. Chem. Commun.* **2001**, 1858.

[95] See Zeiss, H.; Wheatley, P. J.; Winkler, H. J. S. *BenzenoidMetal Complexes*, Ronald Press, NY, **1966**.

[96] Nicholls, B.; Whiting, M. C. *J. Chem. Soc.* **1959**, 551. For reviews of arene-transition metal complexes, see Uemura, M. *Adv. Met.-Org. Chem.* **1991**, 2, 195; Silverthorn, W. E. *Adv. Organomet. Chem.* **1975**, 13, 47.

[97] Landesberg, J. M.; Sieczkowski, J. *J. Am. Chem. Soc.* **1971**, 93, 972.

[98] See Parini, V. P. *Russ. Chem. Rev.* **1962**, 31, 408; for a review of complexes in which the acceptor is an organic cation, see Kampar, V. E. *Russ. Chem. Rev.* **1982**, 51, 107; also see, Ref. 86.

[99] For a review of quinone complexes, see Foster, R.; Foreman, M. I. in Patai, S. *The Chemistry of the Quinonoid Compounds*, pt. 1, Wiley, NY, **1974**, pp. 257-333.

[100] See Blackstock, S. C.; Lorand, J. P.; Kochi, J. K. *J. Org. Chem.* **1987**, 52, 1451.

[101] See Foster, R. in Patai, S. *The Chemistry of Acid Derivatives*, pt. 1, Wiley, NY, **1979**, pp. 175-212.

[102] See Melby, L. R. in Rappoport, Z. *The Chemistry of the Cyano Group*, Wiley, NY, **1970**, pp. 639-669. See also, Fatiadi, A. J. *Synthesis* **1987**, 959.

[103] For reviews, see Bender, C. J. *Chem. Soc. Rev.* **1986**, 15, 475; Kampar, E.; Neilands, O. *Russ. Chem. Rev.* **1986**, 55, 334; Bent, H. A. *Chem. Rev.* **1968**, 68, 587.

[104] See, for example, Le Fevre, R. J. W.; Radford, D. V.; Stiles, P. J. *J. Chem. Soc. B* **1968**, 1297.

[105] Mulliken, R. S.; Person, W. B. *J. Am. Chem. Soc.* **1969**, 91, 3409.

[106] See Atwood, J. L.; Davies, J. E.; MacNicol, D. D. *Inclusion Compounds*, 3 Vols., Academic Press, NY, **1984**; Vögtle, F. *Host Guest Complex Chemistry I*, *II*, *and III* (*Top. Curr. Chem.* **1998**, 101, 121), Springer, Berlin, **1981**, **1982**, **1984**; Vögtle, F.; Weber, E. *Host Guest Complex Chemistry/Macrocycles*, Springer, Berlin, **1985**; Izatt, R. M.; Christensen, J. J. *Synthetic Multidentate Macrocyclic Compounds*, Academic Press, NY, **1978**. For reviews, see McDaniel, C. W.; Bradshaw, J. S.; Izatt, R. M. *Heterocycles*, **1990**, 30, 665; Sutherland, I. O. *Chem. Soc. Rev.* **1986**, 15, 63; Franke, J.; Vögtle, F. *Top. Curr. Chem.* **1986**, 132, 135; Cram, D. J. *Angew. Chem. Int. Ed.* **1986**, 25, 1039; Gutsche, C. D. *Acc. Chem. Res.* **1983**, 16, 161; Tabushi, I.; Yamamura, K. *Top. Curr. Chem.* **1983**, 113, 145; Stoddart, J. F. *Prog. Macrocyclic Chem.* 1981, 2, 173; Cram, D. J.; Cram, J. M. *Acc. Chem. Res.* **1978**, 11, 8; *Science*, **1974**, 183, 803; Gokel, G. W.; Durst, H. D. *Synthesis* **1976**, 168; *Aldrichim. Acta* **1976**, 9, 3; Lehn, J. M. *Struct. Bonding* (*Berlin*) **1973**, 16, 1; Christensen, J. J.; Eatough, D. J.; Izatt, R. M. *Chem. Rev.* **1974**, 74, 351; Pedersen, C. J.; Frensdorff, H. K. *Angew. Chem. Int. Ed.* **1972**, 11, 16. For reviews of acyclic molecules with similar properties, see Vögtle, E. *Chimia* **1979**, 33, 239; Vögtle, E.; Weber, E. *Angew. Chem. Int. Ed.* **1979**, 18, 753. See *Angew. Chem. Int. Ed.* **1988**, 27, pp. 1021, 1009, 89; and *Chem. Scr.*, **1988**, 28, pp. 229, 263, 237. See also, the series *Advances in Supramolecular Chemistry*.

[107] Cook, F. L.; Caruso, T. C.; Byrne, M. P.; Bowers, C. W.; Speck, D. H.; Liotta, C. *Tetrahedron Lett.* **1974**, 4029.

[108] Discovered by Pedersen, C. J. *J. Am. Chem. Soc.* **1967**, 89, 2495, 7017. For an account of the discovery, see Schröeder, H. E.; Petersen, C. J. *Pure Appl. Chem.* **1988**, 60, 445.

[109] See Inoue, Y.; Gokel, G. W. *Cation Binding by Macrocycles*, Marcel Dekker, NY, **1990**.

[110] See Izatt, R. M.; Bradshaw, J. S.; Nielsen, S. A.; Lamb, J. D.; Christensen, J. J.; Sen, D. *Chem. Rev.* **1985**, 85, 271; Parsonage, N. G.; Staveley, L. A. K. in Atwood, J. L.; Davies, J. E.; MacNicol, D. D. *Inclusion Compounds*, Vol. 3, Academic Press, NY, **1984**, pp. 1-36.

[111] Anet, F. A. L.; Krane, J.; Dale, J.; Daasvatn, K.; Kristiansen, P. O. *Acta Chem. Scand.* **1973**, 27, 3395.

[112] See Dale, J.; Eggestad, J.; Fredriksen, S. B.; Groth, P. *J. Chem. Soc.*, *Chem. Commun.* **1987**, 1391; Dale, J.; Fredriksen, S. B. *Pure Appl. Chem.* **1989**, 61, 1587.

[113] Izatt, R. M.; Nelson, D. P.; Rytting, J. H.; Haymore, B. L.; Christensen, J. J. *J. Am. Chem. Soc.* **1971**, 93, 1619.

[114] Kimura, Y.; Iwashima, K.; Ishimori, T.; Hamaguchi, H. *Chem. Lett.* **1977**, 563.

[115] Raevsky, O. A.; Solov'ev, V. P.; Solotnov, A. F.; Schneider, H.-J.; Rüdiger, V. *J. Org. Chem.* **1996**, 61, 8113.

[116] Crown ethers have been used to separate isotopes of cations, (e.g., ^{44}Ca from ^{40}Ca). For a review, see Heumann, K. G. *Top. Curr. Chem.* **1985**, 127, 77.

[117] For reviews, see Vögtle, F.; Müller, W. M.; Watson, W. H. *Top. Curr. Chem.* **1984**, 125, 131; Weber, E. *Prog. Macrocycl. Chem.* **1987**, 3, 337; Diederich, F. *Angew. Chem. Int. Ed.* **1988**, 27, 362.

[118] See van Staveren, C. J.; van Eerden, J.; van Veggel, F. C. J. M.; Harkema, S.; Reinhoudt, D. N. *J. Am. Chem. Soc.* **1988**, 110, 4994. See also, Rodrigue, A.; Bovenkamp, J. W.; Murchie, M. P.; Buchanan, G. W.; Fortier, S. *Can. J. Chem.* **1987**, 65, 2551; Fraser, M. E.; Fortier, S.; Markiewicz, M. K.; Rodrigue, A.; Bovenkamp, J. W. *Can. J. Chem.* **1987**, 65, 2558.

[119] Voronkov, M. G.; Knutov, V. I. *Sulfur Rep.* **1986**, 6, 137, *Russ. Chem. Rev.* **1982**, 51, 856; Reid, G.; Schröder, M. *Chem.*

[120] For a review of 17 and its derivatives, see Chaudhuri, P.; Wieghardt, K. *Prog. Inorg. Chem.* **1987**, 35, 329. *N*-Aryl-azacrown ethers are known, see Zhang, X.-X.; Buchwald, S. L. *J. Org. Chem.* **2000**, 65, 8027.
[121] Gersch, B.; Lehn, J.-M.; Grell, E. *Tetrahedron Lett.* **1996**, 37, 2213.
[122] Newcomb, M.; Gokel, G. W.; Cram, D. J. *J. Am. Chem. Soc.* **1974**, 96, 6810.
[123] Ragunathan, K. G.; Shukla, R.; Mishra, S.; Bharadwaj, P. K. *Tetrahedron Lett.* **1993**, 34, 5631.
[124] See Potvin, P. G.; Lehn, J. M. *Prog. Macrocycl. Chem.* **1987**, 3, 167; Kiggen, W.; Vögtle, F. *Prog. Macrocycl. Chem.* **1987**, 3, 309; Dietrich, B. in Atwood, J. L.; Davies, J. E.; MacNicol, D. D. *Inclusion Compounds*, Vol. 2, Academic Press, NY, **1984**, pp. 337-405; Parker, D. *Adv. Inorg. Radichem.* **1983**, 27, 1; Lehn, J. M. *Acc. Chem. Res.* **1978**, 11, 49, *Pure Appl. Chem.* **1977**, 49, 857.
[125] Shivanyuk, A.; Spaniol, T. P.; Rissanen, K.; Kolehmainen, E.; Böhmer, V. *Angew. Chem. Int. Ed.* **2000**, 39, 3497.
[126] Bryany, J. A.; Ho, S. P.; Knobler, C. B.; Cram, D. J. *J. Am. Chem. Soc.* **1990**, 112, 5837.
[127] Shinkai, S. *Tetrahedron* **1993**, 49, 8933.
[128] See Vicens, J.; Böhmer, V. *Calixarenes: A Versatile Class of Macrocyclic Compounds*, Kluver: Dordrecht, **1991**; Gutsche, C. D. *Calixarenes*; Royal Society of Chemistry, Cambridge, **1989**; Gutsche, C. D. *Prog. Macrocycl. Chem.* **1987**, 3, 93. Also see, Geraci, C.; Piattelli, M.; Neri, P. *Tetrahedron Lett.* **1995**, 36, 5429; Zhong, Z.-L.; Chen, Y.-Y.; Lu, X.-R. *Tetrahedron Lett.* **1995**, 36, 6735; No, K.; Kim, J. E.; Kwon, K. M. *Tetrahedron Lett.* **1995**, 36, 8453.
[129] Agbaria, K.; Aleksiuk, O.; Biali, S. E.; Böhmer, V.; Frings, M.; Thondorf, I. *J. Org. Chem.* **2001**, 66, 2891. See Agbaria, K.; Biali, S. E.; Böhmer, V.; Brenn, J.; Cohen, S.; Frings, M.; Grynszpan, F.; Harrowfield, J. Mc B.; Sobolev, A. N.; Thondorf, I. *J. Org. Chem.* **2001**, 66, 2900.
[130] Cerioni, G.; Biali, S. E.; Rappoport, Z. *Tetrahedron Lett.* **1996**, 37, 5797; Molard, Y.; Bureau, C.; Parrot-Lopez, H.; Lamartine, R.; Regnourf-de-Vains, J.-B. *Tetrahedron Lett.* **1999**, 40, 6383.
[131] Otsuka, H.; Araki, K.; Matsumoto, H.; Harada, T.; Shinkai, S. *J. Org. Chem.* **1995**, 60, 4862.
[132] Kanamathareddy, S.; Gutsche, C. D. *J. Org. Chem.* **1994**, 59, 3871.
[133] Cunsolo, F.; Consoli, G. M. L.; Piattelli, M.; Neri, P. *Tetrahedron Lett.* **1996**, 37, 715.
[134] Miyazaki, Y.; Kanbara, T.; Yamamoto, T. *Tetrahedron Lett.* **2002**, 43, 7945; Khan, I. U.; Takemura, H.; Suenaga, M.; Shinmyozu, T.; Inazu, T. *J. Org. Chem.* **1993**, 58, 3158.
[135] Masci, B. *J. Org. Chem.* **2001**, 66, 1497; Seri, N.; Thondorf, I.; Biali, S. E. *J. Org. Chem.* **2004**, 69, 4774; Tsubaki, K.; Morimoto, T.; Otsubo, T.; Kinoshita, T.; Fuji, K. *J. Org. Chem.* **2001**, 66, 4083.
[136] Stewart, D. R.; Gutsche, C. D. *J. Am. Chem. Soc.* **1999**, 121, 4136.
[137] Mascal, M.; Naven, R. T.; Warmuth, R. *Tetrahedron Lett.* **1995**, 36, 9361.
[138] Wu, Y.; Shen, X.-P.; Duan, C.-y.; Liu, Y.-i.; Xu, Z. *Tetrahedron Lett.* **1999**, 40, 5749.
[139] Colby, D. A.; Lash, T. D. *J. Org. Chem.* **2002**, 67, 1031.
[140] Akine, S.; Goto, K.; Kawashima, T. *Tetrahedron Lett.* **2000**, 41, 897.
[141] Aeungmaitrepirom, W.; Hagège, A.; Asfari, Z.; Bennouna, L.; Vicens, J.; Leroy, M. *Tetrahedron Lett.* **1999**, 40, 6389.
[142] Shirakawa, S.; Moriyama, A.; Shimizu, S. *Eur. J. Org. Chem.* **2008**, 5957.
[143] Shimizu, S.; Shirakawa, S.; Sasaki, Y.; Hirai, C. *Angew. Chem. Int. Ed.* **2000**, 39, 1256.
[144] Stephan, H.; Gloe, K.; Paulus, E. F.; Saadioui, M.; Böhmer, V. *Org. Lett.* **2000**, 2, 839; Asfari, Z.; Thuéry, P.; Nierlich, M.; Vicens, J. *Tetrahedron Lett.* **1999**, 40, 499; Geraci, C.; Piattelli, M.; Neri, P. *Tetrahedron Lett.* **1996**, 37, 3899; Pappalardo, S.; Petringa, A.; Parisi, M. F.; Ferguson, G. *Tetrahedron Lett.* **1996**, 37, 3907.
[145] Pulpoka, B.; Asfari, Z.; Vicens, J. *Tetrahedron Lett.* **1996**, 37, 6315.
[146] Makrlik, E.; Vaňura, P. *Monat. Chemie* **2006**, 137, 1185.
[147] See Collet, A. *Tetrahedron* **1987**, 43, 5725, in Atwood, J. L.; Davies, J. E.; MacNicol, D. D. *Inclusion Compounds*, Vol. 1, Academic Press, NY, **1984**, pp. 97-121.
[148] Lein, G. M.; Cram, D. J. *J. Am. Chem. Soc.* **1985**, 107, 448.
[149] Fo Kron, T. E.; Tsvetkov, E. N. *Russ. Chem. Rev.* **1990**, 59, 283; Menger, F. M. *Top. Curr. Chem.* **1986**, 136, 1.
[150] Tümmler, B.; Maass, G.; Weber, E.; Wehner, W.; Vögtle, F. *J. Am. Chem. Soc.* **1977**, 99, 4683.
[151] Vögtle, F.; Weber, E. *Angew. Chem. Int. Ed.* **1974**, 13, 814.
[152] For the synthesis of N-pivot lariat ethers, see Elwahy, A. H. M.; Abbas, A. A. *J. Het. Chem.* **2008**, 45, 1.
[153] Gatto, V. J.; Gokel, G. W. *J. Am. Chem. Soc.* **1984**, 106, 8240; Nakatsuji, Y.; Nakamura, T.; Yonetani, M.; Yuya, H.; Okahara, M. *J. Am. Chem. Soc.* **1988**, 110, 531.
[154] Lee, W. Y.; Park, C. H. *J. Org. Chem.* **1993**, 58, 7149.
[155] Wang, T.; Bradshaw, J. S.; Izatt, R. M. *J. Heterocylic Chem.* **1994**, 31, 1097.
[156] Fujimoto, T.; Yanagihara, R.; Koboyashi, K.; Aoyama, Y. *Bull. Chem. Soc. Jpn.* **1995**, 68, 2113.
[157] For reviews, see Rebek, Jr., J. *Angew. Chem. Int. Ed.* **1990**, 29, 245; *Acc. Chem. Res.* **1990**, 23, 399; *Top. Curr. Chem.* **1988**, 149, 189; Diederich, F. *J. Chem. Educ.* **1990**, 67, 813; Hamilton, A. D. *J. Chem. Educ.* **1990**, 67, 821; Raevskii, O. A. *Russ. Chem. Rev.* **1990**, 59, 219.
[158] Mageswaran, R.; Mageswaran, S.; Sutherland, I. O. *J. Chem. Soc., Chem. Commun.* **1979**, 722.
[159] Diederich, F.; Dick, K. *J. Am. Chem. Soc.* **1984**, 106, 8024; Diederich, F.; Griebe, D. *J. Am. Chem. Soc.* **1984**, 106, 8037. See also, Vögtle, F.; Müller, W. M.; Werner, U.; Losensky, H. *Angew. Chem. Int. Ed.* **1987**, 26, 901.
[160] Hosseini, M. W.; Lehn, J. M. *J. Am. Chem. Soc.* **1987**, 109, 7047. For a discussion, see Mertes, M. P.; Mertes, K. B. *Acc. Chem. Res.* **1990**, 23, 413.
[161] See Cram, D. J. *Angew. Chem. Int. Ed.* **1986**, 25, 1039.

[162] See Atwood, J. L. ; Davies, J. E. ; MacNicol, D. D. *Inclusion Compounds*, Vols. 1-3, Academic Press, NY, **1984** ; Weber, E. *Top. Curr. Chem.* **1987**, 140, 1; Gerdil, R. *Top. Curr. Chem.* **1987**, 140, 71; Mak, T. C. W. ; Wong, H. N. C. *Top. Curr. Chem.* **1987**, 140, 141; Bishop, R. ; Dance, I. G. *Top. Curr. Chem.* **1988**, 149, 137.

[163] For reviews, see Goldberg, I. *Top. Curr. Chem.* **1988**, 149, 1; Weber, E. ; Czugler, M. *Top. Curr. Chem.* **1988**, 149, 45; MacNicol, D. D. ; McKendrick, J. J. ; Wilson, D. R. *Chem. Soc. Rev.* **1978**, 7, 65.

[164] Strobel, T. A. ; Hester, K. C. ; Sloan Jr. , E. D. ; Koh, C. A. *J. Am. Chem. Soc.* **2007**, 129, 9544.

[165] For a review of urea and thiourea inclusion compounds, see Takemoto, K. ; Sonoda, N. in Atwood, J. L. ; Davies, J. E. ; MacNicol, D. D. *Inclusion Compounds*, Vol. 2, Academic Press, NY, **1984**, pp. 47-67.

[166] Taken from Alavi, S. ; Udachin, K. ; Ripmeester, J. A. *Chem. Eur. J.* **2010**, 16, 1017.

[167] Radell, J. ; Connolly, J. W. ; Cosgrove, Jr. , W. R. *J. Org. Chem.* **1961**, 26, 2960.

[168] Redlich, O. ; Gable, C. M. ; Dunlop, A. K. ; Millar, R. W. *J. Am. Chem. Soc.* **1950**, 72, 4153.

[169] Heaton, N. J. ; Vold, R. L. ; Vold, R. R. *J. Am. Chem. Soc.* **1989**, 111, 3211.

[170] For a review, see MacNicol, D. D. in Atwood, J. L. ; Davies, J. E. ; MacNicol, D. D. *Inclusion Compounds*, Vol. 2, Academic Press, NY, **1984**, pp. 1-45.

[171] Toda, F. ; Hyoda, S. ; Okada, K. ; Hirotsu, K. *J. Chem. Soc. , Chem. Commun.* **1995**, 1531.

[172] For a monograph on water clathrates, see Berecz, E. ; Balla-Achs, M. *Gas Hydrates* ; Elsevier, NY, **1983**. For reviews, see Jeffrey, G. A. in Atwood, J. L. ; Davies, J. E. ; MacNicol, D. D. *Inclusion Compounds*, Vol. 1, Academic Press, NY, **1984**, pp. 135-190; Cady, G. H. *J. Chem. Educ.* **1983**, 60, 915.

[173] Sloan, E. D. *Clathrate Hydrate of Natural Gases*, Marcel Dekker, Inc. , **1998**.

[174] Kirkor, E. ; Gebicki, J. ; Phillips, D. R. ; Michl, J. *J. Am. Chem. Soc.* **1986**, 108, 7106.

[175] See also, Toda, F. *Pure App. Chem.* **1990**, 62, 417; *Top. Curr. Chem.* **1988**, 149, 211; **1987**, 140, 43; Davies, J. E. ; Finocchiaro, P. ; Herbstein, F. H. in Atwood, J. L. ; Davies, J. E. ; MacNicol, D. D. *Inclusion Compounds*, Vol. 2, Academic Press, NY, **1984**, pp. 407-453.

[176] For a review, see Giglio, E. in Atwood, J. L. ; Davies, J. E. ; MacNicol, D. D. *Inclusion Compounds*, Vol. 2, Academic Press, NY, **1984**, pp. 207-229.

[177] See Miki, K. ; Masui, A. ; Kasei, N. ; Miyata, M. ; Shibakami, M. ; Takemoto, K. *J. Am. Chem. Soc.* **1988**, 110, 6594.

[178] Barbour, L. J. ; Caira, M. R. ; Nassimbeni, L. R. *J. Chem. Soc. , Perkin Trans. 2* **1993**, 2321. Also see, Barbour, L. J. ; Caira, M. R. ; Nassimbeni, L. R. *J. Chem. Soc. , Perkin Trans. 2* **1993**, 1413.

[179] Lämsä, M. ; Suorsa, T. ; Pursiainen, J. ; Huuskonen, J. ; Rissanen, K. *Chem. Commun.* **1996**, 1443.

[180] Sherman, J. C. ; Knobler, C. B. ; Cram, D. J. *J. Am. Chem. Soc.* **1991**, 113, 2194.

[181] van Wageningen, A. M. A. ; Timmerman, P. ; van Duynhoven, J. P. M. ; Verboom, W. ; van Veggel, F. C. J. M. ; Reinhoudt, D. N. *Chem. Eur. J.* **1997**, 3, 639; Fraser, J. R. ; Borecka, B. ; Trotter, J. ; Sherman, J. C. *J. Org. Chem.* **1995**, 60, 1207; Place, D. ; Brown, J. ; Deshayes, K. *Tetrahedron Lett.* **1998**, 39, 5915. See also: Jasat, A. ; Sherman, J. C. *Chem. Rev.* **1999**, 99, 931.

[182] Chapman, R. G. ; Sherman, J. C. *J. Org. Chem.* **2000**, 65, 513.

[183] See Bender, M. L. ; Komiyama, M. *Cyclodextrin Chemistry*, Springer, NY, **1978**. For reviews, see in Atwood, J. L. ; Davies, J. E. ; MacNicol, D. D. *Inclusion Compounds*, Academic Press, NY, **1984**, the reviews, by Saenger, W. Vol. 2, pp. 231-259, Bergeron, R. J. Vol. 3, pp. 391-443, Tabushi, I. Vol. 3, pp. 445-471, Breslow, R. Vol. 3, pp. 473-508; Croft, A. P. ; Bartsch, R. A. *Tetrahedron* **1983**, 39, 1417; Tabushi, I. ; Kuroda, Y. *Adv. Catal.*, **1983**, 32, 417; Tabushi, I. *Acc. Chem. Res.* **1982**, 15, 66; Saenger, W. *Angew. Chem. Int. Ed.* **1980**, 19, 344; Bergeron, R. *J. Chem. Ed.* **1977**, 54, 204; Griffiths, D. W. ; Bender, M. L. *Adv. Catal.* **1973**, 23, 209.

[184] Garcia-Rio, L. ; Hall, R. W. ; Mejuto, J. C. ; Rodriguez-Dafonte, P. *Tetrahedron* **2007**, 63, 2208.

[185] Szejtli, J. in Atwood, J. L. ; Davies, J. E. ; MacNicol, D. D. *Inclusion Compounds*, Vol. 3, Academic Press, NY, **1984**, p. 332; Nickon, A. ; Silversmith, E. F. *The Name Game*, Pergamon, Elmsford, NY, p. 235.

[186] Modified from Saenger, W. ; Beyer, K. ; Manor, P. C. *Acta Crystallogr. Sect. B*, **1976**, 32, 120.

[187] For reviews, see Pagington, J. S. *Chem. Br.*, **1987**, 23, 455; Szejtli, J. in Atwood, J. L. ; Davies, J. E. ; MacNicol, D. D. *Inclusion Compounds*, Vol. 3, Academic Press, NY, **1984**, pp. 331-390.

[188] See Saenger, W. *Angew. Chem. Int. Ed.* **1980**, 19, 344.

[189] Engeldinger, E. ; Armspach, D. ; Matt, D. *Chem. Rev.* **2003**, 103, 4147.

[190] For a monograph, see Schill, G. *Catenanes, Rotaxanes, and Knots*, Academic Press, NY, **1971**. For a review, see Schill, G. in Chiurdoglu, G. *Conformational Analysis*, Academic Press, NY, **1971**, pp. 229-239.

[191] Solladié, N. ; Chambron, J. -C. ; Sauvage, J. -P. *J. Am. Chem. Soc.* **1999**, 121, 3684.

[192] Sasabe, H. ; Kihara, N. ; Furusho, Y. ; Mizuno, K. ; Ogawa, A. ; Takata, T. *Org. Lett.* **2004**, 6, 3957.

[193] Safarowsky, O. ; Vogel, E. ; Vögtle, F. *Eur. J. Org. Chem.* **2000**, 499.

[194] Amabilino, D. B. ; Ashton, P. R. ; Balzani, V. ; Boyd, S. E. ; Credi, A. ; Lee, J. Y. ; Menzer, S. ; Stoddart, J. F. ; Venturi, M. ; Williams, D. J. *J. Am. Chem. Soc.* **1998**, 120, 4295.

[195] Chiu, S. -H. ; Rowan, S. J. ; Cantrill, S. J. ; Ridvan, L. ; Ashton, R. P. ; Garrell, R. L. ; Stoddart, J. -F. *Tetrahedron* **2002**, 58, 807; Roh, S. -G. ; Park, K. -M. ; Park, G. -J. ; Sakamoto, S. ; Yamaguchi, K. ; Kim, K. *Angew. Chem. Int. Ed.* **1999**, 38, 638.

[196] See Onagi, H. ; Easton, C. J. ; Lincoln, S. F. *Org. Lett.* **2001**, 3, 1041; Cantrill, S. J. ; Youn, G. J. ; Stoddart, J. F. ; Williams, D. J. *J. Org. Chem.* **2001**, 66, 6857.

[197] Chiu, S. -H. ; Pease, A. R. ; Stoddart, J. F. ; White, A. J. P. ; Williams, D. J. *Angew. Chem. Int. Ed.* **2002**, 41, 270.

[198] Schwierz, H. ; Vögtle, F. *Synthesis* **1999**, 295.

[199] Elizarov, A. M. ; Chiu, S. -H. ; Stoddart, J. -F. *J. Org. Chem.* **2002**, 67, 9175.

[200] MacLachlan, M. J. ; Rose, A. ; Swager, T. M. *J. Am. Chem. Soc.* **2001**, 123, 9180.

[201] Amabilino, D. B. ; Ashton, P. R. ; Boyd, S. E. ; Gómez-López, M. ; Hayes, W. ; Stoddart, J. F. *J. Org. Chem.* **1997**, 62, 3062.
[202] For discussions, see Schill, G. *Catenanes, Rotaxanes, and Knots*, Academic Press, NY, **1971**. For a review, see Schill, G. in Chiurdoglu, G. *Conformational Analysis*, Academic Press, NY, **1971**, pp. 229-239; Walba, D. M. *Tetrahedron* **1985**, 41, 3161.
[203] Fujita, M. ; Ibukuro, F. ; Seki, H. ; Kamo, O. ; Imanari, M. ; Ogura, K. *J. Am. Chem. Soc.* **1996**, 118, 899.
[204] Harrison, I. T. ; Harrison, S. *J. Am. Chem. Soc.* **1967**, 89, 5723; Ogino, H. *J. Am. Chem. Soc.* **1981**, 103, 1303; Harrison, I. T. *J. Chem. Soc., Perkin Trans.* 1 **1974**, 301; Schill, G. ; Beckmann, W. ; Schweikert, N. ; Fritz, H. *Chem. Ber.* **1986**, 119, 2647. See also, Agam, G. ; Graiver, D. ; Zilkha, A. *J. Am. Chem. Soc.* **1976**, 98, 5206.
[205] For a directed synthesis of a rotaxane, see Schill, G. ; Zürcher, C. ; Vetter, W. *Chem. Ber.* **1973**, 106, 228.
[206] Deleuze, M. S. ; Leigh, D. A; Zerbetto, F. *J. Am. Chem. Soc.* **1999**, 121, 2364.
[207] For the synthesis of a doubly interlocking [2] catenane, see Ibukuro, F. ; Fujita, M. ; Yamaguchi, K. ; Sauvage, J.-P. *J. Am. Chem. Soc.* **1999**, 121, 11014.
[208] See Lukin, O. ; Godt, A. ; Vögtle, F. *Chem. Eur. J.*, **2004**, 10, 1879.
[209] Frisch, H. L. ; Wasserman, E. *J. Am. Chem. Soc.* **1961**, 83, 3789.
[210] *Molecular Catenanes, Rotaxanes and Knots* (Eds., Sauvage, J.-P. ; Dietrich-Buchecker, C. O.) Wiley-VCH, Weinheim, **1999**; Ashton, P. R. ; Bravo, J. A. ; Raymo, F. M. ; Stoddart, J. F. ; White, A. J. P. ; Williams, D. J. *Eur. J. Org. Chem.* **1999**, 899; Mitchell, D. K. ; Sauvage, J.-P. *Angew. Chem. Int. Ed.* **1988**, 27, 930; Niergarten, J.-F. ; Dietrich-Buchecker, C. O. ; Sauvage, J.-P. *J. Am. Chem. Soc.* **1994**, 116, 375; Chen, C.-T. ; Gantzel, P. ; Siegel, J. S. ; Baldridge, K. K. ; English, R. B. ; Ho, D. M. *Angew. Chem. Int. Ed.* **1995**, 34, 2657.
[211] Kaida, T. ; Okamoto, Y. ; Chambron, J.-C. ; Mitchell, D. K. ; Sauvage, J.-P. *Tetrahedron Lett.* **1993**, 34, 1019.
[212] Schmieder, R. ; Hübner, G. ; Seel, C. ; Vögtle, F. *Angew. Chem. Int. Ed.* **1999**, 38, 3528.
[213] Prelog, V. ; Gerlach, H. *Helv. Chim. Acta* **1964**, 47, 2288; Gerlach, H. ; Owtischinnkow, J. A. ; Prelog, V. *Helv. Chim. Acta* **1964**, 47, 2294; Eliel, E. L. ; Wilen, S. H. ; Mander, L. N. *Stereochemistry of Organic Compounds*, Wiley, NY, **1994**, pp. 1176-1181; Chorev, M. ; Goodman, M. *Acc. Chem. Res.* **1993**, 26, 266; Mislow, K. *Chimia*, **1986**, 40, 395.
[214] For an example, see Anelli, P. L. ; Spencer, N. ; Stoddart, J. F. *J. Am. Chem. Soc.* **1991**, 113, 5131.
[215] Oshikiri, T. ; Takashima, Y. ; Yamaguchi, H. ; Harada, A. *J. Am. Chem. Soc.* **2005**, 127, 12186.
[216] Anelli, P. L. ; Spencer, N. ; Stoddart, J. F. *J. Am. Chem. Soc.* **1991**, 113, 5131. For a review of the synthesis and properties of molecules of this type, see Philp, D. ; Stoddart, J. F. *Synlett* **1991**, 445.
[217] Diederich, F. ; Dietrich-Buchecker, C. O. ; Nierengarten, S.-F. ; Sauvage, J.-P. *J. Chem. Soc., Chem. Commun.* **1995**, 781.
[218] Dietrich-Buchecker, C. O. ; Nierengarten, J.-F. ; Sauvage, J.-P. *Tetrahedron Lett.* **1992**, 33, 3625. See Dietrich-Buchecker, C. O. ; Guilhem, J. ; Pascard, C. ; Sauvage, J.-P. *Angew. Chem. Int. Ed.* **1990**, 29, 1154.
[219] Liu, L. F. ; Depew, R. E. ; Wang, J. C. *J. Mol. Biol.* **1976**, 106, 439.
[220] Williams, A. R. ; Northrop, B. N. ; Chang, T. ; Stoddart, J. F. ; White, A. J. P. ; Williams, D. J. *Angew. Chem. Int. Ed.* **2006**, 45, 6665.
[221] Day, A. I. ; Blanch, R. J. ; Arnold, A. P. ; Lorenzo, S. ; Lewis, G. R. ; Dance, I. *Angew. Chem. Int. Ed*,. **2002**, 41, 275.
[222] Mock, W. L. *Top. Curr. Chem.* **1995**, 175, 1; Mock, W. L. in *Comprehensive Supramolecular Chemistry*, Vol. 2 (Eds.: Atwood, J. L. ; Davies, J. E. D. ; MacNicol, D. D. ; Vogtle, F.), Pergamon, Oxford, **1996**, pp. 477-493; Day, A. ; Arnold, A. P. ; Blanch, R. J. ; Snushall, B. *J. Org. Chem.* **2001**, 66, 8094. For cucurbit [10] uril, see Liu, S. ; Zavalij, P. Y. ; Isaacs, L. *J. Am. Chem. Soc.* **2005**, 127, 16798.

第 4 章
立 体 化 学

在前几章中，我们讨论了有机分子的电子分布情况。在这一章中我们将讨论有机化合物的立体结构[1]。这种结构有可能是立体异构[2]。所谓立体异构体就是这么一些化合物，它们具有相同的原子组成，并采用相同的键用相同的方式连接，但是三维空间取向不同，而且不能互变。这些三维立体结构被称为构型。

4.1 光学活性与手性[3]

能使偏振光平面发生偏转的物质具有光学活性。如果一种纯化合物具有光学活性，该分子就不能与它的镜像重合；如果某个分子与它的镜像能重合，那么该化合物就不能使平面偏振光偏转，亦即无光学活性。物体不能与其镜像重合的性质被称为手性。不能与其镜像重合的化合物为手性化合物。如果物体能与它的镜像重合，它就是非手性的。光学活性与手性的关系是绝对对应的，还没有发现例外，目前已经发现了成千上万的与它相符的情况（但是，可参见 4.3 节）。光学活性的最终判据就是手性（即与其镜像不能重合），这是一个充分必要条件[4]。这个事实已经作为确定许多化合物结构的证据，历史上曾假设这个关系正确而推导出碳具有正四面体特性。要指出的是，宇称守恒的破坏是粒子和原子手性的基本特征，与分子手性相关联[5]。

如果一个分子不能与它的镜像重合，那么其镜像所代表的就一定是另一个不同的分子，因为可重合性与同一性是一样的。对于每种具有光学活性的纯化合物，有两种且只有两种异构体，称为对映异构体（enantiomer），有时候也称为对映体（enantiomorph），对映异构体结构的不同仅在于其取向的左旋与右旋的区别（图 4.1）。除了下面两个重要的方面外，对映异构体的物理和化学性质完全一样[6]：

（1）对映异构体使平面偏振光偏转的方向相反，但是角度相同。使平面偏振光向左偏转（逆时针方向）的异构体叫 *l*-异构体（*levo* isomer），用（-）表示；使平面偏振光向右偏转（顺时针方向）的异构体叫 *d*-异构体（*dextro* isomer），用（+）表示。由于它们在该性质上的区别，它们通常被称为旋光对映体（optical antipode）。

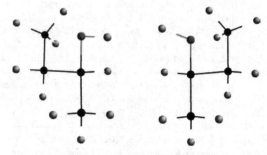

图 4.1　2-丁醇的对映异构体

（2）对映异构体与手性化合物的反应速度不一样。它们的反应速度有时可能差别很小，以至于这种差异在实际应用上没有意义；也有可能相差非常大，以至于一个对映体以适当的速度反应，而另一个对映体可能根本不反应。这就是为什么许多化合物具有生物学活性，而其对映异构体却没有。对映异构体与非手性化合物反应速度相同[7]。

一般来说，在对称环境中对映异构体的性质完全一样，而在不对称环境里，对映异构体的性质可能不一样[8]。除了前面提到的重要区别外，对映异构体在手性催化剂存在时与非手性分子反应速度可能不一样；在手性溶剂中对映异构体的溶解度也可能不同；它们在用圆偏振光检测时可能有不同的折射率或吸收光谱等。在很多情况下，这些区别太小以至于无法应用，同时也可能大到无法测量。

虽然纯净手性化合物都是光学活性的，但是相同量的一对对映异构体组成的混合物却没有光学活性，因为对平面偏振光大小相同方向相反的偏转被互相抵消了。这样的混合物叫做外消旋混合物[9]或外消旋体[10]。外消旋体的性质与单个对映体未必相同。在气态、液态或者溶液中它们的性质常常是相同的，因为这样的混合物是近似理想的。但是固态中的性质[11]，如熔点、溶解度和熔化热却常常不一样。例如外消旋的酒石酸熔点是 204～206℃，20℃时在水中的溶解度是 206g/L，而对于（+）型或（-）型对映体的相应数据分别为 170℃、1390g/L。将一个外消旋混合物分离成两个光学活性的纯化合物的过程叫做拆分（resolution）。光学活性的存在可以证明一个化合物具有手性，然而光学活性的不存在不能证明这个化合物是非手性的。一个没有光学活性的物质有可能是非手性的，也可能是外消旋混合物（参见 4.3 节）。

4.1.1 旋光度与测量条件的关系

对于给定的对映异构体来说，旋光度 α 的数值不是一个常数。它与容器长度、温度、溶剂[12]、浓度（对于溶液）、压力（对于气体）和测量光的波长有关[13]。当然，同一个化合物在相同条件下所测得的旋光度值是一样的。容器长度和浓度或压力决定了光路上的分子数目，而 α 与分子数目是成正比的。因此，为了能够比较一个纯光学物质的 α 值与不同测量条件下该物质的另一个 α 值，人们定义了一个物理参数 $[\alpha]$，称为比旋光度。

对于溶液来说，$[\alpha]=\dfrac{\alpha}{lc}$

对于纯化合物来说，$[\alpha]=\dfrac{\alpha}{ld}$

在这里，α 是观察到的旋光度，l 是用 dm 表示的样品池长度，c 是用 g/mL 表示的浓度，而 d 是用 g/mL 表示的密度。比旋光度值经常与温度和波长数据一同给出，表示方式为：$[\alpha]_{546}^{25}$。当比较旋光度的时候，这些条件必须完全相同，因为还没有一个简单的公式可将这两个参数概括进去。$[\alpha]_D$ 表示测量旋光度时采用的是钠（D）光源，也就是 $\lambda=589$nm 的光测量的。摩尔旋光度 $[M]_\lambda^t$ 等于比旋光度乘上分子量再除以 100。

需要强调的是，虽然 α 的值随条件改变，但是分子结构是不变的，即使条件的改变不仅改变旋光度，甚至引起分子取向的改变时也是这样。例如，天冬氨酸一个对映体的水溶液，在 20℃ 时 $[\alpha]_D=+4.36°$，而 90℃ 时 $[\alpha]_D=-1.86°$，而在此温度变化过程中分子结构并没有发生改变。这种现象的一个结果是在某个特定温度（在本例中为 75℃）时，对映异构体对偏振光不发生偏转。当然，天冬氨酸的另一个对映体呈现与之相反的行为。

还有其它的例子表明，当波长、溶剂甚至浓度改变时，光偏转的方向也会相反[14]。从理论上而言，由于公式中已考虑了浓度，因此 $[\alpha]$ 应该不随浓度的变化而改变，但是缔合、解离和溶质-溶剂相互作用经常会引起非线性行为。例如，（-）-2-甲基-2-乙基丁二酸在 $CHCl_3$ 中，$c=16.5$g/100mL（0.165g/mL）时，$[\alpha]_D^{24}=-5.0°$；$c=10.6$g/100mL 时，$[\alpha]_D^{24}=-0.7°$；$c=8.5$g/100mL 时，$[\alpha]_D^{24}=+1.7°$；$c=2.2$g/100mL 时，$[\alpha]_D^{24}=+18.9°$[15]。需要注意的是，浓度有时候不是用标准的克/毫升（g/mL）而是用 g/100mL（如上例）或 g/10L（g/dL）表示。我们应该随时检查并确认浓度的单位。还需注意的是，对 (R)-(-)-3-氯-1-丁烯旋光度的计算表明，旋光度与 C=C−C−C 的扭转角存在显著的关系[16]。然而，观察到的旋光度比计算值小了 2.6，它与分子构象和检测波长从 589nm 到 365nm 变化都无关系。

4.2 什么样的分子具有光学活性

虽然光学活性的最终判据是分子是否与镜像重合（手性），但是也可以使用其它比较简单而不是永远准确的检验方法。其中的一种方法就是观察是否存在对称面[17]。对称面[18]（也叫镜面）是指一个穿过物体的平面，物体在它两侧的部分正好相互对映（平面起一个镜子的作用）。存在这种平面的化合物都没有光学活性，不过目前已知个别化合物没有这种平面但也没有光学活性。有些化合物中存在一个对称中心，如 α-古柯间二酸；有些化合物中存在一个更迭对称轴，如化合物 **1**[19]。对称中心[18]是指物体中的一个点，由该物体中的任一部分或任一成分向该中心画出的直线，以等距离延长到另一侧时会遇到相同的部分或成分。n 阶更迭对称轴[18]是一个这样的轴，当包含这个轴的物体绕该轴转动 $360°/n$ 的角度，而后在垂直于该轴的截面上进行对映操作时，获得与原物体一模一样的新物体。没有更迭对称轴的化合物是手性化合物。

α-古柯间二酸

只有一个手性碳原子——与四个不同基团相连的碳原子，又称为不对称碳或立体源碳（stereogenic carbon）——的化合物总是手性的，因而也具有光学活性[20]。如图 4.1 所示，无论 W、X、Y 和 Z 是什么基团，只要都互不相同，这种分子就不存在对称面。可是，手性碳的存在对光学活性来说既不是必要条件也不是充分条件，因为没有手性原子的分子也可能有光学活性[21]，而某些有两个或更多手性碳原子的分子，由于可以与它们的镜像重合（称为内消旋化合物），因具有对称面而没有光学活性。这些化合物的例子将在后面讨论。

有光学活性的化合物可以分成以下几类。

（1）有手性碳原子的化合物 如果分子中只有一个手性碳原子，这个分子必然具有光学活性。无论这四个基团的差别如何小。例如，1,12-二溴-6-甲基十二烷只有一个手性碳原子，因而具有光学活性。甚至像 1-氘代-1-丁醇这样的化合物[22]，其中一个基团是氢，另一个是氘，也被发现具有光学活性[23]。

虽然对映异构体具有数值相等而符号相反的比旋光度，但是有可能因为差别太小而无法精确测量。对于光学活性化合物，旋光度的大小很大程度上取决于四个基团的性质，一般随这些基团的极化性差别的增大而增大。烷基之间的极化性非常相近[24]，5-乙基-5-丙基-十一烷的光学活性太低，以至于采用 280～580nm 之间的任一波长都测量不到[25]。

（2）有其它四价手性原子的化合物[26] 如果分子中含有这样的原子，它不仅包含有指向正四面体的四个顶点的四根键，并且这四个基团都互不相同，那么该化合物就有光学活性。属于这类的原子有 Si[27]、Ge、Sn[28]、N（在季铵盐或 N-氧化物中）[29]。在砜结构中与硫相连的键是四面体的，但由于其中两个基团总是氧，因此通常没有光学活性。然而，其中一个氧是 ^{16}O，另一个氧是 ^{18}O 的有光学活性的砜 **2** 的获得[30]，说明了基团间细微的差别都足以产生光学活性。在更深入的研究中，酯 **3** 的一对对映体也被制备出来了[31]。同样，有光学活性的手性磷酸酯盐 **4** 也已制备出来[32]。

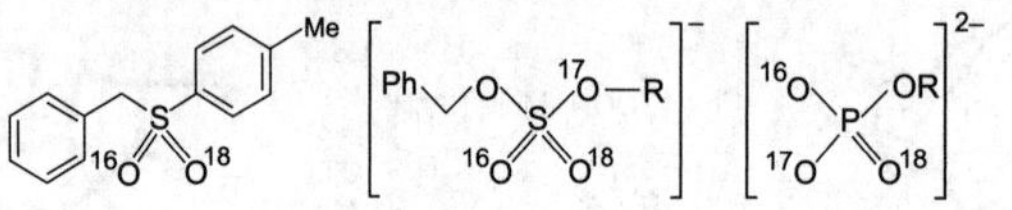

2　　**3**　　**4**

（3）有三价手性原子的化合物 如果含锥形键[33]的原子所连的三个基团互不相同，那么推测该分子应有光学活性，因为它的未共用电子对类似于第四个基团，而且与其它基团有所区别。例如，X、Y 和 Z 互不相同的叔胺或伯胺是手性的，其第 4 个基团是未共用电子对，它们应该是

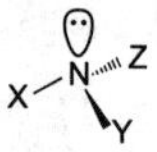

手性的，并且可以拆分。人们作了许多尝试去拆分这些化合物，但是到 1968 年他们全都失败了。这是因为棱锥形翻转，即共用电子对在 XYZ 平面的两侧迅速振荡，使分子变成它的对映体[34]。对于氨来说，每秒钟会发生 2×10^{11} 次转化。取代氨衍生物[35]（如：胺、酰胺等）的转化速度略慢。例如，N-甲基-2-氮杂二环 [2.2.1] 庚烷中，

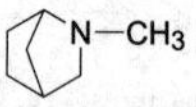

N-甲基-2-氮杂二环[2.2.1]庚烷

内型（endo）与外型（exo）甲基的转化能垒为 0.3kcal/mol（1.26kJ/mol）[36]。此时形变张力和角张力都对转换能垒起重要作用。两类氮原子，即三元环中的氮原子和与带未共用电子对的另一原子相连的氮原子，其转换尤其慢。可是多年的研究表明，即便是这些化合物，锥形翻转还是太快，以致不能拆分成单独的对映体。只有合成出兼有以上两种特征的化合物时才完成了拆分的任务[29]：即合成出氮原子在三元环中并且与带有未共用电子对的原子相连。例如，2-甲基-1-氯氮丙啶的两个异构体（**5** 和 **6**）已经被制备出，它们在室温下并不发生转化[37]。在合适的条件下，翻转能垒会导致化合物因三价手性氮原子的存在而具有光学活性。例如，**7** 已经被拆分出单独的对映体[38]。值得注意的是，在这种情况下氮也是与带有未共用电子对的原子相连的。氧氮丙啶（oxaziridine）[39]、二氮丙啶（diaziridine，例如 **8**）[40]、三氮丙啶（triaziridine，例如 **9**）[41]、1,2-噁唑烷（1,2-oxazolidine，例如 **10**）[42] 的构象稳定性已被证实，尽管这些化合物中有些环是五元的。但是应注意，在 **10** 中氮原子与两个氧原子相连。

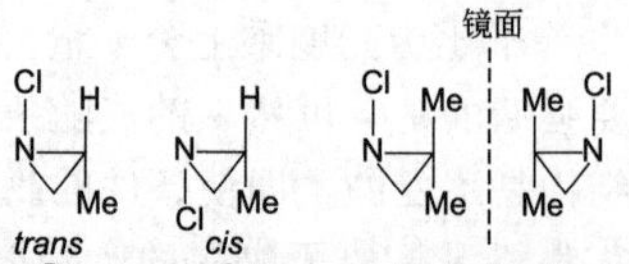

trans **5**　　cis **6**　　**7**

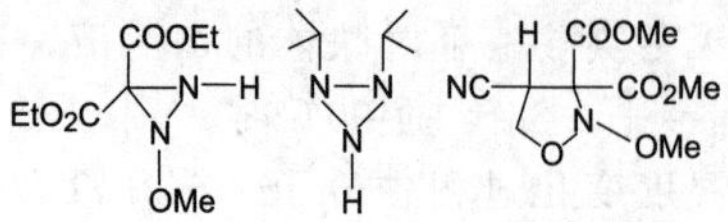

8　　**9**　　**10**

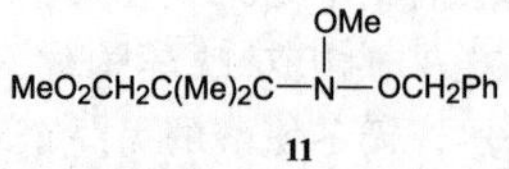

11

化合物 **11** 是氮原子与两个氧原子相连的又一个例子,在该结构中根本没有环,但是它也可以拆分成(+)和(−)对映体($[\alpha]_D^{20} \approx \pm 3°$)[43]。这个化合物以及在同一篇文献里报道的其它很多类似的化合物,都是含有无环的三价手性氮原子的光学活性化合物的第一批例子。但是,**11** 是光学不稳定的,在 20℃ 下可以发生外消旋化,半衰期是 1.22h。一个类似的化合物(在 **11** 中用 OEt 取代 OCH$_2$Ph)有较长的半衰期,在 20℃ 下为 37.5h。

图 4.2 分子的不对称垂直平面及不含不对称碳原子的手性分子

当氮原子位于桥头时,锥形的转化当然被阻止了。如果这些分子具有手性,那么即使分子结构中没有上面所说的那两个特征也能拆分,例如已制备出具有光学活性的 **12**(Tröger 碱)[44]。磷的锥形翻转转化较慢,而砷更慢[45]。具有光学活性的非桥头磷[46]、砷和锑化合物已经被拆分出(例如 **13**)[47]。亚砜、亚磺酸酯、锍盐和亚硫酸盐中的硫具有锥形键。这些化合物中的每一类都有被拆分的实例[48]。一个有趣的例子是(+)-Ph^{12}CH$_2$SO^{13}CH$_2$Ph,尽管这个亚砜的两个烷基只有 ^{12}C 和 ^{13}C 的差异,但该化合物的 $[\alpha]_{280}$ 却为 ±0.71°[49]。计算研究表明,亚砜中的硫通过四面体中间体发生碱催化的翻转[50]。

(4)合适取代的金刚烷 在桥头有四个不同取代基的金刚烷是手性的,具有光学活性。例如,**14** 的光学异构体已经被拆分开[51]。这类分子是一种推广的正四面体,其对称性也与任何四面体一样。

(5)旋转受限产生的不对称垂直平面 有些化合物分子中并没有不对称碳原子,但是因为它们有如图 4.2 所示的结构,它们仍然是手性的。对于这些化合物,我们可以画出两个垂直面(见 I),但其中任何一个都不是分子的对称面(由 II 表示)。如果分子相对于其中某个平面对称,那么该分子就能与它的镜像重合,而这样的平面就是该分子的对称面。这些要点可以举例说明。

邻位含有四个大基团的联苯,由于位阻的影响,分子不能围绕中心的键自由旋转[52]。例如,测得手性的 2-羧基-2′-甲氧基-6-硝基联苯发生对映异构化过程的活化能(旋转能垒)= (21.8 ± 0.1) kcal/mol (91.3kJ/mol)[53]。在这类化合物中,两个芳环处在相互垂直的两个平面上。如果某一个环上的取代基是对称的,那么该分子就有一个对称面。例如下面的联苯:

假设 B 环的取代是对称的,那么就存在一个与 B 环垂直的平面,该平面包含了 A 环上所有的原子和基团,因此它就是该分子的一个对称面,这个化合物是非手性的。另一种情况:

该分子中没有对称面,是手性分子,很多这样的化合物已经被拆分开。注意,对位的基团不会造成对称面的丢失。只因转动受阻或大大减慢而可以拆分的异构体叫做阻转异构体(atropisomers)[54]。9,9′-二蒽也是旋转受阻的,是阻转异构体[55]。低温 NMR 有时可用于检测某些体系的阻转异构体,例如 1,2,4,5-四(邻甲苯基)苯[56]。构型稳定的阻转异构体也已有报道[57]。

为了使旋转受阻,环上并不一定需要四个大的邻位基团。对于有三个甚至只有两个基团的化合物,如果基团足够大,也可以阻止旋转。如果取代基合适,还可以拆分开。联苯-2,2′-双磺酸就是一个例子[58]。有时,那些取代基大到使旋转变慢，但不能完全阻止旋转。在这种情况下，某些制备出来的有光学活性的化合物在放置时可能缓慢发生外消旋化。例如，**15** 在 25℃ 乙醇中失去光学活性的半衰期是 9.4min[59]。旋转被更大程度阻碍的化合物，如果用较高的温度补偿必要的能量，以使得这些基团可以相互通过，往往也可以发生外消旋化[60]。

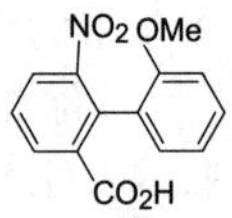

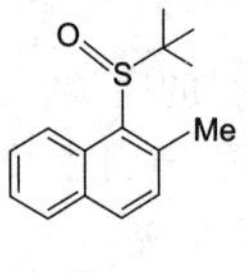

在其它体系中也有阻转异构体。其中包括单吡咯[61]。例如，亚砜 **16** 形成阻转异构体的转换能垒是 18～19kcal/mol（75.2～79.4kJ/mol）[62]。受阻的 α-萘基醇，如 **17**，存在 sp-阻转异构体（**17a**）和 ap-阻转异构体（**17b**）[63]。在金属有机化合物中也有阻转异构体，例如，用 2,2'-双(二苯基膦)-1,1'-联萘（R-BINAP，参见反应 **19-36**）反应得到的双膦铂配合物 **18**[64]。

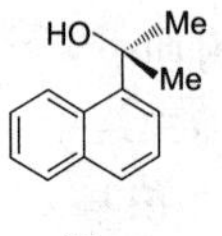

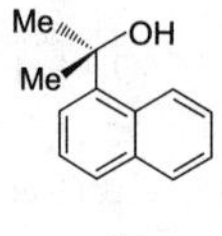

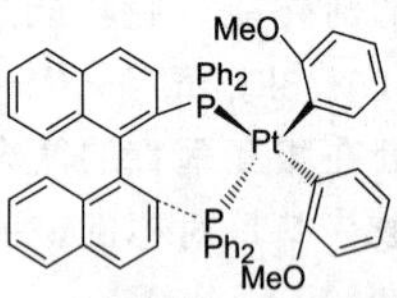

在一些情况下，由于旋转受限而可以分离出异构体。在 9,10-双(三氟乙烯基)菲（**19**）中可以形成扭转的非对映异构体（参见 4.7 节）。**19a** 和 **19b** 转化的 K 值是 0.48，$\Delta G° = 15.1$kcal/mol（63.1kJ/mol）[65]。阻转异构体的分离有赖于所分离的化合物与溶剂的相互作用，例如秋水仙碱的阻转异构体已被分离、鉴定出，并已研究了其二色性[66]。

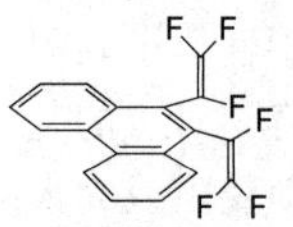

丙二烯的中心碳采取 sp 杂化形式。余下的两个 p 轨道相互垂直，并各自与一个相邻碳原子的 p 轨道重叠，迫使与之相连的每个碳上剩余的两个键处在互相垂直的平面上。因而丙二烯的结构属于图 4.2 所示的类型。与联苯一样，丙二烯只有当两侧都不对称取代时，才是手性的[67]。这种情况与基于双键的顺反异构完全不同（参见 4.11 节）。如果是顺反异构，四个基团应在一个平面上，所形成的异构体不是对映异构体，也不具有手性。而丙二烯两侧的基团分别处在两个垂直面中，异构体是有光学活性的对映异构体。

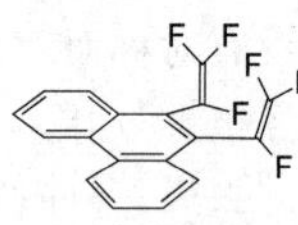

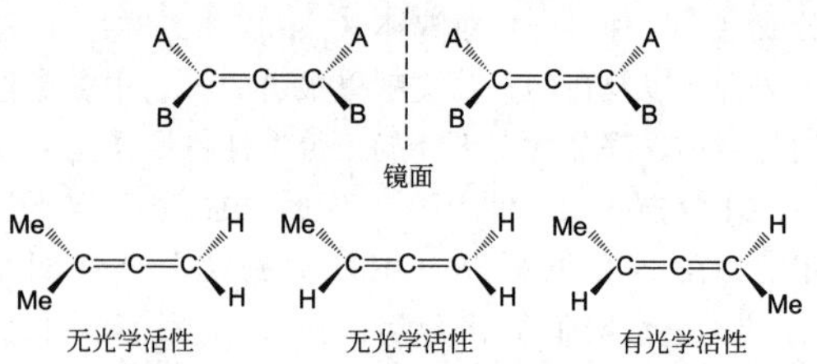

当存在 3 个、5 个或其它任意奇数个累积双键时，轨道重叠使两端的 4 个基团处于同一个平面，可以观察到顺反异构。当存在 4 个、6 个或任意偶数个累积双键时，情况类似于丙二烯，相应分子可能有光学活性。化合物 **20** 已经被拆分开[68]。

具有如图 4.2 所示结构的其它类型化合物，如果这些分子两侧都是非对称的，那么也同样是手性的。这类化合物包括螺环化合物（spirane，例如 **21**）和有环外双键的化合物（例如 **22**）。(1,5)-桥连杯[8]芳烃（参见 3.3.2 节）也存在阻转异构[69]。

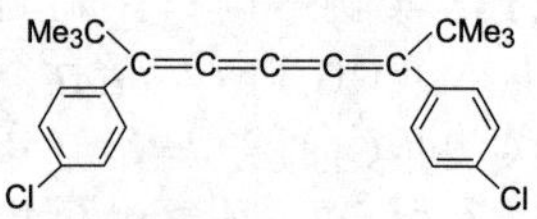

(6) **螺旋产生的手性**[70]　有些分子具有螺旋形状，其螺旋的方向可能是左手或右手方向，目前已经制备出几种具有这类结构特征的手性分子。整个分子可能不能构成完整的一圈螺旋，但这并不改变其左右手性质的存在。六螺烯[71]就是这样的例子，因为基团之间的拥挤，六螺烯分子的一侧位于另一侧之上[72]。螺旋烃的旋转异构能垒大约是 22.9kcal/mol（95.7kJ/mol），当有取代基存在时能垒会显著提高[73]，螺旋烃的二价负离子也保持其手性[74]。可以对螺旋烃进行手性区别[75]。1,16-二氮杂[6]螺烯已经被制备出来，有趣的是它并没有起到质子海绵（proton sponge）的作用（参见 8.6 节），因为螺旋结构使碱性的氮原子相距太远了。庚间三烯并庚间三烯本身不是平面型分子（参见 2.9.3 节），它的扭转结构使其具有手性，但是对映异构体之间转化很快[76]。

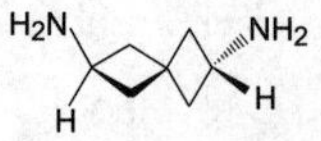

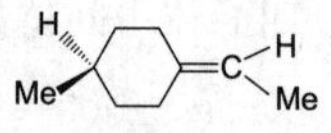

反-环辛烯（参见 4.11.1 节）也显示螺旋手性，因为它的碳链必须位于双键的一侧之上另一

侧之下[77]。相似的螺旋手性也出现在俘精酸酐(**23**)[78]和二螺-1,3-二噁烷（**24**）中，后者有两个对映异构体——**24a** 和 **24b**[79]。

六螺烯

庚间三烯并庚间三烯

反-环辛烯

23

24a

24b

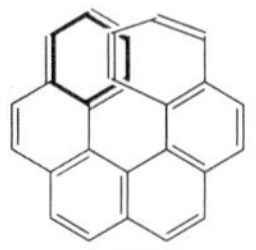

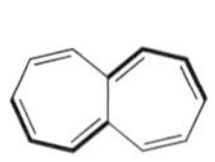

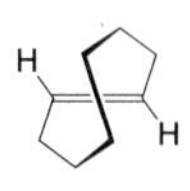

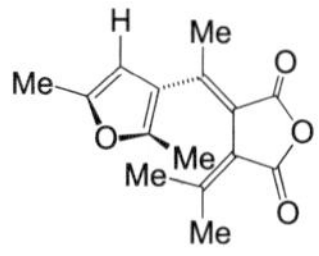

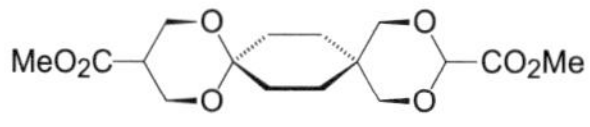

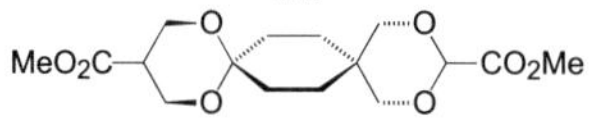

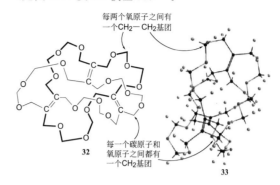

(7) 其它类型旋转受阻引起的光学活性　取代的对环芳烷可能有光学活性[80]，例如 **25**，并已经被拆分开[81]。此结构中手性的产生是因为苯环的旋转不能使羧基穿过脂链环。很多手性的层状环芳烷（例如 **26**）已经被制备出[82]。另一个有不同类型手性的环芳烷[83]是［12］［12］对环芳烷（**27**），手性的产生是由于两个与中心苯环相连的环的相对取向不同而引起的[84]。乙酰基(acetylenic）环芳烷具有螺旋手性[85]。

25

26

27

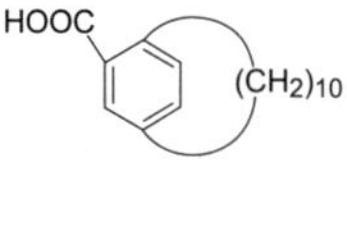

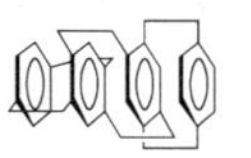

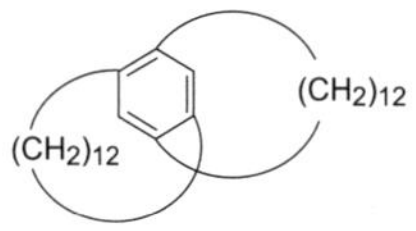

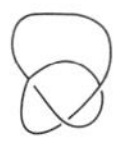

在一个环上至少有两个不同取代基的茂金属化合物（见到 2.9.2 节）也具有手性[86]。几百种这样的化合物已经被拆分开，例如 **28**。适当几何构型的其它金属络合物中也发现了手性[87]。例如，反丁烯二酸四羰基铁（**29**）已经被拆分开[88]。1,2,3,4-四甲基环辛四烯（**30**）也具有手性[89]，这个盆状分子（见 2.11 节）中，既没有对称面也没有更迭对称轴。另一个化合物是螺旋桨状的全氯三苯基胺，由于旋转受阻而具有手性，其对映体已经被拆分[90]。桶烯的 2,5-二氘代衍生物 **31** 是手性的，而其母体烃及其单氘代衍生物却没有手性。化合物 **25** 的光学活性形式已经被制备出[91]，这是另一个由同位素取代而产生手性的例子。

28

29

30

全氯三苯基胺

31

化合物 **32** 的主分子链是一个 Möbius 带形式（见图 15.7 及 3D 模型 **33**)[92]。

32　　**33**

这个分子中既没有手性碳也没有刚性的结构，但是它却既没有对称面又没有更迭对称轴。化合物 **32** 已经被合成，而且实验证明该化合物具有手性[93]。包含 50 个或 50 个以上碳原子的环，应该存在绳结一样的结构（**34**，以及第 3 章 3.4 节中的 **39**）。这种绳结结构不能与它的镜像重合。杯芳烃[94]、冠醚[95]、索烃和轮烷（参见 3.4 节）如果取代合适的话，也可以是手性分子[96]。例如，**40** 和 **41** 就是不能相互重合的实物与镜像。

34

35

36

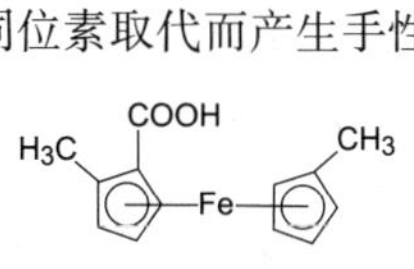

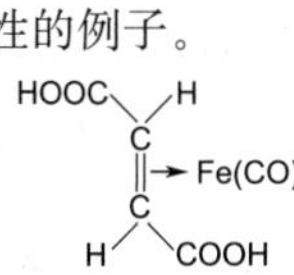

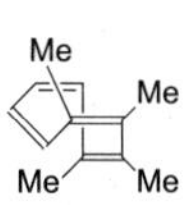

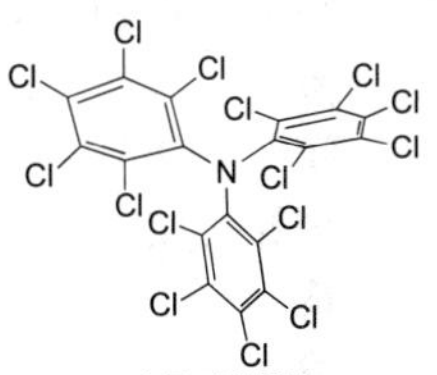

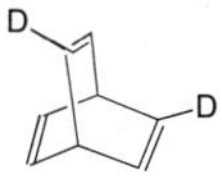

手性中心可以从非手性分子通过化学反应产生。例如羧酸 α-溴代生成 α-溴羧酸的反应（Hell-Volhardt-Zelenskii 反应，反应 **12-05**）：

$$CH_3CH_2COOH + Br_2 \xrightarrow{P} CH_3CHBrCOOH$$

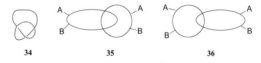

在这个反应中，产物 α-碳是手性碳。如果反应中没有不对称的成分，那么产物一定是外消旋混合物。这表明如果起始物和反应条件都没有光学活性，那么就不可能产生有光学活性的物质[97]。在采用外消旋混合物时，除非存在动力学拆分（参见 4.9 节），此说法也成立。于是外消旋的 2-丁醇用 HBr 处理时，必然产生外消旋的 2-溴丁烷。

4.3　Fischer 投影式

为了充分理解立体化学，观察分子模型（如图 4.1 所画的那些结构）是非常有用的。但是将分子模型写在纸上或画在黑板上并不方便。1891 年，Emil Fischer 用一种称为 Fischer 投影式的特定方式显示了氨基酸和一些糖类分子。这是一种简单的表示方法，即在纸上“侧面观察”正四面体。按照规定，是这样拿模型的：指向纸前面的两根键处于水平方向，指向纸后面的两根键处于垂直方向，如 2-氨基丙酸（丙氨酸）所示。利用现代计算机已经能很容易得到分子模型，但用二维结构来表示三维结构仍然具有重要作用。

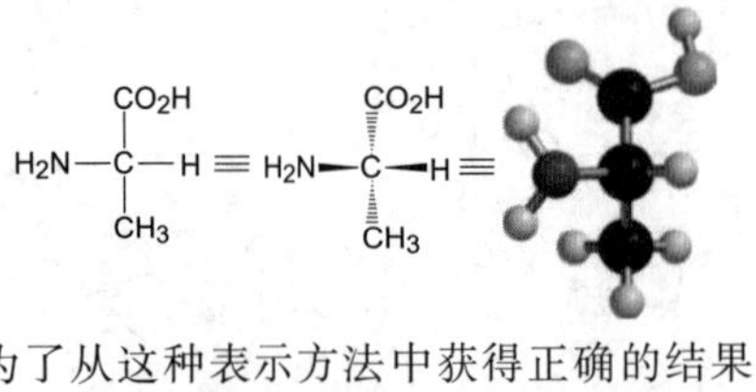

为了从这种表示方法中获得正确的结果，必须记住这种表示法是投影，应采取与验证重合性的模型不同的处理方法。每一个平面都可以与它的镜像重合，因而对这些投影式必须加以限制，不能使它们离开黑板或纸面，也不能转动 90°，但可以作 180°的转动：

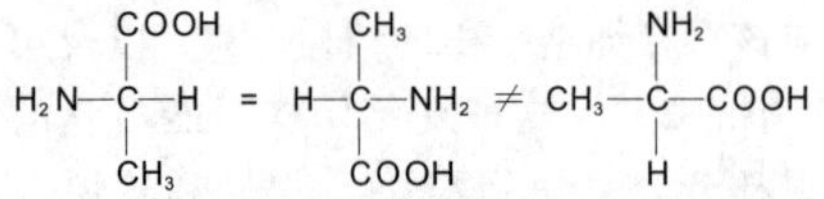

也可以固定某个基团，顺时针或逆时针转动其余三个基团（因为这一点用模型可以证明）：

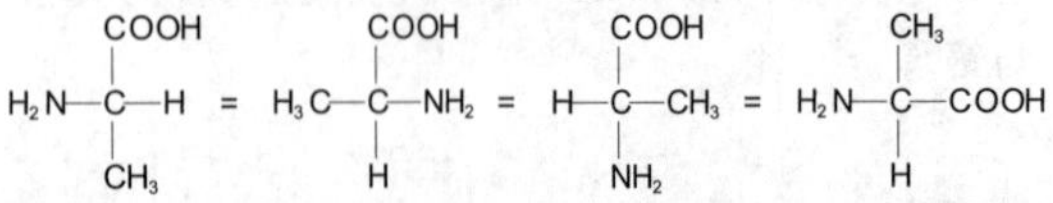

但是，任何两个基团的交换会使对映体变成它的镜像（这条原则既适用于模型，也适用于 Fischer 投影式）。

基于这些限制，可用 Fischer 投影式代替模型，讨论含不对称碳的分子是否能与它的镜像重合。但是，对于由除不对称原子之外的其它因素引起的手性分子［参见 4.2 节（5）］并没有这样的规则。

4.4 绝对构型

假定我们有两支试管，一支盛（－)-乳酸，另一支盛（＋)-乳酸。又假如一支盛 37 或另一支盛 38。我们如何知道哪支试管对应哪种乳酸呢？

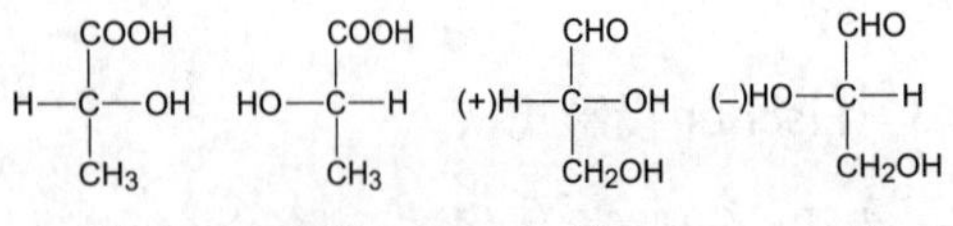

为了创建一个模型回答这个问题，Rosanoff 建议选择一个化合物作为标准，并人为指定它为某一构型。考虑到甘油醛与糖的关系，所以选择的化合物是甘油醛。指定（＋)-甘油醛的构型为 39，并被标记为 D。（－)-甘油醛被指定为 40，

用 L 标记。一旦选定了标准，就将其它化合物与甘油醛关联。例如，用氧化汞（HgO）氧化（＋)-甘油醛，产生（－)-甘油酸：

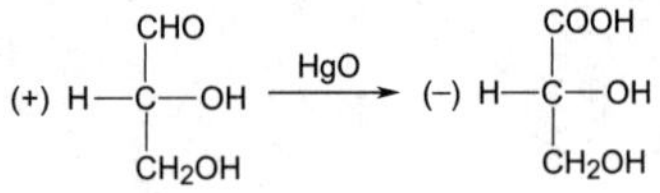

由于反应时没有改变中心碳的构型，因此可以断定（－)-甘油酸具有和（＋)-甘油醛一样的构型，因而（－)-甘油酸也是 D 型的。这个例子着重指出了构型一样的分子使平面偏振光偏转的方向不必相同。这个事实并不使我们感到意外，因为我们已经知道同一化合物在不同条件下可能使平面偏振光偏转的方向不同。

甘油酸的构型一旦确定（从与甘油醛的关系而确定)，其它化合物就能与甘油醛或甘油酸发生关联。关联新化合物之后，其余化合物又可与这些新化合物相关联。依照这种方法，现在已经将成千上万的化合物间接地与 D 或 L-甘油醛关联起来。已经确定具有 D 构型的 37 是使偏振光平面向左偏转的乳酸异构体。甚至一些没有不对称原子的化合物，例如联苯和丙二烯，也已经纳入 D 系列或 L 系列了[98]。当化合物纳入 D 系列或 L 系列时，它的绝对构型也就可以认为是知道了[99]。

到 1951 年，已经有可能证明 Rosanoff 的主观指定是否正确。普通的 X 射线结晶学不能区分 D 或 L 异构体，但 Bijvoet 等[100]使用一种特殊技术可以观察酒石酸钠铷的结构，并与甘油醛结构比较，发现 Rosanoff 当初做出了正确的指定。第一个真正的绝对构型是从酒石酸盐的结构中获得，这或许是一个历史上的巧合，因为 Pasteur 对酒石酸的另一个盐也有过重大发现。

尽管前人普遍使用 D 和 L 表示绝对构型，但这方法并不是没有缺点。这个方法并不适用于所有含有手性中心的化合物，而只能适用于那些可与甘油醛建立结构关联的化合物。因而，除了碳水化合物和氨基酸等化合物，DL 体系现在已不再使用。需要更加通用的模型来区分对映体的手性中心。

4.4.1 Cahn-Ingold-Prelog 体系

Cahn-Ingold-Prelog 体系，（或 CIP 体系）是普遍使用的体系。在该体系中，不对称碳上的四个基团按照一定顺序规则分出等级[101]。为了研究方便，我们只规定了以下几条原则，这对大多数手性化合物而言已经足够了。

（1）取代基依照与手性碳原子直接相连原子

第 4 章 绝对构型

的原子序数减少的顺序排列。

（2）氚排在氘的前面，而氘又排在氢的前面。类似的，任何质量较高的同位素（例如 ^{14}C），同样比任何质量低的同位素在先。

（3）如果分子中有两个或更多相同原子与不对称碳相连，则由第二个原子的原子序数确定顺序。例如，在 $Me_2CH—CHBr—CH_2OH$ 中，由于氧的原子序数高于碳的原子序数，所以 CH_2OH 基团放在 Me_2CH 基团之前。注意，尽管在 Me_2CH 基因中有两个碳而在 CH_2OH 基因中只有一个氧也是这种排列顺序。如果与第二个原子相连的两个或更多的原子仍相同的话，则由第三个原子确定顺序，依此类推。

（4）除氢以外的所有原子，形式上假定都是四价的。实际化合价较小的原子（如氧、氮或碳负离子）就用虚拟原子（phantom atoms）（用下标 0 标识）把化合价补充到 4。这些虚拟原子的原子序数被指定为 0，当然排在最低。于是基团 $^+NHMe_2$ 就比 NMe_2 排的位次高些。

表 4.1 常见的四个基团在 Cahn-Ingold-Prelog 体系中的处理方法

基团	处理方法	基团	处理方法
$\overset{H}{\underset{}{}}C=O$	$-\overset{H}{\underset{C_{000}}{C}}-O^{000}-O^{000}$	$-C\equiv C-H$	$-\overset{C_{000}}{\underset{C_{000}}{C}}-\overset{C_{000}}{\underset{C_{000}}{C}}-H$
$\overset{H}{\underset{}{}}C=CH_2$	$-\overset{H}{\underset{C_{000}}{C}}-\overset{C_{000}}{\underset{C_{000}}{C}}-$	$-C_6H_5$	$-\overset{H}{\underset{}{}}\overset{C_{000}}{\underset{C_{000}}{C}}\overset{C_{000}}{\underset{C_{000}}{C}}$

（5）假定双键和叁键好像被分成两根或三根单键，例如表 4.1 中的例子（请留意对苯基的处理）。注意，在 $C=C$ 双键中，将这两个碳原子的每个都视为与两个碳原子相连。这后面两个碳原子的任一个又被视为具有三个虚拟基团。

我们将表 4.1 的四个基团比较一下：$—CHO$、$—CH=CH_2$、$—C\equiv CH$ 和 $—C_6H_5$ 这四个基团的第一个原子分别连有（H, O, O）、（H, C, C）、（C, C, C）和（C, C, C）。这就足以证明 $—CHO$ 排在第一，而 $—CH=CH_2$ 排在最后，因为即使只有一个氧也排在三个碳之前，三个碳排在两个碳和氢之前。为了将剩下的基团分类，我们必须沿着链进一步观察。注意，$—C_6H_5$ 有 2 个（C, C, C）的碳与（C, H）相连，第三个是（$_{000}$），因此比 $—C\equiv CH$ 排在前面，$—C\equiv CH$ 只有一个（C, C, H）和两个（$_{000}$）。

应用上面的规则，一些基团按递减顺序排列是：COOH、COPh、COMe、CHO、$CH(OH)_2$、邻甲苯基、间甲苯基、对甲苯基、苯基、$C\equiv CH$、叔丁基、环己基、乙烯基、异丙基、苄基、新戊基、烯丙基、正戊基、乙基、甲基、氘、氢。因而根据 CIP 规则，甘油醛的四个基团排列顺序是 OH、CHO、CH_2OH、H。

顺序确定后，需要用一个模型确定绝对构型，即要使什么样的结构与哪个对映体关联。该模型被称为方向盘模型（steering wheel model）。采用这种方式放置分子：将排序最低的基团远离观察者，其它基团按从大到小顺方向旋转，如果旋转的方向是顺时针的，那么该分子以（R）表示；如果是逆时针方向的，以（S）表示。对甘油醛来说，其（+）-对映体如下所示，根据 CIP 规则和方向盘模型，其绝对构型表示为（R）：

转动分子使排序最低的H处于转轴上，以满足方向盘模型的要求

CIP 规则和方向盘模型可用于表示下列分子的绝对构型。A 中异丙基碳排在含有溴原子的碳链之前，甲基排序最低。转动分子使甲基处于转轴上，得到该分子为（R）构型。B 中有两个手性中心，其中，（S）中心以含有（R）中心的链排序最低，而（R）中心以甲基排序最低。C 中有两个（S）中心，而分子中间含有羟基的碳不是手性碳。仔细观察 C 发现该碳原子具有两个相同的基团 $CH(OH)CH_2OH$。

CIP 体系相当明确，可以很方便地应用于大多数情况中。CIP 体系也已经推广到不含不对称原子的手性化合物中，但具有手性轴的化合物除外[102]。具有手性轴的化合物包括：不对称丙二烯、存在阻转异构的联芳烃［参见 4.2 节（5）］、烷基烯基环己烷衍生物、分子螺旋桨或分子齿轮、螺旋烯、环芳烷、轮烯、反-环烯烃以及金属茂。为解决这些分子的构型，人们基于

所谓的"扩展四面体模型"提出了一系列规则，但这些规则对于环芳烷和其它体系仍不太确定[103]。

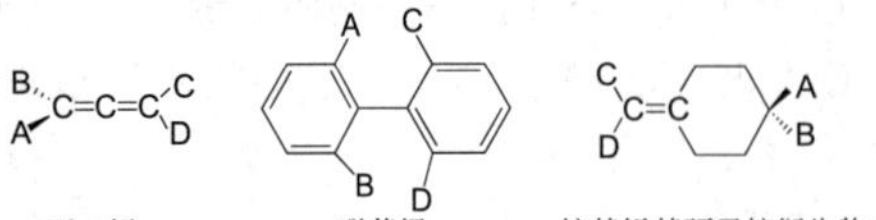

丙二烯　　联芳烃　　烷基烯基环己烷衍生物

4.4.2　测定构型的方法[104]

在所有方法中[105]，都需要将未知构型的化合物与已知构型的另一化合物联系起来。这样做的最重要的方法有：

（1）在不干扰手性中心的前提下，将未知构型化合物转变为已知构型的化合物，或将已知构型的化合物转变未知构型化合物。可参见上述甘油醛-甘油酸的例子。由于手性中心未被干扰，因而产物甘油酸的构型与起始原料甘油醛的构型是一样的。当然并不总是发生像甘油醛-甘油酸这样保持相同绝对构型的情况。如果反应过程不干扰（改变）手性中心，那么绝对构型取决于与手性中心相连的基团的性质。例如，当（R）-1-溴-2-丁醇在不干扰手性中心的条件下被还原成2-丁醇时，产物却是（S）-异构体，因为 CH_3CH_2 排列位次比 $BrCH_2$ 低，比 CH_3 高。

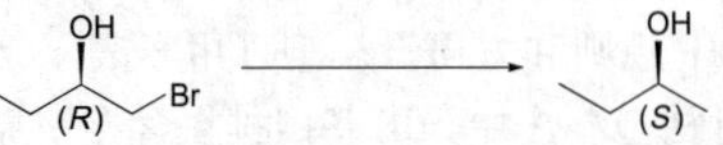

（2）在已知机理的前提下令手性中心的构型翻转。例如，S_N2 机理使不对称碳构型发生转化（参见 10.1.1 节）。正是通过一系列这样的转化，将乳酸与丙氨酸关联起来：

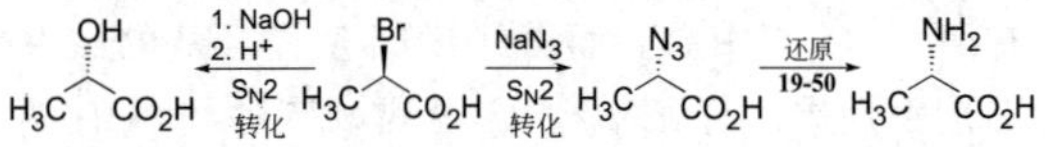

（S）-(+)-乳酸　　　　　　　　　　　　　（S）-(+)-丙氨酸

（3）生物化学方法。在许多类似的化合物里，例如氨基酸和某些类型的甾类化合物，特定的酶通常会只进攻一种构型的分子。例如，如果某个酶只能进攻八种氨基酸的 L 型结构，那么对于未知的第九种氨基酸的进攻，也将是针对 L 型的。

（4）光学比较法。有时能用旋光的符号和大小来确定哪个异构体具有哪种构型。在同系物中，旋光通常是沿着一个方向逐渐变化的。如果该系列已知构型的成员足够多，那么遗漏成员的构型可用类推法可以确定。此外某些基团对母体分子旋光的贡献或多或少地在一个固定范围内，尤其对于母体是甾族化合物这种刚性体系。

（5）Bijvoet 的 X 射线方法可以直接给出结果，这一方法已经用于许多实例中。

（6）测定对映异构体成分的最有用的方法是用一个手性非外消旋试剂来衍生醇，而后用气相色谱检查产物中非对映异构体的比例[106]。这是测定对映异构体成分的最有用的方法之一。这样的衍生试剂有很多，不过用的最常用的是α-甲氧基-α-三氟甲基苯乙酸（MTPA，或称 Mosher 酸，**41**）[107]。该酸与一个手性非外消旋醇（R*OH）反应得到的 Mosher 酯（**42**），可以用 ^{1}HNMR 或 ^{19}F NMR 以及色谱技术来分析非对映异构体的组成[108]。与镧系位移试剂形成配合物可使 MTPA 酯的信号被拆分开，从而用来确定对映体的组成[109]。这种 NMR 方法以及其它相关的方法[110]，对于确定待研究的醇（R*OH，其中 R* 是含有手性中心的基团）的绝对构型非常有效[111]。许多其它的试剂也被用于确定醇或胺的对映体纯度，其中的两个是 **43** 和 **44**。氯甲基内酰胺 **43** 与 R*OH 或 R*NHR（R*NH$_2$）[112]反应生成的衍生物可用 ^{1}H NMR 进行分析，而 **44** 与醇氧负离子（R*O$^-$）[113]反应生成的衍生物可用 ^{31}P NMR 进行分析。关于检测光学纯度的更详细的讨论参见 4.10 节。

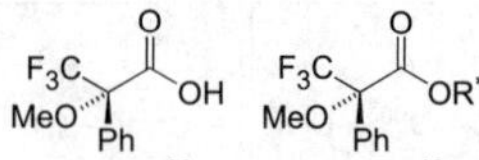

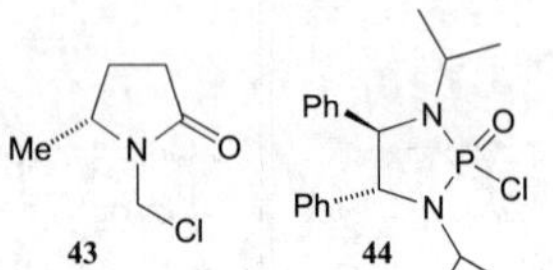

（7）测定一些分子的绝对构型时，也会使用其它方法，例如旋光光散[114]、圆二色谱[115]和不对称合成（参见 4.8 节）。旋光光散（ORD）是检测比旋光度 [α] 与波长的函数关系[116]。测定比旋光度 [α] 或者摩尔旋光度 [φ] 随着波长的变化，比旋光度或摩尔旋光度与波长的曲线关系通常与所研究物质的手性有关。总体来说，旋光度的绝对值随着波长的减少而增加。CD 的结果体现的是非外消旋样品在一定光谱范围内对左、右旋圆偏振光吸收的差异，在这个光谱范围内的吸收谱带是各向异性光谱或者可见电子光谱[117]。ORD 和 CD 最基本的用途是研究构型或构象[118]。构型和构象的分析也常应用红外光谱和振动圆二色谱（VCD）[119]。

在很多应用这些技术的实例中有一个方法较为有效：在衍生化 1,2-二醇的研究中，Snatzke

和 Frelek 提出采用 [Mo₂(AcO₄)][120]，将生成的配合物暴露在空气中，在大多数情况下将产生很强的诱导圆二色谱 (ICD)。这个方法可以备用于各种 1,2-二醇[121]。

(8) NMR 数据库。Kishi 和他的同事[122] 开发了一个各种分子在手性溶剂中的 NMR 数据库[123]，这个数据库可以用于指认相对和绝对的立体化学，而不需要衍生化或者降解。Kishi 认为这个数据库是"通用的 NMR 数据库"[124]。数据库中提供的二醇 (**45**) 的数据很好地说明了这个方法。图 4.3 中给出了化合物 **45** (100MHz) 碳谱化学位移平均值以及在 DMBA(N,α-二甲基苄胺) 中的化学位移差值。实验记录了在两种对映异构体溶剂中的谱图，其中实心条带代表在 (R)-DMBA 中的信号，而阴影条带代表在 (S)-DMBA 中的信号。X 轴和 Y 轴分别代表碳原子编号和化学位移差值 $\Delta\delta(\delta_{45 a \sim h} - \delta_{ave})$。这张图就是从 ($R$)-、($S$)-DMBA 溶剂中 "¹³C NMR 数据库"中获取的，这个图显示了某一给定的非对映异构体的每一个碳原子的化学位移与该碳原子平均化学位移的偏差。在 (R)-、(S)-DMBA 溶剂中，每一个非对映异构体的 NMR 图谱都基本一样，但是与其它非对映异构体的 NMR 谱图不同，这说明可以利用数据库中在 (R)-DMBA 和/或 (S)-DMBA 溶剂中的谱图预测结构单元最初形式的相对立体化学结构[125]。

¹H NMR 分析方法被用于研究 β-羟基酮的立体化学结构，这是通过对 β-羟基酮的 (R)-亚甲基单元 ABX 系统的可视化分析来完成的[126]。由于 β-羟基酮可以通过羟醛缩合反应衍生而来，这个新的方法在有机合成中非常有用。另一种方法是利用 ¹³C NMR 来判断 2,3-二烷基戊烯酸的相对立体结构[127]。

4.5 光学活性的产生

或许要问，为什么只有手性分子能使平面偏振光偏转？理论上这个问题已经被探明，可以非常简单地解释如下[128]：

当一束光遇上透明物质中的分子时，该光束由于与分子作用而减速。这种现象一般引起光的折射，光速的降低与物质的折射率成正比。相互作用的程度依赖于分子的极化性。平面偏振光可以被认为由两种圆偏振光组成。圆偏振光绕光轴方向呈螺旋状传播（也许仅仅可能是这样，如果我们能看见波的话），两种圆偏振光中一种是左手螺旋的，另一种是右手螺旋的。当平面偏振光通过对称区域时，这两种圆偏振光以同样速度前进。但是，手性分子有不同的极化性，这依赖于螺旋光是从左还是从右接近。假设一种圆偏振成分从左面接近分子，那么就与从右面接近时的极化性不同（因此一般来说有不同折射率），并以不同程度减慢。也就是说，左手和右手方向的圆偏振光成分以不同速率前进，因为它们各自减慢的程度不同。可是，对同一束光的两种成分以不同速度前进是不可能的，因此，实际上发生的情况是较快的成分"拉住"了较慢的成分，引起平面的偏转。根据分子中键的折射和基团的极化性，已经设计出推测旋光符号和大小的经验方法[129]，并且这些方法在许多场合中给出相当满意的结果。

液体和气体分子的取向是随机的。有些分子因为有对称面而无光学活性，但这些分子采取使分子对称面与光的偏振面一致的取向的可能性很小。当分子采取这样的取向时，这些特殊分子不

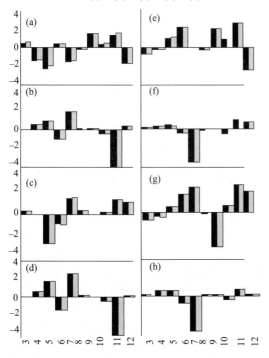

(a) C5(S), C6(R), C7(S), C8(R)
(b) C5(S), C6(R), C7(S), C8(S)
(c) C5(S), C6(R), C7(S), C8(S)
(d) C5(S), C6(R), C7(R), C8(R)
(e) C5(R), C6(S), C7(R), C8(S)
(f) C5(R), C6(S), C7(R), C8(R)
(g) C5(R), C6(S), C7(S), C8(S)
(h) C5(R), C6(S), C7(R), C8(R)

图 4.3　¹H NMR 立体化学指认分析

会使偏振面偏转,可是大多数的其余分子却并不采取这种取向,因而会使偏振面发生偏转,尽管分子是非手性的。之所以没有出现对偏振光的净偏转是因为,大量存在的分子具有各种取向,在光路上总会再遇上一个与前一分子取向相反的分子,从而将偏转的光又偏转回来。尽管几乎所有的分子都分别使偏振面偏转,但总旋光还是零。但是对手性分子而言(若不是外消旋混合物),不存在相反的取向,所以有净旋光。

在非手性溶剂中用 CD 测量手性分子溶液时,观察到了一个很有趣的现象:有时候手性溶剂对 CD 强度有 10%～20% 的贡献。显然,手性化合物可以诱导产生一个手性的溶剂化结构,即使溶剂分子本身是非手性的[130]。

4.6 含有不止一个手性中心的分子

当分子具有两个手性中心时,每个中心都有它自己的构型。每个中心可用 Cahn-Ingold-Prelog 法确认为 (R) 或 (S) 构型。这样共有 4 个异构体,因为第一个手性中心可能是 (R) 或 (S),所以第二个手性中心也可能是 (R) 或 (S)。采用 Fischer 投影式和扩展构象 (extended conformation) 画出每个异构体。既然一个分子只能有一个镜像,所以其余三个中只有一个是 A 的对映异构体,这就是 B[(R) 手性中心的镜像总是 (S) 手性中心]。化合物 C 和 D 是第二对对映异构体,C、D 与 A、B 是非对映异构体 (diastereomer) 的关系。非对映异构体可以定义为"不是对映异构体的立体异构体"。它们是并不互成镜像的立体异构体,不能重合。C 和 D 是对映异构体,必然有除了在 4.1 节提到的特殊性之外的完全相同的性质,A 和 B 也是如此。然而,A、B 的性质与 C、D 不一样。它们有不同的熔点、沸点、溶解度、反应性和一切其它物理、化学及光谱性质。这些性质通常很相似但不完全相同。其实,非对映异构体的比旋光度不同。的确,一个非对映异构体可能是手性的,能使平面偏振光偏转,而另一个非对映异构体可能是非手性的,完全不能使平面偏振光偏转(我们在下面可以看到这样的例子)。

现在可以看出为什么 4.1 节中称,一对对映体与另一个手性分子的反应速率不同,而与非手性分子的反应速率一样。在后一种情况,由 (R) 对映体和另一分子形成的活化配合物就是由 (S) 对映体和同一分子形成的活化配合物的镜像。既然两个活化配合物是对映的,于是它们的能量一样,形成它们的反应的速率也必然一样(参见第 6 章)。可是,当 (R) 对映体与 (R) 构型的手性分子反应时,该活化配合物的两个手性中心构型是 (R) 和 (S),而由 (S) 对映体形成的活化配合物构型是 (S) 和 (R)。这两个活化配合物是非对映的,能量不同,因此形成的速率也就不同。

具有两个手性中心的化合物(没有不对称碳的手性化合物,或有一个不对称碳和另一类手性中心的手性化合物,也遵循这里所说的规则),虽然一般而言,最多可能异构体数目是 4,但某些化合物的异构体数目小于这个数。当一个不对称碳上的三个基团和另一个不对称碳上的三个基团相同时,其中一个异构体的分子中有一个对称面,因此即使该分子有两个不对称碳也没有光学活性,该异构体被称为内消旋体 (meso 式),酒石酸就是一个实例。酒石酸只有三种异构体:一对对映体和一个没有光学活性的内消旋体。对于有两个手性原子的化合物,只有当一个手性原子上的四个基团和另一个手性原子上的一样时才有内消旋体。

酒石酸的三个立体异构体

当分子中手性中心数目多于 2 时,异构体数可以用式子 2^n 计算,式中的 n 是手性中心数。有时异构体实际数目少于 2^n,这是由于存在内消旋体的缘故[131]。一个有趣的例子是 2,3,4-戊三醇(或其它类似分子)。当 C-2 和 C-4 均为 (R) 构型[或均为 (S) 构型]时,中间碳不是不对称碳,标记为 dl 对。但当 C-2 或 C-4 其中一个是 (R) 构型另一个是 (S) 构型时,中间碳是不对称碳,标记为内消旋体。这样的碳被称为假不对称碳 (pseudoasymmetric carbon)。在此例中存在四个异构体:两个内消旋体和一个 dl 对。要记住:内消旋体与它的镜像重合,没有其它的立体异构体。只有一个手性中心的构型不同的两个非对映体叫做差向异构体 (epimer)。

在已有规则中用小写字母表示假不对称中心。如果一个原子是四面体取代的且与4个不同部分成键，其中2个且只有2个成键部分具有相反的构型，这样的原子是手性的。用符号"r"和"s"表示这样的手性中心。确定它们的构型也遵循顺序规则5，按照优先顺序，将"(R)"排列在"(S)"之前[132]。第1步：确定手性中心C-2和C-4的构型为"(R)"或"(S)"；以1,2,3-三氯戊烷为例，第2步：应用顺序规则确定C-3的构型，由于"(R)"优先"(S)"，Cl是最优先的，三者排列顺序为Cl、"(R)"、"(S)"，因而C-3为r。左边化合物中C-3的Cl和H交换将得到右边的化合物，相应的"3r"变成"3s"。

对于有两个或更多手性中心的化合物，每个手性中心的绝对构型必须分别测定。一般是采用4.4.2节所介绍的方法来确定一个中心的构型，而后再将此手性中心的构型与分子中其它手性中心关联。可采取的一种方法是X射线晶体学。但如前所述，X射线晶体学法不能测定任一手性中心的绝对构型，只能指出分子中所有手性中心的相对构型，因此当一个手性中心的构型采用独立的方法确定后，同一分子的其它手性中心的构型才能确定。其它物理方法和化学方法也已用于测定绝对构型。

当有不止两个异构体时，化合物不同立体异构体的命名问题也就产生了[2]。实际上，对映体应该叫同样的名字，以（R）和（S），或D和L，或（+）和（-）来区分。在有机化学的初期，按习惯对每对对映体赋以不同名字，或至少缀以不同的前缀（例如，epi-，peri-等）。例如，己醛糖分别叫葡萄糖、甘露糖、艾杜糖等，尽管它们都是2,3,4,5,6-五羟基己醛的异构体（在它们的开链形式）。之所以这样命名，部分是由于缺乏异构体与构型对应关系的知识[133]。目前异构体的命名已经习惯用（R）和（S）分别描述各个手性构型，当然在特殊情况下也用其它符号。例如就甾体而言，环系"平面"上方的基团以 β 表示，环系"平面"下方的基团以 α 表示。用实线描述 β 基团，虚线描述 α 基团。例如：1α-氯-5-胆甾烯-3β-醇，其 OH 基团位于分子的上方，而氯位于下方。

对许多开链化合物来说，有时使用从相应糖的名称所衍生的一些前缀，这些前缀是描述整个分子的而不是描述各个手性中心。常用的两个这样的字首为赤式（erythro-，又称赤藓式）和苏式（thero-，又称苏阿式），这两个前缀用来表示那些含两个不对称碳，且其中的两个基团相同而第三个基团不同的体系[134]。当用 Fischer 投影式画出分子结构后，赤式指相同基团在同侧，此时若将Y变成Z就成为内消旋体；苏式指相同基团在异侧，此时若将Y变成Z，它还是 dl 对。在另一个用于指定立体异构体[136]的系统[135]中，使用符号 syn 和 anti。分子的"主链"用通常的锯齿形画法，如果两个非氢取代基在主链所确定的平面的同一侧，则被定义为 syn；否则为 anti。

4.7 不对称合成

有机化合家通常希望能合成手性化合物的某个对映异构体或非对映异构体，而不是异构体的混合物。有两种方法可以实现这个想法[137]：第一个方法比较常用，是从纯手性化合物开始，用一种不会影响手性中心的合成方法进行合成。这种有光学活性的起始化合物可以通过前期的合成得到，或者拆分外消旋混合物获得（参见 4.9 节）。若有可能，可从自然界中得到。因为许多化合物，例如，氨基酸、糖和甾族化合物在自然界中是以单一对映体或非对映体的形式存在。这些化合物被认为是手性池，也就是能源源不断地作为起始反应物的稳定化合物[138]。但是这种说法现在不常提了。

另一种基本的方法叫做不对称合成[139]，或立体选择性合成。如前所述，光学活性的物质不能从没有光学活性的物质和反应条件下产生，除非采用前面提到的方法[97]。但是，产生新手性中心时，如果存在不对称因素，两种可能构型的数量可能存在差异。我们分为以下四个专题讨论不对称合成。

（1）**活性底物**（active substrate） 如果新手性中心产生于早已有光学活性的分子中，则形成的两个非对映体的数量不相等（偶然情况除外）。其理由是试剂进攻的方向由底物分子原有的基团确定。对于包含不对称α-碳的酮的碳-氧双键的某些加成来说，Cram规则可以预测产物以哪个非对映体为主，即非对映选择性（diastereoselectivity）[140,141]。**46** 的α-碳是手性中心，与HCN反应可以得到两个可能的非对映体（**47** 和 **48**）。

如果沿着分子轴观察，分子可以被描述成 **49** 所描述的那样（参见4.15.1节），式中的S，M和L分别代表小、中、大基团。羰基氧位于小基团和中基团之间。该规则指出进攻基团优先进攻有小基团的那一侧平面。根据这个规则，可以推测生成 **48** 的量比生成 **47** 的量大。

另一个用于推测非对映选择性的模型是过渡态模型 **50** 和 **51** 该模型被称为Felkin-Anh模型（Felkin-Anh model）[142]。该模型假设最优势过渡态中进攻基团与α-碳上负电性取代基的距离最远。还有一个模型称作Cornforth模型（Cornforth model），用于推测卤代羰基化合物羰基加成的非对映选择性[143]。该模型假设羰基氧上的电子对与氯原子上的电子对互相排斥，使它们采取反式构象。

目前已经发现了许多属于这种类型的反应，其中某些反应的选择性接近100%（例如反应12-12中的例子）[144]。反应位置距离手性中心越远，原手性中心对新生成的手性中心的影响就越小，则生成的非对映体的数量差别也越小。已经发现羰基化合物通过亲核酰基加成发生不对称还原的许多例子（反应16-24和16-25）。Felkin-Anh模型和Cornforth模型被用于评价烯醇硼烷（enolborane）对α-杂原子取代的醛的加成反应[145]。

这种类型的不对称合成中有一个特殊例子，化合物 **52** 是一个非手性分子，但是形成的晶体有手性，用紫外线照射会转化成单一手性的对映体 **53**[146]。

通常可以通过①引入手性基团、②实施不对称合成和③已有手性基团的裂分等方法，将一个非手性化合物转化成手性化合物。原有的手性基团叫做手性助剂。例如，将非手性的2-戊酮转化为手性的4-甲基-3-庚酮（**55**）[147]。在此例中，>99%的产物是(S)对映体。化合物 **54** 为手性助剂，因为它用于引入手性而后被除去。

（2）**活性试剂** 一对对映体可以被与其中一个对映体反应快而与另一个对映体反应慢的活性试剂所分离（这也是一种拆分的方法）。如果试剂的绝对构型已经知道，对映体的构型往往可以通过对机理的了解以及考察哪个非对映异构体形成得较多来确定[148]。非光学活性分子中新手性中心的产生也可以用旋光试剂实现，但是选择性为100%的情况很少见。一个例子[149,150]是用光学活性的4-甲基-N-苄基-3-羟甲基-1,4-二氢嘧啶（**56**）还原苯甲酰基甲酸得到的苯基乙醇酸，产物中含有约97.5%的(S)-(+)异构体和2.5%的(R)-(−)异构体（另一个例子参见反应15-16）。要注意另一个产物 **57**，是非手性的。像这样的反应中，一个试剂（此例中是 **56**）把它的手性给了另一个，此性质被称为自牺牲（self-immolative）。

$$\text{Ph}-\text{CO}_2\text{Me} + (S)\text{-}(+)\text{-}\underset{\mathbf{56}}{\text{N-CH}_2\text{Ph 吡啶衍生物}} \xrightarrow{\text{Mg}^{2+}}$$
苯甲酰基甲酸酯

$$\underset{\mathbf{57}}{\text{Ph}\overset{(S)}{\underset{\text{OH}}{\text{C}}}\text{COOH}} + \text{N}^{+}\text{-CH}_2\text{Ph}$$
(S)-(+)-苯基乙醇酸

这是另一个例子，手性从一个原子转移给同一个分子上的另一个原子[151]。

$$\underset{\text{Ph}}{\overset{\text{H}}{\text{C}=\text{C}}}\overset{\text{Me}}{\underset{\text{OCONHPh}}{}}\xrightarrow[\text{Reaction 10-60}]{\text{MeLi}} \underset{(89\%)}{\text{产物1}} + \underset{(11\%)}{\text{产物2}}$$
总产率83%

非光学活性底物有选择地转化为两个对映异构体其中一个的反应称为对映选择性（enantio-selective）反应，该过程称为不对称诱导。这些术语常用于此类别反应，以及下述的第（3）类与第（4）类反应。

当一个有光学活性的底物与一个有光学活性的试剂反应形成两个新的手性中心，有可能两个中心都会按照预期的方式构建。此类的过程称为双不对称合成（double asymmetric synthesis）[152]（参见反应 16-34 的例子）。

（3）**手性催化剂和溶剂**[153] 文献中有许多这样的例子，例如用氢和手性均相氢化催化剂，将酮和取代烯烃还原成具有光学活性（可能不是光学纯）的仲醇和取代的烷烃（反应 16-23 和 15-11）[154]；在手性催化剂存在下醛和酮与有机金属化合物的反应（参见反应 16-24）；在过氧化氢和手性催化剂存在下，烯烃转化为光学活性的环氧化物（参见反应 15-50）。在某些例子中，这种方法制备得到的对映体比率高达 99:1 或更高[155]。使用手性催化剂或溶剂的其它例子还有：在水和富马酸酶作用下，将氯代富马酸（它的双离子形式）转化为氯代苹果酸双离子形式的（−）-苏式异构体[156]；通过烯醇负离子与光学活性底物缩合制备光学活性的羟醛（羟醛缩合，见反应 16-35）[157]。

$$\underset{\text{COO}^-}{\overset{\text{−OOC}}{\text{C}=\text{C}}}\overset{\text{Cl}}{\underset{}{}} \xrightarrow[\text{富马酸酶}]{\text{H}_2\text{O}} \underset{\text{−OOC}}{\overset{\text{Cl}}{\text{C}}}\overset{}{\underset{\text{OH}}{\text{C}}}\text{COO}^-$$
（−）-苏式异构体

（4）**在圆偏振光照射下的反应**[158] 如果引发非手性试剂光化学反应（参见第 7 章）的是圆偏振光，那么在理论上有可能得到其中一种对映体较多的产物。但是，该方法并不很有效。在某些例子中，用左和右圆偏振光确实产生了旋光方向相反的产物[159]（说明了该原理是合理的），但是发展到现在，产物中某一对映体过量的程度总是小于 1%。

4.8 拆分的方法[160]

一对对映体可用几种方法拆分，其中将对映异构体转变成非对映异构体再用分步结晶法或色谱法分离，是最常用的方法。采用这种方法或某些其它方法，两个异构体都可以复原，而有些方法却不免破坏其中一个异构体。

（1）**转变为非对映异构体** 如果待拆分的外消旋体结构中具有羧基（且没有强碱性基团），就有可能与有光学活性的碱形成成盐。如果所用的碱是（S）型的，就会得到含有构型为（SS）和（RS）的两种盐的混合物。虽然这些酸是对映体，但所形成的盐却是非对映体，性质也不同，最常利用的特性是两种盐不同的溶解度。非对映异构体盐的混合物可以从合适的溶剂中结晶出来。既然溶解度不同，那么最初形成的晶体中其中一种非对映异构体的含量就会多于另一种。此时过滤晶体，会实现部分拆分。遗憾的是，通常溶解度的差别并没有大到一次重结晶就实现彻底拆分。为了达到彻底拆分，通常必须使用分步结晶，造成人力物力的很大浪费。所幸的是，具有光学活性的天然存在的碱（主要是生物碱）可以较好地应用于这种方法。最常用的天然碱是番木鳖碱、麻黄碱、马钱子碱和吗啡。两个非对映体一经分离，把盐再变回游离酸很容易，复原的碱还可再次使用。

$$\underset{(S)}{\overset{(R)}{\text{H}-\text{C}-\text{OH}}}\overset{\text{COOH}}{\underset{\text{CH}_3}{}} + \underset{(S)}{\overset{\text{COOH}}{\text{HO}-\text{C}-\text{H}}}\overset{}{\underset{\text{CH}_3}{}} \xrightarrow{+(S)\text{-番木鳖碱}} \underset{(S)}{\overset{(R)}{\text{H}-\text{C}-\text{OH}}}\overset{\text{COO}^-\text{番木鳖碱-H}^+}{\underset{\text{CH}_3}{}} + \underset{(S)}{\overset{\text{COO}^-\text{番木鳖碱-H}^+}{\text{HO}-\text{C}-\text{H}}}\overset{}{\underset{\text{CH}_3}{}}$$

多数羧酸可采用上述方法拆分。当分子中没有羧基时，在拆分之前往往先将其转化为羧酸。外消旋的化合物（例如 2-氨基环己醇衍生物）与羧酸（例如光学活性的苯基乙醇酸）反应生成非对映异构体，经分离后可转化为对映纯的化合物[161]。外消旋的碱与手性酸反应可以变成非对映异构体的盐。变成非对映异构体的策略并不局限于羧酸,其它基团[162]也可与光学活性试剂连接起来[163]。醇[164]可以变成非对映异构的酯,醛变成非对映异构的腙等。氨基醇可以用硼酸和手性双萘酚拆分[165]。氧化膦[166]和手性杯[4]芳烃[167]已经被拆分。手性冠醚通过形成非对映异构配合物[168],已经用于分离脂肪铵和芳铵离子的对映异构混合物[参见下文(3)]。甚至烷烃与尿素也可以变成非对映异构加合化合物[169]。尽管尿素不是手性化合物,但会形成笼形结构[170]。外消旋的不饱和烃已经通过与衍生自酒石酸的手性主体化合物形成包含复合物晶体而得到拆分[171]。反环辛烯 [4.3 节(6)] 就是通过转变为包含光学活性胺的铂配合物而拆分的[172]。

分步结晶是分离非对映异构体常用的最好方法。当使用该方法时,非对映异构体盐的双相图可以用来计算光学拆分效率[173]。但它的过程冗长并只限于固体,促使人们寻求其它方法。分馏只给出有限的分离,而气相色谱法[174]和制备液相色谱法[175]更加有用,在许多场合已代替了分步结晶,特别是待拆分的样品量很少的时候[176]。

(2) 差别吸收 当外消旋混合物加载于色谱柱上时,如果柱内填充的是手性物质,原则上这些对映体将以不同速率沿柱往下流动,因此无须变成非对映异构体就可以分离[176]。纸色谱、柱色谱、薄层色谱[177]和气相色谱及液相色谱法[178]都已经成功地应用于拆分。例如,用淀粉柱色谱可以将外消旋苯基乙醇酸(苦杏仁酸)完全拆分[179]。很多人通过使用手性吸收剂填充的色谱柱,用气相色谱和液相色谱法实现了对映体分离[180]。填充手性材料的色谱柱现在已经商品化,可用于分离某些类型化合物的对映异构体[181]。

(3) 手性识别 上面已经提到用手性主体分子来形成非对映体包含化合物。不过,在某些情况下,主体分子可能只与外消旋客体中的一个对映异构体形成复合物,而不是与另外一个。这种效应就叫做手性识别。此时,一个对映异构体适合主体的手性空穴,而另一个却不适合。更常见的情况是,两个非对映异构体复合物都能形成,不过一个形成得比另一个快,所以当除去客体后,这个问题就基本解决了 [这是动力学拆分的一种形式,参见下文(6)]。一个例子就是用手性冠醚 (58) 部分拆分一个外消旋的铵盐 (59)[182]。当 59 的水溶液与具有光学活性的 58 氯仿溶液相混合后,该体系会分层,氯仿层含有

58 和 (R)-59 配合物的量是另一个非对映异构体配合物的量的两倍。许多其它手性冠醚与穴状配体也已应用到这个方面。例如,环糊精[183]、胆酸[184]和其它类型的主体分子[169]。当然,酶的手性识别性能通常非常优异,许多模拟酶活性的尝试已见报道。

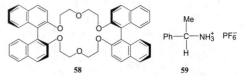

(4) 生物化学法[185] 酶催化的反应可用于此类拆分[186]。生物分子与两个对映体的反应速率有可能会不同。例如,某种细菌可以消化这个而不是另一个对映体。猪肝酯酶水解酶已经被用于选择性切割其中一个对映体酯[187]。这种方法的应用受到限制,因为需要找到合适的生物,此外在此过程中损失了另一个对映体。然而,当找到合适的生物时,这种方法可以极好地拆分对映体,因为生物过程通常具有很好的立体选择性。该过程被称为化学酶动力学拆分[188]。

(5) 机械分离[189] 这是 Pasteur 证明外消旋酒石酸其实是(+)和(−)-酒石酸的混合物时使用过的方法[190]。在外消旋酒石酸钠铵的体系中,结晶时所有(+)-分子形成一种晶体,而所有(−)-分子形成另一种晶体。由于形成的这两种晶体外形上不完全一样,也不能相互重叠,经过训练的结晶学家可以用镊子将它们分离[191]。但是,这种方法很少应用,因为已知有这样结晶行为的化合物不多。即便是酒石酸钠铵也只在低于 27℃ 以下才采取这种方式结晶。这种方法的更有用的改进,是在外消旋混合物溶液中加入只会使其中一种对映体结晶的某些物质[192],但是这个方法仍然不能普遍使用,曾有过机械分离七螺烯 [参见 4.3 节(7)] 的有趣例子报道。该化合物的一个对映体旋光度出奇得高,其 $[\alpha]_D^{20}=$ $+6200°$,可以从苯里自动结晶出[193]。在 1,1′-联萘的例子中,有光学活性的晶体可以通过在 76~150℃ 加热化合物的外消旋多晶样品来形成,此时发生了从一个晶态到另一个晶态的相变[194]。需要注意的是,1,1′-联萘是很少可以用 Pasteur 镊子法拆分的化合物之一。在某些情况下,可以通过加入手性诱导剂进行对映选择结晶的方法实现拆分[195]。自拆分也已经可以通过升华的方法实现。在降冰片衍生物 60 的例子中,当外消旋固体升华时,(+)-分子凝固成一种晶体而(−)-分子凝固成另一种[196]。此时获得的

晶体外形是可以重合的，这与酒石酸钠铵的情形不同，不过研究人员有办法去掉一个被证明有光学活性的单晶。

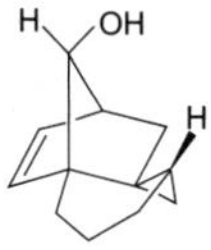

60

（6）**动力学拆分**[197]　既然对映体可以以不同的反应速率与手性化合物反应，那么在反应完成前停止反应有时候可能会实现对映体的部分拆分。这个方法与 4.3 节（5）讨论的不对称合成很相似。一个只利用底物转化率的方法被用于评估动力学拆分的对映体比率[198]。这种方法的一个重要应用是用光学活性的二异松蒎基硼烷来拆分外消旋烯烃[199]，因为烯烃在没有其它功能团存在下不容易转换成非对映体。另一个例子是拆分烯丙醇，例如 **61** 与一个手性环氧化试剂+对映体的反应（见反应 **15-50**）[200]。在 **61** 的例子中，差别非常显著：一个对映体被转变为环氧化物，另一个则没有，二者比率（即选择率）>100。当然，采用此法只得到了原外消旋混合物中的一个对映体。此外，有至少两种可能得到另一个对映体的方法：①用手性试剂的另一个对映体；②通过保持构型的反应将产物转化为起始化合物。

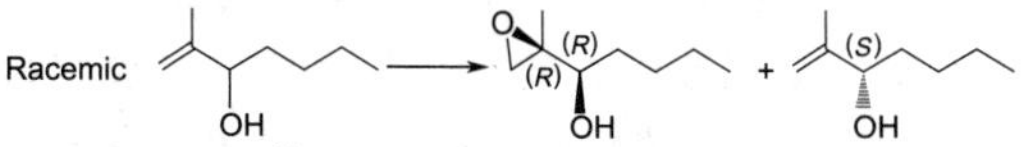

61

外消旋乙酸烯丙基酯的动力学拆分[201]已经通过不对称双羟基化（参见反应 **15-48**）实现了，4-羰基四氢咪唑-4-羧酸盐被用来作为胺类化合物动力学拆分的新手性助剂[202]。研究发现，平面的手性环醚在室温下稳定，但可以被动力学拆分[203]。

（7）**去外消旋**　在这个过程中，一个对映体被转化成另一个对映体，于是一个外消旋混合物变成了一个纯的对映体，或者富含某一对映体的混合物。虽然过程中也需要一个外加的光学活性物质，但这个过程与上面提到的拆分有所不同。

有两个因素影响去外消旋化：①对映体必须与手性底物的复合方式不同；②在实验条件下它们必须可以相互转化。当外消旋的硫酯和一个特定的手性胺共存 28 天后，溶液里面含有 89% 的某一对映体和 11% 的另一对映体[204]。此例中，碱（Et_3N）的存在对转化的发生是必需的。生物催化的去外消旋化过程可以诱导手性仲醇的去外消旋化[205]。在一个特殊的例子中，Sphingomonas paucimobilis NCIMB 8195 催化许多仲醇发生高效去外消旋化，得到产率高达 90% 的 (R)-醇[206]。

4.9　光学纯度[207]

假定用前面所述的某种方法拆分了外消旋混合物，得到的可能是纯化合物，也可能是混合物。那么，如何来确定得到的这两个对映体的纯度呢？如果（+）-异构体未被 20%（−）-异构体污染，这又如何来测定呢？若已知纯物质的 $[\alpha]$ 值（$[\alpha]_{max}$），通过测定样品的旋光度就可以很容易地确定样品的纯度。例如，若 $[\alpha]_{max}=+80°$，而（+）-对映体中有 20%（−）-异构体，则样品的 $[\alpha]$ 将变成 $+48°$[208]。光学纯度（optical purity）定义为

$$光学纯度 = \frac{[\alpha]_{obs}}{[\alpha]_{max}} \times 100\%$$

假定 $[\alpha]$ 和浓度呈线性关系，这对大多数情况来说是正确的，那么光学纯度等于一种对映体过量另一种对映体的百分数：

$$\begin{aligned}光学纯度 &= 对映体过量百分数(ee)^{[209]} \\ &= \frac{[(R)]-[(S)]}{[(R)]+[(S)]} \times 100\% \\ &= \%(R) - \%(S)\end{aligned}$$

可是，如何测定 $[\alpha]_{max}$ 值呢？很明显，这里有两个相关联的问题，即两个样品的光学纯度是多少和 $[\alpha]_{max}$ 值是多少，一个问题如果解决了，那么另一个问题也就解决了。已经有几种方法可以解决这一问题。

其中的一种方法是利用 NMR 技术[210]［参见 4.5.2 节（7）］。假定有两个对映体的非外消旋混合物，想知道它们的组成比例。我们用光学纯的试剂将混合物变成非对映异构体的混合物，再观察所生成的混合物的 NMR 谱图，例如：

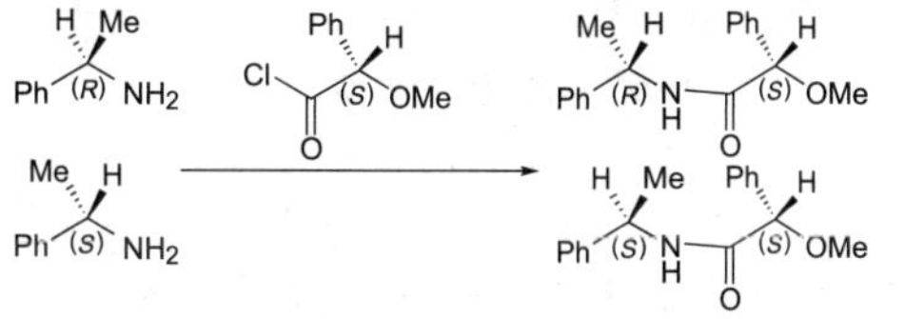

若观察起始混合物的 NMR 谱，只能找到一个甲基质子的峰（被 C—H 键裂分成双重峰），因为对映体给出完全一样的 NMR 谱[211]。但所得到的两个酰胺不是对映体，每个甲基会给出其特有的双峰。由这两个峰的强度可以测定两个非对映异构体（也是原对映体）的相对比例。也可

以使用不裂分的 OMe 峰。用这种方法测定 1-苯基乙胺样品（上文所举的例子）[212] 及其它样品的光学纯度时得到较好的结果。不过很明显，有时在非对映异构分子中，对应基团的 NMR 信号可能会距离太近而无法区分。在这种情况下，人们可求助于使用不同的光学纯试剂。^{13}C NMR 可以相同的方式用于测量两个非对映异构体的相对比例[213]。通过比较非对映异构体的谱图和原始对映体的谱图，有可能测得原始对映体的绝对构型[214]。从一系列已知构型的相关化合物的实验中，可以测得一个或多个 ^{1}H NMR 或 ^{13}C NMR 的峰受形成非对映异构体影响而向哪个方向移动。那么，可以假定未知构型的对映体也使谱峰向该方向移动。

一个不要求将对映体变成非对映异构体的相关方法，是依据对映体在手性溶剂中或与手性分子混合时（此时可能形成暂时的非对映异构物种，参见 4.5.2 节）显示不同 NMR 谱的事实（至少在理论上）。在这种情况下，NMR 峰的距离足够远，从这些峰的强度足以测定对映体的比例[215]。另一种改进通常会获得更好的结果，采用此法时使用非手性溶剂，但需加入如三(3-三氟乙酰基-d-樟脑)铕(Ⅲ)类的手性镧系位移试剂[216]。镧系位移试剂具有可以与醇、羰基化合物、胺等化合物形成配位化合物，从而分散 NMR 谱的特性。手性镧系位移试剂使许多这样化合物的两个对映体峰以不同程度移动。

另一种方法是利用气相色谱法（GC）[217]，这一方法原理上类似于 NMR 手性配合物法。待测对映体混合物通过光学纯试剂转变成两个非对映异构体的混合物，然后采用 GC 测定这些非对映异构体相应的峰高，从而获得二者的比率，而非对映异构体的比率与原对映体的比率一样，因此可获得原对映体的比率。还可以使用高效液相色谱（HPLC）进行类似的测定。HPLC 的应用更广[218]。在手性柱上用气相或液相色谱直接分离对映体也可用来测定光学纯度[219]。

其它方法[220] 还有同位素稀释[221]、动力学拆分法[222]、非对映异构体配合物的 ^{13}C NMR 弛豫速率[223]，以及发光圆偏振光法[224]。

4.10 顺反异构

旋转受限的化合物可以出现顺反异构[225]。这些化合物不会令平面偏振光偏转（除非它们也碰巧是手性的），这类异构体的性质不一样。两个最重要类型的顺反异构现象是由双键和环引起的异构。

4.10.1 由双键引起的顺反异构

前已述及（参见 1.4 节）C=C 双键的 2 个碳原子以及与双键直接相连的四个原子在同一平面上，分子不能围绕双键转动。这意味着，在 WXC=CYZ 的情况下，当 W≠X 或 Y≠Z 时存在顺反异构。有两个而且只有两个异构体（62 和 63），二者都能与其镜像重叠，除非其中的一个基团碰巧具有手性中心。注意，按照 4.5.1 节给出的定义，62 和 63 是非对映异构体。有两种方法命名这些异构体。按照不太通用的旧方法，一个异构体叫顺式（*cis*）、另一个异构体叫反式（*trans*）。当 C=C 单元的每个碳原子都连接一个完全相同的基团时，如 62 和 63 中的 W，且 C=C 符合 62 和 63 的取代方式，则可以采用顺反命名系统。如果两个相同的基团位于双键同一侧，如 62 中的 W 和 W，则标记为顺（*cis*）。例如，顺-3-己烯。如果两个相同的基团位于双键的两侧，如 63 中的 W 和 W，则标记为反（*trans*）。例如，反-3-己烯。遗憾的是，当 4 个基团互不相同时显然不能采用这种方法命名。

广泛应用的较新的方法能用于所有情况，该法根据 Cahn-Ingold-Prelog 体系（参见 4.5.1 节）将每个双键碳上的两个基团按顺序规则排列。于是两个排位较高的基团均位于双键的一侧的异构体叫（Z）型（德文 *zusammen*，意思是"相同的"）；另一个叫（E）型（德文 *entgegen*，意思是"相反的"）[226]。以下给出了几个例子。注意（Z）异构体未必是旧法称为顺式的异构体（如 64、65）。像顺和反一样，（E）和（Z）被用作前缀，例如 65 被命名为（E)-1,2-二氯-1-溴乙烯。

其它双键，例如，C=N[227]、N=N[228] 甚至 C=S[229]，尽管结构中只有两个或三个基团与双键原子相连，但也可能出现这类异构。对于亚胺、肟和其它含 C=N 键的化合物来说，如果 W=Y，那么 66 被称为 *syn*，67 被称为 *anti*。

有时这类结构也用（E）和（Z）标记[230]。偶氮化合物相应结构的命名不易混淆：无论 W 和 Y 是什么基团，**68** 总被称为 *syn*，或（Z）型。

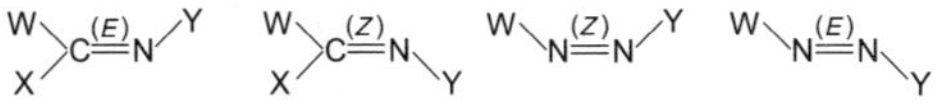

若在分子中有多个双键[231]，且每个双键中 W≠X 和 Y≠Z，此时多数情况下异构体的数目是 2^n，但是这个数会因为某些取代基相同而减少，例如存在 3 个 2,5-庚二烯异构体：

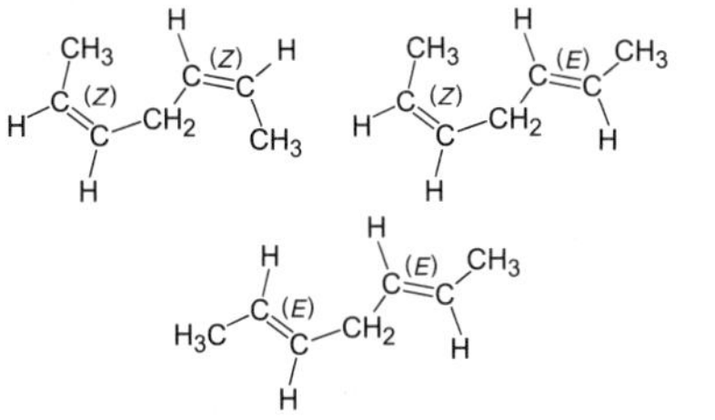

当分子中包含一个双键和一个不对称碳时，存在 4 个异构体，分别为顺式对映体一对，反式对映体一对，如 4-甲基-2-己烯：

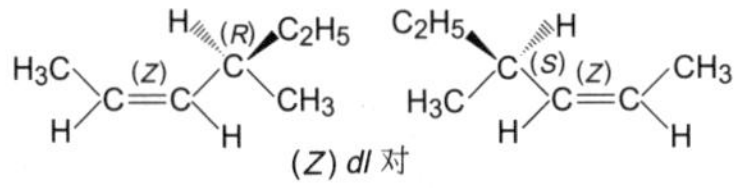

小环中的双键受环的限制必须是顺式。从环丙烯（已知体系）到环庚烯，环中的双键不会是反式。但是环辛烯的环足够大，允许反式双键存在 [参见 4.3 节 (7)]。对于比十元或十一元更大的环来说，其反式异构体更稳定[232]（另参见 4.17.2 节）。

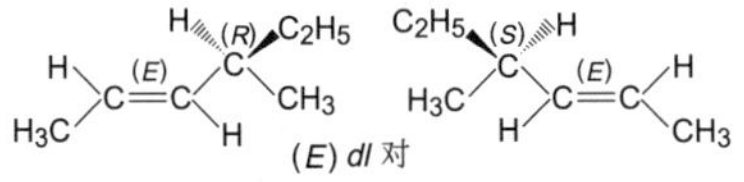

在少数情况下，单键的转动很慢，以至于尽管分子中并不存在双键，但却能分离出顺式和反式异构体[233]（另参见 4.17.4 节）。一个例子是 N-甲基-N-苄基硫代(2,4,6-三甲基苯甲)酰胺（**69** 和 **70**）[234]，该酰胺的各异构体在晶态时很稳定，但在 50℃ 的 $CDCl_3$ 中变化的半衰期约为 25h[235]。

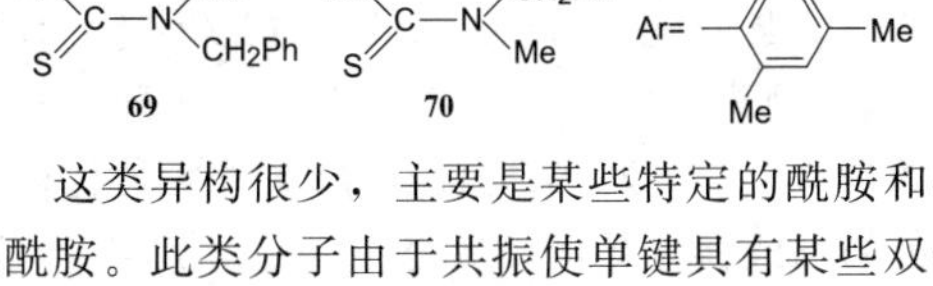

这类异构很少，主要是某些特定的酰胺和硫代酰胺。此类分子由于共振使单键具有某些双键性质致使转动变慢[54]（单键转动受限的另一些例子，见 4.17.4 节）。

相反地，某些化合物具有形式上的双键，但分子可以围绕该键以近乎自由的方式转动。这些化合物被称作推-拉型乙烯，其中一个碳上有两个吸电子基团，另一个碳上有两个给电子基团（**71**）[236]。图中所示的这类双离子形式极限式的贡献使得双键特性大大减弱，相应的转动变得更容易。例如，化合物 **72** 的转动能垒为 13kcal/mol(54.3kJ/mol)[237]，而简单烯烃的典型转动能垒却约为 62～65kcal/mol(259～272kJ/mol)。

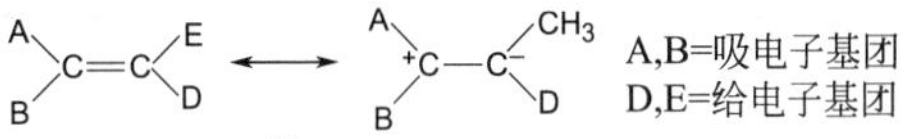

A,B=吸电子基团
D,E=给电子基团

既然顺反异构体是非对映异构体，二者性质总是不同，这种差异可小可大。顺-丁烯二酸（马来酸）的性质与反-丁烯二酸（富马酸）的性质差别很大（表 4.2），以至于它们名称不一样也不令人感到奇怪。反式异构体的对称性通常高于顺式异构体，因此反式异构体通常具有较高的熔点，在惰性溶剂中溶解度较低。顺式异构体的燃烧热通常较高，这表明它们的热化学稳定性较低。其它显著不同的性质是密度、酸性强度、沸点和各种类型的光谱，这些内容太多，就不在此一一讨论。

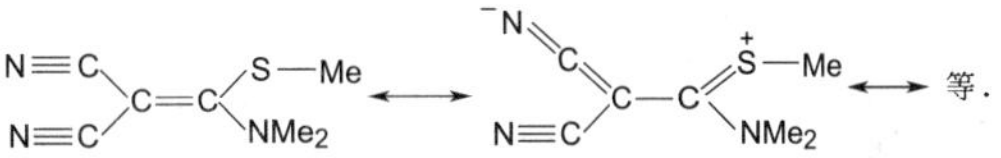

表 4.2 顺丁烯二酸和反丁烯二酸的一些性质

性 质	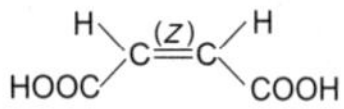 顺丁烯二酸	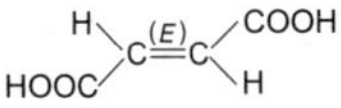 反丁烯二酸
熔点/℃	130	286
溶解度(25℃,H_2O)/(g/L)	788	7
K_1(25℃)	$1.5×10^{-2}$	$1×10^{-3}$
K_2(25℃)	$2.6×10^{-7}$	$3×10^{-5}$

同样很重要的是，由于空间位阻减少（参见 4.17.4 节），反式烯烃通常比顺式烯烃稳定。不过也有例外。例如，我们知道，顺-1,2-二氟乙烯热力学上比反-1,2-二氟乙烯稳定。这是由于卤素孤对电子的离域作用和邻近反叠键的反叠作用（antiperiplanar effect）[238]。

4.10.2 单环化合物的顺反异构

虽然 4 个碳以上的环一般不是平面型的（参

见 4.15 节），但是此章中可将这些环视为平面型，因为这样处理也可以获得异构体的正确数目[239]，同时还更形象化（参见 4.15 节）。

与双键一样，环的存在限制了结构的转动。当环上的两个碳分别被两个不同基团取代时，就有可能存在顺、反异构体。这两个碳不一定要相邻。例如：

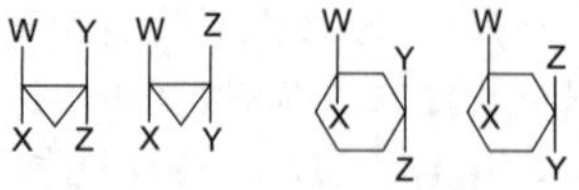

在某些情况中，两个立体异构体可以互变。例如，在反式和顺式二取代环丙酮中，存在倾向于更稳定的顺式异构体的互变。这种易变的异构化作用是通过开环形成一个不可见的氧化烯丙基共价键异构体而发生的[240]。

如果环状化合物，存在顺、反异构，那么 W 可以与 Y 相同，X 可以等于 Z，但 W 不可能与 X 相同，Y 也不可能与 Z 相同。与双键顺反异构的重要差别是：取代的碳原子是不对称的。这意味着不只有两个异构体。在最常见的情况下，式中 W、X、Y 和 Z 互不相同，共有 4 个异构体因为顺式异构体和反式异构体均与其镜像不能重叠。不管环大小或涉及哪些碳原子，这个推论都是对的，除了由偶数个原子构成的环，且 W、X、Y 和 Z 处于相对的位置，例如环己烷衍生物 73，由于存在对称面，因而没有手性碳原子。观察带氯的碳原子，将与其连接的每个"手臂"视为一个基团，它们是完全相同的基团，因而该碳原子不是手性的。当 W＝Y 且 X＝Z 时，顺式异构体与它的镜像能够重叠，是内消旋化合物，而反式异构体由一对外消旋体组成，当然除了上面所说的情况。同样，顺式异构体有对称面而反式异构体没有。

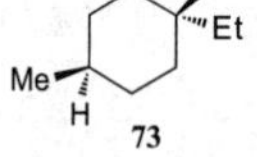

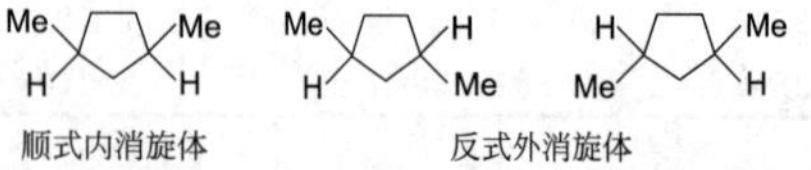

对含超过两个不同取代碳的环状化合物，可用类似原则讨论。有时，仅凭估计无法确定异构体的确切数目[107]。对学生来说，最好的方法是先计算不同取代的碳原子数 n（这些碳原子通常是不对称的。但有时也未必，例如 73），然后画出 2^n 个结构，划去能与其它结构重叠的结构（通常最容易的方法是找对称面）。用这种方法可以确定 1,2,3-环己三醇有两个内消旋体和一对外消旋体，也能确定 1,2,3,4,5,6-六氯环己烷有 7 个内消旋体和一对外消旋体。只要是包含两个不同取代碳（或其它环原子）的含杂原子的环状化合物，都可以用类似的原则分析。

只含有两个不同取代碳的环状化合物的立体异构体，可以按前面所说的顺或反方式命名。对环状化合物不用（Z）、（E）体系。但是，对超过两个不同取代碳原子的环状化合物，若只用前缀"顺"和"反"命名是不够的。对于这些化合物，要使用一个参照系统，在该系统中，各个基团的构型都以参照基为基准。参照基就是具有顺反异构现象，并且与编号最小的原子相连的基团，以符号 r 表示。下面是 3 个通过这个体系命名的立体异构体：3(S),5(R)-二甲基环己-s-1-醇（74）、3(S),5(R)-二甲基环己-r-1-醇（75）、3(S),5(S)-二甲基环己－s-1-醇（76）。最后一个例子说明当沿环一圈有两种不同的方式编号时的规则：选择顺式基团为参考基之后的第一个取代基的编号方式。另一个例子是 2(S),4(S)-二甲基-6(S)-乙基-1,3-二氧六环（77）。

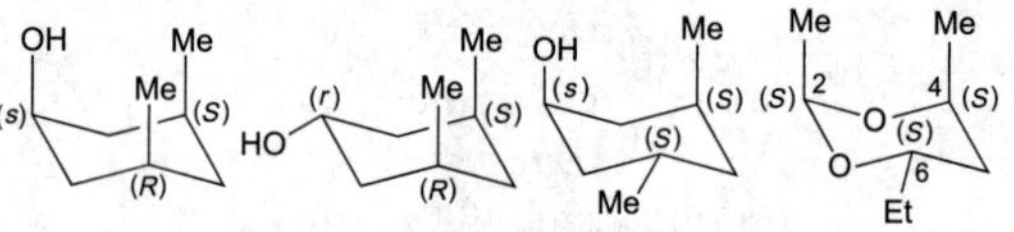

4.10.3 稠环和桥环系的顺反异构

稠合双环系中两个环共用两个且仅仅共用两个原子。在这些体系异构的命名中，没有新的原则。稠合的方式可能是顺式，也可能是反式，例如顺-及反-十氢化萘。但是，当环很小时，不可能采取反式构型，两个环的连接处须成顺式。当一个环是四元环时，已经制备出的最小反式连接方式是四-五稠合：反-二环［3.2.0］庚烷（78）[241]。

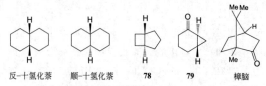

反-十氢化萘　顺-十氢化萘　78　79　樟脑

对于二环[2.2.0]体系（四-四稠合），只合成出顺式化合物。当一个环为三元环时，已知最小的反式连接是一个六-三稠合（二环［4.1.0］体系），例如 79[242]。当一个环是三元环，另一个环是八元环（八-三稠合），反式稠合异构体比相应的顺式稠合异构体更稳定[243]。

在桥体系中，两个环共用多于两个原子。此时由于体系结构的特殊性，异构体数可能低于

2″。例如，虽然樟脑分子中有两个不对称碳，但却只有两个异构体（一对对映异构体）。在两个异构体中，甲基和氢成顺式。由于此分子中桥必须是顺式，因此在这种情况下，反式的对映体就不可能存在。迄今为止，制备得到的反式桥中最小桥环体系是［4.3.1］体系；反式酮**80**已经被制备出来[244]，此化合物有四个异构体，因为制备的反式和顺式都有对映体。

80

内型-2-降冰片

外型-2-降冰片

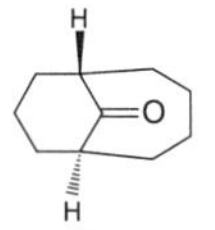

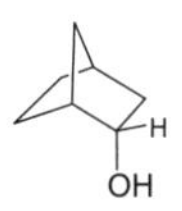

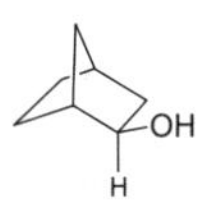

当这些桥含有取代基时，就要考虑如何命名异构体。当无取代基的两个桥长度不等时，一般遵循的规则是：当取代基更接近于两个无取代桥的较长桥时，使用前缀“内型”（*endo*）；而当取代基更接近于较短的桥时使用前缀“外型”（*exo*）见上图。

当两个无取代基的桥长度相同时，不能应用这种方法命名。不过在某些情况下还是能作出判断。例如，若两个等长桥中有一个含有官能团，则内型异构体就是取代基更接近于官能团的异构体。

内型-7-甲基-2-降樟脑

外型-7-甲基-2-降樟脑

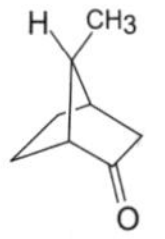

4.11 外-内异构

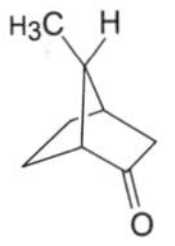

另一类立体异构现象是外内异构（out-in isomerism）[245]，是在桥头为氮原子的三环二胺的盐中发现的。内-外异构存在于中等大小的二环体系中[246]，桥头氮原子采取更加稳定的形式排列[247]。对氮的孤对电子的研究表明，1,4-二氮杂二环［2.2.2］辛烷（**81**）主要以外-外异构体存在，1,6-二氮杂二环［4.4.4］十四烷（**82**）主要以内-内异构体存在[248]，1,5-二氮杂二环［3.3.3］十一烷（**83**）的氮原子几乎接近平面[249]，1,9-二氮杂二环［7.3.1］十三烷（**84**）主要以内-外异构体存在[250]。对于铵盐，可对NH单元进行研究。

81

82

83

84

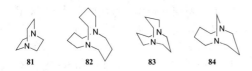

对于**85**～**87**的例子如果式中*k*、*l*和*m*均大于6，N—H键可以处于分子空穴的内部或外部，产生3种异构体，如图所示。Simmons和Park[251]曾分离出几种这样的异构体，其*k*、*l*和*m*介于6至10。在［9.9.9］化合物中，内-内异构体的空穴足够大，可以将氯离子容纳在空穴内，空穴内的氯离子与两个N—H以氢键结合。这就形成了穴状化合物，但是这与3.3.2节讨论的穴状化合物不同，此类结构中包容的是负离子而不是正离子[252]。甚至更小的结构（例如，

外-外异构体
85

外-内异构体
86

内-内异构体
87

［4.4.4］化合物）也可以形成单内质子化离子[253]。在化合物**88**中有4个季氮原子，一个卤离子在氮上没有氢的情况下被包裹[254]，这个离子并没有显示出内-外异构的性质。目前已制备出类似的全碳三环体系的外-内和内-内异构体[255]。

88

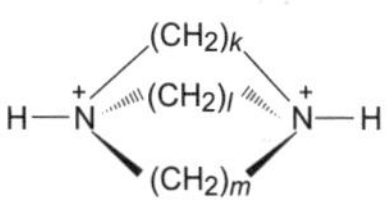

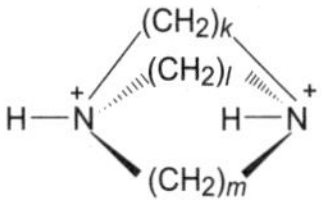

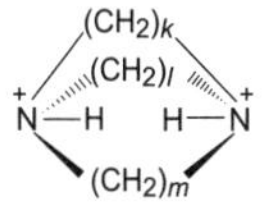

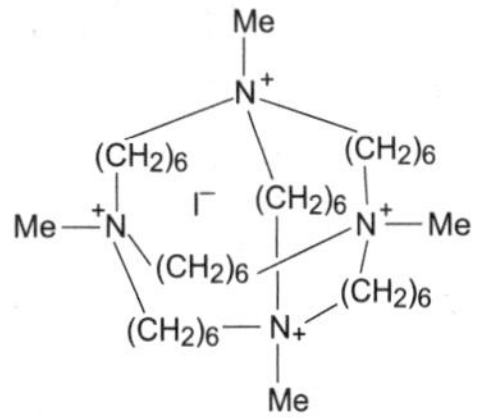

已经报道手性膦烷的结构是更明显的三角锥形，其翻转较为困难，通常需要大大高于100℃的温度才能外消旋化[256]。Alder和Read[257]发现具有P—H（还有P—P）键的内-外结构型双膦烷**89**的去质子化会导致重排，形成外-外型的双膦烷**90**。**90**重新质子化又生成**89**[258]，发生了室温下非质子化磷原子的翻转。

89

90

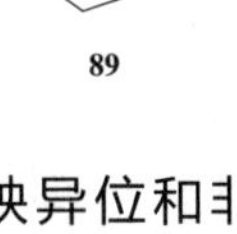

4.12 对映异位和非对映异位的原子、基团和面[259]

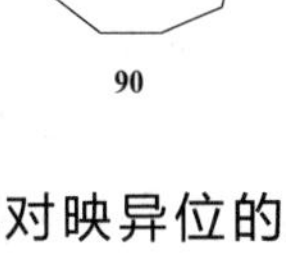

许多分子中有貌似等价但实际上不等价的原子或基团。我们可以用另一个原子或基团分别置换待研究的这两个原子，以察看其等价性。如果经这样的交换产生的新分子是相同的，那么原来的这两个原子就是等价的，否则就不等价。可以分为下列三种情况。

（1）在丙二酸［$CH_2(COOH)_2$］、丙烷

[CH₂(CH₃)₂]或具有通式 CH₂Y₂ 的任一分子中[260]，若以 Z 基团置换 CH₂ 中的任何一个氢，将获得完全一样的化合物，因而这两个氢是等价的。当然，等价的原子和基团不必在同一碳原子上。例如，六氯化苯的所有氯原子和 1,3-二溴丙烷的两个溴原子分别是等价的。

（2）而对于乙醇（EtOH）分子，如果用 Z 基团置换 CH₂ 中的一个氢，将得到化合物 ZCH-MeOH（**91**）的一个对映体，而置换另一个氢得到另一个对映体（**92**）。既然用 Z 置换 H 得到两个不同的化合物（**91** 和 **92**）而且二者是对映异构体，所以这两个氢是不等价的。采用第 3 个基团的置换后产生对映体的两个原子或基团定义为对映异位（enantiotopic）。在任何对称环境中这两个氢的行为是等价的，但在不对称环境中它们的行为不同。例如，在与手性试剂的反应中，遭到进攻的速率可能不同。这也是酶反应的最重要的结果[261]，因为酶具有比通常的手性试剂更大的识别能力。一个例子存在于有机体的三羧酸循环（Krebs cycle）过程中：草酰乙酸（**93**）通过一系列包括柠檬酸（**94**）作为中间体的过程转变成 α-氧代戊二酸（**95**）。

当 **93** 的 4 位用 ¹⁴C 标记后进行反应，这个标记的碳只在产物 **95** 的 C-1 上发现。尽管 **94** 是非手性的，但 **94** 的两个 CH₂COOH 基是对映异位的，酶可以很容易地区分它们[262]。应当注意的是如果 W 和 Y 都是非手性的，通式 CX₂WY 分子的 X 原子或基团总是对映异位的。在其它结构中也可能找到对映异位的原子和基团，例如，在 3-氟-3-氯环丙烯（**96**）中的氢原子。在此分子中，如果 H 被 Z 基团取代，那么 C-3 原子就成为不对称碳，并且 C-1 取代产物是 C-2 取代产物的对映体。

有两个对映异位的原子或基团的化合物或基团（例如 CX₂WY）被称为前手性的（又称"潜手性的"，prochiral）[263]。被取代后形成 R 构型

化合物的 X 原子或基团被称为 *pro-R*。另一个 X 被称为 *pro-S*。例如，

（3）如果分子中的两个原子或基团处于这样的位置，当采用 Z 基团分别替换二者时得到非对映异构体，那么这两个原子或基团是非对映异位的（diastereotopic）。如 2-氯丁烷（**97**），氯代乙烯（**98**）和氯代环丙酮（**99**）的 CH₂ 基以及 **100** 的两个烯氢。

无论在手性或非手性环境中，非对映异位的原子和基团都不同。这些氢与非手性试剂的反应速率不同，但更重要的是在 NMR 谱中，非对映异位氢理论上显示不同的峰，二者又互相分裂。这与等价的或对映异位的氢显然不同，等价的氢和对映异位的氢在 NMR 谱里不能区分，除非使用手性溶剂。若使用手性溶剂的话，对映异位质子给出不同的峰（而等价质子却不改变）[264]。对于在 NMR 谱中不可区分的氢使用等频的（isochronous）这个概念[265]。实际上，非对映异位质子的 NMR 信号常常由于靠得很近而无法分开。理论上这是不同的信号，在许多情况下也已经被分开。当这些信号重叠在一起时，使用镧系位移试剂（参见 4.10 节），或变换溶剂，或改变浓度，有可能使它们分开。注意通式 CX₂WY 中，如果 W 或 Y 是手性基团，那么 X 原子或基团则是非对映异位的。

正如原子和基团具有对映异位和非对映异位之别一样，在三角形分子中，还可以区分对映异位面（enantiotopic face）和非对映异位面（diastereotopic face）。这又可以分成 3 种情况：①在甲醛或丙酮（**101**）中，非手性试剂 A 从分子的两面进攻产生一样的过渡态和产物，因此这两面是等价的。②在丁酮或乙醛（**102**）中，非手性试剂 A 进攻这一面产生的过渡态和产物是进攻另一面的对映体，这些面被称为对映异位的。手性试剂进攻对映异位面产生新的手性中心，得到非对映异构体，形成两个异构体的量也不等。③在像 **103** 的情况中，那两个面显然不等价，被称为非对映异位面。对映的和非对映的异位面可用扩展的 Cahn-Ingold-Prelog 体系（4.5.1 节）命名[263]。假定根据顺序规则这三个基团的排列顺序为 X＞Y＞Z，那么如果从某一

面看过去，将基团按这种顺序所画出的圈是顺时针方向的，那么该面（如 **104**）就是 *Re* 面（来自拉丁文"*rectus*"，右的意思），而 **105** 显示出 *Si* 面（来内拉丁文"*sinister*"，左的意思）。

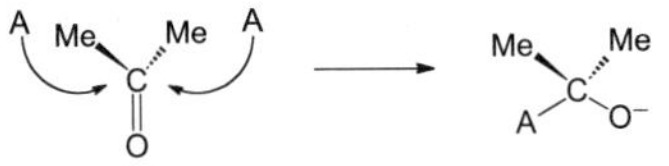

值得注意的是，人们已经提出了新的术语[266]，引入了球面（sphericity）的概念，同球面的（homospheric）、对映球面的（enantiospheric）和半球面的（hemispheric）这些术语用于专门描述属于同一个傍系（coset）的轨道（等价型）的性质[267]。根据这些术语，前手性可以这样定义：如果分子含有至少一个对映球面的轨道，那么该分子就是前手性的[258]。

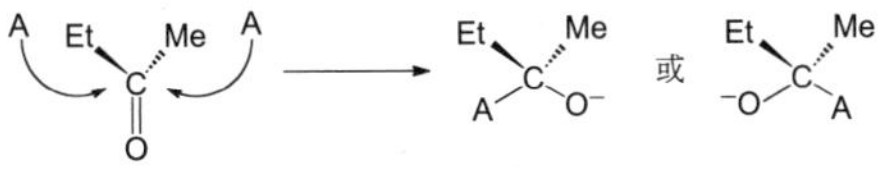

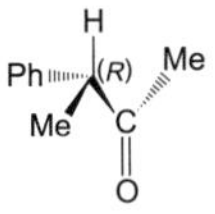

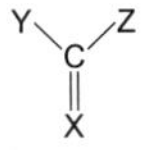

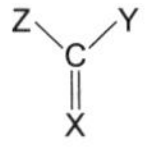

4.13 立体专一性和立体选择性合成

主要生成一种立体异构体的反应被称为立体选择性反应[268]。当以耗费其它立体异构体为代价唯一地或主要形成两个或更多的立体异构体混合物时也可用此概念。在立体专一性反应中，给定的异构体只生成一种产物，而另一个立体异构体在相同的反应中只生成构型相反的产物。所有立体专一性的反应当然是立体选择性的，但反过来立体选择性反应不一定是立体专一性的。这些概念最好举例说明。例如，若顺-丁烯二酸用溴处理，将生成 2,3-二溴丁二酸的一对 *dl* 异构体，而反-丁烯二酸与溴加成生成内消旋体（这与真实情况一致）。这个反应是立体专一性的（当然也是立体选择性的），因为两个相反的反应物异构体产生两个相反的产物异构体：

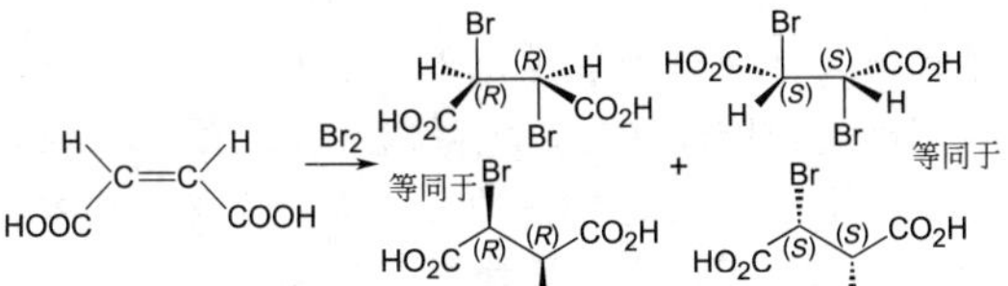

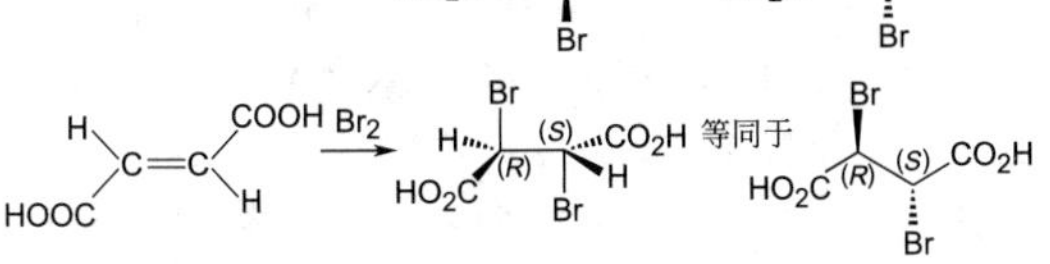

但是，如果顺-丁烯二酸和反-丁烯二酸都产生 *dl* 异构体或以 *dl* 异构体为主的混合物，则该反应就是立体选择性的，而不是立体专一性的。如果反应中产生的 *dl* 异构体和内消旋体的量大致相等，则该反应基本上无立体选择性。这些分析的结果是，如果采用没有立体异构体的化合物进行反应，反应不会具有立体专一性，至多是具有立体选择性。例如，溴与甲基乙炔的加成，将导致（事实上也如此）优先生成反-1,2-二溴丙烯，但此反应只是立体选择性的，而不是立体专一性的。

4.14 构象分析

具有共价单键的非环状分子的单键可以转动。这种转动产生的实际结果是原子相对于特定单键出现了不同的空间分布，但是所有不同空间分布的分子仍然是同一分子。这种由单键转动而产生的分子的不同空间分布叫旋转异构体（rotamer）。一般地，每个单键都可以转动，产生几乎无数的旋转异构体。如果非环状分子中原子的两种不同空间分布仅通过键的自由转动即可互变，那么这两种立体结构叫构象（conformation）[269]。若采取这种方式不能互变的叫构型（configuration）[270]。正如本章前面所讨论的一样，不同构型之间是构型异构体的关系，它们可以被分离；不同构象之间是构象异构体（conformer）的关系，构象异构体之间快速互变，因而不能分离。常用"构象异构体"（conformational isomer）或更多地用"旋转异构体"[271] 表示由共价单键转动而产生的许多结构中的一个。构象代表了非环状化合物低能量旋转异构体所构成集合的平均结构。很多方法已经被用于测定构象[272]，如 X 射线和电子衍射、红外光谱、紫外光谱、拉曼光谱、NMR[273] 和微波光谱[274]、光电子能谱[275]、超声波分子喷射光谱[276]，和旋光光谱（ORD）以及 CD[277] 等。环电流 NMR 各向异性已经被应用于构象分析[278]，因为它具有化学位移模拟（chemical shift simulation）[279]。这些方法中有些方法只适于测量固体。必须记住的是，在固态中分子的构象不一定与溶液中相同[280]。分子构象可以通过分子力学（molecular mechanism）方法计算（参见 4.16 节）。有人报道了一种可以表征六元环构象的方法，这个方法将六元环的构象视为理想的基本构象的线性叠加[281]。有一类分子，它的一种构象没有光活性，但是通过围绕 $C(sp^3)$—$C(sp^3)$ 键的内部旋转可以得到另一个具有光活性的构象。在描述这类分子时引入了绝对构象的概念[282]。

需要指出的是，环状化合物的单键不可能"自由"转动，而是发生假转动，从而得到不同的构象。因此这部分将非环状分子的转动与环状分子的假转动分开讨论。

4.14.1　开链体系构象[283]

对于任何具有连接两个 sp^3 碳原子的单键的开链分子，可能有无数个旋转异构体，其中每个异构体伴有一定的能量。因而产生无穷多个构象。在实际情况中，构象的数目要小很多。如果忽略对称性导致的重复，可以估算出构象的数目应该大于 3^n，其中 n 是分子内 C—C 键的数目。例如，正戊烷有 11 种，正己烷有 35 种，正庚烷有 109 种，正辛烷有 347 种，正壬烷有 1101 种，正癸烷有 3263 种构象[284]。乙烷有两个重要的极限旋转异构体：即最高势能的构象（记为重叠式）和最低势能的构象（记为交叉式）。这些构象可用锯架式和 Newman 投影式两种方法描述：

乙烷构象中，能量最高的构象与最低的构象能差约为 2.9kcal/mol(12.1kJ/mol)[285]，这个能差被称为能垒或转动垒[286]。因为单键转动时，必须要有足够的转动能量才能越过每次两个氢原子相重叠时的能垒。人们对产生这种能垒的原因进行了许多思考并提出多种解释[287]。从分子轨道计算（参见 4.16 节）中已经得到结论，认为这种能垒是由于分子轨道的重叠引起排斥而造成的[288]。因此，乙烷分子的交叉式构象之所以具有最低能量，是因为在这种构象中，C—H 键轨道和邻近的 C—H 键轨道具有最小的重叠。

在通常的温度下，乙烷分子具有足够的转动能使之能迅速旋转，但是乙烷分子在大多数时候还是处于能量最低的构象或近似能量最低的构象。比氢大的基团会导致更高的能垒，有可能是由于较大基团之间的空间相互作用[289]。当能垒足够高时，就如适当取代的联苯［参见 4.3 节（5）］或后面提及的二金刚烷化合物（见 **107** 和 **108**），它们在室温下的转动完全被阻，因此我们称之为 q 构型关系，而不是 a 构象关系。甚至对于旋转能垒小的化合物，如果将其降到很低的温度，有可能使之没有足够的旋转能，此时它们就不是构象异构体而是构型异构体。

比乙烷稍复杂的情况是 1,2-二取代的乙烷（YCH_2—CH_2Y 或 YCH_2—CH_2X）[290]。例如正丁烷[291]，它有 4 种极限构象：一种全交叉式构象，叫做全交叉式或对位（反）交叉式或反叠式；另一种交叉式构象，叫做邻位交叉式（gauche）或顺错式（synclinal）；以及两种重叠式构象，分别被称为全重叠式或顺叠式（synperiplanar）和部分重叠式或反错式（anticlinal）。正丁烷体系各构象的能量关系见图 4.5。

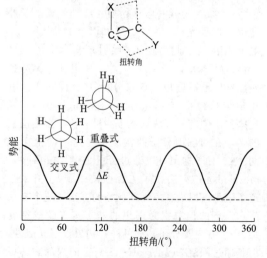

图 4.4　乙烷构象势能图

尽管各基团围绕中心键在不断转动，但还是可以估计出在某一时刻每种构象所占的比例。例如，从偶极矩和极化性测量中可以推断，在 25℃时，1,2-二氯乙烷大约 70% 的分子为全交叉式构象，大约 30% 为邻位交叉式构象[292]；相同条件下 1,2-二溴乙烷相应的数字为 89% 全交叉式和 11% 邻位交叉式[293]。重叠式构象不常见，只是作为从一种交叉式构象到另一种交叉式构象的中间过

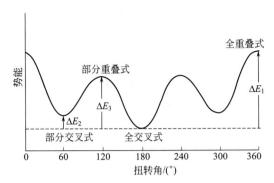

图 4.5 YCH₂—CH₂Y 或 YCH₂—CH₂X 型化合物各种构象的能量关系示意图

对于正丁烷，ΔE_1、ΔE_2、ΔE_3 分别为 4～6kcal/mol (16.7～25.1kJ/mol)、0.9kcal/mol (3.8kJ/mol)、3.4kcal/mol(14.2kJ/mol)

程。固态时通常只有一种构象异构体。

可以看出丁烷（**106**）或任何其它类似分子的邻位交叉式构象具有手性。在这些化合物中之所以没有旋光性，是因为 **106** 和它的镜像总是等量存在的，而且快速互变，无法分离。

对于丁烷和其它大多数具有通式 YCH₂—CH₂Y 与 YCH₂—CH₂X 的分子来说，全交叉式构象最稳定，不过也有例外。一类例外情况是含有小电负性的原子，尤其氟和氧的分子。例如 2-氟乙醇[294]、1,2-二氟乙烷[295] 和三氯乙酸 2-氟乙酯（FCH₂CH₂OCOCCl₃）[296] 等分子，几乎都以邻位交叉式形式存在，并且像 2-氯乙醇和 2-溴乙醇[294] 等化合物也倾向于采取邻位交叉式。人们猜测这些分子采取邻位交叉式构象是一个更普遍的现象中的一些例子，这个现象被称为邻位交叉效应，即相邻电子对或极性键之间最大限度地采取邻位交叉相互作用的趋势[297]。人们曾认为 2-氟乙醇倾向于采取邻位交叉构象是分子内氢键作用的结果，但这种说法对像三氯乙酸 2-氟乙酯这些分子就不适合，事实上对 2-氟乙醇也排除了这种解释[298]。人们研究了 Y—C—C—OX 体系（Y＝F，SiR₃）的 β-取代效应，发现 C—OX 键有轻微的键长缩短效应，当 OX 是好的离去基时键长缩短效应最明显。也在 β-甲硅烷基取代时也观察到键增长现象[299]。没有小电负性原子的分子中，有时也会出现类似的现象。例如，1,1,2,2-四氯乙烷和 1,1,2,2-四溴乙烷这两个分子倾向于邻位交叉式构象[300]，而 1,1,2,2-

四氟乙烷却以全交叉式构象为主[301]。同样的，2,3-二甲基戊烷和 3,4-二甲基己烷也主要采取邻位交叉式构象[302]，而 2,3-二甲基丁烷却既不采取邻位交叉式构象也不采取全交叉式构象[303]。此外，溶剂也会起到很重要的作用。例如，2,3-二甲基-2,3-二硝基丁烷在固态时全部以邻位交叉式构象形式存在，但在苯中，邻位交叉式/全交叉式为 79：21；在四氯化碳中，全交叉式占优势（邻位交叉式/全交叉式为 42：58）[304]。在许多情况中，由于与溶剂的极性相互作用，分子（当 X＝Y＝OMe）在气态和液态中具有不同的构象[305]。

在一种情况下，一个单脂肪烃 3,4-二(1-金刚烷基)-2,2,5,5-四甲基己烷的两个构象异构体，被证明足够稳定，在室温下即可分离[306]。已获得两个异构体 **107** 和 **108** 的晶体，其结构已被 X 射线晶体法证实。由于大基团金刚烷基和叔丁基之间的相互排斥，实际二面角不是如图所示的 60°。

至此所讨论的所有构象均涉及围绕 sp³-sp³ 键的自由转动。含 sp³-sp² 键化合物的构象也被研究过[307]。例如，丙醛（或其它类似分子）有四种极限构象，其中两种为重叠式（eclipsing），另两种为等分式（bisecting）。对于丙醛，其重叠式构象的能量低于等分式构象，而重叠式构象中 **109** 的能量比 **110** 低约 1kcal/mol(4kJ/mol)[308]。如前所述（参见 4.11.1 节），这些化合物中的一些转动很慢，足以形成顺反异构，但是对简单化合物而言，它们的转动却是很快的。例如，在固体 Ar 中，乙酸以顺式构象异构体存在[309]，另据报道乙醛的转动能垒比乙烷低约 1kcal/mol(4.18kJ/mol)[310]。甲酸、乙二醛和葡糖醛中 CO 和 CC 键的转动能垒已经通过计算得到[311]。

其它羰基化合物显示出涉及 sp³-sp²❶ 键的转动，包括酰胺[312]。在 N-甲基-N-乙酰基苯胺中，顺式构象（**111**）比反式（**112**）稳定 3.5kcal/mol（14.6kJ/mol）[313]。这是由于两个甲基立体

---

❶ 原文误为 sp³-sp³。——译者注

位阻引起的（**112**）的去稳定化作用和羰基孤对电子与扭曲了的苯环芳香 π 电子之间的电子排斥作用所引起的[313]。

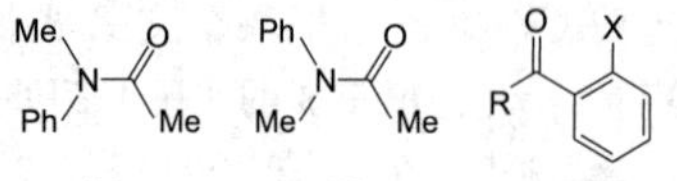

111 **112** **113**

类似的构象分析也被应用到甲酰胺衍生物[314]、二级酰胺[315] 和羟酰胺酸（hydroxamide acids）[316]。已经知道，硫代甲酰胺的旋转能垒比甲酰胺高，这可以通过传统的氨基化合物的共振图解释：因为酰胺形式的共振极限式更适合于硫代甲酰胺[317]。α-羰基酰胺的扭转能垒也已有报道[318]。乙酰胺[319]、硫代酰胺[320]、烯酰胺（enamide）[321]、氨基甲酸酯（$R_2N\text{—}CO_2R'$）[322] 和酰胺烯醇式离子[323] 的 C—N 键的扭转能垒都已经被测定。已经发现取代基会影响旋转能垒[324]。

在 4.3 节（5）中已提到，邻位取代的联苯或某些特定芳香族化合物由于围绕 C(sp²)—C(sp²) 键的转动受阻，可能出现阻转异构现象。邻位取代基的存在也会影响某些基团的构象[325]。在 **113** 中，当 R 是烷基时，如果 X＝F，那么羰基单元与芳环在同一平面，且反式 C＝O⋯F 构象更稳定；如果 X＝CF₃，反式和顺式构象都是平面形的，且反式是优势构象[326]。当 R 为烷基时，存在一个羰基平面与芳环平面正交的构象，而当 R 为烷氧基时，存在两个可互变的非平面构象[326]。在 1,2-二酰基苯分子中，羰基倾向于扭船式构象以减少立体位阻[327]。

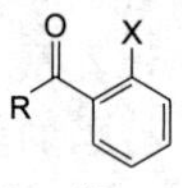

113

4.14.2 六元环构象[328]

环状化合物的单键不可能作 360° 的完全转动，但是由于原子和基团之间的相互排斥，它们会相对每根键进行称作假旋转的运动。假旋转使环状化合物产生各种各样不同的构象，这取决于环的大小。在许多这样的构象中，环发生了折叠。环己烷有两种所有键角是正四面体角的极限构象（实际上环己烷中 C—C—C 角为 111.5°）[329]，它们是船式构象和椅式构象。椅式构象是能量低的结构，处于动态平衡中（环己烷有两个能量等同的椅式构象），而船式构象是能量较高的结构[330]，与稍微稳定一些的扭船式（twist）构象处于平衡中。扭船式比船式稳定约 1.5kcal/mol(6.3kJ/mol)，因为前者有较小的重叠相互作用（参见下述）[331]。椅式比船式稳定约 5kcal/mol(21kJ/mol)[332]。在大多数含有六元环的化合物中，其六元环几乎都以椅式构象形式存在[333]，而船式或扭船式构象只是瞬时的过渡构象。在有些情况下，例如顺-1,4-二叔丁基环己烷，确实也能观察到椅式和扭船式构象[334]。

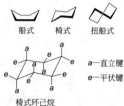

船式　椅式　扭船式

a—直立键
e—平伏键

椅式环己烷

在每个碳上总有一根指向上方或下方的键，而另一根键或多或少处于环"平面"上。指向上方或下方的键叫直立键（axial, a），另一种叫平伏键（equatorial, e）。各个碳原子上直立键的指向上下交替。如果将单取代环己烷分子冻结在椅式构象，那么就会出现异构现象。例如，会出现取代基在平伏键的甲基环己烷和取代基在直立键的甲基环己烷。但是，在室温下绝不可能将这些异构体分离开[335]。如果这两类甲基环己烷无法分离，就必须发生从一种椅式变成另一种椅式的快速转变（转变过程中所有直立键转变为平伏键，所有平伏键转变为直立键），这个过程只有通过瞬时存在的船式或扭船式构象才能完成。从一种椅式构象变成另一种椅式构象需要约 10kcal/mol(41.8kJ/mol) 的活化能[336]，在室温下这种转变非常快[337]。Jensen 和 Bushweller[338] 通过在低温下操作，已获得氯代环己烷和三氟代甲氧基环己烷的纯平伏构象异构体的固体和溶液。取代基处于平伏键的氯代环己烷在 −160℃ 溶液中的半衰期是 22 年。

有些分子中，实际上扭船式构象更有利[339]。当然，在某些二环化合物中六元环被迫处于船式或扭船式构象，如降冰片烷（norbornane）或扭烷（twistane）。

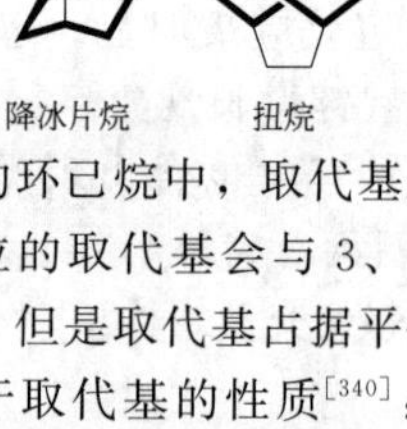

降冰片烷　扭烷

在单取代的环己烷中，取代基通常占据平伏位，因为直立位的取代基会与 3、5 位的直立氢发生相互作用，但是取代基占据平伏位的程度很大程度上取决于取代基的性质[340]：烷基比极性基团更倾向于占据平伏位，而烷基占据平伏位的趋势随烷基体积增大而增大。对极性基来说，取代基的大小似乎不太重要。据报道，大的 HgBr 基[341]和 HgCl 基[342]以及小的 F 原子，很少或根本没有构象倾向性（HgCl 基实际上显示出轻微的直立位优势）。表 4.3 列出了各种不同基团由平伏位转变为直立位所需的自由能近似值（被称为 A 值）[343]。需是要记住的是，这些数值随物理状态、温度和溶剂改变而可能有所改变[344]。其它基团的 A 值（kcal/mol）为：D[345] (0.008)，NH_2[346] (1.4)，$CH=CH_2$[347] (1.7)，CH_3[348] (1.74)，C_6H_{11}[349] (2.15)，$Si(CH_3)_3$[350] (2.4~2.6)，OCH_3[351] (0.75)，C_6H_5[352] (2.7)，$t-(CH_3)_3C$[353] (4.9)。

表 4.3 环己烷环上平伏取代基和直立取代基的自由能差①②

基团	A/(kcal/mol)	A/(kJ/mol)
H	0	
F	0.2	0.84
Cl	0.4	1.67
Br	0.4	1.67
I	0.4	1.67
PR_3	1.6	6.7
SR	0.8	3.35
S(O)R	1.9	7.95
$S(O_2)R$	2.5	10.47
OR	0.8	3.35
NH_3^+	2.0	8.37
NR_3^+	2.1	8.79
NHR	1.3	5.44
N=	0.5	2.09
N≡	0.2	0.84
NO_2	1.1	4.61
C≡	0.2	0.84
Ar(芳基)	3.0	12.56
CO_2^-	2.0	8.37
CHO	0.8	3.35
C=	1.3	5.44
CR_3	6.0	25.11
CHR_2	2.1	8.79
CH_2R	1.8	7.54

① 参见文献[343]。
② A 值或 $A^{1,3}$-张力。

在二取代化合物中，如果取代基是烷基，那么一般原则是让尽可能多的基团处于平伏位。这种构象最大限度地减少了直立键相互作用（即 $A^{1,3}$-张力），因而是能量较低的构象。一种椅式构象比其它构象占优势的情况取决于环上的取代基，以及环上取代基的相互位置。在顺-1,2-二取代环己烷中，必须有一个取代基在直立键，另一个在平伏键。在反-1,2-二取代环己烷中，两个基团可以都占据平伏键或都占据直立键。1,4-二取代环己烷的情况也是一样的，但 1,3-二取代环己烷则与此相反：反式异构体必须采取 ae 构象，顺式异构体可以是 aa 或 ee 构象。对烷基而言，ee 构象比 aa 构象占优势。但对其它取代基而言未必这样。例如反-1,4-二溴环己烷和相应的二氯环己烷的 ee 和 aa 构象含量大致相等[354]，多数反-1,2-二卤环己烷主要以 aa 构象存在[355]。注意，后一化合物中两个卤原子在 aa 构象里是反式，但在 ee 构象里是邻位交叉式[356]。

由于烷基取代基在平伏位的化合物一般较稳定，所以采取 ee 构象的反-1,2-化合物在热力学上比相应的必须以 ae 构象存在的顺-1,2-异构体更稳定。对 1,2-二甲基环己烷来说，其稳定能差大约 2kcal/mol（8.36kJ/mol）。同样的，采取 ee 构象的反-1,4-和顺-1,3-化合物也分别比它们相应的立体异构体更稳定。

一个有趣的反常现象是全反式-1,2,3,4,5,6-六异丙基环己烷，该分子中六个异丙基处于直立位，而对应的六乙基化合物的六个乙基却占据平伏位[357]。这些化合物中的烷基取代基当然可以全采取直立键或全采取平伏键，有些分子采取全直立位构象是因为其它构象中存在不可避免的张力。

顺便提一句，现在我们可以看出为什么在某些时候，即使许多环结构不是平面型的（参见 4.11.2 节），我们通过假定这些环为平面型结构也可以得到立体异构体的正确数目。顺-1,2-XX-二取代的和顺-1,2-XY-二取代环己烷分子中都没有对称面，分子与其镜像不能相互重叠，但是，在前者（**114**）的情况中，该分子从一种椅式构象迅速转变为实际上是其镜像结构的另一种椅式构象；而在后者（**115**）的情况中，快速互变不产生其镜像结构，而只是将原取代基的直立键改变为平伏键，将原平伏键改变为直立键的构象异构体。因此 **114** 没有旋光性不是由于其分子中存在对称面，而是由于分子与其镜像快速互变。顺-1,3-二取代化合物的情况也类似。然而，顺-1,4-异构体（取代基为 XX 或 XY）无旋光性是由于两种构象中都有对称面。所有反-1,2-和反-1,3-二取代环己烷均有手性（不论取代基是 XX 还是 XY）；而反-1,4-化合物（取代基为 XX 或 XY）是无手性的，因为所有构象中都有对称面。平衡与溶剂和二取代环己烷的浓度都有很大的关系[358]。1,2-二卤代环己烷的理论研究表明，当

$X=Cl$ 时,其优势构象为双直立键形式,但当 $X=F$ 时,双直立键形式与双平伏键形式的能量差很小[359]。

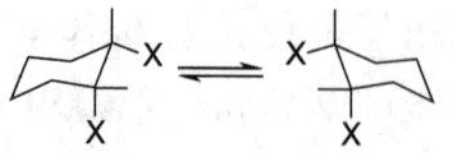

一样,即有椅式、扭船式和船式构象,以及有直立键和平伏键等。例如,四氢吡啶的构象平衡已经被研究[368]。在某些化合物中还有许多新现象,这里只讨论其中的两种[369]。

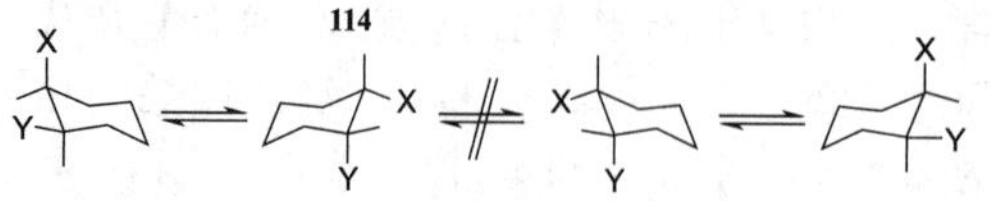

（1）在 5-烷基取代的 1,3-二氧六环中,5-取代基为平伏键的倾向远低于环己烷衍生物[370],$A^{1,3}$-张力值也低得多。这表明氧的未共用电子对比相应环己烷衍生物中的 C—H 键有更小的空间位阻。在这些系统中有许多同异头作用（homoanomeric interaction）的证据[371]。在 1,3-二噻烷[372]、2,3-二取代-1,4-二噻烷中也发现了类似现象[373]。对于某些非烷基取代基（例如 F、NO_2、SOMe[374] 和 NMe_3^+),实际上主要占据直立位[375]。

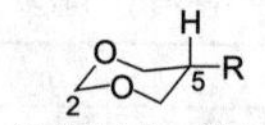

取代的1,3-二氧六环

（2）位于杂原子 α-碳上的烷基通常采取平伏位,这与人们希望的一样。但处于同样位置的极性基团却主要采取直立位。这种现象称为异头效应或端基异构效应（anomeric effect）[376],一个例子是 α-糖苷的稳定性大于 β-糖苷。异头效

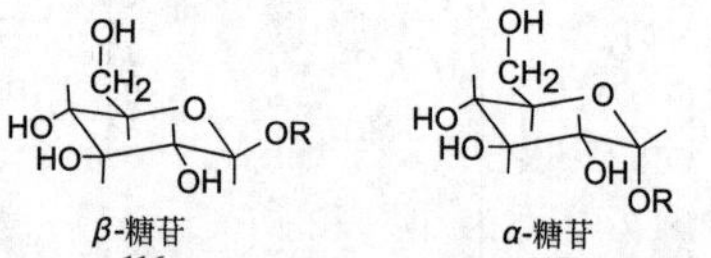

β-糖苷 116   α-糖苷 117

应形成的原因有多种解释[377],一种被广泛接受[379]的解释[378]是,与碳原子相连的极性原子（如 117 中的一个氧原子）的一对未共用电子对可以通过与碳原子和其它极性原子之间的一个反键轨道的重叠而稳定:

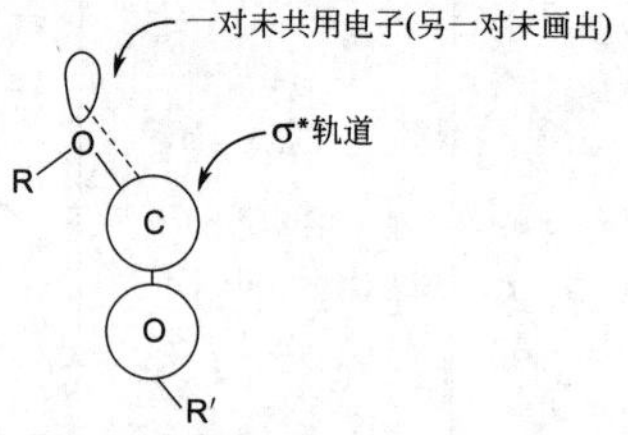

一对未共用电子(另一对未画出)
σ*轨道

只有当轨道处于如图所示的位置时才能发生上述重叠。此情况也可以采用这种类型的超共轭效应表示（叫做"负超共轭",参见 2.13 节):

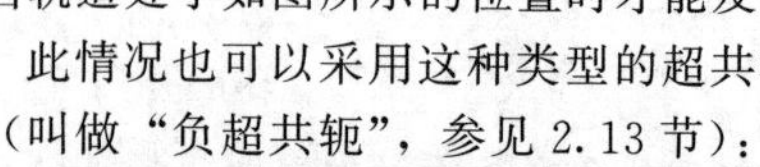

$$R-O-C-O-R' \longleftrightarrow R-\overset{+}{O}=C-O^--R'$$

可能 116 中的平行偶极子间的简单排斥也会对 117 的稳定化起作用。已经知道水溶液的溶剂化效应减弱了许多体系的异头稳定性,特别是在四氢吡喃糖基中[380]。与环状缩醛相反,简单地非环状缩醛很少采取异头构象,显然这是因为重叠

将一个大体积烷基（最常见的是叔丁基）引入到环上,由于存在强烈的 $A^{1,3}$-张力,这个大基团优先占据平伏位,这样可使环上某个基团的构象冻结在所期望的位置[360]。已经知道反-1,4- 和顺-1,4-二羟基环己烷的甲硅烷衍生物、一些单甲硅烷氧基环己烷和一些甲硅烷基取代的糖,它们主要的构象为椅式构象,同时取代基处在 a 键[361]。在 1,2-二甲硅烷基环己烷的所有构象中,相邻的甲硅烷基之间存在一种具有稳定化效应的相互作用,这就导致取代基处于 a 键的构象大大增加。

关于含有一个或两个三角结构原子的六元环的构象分析,例如,环己酮和环己烯,所涉及的原理类似[362~364]。计算得到的环己烷构象互变的能垒是 8.4～12.1 kcal/mol（35.1～50.6 kJ/mol)[365]。环己酮衍生物也被认为采取椅式构象。C-2 位的取代基既可为直立键也可为平伏键,这取决于立体和电子因素的影响。2 位具有 X 取代基的环己酮中,X 基团处于直立位的比例情况见表 4.4[366]。

表 4.4　$CDCl_3$ 中,2 位取代环己酮中取代基处于直立键构象的比例[366]

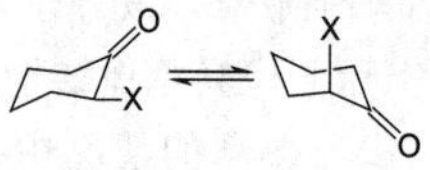

X	取代基处于 a 键构象的含量/%
F	17±3
Cl	45±4
Br	71±4
I	88±5
MeO	28±4
MeS	85±7
MeSe	(92)
Me_2N	44±3
Me	(26)

4.14.3　含杂原子的六元环构象

含杂原子六元环[367]的构象分析的基本结果

式构象能更好地承受由相对较短的碳-氧键所连接基团之间的空间相互作用[381]。在所有顺-2,5-二叔丁基-1,4-环己二醇中,氢键稳定的反而是能量高的构象[382],1,3-二氧六环(**118**)主要以如图所示的扭式构象存在[383]。有人研究了1-甲基-1-硅杂环己烷(**121**)的构象倾向性[384],研究发现,与母体环相比,硅杂环己烷的活化能垒大大降低了,这可通过内型环较长的Si—C键作出解释。

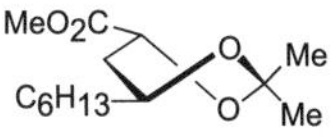

已知第二周期的杂原子具有显著的异头效应[385]。在2-氨基四氢吡喃中有反异头效应(reverse anomeric effect)的证据[386]。但人们对反异头效应是否存在仍有异议[387]。在**119**中,假设孤对电子采取一种直立构象,有异头效应[388]。然而,在**120**中,孤对电子轨道沿着与直立和平伏α-CH键成邻位交叉的方向延伸,没有异头效应[388]。

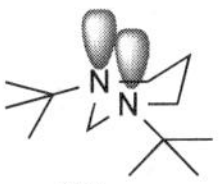

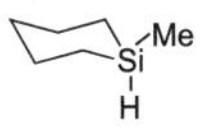

4.14.4 其它环构象[389]

饱和三元环一定是平面形的,但其它小环具有一定的柔性。环丁烷[390]不是平面形的,以**122**所示的形状存在,平面间夹角约35°[391]。非平面性大概是因为如果采取平面式则会存在基团之间的重叠式构象(参见4.17.1)。环氧丙烷的重叠较少,是近似平面型的,平面间夹角约为10°[392]。

由于正五角形的内角是108°,因此人们估计环戊烷是平面型的,但是它也因为重叠效应而不是平面型的[393]。环戊烷有两种折叠环构象,即信封式和半椅式。这两种构象的能量差别不大,许多五元环系还有介于二者之间的构象[394]。虽然信封式构象里显示出一个碳在其余碳平面的上方,

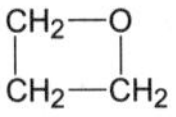

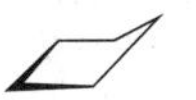

但由于环的运动使五元环的每个碳迅速连续地出现在最高位置。沿着环的折叠转动被称为假旋转(pseudorotation)[395]。在取代的环戊烷和至少有一个原子没有两个取代基(例如,四氢呋喃、环戊酮、C_3和C_7单及二取代己内酰胺[396]、四氢噻吩S-氧化物[397]等)的五元环中,有一个构象异构体会比其它构象异构体稳定。已报道到达平面型环戊烷的能垒是5.2kcal/mol(21.7kJ/mol)[398]。与前面的报道不同,偕二烷氧羰基(例如COOR),取代基对三、四和五元环只有弱的稳定作用(2kcal/mol,<8.36kJ/mol)[399]。

比六元环更大的环,除非有大量sp^2杂化(参见4.17.2节中等环张力部分)的原子(通常总是为折叠型构象[400])。已经报道了环庚烷至环癸烷一系列烷烃的能量和构象[401]。

123

例如,氧杂环辛烷**123**的构象是最丰富的[402]。人们也研究了其它大环的构象,包括环十一烷[403]、十一元环内酯[404]、十元及十一元环酮[405]和十一及十四元环内酰胺[406]。动态NMR可用于确定大环烯烃及内酯的构象[407],C—H偶合常数可用于构象分析[408]。已经估算出了小环的环丙二烯及环丁三烯的张力[409]。需要注意的是,直立氢和平伏氢只出现在六元环的椅式构象中。在其它环中,氢指向的角度与六元环的情况不同,不能以这种方法分类[410],虽然在某些情况下,可用术语"赝直立(pseudoaxial)"和"赝平伏(pseudoequatorial)"来区分其它环中的氢原子[411]。

4.15 分子力学[412]

分子力学(molecular mechanics)[413]描述了分子的一种状态,即分子中各个成键原子由于非键的范德华力(空间的)和库仑力(电荷-电荷)的相互作用,而偏离某些理想的几何形状。分子力学的处理方式与分子轨道理论完全不同,分子轨道理论基于量子力学,而且不以任何化学键为参考。分子力学方法的成功应用有赖于是否能够很好地利用独特的共价结构来描述一个分子,有赖于可将键长键角变化从一个分子转移到另外一个分子的运动,也有赖于在局部原子环境中分子几何参数的可预测性。

一个分子的分子力学能量被定义为将分子从理想的键长(伸缩贡献)、键角(弯曲贡献)、扭转键角(扭转贡献)发生偏离时各个能量贡献以及非键相互作用能量贡献的总和。这个能量通常指的是应变能,它体现的是一个真实分子相对于假象的理想形式的内在应变情况。

$$E_{应变} = E_A^{伸缩} + E_A^{弯曲} + E_A^{扭转} + E_A^{非键} \quad (4.1)$$

伸缩能和弯曲能可由下面二次方程式简单表示(Hooke定律):

$$E^{伸缩}(r) = \frac{1}{2} k^{伸缩}(r - r^{eq})^2 \quad (4.2)$$

$$E^{弯曲}(\alpha) = \frac{1}{2} k^{弯曲}(\alpha - \alpha^{eq})^2 \quad (4.3)$$

式中，r 和 α 分别代表键长和键角，r^{eq} 和 α^{eq} 分别代表理想键长和键角。

扭转能必须正确反映某一给定键的内在周期性。例如，乙烷中 C—C 键的三倍周期性可以表示为下式的简单余弦形式。

$$E^{扭转}(\omega) = k^{扭转3}[1 - \cos 3(\omega - \omega^{eq})] \quad (4.4)$$

式中，ω 代表扭转角；ω^{eq} 代表理想扭转角；$k^{扭转}$ 是常数。扭转能对于应变能的贡献也常常需要包括单倍和两倍周期的贡献。这个关系可以用下式表示：

$$\begin{aligned} E^{扭转}(\omega) = & k^{扭转1}[1 - \cos(\omega - \omega^{eq})] + \\ & k^{扭转2}[1 - \cos 2(\omega - \omega^{eq})] + \\ & k^{扭转3}[1 - \cos 3(\omega - \omega^{eq})] \quad (4.5) \end{aligned}$$

非键相互作用包括范德华（van der Waals，VDW）相互作用和静电相互作用。静电相互作用是电荷-电荷相互作用。VDW 相互作用由两部分组成，一部分是相互靠近时非键原子的强排斥力，另一部分是弱的长程吸引力，r 代表非键距离。

$$E^{非键相互作用}(r) = E^{VDW}(r) + E^{静电}(r) \quad (4.6)$$

各种分子力学方法无论是从组成应变能的参数还是从表示它们的公式上都不相同。以往的方法，例如 SYBYL[414]，形式较简单，引入的参数较少；而新的方法，例如 MM3[415]、MM4[416] 和 MMFF[417]，形式较复杂，引入较多的参数。总的来说，表达应变能的形式越复杂，参数设置越广泛，则得到的结果越理想，当然这也意味着需要更多的（实验）数据。由于分子力学不是建立在"物理基础"上的，而基本上是修正公式。它的成功在于它的参数既可以使用实验结果也可以使用高质量的理论计算数据。也正是由于这个原因，使用分子力学计算"新"的分子时，可能不会得到好的结果，因为这些"新"的分子超出了参数的设置范围。

分子力学有两个比较重要的应用：一个是大分子例如蛋白质的几何学计算，另一个是对分子量高达上百、上千甚至几万的分子进行构象分析。因为在这些情况下，量子力学的方法就变得不好用了，至少在目前的情况下是这样。利用分子力学计算得到的分子平衡结构与实验结果吻合得很好，这一点并不令人惊讶，因为有充足的数据可用于参数设定和方法评估。然而，由于分子平衡构象和各个构象间能量差异的实验数据很少，应用分子力学方法计算这些性质时需要谨慎。在不久的将来，量子力学方法可以提供所需要的高质量数据，这将使参数设置（和评估）比现在更加精确。

分子力学的最大局限是它不能提供热化学的信息。这是因为力学应变能是某一给定分子所特有的（它给出的是一个分子与它的理想结构的差别有多大），不同的分子有不同的理想结构。例如丙酮和甲基乙烯基醚的键连方式不同，应当有不同的标准结构。唯一例外的情况是比较构象能的差别，或者是在键连方式相同的情况下比较分子的能量，例如顺-2-丁烯和反-2-丁烯。

因为分子力学计算不能给出分子中电子云以及电荷分布的信息，同时也由于分子力学计算目前还不能设定参数以重现过渡态几何学信息，所以在描述化学反应活性和产物选择性方面有很大的局限性。然而，当反应活性和选择性与产物或者反应物的立体环境相关时，这时分子力学的结果会比较有意义。

由于分子力学和量子力学计算方法具有不同的优点和局限，目前通常将两种方法结合在一起使用。例如用分子力学方法建立构象模型（或者至少得到一系列合理的构象），然后使用量子力学方法评估能量差。

在实际应用中，对于拥有上千个原子的分子，使用分子力学计算更加简便。此外，分子力学计算可以满足对拥有上百个原子的大分子进行构象搜索。现代界面友好程序可以在桌面电脑上运行，这使得所有的化学家都能使用这种方法。

4.16　张力

当化学键被迫采取不正常的键角时，分子中存在着空间张力[418]，这通常是由于这些键上所连的大原子或基团之间的相互排斥作用，但不总是这个原因。这比缺少角扭转时产生的能量更高。研究显示，在有张力的有机分子中，NMR 的 ^{13}C-H 偶合常数与键角及键力角有很好的相关性[419]。导致空间非正常键角的结构特征通常有两种。一种发现于小环化合物，小环结构的键角必然小于正常轨道重叠所应有的键角[420]。这种张力叫小角张力或 Baeyer 张力；另一种张力是由于分子的几何形状迫使一些非键连原子互相靠近而造成的，被称为非成键相互作用。

存在张力的分子中有张力能，亦即在张力存在的情况下，它们势能的相应升高值[421]。特定分子的张力能可以从原子化热和燃烧热数据中估算出。一个存在张力的分子与相应的假定无张力的结构相比，具有较低的原子化热（图4.6）。与共振能类似（参见2.2节），张力能不能够准确地获知，因为一个真实分子的能量可以测量，但是一个假设的无张力能的分子却不能。可以通过分子力学计算出分子的张力能，这种方法不仅适用于真实分子，也适用于那些假想的分子[422]。

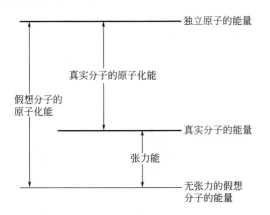

图 4.6　张力能的计算

4.16.1　小环中的张力

三元环有很大角张力（也称作 Baeyer 张力），因为60°角与"正常的"四面体的夹角差距很大。计算结果解释：与非环状化合物相比，小环体系的 Baeyer 张力是源于核-电子吸引作用的减弱[423]，但这一解释受到了后来研究工作的挑战[424]。与其它醚截然相反，环氧乙烷十分活泼，能与许多试剂反应开环（参见10.7.3节）。环打开后，张力自然就解除了[425]。环丙烷[426]的张力甚至比环氧乙烷还大[427]，其键的断裂比相应的烷烃容易多了[428]。例如，环丙烷在 450～500℃热解转化成丙烯，与溴反应生成1,3-二溴丙烷[429]，还可被氢化生成丙烷（在高压下[430]）。其它三元环也有类似的反应活性[431]。烷基取代基影响小环化合物的张力能[432]，羰基也影响其张力能[433]。例如，以无支链非环状分子为参照，"偕二甲基取代可将环丙烷、环丁烷、环氧化物和二甲基二氧杂环的张力能降低 6～10kcal/mol（25.1～41.8kJ/mol）"[432]。C—H键离解能也可增加小环烯烃的张力[434]。然而，对1,1-二甲基环丁烷环张力能的计算表明，"对于环张力能的测量，并没有显著的偕二甲基效应的焓贡献"[435]。

许多证据（主要来自 NMR 偶合常数）表明

环丙烷的成键情况与无小角张力化合物的情况不一样[436]。对通常的碳原子来说，一个 s 和三个 p 轨道杂化产生四个大致等价的 sp^3 轨道，各有约25%的 s 成分。但对环丙烷碳原子来说，这四个杂化轨道并不等价：指向键外面的两个轨道比通常的 sp^3 轨道的 s 成分多，而环上用于成键的两个轨道所含的 s 成分较少。这是因为它们所含的 p 成分越多，就越像正常的 p 轨道，而 p 轨道较适合的键角是90°，而不是109.5°。由于环丙烷的小角张力是杂化轨道形成的角度和实际角度60°之差，因此这个额外的 p 成分缓解了部分张力。向外轨道含有约33%的 s 成分，所以大体上接近 sp^2 轨道，而向内轨道含有约17%的 s 成分，所以可近似称为 sp^5 轨道[437]。因此，环丙烷的三个 C—C 键都是由两个 sp^5 轨道重叠形成的。分子轨道的计算表明这些键没什么 s 成分。在正常的 C—C 键中，sp^3 轨道重叠后，连接两个原子核的直线成为成键电子云对称分布的轴。但在环丙烷中，电子云密集区却偏离三元环[438]。图4.7显示了轨道重叠的方向[439]。对环丙烷而言，θ 角为21°。环丁烷也有同样的现象，不过偏离的程度小，θ 角为7°[439]。分子轨道计算表明 C—C 键最大电子云密度是弯离环的，环丙烷的偏角是9.4°，环丁烷是3.4°[440]。环丙烷中的这些键被称为弯曲键（有时称为香蕉键），是介于σ和π之间的化学键，因此环丙烷的行为在某些方面像含双键的化合物[441]。有许多这方面证据（主要来自紫外光谱[442]）表明环丙烷环与相邻的双键共轭，并且当分子采取图 4.8（a）所示的构象时，这种共轭效应最大；而采取图4.8（b）所示的构象时，这种共轭效应最小或根本不存在，因为采取构象（a）时，双键 π 轨道与环丙烷两个似 p 轨道的重叠最大。可是，环丙烷环与双键的共轭程度小于两个双键的共轭[443]。关于环丙烷与双键行为类似的其它例子参见4.15.4节。

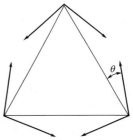

图 4.7　环丙烷中的轨道重叠（箭头指向电子云密度的中心）

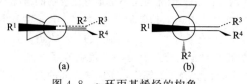

图 4.8 α-环丙基烯烃的构象
构象 (a) 导致最大程度的共轭；
构象 (b) 导致最小程度的共轭

四元环也表现出角张力，但却小得多，开环也较难。环丁烷比环丙烷难溴化，尽管环丁烷在更剧烈的条件下也可以氢化生成丁烷。此外，环丁烷在 420℃ 热解产生两分子乙烯。前已述及（参见 4.15.4 节）环丁烷结构不是平面形的。

到目前为止，已经制备了许多含稠合小环的具有很大张力的化合物[444]，表明许多有机分子可以比简单环丙烷或环丁烷具有更大的张力[445]。表 4.5 列出了部分这样的化合物[446]。其中最吸引人的大概要算立方烷、棱柱烷[460]和取代的四面体烷了，因为人们为了制备这些环系曾作出许多努力。棱柱烷是四环 $[2.2.0.0^{2,6}.0^{3,5}]$ 己烷，它的许多衍生物已被制备[461]，包括双高六棱柱烷（bishomohexaprismane）衍生物[462]。双环丁烷分子是弯

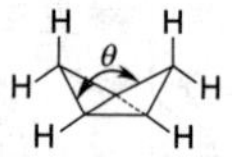

两个平面间的夹角

曲的，两个平面之间的夹角 θ 是 $126°±3°$[463]。上面介绍的环丙烷的再杂化效应（rehydridization），在双环丁烷中甚至更严重。计算表明中心键基本上是由两个 p 轨道的重叠而成的，几乎没有 s 成分[464]。螺桨烷是直接相连的两个碳也与其它 3 个桥相连的化合物。表中的 [1.1.1] 螺桨烷是最小的螺桨烷[465]，事实上此螺桨烷比大一些的 [2.1.1] 螺桨烷和 [2.2.1] 螺桨烷更稳定，后两种螺桨烷只能于低温下在固体基质中分离出来[466]。二环 [1.1.1] 戊烷显然与螺桨烷很像，除了没有中心连接键，许多这类结构的衍生物也已经被发现[467]。还有许多更复杂的体系也被发现[468]。

表 4.5 已制备出的一些有张力的小环化合物

所制备化合物的结构式	环系的系统命名法名称	俗名(如果有的话)		参考文献
		中文	英文	
	二环[1.1.0]丁烷	双环丁烷	bicyclobutane	447
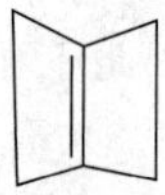	$\Delta^{1,4}$-二环[2.2.0]己烯			448
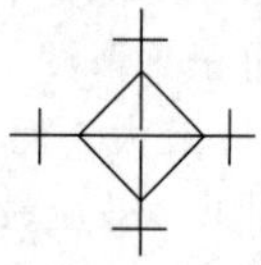	三环[1.1.0.0^{2,4}]丁烷	四面体烷，四角烷	tetrahedrane	449
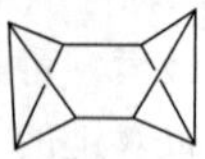	五环[5.1.0.0^{2,4}.0^{3,5}.0^{6,8}]辛烷	八角烷	octabisvalene	450
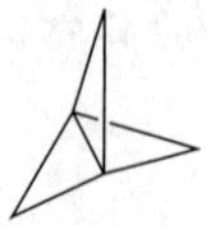	三环[1.1.1.0^{1,3}]戊烷	螺桨烷[1.1.1]	[1.1.1]propellane	364
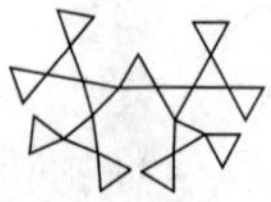	十四螺[2.0.2.0.0.0.0.0.2.0.2.0.0.0.2.0.2.0.0.1.0.0.2.0.2.0.0.0]三十一烷	[15]三角烷	[15]triangulane	451
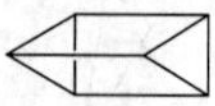	四环[2.2.0.0^{2,6}.0^{3,5}]己烷	棱柱烷	prismane	452
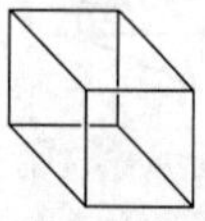	五环[4.2.0.0^{2,5}.0^{3,8}.0^{4,7}]辛烷	立方烷	cubane	453

所制备化合物的结构式	环系的系统命名法名称	俗名(如果有的话) 中文	俗名(如果有的话) 英文	参考文献
	五环[5.4.1.0³,¹.0⁵,⁹.0⁸,¹¹]十二烷	四拱柱烷	4[peristylane]	454
	六环[5.3.0.0²,⁶.0³,¹⁰.0⁴,⁹.0⁵,⁸]癸烷	五棱柱烷	pentaprismane	455
	三环[3.1.1.1²,⁴]辛烷	重排甾烷	diasterane	456
	六环[4.4.0.0²,⁴.0³,⁹.0⁵,⁸.0⁷,¹⁰]癸烷			457
	九环[10.8.0²,¹¹.0⁴,⁹.0⁴,¹⁹.0⁶,¹⁷.0⁷,¹⁶.0⁹,¹⁴.0¹⁴,¹⁹]二十烷	双六棱柱烷	A double tetraesterane	458
	十一环[9.9.0.0¹,⁵.0²,¹².0²,¹⁸.0³,⁷.0⁶,¹⁰.0⁸,¹².0¹¹,¹⁵.0¹³,¹⁷.0¹⁶,²⁰]二十烷	(宝)塔烷, 庙宇烷	Pagodane	459

在某些小环体系中,包括小环螺桨烷,一个或多个碳原子的几何构型因受到很大限制,使它们的4个价键指向平面的同一侧(反四面体),如 **124**[469]。一个例子是1,3-脱氢金刚烷(**125**),它也是螺桨烷[470]。**125** 的 5-氰基衍生物的 X 射线晶体学结果表明在 C-1 和 C-3 位置的四个碳原子价键全都指向分子内,而没有指向外面的[471]。化合物 **125** 反应性很强,它在空气中不稳定,可在 C(1)—C(3) 键上加氢、水、溴或醋酸等,并且很容易聚合。当两个这样的原子通过一根键相连(如 **125** 中),这根键会非常长 [在 **125** 的 5-氰基衍生物中,C(1)—C(3)键长是 1.64Å],因为原子试图用这个方式来补偿它们被压迫的角度。**125** 中 C(1)—C(3) 键的高反应性不仅是由张力引起的,也是由于在试剂进攻的方向没有任何键(例如 C-1 或 C-3 中的 C—H 键),因此试剂分子很容易进攻。

4.16.2 其它环中的张力[472]

大于四元环的环没有小角张力,但有三种其它张力。而环己烷的椅式构象却没有这三种,椅式结构中六根 C—C 键的每两个相连的碳处于邻位交叉式构象。然而,在五元环以及含有七到十三个碳的环中,所有键都处于邻位交叉的任何构象中都有跨环作用,亦即 C-1 与 C-3、或 C-1 与 C-4 等这些碳上的取代基之间的相互作用。这些相互作用的发生是由于内部空间不够大,无法使所有准直立(quasi-axial)氢原子不发生冲突。这些分子也可以采取另外一些能减小这种跨环张力(transannular strain)的构象,但是此时某些 C—C 键必然采取重叠式或部分重叠式的构象。由重叠式构象导致的张力叫 Pitzer 张力。从三元环到十三元环的饱和环(环己烷的椅式构象除外),都无一例外地具有这两类张力中的至少一种。事实上各种环均采取尽可能使两种张力减小到最小的构象。对于环戊烷,如像我们已经看到的一样(参见 4.15.4 页),它的分子不是平面形的。在比九元环更大的环中,Pitzer 张力似乎消失了,但跨环张力仍然存在[473]。对九元和十元环来说,某些跨环张力和 Pitzer 张力可由于第三类张力,即大角张力的存在而缓解。例如,X 射线衍射法发现环壬胺氢溴酸盐和1,6-二氨基环癸烷二盐酸盐的 C—C—C 角为 115°~120°[474]。

张力在分子中可以发挥其它影响。1-氮杂-2-金刚烷酮(**126**)是扭曲酰胺的一个极端情况[475]。

氮上的孤对电子无法与羰基 π 体系发生重叠[475]。在化学反应中，**126** 的表现或多或少与酮类似，如发生 Witting 反应（反应 16-44）以及生成缩酮（反应 16-7）。扭曲的二金刚烷基烯（biadamantylidene）化合物也已有报道[476]。

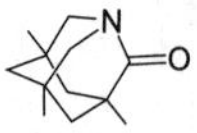

126

表 4.6[477] 列举了平均到每个 CH_2 基的燃烧热值，从该表可以知道环烷烃的张力情况，从表中也可以看出大于十三元的环烷烃像环己烷一样，结构中无张力。

表 4.6 气相中环烷烃平均到每个 CH_2 基团的燃烧热值[472]

环的元数	$-\Delta H_c(g)$ kcal/mol	kJ/mol	环的元数	$-\Delta H_c(g)$ kcal/mol	kJ/mol
3	166.3	695.8	10	158.6	663.6
4	163.9	685.8	11	158.4	662.7
5	158.7	664.0	12	157.8	660.2
6	157.4	658.6	13	157.7	659.8
7	158.3	662.2	14	157.4	658.6
8	158.6	663.6	15	157.5	659.0
9	158.8	664.4	16	157.5	659.0

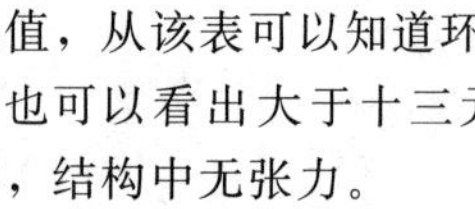

127a　**127b** 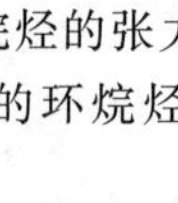　**128** 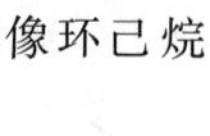　**129**

从八元到十一元甚至到更大的环都有跨环作用[478]。这种作用可以通过光谱和偶极矩的测量来检测。例如，**127a** 的羰基受氮原子的影响（**127b** 有可能是其另一种极限式），这种影响可以通过光电光谱描述：研究结果表明 **127** 中氮原子的 n 轨道和 C＝O 的 π 轨道的离子化势能与类似结构的 **128**、**129** 的相应值不同[479]。很有意义的是，**127** 接受一个质子时，该质子不是与氮而是和氧结合。已知许多跨环反应的例子，包括：

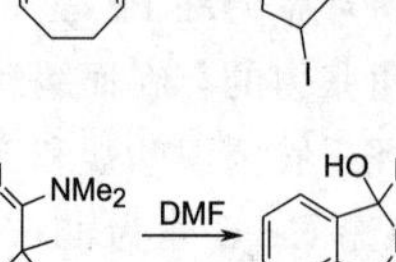

文献［480］

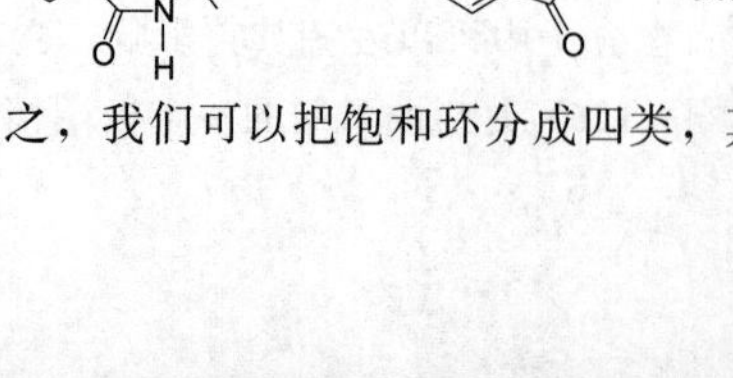

文献［481］

总之，我们可以把饱和环分成四类，其中的第一和第三类比其余两类具有更大的张力[482]。

（1）小环（三、四元）　以小角张力为主。

（2）普通环（五、六和七元）　大多数都是无张力的。存在的张力几乎都是 Pitzer 张力。

（3）中环（八到十一元的）　张力相当大，包括 Pitzer、跨环和大角张力。

（4）大环（十二元和更大的）　很少或根本没有张力[483]。

4.16.3　不饱和环[484]

双键可以存在于任何大小的环中。正如所预料的那样，张力最大的是三元环（如环丙烯）。小角张力在环丙烷中非常重要，而在环丙烯中[485]，因为角度的变化更多，小角张力因此更大。在环丙烷中键角被迫采取 60°，比四面体角小约 50°；但在环丙烯中，键角也是 60° 左右，却比烯烃的理想键角 120° 小约 60°。因此，环丙烯的键角张力比环丙烷约大 10°。但是，这个额外的张力却被由另一因素引起的张力减小而抵消。环丙烯中少两个氢，因此没有像环丙烷那样存在重叠张力。环丙烯已经被制备出[486]，该化合物在液氮温度下可稳定存在，在升温到 −80℃ 才迅速聚合。许多其它环丙烯类化合物在室温或室温以上的条件下可稳定存在[464]。环丙烯环与苯环稠合所形成的张力很大的苯并环丙烯[487]也已被制备出[488]，它在室温可以稳定数星期，但在常压蒸馏时会分解。

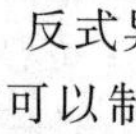

苯并环丙烯

如前所述，存在于较小环中的双键必然是顺式的。虽然反环己烯和环庚烯能瞬时存在[490]，但是第一个发现的环内稳定反式双键[489]出现在八元环中［反环辛烯，参见 4.3 节 (6)］。在大约超过十一元的环中，反式异构体比顺式异构体更稳定[232]。已经证实可以制备反式双键被两个环烯共享的化合物（例如 **130**）。这些化合物叫做 [*m*,*n*] 夹烯（[*m*,*n*]betweenanene），*m* 和 *n* 值介于 8~26 的许多化合物已被制备出[491]。更小的夹烯的双键有可能因埋藏在桥中而导致反应性比相应的顺-顺异构体低得多。

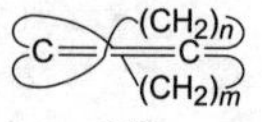

130

含叁键的最小的无张力环是环壬炔[492]。环壬炔已被分离出[493]，它的氢化热结果表明该结构中也具有相当大的张力。目前已分离得到一些含叁键的七元环。3,3,7,7-四甲基环庚炔（**131**）在室温下 1h 内即发生二聚[494]。可是，其含硫衍生物 **132** C—S 键比 **131** 中相应的 C—C 键长，即使在 140℃ 还可长期稳定[495]。环庚炔本身虽尚未被分离，但是已有其瞬间存在的证据[496]。环己炔[497] 及其 3,3,6,6-四甲基衍生物[498] 在 77K 以及在 18K 的氩气基质中被捕获到，并且也得到了它们的红外谱图。含有叁键的六元环甚至五元环瞬间结构也已被证实[499]。

确定一个二环体系是否大到可以容纳桥头双键，最可靠的判据是双键所在环的大小[513]。例如，二环 [3.3.1] 壬-1-烯（**138**）[514] 和二环 [4.2.1] 壬-1(8)-烯[515]（**139**）都是稳定的化合物，它们都可以视为是已知化合物反环辛烯的衍生物。化合物 **138** 有和反环辛烯的同样数量级的张力能[516]。而在二环 [3.2.2] 壬-1-烯（**140**）中，含有双键的最大环是反庚烯，后者到目前为止还未核对。可是化合物 **140** 已被合成出，但在分离之前已发生二聚[517]。甚至更小（[3.2.1] 和 [2.2.2]）的含有亚胺双键的体系（**141**~**143**），已在低温基质中得到[518]。这些化合物在加热时即被破坏。化合物 **141** 和 **142** 是第一个报道的具有张力的桥头双键上存在 E-Z 异构的例子[519]。

环戊炔的一个衍生物已在一种基质中被捕获到[500]。虽然环庚炔和环己炔尚未在室温下被分离出，但这些化合物的 Pt(0) 配合物已经制备出来，而且能稳定存在[501]。迄今为止分离出的最小环丙二烯[502] 是 1-叔丁基-1,2-环辛二烯 **133**[503]。母体 1,2-环辛二烯没有被分离出来。研究表明它可瞬时出现，但迅速二聚[504]。叔丁基的存在阻止了这个过程。1,2-环庚二烯的瞬时存在也被发现[505]，同时 1,2-环辛二烯和 1,2-环庚二烯的铂配合物也已被分离[506]。1,2-环己二烯在低温下被捕获到，它的结构已被光谱研究证实[507]。环丙二烯的张力通常没有它们相应的环炔类异构体大[508]。环累积三烯烃 1,2,3-环壬三烯也已被合成出，该化合物在室温下隔绝空气可以稳定存在[509]。

有许多多环分子和桥环分子中含有一个或多个双键的例子。这类环中包含 C＝C 单元的部分是平面结构，这个性质对分子有重要的作用。降冰片烯（二环 [2.2.1] 庚-2-烯，**134**）是一个简单的例子，经过计算它含有一个变形的 π 面[510]。双键可以远离桥头碳原子，如：在二环 [4.2.2] 癸-3-烯（**135**）中，分子的该部分是平的。在五环 [8.2.1.1^{2,5}.1^{4,7}.1^{8,11}] 十六烷-1,7-二烯（**136**）中，C＝C 单元处在特定的位置，此时具有穿过分子的 π-π 相互作用[511]。

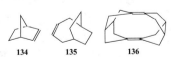

在桥式二环化合物中，双键不可能出现在小环体系的桥头。这是 Bredt 规则的基础[512]，该规则认为，在像 **137** 这样的桥二环双键结构中，消去反应发生后产生的双键总是远离桥头。当环足够大时，该规则就不再适用了。

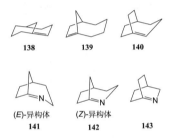

4.16.4 无法避免拥挤所导致的张力[520]

有些分子中，大基团非常靠近，以至于没有足够的空间让相应基团处于正常键角所要求的位置。事实证明有可能制备带有很强的这类张力的化合物。例如，含邻叔丁基的苯环化合物的合成已取得成功。1,2,3-三叔丁基化合物 **144**[521] 和 1,2,3,4-四叔丁基化合物 **145**[522] 就是许多这样例子中的两个。UV 和 IR 光谱已证实这些分子具有张力，光谱结果表明 1,2,4-三叔丁基苯的环不是平面的。比较这个化合物与它的 1,3,5-异构体的反应热可以看出，1,2,4-化合物的张力能比它的异构体高大约 22kcal/mol（92kJ/mol）[523]（参见反应 18-27）。虽然 SiMe$_3$ 基团比 CMe$_3$ 大，但已证明有可能制备 C$_6$(SiMe$_3$)$_6$。该化合物固态时呈椅式环结构，在溶液中是椅式和船式两种构象的混合物[524]。就是较小的基团在邻位也有空间干扰。六异丙基苯分子中，这六个异丙基之间非常拥挤，以至于它们不能转动而是排在苯环的周围，全都指向同一方向[525]，这是齿轮分子（geared molecule）[526] 的一个例子。异丙基以相同的方式互相咬合在一起，如同齿轮

另一个例子是 **146**（一个稳定的烯醇）[527]，在这个例子中，每个环都可以绕着它的 C—Ar（芳基）键旋转，但在旋转的同时迫使另一个环也旋转。

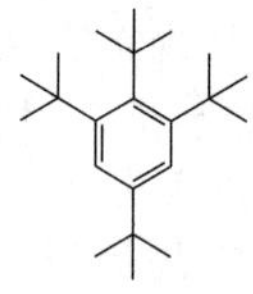

144 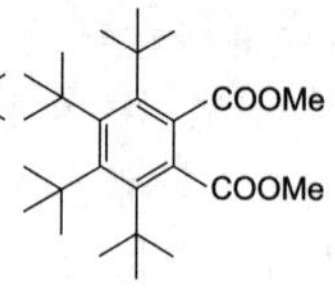 **145** 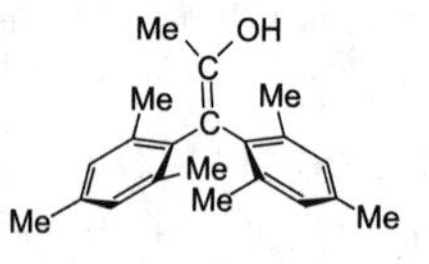 **146**

在三蝶烯（triptycene）衍生物中，例如 **147**，芳基绕着 O—芳基键做 360°旋转要经历 3 个转动能垒：一个是 C—X 键，另两个是两个环顶部的 C—H 键。与我们想象的一样，通过 C—X 键的能垒最高，从 X＝F 时的 10.3kcal/mol （43.1kJ/mol）到 X＝叔丁基时的 17.6kcal/mol （73.6kJ/mol）[528]。在另一个类似的例子里，证明了可制备 N,N,N',N'-四甲基-5-氨基-2,4,6-三碘间苯二酰胺的顺式和反式异构体。由于夹在

147

顺式   反式

两个大体积的碘原子中间，$CONMe_2$ 基团没有转动的空间[529]。反式异构体是手性的，已经被拆分，而顺式异构体是内消旋式。因单键转动受限[530]而产生顺、反异构体的另一个例子是 1,8-二邻甲苯基萘[531]（参见 4.11.1 节）。

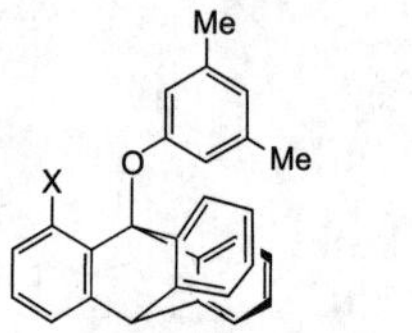

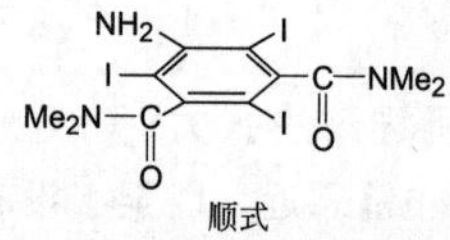

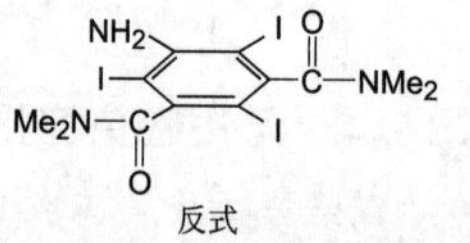

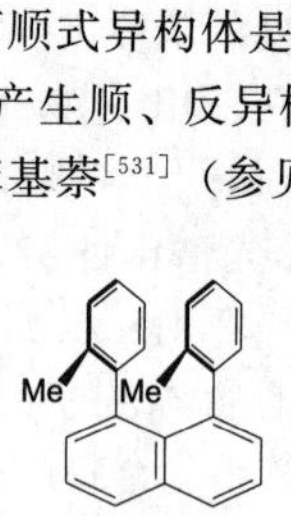

顺式（cis） 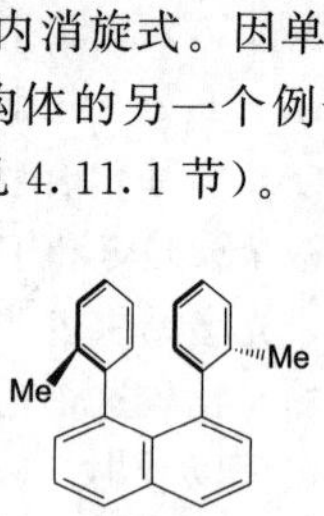   反式（trans）

由于分子内拥挤造成键角变形的例子还有许多。我们前面已经提到了六螺烯〔参见 4.3 节（6）〕和弯曲的苯环（参见 2.7 节）。三叔丁基胺和四叔丁基甲烷等化合物到现在还没有被制备出。对于后者，结构中有无法解除的张力，这个化合物能否被合成还有疑问。三叔丁基胺中如果三个大基团处于一个平面，而不是常见的棱锥构型，其拥挤程度会有所减轻。在三叔丁基甲醇中，三个叔丁基由于羟基的存在而无法共平面，可是这个化合物却仍然被制备出[532]。三叔丁基胺位阻的张力应该比三叔丁基甲醇小，因此应该有可能制备出[533]。四叔丁基鏻离子（t-Bu)$_4$P$^+$已经制备出[534]。虽然在拥挤分子中立体效应不可叠加，但 DeTar 提出了一个基于分子力学计算的定量测量方法，即形式（表观）空间焓（formal steric enthalpy, FSE）。目前已经计算出烷烃、烯烃、醇、醚和甲基酯的值[535]。例如，一些烷烃的 FSE 值如下：丁烷，0.00；2,2,3,3-四甲基丁烷，7.27；2,2,4,4,5-五甲基己烷，11.30；三叔丁基甲烷，38.53。

C＝C 双键的两个碳原子以及与它们连接的四个基团通常在一个平面上，但是如果基团足够大，也会导致明显偏离平面[536]。化合物四叔丁基乙烯 **148** 目前尚未制备出来[537]，但是应该有着相同量张力的四醛基取代物 **149** 却已被制备出。X 射线晶体法显示 **149** 的平面扭曲了 28.6°[538]。此外，其 C＝C 键长是 1.357Å，比普通的 C＝C 键的 1.32Å 长（表 1.5）。(Z)-1, 2-二(叔丁基二甲基硅)-1,2-二(三甲基硅)乙烯（**150**）的扭曲更严重，该化合物不能通过从（E）异构体的转化来制备，这很有可能是因为基团太大，不能互相越过[539]。另一种类型的双键张力在三环〔$4.2.2.2^{2,5}$〕十二碳-1,5-二烯（**151**）[540]、立方烯（**152**）[541] 和高立方-4(5)-烯（**153**）[542] 中发现。在这些分子中，双键的四个基团被迫处于双键平面的一侧[543]。在 **151** 中，C(1)—C(2) 的延长线与 C-2、C-3 及 C-11 所在平面间的夹角是 27°。一个附加张力的来源是两根双键在四个桥的作用下互相靠近。为了减轻这种张力，桥键键长〔C(3)—C(4)〕为 1.595Å，比普通 sp^3-sp^3 C—C 键的 1.53Å 长（表 1.5）。化合物 **152** 和 **153** 还没有被分离出，但可以作为其它化合物反应产生的中间体而捕获到[541,542]。

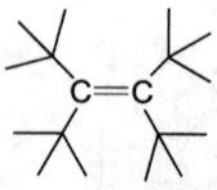

148 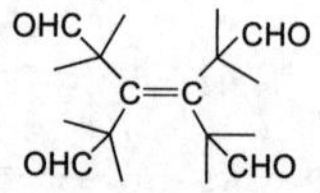   **149** 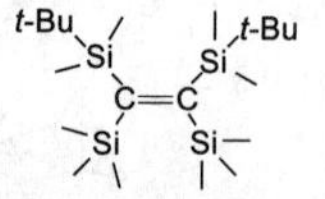   **150**

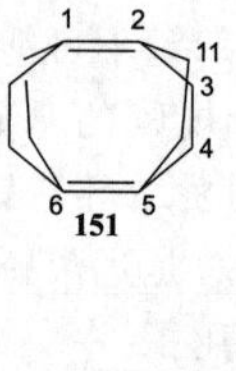

151 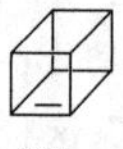   **152** 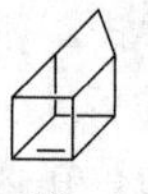   **153**

参 考 文 献

[1] See Eliel, E. L. ; Wilen, S. H. ; Mander, L. N. *Stereochemistry of Organic Compounds*, Wiley-Interscience, NY, **1994**; Sokolov, V. I. *Introduction to Theoretical Stereochemistry*, Gordon and Breach, NY, **1991**; Nògrádi, M. *Sterochemistry*, Pergamon, Elmsford, NY, **1981**; Kagan, H. *Organic Storechemistry*, Wiley, NY, **1979**; Testa, B. *Principles of Organic Stereochemistry*, Marcel Dekker, NY, **1979**; Izumi, Y. ; Tai, A. *Stereo-Differentiating Reactions*, Academic Press, NY, Kodansha Ltd. , Tokyo, **1977**; Natta, G. ; Farina, M. *Stereochemistry*, Harper and Row, NY, **1972**; Eliel, E. L. *Elements of Stereochemistry*, Wiley, NY, **1969**; Mislow, K. *Introduction to Stereochemistry*, W. A. Benjamin, NY, **1965**. For a historical treatment, see Ramsay, O. B. *Stereochemistry*, Heyden &. Son, Ltd. , London, **1981**.

[2] See *Pure Appl. Chem.* **1976**, 45, 13 and in *Nomenclature of Organic Chemistry*, Pergamon, Elmsford, NY, **1979** (the Blue Book).

[3] See Cintas, P. *Angew. Chem. Int. Ed.* **2007**, 46, 4016.

[4] For a discussion of the conditions for optical activity in liquids and crystals, see O'Loane, J. K. *Chem. Rev.* **1980**, 80, 41. For a discussion of chirality as applied to molecules, see Quack, M. *Angew. Chem. Int. Ed.* **1989**, 28, 571.

[5] Avalos, M. ; Babiano, R. ; Cintas, P. ; Jiménez, J. L. ; Palacios, J. C. *Tetrahedron Asymm.* **2000**, 11, 2845.

[6] Interactions among electrons, nucleons, and certain components of nucleons (e. g. , bosons), called weak interactions, violate parity; that is, mirror image interactions do not have the same energy. It has been contended that interactions of this sort cause one of a pair of enantiomers to be (slightly) more stable than the other. See Tranter, G. E. *J. Chem. Soc. Chem. Commun.* **1986**, 60, and references cited therein. See also, Barron, L. D. *Chem. Soc. Rev.* **1986**, 15, 189.

[7] For a reported exception, see Hata, N. *Chem. Lett.* **1991**, 155.

[8] See Craig, D. P. ; Mellor, D. P. *Top. Curr. Chem.* **1976**, 63, 1.

[9] Strictly speaking, the term racemic mixture applies only when the mixture of molecules is present as separate solid phases, but in this book this expression refers to any equimolar mixture of enantiomeric molecules, liquid, solid, gaseous, or in solution.

[10] See Jacques, J. ; Collet, A. ; Wilen, S. H. *Enantiomers, Racemates, and Resolutions*, Wiley, NY, **1981**.

[11] See Wynberg, H. ; Lorand, J. P. *J. Org. Chem.* **1981**, 46, 2538 and references cited therein.

[12] A good example is found in Kumata, Y. ; Furukawa, J. ; Fueno, T. *Bull. Chem. Soc. Jpn.* **1970**, 43, 3920.

[13] For a review of polarimetry see Lyle, G. G. ; Lyle, R. E. in Morrison, J. D. *Asymmetric Synthesis*, Vol. 1, Academic Press, NY, **1983**, pp. 13-27.

[14] For examples, see Shriner, R. L. ; Adams, R. ; Marvel, C. S. in Gilman, H. *Advanced Organic Chemistry*, Vol. 1, 2nd ed. Wiley, NY, **1943**, pp. 291-301.

[15] Krow, G. ; Hill, R. K. *Chem. Commun.* **1968**, 430.

[16] Wiberg, K. B. ; Vaccaro, P. H. ; Cheeseman, J. R. *J. Am. Chem. Soc.* **2003**, 125, 1888.

[17] See Barron L. D. *Chem. Soc. Rev.* **1986**, 15, 189.

[18] The definitions of plane, center, and alternating axis of symmetry are taken from Eliel, E. L. *Elements of Stereochemistry*, Wiley, NY, **1969**, pp. 6,7. See also, Lemière, G. L. ; Alderweireldt, F. C. *J. Org. Chem.* **1980**, 45, 4175.

[19] McCasland, G. E. ; Proskow, S. *J. Am. Chem. Soc.* **1955**, 77, 4688.

[20] For discussions of the relationship between a chiral carbon and chirality, see Mislow, K. ; Siegel, J. *J. Am. Chem. Soc.* **1984**, 106, 3319; Brand, D. J. ; Fisher, J. *J. Chem. Educ.* **1987**, 64, 1035.

[21] For a review of such molecules, see Nakazaki, M. *Top. Stereochem.* **1984**, 15, 199.

[22] See Barth, G. ; Djerassi, C. *Tetrahedron* **1981**, 24, 4123; Verbit, L. *Prog. Phys. Org. Chem.* **1970**, 7, 51; Floss, H. G. ; Tsai, M. ; Woodard, R. W. *Top. Stereochem.* **1984**, 15, 253.

[23] Streitwieser, Jr. , A. ; Schaeffer, W. D. *J. Am. Chem. Soc.* **1956**, 78, 5597.

[24] For a discussion of optical activity in paraffins, see Brewster, J. H. *Tetrahedron* **1974**, 30, 1807.

[25] Ten Hoeve, W. ; Wynberg, H. *J. Org. Chem.* **1980**, 45, 2754.

[26] For compounds with asymmetric atoms other than carbon, see Aylett, B. J. *Prog. Stereochem.* **1969**, 4, 213; Belloli, R. *J. Chem. Educ.* **1969**, 46, 640; Sokolov, V. I. ; Reutov, O. A. *Russ. Chem. Rev.* **1965**, 34, 1.

[27] See Corriu, R. J. P. ; Guérin, C. ; Moreau, J. J. E. in Patai, S. ; Rappoport, Z. *The Chemistry of Organic Silicon Compounds*, pt. 1, Wiley, NY, **1989**, pp. 305-370; *Top. Stereochem.* **1984**, 15, 43; Maryanoff, C. A. ; Maryanoff, B. E. in Morrison, J. D. *Asymmetric Synthesis*, Vol. 4, Academic Press, NY, **1984**, pp. 355-374.

[28] See Gielen, M. *Top. Curr. Chem.* **1982**, 104, 57; *Top. Stereochem.* **1981**, 12, 217.

[29] See Davis, F. A. ; Jenkins Jr. , R. H. in Morrison, J. D. *Asymmetric Synthesis*, Vol. 4, Academic Press, NY, **1984**, pp. 313-353; Pope, W. J. ; Peachey, S. J. *J. Chem. Soc.* **1899**, 75, 1127.

[30] Stirling, C. J. M. *J. Chem. Soc.* **1963**, 5741; Sabol, M. A. ; Andersen, K. K. *J. Am. Chem. Soc.* **1969**, 91, 3603; Annunziata, R. ; Cinquini, M. ; Colonna, S. *J. Chem. Soc. Perkin Trans.* 1 **1972**, 2057.

[31] Lowe, G. ; Parratt, M. J. *J. Chem. Soc. Chem. Commun.* **1985**, 1075.

[32] Abbott, S. J. ; Jones, S. R. ; Weinman, S. A. ; Knowles, J. R. *J. Am. Chem. Soc.* **1978**, 100, 2558; Cullis, P. M. ; Lowe, G. *J. Chem. Soc. Chem. Commun.* **1978**, 512. See Lowe, G. *Acc. Chem. Res.* **1983**, 16, 244.

[33] For a reviewof the stereochemistry at trivalent nitrogen, see Raban, M. ; Greenblatt, J. in Patai, S. *The Chemistry of Functional Groups, Supplement F*, pt. 1, Wiley, NY, **1982**, pp. 53-83.

[34] See Lambert, J. B. *Top. Stereochem.* **1971**, 6, 19; Rauk, A. ; Allen, L. C. ; Mislow, K. *Angew. Chem. Int. Ed.* **1970**, 9, 400; Lehn, J. M. *Fortschr. Chem. Forsch.* **1970**, 15, 311.

[35] For example, see Stackhouse, J. ; Baechler, R. D. ; Mislow, K. *Tetrahedron Lett.* **1971**, 3437, 3441.

[36] Forsyth, D. A. ; Zhang, W. ; Hanley, J. A. *J. Org. Chem.* **1996**, 61, 1284. Also see, Adams, D. B. *J. Chem. Soc. Perkin Trans.* 2

1993, 567.

[37] Brois, S. J. *J. Am. Chem. Soc.* **1968**, 90, 506, 508. See also, Shustov, G. V.; Kadorkina, G. K.; Kostyanovsky, R. G.; Rauk, A. *J. Am. Chem. Soc.* **1988**, 110, 1719; Lehn, J. M.; Wagner, J. *Chem. Commun.* **1968**, 148; Felix, D.; Eschenmoser, A. *Angew. Chem. Int. Ed.* **1968**, 7, 224. For a review, see Brois, S. J. *Trans. N. Y. Acad. Sci.* **1969**, 31, 931.
[38] Schurig, V.; Leyrer, U. *Tetrahedron Asymm.* **1990**, 1, 865.
[39] Bucciarelli, M.; Forni, A.; Moretti, I.; Torre, G.; Brückner, S.; Malpezzi, L. *J. Chem. Soc. Perkin Trans. 2* **1988**, 1595. See also, Forni, A.; Moretti, I.; Torre, G.; Brückner, S.; Malpezzi, L.; Di Silvestro, G. D. *J. Chem. Soc. Perkin Trans. 2* **1984**, 791. See Schmitz, E. *Adv. Heterocycl. Chem.* **1979**, 24, 63.
[40] Shustov, G. V.; Denisenko, S. N.; Chervin, I. I.; Asfandiarov, N. L.; Kostyanovsky, R. G. *Tetrahedron* **1985**, 41, 5719 and cited references. See also, Mannschreck, A.; Radeglia, R.; Gründemann, E.; Ohme, R. *Chem. Ber.* **1967**, 100, 1778.
[41] Hilpert, H.; Hoesch, L.; Dreiding, A. S. *Helv. Chim. Acta* **1985**, 68, 1691; **1987**, 70, 381.
[42] See Wu, G.; Huang, M. *Chem. Rev.* **2006**, 106, 2596.
[43] Kostyanovsky, R. G.; Rudchenko, V. F.; Shtamburg, V. G.; Chervin, I. I.; Nasibov, S. S. *Tetrahedron* **1981**, 37, 4245; Kostyanovsky, R. G.; Rudchenko, V. F. *Doklad. Chem.* **1982**, 263, 121. See also, Rudchenko, V. F.; Ignatov, S. M.; Chervin, I. I.; Kostyanovsky, R. G. *Tetrahedron* **1988**, 44, 2233.
[44] Prelog, V.; Wieland, P. *Helv. Chim. Acta* **1944**, 27, 1127.
[45] For reviews, see Yambushev, F. D.; Savin, V. I. *Russ. Chem. Rev.* **1979**, 48, 582; Gallagher, M. J.; Jenkins, I. D. *Top. Stereochem.* **1968**, 3, 1; Kamai, G.; Usacheva, G. M. *Russ. Chem. Rev.* **1966**, 35, 601.
[46] See Valentine, Jr., D. J. in Morrison, J. D. *Asymmetric Synthesis*, Vol. 4, Academic Press, NY, **1984**, pp. 263-312.
[47] Horner, L.; Fuchs, H. *Tetrahedron Lett.* **1962**, 203.
[48] See Andersen, K. K. in Patai, S.; Rappoport, Z.; Stirling, C. *The Chemistry of Sulphones and Sulphoxides*, Wiley, NY, **1988**, pp. 55-94; and in Stirling, C. J. M. *The Chemistry of the Sulphonium Group*, pt. 1, Wiley, NY, **1981**, pp. 229-312; Barbachyn, M. R.; Johnson, C. R. in Morrison, J. D. *Asymmetric Synthesis*, Vol. 4, Academic Press, NY, **1984**, pp. 227-261; Cinquini, M.; Cozzi, F.; Montanari, F. in Bernardi, F.; Csizmadia, I. G.; Mangini, A. *Organic Sulfur Chemistry*, Elsevier, NY, **1985**, pp. 355-407; Mikołajczyk, M.; Drabowicz, J. *Top. Stereochem.* **1982**, 13, 333.
[49] Andersen, K. K.; Colonna, S.; Stirling, C. J. M. *J. Chem. Soc. Chem. Commun.* **1973**, 645.
[50] Balcells, D.; Maseras, F.; Khiar, N. *Org. Lett.* **2004**, 6, 2197.
[51] Hamill, H.; McKervey, M. A. *Chem. Commun.* **1969**, 864; Applequist, J.; Rivers, P.; Applequist, D. E. *J. Am. Chem. Soc.* **1969**, 91, 5705.
[52] When the two rings of a biphenyl are connected by a bridge, rotation is of course impossible. For a review of such compounds, see Hall, D. M. *Prog. Stereochem.* **1969**, 4, 1.
[53] Ceccacci, F.; Mancini, G.; Mencarelli, P.; Villani, C. *Tetrahedron Asymm.* **2003**, 14, 3117.
[54] For a review, see Ōki, M. *Top. Stereochem.* **1983**, 14, 1. Also see Miljanić, O. S.; Han, S.; Holmes, D.; Schaller, G. R.; Vollhardt, K. P. C. *Chem. Commun.* **2005**, 2606.
[55] Becker, H.-D.; Langer, V.; Sieler, J.; Becker, H.-C. *J. Org. Chem.* **1992**, 57, 1883.
[56] Lunazzi, L.; Mazzanti, A.; Minzoni, M. *J. Org. Chem.* **2005**, 70, 10062.
[57] Casarini, D.; Coluccini, C.; Lunazzi, L.; Mazzanti, A. *J. Org. Chem.* **2005**, 70, 5098.
[58] Patterson, W. I.; Adams, R. *J. Am. Chem. Soc.* **1935**, 57, 762.
[59] Stoughton, R. W.; Adams, R. *J. Am. Chem. Soc.* **1932**, 54, 4426.
[60] See Ōki, M. *Applications of Dynamic NMR Spectroscopy to Organic Chemistry*, VCH, NY, **1985**.
[61] Boiadjiev, S. E.; Lightner, S. A. *Tetrahedron Asymm.* **2002**, 13, 1721.
[62] Casarini, D.; Foresti, E.; Gasparrini, F.; Lunazzi, L.; Macciantelli, D.; Misiti, D.; Villani, C. *J. Org. Chem.* **1993**, 58, 5674.
[63] See Berthod, M.; Mignani, G.; Woodward, G.; Lemaire, M. *Chem. Rev.* **2005**, 105, 1801. For a review of BINOL, see Brunel, J. M. *Chem. Rev.* **2005**, 105, 857.
[64] Alcock, N. W.; Brown, J. M.; Pérez-Torrente, J. J. *Tetrahedron Lett.* **1992**, 33, 389. See also, Mikami, K.; Aikawa, K.; Yusa, Y.; Jodry, J. J.; Yamanaka, M. *Synlett* **2002**, 1561.
[65] Dolbier Jr., W. R.; Palmer, K. W. *Tetrahedron Lett.* **1992**, 33, 1547.
[66] Cavazza, M.; Zandomeneghi, M.; Pietra, F. *Tetrahedron Lett.* **2000**, 41, 9129.
[67] For reviews of allene chirality, see Runge, W. in Landor, S. R. *The Chemistry of the Allenes*, Vol. 3, Academic Press, NY, **1982**, pp. 579-678, and in Patai, S. *The Chemistry of Ketenes, Allenes, and Related Compounds*, pt. 1, Wiley, NY, **1980**, pp. 99-154; Rossi, R.; Diversi, P. *Synthesis* **1973**, 25.
[68] Nakagawa, M.; Shingū, K.; Naemura, K. *Tetrahedron Lett.* **1961**, 802.
[69] Consoli, G. M. L.; Cunsolo, F.; Geraci, C.; Gavuzzo, E.; Neri, P. *Org. Lett.* **2002**, 4, 2649.
[70] For a review, see Meurer, K. P.; Vögtle, F. *Top. Curr. Chem.* **1985**, 127, 1. See also, Laarhoven, W. H.; Prinsen, W. J. C. *Top. Curr. Chem.* **1984**, 125, 63; Martin, R. H. *Angew. Chem. Int. Ed.* **1974**, 13, 649.
[71] Martin, R. H.; Baes, M. *Tetrahedron* **1975**, 31, 2135; Bernstein, W. J.; Calvin, M.; Buchardt, O. *J. Am. Chem. Soc.* **1973**, 95, 527; Defay, N.; Martin, R. H. *Bull. Soc. Chim. Belg.* **1984**, 93, 313; Bestmann, H. J.; Roth, W. *Chem. Ber.* **1974**, 107, 2923.
[72] For reviews of the helicenes, see Laarhoven, W. H.; Prinsen, W. J. C. *Top. Curr. Chem.* **1984**, 125, 63; Martin, R. H. *Angew. Chem. Int. Ed.* **1974**, 13, 649.
[73] Janke, R. H.; Haufe, G.; Würthwein, E.-U.; Borkent, J. H. *J. Am. Chem. Soc.* **1996**, 118, 6031.
[74] Frim, R.; Goldblum, A.; Rabinovitz, M. *J. Chem. Soc. Perkin Trans. 2* **1992**, 267.
[75] Murguly, E.; McDonald, R.; Branda, N. R. *Org. Lett.* **2000**, 2, 3169.
[76] Staab, H. A.; Diehm, M.; Krieger, C. *Tetrahedron Lett.* **1994**, 35, 8357.

[77] Cope, A. C.; Ganellin, C. R.; Johnson, Jr., H. W.; Van Auken, T. V.; Winkler, H. J. S. *J. Am. Chem. Soc.* **1963**, 85, 3276. Also see, Levin, C. C.; Hoffmann, R. *J. Am. Chem. Soc.* **1972**, 94, 3446.

[78] Yokoyama, Y.; Iwai, T.; Yokoyama, Y.; Kurita, Y. *Chem. Lett.* **1994**, 225.

[79] Grosu, I.; Mager, S.; Plé, G.; Mesaros, E. *Tetrahedron* **1996**, 52, 12783.

[80] For an example, see Rajakumar, P.; Srisailas, M. *Tetrahedron* **2001**, 57, 9749.

[81] Blomquist, A. T.; Stahl, R. E.; Meinwald, Y. C.; Smith, B. H. *J. Org. Chem.* **1961**, 26, 1687. For a review of chiral cyclophanes and related molecules, see Schlögl, K. *Top. Curr. Chem.* **1984**, 125, 27.

[82] Nakazaki, M.; Yamamoto, K.; Tanaka, S.; Kametani, H. *J. Org. Chem.* **1977**, 42, 287. Also see, Pelter, A.; Crump, R. A. N. C.; Kidwell, H. *Tetrahedron Lett.* **1996**, 37, 1273. For an example of a chiral [2.2]-paracyclophane.

[83] For a treatise on the quantitative chirality of helicenes, see Katzenelson, O.; Edelstein, J.; Avnir, D. *Tetrahedron Asymm.* **2000**, 11, 2695.

[84] Chan, T.-L.; Hung, C.-W.; Man, T.-O.; Leung, M.-k. *J. Chem. Soc. Chem. Commun.* **1994**, 1971.

[85] Collins, S. K.; Yap, G. P. A.; Fallis, A. G. *Org. Lett.* **2000**, 2, 3189.

[86] For reviews on the stereochemistry of metallocenes, see Schlögl, K. *J. Organomet. Chem.* **1986**, 300, 219; *Top. Stereochem.* **1967**, 1, 39; *Pure Appl. Chem.* **1970**, 23, 413.

[87] For reviews of such complexes, see Paiaro, G. *Organomet. Chem. Rev. Sect. A* **1970**, 6, 319.

[88] Paiaro, G.; Palumbo, R.; Musco, A.; Panunzi, A. *Tetrahedron Lett.* **1965**, 1067. Also see, Paiaro, G.; Panunzi, A. *J. Am. Chem. Soc.* **1964**, 86, 5148.

[89] Paquette, L. A.; Gardlik, J. M.; Johnson, L. K.; McCullough, K. *J. Am. Chem. Soc.* **1980**, 102, 5026.

[90] Okamoto, Y.; Yashima, E.; Hatada, K.; Mislow, K. *J. Org. Chem.* **1984**, 49, 557. See Grilli, S.; Lunazzi, L.; Mazzanti, A.; Casarini, D.; Femoni, C. *J. Org. Chem.* **2001**, 66, 488.

[91] Lightner, D. A.; Paquette, L. A.; Chayangkoon, P.; Lin, H.; Peterson, J. R. *J. Org. Chem.* **1988**, 53, 1969.

[92] See Walba, D. M. *Tetrahedron* **1985**, 41, 3161.

[93] Walba, D. M.; Richards, R. M.; Haltiwanger, R. C. *J. Am. Chem. Soc.* **1982**, 104, 3219.

[94] Iwanek, W.; Wolff, C.; Mattay, J. *Tetrahedron Lett.* **1995**, 36, 8969.

[95] de Vries, E. F. J.; Steenwinkel, P.; Brussee, J.; Kruse, C. G.; van der Gen, A. *J. Org. Chem.* **1993**, 58, 4315; Pappalardo, S.; Parisi, M. F. *Tetrahedron Lett.* **1996**, 37, 1493; Geraci, C.; Piattelli, M.; Neri, P. *Tetrahedron Lett.* **1996**, 37, 7627.

[96] See Schill, G. *Catenanes, Rotaxanes, and Knots*, Academic Press, NY, **1971**, pp. 11-18.

[97] There is one exception to this statement. In a very few cases, racemic mixtures may crystalize from solution in such a way that all the (+) molecules go into one crystal and the (-) molecules into another. If one of the crystals crystallizes before the other, a rapid filtration results in optically active material. For a discussion, see Pincock, R. E.; Wilson, K. R. *J. Chem. Educ.* **1973**, 50, 455.

[98] The use of small *d* and *l* is now discouraged, since some authors used it for rotation, and some for configuration. However, a racemic mixture is still a *dl* mixture, since there is no ambiguity here.

[99] For lists of absolute configurations of thousands of compounds, with references, mostly expressed as (*R*) or (*S*) rather than D or L, see Klyne, W.; Buckingham, J. *Atlas of Stereochemistry*, 2nd ed., 2 Vols., Oxford University Press, Oxford, **1978**; Jacques, J.; Gros, C.; Bourcier, S.; Brienne, M. J.; Toullec, J. *Absolute Configurations* (Vol. 4 of Kagan, H. *Stereochemistry*), Georg Thieme Publishers, Stuttgart, **1977**.

[100] Bijvoet, J. M.; Peerdeman, A. F.; van Bommel, A. J. *Nature* (London) **1951**, 168, 271. For a list of organic structures whose absolute configurations have been determined by this method, see Neidle, S.; Rogers, D.; Allen, F. H. *J. Chem. Soc. C* **1970**, 2340.

[101] For descriptions of the system and sets of sequence rules, see *Pure Appl. Chem.* **1976**, 45, 13; *Nomenclature of Organic Chemistry*, Pergamon, Elmsford, NY, **1979** (the Blue Book); Cahn, R. S.; Ingold, C. K.; Prelog, V. *Angew. Chem. Int. Ed.* **1966**, 5, 385; Cahn, R. S. *J. Chem. Educ.* **1964**, 41, 116; Fernelius, W. C.; Loening, K.; Adams, R. M. *J. Chem. Educ.* **1974**, 51, 735. See also, Prelog, V.; Helmchen, G. *Angew. Chem. Int. Ed.* **1982**, 21, 567. Eliel, E. L.; Wilen, S. H.; Mander, L. N. *Stereochemistry of Organic Compounds*, Wiley-Interscience, NY, **1994**, pp. 101-147. Also see, Smith, M. B. *Organic Synthesis*, 3rd ed., Wavefunction Inc./Elsevier, Irvine, CA/London, England, **2010**, pp. 15-23.

[102] Eliel, E. L.; Wilen, S. H.; Mander, L. N. *Stereochemistry of Organic Compounds*, Wiley, NY, **1994**, pp. 1119-1190. See Krow, G. *Top. Stereochem.* **1970**, 5, 31.

[103] Mata, P.; Lobo, A. M.; Marshall, C.; Johnson, A. P. *Tetrahedron Asymm.* **1993**, 4, 657; Perdih, M.; Razinger, M. *Tetrahedron Asymm.* **1994**, 5, 835.

[104] See Kagan, H. B. *Determination of Configuration by Chemical Methods* (Vol. 3 of Kagan, H. B. *Stereochemistry*), Georg Thieme Publishers, Stuttgart, **1977**; Brewster, J. H. in Bentley, K. W.; Kirby, G. W. *Elucidation of Organic Structures by Physical and Chemical Methods*, 2nd ed. (Vol. 4 of Weissberger, A. *Techniques of Chemistry*), pt. 3, Wiley, NY, **1972**, pp. 1-249; Klyne, W.; Scopes, P. M. *Prog. Stereochem.* **1969**, 4, 97; Schlenk, Jr., W. *Angew. Chem. Int. Ed.* **1965**, 4, 139. Also see Addadi, L.; Berkovitch-Yellin, Z.; Weissbuch, I.; Lahav, M.; Leiserowitz, L. *Top. Stereochem.* **1986**, 16, 1.

[105] Except the X-ray method of Bijvoet.

[106] Parker, D. *Chem. Rev.* **1991**, 91, 1441.

[107] Dale, J. A.; Dull, D. L.; Mosher, H. S. *J. Org. Chem.* **1969**, 34, 2543; Dale, J. A.; Mosher, H. S. *J. Am. Chem. Soc.* **1973**, 95, 512.

[108] See Mori, K.; Akao, H. *Tetrahedron Lett.* **1978**, 4127; Plummer, E. L.; Stewart, T. E.; Byrne, K.; Pearce, G. T.; Silverstein, R. M. *J. Chem. Ecol.* **1976**, 2, 307. See also, Seco, J. M.; Quiñoá, E.; Riguera, R. *Tetrahedron Asymm.* **2000**, 11, 2695.

[109] Yamaguchi, S.; Yasuhara, F.; Kabuto, K. *Tetrahedron* **1976**, 32, 1363; Yasuhara, F.; Yamaguchi, S. *Tetrahedron Lett.* **1980**, 21, 2827; Yamaguchi, S.; Yasuhara, F. *Tetrahedron Lett.* **1977**, 89.

[110] Latypov, S. K.; Ferreiro, M. J.; Quiñoá, E.; Riguera, R. *J. Am. Chem. Soc.* **1998**, 120, 4741; Latypov, S. K.; Seco, J. M.; Qui

ñoá, E. ; Riguera, R. *J. Org. Chem.* **1995**, 60, 1538.
[111] Seco, J. M. ; Quiñoá, E. ; Riguera, R. *Chem. Rev.* **2004**, 104, 17.
[112] Smith, M. B. ; Dembofsky, B. T. ; Son, Y. C. *J. Org. Chem.* **1994**, 59, 1719; Latypov, S. K. ; Riguera, R. ; Smith, M. B. ; Polivkova, J. *J. Org. Chem.* **1998**, 63, 8682. For a chiral compound used to determine the enantiomeric purity of primary amines, see Pérez-Fuertes, Y. ; Kelly, A. M. ; Johnson, A. L. ; Arimori, S. ; Bull, S. D. ; James, T. D. *Org. Lett.* **2006**, 8, 609.
[113] Alexakis, A. ; Mutti, S. ; Mangeney, P. *J. Org. Chem.* **1992**, 57, 1224.
[114] See Ref. 277 for books and reviews on optical rotatory dispersion and CD. For predictions about anomalous ORD, see Polavarapu, P. L. ; Zhao, C. *J. Am. Chem. Soc.* **1999**, 121, 246.
[115] Gawronski, J. ; Grajewski, J. *Org. Lett.* **2003**, 5, 3301. See Ref. 277; Stephens, P. J. ; Aamouche, A. ; Devlin, F. J. ; Superchi, S. ; Donnoli, M. I. ; Rosini, C. *J. Org. Chem.* **2001**, 66, 3671; McCann, D. M. ; Stephens, P. J. *J. Org. Chem.* **2006**, 71, 6074.
[116] Eliel, E. L. ; Wilen, S. H. ; Mander, L. N. *Stereochemistry of Organic Compounds*, Wiley, NY, **1994**, pp. 1203, 999-1003.
[117] Eliel, E. L. ; Wilen, S. H. ; Mander, L. N. *Stereochemistry of Organic Compounds*, Wiley, NY, **1994**, pp. 1195, 1003-1007.
[118] Eliel, E. L. ; Wilen, S. H. ; Mander, L. N. *Stereochemistry of Organic Compounds*, Wiley, NY, **1994**, pp. 1007-1071; Nakanishi, K. ; Berova, N. ; Woody, R. W. *Circular Dichroism: Principles and Applications*, VCH, NY, **1994**; Purdie, N. ; Brittain, H. G. *Analytical Applications of Circular Dichroism*, Elsevier, Amsterdam, The Netherlands, **1994**.
[119] Devlin, F. J. ; Stephens, P. J. ; Osterle, C. ; Wiberg, K. B. ; Cheeseman, J. R. ; Frisch, M. J. *J. Org. Chem.* **2002**, 67, 8090.
[120] Frelek, J. ; Geiger, M. ; Voelter, W. *Curr. Org. Chem.* **1999**, 3, 117-146 and references cited therein; Snatzke, G. ; Wagner, U. ; Wolff, H. P. *Tetrahedron* **1981**, 37, 349; Pakulski, Z. ; Zamojski, A. *Tetrahedron Asymm.* **1996**, 7, 1363; Frelek, J. ; Ikekawa, N. ; Takatsuto, S. ; Snatzke, G. *Chirality* **1997**, 9, 578.
[121] Di Bari, L. ; Pescitelli, G. ; Pratelli, C. ; Pini, D. ; Salvadori, P. *J. Org. Chem.* **2001**, 66, 4819.
[122] Kobayashi, Y. ; Hayashi, N. ; Tan, C.-H. ; Kishi, Y. *Org. Lett.* **2001**, 3, 2245; Hayashi, N. ; Kobayashi, Y. ; Kishi, Y. *Org. Lett.* **2001**, 3, 2249; Kobayashi, Y. ; Hayashi, N. ; Kishi, Y. *Org. Lett.* **2001**, 3, 2253.
[123] For another protocol, see Dambruoso, P. ; Bassarello, C. ; Bifulco, G. ; Appendino, G. ; Battaglia, A. ; Fontana, G. ; Gomez-Paloma, L. *Org. Lett.* **2005**, 7, 983.
[124] Kobayashi, Y. ; Tan, C.-H. ; Kishi, Y. *J. Am. Chem. Soc.* **2001**, 123, 2076.
[125] Kobayashi, Y. ; Hayashi, N. ; Tan, C.-H. ; Kishi, Y. *Org. Lett.* **2001**, 3, 2245.
[126] Roush, W. R. ; Bannister, T. D. ; Wendt, M. D. ; VanNieuwenhze, M. S. ; Gustin, D. J. ; Dilley, G. J. ; Lane, G. C. ; Scheidt, K. A. ; Smith, III, W. J. *J. Org. Chem.* **2002**, 67, 4284.
[127] Hong, S.-p. ; McIntosh, M. C. *Tetrahedron* **2002**, 57, 5055.
[128] See Eliel, E. L. ;Wilen, S. H. ; Mander, L. N. *Stereochemistry of Organic Compounds*, Wiley-Interscience, NY, **1994**, pp. 93-94, 992-999; Wheland, G. W. *Advanced Organic Chemistry*, 3rd ed. , Wiley, NY, **1960**, pp. 204-211; Caldwell, D. J. ; Eyring, H. *The Theory of Optical Activity* Wiley, NY, **1971**; Buckingham, A. D. ; Stiles, P. J. *Acc. Chem. Res.* **1974**, 7, 258; Mason, S. F. *Q. Rev. Chem. Soc.* **1963**, 17, 20.
[129] Brewster, J. H. *Top. Stereochem.* **1967**, 2, 1, *J. Am. Chem. Soc.* **1959**, 81, 5475, 5483, 5493; Sathyanarayana, B. K. ; Stevens, E. S. *J. Org. Chem.* **1987**, 52, 3170; Wroblewski, A. E. ; Applequist, J. ; Takaya, A. ; Honzatko, R. ; Kim, S. ; Jacobson, R. A. ; Reitsma, B. H. ; Yeung, E. S. ; Verkade, J. G. *J. Am. Chem. Soc.* **1988**, 110, 4144.
[130] Fidler, J. ; Rodger, P. M. ; Rodger, A. *J. Chem. Soc. Perkin Trans. 2* **1993**, 235.
[131] For a method of generating all stereoisomers consistent with a given empirical formula, suitable for computer use, see Nourse, J. G. ; Carhart, R. E. ; Smith, D. H. ; Djerassi, C. *J. Am. Chem. Soc.* **1979**, 101, 1216; **1980**, 102, 6289.
[132] Available at http://old.iupac.org/reports/provisional/abstract04/favre_310305.html, *Preferred IUPAC Names*, Chapter 9, September, **2004**, p. 6.
[133] A method has been developed for the determination of stereochemistry in six-membered chair-like rings using residual dipolar couplings. See Yan, J. ; Kline, A. D. ; Mo, H. ; Shapiro, M. J. ; Zartler, E. R. *J. Org. Chem.* **2003**, 68, 1786.
[134] See Carey, F. A. ; Kuehne, M. E. *J. Org. Chem.* **1982**, 47, 3811; Boguslavskaya, L. S. *J. Org. Chem. USSR* **1986**, 22, 1412; Seebach, D. ; Prelog, V. *Angew. Chem. Int. Ed.* **1982**, 21, 654; Brewster, J. H. *J. Org. Chem.* **1986**, 51, 4751. See also, Tavernier, D. *J. Chem. Educ.* **1986**, 63, 511; Brook, M. A. *J. Chem. Educ.* **1987**, 64, 218.
[135] For still another system, see Seebach, D. ; Prelog, V. *Angew. Chem. Int. Ed.* **1982**, 21, 654.
[136] Masamune, S. ; Kaiho, T. ; Garvey, D. S. *J. Am. Chem. Soc.* **1982**, 104, 5521.
[137] See Morrison, J. D. ; Scott, J. W. *Asymmetric Synthesis*, Vol. 4; Academic Press, NY, **1984**; Williams, R. M. *Synthesis of Optically Active α-Amino Acids*, Pergamon, Elmsford, NY, **1989**; Crosby, J. *Tetrahedron* **1991**, 47, 4789; Mori, K. *Tetrahedron* **1989**, 45, 3233.
[138] See Coppola, G. M. ; Schuster, H. F. *Asymmetric Synthesis*, Wiley, NY, **1987**; Hanessian, S. *Total Synthesis of Natural Products: The Chiron Approach*, Pergamon, Elmsford, NY, **1983**; Hanessian, S. *Aldrichim. Acta* **1989**, 22, 3; Jurczak, J. ; Gotebiowski, A. *Chem. Rev.* **1989**, 89, 149.
[139] See Morrison, J. D. *Asymmetric Synthesis* 5 Vols. [Vol. 4 coedited by Scott, J. W.], Academic Press, NY, **1983-1985**; Nógrádi, M. *Stereoselective Synthesis*, VCH, NY, **1986**; Eliel, E. L. ; Otsuka, S. *Asymmetric Reactions and Processes in Chemistry*, American Chemical Society, Washington, **1982**; Morrison, J. D. ; Mosher, H. S. *Asymmetric Organic Reactions*, Prentice-Hall, Englewood Cliffs, NJ, **1971**, paperback reprint, American Chemical Society, Washington, **1976**. For reviews, see Ward, R. S. *Chem. Soc. Rev.* **1990**, 19, 1; Whitesell, J. K. *Chem. Rev.* **1989**, 89, 1581; Fujita, E. ; Nagao, Y. *Adv. Heterocycl. Chem.* **1989**, 45, 1; Kochetkov, K. A. ; Belikov, V. M. *Russ. Chem. Rev.* **1987**, 56, 1045; Oppolzer, W. *Tetrahedron* **1987**, 43, 1969; Seebach, D. ; Imwinkelried, R. ; Weber, T. *Mod. Synth. Methods*, **1986**, 4, 125; ApSimon, J. W. ; Collier, T. L. *Tetrahedron* **1986**, 42, 5157.
[140] Leitereg, T. J. ; Cram, D. J. *J. Am. Chem. Soc.* **1968**, 90, 4019. For discussions, see Anh, N. T. *Top. Curr. Chem.* **1980**, 88,

145, pp. 151-161; Eliel, E. L. in Morrison, J. D. *Asymmetric Synthesis*, Vol. 2, Academic Press, NY, **1983**, pp. 125-155. See Smith, R. J.; Trzoss, M; Bühl, M.; Bienz, S. *Eur. J. Org. Chem.* **2002**, 2770.

[141] See Eliel, E. L. *The Stereochemistry of Carbon Compounds*, McGraw-Hill, NY, **1962**, pp. 68-74; Bartlett, P. A. *Tetrahedron* **1980**, 36, 2, pp. 22-28; Ashby, E. C.; Laemmle, J. T. *Chem. Rev.* **1975**, 75, 521; Goller, E. J. *J. Chem. Educ.* **1974**, 51, 182; Toromanoff, E. *Top. Stereochem.* **1967**, 2, 157.

[142] Chérest, M.; Felkin, H.; Prudent, N. *Tetrahedron Lett.* **1968**, 2199; Chérest, M.; Felkin, H. *Tetrahedron Lett.* **1968**, 2205; Anh, N. T.; Eisenstein, O. *Nov. J. Chem.* **1977**, 1, 61. For experiments that show explanations for certain systems based on the Felkin-Anh model to be weak, see Yadav, V. K.; Gupta, A.; Balamurugan, R.; Sriramurthy, V.; Kumar, N. V. *J. Org. Chem.* **2006**, 71, 4178.

[143] Cornforth, J. W.; Cornforth, R. H.; Mathew, K. K. *J. Chem. Soc.* **1959**, 112; Evans, D. A.; Siska, S. J.; Cee, V. J. *Angew. Chem. Int. Ed.* **2003**, 42, 1761.

[144] See Eliel, E. L. in Morrison, J. D. *Asymmetric Synthesis*, Vol. 2, Academic Press, NY, **1983**, pp. 125-155; Eliel, E. L.; Koskimies, J. K.; Lohri, B. *J. Am. Chem. Soc.* **1978**, 100, 1614; Still, W. C.; McDonald, J. H. *Tetrahedron Lett.* **1980**, 21, 1031; Still, W. C.; Schneider, J. A. *Tetrahedron Lett.* **1980**, 21, 1035.

[145] Cee, V. J.; Cramer, C. J.; Evans, D. A. *J. Am. Chem. Soc.* **2006**, 128, 2920.

[146] Evans, S. V.; Garcia-Garibay, M.; Omkaram, N.; Scheffer, J. R.; Trotter, J.; Wireko, F. *J. Am. Chem. Soc.* **1986**, 108, 5648; Garcia-Garibay, M.; Scheffer, J. R.; Trotter, J.; Wireko, F. *Tetrahedron Lett.* **1987**, 28, 4789. For an earlier example, see Penzien, K.; Schmidt, G. M. J. *Angew. Chem. Int. Ed.* **1969**, 8, 608.

[147] Enders, D.; Eichenauer, H.; Baus, U.; Schubert, H.; Kremer, K. A. M. *Tetrahedron* **1984**, 40, 1345.

[148] See Brockmann, Jr., H.; Risch, N. *Angew. Chem. Int. Ed.* **1974**, 13, 664; Potapov, V. M.; Gracheva, R. A.; Okulova, V. F. *J. Org. Chem. USSR* **1989**, 25, 311.

[149] Meyers, A. I.; Oppenlaender, T. *J. Am. Chem. Soc.* **1986**, 108, 1989. For reviews of asymmetric reduction, see Morrison, J. D. *Surv. Prog. Chem.* **1966**, 3, 147; Yamada, S.; Koga, K. *Sel. Org. Transform.*, **1970**, 1, 1. See also, Morrison, J. D. *Asymmetric Synthesis*, Vol. 2, Academic Press, NY, **1983**.

[150] See, in Morrison, J. D. *Asymmetric Synthesis*, Vol. 5, Academic Press, NY, **1985**, the reviews by Halpern, J. pp. 41-69, Koenig, K. E. pp. 71-101, Harada, K. pp. 345-383; Ojima, I.; Clos, N.; Bastos, C. *Tetrahedron* **1989**, 45, 6901, pp. 6902-6916; Jardine, F. H. in Hartley, F. R. *The Chemistry of the Metal-Carbon Bond*, Vol. 4, Wiley, NY, **1987**, pp. 751-775; Nógrádi, M. *Stereoselective Synthesis*, VCH, NY, **1986**, pp. 53-87; Knowles, W. S. *Acc. Chem. Res.* **1983**, 16, 106; Brunner, H. *Angew. Chem. Int. Ed.* **1983**, 22, 897; Sathyanarayana, B. K.; Stevens, E. S. *J. Org. Chem.* **1987**, 52, 3170; Wroblewski, A. E.; Applequist, J.; Takaya, A.; Honzatko, R.; Kim, S.; Jacobson, R. A.; Reitsma, B. H.; Yeung, E. S.; Verkade, J. G. *J. Am. Chem. Soc.* **1988**, 110, 4144.

[151] Goering, H. L.; Kantner, S. S.; Tseng, C. C. *J. Org. Chem.* **1983**, 48, 715.

[152] For a review, see Masamune, S.; Choy, W.; Petersen, J. S.; Sita, L. R. *Angew. Chem. Int. Ed.* **1985**, 24, 1.

[153] For a monograph, see Morrison, J. D. *Asymmetric Synthesis*, Vol. 5, Academic Press, NY, **1985**. For reviews, see Tomioka, K. *Synthesis* **1990**, 541; Consiglio, G.; Waymouth, R. M. *Chem. Rev.* **1989**, 89, 257; Brunner, H. in Hartley, F. R. *The Chemistry of the Metal-Carbon Bond*, Vol. 5, Wiley, NY, **1989**, pp. 109-146; Noyori, R.; Kitamura, M. *Mod. Synth. Methods* **1989**, 5, 115; Pfaltz, A. *Mod. Synth. Methods* **1989**, 5, 199; Kagan, H. B. *Bull. Soc. Chim. Fr.* **1988**, 846; Brunner, H. *Synthesis* **1988**, 645; Wynberg, H. *Top. Stereochem.* **1986**, 16, 87.

[154] For reviews of these and related topics, see Zief, M.; Crane, L. J. *Chromatographic Separations*, Marcel Dekker, NY, **1988**; Brunner, H. *J. Organomet. Chem.* **1986**, 300, 39; Bosnich, B.; Fryzuk, M. D. *Top. Stereochem.* **1981**, 12, 119.

[155] See Eliel, E. L.; Wilen, S. H.; Mander, L. N. *Stereochemistry of Organic Compounds*, Wiley-Interscience, NY, **1994**. Also see, Smith, M. B. *Organic Synthesis*, 3rd ed., Wavefunction Inc./Elsevier, Irvine, CA/London, England, **2010**. For random examples, see Wu, Q.-F.; He, H.; Liu, W.-B.; You, S.-L. *J. Am. Chem. Soc.* **2010**, 132, 11418; Berhal, F.; Wu, Z.; Genet, J.-P.; Ayad, T.; Ratovelomanana-Vidal, V. *J. Org. Chem.* **2011**, 76, 6320; He, P.; Liu, X.; Shi, J.; Lin, L.; Feng, X. *Org. Lett.* **2011**, 13, 936; Yang, H.-M.; Li, L.; Li, F.; Jiang, K.-Z.; Shang, J.-Y.; Lai, G.-Q.; Xu, L.-W. *Org. Lett.* **2011**, 13, 6508.

[156] Findeis, M. A.; Whitesides, G. M. *J. Org. Chem.* **1987**, 52, 2838; Réty, J.; Robinson, J. A. *Stereospecificity in Organic Chemistry and Enzymology*, Verlag Chemie, Deerfield Beach, FL, **1982**. For reviews, see Klibanov, A. M. *Acc. Chem. Res.* **1990**, 23, 114; Jones, J. B. *Tetrahedron* **1986**, 42, 3351; Jones, J. B. in Morrison, J. D. *Asymmetric Synthesis*, Vol. 5, Academic Press, NY, **1985**, pp. 309-344.

[157] Heathcock, C. H.; White, C. T. *J. Am. Chem. Soc.* **1979**, 101, 7076.

[158] For a review, See Buchardt, O. *Angew. Chem. Int. Ed.* **1974**, 13, 179. For a discussion, see Barron L. D. *J. Am. Chem. Soc.* **1986**, 108, 5539.

[159] See Bernstein, W. J.; Calvin, M.; Buchardt, O. *J. Am. Chem. Soc.* **1973**, 95, 527; Nicoud, J. F.; Kagan, J. F. *Isr. J. Chem.* **1977**, 15, 78. See also, Zandomeneghi, M.; Cavazza, M.; Pietra, F. *J. Am. Chem. Soc.* **1984**, 106, 7261.

[160] Faigl, F.; Fogassy, E.; Nógrádi, M.; Pálovics, E.; Schindler, J. *Tetrahedron Asymm.* **2008**, 19, 519. See Wilen, S. H.; Collet, A.; Jacques, J. *Tetrahedron* **1977**, 33, 2725; Boyle, P. H. *Q. Rev. Chem. Soc.* **1971**, 25, 323; Eliel, E. L.; Wilen, S. H.; Mander, L. N. *Stereochemistry of Organic Compounds*, Wiley-Interscience, NY, **1994**, pp. 297-424; Jacques, J.; Collet, A.; Wilen, S. H. *Enantiomers, Racemates, and Resolutions*, Wiley, NY, **1981**.

[161] Schiffers, I.; Rantanen, T.; Schmidt, F.; Bergmans, W.; Zani, L.; Bolm, C. *J. Org. Chem.* **2006**, 71, 2320.

[162] See Boyle, P. H. *Q. Rev. Chem. Soc.* **1971**, 25, 323; Eliel, E. L.; Wilen, S. H.; Mander, L. N. *Stereochemistry of Organic Compounds*, Wiley-Interscience, NY, **1994**, pp. 322-424.

[163] For an extensive list of reagents that have been used for this purpose and of compounds resolved, see Wilen, S. H. *Tables of Resol-*

ving Agents and Optical Resolutions, University of Notre Dame Press, Notre Dame, IN, **1972**.

[164] See Klyashchitskii, B. A. ; Shvets, V. I. *Russ. Chem. Rev.* **1972**, 41, 592.

[165] Periasamy, M. ; Kumar, N. S. ; Sivakumar, S. ; Rao, V. D. ; Ramanathan, C. R. ; Venkatraman, L. *J. Org. Chem.* **2001**, 66, 3828.

[166] Andersen, N. G. ; Ramsden, P. D. ; Che, D. ; Parvez, M. ; Keay, B. A. *J. Org. Chem.* **2001**, 66, 7478.

[167] Caccamese, S. ; Bottino, A. ; Cunsolo, F. ; Parlato, S. ; Neri, P. *Tetrahedron Asymm.* **2000**, 11, 3103.

[168] See Slingenfelter, D. S. ; Helgeson, R. C. ; Cram, D. J. *J. Org. Chem.* **1981**, 46, 393; Davidson, R. B. ; Bradshaw, J. S. ; Jones, B. A. ; Dalley, N. K. ; Christensen, J. J. ; Izatt, R. M. ; Morin, F. G. ; Grant, D. M. *J. Org. Chem.* **1984**, 49, 353.

[169] See Prelog, V. ; Kovačević, M. ; Egli, M. *Angew. Chem. Int. Ed.* **1989**, 28, 1147; Worsch, D. ; Vögtle, F. *Top. Curr. Chem.* **1987**, 140, 21; Toda, F. *Top. Curr. Chem.* **1987**, 140, 43; Stoddart, J. F. *Top. Stereochem.* **1987**, 17, 207; Arad-Yellin, R. ; Green, B. S. ; Knossow, M. ; Tsoucaris, G. in Atwood, J. L. ; Davies, J. E. D. ; MacNicol, D. D. *Inclusion Compounds*, Vol. 3, Academic Press, NY, **1984**, pp. 263-295.

[170] See Schlenk, Jr. , W. *Liebigs Ann. Chem.* **1973**, 1145, 1156, 1179, 1195. See Arad-Yellin, R. ; Green, B. S. ; Knossow, M. ; Tsoucaris, G. *J. Am. Chem. Soc.* **1983**, 105, 4561.

[171] Miyamoto, H. ; Sakamoto, M. ; Yoskioka, K. ; Takaoka, R. ; Toda, F. *Tetrahedron Asymm.* **2000**, 11, 3045.

[172] For a review, see Tsuji, J. *Adv. Org. Chem.* **1969**, 6, 109, see p. 220.

[173] Amos, R. D. ; Handy, N. C. ; Jones, P. G. ; Kirby, A. J. ; Parker, J. K. ; Percy, J. M. ; Su, M. D. *J. Chem. Soc. Perkin Trans.* 2 **1992**, 549.

[174] See Westley, J. W. ; Halpern, B. ; Karger, B. L. *Anal. Chem.* **1968**, 40, 2046; Kawa, H. ; Yamaguchi, F. ; Ishikawa, N. *Chem. Lett.* **1982**, 745.

[175] See Meyers, A. I. ; Slade, J. ; Smith, R. K. ; Mihelich, E. D. ; Hershenson, F. M. ; Liang, C. D. *J. Org. Chem.* **1979**, 44, 2247; Goldman, M. ; Kustanovich, Z. ; Weinstein, S. ; Tishbee, A. ; Gil-Av, E. *J. Am. Chem. Soc.* **1982**, 104, 1093.

[176] See Lough, W. J. *Chiral Liquid Chromatography*; Blackie and Sons: London, **1989**; Krstulović, A. M. *Chiral Separations by HPLC*, Ellis Horwood, Chichester, **1989**; Zief, M. ; Crane, L. J. *Chromatographic Separations*, Marcel Dekker, NY, **1988**. For a review, see Karger, B. L. *Anal. Chem.* **1967**, 39(8), 24A.

[177] Weinstein, S. *Tetrahedron Lett.* **1984**, 25, 985.

[178] See Allenmark, S. G. *Chromatographic Enantioseparation*, Ellis Horwood, Chichester, **1988**; König, W. A. *The Practice of Enantiomer Separation by Capillary Gas Chromatography*, Hüthig, Heidelberg, **1987**. For reviews, see Schurig, V. ; Nowotny, H. *Angew. Chem. Int. Ed.* **1990**, 29, 939; Pirkle, W. H. ; Pochapsky, T. C. *Chem. Rev.* **1989**, 89, 347; Blaschke, G. *Angew. Chem. Int. Ed.* **1980**, 19, 13; Rogozhin, S. V. ; Davankov, V. A. *Russ. Chem. Rev.* **1968**, 37, 565. See also, many articles in the journal *Chirality*.

[179] Ohara, M. ; Ohta, K. ; Kwan, T. *Bull. Chem. Soc. Jpn.* **1964**, 37, 76. See also, Blaschke, G. ; Donow, F. *Chem. Ber.* **1975**, 108, 2792; Hess, H. ; Burger, G. ; Musso, H. *Angew. Chem. Int. Ed.* **1978**, 17, 612.

[180] See Schurig, V. ; Nowotny, H. ; Schmalzing, D. *Angew. Chem. Int. Ed.* **1989**, 28, 736; Ôi, S. ; Shijo, M. ; Miyano, S. *Chem. Lett.* **1990**, 59; Erlandsson, P. ; Marle, I. ; Hansson, L. ; Isaksson, R. ; Pettersson, C. ; Pettersson, G. *J. Am. Chem. Soc.* **1990**, 112, 4573.

[181] See, for example, Pirkle, W. H. ; Welch, C. J. *J. Org. Chem.* **1984**, 49, 138.

[182] Kanoh, S. ; Hongoh, Y. ; Katoh, S. ; Motoi, M. ; Suda, H. *J. Chem. Soc. Chem. Commun.* **1988**, 405; Bradshaw, J. S. ; Huszthy, P. ; McDaniel, C. W. ; Zhu, C. Y. ; Dalley, N. K. ; Izatt, R. M. ; Lifson, S. *J. Org. Chem.* **1990**, 55, 3129.

[183] See, for example, Hamilton, J. A. ; Chen, L. *J. Am. Chem. Soc.* **1988**, 110, 5833.

[184] See Miyata, M. ; Shibakana, M. ; Takemoto, K. *J. Chem. Soc. Chem. Commun.* **1988**, 655.

[185] For a review, see Sih, C. J. ; Wu, S. *Top. Stereochem.* **1989**, 19, 63.

[186] See Nakamura, K. ; Inoue, Y. ; Ohno, A. *Tetrahedron Lett.* **1994**, 35, 4375; Kazlauskas, R. J. *J. Am. Chem. Soc.* **1989**, 111, 4953; Schwartz, A. ; Madan, P. ; Whitesell, J. K. ; Lawrence, R. M. *Org. Synth.* **69**, 1. For resolution with Subtilisin, see Savile, C. K. ; Magloire, V. P. ; Kazlauskas, R. J. *J. Am. Chem. Soc.* **2005**, 127, 2104. For the chemoenzymatic kinetic resolution of primary amines, see Paetzold, J. ; Bäckvall, J. E. *J. Am. Chem. Soc.* **2005**, 127, 17620.

[187] For an example, see Gais, H. -J. ; Jungen, M. ; Jadhav, V. *J. Org. Chem.* **2001**, 66, 3384.

[188] For an example of the resolution of acyloins, see Ödman, P. ; Wessjohann, L. A. ; Bornscheuer, U. T. *J. Org. Chem.* **2005**, 70, 9551.

[189] For reviews, see Collet, A. ; Brienne, M. ; Jacques, J. *Chem. Rev.* **1980**, 80, 215; *Bull. Soc. Chim. Fr.* **1972**, 127; **1977**, 494. For a discussion, see Curtin, D. Y. ; Paul, I. C. *Chem. Rev.* **1981**, 81, 525 pp. 535-536.

[190] Besides discovering this method of resolution, Pasteur also discovered the method of conversion to diastereomers and separation by fractional crystallization and the method of biochemical separation (and, by extension, kinetic resolution).

[191] This is a case of optically active materials arising from inactive materials. However, it may be argued that an optically active investigator is required to use the tweezers. Perhaps a hypothetical human being constructed entirely of inactive molecules would be unable to tell the difference between left- and right-handed crystals.

[192] For a review of the seeding method, see Secor, R. M. *Chem. Rev.* **1963**, 63, 297.

[193] Martin, R. H; Baes, M. *Tetrahedron* **1975**, 31, 2135. See also, Wynberg, H. ; Groen, M. B. *J. Am. Chem. Soc.* **1968**, 90, 5339; McBride, J. M. ; Carter, R. L. *Angew. Chem. Int. Ed.* **1991**, 30, 293.

[194] Kress, R. B. ; Duesler, E. N. ; Etter, M. C. ; Paul, I. C. ; Curtin, D. Y. *J. Am. Chem. Soc.* **1980**, 102, 7709. See also, Gottarelli, G. ; Spada, G. P. *J. Org. Chem.* **1991**, 56, 2096. For a discussion and other examples, see Agranat, I. ; Perlmutter-Hayman, B. ; Tapuhi, Y. *Nouv. J. Chem.* **1978**, 2, 183.

[195] Addadi, L. ; Weinstein, S. ; Gati, E. ; Weissbuch, I. ; Lahav, M. *J. Am. Chem. Soc.* **1982**, 104, 4610. See also, Weissbuch, I. ;

[196] Addadi, L. ; Berkovitch-Yellin, Z. ; Gati, E. ; Weinstein, S. ; Lahav, M. ; Leiserowitz, L. *J. Am. Chem. Soc.* **1983**, 105, 6615. Paquette, L. A. ; Lau, C. J. *J. Org. Chem.* **1987**, 52, 1634.

[197] For reviews, see Pellissier, H. *Tetrahedron* **2008**, 64, 1563; Ward, R. S. *Tetrahedron Asymm.* **1995**, 6, 1475; Pellissier, H. *Tetrahedron* **2003**, 59, 8291.

[198] Lu, Y. ; Zhao, X. ; Chen, Z.-N. *Tetrahedron Asymm.* **1995**, 6, 1093.

[199] Brown, H. C. ; Ayyangar, N. R. ; Zweifel, G. *J. Am. Chem. Soc.* **1964**, 86, 397.

[200] Carlier, P. R. ; Mungall, W. S. ; Schröder, G. ; Sharpless, K. B. *J. Am. Chem. Soc.* **1988**, 110, 2978; Discordia, R. P. ; Dittmer, D. C. *J. Org. Chem.* **1990**, 55, 1414. For other examples, see Katamura, M. ; Ohkuma, T. ; Tokunaga, M. ; Noyori, R. *Tetrahedron Asymm.* **1990**, 1, 1; Hayashi, M. ; Miwata, H. ; Oguni, N. *J. Chem. Soc. Perkin Trans.* 2 **1991**, 1167.

[201] Lohray, B. B. ; Bhushan, V. *Tetrahedron Lett.* **1993**, 34, 3911.

[202] Kubota, H. ; Kubo, A. ; Nunami, K. *Tetrahedron Lett.* **1994**, 35, 3107.

[203] Tomooka, K. ; Komine, N. ; Fujiki, D. ; Nakai, T. ; Yanagitsuru, S. *J. Am. Chem. Soc.* **2005**, 127, 12182.

[204] Pirkle, W. H. ; Reno, D. S. *J. Am. Chem. Soc.* **1987**, 109, 7189. For another example, see Reider, P. J. ; Davis, P. ; Hughes, D. L. ; Grabowski, E. J. J. *J. Org. Chem.* **1987**, 52, 955.

[205] Stecher, H. ; Faber, K. *Synthesis* **1997**, 1.

[206] Allan, G. R. ; Carnell, A. J. *J. Org. Chem.* **2001**, 66, 6495.

[207] For a review, see Raban, M. ; Mislow, K. *Top. Stereochem.* **1967**, 2, 199.

[208] If a sample contains 80% (+) and 20% (-) isomer, the (-) isomer cancels an equal amount of (+) isomer and the mixture behaves as if 60% of it were (+) and the other 40% inactive. Therefore the rotation is 60% of 80° or 48°. This type of calculation, however, is not valid for cases in which [α] is dependent on concentration (Sec. 4. B); see Horeau, A. *Tetrahedron Lett.* **1969**, 3121.

[209] For a method to measure %ee using electrooptics, seeWalba, D. M. ; Eshdat, L. ; Korblova, E. ; Shao, R. ; Clark, N. A. *Angew. Chem. Int. Ed.* **2007**, 46, 1473.

[210] Raban, M. ; Mislow, K. *Tetrahedron Lett.* **1965**, 4249, **1966**, 3961; Jacobus, J. ; Raban, M. *J. Chem. Educ.* **1969**, 46, 351; Tokles, M. ; Snyder, J. K. *Tetrahedron Lett.* **1988**, 29, 6063. For a review, see Yamaguchi, S. in Morrison, J. D. *Asymmetric Synthesis*, Vol. 1, Academic Press, NY, **1983**, pp. 125-152. See also, Raban, M. ; Mislow, K. *Top. Stereochem.* **1967**, 2, 199.

[211] Though enantiomers give identical NMR spectra, the spectrum of a single enantiomer may be different from that of the racemic mixture, even in solution. See Williams, T. ; Pitcher, R. G. ; Bommer, P. ; Gutzwiller, J. ; Uskoković, M. *J. Am. Chem. Soc.* **1969**, 91, 1871.

[212] Raban, M. ; Mislow, K. *Top. Stereochem.* **1967**, 2, 199, see pp. 216-218.

[213] For a method that relies on diastereomer formation without a chiral reagent, see Feringa, B. L. ; Strijtveen, B. ; Kellogg, R. M. *J. Org. Chem.* **1986**, 51, 5484. See also, Pasquier, M. L. ; Marty, W. *Angew. Chem. Int. Ed.* **1985**, 24, 315; Luchinat, C. ; Roelens, S. *J. Am. Chem. Soc.* **1986**, 108, 4873.

[214] See Trost, B. M. ; Belletire, J. L. ; Godleski, S. ; McDougal, P. G. ; Balkovec, J. M. ; Baldwin, J. J. ; Christy, M. E. ; Ponticello, G. S. ; Varga, S. L. ; Springer, J. P. *J. Org. Chem.* **1986**, 51, 2370.

[215] For reviews of NMR chiral solvating agents, see Weisman, G. R. in Morrison, J. D. *Asymmetric Synthesis*, Vol. 1, Academic Press, NY, **1983**, pp. 153-171; Pirkle, W. H. ; Hoover, D. J. *Top. Stereochem.* **1982**, 13, 263. Sweeting, L. M. ; Anet, F. A. L. *Org. Magn. Reson.* **1984**, 22, 539. See also, Pirkle, W. H. ; Tsipouras, A. *Tetrahedron Lett.* **1985**, 26, 2989; Parker, D. ; Taylor, R. J. *Tetrahedron* **1987**, 43, 5451.

[216] Sweeting, L. M. ; Crans, D. C. ; Whitesides, G. M. *J. Org. Chem.* **1987**, 52, 2273; Morrill, T. C. *Lanthanide Shift Reagents in Stereochemical Analysis*, VCH, NY, **1986**; Fraser, R. R. in Morrison, J. D. *Asymmetric Synthesis*, Vol. 1, Academic Press, NY, **1983**, pp. 173-196; Sullivan, G. R. *Top. Stereochem.* **1978**, 10, 287.

[217] See Westley, J. W. ; Halpern, B. *J. Org. Chem.* **1968**, 33, 3978.

[218] For a review, see Pirkle, W. H. ; Finn, J. in Morrison, J. D. *Asymmetric Synthesis*, Vol. 1, Academic Press, NY, **1983**, pp. 87-124.

[219] For reviews, see in Morrison, J. D. *Asymmetric Synthesis*, Vol. 1, Academic Press, NY, **1983**, the articles by Schurig, V. pp. 59-86 and Pirkle, W. H. ; Finn, J. pp. 87-124.

[220] See Hill, H. W. ; Zens, A. P. ; Jacobus, J. *J. Am. Chem. Soc.* **1979**, 101, 7090; Matsumoto, M. ; Yajima, H. ; Endo, R. *Bull. Chem. Soc. Jpn.* **1987**, 60, 4139.

[221] Berson, J. A. ; Ben-Efraim, D. A. *J. Am. Chem. Soc.* **1959**, 81, 4083; Andersen, K. K. ; Gash, D. M. ; Robertson, J. D. in Morrison, J. D. *Asymmetric Synthesis*, Vol. 1, Academic Press, NY, **1983**, pp. 45-57.

[222] Horeau, A. ; Guetté, J. ; Weidmann, R. *Bull. Soc. Chim. Fr.* **1966**, 3513. For a review, see Schoofs, A. R. ; Guetté, J. in Morrison, J. D. *Asymmetric Synthesis*, Vol. 1, Academic Press, NY, **1983**, pp. 29-44.

[223] Hofer, E. ; Keuper, R. *Tetrahedron Lett.* **1984**, 25, 5631.

[224] Schippers, P. H. ; Dekkers, H. P. J. M. *Tetrahedron* **1982**, 38, 2089.

[225] *cis-trans* isomerism was formerly called geometrical isomerism.

[226] For a complete description of the system, see *Pure Appl. Chem.* **1976**, 45, 13; *Nomenclature of Organic Chemistry*, Pergamon, Elmsford, NY, **1979** (the Blue Book).

[227] See in Patai, S. *The Chemistry of the Carbon-Nitrogen Double Bond*, Wiley, NY, **1970**, the articles by McCarty, C. G. pp. 363-464 (pp. 364-408), and Wettermark, G. pp. 565-596 (pp. 574-582).

[228] Wang, Y.-N. ; Bohle, D. S. ; Bonifant, C. L. ; Chmurny, G. N. ; Collins, J. R. ; Davies, K. M. ; Deschamps, J. ; Flippen-Anderson, J. L. ; Keefer, L. K. ; Klose, J. R. ; Saavedra, J. E. ; Waterhouse, D. J. ; Ivanic, J. *J. Am. Chem. Soc.* **2005**, 127, 5388.

[229] King, J. F. ; Durst, T. *Can. J. Chem.* **1966**, 44, 819.

[230] A mechanism has been reported for the acid-catalyzed Z/E isomerization of imines. See Johnson, J. E. ; Morales, N. M. ; Gorczyca, A. M. ; Dolliver, D. D. ; McAllister, M. A. *J. Org. Chem.* **2001**, 66, 7979.

[231] This rule does not apply to allenes, which do not show *cis-trans* isomerism (see Sec. 4. C, category 5).
[232] Cope, A. C. ; Moore, P. T. ; Moore, W. R. *J. Am. Chem. Soc.* **1959**, 81, 3153.
[233] Öki, M. *Applications of Dynamic NMR Spectroscopy to Organic Chemistry*, VCH, NY, **1985**, pp. 41-71.
[234] Mannschreck, A. *Angew. Chem. Int. Ed.* **1965**, 4, 985. See also, Völter, H. ; Helmchen, G. *Tetrahedron Lett.* **1978**, 1251; Walter, W. ; Hühnerfuss, H. *Tetrahedron Lett.* **1981**, 22, 2147.
[235] This is another example of atropisomerism (Sec. 4. C, category 5).
[236] For reviews, see Sandström, J. *Top. Stereochem.* **1983**, 14, 83; Öki, M. *Applications of Dynamic NMR Spectroscopy to Organic Chemistry*, VCH, NY, **1985**, pp. 111-125.
[237] Sandström, J. ; Wennerbeck, I. *Acta Chem. Scand. Ser. B*, **1978**, 32, 421.
[238] Yamamoto, T. ; Tomoda, S. *Chem. Lett.* **1997**, 1069.
[239] See Leonard, J. E. ; Hammond, G. S. ; Simmons, H. E. *J. Am. Chem. Soc.* **1975**, 97, 5052.
[240] Sorensen, T. S. ; Sun, F. *J. Chem. Soc. Perkin Trans. 2* **1998**, 1053.
[241] Meinwald, J. ; Tufariello, J. J. ; Hurst, J. J. *J. Org. Chem.* **1964**, 29, 2914.
[242] Paukstelis, J. V. ; Kao, J. *J. Am. Chem. Soc.* **1972**, 94, 4783. For references to other examples, see Dixon, D. A. ; Gassman, P. G. *J. Am. Chem. Soc.* **1988**, 110, 2309.
[243] Corbally, R. P. ; Perkins, M. J. ; Carson, A. S. ; Laye, P. G. ; Steele, W. V. *J. Chem. Soc. Chem. Commun.* **1978**, 778.
[244] Winkler, J. D. ; Hey, J. P. ; Williard, P. G. *Tetrahedron Lett.* **1988**, 29, 4691.
[245] See Alder, R. W. *Acc. Chem. Res.* **1983**, 16, 321.
[246] Alder, R. W. ; East, S. P. *Chem. Rev.* **1996**, 96, 2097.
[247] Alder, R. W. *Tetrahedron* **1990**, 46, 683.
[248] Alder, R. W. ; Orpen, A. G. ; Sessions, R. B. *J. Chem. Soc. , Chem. Commun.* **1983**, 999.
[249] Alder, R. W. ; Goode, N. C. ; King, T. J. ; Mellor, J. M. ; Miller, B. W. *J. Chem. Soc. , Chem. Commun.* **1976**, 173; Alder, R. W. ; Arrowsmith, R. J. ; Casson, A. ; Sessions, R. B. ; Heilbronner, E. ; Kovac, B. ; Huber, H. ; Taagepera, M. *J. Am. Chem. Soc.* **1981**, 103, 6137.
[250] Alder, R. W. ; Heilbronner, E. ; Honegger, E. ; McEwen, A. B. ; Moss, R. E. ; Olefirowicz, E. ; Petillo, P. A. ; Sessions, R. B. ; Weisman, G. R. ; White, J. M. ; Yang, Z. -Z. *J. Am. Chem. Soc.* **1993**, 115, 6580.
[251] Simmons, H. E. ; Park, C. H. *J. Am. Chem. Soc.* **1968**, 90, 2428; Park, C. H. ; Simmons, H. E. *J. Am. Chem. Soc.* **1968**, 90, 2429, 2431; Simmons, H. E. ; Park, C. H. ; Uyeda, R. T. ; Habibi, M. F. *Trans. N. Y. Acad. Sci.* **1970**, 32, 521. See also, Dietrich, B. ; Lehn, J. M. ; Sauvage, J. P. *Tetrahedron* **1973**, 29, 1647; Dietrich, B. ; Lehn, J. M. ; Sauvage, J. P. ; Blanzat, J. *Tetrahedron* **1973**, 29, 1629.
[252] See Schmidtchen, F. P. ; Gleich, A. ; Schummer, A. *Pure. Appl. Chem.* **1989**, 61, 1535; Pierre, J. ; Baret, P. *Bull. Soc. Chim. Fr.* **1983**, II-367. See also, Hosseini, M. W. ; Lehn, J. *Helv. Chim. Acta* **1988**, 71, 749.
[253] Dietrich, B. ; Lehn, J. M. ; Guilhem, J. ; Pascard, C. *Tetrahedron Lett.* **1989**, 30, 4125; Wallon, A. ; Peter-Katalinić, J. ; Werner, U. ; Müller, W. M. ; Vögtle, F. *Chem. Ber.* **1990**, 123, 375.
[254] Schmidtchen, F. P. ; Müller, G. *J. Chem. Soc. Chem. Commun.* **1984**, 1115. See also, Schmidtchen, F. P. *J. Am. Chem. Soc.* **1986**, 108, 8249, *Top. Curr. Chem.* **1986**, 132, 101.
[255] McMurry, J. E. ; Hodge, C. N. *J. Am. Chem. Soc.* **1984**, 106, 6450; Winkler, J. D. ; Hey, J. P. ; Williard, P. G. *J. Am. Chem. Soc.* **1986**, 108, 6425.
[256] See Baechler, R. D. ; Mislow, K. *J. Am. Chem. Soc.* **1970**, 92, 3090; Rauk, A. ; Allen, L. C. ; Mislow, K. *Angew. Chem. Int. Ed.* **1970**, 9, 400.
[257] Alder, R. W. ; Read, D. *Angew. Chem. Int. Ed.* **2000**, 39, 2879.
[258] Alder, R. W. ; Ellis, D. D. ; Gleiter, R. ; Harris, C. J. ; Lange, H. ; Orpen, A. G. ; Read, D. ; Taylor, P. N. *J. Chem. Soc. , Perkin Trans. I* **1998**, 1657.
[259] These terms were coined by Mislow. See Eliel, E. L. *Top. Curr. Chem.* **1982**, 105, 1; Mislow, K. ; Raban, M. *Top. Stereochem.* **1967**, 1, 1. See also, Jennings, W. B. *Chem. Rev.* **1975**, 75, 307.
[260] In the case where Y is itself a chiral group, this statement is only true when the two Y groups have the same configuration.
[261] For a review, see Benner, S. A. ; Glasfeld, A. ; Piccirilli, J. A. *Top. Stereochem.* **1989**, 19, 127. For a nonenzymatic example, see Job, R. C. ; Bruice, T. C. *J. Am. Chem. Soc.* **1974**, 96, 809.
[262] The experiments were carried out by Evans Jr. , E. A. ; Slotin, L. *J. Biol. Chem.* **1941**, 141, 439; Wood, H. G. ; Werkman, C. H. ; Hemingway, A. ; Nier, A. O. *J. Biol. Chem.* **1942**, 142, 31. The correct interpretation was given by Ogston, A. G. *Nature (London)* **1948**, 162, 963. For discussion, see Eliel, E. L. *Top. Curr. Chem.* **1982**, 105, 1, pp. 5-7, 45-70.
[263] Hirschmann, H. ; Hanson, K. R. *Tetrahedron* **1974**, 30, 3649.
[264] Pirkle, W. H. *J. Am. Chem. Soc.* **1966**, 88, 1837; Burlingame, T. G. ; Pirkle, W. H. *J. Am. Chem. Soc.* **1966**, 88, 4294; Pirkle, W. H. ; Burlingame, T. G. *Tetrahedron Lett.* **1967**, 4039.
[265] For a review of isochronous and nonisochronous nuclei in NMR, see van Gorkom, M. ; Hall, G. E. *Q. Rev. Chem. Soc.* **1968**, 22, 14. For a discussion, see Silverstein, R. M. ; LaLonde, R. T. *J. Chem. Educ.* **1980**, 57, 343.
[266] Fujita, S. *J. Org. Chem.* **2002**, 67, 6055.
[267] Fujita, S. *J. Am. Chem. Soc.* **1990**, 112, 3390.
[268] For a further discussion of these terms and of stereoselective reactions in general, see Eliel, E. L. ; Wilen, S. H. ; Mander, L. N. *Stereochemistry of Organic Compounds*, Wiley-Interscience, NY, **1994**, pp. 835-990.
[269] See Bonchev, D. ; Rouvray, D. H. *Chemical Topology*, Gordon and Breach, Australia, **1999**.
[270] See Dale, J. *Stereochemistry and Conformational Analysis*, Verlag Chemie, Deerfield Beach, FL, **1978**; Chiurdoglu, G. *Conformational Analysis*, Academic Press, NY, **1971**; Eliel, E. L. ; Allinger, N. L. ; Angyal, S. J. ; Morrison, G. A. *Conformational Anal-*

ysis, Wiley, NY, **1965**; Hanack, M. *Conformation Theory*, Academic Press, NY, **1965**. For reviews, see Dale, J. *Top. Stereochem.* **1976**, 9, 199; Truax, D. R.; Wieser, H. *Chem. Soc. Rev.* **1976**, 5, 411; Eliel, E. L. *J. Chem. Educ.* **1975**, 52, 762; Bastiansen, O.; Bushweller, C. H.; Gianni, M. H. in Patai, S. *The Chemistry of Functional Groups, Supplement E*, Wiley, NY, **1980**, pp. 215-278.

[271] Öki, M. *The Chemistry of Rotational Isomers*, Springer-Verlag, Berlin, **1993**.
[272] For a review, see Eliel, E. L.; Allinger, N. L.; Angyal, S. J.; Morrison, G. A. *Conformational Analysis*, Wiley, NY, **1965**, pp. 129-188.
[273] See Öki, M. *Applications of Dynamic NMR Spectroscopy to Organic Chemistry*, VCH, NY, **1985**; Marshall, J. L. *Carbon-Carbon and Carbon-Proton NMR Couplings*, VCH, NY, **1983**. For reviews, see Anet, F. A. L.; Anet, R. in Nachod, F. C.; Zuckerman, J. J. *Determination of Organic Structures by Physical Methods*, Vol. 3, Academic Press, NY, **1971**, pp. 343-420; Kessler, H. *Angew. Chem. Int. Ed.* **1970**, 9, 219; Ivanova, T. M.; Kugatova-Shemyakina, G. P. *Russ. Chem. Rev.* **1970**, 39, 510; See also, Whitesell, J. K.; Minton, M. *Stereochemical Analysis of Alicyclic Compounds by C-13 NMR Spectroscopy*, Chapman and Hall, NY, **1987**.
[274] For a review see Wilson, E. B. *Chem. Soc. Rev.* **1972**, 1, 293.
[275] For a review, see Klessinger, M.; Rademacher, P. *Angew. Chem. Int. Ed.* **1979**, 18, 826.
[276] Breen, P. J.; Warren, J. A.; Bernstein, E. R.; Seeman, J. I. *J. Am. Chem. Soc.* **1987**, 109, 3453.
[277] See Kagan, H. B. *Determination of Configurations by Dipole Moments, CD, or ORD* (Vol. 2 of Kagan, H. B. *Stereochemistry*), Georg Thieme Publishers, Stuttgart, **1977**; Crabbé, P. *ORD and CD in Chemistry and Biochemistry*, Academic Press, NY, **1972**; Snatzke, G. *Optical Rotatory Dispersion and Circular Dichroism in Organic Chemistry*, Sadtler Research Laboratories, Philadelphia, **1967**; Velluz, L.; Legrand, M.; Grosjean, M. *Optical Circular Dichroism*, Academic Press, NY, **1965**. For reviews, see Smith, H. E. *Chem. Rev.* **1983**, 83, 359; HÅkansson, R. in Patai, S. *The Chemistry of Acid Derivatives*, pt. 1, Wiley, NY, **1979**, pp. 67-120; Hudec, J.; Kirk, D. N. *Tetrahedron* **1976**, 32, 2475; Schellman, J. A. *Chem. Rev.* **1975**, 75, 323.
[278] Chen, J.; Cammers-Goodwin, A. *Eur. J. Org. Chem.* **2003**, 3861.
[279] Iwamoto, H.; Yang, Y.; Usui, S.; Fukazawa, Y. *Tetrahedron Lett.* **2001**, 42, 49.
[280] See Kessler, H.; Zimmermann, G.; Förster, H.; Engel, J.; Oepen, G.; Sheldrick, W. S. *Angew. Chem. Int. Ed.* **1981**, 20, 1053.
[281] Bérces, A.; Whitfield, D. M.; Nukada, T. *Tetrahedron* **2001**, 57, 477.
[282] Öki, M.; Toyota, S. *Eur. J. Org. Chem.* **2004**, 255.
[283] See Berg, U.; Sandström, J. *Adv. Phys. Org. Chem.* **1989**, 25, 1. Eliel, E. L.; Wilen, S. H.; Mander, L. N. *Stereochemistry of Organic Compounds*, Wiley-Interscience, NY, **1994**, pp. 597-664. Also see, Smith, M. B. *Organic Synthesis*, 3rd ed., Wavefunction Inc./Elsevier, Irvine, CA/London, England, **2010**, pp. 35-47.
[284] Goto, H.; Osawa, E.; Yamato, M. *Tetrahedron* **1993**, 49, 387.
[285] Lide Jr., D. R. *J. Chem. Phys.* **1958**, 29, 1426; Weiss, S.; Leroi, G. E. *J. Chem. Phys.* **1968**, 48, 962; Hirota, E.; Saito, S.; Endo, Y. *J. Chem. Phys.* **1979**, 71, 1183.
[286] Mo, Y.; Gao, J. *Acc. Chem. Res.* **2007**, 40, 113.
[287] See Lowe, J. P. *Prog. Phys. Org. Chem.* **1968**, 6, 1; Oosterhoff, L. J. *Pure Appl. Chem.* **1971**, 25, 563; Wyn-Jones, E.; Pethrick, R. A. *Top. Stereochem.* **1970**, 5, 205; Pethrick, R. A.; Wyn-Jones, E. *Q. Rev. Chem. Soc.* **1969**, 23, 301; Brier, P. N. *J. Mol. Struct.* **1970**, 6, 23; Lowe, J. P. *Science*, **1973**, 179, 527.
[288] See Pitzer, R. M. *Acc. Chem. Res.* **1983**, 16, 207. See, however, Bader, R. F. W.; Cheeseman, J. R.; Laidig, K. E.; Wiberg, K. B.; Breneman, C. *J. Am. Chem. Soc.* **1990**, 112, 6530.
[289] See Bader, W.; Cortés-Guzmán, F. *Can. J. Chem.* **2009**, 87, 1583.
[290] See Wiberg, K. B.; Murcko, M. A. *J. Am. Chem. Soc.* **1988**, 110, 8029; Allinger, N. L.; Grev, R. S.; Yates, B. F.; Schaefer, III, H. F. *J. Am. Chem. Soc.* **1990**, 112, 114.
[291] Cormanich, R. A.; Freitas, M. P. *J. Org. Chem.* **2009**, 74, 8384; Mo, Y. *J. Org. Chem.* **2010**, 75, 2733.
[292] Le Fèvre, R. J. W.; Orr, B. *J. Aust. J. Chem.* **1964**, 17, 1098.
[293] See Schrumpf, G. *Angew. Chem. Int. Ed.* **1982**, 21, 146.
[294] See Davenport, D.; Schwartz, M. *J. Mol. Struct.* **1978**, 50, 259; Huang, J.; Hedberg, K. *J. Am. Chem. Soc.* **1989**, 111, 6909.
[295] See Friesen, D.; Hedberg, K. *J. Am. Chem. Soc.* **1980**, 102, 3987; Fernholt, L.; Kveseth, K. *Acta Chem. Scand. Ser. A* **1980**, 34, 163.
[296] Abraham, R. J.; Monasterios, J. R. *Org. Magn. Reson.* **1973**, 5, 305.
[297] See Wolfe, S. *Acc. Chem. Res.* **1972**, 5, 102. See also, Phillips, L.; Wray, V. *J. Chem. Soc. Chem. Commun.* **1973**, 90; Radom, L.; Hehre, W. J.; Pople, J. A. *J. Am. Chem. Soc.* **1972**, 94, 2371; Zefirov, N. S. *J. Org. Chem. USSR* **1974**, 10, 1147; Juaristi, E. *J. Chem. Educ.* **1979**, 56, 438.
[298] Griffith, R. C.; Roberts, J. D. *Tetrahedron Lett.* **1974**, 3499.
[299] Amos, R. D.; Handy, N. C.; Jones, P. G.; Kirby, A. J.; Parker, J. K.; Percy, J. M.; Su, M. D. *J. Chem. Soc. Perkin Trans.* 2 **1992**, 549.
[300] Kagarise, R. E. *J. Chem. Phys.* **1956**, 24, 300.
[301] Brown, D. E.; Beagley, B. *J. Mol. Struct.* **1977**, 38, 167.
[302] Ritter, W.; Hull, W.; Cantow, H. *Tetrahedron Lett.* **1978**, 3093.
[303] Lunazzi, L.; Macciantelli, D.; Bernardi, F.; Ingold, K. U. *J. Am. Chem. Soc.* **1977**, 99, 4573.
[304] Tan, B.; Chia, L. H. L.; Huang, H.; Kuok, M.; Tang, S. *J. Chem. Soc. Perkin Trans.* 2 **1984**, 1407.
[305] Smith, G. D.; Jaffe, R. L.; Yoon, D. Y. *J. Am. Chem. Soc.* **1995**, 117, 530. For an analysis of N, N-dimethylacetamide, see Mack, H. -G.; Oberhammer, H. *J. Am. Chem. Soc.* **1997**, 119, 3567.

[306] Flamm-ter Meer; Beckhaus, H.; Peters, K.; von Schnering, H.; Fritz, H.; Rüchardt, C. *Chem. Ber.* **1986**, 119, 1492; Rüchardt, C.; Beckhaus, H. *Angew. Chem. Int. Ed.* **1985**, 24, 529.

[307] See Sinegovskaya, L. M.; Keiko, V. V.; Trofimov, B. A. *Sulfur Rep.* **1987**, 7, 337 (for enol ethers and thioethers); Karabatsos, G. J.; Fenoglio, D. J. *Top. Stereochem.* **1970**, 5, 167; Jones, G. I. L.; Owen, N. L. *J. Mol. Struct.* **1973**, 18, 1 (for carboxylic esters). See also, Cossé-Barbi, A.; Massat, A.; Dubois, J. E. *Bull. Soc. Chim. Belg.* **1985**, 94, 919; Dorigo, A. E.; Pratt, D. W.; Houk, K. N. *J. Am. Chem. Soc.* **1987**, 109, 6591.

[308] Allinger, N. L.; Hickey, M. J. *J. Mol. Struct.* **1973**, 17, 233; Gupta, V. P. *Can. J. Chem.* **1985**, 63, 984.

[309] Macoas, E. M. S.; Khriachtchev, L.; Pettersson, M.; Fausto, R.; Rasanen, M. *J. Am. Chem. Soc.* **2003**, 125, 16188.

[310] Davidson, R. B.; Allen, L. C. *J. Chem. Phys.* **1971**, 54, 2828.

[311] Ratajczyk, T.; Pecul, M.; Sadlej, J. *Tetrahedron* **2004**, 60, 179.

[312] Avalos, M.; Babiano, R.; Barneto, J. L.; Bravo, J. L.; Cintas, P.; Jiménez, J. L.; Palcios, J. C. *J. Org. Chem.* **2001**, 66, 7275. Also see Modarresi-Alam, A. R.; Najafi, P.; Rostamizadeh, M.; Keykha, H.; Bijanzadeh, H.-R.; Kleinpeter, E. *J. Org. Chem.* **2007**, 72, 2208.

[313] Saito, S.; Toriumi, Y.; Tomioka, A.; Itai, A. *J. Org. Chem.* **1995**, 60, 4715.

[314] Axe, F. U.; Renugopalakrishnan, V.; Hagler, A. T. *J. Chem. Res.* **1998**, 1. For an analysis of DMF see Wiberg, K. B.; Rablen, P. R.; Rush, D. J.; Keith, T. A. *J. Am. Chem. Soc.* **1995**, 117, 4261.

[315] Avalos, M.; Babiano, R.; Barneto, J. L.; Cintas, P.; Clemente, F. R.; Jiménez, J. L.; Palcios, J. C. *J. Org. Chem.* **2003**, 68, 1834.

[316] Kakkar, R.; Grover, R.; Chadha, P. *Org. Biomol. Chem.* **2003**, 1, 2200.

[317] Wiberg, K. B.; Rablen, P. R. *J. Am. Chem. Soc.* **1995**, 117, 2201.

[318] Bach, R. D.; Mintcheva, I.; Kronenberg, W. J.; Schlegel, H. B. *J. Org. Chem.* **1993**, 58, 6135.

[319] Ilieva, S.; Hadjieva, B.; Galabov, B. *J. Org. Chem.* **2002**, 67, 6210.

[320] Wiberg, K. B.; Rush, D. J. *J. Am. Chem. Soc.* 2001, 123, 2038; *J. Org. Chem.* **2002**, 67, 826.

[321] Rablen, P. R.; Miller, D. A.; Bullock, V. R.; Hutchinson, P. H.; Gorman, J. A. *J. Am. Chem. Soc.* **1999**, 121, 218.

[322] Deetz, M. J.; Forbes, C. C.; Jonas, M.; Malerich, J. P.; Smith, B. D.; Wiest, O. *J. Org. Chem.* **2002**, 67, 3949.

[323] Kim, Y.-J.; Streitwieser, A.; Chow, A.; Fraenkel, G. *Org. Lett.* **1999**, 1, 2069.

[324] Smith, B. D.; Goodenough-Lashua, D. M.; D'Souza, C. J. E.; Norton, K. J.; Schmidt, L. M.; Tung, J. C. *Tetrahedron Lett.* **2004**, 45, 2747.

[325] For an analysis of barriers to rotation in such compounds, see Mazzanti, A.; Lunazzi, L.; Minzoni, M.; Anderson, J. E. *J. Org. Chem.* **2006**, 71, 5474.

[326] Abraham, R. J.; Angioloni, S.; Edgar, M.; Sancassan, F. *J. Chem. Soc. Perkin Trans. 2* **1997**, 41.

[327] Casarini, D.; Lunazzi, L.; Mazzanti, A. *J. Org. Chem.* **1997**, 62, 7592.

[328] See Jensen, F. R.; Bushweller, C. H. *Adv. Alicyclic Chem.* **1971**, 3, 139; Eliel, E. L.; Wilen, S. H.; Mander, L. N. *Stereochemistry of Organic Compounds*, Wiley-Interscience, NY, **1994**, pp. 686-753. Also see, Smith, M. B. *Organic Synthesis*, 3rd ed., Wavefunction Inc./Elsevier, Irvine, CA/London, England, **2010**, pp. 54-67.

[329] See Geise, H. J.; Buys, H. R.; Mijlhoff, F. C. *J. Mol. Struct.* **1971**, 9, 447; Bastiansen, O.; Fernholt, L.; Seip, H. M.; Kambara, H.; Kuchitsu, K. *J. Mol. Struct.* **1973**, 18, 163.

[330] See Dunitz, J. D. *J. Chem. Educ.* **1970**, 47, 488.

[331] For a review of nonchair forms, see Kellie, G. M.; Riddell, F. G. *Top. Stereochem.* **1974**, 8, 225.

[332] Squillacote, M.; Sheridan, R. S.; Chapman, O. L.; Anet, F. A. L. *J. Am. Chem. Soc.* **1975**, 97, 3244.

[333] See Wiberg, K. B.; Castejon, H.; Bailey, W. F.; Ochterski, J. *J. Org. Chem.* **2000**, 65, 1181.

[334] Gill, G.; Pawar, D. M.; Noe, E. *J. Org. Chem.* **2005**, 70, 10726.

[335] See Wehle, D.; Fitjer, L. *Tetrahedron Lett.* **1986**, 27, 5843.

[336] See Anet, F. A. L.; Bourn, A. J. R. *J. Am. Chem. Soc.* **1967**, 89, 760. See also, Strauss, H. L. *J. Chem. Educ.* **1971**, 48, 221.

[337] See Oki, M. *Applications of Dynamic NMR Spectroscopy to Organic Chemistry*, VCH, NY, **1985**, pp. 287-307; Anderson, J. E. *Top. Curr. Chem.* **1974**, 45, 139.

[338] See Jensen, F. R.; Bushweller, C. H.; *J. Chem. Soc.* **1969**, 91, 3223.

[339] Weiser, J.; Golan, O.; Fitjer, L.; Biali, S. E. *J. Org. Chem.* **1996**, 61, 8277.

[340] For a study of thioether, sulfoxide and sulfone substituents, see Juaristi, E.; Labastida, V.; Antúnez, S. *J. Org. Chem.*, **2000**, 65, 969.

[341] Jensen, F. R.; Gale, L. H. *J. Am. Chem. Soc.* **1959**, 81, 6337.

[342] Anet, F. A. L.; Krane, J.; Kitching, W.; Dodderel, D.; Praeger, D. *Tetrahedron Lett.* **1974**, 3255.

[343] These values are from Corey, E. J.; Feiner, N. F. *J. Org. Chem.* **1980**, 45, 765. Also see Jensen, F. R.; Bushweller, C. H. *Adv. Alicyclic Chem.* **1971**, 3, 139. See also, Schneider, H.; Hoppen, V. *Tetrahedron Lett.* **1974**, 579 and see Smith, M. B. *Organic Synthesis*, 3rd ed., Wavefunction Inc./Elsevier, Irvine, CA/London, England, **2010**, pp. 54-67.

[344] See Ford, R. A.; Allinger, N. L. *J. Org. Chem.* **1970**, 35, 3178. For a critical review of the methods used to obtain these values, see Jensen, F. R.; Bushweller, C. H. *Adv. Alicyclic Chem.* **1971**, 3, 139.

[345] Anet, F. A. L.; O'Leary, D. J. *Tetrahedron Lett.* **1989**, 30, 1059.

[346] Buchanan, G. W.; Webb, V. L. *Tetrahedron Lett.* **1983**, 24, 4519.

[347] Eliel, E. L.; Manoharan, M. *J. Org. Chem.* **1981**, 46, 1959.

[348] Booth, H.; Everett, J. R. *J. Chem. Soc. Chem. Commun.* **1976**, 278.

[349] Hirsch, J. A. *Top. Stereochem.* **1967**, 1, 199.

[350] Kitching, W.; Olszowy, H. A.; Drew, G. M.; Adcock, W. *J. Org. Chem.* **1982**, 47, 5153.

[351] Schneider, H.; Hoppen, V. *Tetrahedron Lett.* **1974**, 579.
[352] Squillacote, M. E.; Neth, J. M. *J. Am. Chem. Soc.* **1987**, 109, 198. Values of 2.59～2.92 kcal/mol(10.84～12.23 kJ/mol) were determined for 4-X-C$_6$H$_4$-substituents (X = NO$_2$, Cl, MeO): see Kirby, A. J.; Williams, N. H. *J. Chem. Soc. Chem. Commun.* **1992**, 1285, 1286.
[353] Manoharan, M.; Eliel, E. L. *Tetrahedron Lett.* **1984**, 25, 3267.
[354] Abraham, R. J.; Rossetti, Z. L. *J. Chem. Soc. Perkin Trans. 2* **1973**, 582. See also, Hammarström, L.; Berg, U.; Liljefors, T. *Tetrahedron Lett.* **1987**, 28, 4883.
[355] Abraham, M. H.; Xodo, L. E.; Cook, M. J.; Cruz, R. *J. Chem. Soc. Perkin Trans. 2* **1982**, 1503; Samoshin, V. V.; Svyatkin, V. A.; Zefirov, N. S. *J. Org. Chem. USSR* **1988**, 24, 1080, and references cited therein. See Zefirov, N. S.; Samoshin, V. V.; Subbotin, O. A.; Sergeev, N. M. *J. Org. Chem. USSR* **1981**, 17, 1301.
[356] For a case of a preferential diaxial conformation in 1,3 isomers, see Ochiai, M.; Iwaki, S.; Ukita, T.; Matsuura, Y.; Shiro, M.; Nagao, Y. *J. Am. Chem. Soc.* **1988**, 110, 4606.
[357] Golan, O.; Goren, Z.; Biali, S. E. *J. Am. Chem. Soc.* **1990**, 112, 9300.
[358] Abraham, R. J.; Chambers, E. J.; Thomas, W. A. *J. Chem. Soc. Perkin Trans. 2* **1993**, 1061.
[359] Wiberg, K. B. *J. Org. Chem.* **1999**, 64, 6387.
[360] This idea was suggested by Winstein, S.; Holness, N. J. *J. Am. Chem. Soc.* **1955**, 77, 5561. See Saunders, M.; Wolfsberg, M.; Anet, F. A. L.; Kronja, O. *J. Am. Chem. Soc.* **2007**, 129, 10276.
[361] Marzabadi, C. H.; Anderson, J. E.; Gonzalez-Outeirino, J.; Gaffney, P. R. J.; White, C. G. H.; Tocher, D. A.; Todaro, L. J. *J. Am. Chem. Soc.* **2003**, 125, 15163.
[362] See Rabideau, P. W. *The Conformational Analysis of Cyclohexenes, Cyclohexadienes, and Related Hydroaromatic Compounds*, VCH, NY, **1989**; Vereshchagin, A. N. *Russ. Chem. Rev.* **1983**, 52, 1081; Johnson, F. *Chem. Rev.* **1968**, 68, 375. See also, Lambert, J. B.; Clikeman, R. R.; Taba, K. M.; Marko, D. E.; Bosch, R. J.; Xue, L. *Acc. Chem. Res.* **1987**, 20, 454.
[363] See Dale, J. *Stereochemistry and Conformational Analysis*, Verlag Chemie, Deerfield Beach, FL, **1978**; Chiurdoglu, G. *Conformational Analysis*, Academic Press, NY, **1971**; Eliel, E. L.; Allinger, N. L.; Angyal, S. J.; Morrison, G. A. *Conformational Analysis*, Wiley, NY, **1965**; Dale, J. *Top. Stereochem.* **1976**, 9, 199; Truax, D. R.; Wieser, H. *Chem. Soc. Rev.* **1976**, 5, 411; Eliel, E. L. *J. Chem. Educ.* **1975**, 52, 762; Bushweller, C. H.; Gianni, M. H. in Patai, S. *The Chemistry of Functional Groups, Supplement E*, Wiley, NY, **1980**, pp. 215-278.
[364] See Jensen, F. R.; Bushweller, C. H. *Adv. Alicyclic Chem.* **1971**, 3, 139; Robinson, D. L.; Theobald, D. W. *Q. Rev. Chem. Soc.* **1967**, 21, 314; Eliel, E. L. *Angew. Chem. Int. Ed.* **1965**, 4, 761; Eliel, E. L.; Wilen, S. H.; Mander, L. N. *Stereochemistry of Organic Compounds*, Wiley-Interscience, NY, **1994**, pp. 686-753. Also see, Smith, M. B. *Organic Synthesis*, 3rd ed., Wavefunction Inc./Elsevier, Irvine, CA/London, England, **2010**, pp. 61-65.
[365] Laane, J.; Choo, J. *J. Am. Chem. Soc.* **1994**, 116, 3889.
[366] Basso, E. A.; Kaiser, C.; Rittner, R.; Lambert, J. B. *J. Org. Chem.* **1993**, 58, 7865.
[367] See Glass, R. S. *Conformational Analysis of Medium-Sized Heterocycle*, VCH, NY, **1988**; Riddell, F. G. *The Conformational Analysis of Heterocyclic Compounds*, Academic Press, NY, 1980; Juaristi, E. *Acc. Chem. Res.* **1989**, 22, 357; Crabb, T. A.; Katritzky, A. R. *Adv. Heterocycl. Chem.* **1984**, 36, 1; Eliel, E. L. *Angew. Chem. Int. Ed.* **1972**, 11, 739; *Pure Appl. Chem.* **1971**, 25, 509; *Acc. Chem. Res.* **1970**, 3, 1; Lambert, J. B. *Acc. Chem. Res.* **1971**, 4, 87.
[368] Bachrach, S. M.; Liu, M. *Tetrahedron Lett.* **1992**, 33, 6771.
[369] These factors are discussed by Eliel, E. L. *Angew. Chem. Int. Ed.* **1972**, 11, 739.
[370] Riddell, F. G.; Robinson, M. J. T. *Tetrahedron* **1967**, 23, 3417; Eliel, E. L.; Knoeber, M. C. *J. Am. Chem. Soc.* **1968**, 90, 3444. See also, Eliel, E. L.; Alcudia, F. *J. Am. Chem. Soc.* **1974**, 96, 1939. See Cieplak, P.; Howard, A. E.; Powers, J. P.; Rychnovsky, S. D.; Kollman, P. A. *J. Org. Chem.* **1996**, 61, 3662 for conformational energy differences in 2,2,6-trimethyl-4-alkyl-1,3-dioxane.
[371] Cai, J.; Davies, A. G.; Schiesser, C. H. *J. Chem. Soc. Perkin Trans. 2* **1994**, 1151.
[372] Hutchins, R. O.; Eliel, E. L. *J. Am. Chem. Soc.* **1969**, 91, 2703. See also, Juaristi, E.; Cuevas, G. *Tetrahedron* **1999**, 55, 359.
[373] Strelenko, Y. A.; Samoshin, V. V.; Troyansky, E. I.; Demchuk, D. V.; Dmitriev, D. E.; Nikishin, G. I.; Zefirov, N. S. *Tetrahedron* **1994**, 50, 10107.
[374] Gordillo, B.; Juaristi, E.; Matinez, R.; Toscano, R. A.; White, P. S.; Eliel, E. L. *J. Am. Chem. Soc.* **1992**, 114, 2157.
[375] Kaloustian, M. K.; Dennis, N.; Mager, S.; Evans, S. A.; Alcudia, F.; Eliel, E. L. *J. Am. Chem. Soc.* **1976**, 98, 956. See also, Eliel, E. L.; Kandasamy, D.; Sechrest, R. C. *J. Org. Chem.* **1977**, 42, 1533.
[376] See Kirby, A. J. *The Anomeric Effect and Related Stereoelectronic Effects at Oxygen*, Springer, NY, **1983**; Szarek, W. A.; Horton, D. *Anomeric Effect*, American Chemical Society, Washington, **1979**; Deslongchamps, P. *Stereoelectronic Effects in Organic Chemistry*, Pergamon, Elmsford, NY, **1983**, pp. 4-26; Zefirov, N. S. *Tetrahedron* **1977**, 33, 3193; Lemieux, R. U. *Pure Appl. Chem.* **1971**, 27, 527.
[377] Juaristi, E.; Cuevas, G. *Tetrahedron* **1992**, 48, 5019.
[378] See Romers, C.; Altona, C.; Buys, H. R.; Havinga, E. *Top. Stereochem.* **1969**, 4, 39, pp. 73-77; Wolfe, S.; Whangbo, M.; Mitchell, D. J. *Carbohydr. Res.* **1979**, 69, 1.
[379] See Praly, J.; Lemieux, R. U. *Can. J. Chem.* **1987**, 65, 213; Booth, H.; Khedhair, K. A.; Readshaw, S. A. *Tetrahedron* **1987**, 43, 4699. For evidence against it, see Box, V. G. S. *Heterocycles* **1990**, 31, 1157.
[380] Cramer, C. J. *J. Org. Chem.* **1992**, 57, 7034; Booth, H.; Dixon, J. M.; Readshaw, S. A. *Tetrahedron* **1992**, 48, 6151.
[381] Anderson, J. E. *J. Org. Chem.* **2000**, 65, 748.
[382] Stolow, R. D. *J. Am. Chem. Soc.* **1964**, 86, 2170; Stolow, R. D.; McDonagh, P. M.; Bonaventura, M. M. *J. Am. Chem. Soc.* **1964**, 86, 2165. Also see Fitjer, L.; Scheuermann, H.; Klages, U.; Wehle, D.; Stephenson, D. S.; Binsch,

G. *Chem. Ber.* **1986**, 119, 1144.

[383] Rychnovsky, S. D. ; Yang, G. ; Powers, J. P. *J. Org. Chem.* **1993**, 58, 5251.

[384] Arnason, I. ; Kvaran, A. ; Jonsdottir, S. ; Gudnason, P. I. ; Oberhammer, H. *J. Org. Chem.* **2002**, 67, 3827.

[385] Salzner, U. ; Schleyer, P. v. R. *J. Am. Chem. Soc.* **1993**, 115, 10231; Aggarwal, V. K. ; Worrall, J. M. ; Adams, H. ; Alexander, R. ; Taylor, B. F. *J. Chem. Soc. Perkin Trans.* 1 **1997**, 21.

[386] Salzner, U. ; Schleyer, P. v. R. *J. Org. Chem.* **1994**, 59, 2138.

[387] Perrin, C. L. *Tetrahedron* **1995**, 51, 11901.

[388] Anderson, J. E. ; Cai, J. ; Davies, A. G. *J. Chem. Soc. Perkin Trans.* 2 **1997**, 2633. For some controversy concerning the anomeric effect a related system, see Perrin, C. L. ; Armstrong, K. B. ; Fabian, M. A. *J. Am. Chem. Soc.* **1994**, 116, 715; Salzner, U. *J. Org. Chem.* **1995**, 60, 986.

[389] Eliel, E. L. ; Wilen, S. H. ; Mander, L. N. *Stereochemistry of Organic Compounds*, Wiley-Interscience, NY, **1994**, pp. 675-685 and 754-770.

[390] For reviews of the stereochemistry of four-membered rings, see Legon, A. C. *Chem. Rev.* **1980**, 80, 231; Moriarty, R. M. *Top. Stereochem.* **1974**, 8, 271; Cotton, F. A. ; Frenz, B. A. *Tetrahedron* **1974**, 30, 1587.

[391] Miller, F. A. ; Capwell, R. J. ; Lord, R. C. ; Rea, D. G. *Spectrochim. Acta Part A*, **1972**, 28, 603. However, see Margulis, T. N. *J. Am. Chem. Soc.* **1971**, 93, 2193.

[392] Luger, P. ; Buschmann, J. *J. Am. Chem. Soc.* **1984**, 106, 7118.

[393] See Fuchs, B. *Top. Stereochem.* 1978, 10, 1; Legon, A. C. *Chem. Rev.* **1980**, 80, 231.

[394] Willy, W. E. ; Binsch, G. ; Eliel, E. L. *J. Am. Chem. Soc.* **1970**, 92, 5394; Lipnick, R. L. *J. Mol. Struct.* **1974**, 21, 423.

[395] Lipnick, R. L. *J. Mol. Struct.* **1974**, 21, 411; Poupko, R. ; Luz, Z. ; Zimmermann, H. *J. Am. Chem. Soc.* **1982**, 104, 5307; Riddell, F. G. ; Cameron K. S. ; Holmes, S. A. ; Strange, J. H. *J. Am. Chem. Soc.* **1997**, 119, 7555.

[396] Matallana, A. ; Kruger, A. W. ; Kingsbury, C. A. *J. Org. Chem.* **1994**, 59, 3020.

[397] Abraham, R. J. ; Pollock, L. ; Sancassan, F. *J. Chem. Soc. Perkin Trans.* 2 **1994**, 2329.

[398] Carreira, L. A. ; Jiang, G. J. ; Person, W. B. ; Willis, Jr., J. N. *J. Chem. Phys.* **1972**, 56, 1440.

[399] Verevkin, S. P. ; Kümmerlin, M. ; Beckhaus, H. -D. ; Galli, C. ; Rüchardt, C. *Eur. J. Org. Chem.* **1998**, 579.

[400] See Arshinova, R. P. *Russ. Chem. Rev.* **1988**, 57, 1142; Ounsworth, J. P. ; Weiler, L. *J. Chem. Educ.* **1987**, 64, 568; Öki, M. *Applications of Dynamic NMR Spectroscopy to Organic Chemistry*, VCH, NY, **1985**, pp. 307-321; Casanova, J. ; Waegell, B. *Bull. Soc. Chim. Fr.* **1975**, 911; Anet, F. A. L. *Top. Curr. Chem.* **1974**, 45, 169; Dunitz, J. D. *Pure Appl. Chem.* **1971**, 25, 495. See Glass, R. S. *Conformational Analysis of Medium-Sized Heterocycles* VCH, NY, **1988**.

[401] Wiberg, K. B. *J. Org. Chem.* **2003**, 68, 9322.

[402] Meyer, W. L. ; Taylor, P. W. ; Reed, S. A. ; Leister, M. C. ; Schneider, H. -J. ; Schmidt, G. ; Evans, F. E. ; Levine, R. A. *J. Org. Chem.* **1992**, 57, 291.

[403] Pawar, D. M. ; Brown II, J. ; Chen, K. -H. ; Allinger, N. L. ; Noe, E. A. *J. Org. Chem.* **2006**, 71, 6512.

[404] Spracklin, D. K. ; Weiler, L. *J. Chem. Soc. Chem. Commun.* **1992**, 1347; Keller, T. H. ; Neeland, E. G. ; Rettig, S. ; Trotter, J. ; Weiler, L. *J. Am. Chem. Soc.* **1988**, 110, 7858.

[405] Pawar, D. M. ; Smith, S. V. ; Moody, E. M. ; Noe, E. A. *J. Am. Chem. Soc.* **1998**, 120, 8241.

[406] Borgen, G. ; Dale, J. ; Gundersen, L. -L. ; Krivokapic, A. ; Rise, F. ; ØverÅs, A. T. *Acta Chem. Scand. B*, **1998**, 52, 1110.

[407] Pawar, D. M. ; Davids, K. L. ; Brown, B. L. ; Smith, S. V. ; Noe, E. A. *J. Org. Chem.* **1999**, 64, 4580; Pawar, D. M. ; Moody, E. M. ; Noe, E. A. *J. Org. Chem.* **1999**, 64, 4586.

[408] Kleinpeter, E. ; Koch, A. ; Pihlaja, K. *Tetrahedron* **2005**, 61, 7349.

[409] Daoust, K. J. ; Hernandez, S. M. ; Konrad, K. M. ; Mackie, I. D. ; Winstanley, Jr., J. ; Johnson, R. P. *J. Org. Chem.* **2006**, 71, 5708.

[410] For definitions of axial, equatorial, and related terms for rings of any size, see Anet, F. A. L. *Tetrahedron Lett.* **1990**, 31, 2125.

[411] For a discussion of the angles of the ring positions, see Cremer, D. *Isr. J. Chem.* **1980**, 20, 12.

[412] Thanks to Dr. Warren Hehre, Wavefunction, Inc. , Irvine, CA. Personal communication. See Hehre, W. J. *A Guide to Molecular Mechanics and Quantum Chemical Calculations*, Wavefunction, Inc. , Irvine, CA, **2003**, pp. 56-57.

[413] For a review, see Rappe, A. K. ; Casewit, C. J. *Molecular Mechanics Across Chemistry*, University Science Books, Sausalito, CA, **1997**.

[414] Clark, M. ; Cramer, III, R. D. ; van Opdenbosch, N. *J. Computational Chem.* **1989**, 10, 982.

[415] Allinger, N. L. ; Li, F. ; Yun, Y. H. *J. Computational Chem.* **1990**, 11, 855, and later papers in this series.

[416] Allinger, N. L. ; Chen, K. ; Lii, J. -H. *J. Computational Chem.* **1996**, 17, 642, and later papers in this series.

[417] Halgren, T. A. *J. Computational Chem* **1996**, 17, 490, and later papers in this series.

[418] See Greenberg, A. ; Liebman, J. F. *Strained Organic Molecules*, Academic Press, NY, **1978**; Wiberg, K. B. *Angew. Chem. Int. Ed.* **1986**, 25, 312; Greenberg, A. ; Stevenson, T. A. *Mol. Struct. Energ.* **1986**, 3, 193; Liebman, J. F. ; Greenberg, A. *Chem. Rev.* **1976**, 76, 311; Cremer, D. ; Kraka, E. *Mol. Struct. Energ.* **1988**, 7, 65.

[419] Zhao, C. -Y. ; Duan, W. -S. ; Zhang, Y. ; You, X. -Z. *J. Chem. Res. (S)* **1998**, 156.

[420] Wiberg, K. B. *Accts. Chem. Res.* **1996**, 29, 229.

[421] For discussions, see Wiberg, K. B. ; Bader, R. F. W. ; Lau, C. D. H. *J. Am. Chem. Soc.* **1987**, 109, 985, 1001.

[422] For a review, see Rüchardt, C. ; Beckhaus, K. *Angew. Chem. Int. Ed.* **1985**, 24, 529. See also, Burkert, U. ; Allinger, N. L. *Molecular Mechanisms*, American Chemical Society, Washington, **1982**, pp. 169-194; Allinger, N. L. *Adv. Phys. Org. Chem.* **1976**, 13, 1, 45-47.

[423] Barić, D. ; Maksić, Z. B. *Theor. Chem. Acc.* **2005**, 114, 222.

[424] Hohlneicher, G. ; Packschies, L. *Tetrahedron Lett.* **2007**, 48, 6429. However, see Barić, D. ; Maksić, Z. B. *Tetrahedron*

Lett. **2008**, 49, 1428.

[425] For reviews of reactions of cyclopropanes and cyclobutanes, see Trost, B. M. *Top. Curr. Chem.* **1986**, 133, 3; Wong, H. N. C.; Lau, C. D. H.; Tam, K. *Top. Curr. Chem.* **1986**, 133, 83.

[426] For a treatise, see Rappoport, Z. *The Chemistry of the Cyclopropyl Group*, 2 pts.; Wiley, NY, **1987**.

[427] See in Rappoport, Z. *The Chemistry of the Cyclopropyl Group*, 2 pts, Wiley, NY, **1987**, the papers byWiberg, K. B. pt. 1., pp. 1-26; Liebman, J. F.; Greenberg, A. pt. 2, pp. 1083-1119; Liebman, J. F.; Greenberg, A. *Chem. Rev.* **1989**, 89, 1225.

[428] SeeWong, H. N. C.; Hon, M.; Ts, C. e; Yip, Y.; Tanko, J.; Hudlicky, T. *Chem. Rev.* **1989**, 89, 165; Reissig, H. in Rappoport, Z. *The Chemistry of the Cyclopropyl Group*, pt. 1, Wiley, NY, **1987**, pp. 375-443.

[429] Ogg, Jr., R. A.; Priest, W. J. *J. Am. Chem. Soc.* **1938**, 60, 217.

[430] Shortridge, R. W.; Craig, R. A.; Greenlee, K. W.; Derfer, J. M.; Boord, C. E. *J. Am. Chem. Soc.* **1948**, 70, 946.

[431] See Frey, H. M. *Adv. Phys. Org. Chem.* **1966**, 4, 147.

[432] Bach, R. D.; Dmitrenko, O. *J. Org. Chem.* **2002**, 67, 2588.

[433] Bach, R. D.; Dmitrenko, O. *J. Am. Chem. Soc.* **2006**, 128, 4598.

[434] Bach, R. D.; Dmitrenko, O. *J. Am. Chem. Soc.* **2004**, 126, 4444; Tian, Z.; Fattahi, A.; Lis, L.; Kass, S. R. *J. Am. Chem. Soc.* **2006**, 128, 17087.

[435] Bachrach, S. M. *J. Org. Chem.* **2008**, 73, 2466. Also see Ringer, A. L.; Magers, D. H. *J. Org. Chem.* **2007**, 72, 2533.

[436] See Cremer, D.; Kraka, E. *J. Am. Chem. Soc.* **1985**, 107, 3800, 3811; Slee, T. S. *Mol. Struct. Energ.* **1988**, 5, 63; Casaarini, D.; Lunazzi, L.; Mazzanti, A. *J. Org. Chem.* **1997**, 62, 7592.

[437] Randić, M.; Maksić, Z. *Theor. Chim. Acta* **1965**, 3, 59; Weigert, F. J.; Roberts, J. D. *J. Am. Chem. Soc.* **1967**, 89, 5962.

[438] Wiberg, K. B. *Accts. Chem. Res.* **1996**, 29, 229.

[439] See Hoffmann, R.; Davidson, R. B. *J. Am. Chem. Soc.* **1971**, 93, 5699. See also Ref. 438.

[440] Wiberg, K. B.; Bader, R. F. W.; Lau, C. D. H. *J. Am. Chem. Soc.* **1987**, 109, 985, 1001.

[441] See Tidwell, T. T. in Rappoport, Z. *The Chemistry of the Cyclopropyl Groups*, pt. 1, Wiley, NY, **1987**, pp. 565-632; Charton, M. in Zabicky, J. *The Chemistry of Alkenes*, Vol. 2, pp. 511-610, Wiley, NY, **1970**.

[442] See Tsuji, T.; Shibata, T.; Hienuki, Y.; Nishida, S. *J. Am. Chem. Soc.* **1978**, 100, 1806; Drumright, R. E.; Mas, R. H.; Merola, J. S.; Tanko, J. M. *J. Org. Chem.* **1990**, 55, 4098.

[443] Staley, S. W. *J. Am. Chem. Soc.* **1967**, 89, 1532; Pews, R. G.; Ojha, N. D. *J. Am. Chem. Soc.* **1969**, 91, 5769. See, however, Noe, E. A.; Young, R. M. *J. Am. Chem. Soc.* **1982**, 104, 6218.

[444] See the reviews in *Chem. Rev.* **1989**, 89, 975, and the following: Jefford, C. W. *J. Chem. Educ.* **1976**, 53, 477; Seebach, D. *Angew. Chem. Int. Ed.* **1965**, 4, 121; Greenberg, A.; Liebman, J. F. *Strained Organic Molecules*, Academic Press, NY, **1978**, pp. 210-220; Eliel, E. L.; Wilen, S. H.; Mander, L. N. *Stereochemistry of Organic Compounds*, Wiley-Interscience, NY, **1994**, pp. 771-811.

[445] For a useful classification of strained polycyclic systems, see Gund, P.; Gund, T. M. *J. Am. Chem. Soc.* **1981**, 103, 4458.

[446] For a computer program that generates IUPAC names for complex bridged systems, see Rücker, G.; Rücker, C. *Chimia* **1990**, 44, 116.

[447] Lemal, D. M.; Menger, F. M.; Clark, G. W. *J. Am. Chem. Soc.* **1963**, 85, 2529; Wiberg, K. B.; Lampman, G. M. *Tetrahedron Lett.* **1963**, 2173; Hoz, S. in Rappoport, Z *The Chemistry of the Cyclopropyl Group*, pt. 2, Wiley, NY, **1987**, pp. 1121-1192; Wiberg, K. B. *Adv. Alicyclic Chem.* **1968**, 2, 185. For a review of [n.1.1] systems, see Meinwald, J.; Meinwald, Y. C. *Adv. Alicyclic Chem.* **1966**, 1, 1.

[448] Casanova, J.; Bragin, J.; Cottrell, F. D. *J. Am. Chem. Soc.* **1978**, 100, 2264.

[449] Irngartinger, H.; Goldmann, A.; Jahn, R.; Nixdorf, M.; Rodewald, H.; Maier, G.; Malsch, K.; Emrich, R. *Angew. Chem. Int. Ed.* **1984**, 23, 993; Maier, G.; Fleischer, F. *Tetrahedron Lett.* **1991**, 32, 57. Also see Maier, G. *Angew. Chem. Int. Ed.* **1988**, 27, 309; Maier, G.; Rang, H.; Born, D. in Olah, G. A. *Cage Hydrocarbons*, Wiley, NY, **1990**, pp. 219-259; Maier, G.; Born, D. *Angew. Chem. Int. Ed.* **1989**, 28, 1050.

[450] Rücker, C.; Trupp, B. *J. Am. Chem. Soc.* **1988**, 110, 4828.

[451] Von Seebach, M.; Kozhushkov, S. I.; Boese, R.; Benet-Buchholz, J.; Yufit, D. S.; Howard, J. A. K.; de Meijere, A. *Angew. Chem. Int. Ed.* **2000**, 39, 2495.

[452] Katz, T. J.; Acton, N. *J. Am. Chem. Soc.* **1973**, 95, 2738. See also, Wilzbach, K. E.; Kaplan, L. *J. Am. Chem. Soc.* **1965**, 87, 4004.

[453] Hedberg, L.; Hedberg, K.; Eaton, P. E.; Nodari, N.; Robiette, A. G. *J. Am. Chem. Soc.* **1991**, 113, 1514. For a review of cubanes, see Griffin, G. W.; Marchand, A. P. *Chem. Rev.* **1989**, 89, 997.

[454] Paquette, L. A.; Fischer, J. W.; Browne, A. R.; Doecke, C. W. *J. Am. Chem. Soc.* **1985**, 105, 686.

[455] Eaton, P. E.; Or, Y. S.; Branca, S. J.; Shankar, B. K. R. *Tetrahedron* **1986**, 42, 1621. See also, Dauben, W. G.; Cunningham Jr., A. F. *J. Org. Chem.* **1983**, 48, 2842.

[456] Otterbach, A.; Musso, H. *Angew. Chem. Int. Ed.* **1987**, 26, 554.

[457] Allred, E. L.; Beck, B. R. *J. Am. Chem. Soc.* **1973**, 95, 2393.

[458] Hoffmann, V. T.; Musso, H. *Angew. Chem. Int. Ed.* **1987**, 26, 1006.

[459] Rihs, G. *Tetrahedron Lett.* **1983**, 24, 5857. See Mathew, T.; Keller, M.; Hunkler, D.; Prinzbach, H. *Tetrahedron Lett.* **1996**, 37, 4491 for the synthesis of azapagodanes (also called azadodecahedranes).

[460] Gribanova, T. N.; Minyaev, R. M.; Minkin, V. I. *Russ. J. Org. Chem.* **2007**, 43, 1144.

[461] Gleiter, R.; Treptow, B.; Irngartinger, H.; Oeser, T. *J. Org. Chem.* **1994**, 59, 2787.

[462] Golobish, T. D.; Dailey, W. P. *Tetrahedron Lett.* **1996**, 37, 3239.

[463] Haller, I.; Srinivasan, R. *J. Chem. Phys.* **1964**, 41, 2745.

[464] Newton, M. D. ; Schulman, J. M. *J. Am. Chem. Soc.* **1972**, 94, 767.
[465] Wiberg, K. B. ;Waddell, S. T. *J. Am. Chem. Soc.* **1990**, 112, 2194; Seiler, S. T. *Helv. Chim. Acta* **1990**, 73, 1574; Bothe, H. ; Schlüter, A. *Chem. Ber.* **1991**, 124, 587; Lynch, K. M. ; Dailey, W. P. *J. Org. Chem.* **1995**, 60, 4666. See Wiberg, K. B. *Chem. Rev.* **1989**, 89, 975; Ginsburg, D. in Rappoport, Z. *The Chemistry of the Cyclopropyl Group*, pt. 2, Wiley, NY, **1987**, pp. 1193-1221; Ginsburg, D. *Top. Curr. Chem.* **1987**, 137, 1. For a discussion of charge density and bonding, see Coppens, P. *Angew. Chem. Int. Ed.* **2005**, 44, 6810.
[466] Wiberg, K. B. ; Walker, F. H. ; Pratt, W. E. ; Michl, J. *J. Am. Chem. Soc.* **1983**, 105, 3638.
[467] Della, E. W. ; Taylor, D. K. *J. Org. Chem.* **1994**, 59, 2986.
[468] See Kuck, D. ; Krause, R. A. ; Gestmann, D. ; Posteher, F. ; Schuster, A. *Tetrahedron* **1998**, 54, 5247.
[469] For a review, see Wiberg, K. B. *Acc. Chem. Res.* **1984**, 17, 379.
[470] Scott, W. B. ; Pincock, R. E. *J. Am. Chem. Soc.* **1973**, 95, 2040.
[471] Gibbons, C. S. ; Trotter, J. *Can. J. Chem.* **1973**, 51, 87.
[472] See Raphael, R. A. *Proc. Chem. Soc.* **1962**, 97; Sicher, J. *Prog. Stereochem.* **1962**, 3, 202.
[473] Huber-Buser, E. ; Dunitz, J. D. *Helv. Chim. Acta* **1960**, 43, 760.
[474] Dunitz, J. D. ; Venkatesan, K. *Helv. Chim. Acta* **1961**, 44, 2033.
[475] Kirby, A. J. ; Komarov, I. V. ; Wothers, P. D. ; Feeder, N. *Angew. Chem. Int. Ed.*, **1998**, 37, 785. Also see Madder, R. D. ; Kim, C. -Y. ; Chandra, P. P. ; Doyon, J. B. ; Barid, Jr. , T. A. ; Fierke, C. A. ; Christianson, D. W. ; Voet, J. G. ; Jain, A. *J. Org. Chem.* **2002**, 67, 582.
[476] Okazaki, T. ; Ogawa, K. ; Kitagawa, T. ; Takeuchi, K. *J. Org. Chem.* **2002**, 67, 5981.
[477] Gol'dfarb, Ya. L. ; Belen'kii, L. I. *Russ. Chem. Rev.* **1960**, 29, 214, p. 218.
[478] For a review, see Cope, A. C. ; Martin, M. M. ; McKervey, M. A. *Q. Rev. Chem. Soc.* **1966**, 20, 119.
[479] Spanka, G. ; Rademacher, P. *J. Org. Chem.* **1986**, 51, 592. See also, Spanka, G. ; Rademacher, P. ; Duddeck, H. *J. Chem. Soc. Perkin Trans.* 2 **1988**, 2119.
[480] Uemura, S. ; Fukuzawa, S. ; Toshimitsu, A. ; Okano, M. ; Tezuka, H; Sawada, S. *J. Org. Chem.* 1983, 48, 270.
[481] Schläpfer-Dähler, M. ; Prewo, R. ; Bieri, J. H. ; Germain, G. Heimgartner, H. *Chimia* **1988**, 42, 25.
[482] See Granik, V. G. *Russ. Chem. Rev.* **1982**, 51, 119.
[483] An example is the calculated strain of 1. 4～3. 2 kcal/mol(5. 9～13. 4 kJ/mol) in cyclotetradecane. See Chickos, J. S. ; Hesse, D. G. ; Panshin, S. Y. ; Rogers, D. W. ; Saunders, M. ; Uffer, P. M. ; Liebman, J. F. *J. Org. Chem.* **1992**, 57, 1897.
[484] For a review of strained double bonds, see Zefirov, N. S. ; Sokolov, V. I. *Russ. Chem. Rev.* **1967**, 36, 87. For a review of double and triple bonds in rings, see Johnson, R. P. *Mol. Struct. Energ.* **1986**, 3, 85.
[485] See Baird, M. S. *Top. Curr. Chem.* **1988**, 144, 137; Halton, B. ; Banwell, M. G. in Rappoport, Z. *The Chemistry of the Cyclopropyl Group*, pt. 2, Wiley, NY, **1987**, pp. 1223-1339; Closs, G. L. *Adv. Alicyclic Chem.* **1966**, 1, 53; For a discussion of the bonding and hybridization, see Allen, F. H. *Tetrahedron* **1982**, 38, 645.
[486] Dem'yanov, N. Ya. ; Doyarenko, M. N. *Ber.* **1923**, 56, 2200; Schlatter, M. J. *J. Am. Chem. Soc.* **1941**, 63, 1733; Stigliani, W. M. ; Laurie, V. W. ; Li, J. C. *J. Chem. Phys.* **1975**, 62, 1890.
[487] See Halton, B. *Chem. Rev.* **1989**, 89, 1161; 1973, 73, 113; Billups, W. E. ; Rodin, W. A. ; Haley, M. M. *Tetrahedron* **1988**, 44, 1305; Billups, W. E. *Acc. Chem. Res.* **1978**, 11, 245.
[488] Vogel, E. ; Grimme, W. ; Korte, S. *Tetrahedron Lett.* **1965**, 3625. Also seeMüller, P. ; Bernardinelli, G. ; Thi, H. C. G. *Chimia* **1988**, 42, 261; Neidlein, R. ; Christen, D. ; Poignée, V. ; Boese, R. ; Bläser, D. ; Gieren, A. ; Ruiz-Pérez, C. ; Hübner, T. *Angew. Chem. Int. Ed.* **1988**, 27, 294.
[489] For reviews of trans cycloalkenes, see Nakazaki, M. ; Yamamoto, K. ; Naemura, K. *Top. Curr. Chem.* **1984**, 125, 1; Marshall, J. A. *Acc. Chem. Res.* **1980**, 13, 213.
[490] Wallraff, G. M. ; Michl, J. *J. Org. Chem.* **1986**, 51, 1794; Squillacote, M. ; Bergman, A. ; De Felippis, J. *Tetrahedron Lett.* **1989**, 30, 6805.
[491] Marshall, J. A. ; Flynn, K. E. *J. Am. Chem. Soc.* **1983**, 105, 3360. For reviews, see Nakazaki, M. ; Yamamoto, K. ; Naemura, K. *Top. Curr. Chem.* **1984**, 125, 1; Marshall, J. A. *Acc. Chem. Res.* **1980**, 13, 213. For a review of these and similar compounds, see Borden, W. T. *Chem. Rev.* **1989**, 89, 1095.
[492] See Meier, H. *Adv. Strain Org. Chem.* **1991**, 1, 215; Krebs, A. ; Wilke, J. *Top. Curr. Chem.* **1983**, 109, 189; Nakagawa, M. in Patai, S. *The Chemistry of the C≡C Triple Bond*, pt. 2, Wiley, NY, **1978**, pp. 635-712; Krebs, A. in Viehe, H. G. *Acetylenes*, Marcel Dekker, NY, **1969**, pp. 987-1062. See Meier, H. ; Hanold, N. ; Molz, T. ; Bissinger, H. J. ; Kolshorn, H. ; Zountsas, J. *Tetrahedron* **1986**, 42, 1711.
[493] Blomquist, A. T. ; Liu, L. H. *J. Am. Chem. Soc.* **1953**, 75, 2153. See also, Bühl, H. ; Gugel, H. ; Kolshorn, H. ; Meier, H. *Synthesis* **1978**, 536.
[494] Schmidt, H. ; Schweig, A. ; Krebs, A. *Tetrahedron Lett.* **1974**, 1471.
[495] Krebs, A. ; Kimling, H. *Tetrahedron Lett.* **1970**, 761.
[496] Bottini, A. T. ; Frost II, K. A. ; Anderson, B. R. ; Dev, V. *Tetrahedron* **1973**, 29, 1975.
[497] Wentrup, C. ; Blanch, R. ; Briehl, H. ; Gross, G. *J. Am. Chem. Soc.* **1988**, 110, 1874.
[498] See Sander, W. ; Chapman, O. L. *Angew. Chem. Int. Ed.* **1988**, 27, 398.
[499] See Bolster, J. M. ; Kellogg, R. M. *J. Am. Chem. Soc.* **1981**, 103, 2868; Gilbert, J. C. ; Baze, M. E. *J. Am. Chem. Soc.* **1983**, 105, 664.
[500] Chapman, O. L. ; Gano, J. ; West, P. R. ; Regitz, M. ; Maas, G. *J. Am. Chem. Soc.* **1981**, 103, 7033.
[501] Bennett, M. A. ; Robertson, G. B. ; Whimp, P. O. ; Yoshida, T. *J. Am. Chem. Soc.* **1971**, 93, 3797.
[502] See Johnson, R. P. *Chem. Rev.* **1989**, 89, 1111; Thies, R. W. *Isr. J. Chem.* **1985**, 26, 191; Schuster, H. F. ; Coppola, G. M. *Al-*

[503] Price, J. D. ; Johnson, R. P. *Tetrahedron Lett.* **1986**, 27, 4679.
[504] See Marquis, E. T. ; Gardner, P. D. *Tetrahedron Lett.* **196**6, 2793.
[505] Wittig, G. ; Dorsch, H. ; Meske-Schüller, J. *Liebigs Ann. Chem.* **1968**, 711, 55.
[506] Visser, J. P. ; Ramakers, J. E. *J. Chem. Soc. Chem. Commun.* **1972**, 178.
[507] Wentrup, C. ; Gross, G. ; Maquestiau, A. ; Flammang, R. *Angew. Chem. Int. Ed.* **1983**, 22, 542. 1,2,3-Cyclohexatriene has also been trapped: Shakespeare, W. C. ; Johnson, R. P. *J. Am. Chem. Soc.* **1990**, 112, 8578.
[508] Moore, W. R. ; Ward, H. R. *J. Am. Chem. Soc.* **1963**, 85, 86.
[509] Angus Jr. , R. O. ; Johnson, R. P. *J. Org. Chem.* **1984**, 49, 2880.
[510] Ohwada, T. *Tetrahedron* **1993**, 49, 7649.
[511] Lange, H. ; Schäfer, W. ; Gleiter, R. ; Camps, P. ; Vázquez, S. *J. Org. Chem.* **1998**, 63, 3478.
[512] See Shea, K. J. *Tetrahedron* **1980**, 36, 1683; Buchanan, G. L. *Chem. Soc. Rev.* **1974**, 3, 41; Köbrich, G. *Angew. Chem. Int. Ed.* **1973**, 12, 464. See Billups, W. E. ; Haley, M. M. ; Lee, G. *Chem. Rev.* **1989**, 89, 1147; Warner, P. M. *Chem. Rev.* **1989**, 89, 1067; Keese, R. *Angew. Chem. Int. Ed.* **1975**, 14, 528. Also see, Smith, M. B. *Organic Synthesis*, 3rd ed. , Wavefunction Inc. /Elsevier, Irvine, CA/London, England, **2010**, pp. 553-555.
[513] See Maier, W. F. ; Schleyer, P. v. R. *J. Am. Chem. Soc.* **1981**, 103, 1891.
[514] Kim, M. ; White, J. D. *J. Am. Chem. Soc.* **1975**, 97, 451; Becker, K. B. *Helv. Chim. Acta* **1977**, 60, 81. See Nakazaki, M. ; Naemura, K. ; Nakahara, S. *J. Org. Chem.* **1979**, 44, 2438.
[515] Wiseman, J. R. ; Chan, H. ; Ahola, C. J. *J. Am. Chem. Soc.* **1969**, 91, 2812; Carruthers, W. ; Qureshi, M. I. *Chem. Commun.* **1969**, 832; Becker, K. B. *Tetrahedron Lett.* **1975**, 2207.
[516] Lesko, P. M. ; Turner, R. B. *J. Am. Chem. Soc.* **1968**, 90, 6888; Burkert, U. *Chem. Ber.* **1977**, 110, 773.
[517] Wiseman, J. R. ; Chong, J. A. *J. Am. Chem. Soc.* **1969**, 91, 7775.
[518] Sheridan, R. S. ; Ganzer, G. A. *J. Am. Chem. Soc.* **1983**, 105, 6158; Radziszewski, J. G. ; Downing, J. W. ; Wentrup, C. ; Kaszynski, P. ; Jawdosiuk, M. ; Kovacic, P. ; Michl, J. *J. Am. Chem. Soc.* **1985**, 107, 2799.
[519] Radziszewski, J. G. ; Downing, J. W. ; Wentrup, C. ; Kaszynski, P. ; Jawdosiuk, M. ; Kovacic, P. ; Michl, J. *J. Am. Chem. Soc.* **1985**, 107, 2799.
[520] See Tidwell, T. T. *Tetrahedron* **1978**, 34, 1855; Mosher, H. S. ; Tidwell, T. T. *J. Chem. Educ.* **1990**, 67, 9. For a review of van der Waals radii, see Zefirov, Yu. V. ; Zorkii, P. M. *Russ. Chem. Rev.* **1989**, 58, 421.
[521] Arnett, E. M. ; Bollinger, J. M. *Tetrahedron Lett.* **1964**, 3803.
[522] Maier, G. ; Schneider, K. *Angew. Chem. Int. Ed.* **1980**, 19, 1022. For another example, see Krebs, A. ; Franken, E. ; Müller, S. *Tetrahedron Lett.* **1981**, 22, 1675.
[523] Arnett, E. M. ; Sanda, J. C. ; Bollinger, J. M. ; Barber, M. *J. Am. Chem. Soc.* **1967**, 89, 5389; See also, Barclay, L. R. C. ; Brownstein, S. ; Gabe, E. J. ; Lee, F. L. *Can. J. Chem.* **1984**, 62, 1358.
[524] Sakurai, H. ; Ebata, K. ; Kabuto, C. ; Sekiguchi, A. *J. Am. Chem. Soc.* **1990**, 112, 1799.
[525] Siegel, J. ; Gutiérrez, A. ; Schweizer, W. B. ; Ermer, O. ; Mislow, K. *J. Am. Chem. Soc.* **1986**, 108, 1569. Also see Kahr, B. ; Biali, S. E. ; Schaefer, W. ; Buda, A. B. ; Mislow, K. *J. Org. Chem.* **1987**, 52, 3713.
[526] See Iwamura, H. ; Mislow, K. *Acc. Chem. Res.* **1988**, 21, 175; Mislow, K. *Chemtracts: Org. Chem.* **1989**, 2, 151; Berg, U. ; Liljefors, T. ; Roussel, C. ; Sandström, J. *Acc. Chem. Res.* **1985**, 18, 80.
[527] Nugiel, D. A. ; Biali, S. E. ; Rappoport, Z. *J. Am. Chem. Soc.* **1984**, 106, 3357.
[528] Yamamoto, G. ; Öki, M. *Bull. Chem. Soc. Jpn.* **1986**, 59, 3597. See Yamamoto, G. *Pure Appl. Chem.* **1990**, 62, 569; Öki, M. *Applications of Dynamic NMR Spectroscopy to Organic Chemistry*, VCH, NY, **1985**, pp. 269-284.
[529] Ackerman, J. H. ; Laidlaw, G. M. ; Snyder, G. A. *Tetrahedron Lett.* **1969**, 3879; Ackerman, J. H. ; Laidlaw, G. M. *Tetrahedron Lett.* **1969**, 4487. See also, Cuyegkeng, M. A. ; Mannschreck, A. *Chem. Ber.* **1987**, 120, 803.
[530] See Öki, M. *Applications of Dynamic NMR Spectroscopy to Organic Chemistry*, VCH, NY, **1985**; Förster, H. ; Vögtle, F. *Angew. Chem. Int. Ed.* **1977**, 16, 429; Öki, M. *Angew. Chem. Int. Ed.* **1976**, 15, 87.
[531] Clough, R. L. ; Roberts, J. D. *J. Am. Chem. Soc.* **1976**, 98, 1018. For a study of rotational barriers in this system, see Cosmo, R. ; Sternhell, S. *Aust. J. Chem.* **1987**, 40, 1107.
[532] Bartlett, P. D. ; Tidwell, T. T. *J. Am. Chem. Soc.* **1968**, 90, 4421.
[533] See Back, T. G. ; Barton, D. H. R. *J. Chem. Soc. Perkin Trans 1*, **1977**, 924; Kopka, I. E. ; Fataftah, Z. A. ; Rathke, M. W. *J. Org. Chem.* **1980**, 45, 4616.
[534] Schmidbaur, H. ; Blaschke, G. ; Zimmer-Gasser, B. ; Schubert, U. *Chem. Ber.* **1980**, 113, 1612.
[535] DeTar, D. F. ; Binzet, S. ; Darba, P. *J. Org. Chem.* **1985**, 50, 2826, 5298, 5304.
[536] For reviews, see Luef, W. ; Keese, R. *Top. Stereochem.* **1991**, 20, 231; Sandström, J. *Top. Stereochem.* **1983**, 14, 83, pp. 160-169.
[537] For a list of crowded alkenes that have been made, see Drake, C. A. ; Rabjohn, N. ; Tempesta, M. S. ; Taylor, R. B. *J. Org. Chem.* **1988**, 53, 4555. See also, Garratt, P. J. ; Payne, D. ; Tocher, D. A. *J. Org. Chem.* **1990**, 55, 1909.
[538] Krebs, A. ; Nickel, W. ; Tikwe, L. ; Kopf, J. *Tetrahedron Lett.* **1985**, 26, 1639.
[539] Sakurai, H. ; Ebata, K. ; Kabuto, C. ; Nakadaira, Y. *Chem. Lett.* **1987**, 301.
[540] Wiberg, K. B. ; Matturo, M. G. ; Okarma, P. J. ; Jason, M. E. *J. Am. Chem. Soc.* **1984**, 106, 2194; Wiberg, K. B. ; Adams, R. D. ; Okarma, P. J. ; Matturo, M. G. ; Segmuller, B. *J. Am. Chem. Soc.* **1984**, 106, 2200.
[541] Eaton, P. E. ; Maggini, M. *J. Am. Chem. Soc.* **1988**, 110, 7230.
[542] Hrovat, D. A. ; Borden, W. T. *J. Am. Chem. Soc.* **1988**, 110, 7229.
[543] For a review of such molecules, see Borden, W. T. *Chem. Rev.* **1989**, 89, 1095. See also, Hrovat, D. A. ; Borden, W. T. *J. Am. Chem. Soc.* **1988**, 110, 4710.

第 5 章
碳正离子、碳负离子、自由基、卡宾和氮烯

有四种结构的有机反应物种,其结构中一个碳原子只有 2 个或 3 个价键[1],它们通常寿命很短,大多数只以中间体形式存在,很快转化为更稳定的分子。然而,其中也有些较稳定的,这四个物种中已经制备得到相当稳定的三种。这四个物种是碳正离子(**A**)、自由基(**B**)、碳负离子(**C**)和卡宾(**D**)。这 4 个物种中,只有碳负离子的碳具有完整的八隅体结构。此外还有其它的有机离子和自由基,它们的电荷和未成对电子不在碳原子上,此处我们只讨论氮烯(nitrene, **E**)——卡宾的氮类似物。

$$\underset{A}{R-\overset{R}{\underset{R}{C^+}}} \quad \underset{B}{R-\overset{R}{\underset{R}{C\cdot}}} \quad \underset{C}{R-\overset{R}{\underset{R}{C^-}}} \quad \underset{D}{R-\overset{R}{C:}} \quad \underset{E}{R-N:}$$

这五种类型的物种下面将分小节讨论,分别论述它们的形成和反应性质,五种类型物种的产生和终止在本书下篇相应章节有更全面的介绍。

5.1 碳正离子[2]

5.1.1 命名

首先,我们必须说一说关于 **A** 的名称来历。许多年来,这些物种被称为"带正电的碳离子"(carbonium ions),早在 1902 年就有人提出[3]这种命名是不合理的,因为词尾"-onium"通常指价键比中性原子高的情况。然而,带正电的碳离子这个名称还是被很好地接受,并没有产生什么误解[4],直到几年前,Olah 和他的同事们[2,5]发现了另一种中间体存在的证据。该中间体有一个正电荷在碳原子上,其碳原子的形式价键是 5 而不是 3。最简单的例子是甲烷正离子 CH_5^+(参见反应 **12-01**)。Olah[5]因此提出,名称"带正电的碳离子"应该保留给五配位的正离子用,**A** 应该被称为"碳正离子(carbenium ions)"。他还提出用术语"碳正离子(carbocation)"来包含上述两种类型的离子。国际纯粹与应用化学联合会(IUPAC)接受了这些定义[6]。大多数情况下中间体 **A** 被称为碳正离子(carbenium ions 或 carbocation),但在本书中后一名称用得更多。

5.1.2 碳正离子的稳定性和结构

碳正离子是许多反应的中间体[7]。在溶液中已经制备得到了较稳定的碳正离子,有些甚至得到了固体盐,其中有些已经得到了 X 射线晶体结构[8]。例如,叔丁基正离子与二氯甲烷络合的 X 射线晶体结构已有报道,如 **1** 所示[9],为清晰见,溶剂分子已被去除。气相中叔丁基正离子的 IR 光谱也已经获得[10]。一个可分离的二氧稳定的戊二烯离子已经被分离,并被 ^1H NMR、^{13}C NMR、MS 和 IR 确定了结构[11]。利用激光闪光光解法直接观察到了 β-氟代的 4-甲氧基-苯乙基正离子[12]。在溶液中,碳正离子可能是游离的(在极性溶剂中更有这种可能,因为它是溶剂化的)或以离子对形式存在[13],即与一个负离子(称为平衡离子或反离子)紧密结合。在非极性溶剂中更可能以离子对形式存在。

$$1 \equiv \left[H_3C \overset{+}{\underset{CH_3}{\text{\textbf{---}}}} CH_3 \right]$$

简单烷基正离子[14]的稳定性顺序是:三级>二级>一级。已知有许多一级或二级碳正离子在溶液或气相中重排为三级正离子的例子(参见 18.1.2 节)。烷基正离子在普通的强酸溶液(如 H_2SO_4)中不稳定,但是发现许多这类正离子在氟磺酸和五氟化锑混合液中能保持稳定,这大

大方便了对它们的研究。这些混合物通常溶解在 SO_2 或 SO_2ClF 中,这是已知最强的酸溶液,常常称为超酸[15]。最初的实验是将氟代烷与 SbF_5 进行加成[16]。

$$RF + SbF_5 \longrightarrow R^+ SbF_6^-$$

后来发现,在 $-60℃$ 将醇溶于超酸-SO_2 中[17],或在低温下将烯加入超酸或溶于 HF-SbF_5 的 SO_2 或 SO_2ClF 溶液中质子化[18],也可以产生同样的碳正离子。甚至烷烃在超酸中失去 H^- 也产生碳正离子。例如[19],2-甲基丙烷产生叔丁基正离子。

$$Me_3CH \xrightarrow{FSO_3H-SbF_5} Me_3C^+ \; SbF_5FSO_3^- + H_2$$

无论碳正离子是如何形成的,对简单烷基碳正离子的研究为其稳定性顺序的确定提供了大量证据[20]。两种氟丙烷都产生异丙基正离子,所有四种氟丁烷[21]均产生叔丁基正离子,所有七个氟戊烷也给出叔戊基正离子。丁烷在超酸中仅产生叔丁基正离子。至今,还没有一级碳正离子的寿命长到可以被检测。氟甲烷和氟乙烷用 SbF_5 处理都不能产生相应的正离子。在低温下,氟甲烷主要产生甲基化的二氧化硫盐 $[(CH_3OSO)^+SbF_6^-]$[22],而氟乙烷迅速形成叔丁基正离子和叔己基正离子,它们是由最初形成的乙基正离子与产生的乙烯分子加成得到的[23]。在室温下,氟甲烷也会产生叔丁基正离子[24]。与稳定性顺序一致,烷烃的叔碳最容易被强酸夺走氢负离子,而伯碳最不容易被夺走氢负离子。

碳正离子的稳定性顺序能用极性效应和超共轭效应(参见 2.13 节)予以解释。在极性效应中,非共轭的取代基通过键(诱导效应)或通过空间(场效应)对碳正离子的稳定性产生影响。由于三级碳正离子的正电荷碳具有比一级碳正离子更多的含碳取代基,因而它存在更强的极性效应,从而导致更大的稳定性。当采用超共轭理论[25]比较一级碳正离子与三级碳正离子稳定性时,"超共轭概念是通过模型构建方法得出的(参见 2.13 节),通常,这意味着必须建立正确的包含离域的模型,才能给出很好的解释"[26]。

超共轭解释的证据是该反应的平衡常数 K 为 1.97,表明 3 比 2 稳定[27]。这是一个 β 二级同位素效应,2 的超共轭比 3 少(参见 6.10.5.2 节)[28]。

$$(CD_3)_3C^+ + (CH_3)_3CH \rightleftharpoons (CH_3)_3C^+ + (CD_3)_3CH$$
$$\quad 2 \qquad\qquad\qquad\qquad\qquad 3$$
$$K_{298} = 1.97 \pm 0.20$$

采用场效应理论可以解释为:烷基的供电子效应增加了带正电荷碳上的电子密度,从而减小了碳所带的净电荷,起到了将电荷分散到 α 碳上的作用。一般的原则是,电荷越集中,相应物种就越不稳定。表 5.1 概括了几类离域结构[29]。

表 5.1 离域结构的类型[25]

价键结构	缩写	名称
	$\pi\pi$	简单共轭
 R_3Si 结构 ↔ R_3SiH^+ + 结构	$\sigma\pi$	超共轭
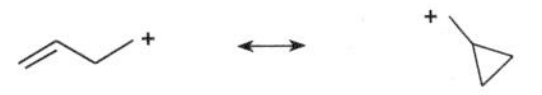	$\pi\sigma$	均共轭
 R_3Si 结构 ↔ R_3SiH^+ + △	$\sigma\sigma$	均超共轭
	$\sigma\pi/\pi\pi$	超共轭/共轭
 R_3Si 结构 ↔ R_3SiH^+ + 结构	$\sigma\pi/\sigma\pi$	双超共轭

最稳定的烷基正离子是叔丁基正离子。甚至相对较稳定的叔戊基正离子和叔己基正离子在较高温度下也转变为叔丁基正离子。其它研究过的含有四个或更多碳原子的烷基正离子同样转变为叔丁基正离子[30]。甲烷[31]、乙烷和丙烷用强酸处理,产物也以叔丁基正离子为主(参见反应 12-20)。甚至石蜡和聚乙烯也会产生叔丁基正离子。叔丁基和叔戊基正离子的固体盐(例如 $Me_3C^-SbF_6^-$)已经从强酸溶液中制备得到,它们在低于 $-20℃$ 下可稳定存在[32]。

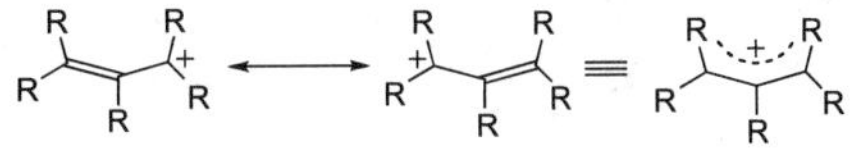

当带正电荷的碳与一个双键共轭时,如在烯丙基型正离子中(当 $R=H$ 时,烯丙基正离子为 4),其稳定性增加。这是因为共振增加了离域的程度[33],正电荷被分散在几个原子上而不是集中在一个原子上〔参见 2.3 节(2)该结构的 MO 图〕。4 两端两个原子中的每个原子都有约 1/2 的电荷(如果所有的 R 基团都相同的话,电荷正好为 1/2)。已经从共轭二烯的浓硫酸溶液中制备得到了稳定的环状及非环状烯丙基型正离子[34],例如[35]:

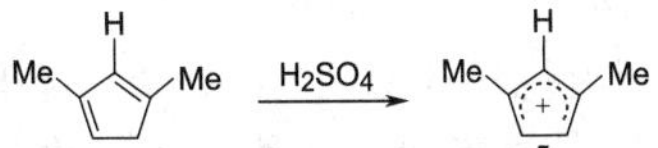

采用这种方式得到了环状和非环状的烯丙基型正离子。通过卤代烷、醇或烯(夺取氢负离子)与 SbF_5(溶于 SO_2 或 SO_2ClF 中)反应[36],也得到了稳定的烯丙基型正离子。二乙烯基甲基正离子[37]比简单的烯丙基型正离子更稳定,有些已经在浓硫酸中制备得到[38]。芳基正离子（参见 11.1.1 节）是这种类型的重要代表。炔丙基正离子（RC≡CCR$_2^+$）也已经被制得[39]。

对苄基正离子可以画出类似的正则式[40]，例如：

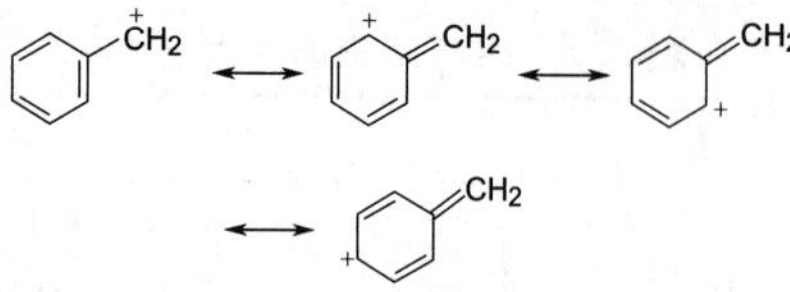

在溶液中也得到了许多以 SbF$_6^-$ 盐的形式存在的苄基正离子[41]。二芳基甲基和三芳基甲基正离子更加稳定，因为它们具有更多的正则式（即具有更广的离域范围，从而具有更高的稳定性）。三苯基氯甲烷在不与其相应离子反应的极性溶剂如水中发生离子化，生成稳定的三苯基甲基正离子（trityl cation，见 **18**）：

$$Ph_3CCl \rightleftharpoons Ph_3C^+ + Cl^-$$

例如在液体 SO$_2$ 中，该离子能稳定存在多年。三苯基甲基正离子和二苯基甲基正离子都已经以固体盐形式分离出[42]，事实上 Ph$_3$C$^+$BF$_4^-$ 和相应的盐已经商品化了。芳甲基正离子如果在其邻位或对位具有供电子取代基，其稳定性会进一步提高[43]。双正离子[44]和三正离子也有可能存在，如特别稳定的双正离子 **6**，它的每个正电荷的苄基碳被两个薁环所稳定[45]。另一个已知的相关三正离子，其中每个苄基正离子也被两个薁环稳定[46]。

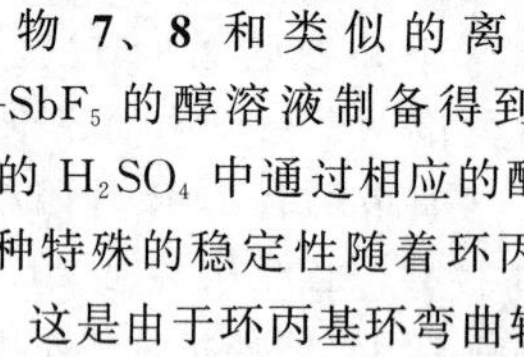

6

环丙基甲基正离子[47]甚至比苄基型离子更稳定。化合物 **7**、**8** 和类似的离子通过在 FSO$_3$H-SO$_2$-SbF$_5$ 的醇溶液制备得到[48]。化合物 **9** 在 96% 的 H$_2$SO$_4$ 中通过相应的醇溶液制备得到[49]。这种特殊的稳定性随着环丙基数目的增加而提高，这是由于环丙基环弯曲轨道（参见 4.16.1 节）与碳正离子空 p 轨道之间共轭的结果（参见 **10**）。核磁共振和其它的研究表明，空 p 轨道与环丙烷环的 C(2)—C(3) 键平行而不是垂直[50]。从这点看，这种几何结构与环丙烷环和双键的共轭相似（参见 4.17.1 节）。环丙基甲基正离子将在 10.3.1 节（4）做进一步讨论。刚才讨论的稳定化效应是环丙基所独有的。环丁基和较大的环状基团与普通烷基稳定碳正离子的效果差不多[51]。

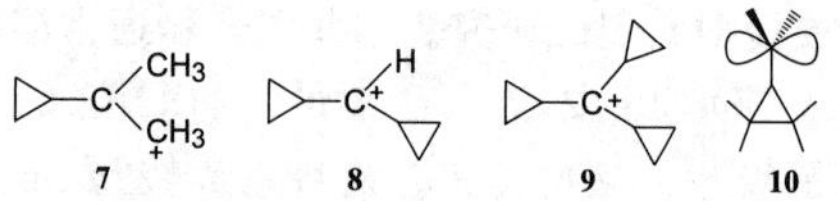

7 **8** **9** **10**

另一种提高碳正离子稳定性的结构特征是在紧邻正离子中心存在带有未共用电子对的杂原子[52]，例如氧[53]、氮[54]或卤素[55]。这样的离子由于共振而稳定：如氧代碳正离子（oxocarbenium ion, R$_2$C=O$^+$Me）：

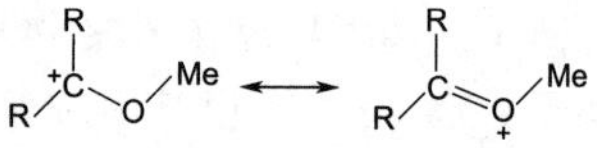

甲氧基甲基正离子能得到稳定的固体 MeOCH$_2^+$SbF$_6^-$[56]。α、β 或 γ 位有硅原子的碳正离子相对于没有硅原子的离子也更稳定[57]。γ-三甲基硅烷基环丁基碳正离子已有报道[58]。在超酸溶液中已经制得了离子 CX$_3^+$（X=Cl, Br, I）[59]。乙烯基稳定的卤鎓离子（halonium）也已有报道[60]。

简单的酰基正离子（RCO$^+$）在溶液中和固体状态都已制备得到[61,62]。乙酰基正离子几乎与叔丁基正离子一样稳定（参见表 5.1）。2,4,6-三甲基苯甲酰基正离子和 2,3,4,5,6-五甲基苯甲酰基正离子都特别稳定（由于立体原因），很容易在 96% 的 H$_2$SO$_4$ 中形成[63]。这些离子常常被称为酰基正离子（acylium ions），这些离子因含有叁键的一个极限形式（**12**）的贡献而稳定。但是从原理上讲，正电荷在碳原子上时比较稳定[64]，因此 **11** 的贡献比 **12** 大。

$$R-\overset{+}{C}=O \longleftrightarrow R-C\equiv\overset{+}{O}$$
11 **12**

几乎所有其它碳正离子的稳定性也都可以归功于共振，如在第 2 章中讨论的草鎓离子、环丙烯离子[65]和其它芳香性正离子。苯基（C$_6$H$_5^+$）、乙烯基正离子[66]等这些离子中没有共振作用来稳定结构，它们一旦形成，通常也只是短暂存在[67]。在溶液中还没有制得稳定的乙烯基[68]和苯基正离子[69]。但是，已经在沸石 Y（Zeolite Y）上制备得到了稳定的炔基正离子[70]，在低温氩基质中检测到了苯基正离子[71]。

已经提出了各种各样的定量方法来表述碳正离子的相对稳定性[72]。其中最常用的一种方法是根据下列方程式[73]而得出的：

$$H_R = pK_{R^+} - \lg \frac{C_{R^+}}{C_{ROH}}$$

其中，pK$_{R^+}$ 是反应 R$^+$ + 2H$_2$O $\rightleftharpoons$ ROH + H$_3$O$^+$ 的 pK 值，它是碳正离子稳定性的量度。但是这个方法只是用于醇在酸性溶液中离子化成相对稳定的离子。参数 H_R 是很容易获得的溶剂酸性量值（参见 8.3 节），在低浓度时与酸的 pH 值接近。为了得到正离子 R^+ 的 pK_{R^+}，可将醇 ROH 溶解在已知 H_R 的酸性溶液中，采用光谱等方法得到 R^+ 和 ROH 的浓度，这样就容易计算出 pK_{R^+} 值[74]。对于较不稳定的碳正离子，其稳定性用断裂反应（R—H ⟶ R^+ ＋H^-）的解离能 D（R^+—H^-）来度量，解离能可用光电子光谱（PES，参见 1.5 节）或其它测量方法得到。表 5.2 显示了一些 D（R^+—H^-）值[75～78]。对于给定的一类离子，如一级、二级、烯丙基型和芳基型碳正离子，D（R^+—H^-）值与 R^+ 中原子个数对数值呈线性关系，离子越大越稳定[77]。

表 5.2 气相中 R—H ⟶ R^+ ＋H^- 异裂的离解能

离子或分子	D（R^+—H^-）		参考文献
	/(kcal/mol)	/(kJ/mol)	
CH_3^+	314.6	1316	[76]
$C_2H_5^+$	276.7	1158	[76]
$(CH_3)_2CH^+$	249.2	1043	[76]
$(CH_3)_3C^+$	231.9	970.3	[76]
$C_6H_5^+$	294	1230	[77]
$H_2C=CH^+$	287	1200	[77,78]
$H_2C=CH—CH_2^+$	256	1070	[77]
环戊基正离子	246	1030	[77]
$C_6H_5CH_2^+$	238	996	[77]
CH_3CHO	230	962	[77]

由于三配位碳正离子的中心碳只有三根键，并没有其它的价键电子，且键是 sp^2 杂化的，因此碳正离子应该是平面型的[79]。Raman、IR、NMR 等波谱数据也证实简单烷基离子为平面型[80]。甲基环己基正离子有两种椅式构象，其中带正电荷的碳是平面型的（**13** 和 **14**），数据表明超共轭的不同使得 **14** 更稳定[81]。芳基正离子（Arenonium ions，**15**）也已有报道，它是相对稳定的[82]。其它的一些证据表明碳正离子很难在[2.2.1]体系的桥头原子上形成[83]，因为在这种情况下该碳原子不能采取平面构象（参见 10.1.2 节）[84]。然而，在[2.1.1]己烷[85]和立方烷碳正离子[86]中，却发现存在桥头碳正离子。但是，较大的桥头碳正离子可以存在。例如，已合成出金刚烷正离子（**15**）的 SF_6^- 盐[87]。1-金刚烷正离子的相对稳定性受取代基数量和性质的影响。例如，1-金刚烷正离子的稳定性随着 C-3、C-5 和 C-7 上异丙基取代基数目的增加而提高[88]。在－78℃的超酸溶液中已制备得到其它的桥头碳正离子，如：十二面体型正离子（**16**）[89]和 1-三高桶烷正离子（1-trishomobarrely，**17**）[90]。后者桥头碳正离子的不稳定性被与三个环丙基的共轭而抵消。

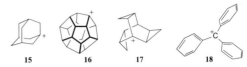

三芳基甲基正离子（例如三苯基甲基正离子，**18**）[91]呈螺旋桨型，只有中心碳原子和三个环中与之相连的碳原子共处于同一平面[92]。由于立体位阻的原因，三个苯环不能全部位于同一平面，虽然共平面会获得更多的共振能。

研究碳正离子结构的一个重要方法是测量带正电荷碳原子的 ^{13}C NMR 化学位移[93]。化学位移与碳上的电子密度大致相关。表 5.3[94]给出了一些离子的 ^{13}C NMR 化学位移值。如表所示，用甲基取代乙基或用氢取代甲基，可使化学位移移向低场，表明中心碳原子携带更多的正电荷。另一方面，羟基或苯基的存在降低了中心碳上的正电荷量。^{13}C NMR 化学位移变化并不总是与用其它方法得到的碳正离子稳定性顺序完全一致。例如，虽然化学位移显示三苯基甲基正离子的中心碳比二苯基甲基正离子的中心碳具有更多的正电荷，但是前者还是比后者稳定。同样，2-环丙基丙基正离子和 2-苯基丙基正离子的化学位移分别为－86.8 和－61.1，但我们已经知道，根据其它判据，环丙基稳定碳正离子的效果比苯基好[95]。出现这种差异的原因还没有得到很好的解释[88,96]。

表 5.3 在 SO_2ClF-SbF_5、SO_2-FSO_3H-SbF_6 或 SO_2-SbF_5 中某些碳正离子的带电碳原子的 ^{13}C NMR 化学位移值（以 $^{13}CS_2$ 为基准）[94]

离　子	化学位移	温度/℃
Et_2MeC^+	－139.4	－20
Me_2EtC^+	－139.2	－60
Me_3C^+	－135.4	－20
Me_2CH^+	－125.0	－20
Me_2COH^+	－55.7	－50
$MeC(OH)_2^+$	－1.6	－30
$HC(OH)_2^+$	＋17.0	－30
$C(OH)_3^+$	＋28.0	－50
$PhMe_2C^+$	－61.1	－60
$PhMeCH^+$	－40	[91]
Ph_2CH^+	－5.6	－60
Ph_3C^+	－18.1	－60
$Me_2(\triangle)C^+$	－86.8	－60

非典型碳正离子在第 10 章 10.3.1 节讨论。

5.1.3　碳正离子的产生和湮灭

有多种方法可以产生碳正离子（稳定的或是不稳定的）。

（1）直接离子化　与碳原子相连的一个基团带着一对电子离去，如卤代烷（参见 10.7.1 节）或硫酸酯（反应 **10-4**）的溶剂解反应。

$$R{-}X \longrightarrow R^+ + X^- \qquad \text{(可能是可逆的)}$$

（2）官能团通过离子化反应转变成离去基团，例如醇羟基质子化形成氧鎓盐（ROH_2^+），或者伯胺转变成重氮盐，这两个反应都可以进一步形成相应的碳正离子。

$$R{-}OH \xrightarrow{H^+} R{-}\overset{+}{O}H_2 \longrightarrow R^+ + H_2O \quad \text{(可能是可逆的)}$$

$$R{-}NH_2 \xrightarrow{HONO} R{-}N_2^+ \longrightarrow R^+ + N_2$$

氧鎓离子也可通过醚的质子化产生[97]，包括环氧化物的质子化[98]。但是这些离子并非总是离子化成碳正离子，而是常常发生取代反应（参见第 10 章）。氧三均壬烷（oxatriquinane，**19**）是一个三环稠合的烷基氧鎓离子，非常稳定，可以在水中加热回流，可色谱分离，不与醇或硫代醇反应[99]。X 射线晶体结构显示 C—O 键距较长，C—O—C 键角比以前报道的烷基氧鎓离子要小。氧三均壬烯（oxatriquinene，**20**）也已经被合成。

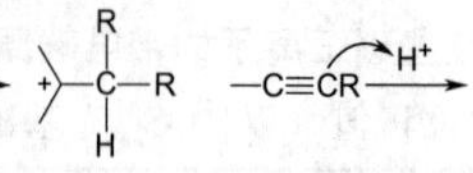

19　　**20**

（3）质子或其它带正电的物种加成到烯烃或炔烃的一个原子上，使相邻的碳原子带正电荷（参见第 11 和 15 章）。

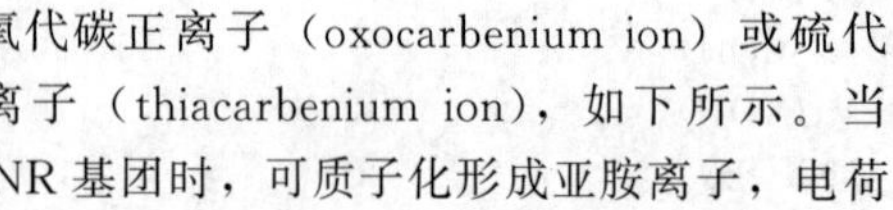

（4）质子或者其它电正性的离子加到 C＝X 键中的一个原子上，这里的 X 通常是 O、S、N，使得与其相连的 C 带正电（参见第 16 章）。当 X 为 O、S 原子时，相应的碳正离子是被共振稳定的氧代碳正离子（oxocarbenium ion）或硫代碳正离子（thiacarbenium ion），如下所示。当 X 为 NR 基团时，可质子化形成亚胺离子，电荷位于 N 原子上。硅烷化的羰基氧鎓离子已经有报道，例如化合物 **21**[100]。

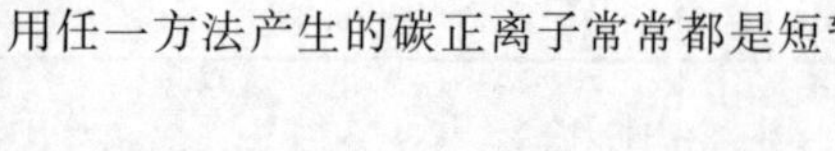

21

用任一方法产生的碳正离子常常都是短暂存在的物种，不用分离即进行下一步反应。氧代碳正离子比较稳定，存在时间可能较长，但即便如此它也是短暂的中间体。碳正离子形成和反应的影响因素已经研究过[101]。

有两种主要途径可将碳正离子经反应生成稳定的产物，它们是刚才描述过两个途径的逆过程。

（1）Lewis 酸-碱反应　碳正离子与带有电子对的反应物种结合（Lewis 酸-碱反应，参见第 8 章）。这个反应由一个原子或基团向碳正离子电正性的碳提供电子。向碳提供电子的原子或基团称为亲核试剂（参见第 10 章）：

$$R^+ + Y^- \longrightarrow R{-}Y$$

任何合理的亲核试剂都会与碳正离子反应。但亲核试剂也可以是能提供一对电子的中性物种，当然在这种情况下中间体产物将带一个正电荷（参见第 10、13、15、16 章）。这些反应非常迅速，最近的一项研究测得的 k_s 值（简单三级碳正离子的反应速率常数）为 $3.5\times10^{12}\,s^{-1}$[102]。

（2）失去一个质子　碳正离子从相邻原子上失去一个质子（或失去另一个正离子，这种情况比较少见，参见第 11、17 章）。

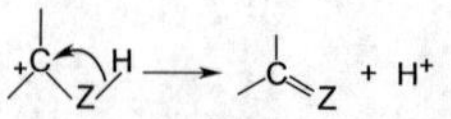

碳正离子也可以利用另外两种途径，这两个途径的结果并不是形成稳定的产物，而是转化为其它碳正离子。

（3）重排　一个烷基、芳基或氢原子（有时是其它一些基团）带着一对电子迁移到正电中心，使另一个碳带正电荷（参见第 18 章）。

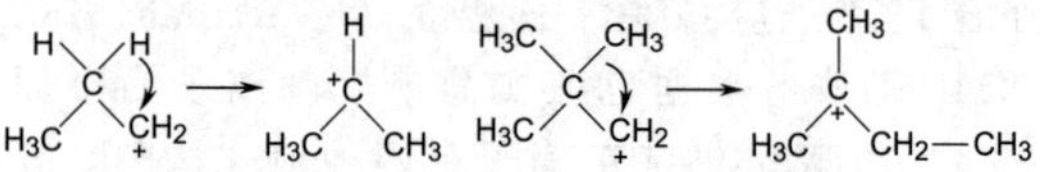

已经发现一种新的重排。2-甲基-2-丁基-1-^{13}C 正离子（^{13}C 标记的叔戊基正离子）发生分子内碳和分子外碳的交换，其能垒[103]为 19.5kcal/mol ± 2.0kcal/mol（81.6kJ/mol ± 8.4kJ/mol）。另一个特别的迁移过程发生在九甲基环戊基正离子中，研究表明，“其中四个甲基发生了快速的环绕（circumambulatory）迁移，其能垒低于 2kcal/mol（8.4kJ/mol），而其它五个甲基则固定在环上不动。该过程将甲基平均分成两组，两组之间具有 7.0kcal/mol（29.3kJ/mol）的能垒”[104]。

（4）加成　碳正离子可以加成到双键上，在新的位置上产生碳正离子（参见第 11、15 章）。

这表示 π 键向电正性的原子提供两个电子，而在碳原子上形成新的正电荷，如下所示：

$$R^+ + \text{C}=\text{C} \longrightarrow R-\text{C}-\text{C}^+$$
$$\qquad\qquad\qquad\qquad 22$$

无论是通过途径（3）还是途径（4），新形成的碳正离子一般会通过途径（1）或途径（2）进一步反应，来试图使自身稳定。如，**22** 可再加成到一个烯烃分子上，产生的产物再加成到另一个烯烃分子上，如此重复。这就是烯烃聚合的机理之一。

5.2 碳负离子

5.2.1 稳定性和结构[105]

碳负离子是在形式上具有一对未共用电子的三价碳，其形式电荷为 -1。事实上，碳原子上没有连接负离子稳定基团的碳负离子很少存在。稳定化作用可以是共振离域、原子 d 轨道的参与或金属相关轨道的作用。

根据定义，每个碳负离子都拥有一对未共用电子，因此是一个碱。当碳负离子给质子提供一个电子后，就转化为其共轭酸（参见第 8 章酸-碱反应）。如果碳负离子 $R_3C:^-$ 存在，那么它与酸反应生成其共轭酸 R_3C-H，即烷烃。碳负离子的稳定性与共轭酸的强度直接相关，其共轭酸酸性越弱，则相应碱的碱性越强，碳负离子的稳定性越低[106]。这里的稳定性是通过与质子反应的低活性（较弱的给电子能力）来判别的。碳负离子稳定性越高，则与质子（任何足够强的酸）反应提供电子的能力越弱（反应活性越低），碳负离子就越容易存在。于是，确定某系列碳负离子稳定性的顺序就相当于确定共轭酸的强度顺序，人们可以从表 8.1 的酸性强度得知碳负离子的稳定性。

虽然简单的碳负离子（例如 CH_3^-）几乎不存在，但碳-金属键常常构成具有极性键的分子，例如 R_3C-M，其中 M 表示金属原子，该分子中碳是富电子的（δ^-）。具有碳-金属键的有机分子称为金属有机化合物（organometallic compound）。金属原子为 Mg、Li 或其它金属的金属有机化合物是碳负离子替代物，其很多反应的化学性质如同它们为碳负离子的反应（参见反应 **12-22**~**12-39**）。已经知道了许多这样的化合物，金属有机化学也是一个很广阔的领域，属于有机和无机化学的交叉区域。在此部分，我们将讨论碳负离子，并少量涉及金属。在下一部分，我们将讨论金属有机化合物的结构。碳负离子是很强的碱，简单未取代碳负离子的共轭酸是很弱的酸，几乎毫无例外。遗憾的是，这种很弱酸的强度不容易测定。这些碳负离子无疑在溶液中非常不稳定。与碳正离子的情况相反，许多人试图制备以相对自由的状态存在的碳负离子，如乙基碳负离子或异丙基碳负离子的溶液，这样的尝试仍未成功。在气相中也未能获得这些碳负离子。实际上，证据显示简单的碳负离子如乙基碳负离子和异丙基碳负离子不稳定，趋向于失去一个电子而转化为自由基[107]。尽管如此，还是有好几种解决问题的方法。Applequist 和 O'Brien[108] 研究过下列反应在醚和醚-戊烷体系中进行时的平衡位置：

$$RLi + R'I \rightleftharpoons RI + R'Li$$

这些实验的根据是，产生较稳定碳负离子的 R 基团更易与锂而不是与碘成键。该实验得出碳负离子的稳定性顺序为：乙烯基＞苯基＞环丙基＞乙基＞正丙基＞异丁基＞新戊基＞环丁基＞环戊基。用基本类似的方法，Dessy 等人[109] 在四氢呋喃（THF）中将许多烷基镁化合物与许多烷基汞化合物反应，建立了如下的平衡：

$$R_2Mg + R'_2Hg \rightleftharpoons R_2Hg + R'_2Mg$$

平衡时，具有较高稳定性的碳负离子基团与镁连接。采用这种方法确定的碳负离子稳定性顺序为：苯基＞乙烯基＞环丙基＞甲基＞乙基＞异丙基。这两个稳定性顺序相当一致，表明简单碳负离子的稳定性顺序为：甲基＞一级碳负离子＞二级碳负离子。Dessy 和其同事的实验不能确定叔丁基稳定性所处的位置，但是似乎它无疑是更不稳定的。由于没有共振，我们可以解释这种稳定性顺序仅仅是场效应影响的结果。异丙基上供电子的烷基使中心碳原子上的负电荷密度增加（相对于甲基），因此降低了其稳定性。Applequist 和 O'Brien[108] 的研究结果表明，β 支链也降低碳负离子的稳定性。环丙基的稳定性处于明显反常的位置，但这可能是由于负离子碳上大量 s 成分的缘故［参见 5.2.1 节 (2)］。强吸电子基团如三氟甲磺酰基使碳负离子格外稳定[110]。

Shatenshtein 和 Shapiro 发展了一种以烷烃酸性来确定碳负离子稳定性的方法，他们用氘代氨基钾处理烷烃，测量氢交换的速率[111]。这个实验因为测量的是速率而不是平衡的位置，因而测量的不是热力学意义上的酸性，而是动力学酸性，即哪个化合物释放质子最快（参见 6.6 热力学和动力学控制产物的区别）。通过测量氢交换的速率，人们能够比较一系列酸相对于一个特定碱的酸性，即使对一些因反应平衡离原料一侧太远而不能测定反应平衡位置的体系也能应用。在这种情况下，由于酸太弱致使转化得到的共轭碱的量无法达到可以测量的程度。虽然热力学酸性和动力学酸性之间的关系还很不理想[112]，但是速率测量的结果也表明了碳负离子稳定性的顺序为：甲基＞一级碳负离子＞二级碳负离子＞三级碳负离子[111]。

上述实验是在溶液中进行的，然而，在气相中的实验得到了不同的结果。在 OH⁻ 与烷基三甲基硅烷的反应中，R 或 Me 都有可能断裂。由于 R 或 Me 以碳负离子或初期碳负离子形式出现，产物 RH/MeH 比率可用于建立各种 R 基团的相对稳定性顺序。从这些实验中得到的稳定性顺序为：新戊基＞环丙基＞叔丁基＞正丙基＞甲基＞异丙基＞乙基[113]。另外，在一个不同的气相实验中，Rraul 和 Squires[114] 能观察到负离子 CH_3^-，但不能观察到乙基、异丙基或叔丁基碳负离子。

前已述及，碳负离子稳定基团可以增强碳负离子的稳定性，影响碳负离子形成的难易。有六种提高碳负离子稳定性的结构因素，如下所示。

（1）未共用电子对与不饱和键的共轭

在碳负离子的 α 位有一根双键或叁键时，离子由于共振而稳定，其中未共用电子对与双键的 π 电子重叠。这个因素使烯丙基型[115]和苄基型[116]碳负离子稳定。

二苯基甲基和三苯基甲基负离子还要更稳定，如果严格无水，能长期保存在溶液中[117]。已经得到了包裹在冠醚中的 Ph_2CH^- 和 Ph_3C^- 的 X 射线晶体结构[118]。

碳负离子 23 在干燥 THF 中的寿命为几分钟，冷冻至 −20℃ 寿命可达几小时[119]。与稠环芳烃稠合的环戊二烯负离子是已知的稳定碳负离子[120]。

当碳负离子的碳与碳-氧或碳-氮多重键（Y＝O 或 N）共轭时，这些离子的稳定性高于三芳基甲基负离子，因为这些高电负性的原子比碳更易带负电荷。然而，有争议的是从本质上说这种离子是否可以称为碳负离子，因为像烯醇盐负离子这样的情况，虽然烯醇盐负离子的反应更多地发生在碳原子而不是在氧原子上，但是，24 对杂化体的贡献比 25 大。对于苄基型烯醇盐负离子，如 26，烯醇部分可以与芳香环共平面，但是如果扭力太大，也可以弯出平面[121]。许多情况下，烯醇盐负离子也可以保存在溶液中，在较低温度下至少可保存数分钟或数小时。对于位于氰基 α 位的碳负离子，"烯醇盐"共振式是一个烯酮亚胺硝基负离子（ketene imine nitranion），但这个结构的存在已引起了怀疑[122]。硝基在稳定邻位碳上负电荷方面特别有效，因此简单的硝基烷烃负离子能在水中存在。硝基甲烷的 pK_a 达到 10.2，二硝基甲烷的酸性更强（pK_a＝3.6）。与环丙基甲基正离子的稳定性相反（参见 5.1.2 节），环丙基对相邻的碳负离子仅有弱的稳定效应[123]。

将非常稳定的碳负离子与非常稳定的碳正离子混合，Okamoto 等人[124]分离出了盐 27 以及几个类似的盐，它们是稳定的固体，完全由碳和氢组成。

（2）随着负离子碳 s 成分的增加，碳负离子的稳定性增加。于是，稳定性顺序为：

$$RC\equiv C^- > R_2C=CH^- \approx Ar^- > R_3C-CH_2^-$$

乙炔中的碳采取 sp 杂化，含有 50% 的 s 成分，比乙烯[125]（sp² 杂化，含 33% 的 s 成分）的酸性要强得多，而乙烯的酸性又比乙烷的强，乙烷的碳中含有 25% 的 s 成分。s 成分的增加意味着电子云更接近原子核，因此能量更低。前面已提到，环丙基负离子比甲基负离子稳定，这是由于环应力造成环丙基具有较多的 s 成分（参见 4.17.1 节）。

第 5 章   碳负离子

(3) 被硫[126]或磷稳定 在碳负离子上连接硫或磷原子可提高碳负离子的稳定性，尽管造成这个现象的原因还有争议。其中一个解释是，未共用电子对与空 d 轨道发生重叠[127]（pπ-dπ 成键，参见 2.8 节）。例如，含有 SO_2R 基团的碳负离子可写成：

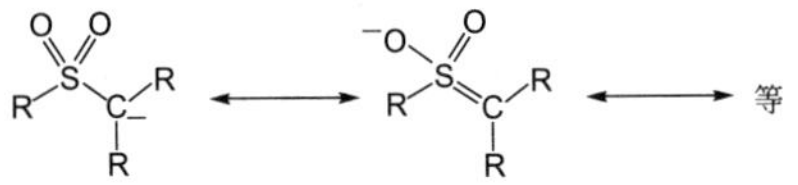

然而，有证据不支持 d-轨道重叠，认为稳定效应是其它原因所引起的[128]。对于 PhS 取代物，碳负离子的稳定被认为是由于基团的诱导效应和极化效应引起的，而 d-pπ 共振和负超共轭如果有的话，也只起了很小的作用[129]。α 位的硅原子也可稳定碳负离子[130]。

(4) 场效应 多数通过共振效应［如 (1) 和 (3) 所讨论的］稳定碳负离子的基团具有吸电子场效应，从而通过分散负电荷而使碳负离子稳定，尽管很难区别场效应和共振效应。然而，在氮叶立德 $R_3N^+-^-CR_2$（参见 2.8 节）中，带正电的氮与带负电荷的碳相邻，此时只有场效应起作用。叶立德比相应的简单碳负离子稳定。如果有杂原子（O、N 或 S）与负离子碳相连，且如果在至少一个重要的共振式中杂原子带正电荷，那么碳负离子则因场效应稳定[131]，例如：

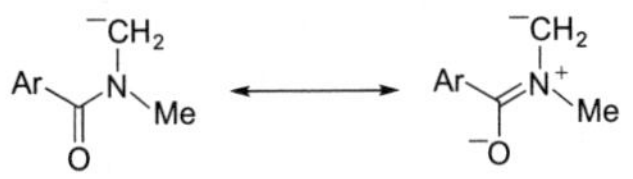

(5) 有些碳负离子比较稳定是因为它们具有芳香性。参见 2.9.2 节环戊二烯负离子和第 2 章中的其它芳香性负离子。

(6) 被非相邻 π 键稳定[132] 与碳正离子的情况相反（参见 2.3.1 节），很少有关于碳负离子由于与非相邻 π 键相互作用而稳定的报道。可能值得提及的是 30，它由光学活性的莰尼酮 (camphenilone, 28) 和强碱（叔丁醇钾）反应得到[133]。30 形成的真实过程如下：①一个质子被夺取。普通的 CH_2 没有足够的酸性，不能被碱夺取质子。②再生的 28 发生消旋化。30 是对称的，两面都能均等地被进攻。③当实验在氘代溶剂中进行时，氘被利用的速率与消旋化的速率相等。④如果 29 是唯一的离子，那么只能利用不超过两个氘原子，但再生的 28 每个分子中含有多达三个氘原子。这种类型离子的带负电荷的碳受两个碳原子以外的羰基所稳定，被称为高烯醇盐离子。

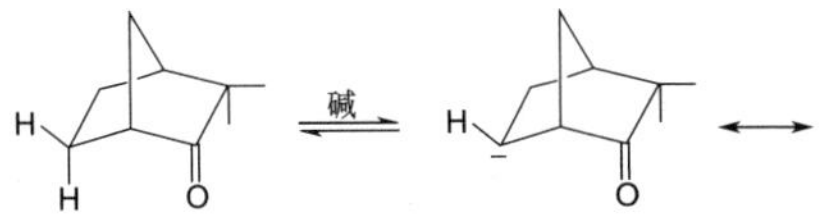

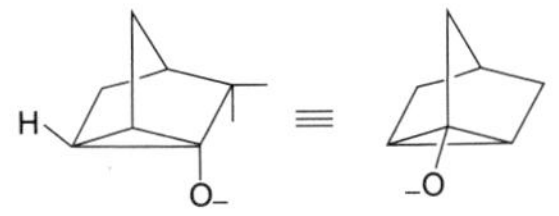

总体来说，α 位官能团稳定碳负离子能力的顺序为：$NO_2 > RCO > COOR > SO_2 > CN \approx CONH_2 >$ 卤素 $> H > R$。

即使前面提到的有些被稳定的碳负离子在溶液中具有一定的寿命，但在溶液中不大可能存在游离的碳负离子。与碳正离子一样，碳负离子通常以离子对形式存在或被溶剂化[134]。有实验证实了离子对的存在或溶液化，例如，将 PhCO-$CHMe^- M^+$（其中 M^+ 是 Li^+、Na^+ 或 K^+）用碘乙烷处理，反应的半衰期[135] 分别为：Li 31×10^{-6}，Na 0.39×10^{-6}，K 0.0045×10^{-6}，表明所涉及的负离子种类不完全一样。三苯基甲基锂[137]、钠和铯（$Ph_3C^- M^+$）的实验也得到了类似的结果[136]，在此离子对并不重要，因为负离子被溶剂化。Cram[105] 证实了在许多溶剂中负离子被溶剂化。碳负离子在自由状态下（如在气相中）与在溶液中的结构可能不同。在溶液中为了使对相反电性离子的静电吸引达到最大，负电荷可能更加集中[138]。

因为还没有分离得到结构简单的未取代的碳负离子，因此它们的结构并不确定，但是似乎中心碳是 sp^3 杂化的，未共用电子对占据四面体的一个顶端。因此碳负离子具有与胺相似的锥形结构。例如 31。

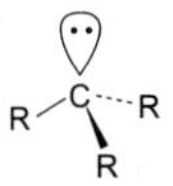

在气相中已观察到甲基负离子（CH_3^-），据报道其具有锥形结构[139]。如果这是碳负离子的共有结构的话，那么具有三个不同 R 基团的任何碳负离子应具有手性，以碳负离子为中间体的反应应保持构型不变。许多实验试图证实这一点但都没有成功[140]。可能的解释是，碳负离子就像胺一样可发生锥形翻转，因而未共用电子对和中心碳迅速从平面的一侧向另一侧摆动。其它证据也证实了中心碳的 sp^3 性质和四面体结构。尽管桥头碳很难发生以碳正离子为中间体的反应，但是以桥头碳负离子为中间体的反应却很容易发生。目前已经知道多个稳定的桥头碳负离子[141]。同样，在烯基碳上的反应也保持其构型[142]，表明中间体 32 是 sp² 杂化而不是 sp 杂化，这与类似的碳正离子的情况一样。环丙基负离子在反应中也保持其构型[143]。

$$\underset{R}{\overset{R}{>}}C=\bar{C}{\underset{R}{\overset{}{<}}}$$
32

如果共振涉及未共用电子对轨道与多重键的 π 电子重叠，则因共振而稳定的碳负离子必定为平面型，这是共振平面性必要条件所要求的，尽管不对称溶剂化或离子对效应在一定程度上会使其结构偏离真正的平面型[144]。Cram[144]指出，如果产生具有这种共振的手性碳负离子，可引起构型保持、翻转或消旋化，最终结果取决于所用的溶剂（参见12.1.2节）。这个结果可用平面型或近平面型碳负离子的不对称溶剂化来解释。然而，有些碳负离子，如被邻近硫或磷原子稳定的碳负离子，本身就具有手性，如：

Ar—S(O₂)—C(R)(R') Ar—N(R)—S(O₂)—C(R)(R') K⁺ ⁻O—P(Ar)(=O)—C(R)(R')

因为在产生碳负离子的位置观察到了构型保持，甚至在能导致其它碳负离子消旋化和构型翻转的溶剂中也如此[145]。已经知道，在 THF 中 PhCH(Li)Me 是前手性的[146]，并制备得到了光活性纯的 α-烷氧基锂试剂 33[147]。环己基锂 34 显示出一定的构型稳定性，且增加锂配位的强度和增强溶剂极性可减慢异构化过程[148]。已知乙烯基负离子具有构型稳定性，而乙烯基自由基却不稳定。这是由于自由基负离子不稳定，它是乙烯基锂从一个异构体转化为另一个异构体的中间体[149]。至少某些 α-磺酰基碳负离子，其负离子碳构型似乎是平面型的[150]，其内在的手性是由于无法围绕 C—S 键旋转所引起的[151]。

33 (1,3-二氧六环基锂，R 取代) 34 (环己基锂，带 Ph 取代)

5.2.2 金属有机化合物的结构[152]

碳-金属键是离子键还是极性共价键主要取决于金属的电负性和分子有机部分的结构。当与金属相连的碳所带负电荷受共振或场效应而减少时，更可能形成离子键。因此乙酰乙酸乙酯钠盐的碳-钠键的离子性比甲基钠更强。

大多数金属有机化合物中的键是极性共价键。只有碱金属的电负性足够低时，才能与碳原子形成离子键，但即便如此，烷基锂也表现出相当的共价键特性。简单烷基和芳基钠、钾、铷和铯[153]是非挥发性固体[154]，不溶于苯或其它有机溶剂，而烷基锂试剂却能溶解在有机溶剂中，虽然它们通常也是非挥发性固体。有机锂试剂如烷基锂，其烷基单元在烃或醚溶剂中不以单体形式存在[155]。凝固点降低研究表明，在苯和环己烷中烷基锂试剂通常是六聚体，而当立体相互作用较强时则主要以四聚体形式聚集存在[156]。NMR 研究，特别是 ¹³C-⁶Li 偶合常数的测定结果也表明，烷基锂在烷烃溶剂中发生了聚集[157]。沸点升高研究结果表明，在醚溶液中烷基锂试剂存在二至五聚体[158]。甚至在气相[159]和固体时[160]，烷基锂也以聚集体形式存在。X 射线晶体结构表明，甲基锂在固态时与在醚中一样具有四面体结构[160]。然而，叔丁基锂在 THF 中是单体，而在醚中是二聚体，在烷烃溶剂中是四聚体[161]。新戊基锂在 THF 中以单体和二聚体混合物形式存在[162]。

格氏试剂中的 C—Mg 键是共价键而非离子键。格氏试剂在溶液中的结构多年来一直众说纷纭[163]。在 1929 年人们发现[164]将二氧六环加到格氏试剂醚溶液中，会沉淀出所有的卤化镁，剩下 R₂Mg 的醚溶液。也就是说，溶液中没有 RMgX，因为已经没有卤离子了。下列平衡即 Schlenk 平衡，指出了格氏试剂溶液的成分，其中 35 是一个复合体：

$$2RMgX \rightleftharpoons R_2Mg + MgX_2 \rightleftharpoons R_2Mg \cdot MgX_2$$
35

许多研究证实，Schlenk 平衡确实存在，且平衡的位置取决于 R 的性质、X 种类、溶剂、浓度和温度[165]。多年来人们已经知道，格氏试剂溶液中的镁原子，无论它是以 RMgX、R₂Mg 或 MgX₂ 形式存在，除了两根共价键外，还能与两分子醚配位，形成如下所示的溶剂配位物种：

R—Mg(OR'₂)₂—X   R—Mg(OR'₂)₂—R   X—Mg(OR'₂)₂—X

Rundle 及其同事[166]对固体苯基溴化镁二醚盐和乙基溴化镁二醚盐进行了 X 射线衍射研究，他们利用冷却普通的格氏试剂醚溶液直到结晶出晶体的方法获得固体。他们发现，其结构是如 36 所示的溴化镁。这些固体中还含有乙醚。从溴甲烷、氯甲烷、溴乙烷和氯乙烷中制备出常见

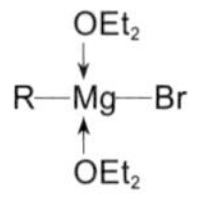

$$\begin{array}{c} \text{OEt}_2 \\ | \\ \text{R}-\text{Mg}-\text{Br} \\ | \\ \text{OEt}_2 \end{array} \quad (\text{R}= 乙基，苯基)$$

36

的格氏试剂乙醚溶液[167]，而后在真空下约100℃蒸发溶剂，这样余下的固体中就不含有醚，用X射线衍射研究这样的固态，却发现其中没有RMgX，只有R_2Mg和MgX_2的混合物[168]。这些结果表明，在乙醚的存在下，格氏试剂以$RMgX \cdot 2Et_2O$形式存在，而失去乙醚后使Schlenk平衡移向了$R_2Mg+MgX_2$方向。然而，从固体原料研究中得出的结论不一定适用于溶液中的结构。

$$2RMgX \rightleftharpoons R_2Mg + MgX_2$$

沸点升高和凝固点降低测试结果显示，从烷基溴和烷基碘制备的格氏试剂，在THF中的所有浓度下和在醚中的低浓度下（最大约0.1mol/L）均是单体，亦即很少或没有带两个镁原子的分子[169]。因此，此时Schlenk平衡只有这一部分而没有其余部分，即没有测量到**35**的存在。THF中乙基格氏试剂的^{25}Mg NMR谱图支持了这个观点：在谱图中有三个峰，分别对应于$EtMgBr$、Et_2Mg和$MgBr_2$[170]。Smith和Becker将0.1mol/L的Et_2Mg醚溶液和0.1mol/L的$MgBr_2$醚溶液混合，发现发生了反应，放出3.6kcal/mol(15kJ/mol)的热量，且用沸点升高的方法研究发现产物是单体。由此他们证明了，在醚中，"乙基溴化镁"中RMgX与R_2Mg之间的平衡远远偏离左边[171]。当将其中一种溶液逐渐加到另一种溶液中，放出的热量与加入的溶液量呈线性关系，直到达到摩尔比接近1：1。此后再加入任一过量的试剂都不再放出热量。这些结果表明，至少在某些条件下，格氏试剂大部分为RMgX(与溶剂配位)，但是当蒸去所有的醚或加入二氧六环后，平衡会移向R_2Mg。

从有些芳基格氏试剂的NMR谱图中可能区分ArMgX和Ar_2Mg的化学位移[172]。根据峰面积有可能计算出两种物质的浓度，从而可以计算出Schlenk平衡的平衡常数。这些数据表明[172]，平衡的位置主要取决于芳基和溶剂，但常见的芳基格氏试剂在醚中主要以ArMgX形式存在，而在THF中以ArMgX为主的情况较少，而对有些芳基格氏试剂实际上却含有更多的Ar_2Mg。在低温六甲基磷酰胺（HMPA）[173]和乙醚中，也发现了芳基RMgBr和R_2Mg化学位移值的不同[174]。在三乙胺（Et_3N）中从溴代烷或氯代烷制得的格氏试剂主要是RMgX[175]。因此，决定Schlenk平衡位置最重要的因素是溶剂。对于一级烷基，上述反应的平衡常数在Et_3N中最小，在醚中较大，而在THF中则更大[176]。

然而，在醚中从溴代烷或碘代烷制备的较高浓度（0.5～1mol/L）的格氏试剂，含有二聚体、三聚体和更高聚集体，而在乙醚中从氯代烷制备的任何浓度的格氏试剂都是二聚的[177]。所以，**35**在溶液中可能与RMgX和R_2Mg存在平衡，即完整的Schlenk平衡可能存在。

在乙醚中从3,3-二甲基-1-氯戊烷制备的格氏试剂，其与镁相连的碳的构型快速翻转（通过NMR证实，这个化合物没有手性）[178]。翻转的机理还不完全清楚。即使机理尚不明确，但在几乎所有的情况下，在形成格氏试剂时，手性碳的构型不可能保持。

有机锂（RLi）是有机化学中极其重要的试剂。近年来，对其固态和溶液中的结构[179]都有了很多的认识。X射线分析正丁基锂与N,N,N',N'-四甲基乙二胺（TMEDA）、四氢呋喃（THF）及1,2-二甲氧基乙烷（DME）的复合物，表明它们为二聚体和四聚体[如($BuLi \cdot DME)_4$][180]，都发生了聚集[181]。X射线分析表明异丙基锂为六聚体[$(i\text{-}PrLi)_6$][182]，未溶剂化的芳基锂是四聚体[183]。α-乙氧基乙烯基锂[$CH_2=C(OEt)Li$]是以四聚体为亚单元的多聚结构[184]。氨基甲基芳基锂试剂在溶剂（如THF）中显示为螯合和二聚的结构[185]。已经知道了好几个功能化的有机锂试剂[186]。

固体金属有机锂的二聚体、四聚体和六聚体结构[187]在溶液中通常也能保持，但这往往取决于溶剂的种类，也取决于添加剂（如果有的话）。四面体型的有机锂化合物[188]以及α,α-二锂化烃的X射线研究[189]已有报道。在乙醚中，苯基锂是四聚体和二聚体的混合物，但如果加入化学计量的THF、DME或TMEDA，则导致产生二聚体[190]。丁基锂与氨基-生物碱的混合聚集体在溶液中的结构[191]，以及硫稳定的烯丙基锂在溶液中的结构[192]已经被测定。在-90℃的THF中，乙烯基锂是四聚体/二聚体为8：1的混合物，但如果加入TMEDA，在-80℃下，四聚体/二聚体的摩尔比变为1：13[193]。有人研究了内部溶剂化的烯丙基型锂化合物，发现络合的锂与烯丙基其中一个端基碳接近[194]。有机锂稳定性的相对标准已经建立[195]，富含对映体的有机锂试剂的构型稳定性问题也得到了研究[196]。

烯醇盐负离子是一类重要的碳负离子，它出现在各种各样重要的反应中，包括羰基的α位烷基化、羟醛缩合（**16-34**）和 Claisen 缩合反应（**16-85**）。醛、酮、酯和其它羧酸衍生物烯醇盐负离子的金属盐在醚溶剂中以聚集体形式存在[197]，有数据表明，异丁酰苯（异丙基苯基甲酮）的烯醇锂在 THF 中是四聚体[198]，而在 DME 中是二聚体[199]。酮的烯醇盐负离子的 X 射线晶体结构表明，它们以四聚体和六聚体形式存在[200]。同时有证据表明，在溶液中仍保持聚集结构，所以这很可能就是真正的反应物种。酯的烯醇锂在固体时为二聚体[201]，包含四个 THF 分子。目前已经获知，烯醇盐负离子在烷基化和缩合反应中的反应活性受烯醇盐聚集状态的影响。同时，烯醇盐负离子(E)构型和(Z)构型的相对比例也受溶剂化程度和聚集状态影响。向烯醇锂的 THF 溶液中加入溴化锂（LiBr）能抑制单体烯醇的浓度[202]。从头算法研究确认了乙醛的聚集状态[203]。也得知α-氰基苄基锂［PhCH(Li)CN］在醚中与 TMEDA 以二聚体形式存在[204]。将叔丁基锂聚集体与叔丁醇钾聚集体混合，将形成六聚体[205]。

应当指出的是，对于含有较小极性键的金属有机化合物，问题要简单得多。如 Et_2Hg 和 EtHgCl 都是结构确定的化合物，前者为液体，后者为固体。人们对于有机钙化合物也有不少了解，它们是从烷基卤化物经过单电子转移机理（single electron transfer，SET）以自由基为中间体形成的[206]。

5.2.3 碳负离子的产生和湮灭

产生碳负离子的主要途径有两个是与产生碳正离子的方法平行的：

（1）连接在碳上的基团不携带电子对离去

$$R-H \longrightarrow R^- + H^+$$

最为常见的"离去基团"是质子。事实上，质子被合适的碱除去，这是一个简单的酸-碱反应[207]。然而，也有其它离去基团（参见第 12 章）如羧基：

$$R-C(=O)-O^- \longrightarrow R^- + CO_2$$

（2）一个负离子加成到碳-碳双键或叁键上（参见第 15 章）

负离子加成到碳-氧双键上并不产生碳负离子，而是产生烷氧负离子（R—O⁻），因为负电荷将位于氧上。

碳负离子最常见的反应是给带正电荷的物种（通常是质子）提供电子，或给其它外电子层壳中具有空轨道的物种提供电子（Lewis 酸-碱反应）：

$$R^- + Y \longrightarrow R-Y$$

这表示碳负离子与亲电原子（那些被功能化的具有 δ^+ 的碳原子）反应，参见第 16 章。

碳负离子可以与已经有四根键的碳成键，取代四个基团其中之一（S_N2 反应，参见第 10 章）：

$$R^- + \overset{|}{\underset{|}{C}}-X \longrightarrow R-\overset{|}{\underset{|}{C}}- + X^-$$

像碳正离子一样，碳负离子也能采用转变成仍带负电荷的物种的方式反应。它们可以加成到双键上（通常为 C═O 双键，参见第 10 和 16 章）：

$$R^- + \overset{\displaystyle O}{\underset{\displaystyle \|}{C}} \longrightarrow \overset{R}{\underset{O^-}{C}}$$

或发生重排，尽管碳负离子的重排很少（参见第 18 章）：

$$Ph_3C\bar{C}H_2 \longrightarrow Ph_2\bar{C}CH_2Ph$$

或被氧化成自由基[208]。已经发现了这样的体系，其中碳正离子［$Ph(p\text{-}Me_2NC_6H_4)_2C^+$］可逆地氧化碳负离子［$(p\text{-}NO_2C_6H_4)_3C^-$］，产生两个自由基，因此四个物种共存于平衡中[209,210]。

极性共价型（而非离子型）金属有机化合物的性质与离子型的非常相似，因而可发生相似的反应。

5.3 自由基

5.3.1 稳定性和结构[211]

自由基（free radical，或简称为 radical）被定义为含有一个或多个未成对电子的物种。要注意的是，这个定义包括某些稳定的无机分子，如 NO 和 NO_2，以及许多单个原子，如 Na 和 Cl。如同碳正离子和碳负离子一样，简单的烷基自由基非常活泼，通常短暂存在。对于大多数自由基，在溶液中它们的寿命非常短，但冻结在其它分子的晶格中却能保存相对较长的时间[212]。然而也有许多稳定的自由基[213]，下面将列出其中的一些。这种方式捕获的自由基可以用多种光谱测量方法[214]来测定。在这样的条件下，甚至甲基自由基在 77K、甲醇晶格中降解的半衰期也能达到 10～15min[215]。由于自由基的寿命不仅取决于其内在的稳定性,还取决于产生自由基的条件,术语"持久的(persistent)"和"稳定的(stable)"通常表示不同的意义。稳定的自由基具有内在的稳定性,持久的自由基在其产生的条件下具有相对较长的寿命,尽管它可能并不非常稳定。

自由基可通过多种技术来表征,例如,通过质谱[216]或分步扫描时间分辨红外光谱(step-scan time-resolved infrared spectroscopy)来表征烷氧羰基自由基[217]。另一种技术利用的是磁矩,与电子自旋相关,它可以用量子数 +1/2 或 -1/2 来表示。根据 Pauli 原理,位于同一轨道的两个电子自旋方向必须相反,因此对于所有电子都成对的物种,其总的磁矩为零。然而,自由基有一个或多个未成对电子,存在净的磁矩,因此它们是顺磁性的。自由基可以通过磁敏感的测量方式来测定,但这种技术需要较高浓度的自由基。一种更重要的技术是电子自旋共振(ESR),也称为电子顺磁共振(EPR)[218]。ESR 的原理与 NMR 相似,只是 ESR 涉及的是电子自旋而不是核自旋。两种电子自旋状态($m_s = 1/2$ 和 $m_s = -1/2$)通常具有相等的能量,但在磁场中二者却有不同的能量。与 NMR 类似,施加一个强的外加磁场,电子受适当无线电频率的信号作用后,从较低能级的状态跃迁到较高能级的状态。既然同一轨道上的两个成对电子自旋相反,相互抵消,因此 ESR 光谱仅仅由具有一个或多个未成对电子的物种即自由基产生。

由于只有自由基才产生 ESR 光谱,因此这个方法可用于检测自由基的存在,并确定自由基的浓度[219]。此外,从 ESR 光谱裂分的模式(ESR 峰被邻近的质子裂分)可以得到有关自由基电子分布的信息,从而得知其结构[220]。所幸的是(由于大多数自由基存在时间很短),对于自由基,它没有必要持久存在以获得相应的 ESR 光谱。对于寿命远低于 1s 的自由基,也得到了其电子自旋共振谱图。没有观察到 ESR 光谱并不能证明自由基不存在,因为自由基浓度可能太低而不能直接观察到。在这种情况下,可以采用自旋捕获技术[221]。在该技术中,可加入一个化合物,它能与非常活泼的自由基结合产生比较持久的自由基,新产生的自由基可用 ESR 观察到。薁硝酮(azulenyl nitrones)已被发展为变色自旋捕获剂[222]。最重要的自旋捕获化合物是亚硝基化合物,它与自由基反应,产生相当稳定的氮氧化物自由基[223]:

$$RN=O + R'· \longrightarrow RR'N-O·$$

还发展了一种 N-氧化物自旋捕获化合物[**37**,5,5-二甲基-2-(二乙基磷酸酯基)-1-吡咯啉-N-氧化物],当该化合物捕获到活泼自由基时,可以用 ^{31}P NMR 鉴定[224]。这种技术有效可行,短寿命的物种,如环氧甲基(oxiranylmethyl)自由基已通过自旋捕获技术检测到[225]。还有其它可通过 SET 过程来研究自由基中间体的分子,它们被称为 SET 探针[226]。

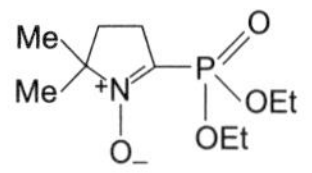

因为给定的未成对电子量子数为 +1/2 或 -1/2 的概率是相等的,因此在 ESR 谱图中自由基出现一条线,但当自由基与其它电子或核自旋作用,或具有磁各向异性效应时,谱图中则会出现两条或更多的线[227]。

另一种检测自由基的磁技术是利用普通的 NMR 仪器。人们发现[228],如果在反应过程中获取 NMR 谱图,某些信号可能会在正方向或在负方向上增强,其它信号可能会减弱。这种现象称为化学诱导动态核极化(chemical induced dynamic nuclear polarization,CIDNP)[229],如果在反应产物的 NMR 谱图中发现了此现象,就意味着至少一部分产物是通过自由基中间体形成的[230]。例如,有人提出在碘乙烷与乙基锂的交换反应(反应 **12-39**)中,自由基是否为中间体:

$$EtI + EtLi \rightleftharpoons EtLi + EtI$$

图 5.1[231] 中(a)显示的是在反应过程中获取的 NMR 谱图,(b)是碘乙烷的标准谱图(CH_3 质子 $\delta = 1.85$,CH_2 质子 $\delta = 3.2$)。注意在(a)图中,有些碘乙烷的信号增强了,其它信号却降至基线以下(负增强,也称为发射)。因此,交换形成的碘乙烷表现出 CIDNP 现象,从而该产物是通过自由基中间体形成的。当反应物分子中的质子从反应物移动到产物分子上动态地与未共用电子偶合时,即可产生 CIDNP 现象。虽然 CIDNP 现象的出现几乎总是意味着反应过程中含有自由基[232],但是未出现 CIDNP 现象并不说明自由基中间体一定不存在,这是因为发生具有中间体的反应,并不一定都能观察到 CIDNP 现象。同样,CIDNP 现象的出现并不意味着所有的产物都经自由基中间体形成,只有某些时候所有的产物才都经自由基中间体形成。值得一提的是,动态核极化(dynamic nuclear polarization,DNP)可增强固相和液相 NMR 谱的信

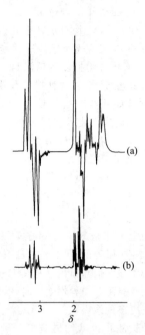

图 5.1[231] （a）苯溶液中 EtI 与 EtLi 反应期间记录的 NMR 谱（δ0.5～3.5 之间的谱图放大为其余谱图的两倍）。δ1.0～1.6 的谱峰来源于丁烷，在反应过程中也形成一些丁烷。(b) EtI 的参考谱图

号强度。在实时 DNP 实验中，反磁样品和顺磁样品掺杂在一起，电子自旋的大的极化通过电子顺磁共振的微波辐射转移到核上[233]。DNP 可以用于检测双自由基[234]。

同碳正离子一样，自由基的稳定性顺序为：三级＞二级＞一级。也可采用与碳正离子类似的场效应和超共轭效应解释（参见 5.1.2 节）[235]：

如果可能发生共振，自由基的稳定性将增强[236]，有些还能长期保存[237]。苄基自由基和烯丙基自由基[238] 具有与相应的正离子（参见 5.1.2 节）和负离子（参见 5.2.1 节）相似的共振形式，它们比简单的烷基自由基更稳定，但在通常条件下也只能短暂地存在。要注意的是 2-苯乙基自由基存在苯基的桥连[239]。然而，三苯甲基自由基及类似自由基[240] 却有足够的稳定性，尽管其与二聚体之间存在平衡，但室温下却能存在于溶液中。在室温下的苯溶液中，三苯甲基自由基的浓度约为 2%。多年来，人们推测 $Ph_3C\cdot$ 是第一个已知的稳定自由基[241]，它们二聚成六苯基乙烷（$Ph_3C—CPh_3$）[242]，但 UV 和 NMR 研究结果表明，其真实的结构为 38[243]。

虽然三苯基甲基型自由基可以因下述的共振而稳定：

$2 Ph_3C\cdot \rightleftharpoons$ 38

$Ph_3C\cdot \longleftrightarrow$ ⋯ CPh_2 ⋯ $\cdot$ ⋯ CPh_2 $\longleftrightarrow$ 等

但其稳定性更重要的原因是由于立体位阻妨碍了其二聚，而共振却不是它们稳定性的主要原因[244]。通过制备自由基 39 和 40 证实了这一点[245]。这些自由基在电子结构上非常相似，但 39 由于是平面型的，二聚时比 $Ph_3C\cdot$ 具有小得多的立体位阻；而 40 的邻位有六个基团，具有大得多的立体位阻。此外，39 的平面性意味着它具有最大程度的共振稳定性，而 40 则小得多，因为它的平面程度比 $Ph_3C\cdot$ 还小，它本身是螺旋桨型而不是平面型的。因此，如果共振是 $Ph_3C\cdot$ 稳定性的主要原因，那么二聚的应该是 40 而不是 39；但如果立体位阻是主要原因，情况则相反。然而实验结果却发现[233]，40 即使在固态时也没有二聚的证据，而 39 却主要以二聚形式存在，在溶液中只有少量解离[246]，这表明二聚时立体位阻是三芳基甲基自由基稳定的主要原因。对于 $(NC)_3C\cdot$ 自由基，也得出了类似的结论：即使 $(NC)_3C\cdot$ 相当程度地被共振稳定，但它却很容易二聚[247]。然而，共振仍然是自由基稳定的重要因素，这表现在以下事实：①自由基 $t\text{-}Bu(Ph)_2C\cdot$ 比 $Ph_3C\cdot$ 更容易二聚，而 $p\text{-}PhCOC_6H_4(Ph_2)C\cdot$ 却较少二聚[248]。后者比 $Ph_3C\cdot$ 具有更多的共振式，但立体位阻大致相当（对于进攻两环中的一个）。②许多 $(p\text{-}XC_6H_4)_3C\cdot$ 类型的自由基并不二聚，其中 X 为 F、Cl、NO_2、CN 等，但它们在动力学上是稳定的[249]。完全氯代的三苯基甲基自由基比未取代的相应自由基更稳定，这很可能由于立体原因，许多这样的自由基在溶液或固态时都十分惰性[250]。

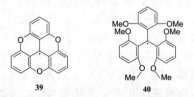

烯丙基自由基相对比较稳定，戊二烯自由基尤其稳定。这些分子可以形成 (E,E)、(E,Z) 和 (Z,Z) 型立体异构体。计算得出 (Z,Z)-戊二烯自由基比 (E,E)-戊二烯自由基稳定性差 5.6kcal/mol（23.4kJ/mol）[251]。要指出的是，乙烯基自由基也有 (E) 和 (Z) 两种构型，从

一种构型到另一种构型的翻转能垒随取代基电负性的增加而增加[252]。计算发现炔丙基自由基的稳定性随着共轭程度的增加而降低,这与烯烃的情况正好相反[253]。环丙基炔可以被用作区分乙烯自由基和离子型中间体的机理探针[254]。烯醇盐自由基也是如此[255]。

人们认为自由基的稳定性受自由基中心同时存在的给电子和拉电子基团而增强[256]。这称为推-拉效应(参见 4.11.1 节)。这种效应是由于共振增加而产生的,例如 **41**:

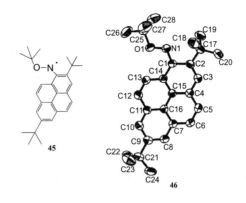

有些证据支持[257]推-拉效应,这些证据有的源自 ESR 研究结果[258]。然而,也有实验[259]和理论[260]证据不支持这种效应。有证据表明,虽然 $FCH_2·$ 和 $F_2CH·$ 比 $CH_3·$ 稳定,但是 $CF_3·$ 自由基却不如 $CH_3·$ 稳定,也就是说,第三个 F 的存在使自由基变得不稳定[261]。

某些未成对电子在碳原子上的自由基也很稳定[262]。自由基可被分子内氢键稳定[263]。二苯基三硝基苯肼基(**42**)是固体,能保存数年。稳定的中性吖嗪自由基也已经制得[264]。我们已经提到了氮氧化物自由基[265],商品化的 2,2,6,6-四甲基哌啶-1-羟基(TEMPO)自由基(**43**)是一个稳定的氮氧化物自由基,用于化学反应(例如氧化反应)[266],或作为自旋捕获剂[267]。化合物 **44** 是氮氧化物自由基,很稳定,以至于能进行反应而不影响未成对电子[268],例如 **44** 与格氏试剂反应(参见反应 **16-24**),上述的某些氯代三芳基甲基自由基也如此[269]。已知许多含氮的基团能稳定自由基,最有效的自由基稳定化作用是通过自旋离域[270]。大量持久的 N-叔丁氧基-1-氨基-芘自由基(例如 **45**)已经分离得到单体自由基晶体(见 **46**,**45** 的 X 射线晶体结构)[271],单体 N-烷氧基芳基氨基(N-alkoxyarylaminyls)也已经分离得到[272]。

α-三氯甲基苄基叔丁基胺氧基自由基(**47**)非常稳定[273],在水介质中,能稳定存在 30 天以上,在芳烃溶剂中能存放 90 天以上[273]。虽然这些稳定的氮氧化物自由基具有封闭的 α 碳,以阻止在 α 位形成自由基,但是也发现过在 α 碳上有氢的稳定氮氧化物自由基[274]。能长期存活的乙烯基氮氧化物自由基已有报道[275]。已经制得无共振稳定作用的稳定有机自由基(**48**),并且获得了其 X 射线晶体结构[276]。

R—H 键的解离能(D 值)可用于衡量自由基 R 的相对内在稳定性[277]。表 5.4 列举了一些 D 值[278-281]。D 值越高,相应的自由基越不稳

表 5.4　一些 R—H 键的 D_{298} 值[278]①

R	参考文献	D 值 kcal/mol	D 值 kJ/mol
Ph·	279	111	464
CF_3·		107	446
$CH_2=CH$·		106	444
环丙基	280	106	444
Me·		105	438
Et·		100	419
Me_3CCH_2·		100	418
Pr·		100	417
Cl_3C·		96	401
Me_2CH·		96	401
Me_3C·	281	95.8	401
环己基		95.5	400
$PhCH_2$·		88	368
HCO·		87	364
$CH_2=CH-CH_2$·		86	361

① 自由基的稳定性顺序正好相反。

定。还有人报道了烯烃和二烯烃 C—H 键的解离能[282]、自由基前体 XYC—H 中 C—H 键的解离能,其中 X,Y 可以是氢原子、烷基、COOR、COR、SR、CN、NO_2 等[283]。过氧化物自由基(ROO·)中 C—O 键解离能也已有报道[284]。但要注意的是,以 CH_3—H 键的解离能(BDE)作为参照,将 R—H 键的解离能与 CH_3—H 键的差别作为自由基稳定化能的依据,这种做法表现出了不足[285]。问题是这些值仅适用于以碳为中心的自由基,并且稳定化能不可互相转移,这些值不能用于 R—R′、R—R 或 R—X 化合物 BDE 的估算[282]。

简单烷基自由基有两种可能的结构[286]:它们可能采取 sp^2 轨道成键,此时结构为平面型,奇电子在 p 轨道上;或可能采取 sp^3 轨道成键,此时结构为三角锥形,奇电子位于 sp^3 轨道上。·CH_3 和其它简单自由基的 ESR 光谱以及一些其它证据表明这些自由基具有平面型结构[287]。这与已知的在手性碳上产生自由基时会失去光学活性的事实是一致的[288]。此外,气相中 CH_3 和 CD_3 自由基(通过快速光解方法产生)的电子光谱结果明确证实,在这样的条件下,这些自由基是平面型或接近平面型的[289]。在固体氩中捕获的·CH_3 的 IR 光谱也得到类似结论[290]。

尽管上面已指出自由基通常会失去光学活性,但在有些情况下也能制备出不对称自由基。例如,已经知道有不对称氮氧化物自由基[291]。也观察到了烷氧基自由基(49)的异构化效应,其中 49a/49b 的比例为 1∶1.78[292]。

对桥环化合物桥头碳的研究显示,虽然平面构型更稳定,但三角锥形结构并不是不可能的。与碳正离子的情况相反,自由基常常在桥头碳上产生,即使研究表明桥头碳自由基的形成比相应的开链自由基要慢[293]。因此,现有的证据表明,虽然简单的烷基自由基优先选择平面或近平面型结构,但是平面型和三角锥形自由基的能量差别并不是很大的。然而,与高电负性原子相连的碳所形成的自由基(如·CF_3)[294] 倾向于采取三角锥形结构。随着电负性的增加,自由基的结构越偏离平面型[295]。环丙基自由基也是三角锥形的[296]。

具有共振的自由基必定是平面型的,而三苯基甲基型自由基是螺旋桨型的[297],这与同类的碳正离子一样(参见 5.1.1 节)。

因为简单的烷基取代基与自由基碳(C·)相连的自由基具有 $C^{(sp^3)}$—$C^{(sp^3)}$ 键,这些键可以旋转。叔丁基自由基($Me_3C·$)的内部旋转能垒估计值约为 1.4kcal/mol(6kJ/mol)[298]。

已经发现了许多双自由基(diradical 或 biradical)[299]。其热力学稳定性已经得到测定[300]。轨道相理论可应用于建立定域 1,3-双自由基的理论模型、预测自旋优先和 S-T 间隙的取代基效应,以及设计稳定的以碳为中心的定域 1,3-双自由基[301]。当双自由基的未成对电子分离得很开时(如在·$CH_2CH_2CH_2CH_2$·中),这个物种在谱图上表现为双线态。当它们距离足够近而发生相互作用或通过不饱和体系而相互作用(像在三亚甲基甲烷中)时[302],由于每个电子的自旋量子数可以是+1/2 或-1/2,因此它们的总自旋量子数为+1,0 或-1。光谱上称为三线态(triplet)[303],因为分子中三种可能性的每一种都会出现,产生它们各自的光谱峰。在三线态分子中,两个未成对电子自旋方向相同。并不是所有的双自由基都有三线态基态的。在 2,3-二亚甲基环己烷-1,4-二自由基(50)中,发现单线态和三线态几乎消失[304]。而有些双自由基,如 51,具有非常稳定的三线态[305]。双自由基是短寿命的反应物种。经测量 52 的寿命短于 0.1ns,其它双自由基的寿命大约为 4~316ns[306]。双自由基 53[3,5-二叔丁基-3′-(N-叔丁基-N-氧)-4-氧联苯]即使在氧气存在下也有数周的寿命,在甲苯中短时间加热到高达约 60℃ 还能存活[307]。在同一碳上具有两个未成对电子的自由基将在卡宾中讨论。1,4-双自由基已有报道,并且 α-羰基取代基提高该自由基的寿命,其原因被认为是负 α-超共轭效应(参见 2.13 节)[308]。

5.3.2 自由基的产生和湮灭[309]

自由基的形成是由于分子断裂一根键,并且每个碎片都带一个电子[310,311]。断裂键所需的能量以下列两种方式之一提供。

(1) 热断裂 任何有机分子在气相中升至足够高的温度都将形成自由基。当分子含有 D 值为 20~40kcal/mol（84~167kJ/mol）的键时，在液相时就能断裂形成自由基。两个常见的例子是二酰基过氧化物断裂成酰基自由基，酰基自由基再分解成烷基自由基[312]，以及偶氮化合物断裂成烷基自由基[313]：

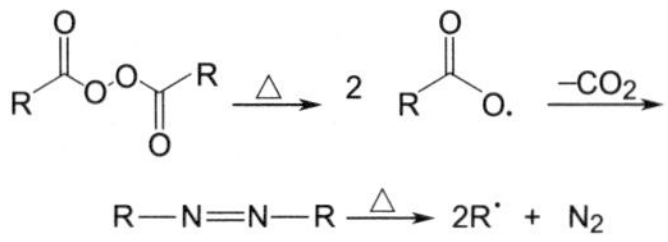

$$R-CO-O-O-CO-R \xrightarrow{\Delta} 2\ R-CO-O\cdot \xrightarrow{-CO_2} 2R\cdot$$

$$R-N=N-R \xrightarrow{\Delta} 2R\cdot + N_2$$

（2）光化学断裂（参见 7.1.5 节） 600~300nm 光的能量为 48~96kcal/mol（200~400kJ/mol），与共价键的能量处于相同数量级。典型的例子是在三乙胺存在下卤代烷的光化学断裂[314]；在氧化汞和碘[315]、4-硝基苯亚磺酸烷基酯[316] 或氯的存在下醇的光化学断裂；以及和酮的光化学断裂。

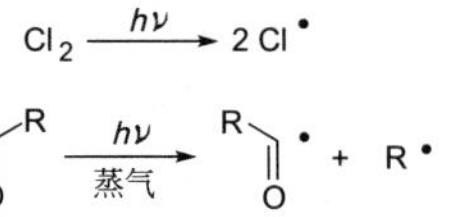

$$Cl_2 \xrightarrow{h\nu} 2\ Cl\cdot$$

$$R-CO-R \xrightarrow[\text{蒸气}]{h\nu} R-CO\cdot + R\cdot$$

N-羟基吡啶-2-硫代酮的光解是生成羟基自由基的方法[317]。自由基和双自由基的光化学性质已经有综述[318]。

自由基也能从其它的自由基形成：如通过自由基与一个分子的反应，必定产生另一个自由基，因为电子总数是奇数；或者通过自由基的断裂[319] 产生另外的自由基，例如过氧化苯甲酰分解生成苯甲酰氧自由基：

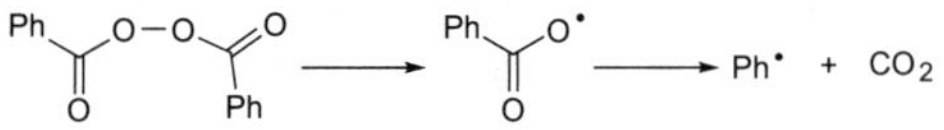

$$Ph-CO-O-O-CO-Ph \longrightarrow Ph-CO-O\cdot \longrightarrow Ph\cdot + CO_2$$
$$\mathbf{55}$$

自由基也可以通过氧化或还原，包括电解的方法形成。

自由基反应产生非自由基产物（终止反应），或生成其它自由基，产生的自由基自身通常进一步反应（延续反应）。最常见的终止反应方式是相似的或不同自由基的简单结合：

$$R\cdot + R'\cdot \longrightarrow R-R'$$

另一种终止反应过程是歧化反应（disproportionation）[320]。

$$2CH_3-CH_2\cdot \longrightarrow CH_3-CH_3 + CH_2=CH_2$$

延续反应中一个自由基参与反应产生至少一个自由基产物，产生的自由基继续进行自由基反应。主要有下列四种延续反应的方式，其中前两种最常见。

（1）夺取一个原子或基团，通常是氢原子（参见第 14 章）

$$R\cdot + R'-H \longrightarrow R-H + R'\cdot$$

自由基可从另一个分子中夺取氢原子，或发生分子内夺取氢原子的反应。例如，溴自由基（Br·）与烷烃反应，生成 HBr 和碳自由基。此类反应称为氢原子转移。水是许多反应（包括与金属反应）的非常好的氢原子源[321]。用 Bu_3SnH 还原碳自由基就是氢转移反应的一个例子（参见 14.1.1 节）。实际上，碳自由基作为氢键受体参与反应[322]。其它原子也可以通过原子转移反应被自由基夺取。卤原子在有些反应中可以被转移，如从芳基碘化物中夺走一个碘原子生成芳基自由基[323]。溶剂效应对氢原子转移反应（夺取氢）起到一定作用，氢键也有一定作用[324]。

（2）与多重键加成（参见第 15 章）

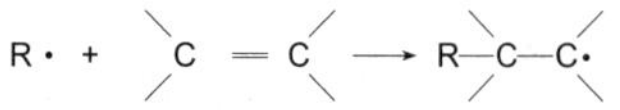

$$R\cdot + C=C \longrightarrow R-C-C\cdot$$

这里形成的自由基可以加成到另外的双键上，如此反复。这就是乙烯聚合反应的主要机理之一。

（3）分解 如上述的苯甲酰氧自由基的分解反应（参见 55）。

（4）重排

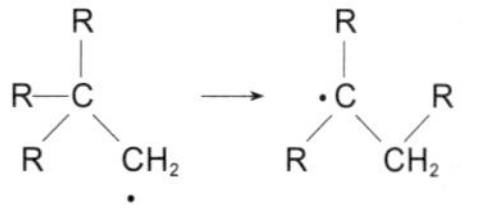

$$\begin{array}{c} R \\ R-C-C \\ R\ CH_2 \end{array} \longrightarrow \begin{array}{c} R \\ \cdot C-C-R \\ R\ CH_2 \end{array}$$

与碳正离子相比，自由基的重排比较少见，但确实发生过（当 R 为烷基或氢原子时不发生，参见第 18 章）。或许最著名的重排是环丙基甲基自由基重排为丁烯自由基[325]。利用皮秒自由基动力学方法，已经测量了某些功能化的环丙基甲基自由基的快速开环反应速率常数[326]。人们还研究了取代基对取代的环丙基甲基自由基开环反应动力学的影响[327]，发现环丙基甲基自由基的一个重要应用是作为自由基时钟[328]。很多自由基反应可以通过比较直接与环丙基甲基自由基反应（k_t）以及该自由基开环形成 1-丁烯-4-基自由基（k_r）（而后被捕获）这两个过程的竞争情况而被计时。可以通过 4-X-1-丁烯和环丙基甲基产物与自由基捕获剂[329]（X—Y）浓度的函数关系确定相对速率（k_t/k_r）。采用激光光解的方法已经测量出一些自由基在各种自由基捕获剂存在下的绝对速率常数[330]。从这些绝对速率常数可以预测 k_t 合理的精确数值，利用相对速率（k_t/k_r）可以计算出 k_r 值。通过校正自由基时钟反应速

率 k_r，利用相对速率数据（k_t/k_r）可以得到其它竞争反应的速率（k_t）[326]。目前还发现了其它自由基时钟[331]。

除了这些反应，自由基可以被氧化成碳正离子或还原成碳负离子[332]。

5.3.3 自由基离子[333]

目前已发现好几种自由基负离子，它们的未成对电子或电荷或两者都在非碳原子上。重要的例子包括半醌（**51**）[334]、苊烯（acepentalene，**58**）[335]、羰基自由基（ketyl，**59**）[336]以及孤立二烷基硅烯的自由基负离子（**60**）[337]。自由基负离子通过卡宾负离子与氯甲烷的反应形成[338]。碱金属为还原剂的反应通常会形成自由基负离子中间体。例如 Birch 还原（反应 **15-13**），反应经过了自由基负离子 **61**。

目前也已经知道好几种自由基正离子[339]。典型的例子包括烷基薁自由基正离子（**62**）[340]、三烷基氨自由基正离子[341]、1,2-双（二烷基氨基）苯基自由基正离子（**63**）[342]、二甲亚砜自由基正离子（$Me_2SO^{+\cdot}$）[343]、N-烷基取代的亚胺自由基正离子（$Ph_2C=NEt^{+\cdot}$）[344]、二苯并[a,e]环辛烯自由基正离子（**64**，一个非平面型的自由基正离子）[345]和[n.n]对环芳烷自由基正离子[346]。源自二环[2.2.2]辛-2-烯的扭曲型自由基正离子已被报道[347]。

5.4 卡宾

5.4.1 稳定性和结构[348]

卡宾是高度活泼的物质，实际上所有卡宾的寿命都大大低于 1s。除了下面指出的例外（参见 5.4.2 节），卡宾只在低温（77K 或更低）下用基质捕获方法分离出来过[349]。前体物质 CH_2 通常称为亚甲基，但是其衍生物更常用卡宾命名法命名。因此，尽管 CCl_2 也能被称为二氯亚甲基，但人们一般称之为二氯卡宾。

卡宾的两个未成键的电子可以是成对的，或者是未成对的。如果它们成对，则这个物种在光谱上为单线态。而我们已经知道（参见 5.3.1 节），两个未成对的电子表现为三线态。基于常见的卡宾与双键加成反应产生环丙烷衍生物（**15-51**），Skell[350]发展了区分两种卡宾的独特方法。如果单线态卡宾加成到顺-2-丁烯上，得到的环丙烷应为顺式异构体，因为两个电子的转移应该同时发生或一个反应迅速接着另一个。然而，如果受三线态卡宾进攻，两个未成对电子不能同时都马上形成新的共价键。因为根据 Hund 规则，它们自旋方向互相平行。因此，其中一个未成对电子将与双键中自旋相反的电子成键，留下两个具有相同自旋的未成对电子，因此它们不能马上成键，而是要等到其中一个电子通过某些碰撞过程反转为它的相反自旋方向后才能成键。在这段时间中，C—C 键发生自由旋转，结果产生了顺和反-1,2-二甲基环丙烷的混合物[351]。

这类实验的结果表明，CH_2 本身通常以单线态物种形式形成，它能衰减到三线态，因为三线态具有较低的能量（MO 计算[352]和实验测定显示单线态和三线态 CH_2 的能量差别约为 $8\sim10$ kcal/mol 或 $33\sim42$ kJ/mol）[353]。然而，通过重氮甲烷的光敏降解，还是能够直接制备三线态 CH_2[354]。亚甲基（CH_2）很活泼[355]，以至于通常在它衰减为三线态之前就以单线态形式发生反应[356]。对于其它卡宾，有些以三线态反应，有些以单线态反应。以单线态或三线态反应取决于它们是如何产生的。然而，还是有产生持久三线态卡宾的分子[357]。实际上已经制得相当稳定的二芳基三线态卡宾[358]，被保护的二苯基卡宾也特别稳定[359]。虽然存在自由基碎裂的问题，但也已获得了持久的单线态卡宾[360]。

用加成的立体专一性来判断单线态和三线态卡宾有局限性[361]。通过光解方法产生的卡宾，通常具有高度激发的单线态。当它们与双键加成时，反应具有立体专一性，但是所形成的环丙烷带有过量的能量，即还是处于激发态。研究结果已经表明在某些条件下（如气相、低压条件下），激发态环丙烷在形成后能发生顺-反异构，因此虽然实际上是单线态卡宾参与了反应，而形式上看好像是三线态卡宾参与了反应[362]。

对低温固体氯中捕获的 CCl_2 的 IR 光谱进行研究，表明 CCl_2 的基态是单线态[363]。由于三线态物种是双自由基，因而可用 ESR 测量研究三线态卡宾的几何结构[364]。对非常低温（4K）的基质中捕获的三线态 CH_2 进行 ESR 测量，表明三线态 CH_2 是弯曲分子，弯曲角度约为 136°[365]。单线态物种不能用 EPR 测量，但从重氮甲烷闪光光解[366]形成的 CH_2 的电子光谱可以得出结论：单线态 CH_2 也是弯曲分子，弯曲角度约为 103°。单线态 CCl_2[367] 和 CBr_2[368] 也是弯曲分子，弯曲角度分别为 100°和 114°，而且很早就知道芳基卡宾是弯曲的[369]。

三线态　　　单线态
甲基卡宾　　甲基卡宾

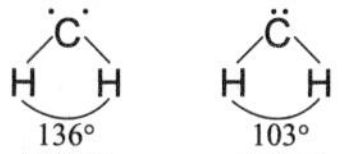

最常见的卡宾是 $:CH_2$ 和 $:CCl_2$[370]，但也有关于其它许多卡宾的报道[371]，包括杂环卡宾[372]、二硼卡宾[373]、**65**（受环几何结构立体张力而稳定）[374]、**66**（没有 π 共轭的氨基卡宾）[375]、二环[2.2.2]辛基卡宾（**67**）[376]、烷基烯卡宾（如 **68**）[377]、构象受限的环丙基卡宾（如 **69**）[378]、β-三甲基硅烷基卡宾（如 **70**）[379]、α-酮卡宾[380]、乙烯基卡宾[381]，以及手性类卡宾（carbenoid）[382]。如果在半坚果型空穴（hemicarcerand，参见 3.3.3 节）中产生氟（苯氧基）卡宾，它可以稳定存在数天[383]。对于 **65**（R = Ph）[384]，其前体是四氨基乙烯，如果加入氢化钾以阻止亲电催化反应，则起始的四氨基乙烯又重新生成，并未发生变化。

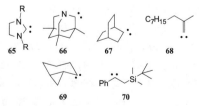

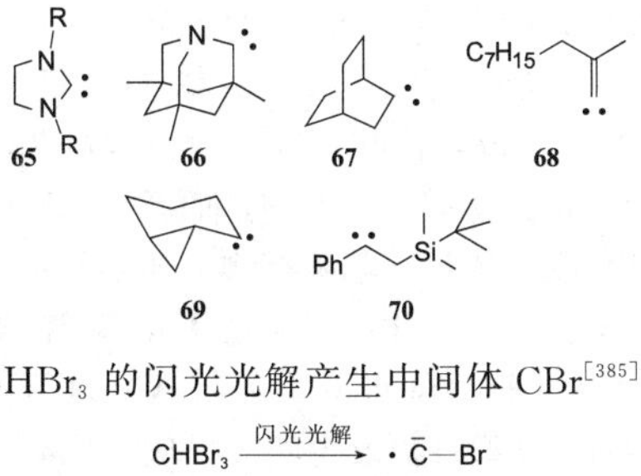

$CHBr_3$ 的闪光光解产生中间体 CBr[385]。

$CHBr_3 \xrightarrow{闪光光解} \cdot\ddot{C}-Br$

这是一个碳炔（carbyne）。类似地，从 $CHFBr_2$ 和 $CHClBr_2$ 也分别形成了 CF 和 CCl 中间体。有报道指出三线态乙炔可作为 1,2-双卡宾的等价体[386]。

5.4.2 卡宾的产生和湮灭[387]

卡宾主要通过下列两种途径形成，此外还有其它途径。

(1) 在 α 消除反应中，碳失去一个不带电子对的基团，通常是质子，然后失去一个带电子对的基团，通常是卤离子[388]。

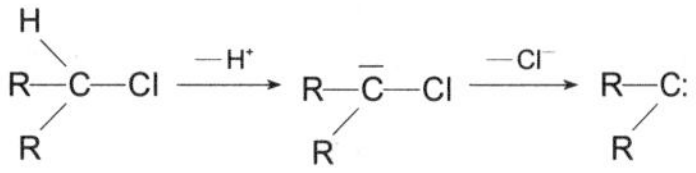

$$\underset{R}{\overset{R}{\underset{|}{\overset{|}{C}}}}\!\!-\!Cl \xrightarrow{-H^+} R\!-\!\overset{-}{\underset{R}{\overset{|}{C}}}\!-\!Cl \xrightarrow{-Cl^-} R\!-\!\ddot{C}\!:\!R$$

最常见的例子是用碱处理氯仿（见反应 **10-3**）或用 Me_3Sn^- 处理偕二卤代烷产生二氯卡宾[389]。此外还有许多其它例子，如：

$CCl_3-COO^- \xrightarrow{\Delta} :CCl_2 + CO_2 + Cl^-$ [390]

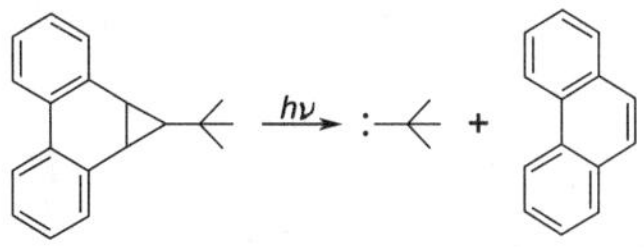

[菲并环丙烷类化合物 $\xrightarrow{h\nu}$:C< + 菲] [391]

(2) 含有某种类型双键化合物的裂分：

$R_2C=Z \longrightarrow R_2C: + Z$

以 $:CH_2$ 为例，卡宾的形成有下列两个重要的途径。

① 烯酮的光解

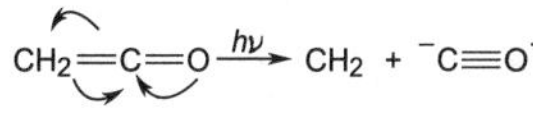

$CH_2=C=O \xrightarrow{h\nu} :CH_2 + \!:\!C\!\equiv\!O$

② 重氮甲烷的等电子分解[392]

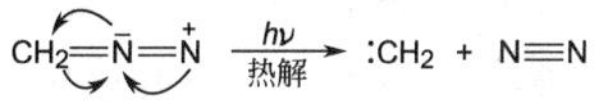

$CH_2\!=\!\overset{+}{N}\!=\!\overset{-}{N} \xrightarrow[热解]{h\nu} :CH_2 + N\!\equiv\!N$

有些重氮烷分解生成相应的卡宾[393]。二嗪丙因[394]（diazirines，与重氮烷异构）也会产生卡宾[395]；但从二嗪丙因也可以生成芳基甲基自由基[396]。在一项不同的研究中，二芳基氧二嗪丙因（**71**）的热解生成了预期的卡宾产物，但光解却同时生成了卡宾和 α-剪切而成的芳基氧自由基[397]。

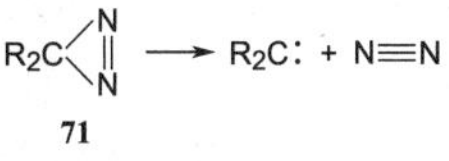

$$R_2C\!\!\overset{N}{\underset{N}{\diagup\!\!\!\diagdown}} \longrightarrow R_2C: + N\!\equiv\!N$$
71

因为大多数卡宾很活泼，通常很难证实在给定的反应中它们确实存在。在二氯甲烷中甲酰基卡宾（formylcarbene）的寿命通过瞬态吸收和瞬态烧结光谱（transient absorption and transient grating spectroscopy）测量的结果为 0.15～0.73ns[398]。在许多显然是通过 α 消除或双键化合物的裂分而产生卡宾的情况中，却有证据表明反应中并没有游离的卡宾。在明确知道没有游离卡宾存在或不确定是否有游离卡宾存在的情况下，可用中性的术语类卡宾（carbenoid）来代替。α-卤代金属有机化合物（R₂CXM）通常称作类卡宾，因为它们很容易发生消除反应[399]（例如，见 **12-39**）。

卡宾的反应比本章前面所讨论的各反应物种反应的变化要多一些[400]。在卡宾反应中存在溶剂效应。某些卡宾的反应选择性受到溶剂性质的影响[401]。叔丁基卡宾重排产物（见下述）的分布[402]受溶剂变化的影响[403]。已经知道单线态亚甲基可与苯形成电荷转移复合物[404]。然而溶剂对氯苯基卡宾及氟苯基卡宾的作用却较弱[405]。

（1）前面已经提到的与碳-碳双键的加成。卡宾也可加成到芳香体系中，但中间体产物会发生重排，通常导致环扩大（参见 **15-65**）。也有报道卡宾可加成到其它双键如 C═N 键（**16-46** 和 **16-48**）和叁键上。

（2）卡宾的一个特殊反应是插入到 C—H 键中（反应 **12-21**），因此：CH_2 与甲烷反应生成乙烷，与丙烷反应生成正丁烷和异丁烷。在极性溶剂中，消除产生烯烃的反应是竞争性副反应，但是该反应在非极性溶剂中受到抑制[406]。像这样的简单的烷基卡宾在合成上没有多大用途，但却正好解释了卡宾的极强反应性。然而，用铑催化降解重氮烷烃产生的类卡宾却很有用（参见反应 **12-23**），已经用于各种各样的合成中。用重氮甲烷光解产生的卡宾处理液体烷烃，如戊烷，可产生三种产物，其比例与按照概率统计方法估算出的一致[407]，表明卡宾反应没有选择性。多年来，人们普遍认为选择性越低反应活性越大，然而，这个原理现在不再是普遍适用的，因为已经发现许多例外[408]。重氮甲烷光解产生的单线态 CH_2 可能是已知的最活泼的有机反应物种，三线态的 CH_2 活性稍差，其它卡宾的活性更差。下列卡宾活性降低是基于它们插入和加成反应的差别提出来的[409]：

$CH_2 > HCCOOR > PhCH > BrCH \approx ClCH$

二卤卡宾一般根本不发生插入反应。已经证实卡宾也能插入到其它键中，但是却没发现会插入到 C—C 键中[410]。

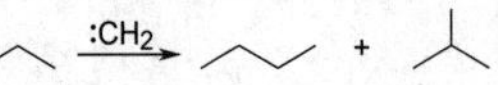

两个在室温稳定的卡宾已见报道[411]，它们是 **72** 和 **73**。在无氧和无湿气条件下，**72** 以稳定的晶体形式存在，熔点为 240～241℃[412]，其结构已被 X 射线晶体实验证实。

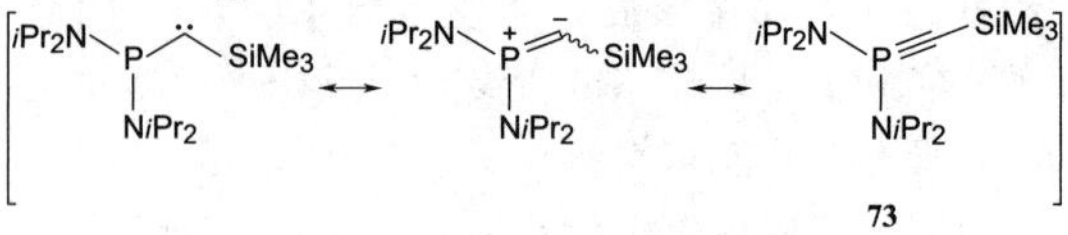

(3）二聚生成烯烃似乎应当是卡宾的重要反应，但实际上并非如此，通常，卡宾的反应活性很大，以至于它们没有时间互相找到而发生反应，而且因为二聚体具有很高的能量因而又发生了解离。实验中观察到了形式上的二聚，但是可能在许多报道的"二聚"例子中，产物并不是源自真正两个卡宾的二聚，而是卡宾进攻一分子卡宾前体而产生的，例如：

$R_2C: + R_2C: \longrightarrow R_2C = CR_2$
$R_2C: + R_2CN_2 \longrightarrow R_2C = CR_2 + N_2$

（4）烷基卡宾可发生烷基或氢迁移的重排[413]。事实上重排反应通常很快[414]，以至于对 CH_2 来说很常见的对多重键的加成以及插入反应，烷基或双烷基卡宾却很少发生。与本章前面提到的重排反应不同，卡宾的大多数重排反应直接产生稳定的分子。卡宾中间体被认为与环丙烷异构化相关[415]。一些例子如下：

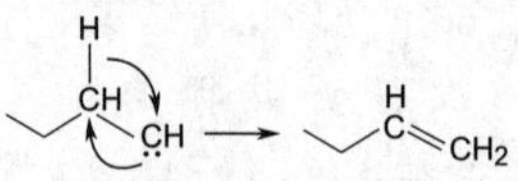

[416]
[417] 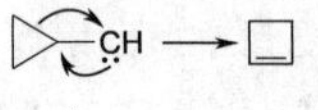
[418] 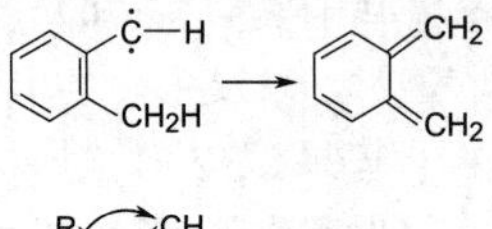
[419] 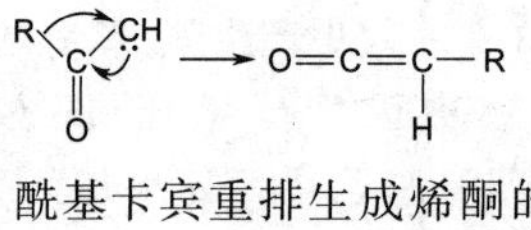

酰基卡宾重排生成烯酮的反应被称为 Wolff 重排（**18-8**）。也有一些重排反应，其中卡宾重排为其它的卡宾[420]。当然，新生成的卡宾必须以前面提到的方式之一稳定自己。

（5）非环状氧氯卡宾（例如 **74** 和 **75**）的断裂反应[421]生成取代和消除产物。薄荷基氧氯卡宾（**74**）主要生成取代产物，而新薄荷基氧氯卡宾（**75**）则主要生成消除产物，如下所示。在这种情况下，取代产物可能是由于氯卡宾的重排而产生的[422]。已经知道降三环烷基氧氯卡宾在戊烷中经过 S_Ni 型过程发生断裂反应生成降三环基氯[423]。在极性较大的溶剂中，断裂反应后形成了降三环烷基正离子-氯离子离子对，因而生成了降三环烷基氯和少量外型 2-降冰片烯基氯。卡宾断裂反应也可产生自由基[424]。

```
                59.0      16.5      11.1      2.4
     ·· 
    :Cl
74  →  
    ··
    :Cl
75          2.9       7.8      58.7      16.2
```

·CH₂ + CH₃CH₃ ⟶ ·CH₃ + ·CH₂CH₃

这个反应并不奇怪，因为三线态卡宾是自由基。但是单线态卡宾[425]也能发生这个反应，只是在这个反应中卡宾只夺取卤素而不是氢[426]。

5.5 氮烯

氮烯（R—N）[427]是卡宾的氮类似物，大多数我们所讲的关于卡宾的内容也都适用于氮烯。虽然从头算研究结果表明，氮烯比卡宾稳定，焓差为 25～26kcal/mol（104.7～108.8kJ/mol）[429]，但是氮烯太活泼，在普通条件下不能分离[428]。

$$R\!-\!\ddot{N}\!: \qquad R\!-\!\ddot{N}\cdot$$
单线态　　　三线态

烷基氮烯在 4K 时[430]，在基质中被捕获后可分离出来；而芳基氮烯由于较不活泼，可在 77K 被捕获到[431]。虽然氮烯均能以三线态和单线态产生，但是 NH 的基态以及可能大多数氮烯的基态[432]，是三线态[433]。氮烯自由基四线态基态也已有报道[434] 在 EtOOC—N 对 C═C 双键的加成反应中，含有两个反应物种，一个以立体专一的方式加成，另一个却不是。根据 Skell 关于卡宾研究建议的类推（参见 5.4.1 节），它们被认为分别是单线态和三线态的物种[435]。

产生氮烯的两种主要方式与卡宾类似：
(1) 消除　例如：

$$\underset{H}{\overset{R}{|}}\!N\!-\!OSO_2Ar \xrightarrow{碱} R\!-\!\ddot{N}: + B\!-\!H + ArSHO_2$$

(2) 某些双键化合物的断裂　形成氮烯最常见的方法是叠氮化物的光解或热分解[436]，未取代的氮烯 NH 可由 NH₃、N₂H₄ 或 HN₃ 光解或放电的方法产生。

$$R\!-\!N\!=\!N\!\!=\!\!N \xrightarrow{\Delta/h\nu} R\!-\!\ddot{N}: + N_2$$

氮烯的反应也与卡宾相似[437]。与卡宾的情况一样，怀疑含有氮烯中间体的许多反应可能并不包含游离的氮烯。在任何给定的反应中，通常很难得到游离氮烯是或不是反应中间体的证据。

(1) 插入（参见 12-13）　氮烯，尤其是酰基氮烯和砜基氮烯，能插入到 C—H 和某些其它键中，例如：

$$\underset{O}{\overset{R'}{\underset{\|}{C}}}\!-\!\ddot{N} + R_3CH \longrightarrow \underset{O}{\overset{R'}{\underset{\|}{C}}}\!-\!\underset{H}{\overset{|}{N}}\!-\!CR_3$$

(2) 与 C═C 键的加成（参见 15-54）

$$R\!-\!\ddot{N} + R_2C\!\!=\!\!CR_2 \longrightarrow R_2C\overset{R}{\underset{\diagdown N \diagup}{\!-\!}}CR_2$$

(3) 重排[413]　烷基氮烯通常不发生前两个反应，因为重排反应更快，例如：

$$\underset{H}{\overset{R}{|}}CHN \longrightarrow RHC\!=\!NH$$

这样的重排很快，以至于通常很难排除游离氮烯根本不存在的可能性，也就是说，在氮烯形成的同时发生迁移过程（参见反应 18-12）[438]。然而，有人报道了萘基氮烯重排生成新型的键迁移异构体[439]。

(4) 夺取反应　例如：

$$R\!-\!\ddot{N} + R'\!-\!H \longrightarrow R\!-\!\dot{N}\!-\!H + R'\cdot$$

(5) 二聚　NH 的主要反应之一是二聚成二亚胺（N₂H₂）。在芳基氮烯参与的反应中常常得到重氮苯[440]。

$$2Ar\!-\!N \longrightarrow Ar\!-\!N\!=\!N\!-\!Ar$$

看来似乎二聚对氮烯来说比卡宾更重要，但是反过来人们并没有证实反应中确实存在游离的自由氮烯。

$$\underset{76}{\overset{R}{\underset{R'}{\diagdown N^+ \diagup}}\!H} \qquad \underset{77}{\overset{R}{\underset{R'}{\diagdown C\!=\!\ddot{N}^+}}}$$

尽管在氮烯方面的研究工作比碳正离子少得多，但是目前至少已发现有两种类型的氮烯离子（nitrenium ion）[441]，碳正离子的氮类似物，能以中间体形式存在。有一类氮烯（76），氮与两个原子成键（R 和 R′可以是 H）[442]；另一类氮烯（77），氮只与一个原子成键[443]。在 76 中，当 R 为 H 时，该物种为质子化的氮烯。如同卡宾和氮烯，氮烯离子能以单线态或三线态形式存在[444]。

参 考 文 献

[1] For general references, see Isaacs, N. S. *Reactive Intermediates in Organic Chemistry*, Wiley, NY, **1974**; McManus, S. P. *Organic Reactive Intermediates*, Academic Press, NY, **1973**. Two serial publications devoted to review articles on this subject are *Reactive Intermediates (Wiley)* and *Reactive Intermediates (Plenum)*.

[2] See Olah, G. A.; Schleyer, P. v. R. *Carbonium Ions*, 5 Vols, Wiley, NY, **1968-1976**; Vogel, P. *Carbocation Chemistry*, Elsevier, NY, **1985**. See Saunders, M.; Jiménez-Vázquez, H. A. *Chem. Rev.* **1991**, 91, 375; Arnett, E. M.; Hofelich, T. C.; Schriver, G. W. *React. Intermed. (Wiley)* **1987**, 3, 189. For reviews of dicarbocations, see Lammertsma, K.; Schleyer, P. v. R.; Schwarz, H. *Angew. Chem. Int. Ed.* **1989**, 28, 1321. See also, the series *Advances in Carbocation Chemistry*.

[3] Gomberg, M. *Ber.* **1902**, 35, 2397.

[4] For a history of the term "carbonium ion", see Traynham, J. G. *J. Chem. Educ.* **1986**, 63, 930.

[5] Olah, G. A. *CHEMTECH* **1971**, 1, 566; *J. Am. Chem. Soc.* **1972**, 94, 808.

[6] Gold, V.; Loening, K. L.; McNaught, A. D.; Sehmi, P. *Compendium of Chemical Terminology*, IUPAC Recommendations, Blackwell Scientific Publications, Oxford, **1987**.

[7] Olah, G. A. *J. Org. Chem.* **2001**, 66, 5943. See Olah, G. A.; Prakash, G. K. S. (Eds.), *Carbocation Chemistry*, Wiley Intersience, Hoboken, NJ, **2004**.

[8] See Laube, T. *J. Am. Chem. Soc.* **2004**, 126, 10904 and references therein. For the X-ray of a vinyl carbocation see Müller, T.; Juhasz, M.; Reed, C. A. *Angew. Chem. Int. Ed.* **2004**, 43, 1543.

[9] Kato, T.; Reed, C. A. *Angew. Chem. Int. Ed.* **2004**, 43, 2908.

[10] Douberly, G. E.; Ricks, A. M.; Ticknor, B. W.; Schleyer, P. v. R.; Duncan, M. A. *J. Am. Chem. Soc.* **2007**, 129, 13782.

[11] Lüning, U.; Baumstark, R. *Tetrahedron Lett.* **1993**, 34, 5059.

[12] McClelland, R. A.; Cozens, F. L.; Steenken, S.; Amyes, T. L.; Richard, J. P. *J. Chem. Soc. Perkin Trans. 2* **1993**, 1717.

[13] For a treatise, see Szwarc, M. *Ions and Ion Pairs in Organic Reactions*, 2 Vols, Wiley, NY, **1972-1974**.

[14] For a review, see Olah, G. A.; Olah, J. A. in Olah, G. A.; Schleyer, P. v. R. *Carbonium Ions*, Vol. 2, WIley, NY, **1969**, pp. 715-782. Also see, Farcasiu, D.; Norton, S. H. *J. Org. Chem.* **1997**, 62, 5374.

[15] See Olah, G. A.; Prakash, G. K. S.; Sommer, J. in *Superacids*, Wiley, NY, **1985**, pp. 65-175.

[16] Olah, G. A.; Baker, E. B.; Evans, J. C.; Tolgyesi, W. S.; McIntyre, J. S.; Bastien, I. J. *J. Am. Chem. Soc.* **1964**, 86, 1360; Kramer, G. M. *J. Am. Chem. Soc.* **1969**, 91, 4819.

[17] Olah, G. A.; Sommer, J.; Namanworth, E. *J. Am. Chem. Soc.* **1967**, 89, 3576.

[18] Olah, G. A.; Halpern, Y. *J. Org. Chem.* **1971**, 36, 2354. See also, Herlem, M. *Pure Appl. Chem.* **1977**, 49, 107.

[19] Olah, G. A.; Lukas, J. *J. Am. Chem. Soc.* **1967**, 89, 4739.

[20] See Amyes, T. L.; Stevens, I. W.; Richard, J. P. *J. Org. Chem.* **1993**, 58, 6057 for a recent study.

[21] See Saunders, M.; Hagen, E. L.; Rosenfeld, J. *J. Am. Chem. Soc.* **1968**, 90, 6882; Saunders, M.; Cox, D.; Lloyd, J. R. *J. Am. Chem. Soc.* **1979**, 101, 6656; Myhre, P. C.; Yannoni, C. S. *J. Am. Chem. Soc.* **1981**, 103, 230.

[22] Olah, G. A.; Donovan, D. J. *J. Am. Chem. Soc.* **1978**, 100, 5163.

[23] Olah, G. A.; Olah, J. A. in Olah, G. A.; Schleyer, P. v. R. *Carbonium Ions*, Vol. 2, Wiley, NY, **1969**, p. 722.

[24] Bacon, J.; Gillespie, R. J. *J. Am. Chem. Soc.* **1971**, 91, 6914.

[25] See Radom, L.; Poppinger, D.; Haddon, R. C. in Olah, G. A.; Schleyer, P. v. R. *Carbonium Ions*, Vol. 5, Wiley, NY, **1976**, pp. 2303-2426.

[26] Lowry, T. H.; Richardson, K. S. *Mechanism and Theory in Organic Chemistry*, 3rd ed., HarperCollins, NY, **1987**, p. 68.

[27] Meot-Ner, M. *J. Am. Chem. Soc.* **1987**, 109, 7947.

[28] If only the field effect were operating, **2** would be more stable than **3**, since deuterium is electron-donating with respect to hydrogen (Sec. 1. J), assuming that the field effect of deuterium could be felt two bonds away.

[29] Lambert, J. B.; Ciro, S. M. *J. Org. Chem.* **1996**, 61, 1940.

[30] Olah, G. A.; Lukas, J. *J. Am. Chem. Soc.* **1967**, 89, 4739; Olah, G. A.; Olah, J. A. in Olah, G. A.; Schleyer, P. v. R. *Carbonium Ions*, Vol. 2, Wiley, NY, **1969**, pp. 750-764.

[31] Olah, G. A.; Klopman, G.; Schlosberg, R. H. *J. Am. Chem. Soc.* **1969**, 91, 3261. See also, Hogeveen, H.; Gaasbeek, C. J. *Recl. Trav. Chim. Pays-Bas* **1968**, 87, 319.

[32] Olah, G. A.; Svoboda, J. J.; Ku, A. T. *Synthesis* **1973**, 492; Olah, G. A.; Lukas, J. *J. Am. Chem. Soc.* **1967**, 89, 4739.

[33] See Barbour, J. B.; Karty, J. M. *J. Org. Chem.* **2004**, 69, 648; Mo, Y. *J. Org. Chem.* **2004**, 69, 5563 and references cited therein.

[34] For reviews, see Deno, N. C. in Olah, G. A.; Schleyer, P. v. R. *Carbonium Ions*, Vol. 2 Wiley, NY, **1970**, pp. 783-806; Richey, Jr., H. G. in Zabicky, J. *The Chemistry of Alkenes*, Vol. 2, Wiley, NY, **1970**, pp. 39-114.

[35] Deno, N. C.; Richey, Jr., H. G.; Friedman, N.; Hodge, J. D.; Houser, J. J.; Pittman, Jr., C. U. *J. Am. Chem. Soc.* **1963**, 85, 2991.

[36] Olah, G. A.; Spear, R. J. *J. Am. Chem. Soc.* **1975**, 97, 1539 and references cited therein.

[37] For a review of divinylmethyl and trivinylmethyl cations, see Sorensen, T. S. in Olah, G. A.; Schleyer, P. v. R. *Carbonium Ions*, Vol. 2, Wiley, NY, **1970**, pp. 807-835.

[38] Deno, N. C.; Pittman, Jr., C. U. *J. Am. Chem. Soc.* **1964**, 86, 1871.

[39] Olah, G. A.; Spear, R. J.; Westerman, P. W.; Denis, J. *J. Am. Chem. Soc.* **1974**, 96, 5855.

[40] For a review of benzylic, diarylmethyl, and triarymethyl cations, see Freedman, H. H. in Olah, G. A.; Schleyer, P. v. R. *Carbonium Ions*, Vol. 4, Wiley, NY, **1971**, pp. 1501-1578.

[41] Olah, G. A.; Porter, R. D.; Jeuell, C. L.; White, A. M. *J. Am. Chem. Soc.* **1972**, 94, 2044.

[42] Volz, H.; Schnell, H. W. *Angew. Chem. Int. Ed.* **1965**, 4, 873.
[43] Deno, N. C.; Schriesheim, A. *J. Am. Chem. Soc.* **1955**, 77, 3051.
[44] Prakash, G. K. S. *Pure Appl. Chem.* **1998**, 70, 2001.
[45] Ito, S.; Morita, N.; Asao, T. *Tetrahedron Lett.* **1992**, 33, 3773.
[46] Ito, S.; Morita, N.; Asao, T. *Tetrahedron Lett.* **1994**, 35, 751.
[47] For reviews, see in Olah, G. A.; Schleyer, P. v. R. *Carbonium Ions*, Vol. 3, Wiley, NY, **1972**: Richey, Jr., H. G. pp. 1201-294; Wiberg, K. B.; Hess, Jr., B. A.; Ashe, III, A. H. pp. 1295-1345.
[48] Pittman, Jr., C. U.; Olah, G. A. *J. Am. Chem. Soc.* **1965**, 87, 2998; Deno, N. C.; Liu, J. S.; Turner, J. O.; Lincoln, D. N.; Fruit, Jr., R. E. *J. Am. Chem. Soc.* **1965**, 87, 3000.
[49] Deno, N. C.; Richey, Jr., H. G.; Liu, J. S.; Hodge, J. D.; Houser, H. J.; Wisotsky, M. J. *J. Am. Chem. Soc.* **1962**, 84, 2016.
[50] See Poulter, C. D.; Spillner, C. J. *J. Am. Chem. Soc.* **1974**, 96, 7591; Childs, R. F.; Kostyk, M. D.; Lock, C. J. L.; Mahendran, M. *J. Am. Chem. Soc.* **1990**, 112, 8912.
[51] Sorensen, T. S.; Miller, I. J.; Ranganayakulu, K. *Aust. J. Chem.* **1973**, 26, 311.
[52] See Hevesi, L. *Bull. Soc. Chim. Fr.* **1990**, 697; Olah, G. A.; Liang, G.; Mo, Y. M. *J. Org. Chem.* **1974**, 39, 2394; Borch, R. F. *J. Am. Chem. Soc.* **1968**, 90, 5303; Rabinovitz, M.; Bruck, D. *Tetrahedron Lett.* **1971**, 245.
[53] For a review of ions of the form R2C$^+$—OR', see Rakhmankulov, D. L.; Akhmatdinov, R. T.; Kantor, E. A. *Russ. Chem. Rev.* **1984**, 53, 888. For a review of ions of the form R'C$^+$(OR)$_2$ and C$^+$(OR)$_3$, see Pindur, U.; Müller, J.; Flo, C.; Witzel, H. *Chem. Soc. Rev.* **1987**, 16, 75.
[54] For a review of such ions where nitrogen is the heteroatom, see Scott, F. L.; Butler, R. N. in Olah, G. A.; Schleyer, P. v. R. *Carbonium Ions*, Vol. 4, Wiley, NY, **1974**, pp. 1643-1696.
[55] See Allen, A. D.; Tidwell, T. T. *Adv. Carbocation Chem.* **1989**, 1, 1. See also, Teberekidis, V. I.; Sigalas, M. P. *Tetrahedron* **2003**, 59, 4749.
[56] Olah, G. A.; Svoboda, J. J. *Synthesis* **1973**, 52.
[57] See Lambert, J. B. *Tetrahedron* **1990**, 46, 2677; Lambert, J. B.; Zhao, Y.; Emblidge, R. W.; Salvador, L. A., ; Liu, X.; So, J.-H.; Chelius, E. C. *Acc. Chem. Res.* **1999**, 32, 183. See also, Lambert, J. B.; Chelius, E. C. *J. Am. Chem. Soc.* **1990**, 112, 8120.
[58] Creary, X.; Kochly, E. D. *J. Org. Chem.* **2009**, 74, 9044.
[59] Olah, G. A.; Heiliger, L.; Prakash, G. K. S. *J. Am. Chem. Soc.* **1989**, 111, 8020.
[60] Haubenstock, H.; Sauers, R. R. *Tetrahedron* **2004**, 60, 1191.
[61] see Al-Talib, M.; Tashtoush, H. *Org. Prep. Proced. Int.* **1990**, 22, 1; Olah, G. A.; Germain, A.; White, A. M. in Olah, G. A.; Schleyer, P. v. R. *Carbonium Ions*, Vol. 5, Wiley, NY, **1976**, pp. 2049-2133; Lindner, E. *Angew. Chem. Int. Ed.* **1970**, 9, 114.
[62] See Olah, G. A.; Dunne, K.; Mo, Y. K.; Szilagyi, P. *J. Am. Chem. Soc.* **1972**, 94, 4200; Olah, G. A.; Svoboda, J. J. *Synthesis* **1972**, 306.
[63] Hammett, L. P.; Deyrup, A. J. *J. Am. Chem. Soc.* **1933**, 55, 1900; Newman, M. S.; Deno, N. C. *J. Am. Chem. Soc.* **1951**, 73, 3651.
[64] Boer, F. P. *J. Am. Chem. Soc.* **1968**, 90, 6706; Le Carpentier, J.; Weiss, R. *Acta Crystallogr. Sect. B*, **1972**, 1430. See also, Olah, G. A.; Westerman, P. W. *J. Am. Chem. Soc.* **1973**, 95, 3706.
[65] See Komatsu, K.; Kitagawa, T. *Chem. Rev.* **2003**, 103, 1371. Also see, Gilbertson, R. D.; Weakley, T. J. R.; Haley, M. M. *J. Org. Chem.* **2000**, 65, 1422.
[66] See Gronheid, R.; Lodder, G.; Okuyama, T. *J. Org. Chem.* **2002**, 67, 693. For a discussion of aryl substituted vinyl cations, see Müller, T.; Margraf, D.; Syha, Y. *J. Am. Chem. Soc.* **2005**, 127, 10852.
[67] For a review of destabilized carbocations, see Tidwell, T. T. *Angew. Chem. Int. Ed.* **1984**, 23, 20.
[68] See Abram, T. S.; Watts, W. E. *J. Chem. Soc. Chem. Commun.*, . **1974**, 857; Siehl, H.; Carnahan, Jr., J. C.; Eckes, L.; Hanack, M. *Angew. Chem. Int. Ed.* **1974**, 13, 675. Also see Franke, W.; Schwarz, H.; Stahl, D. *J. Org. Chem.* **1980**, 45, 3493. See also, Siehl, H.; Koch, E. *J. Org. Chem.* **1984**, 49, 575.
[69] See Stang, P. J.; Rappoport, Z.; Hanack, M.; Subramanian, L. R. *Vinyl Cations*, Academic Press, NY, **1979**; Hanack, M. *Pure Appl. Chem.* **1984**, 56, 1819, *Acc. Chem. Res.* **1976**, 9, 364; Ambroz, H. B.; Kemp, T. J. *Chem. Soc. Rev.* **1979**, 8, 353; Richey, Jr., H. G.; Richey, J. M. in Olah, G. A.; Schleyer, P. v. R. *Carbonium Ions*, Vol. 2, Wiley, NY, **1970**, pp. 899-957; Richey, Jr., H. G. in Zabicky, J. *The Chemistry of Alkenes*, Vol. 2, Wiley, NY, **1970**, pp. 42-49; Stang, P. J. *Prog. Phys. Org. Chem.* **1973**, 10, 205. See also, Charton, M. *Mol. Struct. Energ.* **1987**, 4, 271. For a computational study, see Glaser, R.; Horan, C. J.; Lewis, M.; Zollinger, H. *J. Org. Chem.* **1999**, 64, 902.
[70] Yang, S.; Kondo, J. N.; Domen, K. *Chem. Commun.* **2001**, 2008.
[71] Winkler, M.; Sander, W. *J. Org. Chem.* **2006**, 71, 6357.
[72] For reviews, see Bagno, A.; Scorrano, G.; More O'Ferrall, R. A. *Rev. Chem. Intermed.* **1987**, 7, 313; Bethell, D.; Gold, V. *Carbonium Ions*, Academic Press, NY, **1967**, pp. 59-87.
[73] Deno, N. C.; Berkheimer, H. E.; Evans, W. L.; Peterson, H. J. *J. Am. Chem. Soc.* **1959**, 81, 2344.
[74] For a list of stabilities of 39 typical carbocations, see Arnett, E. M.; Hofelich, T. C. *J. Am. Chem. Soc.* **1983**, 105, 2889. See also, Schade, C.; Mayr, H.; Arnett, E. M. *J. Am. Chem. Soc.* **1988**, 110, 567; Schade, C.; Mayr, H. *Tetrahedron* **1988**, 44, 5761.
[75] Hammett, L. P.; Deyrup, A. J. *J. Am. Chem. Soc.* **1933**, 55, 1900; Newman, M. S.; Deno, N. C. *J. Am. Chem. Soc.* **1951**, 73, 3651; Boer, F. P. *J. Am. Chem. Soc.* **1968**, 90, 6706; Le Carpentier, J.; Weiss, R. *Acta Crystallogr. Sect. B*, **1972**, 1430. See also, Arnett, E. M.; Petro, C. *J. Am. Chem. Soc.* **1978**, 100, 5408; Arnett, E. M.; Pienta, N. J. *J. Am. Chem. Soc.* **1980**, 102, 3329.
[76] Schultz, J. C.; Houle, F. A.; Beauchamp, J. L. *J. Am. Chem. Soc.* **1984**, 106, 3917.
[77] Lossing. F. P.; Holmes, J. L. *J. Am. Chem. Soc.* **1984**, 106, 6917.
[78] Vinyl cations are generated by photolysis of vinyl iodonium salts. See Slegt, M.; Gronheid, R.; van der Vlugt, D.; Ochiai, M.;

Okuyama, T.; Zuilhof, H.; Overkleeft, H. S.; Lodder, G. *J. Org. Chem.* **2006**, 71, 2227.

[79] See Schleyer, P. v. R. in Chiurdoglu, G. *Conformational Analysis*, Academic Press, NY, **1971**, p. 241; Hehre, W. J. *Acc. Chem. Res.* **1975**, 8, 369; Freedman, H. H. in Olah, G. A.; Schleyer, P. v. R. *Carbonium Ions*, Vol. 4, Wiley, NY, **1974**, pp. 1561-574.

[80] Olah, G. A.; DeMember, J. R.; Commeyras, A.; Bribes, J. L. *J. Am. Chem. Soc.* **1971**, 93, 459; Yannoni, C. S.; Kendrick, R. D.; Myhre, P. C.; Bebout, D. C.; Petersen, B. L. *J. Am. Chem. Soc.* **1989**, 111, 6440.

[81] Rauk, A.; Sorensen, T. S.; Maerker, C.; de M. Carneiro, J. W.; Sieber, S.; Schleyer, P. v. R. *J. Am. Chem. Soc.* **1996**, 118, 3761.

[82] Lawlor, D. A.; More O'Ferrall, R. A.; Rao, S. N. *J. Am. Chem. Soc.* **2008**, 130, 17997.

[83] For a review of bridgehead carbocations, see Fort, Jr., R. C. in Olah, G. A.; Schleyer, P. v. R. *Carbonium Ions*, Vol. 4, Wiley, NY, **1974**, pp. 1783-1835.

[84] Della, E. W.; Schiesser, C. H. *J. Chem. Soc. Chem. Commun.* **1994**, 417.

[85] Åhman, J.; Somfai, P.; Tanner, D. *J. Chem. Soc. Chem. Commun.* **1994**, 2785.

[86] Della, E. W.; Head, N. J.; Janowski, W. K.; Schiesser, C. H. *J. Org. Chem.* **1993**, 58, 7876.

[87] Olah, G. A.; Prakash, G. K. S.; Shih, J. G.; Krishnamurthy, V. V.; Mateescu, G. D.; Liang, G.; Sipos, G.; Buss, V.; Gund, T. M.; Schleyer, P. v. R. *J. Am. Chem. Soc.* **1985**, 107, 2764. See also, Kruppa, G. H.; Beauchamp, J. L. *J. Am. Chem. Soc.* **1986**, 108, 2162; Laube, T. *Angew. Chem. Int. Ed.* **1986**, 25, 349.

[88] Takeuchi, K.; Okazaki, T.; Kitagawa, T.; Ushino, T.; Ueda, K.; Endo, T.; Notario, R. *J. Org. Chem.* **2001**, 66, 2034.

[89] Olah, G. A.; Prakash, G. K. S.; Fessner, W.; Kobayashi, T.; Paquette, L. A. *J. Am. Chem. Soc.* **1988**, 110, 8599.

[90] de Meijere, A.; Schallner, O. *Angew. Chem. Int. Ed.* **1973**, 12, 399.

[91] See Sundaralingam, M.; Chwang, A. K. in Olah, G. A.; Schleyer, P. v. R. *Carbonium Ions*, Vol. 5, Wiley, NY, **1976**, pp. 2427-2476.

[92] Schuster, I. I.; Colter, A. K.; Kurland, R. J. *J. Am. Chem. Soc.* **1968**, 90, 4679.

[93] For reviews of the NMR spectra of carbocations, see Young, R. N. *Prog. Nucl. Magn. Reson. Spectrosc.* **1979**, 12, 261; Farnum, D. G. *Adv. Phys. Org. Chem.* **1975**, 11, 123.

[94] Olah, G. A.; White, A. M. *J. Am. Chem. Soc.* **1968**, 90, 1884; **1969**, 91, 5801. For ^{13}C NMR data for additional ions, see Olah, G. A.; Donovan, D. J. *J. Am. Chem. Soc.* **1977**, 99, 5026; Olah, G. A.; Prakash, G. K. S.; Liang, G. *J. Org. Chem.* **1977**, 42, 2666.

[95] Olah, G. A.; Porter, R. D.; Kelly, D. P. *J. Am. Chem. Soc.* **1971**, 93, 464.

[96] See Brown, H. C.; Peters, E. N. *J. Am. Chem. Soc.* **1977**, 99, 1712; Kitching, W.; Adcock, W.; Aldous, G. *J. Org. Chem.* **1979**, 44, 2652. See also, Larsen, J. W.; Bouis, P. A. *J. Am. Chem. Soc.* **1975**, 97, 4418; Volz, H.; Shin, J.; Streicher, H. *Tetrahedron Lett.* **1975**, 1297; Larsen, J. W. *J. Am. Chem. Soc.* **1978**, 100, 330.

[97] Peterson, P. E.; Slama, F. J. *J. Am. Chem. Soc.*, **1968**, 90, 6516.

[98] Carlier, P. R.; Deora, N.; Crawford, T. D. *J. Org. Chem.* **2006**, 71, 1592.

[99] Mascal, M.; Hafezi, N.; Meher N. K.; Fettinger, J. C. *J. Am. Chem. Soc.* **2008**, 130, 13532.

[100] Prakash, G. K. S.; Bae, C.; Rasul, G.; Olah, G. A. *J. Org. Chem.* **2002**, 67, 1297.

[101] Richard, J. P.; Amyes, T. L.; Williams, K. B. *Pure. Appl. Chem.* **1998**, 70, 2007.

[102] Toteva, M. M.; Richard, J. P. *J. Am. Chem. Soc.* **1996**, 118, 11434.

[103] Vrcek, V.; Saunders, M.; Kronja, O. *J. Am. Chem. Soc.* **2004**, 126, 13703.

[104] Kronja, O.; Kohli, T.-P.; Mayr, H.; Saunders, M. *J. Am. Chem. Soc.* **2000**, 122, 8067.

[105] See Buncel, E.; Durst, T. *Comprehensive Carbanion Chemistry*, pts. A, B, and C; Elsevier, NY, **1980**, **1984**, **1987**; Bates, R. B.; Ogle, C. A. *Carbanion Chemistry*, Springer, NY, **1983**; Stowell, J. C. *Carbanions in Organic Synthesis*, Wiley, NY, **1979**; Cram, D. J. *Fundamentals of Carbanion Chemistry*, Academic Press, NY, **1965**; Staley, S. W. *React. Intermed.* (*Wiley*) **1985**, 3, 19; Staley, S. W.; Dustman, C. K. *React. Intermed.* (*Wiley*) **1981**, 2, 15. For reviews of NMR spectra of carbanions, see Young, R. N. *Prog. Nucl. Magn. Reson. Spectrosc.* **1979**, 12, 261. For a review of dicarbanions, see Thompson, C. M.; Green, D. L. C. *Tetrahedron* **1991**, 47, 4223.

[106] See Reutov, O. A.; Beletskaya, I. P.; Butin, K. P. *CH-Acids*, Pergamon, Elmsford, NY, **1978**; Fischer, H.; Rewicki, D. *Prog. Org. Chem.* **1968**, 7, 116.

[107] See Graul, S. T.; Squires, R. R. *J. Am. Chem. Soc.* **1988**, 110, 607.

[108] Applequist, D. E.; O'Brien, D. F. *J. Am. Chem. Soc.* **1963**, 85, 743.

[109] Dessy, R. E.; Kitching, W.; Psarras, T.; Salinger, R.; Chen, A.; Chivers, T. *J. Am. Chem. Soc.* **1966**, 88, 460.

[110] Terrier, F.; Magnier, E.; Kizilian, E.; Wakselman, C.; Buncel, E. *J. Am. Chem. Soc.* **2005**, 127, 5563.

[111] For reviews, see Jones, J. R. *Surv. Prog. Chem.* **1973**, 6, 83; Shatenshtein, A. I.; Shapiro, I. O. *Russ. Chem. Rev.* **1968**, 37, 845.

[112] See Bordwell, F. G.; Matthews, W. S.; Vanier, N. R. *J. Am. Chem. Soc.* **1975**, 97, 442.

[113] DePuy, C. H.; Gronert, S.; Barlow, S. E.; Bierbaum, V. M.; Damrauer, R. *J. Am. Chem. Soc.* **1989**, 111, 1968. The same order (for *t*-Bu, Me, *i*Pr, and Et) was found in gas-phase cleavages of alkoxides (Reaction **12-41**): Tumas, W.; Foster, R. F.; Brauman, J. I. *J. Am. Chem. Soc.* **1984**, 106, 4053.

[114] Graul, S. T.; Squires, R. R. *J. Am. Chem. Soc.* **1988**, 110, 607.

[115] See Richey, Jr., H. G. in Zabicky, J. *The Chemistry of Alkenes*, Vol. 2, Wiley, NY, **1970**, pp. 67-77.

[116] See Bockrath, B.; Dorfman, L. M. *J. Am. Chem. Soc.* **1974**, 96, 5708.

[117] See Buncel, E.; Menon, B. in Buncel, E.; Durst, T. *Comprehensive Carbanion Chemistry*, pts. A, B, and C, Elsevier, NY, **1980**, **1984**, **1987**, pp. 97-124.

[118] Olmstead, M. M.; Power, P. P. *J. Am. Chem. Soc.* **1985**, 107, 2174.

[119] Laferriere, M.; Sanrame, C. N.; Scaiano, J. C. *Org. Lett.* **2004**, 6, 873.

[120] Kinoshita, T.; Fujita, M.; Kaneko, H.; Takeuchi, K-i.; Yoshizawa, K.; Yamabe, T. *Bull. Chem. Soc. Jpn.* **1998**, 71, 1145.

[121] Eldin, S.; Whalen, D. L.; Pollack, R. M. *J. Org. Chem.* **1993**, 58, 3490.
[122] Abbotto, A.; Bradamante, S.; Pagani, G. A. *J. Org. Chem.* **1993**, 58, 449.
[123] Perkins, M. J.; Peynircioglu, N. B. *Tetrahedron* **1985**, 41, 225.
[124] Okamoto, K.; Kitagawa, T.; Takeuchi, K.; Komatsu, K.; Kinoshita, T.; Aonuma, S.; Nagai, M.; Miyabo, A. *J. Org. Chem.* **1990**, 55, 996. See also, Okamoto, K.; Kitagawa, T.; Takeuchi, K.; Komatsu, K.; Miyabo, A. *J. Chem. Soc. Chem. Commun.* **1988**, 923.
[125] See Richey, Jr., H. G. in Zabicky, J. *The Chemistry of Alkenes*, Vol. 2, Wiley, NY, **1970**, pp. 49-56.
[126] See Oae, S.; Uchida, Y. in Patai, S.; Rappoport, Z.; Stirling, C. *The Chemistry of Sulphones and Sulphoxides*, Wiley, NY, **1988**, pp. 583-664; Wolfe, S. in Bernardi, F.; Csizmadia, I. G.; Mangini. A. *Organic Sulfur Chemistry*, Elsevier, NY, **1985**, pp. 133-190; Block, E. *Reactions of Organosulfur Compounds*, Academic Press, NY, **1978**, pp. 42-56; Durst, T.; Viau, R. *Intra-Sci. Chem. Rep.* **1973**, 7 (3), 63. Also see, Reich, H. J. in Liotta, DC. *Organoselenium Chemistry*, Wiley, NY, **1987**, pp. 243-276.
[127] See Wolfe, S.; LaJohn, L. A.; Bernardi, F.; Mangini, A.; Tonachini, G. *Tetrahedron Lett.* **1983**, 24, 3789; Wolfe, S.; Stolow, A.; LaJohn, L. A. *Tetrahedron Lett.* **1983**, 24, 4071.
[128] See Borden, W. T.; Davidson, E. R.; Andersen, N. H.; Denniston, A. D.; Epiotis, N. D. *J. Am. Chem. Soc.* **1978**, 100, 1604; Bernardi, F.; Bottoni, A.; Venturini, A.; Mangini, A. *J. Am. Chem. Soc.* **1986**, 108, 8171.
[129] Bernasconi, C. F.; Kittredge, K. W. *J. Org. Chem.* **1998**, 63, 1944.
[130] Wetzel, D. M.; Brauman, J. I. *J. Am. Chem. Soc.* **1988**, 110, 8333.
[131] For a review of such carbanions, see Beak, P.; Reitz, D. B. *Chem. Rev.* **1978**, 78, 275. See also, Rondan, N. G.; Houk, K. N.; Beak, P.; Zajdel, W. J.; Chandrasekhar, J.; Schleyer, P. v. R. *J. Org. Chem.* **1981**, 46, 4108.
[132] See Werstiuk, N. H. *Tetrahedron* **1983**, 39, 205; Hunter, D. H.; Stothers, J. B.; Warnhoff, E. W. in de Mayo, P. *Rearrangements in Ground and Excited States*, Vol. 1, Academic Press, NY, **1980**, pp. 410-437.
[133] See Werstiuk, N. H.; Yeroushalmi, S.; Timmins, G. *Can. J. Chem.* **1983**, 61, 1945; Lee, R. E.; Squires, R. R. *J. Am. Chem. Soc.* **1986**, 108, 5078; Peiris, S.; Ragauskas, A. J.; Stothers, J. B. *Can. J. Chem.* **1987**, 65, 789; Shiner, C. S.; Berks, A. H.; Fisher, A. M. *J. Am. Chem. Soc.* **1988**, 110, 957.
[134] For reviews of carbanion pairs, see Hogen-Esch, T. E. *Adv. Phys. Org. Chem.* **1977**, 15, 153; Jackman, L. M.; Lange, B. C. *Tetrahedron* **1977**, 33, 2737. See also, Laube, T. *Acc. Chem. Res.* **1995**, 28, 399.
[135] Zook, H. D.; Gumby, W. L. *J. Am. Chem. Soc.* **1960**, 82, 1386.
[136] Solov'yanov, A. A.; Karpyuk, A. D.; Beletskaya, I. P.; Reutov, O. A. *J. Org. Chem. USSR* **1981**, 17, 381. See also, Solov'yanov, A. A.; Beletskaya, I. P.; Reutov, O. A. *J. Org. Chem. USSR* **1983**, 19, 1964.
[137] See DePalma, V. M.; Arnett, E. M. *J. Am. Chem. Soc.* **1978**, 100, 3514; Buncel, E.; Menon, B. *J. Org. Chem.* **1979**, 44, 317; O'Brien, D. H.; Russell, C. R.; Hart, A. J. *J. Am. Chem. Soc.* **1979**, 101, 633; Streitwieser, Jr., A.; Shen, C. C. C. *Tetrahedron Lett.* **1979**, 327; Streitwieser, Jr., A. *Acc. Chem. Res.* **1984**, 17, 353.
[138] See Schade, C.; Schleyer, P. v. R.; Geissler, M.; Weiss, E. *Angew. Chem. Int. Ed.* **1986**, 21, 902.
[139] Ellison, G. B.; Engelking, P. C.; Lineberger, W. C. *J. Am. Chem. Soc.* **1978**, 100, 2556.
[140] Retention of configuration has never been observed with simple carbanions. Cram has obtained retention with carbanions stabilized by resonance. However, these carbanions are known to be planar or nearly planar, and retention was caused by asymmetric solvation of the planar carbanions (see Sec. 12. A. ii).
[141] See Peoples, P. R.; Grutzner, J. B. *J. Am. Chem. Soc.* **1980**, 102, 4709.
[142] See Feit, B.; Melamed, U.; Speer, H.; Schmidt, R. R. *J. Chem. Soc. Perkin Trans.* 1 **1984**, 775; Chou, P. K.; Kass, S. R. *J. Am. Chem. Soc.* **1991**, 113, 4357.
[143] Boche, G.; Harms, K.; Marsch, M. *J. Am. Chem. Soc.* **1988**, 110, 6925; Boche, G.; Walborsky, H. M. *Cyclopropane Derived Reactive Intermediates*, Wiley, NY, **1990**. For a review, see Boche, G.; Walborsky, H. M. in Rappoport, Z. *The Chemistry of the Cyclopropyl Group*, pt. 1, Wiley, NY, **1987**, pp. 701-808.
[144] See Cram, D. J. *Fundamentals of Carbanion Chemistry*, Academic Press, NY, **1965**, pp. 85-105.
[145] Bordwell, F. G.; Phillips, D. D.; Williams, Jr., J. M. *J. Am. Chem. Soc.* **1968**, 90, 426; Annunziata, R.; Cinquini, M.; Colonna, S.; Cozzi, F. *J. Chem. Soc. Chem. Commun.* **1981**, 1005; Chassaing, G.; Marquet, A.; Corset, J.; Froment, F. *J. Organomet. Chem.* **1982**, 232, 293; Cram, D. J. *Fundamentals of Carbanion Chemistry*, Academic Press, NY, **1965**, pp. 105-113; Hirsch, R.; Hoffmann, R. W. *Chem. Ber.* **1992**, 125, 975.
[146] Hoffmann, R. W.; Rühl, T.; Chemla, F.; Zahneisen, T. *Liebigs Ann. Chem.* **1992**, 719.
[147] Rychnovsky, S. D.; Plzak, K.; Pickering, D. *Tetrahedron Lett.* **1994**, 35, 6799.
[148] Reich, H. J.; Medina, M. A.; Bowe, M. D. *J. Am. Chem. Soc.* **1992**, 114, 11003.
[149] Jenkins, P. R.; Symons, M. C. R.; Booth, S. E.; Swain, C. J. *Tetrahedron Lett.* **1992**, 33, 3543.
[150] Gais, H.; Müller, J.; Vollhardt, J.; Lindner, H. J. *J. Am. Chem. Soc.* **1991**, 113, 4002. For a contrary view, see Trost, B. M.; Schmuff, N. R. *J. Am. Chem. Soc.* **1985**, 107, 396.
[151] Grossert, J. S.; Hoyle, J.; Cameron, T. S.; Roe, S. P.; Vincent, B. R. *Can. J. Chem.* **1987**, 65, 1407.
[152] See Elschenbroich, C.; Salzer, A. *Organometallics*, VCH, NY, **1989**; Oliver, J. P. in Hartley, F. R.; Patai, S. *The Chemistry of the Metal-Carbon Bond*, Vol. 2, Wiley, NY, **1985**, pp. 789-826; Coates, G. E.; Green, M. L. H.; Wade, K. *Organometallic Compounds*, 3rd ed., Vol. 1, Methuen: London, **1967**; Grovenstein, Jr., E. in Buncel, E.; Durst, T. *Comprehensive Carbanion Chemistry*, pt. C, Elsevier, NY, **1987**, pp. 175-221.
[153] See Schade, C.; Schleyer, P. v. R. *Adv. Organomet. Chem.* **1987**, 27, 169.
[154] For X-ray crystallography studies, see Weiss, E.; Sauermann, G. *Chem. Ber.* **1970**, 103, 265; Weiss, E.; Köster, H. *Chem. Ber.* **1977**, 110, 717.

[155] See Setzer, W. N. ; Schleyer, P. v. R. *Adv. Organomet. Chem.* **1985**, 24, 353; Schleyer, P. v. R. *Pure Appl. Chem.* **1984**, 56, 151; Brown, T. L. *Pure Appl. Chem.* **1970**, 23, 447, *Adv. Organomet. Chem.* **1965**, 3, 365; Kovrizhnykh, E. A. ; Shatenshtein, A. I. *Russ. Chem. Rev.* **1969**, 38, 840. For reviews of the structures of lithium enolate anions and related compounds, see Boche, G. *Angew. Chem. Int. Ed.* **1989**, 28, 277; Seebach, D. *Angew. Chem. Int. Ed.* **1988**, 27, 1624. Also see Günther, H. ; Moskau, D. ; Bast, P. ; Schmalz, D. *Angew. Chem. Int. Ed.* **1987**, 26, 1212; Wakefield, B. J. *Organolithium Methods*, Academic Press, NY, **1988**, *The Chemistry of Organolithium Compounds*, Pergamon, Elmsford, NY, **1974**.

[156] Lewis, H. L. ; Brown, T. L. *J. Am. Chem. Soc.* **1970**, 92, 4664; Brown, T. L. ; Rogers, M. T. *J. Am. Chem. Soc.* **1957**, 79, 1859; Weiner, M. A. ; Vogel, G. ; West, R. *Inorg. Chem.* **1962**, 1, 654.

[157] Thomas, R. D. ; Jensen, R. M. ; Young, T. C. *Organometallics* **1987**, 6, 565. See also, Kaufman, M. J. ; Gronert, S. ; Streitwieser, Jr. , A. *J. Am. Chem. Soc.* **1988**, 110, 2829.

[158] Wittig, G. ; Meyer, F. J. ; Lange, G. *Liebigs Ann. Chem.* **1951**, 571, 167. See also, Bates, T. F. ; Clarke, M. T. ; Thomas, R. D. *J. Am. Chem. Soc.* **1988**, 110, 5109.

[159] Plavšić, D. ; Srzić, D. ; Klasinc, L. *J. Phys. Chem.* **1986**, 90, 2075.

[160] Weiss, E. ; Sauermann, G. ; Thirase, G. *Chem. Ber.* **1983**, 116, 74.

[161] Bauer, W. ; Winchester, W. R. ; Schleyer, P. v. R. *Organometallics* **1987**, 6, 2371.

[162] Fraenkel, G. ; Chow, A. ; Winchester, W. R. *J. Am. Chem. Soc.* **1990**, 112, 6190.

[163] For reviews, see Ashby, E. C. *Bull. Soc. Chim. Fr.* **1972**, 2133; *Q. Rev. Chem. Soc.* **1967**, 21, 259; Wakefield, B. J. *Organomet. Chem. Rev.* **1966**, 1, 131; Bell, N. A. *Educ. Chem.* **1973**, 143.

[164] Schlenk, W. ; Schlenk, Jr. , W. *Ber.* **1929**, 62B, 920.

[165] See Parris, G. ; Ashby, E. C. *J. Am. Chem. Soc.* **1971**, 93, 1206; Salinger, R. M. ; Mosher, H. S. *J. Am. Chem. Soc.* **1964**, 86, 1782.

[166] Guggenberger, L. J. ; Rundle, R. E. *J. Am. Chem. Soc.* **1968**, 90, 5375.

[167] See Sakamoto, S. ; Imamoto, T. ; Yamaguchi, K. *Org. Lett.* **2001**, 3, 1793.

[168] Weiss, E. *Chem. Ber.* **1965**, 98, 2805.

[169] Ashby, E. C. ; Smith, M. B. *J. Am. Chem. Soc.* **1964**, 86, 4363; Vreugdenhil, A. D. ; Blomberg, C. *Recl. Trav. Chim. Pays-Bas* **1963**, 82, 453, 461.

[170] Benn, R. ; Lehmkuhl, H. ; Mehler, K. ; Rufińska, A. *Angew. Chem. Int. Ed.* **1984**, 23, 534.

[171] Smith, M. B. ; Becker, W. E. *Tetrahedron* **1966**, 22, 3027.

[172] Evans, D. F. ; Fazakerley, V. *Chem. Commun.* **1968**, 974.

[173] Ducom, J. *Bull. Chem. Soc. Fr.* **1971**, 3518, 3523, 3529.

[174] See Parris, G. ; Ashby, E. C. *J. Am. Chem. Soc.* **1971**, 93, 1206.

[175] Ashby, E. C. ; Walker, F. *J. Org. Chem.* **1968**, 33, 3821.

[176] Parris, G. ; Ashby, E. C. *J. Am. Chem. Soc.* **1971**, 93, 1206.

[177] Ashby, E. C. ; Smith, M. B. *J. Am. Chem. Soc.* **1964**, 86, 4363.

[178] Fraenkel, G. ; Cottrell, C. E. ; Dix, D. T. *J. Am. Chem. Soc.* **1971**, 93, 1704; Pechhold, E. ; Adams, D. G. ; Fraenkel, G. *J. Org. Chem.* **1971**, 36, 1368; Maercker, A. ; Geuss, R. *Angew. Chem. Int. Ed.* **1971**, 10, 270.

[179] See Pratt, L. M. ; Kass, S. R. *J. Org. Chem.* **2004**, 69, 2123.

[180] Nichols, M. A. ; Williard, P. G. *J. Am. Chem. Soc.* **1993**, 115, 1568.

[181] See Jones, A. C. ; Sanders, A. W. ; Bevan, M. J. ; Reich, H. J. *J. Am. Chem. Soc.* **2007**, 129, 3492.

[182] Siemeling, U. ; Redecker, T. ; Neumann, B. ; Stammler, H. -G. *J. Am. Chem. Soc.* **1994**, 116, 5507.

[183] Ruhlandt-Senge, K. ; Ellison, J. J. ; Wehmschulte, R. J. ; Pauer, F. ; Power, P. P. *J. Am. Chem. Soc.* **1993**, 115, 11353. Also see Betz, J. ; Hampel, F. ; Bauer, W. *Org. Lett.* **2000**, 2, 3805.

[184] Sorger, K. ; Bauer, W. ; Schleyer, P. v. R. ; Stalke, D. *Angew. Chem. Int. Ed.*, **1995**, 34, 1594.

[185] Reich, H. J. ; Gudmundsson, B. O. ; Goldenberg, W. S. ; Sanders, A. W. ; Kulicke, K. J. ; Simon, K. ; Guzei, I. A. *J. Am. Chem. Soc.* **2001**, 123, 8067.

[186] Nájera, C. ; Yus, M. *Tetrahedron* **2005**, 61, 3137.

[187] See Parisel, O. ; Fressigne, C. ; Maddaluno, J. ; Giessner-Prettre, C. *J. Org. Chem.* **2003**, 68, 1290.

[188] Sekiguchi, A. ; Tanaka, M. *J. Am. Chem. Soc.* **2003**, 125, 12684.

[189] Linti, G. ; Rodig, A. ; Pritzkow, H. *Angew. Chem. Int. Ed.* **2002**, 41, 4503.

[190] Reich, H. J. ; Green, D. P. ; Medina, M. A. ; Goldenberg, W. S. ; Gudmundsson, B. Ö. ; Dykstra, R. R. ; Phillips. N. H. *J. Am. Chem. Soc.* **1998**, 120, 7201.

[191] Sun, X. ; Winemiller, M. D. ; Xiang, B. ; Collum, D. B. *J. Am. Chem. Soc.* **2001**, 123, 8039. See also, Rutherford, J. L. ; Hoffmann, D. ; Collum, D. B. *J. Am. Chem. Soc.* **2002**, 124, 264.

[192] Piffl, M. ; Weston, J. ; Günther, W. ; Anders, E. *J. Org. Chem.* **2000**, 65, 5942.

[193] Bauer, W. ; Griesinger, C. *J. Am. Chem. Soc.* **1993**, 115, 10871.

[194] Fraenkel, G. ; Chow, A. ; Fleischer, R. ; Liu, H. *J. Am. Chem. Soc.* **2004**, 126, 3983.

[195] Graña, P. ; Paleo, M. R. ; Sardina, F. J. *J. Am. Chem. Soc.* **2002**, 124, 12511.

[196] Basu, A. ; Thayumanavan, S. *Angew. Chem. Int. Ed.* **2002**, 41, 717. See also, Fraenkel, G. ; Duncan, J. H. ; Martin, K. ; Wang, J. *J. Am. Chem. Soc.* **1999**, 121, 10538.

[197] Stork, G. ; Hudrlik, P. F. *J. Am. Chem. Soc.* **1968**, 90, 4464; Bernstein, M. P. ; Collum, D. B. *J. Am. Chem. Soc.* **1993**, 115, 789; Collum, D. B. *Acc. Chem. Res.* **1992**, 25, 448.

[198] Jackman, L. M. ; Lange, B. C. *J. Am. Chem. Soc.* **1981**, 103, 4494.

[199] Jackman, L. M. ; Lange, B. C. *Tetrahedron* **1977**, 33, 2737.

[200] Williard, P. G. ; Carpenter, G. B. *J. Am. Chem. Soc.* **1986**, 108, 462; Williard, P. G. ; Carpenter, G. B. *J. Am. Chem. Soc.* **1985**, 107, 3345 and references cited therein.
[201] Seebach, D. ; Amstutz, R. ; Laube, T. ; Schweizer, W. B. ; Dunitz, J. D. *J. Am. Chem. Soc.* **1985**, 107, 5403.
[202] Abu-Hasanayn, F. ; Streitwieser, A. *J. Am. Chem. Soc.* **1996**, 118, 8136.
[203] Abbotto, A. ; Streitwieser, A. ; Schleyer, P. v. R. *J. Am. Chem. Soc.* **1997**, 119, 11255.
[204] Carlier, P. R. ; Lucht, B. L. ; Collum, D. B. *J. Am. Chem. Soc.* **1994**, 116, 11602.
[205] DeLong, G. T. ; Pannell, D. K. ; Clarke, M. T. ; Thomas, R. D. *J. Am. Chem. Soc.* **1993**, 115, 7013.
[206] Walborsky, H. M. ; Hamdouchi, C. *J. Org. Chem.* **1993**, 58, 1187.
[207] For a review of such reactions, see Durst, T. in Buncel, E. ; Durst, T. *Comprehensive Carbanion Chemistry*, pt. B, Elsevier, NY, **1984**, pp. 239-291.
[208] For a review, see Guthrie, R. D. in Buncel, E. ; Durst, T. *Comprehensive Carbanion Chemistry*, pt. A, Elsevier, NY, **1980**, pp. 197-269.
[209] Arnett, E. M. ; Molter, K. E. ; Marchot, E. C. ; Donovan, W. H. ; Smith, P. *J. Am. Chem. Soc.* **1987**, 109, 3788.
[210] Okamoto, K. ; Kitagawa, T. ; Takeuchi, K. ; Komatsu, K. ; Kinoshita, T. ; Aonuma, S. ; Nagai, M. ; Miyabo, A. *J. Org. Chem.* **1990**, 55, 996. See also, Okamoto, K. ; Kitagawa, T. ; Takeuchi, K. ; Komatsu, K. ; Miyabo, A. *J. Chem. Soc. Chem. Commun.* **1988**, 923.
[211] See Alfassi, Z. B. *N-Centered Radicals*, Wiley, Chichester, **1998**; Alfassi, Z. B. *Peroxyl Radicals*, Wiley, Chichester, **1997**; Alfassi, Z. B. *Chemical Kinetics of Small Organic Radicals*, 4 Vols. , CRC Press: Boca Raton, FL, **1988**; Nonhebel, D. C. ; Tedder, J. M. ; Walton, J. C. *Radicals*, Cambridge University Press, Cambridge, **1979**; Nonhebel, D. C. ; Walton, J. C. *Free-Radical Chemistry*, Cambridge University Press, Cambridge, **1974**; Kochi, J. K. *Free Radicals*, 2 Vols. , Wiley, NY, **1973**; Hay, J. M. *Reactive Free Radicals*, Academic Press, NY, **1974**;. For reviews, see Kaplan, L. *React. Intermed. (Wiley)* **1985**, 3, 227; Griller, D. ; Ingold, K. U. *Acc. Chem. Res.* **1976**, 9, 13.
[212] See Dunkin, I. R. *Chem. Soc. Rev.* **1980**, 9, 1; Jacox, M. E. *Rev. Chem. Intermed.* **1978**, 2, 1. For a review of the study of radicals at low temperatures, see Mile, B. *Angew. Chem. Int. Ed.* **1968**, 7, 507.
[213] See. Hicks, R. G. *Org. Biomol. Chem.* **2007**, 5, 1321. See also, Hioe, J. ; Zipse, H. *Org. Biomol. Chem.* **2010**, 8, 3609.
[214] See Andrews, L. *Annu. Rev. Phys. Chem.* **1971**, 22, 109.
[215] Sullivan, P. J. ; Koski, W. S. *J. Am. Chem. Soc.* **1963**, 85, 384.
[216] Sablier, M. ; Fujii, T. *Chem. Rev.* **2002**, 102, 2855.
[217] Bucher, G. ; Halupka, M. ; Kolano, C. ; Schade, O. ; Sander, W. *Eur. J. Org. Chem.* **2001**, 545.
[218] See Wertz, J. E. ; Bolton, J. R. *Electron Spin Resonance*, McGraw-Hill, NY, **1972** [reprinted by Chapman and Hall, NY, and Methuen: London, **1986**]; Assenheim, H. M. *Introduction to Electron Spin Resonance*, Plenum, NY, **1967**; Bersohn, R. ; Baird, J. C. *An Introduction to Electron Paramagnetic Resonance*, W. A. Benjamin, NY, **1966**. For reviews, see Bunce, N. J. *J. Chem. Educ.* **1987**, 64, 907; Hirota, N. ; Ohya-Nishiguchi, H. in Bernasconi, C. F. *Investigation of Rates and Mechanisms of Reactions*, 4th ed. , pt. 2, Wiley, NY, **1986**, pp. 605-655; Griller, D. ; Ingold, K. U. *Acc. Chem. Res.* **1980**, 13, 193; Norman, R. O. C. *Chem. Soc. Rev.* **1980**, 8, 1; Fischer, H. in Kochi, J. K. *Free Radicals*, Vol. 2, Wiley, NY, **1973**, pp. 435-491; Turro, N. J. ; Kleinman, M. H. ; Karatekin, E. *Angew. Chem. Int. Ed.* **2000**, 39, 4437; Kurreck, H. ; Kirste, B. ; Lubitz, W. *Angew. Chem. Int. Ed.* **1984**, 23, 173. See also, Poole, Jr. , C. P. *Electron Spin Resonance. A Comprehensive Treatise on Experimental Techniques*, 2nd ed. , Wiley, NY, **1983**.
[219] Davies, A. G. *Chem. Soc. Rev.* **1993**, 22, 299.
[220] See Walton, J. C. *Rev. Chem. Intermed.* **1984**, 5, 249; Kochi, J. K. *Adv. Free-Radical Chem.* **1975**, 5, 189; Bielski, B. H. J. ; Gebicki, J. M. *Atlas of Electron Spin Resonance Spectra*, Academic Press, NY, **1967**.
[221] See Janzen, E. G. ; Haire, D. L. *Adv. Free Radical Chem. (Greenwich, Conn.)* **1990**, 1, 253; Perkins, M. J. *Adv. Phys. Org. Chem.* **1980**, 17, 1; Zubarev, V. E. ; Belevskii, V. N. ; Bugaenko, L. T. *Russ. Chem. Rev.* **1979**, 48, 729; Evans, C. A. *Aldrichimica Acta* **1979**, 12, 23; Janzen, E. G. *Acc. Chem. Res.* **1971**, 4, 31. See also, the collection of papers on this subject in *Can. J. Chem.* **1982**, 60, 1379.
[222] Becker, D. A. ; Natero, R. ; Echegoyen, L. ; Lawson, R. C. *J. Chem. Soc. Perkin Trans. 2* **1998**, 1289. Also see, Klivenyi, P. ; Matthews, R. T. ; Wermer, M. ; Yang, L. ; MacGarvey, U. ; Becker, D. A. ; Natero, R. ; Beal, M. F. *Experimental Neurobiology* **1998**, 152, 163.
[223] For a series of papers on nitroxide radicals, see *Pure Appl. Chem.* **1990**, 62, 177.
[224] Janzen, E. G. ; Zhang, Y.-K. *J. Org. Chem.* **1995**, 60, 5441. For the preparation of a new but structurally related spin trap see Karoui, H. ; Nsanzumuhire, C. ; Le Moigne, F. ; Tordo, P. *J. Org. Chem.* **1999**, 64, 1471.
[225] Grossi, L. ; Strazzari, S. *Chem. Commun.* **1997**, 917.
[226] Timberlake, J. W. ; Chen, T. *Tetrahedron Lett.* **1994**, 35, 6043; Tanko, J. M. ; Brammer, Jr. , L. E. ; Hervas', M. ; Campos, K. *J. Chem. Soc. Perkin Trans. 2* **1994**, 1407.
[227] Harry Frank, University of Connecticut, Storrs, CT. , Personal Communication.
[228] Ward, H. R. ; Lawler, R. G. ; Cooper, R. A. *J. Am. Chem. Soc.* **1969**, 91, 746; Lepley, A. R. *J. Am. Chem. Soc.* **1969**, 91, 749; Lepley, A. R. ; Landau, R. L. *J. Am. Chem. Soc.* **1969**, 91, 748.
[229] See Lepley, R. L. ; Closs, G. L. *Chemically Induced Magnetic Polarization*, Wiley, NY, **1973**; Bargon, J. *Helv. Chim. Acta* **2006**, 89, 2082. For reviews, see Adrian, F. J. *Rev. Chem. Intermed.* **1986**, 7, 173; Closs, G. L. ; Miller, R. J. ; Redwine, O. D. *Acc. Chem. Res.* **1985**, 18, 196; Closs, G. L. *Adv. Magn. Reson.* **1974**, 7, 157; Lawler, R. G. [*Acc. Chem. Res.* **1972**, 5, 25; Kaptein, R. *Adv. Free-Radical Chem.* **1975**, 5, 319.
[230] A related technique is called CIDEP. For a review, see Hore, P. J. ; Joslin, C. G. ; McLauchlan, K. A. *Chem. Soc. Rev.* **1979**, 8, 29.
[231] Ward, H. R. ; Lawler, R. G. ; Cooper, R. A. *J. Am. Chem. Soc.* **1969**, 91, 746.

[232] It has been shown that CIDNP can also arise in cases where para hydrogen (H_2 in which the nuclear spins are opposite) is present: Eisenschmid, T. C.; Kirss, R. U.; Deutsch, P. P.; Hommeltoft, S. I.; Eisenberg, R.; Bargon, J.; Lawler, R. G.; Balch, A. L. *J. Am. Chem. Soc.* **1987**, 109, 8089.

[233] Wind, R. A.; Duijvestijn, M. J.; van der Lugt, C.; Manenschijn, A.; Vriend, J. *Prog. Nucl. Magn. Reson. Spectrosc.* **1985**, 17, 33.

[234] Hu, K.-N.; Yu, H.-h.; Swager, T. M.; Griffin, R. G. *J. Am. Chem. Soc.* **2004**, 126, 10844. A discussion of electronic effects is found in Wagner, P. J.; Wang, L. *Org. Lett.* **2006**, 8, 645.

[235] For a discussion of the role of alkyl substitution with respect to radical stabilization, see Gronert, S. *J. Org. Chem.* **2006**, 71, 7045. For a discussion concerning data that hyperconguation stabilizes alkyl radicals, see Gronert, S. *Org. Lett.* **2007**, 9, 2211.

[236] For a discussion, see Robaugh, D. A.; Stein, S. E. *J. Am. Chem. Soc.* **1986**, 108, 3224.

[237] See Forrester, A. R.; Hay, J. M.; Thomson, R. H. *Organic Chemistry of Stable Free Radicals*, Academic Press, NY, **1968**.

[238] For an electron diffraction study of the allyl radical, see Vajda, E.; Tremmel, J.; Rozsondai, B.; Hargittai, I.; Maltsev, A. K.; Kagramanov, N. D.; Nefedov, O. M. *J. Am. Chem. Soc.* **1986**, 108, 4352.

[239] Asensio, A.; Dannenberg, J. J. *J. Org. Chem.* **2001**, 66, 5996.

[240] For a review, see Sholle, V. D.; Rozantsev, E. G. *Russ. Chem. Rev.* **1973**, 42, 1011.

[241] Gomberg, M. *J. Am. Chem. Soc.* **1900**, 22, 757; *Ber.* **1900**, 33, 3150.

[242] For hexaphenylethane derivatives, see Stein, M.; Winter, W.; Rieker, A. *Angew. Chem. Int. Ed.* **1978**, 17, 692; Yannoni, N.; Kahr, B.; Mislow, K. *J. Am. Chem. Soc.* **1988**, 110, 6670.

[243] Volz, H.; Lotsch, W.; Schnell, H. *Tetrahedron* **1970**, 26, 5343; McBride, J. *Tetrahedron* **1974**, 30, 2009. See Guthrie, R. D.; Weisman, G. R. *Chem. Commun.* **1969**, 1316; Takeuchi, H.; Nagai, T.; Tokura, N. *Bull. Chem. Soc. Jpn.* **1971**, 44, 753; Peyman, A.; Peters, K.; von Schnering, H. G.; Rüchardt, C. *Chem. Ber.* **1990**, 123, 1899.

[244] For a review of steric effects in free radical chemistry, see Rüchardt, C. *Top. Curr. Chem.* **1980**, 88, 1.

[245] Sabacky, M. J.; Johnson, Jr., C. S.; Smith, R. G.; Gutowsky, H. S.; Martin, J. C. *J. Am. Chem. Soc.* **1967**, 89, 2054.

[246] Müller, E.; Moosmayer, A.; Rieker, A.; Scheffler, K. *Tetrahedron Lett.* **1967**, 3877. See also, Neugebauer, F. A.; Hellwinkel, D.; Aulmich, G. *Tetrahedron Lett.* **1978**, 4871.

[247] Kaba, R. A.; Ingold, K. U. *J. Am. Chem. Soc.* **1976**, 98, 523.

[248] Zarkadis, A. K.; Neumann, W. P.; Marx, R.; Uzick, W. *Chem. Ber.* **1985**, 118, 450; Zarkadis, A. K.; Neumann, W. P.; Uzick, W. *Chem. Ber.* **1985**, 118, 1183.

[249] Dünnebacke, D.; Neumann, W. P.; Penenory, A.; Stewen, U. *Chem. Ber.* **1989**, 122, 533.

[250] For reviews, see Ballester, M. *Adv. Phys. Org. Chem.* **1989**, 25, 267, pp. 354-405; *Acc. Chem. Res.* **1985**, 18, 380. See also, Hegarty, A. F.; O'Neill, P. *Tetrahedron Lett.* **1987**, 28, 901.

[251] Fort, Jr., R. C.; Hrovat, D. A.; Borden, W. T. *J. Org. Chem.* **1993**, 58, 211.

[252] Galli, C.; Guarnieri, A.; Koch, H.; Mencarelli, P.; Rappoport, Z. *J. Org. Chem.* **1997**, 62, 4072.

[253] Rogers, D. W.; Matsunaga, N.; Zavitsas, A. A. *J. Org. Chem.* **2006**, 71, 2214.

[254] Gottschling, S. E.; Grant, T. N.; Milnes, K. K.; Jennings, M. C.; Baines, K. M. *J. Org. Chem.* **2005**, 70, 2686.

[255] Giese, B.; Damm, W.; Wetterich, F.; Zeltz, H.-G.; Rancourt, J.; Guindon, Y. *Tetrahedron Lett.* **1993**, 34, 5885.

[256] For reviews, see Sustmann, R.; Korth, H. *Adv. Phys. Org. Chem.* **1990**, 26, 131; Viehe, H. G.; Janousek, Z.; Merényi, R.; Stella, L. *Acc. Chem. Res.* **1985**, 18, 148.

[257] See Pasto, D. J. *J. Am. Chem. Soc.* **1988**, 110, 8164. See also, Ashby, E. C. *Bull. Soc. Chim. Fr.* **1972**, 2133; Bell, N. A. *Educ. Chem.* **1973**, 143.

[258] See Sakurai, H.; Kyushin, S.; Nakadaira, Y.; Kira, M. *J. Phys. Org. Chem.* **1988**, 1, 197; Rhodes, C. J.; Roduner, E. *Tetrahedron Lett.* **1988**, 29, 1437; Viehe, H. G.; Merényi, R.; Janousek, Z. *Pure Appl. Chem.* **1988**, 60, 1635; Bordwell, F. G.; Lynch, T. *J. Am. Chem. Soc.* **1989**, 111, 7558.

[259] See Bordwell, F. G.; Bausch, M. J.; Cheng, J. P.; Cripe, T. H.; Lynch, T.-Y.; Mueller, M. E. *J. Org. Chem.* **1990**, 55, 58; Bordwell, F. G.; Harrelson, Jr., J. A. *Can. J. Chem.* **1990**, 68, 1714.

[260] See Pasto, D. J. *J. Am. Chem. Soc.* **1988**, 110, 8164.

[261] Jiang, X.; Li, X.; Wang, K. *J. Org. Chem.* **1989**, 54, 5648.

[262] For reviews of radicals with the unpaired electron on atoms other than carbon, see, in Kochi, J. K. *Free Radicals*, Vol. 2, Wiley, NY, **1973**, the reviews by Nelson, S. F. pp. 527-593 (N-centered); Bentrude, W. G. pp. 595-663 (P-centered); Kochi, J. K. pp. 665-710 (O-centered); Kice, J. L. pp. 711-740 (S-centered); Sakurai, H. pp. 741-807 (Si, Ge, Sn, and Pb centered).

[263] Maki, T.; Araki, Y.; Ishida, Y.; Onomura, O.; Matsumura, Y. *J. Am. Chem. Soc.* **2001**, 123, 3371.

[264] Jeromin, G. E. *Tetrahedron Lett.* **2001**, 42, 1863.

[265] See Novak, I.; Harrison, L. J.; Kovač, B.; Pratt, L. M. *J. Org. Chem.* **2004**, 69, 7628.

[266] See Anelli, P. L.; Montanari, F.; Quici, S. *Org. Synth.* **1990**, 69, 212; Fritz-Langhals, E. *Org. Process Res. Dev.* **2005**, 9, 577. See also, Rychnovsky, S. D.; Vaidyanathan, R.; Beauchamp, T.; Lin, R.; Farmer, P. J. *J. Org. Chem.* **1999**, 64, 6745.

[267] Volodarsky, L. B.; Reznikov, V. A.; Ovcharenko, V. I. *Synthetic Chemistry of Stable Nitroxides*, CRC Press, Boca Raton, FL, **1994**; Keana, J. F. W. *Chem. Rev.* **1978**, 78, 37; Aurich, H. G. *Nitroxides. In Nitrones, Nitronates, Nitroxides*, Patai, S.; Rappoport, Z., Eds., Wiley, NY, **1989**; Chap. 4.

[268] Neiman, M. B.; Rozantsev, E. G.; Mamedova, Yu. G. *Nature (London)* **1963**, 200, 256. See Breuer, E.; Aurich, H. G.; Nielsen, A. *Nitrones, Nitronates, and Nitroxides*, Wiley, NY, **1989**, pp. 313-399; Rozantsev, E. G.; Sholle, V. D. *Synthesis* **1971**, 190, 401.

[269] See Ballester, M.; Veciana, J.; Riera, J.; Castañer, J.; Armet, O.; Rovira, C. *J. Chem. Soc. Chem. Commun.* **1983**, 982.

[270] Adam, W.; Ortega Schulte, C. M. *J. Org. Chem.* **2002**, 67, 4569.

[271] Miura, Y. ; Matsuba, N. ; Tanaka, R. ; Teki, Y. ; Takui, T. *J. Org. Chem.* **2002**, 67, 8764. For another stable nitroxide radical, see Huang, W. -I. ; Chiarelli, R. ; Rassat, A. *Tetrahedron Lett.* **2000**, 41, 8787.

[272] Miura, Y. ; Tomimura, T. ; Matsuba, N. ; Tanaka, R. ; Nakatsuji, M. ; Teki, Y. *J. Org. Chem.* **2001**, 66, 7456. See also, Miura, Y. ; Muranaka, Y. ; Teki, Y. *J. Org. Chem.* **2006**, 71, 4786; Miura, Y. ; Mu, Y. *Chem. Lett.* **2005**, 34, 48.

[273] Janzen, E. G. ; Chen, G. ; Bray, T. M. ; Reinke, L. A. ; Poyer, J. L. ; McCay, P. B. *J. Chem. Soc. Perkin Trans.* 2. **1993**, 1983.

[274] Reznikov, V. A. ; Volodarsky, L. B. *Tetrahedron Lett.* **1994**, 35, 2239.

[275] Reznikov, V. A. ; Pervukhina, N. V. ; Ikorskii, V. N. ; Ovcharenko, V. I. ; Grand, A. *Chem. Commun.* **1999**, 539.

[276] Apeloig, Y. ; Bravo-Zhivotovskii, D. ; Bendikov, M. ; Danovich, D. ; Botoshansky, M. ; Vakulrskaya, T. ; Voronkov, M. ; Samoilova, R. ; Zdravkova, M. ; Igonin, V. ; Shklover, V. ; Struchkov, Y. *J. Am. Chem. Soc.* **1999**, 121, 8118.

[277] It has been claimed that relative D values do not provide such a measure: Nicholas, A. M. de P. ; Arnold, D. R. *Can. J. Chem.* **1984**, 62, 1850, 1860.

[278] Except where noted, these values are from Lide, D. R. (Ed.), *Handbook of Chemistry and Physics*, 87th ed. ; CRC Press: Boca Raton, FL, **2007**, pp. 9-60-9-61. For another list of D values, see McMillen, D. F. ; Golden, D. M. *Annu. Rev. Phys. Chem.* **1982**, 33, 493. See also, Holmes, J. L. ; Lossing, F. P. ; Maccoll, A. *J. Am. Chem. Soc.* **1988**, 110, 7339; Holmes, J. L. ; Lossing, F. P. *J. Am. Chem. Soc.* **1988**, 110, 7343; Roginskii, V. A. *J. Org. Chem. USSR* **1989**, 25, 403.

[279] For the IR of a matrix-isolated phenyl radical, see Friderichsen, A. V. ; Radziszewski, J. G. ; Nimlos, M. R. ; Winter, P. R. ; Dayton, D. C. ; David, D. E. ; Ellison, G. B. *J. Am. Chem. Soc.* **2001**, 123, 1977.

[280] For a review of cyclopropyl radicals, see Walborsky, H. M. *Tetrahedron* **1981**, 37, 1625. See also, Boche, G. ; Walborsky, H. M. *Cyclopropane Derived Reactive Intermediates*, Wiley, NY, **1990**.

[281] This value is from Gutman, D. *Acc. Chem. Res.* **1990**, 23, 375.

[282] Zhang, X. -M. *J. Org. Chem.* **1998**, 63, 1872.

[283] Brocks, J. J. ; Beckhaus, H. -D. ; Beckwith, A. L. J. ; Rüchardt, C. *J. Org. Chem.* **1998**, 63, 1935.

[284] Pratt, D. A. ; Porter, N. A. *Org. Lett.* **2003**, 5, 387.

[285] Zavitsas, A. A. ; Rogers, D. W. ; Matsunaga, N. *J. Org. Chem.* **2010**, 75, 5697.

[286] For a review, see Kaplan, L. in Kochi, J. K. *Free Radicals*, Vol. 2, Wiley, NY, **1973**, pp. 361-434.

[287] See Giese, B. ; Beckhaus, H. *Angew. Chem. Int. Ed.* **1978**, 17, 594; Ellison, G. B. ; Engelking, P. C. ; Lineberger, W. C. *J. Am. Chem. Soc.* **1978**, 100, 2556. See, however, Paddon-Row, M. N. ; Houk, K. N. *J. Am. Chem. Soc.* **1981**, 103, 5047.

[288] There are a few exceptions. See Section 14. A. iv.

[289] Herzberg, G. *Proc. R. Soc. London*, *Ser. A* **1961**, 262, 291. See also, Tan, L. Y. ; Winer, A. M. ; Pimentel, G. C. *J. Chem. Phys.* **1972**, 57, 4028; Yamada, C. ; Hirota, E. ; Kawaguchi, K. *J. Chem. Phys.* **1981**, 75, 5256.

[290] Andrews, L. ; Pimentel, G. C. *J. Chem. Phys.* **1967**, 47, 3637; Milligan, D. E. ; Jacox, M. E. *J. Chem. Phys.* **1967**, 47, 5146.

[291] Tamura, R. ; Susuki, S. ; Azuma, N. ; Matsumoto, A. ; Todda, F. ; Ishii, Y. *J. Org. Chem.* **1995**, 60, 6820.

[292] Rychnovsky, S. D. ; Powers, J. P. ; LePage, T. J. *J. Am. Chem. Soc.* **1992**, 114, 8375.

[293] Danen, W. C. ; Tipton, T. J. ; Saunders, D. G. *J. Am. Chem. Soc.* **1971**, 93, 5186; Fort, Jr. , R. C. ; Hiti, J. *J. Org. Chem.* **1977**, 42, 3968; Lomas, J. S. *J. Org. Chem.* **1987**, 52, 2627.

[294] Fessenden, R. W. ; Schuler, R. H. *J. Chem. Phys.* **1965**, 43, 2704; Rogers, M. T. ; Kispert, L. D. *J. Chem. Phys.* **1967**, 46, 3193; Pauling, L. *J. Chem. Phys.* **1969**, 51, 2767.

[295] See Chen, K. S. ; Tang, D. Y. H. ; Montgomery, L. K. ; Kochi, J. K. *J. Am. Chem. Soc.* **1974**, 96, 2201. For a discussion, see Krusic, P. J. ; Bingham, R. C. *J. Am. Chem. Soc.* **1976**, 98, 230.

[296] See Deycard, S. ; Hughes, L. ; Lusztyk, J. ; Ingold, K. U. *J. Am. Chem. Soc.* **1987**, 109, 4954.

[297] Adrian, F. J. *J. Chem. Phys.* **1958**, 28, 608; Andersen, P. *Acta Chem. Scand.* **1965**, 19, 629.

[298] Kubota, S. ; Matsushita, M. ; Shida, T. ; Abu-Raqabah, A. ; Symons, M. C. R. ; Wyatt, J. L. *Bull. Chem. Soc. Jpn.* **1995**, 68, 140.

[299] See Borden, W. T. *Diradicals*, Wiley, NY, **1982**; Johnston, L. J. ; Scaiano, J. C. *Chem. Rev.* **1989**, 89, 521; Doubleday Jr. , C. ; Turro, N. J. ; Wang, J. *Acc. Chem. Res.* **1989**, 22, 199; Scheffer, J. R. ; Trotter, J. *Rev. Chem. Intermed.* **1988**, 9, 271; Wilson, R. M. *Org. Photochem.* **1985**, 7, 339; Borden, W. T. *React. Intermed.* (*Wiley*) **1985**, 3, 151; **1981**, 2, 175; Borden, W. T. ; Davidson, E. R. *Acc. Chem. Res.* **1981**, 14, 69. See also, Döhnert, D. ; Koutecky, J. *J. Am. Chem. Soc.* **1980**, 102, 1789. For a series of papers on diradicals, see *Tetrahedron* **1982**, 38, 735. For a stable hydrocarbon diradical, see Rajca, A. ; Shiraishi, K. ; Vale, M. ; Han, H. ; Rajca, S. *J. Am. Chem. Soc.* **2005**, 127, 9014.

[300] Zhang, D. Y. ; Borden, W. T. *J. Org. Chem.* **2002**, 67, 3989.

[301] Ma, J. ; Ding, Y. ; Hattori, K. ; Inagaki, S. *J. Org. Chem.* **2004**, 69, 4245.

[302] For reviews of trimethylenemethane, see Borden, W. T. ; Davidson, E. R. *Ann. Rev. Phys. Chem.* **1979**, 30, 125; Bergman, R. G. in Kochi, J. K. *Free Radicals*, Vol. 1, Wiley, NY, **1973**, pp. 141-149.

[303] See Turro, N. J. *J. Chem. Educ.* **1969**, 46, 2; Wasserman, E. ; Hutton, R. S. *Acc. Chem. Res.* **1977**, 10, 27; Ichinose, N. ; Mizuno, K. ; Otsuji, Y. ; Caldwell, R. A. ; Helms, A. M. *J. Org. Chem.* **1998**, 63, 3176.

[304] Matsuda, K. ; Iwamura, H. *J. Chem. Soc. Perkin Trans.* 2 **1998**, 1023. Also see, Roth, W. R. ; Wollweber, D. ; Offerhaus, R. ; Rekowski, V. ; Lenmartz, H. -W. ; Sustmann, R. ; Müller, W. *Chem. Ber.* **1993**, 126, 2701.

[305] Inoue, K. ; Iwamura, H. *Angew. Chem. Int. Ed.* **1995**, 34, 927. Also see, Ulrich, G. ; Ziessel, R. ; Luneau, D. ; Rey, P. *Tetrahedron Lett.* **1994**, 35, 1211.

[306] Engel, P. S. ; Lowe, K. L. *Tetrahedron Lett.* **1994**, 35, 2267.

[307] Liao, Y. ; Xie, C. ; Lahti, P. M. ; Weber, R. T. ; Jiang, J. ; Barr, D. P. *J. Org. Chem.* **1999**, 64, 5176.

[308] Cai, X. ; Cygon, P. ; Goldfuss, B. ; Griesbeck, A. G. ; Heckroth, H. ; Fujitsuka, M. ; Majima, T. *Chemistry: European J.* **2006**, 12, 4662.

[309] See Giese, B. *Radicals in Organic Synthesis: Formation of Carbon-Carbon Bonds*, Pergamon, Elmsford, NY, *1986*, pp. 267-281; Brown, R. F. C. *Pyrolytic Methods in Organic Chemistry*, Academic Press, NY, *1980*, pp. 44-61.

[310] See Harmony, J. A. K. *Methods Free-Radical Chem.* *1974*, 5, 101.

[311] See Barker, P. J.; Winter, J. N. in Hartley, F. R.; Patai, S. *The Chemistry of the Metal-Carbon Bond*, Vol. 2, Wiley, NY, *1985*, pp. 151-218.

[312] Matsuyama, K.; Sugiura, T.; Minoshima, Y. *J. Org. Chem.* *1995*, 60, 5520; Ryzhkov, L. R. *J. Org. Chem.* *1996*, 61, 2801. See Howard, J. A. in Patai, S. *The Chemistry of Peroxides*, Wiley, NY, *1983*, pp. 235-258; Batt, L.; Liu, M. T. H. in the same volume, pp. 685-710.

[313] See Engel, P. S. *Chem. Rev.* *1980*, 80, 99; Adams, J. S.; Burton, K. A.; Andrews, B. K.; Weisman, R. B.; Engel, P. S. *J. Am. Chem. Soc.* *1986*, 108, 7935; Schmittel, M.; Rüchardt, C. *J. Am. Chem. Soc.* *1987*, 109, 2750.

[314] Cossy, J.; Ranaivosata, J.-L.; Bellosta, V. *Tetrahedron Lett.* *1994*, 35, 8161.

[315] Courtneidge, J. L. *Tetrahedron Lett.* *1992*, 33, 3053.

[316] Pasto, D. J.; Cottard, F. *Tetrahedron Lett.* *1994*, 35, 4303.

[317] Halliwell, B.; Gutteridge, J. M. C. in *Free Radicals in Biology and Medicine*, Oxford University Press, Oxford, *1999*, pp 246-350; DeMatteo, M. P.; Poole, J. S.; Shi, X.; Sachdeva, R.; Hatcher, P. G.; Hadad, C. M.; Platz, M. S. *J. Am. Chem. Soc.* *2005*, 127, 7094.

[318] Johnston, L. J. *Chem. Rev.* *1993*, 93, 251.

[319] See Costentin, C.; Robert, M.; Saveant, J.-M. *J. Am. Chem. Soc.* *200*3, 125, 105.

[320] See Pilling, M. J. *Int. J. Chem. Kinet.* *1989*, 21, 267; Khudyakov, I. V.; Levin, P. P.; Kuz'min, V. A. *Russ. Chem. Rev.* *1980*, 49, 982; Gibian, M. J.; Corley, R. C. *Chem. Rev.* *1973*, 73, 441.

[321] Cuerva, J. M.; Campana, A. G.; Justicia, J.; Rosales, A.; Oller-López, J. L.; Robles, R.; Cárdenas, D. J.; Buñuel, E.; Oltra, J. E. *Angew. Chem. Int. Ed.* *2006*, 45, 5522.

[322] Hammerum, S. *J. Am. Chem. Soc.* *2009*, 131, 8627.

[323] Dolenc, D.; Plesniar, B. *J. Org. Chem.* *2006*, 71, 8028.

[324] Bietti, M.; Salamone, M. *Org. Lett.* *2010*, 12, 3654.

[325] See Stevenson, J. P.; Jackson, W. F.; Tanko, J. M. *J. Am. Chem. Soc.* *2002*, 124, 4271.

[326] LeTadic-Biadatti, M.-H.; Newcomb, M. *J. Chem. Soc. Perkin Trans. 2* *1996*, 1467. See also, Choi, S.-Y.; Horner, J. H.; Newcomb, M. *J. Org. Chem.* *2000*, 65, 4447; Cooksy, A. L.; King, H. F.; Richardson, W. H. *J. Org. Chem.* *2003*, 68, 9441; Tian, F.; Dolbier, Jr., W. R. *Org. Lett.* *2000*, 2, 835.

[327] Halgren, T. A.; Roberts, J. D.; Horner, J. H.; Martinez, F. N.; Tronche, C.; Newcomb, M. *J. Am. Chem. Soc.* *2000*, 122, 2988.

[328] Newcomb, M.; Choi, S.-Y.; Toy, P. H. *Can. J. Chem.* *1999*, 77, 1123; Nevill, S. M.; Pincock, J. A. *Can. J. Chem.* *1997*, 75, 232.

[329] See Barton, D. H. R.; Jacob, M.; Peralez, E. *Tetrahedron Lett.* *1999*, 40, 9201.

[330] Choi, S.-Y.; Horner, J. H.; Newcomb, M. *J. Org. Chem.* *2000*, 65, 4447; Engel, P. S.; He, S.-L.; Banks, J. T.; Ingold, K. U.; Lusztyk, J. *J. Org. Chem.* *1997*, 62, 1210.

[331] See Leardini, R.; Lucarini, M.; Pedulli, G. F.; Valgimigli, L. *J. Org. Chem.* *1999*, 64, 3726; Roschek, Jr., B.; Tallman, K. A.; Rector, C. L.; Gillmore, J. G.; Pratt, D. A.; Punta, C.; Porter, N. A. *J. Org. Chem.* *2006*, 71, 3527.

[332] See Khudyakov, I. V.; Kuz'min, V. A. *Russ. Chem. Rev.* *1978*, 47, 22.

[333] See Kaiser, E. T.; Kevan, L. *Radical Ions*, Wiley, NY, *1968*; Gerson, F.; Huber, W. *Acc. Chem. Res.* *1987*, 20, 85; Todres, Z. V. *Tetrahedron* *1985*, 41, 2771; Holy, N. L.; Marcum, J. D. *Angew. Chem. Int. Ed.* *1971*, 10, 115. See Chanon, M.; Rajzmann, M.; Chanon, F. *Tetrahedron* *1990*, 46, 6193. For a series of papers on this subject, see *Tetrahedron* *1986*, 42, 6097.

[334] See Depew, M. C.; Wan, J. K. S. in Patai, S.; Rappoport, Z. *The Chemistry of the Quinonoid Compounds*, Vol. 2, pt. 2, Wiley, NY, *1988*, pp. 963-1018; Huh, C.; Kang, C. H.; Lee, H. W.; Nakamura, H.; Mishima, M.; Tsuno, Y.; Yamataka, H. *Bull. Chem. Soc. Jpn.* *1999*, 72, 1083.

[335] de Meijere, A.; Gerson, F.; Schreiner, P. R.; Merstetter, P.; Schüngel, F.-M. *Chem. Commun.* *1999*, 2189.

[336] See Russell, G. A. in Patai, S.; Rappoport, Z. *The Chemistry of Enones*, pt. 1, Wiley, NY, *1989*, pp. 471-512. See Davies, A. G.; Neville, A. G. *J. Chem. Soc. Perkin Trans. 2* *1992*, 163, 171.

[337] Ishida, S.; Iwamoto, T.; Kira, M. *J. Am. Chem. Soc.* *2003*, 125, 3212; Sekiguchi, A.; Tanaka, T.; Ichinohe, M.; Akiyama, K.; Tero-Kubota, S. *J. Am. Chem. Soc.* *2003*, 125, 4962; Inoue, S.; Ichinohe, M.; Sekiguchi, A. *J. Am. Chem. Soc.* *2007*, 129, 6096.

[338] Villano, S. M.; Eyet, N.; Lineberger, W. C.; Bierbaum, V. M. *J. Am. Chem. Soc.* *2008*, 130, 7214.

[339] See Roth, H. D. *Acc. Chem. Res.* *1987*, 20, 343; Courtneidge, J. L.; Davies, A. G. *Acc. Chem. Res.* *1987*, 20, 90; Symons, M. C. R. *Chem. Soc. Rev.* *1984*, 13, 393; Marchetti, F.; Pinzino, C.; Zacchini. S.; Guido, G. *Angew. Chem. Int. Ed.* *2010*, 49, 5268.

[340] Gerson, F.; Scholz, M.; Hansen, H.-J.; Uebelhart, P. *J. Chem. Soc. Perkin Trans. 2* *1995*, 215.

[341] de Meijere, A.; Chaplinski, V.; Gerson, F.; Merstetter, P.; Haselbach, E. *J. Org. Chem.* *1999*, 64, 6951.

[342] Neugebauer, F. A.; Funk, B.; Staab, H. A. *Tetrahedron Lett.* *1994*, 35, 4755. See Stickley, K. R.; Blackstock, S. C. *Tetrahedron Lett.* *1995*, 36, 1585.

[343] Dauben, W. G.; Cogen, J. M.; Behar, V.; Schultz, A. G.; Geiss, W.; Taveras, A. G. *Tetrahedron Lett.* *1992*, 33, 1713.

[344] Rhodes, C. J.; AgirBas H. *J. Chem. Soc. Perkin Trans. 2* *1992*, 397.

[345] Gerson, F.; Felder, P.; Schmidlin, R.; Wong, H. N. C. *J. Chem. Soc. Chem. Commun.* *1994*, 1659.

[346] Wartini, A. R.; Valenzuela, J.; Staab, H. A.; Neugebauer, F. A. *Eur. J. Org. Chem.* *1998*, 139.

[347] Nelson, S. F.; Reinhardt, L. A.; Tran, H. Q.; Clark, T.; Chen, G.-F.; Pappas, R. S.; Williams, F. *Chem. Eur. J.* *2002*,

[348] See Jones, Jr. , M. ; Moss, R. A. *Carbenes*, 2 Vols. , Wiley, NY, *1973-1975*; Rees, C. W. ; Gilchrist, T. L. *Carbenes, Nitrenes, and Arynes*, Nelson, London, *1969*; Minkin, V. I. ; Simkin, B. Ya. ; Glukhovtsev, M. N. *Russ. Chem. Rev.* *1989*, 58, 622; Moss, R. A. ; Jones, Jr. , M. *React. Intermed. (Wiley)* *1985*, 3, 45; Liebman, J. F. ; Simons, J. *Mol. Struct. Energ.* *1986*, 1, 51.

[349] See Nefedov, O. M. ; Maltsev, A. K. ; Mikaelyan, R. G. *Tetrahedron Lett.* *1971*, 4125; Wright, B. B. *Tetrahedron* *1985*, 41, 1517. For reviews, see Zuev, P. S. ; Nefedov, O. M. *Russ. Chem. Rev.* *1989*, 58, 636; Sheridan, R. S. *Org. Photochem.* *1987*, 8, 159, pp. 196-216; Trozzolo, A. M. *Acc. Chem. Res.* *1968*, 1, 329.

[350] Skell, P. S. *Tetrahedron* *1985*, 41, 1427.

[351] See Closs, G. L. *Top. Stereochem.* *1968*, 3, 193, pp. 203-210; Bethell, D. *Adv. Phys. Org. Chem.* *1969*, 7, 153, p. 194; Hoffmann, R. *J. Am. Chem. Soc.* *1968*, 90, 1475.

[352] Richards, Jr. , C. A. ; Kim, S.-J. ; Yamaguchi, Y. ; Schaefer, III, H. F. *J. Am. Chem. Soc.* *1995*, 117, 10104.

[353] See Lengel, R. K. ; Zare, R. N. *J. Am. Chem. Soc.* *1978*, 100, 7495; Borden, W. T. ; Davidson, E. R. *Ann. Rev. Phys. Chem.* *1979*, 30, 125, see pp. 128-134; Leopold, D. G. ; Murray, K. K. ; Lineberger, W. C. *J. Chem. Phys.* *1984*, 81, 1048.

[354] Kopecky, K. R. ; Hammond, G. S. ; Leermakers, P. A. *J. Am. Chem. Soc.* *1961*, 83, 2397; *1962*, 84, 1015; Duncan, F. J. ; Cvetanovid, R. J. *J. Am. Chem. Soc.* *1962*, 84, 3593.

[355] For a review of the kinetics of CH2 reactions, see Laufer, A. H. *Rev. Chem. Intermed.* *1981*, 4, 225.

[356] See Turro, N. J. ; Cha, Y. ; Gould, I. R. *J. Am. Chem. Soc.* *1987*, 109, 2101.

[357] Tomioka, H. *Acc. Chem. Res.* *1997*, 30, 315; Kirmse, W. *Angew. Chem. Int. Ed.* *2003*, 42, 2117; Hirai, K. ; Itoh, T. ; Tomioka, H. *Chem. Rev.* *2009*, 109, 3275.

[358] Woodcock, H. L. ; Moran, D. ; Schleyer, P. v. R. ; Schaefer, III, H. F. *J. Am. Chem. Soc.* *2001*, 123, 4331.

[359] Itoh, T. ; Nakata, Y. ; Hirai, K. ; Tomioka, H. *J. Am. Chem. Soc.* *2006*, 128, 957.

[360] Cattoën, X. ; Miqueu, K. ; Gornitzka, H. ; Bourissou, D. ; Bertrand, G. *J. Am. Chem. Soc.* *2005*, 127, 3292.

[361] For other methods of distinguishing singlet from triplet carbenes, see Hendrick, M. E. ; Jones, Jr. , M. *Tetrahedron Lett.* *1978*, 4249; Creary, X. *J. Am. Chem. Soc.* *1980*, 102, 1611.

[362] Rabinovitch, B. S. ; Tschuikow-Roux, E. ; Schlag, E. W. *J. Am. Chem. Soc.* *1959*, 81, 1081; Frey, H. M. *Proc. R. Soc. London, Ser. A* *1959*, 251, 575; Lambert, J. B. ; Larson, E. G. ; Bosch, R. J. *Tetrahedron Lett.* *1983*, 24, 3799.

[363] Andrews, L. *J. Chem. Phys.* *1968*, 48, 979.

[364] The technique of spin trapping (Sec. 5. C. i) has been applied to the detection of transient triplet carbenes: Forrester, A. R. ; Sadd, J. S. *J. Chem. Soc. Perkin Trans.* 2 *1982*, 1273.

[365] Wasserman, E. ; Kuck, V. J. ; Hutton, R. S. ; Anderson, E. D. ; Yager, W. A. *J. Chem. Phys.* *1971*, 54, 4120; Bernheim, R. A. ; Bernard, H. W. ; Wang, P. S. ; Wood, L. S. ; Skell, P. S. *J. Chem. Phys.* *1971*, 54, 3223.

[366] Hahn, F. E. *Angew. Chem. Int. Ed.* *2006*, 45, 1348. For imidazopyridine carbenes, see Moss, R. A. ; Tian, J. ; Sauers, R. R. ; Krogh-Jespersen, K. *J. Am. Chem. Soc.* *2007*, 129, 10019.

[367] Herzberg, G. ; Johns, J. W. C. *J. Chem. Phys.* *1971*, 54, 2276 and cited references.

[368] Ivey, R. C. ; Schulze, P. D. ; Leggett, T. L. ; Kohl, D. A. *J. Chem. Phys.* *1974*, 60, 3174.

[369] Senthilnathan, V. P. ; Platz, M. S. *J. Am. Chem. Soc.* *1981*, 103, 5503; Gilbert, B. C. ; Griller, D. ; Nazran, A. S. *J. Org. Chem.* *1985*, 50, 4738.

[370] For reviews of halocarbenes, see Burton, D. J. ; Hahnfeld, J. L. *Fluorine Chem. Rev.* *1977*, 8, 119; Margrave, J. L. ; Sharp, K. G. ; Wilson, P. W. *Fort. Chem. Forsch.* *1972*, 26, 1, pp. 3-13.

[371] See Stang, P. J. *Acc. Chem. Res.* *1982*, 15, 348; *Chem. Rev.* *1978*, 78, 383; Marchand, A. P. ; Brockway, N. M. *Chem. Rev.* *1974*, 74, 431; Schuster, G. B. *Adv. Phys. Org. Chem.* *1986*, 22, 311. For a review of carbenes with neighboring hetero atoms, see Taylor, K. G. *Tetrahedron* *1982*, 38, 2751.

[372] Alcarazo, M. ; Roseblade, S. J. ; Cowley, A. R. ; Fernández, R. ; Brown, J. M. ; Lassaletta, J. M. *J Am. Chem. Soc.* *2005*, 127, 3290. See also, Kassaee, M. Z. ; Shakib, F. A. ; Momeni, M. R. ; Ghambarian, M. ; Musavi, S. M. *J. Org. Chem.* *2010*, 75, 2539.

[373] Krahulic, K. E. ; Enright, G. D. ; Parvez, M. ; Roesler, R. *J. Am. Chem. Soc.* *2005*, 127, 4142.

[374] Herrmann, W. A. *Angew. Chem. Int. Ed.* *2002*, 41, 1290.

[375] Ye, Q. ; Komarov, I. V. ; Kirby, A. J. ; Jones, Jr. , M. *J. Org. Chem.* *2002*, 67, 9288.

[376] Ye, Q. ; Jones Jr. , M. ; Chen, T. ; Shevlin, P. B. *Tetrahedron Lett.* *2001*, 42, 6979.

[377] Ohira, S. ; Yamasaki, K. ; Nozaki, H. ; Yamato, M. ; Nakayama, M. *Tetrahedron Lett.* *1995*, 36, 8843. For dimethylvinylidene carbene see Reed, S. C. ; Capitosti, G. J. ; Zhu, Z. ; Modarelli, D. A. *J. Org. Chem.* *2001*, 66, 287. For a review of akylidenecarbenes, see Knorr, R. *Chem. Rev.* *2004*, 104, 3795.

[378] Fernamberg, K. ; Snoonian, J. R. ; Platz, M. S. *Tetrahedron Lett.* *2001*, 42, 8761.

[379] Creary, X. ; Butchko, M. A. *J. Org. Chem.* *2002*, 67, 112.

[380] Bonnichon, F. ; Richard, C. ; Grabner, G. *Chem. Commun.* *2001*, 73.

[381] Zuev, P. S. ; Sheridan, R. S. *J. Am. Chem. Soc.* *2004*, 126, 12220.

[382] Topolski, M. ; Duraisamy, M. ; Rachoń, J. ; Gawronski, J. ; Gawronska, K. ; Goedken, V. ; Walborsky, H. M. *J. Org. Chem.* *1993*, 58, 546.

[383] Kirmse, W. *Angew. Chem. Int. Ed.* *2005*, 44, 2476.

[384] See Wanzlick, H.-W. ; Schikora, E. *Angew. Chem.* *1960*, 72, 494.

[385] Ruzsicska, B. P. ; Jodhan, A. ; Choi, H. K. J. ; Strausz, O. P. *J. Am. Chem. Soc.* *1983*, 105, 2489.

[386] Zeidan, T. A. ; Kovalenko, S. V. ; Manoharan, M. ; Clark, R. J. ; Ghiviriga, I. ; Alabugin, I. V. *J. Am. Chem. Soc.* *2005*, 127, 4270.

[387] See Jones, Jr. , M. *Acc. Chem. Res.* *1974*, 7, 415; Kirmse, W. in Bamford, C. H. ; Tipper, C. F. H. *Comprehensive Chemical Ki-*

netics, Vol. 9; Elsevier, NY, **1973**, pp. 373-415; Ref. 348; Petrosyan, V. E.; Niyazymbetov, M. E. *Russ. Chem. Rev.* **1989**, 58, 644.

[388] For a review of formation of carbenes in this manner, see Kirmse, W. *Angew. Chem. Int. Ed.* **1965**, 4, 1.

[389] Ashby, E. C.; Deshpande, A. K.; Doctorovich, F. *J. Org. Chem.* **1993**, 58, 4205. For a preparation from diclorodiazirine, see Chu, G.; Moss, R. A.; Sauers, R. R. *J. Am. Chem. Soc.* **2005**, 127, 14206. Also see Moss, R. A.; Tian, J.; Sauers, R. R.; Ess, D. H.; Houk, K. N.; Krogh-Jespersen, K. *J. Am. Chem. Soc.* **2007**, 129, 5167.

[390] Wagner, W. M. *Proc. Chem. Soc.* **1959**, 229.

[391] Glick, H. C.; Likhotvovik, I. R.; Jones, Jr., M. *Tetrahedron Lett.* **1995**, 36, 5715; Stang, P. J. *Acc. Chem. Res.* **1982**, 15, 348; *Chem. Rev.* **1978**, 78, 383.

[392] For a review, see Regitz, M.; Maas, G. *Diazo Compounds*, Academic Press, NY, **1986**, pp. 170-184.

[393] For example, see Mieusset, J.-L.; Brinker, U. H. *J. Org. Chem.* **2006**, 71, 6975.

[394] See Martinu, T.; Dailey, W. P. *J. Org. Chem.* **2004**, 69, 7359.

[395] Liu, M. T. H. *Chemistry of Diazirines*, 2 Vols, CRC Press, Boca Raton, FL, **1987**. For reviews, see Moss, R. A. *Acc. Chem. Res.* **2006**, 39, 267; Liu, M. T. H. *Chem. Soc. Rev.* **1982**, 11, 127.

[396] Moss, R. A.; Fu, X. *Org. Lett.* **2004**, 6, 3353.

[397] Fede, J.-M.; Jockusch, S.; Lin, N.; Moss, R. A.; Turro, N. J. *Org. Lett.* **2003**, 5, 5027.

[398] Toscano, J. P.; Platz, M. S.; Nikolaev, V.; Cao, Y.; Zimmt, M. B. *J. Am. Chem. Soc.* **1996**, 118, 3527.

[399] For a review, see Nefedov, O. M.; D'yachenko, A. I.; Prokof'ev, A. K. *Russ. Chem. Rev.* **1977**, 46, 941.

[400] For a discussion of the nucleophilcity of dichlorocarbene, see Moss, R. A.; Zhang, M.; Krogh-Jespersen, K. *Org. Lett.* **2009**, 11, 1947.

[401] Tomioka, H.; Ozaki, Y.; Izawa, Y. *Tetrahedron* **1985**, 41, 4987.

[402] Krogh-Jespersen, K.; Yan, S.; Moss, R. A. *J. Am. Chem. Soc.* **1999**, 121, 6269.

[403] Ruck, R. T.; Jones, Jr., M. *Tetrahedron Lett.* **1998**, 39, 2277.

[404] Khan, M. I.; Goodman, J. L. *J. Am. Chem. Soc.* **1995**, 117, 6635.

[405] Sun, Y.; Tippmann, E. M.; Platz, M. S. *Org. Lett.* **2003**, 5, 1305.

[406] Ruck, R. T.; Jones, Jr., M. *Tetrahedron Lett.* **1998**, 39, 2277.

[407] See Halberstadt, M. L.; McNesby, J. R. *J. Am. Chem. Soc.* **1967**, 89, 3417.

[408] See Buncel, E.; Wilson, H. *J. Chem. Educ.* **1987**, 64, 475; Johnson, C. D. *Tetrahedron* **1980**, 36, 3461; *Chem. Rev.* **1975**, 75, 755; Giese, B. *Angew. Chem. Int. Ed.* **1977**, 16, 125; Pross, A. *Adv. Phys. Org. Chem.* **1977**, 14, 69. See also, Srinivasan, C.; Shunmugasundaram, A.; Arumugam, N. *J. Chem. Soc. Perkin Trans. 2* **1985**, 17; Bordwell, F. G.; Branca, J. C.; Cripe, T. A. *Isr. J. Chem.* **1985**, 26, 357; Formosinho, S. J. *J. Chem. Soc. Perkin Trans. 2* **1988**, 839; Johnson, C. D.; Stratton, B. *J. Chem. Soc. Perkin Trans. 2* **1988**, 1903. For a group of papers on this subject, see *Isr. J. Chem.* **1985**, 26, 303.

[409] Closs, G. L.; Coyle, J. J. *J. Am. Chem. Soc.* **1965**, 87, 4270.

[410] See Tomioka, H.; Ozaki, Y.; Izawa, Y. *Tetrahedron* **1985**, 41, 4987; Frey, H. M.; Walsh, R.; Watts, I. M. *J. Chem. Soc. Chem. Commun.* **1989**, 284.

[411] For a discussion, see Regitz, M. *Angew. Chem. Int. Ed.* **1991**, 30, 674.

[412] Arduengo, III, A. J.; Harlow, R. L.; Kline, M. *J. Am. Chem. Soc.* **1991**, 113, 361.

[413] See Locatelli, F.; Candy, J.-P.; Didillon, B.; Niccolai, G. P.; Uzio, D.; Basset, J.-M. *J. Am. Chem. Soc.* **2001**, 123, 1658; Brown, R. F. C. *Pyrolytic Methods in Organic Chemistry*, Academic Press, NY, **1980**, pp. 115-163; Wentrup, C. *Adv. Heterocycl. Chem.* **1981**, 28, 231; Jones, W. M. in de Mayo, P. *Rearrangements in Ground and Excited States*, Vol. 1, Academic Press, NY, **1980**, pp. 95-160; Schaefer, III, H. F. *Acc. Chem. Res.* **1979**, 12, 288; Kirmse, W. *Carbene Chemistry*, 2nd ed., Academic Press, NY, **1971**, pp. 457-496.

[414] The activation energy for the 1,2-hydrogen shift has been estimated at 1.1 kcal/mol (4.5 kJ/mol), an exceedingly low value: Stevens, I. D. R.; Liu, M. T. H.; Soundararajan, N.; Paike, N. *Tetrahedron Lett.* **1989**, 30, 481. Also see, Pezacki, J. P.; Couture, P.; Dunn, J. A.; Warkentin, J.; Wood, P. D.; Lusztyk, J.; Ford, F.; Platz, M. S. *J. Org. Chem.* **1999**, 64, 4456.

[415] Bettinger, H. F.; Rienstra-Kiracofe, J. C.; Hoffman, B. C.; Schaefer, III, H. F.; Baldwin, J. E.; Schleyer, P. v. R. *Chem. Commun.* **1999**, 1515.

[416] Liu, M. T. H.; Bonneau, R. *J. Am. Chem. Soc.* **1989**, 111, 6873; Jackson, J. E.; Soundararajan, N.; White, W.; Liu, M. T. H.; Bonneau, R.; Platz, M. S. *J. Am. Chem. Soc.* **1989**, 111, 6874; Ho, G.; Krogh-Jespersen, K.; Moss, R. A.; Shen, S.; Sheridan, R. S.; Subramanian, R. *J. Am. Chem. Soc.* **1989**, 111, 6875; LaVilla, J. A.; Goodman, J. L. *J. Am. Chem. Soc.* **1989**, 111, 6877.

[417] Friedman, L.; Shechter, H. *J. Am. Chem. Soc.* **1960**, 82, 1002.

[418] McMahon, R. J.; Chapman, O. L. *J. Am. Chem. Soc.* **1987**, 109, 683.

[419] Friedman, L.; Berger, J. G. *J. Am. Chem. Soc.* **1961**, 83, 492, 500.

[420] For a review, see Jones, W. M. *Acc. Chem. Res.* **1977**, 10, 353.

[421] Moss, R. A.; Johnson, L. A.; Kacprzynski, M.; Sauers, R. R. *J. Org. Chem.* **2003**, 68, 5114.

[422] See Yao, G.; Rempala, P.; Bashore, C.; Sheridan, R. S. *Tetrahedron Lett.* **1999**, 40, 17.

[423] Moss, R. A.; Ma, Y.; Sauers, R. R.; Madni, M. *J. Org. Chem.* **2004**, 69, 3628.

[424] Mekley, N.; El-Saidi, M.; Warkentin, J. *Can. J. Chem.* **2000**, 78, 356.

[425] Vignolle, J.; Catton, X.; Bourissou, D. *Chem. Rev.* **2009**, 109, 3333.

[426] Roth, H. D. *J. Am. Chem. Soc.* 1971, 93, 1527, 4935; *Acc. Chem. Res.* **1977**, 10, 85.

[427] See Scriven, E. F. V. *Azides and Nitrenes*, Academic Press, NY, **1984**; Lwowski, W. *React. Intermed. (Wiley)* **1985**, 3, 305; **1981**, 2, 315; **1978**, 1, 197; Abramovitch, R. A. in McManus, S. P. *Organic Reactive Intermediates*, Academic Press, NY,

1973, pp. 127-192; Kuznetsov, M. A.; Ioffe, B. V. *Russ. Chem. Rev.* *1989*, 58, 732 (*N*- and *O*-nitrenes); Meth-Cohn, O. *Acc. Chem. Res.* *1987*, 20, 18 (oxycarbonylnitrenes); Abramovitch, R. A.; Sutherland, R. G. *Fortsch. Chem. Forsch.* *1970*, 16, 1 (sulfonyl nitrenes); Ioffe, B. V.; Kuznetsov, M. A. *Russ. Chem. Rev.* *1972*, 41, 131 (*N*-nitrenes).

[428] McClelland, R. A. *Tetrahedron* *1996*, 52, 6823.
[429] Kemnitz, C. R.; Karney, W. L.; Borden, W. T. *J. Am. Chem. Soc.* *1998*, 120, 3499.
[430] Wasserman, E.; Smolinsky, G.; Yager, W. A. *J. Am. Chem. Soc.* *1964*, 86, 3166. See Carrick, P. G.; Brazier, C. R.; Bernath, P. F.; Engelking, P. C. *J. Am. Chem. Soc.* *1987*, 109, 5100.
[431] Smolinsky, G.; Wasserman, E.; Yager, W. A. *J. Am. Chem. Soc.* *1962*, 84, 3220. For a review, see Sheridan, R. S. *Org. Photochem.* *1987*, 8, 159, pp. 159-248.
[432] See Sigman, M. E.; Autrey, T.; Schuster, G. B. *J. Am. Chem. Soc.* *1988*, 110, 4297.
[433] See Singh, P. N. D.; Mandel, S. M.; Robinson, R. M.; Zhu, Z.; Franz, R.; Ault, B. S.; Gudmundsdottir, A. D. *J. Org. Chem.* *2003*, 68, 7951.
[434] Sander, W.; Grote, D.; Kossmann, S.; Neese, F. *J. Am. Chem. Soc.* *2008*, 130, 4396.
[435] McConaghy, Jr., J. S.; Lwowski, W. *J. Am. Chem. Soc.* *1967*, 89, 2357, 4450; Mishra, A.; Rice, S. N.; Lwowski, W. *J. Org. Chem.* *1968*, 33, 481.
[436] See Dyall, L. K. in Patai, S.; Rappoport, Z. *The Chemistry of Functional Groups, Supplement D*, pt. 1, Wiley, NY, *1983*, pp. 287-320; Dürr, H.; Kober, H. *Top. Curr. Chem.* *1976*, 66, 89; L'Abbé, G. *Chem. Rev.* *1969*, 69, 345.
[437] See Subbaraj, A.; Subba Rao, O.; Lwowski, W. *J. Org. Chem.* *1989*, 54, 3945.
[438] See Abramovitch, R. A.; Kyba, E. P. *J. Am. Chem. Soc.* *1971*, 93, 1537.
[439] Maltsev, A.; Bally, T.; Tsao, M.-L.; Platz, M. S.; Kuhn, A.; Vosswinkel, M.; Wentrup, C. *J. Am. Chem. Soc.* *2004*, 126, 237.
[440] See, for example, Leyva, E.; Platz, M. S.; Persy, G.; Wirz, J. *J. Am. Chem. Soc.* *1986*, 108, 3783.
[441] Novak, M.; Rajagopal, S. *Adv. Phys. Org. Chem.* *2001*, 36, 167; Falvey, D. E. in Moss, R. A.; Platz, M. S.; Jones, Jr., M. *Reactve Intermediate Chemistry*, Wiley-Interscience, Hoboken, NJ, *2004*, Vol. 1, pp 593-650.
[442] Winter, A. H.; Falvey, D. E.; Cramer, C. J. *J. Am. Chem. Soc.*, *2004*, 126, 9661.
[443] See Abramovitch, R. A.; Jeyaraman, R. in Scriven, E. F. V. *Azides and Nitrenes*, Acaademic Press, NY, *1984*, pp. 297-357; Gassman, P. G. *Acc. Chem. Res.* *1970*, 3, 26; Lansbury, P. T. in Lwowski, W. *Nitrenes*, Wiley, NY, *1970*, pp. 405-419.
[444] Gassman, P. G.; Cryberg, R. L. *J. Am. Chem. Soc.* *1969*, 91, 5176.

第 6 章
机理及其测定方法

机理是反应发生的真实过程——哪些键断裂，反应级数为多少，反应包括多少步，每步反应的相对速率等。为了完全阐明一个反应机理，我们应当确定在反应过程的每一点上所有原子的位置，包括在溶剂分子中的原子，以及每一步变化中体系的能量。提出的机理必须与得到的所有事实相符。随着新现象的发现，机理经常要进行调整。通常的步骤是，首先要知道机理的总体特征，然后深入关注细节。其趋势通常是探索得更深入，得到更详细的描述。

如今对于大多数反应，即使能较确定地写出总的反应机理，但其反应机理却并不完全清楚[1]。许多反应仍然还有不少细节令人迷惑，而且对于有些反应，甚至连总的反应机理还不明确。有些问题很难把握，因为反应机理有太多的变数。已经知道许多例子，其中的反应在不同条件下以不同的机理进行。在有些情况下，可以提出好几种机理，其中每种机理都能完全解释已经得到的数据。

6.1 反应机理的类型

在大多数有机化学反应中，都会有一根或多根共价键断裂。根据键断裂的方式，可以将有机反应机理分为三个基本类型。

（1）如果一根键断裂后，两个成键电子都保留在其中一个碎片上，则该机理称为异裂（heterolytic)。尽管这样的反应通常都含有离子型中间体，但是这并不是要求所有这样的机理均含有离子型中间体，重要的是电子都是配对的。对于多数反应，为了方便起见，通常称一个反应物为进攻试剂（attacking reagent)，另一个反应物为底物（substrate)。在本书中，我们通常将给新键提供碳的分子指定为底物。当通过异裂反应形成碳-碳键时，反应试剂通常给底物带来一对电子，或从底物带走一对电子。带来一对电子的试剂称为亲核试剂，相应的反应称为亲核反应。带走一对电子的试剂称为亲电试剂，相应的反应称为亲电反应。在底物分子发生键的断裂反应中，分子中一部分（不含碳的部分）通常称为离去基团。带走一对电子的离去基团称为离核体（nucleofuge)。如果它离开时不带电子对，则称为离电体（electrofuge)。

（2）如果键断裂后，每个碎片各得一个电子，则形成了自由基，这样的反应称为发生了均裂或自由基机理。

（3）似乎所有的键必须以前述两种方式之一断裂，然而还有第三种机理。在该类反应发生时，其中的电子（通常为 6 个，但有时为其它数目）在一个闭环中运动。该机理不涉及离子或自由基等中间体，也无法指明电子是成对还是未成对的。以这类机理进行的反应称为周环反应[2]（见反应 15-58～15-61 和 18-29～18-33)。

所有这三种类型反应机理的例子将在 6.2 节给出。

6.2 反应类型

有机化学反应的数量和范围很大，使人感到迷惑，但实际上几乎所有的反应都能归为六类。在下列六类反应的描述中都给出了反应中间体，尽管在许多情况下，这些中间体继续与其它反应物种反应。所有的反应物种都没有标出电荷，因为不同电荷的反应物都能进行类似的变化。这里给出的描述完全是形式上的通式，目的是为了分类和比较。所有反应在本书的下篇将详细讨论。

（1）取代　如果是异裂过程，可以分为亲核取代或亲电取代反应，究竟是哪一种机理则取决于哪个反应物被指定为底物，哪个反应物被指定为进攻试剂（通常 Y 必须是通过之前的键断裂先形成)。

① 亲核取代（第 10、13 章)

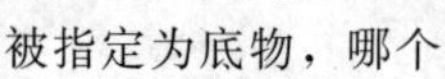

$$A\text{-}X + Y \longrightarrow A\text{-}Y + X$$

② 亲电取代（第 11、12 章)

$$\overset{\frown}{Y} + A\!-\!X \longrightarrow A\!-\!Y + X$$

③ 自由基取代（第 14 章）

$$\overset{\frown}{Y\cdot} + \overset{\frown}{A\!-\!X} \longrightarrow A\!-\!Y + X\cdot$$

在自由基取代反应中，Y·通常由前期的自由基断裂产生，X·还可进一步发生反应。

(2) 与双键或叁键的加成（第 15、16 章） 这些反应都能通过所有三种机理（①～③）之一发生。

① 亲电加成（异裂）

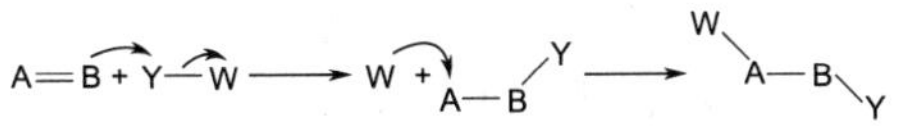

$$A\!=\!B + Y\!-\!W \longrightarrow W^+ + \underset{A\!-\!B}{\overset{\frown}{}}Y \longrightarrow \underset{A\!-\!B}{\overset{W}{}}\!\!\diagdown Y$$

② 亲核加成（异裂）

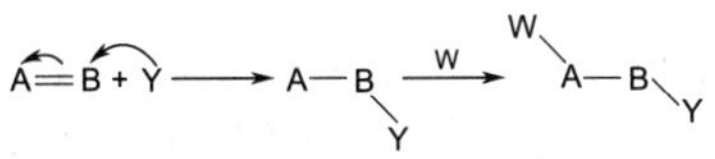

$$A\!=\!B + Y^- \longrightarrow A\!-\!B\!\diagdown Y \overset{W}{\longrightarrow} \underset{A\!-\!B}{\overset{W}{}}\!\!\diagdown Y$$

③ 自由基加成（均裂）

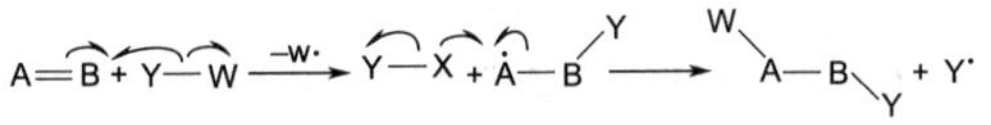

$$A\!=\!B + Y\!-\!W \overset{-W\cdot}{\longrightarrow} Y\!-\!X + \overset{\frown}{A\!-\!B}\!\diagdown Y \longrightarrow \underset{A\!-\!B}{\overset{W}{}}\!\!\diagdown Y + Y\cdot$$

④ 协同加成（周环）

$$\underset{A\!=\!B}{\overset{\frown}{W\!-\!Y}} \longrightarrow \underset{A\!-\!B}{\overset{W\!-\!Y}{}}$$

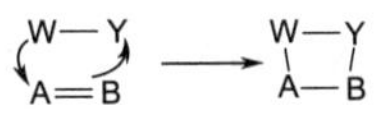

此例显示的是 Y 和 W 来自同一分子的情况，但是它们常常（除了协同加成）来自不同的分子，如上述②所示。而且，此例显示 Y—W 键断裂与 Y 和 B 成键同时发生，但键断裂可以早发生。

(3) β-消去（第 17 章）

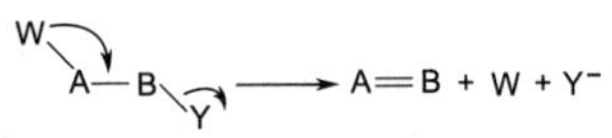

$$\underset{A\!-\!B}{\overset{W}{}}\!\!\diagdown \longrightarrow A\!=\!B + W + Y^-$$

这些反应可以通过异裂或周环机理发生。后者的例子列在 17.3.1 节。自由基型 β-消去反应相当少见。在异裂消除反应中，W 和 Y 或许同时离去，或许不同时；或许互相结合，或许不互相结合。

(4) 重排（第 18 章） 许多重排反应涉及原子或基团从一个原子迁移至另一个原子。根据迁移原子或基团带有的电子数，存在下列三种重排类型。

① 带着一对电子迁移（亲核型常见）

$$\overset{W}{\underset{A\!-\!B}{\frown}} \longrightarrow A\!-\!B\!\diagdown W$$

② 带一个电子迁移（自由基型较少）

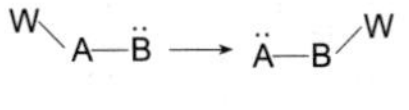

$$\overset{W}{\underset{A\!-\!\ddot{B}}{\frown}} \longrightarrow \ddot{A}\!-\!B\!\diagdown W$$

③ 不带电子迁移（亲电型，较少）

$$\overset{W}{\underset{A\!-\!\ddot{B}}{\frown}} \longrightarrow \ddot{A}\!-\!B\!\diagdown W$$

图中所示的是 1,2-重排，即迁移基团迁移至相邻的原子。这是最常见的迁移方式，但是也有可能发生更远距离的重排。也有一些重排反应根本不涉及简单的迁移，而是通过 π 体系进行迁移（参见第 18 章）。后一种重排中有些涉及周环机理。

(5) 氧化和还原（第 19 章） 许多氧化和还原反应本质上属于上述四种反应类型之一，但也有许多反应不是。氧化-还原机理类型的描述见 19.1 节。

(6) 上述反应的综合 常用箭头指示电子的运动。箭头总是跟随电子的运动，而不是跟随核或者其它基团的运动（可以理解为分子的其余部分跟随电子运动）。普通箭头（双箭头）表示电子对的运动，单箭头表示未成对电子的运动。在周环反应中为方便起见也采用双箭头，虽然在这些反应中，我们并不真正了解电子怎样或朝什么方向运动。

还有一种特殊的类型没有在此提到，应该指出的是，许多反应其实是酸-碱反应，也包括上面（1）～（6）中的一些例子。在其它一些反应中，酸-碱反应有时是引发反应过程，有时是终止反应过程。例如，在（2）①中，当 Y＝H，这就是一个酸-碱反应，其中 π 键是碱，而质子是酸。在（3）①中，当 W＝H 时，消除过程以酸-碱反应开始，其中碱给 H（＝W）提供了两个电子。在（2）②中，如果 A 提供电子给 W，而且 W＝H，那么这是酸-碱反应的又一个例子。因此，我们应始终认识到有机反应的酸-碱本质。

上面提到的许多反应，即便不是大多数，其反应活性会由于 π 键的引入而发生变化。大多数反应是通过两个电子的转移成键或断键的。π 键中存在的两个电子可在间隔原子间进行双电子转移过程。因此，π 键使得给定中心的反应活性扩大了。这种概念称为插烯作用，即通过 π 键的间隔作用反应活性位点扩展了。也就是说，如果 X—C-1—C-2 体系在 C-2 上发生反应同时伴随着从 C-1 失去 X，那么 X—C-1—C-2＝C-3—C-4 体系就可以在 C-4 上发生反应，C-4 的反应引发通过 π 键的电子转移，从而将反应中心扩展至 C-1 上而失去 X。这种反应类型的一些例子将在后续章节中讨论。

6.3 反应的热力学要求

为了反应能自发发生，产物的自由能必须比反应物的自由能低，即 ΔG 必须是负的。当然，反应也能向另一个方向进行，但是这种情况只有在加入能量的条件下才会发生。像地球表面的水，只向低处流而不向高处流，分子总是寻找最低可能的势能。自由能由两部分组成，即焓 H 和熵 S。其关系如下列方程所示：

$$\Delta G = \Delta H - T\Delta S$$

反应的焓变本质上是反应物和产物的键能（包括共振、张力[3]和溶剂化能）之差。焓变可以计算，由所有断裂键的键能总和减去所有形成键的键能总和，并加上共振、张力或溶剂化能的变化。熵变随着体系的无序性或随机度不同可能相差很大。体系越无序，熵则越大。自然条件下，低焓和高熵的系统比较稳定。在反应体系中，焓自发降低，而熵自发增大。

许多反应的熵效应很小，而主要由焓决定反应能否自发发生。然而，对于某些类型的反应，熵很重要，能支配焓。下面将举例说明：

（1）一般来说，液体的熵值比气体的低，因为气体分子具有更多的自由度和随机度。当然固体的熵更低。因而，任何反应，如果其中反应物都是液体，一个或多个产物是气体，由于反应过程中熵增加，因此该反应是热力学有利的。这个反应的平衡常数比没有这种情况的反应要大。类似的，气态物质的熵比溶于溶剂的相同物质的熵要大。

（2）对于产物分子数与反应物分子数相等的反应（如 A+B ⟶ C+D），熵效应通常较小。

但是如果反应中分子数增加（如 A ⟶ B+C），则熵有一个大的增值，这是由于当更多分子存在时，将有更多可能的空间排布方式。因此一个分子断裂为两个或多个部分的反应，由于熵增加，反应是热力学上有利的。相反的，如果反应中产物分子数比反应物分子数少，那么表现为熵降低，在这种情况下，应当有相当量的焓减小，以克服熵变化造成的不利。

（3）虽然分子断裂为两个或多个物质的反应在熵效应上是有利的，但是由于焓的大幅增加，许多潜在的断裂并不发生[4]。例如乙烷断裂为两个甲基自由基的反应。在这种情况下，一个键能约为 79kcal/mol(330kJ/mol) 的键发生断裂，但却没有新的键生成，以补偿焓的增加。然而，乙烷在很高的温度下可以断裂，这说明了当温度升高时熵变得更重要的原理，这从方程 $\Delta G = \Delta H - T\Delta S$ 来看也是显而易见的。焓与温度无关，而熵与热力学温度成正比。

（4）非环分子比相应的环状分子具有更大的熵，因为它们具有更多的构象（比较己烷和环己烷）。因此，开环意味着获得熵，关环意味着失去熵。

6.4 反应的动力学要求

仅仅由于反应具有负的 ΔG，并不一定表示反应将在一段合理长度的时间内发生。负的 ΔG 是反应自发发生的必要而不是充分条件。例如，H_2 和 O_2 生成水的反应具有很大的负 ΔG 值，但是 H_2 和 O_2 的混合物在室温能共存数百年而不会有任何明显的反应。为了使得反应发生，必须增加活化自由能 $\Delta G^{\neq[5]}$，如图 6.1 所示[6]。图 6.1 是一个没有中间体的一步反应的能线图（energy profile）。在这种图示中，横坐标轴（反应进程，reaction coordinate）[7]指的是反应的进展情况，参数 $\Delta G_f^{\neq}$ 是正向反应的活化自由能。如果图 6.1 所示的反应是不可逆❶的，那么 $\Delta G_r^{\neq}$ 必须大于 $G_f^{\neq}$，因为 $\Delta G_r^{\neq}$ 是 ΔG 和 $\Delta G_f^{\neq}$ 之和。

当两个或多个分子的反应进行到能线图曲线最高点时，这个位置的原子核和电子状态用术语过渡态来表述。过渡态具有确定的几何构型和电荷分布，但不能长时间存在，它只是一个反应体系所经历的过程。体系在这点上称为活化配合物（activated complex）[8]。

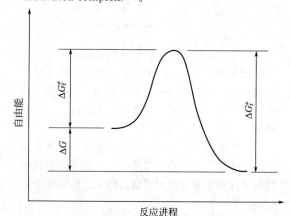

图 6.1　产物自由能低于反应物的没有中间体的反应的自由能曲线图

---

❶ 原文误为"可逆的"——译者注

过渡态理论[9]认为，起始原料和活化配合物处于平衡中，相应的平衡常数以 $K^{\neq}$ 表示。根据这个理论，所有活化配合物以同样的反应速率生成产物（虽然这乍看起来令人奇怪，但是当我们考虑到它们都"向低处走"时，也会觉得并不是没有道理），因此反应速率常数（参见 6.10.6 节）仅取决于起始原料与活化配合物间平衡的位置，即 $K^{\neq}$ 值。参数 $\Delta G^{\neq}$ 与 $K^{\neq}$ 的关系为：

$$\Delta G^{\neq} = -2.3RT\lg K^{\neq}$$

因此，$\Delta G^{\neq}$ 值越高，速率常数越小。几乎所有反应的速率随着温度的升高而增大，因为以这种方式附加的能量可帮助分子克服活化能垒[10]。有些反应根本没有活化自由能，意味着 $K^{\neq}$ 值无限大，所有碰撞都会导致反应发生。这样的过程被称为扩散控制的反应[11]。

同 ΔG 一样，$\Delta G^{\neq}$ 也是由焓和熵组成：

$$\Delta G^{\neq} = \Delta H^{\neq} - T\Delta S^{\neq}$$

活化焓（$\Delta H^{\neq}$）是起始反应物与过渡态之间的键能差，包括张力、共振和溶剂化能。许多反应中，在到达过渡态之前键就已经断裂或部分断裂了，此过程所需的能量是 $\Delta H^{\neq}$。在形成新的键之前确实需要提供额外的能量，但如果这在过渡态之后发生，它只能影响 ΔH 而不影响 $\Delta H^{\neq}$。

活化熵（$\Delta S^{\neq}$）是起始反应物与过渡态之间熵的差值，当两个反应分子为了发生反应必须以特定的取向互相接近时，活化熵才显得重要。例如，只有当反应物采取如图所示取向的过渡态时，简单非环状卤代烷与氢氧根负离子之间才发生生成烯烃的反应（**17-13**）。这是一个酸-碱反应，因为处于氯原子β位碳上的质子被极化后带 δ^+ 而具有弱酸性，该质子消去后引发了氯原子的失去，从而生成烯烃。C—H 键（酸性质子）中的电子必须与离去基团 Cl 处于反式，反应才能发生[12]。

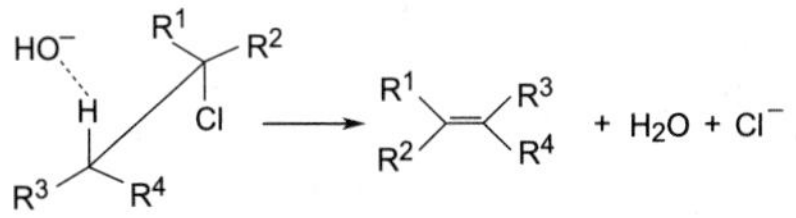

当两个反应分子碰撞时，如果 OH^- 与氯原子靠近，或与 R^1 或 R^2 靠近，则不会发生反应。为了使反应能够发生，分子必须降低它们通常具有的可采取多种空间取向的自由度，仅采取一种能引起反应的排布方式。因而，会有大量熵的损失，即 $\Delta S^{\neq}$ 是负的。

活化熵也是形成大于六元环的关环反应[13]存在困难的原因。我们来考虑一个关环反应，其中两个需要相互作用的基团位于一段十碳链两端。为了能使反应发生，两个基团必须互相接近。但十个碳的碳链具有许多构象，其中仅在少数构象中链的两端是互相接近的。因此，形成过渡态需要损失很多熵[14]。在关环形成六元环或更小环（除了三元环）的反应中，即使这种因素较小，但也是存在的，但是对于这些大小的环，反应中熵的损失比将两个单独的分子拉到一起发生反应所损失的熵要小。例如，同一分子中 OH 与 COOH 反应生成具有五元或六元的环内酯，要比一个含有 OH 基团的分子与另一个含有 COOH 基团的分子之间发生相同反应要快得多。这两种情况中，虽然 $\Delta H^{\neq}$ 大致相同，但成环反应的 $\Delta S^{\neq}$ 要小得多。然而，如果形成的是三元环或四元环，那么将引入小角张力，有利于反应的 $\Delta S^{\neq}$ 可能不足以克服不利于反应的 $\Delta H^{\neq}$。表 6.1 给出了经过同一反应形成 3~23 元环的相对速率常数[15]。过渡态比起始反应物更加无序的反应，如环丙烷热解转化为丙烯，具有正的 $\Delta S^{\neq}$ 值，因此从熵效应来看是有利的。

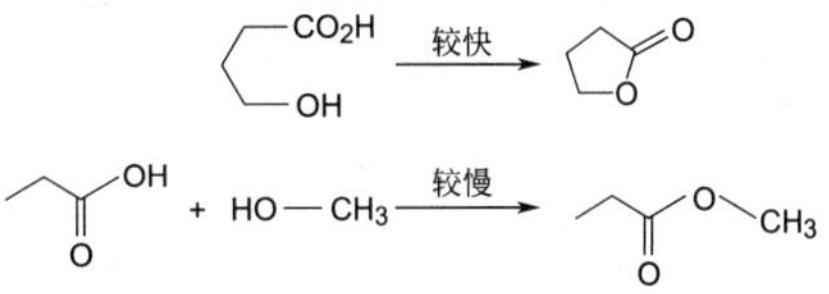

表 6.1[15]　　50℃时的相对反应速率常数

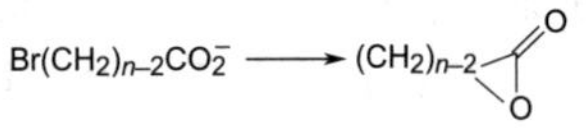

环大小	相对速率
3	21.7
4	5.4×10^3
5	1.5×10^6
6	1.7×10^4
7	97.3
8	1.00
9	1.12
10	3.35
11	8.51
12	10.6
13	32.2
14	41.9
15	45.1
16	52.0
18	51.2
23	60.4

注：1. 假设 8 元环速率为 1。

2. n 为环的大小。

具有中间体的反应是两步（或多步）过程。这些反应有一个能"阱"。反应有两个过渡态，每个过渡态的能量都比中间体高（图 6.2）。能阱越深，相应的中间体越稳定。在图 6.2(a) 中，第二个峰比第一个峰高；图 6.2(b) 显示的情况正好相反。要注意的是，在第二个峰比第一个峰高的反应中，反应的总 $\Delta G^{\neq}$ 小于两步 $\Delta G^{\neq}$ 值的总和。自由能曲线图中间的最低点（中间体）对应于具有有限但通常是短暂寿命的真实物种。这些中间体可能是已在第 5 章中讨论过的碳正离子、碳负离子、自由基等，或所有原子具有正常价键的分子。无论哪一种情况，在反应条件下，它们不会长时间存在（因为 $\Delta G_2^{\neq}$ 值小），而是很快转化为产物。能线图中曲线最高点并不对应于真实的物种，而只对应于过渡态，在过渡态中发生键的部分断裂和/或键的部分形成。过渡态只是瞬间存在，实质上其寿命为零[16]。

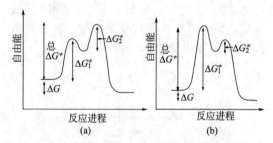

图 6.2 （a）有中间体反应的自由能曲线图（$\Delta G_1^{\neq}$ 和 $\Delta G_2^{\neq}$ 分别是第 1 步和第 2 步的活化自由能）；(b) 第 1 个峰高于第 2 个峰的有中间体的反应自由能曲线图

6.5 关环反应的 Baldwin 规则[17]

在前面各节中，我们以通述的方式讨论了关环反应的动力学和热力学问题。J. E. Baldwin 提出了一套针对关环形成 3~7 元环反应的更特殊的规则[18]。这些规则区分两种类型的关环反应，分别称为外型（exo）和内型（endo），以及标*位置上的三类原子：tet 表示 sp^3，trig 表示 sp^2，dig 表示 sp。以下是适用于关环形成 3~7 元环反应的 Baldwin 规则：

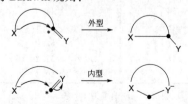

规则 1　四面体（tet）体系

① 3~7 元环的外型-四面体体系都是有利的过程。

② 5~6 元环的内型-四面体体系是不利的。

规则 2　三角形（trig）体系

① 3~7 元环的外型-三角形体系是有利的。

② 3~5 元环的内型-三角形体系是不利的[19]。

③ 6~7 元环的内型-三角形体系是有利的。

规则 3　对角线（dig）体系

① 3~4 元环的外型-对角线体系是不利的。

② 5~7 元环的外型-对角线体系是有利的。

③ 3~7 元环的内型-对角线体系是有利的。

"不利的"并不意味着反应不能进行，仅仅指反应比有利的情况更难。这些规则是经验性的，具有立体化学基础。有利的途径是指在那些过程中，连接链的长度和性质使端基原子具有合适的几何构型而发生反应。不利的反应需要键角和键长的严重扭曲。文献中的许多例子与这些规则非常相符，这些规则在形成五元环和六元环时很重要[20]。

虽然 Baldwin 规则可以适用于酮的烯醇盐[21]，但是需要加上附加的规则使表述更专一[22]。为了确定接近的正确角度，必须考虑轨道接近反应中心的取向。解释烯醇盐规则的图示如下：

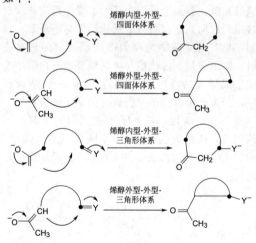

具体规则是：

① 6~7 元环烯醇内型-外型-四面体体系是有利的。

② 3~5 元环烯醇内型-外型-四面体体系是不利的。

③ 3~7 元环烯醇外型-外型-四面体体系是有利的。

④ 3~7 元环烯醇外型-外型-三角形体系是

有利的。

⑤ 6～7元环烯醇内型-外型-三角形体系是有利的。

⑥ 3～5元环烯醇内型-外型-三角形体系是不利的。

6.6 动力学和热力学控制

有许多这样的情况，一个化合物在一个给定的反应条件下可以发生竞争性的反应，产生不同的产物。例如，起始原料 A 可能反应生成 B 或 C。

$$C \longleftarrow A \longrightarrow B$$

图 6.3 所示的是一个反应的自由能曲线图，其中 B 比 C 在热力学上更稳定（ΔG_B 大于 ΔG_C），但 C 形成得更快（更低的 $\Delta G^{\neq}$）。如果两个反应都不是可逆的，则 C 形成的数量将更多，因为它形成得更快。这个产物称为是动力学控制的产物。然而，如果反应是可逆的，情况就未必如此。如果这样一个过程在平衡建立之前被很好地终止了，那么反应将是动力学控制的，因为将有更多的较快形成的产物存在。然而，如果被允许到达平衡，主要的甚至绝对量的产物将是 B。在这样的条件下，首先形成的 C 逆向转化为 A，而更稳定的 B 向 A 的转化要比 C 少得多。此时我们称这个产物是热力学控制的[23]。当然，图 6.3 并没有包括所有化合物 A 产生两个不同产物的反应的情况。在许多情况下，更稳定的产物也是较快形成的产物。此时该产物既是动力学控制也是热力学控制的产物。

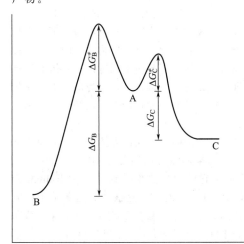

图 6.3　动力学控制和热力学控制
产物的自由能曲线图
起始反应物 A 反应既可以生成 B，也可以生成 C

6.7 Hammond 假说

由于过渡态的寿命为零，因此不可能直接观察到它们，其几何结构的信息必须通过推论和模型的方法获得。有些情况下的推理很有道理。例如，在 CH_3I 与 I^- 的 S_N2 反应（参见 10.1.1）中（这是一个产物与起始反应物相同的反应），反应过渡态应当是完全对称的。然而，在多数情况下，我们不能如此容易地得出结论，而要在很大程度上依赖 Hammond 假说[24]。该假说指出，对于任何单个反应步骤，其过渡态几何构型同自由能与其接近的一侧化合物结构相似。因而，对于如图 6.1 所示的放热反应，过渡态的结构更像反应物而不是产物。由于两边都有相当大的 $\Delta G^{\neq}$，因此像反应物还是像产物的差别不大。这个假说在涉及有中间体的反应时最有用。在图 6.2(a) 所示的反应中，与反应物相比，第一过渡态在能量上更接近于中间体，因此可以预计过渡态的几何构型更像中间体，而不是反应物。同样，比起产物来说，第二过渡态的自由能也更接近于中间体，因而两个过渡态比起反应物或产物来说都与中间体相像。在包含非常活泼中间体的反应中，这种情况很普遍。由于我们通常对中间体的结构比过渡态的结构知道得更多，因此我们常常用中间体的知识来得出关于过渡态的结论（例如，参见 10.7.1 节和 15.2.1 节）。

6.8 微观可逆性

在反应过程的每一点上，核和电子采取的位置对应于该点可能的最低自由能。如果反应是可逆的，那么在逆过程中这些位置也应该是相同的。这意味着正反应和逆反应（在同样的条件下）应该以同样的机理进行，这称为微观可逆性原理（principle of microscopic reversibility）。例如，如果在反应 A→B 中有一个中间体 C，那么 C 必定也是反应 B→A 的中间体。这是很有用的原理，因为这使我们能知道平衡远远倾向于某一边的反应的机理。可逆的光化学反应是个例外，因为被光化学方法激发的分子不必以同样的方式失去其能量（参见第 7 章）。

6.9 Marcus 理论

比较一个化合物与相似化合物的反应活性通常很有用。我们希望弄清当一个反应物分子被一个相似的分子替代时，反应进程（尤其是反应过渡态）如何变化。Marcus 理论是达到这个目的的方法[25]。

在这个理论中，活化能 $\Delta G^{\neq}$ 被认为由两部分组成：

（1）内在的活化自由能 当反应物和产物具有相同的 ΔG^0 时存在[26]。这是动力学部分，称为内在能垒（intrinsic barrier）$\Delta G_{int}^{\neq}$。

（2）热力学部分 起因于反应的 ΔG^0 而产生。

Marcus 方程表明一步反应的总 $\Delta G^{\neq}$[27]：

$$\Delta G^{\neq} = \Delta G_{int}^{\neq} + \frac{1}{2} \Delta G^{\Delta} + \frac{(\Delta G^{\Delta})^2}{16(\Delta G_{int}^{\neq} - w^R)}$$

而

$$\Delta G^{\Delta} = \Delta G^0 - w^R + w^P$$

其中，w^R 是功，是将反应物结合到一起所需的自由能；w^P 是从产物形成后续构型所需的功。

对于 AX＋B ⟶ BX 类型的反应，内在能垒[28] $\Delta G_{int}^{\neq}$ 被认为是两个对称反应平均的 $\Delta G^{\neq}$：

$$AX + A \longrightarrow AX + A \quad \Delta G_{A,A}^{\neq}$$
$$BX + B \longrightarrow BX + B \quad \Delta G_{B,B}^{\neq}$$

因此

$$\Delta G_{int}^{\neq} = \frac{1}{2}(\Delta G_{A,A}^{\neq} + \Delta G_{B,B}^{\neq})$$

能成功使用 Marcus 方程的一类过程是 S_N2 机理（参见 10.1.1 节）。

$$R-X + Y \longrightarrow R-Y + X$$

当 R 为 CH_3 时，该过程称为甲基转移[29]。对于这样的反应，功 w^R 和 w^P 与 ΔG^0 相比是很小的，可以忽略不计，因此 Marcus 方程可简化为：

$$\Delta G^{\neq} = \Delta G_{int}^{\neq} + \frac{1}{2} \Delta G^0 + \frac{(\Delta G)^2}{16 \Delta G_{int}^{\neq}}$$

Marcus 方程允许反应 RX＋Y ⟶ RY＋X 的 $\Delta G^{\neq}$ 从两个对称反应 RX＋X ⟶ RX＋X 和 RY＋Y ⟶ RY＋Y 的能垒计算得到。这样计算得到的结果与 Hammond 假说通常是一致的。

Marcus 理论适用于任何单步骤过程，在这个过程中，有些东西从一个粒子转移到另一个粒子。这个理论最初来自电子转移[30]，然后扩展到 H^+（参见 8.4 节）、H^-[31] 和 $H^·$[32] 的转移，还有甲基转移。

6.10 确定机理的方法[33]

有许多常用的方法可确定反应机理[34]。多数情况下，一种方法是不够的，需要多方面解决问题。

6.10.1 产物的鉴定

显然任何提出的反应机理必须解释得到的所有产物及它们的相对比例，还包括副反应的产物。von Richter 反应（反应 13-30）错误的反应机理多年来被人们接受，因为当时一直没有意识到氮气是主要产物。如果提出的反应机理不能预测产物的大致表观比例，那也是不对的。例如下列反应中：

$$CH_4 + Cl_2 \xrightarrow{h\nu} CH_3Cl$$

针对该反应的任何机理，如果不能解释少量乙烷的形成，那么就是不对的（参见 14-1）。Hofmann 重排（反应 18-31）中，所提出的任何机理必须能够解释以 CO_2 形式失去碳的事实。

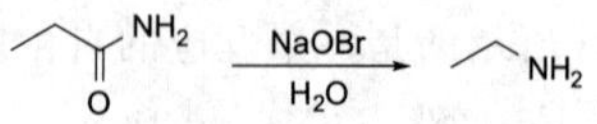

6.10.2 确定中间体的存在

许多机理都假设有中间体。中间体存在与否是反应机理非常重要的信息。有好几种方法可以用来研究中间体是否存在，以及如果存在中间体，再如何获知其结构，但是却没有一种方法是十分可靠的[35]。所有的方法都是实验性的，中间体必须用一种方法或用另一种方法检测出来，通常可将其分离或捕获得到。

（1）分离中间体 有时，在反应开始较短时间后将反应中止，或采用非常温和的条件，有可能从反应混合物中分离出中间体。例如，Neber 重排（反应 18-12）：

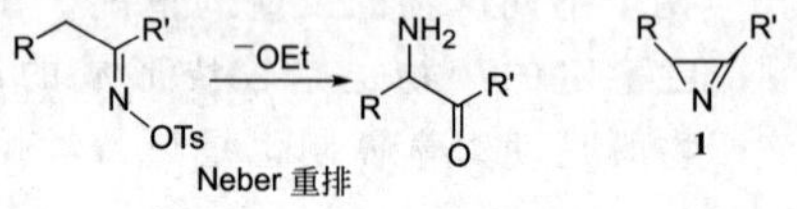

中间体 1（一个环氮乙烯）[36] 已被分离出来。如果能证明分离出来的中间体在反应条件下产生相同的产物，而且不比起始反应物生成同样的产物慢，那么这就构成了反应中包含该中间体的强有力证据。但是这还不能定论，因为那个中间体化合物有可能由其它的途径产生，正好也产生相同的产物。

（2）检测中间体 在许多情况下，中间体不能被分离出来，但可以用普通 IR、反应 IR[37]、NMR 或其它谱学方法检测到[38]。用 Raman 光谱检测到 NO_2^+ 的存在，这被认为是苯硝化反应中间体的有力证据（参见反应 11-2）。自由基和三线态中间体通常可用 ESR 和 CIDNP（参见第 5 章）检测。自由基（以及自由基离子和 EDA 复合物）也可以用不依靠光谱的方法检测。这个方法是将含双键的化合物加到反应混合物中，并且跟踪检测该化合物的状态[39]。一个可能的结果是发生顺-反构型转化。例如，在 RS· 自由基存在下，顺-1,2-二苯基乙烯异构化为反式异构体，其机理是：

$$\text{Ph}\underset{H}{\overset{Ph}{\diagup\!\!\!\diagdown}}H \xrightleftharpoons[]{RS\cdot} \underset{RS}{\overset{Ph}{\diagup}}\underset{H}{\overset{Ph}{\diagdown}}H \xrightleftharpoons[]{-RS\cdot} \underset{H}{\overset{Ph}{\diagup\!\!\!\diagdown}}\overset{H}{\underset{Ph}{}}$$

顺-1,2-二苯基乙烯   反-1,2-二苯基乙烯

由于反式异构体比顺式稳定，反应不会逆向进行，因此检测到异构化产物证明了 RS· 自由基的存在。

(3) 捕获中间体　在有些情况下，疑似中间体是一个能与某些化合物以特定方式反应的物质。此时该中间体可通过与该化合物发生反应而被捕获到。例如，苯炔（参见 13.1.3 节）与二烯的 Diels-Alder 反应（**15-60**）。任何怀疑苯炔为中间体的反应，如果加入二烯后检测到 Diels-Alder 反应产物，那么就证明可能存在苯炔。

(4) 对疑似中间体的加成　如果怀疑有某一中间体，而且能用其它的方法得到该中间体，那么它在相同的反应条件下，它应当产生相同的产物。这种实验可以提供结论性的反证：如果没有得到正确的产物，则可疑的化合物就不是该反应的中间体。然而，如果得到正确的产物，却不能下定论，认为这就是该反应的中间体，因为它们可能是由于巧合而产生的。von Richter 反应（**13-30**）提供了一个很好的例子。多年来，人们一直认为芳基氰化物是该反应的中间体，因为氰化物很容易水解生成羧酸（反应 **16-4**）。实际上，在 1954 年已经发现对氯苯乙腈在正常的 von Richter 反应条件下产生对氯苯甲酸[40]。然而，当用 1-氰基萘重复这个实验时，没有得到 1-萘甲酸，而在相同条件下，2-硝基萘产生了 13% 的 1-萘甲酸[41]。这说明 2-硝基萘必定是通过不包含 1-氰基萘的反应途径转化为 1-萘甲酸的。这同时也表明，在间硝基氯苯转化为对氯苯甲酸的反应中，对氯苯乙腈为中间体的结论甚至也是可疑的，因为从萘到苯体系，反应机理不可能发生根本的变化。

6.10.3　催化的研究[42]

许多有机反应在没有催化剂时进行得很慢。例如酸催化的反应非常普遍。一旦明确一个反应是催化进行的，那么哪些物质催化某一反应、哪些物质抑制该反应、哪些物质既不催化也不抑制该反应，通过这些研究人们从中可以获得很多反应机理的信息。当然，就如同反应机理必须与产物一致一样，它也必须与催化的情况相一致。

通常，催化剂通过使反应采取另外一个反应途径而起作用，该途径的 $\Delta G^{\neq}$ 比没有催化剂时要小。催化剂并不改变 ΔG。

6.10.4　同位素标记[43]

通过使用同位素标记的分子，并且同位素跟踪反应过程，可以得到许多有用的信息。例如在下列反应中，产物的 CN 基团是否来自 BrCN 中的 CN 呢？

$$\text{RCOO}^- + \text{BrCN} \longrightarrow \text{RCN}$$

利用 ^{14}C 给出了答案，因为 $R^{14}CO_2^-$ 反应生成了放射性的 RCN[44]。这个令人吃惊的结果节省了许多工作，因为它排除了 CO_2 被 CN 取代的机理（参见 **16-94**）。其它具有放射性的同位素也常常用作跟踪物质，但是通常只用稳定的同位素。酯的水解是个例子：

$$\underset{R}{\overset{O}{\|}}\!\!-\!\!OR' + H_2O \longrightarrow \underset{R}{\overset{O}{\|}}\!\!-\!\!OH + ROH$$

其中酯的哪个键断裂：是酰-氧键还是烷-氧键呢？用 $H_2^{18}O$ 进行机理研究找到了答案。如果发生酰-氧键断裂，则标记的氧将出现在酸中，否则它将出现在醇中（参见反应 **16-59**）。虽然两种可能产物都没有放射性，但是利用质谱（MS）可以测定含有 ^{18}O 的化合物。类似地，氘可以用作氢的标记。此时，可不使用质谱（MS），因为当氘取代氢后，可以用 IR 以及 ^1H NMR 和 ^{13}C NMR[45] 谱图测定。

同位素标记研究技术通常不必使用完全标记的化合物，部分标记的原料通常就足够了。

6.10.5　立体化学证据[46]

如果反应产物存在多个立体异构体，那么对最终产物构型的形成研究可以提供反应机理信息[47]。例如，Walden[48] 发现，用 PCl_5 处理（+）-马来酸产生（-）-氯琥珀酸，而当 $SOCl_2$ 处理时则产生异构体（+）-氯琥珀酸，表明这些表面上相似的反应，其机理不是相同的（参见 10.1.1 节和 10.4 节）。利用这种实验已经得到了很多关于亲核取代、消除、重排和加成反应的有用信息。反应中产生的异构体不必是对映异构体。于是，顺-2-丁烯用 $KMnO_4$ 处理后产生内消旋的 2,3-丁二醇，而不是外消旋混合物的事实，证明两个 OH 基团从同一面进攻双键（参见反应 **15-48**）。

6.10.6　动力学证据[49]

均相反应的速率[50] 就是反应物消失或产物出现的速率。反应速率基本上总是随着时间而改

变的，因为反应速率通常与浓度成正比，而反应物浓度随时间而减小。然而，反应速率并不总是与所有反应物浓度成正比的。在有些情况下，反应物浓度的变化根本不会令反应速率发生改变，而有些情况下，反应速率与一个反应物种（催化剂）的浓度成正比，而那个反应物种甚至可能不出现在化学定量方程中。研究哪个反应物影响反应速率常常可以得到大量关于反应机理的信息。

如果反应速率仅仅与一个反应物（A）浓度的变化成正比，那么，速率定律（A 浓度随时间 t 变化的速率）为：

$$\text{反应速率} = \frac{-d[A]}{dt} = k[A]$$

其中 k 是反应速率常数[51]。因为 A 的浓度随时间减小，所以该数值有一个负号。遵循这样速率定律的反应称为一级反应。一级反应速率常数 k 的单位为秒的倒数（s^{-1}）。二级反应的速率与两个反应物的浓度或与一个反应物浓度的平方成正比：

$$\text{反应速率} = \frac{-d[A]}{dt} = k[A][B]$$

或

$$\text{反应速率} = \frac{-d[A]}{dt} = k[A]^2$$

二级反应速率常数 k 的单位为升每摩尔每秒 [L/(mol·s)] 或其它单位，表示为单位时间间隔内的浓度或压力的倒数。

三级反应也可写成类似的表达式。反应速率与 [A] 和 [B] 成正比的反应，被认为是对于 A 和对于 B 都是一级的，总的反应级数为二级。反应速率可以根据任何反应物或产物来测定，但这样测定的速率不一定相同。例如，如果反应的计量式为 $2A+B \longrightarrow C+D$，那么按摩尔计，A 消耗的速率应该比 B 快一倍，因而 $-d[A]/dt$ 和 $-d[B]/dt$ 并不相等，而是前者为后者的两倍。

反应速率定律是实验测定的事实。从这个事实我们试图知道反应分子数（molecularity），反应分子数被定义为碰撞到一起形成活化配合物的分子数。显然，如果我们知道有多少个分子以及哪些分子参与形成活化配合物，那么我们就知道很多关于反应机理的信息了。实验测定的反应速率不一定与反应分子数一样。任何反应，不管包含多少步，仅仅只有一个速率定律，但反应机理的每步都有自身的反应分子数。对于一步反应（没有中间体的反应），反应级数与反应分子数一样。一个一级的一步反应总是单分子的，对于 A 的二级一步反应总是包含两个 A 分子；如果对

A 和 B 都是一级的，那么则发生一分子 A 与一分子 B 的反应，依此类推。对于多步反应，每步反应的级数与那一步反应的反应分子数是一样的。这个事实使我们能预测任何机理的速率定律，尽管计算时间会很长[52]。如果反应机理中的任何一步比所有其它步骤都要明显慢（这是常见的情况），那么总反应的速率与慢步骤速率基本是一样的，这个慢步骤被称为决速步[53]。

对于两步或多步反应，要区分以下两类情况。

（1）当第一步比后续的任何步骤都要慢时，亦即是决速步时。在这种情况下，速率定律通常只简单地包括参与慢步骤中的反应物。例如，如果反应 $A+2B \longrightarrow C$ 的反应机理为：

$$A + B \xrightarrow{\text{慢}} I$$
$$I + B \xrightarrow{\text{快}} C$$

其中 I 为中间体，那么反应是二级的，速率定律为：

$$\text{反应速率} = \frac{-d[A]}{dt} = k[A][B]$$

（2）如果第一步不是决速步，确定速率定律通常要复杂得多，例如，反应机理：

$$A + B \underset{k_{-1}}{\overset{k_1}{\rightleftharpoons}} I$$
$$I + B \xrightarrow{k_2} C$$

其中第一步很快达到平衡，接着是慢反应产生 C。A 消耗的速率为：

$$\frac{-d[A]}{dt} = k_1[A][B] - k_{-1}[I]$$

两种情况都要考虑，因为 A 可以通过逆反应形成，又可以通过正反应被消耗的。这个方程对我们的用处很小，因为我们不能测量中间体的浓度。然而 I 形成和消耗的混合速率定律为：

$$\text{反应速率} = \frac{-d[A]}{dt} = k_1[A][B] - k_{-1}[I] - k_2[I][B]$$

该方程仍然没有什么用处，但我们可以假设 I 的浓度不随时间变化，因为它是中间体，其消耗（生成 A+B 或生成 C）的速率与形成的速率一样快。这个假设称为稳态假设[54]，这样我们可以将 $d[I]/dt$ 设为零，因而 [I] 就可以根据 [A] 和 [B] 的测定量来计算：

$$[I] = \frac{k_1[A][B]}{k_2[B] + k_{-1}}$$

现在我们将 [I] 值代入到原来的速率表达式中，得到：

$$\frac{-d[A]}{dt} = \frac{k_1 k_2[A][B]^2}{k_2[B] + k_{-1}}$$

注意，无论 k_1、k_{-1} 和 k_2 为何值，这个速率定律都是有效的。然而，我们原来的假设是第一步比第二步快，或者

$$k_1[A][B] \gg k_2[I][B]$$

因为第一步是一个平衡：

$$k_1[A][B] = k_{-1}[I]$$

因此就有：

$$k_{-1}[I] \gg k_2[I][B]$$

消去 [I]，得到：

$$k_{-1} \gg k_2[B]$$

因此与 k_{-1} 相比，可以忽略 $k_2[B]$，得到

$$\frac{-d[A]}{dt} = \frac{k_1 k_2}{k_{-1}}[A][B]^2$$

因而总反应速率为三级：对 A 是一级，对 B 是二级。当然，如果第一步为决速步（像前一段中所描述的情况），那么：

$$k_2[B] \gg k_{-1} \quad 且 \quad \frac{-d[A]}{dt} = k_1[A][B]$$

这与我们假设第一步为决速步的规则中推导出来的速率定律相同，速率定律包括了参与决速步的反应物。

有可能一个反应只有 [A] 出现在速率定律中，但是反应的决速步却包含 A 和 B。当 B 大大过量时会出现这种情况，如 B 的摩尔数为 A 的 100 倍。在这种情况下，A 完全反应时只消耗了 1mol B，余下 99mol 没有参与反应。这种情况下不容易测量 B 浓度随时间的变化，人们也很少尝试这样做，尤其是当 B 作为溶剂时。由于在实际操作中，B 的浓度并不随时间变化，因此即使 A 和 B 都包含在决速步中，对于 A 反应也表现为一级。这种情况通常称为假一级反应（pseudo-first-order reaction）。当一个反应物为催化剂，由于它再生与消耗的速率一样快，因此其浓度不随时间变化时，以及反应在一种使反应物浓度恒定的介质中进行时，例如在 H^+ 或 OH^- 为反应物的缓冲溶液中时，也能发生假一级反应。假一级条件经常用在动力学研究中，以便于实验和计算。

真正测量的是产物或反应物浓度随时间的变化。许多方法可用于这方面的测量[55]。具体选择哪一种方法取决于方法的方便性和在所研究反应中的应用性。其中最常见的方法有：

（1）周期或连续地读取光谱数据　许多情况下，反应可以在测量仪器的样品池中进行。然后所需做的是周期地或连续地读取仪器数据，所用的方法有 IR 光谱、UV 光谱、极谱、NMR 和 ESR[56]。

（2）淬灭和分析　可以建立一系列反应，这些反应经过不同的时间后以某种方式（也许通过突然降低温度或加入抑制剂）将其终止。然后将所得到的物质用光谱读取、滴定、色谱、极谱以及任何其它方法进行分析。

（3）以一定时间间隔取等份反应液，然后每等份反应液用方法（2）中的方法分析。

（4）对于气相反应，测量总压力的变化[57]。

（5）量热方法　以一定时间间隔测量放出和吸收的热量。

对于非常快的反应的动力学测定可以利用特殊的方法[58]。

通常得到一个显示浓度如何随时间变化的图形。要得到速率定律和 k 值，必须对图形进行拟合[59]。如果反应遵循简单的一级或二级动力学，图形的拟合一般不难。例如，如果起始浓度为 A_0。则一级反应速率定律为：

$$\frac{-d[A]}{dt} = k[A] \quad 或 \quad \frac{-d[A]}{[A]} = k\,dt$$

在 $t=0$ 和 $t=t$ 间积分，得到

$$-\ln\frac{[A]}{A_0} = kt \quad 或 \quad \ln[A] = -kt + \ln A_0$$

因此，如果 $\ln[A]$ 对 t 的曲线是直线，那么反应是一级的，k 可以从直线斜率得到。对于一级反应，通常不仅可以用速率常数 k，还可用半衰期（即任何给定量的反应物消耗一半所需的时间）来表示速率。由于半衰期 $t_{1/2}$ 是 [A] 到达 $A_0/2$ 所需的时间，我们可以得到：

$$\ln\frac{A_0}{2} = kt_{1/2} + \ln A_0$$

因而

$$t_{1/2} = \frac{\ln\left(\frac{A_0}{A_0/2}\right)}{k} = \frac{\ln 2}{k} = \frac{0.693}{k}$$

对于 A 和 B 均为一级反应、总反应为二级反应的一般情况，积分复杂，但如果采用了等摩尔量的 A 和 B，即 $A_0 = B_0$，则积分可以简化。这种情况下：

$$\frac{-d[A]}{dt} = k[A][B]$$

相当于

$$\frac{-d[A]}{dt} = k[A]^2 \quad 或 \quad \frac{-d[A]}{[A]^2} = k\,dt$$

和前面同样积分得到

$$\frac{1}{[A]} - \frac{1}{A_0} = kt$$

因此，在等摩尔量的条件下，如果 $1/[A]$ 对 t

作图得一直线，那么反应是二级的，斜率为 k。显然对于 A 为二级的反应，这种关系也同样成立[60]。

虽然许多反应速率研究得到了直线，因此能简单地进行解释，但是许多其它研究的结果并不如此简单。有些情况下反应在低浓度时可能是一级的，而在较高浓度时可能是二级的。在有些情况下，会得到分数级数或负级数。对复杂动力学的解释通常需要许多技巧和努力。甚至相对简单的动力学，通常在解释数据时也有困难，因为很难获得足够精确的测量值[61]。

NMR 光谱能以完全不同于前面提到的方式得到动力学信息。这个方法，包括研究 NMR 的谱峰特征[62]，根据 NMR 光谱具有一个固有时间因子的事实：如果质子改变其环境的速率小于约 10^3 次/s，NMR 谱图将显示质子采取的不同位置的分离峰。例如，如果 N,N-二甲基乙酰胺围绕 C—N 键转动的速率小于 10^3 r/s，那么两个 N-甲基的每个甲基都有不同的化学位移，因为它们是不等价的，其中一个与氧处于顺式，另一个处于反式。然而，如果质子环境变化速率快于约 10^3 次/s，那么在 NMR 谱图上会出现一条谱线，其化学位移是两个独立位置化学位移的加权平均。在许多情况下，在低温下出现两条或多条线，但随着温度的升高，这些线慢慢合并，因为随着温度的升高质子转变的速率也加快，超过了 10^3 次/s 这个界限。通过对峰形随温度改变性质的研究，常常能够计算反应和构象改变的速率。这个方法不只局限于质子 NMR 谱峰的变化，也适用于能产生 NMR 光谱和 ESR 光谱的其它原子。

从动力学研究可以获得多种机理信息：

（1）就反应级数而言，可以获知哪些分子和多少分子参与决速步反应的信息。这些信息非常有用，在阐述机理时通常是必需的。对于任何为指定反应提出的机理，采用本节开头讨论的方法可以计算出相应的速率定律。如果实验得到的速率定律与计算得到的不符，那么提出的机理就是错误的。然而，将反应级数与机理联系起来，特别是当反应级数为分数或负数时，通常很难。此外，也经常出现两个或多个提出的反应机理在动力学上不可区分，即它们预测出一样的速率定律。

（2）动力学上获得的最有用数据可能还是速率常数本身。它们很重要，能告诉我们反应物结构（参见第 9 章）、溶剂[63]、离子强度、催化剂加入等对反应速率的影响。

（3）如果在不同温度下测定反应速率，那么在多数情况下，$\ln k$ 对 $1/T$（T 代表热力学温度）作图得到的曲线接近直线[64]，具有一个负的斜率，符合方程：

$$\ln k = \frac{-E_a}{RT} + \ln A$$

其中，R 是气体常数；A 是一个常数，称为频率因子。通过这个方程就能计算 E_a，E_a 是反应的 Arrhenius 活化能。参数 $\Delta H^{\neq}$ 可以通过以下方程得到：

$$E_a = \Delta H^{\neq} + RT$$

有可能利用这些数据通过下列公式计算 $\Delta S^{\neq}$[65]，能量单位为卡（cal）。

$$\frac{\Delta S^{\neq}}{4.576} = \lg k - 10.753 - \lg T + \frac{E_a}{4.576T}$$

能量单位为焦耳（J）时，公式为：

$$\frac{\Delta S^{\neq}}{19.15} = \lg k - 10.753 - \lg T + \frac{E_a}{19.15T}$$

然后从 $\Delta G^{\neq} = \Delta H^{\neq} - T\Delta S^{\neq}$ 得到 $\Delta G^{\neq}$。

6.10.7 同位素效应

当反应物分子中的氢被氘取代后，常常会导致反应速率的变化。这样的变化就是所谓的氘同位素效应[66]，用比例 k_H/k_D 来表示。一个键的基态振动能（也称为零点振动能）取决于原子的质量，当原子的折合质量较高时基态振动能较低[67]。因此 D—C、D—O、D—N 等键比相应的 H—C、H—O、H—N 等键在基态时具有较低的能量。因此在相同的环境下，含氘键的完全解离需要比相应的含氢键需要更多的能量（图 6.4）。如果 H—C、H—O 或 H—N 键在反应中根本没有断裂，或者这些键在非决速步中断裂，那么用氘取代氢不会引起反应速率的改变（可参见下面阐述的关于这个说法的例外），但是如果该键的断裂在决速步发生，那么反应速率必定因氘代而减慢。

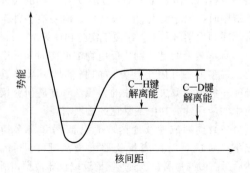

图 6.4　C—D 键比相应的 C—H 键零点能更低，因而解离能更高

这提供了确定反应机理很有价值的判断工具。例如，在丙酮的溴化反应（**12-4**）中：

$$CH_3COCH_3 + Br_2 \longrightarrow CH_3COCH_2Br$$

反应速率与溴的浓度无关，这一事实使人们假设决速步是丙酮的互变异构化。

$$\underset{H_3C}{\overset{O}{\underset{\|}{C}}}CH_3 \longleftrightarrow \underset{H_3C}{\overset{OH}{\underset{|}{C}}}CH_2$$

反之，互变异构化决速步包含了C—H键的断裂（参见反应 **12-3**）。因此如果氘代丙酮被溴化，将会有明显的同位素效应。实际上，发现 k_H/k_D 的比值约为 $7^{[68]}$。氘同位素效应通常范围是从1（根本没有同位素效应）到大约7或8，在少数情况下，有更大[69]或更小值的报道[70]。k_H/k_D 的比值小于1的情况被称为逆同位素效应。当在过渡态中氢和将与之进行交换的原子对称成键时，具有最大的同位素效应[71]。同时，计算表明在过渡态中当氢处于将与之进行交换的两个原子所形成的直线上时，同位素效应最大。相当非线性的构型，同位素效应降至 $k_H/k_D = 1 \sim 2^{[72]}$。当然，在开放体系中，过渡态的非线性构型是不合理的，但是在许多分子内反应机理中，情况就不同了，例如氢的1,2-迁移：

$$\underset{H}{\overset{}{C}}-C \longrightarrow \left[\underset{C-C}{\overset{H}{\cdots\cdots}}\right] \longrightarrow C-\overset{H}{C}$$
$$\text{过渡态}$$

为了测量同位素效应，没有必要总是制备富含氘的起始反应物。通过利用高场 NMR 仪[73]测量含天然丰度氘的化合物与反应产物间特定位点氘浓度的变化，也能测量同位素效应。

用氚取代氢将产生更大的同位素效应。也观察到了其它元素的同位素效应，但是它们小得多，同位素效应参数约为 1.02～1.10。例如，甲氧基离子与苄溴的反应：

$$Ph\text{-}CH_2Br + CH_3O^- \xrightarrow{CH_3OH} Ph\text{-}CH_2OCH_3$$

其 k_{12C}/k_{13C} 的比值为 $1.053^{[74]}$。尽管这些值不大，但重原子同位素效应能十分精确地测量，所以常常很有用[75]。

甚至在反应中 C—H 键根本没有断裂的情况下也发现了氘同位素效应。这样的效应称为二级同位素效应[76]，一级同位素效应就是前面讨论的类型。二级同位素效应可以分为 α 和 β 效应。在 β 二级同位素效应中，键断裂位置的 β 位氢被氘取代后将减慢反应。例如 2-溴丙烷溶剂解为 2-丙醇的反应：

$$(CH_3)_2CHBr + H_2O \xrightarrow{k_H} (CH_3)_2CHOH$$

$$(CD_3)_2CHBr + H_2O \xrightarrow{k_D} (CD_3)_2CHOH$$

其 k_H/k_D 的比值为 $1.34^{[77]}$。β 同位素效应的成因是一个有诸多争论的问题，但是最可能的原因是过渡态中的超共轭效应。当过渡态具有相当的碳正离子特征时，这种效应最大[78]。尽管 C—H 键在过渡态中并不断裂，但是碳正离子却因含有这根键的超共轭效应（2.13 节）而稳定。由于超共轭效应，过渡态中 C—H 键和 C—D 键的共振能差别比基态时小，因此反应由于氘取代了氢而减慢。

当 D 处于离去基团的反式位置时同位素效应最大（由于要求在一个共振体系中的所有原子应当是共平面的，D—C—C—X 体系的平面性将最大限度地增加超共轭）[79]，而且二级同位素效应可以通过不饱和体系传递[80]，这样的事实支持了 β 同位素效应的主要原因为超共轭效应。虽然有证据表明至少某些 β 同位素效应是由于立体原因（如 CD_3 基团比 CH_3 基团具有更小的立体要求）[81]，也有建议用场效应解释 β 同位素效应（CD_3 显然是比 CH_3 更好的电子供体）[82]，但是在多数情况下超共轭是最可能的原因[83]。解释这些效应很困难，部分原因是它们的数值并不大，仅仅只有约 $1.5^{[84]}$。另一个复杂的因素是它们随温度变化。有一个例子[85]，在 0℃ 时 k_H/k_D 的比值是 1.00 ± 0.01，在 25℃ 时为 0.90 ± 0.01，在 65℃ 时为 1.15 ± 0.09。不管什么原因，在 β 二级同位素效应与过渡态中碳正离子特征之间似乎具有良好的关联，因此它们是探索反应机理的有用工具。

另一类二级同位素效应是由于在含有离去基团的碳上的氢被氘取代的结果。这类所谓的二级同位素效应是变化的，至今报道[86]的数值范围在 $0.87 \sim 1.26^{[87]}$。这些效应也与碳正离子特征关联。亲核取代反应不经过碳正离子中间体（S_N2 反应），具有近乎统一的同位素效应[88]。那些含有碳正离子的反应（S_N1 反应）具有较高的同位素效应，其大小取决于离去基团的性质[89]。公认的同位素效应的解释是，C—H 键的其中一个弯曲振动模式在过渡态中受 D 取代 H 的影响，比在基态时更强或更弱[90]。具体结果取决于过渡态的性质，这种影响可能增加也可能减小反应速率。S_N2 反应的 α 同位素效应可随浓度变化[91]，这是由于从一个自由亲核试剂转化为离子对中的一部分所产生的效应（参见10.7.2节）[92]。这说明了二级同位素效应可作为研究过渡态结构的方法。γ二级同位素效应也有报道[93]。

另一类同位素效应是溶剂同位素效应[94]，当溶剂从 H_2O 改变为 D_2O 或从 ROH 改变为 ROD 时，反应速率也常常发生变化。这些变化可能是由于以下三个因素中的某一个或所有三个因素的综合影响：

（1）溶剂可能是反应物　如果溶剂分子的 O—H 键在决速步中断裂，那么将会有一级同位素效应。如果所研究的分子有 D_2O 或 D_3O^+，那么还将有二级同位素效应，它是由没有断裂的 O—D 键引起的。

（2）底物分子与氚经过快速氢交换而被标记，然后新标记的分子在决速步中相应键发生断裂。

（3）溶剂-溶质相互作用的程度和性质在氘代和非氘代溶剂中可能不同。这可能改变过渡态的能量，从而改变反应的活化能。这些效应是二级同位素效应。已经建立了这第三个因素的两个物理模型[95]。

显然在许多情况下，至少第一个和第三个因素，常常还有第二个因素是同时起作用的。已经做了很多尝试将它们分开[96]。

在本章中描述的方法不是确定反应机理仅有的手段。深入详细的文献研究并加上设计良好的实验是研究反应机理最佳的途径。

参 考 文 献

[1] *Perspectives on Structure and Mechanism in Organic Chemistry*, Carroll, F. A., Wiley, **2010**; *Arrow-Pushing in Organic Chemistry: An Easy Approach to Understanding Reaction Mechanisms*, Levy, D. E., Wiley-Interscience, **2008**; *Guidebook to Mechanism in Organic Chemistry*, 6th Edition, Sykes, P., Prentice Hall, **1996**.

[2] For a classification of pericyclic reactions, see Hendrickson, J. B. *Angew. Chem. Int. Ed.* **1974**, 13, 47. Also see, Fleming, I. *Pericyclic Reactions*, Oxford University Press, Oxford, **1999**.

[3] For a discussion of the activation strain model of chemical reactivity, see van Zeist, W.-J.; Bickelhaupt, F. M. *Org. Biomol. Chem.*, **2010**, 8, 3118.

[4] For calculations of long-chain alkane energies see Song, J.-W.; Tsuneda, T.; Sato, T.; Hirao, K. *Org. Lett.* **2010**, 12, 1440.

[5] To initiate a reaction of a mixture of H_2 and O_2, energy must be added such as by striking a match.

[6] Strictly speaking, this is an energy profile for a reaction of the type $XY + Z \rightarrow X + YZ$. However, it may be applied, in an approximate way, to other reactions.

[7] For a review of reaction coordinates and structure-energy relationships, see Grunwald, E. *Prog. Phys. Org. Chem.* **1990**, 17, 55.

[8] For a discussion of transition states, see Laidler, K. J. *J. Chem. Educ.* **1988**, 65, 540.

[9] See Kreevoy, M. M.; Truhlar, D. G. in Bernasconi, C. F. *Investigation of Rates and Mechanisms of Reactions*, 4th ed. (Vol. 6 of Weissberger, A. *Techniques of Chemistry*), pt. 1, Wiley, NY, **1986**, pp. 13-95; Moore, J. W.; Pearson, R. G. *Kinetics and Mechanism*, 3rd ed., Wiley, NY, **1981**, pp. 137-181; Klumpp, G. W. *Reactivity in Organic Chemistry*, Wiley, NY, **1982**; pp. 227-378. See Zevatskii, Y. E.; Samoilov, D. V. *Russ. J. Org. Chem.* **2007**, 43, 483.

[10] See Donahue, N. M. *Chem. Rev.* **2003**, 103, 4593.

[11] For a monograph on diffusion-controlled reactions, see Rice, S. A. *Comprehensive Chemical Kinetics*, Vol. 25 (edited by Bamford, C. H.; Tipper, C. F. H.; Compton, R. G.); Elsevier: NY, **1985**.

[12] As will be seen in Chapter 17, elimination is also possible with some molecules if the hydrogen is oriented syn, instead of anti, to the chlorine atom. Of course, this orientation also requires a considerable loss of entropy.

[13] See De Tar, D. F.; Luthra, N. P. *J. Am. Chem. Soc.* **1980**, 102, 4505; Mandolini, L. *Bull. Soc. Chim. Fr.* **1988**, 173. For a related discussion, see Menger, F. M. *Acc. Chem. Res.* **1985**, 18, 128.

[14] See Nakagaki. R.; Sakuragi, H.; Mutai, K. *J. Phys. Org. Chem.* **1989**, 2, 187; Mandolini, L. *Adv. Phys. Org. Chem.* **1986**, 22, 1; Winnik, M. A. *Chem. Rev.* **1981**, 81, 491; Valters, R. *Russ. Chem. Rev.* **1982**, 51, 788.

[15] The values for ring sizes 4, 5, and 6 are from Mandolini, L. *J. Am. Chem. Soc.* **1978**, 100, 550; the others are from Galli, C.; Illuminati, G.; Mandolini, L.; Tamborra, P. *J. Am. Chem. Soc.* **1977**, 99, 2591. See also, Illuminati, G.; Mandolini, L. *Acc. Chem. Res.* **1981**, 14, 95. See, however, Benedetti, F.; Stirling, C. J. M. *J. Chem. Soc. Perkin Trans.* 2 **1986**, 605.

[16] See laser femtochemistry: Zewail, A. H.; Bernstein, R. B. *Chem. Eng. News* **1988**, 66, No. 45 (Nov. 7), 24-43. For another method, see Collings, B. A.; Polanyi, J. C.; Smith, M. A.; Stolow, A.; Tarr, A. W. *Phys. Rev. Lett.* **1987**, 59, 2551.

[17] See Smith, M. B. *Organic Synthesis*, 3rd ed., Wavefunction Inc./Elsevier, Irvine, CA/London, England, **2010**, pp. 564-572.

[18] Baldwin, J. E. *J. Chem. Soc. Chem. Commun.* **1976**, 734; Baldwin, J. E. in *Further Perspectives in Organic Chemistry* (Ciba Foundation Symposium 53), Elsevier, Amsterdam, The Netherlands, **1979**, pp. 85-99. See also, Baldwin, J. E.; Thomas, R. C.; Kruse, L. I.; Silberman, L. *J. Org. Chem.* **1977**, 42, 3846; Baldwin, J. E.; Lusch, M. J. *Tetrahedron* **1982**, 38, 2939; Fountain, K. R.; Gerhardt, G. *Tetrahedron Lett.* **1978**, 3985.

[19] For some exceptions to the rule in this case, see Trost, B. M.; Bonk, P. J. *J. Am. Chem. Soc.* **1985**, 107, 1778; Torres, L. E.; Larson, G. L. *Tetrahedron Lett.* **1986**, 27, 2223.

[20] Johnson, C. D. *Accts. Chem. Res.* **1997**, 26, 476.

[21] Baldwin, J. E. ; Kruse, L. I. *J. Chem. Soc. Chem. Commun.* **1977**, 233.
[22] Baldwin, J. E. ; Lusch, M. J. *Tetrahedron* **1982**, 38, 2939.
[23] See Klumpp, G. W. *Reactivity in Organic Chemistry*, Wiley, NY, **1982**, pp. 36-89.
[24] Hammond, G. S. *J. Am. Chem. Soc.* **1955**, 77, 334. For a discussion, see Farcasiu, D. *J. Chem. Educ.* **1975**, 52, 76.
[25] See Albery, W. J. *Annu. Rev. Phys. Chem.* **1980**, 31, 227; Kreevoy, M. M. ; Truhlar, D. G. in Bernasconi, C. F. *Investigation of Rates and Mechanisms of Reactions*, 4th ed. (Vol. 6 of Weissberger, A. *Techniques of Chemistry*), pt. 1, Wiley, NY, **1986**, pp. 13-95.
[26] The parameter $\Delta G°$ is the standard free energy; that is, ΔG at atmospheric pressure.
[27] Albery, W. J. ; Kreevoy, M. M. *Adv. Phys. Org. Chem.* **1978**, 16, 87, pp. 98-99.
[28] See Lee, I. *J. Chem. Soc. Perkin Trans. 2* **1989**, 943, *Chem. Soc. Rev.* **1990**, 19, 133.
[29] See Albery, W. J. ; Kreevoy, M. M. *Adv. Phys. Org. Chem.* **1978**, 16, 87. See also, Lee, I. *J. Chem. Soc., Perkin Trans. 2* **1989**, 943; Lewis, E. S. ; McLaughlin, M. L. ; Douglas, T. A. *J. Am. Chem. Soc.* **1985**, 107, 6668; Lewis, E. S. *Bull. Soc. Chim. Fr.* **1988**, 259.
[30] Marcus, R. A. *J. Phys. Chem.* **1963**, 67, 853, *Annu. Rev. Phys. Chem.* **1964**, 15, 155; Eberson, L. *Electron Transfer Reactions in Organic Chemistry*; Springer: NY, **1987**.
[31] Kim, D. ; Lee, I. H. ; Kreevoy, M. M. *J. Am. Chem. Soc.* **1990**, 112, 1889 and references cited therein.
[32] See, for example, Dneprovskii, A. S. ; Eliseenkov, E. V. *J. Org. Chem. USSR* **1988**, 24, 243.
[33] *The Investigation of Organic Reactions and their Mechanisms* Maskill, H. (Ed.), Blackwell, Oxford, **2006**.
[34] See Bernasconi, C. F. *Investigation of Rates and Mechanisms of Reactions*, 4th ed. (Vol. 6 of Weissberger, A. *Techniques of Chemistry*), 2 pts. , Wiley: NY, **1986**; Carpenter, B. K. *Determination of Organic Reaction Mechanisms*, Wiley: NY, **1984**.
[35] For a discussion, see Martin, R. B. *J. Chem. Educ.* **1985**, 62, 789.
[36] See Gentilucci, L. ; Grijzen, Y. ; Thijs, L. ; Zwanenburg, B. *Tetrahedron Lett.* **1995**, 36, 4665.
[37] ReactIR uses mid-range IR spectroscopy for the identification and monitoring of critical reaction species and follows the changes in the reaction on a second-by-second basis. For applications, see Stead, D. ; Carbone, G. ; O'Brien, P. ; Campos, K. R. ; Coldham, I; Sanderson, A. *J. Am. Chem. Soc.* **2010**, 132, 7260; Pippel, D. J. ; Weisenburger, G. A. ; Faibish, N. C. ; Beak, P. *J. Am. Chem. Soc.* **2001**, 123, 4919. ; Rutherford, J. L. ; Hoffmann, D. ; Collum, D. B. *J. Am. Chem. Soc.* **2002**, 124, 264.
[38] See Parker, V. D. *Adv. Phys. Org. Chem.* **1983**, 19, 131; Sheridan, R. S. *Org. Photochem.* **1987**, 8, 159.
[39] For a review, see Todres, Z. V. *Tetrahedron* **1987**, 43, 3839.
[40] Bunnett, J. F. ; Rauhut, M. M. ; Knutson, D. ; Bussell, G. E. *J. Am. Chem. Soc.* **1954**, 76, 5755.
[41] Bunnett, J. F. ; Rauhut, M. M. *J. Org. Chem.* **1956**, 21, 944.
[42] See Jencks, W. P. *Catalysis in Chemistry and Enzymology*, McGraw-Hill, NY, **1969**; Bender, M. L. *Mechanisms of Homogeneous Catalysis from Protons to Proteins*, Wiley, NY, **1971**; Coenen, J. W. E. *Recl. Trav. Chim. Pays-Bas*, **1983**, 102, 57; and in Bernasconi, C. F. *Investigation of Rates and Mechanisms of Reactions*, 4th ed. (Vol. 6 of Weissberger, A. *Techniques of Chemistry*), pt. 1, Wiley, NY, **1986**, the articles by Keeffe, J. R. ; Kresge, A. J. pp. 747-790; Haller, G. L. ; Delgass, W. N. pp. 951-979.
[43] See Wentrup, C. in Bernasconi, C. F. *Investigation of Rates and Mechanisms of Reactions*, 4th ed. (Vol. 6 of Weissberger. A. *Techniques of Chemistry*), pt. 1, Wiley, NY, **1986**, pp. 613-661; Collins, C. J. *Adv. Phys. Org. Chem.* **1964**, 2, 3. See also, the series *Isotopes in Organic Chemistry*.
[44] Douglas, D. E. ; Burditt, A. M. *Can. J. Chem.* **1958**, 36, 1256.
[45] For a review, see Hinton, J. ; Oka, M. ; Fry, A. *Isot. Org. Chem.* **1977**, 3, 41.
[46] See Billups, W. E. ; Houk, K. N. ; Stevens, R. V. in Bernasconi, C. F. *Investigation of Rates and Mechanisms of Reactions*, 4th ed. (Vol. 6 of Weissberger, A. *Techniques of Chemistry*), pt. 1, Wiley, NY, **1986**, pp. 663-746; Eliel, E. L. *Stereochemistry of Carbon Compounds*, McGraw-Hill, NY, **1962**; Newman, M. S. *Steric Effects in Organic Chemistry*, Wiley, NY, **1956**.
[47] Bonnet, L. ; Larrégaray, P. ; Duguay, B. ; Rayez, J. -C. ; Che, D. C. ; Kasai, T. *Bull. Chem. Soc. Jpn.* **2007**, 80, 707.
[48] Walden, P. *Ber.* **1896**, 29, 136; **1897**, 30, 3149; **1899**, 32, 1833.
[49] See Connors, K. A. *Chemical Kinetics*, VCH, NY, **1990**; Zuman, P. ; Patel, R. C. *Techniques in Organic Reaction Kinetics*, Wiley, NY, **1984**; Drenth, W. ; Kwart, H. *Kinetics Applied to Organic Reactions*, Marcel Dekker, NY, **1980**; Hammett, L. P. *Physical Organic Chemistry*, 2nd ed. , McGraw-Hill, NY, **1970**, pp. 53-100; Gardiner Jr. , W. C. *Rates and Mechanisms of Chemical Reactions*, W. A. Benjamin: NY, **1969**; Leffler, J. E. ; Grunwald, E. *Rates and Equilibria of Organic Reactions*, Wiley, NY, **1963**; Jencks, W. P. *Catalysis in Chemistry and Enzymology*, McGraw-Hill, NY, **1969**, pp. 555-614.
[50] A homogeneous reaction occurs in one phase. Heterogeneous kinetics have been studied much less.
[51] Colins, C. C. ; Cronin, M. F. ; Moynihan, H. A. ; McCarthy, D. G. *J. Chem. Soc. Perkin Trans. 1* **1997**, 1267.
[52] For a discussion of how order is related to *molecularity* in many complex situations, see Szabó, Z. G. in Bamford, C. H. ; Tipper, C. F. H. *Comprehensive Chemical Kinetics*, Vol. 2, Elsevier, NY, **1969**, pp. 1-80.
[53] Many chemists prefer to use the term *rate-limiting step* or *rate-controlling step* for the slow step, rather than *rate-determining step*. See the definitions in Gold, V. ; Loening, K. L. ; McNaught, A. D. ; Sehmi, P. *IUPAC Compendium of Chemical Terminology*, Blackwell Scientific Publications, Oxford, **1987**, p. 337. For a discussion of rate-determining steps, see Laidler, K. J. *J. Chem. Educ.* **1988**, 65, 250.
[54] For a discussion, see Raines, R. T. ; Hansen, D. E. *J. Chem. Educ.* **1988**, 65, 757.
[55] See Zuman, P. ; Patel, R. C. *Techniques in Organic Reaction Kinetics*, Wiley, NY, **1984**. See Batt, L. in Bamford, C. H. ; Tipper, C. F. H. *Comprehensive Chemical Kinetics*, Vol. 1, Elsevier, NY, **1969**, pp. 1-111.
[56] For a review of ESR to measure kinetics, see Norman, R. O. C. *Chem. Soc. Rev.* **1979**, 8, 1.
[57] See le Noble, W. J. *Prog. Phys. Org. Chem.* **1967**, 5, 207; Matsumoto, K. ; Sera, A. ; Uchida, T. *Synthesis* **1985**, 1; Matsumoto, K. ; Sera, A. *Synthesis* **1985**, 999.

[58] See Connors, K. A. *Chemical Kinetics*, VCH, NY, **1990**, pp. 133-186; Zuman, P. ; Patel, R. C. *Techniques in Organic Reaction Kinetics*, Wiley, NY, **1984**, pp. 247-327; Krüger, H. *Chem. Soc. Rev.* **1982**, 11, 227; Bernasconi, C. F. *Investigation of Rates and Mechanisms of Reactions*, 4th ed. (Vol. 6 of Weissberger, A. *Techniques of Chemistry*), pt. 2, Wiley, NY, **1986**. See also, Bamford, C. H. ; Tipper, C. F. H. *Comprehensive Chemical Kinetics*, Vol. 24, Elsevier, NY, **1983**.

[59] See Connors, K. A. *Chemical Kinetics*, VCH, NY, **1990**, pp. 17-131; Ritchie, C. D. *Physical Organic Chemistry*, 2nd ed. , Marcel Dekker, NY, **1990**, pp. 1-35; Zuman, P. ; Patel, R. C. *Techniques in Organic Reaction Kinetics*, Wiley, NY, **1984**; Margerison, D. in Bamford, C. H. ; Tipper, C. F. H. *Comprehensive Chemical Kinetics*, Vol. 1, Elsevier, NY, **1969**, pp. 343-421; Moore, J. W. ; Pearson, R. G. *Kinetics and Mechanism* , 3rd ed. , Wiley, NY, **1981**, pp. 12-82; in Bernasconi, C. F. *Investigation of Rates and Mechanisms of Reactions*, 4th ed. (Vol. 6 of Weissberger, A. *Techniques of Chemistry*), pt. 1, Wiley, NY, **1986**, the articles by Bunnett, J. F. pp. 251-372, Noyes Pub. , pp. 373-423, Bernasconi, C. F. pp. 425-485, Wiberg, K. B. pp. 981-1019.

[60] See Margerison, D. in Bamford, C. H. ; Tipper, C. F. H. *Comprehensive Chemical Kinetics*, Vol. 1, Elsevier, NY, **1969**, p. 361.

[61] See Hammett, L. P. *Physical Organic Chemistry*, 2nd ed. , McGraw-Hill, NY, **1970**, pp. 62-70.

[62] See Öki, M. *Applications of Dynamic NMR Spectroscopy to Organic Chemistry*, VCH, NY, **1985**; Fraenkel, G. in Bernasconi, C. F. *Investigation of Rates and Mechanisms of Reactions*, 4th ed. (Vol. 6 of Weissberger, A. *Techniques of Chemistry*), pt. 2, Wiley, NY, **1986**, pp. 547-604; Roberts, J. D. *Pure Appl. Chem.* **1979**, 51, 1037; Binsch, G. *Top. Stereochem.* **1968**, 3, 97.

[63] For a discussion of organic reaction rate acceleration by immediate solvent evaporation, see Orita, A. ; Uehara, G. ; Miwa, K. ; Otera, J. *Chem. Commun.* **2006**, 4729.

[64] See Blandamer, M. J. ; Burgess, J. ; Robertson, R. E. ; Scott, J. M. W. *Chem. Rev.* **1982**, 82, 259.

[65] See Bunnett, J. F. in Bernasconi, C. F. *Investigation of Rates and Mechanisms of Reactions*, 4th ed. (Vol. 6 of Weissberger, A. *Techniques of Chemistry*), pt. 1, Wiley, NY, **1986**, p. 287.

[66] See Melander, L. ; Saunders, Jr. , W. H. *Reaction Rates of Isotopic Molecules*, Wiley, NY, **1980**. For reviews, see Isaacs, N. S. *Physical Organic Chemistry*, Longman Scientific and Technical, Essex, **1987**, pp. 255-281; Lewis, E. S. *Top. Curr. Chem.* **1978** , 74, 31; Saunders, Jr. , W. H. in Bernasconi, C. F. *Investigation of Rates and Mechanisms of Reactions*, 4th ed. (Vol. 6 of Weissberger, A. *Techniques of Chemistry*), pt. 1, Wiley, NY, **1986**, pp. 565-611; Bell, R. P. *Chem. Soc. Rev.* **1974**, 3, 513; Bigeleisen, J. ; Lee, M. W. ; Mandel, F. *Annu. Rev. Phys. Chem.* **1973** , 24, 407; Wolfsberg, M. *Annu. Rev. Phys. Chem.* **1969** , 20, 449. Also see Kwart, H. *Acc. Chem. Res.* **1982**, 15, 401; Isaacs, E. S. *Isot. Org. Chem.* **1984** , 6, 67; Thibblin, A. ; Ahlberg, P. *Chem. Soc. Rev.* **1989**, 18, 209. See also, the series *Isotopes in Organic Chemistry*.

[67] The reduced mass μ of two atoms connected by a covalent bond is $\mu = m_i m_j/(m_i + m_j)$.

[68] Reitz, O. ; Kopp, J. *Z. Phys. Chem. Abt. A* **1939**, 184, 429.

[69] For an example of a reaction with a deuterium isotope effect of 24. 2, see Lewis, E. S. ; Funderburk, L. H. *J. Am. Chem. Soc.* **1967**, 89, 2322. The high isotope effect in this case has been ascribed to tunneling of the proton: See Lewis, E. S. ; Robinson, J. K. *J. Am. Chem. Soc.* **1968**, 90, 4337; Kresge, A. J. ; Powell, M. F. *J. Am. Chem. Soc.* **1981**, 103, 201; Caldin, E. F. ; Mateo, S. ; Warrick, P. *J. Am. Chem. Soc.* **1981**, 103, 202. For arguments that high isotope effects can be caused by factors other than tunneling, see Thibblin, A. *J. Phys. Org. Chem.* **1988**, 1, 161; Kresge, A. J. ; Powell, M. F. *J. Phys. Org. Chem.* **1990**, 3, 55.

[70] See Sims, L. B. ; Lewis, D. E. *Isot. Org. Chem.* **1984**, 6, 161.

[71] Bethell, D. ; Hare, G. J. ; Kearney, P. A. *J. Chem. Soc. Perkin Trans. 2* **1981**, 684, and references cited therein. See, however, Motell, E. L. ; Boone, A. W. ; Fink, W. H. *Tetrahedron* **1978**, 34, 1619.

[72] More O'Ferrall, R. A. *J. Chem. Soc. B* **1970**, 785, and references cited therein.

[73] Pascal, R. A. ; Baum, M. W. ; Wagner, C. K. ; Rodgers, L. R. ; Huang, D. *J. Am. Chem. Soc.* **1986**, 108, 6477.

[74] Stothers, J. B. ; Bourns, A. N. *Can. J. Chem.* **1962**, 40, 2007. See also, Ando, T. ; Yamataka, H. ; Tamura, S. ; Hanafusa, T. *J. Am. Chem. Soc.* **1982**, 104, 5493.

[75] For a review of carbon isotope effects, see Willi, A. V. *Isot. Org. Chem.* **1977**, 3, 237.

[76] See Westaway, K. C. *Isot. Org. Chem.* **1987**, 7, 275; Sunko, D. E. ; Hehre, W. J. *Prog. Phys. Org. Chem.* **1983**, 14, 205; Halevi, E. A. *Prog. Phys. Org. Chem.* **1963**, 1, 109. See McLennan, D. J. *Isot. Org. Chem.* **1987**, 7, 393. See also, Sims, L. B. ; Lewis, D. E. *Isot. Org. Chem.* **1984**, 6, 161.

[77] Leffek, K. T. ; Llewellyn, J. A. ; Robertson, R. E. *Can. J. Chem.* **1960**, 38, 2171.

[78] Bender, M. L. ; Feng, M. S. *J. Am. Chem. Soc.* **1960**, 82, 6318; Jones, J. M. ; Bender, M. L. *J. Am. Chem. Soc.* **1960**, 82, 6322.

[79] DeFrees, D. J. ; Hehre, W. J. ; Sunko, D. E. *J. Am. Chem. Soc.* **1979**, 101, 2323. See also, Siehl, H. ; Walter, H. *J. Chem. Soc. Chem. Commun.* **1985**, 76.

[80] Shiner, Jr. , V. J. ; Kriz, Jr. , G. S. *J. Am. Chem. Soc.* **1964**, 86, 2643.

[81] Carter, R. E. ; Dahlgren, L. *Acta Chem. Scand.* **1970**, 24, 633; Leffek, K. T. ; Matheson, A. F. *Can. J. Chem.* **1971**, 49, 439; Sherrod, S. A. ; Boekelheide, V. *J. Am. Chem. Soc.* **1972**, 94, 5513.

[82] Halevi, E. A. ; Nussim, M. ; Ron, M. *J. Chem. Soc.* **1963**, 866; Halevi, E. A. ; Nussim, M. *J. Chem. Soc.* **1963**, 876.

[83] Sunko, D. E. ; Szele, I. ; Hehre, W. J. *J. Am. Chem. Soc.* **1977**, 99, 5000; Kluger, R. ; Brandl, M. *J. Org. Chem.* **1986**, 51, 3964.

[84] Halevi, E. A. ; Margolin, Z. *Proc. Chem. Soc.* **1964**, 174. A value for k_{CH}/k_{CD} of 2.13 was reported for one case: Liu, K. ; Wu, Y. W. *Tetrahedron Lett.* **1986**, 27, 3623.

[85] Halevi, E. A. ; Margolin, Z. *Proc. Chem. Soc.* **1964**, 174.

[86] See Caldwell, R. A. ; Misawa, H. ; Healy, E. F. ; Dewar, M. J. S. *J. Am. Chem. Soc.* **1987**, 109, 6869.

[87] See Harris, J. M. ; Hall, R. E. ; Schleyer, P. v. R. *J. Am. Chem. Soc.* **1971**, 93, 2551.

[88] For reported exceptions, see Tanaka, N. ; Kaji, A. ; Hayami, J. *Chem. Lett.* **1972**, 1223; Westaway, K. C. *Tetrahedron Lett.* **1975**, 4229.

[89] Shiner, Jr. , V. J. ; Neumann, A. ; Fisher, R. D. *J. Am. Chem. Soc.* **1982**, 104, 354 and references cited therein.

[90] Streitwieser, Jr., A.; Jagow, R. H.; Fahey, R. C.; Suzuki, S. *J. Am. Chem. Soc.* **1958**, 80, 2326.
[91] Westaway, K. C.; Waszczylo, Z.; Smith, P. J.; Rangappa, K. S. *Tetrahedron Lett.* **1985**, 26, 25.
[92] Westaway, K. C.; Lai, Z. *Can. J. Chem.* **1988**, 66, 1263.
[93] Werstiuk, N. H.; Timmins, G.; Cappelli, F. P. *Can. J. Chem.* **1980**, 58, 1738.
[94] See Alvarez, F. J.; Schowen, R. L. *Isot. Org. Chem.* **1987**, 7, 1; Kresge, A. J.; More O'Ferrall, R. A.; Powell, M. F. *Isot. Org. Chem.* **1987**, 7, 177; Schowen, R. L. *Prog. Phys. Org. Chem.* **1972**, 9, 275; See Arnett, E. M.; McKelvey, D. R. in Coetzee, J. F.; Ritchie, C. D. cited above, pp. 343-398.
[95] Bunton, C. A.; Shiner, Jr., V. J. *J. Am. Chem. Soc.* **1961**, 83, 42, 3207, 3214; Swain, C. G.; Thornton, E. R. *J. Am. Chem. Soc.* **1961**, 83, 3884, 3890. See also, Mitton, C. G.; Gresser, M.; Schowen, R. L. *J. Am. Chem. Soc.* **1969**, 91, 2045.
[96] More O'Ferrall, R. A.; Koeppl, G. W.; Kresge, A. J. *J. Am. Chem. Soc.* **1971**, 93, 9.

第 7 章
有机化学中的辐射过程

大部分有机化学反应都是发生在电子处于基态的若干分子之间。但是在光化学反应[1]中，反应分子首先要吸收光能到达激发态。处于激发态的分子必须以特定的方式失去一定的能量，因为它不能长期处于激发态。电子能谱的主题与光化学关系密切。然而，化学反应并不是光化学过程释放多余能量的唯一途径。在本章中，我们讨论电子激发态和达到电子激发态的过程。我们称这样一些分子的反应为光反应。对映选择性的有机催化光反应已见报道，但不在本章讨论[2]。另外两种方法可以促进化学反应进行：声化学和微波化学。尽管其中涉及的物理过程与光化学方法观察到的激发过程不相同，但是超声辐射或微波辐射对化学反应活性有很大影响，而且都已被广泛应用。基于这个原因，在这一章中也涵盖了声化学和微波化学两方面的内容。

7.1 光化学[3]

7.1.1 激发态和基态

如果外界提供足够的能量，电子可以从分子的基态跃迁到更高能态（如一个未被占据的更高能级的轨道）。在光化学反应中，这种能量来源于光能。不同波长的光对应不同的能量，可以通过公式 $E=h\nu$ 计算得到，在这里 ν 表示波的频率，即光速 c 除以波长 λ 的商，h 是 Planck 常数。由于分子的能级是量子化的，所以将一个分子中的电子激发到更高能级所需要的能量是固定的，只有与固定能量相匹配的特定频率的光波才能将电子激发到更高能级。如果一束其它频率的光（频率更高或更低）照射在样品上，光将不受任何损失地通过样品，因为样品不吸收这种光。然而，当一束频率合适的光照射在样品上时，样品分子将吸收光的能量来激发电子，通过样品的光波强度将降低或者干脆消失。分光光度计是一种将特定波长的光通过样品而后（利用光电管）测量透过的（即未被吸收的）光的强度的仪器。光度计比较的是透过光和入射光的强度。自动化的仪器可缓慢持续地改变光的频率，同时自动记录仪以频率或波长为横坐标，记录光的吸收情况。

电子迁移的能量对应于光谱的可见、紫外、远紫外区域（图 7.1），吸收区域通常是以波长为单位，如纳米（nm）[4]。如果一个化合物吸收了可见光就会显现出颜色，所显现出的颜色与被吸收光的颜色互补[5]。如果一个化合物吸收了紫色光就会显黄色。在有机化学中利用远紫外光的研究比可见光和普通紫外光少，因为氧气和氮气会吸收这段区域的光波，因此研究时需要特殊的真空设备。

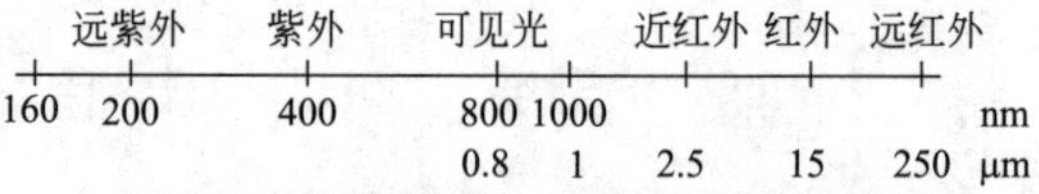

```
远紫外    紫外      可见光      近红外  红外  远红外
160  200     400      800 1000                    nm
                          0.8    1    2.5   15   250  μm
```
图 7.1　光谱的紫外、可见和红外区域

出于这些考虑，电子能谱似乎应该包含一个或者多个尖峰，每个峰都对应电子从一个能级到另一个能级的迁移。但是通常情况下，这些峰形很少是尖锐的。为了研究其原因，我们必须意识到分子都是不断地进行能量为量子化的振动和转动。任何时候的分子，除了处于特定的电子能级，也会处于特定的振动和转动能级。两个相邻的振动能级之间的能量差异与两个相邻的电子能级之间的能量差异要小得多，两个相邻的转动能级之间的能量差更小。典型的情况见图 7.2。当电子从一个电子能级跃迁到另一个电子能级时，它同时也从该电子能级的振动和转动能级跃迁到另一个电子能级的振动和转动能级。一个给定样品含有大量分子，即使它们都处于基态，它们也仍处于不同的振动和转动能级（尽管绝大多数分子处于基态振动能级 V_0）。这就意味着并非只有特定波长的光被吸收，而是波长相近的一段光波被吸收，使得最大跃迁方式对应的峰最强。但是在一个分子中会有若干个原子，有很多可能的跃迁情况，由于它们所吸收光波的波长相邻得很近，所以可能会出现一个相对较宽的谱带。峰高取决于跃迁的分子数目，与 lgε 成正比例，ε 是摩尔吸收系数。摩尔吸收系数可用下式表示：$\varepsilon = E/cl$，其中 c 是浓度（以每升摩尔为单位），l 是以厘米（cm）为单位表示的样品池长度，$E = \lg I_0/I$，I_0 是入射光的强度，I 是透射光的强度。波长通常用 λ_{max} 表示，指的是峰最高点的波长。纯粹的振动（如 E_1 能级中，从 V_0 到 V_1 的跃迁）需要的能量要小得多，可以在红外区域观测到，可以利用红外光谱研究。纯粹的振动光谱可以在远红外区域和微波区域（超远红外区域）观测到。

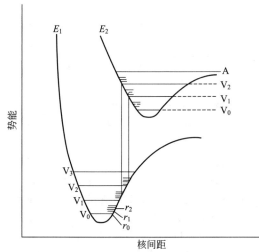

图 7.2　双原子分子能量曲线

图中显出两个可能的跃迁。当电子被激发到标注为 A 的点时，分子内的键会断裂（参见 7.1.5 节）

紫外可见吸收峰起因于电子从一个轨道（往往是基态）到另一个较高能级的跃迁。通常跃迁所需的能量主要取决于两个能级之间的差值，而很少取决于分子的其它部分。也就是说，一个简单的基团如 C═C 双键引起的吸收总是在相同的区域。能引起吸收的基团称为发色团。

7.1.2　单线态和三线态："禁阻"跃迁

大部分的有机分子中，所有处于基态的电子都是成对出现的，根据 Pauli 原理，这些成对的电子的自旋方向是相反的。当成对电子中的一个跃迁到另一个更高能级的轨道时，这两个电子不能再共用同一个电子轨道。通常地，跃迁的电子可以与它原先配对的电子自旋方向相同或者相反。在第 5 章中说过，有两个自旋相同的未共用电子的分子称为三线态[6]，而电子自旋都成对的分子称为单线态。于是，至少从原则上说，每一个活化的单线态都有一个对应的三线态。依据 Hund（洪特）定律，在大多数情况下三线态的能量比单线态小。因此将一个电子从基态（通常都是单线态）激发到单线态和到相应的三线态所需的能量不同，所需的光的波长也不同。

似乎一个分子内的电子跃迁到单线态或三线态激发态取决于所吸收的能量的大小，然而，事实并非如此，因为各能级之间的跃迁是遵循选择定律的，即部分跃迁是受到"禁阻"的。有很多类型的跃迁"禁阻"，其中最重要的是以下两种：

（1）自旋禁阻跃迁　这类跃迁中，电子的自旋是不能改变的。因为电子的自旋改变会导致角动量的改变，而这个改变将违背角动量守恒定律。于是，单线态→三线态和三线态→单线态的跃迁将是"禁阻"的，然而单线态→单线态和三线态→三线态的跃迁是允许的。

（2）对称禁阻跃迁　在这一类跃迁中，跃迁的分子有一个对称中心，$g \rightarrow g$ 和 $u \rightarrow u$ 跃迁（参见 1.1 节）是"禁阻"的，而 $g \rightarrow u$ 和 $u \rightarrow g$ 跃迁是允许的。

这里"禁阻"一词使用了引号的，因为实际上这些跃迁并非完全禁止而只是极为困难。在大多数情况下，从单线态到三线态的跃迁非常困难以至于无法观测到，可以说，在大多数分子中，只发生单线态→单线态的跃迁。然而，在某些特定的情况下，这个规律是不成立的。最常见的情况是分子中存在重原子（例如碘原子）时，光谱显示可发生单线态→三线态跃迁[7]。对称禁阻的跃迁有时也可频繁观测到，尽管通常强度很低。

7.1.3　激发类型

当分子中的一个电子被激发时（通常一个分子中只有一个电子被激发），它通常进入最低的可用空轨道，尽管到更高轨道的跃迁也是可能的。对于大多数的有机分子而言，通常有四种电子激发类型：

① $\sigma \rightarrow \sigma^*$：烷烃，没有 n 或者 π 电子，只能以这种方式激发[8]。

② $n \rightarrow \sigma^*$：醇、胺[9]、醚等，也可以这种方式激发。

③ $\pi \rightarrow \pi^*$：烯烃、醛、羧酸酯等会发生这种跃迁。

④ $n \rightarrow \pi^*$：对于醛、酮、羧酸酯等而言，除了上述三种方式外还可以有这种跃迁方式。

上述四种激发类型是按照正常能量降低的次序列出的。因此，$\sigma \rightarrow \sigma^*$ 类型的激发需要拥有最高能量的光波（在远紫外光区域），而 $n \rightarrow \pi^*$ 类型的跃迁能够被普通的紫外光激发。然而，在某些溶剂中，这个顺序有时候是会改变的。

在1,3-丁二烯（以及其它含有两个共轭双键的化合物）中，有两个 π 和两个 π^* 轨道（参见2.3）。较高能量的 $\pi(\chi_2)$ 和较低能量的 $\pi^*(\chi_3)$ 轨道之间的能量差异比乙烯中 π 与 π^* 轨道间的差别小。因此，在激发一个电子时，1,3-丁二烯比乙烯需要更少的能量，即更长波长的光。这是一个普遍的现象，通常，一个分子中的共轭越多，所吸收的光波波长越长（见表 7.1）[10]。一个发色团吸收特定波长的光，如果一个基团取代另一个基团导致所吸收的光波波长增长，那么我们就说发生了红移（bathochromic shift）。相反的变化称为蓝移（hypsochromic shift）。

表 7.1 不同 n 值的化合物 $CH_3—(CH=CH)_n—CH_3$ 的紫外吸收[10]

n	nm
2	227
3	263
6	352
9	413

在上面列出的四种激发方式中，对有机光化学而言，$\pi \rightarrow \pi^*$ 和 $n \rightarrow \pi^*$ 两种方式比其它两种方式重要得多。含有 C=O 双键的化合物可以以这两种方式激发，在紫外光谱中至少出现两个峰。

正如我们已经知道的，发色团是引起分子吸收光的一个基团。对于可见或紫外光来说，发色团可以是 C=O、N=N[11]、Ph 以及 NO_2。远紫外光区域（小于200nm）的发色团有 C=C、C≡C、Cl 和 OH。助色团是改变（通过共振）并且通常加强同一个分子中的发色团光吸收的基团。例如，Cl、OH 以及 NH_2 等基团通常被认为是助色团，因为它们可以改变（通常是导致红移）Ph 或 C=O 之类发色团的紫外和可见光谱的谱峰（见表 7.2）[12]。由于助色团本身也是发色团（主要在远紫外区域），有时很难判断分子中的哪个基团是助色团哪个基团是发色团。例如，在苯乙酮分子中，发色团是 Ph 还是 C=O？此时如果要刻意区分就显得毫无意义。

表 7.2 取代苯的一些 UV 峰①

	一级带		二级带	
	λ_{max}/nm	ε_{max}	λ_{max}/nm	ε_{max}
PhH(己烷)②	204	7900	256	200
PhCl	210	7600	265	240
PhOH	210.5	6200	270	1450
PhOMe	217	6400	269	1480
PhCN	224	13000	271	1000
PhCOOH	230	10000	270	800
$PhNH_2$	230	8600	280	1430
PhO^-	235	9400	287	2600
PhAc	240	13000	278	1100
PhCHO	244	15000	280	1500
$PhNO_2$	252	10000	280	1000

① 请关注助色团是如何改变并通常增强峰强[12]。
② 括号中为溶剂。

7.1.4 激发态的命名和性质

激发态的分子可以认为是不同的化学物种，它既不同于同一分子的基态也与该分子的其它激发态不同。很明显，我们需要一种命名激发态的方法。然而不幸的是现在使用的命名规则有好几种，这些命名规则都主要基于研究的关注，如光化学、光谱学或分子轨道理论[13]。一种最常用的方法是简单地指明原始轨道和新占轨道有时用上标来表明单线态或者三线态，有时也不用。因此乙烯分子从 π 到 π^* 轨道跃迁产生的单线态可以写成$^1(\pi,\pi^*)$ 或者 π,π^* 单线态。另外一个常用的方法也可以应用在不明确哪条轨道被占据的情况：最低能量的激发态称为 S_1，下一个能量高一些的激发态称为 S_2，依此类推；三线态被简单标记为 T_1、T_2、T_3 等。在这种方法中，基态被标记为 S_0。还有其它的方法，但是本书中我们仅采用上述两种类型表示。

由于激发态存在时间很短、浓度很低，因此其性质很难检测，不过现在已经有很多工作可以帮我们知道它们与基态相比在几何形状、偶极矩和酸碱性强度上的差异[14]。例如在基态表现为线性的乙炔分子在激发态下为反式构象，$^1(\pi,\pi^*)$ 态具有类似 sp^2 碳原子的结构[15]。

$$\overset{H}{\underset{}{}}C≡C\overset{}{\underset{H}{}}$$

同样，乙烯分子的$^1(\pi,\pi^*)$ 和 $^3(\pi,\pi^*)$ 处于相互

垂直的而不是平面的构型[16]，而甲醛分子的 $^1(n, \pi^*)$ 和 $^3(n, \pi^*)$ 构型是金字塔形的[17]。三线态分子通过自身结构变形扭曲而使得未成对电子之间的作用减小，分子得以稳定。显然，如果分子构型不同，偶极矩往往也不相同，而且构型和电子排布的不同往往会导致酸碱性强度的变化[18]。例如，2-萘酚的 S_1 态分子的酸性（$pK=3.1$）比相同分子基态 S_0 的酸性（$pK=9.5$）强[19]。

7.1.5 光解

我们已经说过当分子吸收一定量的光，就被活化到激发态。实际上，这并非是唯一可能的过程。由于可见和紫外光区域的光的能量与共价键的能量相当，处于同一数量级（表 7.3），所以另外一种可能就是分子分解成两部分，这个过程即是所谓的光解（photolysis）过程。有下列三种情况可导致光解：

表 7.3 一些共价单键①的典型键能及其相应的近似吸收波长

键	E (kcal/mol)	E (kJ/mol)	λ/nm
C—H	95	397	300
C—O	88	368	325
C—C	83	347	345
Cl—Cl	58	243	495
C—O	35	146	820

① 参见表 1.7。

（1）光的能量把分子提高到足够高的振动能级，使得其高于 E_2 曲线的右半部分（图 7.2 中的 A 线）。在这种情况下，激发态的分子在第一振动上分解。

（2）即使激到了一个较低的振动能级，在 E_2 曲线的内部（如 V_1 或 V_2 位置）分子也可以分解，如图 7.2 所示，激发态的平衡距离比基态的要大。Franck-Condon 原理则表明电子的跃迁速率比振动的速率快很多（跃迁需要约 10^{-15} s，振动需要约 10^{-12} s）。于是，当一个电子被突然激发而跃迁，即使是到一个较低的振动能级，原子之间的距离也基本上不变，但是此时该键就像一个被压缩的弹簧，这种情况只有用一种足以使键破坏的向外的振动才可解除。

（3）有些情况下激发态是全解离的（如图 7.3），也就是说，原子之间的距离使得吸引不再大于排斥，于是共价键就会断裂。例如，氢气分子的 σ→σ* 类型跃迁总是导致氢键断裂。

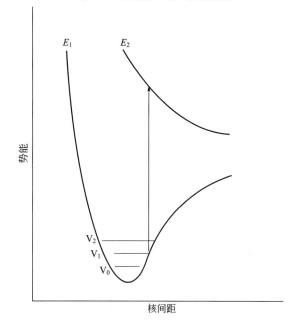

图 7.3 跃迁至解离状态导致键断裂

光解可以将分子分解成两个小分子或者两个自由基（参见 7.1.7 节）。尽管存在把分子分解成两个小的离子的可能，但是这种情况却很少见。一旦光解产生了自由基，除了由于它们处于激发态而导致的差异之外，这样产生的自由基的性质和通过其它途径得到的自由基（参见第 5 章）是一样的[20]。

7.1.6 激发态分子的猝灭：物理过程

当一个分子被光化学方法激发到一个激发态，它不可能保持很长时间。很多激发都是从 S_0 到 S_1 态，如我们所说，从 S_0 到三线态的激发是被"禁阻"的，到 S_2 和更高能级单线态的跃迁是允许的，但是在液体和固体中这些处于更高能级的分子常常迅速降低到 S_1 态（约 $10^{-13} \sim 10^{-12}$ s）。分子从 S_2 和 S_3 降低到 S_1 所损失的能量在与相邻分子的碰撞中以一个小的增量释放到环境中，该过程被称为能量的跌落或能量的松缓（energy cascade）。以类似的方式，起始的激发态以及从较高能级单线态衰减下的分子还占据 S_1 态的较高振动能级，也要发生能量的跌落，降至 S_1 态的最低振动能级。大多情况下，S_1 的最低振动能级是唯一的激发态单线态能级[21]。这个状态可以经历很多物理、化学过程，下面将列举介绍处于 S_1 和激发的三线态分子可能的物理途径，这些途径在修正的 Jablonski 图（图 7.4）和表 7.4 中都有表述。

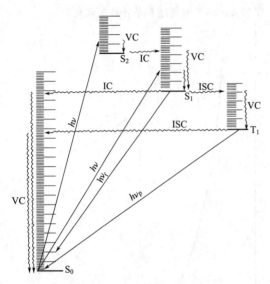

图 7.4 说明激发态和基态之间
跃迁的修正 Jablonski 图
辐射过程用直线表示；非辐射过程用波形线表示；
IC＝内转换；ISC＝系间窜越；VC＝能量跌落
（能量松弛）；$h\nu_f$＝荧光；$h\nu_p$＝荧光

表 7.4 激发分子经历的物理过程[①]

$S_0 + h\nu \rightarrow S_1^v$	激发
$S_1^v \leadsto \rightarrow S_1 + \Delta$	振动弛豫
$S_1 \rightarrow S_1 + h\nu$	荧光
$S_1 \leadsto \rightarrow S_0 + \Delta$	内转换
$S_1 \leadsto \rightarrow T_1^v$	系间窜越
$T_1^v \leadsto \rightarrow T_1 + \Delta$	振动弛豫
$T_1 \rightarrow S_0 + h\nu$	磷光
$T_1 \leadsto \rightarrow S_0 + \Delta$	系间窜越
$S_1 + A_{(S_0)} \rightarrow S_0 + A_{(S_1)}$	单线态→单线态跃迁（光敏化作用）
$T_1 + A_{(S_0)} \rightarrow S_0 + A_{(T_1)}$	三线态→三线态跃迁（光敏化作用）

① 上标 v 表示振动激发态。表中略去了高于 S_1 或 T_1 的激发态。

（1）处于 S_1 态的分子通过 S_0 态的振动能级然后跌落到基态，能量跌落以一个小的增量将能量释放到周围环境中。但是因为总能量很大，所以这种过程很缓慢。该过程被称为内转换（Internal conversion，IC）。由于这个过程很缓慢，所以大多数处于 S_1 态的分子都选择其它途径[22]。

（2）处于 S_1 态的分子可以以光的形式一次释放所有能量而回落到 S_0 态的低振动能级。该过程通常在 10^{-9} s 内完成，被称为荧光。该过程也不常见（因为这个途径相对很慢），但一些小分子（双原子分子）和刚性分子（如芳香族化合

物）除外，对于大多数化合物来说，荧光很弱或很难监测到，对于可发射荧光的分子来说，它们的发射光谱通常近似是它们吸收光谱的镜像。这个现象的原因是这些荧光分子都是从 S_1 态最低的振动能级回落到 S_0 态的各个振动能级，而激发是从 S_0 态的最低振动能级跃迁到 S_1 态的各个振动能级（图 7.5）。这里的共同的峰（称为 0-0 峰）来源于两个状态下的最低振动能级之间的跃迁。在溶液中，0-0 峰可能不叠合，因为这两种状态的溶剂化情况不一样。荧光通常来源于 $S_1 \rightarrow S_0$ 的跃迁，可是薁（参见 2.9.3 节）及其普通衍生物却例外[23]，它们的发射荧光源自 $S_2 \rightarrow S_0$ 跃迁。

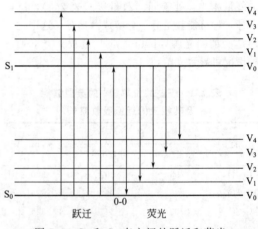

图 7.5 S_1 和 S_0 态之间的跃迁和荧光

因为有荧光辐射的可能性，所以 S_1 态的任何化学反应必须发生得很快，否则在化学反应之前将发生荧光辐射。

（3）S_1 态的大多数分子（不是全部）可经系间窜越（intersystem crossing，ICS，参见图 7.4）到达最低的三线态 T_1[24]。一个重要例子是二苯甲酮，该化合物中激发到 S_1 态的分子大约 100% 窜越变成 T_1[25]。从单线态到三线态的系间窜越是一个"禁阻"的过程，因为这里必须考虑角动量问题（参见 7.1.2 节），但是由于体系中从其它地方获得的补偿使得这种窜越往往可以发生。系间窜越不损失能量，由于一个单线态能量通常高于相应的三线态，这意味着必须放出部分能量。发生这种窜越的一种方式是 S_1 态分子先窜越至 T_1 态的高振动能级，而再跌落到 T_1 态的最低振动能级（图 7.4）。这种跌落很快（10^{-12} s）。当分子处于 T_2 态或者较高的能态时，它们也迅速跌落至 T_1 态的最低振动能级上。

（4）T_1 态分子通过放热（系间窜越）或者

发光（被称为磷光）回到 S_0 态[26]。当然，在这里存在角动量问题，所以系间窜越和磷光这两种方式的速度都很慢（约 $10^{-3} \sim 10^1 s$）。这意味着 T_1 态比 S_1 态的寿命更长。当它们存在于同一分子中时，发出磷光的概率比荧光低（这是因为 S_1 和 S_0 的能差比 T_1 和 S_0 的能差更大），存在的时间更长（因为 T_1 态寿命较长）。

（5）如果激发态（S_1 或 T_1 态）分子起初没有发生其它变化，这些分子则可能把它过剩的能量全部转移到环境中的另一个分子，这个过程叫做光敏化作用（photosensitization）[27]。激发态分子（能量给体，记为 D）因而降到 S_0 态而另一个分子（能量受体，记为 A）则被激发了：

$$D^* + A \longrightarrow A^* + D$$

于是将一个分子变成激发态有两种方式：通过光量子的吸收和已激发分子的能量转移[28]。给体 D 也叫做光敏剂。这种能量转移遵从 Wigner 自旋守恒规则，该规则其实是前面讨论过的动量守恒定律的一种特殊情况。根据 Wigner 自旋守恒规则，总电子自旋在能量转移后不变。例如，当一个三线态物种和一个单线态物种相互作用时，可能产生以下几种允许的结果[29]：

$$\begin{array}{llll}
D^* & A & D & A^* \\
(\uparrow\uparrow)^* + \uparrow\downarrow & \longrightarrow \uparrow\downarrow + (\uparrow\uparrow)^* & & \text{一个单线态和一个三线态} \\
& \longrightarrow \uparrow\uparrow\downarrow + \uparrow & & \text{一个双线态和一个双线态（两个自由基）} \\
& \longrightarrow \uparrow\uparrow + \uparrow\downarrow & & \text{一个三线态和两个双线态} \\
& \longrightarrow \uparrow\downarrow + \uparrow\uparrow & & \text{一个单线态和两个双线态} \\
\end{array}$$

所有这些情况下的产物都是三个电子自旋"向上"，而第四个电子"向下"（与起始分子一样）。但是，比如说形成两个三线态（$\uparrow\uparrow+\downarrow\downarrow$）或两个单线态（$\uparrow\downarrow+\uparrow\downarrow$），无论是基态的还是激发态的，都违背这一规则的。

最重要的两类光敏化作用都与 Wigner 自旋守恒规则一致：激发的三线态产生另一个三线态，单线态产生单线态：

$$D_{T_1} + A_{S_0} \longrightarrow A_{T_1} + A_{S_0} \quad \text{三线态-三线态转移}$$
$$D_{S_1} + A_{S_0} \longrightarrow A_{S_1} + D_{S_0} \quad \text{单线态-单线态转移}$$

对于较长的距离，例如 40Å，也可以发生单线态—单线态转移，但是三线态之间的转移要求分子之间发生碰撞[30]。当激发态难于用直接照射法实现时，可用上述两种光敏化作用来产生激发态。所以当分子通过直接吸收光的方法无法产生所需要的激发态时，光敏化作用是实现光化学反应的重要方法。三线态-三线态转移尤为重要，因为用直接照射法制备三线态比制备单线态（往往不可能）更加困难，同时又因为三线态比单线态多、存在的时间更长，比单线态更容易被光敏化获得能量。光敏化作用也可以通过电子转移来实现[31]。选择光敏剂时[32]，要避免选择与受体在同一区域吸收光谱的化合物，因为后者会竞争吸收光能[33]。关于利用光敏化作用完成反应的例子参见反应 **15-62** 和 **15-63**。

（6）处于激发态的反应物种可以猝灭。猝灭过程是处于激发态的反应物种受外界环境的影响（例如猝灭剂）而发生分子间去活化过程或者受某一取代基的影响通过非辐射方式发生分子内去活化过程[34]。当外界环境（如猝灭剂）干扰了已经形成的激发态反应物种的性质时，该过程被称为动态猝灭。常见的动态猝灭机理有：能量转移、电荷转移等。当外界环境的影响阻止了激发态的形成，这个过程被称为静态猝灭。猝灭剂指的是可以使另一个处于激发态的分子去活化（猝灭）的一类分子，它可以通过能量转移、电子转移或者化学过程来实现[34]。

一个广为人知的例子是在胺的作用下芳香酮三线态[35]发生快速猝灭[36]。烷基和芳基硫醇以及硫醚也可在上述体系中用作猝灭剂[37]。在后面这些情况下，电子从硫原子转移到三线态酮，理论计算证实了这个机理[38]。芳香酮三线态还可以被苯酚猝灭，但是芳香酮和苯酚之间的光化学反应只有在酸催化下才能有效地进行[39]。间接的证据证明在这个反应中形成了通过氢键连接的三线态激基复合物（exciplex），因此可以发生电子转移[40]。

7.1.7 激发态分子的猝灭：化学过程

尽管激发的单线态和三线态都可以发生化学反应，但是三线态的反应更常见，这是因为三线态的寿命更长。多数情况下，激发单线态寿命不足 $10^{-10} s$，它们在发生化学反应之前会经历前面讨论过的某一种物理过程。因此，光化学主要是三线态化学[41]。表 7.5[42] 列出了一些激发分子可能采取的化学途径[43]。其中前四种是单分子反应，其余的是双分子反应。在双分子反应中，很少发生两个激发态分子之间的反应（因为在任何时候激发态分子的浓度通常都很低）；反应发生在一对相同或不同的激发态分子和非激发态分子之间。表 7.5 列出的反应许多都是初级过程。次级反应往往随之发生，因为初级反应产物常常是自由基或者卡宾；即使它们是普通的分子，却往往处于较高的振动能级，拥有过剩能量，因此也容易发生次级反应。在几乎所有的情况中，光化学反应的初级产物处于基态，但是也有例外[44]。表7.5列出的反应中，最常见的是（1）裂分为自由基、（2）分解为分子以及（7）（在一种合适的受体分子存在下）光敏化作用，对于（7）我们已经讨论过了。下面是反应（1）～（6）类的一些具体例子，其余例子在本书的下篇讨论[45,46]。

表7.5 激发态分子 A—B—C 的初级光化学反应[42]①

反应	反应类型及编号
(A—B—C) ⟶ A—B·+C·	简单断裂为自由基[46] (1)
(A—B—C) ⟶ E+F	分解成分子 (2)
(A—B—C) ⟶ A—C—B	分子内重排 (3)
(A—B—C) ⟶ A—B—C'	光异构化 (4)
(A—B—C) $\xrightarrow{RH}$ A—B—C—H+R·	夺取氢原子 (5)
(A—B—C) ⟶ (ABC)$_2$	光二聚 (6)
(A—B—C) $\xrightarrow{A}$ ABC+A*	光敏化 (7)

① 正文中给出了相应的例子；最常见的是（1）、（2）和在合适受体分子存在时的（7）。

（1）**简单断裂为自由基**[47] 醛酮可吸收在230～330nm区域的光波。这是源于 n→π* 单线态-单线态跃迁。激发的醛酮可以发生分裂[48]：

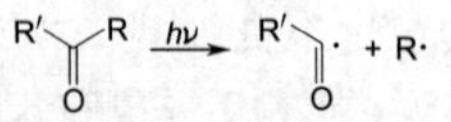

如果发生反应的是酮，就被称为 Norrish Ⅰ 型裂解反应，通常简称Ⅰ型裂解。在次级反应过程中，酰基自由基 R'—CO· 可以失去 CO 产生自由基 R'·。另一个例子是 Cl$_2$ 裂解成两个 Cl 原子。容易光解的其它键包括过氧化物中的 O—O 键和脂肪族偶氮化合物 R—N=N—R 中的 C—N 键[49]。后者是自由基 R· 的重要来源，因为同时产生的另一个产物 N$_2$ 很稳定。

（2）**分解成分子** 醛（通常不是酮）也可以这样分解：

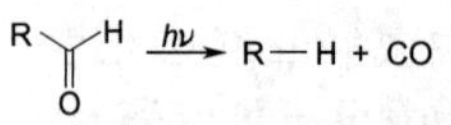

这是一个挤出反应（参见第17章）。在另一种情况中，有 γ-氢的醛、酮还能发生另一种形式的反应（一种 β-消除反应，参见第17章）。

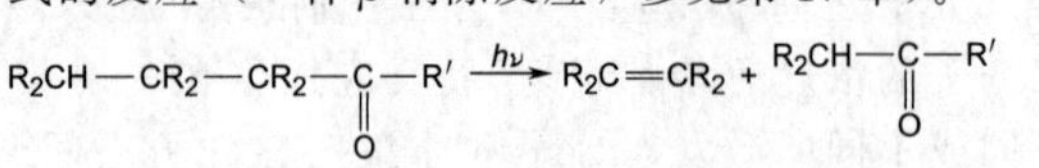

这个反应通常被称为 Norrish Ⅱ 型裂解反应[50]。该反应包括夺取分子内 γ-氢，而后分裂产生双自由基[51]（次级反应），形成烯醇而后互变异构成为醛或酮[52]。

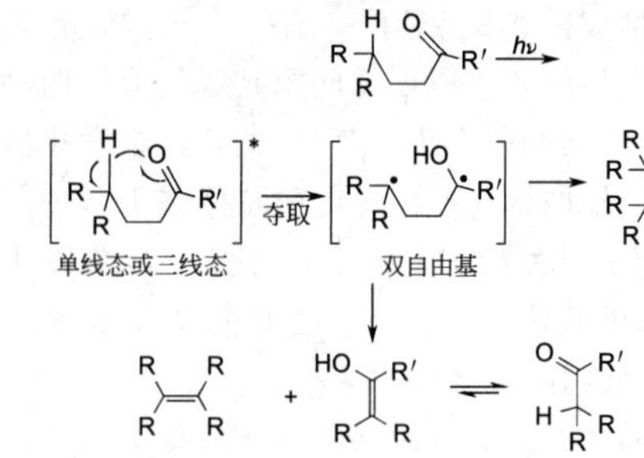

单线态和三线态的 n,π* 态都会发生这个反应[53]。双自由基中间体也能环化生成环丁醇，即反应的副产物。酯、酸酐及其它羰基化合物也能发生这个反应[54]。烯酮光解生成 CH$_2$（参见5.4.2节）也是第（2）类反应的一个例子。反应可产生单线态和三线态这两种 CH$_2$，后者以两种方式产生：

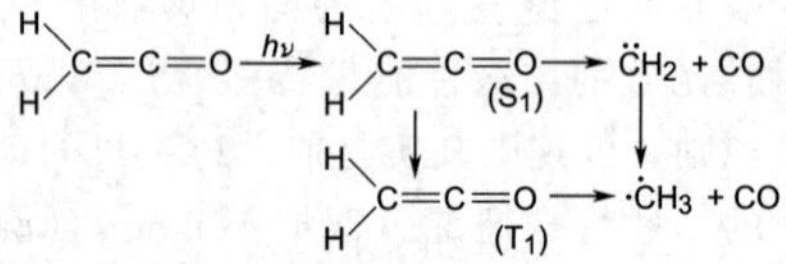

这是 Norrish Ⅰ 型裂解反应与 Norrish Ⅱ 型裂解反应的竞争，取代基以及底物的性质将决定主要产物是什么[55]。

（3）**分子内重排** 这一类的例子是有三（2,4,6-三甲苯基）化合物（**1**）转位重排成为烯醇醚（**2**）[56]，邻硝基苯甲醛（**3**）被照射生成邻亚硝基苯甲酸（**4**）[57]。

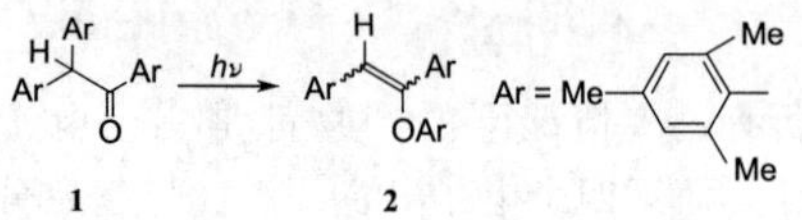

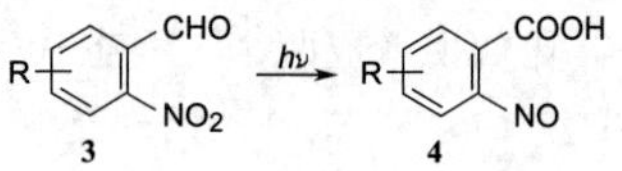

（4）**光异构化** 这类反应中最普遍最常见的反应是光化学顺反异构[58]。例如，顺式二苯基乙烯能变成它的反式异构体[59]，以及 O-甲基肟的光异构化[60]。

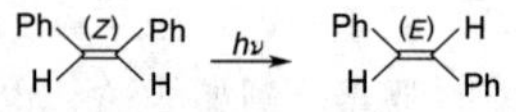

异构化的产生原因是因为许多烯烃的 S_1 和 T_1 激发态有一个相互垂直的而不是平面的构型（参见7.1.4节），激发时顺反异构消失了。当激发态分子回落到 S_0 态时，可以形成两种异构体。一个有用的例子是顺-环辛烯光化学转变成更不稳定的反式异构体[61]。另一个有趣的异构化例子是含氮的冠醚。冠醚 **5** 中，N=N 键为 *anti-*

构型，容易与 NH_4^+、Li^+ 和 Na^+ 离子结合，而该冠醚的 syn-构型则可以与 K^+、Rb^+ 等离子结合（参见 3.3.2 节）。于是，通过开关照射在溶液上的光源就可以选择性地结合或者释放特定的离子[62]。

另外一个例子是，反式的偶氮化合物 **6** 在光的照射下可转变成顺式结构。在这一例子中[63]，顺式结构的酸性比反式结构强。反式异构体溶解在含有碱的体系中，溶液体系被液膜分隔为两部分，一部分暴露在光源下，而另一部分保持黑暗。暴露在光源下的部分，光线将反式异构体转变成顺式异构体。由于顺式异构体是一个强酸，可将质子提供给环境中的碱，而与此同时顺式 ArOH 转变成顺式 ArO^-。离子迁移到溶液黑暗的部分，迅速与质子结合后转化为反式构象。在这样的循环中，在光亮的区域生成一个 H_3O^+ 而在黑暗的区域生成一个 OH^-。该过程与正常的反应正好相反，在正常的反应中这些离子会相互中和[64]。于是光的能量被用来做化学功[65]。另一个第（4）类反应的例子是二环[2.2.1]庚-2,5-二烯转变成化合物 **7** 的反应[58]。人们已经发现二苯并半瞬烯（**9**）可以热异构化，定量地生成相应的二苯二氢并戊二烯呋喃（**8**）[66]，目前又有报道说明通过光化学反应可以将化合物 **8** 异构化成化合物 **9**[67]，这又是一个第（4）类反应的例子。

这些例子说明利用光化学反应可以容易地获得以其它方法难以得到的化合物。类似的反应将在反应 **15-63** 中讨论。

（5）夺取氢原子　当二苯基甲酮在异丙醇中被照射时，起初生成的 S_1 态横移窜越到 T_1 态，T_1 态提取夺取溶剂中的氢原子产生游离的自由基 **10**，**10** 又夺取另外一个氢原子生成二苯基甲醇（**11**）或者二聚成苯频哪醇（**12**）。

分子内夺取氢的例子已经在前面给出［参见本小节第（2）条］。

（6）光二聚　一个例子是环戊烯酮的二聚[68]。

对于这样的和类似反应的讨论参见反应 **15-63**。

7.1.8 光化学反应机理的确定[69]

用于测定光化学反应机理的方法大多与一般测定有机化学反应机理的方法一样（参见第 6 章）：鉴定产物、同位素示踪法、监测和捕捉中间体法以及动力学法。但是对于光化学反应有一些新的因素：①在光化学反应中，一般生成许多产物，多达 10 种或 15 种；②测定动力学方面时会出现很多可变的因素，我们可以研究光的强度或者波长对反应速率的影响；③检测中间体时，可以用闪光光解（flash photolysis）技术。闪光光解技术能检测到寿命非常短的中间体。

除此之外，还有下列两种其它技术。

（1）采用发射（荧光和磷光）以及吸收光谱的方法　利用这些光谱常常可以计算出激发的三线态和单线态的存在以及能量和寿命。

（2）研究量子产率　量子产率是可产生特定结果的吸收光的分数。有几类量子产率，特定过程的初级量子产率是发生该过程时吸收光分子的分数。例如，如果激发到 S_1 态的所有分子的 10% 窜越到 T_1 态，则该过程的初级量子产率是 0.10。可是初级量子产率往往难以测定，起始激发态分子 A 发生光反应生成产物 P，该过程的产物量子产率（通常用 Φ 表示）可以表示为：

$$\Phi = \frac{产物 P 形成的分子数}{分子 A 吸收光量子的数目}$$

产物量子产率比较容易测定。已知一种被称为光能测定仪（actinometer）的仪器可以测定吸收的量子数，光能测定仪实际上是一种已知量子产率的标准光化学体系。由量子产率可以获得的信息示例见下文。如果产物的量子产率是一定的，而且不随实验条件而改变，则产物可能是在原决速步的过程中形成的。另一个例子：在有些反应中，发现产物量子产率比 1 大得多（可能高达1000）。这些发现表明发生了链反应（对于链反应的讨论见 14.1.1 节）。

7.2 声化学

声化学（因为暴露在超声环境中而诱发的化学事件）在有机化学中十分重要[70]。很多年来，人们广泛研究了水溶液中高强度超声的化学效率[71]，但是现在声化学可以应用在多种有机溶剂中。声化学是利用声学的气穴现象原理，即在声场作用下溶液中气体空泡的形成、成长以及内破裂塌陷。高强度的超声就是通过声学气穴现象导致溶液中气泡的产生、振动和内爆[72]。被高能量超声辐射的液体可以发生化学分解和发光反应[73]。这些现象发生在气泡接近内爆的时候，此时气泡的体积比它们在平衡时候大很多倍。化学反应（声化学）、发光（声学发光）和气穴噪声通常伴随声学气穴现象一同发生[74]。

通过声化学可原位产生气泡。气泡的内爆产生了瞬时的热点，这些点的局部温度可以达到几千开，压力可以达到几百个大气压。一个形成的声化学热点在气态反应和液态反应中分别具有 5200K 和 1900K 的有效温度[75]。在气泡准绝热内爆过程中产生的高温和高压导致了化学反应的发生以及发光，这主要是分子处于激发态以及分子重整的结果[76]。值得注意的是，已经开展的研究表明，通常人们认为气泡是被饱和气体充满的，但是这与压缩率的实际预测不一致[77]。另一个观点认为气泡中大量的过饱和溶剂气体统一被加热到几千开（具体温度依情况而定），这一观点与声化学速率和产物结果一致[78]。

在声化学和声致发光测量之间有一定联系，但这通常没有被观察到。声致发光是一种结果，氧化性物种的声化学反应产物（反应在空气中进行时）和发光反映了各种各样的初级声化学过程，而不同的初级声化学过程是由于"活性"气泡数量的变化所导致[79]。高频率（>1MHz）脉冲超声被广泛应用于医学诊断，浸入式钛角产生的频率为 20kHz 的脉冲超声的影响研究也已经有报道[80]。

超声的化学效果已经被研究了 50 余年[81]，并在 20 世纪 40 年代被应用到胶体化学中[82]。现在超声既被应用于均相体系[83]也被应用于非均相体系[84]。有机溶剂，例如烷烃，可以形成声学气穴效应并发生声化学反应，这将导致 C—C 键的断裂和自由基的重排，空穴中可到达的最高温度受溶剂的蒸气压控制[85]。

一般来说不同实验室得到的声化学反应的结果都很难比较（声化学中的重现性问题）[86]。不同仪器为声化学反应体系提供的能量可能不同。有很多种方法可以估测超声反应体系中超声的能量[86]，最常见的是量热法。这个方法测量的是当一个体系受到超声辐射时导致温度升高时的最初速率。研究结果表明量热法与 Weissler 反应相结合，可作为标准测量各种超声仪的超声能量[87]。

声化学已经被用于改善或促进许多有机化学反应[88]，同时也被应用于其它领域[89]。很多声化学反应不在本书的讨论之列，但是下面会介绍一些典型反应的例子：超声已经被用于促进有机化合物的锂化反应[90]、卡宾的产生[91]以及金属羰基化合物的反应。在金属羰基化合物的反应过程中观察到声化学导致的配体解离，在这个过程中常生成多 CO 取代的产物[92]。人们还研究了超声对相转移催化硫酯合成的影响[93]。

声化学被用于加速 Reformatsky 反应[94]、Diels-Alder 反应[95]、活泼亚甲基化合物的芳基化反应[96]、卤代芳烃的亲核芳香取代反应[97]以及锡氢化反应和氢化锡还原反应[98]。其它的声化学应用还包括氯苯和硝基苯的反应[99]、室温下液氨中的 $S_{RN}1$ 反应[100]和芳香醛的 Knoevenagel 缩合反应[101]。声化学可以加速脂肪烃的碘代反应[102]，用超声的方法可以从 α, α'-二碘酮化合物制备烯丙氧基正离子[103]。声化学已被应用于制备碳水化合物[104]。如果声化学反应对于第 10~19 章中所提到的某个有机反应十分重要时，本书会予以注明。

7.3 微波化学

1986 年 Gedye 及其同事[105]与 Majetich、Giguere 及其合作研究者[106]分别独立报道了利用微波辐射进行有机反应。Gedye 描述了所研究的四类反应，其中包括苯甲酰胺在酸性条件下水解生成苯甲酸。与相同条件下进行回流相比，所有这些反应的反应速率显著提高[107]。Majetich、Giguere 及其合作研究者[106]报道了微波可促进 Diels-Alder 反应、Claisen 反应以及烯烃反应的速率。从那时起，许多出版物[108]描述了微波可促进化学合成，这其中包括很多综述性文章[109]和著作[110]。

微波是电磁波（参见 7.1.1），具有电场和磁场的成分。在电场的作用下带电粒子开始迁移或旋转[111]，这导致极性分子进一步极化。由于微波中电场和磁场产生的共同作用力快速改变方向（$2.4 \times 10^9 s^{-1}$），因此导致发热[111]。总的来说，微波介电加热中[112]最常使用的频率是918MHz 和 2.45GHz[113]（波长分别是 33.3cm 和 12.2cm)，该波长在电磁波谱中位于红外和无线电波之间。对于微波辐照下的化学反应，通常可以观察到快速的加热，如果反应中使用溶剂，那么就会观察到溶剂过热现象[114]。对微波反应来说，搅拌通常很重要[115]。在微波化学研究的早期，反应常常在开放的容器中进行，但也有在封闭的聚四氟乙烯和玻璃烧瓶中进行的，反应中仅使用未改装的家用微波炉[116]。介电加热是直接的，所以如果反应基质具有足够大的介电损耗角正切（dielectric loss tangent)，并且含有具有偶极矩的分子，那么可以不使用溶剂。无溶剂的微波化学反应目前很普遍[117]。

微波介电加热最开始被分为热效应和非热效应两类[118]。"热效应是由于微波介电加热而产生的不同温度区域所导致的。非热效应[119]是指那些由微波的内在特性所引起，而不是不同的温度区域所产生的效应[111]"。有人声称微波化学中具有其它一些特殊效应[120]，例如降低活化过程的 Gibbs 自由能，但是在后来的研究中发现严格控制温度后没有特殊的速率效应[121]。使用传统的微波炉很难实现温度控制，尤其是当反应在一个密闭的烧瓶中进行时。微波介电加热可加速反应速率的主要原因似乎是热效应。热效应可能是由于更快的起始加热速率或者是局部区域的高温所导致的[111]。

现在传统的微波炉很少应用在化学反应中。用于化学合成的微波反应器现在已经商业化，并在科研和工业中广泛应用。这些仪器有内置的磁力搅拌装置、反应混合物的直接温度监控装置、保护的电热偶或者红外传感器，同时还可以通过控制微波输出功率调节温度和压力。

微波在有机化学中有很多应用，无法一一列举。本书中会给出一些代表性例子来说明微波化学所覆盖的领域和用途。微波和超声结合使用对化学反应和有机合成很重要[122]。微波化学被广泛应用在合成中[123]，其中包括有机催化的不对称反应[124]。这些例子包括 Heck 反应（反应 13-10）[125]，Suzuki 反应（反应 13-12）[126]，Sonogashira 反应（反应 13-13）[127]，Ullman 类偶合反应（反应 13-3）[128]，环加成反应（反应 15-58～15-66）[129]，二羟基化反应（反应 15-48）[130]，Mitsunobu 反应（反应 10-23）[131]。早期的文献中许多将微波化学应用到多类型化学反应的实例，这些工作都可以在所引用的综述文章中找到。如果微波化学反应对于第 10～19 章中所提到的某个有机反应十分重要时，本书会予以注明。

参 考 文 献

[1] See Michl, J.; Bonačić-Koutecky, V. *Electronic Aspects of Organic Photochemistry*, Wiley, NY, **1990**; Scaiano, J. C. *Handbook of Organic Photochemistry*, 2 vols., CRC Press, Boca Raton, FL, **1989**; Coxon, J. M.; Halton, B. *Organic Photochemistry*, 2nd ed., Cambridge University Press, Cambridge, **1987**; Coyle, J. D. *Photochemistry in Organic Synthesis*, Royal Society of Chemistry, London, **1986**, *Introduction to Organic Photochemistry*, Wiley, NY, **1986**; Horspool, W. M. *Synthetic Organic Photochemistry*, Plenum, NY, **1984**; Margaretha, P. *Preparative Organic Photochemistry*, *Top. Curr. Chem.* **1982**, 103; Turro, N. J. *Modern Molecular Photochemistry*, W. A. Benjamin, NY, **1978**; Rohatgi-Mukherjee. K. K. *Fundamentals of Photochemistry*, Wiley, NY, **1978**; Barltrop, J. A.; Coyle, J. D. *Principles of Photochemistry*, Wiley, NY, **1978**; Scaiano, J.; Johnston, L. J. *Org. Photochem.* **1989**, 10, 309. For a history of photochemistry, see Roth, H. D. *Angew. Chem. Int. Ed.* **1989**, 28, 1193; Braslavsky, S. E.; Houk, K. N. *Pure Appl. Chem.* **1988**, 60, 1055. See also, the series, *Advances in Photochemistry*, *Organic Photochemistry*, and *Excited States*.

[2] Wessig, P. *Angew. Chem. Int. Ed.* **2006**, 45, 2168.

[3] Zimmerman, H. E. *Pure Appl. Chem.* **2006**, 78, 2193.

[4] Formerly, millimicrons (mμ) were frequently used; numerically they are the same as nanometers.

[5] For monographs, see Zollinger, H. *Color Chemistry*, VCH, NY, **1987**; Gordon, P. F.; Gregory, P. *Organic Chemistry in Colour*, Springer, NY, **1983**; Griffiths, J. *Colour and Constitution of Organic Molecules*, Academic Press, NY, **1976**. See also, Fabian, J.; Zahradnik, R. *Angew. Chem. Int. Ed.* **1989**, 28, 677.

[6] See Kurreck, H. *Angew. Chem. Int. Ed.* **1993**, 32, 1409.

[7] See Koziar, J. C.; Cowan, D. O. *Acc. Chem. Res.* **1978**, 11, 334.

[8] An n electron is one in an unshared pair.

[9] See Malkin, Yu. N.; Kuz'min, V. A. *Russ. Chem. Rev.* **1985**, 54, 1041.

[10] Bohlmann, F. ; Mannhardt, H. *Chem. Ber.* **1956**, 89, 1307.
[11] For a review of the azo group as a chromophore, see Rau, H. *Angew. Chem. Int. Ed.* **1973**, 12, 224.
[12] These values are from Silverstein, R. M. ; Bassler, G. C. *Spectrometric Identification of Organic Compounds*, 2nd ed. , JohnWiley, NY, **1967**, pp. 164-165. Also see Jaffé, H. H. ; Orchin, M. *Theory and Applications of Ultraviolet Spectroscopy*, Wiley, NY, **1962**, p. 257.
[13] See Pitts, Jr. , J. N. ;Wilkinson, F. ; Hammond, G. S. *Adv. Photochem.* **1963**, 1, 1; Porter, G. B. ; Balzani, V. ; Moggi, L. *Adv. Photochem.* **1974**, 9, 147; Braslavsky, S. E. ; Houk, K. N. *Pure Appl. Chem.* **1988**, 60, 1055.
[14] For reviews of the structures of excited states, see Zink, J. I. ; Shin, K. K. *Adv. Photochem.* **1991**, 16, 119; Innes, K. K. *Excited States* **1975**, 2, 1; Hirakawa, A. Y. ; Masamichi, T. *Vib. Spectra Struct.* **1983**, 12, 145.
[15] Ingold, C. K. ; King, G. W. *J. Chem. Soc.* **1953**, 2702, 2704, 2708, 2725, 2745. For a review of acetylene photochemistry, see Coyle, J. D. *Org. Photochem.* **1985**, 7, 1.
[16] Merer, A. J. ; Mulliken, R. S. *Chem. Rev.* **1969**, 69, 639.
[17] Garrison, B. J. ; Schaefer III, H. F. ; Lester Jr. , W. A. *J. Chem. Phys.* **1974**, 61, 3039; Streitwieser Jr. , A. ; Kohler, B. *J. Am. Chem. Soc.* **1988**, 110, 3769. For reviews of excited states of formaldehyde, see Buck, H. M. *Recl. Trav. Chim. Pays-Bas* **1982**, 101, 193, 225; Moule, D. C. ; Walsh, A. D. *Chem. Rev.* **1975**, 75, 67.
[18] See Ireland, J. F. ; Wyatt, P. A. H. *Adv. Phys. Org. Chem.* **1976**, 12, 131.
[19] Weller, A. Z. *Phys. Chem. (Frankfurt am Main)* **1955**, 3, 238, *Discuss. Faraday Soc.* **1959**, 27, 28.
[20] Lubitz, W. ; Lendzian, F. ; Bittl, R. *Acc. Chem. Res.* **2002**, 35, 313.
[21] See Turro, N. J. ; Ramamurthy, V. ; Cherry, W. ; Farneth, W. *Chem. Rev.* **1978**, 78, 125.
[22] See Lin, S. H. *Radiationless Transitions*, Academic Press, NY, **1980**. For reviews, see Kommandeur, J. *Recl. Trav. Chim. Pays-Bas* **1983**, 102, 421; Freed, K. F. *Acc. Chem. Res.* **1978**, 11, 74.
[23] For other exceptions, see Sugihara, Y. ; Wakabayashi, S. ; Murata, I. ; Jinguji, M. ; Nakazawa, T. ; Persy, G. ; Wirz, J. *J. Am. Chem. Soc.* **1985**, 107, 5894, and references cited therein. See also, Turro, N. J. ; Ramamurthy, V. ; Cherry, W. ; Farneth, W. *Chem. Rev.* **1978**, 78, 125, see pp. 126-129.
[24] Also see Li, R. ; Lim, E. C. *Chem. Phys.* **1972**, 57, 605; Sharf, B. ; Silbey, R. *Chem. Phys. Lett.* **1970**, 5, 314; Schlag, E. W. ; Schneider, S. ; Fischer, S. F. *Annu. Rev. Phys. Chem.* **1971**, 22, 465, pp. 490. There is evidence that ISC can also occur from the S2 state of some molecules: Samanta, A. *J. Am. Chem. Soc.* **1991**, 113, 7427; Ohsaku, M. ; Koga, N. ; Morokuma, K. *J. Chem. Soc. Perkin Trans. 2* **1993**, 71.
[25] Moore, W. M. ; Hammond, G. S. ; Foss, R. P. *J. Am. Chem. Soc.* **1961**, 83, 2789.
[26] See Lower, S. K. ; El-Sayed, M. A. *Chem. Rev.* **1966**, 66, 199. For a review of physical and chemical processes of triplet states see Wagner, P. J. ; Hammond, G. S. *Adv. Photochem.* **1968**, 5, 21.
[27] See Albini, A. *Synthesis*, **1981**, 249; Turro, N. J. ; Dalton, J. C. ; Weiss, D. S. *Org. Photochem.* **1969**, 2, 1. Ionic liquids may be soluble photosensitizers. See Hubbard, S. C. ; Jones, P. B. *Tetrahedron* **2005**, 61, 7425.
[28] In certain cases excited states can be produced directly in ordinary reactions. See White, E. H. ; Miano, J. D. ; Watkins, C. J. ; Breaux, E. J. *Angew. Chem. Int. Ed.* **1974**, 13, 229.
[29] For another table of this kind, see Calvert, J. G. ; Pitts, Jr. , J. N. *Photochemistry*, Wiley, NY, **1966**, p. 89.
[30] See Bennett, R. G. ; Schwenker, R. P. ; Kellogg, R. E. *J. Chem. Phys.* **1964**, 41, 3040; Ermolaev, V. L. ; Sveshnikova, E. B. *Opt. Spectrosc. (USSR)* **1964**, 16, 320.
[31] SeeKavarno, G. J. ; Turro, N. J. *Chem. Rev.* **1986**, 86, 401; Mariano, P. S. *Org. Photochem.* **1987**, 9, 1.
[32] For a discussion of pyrylogens as an electron-transfer sensitizer, see Clennan, E. L. ; Liao, C. ; Ayokosok, E. *J. Am. Chem. Soc.* **2008**, 130, 7552.
[33] See Engel, P. S. ; Monroe, B. M. *Adv. Photochem.* **1971**, 8, 245.
[34] Verhoeven, J. W. *Pure Appl. Chem.* **1996**, 68, 2223 (see p. 2268).
[35] See Samanta, S. ; Mishra, B. K. ; Pace, T. C. S. ; Sathyamurthy, N. ; Bohne, C. ; Moorthy, J. N. *J. Org. Chem.* **2006**, 71, 4453.
[36] See Aspari, P. ; Ghoneim, N. ; Haselbach, E. ; von Raumer, M. ; Suppan, P. ; Vauthey, E. *J. Chem. Soc., Faraday Trans.* **1996**, 92, 1689; Cohen, S. G. ; Parola, A. ; Parsons, Jr. , G. H. *Chem. Rev.* **1973**, 73, 141; von Raumer, M. ; Suppan, P. ; Haselbach, E. *Helv. Chim. Acta* **1997**, 80, 719.
[37] Inbar, S. ; Linschitz, H. ; Cohen, S. G. *J. Am. Chem. Soc.* **1982**, 104, 1679; Bobrowski, K. ; Marciniak, B. ; Hug, G. L. *J. Photochem. Photobiol. A : Chem.* **1994**, 81, 159; Wakasa, M. ; Hayashi, H. *J. Phys. Chem.* **1996**, 100, 15640.
[38] Marciniak, B. ; Bobrowski, K. ; Hug, G. L. *J. Phys. Chem.* **1993**, 97, 11937.
[39] Becker, H. -D. *J. Org. Chem.* **1967**, 32, 2115; 2124; 2140.
[40] Lathioor, E. C. ; Leigh, W. J. ; St. Pierre, M. J. *J. Am. Chem. Soc.* **1999**, 121, 11984.
[41] See Wagner, P. J. ; Hammond, G. S. ; Wagner, P. J. ; Hammond, G. S. *Adv. Photochem.* **1968**, 5, 21. For other reviews of triplet states, see *Top. Curr. Chem.* **1975**, Vols. 54 and 55.
[42] Adapted from Calvert, J. G. ; Pitts, Jr. , J. N. *Photochemistry*, Wiley, NY, **1966**, p. 367.
[43] For a different kind of classification of photochemical reactions, see Dauben, W. G. ; Salem, L. ; Turro, N. J. *Acc. Chem. Res.* **1975**, 8, 41. For reviews of photochemical reactions where the molecules are geometrically constrained, see Ramamurthy, V. *Tetrahedron* **1986**, 42, 5753; Ramamurthy, V. ; Eaton, D. F. *Acc. Chem. Res.* **1988**, 21, 300; Turro, N. J. ; Cox, G. S. ; Paczkowski, M. A. *Top. Curr. Chem.* **1985**, 129, 57.
[44] Turro, N. J. ; Lechtken, P. ; Lyons, A. ; Hautala, R. T. ; Carnahan, E. ; Katz, T. J. *J. Am. Chem. Soc.* **1973**, 95, 2035.
[45] See Ninomiya, I. ; Naito, T. *Photochemical Synthesis*, Academic Press, NY, **1989**; Coyle, J. D. *Photochemistry in Organic Synthesis*, Royal Society of Chemistry, London, **1986**; Schönberg, A. *Preparative Organic Photochemistry*, Springer, Berlin, **1968**.
[46] See DeLuca, L. ; Giacomelli, G. ; Porcu, G. ; Taddei, M. *Org. Lett.* **2001**, 3, 855.

[47] For reviews, see Jackson, W. M. ; Okabe, H. *Adv. Photochem.* ***1986***, 13, 1; Kresin, V. Z. ; Lester, Jr. , W. A. *Adv. Photochem.* ***1986***, 13, 95.

[48] See Formosinho, S. J. ; Arnaut, L. G. *Adv. Photochem.* ***1991***, 16, 67; Newton, R. F. in Coyle, J. D. *Photochemistry in Organic Synthesis*, Royal Society of Chemistry, London, ***1986***, pp. 39-60; Lee, E. K. C. ; Lewis, R. S. *Adv. Photochem.* ***1980***, 12, 1; Coyle, J. D. ; Carless, H. A. J. *Chem. Soc. Rev.* ***1972***, 1, 465; Bérces, T. in Bamford, C. H. ; Tipper, C. F. H. *Comprehensive Chemical Kinetics*, Vol. 5; Elsevier, NY, ***1972***, pp. 277-380; Turro, N. J. ; Dalton, J. C. ; Dawes, K. ; Farrington, G. ; Hautala, R. ; Morton, D. ; Niemczyk, M. ; Shore, N. *Acc. Chem. Res.* ***1972***, 5, 92; Wagner, P. J. *Top. Curr. Chem.* ***1976***, 66, 1. Also see Weiss, D. S. *Org. Photochem.* ***1981***, 5, 347; Rubin, M. B. *Top. Curr. Chem.* ***1985***, 129, 1; ***1969***, 13, 251; Childs, R. F. *Rev. Chem. Intermed.* ***1980***, 3, 285. C＝S compounds, see Coyle, J. D. *Tetrahedron* ***1985***, 41, 5393; Ramamurthy, V. *Org. Photochem.* ***1985***, 7, 231. C＝N compounds, see Mariano, P. S. *Org. Photochem.* ***1987***, 9, 1.

[49] See Adam, W. ; Oppenländer, T. *Angew. Chem. Int. Ed.* ***1986***, 25, 661; Dürr, H. ; Ruge, B. *Top. Curr. Chem.* ***1976***, 66, 53; Drewer, R. J. in Patai, S. *The Chemistry of the Hydrazo, Azo, and Azoxy Groups*, pt. 2, Wiley, NY, ***1975***, pp. 935-1015.

[50] See Wagner, P. J. in de Mayo, P. *Rearrangements in Ground and Excited States*, Vol. 3, Academic Press, NY, ***1980***, pp. 381-444; *Acc. Chem. Res.* ***1971***, 4, 168. See Niu, Y. ; Christophy, E. ; Hossenlopp, J. M. *J. Am. Chem. Soc.* ***1996***, 118, 4188 for a new view of Norrish Type II elimination.

[51] See Wilson, R. M. *Org. Photochem.* ***1985***, 7, 339, pp. 349-373; Scaiano, J. C. ; Lissi, E. A. ; Encina, M. V. *Rev. Chem. Intermed.* ***1978***, 2, 139. Also see Wagner, P. J. *Acc. Chem. Res.* ***1989***, 22, 83.

[52] This mechanism was proposed by Yang, N. C. ; Yang, D. H. *J. Am. Chem. Soc.* ***1958***, 80, 2913. The diradical intermediate has been trapped: Wagner, P. J. ; Zepp, R. G. *J. Am. Chem. Soc.* ***1972***, 94, 287; Wagner, P. J. ; Kelso, P. A. ; Zepp, R. G. *J. Am. Chem. Soc.* ***1972***, 94, 7480; Adam, W. ; Grabowski, S. ; Wilson, R. M. *Chem. Ber.* ***1989***, 122, 561. See also, Caldwell, R. A. ; Dhawan, S. N. ; Moore, D. E. *J. Am. Chem. Soc.* ***1985***, 107, 5163.

[53] See Casey, C. P. ; Boggs, R. A. *J. Am. Chem. Soc.* ***1972***, 94, 6457.

[54] For a review of the photochemistry of carboxylic acids and acid derivatives, see Givens, R. S. ; Levi, N. in Patai, S. *The Chemistry of Acid Derivatives*, pt. 1; Wiley, NY, ***1979***, pp. 641-753.

[55] See Hwu, J. R. ; Chen, B. -L. ; Huang, L. W. ; Yang, T. -H. *J. Chem. Soc. Chem. Commun.* ***1995***, 299.

[56] Wagner, P. J. ; Zhou, B. *J. Am. Chem. Soc.* ***1988***, 110, 611.

[57] See Morrison, H. A. in Feuer, H. *The Chemistry of the Nitro and Nitroso Groups*, pt. 1, Wiley, NY, ***1969***, pp. 165-213, 185-191; Kaupp, G. *Angew. Chem. Int. Ed.* ***1980***, 19, 243. See also, Yip, R. W. ; Sharma, D. K. *Res. Chem. Intermed.* ***1989***, 11, 109.

[58] See Sonnet, P. E. *Tetrahedron* ***1980***, 36, 557; Schulte-Frohlinde, D. ; Görner, H. *Pure Appl. Chem.* ***1979***, 51, 279; Saltiel, J. ; Charlton, J. L. in de Mayo, P. *Rearrangements in Grund and Excited States*, Vol. 3, Academic Press, NY, ***1980***, pp. 25-89; Saltiel, J. ; Chang, D. W. L. ; Megarity, E. D. ; Rousseau, A. D. ; Shannon, P. T. ; Thomas, B. ; Uriarte, A. K. *Pure Appl. Chem.* ***1975***, 41, 559; Saltiel, J. ; D'Agostino, J. ; Megarity, E. D. ; Metts, L. ; Neuberger, K. R. ; Wrighton, M. ; Zafiriou, O. C. *Org. Photochem.* ***1979***, 3, 1. Also see Leigh, W. J. ; Srinivasan, R. *Acc. Chem. Res.* ***1987***, 20, 107; Steinmetz, M. G. *Org. Photochem.* ***1987***, 8, 67; Adam, W. ; Oppenländer, T. *Angew. Chem. Int. Ed.* ***1986***, 25, 661; Johnson, R. P. *Org. Photochem.* ***1985***, 7, 75.

[59] For a review of the photoisomerization of stilbenes, see Waldeck, D. H. *Chem. Rev.* ***1991***, 91, 415.

[60] Kawamura, Y. ; Takayama, R. ; Nishiuchi, M. ; Tsukayama, M. *Tetrahedron Lett.* ***2000***, 41, 8101.

[61] Deyrup, J. A. ; Betkouski, M. *J. Org. Chem.* ***1972***, 37, 3561.

[62] Akabori, S. ; Kumagai, T. ; Habata, Y. ; Sato, S. *J. Chem. Soc. Perkin Trans.* 1 ***1989***, 1497; Shinkai, S. ; Yoshioka, A. ; Nakayama, H. ; Manabe, O. *J. Chem. Soc. Perkin Trans.* 2 ***1990***, 1905. For a review, see Shinkai, S. ; Manabe, O. *Top. Curr. Chem.* ***1984***, 121, 67.

[63] Haberfield, P. *J. Am. Chem. Soc.* ***1987***, 109, 6177.

[64] Haberfield, P. *J. Am. Chem. Soc.* ***1987***, 109, 6178.

[65] See Beer, P. D. *Chem. Soc. Rev.* ***1989***, 18, 409. For an example not involving a macrocycle, see Feringa, B. L. ; Jager, W. F. ; de Lange, B. ; Meijer, E. W. *J. Am. Chem. Soc.* ***1991***, 113, 5468.

[66] Sajimon, M. C. ; Ramaiah, D. ; Muneer, M. ; Rath, N. P. ; George, M. V. *J. Photochem. Photobiol. A Chem.* ***2000***, 136, 209.

[67] Sajimon, M. C. ; Ramaiah, D. ; Thomas, K. G. ; George, M. V. *J. Org. Chem.* ***2001***, 66, 3182.

[68] Eaton, P. E. *Acc. Chem. Res.* ***1968***, 1, 50. For a review of the photochemistry of α,β-unsaturated ketones, see Schuster, D. I. in Patai, S. ; Rappoport, Z. *The Chemistry of Enones*, pt. 2, Wiley, NY, ***1989***, pp. 623-756.

[69] For a review, see Calvert, J. G. ; Pitts, Jr. , J. N. *Photochemistry*, Wiley, NY, ***1966***, pp. 580-670.

[70] Mason, T. J. , Ed. *Advances in Sonochemistry*, JAI Press, NY, ***1990-1994***; Vols. 1-3, Price, G. J. , Ed. *Current Trends in Sonochemistry*, Royal Society of Chemistry, Cambridge, UK, 1992; Suslick, K. S. *Science* ***1990***, 247, 1439; Suslick, K. S. *Ultrasound: Its Chemical, Physical, and Biological Effects*, VCH, NY, ***1988***; Young, F. R. *Cavitation*, McGraw-Hill, NY, ***1989***; Brennen, C. E. *Cavitation and Bubble Dynamics*, Oxford University Press, Oxford, UK, ***1995***; Anbar, M. *Science* ***1968***, 161, 1343. For a discussion of ultrasound in the chemistry of heterocycles, see Cella, R. ; Stefani, H. A. *Tetrahedron* ***2009***, 65, 2619.

[71] Apfel, R. E. , in Edmonds, P. *Methods in Experimental Physics*, Academic Press, New York, ***1981***; Vol. 19; Makino, K. ; Mossoba, M. M. ; Riesz, P. *J. Am. Chem. Soc.* ***1982***, 104, 3537.

[72] Stottlemeyer, T. R. ; Apfel, R. E. *J. Acoust. Soc. Am.* ***1997***, 102, 1413.

[73] Suslick, K. S. ; Crum, L. A. In *Sonochemistry and Sonoluminescence*, *Handbook of Acoustics*, Crocker, M. J. , Ed. , Wiley, NY, ***1998***; Chapter 23; Leighton, T. G. *The Acoustic Bubble*, Academic Press, London, ***1994***; Chapter 4; Brennen, C. E. *Cavitation and Bubble Dynamics*, Oxford University Press, ***1995***, Chapters 1-4; Hua, I. ; Hoffmann, M. R. *Environ. Sci. Technol.* ***1997***, 31, 2237.

[74] Suslick, K. S. ; Didenko, Y. T. ; Fang, M. M. ; Hyeon, T. ; Kolbeck, K. J. ; McNamara, III, W. B. ; Mdleleni, M. M. ; Wong,

M. Philos. *Trans. R. Soc. London A* **1999**, 357, 335. For problems of sonochemistry and cavitation, see Margulis, M. A. *Ultrasonics Sonochemistry*, **1994**, 1, S87.

[75] Suslick, K. S. ; Hammerton, D. A. ; Cline, Jr. , R. E. *J. Am. Chem. Soc.* **1986**, 108, 5641.
[76] Didenko, Y. T. ; McNamara, III, W. B. ; Suslick, K. S. *J. Am. Chem. Soc.* **1999**, 121, 5817.
[77] Colussi, A. J. ; Hoffmann, M. R. *J. Phys. Chem. A.* **1999**, 103, 11336.
[78] Colussi, A. J. ; Weavers, L. K. ; Hoffmann, M. R. *J. Phys. Chem. A* **1998**, 102, 6927.
[79] Segebarth, N. ; Eulaerts, O. ; Reisse, J. ; Crum, L. A. ; Matula, T. J. *J. Phys. Chem. B.* **2002**, 106, 9181.
[80] Dekerckheer, C. ; Bartik, K. ; Lecomte, J.-P. ; Reisse, J. *J. Phys. Chem. A.* **1998**, 102, 9177.
[81] Elpiner, I. E. *Ultrasound : Physical, Chemical, and Biological Effects*, Consultants Bureau, NY, **1964**.
[82] Sollner, K. *Chem. Rev.* **1944**, 34, 371.
[83] Suslick, K. S. ; Schubert, P. F. ; Goodale, J. W. *J. Am. Chem. Soc.* **1981** ,103, 7342; Sehgal, C. ; Yu, T. J. ; Sutherland, R. G. ; Verrall, R. E. *J. Phys. Chem.* **1982**, 86, 2982; Sehgal, C. M. ; Wang, S. Y. *J. Am. Chem. Soc.* **1981**, 103, 6606.
[84] Han, B.-H. ; Boudjouk, P. *J. Org. Chem.* **1982**, 47, 5030; Boudjouk, P. ; Han, B.-H. *Tetrahedron Lett.* **1981**, 22, 3813; Han, B.-H. ; Boudjouk, P. *J. Org. Chem.* **1982**, 47, 751; Boudjouk, P. ; Han, B.-H. ; Anderson, K. R. *J. Am. Chem. Soc.* **1982**, 104, 4992; Boudjouk, P. ; Han, B.-H. *J. Catal.* **1983**, 79, 489; Racher, S. ; Klein, P. *J. Org. Chem.* **1981**, 46, 3558; Regen, S. L. ; Singh, A. *J. Org. Chem.* **1982**, 47, 1587; Kegelaers, Y. ; Eulaerts, O. ; Reisse, J. ; Segebarth, N. *Eur. J. Org. Chem.* **2001**, 3683.
[85] Suslick, K. S. ; Gawienowski, J. J. ; Schubert, P. F. ; Wang H. H. *J. Phys. Chem.* **1983**, 87, 2299.
[86] Mason, T. J. *Practical Sonochemistry : User's Guide to Applications in Chemistry and Chemical Engineering*, Ellis Horwood, West Sussex, **1991**, pp. 43-46; Broeckaert, L. ; Caulier, T. ; Fabre, O. ; Maerschalk, C. ; Reisse, J. ; Vandercammen, J. ; Yang, D. H. ; Lepoint, T. ; Mullie, F. *Current Trends in Sonochemistry*, Price, G. J. , Ed. , Royal Society of Chemistry, Cambridge, **1992**, p. 8; Mason, T. J. ; Lorimer, J. P. ; Bates, D. M. ; Zhao, Y. *Ultrasonics Sonochemistry* **1994**, 1, S91; Mason, T. J. ; Lorimer, J. P. ; Bates, D. M. *Ultrasonics* **1992**, 30, 40.
[87] Kimura, T. ; Sakamoto, T. ; Leveque, J.-M. ; Sohmiya, H. ; Fujita, M. ; Ikeda, S. ; Ando, T. *Ultrasonics Sonochemistry* **1996**, 3, S157.
[88] *Synthetic Organic Sonochemistry* Luche, J.-L. (Universite de Savoie, France), Plenum Press, NY. 1998; Luche, J.-L. *Ultrasonics Sonochemistry*, **1996**, 3, S215.
[89] Adewuyi, Y. G. *Ind. Eng. Chem. Res.* **2001**, 40, 4681.
[90] Boudjouk, P. ; Sooriyakumaran, R. ; Han, B. H. *J. Org. Chem.* **1986**, 51, 2818, and Ref. 1 therein.
[91] Regen, S. L. ; Singh, A. *J. Org. Chem.* **1982**, 47, 1587.
[92] Suslick, K. S. ; Goodale, J. W. ; Schubert, P. F. ; Wang, H. H. *J. Am. Chem. Soc.* **1983**, 105, 5781.
[93] Wang, M.-L. ; Rajendran, V. *J. Mol. Catalysis A : Chemical* **2005**, 244, 237.
[94] Han, B. H. ; Boudjouk, P. *J. Org. Chem.* **1982**, 47, 5030.
[95] Nebois, P. ; Bouaziz, Z. ; Fillion, H. ; Moeini, L. ; Piquer, Ma. J. A. ; Luche, J.-L. ; Riera, A. ; Moyano, A. ; Pericàs, M. A. *Ultrasonics Sonochemistry* **1996**, 3, 7.
[96] Mečiarová, M. ; Kiripolsky, M. ; Toma, Š. *Ultrasonics Sonochemistry* **2005**, 12, 401.
[97] Mečiarová, M. ; Toma, S. ; Magdolen, P. *Ultrasonics Sonochemistry* **2003**, 10, 265.
[98] Nakamura, E. ; Machii, D. ; Inubushi, T. *J. Am. Chem. Soc.* **1989**, 111, 6849.
[99] Vinatoru, M. ; Stavrescua, R. ; Milcoveanu, A. B. ; Toma, M. ; Mason, T. J. *Ultrasonics Sonochemistry* **2002**, 9, 245.
[100] Manzo, P. G. ; Palacios, S. M. ; Alonso, R. A. *Tetrahedron Lett.* **1994**, 35, 677.
[101] McNulty, J. ; Steere, J. A. ; Wolf, S. *Tetrahedron Lett.* **1998**, 39, 8013.
[102] Kimura, T. ; Fujita, M. ; Sohmiya, H. ; Ando, T. *Ultrasonics Sonochemistry* **2002**, 9, 205.
[103] Montana, A. M. ; Grima, P. M. *Tetrahedron Lett.* **2001**, 42, 7809.
[104] Kardos, N. ; Luche, J.-L. *Carbohydrate Res.* **2001**, 332, 115.
[105] Gedye, R. N. ; Smith, F. E. ; Westaway, K. C. *Can. J. Chem.* **1987**, 66, 17.
[106] Giguere, R. J. ; Bray, T. ; Duncan, S. M. ; Majetich, G. *Tetrahedron Lett.* **1986**, 27, 4945.
[107] Taken from Horeis, G. ; Pichler, S. ; Stadler, A. ; Gössler, W. ; Kappe, C. O. *Microwave-Assisted Organic Synthesis - Back to the Roots*, Fifth International Electronic Conference on Synthetic Organic Chemistry (ECSOC-5), **2001**. (available at http:// www. mdpi. org/ecsoc-5. htm).
[108] Kappe, C. O. *Angew. Chem. Int. Ed.* **2004**, 43, 6250.
[109] Majetich, G. ; Karen, W. in Kingston, H. M. ; Haswell, S. J. *Microwave-Enhanced Chemistry. Fundamentals*, *Sample Preparation, and Applications*, American Chemical Society, Washington, DC, **1997**, p. 772; Bose, A. K. ; Manhas, M. S. ; Banik, B. K. ; Robb, E. W. *Res. Chem. Intermed.* **1994**, 20, 1; Majetich, G. ; Hicks, R. *Res. Chem. Intermed.* **1994**, 20, 61; Strauss, C. R. ; Trainor, R. W. *Aust. J. Chem.* **1995**, 48, 1665; Caddick, S. *Tetrahedron* **1995**, 51, 10403; Mingos, D M. P. *Res. Chem. Intermed.* **1994**, 20, 85; Berlan, J. *Rad. Phys. Chem.* **1995**, 45, 581; Fini, A. ; Breccia, A. *Pure Appl. Chem.* **1999**, 71, 573.
[110] Kingston, H. M. ; Haswell, S. J. *Microwave-Enhanced Chemistry. Fundamentals*, *Sample Preparation, and Applications*, American Chemical Society, **1997**; Loupy, A. *Microwaves in Organic Synthesis*, Wiley-VCH, Weinheim, **2002**; Hayes, B. L. *Microwave Synthesis : Chemistry at the Speed of Light*, CEM Publishing, Matthews, NC, **2002**; Lidström, P. , Tierney, J. P. *Microwave-Assisted Organic Synthesis*, Blackwell Scientific, **2005**; Kappe, C. O. ; Stadler, A. *Microwaves in Organic and Medicinal Chemistry*, Wiley-VCH, Weinheim, **2005**.
[111] Galema, S. A. *Chem. Soc. Rev.* **1997**, 26, 233.
[112] Gabriel, C. ; Gabriel, S. ; Grant, E. H. ; Halstead, B. S. J. ; Mingos, D. M. P. *Chem. Soc. Rev.* **1998**, 27, 213.
[113] This frequencey is usually applied in domestic microwave ovens.
[114] See Hoogenboom, R. ; Wilms, T. F. A. ; Erdmenger, T. ; Schubert, U. S. *Austr. J. Chem.* **2009**, 62, 236.

[115] Moseley, J. D. ; Lenden, P. ; Thomson, A. D. ; Gilday, J. P. *Tetrahedron Lett.* **2007**, 48, 6084.
[116] Caddick, S. *Tetrahedron* **1995**, 51, 10403.
[117] Varma, R. S. *Green Chem.* **1999**, 43; Kidawi, M. *Pure Appl. Chem.* **2001**, 73, 147; Varma, R. S. *Pure Appl. Chem.* **2001**, 73, 193.
[118] Langa, F. ; de la Cruz, P. ; de la Hoz, A. ; Díaz-Ortiz, A. ; Díez-Barra, E. *Contemp. Org. Synth.* **1997**, 4, 373. Also see Schmink, J. R. ; Leadbeater, N. E. *Org. Biomol. Chem.*, **2009**, 7, 3842.
[119] See Kuhnert, N. *Angew. Chem. Int. Ed.* **2002**, 41, 1863.
[120] Laurent, R. ; Laporterie, A. ; Dubac, J. ; Berlan, J. ; Lefeuvre, S. ; Audhuy, M. *J. Org. Chem.* **1992**, 57, 7099 and references therein.
[121] Raner, K. D. ; Strauss, C. R. ; Vyskoc, F. ; Mokbel, L. *J. Org. Chem.* **1993**, 58, 950, and references cited therein.
[122] Cravotto, G. ; Cintas, P. *Chemistry: European J.* **2007**, 13, 1902.
[123] See Larhed, M. ; Moberg, C. ; Hallberg, A. *Acc. Chem. Res.* **2002**, 35, 717; Nüchter, M. ; Ondruschka, B. ; Bonrath, W. ; Gum, A. *Green Chem.* **2004**, 6, 128; Roberts, B. A. ; Strauss, C. R. *Acc. Chem. Res.* **2005**, 38, 653; Kuznetsov, D. V. ; Raev, V. A. ; Kuranov, G. L. ; Arapov, O. V. ; Kostikov, R. R. *Russ. J. Org. Chem.* **2005**, 41, 1719. For a discussion of microwave-assisted organic synthesis in near critical water, see Kremsner, J. M. ; Kappe, C. O. *Eur. J. Org. Chem.* **2005**, 3672.
[124] Mossé, S. ; Alexakis, A. *Org. Lett.* **2006**, 8, 3577.
[125] Larhed, M. ; Moberg, C. ; Hallberg, A. *Acc. Chem. Res.* **2002**, 35, 717; Olofsson, K. ; Larhed, M. in Lidström, P. ; Tierney, J. P. *Microwave-Assisted Organic Synthesis*, Blackwell, Oxford, **2004**, Chap. 2. , Andappan, M. M. S. ; Nilsson, P. ; Larhed, M. *Mol. Diversity* **2003**, 7, 97.
[126] Nuteberg, D. ; Schaal, W. ; Hamelink, E. ; Vrang, L. ; Larhed, M. *J. Comb. Chem.* **2003**, 5, 456; Miller, S. P. ; Morgan, J. B. ; Nepveux, F. J. ; Morken, J. P. *Org. Lett.* **2004**, 6, 131; Kaval, N. ; Bisztray, K. ; Dehaen, W. ; Kappe, C. O. ; Van der Eycken, E. *Mol. Diversity* **2003**, 7, 125; Gong, Y. ; He, W. *Heterocycles* **2004**, 62, 851; Leadbeater, N. E. ; Marco, M. *J. Org. Chem.* **2003**, 68, 888; Bai, L. ; Wang, J. -X. ; Zhang, Y. *Green Chem.* **2003**, 5, 615; Leadbeater, N. E. ; Marco, M. *J. Org. Chem.* **2003**, 68, 5660.
[127] Kaval, N. ; Bisztray, K. ; Dehaen, W. ; Kappe, C. O. ; Van der Eycken, E. *Mol. Diversity* **2003**, 7, 125; Gong, Y. ; He, W. *Heterocycles* **2004**, 62, 851; Leadbeater, N. E. ; Marco, M. ; Tominack, B. *J. Org. Lett.* **2003**, 5, 3919; Appukkuttan, P. ; Dehaen, W. ; Van der Eycken, E. *Eur. J. Org. Chem.* **2003**, 4713.
[128] Wu, Y. -J. ; He, H. ; L'Heureux, A. *Tetrahedron Lett.* **2003**, 44, 4217; Lange, J. H. M. ; Hofmeyer, L. J. F. ; Hout, F. A. S. ; Osnabrug, S. J. M. ; Verveer, P. C. ; Kruse, C. G. ; Feenstra, R. W. *Tetrahedron Lett.* **2002**, 43, 1101.
[129] See Van der Eycken, E. ; Appukkuttan, P. ; De Borggraeve, W. ; Dehaen, W. ; Dallinger, D. ; Kappe, C. O. *J. Org. Chem.* **2002**, 67, 7904 ; Pinto, D. C. G. A. ; Silva, A. M. S. ; Almeida, L. M. P. M. ; Carrillo, J. R. ; D'az-Ortiz, A. ; de la Hoz, A. ; Cavaleiro, J. A. S. *Synlett* **2003**, 1415.
[130] Dupau, P. ; Epple, R. ; Thomas, A. A. ; Fokin, V. V. ; Sharpless, K. B. *Adv. Synth. Catal.* **2002**, 344, 421.
[131] Raheem, I. T. ; Goodman, S. N. ; Jacobsen, E. N. *J. Am. Chem. Soc.* **2004**, 126, 706.

第 8 章
酸和碱

当今的有机化学中常用到两种酸碱理论，即 Brønsted 理论和 Lewis 理论[1]。这两种理论互为补充，并在不同情况下使用[2]。Lewis 理论提出的电子给予体（碱）和电子接受体（酸）概念在有机化学中通常更有用处。由于大多数有机反应并非在含水介质中进行的，因而关注电子转移比关注质子转移更有意义。

8.1 Brønsted 理论

根据 Brønsted 理论，酸是质子的供体[3]，而碱是质子的受体。碱必须有一对可用于与质子共用的电子，这通常是孤对电子，也有时是 π 电子。一个酸碱反应简单地说，就是一个质子从酸转移到碱（溶液中并不存在游离的质子，质子必须与一对电子对连接）。实质上，酸并没有"给出"质子，而是碱提供电子给了质子，"拉着"质子形成共轭酸。当酸给出一个质子时，余下的部分（共轭碱）仍保留有原先与质子相连的电子对。因此，至少从理论上讲，共轭碱可以重新获得一个质子，所以是一种碱。所有酸与合适的碱反应后都产生一个共轭碱，同样的，所有碱与合适的酸反应后也都产生一个共轭酸。所有酸-碱反应都遵循如下方程：

$$A-H + B \rightleftharpoons A + B-H$$
$$\text{酸 1} \quad \text{碱 2} \quad \text{碱 1} \quad \text{酸 2}$$

在此方程式中未标示电荷，但每一种酸都比其共轭碱多一个单位的正电荷。

8.1.1 Brønsted 酸

根据 Brønsted 定义，酸强度可以定义为给出一个质子的能力，碱强度可以定义为接受一个质子的能力。所有酸碱反应都是可逆的，因而酸和共轭酸都出现在平衡混合物中。从某种意义上说，酸碱反应之所以会发生，是因为酸的强度并不相等（即平衡可能朝着一个或另一个反应方向移动）。如果一种酸（例如 HCl）与一种更弱的酸的共轭碱（如乙酸根离子）接触，反应将形成乙酸作为共轭酸。这是由于 HCl 的酸性比乙酸更强（参见表 8.1），反应平衡会大大偏向右侧。如反应式所示，平衡偏向右侧（乙酸的浓度较高而 HCl 的浓度较低），HCl 表现为较强的酸。同样的，乙酸根就是比氯离子更强的碱。如果这种观点正确，那么乙酸与氯离子应当根本不发生反应，因为其中较弱的酸已经结合了质子。这被证实是正确的。

$$\text{HCl} + \text{CH}_3\text{COO}^- \rightleftharpoons \text{CH}_3\text{COOH} + \text{Cl}^-$$

对于两种不同的酸，其与一个普通碱反应平衡的位置可以用来确定酸的相对强弱[4]。同样的，两种不同碱的强度可以通过比较其与一个普通酸反应的平衡来确定。按照定义，一个酸和一个碱写在反应方程的左侧，而共轭酸和共轭碱应当写在方程的右侧。

当然，如果被考察的两种酸在强度上相当，朝两个方向都会发生可测量得到的反应。这一结果其实是表明达到平衡时酸和碱的浓度与共轭酸和共轭碱的浓度接近。但是表观上平衡位置仍偏向更弱的酸（除非在实验的极限内，两种酸的酸性相当）。如果酸和碱的浓度较高，则表明共轭酸与共轭碱的反应更容易发生，被标记为酸的化合物是一个较弱的酸；如果共轭酸和共轭碱的浓度较高，则表明酸与碱的反应更容易发生，被标记为酸的化合物是一个较强的酸。

利用这种方法，可以列出酸性强弱的顺序表[5]（表 8.1）[6]。在表 8.1 中，每个酸相邻一栏列出的物种称为其共轭碱。根据强酸产生弱的共轭碱和弱酸产生强的共轭碱的原理，从表中可以明显看出，如果酸按酸性强度降低的顺序排列，那么其共轭碱就是按碱性强度增加的顺序排列。在表 8.1 中，处于表中间部分的 pK_a 值[7]最为准确[8-67]。因为对于非常强和非常弱的酸，其 pK_a 值都难以测量[68]，这些值仅能作为近似值。如果没有已知的 pK_a 值，则可以通过实验判定酸性强弱，比如可以定性地判定出 $HClO_4$ 比 H_2SO_4

的酸性强，因为在 4-甲基-2-戊酮中的 $HClO_4$ 与 H_2SO_4 混合物可以不受 H_2SO_4 的干扰而被滴定达到 $HClO_4$ 终点[69]；同样，$HClO_4$ 显示出比 HNO_3 或 HCl 更强的酸性。然而，这些结果都不是定量的，表中的 $pK_a = -10$ 仅仅来源于一些合理的猜测；RNO_2H^+、$ArNO_2H^+$、HI、$RCNH^+$ 和 RSH_2^+ 的 pK_a 值也有很大的猜测成分[70]。即使是简单碱的共轭酸的 pK_a 值，不同研究报道的数值也有非常大的差别，如丙酮（$-0.24 \sim -7.2$）[67]，乙醚（$-0.30 \sim -6.2$），乙醇（$-0.33 \sim -4.8$），甲醇（$-0.34 \sim -4.9$）和 2-丙醇（$-0.35 \sim -5.2$），pK_a 值依赖于所选取的测量方法[71]。只有酸性比 H_3O^+ 弱并且比水更强的酸的 pK_a 值才能获得非常准确的数据。

已经开发出了一种量度酸性的晶体结构谱，其中包括 C—H 化合物的酸性。晶体结构中 C—H···O 的平均距离与常规的 pK_a 值（DMSO 中）吻合得很好[72]。DMSO 为二甲亚砜。从头算研究可以将具有张力的碳氢化合物的环张力与氢键酸性相关联[73]。已经测得脂肪族碳氢化合物的动力学酸性[74]。

在靠近表 8.1 的底端部分是非常弱的酸（$pK_a \geq$ 水的 15.8）[75]。绝大部分这些酸的质子是从碳原子上失去的，即所谓的含碳酸（carbon acid）。这些弱酸的 pK_a 值往往难以测量，所得到的也是近似值。测定这些酸的相对平衡位置的方法已在第 5 章中讨论过[76]。含碳酸的酸性与其碳负离子（即共轭碱）的稳定性成正比（参见 5.2.1 节）。

在表 8.1 的顶端部分是非常强的酸，即超酸（superacid）[77]（参见 5.1.2 节）。在 $FSO_3H\text{-}SbF_5$ 混合物中真实存在的物种可能是 $H[SbF_5(SO_3F)]$ 和 $H[SbF_2(SO_3F)_4]$[66]。加入 SO_3 会生成更强的酸：$H[SbF_4(SO_3F)_2]$、$H[SbF_3(SO_3F)_3]$ 和 $H[(SbF_5)_2(SO_3F)]$[66]。已经对超酸中产生的亲电中间体进行了研究[78]（另参见第 10 章）。

表 8.1　几种酸的 pK_a 值①

酸	碱	近似 pK_a 值（相对于水）②	参考文献
$HF\text{-}SbF_5$	SbF_6^-		8
$FSO_3H\text{-}SbF_5\text{-}SO_3$			66
$FSO_3H\text{-}SbF_5$			66,8
FSO_3H	FSO_3^-		66

续表

酸	碱	近似 pK_a 值（相对于水）②	参考文献
RNO_2H^+	RNO_2	-12	9
$ArNO_2H^+$	$ArNO_2$	-11	9
$HClO_4$	ClO_4^-	-10	10
HI	I^-	-10	10
$RCNH^+$	RCN	-10	11
$\underset{+OH}{R-\overset{}{C}-H}$	$\underset{O}{R-\overset{}{C}-H}$	-10	12
H_2SO_4	HSO_4^-		
HBr	Br^-	-9	10
$\underset{+OH}{Ar-\overset{}{C}-OR}$③	$\underset{O}{Ar-\overset{}{C}-OR}$	-7.4	9
HCl	Cl^-	-7	10
RSH_2^+	RSH	-7	9
$\underset{+OH}{Ar-\overset{}{C}-OH}$③	$\underset{O}{Ar-\overset{}{C}-OH}$	-7	14
$\underset{+OH}{Ar-\overset{}{C}-H}$	$\underset{O}{Ar-\overset{}{C}-H}$	-7	15
$\underset{OH^+}{R-\overset{}{C}-R}$	$\underset{O}{R-\overset{}{C}-R}$	-7	67, 11, 16
$ArSO_3H$	$ArSO_3^-$	-6.5	17
$\underset{+OH}{R-\overset{}{C}-OR}$③	$\underset{O}{R-\overset{}{C}-OR}$	-6.5	9
$ArOH_2^+$	ArOH	-6.4	18
$\underset{+OH}{R-\overset{}{C}-OH}$③	$\underset{O}{R-\overset{}{C}-OH}$	-6	9
$\underset{+OH}{Ar-\overset{}{C}-R}$	$\underset{O}{Ar-\overset{}{C}-R}$	-6	15, 19
$\underset{H}{Ar-\overset{+}{O}-R}$	$Ar-O-R$	-6	18, 20
$CH(CN)_3$	$^-C(CN)_3$	-5	21
Ar_3NH^+	Ar_3N	-5	22
$\underset{+OH}{H-\overset{}{C}-H}$	$\underset{O}{H-\overset{}{C}-H}$	-4	23
$\underset{H}{R-\overset{+}{O}-R}$	$R-O-R$	-3.5	11, 20, 24
$R_3COH_2^+$	R_3COH	-2	24
$R_2CHOH_2^+$	R_2CHOH	-2	24,25

续表

酸	碱	近似 pK_a 值（相对于水）[②]	参考文献
$RCH_2OH_2^+$	RCH_2OH	−2	11, 24, 25
H_3O^+	H_2O	−1.74	26
$Ar-\underset{+OH}{C}-NH_2$ [③]	$Ar-\underset{O}{C}-NH_2$	−1.5	27
HNO_3	NO_3^-	−1.4	10
$R-\underset{+OH}{C}-NH_2$ [③]	$R-\underset{O}{C}-NH_2$	−0.5	27
$Ar_2NH_2^+$	Ar_2NH	1	22
HSO_4^-	SO_4^{2-}	**1.99**	28
HF	F^-	**3.17**	28
$HONO$	NO_2^-	**3.29**	28
$ArNH_3^+$	$ArNH_2$	3～5	29
$ArNR_2H^+$	$ArNR_2$	3～5	29
$RCOOH$	$RCOO^-$	4～5	29
$HCOCH_2CHO$	$HCO\bar{C}HCHO$	5	30
H_2CO_3 [④]	HCO_3^-	**6.35**	28
H_2S	HS^-	**7.00**	28
$ArSH$	ArS^-	6～8	32
$CH_3COCH_2COCH_3$ [⑤]	$CH_3CO\bar{C}HCOCH_3$	9	30
HCN	CN^-	9.2	34
NH_4^+	NH_3	**9.24**	28
$ArOH$	ArO^-	8～11	35
RCH_2NO_2	$R\bar{C}HNO_2$	10	36
R_3NH^+	R_3N	10～11	29
RNH_3^+	RNH_2	10～11	29
HCO_3^-	CO_3^{2-}	**10.33**	28
RSH	RS^-	10～11	32
$R_2NH_2^+$	R_2NH	11	29
$N\equiv CCH_2C\equiv N$	$N\equiv C\bar{C}HC\equiv N$	11	30, 37
CH_3COCH_2COOR	$CH_3CO\bar{C}HCOOR$	11	30
$CH_3SO_2CH_2SO_2CH_3$	$CH_3SO_2\bar{C}HSO_2CH_3$	12.5	38
$EtOOCCH_2COOEt$	$EtOOC\bar{C}HCOOEt$	13	30
$MeOH$	MeO^-	15.2	39, 40
H_2O	OH^-	**15.74**	41
环戊二烯	环戊二烯负离子	16	42
RCH_2OH	RCH_2O^-	16	39
RCH_2CHO	$R\bar{C}HCHO$	16	43
R_2CHOH	R_2CHO^-	16.5	39
R_3COH	R_3CO^-	17	39
$RCONH_2$	$RCONH^-$	17	44
$RCOCH_2R$	$RCO\bar{C}HR$	19～20 [⑥]	46
茚	茚负离子	20	47, 48
$Ph-CH_2-S(O)-Ph$	$Ph-\bar{C}H-S(O)-Ph$	20.08 [①]	49
$Ph-CH_2-S(O)_2-Ph$	$Ph-\bar{C}H-S(O)_2-Ph$	18.91 [①]	49
芴	芴负离子	23	47, 48
$ROOCCH_2R$	$ROOC\bar{C}HR$	24.5	30
$RCH_2C\equiv N$	$R\bar{C}HC\equiv N$	25	30, 50
$HC\equiv CH$	$HC\equiv C^-$	25	51
Ph_2NH	Ph_2N^-	24.95 [⑦]	45
$EtOCOCH_3$	$EtOCOCH_2^-$	25.6	52
$PhNH_2$	$PhNH^-$	30.6 [⑦]	45
Ar_3CH	Ar_3C^-	31.5	47, 53
Ar_2CH_2	Ar_2CH^-	33.5	47, 48
H_2	H^-	35	54
NH_3	NH_2^-	38	55
$PhCH_3$	$PhCH_2^-$	40	56
$CH_2=CHCH_3$	$[CH_2=CH-CH_2]^-$	43	57
PhH	Ph^-	43	58
$CH_2=CH_2$	$CH_2=CH^-$	44	59
环丙烷	环丙基负离子	46	60
CH_4 [⑧]	CH_3^-	48	62
C_2H_6	$C_2H_5^-$	50	63
$(CH_3)_2CH_2$ [⑧]	$(CH_3)_2CH^-$	51	63
$(CH_3)_3CH$ [⑧]	$(CH_3)_3C^-$		64

① 在 THF 中的 pK_a 值。
② 用黑体注明的数据是精确值，其它都是近似值，尤其是大于 18 和小于 −2 的数据[65]。
③ 参见参考文献 [13]。
④ 参见参考文献 [31]。
⑤ 参见参考文献 [33]。
⑥ 参见参考文献 [45]。
⑦ 在二甲亚砜（DMSO）中的 pK_a 值。
⑧ 参见参考文献 [61]。

利用表 8.1，我们就能够判断给定的酸与碱是否能发生反应生成相当浓度的共轭酸和碱。因为表 8.1 中酸是按酸性递减顺序排列，所以表中任何酸都会与排在其之后的任何碱，而不是排在

8.1.2 Brønsted 碱

其之前的碱发生反应[79]。它们在表中离得越远，则两者反应越容易。需要强调的是，表 8.1 中酸的强弱顺序，是指特定的酸与碱在没有溶剂或在水溶液中反应的情况。在其它溶剂中酸性顺序可能有很大的不同（参见 8.7 节）。在气相时，溶剂化效应完全不存在或者说几乎完全不存在，酸性顺序也可能与表 8.1 中有很大不同[80]。例如，气相中，甲苯的酸性比水强，而叔丁氧基负离子的碱性是比甲氧基负离子弱[81]（参见 8.7 节）。酸性顺序也可能随温度改变而改变。例如，当高于 50℃ 时，碱性的顺序是：$BuOH > H_2O > Bu_2O$；而在 1～50℃ 时，其顺序是：$BuOH > Bu_2O > H_2O$；当低于 1℃ 时，其顺序又变为：$Bu_2O > BuOH > H_2O$[82]。

碱性可通过离子的质子亲和性参数来测量。气相中的分子解离出氢离子的能力称之为共轭碱的质子亲和性[83]。一种表达氢键碱性强弱的方法已经研究出来，可以用来判定分子的相对碱性强弱。表 8.2 给出了一些含杂原子分子的 pK_{HB} 值[84]，pK_{HB} 值可以通过考察碱的质子化形式（共轭酸）来获得。pK_{HB} 值越大，该化合物的碱性就越强。人们已经计算出脂肪胺的碱性[85]，测定了 THF 中[86]和水中[87]胺的离子对碱性，并研究了吡啶的碱性[88]。测定仲胺的碱性时存在二级氘同位素效应，研究发现氘代会增强其碱性[89]。人们也研究了较弱的碱的碱性，测定了四氯化碳中羰基化合物的碱性[97]。烯烃是弱碱[98]，它可与强酸如 HCl 或 HBr 反应（反应 **15-02**）。要注意的是，严重扭曲的酰胺（参见 4.17.2 节）具有很强的碱性[99]。

一类称为超碱的有机化合物已经被研制出来[100]。长春米定（vinamidine）型或 Schwesinger 质子海绵 **1**（参见 8.6 节）[101] 被冠以超碱，可能是已知最强的电中性的有机碱，已经测得其在 MeCN 中的 pK_a（pK_{BH^+}）为 31.94。研究表明乙腈中电中性的有机超碱的 pK_a 值可以很好地用密度泛函理论加以说明[102]。质子海绵的基本类型是 1,8-二(二甲氨基)萘（**2**，参见 8.6 节），其 pK_{BH^+} 为 18.18[103]。其它的超碱型化合物包括脒类（amidinazine）[例如，N^1,N^1-二甲基-N^2-β-(2-吡啶基乙基)甲脒（**3**）]，其在 DMSO 中的 pK_{BH^+} 为 25.1[104]，1,8-二(四甲基胍基)萘（**4**）[105]，以及喹啉并[7,8-h]喹啉（例如 **5**），其 pK_{BH^+} 为 12.8[106]。

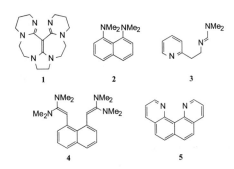

值得注意的是，格氏试剂（RMgX）和有机锂试剂（RLi）[107]等金属有机化合物都是强碱。这两个碱的共轭酸都是烷烃（R—H），实际上是很弱的酸（参见表 8.1）。

表 8.2　几种类型碱的 pK_{HB} 值

碱名称	近似 pK_{HB} 值	参考文献
N-甲基-2-哌啶酮	2.60	90
$Et_2NCONEt_2$	2.43	90
N-甲基-2-吡咯烷酮	2.38	90
$PhCONMe_2$	2.23	90
$HCONMe_2$	2.10	90
PhCONHMe	2.03	90
18-冠-6	1.98	91
HCONHMe	1.96	90
苯胺	4.60	92
N-甲基苯胺	4.85	92
$PhNHNH_2$	5.27	92
$Ph(Me)NNH_2$	4.99	92
15-冠-5	1.82	91
12-冠-4	1.73	91
$PhOCONMe_2$	1.70	90
Et_2N—CN	1.63	93
Me_2N—CN	1.56	93
δ-戊内酯	1.43	94
氧杂环丁烷	1.36	91
γ-丁内酯	1.32	94
THF	1.28	91
环戊酮	1.27	95
t-BuOMe	1.19	91
丙酮	1.18	95
$MeCO_2Et$	1.07	95
1,4-二氧六环	1.03	91
Et_2O	1.01	91
1,3-二氧六环	0.93	91
1-甲基环氧乙烷	0.97	91
$PhCO_2Me$	0.89	94
$MeOCO_2Me$	0.82	94
PhCHO	0.78	95
Bu_2O	0.75	91
HCO_2Et	0.66	94
MeCHO	0.65	95

续表

碱名称	近似 pK_{HB} 值	参考文献
Me_2NO_2	0.41	96
$MeNO_2$	0.27	96
$PhNO_2$	0.30	96
呋喃	−0.40	91

8.2 质子转移反应的机理

含氧原子和氮原子的酸与碱之间的质子转移通常是非常快的[108]。在有利于热力学的反应方向，它们通常受扩散控制[109]。事实上，一个正酸（normal acid）被定义为[110]其质子转移反应完全受扩散控制，除非要转入质子的碱的共轭酸与酸的 pK 值非常相近（差别小于 2 个 pK 单位）。一个标准的酸碱反应机理由如下三步组成：

第 1 步　HA + |B ⇌ AH·····B
第 2 步　AH·····B ⇌ A·····HB
第 3 步　A·····HB ⇌ A| + HB

真正的质子转移过程发生在第 2 步，第 1 步是形成氢键配合物，第 2 步的产物也是另外一种氢键配合物，它会在第 3 步中解离。

然而，并不是所有的质子转移都是扩散控制的。例如，当分子中有一个分子内氢键时，它再与外部酸或碱反应时经常会很慢[111]。3-羟基丙酸就是这样的情况：

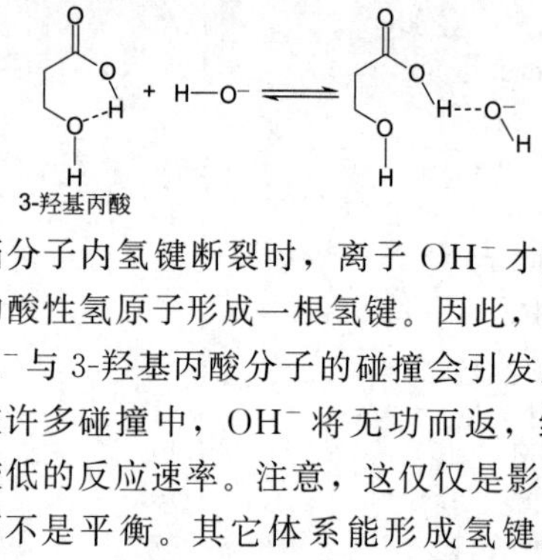

只有当分子内氢键断裂时，离子 OH^- 才能与分子中的酸性氢原子形成一根氢键。因此，只有一些 OH^- 与 3-羟基丙酸分子的碰撞会引发质子转移。在许多碰撞中，OH^- 将无功而返，结果是造成较低的反应速率。注意，这仅仅是影响反应速率而不是平衡。其它体系能形成氢键，例如 1,2-二醇。在 1,2-环己二醇中，氢键、离子-偶极相互作用、可极化性以及立体化学等因素决定了酸性[112]。卤原子，如氯原子，可能导致氢键效应[113]。降低反应速率的另一个因素是分子结构，酸的质子氢被分子空腔保护起来（如 4.12 节所示的内-内和外-内异构体）。质子海绵在 8.6 节有介绍。如果同一分子中的酸性和碱性的基团分得太远而无法形成氢键，那么它们之间的质子转移也会很慢。这种情况下，就必须有溶剂分子的参与。

在绝大多数情况下，从碳原子上转移出质子或质子转移到碳原子上的反应[114]比严格地在氧原子或氮原子上转移的反应要慢许多。造成这种情况至少有三个因素[115]，但并不是所有情况下这三种因素都存在。

（1）氢键非常弱，或者对碳原子来说不存在氢键（参见第 3 章）。

（2）许多含碳酸，如果失去质子，会形成通过共轭而稳定的碳负离子。计算研究表明，碳上氢的酸性受配位作用影响，该配位作用与亲电试剂与其配位的几何构型有关[116]。此时可能发生结构上的重新排列（分子内原子运动到不同的位置上）。但氯仿、HCN 和 1-炔烃不会形成共振稳定的碳负离子[117]，它们的动力学行为更像正酸[118]。有文献报道，碳硼烷，例如 $H(CHB_{11}H_5Cl_6)$，是已知的最强的可分离得到（非 Lewis）的 Brønsted 酸[119]。

（3）对比其它中性分子，离子周围溶剂分子的重排会更多[120]。

结合因素（2）和（3），可以推论[115]：任何能够稳定产物的因素（如共振或溶剂化），如果它在反应进程的晚期起作用，那么它将降低速率常数；但是如果它在反应进程的早期起作用，将增加速率常数。这就是不完全同步原理（principle of imperfect synchronization）。

质子转移的机理已用于研究许多化合物，包括酸与内酰胺的反应[121]，酰胺与各种碱的反应[122]，以及胺与烷氧基负离子碱的反应[123]。

8.3 溶剂酸性的测量[124]

当一种溶质加到另一种酸性溶剂中时，溶质可能会被溶剂质子化。这个效应可以增强酸性，例如在乙酸中比在甲醇中溶液酸性会增强[125]。人们已经建立了测量离子液体酸性的方法（参见 9.4.3 节关于离子液体的解离）[126]，采用 IR 方法也测定了离子液体的 Lewis 酸度[127]。如果溶剂是水并且溶液的浓度不太大，则溶液的 pH 值将是溶剂给予质子能力的很好的量度方法。然而，不幸的是，在浓溶液中这种方法就不再成立，因为活度系数不再是一致的。必须测量浓溶液的溶剂酸性，并应用于混合溶剂。Hammett 酸度函数[128]可以量度高介电常数的酸性溶剂[129]。对于任何溶剂，包括混合溶剂（混合物的比例必须是一定的），H_0 值被定义为：

$$H_0 = pK_{BH^+_w} - \lg\frac{[BH^+]}{[B]}$$

其中 H_0 可通过指示剂来测量。指示剂是弱碱（B），在酸性溶剂中，部分地转化成共轭酸 BH^+。典型的指示剂有邻硝基苯胺鎓离子（水中 $pK=-0.29$）和 2,4-二硝基苯胺鎓离子（水中 $pK=-4.53$）。对于给定的溶剂可以用一种指示剂来测量 $[BH^+]/[B]$，通常是利用光谱法。然后，利用已知的水中 pK（$pK_{BH_w^+}$）值作为指示剂的相应值，就可以计算出该溶剂体系的 H_0 值。在实际应用中，经常用到几种指示剂，然后取平均值 H_0。对于给定的溶剂体系，一旦 H_0 值已知，就可以计算出任何其它酸碱对的 pK_a 值。

符号 h_0 定义为：
$$h_0 = a_{H^+} f_I / f_{HI^+}$$
其中，a_{H^+} 是质子活度；f_I、f_{HI^+} 分别是指示剂及其共轭酸的活度系数[130]。参数 H_0 与 h_0 的关系为：
$$H_0 = -\lg h_0$$
参数 H_0 类似于 pH，而 h_0 类似于 $[H^+]$，并且在稀的水溶液中，$H_0 = pH$。

参数 H_0 反映了溶剂体系给出质子的能力，但是它仅能用于高介电常数的酸性溶液以及水与大部分酸（如 HNO_3、H_2SO_4、$HClO_4$ 等）的混合物。很明显，只有当 f_I/f_{HI^+} 与碱（指示剂）的性质无关时，H_0 值才有效。因为只有当碱在结构上相似时，这个关系才适用，因此 H_0 是受限的。即使比较相似的碱也发现有许多偏差[131]。也建立起了其它的酸度尺度[132]，包括 C—H 酸度[133]，其中 H_- 适用于带 -1 价电荷的碱，H_R 适用于芳基甲醇[134]，H_C 适用于质子在碳原子的碱[135]。H_A 适用于未取代的酰胺[136]，现在已清楚地知道，没有任何一个酸度尺度能够不受所使用碱的影响而适用于一系列溶剂混合物[137]。

虽然绝大多数酸度函数仅能应用于酸性溶液，但是有些研究已应用于强碱性溶液[138]。当碱带一个单位负电荷时，可用于高酸性溶液的 H_- 函数，也可用于强碱性溶剂，此时它量度的是这些溶剂从中性酸 BH 中夺取质子的能力[139]。当溶剂质子化后，所得到的共轭酸即为溶剂正离子（lyonium ion）。

Bunnett 及其同事[140] 提出了另外一种处理酸度函数问题的办法。它来源于方程：
$$\lg([SH^+]/[S]) + H_0 = \phi(H_0 + \lg[H^+]) + pK_{SH^+}$$
其中 S 是被酸性溶剂质子化了的一种碱。于是 $\lg([SH^+]/[S]) + H_0$ 对 $H_0 + \lg[H^+]$ 函数的斜率即为参数 ϕ，而截距就是溶剂正离子 SH^+（指水中的无限稀溶液）的 pK_a 值。ϕ 值表达了平衡 $S + H^+ \rightleftharpoons SH^+$ 随酸浓度的变化，负的 ϕ 值表示随着酸浓度的增大，$\lg([SH^+]/[S]) + H_0$ 中 $[SH^+]/[S]$ 增加比 $-H_0$ 增加得快；正的 ϕ 值表示相反的情况。以上给出的 Bunnet-Olsen 方程（参见 9.3 节）是包含酸碱平衡的线性自由能关系。应用于动力学数据的相应方程为：
$$\lg K_\psi + H_0 = \phi(H_0 + \lg[H^+]) + \lg K_2^\circ$$
其中，K_ψ 是弱碱物质在酸性溶液发生反应的准一级速率常数，K_2° 是在无限稀的水溶液中的二级速率常数。此时，ϕ 值表示反应速率随溶剂酸浓度改变的情况。Bunnett-Olsen 方法也已被应用于碱性介质中，即在浓 NaOMe 溶液中的一组 9 个反应。在反应速率和 H_- 函数或化学计量的碱浓度之间并未发现有联系，但是反应速率与线性自由能方程之间有类似于上述情况的关系[141]。

Bagno[142] 方法部分地基于 Bunnatt-Olsen 方法，它根据酸碱平衡调节介质的影响（如溶剂的酸度变化）。这种方法选择一个恰当的平衡方程作为对照，其它反应对酸的依赖情况再利用线性自由能方程与对照方程进行比较：
$$\lg(K'/K_0') = m^* \cdot \lg(K/K_0)$$
式中　K——在任何特定介质中被研究反应的平衡常数；
　　　K'——在相同介质中对照反应的平衡常数；
　　　K_0——在对照溶剂中被研究反应的平衡常数；
　　　K_0'——在相同对照溶剂中对照反应的平衡常数；
　　　m^*——关系式中的斜率［相当于 Bunnatt-Olsen 方法中的 $(1-\phi)$］。

这个方程也已用于许多酸碱反应中。

另外，Bunnett[143] 为中等浓度的酸溶液设计了另外一种分类体系。$\lg K_\psi + H_0$ 对 $\lg a_{H_2O}$ 作图，其中 K_ψ 是被质子化物种的准一级速率常数，a_{H_2O} 是水的活度。在绝大多数情况下该图形是线性的或几乎是线性的。根据 Bunnett 的理论，该图的斜率反映了机理的一些情况。当 $\omega = -2.5 \sim 0$ 时，在决速步中就没有水参与；当 $\omega = 1.2 \sim 3.3$ 时，在决速步中水是亲核试剂；当 $\omega = 3.3 \sim 7$ 时，水就是给出质子的试剂。这些规则适用于质子与氧或氮原子相连的酸。

新近开发出一种基于溶于大体积溶剂的 N-甲基咪唑和 N-甲基吡咯的热测量基础上的酸度函数[144]。该方法经修正后在有些情况下得到了较好的结果[145]。溶剂酸性的另外一种表示方法是基于在 DMSO 水溶液中氢键给体的研究[146]。要注意的是，键能、酸性和电子亲和性在热力学过程中是相互关联的，Fattahi 和 Kass[147]研究指出通过测量这三个量中的其中两个就可以获知第三个量的情况。

8.4 酸碱催化[148]

许多反应都被酸、碱或二者催化。在这种情况下，催化剂在机理中起到根本性的作用。这类反应的第一步几乎总是催化剂与反应物之间的质子转移。

被酸或碱所催化的反应有两种不同方式，分别是一般催化（general catalysis）和特殊催化（specific catalysis）。如果在溶剂 S 中酸催化反应速率正比于[SH$^+$]浓度，则该反应被称为专一酸催化，酸，即溶剂正离子 SH$^+$。加到溶剂中的酸可能比 SH$^+$ 强，也可能比 SH$^+$ 弱，但其速率仅与[SH$^+$]成正比，这是因为[SH$^+$]是溶液中真实存在的反应物种（来自于 S+HA $\rightleftharpoons$ SH$^+$+A$^-$），HA 的种类只会影响平衡的位置以及[SH$^+$]的大小，除此之外没有其它差别。绝大多数测量在水中进行，此时 SH$^+$ 即为 H$_3$O$^+$。

一般酸催化，其速率不仅仅随着[SH$^+$]的增加而增大，也随着其它酸（如水中的苯酚或羧酸）浓度的增加而增大。即使[SH$^+$]维持恒定，其它酸浓度的增加也可增大反应速率。对于这种催化反应，酸性越强催化效果越好。结果是，在上面的例子中，苯酚浓度增加对催化反应速率的增大不如[H$_3$O$^+$]增加的效果好。这种催化剂酸性与催化能力的关系可用 Brønsted 催化方程表示[149]：

$$\lg k = \alpha \lg K_a + C$$

式中，k 是离子化常数为 K_a 的酸催化反应的速率常数。根据该方程，当用一系列酸催化一特定反应时，将所得数据 $\lg K$ 对 $\lg K_a$ 作图应得一直线，直线的斜率和截距分别为 α、C。虽然在许多情况下得到了直线，但也有例外。当比较不同类型的酸时，此关系式通常不成立。例如，它适用于一组取代的苯酚，而对于既有苯酚[150]又有羧酸的一组酸却不适用。Brønsted 方程是另外一种线性自由能关系式（参见 9.3 节）。

同样，也有一般碱催化反应和特殊碱催化反应（来源于酸性溶剂 SH 的 S$^-$）。碱的 Brønsted 方程如下：

$$\lg k = \beta \lg K_b + C$$

Brønsted 方程将速率常数 k 与一个平衡常数 K_b 相关联。在第 6 章中，我们已经知道 Marcus 方程也将速率项（即 $\Delta G^{\neq}$）与一个平衡项 $\Delta G^°$ 相关联。当 Marcus 方法应用于碳原子和氧原子（或氮原子）之间的质子转移时[151]，简化方程[152]如下（参见 6.9 节）：

$$\Delta G^{\neq} = \Delta G^{\neq}_{int} + 1/2\Delta G^° + (\Delta G^°)^2/(16\Delta G^{\neq}_{int})$$

这里，$\Delta G^{\neq}_{int} = 1/2(\Delta G^{\neq}_{0,0} + \Delta G^{\neq}_{C,C})$

$\Delta G^{\neq}_{int}$ 可进一步简化，因为氧原子与氧原子（或氮原子与氮原子）之间的质子转移速度要比碳原子与碳原子之间的质子转移快许多，$\Delta G^{\neq}_{0,0}$ 比 $\Delta G^{\neq}_{C,C}$ 小许多，于是[153]：

$$\Delta G^{\neq} = 1/2\Delta G^{\neq}_{C,C} + 1/2\Delta G^° + (\Delta G^°)^2/(8\Delta G^{\neq}_{C,C})$$

因此，如果反应的碳部分保持恒定，而仅仅 HA 的 A 部分改变（此时 A 是氧原子或氮原子部分），此时 $\Delta G^{\ddagger}$ 仅仅依赖于 $\Delta G^°$。对方程微分就得到 Brønsted 参数 α：

$$d\Delta G^{\neq}/d\Delta G^° = \alpha = 1/2(1+\Delta G^°/2\Delta G^{\neq}_{C,C})$$

所以说 Brønsted 规律是 Marcus 方程的特例。

一个反应是一般酸催化反应还是特殊酸催化反应可提供机理方面的信息。对于任何酸催化反应我们都能够写成：

第 1 步   A+SH$^+$ $\rightleftharpoons$ AH$^+$
第 2 步   AH$^+$ $\longrightarrow$ 产物

如果反应仅仅被特殊的酸 SH$^+$ 催化，则第 1 步是快速的，而第 2 步是速率控制步骤。因为 A 和溶液中存在的最强酸即 SH$^+$（因为 SH$^+$ 是 S 中存在的最强酸）之间快速建立平衡；另一方面，如果第 2 步更快就没有时间建立平衡，因此决速步骤是第 1 步。这一步受存在的所有酸的影响，并且速率反映了每种酸（一般酸催化）影响的总和。如果速率慢的步骤是氢键络合物 A⋯HB 的反应，则也可观察到一般酸催化，因为每一种络合物与碱反应的速率都不同。一种可比较的讨论可以用于一般碱催化和特殊碱催化[154]。进一步的信息可以从 Brønsted 催化方程中的 α 和 β 值获得，因为这些值可以近似度量过渡态时质子转移程度，α 和 β 通常在 1～0 之间。α 或 β 接近 0 时通常认为过渡态的结构类似于反应物，也就是说当达到过渡态时，质子转移得非常少。而 α 或 β 接近 1 时，情况就恰恰相反，亦即，在过渡态时，质子几乎已经完全被转移。然而已经知道的事实证明，这些规律并不是完全通用[155]，并且它们的理论基础已受到挑战[156]。总的来说，在过渡态时，质子更靠近较弱的碱。

8.5 Lewis 酸和碱

几乎在 Brønsted 提出他的酸碱理论的同时，Lewis 提出了一个更宽广的理论。Lewis 理论中的碱与 Brønsted 理论中的碱一样，即有可利用的电子对（未成对电子或 π 轨道）的化合物。然而，Lewis 碱是将电子供给除了 H 或 C 之外的其它原子[157]。Lewis 酸是任何有空轨道的物种[158]。在 Lewis 酸碱反应中，碱的未成对电子与酸的空轨道形成共价键，反应通式可表述为：

$$A + :B \longrightarrow A-B$$

式中未标注电荷，因为它们可能有不同电荷。请看一个具体的例子：

$$BF_3 + :NH_3 \longrightarrow F_3\bar{B}-\overset{+}{N}H_3$$

在 Brønsted 理论中，酸是质子给体；但是在 Lewis 理论中，质子本身就是一种酸，因为它有一个空轨道。在 Lewis 理论中，Brønsted 酸就不再是真正严格意义上的酸了。Lewis 理论的优点在于它使更多过程的行为相关。例如：$AlCl_3$ 和 BF_3 是 Lewis 酸，因为在它们的外层仅有 6 个电子，而原子外层有可容 8 个电子的轨道。$SnCl_4$ 和 SO_3 也是 lewis 酸，其外层有 8 个电子，但它们的中心元素不在元素周期表的第二周期，它们的外电子层有可容 10 或 12 个电子的轨道。其它的 Lewis 酸都是简单正离子，如 Ag^+。简单反应 $A+B \rightarrow A-B$ 在有机化学中并不常见，但是 Lewis 理论的范围更广阔。因为如下类型的反应在有机化学中非常常见，它们也是 Lewis 酸碱反应。

$$A^1 + A^2-B \longrightarrow A^1-B + A^2$$
$$B^1 + A-B^2 \longrightarrow A-B^1 + B^2$$
$$A^1-B^1 + A^2-B^2 \longrightarrow A^1-B^2 + A^2-B^1$$

事实上，只要一个反应物种的填充电子的轨道与另一反应物种的空轨道相互作用而形成共价键的反应都被认为是 Lewis 酸碱反应，从头算法可以确定 Lewis 与 Lowry-Brønsted 酸性/碱性[159]。

当一种 Lewis 酸与一种碱结合时，会产生一个负离子，该负离子的中心原子比正常价态高，生成的盐被称作酸根型配合物（ate complex）[160]。例如：

$$Me_3B + LiMe \longrightarrow Me_4B^- Li^+$$
酸根型配合物

$$Ph_5Sb + LiPh \longrightarrow Ph_6Sb^- Li^+$$
酸根型配合物

酸根型配合物类似于当 Lewis 碱增高价态时所形成的锑盐，例如：

$$Me_3N + MeI \longrightarrow Me_4N^+ I^-$$
锑盐

与 Brønsted 酸碱理论相比，在 Lewis 酸碱理论中，很少采用定量的方法测定酸碱度[161]。基于一些定量测量方法（如表 8.1 给出的 Brønsted 酸）给出 Lewis 酸强度的方法就不可行，因为 Lewis 酸的酸性依赖于碱的性质以及任何可作为碱的溶剂的性质。例如，高氯酸锂在醚中是一个弱的 Lewis 酸[162]。定性的说，MX_n 型 Lewis 酸的酸性强度近似顺序为：$BX_3 > AlX_3 > FeX_3 > GaX_3 > SbX_5 > SnX_4 > AsX_5 > ZnX_2 > HgX_2$，其中 X 为卤原子或无机离子。

8.5.1 软硬酸碱

一个酸碱反应发生的难易程度当然依赖于酸和碱的强弱，但它也在很大程度上依赖于酸或碱的另一个性质，即硬度（hardness）[163] 或软度（softness）[164]。软硬酸碱有如下特性：

（1）软碱　给体原子电负性低、可极化性大，并容易被氧化，它们对价电子的束缚松散。

（2）硬碱　给体原子电负性高、可极化性小，并很难于氧化，它们对价电子的束缚牢固。

（3）软酸　受体原子较大，有较少正电荷，在它们的价电子层包含未成对电子（p 或 d 电子）有高可极化性和低电负性。

（4）硬酸　受体原子较小，有较多正电荷，在它们的价电子层无未成对电子，有低的可极化性和高电负性。

部分酸和碱的硬度定性排列示于表 8.3[165]，这种处理也可以定量化[166]，遵循如下运算式：

$$\eta = (I-A)/2$$

表 8.3　硬软酸碱[165]

硬　碱	软　碱	交界部分
H_2O, OH^-, F^-	R_2S, RSH, RS^-,	$ArNH_2, C_6H_5N$
AcO^-, SO_4^{2-}, Cl^-	$I^-, R_3P, (RO)_3P$	N_3^-, Br^-
CO_3^{2-}, NO_3^-, ROH	$CN^-, RCNCO,$	NO_2^-
RO^-, R_2O, NH_3	C_2H_4, C_6H_6	
RNH_2	H^-, R^-	

硬　酸	软　酸	交界部分
H^+, Li^+, Na^+	Cu^+, Ag^+, Pd^{2+}	$Fe^{2+}, Co^{2+}, Cu^{2+}$
K^+, Mg^{2+}, Ca^{2+}	Pt^{2+}, Hg^{2+}, BH_3	$Zn^{2+}, Sn^{2+}, Sb^{3+}$
$Al^{3+}, Cr^{2+}, Fe^{3+}$	$GaCl_3, I_2, Br_2$	Bi^{3+}, BMe_3, SO_2
$BF_3, B(OR)_3, AlMe_3$	$CH_2, 卡宾$	R_3C^+, NO^+, GaH_3
$AlCl_3, AlH_3, SO_3$		$C_6H_5^+$
RCO^+	CO_2	
HX(成氢键分子)		

在此方程中，η 代表绝对硬度，是离子势 I 与电子亲和力 A 之差的一半[167]。软度 σ 是绝对硬度 η 的倒数。一些分子和离子的 η 值列于表

8.4 中[168]。需要注意的是，参与所有 Brønsted 酸碱反应的质子是所有列出的酸中的最硬酸，其 $\eta=\infty$（它无离子势）。上述方程不能应用于负离子，因为无法测量它们的电子亲和力。相反，可以假定负离子 X^- 的 η 值与自由基 $X\cdot$ 的 η 值一样[169]。也需要其它方法用于处理多原子正离子[169]。

表 8.4　部分绝对硬度值[168]　单位：eV

正离子		分子		负离子①	
离子	η	化合物	η	离子	η
H^+	∞	HF	11.0	F^-	7.0
Al^{3+}	45.8	CH_4	10.3	H^-	6.4
Li^+	35.1	BF_3	9.7	OH^-	5.7
Mg^{2+}	32.6	H_2O	9.5	NH_2^-	5.3
Na^+	21.1	NH_3	8.2	CN^-	5.1
Ca^{2+}	19.5	HCN	8.0	CH_3^-	4.9
K^+	13.6	$(Me)_2O$	8.0	Cl^-	4.7
Zn^{2+}	10.9	CO	7.9	$CH_3CH_2^-$	4.4
Cr^{3+}	9.1	C_2H_2	7.0	Br^-	4.2
Cu^+	8.3	$(Me)_3N$	6.3	$C_6H_5^-$	4.1
Pt^{2+}	8.0	H_2S	6.2	SH^-	4.1
Sn^{2+}	7.9	C_2H_4	6.2	$(CH_3)_2CH^-$	4.0
Hg^{2+}	7.7	$(Me)_2S$	6.0	I^-	3.7
Fe^{2+}	7.2	$(Me)_3P$	5.9	$(Me)_3C^-$	3.6
Pd^{2+}	6.8	CH_3COCH_3	5.6		
Cu^+	6.3	C_6H_6	5.3		
		HI	5.3		
		C_5H_5N	5.0		
		PhOH	4.8		
		$CH_2$②	4.7		
		PhSH	4.6		
		Cl_2	4.6		
		$PhNH_2$	4.4		
		Br_2	4.0		
		I_2	3.4		

① 该值与相应的自由基一样。
② 单线态。

一旦酸和碱被划分为软硬酸碱之后，就可以给出如下简单规则：硬酸倾向于与硬碱反应，软酸倾向于与软碱反应，即 HSAB 理论（软硬酸碱理论）[170]。该规则与酸或碱的强度无关，只是说明如果 A 和 B 都是硬的或者都是软的，那么产物 A—B 将非常稳定。另一规则说明一种软 Lewis 酸与一种软 Lewis 碱反应倾向于形成共价键，而硬 Lewis 酸与硬 Lewis 碱反应倾向于形成离子键。

上述第一个规则的一个应用是烯烃或芳香族化合物与金属离子形成的配合物（参见前述）。烯烃和芳环都是软碱，倾向于配合软酸。因此，其与 Ag^+、Pt^{2+} 和 Hg^{2+} 的配合就很常见，而与 Na^+、Mg^{2+} 或 Al^{3+} 的络合就很少见。铬配合物也很常见，但在这些配合物中铬是处于低价或者

0 价态，此时为软酸或者与其它软配体相连。其它的应用可以观察如下反应：

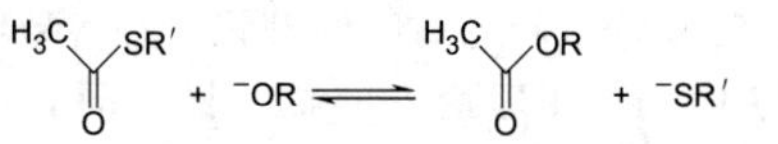

HSAB 理论预言，该平衡应该偏向右侧，因为硬酸 CH_3CO^+ 与硬碱 RO^- 的亲和力比它与软碱 RS^- 的亲和力更大。事实上也发现硫酯很容易被 RO^- 断裂或被稀碱（OH^- 也是硬碱）所水解[171]。该规则的另一个应用将在 10.7.2 节讨论[172]。HSAB 理论已经应用于分析酮与烯醇酯的反应[173]，以及合成反应的催化选择性[174]。

8.6　结构对酸碱强度的影响[175]

一个分子的结构可能在许多方面影响它的酸性或碱性。不幸的是，绝大多数分子都有两种或两种以上的效应共同作用（此外还有溶剂的影响）。通常很难或者说不可能弄清楚每种影响因素对酸性或碱性强度的贡献[176]。相似分子间酸性或碱性强度的细小差别很难解释清楚。将酸性或碱性强度差异归功于任何特定效应的影响时都必须非常谨慎。

（1）场效应　场效应在 1.9 节已讨论过了，一般来说，取代的改变会影响酸性。作为场效应对酸性强度影响的一个例子，我们可以比较乙酸和硝基乙酸的酸性：

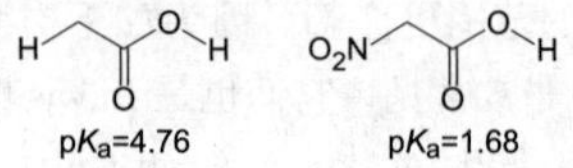

pK_a=4.76　　pK_a=1.68

这两个分子结构上的仅有差别是：NO_2 取代了 H，由于 NO_2 是一个强吸电子基团，在硝基乙酸负离子中（与乙酸的负离子相比较）会吸引带负电的 COO^- 基团的电子云，正如 pK_a 值所显示的那样，硝基乙酸的酸性比乙酸大约强 1000 倍[177]。任何可以从带负电的中心吸引电子的影响都可以起稳定作用的效应，因为它可以分散电荷。因此，$-I$ 基团增加了不带电荷的酸（如乙酸）的酸性。因为它们会分散负离子的负电荷。然而，$-I$ 基团也会增强任何酸的酸性，无论它带何种电荷。例如：如果一种酸带 +1 的电荷（它的共轭碱就不再带电），$-I$ 基团使得酸的正电荷中心不稳定（通过增加和集中正电荷）。当失去质子后，不稳定化作用将消失。总的说来，我们可以得出结论：吸电子基团通过场效应将会增加酸性和减小碱性；而给电子基团的作用恰好与此相反。此外（C_6F_5）$_3$CH 分子中，

它有 3 个强吸电子基团 C_6F_5，其 pK_a 值为 $16^{[178]}$，与 Ph_3CH（$pK_a=31.5$，表 8.1）相比，其酸性增强约 10^{15} 倍。表 8.5 列出了一些酸的 pK_a 值。从这个表可以获得场效应影响的大体状况。在氯丁酸的例子中，可以看出随着距离的增加，场效应的影响在减小。然而，必须记住，场效应并不是酸性差异的唯一原因。实际上，在许多例子中（参见 8.7 节），溶剂化效应的影响可能更重要[179]。各种取代乙酸的酸性已经计算出[180]，对于像苯酚和苯甲醇类的弱酸，其取代基效应也有讨论[181]。

表 8.5 部分酸的 pK_a 值[47]

酸	pK_a	酸	pK_a
HCOOH	3.77	$ClCH_2COOH$	2.86
CH_3COOH	4.76	$Cl_2CHCOOH$	1.29
CH_3CH_2COOH	4.88	Cl_3COOH	0.65
$CH_3(CH_2)_nCOOH$ ($n=2\sim7$)	4.82~4.95	O_2NCH_2COOH	1.68
$(CH_3)_2CHCOOH$	4.86	$(CH_3)_3N^+CH_2COOH$	1.83
$(CH_3)_3CCOOH$	5.05	$HOOCCH_2COOH$	2.83
		$PhCH_2COOH$	4.31
FCH_2COOH	2.66		
$ClCH_2COOH$	2.86	$^-OOCCH_2COOH$	5.69
$BrCH_2COOH$	2.86		
ICH_2COOH	3.12	$^-O_3SCH_2COOH$	4.05
$ClCH_2CH_2CH_2COOH$	4.52	$HOCH_2COOH$	3.83
$CH_3CHClCH_2COOH$	4.06	$H_2C=CHCH_2COOH$	4.35
$CH_3CH_2CHClCOOH$	2.84		

在苯甲酸衍生物中，场效应的影响非常重要，酸的 pK_a 值会随着取代基 X 的不同及在化合物 6 中的位置不同而改变[182]。例如在 50% 甲酸-水溶液中，当 X=H 时，化合物 6 的 $pK_a=5.67$，但是 3-甲氧基苯甲酸的 $pK_a=5.55$，4-甲氧基苯甲酸的 $pK_a=6.02^{[183]}$。而当 X=4-NO_2 时，$pK_a=4.76$；当 X = 4-Br 时，$pK_a=5.36^{[172]}$；2,6-二苯基苯甲酸的 $pK_a=6.39^{[184]}$。

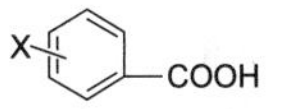

X—〈苯环〉—COOH   X为邻/间/对位取代

6

(2) 共振效应 使碱而非其共轭酸稳定的共振效应，可以使酸有更高的酸性，反过来也成立。一个例子是羧酸[185]比伯醇具有更强的酸性。

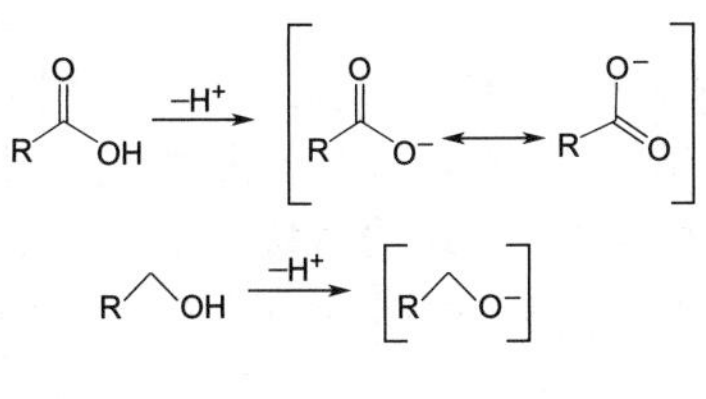

$RCOO^-$ 离子被共振所稳定，而 RCH_2O^- 离子（或者说是 $RCOOH$）却没有共振稳定[186]。注意到 $RCOO^-$ 不仅被两个等价的共振式所稳定，而且负电荷被分散到两个氧原子，因此比 RCH_2O^- 有更小的电荷密度。在含有 C=O 或 C≡N 基团的其它化合物中也发现了类似的共振效应。因此，酰胺（$RCONH_2$）的酸性比胺（RCH_2NH_2）强，酯（RCH_2COOR'）的酸性比醚（RCH_2CH_2COR'）强，酮（RCH_2COR'）的酸性比烷烃（RCH_2CH_2R'）强（表 8.1）。当两个羰基连在同一碳原子上（因为附加的共振和电荷分散），其共振效应也会加强。例如，β-酮酸酯（7）比简单的酮或羧酸酯的酸性强（表 8.1）。像 7 这样的化合物一般被称为活泼亚甲基化合物（X—CH_2—X），其中 X 是吸电子基团，如羰基、氰基、磺酰基等[187]。已经研究了 α-取代基对取代乙酸乙酯衍生物酸性的影响[188]。共振效应的极端例子是三氰基甲烷，即 $(NC)_3CH$，其 pK_a 值为 -5（表 8.1）。而 2-(二氰基亚甲基)-1,1,3,3-四氰基丙烯，即 $(NC)_2C=C[CH(CN)_2]_2$ 的第一级电离的 $pK_a < -8.5$，第二级电离的 $pK_a = -2.5$。

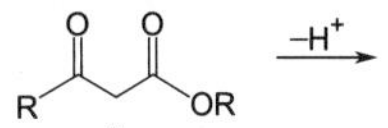

〈结构式 7 及其共振式〉

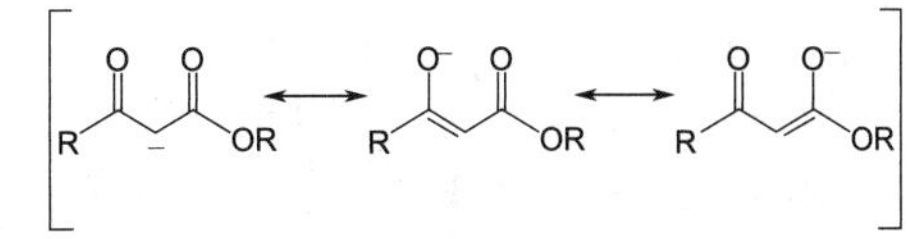

在芳胺类化合物中共振效应也非常重要。间硝基苯胺的碱性比苯胺弱，实际上它可能是由于 NO_2 基的 $-I$ 效应。但是对硝基苯胺的碱性更弱，尽管由于吸电子基的距离变远而导致 $-I$ 效应减少。我们可以考虑用极限式 A 来解释这一结果。由于极限式 A 对共振杂化的贡献[189]，在对硝基苯胺中未共享电子的电子云密度比间硝基苯胺更低，而间硝基苯胺根本无法形成极限式 A。要注意的是，报道的 pK_a 是苯胺共轭酸即铵离子的 $pK_a^{[190]}$。两个原因导致对位化合物的碱性较小；而且两个原因源于同一效应：①未成对电子不易受到质子进攻；②形成共轭酸后，A 的共振稳定化作用就消失了，因为先前的未共享电子此时正被质子所共享。酚的酸性受取代基影响情况类似[191]。

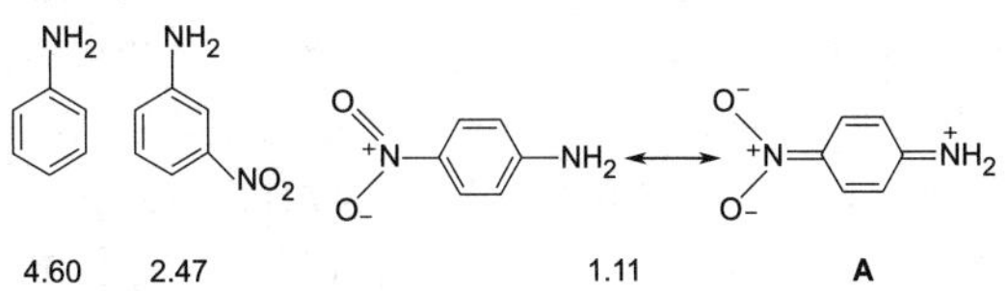

〈苯胺、间硝基苯胺、对硝基苯胺及极限式 A 的结构〉

4.60   2.47   1.11   A

总之，共振效应与场效应产生相同的效果。也就是说，吸电子基团使酸性增强而使碱性减小；给电子基团的作用恰恰相反。作为共振效应和场效应的共同作用，电荷分散会导致更强的稳定性。

(3) 与元素周期表的关系　当比较元素周期表中不同位置的 Brøsted 酸和碱时，有如下规律。

① 周期表中同一行，从左到右，酸性增强，碱性减弱。因此，酸增强的顺序为：$CH_4 <$ $NH_3 < H_2O < HF$；碱性减弱的顺序为：$CH_3^- >$ $NH_2^- > OH^- > F^-$。这种行为可以解释为："周期表从左至右电负性增加。"这种效应导致了羧酸、酰胺和酮之间的酸性差异很大：$RCOOH \gg RCONH_2 \gg RCOCH_3$。

② 周期表中同一列，从上到下，尽管电负性逐渐减小，但酸性逐渐增强，碱性逐渐减弱。因此，酸性增强的顺序为：$HF < HCl < HBr < HI$ 以及 $H_2O < H_2S$。碱性减弱的顺序为：$NH_3 > PH_3 > AsH_3$。这种情况与相关原子的大小有关。例如，F^- 比 I^- 小许多，由于 F^- 的负电荷分布在更小体积内，拥有更大的电子云密度（注意 F^- 也比 I^- 硬，更容易吸引硬的质子。参见 8.5 节）因此它吸引一个质子就更容易。这一规律对于带正电的酸就不一定总是适用。因此，虽然ⅥA族的氢化物酸性顺序为：$H_2O < H_2S < H_2Se$；但是带正电离子的酸性顺序却为：$H_3O^+ > H_3S^+ > H_3Se^{+[192]}$。Lewis酸的酸性也受周期表因素的影响，对比 MX_n 型Lewis 酸的酸性[161]，有如下规律③和④。

③ 仅需一对电子就能填满外层的酸比需要两对电子才能填满外层的酸的酸性更强。因此，$GaCl_3$ 比 $ZnCl_2$ 的酸性更强。其原因在于：仅仅获得一对电子所需能量相对较小，而如果需填充两对电子时，一对电子就不能完全填满外层，但两对电子进入后就必须考虑负电荷的排布问题。

④ 如果其它条件相同，元素周期表中同一列从上到下，MX_n 型酸的酸性会逐渐减弱。这是因为从上到下，分子的大小会逐渐增加，带正电的核与进入的电子对的吸引作用变弱，因此 BCl_3 的酸性强于 $AlCl_3$[193]。

(4) 统计效应　在对称的二元酸中，一级解离常数是预期的二倍，因为存在两个等价的可离子化的氢原子；而二级解离常数仅仅是预期值的一半。因为共轭碱在两个等价的位置都可接受一个质子，所以，K_1/K_2 应是 4。在两个羧基间隔很远，而不会相互影响的二元酸中几乎都有这个规律。含有两个等价的碱基团的分子中也有类似的情况[194]。

(5) 氢键作用　分子内氢键可以显著地影响分子的酸性或碱性。例如，邻羟基苯甲酸的 pK_a 为 2.98，而其对位异构体的 pK_a 为 4.58。邻位异构体共轭碱的 OH^- 与 COO^- 形成的分子内氢键使共轭碱更稳定，因此酸性更强。

(6) 空间效应（立体效应）　质子本身非常小，在质子转移过程中，很少遇到直接的空间位阻。但 Lewis 酸反应中空间效应就很常见，尤其是使用体积较大的酸时。已证实随着酸分子大小的改变，与之反应的碱的碱性顺序发生显著变化。表 8.6 列出了部分简单胺与不同尺寸酸反应时的碱性顺序[195]。对比各种大小的酸可以看到，当使用一种足够大的酸时，胺的碱性顺序（以质子为参考酸）可能会完全改变。当参与反应的两个原子都携带有三个大基团时，会因共价键的形成而引起张力，这种张力被称为面张力（face strain）或 F 张力（F strain）。

表 8.6　以特定酸为参比，碱性增强的顺序

碱性强度增强的顺序①	参比酸			
	H^+ 或 BMe_3	BMe_3		$B(CMe_3)_3$
	NH_3	Et_3N	Me_3N	Et_3N
↓	Me_3N	NH_3	Me_2NH	Et_2NH
	$MeNH_2$	Et_2NH	NH_3	$EtNH_2$
	Me_2NH	$EtNH_2$	$MeNH_2$	NH_3

① 当参比酸是硼烷时，碱性强度顺序根据测量解离压而获得。

空间效应也可能通过影响共振来间接影响酸性或碱性（参见 2.6 节）。例如，邻叔丁基苯甲酸的酸性比其对位异构体强约 10 倍，这是因为羧基被叔丁基挤出了分子平面。实际上，无论环上的基团是给电子基还是吸电子基，所有邻位取代苯甲酸的酸性都比相应对位异构体强。

空间效应也可能由其它类型张力引起。1,8-二(二乙基氨基)-2,7-二甲氧基萘（**8**）是一种叔胺，碱性非常强（其共轭酸的 $pK_a = 16.3$，而 N,N-二甲基苯胺的共轭酸的 $pK_a = 5.1$）。但是该分子中 N 原子上得失质子的过程异常缓慢，可用 UV 光谱跟踪[196]。化合物 **2** 分子中具有很大张力，因为它的两对氮上的孤对电子被迫彼此靠近[197]。质子化会释放张力，因为此时一对孤电子与一个 H 原子相连，而该 H 原子又与另一对未共享电子形成一根氢键（如 **9** 所示）。在 4,5-二(二甲基氨基)芴（**10**）[198] 和 4,5-二(二甲基氨基)菲（**11**）[199] 中也发现了相同的效应。化合物 **8**、**10**、**11** 被称为质子海绵[200]。质子海绵的碱性可通过合适的参比单胺的质子亲和性、质子化释放的张力以及质子化形成的分子内氢键能综合计算出来[201]。其它类型的质子海绵还有喹啉并[7,8-h]喹啉（**12**）[202]。这类分子的质子化也会生成类似于结构 **9** 的一种单质子化离子。同时化合物 **8**、**10**、**11** 中的空间位阻也消除了。因此化合物 **12** 的碱性比喹啉（**13**）更强（化合物 **12** 的共轭酸 pK_a 值为 12.8，而化合物 **13** 的共轭酸的 pK_a 值为 4.9），但是质子转移过程不再异常慢了。环拉胺（cyclam）型的大环四胺（**15**）可通过双哌啶（bispidine）的偶合反应制备，研究表明该化合物是一种新型质子海绵[203]。

手性的 Lewis 酸已为人们所知。实际上，一种对空气稳定的且可贮存的手性 Lewis 催化剂已经制得，它由手性的锆催化剂与分子筛粉末结合而成[204]。二(三氟甲磺酰)亚胺（即三氟甲磺酰亚胺）与一个大体积的含硅基团连接，可增强 R_3SiNTf_2 的亲电性。由（－）-桃金娘烯醛 myrtenal 衍生出的手性取代基加到硅原子上可形成手性的含硅 Lewis 酸[205]。

另外一种类型的空间效应是熵的影响。2,6-二叔丁基吡啶是比吡啶或 2,6-二甲基吡啶更弱的碱[206]。其原因是 2,6-二叔丁基吡啶的共轭酸（**14**）不如上述其它两种无空间位阻吡啶的共轭酸稳定。在上述几个例子中，共轭酸都与水分子形成氢键，但在化合物 **14** 中，大体积的叔丁基限制了水分子的旋转，降低了熵值[207]。

一个分子的构象也能影响其酸性，例如下列化合物的 pK_a 值[208]：

	16	**17**	**18**	**19**
pK_a	13.3	11.2	15.9	7.3

由于酮的酸性比羧酸酯强（表 8.1），所以说化合物 **16** 的酸性比 **18** 强就不足为奇了[209]。**16** 关环生成 **17** 仅增加 2.1 个 pK 单位，而从 **18** 关环成为 **19** 却增加了 8.6 个 pK 单位。事实上，早已知道化合物 **19**（即 Meldrum 酸）是一种酸性异常强的 1,3-二酯。以乙酸甲酯及其烯醇盐负离子的两种构象为模型，采用分子轨道计算法解释了关环产生的强大影响[210]。研究发现酯的顺式构象比反式构象容易失去质子，其能量低约 5kcal/mol（21kJ/mol）。对于像化合物 **18** 这样的非环分子，主要以反式构象形式存在，而对于 Meldrum 酸（**19**），两侧构象受限呈顺式。

质子活性的面上差异会导致对映选择性的去质子化反应。也可以通过使用手性碱和/或手性络合试剂实现对映选择性的去质子化反应。已经有人研究了环酮的对映选择性去质子化[211]，以及利用杂二聚体作为碱进行对映选择性去质子化反应[212]。当 Lewis 酸与碱配位时，生成的配合物具有可影响反应活性的构象特征。例如：$SnCl_4$ 与醛或酯的配位会形成配合物，即由 $C=O\cdots SnCl_4$ 单元与羰基上的取代基的相互作用所决定的构象[213]。

（7）杂化作用　s 轨道的能量比 p 轨道低，因而含 s 轨道成分越多的杂化轨道的能量就越低。因此，sp 杂化碳所形成的碳负离子就比相应 sp^2 杂化的碳负离子更稳定。于是对于 $HC\equiv C^-$，它的未共享电子对比 $CH_2=CH^-$ 或 $CH_3CH_2^-$ 含有更多的 s 轨道成分（它们分别是 sp、sp^2、sp^3 杂化），因此它是更弱的碱。这也可以解释为什么乙炔与 HCN 具有相对较高的酸性。另一个例子就是醇和醚的氧原子，它们的未共享电子对采取 sp^3 杂化，比羰基氧（未共用电子对采取 sp^2 杂化）的碱性强许多（表 8.1）。

对碱在溶液和晶体状态下结构的研究可使我

们更好地理解碱的活性。由于二烷基氨基碱的重要性，因此成为 Williard 和 Collum 研究工作的重要部分，他们试图解析这些活泼分子的结构。研究发现，很显然它们是聚集的。但要指出的是，氨基碱家族中最简单的氨基锂（$LiNH_2$）显示的是单体形式且未被溶剂化，已通过气相合成与毫米/亚毫米波谱结合的手段得以确证[214]。单体 $LiNH_2$ 和 $LiNMe_2$ 都是平面型的[215]。二异丙基氨基锂可以从四氢呋喃（THF）溶液中分离出来，X 射线晶体法研究发现其在固体状态时具有二聚体结构（结构 20，R 为异丙基，S 为 THF）[216]。在 THF[217] 和/或 HMPA[218] 溶液中，二异丙基氨基锂（20，R 为异丙基，S 为 THF、HMPA）也是二聚体。在 HMPA 存在下，化合物 20 的许多衍生物倾向于形成混合聚集体[219]。而具有非常大位阻的 $LiNR_2$（R＝2-金刚基）在任何条件下均为单体[220]。在烃类溶剂中，四甲基哌啶锂［LTM 或 $RR'NLi$，其中 RR'＝—$CMe_2(CH_2)_3C(Me_2)$—］形成环状三聚或四聚分子，其中四聚体为多数[221]。在 THF 溶液中，六甲基二硅基氨基锂［LHMDS，$(Me_3Si)_2NLi$］会形成一种四溶剂五配位的结构：$(Me_3Si)_2NLi(thf)_4$[222]。但在乙醚中，存在单体与二聚体的混合平衡[223]。有综述讨论了胺类碱 $LiNR_2$ 的溶液结构[224]。手性氨基锂碱已广为知晓，并且它们在溶液中显示出了类似的行为[225]。具有对映异构的氨基碱也形成聚集体[226]，它们通常存在螯合效应。已经有人研究了苯乙腈化锂的聚集状态[227]。还可形成双负离子聚集体，对于 N-硅烷基烯丙基胺的锂化反应，X 射线结构测定表明，存在三种各自独立不同的聚集体[228]。酮的烯醇锂与氨基锂混合后会形成混合的聚集体[229]。

对于其它碱，可以获得相似的信息。苯酚锂（LiOPh）在 THF 中是四聚体[230]，3,5-二甲基苯酚锂在乙醚中也是四聚体，但是加入 HMPA 后导致它们解离成为单体[231]。

烯醇盐离子在与卤代烷（反应 10-68）、醛或酮（反应 16-34 和 16-36）以及酸的衍生物（反应 16-85）的反应中是亲核试剂。而当其与水、醇及其它质子溶剂反应时，甚至与烯醇盐的羰基化合物前体反应时，也可以作为碱。烯醇盐离子以聚集体的形式存在，已经有人研究了溶剂对烯醇锂聚集状态及活性的影响[232]。烯醇盐离子中的烷基取代基对其性质具有很大的影响[233]。

8.7 介质对酸碱强度的影响

结构特征并不是影响酸性或碱性的唯一因素。当条件发生改变时，同一种化合物的酸性或碱性会发生改变，温度的影响已在前面（参见 8.1 节）讨论过。溶剂的影响更重要，不同的溶剂化可能对酸碱强度产生极大影响[234]。如果一种碱的溶剂化程度比它的共轭酸更好，那么它的稳定性相对于共轭酸会增加。例如表 8.6 列出的例子，在不考虑空间效应的情况下，甲胺的碱性比氨强，而二甲胺的碱性比甲胺强[235]。如果假定甲基是给电子基团，这些结果就容易解释。然而，根据这个思路三甲胺应该是三种胺中最强的，但是事实上它的碱性比二甲胺或甲胺更弱。这种明显的反常行为可以用不同的水合作用来解释[236]：由于 NH_4^+ 带正电荷，因此比 NH_3 更易水合（通过氢键与溶剂水分子结合）[237]。据估计，这种影响对氨碱性的贡献可以达到约 11 个 pK 单位[238]。当甲基取代 H 原子后，这种水合作用的差别会减小[239]，三甲胺对碱性的贡献仅为约 6 个 pK 单位[195]。这两种作用效果相反：随着甲基数目的增加，场效应会增加并导致碱性增强；而与此同时水合作用会导致碱性减弱。当两种影响因素相叠加时，最强的碱就是二甲胺，最弱的碱为氨。如果烷基是给电子基，可以预想在溶剂化效应不存在的气相时[240]，胺类化合物结合质子能力的碱性顺序为：$R_3N > R_2NH > RNH_2 > NH_3$，对于 R＝Me, Et 和 Pr 的体系这个顺序已经得到了实验证实[241]。在气相中，苯胺比 NH_3 的碱性强[242]，但在水溶液中它的碱性会比 NH_3 弱许多（水相中 $PhNH_3^+$ 的 pK_a＝4.60，而水相中 NH_4^+ 的 pK_a＝9.24），其原因也是类似的溶剂化作用，而不是苯基的共振和吸电子场效应。同样，在水溶液中吡啶[243]和吡咯[244]的碱性都不及 NH_3（水溶液中吡咯为中性[245]）；但在气相时，它们的碱性比 NH_3 强。这些特定的例子说明：将酸性或碱性的相对强弱归因于任何特别的效应时必须小心谨慎。溶剂对 Hammett 反应常数（参见 11.4）有特别大的影响，它会影响取代苯甲酸的酸性[246]。

对 Lewis 酸，质子化溶剂，如水或醇，能强烈地影响它们的反应活性，使之经过一条与预期的不同的路径，或甚至导致分解。近来，稀土金属的三氟甲磺酸盐已被开发为耐水的 Lewis 酸，可被应用于许多有机反应[247]。

对简单的醇而言，气相时的酸性顺序与水溶液中酸性顺序完全相反。在水溶液中，酸性顺序为：$H_2O > MeCH_2OH > Me_2CHOH > Me_3COH$；但在气相中，其顺序恰恰相反[248]。我们可再次运用溶剂化效应来解释其差异。比较两个极端：H_2O 和 Me_3COH。OH^- 可被非常好地溶剂化，而大体积的 Me_3CO^- 就难于被溶剂化，因为水分子难以靠近氧原子。因此溶液中 H_2O 更容易放出质子。然而，当溶剂化效应不存在时，内在酸性强度就体现出来：Me_3COH 的酸性则比 H_2O 强。该结果表明简单烷基不能被简单地认为是给电子基。如果甲基是给电子基，那么 Me_3COH 的酸性就应该比 H_2O 弱，然而事实上它比水的酸性更强。在对羧酸的研究中也发现了相似的行为：在气相时，简单的脂肪族羧酸如丙酸的酸性就比乙酸强[249]，而在水溶液中丙酸的酸性反而弱（表 8.5）。此类和另外的一些事实[250]表明：当烷基连在不饱和体系上时，是给电子基团；但是当其连在其它体系时，可能没有电子效应也可能成为吸电子基。在解释气相中醇的酸性顺序和胺的碱性顺序时，由于烷基的可极化性，因此可以分散正电荷和负电荷[251]。计算表明，即使在醇分子中，烷基的场效应也只是正常起作用，但是这种贡献会被更强的可极化作用效果所掩盖[252]。可极化作用是气相酸碱反应中负离子中心的主要影响因素[253]。

表 8.7 25℃ 时乙酸和氯代乙酸在水中离子化的热力学数据[256]

酸	pK_a	ΔG kcal/mol	ΔG kJ/mol	ΔH kcal/mol	ΔH kJ/mol	$T\Delta S$ kcal/mol	$T\Delta S$ kJ/mol
CH_3COOH	4.76	+6.5	+27	-0.1	-0.4	-6.6	-28
$ClCH_2COOH$	2.86	+3.9	+16	-1.1	-4.6	-5.0	-21
Cl_3CCOOH	0.65	+0.9	+3.8	+1.5	+6.3	+0.6	+2.5

有证据表明（通过在气相时被溶剂化的离子的反应），即使被溶剂的一个分子溶剂化就能实质性地影响碱性强度顺序[254]。

溶剂化效应的一个重要方面是当酸或碱转换成它们的共轭碱（或酸）时对溶剂分子的定向作用。例如，考虑到在水溶液中酸 RCOOH 转换成 $RCOO^-$ 离子。溶剂分子通过氢键在 COO^- 基周围的排列比它们在 COOH 周围的排列更有序（因为它们更强地吸引负电荷）。这代表着自由度的大量损失以及熵的减小。热力学测量表明，室温水溶液中，简单脂肪族酸和卤代脂肪族酸，熵（$T\Delta S$）对总自由能变化（ΔG）的贡献通常比焓 ΔH 的贡献大[255]，表 8.7 列举了两个例子[256]。官能团的共振和场效应会以两种截然不同的方式影响 RCOOH 的酸性：它们会影响焓（吸电子基团通过分散电荷来稳定 $RCOO^-$，从而增强酸性），同时它们也影响熵（通过降低 $RCOO^-$ 基团的电荷和改变 COOH 基团上的电子密度，吸电子基团会改变酸和相应离子周围的溶剂定向行为，从而改变熵）。

从质子到非质子溶剂的改变也可能影响酸性或碱性。因为质子溶剂与非质子溶剂对负离子的溶剂化存在差异[257]，质子溶剂能形成氢键。这种影响可能非常极端：在 DMF 中，苦味酸的酸性比 HBr 强[258]，而在水中，HBr 的酸性比苦味酸强许多。这个特别的结果可能归因于分子体积大小。也就是说，大离子$(O_2N)_3C_6H_2O^-$ 比小离子 Br^- 可以更好地被 DMF 质子化[259]。溶剂的离子强度也影响酸性或碱性，因为它会影响活度系数。

总之，溶剂化作用可能强烈影响酸性和碱性。在气相时，8.6 节讨论过的效应，尤其是共振效应和场效应，不受溶剂分子阻碍。正如我们以前所讨论，吸电子基总的说来增强酸性（并减小碱性），给电子基的作用恰恰相反。在溶液中，尤其是水溶液中，这些影响仍起作用。这就是为什么表 8.5 中 pK_a 值与共振效应和场效应具有很好的相关性，但总的说来这些效应被削弱了，有时会导致相反的结果[179]。

参 考 文 献

[1] For monographs on acids and bases, see Stewart, R. *The Proton*: *Applications to Organic Chemistry*, Academic Press, NY, **1985**; Bell, R. P. *The Proton in Chemistry*, 2nd ed., Cornell University Press, Ithaca, NY, **1973**; Finston, H. L.; Rychtman, A. C. *A New View of Current Acid-Base Theories*, Wiley, NY, **1982**.

[2] For discussion of the historical development of acid-base theory, see Bell, R. P. *Q. Rev. Chem. Soc.* **1947**, *1*, 113; Bell, R. P. *The Proton in Chemistry*, 1st ed., Cornell University Press, Ithaca, NY, **1959**, pp. 7-17.

[3] According to IUPAC terminology (Bunnett, J. F. ; Jones, R. A. Y. *Pure Appl. Chem.* **1988**, 60, 1115), an acid is a hydron donor. The IUPAC recommends that the term proton be restricted to the nucleus of the hydrogen isotope of mass 1, while the nucleus of the naturally occurring element, which contains ~0.015% deuterium, be called the *hydron* (the nucleus of mass 2 has always been known as the *deuteron*). This accords with the naturally occurring negative ion, which has long been called the *hydride* ion. In this book, however, we will continue to use *proton* for the naturally occurring form, because most of the literature uses this term.

[4] Although equilibrium is reached in most acid-base reactions extremely rapidly (see Sec. 8. B), some are slow (especially those in which the proton is lost from a carbon) and in these cases time must be allowed for the system to come to equilibrium.

[5] For a review of stronger Bronsted acids, see Akiyama, T. *Chem. Rev.* **2007**, 107, 5744.

[6] Table 8.1 is a thermodynamic acidity scale and applies only to positions of equilibria. For the distinction between thermodynamic and kinetic acidity (see Sec. 8. B).

[7] For a first principles calculation of pK values in nonaqueous solution, see Ding, F. ; Smith, J. M. ; Wang, H. *J. Org. Chem.* **2009**, 74, 2679.

[8] Gold, V. ; Laali, K. ; Morris, K. P. ; Zdunek, L. Z. *J. Chem. Soc. Chem. Commun.* **1981**, 769; Sommer, J. ; Canivet, P. ; Schwartz, S. ; Rimmelin, P. *Nouv. J. Chim.* **1981**, 5, 45.

[9] Arnett, E. M. *Prog. Phys. Org. Chem.* **1963**, 1, 223, pp. 324-325.

[10] Bell, R. P. *The Proton in Chemistry*, 2nd ed. , Cornell University Press, Ithaca, NY, **1973**.

[11] Deno, N. C. ; Gaugler, R. W. ; Wisotsky, M. J. *J. Org. Chem.* **1966**, 31, 1967.

[12] Levy, G. C. ; Cargioli, J. D. ; Racela, W. *J. Am. Chem. Soc.* **1970**, 92, 6238. See, however, Brouwer, D. M. ; van Doorn, J. A. *Recl. Trav. Chim. Pays-Bas* **1971**, 90, 1010.

[13] Carboxylic acids, esters, and amides are shown in this table to be protonated on the carbonyl oxygen. See Smith, C. R. ; Yates, K. *Can. J. Chem.* **1972**, 50, 771; Benedetti, E. ; Di Blasio, B. ; Baine, P. *J. Chem. Soc. Perkin Trans. 2* **1980**, 500; Homer, R. B. ; Johnson, C. D. in Zabicky, J. *The Chemistry of Amides*, Wiley, NY, **1970**, pp. 188-197. It has been shown that some amides protonate at nitrogen: see Perrin, C. L. *Acc. Chem. Res.* **1989**, 22, 268. For a review of alternative proton sites, see Liler, M. *Adv. Phys. Org. Chem.* **1975**, 11, 267.

[14] Stewart, R. ; Granger, M. R. *Can. J. Chem.* **1961**, 39, 2508.

[15] Yates, K. ; Stewart, R. *Can. J. Chem.* **1959**, 37, 664; Stewart, R. ; Yates, K. *J. Am. Chem. Soc.* **1958**, 80, 6355.

[16] Lee, D. G. *Can. J. Chem.* **1970**, 48, 1919.

[17] Cerfontain, H. ; Koeberg-Telder, A. ; Kruk, C. *Tetrahedron Lett.* **1975**, 3639.

[18] Arnett, E. M. ; Wu, C. Y. *J. Am. Chem. Soc.* **1960**, 82, 5660; Koeberg-Telder, A. ; Lambrechts, H. J. A. ; Cerfontain, H. *Recl. Trav. Chim. Pays-Bas* **1983**, 102, 293.

[19] Fischer, A. ; Grigor, B. A. ; Packer, J. ; Vaughan, J. *J. Am. Chem. Soc.* **1961**, 83, 4208.

[20] Arnett, E. M. ; Wu, C. Y. *J. Am. Chem. Soc.* **1960**, 82, 4999.

[21] Boyd, R. H. *J. Phys. Chem.* **1963**, 67, 737.

[22] Arnett, E. M. ; Quirk, R. P. ; Burke, J. J. *J. Am. Chem. Soc.* **1970**, 92, 1260.

[23] McTigue. P. T. ; Sime, J. M. *Aust. J. Chem.* **1963**, 16, 592.

[24] Deno, N. C. ; Turner, J. O. *J. Org. Chem.* **1966**, 31, 1969.

[25] Chandler, W. D. ; Lee, D. G. *Can. J. Chem.* **1990**, 68, 1757.

[26] For a discussion, see Campbell, M. L. ; Waite, B. A. *J. Chem. Educ.* **1990**, 67, 386.

[27] Grant, H. M. ; McTigue, P. ; Ward, D. G. *Aust. J. Chem.* **1983**, 36, 2211.

[28] Bruckenstein, S. ; Kolthoff, I. M. in Kolthoff, I. M. ; Elving, P. J. *Treatise on Analytical Chemistry*, Vol. 1, pt. 1, Wiley, NY, **1959**, pp. 432-433.

[29] Brown, H. C. ; McDaniel, D. H. ; Häflinger, O. in Braude, E. A. ; Nachod, F. C. *Determination of Organic Structures by Physical Methods*, Vol. 1, Academic Press, NY, **1955**, pp. 567-662.

[30] Pearson, R. G. ; Dillon, R. L. *J. Am. Chem. Soc.* **1953**, 75, 2439.

[31] This value includes the CO_2 usually present. The value for H_2CO_3 alone is 3.9 in Bell, R. P. *The Proton in Chemistry*, 2nd ed. , Cornell University Press, Ithaca, NY, **1973**.

[32] Crampton, M. R. in Patai, S. *The Chemistry of the Thiol Group*, pt. 1, Wiley, NY, **1974**, pp. 396-410.

[33] See Bunting, J. W. ; Kanter, J. P. *J. Am. Chem. Soc.* **1993**, 115, 11705.

[34] Perrin, D. D. *Ionisation Constants of Inorganic Acids and Bases in Aqueous Solution*, 2nd ed. , Pergamon, Elmsford, NY, **1982**.

[35] Rochester, C. H. in Patai, S. *The Chemistry of the Hydroxyl Group*, pt. 1, Wiley, NY, **1971**, p. 374.

[36] Cram, D. J. *Chem. Eng. News* **1963**, 41 (No. 33, Aug. 19), 94.

[37] Bowden, K. ; Stewart, R. *Tetrahedron* **1965**, 21, 261.

[38] Hine, J. ; Philips, J. C. ; Maxwell, J. I. *J. Org. Chem.* **1970**, 35, 3943. See also, Ang, K. P. ; Lee, T. W. S. *Aust. J. Chem.* **1977**, 30, 521.

[39] Reeve, W. ; Erikson, C. M. ; Aluotto, P. F. *Can. J. Chem.* **1979**, 57, 2747.

[40] See also, Olmstead, W. N. ; Margolin, Z. ; Bordwell, F. G. *J. Org. Chem.* **1980**, 45, 3295.

[41] Harned, H. S. ; Robinson, R. A. *Trans. Faraday Soc.* **1940**, 36, 973.

[42] Streitwieser, Jr. , A. ; Nebenzahl, L. *J. Am. Chem. Soc.* **1976**, 98, 2188.

[43] Guthrie, J. P. ; Cossar, J. *Can. J. Chem.* **1986**, 64, 2470.

[44] Homer, R. B. ; Johnson, C. D. in Zabicky, J. *The Chemistry of Amides*, Wiley, NY, **1970**, pp. 238-240.

[45] The pKa of acetone in DMSO is reported to be 26.5. See Bordwell, F. G. ; Zhang, X. -M. *Accts. Chem. Res.* **1997**, 26, 510.

[46] Guthrie, J. P. ; Cossar, J. ; Klym, A. *J. Am. Chem. Soc.* **1984**, 106, 1351; Chiang, Y. ; Kresge, A. J. ; Tang, Y. S. ; Wirz, J. *J. Am. Chem. Soc.* **1984**, 106, 460.

[47] Streitwieser, Jr., A.; Ciuffarin, E.; Hammons, J. H. *J. Am. Chem. Soc.* **1967**, 89, 63.
[48] Streitwieser, Jr., A.; Hollyhead, W. B.; Pudjaatmaka, H.; Owens, P. H.; Kruger, T. L.; Rubenstein, P. A.; MacQuarrie, R. A.; Brokaw, M. L.; Chu, W. K. C.; Niemeyer, H. M. *J. Am. Chem. Soc.* **1971**, 93, 5088.
[49] Streitwieser, A.; Wang, G. P.; Bors, D. A. *Tetrahedron* **1997**, 53, 10103.
[50] For a review of the acidity of cyano compounds, see Hibbert, F. in Patai, S.; Rappoport, Z. *The Chemistry of Triple-bonded Functional Groups*, pt. 1; Wiley, NY, **1983**, pp. 699-736.
[51] Cram, D. J. *Fundamentals of Carbanion Chemistry*, Academic Press, NY, **1965**, p. 19. See also, Dessy, R. E.; Kitching, W.; Psarras, T.; Salinger, R.; Chen, A.; Chivers, T. *J. Am. Chem. Soc.* **1966**, 88, 460.
[52] Amyes, T. L.; Richard, J. P. *J. Am. Chem. Soc.* **1996**, 118, 3129.
[53] Streitwieser, Jr., A.; Hollyhead, W. B.; Sonnichsen, G.; Pudjaatmaka, H.; Chang, C. J.; Kruger, T. L. *J. Am. Chem. Soc.* **1971**, 93, 5096.
[54] Buncel, E.; Menon, B. *J. Am. Chem. Soc.* **1977**, 99, 4457.
[55] Buncel, E.; Menon, B. *J. Organomet. Chem.* **1977**, 141, 1.
[56] Albrech, H.; Schneider, G. *Tetrahedron* **1986**, 42, 4729.
[57] Boerth, D. W.; Streitwieser, Jr., A. *J. Am. Chem. Soc.* **1981**, 103, 6443.
[58] Streitwieser, Jr., A.; Scannon, P. J.; Niemeyer, H. M. *J. Am. Chem. Soc.* **1972**, 94, 7936.
[59] Streitwieser, Jr., A.; Boerth, D. W. *J. Am. Chem. Soc.* **1978**, 100, 755.
[60] This value is calculated from results given in Streitwieser, Jr., A.; Caldwell, R. A.; Young, W. R. *J. Am. Chem. Soc.* **1969**, 91, 529. For a review of acidity and basicity of cyclopropanes, see Battiste, M. A.; Coxon, J. M. in Rappoport, Z. *The Chemistry of the Cyclopropyl Group*, pt. 1, Wiley, NY, **1987**, pp. 255-305.
[61] See Daasbjerg, K. *Acta Chem. Scand. B* **1995**, 49, 878 for pKa values of various hydrocarbons in DMF.
[62] This value is calculated from results given in Streitwieser, Jr., A.; Taylor, D. R. *J. Chem. Soc. D* **1970**, 1248.
[63] These values are based on those given in Cram, D. J. *Chem. Eng. News* **1963**, 41 (No. 33, Aug. 19), 94, but are corrected to the newer scale of Streitwieser, A.; Streitwieser, Jr., A.; Scannon, P. J.; Niemeyer, H. M. *J. Am. Chem. Soc.* **1972**, 94, 7936; Streitwieser, Jr., A.; Boerth, D. W. *J. Am. Chem. Soc.* **1978**, 100, 755.
[64] Breslow, R. and co-workers report a value of 71 (Breslow, R.; Grant, J. L. *J. Am. Chem. Soc.* **1977**, 99, 7745), but this was obtained by a different method, and is not comparable to the other values in Table 8.1. A more comparable value is 53. See also, Juan, B.; Schwarz, J.; Breslow, R. *J. Am. Chem. Soc.* **1980**, 102, 5741.
[65] This table gives average values for functional groups. See Brown, H. C.; McDaniel, D. H.; Häflinger, O. in Braude, E. A.; Nachod, F. C. *Determination of Organic Structures by Physical Methods*, Vol. 1, Academic Press, NY, **1955**; Serjeant, E. P.; Dempsey, B. *Ionisation Constants of Organic Acids in Aqueous Solution*, Pergamon, Elmsford NY, **1979**; Kortüm, G.; Vogel, W.; Andrussow, K. *Dissociation Constants of Organic Acids in Aqueous Solution*, Butterworth, London, **1961**. The index in the 1979 volume covers both volumes. Kortüm, G.; Vogel, W.; Andrussow, K. *Pure Appl. Chem.* **1960**, 1, 190; Arnett, E. M. *Prog. Phys. Org. Chem.* **1963**, 1, 223; Perrin, D. D. *Dissociation Constants of Organic Bases in Aqueous Solution*, Butterworth, London, **1965**, and Supplement, **1972**; Collumeau, A. *Bull. Soc. Chim. Fr.* **1968**, 5087; Bordwell, F. G. *Acc. Chem. Res.* **1988**, 21, 456; Perrin, D. D. *Ionisation Constants of Inorganic Acids and Bases in Aqueous Solution*, 2nd ed., Pergamon, Elmsford NY, **1982**; *Pure Appl. Chem.* **1969**, 20, 133.
[66] Gillespie, R. J. *Acc. Chem. Res.* **1968**, 1, 202.
[67] For discussions of pKa determinations for the conjugate acids of ketones, see Bagno, A.; Lucchini, V.; Scorrano, G. *Bull. Soc. Chim. Fr.* **1987**, 563; Toullec, J. *Tetrahedron Lett.* **1988**, 29, 5541.
[68] For a review of methods of determining pKa values, see Cookson, R. F. *Chem. Rev.* **1974**, 74, 5.
[69] Kolthoff, I. M.; Bruckenstein, S. in Kolthoff, I. M.; Elving, P. J. *Treatise on Analytical Chemistry*, Vol. 1, pt. 1, Wiley, NY, **1959**, pp. 475-542, p. 479.
[70] For reviews of organic compounds protonated at O, N, or S, see Olah, G. A.; White, A. M.; O'Brien, D. H. *Chem. Rev.* **1970**, 70, 561; Olah, G. A.; White, A. M.; O'Brien, D. H. in Olah, G. A.; Schleyer, P. v. R. *Carbonium Ions*, Vol. 4, Wiley, NY, **1973**, pp. 1697-1781.
[71] Rochester, C. H. *Acidity Functions*, Academic Press, NY, **1970**. For discussion of the basicity of such compounds, see Liler, M. *Reaction Mechanisms in Sulfuric Acid*, Academic Press, NY, **1971**, pp. 118-139.
[72] Pedireddi, V. R.; Desiraju, G. R. *J. Chem. Soc. Chem. Commun.* **1992**, 988.
[73] Alkorta, I.; Campillo, N.; Rozas, I.; Elguero, J. *J. Org. Chem.* **1998**, 63, 7759.
[74] Streitwieser, A.; Keevil, T. A.; Taylor, D. R.; Dart, E. C. *J. Am. Chem. Soc.* **2005**, 127, 9290.
[75] See Reutov, O. A.; Beletskaya, I. P.; Butin, K. P. *CH-Acids*, Pergamon, NY, **1978**; Cram, D. J. *Fundamentals of Carbanion Chemistry*, Academic Press, NY, **1965**, pp. 1-45; Streitwieser, Jr., A.; Hammons, J. H. *Prog. Phys. Org. Chem.* **1965**, 3, 41; Wiberg, K. B. *J. Org. Chem.* **2002**, 67, 1613.
[76] See Jones, J. R. *Q. Rev. Chem. Soc.* **1971**, 25, 365; Fischer, H.; Rewicki, D. *Prog. Org. Chem.* **1968**, 7, 116; Reutov, O. A.; Beletskaya, I. P.; Butin, K. P. *CH-Acids*, Chapter 1, Pergamon, NY, **1978** (an earlier version of this chapter appeared in *Russ. Chem. Rev.* **1974**, 43, 17); Gau, G.; Assadourian, L.; Veracini, S. *Prog. Phys. Org. Chem.* **1987**, 16, 237; in Buncel, E.; Durst, T. *Comprehensive Carbanion Chemistry*, pt. A, Elsevier, NY, **1980**, the reviews by Pellerite, M. J.; Brauman, J. I. pp. 55-96 (gas-phase acidities); and Streitwieser, Jr., A.; Juaristi, E.; Nebenzahl, L. pp. 323-381.
[77] See Olah, G. A.; Prakash, G. K. S.; Sommer, J. *Superacids*, Wiley, NY, **1985**; Gillespie, R. J.; Peel, T. E. *Adv. Phys. Org. Chem.* **1971**, 9, 1; Arata, K. *Adv. Catal.* **1990**, 37, 165. For a review of methods of measuring superacidity, see Jost, R.; Sommer, J. *Rev. Chem. Intermed.* **1988**, 9, 171.
[78] Prakash, G. K. S. *J. Org. Chem.* **2006**, 71, 3661.

[79] These reactions are equilibria. What the rule actually says is that the position of equilibriumwill be such that the weaker acid predominates. However, this needs to be taken into account only when the acid and base are close to each other in the table (within ~2 pK units).

[80] See Gal, J. ; Maria, P. *Prog. Phys. Org. Chem.* **1990**, 17, 159.

[81] Bohme, D. K. ; Lee-Ruff, E. ; Young, L. B. *J. Am. Chem. Soc.* **1972**, 94, 4608, 5153.

[82] Gerrard, W. ; Macklen, E. D. *Chem. Rev.* **1959**, 59, 1105. For other examples, see Calder, G. V. ; Barton, T. J. *J. Chem. Educ.* **1971**, 48, 338; Hambly, A. N. *Rev. Pure Appl. Chem.* **1965**, 15, 87, p. 88.

[83] Tal'Rose, V. L. ; Frankevitch, E. L. *J. Am. Chem. Soc.* **1958**, 80, 2344; DeKock, R. L. *J. Am. Chem. Soc.* **1975**, 97, 5592; McDaniel, D. H. ; Coffman, N. B. ; Strong, J. M. *J. Am. Chem. Soc.* **1970**, 92, 6697. For a computational study of the proton affinities of ketones, vicinal diketones and α-keto esters, see Taskinen, A. ; Nieminen, V. ; Toukoniitty, E. ; Murzin, D. Yu. ; Hotokka, M. *Tetrahedron* **2005**, 61, 8109.

[84] For measnurement of amine basicity via ion pair statibity in ionic liquids (Sec. 9. D. iii), see D'Anna, F. ; Renato Noto, R. *Tetrahedron* **2007**, 63, 11681.

[85] Caskey, D. C. ; Damrauer, R. ; McGoff, D. *J. Org. Chem.* **2002**, 67, 5098.

[86] Streitwieser, A. ; Kim, H. -J. *J. Am. Chem. Soc.* **2000**, 122, 11783; Garrido, G. ; Koort, E. ; Råfols, C. ; Bosch, E. ; Rodima, T. ; Leito, I. ; Rosés, M. *J. Org. Chem.* **2006**, 71, 9062.

[87] Canle, L. M. ; Demirtas, I. ; Freire, A. ; Maskill, H. ; Mishima, M. *Eur. J. Org. Chem.* **2004**, 5031.

[88] Chmurzynski, L. *J. Heterocyclic Chem.* **2000**, 37, 71.

[89] Perrin, C. L. ; Ohta, B. K. ; Kuperman, J. ; Liberman, J. ; Erdélyi, M. *J. Am. Chem. Soc.* **2005**, 127, 9641.

[90] Le Questel, J. -Y. ; Laurence, C. ; Lachkar, A. ; Helbert, M. ; Berthelot, M. *J. Chem. Soc. Perkin Trans.* 2 **1992**, 2091.

[91] Berthelot, M. ; Besseau, F. ; Laurence, C. *Eur. J. Org. Chem.* **1998**, 925.

[92] Korzhenevskaya, N. G. ; Rybachenko, V. I. ; Kovalenko, V. V. ; Lyashchuk, S. N. ; Red'ko, A. N. *Russ. J. Org. Chem.* **2007**, 43, 1475.

[93] Berthelot, M. ; Helbert, M. ; Laurence, C. ; LeQuestel, J. -Y. ; Anvia, F. ; Taft, R. W. *J. Chem. Soc. Perkin Trans.* 2 **1993**, 625.

[94] Besseau, F. ; Laurence, C. ; Berthelot, M. *J. Chem. Soc. Perkin Trans.* 2 **1994**, 485.

[95] Besseau, F. ; LuScon, M. ; Laurence, C. ; Berthelot, M. *J. Chem. Soc. Perkin Trans.* 2 **1998**, 101.

[96] Laurence, C. ; Berthelot, M. ; Luçon, M. ; Morris, D. G. *J. Chem. Soc. Perkin Trans.* 2 **1994**, 491.

[97] Carrasco, N. ; González-Nilo, F. ; Rezende, M. C. *Tetrahedron* **2002**, 58, 5141.

[98] A new scale of π-basicity is proposed. See Stoyanov, E. S. ; Stoyanova, I. V. ; Reed, C. A. *Chemistry : European J.* **2008**, 14, 7880.

[99] Ly, T. ; Krout, M. ; Pham, D. K. ; Tani, K. ; Stoltz, B. M. ; Julian, R. R. *J. Am. Chem. Soc.* **2007**, 129, 1864.

[100] For calculated basicities of super bases see Glasovac, Z. ; Eckert-Maksić, M. ; Maksić, Z. B. *New J. Chem.*, **2009**, 33, 588.

[101] Schwesinger, R. ; Mißfeldt, M. ; Peters, K. ; von Schnering, H. G. *Angew. Chem. Int. Ed.* **1987**, 26, 1165; Schwesinger, R. ; Schlemper, H. ; Hasenfratz, Ch. ; Willaredt, J. ; Dimbacher, T. ; Breuer, Th. ; Ottaway, C. ; Fletschinger, M. ; Boele, J. ; Fritz, H. ; Putzas, D. ; Rotter, H. W. ; Bordwell, F. G. ; Satish, A. V. ; Ji, G. Z ; Peters, E. -M. ; Peters, K. ; von Schnering, H. G. *Liebigs Ann.* **1996**, 1055.

[102] Kovačević, B. ; Maksić, Z. B. *Org. Lett.* **2001**, 3, 1523.

[103] Alder, R. W. ; Bowman, P. S. ; Steele, W. R. S. ; Winterman, D. R. *Chem. Commun.* 1968, 723; Alder, R. W. *Chem. Rev.* **1989**, 89, 1215.

[104] Raczynska, E. D. ; Darowska, M. ; Dabkowska, I. ; Decouzon, M. ; Gal, J. -F. ; Maria, P. -C. ; Poliart, C. D. *J. Org. Chem.* **2004**, 69, 4023.

[105] Raab, V. ; Kipke, J. ; Gschwind, R. M. ; Sundermeyer, J. *Chem. Eur. J.* **2002**, 8, 1682.

[106] Krieger, C. ; Newsom, I. ; Zirnstein, M. A. ; Staab, H. A. *Angew. Chem. Int. Ed.* **1989**, 28, 84.

[107] Gorecka-Kobylinska, J. ; Schlosser, M. *J. Org. Chem.* **2009**, 74, 222.

[108] For reviews of such proton transfers, see Hibbert, F. *Adv. Phys. Org. Chem.* **1986**, 22, 113; Crooks, J. E. in Bamford, C. H. ; Tipper, C. F. H. *Chemical Kinetics*, Vol. 8; Elsevier, NY, **1977**, pp. 197-250. See Bernasconi, C. F. ; Fairchild, D. E. ; Montañez, R. L. ; Aleshi, P. ; Zheng, H. ; Lorance, E. *J. Org. Chem.* **2005**, 70, 7721.

[109] See Eigen, M. *Angew. Chem. Int. Ed.* **1964**, 3, 1.

[110] See, for example, Hojatti, M. ; Kresge, A. J. ; Wang, W. *J. Am. Chem. Soc.* **1987**, 109, 4023.

[111] See Ritchie, C. D. ; Lu, S. *J. Am. Chem. Soc.* **1989**, 111, 8542.

[112] Chen, X. ; Walthall, D. A. ; Brauman, J. I. *J. Am. Chem. Soc.* **2004**, 126, 12614.

[113] Abraham, M. H. ; Enomoto, K. ; Clarke, E. D. ; Sexton, G. *J. Org. Chem.* **2002**, 67, 4782.

[114] See Hibbert, F. in Bamford, C. H. ; Tipper, C. F. H. *Chemical Kinetics*, Vol. 8, Elsevier, NY, **1977**, pp. 97-196; Kreevoy, M. M. *Isot. Org. Chem.* **1976**, 2, 1; Leffek, K. T. *Isot. Org. Chem.* **1976**, 2, 89.

[115] See Bernasconi, C. F. *Tetrahedron* **1985**, 41, 3219.

[116] Houk, R. J. T. ; Anslyn, E. V. ; Stanton, J. F. *Org. Lett.* **2006**, 8, 3461.

[117] Kresge, A. J. ; Powell, M. F. *J. Org. Chem.* **1986**, 51, 822; Formosinho, S. J. ; Gal, V. M. S. *J. Chem. Soc. Perkin Trans.* 2 **1987**, 1655.

[118] Not all 1-alkynes behave as normal acids; see Aroella, T. ; Arrowsmith, C. H. ; Hojatti, M. ; Kresge, A. J. ; Powell, M. F. ; Tang, Y. S. ; Wang, W. *J. Am. Chem. Soc.* **1987**, 109, 7198.

[119] Juhasz, M. ; Hoffmann, S. ; Stoyanov, E. ; Kim, K. -C. ; Reed, C. A. *Angew. Chem. Int. Ed.* **2004**, 43, 5352.

[120] See Kurz, J. L. *J. Am. Chem. Soc.* **1989**, 111, 8631.

[121] Wang, W. ; Cheng, P. ; Huang, C. ; Jong, Y. *Bull. Chem. Soc. Jpn.* **1992**, 65, 562.

[122] Wang, W. -h. ; Cheng, C. -c. *Bull. Chem. Soc. Jpn.* **1994**, 67, 1054.

[123] Lambert, C.; Hampel, F.; Schleyer, P. v. R. *Angew. Chem. Int. Ed.* **1992**, 31, 1209.
[124] For fuller treatments, see Hammett, L. P. *Physical Organic Chemistry*, 2nd ed., McGraw-Hill, NY, **1970**, pp. 263-313; Jones, R. A. Y. *Physical and Mechanistic Organic Chemistry*, 2nd ed., Cambridge University Press, Cambridge, **1984**, pp. 83-93; Arnett, E. M.; Scorrano, G. *Adv. Phys. Org. Chem.* **1976**, 13, 83.
[125] Holt, J.; Karty, J. M. *J. Am. Chem. Soc.* **2003**, 125, 2797.
[126] Thomazeau, C.; Olivier-Bourbigou, H.; Magna, L.; Luts, S.; Gilbert, B. *J. Am. Chem. Soc.* **2003**, 125, 5264.
[127] Yang, Y. -l.; Kou, Y. *Chem. Commun.* **2004**, 226.
[128] Hammett, L. P.; Deyrup, A. J. *J. Am. Chem. Soc.* **1932**, 54, 2721.
[129] See Rochester, C. H. *Acidity Functions*, Academic Press, NY, **1970**; Cox, R. A.; Yates, K. *Can. J. Chem.* **1983**, 61, 2225; Boyd R. H. in Coetzee, J. F.; Ritchie, C. D. *Solute-Solvent Interactions*, Marcel Dekker, NY, **1969**, pp. 97-218.
[130] See Yates, K.; McClelland, R. A. *Prog. Phys. Org. Chem.* **1974**, 11, 323.
[131] See Kreevoy, M. M.; Baughman, E. H. *J. Am. Chem. Soc.* **1973**, 95, 8178; Garcia, B.; Leal, J. M.; Herrero, L. A.; Palacios, J. C. *J. Chem. Soc. Perkin Trans.* 2 **1988**, 1759; Arnett, E. M.; Quirk, R. P.; Burke, J. J. *J. Am. Chem. Soc.* **1970**, 92, 1260.
[132] For lengthy tables of many acidity scales, with references, see Cox, R. A.; Yates, K. *Can. J. Chem.* **1983**, 61, 2225. For an equation that is said to combine the vast majority of acidity functions, see Zalewski, R. I.; Sarkice, A. Y.; Geltz, Z. *J. Chem. Soc. Perkin Trans.* 2 **1983**, 1059.
[133] See Vianello, R.; Maksić, Z. B. *Eur. J. Org. Chem.* **2004**, 5003.
[134] Deno, N. C.; Berkheimer, H. E.; Evans, W. L.; Peterson, H. J. *J. Am. Chem. Soc.* **1959**, 81, 2344.
[135] Reagan, M. T. *J. Am. Chem. Soc.* **1969**, 91, 5506.
[136] Edward, J. T.; Wong, S. C. *Can. J. Chem.* **1977**, 55, 2492; Liler, M.; Marković, D. *J. Chem. Soc. Perkin Trans.* 2 **1982**, 551.
[137] Hammett, L. P. *Physical Organic Chemistry*, 2nd ed., McGraw-Hill, NY, **1970**, p. 278; Rochester, C. H. *Acidity Functions*, Academic Press, NY, **1970**, p. 21.
[138] For another approach to solvent basicity scales, see Catalán, J.; Gómez, J.; Couto, A.; Laynez, J. *J. Am. Chem. Soc.* **1990**, 112, 1678.
[139] See Rochester, C. H. *Q. Rev. Chem. Soc.* **1966**, 20, 511; Rochester, C. H. *Acidity Functions*, Academic Press, NY, **1970**, pp. 234-264; Bowden, K. *Chem. Rev.* **1966**, 66, 119.
[140] Bunnett, J. F.; McDonald, R. L.; Olsen, F. P. *J. Am. Chem. Soc.* **1974**, 96, 2855.
[141] More O'Ferrall, R. A. *J. Chem. Soc. Perkin Trans.* 2 **1972**, 976.
[142] Bagno, A.; Scorrano, G.; More O'Ferrall, R. A. *Rev. Chem. Intermed.* **1987**, 7, 313. See also, Cox, R. A. *Acc. Chem. Res.* **1987**, 20, 27.
[143] Bunnett, J. F. *J. Am. Chem. Soc.* **1961**, 83, 4956, 4968, 4973, 4978.
[144] Catalán, J.; Couto, A.; Gomez, J.; Saiz, J. L.; Laynez, J. *J. Chem. Soc. Perkin Trans.* 2 **1992**, 1181.
[145] Abraham, M. H.; Taft, R. W. *J. Chem. Soc. Perkin Trans.* 2 **1993**, 305.
[146] Liu, P. C.; Hoz, S.; Buncel, E. *Gazz. Chim. Ital.* **1996**, 126, 31. See also, Abraham, M. H.; Zhao, Y. *J. Org. Chem.* **2004**, 69, 4677.
[147] Fattahi, A.; Kass, S. R. *J. Org. Chem.* **2004**, 69, 9176.
[148] See Stewart, R. *The Proton: Applications to Organic Chemistry*, Academic Press, NY, **1985**, pp. 251-305; Willi, A. V. in Bamford, C. H.; Tipper, C. F. H. *Chemical Kinetics*, Vol. 8, Elsevier, NY, **1977**, pp. 1-95; Jones, R. A. Y. *Physical and Mechanistic Organic Chemistry*, 2nd ed., Cambridge University Press, Cambridge, **1984**, pp. 72-82; Bender, M. L. *Mechanisms of Homogeneous Catalysis from Protons to Proteins*, Wiley, NY, **1971**, pp. 19-144.
[149] See Klumpp, G. W. *Reactivity in Organic Chemistry*, Wiley, NY, **1982**, pp. 167-179; Bell, R. P. in Chapman, N. B.; Shorter, J. *Correlation Analysis in Chemistry: Recent Advances*, Plenum Press, **1978**, pp. 55-84; Kresge, A. J. *Chem. Soc. Rev.* **1973**, 2, 475.
[150] See Silva, P. J. *J. Org. Chem.* **2009**, 74, 914.
[151] See Marcus, R. A. *J. Phys. Chem.* 1968, 72, 891; Kresge, A. J. *Chem. Soc. Rev.* **1973**, 2, 475.
[152] Omitting the work terms.
[153] Albery, W. J. *Annu. Rev. Phys. Chem.* **1980**, 31, 227, p. 244.
[154] See Jencks, W. P. *Acc. Chem. Res.* **1976**, 9, 425; Stewart, R.; Srinivasan, R. *Acc. Chem. Res.* **1978**, 11, 271; Guthrie, J. P. *J. Am. Chem. Soc.* **1980**, 102, 5286.
[155] See Agmon, N. *J. Am. Chem. Soc.* **1980**, 102, 2164; Murray, C. J.; Jencks, W. P. *J. Am. Chem. Soc.* **1988**, 110, 7561.
[156] Pross, A.; Shaik, S. S. *New J. Chem.* **1989**, 13, 427; Lewis, E. S. *J. Phys. Org. Chem.* **1990**, 3, 1.
[157] Lewis bases are useful catalysts in organic synthesis. See Denmark, S. E.; Beutner, G. L. *Angew. Chem. Int. Ed.* **2008**, 47, 1560.
[158] For a monograph on Lewis acid-base theory, see Jensen, W. B. *The Lewis Acid-Base Concept*, Wiley, NY, **1980**. For a discussion of the definitions of Lewis acid and base, see Jensen, W. B. *Chem. Rev.* **1978**, 78, 1.
[159] Rauk, A.; Hunt, I. R.; Keay, B. A. *J. Org. Chem.* **1994**, 59, 6808.
[160] For a review of ate complexes, see Wittig, G. *Q. Rev. Chem. Soc.* **1966**, 20, 191.
[161] See Satchell, D. P. N.; Satchell, R. S. *Q. Rev. Chem. Soc.* **1971**, 25, 171; *Chem. Rev.* **1969**, 69, 251. See also, Sandström, M.; Persson, I.; Persson, P. *Acta Chem. Scand.* **1990**, 44, 653; Laszlo, P.; Teston-Henry, M. *Tetrahedron Lett.* **1991**, 32, 3837.
[162] Springer, G.; Elam, C.; Edwards, A.; Bowe, C.; Boyles, D.; Bartmess, J.; Chandler, M.; West, K.; Williams, J.; Green, J.; Pagni, R. M.; Kabalka, G. W. *J. Org. Chem.* **1999**, 64, 2202.
[163] See Ayers, P. W.; Parr, R. G. *J. Am. Chem. Soc.* **2000**, 122, 2010.
[164] Pearson, R. G.; Songstad, J. *J. Am. Chem. Soc.* **1967**, 89, 1827. For a monograph on the concept, see Ho, T. *Hard and Soft Acids and Bases Principle in Organic Chemistry*, Academic Press, NY, **1977**; Pearson, R. G. *J. Chem. Educ.* **1987**, 64, 561; Ho,

T. *Tetrahedron* **1985**, 41, 1; Pearson, R. G. in Chapman, N. B. ; Shorter, J. *Advances in Linear Free-Energy Relationships*, Plenum Press, NY, **1972**, pp. 281-319. For a collection of papers, see Pearson, R. G. *Hard and Soft Acids and Bases*, Dowden, Hutchinson, and Ross, Stroudsberg, PA, **1973**.

[165] Taken from Pearson, R. G. *J. Chem. Ed.* **1968**, 45, 581, 643.

[166] Pearson, R. G. *Inorg. Chem.* **1988**, 27, 734; *J. Org. Chem.* **1989**, 54, 1423. See also, Orsky, A. R. ; Whitehead M. A. *Can. J. Chem.* **1987**, 65, 1970.

[167] See Sauers, R. R. *Tetrahedron* **1999**, 55, 10013.

[168] Parr, R. G. ; Pearson, R. G. *J. Am. Chem. Soc.* **1983**, 105, 7512. Note that there is not always a strict correlation between the values in Table 8.4 and the categories of Table 8.3.

[169] Pearson, R. G. *J. Am. Chem. Soc.* **1988**, 110, 7684.

[170] For proofs of this principle, see Chattaraj, P. K. ; Lee, H. ; Parr, R. G. *J. Am. Chem. Soc.* **1991**, 113, 1855.

[171] Wolman, Y. in Patai, S. *The Chemistry of the Thiol Group*, pt. 2, Wiley, NY, **1974**, p. 677; Maskill, H. *The Physical Basis of Organic Chemistry*, Oxford University Press, Oxford **1985**, p. 159.

[172] See also, Bochkov, A. F. *J. Org. Chem. USSR* **1986**, 22, 1830, 1837.

[173] Méndez, F. ; Gázguez, J. L. *J. Am. Chem. Soc.* **1994**, 116, 9298.

[174] Woodward, S. *Tetrahedron* **2002**, 58, 1017.

[175] See Hine, J. *Structural Effects on Equilibria in Organic Chemistry*, Wiley, NY, **1975** ; Taft, R. W. *Prog. Phys. Org. Chem.* **1983**, 14, 247; Petrov, E. S. *Russ. Chem. Rev.* **1983**, 52, 1144 (NH acids); Bell, R. P. *The Proton in Chemistry*, 2nd ed. , Cornell Univ. Press, Ithaca, NY, **1973**, pp. 86-110. For a monograph on methods of estimating pK values by analogy, extrapolation, and so on, see Perrin, D. D. ; Dempsey, B. ; Serjeant, E. P. *pKa Prediction for Organic Acids and Bases*, Chapman and Hall, NY, **1981**.

[176] The varying degrees by which the different factors that affect gas-phase acidities of 25 acids has been calculated: Taft, R. W. ; Koppel, I. A. ; Topsom, R. D. ; Anvia, F. *J. Am. Chem. Soc.* **1990**, 112, 2047.

[177] For a review of the enhancement of acidity by NO_2, see Lewis, E. S. in Patai, S. *The Chemistry of Functional Groups*, *Supplement F*, pt. 2, Wiley, NY, **1982**, pp. 715-729.

[178] Filler, R. ; Wang, C. *Chem. Commun.* **1968**, 287.

[179] See Edward, J. T. *J. Chem. Educ.* **1982**, 59, 354; Schwartz, L. M. *J. Chem. Educ.* **1981**, 58, 778.

[180] Headley, A. D. ; McMurry, M. E. ; Starnes, S. D. *J. Org. Chem.* **1994**, 59, 1863.

[181] Wiberg, K. B. *J. Org. Chem.* **2003**, 68, 875.

[182] For calculated gas-phase acidities of substituted benzoic acids see Wiberg, K. B. *J. Org. Chem.* **2002**, 67, 4787. Also see Gupta, K. ; Giri, S. ; Chattaraj, P. K. *New J. Chem.* **2008**, 32, 1945.

[183] DeMaria, P. ; Fontana, A. ; Spinelli, D. ; Dell'Erba, C. ; Novi, M. ; Petrillo, G. ; Sancassan, F. *J. Chem. Soc. Perkin Trans. 2* **1993**, 649.

[184] Chen, C.-T. ; Siegel, J. S. *J. Am. Chem. Soc.* **1994**, 116, 5959. See also, Sotomatsu, T. ; Shigemura, M. ; Murata, Y. ; Fujita, T. *Bull. Chem. Soc. Jpn.* **1992**, 65, 3157.

[185] See Exner, O. ;Cársky, P. *J. Am. Chem. Soc.* **2001**, 123, 9564. See also, Liptak, M. D. ; Shields, G. C. *J. Am. Chem. Soc.* **2001**, 123, 7314.

[186] It has been contended that resonance delocalization plays only a minor role in the increased strength of carboxylic acids compared to alcohols, and the " ... higher acidity of acids arises principally because the electrostatic potential of the acidic hydrogens is more positive in the neutral acid molecule ... ": Siggel, M. R. ; Streitwieser, Jr. , A. ; Thomas, T. D. *J. Am. Chem. Soc.* **1988**, 110, 8022; Thomas, T. D. ; Carroll, T. X. ; Siggel, M. R. *J. Org. Chem.* **1988**, 53, 1812. For contrary views, see Exner, O. *J. Org. Chem*. **1988**, 53, 1810; Perrin, D. D. *J. Am. Chem. Soc.* **1991**, 113, 2865. See also, Godfrey, M. *Tetrahedron Lett.* **1990**, 31, 5181.

[187] Copper complexes of active methylene compounds show large pKa shifts. See Zhong, Z. ; Postnikova, B. J. ; Hanes, R. E. ; Lynch, V. M. ; Anslyn, E. V. *Chemistry: European J.* **2005**, 11, 2385.

[188] Goumont, R. ; Magnier, E. ; Kizilian, E. ; Terrier, F. *J. Org. Chem.* **2003**, 68, 6566.

[189] See, however, Krygowski, T. M. ; Maurin, J. *J. Chem. Soc. Perkin Trans. 2* **1989**, 695.

[190] Smith, J. W. in Patai, S. *The Chemistry of the Amino Group*; Wiley, NY, **1968**, pp. 161-204.

[191] Liptak, M. D. ; Gross, K. C. ; Seybold, P. G. ; Feldus, S. ; Shields, G. C. *J. Am. Chem. Soc.* **2002**, 124, 6421.

[192] Taft, R. W. *Prog. Phys. Org. Chem.* **1983**, 14, 247, see Sec. 5. B. i.

[193] Note that Lewis acidity decreases, whereas Brønsted acidity increases, going down the table. There is no contradiction here when we remember that in the Lewis picture the actual acid in all Brønsted acids is the same, namely, the proton. In comparing, say, HI and HF, we are not comparing different Lewis acids but only how easily F and I give up the proton.

[194] The effect discussed here is an example of a symmetry factor. For an extended discussion, see Eberson, L. in Patai, S. *The Chemistry of Carboxylic Acids and Esters*, Wiley, NY, **1969**, pp. 211-293.

[195] Brown, H. C. *J. Am. Chem. Soc.* **1945**, 67, 378, 1452, *Boranes in Organic Chemistry*, Cornell University Press, Ithaca, NY, **1972**, pp. 53-64. See also, Brown, H. C. ; Krishnamurthy, S. ; Hubbard, J. L. *J. Am. Chem. Soc.* **1978**, 100, 3343.

[196] Hibbert, F. ; Simpson, G. R. *J. Chem. Soc. Perkin Trans. 2* **1987**, 243, 613.

[197] For a review of the effect of strain on amine basicities, see Alder, R. W. *Chem. Rev.* **1989**, 89, 1215.

[198] Staab, H. A. ; Saupe, T. ; Krieger, C. *Angew. Chem. Int. Ed.* **1983**, 22, 731.

[199] Saupe, T. ; Krieger, C. ; Staab, H. A. *Angew. Chem. Int. Ed.* **1986**, 25, 451.

[200] For a review, see Staab, H. A. ; Saupe, T. *Angew. Chem. Int. Ed.* **1988**, 27, 865.

[201] Howard, S. T. *J. Am. Chem. Soc.* **2000**, 122, 8238.

[202] Krieger, C. ; Newsom, I. ; Zirnstein, M. A. ; Staab, H. A. *Angew. Chem. Int. Ed.* **1989**, 28, 84. See also, Staab, H. A. ; Zirnstein, M. A. ; Krieger, C. *Angew. Chem. Int. Ed.* **1989**, 28, 86.

[203] Miyahara, Y. ; Goto, K. ; Inazu, T. *Tetrahedron Lett.* **2001**, 42, 3097.
[204] Ueno, M. ; Ishitani, H. ; Kobayashi, S. *Org. Lett.* **2002**, 4, 3395.
[205] Mathieu, B. ; de Fays, L. ; Ghosez, L. *Tetrahedron Lett* **2000**, 41, 9651
[206] Brown, H. C. ; Kanner, B. *J. Am. Chem. Soc.* **1953**, 75, 3865; **1966**, 88, 986.
[207] Meot-Ner, M. ; Smith, S. C. *J. Am. Chem. Soc.* **1991**, 113, 862, and references cited therein. See also, Benoit, R. L. ; Fréchette, M. ; Lefebvre, D. *Can. J. Chem.* **1988**, 66, 1159.
[208] Arnett, E. M. ; Harrelson, Jr. , J. A. *J. Am. Chem. Soc.* **1987**, 109, 809.
[209] For a discussion of why esters and amides are weaker acids than ketones, see Fersner, A. ; Karty, J. M. ; Mo, Y. *J. Org. Chem.* **2009**, 74, 7245.
[210] Wang, X. ; Houk, K. N. *J. Am. Chem. Soc.* **1988**, 110, 1870; Wiberg, K. B. ; Laidig, K. E. *J. Am. Chem. Soc.* **1988**, 110, 1872.
[211] Majewski, M. ; Wang, F. *Tetrahedron* **2002**, 58, 4567.
[212] Amedjkouh, M. *Tetrahedron Asymm.* **2004**, 15, 577.
[213] Gung, B. W. ; Yanik, M. M. *J. Org. Chem.* **1996**, 61, 947.
[214] Grotjahn, D. B. ; Sheridan, P. M. ; Al Jihad, I. ; Ziurys, L. M. *J. Am. Chem. Soc.* **2001**, 123, 5489.
[215] Fressigné, C. ; Maddaluno, J. ; Giessner-Prettre, C. ; Silvi, B. *J. Org. Chem.* **2001**, 66, 6476.
[216] Williard, P. G. ; Salvino, J. M. *J. Org. Chem.* **1993**, 58, 1. For a study of the oligomer structure of LDA at low ligand concentrations, see Rutherford, J. L. ; Collum, D. B. *J. Am. Chem. Soc.* **2001**, 123, 199.
[217] Ito, H. ; Nakamura, T. ; Taguchi, T. ; Hanzawa, Y. *Tetrahedron Lett.* **1992**, 33, 3769.
[218] Aubrecht, K. B. ; Collum, D. B. *J. Org. Chem.* **1996**, 61, 8674.
[219] Romesberg, F. E. ; Collum, D. B. *J. Am. Chem. Soc.* **1994**, 116, 9198, 9187. For a study of other mixed aggregates, see Thomas, R. D. ; Huang, J. *J. Am. Chem. Soc.* **1999**, 121, 11239.
[220] Sakuma, K. ; Gilchrist, J. H. ; Romesberg, F. E. ; Cajthami, C. E. ; Collum, D. B. *Tetrahedron Lett.* **1993**, 34, 5213.
[221] Lucht, B. L. ; Collum, D. B. *J. Am. Chem. Soc.* **1994**, 116, 7949.
[222] Lucht, B. L. ; Collum, D. B. *J. Am. Chem. Soc.* **1995**, 117, 9863. See also, Lucht, B. L. ; Collum, D. B. *J. Am. Chem. Soc.* **1996**, 118, 2217, 3529. See Romesberg, F. E. ; Bernstein, M. P. ; Gilchrist, J. H. ; Harrison, A. T. ; Fuller, D. J. ; Collum, D. B. *J. Am. Chem. Soc.* **1993**, 115, 3475 for the structure in HMPA.
[223] Lucht, B. L. ; Collum, D. B. *J. Am. Chem. Soc.* **1994**, 116, 6009.
[224] Collum, D. B. *Acc. Chem. Res.* **1993**, 26, 227. For NMR studies of LiNEt2 and ring laddering see Rutherford, J. L. ; Collum, D. B. *J. Am. Chem. Soc.* **1999**, 121, 10198.
[225] Hilmersson, G. ; Davidsson, Ö. *J. Org. Chem.* **1995**, 60, 7660. See O'Brien, P. *J. Chem. Soc. Perkin Trans.* 1 **1998**, 1439; Sott, R. ; Grandander, J. ; Dinér, P. ; Hilmersson, G. *Tetrahedron Asymm.* **2004**, 15, 267.
[226] Arvidsson, P. I. ; Hilmersson, G. ; Ahlberg, P. *J. Am. Chem. Soc.* **1999**, 121, 183.
[227] Carlier, P. R. ; Madura, J. D. *J. Org. Chem.* **2002**, 67, 3832.
[228] Williard, P. G. ; Jacobson, M. A. *Org. Lett.* **2000**, 2, 2753. For the structure and bonding of dilithiodiamines see Pratt, L. M. ; Mu, R. *J. Org. Chem.* **2004**, 69, 7519.
[229] Sun, C. ; Williard, P. G. *J. Am. Chem. Soc.* **2000**, 122, 7829. See also, Pratt, L. M. ; Streitwieser, A. *J. Org. Chem.* **2003**, 68, 2830.
[230] Jackman, L. M. ; Çizmeciyan, D. ; Williard, P. G. ; Nichols, M. A. *J. Am. Chem. Soc.* **1993**, 115, 6262.
[231] Jackman, L. M. ; Chen, X. *J. Am. Chem. Soc.* **1992**, 114, 403.
[232] Streitwieser, A. ; Juaristi, E. ; Kim, Y.-J. ; Pugh, J. K. *Org. Lett.* **2000**, 2, 3839.
[233] Alconcel, L. S. ; Deyerl, H.-J. ; Continetti, R. E. *J. Am. Chem. Soc.* **2001**, 123, 12675.
[234] See Epshtein, L. M. ; Iogansen, A. V. *Russ. Chem. Rev.* **1990**, 59, 134; Dyumaev, K. M. ; Korolev, B. A. *Russ. Chem. Rev.* **1980**, 49, 1021; Taft, R. W. ; Bordwell, F. G. *Acc. Chem. Res.* **1988**, 21, 463; Heemstra, J. M. ; Moore, J. S. *Tetrahedron* **2004**, 60, 7287.
[235] See Smith, J. W. in Patai, S. *The Chemistry of the Amino Group*, Wiley, NY, **1968**, pp. 161-204.
[236] Aue, D. H. ; Webb, H. M. ; Bowers, M. T. *J. Am. Chem. Soc.* **1972**, 94, 4726; **1976**, 98, 311, 318; Mucci, A. ; Domain, R. ; Benoit, R. L. *Can. J. Chem.* **1980**, 58, 953. See also, Drago, R. S. ; Cundari, T. R. ; Ferris, D. C. *J. Org. Chem.* **1989**, 54, 1042.
[237] For discussions of the solvation of ammonia and amines, see Jones, III, F. M. ; Arnett, E. M. *Prog. Phys. Org. Chem.* **1974**, 11, 263; Grunwald, E. ; Ralph, E. K. *Acc. Chem. Res.* **1971**, 4, 107.
[238] Condon, F. E. *J. Am. Chem. Soc.* **1965**, 87, 4481, 4485.
[239] For two reasons: (1) the alkyl groups are poorly solvated by the water molecules, and (2) the strength of the hydrogen bonds of the BH^+ ions decreases as the basicity of B increases: Lau, Y. K. ; Kebarle, P. *Can. J. Chem.* **1981**, 59, 151.
[240] See Liebman, J. F. *Mol. Struct. Energ.* **1987**, 4, 49; Dixon, D. A. ; Lias, S. G. *Mol. Struct. Energ.* **1987**, 2, 269; Bohme, D. K. in Patai, S. *The Chemistry of Functional Groups, Supplement F*, pt. 2, Wiley, NY, **1982**, pp. 731-762; Arnett, E. M. *Acc. Chem. Res.* **1973**, 6, 404. See Lias, S. G. ; Liebman, J. F. ; Levin, R. D. *J. Phys. Chem. Ref. Data*, **1984**, 13, 695. See also, the tables of gas-phase acidities and basicities in the following articles, and their cited references: Meot-Ner, M. ; Kafafi, S. A. *J. Am. Chem. Soc.* **1988**, 110, 6297; Headley, A. D. *J. Am. Chem. Soc.* **1987**, 109, 2347; Fujio, M. ; McIver, Jr. , R. T. ; Taft, R. W. *J. Am. Chem. Soc.* **1981**, 103, 4017; Lau, Y. K. ; Nishizawa, K. ; Tse, A. ; Brown, R. S. ; Kebarle, P. *J. Am. Chem. Soc.* **1981**, 103, 6291.
[241] Briggs, J. P. ; Yamdagni, R. ; Kebarle, P. *J. Am. Chem. Soc.* **1972**, 94, 5128; Aue, D. H. ; Webb H. M. ; Bowers, M. T. *J. Am. Chem. Soc.* **1972**, 94, 4726; **1976**, 98, 311, 318.
[242] Ikuta, S. ; Kebarle, P. *Can. J. Chem.* **1983**, 61, 97.
[243] Taft, R. W. ; Taagepera, M. ; Summerhays, K. D. ; Mitsky, J. *J. Am. Chem. Soc.* **1973**, 95, 3811.
[244] Yamdagni, R. ; Kebarle, P. *J. Am. Chem. Soc.* **1973**, 95, 3504.

[245]　See Catalan, J. ; Abboud, J. L. M. ; Elguero, J. *Adv. Heterocycl. Chem.* **1987**, 41, 187.
[246]　Bartnicka, H. ; Bojanowska, I. ; Kalinowski, M. K. *Aust. J. Chem.* **1993**, 46, 31.
[247]　Kobayashi, S. *Synlett*, **1994**, 689.
[248]　Arnett, E. M. ; Small, L. E. ; McIver, Jr. , R. T. ; Miller, J. S. *J. Am. Chem. Soc.* **1974**, 96, 5638; Blair, L. K. ; Isolani, P. C. ; Riveros, J. M. *J. Am. Chem. Soc.* **1973**, 95, 1057; McIver, Jr. , R. T. ; Scott, J. A. ; Riveros, J. M. *J. Am. Chem. Soc.* **1973**, 95, 2706. Also see Bartmess, J. E. ; McIver, Jr. , R. T. *J. Am. Chem. Soc.* **1977**, 99, 4163.
[249]　See Caldwell, G. ; Renneboog, R. ; Kebarle, P. *Can. J. Chem.* **1989**, 67, 611.
[250]　Brauman, J. I. ; Blair, L. K. *J. Am. Chem. Soc.* **1971**, 93, 4315; Laurie, V. W. ; Muenter, J. S. *J. Am. Chem. Soc.* **1966**, 88, 2883.
[251]　Brauman, J. I. ; Riveros, J. M. ; Blair, L. K. *J. Am. Chem. Soc.* **1971**, 93, 3914; Huheey, J. E. *J. Org. Chem.* **1971**, 36, 204; Radom, L. *Aust. J. Chem.* **1975**, 28, 1; Aitken, E. J. ; Bahl, M. K. ; Bomben, K. D. ; Gimzewski, J. K. ; Nolan, G. S. ; Thomas, T. D. *J. Am. Chem. Soc.* **1980**, 102, 4873.
[252]　Taft, R. W. ; Taagepera, M. ; Abboud, J. M. ; Wolf, J. F. ; DeFrees, D. J. ; Hehre, W. J. ; Bartmess, J. E. ; McIver, Jr. , R. T. *J. Am. Chem. Soc.* **1978**, 100, 7765. For a scale of polarizability parameters, see Hehre, W. J. ; Pau, C. ; Headley, A. D. ; Taft, R. W. ; Topsom, R. D. *J. Am. Chem. Soc.* **1986**, 108, 1711.
[253]　Bartmess, J. E. ; Scott, J. A. ; McIver, Jr. , R. T. *J. Am. Chem. Soc.* **1979**, 101, 6056.
[254]　Bohme, D. K. ; Rakshit, A. B. ; Mackay, G. I. *J. Am. Chem. Soc.* **1982**, 104, 1100.
[255]　Bolton, P. D. ; Hepler, L. G. *Q. Rev. Chem. Soc.* **1971**, 25, 521; Gerrard, W. ; Macklen, E. D. *Chem. Rev.* **1959**, 59, 1105. See also, Wilson, B. ; Georgiadis, R. ; Bartmess, J. E. *J. Am. Chem. Soc.* **1991**, 113, 1762.
[256]　Bolton, P. D. ; Hepler, L. G. *Q. Rev. Chem. Soc.* **1971**, 25, 521; p. 529.
[257]　For a review, see Parker, A. J. *Q. Rev. Chem. Soc.* **1962**, 16, 163.
[258]　Sears, P. G. ; Wolford, R. K. ; Dawson, L. R. *J. Electrochem. Soc.* **1956**, 103, 633.
[259]　Miller, J. ; Parker, A. J. *J. Am. Chem. Soc.* **1961**, 83, 117.

第 9 章
结构和介质对反应性的影响

当我们在写反应方程式的时候通常将一些化合物，如羧酸写成 RCOOH（或 RCO_2H）形式，其中 R 为烷基，用以表示所有羧酸都能发生这样的反应。由于那些带有给定官能团的化合物或多或少地都会发生相同的反应，因此这种表达方式非常有用，而且在本书中也这样使用。它可以将大量孤立反应归类到一起，提供出一个良好的记忆和理解的方法。然而必须记住的是，给定的官能团并不总是以相同的方式发生反应，因为这些官能团仅仅是化合物的一部分而已。分子的其它部分影响着官能团的反应。这种影响有可能大到完全抑制反应的进行，或者引起一个全然不同的反应。甚至，当两个具有相同官能团的化合物发生相同的反应时，反应的速率和/或平衡的位置通常是不同的。这种差别有时微小，有时却很大，这完全取决于这些化合物的结构。当引入新的官能团时，可能会导致性质的极大差异。

结构对反应的影响可被分为三种主要类型：场效应、共振效应（或中介效应）和位阻效应[1]。通常情况下，它们中的两种或者三种都存在，因此很难回答这三种影响各自会对速率的增大（或减小）产生多大影响。

9.1 共振效应和场效应

通常很难区分共振效应和场效应：在电子效应[2]中它们常常被归为一类。场效应已在 1.9 节中进行了阐述。表 1.3 列出了一些 +I 和 −I 基团。而对于共振效应，在 2.6 节中也指出了苯胺分子中电子密度分布与假设在环和 NH_2 之间不存在共振作用时为什么不一样。很多含有孤对电子且与不饱和体系相连的基团也表现出相似的影响，即该基团上电子密度比预计的要少，而不饱和体系上的电子密度却增加了。在共振效应下，这些基团被称为给电子基（+M 基团）。烷基虽然没有孤对电子，但也许是因为超共振效应，它们依然属于 +M 基团。

另一方面，直接连接到不饱和体系上的具有多重键的大电负性原子是 −M 基。在这种情况下，我们可以画出将电子从不饱和体系引入该基团的极限式，例如硝基苯（1）：

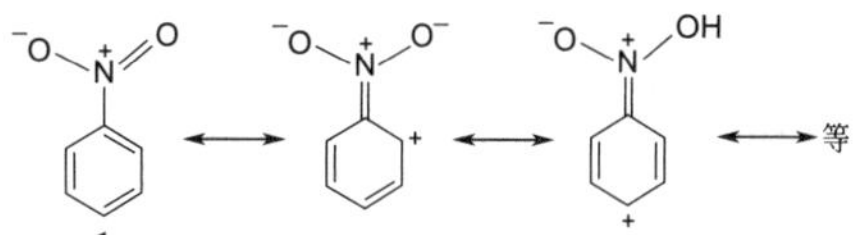

表 9.1 列出了一些具有 +M 和 −M 效应的基团。

表 9.1 部分具有 +M、−M 效应的基团[①]

（未按照影响大小排列）

+M		−M	
O^-	SR	NO_2	CHO
S^-	SH	CN	COR
NR_2	Br	COOH	SO_2R
NHR	I	COOR	SO_2OR
NH_2	Cl	$CONH_2$	NO
NHCOR	F	CONHR	Ar
OR	R	$CONR_2$	
OH	Ar		
OCOR			

① 因为 Ar 可有两种效应，所以在两组中都出现。

一个基团的共振效应，不论它是 +M 还是 −M，只有在该基团与不饱和体系直接相连时才起作用。因此，例如在解释 $CH_3OCH_2CH_2COOH$ 分子中 CH_3O 基团对 COOH 反应性的影响时，则只需要考虑 CH_3O 的场效应。这是区分两种影响的一种方法。在对甲氧基苯甲酸中，两种效应都需要考虑。场效应通过空间、溶剂分子或体系的 σ 键起作用，而共振效应则通过 π 电子起作用。

需要再次强调的是，无论是共振效应还是场

效应都没有事实上的电子给出或获得，之所以使用这些术语，是因为它们很方便（而且我们也必须用到它）。作为这两种影响的一个结果，电子密度的分布与不存在这些影响时是不同的（参见1.9 节、2.6 节）。一个使研究影响化合物反应性因素复杂化的问题是，给定基团对过渡态的影响可能与对未反应分子的影响差别很大。

电子效应（共振效应和场效应）对反应性的影响可由下面的例子看出：在芳香酰胺的碱性水解（反应 16-60）中，决速步是氢氧根负离子进攻羰基碳。

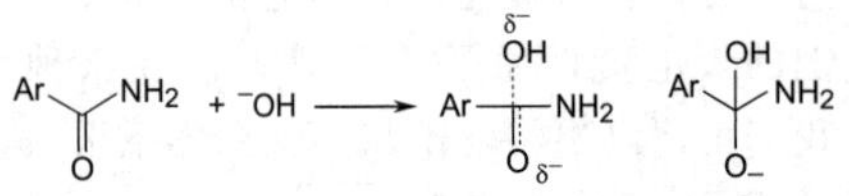

$$Ar-\underset{O}{\overset{}{\underset{\|}{C}}}-NH_2 + {}^-OH \longrightarrow Ar-\underset{O_{\delta-}}{\overset{OH}{\underset{|}{C}}}-NH_2 \longrightarrow Ar-\underset{O^-}{\overset{OH}{\underset{|}{C}}}-NH_2$$

2   过渡态   中间体

由 **2** 到 **3** 的转化展示了电子效应（共振效应和场效应）对反应性的影响。反应过渡态的结构介于反应物酰胺（**2**）和中间体（**3**）之间，此时羰基碳上的电子密度增加了。因此，芳香环上的吸电子基（$-I$ 或 $-M$）将降低过渡态的自由能（通过分散负电荷）。这些基团对 **2** 的自由能只有很小的影响。既然过渡态 G 降低了，而 **2** 的 G 却降低得很少，因此 $\Delta G^{\neq}$ 值降低，反应速率增大（参见第 6 章）。反之，给电子基（$+I$ 或 $+M$）将会使反应速率减小。当然，很多基团具有 $-I$ 和 $+M$ 反应，对于这些基团通常很难推断哪种影响占主导地位。

9.2 位阻效应

通常会出现这样的情况：反应速率比仅考虑电子效应时所预计的要快得多或者慢得多。这种情况下，通常意味着位阻效应在影响着反应速率。例如，表 9.2[3] 列出了给定卤代烃 S_N2 乙醇解的相对速率（参见 10.1.1 节）。所有这些化合物都是一级溴代物，支链都在第二个碳上，因此场效应的影响就变得非常小。如表 9.2 所示，反应速率随着 β 侧链数目的增加而降低，在新戊烷基溴时达到了一个非常低的值。这个反应是通过在溴原子的反面进攻而实现的（参见 10.1.1 节）。这种反应速率的巨大减小被归因于空间位阻，对于亲核试剂的进攻来说是一个严峻的空间阻碍。另一个位阻效应的例子是 2,6-二取代苯甲酸，不论 2 位和 6 位上的取代基的共振效应和场效应的情况如何，它们都很难发生酯化反应。相应的，一旦 2,6-二取代苯甲酸被酯化，那么这些酯将很难被水解。

表 9.2   RBr 与乙醇反应的相对速率[①]

R	相对速率
CH_3	17.6
CH_3CH_2	1
$CH_3CH_2CH_2$	0.28
$(CH_3)_2CHCH_2$	0.030
$(CH_3)_3CCH_2$	4.2×10^{-6}

① 参照参考文献[3]。

并非所有的位阻效应都降低反应的速率。在 RCl 以 S_N1 机理水解时（参见 10.1.2 节），决速的第一步中氯代烷将会电离变成碳正离子：

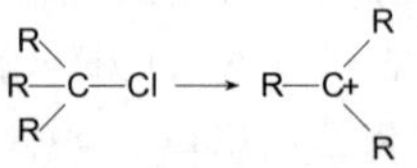

$$\underset{R}{\overset{R}{\underset{|}{R-C-Cl}}} \longrightarrow \underset{R}{\overset{R}{\underset{|}{R-C^+}}}$$

氯代烷中的碳采取 sp^3 杂化，键角约 109.5°，但当它形成碳正离子的时候，杂化情况就变成了 sp^2 而且夹角也变成了 120°。如果是三级氯代烷，且三个烷基足够大的话，它们将会因为较小的四面角而堆到一起，产生张力（参见 4.17.4 节）。这种张力被称为 B 张力[4]，即背张力（back strain），它可以因为电离产生碳正离子而消除[5]。

因此，存在 B 张力的分子的离子化速率（以及溶剂解速率）要比那些没有 B 张力的分子快得多。表 9.3[6] 所列的数据也证实了这样的结论。叔丁基氯中的甲基被乙基取代并不产生 B 张力；反应速率的增大是相当小的，它随着乙基数量的增加而缓慢增大。这种增大是缘于普通的场效应和共振效应（超共轭效应）。一个异丙基的取代也不会产生什么大的变化；但当引入第二个异丙基后因足够拥挤而产生 B 张力，导致反应速率增大了 10 倍；第三个异丙基的取代将会使它的反应速率增大得更多。另一个 B 张力导致溶剂解速率加快的例子，如对于三叔丁基甲醇、二叔丁基新戊基甲醇、叔丁基二新戊基甲醇和三新戊基甲醇等高度拥挤的分子，其对硝基苯甲酸酯的溶剂化速率比硝基苯甲酸叔丁酯分别快 13000、19000、68000 和 560 倍[7]。

表 9.3   25℃时在 80%乙醇水溶液中三级氯代烷的水解速率[①]

卤化物	反应速率	卤化物	反应速率
Me_3CCl	0.033	Et_3CCl	0.099
Me_2EtCCl	0.055	$Me_2(i\text{-}Pr)CCl$	0.029
$MeEt_2CCl$	0.086	$Me(i\text{-}Pr)_2CCl$	0.45

① 参照参考文献[6]。

另一种影响环状化合物反应速率的张力被称为 I 张力，即内部张力（internal strain）[8]。这种张力是由从四面体碳变成三角形碳的改变或者相反过程而导致的环张力改变所引起的。例如，上面所述的卤代烃的 S_N1 溶剂解就是中心碳原子的键角由约 109.5°到约 120°的一个变化。这种变化对 1-氯-1-甲基环戊烷的反应非常有利，因为这一过程消除了重叠式的扭转张力（参见 4.17.4 节）。因此，该化合物在 25℃ 下 80% 的乙醇中溶剂解的速率要比相应的叔丁基氯快 43.7 倍[9]。

	t-BuCl	Me-环戊基Cl	Me-环己基Cl
相对溶剂解速率	1.0	43.7	0.35

在与之相应的环己基化合物中，这种现象却没有出现，因为环己烷结构中没有重叠式扭转张力（参见 4.17.4 节），因此该化合物发生这种反应的速率大约只有叔丁基氯的 1/3。但是这种速率微弱减小的原因并不清楚。在从一个三角形碳转变为四面体碳的过程中也发现了这类现象。因此环己酮发生加成反应的速率要快于环戊酮。相似的观点也适用于大环化合物。7~11 元的碳环具有重叠式扭转张力和跨环张力；在这些结构中从四面体碳转变为三角形碳的反应比那些开链体系的反应速率快[10]。I 张力也在其它反应中起作用[11]。

构象对反应性的影响也是位阻效应[12]，但是在这种情况下，我们考虑的不是 X 基团和 X′ 基团对反应位点 Y 的影响，而是分子构象的影响。对于许多反应来说，如果分子没有采取合适的构象，那么该反应将无法进行。一个例子是 N-苯甲酰基苯丙醇胺的重排，该化合物的两种异构体（**4** 和 **5**）在 HCl 的乙醇溶液中表现差异非常大。一种异构体可以发生氮氧迁移，而另外一个异构体则完全不发生变化[13]。

为了发生重排，氮原子必须靠近氧原子（与氧原子处于邻位交叉式）。当 **4** 采取这种构象时，甲基和苯基处在互为反式的位置，这种位置有利于反应；但是当 **5** 中的氮原子与氧原子处于邻位交叉的位置时，甲基与苯基只好也处于邻位交叉式，这种位置对反应不利，因此反应不会发生。另一个例子是 C═C 键的亲电加成反应（参见 15.1.1 节）和 E2 消除反应（参见 17.1.1 节）。

同样，还有很多例子说明关于直立和平伏基团在反应中的表现不同[14]。

在甾体和其它刚性分子中，分子中某部分的一个官能团可以通过改变整个分子骨架的构象而极大地改变了同一分子中距离很远的基团的反应性。这种被称为构象传递效应的一个典型例子：当 7-麦角甾烯-3-酮（**6**）和 6-麦角甾烯-3-酮（**7**）与苯甲醛反应时，**7** 的速率是 **6** 的 15 倍[15]。反应的位点都是羰基，而反应速率增大是因为将双键从 7 位转移到 6 位引起羰基构象的变化（C-17 侧链上的取代基差异不会影响速率）。**6** 和 **7** 的分子模型如下所示：

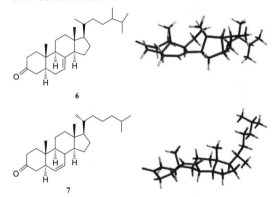

9.3 结构对反应性影响的定量计算[16]

假设反应的一个基本分子可以被表示为 XGY，其中 Y 是反应位点，X 是一个可变的基团，G 是连接 X 和 Y 的骨架基团，如果将 X 基团从 H 变为 CH_3 会导致速率的增大，如增大 10 倍。我们希望知道这种增加的哪一部分归因于前面提到的哪一种影响。解决这样一个问题的好的方法是尝试着去找出化合物中缺少哪一种或哪两种影响因素，或者某些影响因素可以被忽略。但是这种方法并不容易被接受，因为这些因素对于一个研究者来说认为可以忽略但是另外一个研究者却不见得会认同。第一个尝试着给出数值的是 Hammett[17]。对于 $m\text{-}XC_6H_4Y$ 和 $p\text{-}XC_6H_4Y$，Hammett 建立了以下方程：

$$\lg\frac{k}{k_0}=\sigma\rho$$

其中，k_0 是 X=H 的速率常数或平衡常数；k 是基团 X 的相应常数；ρ 对于特定条件下给定反应来说是一个常数；σ 是 X 基团的特性常数。这个方程被称为 Hammett 方程。

将 25℃ 时使水溶液中的 XC_6H_4COOH 离子化时的 ρ 值设定为 1.00。从而，各种基团的 σ_m

和 σ_p 参数都可以计算出（当基团 X 在间位和对位时，σ 值是不同的）。一旦获得一组 σ 值，如果这些 X 基团的 σ 值已知，ρ 值可由两个 X 取代化合物的其它反应速率得到（实际上，因为实验的误差和数据处理的不精确，至少需要四个适当分布的值去计算 ρ）。因此，如果算出 ρ 值并知道其它基团的 σ 值，那么那些没有被进行过的实验的反应速率就可以估算了。

σ 值是基团 X 进攻苯环反应的总电子效应（共振效应加上场效应）的总和。但这种处理对于邻位取代的化合物通常是不成功的。Hammett 方程适用于许多反应和官能团，也与极其大量的实验数据吻合得很好。Jaffé 在综述 [17] 中列出了 204 个反应的 ρ 值[18]，而其中很多是不同条件下的不同的 ρ 值。其中包括像下面这样根本不同的反应：

速率常数

ArCOOMe + OH⁻ ⟶ ArCOO⁻
ArCH₂Cl + I⁻ ⟶ ArCH₂I
ArNH₂ + PhCOCl ⟶ ArNHCOPh
ArH + NO₂⁺ ⟶ ArNO₂
ArCO₂OCMe₃ ⟶ 分解（一个自由基反应）

平衡常数

ArCOOH + H₂O ⇌ ArCOO⁻ + H₃O⁺
ArCHO + HCN ⇌ ArCH(CN)OH

Hammett 方程也适用于许多物理量的测定，包括 IR 频率和 NMR 化学位移等[19]。无论底物是被亲电试剂、亲核试剂或者自由基试剂进攻，这种处理都相当成功，重要的是在给定的反应系列内反应机理不变。

但是，有很多反应不适合这种计算。这类反应包括：直接进攻环的反应以及在过渡态时 X 基团可直接与反应位点直接发生共振作用的反应（亦即，底物是 XY 而不是 XGY）。对于这些情况，分别提出了两套新的 σ 值：σ^+ 值（由 H. C. Brown 提出），适用于在过渡态中一个给电子基团与正在形成的正电荷相互作用的情况，它包括重要的芳香环亲电取代（参见第 11 章）；σ^- 值，适用于一个吸电子基团与正在形成的负电荷相互作用的情况。表 9.4[20] 列出了一些常见 X 基团的 σ、σ^+ 和 σ^- 值。如表中所示，对于大多数吸电子基团，σ 值与 σ^+ 值并没有明显区别。σ_m^- 未列在表中，因为它在本质上与 σ_m 值是相似的。

一个正的 σ 值表明是吸电子基，而负的值则表明是给电子基[21]。常数 ρ 反映了反应性受电子效应的影响程度[22]。ρ 为正值的反应由吸电子基参与反应，反之亦然。下面这些羧酸化合物离子化的 ρ 值说明了这一点[23]：

XC₆H₄—COOH	1.00
XC₆H₄—CH₂—COOH	0.49
XC₆H₄—CH═CH—COOH	0.47
XC₆H₄—CH₂CH₂—COOH	0.21

这个例子说明分子中插入 CH_2 和 $CH=CH$ 基团，对该区域电子效应的降低程度相同，但插入 CH_2CH_2 基团将会使之降低得更多。$\rho > 1$ 表明该反应比 XC_6H_4COOH ($\rho=1.00$) 离子化反应对电子效应更敏感。

表 9.4 部分常见官能团的 σ、σ^+ 和 σ^- 值[20]

基团	σ_p	σ_m	σ_p^+	σ_m^+	σ_p^-
O⁻	−0.81[24]	−0.47[24]	−4.27[25]	−1.15[25]	
NMe₂	−0.63	10.10	−1.7		
NH₂	−0.57	−0.09	−1.3	−0.16	
OH	−0.38[26]	0.13[26]	−0.92[27]		
OMe	−0.28[26]	0.10	−0.78	0.05	
CMe₃	−0.15	−0.09	−0.26	−0.06	
Me	−0.14	−0.06	−0.31	−0.10[28]	
H	0	0	0	0	
Ph	0.05[29]	0.05	−0.18	0ᵍ	
COO⁻	0.11[24]	0.02[24]	−0.41[25]	−0.10[25]	
F	0.15	0.34	−0.07	0.35	
Cl	0.24	0.37	0.11	0.40	
Br	0.26	0.38	0.15	0.41	
I	0.28[29]	0.34	0.14	0.36	
N=NPh[30]	0.34	0.28	0.17		
COOH[31]	0.44	0.35	0.42	0.32	0.73
COOR	0.44	0.35	0.48	0.37	0.68
COMe	0.47	0.36			0.87
CF₃	0.53	0.46		0.57[28]	
NH₃⁺	0.60[25]	0.86[26]			
CN[32]	0.70	0.62	0.66	0.56	1.00
SO₂Me	0.73	0.64			
NO₂	0.81	0.71	0.79	0.73[28]	1.27
NMe₃⁺	0.82[33]	0.88[33]	0.41	0.36	
N₂⁺	1.93[34]	1.65[34]	1.88[34]		3[35]

对于诸如萘[37]、杂环化合物[38]等环体系以及乙烯类、乙炔类体系[39]，已针对环上含有 X 和 X′两个基团的化合物进行了类似的计算，此时 σ 值有时可以相加[36]，而有时却不行。

Hammett 方程是一个线性的自由能关系式（linear free energy relation，LFER），可以通过下面平衡常数的情况得以验证（对于速率常数也有着相似的验证，只不过是用 $\Delta G^{\neq}$ 代替 ΔG）。对于 X 可以是各种基团的任意反应，有

对于未取代的情况,有

$$\Delta G = -RT\ln K$$

$$\Delta G_0 = -RT\ln K_0$$

从而 Hammett 方程可以被表示成

$$\lg K - \lg K_0 = \sigma\rho$$

所以有

$$\frac{-\Delta G}{2.3RT} + \frac{-\Delta G_0}{2.3RT} = \sigma\rho$$

和

$$-\Delta G = 2.3\sigma\rho RT - \Delta G_0$$

对于给定条件下的特定反应,σ、R、T 和 ΔG_0 都是常数,所以 σ 与 ΔG 呈线性关系。

Hammett 方程不是唯一的线性自由能关系式[40]。有些关系式与 Hammett 方程类似,与反应物结构相关联,但是 Grunwald-Winstein 关系式(参见 10.7.4 节)与溶剂的变化相关联,而 Brønsted 关系式(参见 8.4 节)将酸度和催化过程相关联。Taft 方程是一个仅仅与场效应相关联的结构-反应性的方程[41]。

在 Ingold 之后[42],Taft 发现在羧酸酯的水解反应中,不论水解是通过酸还是碱催化,位阻效应和共轭效应都是一致的(参见酯水解反应机理的讨论,反应 **16-59**)。反应速率的不同仅仅只是由于 RCOOR′ 中 R 和 R′ 的场效应不同所导致的。也许这是实现这个目标的一个很好的体系,因为与反应物酯相比,酸催化水解的过渡态 **8** 有较高的正电荷(因此 $-I$ 取代基使反应过渡态变得不稳定,而 $+I$ 取代基可稳定过渡态),而碱催化水解的过渡态 **9** 比起反应物酯有着较高的负电荷。因此,当 R′ 固定时,通过测定一系列 XCH₂COOR′[43] 的酸、碱催化水解反应的速率,就可以获得取代基 X 的场效应[38]。通过这些速率常数,σ_I 值就可以通过以下方程确定[44]:

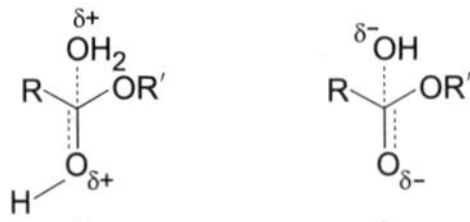

$$\sigma_I = 0.181\left[\lg\left(\frac{k}{k_0}\right)_B - \lg\left(\frac{k}{k_0}\right)_A\right]$$

在这个方程中,$(k/k_0)_B$ 是碱催化时 XCH₂COOR′ 的速率常数与 CH₃COOR′ 的速率常数之比,$(k/k_0)_A$ 则是酸催化下的相应速率常数之比,0.181 是个特定常数。当 X 基团取代在一个饱和碳原子上时,参数 σ_I 是一个常数,只反映场效应的影响[45]。一旦获得一组 σ_I 数值,就可以发现方程:

$$\sigma_I = 0.181\left[\lg\left(\frac{k}{k_0}\right)_B - \lg\left(\frac{k}{k_0}\right)_A\right]$$

适用于大量反应,如[46]:

$$RCH_2OH \longrightarrow RCH_2O^-$$
$$RCH_2Br + PhS^- \longrightarrow RRCH_2SPh + Br^-$$

邻位取代的 $ArNH_2 + PhCOCl \longrightarrow ArNHCOPh$

同 Hammett 方程一样,在给定条件下给定反应的 σ_I 是一个常数。对于体积较大的基团来说,因为存在不固定的位阻效应,该关系式可能不成立。此外,如果 X 基团在反应起始态和过渡态时与反应中心发生不同程度的共振,那么该方程也是不成立的。表 9.5[47] 中列出了一些 σ_I 值。σ_I 值与我们考虑纯的场效应值(参见 1.9 节)所估计的值相近,而且是可以叠加的,就与我们所设想的场效应(不是共轭效应也不是位阻效应)应该具有的性质一样。因此,如果将官能团在主链上向下移一个碳的话,该因子将降低 2.8±0.5(参见表 9.5 中当 R=Ph 和 CH₃CO 时 R 和 RCH₂ 的相应数值)。仔细观察表 9.5,可以发现很多基团的 σ_I 值与 σ_m(表 9.4)值是非常相似的。这并不奇怪,因为 σ_m 值基本上全部来自场效应的贡献,共振效应的贡献很小。

表 9.5　一些官能团的 σ_I 和 σ_R^0 值[47]

基团	σ_I	σ_R^0	基团	σ_I	σ_R^0
CMe₃	−0.07	−0.17	OMe	0.27	−0.42
Me	−0.05	−0.13	OH	0.27	−0.44
H	0	0	I	0.39	−0.12
PhCH₂	0.04		CF₃	0.42	0.08
NMe₃[48]	0.06	−0.55	Br	0.44	−0.16
Ph	0.10	−0.10	Cl	0.46	−0.18
CH₃COCH₂	0.10		F	0.50	−0.31
NH₂	0.12	−0.50	CN	0.56	0.08
CH₃CO	0.20	0.16	SO₂Me	0.60	0.12
COOEt	0.20	0.16	NO₂	0.65	0.15
NHAc	0.26	−0.22	NMe₃[49]	0.86	

σ_p 值表示共振效应和场效应的总和,它可以写成场效应和共振效应的贡献之和[50]。如果用 σ_I 来表示场效应的那一部分,共振效应的贡献 σ_R[51] 被定义为:

$$\sigma_R = \sigma_p - \sigma_I$$

虽然我们设定了这样一个量,但这个方程却不是非常有用。因为只有给定基团的 σ_R 值是常数时,方程才有意义,然而它们通常不是常数而是取决于反应的本质[52]。基于这种考虑,使用 σ_I 值更方便。虽然有时候 σ_I 随着溶剂的改变而变化,但是它对于大量反应体系来说基本不变。当然，也可以通过测量离域的 π 电子进入或者脱离稳定的或"中性的"苯环而获取的一系列特殊的 σ_R 值来解决 σ_R 值多变的影响[53]，这一系列数值称为 σ_R^o[54]。很多 σ_R^o 标度都已有所报道；其中最令人满意的值是通过取代苯的 ^{13}C 化学位移所获得的[55]。表 9.5 列出了一些 σ_R^o 值，其中大多数值就是通过这种方法得到的[56]。

以下方程将共轭效应和场效应区分开来，被称为双取代参数方程[57]。

$$\lg \frac{k}{k_0} = \rho_I \sigma_I + \rho_R \sigma_R^o$$

表 9.5 中所列出的 σ_I 数据中的负值基团是甲基和叔丁基。关于这一点现在还有很多争论[58]。有一种观点是，σ_I 值随着甲基、乙基、异丙基、叔丁基的序列降低（分别为：-0.046、-0.057、-0.065、-0.074）[59]。但是，另一种证据使人们相信，所有的烷基具有相近的场效应，σ_I 值作为烷基内在场效应的度量是无效的[60]。

表 9.6 部分官能团的 F 和 R 值[63]

基团	F	R	基团	F	R
COO$^-$	-0.27	0.4	OMe	0.54	-1.68
Me$_3$C	-0.11	-0.29	CF$_3$	0.64	0.76
Et	-0.02	-0.44	I	0.65	-0.12
Me	-0.01	-0.41	Br	0.72	-0.18
H	0	0	Cl	0.72	-0.24
Ph	0.25	-0.37	F	0.74	-0.60
NH$_2$	0.38	-2.52	NHCOCH$_3$	0.77	-1.43
COOH	0.44	0.66	CN	0.90	0.71
OH	0.46	-1.89	NMe$_3^+$	1.54	
COOEt	0.47	0.67	N$_2^+$	2.36	2.81
COCH$_3$	0.50	0.90			

另一个尝试将 σ 值分成场效应的贡献和共振效应的贡献[61]的是 Swain 和 Lupton，他们指出大量的 σ 值（σ_m、σ_p、σ_{p^-}、σ_{p^+}、σ_I、σ_R^o 等，以及其它很多我们并未提及的）并非是完全孤立的，而是两个新的参数 F（表示场效应贡献）和 R（表示共轭效应贡献）的线性组合[62]，它们很好地解释了43套数值。每套数值可以表示为：

$$\sigma = f F + r R$$

其中 f 和 r 是权重因子。表 9.6 列出了一些常见基团的 F 和 R 值[63]。Swain 和 Lupton 从 f 和 r 的计算值，算出了共振效应的重要性 %R，对于 σ_m 是 20%、σ_p 是 38%、σ_{p^-} 是 62%[64]。这是另一种双取代参数方法。

Taft 及其同事[63]也可以将位阻效应进行分离[65]。对于在丙酮水溶液中酯的酸催化水解，$\lg(k/k_0)$ 不受极性影响[66]。在无共振效应的情况下，此值仅仅与位阻效应成正比（还包括场效应和共振效应之外的其它效应[67]）。方程式是

$$\lg \frac{k}{k_0} = E_S$$

表 9.7[68]列出了一些以氢为零基准[69]的 E_S 值。这种处理方法比前面所讨论的处理方法限制要大，因为它是基于更多的假设，但是 E_S 值的变化与官能团的尺寸变化较为吻合。Charton 指出 CH$_2$X、CHX$_2$ 和 CX$_3$ 这类取代的 E_S 值与该基团的范德华半径成线性关系[70]。两个其它位阻参数不依赖于任何动力学数据。Charton 的 v 值由范德华半径[71]得到，Meyer 的 V^a 值是由距反应中心 0.3nm 以内的那部分取代基的体积确定的[72]。通过基于分子结构的分子机理计算可以获得 V^a 值。表 9.7 给出了一些官能团的 v 和 V^a 值[73]。从表中可以看到，E_S、v、V^a 值之间有一个清晰的但不是绝对的关联[73]。目前其它一些位阻效应数值也被提出[73]（如：E'_S[74]、E_S^*[75]、Ω_S[76] 和 σ_f[77]）。

表 9.7 一些官能团的 E_S、v 和 V^a 值[68]

基团	E_S	v	$V^a \times 10^2$
H	0	0	
F	-0.46	0.27	1.22
CN	-0.51		
OH	-0.55		
OMe	-0.55		3.39
NH$_2$	-0.61		
Cl	-0.97	0.55	2.54
Me	-1.24	0.52	2.84
Et	-1.31	0.56	4.31
I	-1.4	0.78	4.08
Pr	-1.6	0.68	4.78
i-Pr	-1.71	0.76	5.74
环己基	-2.03	0.87	6.25
i-Bu	-2.17	0.98	5.26
s-Bu	-2.37	1.02	6.21
CF$_3$	-2.4	0.91	3.54
t-Bu	-2.78	1.24	7.16
NMe$_3^+$	-2.84		
新戊基	-2.98	1.34	5.75
CCl$_3$	-3.3	1.38	6.43
CBr$_3$	-3.67	1.56	7.29
(Me$_3$CCH)$_2$CH	-4.42	2.03	
Et$_3$C	-5.04	2.38	
Ph$_3$C	-5.92	2.92	

由于 Hammett 方程被成功地应用于处理

间、对位取代基的影响，人们也尝试对邻位取代基的影响进行了研究[78]。邻位取代基对反应速率和平衡常数的影响被称为邻位效应[79]。尽管有大量的工作试图量化邻位效应，但是时至今日还是没有哪套数据得到普遍认同。然而，当反应以这样的方式进行，即基团 Y 从 o-XC$_6$H$_4$Y 的环系上离去时，Hammett 方程处理得很成功。例如，o-XC$_6$H$_4$OCH$_2$COOH 的离子化常数吻合得很好[80]。

从线性自由能关系中可以获得反应机理的信息。如果 $\lg(k/k_0)$ 和相应的 σ 值线性相关，那么该系列反应很可能具有相同的机理。如果不是这样，那么平滑的曲线表示机理是逐渐变化的，而用交叉的直线表示机理发生突变[81]，但是非线性的图段也可以源自其它情况，例如副反应导致反应复杂化等。如果一个反应系列用 σ^- 或 σ^+ 比用 σ 描述更贴近的话，就表明在过渡态时有很强的共振作用[82]。

从 ρ 值的大小和符号也可以获得相关信息。例如，一个很大的负的 ρ 值表明反应中心有很强的电子需求，这说明反应中心是一个很强的缺电子中心，它可能是一个起始碳正离子。反之，一个正的 ρ 值意味着在过渡态时生成一个负电荷[83]。$\sigma\rho$ 关系甚至可以适用于自由基反应，因为自由基也具有一定极性（参见 14.1.2 节），尽管这些 ρ 值无论是正还是负，其值都很小（一般小于 1.5）。涉及环状过渡态（参见 6.2 节）的反应也表现出很小的 ρ 值。

9.4 介质对反应性和反应速率的影响

毋庸置疑，在化学反应过程中，溶剂的选择对于一个给定的反应有很大影响。质子溶剂与非质子溶剂，以及极性溶剂与非极性溶剂，都会对溶解度、溶剂辅助的离子化以及过渡态的稳定性等产生不同的影响。化学反应可以在其中一种反应物中、在气相条件下、在固相载体上或者在固相条件下进行。环境友好化学（绿色化学）变得越来越重要，在无污染的溶剂（常常是非有机溶剂）中的化学反应受到特别的关注[84]。本书的这一部分将讨论可对化学反应产生影响的各种不同反应介质及与其相关影响因素。

9.4.1 高压

有些化学反应在高压时反应速率可能增大[85,86]。对于特定的反应，根据溶液的热力学性质可以预测这种影响有多大。一个反应的速率可以用含有活化体积（$\Delta V^{\neq}$）的公式表示：

$$\frac{\delta \ln k}{\delta p} = \frac{\Delta V^{\neq}}{RT}$$

因此速率常数随压力变化而变化[86]。"活化体积[87] 是过渡态和初始态偏摩尔体积的差值。从合成的角度讲，它可以利用摩尔体积进行估算[86]。"如果活化体积是负值，那么反应速率随压力增大而加快。随着压力增大到大于 10kbar（1bar = 0.986924atm = 1.1019716kg/cm^2）时，$\Delta V^{\neq}$ 值降低，体系不再严格遵守该公式。如果反应过渡态涉及键的生成、电荷的集中或者离子化过程，活化体积通常是负值。在有机反应中压力与立体位阻作用是相关联的[88]。如果反应过渡态涉及键的断裂、电荷的分散或者过渡态电中性以及扩散控制等情况，活化体积通常是正值。Matsumoto 总结了增大压强可以提高反应速率的以下反应类型[86]：

（1）从反应起始物到产物，反应分子数（分子的个数）降低的反应，例如环加成反应和缩合反应。

（2）经过环状过渡态的反应。

（3）经过偶极过渡态的反应。

（4）具有空间位阻的反应。

许多高压反应不需要溶剂即可反应。但是如果使用溶剂，压力对溶剂的影响就十分重要。随着压强的升高，熔点也逐渐升高，与此同时溶剂的黏度也受到影响（压力每升高 1kbar，黏度增加大约两倍）。控制反应物在介质中的扩散速率也十分重要，这就是高压对反应性产生影响的另一个方面[86,89]。在多数反应中，首先在室温下进行加压（5~20kbar），然后开始升温直到反应开始进行。降温减压后可以分离产物。

9.4.2 水溶液及其它非有机溶剂

虽然有些反应可在水中进行[90]，但有机反应通常需要在有机溶剂中进行，如烃、醚、二氯甲烷、小分子量的醇等。除此之外，也可在一些特殊的溶剂中进行，如聚乙烯醇或 PEG 已被用作催化氢化（反应 15-11）的溶剂[91]。对于有些有机溶剂中的反应，水的存在可能会导致不期望的副反应，有机溶剂中水的检测方法已经研究出[92]。除了带有极性官能团的低分子量分子、多官能团分子或者盐，有机化合物通常在水中的溶解度很低。然而，有些反应在水中或水溶液介质中反应速率加快[93]。在 1939 年 Hopff 和 Rautenstrauch[94] 的一份专利中第一次阐述了水溶液可加速某一反应的进行，这份报告报道洗涤剂的水溶液可以加快 Diels-Alder 反应（**15-60**）

的速度。在早期的一项研究中，Berson[95] 发现对于环戊二烯和丙烯酸酯的 Diels-Alder 反应，溶剂极性与内型/外型产物的产率有明显的关系。Breslow 和 Rideont[96] 发现在环戊二烯与甲基乙烯基酮的分子间 Diels-Alder 反应中，疏水相互作用会加速反应进行。很明显，对于一些化学反应，水溶液具有加速反应的作用，这在有机化学中有很重要的意义[97]。

当非极性化合物悬浮在水中，相对弱的溶解性使它们之间产生相互集结作用，减小了水-烃界面的面积（疏水作用）[98]。这种相互集结作用在水中比在甲醇中更强，它使反应物的距离更近，从而加快了反应速度。任何可以增加疏水作用的添加剂都可以增大反应速率[96]。

有机化学反应可以在超临界流体中进行，如在超临界水中[99]。超临界流体既可用作液体，又可用作气体，在气体与液体能够共存的温度和压力之上使用。在标准条件下，超临界流体的性质既不同于气体，也不同于液体，在临界点以上的温度和压力下，没有显著的气相或液相特征。临界点是指使流体没有相界面的温度、压力等。加压的二氧化碳（超临界二氧化碳，$ScCO_2$）可以用作反应溶剂。二氧化碳无毒、廉价、储量丰富，并且易于循环使用。这些特性使它成为理想的提取溶剂[100]。CO_2 的临界温度（T_c）很低（31.1℃），这保证了 $ScCO_2$ 可以被安全地应用于许多领域[101]。溶解度的结果显示 $ScCO_2$ 是极性很大的溶剂[102]。例如，许多烷烃类化合物不易溶于 CO_2[103]。在反应中有时也会使用水/二氧化碳乳剂[104]。

超临界二氧化碳在很多反应中的应用已被研究过[105]，例如催化反应[106]。其它应用还包括导电高分子[107]和高度交联聚合物[108]在 $ScCO_2$ 中的电化学合成、棕榈酸辛酯的合成[109]、碳酸脂肪甲酯的合成[110]以及氨基酸甲酯的合成[111]。在物质 P 拮抗剂的合成过程中，关键性成分三取代的环戊烷及环己烷的羰基化反应就是在 $ScCO_2$ 中完成的[112]。已经在 $ScCO_2$ 中实现了连续酸催化醇脱水反应[113]。超临界流体在有机合成中正起着越来越重要的作用[114]。

其它超临界流体也能被用于化学反应中，例如超临界氨已被用于标记胍的合成[115]。

9.4.3 离子溶剂

环境友好溶剂[116]，例如离子液体，已引起人们的极大兴趣[117]。离子液体是一种盐，这种盐中离子间作用力很弱，导致该物质在低于 100℃，有时甚至在室温下即为液态[118]。在这类离子化合物中，至少有一种离子的电荷是离域的，而另一成分通常是有机离子。这种组合阻止稳定晶格结构的形成。已经研究了离子液体中溶质的结构和溶剂化性质[119]。研究发现一些离子液体可作为适合化学反应的介质[120]。甲基咪唑盐和吡啶盐是有机化学中最常见的离子液体的主要组成部分[121]。3-甲基-1-丁基咪唑的六氟磷酸盐（Bmim PF_6，10）是最常见的离子溶剂之一[122]。又例如，据报道氢基丁基咪唑的四氟硼酸盐（HBuIm，11）和 1,3-二丁基咪唑的四氟硼酸盐（DiBuIm，12）[123]可以促进 Diels-Alder 反应（15-60）[124]。已为人所知的是咪唑离子（例如 10～12）C-2 上的质子具有一定的酸性。卡宾形成很常见，经碱处理后产生负离子，该负离子可进行取代反应。这些事实表明，在应用离子液体作为反应溶剂时，应格外注意非预期的副反应的发生[125,126]。基于吡啶盐的离子液体，例如乙基吡啶的四氟硼酸盐（13）也已被应用[127]。许多室温离子液体可从氨基酸制得[128]。

离子溶剂可以使很多反应变得更容易进行，这些反应包括杂环化合物的反应[129]、许多催化反应[130]、Heck 反应（13-9）[131]和其它 Pd 催化的 C—C 成键反应[132]、醇被高价碘试剂氧化的反应（19-3）[133]以及在可循环使用的锇盐/配体催化下的烯烃不对称二羟基化反应（15-48）[134]。樟脑磺酸根离子可用作咪唑盐的平衡离子，研究表明该离子可增加未溶剂化的咪唑离子的数量[135]，由此形成的离子液体可影响立体选择性的 Diels-Alder 反应（15-60）中内/外型产物的比率[135]。离子液体中的其它催化反应[136]以及手性离子液体[137]也有见报道。离子液体中的反应是有机化学一个快速发展的领域，包括离子溶剂在微波合成中（参见 7.3 节）的应用[138]。离子溶剂的发展和应用是有机化学迅速发展的一个领域[139]。另外要注意的是，有些离子液体属于 Lewis 碱（参见 8.5），它会影响溶于其中的化合物的酸性[140]。当然，也有酸性的 Brønsted 离子液体[141]。

9.4.4 无溶剂反应

在有些情况下，化学反应并不需要溶剂。微

波辐射下的无介质反应是目前研究的一个重要领域（参见7.3节）[142]。无溶剂反应有很多优势：①有可能直接生成高纯度的产物；②有可能形成连续反应；③反应快速；④低耗能；⑤最大限度减少形成盐或金属-类金属配合物；⑥简单且设备成本低；⑦不需要官能团的保护与去保护[143]。但是在非溶剂反应中可能存在一些问题，例如反应中可能存在局部过热部位，也可能发生失控反应，同时无溶剂反应很难处理固体和高黏性的反应物[144]。这类反应的一个例子是羟醛缩合，反应中羟醛化合物是唯一的产物，产率很高[145]，3-羧基香豆素就可以通过无溶剂羟醛缩合反应制得[143]。

参 考 文 献

[1] See Klumpp, G. W. *Reactivity in Organic Chemistry*, Wiley, NY, **1982**. For a general theoretical approach to organic reactivity, see Pross, A. *Adv. Phys. Org. Chem.* **1985**, 21, 99.

[2] See Topsom, R. D. *Prog. Phys. Org. Chem.* **1987**, 16, 125, *Mol. Struct. Energ.* **1987**, 4, 235.

[3] Hughes, E. D. *Q. Rev. Chem. Soc.* **1948**, 2, 107.

[4] Brown, H. C. *Boranes in Organic Chemistry*, Cornell University Press, Ithaca, NY, **1972**, pp. 114-121.

[5] See Stirling, C. J. M. *Tetrahedron* **1985**, 41, 1613; *Pure Appl. Chem.* **1984**, 56, 1781.

[6] Brown, H. C.; Fletcher, R. S. *J. Am. Chem. Soc.* **1949**, 71, 1845.

[7] Bartlett, P. D.; Tidwell, T. T. *J. Am. Chem. Soc.* **1968**, 90, 4421.

[8] See Brown, H. C. *Boranes in Organic Chemistry*, Cornell University Press, Ithaca, NY, **1972**, pp. 105-107, 126-128.

[9] Brown, H. C.; Borkowski, M. *J. Am. Chem. Soc.* **1952**, 74, 1894. See also, Brown, H. C.; Ravindranathan, M.; Peters, E. N.; Rao, C. G.; Rho, M. M. *J. Am. Chem. Soc.* **1977**, 99, 5373.

[10] See Schneider, H.; Thomas, F. *J. Am. Chem. Soc.* **1980**, 102, 1424.

[11] Sands, R. D. *J. Org. Chem.* **1994**, 59, 468.

[12] See Green, B. S.; Arad-Yellin, R.; Cohen, M. D. *Top. Stereochem.* **1986**, 16, 131; Öki, M. *Acc. Chem. Res.* **1984**, 17, 154; Seeman, J. I. *Chem. Rev.* **1983**, 83, 83. See also, Öki, M.; Tsukahara, J.; Moriyama, K.; Nakamura, N. *Bull. Chem. Soc. Jpn.* **1987**, 60, 223, and other papers in this series.

[13] Fodor, G.; Bruckner, V.; Kiss, J.; Óhegyi, G. *J. Org. Chem.* **1949**, 14, 337.

[14] See Eliel, E. L. *Stereochemistry of Carbon Compounds*, McGraw-Hill, NY, **1962**, pp. 219-234.

[15] Barton, D. H. R.; McCapra, F.; May, P. J.; Thudium, F. *J. Chem. Soc.* **1960**, 1297.

[16] See Exner, O. *Correlation Analysis of Chemical Data*, Plenum, NY, **1988**; Johnson, C. D. *The Hammett Equation*, Cambridge University Press, Cambridge, **1973**; Shorter, J. *Correlation Analysis of Organic Reactivity*, Wiley, NY, **1982**; Chapman, N. B.; Shorter, J. *Correlation Analysis in Chemistry: Recent Advances*, Plenum, NY, **1978**. Also see Connors, K. A. *Chemical Kinetics*, VCH, NY, **1990**, pp. 311-383; Lewis, E. S. in Bernasconi, C. F. *Investigation of Rates and Mechanisms of Reactions* (Vol. 6 of Weissberger, A. *Techniques of Chemistry*), 4th ed., Wiley, NY, **1986**, pp. 871-901; Jones, R. A. Y. *Physical and Mechanistic Organic Chemistry*, 2nd ed., Cambridge University Press, Cambridge, **1984**, pp. 38-68; Hine, J. *Structural Effects in Organic Chemistry*, Wiley, NY, **1975**, pp. 55-102. For a historical perspective, see Grunwald, E. *CHEMTECH* **1984**, 698.

[17] For a review, see Jaffé, H. H. *Chem. Rev.* **1953**, 53, 191.

[18] Additional ρ values are given in Wells, P. R. *Chem. Rev.* **1963**, 63, 171 and van Bekkum, H.; Verkade, P. E.; Wepster, B. M. *Recl. Trav. Chim. Pays-Bas* **1959**, 78, 821.

[19] For a review of Hammett treatment of NMR chemical shifts, see Ewing, D. F. in Chapman, N. B.; Shorter, J. *Correlation Analysis in Chemistry: Recent Advances*, Plenum, NY, **1978**, pp. 357-396.

[20] Unless otherwise noted, σ values are from Exner, O. in Chapman, N. B.; Shorter, J. *Correlation Analysis in Chemistry: Recent Advances*, Plenum, NY, **1978**, pp. 439-540, and σ⁻ values from Okamoto, Y.; Inukai, T.; Brown, H. C. *J. Am. Chem. Soc.* **1958**, 80, 4969; Brown, H. C.; Okamoto, Y. *J. Am. Chem. Soc.* **1958**, 80, 4979. σ⁺ values, except as noted, are from Jaffé, H. H. *Chem. Rev.* **1953**, 53, 191. Also see Hansch, C.; Leo, A.; Taft, R. W. *Chem. Rev.* **1991**, 91, 165; Egorochkin, A. N.; Razuvaev, G. A. *Russ. Chem. Rev.* **1987**, 56, 846. For values for heteroaromatic groups, see Mamaev, V. P.; Shkurko, O. P.; Baram, S. G. *Adv. Heterocycl. Chem.* **1987**, 42, 1.

[21] See Dubois, J. E.; Ruasse, M.; Argile, A. *J. Am. Chem. Soc.* **1984**, 106, 4840; Ruasse, M.; Argile, A.; Dubois, J. E. *J. Am. Chem. Soc.* **1984**, 106, 4846; Lee, I.; Shim, C. S.; Chung, S. Y.; Kim, H. Y.; Lee, H. W. *J. Chem. Soc. Perkin Trans. 2* **1988**, 1919.

[22] Hine, J. *J. Am. Chem. Soc.* **1960**, 82, 4877.

[23] Binev, I. G.; Kuzmanova, R. B.; Kaneti, J.; Juchnovski, I. N. *J. Chem. Soc. Perkin Trans. 2* **1982**, 1533.

[24] Hine, J. *J. Am. Chem. Soc.* **1960**, 82, 4877; Jones, R. A. Y. *Physical and Mechanistic Organic Chemistry*, 2nd ed., Cambridge Univ. Press, Cambridge, **1984**, p. 42.

[25] See Hine, J. *J. Am. Chem. Soc.* **1960**, 82, 4877.

[26] Matsui, T.; Ko, H. C.; Hepler, L. G. *Can. J. Chem.* **1974**, 52, 2906.

[27] de la Mare, P. B. D.; Newman, P. A. *Tetrahedron Lett.* **1982**, 23, 1305 give this value as -1.6.

[28] Amin, H. B.; Taylor, R. *Tetrahedron Lett.* **1978**, 267.

[29] Sjöström, M.; Wold, S. *Chem. Scr.* **1976**, 9, 200.

[30] Byrne, C. J.; Happer, D. A. R.; Hartshorn, M. P.; Powell, H. K. J. *J. Chem. Soc. Perkin Trans. 2* **1987**, 1649.

[31] For a review of directing and activating effects of C=O, C=C, C=N, and C=S groups, see Charton, M. in Patai, S. *The Chemistry*

of Double-Bonded Functional Groups, Vol. 2, pt. 1, Wiley, NY, **1989**, pp. 239-298.

[32] For a review of directing and activating effects of C≡N and C≡C groups, see Charton, M. in Patai, S.; Rappoport, Z. *The Chemistry of Functional Groups, Supplement C*, pt. 1, Wiley, NY, **1983**, pp. 269-323.

[33] McDaniel, D. H.; Brown, H. C. *J. Org. Chem.* **1958**, 23, 420.

[34] Ustynyuk, Yu. A.; Subbotin, O. A.; Buchneva, L. M.; Gruzdneva, V. N.; Kazitsyna, L. A. *Doklad. Chem.* **1976**, 227, 175.

[35] Lewis, E. S.; Johnson, M. D. *J. Am. Chem. Soc.* **1959**, 81, 2070.

[36] Stone, R. M.; Pearson, D. E. *J. Org. Chem.* **1961**, 26, 257.

[37] Berliner, E.; Winikov, E. H. *J. Am. Chem. Soc.* **1959**, 81, 1630; See also, Well, P. R.; Ehrenson, S.; Taft, R. W. *Prog. Phys. Org. Chem.* **1968**, 6, 147.

[38] See Charton, M. in Chapman, N. B.; Shorter, J. *Correlation Analysis in Chemistry: Recent Advances*, Plenum, NY, **1978**, pp. 175-268; Tomasik, P.; Johnson, C. D. *Adv. Heterocycl. Chem.* **1976**, 20, 1.

[39] See Ford, G. P.; Katritzky, A. R.; Topsom, R. D. in *Correlation Analysis in Chemistry: Recent Advances*, Plenum, NY, **1978**, pp. 269-311; Charton, M. *Prog. Phys. Org. Chem.* **1973**, 10, 81.

[40] See Exner, O. *Prog. Phys. Org. Chem.* **1990**, 18, 129.

[41] For reviews of the separation of resonance and field effects, see Charton, M. *Prog. Phys. Org. Chem.* **1981**, 13, 119; Shorter, J. *Q. Rev. Chem. Soc.* **1970**, 24, 433; *Chem. Ber.* **1969**, 5, 269. For a review of field and inductive effects, see Reynolds, W. F. *Prog. Phys. Org. Chem.* **1983**, 14, 165. For a review of field effects on reactivity, see Grob, C. A. *Angew. Chem. Int. Ed.* **1976**, 15, 569.

[42] Ingold, C. K. *J. Chem. Soc.* **1930**, 1032.

[43] Also see Draffehn, J.; Ponsold, K. *J. Prakt. Chem.* **1978**, 320, 249.

[44] The symbol σ_I is also used in the literature; sometimes in place of σ_I, and sometimes to indicate only the field (not the inductive) portion of the total effect (Sec. 1. G).

[45] There is another set of values (called $\sigma*$ values) that are also used to correlate field effects. These are related to σ_I values by $\sigma_{I(0)} = 0.45\sigma$. Only σ_I, and not $\sigma*$ values are discussed.

[46] Wells, P. R. *Chem. Rev.* **1963**, 63, 171, p. 196.

[47] These values are from Bromilow, J.; Brownlee, R. T. C.; Lopez, V. O.; Taft, R. W. *J. Org. Chem.* **1979**, 44, 4766, but the values for NHAc, OH, and I are from Wells, P. R.; Ehrenson, S.; Taft, R. W. *Prog. Phys. Org. Chem.* **1968**, 6, 147, the values for Ph and NMe$_2$ are from Taft, R. W.; Ehrenson, S.; Lewis, I. C.; Glick, R. *J. Am. Chem. Soc.* **1959**, 81, 5352; Taft, R. W.; Deno, N. C.; Skell, P. S. *Annu. Rev. Phys. Chem.* **1958**, 8, 287, and the value for CMe$_3$ is from Seth-Paul, W. A.; de Meyer-van Duyse, A.; Tollenaere, J. P. *J. Mol. Struct.* **1973**, 19, 811. The values for the CH$_2$Ph and CH$_2$COCH$_3$ groups were calculated from $\sigma*$ values by the formula given in ref. 45. Also see Charton, M. *Prog. Phys. Org. Chem.* **1981**, 13, 119; Taylor, P. J.; Wait, A. R. *J. Chem. Soc. Perkin Trans. 2* **1986**, 1765.

[48] For $\sigma_I°$ values for some other NR$_2$ groups, see Korzhenevskaya, N. G.; Titov, E. V.; Chotii, K. Yu.; Chekhuta, V. G. *J. Org. Chem. USSR* **1987**, 28, 1109.

[49] It has been shown that charged groups (called polar substituents) cannot be included with uncharged groups (dipolar substituents) in one general scale of electrical substituent effects: Marriott, S.; Reynolds, J. D.; Topsom, R. D. *J. Org. Chem.* **1985**, 50, 741.

[50] Taft, R. W. *J. Phys. Chem.* **1960**, 64, 1805; Taft, R. W.; Lewis, I. C. *J. Am. Chem. Soc.* **1958**, 80, 2436; Taft, R. W.; Deno, N. C.; Skell, P. S. *Annu. Rev. Phys. Chem.* **1958**, 9, 287, see pp. 290-293.

[51] Ehrenson, S.; Brownlee, R. T. C.; Taft, R. W. *Prog. Phys. Org. Chem.* **1973**, 10, 1. See also, Taft, R. W.; Topsom, R. D. *Prog. Phys. Org. Chem.* **1987**, 16, 1; Charton, M. *Prog. Phys. Org. Chem.* **1987**, 16, 287.

[52] Taft, R. W.; Lewis, I. C. *J. Am. Chem. Soc.* **1959**, 81, 5343; Reynolds, W. F.; Dais, P.; MacIntyre, D. W.; Topsom, R. D.; Marriott, S.; von Nagy-Felsobuki, E.; Taft, R. W. *J. Am. Chem. Soc.* **1983**, 105, 378.

[53] Also see Happer, D. A. R.; Wright, G. J. *J. Chem. Soc. Perkin Trans. 2* **1979**, 694.

[54] Taft, R. W.; Ehrenson, S.; Lewis, I. C.; Glick, R. E. *J. Am. Chem. Soc.* **1959**, 81, 5352.

[55] Bromilow, J.; Brownlee, R. T. C.; Lopez, V. O.; Taft, R. W. *J. Org. Chem.* **1979**, 44, 4766. See also, Marriott, S.; Topsom, R. D. *J. Chem. Soc. Perkin Trans. 2* **1985**, 1045.

[56] For a set of σ_x values for use in XY$^+$ systems, see Charton, M. *Mol. Struct. Energ.* **1987**, 4, 271.

[57] See de Ligny, C. L.; van Houwelingen, H. C. *J. Chem. Soc. Perkin Trans. 2* **1987**, 559.

[58] See Shorter, J. in Chapman, N. B.; Shorter, J. *Advances in Linear Free Energy Relationships*, Plenum, NY, **1972**, pp. 98-103.

[59] See Screttas, C. G. *J. Org. Chem.* **1979**, 44, 3332; Hanson, P. *J. Chem. Soc. Perkin Trans. 2* **1984**, 101.

[60] See DeTar, D. F. *J. Org. Chem.* **1980**, 45, 5166; *J. Am. Chem. Soc.* **1980**, 102, 7988.

[61] See Shorter, J. in Chapman, N. B.; Shorter, J. *Correlation Analysis in Chemistry: Recent Advances*, Plenum, NY, **1978**, pp. 119-173, pp. 126-144; Afanas'ev, I. B. *J. Chem. Soc. Perkin Trans. 2* **1984**, 1589; Ponec, R. *Coll. Czech. Chem. Commun.* **1983**, 48, 1564.

[62] Swain, C. G.; Unger, S. H.; Rosenquist, N. R.; Swain, M. S. *J. Am. Chem. Soc.* **1983**, 105, 492 and references cited therin.

[63] From Swain, C. G.; Unger, S. H.; Rosenquist, N. R.; Swain, M. S. *J. Am. Chem. Soc.* **1983**, 105, 492. Also see Hansch, C.; Leo, A.; Taft, R. W. *Chem. Rev.* **1991**, 91, 165.

[64] The Swain-Lupton treatment has been criticized by Reynolds, W. F.; Topsom, R. D. *J. Org. Chem.* **1984**, 49, 1989; Hoefnagel, A. J.; Oosterbeek, W.; Wepster, B. M. *J. Org. Chem.* **1984**, 49, 1993; Charton, M. *J. Org. Chem.* **1984**, 49, 1997. For a reply, see Swain, C. G. *J. Org. Chem.* **1984**, 49, 2005. See Charton, M. *Prog. Phys. Org. Chem.* **1981**, 13, 119; Nakazumi, H.; Kitao, T.; Zollinger, H. *J. Org. Chem.* **1987**, 52, 2825.

[65] See Gallo, R.; Roussel, C.; Berg, U. *Adv. Heterocycl. Chem.* **1988**, 43, 173; Gallo, R. *Prog. Phys. Org. Chem.* **1983**, 14, 115; Unger, S. H.; Hansch, C. *Prog. Phys. Org. Chem.* **1976**, 12, 91.

[66] Also see De Tar, D. F. ; Delahunty, C. *J. Am. Chem. Soc.* **1983**, 105, 2734.
[67] See McClelland, R. A. ; Steenken, S. *J. Am. Chem. Soc.* **1988**, 110, 5860.
[68] Taken from Gallo, R. ; Roussel, C. ; Berg, U. *Adv. Heterocycl. Chem.* **1988**, 43, 173; Gallo, R. *Prog. Phys. Org. Chem.* **1983**, 14, 115; Unger, S. H. ; Hansch, C. *Prog. Phys. Org. Chem.* **1976**, 12, 91. Charton, M. *J. Org. Chem.* **1976**, 41, 2217; and Meyer, A. Y. *J. Chem. Soc. Perkin Trans.* 2 **1986**, 1567.
[69] In Taft's original work, Me was given the value 0. The Es values in Table 9. 7 can be converted to the orginal values by adding 1. 24.
[70] Charton, M. *J. Am. Chem. Soc.* **1969**, 91, 615.
[71] Charton, M. *J. Am. Chem. Soc.* **1975**, 97, 1552; *J. Org. Chem.* **1976**, 41, 2217. See also, Charton, M. *J. Org. Chem.* **1978**, 43, 3995; Idoux, J. P. ; Schreck, J. O. *J. Org. Chem.* **1978**, 43, 4002.
[72] Meyer, A. Y. *J. Chem. Soc. Perkin Trans.* 2 **1986**, 1567.
[73] See DeTar, D. F. *J. Org. Chem.* **1980**, 45, 5166; *J. Am. Chem. Soc.* **1980**, 102, 7988.
[74] MacPhee, J. A. ; Panaye, A. ; Dubois, J. E. *J. Org. Chem.* **1980**, 45, 1164; Dubois, J. E. ; MacPhee, J. A. ; Panaye, A. *Tetrahedron* **1980**, 36, 919. See also, Datta, D. ; Sharma, G. T. *J. Chem. Res.* (S) **1987**, 422.
[75] Fellous, R. ; Luft, R. *J. Am. Chem. Soc.* **1973**, 95, 5593.
[76] Komatsuzaki, T. ; Sakakibara, K. ; Hirota, M. *Tetrahedron Lett.* **1989**, 30, 3309; *Chem. Lett.* **1990**, 1913.
[77] Beckhaus, H. *Angew. Chem. Int. Ed.* **1978**, 17, 593.
[78] See Fujita, T. ; Nishioka, T. *Prog. Phys. Org. Chem.* **1976**, 12, 49; Charton, M. *Prog. Phys. Org. Chem.* **1971**, 8, 235. See also, Robinson, C. N. ; Horton, J. L. ; Foshée, D. O. ; Jones, J. W. ; Hanissian, S. H. ; Slater, C. D. *J. Org. Chem.* **1986**, 51, 3535.
[79] This is not the same as the ortho effect discussed in Section 11. B. iv.
[80] Charton, M. *Can. J. Chem.* **1960**, 38, 2493.
[81] See Schreck, J. O. *J. Chem. Educ.* **1971**, 48, 103.
[82] See, however, Gawley, R. E. *J. Org. Chem.* **1981**, 46, 4595.
[83] Also see Williams, A. *Acc. Chem. Res.* **1984**, 17, 425.
[84] Clark, J. H. *Green Chem.* **1999**, 1, 1; Cave, G. W. V. ; Raston, C. L. ; Scott, J. L. *Chem. Commun.* **2001**, 2159.
[85] Jenner, G. *Tetrahedron* **2002**, 58, 5185; Matsumoto, K. ; Morris, A. R. *Organic Synthesis at High Pressure*, Wiley, New York, **1991**.
[86] Matsumoto, K. ; Sera, A. ; Uchida, T. *Synthesis* **1985**, 1; Matsumoto, K. ; Sera, A. *Synthesis.* **1985**, 999. Also see Benito-López, F. ; Egberink, R. J. M. ; Reinhoudt, D. N. ; Verboom, W. *Tetrahedron* **2008**, 64, 10023.
[87] See le Noble, W. J. *Progr. Phys. Org. Chem.* **1967**, 5, 207; Isaacs, N. S. *Liquid Phase High Pressure Chemistry*, Wiley, Chichester, **1981**; Asano, T. ; le Noble, W. J. *Chem. Rev.* **1978**, 78, 407.
[88] Jenner, G. *Tetrahedron* **2005**, 61, 3621.
[89] Firestone, R. A. ; Vitale, M. A. *J. Org. Chem.* **1981**, 46, 2160.
[90] *Organic Reactions in Water*: *Principles*, *Strategies and Applications*, Lindström, U. M. (Ed.), Blackwell, Oxford, **2007**; Chanda, A. ; Fokin, V. V. *Chem. Rev.* **2009**, 109, 725.
[91] Chandrasekhar, S. ; Prakash, S. J. ; Rao, C. L. *J. Org. Chem.* **2006**, 71, 2196. PEG has also been used for the synthesis of β-amino sulfides. See Kamal, A. ; Reddy, D. R. ; Rajendar *Tetrahedron Lett.* **2006**, 47, 2261.
[92] Sun, H. ; Wang, B. ; DiMagno, S. G. *Org. Lett.* **2008**, 10, 4413.
[93] See Pirrung, M. C. *Chemistry*: *European J.* **2006**, 12, 1312.
[94] Hopff, H. ; Rautenstrauch, C. W. *U. S. Patent* 2,262,002, **1939** [*Chem. Abstr.* 36: 1046', **1942**].
[95] Berson, J. A. ; Hamlet, Z. ; Mueller, W. A. *J. Am. Chem. Soc.* **1962**, 84, 297.
[96] Rideout, D. ; Breslow, R. *J. Am. Chem. Soc.* **1980**, 102, 7816.
[97] Engberts, J. B. F. N. ; Blandamer, M. *J. Chem. Commun.* **2001**, 1701; Lindström, U. M. *Chem. Rev.* 2002, 102, 2751; Ribe, S. ; Wipf, P. *Chem. Commun.* **2001**, 299.
[98] For a review of chemical reactions in aqueous media with a focus on C—C bond formation, see Li, C. -J. *Chem. Rev.* **2005**, 105, 3095. For microwave assisted synthesis in water, see Dallinger, D. ; Kappe, C. O. *Chem. Rev.* **2007**, 107, 2563.
[99] Weingärtner, H. ; Franck, E. U. *Angew. Chem. Int. Ed.* **2005**, 44, 2672; Fraga-Dubreuil, J. ; Poliakoff, M. *Pure Appl. Chem.* **2006**, 78, 1971.
[100] See Raynie, D. E. *Anal. Chem.* **2004**, 76, 4659.
[101] Subramaniam, B. ; Rajewski, R. A. ; Snavely, K. *J. Pharm. Sci.* **1997**, 86, 885.
[102] Raveendran, P. ; Ikushima, Y. ; Wallen, S. L. *Acc. Chem. Res.* **2005**, 38, 478.
[103] Consani, K. A. ; Smith, R. D. *J. Supercrit. Fluids* **1990**, 3, 51.
[104] Jacobson, G. B. ; Lee, Jr. , C. T. ; da Rocha, S. R. P. ; Johnston, K. P. *J. Org. Chem.* **1999**, 64, 1207; Jacobson, G. B. ; Lee, Jr. , C. T. ; Johnston, K. P. *J. Org. Chem.* **1999**, 64, 1201.
[105] Gopalan, A. D. ;Wai, C. M. ; Jacobs, H. K. *Supercritical Carbon Dioxide*: *Separations and Processes*, American Chemical Society (distributed by Oxford University Press), Washington, DC. **2003**; Beckman, E. J. *Ind. Eng. Chem. Res.* **2003**, 42, 1598; Wang, S. ; Kienzle, F. *Ind. Eng. Chem. Res.* **2000**, 39, 4487.
[106] Leitner, W. *Acc. Chem. Res.* **2002**, 35, 746.
[107] Anderson, P. E. ; Badlani, R. N. ; Mayer, J. ; Mabrouk, P. A. *J. Am. Chem. Soc.* **2002**, 124, 10284.
[108] Cooper, A. I. ; Hems, W. P. ; Holmes, A. B. *Macromolecules* **1999**, 32, 2156.
[109] Madras, G. ; Kumar, R. ; Modak, J. *Ind. Eng. Chem. Res.* **2004**, 43, 7697,1568.
[110] Doll, K. M. ; Erhan, S. Z. *J. Agric. Food Chem.* **2005**, 53, 9608.
[111] Selva, M. ; Tundo, P. ; Perosa, A. ; Dall' Acqua, F. *J. Org. Chem.* **2005**, 70, 2771.
[112] Kuethe, J. T. ; Wong, A. ; Wu, J. ; Davies, I. W. ; Dormer, P. G. ; Welch, C. J. ; Hillier, M. C. ; Hughes, D. L. ; Reider,

P. J. *J. Org. Chem.* ***2002***, 67, 5993.

[113] Gray, W. K. ; Smail, F. R. ; Hitzler, M. G. ; Ross, S. K. ; Poliakoff, M. *J. Am. Chem. Soc.* ***1999***, 121, 10711.

[114] See Prajapati, D. ; Gohain, M. *Tetrahedron* ***2004***, 60, 815.

[115] Jacobson, G. B. ; Westerberg, G. ; Markides, K. E. ; Langstrom, B. *J. Am. Chem. Soc.* ***1996***, 118, 6868.

[116] *Alternative Solvents for Green Chemistry*, Kerton, F. M. ; Clark J. M. ; Kraus, G. A. Royal Society of Chemistry, Cambridge, ***2009***.

[117] But also see Scammells, P. J. ; Scott, J. L. ; Singer, R. D. *Austr. J. Chem.* ***2005***, 58, 155.

[118] For a discussion of physical properties, see Ludwig, R. ; Kragl, U. *Angew. Chem. Int. Ed.* ***2007***, 46, 6582.

[119] Hardacre, C. ; Holbrey, J. D. ; Nieuwenhuyzen, M. ; Youngs, T. G. A. *Acc. Chem. Res.* ***2007***, 40, 1146; Greaves, T. L. ; Drummond, C. J. *Chem. Rev.* ***2008***, 108, 206. See also Lungwitz, R. ; Strehmel, V. ; Spange, S. *New J. Chem.* ***2010***, 34, 1135.

[120] Wasserscheid, P. ; Keim, W. *Angew. Chem. Int. Ed.* ***2000***, 39, 3772; Earle, M. J. ; Seddon, K. R. *Pure. Appl. Chem.* ***2000***, 72, 1391; *Ionic Liquids in Synthesis*, Wasserscheid, P. ; Welton, T. ; Wiley-VCH, NY, ***2002***; *Chemistry in Alternative Reaction Media*, Adams, D. J. ; Dyson, P. J. ; Taverner, S. J. ; Wiley, ***2003***. For a discussion of the solvating ability, see Chiappe, C. ; Malvaldi, M. ; Pomelli, C. S. *Pure Appl. Chem.* ***2009***, 81, 767.

[121] Rogers, R. D. ; Voth, G. A. *Acc. Chem. Res.* ***2007***, 40, 1077.

[122] Dupont, J. ; Consorti, C. S. ; Suarez, P. A. Z. ; de Souza, R. F. *Org. Synth. Coll. Vol. X*, 184.

[123] For discussion of HBuIm and DiBuIm, see Harlow, K. J. ; Hill, A. F. ; Welton, T. *Synthesis* ***1996***, 697; Holbrey, J. D. ; Seddon, K. R. *J. Chem. Soc.*, *Dalton Trans.* ***1999***, 2133; Larsen, A. S. ; Holbrey, J. D. ; Tham, F. S. ; Reed, C. A. *J. Am. Chem. Soc.* ***2000***, 122, 7264.

[124] Jaegar, D. A. ; Tucker, C. E. *Tetrahedron Lett.* ***1989***, 30, 1785.

[125] Handy, S. T. ; Okello, M. *J. Org. Chem.* ***2005***, 70, 1915.

[126] For a discussion of the reactivity of ionic liquids, see Chowdhury, S. ; Mohan, R. S. ; Scott, J. L. *Tetrahedron* ***2007***, 63, 2363.

[127] See Xiao, Y. ; Malhotra, S. V. *Tetrahedron Lett.* ***2004***, 45, 8339.

[128] Fukumoto, K. ; Yoshizawa, M. ; Ohno, H. *J. Am. Chem. Soc.* ***2005***, 127, 2398. Also see Chen, X. ; Li, X. ; Hu, A. ; Wang, F. *Tetrahedron Asymmetry* ***2008***, 19, 1.

[129] Martins, M. A. P. ; Frizzo, C. P. ; Moreira, D. N. ; Zanatta, N. ; Bonacorso, H. G. *Chem. Rev.* ***2008***, 108, 2015.

[130] See Toma, Š. ; Mečiarová. M. ; Šebesta, R. *Eur. J. Org. Chem.* ***2009***, 321.

[131] Handy, S. T. ; Okello, M. ; Dickenson, G. *Org. Lett.* ***2003***, 5, 2513.

[132] Calò, V. ; Nacci, A. ; Monopoli, A. *Eur. J. Org. Chem.* ***2006***, 3791.

[133] Yadav, J. S. ; Reddy, B. V. S. ; Basak, A. K. ; Narsaiah, A. V. *Tetrahedron* ***2004***, 60, 2131.

[134] Branco, L. C. ; Afonso, C. A. M. *J. Org. Chem.* ***2004***, 69, 4381.

[135] Nobuoka, K. ; Kitaoka, S. ; Kunimitsu, K. ; Iio, M. ; Harran, T. ;Wakisaka, A. ; Ishikawa, Y. *J. Org. Chem.* ***2005***, 70, 10106.

[136] Pârvulescu, V. I. ; Hardacre, C. *Chem. Rev.* ***2007***, 107, 2615.

[137] Baudequin, C. ; Brégeon, D. ; Levillain, J. ; Guillen, F. ; Plaquevent, J. -C. ; Gaumont, A. C. *Tetrahedron Asymmetry* ***2005***, 16, 3921; Pernak, J. ; Feder-Kubis, J. *Tetrahedron Asymmetry* ***2006***, 17, 1728; Luo, S. -P. ; Xu, D. -Q. ; Yue, H. -D. ; Wang, L. -P. ; Yang, W. -L. ; Xu, Z. -Y. *Tetrahedron Asymmetry* ***2006***, 17, 2028.

[138] See Leadbeater, N. E. ; Torenius, H. M. *J. Org. Chem.* ***2002***, 67, 3145.

[139] For studies to expand the polarity range of ionic solvents see Dzyuba, S. V. ; Bartsch, R. A. *Tetrahedron Lett.* ***2002***, 43, 4657. See *Ionic Liquids: From Knowledge to Application*, Plechkova, N. V. ; Rogers, R. D. ; Seddon, K. R. (Eds.), American Chemical Society, Washington, DC (distributed by Oxford University Press), ***2010***.

[140] MacFarlane, D. R. ; Pringle, J. M. ; Johansson, K. M. ; Forsyth, S. A. ; Forsyth, M. *Chem. Commun.* ***2006***, 1905.

[141] Hajipour, A. R. ; Rafiee, F. *Org. Prep. Proceed. Int.* ***2010***, 42, 285.

[142] Kidwai, M. *Pure Appl. Chem.* ***2001***, 73, 147.

[143] Cave, G. W. V. ; Raston, C. L. ; Scott, J. L. *Chem. Commun.* ***2001***, 2159; Toda, F. ; Tanaka, K. *Chem. Rev.* ***2000***, 100, 1025.

[144] Raston, C. L. *Chemistry in Australia* ***2004***, 10.

[145] Toda, F. ; Tanaka, K. ; Hamai, K. *J. Chem. Soc.*, *Perkin Trans.* 1 ***1990***, 3207.

下篇

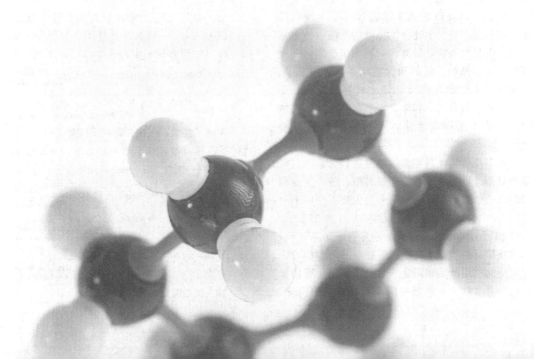

本书的下篇，我们将直接关注有机化学反应及其机理。化学反应按照取代反应、多重键的加成反应、消除反应、重排反应和氧化还原反应等反应类型分十章介绍。取代反应又根据反应底物和反应机理进行分类。第 10 章和第 13 章将分别介绍脂肪族化合物和芳香族化合物的亲核取代反应。第 12 章和第 11 章将分别介绍脂肪族化合物和芳香族化合物的亲电取代反应。所有自由基取代反应将在第 14 章讨论。多重键的加成反应根据多重键的类型分类，而不是根据其机理来分类。碳-碳多重键上的加成反应将在第 15 章进行阐述；其它多重键上的加成反应则将在第 16 章说明。其余三种反应将在余下的各章中分别介绍，其中第 17 章介绍消除反应，第 18 章介绍重排反应，第 19 章介绍氧化还原反应。最后这一章只介绍其它的氧化还原反应（不包括氧化消除反应），这些反应不能简单地按照上述分类进行划分。

下篇的每章都包含两个主要内容。在每章（除第 19 章外）的第一部分将介绍反应机理及反应活性。对于每类反应，将依次讨论不同的机理，尤其将深入探讨证实各种机理的证据，并将讨论导致反应按照此机理进行的因素。之后，每章都将对反应活性加以介绍，在涉及反应方向性及其影响因素时，本书也会对此做相应的介绍。

每章的第二部分主要内容是具体介绍本章中涉及的各类型反应。虽然在一本书中不可能讨论某种类型的全部反应，但我们仍尝试在此书中尽可能多地涵盖那些以可观的产率、相当的纯度制备化合物的有机化学重要反应。为了能给出更全面的认识，以及讨论那些常在教材中出现的反应，很多并不符合上述分类标准的反应也被包括进来。但是某些特殊的方面，例如聚合反应及杂环化合物、糖类、甾体和含有磷、硅、砷、硼、汞的化合物的制备与反应等，本书只做简要介绍，或者不做介绍。当然，本书在介绍这些领域时，其基本原则与那些详尽讨论的部分没有差别。

各个反应将在其各自的部分进行讨论[1]。每章中对各个反应采用数字连续编号，各个反应编号的第一个数字为各章的编号。因此，反应 **16-1** 是第 16 章的第 1 个反应，反应 **13-21** 是第 13 章的第 21 个反应。反应排列的次序并不是随意的，而是按照反应类型来决定的。在各部分中都讨论了反应的适用范围和用途，也给出了相关综述文章的参考文献。如果某些反应拥有特殊的机理，那么这些机理也将会在这一部分进行讨论，而不是在第一部分。第一部分一般讨论较为普遍适用的机理。

Ⅱ.1　对不同转化的 IUPAC 命名法

我们一直非常需要一种命名反应的方法。正如大多数学生所知，很多反应是用其发现者或者普及者的名字命名（例如：Claisen、Diels-Alder、Stille、Wittig、Cope、Dess-Martin 反应等）。以前，由于对反应机理没有很好的认识，需要用人名命名，人名反应这种方法便于对某些转化进行辨识。而当今，给一个反应确定一个人名的理由并不是很清楚，可能会有 800～1000 个人名反应之多。有些人认为这种做法不好控制，而有些人则认为这是编排重要反应的最好方法。从这个意义上讲，人名反应是很有用的，但是必须要分别记忆各个名字，而且还有很多反应并没有像这样的名字。IUPAC 的物理有机化学分会制定了一个命名系统，该命名系统不针对某个反应而是针对某种转化（一个反应包括所有的反应物；一种转化则只涉及底物和产物，不包括反应试剂）。系统命名法的优点是显而易见的。一旦体系已知，则不需要额外的记忆；其名称可以直接由反应式得出。此系统包括命名八种转化的规则：取代、加成、消去、结合和分解、简单重排、偶联和解偶联、插入和排出（insertions and extrusions）、开环和闭环。本书仅针对上述反应中的前三种反应，对其最基本的规则（但也是普遍适用于其它转化命名的规则）进行介绍[2]。

（1）取代反应　命名方式为"进入基团-去(de)-离去基团"。如果离去基团是氢原子，则可以省略（在所有例子中，底物都写在左侧）。

$CH_3CH_2Br + CH_3O^- \longrightarrow CH_3CH_2-O-CH_3$　　甲氧基-去-溴
(Methoxy-de-bromo)

苯 + $HNO_3 \xrightarrow{H_2SO_4}$ 硝基苯　　硝基-去-氢，或硝化
(Nitro-de-hydrogenation, or Nitration)

而对于多价取代化合物的反应命名时，则在上述体系进行修改，加上诸如"二取代（bisubstitution）"、"三取代（tersubstitution）"等后缀。

$CH_2Cl_2 + 2EtO^- \longrightarrow CH_2(OEt)_2$　　二乙氧基-去-氯-二取代
(Diethoxy-de-chloro-bisubstitution)

$CH_3CHO + Ph_3P=CH_2 \longrightarrow CH_3CH=CH_2$　　亚甲基-去-氧-二取代
(Methylene-de-oxo-bisubstitution)

$CH_3C\equiv N + H_2O \xrightarrow{H^+} H_3C-\underset{\underset{O}{\|}}{C}-OH$　　羟基,氧-去-次氮基-三取代
(Hydroxy, oxo-de-nitrilo-tersubstitution)

（注：此处次氮基指≡N）

(2) 加成反应　对于简单的 1,2-加成，在其加成的两个基团后跟后缀"加成反应（addition）"。加成基团的命名顺序采用先前的 Cahn-Ingold-Prelog 系统（参见 4.5.1 节），小的取代基团写在前面。多加成用"二加成（biaddition）"等方式表示。

$$\begin{array}{l}\text{氢-溴-加成反应}\\\text{(Hydro-bromo-addition)}\end{array}$$

$$\begin{array}{l}\text{二氯-加成反应}\\\text{(Dichloro-addition)}\end{array}$$

$$\begin{array}{l}O\text{-氢-}C\text{-氰基-加成反应}\\(O\text{-Hydro-}C\text{-cyano-addition})\end{array}$$

$$\begin{array}{l}\text{二氢-二氧-二加成反应}\\\text{(Dihydro-oxo-biaddition)}\end{array}$$

(3) 消除反应　除了用"消除（elimination）"代替"加成（addition）"之外，其命名方式与加成反应相同。

$$\begin{array}{l}\text{二溴-消除}\\\text{(Dibromo-elimination)}\end{array}$$

$$\begin{array}{l}O\text{-氢-}C\text{-磺酸基-消除}\\(O\text{-Hydro-}C\text{-sulfonate-elimination})\end{array}$$

$$\begin{array}{l}\text{二氢-二溴-二消除}\\\text{(Dihydro-dibromo-bielimination)}\end{array}$$

在本书介绍化学反应的部分，对于大多数转化，我们将使用 IUPAC 命名（这些命名的字体与上述一样），包括介绍所有八种类型反应时使用的例子[3]。为了表示得更加直观，很多转化在命名时需要遵守更多的规则[2]。但是，我们也希望采用更简易而且直观的体系。

另外值得注意的两点是：① 很多转化可以用两种反应物中的任一种作为底物来命名。例如，上述的转化亚甲基-去-氧-二取代反应也可以被命名为亚乙基-去-三苯基膦基-二取代（ethylidene-de-triphenylphosphoranediyl-bisubstitution）。除非另有注释，在本书中将只给出反应底物涉及所在章标题的反应的命名。因此，对于反应 11-11（ArH+RCl→ArR），本书采用的命名是烷基-去-氢-取代（alkyl-de-hydrogenation），而不是芳基-去-氯-取代（aryl-de-chlorination），但是后一种命名在 IUPAC 系统中也是被广泛接受的。② 由于很多复杂转化很难符合 IUPAC 系统命名规则，所以本书也包括了一系列复杂转化的命名，这些命名虽然不是系统命名，但都为 IUPAC 所承认，例如反应 **12-44**、**18-34**。

II.2　IUPAC 制定的表示机理的符号

除制定了命名转化的规则以外，IUPAC 的物理有机化学分会还制定了一个描述机理的体系[4]。正如我们将会看到的，很多机理（尽管并非所有的机理）普遍采用诸如 S_N2、$A_{AC}2$、$E1_{CB}$、$S_{RN}1$ 等符号表示，其中很多是由 C. K. Ingold 及其同事给出的。虽然这些标记都很有用（我们在本书中也将沿用），但是这类纯粹的数字容易搞混，尤其是当这些符号不能直观地体现反应如何进行时。例如，仅从 S_N2' 与 S_N2 的符号上，无法直接判断它们之间的关系（参见 10.1.1 节）。IUPAC 命名系统基于非常简单的化学键变化[5]。字母 A 描述键的形成（结合）；D 是键的断裂（解离）。这些都是基本的变化。机理的基本描述包括一些字母，字母的下标表示电子的去向。在机理中，核心原子（core atom）被定义为：① 发生加成反应的多重键的两个原子；② 发生消除反应后产生多重键的那两个原子；③ 发生取代反应的那个原子。

作为这个体系的一个例子，下面将介绍 $E1_{CB}$ 机理（参见 17.1.3 节）：

第 1 步：

$$A_nD_E\ (\text{或}\ A_{xh}D_H)$$

第 2 步：

$$D_N$$

总表示方式：$A_nD_E+D_N$（或者 $A_{xh}D_H+D_N$）

这种情况下，总反应式为：

核心原子为加粗的两个碳原子。

第 1 步，第一个符号　O 和 H 之间将形成一根键。键的形成用 A 表示。对于这个特定情况，系统给出了两种下标。在任何过程中，如果核心原子与亲核试剂形成一根键（A_N）或者与离核试剂之间的一根键断裂（D_N），则其下标为 N。如果在一个非核心原子上发生了相同的反应，将采用小写字母 n 为下标。由于 H 和 O 是非核心原子，所以使用小写字母 n，则 O—H 键的形成用 A_n 表示。但是，由于有机化学机理中经常出现 H^+，所以规则允许另一种选择：可以用下标 H 和 h 代替 N 和 n。符号 xh 表示 H^+ 来自或转到某一非专一载体原子 X。因此，A_{xh} 的含义为是 H（未带电子转移）与外部原子（该例子中是 O）之间形成一根键。如果外部原子是任何其它的亲核原子，诸如 N 或 S，也可以使用相同的角标 xh。

第 1 步，第二个符号　C 和 H 之间的键断裂被标记为 D。在任何过程中，如果核心原子与亲电试剂之间形成一根键（A_E）或者与离电试剂之间的键发生断裂（D_E），则其下标为 E。由于 C 是核心原子，其标记则为 D_E。此外，也可以标记为 D_H。如果亲电体或者离电试剂是 H^+ 的话，规则允许使用 A_H 和 D_H 代替 A_E 和 D_E。由于在此过程中涉及核心原子，因此下标中的 H 是大写的。

第 1 步，标记的组合　在第 1 步中两根键的变化同时发生。在这样的情况下，它们被写在一起，其间没有空格和标点：

$$A_n D_E \quad \text{或} \quad A_{xh} D_H$$

第 2 步　在这一步只有一根键断裂而没有新键形成（只有一对孤对电子移入 C—C 单键，形成双键，这类过程没有任何可用于标记的符号。在这个系统中，键多重度的变化很容易理解，因而不必专门指出），因此被标记为 D。断裂的键在核心原子（C）和离核体（Cl）之间，所以被表示为 D_N。

总表示方式　它既可以表示为 $A_n D_E + D_N$ 也可以表示为 $A_{xh} D_H + D_N$。符号"+"表明它有两步反应。如果需要的话，决速步也可以通过这个标记表现出来。在该例中，如果第一步是慢的一步〔旧的表示为 $(E1_{CB})_1$〕，则其表示为 $A_n D_E + D_N$ 或者 $A_{xh} D_H + D_N$。

对于绝大多数机理（除重排以外），只要使用两个加大写字母下标的 A 或 D 符号表示就可以了，看这些符号即可马上知道了反应的本质。如果两个都是 A，则是加成反应；如果两个都是 D（例如 $A_n D_E + D_N$）就是消除反应。如果一个是 A 另一个是 D，则是取代反应。

在此我们仅仅给出此体系的一个简单描述。其它的 IUPAC 表示方式将在下篇适当章节介绍。更多的细节、深层次的例子和其它的标记，请参照参考文献［4］。

Ⅱ.3　有机合成参考条目

在每一节的最后都会列出一个有机合成（Organic Syntheses）参考条目（缩写为 OS）。除了那些极其常见反应（**12-3**、**12-23**、**12-24** 和 **12-38**）外，列表尽可能包括各反应的所有 OS 参考条目。OS 条目涉及累积卷Ⅰ～Ⅺ。通过索引可以检索 OS[6]。有机合成（OS）现在已经可以在线检索[7]。排列这些列表遵守一定规则：如果某个分子的两部分在一个反应中能够同时发生各自独立的反应，则该反应在两个反应类型中都将被列出来。同样，如果两个反应连续快速地发生（或者可能发生）而无法分离中间体的话，那么该反应也将会在两处同时列出。例如在 OS Ⅳ，266 为：

$$\text{(furan)} \xrightarrow[H_2SO_4]{POCl_3} Cl(CH_2)_4O(CH_2)_4Cl$$

这个反应可以视为在反应 **10-49** 之后，发生反应 **10-12**，所以该反应在这两处都被列出。但是，一些不重要的反应并未列出。在 OS Ⅲ，468 的反应就是这样一个典型的例子：

$$\underset{NO_2}{\underset{|}{C_6H_4}}\text{-OH} + CH_2(OMe)_2 \xrightarrow[H_2SO_4]{HCl} \underset{NO_2}{\underset{|}{C_6H_3}}(CH_2Cl)\text{-OH}$$

这是一个氯甲基化反应，因此被列在 **11-14**。但是，在反应过程中甲醛是由缩醛产生的。这个反应并没有在 **10-6**（缩醛的分解）中列出，因为它不是一个真正的醛的制备方法。

参　考　文　献

［1］ The classification of reactions into sections is, of course, to some degree arbitrary. Each individual reaction(e.g., $CH_3Cl + CN^- \rightarrow CH_3CN$ and $C_2H_5Cl + CN^- \rightarrow C_2H_5CN$) is different, and custom generally decides how we group them together. Individual preferences also play a part. Some chemists would say that $C_6H_5N_2^+ + CuCN \rightarrow C_6H_5CN$ and $C_6H_5N_2^+ + CuCl \rightarrow C_6H_5Cl$ are examples of the"same"reaction. Others woule say that they are not, but that $C_6H_5N_2^+ + CuCl \rightarrow C_6H_5Cl$ and $C_6H_5N_2^+ + CuBr \rightarrow C_6H_5Br$ are examples of the"same"reaction. NO claim is made that the classification system used in this book is more valid than any other. For another way of classifying reactions, see Fujita, S. *J. Chem. Soc., Perkin Trans.* 2, **1988**, 597.

［2］ For the complete rules, as so far published, see Jones, R. A. Y.; Bunnett, J. F. *Pure Appl. Chem.*, **1989**, 61, 725.

［3］ For some examples, see: attachments(**18-27, 19-27**), detachments(**19-49**), simple rearrangements(**18-7, 18-29**), coupling(**10-93, 19-32**), uncoupling(**19-9, 19-54**), insertions(**12-19, 18-9**), extrusions(**17-37, 17-40**), ring opening(**10-18, 10-50**), ring closing(**10-13, 15-58**).

［4］ Guthrie, R. D. *Pure Appl. Chem.*, **1989**, 61, 23. For a briefer description, see Guthrie, R. D.; Jencks. W. P. *Acc Chem Res.*, **1989**, 22, 343.

［5］ There are actually two IUPAC systems. The one we use in this book(Ref. 4)is intended for general use, A more detailed system, which describes every conceivable change happening in a system, and which is designed mostly for computer handling and storage, is given by Littler, J. S. *Pure Appl. Chem*., **1989**, *61*, 57. The two systems are compatible; the Littler system uses the same symbols as the Guthrie system, but has additional symbols.

[6] Two indexes to *Organic Syntheses* have been published as part of the series. One of these, Liotta. D. C.; Volmer, M. *Organic Syntheses Reaction Guide*; Wiley: NY, **1991**, which covers the series through volume 68, is described on page 1626. There are two others. One covers the series through Collective Volume V: Shriner, R. L.; Shriner, R. H. *Organic Syntheses Collective Volumes I-V*, *Cumulative Indices*; Wiley: NY, **1976**. An updated version covers through Collective Volume VIII: W. H. Freeman, J. P. *Organic Syntheses Collective Volumes* Ⅰ-Ⅷ, *Cumulative Indices*; Wiley: NY, **1995**. For an older index to *Organic Syntheses* (through volume **45**), see Sugasawa, S.; Nakai, S. *Reaction Index of Organic Syntheses*; Wiley: NY, **1967**.

[7] Available at http://www.orgsyn.orgl.

第 10 章
脂肪族亲核取代反应和金属有机反应

在脂肪族亲核取代反应中，进攻（给电子）试剂（亲核试剂）携带一对电子接近底物，利用这对电子形成新的化学键，离去基团（离核体）带着一对电子离去：

$$R-X + Y: \longrightarrow R-Y + X:$$

上述方程并没有表示电荷。亲核试剂 Y 可以是电中性的或者带负电；RX 可以是电中性或者带正电。因此，亲核取代有四种电荷形式，举例如下：

Ⅰ 型　　$R-I + OH^- \longrightarrow R-OH + I^-$

Ⅱ 型　　$R-I + NMe_3 \longrightarrow R-\overset{+}{N}Me_3 + I^-$

Ⅲ 型　　$R-\overset{+}{N}Me_3 + OH^- \longrightarrow R-OH + NMe_3$

Ⅳ 型　　$R-\overset{+}{N}Me_3 + H_2S \longrightarrow R-SH_2^+ + NMe_3$

无论哪种情况，Y 都必须有一对未共用电子，也就是说所有的亲核试剂都是 Lewis 碱。若 Y 是反应的溶剂，那么此类反应又称为溶剂解反应（solvolysis）。芳香碳的亲核取代反应将在第 13 章中讨论。

发生在烷基碳上的亲核取代反应叫做亲核试剂的烷基化反应（alkylate）。例如，上面 RI 和 NMe_3 之间的反应就是三甲基胺的烷基化反应。类似地，发生在酰基碳上的亲核取代反应可称为亲核试剂的酰基化反应（acylation），将在第 16 章讨论。

10.1　机理

脂肪族亲核取代反应有多种可能的机理，取决于反应底物、亲核试剂、离去基团以及反应条件。无论是何种机理，进攻试剂总是携带着电子对。人们最先研究的是饱和碳原子上反应的机理[1]，目前最常见的是 S_N1 和 S_N2 机理。

10.1.1　S_N2 机理

S_N2 指的是双分子亲核取代。IUPAC（参见 9.6 节）推荐名称为 A_ND_N。这是一种从背面进攻的机理[2]：亲核试剂沿着与离去基团成 180°的方向接近底物。这种进攻可以减小底物和亲核试剂之间的立体和电子互斥作用。该过程是一步反应，没有中间体（如下，也可参见 10.1.4 节）。C—Y 键形成的同时 C—X 键断裂，形成五配位过渡态 **1**：

$$^-Y + C-X \longrightarrow Y\cdots C\cdots X \longrightarrow Y-C + X^-$$
$$\qquad\qquad\qquad\quad\mathbf{1}$$

断开 C—X 键所需的能量由亲核试剂 Y 与连有离去基团 X 的碳之间的碰撞提供。活化自由能曲线顶端为过渡态，过渡态各原子的空间位置见结构 **1**。当然，过渡态并不是一个真实的结构，只是反应所经历的一个能量中间点。各种不同的计算方法可以用于确定一个过渡态的特征，动力学效应实验也可用于推断过渡态的信息[3]。由于碳原子不可能同时拥有超过 8 个最外层电子，所以在 Y 基团进入分子同时 X 基团必须离去。当反应到达过渡态时，中心碳原子的杂化态由原先的 sp^3 变成 sp^2，并出现一个与杂化轨道平面近似垂直的 p 轨道。这个 p 轨道的一个波瓣与亲核试剂轨道重叠，而另一个波瓣与离去基团轨道重叠。这正是没有观察到从正面进攻的 S_N2 反应的原因。可以假设一个从正面进攻的过渡态，如果这样的话亲核试剂和离去基团的轨道就不得不与上述 p 轨道的同一个波瓣重叠。背面进攻能在整个反应过程中实现轨道最大重叠。在过渡态的能量点，三个不参与反应的基团与中心碳原子近似共平面，如果进攻基团和离去的基团相同，那么三个不参与反应的基团及中心碳原子就完全共平面。

有大量证据支持 S_N2 机理。首先是动力学上的证据[4]。由于亲核试剂和底物都参与了决速步（事实上反应只有一步），那么对每种反应物都是一级反应，总反应为二级反应，满足如下速率方程：

$$\text{反应速率} = k[RX][Y] \qquad (10.1)$$

这一速率方程已经被证实。已经提到 S_N2 中的 2

代表双分子反应。要注意的是，表观上反应级数并不总是二级（参见 6.10.6 节）。如果亲核试剂大大过量（例如作为溶剂[5]），此时反应机理可能仍然是双分子反应，但实验测得的动力学数据将显示是一级反应：

$$\text{反应速率} = k[\text{RX}] \quad (10.2)$$

正如前面已经指出（参见 6.10.6 节）的，这样的反应动力学称作准一级反应。

动力学的证据很必要但却不是充分条件，我们会遇到也能符合这样数据的其它机理。下面的事实提供了更令人信服的证据：S_N2 机理预测当取代发生在手性碳上时，手性碳的构型将会翻转，而这一现象已经被多次观察到。这种构型的翻转（参见 4.5.2 节）经由过渡态 **1**，被称为 Walden 翻转，这远在 Hughes 和 Ingold 建立 S_N2 机理之前就已经观察到[6]。

至此，我们很想了解在反应机理确定以前，是如何证明一个取代反应伴随着构型的翻转，这对我们会有帮助。Walden 给出了许多例子[7]，在这些例子中构型必定发生了翻转。例如，（＋）-苹果酸 **2** 在二氯亚砜的作用下生成（＋）-氯代琥珀酸以及在五氯化磷的作用下生成（－）-氯代琥珀酸：

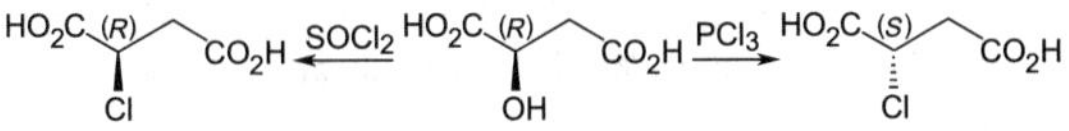

HO₂C—(R)—CO₂H — SOCl₂ ← HO₂C—(R)—CO₂H — PCl₃ → HO₂C—(S)—CO₂H
     | | |
     Cl   OH   Cl
                            2

这两个过程中必然有一个构型发生了翻转而另一个保持了构型，但究竟是哪一个呢？旋光方向在此没有任何帮助，因为我们已经知道（参见 4.6 节），旋光值与构型并没有绝对的关联。Walden 发现的另一个例子是从 **4** 转化为 **3**[8]：

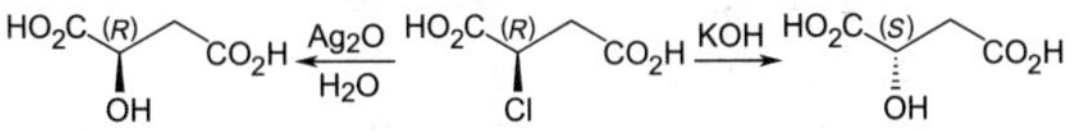

HO₂C—(R)—CO₂H — Ag₂O/H₂O → HO₂C—(R)—CO₂H — KOH → HO₂C—(S)—CO₂H
     | | |
     OH   Cl   OH
     2   **3**   **4**

Phillips[9]、Kenyon[10] 及其合作者设计了一系列实验用来解决到底是哪一个过程发生了构型翻转这一问题。1923 年，Phillips 及其合作者实现了（＋）-1-苯基-2-丙醇的如下循环[9]：

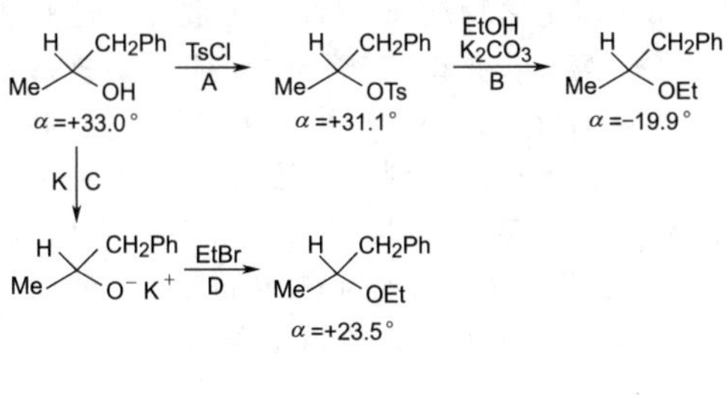

Me—CH(CH₂Ph)—OH — TsCl/A → Me—CH(CH₂Ph)—OTs — EtOH/K₂CO₃/B → Me—CH(CH₂Ph)—OEt
α=+33.0°   α=+31.1°   α=-19.9°

↓ K/C

H—C(CH₂Ph)(Me)—O⁻K⁺ — EtBr/D → H—C(CH₂Ph)(Me)—OEt
                                 α=+23.5°

在这个循环中，（＋）-1-苯基-2-丙醇分别通过两条路线生成它的乙基醚，经路线 A 和 B 得到（－）-醚，而路线 C 和 D 得到了（＋）-醚。因此，在这四步中至少有一步发生了构型翻转。在 A、C 和 D 中发生翻转的可能性极小，因为在这些步骤中 C—O 键都没有断裂，且键中的氧原子也不可能来自其它试剂。因此 A、C 和 D 很可能保持了构型，那么就应该是余下的 B 发生了翻转。他们又尝试了许多其它的类似循环，都给出了不矛盾的结果[10]。这些实验不仅显示了在一些特定的反应中发生了构型翻转，还确定了许多化合物的构型。

在带有离去基团并且同时连有氘原子和氢原子的手性伯碳原子上[11]，也观察到了 Walden 翻转。构型的翻转还能在气相 S_N2 反应中观察到[12]。高压质谱被用来探测气相 S_N2 反应的能量曲线，这种反应有两个过渡态（一种"松散"的过渡态和一种"紧密"的过渡态）[13]。

另一种支持 S_N2 机理的证据来自在桥头碳原子上带有潜在离去基团的化合物。如果 S_N2 机理是正确的，那么这些化合物就不能通过这一机理发生反应，因为亲核试剂无法从背面接近。已知众多试图在桥头碳上通过 S_N2 条件[14] 进行的反应都失败了，例如用乙醇盐离子处理 [2.2.2] 体系 **5**[15] 以及在丙酮中用碘化钠处理 [3.3.1] 体系 **6**[16]。在同样的条件下，开链的类似化合物却能

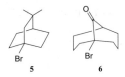

5   **6**

很容易地发生反应。下面的反应可以作为 S_N2 机理证据的最后一例，即光活性的 2-碘辛烷与放射性碘离子的反应：

$$C_6H_{13}CHMeI + {}^*I^- \longrightarrow C_6H_{13}CHMe{}^*I + I^-$$

我们希望反应会出现外消旋化，因为如果我们最初使用纯的（R）异构体，一开始每次同位素交换都会生成一个（S）异构体，但是随着（S）异构体浓度的增大，它必将和（R）异构体竞争与 I⁻ 的反应，最后生成外消旋混合物。人们已经比较了构型翻转速率与放射性 *I⁻ 交换的速率，发现[17]在实验误差范围内两个速率相等。

构型翻转的速率：$2.88 \pm 0.03 \times 10^{-5}$
同位素交换的速率：$3.00 \pm 0.25 \times 10^{-5}$

实验中实际测量的是外消旋的速率，它是构型翻转速率的两倍，因为每次翻转都伴随着两种异构体此消彼长。这一结果的意义在于它表明每

一次同位素交换都是一次构型翻转。

Eschenmoser 及其合作者[18]给出强有力的证据表明 S_N2 反应的过渡态是线形的。他们设计了用碱处理邻(1-甲苯磺酰基甲基)苯磺酸甲酯（**7**）的反应，希望得到邻(1-甲苯磺酰基乙基)苯磺酸根离子（**9**）。

碱在其中的作用是夺去甲苯磺酰基 α 位的苄基型质子产生离子 **8**。可以假设反应经过一个分子内的 S_N2 过程，此反应 **8** 中带负电荷的碳原子进攻甲基，然而事实并非如此。交叉实验[18]（参见反应 11-27）表明带负电荷的碳原子更容易进攻另一个分子上的甲基，而不是同一分子上的邻近的甲基，也就是说，尽管从熵的角度看（参见 6.4 节）分子内的反应更容易一些，但实际上却是发生了分子间反应（参见 **8**）。结论显而易见，由于分子内的进攻无法形成完全的线形过渡态，所以反应根本不能进行。这一现象与下述事实截然不符（参见 10.3 节）：如果离去基团不受约束的话，分子内的 S_N2 反应相对容易进行。

实验和理论的证据表明，至少在一些气相的 I 型 S_N2 反应中，即带负电的亲核试剂离子进攻中性底物的反应中，存在着中间体[19]。在反应进程图中，过渡态前后各出现一个能量极小值（图 10.1）[20]。人们研究了 S_N2 的 Menshutkin 反应（参见反应 10-31）的能量曲面，发现溶剂促进了电荷分离[21]。通过从头算的方法得出了在一级碳和二级碳上发生反应的能垒（在过渡态处）[22]。那些极小值对应着不对称的离子-偶极复合物[23]。理论计算也表明，只有在特定溶剂（如：DMF）中的理论计算能得到这样的极小值，而在水溶液中并没有这种现象[24]。通常来说，极性非质子溶剂（那些没有酸性氢 X—H 的溶剂，其中 X 为 O、S、N 等），有利于极化过渡态 **1**[25]。在质子性溶剂（例如醇或水）中反应速率比较慢。

S_N2 反应还可发生在除了碳以外的原子 X（例如 N 或 S[26]）上，产生类似于碳原子上 S_N2 反应观察到的现象[27]。X 元素的原子价控制着反应的内在能垒，这与元素周期表中呈现的性质是一致的[28]。

表 10.7（参见 10.7.4 节）列出了一些重要的 S_N2 反应。

要注意的是，在一些反应中（例如，通过对溴的亲核进攻，溴在碳负离子之间的发生转移反应），观察到了类似的动力学现象。溴在氰基活化的碳负离子之间转移反应具有最大的反应速率常数，而从硝基甲烷和硝基乙烷结构部分中除去溴的反应具有最小的反应速率常数[29]。这个反应的 Brønsted 指数（$\lg k/\Delta pK_a$）表明，不像其它任何正常的 Brønsted 指数，根据定义显示正的斜率，而硝基甲烷和硝基乙烷反应的斜率为负。含碳化合物的去质子化反应中，硝基甲烷和硝基乙烷的反应活性不同寻常[30]。在硝基甲烷、乙烷和异丙烷系列中，具有较高酸性的化合物去质子化反应较慢（即 Brønsted 指数显示为负的斜率），这与人们期望的结果相反[31]。

10.1.2 S_N1 机理

最理想的 S_N1（单分子亲核取代）机理由两步组成[32]（同样，底物和亲核试剂可能携带的电荷没有表示出来）：

第 1 步 $R-X \overset{慢}{\rightleftharpoons} R + X$

第 2 步 $R^+ + Y \overset{快}{\longrightarrow} R-Y$

第 1 步是底物缓慢的离子化过程，这是决速步骤。第 2 步是碳正离子中间体与亲核试剂之间快速的反应。当然，第 1 步（R⋯X）和第 2 步（R^+⋯Y）都分别有过渡态[33]。碳正离子的活性本质可表述为具有亲电特性或亲电性。Parr 等对亲电性概念的产生进行了理论讨论[34]。通常一个好的亲电试剂的特征是具有高

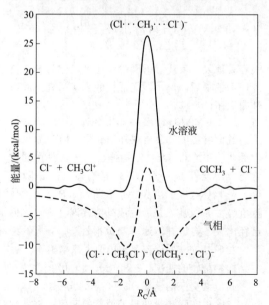

图 10.1　根据分子轨道计算 CH_3Cl 和 Cl^- 之间的气相和水溶液的 S_N2 反应自由能曲线[20]

的电负性（或具有高的电化学电势值），并且具有低的化学硬度（参见 8.5.1 节）。人们研究了超亲电性（碳正离子是在超酸性介质中产生的）条件下的取代效应[35]，还研究了溶剂效应[36]。人们提出亲电性的大小应用其它碳正离子来衡量[37]，形成了亲电性指数[38]。人们研究了反应 $Ar_2CH\text{-}O_2CR\text{-}Ar_2CH^+$ 的碳正离子中间体，相同负离子离去基团条件下的相对离子化速率与碳正离子和普通亲核试剂的相应相对活性并不存在相关关系[39]。

回顾 S_N1 机理，离去基团离子化形成碳正离子的过程总是在溶剂的协助下进行的[40]，因为断键所需的能量大部分被 R^+ 和 X 的溶剂化所补偿。例如，在气相中，没有溶剂存在下将 t-BuCl 离子化成 t-Bu^+ 和 Cl^-，需要 150kcal/mol（630kJ/mol）的能量。在无溶剂存在时，只有在高温下这一过程才能进行。而在水中，上述离子化过程只需要 20kcal/mol（84kJ/mol）的能量。其中的差值就是溶剂化能。如果溶剂分子的作用只是在离去基团的正面协助其离开，并没有在背面的进攻（S_N2），这样的机理称为极限 S_N1（limiting S_N1）。动力学和其它方面的证据表明[41]，两分子的质子溶剂与 X 形成微弱的氢键，以拉着离去基团 X 离开 RX。

$$R\text{—}X \overset{H\text{—}O\text{—}R}{\underset{H\text{—}O\text{—}R}{\cdots}} \longrightarrow R^+$$

在 IUPAC 命名系统中，S_N1 称为 $D_N + A_N$ 或者 $D_N^{\neq} + A_N$（其中 $\neq$ 表示决速步）。IUPAC 关于 S_N1 和 S_N2 命名清楚地显示出两者本质上的区别：A_ND_N 指断键与成键同时发生；$D_N + A_N$ 指断键先进行。

在寻找 S_N1 机理的证据时，首先想到的是反应应该是一级，遵循下面速率方程：

$$\text{反应速率} = k[RX] \quad (10.3)$$

由于较慢的一步只涉及一种底物，所以速率应该只与其浓度有关。尽管溶剂在离子化过程中的辅助作用必不可少，但是由于其总是大大过量，所以在速率方程中并不出现。然而，形如式(10.3) 的速率方程并不能有效地概括所有实验结果。一些情况下，反应遵循纯一级动力学，而在多数情况下，反应却表现出复杂的动力学过程。为了解释这一现象，我们注意到了第 1 步是一个可逆反应。这一步中形成的 X 又要与 Y 竞争与正离子结合的机会，所以速率方程应该修正为如下形式（参见第 6 章）：

$$RX \underset{k_{-1}}{\overset{k_1}{\rightleftharpoons}} R^+ + X$$

$$R^+ + Y \xrightarrow{k_2} RY \quad (10.4)$$

$$\text{反应速率} = \frac{k_1 k_2 [RX][Y]}{k_{-1}[X] + k_2[Y]}$$

在反应初期，X 的浓度很小，$k_{-1}[X]$ 与 $k_2[Y]$ 相比可以忽略，则反应速率方程就简化成为式(10.3)。事实上，S_N1 反应在初期一般都表现为动力学一级。绝大多数 S_N1 反应的动力学研究结果都属于这一范畴。在 S_N1 溶剂解反应的稍后阶段，伴随着 [X] 的增大，从式(10.4) 可以看出反应速率会下降。在二芳基甲基卤化物的反应中有这种现象[42]，而叔丁基卤化物的反应则不然，后者的整个反应都遵从式(10.3) 所示的方程[43]。对此差异的一种解释是，叔丁基正离子与比较稳定的二芳基甲基正离子相比，其选择性较差（参见 5.1.2 节）。尽管卤离子是比水强得多的亲核试剂，但是作为溶剂，可供反应的水却比卤离子多得多[44]。选择性强的二芳基甲基正离子在与溶剂分子多次碰撞后还能保留下来，直到与活泼的卤离子结合。然而，即使事实上卤离子更活泼，也有一些与溶剂的碰撞导致生成了产物，与溶剂的反应较慢但也生成产物的原因是溶剂分子是绝对多数的。

如果生成的 X 能降低速率，那么至少能在某些情况下，外加 X 也能够以同样的机制降低反应速率。这种因加入 X 而对反应速率产生的抑制称为同离子效应或质量定律效应。同上，加入卤离子可以降低二苯基甲基卤化物的反应速率但对叔丁基卤代物却没有影响。

另一个使动力学过程变得复杂的因素是盐效应。增加溶液的离子强度通常会增大 S_N1 反应的速率（参见 10.7.4 节）。但是若反应的电荷是 II 型的，即 Y 和 RX 都是中性的，而 X 带负电（大部分溶剂解反应均属此类），随着反应的进行体系的离子强度不断增大，也就使得反应的速率增大。在进行动力学研究的时候必须把这一效应考虑在内。附带说明一下，加入离子使大多数 S_N1 反应速率增大这一事实使得同离子的减速效应格外引人注目。

应该提到的是，过量 Y [式(10.1)] 存在下的 S_N2 反应是一个准一级反应，其速率定律在形式上与通常的 S_N1 反应 [式(10.3)] 没有区别。所以简单的动力学测量不可能分辨出两者，但是可以通过上面提到的同离子效应加以区分。对于 S_N2 反应，加入同离子与加入其它的离子所引起的效应并无差别。然而不幸的是，不是所有的 S_N1 反应都具有同离子效应，对于叔丁基及类似的化合物，这种测试就难以奏效。

　　动力学研究还为 S_N1 反应提供了其它一些证据。有一种技术是利用 ^{19}F NMR 跟踪三氟乙酸酯的溶剂解[45]。如果反应本质上是按照前面所描述的进行的话，那么对于给定条件下的同一种底物，无论用何种类型及浓度的亲核试剂，反应速率都应该不变。设计了这样一个实验：分别用几种浓度的氟离子、吡啶、三乙胺作为亲核试剂，在 SO_2 中与二苯基甲基氯（Ph_2CHCl）反应[46]，实验中各种情况下校正过盐效应的起始速率近似相等。许多其它类似体系中的反应也有相同的现象，甚至在亲核试剂的亲核性相差很远的时候亦如此（参见 10.7.2 节），如 H_2O 和 OH^-。

通常不可能直接检测 S_N1 反应中的碳正离子中间体，因为其寿命非常短。不过，若将 3,4'-二甲氧基二苯甲基乙酸酯（**10**）或其它一些特定的底物溶解在极性溶剂中，反应就能被光引发，在此条件下能得到中间体碳正离子的 UV 光谱[47]。这可作为 S_N1 反应的另一个证据。此外，向无色的 $Ar_2CH—OAc$（Ar 为吗啡啉苯基）丙酮溶液中加入水，可直接观察到碳正离子中间体[48]。

　　S_N1 机理更进一步的证据是当试图在 [2.2.1]降冰片烷基体系（如 1-氯阿朴莰烷，**8**）的桥头碳原子上[13]进行的取代反应时，反应总是不能发生或者发生得很慢[49]。

如果了解 S_N1 反应必须通过碳正离子中间体而碳正离子又必须是平面或者是近似平面型的，那么 1-降冰片位的桥头碳原子难以形成平面构型，因而不能成为碳正离子的位点的事实就不难理解了。例如 **11**，在含 30% KOH 的 80%乙醇溶液中煮沸 21h，或者与 $AgNO_3$ 的乙醇-水溶液共沸 48h，均不发生反应[50]，而其开链化合物的相应反应却能轻易地发生。根据这一理论，在更大的环中可能发生 S_N1 反应，因为此时有可能存在近似平

面的碳正离子。事实的确如此。例如，在 S_N1 反应的条件下，[2.2.2]二环体系的反应速度远远大于较小的二环体系的，当然此速度尚不能与开链体系相比[51]。在更大环的体系中，[3.2.2]桥头碳正离子 **12** 甚至能够稳定地存在于低于 $-50°C$ 的 SbF_5SO_2ClF 溶液中[52]（也可参见 10.7 节（6））。另外一些可在 S_N1 条件下反应的小环体系有：[3.1.1]体系（如 **13**）[53]和立方体系（如 **14**）[54]。从头算结果显示，虽然立方烷正离子不可能是平面构型，但是生成该碳正离子的能量却比 1-降冰片正离子低[55]。还有一些反应，其中的正离子碳不与共轭的取代基（如苯基）共面，这样的碳正离子很难形成，而反应却依然能够发生[56]。

　　如果反应中所用的离去基团不是亲核试剂，一旦离去就不能再与进攻试剂竞争反应底物，那么一些特定的亲核取代反应尽管涉及形成碳正离子，也还是能在降冰片基桥头碳上发生（但是目前还不能确定是否在所有这些反应中都有碳正离子）[57]。例如：**15** 中 ClO_2 被取代的反应。

在此例中[58]，氯苯作为亲核试剂（参见反应 11-10）。

　　另一个 S_N1 机理的证据是专门针对碳正离子中间体的：卤代烃在乙醇中的溶剂解速率与超强酸溶液（参见 5.1.2）中通过离子化热的测量确定的碳正离子稳定性，两者趋势相同[59]。有必要指出的是，一些溶剂解反应是按照 S_N2 机理进行的[60]。

10.1.3　S_N1 机理中的离子对[61]

　　如同动力学证据一样，S_N1 机理的立体化学证据也不像 S_N2 反应的那样掷地有声[62]。如果存在一个游离的碳正离子，由于其是平面型的（参见 5.1.2 节），那么亲核试剂从碳正离子平面两侧进攻的机会应该均等，得到完全外消旋化的产物。一些一级取代反应确实得到完全外消旋的产物，但许多其它反应都并非如此。通常大约有 5%～20%的产物发生了构型翻转。而在另一些情况下还发现了少量构型保持的例子。通过这些实验事实能得出结论：在许多 S_N1 反应中，至少有一些产物是通过离子对而不是游离的碳正离子

形成的。根据这一概念[63]，认为 S_N1 反应按下面的方式进行：

$$R—X \rightleftharpoons R^+X^- \rightleftharpoons R^+\|X^- \rightleftharpoons R^+ + X^-$$
$$\quad\quad\quad\quad 16 \quad\quad 17 \quad\quad\quad 18$$

其中 **16** 是亲密的、接触的或者称紧密的离子对；**17** 是松散的或者称被溶剂分隔的离子对[64]；**18** 是解离的离子（各自被溶剂分子所包围）[65]。如果紧密离子对相互结合再次生成最初的底物，这样的过程称为内返（internal return）。亲核试剂在任何一个阶段都可以进攻而得到产物。在紧密离子对 **16** 中，R^+ 的行为不像自由离子 **18** 那样，此时在 R^+ 和 X^- 之间可能还有有效的键合作用，原有的构型可能还保持着[66]。X^- 离子在与碳正离子分开的那侧"溶剂化"了碳正离子，而 **16** 附近溶剂分子的溶剂化只能在 X^- 离子的对面进行。亲核试剂在溶剂分子的方向进攻 **16**，从而导致了构型的翻转。需要指出的是，有证据表明一些离子对反应是经过协同途径完成的[67]。

忽略消去反应和重排反应的可能（参见第 17、18 章），下面是在 SH 溶剂中进行的溶剂解反应[68]的完整图示，描绘了所有的可能性[69]。当然，在特殊的条件下这些反应也可能不全都发生。

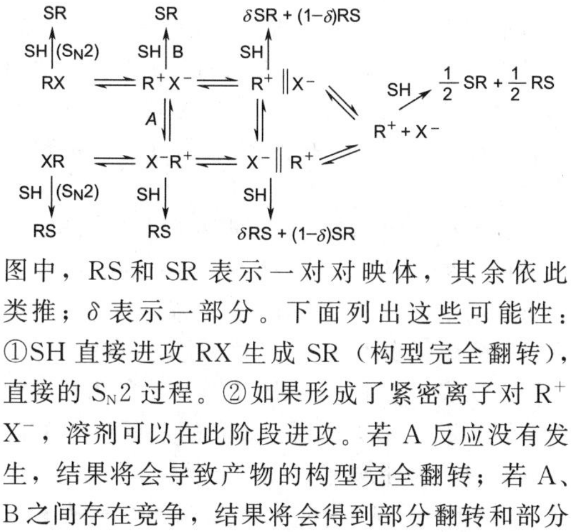

$$\begin{array}{ccc} SR & SR & \delta SR + (1-\delta)RS \\ SH \uparrow (S_N2) & SH \uparrow B & SH \uparrow \\ RX \rightleftharpoons R^+X^- \rightleftharpoons R^+\|X^- \rightleftharpoons & SH \to \frac{1}{2}SR + \frac{1}{2}RS \\ & A \updownarrow & & R^+ + X^- \\ XR \rightleftharpoons X^-R^+ \rightleftharpoons X^-\|R^+ \rightleftharpoons & \\ SH \downarrow (S_N2) & SH \downarrow & SH \downarrow \\ RS & RS & \delta RS + (1-\delta)SR \end{array}$$

图中，RS 和 SR 表示一对对映体，其余依此类推；δ 表示一部分。下面列出这些可能性：①SH 直接进攻 RX 生成 SR（构型完全翻转），直接的 S_N2 过程。②如果形成了紧密离子对 R^+X^-，溶剂可以在此阶段进攻。若 A 反应没有发生，结果将会导致产物的构型完全翻转；若 A、B 之间存在竞争，结果将会得到部分翻转和部分外消旋的混合产物。③如果形成了松散的离子对，SH 也可在此时进攻。立体化学的保持已被削弱，可望出现大部分（可能是全部）的外消旋化。④最后，如果游离的 R^+ 离子形成，它是平面型的，SH 进攻将给出完全外消旋化的产物。

离子对的概念能够解释为何 S_N1 反应既可能出现外消旋化也可能出现部分构型翻转。事实证明这种情况是很普遍的，也就是说大部分 S_N1 反应都涉及了离子对。下面还有一些关于离子对[70]（包括了离子-分子对[71]）的证据：

(1) 用 ^{18}O 标记对溴苯磺酸辛酯的砜氧原子，进行溶剂解。在溶剂解的各个阶段取出未反应的对溴苯磺酸辛酯，发现有相当一部分（尽管并非全部）尚未反应的对溴苯磺酸辛酯上的 ^{18}O 发生了移位[72]。

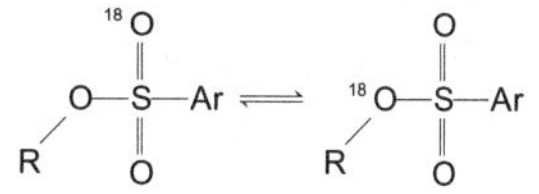

$$\begin{array}{c} ^{18}O \quad O \\ \| \quad \| \\ O—S—Ar \\ | \\ R \end{array} \rightleftharpoons \begin{array}{c} O \quad O \\ \| \quad \| \\ ^{18}O—S—Ar \\ | \\ R \end{array}$$

在紧密离子对中，三个氧原子变得等价：

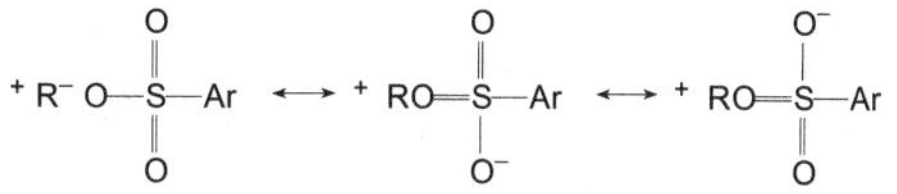

$$^+R^-O—S—Ar \leftrightarrow ^+RO—S—Ar \leftrightarrow ^+RO—S—Ar$$

在其它一些磺酸酯中也得到了类似的结果[73]。这种现象可能可以解释为：一个 $ROSO_2Ar$ 分子离子化成 R^+ 和 $ArSO_2O^-$ 的过程导致了同位素位置的改变，紧接着，$ArSO_2O^-$ 进攻另一个碳正离子，或者通过 S_N2 过程进攻一个 $ROSO_2Ar$ 分子。然而，这种猜测已经被推翻。通过在标记的 $HOSO_2Ar$ 存在下溶剂解未标记的 $ROSO_2Ar$ 的实验，发现确实存在一些分子之间的交换（3%～20%），但是其数值与最初实验的结果相距甚远。在溶剂解标记过的羧酸酯 $R—^{18}O—COR'$ 时也有类似的同位素原子改变位置的现象出现，此时离去基团是 $R'COO^-$[74]。在这种情况下，再加入 $RCOO^-$ 也没有观察到明显的交换。不过，有人推测这种同位素位置的改变是通过协同过程进行的，并不涉及离子对，并且已经找到一些证据支持这一观点[75]。

(2) 特殊盐效应（special salt effect）。在一些甲苯磺酸酯乙酸解的反应中加入 $LiClO_4$ 或者 LiBr，则开始时反应速率快速上升，然后降到正常的线性加速过程（由普通的盐效应引起的）[76]。这个现象可作如下解释：ClO_4^-（或者 Br^-）捕获了溶剂分离的离子对，形成 $R^+\|ClO_4^-$，后者在这样的条件下不稳定，迅速转化为产物。因此，溶剂分离的离子对再度生成初始原料的可能性减少了，总反应的速率也就随之增大。这种特殊的盐效应已经用皮秒吸收光谱直接观测到了[77]。

(3) 之前我们已经讨论过溶剂解反应产物 RS 可能外消旋化和构型翻转。但是，离子对的生成及后来的内返现象也能够影响底物分子 RX 的立体化学。已经发现内返过程导致原有光活性的 RX 外消旋化的实例，其中一个例子是在丙酮水溶液中溶剂解对硝基苯甲酸 α-对甲氧基苯基乙基酯[78]；而其它情况下总是得到部分或者全部构型翻转的产物，如丙酮水溶液中溶剂解对硝基苯甲酸对氯二苯甲基酯[79]。据推测，RX 的外消旋化可能通过下述途径：

$$RX \rightleftharpoons R^+ \; X^- \rightleftharpoons X^- \; R^+ \rightleftharpoons XR$$

离子对存在的证据在于，在一些内返导致外消旋化的情况下，发现内消旋化的速率快于溶剂解的速率。例如，光活性的对氯二苯基甲基氯外消旋化的速率大约是在乙酸中溶剂解的速率的 30 倍[80]。

叔丁基氯的分子轨道计算[81] 显示，紧密离子对中 C—Cl 间的距离为 2.9Å，刚开始溶剂分隔时的离子对间距约为 5.5Å（与此相比，C—Cl 键长为 1.8Å）。

在个别时候，S_N1 反应也能观察到部分（20%～50%）构型保持，人们援引了离子对理论来解释其中的一些现象[82]。例如，光活性的 α-苯乙基氯与苯酚反应得到完全构型保持的醚，据推测是经历了一个四中心机理：

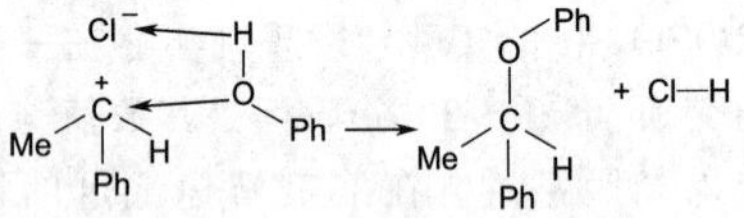

这一论断已经得到事实的支持：只有在离去基团是氯离子及其它中性基团时，这一体系才能够得到部分构型保持的产物；若离去基团带正电，则不易与溶剂形成氢键，就不能保持构型[83]。如果加入乙腈、丙酮、苯胺等，在离子对的背面将其屏蔽，也能得到部分构型保持的产物[84]。

S_N1 和 S_N2 机理的区别在于各步骤发生的先后。对于 S_N1 机理，首先 X 离去，而后 Y 进攻；对于 S_N2 机理，这两步同时进行。当然我们也能想象出第三种可能，这就是首先 Y 进攻，而后 X 离去。但这在饱和碳上是不可能发生的，因为这将使碳原子的最外层电子数大于 8。不过，这种机理在其它底物的反应中是可能的，而且也确实存在着（参见 10.6 节和第 13 章）。

10.1.4 混合 S_N1 和 S_N2 机理

一些给定了底物和条件的反应，会表现出 S_N2 反应全部特征；而一些其它的反应，则将会按 S_N1 机理进行，但是还有些情况却不这么容易界定。它们似乎在两者之间，处于两种机理的"边界"地带[85]。至少有两种广义的理论试图对这些现象进行解释。一种理论认为，这种中间的行为是由一种既非"纯"S_N1、又非"纯"S_N2 的"中间"类型的机理所致。而第二种理论认为，根本不存在什么中间机理，这种边界的行为不过是在同一个烧杯中同时发生 S_N1 和 S_N2 这两种机理；也就是说一些分子遵循 S_N1 机理反应，另一些分子遵循 S_N2 机理反应。

Sneen 等人构建了一种中间机理[86]。其构架非常宽泛，不仅可以应用于这种中间行为，还适用于在饱和碳原子上发生的所有其它亲核取代反应[87]。根据 Sneen 等人的理论[88]，所有的 S_N1 和 S_N2 反应都能用一个基本的机理（离子对机理）来概括：底物分子首先离子化成一个中间体离子对，然后再转化成产物：

$$RX \underset{}{\overset{k_1}{\rightleftharpoons}} R^+ \; X^- \overset{k_2}{\longrightarrow} 产物$$

S_N1 和 S_N2 机理的区别在于 S_N1 机理中离子对的形成（k_1）是决速步，而 S_N2 机理中离子对的破坏（k_2）是决速步。当离子对形成的速率和分解的速率在同一数量级时，此时出现中间行为[88]。不过很多研究人员宣称这些结果也能通过其它方式解释[89]。

有一些 Sneen 过程的证据，其中的离去基团是带正电荷的。在这种情况下出现的是阳离子-分子对（$RX^+ \to R^+ \; X$）[90]，而不是离去基团不带电荷情况下出现的离子对。Katritzky 等人发现[91]，此类反应如在不同压力的高压下进行，反应速率常数对压力作图会出现一个极小值点。这种极小值点通常意味着反应机理的改变，他们的解释是，在此较高压力下发生正常的 S_N2 反应，而在较低压力下按照阳离子-分子对机理发生反应。

另一种偏向于中间体机理的观点是 Schleyer 及其同事提出的[92]，他们坚信问题的关键在于亲核性的溶剂对于离子对形成的辅助作用程度不同。他们也提出了一个 S_N（中间体）机理[93]。

在众多实验中，被用于证实中间行为是同时发生 S_N1 和 S_N2 机理这一观点的是在 70% 的丙酮水溶液中 4-甲氧基氯苯的行为[94]。在这一溶剂中，水解反应[95]（如：转化成 4-甲氧基苯乙醇）按照 S_N1 机理进行的。在加入叠氮离子后，依然会生成醇，但是还生成了另一种产物：4-甲氧基叠氮苯。加入叠氮离子加速了离子化过程（通过盐效应），降低了水解反应的速率。如果生成的碳正离子较多而转化为产物醇的又较少，那么必将有一些碳正离子发生 S_N1 反应生成叠氮化合物。但是，离子化的速率总是小于总的反应速率，故而一些叠氮化合物一定是通过 S_N2 机理形成的[94]。由此可以得出结论，S_N1 和 S_N2 机理是同时进行的[96]。

一些亲核取代反应貌似涉及"边界"机理，

而事实上却并无瓜葛。因此，有一条判据就是：如果发生一个"边界"机理反应，那么产物必将部分外消旋且部分构型翻转。然而，此种立体化学行为在严格的 S_N2 反应中也非常普遍[97]。光活性的对溴苯磺酸 2-辛酯在 75％ 的 1,4-二氧六环水溶液中反应，得到光学纯度为 77％ 的构型翻转的 2-辛醇[97]。若加入叠氮化钠，得到 2-辛醇的同时也得到了 2-叠氮辛烷，但是得到的 2-辛醇的构型 100％ 翻转了。显然，在不加入叠氮化钠的情况下，2-辛醇是通过两种过程生成的：一种是 S_N2 反应，生成构型翻转的产物；而另一个机理中的某种中间体导致外消旋化或者构型保持。一旦加入了叠氮离子，它们就清除了这种中间体，致使后一种过程只能生成叠氮化物；与此同时 S_N2 反应并没有受到加入的叠氮离子的影响，仍然得到构型翻转的 2-辛醇。那么后一种过程的中间体到底是什么呢？开始很容易想到它是一个碳正离子，那么这将又是一个 S_N1 与 S_N2 同时进行的反应。然而在纯的甲醇中醇解对溴苯磺酸 2-辛醇酯或者在纯水中水解甲基苯磺酸 2-辛酯的实验中，如果没有叠氮离子，就会分别得到 100％构型翻转的 2-辛醚或 2-辛醇，这表明在这些溶剂中发生的是纯粹的 S_N2 反应。由于甲醇和水的极性大于 75％ 的 1,4-二氧六环水溶液，同时也已经知道极性的增大能促进 S_N1 反应而对 S_N2 反应不利（参见 10.7.3 节），因此 75％ 的 1,4-二氧六环水溶液中发生 S_N1 反应的可能性不大。因此，后一种过程的中间体并不是碳正离子。已经得到证明的是，在不加入叠氮离子的时候，构型翻转的 2-辛醇量随着溶液中 1,4-二氧六环浓度的增大而减少。因此，中间体应该是 1,4-二氧六环通过 S_N2 进攻生成的氧鎓离子（**19**）。该离子不稳定，与水发生另一个 S_N2 反应得到构型保持的 2-辛醇。整个过程如下所示：

(S)-ROH
H_2O
(R)-ROBs ⟶ (S)-R-O⁺ **19** — 无叠氮离子 H_2O → (R)-ROH
叠氮离子 → (R)-RN₃

因此，最初的反应中构型保持的产物[98]是源于两个连续的 S_N2 反应，而不是任何"边界"行为[99]。

10.2　SET 机理

一些显然是亲核取代的反应中，确有证据显示其中涉及了自由基和/或自由基离子[100]。该过程的第 1 步是一个电子从亲核试剂上转移到底物分子上，形成一个自由基负离子：

第 1 步　　$R-X + Y^- \longrightarrow R-X^{·-} + Y^·$

以这种方式开始的机理称作 SET 机理[101]。自由基离子一旦形成，就发生断裂：

第 2 步　　$R-X^{·-} \longrightarrow R^· + X^-$

以这种方式形成的自由基能与第一种生成的 Y· 或者最初的亲核试剂 Y^- 继续反应得到产物，其中加成的一步是必要的：

第 3 步　　$R^· + Y^· \longrightarrow R-Y$

或　第 3 步　　$R^· + Y^- \longrightarrow R-Y^{·-}$

第 4 步　　$R-Y^{·-} + R-X \longrightarrow R-Y + R-X^{·-}$

在后一种情况中，自由基离子 $R-X^{·-}$ 由第 4 步和第 1 步同时产生，故而发生了链式反应（参见 14.1.1 节）。

SET 机理的一类证据是发现了一些外消旋化过程。一个完全游离的自由基当然会生成完全外消旋化的产物 RY，但是有人认为[102] 在一些 SET 过程中也能发生构型翻转。他们的看法是在第 1 步中，尽管接下来不会发生正常的 S_N2 机理，Y^- 依然会从背面接近，自由基 $R^·$ 一旦形成，会逗留在溶剂笼中，此时 Y· 在 X^- 的对面。因此，第 1、2、3 步就能导致构型翻转。

$Y^- + R-X \xrightarrow{\text{第1步}} [Y^· \; R-X^{·-}]_{溶剂笼} \xrightarrow{\text{第2步}}$
$[Y^· \; R^· \; X^-]_{溶剂笼} \xrightarrow{\text{第3步}} Y-R + X^-$

典型 SET 机理的产物尽管不是 100％ 构型翻转，但构型翻转的转化产物仍占优势。

支持 SET 机理而引用的其它证据[103]有：利用 ESR[104] 或 CIDNP 检测到了自由基或自由基离子中间体；发现了能在 1-降冰片基桥头碳上发生取代反应[105]；5,6 位含双键的底物可反应得到环化副产物（这样的底物被称为自由基探针）。

在这种位置上带有双键的自由基很容易成环（参见 15.1.3 节）[106]。

目前发现的 SET 机理主要限于 X 为 I 或者 NO₂ 基团等情况（参见反应 **10-67**）。一种与之密切相关的机理是发生在芳香底物上的 $S_{RN}1$ 机理（参见第 13 章）[107]。在这种机理中，开始发起进攻的是一个电子给体,而不是亲核试剂。烯醇离子与2-碘二环[4.1.0]庚烷的反应就是$S_{RN}1$机理[108]。其中一个例子是1-碘二环[2.2.1]庚烷(**20**)与$NaSnMe_3$或者$LiPPh_2$以及其它亲核试剂反应生成取代产物[109]。另一个例子是在异丙苯中4-溴苯基溴甲基甲酮(**21**)与Bu_4NBr的反应[110]。对于S_N2和SET这两种机理,人们已经作了比较[111]。另外还有同时具有自由基、碳正离子、卡宾机理的反应的报道[112]。

至少从理论上,到目前为止上述所提到的机理都能发生在各种类型的饱和底物上(或一些不饱和体系)。以下其它机理的应用范围比较局限。

10.3 邻基参与机理[113]

有时候某些底物会有如下性质:①反应速率大于预计值;②手性碳的构型保持,没有发生构型翻转或者外消旋化。在这些情况下,通常会有一个带有未共用电子对的基团位于离去基团的β位(有时也距离较远)。这种情况下的机理被称为邻基参与机理,主要由两步S_N2取代构成,每一步都导致构型翻转,所以净结果是构型保持[114]。在该机理的第1步,邻位基团扮演亲核试剂的角色,在离去基团离去时,邻位基团本身仍然键合在分子上。第2步中,外来的亲核试剂从背面进攻,取代了邻基的位置。

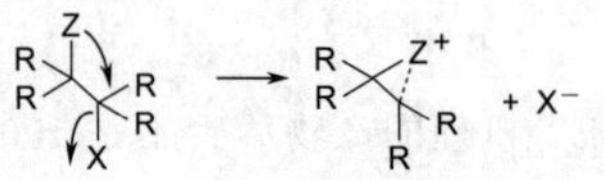

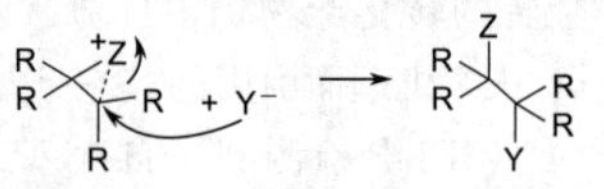

这样的反应肯定要比Y直接进攻快,因为如果Y直接进攻比较快的话,该反应就会直接发生。邻位基团Z在这里起到了邻位促进作用。以邻基参与机理发生的反应的速率方程是形如式(10.2)或式(10.3)的一级反应;也就是说,Y并不参与决速步骤。

Z进攻比Y进攻快的原因是Z更方便发生反应。Y若要发生反应,则必须要与底物碰撞,而Z的位置得天独厚,可以直接反应。由于反应物在过渡态时的混乱程度大不如前,底物与Y之间的反应会导致活化熵($\Delta S^{\neq}$)的锐减。而Z参与的反应导致的熵减$\Delta S^{\neq}$就小得多(参见6.4节)[115]。

想确定反应速率是否因为邻基邻位促进作用而增大并不总是容易的。要想确定,就有必要知道没有邻基参与时的反应速率。解决这一问题的就是比较有无邻基存在时的反应速率。例如,比较$HOCH_2CH_2Br$与CH_3CH_2Br的反应速率。但是该方法很难精确得出邻基参与的程度,因为OH基团与H基团的空间效应和场效应是不同的。此外,无论采用何种溶剂,在极性的质子性OH基团周围的溶剂层与在非极性的H原子周围的溶剂层肯定差别很大。考虑到这些原因,即使没有邻基参与对速率的贡献,该反应的速率也有望增加50倍以上。

这一机理最重要的证据就是适当取代的底物反应后能保持构型。用HBr处理苏式3-溴-2-丁醇的dl对时得到dl-2,3-二溴丁烷,但是若采用赤式的dl对将得到内消旋体(**22**)[116]:

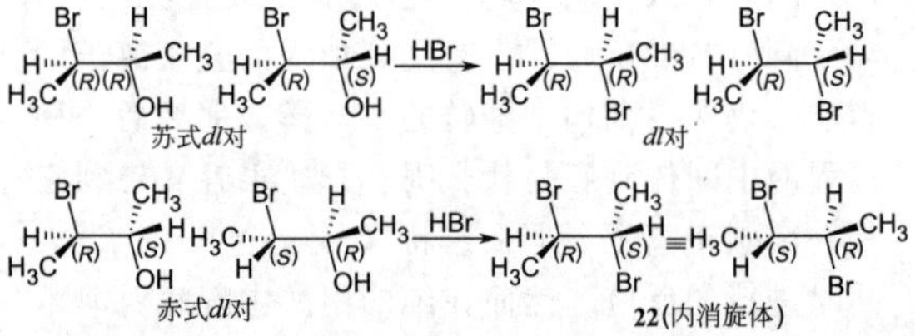

这说明发生构型保持。由于所有的产物都是没有光学活性的,因此不能从旋光的差异来分辨。内消旋体和dl-二溴代物的沸点和折射率不同,可以依此将其鉴别。更有说服力的证据是单独一种苏式的异构体反应并非得到二溴代物的其中一个对映体,而是得到dl对。其原因是邻基进攻后的中间体(**23**)是对称的,所以外来的亲核试剂Br^-可以进攻等同的任何一个碳原子。中间体23是一个溴鎓离子,其存在已在几类反应中得到证实(参见反应**15-39**)。

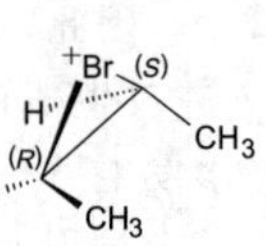

尽管**23**的结构是对称的,其它多数邻基参与反应的中间体却不一定如此,因此这些反应很可能不只生成简单取代的产物,还将发生重排。如当Y没有进攻X所离开的那个碳原子,转而进攻Z本来所连的碳原子时,这种情况就会发生:

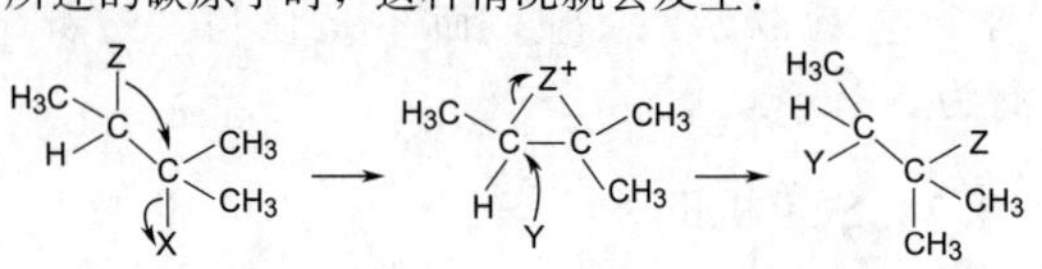

在这种情况下,取代产物和重排产物往往同时存在。关于重排的讨论可参见第18章。

还有一种可能性是中间体较稳定或者通过某种

途径稳定了中间体。这时，Y 难以发生进攻，产物是一个环状化合物。简单的分子内 S_N2 反应就是如此[117]。以下是两个生成环氧化物和内酯的例子：

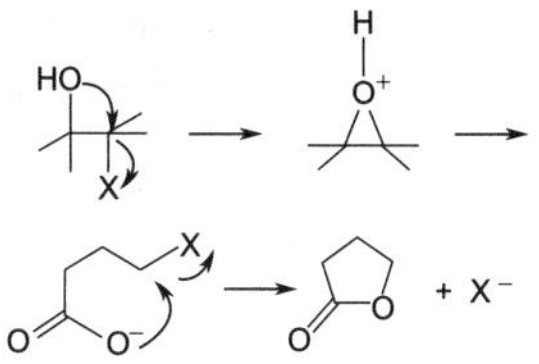

对溴苯磺酸 4-甲氧基-1-戊酯（**24**）和对溴苯磺酸 5-甲氧基-2-戊酯（**26**）的乙酸解反应得到相同的混合物，这又为邻基参与反应的提供了证据[118]。此时，两种底物都生成中间体 **25**。

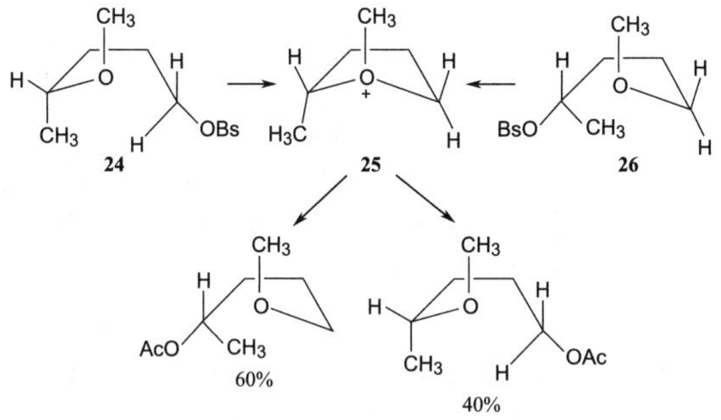

邻基参与机理只有在环的大小与 Z 基团吻合时才能进行。例如，对 $MeO(CH_2)_nOBs$，当 $n=4$ 或 5（相应的中间体是五元环或六元环）时邻基参与过程比较重要，而 $n=2$，3 或 6[119]时则不然。但是，即使 Z 基团相同，对不同的反应最合适的环大小也不同。一般说来，大部分速度较快的反应总是邻基参与后生成三元、五元或者六元环结构，具体是哪一种，则取决于反应类型。邻位基团的 α 或 β 位若有烷基取代，邻基参与生成四元环反应的倾向增大[120]。

下面是重要的邻位基团：COO^-（而不是 COOH）、COOR、COAr、OCOR[121]、OR、OH、O^-[122]、NH_2、NHR、NR_2、NHCOR、SH、SR、S^-[123]、SO_2Ph[124]、I、Br 和 Cl。卤素中，邻基参与效应的强度如下：I＞Br＞Cl[125]。氯是非常弱的邻位基团，只有在溶剂不参与的情况下才能够显现出邻基参与的性质。例如，甲基苯磺酸-5-氯-2-己酯在乙酸中发生溶剂解反应，Cl 几乎不参与反应，但是如果将溶剂换成亲核性较弱的三氟乙酸，Cl 的邻基参与过程则成了反应的主要途径[126]。因此，Cl 只有在需要的时候才作为一个参与反应的邻位基团出现。其它电子需求增加原理的例子见下文（参见 10.3.1 节）。

很多卤素邻基参与生成的中间体（卤鎓离子，如 **27** 和 **28**）[127]已经在 SbF_5-SO_2 或 SbF_5-SO_2ClF 中制备出，它们是稳定的盐[128]。

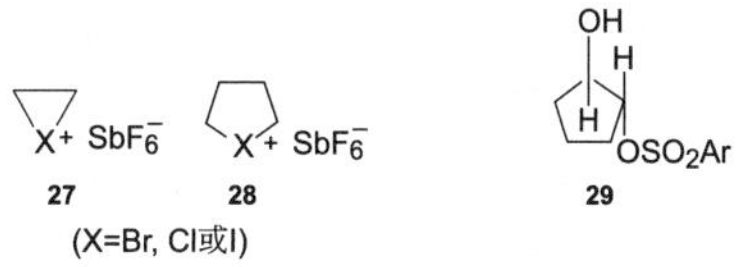

其中一些已经得到晶体。**27**、**28** 的四元环同系物没有制备成功[129]。没有证据表明 F 也能作为邻基参与反应的基团[123]。

邻基参与从而促进反应的效果与需要这种帮助的需求成正比。根据这个原理，可以区别不同离去基团的离去能力。例如，对硝基苯磺酰基（p-$NO_2C_6H_4SO_2O$）的离去能力比对甲基苯磺酰基（p-$MeC_6H_4SO_2O$）强。实验证实在芳基磺酸反-2-羟基环戊酯分子（**29**）中，当离去基团为对甲基苯磺酰基时，OH 基团参与反应。而当邻基换成对硝基苯磺酰基时就不再作为邻基参与反应，显然这是因为对硝基苯磺酰基离去得很快，不需要辅助[130]。

10.3.1 借助 π 键和 σ 键的邻基参与：非经典碳正离子[131]

对于 10.3 节中列出的所有邻基，亲核进攻都是由一个带有未共用电子对的原子所完成的。在该小节中，我们将研究 C═C π 键、C—C 和 C—H σ 键的邻基参与。关于这些键能否作为参与反应的邻基以及其中间体是否存在、结构如何等问题已经引起了广泛的争论。这些中间体被称为非经典或者桥碳正离子。在经典碳正离子（参见第 5 章）中，正电荷定域在一个碳原子上，或者通过与邻近未共用电子对的原子、α 位的双键、叁键的共振而离域。而在非经典碳正离子[132]中，正电荷离域在非烯丙位的双键或叁键上，甚至在单键上。7-降冰片烯正离子（**30**）就是一例，降冰片正离子（**31**）[133]和环丙基甲基正离子（**32**）也具有类似的情况。环丙基（如 **33** 中的）可以稳定降冰片正离子并抑制这种重排[134]。正离子 **30** 被称为高烯丙基（homoallyl）碳正离子，因为在 **30a** 中，带正电的碳原子与双键之间有一个碳原子。只要底物选择合适，这些碳正离子可以通过不止一种途径获得。例如，**31** 可以通过在 **34** 或者 **35** 上离去一个离去基团而得到[135]。前一个路径被称为得到非经典碳正离子的 σ 路径，因为其中涉及 σ 键的参与。后一个路径被称为 π 路径[136]。非经典碳正离子是否存在的争论的基本点在于，结构 **30a**～**30c**（或者 **31a**、**31b** 等）并非极限式，它们是真实存在的一些结构，而且它们之间存在快速平衡。这种争论对于一些反应成为许多年来人们感兴趣的活跃领域[137]。在一项研究中，2-二环[3.2.2]壬基甲苯磺酸酯在甲醇中发生溶剂解和重排反应生成了醚，该醚由 2-二环[3.2.2]壬基和 2-二环[3.3.1]壬基体系衍生得到，这正好符合经典碳正离子的推理[138]。密度泛函和从头算计算表明，2-二环[3.2.2]壬基甲苯磺酸酯溶剂解的产物具有非经典结构[139]。

了速率)，不过还有更多的证据表明，其它高烯丙位的双键[146]，以及位置离得较远的双键[147]，也有邻位促进效应，尽管速率增大的倍数低得多。对溴苯磺酸 β-顺-7-降冰片基酯（**39**）就是一例，在 25℃ 时乙酸解反应的速率比类似的饱和化合物 **40** 要大约 140000 倍[148]。叁键[149] 和丙二烯[150] 也可作为邻位基团。

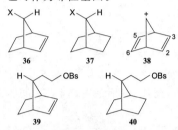

在讨论非经典碳正离子时，我们必须注意区分邻基参与和非经典碳正离子[140]。如果一个反应中存在非经典碳正离子，那么如上例所示的电子离域的离子就是一个分立的中间体。若碳碳单键或者双键参与了离去基团的离去，并形成了碳正离子，那么就有可能涉及了非经典碳正离子，但是应该注意这其中没有必然的联系。在任何给定的反应，其中一种或两种情况都可能会出现。

下面将讨论关于 π 键和 σ 键的邻基参与的证据以及非经典碳正离子存在性的证据[141]，不过完整的讨论已经超出本书的范围[100]。

（1）C═C 作为邻基[142]　C═C 能作为邻基的最有力证据是 **36**-OTs 的乙酸解速率比 **37**-OTs 乙酸解速率快 10^{11} 倍，且反应中构型保持[143]，速率的数据并不足以证明 **36**-OTs 的乙酸解反应中存在非经典碳正离子（**30d**），但是显然这是 C═C 协助 OTs 离去的有力证据。对相对稳定的降冰片二烯碳正离子（**38**）的 NMR 研究表明，**30** 确实是一个非经典碳正离子。^{1}H NMR 图谱显示，2,3 位的质子与 5,6 位的质子不等价[144]。因此带电荷的碳原子与一个双键之间有相互作用，这就是 **30d** 存在的证据[145]。在 **36** 中，双键恰好处在一个带离去基团的碳原子很容易被背面进攻的几何位置上（所以大大加快

我们看到，如果加入的亲核试剂比可能的邻位基团能够更有效地进攻中心碳原子，或者分子中存在足够好的离去基团（如前所述），邻位基团的参与就会被削弱甚至消除。电子需求增加原理的另一个例子是 Gassman 等人给出的[151]，他们的研究表明如果可能的碳正离子的稳定性增大，邻基参与效应也会被削弱。他们发现化合物 **36** 和 **37** 的 7 位上对茴香基的存在对两者速率的差异有显著的拉平效应。因此，85℃ 下在水-丙酮中的溶剂解反应，**38** 只比相应的饱和化合物 **42** 快约 2.5 倍。

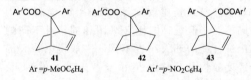

此外，**41** 和它的立体异构体 **43** 反应后得到相同的溶剂解产物，表明在此反应中并没有展现 **36** 溶剂解时显示出的立体选择性。**41** 和 **36** 的区别在于，**41** 的过渡态中，7 位上形成的正电荷可被茴香基有效地稳定。显然，对茴香基的稳定化作用非常显著，以至于 C═C 键参与所带来的进一步稳定化已经不需要了[152]。用苯基代替对一茴香基能减少但并不足以完全阻止双键的参与[153]。这些结果再次肯定了前面的结论：邻位基团的邻位促进作用只有在足够必要的情况下才会出现[154]。邻位烯烃基团的 π 键通过 π 键参与能够促进溶剂解[155]。

C═C 作为邻位基团的能力取决于双键上的电子密度。若在 **44** 的双键上连接一个强吸电子基团 CF$_3$，溶剂解的速率将降低约 10^6 倍[156]。引入第二个 CF$_3$ 能再起到同样显著的效果。此时，双键上有两个 CF$_3$ 取代基大大

降低 C═C 上的电子密度，导致 **44**（$R^1=R^2=CF_3$）的溶剂解速率几乎与饱和底物 **37**（X=OMos）的速率相同（事实上慢了 17 倍）。因此，两个 CF_3 基团能使 C═C 完全丧失作为邻基参与反应的能力。

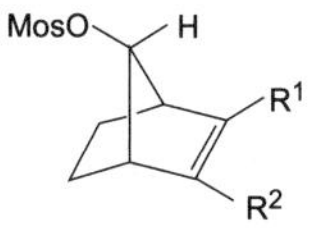

取代基	相对速率
$R^1=R^2=H$	$1.4×10^{12}$
$R^1=H, R^2=CF_3$	$1.5×10^6$
$R^1=R^2=CF_3$	1

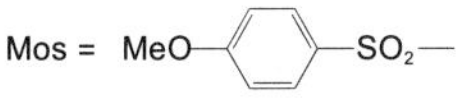

Mos = $MeOC_6H_4SO_2-$

（2）**环丙基**[157]**作为邻基**[158]　在 4.17.1 节，我们已经知道环丙基的性质在某种意义上类似于双键。所以，一个位置适合的环丙基也能作为邻基就一点儿也不意外。

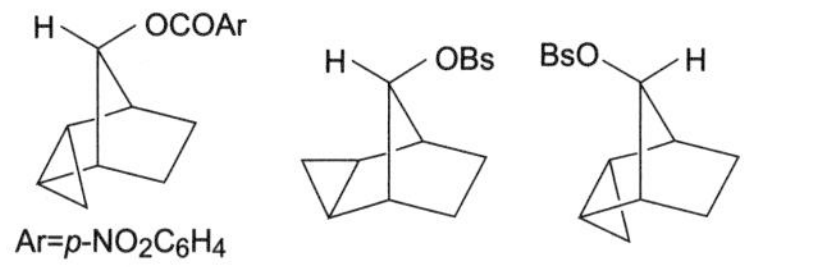

Ar=$p-NO_2C_6H_4$

因此，对硝基苯磺酸内型-反-三环[$3.2.1.0^{2,4}$]辛烷-8-醇酯（**45**）的溶剂解速率可能比 **37**-OH 的对硝基苯甲酸酯快约 10^{14} 倍[159]。显然，一个位置适合的环丙烷是比双键更有效[160]的邻基基团[161]。下述事实强调了位置合适的重要性：**47** 的溶剂解速率只比 **37**-OBs 快 5 倍[162]，而 **46** 的溶剂解反应速率比 **37**-OBs 慢 3 倍[163]。在 **45** 和其它环丙基提供可观的邻基参与效应的例子中，碳正离子中形成的 p 轨道与环丙烷环的参与键垂直[164]。人们设计了一个实验，用于验证平行于参与键的碳正离子形成中的 p 轨道也受到了该键的作用，结果显示没有速率增快作用[164]。这与环丙基直接和带正电的碳原子相连时的行为相反，此时 p 轨道与环的平面平行[参见 5.1.2 节和下面（4）中的②]。也有人报道，位置合适的环丁基也有增大速率的作用，但是这种作用很微弱[165]。

（3）**芳环作为邻基**[166]　许多事实证明 β 位的芳环能作为邻基[167]。在乙酸中溶剂解 L-苏-对甲基苯磺酸-3-苯基-2-丁酯（**48**）给出了立体化学的证据[168]。

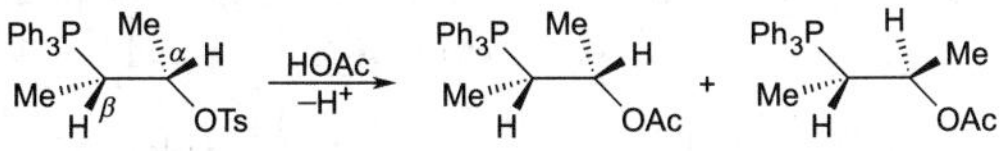

在乙酸酯的产物中，96% 是苏式的而只有 4% 是赤式的。此外，生成的苏式（+）和（−）异构体（**49** 和 **50**）的量近似相等（外消旋混合物）。若溶剂解反应在甲酸中进行，得到的赤式异构体就更少了。这一结果与 3-溴-2-丁醇与溴化氢的反应结果相似（参见 10.3 节）。可以得出结论，构型保持是苯基发挥邻基效应的结果。但是，速率研究获得的证据却不那么简单。如果 β-芳基协助离去基团的离开，那么溶剂解的速率应该增大。然而通常这些反应并不是这样。在研究 2-芳基乙基体系的溶剂解速率时，一级体系和二级体系存在两种不同的反应途径[169]，这无疑使问题复杂化。途径 1（k_Δ 标记的）芳基作为邻基，使离去基团离去而得到的桥离子，苯鎓离子（phenonium ion，**51**），接着芳基又被溶剂 SOH 排挤开，所以取代的净结果是构型保持（或者当 **51** 从另一侧开环时，发生重排）。途径 2（k_s）是简单的 S_N2 反应，溶剂分子进攻带离去基团的碳原子。此时取代的净结果是构型翻转，没有重排的可能。如果离去基团是在一级或者二级碳原子上，这两种途径并没有交叉，是完全独立的[170]（如果离去基团在一个三级碳上，k_Δ 和 k_s 都将无足轻重，因为此时的机理将是 S_N1，中间体是开链的碳正离子 $ArCH_2CR_2^+$。此途径标记为 k_c）。在一个给定反应中，上述两种途径（k_Δ 和 k_s）究竟哪种占主导地位取决于溶剂和芳基的性质。我们料想，就像前面已经得到的关于 Cl 作为邻基的结果一样，弱亲核性溶剂对芳基的竞争能力很弱，将导致 k_Δ/k_s 值达到最大。对于一些常见的溶剂，k_Δ/k_s 的值按照 EtOH < MeCOOH < HCOOH < CF_3COOH 的顺序递增[171]。实验结果与这个顺序一致，甲基苯磺酸-1-苯基-2-丙酯在 50℃ 时的不同溶剂中溶剂解得到构型保持产物的百分比如下：EtOH 7%，MeCOOH 35%，HCOOH 85%[171]。这表明，k_s 途径在 EtOH 中占主导地位（苯基略微参与反应），而在 HCOOH 中是 k_Δ 途径占主导地位。三氟乙酸是亲核性相当弱的溶剂，在此溶剂中，反应完全通过 k_Δ 途径进行[172]；氚标记的实验显示产物 100% 构型保持[173]。而下例充分证明苯基发挥了邻位促进导致速率增强的作用：$PhCH_2CH_2OTs$ 在 CF_3COOH 中 75℃ 下的溶剂解速率是 CH_2CH_2OTs 的 3040 倍[172]。

对芳香环来说，k_Δ 途径是芳香亲电取代过程（参见第 11 章）。我们预测，芳香环上的能活化亲电取代（参见 11.2.1 节）的基团也能增大 k_Δ 途径的反应速率；而钝化亲电取代反应的基团会减小 k_Δ 途径的反应速率。这一推论是通过一些研究得出的。化合物 **48** 的对硝基衍生物在乙酸中的溶剂解的速率比化合物 **48** 慢 190 倍，构型保持产物也大大减少；生成的乙酸酯产物只有 7% 为苏式，与此同时却得到 93% 的赤式产物[174]。90℃ 时 p-ZC$_6$H$_4$CH$_2$CH$_2$OTs 乙酸解的速率如表 10.1 所示[175]。因为只受到较远处 Z 的场效应的影响，这一系列结构中的 k_s 几乎为常数。但 Z 从活化基团变到钝化基团的过程中 k_Δ 发生明显变化。所以很明显，芳基的参与很大程度上取决于这些基团的性质。对于一些基团（如对硝基苯基），在一些溶剂（如乙酸）中基本上没有邻基参与作用[176]，而对其它一些基团（如对甲基苯基）邻基参与作用很明显。溶剂和结构的共同作用见表 10.2，其中的数据得自三种不同实验方法[177]。芳环被吸电子取代基取代造成的邻基效应减弱与被 CF$_3$ 取代后对 C=C 的邻基参与效应的影响类似，参见前述（**1**）。

表 10.1 p-ZC$_6$H$_4$CH$_2$CH$_2$OTs 在 90℃ 下乙酸解的 k_Δ/k_s 近似值

Z	k_Δ/k_s	Z	k_Δ/k_s
MeO	30	H	1.3
Me	11	Cl	0.3

表 10.2 p-ZC$_6$H$_4$CH$_2$CH$_2$OTs 溶剂解过程中由 k_Δ 路径生成的产物的比例

Z	溶剂	k_Δ 路径产物的比例/%
H	CH$_3$COOH	35~38
H	HCOOH	72~79
MeO	CH$_3$COOH	91~93
MeO	HCOOH	99

已经在溶液中获得一些稳定的苯鎓离子，且能用 NMR 法进行研究，其中一些离子是 **52**[178]、**53**[179]和未被取代的 **51**[180]。它们的制备方法[181]与 **51** 相同：用 SbF$_5$-SO$_2$ 在低温下处理相应的 β-芳基氯乙烷。该条件比前面提到的在 CF$_3$COOH 中的溶剂解条件更为极端。由于不存在任何亲核试剂，这不仅会消除 k_s 途径还会消除亲核试剂对 **51** 的亲核进攻。虽然 **51** 并不与开链的离子 PhCH$_2$CH$_2^+$（一级离子，因此不稳定）构成平衡，但是 **53** 却可以与相应的开链三级离子 PhC-Me$_2$C$^+$Me$_2$ 和 PhCMe$_2$C$^+$Me$_3$ 处于平衡中，尽管在适当的浓度下只存在 **53** 这种形式。一维核磁氢谱和碳谱显示 **51**、**52** 和 **53** 是经典的碳正离子，唯一的共振在六元环上。三元环是一个正常的环丙烷，只在较小的程度上受到相邻环上的正电荷的影响。核磁共振谱显示，六元环没有芳香性，但在结构上与芳基正离子类似（例如 **54**），**54** 是芳香亲电取代反应的中间体（参见第 11 章）。也有人报道很多苯鎓离子，包括 **51**，在气相中也能够存在。其存在的证据是由产物和 ^{13}C 标记推断得出的[182]。

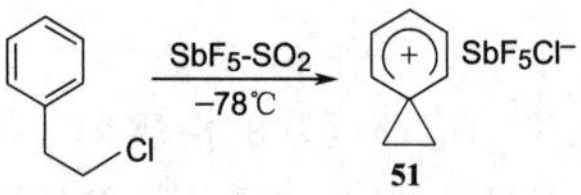

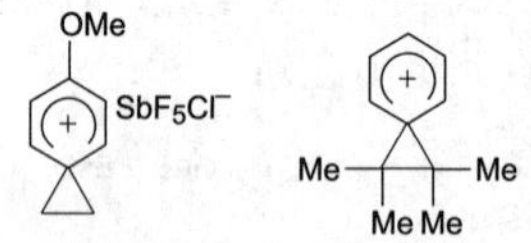

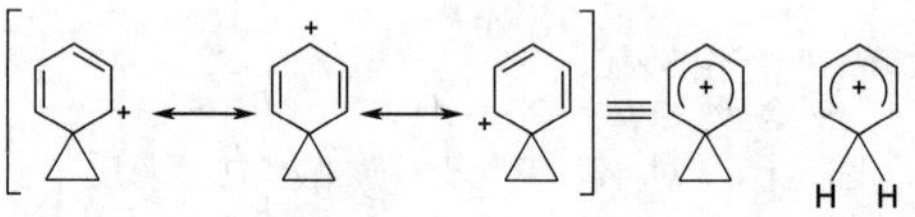

因此，β-芳基能起到邻基的作用已经很清楚了[183]。芳基与离去基团相距较远的情况研究得很少，但有证据表明，这时芳基也能起到邻助作用[184]。

（4）碳-碳单键作为邻基[185]

① 2-降冰片基体系 目前关于 C—C σ 键能否作为邻位参与基团的研究主要集中在 2-降冰片基体系上[186]。Winstein 等人[187]发现，光活性的外型对溴苯磺酸-2-降冰片酯（**55**，OBs 表示对溴苯磺酸基）在乙酸中的水解得到两种外型乙酸酯的外消旋混合物，没有发现生成内型异构体：

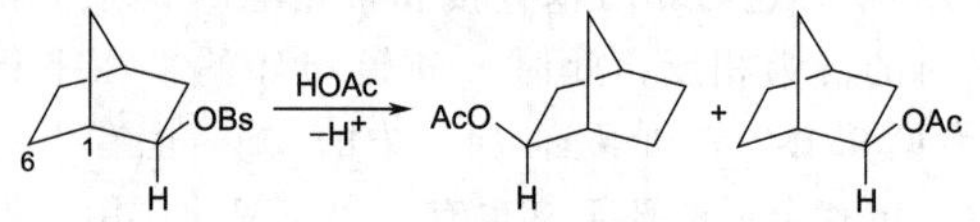

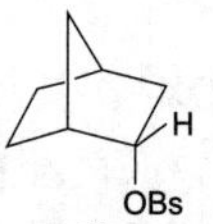

此外，**55** 溶剂解速率比它的内型异构体 **58** 快约 350 倍。许多其它 [2.2.1] 体系也能得到类似的高外型/内型反应速率比。Winstein 等人[187]解释了这两个结果——①溶剂解光活性的外型异构体得到外消旋的外型异构体；②高的外型/内型反应速率比。他们认为上述结果显示 1,6-

键协助离去基团的离开，这其中涉及非经典中间体 **59**。他们把内型异构体 **58** 的溶剂解没有得到 1,6-键的协助归结为其位置不利于背面进攻，所以 **58** 的溶剂解以"正常"的速率进行。因此，**55** 快于一般溶剂解速率一定是由邻基辅助作用造成。产物的立体化学也能由中间体 **59** 解释，因为在 **59** 中 1 位和 2 位是等价的，亲核试剂进攻的概率相等，但是无论进攻哪个碳亲核试剂都是从外型方向进攻。顺便提及，**58** 的乙酸解反应也专一生成外型的酯（**56** 和 **57**），Winstein[187]假设此时首先生成经典的离子 **60**，然后转化为更稳定的 **59**。该解释的证据是 **58** 的溶剂解产物并非外消旋混合物，而是生成的 **57** 的量略多于 **56**（相当于有 3‰～13‰构型翻转，该比例有赖于溶剂性质），这表明 **60** 形成后，部分中间体在转化成 **59** 之前就反应生成 **57** 了。

Brown 对 σ 参与的概念和非经典碳正离子 **59** 提出质疑[141]，他认为上面两个结果也能这样解释：假设 **55** 溶剂解时并没有通过 1,6-键参与，直接生成经典离子 **60**，而 **60** 处于与 **61** 的快速互变平衡中。这种快速的内转化类似于挡风玻璃擦的运动[188]。显然，在从 **60** 到 **62** 的互变过程中，肯定存在 **59**，但是 Brown 的观点认为 **59** 只是一个过渡态而非中间体。Brown 关于立体化学结果的解释是：完全的外型进攻是任何 2-降冰片基体系的特点，这不只适用于正离子反应产生的结果，不涉及正离子的反应也会产生这种产物，究其原因是立体构型阻碍了内型一侧的进攻。大量的数据显示，降冰片体系中许多反应普遍经过外型进攻历程。如果 **60** 和 **61** 的量相同，则得到外消旋产物，因为两种对映体 **57** 和 **56** 分别由外型进攻 **60** 和 **61** 得到。为解释很高的外型/内型反应速率比，Brown 认为这并不是因为内型的速率正常、外型的速率非常高，而是因为外型的速率正常、内型的速率非常低，因为在这个方向上离去基团的离去因空间位阻变得困难[189]。

为了确定是否有 1,6-键的参与，**59** 是否为中间体，人们针对 2-降冰片基体系的溶剂解做了大量工作[190]。大部分化学家[191]，尽管不是所有人[192]，已经认为 **59** 是中间体。

除了关于 2-降冰片基类化合物的溶剂解的工作以外，人们还对低温下 2-降冰片基正离子作了广泛的研究；有相当多的证据显示在这些条件下该离子明显是非经典的。Olah 及其同事在 $-150℃$ 以下 SbF_5-SO_2 和 $FSO_3H-SbF_5-SO_2$ 的溶液中制备出了 2-降冰片基正离子，其结构是静态的，不存在负氢离子的迁移[193,194]。利用 ^1H NMR 及 ^{13}C NMR、激光拉曼光谱和 X 射线电子能谱的研究得出结论[194]：在这样的条件下该离子是非经典的[195]。据报道，对在 77K 甚至 5K 下固相中的 2-降冰片基正离子的研究也给出同样的结果，^{13}C NMR 没能证明由低温稳定的某个经典碳正离子的存在[196]。

Olah 及其同事把这种非经典的结构描绘为角质子化的降三环烷（**62**）。**63** 的画法更易观察出对称性。几乎所有的正电荷都分布在 C-1 和 C-2 上，极少一部分在桥头碳 C-6 上。其它关于 2-降冰片基正离子在稳定的溶液中具有非经典正离子性质的证据来自反应热，测量发现 2-降冰片基正离子，比我们所预测的没有桥结构时的稳定程度更大（约 $6～10kcal/mol$，$25～40kJ/mol$）[197]。采用红外光谱分析方法研究气相中 2-降冰片基正离子也获得了其非经典结构[198]。从头算计算结果显示非经典结构对应一个能量极小值[199]。

人们还研究了低温下其它降冰片基正离子的光谱。三级的 2-甲基和 2-乙基取代的降冰片基正离子的光谱显示其离域较弱[200]，2-苯基降冰片基正离子（**64**）基本上是经典的[201]，2-甲氧基[202]和 2-氯降冰片基正离子[203]亦如此。如前面所提到的（参见 5.1.2 节），甲氧基和卤原子也能稳定正电荷。^{13}C NMR 的数据显示，在 **64** 的苯环上引入吸电子基团能减少该离子的经典性，而给电子基却能增强离子的经典性[204]。

② 环丙基甲基体系　除 2-降冰片基体系以外，人们投入很大的精力到环丙基甲基体系中以寻找 C—C 键的参与[205]。长久以来，人们已经发现含环丙基甲基底物的溶剂解速率异常快，产物不仅有未重排的环丙基甲基化合物，还有环丁基和高烯丙基化合物。例如[206]：

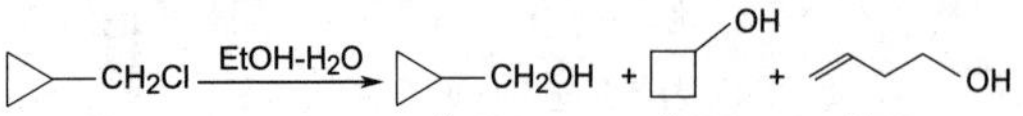

△—CH₂Cl $\xrightarrow{EtOH-H_2O}$ △—CH₂OH + □—OH + ⟋⟍—OH
　　　　　　　　　　　约48%　　　约47%　　约5%

含环丁基底物的溶剂解速率也异常地快，并且生成类似的产物。对环丁基甲基正离子的计算研究表明其确实是非经典离子（参见10.3.1节）。此外，当用标记的底物进行反应时，能观察到相当一部分但并非全部的同位素原子位置发生了变化。究其原因，据信是在这些情况下存在共同的中间体（某种类型的非经典中间体，例如 **32**）。这种非经典碳正离子中间体可以通过以下三条路径得到：

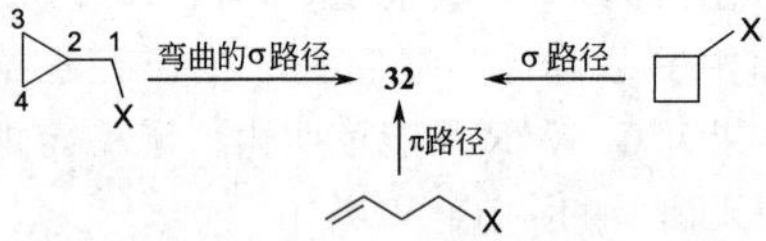

弯曲的σ路径 → **32** ← σ路径
π路径

近些年人们针对该体系做了大量的研究工作，发现事情似乎并不是那么简单。尽管现在还有许多问题不能完全理解，但是还是能得出一些结论。

a. 在一些简单的一级环丙基甲基体系中，速率的增大是由于环上 σ 键的参与[207]。最开始形成的离子是未重排的环丙基甲基正离子[208]，它是对称地被稳定化的，也就是说 2,3 位和 2,4 位 σ 键都协助稳定正电荷。我们已经知道（参见 5.1.2 节）环丙基对相邻正电荷的稳定化作用比苯基还要好。**65** 是描绘该离子的一种方式。

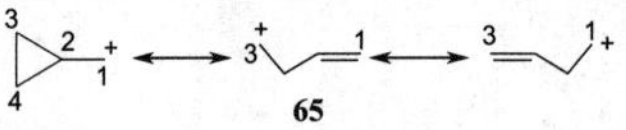

65

65 为对称离子的证据：在 3,4 位上一个或多个甲基取代能使 3,5-二硝基苯甲酸环丙基甲酯的溶剂解速率增大，每个甲基大约可使反应速率增大 10 倍[209]。如果只有一根 σ 键（假设 2,3-键）稳定了正离子，那么 3 位的甲基取代可以使反应速率增大，并且 3 位的第二个甲基取代还可以再起作用，但是第二个取代基如果在 4 位，那么取代后其影响就收效甚微[210]。

b. 简单环丙基甲基正离子最稳定的几何构型如 5.1.2 节所示。很多证据表明，不可能得到此几何构型的体系，其溶剂解反应速率大大减慢[211]。

c. 环丙基甲基正离子一旦形成，就能重排成另外两种环丙基甲基正离子：

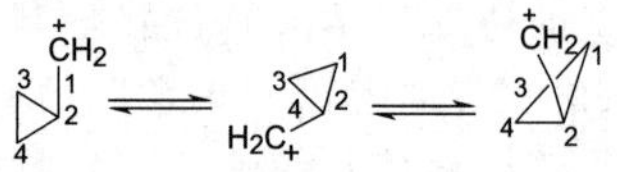

这种重排是完全立体专一的，是同位素原子位置发生改变所致[212]。重排可能是通过非平面型的环丁基正离子中间体或过渡态而进行的。由环丙基甲基正离子生成的环丁基和高烯丙基产物的过程也是完全立体专一的。这些产物可能是亲核试剂直接进攻 **65** 或者环丁基正离子中间体而生成的[213]。平面型的环丁基正离子可通过下述事实排除：它是对称的并且立体选择性会丧失。

d. 二级环丁基底物溶剂解反应的速率增大可能是直接导致 **65** 的那根键的参与所造成的，这说明了为什么环丁基和环丙基甲基底物溶剂解得到相似的产物混合物。在大多数二级环丁基体系中，并没有需要环丁基正离子作中间体的证据，尽管三级环丁基正离子能作为溶剂解的中间体。

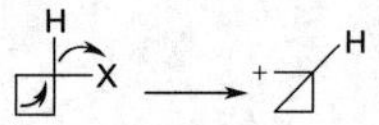

e. 未取代的环丙基甲基正离子可在低温下的超酸溶液中制备，^{13}C NMR 谱数据指出，它是二环丁基离子（**32**）和与其处于平衡的环丙基甲基正离子（**65**）的混合物[214]。分子轨道计算显示，这两种物种都处于能量极小值，两者能量几乎相同[213]。

③ 甲基作为邻基　2-降冰片基和环丙基甲基体系都有一个几何上被限制在邻基反应最有利位置上的 σ 键。有很多人研究了像甲基苯磺酸新戊酯这样的简单开链化合物中的 C—C 键能否起到邻基促进作用。在溶剂解反应中，新戊基几乎全部发生重排，**66** 必然存在于反应途径中。但是出现了两个问题：a. 离去基团的离开是否与 CH_3—C 键的形成协同（即甲基是否参与反应）？b. **66** 是一个中间体还是仅仅是一个过渡态？对于第 1 个问题，有一个主要来自同位素效应的实验证据，证明在新戊基体系中的甲基确实参与了反应[215]，尽管它可能没有显著增大速率。对于第 2 个问题，在这些反应中能分离出少量（10%～15%）的环丙烷[216]。这可以作为 **66** 是一个中间体的证据。正离子 **66** 是一个质子化的环丙烷，可以失去一个质子生成环丙烷[217]。为了分离出含有 **66** 结构的物种，在低温超酸体系中试图制备 2,3,3-三甲基-2-丁基正离子[218]。但是，^1H NMR 和 ^{13}C NMR 以及拉曼光谱显示得

到的产物是一对快速平衡的开链离子。

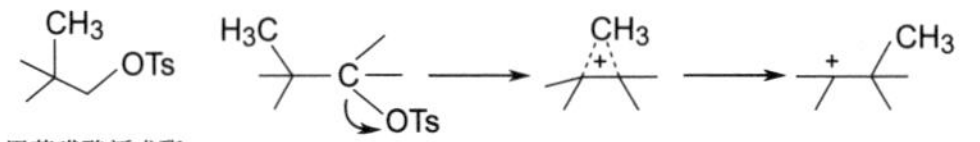

甲苯磺酸新戊酯　　66

当然，**67** 肯定会在上述两种开链离子相互转化的反应中存在，不过其显然是过渡态而非中间体。然而，来自 X 射线光电子能谱（ESCA）的证据却显示 2-丁基正离子实际上含有甲基桥[219]。

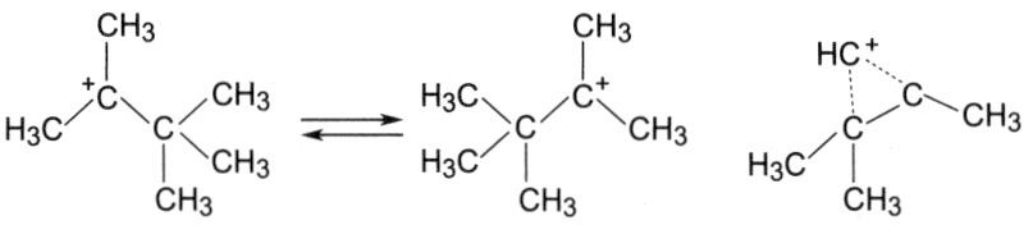

67

④ 甲硅烷基作为邻基　当分子中连接离去基团的碳原子的 β 位上有甲硅烷基或甲硅芳基，其溶剂解速率增大。这得益于形成了含硅的环状过渡态[220]。

（5）氢作为邻基　氢的问题与甲基的问题相似。氢可以迁移，但是有两个问题需要回答：a. 氢是否参与了离去基团的离去？b. **68** 是中间体还是过渡态？一些实验表明 β-氢能参与反应[221]。**68** 是溶剂解的中间体的证据来自于三氟乙酸中氘代甲基苯磺酸异丁酯（**69**）的溶剂解研究。在这一亲核能力很弱的溶剂中，产物是 **70** 和 **71** 的等量混合物[222]，但是没有发现 **72** 和 **73**。如果反应一点也没有涉及邻位氢（纯 S_N2 或 S_N1），

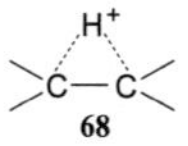

68

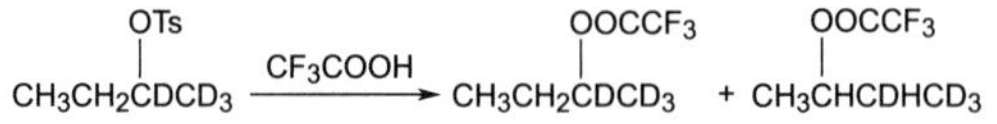

69　　70　　71

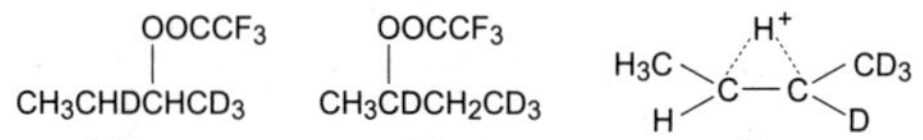

72　　73　　74

产物将只有 **70**。另一方面，如果氢确实迁移了，但是只涉及开链正离子，那么将会有下面四个离子之间的平衡：

$$CH_3CH_2\overset{+}{C}DCD_3 \rightleftharpoons CH_3\overset{+}{C}HCDHCD_3 \rightleftharpoons CH_3CDH\overset{+}{C}HCD_3 \rightleftharpoons CH_3\overset{+}{C}DCH_2CD_3$$

既能得到 **70** 和 **71**，还能得到 **72** 和 **73**。这个结果与以桥离子 **74** 为中间体得出的结论非常吻合，溶剂可以进攻该中间体的 2 位和 3 位。试图在低温超酸体系中制备 **68** 的稳定离子，但没有成功[221]。

10.4　S_Ni 机理

在一些反应中，不可能有邻基参与效应的亲核取代反应，其结果却保持了构型。在 S_Ni（内部亲核取代反应，substitution nucleophilic internal）机理中离去基团的一部分能进攻底物，使其与离去基团的其它部分分离开。IUPAC 命名该机理为 $D_N+A_ND_e$。第 1 步与 S_N1 机理的第 1 步相同，分子断裂成紧密离子对[223]。但是在第 2 步，离去基团的一部分从前面进攻，这是必需的，因为它不可能到达分子的背面。这样导致了构型的保持：

第 1 步

第 2 步

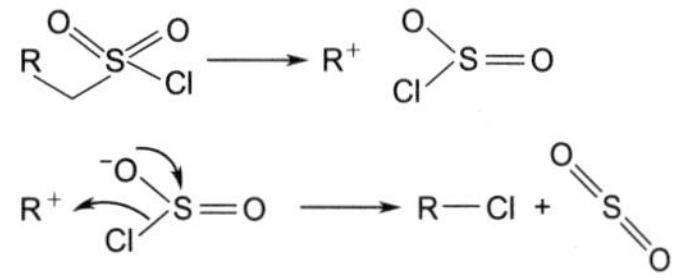

上例是目前发现的通过该机理进行的最重要的反应，因为醇与氯化亚砜反应生成卤代烷的反应通常以此方式进行，此反应的第 1 步为：$ROH+SOCl_2 \longrightarrow ROSOCl$（该烷基亚硫酰氯可以被分离出）。

这一机理的证据如下：在醇与氯化亚砜的混合物中加入吡啶将得到构型翻转的转卤代烷。构型翻转的原因是在其它反应发生前，吡啶先与 ROSOCl 反应生成了 $ROSONC_5H_5$。在此过程中，解离下来的 Cl^- 从背面进攻。醇与氯化亚砜的反应是二级反应，这与该机理的预测相同，但是单纯 ROSOCl 的热分解过程是一级反应[224]。

S_Ni 机理的例子相对较少。另一例是烷基氯甲酸酯（ROCOCl）分解成 RCl 和 CO_2 的过程[225]。

10.5　烯丙位碳上的亲核取代：烯丙位重排

烯丙位类底物的亲核取代反应相当快［参见 10.7.1 节（3）］，我们将其单独作为一节讨论，是因为这些反应经常伴随着一种重排，称作烯丙位重排（allylic rearrangement）[226]。当烯丙位类底物与亲核试剂在 S_N1 条件下发生反应，通常能得到两种产物：正常的产物和重排的产物。

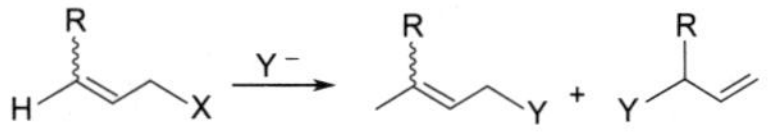

生成这两种产物的原因是烯丙基类型的碳正离子能发生共振，所以 C-1 和 C-3 都带部分正电荷，均能被 Y 进攻。

$$R{-}CH{=}CH{-}\overset{+}{C}H_2 \longleftrightarrow R{-}\overset{+}{C}H{-}CH{=}CH_2$$

当然，烯丙位重排在对称的烯丙基正离子中是观察不到的，就如上例中 R=H 的情况，除非使用同位素标记。这种机理被称为 S_N1' 机理。IUPAC 命名为 $1/D_N+3/A_N$，数字 1 和 3 代表亲核试剂进攻和离去基团离去的

相对位置。

与其它的 S_N1 反应一样,有充分的证据表明 S_N1' 机理也涉及离子对。如果亲核试剂进攻的中间体是一个完全自由的碳正离子,那么,当其与氢氧根离子反应时将得到等量的醇的混合物,这是因为每种碳正离子的含量都是相同的。在 25℃下,当用 0.8mol/L NaOH 水溶液处理 **75** 时,会得到 60% 的 $CH_3CH=CHCH_2OH$ 和 40% 的 $CH_3CHOHCH=CH_2$,但是与 **76** 反应时得到的相应产物含量分别是 38% 和 62%[227]。这种现象被称为产物分布(product spread)。在此例及其它大多数情况下,产物分布取决于起始化合物。溶剂极性的增大能减少产物分布[228],有些情况下甚至使该差异完全消失。这证明在这些例子中极性大的溶剂稳定了完全自由的碳正离子。还有其它证据也表明在很多此类反应中有离子对的参与。当用乙酸处理 $H_2C=CHCMe_2Cl$ 时得到了两种乙酸酯,此外还有一些 $ClCH_2CH=CMe_2$[229],而且异构化反应快于生成乙酸酯的反应。该现象的产生不可能是完全自由的 Cl^- 又回到了碳原子上,因为重排的氯化物的生成速度不受外加氯离子的影响。以上所有事实都表明这些反应的第 1 步生成了一种不对称的紧密离子对,其中有相当一部分发生了内返。在这个过程中,平衡离子还停留在它所离开的碳原子附近。如以 **75** 和 **76** 为例,它们生成两种不同的紧密离子对。阴离子的静电场极化了烯丙基正离子,使得邻近的碳原子亲电性更强,所以被亲核试剂进攻的可能性更大[230]。

$$CH_3CH=CHCH_2Cl \quad CH_3CHClCH=CH_2$$
$$\textbf{75} \qquad\qquad\qquad \textbf{76}$$

在烯丙基碳上的亲核取代反应也能通过 S_N2 机理进行,此时通常不发生烯丙位重排。然而,在 S_N2 条件下烯丙位重排也能通过如下机理发生,亲核试剂进攻 γ 位而非通常的 α 位[231]:

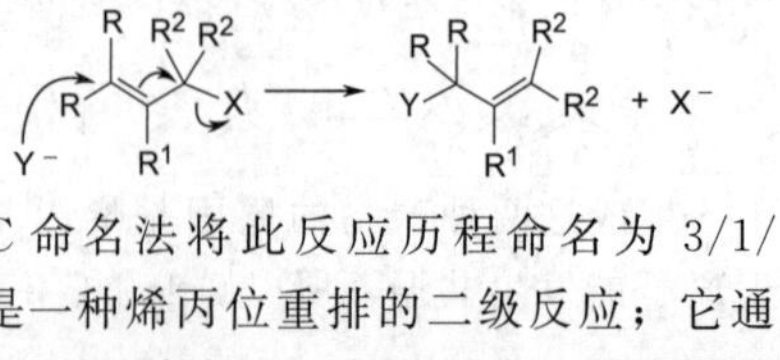

S_N2' 机理

IUPAC 命名法将此反应历程命名为 3/1/A_ND_N,这是一种烯丙位重排的二级反应;它通常发生在 S_N2 反应条件下,但是又有空间位阻阻碍了反应按正常的 S_N2 机理进行[232]。因此在 $C=C-CH_2X$ 类底物上很少发现 S_N2' 机理的例子,但 $C=C-CR_2X$ 类化合物一旦发生双分子反应,几乎就只发生 S_N2' 重排[233]。增大亲核试剂的体积可增加 S_N2' 重排的比例,而不利于 S_N2 过程[233]。在某些情况下,离去基团对重排的发生也有影响。所以,当 X 为 Br 或 Cl 时,用 $LiAlH_4$ 处理 $PhCH=CHCH_2X$,发生 100% 的 S_N2 反应(没有重排),但是当 X 为 $PPh_3^+Br^-$ 时,发生 100% 的 S_N2' 反应[234]。在有些情况下溶剂对反应的机理也有影响,极性越大,越有利于 S_N2' 反应[235]。

如上所示的 S_N2' 机理包含三对电子的同时转移。然而,Bordwell 及其同事认为[236],并没有实验事实表明这一成键和断键必然同时发生,目前所提出的 S_N2' 机理只是一个推测。关于这种观点支持[237]和反对的证据[238]并存,关于 S_N2' 反应还有一篇综述[239]。

人们已经研究了 S_N2' 反应的立体化学。发现顺式过程[240](亲核试剂的进攻和离去基团的离开在同一侧)和反式过程[241]都能发生,具体采用哪一种方式取决于 X 和 Y 的性质[242],不过在大多数情况下主要发生顺式反应途径。

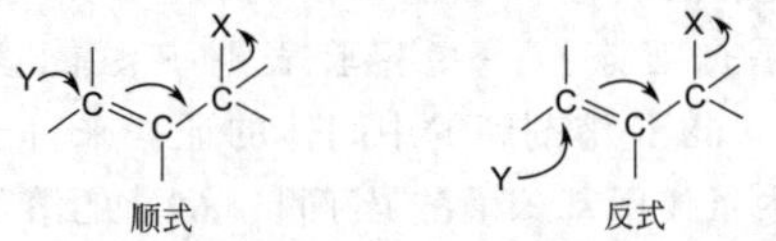

当分子在烯丙位有一个能进行 S_Ni 反应的离去基团时,则亲核试剂有可能放弃 α 位转而进攻 γ 位,这被称为 S_Ni' 机理。该机理在 2-丁烯-1-醇和 3-丁烯-2-醇的反应中已经观察到了,在醚中用二氯亚砜处理两者时都得到 100% 的烯丙位重排产物[243]。

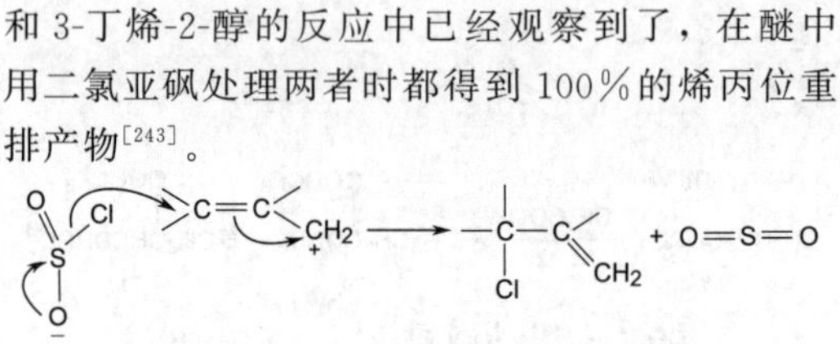

这两种结构在通常的烯丙位重排(S_N1')或 S_N2' 机理下都不能得到 100% 重排。上例中,亲核试剂只是离去基团的一部分,而并非全部。但是可能存在一些反应,其中简单的离去基团(例如 Cl)脱落形成离子对[244]后并没有内返到它原来的位置而是进攻烯丙位:

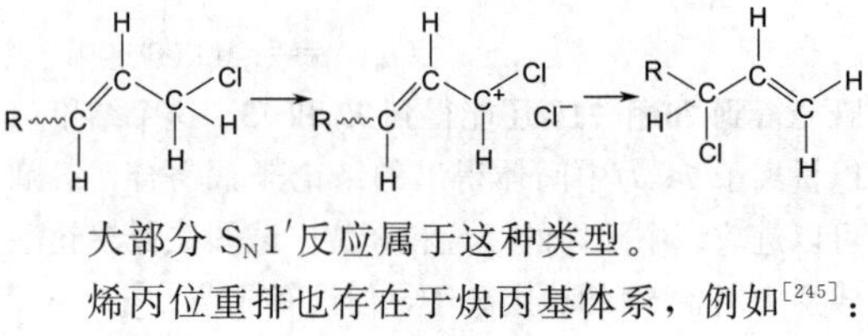

大部分 S_N1' 反应属于这种类型。

烯丙位重排也存在于炔丙基体系,例如[245]:

$$Ph-C\equiv C-CH_2\overset{OTs}{} + MeMgBr \xrightarrow{CuBr} \overset{Ph}{\underset{Me}{}}C=C=CH_2$$

(参见反应 **10-57**)

第 10 章 三角形脂肪碳上的亲核取代：四面体机理

此例中的产物是一个累积二烯[246]。不过这样的重排也能生成叁键化合物，如果 Y=OH，还可能得到烯醇，并互变异构成 α,β-不饱和醛或酮。

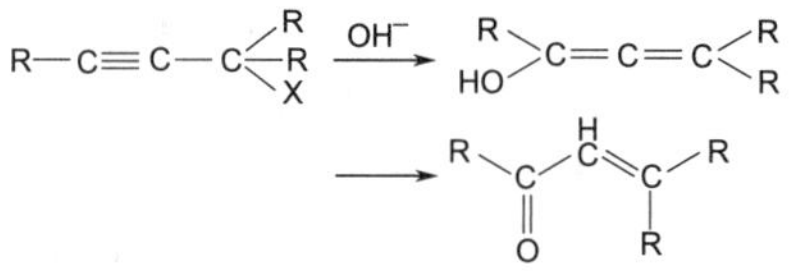

当 X=OH 时，这种由炔醇到不饱和醛酮的转变被称 Meyer-Schuster 重排[247]。炔丙基重排还能以另一种方式进行，即用有机铜化合物处理 1-卤代烯烃得到炔[248]。

S_N2' 反应途径在铜酸盐与甲磺酸烯丙酯（**10-58**）的反应中很常见[249]，在 1-氮杂环丙烷的开环反应中亦如此[250]。一个相关的反应是环丙基甲基卤代烷在有机铜化合物的作用下开环，此时环丙烷的环与烯烃中的双键发生类似的反应，生成高烯丙位取代的产物[251]。后一个反应很有趣，因为 **77** 与哌啶反应生成产率约 87% 的 S_N2' 产物 **78**，而直接取代反应产物 **79** 的产率只有约 8%。这是因为连有溴原子的碳位阻很大，在此条件下不太容易生成 **79**。正如 Bordwell 认为（见上）的那样，这可能也不是一个真正的 S_N2' 过程。

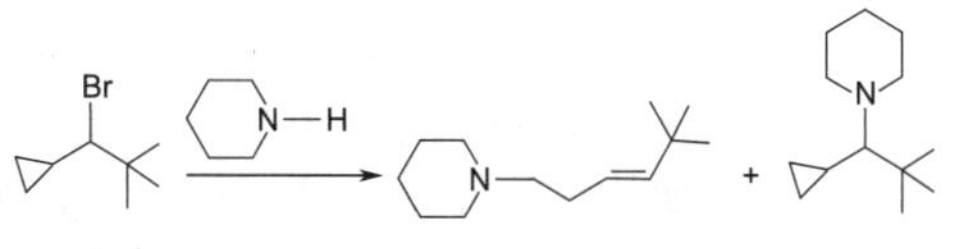

10.6 三角形脂肪碳上的亲核取代：四面体机理

到目前为止，所有讨论的机理都发生在饱和碳原子上。发生在三角形碳上的亲核取代反应也很重要，尤其是碳原子与氧、硫或氮形成双键的时候。这些反应将在第 16 章讨论。乙烯位碳上的亲核取代反应将在 10.6 节，以及芳香环碳上的亲核取代反应将在第 13 章讨论。

发生在双键碳上的亲核取代[252]较困难（参见 10.7.1 节），但也有不少例子。最常见的是四面体机理和与之密切相关的加成-消除机理，而这两种机理在饱和底物上都是不可能发生的。加成-消除机理在 EtO^- 催化 1,1-二氯乙烯（**80**）与 ArS^- 的反应中被证明[253]，反应产物并非 1,1-二苯硫基化合物（**81**），而是 "重排" 化合物（**84**）。**82** 和 **83** 的分离获得显示确实发生了加成-消除机理。第 1 步中，ArSH 加成到双键上（亲核加成，参见 15.1.2 节）得到饱和化合物 **82**。第 2 步是一个 E2 消除反应（参见 17.1.1 节）得到烯烃 **83**。进一步消除并加成得到 **84**。

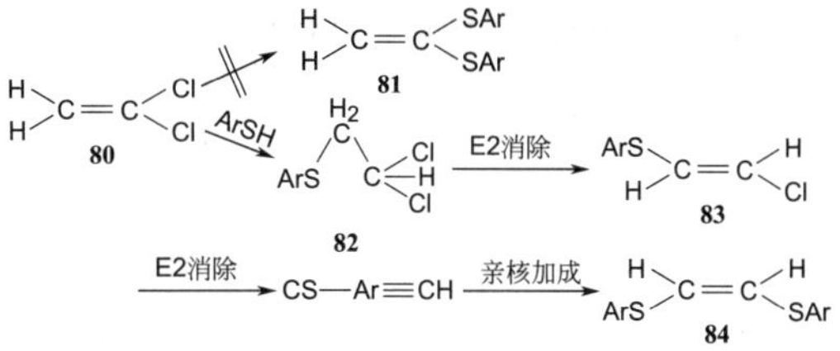

此处的四面体机理，通常称作加成-消除机理（Ad_N-E），比起发生在羰基碳上的相应反应能力要差得多，这是因为中间体的负电荷只能由碳原子携带，而碳比氧、硫、氮的电负性小：

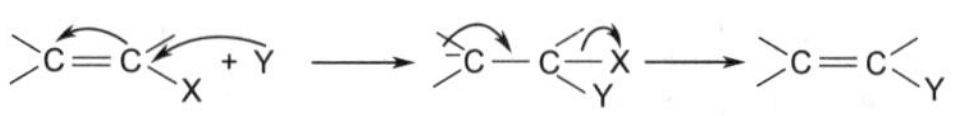

这样的中间体能通过与带正电的反应物种结合而变得稳定。这种反应历程是亲核试剂加成到双键上（参见第 15 章）。乙烯基底物的加成反应与取代反应相互竞争的情况并不少见。对于氯代醌，由于电荷被共振分散，所以可以分离得到四面体中间体[254]：

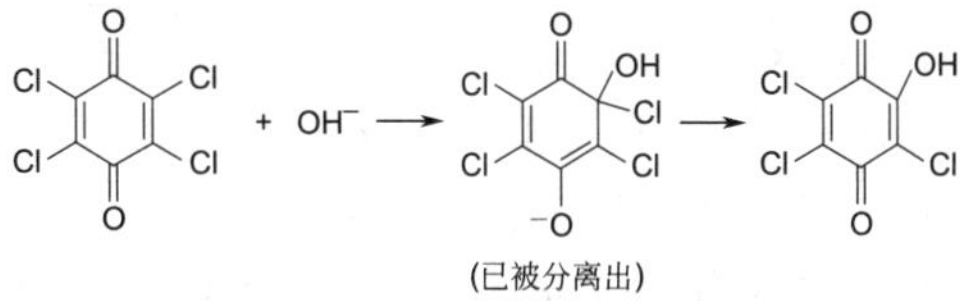

（已被分离出）

在 $Ph(MeO)C=C(NO_2)Ph+RS^-$ 的反应中，中间体的寿命足够长，可以被紫外光谱检测到[255]。

四面体机理和加成-消除机理以相同的方式开始，所以很难将其区分，通常人们也不去做这种尝试。关于加成-消除类机理最可信的证据是 "重排" 的发生。但是当然，即使没发现重排此机理仍然能发生。在某些情况下发生了四面体或者加成-消除机理的证据[256]是：（与 S_N1、S_N2 反应情况相反）离去基团从 Br 变化到 Cl 以及 F 时，反应速率增大（这称作元素效应）[257]。这清楚地表明，碳卤键在上述机理的决速步中没有断裂（而在 S_N1、S_N2 反应的决速步中却发生这样的断裂），因为无论是在 S_N1 还是在 S_N2 反应中氟原子都是卤素中最差的离去基团（参见 10.7.3 节）。上例中含氟化合物的反应速率较快，这是因为氟具有超强的吸电子能力，导致 C—F 键中的 C 更显正电性而易受到亲核试剂的进攻。

一般的乙烯基化合物如果完全按照上面的机理进行反应则反应性很差，但是如果反应底物为

ZCH═CHX 类型,其中 Z 是吸电子基团,例如 HCO、RCO[258]、EtOOC、ArSO$_2$、NC、F 等,那么取代反应活性就大大提高,这是因为这些 β 位的基团对碳负离子具有稳定化作用:

$$\begin{matrix}Z\\H\end{matrix}C=C\begin{matrix}H\\X\end{matrix} \xrightarrow{Y^-} \begin{matrix}Z\\H\end{matrix}C-C\begin{matrix}X\\H\\Y\end{matrix} \longrightarrow \begin{matrix}Z\\H\end{matrix}C=C\begin{matrix}H\\Y\end{matrix}$$

这样的例子有很多。经过立体化学研究,大部分例子发生构型保持[259],但是也发现立体结构在反应中趋于一致的现象〔(E) 型和 (Z) 型底物生成相同的产物混合物〕[260],这是在碳负离子带有两个吸电子基的时候发现的。虽然很少见,但也报道亲核取代反应发生构型翻转的,如 2-溴丁-2-烯胺 C—Br 键受侧链氮原子的进攻发生分子内取代反应,生成 2-乙烯-1-氮杂环丙烷,这是通过立体化学翻转方式进行的[261]。无法直接地说明四面体机理能导致构型保持的原因,但是在分子轨道计算的基础上,这一行为可归结于碳负离子的电子对与邻近碳上的取代基发生了超共轭作用[262]。

通常,乙烯基底物很难进行 S_N1 反应,但是有两种方法能使其发生此种反应[263]:① 使用能稳定乙烯基正离子的基团。例如,α-芳基卤代烯 ArCBr═CR$_2'$ 经常发生 S_N1 反应[264]。S_N1 反应也能在存在其它稳定基团如环丙基[265]、乙烯基[266]、炔基[267]及累积双键(R_2C═C═CR$'$X)的底物中发生[268]。② 如果没有稳定化作用,还可使用非常好的离去基团,如 OSO$_2$CF$_3$(三氟甲磺酰基)[269]。在乙烯基上 S_N1 反应的立体化学结果通常是很随机的[270],就是说顺式和反式底物都给出 1:1 的顺反产物混合物,这表明乙烯基正离子是线型的。另一个证实烯基正离子为线型的事实是环烯化合物体系的反应性随着环的缩小而降低[271]。但是,线型的乙烯正离子并不一定给出随机的产物[272]。结构中空的 p 轨道在双键平面的两侧:

$$\begin{matrix}R^1\\R^2\end{matrix}C=C-R^3$$

所以亲核试剂的进攻可能会,通常也确实会受到 R^1 和 R^2 相对大小的影响[273]。必须强调的是,即使乙烯基底物确实发生了 S_N1 反应,其反应速率也要比相应的饱和化合物低很多。

炔基正离子不稳定,即使有很好的离去基团,它们也难以生成。但是有一种方法能通过氚代的底物生成炔基正离子。

$$R-C\equiv C-T \xrightarrow{\beta 衰变} R-C\equiv C-^3He$$

$$\xrightarrow{很快} R-C\equiv C^+ + ^3He$$

当氚衰变(半衰期 12.26 年)时,它转化成氦-3 同位素。显然,氦不能形成共价键,所以就立刻离去,剩下炔基正离子。当这一过程在苯的存在下进行时,可分离得到 $RC\equiv CC_6H_5$[274]。氚衰变技术也用于制备烯基和芳基正离子[275]。

除了已经讨论过的机理之外,在乙烯基体系中还观察到了另一种包含一个消除-加成系列反应的机理(芳香底物上也由类似机理参见 13.1.3 节)。涉及此机理的反应实例是 1,2-二氯乙烯与 ArS$^-$ 和 EtO$^-$ 反应生成 **84** 的反应。这一机理可用下式表示:

$$\begin{matrix}H\\Cl\end{matrix}C=C\begin{matrix}H\\Cl\end{matrix} + EtO^- \xrightarrow{E2消除} H-C\equiv C-Cl$$

$$\xrightarrow[亲核加成]{ArSH的} \begin{matrix}H\\ArS\end{matrix}C=C\begin{matrix}H\\Cl\end{matrix} + EtO^-$$
84

$$\begin{matrix}H\\ArS\end{matrix}C=C\begin{matrix}H\\Cl\end{matrix} + EtO^- \xrightarrow{E2消除} ArS-C\equiv C-H$$

$$\xrightarrow[亲核加成]{ArSH的} \begin{matrix}H\\ArS\end{matrix}C=C\begin{matrix}H\\SAr\end{matrix}$$
85

反应的步骤与加成-消除机理相同,只是颠倒了顺序。这一过程的证据[276]如下:① 没有乙氧基离子存在时反应就不进行,且反应速率取决于乙氧基离子的浓度而不是 ArS$^-$ 的浓度。② 在同样的反应条件下,氯乙炔反应生成 **84** 而后生成 **85**。③ 用 ArS$^-$ 处理化合物 **84** 不发生反应,但是加入 EtO$^-$ 就能得到 **85**。有趣的是,消除-加成机理已被证实能发生在五元环或六元环体系中,此时叁键的张力很大[277]。注意,上面给出的加成-消除和消除-加成过程都会导致完全的构型保持,因为无论加成还是消除,都是反式过程。

在某些饱和底物上也发现了消除-加成过程,(如 ArSO$_2$CH$_2$CH$_2$SO$_2$Ar)[278]。用乙醇盐处理该底物的过程如下:

$$ArSO_2CH_2CH_2SO_2Ar \xrightarrow[E2消除]{EtO^-} ArSO_2CH=CH_2$$

$$\xrightarrow[加成]{EtO^-} ArSO_2CH_2CH_2OEt$$

RCOCH$_2$CH$_2$NR$_2$ 类 Mannich 碱(参见反应 **16-19**)也是通过类似的消除-加成机理发生亲核取代反应[279]。亲核试剂取代 NR$_2$ 基团。

简单的 S_N2 机理尚未在乙烯基底物的反应中被确认[280]。

在某些情况下,卤代乙烯能通过 $S_{RN}1$ 机理反应(参见 13.1.4 节)。例如,FeCl$_2$ 催化下的 1-溴-2-苯基乙烯与频哪酮的烯醇盐离子(t-BuCOCH$_2^-$)的反应,得到低产率的取代产物以及炔[281]。

10.7 反应性

有关反应性方面人们已经做了大量的工作。尽管对此已经有了不少认识，但是对很多现象仍缺乏了解，并且好多结果都是反常的，难以解释。在这一部分中，我们只能尝试着做近似的概括。这里讨论的工作以及得出的结论适用于在溶液中发生的反应，还有一些研究在气相中进行[282]。

10.7.1 底物结构的影响

底物结构改变对反应性的影响取决于反应机理。

(1) 在 α 和 β 位碳上有支链 对于 S_N2 机理，在 α 和 β 位碳存在支链均会降低反应速率。三级碳的体系[283]很少通过 S_N2 机理反应，而新戊基体系反应得太慢，一般没有合成价值[284]。实验表明，甲基卤比乙基卤反应快 30 倍，而异丙基卤又比乙基卤慢 40 倍[285]。π 键可以加快反应速率，烯丙基卤和苄基卤分别比乙基卤反应快 40 倍和 120 倍[285]的实验事实很好地解释了这一点。几乎可以肯定，导致二级特别是三级体系反应慢的原因是立体位阻。这一观点可从一级新戊基卤的反应比乙基卤慢 20000 倍[286]得到支持。大基团接近中心碳原子的底物在过渡态 **1** 时比较拥挤[287]。

同理，对于羰基碳上取代的四面体机理（第 16 章），在 α 和 β 位碳上有支链时同样能因相同的原因而降低速率，甚至完全阻止反应的进行。在这些体系中的溶剂解与 B 张力的释放有关联，然而，随着空间位阻的增加溶剂的参与使得这一点不那么明显[288]。强烈的空间张力能导致碳正离子中间体结构平面的扭曲[289]，尽管这似乎并没有使其丧失共振稳定化的能力[290]。在这些分子中加入给电子的取代基，能提高正离子的共平面性[291]。例如，R_3CCOOR' 类型酯通常不能通过四面体机理水解（参见反应 **16-59**），R_3CCOOH 类型的酸也不能轻易地被酯化[292]。这一事实在合成上很有用处，如当一个分子中含有两个酯基时，只有空间位阻小的那个酯基才能被水解。

对于 S_N1 机理，分子的支链数增加能增大反应速率，这一点可得到一些烷基溴的反应速率数据的支持[293]。异丙基溴（二级溴代烷）50℃下在水中的反应比溴乙烷快 11.6 倍，叔丁基溴（三级溴代烷）比溴乙烷快 1.6×10^6 倍[293]。通过烷基碳正离子的稳定性顺序（三级＞二级＞一级）可以解释此现象。当然，反应速率实际上并不是完全依赖于离子的稳定性，而是与过渡态和起始化合物之间的自由能差有关。我们根据 Hammond 假设（参见 6.7 节），过渡态结构类似于正离子的结构，并且能降低正离子的自由能（如支链数目）的因素亦能降低过渡态的自由能。对于简单的烷基，只有在三级底物上，S_N1 机理才是在任何条件下都是最重要的反应[294]。如前所示（参见 10.1.4 节），二级底物通常通过 S_N2 机理反应[295]，只有在极性高的溶剂中反应时，才有可能发生 S_N1 机理。异丙基溴在相对非极性的溶剂 60％乙醇中，其反应速率只是不到溴乙烷的两倍（相比之下，叔丁基溴的反应速率却是溴乙烷的 10^4 倍，叔丁基溴的机理已确定是 S_N1）；但是在极性较大的水中，二者反应速率之比为 11.6[293]。2-金刚烷基体系是一个例外，它是二级烷基体系，但是由于空间位阻关系，试剂从背面进攻被屏蔽，因此采用 S_N1 机理发生反应[296]。由于无法发生 S_N2 反应，所以可用于比较该体系二级和三级底物的纯 S_N1 反应的反应性。研究发现，用甲基取代 2-金刚烷基底物上的氢（从二级烷基变成三级烷基），能使溶剂解速率增大约 10^8 倍[297]。简单的一级底物通过 S_N2 机理反应（或是通过邻位上烷基或氢的参与），即使采用亲核性很弱（如三氟乙酸或三氟乙醇[299]）的溶剂进行溶剂解[298]，或是存在很好的离去基团（如 OSO_2F）[300]（参见 10.7.3 节），也不按照 S_N1 机理反应。

对于一些三级底物，如果形成碳正离子可以缓解 B 张力，那么 S_N1 反应的速率就会大大提高（参见 9.2 节）。除非是涉及 B 张力的情况，β 位支链对 S_N1 机理影响甚微，除非 β 位支链容易发生重排。当然，异丁基和新戊基是一级底物，正因为如此，它们通过 S_N1 机理反应的速率虽然很慢，但是与相应的乙基和丙基化合物相比，差距并不太大。

综上所述，一级和二级底物通常通过 S_N2 机理反应，而三级底物通过 S_N1 机理反应。但是，三级底物很少发生亲核取代。消除反应总是亲核取代反应可能的副反应（存在 β-氢时），而对于三级底物，消除反应通常是主反应。除少数例外之外，三级碳的亲核取代反应没有什么制备价值。但是，许多亲核试剂能与三级底物通过 SET 机理反应（如 $p\text{-}NO_2C_6H_4CMe_2Cl$），生成取代产物反应的产率很高[301]。

(2) 不饱和 α 碳　烯类、炔类[302] 和芳基底物不易发生亲核取代反应。这些体系中的 S_N1 和 S_N2 机理的反应都很慢或者根本不发生的一个原因是由于 sp^2（以及更极端的 sp）杂化的碳比 sp^3 杂化碳的电负性强，对化学键上电子的吸引作用更强。正如我们所看到的 [参见 8.6 节（7）]，$C^{(sp)}$—H 键的酸性比 $C^{(sp^2)}$—H 键的酸性强，$C^{(sp^3)}$—H 键的酸性居中。这是合理的：由于碳失去质子后保留了电子，sp 碳吸引电子的能力最强，所以最易失去质子。但是在亲核取代反应中，离去基团需要带走电子对，所以情况相反：sp^3 碳最容易失去离去基团和电子对。如前面所提到的（参见第 1.1 节），随着杂化轨道中 s 成分的增加键长缩短。所以烯基或者芳基的 C—Cl 键长为 1.73Å，而饱和碳上的 C—Cl 键长为 1.78Å。在其它因素相同的情况下，键长越短键的强度越大。

当然，我们已经知道（参见 10.6 节），烯基底物上的 α-取代基能稳定正离子，促进 S_N1 反应，四面体机理的反应能被可稳定碳负离子的 β-取代基促进。当然，在一些情况下，烯基底物上的反应也通过加成-消除或消除-加成过程来进行（参见 10.6 节）。

与这样的体系相反，RCOX 类底物比相应的 RCH_2X 的反应活性高很多。当然，此时的反应几乎全是四面体机理。RCOX 反应性增强的原因有三个：①羰基的碳上有相当量的部分正电荷，这对亲核试剂很有吸引力；②S_N2 反应的决速步中需要断裂 σ 键，这比在四面体机理中移动一对 π 电子所需要的能量大；③sp^2 杂化的碳的空间位阻比四面体碳的小。

芳香体系中的反应性，见第 13 章。

(3) 不饱和 β 碳　当 β 位有双键时，S_N1 反应速率增大，因此烯丙型和苯甲型底物反应很快（对甲苯磺酸烯丙酯反应速率比对甲苯磺酸乙酯快 30 倍）[303]。其原因是烯丙基正离子和苯甲基正离子[304]（参见 5.1.2 节）由于共振而稳定。引入第二个和第三个苯基还能再增大反应速率（分别是 10^5 和 10^{10} 倍），这是因为相应的碳正离子更加稳定[303]。但是应该注意的是，烯丙基体系中有可能发生烯丙位重排。

一般来说，在烯丙基底物上的 S_N1 反应速率，能被 1 位或 3 位上存在任何可通过共轭和超共轭效应稳定碳正离子的取代基所增大[305]，这些基团包括炔基、芳基和卤原子。

烯丙基和苯甲基体系中的 S_N2 反应速率也有所增加（如上所述），这可能是由于过渡态发生了共振。这一点的证据是在苯甲基体系中，86 的反应速率比 $(PhCH_2)_2SEt^+$ 的反应速率慢 8000 倍[306]。化合物 86 的环状几何结构使之在过渡态时无法形成共轭体系。

β 位的叁键（炔丙基体系）与双键的效果相同[307]。其中烯丙基底物 3 位上的炔基、芳基、卤原子和氰基增大了 S_N2 反应的速率，这是由于这些基团增强了过渡态的共振，但是 1 位上的烷基和卤原子由于空间位阻而减低了反应速率。

(4) α-取代　ZCH_2X 类的化合物（其中 Z= RO, RS 或者 R_2N）发生 S_N1 反应时速率很快[308]，这是因为碳正离子的共振被增强了。这些基团在直接与带正电碳原子相连的原子上含有未共用电子对，可以稳定碳正离子（参见 5.1.2 节）。这些基团的场效应应该是降低 S_N1 反应速率 [参见 10.7.1 节（6）]，由此可见此处共振效应远远比场效应重要。

当 ZCH_2X 中的 Z 是 RCO[309]、HCO、ROCO、NH_2CO、NC 和 F_3C 时[310]，发生 S_N1 反应的速率比相应的 CH_3X 慢，这是这些基团的吸电子场效应的结果。此外，α 位带有 CO 或 CN 的碳正离子[311] 非常不稳定，这是因为邻近的碳（87）上带有部分正电荷。在这些化合物上进行了 S_N1 反应[312]，反应速率非常低。例如，比较 88 和 89 的溶剂解反应速率，C=O 造成了减速效应，使速率降低了 $10^{7.6}$ 倍[313]。然而，另一对反应比较的结果却完全不同：比较 $RCOCR'_2X$ 与 HCR'_2X（其中 X 是离去基团）的反应性时发现，RCO 只有一个很小的、可忽略的减速效应，这表明，这一基团引入所产生的不稳定诱导效应已经被共振稳定化作用[314] 所抵消[315]。CN 基团的情况也是这样，反应速率的降低效应被共振效应所减弱[316]。含有 COR 基团的碳正离子已经被分离出来[317]。

当在这些底物发生 S_N2 反应时，某些亲核试剂会使反应速率有很大的提高（例如，卤离子和类卤离子），但是其它亲核试剂也有可能使反应速率下降或者基本保持不变[318]。例如，α-氯代苯乙酮（$PhCOCH_2Cl$）于 75℃ 的丙酮中与 KI 的反应速率比 1-氯丁烷的反应速率高大约 32000 倍[319]，然而 α-溴代苯乙酮与亲核试剂三乙胺的反应速率仅为碘甲烷的 0.14 倍[318]。这一多变的反应性的机制尚不明朗，但是对于涉及"紧密"过渡态（也就是在这一过渡态中键的生成和键的断裂程度相似）的亲核试剂而言，反应速率更可能升高[320]。

当 Z 为 SOR 或者 SO_2R 时（例如，α-卤代的亚砜或砜），亲核取代反应受到阻碍[321]。S_N1 机制的反应因 SOR 或 SO_2R 的吸电子效应而减慢[322]，S_N2 反应也由于空间位阻而不利。

(5) β-取代 对于 ZCH_2CH_2X 类化合物，其中 Z 为 10.6 中列出的任意一种基团，以及卤原子[323] 或者苯基而言，S_N1 反应速率比未被取代的底物低。这是由于一些结构中不存在影响因素 (4) 中提到的共振效应，而场效应却仍然存在，虽然比前面弱。除非能够作为邻位基团并起到邻位促进作用而促进反应，否则 β 位上的基团对于 S_N2 机理没有太大影响[324]，当然也有可能由于它们的空间位阻使得反应难于进行[325]。研究发现硅具有 β 位效应[326] 和 γ 位效应[326]，锡具有 γ 位效应[327]。

(6) 给电子和吸电子基团的影响 如果 $p\text{-}ZC_6H_4CH_2X$ 类系列化合物的取代反应速率能够被测量，我们就可以研究 Z 基团的电子性质对反应的影响。Z 基团的空间位阻效应在这里很弱甚至不存在，因为 Z 基团与反应位点的距离很远。对于 S_N1 反应途径而言，Z 为吸电子基团时使反应速率降低，而为给电子基团时使反应速率升高[328]。这是因为给电子基团能够通过分散正电荷而降低过渡态（以及碳正离子）的能量，例如：

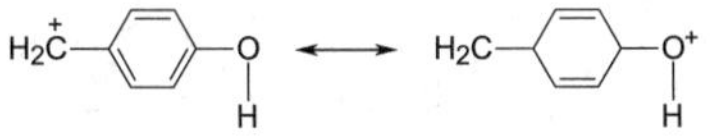

而吸电子基使得正电荷更加集中。Hammett 的 σρ 关系[329]（参见 9.3 节）可以很好地解释许多此类反应的速率问题（采用 $σ^+$ 而非 σ），对于过渡态中产生一个正电荷的情况，ρ 的数值通常为 −4。

对于 S_N2 反应而言，没有发现这样简单的关系式[330]。在这一反应途径中，旧键的断裂和新键的形成的重要程度几乎相同，而这两个过程都受到取代基的影响，但影响方向不同。未被取代的苄氯和苄溴的溶剂解是通过 S_N2 途径发生的[322]。

对于 Z 基团为烷基的情况，Baker-Nathan 顺序（Baker-Nathan order，参见 2.13 节）通常在 S_N1 和 S_N2 反应途径中都有体现。

在对位取代的苄基体系中，空间位阻效应不存在，但是共振与场效应仍然发挥作用。然而，Holtz 与 Stock[331] 研究了一个既无空间位阻效应，又无共振效应的体系。这就是 4 位取代的双环[2.2.2]辛甲基对甲基苯磺酸酯（**90**）。在这一结构中，由于分子的刚性，空间位阻效应完全不存在，仅有场效应还发挥作用。利用这一结构，Holtz 与 Stock 验证了吸电子基团可以增加 S_N2 反应速率。这一点可以解释为由于吸电子作用，使电子云密度降低，导致过渡态更加稳定。

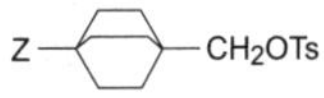

$$Z-\!\!\left\langle\right\rangle\!\!-CH_2OTs$$
$$\mathbf{90}$$

对于一些遵循四面体机理的底物而言，吸电子基团使反应速率上升而给电子基团使反应速率下降。

(7) 环状底物 环丙基底物不易发生亲核进攻[332]。例如，在 60℃ 时对甲基苯磺酰环丙酯在乙酸中的溶剂解反应速率比对甲基苯磺酸环丁酯慢约 10^6 倍[333]。如果亲核进攻确实发生，那么其结果往往不是正常的取代反应（尽管也有例外[334]，尤其是存在诸如芳基或者烷氧基等稳定化基团）而是开环反应[326]：

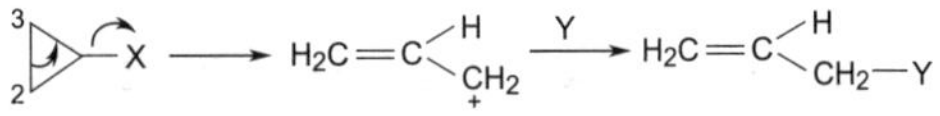

有很多证据证实开环通常是与离去基团的离开协同进行的[335]（环丁基底物的情况也类似，参见 10.3.1 节，(4) ②d），从中我们能够推断出，如果没有环丙烷基环上 2,3 位之间单键的辅助作用，反应速率应该更小。环张力有利于开环过程进行[336]。据估计[337]，若没有这种辅助作用，这些速率已经很慢的反应将可能再减慢 10^{12} 倍。关于开环反应的立体化学的讨论请见第 B 部分反应 **18-27**。对于更大的环，我们已经知道（参见 9.1 节），由于存在 I 张力，环己基底物溶剂解比相应的离去基团在五元环或七元环至十一元环上的化合物来得慢。

(8) 桥头碳上的亲核取代[14] 大多数的桥头化合物中不可能发生 S_N2 反应（参见 10.1.1 节）。不过，已有报道在 [1.1.1] 螺桨烷上的亲核进攻[338]。一般来说，对于S_N1反应而言要求环相对较大（参见10.1.2节）[339]。据称1-碘二环[1.1.1]戊烷可经过二环[1.1.1]戊基正离子发生S_N1反应[340]，但是这种观点已受到质疑，计算发现，二环[1.1.0]丁基甲基正离子才是真正的中间体[341]。在桥头位置上的溶剂解反应性相差很大，例如从 **91** 的 $k=4\times10^{-17}\,\mathrm{s}^{-1}$（非常慢）到[3.3.3]化合物 **92** 的 $3\times10^6\,\mathrm{s}^{-1}$（非常快）[342]，二者的反应速率有23个数量级的差异。分子力学计算表明桥头碳发生S_N1反应的反应性由底物和碳正离子中间体的张力变化所决定[343]。

（9）氘代 α 和 β 二级同位素效应通过不同方式影响反应速率（参见6.10.7节）。测量二级同位素效应提供了一种区分S_N1和S_N2机理的方法，因为对于S_N2反应，每一个 α-D 的取值范围为 $0.95\sim1.06$；而S_N1反应相应的值要更大一些[344]。这种方法非常好，因为它给被研究体系带来的干扰最小：将 α-H 置换成 α-D 几乎不影响反应，而其它探针有可能带来更复杂的影响。

表10.3 近似列出各基团S_N1和S_N2反应性的顺序。表10.4给出以S_N2机理进行的主要反应（当R为一级烷基以及当R为二级烷基，后者更为常见）。

表10.3 在S_N1和S_N2反应中基团的反应性近似顺序表[①]

S_N1 反应性	S_N2 反应性
Ar_3CX	Ar_3CX
Ar_2CHX	Ar_2CHX
$ROCH_2X, RSCH_2X, R_2NCH_2X$	$ArCH_2X$
R_3CX	ZCH_2X
$ArCH_2X$	$-C=C-CH_2X$
$-C=C-CH_2X$	$RCH_2X \approx RCHDX \approx RCHDCH_2X$
$RCH_2X \approx R_3CCH_2X$	R_2CHX
$RCHDX$	
$RCHDCH_2X$	ZCH_2X
$-C≡C-X$	R_3CCH_2X
ZCH_2X	$-C=C-X$
ZCH_2CH_2X	ArX
ArX	桥头碳-X
[2.2.1]桥头碳-X	

① 基团中Z指的是类似于RCO、HCO、ROCO、MH₂CO、NC及其类似基团。

表10.4 第10章中出现的合成上重要的S_N2反应[①][②]

反应编号	反 应
10-1	$RX + OH^- \longrightarrow ROH$
10-8	$RX + OR'^- \longrightarrow ROR'$
10-9	(环氧化物的形成反应，由氯代醇转化)
10-10	$R-OSO_2OR'' + OR'^- \longrightarrow ROR'$
10-12	$2\,ROH \longrightarrow ROR$
10-14	环氧化物 $+ ROH \longrightarrow$ β-烷氧基醇
10-15	$R_3O^+ + R'OH \longrightarrow ROR'$
10-17	$RX + R'COO^- \longrightarrow R'COOR$
10-21	$RX + OOH^- \longrightarrow ROOH$
10-25	$RX + SH^- \longrightarrow RSH$
10-26	$RX + R'S^- \longrightarrow RSR'$
10-27	$RX + S_2^{2-} \longrightarrow RSSR$
10-30	$RX + SCN^- \longrightarrow RSCN$
10-31	$RX + R'_2NH \longrightarrow RR'_2N$
10-31	$RX + R'_3N \longrightarrow RR'_3N^+ X^-$
10-35	环氧化物 $+ RNH_2 \longrightarrow$ β-氨基醇
10-41	$RX + R'CONH^- \longrightarrow RNHCOR'$
10-42	$RX + NO_2^- \longrightarrow RNO_2 + RONO$
10-43	$RX + N_3^- \longrightarrow RN_3$
10-44	$RX + NCO^- \longrightarrow RNCO$
10-46	$RX + X'^- \longrightarrow RX'$
10-47	$ROSO_2OR' + X^- \longrightarrow RX$
10-48	$ROH + PCl_5 \longrightarrow RCl$
10-49	$ROR' + 2\,HI \longrightarrow RI + R'I$
10-50	环氧化物 $+ HX \longrightarrow$ β-卤代醇
10-51	$R-O-COR' + LiI \longrightarrow RI + R'COO^-$
10-57	$RX + R'_2CuLi \longrightarrow RR'$
10-65	环氧化物 $+ RMgX \longrightarrow$ β-羟基化合物
10-67	$RX + HC(CO_2R')_2 \longrightarrow RCH(CO_2R')_2$
10-68	$RX + R''CH-COR^- \longrightarrow RCR''-COR$
10-70	$RX + R'CH-COO^- \longrightarrow RR'CHCOO^-$
10-71	$R-X + H$-二硫杂环 $\longrightarrow$ 烷基化二硫杂环
10-74	$RX + R'C≡C^- \longrightarrow R'C≡CR$
10-75	$RX + CN^- \longrightarrow RCN$

① 此处R为一级烷基以及大部分二级烷基。
② 此处仅为示意表，没有给出催化剂。其中的某些反应也可能通过其它机理进行，并且其范围可能非常广泛。详细信息见具体的反应讨论。

10.7.2 亲核试剂的影响[345]

任何带有未共用电子对的反应物种（也就是

任何 Lewis 碱），不论它是电中性的还是带负电荷的，都可以作为亲核试剂。S_N1 反应不受亲核试剂强弱的影响，因为亲核试剂不出现在决速步中[346]。这可由下面的数据说明：分别对一级和三级底物进行亲核进攻，将亲核试剂从 H_2O 变成 OH^-。对于通过 S_N2 机理反应的溴甲烷，当亲核试剂变成较强的 OH^- 后，反应速率增大了 5000 倍以上；对于通过 S_N1 机理反应的溴代叔丁烷，速率没有受到影响[347]。但是亲核试剂的改变能改变 S_N1 反应的产物。因此，在甲醇中溶剂解对甲基苯磺酸苄酯得到甲基苄基醚（亲核试剂是溶剂甲醇）。如果加入更强的亲核试剂 Br^-，反应速率没有改变，但是产物成了溴苄。

要注意的是，可用所谓的阳离子亲和性衡量阳离子与给电子物种的作用能力。然而这不能真正用于描述 S_N1 反应，但用于描述不同配体的催化活性时很重要[348]。

对于溶液中的 S_N2 反应，有四个主要因素决定着亲核试剂对反应速率的影响，虽然亲核试剂亲核性的顺序不变，但其还是受到底物、溶剂、离去基团等的影响。

（1）带有负电荷的亲核试剂通常是比其共轭酸更强的亲核试剂（假设后者也是一个亲核试剂）。所以，OH^- 比 H_2O 强，NH_2^- 比 NH_3 强，等等。

（2）如果不同的亲核试剂的进攻原子处在元素周期表的同一行时，亲核试剂亲核性的顺序基本上与其碱性顺序一致[349]，尽管碱性是热力学控制的性质而亲核性是动力学控制。所以亲核性的近似顺序是 $NH_2^- > RO^- > OH^- > R_2NH >$ $ArO^- > NH_3 >$ 吡啶 $> F^- > H_2O > ClO_4^-$，以及 $R_3C^- > R_2N^- > RO^- > F^-$（见表 8.1）。当亲核试剂的结构相似时这类规律的关联性最好，例如一系列取代的酚盐。在这一系列中，反应速率通常能与 pK 值建立起线性关系[350]。

（3）元素周期表中越靠下的原子亲核性越强，而碱性却越弱。因此一般来说，卤素的亲核性顺序是 $I^- > Br^- > Cl^- > F^-$（但是下面我们将会看到这一顺序是随溶剂的变化而变化的）。类似的，硫亲核试剂比相应的氧亲核试剂亲核性强，磷和氮亲核试剂也有类似的规律。碱性和亲核试剂强度顺序差别的主要原因是：较小的带负电荷的亲核试剂被常用的极性质子溶剂溶剂化程度较高，也就是说，由于 Cl^- 上的负电荷密度比 I^- 上的大，前者被一层溶剂分子紧紧包围，在亲核试剂与底物之间形成一个隔层。在使用那些能与小的亲核试剂形成氢键的质子极性溶剂时，这一点非常重要。上述观点的证据是：许多小的、带负电的亲核试剂的亲核取代反应在非质子溶剂中要比在质子性溶剂中快得多[351]，例如在非质子性溶剂 DMF 中，亲核性的顺序是 $Cl^- > Br^-$ $> I^-$[352]。另一个实验是在丙酮中用 $Bu_4N^+X^-$ 和 LiX 作亲核试剂，其中 X^- 是卤离子。卤离子在 $Bu_4N^+X^-$ 中比在 LiX 中的缔合程度小得多。LiX 的相对反应速率：Cl^-，1；Br^-，5.7；I^-，6.2，这是正常的顺序。但是在 $Bu_4N^+X^-$ 中，X^- 比较自由，相对速率是：Cl^-，68；Br^-，18；I^-，3.7[353]。在更进一步的实验中，让卤离子在 180℃没有溶剂的情况下与熔融的盐 $(n-C_5H_{11})_4N^+X^-$ 反应[354]。在此条件下，离子没有被溶剂化，也没有缔合，相对反应速率为：Cl^-，620；Br^-，7.7；I^-，1。在气相中（没有溶剂），近似的亲核性顺序为：$OH^- > F^- \approx$ $MeO^- > MeS^- \gg Cl^- > CN^- > Br^-$[355]，这更进一步证明溶剂的影响是溶剂化效应[356]造成的。

但是，溶剂化作用并不是完整的答案，因为即使对于不带电荷的亲核试剂，亲核性也随着在周期表同一列中位置的下降而增大。这些亲核试剂没有被很好地溶剂化，溶剂的改变不会对它们的亲核性产生很大影响[357]。我们可以应用软硬酸碱理论来解释这些事实（参见 8.5 节）[358]。质子是硬酸，但是如果将烷基底物视为 Lewis 酸，同时亲核试剂视为碱，那么这种酸就是非常软的酸。根据 8.5 节给出的规则，我们可以预言，与质子相比，烷基倾向于选择软的亲核试剂。所以体积较大的、易极化的（较软的）亲核试剂对烷基的亲和力（相对）大于与质子的亲和力。

（4）亲核试剂越自由，反应速率就越大[359]。我们已经见过一个这样的例子[353]。另一例子是在苯中 $(EtOOC)_2CBu^-Na^+$ 的进攻速率能通过加入一些特殊的底物（如 1,2-二甲氧基乙烷，己二酰二胺）而增大，这些底物能溶剂化 Na^+，使余下的负离子更加自由[360]。在像苯这样的非极性溶剂中，像 $(EtOOC)_2CBu^-Na^+$ 这样的盐通常会以离子对聚集体形式存在，聚集体的分子量很大[361]。类似的，$C_6H_5COCHEt^-$ 与溴乙烷的反应半衰期依赖于正离子：K^+，4.5×10^{-3}；Na^+，3.9×10^{-5}；Li^+，3.1×10^{-7}[362]。推测起来，钾离子能使负离子最自由，其进攻就最快。更进一步的证据来自于气相中反应[363]，在气相中亲核试剂离子是完全自由的，不存在溶剂和离子对，此时的反应速率比在溶液中的同一个反应快几个数量级[364]。甚至可以在气相中测量 OH^-

分别处在没有溶剂化、被一个、两个、三个水分子溶剂化的情况下与溴乙烷反应的反应速率[365]。此反应的速率为（括号中的数字 0,1,2,3 表示水分子的个数）：(0)1.0×10^{-9} cm³/(分子·s)；(1) 6.3×10^{-10} cm³/(分子·s)；(2)2×10^{-12} cm³/(分子·s)；(3)2×10^{-13} cm³/(分子·s)。这直观地证明了亲核试剂的溶剂化降低了反应速率。这一反应在水溶液中的速率为 2.3×10^{-25} cm³/(分子·s)。其它亲核试剂和其它溶剂也有类似现象[366]。人们也已经研究了在溶液中特定数目水分子溶剂化亲核试剂的效果。确实，氢键降低了亲核试剂内在的亲核性[367]。当 $(n\text{-}C_6H_{13})_4N^+F^-$ 盐与甲磺酸正辛酯反应时，相对反应速率从没有溶剂化的 822 下降到被 1.5 个水分子溶剂化的 96；而被 6 个水分子溶剂化时，其相对反应速率值为 1[368]。

在第 3 章中，我们知道穴状配体对 KF、KOAc 等盐中的碱金属离子具有特殊的溶剂化作用。这一特点能够为合成带来便利，它能使负离子更自由，从而增大亲核取代反应或其它反应的速率（参见 10.7.5 节）。

但是，上面给出的四条规则并不是永远适用。其中一个原因就是空间效应通常影响这一过程。例如，叔丁基氧基负离子（Me_3CO^-）的碱性比 OH^- 和 OEt^- 更强，但是其亲核性却弱得多，这是因为其庞大的体形阻碍了与底物的接近。

Edwards 和 Pearson 给出了 S_N2 机理中的亲核性顺序（在质子溶剂中）[369]：$RS^-\gg ArS^->I^->CN^->OH^->N_3^->Br^->ArO^->Cl^->$ 吡啶 $>AcO^->H_2O$。同时得到了一个类似于第 9 章中线性自由能方程的定量关系式[370]（Swain-Scott 方程，该方程可从 Macus 理论推导出来[371]）：

$$\lg(k,k_0)=sn$$

式中，n 是给定亲核试剂的亲核性；s 是底物对亲核试剂进攻的敏感度；k_0 是 H_2O 反应的速率；这一反应被作为标准，也就是水对应的 n 值为零。溴甲烷的 s 参数规定为 1.0。表 10.5 给出了一些常见的亲核试剂的 n 值[373]。其顺序与 Edwards 和 Pearson 给出的结果类似。

表 10.5 一些常见试剂的亲核性

亲核试剂	n	亲核试剂	n
SH^-	5.1	Br^-	3.5
CN^-	5.1	PhO^-	3.5
I^-	5.0	AcO^-	2.7
$PhNH_2$	4.5	Cl^-	2.7
OH^-	4.2	F^-	2.0
N_3^-	4.0	NO_3^-	1.0
吡啶	3.6	H_2O	0.0

现在已经清楚，亲核性或离去基团离去能力的绝对顺序[374]是不存在的，即使是没有溶剂化作为影响因素的气相中也不存在，因为它们彼此之间会互相影响。当亲核试剂和离去基团都是硬的或都是软的时，反应速率相对较高；当一硬一软时，反应速率则下降[363]。尽管这种影响比上面第 1 段和第 4 段中提到的影响要弱，但其仍然在相当程度上限制了亲核性和离去能力[375]。关于降低一系列亲核试剂的反应性是否会导致反应选择性增加的论点尚在争论之中，正反论点均有证据支持[376]。

对于在羰基碳上的取代反应，亲核性的顺序与在饱和碳上的不同。但是其与碱性的顺序更接近。这可能是由于羰基碳带有部分正电荷，与饱和碳原子相比更类似于质子。也就是说，羰基碳是比饱和碳更硬的酸。针对这类底物的亲核试剂亲核性顺序如下[377]：$Me_2C=NO^->EtO^->MeO^->OH^->OAr^->N_3^->F^->H_2O>Br^-\approx I^-$。软碱对羰基碳进攻的效果很差[378]。被一分子醇 $R'OH$ 溶剂化的烷氧基亲核试剂 RO^- 在气相中进行反应，结果发现 RO^- 和 $R'O^-$ 进攻底物 $HCOOR''$ 的概率几乎相同，而在没有溶剂化的情况下，碱性较强的烷氧基负离子是更好的亲核试剂[379]。在这一研究中，产物 $R''O^-$ 离子也被一分子的 ROH 或 $R'OH$ 溶剂化。

如果在亲核试剂的进攻原子的邻位有一个带有一对或多对未共用电子的原子，那么亲核试剂的亲核性就会增强[380]。这样的亲核试剂的例子有 HO_2^-、$Me_2C=NO^-$、NH_2NH_2 等。这被称作 α 效应[381]，更广泛的概念是 α 亲核试剂具有正电荷偏差，使其偏离了 Brønsted 型亲核性关系[382]，在正常的 Brønsted 型亲核性关系中，亲核试剂具有与 α 亲核试剂相同的碱性，但其并不偏离 Brønsted 型亲核性关系。已经发表了一些关于 α 效应的综述[72,383]，其原因尚未完全明了。目前有一些可能的解释[384]，其中一种解释认为亲核试剂在基态时由于相邻孤对电子间的排斥作用而不稳定[385]；另一种解释认为反应过渡态可被额外的电子对稳定[386]；还有人认为相邻的电子对减弱了亲核试剂的溶剂化效果[387]。支持第三种解释的证据是，在气相中发生的 HO_2^- 与甲酸甲酯的反应没有 α 效应[388]，而在溶液中反应，HO_2^- 显示了很强的 α 效应。研究证实 α 效应明显地与溶剂的性质有关[389]。α 效应广泛存在于在羰基或其它不饱和碳、一些无机原子上的取代反应中[390]，以及以碳正离子历程的亲核反应中[391]，但是在饱和碳上的取代反应中基本没有该效应,或者只有很小的效应[392]。

人们尝试着确定亲核性的一般范围[393],并确定了其它一些基团的亲核反应活性,其中包括醇和烷氧离子[394]、碳负离子[395]、胺[396]、吡啶[397]、吡咯[398]、吲哚[399]、酰亚胺和酰胺[400]、氨基酸和多肽[401]以及硫叶立德[402]。

10.7.3 离去基团的影响

在饱和碳上的离去基团作为独立的实体存在时,稳定性越大,其越容易离去。该能力通常与它的碱性相反,所以最好的离去基团是最弱的碱。因此碘是卤素中最好的离去基团而氟是最差的。由于XH的碱性通常比X^-弱,因此在底物RXH^+上发生的亲核取代反应比在RX上容易。这一效应的例子是:在一般的醇和醚中,OH和OR都不能作为离去基团,但是当它们被质子化后(亦即转化成了ROH_2^+或$RORH^+$)即能离去[403]。离去基团只有在质子化后才能离去的反应被称为S_N1cA或S_N2cA,具体采用哪个名称则取决于质子化后的反应是S_N1过程还是S_N2过程(这两个机理的名称常省略成A1和A2)。cA代表共轭酸,因为取代发生在底物的共轭酸上。这两个机理的IUPAC命名分别为$A_h+D_N+A_N$和$A_h+A_ND_N$,也就是在S_N1和S_N2前面加一个A_h作为预备步骤。若另外一个亲电试剂扮演了质子的角色,就用符号A_e代替。离子ROH_2^+和$RORH^+$在低温超酸体系中可作为稳定的反应物而被观察到[404]。在高温下,ROH_2^+和$RORH^+$断裂生成碳正离子。

显然最好的亲核试剂(如NH_2^-、OH^-)不能参加S_N1cA或S_N2cA反应,因为它们在酸性条件下(质子化离去基团的必要条件)就转化成它们的共轭酸了[405]。由于S_N1反应不要求强的亲核试剂而是需要好的离去基团,所以大多数S_N1反应发生在酸性条件下。与之相反,S_N2反应需要强的亲核试剂,这些亲核试剂一般是强碱,所以S_N2反应一般发生在碱性或中性条件下。

另一个影响离去基团能力的因素是环的张力。通常醚不会发生醚键断裂,质子化的醚只有在激烈的条件下才能发生反应,但是环氧化物(**93**)[406]都很容易断裂,质子化环氧化物(**94**)的断键反应更容易发生。1-氮杂环丙烷(**95**)[407]和环硫化物(**96**)也很容易断裂(参见10.7.8节)[408]。

尽管在合成上卤素原子常作为亲核取代反应的离去基团,但是使用卤代烷不如使用醇方便。因为一般醇中的OH不会离去,必须将其转化为能够离去的基团。让OH离去的方法一种是上面提到的质子化,另一种是转化为活泼酯,通常是磺酸酯。对甲基苯磺酸酯(ROTs)、对溴苯磺酸酯(ROBs)、对硝基苯磺酸酯(RONs)以及甲基磺酸酯(ROMs)等磺酸酯基都是比卤素好的离去基团,经常被使用[409]。还有一些更好的离去基团,含有这些离去基团的化合物都是很好的烷基化试剂。例如含有氧鎓离子(ROR_2^+)[410]的化合物,以及氟化物如三氟甲磺酸酯[411]、九氟丁磺酸酯[411]。2,2,2-三氟乙磺酸酯的反应性比三氟甲磺酸酯差大约400倍,但是还是比甲基苯磺酸酯强大约100倍[412]。在超酸溶液(参见5.1.2节)中可制备卤鎓离子($RClR^+$、$RBrR^+$、RIR^+),而且已经分离出固体SbF_6^-盐,它们在亲核取代中的反应性也非常高[413]。上述各种化合物,在有机合成中最重要的是对甲基苯磺酸酯、甲基磺酸酯、氧鎓离子和三氟甲磺酸酯。其它化合物一般用于机理研究。

NH_2、NHR和NR_2是非常差的离去基团[414],但是如果将一级胺RNH_2转化成二甲基磺酰胺$RNTs_2$后,NH_2的离去能力大大提高。NTs_2基团能够成功地被许多亲核试剂所取代[415]。Katritzky及其同事[416]发展了另外一种将NH_2转化成为好的离去基团的方法。

在该方法中,胺首先与吡喃鎓盐(通常是2,4,6-三苯基吡喃鎓盐,**97**)反应转化成为吡啶盐(**98**)[417]。当加热这种盐时,平衡离子则会作为亲核试剂发生反应。有时候会采用非亲核性的

离子如 BF_4^- 作为 **97 → 98** 转化过程中的平衡离子，反应结束后再向 **98** 中加入 Y^-。能有效地进行此类反应的亲核试剂有 I^-、Br^-、Cl^-、F^-、OAc^-、N_3^-、NHR_2 和 H^-。通常，当底物是 Mannich 碱（$RCOCH_2CH_2NR_2$ 类型的化合物，见反应 **16-19**）时，NR_2 基团是好的离去基团[418]。此时的反应机理为消除-加成机理。

最好的离去基团可能是 NR_2^+ 中的 N_2，RN_2^+ 能通过许多途径制得[419]，其中最重要的两条途径，一是一级胺与亚硝酸的反应（见反应 **13-19**）：

$$RNH_2 + HONO \longrightarrow RN_2^+$$

二是重氮化物的质子化[420]：

$$R_2C\overset{-}{=}\overset{+}{N}=N + H^+ \longrightarrow R_2CHN_2^+$$

无论采用什么方法，所获得的 RN_2^+ 总是非常不稳定，难以分离[421]，推测可通过 S_N1 或 S_N2 机理转化为其它化合物[422]。在 −120°C 的超酸溶液中制备得到了最简单的重氮盐离子（$CH_3N_2^+$），该离子存活时间较长，可用 NMR 谱检测到[423]。事实上人们对其机理尚存疑问，因为速率方程、立体化学和产物的规律都很难解释[424]。如果存在自由的碳正离子，那么取代、消除和重排等反应产物之间的比例就应该与其它 S_N1 反应中碳正离子的相应产物比例相同，但是事实上通常并非如此。据推测，"活泼"碳正离子（未被溶剂化和/或化学反应活性高）在离子对中可能保持构型[425]，在离子对中平衡离子为 OH^-（或 Ac^-，取决于重氮离子是如何生成的）[426]。一类已经分离出多个稳定化合物的脂肪族重氮盐是环丙烯离子基重氮盐[427]：

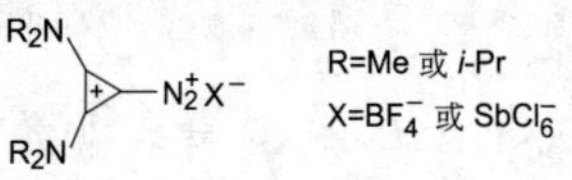

$$\underset{R_2N}{\overset{R_2N}{\triangle}}\!-\!N_2^+X^- \quad \begin{array}{l}R=Me \text{ 或 } i\text{-}Pr\\X=BF_4^- \text{ 或 } SbCl_6^-\end{array}$$

通过普通的脂肪族一级胺制备得到的重氮化合物在合成上没有应用价值，因为它们不仅会与体系中存在的任何亲核试剂反应，而且如果底物允许还会发生消除和重排反应，得到各种产物的混合物。例如，正丁胺的重氮化反应，得到 25% 的 1-丁醇、5.2% 的 1-氯丁烷、13.2% 的 2-丁醇、36.5% 的丁烯（含 71% 的 1-丁烯、20% 的反-2-丁烯和 9% 的顺-2-丁烯）以及少量的亚硝基丁烷[428]。

S_N1cA 和 S_N2cA 机理（参见上述）中，在通常的 S_N1 或 S_N2 过程发生前，有一个质子化的预备步骤。而在另一些反应中预备步骤是失去质子。在这些反应中存在卡宾中间体：

第 1 步 $\quad \underset{H}{\overset{}{>}}\!C\!-\!Br + 碱 \underset{}{\overset{快}{\rightleftharpoons}} \overset{-}{>}\!C\!-\!Br$

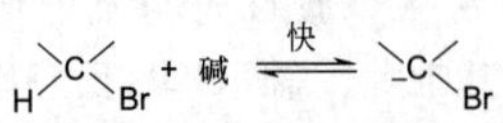

第 2 步 $\quad \overset{-}{>}\!C\!-\!Br \overset{慢}{\longrightarrow} >\!C\!: + Br^-$

第 3 步 $\quad >\!C\!: \longrightarrow$ 发生通常的卡宾反应

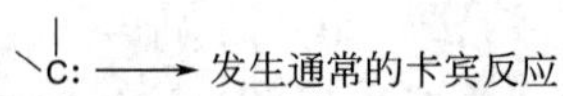

一旦通过这样的过程生成了卡宾，接下来就能发生通常的卡宾反应（参见 5.4.2 节）。如果总的结果是取代反应，则这样的机理被称为 S_N1cB（代表共轭碱）机理[429]。尽管慢的一步是一个 S_N1 过程，但总反应仍然是二级：对于底物是一级的，对于碱也是一级的。

表 10.6 列出一些离去基团离去能力的大致顺序[430~432]。S_N1 和 S_N2 反应中离去基团的离去能力顺序基本相同。

表 10.6 离去基团的近似离去能力顺序（降序）①

底物 RX	常见的离去基团	
	在饱和碳上	在羰基碳上
RN_2^+	×	
$ROR_2'^+$	×	
$ROSO_2C_4F_9$	×	
$ROSO_2CF_3$	×	
$ROSO_2F$	×	
$ROTs$,等②	×	
RI	×	
RBr	×	
ROH_2^+	×（醇的共轭酸）	
RCl	×	×（酰卤）
$RORH^+$	×（醚的共轭酸）	
$RONO_2$,等②		
$RSR_2'^+$[430]	×	
RNR_3'	×	
RF		
$ROCOR'$[431]	×	×（酸酐）
RNH_3^+		
$ROAr$[432]		×（芳基酯）
ROH		×（羧酸）
ROR		×（烷基酯）
RH		
RNH_2		×（酰胺）
RAr		
RR		

① 此表列出了饱和碳和羰基碳上常见的离去基团。
② 含有硫酸酯和磺酸酯结构的化合物 ROTs，例如 $ROSO_2OH$、$ROSO_2OR$、$ROSO_2R$，以及 $RONO_2$ 类化合物，包括含有无机酯的离去基团，如 $ROPO(OH)_2$、$ROB(OH)_2$。

10.7.4 反应介质的影响[433]

溶剂的极性[434]对 S_N1 反应速率的影响取决于底物是电中性的还是带正电荷的[435]。当底物为中性分子时，大多数情况下底物都是中性的，此时溶剂极性越大，反应速率越快。这是因为过渡态比原料（表 10.7[436]）所带的电荷多，过渡态离子的能量因被极性溶剂的溶剂化而降低较多。但是当底物带正电时，过渡态电荷的分散程度比原料离子大，所以增大溶剂的极性会减缓反应。即使溶剂的极性基本相同时，质子和非质子溶剂之间也有差别[437]。非离子底物的 S_N1 反应在质子溶剂中比较快，这是因为溶剂能与离去基团形成氢键。典型的质子溶剂是水[438]、醇和羧酸，而常见的极性非质子溶剂有 DMF、DMSO[439]、乙腈、丙酮、二氧化硫以及六甲基磷酰胺 $[(Me_2N)_3PO，即 HMPA][440]$。现在已经发展了一种算法用于精确计算溶液中的介电屏蔽效应[441]。S_N2 反应可以在离子液体[442]（参见 9.4.3 节）和超临界二氧化碳[443]中进行（参见 9.4.2 节）。

对于 S_N2 反应，溶剂效应[444]取决于反应属于四种类型中的哪一种（参见前述的 10.1 节）。在 Ⅰ 型和 Ⅳ 型反应中，初始的电荷在过渡态中得到分散，所以极性溶剂会阻碍反应。在 Ⅲ 型反应中，初始的电荷在过渡态时减少了，所以极性溶剂的阻碍作用更加显著。只有在 Ⅱ 型中，反应物不带电而过渡态时产生了一个电荷，极性溶剂则辅助了这一过程。上述这些效应总结于表 10.7[436]。Westaway[445]提出了 S_N2 反应的"溶剂规则"，其内容是改变溶剂不会影响 Ⅰ 型反应的过渡态结构，但是会改变 Ⅱ 型反应的过渡态结构。同样，S_N2 反应也要考虑质子和非质子溶剂的差别[446]。对 Ⅰ 型和 Ⅲ 型反应，其过渡态在极性非质子溶剂中的溶剂化程度要比在质子溶剂中高[447]，而与此同时（如 10.7.2 节所示）最初带电的亲核试剂在非质子溶剂中溶剂化的程度较低[448]（第二个因素通常比第一个重要得多）[449]。所以如果把溶剂从甲醇换成 DMSO 则能显著增大反应速率。例如，25℃时碘甲烷与 Cl^- 在不同溶液中的相对反应速率分别如下：MeOH，1[351]；$HCONH_2$（尽管酸性较弱，但也是质子溶剂），12.5；$HCONHMe$，45.3；$HCONMe_2$，$1.2×10^6$。从质子溶剂到非质子溶剂变化时，反应速率的改变还与进攻离子的体积有关。小的离子在质子溶剂中溶剂化得较好，因为氢键对其尤显重要；大的离子在非质子溶剂中溶剂化的较好（质子溶剂通过氢键形成高度严密的结构，而非质子溶剂的结构就松散得多，更易容纳大的负离子）。所以对小的负离子的进攻，当溶剂从质子型变为非质子型时，其速率通常增大很多，这在合成上有意义。文献[431]是一篇相关综述，列举了一些带电荷类型为 Ⅰ 型和 Ⅲ 型的反应，这些反应在换用极性非质子溶剂时，产率提高、反应时间减少。而 Ⅱ 型和 Ⅳ 型反应不易受到质子和非质子溶剂之间差异的影响。

表 10.7 带电荷和不带电荷底物的 S_N1 反应以及四种 S_N2 反应的过渡态[436]

反应物与过渡态		过渡态与起始原料电荷之间的比较	增大溶剂极性对反应速率的影响
S_N2			
Ⅰ型	$RX+Y^- → Y^{δ-} \cdots R \cdots X^{δ-}$	分散	略增大
Ⅱ型	$RX+Y → Y^{δ+} \cdots R \cdots X^{δ-}$	增加	显著增大
Ⅲ型	$RX^+ + Y^- → Y^{δ-} \cdots R \cdots X^{δ+}$	降低	显著降低
Ⅳ型	$RX^+ + Y → Y^{δ+} \cdots R \cdots X^{δ+}$	分散	略降低
S_N1			
	$RX → R^{δ+} \cdots X^{δ-}$	增加	显著增大
	$RX^- → R^{δ-} \cdots X^{δ-}$	分散	略降低

增大溶剂的极性，大多数 S_N1 反应的速率上升，S_N2 反应的速率下降，所以很有可能同一个反应在一种溶剂中是 S_N1 机理而在另一种溶剂中却是 S_N2 机理。表 10.8[450]列出了溶剂离子化强度顺序，排在前面的溶剂是 S_N1 反应的良好溶剂。Smith 等人[450]没有研究三氟乙酸，事实上三氟乙酸的离子化能力[451]比表 10.8 中的任何一种物质都强，由于其亲核性很弱，所以是 S_N1 反应优良的溶剂。其它类似的溶剂还有 1,1,1-三氟乙醇（CF_3CH_2OH）和 1,1,1,3,3,3-六氟-2-丙醇 $[(F_3C)_2CHOH][452]$。

表 10.8 对甲基苯磺酸新苯基酯在不同溶剂中离子化的相对速率[450]

溶剂	相对速率	溶剂	相对速率
HCOOH	153	Ac_2O	0.020
H_2O	39	吡啶	0.013
80%EtOH-H_2O	1.85	丙酮	0.0051
AcOH	1.00	EtOAc	$6.7×10^{-4}$
MeOH	0.947	THF	$5.0×10^{-4}$
EtOH	0.370	Et_2O	$3×10^{-5}$
Me_2SO	0.108	$CHCl_3$	仍很低
辛酸	0.043	苯	
MeCN	0.036	烷烃	
$HCONMe_2$	0.029		

我们已经了解了溶剂极性如何影响 S_N1 和 S_N2 反应的速率，介质的离子强度也有类似的作用。一般来说，额外加入的盐对 S_N1 和 S_N2 反应所起到的效果与增大溶剂极性的效果相同，只是程度不同，同时不同盐的影响也不同[453]。不过也有一些例外：尽管加入盐通常能增大 S_N1 反应

的速率（这称为盐效应），但是加入与离去基团相同的离子通常却降低反应速率（同离子效应，参见 10.1.2 节）。此外还有在 10.1.3 节（2）提到的 $LiClO_4$ 的特殊盐效应。除了上述效应之外，如果存在对排出离去基团有特殊帮助的离子，S_N1 反应的速率也会大大增加[454]。这些离子中特别重要的是 Ag^+、Hg^{2+} 和 Hg_2^{2+}，而 H^+ 有助于 F 的离去（氢键）[455]。在金属离子的协助下，即使一级卤代烷也会发生 S_N1 反应[456]。但是，这并不意味着只要有金属离子的存在，反应就一定按照 S_N1 机理进行。据报道，卤代烷能够与 $AgNO_3$ 或 $AgNO_2$ 反应，反应采取 S_N1 还是 S_N2 机理则取决于反应条件[457]。

溶剂效应可以采用线性自由能关系来定量处理（对于 S_N1 反应，此时溶剂帮助离去基团离去）[458]：

$$\lg(k, k_0) = mY$$

其中，m 是底物的特征值（规定氯代叔丁烷的 m 值为 1.00），通常是一个固定值；Y 是溶剂的特征值，表征其"离子化能力"；k_0 是在标准溶剂，也就是 25℃ 下 80% 乙醇水溶液中的反应速率。这就是 Grunwald-Winstein 方程，其应用的限制很少。当然也能够测量混合溶剂的 Y 值。这正是这种处理的优势所在，因为除此之外，很难主观地给混合溶剂制定一个极性值[459]。对于给定一对溶剂的不同配比情况下，这一处理的结果非常令人满意。但是在更大范围进行比较，虽然 Y 值确实给出了一个合理的溶剂化能力数值，此处理的定量性仍不甚好[460]。表 10.9[461] 中列出一些 Y 值。

表 10.9　一些溶剂的 Y、Y_{OTs} 和 $E_T(30)$ 值[461]

溶剂	Y	Y_{OTs}	Z	$E_T(30)$
CF_3COOH		4.57		
H_2O	3.5	4.1	94.6	63.1
$(CF_3)_2CHOH$		3.82		65.3
$HCOOH$	2.1	3.04		
H_2O-$EtOH$(1:1)	1.7	1.29	90	55.6
CF_3CH_2OH	1.0	1.77		59.8
$HCONH_2$	0.6		83.3	56.6
80%$EtOH$	0.0	0.0	84.8	53.7
$MeOH$	-1.1	-0.92	83.6	55.4
$AcOH$	-1.6	-0.9	79.2	51.7
$EtOH$	-2.0	-1.96	79.6	519
90%二氧六环	-2.0	-2.41	76.7	46.7
i-$PrOH$	-2.7	-2.83	76.3	48.4
95%丙酮	-2.8	-2.95	72.9	48.3
t-$BuOH$	-3.3	-3.74	71.3	43.9
$MeCN$		-3.21	71.3	45.6

续表

溶剂	Y	Y_{OTs}	Z	$E_T(30)$
Me_2SO			71.1	45.1
$HCONMe_2$	-4.14		68.5	43.8
丙酮			65.7	42.2
HMPA				40.9
CH_2Cl_2				40.7
吡啶			64.0	40.5
$CHCl_3$			63.2	39.1
PhCl				37.5
THF				37.4
二氧六环				36.0
Et_2O				34.5
C_6H_6			54	34.3
PhMe				33.9
CCl_4				32.4
正辛烷				31.1
正己烷				31.0
环己烷				30.9

严格地说，Y 仅仅刻画了溶剂离子化的能力，并不反映任何关于溶剂分子发动背后进攻，辅助离核体离去的事实［亲核辅助，k_s，参见 10.3.1 节（3）］。实际上，有证据表明很多亲核溶剂都有亲核辅助作用[462]，甚至在三级底物上[463]。因此有人建议更好地测量"离子化强度"的标准物质应该是 2-金刚烷基底物，而不是叔丁基氯底物，因为金刚烷基底物完全消除了背后的亲核辅助（参见 10.7.1 节）的可能。人们建立了相应的体系，由此测量得到的数值称为 Y_{OTs}，此时 2-金刚烷甲基苯磺酸酯的 m 值规定为 1.00[464]，一些 Y_{OTs} 值列于表 10.9 中。这些值事实上是基于 1-和 2-金刚烷基甲基苯磺酸酯体系的（两者都杜绝了亲核辅助作用，而且对离子化能力的响应几乎相同[465]）。它们之所以被称为 Y_{OTs}，是因为它们只适用于甲基苯磺酸酯。人们还发现，溶剂的离子化能力与离去基团有关，因此分别对 OTf[467]、Cl[433]、Br[468]、I[469] 及其它离去基团[470]，建立了基于相应金刚烷衍生物的独立标度[466]。此外还有一个基于苄溴的 Y 值[471]，建立该参数的部分原因是，苄基甲基苯磺酸酯与 2-金刚烷基的 Y_{OTs} 参数没有线性关系[472]。这与底物有关，因为甲基苯磺酸 2,2-二甲基-1-苯基-1-丙醇酯的溶剂解过程没有发现任何亲核性溶剂参与[473]。

为了建立一个比上述处理方式能包含更多溶剂的体系，使得任何溶剂的 Y 值都可以方便的得以测量，人们作了其它尝试来拟合溶剂的极性[474]。Kosower[475]发现复合物 **99** 的紫外光谱曲线中，I^- 离子与 1-甲基或 1-乙基-4-甲氧甲酰吡啶盐离子之间电荷转移峰的位置与溶剂极性有关[475]。这些峰非常易于测量，从这些峰中，Kosower 计算出了过渡能量[475]，他将其称为 Z 值。因此 Z 值与 Y 值类似，是表征溶剂极性的参数。还有一种标度基于 N-苯基苯酚-苯基吡啶翁铵内盐（**100**）在不同溶剂中电子光谱峰的位置[476]。溶剂极性的这种标度值被称为 $E_T(30)$ 值[477]。$E_T(30)$ 值与 Z 值之间有如下关系[478]：

$$Z = 1.41 E_T(30) + 6.92$$

表 10.9 显示 Z 和 $E_T(30)$ 值的变化趋势大致与 Y 值相同。其它的度量标准，如 $\pi^{*[479]}$、$\pi^*_{azo}{}^{[480]}$ 和 $Py^{[481]}$ 也建立在光谱方法基础上[482]。

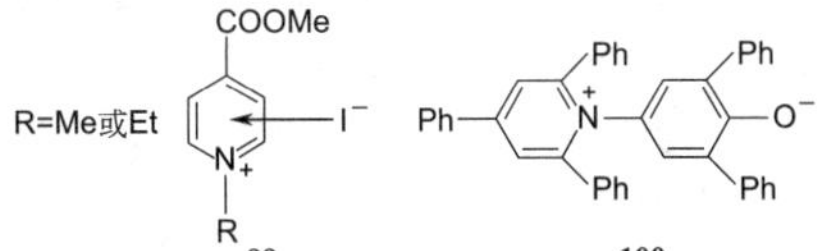

高压下二氧化碳能够液化（超临界二氧化碳）。一些反应可在超临界二氧化碳为溶剂的体系（参见 9.4.2 节）中进行，但需要特殊的设备。这种介质有很多优点[483]，也有一些缺点，但是这是一个诱人的新研究领域。

溶剂对亲核性的影响已经讨论过了（参见 10.7.2 节）。

10.7.5　相转移催化

进行亲核取代实验时有时会遇到一个困难，这就是反应物之间不能混合。一个反应要发生，反应分子之间必须相互碰撞。在亲核取代反应中，底物一般不溶于水或其它极性溶剂，而亲核试剂通常是负离子，在水中可溶，在底物或其它有机溶剂中难溶。因此，当两种反应物混合时，在某一相中，总有一种反应物浓度太低，难以达到合适的速率。一种克服的方法是采用均能溶解这两种物质的溶剂。正如我们在 10.7.4 节所看到的，使用极性非质子溶剂能达到此目的。另外一种常用的方法就是相转移催化[484]。

在这种方法中，催化剂用来将亲核试剂从水相带到有机相中。例如，简单的加热搅拌 1-氯辛烷与 NaCN 水溶液的两相混合物，数天后基本没有生成 1-辛腈。但是如果加入少量适当的季铵盐后，产物在约两小时内即定量地生成[485]。主要有两种相转移催化剂，尽管这两种相转移催化剂行为略有不同，但是效果都一样。它们都将负离子带入有机相并且令其相对自由地与底物反应。

（1）季铵盐或鏻盐　在上面提到的 NaCN 一例中，未经催化的反应根本不进行，这是因为除了极少数之外，绝大部分 CN^- 不能穿过两相的界面。其原因是 Na^+ 在水中被溶剂化，而在有机相中却没有这种溶剂化能。CN^- 不能弃 Na^+ 不顾独自穿过界面，这样会破坏每一相的电中性。与 Na^+ 相反，季铵离子（R_4N^+）[486]和鏻离子（R_4P^+）具有足够大的 R 基团，在水中溶剂化程度差反而更适合于有机溶剂。若加入少量的这种盐，就会建立起三个平衡：

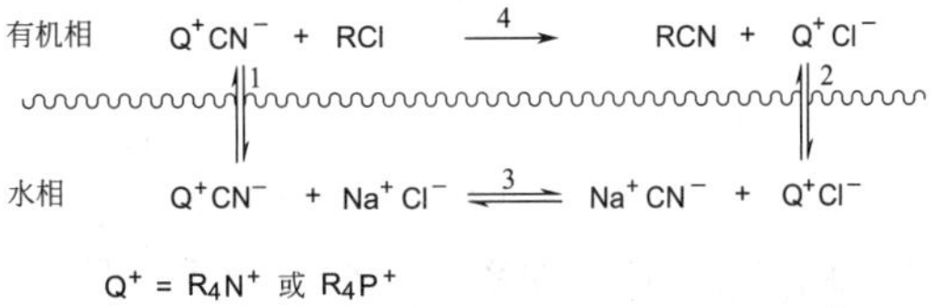

有机相　Q^+CN^- + RCl　$\xrightarrow{4}$　RCN + Q^+Cl^-

水相　　Q^+CN^- + Na^+Cl^- $\xrightarrow{3}$ Na^+CN^- + Q^+Cl^-

$Q^+ = R_4N^+$ 或 R_4P^+

离子 Na^+ 保留在水相中，它们不能穿越相界面。离子 Q^+ 携带着负离子穿过界面。反应初期存在的主要负离子是 CN^-，它被带到有机相中（平衡1），并与 RCl 反应生成 RCN 和 Cl^-。Cl^- 又被带回水相（平衡2）。平衡3完全发生在水相中，使得 Q^+CN^- 再度生成。一般所有的平衡过程达到平衡的速率比实际 RCl 转化为 RCN 的反应（4）速率要快得多，所以反应 4 是决速步骤。

在一些情况下，Q^+ 离子在水中的溶解性较差，主要是停留在有机相中[487]。此时，离子交换（平衡3）跨越界面进行。此外还有另外一个机理（界面机理），通过这一机理，OH^- 能从有机相中夺取一个质子[488]。在此机理中，OH^- 停留在水相，底物存在于有机相，去质子过程在界面处发生[489]。季铵盐的热力学稳定性不好，这也限制了一些催化剂的应用。而卤化三烷基酰基铵（**101**）热力学稳定性好，反应温度高时依然稳定[490]。据报道，有人利用熔融的季铵盐作为取代反应的离子反应介质[491]。

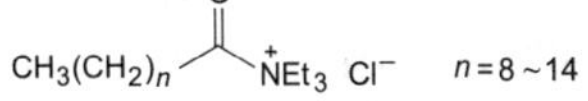

$CH_3(CH_2)_n\overset{O}{\overset{\|}{C}}NEt_3^+\ Cl^-\quad n = 8 \sim 14$

101

（2）冠醚和其它穴状配体[492]　在 3.3.2 节中我们已经知道，特定的穴状配体能匹配特定的正离子。在此作用下，像 KCN 这样的盐就能被二环己基并-18-冠-6 转化成新的盐（**102**），其负离子不变，但是正离子的体积增大了很多，正电荷分散在了更大的体积上，电荷密度显著下降。

相比起 K^+，这种大的络合正离子在水中溶解性较差，但对有机相的亲和力却较好。虽然 KCN 不溶于有机溶剂，但是穴状配体的盐在许多有机溶剂中都可溶。这样，我们只需要把这种盐加入到有机相中，而根本不需要水相。合适的穴状配体能显著增大以 F^-、Br^-、I^-、OAc^- 和 CN^- 作为亲核试剂的反应的速率[493]。一些不是穴状配体的化合物也能起到穴状配体的作用，例如三(3,6-二氧庚基)胺(**103**)，亦称 TDA-1[494]。此外，还有与冠醚没有关系的化合物吡啶基亚砜(**104**)[495]。

上面提到的催化剂都是将负离子带到有机相中，但是还有另外一个影响因素。有证据表明，钾和钠的许多种盐即使能溶于有机溶剂，发生的反应也很慢（极性非质子溶剂除外），这是因为在溶剂中负离子以与 K^+ 和 Na^+ 形成离子对的形式存在，不能自由地进攻底物［参见 10.7.2 节（4）］。幸运的是，能与季离子以及穴状配体正离子形成离子对的离子很少，所以在这种情况下负离子能够自由的进攻。有时称这样的负离子为"裸"负离子。

并不是所有的季盐和穴状配合物在任何条件下都起相同的作用。许多实验都必须用合适的催化剂。

尽管相转移催化剂在亲核取代反应中广泛使用，但并不局限于这些反应。任何需要在有机溶剂中溶解不溶的负离子的反应都能通过加入合适的相转移催化剂而增大其速率。在后几章中我们会看到很多例子。实际上，从理论上说，这种方法不仅限于传送负离子，事实上还有少量工作集中在传送正离子[496]、自由基和分子[497]。反类型相转移催化剂已有报道，即将在有机溶剂中可溶的反应物带到水相中[498]。也有报道微波促进的相转移催化[499]。

上面提到的催化剂都是可溶的。某些交联的聚苯乙烯树脂、氧化铝[500]、硅胶被用于充当不可溶的相转移催化剂。这些催化剂被称作三相催化剂[501]，它们在简化产物处理工作、定量回收催化剂方面有其优势，因为催化剂很容易通过过滤与产物分离。

10.7.6 影响反应性的外部手段

在有些情况下反应很慢，有时是因为混合不良或者一种或多种产物的聚集态不适合于反应。一种提高反应速率的有力手段是就超声（参见 7.2 节）。运用这一技术，反应混合物一般置于 20kHz 或者更高的高能声波下（20kHz 的频率几乎是人类听觉的上限）。当声波穿过混合物时形成了小的气泡（空化作用）。这些小的气泡在破碎时产生强震荡波，显著提高了周围微小区域内的温度和压强，导致反应速率增大[502]。一般情况下，当金属作为反应物或者催化剂与液相接触时，超声还能起到另外一种作用，就是金属表面能被其清洁或者腐蚀，使得液相的分子能与金属原子更充分接触。超声的优点在于它能增大产率，抑制副反应，降低反应所需温度和压力。吡咯烷酮 **105** 与溴代烷在相转移催化的条件下反应，N-烷基化产物 **106** 的产率小于 10%。在其它条件相同的情况下，使体系暴露在超声中（在超声浴中），**106** 的产率提高到 78%[503]。据推测，超声在自由基反应、或者至少是部分通过自由基的反应中效果最佳[504]。

就像第 7 章提到的（参见 7.3 节），微波辐射也有广泛应用。很多反应都能通过这种方法提高反应速率。通常需要几个小时的反应，在微波炉中只需要几分钟即可完成。例如，苯甲醇转化成溴甲基苯的反应，使用 650W 的微波炉在掺杂的 K-10 蒙脱土存在下只需 9min 即可完成[505]。这是一个非常有用并且在发展中的技术。

很多反应速率能通过增大压力来提高[506]。在溶液中，反应速率可以写成活化体积 $\Delta V^{\neq}$ 的表达式[507]。

$$\frac{\partial \ln k}{\partial p} = \frac{\Delta V^{\neq}}{RT}$$

活化体积 $\Delta V^{\neq}$ 是指过渡态的偏摩尔体积与初始态的之差，可近似为摩尔体积之差[507]。增大压强能增大 $\Delta V^{\neq}$ 值，如果 $\Delta V^{\neq}$ 是负的，那么反应速率就随着压强的增大而增大。在 10kbar 以上，这个方程并不严格成立。如果反应的过渡态中存在化学键的生成、电荷的集中或者离子化，那么一般会产生负的活化体积。断键、电荷的分散、过渡态中性化以及扩散控制都会产生正的活化体积。增大压强时速率提高的反应包括以下几种类型[507]。

（1）原料转化成产物的过程中，分子数减少的反应：环加成反应如 Diels-Alder 反应（**15-60**），缩合反应如 Knoevenagel 缩合（**16-38**）。

(2) 通过环过渡态进行的反应：Claisen 重排（**18-33**）和 Cope 重排（**18-32**）。

(3) 通过偶极过渡态进行的反应：Menschutkin 反应（**10-31**），芳香亲电取代。

(4) 具有空间位阻的反应。

许多高压反应都不需要溶剂，但是如果使用了溶剂，那压强对溶剂的影响就很重要。高压下熔点一般会升高，这会影响到介质的黏度（压强每升高 1kbar，液体的黏度大约增大为原来的 2 倍）。控制反应物在介质中的扩散速度也十分重要[508]。大多数反应都是先在室温下加压（5~20kbar），然后升高温度直至反应发生。

10.7.7 两可亲核试剂：区域选择性

一些亲核试剂上含有两个或者多个带有一对未共用电子的原子，或者能画出两个或者多个原子带未共用电子对的极限形式。在这些情况下，亲核试剂可能有两种或多种进攻方式，生成不同的产物。这些试剂称为两可亲核试剂（ambident nucleophile）[509]。大多数时候，一个有两种可能进攻原子的亲核试剂能以任意一个位点进攻（这取决于具体条件），并且通常会生成混合物。但也不是所有的情况都如此。例如，亲核试剂 NCO⁻ 通常生成异氰酸酯（RNCO），而不生成其异构体氰酸酯（ROCN）[510]。当反应有可能生成两种或多种结构异构体（如 RNCO 和 ROCN），而事实上只生成其中一种时，则称这一反应具有区域选择性[511]〔请比较立体选择性的定义，4.14 节；对映选择性的定义，4.8 节第（2）点〕。一些重要的两可亲核试剂有：

(1) —CO—CR—CO— 型离子 这些离子通过从丙二酸酯、β-酮酯、β-二酮等失去一个质子生成，它们的共振杂化体如下：

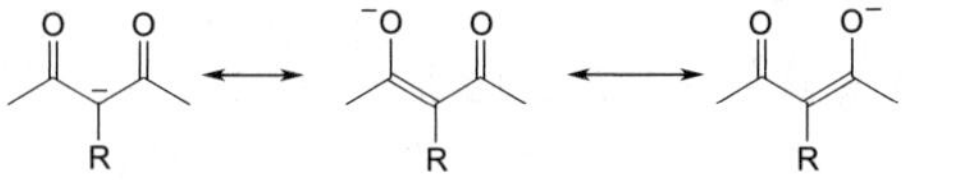

它能通过碳原子（C-烷基化）或者氧原子（O-烷基化）进攻饱和碳：

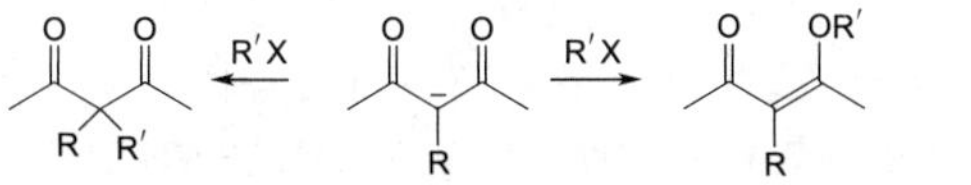

对于不对称离子，则可能生成三种产物，因为两个氧都能进攻。该离子亦能与羰基底物进行类似的 C-酰基化或 O-酰基化。

(2) —CH₃CO—CH₂—CO— 型化合物 这类化合物在 2mol 足够强的强碱的处理下，能失去两个质子，生成双碳负离子：

$$CH_3-CO-CH_2-CO- \xrightarrow{2mol 碱} \overset{-}{CH_2}-CO-\overset{-}{CH}-CO-$$
$$\phantom{CH_3-CO-CH_2-CO- \xrightarrow{2mol 碱} CH_2-CO-CH}107$$

这些离子是两可亲核试剂，因为除了氧原子进攻的可能性以外，还有两个碳原子也可能进攻。事实上，发生进攻的通常是碱性更强的碳[512]。由于与两个羰基相连的碳上的氢比与一个羰基相连的碳上的氢酸性要强（参见第 8 章），故 **107** 中 CH 基团的碱性比 CH₂ 弱，主要是后者进攻底物。这揭示出一个很有用的一般规律：如果想在分子中某一个位置上去掉一个质子使其成为亲核试剂，而分子中又存在酸性更强的质子，这时不妨先将这两个质子都去掉，此时，进攻的往往是想要的位置，因为它是较弱酸的离子。另一方面，如果想用酸性强的位置进攻，那么只需要去掉一个质子即可[513]。例如，乙酰乙酸乙酯能在甲基或亚甲基上烷基化（**10-67**）：

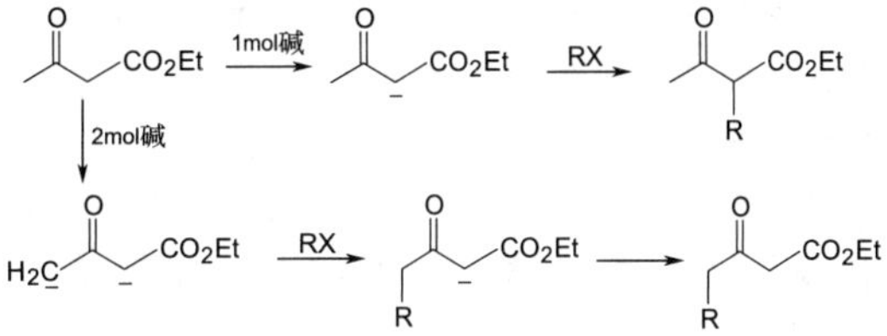

(3) 氰根离子（CN⁻） 此亲核试剂能生成腈（RCN）（反应 **10-75**）或异腈（RN≡C）。

(4) 亚硝酸根离子 此离子能生成亚硝酸酯（R—O—N=O）（反应 **10-22**）或硝基化合物（RNO₂）（反应 **10-76**），硝基化合物不是酯。

(5) 苯氧基离子 这种离子类似于烯醇盐离子，能发生 C-烷基化和 O-烷基化：

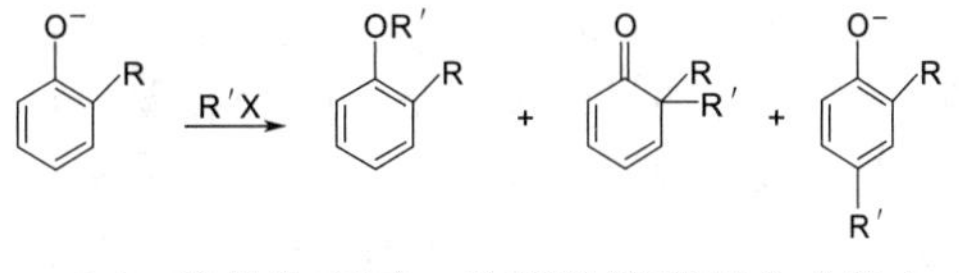

(6) 硝基负离子 从脂肪族硝基化合物上去掉一个质子后生成的碳负离子（R₂C⁻—NO₂），能在氧上或碳上烷基化[514]。O-烷基化生成氮酸酯，通常情况下氮酸酯对热不稳定，能分解成肟和醛或酮。

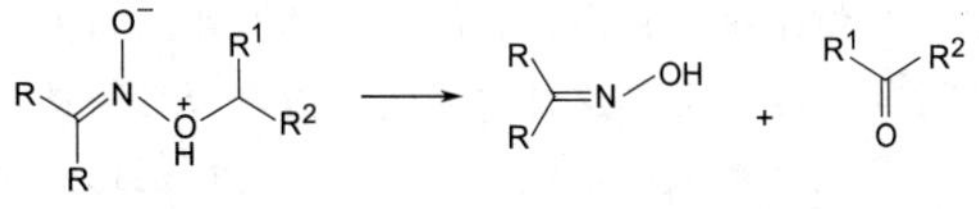

此外还有很多其它的两可亲核试剂。

如果有一个普遍的规则，能决定给定的底物在给定的条件下，两可亲核试剂将利用哪一个原子进攻，那将是非常有用的[515]。遗憾的是，数太多导致情况十分复杂。一般认为电负性大的原子将进攻,但事实也不尽如此。若产物是热力学控制的(参见6.6节),主产物一般是碱性大的原子进攻得到的产物(即C>N>O>S)[516]。但是,大多数反应是动力学控制的,事情就不那么简单了。不过,在承认存在例外和难以解释的结果的同时,我们还是可以作出下面的概括。如讨论一般的亲核性一样(参见10.7.2节),这里主要有两个影响因素:亲核试剂的极化能力(软硬性)和溶剂效应。

(1) 软硬酸碱理论指的是硬酸倾向于与硬碱反应,软酸倾向于与软碱反应(参见8.5.1节)。在 S_N1 机理中,亲核试剂进攻碳正离子,其中碳正离子是硬酸。在 S_N2 机理中,亲核试剂进攻分子中的碳原子,这是较软的酸。两可亲核试剂中电负性较大的原子较电负性较小的原子来说是硬碱。所以我们能叙述如下:当某一反应的反应特性从类似 S_N1 向类似 S_N2 变化时,两可亲核试剂越来越倾向于用电负性较小的原子进攻[517]。因此,将 S_N1 条件变成 S_N2 条件,有利于 CN^- 的 C 进攻,NO_2^- 的 N 进攻,烯醇和酚氧基离子的 C 进攻等。例如,CH_3COCH_2COOEt 的负离子(在质子溶剂中)以 C 原子进攻一级卤代烷;而以 S_N1 机理进攻 α-氯醚时,就是用 O 原子进攻的。但是这不意味着在所有 S_N2 反应中都以电负性较小的原子进攻,而在 S_N1 反应中都以电负性较大的原子进攻。进攻的位置也依赖于亲核试剂的性质、溶剂、离去基团及其它条件。这一规则可总结为增强过渡态的 S_N2 特征有利于电负性较小的原子的进攻。

(2) 所有带负电的亲核试剂必然存在带正电的平衡离子。如果该离子是 Ag^+(或者其它特别能协助离去基团离开的离子,参见 10.7.4 节),而不是通常的 Na^+ 和 K^+,反应过渡态就更类似于 S_N1。因此使用 Ag^+ 能促进电负性大的原子进攻。例如,用 NaCN 处理卤代烷,生成的大部分都是 RCN,而使用 AgCN 就能提高异腈(RNC)的产率[518]。

(3) 在很多情况下,溶剂能影响进攻的位置。亲核试剂越自由,就越有可能利用电负性大的原子进攻;但是这种原子受到溶剂或者平衡离子的限制却越大,亲核试剂反而更有可能通过电负性较小的原子进攻。在质子溶剂中,电负性大的原子由于氢键的作用,溶剂化程度比电负性小的原子高。在极性非质子溶剂中,亲核试剂上这两种原子都没有被显著溶剂化,而对正离子的溶剂化作用却很显著。所以在极性非质子溶剂中,亲核试剂上电负性大的一端受到的溶剂和正离子的纠缠就越小,所以当溶剂从质子溶剂向极性非质子溶剂变化时,通常会促进电负性大的原子的进攻。例如,β-萘酚钠进攻苄溴的反应,在DMSO 中有 95% 的 O-烷基化,而在 2,2,2-三氟乙醇中 85% 的 C-烷基化[519]。将正离子从 Li^+ 变成 Na^+、K^+(非极性溶剂中),O-烷基化仍然比 C-烷基化占优势[520],其原因与前面的类似(与 Li^+ 相比,K^+ 使得亲核试剂更自由),使用冠醚的效果相同,因为冠醚能很好地溶剂化正离子(参见 3.3.2 节)[521]。在气相中烷基化环己酮烯醇盐离子,此时亲核试剂完全自由,只发生了 O-烷基化而没有 C-烷基化[522]。

(4) 在极端的条件下,立体效应也能控制反应的区域选择性[523]。

10.7.8 两可底物

一些底物(如 1,3-二氯丁烷)能在两个或多个位置上被进攻,我们称之为两可底物(ambident substrate)。在下面给出的例子中,分子中恰好有两个离去基团。除了二氯丁烷,通常有两类底物本质上也是两可的(除非分子是对称的)。一种是烯丙基型,这种类型已经讨论过了(参见10.5节);另一种是环氧化合物(或类似的氮杂环丙烷[524]及环硫化物)[525]。

未结合质子的环氧化物的取代,一般发生在中性或碱性条件下,反应是 S_N2 机理。由于一级底物比二级底物更容易发生 S_N2 反应,中性或碱性条件下不对称环氧化物会在含取代基较少的碳上受到进攻,反应具有立体选择性:受进攻的碳构型发生翻转。在酸性条件下,发生反应的是质子化的环氧化物。在此条件下,反应既可能是 S_N1 也可能是 S_N2 机理。在 S_N1 机理中,三级碳是有利的,此时进攻的位置应该是取代基较多的碳,事实也的确如此。但是即使质子化的环氧化物发生 S_N2 反应,进攻仍然发生在取代基较多的碳上[526]。因此,一般可以将反应体系从酸性变为碱性,或从碱性变为酸性,来改变环氧化合物的开环方向。在 2,3-环氧醇的开环中,$Ti(O\text{-}i\text{-}Pr)_4$ 的存在能增大反应速率和区域选择性,使进攻一般发生在 C-3 位,而不是 C-2 位[527]。当环氧环与六元环稠合时,S_N2 开环总是生成两个 a 键的开环产物而不是两个 e 键的[528]。

环硫酸酯（**108**）一般由 1,2-二醇制得，其反应在一些方面类似于环氧化物，但是反应更迅速[529]：

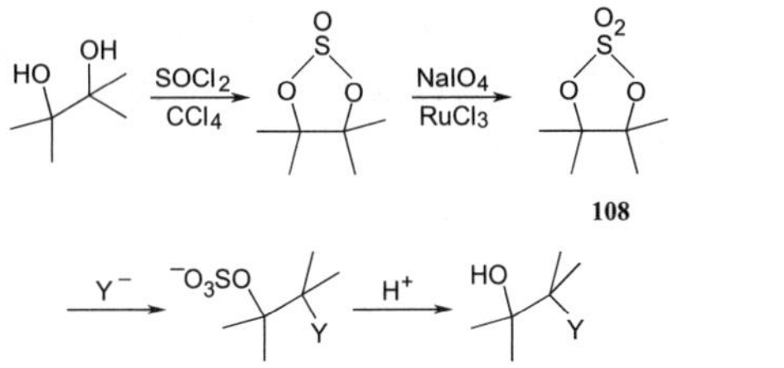

[反应式：HO—C(CH₃)₂—C(CH₃)₂—OH 经 SOCl₂/CCl₄ 生成环状亚硫酸酯，再经 NaIO₄/RuCl₃ 生成环硫酸酯 **108**；再经 Y⁻、H⁺/H₂O 开环生成 HO—C—C—Y]

10.8 反应

本章中的反应按照亲核试剂的进攻原子分类，顺序为：O、S、N、卤素、H、C。对于给定的亲核试剂，反应按照底物和离去基团分类，大部分反应只讨论烷基底物，而酰基底物的反应在第 16 章讨论。最后讨论硫上的亲核取代。

本章中并非所有的反应都是亲核取代。在有些情况下，尚无足够的证据确定进攻是通过亲核试剂、亲电体还是自由基。另一些情况下，更换一种反应物，能产生以上三种机理中的两种甚至三种，具体机理取决于试剂和反应条件。不过，本章中绝大多数反应都符合前面讨论过的一个或几个亲核机理。对于烷基化反应，只要 R 是一级或二级烷基，目前最常见的机理就是 S_N2。对于酰基化反应，四面体机理最普遍。

10.8.1 氧亲核试剂

10.8.1.1 OH 进攻烷基碳

10-1 卤代烷的水解

羟基-去-卤代反应

$$RX + H_2O \longrightarrow ROH_2^+ \xrightarrow{-H^+} ROH + H^+$$
$$RX + OH^- \longrightarrow ROH$$

卤代烷能水解生成醇。但是此反应中通常需要氢氧根离子，除非非常活泼的底物，如烯丙型或者苄基型底物可直接用水水解。如果溶剂是 HMPA 或者 N-甲基-2-吡咯烷酮[531]，或反应在离子溶剂中进行[532]，一般的卤代烷也能直接水解[530]。如果水解（溶剂解）反应经过离子化过程，为 S_N1 型机理，则此反应能在三级碳上进行而不伴有明显的消除副反应。在乙腈水溶液中，三级烷基的 α-卤代羰基化合物能被氧化银转化成相应的醇[533]。这一反应在合成上不常用，因为通常卤代烷就是由醇制得的。

乙烯型卤代烷反应性不高（参见 10.6 节），但是它们在三氟乙酸汞盐的催化下，室温下就能水解成酮，该反应也可在溶于三氟乙酸或乙酸/三氟化硼乙醚混合物中的乙酸汞存在下发生[534]。在银盐的存在下，用氧化二(三丁基锡)（Bu₃Sn—OSn—Bu₃）处理一级溴化物或碘化物，能生成醇[535]。

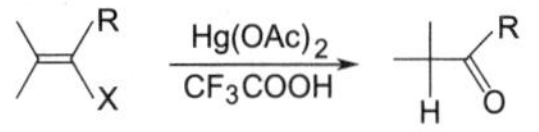

[反应式：C=C(R)(X) 经 Hg(OAc)₂/CF₃COOH 生成羰基化合物]

OS Ⅱ，408；Ⅲ，434；Ⅳ，128；Ⅵ，142，1037.

10-2 偕二卤代物的水解

氧-去-二卤-二取代反应

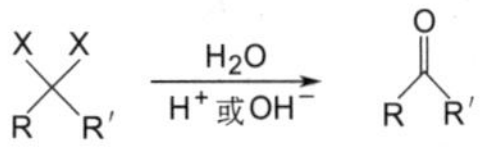

$$\underset{R}{\overset{X\ X}{\underset{|}{C}}}\underset{R'}{\overset{}{}} \xrightarrow[H^+ \text{或} OH^-]{H_2O} \underset{R}{\overset{O}{\underset{||}{C}}}R'$$

偕二卤代物能在酸或碱的催化下水解为生成醛或酮[536]。从形式上看该反应可以认为是首先生成 R—C(OH)XR'，这种结构不稳定，易失去 HX 生成羰基化合物。要从 RCHX₂ 得到醛不能使用强碱，否则产物会发生醇醛缩合反应（**16-34**）或 Cannizzaro 反应（**19-81**），通常碳酸钙和乙酸钠的混合物作为反应中的碱就足够了[537]。在 DMSO 中将反应加热至 100℃，产率很高[538]。一个简单的方法是将偕二溴代物与吡啶加热，然后用水处理得到醛[539]。1,1-二卤代烯烃（C=CX₂）与锌和水一起加热生成相应的甲基酮[540]。

OS Ⅰ，95；Ⅱ，89，133，244，549；Ⅲ，538，788；Ⅳ，110，423，807；另见 OS Ⅲ，737.

10-3 1,1,1-三卤化物的水解

羟基,氧-去-三卤-三取代反应

$$RCX_3 + H_2O \longrightarrow RCOOH$$

此反应与前者类似。本方法的应用受到三卤化物难以获取的限制，不过这种化合物能通过 CCl₄ 及类似化合物与双键的加成（**15-38**）或者芳香环上甲基的自由基卤代反应（**14-1**）得到。若水解时存在醇，则直接生成羧酸酯[541]。1,1-二氯烯烃用 H₂SO₄ 处理也能水解生成羧酸，一般来说，1,1,1-三氟化物不发生这样的反应[542]，但也有例外[543]。

用三氧化硫处理芳基 1,1,1-三卤代甲基衍生物也能得到酰卤[544]。酰卤水解得到羧酸（反应 **16-57**）。

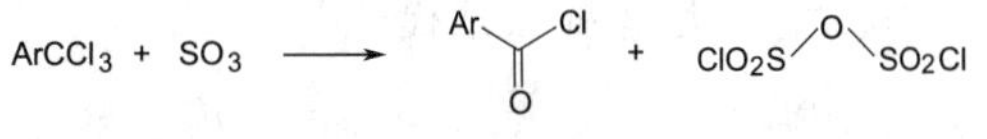

[反应式：ArCCl₃ + SO₃ ⟶ ArC(O)Cl + ClO₂S—O—SO₂Cl]

氯仿在碱的作用下的水解比二氯甲烷和四氯化碳要快得多，反应不仅生成甲酸，还有一氧化碳[545]。Hine[546]指出，氯仿的水解机理与二氯甲烷和四氯化碳的水解机理差别很大，尽管表面上看，这三个反应很类似。氯仿水解的第 1 步是失去一个质子，形成 CCl_3^-，其后又失去 Cl^- 生成二氯卡宾 CCl_2，之后二氯卡宾水解成甲酸或一氧化碳。

$$HCCl_3 \xrightarrow{OH^-} CCl_3^- \xrightarrow{-Cl^-} CCl_2 \xrightarrow{H_2O} HCOOH \text{ 或 } CO$$

这是一个 S_N1cB 机理的例子［参见 10.7.3 节（1）］。另外两个化合物通过正常的机理反应。与之相比，四氯化碳无质子可失去，而二氯甲烷的酸性不够强。

OS Ⅲ，270；Ⅴ，93；另见 OS Ⅰ，327.

10-4 无机酸烷基酯的水解

羟基-去-磺酰氧-取代反应，等

$$R-X \xrightarrow{X = OSO_2R', OSO_2OH, OSO_2OR, OSO_2R', OSOR', \atop ONO_2, ONO, OPO(OH)_2, OPO(OR')_2, OB(OH)_2, \text{ 及其它}} R-OH$$

无机酸酯，包括上面给出的以及其它类似化合物，都能水解生成醇。强酸酯的反应尤其有效，但若是弱酸酯，则需使用氢氧根离子（更强的亲核试剂）或者在酸性条件下反应（有助于离去基团的离去）。乙烯基型底物水解，产物是烯醇，烯醇异构化成醛或酮（参见 2.14 节），如下所示。

$$R_2C=CH-X \xrightarrow{H_2O} R_2C=CH-OH$$
$$\rightleftharpoons R_2CH-CHO$$

一般认为这些反应在同一位置发生，因为从表面上看这些反应很相似。但是，其中一些过程涉及 R—O 键断裂，因此属于饱和碳上的亲核取代反应；另一些涉及无机原子和氧原子之间键的断裂，是硫、氮等上的亲核取代反应。甚至还有一些酯，随反应条件不同，在这两个位置都有可能断裂。例如对甲苯磺酸二苯基甲酯，在 $HClO_4$ 溶液中发生 C—O 断裂，而在碱性介质中发生 S—O 断裂[547]。一般来说，相应的酸越弱，C—O 断裂的可能性就越小。所以，磺酸酯（$ROSO_2R'$）通常发生 C—O 断裂[548]，而亚硝酸酯（RONO）通常发生 N—O 断裂[549]。发生水解的常见磺酸酯已经在 10.7.3 节列出，此外磺酸酯的水解另见反应 16-100。

OS Ⅵ，852；另见 Ⅷ，50.

10-5 重氮酮的水解

氢,羟基-去-重氮-二取代反应

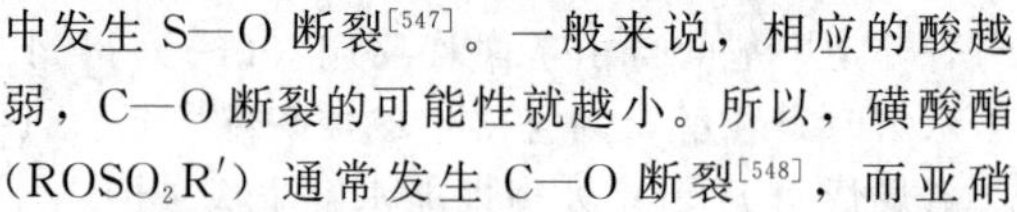

$$\underset{O}{\overset{R}{\underset{\|}{C}}}-CHN_2 + H_2O \xrightarrow{H^+} \underset{O}{\overset{R}{\underset{\|}{C}}}-CH_2OH$$

重氮酮比较容易制备（参见反应 16-89）。当重氮酮与酸作用时，能加上一个质子生成 α-重氮酮盐，再通过 S_N1 或 S_N2 机理水解成醇[550]。用这种方法制备 α-羟基酮产率很高，这是因为此处的重氮盐或多或少地被羰基所稳定，这也使得 N_2 的离去变得不利，因为 N_2 一旦离去，会生成很不稳定的 α-羰基碳正离子。

10-6 缩醛、烯醇酯及类似化合物的水解[551]

3/氢-去-O-烷基化反应

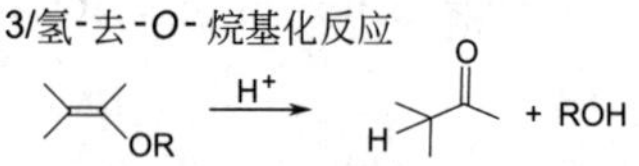

$$\underset{OR}{\overset{}{\underset{}{}}}\!\!\!\!\!\!\!\!\diagup \xrightarrow{H^+} \underset{H}{\overset{}{\underset{}{}}}\!\!\!\!\!\!\!\!\diagup\!\!=\!\!O + ROH$$

O-烷基-C-烷氧基-消除

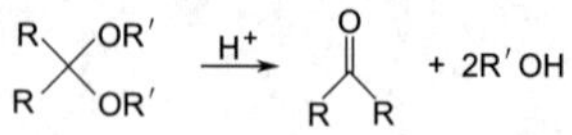

$$\underset{OR'}{\overset{OR'}{\underset{}{R\!-\!C\!-\!R'}}} \xrightarrow{H^+} R\!-\!\underset{O}{\overset{}{\underset{\|}{C}}}\!-\!R' + 2R'OH$$

$$\underset{R'O}{\overset{OR'}{\underset{}{R\!-\!C\!-\!OR'}}} \xrightarrow[H_2O]{H^+} R\!-\!\underset{O}{\overset{}{\underset{\|}{C}}}\!-\!OH \text{ 或 } R\!-\!\underset{O}{\overset{}{\underset{\|}{C}}}\!-\!O^- + 2\text{ 或 }3\text{ } R'OH$$

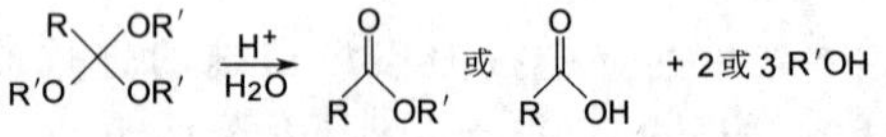

烷氧基 OR 并不能作为离去基团，所以这些化合物在水解之前，必须先转换成它们的共轭酸。尽管 100% 的硫酸和其它浓的强酸很容易使简单的醚分解[552]，但是能用于上述目的的酸只有 HBr 和 HI（10-49）。不过，缩醛、缩酮及原酸酯[553]很容易被稀酸分解。这些化合物很容易水解，因为 $R_2(RO)C^+$ 型的碳正离子可被共振作用所稳定（参见 5.1.2 节）。因此，这些反应是通过 S_N1 机理反应的[554]，下面是缩醛的例子[555]：

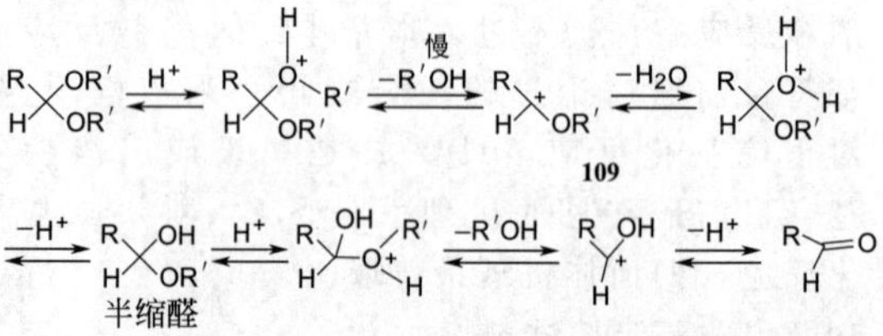

$$\underset{OR'}{\overset{OR'}{\underset{}{\diagup}}} \xrightleftharpoons[]{H^+} \underset{OR'}{\overset{\overset{+}{O}HR'}{\underset{}{\diagup}}} \xrightleftharpoons[慢]{-R'OH} \underset{OR'}{\overset{+}{\underset{}{\diagup}}} \xrightleftharpoons[]{-H_2O} \underset{OR'}{\overset{\overset{+}{O}HR'}{\underset{}{\diagup}}}$$
$$\mathbf{109}$$

$$\xrightleftharpoons[]{-H^+} \underset{OR'}{\overset{OH}{\underset{}{\diagup}}} \xrightleftharpoons[]{} \underset{OR'}{\overset{\overset{+}{O}H}{\underset{}{\diagup}}} \xrightleftharpoons[]{-R'OH} \underset{}{\overset{OH}{\underset{}{\diagup}}} \xrightleftharpoons[]{-H^+} \diagup\!\!=\!\!O$$
半缩醛

这个反应按照 S_N1cA 或 A1 机理进行，是醛和醇反应生成缩醛反应（16-5）的逆过程。支持这一机理的事实如下[556]：①反应是特殊 H_3O^+ 催化的（参见 8.4 节）；②在 D_2O 中的反应要快一些；③光活性的 ROH 不发生外消旋化；④ ^{18}O 标记显示，即使是叔丁基醇的 R—O 键也没有断裂[557]；⑤在苯乙酮的缩酮反应中，相应的中间体 **109**［$ArCMe(OR)_2$］能被亚硫酸根离子（SO_3^{2-}）所捕捉[558]；⑥捕捉这一离子并不影响水解反应速率，所以决速步一定在此步之前；⑦在 1,1-二烷氧基烷烃的反应中，相应的中间体 **109** 在 $-75℃$ 下的超强酸体系中已经以稳定的盐的形式分离得到，人们可以研究其光谱性质[559]；⑧以 $CH_2(OR')_2 < RCH(OR')_2 < R_2C(OR')_2 < RC(OR')_3$ 的顺序，水解速率显著增大，此现象与碳正离子中间体的推测相一致[560]。生成 **109** 的过程通常是决速步骤（已在上面标出），不过有证据表明，至少在一些情况下，这一步反应速

率是快的，决速步是质子化半缩醛失 R′OH 的过程[561]。另据报道，**109** 加水的步骤也能成为决速步[562]。

如上所示的 A1 机理发生在大多数的缩醛水解反应中，但也已发现另外两种机理在合适的底物上也能发生[563]。其中的一种机理中，其第 2 步和第 3 步是协同过程，故此机理为 S_N2cA（或 A2）。此类反应已被发现，如，在 1,1-二乙氧基乙烷上，通过同位素效应[564]研究得出：

$$H_3C \overset{H}{\underset{OEt}{\overset{+}{O}}} Et \xrightarrow{-EtOH} H_3C \overset{H}{\underset{OEt}{\overset{+}{O}}} \longrightarrow 产物$$

第二种机理，第 1 步和第 2 步是协同过程。2-(对硝基苯氧基)四氢吡喃的水解是一般酸催化的[565]，这表明质子化是在决速步中（参见 8.4 节）。底物的质子化在决速步的反应被称为 A-S_E2 反应[566]。但是，如果质子化是决速步中的唯一过程，那么在过渡态中，质子应该在较弱的碱附近（参见 8.4 节）。由于底物的碱性比水弱很多，所以质子应该发生转移。而事实上发现 Brønsted 系数只有 0.5，即质子只有约一半转移了。这可解释为底物的碱性由于 C—O 键的部分断裂而增强。以上的事实说明第 1 步和第 2 步是协同的。大部分情况下原酸酯的水解也属于一般酸催化[567]。

缩醛和原酸酯的水解受到前面讨论过的空间电子效应的制约［参见 16.1.1 节（4）][568]，尽管这一效应通常出现在构象变化受到限制的体系，尤其是环体系。有证据表明在缩醛的水解过程中存在共平面的立体选择性[569]。Lewis 酸介导的手性缩醛的水解机理也已获知[570]。

用于缩醛水解的非常方便的试剂是湿硅胶[571]和 Amberlyst-15（一种带磺酸基的聚苯乙烯正离子交换树脂）[572]。环状和非环状缩醛及缩酮在无水条件下用二氯甲烷中的 TESOTf-2,6-二甲基吡啶（或 2,4,6-三甲基吡啶）处理，而后用水[573]、Lewis 酸［例如，丙酮中的 0.8% In(OTf)$_3$][574]、乙腈水溶液中的硝酸铈铵[575]或 Bi(OTf)$_3$·xH$_2$O[576]处理，均能转化为醛或酮。

尽管缩醛、缩酮和原酸酯很容易被酸水解，但是它们对碱很稳定。所以若要保护醛和酮不受碱的进攻，可以将其转化成为缩醛或缩酮（反应 **16-5**），反应后再用酸分解。吡啶-HF 也被用于这个转化[577]。硫缩醛、硫缩酮、偕二胺以及其它在一个碳原子上带有下述基团中的两个 OR、

OCOR、NR$_2$、NHCOR、SR 以及卤原子的化合物都能水解成醛或酮，反应一般是在酸的作用下。在这些化合物中，硫缩醛 RCH(SR′)$_2$ 和硫缩酮 R$_2$C(SR′)$_2$ 对酸最稳定[578]。由于转化成上述化合物（反应 **16-11**）是保护醛酮的重要手段，所以人们发展了很多方法用于将其再度转化成原来的羰基化合物。达到这一目的所能使用的试剂[579]有：HgCl$_2$[580]、HgCl$_2$·6H$_2$O[581]，二氯甲烷中的十六烷基三甲基溴化铵[582]、间氯过氧苯甲酸、Dess-Martin 高碘烷（periodinane）[583]（反应 **19-3**）和乙酰氯中的亚硝基钠[584]。混合缩醛和缩酮（RO-C-SR）可以用上面提到的大多数试剂水解，也可用丙酮水溶液中的 N-溴代琥珀酰亚胺（NBS）[585]和 Amberlyst-15 上的水合乙醛酸并辅以微波辐射[586]水解。

烯醇醚（乙烯基醚）容易被酸水解，决速步是底物的质子化[587]。但是质子化并不发生在氧原子上，而是在 β-碳上[588]，因为这样能生成稳定的碳正离子 **110**[589]。此后的过程就与上面缩醛水解的 A1 机理类似。

$$\underset{}{\overset{OR}{=}} \xrightarrow[慢]{H^+} H\underset{}{\overset{OR}{-}} \xrightarrow{H_2O} H\underset{\overset{+}{OH_2}}{\overset{OR}{-}} \xrightarrow{-H^+} H\underset{OH}{\overset{OR}{-}}$$

110

$$\xrightarrow{H^+} H\underset{\overset{+}{O}-R}{\overset{OH}{-}} \xrightarrow{-ROH} H\underset{\overset{+}{OH}}{\overset{}{-}} \xrightarrow{-H^+} H\underset{}{\overset{O}{=}}$$

支持上述机理（A-S_E2 机理，因为底物质子化在决速步中）的事实有：①^{18}O 标记显示，在 ROCH=CH$_2$ 中断裂的是烯氧键而不是 RO 键[590]；②反应属于一般酸催化[591]；③当使用 D$_2$O 时有溶剂同位素效应[591]。已经建立了测定烯醇醚水解中质子转移的一级动力学同位素效应的方法[592]。有些情况下，可能发生对映选择性质子化。例如，环状的烯醇烷基硅醚用手性酸作用可以高对映选择性地转化为手性 α-取代酮[593]。

烯胺也能被酸水解（参见反应 **16-2**），反应机理类似。烯酮缩二硫醚［R$_2$C=C(SR′)$_2$］也通过类似的机理水解，只不过最初质子化的一步部分可逆[594]。呋喃是一种特殊的烯醇醚，酸催化水解得到 1,4-二酮[595]，于是，氧鎓离子水解生成醇和醚。

$$H_3C\underset{O}{\overset{}{\diagup\diagdown}}CH_3 \xrightarrow[H_2SO_4]{H_2O} H_3C\underset{}{\overset{O}{-}}\underset{}{\overset{O}{-}}CH_3$$

OS Ⅰ, 67, 205；Ⅱ, 302, 305, 323；Ⅲ, 37, 127, 465, 470, 536, 541, 641, 701,

731, 800; IV, 302, 499, 660, 816, 903; V, 91, 292, 294, 703, 716, 937, 967, 1088; VI, 64, 109, 312, 316, 361, 448, 496, 683, 869, 893, 905, 996; VII, 12, 162, 241, 249, 251, 263, 271, 287, 381, 495; VIII, 19, 155, 241, 353, 373.

10-7 环氧化物的水解

(3)OC-二级-羟基-去-烷氧基-取代反应

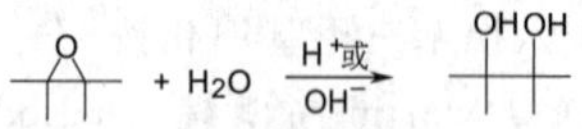

$$\triangle + H_2O \xrightarrow{H^+ 或 OH^-} \text{OH OH}$$

环氧化物的水解是制备邻二醇的方便的方法。反应酸碱催化均可。碱性试剂进攻环氧结构单元中极性大的碳而开环，而酸催化反应则产生质子化的环氧化物（氧鎓离子）[596]，其相邻碳受亲核进攻而开环。在酸催化中，高氯酸发生少量的副反应[597]，10% Bu_4NHSO_4 水溶液最有效[598]。水在 60℃ 下直接与环氧化物反应[599]，二甲基亚砜是碱催化环氧化物水解的很好的溶剂[600]。

salen-钴 [salen 为双（邻羟苯亚甲基乙二胺）] 在水的存在下，能使环氧化物高立体选择性地开环[601]。环氧化物水解酶使氧化物高对映选择性地开环[602]。

OS V, 414.

10.8.1.2 OR 进攻烷基碳

10-8 利用卤代烃的烷基化：Williamson 反应

烷氧基-去-卤代反应

$$RX + OR'^- \longrightarrow ROR'$$

Williamson 反应（Williamson 醚合成）发现于 1850 年，直至今天仍然是制备不对称醚以及对称醚的最普遍方法[603]。这一反应亦能发生于芳基 R' 上，不过有的时候会发生 C-烷基化的副反应（参见 10.7.7 节）[604]。一般的方法是用由醇或酚与适当碱反应制备得到的烷氧基负离子或酚基负离子来处理一级或二级卤代烷烃，但也有报道用碳酸二甲酯进行甲基化[605]。反应通常用非质子性溶剂（THF、醚等）而不用醇溶剂，在醇溶剂中烷氧基负离子会促进消除反应（参见第 17 章）。但也可以将卤化物和醇或酚与 Cs_2CO_3 在乙腈中直接混合[606]，或与 NaH 在 DMF 中反应[607]。这一反应可在干的介质中进行[608]，也可不用溶剂[609] 或在溶剂中微波参与[610]。也有报道在离子液体中进行 Williamson 醚合成[611]。三级 R 难以发生此反应（消除反应为主），二级 R 的产率不高。二醇和卤代烷烃反应可以得到单醚[612]。可以用锡配合物选择性地烷基化二醇 [$HOCH_2CH(OH)R$] 中的一级羟基[613]。分子中存在的许多其它官能团一般不参与反应。带一个三级烷基的醚能通过卤代烷或硫酸酯（10-10）与三级烷氧基负离子 R'O$^-$ 反应制得。二叔丁基醚可通过 t-BuOH 直接进攻叔丁基正离子制得（在 $-80℃$ 下 SO_2ClF 中），反应产率很高[614]。一般来说，二叔烷基醚很难制取，不过可以用 Ag_2CO_3 或 Ag_2O 处理三级卤化物制得，产率中等至偏低[615]。醇与 $Mg(ClO_4)_2$ 和过量 Boc 酸酐（Boc_2O，其中 Boc 为叔丁氧羰基）反应生成叔丁基醚[616]。活化卤化物（例如 Ar_3CX）能直接与醇反应[617]，有位阻的醇亦能反应[618]。这些反应的机理显然是 S_N1。用酚和一种胺，如吡啶，来处理叔丁基卤化物能得到芳基叔丁基醚[619]。芳基烷基醚可通过卤代烷与芳基乙酸酯（而不是酚）在 K_2CO_3 和冠醚存在下反应而制得的[620]。已经表明 Pd 催化的烯丙基乙酸酯与脂肪醇取代反应生成相应的烷基烯丙基醚[621]。Rh 催化剂[622]、Ir 催化剂[623]和 In-Si 复合 Lewis 酸催化剂[624]也已用于醚形成的反应。芳基醚可以在 Mitsunobu 反应条件下制取（参见反应 10-17）[625]。

乙烯基醚通过四乙烯基锡与苯酚在乙酸铜和氧气存在下偶联得到[626]。也有报道 Pd 催化的三氟甲磺酸乙烯基酯与苯酚的偶联反应[627]。

芳基烷基醚和二烷基醚都能通过相转移催化（参见 10.7.5 节）[628]和胶束催化[629]以较好的产率制取。对称的苄基醚通过苄醇与 Mg/I_2 反应而后用三氟甲磺酸酐处理制取[630]。

对 Williamson 醚合成反应稍作改进，使羟基化合物的盐与氯甲基甲醚反应可用来保护羟基[631]。

$$RO^- + CH_3OCH_2Cl \longrightarrow ROCH_2OCH_3$$

此保护基团称甲氧基甲基（MOM），生成的化合物称甲氧基甲基醚（MOM 醚）。生成的缩醛对碱稳定，但在酸性介质中，即使是在温和条件下也很容易分解（反应 10-7）。另一种保护基团 2-甲氧基乙氧基甲基（MEM）的形成方式类似。MOM 和 MEM 都能在二烷基或二芳基硼卤化物如 Me_2BBr 作用下分解[632]。

另一种保护醇的常用方法是将其转化为硅醚（R—O—SiR'$_3$），通常先将醇用碱（例如，三甲胺或咪唑）处理，再与三烷基氯代硅烷或类似溴化物反应[629]。基本操作方法有许多种不同的改进。例如，加碘可以促进该反应[633]。也有多种方法去除烷基硅基团而重新得到醇，但是氟离子，包括 THF 中的四丁基氟化铵，是最常用的方法[629]。

尽管大部分 Williamson 反应是通过 S_N2 机理进行的，但是也有证据表明（参见 10.3 节）某些情况下也会发生 SET 机理，特别是对于一些碘代烷[634]。二级醇与甲醇在无水硝酸铁存在下反应转化为相应的甲醚[635]。

OS I，75，205，258，296，435；II，260；III，127，140，209，418，432，544；IV，427，457，558，590，836；V，251，258，266，403，424，684；VI，301，361，395，683；VII，34，386，435；VIII，26，161，155，373；80，227.

10-9 形成环氧化物（分子内 Williamson 醚合成）

(3)OC-环-烷氧基-去-卤代反应

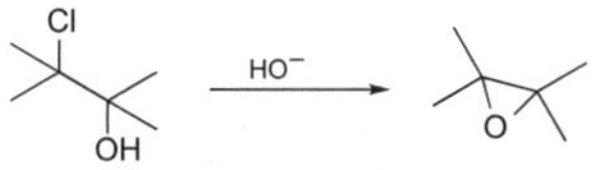

这是反应 10-8 的一个特例。碱夺取邻卤醇（邻氯醇或邻溴醇）OH 的一个质子，形成的烷氧基负离子通过分子内 S_N2 进攻生成环氧化物[636]。此方法已用于制备多种环氧化物[637]。反应的过程受邻基效应的影响[638]。加入手性助剂（例如，二氢金鸡纳啶），对映选择性地形成环氧化物[639]。在连续流式系统中采用 HOF-MeCN 也能够使烯烃发生环氧化反应[640]。

本方法亦可用于制备较大的环醚：如四氢呋喃和四氢吡喃[641]。环氧化合物再用碱处理能得到邻二醇（反应 10-7）。α-氯代酮与 $(EtO)_2P(=O)$-SH 和 $NaBH_4-Al_2O_3$ 在微波辅助下反应可以制得环硫乙烷[642]。1,2-二醇能转化成环氧乙烷，反应试剂包括 N,N-二甲基甲酰胺二甲基缩醛 $[(MeO)_2CHNMe_2]$[643]、偶氮二甲酸乙酯 $[EtOOCN=NCOOEt]$ 和 Ph_3P[644]、二烷氧基三苯基膦[645] 或 $TsCl-NaOH-PhCH_2NEt_3^+Cl^-$[646]。

OS I，185，233；II，256；III，835；VI，560；VII，164，356；VIII，434.

10-10 使用无机酯的烷基化反应

烷氧基-去-磺酰氧基-取代反应

$R-OSO_2OR^2 + R'O^- \longrightarrow ROR'$

烷基硫酸酯与烷氧基负离子的反应在反应机理和范围上与 10-8 类似。其它无机酯也能发生这样的反应。此类反应的一个最主要的应用就是通过烷氧基负离子或酚基负离子与硫酸甲酯的反应来制备醇或酚的甲醚。醇或酚可以在多种不同条件下直接用硫酸二甲酯直接甲基化[647]。有时羧酸酯与烷氧基负离子反应也能生成醚（$B_{AL}2$ 机理，反应 16-59），反应过程十分类似（另见反应 16-64）。类似的反应如将 111 与氧化铝加热生成苯并呋喃（112）[648]。脂肪醇与有机三氟硼酸钾盐反应也生成醚[649]。

叔丁基醚（113）能通过在三氟化硼乙醚中，由醇或酚与 2,2,2-三氯亚氨代乙酰基叔丁酯反应得到[650]。三氯亚氨酯也可用于制备其它醚[651]。叔丁基醚能被酸催化水解[652]。

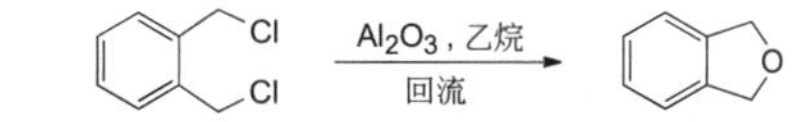

OS I，58，537；II，387，619；III，127，564，800；IV，588；VI，737，859；VII，41；另见 OS V，431.

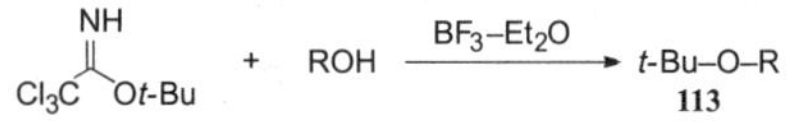

10-11 用重氮化合物烷基化

氢，烷氧基-去-重氮基-二取代反应

$CH_2N_2 + ROH \xrightarrow{HBF_4} CH_3OR$

$R_2CN_2 + ArOH \longrightarrow R_2CHOAr$

醇与重氮化合物反应生成醚，但重氮甲烷和重氮酮是很容易获得的重氮化合物，与醇分别得到甲醚和 α-羰基醚[653]。重氮甲烷[654] 价格昂贵，并且使用要十分小心，但反应具有条件温和，产率高的优点，故此方法主要用于昂贵的或者微量的醇及酚的甲基化。羟基化合物的酸性越强，反应性就越高，而通常的醇若无诸如 HBF_4[655] 或硅胶[656] 等催化剂的作用就难以反应。酸性较强的酚则无需催化剂即可顺利反应。肟和酮实际上含有烯醇式的成分，因此发生 O-烷基化分别生成 O-烷基肟和烯醇醚。反应机理[657] 如 10-5。要指出的是 O-芳基肟可以在 CuI 促进下由肟和芳基卤反应制取[658]。

重氮烷也能在醇的存在下，通过热或光引发与醇反应生成醚。此为卡宾或类卡宾反应[659]。卡宾对映选择性地插入到酚的 O—H 键之间，得到高度取代的醚[660]。重氮烷在 t-BuOCl 存在下与醇生成缩醛的反应也有类似的中间体[661]。

$R_2CN_2 + 2R'OH \xrightarrow{t\text{-BuOCl}} R_2C(OR')_2$

OS V，245；另见 OS V，1099.

10-12 醇的脱水

烷氧基-去-羟基化反应

$$2ROH \xrightarrow{H_2SO_4} ROR + H_2O$$

醇脱水生成对称醚的反应[662]与 10-8 和 10-10 类似，但是离去基团是从 ROH_2^+ 或 $ROSO_2OH$ 离去的。前者是直接用硫酸处理醇，经另一分子醇进攻直接生成醚，反应可能通过 S_N1 或 S_N2 机理进行。此外，还有可能是通过 S_N1 或 S_N2 机理，被亲核试剂 HSO_4^- 进攻，将醇转化成 $ROSO_2OH$，然后再被另一分子醇进攻生成 ROR。一般会有消除的副反应存在，而如底物是三级烷基，则消除是主反应。加热二芳基甲醇与 TsOH 的固相反应能以较高的产率得到醚，$ArAr'CHOH \rightarrow (ArAr'CH)_2O$[663]。其它酸也可用于这个转化反应，如用 Nafion-H 转化成硅醚[664]，有些情况下，Lewis 酸也可用于醇的转化[665]。

如果采用一种三级醇和另一种一级或二级醇则能制备出混合醚，因为后者难以与前者竞争生成碳正离子，而同时三级醇的亲核性很差[666]。如果反应物中没有三级醇，则混合两种醇会得到三种可能的醚。不对称醚已通过两种不同的醇与 $MeReO_3$[667] 或 $BiBr_3$[668] 作用而制得。不对称醚也已在 Mitsunobu 条件（反应 10-17）下用负载在聚合物上的膦和偶氮二羧酸二乙酯（DEAD）制备得到[669]。对称醚通过在甲苯或庚烷（两相体系）中加热苄醇与聚（3,4-亚乙基二氧噻吩）形成，且无需其它添加剂[670]。通过二醇能转化成环醚[671]，反应在五元环时最易进行，但五元、六元、七元环醚都已被制得[672]。因此，1,6-己二醇可生成 2-乙基四氢呋喃。此反应是用醛糖制备糠醛衍生物的重要反应，反应同时发生消除。

苯酚和一级醇与二环己基碳二亚胺（DCC，见反应 16-63）共热能生成醚[673]。

OS Ⅰ，280；Ⅱ，126；Ⅳ，25，72，266，350，393，534；Ⅴ，539，1024；Ⅵ，887；Ⅷ，116；另见 OS Ⅴ，721.

10-13 醚交换反应

羟基-去-烷氧基化反应
烷氧基-去-羟基化反应

$$ROR' + R''OH \longrightarrow ROR'' + R'OH$$

醚的烷氧基发生交换反应是很少见的，不过对于含有活泼的 R 基团，如二苯基甲基的醚[674]，或者将烷基芳基醚与烷氧基负离子反应实现交换：$ROAr + R'O^- \rightarrow ROR' + ArO^-$[675]。3-(2-苯甲氧基乙基)-3-甲基氧杂环丁烷在 $BF_3 \cdot OEt_2$ 的催化下可转化成 3-苯甲氧基甲基-3-甲基四氢呋喃，这是一个分子内醚交换反应[676]。

缩醛和原酸酯很容易发生醚交换反应[677]，例如 114 转化为 115 的反应[678]：

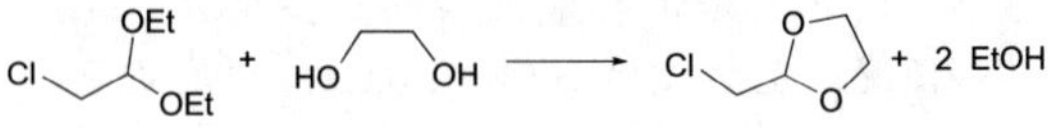

<chemical structure: 114 (Cl-CH(OEt)2) + HO-CH2-CH2-OH → 115 (Cl-CH2-cyclic dioxolane) + 2 EtOH>

在反应 10-6 中可以看到，缩醛分子中离去一个基团得到的碳正离子十分稳定。也有可能在黏土上二甲基缩酮与 1,4-丁二硫醇反应直接生成二噻烷[679]。这些是平衡反应，通常可通过蒸出低沸点的醇使平衡移动。烯醇醚能通过醇与烯醇酯或另一种烯醇醚的反应制得，乙酸汞常用作催化剂[680]，例如：

$$ROCH=CH_2 + R'OH \xrightarrow{Hg(OAc)_2} R'OCH=CH_2 + ROH$$

N,N-二乙基氨基乙硫醇与芳醚反应生成苯酚衍生物和相应的硫化物，这实质上就是一个醚交换反应[681]。

用烷氧基三甲基硅烷（$ROSiMe_3$）处理 1,2-二酮，能将其转化成 α-羰基烯醇醚[682]。

OS Ⅵ，298，491，584，606，869；Ⅶ，334；Ⅷ，155，173；另见 OS Ⅴ，1080，1096.

10-14 环氧化物的醇解

(3)OC-二级-烷氧基-去-烷氧基化反应

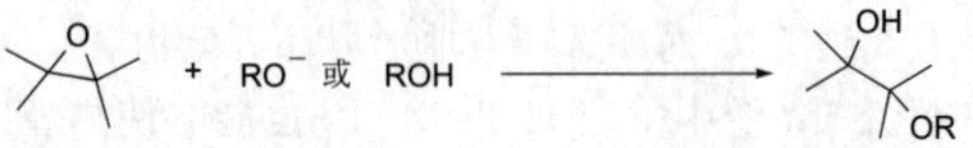

<chemical structure: epoxide + RO^- 或 ROH → HO-C-C-OR>

此反应与 10-7 类似。可以被酸（包括 Lewis 酸）[683]、碱或氧化铝[684]催化，这一过程可能是 S_N1 或 S_N2 机理。已经应用过的催化剂有：介孔铝硅[685]、$Cu(BF_4)_2 \cdot nH_2O$[686]、$Al(OTf)_3$[687] 或 $BiCl_3$[688]。β-环糊精可用于促进水介质中环氧化物与酚氧负离子的反应[689]。此法制备的许多 β-羟基醚都是重要的溶剂，如二乙烯基乙二醇、纤维素（2-乙氧基乙醇）溶剂等。与硫醇的反应可生成羟基硫醚[690]。研究表明，其它亲核性的氧或硫物种，包括硫醇[691]（用 Sc[692] 或 In[693] 催化），也能使环氧化物开环。(苯基硒)硅烷与环氧化物反应生成 β-羟基硒醚[694]。

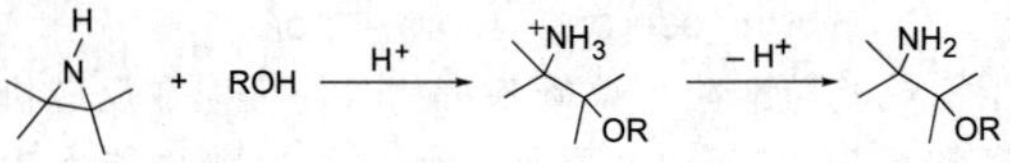

<chemical structure: aziridine + ROH → ring-opened ammonium → amine-OR>

烷氧基负离子使环氧化物开环的反应也能在分子内进行，此时生成一个新的环醚。根据烷氧基负离子部分与环氧化物之间的链长不同，得到

不同环大小的环醚。这个反应通常需要特定的条件，例如 **116** 转化为 **117** 的反应[695]。

$$\text{HO} \underset{\text{C}_4\text{H}_9}{\overset{\text{O}}{\diagdown}} \xrightarrow[\text{2. Zn(OTf)}_2]{\text{1. (Bu}_3\text{Sn})_2\text{O, 甲苯}} \underset{\text{117}}{\overset{\text{H OH}}{\bigcirc \text{-C}_4\text{H}_9}}$$

反应也可改变成使用 Co-salen 催化剂[696]。一种特例是烷氧基部分在环氧化物的相邻碳上，此时发生 Payne 重排，在 Payne 重排过程中，在碱水溶液的作用下，2,3-环氧醇可转化成其异构体，例如[697]：

$$R^1 \underset{\text{OH}}{\overset{R^2}{\diagdown}} \xrightarrow{-\text{OH}} R^1 \underset{}{\overset{R^2}{\diagdown}} \xrightarrow{} R^1 \underset{\text{O}^-}{\overset{R^2}{\diagdown}} \xrightarrow{\text{H}_2\text{O}} R^1 \underset{\text{OH}}{\overset{R^2}{\diagdown}}$$

该反应导致 C-2 构型翻转。当然，反应产物也能通过同样的途径转化回初始原料，所以通常得到混合的环氧醇。

醇与氮丙啶反应生成 β-氨基醚[698]，硫醇反应则生成 β-氨基硫醚[699]。研究表明，三丁基膦可以促进苯酚作用下氮丙啶的开环反应[700]。在亲核性卡宾催化下，醛也可以使氮丙啶开环[701]。金属催化剂〔如 Cu(OTf)$_2$〕催化醇作用下 N-对甲苯磺酰基氮丙啶的开环[702]。N-对甲苯磺酰基氮丙啶与 10% 硝酸铈铵的甲醇水溶液反应生成 N-对甲苯磺酰基氨基醇[703]，与乙醇和 10% 的 BF$_3$·OEt$_2$ 反应生成 N-对甲苯磺酰基氨基醚[704]。此外，在 In(OTf)$_3$ 存在下，N-对甲苯磺酰基氮丙啶被乙酸开环生成 N-对甲苯磺酰基氨基乙酸酯[705]。在 Amberlyst-15 存在下，N-Boc 氮丙啶（Boc 为叔丁氧羰基，即—CO$_2$t-Bu）与 LiBr 反应生成相应的溴代酰胺[706]。氮丙啶在 LiClO$_4$ 催化下可以被硫氰酸钾开环[707]。N-酰基氮丙啶与 TMSCN 在 Gd 催化剂作用下发生对映选择性开环生成氨基腈[708]。现在已经清楚，不只有环氧化物会发生 Payne 重排（参见前述），氮丙啶也会发生氮杂 Payne 重排[709]。

10-15 使用氧鎓盐烷基化
烷氧基-去-羟基化反应

$$R_3O^+ + R'OH \longrightarrow ROR' + R_2O$$

氧鎓离子是极好的烷基化试剂，它们与醇或酚反应，很容易制得醚[710]。有时季铵盐也可以发生这一反应[711]。

OS Ⅷ，536.

10-16 硅烷的羟基化
羟基-去-硅烷基化反应

$$R-\text{SiR}_2^1\text{Ar} \xrightarrow{F^-} R-\text{SiR}_2^1F \xrightarrow{氧化} R-\text{OH}$$

$$R-\text{SiR}_2^1\text{SiR}_3^2 \xrightarrow{} R-\text{SiR}_2^1F \xrightarrow{氧化} R-\text{OH}$$

硅烷能被氧化，反应中硅烷基被转化成羟基。当硅原子上只连有一个芳基[712]或另一个硅烷基[713]时，研究表明，刚性的四元环硅烷（环丁硅烷）发生氧化反应生成相应的醇[714]。用氟化试剂，如氟化四丁基铵或 CsF 处理硅烷，可使 Ar 或 SiR$_3$ 被 F 取代，产物再用过氧化氢或过氧酸氧化可生成醇。这一系列反应被称为 Tamao-Fleming 氧化[712]。反应底物可以有一些变化，允许最初连在硅烷部分上的基团多样化[715]。环状硅烷被羟基过氧化物氧化生成二醇[716]。

10.8.1.3 OCOR 进攻烷基碳
10-17 羧酸盐的烷基化反应
酰氧基-去-卤代反应

$$RX + R'COO^- \xrightarrow{HMPA} R'COOR$$

羧酸的钠盐，包括位阻大的酸如 2,4,6-三甲基苯甲酸，在室温下、质子型溶剂中，尤其是在 HMPA 中，都能很快地与一级和二级溴化物或碘化物反应生成羧酸酯，且产率很高[717]，机理是 S_N2。有多种碱或碱性介质可用于形成羧酸盐[718]。最常使用的是钠盐，但也可用钾盐、银盐、铯盐[719]以及取代的铵盐。另一种方法是使用相转移催化[720]，这种方法能以较高的产率得到一级、二级、苄基、烯丙基和苯甲酰卤的酯[721]。在质子溶剂中，如无相转移催化剂，则只有含相当活泼 R 的底物才会反应，如苄基、烯丙基等（S_N1 反应），三级烷基不反应，因为三级烷基会发生消除反应[722]。反应可采用固相操作，将干的羧酸盐和卤化物混入固相载体铝上，就可以反应生成酯，该操作适用于长链一级卤代烷的反应[723]。相似的反应还有，己酸与苄基溴在固体苄基三丁基氯化铵上，在微波照射下反应生成酯[724]。研究表明离子液体溶剂有利于该烷基化反应[725]。

醇和羧酯盐负离子与偶氮二甲酸二乙酯（EtOOCN=NCOOEt）和 Ph$_3$P[726]的反应称为 Mitsunobu 反应[727]。反应也可用其它偶氮二羧酸酯，如偶氮二甲酸二异丙酯（DIAD）和偶氮二甲酸二(2-甲氧乙基)酯（DMEAD）[728]。也能用其它 Mitsunobu 催化剂[729]，如有机催化剂[730]和高分子负载的试剂[731]。人们已经研制出可再生的膦配体[732]。需要注意的是，其它官能团，如叠氮基[733]和硫氰酸酯[734]，可以在 Mitsunobu 条件下从醇转化过来。该反应也可以认为是 S_N2 机理。反应也能产生苯酚酯[735]。1,2-二醇发生 Mitsunobu 成环脱水反应得到环氧化物[736]。

内酯可以通过碱处理卤代酸制得（见 **16-63**）。此方法一般用于制 γ-内酯和 δ-内酯，大环内酯（例如 11～17 元环）亦能由此法制备[737]。一个有趣的改进是，先用高价碘化合物接着用 $I_2/h\nu$ 处理 2-乙基苯甲酸，能够得到五元环内酯[738]。

羧酸亚铜（Ⅰ）可与一级（包括新戊基，不发生重排）、二级、三级烷基，烯丙基及乙烯基卤化物反应生成酯[739]。很显然这一反应并非是 S_N 机理。乙烯基卤化物在氯化钯（Ⅱ）的存在下与乙酸钠反应能转化成乙酸乙烯酯[740]。

如果有 F^- 的存在，羧酸（而非羧酸盐）亦能作为亲核试剂[741]。甲磺酰容易被取代，例如被苯甲酸/CsF 取代[742]。二卤化物可通过这种方法转化成二酯[741]。COOH 基团可以很方便地通过其离子与苯甲酰溴甲酯（$ArCOCH_2Br$）的反应而得以保护[743]，生成的酯在需要的时候可很容易被锌和乙酸分解。碳酸二烷基酯可在干燥的 $KHCO_3$ 和 K_2CO_3 存在下与一级卤代烷在相转移催化的条件下反应制得，反应不需使用光气（见反应 **16-61**）[744]。

其它的离去基团也能被 OCOR 取代。氯代亚硫酸烷基酯（ROSOCl）及其它硫酸、磺酸、无机酸的衍生物能与羧酸根离子反应生成相应的酯。草酰氯也能被羧酸盐取代[745]。使用硫酸二甲酯[746]或磷酸三甲酯[747]能将位阻大的 COOH 基团甲基化。苯甲酸与氢氧化锂水溶液反应，而后与硫酸二甲酯反应生成苯甲酸甲酯[748]。在 1,8-二氮杂二环[5,4,0]十一碳-7-烯（DBU，参见反应 **17-13**）的存在下，碳酸二甲酯也可用于制备甲酯[749]。对特定的底物，羧酸已是反应所需要的足够强的亲核试剂。此类底物还有：三烷基亚磷酸酯 $P(OR)_3$[750]和 DMF 的缩醛[751]。

$(RO)_2CHNMe_2 + R'COOH \longrightarrow R'COOR + ROH + HCONMe_2$

这是一个 S_N2 过程，因为观察到了 R 构型的翻转。另外一个好的离去基团是 NTs_2，二甲基苯磺酰亚胺在极性非质子溶剂中与乙酸根离子反应得很好[752]：$RNTs_2 + OAc^- \longrightarrow ROAc$。一般的一级胺可以通过 Katritzky 吡喃鎓-吡啶鎓方法（参见 10.7.3 节）转化成乙酸酯和苯甲酸酯[753]。季铵盐与 AcO^- 在非质子溶剂中共热即能分解[754]。氧鎓离子也能充当底物[755]：$R_3O^+ + R'COO^- \longrightarrow R'COOR + R_2O$。硫代乙酸钾与卤代烷反应生成二硫代羧酸酯[756]。

作为这一反应的改进，卤代烷在二级胺、K_2CO_3 及相转移催化的作用下能转化成氨基甲酸酯[757]，与醇反应则生成碳酸酯[758]。

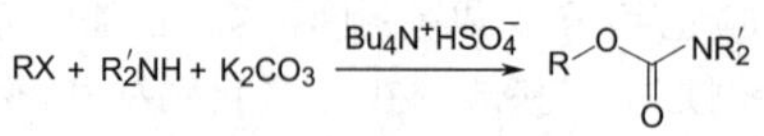

$$RX + R_2'NH + K_2CO_3 \xrightarrow{Bu_4N^+HSO_4^-} R-O-C(=O)NR_2'$$

OS Ⅱ，5；Ⅲ，650；Ⅳ，582；Ⅴ，580；Ⅵ，273,576,698。

10-18 酸酐或酰卤分解醚

酰氧基-去-烷氧基化反应

$$R-O-R' + Ac_2O \xrightarrow{FeCl_3} ROAc + R'OAc$$

在乙酸酐中用无水三氯化铁[759]、或在乙酸酐中用 Me_3SiOTf[760]处理二烷基醚，能使其裂解。反应中两个基团 R 和 R′ 都转化成乙酸酯，产率从中等到较高不等。醚也能在乙酸-对甲苯磺酸混合酐作用下分解[761]：

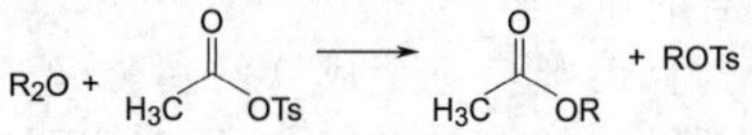

$$R_2O + H_3C-C(=O)OTs \longrightarrow H_3C-C(=O)OR + ROTs$$

用羧酸或羧酸盐及合适的催化剂处理环氧化物，能得到羧酸 β-羟烷基酯[762]。四氢呋喃在酰氯和卤化钐[763]或 BCl_3[764]的作用下，开环得到 O-酰基-4-碘-1-丁醇。一个极特殊的反应是：环氧化物与 CO_2 和 $ZnCl_2$ 在离子液体中反应生成环状的碳酸酯[765]。在 10% 3-羟基吡啶和 5% $Co_2(CO)_8$ 存在下，环氧化物与 CO 和 CH_3OH 反应生成 β-羟基酯[766]。

OS Ⅷ，13。

10-19 用重氮化物烷基化羧酸

氢，酰氧基-去-重氮基-二取代反应

$$R_2CN_2 + R'COOH \longrightarrow R'COOCHR_2$$

羧酸能与重氮化物反应转化成酯，反应与 **10-11** 基本类似。与醇相反，羧酸在室温下就能很好地发生此反应，这是因为反应物的活性随着酸性的增大而增大。此反应用于对产率要求很高或酸对高温敏感的场合。考虑到实用性，常用的重氮化物是重氮甲烷（CH_2N_2）[654]和重氮酮，重氮甲烷用于酯的制备。机理见 **10-11**。

OS Ⅴ，797。

10.8.1.4 其它氧亲核试剂

10-20 氧鎓盐的形成

二烷基氧鎓基-去-卤代反应

$RX + R_2O \longrightarrow R_3O^+ BF_4^- + AgX$

$RX + R_2' \longrightarrow R_2'=O^+-R\ BF_4^- + AgX$

卤代烷能被醚或酮烷基化，得到氧鎓盐，反应需一个较弱的、负电性的亲核试剂作平衡离子，还需一个 Lewis 酸来结合 X^- [767]。一个典型的过程就是在 $AgBF_4$ 或 $AgSbF_6$ 的存在下，卤代烷与醚或酮反应。Ag^+ 用于除去 X^-，而 BF_4^- 和 SbF_6^- 作为平衡离子。另一种方法是用含氧化合物与 Lewis 酸形成的复合物处理卤代烷，如，$R_2O \cdot BF_3 + RX \rightarrow R_3O^+ BF_4^-$。但是这种方法最适用于氧原子和卤原子在同一分子中，以便形成环状氧鎓离子的反应。醚和氧鎓离子也能发生交换反应：

$$2R_3O^+ BF_4^- + 3R_2'O \rightleftharpoons 2R_3'O^+ BF_4^- + 3R_2O$$

OS V, 1080, 1096, 1099; Ⅵ, 1019.

10-21 过氧化物和氢过氧化物的制备

氢过氧基-去-卤代反应

$$RX + {}^-OOH \rightarrow ROOH$$

氢过氧化物可用过氧化氢在碱溶液中与卤代烷、硫酸酯、磺酸酯或醇反应得到，实际上的反应物是 HO_2^- [768]。类似地，过氧化钠也被用于制备二烷基过氧化物（$RX + Na_2O_2 \rightarrow ROOR$）。另一种方法是在三氟乙酸银存在下用过氧化氢或过氧化物处理卤代烷，能得到一级、二级或三级氢过氧化物及过氧化物[769]。过氧化物还能通过如下方法制得[770]：在冠醚的存在下超氧化钾（KO_2）与溴代烷或烷基苯磺酸酯反应（醇可能是副产物[771]），或者通过过氧化锡或过氧化锗与三氟甲磺酸酯反应[772]。

二酰基过氧化物及酰基氢过氧化物[773]能类似地由酰卤和酸酐或者羧酸制得[774]。

二酰基过氧化物还可通过羧酸与过氧化氢在 DCC[775]、H_2SO_4、甲磺酸或其它脱水剂的存在下反应得到。混合的烷基-酰基过氧化物（过酯）可通过酰卤与氢过氧化物反应制得。

$$Ph\overset{O}{\underset{}{\|}}\!\!-\!\!X + R'OOH \rightarrow H_3C\overset{O}{\underset{}{\|}}\!\!-\!\!O\!\!-\!\!O\!\!-\!\!R'$$

OS Ⅲ, 619, 649; V, 805, 904; Ⅵ, 276.

10-22 无机酯的制备

硝酰氧基-去-羟基化反应，等

$$ROH + HONO \xrightarrow{H^+} RONO$$
$$ROH + HONO_2 \xrightarrow{H^+} RONO_2$$
$$ROH + SOCl_2 \rightarrow ROSOOR$$
$$ROH + POCl_3 \rightarrow PO(OR)_3$$
$$ROH + SO_3 \xrightarrow{H^+} ROSO_2OH$$
$$ROH + (CF_3SO_2)_2O \xrightarrow{H^+} ROSO_2CF_3$$

上面的转换表明许多无机酸酯可通过其酸或者更好的，通过酸的卤化物或酸酐进攻醇而得到[776]。尽管为了方便起见，将上面类似的反应放在一起，但事实上这些反应并不都是 R 上的亲核取代反应，还可能是发生在无机中心原子上的亲核取代，例如：118 中亲电性硫原子进攻醇的氧原子[777]：

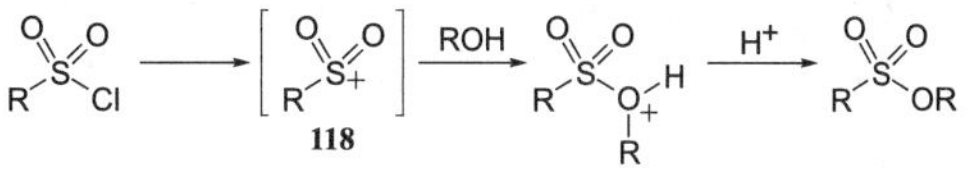

$$R\overset{O}{\underset{O}{\|\!\!\|}}S\!\!-\!\!Cl \rightarrow \left[R\overset{O}{\underset{O}{\|\!\!\|}}S^+\right]_{118} \xrightarrow{ROH} R\overset{O}{\underset{O}{\|\!\!\|}}S\!\!-\!\!\overset{H}{\underset{R}{O^+}} \xrightarrow{H^+} R\overset{O}{\underset{O}{\|\!\!\|}}S\!\!-\!\!OR$$

或相应的 S_N2 过程（参见 16.2.5 节）。在这些情况下，则并不发生烷氧断裂。硫酸单酯（烷基硫酸）在工业上很重要，因为其盐可作为洗涤剂，这种酯能通过醇与 SO_3、H_2SO_4、$ClSO_2OH$ 或 SO_3 复合物反应而制得[778]。在 Fe^{3+}-蒙脱土存在下，对甲苯磺酸与 1,2-二醇反应，当一级醇和二级醇结构同时存在时，生成一级醇的对甲苯磺酸酯[779]。高分子连接的试剂可用于制备磺酸酯[780]。用 N,N-二三氟甲磺酰苯胺和 K_2CO_3 在微波辐射下可以制得三氟甲磺酸苯酚酯[781]。亚硫酸酯很容易通过醇与亚硫酰氯反应制得，在金鸡纳碱存在下，反应具有对映选择性[782]。烷基亚硝酸酯[783]可方便地通过交换反应得到：$ROH + R'ONO \rightarrow RONO + R'OH$，其中 $R = t$-Bu[784]。在过量脒碱的存在下，一级胺与 N_2O_4 在 $-78\,°C$ 反应，可转化成硝酸酯（$RNH_2 \rightarrow RO$-NO_2）[785]。Mitsunobu 反应条件（反应 10-17）可用于制备磷酸酯或膦酸酯，分子内反应则生成环状膦酸酯[786]。

卤代烷一般代替醇作为反应底物。此时常用无机酸的盐，机理为碳原子上的亲核取代反应。一个重要的例子就是用硝酸银处理卤代烷得到硝酸酯，此反应已用于检验卤代烷。一些情况下存在中心原子的竞争。亚硝酸根离子是一个两可亲核试剂，能生成硝酸酯和硝基化合物（见 **10-42**）[787]。二烷基或芳基烷基醚能被无水磺酸分解[788]：

$$ROR^1 + R^2SO_2OH \rightarrow ROSO_2R^2 + R^1OH$$

R^2 可以是烷基或酰基。对于二烷基醚，反应不会停留在上述的步骤，生成的 R^1OH 迅速地被磺酸转化成 R^1OR^1（反应 **10-12**），之后又转化成 $R^1OSO_2R^2$，因此产物是两种磺酸酯的混合物。对于烷基芳基醚，断裂反应通常生成酚，在这样的条件下不能继续转化为芳基醚。醚还能以类似的方式被磺酸羧酸混合酸酐[789]（由反应 **16-68** 制得）断裂。β-羟烷基的高氯酸酯[790]和硫酸酯可通过环氧化物得到[791]。环氧化物及环氧丙烷与 N_2O_5 反应生成 α,ω-二硝酸酯[792]。氮杂环丙烷和氮杂环丁烷也可发生类似的反应，得到硝胺硝酸酯；例如，N-丁基氮杂环丁烷反应生成 $NO_2OCH_2CH_2CH_2N(Bu)NO_2^{[792]}$。

亚膦酸酯可通过醇与其它亚膦酸的酯交换型反应（反应 **16-64**）制得[793]。

OS Ⅱ, 106, 108, 109, 112, 204, 412；Ⅲ, 148, 471；Ⅳ, 955；Ⅴ, 839；Ⅷ, 46, 50, 616；另见 OS Ⅱ, 111。

10-23 胺转化成醇

羟基-去-氨基化反应

$$RNH_2 \longrightarrow ROH$$

此转化反应比较少见。报道过一个相对比较直接的方法：一级胺与 KOH 在 210℃下在二乙二醇中反应[794]。S-苯乙基胺与 1,2-苯二磺酸的二酰氯作用，再用 KNO_2 和 18-冠-6 醚处理，可得到 R-苯乙醇，产率为 70%，ee 值为 40%[795]。

10-24 肟的烷基化[796]

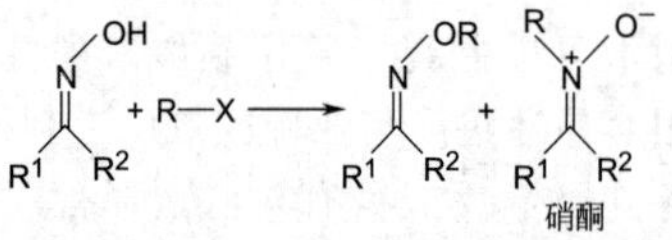

肟可以被卤代烷或硫酸酯烷基化。N-烷基化是副反应，生成硝酮[797]。生成硝酮或肟醚的相对产率取决于反应物的性质，如肟的构型以及反应条件[798]。例如，反式苯甲肟反应生成硝酮，而顺式异构体则生成肟醚[799]。

OS Ⅲ, 172；Ⅴ, 1031；另见 OS Ⅴ, 269；Ⅵ, 199。

10.8.2 硫亲核试剂

含硫化合物[800]与相应的含氧化合物（参见 10.7.2 节）相比亲核性更强，所以大部分情况下反应都比相应的氧亲核试剂快而且平稳。有证据表明一些反应是通过 SET 机理进行的[801]。

10-25 SH 进攻烷基碳：硫醇的形成[802]

巯基-去-卤代反应

$$RX + H_2S \longrightarrow RSH_2^+ \longrightarrow RSH + H^+$$
$$RX + HS^- \longrightarrow RSH$$

在与卤代烷反应生成硫醇（巯基化合物）的过程中，硫氢化钠（NaSH）是比 H_2S 更好的反应试剂，而且更常用。硫氢化钠很容易制得，只需将 H_2S 鼓入碱溶液中即可。也可将硫氢化物负载在聚合物树脂上使用[803]。此反应通常用于一级卤代烷，二级底物反应产率不高，三级底物则根本不反应，因为消除反应占主要地位。硫酸酯和磺酸酯能用来代替卤代物。此反应的副反应产生硫醚[804]。该转化还可通过在中性条件下用 F^- 和硫锡化合物如 $Ph_3SnSSnPh_3$ 处理一级卤代[805]。从卤代物到硫醇的转化还有一种间接的方法：用硫脲与卤代物反应，生成异硫脲鎓盐（**119**），再与碱或大分子量的胺作用，断裂得到硫醇：

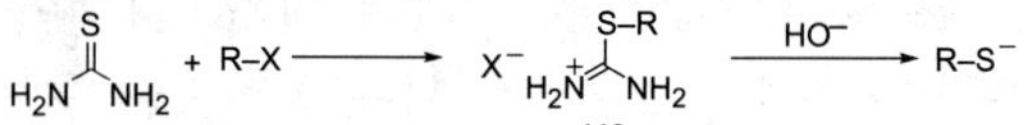

$$\underset{H_2N}{\overset{S}{\underset{\|}{C}}}-NH_2 + R-X \longrightarrow X^-\ \underset{H_2N}{\overset{S-R}{\underset{\|}{C}}}-NH_2 \xrightarrow{HO^-} R-S^-$$
$$\textbf{119}$$

其它间接的方法有用甲硅烷硫醇和 KH 与卤代物反应，而后用氟离子和水处理[806]，还可以通过水解 Bunte 盐来制备（见反应 **10-28**）。

硫醇也可由醇制备。一种方法是用 H_2S 在催化剂如 Al_2O_3 作用下与醇反应[807]，但此反应仅限于一级醇。另一种方法是用 Lawesson 试剂（见反应 **16-10**）[808]。三级的硝基化合物先与硫和硫化钠反应，而后用铝汞齐处理，可得到硫醇（$RNO_2 \rightarrow RSH$）[809]。

OS Ⅲ, 363, 440；Ⅳ, 401, 491；Ⅴ, 1046；Ⅷ, 582。另见 OS Ⅱ, 345, 411, 573；Ⅳ, 232；Ⅴ, 223；Ⅵ, 620。

10-26 S 进攻烷基碳：硫醚的形成

烷硫基-去-卤代反应

$$R-X + R'-S^- \longrightarrow R-S-R'$$
$$R-OH + R'-SH \xrightarrow{\text{添加剂}} R-S-R'$$

硫醚可通过卤代烷与硫醇盐（烃硫基负离子）反应得到[810]。R′可以是烷基或芳基，有机锂碱能将硫醇去质子化[811]。同反应 **10-25** 一样，RX 不能为三级卤化物，硫酸酯或磺酸酯能用于代替卤化物。就像在 Williamson 反应（反应 **10-8**）中一样，使用相转移催化剂能提高产率[812]。在碱（例如 DBU，见反应 **17-13**）[813] 或 CsF[814] 存在下，硫醇能够直接与卤代烷反应。除卤离子外，其它离去基团也可用，如 Ru 催化的硫醇与碳酸炔丙酯的反应[815]。乙烯基的硫醚可通过溴乙烯与 PhS^- 在镍配合物[816] 或在 $Pd(PPh_3)_4$ 存在下反应而制得。另一种方法是，硫代烯醇的 Ag 盐与碘甲烷反应生成相应的甲基乙烯基硫醚[817]。

在有些情况下，醇可以与硫醇反应转化为硫醚。三级醇与硫醇在硫酸存在下反应生成硫醚，三级底物进行该反应最好[818]。这一反应与反应 **10-12** 类似。硫酚与炔丙醇在 Ru 催化剂作用下反应生成炔丙基硫醚[819]。在苯中用 Bu_3P 和 N-(芳硫基)琥珀酰亚胺处理一级或二级醇，能将其转化成烷基芳基硫醚（$ROH \rightarrow RSAr$），反应产率较高[820]。碘可以催化硫醇的烯丙基烷基化[821]。醇（ROH）和卤代烷 R′Cl 依次与四甲基硫脲 $Me_2N(C=S)NMe_2$ 和 NaH 反应，也能制得硫醚 RSR'[822]。

烷硫基负离子在某些醚[823]、酯、胺以及季铵盐的去甲基化反应中很有用。在极性非质子溶剂 DMF 中将芳甲醚[824]与 EtS⁻ 共热，能使其分解：ROAr + EtS⁻ → ArO⁻ + EtSR[825]。烯丙基硫醚已经通过碳酸烯丙酯 ROCOOMe(R=烯丙基) 与硫醇在 Pd(0) 的催化下反应制得[826]。一种使季铵盐去甲基化的好方法是使其与 PhS⁻ 在 2-丁酮中回流，生成胺和苯甲硫醚[827]。

甲基比其它简单的烷基（如乙基）更容易脱落，其它烷基的断裂会与之竞争。苄基和烯丙基更容易断裂，因此此反应也是从季铵盐上脱去苄基和烯丙基的有用方法，甚至即使甲基的存在也不产生影响[828]。

对称的硫醚（R—S—R）可由卤代烷（R—X）与硫化钠反应（Na_2S）制得[829]，也可通过 $S(MgBr)_2$ 与烯丙基卤化物反应得到[830]。这一反应能在分子内进行，硫离子与 1,4-、1,5-、1,6-二卤代物反应，可制备五元、六元和七元含硫杂环[831]。某些更大的环体系也能通过这种方法关环[832]。

偕二卤代物能转化成缩硫醛 $RCH(SR')_2$[833]，缩醛能转化成单硫缩醛 $R_2C(OR^1)(SR^2)$[834] 或二缩硫醛[835]。二硫化碳和 $NaBH_4$ 混合作用，可以使 1,3-二溴丙烷转化为 1,3-二噻烷[836]。

环氧化物作底物时[837]，与 $Ph_3SeSnBu_3/BF_3 \cdot OEt_2$[838] 反应，能以与反应 10-25 中类似的方式生成 β-羟基硫醚。先与 Ph_3SiSH 反应，再与 Bu_4NF 反应，环氧化物亦能转化为羟基硫醇[839]。环氧化物能直接转化成环硫化物（硫代环烷烃）[840]，反应试剂为硫磷化合物，如 Ph_3PS[841]、硫脲和四异丙醇钛[842]、或乙腈中的硫脲和 $LiBF_4$[843]、NH_4SCN 和 $TiO(tfa)_2$，其中 tfa=三氟乙酰基[844]。$(EtO)_2P(=O)H/S/Al_2O_3$[845]、KSCN 和 $InBr_3$[846] 以及离子液体（参见 9.4.3 节）中的 KSCN[847]。2,4,6-三氯-1,3,5-三氮嗪能在无溶剂条件下催化此反应[848]。

$$\text{环氧乙烷} \xrightarrow[NH_2CSNH_2+Ti(O\text{-}i\text{-}Pr)_4]{Ph_2PS 或} \text{硫杂环丙烷}$$

硒醚和碲醚可以以 RSe⁻ 和 RTe⁻ 作为反应物制备[849]，硒在硼氢化物交换树脂上与卤化物反应得到硒醚[850]。La/I_2 催化二苯基二硒化物与一级碘代烷反应生成芳基烷基硒醚[851]。铟可用于卤代烷的反应[852]。已经知道 Zn 能介导从三级卤代烷合成三级烷基硒醚[853]。二芳基硫醚（Ar—Se—Ar'）可通过 Pd 催化碘代芳烃与锡试剂 $ArSeSnR_3$ 的偶联反应制得[854]。α-硒醛可以通过醛与 PhSeN（邻苯二甲酰亚胺）反应制得[855]。

OS Ⅱ, 31, 345, 547, 576; Ⅲ, 332, 751, 763; Ⅳ, 396, 667, 892, 967; Ⅴ, 562, 780, 1046; Ⅵ, 5, 31, 268, 364, 403, 482, 556, 601, 683, 704, 737, 833, 859; Ⅶ, 453; Ⅷ, 592; 另见 Ⅵ, 776.

10-27 二硫化物的生成[856]

二硫-去-二卤-聚-取代反应

$$2RX + S_2^{2-} \longrightarrow RSSR + 2X^-$$

二硫化物可由卤代烷与二硫化物负离子反应制备，或者间接地由 Bunte 盐（见反应 **10-28**）与碘化物的酸溶液、硫氰酸酯或硫脲反应[857]，或由高温分解或与过氧化氢反应制备。卤代烷与硫和 NaOH 回流亦可生成二硫化物[858]。一些钼化合物如 $(BnNEt_3)_6Mo_7S_{24}$ 能使卤代烷转化为二硫化物[859]。

OS 中没有相关参考资料，类似的硫化物的制备见 OS Ⅳ, 295.

10-28 Bunte 盐的生成

硫代硫酸-去-卤代反应

$$RX + S_2O_3^{2-} \longrightarrow R-S-SO_3^- + X^-$$

伯卤代烷和仲卤代烷可以与硫代硫酸根离子反应方便地转化为 Bunte 盐（$RSSO_3^-$），而叔卤代烷却不行[860]。Bunte 盐用酸水解，可生成相应的硫醇[861]，或转化为二硫化物、连四硫化物或连五硫化物[862]。

OS Ⅵ, 235.

10-29 亚磺酸盐的烷基化

烷基砜基-去-卤代反应

$$RX + R'SO^- \longrightarrow R-SO_2-R' + X^-$$

卤代烷或烷基磺酸酯与亚磺酸盐反应，生成砜[863]。在手性配合物存在下的钯催化反应中，可生成砜，反应具有中等的不对称诱导性[864]。烷基亚磺酸酯（R'SO—OR）可能是反应的副产物[865]。在 Pd 催化作用下，甲苯亚磺酸钠与乙酸烯丙酯反应生成相应的砜[866]。如果使用 DBU（参见反应 **17-13**），磺酸本身也可用于反应[867]。磺酰卤可与烯丙基卤化物在 $AlCl_3$-Fe 存在下反应[868]，或与苄基卤化物在 $Sm/HgCl_2$ 存在下反应[869]。砜也可由卤代烷与甲苯磺酰肼反应制得[870]。Cu(Ⅱ) 催化的有机硼酸与亚硫酸盐的交叉偶联也生成砜[871]。乙烯基砜由乙烯基碘盐（$C=C-I^+ PhBF_4^-$）与 $PhSO_2Na$ 反应制得[872]。

OS Ⅳ, 674; Ⅸ, 497; 另见 OS Ⅵ, 1016.

10-30 烷基硫氰酸酯的生成
硫氰基-去-卤代反应

$$RX + SCN^- \longrightarrow RSCN + X^-$$

卤代烷[873]或硫酸酯、磺酸酯与硫氰酸钠或硫氰酸钾共热，反应生成烷基硫氰酸酯[874]，但是类似的氰基离子（反应 **10-44**）的进攻只得到 N-烷基化的产物。伯胺可由 Katritzky 吡喃鎓-吡啶盐方法转化为硫氰酸酯（参见 10.7.3 节）[875]。在吡啶中用超声作用，三级卤代物与 $Zn(SCN)_2$ 转化为三级硫氰酸酯[876]。

OS Ⅱ,366.

10.8.3 氮亲核试剂
10.8.3.1 NH_2、NHR 或 NR_2 进攻烷基碳
10-31 胺的烷基化
氨基-去-卤代（烷基）反应

$$3 RX + NH_3 \longrightarrow R_3N + RX \longrightarrow R_4N^+ X^-$$
$$2 RX + R^1NH_2 \longrightarrow R_2R^1N + RX \longrightarrow R_3R^1N^+ X^-$$
$$RX + R^2R^1NH_2 \longrightarrow RR^1R^2N + RX \longrightarrow R_2R^1R^2N^+ X^-$$
$$RX + R^1R^2R^3N \longrightarrow RR^1R^2R^3N^+ X^-$$

卤代烷与氨或伯胺的反应通常不能用来制备伯胺或仲胺，因为生成的胺的碱性比氨强，会更容易进攻底物。然而，这个反应是制备叔胺[877]和季铵盐的好方法。如果氨作为亲核试剂[878]，则产物氮原子上的三个或四个烷基是相同的。如果用伯、仲、叔胺，则可在同一个氮原子上连接不同的烷基。将叔胺转化为季铵盐的反应被称为 Menshutkin 反应[879]。使用大大过量的氨有可能制备伯胺，大大过量的伯胺有可能制备仲胺。可用金属催化的方法将伯胺转化为仲胺[880]，将仲胺转化为叔胺[881]。离子液体可用于促进胺化反应[882]。在微波辐照下采用甲醇中的氨也是非常有效的[883]。微波辐照还用于苯胺与烯丙基碘的反应[884]。溴代物比氯代物反应要快，如在 Zn 和 THF 中，仲胺与 3-氯-1-溴丙烷反应发生在溴代物上[885]。在水溶液介质中用卤代烷也能完成 N-烷基化[886]。

除胺之外，也可用其它碱。碳酸钠[887]和氢氧化锂[888]都可用。在 4A 分子筛存在下，氢氧化锂可成功地用作碱[889]。氟化铯可用于苄基卤的反应[890]。DMSO 中的碳酸钾可用于苯胺的烷基化[891]。

这种方法的极限在 90% 的乙醇中的氨饱和溶液与溴乙烷的反应中有所体现，该反应中，胺与卤代烷的摩尔比为 16∶1，伯胺的收率为 34.2%（摩尔比为 1∶1 时收率为 11.3%）[892]。α-卤代酸是一种以不错的产率生成伯胺的底物（如果使用大大过量

的 NH_3），被 NH_3 转化为氨基酸。N-氯甲基内酰胺也可与胺反应，生成 N-氨基甲基内酰胺，反应产率很好[893]。伯胺可由卤代烷通过反应 **10-43**，然后由叠氮化物还原（反应 **19-32**）制备[894]，或由 Gabriel 合成法合成（反应 **10-41**）。

反应首先生成的是质子化的胺，但它很快通过一个平衡过程将质子传递给另一分子的氨或胺，例如：

$$RX + R_2NH \longrightarrow R_3\overset{+}{N}H + R_2NH \rightleftharpoons R_3N + R_2\overset{+}{N}H_2$$

当需要将伯胺或仲胺直接转化为季铵盐时（彻底烷基化），可通过加入非亲核性的强碱，从 $RR^1NH_2^+$ 或 $RR^1R^2NH^+$ 中夺去质子，从而使反应速率提高，也释放出胺来进攻另一分子 RX[895]。

氨、伯胺和仲胺的共轭碱（NH_2^-、RNH^-、R_2N^-），就是通常所称的氨基碱，有时也用作亲核试剂[896]。此外还有有机锂试剂和胺反应生成的氨基碱（R_2NLi）[897]。这与类似的反应 **10-1**、**10-8**、**10-25** 和 **10-26** 形成对比。伯烷基、烯丙基和苄基的溴化物、碘化物和甲苯磺酸酯与二(三甲基硅烷基)氨基钠反应，生成的衍生物很容易水解为胺，反应总产率很高[898]。伯芳胺很容易烷基化，二芳基和三芳基胺的亲核性却很差。但二芳基胺也能发生反应[899]。硫酸酯和磺酸酯可替代卤代烷发生反应。杂环发生 N-烷基化有时比较困难，但吡咯在离子液体中与 KOH 和碘甲烷反应可转化为 N-甲基吡咯[900]。也可在分子内发生该反应得到环胺，其中三元、五元和六元环（四元环却除外）很容易制备。于是，4-氯-1-氨基丁烷与碱反应生成吡咯烷，而 2-氯乙胺反应生成吖丙啶（与反应 **10-9** 类似）[901]：

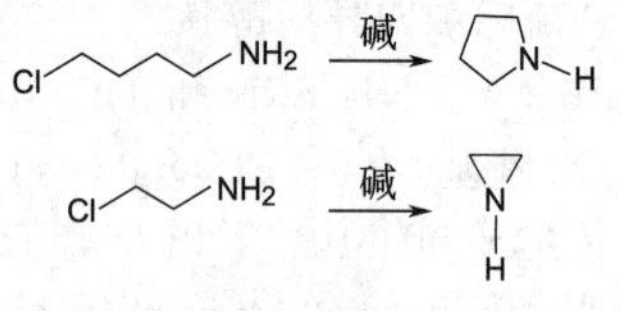

N-(3-溴丙基)亚胺原位还原产生溴胺，后者能环化为吖丙啶[902]。五元环的胺（吡咯烷），可由烯胺先与 N-氯代琥珀酰亚胺（NCS），然后与 Bu_3SnH 反应制得[903]。胺在 Pd 的催化下，可分子内加成到烯丙基乙酸酯上，通过 S_N2' 反应生成环状产物[904]。三元环的胺（吖丙啶）可由手性的共轭氨基化合物通过溴化而后与胺反应制备[905]。四元环的胺（吖丁啶）可由 1,3 丙二醇二甲苯磺酸酯[906]或由 1,3-二氯丙烷[907]制得：

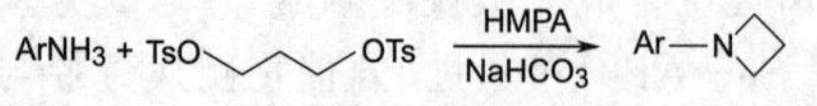

该反应也用于形成五元、六元和七元环。

与其它反应类似，三级碳的底物在碱性胺的作用下，一般根本不发生取代反应，而会发生消除反应。但是，叔卤代烷（而非伯、仲卤代烷）R_3CCl 可与 NCl_3 和 $AlCl_3$ 反应而转化为伯胺 R_3CNH_2[908]，该反应与 **10-39** 相关。钌配合物已被用于芳基胺的烷基化[909]。

卤代烷与六亚甲基四胺反应[910]，然后用 HCl 的乙醇溶液裂解生成的盐可得到伯胺。这种方法被称为 Delépine 反应。该方法对如烯丙基和苄基等的活泼卤代物和 α-卤代酮的反应非常成功。

获得仲胺而不混杂生成伯胺和叔胺的简便方法是将卤代烷与氨腈（$NH_2—CN$）的钠盐或钙盐反应，生成二取代的氨腈，后者能水解并脱羧为仲胺。使用相转移催化剂时反应产率很高[911]。R 基可以是伯烷基、仲烷基、烯丙基和苄基。1,ω-二卤代物生成环状的仲胺。氨基硼烷与磺酸酯反应生成的衍生物可以水解为叔胺[912]。氨基自由基成环过程可用于制备环胺[913]。胺与卤代三烷基硅烷及适当的碱反应可生成 N-硅烷基胺[914]。在 Yb 催化剂存在下，胺可直接与三芳基硅烷反应[915]。

钯化合物与烯丙基卤、乙酸酯或碳酸酯衍生物反应形成 π-烯丙基 Pd 中间体，该中间体与胺反应生成烯丙基胺（见以下反应）[916]。

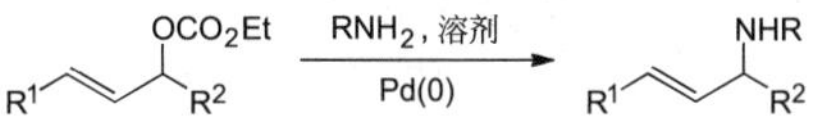

$$R^1\text{—CH=CH—CH(OCO}_2\text{Et)}R^2 \xrightarrow[\text{Pd(0)}]{RNH_2, \text{溶剂}} R^1\text{—CH=CH—CH(NHR)}R^2$$

对于其它亲核试剂的相同反应在反应 **10-60** 中讨论。炔丙胺可用相似的方法制得[917]。在乙酸铜存在下，硼酸衍生物可使苯胺衍生物甲基化[918]。叔丁胺可由异丁烯、HBr 和胺在密封管中加热制备[919]。

膦的反应与胺类似，R_3P 和 $R_4P^+X^-$ 型化合物可类似制备[920]。三苯基膦与含氮杂环的季盐在非质子溶剂中反应，可能是杂环化合物去烷基的最好方法，如[921]：

$$\text{Py—Me} + Ph_3P \longrightarrow \text{Py} + Ph_3P\text{—Me}^+$$

其它磷化合物也可以发生烷基化。例如，亚膦酸酯先用合适的碱处理，再与卤代烷反应生成 P-取代产物[922]。

OS I, 23, 48, 102, 300, 488; II, 85, 183, 290, 328, 374, 397, 419, 563; III, 50, 148, 254, 256, 495, 504, 523, 705, 753, 774, 813, 848; IV, 84, 98, 383, 433, 466, 582, 585, 980; V, 88, 124, 306, 316, 434, 499, 541, 555, 608, 736, 751, 758, 769, 825, 883, 985, 989, 1018, 1085, 1145; VI, 56, 75, 104, 106, 175, 552, 652, 704, 818, 967; VII, 9, 152, 231, 358; 另见 OS II, 395; IV, 950; OS V, 121; OS I, 203.

胺的 N-芳基化见反应 **13-5**。

10-32 氨基取代羟基或烷氧基的反应

氨基-去-羟基化反应和氨基-去-烷氧基化反应

$$R\text{—OH} \longrightarrow R\text{—NH}_2$$
$$Ar\text{—OR'} \longrightarrow R'\text{—NH}_2 + ArOH$$

醇可以转化为卤代烷，而后卤代烷与胺反应（反应 **10-43**）。醇可与各种各样与胺可以相互转化的胺试剂反应[923]。

将仲醇与叠氮酸（HN_3）、偶氮二甲酸异丙酯（$i\text{-Pr-OOCN=NCOO-}i\text{-Pr}$）和过量的 Ph_3P 在 THF 中反应，然后用水或酸溶液处理，可将伯醇或仲醇转化为胺 $ROH \rightarrow RNH_2$[924]。这是 Mitsunobu 反应（见反应 **10-17**）的一种[925]。伯醇和仲醇（但甲醇不行）可转化为叔胺[926]。伯胺可直接由伯醇和氨反应生成[927]。仲胺 R'_2NH 和 $(t\text{-BuO})_3Al$ 在 Raney 镍催化下反应，可转化为 R'_2NR[928]。烯丙醇 ROH 与胺在 Pt[929] 或 Pd[930] 配合物的作用下，生成烯丙基胺[931]。

胺与醇在密封管中被微波辐照[932]，或通过 Ru[933]、Ir[934] 或 Au 催化[935] 的反应，以及 Ti 介导[936] 的反应，都可发生 N-烷基化。铜-水滑石铝也可用于使醇转化为胺[937]。由苯胺可生成仲胺 $PhNHR$。苯酚可转化为苯胺衍生物[938,939]。吲哚与苄醇在 $Me_3P=CH(CN)$ 存在下共热生成 N-苄基吲哚[940]。醇在 $\gamma\text{-Al}_2O_3$ 上加热可得到胺[941]，用胺、$SnCl_2$ 和 $Pd(PPh_3)_4$ 处理同样得到胺[942]。Ru 催化胺与二醇反应得到环胺[943]。

β-氨基醇与二溴代三苯基膦在三乙胺的作用下反应，生成吖丙啶（**120**）[944]。连有 OH 的碳发生构型翻转，表明是 S_N2 机理，其中 $OPPh_3$ 是离去基团：

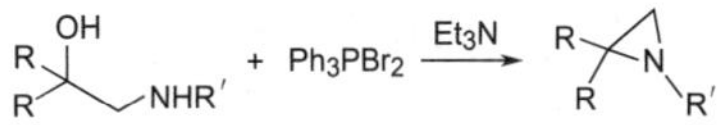

$$R\text{—CH(OH)—CH(NHR')} + Ph_3PBr_2 \xrightarrow{Et_3N} \underset{\mathbf{120}}{R\text{—} \overset{N-R'}{\underset{}{\triangle}}}$$

醇也可以通过间接的途径转化为胺[945]。醇可先转化为高氯酸烷氧基膦，后者在 DMF 中不仅可将仲胺单烷基化，而且也能将伯胺单烷基化[946]。

$$ROH \xrightarrow[\text{2. NH}_4ClO_4]{\text{1. CCl}_4\text{-P(NMe}_2)_3} ROP(NMe_2)_3^+ ClO_4^- \xrightarrow[R^1R^2NH]{DMF}$$
$$RR^1R^2NH^+ + OP(NMe_2)_3$$

于是，仲胺和叔胺可通过这种方法高产率地制备。苄醇可以转化为叠氮化物，再用三苯基膦处理得到胺（反应 **19-50**）[947]。

氰醇与氨反应可转化为胺。用伯胺和仲胺代替氨，则分别生成氰基仲胺和氰基叔胺。更普遍的做法是将醛或酮直接转化为氰胺，不经过分离氰醇这一步（见反应 **16-51**）。α-羟基酮（偶姻和苯偶姻）的反应类似[948]。

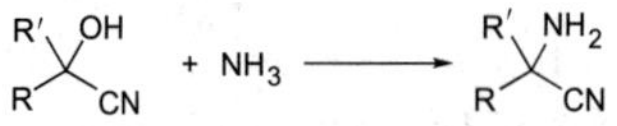

$$\underset{R}{\overset{R'}{\underset{CN}{\big|}}}\!\!\text{OH} + NH_3 \longrightarrow \underset{R}{\overset{R'}{\underset{CN}{\big|}}}\!\!NH_2$$

N-甲基苯胺钠盐的 HMPA 溶液可用于将芳甲醚中的甲基断裂[949]：

$$ArOMe + PhNMe^- \longrightarrow ArO^- + PhNMe_2$$

这种试剂也可使苄基断裂。在一个类似的反应中，芳甲醚中的甲基可在二苯基膦锂（Ph_2PLi）作用下裂解下来[950]。这种反应对甲基醚非常有效，在同时存在乙基醚时显示了对甲基醚的高选择性。在 Pd 催化剂作用下，苯基烯丙基醚与仲胺反应生成苯酚和叔烯丙基胺[951]。

OS Ⅱ, 29, 231；Ⅳ, 91, 283；Ⅵ, 567, 788；Ⅶ, 501；另见 OS Ⅰ, 473；Ⅲ, 272, 471.

10-33 转氨基反应

烷基氨基-去-氨基化反应

$$RNH_2 + R'NH^- \longrightarrow RR'NH + NH_2^-$$

当亲核试剂是伯胺的共轭碱时，NH_2 可作为离去基团。这种方法被用来制备仲胺[952]。另一种方法是通过伯胺在 Raney 镍催化下[954]于二甲苯中回流，可将伯胺转化为两个 R 基相同的仲胺（$2\,RNH_2 \longrightarrow R_2NH + NH_3$）[953]。季铵盐与乙醇胺反应，可发生脱烷基化反应[955]。

$$R_4N^+ + NH_2CH_2CH_2OH \longrightarrow R_3N + \overset{+}{R}NH_2CH_2CH_2OH$$

在该反应中，甲基相对于其它饱和烷基更容易脱落。Mannich 碱（见反应 **16-19**）和仲胺也会发生类似的反应，该反应的机理是消除-加成机理（见第 10.6 节）。转氨基反应可用酵母乙醇脱氢酶完成[956]。另见反应 **19-5**。

OS Ⅴ, 1018.

10-34 重氮化合物将胺烷基化

氢，二烷基氨基-去-重氮基-二取代反应

$$CR_2N_2 + R_2'NH \xrightarrow{BF_3} CHR_2NR_2'$$

重氮化合物与胺的反应类似于 **10-11**[957]。胺的酸性不够强，因此反应需要催化剂。BF_3 能将胺转化为 F_3B-NHR_2' 配合物，从而使反应能够进

行。氰化亚铜也可用作催化剂[958]。氨也可像胺一样发生此反应，但与反应 **10-31** 的情况一样，得到的是伯胺、仲胺和叔胺的混合物。但是已有报道在水中胺发生了高化学选择性反应[959]。脂肪族伯胺生成的是仲胺和叔胺的混合物，而仲胺也可成功地被烷基化。伯芳胺也可发生此反应，但二芳基胺和芳基烷基胺的反应性很差。

10-35 环氧化物与氮试剂反应[960]

(3)OC-仲氨基-去-烷氧基反应

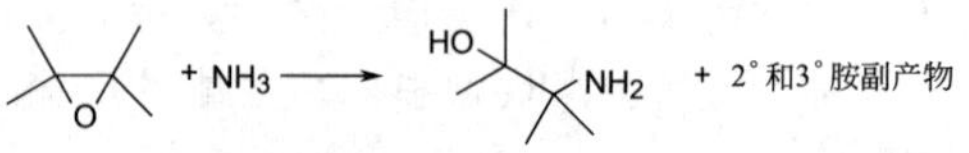

$$\underset{\triangle}{\overset{O}{\bigtriangleup}} + NH_3 \longrightarrow HO\!\!-\!\!\underset{|}{\overset{|}{C}}\!\!-\!\!\underset{|}{\overset{|}{C}}\!\!-\!\!NH_2 + 2° 和 3° 胺副产物$$

环氧化物与氨[961]（或氢氧化胺）[962]的反应是一种常规有用的制备 β-羟胺的方法。如果环氧化物是由末端烯烃形成的，其与氨反应主要生成的是伯胺，但对于其它适当的环氧化物，也会生成仲胺和叔胺。例如，**121** 与氢氧化铵在微波辐照下反应生成 **122**[963]：

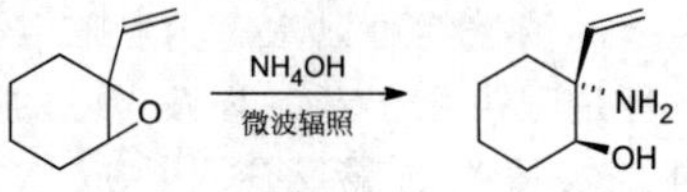

乙醇胺，一种非常有用的溶剂及合成前体，就是通过该方法制备的，用烷基胺或芳香胺也可以发生相似的开环反应[964]。另一种实现这种转化的方法见 **10-40**。在硅胶上的苯胺[965]，以及在水中有杂多酸存在下的芳胺[966]，都能使环打开。

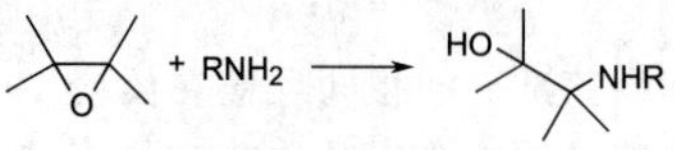

$$\underset{\triangle}{\overset{O}{\bigtriangleup}} + RNH_2 \longrightarrow HO\!\!-\!\!\underset{|}{\overset{|}{C}}\!\!-\!\!\underset{|}{\overset{|}{C}}\!\!-\!\!NHR$$

伯胺与仲胺反应分别生成仲胺和叔胺（**121**），在 5 mol/L $LiClO_4$ 醚溶液[968]中有 β-环糊精溶液存在下[967]，或在氟代乙醇溶剂中[969]，以及在 VCl_3 催化剂[970] 或 $Cu(Ⅱ)$ 催化剂[971]存在下，苯胺能与环氧化物反应。在 Co-salen 催化剂存在下，N-Boc-胺（H_2NCO_2t-Bu）与环氧化物反应生成氨基醇[972]。研究表明用催化量的 $SnCl_4$ 可以进行无溶剂反应[973]。已经报道了其它金属催化的环氧化物与胺的开环反应[974]，且通常有高的对映选择性。

对映选择性开环反应通常需要在手性助剂存在下用金属催化。在 1,1′-二-2-萘酚（BINOL）化合物存在下，使用催化量的 Nb 配合物，胺与环氧化物反应生成手性氨基醇[975]。还有其它对映选择性开环反应，如 V-salen 催化的反应[976]和 Mg-BINOL 配合物催化的反应[977]。

四氢嘧啶酮可用于介导吲哚对环氧化物的加成[978]。不同的氨基碱与环氧化物发生不同的反应。例如，2,2,6,6-四甲基哌啶锂（LTMP）与环氧化物反应，其产物是相应的烯胺[979]。这是一个非常规的反应机理：首先形成的锂化环氧化物重排生成醛[980]，醛再与锂化形成的副产物胺反应得到烯胺。

一种产生氨基醇（**124**）的间接方法是：环氧化物与叠氮化物开环反应生成叠氮醇（**123**）[981]，然后叠氮基还原（反应 **19-50**）成氨基[982]。例如，硝酸铈铵催化环氧化物与叠氮化钠反应生成叠氮醇，叠氮基选择性连接在取代基较多的碳上[983]。也可以用氯化铈催化，但叠氮基在取代基较少的碳上[984]。在 Mitsunobu 条件（反应 **10-17**）下，环氧化物与 HN_3 转化为 1,2-二叠氮化物[985]。有报道在离子溶剂中三甲基硅叠氮化物可与环氧化物反应[986]。在水中、pH 为 4 和 $AlCl_3$ 存在下，叠氮化钠可与环氧化物酸反应生成 β-叠氮基-α-羟基羧酸[987]。三甲基硅叠氮化物也可用于此反应[988]。

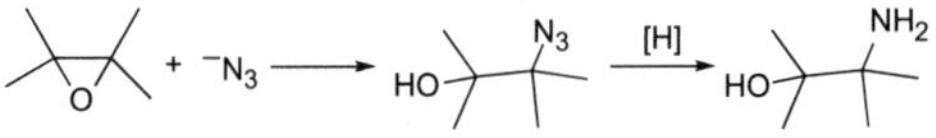

硝酸钠（$NaNO_2$）与环氧化物在 $MgSO_4$ 存在下反应生成硝基醇[989]，硝基也可以还原成氨基（反应 **19-45**）[990]。

环硫化物（硫代环烷）是一种可由多种方法原位生成的化合物，与环氧化物发生类似的反应生成 β-氨基硫醇[991]，吖丙啶与胺反应生成 1,2-二胺（反应 **10-38**）。三苯基膦与环氧化物类似地反应，生成的中间体可发生消除反应，最后得到的是烯烃（见 Wittig 反应，**16-44**）。

OS X，29，相关反应见 OS Ⅵ，652.

10-36 由环氧化物生成吖丙啶

氨基-去-烷氧基化反应

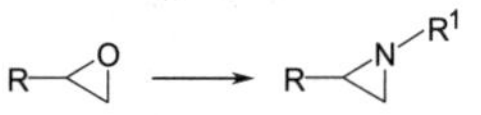

从相应的环氧化物能直接得到在合成上很重要的吖丙啶。在 $ZnCl_2$ 的存在下，环氧化物与 $Ph_3P=NPh$ 反应得到 N-苯基吖丙啶[992]。肼也可用于由环氧化物制备吖丙啶[993]。甲苯磺酰胺与环氧化物反应生成 N-甲苯磺酰基吖丙啶[994]。

有多种方法可将氨甲基环氧化物转化为羟甲基吖丙啶（**125**）[995]：

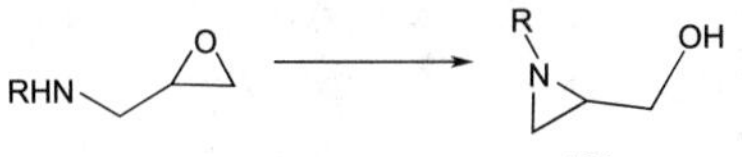

10-37 氧杂环丁烷的胺化

(4)OC-高仲氨基-去-烷氧基化反应

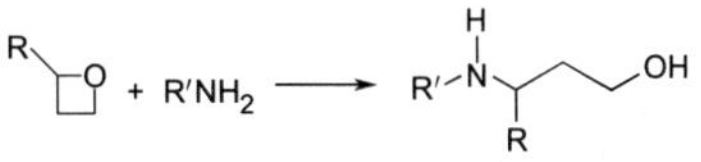

由于环张力较小，氧杂环丁烷与亲核试剂反应的活性很差。但在某些条件下，胺可以打开氧杂环丁烷生成氨基醇。例如，叔丁胺与氧杂环丁烷在 $Yb(OTf)_3$ 作用下，反应生成 3-羟基胺[996]。四氟硼酸锂也可以用于这样的反应[997]。

10-38 吖丙啶的胺化

(3)NC-仲氨基-去-氨基烷基化反应

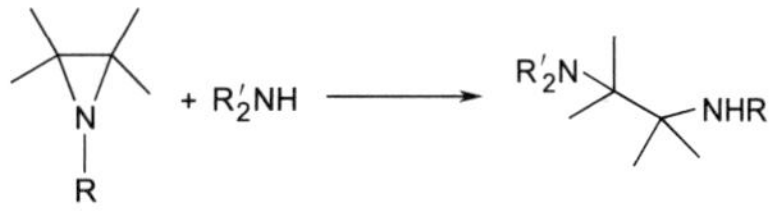

与环氧化物被胺开环生成羟胺一样，一些吖丙啶也能开环生成二胺[998]。对于双环吖丙啶，主要产物通常为反式二胺。在 T-Binolate[999]、$Sn(OTf)_2$[1000]、$B(C_6F_5)_3$[1001] 存在下，N-芳基或 N-烷基吖丙啶与胺反应生成二胺。活泼的吖丙啶与有机丙胺（organoalanes）发生区域选择性开环反应[1002]。在各种各样催化剂或添加剂存在下，胺与 N-甲苯磺酰基吖丙啶反应，生成相应的二胺[1003]。该反应可以活化硅胶上进行[1004]。$LiNTf_2$ 及胺与 N-烷基吖丙啶反应生成二胺[1005]。甲苯磺酰基-吖丙啶与叠氮离子反应生成叠氮磺酰胺[1006]，已经报道可用黏土催化对反应进行改进[1007]。叠氮还原（反应 **19-50**）之后得到二胺。三甲基硅叠氮 Me_3SiN_3 也能与吖丙啶衍生物反应生成叠氮胺[1008]，这一反应可被 $InCl_3$ 催化[1009]。

10-39 烷烃的胺化

氨基-去-氢化反应或胺化反应

$$R_3CH + NCl_3 \xrightarrow[0\sim10℃]{AlCl_3} R_3CNH_2$$

烷烃、芳基烷烃和环烷烃可被胺化，但只能在叔碳的位置上，这是通过与三氯化氮和氯化铝在 0～10℃ 下反应实现的[1010]。例如，p-$MeC_6H_4CHMe_2$ 反应生成 p-$MeC_6H_4CMe_2NH_2$，甲基环戊烷反应生成 1-甲基-1-氨基环戊烷，金刚烷反应生成 1-氨基-金刚烷，所有的反应产率都很好。银催化的反应已经被报道[1011]。没有很多其它的方法可制备叔烷基胺。该反应合理的机理是 S_N1，H^- 是离去基团[1010]：

$$NCl_3 + AlCl_3 \longrightarrow (Cl_2N\text{-}AlCl_3)^- Cl^+$$

$$R_3CH \xrightarrow{Cl^+} R_3C^+ \xrightarrow{NCl_2^-} R_3CNCl_2 \xrightarrow[2H^+]{-2Cl^-} R_3CNH_2$$

要指出的是,在光化学条件下,氨可以使环丙烷衍生物开环生成相应的烷胺[1012]。另见 12-12。

OS V,35.

10-40 异腈的合成

卤仿-异腈-转化反应

$$CHCl_3 + RNH_2 \xrightarrow{^-OH} R-\overset{+}{N}\equiv\overset{-}{C}$$

有好几种方法可制备异腈,异腈也称异氰化物[1013]。在碱性条件下与氯仿反应是检测脂肪族和芳香族伯胺的一种常用方法,因为生成的异腈(**126**)具有很强的恶臭。反应可能是 S_N1cB 机理,二氯卡宾(**127**)是反应中间体:

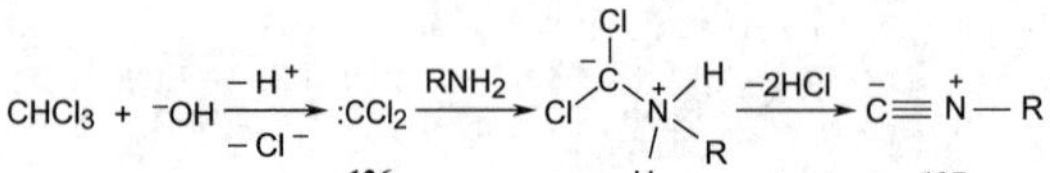

$$CHCl_3 \xrightarrow[-Cl^-]{^-OH,-H^+} :CCl_2 \xrightarrow{RNH_2} \underset{\underset{H}{\overset{Cl}{|}}}{\overset{Cl}{\underset{|}{C}}}-\overset{H}{\underset{|}{N}}-R \xrightarrow{-2HCl} C\equiv N-R$$
126   **127**

该反应也能用于制备异腈,但产率一般不高[1014]。有人改进了反应[1015]。当使用的是仲胺时,生成的加合物 **128** 不能失去 2mol 的 HCl,而是水解为 N,N-二取代的甲酰胺[1016]:

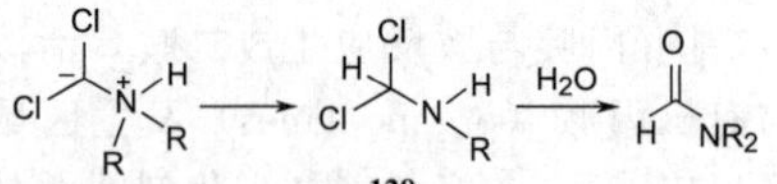

$$\underset{\underset{R}{\overset{Cl}{|}}}{\overset{Cl}{\underset{|}{C}}}-\overset{H}{\underset{|}{N}} \longrightarrow \underset{\underset{R}{\overset{Cl}{|}}}{\overset{Cl}{\underset{|}{C}}}-\overset{}{\underset{|}{N}} \xrightarrow{H_2O} \underset{\underset{NR_2}{\overset{O}{\|}}}{\overset{}{C}}-H$$
128

一种完全不同的制备异腈的方法是将环氧化物或氧杂环丁烷与氰基三甲基硅和碘化锌反应生成异腈 **129**[1017],例如:

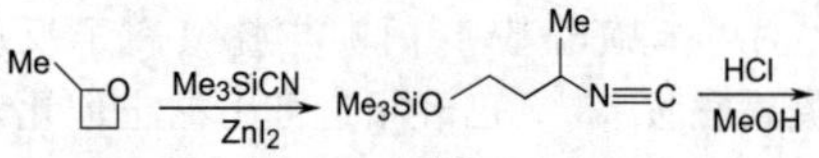

<chemical structure>
Me + Me_3SiCN / ZnI_2 → Me_3SiO-CH_2CH_2-C(Me)(H)-N≡C **129** → HCl/MeOH → Me_3SiO-CH_2CH_2-C(Me)(H)-NH_2 **130**
</chemical structure>

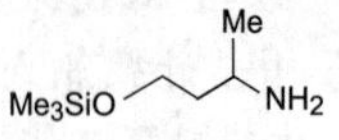

产物可水解为羟胺(例如,**130**)。

OS Ⅵ,232.

10.8.3.2 NHCOR 进攻

10-41 酰胺及酰亚胺的 N-烷基化或 N-芳基化

酰氨基-去-卤代反应

$$RX + {}^-NHCOR' \longrightarrow RNHCOR'$$
$$ArX + {}^-NHCOR' \longrightarrow ArNHCOR'$$

酰胺是很弱的亲核试剂[1018],远不足以进攻卤代烷,所以必须先将其转化成共轭碱,即酰胺负离子。通过这种方法,无取代的酰胺能转化成 N-取代的酰胺,N-取代的酰胺能转化成 N,N-二取代的酰胺[1019]。硫酸酯和磺酸酯也能作底物。三级底物通常发生消除反应。O-烷基化有时是副反应[1020]。酰胺和磺酰胺都已在相转移催化条件下烷基化[1021]。研究表明金属可以催化酰胺化反应,例如 Ir(I)催化的烯丙基酰胺化[1022]。

内酰胺能以类似的过程烷基化。焦谷氨酸乙酯(5-乙氧羰基-2-吡咯烷酮)和相应的内酰胺先与 NaH 反应(短时间接触),然后再与卤化物作用,就能转化成 N-烷基衍生物[1023]。2-吡咯烷酮的衍生物也能通过类似的过程烷基化[1024]。在醋酸铜存在下,用 Bi 试剂可以制得 N-环丙基内酰胺[1025]。用 Ph_3Bi 和 $Cu(OAc)_2$ 可以制得 N-芳基内酰胺[1026]。已经报道用 Pd 催化剂可以使磺酰胺发生 N-芳基化[1027],该方法已经被用于分子内的芳基化而得到双环内酰胺[1028]。

用 10%CuI 和 2mol 碳酸铯作用,可以从乙烯基碘和伯酰胺制得 N-烯基酰胺[1029]。类似地,在 Pd 催化下用乙烯基醚作为底物可以使内酰化乙烯基化[1030]。在 KF/Al_2O_3 作用下,卤代烷可以使噁唑烷-2-酮(环状氨基甲酸酯)N-烷基化[1031]。

将卤化物转化成一级胺的 Gabriel 合成法[1032] 就是基于此类反应:用邻苯二甲酰亚胺钾处理卤化物,然后将产物水解(反应 16-60):

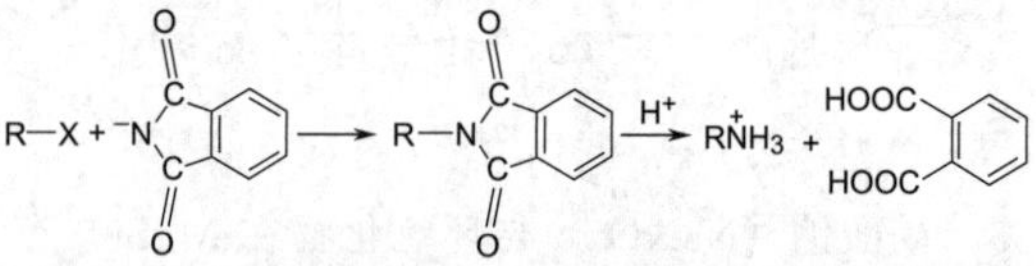

<chemical structure>
R-X + K-N(邻苯二甲酰亚胺) → R-N(邻苯二甲酰亚胺) → H+ → RNH_3+ + HOOC-C_6H_4-COOH
</chemical structure>

很显然这样得到的一级胺不会受到二级和三级胺的污染(不像反应 10-31)。反应通常相当慢,但可通过使用极性非质子溶剂如 DMF[1033] 或冠醚[1034] 等方法方便地使其加速。邻苯二甲酰亚胺的水解,无论是在酸催化还是在碱催化条件下(反应更常用酸催化)都很缓慢,故一般采用其它更好的过程。常见的是 Ing-Manske 过程[1035],即邻苯二甲酰亚胺与肼共热,发生交换反应[1036]。此外也有其它的方法,如在 THF 或丙酮溶液中使用 Na_2S[1037],以及用 40%的甲胺水溶液[1038]。N-芳基酰亚胺能用 $ArPb(OAc)_3$ 和 NaH 制得[1039]。

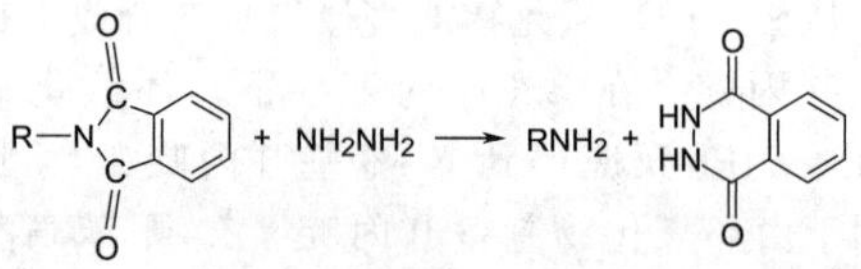

<chemical structure>
R-N(邻苯二甲酰亚胺) + NH_2NH_2 → RNH_2 + 邻苯二甲酰肼
</chemical structure>

Gabriel 反应还有另一种改进,该反应中卤化物转化成一级胺的产率较高,其过程是用强碱胍处理卤化物,然后碱性水解[1040]。除此之外还有许多其它的过程[1041]。

N-烷基酰胺或酰亚胺也能从醇开始制备,

用等物质的量的酰胺或酰亚胺、Ph_3P、偶氮二甲酸二乙酯（$EtOOCN=NCOOEt$）在室温下与醇反应即可（Mitsunobu 反应，参见反应 **10-17**）[1042]。类似的反应是将醇与 $ClCH=NMe_2^+Cl^-$ 反应，然后依次用邻苯二甲酰亚胺钾和肼处理，得到胺[1043]。研究表明金属可催化醇和胺氧化偶合成酰胺。改进的方法包括使用 Ru 配合物[1044]、$RuCl_3$[1045]、$FeCl_3$[1046]、Ir 配合物[1047]催化反应，以及用 $InCl_3$ 催化醇与 ToSMIC（ToSMIC 为甲苯磺酰乙腈）的偶合反应[1048]。

酰胺也能被偶氮化合物烷基化，如同 **10-34** 一样。磺酰胺盐（$ArSO_2NH^-$）可用来进攻卤化物制备 N-烷基磺酰胺（$ArSO_2NHR$），此物质能进一步烷基化成 $ArSO_2NRR'$。后者的水解是制备仲胺的好方法。仲胺还可以通过在冠醚的协助下，先烷基化 $F_3CCONHR$（其中 R 是烷基或芳基），再将得到的 $F_3CCONRR'$ 水解来制备[1049]。

伯酰胺与苯甲醛在硅烷和三氟乙酸存在下反应生成相应的 N-苄基酰胺[1050]。这是一个还原烷基化反应（反应 **16-17**）。N-炔基酰胺可通过铜催化 1-溴炔和仲酰胺反应制得[1051]。1-卤代炔通常通过碱诱导的 1,1-二卤代烯烃消除[1052]或次卤酸盐直接卤代炔烃制得，次卤酸盐可由适当的碱与卤素反应得到[1053]。

分子内 N-烷基化已被用于制备高张力的 α-内酰胺[1054]。

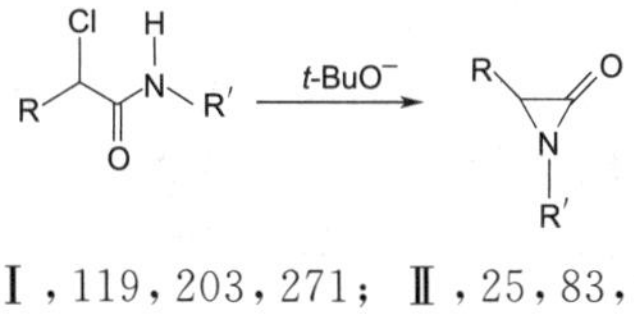

OS Ⅰ,119,203,271；Ⅱ,25,83,208；Ⅲ,151；Ⅳ,810；Ⅴ,1064；Ⅵ,951；Ⅶ,501.

10.8.3.3 其它氮亲核试剂
10-42 硝基化合物的生成[1055]

硝基-去-卤代反应

$$RX + NO_2^- \longrightarrow RNO_2$$

亚硝酸钠可用于与一级或二级溴化物或碘化物反应制备硝基化合物，但这一反应的应用范围狭窄。亚硝酸银只能与一级溴化物或碘化物反应生成硝基化合物[1056]。在所有这些反应（**10-22**）中，都会生成亚硝酸酯这一重要副产物，如果二级或三级卤代物与亚硝酸银反应，则亚硝酸酯就成了主产物（通过 S_N1 途径）。

硝基烷烃化合物可由卤代烷与相应叠氮化物在乙腈中用 HOF 处理制得[1057]。

硝基化合物可由醇用 $NaNO_2/AcOH/HCl$ 作用制备[1058]。

OS Ⅰ,410；Ⅳ,368,454,724.

10-43 叠氮化物的形成

叠氮-去-卤代反应

$$RX + N_3^- \longrightarrow RN_3$$
$$RCOX + N_3^- \longrightarrow RCON_3$$

烷基叠氮化物可由合适的卤代物与叠氮离子反应得到[1059]。对反应的一些重要改进如：使用相转移催化[1060]、超声促进反应[1061]和使用活化的黏土[1062]。也有使用带有除卤素之外的其它离去基团的底物[1063]，如 OMs（Ms 为甲磺酰基）、OTs（Ts 为甲苯磺酰基）[1064] 和 OAc（Ac 为乙酰基）[1065]。将醇转化为叠氮化物有规范的操作[1066]。硼酸是获得叠氮化物的前体[1067]。芳基叠氮化物可通过芳胺与 t-BuONO 及湿的 NaN_3 在 t-BuOH 中反应制得[1068]。

环氧化物与氮亲核试剂的开环反应已在反应 **10-35** 中讨论过。但是，讨论叠氮化物对环氧化物的开环反应依然是合适的。环氧化物与 NaN_3（**10-35**）可在各种各样条件和介质中反应，包括在离子液体中[1069]。也可用其它试剂，如 TM-SN_3（TMS 为三甲基硅）和 Ph_4SbOH[1070]、或 SmI_2[1071]、或 $(i\text{-}Bu)_2AlHN_3Li$[1072] 反应生成 β-叠氮醇，此化合物很容易转化成吖丙啶（**131**）[1073]，例如：

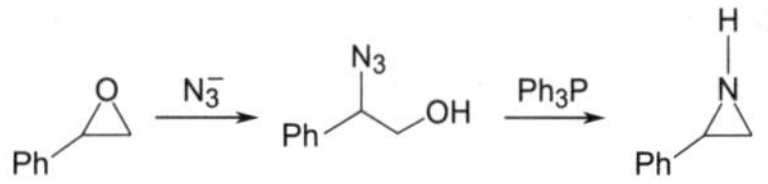

该转化是由光活性的 1,2-二醇（由 **15-48** 制得）制备光活性的吖丙啶的关键步骤[1074]。这一过程中甚至连氢都可以作为离去基团。在 DDQ（参见反应 **19-1**）的存在下，与 HN_3 在 $CHCl_3$ 中反应，苄基中的氢原子能被取代[1075]。

三级烷基叠氮化物可通过在 CS_2 中混合搅拌三级氯代烷和 NaN_3 和 $ZnCl_2$ 制得[1076]，还可用 NaN_3 和 CF_3COOH[1077] 或 HN_3 和 $TiCl_4$[1078] 或 BF_3[1079] 处理三级醇来制备。芳基叠氮化物可从苯胺及其衍生物制得[1080]。酰基叠氮化物，可用于 Curtius 反应（见反应 **18-14**），能简单地通过酰卤、酸酐[1081]、酯[1082]或其它羧酸衍生物通过类似反应制得[1083]。酰基苯并三氮唑也是获得酰基叠氮化物的前体[1084]。酰基叠氮化物也能用 $SiCl_4/NaN_3\text{-}MnO_2$[1085] 或 $TMSN_3/CrO_3$[1086] 或 Dess-Martin 高碘烷［见反应 **19-3**，第（5）

种方式]和 NaN₃[1087]处理醛制得。

OS Ⅲ, 846; Ⅳ, 715; Ⅴ, 273, 586; Ⅵ, 95, 207, 210, 910; Ⅶ, 433; Ⅷ, 116; Ⅸ, 220; Ⅹ, 378; 另见 OS Ⅶ, 206.

10-44 异氰酸酯和异硫氰酸酯的形成

异氰酸基-去-卤代反应
异硫氰酸基-去-卤代酰基反应

$$RX + NCO^- \longrightarrow RNCO$$
$$RCOX + NCS^- \longrightarrow RNCS$$

若试剂是硫氰酸根离子, 则 S-烷基化就是重要的副反应 (10-30), 不过氰酸根离子事实上只进行 N-烷基化[509]。用硝基氨腈钠 (NaNCNNO₂) 和间氯苯甲过酸处理一级卤代烷, 然后再加热其产物 RN(NO₂)CN, 可将卤代烷转化成异氰酸酯[1088]。卤代烷在乙醇的存在下与 NCO⁻ 反应, 可直接生成氨基甲酸酯 (参见 16-8)[1089]。酰卤能生成相应的酰基异氰酸酯和异硫氰酸酯[1090]。在硫和 Rh 催化剂存在下, 异氰化物可转化为异硫氰酸酯[1091], 胺可发生同样的转化[1092]。

OS Ⅲ, 735.

10-45 氧化偶氮化合物的形成

烷基-NNO-氧化偶氮基-去-卤代反应

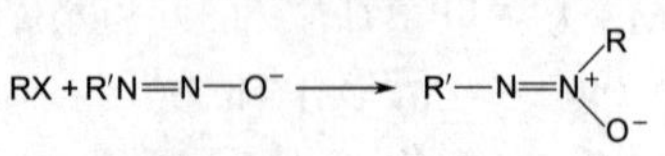

$$RX + R'N=N-O^- \longrightarrow R'-N=N^+ \begin{smallmatrix} R \\ O^- \end{smallmatrix}$$
$$\text{132}$$

卤代烷和烷基重氮酸盐 (132) 反应能生成烷基氧化偶氮化合物[1093]。R 和 R′ 可以相同, 也可以不同, 但却不能是芳基或三级烷基。反应具有区域选择性, 只能得到图示的异构体。

10.8.4 卤素亲核试剂[1094]

10-46 卤素交换

卤素-去-卤代反应

$$RX + X'^- \rightleftharpoons RX' + X^-$$

卤素交换反应, 有时又称 Finkelstein 反应, 是一个平衡过程, 但通常可以使平衡移动[1095]。此反应常用于制备碘化物和氟化物。碘化物可通过溴化物和氯化物制备, 这有赖于除了碘化钠以外, 溴化钠和氯化钠都不溶于丙酮这一优势, 但那个氯代烷或溴代烷与碘化钠的丙酮溶液反应时, 由于溴化钠和氯化钠的析出可使平衡移动。由于反应是 S_N2 机理, 所以一级卤代烷的反应比二级、三级卤代烷要成功得多, 碘化钠的丙酮溶液可用于检测氯化物和溴化物。在 $ZnCl_2$ 的催化下, 用过量的 NaI 的 CS_2 溶液处理三级氯代烷, 能使其转化成碘化物[1096]。用 KI 和溴化镍-锌催化剂[1097]处理溴乙烯能得到构型保持的碘乙烯, 用 KI 和 CuI 在热 HMPA 中也能进行此反应[1098]。

氟化物[1099]的制备是通过其它卤化物与众多氟化试剂中的任意一种反应[1100], 其中包括无水 HF (仅适用于活性高的苄基或烯丙基底物)、AgF、KF[1101]、HgF₂、Et₃N·2HF[1102]。4-Me-C₆H₄IF₂[1103]和 Me₃SiF₂Ph⁺⁻NBu₄[1104]。钯催化的氯化物转化为氟化物的反应也已经报道[1105]。上述反应的平衡之所以移动, 是因为氟代烷一旦生成, 由于离去基团氟的离去能力很弱, 所以逆反应的趋势极小。相转移催化剂在利用交换反应制备氟化物和碘化物时十分有效[1106]。

一级氯代烷能转化成溴化物, 其试剂可为溴乙烷、N-甲基-2-吡咯烷酮和催化量的 NaBr[1107]、相转移催化条件和 LiBr[1108]、Bu₄N⁺Br⁻[1109]。一级溴代物在热的 DMF 中与 TMSCl/咪唑反应能转化成氯化物[1110]。对二级和三级氯代烷, 在 CH_2Cl_2 中与过量的气态 HBr 和无水 $FeBr_3$ 催化剂反应, 产率很高 (此过程也成功应用在氯化物-碘化物的转化中)[1111]。氯代烷或溴代烷能由碘代烷在硝酸存在下与 HCl 或 HBr 反应得到, 硝酸的作用是使离去的 I⁻ 被氧化成 I_2[1112]。用 PCl_5 在 $POCl_3$ 中处理一级碘代烷, 能得到溴氯化物[1113]。一级卤代烷在叔丁醇中与四丁基氟化铵作用可转化为相应的氟化物[1114]。氟代烷和氯代烷与相应的过量的 HX 共热, 即能转化成溴化物和碘化物 (氟代烷也可以转化为氯代烷)[1115]。

OS Ⅱ, 476; Ⅳ, 84, 525; Ⅶ, 486; Ⅸ, 502.

10-47 由硫酸酯和磺酸酯生成卤代烷

卤素-去磺酰氧基-取代反应, 等

$$ROSO_2R' + X^- \longrightarrow RX$$

硫酸烷基酯、甲基苯磺酸烷基酯及其它硫酸酯和磺酸酯皆可被任何一种卤素离子转化成卤代烷[1116]。在 HMPA 中, 甲基苯磺酸新戊酯能与 Cl⁻、Br⁻ 或 I⁻ 反应而不发生重排[1117]。类似地, 在同样的溶剂中, 甲基苯磺酸烯丙酯与 LiCl 反应, 能转化成氯化物而无烯丙基重排[1118]。无机酯是醇与 $SOCl_2$、PCl_5、PCl_3 等反应生成卤代烷过程中的中间体 (反应 10-48), 但很少分离得到。

OS Ⅰ, 25; Ⅱ, 111, 404; Ⅳ, 597, 753; Ⅴ, 545.

10-48 由醇形成卤代烷

卤素-去-羟基化反应

ROH + HX ⟶ RX
ROH + SOCl$_2$ ⟶ RCl

醇能在几种试剂的作用下转化成卤代烷[1119]，其中最常用的是氢卤酸（HX）和无机酸卤化物，如 SOCl$_2$[1120]、PCl$_5$、PCl$_3$、POCl$_3$ 等[1121]。

当反应试剂为 HX 时，其机理是 S$_N$1cA 或 S$_N$2cA；也就是说，离去基团并非 OH$^-$，而是 OH$_2$（参见 10.7.3 节）。在其它试剂作用下的离去基团也不是 OH$^-$，因为此时醇首先被转化成无机酸酯，例如与 SOCl$_2$ 反应形成 ROSOCl（反应 **10-22**），故离去基团是 OSOCl$^-$ 或类似的基团（反应 **10-47**）。反应机理可能是 S$_N$1 或 S$_N$2，在 ROSOCl 情况下，反应机理是 S$_N$1（参见 10.4 节）[1122]。氢溴酸用于制溴代烷[1123]，氢碘酸用于制碘代烷。这些试剂通常是通过卤离子和一种酸如磷酸或硫酸原位反应制得。使用 HI 时有时会导致碘代烷被还原成烷烃（反应 **19-53**），并且如果底物是不饱和的，则可能连双键一并还原[1124]。此反应可用于制备一级、二级、三级卤代烷，但是像异丁醇和新戊醇类的醇会生成大量的重排产物[1125]。三级氯化物很容易由浓 HCl 制得，但是一级和二级醇与 HCl 反应缓慢，故需催化剂，通常用氯化锌[1126]。在 HMPA 中用 HCl 处理一级醇能得到氯化物，反应产率很高[1127]。反应使用无机酸氯化物，如 SOCl$_2$[1128]、PCl$_3$ 等，生成一级、二级、三级卤代烷时观察到的重排产物比用 HCl 时少得多。

类似的溴化物和碘化物，特别是 PBr$_3$，也被用于该反应。但是它们较昂贵，故使用得不如 HBr 和 HI 广泛，不过其中一些试剂也可原位制得（如 PBr$_3$ 可由磷和溴原位反应制得）。如果分子中还有另一个可被进攻的仲碳原子，则二级醇即使与 PBr$_3$、PBr$_5$ 和 SOBr$_2$ 作用，还是会生成重排的溴化物，如 3-戊醇会生成 2-溴戊烷和 3-溴戊烷。这种重排能通过转化成磺酸酯，而后采用 **10-47** 中提到的方法避免[1129]，或使用相转移催化剂[1130]。三级醇在 0℃ 下与 BBr$_3$ 反应，可转化成溴化物[1131]。简单地将醇与碘共热即能得到碘化物[1132]。三氯异氰尿酸（1,3,5-三氯六氢化三氮-2,4,6-三酮）和三苯膦可将一级醇转化为相应的卤化物[1133]。新戊酰氯-DMF 可将醇转化为氯化物[1134]。碘化钠和 Amberlyst-15[1135] 或甲苯磺酸和 KI 在微波辐照下[1136]，可将一级醇转化为碘化物。

氟代烷难以制备，需要特殊的试剂。氢氟酸通常不用于将醇转化成氟代烷[1137]，获得氟代烷的最重要的试剂就是市售的二乙基氨基三氟化硫（Et$_2$NSF$_3$，DAST）[1138]，它能在温和的条件下将一级、二级、三级、烯丙基以及苄基醇转化成氟化物，反应产率很高[1139]。氟化物也能通过醇与全氟丁基磺酰氟（nonaflyl fluoride）[1140]、四丁基二氟化铵[1141]、CsI/BF$_3$[1142]、TMSI/ZnCl$_2$[1143] 反应制得，或间接地，将醇转化为硫酸酯或甲苯磺酸酯等（反应 **10-47**）再与氟试剂反应。IF$_5$、NEt$_3$ 与过量 KF 的混合物[1144]，或 (Cl$_3$CO)$_2$C=O（双三氯甲基碳酸酯）和 KF（原位产生 COF$_2$）与 18-冠-6 醚的混合物[1145] 也能将一级醇转化为一级氟化物。

一级、二级、三级醇在多氟化氢-吡啶溶液中与合适的 NaX、KX、NH$_4$X 反应，能被转化成四种卤化物中的任何一种[1146]。此方法甚至还适用于卤代新戊烷。离子液体可用于卤代反应，例如 bmim-Cl（氯化 1-正丁基-3-甲基咪唑）可直接将醇转化为氯化物，无需其它试剂[1147]。无溶剂条件下，在离子液体中，三苯基膦和碘可将醇转化为碘化物[1148]。在超声波作用下，在离子液体［pmim］Br 中，叔丁基卤可使醇卤代反应[1149]。

还有一些其它的试剂[1150]，如：ZrCl$_4$/NaI[1151]、或 Me$_3$SiCl 和 BiCl$_3$[1152]、或 Me$_3$SiCl 和 InCl$_3$[1153]、或 GaCl$_3$-酒石酸酯[1154]、或者简单地将 Me$_3$SiCl 溶于 DMSO[1155]；1,2-二吡啶鎓二三溴乙烷是一种有效的溴化试剂，简单地将其与醇在室温下在陶瓷砂浆中研磨就能得到产物，反应无需溶剂[1156]。还有其它特殊的试剂，如 (RO)$_3$PRX[1157] 和 R$_3$PX$_2$[1158]，对一级（包括新戊基）、二级、三级卤化物制备的产率很高，反应没有重排[1159]；类似地，PPh$_3$ 和 CCl$_4$[1160]（或 CBr$_4$）[1161] 的混合物也可获得很好的反应结果，PPh$_3$/Cl$_3$CCONH$_2$ 是非常有效的氯化试剂[1162]。化合物 PPh$_3$-CCl$_3$CN 可将新戊醇转化成新戊基氯，反应产率高达 95%[1163]。

ROH + Ph$_3$P + CCl$_4$ ⟶ RCl + Ph$_3$PO + HCCl$_3$

PPh$_3$-CCl$_4$ 或 PPh$_3$-CBr$_4$ 的混合物可将烯丙醇转化成相应的卤化物[1164]，而没有烯丙基重排[1165]。也可将环丙基甲醇转化成卤化物而不开环[1166]。三苯基膦和碘的混合物在无溶剂条件下用微波辐照可将醇转化为碘化物[1167]。六溴丙酮-三溴乙酸乙酯是一个有效的溴化试剂[1168]。在三苯基膦存在下，用 N-溴代糖精和 N-碘代糖精反应可得到相应的溴化物或碘化物[1169]。

烯丙醇和苯甲醇也可与 NaX-BF$_3$·OEt$_2$ 复合物反应转化成溴化物或碘化物[1170]，或与 AlI$_3$ 反应转化成碘化物[1171]。甲磺酸和 NaI 的混合物也可将苯甲醇转化为苄基碘[1172]。烯丙醇用乙酰卤处理可转化为烯丙基卤，但反应伴随烯丙基重排[1173]。一种针对苯甲醇和烯丙醇的简单方法（不导致烯丙基重排）是采用 NCS 或 NBS 及甲硫醚[1174]。NBS、Cu(OTf)$_2$ 和二异丙基碳二亚胺的混合物可将一级醇转化为相应的溴化物[1175]。在同样条件下，用 NCS 反应得到氯化物，N-碘代琥珀酰亚胺（NIS）反应得到碘化物。通过相似的操作，用 PPh$_3$ 和 NBS 可将硫醇转化为溴代烷[1176]。

三烷基硅醚如 ROSiMe$_3$ 与 SiO$_2$—Cl/NaI 反应可转化为相应的碘化物[1177]。羟基酮与碘和碘酸反应可转化为碘代酮[1178]。炔丙基氟可由烯基硅烷用 Selectfluor 处理制得[1179]。

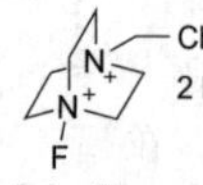

$$\begin{array}{c} \text{Cl} \\ | \\ \text{N}^+ \quad 2\text{BF}_4^- \\ | \\ \text{F} \end{array}$$
Selectfluor

OS I，25，36，131，142，144，292，294，533；Ⅱ，91，136，159，246，308，322，358，399，476；Ⅲ，11，227，370，446，698，793，841；Ⅳ，106，169，323，333，576，681；Ⅴ，1，249，608；Ⅵ，75，628，634，638，781，830，835；Ⅶ，210，319，356；Ⅷ，451；另见 OS Ⅲ，818；Ⅳ，278，383，597。

10-49　由醚形成卤代烷

卤素-去-烷氧基化反应

$$\text{ROR}' + \text{HI} \longrightarrow \text{RI} + \text{R}'\text{OH}$$

醚与浓 HI 或 HBr 共热就会发生醚键断裂[1180]。使用 HCl 的尝试很少能成功[1181]，用 HBr 的反应比用 HI 慢得多，不过 HBr 仍然是极好的试剂，因为副反应较少。也有人使用相转移催化技术[1182]。在离子液体中 47% HBr 被证实是有效的试剂[1183]。二烷基醚以及烷基芳基醚都能够断裂，其中后者是烷-氧键断裂。如反应 **10-48**，实际的离去基团不是 OR′$^-$，而是 $^-$HOR′。烷基芳基醚断裂通常得到卤代烷和酚，但是二烷基醚没有类似的一般规则，通常两侧都会断裂，得到两种醇和两种卤代物的混合物。不对甲基醚通常断裂生成碘甲烷或溴甲烷。过量的 HI 或 HBr 可将生成的醇也转化成卤代烷，所以一分子二烷基醚（不包括烷基芳基醚）可转化成两分子卤代烷。此过程经常发生，所以得到的产物是两种化合物而并非四种。O-苄基醚很容易氢解断裂成醇和烃，最常用的方法是氢化[1184] 或金属溶液条件（如 Na 或 K 的氨溶液）[1185]。在苯甲醚中与 3% Sc(NTf$_2$)$_3$[1186] 或与乙醇-水溶液中的 In 金属[1187] 共热反应，也可将苄醚断裂。异戊二烯基烷基醚在二氯甲烷中用碘可被断裂[1188]，烯丙基烷基醚在各种不同条件下用 Lewis 酸可被断裂[1189]。混合烯丙基醚中的 O—CH$_2$CH═CHPh 结构（O—CH$_2$CH═CH$_2$ 和 O—CH$_2$CH═CHPh）在电解条件下可被选择性地断裂[1190]。环醚（一般是 THF 的衍生物）可类似地断裂（见反应 **10-50**，环氧化物）。用乙酰氯和 ZnCl$_2$ 处理 2-甲基四氢呋喃，通常能得到 O-乙酰基-4-氯-1-戊醇[1191]。Et$_2$NSiMe$_3$/2MeI 混合物可断裂 THF 生成 4-碘-1-丁醇的 O-三甲硅醚[1192]。醚亦可被 Lewis 酸所断裂，如 BF$_3$、Ce(OTf)$_4$[1193]、SiCl$_4$/LiI/BF$_3$[1194]、BBr$_3$[1195] 或 AlCl$_3$[1196]。此时，OR 的离去得到 Lewis 酸的协助，其中生成的复合物如下：

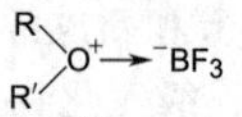

$$\begin{array}{c} \text{R} \\ \diagdown \\ \quad \text{O}^+ \text{—BF}_3^- \\ \diagup \\ \text{R}' \end{array}$$
133

NaI-BF$_3$·OEt$_2$ 复合物对醚的断裂具有选择性：苯基醚＞烷基甲基醚＞芳基甲基醚[1197]。

二烷基醚和烷基芳基醚能被三甲基碘硅烷分解[1198]：ROR′ + Me$_3$SiI → RI + Me$_3$SiOR′[1199]。另一种得到同样产物、但较方便和便宜的方法是用三甲基氯硅烷和 NaI 的混合物[1200]。二溴三苯基膦烷（Ph$_3$PBr$_2$）可将二烷基醚分解成 2mol 溴代烷[1201]。烷基芳基醚还能与 LiI 反应，生成碘代烷和酚盐[1202]，反应与 **10-51** 类似。烯丙基芳基醚[1203] 可被 NaI/Me$_3$SiCl[1204] 或 NbCl$_5$[1205] 高效地断裂。芳基苄基醚用五甲基苯作为非 Lewis 碱阳离子清除剂可被 BCl$_3$ 断裂[1206]。也有在离子液体中对醚进行断裂的[1207]。

与此有密切联系的反应是氧鎓盐的断裂。

$$\text{R}_3\text{O}^+ + \text{X}^- \longrightarrow \text{RX} + \text{R}_2\text{O}$$

对这些底物，无需 HX，X 可为四种卤离子中的任意一种。

用 Ph$_3$PBr$_2$[1208]、Ph$_3$P-CBr$_4$[1209]、BBr$_3$[1210] 或 CuBr$_2$[1211] 处理叔丁基二甲基硅醚（ROSiMe$_2$CMe$_3$）能将其转化成溴化物（RBr）。将醇转化成此类硅醚可用于保护羟基[1212]。

OS I，150；Ⅱ，571；Ⅲ，187，432，586，692，753，774，813；Ⅳ，266，321；Ⅴ，412；Ⅵ，353。另见 OS Ⅲ，161，556。

10-50 环氧化物形成卤代醇

(3) *OC*-二级-卤素-去-烷氧基化反应

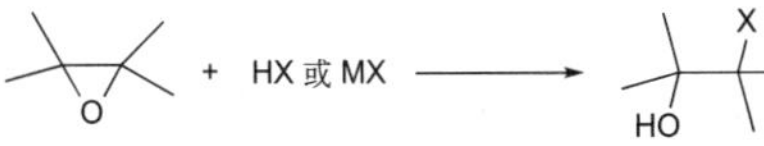

$$\text{环氧化物} + HX \text{ 或 } MX \longrightarrow \text{卤代醇}$$

这是反应 **10-49** 的特例，常用于制备卤代醇[1213]。与开链醚以及大环醚的情况不同，许多环氧乙烷与四种氢卤酸均能反应，不过简单的脂肪族和环烷基环氧化物与 HF[1214] 的反应不太成功[1215]。氢氟酸能与刚性的环氧化物反应，如类固醇体系中的环氧。若反应试剂是多氟化氢-吡啶，则上述反应对简单环氧化物[1216]也能进行。在微波辐照下试剂 $NEt_3 \cdot 3HF$ 可将环氧化物转化为氟代醇[1217]。在乙酰氟/含氟醇组合试剂作用下，有机催化剂可用于将环氧化物转化为氟代醇[1218]。氯代醇、溴代醇、碘代醇的制备[1219]能通过环氧化物与 Ph_3P 和 X_2[1220]、$3NaBr/H_2O$[1221]、大孔树脂-15（Amberlyst-15）上的 Li-Br[1222]、硝酸铈铵/KBr[1223]、I_2 和催化剂 SmI_2[1224] 以及在硅胶上的 LiI[1225] 来实现。用 $SOCl_2$ 和吡啶[1226]，或 Ph_3P 和 CCl_4[1227] 处理环氧化物，能直接得到 1,2-二氯化物。此反应分为两步：首先生成卤代醇，之后卤代醇又被卤化试剂转化成二卤代物（反应 **10-48**）。两个碳原子上均发现构型翻转，与预测相符。用手性试剂 *B*-卤代二松莰烷基硼烷（见反应 **15-16**）与内消旋的环氧化物反应能对映选择性地开环，其中卤素可为 Cl、Br 或 I[1228]。以 2,6-双[2-(*O*-氨基苯氧基)甲基]-4-溴-1-甲氧基苯为催化剂，用碘反应可得到碘代醇[1229]。环氧化物与离子液体 [AcMIm]Cl 作用可转化为相应的氯代醇[1230]。

二环环氧化物通常开环生成反式卤代醇。不对称的环氧化物通常开环生成位置异构体的混合物。典型的情况下，卤原子进攻环氧化物中空间位阻小的碳。如果没有这样的结构特征和导向基团，则可以预期得到几乎等量的位置异构的卤代醇。苯基就是一个具有这样作用的基团，如 1-苯基-2-烷基环氧化物与 $POCl_3$/DMAP（DMAP 为 4-二甲氨基吡啶）反应生成氯代醇，其氯原子在连接苯基的碳原子上[1231]。在离子液体中与 Me_3SiCl 进行反应，苯乙烯环氧化物可生成 2-氯-2-苯基乙醇[1232]。亚硫酰氯和聚乙烯吡咯烷酮可将环氧化物转化为相应的 2-氯-1-甲醇[1233]，而溴和苯肼催化剂却将其转化为 1-溴-2-甲醇[1234]。烯基也使卤原子连接在卤代醇中含 C=C 结构的碳上[1235]。另一个例子是环氧化物羧酸，在 pH=4 时与 NaI 反应，主要的位置异构体是 2-碘-3-羟基化合物，但当加入 $InCl_3$ 后，主要产物是 3-碘-2-羟基羧酸[1236]。

酰氯在 NaI 的存在下，与乙烯氧化物反应，生成 2-碘乙醇酯[1237]。

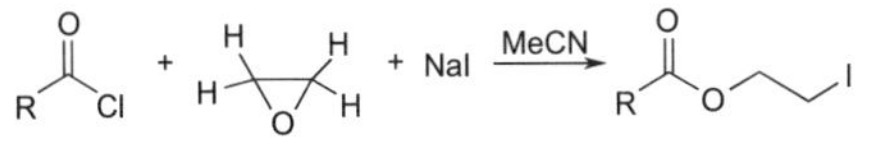

$$RCOCl + \text{环氧乙烷} + NaI \xrightarrow{MeCN} RCOOCH_2CH_2I$$

酰氯在 $Eu(dpm)_3$[1238] [dpm 为 1,1-二(二苯基膦)甲烷] 或 YCp_2Cl[1239]（Cp 是环戊二烯基）的催化下与环氧化物反应，生成氯代酯。与此相关的是环硫化物生成 2-氯硫酯的反应[1240]。吖丙啶可被 PPh_3 和卤化试剂开环[1241]，也可被 $MgBr_2$ 开环生成 2-卤代胺，反应类似[1242]。*N*-甲苯磺酰基吖丙啶与 $KF \cdot 2H_2O$ 反应生成 2-氟甲苯磺酰胺[1243]。吖丙啶盐可被溴离子开环[1244]。

OS Ⅰ,117；Ⅵ,424；Ⅸ,220.

10-51 碘化锂裂解羧酸酯

碘-去-酰氧基-取代反应

$$R'COOR + LiI \xrightarrow[\Delta]{\text{吡啶}} RI + R'COOLi$$

当 R 是甲基或乙基时，羧酸酯与碘化锂在吡啶或更高沸点的胺中回流就能被裂解[1245]。此反应很有价值，可用于对酸或碱敏感的分子（因此无法使用反应 **16-59**），或在分子中有两个及更多酯基而欲选择性地断裂其中之一的情况。例如，*O*-乙酰基石竹素甲酯与 LiI 在 *s*-可力丁（*s*-2,4,6-三甲基吡啶）中回流，只有 17-酰甲氧基断裂，3-乙酰基不受影响[1246]。酯 RCOOR' 和内酯都能在 Me_3SiCl 和 NaI 混合物作用下断裂，生成 R'I 和 RCOOH[1247]。乙酰氯与乙酸烯丙基酯反应生成烯丙基氯[1248]。

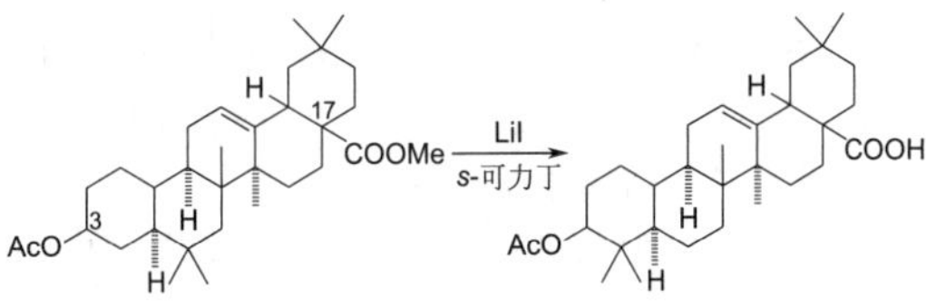

10-52 重氮酮到 α-卤代酮的转化

氢,卤素-去-重氮基-二取代反应

$$RCOCHN_2 + HBr \longrightarrow RCOCH_2Br$$

用 HCl 或 HBr 处理重氮酮时，能得到 α-卤代酮，但是 HI 不发生此反应，因其将产物还原成甲基酮（反应 **19-67**）。α-氟代酮能通过在多氟化氢-吡啶中加入重氮酮而制得[1249]。此方法对重氮烷亦可行。

在上述溶剂中，α-氨基酸在室温下被重氮化得到 α-氟代羧酸[1250]。如果反应在过量 KCl 或

KBr 存在下进行，相应地得到的是 α-氯代酸或 α-溴代酸[1251]。

OS Ⅲ, 119.

10-53 胺到卤化物的转化

卤素-去-氨基化反应

$$RNH_2 \longrightarrow RNTs_2 \xrightarrow[DMF]{I^-} RI$$

一级脂肪胺（RNH_2）转化成卤代烷[1252]可通过：（1）先转化成 $RNTs_2$（参见 10.7.2 节），再在 DMF 中用 I^- 或 Br^- 处理[415]，或先转化成 N(Ts)—NH_2 衍生物，再用 NBS 在光解条件下处理[1253]；或（2）用亚硝酸叔丁基酯和金属卤化物如 $TiCl_4$ 在 DMF 中重氮化[1254]；或（3）Katritzky 吡喃鎓-吡啶盐方法（参见 10.7.2 节）[1255]。用浓 HBr 处理二级芳胺和三级芳胺，烷基会脱落，与反应 10-49 类似，例如[1256]，

$$ArNR_2 + HBr \longrightarrow RBr + ArNHR$$

三级脂肪胺也能被 HI 分解，但是很少得到有用的产物。三级醇能与氯甲酸苯酯反应发生分解[1257]：$R_3N + ClCOOPh \longrightarrow RCl + R_2NCOOPh$。氯甲酸 α-氯乙醇酯能发生类似反应[1258]。加热季铵盐有可能生成卤代烷：$R_4N^+ X^- \longrightarrow R_3N + RX$[1259]。

OS Ⅷ, 119; 另见 OS Ⅰ, 428.

10-54 三级胺到氰基胺的转化：von Braun 反应

溴-去-二烷基氨基-取代反应

$$R_3N + BrCN \longrightarrow R_2NCN + RBr$$

von Braun 反应包括三级胺在溴化氰的作用下断裂，生成溴代烷和二取代的氨腈，这一反应可应用于多种三级胺[1260]。通常脱落的 R 基团是能生成最活泼卤代烷的那个基团（如苄基或烯丙基）。对于简单的烷基，最小的基团最易离去。胺上的一、两个基团可以为芳基，但芳基不会脱去。环胺通常可发生这一反应。二级胺也能进行此过程，但是结果通常不好[1261]。

本反应机理由两个连续的亲核取代反应组成，三级胺作为第一个亲核试剂，释放出的溴离子是第二个亲核试剂：

第 1 步 $NC\overset{\frown}{-}Br + R_3N \longrightarrow NC-\overset{+}{N}R_3 + Br^-$

第 2 步 $R\overset{\frown}{-}NR_2CN + {}^-Br \longrightarrow RBr + R_2NCN$

现已捕捉到中间体 N-氰基溴化铵，其结构已由化学方法、分析方法和光谱数据所确定[1262]。反应中的 BrCN 被称为反扑试剂（counterattack reagent），即一种试剂在一个烧杯中实现所需的两种转化，生成产物[1263]。

OS Ⅲ, 608.

10.8.5 碳亲核试剂

在许多生成新碳-碳键的异裂反应中[1264]，一个碳原子作为亲核试剂进攻，另一个碳原子作为亲电试剂。一个给定反应被定义为亲核的还是亲电的是个惯例问题，通常是基于类比。尽管没有在本章讨论，对于一个反应物来说，反应 11-8～11-25 和 12-16～12-21 是亲核取代反应，但按照惯例，我们根据另一种反应物给这些反应分类。类似地，如果将试剂视为底物，这一部分的反应也可以被称为亲电取代反应（芳香族的或脂肪族的）。

在反应 10-56～10-65 中，亲核试剂是金属有机化合物的"碳负离子"部分，一般是格氏试剂。关于这些反应的机理，还有许多不清楚的地方，而且其中许多反应根本就不是亲核取代反应。在那些是亲核取代的反应中，无论是否真正存在自由的碳负离子，进攻的碳原子都携带一对电子，用以形成新的 C—C 键。两个烷基或芳基的连接被称为"偶联"。反应 10-56～10-65 包括了对称和非对称的偶联反应。后者又称为"交叉偶联反应"。其它偶联反应在后续章中讨论。

10-55 与硅烷偶联

去-硅烷基-偶联反应

$$R-X + R'Si-CH_2CH=CH_2 \longrightarrow R-CH_2CH=CH_2$$

有机硅烷（$RSiMe_3$ 或 $RSiMe_2F$，其中 R 可为乙烯基、烯丙基或炔基）在某些催化剂的作用下，与乙烯基、烯丙基或芳基溴代物、碘代物 R'X 反应，高产率地生成 RR'[1265]。烯丙基硅烷在碘存在下与乙酸烯丙酯反应[1266]。过渡金属催化硅烷的偶联，尤其是烯丙基硅烷，是在分子中引入烷基的一种温和的方法[1267]。$PhSiMe_2Cl$ 在 CuI 和 Bu_4NF 存在下偶联生成联苯[1268]，乙烯基硅烷与碳酸烯丙酯和钯催化剂反应生成二烯[1269]。烯丙基硅烷在 $BF_3·OEt_2$ 作用下可与含有苯并三氮唑单元的底物发生偶联反应[1270]。对反应进行改进，硅烷基甲基锡衍生物与芳基碘发生钯催化的偶联反应[1271]。高烯丙基硅烷与在 $BF_3·OEt_2$ 作用下的 Ph_3BiF_2 偶联生成苯基偶联产物[1272]。

α-硅氧基甲氧基衍生物 $RCH(OMe)OSiR'_3$ 与烯丙基三甲基硅烷 $Me_3SiCH_2CH=CH_2$ 在 TiX_4 衍生物的作用下反应生成 OMe 被置换的产物 $RCH(OSiR'_3)CH_2CH=CH_2$[1273]。而在 $ZnCl_2$ 的催化下则生成叔硅氧基被烯丙基置换的产物[1274]。烯丙基乙酸酯与 $Me_3SiSiMe_3$ 和 LiCl 在 Pd 催化剂催化下，反应生成烯丙基硅烷[1275]

RSiF$_3$ 试剂也可用于卤代芳烃的偶联反应[1276]。

烯丙基硅烷在 BF$_3$·OEt$_2$ 存在下与环氧化物反应，生成 2-烯丙基醇[1277]。α-溴代内酯与 CH$_2$=CHCH$_2$Si(SiMe$_3$)$_3$ 及偶氮异丁腈（AIBN）反应，得到 α-烯丙基内酯[1278]。硅烷基环氧化物由环氧化物与仲丁基锂和三甲基硅氯的反应制得[1279]。α-硅烷基-N-Boc-胺从 N-Boc-胺以类似的方法制得[1280]。苄基硅烷与烯丙基硅烷在 VO(OEt)Cl$_2$ 的存在下偶联为 ArCH$_2$R[1281]，烯丙基锡化合物与烯丙基硅烷可在 SnCl$_4$ 存在下反应[1282]。烯丙基硅烷在光解条件下可与胺的 α-碳偶联[1283]。

芳基硅烷由芳基锂中间体与 TfOSi(OEt)$_3$ 反应制得[1284]。在 BF$_3$·OEt$_2$ 存在下，烯丙基硅烷和 α-甲氧基 N-苄氧羰基（N-Cbz）胺发生偶联反应[1285]。芳基氰化物与 Rh 催化剂和 Me$_3$SiSiMe$_3$ 作用可转化为芳基硅烷[1286]。

乙烯基碘与 (EtO)$_3$SiH 在 Pd 催化下反应可高产率地生成相应的乙烯基硅烷[1287]。

10-56 卤代烷的偶联：Wurtz 反应

去-卤素-偶联反应

$$2\ RX + Na \longrightarrow RR$$

卤代烷与 Na 反应生成对称的产物，该偶联反应被称为 Wurtz 反应。因为副反应太多（消除和重排），这个反应很少实际应用。而两种不同卤代烷的混合 Wurtz 反应，由于得到的产物数目非常多，实际应用更加不可行。稍有些用处的反应（但仍然不是很好）是卤代烷与卤代芳烃的混合物与 Na 反应生成烷基芳烃化合物（Wurtz-Fittig 反应）[1288]。但是用 Na 将两种卤代芳烃偶联是不实际的（另见反应 **13-11**）。其它金属也被用于影响 Wurtz 反应[1289]，主要有 Ag、Zn[1290]、Fe[1291]、活化的 Cu[1292]、In[1293]、La[1294] 和 Mn 的化合物[1295]。Li 在超声的作用下，用于烷基、芳基和苄基卤代物的偶联[1296]。在一个相近的反应中，格氏试剂（反应 **12-38**）在三氟磺酸酐的作用下发生偶联[1297]。甲苯磺酸酯及其它磺酸酯和硫酸酯与格氏试剂偶联反应[1298]，最常见的是由芳基或苄基卤制备的格氏试剂[1299]。通常烷基硫酸酯和磺酸酯与格氏试剂的反应比相应卤化物（反应 **10-57**）更好。这个方法对一级和二级 R 非常有用。

一种相当有用的 Wurtz 反应是关小环的反应，尤其是三元环[1300]。例如，在 Zn 和 NaI 催化下，1,3-二溴丙烷可转化为环丙烷[1301]。两种张力非常大的分子就是通过这种方法合成的，它们是双环丁烷[1302] 和四环 [3.3.1.1^{3,7}.0^{1,3}]癸烷[1303]。三元环和四元环也可由一些其它试剂用这种方法合成[1304]，可以使用的试剂或方法有：苯甲酰过氧化物[1305]、t-BuLi[1306] 和锂汞齐[1307] 与电化学方法[1308]。Pd 或 Ni 催化的格氏试剂与卤代烷的交叉偶联反应被称为 Kumada 偶联[1309]。

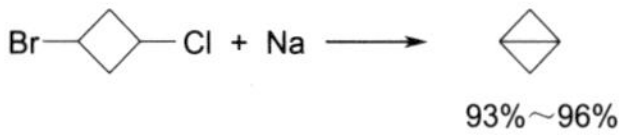

Br—◇—Cl + Na ⟶ ◇

93%～96%

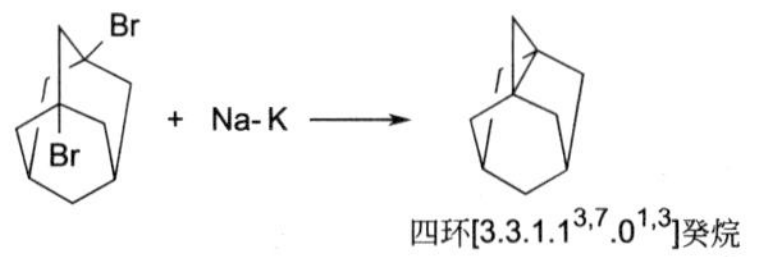

[结构式] + Na-K ⟶ 四环[3.3.1.1^{3,7}.0^{1,3}]癸烷

乙烯基卤在活化的铜粉作用下，偶联为 1,3-丁二烯，此反应与 Ullmann 反应（**13-11**）类似[1310]。这个反应具有立体专一性，两个碳的构型都得到保持。

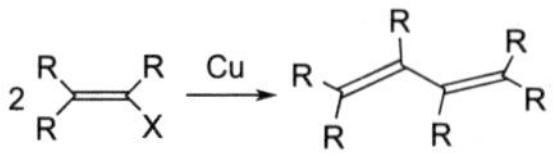

$$2\ \underset{R}{\overset{R}{\diagdown}}C=C\underset{X}{\overset{R}{\diagup}} \xrightarrow{Cu} \underset{R}{\overset{R}{\diagdown}}C=C\underset{}{\overset{R}{\diagup}}-C=C\underset{R}{\overset{R}{\diagup}}$$

134

乙烯基卤[1311] 也可以在 Zn-NiCl$_2$[1312] 或者在 n-BuLi 乙醚溶液与 MnCl$_2$ 的作用下偶联[1313]。与乙烯基锡试剂和乙烯基卤的偶联反应可在 Pd 催化下发生[1314]。

Wurtz 反应的机理很可能包含两个基本步骤。第 1 步是卤素-金属交换，生成金属有机化合物（RX+M→RM），在许多反应中这种化合物可被分离出来（反应 **12-38**）。接下来，金属有机化合物与第二分子的卤代烷反应生成产物（RX+RM→RR）。这个反应及其机理将在反应 **10-57** 中讨论。

OS Ⅲ,157; Ⅴ,328,1058; Ⅵ,133,153.

使用其它金属介导或促进的反应是对 Wurtz 偶联的改变。在某些情况下，这样的改变在合成上非常有用。由于在许多天然存在的化合物中存在 1,5-二烯结构片段，使得偶联[1315] 烯丙基[1316] 的方法具有重要意义。其中一种方法是将烯丙基卤化物、甲苯磺酸酯和乙酸酯在羰基镍存在下反应[1317]，发生对称地偶联生成 1,5-二烯[1318]。卤化物的反应活性顺序为 I>Br>Cl。对于非对称的烯丙基底物，偶联基本上都发生在取代较少的一端。

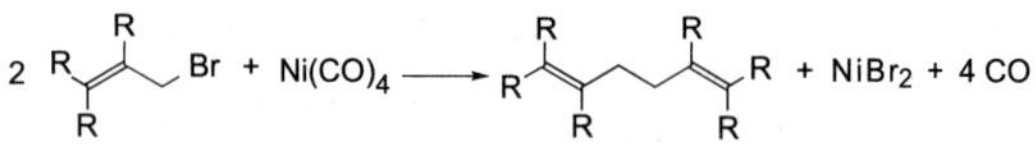

$$2\ \underset{R}{\overset{R}{\diagdown}}C=C\underset{Br}{\overset{}{\diagup}} + Ni(CO)_4 \longrightarrow \underset{R}{\overset{R}{\diagdown}}C=C—C=C\underset{R}{\overset{R}{\diagup}} + NiBr_2 + 4\ CO$$

该反应可用于分子内反应；通过使用高度稀释的方法，制备大环（11～20 元环）的收率可

以很好（60%~80%）[1319]。反应机理很可能包含烯丙基化合物与 Ni(CO)$_4$ 反应，生成一种或多种 π-烯丙基配合物的步骤。其中的一种配合物可能是 η^3-配合物 **135**，它能失去 CO 而生成溴化 π-烯丙基镍（**136**），再发生配体转移实现偶联，并得到最终产物。η^3-配合物 **136** 可从溶液中分离出来，结晶为稳定的固体。

非对称的偶联可由卤代烷直接与 **136** 于极性非质子溶剂中反应而实现[1320]，并且反应也发生在取代较少的一端。有证据表明反应中出现了自由基[1321]。卤代烷中的羟基和羰基不会影响反应。当 **136** 与烯丙基卤化物反应时，得到的是三种产物的混合物，这是由于发生了卤素-金属交换。例如，烯丙基溴与由（2-甲基）烯丙基溴制备的 **136** 反应，生成的是近似符合统计规律比例的 1,5-己二烯、2-甲基-1,5-己二烯和 2,5-二甲基-1,5-己二烯的混合物[1322]。对甲苯磺酸烯丙酯与 Ni(CO)$_4$ 发生对称的偶联反应。

烯丙基卤化物的对称偶联可通过在醚中与镁共热而实现[1323]。两个不同烯丙基的偶联可通过让烯丙基溴与烯丙基格氏试剂在含 HMPA 的 THF 中反应制备[1324]，或与烯丙基锡试剂反应[1325]。通过将烯丙基卤化物与烯丙基硼锂盐配合物（RCH=CHCH$_2$B—R$_3^2$Li$^+$）反应，可以实现底物几乎不发生烯丙基重排（但试剂几乎完全发生烯丙基重排）的偶联[1326]。伯和仲卤代烷与烯丙基三丁基锡的反应提供了另一种非对称偶联的方法，RX+CH$_2$=CHCH$_2$SnBu$_3$→RCH$_2$CH=CH$_2$[1327]。

在另一种将不同烯丙基偶联的方法中[1328]，采用一种由 β,γ-不饱和硫醚衍生的碳负离子与烯丙基卤化物偶联生成 **137**[1329]。除去产物（**137**）中的 SPh 基（与 Li 在乙胺中反应）后得到 1,5-二烯。这个反应的优势在于它保持了两个双键的原始位置和构型，不会发生烯丙基重排，这与前面所述的方法不同。

在 HMPA 中，共轭酮用 SmI$_2$ 处理发生 Wurtz 型偶合反应生成偶合二酮[1330]。

OS Ⅲ, 121；Ⅳ, 748；Ⅵ, 722.

10-57 卤代烷和磺酸酯与第 1 族（ⅠA）和第 2 族（ⅡA）有机金属试剂的反应[1331]

烷基-去-卤代反应

$$R-Na\ (K)\ (Li) + R'X \longrightarrow R-R'$$

许多种第 1 族和第 2 族的金属有机化合物[1332]与卤代烷发生偶联反应[1333]。有机钠和有机钾化合物要比格氏试剂活性大得多，甚至能与活性较差的卤代烷（见下面）偶联。有机锂化合物也会与卤代烷[1334]或卤代芳烃[1335]偶联[1336]。在 THF 中，钝化的卤代芳烃可与烷基锂试剂偶联[1337]。正丁基锂/TMEDA 与高烯丙醇 CH$_2$=C(Me)CH$_2$CH$_2$OH 反应生成高烯丙基锂试剂，该试剂接着与卤代烷反应生成取代的高烯丙醇 CH$_2$=C(CH$_2$R)CH$_2$CH$_2$OH[1338]。有机锂试剂存在重要的副反应：有机锂试剂能与溶剂醚反应，它在这样的溶剂中的半衰期可以查到[1339]。对于很活泼的有机锂试剂，存在的问题是难以将它们事先制备出来，并保存足够长的时间直至加入卤代烷进行反应，但通常来说简单的一级烷基锂试剂不存在这样的问题。烯烃可由乙烯基锂化合物与伯卤代烷[1340]或乙烯基卤化物与烷基锂试剂在 Pd 或 Ru 催化剂催化下制得[1341]。也可以制得 α-锂环氧化物，其与卤代烷反应生成取代的环氧化物[1342]。芳基硅烷如 2-三甲基硅吡啶用叔丁基锂处理发生硅烷甲基的去质子化反应，生成相应的试剂 ArMe$_2$SiCH$_2$Li[1343]，该试剂与卤代烷反应生成取代硅烷。在（-）-鹰爪豆碱催化下，由 Li-H 交换形成的有机锂试剂可以与卤代烷偶联反应具有高度不对称诱导性[1344]。有机锡化合物与有机锂试剂交换反应得到一种新的有机锂，在（-）-鹰爪豆碱存在下发生分子内偶联生成手性吡咯酮衍生物[1345]。由汞盐存在下形成的炔丙基锂可以与卤代物偶联[1346]。需要注意的是 1-炔化锂可与卤代烷在钯催化下偶联[1347]。

通过卤代芳烃的金属-卤原子交换或各种芳香化合物的 H-金属交换得到芳基锂试剂，该试剂可以与卤代烷反应。例如，**138** 与正丁基锂反

应生成芳基锂 **139**，**139** 与碘甲烷反应得到 **140**[1348]。如果芳环上具有杂原子或含有杂原子的取代基，它与强碱有机锂试剂的反应通常得到邻位锂化物[1349]，因此再与亲电试剂反应生成的是邻位取代产物。这一现象被称为直接邻位金属化（参见反应 **13-17**）。1939—1940 年间，Gilman 和 Wittig 分别发现了这种选择性：苯甲醚在丁基锂作用下发生邻位去质子化[1350]。可以在羰基的邻位进行烷基化，如用仲丁基锂处理酰肼 PhC(=O)NHNMe$_2$，然后与碘乙烷反应，得到邻位乙基衍生物[1351]。要指出的是氨基萘衍生物与叔丁基锂在远离氨基的环上反应生成芳基锂，其与碘甲烷的甲基化反应就发生在那一个环上[1352]。

在使卤代烷炔基化而不发生烯丙基重排的方法中，卤代烷与用 SiMe$_3$ 基团保护的 1-三甲基硅炔丙基锂（**141**）反应[1353]，由于庞大的 SiMe$_3$ 基团的立体位阻，仅有很少量发生在 1 位上（生成丙二烯）。SiMe$_3$ 基团很容易先后用 Ag$^+$ 和 CN$^-$ 处理去除。炔丙基衍生物 **141** 可通过丙炔锂与 Me$_3$SiCl 反应生成 MeC≡CSiMe$_3$，再用 BuLi 夺取 MeC≡CSiMe$_3$ 的质子而得到。R 基团可以是一级烷基或烯丙基[1354]。但是，炔丙基卤通过与格氏试剂和金属盐[1355]或与二烷基铜 R$_2$Cu[1356] 反应可以被烷基化，几乎完全发生烯丙基重排，生成丙二烯。

$$RX + LiCH_2-\overset{3}{C}=\overset{2}{C}-SiMe_3 \longrightarrow RCH_2-C\equiv C-SiMe_3$$
$$\mathbf{141}$$
$$\xrightarrow[\text{2. CN}^-]{\text{1. Ag}^+} R-CH_2-C\equiv C-H$$

除非使用烯丙基型或苄基型试剂和底物，格氏试剂对卤代烷通常不具反应活性[1357]。格氏试剂的优势在于比相应的 R$_2'$CuLi（见反应 **10-58**）易于制备，但它的使用范围较小。格氏试剂只与活泼的卤代物反应：如烯丙基（但经常发生烯丙基重排）和苄基卤化物。它也能与叔卤化物反应，但产率很低或中等[1358]。

烯丙基卤化物比脂肪族卤代烷活泼，但用 Cu 盐都可以促进其与烷基卤化镁的偶联[1359]。事实上，格氏试剂在某些金属催化剂的作用下，可与卤代烷偶联[1360]，这种反应还可以进行立体控制[1361]。可用的催化剂有 Cu(Ⅰ) 化合物（见反应 **10-58**）[1362]、Ag 化合物[1363]、Pd 配合物[1364]、Co 化合物[1365]、Fe 化合物[1366]，研究表明 Fe-胺配合物可催化格氏试剂偶联反应[1367]。铁纳米粒子也被用于促进该类偶联反应[1368]。除了使用卤代烷外，使用烷基三氟甲基磺酸酯更好[1369]。手性 Cu 配合物可被用于与烯丙基卤化物反应生成重排的烷基化产物，反应具有高度对映选择性[1370]。有人报道了一个相似的反应：使用格氏试剂和手性咪唑盐卡宾配合物[1371]。上面已经指出，格氏试剂可与烯丙基型底物反应，但当连接离去基团的碳上存在立体位阻时，反应可能按 S$_N$2' 过程进行（参见 10.4 节）[1372]。

芳基卤化物通常不与格氏试剂偶联，即使是活化的芳基卤化物也不反应，但是某些过渡金属催化剂可以促进该反应发生，反应产率不定[1373]，例如 V 化合物[1374]。如果芳环上存在活化基团，且 OR 可作为离去基团时，与格氏试剂的反应会进行得更好。芳基三氟甲基磺酸酯在 Pd 催化剂的作用下与芳基卤化镁偶联[1375]，在 Pd[1376] 或 Ni 催化剂[1377] 作用下，乙烯基卤化物也会与 RMgX 反应。卤代烷在 Co 催化剂的作用下与芳基溴化镁偶联[1378]。炔基卤化镁与碘代芳烃在 Pd 催化下也会反应[1379]。一种二氧化硅负载的膦-Pd(0)介质已用于芳基卤化镁与碘代芳烃的偶联[1380]。芳基格氏试剂在 ZnCl$_2$ 及 Ni 催化剂作用下可以与卤代烷包括新戊基碘等偶联[1381]。

乙烯基卤化物[1382]和芳基卤化物[1383]在催化量 Fe 催化剂作用下也可与烷基格氏试剂偶联[1384]，在 CuI 作用下的乙烯基三氟甲基磺酸酯[1385]，或在 Co 催化剂作用下的乙烯基卤化物[1386]也同样可以反应。由伯烷基、仲烷基[1387]或芳基卤代物制备的格氏试剂可在 Ni(Ⅱ) 催化剂作用下与乙烯基或芳基卤代物偶联，反应收率很好[1388]。如果使用的是手性的 Ni(Ⅱ) 催化剂，由非手性试剂可得到具有光学活性的烷烃[1389]。Pd 催化的芳基卤化镁与乙烯基溴化物的偶联也已经被报道[1390]。由于格氏试剂能与 C=O 基反应（反应 **16-24** 和 **16-82**），因此它不能用于含酮、COOR 或酰胺官能团的卤代物的偶联。虽然格氏试剂与普通卤代烷的偶联一般没有太大的合成意义，但当格氏试剂制备出来后，可得到少量的对称偶联产物。

关于有机金属试剂的对称偶联（2RM → RR），参见反应 **14-24**~**14-25**。

很多人致力于该反应机理的研究[1391]，但仍然缺乏确定的结论，部分原因是机理随金属、R 基和催化剂变化而变化，有时反应条件也会影响机理。可以想到的有两种基本途径：亲核取代过程（可能是 S$_N$1 或 S$_N$2）和自由基机理。可能是 SET 途径或其它生产了自由基的途径。不管哪种情况，两个自由基 R·和 R'·都存在于溶剂笼中：

$$MX + RX + R'M \longrightarrow \underset{\text{溶剂笼}}{[R· + R'·]} \longrightarrow RR'$$

必须假定有那么一个溶剂笼，因为如果自由基是完全自由的，那么产物就会有 50% 的 RR'、25% 的 RR 和 25% 的 R'R'。一般情况不是这样的；大部分反应中，RR'是主产物甚至唯一的产物[1392]。例如，烯丙基或苄基锂试剂与仲卤代烷的反应被证实是 S_N2 机理（发现了 R 构型翻转）[1393]。而有时这些反应也成功地运用于芳基和乙烯基底物，这表明简单的 S_N 不可能是仅有的机理。一种可能性是试剂先发生交换反应：ArX+RM→RX+ArM，然后才发生亲核取代。另一方面，大量证据表明，许多金属有机试剂与简单烷基的偶联反应是按自由基机理发生的。其中的证据[1394] 有：卤代烷与简单有机锂试剂反应中观测到 CIDNP[1395]（参见 5.3.1 节）；ESR 谱监测到自由基[1396]（参见 5.3.1 节）以及在异丙基苯的反应中 2,3-二甲基-2,3-二苯基丁烷的产生（这个产物是由异丙基苯失去一个 H 生成 PhCMe$_2$ 自由基，而后再二聚形成的）[1397]。在卤代烷与简单有机钠化合物（Wurtz）[1398]、与格氏试剂[1399]、与二烷基铜锂试剂（参见反应 10-58）的反应中也找到了支持自由基机理的证据[1400]。金属离子催化的卤代烷和卤代芳烃与格氏试剂的反应中也证明存在自由基[1401]。

OS Ⅰ,186；Ⅲ,121；Ⅳ,748；Ⅵ,407；Ⅶ,77,172,326,485；Ⅷ,226,396；Ⅸ,530；Ⅹ,332,396。

10-58 卤代烷和磺酸酯与有机铜试剂的反应
烷基-去-卤素反应

$$RX + R'_2CuLi \longrightarrow R-R'$$

二烷基铜锂试剂[1402]（二烷基铜盐，也称作 Gilman 试剂）[1403]在醚或 THF 中与溴代烷、氯代烷和碘代烷反应，生成交叉偶联的产物，产率很高[1404]。这种试剂是由有机锂试剂与 CuI 或 CuBr 反应制备的（见反应 12-36），大部分 Cu(Ⅰ) 化合物都可用于制备该试剂[1405]。由于在 Cu 的 β 碳上具有氢原子，二烷基铜盐的稳定性较差，它们一般在 0℃ 以下合成。

二烷基铜锂与卤代烷反应的适用范围很广[1406]，R$_2$CuLi 中的 R 基可以是伯烷基、烯丙基、苄基、芳基、乙烯基或丙二烯基，而且可以含酮、CO$_2$H、CO$_2$R 或 CONR$_2$ 等官能团[1407]。这些反应的机理可能涉及 Cu(Ⅲ) 中间体的形成[1408]。二烷基铜锂与烯丙基型底物的反应对 γ 位具有高度的选择性[1409]，反应以 S_N2' 型过程进行[1410]。

在 2-溴丁烷与 Ph$_2$CuLi 的反应中发生了构型翻转[1411] 但据报道，2-碘丁烷相同反应的产物却是外消旋的[1412]。乙烯基底物的反应具有立体专一性，产物的构型保持[1413]。许多偕二卤代物不发生此反应，但如果两个卤原子在一个芳环的 α 碳上[1414] 或在环丙烷环上[1415]，那么两个卤原子都可被 R 取代。例如，PhCHCl$_2$ → PhCHMe$_2$。然而，1,2-二溴代物只生成消除的产物（17-22）[1416]。乙烯基卤化镁在催化量 Li$_2$CuCl$_4$ 作用下可与卤代烷偶联[1416]。

二烷基铜锂试剂可与烷基甲苯磺酸酯偶联[1417]。一级烷基甲苯磺酸酯的反应产率很高，二级烷基甲苯磺酸酯的反应产率很低[1418]，而芳基甲苯磺酸酯则不反应。乙烯基三氟甲磺酸酯[1419] 与二烷基铜锂试剂的偶联反应进行得很好，得到烯烃[1420]，其也可以与烯丙基铜偶联生成 1,4-二烯烃[1421]。炔丙基甲苯磺酸酯与乙烯基铜偶联生成乙烯基丙二烯[1422]。

R'$_2$CuLi 中的 R' 可以是伯烷基、乙烯基、烯丙基或芳基。因此，该反应中的有机铜或卤代烷的烷基既不能是伯烷基，也不能是叔烷基。但是，使用 R'$_2$CuLi·PBu$_3$ 可实现仲烷基和叔烷基（与伯卤代物）的偶联（这个方法会给操作带来问题）[1423]。或使用 PhS(R')CuLi[1424]，它能选择性地将仲烷基或叔烷基 R' 与伯碘代烷 RI 偶联，生成 RR'[1425]。可以制得混合铜试剂，其中的一个配体与铜紧密结合，使得另一个配体在偶联反应中可发生转移。一个常见的例子是在铜试剂中引入 2-噻吩基形成 R(Th)CuLi，其中的 R 基团发生转移而不是噻吩基[1426]。新戊基芳基铜锂选择性地将芳基转移到烯丙基卤化物上[1427]。

利用 R'$_2$Cu(CN)Li$_2$ 试剂，可以实现与仲卤代烷 RX（R 为二级烷基）偶联，产率很高[1428]，这里的 R'是伯烷基或乙烯基（不能是芳基）[1429]，这种改进的 Cu 试剂被称为高级复铜盐。试剂 RCu(PPH$_2$)Li、RCu(NR'$_2$)Li 和 RCu(PR'$_2$)Li（R'=环己基）比 R$_2$CuLi 稳定，可在较高的温度下使用[1430]，它们的反应性很好。不活泼的芳基三氟甲磺酸酯[1431]（ArOSO$_2$CF$_3$）与 R$_2$Cu(CN)Li$_2$[1432]、R$_3$Al[1433] 或 R$_3$SnR 和 Pd 配合物催化剂[1434]反应生成 ArR，产率很高。其它涉及 Al、Sn 和 Pd 的偶联反应参见反应 10-59。RCH

(OTf)₂ 中的两个 OTf 单元都可以在与 Me₂(CN)CuLi 的反应中被取代[1435]。对于丙二烯类底物，与 R(CN)CuLi 的反应可发生普通的取代（构型保持）[1436]或发生 S_N2' 反应生成炔[1437]。在后一种情况中，手性的丙二烯［参见 4.3 节（5）］生成手性的炔。Bertz 认为这些"高级复铜盐"的结构有问题[1438]，他认为该试剂在 THF 中实际上是以 $R_2CuLi \cdot LiCN$ 形式存在[1439]。这与 Lipshutz 的看法矛盾[1440]。

R_2^1CuLi 不与酮反应，这就提供了一种通过有机铜与 α-卤代酮（例如 142[1441]）偶联使酮烷基化的方法（另见反应 10-68 和 10-73），但是会发生卤素-金属交换（反应 12-39）的副反应，而且该副反应还可能成为主反应[1442]。

$$\underset{\underset{142}{}}{\underset{R}{\overset{Br}{\big|}}\!\!\underset{}{\overset{}{C}}\!\!\underset{}{\overset{O}{\|}}\!\!R^2} + R_2^1CuLi \longrightarrow \underset{R}{\overset{R^1}{\big|}}\!\!\underset{}{\overset{}{C}}\!\!\underset{}{\overset{O}{\|}}\!\!R^2$$

当 α,α'-二溴代酮在乙醚中于 −78℃ 与 Me₂CuLi 反应时，而后在混合物中加入甲醇以结束反应，结果只发生了单甲基化（未发现双甲基化）产物[1443]。有迹象表明这个反应有一个环化（反应 10-56）为环丙酮的过程，而后被亲核进攻，生成烯醇离子，该烯醇离子随后再被甲醇质子化。如果加入的是碘甲烷而不是甲醇，生成的就是 α,α'-二甲基酮，可能是碘甲烷被 S_N2 进攻（反应 10-68）所产生的。伯、仲、叔单烷基化的产物可以通过与叔丁氧基（烷基）铜锂试剂反应[1444]而不是与 Me₂CuLi 反应制得。这是少有的几个在羰基 α 位引入叔烷基的方法之一。

当二烷基铜锌试剂 $R_2CuZnCl$ 与烯丙基卤化物偶联时，几乎全部发生了烯丙基重排（S_N2'）。如果烯丙基卤化物在 δ 位有一个烷氧基，那么反应具有非对映选择性[1445]。另一类铜试剂由 RZnI/CuCN 制备，它主要用于卤代烯烃的偶联[1446]。在催化量 CuBr 作用下，二乙基锌与烯丙基氯偶联[1447]。如果烯丙基卤化物与有机铜试剂和 Lewis 酸（如 $n\text{-BuCu} \cdot BF_3$）反应，生成的几乎全是烯丙基重排的产物，反应结果与烯丙基两端的取代程度无关[1448]。

OS Ⅸ, 502.

10-59 卤代烷和磺酸酯与其它金属有机试剂的反应

烷基-去-卤代反应

$$RX + R'\text{—}M \longrightarrow R\text{—}R'$$

除了 Mg、Li 和 Cu，其它金属和金属配合物也可用于催化或介导偶联反应。有机铝化合物与叔烷基（生成的产物中含有一个季碳）和苄基卤化物在 −78℃ 偶联得很好[1449]。该反应也可应用于烯丙基、仲烷基和某些伯烷基卤化物，但需要在室温下反应几天（另见反应 10-63）。乙烯基铝化合物（在适当的过渡金属催化剂催化下）与烯丙基卤化物、乙酸酯以及醇的衍生物偶联生成 1,4-二烯[1450]，与乙烯基和苄基卤化物反应分别生成 1,3-二烯和烯丙基芳烃[1451]。需要注意的是，烷基硼酸在 Ag_2O 和催化量 $CrCl_2$ 作用下偶联生成对称的烷基衍生物[1452]。

含有一个季碳的产物也可由叔卤化物与二烷基或二芳基锌试剂在 CH_2Cl_2 中[1453]，或与 Me_4Si 和 $AlCl_3$[1454]，或与烷基钛试剂 $RTiCl_3$ 和 R_2TiCl_2 反应制得[1455]。

烷基或芳基三氟甲基磺酸酯与 ArZnCl 试剂在钯催化剂催化下偶联[1456]。该有机锌偶联反应已在离子液体中完成[1457]。乙烯基卤化物与乙烯基锡试剂在 CuI 存在下偶联[1458]，而芳基锡化合物与乙烯基卤化物[1459]或乙烯基三氟甲基磺酸酯在钯催化剂存在下偶联[1460]。乙烯基锡试剂在钯催化剂存在下与乙烯基三氟甲基磺酸酯的偶联称为 Stille 反应（反应 12-15）。在 Stille 反应中，在钯催化剂和 LiCl 作用下，乙烯基三氟甲基磺酸酯与有机锡化合物（$R'SnMe_3$）偶联，其中 R' 可以是烷基、烯丙基、乙烯基或炔基[1461]。该反应可在分子内进行，用于制备大环内酯[1462]。

烷基或烯基卤化物与有机锌化合物在 Ni 配合物作用下的偶联称为 Negishi 偶联[1463]。多年来已经报道了好几个对反应的改进，例如使用芳基锌化合物[1464]，也可使用芳基乙烯基碘化物[1465]。THF 溶液中双(碘锌)甲烷的结构已经被报道[1466]。吡啶锌化合物也已经在 Negishi 偶联中使用[1467]。羰基型交叉偶联反应已经被报道[1468]。对羰基或乙烯基卤化物与有机锌化合物反应的钯催化的改进也被报道[1469]。二烷基锌化合物可与卤代烷在镍催化剂存在下偶联[1470]，但与偕二碘化合物的反应却无需催化剂[1471]。用各种手性添加剂或手性催化剂可以进行不对称反应[1472]，例如下面所示的烯丙基氯的反应，其中 DMA 表示二甲基乙酰胺[1473]：

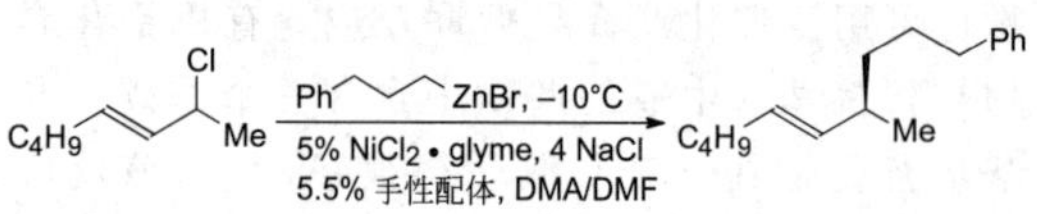

炔丙基型底物的偶联反应也已经被报道[1474]。

铜化合物也可作为二烷基锌试剂反应的催化剂[1475]。芳基卤先后与 Me_4ZnLi_2 和 $VO(OEt)Cl_2$ 生成甲基化芳香化合物[1476]。异丙基锌（^iPrZn）与 γ-碘代酮反应取代其中的碘生成烷基取代产物，并不与羰基反应[1477]。有机锌试剂与羰基化合物的酰基加成反应见反应 16-31（Reformatsky 反应）。叔卤代烷也可在 AIBN 催化下与烯丙基锡试剂偶联[1478]。卤代烷先与 Sm_2I 反应，再与 CuBr 反应，可生成活泼的反应物种，而后与其它卤代烷偶联[1479]。三烷基铟化合物与烯丙基溴在 $Cu(OTf)_2·P(OEt)_3$ 存在下偶联[1480]，乙烯基铟化合物与 α-卤代酯在 BEt_3 催化剂作用下偶联[1481]。芳基磺酰氯与烯丙基卤化物在铋催化下偶联生成烯丙基-芳基化合物[1482]。乙烯基碘在铁催化剂催化下与 RMnCl 偶联[1483]。$Bu_3MnMgBr$ 与偕二溴环丙烷反应生成二烷基环丙烷[1484]。α-卤代酮在镍催化剂催化下与芳基卤化物偶联[1485]。烯丙基镓试剂在 BEt_3/O_2 作用下可与 α-溴代酯偶联[1486]。

芳基钯盐"ArPdX"由芳基汞化合物和氯化钯锂反应制得，ArPdX 可与烯丙基氯偶联，产率中等，但是会发生烯丙基重排反应[1487]。在多数反应中，通过向底物中加入 Pd 配合物，有时一并加入另一种金属，可促进偶联，获得较高的产率。在这些反应条件下，原位产生了芳基钯反应物种。烯丙基、苄基、乙烯基和芳基卤化物或三氟甲磺酸酯与有机锡试剂可在 Pd 配合物催化下偶联[1488]。该反应的优点在于芳环上可以有硝基、酯基或醛基等，而这些基团是不能出现在格氏试剂中的。像 COOR、CN、OH 和 CHO 这样的官能团在两种试剂中都可以存在，但底物的 β 位不能有连于 sp^3 杂化碳原子的 H，因为那会导致消除反应。铟金属已被用于介导烯丙基卤化物和芳基钯配合物的偶联[1489]。有机铟试剂在 Pd 催化剂作用下可与 1-碘萘偶联[1490]。芳基卤化物在 Pd 催化剂作用下也可与烯丙基硅烷偶联[1491]。

二甲基锌在 Pd 催化剂作用下与芳基卤化物偶联[1492]，Reformatsky 型锌衍生物（参见反应 16-28）在 Pd 催化剂和微波辐照作用下也可与芳基卤化物偶联[1493]。烷基卤化物与 ArMnCl 或 RMnCl 在钯催化剂催化下偶联[1494]。钴催化的偶联反应已经被报道[1495]。

在许多反应中，有机金属试剂是从相应的有机锂试剂（反应 10-57）制得的，如将芳基锂转化为苄基锆试剂，然后再与芳基卤化物在 Pd 催化剂作用下偶联[1496]。乙烯基锆试剂在 Cu(Ⅰ) 化合物存在下可与烯丙基卤化物偶联[1497]。烷基硼烷在 Ni 催化剂催化下与烷基卤化物偶联[1498]。

OS Ⅶ, 245；Ⅷ, 295；Ⅹ, 391.

10-60 金属有机试剂与羧酸酯的偶联

烷基-去-酰氧基-取代反应

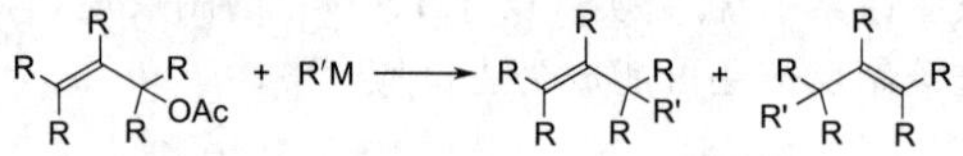

好几种有机金属试剂可与烯丙基羧酸酯和碳酸酯反应生成偶联产物。二烷基铜锂与烯丙基乙酸酯偶联，生成常见的偶联产物还是烯丙基重排产物取决于底物[1499]。有人提出了一个含有 σ-烯丙基铜（Ⅲ）配合物的机理[1500]。甲硅烷基铜也可与安息香酸酯反应，生成烯丙基硅烷[1501]。有趣的是，烯丙基硅烷在 $B(C_6F_5)_3$[1502] 或 BF_3[1503] 作用下可与乙酸酯偶联。

丙二烯也可由炔丙基乙酸酯与甲基碘化镁反应制得[1504]。二烷基铜锂试剂与 β-二羰基化合物的烯醇乙酸酯反应，也可生成常见的偶联产物[1505]。如果使用催化量的亚铜盐，烯丙基乙酸酯也可能和格氏试剂偶联[1506]。采用这种方法的产率高，可通过选择适当的亚铜盐来控制区域选择性。

已经报道了好几个金属催化的偶联反应。烯丙基、苄基和环丙基甲基乙酸酯可与三烷基铝偶联[1507]；烯丙基乙酸酯在钯催化剂作用下，与芳基和乙烯基有机锡试剂偶联[1508]（见下述）。烯丙基乙酸酯在 $Ni(CO)_4$（反应 10-56）或 Zn 和 Pd 配合物的催化下可对称地偶联[1509]。也可在 Pd 配合物的催化下与烯丙基锡烷（$R_2C=CHCH_2SnR_3$）反应转化为非对称的 1,5-二烯[1510]。已经报道其它 Ni(0) 参与的偶联反应[1511]。也有报道钛介导[1512]的偶联、Ir 催化[1513]和 Fe 催化[1514]的反应。芳基卤化物在 $CoBr_2/Mn/FeBr_2$ 作用下可与烯丙基乙酸酯偶联[1515]。烯丙基磷酸酯可作为高级铜盐[1516]（见反应 10-58）或二烷基锌试剂[1517]取代反应的底物。

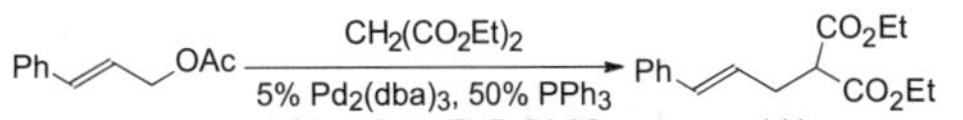

Ph—CH=CH—CH₂—OAc →[CH₂(CO₂Et)₂ / 5% Pd₂(dba)₃, 50% PPh₃ / BSA, KOAc, THF, 70 °C] Ph—CH=CH—CH₂—CH(CO₂Et)₂
143 → **144**

常用的方法是 η^3-π-烯丙基钯配合物[1518](见 3.3.1 节)与各种各样的亲核试剂反应[1519]，其中的配合物可从烯丙基酯（最常见的是乙酸酯）或烯丙基碳酸酯（见反应 10-31）制得。该偶联反应称为 Tsuji-Trost 反应[1520]。已经讨论过 π-烯丙基钯配合物反应的机理[1521]。与金属配合的配体的结构和性质对反应至关重要，尤其是对特定反应的立体选择性[1522]。一个典型的转化如 **143** 与丙二酸二乙酯、BSA [N,O-二(三甲基硅)乙酰胺] 及乙酸钾的反应，在 Pd 催化剂作用下生成偶联产物 **144**[1523]。该反应是对几年前 Trost 等人提出的基本反应的改进[1524]。活泼亚甲基化合物的烯醇盐离子常常作为亲核试剂[1525]，也可用砜的负离子[1526]。大多数报道的反应中，R′M 反应物种是活泼亚甲基化合物的负离子，例如丙二酸二乙酯的钠盐、钾盐或锂盐，或是 Knoevenagel 型碳负离子（见反应 16-38），或是氨基酸替代物[1527]，也可用它们的烯醇盐负离子[1528]（见反应 10-68）。其它亲核试剂可用于代替烯丙基乙酸酯[1529]。钯催化剂、反应条件和金属有机化合物的种类可以很广泛。虽然经由烯丙基中间体可能得到两个烯丙基偶联产物，但通常主要得到在取代基少的位置进攻的产物。这个反应已经在离子液体中完成[1530]，也可在其它溶剂中用催化量离子液体作为添加剂进行该反应[1531]。钯纳米粒子可用于催化该反应[1532]。有人报道了烯丙基底物的 SN2′ 反应[1533]。安息香酸酯可成功代替乙酸酯使用[1534]。除钯外其它的金属催化剂也被用于烯丙基乙酸酯参与的反应[1535]。

使用手性配体[1536]或具有配体作用的手性添加剂[1537]可使偶联产物产生不对称诱导[1538]。

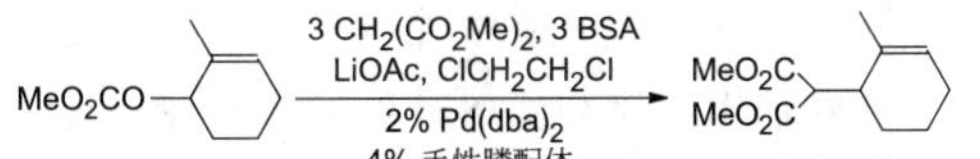

MeO₂CO—[环己烯] →[3 CH₂(CO₂Me)₂, 3 BSA / LiOAc, ClCH₂CH₂Cl / 2% Pd(dba)₂ / 4% 手性膦配体] MeO₂C—C(MeO₂C)—[环己烯]
145 → **146**

如上面所提到的，通常用碳酸酯（—OCO₂R）代替乙酸酯离去基团对反应进行改进，其中最常见的是碳酸甲酯（—OCO₂Me）[1539]。一个典型的反应是 **145** 转化为 **146**[1540]，如果使用手性配体则产生中等程度地手性诱导。实际上，对于烯丙基乙酸酯的反应，手性配体和手性助剂的使用产生了不对称诱导[1541]。多种活泼亚甲基化合物可用作亲核试剂[1542]，例如其烯醇盐负离子[1543]。其它亲核试剂可用于代替烯丙基碳酸酯[1544]，通常与手性配体联合使用生成具有对映选择性的产物。高分子负载的膦配体已经被成功地应用[1545]，除钯外其它的催化体系也被用于烯丙基碳酸酯参与的反应[1546]。乙烯基三氟硼酸钾（反应 **10-73**）也被用于钯催化的烯丙基碳酸酯的偶联反应[1547]。

当分子中同时引入活泼亚甲基化合物和烯丙基乙酸酯或碳酸酯时，可发生分子内环化反应[1548]。炔丙基酯也可用于钯催化的偶联反应，例如与三烷基铟试剂的反应[1549]。

10-61 金属有机试剂与硫酸酯、亚砜、砜、硝基化合物和缩醛的偶联

烷基-去-磺酰基和去-磺酰氧基-取代反应等；
烷基-去-烷氧基-取代反应等；
烷基-去-硝化反应等

$$RSO_2X + R'M \longrightarrow R-R'$$

除卤素外，羧酸酯、碳酸酯或磺酸酯有时也用作离去基团。硫酸酯、磺酸酯和环氧化物生成预期的产物。已经报道了在离子液体中磺酸钠与卤代烷的反应[1550]。烯丙基苯基砜中的 SO₂Ph 基团在 Pd 配合物作用下可以离去[1551]。曼尼希碱（Mannich bases）RCOCH₂CH₂NR₂ 中的 NR₂ 基团在反应中也可以作为离去基团（消除-加成机理，见 10.6 节）。α-硝基酯、酮、腈和 α, α-二硝基化合物[1553]，甚至形如 R_3CNO_2[1554] 或 ArR_2CNO_2[1555] 的简单季硝基化合物中的硝基，可被硝基烷烃负离子取代[1552]，例如：

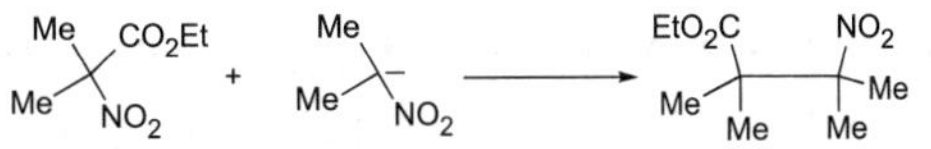

Me—C(Me)(CO₂Et)(NO₂) + Me—C(Me)(Me)(NO₂) → EtO₂C—C(Me)(Me)—C(Me)(Me)—NO₂

这些反应按 SET 机理进行[1556]。但是，对于 α-硝基砜被取代却是砜基，而不是硝基[1557]。当使用 Mo(CO)₆ 催化剂时，烯丙基砜中的 SO₂R 基团可被 CHZZ′ 取代：C=CCH₂—SO₂R → C=CCH₂—CHZZ′[1558]。

叔丁基砜与有机锂试剂在催化量的铁配合物存在下反应，发生偶联[1559]。该反应中，t-BuSO₂ 单元成为"离去基团"。一个在 C-4 位有亚砜单元的羧酸，当它发生环化反应时，亚砜

就是"离去基团"。用双三氟乙酸碘苯处理生成五元环的内酯[1560]。甲苯砜和二乙基锌的反应发生类似的 TolSO$_2$ 被取代的反应[1561]。磷酸酯 ROPO(OR)$_2$ 与烯丙基格氏试剂反应，生成偶联产物[1562]。

OS I ,471；II ,47,360；VII ,351；VIII ,97,471.

10-62 Bruylants 反应

烷基-去-氰基化反应

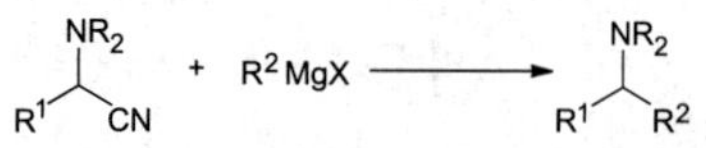

$$\underset{R^1}{\overset{NR_2}{|}}CH-CN + R^2MgX \longrightarrow \underset{R^1}{\overset{NR_2}{|}}CH-R^2$$

Bruylants 反应是指氨（胺）基腈与格氏试剂反应生成取代胺[1563]。该反应最常用于从脂肪族格氏试剂制备脂肪胺。在有些情况下，可用乙烯基格氏试剂制备烯丙基胺[1564]。AgBF$_4$ 可使乙烯基格氏试剂进行 Bruylants 反应变得容易，可将氨基腈转化为相应亚胺离子[1565]。叔烷基腈中的氰基也能被取代[1566]。

可以发生取代 α-氰基酮中氰基的反应。α-氰基酮用 SmI$_2$ 处理再与过量的烯丙基溴反应生成 α-烯丙基酮衍生物[1567]。α-氰基胺先后与烯丙基溴和金属锌反应，经 THF 中的稀乙酸处理后生成高烯丙基胺[1568]。

10-63 醇的偶联

去-羟基-偶联反应

$$ROH + R'M \longrightarrow R-R'$$

在有些情况下，醇可能与金属有机化合物发生偶联[1569]。例如，在 Ti(OiPr)$_4$ 存在下烯丙基醇与烷基溴化镁偶联[1570]。在离子液体中和 Rh 催化剂作用下烯丙基醇可以与芳基硼酸偶联[1571]。Pd 催化的活泼亚甲基化合物与烯丙基醇[1572] 或苄基醇[1573] 的反应也已经有报道。在 Ru 催化剂作用下，醇可与酮的 α-碳偶联 (RCOMe+R'OH) 生成 β-取代的醇 RCH(OH)CH$_2$R'[1574]。在 Ir 催化剂作用下，醇可与丙二烯偶联[1575]。在 Ni 催化剂作用下，烯丙基碳酸酯可与烯丙基醇偶联[1576]。

$$2\ ROH \xrightarrow[-78℃]{MeLi-TiCl_3} R-R$$

烯丙基或苄基醇与甲基锂和三氯化钛于 −78℃ 反应[1578]，或与 TiCl$_4$ 和 LiAlH$_4$ 回流[1579]，可对称地偶联[1577]（如上所示）。当底物是烯丙醇时，反应产物是普通的偶联和烯丙基重排产物的混合物，反应没有区域选择性。该反应以自由基机理进行[1580]。如果分子中存在至少一

个苯基，TiCl$_3$-LiAlH$_4$ 试剂也可以将 1,3-二醇转化为环丙烷[1581]。

叔醇（R$_3$C—OH）和三甲基铝于 80～200℃ 反应，生成甲基化产物（R$_3$C-Me）[1582]。发现消除反应和重排反应的副产物以及反应缺乏立体专一性[1583]，这都表明反应是 S$_N$1 机理。如果伯醇或仲醇的 α 位含有芳基，它们也可发生这样的反应。更高级的三烷基铝非常不适用于该反应，因为还原反应会与烷基化反应竞争（另见 Me$_3$Al 与酮的反应 16-24、与羧酸的反应 16-82）。化合物 Me$_2$TiCl$_2$ 与叔醇也会发生同样的反应[1584]。有报道在 Ir 配合物存在下，醇底物可使仲醇发生 β-烷基化[1585]。烯丙基醇与一种由 MeLi、CuI 和 R'Li 制成的试剂在 (Ph$_3$PNMePh)$^+$I$^-$ 中反应，生成经过烯丙基重排的烯烃 147[1586]，例如：

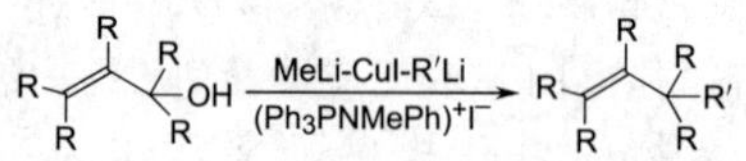

$$\underset{R}{\overset{R}{\diagdown}}C=\underset{R}{\overset{R}{\diagup}}C\underset{OH}{\overset{}{|}} \xrightarrow[(Ph_3PNMePh)^+I^-]{MeLi\text{-}CuI\text{-}R'Li} \underset{R}{\overset{R}{\diagdown}}C=\underset{R}{\overset{R'}{\diagup}}C\underset{}{\overset{}{|}}$$
$$\qquad\qquad\qquad\qquad\qquad\qquad 147$$

用伯醇、仲醇和叔醇与烷基和芳基锂试剂的反应产率都很高[1587]。烯丙基醇也可与某些格氏试剂[1588] 在镍配合物催化下偶联，生成通常的产物和烯丙基重排的产物。

丙二烯醇与烯丙基铟试剂于 140℃ 偶联，生成产物烯醇[1589]。类似地，ω-羟基内酯也与有机铟试剂偶联[1590]。苯酚与乙烯基硼酸酯和铜催化剂反应，生成芳基乙烯基醚[1591]。

醇与烯丙基硅烷在 InCl$_3$[1592] 或 InBr$_3$[1593] 催化剂作用下反应，生成相应的偶联产物：R$_2$CHOH→R$_2$CH—CH$_2$CH=CH$_2$。三甲基硅醚在 InCl$_3$ 催化下也与烯丙基硅烷偶联[1594]。炔丙基醇用 Au 催化剂[1595] 或 Rh 催化剂[1596] 作用可与烯丙基硅烷偶联。

10-64 金属有机试剂与含醚键化合物的偶联[1597]

烷基-去-烷氧基-取代反应

$$R_2C(OR^1)_2 + R^2MgX \longrightarrow R_2CR^2(OR^1) + R^1OMgX$$
$$RC(OR^1)_3 + R^2MgX \longrightarrow RCR^2(OR^1)_2 + R^1OMgX$$

缩醛[1598]、缩酮和原酸酯[1599] 与格氏试剂反应，分别生成醚和缩醛（或缩酮）。后者可水解为醛或酮（反应 10-6）。这个过程是将卤代烷 (R^{2}X) 转化为醛 (R^{2}CHO) 的一种方法，其中 R^2 可以是烷基、芳基、乙烯基或炔基，反应结果将碳链增加一个碳原子（另见反应 10-76）。该反应用于合成酮，但产率比较低。缩醛（包括烯丙基缩醛）与有机铜化合物和 BF$_3$ 也发生

这样的反应[1600]。二氢吡喃在镍催化剂的作用下可与格氏试剂反应[1601]。缩醛也会与三甲硅基烯醇醚或烯丙基硅烷在 Lewis 酸催化下发生取代反应[1602]，例如：

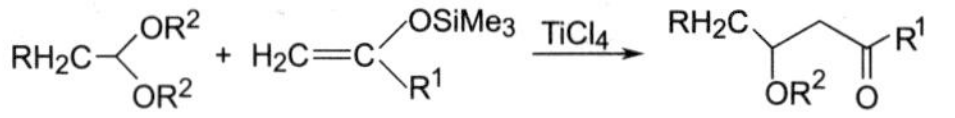

$$RH_2C\begin{matrix}OR^2\\OR^2\end{matrix} + H_2C=C\begin{matrix}OSiMe_3\\R^1\end{matrix} \xrightarrow{TiCl_4} RH_2C\begin{matrix}\\OR^2\end{matrix}\begin{matrix}O\\R^1\end{matrix}$$

ω-乙氧基内酰胺与格氏试剂反应，生成 ω 位取代的内酰胺[1603]。叔胺可由氨基醚与格氏试剂反应制备[1604]（$R_2NCH_2-OR^1 + R^2MgX \rightarrow R_2NCH_2-R^2$），或与二烷基铜锂试剂反应制备[1605]。

醚一般不会被格氏试剂裂解（事实上，乙醚和四氢呋喃是格氏试剂最常用的溶剂），但是更活泼的金属有机化合物却会使醚分解[1606]。然而，甲醚与 MeMgBr 通过 Ni 催化的偶联可被甲基取代：$MeMgX + ROMe \rightarrow R-Me$[1607]。氧杂环丁烷在 $BF_3 \cdot OEt_2$ 中可被有机锂试剂开环[1608]。也可被过量金属 Li 和联苯催化剂开环[1609]。在 CuBr 存在下，烯丙基醚在 THF 中可被格氏试剂分解[1610]。该反应可能发生烯丙基重排，也可能不发生[1611]。炔丙基醚反应生成丙二烯[1612]。乙烯基醚也可被格氏试剂裂解，这里使用的催化剂是镍配合物[1613]。甲硅基烯醇醚（$R_2C=CROSiMe_3$）的反应类似[1614]。二环苯并呋喃在 Pd 催化剂存在下可被二烷基锌试剂开环[1615]。

某些缩醛和缩酮在 $TiCl_4$-LiAlH$_4$ 中会发生类似 10-56 的反应而二聚，例如[1616]：

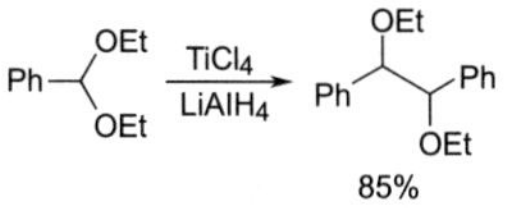

$$Ph\begin{matrix}OEt\\OEt\end{matrix} \xrightarrow[LiAlH_4]{TiCl_4} \begin{matrix}OEt\\Ph\\Ph\\OEt\end{matrix} \quad 85\%$$

另见 10-65。

OS Ⅱ, 323; Ⅲ, 701; 另见 OS Ⅴ, 431。

10-65 金属有机试剂与环氧化物的反应

3(OC)-仲烷基-去-烷氧基-取代反应

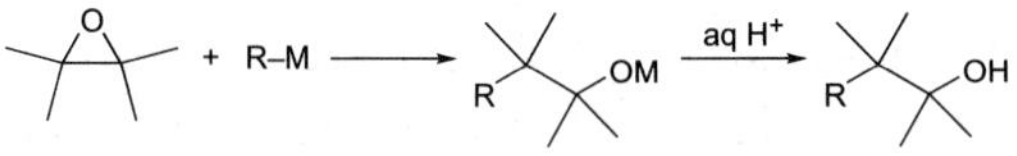

<chemical reaction scheme>

格氏试剂或有机锂试剂与环氧化物的反应很有价值，经常用来使碳链增加两个碳原子[1617]。格氏试剂可以是芳香族的，也可是脂肪族的，但叔基格氏试剂的产率很低。根据 S_N2 机理可以推测进攻发生在取代较少的碳上。对于烯丙基格氏试剂，加入催化量的 $Yb(OTf)_3$ 有助于烷基化[1618]。有机锂试剂[1619]在手性添加剂存在下反应生成 2-位取代的醇，对映选择性很好。与手性席夫碱的类似反应生成同样类型的产物，对映选择性很好[1620]。二烷基铜锂试剂也能发生这样的反应[1621]，高级的铜酸盐亦如此[1622]，其产率也更高。它们还有额外的优势——不与酯、酮或羧基反应，这样，环氧酯、酮和羧酸可被选择性地进攻，一般是以区域选择性的方式发生反应[1623]。使用 BF_3 可增加 R_2CuLi 的反应性，使它能与热不稳定的环氧化物反应[1624]。二氨基氰基铜酸锂也曾被用过[1625]。

其它的金属有机化合物也会发生这样的反应[1626]。三烷基铝试剂使环氧化物开环，从而在碳原子上引入了烷基[1627]。在 Lewis 酸催化剂如 BF_3 存在下，烷基化可在取代基多的碳上发生[1628]。当芳香化合物与环氧化物和 $AlCl_3$ 反应时，能够发生 Friedel-Crafts 型烷基化[1629]（见反应 11-11）。环氧化物与烯丙基溴在金属 In 存在下反应，和预期的一样，在取代基少的碳上引入烯丙基[1630]。取代环氧化物与 CO、$BF_3 \cdot OEt_2$ 和 Co 催化剂反应发生羰基化，得到产物为 β-内酯[1631]。有报道类似的形成 β-内酯的反应，可用取代环氧化物、CO 和金属化合物-BF_3 配合物反应[1632]。有报道在铝配合物存在下可发生双羰基化，生成酸酐[1633]。五元环内酰胺可由取代环氧化物先后用 $BF_3 \cdot OEt_2$ 和 KHF_2 处理得到[1634]。研究表明，在 Ti 化合物作用下的环氧化物开环对取代基较多的碳具有选择性[1635]。环氧化物与炔银盐在 Zr 化合物存在下反应，生成重排产物炔丙醇[1636]。已有报道 Ga/Sm 可诱导卤代烷使环氧化物开环[1637]。

在 Sc 催化剂存在下，手性烯丙基硼烷使环氧化物开环，发生在取代基少的位点上，生成手性的高烯丙基醇[1638]。

偕二取代的环氧化物（148）与格氏试剂（有时是其它环氧化物）反应，产物可能是 149。也就是说，新的烷基可能出现在 OH 所连的碳上。在这种情况下，环氧化物是在与格氏试剂反应前已被异构化为醛或酮。通常卤代醇是副产物。

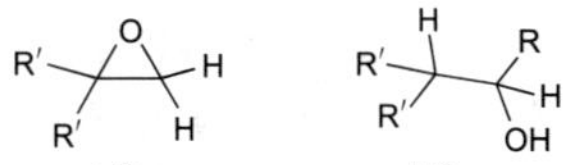

<structures 148 and 149>

当底物是乙烯基环氧化物时[1639]，与格氏试剂反应的产物是混合物，除了通常的产物，还有烯丙基重排的产物（150）[1640]。丁基锂与偕二氟烷基碳烯基环氧化物（$F_2C=CR-$环氧化物）反应，发生 S_N2' 取代反应从而在二氟碳上烷基化，还

$$R-MgX + \text{(vinyl epoxide)} \longrightarrow R\diagdown\diagup\diagdown OMgX$$
150

发生环氧化物开环[1641]。后者是主要反应。如果使用的是 R_2CuLi[1642]，非环底物大部分生成的是烯丙基重排产物（S_N2'）[1639]。"乙烯基"环氧化物的双键也可以是烯醇负离子的一部分。这时，使用 R_2CuLi 只发生烯丙基重排产物（S_N2'），水解后生成 **151**，而格氏试剂和有机锂试剂直接使环氧化物开环（S_N2），水解后生成 **152**[1643]。

$$\text{（反应式图）}$$

硅烷（如 Me_3SiH）和一氧化碳及催化剂八羰基合二钴可作为金属有机化合物的等价物，用于环氧化物的开环[1644]。有机硅烷的其它偶联反应见 **10-55**。三甲基硅烯醇醚与环氧化物发生类似的反应，但 Lewis 酸如 $TiCl_4$ 是必需的[1645]。

OS I, 306; Ⅶ, 501; Ⅷ, 33, 516; **76**, 101; X, 297.

10-66 金属有机化合物与吖丙啶的反应

$$\text{（反应式图）}$$

吖丙啶可被金属有机试剂开环，生成胺[1646]。虽然吖丙啶比环氧化物活性低，还是可能用金属有机试剂使其开环[1647]。特别是当存在 N-磺酰基时，例如，甲苯磺酰基，此时吖丙啶形成磺酰胺。格氏试剂与 N-甲苯磺酰基-2-苯基吖丙啶反应生成相应的 N-甲苯磺酰胺[1648]。机铜酸酯（**10-58**）与 N-烷基吖丙啶反应生成相应的胺[1649]。在 $In(OTf)_3$ 存在下，吖丙啶与苯发生 Friedel-Crafts 型反应（反应 **11-11**），生成 β-芳基胺[1650]。N-甲苯磺酰基吖丙啶也可用烯醇离子开环，生成吡咯啉衍生物[1651]。而与 $Me_2S{=}CHCO_2Et$（见反应 **16-46**）反应生成 N-甲苯磺酰基丁啶[1652]。烯丙醇在 KSF-黏土上可使 N-甲苯磺酰基吖丙啶开环[1653]。在 Ag(Ⅰ)催化剂作用下可能发生 C-芳基化[1654]。N-磺酰基吖丙啶与 β-酮酯的烯醇负离子可在相转移催化条件下反应[1655]。N-甲苯磺酰基吖丙啶与 $InCl_3$ 反应生成氯代 N-甲苯磺酰胺[1656]。

吖丙啶除与碳亲核试剂反应外，还与其它亲核试剂反应。在四丁基氟化铵（TBAF）存在下，三甲基硅叠氮与 N-甲苯磺酰基吖丙啶反应，生成叠氮基 N-甲苯磺酰胺[1657]。N-苄基吖丙啶在 Cr 催化剂存在下可被三甲基硅叠氮开环[1658]。在 PBu_3 存在下，乙酸酐与 N-甲苯磺酰基吖丙啶反应，生成 N-甲苯磺酰基乙酰胺[1659]。在 Lewis 碱介导下，吖丙啶可与三甲基硅亲核试剂反应[1660]。

10-67 有一个活泼 H 的碳的烷基化

二(乙氧基羰基)甲基-去-卤代反应，等

$$\text{（反应式图）}$$

烯丙基乙酸酯和碳酸酯（反应 **10-60**）金属催化的取代反应显然属于这一类型。但是，本节中将集中讨论活泼亚甲基化合物与带有一个离去基团的底物之间的更一般意义上的反应，因此没有包括烯丙基底物或金属催化的反应。

如果化合物中一个具有氢（称为 α-氢）的碳原子上连有两个或三个强吸电子基，那个氢的酸性要比没有这样的基团的化合物强得多 [参见 5.2.2 节 (1)]，在适当碱（其共轭酸的 pK_a 比 α-氢大）作用下夺取 α-氢，转化为相应的烯醇离子（反应 **10-68**）。这些烯醇离子作为碳亲核试剂，可进攻卤代烷，导致被烷基化[1661]。Z 和 Z' 可以是 $COOR'$、CHO、COR'[1662]、$CONR'_2$、COO^-、CN[1663]、NO_2、SOR'、SO_2R'[1664]、SO_2OR'、$SO_2NR'_2$ 或类似的基团[1665]。常用的碱有乙醇钠和叔丁醇钾，它们都分别以相应的醇作溶剂。对于酸性特别强的化合物（如 β-二酮；$Z,Z'{=}COR'$），氢氧化钠的水溶液、乙醇溶液或丙酮溶液，甚至碳酸钠[1666] 的碱性都足以使其发生反应。如果至少有一个 Z 是 $COOR'$，可能会发生副反应皂化反应。除了上面列举的基团，Z 还可能是苯基，但如果同一个碳上有两个苯基，酸性就会比其它情况弱，则需要使用更强的碱。然而，以 $NaNH_2$ 作为碱，二苯基甲烷的反应非常成功[1667]。如果反应中使用的溶剂的酸性很强，会使烯醇离子或碱质子化，达到平衡后仅产生很少量的烯醇离子（热力学条件）。使用非极性质子溶剂（如 DMF 或 Me_2SO）会显著提高烷基化的速率[1668]，但对于高度活泼的反应物（如碘甲烷，参见 10.7.8 节），但也会使烷基化更多发生在氧上、而不是碳上。一般来说，像这里所述的烯醇离子与卤代烷反应发生 C-烷基化，但是三烷基硅卤化物和酸酐的反应趋向于 O-烷基化。也有人使用过相转移催化剂[1669]。使用手性相转移催化剂得到的烷基化产物具有对映选择性[1670]。

伯或仲烷基、烯丙基（可能会发生烯丙基重排）和苄基 RX 都很成功，但叔卤代烷不行，因为在反应条件下会发生消除（然而，见反应 **10-67**）。只要对碱不敏感，RX 可带多种官能团。可能的副反应是前面提到过的竞争反应 O-烷基化、消除反应（如果烯醇负离子碱性足够强）和二烷基化。

对于底物 ZCH$_2$Z′ 可能发生两次烷基化：先用碱夺去一个质子，生成的烯醇离子用 RX 烷基化；然后在从 ZCHRZ′ 上夺去一个质子，生成的烯醇离子用相同的或不同的 RX 再次烷基化。该反应一个重要的例子是丙二酸酯合成法，此时两个 Z 都是 COOEt。产物可水解、脱羧（反应 **12-40**）为羧酸。下面是由丙二酸酯合成 2-乙基戊酸 (**153**) 的过程：

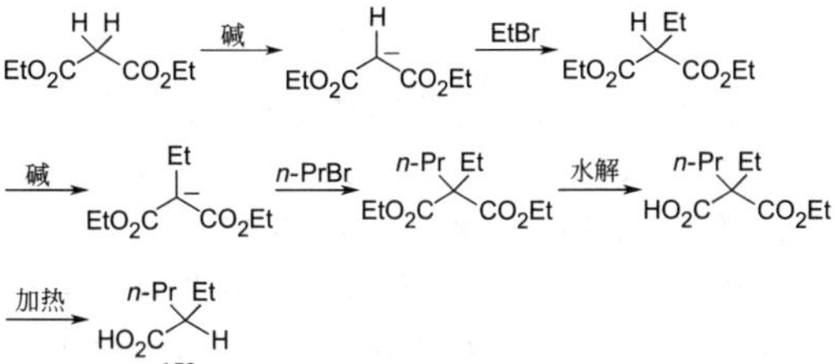

对烷基化顺序进行改进，先用 1,2-二溴乙烷作为烷基化试剂，然后用 1,8-二氮杂二环[5.4.0]辛-7-烯（DBU）处理，可在 α 碳上引入乙烯基[1671]。另一种改进是在高分子负载的 Pd 催化剂作用下使二丙二酸酯与烯丙基碳酸酯偶联[1672]（见反应 **10-60**）。

显然，许多 RCH$_2$COOH 和 RR′CHCOOH 类型的羧酸可用这种方法合成（其它制备这样的酸的方法见 **10-70～10-73**）。另一个重要的例子是乙酰乙酸乙酯合成法，此时 Z 是 COOEt、Z′ 是 COCH$_3$。这种情况下，产物可以在酸或稀碱中脱羧（反应 **12-40**）生成酮（**154**），或在浓碱中裂解（反应 **12-43**）为羧酸酯（**155**）和乙酸盐。该反应可在叔丁醇中、在铝存在下、真空条件下进行，直接从酮酯生成烷基化的酮酸[1673]。

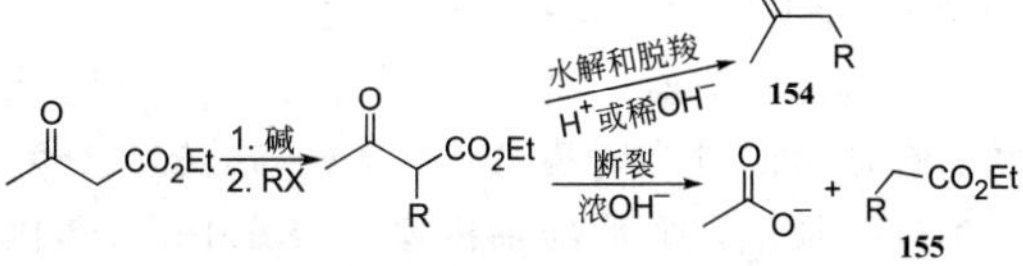

另一种制备酮的方法[1674]是 β-酮亚砜[1675]或 β-酮砜[1676]的烷基化生成 156。该反应产物中的亚砜基很容易用铝汞齐或电解法高产率地还原（脱硫，见反应 **19-70**）为酮[1677]。β-酮亚砜（如 156）或 β-酮砜很容易制备（反应 **16-86**）。当与硫原子相连的一个基团有手性时，烷基化反应具有相当的对映选择性[1678]。该反应的其它例子还有氰基乙酸酯合成法，此时，Z 是 COOEt、Z′ 是 CN（与丙二酸酯合成法一样，这个反应的产物也能被水解、脱羧），以及 Sorensen 氨基酸合成法，该法使用 N-乙酰基氨基丙二酸酯 (EtO$_2$C)$_2$CHNHCOCH$_3$，此时，产物水解、脱羧后生成 α-氨基酸。氨基也常通过转化为苯二甲酰亚氨基而得到保护。

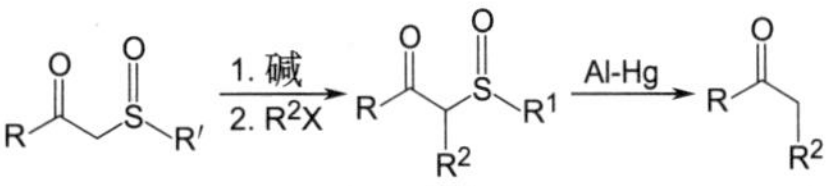

反应也不仅局限于 Z—CH$_2$—Z′ 型的化合物。其它酸性 CH 上的 H，包括 α-氨基吡啶的甲基 H、CH$_3$C≡CNR$_2$ 型炔胺的甲基 H（此反应的产物可水解为酰胺 RCH$_2$CH$_2$CONR$_2$）[1679]、环戊二烯及其衍生物（参见 2.8.2 节）的 CH$_2$ 中的 H、连在叁键（**10-74**）和 HCN（**10-75**）上的 H 等也可被碱夺去，生成的离子可被烷基化（另见 **10-68～10-72**）。α-亚氨基酯在钛催化剂催化下与强碱反应，然后与醛反应，结果生成羟氨酯[1680]。

烷基化发生在试剂分子中酸性最强的位置；例如，乙酰乙酸乙酯（CH$_3$COCH$_2$COOEt）是在亚甲基而不是甲基上烷基化，因为前者的酸性要比后者强，所以它的质子被碱夺去。但是，当使用 2mol 碱，被夺去的就不只是酸性最强的质子，酸性第二强的质子也被夺去。这样的二价阴离子（双负离子）的烷基化就发生在酸性较弱的位置（参见 10.7.7 节）。这种技术已用来烷基化许多化合物酸性第二强的位置[1681]。人们已经研究了 β-二酮第一和第二离子对的酸性[1682]。

如果使用 ω,ω′-二卤化物，那么可能发生关环反应[1683]：

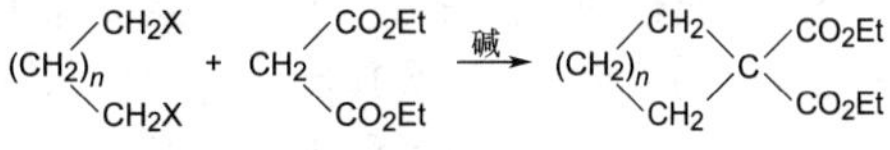

该方法用于关环形成三元（$n=0$）至七元环，其中形成五元环的产率最高。另一种关环的方法是分子内烷基化[1684]：

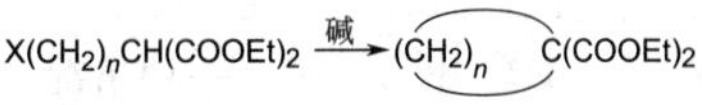

这种方法适用于中等环（10～14 元环）的合成，不需要使用高度稀释的技术[1685]。

这些反应的机理一般是 S$_N$2，伴随着手性 RX 的构型翻转，但是有些反应[1687]为 SET 机理[1686]，尤其是当亲核试剂是 α-硝基碳负离子[1688]和/或底物含有硝基或氰基时[1689]。可以

通过 S_N1 机理引入叔烷基，具体方法为 ZCH_2Z' 化合物（不是其烯醇离子）与叔碳正离子反应，而且反应中所用的叔碳正离子是醇或卤代烷与 BF_3 或 $AlCl_3$ 原位反应制得的[1690]，或者由高氯酸叔烷基酯原位制得的[1691]。

硝基 α 位的烷基化可通过 Katritzky 吡喃鎓-吡啶盐试剂实现[1692]。这个反应可能是自由基机理[1693]。

OS Ⅰ, 248, 250; Ⅱ, 262, 279, 384, 474; Ⅲ, 213, 219, 397, 405, 495, 705; Ⅳ, 10, 55, 288, 291, 623, 641, 962; Ⅴ, 76, 187, 514, 523, 559, 743, 767, 785, 848, 1013; Ⅵ, 223, 320, 361, 482, 503, 587, 781, 991; Ⅶ, 339, 411; Ⅷ, 5, 312, 381; 另见 Ⅷ, 235.

10-68 酮、醛、腈和羧酸酯的烷基化
α-酰基烷基-去-卤代反应等

$$R\underset{O}{\overset{R^1}{\bigg|}}\xrightarrow{\text{碱}} \underset{157}{R\underset{O^-}{\overset{R^1}{\bigg|}}} \xrightarrow{R^2X} R\underset{O}{\overset{R^1}{\bigg|}}$$

酮[1694]、腈[1695]和羧酸酯[1696]可经类似于反应 10-67 的 α 位烷基化[1652]。羰基或 CN 基的 α-氢的 pK_a 为 19～25，具体数值取决于取代基的个数（见表 8.1），反应中须使用共轭酸的 pK_a 比该氢大的碱。要注意的是，由于只有一个活化基团，因此需要使用更强的碱。α-氢与碱反应生成关键的亲核中间体——烯醇离子（157）。常用的碱[1697]是二乙基氨基锂（Et_2NLi）、二异丙基氨基锂（LDA）[1698]、六甲基二硅基氨基锂[$LiN(SiMe_3)_2$]、t-BuOK、$NaNH_2$ 和 KH。N-异丙基-N-环己基氨基锂对羧酸酯[1699]和腈尤其有效[1700]。用氨基锂形成烯醇离子也可以具有区域选择性（见反应 12-22）[1701]。在溶液中烯醇离子的锂盐以聚集体的形式存在[1702]。已经研究了去质子化反应的机理[1703]及其反应速率[1704]。

分散于 Me_2SO 中的固体 KOH 可用于酮的甲基化，反应产率很高[1705]。这些碱中的一部分碱性非常强，可以将酮、腈或酯完全转化为它的烯醇离子共轭碱，而其它的碱（尤其是 t-BuOK）只转化其中一部分分子。在后一种情况，可能发生羟醛缩合（反应 16-34）或 Claisen 缩合（反应 16-85）等副反应，这是由于在用这个碱的热力学条件下自由分子和它的共轭碱同时存在。内酯[1706]和内酰胺都可类似地烷基化[1707]。质子溶剂一般不适用于这种反应，因为它们会将碱质子化（当然，对 t-BuOK/t-BuOH 这样的共轭对是没问题的）。常用的溶剂有、THF、DMF 和液氨。许多腈、酯和酮也使用相转移催化剂来烷基化[1708]。氨基酸替代物（158，R＝N 衍生物）也可以烷基化，通常在相转移条件下完成[1709]。

醛的直接烷基化一般不可行，因为醛与碱反应通常很快就发生醛醇缩合反应（16-34）。但是只有一个 α-H 的醛与碱 KH 反应生成的烯醇钾盐[1710]，可以被烯丙基和苄基卤化物烷基化，反应产率很好；或者是使用相转移催化剂，反应产率中等[1711]。即使使用氨基碱如 LDA、LHMDS 或 LTMP 在非质子溶剂（如乙醚或 THF）中产生烯醇离子，也不能完全避免快速发生的醛醇缩合反应。

$$R\underset{O}{\overset{R^1}{\bigg|}}\xrightarrow{12-22} \underset{OSiMe_3}{\overset{R^1}{\diagdown\!=\!\diagup}} \underset{158}{\xrightarrow[TiCl_4]{R^2-X}} R\underset{O}{\overset{R^1}{\overset{R^2}{\bigg|}}}$$

与 10-67 一样，与烯醇离子反应的卤代烷可以是伯的或仲的。叔卤代烷会发生消除反应。如果烯醇离子的碱性足够强（例如 Me_3CCOMe 形成的烯醇离子），即使是伯和仲卤代烷也会主要发生消除反应[1712]。如果是与酮、醛或酯的甲硅基烯醇醚[1713] 在 Lewis 酸催化剂作用下反应，叔卤代烷和其它一般发生 S_N1 反应的基团也可以被引入[1714]。叔氟代烷与甲硅基烯醇醚在 $BF_3·Et_2O$ 作用下可发生偶联[1715]。值得注意的是，烯醇锡盐 C＝C—$OSnR_3$ 可在 Zn 催化剂存在下与卤化物反应[1716]。有人报道对于后一反应，在 Me_3SnCl、钯催化剂及手性配体存在下，产生的烯醇离子可改进为手性反应[1717]。

已有报道与该反应相似的金属催化的烷基化反应。在 Bi 催化剂作用下 1,3-二酮可被苄基化或烯丙基化[1718]。用 Pd 催化剂可以发生单烷基化[1719]，也有报道 Pd 催化的不对称烯丙基化[1720]。在 Ru 催化剂[1721] 或 Ni 纳米粒子[1722] 作用下，用醇可以使酮 α-烷基化。已经得到可回收使用的 Pd 催化剂[1723]。烯醇离子的锌盐可用于 Pd 催化的对映选择性烷基化反应[1724]。

甲基硅烯醇醚可以转化为烯醇离子，该离子随后按通常的方式烷基化。甲基硅烯醇醚（159）与 KOEt 反应，而后与烯丙基碘在 LiBr 和催化量正丁基锂作用下反应，生成 160[1725]。有报道甲基硅烯醇醚可发生金属催化的烷基化反应，例如 In 催化的反应[1726]。已经报道过甲基硅烯醇醚与烯丙基碳酸酯底物发生 Ir 催化的区域选择性和对映选择性烷基化[1727]。

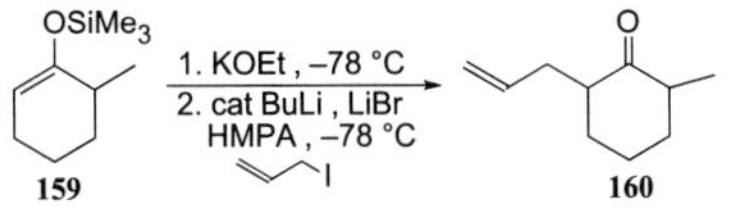

金属催化（通常为 Ni）的卤代烷或亲电性底物与硅烷的偶联反应[1728]称为 Hiyama 偶联[1729]。在手性助剂作用下 Ni 催化的 Hiyama 交叉偶联得到手性的烷基化酮[1730]。配体的性质对反应有重要影响[1731]。也有 Pd 催化的 Hiyama 交叉偶联[1732]。芳基硅氧烷已经被应用于该反应[1733]。

烯醇的碳酸酯在 Pd 催化剂存在下可与烷基化试剂反应。烯丙基烯醇的碳酸酯发生脱羧烷基化生成相应的烯丙基环己酮衍生物[1734]。已经报道过该反应可以不对称方式进行[1735]。在 Pd 催化剂作用下烯醇离子与烯丙基乙酸酯发生相同的反应[1736]。

乙烯基卤化物和芳基卤化物可通过 NiBr$_2$ 的催化而乙烯基化或芳基化羧酸酯（但不能乙烯基化或芳基化酮）[1737]。酮可由其烯醇乙酸酯与乙烯基溴在 Pd 化合物催化下实现乙烯基化[1738]。但是酮、乙烯基卤化物、叔丁醇钠以及 Pd 催化剂直接反应也能得到 α-乙烯基酮[1739]。与反应 **10-67** 一样，该反应也可用于关环[1740]。二烷基丁二酸酯的双负离子与 1,ω-二卤化物或二甲基苯磺酸酯反应即可实现关环[1741]。这已被用于合成三、四、五、六元环。当连接上手性基团时（如薄荷），产物的 ee 值可大于 90%[1740]。

有人报道了对映选择性的烷基化[1742]。还可通过用手性碱形成烯醇盐而实现对映选择性烷基化[1743]。另外，也可使用手性助剂。许多手性助剂是基于手性酰胺[1744]或手性酯[1745]的。由它们形成的烯醇离子使得烷基化具有高度的对映选择性。紧接着需要将手性酰胺或手性酯转化为相应的羧酸。也可以使用手性添加剂[1746]，已经有人研究过螯合配体和烃共溶剂对 LiN(TMS)$_2$ 介导的烯醇化反应的影响[1747]。三乙胺会影响烯醇离子的 E/Z 选择性[1748]。动力学拆分手段已经用于丙二酸酯衍生物被烯丙基乙酸酯的不对称烷基化[1749]。

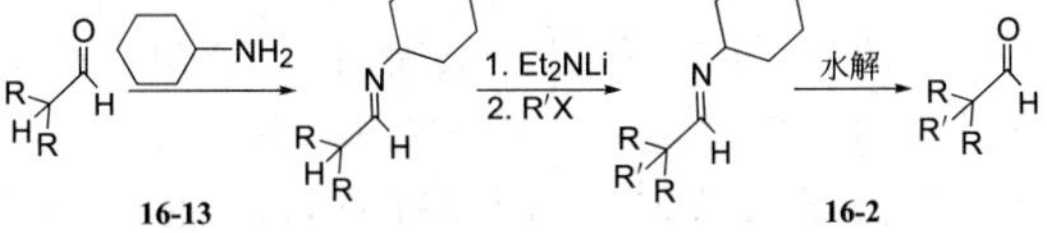

当被烷基化的是非对称的酮时，就会出现哪一侧烷基化的问题。如果羰基的某一侧有苯基或乙烯基，那么烷基化主要发生在这一侧。如果只有烷基的话，反应通常没有选择性，得到的是混合物，有时支链多的一侧烷基化是主产物，有时支链少的一侧烷基化为主产物。哪种产物产率高取决于底物、碱[1750]、阳离子和溶剂的性质。无论如何，通常都会发生二取代和三取代[1751]，停留在只引入一个烷基的阶段通常很难[1752]。

有几种方法可以使烷基化选择性地发生在酮指定的一侧[1753]。其中包括：

（1）在酮的某一侧引入一个可以脱去的基团。烷基化就在另一侧发生；然后再脱除保护基。通常是采用甲酸乙酯甲酰化（**10-86**）来达此目的；这一般会使位阻小的一侧不被烷基化。甲酰基可以通过碱性水解（**12-43**）方便地除去。

（2）在一侧引入活化基团，烷基化就在该侧发生（反应 **10-67**）；然后脱去活化基团。

（3）制备两种可能的烯醇离子中所需要的一种[1754]。这两种离子，例如 2-庚酮的 **161** 和 **162**，只有在母体酮或更强的酸存在时才会迅速地相互转化[1755]。

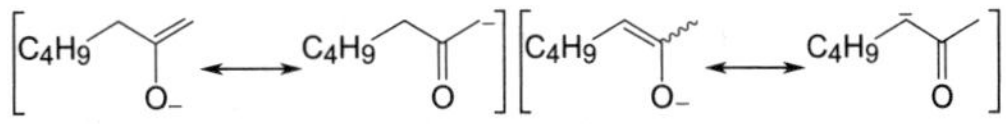

如果没有这样的酸，则有可能只制备 **161** 或 **162** 中的某一个，然后就可以在酮的某一侧选择性地烷基化[1756]。想得到的烯醇离子可通过相应的烯醇乙酸酯与两摩尔倍量的甲基锂在 1,2-二甲氧基乙烷中反应获得。每种烯醇乙酸酯都生成相应的烯醇离子，例如：

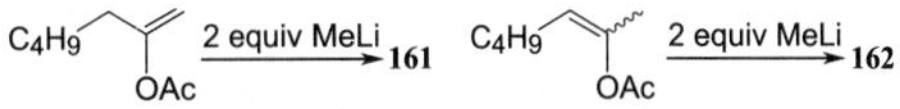

而烯醇乙酸酯可以通过母体酮和适当的试剂反应制备[1745]。这样的反应一般得到的是两种烯醇乙酸酯的混合物，哪一种是主产物取决于所使用的试剂。这种混合物很容易分离[1755]。还有一种方法是将甲硅基烯醇醚（见反应 **12-17**）[1757]或二烷基硼基烯醇醚（烯醇硼酸酯，参见反应 **10-73**）[1758]转化为相应的烯醇离子。如果想得到的是位阻较小的烯醇离子（例如，**161**），则可由酮和二异丙基氨基锂在 THF 或 DME 中于 −78℃反应而直接获得[1759]。

（4）如果不从酮本身，而是从 α,β-不饱和酮开始反应，而且希望烷基化反应在含有双键的一侧。那么可以通过在液氨中用锂处理这种酮，将其还原为烯醇离子。如果此时加入卤代烷，就会在烯醇离子含双键的一侧反应[1760]。当然，这个方法实际上并不是烷基化酮的方法，而是烷基

化 α,β-不饱和酮的方法，但是反应结果就好像在饱和酮的特定位置烷基化。

酮的两边可以用不同的烷基烷基化，一种方法是用 N,N-二甲基腙与正丁基锂反应，接着加入伯烷基、苄基或烯丙基溴或碘；然后加入另一摩尔正丁基锂和第二种卤化物，最后将腙水解[1761]。用溴代烷、NaOH 和杯[n]芳烃催化剂[参见 4.8 节（2）杯芳烃]可烷基化非对称酮取代基多的位置[1762]。

其它制备烷基化酮的方法有：①用各种如前所述的试剂烷基化甲基硅烯醇醚；②Stork 烯胺反应（10-69）；③乙酰乙酸乙酯合成法（10-67）；④$β$-酮砜或亚砜的烷基化（10-67）；⑤$CH_3SOCH_2^-$ 的酰基化，然后还原裂解（16-86）；⑥$α$-卤代酮与二烷基铜锂试剂反应（10-57）和⑦$α$-卤代酮与三烷基硼烷反应（10-73）。

醛可通过亚胺衍生物被间接地烷基化[1763]。这种衍生物很容易制备（16-13），产物也很容易水解为醛（16-2）。两个 R 可以有一个是 H，也可以两个都是 H，因此单、二、三取代乙醛都可以通过这种方法来制备。R^1 可以是伯烷基、烯丙基或苄基。

亚胺的烷基化也可用于制备取代的胺衍生物。氨基酸替代物（例如 $Ph_2C=NCH_2CO_2R$）与 KOH 和卤代烷反应生成 C-烷基化产物[1764]。当使用手性添加剂时，得到高的对映选择性。该反应已经在离子液体 Bmim 四氟硼酸盐（参见 9.4.3 节）中完成[1765]。有可能直接烷基化 α-氨基酰胺[1766]。

腙和其它含 C=N 键的化合物也可类似地烷基化[1743]。使用手性亚胺或手性腙[1767]（然后水解烷基化了的亚胺，16-2），可以生成立体选择性很好的手性烷基化酮[1768]（例如，参见 4.9 节）。亚胺与适当的碱反应形成锂化亚胺，再与卤代烷反应生成烷基化亚胺[1769]。α-镁化亚胺也可与卤代烷反应[1770]。

在 α,β-不饱和酮、腈和酯（如：163）中，羰基 γ-H 的酸性一般与 α-H 的酸性相当，尤其是当 R 不是 H 而不能与之竞争时。这个被称为插烯作用（vinylology，参见 6.2 节）的原理是由于共振效应通过双键传递造成的。然而，由于共振，α-烷基化与 γ-烷基化相互竞争（通过烯丙基重排），α-烷基化一般占主导地位。

α-羟基腈（氰醇）通过与乙基乙烯基醚反应（15-5）生成缩醛而得到保护，然后可以非常容易地用伯或仲烷基或烯丙基卤化物烷基化[1771]。R 基可以是芳基、饱和烷基或不饱和烷基。由于氰醇[1772]可以由醛（16-52）方便得制得，产物也很容易水解成酮，因此这是一种将醛（RCHO）转化为酮（$RCOR'$）的方法[1773]（其它方法见反应 10-71、16-82 和 18-9）[1774]。在此过程中，羰基碳的反应模式与一般情况相反。醛分子的 C 原子一般是亲电性的，受亲核试剂的进攻（第 16 章）。但转化为受保护的氰醇后，该 C 原子表现为一个亲核试剂[1775]。德语单词 umpolung（极性反转）[1776]用于描述这样的转变（10-71 中有另一个例子）。由于离子 164 作为不可得到的阴离子 $R(C=O)^-$ 的替代物，它通常称为"拟" $R(C=O)^-$ 离子。该方法不适用于甲醛（R=H），但其它拟甲醛可成功地应用于反应[1777]。

季溴化物 PhC(Br)(Me)CN 与烯丙基溴在格氏试剂存在下反应，生成烷基化产物 PhC(Br)(Me)$CH_2CH=CH_2$，这是对腈烷基化的一个有趣改进[1778]。

已经报道过用 $ZnCl_2/Et_2NH$ 可使两个酮偶联反应生成 1,4-二酮[1779]。一个有趣的烯丙基在 3° 中心的取代反应是将 3° 2-溴腈与 iPrMgBr 和烯丙基溴反应，结果生成 2-烯丙基腈[1780]。

高分子负载的纳米 Pd 可使酮被伯醇 α-烷基化[1781]。

烯醇离子的质子化与羟醛缩合反应相关，在

反应 **16-34** 中讨论。

OS Ⅲ, 44, 219, 221, 223, 397; Ⅳ, 278, 597, 641, 962; Ⅴ, 187, 514, 559, 848; Ⅵ, 51, 115, 121, 401, 818, 897, 958, 991; Ⅶ, 153, 208, 241, 424; Ⅷ, 141, 173, 241, 403, 460, 479, 486; Ⅹ, 59, 460; **76**, 169, 239; **80**, 31.

10-69 Stork 烯胺反应

α-酰烷基-去-卤代反应[1782]

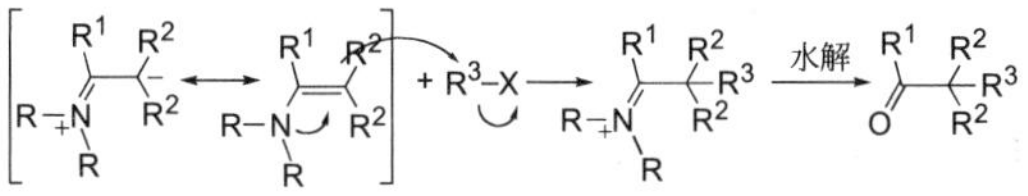

用卤代烷处理烯胺，氮上的电子对通过 C=C 键转移到卤代烷亲电性的碳上，从而发生烷基化反应生成亚胺盐[1783]。实质上，烯胺起到了"氮烯醇离子"的作用，通常以碳亲核试剂参与反应[1784]。水解亚胺盐将生成酮。因为烯胺一般从酮转化而来（见 **16-13**），反应的净结果便是在酮的 α-位发生烷基化反应。该反应也被称为 Stork 烯胺反应[1785]，它可以替代 **10-68** 中提到的酮烷基化反应。Stork 反应有一个优点，即通过该反应一般可使酮只发生专一的单烷基化反应烷基化反应通常发生在酮的含取代基比较少的那一侧。最常使用的胺有环状胺，如哌啶、吗啉和吡咯烷。金属可催化烯胺烷基化反应，例如 Ir 催化剂[1786]。也有反应被烯胺催化的，包括不对称反应[1787]。

该反应很适用于活性很高的卤代烷，如烯丙型、苯甲型和炔丙型卤化物，以及 α-卤代醚和酯等，但是对一般的一级或二级卤化物则不太适用。已经报道过烯胺与苯并三氮唑衍生物的反应[1788]。三级卤化物基本不发生此反应，对于该类卤化物来说，一般是亲核取代和消除反应为主。该类反应还可适用于活化的芳基卤化物（如：2,4-二硝基氯苯，参见第 13 章）、环氧化物[1789] 以及活泼的烯烃（如丙烯腈）等。对于烯烃来说是 Michael 型反应（反应 **15-24**）。

通过与酰卤或酸酐反应，同样可以实现酰化[1790]。将获得的亚胺盐水解可得到 1,3-二酮。如果用氯甲酸乙酯（ClCOOEt）处理烯胺，可在分子中引入 COOEt 基团[1791]；用氯化氰（而不是溴化氰或碘化氰，这两种试剂将导致烯胺发生卤化作用）处理，可引入 CN 基团[1792]；用甲酸乙酸酐[1791] 或 DMF 和光气[1793] 处理，可引入 CHO 基团；用腈鎓盐（RC≡N⁺R'）处理，可引入 C(R)=NR' 基团[1794]。烯胺的酰化反应可以采取与烷基化反应一样的机理，但是如果酰卤分子中含有一个 α-氢原子，而且如果反应体系中有一个三级胺（用于中和生成的 HX），则还可能存在另外一种反应机理。在这种反应机理中，酰卤在三级胺的作用下脱卤化氢，生成一个烯酮（**17-14**），该烯酮分子与烯胺加成，生成环丁酮（**15-63**）。该化合物可在溶液中断裂，同样生成酰化亚胺盐。这种盐可通过更直接的反应过程合成出，它可被分离出来（在烯胺是从醛制备而来的情况下），这种化合物还可以其它的方式发生断键[1795]。

N-烷基化反应对反应有较大影响，尤其是对于从醛衍生而来的烯胺。还有一个替代反应，可利用一级和二级卤代烷高产地发生烷基化反应，即烯胺盐的烷基化反应。烯胺盐可通过将亚胺与乙基溴化镁在 THF 中反应而制得[1796]。

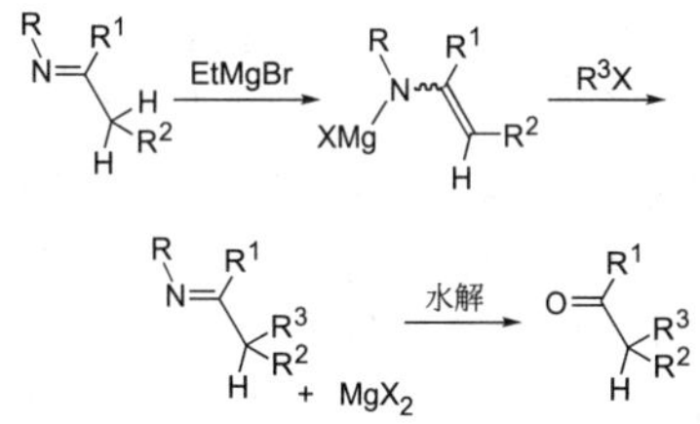

亚胺可通过肼胺与醛或酮反应制得，通常与酮反应（反应 **16-13**）。烯胺盐方法还可被用于 α,β-不饱和酮的单 α-烷基化反应，反应产率很高[1797]。用醛和丁基异丁基胺反应制得的烯胺可被简单的一级卤代烷烷基化，该反应的产率也很高[1798]。由于空间位阻的影响，在该反应条件下不发生 N-烷基化。

当底物分子的氮原子含有一个手性 R 基团时，无论是采用 Stork 烯胺合成法还是烯胺盐方法，均可实现对映选择性合成[1799]。S-脯氨酸可原位产生一种手性烯胺，这样便可进行烷基化反应生成烷基化产物，反应具有高度的对映选择性。反应还可在分子内进行[1800]。

烯胺与共轭酮发生的共轭加成（Michael 加成）反应，将在反应 **15-24** 中讨论。

OS Ⅴ, 533, 869; Ⅵ, 242, 496, 526; Ⅶ, 473.

10-70 羧酸盐的烷基化

α-羧基烷基-去-卤代反应

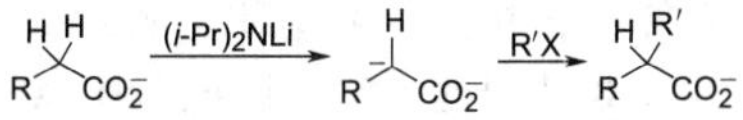

羧酸与像 LDA 这样的强碱反应，会由它们的盐转化为具有共振作用的双负离子[1801]，从而发生 α-烷基化[1802]。使用 Li⁺ 作为平衡离子这一

点很重要，因为它能增加二价离子的溶解性。该反应已被用于[1803]伯烷基、烯丙基和苄基卤化物以及 RCH_2COOH 和 $RR''CHCOOH$ 形式的羧酸[1695]。烷基化发生在相对于羧基氧负离子具有更强亲核性的碳上（参见 10.7.7 节）。这种方法可以替代丙二酸酯法（反应 **10-67**）合成羧酸，而且具有可制备 RR^1R^2CCOOH 形式羧酸的优势。在一个相关的反应中，甲基化的芳香酸可通过相似的途径在甲基上烷基化[1804]。

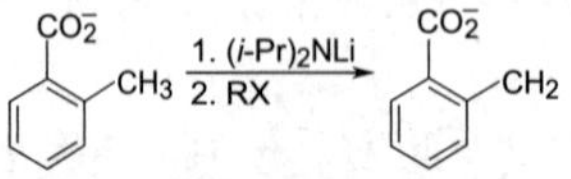

OS Ⅴ, 526; Ⅵ, 517; Ⅷ, 249; 另见 OS Ⅶ, 164.

10-71 杂原子 α 位的烷基化

2-(2-烷基-硫)-去-卤代反应

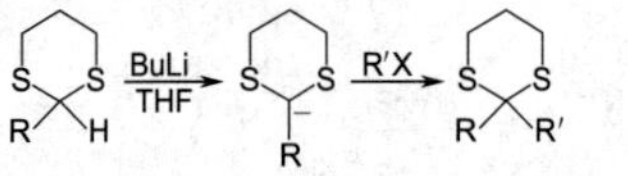

如果碳原子与硫原子相连，该碳原子上氢的酸性会提高，因此二硫代缩醛和二硫代缩酮 $RSCH_2SR$ 中氢的酸性很强。如果在 THF 中用丁基锂将 1,3-二噻烷的一个质子夺去[1805]，那么就可以将 1,3-二噻烷烷基化[1806]。由于 1,3-二噻烷可由醛或其缩醛（见 OS Ⅵ, 556）与 1,3-丙二硫醇反应（反应 **16-10**）制得，而且它还可以水解成酮（反应 **10-7**），因此这是一种由醛转化为酮的方法（另见反应 **10-68** 和 **18-9**）[1807]：

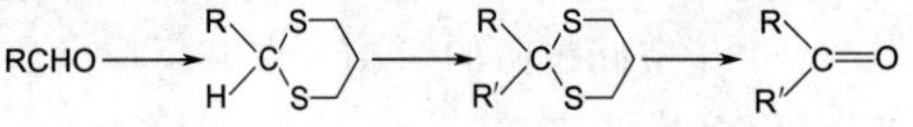

这是极性反转（见反应 **10-68**）的另一个例子[1773]；将一般情况下亲电的醛碳原子转化为表现出亲核性。这个反应可用于无取代的二噻烷（R＝H），也可引入一个或两个烷基，因此从甲醛开始可以制备一大类醛和酮[1808]。R′基团可以是伯或仲烷基，也可以是苄基。用碘化物可得到最好的结果。该反应也用于关环[1809]。类似的醛合成方法可用乙基（乙基硫甲基）亚砜（EtSOCH$_2$SEt）作为起始原料[1810]。

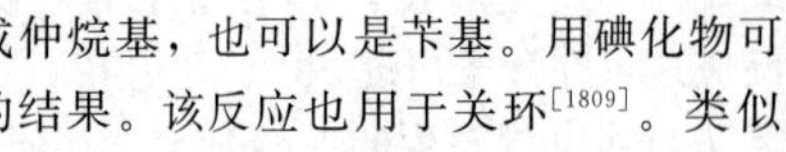

由于在分子中引入 A 基团，实际上就是一种间接引入 B 基团的方法，因此基团 A 可认为是羰基 B 的结构等价物。Corey 在分子中引入了合成子的概念[1811]，合成子是分子内可通过已知或可能的合成操作，形成及（或）组装的结构单元。合成子的提出为化学研究提供了便利。有许多其它等价于 A 和 B 的合成子，例如 C（通过反应 **19-36** 和 **19-3**）和 D（通过反应 **10-2** 和 **16-23**）[1812]。

由 1,3-二噻烷产生的碳负离子也可以与环氧化物反应[1813]生成预期的产物。与环氧化物反应的中间体会发生 Brook 重排（反应 **18-44**），该反应在合成上很有价值，被称为负离子延迟化学（anion relay chemistry）。

这个反应的另一个应用是基于二噻烷可以用 Raney 镍脱硫（反应 **14-27**）的事实。这样醛就变成了增长碳链的烃[1814]：

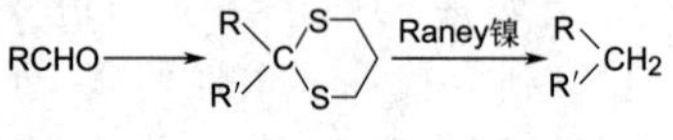

其它硫缩醛以及一个碳上有三个硫醚基的化合物也会发生类似的反应[1815]。

如果硫醚的 S—CH$_2$ 结构单元上连接有除硫之外的稳定化基团，即 $RSCH_2X$，其中 X 为稳定化基团，则该硫醚很容易形成碳负离子并发生烷基化。例如，苄基和烯丙基硫醚（$RSCH_2Ar$ 和 $RSCH_2CH=CH_2$）[1816]及 $RSCH_3$ 形式的硫醚（R＝四氢呋喃基或 2-四氢吡喃基）[1817]已在硫原子邻近的碳原子上成功地进行了烷基化[1818]。被一个硫醚基稳定的情况也用于伯卤化物同系物的制备[1819]。苯甲硫醚用 BuLi 处理，生成相应的负离子[1820]，该负离子与卤化物反应得到硫醚，然后将硫醚与碘甲烷和碘化钠的混合物在 DMF 中回流，最终产物为碘代烷（通过锍盐中间体）。通过这种途径，卤代烷 RX 由两步实验室反应转化成了它的同系物 RCH_2X（另见反应 **10-64**）。

含有一个氢原子的乙烯基硫化物也可被卤代烷和环氧化物烷基化[1821]。这是一种将卤代烷 RX 转化为 α,β-不饱和醛的方法，而 α,β-不饱和醛是未知的 $H\bar{C}=CHCHO$ 离子的合成等价物[1822]。即便是简单的烷基芳基硫化物 RCH_2SAr 和 $RR'CHSAr$ 也可被 α-烷基化[1823]。

如果使用足够强的碱，砜[1824]和磺酸酯也可被 α-烷基化[1825]。硒亚砜的 α-烷基化可用于得到烯烃，因为硒亚砜很容易发生消除反应（反应 **17-12**）[1826]。

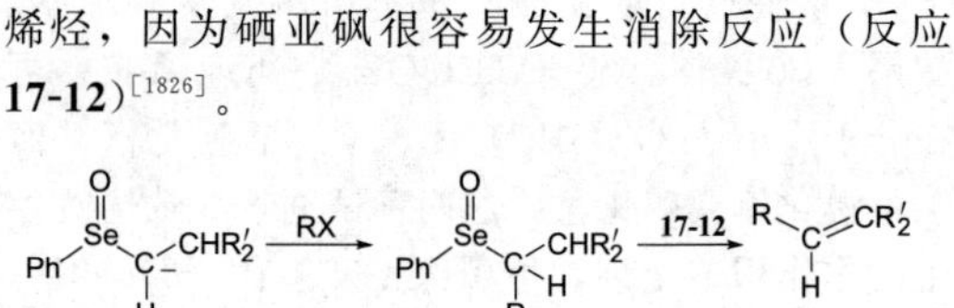

在某些化合物中，烷基化也可发生在其它杂原子的 α 位[1827]，例如在叔胺氮原子的 α 位[1828]

伯胺和仲胺的 α 位通常不易烷基化，这是因为 NH 的 H 的酸性一般要比 CH 中 H 的酸性强。有人制备了 α-锂代的 N-Boc 胺，在钯催化剂存在的条件下，它们可与卤化物反应[1829]。氨基甲酸酯在电解条件下与格氏试剂反应可发生氮原子 α 位的烷基化[1830]。α-甲氧基胺也可与烯丙基卤化物和金属锌反应，通过取代 OMe 得到烷基化产物[1831]。也有人通过用其它可离去的基团取代 NH 中的 H，来实现烷基化[1832]。在一个例子中，仲胺转化为它的 N-亚硝基衍生物（**12-50**）[1833]。N-亚硝基产物很容易水解得到胺（**19-51**）[1834]。

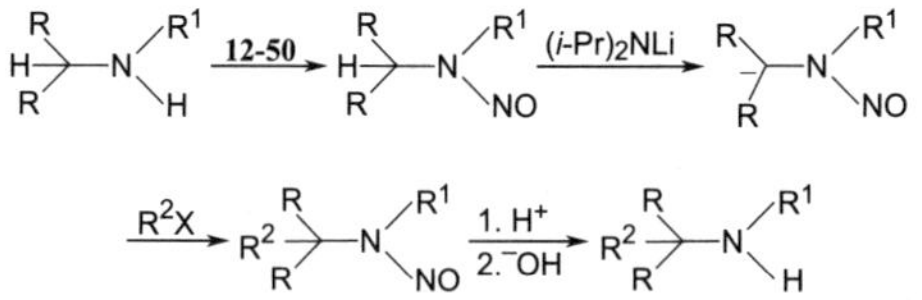

仲胺和伯胺的烷基化也可通过十几种其它保护基来实现，包括将胺转化为酰胺、氨基甲酸盐[1835]、甲脒[1836]和磷酰胺[1831]。在甲脒（**165**）的情况下，用手性的 R′可得到手性胺，即使 R 不是手性时，反应的 ee 值也很高[1837]。脒与芳基卤化物在 Pd 催化剂存在下反应，H 可被芳基取代（R′NH—N=CRH→R′NHC=NR R″）[1838]。

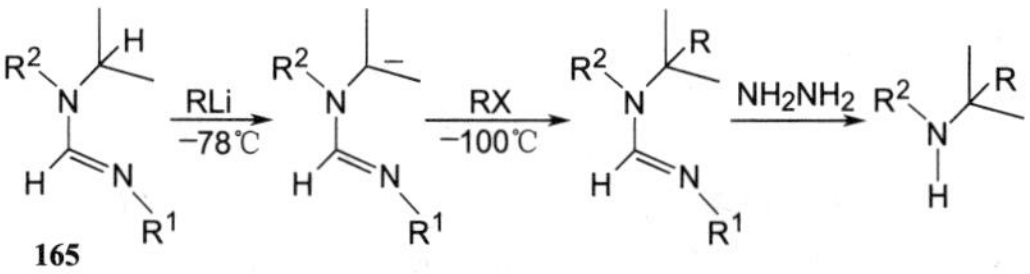

在 −70℃ 左右用烷基锂处理烯丙基醚，可使烯丙基失去一个质子[温度高些会发生 Wittig 重排反应（**18-22**）]生成离子 **166**，与卤代烷反应可得到图示的两种产物[1839]。

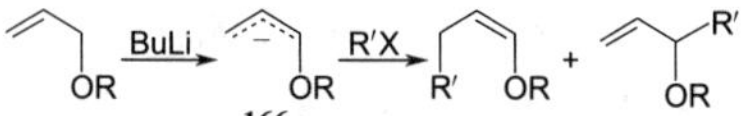

类似的反应[1840]也会发生在烯丙基[1841]和乙烯基叔胺上。在后一种情况下，用强碱处理烯胺（**167**），烯胺先转化为负离子，然后通常在 C-3 位发生烷基化[1842]（烯胺 C-2 位直接烷基化反应参见 **10-69**）。

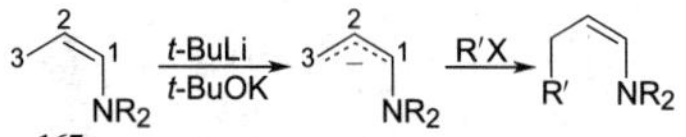

也可以烷基化芳酯 ArCOOR（Ar=2,4,6-三烷基苯基）的甲基、乙基及其它伯烷基[1843]。由于酯可以水解为醇，这是一种间接烷基化伯醇的方法。甲醇也可通过转化为 ⁻CH₂O⁻ 而烷基化[1844]。

OS Ⅵ, 316, 364, 542, 704, 869; Ⅷ, 573.

10-72 二氢-1,3-噁嗪的烷基化：醛、酮和羧酸的 Meyers 合成

Meyers[1846]发展了一种以市售二氢-1,3-噁嗪衍生物 **168**（A＝H，Ph 或 COOEt）为原料的醛合成[1845]方法[1847]。**168** 中标注碳上的氢失去后生成共振稳定的双齿负离子 **169**，与多种溴代烷和碘代烷反应，烷基化区域选择性地发生在碳原子上。R 可以是伯或仲烷基、烯丙基或苄基，也可以带另一个卤原子或 CN 基[1848]。得到的烷基化的噁嗪（**170**）再还原、水解，生成比起始原料 RX 多两个碳的醛。这个方法丰富了反应 **10-71**，在反应 **10-71** 中可将 RX 转变为含一个碳原子的醛。由于 A 可以是 H，所以这种方法能合成单取代或二取代的乙醛。

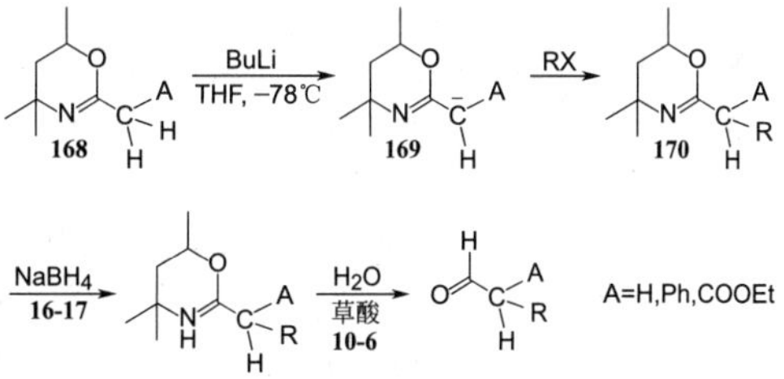

离子 **169** 也可与环氧化物反应，经还原、水解后形成 γ-羟基醛[1849]，也可与醛、酮反应（**16-38**）。类似的醛合成也已经用噻唑[1850]和噻唑啉（1,3 位为 N、S 的五元环）成功实现了[1851]。

该反应也扩展到酮的制备[1852]：二氢-1,3-嗪（**171**）用碘甲烷处理，得到亚胺盐（反应 **10-31**），它与格氏试剂或有机锂化合物反应（**16-31**）生成 **172**，**172** 能水解成酮。R 可以是烷基、环烷基、芳基、苄基等，R′可以是烷基、芳基、苄基或烯丙基。**168**、**170** 或 **171** 本身不会与格氏试剂反应。另一个反应中，2-噁唑啉[1853]（**173**）可被烷基化为 **174**[1854]，**174** 在 5%～7% 的硫酸乙醇溶液中加热，很容易直接转化为酯 **175**。

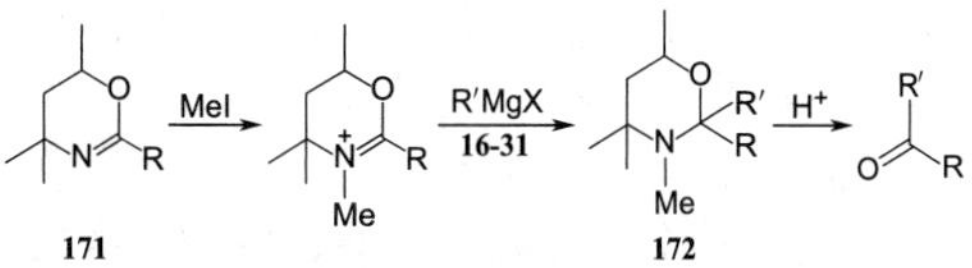

因此 2-噁唑啉（**173** 和 **174**）就是羧酸的合成子，这也是另一种羧酸 α-烷基化的间接方法[1855]，这就在丙二酸酯合成法（**10-67**）以及 **10-70** 和 **10-73** 之外提供了一种新的选择。该方法也适用于制备光学活性的羧酸，反应需要使用手性试剂[1856]。值得注意的是，与 **168** 不同，**173** 中即使

R是烷基，它也能被烷基化。但是，173 和 174 中的 C=N 键不能被有效地还原，所以该方法不适合于合成醛[1857]。

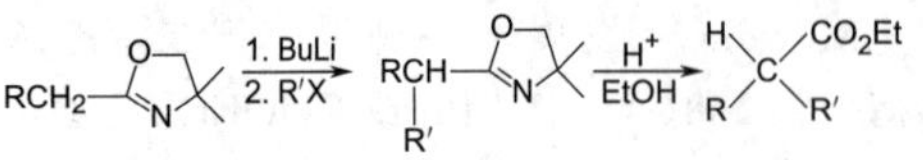

$$RCH_2 \underset{173}{\overset{}{\longrightarrow}} \overset{1.\,BuLi}{\underset{2.\,R'X}{\longrightarrow}} RCH \underset{R'}{\overset{}{\underset{174}{\longrightarrow}}} \overset{H^+}{\underset{EtOH}{\longrightarrow}} \underset{175}{\overset{CO_2Et}{\underset{R'}{\longrightarrow}}}$$

OSⅥ，905．

10-73　用硼烷、硼酸和硼酸酯烷基化

烷基-去-卤代反应

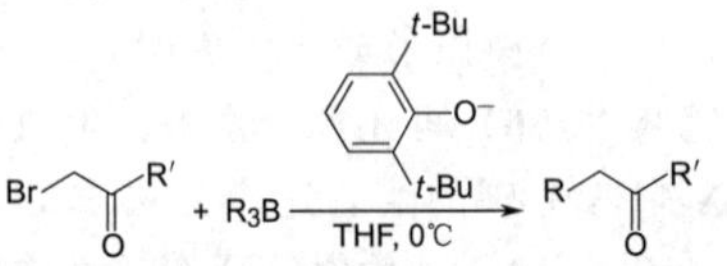

$$BrCH_2\text{-}COR' + R_3B \xrightarrow[\text{THF, 0°C}]{\text{2,6-di-t-Bu-phenoxide}} RCH_2COR'$$

三烷基硼烷与 α-卤代酮[1858]、α-卤代酯[1859]、α-卤代腈[1860] 和 α-卤代磺酰衍生物（砜、磺酸酯、磺胺）[1861] 迅速反应，在碱存在下分别生成烷基化的酮、酯、腈和磺酰衍生物，反应产率很高[1862]。叔丁醇钾通常是合适的碱，但 2,6-二叔丁基酚钾在 0℃ 时 THF 中反应，大多数情况下会有更好的结果，这可能是因为两个大体积的叔丁基阻碍了碱与 R_3B 配位[1863]。三烷基硼烷是通过 3mol 烯烃与 1mol BH_3 反应制得（反应 15-16）[1864]。在适当的硼烷存在下，转移到 α-卤代酮、腈或酯上的 R 基团可以是乙烯基[1865] 或（对 α-卤代酮和酯而言）芳基[1866]。

该反应可推广至 α,α-二卤代酯[1867] 和 α,α-二卤代腈[1868]。有可能只取代一个卤原子，也有可能两个都取代。当两个都取代时，两个烷基可以是相同的，也可以是不同的。当二卤代腈被二烷基化时，两个烷基可以是伯烷基或仲烷基，但是当底物是二卤代酯时，二烷基化反应只能在 R 是伯烷基的时候发生。该反应的另一个推广是硼烷（BR_3）和 γ-卤代-α,β-不饱和酯的反应[1869]。烷基化发生在 γ 位，但双键迁移出与 COOEt 共轭的位置 [$BrCH_2CH=CHCOOEt \longrightarrow RCH=CHCH_2COOEt$]。这时，双键迁移是有利的反应，因为非共轭的 β,γ-不饱和酯通常要比它们的 α,β-不饱和异构体难制备得多。

活泼卤化物的烷基化是 Brown 发展的几个三烷基硼的反应（见反应 15-16、15-27、18-31～18-40 等）之一[1870]。这些化合物用处非常大，可用于多种化合物的制备。例如该反应中，烯烃（BR_3 由它制得）可结合到酮、腈、羧酸酯或磺酰衍生物上。值得注意的是，这是另一个间接烷基化酮（见反应 10-68）或羧酸（见反应 10-70）的方法，它提供了丙二酸酯合成法和乙酰乙酸酯合成法（反应 10-67）的替代方法。

表面上，这个反应像 10-57，但它们的机理却大相径庭，它有一个 R 基从硼迁移到碳的过程（见反应 18-23～18-26）。该机理并不很明确[1871]，但可暂时表示如下（以 α-卤代酮为例说明）：

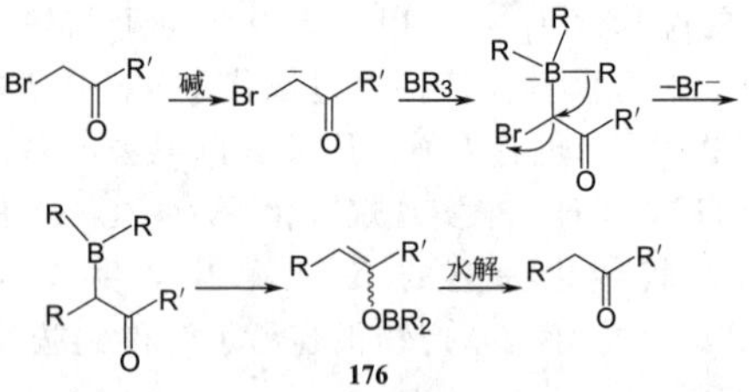

<chemical reaction scheme>

第 1 步是被碱夺去酸性质子生成烯醇负离子，烯醇负离子与硼烷结合（Lewis 酸碱反应）；然后，一个 R 基团迁移，取代离去基团卤离子[1872]；接着发生下一个迁移，BR_2 从碳迁移到氧上，得到烯醇硼醚 176[1873]；最后发生水解。反应中 R 的构型保持[1874]。

在 Pd 催化剂和碱作用下，烯基硼烷（$R'_2C=CHBZ_2$；Z 可为各种基团）可与乙烯基[1875]、炔基、芳基、苄基和烯丙基卤化物或它们的三氟甲磺酸酯偶联，生成 $R'_2C=CHR$[1876]，产率很高。9-烷基-9-BBN 化合物（反应 15-16）也可与乙烯基或芳基卤化物反应[1877]，还可与 α-卤代酮、腈或酯反应[1878]。

该反应也被用于有其它离去基团的化合物。重氮基酮、重氮酯、重氮腈及重氮醛（177）[1879] 均可与三烷基硼烷发生类似的反应，例如，

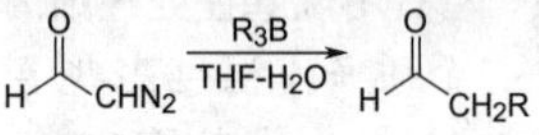

$$\underset{177}{\overset{O}{\underset{H}{\overset{\|}{C}}}CHN_2} \xrightarrow[\text{THF-H}_2\text{O}]{R_3B} \overset{O}{\underset{H}{\overset{\|}{C}}}CH_2R$$

反应机理可能也类似。由于碳原子已经有可用的电子对，因此就不需要碱。重氮醛的反应[1880] 尤其值得注意，因为 α-卤代醛不能发生这样的反应[1881]。

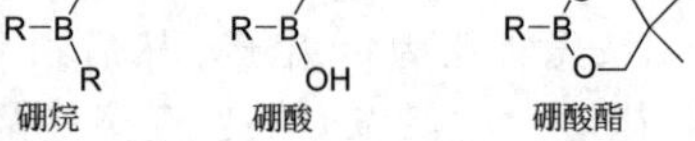

<chemical structures: 硼烷 R-BR_2, 硼酸 R-B(OH)_2, 硼酸酯>

在 Pd 催化剂存在下，烷基[1882] 和芳基[1883] 硼酸 [$RB(OH)_2$] 可与烯丙基乙酸酯反应，生成烷基化产物[1884]。在氧化银/KOH 和 Pd 催化剂作用下，环丙基硼酸可与烯丙基溴偶联[1885]。在 Pd 催化剂存在下，芳基硼酸可与环氧化物偶联[1886]。在 $Cu(OAc)_2$ 和 Pd 催化剂存在下，烷基硼酸也可与芳香化合物偶联[1887]。Pd 催化乙烯基卤化物与芳基硼酸偶联[1888] 生成取代烯烃，

该反应与 Suzuki 偶联（反应 **13-12**）类似。乙烯基锆试剂可与卤代烷在 Pd 催化下偶联[1889]。用芳基硼酸酯和 Rh 催化剂可实现 $C^{(sp^3)}$—H 键的芳基化[1890]。在一个类似的反应中，无需金属作用，活泼环氧化物和吖丙啶可被硼酸酯开环[1891]。

芳基三氟硼酸钾和 1-烯基三氟硼酸钾（$ArBF_3K$ 和 RBF_3K）很容易从有机硼酸及其酯制得。通常，三氟硼酸盐比相应的有机硼烷和有机硼酸衍生物空气稳定性更好、亲核性更强[1892]。烷基三氟硼酸钾可与四氟化硼酸芳香重氮盐[1893]、二芳基碘盐[1894]、芳基卤化物[1895]以及芳基三氟甲磺酸酯发生 Pd 催化的偶联反应。后一反应的一个例子如 **178** 与苯基三氟甲磺酸酯偶联生成二芳基甲烷[1896]。烯基三氟硼酸盐可与芳基卤化物偶联[1897]。

$$PhCH_2BF_3K\ +\ PhOTf\ \xrightarrow[9\%\ PdCl_2(dppf)\cdot CH_2Cl_2]{3\ equiv\ Cs_2CO_3,\ aq\ THF}\ PhCH_2Ph$$
$$\mathbf{178}$$

其中，dppf 表示二(二苯基膦)茂。
OS Ⅵ, 919; Ⅸ, 107.

10-74 炔基碳上的烷基化
炔基-去-卤代反应

$$RX\ +\ R'C{\equiv}C^-\ \longrightarrow\ RC{\equiv}CR'$$

卤代烷和炔基离子的反应很有用，但应用范围有限[1898]。只有 β 位没有支链的伯卤代烷反应产率较好。如果存在 CuI，也可使用烯丙基卤化物[1899]。如果是乙炔发生反应，可以相继连上两个不同的基团。硫酸盐、磺酸盐和环氧化物[1900]有时也作为底物。炔基离子通常是由强碱如 $NaNH_2$ 处理炔得到的。炔化镁（制备见反应 **12-22**）也很常用，尽管它只与像烯丙基、苄基和炔丙基卤这样的活泼底物反应，不与伯烷基卤代烷反应。此外卤代烷可以与炔化锂-1,2-乙二胺配合物反应[1901]。如果用 2mol 非常强的碱，烷基化可以发生在端叁键的 α 位碳原子上：$RCH_2C{\equiv}CH+2BuLi\longrightarrow RCHC{\equiv}C^-$ $+R'Br\longrightarrow RR'CHC{\equiv}C^-$[1902]。另一个炔基碳的烷基化方法见反应 **18-26**。用甲醇中的碳酸钾、再用 $CH_3Li/LiBr$ 处理，这是生成炔基离子的一个替代方法[1903]。在碘代烷作用下，炔碳发生烷基化。端炔可在 Pd 催化剂作用下与烷基锌试剂反应[1904]。

其它端炔金属盐可与具有离去基团的底物偶联，甚至与其它金属有机化合物反应。炔基锡试剂在 Pd 催化剂存在下，可与烷基锌化合物反应，生成相应的炔[1905]。端炔在 Ni 催化剂存在下可与烯丙基溴反应[1906]。端炔与锌（Ⅱ）化合物反应得到的产物可与硅烷反应，生成 1-硅烷基炔[1907]。有人报道端炔与活泼亚甲基化合物在 Re 催化下可发生 C—H 插入反应[1908]。炔基锌化合物可发生 Pd 催化的交叉偶联反应[1909]。

1-卤代炔在金属催化剂作用下可与各种底物反应。1-卤代炔（R—C≡C—X）与 $ArSnBu_3$ 和 CuI 反应，生成 R—C≡C—Ar[1910]。与有机锆试剂可发生相似的反应[1911]。乙炔与两倍量的碘苯在钯催化剂和 CuI 存在时反应，生成 1,2-二苯基乙炔[1912]。1-三烷基硅基炔与 1-卤代炔在 CuCl 催化下反应，生成二炔[1913]；与芳基三氟甲磺酸酯反应生成 1-芳基炔[1914]。β-酮酯的烯醇离子可与 1-溴代炔偶联生成相应的取代产物[1915]。1-溴代炔可在 Cu 催化下与含氮化合物（例如，咪唑）反应，生成相应的炔[1916]。1-溴代炔还可在 Fe 催化下与格氏衍生试剂反应[1917]。炔在 $SmI_2/$Sm[1918]或铜催化剂[1919]存在下会与卤代烷偶联。炔与高价碘化合物[1920]和活泼的烷烃，如金刚烷，在 AIBN 存在下也可以反应[1921]。苄胺与端炔在三氟甲磺酸铜和叔丁基过氧化物存在下反应，结果在氮的 α 位引入炔基[1922]。N,N-二甲基苯胺的甲基也可发生相似的反应[1923]。α-甲氧基氨基甲酸酯（$MeOCHRNR^1CO_2R^2$）可与端炔和 Cu-Br 反应，生成炔胺[1924]。在 $GaCl_3$ 存在下，$ClC{\equiv}CSiMe_3$ 可与三甲基硅烯醇醚反应，经甲醇酸溶液处理，生成 α-乙炔基酮[1925]。

类似的反应如端炔与硅烷 R_3SiH 在 Ir 催化剂[1926]或三氟甲磺酸锌[1927]存在下反应，生成 1-三烷基硅基炔。端炔与 N-三烷基硅基胺和 $ZnCl_2$ 反应可得到相似的产物[1928]。

OS Ⅳ, 117; Ⅵ, 273, 564, 595; Ⅷ, 415; Ⅸ, 117, 477, 688; **76**, 263; 另见 OS Ⅳ, 801; Ⅵ, 925.

10-75 腈的制备
氰基-去-卤代反应

$$RX\ +\ ^-CN\ \longrightarrow\ RCN$$

氰离子与卤代烷的反应是制备腈的方便方法[1929]。反应按 S_N2 机理进行[1930]，伯烷基、苄基和烯基卤化物生成腈的产率很好；仲烷基卤化物的产率一般；叔烷基卤化物不发生这样的反应，而发生消除反应。分子中的一些其它基团不影响反应。尽管多种溶剂已被使用过，但研究表明 DMSO 是该反应非常理想的溶剂，在 DMSO 中反应，产率高、时间短[1931]。一般而言，极性非质子溶剂是最佳选择。在温和条件下获得高产率的其它方法是使用相转移催化剂[1932]、在替代溶剂如 PEG 400（聚乙烯醇）中反应[1933]超声反应[1934]。由于腈很容易水解成羧酸（反应 16-4），因此这是在碳链上增加一个碳原子的重要途径。

氰离子是两可亲核试剂（它可通过 N 或 C 起反应），因此可能会有副产物异腈（也称为异氰化物，R—N≡C）[1935]。如果想得到异腈，可以通过使用具有明显共价性质的金属-碳键的试剂，如氰化银或氰化亚铜（I）[1936]［参见 10.7.7 节（3）］使异腈成为主产物。但是在丙酮/THF 中与过量的 LiCN 反应则得到腈为主产物[1937]。有时也可使用甲苯磺酰氰（TolSO$_2$CN）[1938]。已有报道表明，用二乙基膦酰氰可使碘代烷发生自由基氰基化[1939]（参见第 14 章）。

溴乙烯在 CuCN 催化下会转化为丙烯腈[1940]，在 KCN、冠醚、Pd(0) 配合物[1941]或 KCN、Ni(0) 催化剂体系[1942] 中也会有同样的产物。卤化物在催化量的 SnCl$_4$ 存在下，与三甲基氰硅烷反应，可生成相应的腈[1943]：R$_3$CCl + Me$_3$SiCN ⟶ R$_3$CCN。伯、仲、叔醇与 NaCN、Me$_3$SiCl 和催化量的 NaI 在 DMF-MeCN 中反应，生成腈的产率很好[1944]。Lewis 酸可与 NaCN 或 KCN 联合使用[1945]。α,β-环氧基酰胺与 Et$_2$AlCN 反应可开环生成 β-氰基-α-羟基酰胺[1946]。氰醇与卤代烷反应，有时也能得到腈[1947]。

氰化物还可与含有除卤素之外的其它离去基团的底物反应，如与硫酸酯、磺酸酯、硫酸盐或磺酸盐反应。乙烯基三氟甲磺酸酯与 LiCN、冠醚和钯催化剂反应，生成丙烯腈[1948]。与环氧化物反应生成 β-羟基腈。NaCN 和 B(OMe)$_3$ 与二取代环氧化物反应具有 C-2 选择性[1949]。使用三甲基氰硅烷（Me$_3$SiCN）和 Lewis 酸反应生成 O-TMS-β-羟基腈，使用 YbCl$_3$ 和磷铝配合物反应具有很好的对映选择性[1950]。四丁基氰化铵在 PPh$_3$/DDQ 存在下可将伯醇转化为相应的腈[1951]。醇与三苯基膦和溴化氰反应可转化为腈[1952]。

在 HMPA 中，氰化钠在乙酯中选择性地与甲酯反应[1953]：RCOOMe + CN$^-$ ⟶ MeCN + RCOO$^-$。

OS Ⅰ，46,107,156,181,254,256,536；Ⅱ，292,376；Ⅲ，174,372,557；Ⅳ，438,496,576；Ⅴ，578,614。

10-76 卤代烷直接转化为醛酮

甲酰-去-卤素代反应

RX + Na$_2$Fe(CO)$_4$ $\xrightarrow{PPh_3}$ RCOFe(CO)$_3$PPh$_3^-$ $\xrightarrow{HOAc}$ RCHO
　　　　　　　　　　　　　　179

溴代烷可以直接转化为醛，同时碳链上增加一个碳[1954]，这是通过在三苯基膦存在下与试剂 Na$_2$Fe(CO)$_4$[1955]（Collman 试剂）反应生成 179，然后与乙酸作用实现的。试剂 Na$_2$Fe(CO)$_4$ 可以通过五羰基合铁[Fe(CO)$_5$]与钠汞齐在 THF 中反应制得。伯烷基溴的收率很好；仲烷基溴收率低一些。苄溴的反应通常不佳，但苄氯和芳基碘化物反应可得到高收率的酮[1956]。RX 和 Na$_2$Fe(CO)$_4$ 反应最先生成的是 RFe(CO)$_4^-$ 离子（可被分离出）[1957]；然后它与 Ph$_3$P 反应生成 179[1958]。

这种合成方法可以扩展为六种制备酮的不同方法[1959]。

（1）不用乙酸与 179 反应，而是加入另一个卤代烷；

（2）与第一个卤代烷反应，不加三苯基膦，再加入另一个卤代烷；

（3）与卤代烷在 CO 存在下反应[1955]，再加入另一个卤代烷；

（4）与酰卤反应，再加入卤代烷或环氧化物得到 α,β-不饱和酮[1960]；

（5）卤代烷或甲苯磺酸酯与 Na$_2$Fe(CO)$_4$ 在乙烯中反应得到烷基乙基酮[1961]；

（6）与 1,4-二卤化物反应，可得到五元环的酮[1962]。

电解氯代烷、Fe(CO)$_5$ 和镍催化剂，可直接一步生成酮[1963]。方法（1）、（2）、（3）的第 1 步，可使用伯烷基溴化物、碘化物和甲苯磺酸酯和仲烷基的甲苯磺酸酯。方法（1）~（4）的第 2 步需要比较活泼的底物，如碘代伯烷、甲苯磺酸酯或卤苄。方法（5）可使用伯、仲的底物。

可用其它酰基金属有机试剂。酰基锆试剂如 RCOZr(Cl)Cp$_2$，与烯丙基溴在 CuI 存在下反应，生成相应的酮，但会发生烯丙基重排[1964]。

对称的酮 R$_2$CO 可由伯烷基或苄基卤化物与 Fe(CO)$_5$ 和相转移催化剂反应制得[1965]，也可由卤化物 RX（R=伯烷基、芳基、烯丙基或苄基）与 CO 通过电化学方法获得，电化学方法要加入镍配合物[1966]。芳基、苄基、乙烯基和烯丙基卤化物与 CO 和 Bu$_3$SnH 在 Pd 催化下反应，可生成醛[1967]。分子中的许多其它基团一般不影响反应。好几种制备酮的方法由钯配合物催化，包括：碘代芳烃、碘代烷烃、Zn-Cu 混合物与 CO 的加成反应（ArI + RI + CO ⟶ RCOAr），反应得到烷基芳基酮，收率很好[1968]；卤代乙烯和乙烯基锡试剂在 CO 存在下反应，得到非对称的二乙烯基酮[1969]；芳基、乙烯基和苄基卤化物与

(α-乙氧基乙烯基)三丁基锡[$Bu_3SnC(OEt)=CH_2$]反应生成甲基酮[1970]。化合物 SmI_2 可以在 50atm❶的 CO 存在下将氯代烷转化为酮[1971]。

卤代烷也可以间接转化为醛、酮（见反应 **10-71**）。另见 **12-33**。

OSⅥ，807.

10-77 卤代烷、醇或烷烃的羰基化

烷氧羰基-去-卤代反应

$$RX + CO + R'OH \xrightarrow[-70°C]{SbCl_5\text{-}SO_2} RCOOR'$$

制备羧酸的直接方法是将卤代烷与 $NaNO_2$ 在乙酸和 DMSO 中反应[1972]。卤代烷与 $ClCOCO_2Me$、$(Bu_3Sn)_2$ 在光化学条件下反应，生成相应的甲酯[1973]。

几种基于 CO 或金属羰基化合物的合成方法已经被用来将卤代烷转化为链上增加一个碳的羧酸或羧酸衍生物[1974]。当卤代烷在 −70°C 下与 $SbCl_5$-SO_2 反应时，它解离为相应的碳正离子（参见 5.1.2）。如果存在 CO 和醇，羧酸酯就会按下面的路线形成[1975]：

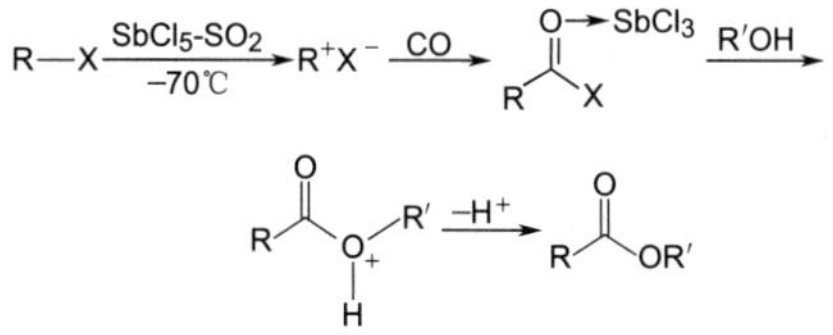

$$R-X \xrightarrow[-70°C]{SbCl_5\text{-}SO_2} R^+X^- \xrightarrow{CO} \underset{R}{\overset{O-SbCl_3}{C}} \xrightarrow{R'OH}$$

$$\underset{R}{\overset{O}{\underset{\|}{C}}}\overset{+}{\underset{H}{O}}R' \xrightarrow{-H^+} \underset{R}{\overset{O}{\underset{\|}{C}}}OR'$$

这也可以通过与被 CO 饱和的浓 H_2SO_4 反应实现[1976]。很显然，只有叔卤代烷的反应结果很好；仲卤代烷主要产生重排产物。含有叔氢的烷烃与 HF-SbF_5-CO 发生类似反应[1977]。产物为羧酸或酯，这取决于反应混合物被水解还是醇解。多于七个碳的醇在此反应中会裂解成小碎片[1978]。类似地，叔醇[1979]与 H_2SO_4 和 CO 反应，其中 CO 是由 HCOOH 和 H_2SO_4 在溶液中反应产生的，生成三取代乙酸，该反应被称为 Koch-Haaf 反应（另见反应 **15-35**）[1980]。如果底物是伯醇或仲醇，形成的碳正离子在与 CO 反应前会先重排成叔碳离子。如果用三氟甲磺酸（F_3CSO_2OH）代替 H_2SO_4，反应结果会更好[1981]。碘代醇在自由基条件（AIBN、烯丙基三丁基锡）及 45atm CO 条件下可转化为内酯[1982]。

$$RX + Ni(CO)_4 \xrightarrow{R'O^-}{R'OH} RCOOR'$$

另一种[1983]将卤代烷转化为羧酸酯的方法是在醇及其共轭碱中，让卤化物与羰基镍[$Ni(CO)_4$]反应[1984]。当 R′是伯烷基时，RX 只能是乙烯基卤化物或芳基卤化物；反应中乙烯基 R 的构型得到保持。因此，反应中没有生成碳正离子中间体。当 R′是叔烷基时，R 不仅可以是乙烯基或芳基，还可是伯烷基。这是少有的几个合成叔醇酯的方法之一。碘代烷反应最有利，溴代烷其次。如果存在胺，至少在某些情况下可以直接分离出酰胺。

还有一种使用 $Na_2Fe(CO)_4$ 将卤化物转化为羧酸酯的方法。如 **10-76** 所述，伯、仲烷基卤化物和甲苯磺酸酯与该试剂反应得到 $RFe(CO)_4^-$；如果有 CO，则生成 $RCOFe(CO)_4^-$。用氧气或次氯酸钠氧化 $RFe(CO)_4^-$ 或 $RCOFe(CO)_4^-$，水解后可得羧酸[1985]。此外，$RFe(CO)_4^-$ 或 $RCOFe(CO)_4^-$ 与卤素（如 I_2）在醇中反应，可生成羧酸酯[1986]；或在仲胺或水中反应，分别得到相应的酰胺和羧酸。由伯烷基 R 制得的 $RFe(CO)_4^-$ 和 $RCOFe(CO)_4^-$ 的反应产率很好。至于仲烷基 R，由甲苯磺酸仲烷基酯制得的 $RCOFe(CO)_4^-$ 在 THF 中得到的反应结果最好。R 结构中可以有酯基或酮基，它们不影响反应。羧酸酯 RCO_2R' 已经通过伯烷基卤化物 RX 与醇盐 $R'O^-$ 在 $Fe(CO)_5$ 存在下反应制得[1987]。$RCOFe(CO)_4^-$ 被认为是中间体。

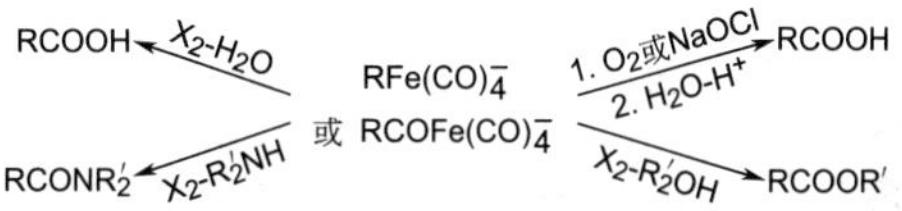

$$RCOOH \xleftarrow{X_2\text{-}H_2O} \underset{\text{或}}{RFe(CO)_4^-} \xrightarrow{1.\, O_2\text{或}NaOCl}{2.\, H_2O\text{-}H^+} RCOOH$$
$$RCONR'_2 \xleftarrow{X_2\text{-}R_2NH} RCOFe(CO)_4^- \xrightarrow{X_2\text{-}R_2OH} RCOOR'$$

钯配合物也催化卤化物的羰基化[1988]。芳基（见 **13-15**）[1989]、乙烯基[1990]、苄基和烯丙基卤化物（尤其是碘化物）通过与 CO、醇或醇盐与钯配合物反应可转化为羧酸酯[1991]。有机铟化合物可在甲醇中进行钯催化的羰基化反应生成甲酯[1992]。乙烯基三氟甲磺酸酯也被报道有类似的反应性[1993]。α-卤代酮与 CO、醇、NBu_3 以及钯催化剂在 110°C 反应，可转化为 β-酮酯[1994]。用胺代替醇或醇盐可以得到酰胺[1995]。与胺、AIBN、CO 和四烷基锡催化剂反应也生成酰胺[1996]。苄基和烯丙基卤化物与 CO、钴亚胺配合物可被电催化为羧酸[1997]。乙烯基卤化物类似地与 CO、氰化镍在相转移体系中反应，转化为羧酸[1998]。烯丙基 O-磷酸酯与 ClTi=NTMS 和 CO 在钯催化下反应转化为烯丙基酰胺[1999]。端炔在甲醇中与 CO、$PdBr_2$、$CuBr_2$ 以及碳酸氢钠反应转化为炔基酯[2000]。

金属有机试剂可用于将卤代烷转化为羧酸衍生物。在铑配合物存在下，苄卤与 CO 反应生成

---

❶ 1atm=101.325kPa，译者注。

羧酸酯[2001]。这里，R′可能来自醚 R'_2O[2002] 或 Al、Ti、Zr 的醇盐[2003]。烯烃、伯醇和 CO 在铑催化剂作用下发生烯烃的羰基化，并生成相应的酯[2004]。乙烯基三氟甲磺酸酯与 CO_2 和 Ni 催化剂作用转化为共轭羧酸[2005]。α,ω-二碘化物、Bu_4NF 和 $Mo(CO)_6$ 反应得到相应的内酯[2006]。

许多双羰基化的例子也已见报道。这些反应中，产物中结合了两分子的 CO，生成 α-酮酸或其衍生物[2007]。当催化剂是钯配合物时，生成 α-酮酰胺的反应结果最好[2008]。R 基一般为芳基或乙烯基[2009]。α-酮酸[2010]、酯[2011] 的形成需要更剧烈的条件。α-羟基酸可通过碘代芳烃的反应制得，该反应在醇中进行，反应中醇作为还原剂[2012]。也可以使用钴催化剂，此时需要的 CO 压力较低[2007]。

OS V, 20, 739.

参 考 文 献

[1] See Hartshorn, S. R. *Aliphatic Nucleophilic Substitution*, Cambridge University Press, Cambridge, **1973**; Katritzky, A. R. ; Brycki, B. E. *Chem. Soc. Rev.* **1990**, 19, 83; Richard, J. P. *Adv. Carbocation Chem.* **1989**, 1, 121; Streitwieser, A. *Solvolytic Displacement Reactions*, McGraw-Hill, NY, **1962**.

[2] See Sun, L. ; Hase, W. L. ; Song, K. *J. Am. Chem. Soc.* **2001**, 123, 5753. Nucleophlicity and leaving group ability for frontside and backside attack have been studied. See Bento, A. P. ; Bickelhaupt, F. M. *J. Org. Chem.* **2008**, 73, 7290.

[3] Hasanayn, F. ; Streitwieser, A. ; Al-Rifai, R. *J. Am. Chem. Soc.* **2005**, 127, 2249. See also Cruickshank, F. R. ; Hyde, A. J. ; Pugh, D. *J. Chem. Ed.* **1997**, 54, 288.

[4] For a theoretical investigation of a kinetic isotope effect, see Matsson, O. ; Dybala-Defratyka, A. ; Rostkowski, M. ; Paneth, P. ; Westaway, K. C. *J. Org. Chem.* **2005**, 70, 4022.

[5] For a discussion of this type of solvent effect, see Arnaut, L. G. ; Formosinho, S. J. *Chemistry: European J.* **2007**, 13, 8018.

[6] Cowdrey, W. A. Hughes, E. D. ; Ingold, C. K. ; Masterman, S. ; Scott, A. D. *J. Chem. Soc.* **1937**, 1252. The idea that the addition of one group and removal of the other are simultaneous was first suggested by Lewis, G. N. in *Valence and the Structure of Atoms and Molecules*. Chemical Catalog Company, NY, **1923**, p. 113. The idea that a one-step substitution leads to inversion was proposed by Olsen, A. R. *J. Chem. Phys.* **1933**, 1, 418.

[7] Walden, P. *Ber.* **1893**, 26, 210; **1896**, 29, 133; **1899**, 32, 1855.

[8] For a discussion of these cycles, see Kryger, L. ; Rasmussen, S. E. *Acta Chem. Scand.* **1972**, 26, 2349.

[9] Phillips, H. *J. Chem. Soc.* **1923**, 123, 44. See Garwood, D. C. ; Cram, D. J. *J. Am. Chem. Soc.* **1970**, 92, 4575; Cram, D. J. ; Cram, J. M. *Fortschr. Chem. Forsch.* **1972**, 31, 1.

[10] See Kenyon. J. ; Phillips, H. ; Shutt, G. R. *J. Chem. Soc.* **1935**, 1663 and references cited therein.

[11] Streitwieser, Jr. A. *J. Am. Chem. Soc.* **1953**, 75, 5014.

[12] Speranza, M. ; Angelini, G. *J. Am. Chem. Soc.* **1980**, 102, 3115 and references cited therein; Kempf, B. ; Hampel, N. ; Ofial, A. R. ; Mayr, H. *Chem. Eur. J.* **2003**, 9, 2209. See Riveros, J. M. ; José, S. M. ; Takashima, K. *Adv. Phys. Org. Chem.* **1985**, 21, 197.

[13] Li, C. ; Ross, P. ; Szulejko, J. E. ; McMahon, T. B. *J. Am. Chem. Soc.* **1996**, 118, 9360.

[14] See Müller, P. ; Mareda, J. in Olah, G. A. Cage Hydrocarbons, Wiley, NY, **1990**, pp. 189-217, Fort, Jr. , R. C. ; Schleyer, P. v. R. *Adv. Alicyclic Chem.* **1966**, 1, 283.

[15] Doering, W. von E. ; Levitz, M. ; Sayigh, A. ; Sprecher, M. ; Whelan, Jr. , W. P. *J. Am. Chem. Soc.* **1953**, 75, 1008. Actually, a slow substitution was observed in this case, but not by an S_N2 mechanism.

[16] Cope, A. C. ; Synerholm, M. E. *J. Am. Chem. Soc.* **1950**, 72, 5228.

[17] Hughes, E. D. ; Juliusburger, F. ; Masterman, S. ; Topley, B. ; Weiss, J. *J. Am. Chem. Soc.* **1935**, 1525.

[18] Tenud, L. ; Farooq, S. ; Seibl, J. ; Eschenmoser. A. *Helv. Chim. Acta* **1970**, 53, 2059. See also, King, J. F. ; McGarrity, M. J. *J. Chem. Soc. Chem. Commun.* **1979**, 1140.

[19] See Angel, L. A; Ervin, K. M. *J. Am. Chem. Soc.* **2003**, 125, 1014.

[20] Taken from Chandrasekhar, J. ; Smith, S. F. ; Jorgensen, W. L. *J. Am. Chem. Soc.* **1985**, 107, 154.

[21] Gao, J. ; Xia, X. *J. Am. Chem. Soc.* **1993**, 115, 9667.

[22] Lee, I. ; Kim, C. K. ; Chung, D. S. ; Lee, B. -S. *J. Org. Chem.* **1994**, 59, 4490.

[23] Evanseck, J. D. ; Blake, J. F. ; Jorgensen, W. L. *J. Am. Chem. Soc.* **1987**, 109, 2349; Kozaki, T. ; Morihashi, K. ; Kikuchi, O. *J. Am. Chem. Soc.* **1989**, 111, 1547; Jorgensen, W. L. Acc. Chem. Res. **1989**, 22, 184.

[24] Chandrasekhar, J. ; Jorgensen. W. L. *J. Am. Chem. Soc.* **1985**, 107, 2974.

[25] For a discussion of environmentally benign substitution reactions, see Vogel, P. ; Figueira, S. ; Muthukrishnan. S. ; Mack, J. *Tetrahedron Lett.* **2009**, 50, 55.

[26] See Reactions **10-60~10-68** and Bachrach, S. M. ; Gailbreath, B. D. *J. Org. Chem.* **2001**, 66, 2005.

[27] Hoz, S. ; Basch, H. ; Wolk, J. L. ; Hoz, T. ; Rozental, E. *J. Am. Chem. Soc.* **1999**, 121, 7724.

[28] Yi, R. ; Basch, H. ; Hoz, S. *J. Org. Chem.* **2002**, 67, 5891.

[29] Grinblat, J. ; Ben-Zion, M. ; Hoz, S. *J. Am. Chem. Soc.*, **2001**, 123, 10738.

[30] Pearson, R. G. ; Dillon, R. L. *J. Am. Chem. Soc.* **1953**, 75, 2439.

[31] Yamataka, H. ; Mustanir ; Mishima, M. *J. Am. Chem. Soc.* **1999**, 121, 10223.

[32] See Mayr, H. ; Minegishi, S. *Angew. Chem. Int. Ed.* **2002**, 41, 4493. For a discussion of dynamic processes associated with the S_N1 mechanism, see Peters, K. S. *Chem. Rev.* **2007**, 107, 859.
[33] For a related computational study, see Ruff, F. ; Farkas, Ö; Kucsman, Á *Eur. J. Org. Chem.* **2006**, 5570.
[34] Parr, R. G. ; Szentpály, L. V. ; Liu, S. *J. Am. Chem. Soc.* **1999**, 121, 1922. Also see Denekamp, C. ; Sandlers, Y. *Angew. Chem. Int. Ed.* **2006**, 45, 2093.
[35] See Pérez, P. *J. Org. Chem.* **2004**, 69, 5048.
[36] Pérez, P. ; Toro-Labbé, A. ; Contreras, R. *J. Am. Chem. Soc.* **2001**, 123, 5527.
[37] Pérez, P. ; Toro-Labbé, A. ; Aizman, A. ; Contreras, R. *J. Org. Chem.* **2002**, 67, 4747.
[38] Chattaraj, P. K. ; Sarkar, U. ; Roy, D. R. *Chem. Rev.* **2006**, 106, 2065.
[39] Schaller, H. F. ; Tishkov, A. A. ; Feng, X. ; Mayr, H. *J. Am. Chem. Soc.* **2008**, 130, 3012.
[40] See Okamoto, K. *Adv. Carbocation Chem.* **1989**, 1,171; Blandamer, M. J. ; Scott, J. M. W. ; Robertson, R. E. *Prog. Phys. Org. Chem.* **1985**, 15, 149. Also see Dvorko, G. F. ; Ponomareva, E. A. ; Kulik, N. I. *Russ. Chem. Rev.* **1984**, 53,547.
[41] Blandamer, M. J. ; Burgess, J. ; Duce, P. P. ; Symons, M. C. R. ; Robertson, R. E. ; Scott, J. M. W. *J. Chem. Res. (S)* **1982**,130.
[42] Benfey, O. T. ; Hughes, E. D. ; Ingold, C. K. *J. Chem. Soc.* **1952**,2488.
[43] Bateman, L. C. ; Hughes, E. D. ; Ingold, C. K. *J. Chem. Soc.* **1940**,960.
[44] In the experiments mentioned, the solvent was actually"70" or"80%" aq acetone. The "80%" aq acetone consists of 4 vol of dry acetone and 1 vol of water.
[45] Creary, X. ; Wang, Y.-X. *J. Org. Chem.* **1992**, 57,4761. Also see Farcasiu, D. ; Marino, G. ; Harris, J. M. ; Hovanes, B. A. ; Hsu, C. S. *J. Org. Chem.* **1994**, 59,154.
[46] Bateman, L. C. ; Hughes, E. D. ; Ingold, C. K. *J. Chem. Soc.* **1940**,1011.
[47] McClelland, R. A. ; Kanagasabapathy, V. M. ; Steenken, S. *J. Am. Chem. Soc.* **1988**, 110, 6913.
[48] Schaller, H. F. ; Mayr, H. *Angew. Chem. Int. Ed.* **2008**, 47, 3958.
[49] Fort, Jr. , R. C. in Olah, G. A. ; Schleyer, P. v. R. *Carbonium Ions*, Vol. 4, Wiley, NY, **1973**, pp. 1783-1835.
[50] Bartlett, P. D. ; Knox, L. H. *J. Am. Chem. Soc.* **1939**, 61, 3184.
[51] For synthetic examples, see Kraus, G. A. ; Hon, Y. *J. Org. Chem.* **1985**, 50, 4605.
[52] Olah, G. A. ; Liang, G. ; Wiseman, J. R. ; Chong, J. A. *J. Am. Chem. Soc.* **1972**, 74,4927.
[53] Della, E. W. ; Pigou, P. E. ; Tsanaktsidis, J. *J. Chem. Soc. Chem. Commun.* **1987**,833.
[54] Eaton, P. E. ; Yang, C. ; Xiong, Y. *J. Am. Chem. Soc.* **1990**, 112, 3225; Moriarty, R. M. ; Tuladhar, S. M. ; Penmasta, R. ; Awasthi, A. K. *J. Am. Chem. Soc.* **1990**, 112,3228.
[55] Hrovat, D. A. ; Borden, W. T. *J. Am. Chem. Soc.* **1990**, 112,3227.
[56] Lee, I. ; Kim, N. D. ; Kim, C. K. *Tetrahedron Lett.* **1992**, 33, 7881.
[57] White, E. H. ; McGirk, R. H. ; Aufdermarsh, Jr. , C. A. ; Tiwari, H. P. ; Todd, M. *J. Am. Chem. Soc.* **1973**, 95, 8107; Beak, P. ; Harris, B. R. *J. Am. Chem. Soc.* **1974**, 96,6363.
[58] For a review of reactions with the OCOCl leaving group, see Beak, P. *Acc. Chem. Res.* **1976**, 9, 230.
[59] See Arnett, E. M. ; Molter, K. E. *Acc. Chem. Res.* **1985**, 18,339.
[60] Lee, I. ; Lee, Y. S. ; Lee, B.-S. ; Lee, H. W. *J. Chem. Soc. Perkin Trans. 2* **1993**, 1441.
[61] See Beletskaya, I. P. *Russ. Chem. Rev.* **1975**, 44, 1067; Harris, J. M. *Prog. Phys. Org. Chem.* **1974**, 11, 89; Raber, D. J. ; Harris, J. M. ; Schleyer, P. v. R. in Szwarc, M. *Ions and Ion Pairs in Organic Reactions*, Vol. 2, Wiley, NY, **1974**, pp. 247-374.
[62] For an alternative view, See Uggerud, E. *J. Org. Chem.* **2001**, 66, 7084.
[63] Proposed by Winstein, S. ; Clippinger, E. ; Fainberg, A. H. ; Heck, R. ; Robinson, G. C. *J. Am. Chem. Soc.* **1956**, 78,328.
[64] Marcus, Y. ; Hefter, G. *Chem. Rev.* **2006**, 106, 4585.
[65] See Kessler, H. ; Feigel, M. *Acc. Chem. Res.* **1982**, 15, 2.
[66] Fry, J. L. ; Lancelot, C. J. ; Lam, L. K. M. ; Harris, J. M. ; Bingham, R. C. ; Raber, D. J. ; Hall, R. E. ; Schleyer, P. v. R. *J. Am. Chem. Soc.* **1970**, 92, 2538.
[67] Savéant, J.-M. *J. Am. Chem. Soc.* **2008**, 130, 4732.
[68] See Richard, J. P. ; Toteva, M. M. ; Amyes, T. L. *Org. Lett.* **2001**, 3, 2225.
[69] Shiner Jr. , V. J. ; Fisher, R. D. *J. Am. Chem. Soc.* **1971**, 93, 2553.
[70] See McManus, S. P. ; Safavy, K. K. ; Roberts, F. E. *J. Org. Chem.* **1982**, 47, 4388; Kinoshita, T. ; Komatsu, K. ; Ikai, K. ; Kashimura, K. ; Tanikawa, S. ; Hatanaka, A. ;Okamoto, K. *J. Chem. Soc. Perkin Trans. 2* **1988**,1875; Ronco, G. ; Petit, J. ; Guyon, R. ; Villa, P. *Helv. Chim. Acta* **1988**, 71, 648; Kevill, D. N. ; Kyong, J. B. ; Weitl, F. L. *J. Org. Chem.* **1990**, 55, 4304.
[71] Jia, Z. S. ; Ottosson, H. ; Zeng, X. ; Thibblin, A. *J. Org. Chem.* **2002**, 67, 182.
[72] Diaz, A. F. ; Lazdins, I. ; Winstein, S. *J. Am. Chem. Soc.* **1968**, 90,1904.
[73] Paradisi, C. ; Bunnett, J. F. *J. Am. Chem. Soc.* **1985**, 107, 8223; Fujio, M. ; Sanematsu, F. ; Tsuno, Y. ; Sawada, M. ; Takai, Y. *Tetrahedron Lett.* **1988**, 29, 93.
[74] Goering, H. L. ; Hopf, H. *J. Am. Chem. Soc.* **1971**, 93,1224 and references cited therein.
[75] Dietze, P. E. ; Wojciechowski, M. *J. Am. Chem. Soc.* **1990**, 112, 5240.
[76] Cristol, S. J. ; Noreen, A. L. ; Nachtigall, G. W. *J. Am. Chem. Soc.* **1972**, 94, 2187.
[77] Simon, J. D. ; Peters, K. S. *J. Am. Chem. Soc.* **1982**, 104,6142.
[78] Goering, H. L. ; Briody, R. G. ; Sandrock, G. *J. Am. Chem. Soc.* **1970**, 92, 7401.
[79] Goering, H. L. ; Briody, R. G. ; Levy, J. F. *J. Am. Chem. Soc.* **1963**, 85, 3059.
[80] Winstein, S. ; Gall, J. S. ; Hojo, M. ; Smith, S. *J. Am. Chem. Soc.* **1960**, 82,1010. See also Shiner, Jr. , V. J. ; Hartshorn, S. R. ; Vogel, P. C. *J. Org. Chem.* **1973**, 38, 3604.
[81] Jorgensen, W. L. ; Buckner, J. K. ; Huston, S. E. ; Rossky, P. J. *J. Am. Chem. Soc.* **1987**, 109, 1891.

[82] Okamoto, K. *Pure Appl. Chem.* ***1984***, 56, 1797. Also see Lee, I.; Kim, H. Y.; Kang, H. K.; Lee, H. W. *J. Org. Chem.* ***1988***, 53, 2678; Lee, I.; Kim, H. Y.; Lee, H. W.; Kim, I. C. *J. Phys. Org. Chem.* ***1989***, 2, 35.

[83] Okamoto, K.; Kinoshita, T.; Shingu, H. *Bull. Chem. Soc. Jpn.* ***1970***, 43, 1545.

[84] Kinoshita, T.; Ueno, T.; Ikai, K.; Fujiwara, M.; Okamoto, K. *Bull. Chem. Soc. Jpn.* ***1988***, 61, 3273; Kinoshita, T.; Komatsu, K.; Ikai, K.; Kashimura, K.; Tanikawa, S.; Hatanaka, A.; Okamoto, K. *J. Chem. Soc. Perkin Trans. 2* ***1988***, 1875.

[85] For an essay on borderline mechanisms in general, see Jencks, W. P. *Chem. Soc. Rev.* ***1982***, 10, 345.

[86] Sneen, R. A.; Felt, G. R.; Dickason, W. C. *J. Am. Chem. Soc.* ***1973***, 95, 638 and references cited therein; Sneen, R. A. *Acc. Chem. Res.* ***1973***, 6, 46.

[87] See Kevill, D. N.; Degenhardt, C. R. *J. Am. Chem. Soc.* ***1979***, 101, 1465.

[88] See Sneen, R. A.; Feli, G. R.; Dickason, W. C. *J. Am. Chem. Soc.* ***1973***, 95, 638 and references cited therein; Sneen, R. A. *Acc. Chem. Res.* ***1973***, 6, 46; Blandamer, M. J.; Robertson, R. E.; Scott, J. M. W.; Vrielink, A. *J. Am. Chem. Soc.* ***1980***, 102, 2585; Stein, A. R. *Can. J. Chem.* ***1987***, 65, 363.

[89] See Raber, D. J.; Harris, J. C.; Hall, R. E.; Schleyer, P. v. R. *J. Am. Chem. Soc.* ***1971***, 93, 4821; McLennan, D. J. *Acc. Chem. Res.* ***1976***, 9, 281; Stein, A. R. *J. Org. Chem.* ***1976***, 41, 519; Katritzky, A. R.; Musumarra, G.; Sakizadeh, K. *J. Org. Chem.* ***1981***, 46, 3831. For a reply, see Sneen, R. A.; Robbins, H. M. *J. Am. Chem. Soc.* ***1972***, 94, 7868. See Klumpp, G. W. *Reactivity in Organic Chemistry*, Wiley, NY, ***1982***, pp. 442-450.

[90] See Thibblin, A. *J. Chem. Soc. Perkin Trans. 2* ***1987***, 1629.

[91] Katritzky, A. R.; Sakizadeh, K.; Gabrielsen, B.; le Noble, W. J. *J. Am. Chem. Soc.* ***1984***, 106, 1879.

[92] Bentley, T. W.; Bowen, C. T.; Morten, D. H.; Schleyer, P. v. R. *J. Am. Chem. Soc.* ***1981***, 103, 5466.

[93] Also see Laureillard, J.; Casadevall, A.; Casadevall, E. *Tetrahedron* ***1984***, 40, 4921; *Helv. Chim. Acta* ***1984***, 67, 352. For evidence against the S_N2 (intermediate) mechanism, see Richard, J. P.; Amyes, T. L.; Vontor, T. *J. Am. Chem. Soc.* ***1991***, 113, 5871.

[94] Amyes, T. L.; Richard, J. P. *J. Am. Chem. Soc.* ***1990***, 112, 9507. Also see Richard, J. P.; Rothenberg, M. E.; Jencks, W. P. *J. Am. Chem. Soc.* ***1984***, 106, 1361; Richard, J. P.; Jencks, W. P. *J. Am. Chem. Soc.* ***1984***, 106, 1373, 1383; Katritzky, A. R.; Brycki, B. E. *J. Phys. Org. Chem.* ***1988***, 1, 1; Stein, A. R. *Can. J. Chem.* 1989, 67, 297.

[95] The relationship between electropilicity and rate coefficients is discussed in Aizman, A.; Contreras, R.; Pérez, P. *Tetrahedron* ***2005***, 61, 889.

[96] See, however, Sneen, R. A.; Larsen, J. W. *J. Am. Chem. Soc.* ***1969***, 91, 6031.

[97] Weiner, H.; Sneen, R. A. *J. Am. Chem. Soc.* ***1965***, 87, 287.

[98] According to this scheme, the configuration of the isolated RN_3 should be retained. It was, however, largely inverted, owing to a competing S_N2 reaction where N_3^- directly attacks ROBs.

[99] See Streitwieser, Jr., A.; Walsh, T. D.; Wolfe, Jr., J. R. *J. Am. Chem. Soc.* ***1965***, 87, 3682; Streitwieser, Jr., A.; Walsh, T. D. *J. Am. Chem. Soc.* ***1965***, 87, 3686; Beronius, P.; Nilsson, A.; Holmgren, A. *Acta Chem. Scand.* ***1972***, 26, 3173. See also, Knier, B. L.; Jencks, W. P. *J. Am. Chem. Soc.* ***1980***, 102, 6789.

[100] Bank, S.; Noyd, D. A. *J. Am. Chem. Soc.* ***1973***, 95, 8203; Ashby, E. C.; Goel, A. B.; Park, W. S. *Tetrahedron Lett.* ***1981***, 22, 4209. For discussions of the relationship between S_N2 and SET mechanisms, see Lewis, E. S. *J. Am. Chem. Soc.* ***1989***, 111, 7576; Shaik, S. S. *Acta Chem. Scand.* ***1990***, 44, 205.

[101] See Savéant, J. *Adv. Phys. Org. Chem.* ***1990***, 26, 1; Ashby, E. C. *Acc. Chem. Res.* ***1988***, 21, 414. See also, Pross, A. *Acc. Chem. Res.* ***1985***, 18, 212; Chanon, M. *Acc. Chem. Res.* ***1987***, 20, 214. See Rossi, R. A.; Pierini, A. B.; Peñéñory, A. B. *Chem. Rev.* ***2003***, 103, 71.

[102] Daasbjerg, K.; Lund, T.; Lund, H. *Tetrahedron Lett.* ***1989***, 30, 493.

[103] See also, Fuhlendorff, R.; Lund, T.; Lund, H.; Pedersen, J. A. *Tetrahedron Lett.* ***1987***, 28, 5335.

[104] See, for example, Russell, J. A.; Pecoraro, J. M. *J. Am. Chem. Soc.* ***1979***, 101, 3331.

[105] Santiago, A. N.; Morris, D. G.; Rossi, R. A. *J. Chem. Soc., Chem. Commun.* ***1988***, 220.

[106] See Newcomb, M.; Curran, D. P. *Acc. Chem. Res.* ***1988***, 21, 206; Newcomb, M. *Acta Chem. Scand.* ***1990***, 44, 299. For replies to this criticism, see Ashby, E. C. *Acc. Chem. Res.* ***1988***, 21, 414; Ashby, E. C.; Pham, T. N.; Amrollah-Madjdabadi, A. A. *J. Org. Chem.* ***1991***, 56, 1596.

[107] In this book, there is a distinction between the SET and $S_{RN}1$ mechanisms. However, many workers use the designation SET to refer to the $S_{RN}1$, the chain version of the SET, or both.

[108] Nazareno, M. A.; Rossi, R. A. *J. Org. Chem.* ***1996***, 61, 1645.

[109] Ashby, E. C.; Sun, X.; Duff, J. L. *J. Org. Chem.* ***1994***, 59, 1270.

[110] Haberfield, P. *J. Am. Chem. Soc.* ***1995***, 117, 3314.

[111] Shaik, S. S. *Acta Chem. Scand.* ***1990***, 44, 205.

[112] Ashby, E. C.; Park, B.; Patil, G. S.; Gadru, K.; Gurumurthy, R. *J. Org. Chem.* ***1993***, 58, 424.

[113] See Capon, B.; McManus, S. *Neighboring Group Participation*, Vol. 1, Plenum, NY, ***1976***.

[114] See McCortney, B. A.; Jacobson, B. M.; Vreeke, M.; Lewis, E. S. *J. Am. Chem. Soc.* ***1990***, 112, 3554.

[115] See Page, M. I. *Chem. Soc. Rev.* ***1973***, 2, 295.

[116] Winstein, S.; Lucas, H. J. *J. Am. Chem. Soc.* ***1939***, 61, 1576, 2845.

[117] For a theoretical treatment of strain energy release and intrinsic barriers for internal S_N2 reactions, see Wolk, J. L.; Rozental, E.; Basch, H.; Hoz, S. *J. Org. Chem.* ***2006***, 71, 3876.

[118] Allred, E. L.; Winstein, S. *J. Am. Chem. Soc.* ***1967***, 89, 3991, 3998.

[119] Allred, E. L.; Winstein, S. *J. Am. Chem. Soc.* ***1967***, 89, 4012.

[120] Eliel, E. L.; Clawson, L.; Knox, D. E. *J. Org. Chem.* ***1985***, 50, 2707; Eliel, E. L.; Knox, D. E. *J. Am. Chem. Soc.*

1985, 107, 2946.
- [121] See Wilen, S. H. ; Delguzzo, L. ; Saferstein, R. *Tetrahedron* **1987**, 43, 5089.
- [122] See Perst, H. *Oxonium Ions in Organic Chemistry*, Verlag Chemie, Deerfield Beach, FL, **1971**, pp. 100-127. Also see Francl, M. M. ; Hansell, G. ; Patel, B. P. ; Swindell, C. S. *J. Am. Chem. Soc.* **1990**, 112, 3535.
- [123] See Block, E. *Reactions of Organosulfur Compounds*, Academic Press, NY, **1978**, pp. 141-145.
- [124] Lambert, J. B. ; Beadle, B. M. ; Kuang, K. *J. Org. Chem.* **1999**, 64, 9241.
- [125] Peterson, P. E. *Acc. Chem. Res.* **1971**, 4, 407, and references cited therein.
- [126] Peterson, P. E. ; Bopp, R. J. ; Chevli, D. M. ; Curran, E. L. ; Dillard, D. E. ; Kamat, R. J. *J. Am. Chem. Soc.* **1967**, 89, 5902. See also, Reich, I. L. ; Reich, H. J. *J. Am. Chem. Soc.* **1974**, 96, 2654.
- [127] See Olah, G. A. *Halonium Ions*, Wiley, NY, 1975; Koster, G. F. in Patai, S. ; Rappoport, Z. *The Chemistry of Functional-Groups, Supplement D*, pt. 2, Wiley, NY, **1983**, pp. 1265-1351.
- [128] See Henrichs, P. M. ; Peterson, P. E. *J. Org. Chem.* **1976**, 41, 362; Vancik, H. ; Percac, K. ; Sunko, D. E. *J. Chem. Soc. Chem. Commun.* **1991**, 807.
- [129] Olah, G. A. ; Bollinger, J. M. ; Mo, Y. K. ; Brinich, J. M. *J. Am. Chem. Soc.* **1972**, 94, 1164.
- [130] Haupt, F. C. ; Smith, M. R. *Tetrahedron Lett.* **1974**, 4141.
- [131] See Olah, G. A. ; Schleyer, P. v. R. *Carbonium Ions*, Vol. 3, Wiley, NY, **1972**; Bartlett, P. D. *Nonclassical Ions*, W. A. Benjamin, NY, **1965**. Barkhash, V. A. *Top. Curr. Chem.* **1984**, 116/117, 1; McManus, S. P. ; Pittman Jr. , C. U. in McManus, S. P. *Organic Reactive Intermediates*, Academic Press, NY, **1973**, pp. 302-321.
- [132] Olah, G. A. *J. Org. Chem.* **2005**, 70, 2413.
- [133] Sieber, S. ; Schleyer, P. v. R. ; Vancik, H. ; Mesic, M. ; Sunko, D. E. *Angew. Chem. Int. Ed.* **1993**, 32, 1604; Schleyer, P. v. R. ; Sieber, S. *Angew. Chem. Int. Ed.* **1993**, 32, 1606.
- [134] Herrmann, R. ; Kirmse, W. *Liebigs Ann. Chem.* **1995**, 703.
- [135] Bartlett, P. D. ; Bank, S. ; Crawford, R. J. ; Schmid, G. H. *J. Am. Chem. Soc.* **1965**, 88, 1288.
- [136] Winstein, S. ; Carter, P. *J. Am. Chem. Soc.* **1961**, 83, 4485.
- [137] For example, see Brunelle, P. ; Sorensen, T. S. ; Taeschler, C. *J. Org. Chem.* **2001**, 65, 1680.
- [138] Okazki, T. ; Terakawa, E. ; Kitagawa, T. ; Takeuchi, K. *J. Org. Chem.* **2000**, 65, 1680.
- [139] Smith, W. B. *J. Org. Chem.* **2001**, 66, 376.
- [140] This was pointed out by Cram, D. J. *J. Am. Chem. Soc.* **1964**, 86, 3767.
- [141] See Brown, H. C. *The Nonclassical Ion Problem*, Plenum, NY, **1977**. This book also includes rebuttals by Schleyer, P. v. R. See also, Brown, H. C. *Pure Appl. Chem.* **1982**, 54, 1783.
- [142] See Story, P. R. ; Clark, Jr. , B. C. in Olah, G. A. ; Schleyer, P. v. R. *Carboiurn Ions*, Vol. 3, Wiley, NY, **1972**, pp. 1007-1060; Richey, Jr. , H. G. in Zabicky, J. *The Chemistry of Alkenes*, Vol. 2, Wiley, NY. **1970**, pp. 77-101.
- [143] Winstein, S. ; Shatavsky, M. *J. Am. Chem. Soc.* **1956**, 78, 592.
- [144] Story, P. R. ; Snyder, L. C. ; Douglass, D. C. ; Anderson, E. W. ; Kornegay, R. L. *J. Am. Chem. Soc.* **1963**, 85, 3630. See Story, P. R. ; Clark, Jr. , B. C. in Olah, G. A. ; Schleyer, P. v. R. *Carbonium Ions*, Vol. 3, Wiley, NY, **1972**, pp. 1026-1041; Lustgarten, R. K. ; Brookhart, M. ; Winstein, S. *J. Am. Chem. Soc.* **1972**, 94, 2347.
- [145] See Gassman, P. G. ; Doherty, M. M. *J. Am. Chem. Soc.* **1982**, 104, 3742 and references cited therein; Laube, T. *J. Am. Chem. Soc.* **1989**, 111, 9224.
- [146] See Schleyer, P. v. R. ; Bentley, T. W. ; Koch, W. ; Kos, A. J. ; Schwarz, H. *J. Am. Chem. Soc.* **1987**, 109, 6953; Fernández-Mateos, A. ; Rentzsch, M. ; Sánchez, L. R. ; González, R. R. *Tetrahedron* **2001**, 57, 4873.
- [147] See Ferber, P. H. ; Gream, G. E. *Aust. J. Chem.* **1981**, 34, 1051; Orlovic, M. ; Borcic, S. ; Humski, K. ; Kronja, O. ; Imper, V. ; Polla, E. ; Shiner, Jr. , V. J. *J. Org. Chem.* **1991**, 56, 1874.
- [148] Bly, R. S. ; Bly, R. K. ; Bedenbaugh, A. O. ; Vail, O. R. *J. Am. Chem. Soc.* **1967**, 89, 880.
- [149] See Peterson, P. E. ; Vidrine, D. W. *J. Org. Chem.* **1979**, 44, 891; Rappoport, Z. *React. Lntermed.* (*Plenum*) **1983**, 3, 440.
- [150] Von Lehman, T. ; Macomber, R. *J. Am. Chem. Soc.* **1975**, 97, 1531.
- [151] Gassman, P. G. ; Zeller, J. ; Lamb, J. T. *Chem. Commun.* **1968**, 69.
- [152] See Olah, G. A. ; Berrier, A. L. ; Arvanaghi, M. ; Prakash, G. K. S. *J. Am. Chem. Soc.* **1981**, 103, 1122.
- [153] Gassman, PG. ; Fentiman, Jr. , A. F. *J. Am. Chem. Soc.* **1969**, 91, 1545; **1970**, 92, 2549.
- [154] See Lambert, J. B. ; Mark, H. W. ; Holcomb, A. G. ; Magyar, E. S. *Acc. Chem. Res.* **1979**, 12, 317.
- [155] Malnar, I. ; Juric, S. ; Vrcek, V. ; Gjuranovic, Z. ; Mihalic, Z. ; Kronja, O. *J. Org. Chem.* **2002**, 67, 1490.
- [156] Gassman, P. G. ; Hall, J. B. *J. Am. Chem. Soc.* **1984**, 106, 4267.
- [157] In this section, systems are considered in which at least one carbon separates the cyclopropyl ring from the carbon bearing the leaving group. For a discussion of systems in which the cyclopropyl group is directly attached to the leaving-group carbon, see below, category **4**. b.
- [158] For a review, see Haywood-Farmer, J. *Chem. Rev.* **1974**, 74, 315.
- [159] Tanida, H. ; Tsuji, T. ; Irie, T. *J. Am. Chem. Soc.* **1967**, 89, 1953; Battiste, M. A. ; Deyrup, C. L. ; Pincock, R. E. ; Haywood-Farmer, J. *J. Am. Chem. Soc.* **1967**, 89, 1954.
- [160] For a competitive study of cyclopropyl versus double-bond participation, see Lambert, J. B. ; Jovanovich, A. P. ; Hamersma, J. W. ; Koeng, F. R. ; Oliver, S. S. *J. Am. Chem. Soc.* **1973**, 95, 1570.
- [161] Also see Gassman, P. G. ; Creary, X. *J. Am. Chem. Soc.* **1973**, 95, 2729; Takakis, I. M. ; Rhodes, Y. E. *TetrahedronLett.* **1983**, 24, 4959.
- [162] Haywood-Farmer, J. *Chem. Rev.* **1974**, 74, 315.
- [163] Haywood-Farmer, J. ; Pincock, R. E. *J. Am. Chem. Soc.* **1969**, 91, 3020. Also see Rhodes, Y. E. ; Takino, T. *J. Am. Chem.*

[164] Soc. *1970*, 92, 4469; Hanack, M.; Krause, P. *Liebigs Ann. Chem. 1972*, 760, 17.
[164] Gassman, P. G.; Seter, J.; Williams, F. J. *J. Am. Chem. Soc. 1971*, 93, 1673. See Haywood-Farmer, J.; Pincock, R. E. *J. Am. Chem. Soc. 1969*, 91, 3020; Chenier, P. J.; Jenson, T. M.; Wulff, W. D. *J. Org. Chem. 1982*, 47, 770.
[165] See Schipper, P.; Driessen, P. B. J.; de Haan, J. W.; Buck, H. M. *J. Am. Chem. Soc. 1974*, 96, 4706; Ohkata, K.; Doecke, C. W.; Klein, G.; Paquette, L. A. *Tetrahedron Lett. 1980*, 21, 3253.
[166] See Lancelot, L. A.; Cram, D. J.; Schleyer, P. v. R. in Olah, G. A.; Schleyer, P. v. R. *Carbonium Ions*, Vol. 3, Wiley, NY, *1972*, pp. 1347-1483.
[167] Kevill, D. N.; D'Souza, M. J. *J. Chem. Soc. Perkin Trans. 2 1997*, 257.
[168] Cram, D. J. *J. Am. Chem. Soc. 1949*, 71, 3863; *1952*, 74, 2129.
[169] Brookhart, M.; Anet, F. A. L.; Cram, D. J.; Winstein, S. *J. Am. Chem. Soc. 1966*, 88, 5659; Lee, C. C.; Unger, D.; Vassie, S. *Can. J. Chem. 1972*, 50, 1371.
[170] Brown, H. C.; Kim, C. J. *J. Am. Chem. Soc. 1971*, 93, 5765.
[171] Diaz, A.; Winstein, S. *J. Am. Chem. Soc. 1969*, 91, 4300. See also, Schadt, F. L.; Lancelot, C. J.; Schleyer, P. v. R. *J. Am. Chem. Soc. 1978*, 100, 228.
[172] Nordlander, J. E.; Kelly, W. J. *J. Am. Chem. Soc. 1969*, 91, 996.
[173] Jablonski, R. J.; Snyder, E. I. *J. Am. Chem. Soc. 1969*, 91, 4445.
[174] Thompson, J. A.; Cram, D. J. *J. Am. Chem. Soc. 1969*, 91, 1778. See also Kingsbury, C. A.; Best, D. C. *Bull. Chem. Soc. Jpn. 1972*, 45, 3440.
[175] Coke, J. L.; McFarlane, F. E.; Mourning, M. C.; Jones, M. G. *J. Am. Chem. Soc. 1969*, 91, 1154; Jones, M. G.; Coke, J. L. *J. Am. Chem. Soc. 1969*, 91, 4284. See also, Harris, J. M.; Schadt, F. L.; Schleyer, P. v. R.; Lancelot, C. J. *J. Am. Chem. Soc. 1969*, 91, 7508.
[176] See Ando, T.; Shimizu, N.; Kim, S.; Tsuno, Y.; Yukawa, Y. *Tetrahedron Lett. 1973*, 117.
[177] Lancelot, C. J.; Schleyer, P. v. R. *J. Am. Chem. Soc. 1969*, 91, 4291, 4296; Lancelot, C. J.; Harper, J. J.; Schleyer, P. v. R. *J. Am. Chem. Soc. 1969*, 91, 4294; Schleyer, P. v. R.; Lancelot, C. J. *J. Am. Chem. Soc. 1969*, 91, 4297.
[178] Ramsey, B.; Cook Jr., J. A.; Manner, J. A. *J. Org. Chem. 1972*, 37, 3310.
[179] Olah, G. A.; Comisarow, M. B.; Kim, C. J. *J. Am. Chem. Soc. 1969*, 91, 1458. See, however, Ramsey, B.; Cook, Jr., J. A.; Manner, J. A. *J. Org. Chem. 1972*, 37, 3310.
[180] Olah, G. A.; Spear, R. J.; Forsyth, D. A. *J. Am. Chem. Soc. 1976*, 98, 6284.
[181] See Olah, G. A.; Singh, B. P.; Liang, G. J. *Org. Chem. 1984*, 49, 2922; Olah, G. A.; Singh, B. P. *J. Am. Chem. Soc. 1984*, 106, 3265.
[182] Mishima, M.; Tsuno, Y.; Fujio, M. *Chem. Lett. 1990*, 2277.
[183] See Tanida, H. *Acc. Chem. Res. 1968*, 1, 239; Shiner, Jr., V. J.; Seib, R. C. *J. Am. Chem. Soc. 1976*, 98, 862; Ferber, P. H.; Gream, G. E. *Aust. J. Chem. 1981*, 34, 2217; Fujio, M.; Goto, M.; Seki, Y.; Mishima, M.; Tsuno, Y.; Sawada, M.; Takai, Y. *Bull. Chem. Soc. Jpn. 1987*, 60, 1097. For a discussion of evidence obtained from isotope effects, see Scheppele, S. E. *Chem. Rev. 1972*, 72, 511, p. 522.
[184] Jackman, L. M.; Haddon, V. R. *J. Am. Chem. Soc. 1974*, 96, 5130; Gates, M.; Frank, D. L.; von Felten, W. C. *J. Am. Chem. Soc. 1974*, 96, 5138; Ando, T.; Yamawaki, J.; Saito, Y. *Bull. Chem. Soc. Jpn. 1978*, 51, 219.
[185] See Olah, G. A. *Angew. Chem. Int. Ed. 1973*, 12, 173, pp. 192-198.
[186] See Olah, G. A.; Prakash, G. K. S.; Williams, R. E. *Hypercarbon Chemistry*, Wiley, NY, *1987*, pp. 157-170; Grob. C. A. *Angew. Chem. Int. Ed. 1982*, 21, 87; Sargent, G. D. in Olah, G. A.; Schleyer, P. v. R. *Carbonium Ions*, Vol. 3, Wiley, NY, *1972*, pp. 1099-1200; Sargent, G. D. *Q. Rev. Chem. Soc. 1966*, 20, 301; Gream, G. E. *Rev. Pure Appl. Chem. 1966*, 16, 25. Also see Kirmse, W. *Acc. Chem. Res. 1986*, 19, 36. See also, Ref 190.
[187] Winstein, S.; Clippinger, E.; Howe, R.; Vogelfanger, E. *J. Am. Chem. Soc. 1965*, 87, 376.
[188] For another view, see Bielmann, R.; Fuso, F.; Grob, C. A. *Helv. Chim. Acta 1988*, 71, 312; Flury, P.; Grob, C. A.; Wang, G. Y.; Lennartz, H.; Roth, W. R. *Helv. Chim. Acta 1988*, 71, 1017.
[189] See Menger, F. M.; Perinis, M.; Jerkunica, J. M.; Glass, L. E. *J. Am. Chem. Soc. 1978*, 100, 1503.
[190] See Lenoir, D.; Apeloig, Y.; Arad, D.; Schleyer, P. v. R. *J. Org. Chem. 1988*, 53, 661; Grob, C. A. *Acc. Chem. Res. 1983*, 16, 426; Brown, H. C. *Acc. Chem. Res. 1983*, 16, 432; Walling, C. *Acc. Chem. Res. 1983*, 16, 448. Alsosee Arnett, E. M.; Hofelich, T. C.; Schriver, G. W. *React. Intermed.* (Wiley) *1985*, 3, 189, pp. 193-202.
[191] See Lajunen, M. *Acc. Chem. Res. 1985*, 18, 254; Apeloig, Y.; Arad, D.; Schleyer, P. v. R. *J. Org. Chem. 1988*, 53, 661.
[192] Also see Werstiuk, N. H.; Dhanoa, D.; Timmins, G. *Can. J. Chem. 1983*, 61, 2403; Brown, H. C.; Ikegami, S.; Vander Jagt, D. L. *J. Org. Chem. 1985*, 50, 1165; Nickon, A.; Swartz, T. D.; Sainsbury, D. M.; Toth, B. R. *J. Org. Chem. 1986*, 51, 3736.
[193] The presence of hydride shifts (Reaction **18-01**) under solvolysis conditions has complicated the interpretation of the data.
[194] Olah, G. A. *Acc. Chem. Res. 1976*, 9, 41; Saunders, M. *Acc. Chem. Res. 1983*, 16, 440. See also, Johnson, S. A.; Clark, D. T. *J. Am. Chem. Soc. 1988*, 110, 4112.
[195] See Kramer, G. M.; Scouten, C. G. *Adv. Carbocation Chem. 1989*, 1, 93. See, however, Olah, G. A.; Prakash, G. K. S.; Farnum, D. G.; Clausen, T. P. *J. Org. Chem. 1983*, 48, 2146.
[196] Myhre, P. C.; Webb, G. G.; Yannoni, C. S. *J. Am. Chem. Soc. 1990*, 112, 8991.
[197] See Lossing, F. P.; Holmes, J. L. *J. Am. Chem. Soc. 1984*, 106, 6917 and references cited therein.
[198] Koch, W.; Liu, B.; DeFrees, D. J.; Sunko, D. E.; Vancik, H. *Angew. Chem. Int. Ed. 1990*, 29, 183.
[199] See, for example, Koch, W.; Liu, B.; DeFrees, D. J. *J. Am. Chem. Soc. 1989*, 111, 1527.
[200] Olah, G. A.; DeMember, J. R.; Lui, C. Y.; White, A. M. *J. Am. Chem. Soc. 1969*, 91, 3958. See also, Forsyth, D. A.; Panyachotipun, C. *J. Chem. Soc. Chem. Commun. 1988*, 1564.

[201] Olah, G. A. *Acc. Chem. Res.* **1976**, 9, 41. See Also, Farnum, D. G. ; Wolf, A. D. *J. Am. Chem. Soc.* **1974**, 96, 5166.
[202] Nickon, A. ; Lin, Y. *J. Am. Chem. Soc.* **1969**, 91, 6861. See also, Montgomery, L. K. ; Grendze, M. P. ; Huffman, J. C. *J. Am. Chem. Soc.* **1987**, 109, 4749.
[203] Fry, A. J. ; Farnham, W. B. *J. Org. Chem.* **1969**, 34, 2314.
[204] Farnum, W. B. ; Botto, R. E. ; Chambers, W. T. ; Lam, B. *J. Am. Chem. Soc.* **1978**, 100, 3847. See also, Olah, G. A. ; Berrier, A. L. ; Prakash, G. K. S. *J. Org. Chem.* **1982**, 47, 3903.
[205] See in Olah, G. A. ; Schleyer, P. v. R. *Carbonium Ions*, Vol. 3, Wiley, NY, **1972**, the articles by Richey, Jr. , H. G. pp. 1201-1294, and by Wiberg, K. B. ; Hess, Jr. , B. A. ; Ashe III, A. J. pp. 1295-1345; Sarel, S. ; Yovell, J. ; Sarel-Imber, M. *Angew. Chem. Int. Ed.* **1968**, 7, 577.
[206] Roberts, D. D. ; Mazur, R. H. *J. Am. Chem. Soc.* **1951**, 73, 2509.
[207] See Roberts, D. D. ; Snyder, Jr. , R. C. *J. Org. Chem.* **1979**, 44, 2860, and references cited therein.
[208] Wiberg, K. B. ; Ashe, III, A. J. *J. Am. Chem. Soc.* **1968**, 90, 63.
[209] Schleyer, P. v. R. ; Van Dine, G. W. *J. Am. Chem. Soc.* **1966**, 88, 2321. See also, Kexill, D. N. ; Abduljaber, M. H. *J. Org. Chem.* **2000**, 65, 2548.
[210] See Olah, G. A. ; Schleyer, P. v. R. *Carbonium Ions*, Vol. 3, Wiley, NY, **1972**, the article by Wiberg, K. B. ; Hess, Jr. , B. A. ; Ashe, III, A. J. pp. 1300-1303.
[211] See Rhodes, Y. E. ; DiFate, V. G. *J. Am. Chem. Soc.* **1972**, 94, 7582. See, however, Brown, H. C. ; Peters, E. N. *J. Am. Chem. Soc.* **1975**, 97, 1927.
[212] Majerski, Z. ; Schleyer, P. v. R. *J. Am. Chem. Soc.* **1971**, 93, 665.
[213] Koch, W. ; Liu, B. ; DeFrees, D. J. *J. Am. Chem. Soc.* **1988**, 110, 7325; Saunders, M. ; Laidig, K. E. ; Wiberg, K. B. ; Schleyer, P. v. R. *J. Am. Chem. Soc.* **1988**, 110, 7652.
[214] Staral, J. S. ; Yavari, I. ; Roberts, J. D. ; Prakash, G. K. S. ; Donovan, D. J. ; Olah, G. A. *J. Am. Chem. Soc.* **1978**, 100, 8016. See also, Prakash, G. K. S. ; Arvanaghi, M. ; Olah, G. A. *J. Am. Chem. Soc.* **1985**, 107, 6017; Myhre, P. C. ; Webb, G. G. ; Yannoni, C. S. *J. Am. Chem. Soc.* **1990**, 112, 8992.
[215] See Yamataka, H. ; Aado, T. ; Nagase, S. ; Hanamura, M. ; Morokuma, K. *J. Org. Chem.* **1984**, 49, 631. For an opposing view, see Zamashchikov, V. V. ; Rudakov, E. S. ; Bezbozhnaya, T. V. ; Matveev, A. A. *J. Org. Chem. USSR* **1984**, 20, 11.
[216] Silver, M. S. ; Meek, A. G. *Tetrahedron Lett.* **1971**, 3579; Dupuy, W. E. ; Hudson, H. R. *J. Chem. Soc. Perkin Trans.* 2 **1972**, 1715.
[217] For further discussions of protonated cyclopropanes, see Sec. 15. B. iv, 18. A. ii.
[218] Olah, G. A. ; DeMember, J. R. ; Commeyras, A. ; Bribes, J. L. *J. Am. Chem. Soc.* **1971**, 93, 459.
[219] Johnson, S. A. ; Clark, D. T. *J. Am. Chem. Soc.* **1988**, 110, 4112. See also, Carneiro, J. W. ; Schleyer, P. v. R. ; Koch, W. ; Raghavachari, K. *J. Am. Chem. Soc.* **1990**, 112, 4064.
[220] Fujiyama, R. ; Munechika, T. *Tetrahedron Lett.* **1993**, 34, 5907.
[221] See Buzek, P. ; Schleyer, P. v. R. ; Sieber, S. ; Koch, W. ; Carneiro, J. W. de M. ; Vancik, H. ; Sunko, D. E. *J. Chem. Soc. Chem. Commun.* **1991**, 671; Imhoff, M. A. ; Ragain, R. M. ; Moore, K. ; Shiner, V. J. *J. Org. Chem.* **1991**, 56, 3542.
[222] Dannenberg, J. J. ; Barton, J. K. ; Bunch, B. ; Goldberg, B. J. ; Kowalski, T. *J. Org. Chem.* **1983**, 48, 4524; Allen. A. D. ; Ambidge, I. C. ; Tidwell, T. T. *J. Org. Chem.* **1983**, 48, 4527.
[223] Lee, C. C. ; Clayton, J. W. ; Lee, C. C. ; Finlayson, A. J. *Tetrahedron* **1962**, 18, 1395.
[224] Lewis, E. S. ; Boozer, C. E. *J. Am. Chem. Soc.* **1952**, 74, 308.
[225] Lewis, E. S. ; Witte, K. *J. Chem. Soc. B* **1968**, 1198. Also see Kice, J. L. ; Hanson, G. C. *J. Org. Chem.* **1973**, 38, 1410; Cohen, T. ; Solash, J. *Tetrahedron Lett.* **1973**, 2513; Verrinder, D. J. ; Hourigan, M. J. ; Prokipcak, J. M. *Can. J. Chem.* **1978**, 56, 2582.
[226] See DeWolfe, R. H. in Bamford, C. H. ; Tipper, C. F. H. *Comprehensive Chemical Kinetics*, Vol. 9, Elsevier, NY, **1973**, pp. 417-437. For comprehensive older reviews, see DeWolfe, R. H. ; Young, W. G. *Chem. Rev.* **1956**, 56, 753; in Patai, *The Chemistry of Alkenes*, Wiley, NY, **1964**, the sections by Mackenzie, K. pp. 436-453 and DeWolfe, R. H. ; Young, W. G. pp. 681-738.
[227] DeWolfe, R. H. ; Young, W. G. *Chem. Rev.* **1956**, 56, 753 give several dozen such examples.
[228] Katritzky, A. R. ; Fara, D. C. ; Yang, H. ; Tämm, T. ; Karelson, M. *Chem. Rev.* **2004**, 104, 175.
[229] Young, W. G. ; Winstein, S. ; Goering, H. L. *J. Am. Chem. Soc.* **1951**, 73, 1958.
[230] See Kantner, S. S. ; Humski, K. ; Goering, H. L. *J. Am. Chem. Soc.* **1982**, 104, 1693; Thibblin, A. *J. Chem. Soc. Perkin Trans.* 2 **1986**, 313.
[231] See Magid, R. M. *Tetrahedron* **1980**, 36, 1901, see pp. 1901-1910.
[232] Streitwieser, A. ; Jayasree, E. G. ; Leung, S. S. -H. ; Choy, G. S. -C. *J. Org. Chem.* **2005**, 70, 8486.
[233] Bordwell, F. G. ; Clemens, A. H. ; Cheng, J. *J. Am. Chem. Soc.* **1987**, 109, 1773. Also see, Young, J. -j; Jung, L. -j; Cheng, K. -m. *Tetrahedron Lett.* **2000**, 41, 3411.
[234] Hirab, T. ; Nojima, M. ; Kusabayashi, S. *J. Org. Chem.* **1984**, 49, 4084.
[235] Hirashita, T. ; Hayashi, Y. ; Mitsui, K. ; Araki, S. *Tetrahedron Lett.* **2004**, 45, 3225.
[236] Bordwell, F. G. ; Mecca, T. G. *J. Am. Chem. Soc.* **1972**, 94, 5829. See also Dewar, M. J. S. *J. Am. Chem. Soc.* **1984**, 106, 209.
[237] See Uebel, J. J. ; Milaszewski, R. F. ; Arlt, R. E. *J. Org. Chem.* **1977**, 42, 585.
[238] See Fry, A. *Pure Appl. Chem.* **1964**, 8, 409; Georgoulis, C. ; Ville, G. *Bull. Soc. Chim. Fr.* **1985**, 485; Meislich, H. ; Jasne, S. J. *J. Org. Chem.* **1982**, 47, 2517.
[239] Paquette, L. A. ; Stirling, C. J. M. *Tetrahedron* **1992**, 48, 7383.
[240] See Magid, R. M. ; Fruchey. O. S. *J. Am. Chem. Soc.* **1979**, 101, 2107; Bäckvall, J. E. ; VÅgberg, J. O. ; Genêt, J. P. *J. Chem. Soc. , Chem. Commun.* **1987**, 159.
[241] See Stork, G. ; Schoofs, A. R. *J. Am. Chem. Soc.* **1979**, 101, 5081.
[242] Bach, R. D. ; Wolber, G. J. *J. Am. Chem. Soc.* **1985**, 107, 1352; Stohrer, W. *Angew. Chem. Int. Ed.* **1983**, 22, 613.

[243] Young, W. G. *J. Chem. Educ.* **1962**, 39, 456. See Corey, E. J. ; Boaz, N. W. *Tetrahedron Lett.* **1984**, 25, 3055.
[244] For a theoretical study, see Streitwieser, A. ; Jayasree, E. G. ; Hasanayn, F. ; Leung, S. S.-H. *J. Org. Chem.* **2008**, 73, 9426.
[245] Vermeer, P. ; Meijer, J. ; Brandsma, L. *Recl. Trav. Chim. Pays-Bas* **1975**, 94, 112.
[246] See Schuster, H. F. ; Coppola, G. M. *Allenes in Organic Synthesis*, Wiley, NY, **1984**, pp. 12-19, 26-30; Taylor, D. R. *Chem. Rev.* **1967**, 67, 317, pp. 324-328. See Larock, R. C. ; Reddy, Ch. K. *Org. Lett.* **2000**, 2, 3325.
[247] See Swaminathan, S. ; Narayanan, K. V. *Chem. Rev.* **1971**, 71, 429; Andres, J. ; Cardenas, R. ; Silla, E. ; Tapi, O. *J. Am. Chem. Soc.* **1988**, 110, 666.
[248] Corey, E. J. ; Boaz, N. W. *Tetrahedron Lett.* **1984**, 25, 3059, 3063.
[249] Ibuka, T. ; Taga, T. ; Habashita, H. ; Nakai, K. ; Tamamura, H. ; Fujii, N. ; Chounan, Y. ; Nemoto, H. ; Yamamoto, Y. *J. Org. Chem.* **1993**, 58, 1207.
[250] Wipf, P. ; Fritch, P. C. *J. Org. Chem.* **1994**, 59, 4875.
[251] Smith, M. B. ; Hrubiec, R. T. *Tetrahedron* **1984**, 40, 1457; Hrubiec, R. T. ; Smith, M. B. *J. Org. Chem.* **1984**, 49, 385.
[252] See Rappoport, Z. *Recl. Trav. Chim. Pays-Bas* **1986**, 104, 309; Shainyan, B. A. *Russ. Chem. Rev.* **1986**, 55, 511; Modena, G. *Acc. Chem. Res.* **1971**, 4, 73.
[253] Truce, W. E. ; Boudakian, M. M. *J. Am. Chem. Soc.* **1956**, 78, 2748.
[254] Hancock, J. W. ; Morrell, C. E. ; Rhom, D. *Tetrahedron Lett.* **1962**, 987.
[255] Bernasconi, C. F. ; Fassberg, J. ; Killion, Jr. , R. B. ; Rappoport, Z. *J. Org. Chem.* **1990**, 55, 4568.
[256] See Rappoport, Z. ; Peled, P. *J. Am. Chem. Soc.* **1979**, 101, 2682, and references cited therein.
[257] Avramovitch, B. ; Weyerstahl, P. ; Rappoport, Z. *J. Am. Chem. Soc.* **1987**, 109, 6687.
[258] See Rybinskaya, M. I. ; Nesmeyanov, A. N. ; Kochetkov, N. K. *Russ. Chem. Rev.* **1969**, 38, 433.
[259] Rappoport, Z. *Adv. Phys. Org. Chem.* **1969**, 7, see pp. 31-62; Shainyan, B. A. *Russ. Chem. Rev.* **1986**, 55, 516. See also, Rappoport, Z. ; Gazit, A. *J. Am. Chem. Soc.* **1987**, 109, 6698.
[260] See Rappoport, Z. ; Gazit, A. *J. Am. Chem. Soc.* **1986**, 51, 4112; Park, K. P. ; Ha, H. *Bull. Chem. Soc. Jpn.* **1990**, 63, 3006.
[261] Shiers, J. J. ; Shipman, M. ; Hayes, J.-F. ; Slawin, A. M. Z. *J. Am. Chem. Soc.* **2004**, 126, 6868.
[262] Apeloig, Y. ; Rappoport, Z. *J. Am. Chem. Soc.* **1979**, 101, 5095.
[263] See Stang, P. J. ; Rappoport, Z. ; Hanack, H. ; Subramanian, L. R. *Vinyl Cations*, Chapter 5, Academic Press, NY, **1979**; Stang, P. J. *Acc. Chem. Res.* **1978**, 11, 107; Rappoport, Z. *Acc. Chem. Res.* **1976**, 9, 265.
[264] See Stang, P. J. ; Rappoport, Z. ; Hanack, H. ; Subramanian, L. R. *Vinyl Cations*, Chap. 6, Academic Press, NY, **1979**.
[265] Hanack, M. ; Bässler, T. ; Eymann, W. ; Heyd, W. E. ; Kopp, R. *J. Am. Chem. Soc.* **1974**, 96, 6686.
[266] Grob, C. A. ; Spaar, R. *Helv. Chim. Acta* **1970**, 53, 2119.
[267] Hassdenteufel, J. R. ; Hanack, M. *Tetrahedron Lett.* **1980**, 503. See also, Kobayashi, S. ; Nishi, T. ; Koyama, I. ; Taniguchi, H. *J. Chem. Soc. Chem. Commun.* **1980**, 103.
[268] Schiavelli, M. D. ; Gilbert, R. P. ; Boynton, W. A. ; Boswell, C. J. *J. Am. Chem. Soc.* **1972**, 94, 5061.
[269] See Hanack, M. ; Märkl, R. ; Martinez, A. G. *Chem. Ber.* **1982**, 115, 772.
[270] Kelsey, D. R. ; Bergman, R. G. *J. Am. Chem. Soc.* **1971**, 93, 1941.
[271] Pfeifer, W. D. ; Bahn, C. A. ; Schleyer, P. v. R. ; Bocher, S. ; Harding, C. E. ; Hummel, K. ; Hanack, M. ; Stang, P. J. *J. Am. Chem. Soc.* **1971**, 93, 1513.
[272] See Clarke, T. C. ; Bergman, R. G. *J. Am. Chem. Soc.* **1974**, 96, 7934. Summerville, R. H. ; Schleyer, P. v. R. *J. Am. Chem. Soc.* **1972**, 94, 3629; **1974**, 96, 1110.
[273] Maroni, R. ; Melloni, G. ; Modena, G. *J. Chem. Soc. Chem. Commun.* **1972**, 857.
[274] Angelini, G. ; Hanack, M. ; Vermehren, J. ; Speranza, M. *J. Am. Chem. Soc.* **1988**, 110, 1298.
[275] See Cacace, F. *Adv. Phys. Org. Chem.* **1970**, 8, 79. See also, Fornarini, S. ; Speranza, M. *J. Am. Chem. Soc.* **1985**, 107, 5358.
[276] Flynn Jr. , J. ; Badiger, V. V. ; Truce, W. E. *J. Org. Chem.* **1963**, 28, 2298. See also, Shainyan, B. A. ; Mirskova, A. N. *J. Org. Chem. USSR* **1984**, 20, 885, 1989; **1985**, 21, 283.
[277] Bottini, A. T. ; Corson, F. P. ; Fitzgerald, R. ; Frost II, K. A. *Tetrahedron* **1972**, 28, 4883.
[278] See Popov, A. F. ; Piskunova, Z. ; Matvienko, V. N. *J. Org. Chem. USSR* **1986**, 22, 1299.
[279] See Andrisano, R. ; Angeloni, A. S. ; De Maria, P. ; Tramontini, M. *J. Chem. Soc. C* **1967**, 2307.
[280] See Rappoport, Z. *Acc. Chem. Res.* **1981**, 14, 7; Rappoport, Z. Avramovitch, B. *J. Org. Chem.* **1982**, 47, 1397.
[281] Galli, C. ; Gentili, P. ; Rappoport, Z. *J. Org. Chem.* **1994**, 59, 6786.
[282] See DePuy, C. H. ; Gronert, S. ; Mullin, A. ; Bierbaum, V. M. *J. Am. Chem. Soc.* **1990**, 112, 8650.
[283] For a reported example, see Edwards, O. E. ; Grieco, C. *Can. J. Chem.* **1974**, 52, 3561.
[284] See Anderson, P. H. ; Stephenson, B. ; Mosher, H. S. *J. Am. Chem. Soc.* **1974**, 96, 3171.
[285] See Streitwieser, A. *Solvolytic Displacement Reactions*, McGraw-Hill, NY, **1962**, p. 13.
[286] For evidence, see Caldwell, G. ; Magnera, T. F. ; Kebarle, P. *J. Am. Chem. Soc.* **1984**, 106, 959.
[287] For a discussion of the interplay between steric and electronic effects, see Fernández, I. ; Frenking. G. ; Uggerud, E. *Chemistry : Eur. J.* **2009**, 15, 2166.
[288] Liu, K.-T. ; Hou, S.-J. ; Tsao, K.-L. *J. Org. Chem.* **1998**, 63, 1360.
[289] Fujio, M. ; Nomura, H. ; Nakata, K. ; Saeki, Y. ; Mishima, M. ; Kobayashi, S. ; Matsushita, T. ; Nishimoto, K. ; Tsuno, Y. *Tetrahedron Lett.* **1994**, 35, 5005.
[290] Fujio, M. ; Nakata, K. ; Kuwamura, T. ; Nakamura, H. ; Saeki, Y. ; Mishima, M. ; Kobayashi, S. ; Tsuno, Y. *Tetrahedron Lett.* **1992**, 34, 8309.
[291] Liu, K. T. ; Tsao, M.-L. ; Chao, I. *Tetrahedron Lett.* **1996**, 37, 4173.
[292] See DeTar, D. F. ; Binzet, S. ; Darba, P. *J. Org. Chem.* **1987**, 52, 2074.

[293] See Streitwieser, A. *Solvolytic Displacement Reactions*, McGraw-Hill, NY, **1962**, p. 43.
[294] See Zamashchikov, V. V. ; Bezbozhnaya, T. V. ; Chanysheva, I. R. *J. Org. Chem. USSR* **1986**, 22, 1029.
[295] See Dietze, P. E. ; Jencks, W. P. *J. Am. Chem. Soc.* **1986**, 108, 4549; Dietze, P. E. ; Hariri, R. ; Khattak, J. *J. Org. Chem.* **1989**, 54, 3317.
[296] Fry, J. L. ; Harris, J. M. ; Bingham, R. C. ; Schleyer, P. v. R. *J. Am. Chem. Soc.* **1970**, 92, 2540; Schleyer, P. v. R. ; Fry. J. L. ; Lam, L. K. M. ; Lancelot, C. J. *J. Am. Chem. Soc.* **1970**, 92, 2542. Also see Dutler, R. ; Rauk, A. ; Sorensen, T. S. ; Whitworth, S. M. *J. Am. Chem. Soc.* **1989**, 111, 9024.
[297] Fry, J. L. ; Engler, E. M. ; Schleyer, P. v. R. *J. Am. Chem. Soc.* **1972**, 94, 4628. See also, Gassman, P. G. ; Pascone, J. M. *J. Am. Chem. Soc.* **1973**, 95, 7801.
[298] See Minegishi, S. ; Kobayashi, S. ; Mayr, H. *J. Am. Chem. Soc.* **2004**, 126, 5174; Kevill, D. N. in Charton, M. *Advances in Quantitative Structure-Property Reactionships*, Vol. 1, JAI Press, Greenwich, CT, **1996**, pp 81-115; Schadt, F. L. ; Bentley, T. W. ; Schleyer, P. v. R. *J. Am. Chem. Soc.* **1976**, 98, 7667.
[299] Dafforn, G. A. ; Streitwieser, Jr. , A. *Tetrahedron Lett.* **1970**, 3159.
[300] Cafferata, L. F. R. ; Desvard, O. E. ; Sicre, J. E. *J. Chem. Soc. Perkin Trans. 2* **1981**, 940.
[301] Kornblum, N. ; Cheng, L. ; Davies, T. M. ; Earl, G. W. ; Holy, N. L. ; Kerber, R. C. ; Kestner, M. M. ; Manthey, J. W. ; Musser, M. T. ; Pinnick, H. W. ; Snow, D. H. ; Stuchal, F. W. ; Swiger, R. T. *J. Org. Chem.* **1987**, 52, 196.
[302] See Miller, S. I. ; Dickstein, J. I. *Acc. Chem. Res.* **1976**, 9, 358.
[303] Streitwieser, A. *Solvolytic Displacement Reactions*, McGraw-Hill, NY, **1962**, p. 75.
[304] For a Grunwald-Winstein correlation analysis of the solvolysis of benzyl bromide see Liu, K. -T. ; Hou, I. -J. *Tetrahedron* **2001**, 57, 3343.
[305] See DeWolfe, R. H. ; Young, W. G. in Patai, S. *The Chemistry of Alkenes*, Wiley, NY, **1964**, pp. 683-688, 695-697.
[306] King, J. F. ; Tsang, G. T. Y. ; Abdel-Malik, M. M. ; Payne, N. C. *J. Am. Chem. Soc.* **1985**, 107, 3224.
[307] Jacobs, T. L. ; Brill, W. F. *J. Am. Chem. Soc.* **1953**, 75, 1314.
[308] See Gross, H. ; Höft, E. *Angew. Chem. Int. Ed.* **1967**, 6, 335.
[309] See De Kimpe, N. ; Verhé, R. *The Chemistry of α-Haloketones, α-Haloaldehydes, and α-Haloimines*, Wiley, NY, **1988**, pp. 225-368.
[310] Allen, A. D. ; Kanagasabapathy, V. M. ; Richard, J. P. *J. Am. Chem. Soc.* **1989**, 111, 1455.
[311] For reviews of such carbocations, see Bégué, J. ; Charpentier-Morize, M. *Acc. Chem. Res.* **1980**, 13, 207; Charpentier-Morize, M. *Bull. Soc. Chim. Fr.* **1974**, 343.
[312] For reviews, see Creary, X. *Acc. Chem. Res.* **1985**, 18, 3; Creary, X. ; Hopkinson, A. C. ; Lee-Ruff, E. *Adv. Carbocation Chem.* **1989**, 1, 45; Charpentier-Morize, M. ; Bonnet-Delpon, D. *Adv. Carbocation Chem.* **1989**, 1, 219.
[313] Creary, X. *J. Org. Chem.* **1979**, 44, 3938.
[314] The resonance contributor that has the positive charge on the more electronegative atom is less stable, according to rule c in Section 2. E, but it neverthelessseems to be contributing in this case.
[315] Creary, X. *J. Am. Chem. Soc.* **1984**, 106, 5568. See, however, Takeuchi, K. ; Yoshida, M. ; Ohga, Y. ; Tsugeno, A. ; Kitagawa, T. *J. Org. Chem.* **1990**, 55, 6063.
[316] Gassman, P. G. ; Saito, K. ; Talley, J. J. *J. Am. Chem. Soc.* **1980**, 102, 7613.
[317] Takeuchi, K. ; Kitagawa, T. ; Okamoto, K. *J. Chem. Soc. Chem. Commun.* **1983**, 7. See also, Dao, L. H. ; Maleki, M. ; Hopkinson, A. C. ; Lee-Ruff, E. *J. Am. Chem. Soc.* **1986**, 108, 5237.
[318] Halvorsen, A. ; Songstad, J. *J. Chem. Soc. Chem. Commun.* **1978**, 327.
[319] Bordwell, F. G. ; Brannen, Jr. , W. T. *J. Am. Chem. Soc.* **1964**, 86, 4645. Sisti, A. J. ; Lowell, S. *Can. J. Chem.* **1964**, 42, 1896.
[320] See McLennan, I. ; Shim, C. S. ; Chung, S. Y. ; Lee, I. *J. Chem. Soc. Perkin Trans. 2* **1988**, 975; Yoh, S. ; Lee, H. W. *TetrahedronLett.* **1988**, 29, 4431.
[321] Cinquini, M. ; Colonna, S. ; Landini, D. ; Maia, A. M. *J. Chem. Soc. Perkin Trans. 2* **1976**, 996.
[322] See Creary, X. ; Mehrsheikh-Mohammadi, M. E. ; Eggers, M. D. ; *J. Am. Chem. Soc.* **1987**, 109, 2435.
[323] See Gronert, S. ; Pratt, L. M. ; Mogali, S. *J. Am. Chem. Soc.* **2001**, 123, 3081.
[324] See Sedaghat-Herati, M. R. ; McManus, S. P. ; Harris, J. M. ; *J. Org. Chem.* **1988**, 53, 2539.
[325] See, for example, Okamoto, K. ; Kita, T. ; Araki, K. ; Shingu, H. *Bull. Chem. Soc. Jpn.* **1967**, 40, 1913.
[326] Sugawara, M. ; Yoshida, J. -i. *Bull. Chem. Soc. Jpn.* **2000**, 73, 1253.
[327] Nakashima, T. ; Fujiyama, R. ; Kim, H. -J. ; Fujio, M. Tsuno, Y. *Bull. Chem. Soc. Jpn.* **2000**, 73, 429.
[328] Jorge, J. A. L. ; Kiyan, N. Z. ; Miyata, Y. ; Miller, J. *J. Chem. Soc. Perkin Trans. 2* **1981**, 100; Vitullo, V. P. ; Grabowski, J. ; Sridharan, S. *J. Chem. Soc. Chem. Commun.* **1981**, 737.
[329] See Sugden, S. ; Willis, J. B. *J. Chem. Soc.* **1951**, 1360; Baker, J. W. ; Nathan, W. S. *J. Chem. Soc.* **1935**, 1840; Lee, I. ; Sohn, S. C. ; Oh, Y. J. ; Lee, B. C. *Tetrahedron* **1986**, 42, 4713.
[330] See Sugden, S. ; Willis, J. B. *J. Chem. Soc.* **1951**, 1360; Baker, J. W. ; Nathan, W. S. *J. Chem. Soc.* **1935**, 1840; Lee, I. ; Sohn, S. C. ; Oh, Y. J. ; Lee, B. C. *Tetrahedron* **1986**, 42, 4713.
[331] Holtz, H. D. ; Stock, L. M. *J. Am. Chem. Soc.* **1965**, 87, 2404.
[332] See Friedrich, E. C. in Rappoport, Z. *The Chemistry of the Cyclopropyl Group*, pt. l, Wiley, NY, **1987**, pp. 633-700; Aksenov, V. S. ; Terent'eva, G. A. ; Savinykh, Yu. V. *Russ. Chem. Rev.* **1980**, 49, 549.
[333] Roberts, J. D. ; Chambers, V. C. *J. Am. Chem. Soc.* **1951**, 73, 5034.
[334] See Banert, K. *Chem. Ber.* **1985**, 118, 1564; Vilsmaier, E. ; Weber, S. ; Weidner, J. *J. Org. Chem.* **1987**, 52, 4921.
[335] See Jefford, C. W. ; Wojnarowski, W. *Tetrahedron* **1969**, 25, 2089; Hausser, J. W. ; Uchic, J. T. *J. Org. Chem.* **1972**, 37, 4087.
[336] See Wolk, J. L. ; Hoz, T. ; Basch, H. ; Hoz, S. *J. Org. Chem.* **2001**, 66, 915.

[337] Brown, H. C. ; Rao, C. G. ; Ravindranathan, M. *J. Am. Chem. Soc.* **1978**, 100, 7946.
[338] Sella, A. ; Basch, H. ; Hoz, S. *Tetrahedron Lett.* **1996**, 37, 5573.
[339] See Kraus, G. A. ; Hon, Y. ; Thomas, P. J. ; Laramay, S. ; Liras, S. ; Hanson, *J. Chem. Rev.* **1989**, 89, 1591.
[340] Adcock, J. L. ; Gakh, A. A. *Tetrahedron Lett.* **1992**, 33, 4875.
[341] Wiberg, K. B. ; McMurdie, N. *J. Org. Chem.* **1993**, 58, 5603.
[342] Bentley, T. W. ; Roberts, K. *J. Org. Chem.* **1988**, 50, 5852.
[343] Bentley, T. W. ; Roberts, K. *J. Org. Chem.* **1988**, 50, 5852.
[344] Shiner, Jr. , V. J. ; Fisher, R. D. *J. Am. Chem. Soc.* **1971**, 93, 3553. For a review of secondary isotope effects in S_N2 reactions, see Westaway, K. C. *Isot. Org. Chem.* **1987**, 7, 275.
[345] Harris, J. M. ; McManus, S. P. *Nucleophilicity*, American Chemical Society, Washington, **1987** ; Klumpp, G. W. *Reactivity in Organic Chemistry*, Wiley, NY, **1982**, pp. 145-167, 181-186; Hudson, R. F. in Klopman, G. *Chemical Reactivity and Reaction Paths*, Wiley, NY, **1974**, pp. 167-252.
[346] See Ritchie, C. D. ; Minasz, R. J. ; Kamego, A. A. ; Sawada, M. *J. Am. Chem. Soc.* **1977**, 99, 3747; McClelland, R. A. ; Banait, N. ; Steenken, S. *J. Am. Chem. Soc.* **1986**, 108, 7023.
[347] Bateman, L. C. ; Cooper, K. A. ; Hughes, E. D. ; Ingold, C. K. *J. Chem. Soc.* **1940**, 925.
[348] See Wei, Y. ; Sastry, G. N. ; Zipse, H. *J. Am. Chem. Soc.* **2008**, 130, 3473.
[349] Uggerud, E. *Chem. Eur. J.* **2006**, 12, 1127.
[350] See Bordwell, F. G. ; Hughes, D. L. *J. Am. Chem. Soc.* **1984**, 106, 3234.
[351] Parker, A. J. *J. Chem. Soc.* **1961**, 1328 has a list of ~ 20 such reactions.
[352] Weaver, W. M. ; Hutchison, J. D. *J. Am. Chem. Soc.* **1964**, 86, 261; See also, Bordwell, F. G. ; Hughes, D. L. *J. Org. Chem.* **1981**, 46, 3570. For a contrary result in liquid sulfur dioxide, see Lichtin, N. N. ; Puar, M. S. ; Wasserman, B. *J. Am. Chem. Soc.* **1967**, 89, 6677.
[353] Winstein, S. ; Savedoff, L. G. ; Smith, S. G. ; Stevens, I. D. R. ; Gall, J. S. *Tetrahedron Lett.* **1960**, no. 9, 24.
[354] Gordon, J. E. ; Varughese, P. *Chem. Commun.* **1971**, 1160. See also, Ford, W. T. ; Hauri, R. J. ; Smith, S. G. *J. Am. Chem. Soc.* **1974**, 96, 4316.
[355] Olmstead, W. N. ; Brauman, J. I. *J. Am. Chem. Soc.* **1977**, 99, 4219. See also, Tanaka, K. ; Mackay, G. I. ; Payzant, J. D. ; Bohme, D. K. *Can. J. Chem.* **1976**, 54, 1643.
[356] See Kormos, B. L. ; Cramer, C. J. *J. Org. Chem.* **2003**, 68, 6375.
[357] Parker, A. J. *J. Chem. Soc.* **1961**, 4398.
[358] Pearson, R. G. *Surv. Prog. Chem.* **1969**, 5, 1, pp. 21-38.
[359] See Guibe, F. ; Bram, G. *Bull. Soc. Chim. Fr.* **1975**, 933.
[360] Zaugg, H. E. ; Leonard, J. E. *J. Org. Chem.* **1972**, 37, 2253. See also, Solov'yanov, A. A. ; Ahmed, E. A. A. ; Beletskaya, I. P. ; Reutov, O. A. *J. Org. Chem. USSR* **1987**, 23, 1243; Jackman, L. M. ; Lange, B. C. *J. Am. Chem. Soc.* **1981**, 103, 4494.
[361] See, for example Williard, P. G. ; Carpenter, G. B. *J. Am. Chem. Soc.* **1986**, 108, 462.
[362] Zook, H. D. ; Gumby, W. L. *J. Am. Chem. Soc.* **1960**, 82, 1386. See also, Cacciapaglia, R. ; Mandolini, L. *J. Org. Chem.* **1988**, 53, 2579.
[363] See Barlow, S. E. ; Van Doren, J. M. ; Bierbaum, V. M. *J. Am. Chem. Soc.* **1988**, 110, 7240; Merkel, A. ; Havlas, Z. ; Zahradnik, R. *J. Am. Chem. Soc.* **1988**, 110, 8355.
[364] Olmstead, W. N. ; Brauman, J. I. *J. Am. Chem. Soc.* **1977**, 99, 4219.
[365] Bohme, D. K. ; Raksit, A. B. *J. Am. Chem. Soc.* **1984**, 106, 3447. See also, Hierl, P. M. ; Ahrens, A. F. ; Henchman, M. ; Viggiano, A. A. ; Paulson, J. F. ; Clary, D. C. *J. Am. Chem. Soc.* **1986**, 108, 3142.
[366] Bohme, D. K. ; Raksit, A. B. *Can. J. Chem.* **1985**, 63, 3007.
[367] Chen, X. ; Brauman, J. I. *J. Am. Chem. Soc.* **2008**, 130, 15038.
[368] Landini, D. ; Maia, A. ; Rampoldi, A. *J. Org. Chem.* **1989**, 54, 328.
[369] Edwards, J. O. ; Pearson, R. G. *J. Am. Chem. Soc.* **1962**, 84, 16.
[370] Swain, C. G. ; Scott, C. B. *J. Am. Chem. Soc.* **1953**, 75, 141.
[371] Albery, W. J. ; Kreevoy, M. M. *Adv. Phys. Org. Chem.* **1978**, 16, 87, pp. 113-115.
[372] Also see Ritchie, C. D. *Pure Appl. Chem.* **1978**, 50, 1281; Duboc, C. in Chapman, N. B. ; Shorter, J. *Correlation Analysis in Chemistry, Recent Advances*, Plenum, NY, **1978**, pp. 313-355; Ibne-Rasa, K. M. *J. Chem. Educ.* **1967**, 44, 89; Kawazoe, Y. ; Ninomiya, S. ; Kohda, K. ; Kimoto, H. *Tetrahedron Lett.* **1986**, 27, 2897; Kevill, D. N. ; Fujimoto, E. K. *J. Chem. Res. (S)* **1988**, 408.
[373] From Wells, P. R. *Chem. Rev.* **1963**, 63, 171, p. 212. See also, Koskikallio, J. *Acta Chem. Scand.* **1969**, 23, 1477, 1490.
[374] See Pellerite, M. J. ; Brauman, J. I. *J. Am. Chem. Soc.* **1983**, 105, 2672.
[375] For reference scales for the characterization of cationic electrophiles and neutral nucleophiles see Mayr, H. ; Bug, T. ; Gotta, M. F. ; Hering, N. ; Irrgang, B. ; Janker, B. ; Kempf, B. ; Loos, R. ; Ofial, A. R. ; Remennikov, G. ; Schimmel, H. *J. Am. Chem. Soc.* **2001**, 123, 9500.
[376] For discussions, see Dietze, P. ; Jencks, W. P. *J. Am. Chem. Soc.* **1989**, 111, 5880.
[377] Jencks, W. P. ; Gilchrist, M. *J. Am. Chem. Soc.* **1968**, 90, 2622.
[378] For theoretical treatments of nucleophilicity at a carbonyl carbon, see Buncel, E. ; Shaik, S. S. ; Um, I. ; Wolfe, S. *J. Am. Chem. Soc.* **1988**, 110, 1275. and references cited therein.
[379] Baer, S. ; Stoutland, P. O. ; Brauman, J. I. *J. Am. Chem. Soc.* **1989**, 111, 4097.
[380] Definition in the *Glossary of Terms used in Physical Organic Chemistry*, *Pure Appl. Chem.* **1979**, 51, 1731.
[381] See Ren, Y. ; Yanmataka, H. *J. Org. Chem.* **2007**, 72, 5660; *Org. Lett.* **2006**, 8, 119; *Chemistry: European J.* **2007**, 13, 677.

[382] Hoz, S. ; Buncel, E. *Israel J. Chem.* **1985**, 26, 313.
[383] Grekov, A. P. ; Veselov, V. Ya. *Russ. Chem. Rev.* **1978**, 47, 631; Jencks, W. P. *Catalysis in Chemistry and Enzymology*, McGraw-Hill, New York, **1969**; pp 107-111.
[384] See Ho, S. ; Buncel, E. *Isr. J. Chem.* **1985**, 26, 313.
[385] Buncel, E. ; Hoz, S. *Tetrahedron Lett.* **1983**, 24, 4777. For evidence that this is not the sole cause, see Oae, S. ; Kadoma, Y. *Can. J. Chem.* **1986**, 64, 1184.
[386] See Hoz, S. *J. Org. Chem.* **1982**, 47, 3545; Laloi-Diard, M. ; Verchere, J. ; Gosselin, P. ; Terrier, F. *Tetrahedron Lett.* **1984**, 25, 1267.
[387] Also see Hudson, R. F. ; Hansell, D. P. ; Wolfe, S. ; Mitchell, D. J. *J. Chem. Soc. Chem. Commun.* **1985**, 1406. For a discussion, see Herschlag, D. ; Jencks, W. P. *J. Am. Chem. Soc.* **1990**, 112, 1951.
[388] Buncel, E. ; Um, I. *J. Chem. Soc. , Chem. Commun.* **1986**, 595; Terrier, F. ; Degorre, F. ; Kiffer, D. ; Laloi, M. *Bull. Soc. Chim. Fr.* **1988**, 415. For some evidence against this explanation, seeMoss, R. A. ; Swarup, S. ; Ganguli, S. *J. Chem. Soc. , Chem. Commun.* **1987**, 860.
[389] Buncel, E. ; Um, I. -H. *Tetrahedron* **2004**, 60, 7801.
[390] For example, see Kice, J. L. ; Legan, E. *J. Am. Chem. Soc.* **1973**, 95, 3912.
[391] Dixon, J. E. ; Bruice, T. C. *J. Am. Chem. Soc.* **1971**, 93, 3248, 6592.
[392] McIsaac, Jr. , J. E. ; Subbaraman, L. R. ; Subbaraman, J. ; Mulhausen, H. A. ; Behrman, E. J. *J. Org. Chem.* **1972**, 37, 1037. See, however, Buncel, E. ; Wilson, H. ; Chuaqui, C. *J. Am. Chem. Soc.* **1982**, 104, 4896; *Int. J. Chem. Kinet.* **1982**, 14, 823.
[393] Phan, T. B. ; Breugst, M. ; Mayr, H. *Angew. Chem. Int. Ed.* **2006**, 45, 3869.
[394] Phan, T. B. ; Mayr, H. *Can. J. Chem.* **2005**, 83, 1554.
[395] Phan, T. B. ; Mayr, H. *Eur. J. Org. Chem.* **2006**, 2530.
[396] Brotzel, F. ; Chu, Y. C. ; Mayr, H. *J. Org. Chem.* **2007**, 72, 3679; Korzhenevskaya, N. G. *Russ. J. Org. Chem.* **2008**, 44, 1255.
[397] Brotzel, F. ; Kempf, B. ; Singer, T. ; Zipse, H. ; Mayr, H. *Chemistry: European J.* **2007**, 13, 336.
[398] Nigst, T. A. ; Westermaier, M. ; Ofial, A. R. ; Mayr, H. *Eur. J. Org. Chem.* **2008**, 2369.
[399] Lakhdar, S. ; Weatermaier, M. ; Terrier, F. ; Goumont, R. ; Boubaker, T. ; Ofial, A. R. ; Mayr, H. *J. Org. Chem.* **2006**, 71, 9088.
[400] Breugst, M. ; Tokuyasu, T. ; Mayr, H. *J. Org. Chem.* **2010**, 75, 5250.
[401] Brotzel, F. ; Mayr, H. *Org. Biomol. Chem.* **2007**, 5, 3814.
[402] Appel, R. ; Mayr, H. *Chemistry: Eur. J.* **2010**, 16, 8610.
[403] See Staude, E. ; Patat, F. in Patai, S. *The Chemistry of the Ether Linkage*, Wiley, NY, **1967**, pp. 22-46.
[404] Olah, G. A. ; O'Brien, D. H. *J. Am. Chem. Soc.* **1967**, 89, 1725; Olah, G. A. ; Sommer, J. ; Namanworth, E. *J. Am. Chem. Soc.* **1967**, 89, 3576; Olah, J. A. ; Olah, G. A. ; in Olah, G. A. ; Schleyer, P. v. R. *Carbonium Ions*, Vol. 3, Wiley, NY, **1970**, pp. 743-747.
[405] See Okada, S. ; Abe, Y. ; Taniguchi, S. ; Yamabe, S. *J. Chem. Soc. Chem. Commun.* **1989**, 610.
[406] See Smith, J. G. *Synthesis* **1984**, 629; Bartók, M. ; Láng, K. L. in Patai, *The Chemistry of Functional Groups, Supplement E*, Wiley, NY, **1980**, pp. 609-681.
[407] See Hu, X. E. *Tetrahedron* **2004**, 60, 2701.
[408] See Di Vona, M. L. ; Illuminati, G. ; Lillocci, C. *J. Chem. Soc. Perkin Trans. 2* **1985**, 1943; Bury, A. ; Earl, H. A. ; Stirling, C. J. M. *J. Chem. Soc. , Chem. Commun.* **1985**, 393.
[409] Bentley, T. W. ; Christl, M. ; Kemmer, R. ; Llewellyn, G. ; Oakley, J. E. *J. Chem. Soc. Perkin Trans. 2* **1994**, 2531.
[410] Perst, H. *Oxonium Ions in Organic Chemistry*, Verlag Chemie, Deerfield Beach, FL, **1971**, pp. 100-127; Perst, H. in Olah, G. A. ; Schleyer, P. v. R. *Carbonium Ions*, Vol. 5, Wiley, NY, **1976**, pp. 1961-2047; Granik, V. G. ; Pyatin, B. M. ; Glushkov, R. G. *Russ. Chem. Rev.* **1971**, 40, 747; See Curphey, T. *J. Org. Synth.* Ⅵ, 1021.
[411] See Stang, P. J. ; Hanack, M. ; Subramanian, L. R. *Synthesis* **1982**, 85; Howells, R. D. ; McCown, J. D. *Chem. Rev.* **1977**, 77, 69, pp. 85-87.
[412] Crossland, R. K. ; Wells, W. E. ; Shiner, Jr. , V. J. *J. Am. Chem. Soc.* **1971**, 93, 4217.
[413] Olah, G. A. ; Mo, Y. K. *J. Am. Chem. Soc.* **1974**, 96, 3560.
[414] See Baumgarten, R. J. ; Curtis, V. A. in Patai, S. *The Chemistry of Functional Groups, Supplement F*, pt. 2, Wiley, NY, **1982**, pp. 929-997.
[415] See Müller, P. ; Thi, M. P. N. *Helv. Chim. Acta* **1980**, 63, 2168; Curtis, V. A. ; Knutson, F. J. ; Baumgarten, R. J. *Tetrahedron Lett.* **1981**, 22, 199.
[416] See Katritzky, A. R. ; Marson, C. M. *Angew. Chem. Int. Ed.* **1984**, 23, 420; Katritzky, A. R. ; Sakizadeh, K. ; Musumarra, G. *Heterocycles* **1985**, 23,1765; Katritzky, A. R. ; Musumarra, G. *Chem. Soc. Rev.* **1984**, 13, 47.
[417] See Katritzky, A. R. ; Brycki, B. *J. Am. Chem. Soc.* **1986**, 108, 7295, and other papers in this series.
[418] For a review of *Mannich bases*, see Tramontini, M. *Synthesis* **1973**, 703.
[419] See Kirmse, W. *Angew. Chem. Int. Ed.* **1976**, 15, 251; Collins, C. J. *Acc. Chem. Res.* **1971**, 4, 315.
[420] See Regitz, M. ; Maas, G. *Diazo Compounds*, Academic Press, NY, **1986**; Hegarty, A. F. in Patai, S. *The Chemistry of Diazonium and Diazo Groups*, pt. 2, Wiley, NY, **1978**, pp. 511-591, pp. 571-575; More O'Ferrall, R. A. *Adv. Phys. Org. Chem.* **1967**, 5, 331; Studzinskii, O. P. ; Korobitsyna, I. K. *Russ. Chem. Rev.* **1970**, 39, 834.
[421] For aromatic diazoium salts, see Weiss, R. ; Wagner, K. ; Priesner, C. ; Macheleid, J. *J. Am. Chem. Soc.* **1985**, 107, 4491; Laali, K. ; Olah, G. A. *Rev. Chem. Lntermed.* **1985**, 6, 237; Bott, K. in Patai, Rappoport, Z. *The Chemistry of Functional Groups, Supplement C*, pt. 1, Wiley, NY, **1983**, pp. 671-691.
[422] See Mohrig, J. R. ; Keegstra, K. ; Maverick, A. ; Roberts, R. ; Wells, S. *J. Chem. Soc. ,Chem. Commun.* **1974**, 780.

[423] Berner, D. ; McGarrity, J. F. *J. Am. Chem. Soc.* **1979**, 101, 3135.
[424] See Manuilov, A. V. ; Barkhash, V. A. *Russ. Chem. Rev.* **1990**, 59, 179; Saunders, Jr., W. H. ; Cockerill, A. F. *Mechanisms of Elimination Reactions*, Wiley, NY, **1973**, pp. 280-317.
[425] Semenow, D. ; Shih, C. ; Young, W. G. *J. Am. Chem. Soc.* **1958**, 80, 5472. See Olah, G. A. ; Schleyer, P. v. R. *Carbonium Ions*, Vol. 2, Wiley, NY, **1970**, the articles by Keating, J. T. ; Skell, P. S. pp. 573-653.
[426] Maskill, H. ; Thompson, J. T. ; Wilson, A. A. *J. Chem. Soc. Perkin Trans. 2* **1984**, 1693; Connor, J. K. ; Maskill, H. *Bull. Soc. Chim. Fr.* **1988**, 342.
[427] Weiss, R. ; Wagner, K. ; Priesner, C. ; Macheleid, J. *J. Am. Chem. Soc.* **1985**, 107, 4491.
[428] Streitwieser, Jr., A. ; Schaeffer, W. D. *J. Am. Chem. Soc.* **1957**, 79, 2888.
[429] Pearson, R. G. ; Edgington, D. N. *J. Am. Chem. Soc.* **1962**, 84, 4607.
[430] See Knipe, A. C. in Stirling, C. J. M. *The Chemistry of the Sulphonium Group*, pt. 1, Wiley, NY, **1981**, pp. 313-385. See also, Badet, B. ; Julia, M. ; Lefebvre, C. *Bull. Soc. Chim. Fr.* **1984**, II-431.
[431] See McMurry, J. E. *Org. React.* **1976**, 24, 187.
[432] For the effect of nitro substitution, see Sinnott, M. L. ; Whiting, M. C. *J. Chem. Soc. B* **1971**, 965. See also, Page, I. D. ; Pritt, J. R. ; Whiting, M. C. *J. Chem. Soc. Perkin Trans. 2* **1972**, 906.
[433] See Reichardt, C. *Solvents and Solvent Effects in Organic Chemistry*, 2nd ed., VCH, NY, **1988**; Klumpp, G. W. *Reactivity in Organic Chemistry*, Wiley, NY, **1982**, pp. 186-203; Bentley, T. W. ; Schleyer, P. v. R. *Adv. Phys. Org. Chem.* **1977**, 14, 1.
[434] Mu, L. ; Drago, R. S. ; Richardson, D. E. *J. Chem. Soc. Perkin Trans 2*, **1998**, 159; Fujio, M. ; Saeki, Y. ; Nakamoto, K. ; Kim, S. H. ; Rappoport, Z. ; Tsuno, Y. *Bull. Chem. Soc. Jnp.* **1996**, 69, 751.
[435] Bentley, T. W. ; Llewellyn, G. ; Ryu, Z. H. *J. Org. Chem.* **1998**, 63, 4654.
[436] This analysis is due to Ingold, C. K. *Structure and Mechanism in Organic Chemistry*, 2d ed., Cornell University Press, Ithaca, NY, **1969**, pp. 457-463.
[437] See Ponomareva, E. A. ; Dvorko, G. F. ; Kulik, N. I. ; Evtushenko, N. Yu. *Doklad. Chem.* **1983**, 272, 291.
[438] See Bug, T. ; Mayr, H. *J. Am. Chem. Soc.* **2003**, 125, 12980; Brinchi, L. ; Diprofio, P. ; Germani, R. ; Savelli, G. ; Spreti, N. ; Bunton, L. A. *Eur. J. Org. Chem.* **2000**, 3849.
[439] See Buncel, E. ; Wilson, H. *Adv. Phys. Org. Chem.* **1977**, 14, 133; Martin, D. ; Weise, A. ; Niclas, H. *Angew. Chem. Int. Ed.* **1967**, 6, 318.
[440] See Normant, H. *Russ. Chem. Rev.* **1970**, 39, 457; *Angew. Chem. Int. Ed.* **1967**, 6, 1046.
[441] Klamt, A. ; Schüürmann, G. *J. Chem. Soc. Perkin Trans. 2* **1993**, 799.
[442] Kim, D. W. ; Song, C. E. ; Chi, D. Y. *J. Org. Chem.* **2003**, 68, 4281; Chiappe, C. ; Pieraccini, D. ; Saullo, P. *J. Org. Chem.* **2003**, 68, 6710.
[443] DeSimone, J. ; Selva, M. ; Tundo, P. *J. Org. Chem.* **2001**, 66, 4047.
[444] See Craig, S. L. ; Brauman, J. I. *J. Am. Chem. Soc.* **1999**, 121, 6690.
[445] Westaway, K. C. ; Lai, Z. *Can. J. Chem.* **1989**, 67, 345.
[446] For reviews of the effects of protic and aprotic solvents, see Parker, A. *J. Chem. Rev.* **1969**, 69, 1; Madaule-Aubry, F. *Bull. Soc. Chim. Fr.* **1966**, 1456.
[447] See Magnera, T. F. ; Caldwell, G. ; Sunner, J. ; Ikuta, S. ; Kebarle, P. *J. Am. Chem. Soc.* **1984**, 106, 6140.
[448] See, for example, Fuchs, R. ; Cole, L. L. *J. Am. Chem. Soc.* **1973**, 95, 3194.
[449] See, however, Haberfield, P. ; Clayman, L. ; Cooper, J. S. *J. Am. Chem. Soc.* **1969**, 91, 787.
[450] Smith, S. G. ; Fainberg, A. H. ; Winstein, S. *J. Am. Chem. Soc.* **1961**, 83, 618.
[451] Capon, B. ; McManus, S. *Neighboring Group Participation*, Vol. 1, Plenum, NY, **1976**; Haywood-Farmer, J. *Chem. Rev.* **1974**, 74, 315.
[452] Schadt, F. L. ; Schleyer, P. v. R. ; Bentley, T. W. *Tetrahedron Lett.* **1974**, 2335.
[453] See Bunton, C. A. ; Robinson, L. *J. Am. Chem. Soc.* **1968**, 90, 5965.
[454] See Kevill, D. N. in Patai, S. ; Rappoport, Z. *The Chemistry of Functional Groups, Supplement D*, pt. 2, Wiley, NY, **1983**, pp. 933-984.
[455] See Rudakov, E. S. ; Kozhevnikov, I. V. ; Zamashchikov, V. V. *Russ. Chem. Rev.* **1974**, 43, 305. For an example of assistance in removal of F by H^+, seeCoverdale, A. K. ; Kohnstam, G. *J. Chem. Soc.* **1960**, 3906.
[456] Zamashchikov, V. V. ; Rudakov, E. S. ; Bezbozhnaya, T. V. ; Matveev, A. A. *J. Org. Chem. USSR* **1984**, 20, 424. See, however, Kevill, D. N. ; Fujimoto, E. K. *J. Chem. Soc. Chem. Commun.* **1983**, 1149.
[457] Kornblum, N. ; Jones, W. J. ; Hardies, D. E. *J. Am. Chem. Soc.* **1966**, 88, 1704; Kornblum, N. ; Hardies, D. E. *J. Am. Chem. Soc.* **1966**, 88, 1707.
[458] Grunwald, E. ; Winstein, S. *J. Am. Chem. Soc.* **1948**, 70, 846.
[459] See Reichardt, C. *Solvents and Solvent Effects in Organic Chemistry*, 2nd ed. VCH, NY, **1988**, pp. 339-405; Langhals, H. *Angew. Chem. Int. Ed.* **1982**, 21, 724.
[460] For a criticism of the Y scale, see Abraham, M. H. ; Doherty, R. M. ; Kamlet, M. J. ; Harris, J. M. ; Taft, R. W. *J. Chem. Soc. Perkin Trans. 2* **1987**, 1097.
[461] Y values are from Fainberg, A. H. ; Winstein, S. *J. Am. Chem. Soc.* **1956**, 78, 2770, except for the value for CF_3CH_2OH which is from Shiner, Jr., V. J. ; Dowd, W. ; Fisher, R. D. ; Hartshorn, S. R. ; Kessick, M. A. ; Milakofsky, L. ; Rapp, M. W. *J. Am. Chem. Soc.* **1969**, 91, 4838. Y_{OT_s} values are from Bentley, T. W. ; Llewellyn, G. *Prog. Phys. Org. Chem.* **1990**, 17, pp. 143-144. Z values are from Kosower, E. M. ; Wu, G. ; Sorensen, T. S. *J. Am. Chem. Soc.* **1961**, 83, 3147. See also, Larsen, J. W. ; Edwards, A. G. ; Dobi, P. *J. Am. Chem. Soc.* **1980**, 102, 6780. $E_T(30)$ values are from Reichardt, C. ; Dimroth, K. *Fortschr. Chem. Forsch.* **1969**, 11, 1; Reichardt, C. *Angew. Chem. Int. Ed.* **1979**, 18, 98; Laurence, C. ; Nicolet, P. ; Rei-

chardt, C. *Bull. Soc. Chim. Fr.* ***1987***, 125; Laurence, C.; Nicolet, P.; Lucon, M.; Reichardt, C.; *Bull. Soc. Chim. Fr.* ***1987***, 1001; Reichardt, C.; Eschner, M.; Schäfer, G. Liebigs *Ann. Chem.* ***1990***, 57. Also see Reichardt, C. *Solvents and Solvent Effects in Organic Chemistry*, 2nd ed., VCH, NY, ***1988***.

[462] A scale of solvent nucleophilicity (as opposed to ionizing power), called the N_T scale, has been developed: Kevill, D. N.; Anderson, S. W. *J. Org. Chem.* ***1991***, 56, 1845.

[463] See Kevill, D. N.; Anderson, S. W. *J. Am. Chem. Soc.* ***1986***, 108, 1579; McManus, S. P.; Neamati-Mazreah, N.; Karaman, R.; Harris, J. M. *J. Org. Chem.* ***1986***, 51, 4876; Abraham, M. H.; Doherty, R. M.; Kamlet, M. J.; Harris, J. M.; Taft, R. W. *J. Chem. Soc. Perkin Trans.* 2 ***1987***, 913.

[464] Schadt, F. L.; Bentley, T. W.; Schleyer, P. v. R. *J. Am. Chem. Soc.* ***1976***, 98, 7667.

[465] Bentley, T. W.; Carter, G. E.; *J. Org. Chem.* ***1983***, 48, 579.

[466] For a review of these scales, see Bentley, T. W.; Llewellyn, G. *Prog. Phys. Org. Chem.* ***1990***, 17, 121.

[467] Kevill, D. N.; Anderson, S. W. *J. Org. Chem.* ***1985***, 50, 3330. See also, Creary, X.; McDonald, S. R. *J. Org. Chem.* ***1985***, 50, 474.

[468] Bentley, T. W.; Carter, G. E. *J. Am. Chem. Soc.* ***1982***, 104, 5741. See also, Liu, K.; Sheu, H. *J. Org. Chem.* ***1991***, 56, 3021.

[469] Bentley, T. W.; Carter, G. E.; Roberts, K. *J. Org. Chem.* ***1984***, 49, 5183.

[470] See Kevill, D. N.; Hawkinson, D. C. *J. Org. Chem.* ***1990***, 55, 5394 and references cited therein.

[471] Fujio, M.; Saeki, Y.; Nakamoto, K.; Yatsugi, K.-i.; Goto, N.; Kim, S. H.; Tsuji, Y.; Rappoport, Z.; Tsuno, Y. *Bull. Chem. Soc. Jpn.* ***1995***, 68, 2603; Liu, K.-T.; Chin, C.-P.; Lin, Y.-S.; Tsao, M.-L. *J. Chem. Res. (S)* ***1997***, 18.

[472] Fujio, M.; Susuki, T.; Goto, M.; Tsuji, Y.; Yatsugi, K.; Saeki, Y.; Kim, S. H.; Tsuno, Y. *Bull. Chem. Soc. Jpn.* ***1994***, 67, 2233.

[473] Tsuji, Y.; Fujio, M.; Tsuno, Y. *Tetrahedron Lett.* ***1992***, 33, 349.

[474] See Abraham, M. H.; Grellier, P. L.; Abboud, J. M.; Doherty, R. M.; Taft, R. W. *Can. J. Chem.* ***1988***, 66, 2673; Shorter, J. *Correlation Analysis of Organic Reactivity*, Wiley, NY, ***1982***, pp. 127-172; Reichardt, C. *Angew. Chem. Int. Ed.* ***1979***, 18, 98; Abraham, M. H. *Prog. Phys. Org. Chem.* ***1974***, 11, 1. See also, Chastrette, M.; Rajzmann, M.; Chanon, M.; Purcell, K. F. *J. Am. Chem. Soc.* ***1985***, 107, 1.

[475] Kosower, E. M.; Wu, G.; Sorensen, T. S. *J. Am. Chem. Soc.* ***1961***, 83, 3147. See also, Larsen, J. W.; Edwards, A. G.; Dobi, P. *J. Am. Chem. Soc.* ***1980***, 102, 6780.

[476] Dimroth, K.; Reichardt, C. *Liebigs Ann. Chem.* ***1969***, 727, 93. See also, Haak, J. R.; Engberts, J. B. F. N. *Recl. Trav. Chim. Pays-Bas* ***1986***, 105, 307.

[477] The symbol E_T comes from energy, transition. The (30) is used because the ion 100 bore this number in Dimroth, K.; Reichardt, C. *Liebigs Ann. Chem.* ***1969***, 727, 93. Values based onother ions have also been reported; See, for example, Reichardt, C.; Harbusch-Görnert, E.; Schöifer, G. *Liebigs Ann. Chem.* ***1988***, 839.

[478] Reichardt, C.; Dimroth, K. *Fortschr. Chem. Forsch.* ***1969***, 11, p. 32.

[479] Doherty, R. M.; Abraham, M. H.; Harris, J. M.; Taft, R. W.; Kamlet, M. J. *J. Org. Chem.* ***1986***, 51, 4872. See also, Bekárek, V. *J. Chem. Soc. Perkin Trans.* 2 ***1986***, 1425; Abe, T. *Bull. Chem. Soc. Jpn.* ***1990***, 63, 2328.

[480] Buncel, E.; Rajagopal, S. *J. Org. Chem.* ***1989***, 54, 798.

[481] Dong, D. C.; Winnik, M. A. *Can. J. Chem.* ***1984***, 62, 2560.

[482] For a review of such scales, see Buncel, E.; Rajagopal, S. *Acc. Chem. Res.* ***1990***, 23, 226.

[483] Kaupp, G. *Angew. Chem. Int. Ed.* ***1994***, 33, 1452.

[484] Dehmlow, E. V.; Dehmlow, S. S. *Phase Transfer Catalysis*, 2nd ed., Verlag Chemie, Deerfield Beach, FL, ***1983***; Starks, C. M.; Liotta, C. *Phase Transfer Catalysis*, Academic Press, NY, ***1978***; Weber, W. P.; Gokel, G. W. *Phase Transfer Catalysis in Organic Synthesis*, Springer, NY, ***1977***; Makosza, M. *Pure Appl. Chem.* ***2000***, 72, 1399; Montanari, F.; Landini, D.; Rolla, F. *Top. Curr. Chem.* ***1982***, 101, 147; Alper, H. *Adv. Organomet. Chem.* ***1981***, 19, 183; Sjöberg, K. *Aldrichimica Acta* ***1980***, 13, 55.

[485] Starks, C. M.; Liotta, C. *Phase Transfer Catalysis*, Academic Press, NY, ***1978***, p. 2.

[486] See Lissel, M Feldman, D.; Nir, M.; Rabinovitz, M. *TetrahedronLett.* ***1989***, 30, 1683.

[487] Landini, D.; Maia, A.; Montanari, F. *J. Am. Chem. Soc.* ***1978***, 100, 2796.

[488] Forareview, seeRabinovitz, M.; Cohen, Y.; Halpern, M. *Angew. Chem. Int. Ed.* ***1986***, 25, 960.

[489] See Makosza, M. *Pure Appl. Chem.* ***1975***, 43, 439. Seealso, Dehmlow, E. V.; Thieser, R.; Sasson, Y.; Pross, E. *Tetrahedron* ***1985***, 41, 2927; Mason, D.; Magdassi, S.; Sasson,Y. *J. Org. Chem.* ***1990***, 55, 2714.

[490] Bhalerao, U. T.; Mathur, S. N.; Rao, S. N. *Synth. Commun.* ***1992***, 22, 1645.

[491] Badri, M.; Brunet, J.-J.; Perron R. *TetrahedronLett.* ***1992***, 33, 4435.

[492] SeeLiotta, C. inPatai, S. *The chemistry of Functional Groups*, Supplement E, Wiley, NY, ***1980***, pp. 157-154.

[493] See Liotta, C. Harris, H. P.; McDermott, M.; Gonzalez, T. Smith, K. *Tetrahedron Lett.* ***1974***, 2417; Sam, D. J.; Simmons, H. E. *J. Am. Chem. Soc.* ***1974***, 96, 2252; Durst, H. D. *TetrahedronLett.* ***1974***, 2421.

[494] Soula,G. *J. Org. Chem.* ***1985***, 50, 3717.

[495] Furukawa, N.; Ogawa, S.; Kawai, T.; Oae, S. *J. Chem. Soc. PerkinTrans.* 1 ***1984***, 1833. Seealso, Fujihara, H.; Imaoka, K.; Furukawa, N.; Oae, S. *J. Chem. Soc. PerkinTrans.* 1 ***1986***, 333.

[496] SeeIwamoto, H.; Yoshimura, M.; Sonoda, T.; Kobayashi, H. *Bull. Chem. Soc. Jpn.* ***1983***, 56, 796.

[497] See, forexample, Dehmlow, E. V.; Slopianka, M. *Chem. Ber.* ***1979***, 112, 2765.

[498] Fife, W. K.; Xin, Y. *J. Am. Chem. Soc.* ***1987***, 109, 1278.

[499] Deshayes, S.; Liagre, M.; Loupy, A.; Luche, J.-L.; Petit, A. *Tetrahedron* ***1999***, 55, 10851.

[500] Quici, S.; Regen, S. L. *J. Org. Chem.* ***1979***, 44, 3436.

[501] See Regen, S. L. Nouv. *J. Chim.* **1982**, 6, 629; *Angew. Chem. Int. Ed.* **1979**, 18, 421. See also, Bogatskii, A. V.; Luk'yanenko, N. G.; Pastushok, V. N.; Parfenova, M. N. *Doklad. Chem.* **1985**, 283, 210; Pugia, M. J.; Czech, B. P.; Czech, B. P.; Bartsch, R. A. *J. Org. Chem.* **1986**, 51, 2945.

[502] See Mingos, D. M. P.; Baghurst, D. R. *Chem. Soc. Rev.* **1991**, 20, 1; Giguere, R. J. *Org. Synth. Theory Appl.* **1989**, 1, 103.

[503] Keusenkothen, P. F.; Smith, M. B. *Tetrahedron Lett.* **1989**, 30, 3369.

[504] See Einhorn, C.; Einhorn, J.; Dickens, M. J.; Luche, J. *Tetrahedron Lett.* **1990**, 31, 4129.

[505] Kad, G.-L.; Singh, V.; Kuar, K. P.; Singh, J. *Tetrahedron Lett.* **1997**, 38, 1079.

[506] Matsumoto, K.; Morris, A. R. *Organic Synthesis at High Pressure*, Wiley, NY, **1991**; Matsumoto, K.; Sera, A.; Uchida, T. *Synthesis* **1985**, 1, 999.

[507] Isaacs, N. S. *Liquid Phase High Pressure Chemistry*, Wiley, Chichester, **1981**; Asano, T. le Noble, W. J. *Chem. Rev.* **1978**, 78, 407.

[508] Firestone, R. A.; Vitale, M. A. *J. Org. Chem.* **1981**, 46, 2160.

[509] See Reutov, O. A.; Beletskaya, I. P.; Kurts. A. L. *Ambident Anions*, Plenum, NY, **1983**. For a review, see Black, T. H. *Org. Prep. Proced. Int.* **1989**, 21, 179.

[510] See Holm, A.; Wentrup, C. *Acta Chem. Scand.* **1966**, 20, 2123.

[511] This term was introduced by Hassner, A. *J. Org. Chem.* **1968**, 33, 2684.

[512] For an exception, see Trimitsis, G. B.; Hinkley, J. M.; TenBrink, R.; Faburada, A. L.; Anderson, R.; Poli, M.; Christian, B.; Gustafson, G.; Erdman, J.; Rop, D. *J. Org. Chem.* **1983**, 48, 2957.

[513] See Hauser, C. R.; Harris, C. M. *J. Am. Chem. Soc.* **1958**, 80, 6360. For reviews, see Thompson, C. M.; Green, D. L. C *Tetrahedron* **1991**, 47, 4223; Harris, T. M.; Harris, C. M. *Org. React.* **1969**, 17, 155.

[514] For a review, see Erashko, V. I.; Shevelev, S. A.; Fainzil'berg, A. A. *Russ. Chem. Rev.* **1966**, 35, 719.

[515] See Jackman, L. M.; Lange, B. C. *Tetrahedron* **1977**, 33, 2737; Reutov, O. A.; Kurts, A. L. *Russ. Chem. Rev.* **1977**, 46, 1040; Gompper, R.; Wagner, H. *Angew. Chem. Int. Ed.* **1976**, 15, 321.

[516] See Bégué, J.; Charpentier-Morize, M.; Née, G. *J. Chem. Soc. Chem. Commun.* **1989**, 83.

[517] This principle, sometimes called *Kornblum's rule*, was first stated by Kornblum, N.; Smiley, R. A.; Blackwood, R. K.; Iffland, D. C. *J. Am. Chem. Soc.* **1955**, 77, 6269.

[518] See Austad, T.; Songstad, J.; Stangeland, L. *J. Acta Chem. Scand.* **1971**, 25, 2327; Carretero, J. C.; GarciaRuano, J. L. *Tetrahedron Lett.* **1985**, 26, 3381.

[519] Kornblum, N.; Berrigan, P. J.; leNoble, W. J. *J. Chem. Soc.* **1963**, 85, 1141; Kornblum, N.; Seltzer, R.; Haberfield, P. *J. Am. Chem. Soc.* **1963**, 85, 1148. For other examples, see leNoble, W. J.; Puerta, J. E. *Tetrahedron Lett.* **1966**, 1087; Schick, H.; Finger, A.; Schwarz, S. *Tetrahedron* **1982**, 38, 1279.

[520] Kornblum, N.; Seltzer, R.; Haberfield, P. *J. Am. Chem. Soc.* **1963**, 85, 1148; Kurts, A. L.; Beletskaya, I. P.; Masias, A.; Reutov, O. A. *Tetrahedron Lett.* **1968**, 3679. See, however, Sarthou, P.; Bram, G.; Guibe, F. *Can. J. Chem.* **1980**, 58, 786.

[521] Smith, S. G.; Hanson, M. P. *J. Org. Chem.* **1971**, 36, 1931; Akabori, S.; Tuji, H. *Bull. Chem. Soc. Jpn.* **1978**, 51, 1197. See also, leNoble, W. J.; Palit, S. K. *Tetrahedron Lett.* **1972**, 493.

[522] Jones, M. E.; Kass, S. R.; Filley, J.; Barkley, R. M.; Ellison, G. B. *J. Am. Chem. Soc.* **1985**, 107, 109.

[523] See, for example O'Neill, P.; Hegarty, A. F. *J. Org. Chem.* **1987**, 52, 2113.

[524] Chechik, V. O.; Bobylev, V. A. *Acta Chem. Scand. B*, **1994**, 48, 837.

[525] Rao, A. S.; Paknikar, S. K.; Kirtane, J. G. *Tetrahedron* **1983**, 39, 2323; Behrens, C. H.; Sharpless, K. B. *Aldrichimica Acta* **1983**, 16, 67; Enikolopiyan, N. S. *Pure Appl. Chem.* **1976**, 48, 317; Dermer, O. C.; Ham, G. E. *Ethylenimine and Other Aziridines*, Academic Press, NY, **1969**, pp. 206-273.

[526] Biggs, J.; Chapman, N. B.; Finch, A. F.; Wray, V. *J. Chem. Soc. B* **1971**, 55.

[527] Caron M.; Sharpless, K. B. *J. Org. Chem.* **1985**, 50, 1557. See also, Chong, J. M.; Sharpless, K. B. *J. Org. Chem.* **1985**, 50, 1560; Behrens, C. H.; Sharpless, K. B. *J. Org. Chem.* **1985**, 50, 5696.

[528] Murphy, D. K.; Alumbaugh, R. L.; Rickborn, B. *J. Am. Chem. Soc.* **1969**, 91, 2649. For a method of overriding this preference, see McKittrick, B. A.; Ganem, B. *J. Org. Chem.* **1985**, 50, 5897.

[529] Gao, Y.; Sharpless, K. B. *J. Am. Chem. Soc.* **1988**, 110, 7538; Kim, B. M. Sharpless, K. B. *Tetrahedron Lett.* **1989**, 30, 655.

[530] See, however, Kurz, J. L.; Lee, J.; Love, M. E.; Rhodes, S. *J. Am. Chem. Soc.* **1986**, 108, 2960.

[531] Hutchins, R. O.; Taffer, I. M. *J. Org. Chem.* **1983**, 48, 1360.

[532] Kim, D. W.; Hong, D. J.; Seo, J. W.; Kim, H. S.; Kim, H. K.; Song, C. E.; Chi, D. Y. *J. Org. Chem.* **2004**, 69, 3186.

[533] Cavicchioni, G. *Synth. Commun.* **1994**, 24, 2223.

[534] Martin, S. F.; Chou, T. *Tetrahedron Lett.* **1978**, 1943; Yoshioka, H.; Takasaki, K.; Kobayashi, M.; Matsumoto, T. *Tetrahedron Lett.* **1979**, 3489.

[535] Gingras, M.; Chan, T. H. *Tetrahedron Lett.* **1989**, 30, 279.

[536] Salomaa, P, in Patai, S. *The Chemistry of the Carbonyl Group*, Vol. 1, Wiley, NY, **1966**, pp. 177-210.

[537] Mataka, S.; Liu, G.-B.; Sawada, T.; Torl-I, A.; Tashiro, M. *J. Chem. Res. (S)* **1995**, 410.

[538] Li, W.; Li, J.; DeVincentis, D.; Masour, T. S. *Tetrahedron Lett.* **2004**, 45, 1071.

[539] Augustine, J. K.; Naik, Y. A.; Mandal, A. B.; Chowdappa, N.; Praveen, V. B. *Tetrahedron* **2008**, 64, 688.

[540] Wang, L.; Li, P.; Yan, J.; Wu, Z. *Tetrahedron Lett.* **2003**, 44, 4685.

[541] See, for example, Le Fave, G. M.; Scheurer, P. G. *J. Am. Chem, Soc.* **1950**, 72, 2464.

[542] Sheppard, W. A.; Sharts, C. M. *Organic Fluorine Chemistry*, W. A. Benjamin, NY, **1969**, pp. 410-411; Hudlicky, M. *Chemistry of Organic Fluorine Compounds*, 2nd ed., Ellis Horwood, Chichester, **1976**, pp. 273-274.

[543] See, for example, Kobayashi, Y.; Kumadaki, I. *Acc. Chem. Res.* **1978**, 11, 197.

[544] Rondestvedt, Jr. , C. S. *J. Org. Chem.* **1976**, 41, 3569, 3574, 3576. For another method, see Nakano, T. ; Ohkawa, K. ; Matsumoto, H. ; Nagai, Y. *J. Chem. Soc. Chem. Commun.* **1977**, 808.
[545] See Kirmse, W. *Carbene Chemistry*, 2nd ed. , Academic Press, NY, **1971**, pp. 129-141.
[546] Hine, J. *J. Am. Chem. Soc.* **1950**, 72, 2438. Also see, le Noble, W. J. *J. Am. Chem. Soc.* **1965**, 87, 2434.
[547] Batts, B. D. *J. Chem. Soc. B* **1966**, 551.
[548] Barnard, P. W. C. ; Robertson, R. E. *Can. J. Chem.* **1961**, 39, 881. See also, Drabicky, M. J. ; Myhre, P. C. ; Reich, C. J. ; Schmittou, E. R. *J. Org. Chem.* **1976**, 41, 1472.
[549] See Williams, D. L. H. Nitrosation, Cambridge University Press, Cambridge, **1988**, pp. 162-163.
[550] Dahn, H. ; Gold, H. *Helv. Chim. Acta* **1963**, 46, 983; Thomas, C. W. ; Leveson, L. L. *Int. J. Chem. Kinet.* **1983**, 15, 25. See Smith, Ⅲ, A. B. ; Dieter, R. K. *Tetrahedron* **1981**, 37, 2407.
[551] Bergstrom, R. G. in Patai, S. *The Chemistry of Functional Groups*, Supplement E, Wiley, NY, **1980**, pp. 881-902; Cockerill, A. F. ; Harrison, R. G. in patai, S. *The Chemistry of Functional Groups*, Supplement A, pt. 1, Wiley, NY, **1977**, pp. 149-329; Cordes, E. H. ; Bull, H. G. *Chem. Rev.* **1974**, 74, 581; Pindur, U. ; Müiller, J. ; Flo, C. ; Witzel, H. *Chem. Soc. Rev.* **1987**, 16, 75 (ortho esters); DeWolfe, R. H. *Carboxylic Ortho Acid Derivatives*, Academic Press, NY, **1970**, pp. 134-146 (ortho esters); Rekasheva, A. F. *Russ. Chem. Rev.* **1968**, 37, 1009 (enol ethers).
[552] Jaques, D. ; Leisten, J. A. *J. Chem. Soc.* **1964**, 2683. See also, Olah, G. A. ; O'Brien, D. H. *J. Am. Chem. Soc.* **1967**, 89, 1725.
[553] See Pavlova, L. A. ; Davidovich, Yu. A. ; Rogozhin, S. V. *Russ. Chem. Rev.* **1986**, 55, 1026.
[554] See Satchell, D. P. N. ; Satchell, R. S. *Chem. Soc. Rev.* **1990**, 19, 55.
[555] Kreevoy, M. M. ; Taft, R. W. *J. Am. Chem. Soc.* **1955**, 77, 3146, 5590.
[556] For a discussion of these, and of other evidence, see Cordes, E. H. *Prog. Phys. Org. Chem.* **1967**, 4, 1.
[557] Cawley, J. J. ; Westheimer, F. H. *Chem. Ind. (London)* **1960**, 656.
[558] Young, P. R. ; Jencks, W. P. *J. Am. Chem. Soc.* **1977**, 99, 8238. See also, Jencks, W. P. *Acc. Chem. Res.* **1980**, 13, 161; Young, P. R. ; Bogseth, R. C. ; Rietz, E. G. *J. Am. Chem. Soc.* **1980**, 102, 6268. However, see Amyes, T. L. ; Jencks, W. P. *J. Am. Chem. Soc.* **1988**, 110, 3677.
[559] See White, A. M. ; Olah, G. A. *J. Am. Chem. Soc.* **1969**, 91, 2943; Akhmatdinov, R. T. ; Kantor, E. A. ; Imashev, U. B. ; Yasman, Ya. B. ; Rakhmankulov, D. L. *J. Org. Chem. USSR* **1981**, 17, 626.
[560] See Belarmino, A. T. N. ; Froehner, S. ; Zanette, D. ; Farah, J. P. S. ; Bunton, C. A. ; Romsted, L. S. *J. Org. Chem.* **2003**, 68, 706.
[561] Fife, T. H. ; Natarajan, R. *J. Am. Chem. Soc.* **1986**, 108, 2425, 8050; McClelland, R. A. ; SØrensen, P. E. *Acta Chem. Scand.* **1990**, 44, 1082.
[562] Fife, T. H. ; Natarajan, R. *J. Am. Chem. Soc.* **1986**, 108, 2425, 8050.
[563] See Fife, T. H. *Acc. Chem. Res.* **1972**, 5, 264; Wann, S. R. ; Kreevoy, M. M. *J. Org. Chem.* **1981**, 46, 419.
[564] Kresge, A. J. ; Weeks, D. P. *J. Am. Chem. Soc.* **1984**, 106, 7140. See also, Amyes, T. L. ; Jencks, W. P. *J. Am. Chem. Soc.* **1989**, 111, 7888, 7900.
[565] Fife, T. H. ; Brod, L. H. *J. Am. Chem. Soc.* **1970**, 92, 1681; Jensen, J. L. ; Herold, L. R. ; Lenz, P. A. ; Trusty, S. ; Sergi, V. ; Bell, K. ; Rogers, P. *J. Am. Chem. Soc.* **1979**, 101, 4672.
[566] See Williams Jr. , J. M. ; Kreevoy, M. M. *Adv. Phys. Org. Chem.* **1968**, 6, 63.
[567] Chiang, Y. ; Kresge, A. J. ; Lahti, M. O. ; Weeks, D. P. *J. Am. Chem. Soc.* **1983**, 105, 6852 and references cited therein; Fife, T. H. ; Przystas, T. J. *J. Chem. Soc. Perkin Trans. 2* **1987**, 143.
[568] See, for example, Kirby, A. J. *Acc. Chem. Res.* **1984**, 17, 305; Bouab, O. ; Lamaty, G. ; Moreau, C. *Can. J. Chem.* **1985**, 63, 816. See, however, Ratcliffe, A. J. ; Mootoo, D. R. ; Andrews, C. W. ; Fraser-Reid, B. *J. Am. Chem. Soc.* **1989**, 111, 7661.
[569] Li, S. ; Kirby, A. J. ; Deslongchamps, P. *Tetrahedron Lett.* **1993**, 34, 7757.
[570] Sammakia, T. ; Smith, R. S. *J. Org. Chem.* **1992**, 57, 2997.
[571] Huet, F. ; Lechevallier, A. ; Pellet, M. ; Conia, J. M. *Synthesis* **1978**, 63. See Caballero, G. M. ; Gros, E. G. *Synth. Commun.* **1995**, 25, 395.
[572] Coppola, G. M. *Synthesis* **1984**, 1021.
[573] Fujioka, H. ; Okitsu, T. ; Sawama, Y. ; Murata, N. ; Li, R. ; Kita, Y. *J. Am. Chem. Soc.* **2006**, 128, 5930.
[574] Gregg, B. T. ; Golden, K. C. ; Quinn, J. F. *J. Org. Chem.* **2007**, 72, 5890.
[575] Ates, A. ; Gautier, A. ; Leroy, B. ; Plancher, J. M. ; Quesnel, Y. ; MarkÓ, I. E. *Tetrahedron Lett.* **1999**, 40, 1799.
[576] Carringan, M. D. ; Sarapa, D. ; Smith, R. C. ; Wieland, L. C. ; Mohan, R. S. *J. Org. Chem.* **2002**, 67, 1027.
[577] Watanabe, Y. ; Kiyosawa, Y. ; Tatsukawa, A. ; Hayashi, M. *Tetrahedron Lett.* **2001**, 42, 4641.
[578] Ali, M. ; Satchell, D. P. N. *J. Chem. Soc. Perkin Trans. 2* **1992**, 219; **1993**, 1825; Ali, M. ; Satchell, D. P. N. ; Le, V. T. *J. Chem. Soc. Perkin Trans. 2* **1993**, 917.
[579] See GrÖbel, B. ; Seebach, D. *Synthesis* **1977**, 357, see pp. 359-367; Cussans, N. J. ; Ley, S. V. ; Barton, D. H. R. *J. Chem. Soc. Perkin Trans. 1* **1980**, 1654.
[580] Corey, E. J. ; Erickson, B. W. *J. Org. Chem.* **1971**, 36, 3553; Satchell, D. P. N. ; Satchell, R. S. *J. Chem. Soc. PerkinTrans. 2* **1987**, 513.
[581] Kamal, A. ; Laxman, E. ; Reddy, P. S. M. M. *Synlett* **2000**, 1476.
[582] Mondal, E. ; Bose, G. ; Khan, A. T. *Synlett* **2001**, 785.
[583] Langille, N. F. ; Dakin, L. A. ; Panek, J. S. *Org. Lett.* **2003**, 5, 575. See also, Stork, G. ; Zhao, K. *Tetrahedron Lett.* **1989**, 30, 287.
[584] Khan, A. T. ; Mondal. E. ; Sahu, P. R. *Synlett* **2003**, 377.
[585] Karimi, B. ; Seradj, H. ; Tabaei, M. H. *Synlett* **2000**, 1798.

[586] Chavan, S. P. ; Soni, P. ; Kamat, S. K. *Synlett* **2001**, 1251.
[587] Jones, J. ; Kresge, A. J. *Can. J. Chem.* **1993**, 71, 38.
[588] See Burt, R. A. ; Chiang, Y. ; Kresge, A. J. ; Szilagyi, S. *Can. J. Chem.* **1984**, 62, 74.
[589] See Chwang, W. K. ; Kresge, A. J. ; Wiseman, J. R. *J. Am. Chem. Soc.* **1979**, 101, 6972.
[590] Kiprianova, L. A. ; Rekasheva, A. F. *Dokl. Akad. Nauk SSSR*, **1962**, 142, 589.
[591] Fife, T. H. *J. Am. Chem. Soc.* **1965**, 87, 1084; Kresge, A. J. ; Yin, Y. *Can. J. Chem.* **1987**, 65, 1753.
[592] Tsang, W.-Y. ; Richard, J. P. *J. Am. Chem. Soc.* **2007**, 129, 10330.
[593] Cheon, C. H. ; Yamamoto, H. *J. Am. Chem. Soc.* **2008**, 130, 9246. For a different example, see Nakashima, D. ; Yamamoko, H. *Synlett* **2006**, 150.
[594] For a review, see Okuyama, T. *Acc. Chem. Res.* **1986**, 19, 370.
[595] See Finlay, J. ; McKervery, M. A. ; Gunaratne, H. Q. N. *Tetrahedron Lett.* **1998**, 39, 5651.
[596] For a density functional analysis of this ion, see Zhao, Y. ; Truhlar, D. G. *J. Org. Chem.* **2007**, 72, 295.
[597] Fieser, L. F. ; Fieser, M. *Reagents for Organic Synthesis* Vol. 1, Wiley, NY, **1967**, p. 796.
[598] Fan, R.-H. ; Hou, X.-L. *Org. Biomol. Chem.* **2003**, 1, 1565. For a reaction with NaHSO$_4$, see Cavdar, H. ; Saracoglu, N. *Tetrahedron* **2009**, 65, 985.
[599] Wang, Z. ; Cui, Y.-T. ; Xu, Z.-B. ; Qu, J. *J. Org. Chem.* **2008**, 73, 2270.
[600] Berti, G. ; Macchia, B. ; Macchia, F. *Tetrahedron Lett.* **1965**, 3421.
[601] Ready, J. M. ; Jacobsen, E. N. *J. Am. Chem. Soc.* **2001**, 123, 2687.
[602] See Zhao, L. ; Han, B. ; Huang, Z. ; Miller, M. ; Huang, H. ; Malashock, D. S. ; Zhu, Z. ; Milan, A. ; Roberson, D. E. ; Weiner, D. P. ; Burk, M. J. *J. Am. Chem. Soc.* **2004**, 126, 11156.
[603] See Feuer, H. ; Hooz, J. in Patai, S. *The Chemistry of the Ether Linkage*, Wiley, NY, **1967**, pp. 446-450, 460-468.
[604] For a list of reagents used to convert alcohols and phenols to ethers, see Larock, R. C. *Comprehensive Organic Transformations*, 2nd ed., Wiley-VCH, NY, **1999**, pp. 890-893.
[605] Ouk, S. ; Thiebaud, S. ; Borredon, E. ; Legars, P. ; Lecomte, L. *Tetrahedron Lett.* **2002**, 43, 2661.
[606] Lee, J. C. ; Yuk, J. Y. ; Cho, S. H. *Synth. Commun.* **1995**, 25, 1367.
[607] Jin, C. H. ; Lee, H. Y. ; Lee, S. H. ; Kim, I. S. ; Jung, Y. H. *Synlett* **2007**, 2695.
[608] Bogdal, D. ; Pielichowski, J. ; Jaskot, K. *Org. Prep. Proceed. Int.* **1998**, 30, 427.
[609] Yuncheng, Y. ; Yulin, J. ; Jun, P. ; Xiaohui, Z. ; Conggui, Y. *Gazz. Chim. Ital.* **1993**, 123, 519.
[610] Paul, S. ; Gupta, M. *Tetrahedron Lett.* **2004**, 67, 3897.
[611] Xu, Z. Y. ; Xu, D. Q. ; Liu, B. Y. *Org. Prep. Proceed. Int.* **2004**, 36, 156. Also see More, S. V. ; Ardhapure, S. S. ; Naik, N. H. ; Bhusare, S. R. ; Jadhav, W. N. ; Pawar, R. P. *Synth. Commun.* **2005**, 35, 3113.
[612] See Jha, S. C. ; Joshi, N. N. *J. Org. Chem.* **2002**, 67, 3897.
[613] Boons, G.-J. ; Castle, G. H. ; Clase, J. A. ; Grice, P. ; Ley, S. V. ; Pinel, C. *Synlett*, **1993**, 913.
[614] Olah, G. A. ; Halpern, Y. ; Lin, H. C. *Synthesis* **1975**, 315. Also see Masada, H. ; Yonemitsu, T. ; Hirota, K. *Tetrahedron Lett.* **1979**, 1315.
[615] Masada, H. ; Sakajiri, T. *Bull. Chem. Soc. Jnp.* **1978**, 51, 866.
[616] Bartoli, G. ; Bosco, M. ; Locatelli, M. ; Marcantoni, E. ; Melchiorre, P. ; Sambri, L. *Org. Lett.* **2005**, 7, 427.
[617] See Salomaa, P. ; Kankaanperä, A. ; Pihlaja, K. in Patai, S. *The Chemistry of the Hydronxyl Group*, pt. 1, Wiley, NY, **1971**. Pp. 454-466. Also see Biordi, J. ; Moelwyn-Hughes, E. A. *J. Chem. Soc.* **1962**, 4291.
[618] Aspinall, H. C. ; Greeves, N. ; Lee, W.-M. ; McIver, E. G. ; Smith, P. M. *Tetrahedron Lett.* **1997**, 38, 4679.
[619] Masada, H. ; Oishi, Y. *Chem. Lett.* **1978**, 57; Camps, F. ; Coll, J. ; Morto, J. M. *Synthesis* **1982**, 186.
[620] Banerjee, S. K. ; Gupta, B. D. ; Singh, K. *J. Chem. Soc. Chem. Commun.* **1982**, 815.
[621] Nakagawa, H. ; Hirabayashi, T. ; Sakaguchi, S. ; Ishii, Y. *J. Org. Chem.* **2004**, 69, 3474; Haight, A. R. ; Stoner, E. J. ; Peterson, M. J. ; Grover, V. K. *J. Org. Chem.* **2003**, 68, 8092.
[622] Evans, P. A. ; Leahy, D. K. *J. Am. Chem. Soc.* **2002**, 124, 7882.
[623] Ueno, S. ; Hartwig, J. F. *Angew. Chem. Int. Ed.* **2008**, 47, 1928.
[624] Saito, T. ; Yasuda, M. ; Baba, A. *Synlett* **2005**, 1737.
[625] Lepore, S. D. ; He, Y. *J. Org. Chem.* **2003**, 68, 8261.
[626] Blouin, M. ; Frenette, R. *J. Org. Chem.* **2001**, 66, 9043.
[627] Willis, M. C. ; Taylor, D. ; Gillmore, A. T. *Chem. Commun.* **2003**, 2222.
[628] Starks, C. M. ; Liotta, C. *Phase Transfer Catalysis*, Springer, NY, **1978**, pp. 128-138; Weber, W. P. ; Gokel, G. W. *Phase Transfer Catalysis in Organic Synthesis*, Springer, NY, **1977**, pp. 73-84. See also, Eynde, J. J. V. ; Mailleux, I. *Synth. Commun.* **2001**, 31, 1; de la Zerda, J. ; Barak, G. ; Sasson, Y. *Tetrahedron* **1989**, 45, 1533.
[629] Jursic, B. *Tetrahedron* **1988**, 44, 6677.
[630] Nishiyama, T. ; Kameyama, H. ; Maekawa, H. ; Watanuki, K. *Can. J. Chem.* **1999**, 77, 258.
[631] See Greene, T. W. *Protective Groups in Organic Synthesis* Wiley, New York, **1980**; Wuts, P. G. M. ; Greene, T. W. *ProtectiveGroups in Organic Synthesis* 2nd ed., Wiley, New York, **1991**; Wuts, P. G. M. ; Greene, T. W. *ProtectiveGroups in OrganicSynthesis* 3rd ed., Wiley, New, York, **1999**; Wuts, P. G. M. ; Greene, T. W. *Protective Groups in Organic Synthesis* 4th ed., Wiley, New Jersey, **2006**.
[632] Guindon, Y. ; Yoakim, C. ; Morton, H. E. *J. Org. Chem.* **1984**, 49, 3912. For other methods, see Hanessian, S. ; Delorme, D. ; Dufresne, Y. *Tetrahedron Lett.* **1984**, 25, 2515; Rigby, J. H. ; Wilson, J. Z. *Tetrahedron Lett.* **1984**, 25, 1429.
[633] Bartoszewicz, A. ; Kalek, M. ; Stawinski, J. *Tetrahedron* **2008**, 64, 8843.
[634] Ashby, E. C. ; Bae, D. ; Park, W. ; Depriest, R. N. ; Su, W. *Tetrahedron Lett.* **1984**, 25, 5107.

[635] Namboodiri, V. V. ; Varma, R. S. *Tetrahedron Lett.* **2002**, 43, 4593.
[636] See Knipe, A. C. *J. Chem. Soc. Perkin Trans.* 2 **1973**, 589.
[637] See Berti, G. *Top. Stereochem.* **1973**, 7, 93, pp. 187.
[638] Lang, F. ; Kassab, D. J. ; Ganem, B. *Tetrahedron Lett.* **1998**, 39, 5903.
[639] Lygo, B. ; Gardiner, S. D. ; McLeod, M. C. ; To, D. C. M. *Org. Biomol. Chem.* **2007**, 5, 2283.
[640] McPake, C. B. ; Murray, C. B. ; Sandford, G. *Tetrahedron Lett.* **2009**, 50, 1674.
[641] See Kim, K. M. ; Jeon, D. J. ; Ryu, E. K. *Synthesis* **1998**, 835. Also see Marek, I. ; Lefrancois, J.-M. ; Normant, J.-F. *Tetrahedron Lett.* **1992**, 33, 1747.
[642] Yadav, L. D. S. ; Kapoor, R. *Synthesis* **2002**, 2344.
[643] Neumann, H. *Chimia*, **1969**, 23, 267.
[644] Guthrie, R. D. ; Jenkins, I. D. ; Yamasaki, R. ; Skelton, B. W. ; White, A. H. *J. Chem. Soc. Perkin Trans.* 1 **1981**, 2328 and references cited therein. For a review of diethyl azodicarboxylate-Ph$_3$P, see Mitsunobu, O. *Synthesis.* **1981**, 1.
[645] Kelly, J. W. ; Evans, Jr. , S. A. *J. Org. Chem.* **1986**, 51, 5490. See also, Hendrickson, J. B. ; Hussoin, M. S. *Synlett*, **1990**, 423.
[646] Szeja, W. *Synthesis* **1985**, 983.
[647] Cao, Y.-Q. ; Pei, B.-G. *Synth. Commun.* **2000**, 30, 1759.
[648] Mihara, M. ; Ishino, Y. ; Minakata, S. ; Komatsu, M. *Synlett* **2002**, 1526.
[649] Quach, T. D. ; Batey, R. A. *Org. Lett.* **2003**, 5, 1381.
[650] Armstrong, A. ; Brackenridge, I. ; Jackson, R. F. W. ; Kirk, J. M. *Tetrahedron Lett.* **1988**, 29, 2483.
[651] Rai, A. N. ; Basu, A. *Tetrahedron Lett.* **2003**, 44, 2267.
[652] Lajunen, M. ; Ianskanen-Lehti, K. *Acta Chem. Scand. B*, **1994**, 48, 861.
[653] Pansare, S. V. ; Jain, R. P. ; Bhattacharyya, A. *Tetrahedron Lett.* **1999**, 40, 5255.
[654] For a review of diazomethane, see Pizey, J. S. *Synthetic Reagents*, Vol. 2; Wiley, NY, **1974**, pp. 65-142.
[655] Neeman, M. , Caserio, M. C. ; Roberts, J. D. ; Johnson, W. S. *Tetrahedron* **1959**, 6, 36.
[656] Ogawa, H. ; Hagiwara, H. ; Chihara, T. ; Teratani, S. ; Taya, K. *Bull. Chem. Soc. Jnp.* **1987**, 60, 627.
[657] Kreevoy, M. M. ; Thomas, S. J. *J. Org. Chem.* **1977**, 42, 3979. See also, McGarrity, J. F. ; Smyth, T. *J. Am. Chem. Soc.* **1980**, 102, 7303.
[658] De, P. ; Nonappa; Pandurangan, K. ; Maitra, U. ; Wailes, S. *Org. Lett.* **2007**, 9, 2767.
[659] Noels, A. F. ; Demonceau, A. ; Petiniot, N. ; Hubert, A. J. ; Teyssié, P. *Tetrahedron* **1982**, 38, 2733.
[660] Chen, C. Zhu, S.-F. ; Liu, B. ; Wang, L.-X. ; Zhou, Q.-L. *J. Am. Chem. Soc.* **2007**, 129, 12616.
[661] Baganz, H. ; May, H. *Angew. Chem. Int. Ed.* **1966**, 5, 420.
[662] See Feuer, H. ; Hooz, J. in Patai, S. *The Chemistry of the Ether Linkage*, Wiley. NY, **1967**, pp. 457-460. 468-470.
[663] Toda, F. ; Takumi. H. ; Akehi, M. *J. Chem. Soc. Perkin Trans.* 2 **1990**, 1270.
[664] Zolfigol, M. A. ; Mohammadpoor-Baltork, I. ; Habibi, D. ; Mirjalili, B. B. F. ; Bamoniri, A. *Tetrahedron Lett.* **2003**, 44, 8165.
[665] See Ooi, T. ; Ichikawa, H. ; Itagaki, Y. ; Maruoka, K. *Heterocycles* **2000**, 52, 575.
[666] See, for example, Jenner, G. *Tetrahedron Lett.* **1988**, 29, 2445.
[667] Zhu, Z. ; Espenson, J. H. *J. Org. Chem.* **1996**, 61, 324.
[668] Boyer, B. ; Keramane, E.-M. ; Roque, J.-P. ; Pavia, A. A. *Tetrahedron Lett.* **2002**, 43, 2157.
[669] Lizarzaburu, M. E. ; Shuttleworth, S. *Tetrahedron Lett.* **2002**, 43, 2157.
[670] D'Angelo, J. G. ; Sawyer, R. ; Kumar, A. ; Onorato, A. ; McCluskey, C. ; Delude, C. ; Vollenweider, L. ; Reyes, N. ; French, R. ; Warner, S. ; Chou, J. ; Stenzel, J. ; Sotzing, G. A. ; Smith, M. B. *J. Polymer Sci.*, Part A **2007**, 45, 2328.
[671] For a list of reagents, with references, see Larock, R. C. *Comprehensive Organic Transformations*, 2nd ed. Wiley-VCH, NY, **1999**, pp. 893-894.
[672] See Olah, G. A. ; Fung, A. P. ; Malhotra, R. *Synthesis* **1981**, 474.
[673] Vowinkel, E. *Chem. Ber.* **1962**, 95, 2997; **1963**, 96, 1702; **1966**, 99, 42.
[674] Pratt, E. F. ; Draper, J. D. *J. Am. Chem. Soc.* **1949**, 71, 2846. See Salehi, P. ; Irandoost, M. ; Seddighi, B. ; Behbahani, F. K. ; Tahmasebi, D. P. *Synth. Commun.* **2000**, 30, 1743.
[675] Zoltewicz, J. A. ; Sale, A. A. *J. Org. Chem.* **1970**, 35, 3462.
[676] Itoh, H. ; Hirose, Y. ; Kashiwagi, H. ; Masaki, Y. ; *Heterocycles* **1994**, 38, 2165.
[677] See Salomaa, P. ; Kankaanpera, A. ; Pihlaja, K. in patai, S. *The Chemistry of the Hydroxyl Group*, pt. 1, Wiley, NY. **1971**. pp. 458-463; DeWolfe, R. H. *Carboxylic Ortho Acid Derivatives*, Academic Press, NY, **1970**, pp. 18-29, 146-148.
[678] McElvain, S. M. ; Curry, M. J. *J. Am. Chem. Soc.* **1948**, 70, 3781.
[679] Jnaneshwara, G. K. ; Barahate, N. B. ; Sudalai, A. ; Deshpande, V. H. ; Wakharkar, R. D. ; Gajare, A. S. ; Shingare, M. S. ; Sukumar, R. *J. Chem. Soc. Perkin Trans.* 1 **1998**, 965.
[680] Watanabe, W. H. ; Conlon, L. E. *J. Am. Chem. Soc.* **1957**, 79, 2828; Shostakovskii, M. F. ; Trofimov, B. A. ; Atavin, A. S. ; Lavrov, V. I. *Russ. Chem. Rev.* **1968**, 37, 907; Gareev, G. A. *J. Org. Chem. USSR* **1982**, 18, 36.
[681] Magano, J. ; Chen, M. H. ; Clark, J. D. ; Nussbaumer, T. *J. Org. Chem.* **2006**, 71, 7103.
[682] Ponaras, A. A. ; Meah, M. Y. *Tetrahedron Lett.* **1986**, 27, 4953.
[683] Iranpoor, N. ; Tarrian, T. ; Movahedi, Z. *Synthesis* **1996**, 1473. See Moberg, C; Rákos, L. ; Tottie, L. *Tetrahedron Lett.* **1992**, 33, 2191 for an example that generates a hydroxy ether with high enantionselectivity. Also see, Chini, M. ; Crotti, P. ; Gardelli, C. ; Macchia, F. ; *Synlett*, **1992**, 673.
[684] See Posner, G. H. ; Rogers, D. Z. *J. Am. Chem. Soc.* **1977**, 99, 8208, 8214.
[685] Robinson, M. W. C. ; Buckle, R. ; Mabbett, I. ; Grant, G. M. ; Graham, A. E. *Tetrahedron Lett.* **2007**, 48, 4723.
[686] Barluenga, J. ; Vazquez-Villa, H. ; Ballesteros, A. ; González, J. M. *Org. Lett.* **2002**, 4, 2817.

[687] Williams, D. B. G. ; Lawton, M. *Org. Biomol. Chem.* **2005**, 3, 3269.
[688] Mohammadpoor-Baltork, L. ; Tangestaninejad, S. ; Aliyan, H. ; Mirkhani, V. *Synth. Commun*, **2000**, 30, 2365.
[689] Surendra, K. ; Krishnaveni, N. ; Nageswar, Y. V. D. ; Rao, K. R. *J. Org. Chem.* **2003**, 68, 4994.
[690] Fringuelli, F. ; Pizzo, F. ; Tortoioli, S. ; Vaccaro, L. *J. Org. Chem.* **2003**, 68, 8248; Amantini, D. ; Friguelli, F. ; Pizzo, F. ; Tortoioli, S. ; Vaccaro, L. ; *Synlett* **2003**, 2292.
[691] See also Degl'Innocenti, A. ; Capperucci, A. ; Cerreti, A. ; Pollicino, S. ; Scapecchi, S. ; Malesci, I. ; Castagnoli, G. *Synlett* **2005**, 3063.
[692] Ogawa, C. ; Wang, N. ; Kobayashi, S. *Chem. Lett.* **2007**, 36, 34.
[693] Nandakumar, M. V. ; TschÖp, A. ; Krautscheid, H. ; Schneider, C. *Chem. Commun.* **2007**, 2756.
[694] Tiecco, M. ; Testaferri, L. ; Marini, F. ; Sternativo, S. ; Del Verme, F. ; Santi, C. ; Bagnoli, L. ; Temperini, A. *Tetrahedron* **2008**, 64, 3337.
[695] Matsumura, R. ; Suzuki, T. Sato, K. ; Oku, K. -i. ; Hagiwara, H. ; Hoshi, T. ; Ando, M. ; Kamat, V. P. *Tetrehedron Lett.* **2000**, 41, 7701. See also, Karikomi, M. ; Watanabe, S. ; Kimura, Y. ; Uyehara, T. *Tetrahedron Lett.* **2002**, 43, 1495.
[696] Wu, M. ; Hanse, K. B. ; Jacobsen, E. N. *Angew. Chem. Int. Ed.* **1999**, 38, 2012.
[697] Behrens, C. H. ; Ko, S. Y. ; Sharpless, K. B. ; Walker, F. J. *J. Org. Chem.* **1985**, 50, 5687. See Yamazaki, T. ; Ichige, T. ; Kitazume, T. *Org. Lett.* **2004**, 6, 4073.
[698] See Dermer, O. C. ; Ham, G. E. *Ethylenimine and Other Aziridines*, Academic Press, NY, **1969**, pp. 224-227, 256-257.
[699] Wu, J. ; Hou, X. -L. ; Dai, L. -X. *J. Chem. Soc. Perkin Trans.* 1 **2001**, 1314.
[700] Hou, X. -L. ; Fan, R. -H. ; Dai, L. -X. *J. Org. Chem.* **2002**, 67, 5295.
[701] Liu, Y. -K. ; Li, R. ; Yue, L. ; B. -J. ; Chen, Y. -C. ; Wu, Y. ; Ding, L. -S. *Org. Lett.* **2006**, 8, 1521.
[702] Ghorai, M. K. ; Das, K. ; Shukla, D. *J. Org. Chem.* **2007**, 72, 5859.
[703] Chandrasekhar, S. ; Narsihmulu, Ch. ; Sultana, S. S. *Tetrahedron Lett.* **2002**, 43, 7361.
[704] Prasad, B. A. B. ; Sekar, G. ; Singh, V. K. *Tetrahedron Lett.* **2000**, 41, 4677.
[705] Yadav, J. S. ; Reddy, B. V. S. ; Sadashiv, K. ; Harikishan, K. *Tetrahedron Lett.* **2002**, 43, 2099.
[706] Righi, G. ; Potini, C. ; Bovicelli, P. *Tetrahedron Lett.* **2002**, 43, 5867.
[707] Yadav, J. S. ; Subba Reddy, M. S. ; Narender, M. ; Nageswar, Y. V. D. ; Rao, K. R. *Tetrahedron Lett.* **2005**, 46, 6437. Alao in water, with β-cyclodextrin, see Reddy, M. S. ; Narender, M. ; Nageswar, Y. V. D. ; Rao, K. R. *Tetrahedron Lett.* **2005**, 46, 6437.
[708] Mita, T. ; Fujimori, I. ; Wada, R. ; Wen, J. ; Kanai, M. ; Shibasaki, M. *J. Am. Chem. Soc.* **2005**, 127, 11252.
[709] Xichun, F. ; Guofu, Q. ; Shucai, L. ; Hanbing, T. ; Lamei, W. ; Xianming, H. *Tetrahedron Asymmetry* **2006**, 17, 1394.
[710] Granik, V. G. ; Pyatin, B. M. ; Glushkov, R. G. *Russ. Chem. Rev.* **1971**, 40, 747, see p. 749.
[711] See Vogel, D. E. ; Büchi, G. H. *Org. Synth.*, 66, 29. With pyridinium salts, see Poon, K. W. C. ; Dudley, G. B. *J. Org. Chem.* **2006**, 71, 3923. See also Saitoh, T. ; Ichikawa, J. *J. Am. Chem. Soc.* **2005**, 127, 9696.
[712] Tamao, K. ; Kakui, T. ; Akita, M. ; Iwahara, T. ; Kanatani, R. ; Yoshida, J. ; Kumada, M. *Tetrahedron* **1983**, 39, 983; Fleming, I. ; Henning, R. ; Plaut, H. *J. Chem. Soc., Chem. Commun.* **1984**, 29. For the protodesilylation step see Habich, D. ; Effenberger, F. *Synthesis* **1979**, 841. Also see Buncel, E. ; Davies, A. G. *J. Chem. Soc.* **1958**, 1550.
[713] Suginome, M. ; Matsunaga, S. ; Ito, Y. *Synlett.* **1995**, 941.
[714] Sunderhaus, J. D. ; Lam, H. ; Dudley, G. B. *Org. Lett.* **2003**, 5, 4571.
[715] See Matsumoto, Y. ; Hayashi, T. ; Ito, Y. *Tetrahedron* **1994**, 50, 335; Uozumi, Y. ; Kitayama, K. ; Hayashi, T. ; Yanagi, K. ; Fukuyo, E. ; *Bull. Chem. Soc. Jpn.* **1995**, 68, 713.
[716] Liu, D. ; Kozmin, S. A. *Angew. Chem. Int. Ed.* **2001**, 40, 4757.
[717] Shaw, J. E. ; Kunerth, D. C. *J. Org. Chem.* **1974**, 39, 1968; Larock, R. C. *J. Org. Chem.* **1974**, 39, 3721; Pfeffer, P. E. ; Silbert, L. S. *J. Org. Chem.* **1976**, 41, 1373.
[718] Bases include DBU (see Reaction **17-13**): See Mal, D. *Synth. Commun.* **1986**, 16, 331. Cs_2CO_3: Lee, J. C. ; Oh, Y. S. ; Cho, S. H. ; Lee, J. I. *Org. Prep. Proceed. Int.* **1996**, 28, 480. CsF-Celite; Lee, J. C. ; Choi, Y. *Synth. Commun.* **1998**, 28, 2021.
[719] See Dijkstra, G. ; Kruizinga, W. H. ; Kellogg, R. M. *J. Org. Chem.* **1987**, 52, 4230.
[720] See Starks, C. M. ; Liotta, C. *Phase Transfer Cantalysis*, Acaemic Press, NY, **1978**, pp. 140-155; Weber, W. P. ; Gokel, G. W. *Phase Transfer Catalysis in Organic Synthesis Phase Transfer Catalysis in Organic Synthesis*, Springer, NY, **1977**, pp. 85-95.
[721] See Clark, J. H. ; Miller, J. M. *Tetrahedron Lett.* **1977**, 599.
[722] See, however, Moore, G. G. ; Fogola, T. A. ; McGahan, T. J. *J. Org. Chem.* **1979**, 44, 2425.
[723] Bram, G. ; Loupy, A. ; Majdoub, M. ; Gutizrrez, E. ; Ruiz-Hitzky, E. *Tetrahedron* **1990**, 40, 5167. See Arrad, O. ; Sasson, Y. *J. Am. Chem. Soc.* **1988**, 110, 185; Dakka, J. ; Sasson, Y. ; Khawaled, K. ; Bram, G. ; Loupy, A. *J. Chem. Soc. Chem. Commun.* **1991**, 853.
[724] Yuncheng, Y. ; Yulin, J. ; Dabin, G. *Synth. Commun.* **1992**, 22, 3109.
[725] Brinchi, L. ; Germani, R. ; Savelli, G. *Tetrahedron Lett.* **2003**, 44, 2027, 6583; Liu, Z. ; Chen, Z. -C. ; Zheng, Q. -G. *Synthesis* **2004**, 33.
[726] Mitsunobu, O. ; Yamada, M. *Bull. Chem. Soc. Jpn.* **1967**, 40, 2380; Camp, D. ; Jenkins, I. D. *Aust. J. Chem.* **1988**, 41, 1835.
[727] But, T. Y. S. ; Toy, P. H. *Chemistry: Aisan J.* **2007**, 2, 1340. See Ahn, C. ; Correia, R. ; DeShong, P. *J. Org. Chem.* **2002**, 67, 1751 and references cited therein. See also, Hughes, D. L. *Org. Prep. Proceed. Int.* **1996**, 28, 127; Dembinski, R. *Eur. J. Org. Chem.* **2004**, 2763; Dandapani, S. ; Curran, D. P. *Chem. Eur. J.* **2004**, 10, 3131. Also see Steinreiber, A. ; Stadler, A. ; Mayer, S. F. ; Faber, K. ; Kappe, C. O. *Tetrahedron Lett.* **2001**, 42, 6283. For a chromatography-free product separation, see Proctor, A. J. ; Beautement, K. ; Clough, J. M. ; Knight, D. W. ; Li, Y. *Tetrahedron Lett.* **2006**, 47, 5151.
[728] Sugimura, T. ; Hagiya, K. *Chem. Lett.* **2007**, 36, 566.

[729] See Tsunoda, T. ; Yamamiya, Y. ; Kawamura, Y. ; ItÔ, S. *Tetrahedron Lett.* **1995**, 36, 2529; Tsunoda, T. ; Nagaku, M. ; Nagino, C. ; Kawamura, Y. ; Ozaki, F. ; Hioki, H. ; It Ô, S. *Tetrahedron Lett.* **1995**, 36, 2531. For fluorous reactions and reagents see Dandapani, S. ; Curran, D. P. *Tetrahedron* **2002**, 58, 3855.

[730] But, T. Y. S. ; Toy, P. H. *J. Am. Chem. Soc.* **2006**, 128, 9636.

[731] Harned, A. M. ; He, H. S. ; Toy, P. H. ; Flynn, D. L. ; Hanson, P. R. *J. Am. Chem. Soc.* **2005**, 127, 52.

[732] Yoakim, C. ; Guse, I. ; O'Meara, J. A. ; Thavonokham, B. *Synlett* **2003**, 473.

[733] See Papeo, G. ; Poster, H. ; Vianello, P. ; Varasi, M. *Synthesis* **2004**, 2886.

[734] Iranpoor, N. ; Firouzabadi, H. ; Akhlaghinia, B. ; Azadi, R. *Synthesis* **2004**, 92.

[735] Fitzjarrald, V. P. ; Pongdee, R. *Tetrahedron Lett.* **2007**, 48, 3553.

[736] Garcìa-Delgado, N. ; Riera, A. ; Verdaguer, X. *Org. Lett.* **2007**, 9, 635.

[737] See Galli, C. ; Mandolini, L. *Org. Synth. VI*, 698; Kimura, Y. ; Regen, S. L. *J. Org. Chem.* **1983**, 48, 1533.

[738] Togo, H. ; Muraki, T. ; Yokoyama, M. *TetrahedronLett.* **1995**, 36, 7089.

[739] Klumpp, G. W. ; Bos, H. ; Schakel, M. ; Schmitz, R. F. ; Vrielink, J. J. *TetrahedronLett.* **1975**, 3429.

[740] Yamaji, M. ; Fujiwara, Y. ; Asano, R. ; Teranishi, S. *Bull. Chem. Soc. Jpn.* **1973**, 46, 90.

[741] Ooi, T. ; Sugimoto, H. ; Doda, K. ; Maruoka, K. *Tetrahedron Lett.* **2001**, 42, 9245.

[742] Sato, T. ; Otera, J. *Synlett*, **1995**, 336.

[743] Hendrickson, J. B. ; Kandall, L. C. *Tetrahedron Lett.* **1970**, 343.

[744] Verdecchia, M. ; Frochi, M. ; Palombi, L. ; Rossi, L. *J. Org. Chem.* **2002**, 67, 8287. See also, Kadokawa, J. -i. ; Habu, H. ; Fukamachi, S. ; Karasu, M. ; Tagaya, H. ; Chiba, K. *J. Chem. Soc.*, *Perkin Trans.* 1 **1999**, 2205.

[745] Barrett, A. G. M. ; Braddock, D. C. ; James, R. A. ; Koike, N. ; Procopiou, P. A. *J. Org. Chem.* **1998**, 63, 6273.

[746] Grundy, J. ; James, B. G. ; Pattenden, G. *TetrahedronLett.* **1972**, 757.

[747] Harris, M. M. ; Patel, P. K. *Chem. Ind. (London)* **1973**, 1002.

[748] Chakraborti, A. K. ; Basak, A. ; Grover, V. *J. Org. Chem.* **1999**, 64, 8014. See also, Avila-Zárraga, J. G. ; Martínez, R. *Synth. Commun.* **2001**, 31, 2177.

[749] Shieh, W. -C. ; Dell, S. ; Repic, O. *Tetrahedron Lett.* **2002**, 43, 5607.

[750] Szmuszkovicz, J. *Org. Prep. Proceed. Int.* **1972**, 4, 51.

[751] Vorbrüggen, H. *Angew. Chem. Int. Ed.* **1963**, 2, 211; Brechbühler, H. ; Büchi, H. ; Hatz, E. ; Schreiber, J. ; Eschenmoser, A. *Angew. Chem. Int. Ed.* **1963**, 2, 212.

[752] Curtis, V. A. ; Schwartz, H. S. ; Hartman, A. F. ; Pick, R. M. ; Kolar, L. W. ; Baumgarten, R. J. *TetrahedronLett.* **1977**, 1969.

[753] SeeKatritzky, A. R. ; Gruntz, U. ; Kenny, D. H. ; Rezende, M. C. ; Sheikh, H. *J. Chem. Soc. PerkinTrans.* 1 **1979**, 430.

[754] Wilson, N. D. V. ; Joule, J. A. *Tetrahedron* **1968**, 24, 5493.

[755] Raber, D. J. ; Gariano, Jr. , P. ; Brod, A. O. ; Gariano, A. ; Guida, W. C. ; Guida, A. R. ; Herbst, M. D. *J. Org. Chem.* **1979**, 44, 1149.

[756] Zheng, T. -C. ; Burkart, M. ; Richardson, D. E. *Tetrahedron Lett.* **1999**, 40, 603.

[757] Gómez-Parra, V. ;Sánchez, F. ; Torres, T. *J. Chem. Soc. PerkinTrans.* 2 **1987**, 695.

[758] Dueno, E. E. ; Chu, F. ; Kim, S. -I. ; Jung, K. W. *Tetrahedron Lett.* **1999**, 40, 1843. Also see Yoshida, M. ; Fujita, M. ; Ishii, T. ; Ihara, M. *J. Am. Chem. Soc.* **2003**, 125, 4874.

[759] Ganem, B. ; Small, Jr. , V. M. *J. Org. Chem.* **1974**, 39, 3728.

[760] Procopiou, P. A. ; Baugh, S. P. D. ; Flack, S. S. ; Inglis, G. G. A. *Chem. Commun.* **1996**, 2625.

[761] Karger, M. H. ; Mazur, Y. *J. Am. Chem. Soc.* **1968**, 90, 3878.

[762] SeeOtera, J. ; Matsuzaki, S. *Synthesis* **1986**, 1019; Deardorff, D. R. ; Myles, D. C. *Org. Synth.* 67, 114.

[763] Kwon, D. W. ; Kim, Y. H. ; Lee, K. *J. Org. Chem.* **2002**, 67, 9488.

[764] Malladi, R. R. ; Kabalka, G. W. *Synth. Commun.* **2002**, 32, 1997.

[765] Li, F. ; Xia, C. ; Hu, B. *Tetrahedron Lett.* **2004**, 45, 8307.

[766] Denmark, S. E. ; Ahmad, M. *J. Org. Chem.* **2007**, 72, 9630.

[767] Meerwein, H. ; Hederich, V. ; Wunderlich, K. *Arch. Pharm.* **1958**, 291/63, 541. SeePerst, H. *Oxonium Ions in Organic Chemistry*, Verlag Chemie, Deerfield Beach, FL, **1971**, pp. 22-39.

[768] SeeHiatt, R. inSwern, D. *OrganicPeroxides*, Vol. 2, Wiley, NY, **1971**, pp. 1-151; Pandiarajan, K. InPizey, J. S. *Synthetic Reagents*, Vol. 6, Wiley, NY, **1985**, pp. 60-155.

[769] Cookson, P. G. ; Davies, A. G. ; Roberts, B. P. *J. Chem. Soc.*, *Chem. Commun.* **1976**, 1022. Also seeBourgeois, M. ; Montaudon, E. ; Maillard, B. *Synthesis* **1989**, 700.

[770] Johnson, R. A. ; Nidy, E. G. ; Merritt, M. V. *J. Am. Chem. Soc.* **1978**, 100, 7960.

[771] See SanFilippo, Jr. , J. ; Chern, C. ; Valentine, J. S. *J. Org. Chem.* **1975**, 40, 1678; Corey, E. J. ; Nicolaou, K. C. ; Shibasaki, M. ; Machida, Y. ; Shiner, C. S. *TetrahedronLett.* **1975**, 3183.

[772] Salomon, M. F. ; Salomon, R. G. *J. Am. Chem. Soc.* **1979**, 101, 4290.

[773] SeeBouillon, G. ; Lick, C. ; Schank, K. inPatai, S. *TheChemistryofPeroxides*, Wiley, NY, **1983**, pp. 279-309; Hiatt, R. ;Swern, D. *Organic Peroxides*, Vol. 2, Wiley, NY, **1971**, pp. 799-929.

[774] SeeSilbert, L. S. ; Siegel, E. ; Swern, D. *J. Org. Chem.* **1962**, 27, 1336.

[775] Greene, F. D. ; Kazan, J. *J. Org. Chem.* **1963**, 28, 2168.

[776] See Salomaa, P. ; Kankaanperä, A. ; Pihlaja, K. in Patai, S. *The Chemistry of the Hydroxyl Group*, pt. 1, Wiley, NY, **1971**, pp. 481-497.

[777] SeeAldred, S. E. ; Williams, D. L. H. ; Garley, M. *J. Chem. Soc. PerkinTrans.* 2 **1982**, 777.

[778] Sandier, S. R. ; Karo, W. *OrganicFunctionalGroupPreparations*, 2nded. ,Vol3, AcademicPress, NY, **1989**, pp. 129-151.

[779] Choudary, B. M. ; Chowdari, N. S. ; Kantam, M. L. *Tetrahedron* **2000**, 56, 7291.
[780] Vignola, N. ; Dahmen, S. ; Enders, D. ; Bräse, S. *Tetrahedron Lett.* **2001**, 42, 7833.
[781] Bengtson, A. ; Hallberg, A. ; Larhed, M. *Org. Lett.* **2002**, 4, 1231.
[782] Shibata, N. ; Matsunaga, M. ; Fukuzumi, T. ; Nakamura, S. ; Toru, T. *Synlett* **2005**, 1699.
[783] See Williams, D. L. H. *Nitrosation*, Cambridge University Press, Cambridge, **1988**, pp. 150-172.
[784] Doyle, M. P. ; Terpstra, J. W. ; Pickering, R. A. ; LePoire, D. M. *J. Org. Chem.* **1983**, 48, 3379. See Williams, D. L. H. *Nitrosation*, Cambridge University Press, Cambridge, **1988**, pp. 150-156.
[785] Barton, D. H. R. ; Narang, S. C. *J. Chem. Soc. Perkin Trans.* 1 **1977**, 1114.
[786] Pungente, M. D. ; Weiler, L. *Org. Lett.* **2001**, 3, 643.
[787] See Boguslavskaya, L. S. ; Chuvatkin, N. N. ; Kartashov, A. V. *Russ. Chem. Rev.* **1988**, 57, 760.
[788] Klamann, D. ; Weyerstahl, P. *Chem. Ber.* **1965**, 98, 2070.
[789] Karger, M. H. ; Mazur, Y. *J. Org. Chem.* **1971**, 36, 532, 540.
[790] See Zefirov, N. S. ; Zhdankin, V. V. ; Koz'min, A. S. *Russ. Chem. Rev.* **1988**, 57, 1041.
[791] Zefirov, N. S. ; Kirin, V. N. ; Yur'eva, N. M. ; Zhdankin, V. V. ; Kozmin, A. S. *J. Org. Chem. USSR* **1987**, 23, 1264.
[792] Golding, P. ; Millar, R. W. ; Paul, N. C. ; Richards, D. H. *Tetrahedron Lett.* **1988**, 29, 2731, 2735.
[793] Han, L.-B. ; Zhao, C.-Q. *J. Org. Chem.* **2005**, 70, 10121.
[794] Rahman, S. M. A. ; Ohno, H. ; Tanaka, T. *Tetrahedron Lett.* **2001**, 42, 8007.
[795] SØrbye, K. ; Tautermann, C. ; Carlsen, P. ; Fiksdahl, A. *Tetrahedron Asymmetry*, **1998**, 9, 681.
[796] See Abele, E. ; Lukevics, E. *Org. Prep. Proceed. Int.* **2000**, 32, 235.
[797] See Torssell, K. B. G. *Nitrile, Oxides, Nitrones, and Nitronates in Organic Synthesis*, VCH, NY, **1988**, pp. 75-93; Katrizky, A. R. ; Cui, X. ; Long, Q. ; Yanga, B. ; Wilcox, A. L. ; Zhang, Y.-K. *Org. Prep. Proceed. Int.* **2000**, 32, 175.
[798] See Reutov, O. A. ; Beletskaya, I. P. ; Kurts, A. L. *Ambident Anions*, Plenum, NY, **1983**, pp. 263-272.
[799] Buehler, E. *J. Org. Chem.* **1967**, 32, 261.
[800] See Bernardi, F. ; Csizmadia, I. G. ; Mangini, A. *Organic Sulfur Chemistry*, Elsevier, NY, **1985**; Oae, S. *Organic Chemistry of Sulfur*, Plenum, NY, **1977**. For selenium compounds, see Krief, A. ; Hevesi, L. *Organoselenium Chemistry I*, Springer, NY, **1988**; Liotta, D. *Organoselenium Chemistry*, Wiley, NY, **1987**.
[801] See Ashby, E. C. ; Park, W. S. ; Goel, A. B. ; Su, W. *J. Org. Chem.* **1985**, 50, 5184.
[802] See Wardell, J. L. in Patai, S. *The Chemistry of the Thiol Group*, pt. 1, Wiley, NY, **1974**, pp. 179-211.
[803] Bandgar, B. P. ; Sadanarte, V. S. ; Uppalla, L. S. *Chem. Lett.* **2000**, 1304.
[804] See Vasil'tsov, A. M. ; Trofimov, B. A. ; Amosova, S. V. *J. Org. Chem. USSR* **1983**, 19, 1197.
[805] Gingras, M. ; Harpp, D. N. ; *Tetrahedron Lett.* **1990**, 31, 1397.
[806] Miranda, E. I. ; Diaz, M. J. ; Rosado, I. ; Soderquist, J. A. ; *Tetrahedron Lett.* **1994**, 35, 3221; Rane, A. M. ; Miranda, E. I. ; Soderquist, J. *Tetrahedron Lett.* **1994**, 35, 3225.
[807] Lucien, J. ; Barrault, J. ; Guisnet, M. ; Maurel, R. ; *Nouv. J. Chim.* **1979**, 3, 15.
[808] Nishio, T. *J. Chem. Soc. Perkin Trans.* 1 **1993**, 1113.
[809] Kornblum, N. ; Widmer, J. *J. Am. Chem. Soc.* **1978**, 100, 7086.
[810] See Peach, M. E. in Patai, S. *The Chemistry of the Thiol Groups*, pt. 2, Wiley, NY, **1972**, pp. 721-735.
[811] Yin, J. ; Pidgeon, C. *Tetrahedron Lett.* **1997**, 38, 5953.
[812] See Weber, W. P. ; Gokel, G. W. *Phase Transfer Catalysis in Organic Synthesis*, Springer, NY, **1977**, pp. 221-233. Also see Salvatore, R. N. ; Smith, R. A. ; Nischwitz, A. K. ; Gavi, T. *Tetrahedron Lett.* **2005**, 46, 8931.
[813] Ono, N. ; Miyake, H. ; Saito, T. ; Kajim A, *Synthesis* **1980**, 952. See also, Ferreira, J. T. B. ; Comasseto, J. V. ; Braga, A. L. *Synth. Commun.* **1982**, 12, 595; Ando, W. ; Furuhata, T. ; Tsumaki, H. ; Sekiguchi, A. *Synth. Commun.* **1982**, 12, 627.
[814] Shah, S. T. A. ; Khan, K. M. ; Heinich, A. M. ; Voelter, W. *Tetrahedron Lett.* **2002**, 43, 8281.
[815] Kondo, T. ; Kanda, Y. ; Baba, A. ; Fukuda, K. ; Nakamura, A. ; Wada, K. ; Morisaki, Y. ; Mitsudo, T.-a. *J. Am. Chem. Soc.* **2002**, 124, 12960.
[816] Cristau, H. J. ; Chabaud, B. ; Labaudiniere, R. ; Christol, H. *J. Org. Chem.* **1986**, 51, 875.
[817] Ochiai, M. ; Hirobe, M. ; Miyamoto, K. *J. Am. Chem. Soc.* **2006**, 128, 9046.
[818] See Cain, M. E. ; Evans, M. B. ; Lee, D. F. *J. Chem. Soc.* **1962**, 1694.
[819] Inada, Y. ; Nishibayashi, Y. ; Hidai, M. ; Uemura, S. *J. Am. Chem. Soc.* **2002**, 124, 15172.
[820] Walker, K. A. M. *Tetrahedron Lett.* **1977**, 4475. See the references in this paper for other methods of converting alcohols to sulfides. See also, Cleary, D. G. *Synth. Commun.* **1989**, 19, 737.
[821] Zhang, X. ; Rao, W. ; Chan, P. W. H. *Synlett* **2008**, 2204.
[822] Fujisaki, S. ; Fujiwara, I. ; Norisue, Y. ; Kajigaeshi, S. *Bull. Chem. Soc. Jpn.* **1985**, 58, 2429.
[823] See Evers, M. *Chem. Scr.* **1986**, 26, 585.
[824] Also see Hanessian, S. ; Guindon, Y. *Tetrahedron Lett.* **1980**, 21, 2305; Williard, P. G. ; Fryhle, C. B. *Tetrahedron Lett.* **1980**, 21, 3731; Node, M. ; Nishide, K. ; Fuji, K. ; Fujita, E. *J. Org. Chem.* **1980**, 45, 4275; Evers, M. ; Christiaens, L. *Tetrahedron Lett.* **1983**, 24, 377; Tiecco, M. *Synthesis* **1988**, 749.
[825] Feutrill, G. I. ; Mirrington, R. N. *Tetrahedron Lett.* **1970**, 1327, *Aust. J. Chem.* **1972**, 25, 1719, 1731.
[826] Goux, C. ; Lhoste, P. ; Sinou, D. *Tetrahedron* **1994**, 50, 10321.
[827] Shamma, M. ; Deno, N. C. ; Remar, J. F. *Tetrahedron Lett.* **1966**, 1375. For alternative procedures, see Hutchins, R. O. ; Dux, F. J. *J. Org. Chem.* **1973**, 38, 1961; Posner, G. H. ; Ting, J. *Synth. Commun.* **1974**, 4, 355.
[828] Kametani, T. ; Kigasawa, T. ; Hiiragi, M. ; Wagatsuma, N. ; Wakisaka, K. *Tetrahedron Lett.* **1969**, 635.
[829] For another reagent, see Harpp, D. N. ; Gingras, M. ; Aida, T. ; Chan, T. H. *Synthesis* **1987**, 1122.

[830] Nedugov, A. N.; Pavlova, N. N. *Zhur. Org. Khim.*, **1992**, 28, 1401 (Engl. 1103).
[831] Tan, L. C.; Pagni, R. M.; Kabalka, G. W.; Hillmyer, M.; Woosley, J *TetrahedronLett.* **1992**, 33, 7709.
[832] SeeSingh, A.; Mehrotra, A.; Regen, S. L. *Synth. Commun.* **1981**, 11, 409.
[833] See, forexampleWähälä, K.; Ojanperä, I.; Häyri, L.; Hase, T. A. *Synth. Commun.* **1987**, 17, 137.
[834] Sato, T.; Kobayashi, T.; Gojo, T.; Yoshida, E.; Otera, J.; Nozaki, H. *Chem. Lett.* **1987**, 1661.
[835] Firouzabadi, H.; Iranpoor, N.; Hazarkhani, H. *J. Org. Chem.* **2001**, 66, 7527 and references cited therein; Ranu, B. C.; Das, A.; Samanta, S. *Synlett.* **2002**, 727.
[836] Wan, Y.; Kurchan, A. N.; Barnhurst, L. A.; Kutateladze, A. G. *Org. Lett.* **2000**, 2, 1133.
[837] Chini, M.; Crotti, P.; Giovani, E.; Macchia, F.; Pineschi, M. *Synlett*, **1992**, 303.
[838] Nishiyama, Y.; Ohashi, H.; Itoh, K.; Sonoda, N. *Chem. Lett.* **1998**, 159.
[839] Brittain, J.; Gareau, Y. *TetrahedronLett.* **1993**, 34, 3363.
[840] See Fokin, A. V.; Kolomiets, A. F. *Russ. Chem. Rev.* **1975**, 44, 138. Key intermediates have been isolated. Kleiner, C. M.; Horst, L.; Würtele, C.; Wende, R.; Schreiner, P. R. *Org. Biomol. Chem.* **2009**, 7, 1397. See Das, B.; Reddy, V. S.; Krishnaiah, M. *Tetrahedron Lett.* **2006**, 47, 8471.
[841] Chan, T. H.; Finkenbine, J. R. *J. Am. Chem. Soc.* **1972**, 94, 2880.
[842] Gao, Y.; Sharpless, K. B. *J. Org. Chem.* **1988**, 53, 4114. Also seeBouda, H.; Borredon, M. E.; Delmas, M.; Gaset, A. *Synth. Commun.* **1987**, 17; 943, **1989**, 19, 491.
[843] Kazemi, F.; Kiasat, A. R.; Ebrahimi, S. *Synth. Commun.* **2003**, 33, 595.
[844] Iranpoor, N.; Zeynizadeh, B. *Synth. Commun.* **1998**, 28, 3913. See also, Tamami, B.; Kolahdoozan, M. *Tetrahedron Lett.* **2004**, 45, 1535.
[845] Kaboudin, B.; Norouzi, H. *Tetrahedron Lett.* **2004**, 45, 1283.
[846] Yadav, J. S.; Reddy, B. V. S.; Baishya, G. *Synlett.* **2003**, 396.
[847] Yadav, J. S.; Reddy, B. V. S.; Reddy, Ch. S.; Rajasekhar, K. *J. Org. Chem.* **2003**, 68, 2525.
[848] Bandgar, B. P.; Joshi, N. S.; Kamble, V. T. *Tetrahedron Lett.* **2006**, 47, 4775.
[849] Cohen, R. J.; Fox, D. L.; Salvatore, R. N. *J. Org. Chem.* **2004**, 69, 4265. Also see Monahan, R.; Brown, D.; Waykole, L.; Liotta, D. in Liotta, D. C. *Organoselenium Chemistry*, Wiley, NY, **1987**, pp. 207-241.
[850] Yanada, K.; Fujita, T.; Yanada, R. *Synlett*, **1998**, 971.
[851] Nishino, T.; Okada, M.; Kuroki, T.; Watanabe, T.; Nishiyama, Y.; Sonoda, N. *J. Org. Chem.* **2002**, 67, 8696. Zinc in aqueous media has also been used: see Bieber, L. W.; de Sá. A. C. P. F.; Menezes, P. H.; Goncalves, S. M. C. *Tetrahedron Lett.* **2001**, 42, 4597.
[852] Munbunjong, W.; Lee, E. H.; Chavasiri, W.; Jang, D. O. *Tetrahedron Lett.* **2005**, 46, 8769.
[853] Krief, A.; Derock, M.; Lacroix, D. *Synlett* **2005**, 2832.
[854] Nishiyama, Y.; Tokunaga, K.; Sonoda, N. *Org. Lett.* **1999**, 1, 1725.
[855] Wang, J.; Li, H.; Mei, Y.; Lou, B.; Xu, D.; Xie, D.; Guo, H.; Wang, W. *J. Org. Chem.* **2005**, 70, 5678.
[856] See Arisawa, M.; Yamaguchi, M. *J. Am. Chem. Soc.* **2004**, 125, 6624.
[857] Milligan, B.; Swan, J. M. *J. Chem. Soc.* **1962**, 2712.
[858] Chorbadjiev, S.; Roumian, C.; Markov, P. *J. Prakt. Chem.* **1977**, 319, 1036. For an example using microwave irradiation, see Wang, J.-X.; Gao, L.; Huang, D.; *Synth. Commun.* **2002**, 32, 963.
[859] See Polshettiwar, V.; Nivsarkar, M.; Acharya, J.; Kaushik, M. P. *Tetrahedron Lett.* **2003**, 44, 887.
[860] For a review of Bunte salts, see Diatler, H. *Angew. Chem. Int. Ed.* **1967**, 6, 544-553.
[861] Kice, J. L. *J. Org. Chem.* **1963**, 28, 957.
[862] Milligan, B.; Saville, B.; Swan, J. M. *J. Chem. Soc.* **1963**, 3608.
[863] See Schank, K. in Patai, S.; Rappoport, Z.; Stirling, C. *The Chemistry of Sulphoxides*, Wiley, NY, **1988**, pp. 165-231, pp. 177-188. For a reaction using the MgBr salt of an aryl sulfinate, see Wu, J.-P.; Emeigh, J.; Su, X.-P. *Org. Lett.* **2005**, 7, 1223.
[864] Eichelmann, H.; Gais, H.-J. *TetrahedronAsymmetry*, **1995**, 6, 643.
[865] See Kielbasinski, P.; Zurawinski, R.; Drabowicz, J.; Mikolajczyk, M. *Tetrahedron***1988**, 44, 6687.
[866] Felpin, F.-X.; Landais, Y. *J. Org. Chem.* **2005**, 70, 6441. Also see Chandrasekhar, V.; Saritha, B.; Narsihmulu, C. *J. Org. Chem.* **2005**, 70, 6506.
[867] Biswas, G.; Mal, D. *J. Chem. Res. (S)* **1988**, 308.
[868] Saikia, P.; Laskar, D. D.; Prajapati, D.; Sandhu, J. S. *Chem. Lett.* **2001**, 512.
[869] Zhang, J.; Zhang, Y. *J. Chem. Res. (S)* **2001**, 516.
[870] Ballini, R.; Marcantoni, E.; Petrini, M. *Tetrahedron* **1989**, 45, 6791.
[871] Huang, F.; Batey, R. A. *Tetrahedron* **2007**, 63, 7667.
[872] Ochiai, M.; Oshima, K.; Masaki, Y.; Kunishima, M.; Tani, S. *TetrahedronLett.* **1993**, 34, 4829.
[873] Renard, P.-Y.; Schwebel, H.; Vayron, P.; Leclerc, E.; Dias, S.; Mioskowski, C. *Tetrahedron Lett.* **2001**, 42, 8479. The reagent $Ph_3P(SCN)_2$ has also been used: see Iranpoor, N.; Firouzabadi, H.; Shaterian, H. R. *Tetrahedron Lett.* **2002**, 43, 3439. Also see Mohanazadeh, F.; Aghvami, M. *Tetrahedron Lett.* **2007**, 48, 7240.
[874] See Guy, R. G. inPatai, S. *The Chemistry of Cyanates and Their Thio Derivatives*, pt. 2, pp. 819-886, Wiley, NY, **1977**, pp. 819-886.
[875] Katritzky, A. R.; Gruntz, U.; Mongelli, N.; Rezende, M. C. *J. Chem. Soc. PerkinTrans. 1* **1979**, 1953. SeeTamura, Y.; Kawasaki, T.; Adachi, M.; Tanio, M.; Kita, Y. *TetrahedronLett.* **1977**, 4417.
[876] Bettadaiah, B. K.; Gurudutt, K. N.; Srinivas, P. *Synth. Commun.* **2003**, 33, 2293.
[877] SeeGibson, M. S. inPatai, S. *The Chemistry of the Amino Group*, Wiley, NY, **1968**, pp. 45-55; Spialter, L.; Pappalardo,

J. A. *TheAcyclicAliphaticTertiaryAmines*, Macmillan, NY, **1965**, pp. 14-29.

[878] SeeJeyaraman, R. inPizey,J. S. *Synthetic Reagents*, Vol. 5, Wiley, NY, **1983**, pp. 9-83.

[879] For a discussion of solvent effects see Sola, M. ; Lledos, A. ; Duran, M. ; Bertran, J. ; Abboud, J. L. M. *J. Am. Chem. Soc.* **1992**, 113, 2873. For other parameters, seeBottini, A. T. *Sel. Org. Transform.* **1970**, 1, 89; Persson, J. ; Berg, U. ; Matsson, O. *J. Org. Chem.* **1995**, 60, 5037; Zoltewicz, J. A. ; Deady, L. W. *Adv. Heterocycl. Chem.* **1978**, 22, 71; Shaik, S. ; Ioffe, A. ; Reddy, A. C. ; Pross, A. *J. Am. Chem. Soc.* **1994**, 116, 262.

[880] Lorentz-Petersen, L. L. R. ; Jensen, P. ; Madsen, R. *Synthesis* **2009**, 4110.

[881] Kurosu, M. ; Dey, S. S. ; Crick, D. C. *Tetrahedron Lett.* **2006**, 47, 4871.

[882] Lyubimov, S. E. ; Davankov, V. A. ; Gavrilov, K. N. *Tetrahedron Lett.* **2006**, 47, 2721.

[883] Saulnier, M. G. ; Zimmermann, K. ; Struzynski, C. P. ; Sang, X. ; Velaparthi, U. ; Wittman, M. ; Frennesson, D. B. *Tetrahedron Lett.* **2004**, 45, 397.

[884] Romera, J. L. ; Cid, J. M. ; Trabanco, A. A. *Tetrahedron Lett.* **2004**, 45, 8797.

[885] Murty, M. S. R. ; Jyothirmai, B. ; Krishna, P. R. ; Yadav, J. S. *Synth. Commun.* **2003**, 33, 2483.

[886] Singh, C. B. ; Kavala, V. ; Samal, A. K. ; Patel, B. K. *Eur. J. Org. Chem.* **2007**, 1369; Simion, A. M. ; Arimura, T. ; Miyazawa, A. ; Simion, C. ; Prakash, G. K. S. ; Olah, G. A. ; Tashiro, M. *Synth. Commun.* **2009**, 39, 2859.

[887] Faul, M. M. ; Kobierski, M. E. ; Kopach, M. E. *J. Org. Chem.* **2003**, 68, 5739.

[888] Cho, J. H. ; Kim, B. M. *Tetrahedron Lett.* **2002**, 43, 1273.

[889] Salvatore, R. N. ; Schmidt, S. E. ; Shin, S. I. ; Nagle, A. S. ; Worrell, J. H. ; Jung, K. W. *Tetrahedron Lett.* **2000**, 41, 9705.

[890] Hayat, S. ; Rahman, A. -u. ; Choudhary, M. I. ; Khan, K. M. ; Schumann, W. ; Bayer, E. *Tetrahedron* **2001**, 57, 9951.

[891] Salvatore, R. N. ; Nagle, A. S. ; Jung, K. W. *J. Org. Chem.* **2002**, 67, 674.

[892] Werner, E. A. *J. Chem. Soc.* **1918**, 113, 899.

[893] Chen, P. ; Suh, D. J. ; Smith, M. B. *J. Chem. Soc. PerkinTrans.* 1 **1995**, 1317; Deskus, J. ; Fan, D.-p. ; Smith, M. B. *Synth. Commun.* **1998**, 28, 1649.

[894] See Kumar, H. M. S. ; Anjaneyulu, S. ; Reddy, B. V. S. ; Yadav, J. S. *Synlett.* **1999**, 551.

[895] Sommer, H. Z. ; Lipp. H. I. ; Jackson, L. L. *J. Org. Chem.* **1971**, 36, 824. See also, Chuang, T. -H. ; Sharpless, K. B. *Org. Lett.* **2000**, 2, 3555.

[896] See DePue, J. S. ; Collum, D. B. *J. Am. Chem. Soc.* **1988**, 110, 5524.

[897] Vitale, A. A. ; Chiocconi, A. A. *J. Chem. Res.* (S) **1996**, 336.

[898] Bestmann, H. J. ; Wölfel, G. *Chem. Ber.* **1984**, 117, 1250.

[899] Patai, S. ; Weiss, S. *J. Chem. Soc.* **1959**, 1035.

[900] Le, Z. -G. ; Chen, Z. -C. ; Hu, Y. ; Zheng, Q. -G. *Synthesis* **2004**, 1951.

[901] SeeDermer, O. C. ; Ham, G. E. *Ethylenimine and Other Aziridines*, Academic Press, NY, **1969**, pp. 1-59.

[902] DeKimpe, N. ; DeSmaele, D. *TetrahedronLett.* **1994**, 35, 8023. Alsosee, DeKimpe, N. ; Boelens, M. ; Piqueur, J. ; Baele, J. *TetrahedronLett.* **1994**, 35, 1925.

[903] Tokuda, M. ; Fujita, H. ; Suginome, H. *J. Chem. Soc. PerkinTrans.* 1 **1994**, 777.

[904] Grellier, M. ; Pfeffer, M. ; vanKoten, G. *TetrahedronLett.* **1994**, 35, 2877.

[905] Garner. P. ; Dogan, O. ; Pillai, S. *TetrahedronLett.* **1994**, 35, 1653.

[906] Juaristi, E. ; Madrigal, D. *Tetrahedron* **1989**, 45, 629.

[907] Ju, Y. ; Varma, R. S. *J. Org. Chem.* **2006**, 71, 135.

[908] Strand, J. W. ; Kovacic, M. K. *J. Am. Chem. Soc.* **1973**, 95, 2977.

[909] Naskar, S. ; Bhattacharjee, M. *Tetrahedron Lett.* **2007**, 48, 3367; Hollmann, D. ; Bähn, S. ; Tillack, A. ; Parton, R. ; Altink, R. ; Beller, M. *Tetrahedron Lett.* **2008**, 49, 5742.

[910] SeeBlazevic, N. ; Kolbah, D. ; Belin, B. ; Sunjic, V. ; Kajfez, F. *Synthesis* **1979**, 161.

[911] Jonczyk, A. ; Ochal, Z. ; Makosza, M. *Synthesis* **1978**, 882.

[912] Thomas, S. ; Huynh, T. ; Enriquez-Rios, V. ; Singaram, B. *Org. Lett.* **2001**, 3, 3915.

[913] Crich, D. ; Shirai, M. ; Rumthao, S. *Org. Lett.* **2003**, 5, 3767.

[914] Greene, T. W. *Protective Group in Organic Synthesis* Wiley, New York, **1980**; Wuts, P. G. M. ; Greene, T. W. *Protective Groups in Organic Synthesis* 2nd ed. , Wiley, New York, **1991**; Wuts, P. G. M. ; Greene, T. W. *Protective Groups in Organic Synthesis* 3nd ed. , Wiley, New York, **1999**; Wuts, P. G. M. ; Greene, T. W. *Protective Groups in Organic Synthesis* 4nd ed. , Wiley, New Jersey, **2006**.

[915] Takaki, K. ; Kamata, T. ; Miura, Y. ; Shishido, T. ; Takechira, K. *J. Org. Chem.* **1999**, 64, 3891.

[916] Faller, J. W. ; Wilt, J. C. *Org. Lett.* **2005**, 7, 633; Nagano, T. ; Kobayashi, S. *J. Am. Chem. Soc.* **2009**, 131, 4200; Watson, I. D. G. ; Styler, S. A. ; Yudin, A. K. *J. Am. Chem. Soc.* **2004**, 126, 5086. See also, Evans, P. A. ; Robinson, J. E. ; Moffett, K. K. *Org. Lett.* **2001**, 3, 3269; Mahrwald, R. ; Quint, S. *Tetrahedron Lett.* **2001**, 42, 1655. For mechanistic insights, see Watson, I. D. G. ; Yudin, A. K. *J. Am. Chem. Soc.* **2005**, 127, 17516.

[917] Detz, R. J. ; Deeelville, M. M. E. ; Hiemstra, H. ; van Maarseveen, J. H. *Angew. Chem. Int. Ed.* **2008**, 47, 3777. A Cu(I) mediated reaction in ionic liquids is known, see Park, S. B. ; Alper, H. *Chem. Commun.* **2005**, 1315.

[918] González, I. ; Mosquera, J. ; Guerrero, C. ; Rodrĭguez, R. ; Cruces, J. *Org. Lett.* **2009**, 11, 1677. See also, Bariwal, J. B. ; Ermolaťev, D. S. ; Van der Eycken. E. V. *Chemistry: Eur. J.* **2010**, 16, 3281.

[919] Gage, J. R. ; Wagner, J. M. *J. Org. Chem.* **1995**, 60, 2613.

[920] See Honaker, M. T. ; Sandefur, B. J. ; Hargett, J. L. ; McDaniel, A. L. ; Salvatore, R. N. *Tetrahedron Lett.* **2003**, 44, 8373.

[921] See Deady, L. W. ; Finlayson, W. L. ; Korytsky, O. L. *Aust. J. Chem.* **1979**, 32, 1735.

[922] Abrunhosa-Thomas, I. ; Sellers, C. E. ; Montchamp, J. -L. *J. Org. Chem.* **2007**, 72, 2851.

[923]　See Katritzky, A. R. ; Huang, T.-B. ; Voronkov, M. V. *J. Org. Chem.* **2001**, 66, 1043; Cami-Kobeci, G. ; Williams, J. M. J. *Chem. Commun.* **2004**, 1072. See also, Salehi, P. ; Motlagh, A. R. *Synth. Commun.* **2000**, 30, 671; Lakouraj, M. M. ; Movassagh, B. ; Fasihi, J. *Synth. Commun.* **2000**, 30, 821.

[924]　Fabiano, E. ; Golding, B. T. ; Sadeghi, M. M. *Synthesis* **1987**, 190. See also, Klepacz, A. ; Zwierzak, A. *Synth. Commun.* **2001**, 31, 1683.

[925]　See Edwards, M. L. ; Stemerick, D. M. ; McCarthy, J. R. *TetrahedronLett.* **1990**, 31, 3417.

[926]　See Arcelli, A. ; Evans, Jr. , S. A. *J. Org. Chem.* **1986**, 51, 95; Huh, K. ; Tsuji, Y. ; Kobayashi, M. ; Okuda, F. ; Watanabe, Y. *Chem. Lett.* **1988**, 449.

[927]　Gunanathan, C. ; Milstein, D. *Angew. Chem. Int. Ed.* **2008**, 47, 8661. For a Ru-catalyzed reaction of primary and secondary alcohols with ammonia, see Imm, S. ; Bahn, S. ; Neubert, L. ; Neumann, H. ; Beller, M. *Angew. Chem. Int. Ed.* **2010**, 49, 8126.

[928]　Botta, M. ; DeAngelis, F. ; Nicoletti, R. *Synthesis* **1977**, 722.

[929]　Utsunomiya, M. ; Miyamoto, Y. ; Ipposhi, J. ; Ohshima, T. ; Mashima, K. *Org. Lett.* **2007**, 9, 3371.

[930]　Yamashita, Y. ; Gopalarathnam, A. ; Harwig, J. F. *J. Am. Chem. Soc.* **2007**, 129, 7508; Yang, S.-C. ; Hsu, Y.-C. ; Gan, K.-H. *Tetrahedron* **2006**, 62, 3949.

[931]　Tsuji, Y. ; Takeuchi, R. ; Ogawa, H. ; Watanabe, Y. *Chem. Lett.* **1986**, 293.

[932]　Jiang, Y.-L. ; Hu, Y.-Q. ; Feng, S.-Q. ; Wu, J.-S. ; Wu, Z.-W. ; Yuan, Y.-C. ; Liu, J.-M. ; Hao, Q.-S. ; Li, D.-P. ; *Synth. Commun.* **1996**, 26, 161.

[933]　Hamid, M. H. S. A. ; Williams, J. M. J. *Tetrahedron Lett.* **2007**, 48, 8263; Malai Haniti S. A. ; Hamid, M. H. S. A. ; Williams, J. M. J. *Chem. Commun.* **2007**, 725; Tillack, A. ; Hollmann, D. ; Mevius, K. ; Michalik, D. ; Bahn, S. ; Beller, M. *Eur. J. Org. Chem.* **2008**, 4745.

[934]　Fujita, K. ; Enoki, Y. ; Yamaguchi, R. *Tetrahedron* **2008**, 64, 1943; Defieber, C. ; Ariger, M. A. ; Moriel, P. ; Carreira, E. M. *Angew. Chem. Int. Ed.* **2007**, 46, 3139.

[935]　Guo, S. ; Song, F. ; Liu, Y. *Synlett* **2007**, 964.

[936]　Ramanathan, B. ; Odom, A. L. *J. Am. Chem. Soc.* **2006**, 128, 9344.

[937]　Likhar, P. R. ; Arundhathi, R. ; Kantam, M. L. ; Prathima, P. S. *Eur. J. Org. Chem.* **2009**, 5383.

[938]　Mizuno, M. ; Yamano, M. *Org. Lett.* **2005**, 7, 3629.

[939]　Kaboudin, B. *Tetrahedron Lett.* **2003**, 44, 1051.

[940]　Bombrun, A. ; Casi, G. *Tetrahedron Lett.* **2002**, 43, 2187.

[941]　Valot, F. ; Fache, F. ; Jacquot, R. ; Spagnol, M. ; Lemaire, M. *Tetrahedron Lett.* **1999**, 40, 3689. See Selva, M. ; Tundo, P. ; Perosa, A. *J. Org. Chem.* **2003**, 68, 7374.

[942]　Masuyama, Y. ; Kagawa, M. ; Kurusu, Y. *Chem. Lett.* **1995**, 1121.

[943]　Fujita, K.-i. ; Fujii, T. ; Yamaguchi, R. *Org. Lett.* **2004**, 6, 3525.

[944]　Okada, I. ; Ichimura, K. ; Sudo, R. *Bull. Chem. Soc. Jpn.* **1970**, 43, 1185. Seealso, Pfister, J. R. *Synthesis* **1984**, 969; Suzuki, H. ; Tani, H. *Chem. Lett.* 1984, 2129; Marsella, J. A. *J. Org. Chem.* **1987**, 52, 467.

[945]　Also see Hendrickson, J. B. ; Joffee, I. *J. Am. Chem. Soc.* **1973**, 95, 4083; Trost, B. M. ; Keinan, E. *J. Org. Chem.* **1979**, 44, 3451; Koziara, A. ; Osowska-Pacewicka, K. ; Zawadzki, S. ; Zwierzak, A. *Synthesis* **1985**, 202; **1987**, 487.

[946]　Castro, B. ; Selve, C. *Bull. Soc. Chim. Fr.* **1971**, 4368. For a similar method, seeTanigawa, Y. ; Murahashi, S. ; Moritani, I. *TetrahedronLett.* **1975**, 471.

[947]　Reddy, G. V. S. ; Rao, G. V. ; Subrmanyam, R. V. K. ; Iyengar, D. S. *Synth. Commun.* **2000**, 30, 2233.

[948]　See Klemmensen, P. ; Schroll, G. ; Lawesson, S. *Ark. Kemi*, **1968**, 28, 405.

[949]　Loubinoux, B. ; Coudert, G. ; Guillaumet, G. *Synthesis* **1980**, 638.

[950]　Ireland, R. E. ; Walba, D. M. *Org. Synth.* Ⅵ, 567.

[951]　Widehem, R. ; Lacroix, T. ; Bricout, H. ; Monflier, E. *Synlett* **2000**, 722.

[952]　Baltzly, R. ; Blackman, S. W. *J. Org. Chem.* **1963**, 28, 1158.

[953]　SeeGeller, B. A. *Russ. Chem. Rev.* **1978**, 47, 297.

[954]　DeAngelis, F. ; Grgurina, I. ; Nicoletti, R. *Synthesis* **1979**, 70; Seealso, Tsuji, Y. ; Shida, J. ; Takeuchi, R. ; Watanabe, Y. *Chem. Lett.* **1984**, 889; Bank, S. ; Jewett, R. *TetrahedronLett.* **1991**, 32, 303.

[955]　Hünig, S. ; Baron, W. *Chem. Ber.* **1957**, 90, 395, 403.

[956]　Cassimjee, K. E. ; Branneby, C. ; Abedi, V. ; Wells, A. ; Berglund, P. *Chem. Commun.* **2010**, 5569.

[957]　Müller, E. ; Huber-Emden, H. ; Rundel, W. *LiebigsAnn. Chem.* **1959**, 623, 34.

[958]　Saegusa, T. ; Ito, Y. ; Kobayashi, S. ; Hirota, K. ; Shimizu, T. *TetrahedronLett.* **1966**, 6131.

[959]　Azizi, N. ; Saidi, M. R. *Org. Lett.* **2005**, 7, 3649.

[960]　Lu, P. *Tetrahedron* **2010**, 66, 2549.

[961]　See Charrada, B. ; Hedhli, A. ; Baklouti, A. *Tetrahedron Lett.* **2000**, 41, 7347.

[962]　PastÓ, M. ; Rodriguez, B. ; Riera, A. ; Pericas, M. A. *Tetrahedron Lett.* **2003**, 44, 8369.

[963]　LindsstrÖm, U. M. ; Olofsson, B. ; Somfai, P. *Tetrahedron Lett.* **1999**, 40, 9271.

[964]　See Harrack, Y. ; Pujol, M. D. *Tetrahedron Lett.* **2002**, 43, 819; Steiner, D. ; Sethofer, S. G. ; Goralaki, C. T. ; Singaram, B. *Tetrahedron Asymmetry* **2002**, 13, 1477. For a reaction catalyzed by LiBr, see Chakraborti, A. K. ; Rudrawar, S. ; Kondaskar, A. *Eur. J. Org. Chem.* **2004**, 3597.

[965]　Chakraborti, A. K. ; Rudrawar, S. ; Kondaskar, A. *Org. Biomol*, *Chem.* **2004**, 2, 1277.

[966]　Azizi, N. ; Saidi, M. R. *Tetrahedron* **2007**, 63, 888.

[967]　Reddy, L. R. ; Reddy, M. A. ; Chanumathi, N. ; Rao, K. R. *Synlett* **2000**, 339.

[968]　Heydari, A. ; Mehrdad, M. ; Malecki, A. ; Ahmadi, N. *Synthesis* **2004**, 1563.

[969] Das, U. ; Crousse, B. ; Kesavan, V. ; Bonnet-Delpon, D. ; Bégue, J. P. *J. Org. Chem.* **2000**, 65, 6749.
[970] Sabitha, G. ; Reddy, G. S. K. K. ; Reddy, K. b. ; Yadav, J. S. *Synthesis* **2003**, 2298.
[971] Kamal, A. ; Ramu, R. ; Azhar, M. A. ; Khanna, G. B. R. *Tetrahedron Lett.* **2005**, 46, 2675.
[972] Bartoli, G. ; Bosco, M. ; Carlone, A. ; Locatelli, M. ; Mechiorre, P. ; Sambri, L. *Org. Lett.* **2004**, 6, 3973.
[973] Zhao, P.-Q. ; Xu, L.-W. ; Xia, C.-G. *Synlett* **2004**, 846.
[974] Examples include Al compounds: Williams, D. B. G. ; Lawton, M. *Tetrahedron Lett.* **2006**, 47, 6557; Robinson, M. W. C. ; Timms, D. A. ; Williams, S. M. ; Graham, A. E. *Tetrahedron Lett.* **2007**, 48, 6249. Bi compounds: McCluskey, A. ; Leitch, S. K. ; Garner, J. ; Caden, C. E. ; Hill, T. A. ; Odell, L. R. ; Stewart, S. G. *Tetrahedron Lett.* **2005**, 46, 8229; Ollevier, T. ; Nadeau, E. *Tetrahedron Lett.* **2008**, 49, 1546. Ce compounds: Reddy, L. R. ; Reddy, M. A. ; Bhanumathi, N. ; Rao, K. R. *Synthesis* **2001**, 831. Co compounds: Sundararajan, G. ; Viyayakrishna, K. ; Varghese, B. *Tetrahedron Lett.* **2004**, 45, 8253. Er compounds: Procopio, A. ; Gaspari, M. ; Nardi, M. ; Oliverio, M. ; Rosati, O. *Tetrahedron Lett.* **2008**, 49, 2289. In compounds: Rodríguez, J. R. ; Navarro, A. *Tetrahedron Lett.* **2004**, 45, 7495. Sc compounds: Azoulay, S. ; Manabe, K. ; Kobayashi, S. *Org. Lett.* **2005**, 7, 4593; Placzek. A. T. ; Donelson, J. L. ; Trivedi, R. ; Gibbs, R. A. ; De, S. K. *Tetrahedron Lett.* **2005**, 46, 9029. Sm compounds: Carrée, F. ; Gil, R. ; Collin, J. *Org. Lett.* **2005**, 7, 1023; Sn compounds: Sekar, G. ; Singh, V. K. *J. Org. Chem.* **1999**, 64, 287. Zn compounds: Bonollo, S. ; Fringuelli, F. ; Pizzo, F. ; Vaccaro, L. *Synlett* **2008**, 1574. Zr compounds: Charkraborti, A. K. ; Kondaskar, A. *Tetrahedron Lett.* **2003**, 44, 8315.
[975] Arai, K. ; Lucarini, S. ; Salter, M. M. ; Yamashita, Y. ; Kobayashi, S. *J. Am. Chem. Soc.* **2007**, 129, 8103; Arai, K. ; Salter, K. M. ; Yamashita, Y. ; Kobayashi, S. *Angew. Chem. Int. Ed.* **2007**, 46, 955.
[976] Sun, J. ; Dai, Z. ; Yang, M. ; Pan, X. ; Zhu, C. *Synthesis* **2008**, 2100.
[977] Bao, H. ; Wu, J. ; Li, H. ; Wang, Z. ; You, T. ; Ding, K. *Eur. J. Org. Chem.* **2010**, 6722.
[978] Fink, D. M. *Synlett* **2004**, 2394.
[979] Hodgson, D. M. ; Bray, C. D. ; Kindon, N. D. *J. Am. Chem. Soc.* **2004**, 126, 6870. For a similar reaction with LiNTf$_2$, see Cossy, J. ; Bellosta, V. ; Hamoir, C. ; Desmurs, J.-R. *Tetrahedron Lett.* **2002**, 43, 7083.
[980] Yanagisawa, A. ; Yasue, K. ; Yamamoto, H. *J. Chem. Soc. Chem. Commun.* **1994**, 2103.
[981] Kazemi, F. ; Kiasat, A. R. ; Ebrahimi, S. *Synth. Commun.* **2003**, 33, 999. For a reaction done under phase transfer conditions, see Tamami, B. ; Mahdavi, H. *Tetrahedron Lett.* **2001**, 42, 8721.
[982] Larock, R. C. *Comprehensive Organic Transformations*, 2nd ed., Wiley-VCH, NY, **1999**, p. 815.
[983] Iranpoor, N. ; Kazemi, F. *Synth. Commun.* **1999**, 29, 561.
[984] Sabitha, G. ; Babu, R. S. ; Rajkumar, M. ; Yadav, J. S. *Org. Lett.* **2002**, 4, 343.
[985] Goksu, S. ; Socen, H. ; Sutbeyaz, Y. *Synthesis* **2002**, 2373.
[986] Song, C. E. ; Oh, C. R. ; Roh, E. J. ; Choo, D. J. *Chem. Commun.* **2000**, 1743.
[987] Fringuelli, F. ; Pizzo, F. ; Vaccaro, L. *Tetrahedron Lett.* **2001**, 42, 1131.
[988] Schneider, C. *Synlett* **2000**, 1840.
[989] Kalita, B. ; Barua, N. C. ; Bezbarua, M. ; Bez, G. *Synlett* **2001**, 1411.
[990] Larock, R. C. *Comprehensive Organic Transformations*, 2nd ed., Wiley-VCH, NY, **1999**, p. 821.
[991] Dong, Q. ; Fang, X. ; Schroeder, J. D. ; Garvey, D. S. *Synthesis* **1999**, 1106.
[992] Kühnau, D. ; Thomsen, I. ; Jørgensen, K. A. *J. Chem. Soc. Perkin Trans. 1*, **1996**, 1167.
[993] Tsuchiya, Y. ; Kumamoto, T. ; Ishikawa, T. *J. Org. Chem.* **2004**, 69, 8504.
[994] Albanese, D. ; Landini, D. ; Penso, M. ; Petricci, S. *Tetrahedron* **1999**, 55, 6387.
[995] Najime, R. ; Pilard, S. ; Vaultier, M. *TetrahedronLett.* **1992**, 33, 5351; Moulines, J. ; Bats, J.-P. ; Hautefaye, P. ; Nuhrich, A. ; Lamidey, A.-M. *TetrahedronLett.* **1993**, 34, 2315.
[996] Crotti, P. ; Favero, L. ; Macchia, F. ; Pineschi, M. *TetrahedronLett.* **1994**, 35, 7089.
[997] Chini, M. ; Crotti, P. ; Favero, L. ; Macchia, F. *TetrahedronLett.* **1994**, 35, 761.
[998] See Dermer, O. C. ; Ham, G. E. *Ethylenimine and Other Aziridines*, Academic Press, NY, **1969**, pp. 262-268. See also, Scheuermann, J. E. W. ; Ilyashenko, G. ; Griffiths, D. V. ; Watkinson, M. *Tetrahedron Asymmetry* **2002**, 13, 269.
[999] Peruncheralathan, S. ; Teller, H. ; Schneider, C. *Angew. Chem. Int. Ed.* **2009**, 48, 4849.
[1000] Sekar, G. ; Singh, V. K. *J. Org. Chem.* **1999**, 64, 2537.
[1001] Watson, I. D. G. ; Yudin, A. K. *J. Org. Chem.* **2003**, 68, 5160.
[1002] Bertonlini, F. ; Woodward, S. ; Crotti, S. ; Pineschi, M. *Tetrahedron Lett.* **2009**, 50, 4515.
[1003] Examples include Aqueous media with β-cyclodextrin: Reddy, M. A. ; Reddy, L. R. ; Bhanumathi, N. ; Rao, K. R. *Chem. Lett.* **2001**, 246. BiCl$_3$: Swamy, N. R. ; Venkateswarlu, Y. *Synth. Commun.* **2003**, 33, 547. InBr$_3$: Yadav, J. S. ; Reddy, B. V. S. ; Rao, K. ; Raj, K. S. ; Prasad, A. R. *Synthesis* **2002**, 1061. InCl$_3$: Yadav, J. S. ; Reddy, B. V. S. ; Abranham, S. ; Sabitha, G. *Tetrahedron Lett.* **2002**, 43, 1565; LiClO$_4$: Yadav, J. S. ; Reddy, B. V. S. ; Jyothirmai, B. ; Murty, M. S. R. *Synlett* **2002**, 53; Yadav, J. S. ; Reddy, B. V. S. ; Parimala, G. ; Reddy, P. V. *Synthesis* **2002**, 2383. PBu$_3$: Fan, R.-H. ; Hou, X.-L. *J. Org. Chem.* **2003**, 68, 726. TaCl$_5$/SiO$_2$: Chandrasekhar, S. ; Prakash, S. J. ; Shyamsunder, T. ; Ramachandar, T. *Synth. Commun.* **2004**, 34, 3865. Yb(OTf)$_3$: Meguro, M. ; Yamamoto, Y. *Heterocycles* **1996**, 43, 2473.
[1004] Kumar, G. D. K. ; Baskaran, S. *Synlett* **2004**, 1719.
[1005] Cossy, J. ; Bellosta, V. ; Alauze, V. ; Desmurs, J.-R. *Synthesis* **2002**, 2211.
[1006] Bisai, A. ; Pandey, G. ; Pandey, M. K. ; Singh, V. K. *Tetrahedron Lett.* **2003**, 44, 5839.
[1007] Nadir, U. K. ; Singh, A. *Tetrahedron Lett.* **2005**, 46, 2083.
[1008] Rowland, E. B. ; Rowland, G. B. ; Rivera-Otero, E. ; Antilla, J. C. *J. Am. Chem. Soc.* **2007**, 129, 12084; Chandrasekhar, M. ; Sekar, G. ; Singh, V. K. *Tetrahedron Lett.* **2000**, 41, 10079.
[1009] Yadav, J. S. ; Reddy, B. V. S. ; Kumar, G. M. ; Murthy, Ch. V. S. R. *Synth. Commun.* **2002**, 32, 1797.

[1010] Wnuk, T. A. ; Chaudhary, S. S. ; Kovacic, P. *J. Am. Chem. Soc.* **1976**, 98, 5678, and references cited therein.
[1011] Li, Z. ; Capretto, D. A. ; Rahaman, R. ; He, C. *Angew. Chem. Int. Ed.* **2007**, 46, 5184.
[1012] Yasuda, M. ; Kojima, R. ; Tsutsui, H. ; Utsunomiya, D. ; Ishii, K. ; Jinnouchi, K. ; Shiragami, T. ; Yamashita, T. *J. Org. Chem.* **2003**, 68, 7618.
[1013] For a method for the preparation of benzyl isocyanides, see Kitano, Y. ; Manoda, T. ; Chiba, K. ; Tada, M. *Synthesis* **2006**, 405.
[1014] SeePeriasamy, M. P. ; Walborsky, H. M. *Org. Prep. Proced. Int.* **1979**, 11, 293.
[1015] Weber, W. P. ; Gokel, G. W. *TetrahedronLett.* **1972**, 1637; Weber, W. P. ; Gokel, G. W. ; Ugi, I. *Angew. Chem. Int. Ed.* **1972**. 11, 530.
[1016] Saunders, M. ; Murray, R. W. *Tetrahedron* **1959**, 6, 88; Frankel, M. B. ; Feuer, H. ; Bank, J. *TetrahedronLett.* **1959**, no. 7, 5.
[1017] Gassman, P. G. ; Haberman, L. M. *TetrahedronLett.* **1985**, 26, 4971, and references cited therein.
[1018] Brace, N. O. *J. Org. Chem.* **1993**, 58, 1804.
[1019] For procedures, see Yamawaki, J. ; Ando, T. ; Hanafusa, T. *Chem. Lett.* **1981**, 1143; Sukata, K. *Bull. Chem. Soc. Jnp.* **1985**, 58, 838.
[1020] See Challis, B. C. ; Challis, J. A. , in Zabicky, J. *The Chemistry of Amides*, Wiley, NY, **1970**, pp. 734-754.
[1021] Salvatore, R. N. ; Shin, S. I. ; Flanders, V. L. ; Jung, K. w. *Tetrahedron Lett.* **2001**, 42, 1799.
[1022] Singh, O. V. ; Han, H. *Tetrahedron Lett.* **2007**, 48, 7094.
[1023] Simandan, T. ; Smith, M. B. *Synth. Commun.* **1996**, 26, 1827.
[1024] Liu, H. ; Ko, S. -B. ; Josien, H. ; Curran, D. P. *Tetrahedron Lett.* **1995**, 36, 8917.
[1025] Gagnon, A. ; St-Onge, M. ; Little, K. ; Duplessis, M. ; Barabé, F. *J. Am. Chem. Soc.* **2007**, 129, 44.
[1026] Chan, D. M. T. *Tetrahedron Lett.* **1996**, 37, 9013.
[1027] Ikawa, T. ; Barder, T. E. ; Biscoe, M. R. ; Buchwald, S. L. *J. Am. Chem. Soc.* **2007**, 129, 13001.
[1028] Wasa, M. ; Yu, J. -Q. *J. Am. Chem. Soc.* **2008**, 130, 14058. See also, Poondra, R. R. ; Turner, N. J. *Org. Lett.* **2005**, 7, 863.
[1029] Pan, X. ; Cai, Q. ; Ma, D. *Org. Lett.* **2004**, 6, 1809.
[1030] Brice, J. L. ; Meerdink, J. E. ; Stahl, S. S. *Org. Lett.* **2004**, 6, 1845.
[1031] Blass, B. E. ; Drowns, M. ; Harris, C. L. ; Liu, S. ; Portlock, D. E. *Tetrahedron Lett.* **1999**, 40, 6545.
[1032] For a review, see Gibson, M. S. ; Bradshaw, R. W. *Angew. Chem. Int. Ed.* **1968**, 7, 919.
[1033] See Sheehan, J. C. ; Bolhofer, W. A. *J. Am. Chem. Soc.* **1950**, 72, 2786. See also, Landini, D. ; Rolla, F. *Synthesis* **1976**, 389.
[1034] Soai, K. ; Ookawa, A. ; Kato, K. *Bull. Chem. Soc. Jpn.* **1982**, 55, 1671.
[1035] Ing, H. R. ; Manske, R. H. F. *J. Chem. Soc.* **1926**, 2348.
[1036] See Khan, M. N. *J. Org. Chem.* **1995**, 60, 4536 for the kinetics of hydrazinolysis of phthalimides.
[1037] Kukolja, S. ; Lammert, S. R. *J. Am. Chem. Soc.* **1975**, 97, 5582.
[1038] Wolfe, S. ; Hasan, S. K. *Can. J. Chem.* **1970**, 48, 3572.
[1039] LÓpez-Alvarado, P. ; Avendaño, C. ; Menéndez, J. C. *TetrahedronLett.* **1992**, 33, 6875.
[1040] Hebrard, P. ; Olomucki, M. *Bull. Soc. Chim. Fr.* **1970**, 1938.
[1041] See Grehn, L. ; Ragnarsson, U. *Synthesis* **1987**, 275; DallaCroce, P. ; LaRosa, C. ; Ritieni, A. *J. Chem. Res. (S)* **1988**, 346; Yinglin, H. ; Hongwen, H. *Synthesis* **1990**, 122.
[1042] Mitsunobu, O. ; Wada, M. ; Sano, T. *J. Am. Chem. Soc.* **1972**, 94, 679; Grunewald, G. L. ; Kolasa, T. ; Miller, M. J. *J. Org. Chem.* **1987**, 52, 4978; Sammes, P. G. ; Thetford, D. *J. Chem. Soc. Perkin Trans.* 1 **1989**, 655.
[1043] Barrett, A. G. M. ; Braddock, D. C. ; James, R. A. ; Procopiou, P. A. *Chem. Commun.* **1997**, 433.
[1044] NordstrØm, L. U. ; Vogt, H. ; Madsen, R. *J. Am. Chem. Soc.* **2008**, 130, 17672. See also, Watson, A. J. A. ; Maxwell, A. C. ; Williams, J. M. *J. Org. Lett.* **2009**, 11, 2667; Dam, J. H. ; Osztrovszky, G. ; NordstrØm, L. U. ; Madsen, R. *Chemistry: Eur. J.* **2010**, 16, 6820.
[1045] Ghosh, S. C. ; Hong, S. -H. *Eur. J. Org. Chem.* **2010**, 4266.
[1046] Jana, U. ; Maiti, S. ; Biswas, S. *Tetrahedron Lett.* **2008**, 49, 858.
[1047] Fujita, K. ; Komatsubara, A. ; Yamaguchi, R. *Tetrahedron* **2009**, 65, 3624.
[1048] Krishna, P. R. ; Sekhar, E. R. ; Prapurna, Y. L. *Tetrahedron Lett.* **2007**, 48, 9048.
[1049] Nordlander, J. E. ; Catalane, D. B. ; Eberlein, T. H. ; Farkas, L. V. ; Howe, R. S. ; Stevens, R. M. ; Tripoulas, N. A. *TetrahedronLett.* **1978**, 4987. Forothermethods, see Briggs, E. M. ; Brown, G. W. ; Jiricny, J. ; Meidine, M. F. *Synthesis* **1980**, 295; Zwierzak, A. ; Brylikowska-Piotrowicz, J. *Synthesis* **1982**, 922.
[1050] Dubé, D. ; Scholte, A. A. *Tetrahedron Lett.* **1999**, 40, 2295.
[1051] Zhang, Y. ; Hsung, R. P. ; Tracey, M. R. ; Kurtz, K. C. M. ; Shen, L. ; Douglas, C. J. *J. Am. Chem. Soc.* **2003**, 125, 2368.
[1052] For an example involving bromine see Besstmann, H. -J. ; Frey, H. *Liebigs Ann. Chem.* **1980**, 12, 2061.
[1053] For examples with hypobromite, see Mozyraitis, R. ; Buda, V. ; Liablikas, I. ; Unelius, C. R. ; Borg-Karlson, A. -K. *J. Chem. Ecol.* **2002**, 28, 1191; Barbu, E. ; Tsibouklis, J. *Tetrahedron Lett.* **1996**, 37, 5023.
[1054] See Quast, H. ; Leybach, H. *Chem. Ber.* **1991**, 124, 849. Forareviewofα-lactams, seeLengyel, I. ; Sheehan, J. C. *Angew. Chem. Int. Ed.* **1968**, 7, 25.
[1055] SeeLarson, H. O. ; inFeuer, *TheChemistryofthe Nitroand NitrosoGroups*, pt. 1, Wiley, NY, **1969**, pp. 325-339; Kornblum, N. *Org. React.* **1962**, 12, 101.
[1056] See Ballini, R. ; Barboni, L. ; Giarlo, G. *J. Org. Chem.* **2004**, 69, 6907.
[1057] Rozen, S. ; Carmeli, M. *J. Am. Chem. Soc.* **2003**, 125, 8118.
[1058] Baruah, A. ; Kalita, B. ; Barua, N. C. *Synlett* **2000**, 1064.
[1059] See Scriven, E, F, V. ; Turnbull, K. *Chem. Rev.* **1988**, 88, 297; Biffin, M. E. C. ; Miller, J. ; Paul, D. B. in Patai, S. *The Chemistry of the Azido Group*, Wiley, NY, **1971**, pp. 57-119; Alvarez, S. G. ; Alvarez, M. T. *Synthesis* **1997**, 413. Also see Kim, J. -

G. ; Jang, D. O. *Synlett* **2008**, 2075.

[1060]   See Reeves, W. P. ; Bahr, M. L. *Synthesis* **1979**, 823; Marti, M. J. ; Rico, I. ; Ader, J. C. ; deSavignac, A. ; Lattes, A. *Tetrahedron Lett.* **1989**, 30, 1245.

[1061]   Priebe, H. *Acta Chem. Scand. Ser. B*, **1984**, 38, 895.

[1062]   See, for example, Varma, R. S. ; Naicker, K. P. ; Aschberger, J. *Synth. Commun.* **1999**, 29, 2823.

[1063]   See Murahashi, T. ; Tanigawa, Y. ; Imada, Y. ; Taniguchi, Y. *Tetrahedron Lett.* **1986**, 27, 227.

[1064]   Scriven, E. F. V. ; Turnbull, K. *Chem. Rev.* **1988**, 88, 297, see p. 306.

[1065]   Murahashi, S. ; Taniguchi, Y. ; Imada, Y. ; Tanigawa, Y. *J. Org. Chem.* **1989**, 54, 3292.

[1066]   Rad, M. N. S. ; Behrouz, S. ; Khalafi-Nezhad, A. *Tetrahedron Lett.* **2007**, 48, 3445; Hajipour, A. R. ; Rajaei, A. ; Ruoho, A. E. *Tetrahedron Lett.* **2009**, 50, 708.

[1067]   Tao, C.-Z. ; Cui, X. ; Li, J. ; Liu, A.-X. ; Liu, L. ; Guo, Q.-X. *Tetrahedron Lett.* **2007**, 48, 3525.

[1068]   Das, J. ; Patil, S. N. ; Awasthi, R. ; Narasimhulu, C. P. ; Trehan, S. *Synthesis* **2005**, 1801.

[1069]   Yadav, J. S. ; Reddy, B. V. S. ; Jyothirmai, B. ; Murty, M. S. R. *Tetrahedron Lett.* **2005**, 46, 6559.

[1070]   Fujiwara, M. ; Tanaka, M. ; Baba, A. ; Ando, H. ; Souma, Y. *Tetrahedron Lett.* **1995**, 36, 4849.

[1071]   VandeWeghe, P. ; Collin, J. *Tetrahedron Lett.* **1995**, 36, 1649.

[1072]   Youn, Y. S. ; Cho, I. S. ; Chung, B. Y. *Tetrahedron Lett.* **1998**, 39, 4337.

[1073]   See Ittah, Y. ; Sasson, Y. ; Shahak, I. ; Tsaroom, S. ; Blum, J. *J. Org. Chem.* **1978**, 43, 4271. For the chanismof the conversion toaziridines, see Pöchlauer, P. ; Müller, E. P. ; Peringer, P. *Helv. Chim. Acta* **1984**, 67, 1238.

[1074]   Lohray, B. B. ; Gao, Y. ; Sharpless, K. B. *Tetrahedron Lett.* **1989**, 30, 2623.

[1075]   Guy, A. ; Lemor, A. ; Doussot, J. ; Lemaire, M. *Synthesis* **1988**, 900.

[1076]   Miller, J. A. *Tetrahedron Lett.* **1975**, 2959. See also, Koziara, A. ; Zwierzak, A. *Tetrahedron Lett.* **1987**, 28, 6513.

[1077]   Balderman, D. ; Kalir, A. *Synthesis* **1978**, 24.

[1078]   Hassner, A. ; Fibiger, R. ; Andisik, D. *J. Org. Chem.* **1984**, 49, 4237.

[1079]   See, for example, Adam, G. ; Andrieux, J. ; Plat, M. *Tetrahedron* **1985**, 41, 399.

[1080]   Liu, Q. ; Tor, Y. *Org. Lett.* **2003**, 5, 2571.

[1081]   See Lwowski, W. in Patai, S. *The Chemistry of the Azido Group*, Wiley, NY, **1971**, pp. 503-554.

[1082]   Rawal, V. H. ; Zhong, H. M. *Tetrahedron Lett.* **1994**, 35, 4947.

[1083]   Affandi, H. ; Bayquen, A. V. ; Read, R. W. *Tetrahedron Lett.* **1994**, 35, 2729. For a preparation using triphosgene see Gumaste, V. K. ; Bhawal, B. M. ; Deshmukh, A. R. A. S. *Tetrahedron Lett.* **2002**, 43, 1345.

[1084]   Katritzky, A. R. ; Widyan, K. ; Kirichenko, K. *J. Org. Chem.* **2007**, 72, 5802.

[1085]   Elmorsy, S. S. *Tetrahedron Lett.* **1995**, 36, 1341.

[1086]   Lee, J. G. ; Kwak, K. H. *Tetrahedron Lett.* **1992**, 33, 3165.

[1087]   Bose, D. S. ; Reddy, A. V. N. *Tetrahedron Lett.* **2003**, 44, 3543.

[1088]   Manimaran, T. ; Wolford, L. T. ; Boyer, J. H. *J. Chem. Res. (S)* **1989**, 331.

[1089]   Effenberger, F. ; Drauz, K. ; Förster, S. ; Müller, W. *Chem. Ber.* **1981**, 114, 173.

[1090]   See Tsuge, O. in Patai, S. *The Chemistry of Cyanates and Their Thio Derivatives*, pt. 1, Wiley, NY, **1977**, pp. 445-506; Nuridzhanyan, K. A. *Russ. Chem. Rev.* **1970**, 39, 130; Lozinskii, M. O. ; Pel'kis, P. S. *Russ. Chem. Rev.* **1968**, 37, 363.

[1091]   Arisawa, M. ; Ashikawa, M. ; Suwa, A. ; Yamaguchi, M. *Tetrahedron Lett.* **2005**, 46, 1727.

[1092]   Munch, H. ; Hansen, J. S. ; Pittelkow, M. ; Christensen, J. B. ; Boas, U. *Tetrahedron Lett.* **2008**, 49, 3117.

[1093]   See Yandovskii, V. N. ; Gidaspov, B. V. ; Tselinskii, I. V. *Russ. Chem. Rev.* **1980**, 49, 237; Moss, R. A. *Acc. Chem. Res.* **1974**, 7, 421.

[1094]   See Hudlicky, M. ; Hudlicky, T. in Patai, S. ; Rappoport, Z. *The Chemistry of Functinal Groups Supplement D*, pt. 2, Wiley, NY, **1983**, pp. 1021-1172.

[1095]   For a list of reagents for alkyl halide interconversion, see Larock, R. C. *Comprehensive Organic Transformations*, 2nd ed., Wiley-VCH, NY, **1999**, pp. 667-671.

[1096]   Miller, J. A. ; Nunn, M. J. *J. Chem. Soc. Perkin Trans. 1* **1976**, 416.

[1097]   Takagi, K. ; Hayama, N. ; Inokawa, S. *Chem. Lett.* **1978**, 1435.

[1098]   Suzuki, H. ; Aihara, M. ; Yamamoto, H. ; Takamoto, Y. ; Ogawa, T. *Synthesis* **1988**, 236.

[1099]   See Mann, J. *Chem. Soc. Rev.* **1987**, 16, 381; Rozen, S. ; Filler, R. *Tetrahedron* **1985**, 41, 1111; Hudlicky, M. *Chemistry of Organic Fluorine Compounds*, pt. 2, Ellis Horwood, Chichester, **1976**, pp. 24-169; Sheppard, W. A. ; Sharts, C. M. *Organic Fluorine Chemistry*, W. A. Benjamin, NY, **1969**, pp. 52-184, 409-430.

[1100]   See Sharts, C. M. ; Sheppard, W. A. *Org. React.* **1974**, 21, 125; Hudlicky, M. *Chemistry of Organic Fluorine Compunds*, pt. 2, Ellis Horwood, Chichester, **1976**, pp. 91-136.

[1101]   See Makosza, M. ; Bujok, R. *Tetrahedron Lett.* **2002**, 43, 2761.

[1102]   Giudicelli, M. B. ; Picq, D. ; Veyron B. *Tetrahedron Lett.* **1990**, 31, 6527. Also see Sawaguchi, M. ; Ayuba, S. ; Nakamura, Y. ; Fukuhara, J. ; Hara, S. ; Yoneda, N. *Synlett* **2000**, 999.

[1103]   Sawaguchi, M. ; Hara, S. ; Nakamura, Y. ; Ayuba, S. ; Kukuhara, T. ; Yoneda, N. *Tetrahedron* **2001**, 57, 3315.

[1104]   Kvĭcala, J. ; Mysĭk, P. ; Paleta, O. *Synlett* **2001**, 547.

[1105]   Katcher, M. H. ; Doyle, A. G. *J. Am. Chem. Soc.* **2010**, 132, 17402.

[1106]   See Starks, C. M. ; Liotta, C. *Phase Transfer Catalysis*, Academic Press, NY, **1978**, pp. 112-125; Weber, W. P. ; Gokel, G. W. *Phase Transfer Catalysis in Organic Synthesis*. Springer, NY, **1977**, pp. 117-124. See also, Bram, G. ; Loupy, A. ; Pigeon, P. *Synth. Commun.* **1988**, 18, 1661.

[1107]   Willy, W. E. ; McKean, D. R. ; Garcia, B. A. *Bull. Chem. Soc. Jpn.* **1976**, 49, 1989. See also, Babler, J. H. ; Spina, K. P. *Synth.*

Commun. ***1984***, 14, 1313.
[1108] Loupy, A. ; Pardo, C. *Synth. Commun.* ***1988***, 18, 1275.
[1109] Bidd, I. ; Whiting, M. C. *TetrahedronLett.* ***1984***, 25, 5949.
[1110] Peyrat, J. -F. ; Figadère, B. ; Cavé, A. *Synth. Commun.* ***1996***, 26, 4563.
[1111] Yoon, K. B. ; Kochi, J. K. *J. Org. Chem.* ***1989***, 54, 3028.
[1112] Svetlakov, N. V. ; Moisak, I. E. ; Averko-Antonovich, I. G. *J. Org. Chem. USSR* ***1969***, 5, 971.
[1113] Bartley, J. P. ; Carman, R. M. ; Russell-Maynard, J. K. L. *Aust. J. Chem.* ***1985***, 38, 1879.
[1114] Kim, D. W. ; Jeong, H. -J. ; Lim, S. T. ; Sohn, M. -H. *Tetrahedron Lett.* ***2010***, 51, 432.
[1115] Namavari, M. ; Satyamurthy, N. ; Phelps, M. E. ; Barrio, J. R. *Tetrahedron Lett.* ***1990***, 31, 4973.
[1116] For a list of reagents, with references, see Larock, R. C. *Comprehensive Organic Transformations*, 2nd ed, Wiley-VCH, NY, ***1999***, pp. 607-700.
[1117] Stephenson, B. ; Solladié, G. ; Mosher, H. S. *J. Am. Chem. Soc.* ***1974***, 96, 3171.
[1118] Stork, G. ; Grieco, P. A. ; Gregson, M. *TetrahedronLett.* ***1969***, 1393.
[1119] Foralistofreagents, withreferences, see Larock, R. C. *Comprehensive Organic Transformations*, 2nd ed, Wiley-VCH, ***1999***, pp. 689-697.
[1120] SeePizey, J. S. *Synthetic Reagents*, Vol. 1, Wiley, NY, ***1974***, pp. 321-357. SeeMohanazadeh, F. ; Momeni, A. R. *Org. Prep. Proceed. Int.* ***1996***, 28, 492 for the use of SOCl$_2$ on silicagel.
[1121] See Salomaa, P. ; Kankaanoerä, A. ; Pihlaja, K. in Patai, S. *The Chemistry of the Hydroxyl Group*, pt. 1, Wiley, NY, ***1971***, pt. 1, pp. 595-622.
[1122] Schreiner, P. R. ; Schleyer, P. v. R. ; Hill, R. K. *J. Org. Chem.* ***1993***, 58, 2822.
[1123] Chong, J. M. ; Heuft, M. A. ; Rabbat, P. *J. Org. Chem.* ***2000***, 65, 5837.
[1124] Jones, R. ; Pattison, J. B. *J. Chem. Soc. C* ***1969***, 1046.
[1125] See Di Deo, M. ; Marcantoni, E. ; Torregiani, E. ; Bartoli, G. ; Bellucci, M. C. ; Bosco, M. ; Sambri, L. *J. Org. Chem.* ***2000***, 65, 2830.
[1126] Other phase-transfer catalysts have been used: Landini, D. ; Montanari, F. ; Rolla, F. *Synthesis* ***1974***, 37.
[1127] Fuchs, R. ; Cole, L. L. *Can. J. Chem.* ***1975***, 53, 3620.
[1128] See Chaudhari, S. S. ; Akamanchi, K. G. *Synlett* ***1999***, 1763.
[1129] Cason, J. ; Correia, J. S. *J. Org. Chem.* ***1961***, 26, 3645.
[1130] Dakka, G. ; Sasson, Y. *TetrahedronLett.* ***1987***, 28, 1223.
[1131] Pelletier, J. D. ; Poirier, D. *TetrahedronLett.* ***1994***, 35, 1051.
[1132] Joseph, R. ; Pallan, P. S. ; Sudalai, A. ; Ravindranathan, T. *Tetrahedron Lett.* ***1995***, 36, 609.
[1133] Hiegel, G. A. ; Rubino, M. *Synth. Commun.* ***2002***, 32, 2691.
[1134] Dubey, A. ; Upadhyay, A. K. ; Kumar, P. *Tetrahedron Lett.* ***2010***, 51, 744.
[1135] Tajbakhsh, M. ; Hosseinzadeh, R. ; Lasemi, Z. *Synlett* ***2004***, 635.
[1136] Lee, J. C. ; Park, J. Y. ; Yoo, E. S. *Synth. Commun.* ***2004***, 34, 2095.
[1137] Foranexception, seeHanack, M. ; Eggensperger, H. ; Hähnle, R. *LiebigsAnn. Chem.* ***1962***, 652, 96; Seealso, Politanskii, S. F. ; Ivanyk, G. D. ; Sarancha, V. N. ; Shevchuk, V. U. *J. Org. Chem. USSR* ***1974***, 10, 697.
[1138] SeeHudlicky, M. *Org. React.* ***1988***, 35, 513.
[1139] Middleton, W. J. *J. Org. Chem.* ***1975***, 40, 574.
[1140] Vorbrüggen, H. *Synthesis* ***2008***, 1165.
[1141] Kim, K. -Y. ; Kim, B. C. ; Lee, H. B. ; Shin, H. *J. Org. Chem.* ***2008***, 73, 8106. See also Zhao, X. ; Zhuang, W. ; Fang, D. ; Xue, X. ; Zhou, J. *Synlett* ***2009***, 779.
[1142] Hayat, S. ; Atta-ur-Rahman; Khan, K. M. ; Choudhary, M. I. ; Maharvi, G. M. ; Zia-UIIah; Bayer, E. *Synth. Commun.* ***2003***, 33, 2531.
[1143] Manicham, GF. ; Siddappa, U. ; Li, Y. *Tetrahedron Lett.* ***2006***, 47, 5867.
[1144] Yoneda, N. ; Fukuhara, T. *Chem. Lett.* ***2001***, 222.
[1145] Flosser, D. A. ; Olofson, R. A. *Tetrahedron Lett.* ***2002***, 43, 4275.
[1146] Olah, G. A. ; Welch, J. ; Vankar, Y. D. ; Nojima, M. ; Kerekes, I. ; Oah, J. A. *J. Org. Chem.* ***1979***, 44, 3872. See also, Yin, J. ; Zarkowsky, D. S. ; Thomas, D. W. ; Zhao, M. W. ; Huffman, M. A. *Org. Lett.* ***2004***, 6, 1465.
[1147] Ren, R. X. ; Wu, J. X. *Org. Lett.* ***2001***, 3, 3727.
[1148] Hajipour, A. R. ; Mostafavi, M. ; Ruoho, A. E. *Org. Prep. Proceed. Int.* ***2009***, 41, 87.
[1149] Ranu, B. C. ; Jana, R. *Eur. J. Org. Chem.* ***2005***, 755.
[1150] Also see Classon, B. ; Liu, Z. ; Samuelsson, B. *J. Org. Chem.* ***1988***, 53, 6126; Munyemana, F. ; Frisque-Hesbain, A. ; Devos, A. ; Ghosez, L. *TetrahedronLett.* ***1989***, 30, 3077; Ernst, B. ; Winkler, T. *TetrahedronLett.* ***1989***, 30, 3081.
[1151] Firouzabadi, H. ; Iranpoor, N. ; Jafarpour, M. *Tetrahedron Lett.* ***2004***, 45, 7451.
[1152] Labrouillère, M. ; LeRoux, C. ; Oussaid, A. ; Gaspard-Iloughmane, H. ; Dubac, J. *Bull. Soc. Chim. Fr.* ***1995***, 132, 522.
[1153] Yasuda, M. ; Yamasaki, S. ; Onishi, Y. ; Baba, A. *J. Am. Chem. Soc.* ***2004***, 126, 7186.
[1154] Yasuda, M. ; Shimizu, K. ; Yamasaki, S. ; Baba, A. *Org. Biomol. Chem.* ***2008***, 6, 2790.
[1155] Snyder, D. C. *J. Org. Chem.* ***1995***, 60, 2638.
[1156] Kavala, V. ; Naik, S. ; Patel, B. K. *J. Org. Chem.* ***2005***, 70, 4267.
[1157] Rydon, H. N. *Org. Synth. VI*, 830.
[1158] Sandri, J. ; Viala, J. *Synth. Commun.* ***1992***, 22, 2945.
[1159] See Castro, B. R. *Org. React.* ***1983***, 29, 1; Mackie, R. K. in Cadogan, J. I. G. *Organophosphorus Reagents in Organic Synthesis*,

Academic Press, NY, *1979*; pp. 433-466.
[1160] See Appel, R. *Angew. Chem. Int. Ed.* *1975*, 14, 801; Appel, R.; Halstenberg, M. in Cadogan, J. I. G. *Organophosphorus Reagents in Organic Synthesis*, Academic Press, NY, *1979*, pp. 387-431. Also see, Slagle, J. D.; Huang, T. T.; Franzus, B. *J. Org. Chem.* *1981*, 46, 3526; Pollasatri, M. P.; Sagal, J. F.; Chang, G. *Tetrahedron Lett.* *2001*, 42, 2459.
[1161] Wagner, A.; Heitz, M.; Mioskowski, C. *Tetrahedron Lett.* *1989*, 30, 557. See also, Desmaris, L.; Percina, N.; Cottier, L.; Sinou, D. *Tetrahedron Lett.* *2003*, 44, 7589.
[1162] Pluempanupat, W.; Chavasiri, W. *Tetrahedron Lett.* *2006*, 47, 6821. Also see Pluempanupat, W.; Chantar-asriwong, O.; Taboonpong, P.; Jang, D. O.; Chavasiri, W. *Tetrahedron Lett.* *2007*, 48, 223.
[1163] Matveeva, E. d.; Yalovskaya, A. I.; Cherepanov, I. A.; Kurts, A. L.; Bundel', Yu. G. *J. Org. Chem. USSR* *1989*, 25, 587.
[1164] See Magid, R. M. *Tetrahedron* *1980*, 36, 1901, pp. 1924-1926.
[1165] Axelrod, E. H.; Milne, G. M.; vanTamelen, E. E. *J. Am. Chem. Soc.* *1973*, 92, 2139.
[1166] Hrubiec, R. T.; Smith, M. B. *Synth. Commun.* *1983*, 13, 593.
[1167] Hajipour, A. R.; Falahati, A. R.; Ruoho, A. E. *Tetrahedron Lett.* *2006*, 47, 4191.
[1168] Tongkate, P.; Pluempanupat, W.; Chavasiri, W. *Tetrahedron Lett.* *2008*, 49, 1146.
[1169] Firouzabadi, H.; Iranpoor, N.; Ebrahimzadeh, F. *Tetrahedron Lett.* *2006*, 47, 1771.
[1170] Bandgar, B. P.; Sadavarte, V. S.; Uppalla, L. S. *Tetrahedron Lett.* *2001*, 42, 951.
[1171] Sarmah, P.; Barua, N. C. *Tetrahedron* *1989*, 45, 3569.
[1172] Kamal, A.; Ramesh, G.; Laxman, N. *Synth. Commun.* *2001*, 31, 827.
[1173] Kishali, N.; Polat, M. F.; Altundas, R.; Kara, Y. *Helv. Chim. Acta* *2008*, 91, 67.
[1174] Corey, E. J.; Kim, C. U.; Takeda, M. *Tetrahedron Lett.* *1972*, 4339.
[1175] Li, Z.; Crosignani, S.; Linclau, B. *Tetrahedron Lett.* *2003*, 44, 8143; Crosignani, S.; Nadal, B.; Li, Z.; Linclau, B. *Chem. Commun.* *2003*, 260.
[1176] Iranpoor, N.; Firouzabadi, H.; Aghapour, G. *Synlett* *2001*, 1176.
[1177] Firouzabadi, H.; Iranpoor, N.; Hazarkhani, H. *Tetrahedron Lett.* *2002*, 43, 7139.
[1178] Patil, B. R.; Bhusare, S. R.; Pawar, R. P.; Vibhute, Y. R. *Tetrahedron Lett.* *2005*, 46, 7179.
[1179] Carroll, L.; Pacheco, Ma C.; Garcia, L.; Gouverneur, V. *Chem. Commun.* *2006*, 4113.
[1180] SeeBhatt, M. V.; Kulkarni, S. U. *Synthesis* *1983*, 249; Staude, E.; Patat, F. in Patai, S. *The Chemistry of the Ether Linkage*, Wiley, NY, *1967*, p. 22; Tiecco, M. *Synthesis* *1988*, 749.
[1181] Also see Jursic, B. *J. Chem. Res. (S)* *1989*, 284.
[1182] Landini, D.; Montanari, F.; Rolla, F. *Synthesis* *1978*, 771.
[1183] Boovanahalli, S. K.; Kim, D. W.; Chi, D. Y. *J. Org. Chem.* *2004*, 69, 3340.
[1184] Heathcock, C. H.; Ratcliffe, R. *J. Am. Chem. Soc.* *1971*, 93, 1746.
[1185] Reist, E. J.; Bartuska, V. J.; Goodman, L. *J. Org. Chem.* *1964*, 29, 3725.
[1186] Ishihara, K.; Hiraiwa, Y.; Yamamoto, H. *Synlett* *2000*, 80.
[1187] Moody, C. J.; Pitta, M. R. *Synlett* *1999*, 1575.
[1188] Vatéle, J.-M. *Synlett* *2001*, 1989. For a procedure using DDQ see Vatéle, J.-M. *Synlett* *2002*, 507.
[1189] See Dahlen, A.; Sundgren, A.; Lahmann, M.; Oscarson, S.; Hilmersson, G. *Org. Lett.* *2003*, 5, 4085; Bartoh, G.; Cupone, G.; Dalpozzo, R.; DeNino, A.; Maiuolo, L.; Marcantoni, E.; Procopio, A. *Synlett* *2001*, 1897. Chandrasekhar, S.; Reddy, Ch. R.; Rao, R. J. *Tetrahedron* *2001*, 57, 3435; Tanaka, S.; Saburi, H.; Ishibashi, Y.; Kitamura, M. *Org. Lett.* *2004*, 6, 1873. See also, Murakami, H.; Minami, T.; Ozawa, F. *J. Org. Chem.* *2004*, 69, 4482.
[1190] Solis-Oba, A.; Hudlicky, T.; Koroniak, L.; Frey, D. *Tetrahedron Lett.* *2001*, 42, 1241.
[1191] Mimero, P.; Saluzzo, C.; Amouroux, R. *TetrahedronLett.* *1994*, 35, 1553.
[1192] Ohshita, J.; Iwata, A.; Kanetani, F.; Kunai, A.; Yamamoto, Y.; Matui, C. *J. Org. Chem.* *1999*, 64, 8024.
[1193] Khalafi-Nezhad, A.; Alamdari, R. F. *Tetrahedron* *2001*, 57,6805.
[1194] Zewge, D.; King, A.; Weissman, S.; Tschaen, D. *Tetrahedron Lett.* *2004*, 45, 3729.
[1195] Niwa, H.; Hida, T.; Yamada, K. *TetrahedronLett.* *1981*, 22, 4239.
[1196] Johnson, F. inOlah, G. A. *Friedel-Crafts and Related Reactions*, Vol. 4, Wiley, NY, *1965*, pp. 1-109.
[1197] Vankar, Y. D.; Rao, C. T. *J. Chem. Res. (S)* *1985*, 232. See also, Sharma, G. V. M.; Reddy, Ch. G.; Krishna, P. R. *J. Org. Chem.* *2003*, 68, 4574.
[1198] SeeOlah, G. A.; Prakash, G. K. S.; Krishnamurti, R. *Adv. SiliconChem.* *1991*, 1, 1.
[1199] Jung, M. E.; Lyster, M. A. *J. Org. Chem.* *1977*, 42, 3761; *Org. Synth.* Ⅵ, 353.
[1200] Olah, G. A.; Narang, S. C.; Gupta, B. G. B.; Malhotra, R. *J. Org. Chem.* *1979*, 44, 1247; Amouroux, R.; Jatczak, M.; Chastrette, M. *Bull. Soc. Chim. Fr.* *1987*, 505.
[1201] Anderson, Jr., A. G.; Freenor, F. J. *J. Org. Chem.* *1972*, 37, 626.
[1202] Harrison, I. T. *Chem. Commun.* *1969*, 616.
[1203] See Ishizaki, M.; Yamada, M.; Watanabe, S.-i.; Hoshino, O.; Nishitani, K.; Hayashida, M.; Tanaka, A.; Hara, H. *Tetrahedron* *2004*, 60, 7973.
[1204] Kamal, A.; Laxman, E.; Rao, N. V. *Tetrahedron Lett.* *1999*, 40, 371.
[1205] Yadav, J. S.; Ganganna, B.; Bhunia, D. C.; Srihari, P. *Tetrahedron Lett.* *2009*, 50, 4318.
[1206] Okano, K.; Okuyama, K.; Fukuyama, Y.; Tokuyama, H. *Synlett* *2008*, 1977. See also, Konieczny, M. T.; Maciejewski, G.; Konieczny, W. *Synthesis* *2005*, 1575.
[1207] Park, J.; Chae, J. *Synlett* *2010*, 1651; Cheng, L.; Aw, C.; Ong, S. S.; Lu, Y. *Bull. Chem. Soc. Jnp.* *2007*, 80, 2008.
[1208] Aizpurua, J. M.; Cossio, F. P.; Palomo, C. *J. Org. Chem.* *1986*, 51, 4941.

[1209] Mattes, H. ; Benezra, C. *TetrahedronLett.* **1987**, 28, 1697.
[1210] Kim, S. ; Park, J. H. *J. Org. Chem.* **1988**, 53, 3111.
[1211] Bhatt, S. ; Nayak, S. K. *Tetrahedron Lett.* **2006**, 47, 8395.
[1212] SeeCorey, E. J. ; Venkateswarlu, A. *J. Am. Chem. Soc.* **1972**, 94, 6190.
[1213] Wang, T. ; Ji, W.-H. ; Xu, Z.-Y. ; Zeng, B.-B. *Synlett* **2009**, 1511.
[1214] See Sharts, C. M. ; Sheppard, W. A. *Organic Fluorine Chemistry*, W. A. Benjamin, NY, **1969**, pp. 52-184, 409-430. For a related review, see Yoneda, N. *Tetrahedron* **1991**, 47, 5329.
[1215] Shahak, I. ; Manor, S. ; Bergmann, E. D. *J. Chem. Soc. C* **1968**, 2129.
[1216] Olah, G. A. ; Meidar, D. *Isr. J. Chem.* **1978**, 17, 148.
[1217] Inagaki, T. ; Fukuhara, T. ; Hara, S. *Synthesis* **2003**, 1157.
[1218] Kalow, J. A. ; Doyle, A. G. *J. Am. Chem. Soc.* **2010**, 132, 3268.
[1219] Einhorn, C. ; Luche, J. *J. Chem. Soc. Chem. Commun.* **1986**, 1368; Ciaccio, J. A. ; Addess, K. J. ; Bell, T. W. *Tetrahedron Lett.* **1986**, 27, 3697;
Spawn, C. ;Drtina, G. J. ; Wiemer, D. F. *Synthesis* **1986**, 315. Forreviews, seeBonini, C. ; Righi, G. *Synthesis* **1994**, 225; Chini, M. ; Crotti, P. ; Gardelli, C. ; Macchia, F. *Tetrahedron* **1992**, 48, 3805.
[1220] Palumbo, G. ; Ferreri, C. ; Caputo, R. *TetrahedronLett.* **1983**, 24, 1307. See Afonso, C. A. M. ; Vieira, N. M. L. ; Motherwell, W. B. *Synlett* **2000**, 382.
[1221] Amantini, D. ; Fringuelli, F. ; Pizzo, F. ; Vaccaro, L. *J. Org. Chem.* **2001**, 66, 4463.
[1222] Bonini, C. ; Giuliano, C. ; Righi, G. ; Rossi, L. *Synth. Commun.* **1992**, 22, 1863.
[1223] Lu, Z. ; Wu, W. ; Peng, L. ; Wu, L. *Can. J. Chem.* **2008**, 86, 142.
[1224] Kwon, D. W. ; Cho, M. S. ; Kim, Y. H. *Synlett* **2003**, 959. Thiophenol promotes ring openeing by iodine, see Wu, J. ; Sun, X. ; Sun, W. ; Ye, S. *Synlett* **2006**, 2489.
[1225] Kotsuki, H. ; Shimanouchi, T. *TetrahedronLett.* **1996**, 37, 1845.
[1226] Campbell, J. R. ; Jones, J. K. N. ; Wolfe, S. *Can. J. Chem.* **1966**, 44, 2339.
[1227] Isaccs, N. S. ; Kirkpatrick, D. *TetrahedronLett.* **1972**, 3869.
[1228] Srebnik, M. ; Joshi, N. N. ; Brown, H. C. *Isr. J. Chem.* **1989**, 29, 229.
[1229] Nikam, K. ; Nashi, T. *Tetrahedron*, **2002**, 58, 10259. Also see Sharghi, H. ; Niknam, K. ; Pooyan, M. *Tetrahedron* **2001**, 57, 6057; Sharghi, H. ; Naeimi, H. *Bull. Chem. Soc. Jnp.* **1999**, 72, 1525.
[1230] Ranu, B. C. ; Banerjee, S. *J. Org. Chem.* **2005**, 70, 4517.
[1231] Sartillo-Piscil, F. ; Quinero, L. ; Villegas, C. ; Santacruz-Juárez, E. ; de Parrodi, C. A. *Tetrahedron Lett.* **2002**, 43, 15.
[1232] Xu, L.-W. ; Li, L. ; Xia, C.-G. ; Zhao, P.-Q. *Tetrahedron Lett.* **2004**, 45, 2435.
[1233] Tamami, B. ; Ghazi, I. ; Mahdavi, H. *Synth. Commun.* **2002**, 32, 3725.
[1234] Sharghi, H. ; Eskandari, M. M. *Synthesis* **2002**, 1519.
[1235] Ha, J. D. ; Kim, S. Y. ; Lee, S. J. ; Kang, S. K. ; Ahn, J. H. ; Kim, S. S. ; Choi, J.-K. *Tetrahedron Lett.* **2004**, 45, 5969.
[1236] Fringuelli, F. ; Pizzo, F. ; Vaccaro, L. *J. Org. Chem.* **2001**, 66, 4719. Also see ConcellÓn, J. M. ; Bardales, E. ; ConcellÓn, C. ; GarcÍa-Granda, S. ; DÍaz, M. R. *J. Org. Chem.* **2004**, 69, 6923.
[1237] Belsner, K. ; Hoffmann, H. M. R. *Synthesis* **1982**, 239. Seealso, Iqbal, J. ; Khan, M. A. ; Srivastava, R. R. *TetrahedronLett.* **1988**, 29, 4985.
[1238] Taniguchi, Y. ; Tanaka, S. ; Kitamura, T. ; Fujiwara, Y. *TetrahedronLett.* **1998**, 39, 4559.
[1239] Qian, C. ; Zhu, D. *Synth. Commun.* **1994**, 24, 2203.
[1240] Kameyama, A. Kiyota, M. ; Nishikubo, T. *TetrahedronLett.* **1994**, 35, 4571.
[1241] Kumar, M. ; Pandey, S. K. ; Gandhi, S. ; Singh, V. K. *Tetrahedron Lett.* **2009**, 50, 363.
[1242] Righi, G. ;D'Achille, R. ; Bonini, C. *TetrahedronLett.* **1996**, 37, 6893.
[1243] Fan, R.-H. ; Zhou, Y.-G. ; Zhang, W.-X. ; Hou, X.-L. ; Dai, L.-X. *J. Org. Chem.* **2004**, 69, 335.
[1244] D'hooghe, M. ; Speybroeck, V. V. ; Waroquier, M. ; De Kinpe, N. *Chem. Commun.* **2006**, 1554.
[1245] See McMurry, J. *Org. React.* **1976**, 24, 187-224.
[1246] Elsinger, F. ; Schreiber, J. ; Eschenmoser, A. *Helv. Chim. Acta* **1960**, 43, 113.
[1247] Olah, G. A. ; Narang, S. C. ; Gupta, B. G. B. ; Malhotra, R. *J. Org. Chem.* **1979**, 44, 1247. Seealso, Kolb, M. ; Barth, J. *Synth. Commun.* **1981**, 11, 763.
[1248] Yadav, V. K. ; Babu, K. G. *Tetrahedron* **2003**, 59, 9111.
[1249] Olah, G. A. ; Welch, J. ; Vankar, Y. D. ; Nojima, M. ; Kerekes, I. ; Olah, J. A. *J. Org. Chem.* **1979**, 44, 3872.
[1250] Olah, G. A. ; Prakash, G. K. S. ; Chao, Y. L. *Helv. Chim. Acta* **1981**, 64, 2528; Barber, J. ; Keck, R. ; Rétey, J. *TetrahedronLett.* **1982**, 23, 1549.
[1251] Olah, G. A. ; Shih, J. ; Prakash, G. K. S. *Helv. Chim. Acta.* **1983**, 66, 1028.
[1252] Foranothermethod, seeLorenzo, A. ; Molina, P. ; Vilaplana, M. J. *Synthesis* **1980**, 853.
[1253] Collazo, L. R. ; GuziecJr., F. S. ; Hu, W.-X. ; Pankayatselvan, R. *TetrahedronLett.* **1994**, 35, 7911.
[1254] Doyle, M. P. ; Bosch, R. J. ; Seites, P. G. *J. Org. Chem.* **1978**, 43, 4120.
[1255] Katritzky, A. R. ; Chermprapai, A. Patel, R. C. *J. Chem. Soc. PerkinTrans.* 1 **1980**, 2901.
[1256] Chambers, R. A. ; Pearson, D. E. *J. Org. Chem.* **1963**, 28, 3144.
[1257] SeeCooley, J. H. ; Evain, E. J. *Synthesis* **1989**, 1.
[1258] Olofson, R. A. ; Martz, J. T. ; Senet, J. ; Piteau, M. ; Malfroot, T. *J. Org. Chem.* **1984**, 49, 2081; Olofson, R. A. ; Abbott, D. E. *J. Org. Chem.* **1984**, 49, 2795. Seealso, Campbell, A. L. ; Pilipauskas, D. R. ; Khanna, I. K. ; Rhodes, R. A. *TetrahedronLett.* **1987**, 28, 2331.

[1259] See Ko, E. C. F. ; Leffek, K. T. *1971*, 49, 129; Deady, L. W. ; Korytsky, O. L. *TetrahedronLett.* *1979*, 451.
[1260] See Cooley, J. H. ; Evain, E. J. Synthesis *1989*, 1. See Vaccari, D. ; Davoli, P. ; Spaggiari, A. ; Prati, F. *Synlett* *2008*, 1317.
[1261] See Hageman, H. A. *Org. React.* *1953*, 205.
[1262] Fodor, G. ; Abidi, S. ; Carpenter, T. C. *J. Org. Chem.* *1974*, 39, 1507. See also, Paukstelis, J. V. ; Kim, M. *J. Org. Chem.* *1974*, 39, 1494.
[1263] See Hwu, J. R. ; Gilbert, B. A. *Tetrahedron* *1989*, 45, 1233.
[1264] See Stowell, J. C. *Carbanions in Organic Synthesis*, Wiley, NY, *1979*; Noyori, R. in Alper, H. *Transition Metal Organometallics in Organic Synthesis* Vol. 1, Academic Press, NY, *1976*, pp. 83-187.
[1265] Cho, Y. S. ; Kang, S. -H. ; Han, J. -S. ; Yoo, B. R. ; Jung, I. N. *J. Am. Chem. Soc.* *2001*, 123, 5584.
[1266] Yadav, J. S. ; Reddy, B. V. S. ; Rao, K. V. ; Raj, K. S. ; Rao, P. P. ; Prasad, A. R. ; Gunasekar, D. *Tetrahedron Lett.* *2004*, 45, 6505.
[1267] See Kakiuchi, F. ; Tsuchiya, K. ; Matsumoto, M. ; Mizushima, E. ; Chatani, N. *J. Am. Chem. Soc.* *2004*, 126, 12792; Nii, S. ; Terao, J. ; Kambe, N. *Tetrahedron Lett.* *2004*, 45, 1699.
[1268] Kang, S. -K. ; Kim, T. H. ; Pyun, S. -J. *J. Chem. Soc. Perkin Trans.* 1 *1997*, 797.
[1269] Matsuhasshi, H. ; Asai, S. ; Hirabayashi, K. ; Hatanaka, Y. ; Mori, A. ; Hiyama, T. *Bull. Chem. Soc. Jpn.* *1997*, 70, 1943.
[1270] Katritzky, A. R. ; Mehta, S. ; He, H. -Y. ; Cui, X. *J. Org. Chem.* *2000*, 65, 4364.
[1271] Itami, K. ; Kamei, T. ; Yoshida, J. -i. *J. Am. Chem. Soc.* *2001*, 123, 8773.
[1272] Matano, Y. ; Yoshimune, M. ; Suzuki, H. *Tetrahedron Lett.* *1995*, 36, 7475.
[1273] Maeda, K. ; Shinokubo, H. ; Oshima, K. *J. Org. Chem.* *1997*, 62, 6429.
[1274] Yokozawa, T. ; Furuhashi, K. ; Natsume, H. *Tetrahedron Lett.* *1995*, 36, 5243.
[1275] Tsuji, Y. ; Funato, M. ; Ozawa, M. ; Ogiyama, H. ; Kajita, S. ; Kawamura, T. *J. Org. Chem.* *1996*, 61, 5779.
[1276] Hatanaka, Y. ; Goda, K. ; Hiyama, T. *Tetrahedron Lett.* *1994*, 35, 6511; Matsuhashi, H. ; Kuroboshi, M. ; Hatanaka, Y. ; Hiyama, T. *Tetrahedron Lett.* *1994*, 35, 6507.
[1277] Prestat, G. ; Baylon, C. ; Heck, M. -P. ; Mioskowski, C. *Tetrahedron Lett.* *2000*, 41, 3829.
[1278] Chatgilialoglu, C. ; Ferreri, C. ; Ballestri, M. ; Curran, D. P. *Tetrahedron Lett.* *1996*, 37, 6387; Chatgilialoglu, C. ; Alberti, A. ; Ballestri, M. ; Macciantelli, D. ; Curran, D. P. *Tetrahedron Lett.* *1996*, 37, 6391.
[1279] Hodgson, D. M. ; Norsikian, S. L. M. *Org. Lett.* *2001*, 3, 461.
[1280] Harrison, J. R. ; O'Brien, P. ; Porter, D. W. ; Sminth, N. W. *Chem. Commun.* *2001*, 1202.
[1281] Hirao, T. ; Fujii, T. ; Ohshiro, Y. *TetrahedronLett.* *1994*, 35, 8005.
[1282] Takeda, T. ; Takagi, Y. ; Takano, H. ; Fujiwara, T. *TetrahedronLett.* *1992*, 33, 5381.
[1283] Pandey, G. ; Rani, K. S. ; Lakshimaiah, G. *TetrahedronLett.* *1992*, 33, 5107. See Gelas-Mialhe, Y. ; Gramain, J. -C. ; Louvet, A. ; Remuson, R. *TetrahedronLett.* *1992*, 33, 73.
[1284] Seganish, W. M. ; DeShong, P. *J. Org. Chem.* *2004*, 69, 6790.
[1285] Matos, M. R. P. N. ; Afonso, C. A. M. ; Batey, R. A. *Tetrahedron Lett.* *2001*, 42, 7007.
[1286] Tobisu, M. ; Kita, Y. ; Ano, Y. ; Chatani, N. *J. Am. Chem. Soc.* *2008*, 130, 15982.
[1287] Murata, M. ; Watanabe, S. ; Masuda, Y. *Tetrahedron Lett.* *1999*, 40, 9255.
[1288] For an example, see Kwa, T. L. ; Boelhouwer, C. *Tetrahedron* *1970*, 25, 5771.
[1289] For a list of reagents, including metals and other reagents, with references, see Larock, R. C. *Comprehensive Organic Transformations*, 2nd ed., Wiley-VCH, NY, *1999*, pp. 83-84.
[1290] See, for example, Nosek, J. *Collect. Czech. Chem. Commun.* *1964*, 29, 597.
[1291] Onsager, O. *ActaChem. Scand. Ser. B*, *1978*, 32, 15.
[1292] Ginah, F. O. ; Donovan, T. A. ; Suchan, S. D. ; Pfennig, D. R. ; Ebert, G. W. *J. Org. Chem.* *1990*, 55, 584.
[1293] Ranu, B. C. ; Dutta, P. ; Sarkar, A. *TetrahedronLett.* *1998*, 39, 9557.
[1294] Nishino, T. ; Watanabe, T. ; Okada, M. ; Nishiyama, Y. ; Sonoda, N. *J. Org. Chem.* *2002*, 67, 966.
[1295] See Ma, J. ; Chan, T. -H. *TetrahedronLett.* *1998*, 39, 2499; Gilbert, B. C. ; Lindsay, C. I. ; McGrail, P. T. ; Parsons, A. F. ; Whittaker, D. T. E. *Synth. Commun.* *1999*, 29, 2711.
[1296] Han, B. H. ; Boudjouk, P. *TetrahedronLett.* *1981*, 22, 2757.
[1297] Nishiyama, T. ; Seshita, T. ; Shodai, H. ; Aoki, K. ; Kameyama, H. ; Komura, K. *Chem. Lett.* *1996*, 549.
[1298] See Kharasch, M. S. ; Reinmuth, O. *Grignard Reactions of Nonmetallic Substances*, Prentice-Hall, Englewood Cliffs, NJ, *1954*, pp. 1277-1286.
[1299] See Danheiser, R. L. ; Tsai, Y. ; Fink, D. M. *Org. Synth.* 66, 1.
[1300] See Freidlina, R. Kh. ; Kamyshova, A. A. ; Chukovskaya, E. Ts. *Russ. Chem. Rev.* *1982*, 51, 368; in Rappoport, Z. *TheChemistryoftheCyclopropylGroup*, pt. 1, Wiley, NY, *1987*, the reviews by Tsuji, T. ; Nishida, S. pp. 307-373, and Verhé, R. ; DeKimpe, N. pp. 445-564.
[1301] For a discussion of the mechanism, see Applequist, D. E. ; Pfohl, W. F. *J. Org. Chem.* *1978*, 43, 867.
[1302] Wiberg, K. B. ; Lampman, G. M. *TetrahedronLett.* *1963*, 2173; Lampman, G. M. ; Aumiller, J. C. *Org. Synth.* VI, 133.
[1303] Pincock, R. E. ; Schmidt, J. ; Scott, W. B. ; Torupka, E. J. *Can. J. Chem.* *1972*, 50, 3958.
[1304] For a list of reagents, with references, see Larock, R. C. *Comprehensive Organic Transformations*, 2nd ed., Wiley-VCH, NY, *1999*, pp. 175-184.
[1305] Kaplan, L. *J. Am. Chem. Soc.* *1967*, 89, 1753; *J. Org. Chem.* *1967*, 32, 4059.
[1306] Bailey, W. F. ; Gagnier, R. P. *TetrahedronLett.* *1982*, 23, 5123.
[1307] Connor, D. S. ; Wilson, E. R. *TetrahedronLett.* *1967*, 4925.
[1308] Rifi, M. R. *J. Am. Chem. Soc.* *1967*, 89, 4442; *Org. Synth.* Ⅵ, 153.

[1309] Tamao, K. ; Sumitani, K. ; Kumada, M. *J. Am. Chem. Soc.* **1972**, 94, 4374; Kambe, N. *Acc. Chem. Res.* **2008**, 41, 1545; Lopez-Perez, A. ; Adrio, J. ; Carretero, J. C. *Org. Lett.* **2009**, 11, 5514; Frisch, A. C. ; Shaikh, N. ; Zapf, A. ; Beller, M. *Angew. Chem.*, **2002**, 114, 4218. See Chen, X. ; Wang, L. ; Liu, J. *Synthesis* **2009**, 2408; Limmert, M. E. ; Roy, A. H. ; Hartwig, J. F. *J. Org. Chem.* **2005**, 70, 9364; Tsai, F. -Y. ; Lin, B. -N. ; Chen, M. -J. ; Mou, C. -Y. ; Liu, S. T. *Tetrahedron* **2007**, 63, 4304; Organ, M. G. ; Abdel-Hadi, M. ; Avola, S. ; Hadei, N. ; Nasielski, J. ; O'Brien, C. J. ; Valente, C. *Chemistry: European J.* **2007**, 13, 150; Gauthier, D. ; Beckendorf, S. ; GØgsig, T. M. ; Lindhardt, A. T. ; Skrydstrup, T. *J. Org. Chem.* **2009**, 74, 3536. For a coupling reaction of aryl iodides with heterocyclic Grignard reagents, see Ruben Martin, R. ; Buchwald, S. L. *J. Am. Chem. Soc.* **2007**, 129, 3844.

[1310] Cohen, T. ; Poeth, T. *J. Am. Chem. Soc.* **1972**, 94, 4363.

[1311] See Grigg, R. ; Stevenson, P. ; Worakun, T. *J. Chem. Soc., Chem. Commun.* **1985**, 971; Vanderesse, R. ; Fort, Y. ; Becker, S. ; Caubere, P. *TetrahedronLett.* **1986**, 27, 3517.

[1312] Takagi, K. ; Mimura, H. ; Inokawa, S. *Bull. Chem. Soc. Jpn* **1984**, 57, 3517.

[1313] Cahiez, G. ; Bernard, D. ; Normant, J. F. *J. Organomet. Chem.* **1976**, 113, 99.

[1314] Paley, R. S. ; de Dios, A. ; de la Pradilla, R. F. *Tetrahedron Lett.* **1993**, 34, 2429.

[1315] See Magid, R. M. *Tetrahedron* **1980**, 36, 1901, see pp. 1910-1924.

[1316] In this section, methods are discussed in which one molecule is a halide. For other allyluc coupling reactions, see *10-57*, *10-63*, and *10-60*.

[1317] See Tamao, K. ; Kumada, M. in Hartley, F. R. *The Chemistry of the Metal-Carbon Bond Vol. 4*, Wiley, NY, **1987**, pp. 819-887.

[1318] Collman, J. P. ; Hegedus, L. S. ; Narton, J. R. ; Finke, R. *Principles and Applications of Organotransition Metal Chemistry*, 2nd ed. , University Science Books, Mill Valley, CA, **1987**, pp. 739-748; Billington, D. C. *Chem. Soc. Rev.* **1985**, 14, 93; Semmelhack, M. F. *Org. React.* **1972**, 19,115, see pp. 162-170; Baker, R. *Chem. Rev.* **1973**, 73, 487, see pp. 512-517.

[1319] Corey, E. J. ; Wat, E. K. W. *J. Am. Chem. Soc.* **1967**, 89, 2757. Seealso, Reijnders, P. J. M. ; Blankert, J. F. ; Buck, H. M. *Recl. Trav. Chim. Pays-Bas* **1978**, 97, 30.

[1320] See Semmelhack, M. F. *Org. React.* **1972**, 19, 115, see pp. 147-162; Semmelhk, M. F. *Org. React.* **1972**, 199, 115, see pp. 144-146.

[1321] Hegedus, L. S. ; Thompson, D. H. P. *J. Am. Chem. Soc.* **1985**, 107, 5663.

[1322] Corey, E. J. ; Semmelhack, M. F. ; Hegedus, L. S. *J. Am. Chem. Soc.* **1968**, 90, 2416.

[1323] Turk, A. ; Chanan, H. *Org. Synth.* Ⅲ, 121.

[1324] Stork, G. ; Grieco, P. A. ; Gregson, M. *TetrahedronLett.* **1969**, 1393; Grieco, P. A. *J. Am. Chem. Soc.* **1969**, 91, 5660.

[1325] Hosomi, A. ; Imai, T. ; Endo, M. ; Sakurai, H. *J. Organomet. Chem.* **1985**, 285, 95. Seealso, Yanagisawa, A. ; Norikate, Y. ; Yamamoto, H. *Chem. Lett.* **1988**, 1899.

[1326] Yamamoto, Y. ; Yatagai, H. ; Maruyama, K. *J. Am. Chem. Soc.* **1981**, 103, 1969.

[1327] See Keck, G. E. ; Yates, J. B. *J. Am. Chem. Soc.* **1982**, 104, 5829; Migita, T. ; Nagai, K. ; Kosugi, M. *Bull. Chem. Soc. Jpn* **1983**, 56, 2480.

[1328] SeeAxelrod, E. H. ; Milne, G. M. ; vanTamelen, E. E. *J. Am. Chem. Soc.* **1970**, 92, 2139; Morizawa, Y. ; Kanemoto, S. ; Oshima, K. ; Nozaki, H. *TetrahedronLett.* **1982**, 23, 2953.

[1329] Biellmann, J. F. ; Ducep, J. B. *TetrahedronLett.* **1969**, 3707.

[1330] Cabrera, A. ; Rosas, N. ; Sharma, P. ; LeLagadec, R. ; Velasco, L. ; Salmón, M. *Synth. Commun.* **1998**, 28, 1103.

[1331] See Naso, F. ; Marchese, G. in Patai, S. ; Rappoport, Z. *The Chemisrey of Functional Groups*, Supplement D, pt. 2, Wiley, NY, 1**983**, pp. 1353-1449.

[1332] For lists of reagents and substrates, with references, see Larock, R. C. *Comprehensive Organic Transformations*, 2nd ed. , Wiley-VCH, NY, **1999**, pp. 101-127.

[1333] See Beletskaya, I. P. *J. Organomet. Chem.* **1983**, 250, 551; Larock, R. C. *Organomercury Compounds in Organic Synthesis*, Springer, NY, **1985**, pp. 249-262.

[1334] Snieckus, V. ; Rogers-Evans, M. ; Beak, P. ; Lee, W. K. ; Yum, E. K. ; Freskos, J. *Tetrahedron Lett.* **1994**, 35, 4067.

[1335] Dieter, R. K. ; Li, S. J. *J. Org. Chem.* **1997**, 62, 7726. Also see Beak, P. ; Wu, S. ; Yum, E. K. ; Jun, Y. M. *J. Org. Chem.* **1994**, 59, 276.

[1336] For example, see Brimble, M. A. ; Gorsuch, S. *Aust. J. Chem.* **1999**, 52, 965.

[1337] Merrill, R. E. ; Negishi, E. *J. Org. Chem.*, **1974**, 39, 3452. For another method, see Hallberg, A. ; Westerlund, C. *Chem. Lett.* **1982**, 1993.

[1338] Yong, K. H. ; Lotoski, J. A. ; Chong, J. M. *J. Org. Chem.* **2001**, 66, 8248.

[1339] Stanetty, P. ; Mihovilovic, M. D. *J. Org. Chem.* **1997**, 62, 1514.

[1340] Duhamel, L. ; Poirier, J. *J. Am. Chem. Soc.* **1977**, 99, 8356.

[1341] Murahashi, S. ; Yamamura, M. ; Yanagisawa, K. ; Mita, N. ; Kondo, K. *J. Org. Chem.* **1979**, 44, 2408.

[1342] Marié, J. -C. ; Curillon, C. ; Malacria, M. *Synlett* **2002**, 553.

[1343] Itami, K. ; Kamei, T. ; Mitsudo, K. ; Nokami, T. ; Yoshida, J. -i. *J. Org. Chem.* **2001**, 66, 3970.

[1344] Basu, A. ; Beak, P. *J. Am. Chem. Soc.* **1996**, 118, 1575; Wu, S. ; Lee, S. ; Beak, P. *J. Am. Chem. Soc.* **1996**, 118, 715; Dieter, R. K. ; Sharma, R. R. *Tetrahedron Lett.* **1997**, 38, 5937.

[1345] Serino, C. ; Stehle, N. ; Park, Y. S. ; Florio, S. ; Beak, P. *J. Org. Chem.* **1999**, 64, 1160.

[1346] Ma, S. ; Wang, L. *J. Org. Chem.* **1998**, 63, 3497.

[1347] Yang, L. -M. ; Huang, L. -F. ; Luh, T. -Y. *Org. Lett.* **2004**, 6, 1461.

[1348] MacNeil, S. L. ; Familoni, O. B. ; Snieckus, V. *J. Org. Chem.* **2001**, 66, 3662.

[1349] See Sniec, V. *Chem. Rev.* **1990**, 90, 879; Gschwend, H. W. ; Rodriguez, H. R. *Org. React.* **1979**, 26, 1. See also, Green, L. ;

[1350] Chauder, B. ; Snieckus, V. J. Heterocyclic Chem. **1999**, 36, 1453.
Gilman, H. ; Bebb, R. L. J. Am. Chem. Soc. **1939**, 61, 109; Witting, G. ; Fuhrman, G. Chem. Ber. **1940**, 73, 1197.
[1351] McCombie, S. W. ; Lin, S. -I. ; Vice, S. F. Tetrahedron Lett. **1999**, 40, 8767.
[1352] Kraus, G. A. ; Kim, J. J. Org. Chem. **2002**, 67, 2358.
[1353] Corey, E. J. ; Kirst, H. A. ; Katzenellenbogen, J. A. J. Am. Chem. Soc. **1970**, 92, 6314.
[1354] SeeIreland, R. E. ; Dawson, M. I. ; Lipinski, C. A. TetrahedronLett. **1970**, 2247.
[1355] Pasto, D. J. ; Chou, S. ; Waterhouse, A. ; Shults, R. H. ; Hennion, G. F. J. Org. Chem. **1978**, 43, 1385; Jeffery-Luong, T. ; Linstrumelle, G. TetrahedronLett. **1980**, 21, 5019.
[1356] Pasto, D. J. ; Chou, S. ; Fritzen, E. ; Shults, R. H. ; Waterhouse, A. ; Hennion, G. F. J. Org. Chem. **1978**, 43, 1389. Seealso, Tanigawa, Y. ; Murahashi, S. J. Org. Chem. **1980**, 45, 4536.
[1357] See Raston, C. L. ; Salern, G. in Hartley, F. R. *The Chemistry of the Metal-Carbon Bond*, Vol. 4, Wiley, NY, **1987**, pp. 161-306, 269-283; Kharasch, M. S. ; Reinmuth, O. *Grignard Reactions of Nonmetallic Substances*, Prentice-Hall, Englewood Cliffs, NJ, **1954**, pp. 1046-1165.
[1358] See Ohno, M. ; Shimizu, K. ; Ishizaki, K. ; Sasaki, T. ; Eguchi, S. J. Org. Chem. **1988**, 53, 729.
[1359] Tissot-Croset, K. ; Alexakis, A. Tetrahedron Lett. **2004**, 45, 7375; Tissot-Croset, K. ; Polet, D. ; Alex, A. Angew. Chem. Int. Ed. **2004**, 43, 2426.
[1360] See Erdik, E. Tetrahedron **1984**, 40, 641; Kochi, J. K. *Organometallic Mechanisms and Catalysis*, Academic Press, NY, **1978**, pp. 374-398.
[1361] Bäckvall, J. -E. ; Persson, E. S. M. ; Bombrun, A. J. Org. Chem. **1994**, 59, 4126.
[1362] Terao, J. ; Ikumi, A. ; Kuniyasu, H. ; Kambe, N. J. Am. Chem. Soc. **2003**, 125, 5646. See also, Hintermann, L. ; Xiao, L. ; Labonne, A. Angew. Chem. Int. Ed. **2008**, 47, 8246; Cahiez, G. ; Gager, O. ; Buendia, J. Synlett **2010**, 299.
[1363] Someya, H. ; Ohmiya, H. ; Yorimitsu, H. ; Oshima, K. Org. Lett. **2008**, 10, 969.
[1364] López-Pérez, A. ; Adrio, J. ; Carretero, J. C. Org. Lett. **2009**, 11, 5514. For other references, see Lacock, R. C. *Comprehensive Organic Transformations*, 2nd ed. , Wiley-VCH, NY, **1999**, pp. 386-392.
[1365] Hamaguchi, H. ; Uemura, M. ; Yasui, H. ; Yorimitsu, H. ; Koichiro Oshima, K. Chem. Lett. **2008**, 37, 1178.
[1366] Cahiez, G. ; Habiak, V. ; Duplais, C. ; Moyeux, A. Angew. Chem. Int. Ed. **2007**, 46, 4364; Molander, G. A. ; Rahn, B. J. ; Shubert, D. C. ; Bonde, S. E. Tetrahedron Lett. **1983**, 24, 5449. See Bedford, R. ; Hird, M. Chem. Commun. **2006**, 1398.
[1367] Bedford, R. B. ; Bruce, D. W. ; Frost, R. M. ; Hird, M. Chem. Commun. **2005**, 4161.
[1368] Bedford, R. B. ; Betham, M. ; Bruce, D. W. ; Davis, S. A. ; Frost, R. M. ; Hird, M. Chem. Commun. **2006**, 1398.
[1369] Wang, S. ; Zhang, A. Org. Prep. Proceed. Int. **2008**, 40, 293.
[1370] Geurts, K. ; Fletcher, S. P. ; Feringa, B. L. J. Am. Chem. Soc. **2006**, 128, 15572.
[1371] Lee, Y. ; Hoveyda, A. H. J. Am. Chem. Soc. **2006**, 128, 15604.
[1372] Kar, A. ; Argade, N. P. Synthesis **2005**, 2995. For an example, see Sen, S. ; Singh, S. ; Sieburth, S. McN. J. Org. Chem. **2009**, 74, 2884.
[1373] See Bell, T. W. ; Hu, L. ; Patel, S. V. J. Org. Chem. , **1987**, 52, 3847; Ozawa, F. ; Kurihara, K. ; Fujimori, M. ; Hidaka, T. ; Toyoshima, T. ; Yamamoto, A. Organometallics **1989**, 8, 180.
[1374] Yasuda, S. ; Yorimitsu, H. ; Oshima, K. Bull. Chem. Soc. Jpn. **2008**, 81, 287.
[1375] Kamikawa, T. ; Hayashi, T. Synlett , **1997**, 163.
[1376] Hoffmann, R. W. ; Gieson, V. ; Fuest, M. Liebigs Ann. Chem. **1993**, 629.
[1377] Babudri, F. ; Fiandanese, V. ; Mazzone, L. ; Naso, F. Tetrahedron Lett. **1994**, 35, 8847.
[1378] Ohmiya, H. ; Yorimitsu, H. ; Oshima, K. J. Am. Chem. Soc. **2006**, 128, 1886.
[1379] Negishi, E. ; Kotora, M. ; Xu, C. J. Org. Chem. **1997**, 62, 8957.
[1380] Cai, M. -Z. ; Song, C. -S. ; Huang, X. J. Chem. Res. (S) **1998**, 264.
[1381] Kondo, S. ; Ohira, M. ; Kawasoe, S. ; Kunisada, H. ; Yuki, Y. J. Org. Chem. **1993**, 58, 5003.
[1382] Nagano, T. ; Hayashi, T. Org. Lett. **2004**, 6, 1297; Terao, J. ; Watabe, H. ; Kambe, N. J. Am. Chem. Soc. **2005**, 127, 3656.
[1383] Martin, R. ; Fürstner, A. Angew. Chem. Int. Ed. **2004**, 43, 3955.
[1384] Dohle, W. ; Kopp, F. ; Cahiez, G. ; Knochel, P. Synlett **2001**, 1901. See Scheiper, B. ; Bonnekessel, M. ; Krause, H. ; Fürstner, A. J. Org. Chem. **2004**, 69, 3943.
[1385] Karlström, A. S. E. ; Ronn, M. ; Thorarensen, A. ; Bäckvall, J. -E. J. Org. Chem. **1998**, 63, 2517.
[1386] Cahiez, G. ; Avedissian, H. Tetrahedron Lett. **1998**, 39, 6159.
[1387] Hayashi, T. ; Konishi, M. ; Kobori, Y. ; Kumada, M. ; Higuchi, T. ; Hirotsu, K. J. Am. Chem. Soc. **1984**, 106, 158.
[1388] Böhm, V. P. W. ; Gstöttmayr, C. W. K. ; Weskamp, T. ; Hermann, W. A. Angew. Chem. Int. Ed. **2001**, 40, 3387; Terao, J. ; Watanabe, H. ; Ikumi, A. ; Kuniyasu, H. ; Kambe, N. J. Am. Chem. Soc. **2002**, 124, 4222. See Kumada, M. Pure Appl. Chem. **1980**, 52, 669.
[1389] See Hayashi, T. ; Kumada, M. in Morrison, J. D. *Asymmetric Synthesis* Vol. 5, Academic Press, NY, **1985**, pp. 147-169. See also, Iida, A. ; Yamashita, M. Bull. Chem. Soc. Jpn. **1988**, 61, 2365.
[1390] Rathore, R. ; Deselnicu, M. I. ; Burns, C. L. J. Am. Chem. Soc. **2002**, 124, 14832.
[1391] See Beletskaya, I. P. ; Artamkina, G. A. ; Reutov, O. A. Russ. Chem. Rev. **1976**, 45, 330.
[1392] When a symmetrical distribution of products is found, this is evidence for a free-radical mechanism: the solvent cage is not efficient and breaks down.
[1393] Sommer, L. H. ; Korte, W. D. J. Org. Chem. **1970**, 35, 22; Korte, W. D. ; Kinner, L. ; Kaska, W. C. Tetrahedron Lett. **1970**, 603. See also, Schlosser, M. ; Fouquet, G. Chem. Ber. **1974**, 107, 1162, 1171.
[1394] See Muraoka, K. ; Nojima, M. ; Kusabayashi, S. ; Nagase, S. J. Chem. Soc. Perkin Trans. 2 **1986**, 761.

[1395] Podoplelov, A. V. ; Leshina, T. V. ; Sagdeev, R. Z. ; Kamkha, M. A. ; Shein, S. M. *J. Org. Chem. USSR* **1976**, 12, 488; Ward, H. R. ; Lawler, R. G. ; Cooper, R. A. in Lepley, A. R. ; Closs, G. L. *Chemically Induced Magnetic Polarization*, Wiley, NY, **1973**, pp. 281-322.

[1396] Russell, G. A. ; Lamson, D. W. *J. Am. Chem. Soc.* **1969**, 91, 3967.

[1397] Bryce-Smith, D. *Bull. Soc. Chim. Fr.* **1963**, 1418.

[1398] Garst, J. F. ; Hart, P. W. *J. Chem. Soc. Chem. Commun.* **1975**, 215.

[1399] Kasukhin, L. F. ; Ponomarchuk, M. P. ; Buteiko, Zh. F. *J. Org. Chem. USSR* **1972**, 8, 673; Singh, P. R. ; Tayal, S. R. ; Nigam, A. *J. Organomet. Chem.* **1972**, 42, C9.

[1400] Bertz, S. H. ; Dabbagh, G. ; Mujsce, A. M. *J. Am. Chem. Soc.* **1991**, 113, 631.

[1401] Tamura, M. ; Kochi, J. K. *J. Am. Chem. Soc.* **1971**, 93, 1483, 1485, 1487; *J. Organomet. Chem.* **1971**, 31, 289; **1972**, 42, 205; Lehr, G. F. ; Lawler, R. G. *J. Am. Chem. Soc.* **1986**, 106, 4048.

[1402] See Pearson, R. G. ; Gregory, C. D. *J. Am. Chem. Soc.* **1976**, 98, 4098. See also, Lipshutz, B. H. ; Kozlowski, J. A. ; Breneman, C. M. *Tetrahedron Lett.* **1985**, 26, 5911; Collman, J. P. ; Hegedus, L. S. ; Norton, J. R. ; Finke, R. G. *Principles and Applications of Organotransition Metal Chemistry*, 2nd ed., University Science Books, Mill Valley, CA, **1987**, pp. 682-698.

[1403] See Stemmler, T. L. ; Barnhart, T. M. ; Penner-Hahn, J. E. ; Tucker, C. E. ; Knochel, P. ; Böhme, M. ; Frenking, G. *J. Am. Chem. Soc.* **1995**, 117, 12489. Solution compositions of Gilman reagents have also been studied. See Lipshutz, B. H. ; Kayser, F. ; Siegmann, K. *Tetrahedron Lett.* **1993**, 34, 6693.

[1404] Bergbreiter, D. E. ; Whitesides, G. M. *J. Org. Chem.* **1975**, 40, 779.
See Bertz, S. H. ; Eriksson, M. ; Miao, G. ; Snyder, J. P. *J. Am. Chem. Soc.* **1998**, 118, 10906 for the reactivity of β-silyl organocuprates.

[1405] For an example using a Cu(II) salt, see Nguyen, T. T. ; Chevallier, F. ; Jouikov, V. ; Mongin, F. *Tetrahedron Lett.* **2009**, 50, 6787.

[1406] See Posner, G. H. *Org. React.* **1975**, 22, 253; Lipshutz, B. H. *Accts. Chem. Res.* **1997**, 30, 277; Posner, G. H. *An Introduction to Synthesis Using Orgaocopper Reagents*, Wiley, NY, **1980**. For lists of substrates and reagents, with references, see Larock, R. C. *Comprehensive Organic Transformations*, 2nd ed., Wiley-VCH, NY, **1999**, pp. 392-399, 599-604, 1564.

[1407] See Mori, S. ; Nakamura, E. ; Morokuma, K. *J. Am. Chem. Soc.* **2000**, 122, 7294.

[1408] For an extensive discussion of the mechanism of reaction between organocuprates and alkyl haldies or epoxides, see Mori, S. ; Nakamura, E. ; Morokuma, K. *J. Am. Chem. Soc.* **2000**, 122, 7294; Posner, G. H. *An Introduction to Synthesis Using Organocopper Reagents*, Wiley, NY, **1980**. See Bertz, S. H. ; Cope, S. ; Dorton, D. ; Murphy, M. ; Ogle, C. A. *Angew. Chem. Int. Ed.* **2007**, 46, 7082.

[1409] Yoshikai, N. ; Zhang, S.-L. ; Nakamura, E. *J. Am. Chem. Soc.* **2008**, 130, 12862.

[1410] Some intermediates in this reaction have been prepared, see Bartholomew, E. R. ; Bertz, S. H. ; Cope, S. ; Murphy, M. ; Ogle, C. A. *J. Am. Chem. Soc.* **2008**, 130, 11244. For a review, see Falciola, C. A. ; Alexakis, A. *Eur. J. Org. Chem.* **2008**, 3765.

[1411] Posner, G. H. ; Ting, J. *Synth. Commun.* **1973**, 3, 281.

[1412] Lipshutz, B. H. ; Wilhelm, R. S. ; Nugent, S. T. ; Little, R. D. ; Baizer, M. M. *J. Org. Chem.* **1983**, 48, 3306.

[1413] Klein, J. ; Levene, R. *J. Am. Chem. Soc.* **1972**, 94, 2520. For a discussion of the mechanism, see Yoshikai, N. ; Nakamura, E. *J. Am. Chem. Soc.* **2004**, 126, 12264.

[1414] Posner, G. H. ; Brunelle, D. J. *Tetrahedron Lett.* **1972**, 293.

[1415] See Kitatani, K. ; Hiyama, T. ; Nozaki, H. *Bull. Chem. Soc. Jpn.* **1977**, 50, 1600.

[1416] Cahiez, G. ; Chaboche, C. ; Jézéquel, M. *Tetrahedron* **2000**, 56, 2733.

[1417] Johnson, C. R. ; Dutra, G. A. *J. Am. Chem. Soc.* **1973**, 95, 7777, 7783. SeePosner, G. H. *An Introduction to Synthesis Using Organocopper Reagents*, Wiley, NY, **1980**, pp. 85-90.

[1418] Secondarytosylatesgivehigheryieldswhentheycontainan O or S atom: Hanessian, S. ; Thavonekham, B. ; DeHoff, B. *J. Org. Chem.* **1989**, 54, 5831.

[1419] SeeScott, W. J. ; McMurry, J. E. *Acc. Chem. Res.* **1988**, 21, 47.

[1420] Tsushima, K. ; Araki, K. ; Murai, A. *Chem. Lett.* **1989**, 1313.

[1421] Lipshutz, B. H. ; Elworthy, T. R. *J. Org. Chem.* **1990**, 55, 1695.

[1422] Baudouy, R. ; Gorè, J. *J. Chem. Res. (S)* **1981**, 278. Seealso, Elsevier, C. J. ; Vermeer, P. *J. Org. Chem.* **1989**, 54, 3726.

[1423] Whitesides, G. M. ; Fischer, Jr. , W. F. ; San Filippo, Jr. , J. ; Bashe, R. W. ; House, H. O. *J. Am. Chem. Soc.* **1969**, 91, 487

[1424] Prepared as in Ref. 1444 or treatment of PhSCu with RLi: Posner, G. H. ; Brunelle, D. J. ; Sinoway, L. *Synthesis* **1974**, 662.

[1425] Posner, G. H. ; Whitten, C. E. ; Sterling, J. *J. Am. Chem. Soc.* **1973**, 95, 7788.

[1426] See Malmberg, H. ; Nilsson, M. ; Ullenius, C. *Tetrahedron Lett.* **1982**, 23, 3823; Lipshutz, B. H. ; Kozlowski, J. A. ; Parker, D. A. ; Nguyen, S. L. ; McCarthy, K. E. *J. Organoment. Chem.* **1985**, 285, 437.

[1427] Piazza, C. ; Knochel, P. *Angew. Chem. Int. Ed.* **2002**, 41, 3263.

[1428] See Lipshutz, B. H. *Synthesis* **1987**, 325; *Synlett* **1990**, 119. See also, Bertz, S. H. *J. Am. Chem. Soc.* **1990**, 112, 4031; Lipshutz, B. H. ; Sharma, S. ; Ellsworth, E. L. *J. Am. Chem. Soc.* **1990**, 112, 4032.

[1429] Lipshutz, B. H. Wilhelm, R. S. ; Floyd, D. M. *J. Am. Chem. Soc.* **1981**, 103, 7672.

[1430] Bertz, S. H. ; Dabbagh, G. *J. Am. Chem.* **1984**, 49, 1119.

[1431] See Aoki, S. ; Fujimura, T. ; Nakamura, E. ; Kuwajima, I. *J. Am. Chem. Soc.* **1988**, 110, 3296.

[1432] McMurry, J. E. ; Mohanraj, S. *Tetrahedron Lett.* **1983**, 24, 2723.

[1433] Hirota, K. ; Isobe, Y. ; Maki, Y. *J. Chem. Soc. Perkin Trans.* 1, **1989**, 2513.

[1434] Echevarren, E. M. ; Stille, J. K. *J. Am. Chem. Soc.*, **1987**, 109, 5478. For a Similar reaction with aryl fluorosulfonates, see Roth, G. P. ; Fuller, C. E. *J. Org. Chem.*, **1991**, 56, 3493.

[1435] Martínez, A. G.; Barcina, J. O.; Díez, B. R.; Subramanian, L. R. *Tetrahedron* **1994**, 50, 13231.
[1436] Mooiweer, H. H.; Elsevier, C. J.; Wijkens, P.; Vermeer, P. *Tetrahedron Lett.* **1985**, 26, 65.
[1437] Corey, E. J.; Boaz, N. W. *Tetrahedron Lett.* **1984**, 25, 3059, 3063. For the reaction of these reagents with haloalkynes, see Yeh, M. C. P.; Knochel, P. *Tetrahedron Lett.* **1989**, 30, 4799.
[1438] Bertz, S. H.; Miao, G.; Eriksson, M. *Chem. Commun.* **1996**, 815; Snyder, J. P.; Bertz, S. H. *J. Org. Chem.* **1995**, 60, 4312. Also see, Snyder, J. P.; Tipsword, G. E.; Spangler, D. P. *J. Am. Chem. Soc.* **1992**, 114, 1507.
[1439] Bertz, S. H. *J. Am. Chem. Soc.* **1990**, 112, 4031.
[1440] Lipshutz, B. H.; James, B. *J. Org. Chem.* **1994**, 59, 7585 and references cited therein.
[1441] Dubois, J. E.; Fournier, P.; Lion, C. *Bull. Soc. Chim. Fr.* **1976**, 1871.
[1442] See Corey, E. J.; Posner, G. H. *J. Am. Chem. Soc.* **1967**, 89, 3911; Wakselman, C.; Mondon, M. *Tetrahedron Lett.* **1973**, 4285.
[1443] Posner, G. H.; Sterling, J. J. *J. Am. Chem. Soc.* **1973**, 95, 3076. See also, Posner, G. H.; Sterling, J. J.; Whitten, C. E.; Lentz, C. M.; Brunelle, D. J. *J. Am. Chem. Soc.* **1975**, 97, 107; Lion, C.; Dubois, J. E. *Tetrahedron* **1975**, 31, 1223. See Lei, X.; Doubleday, Jr., C.; Turro, N. J. *Tetrahedron Lett.* **1986**, 27, 4671.
[1444] Prepared by treating CuI with t-BuOLi in THF at 0 ℃ and adding RLi to this solution.
[1445] Nakamura, E.; Sekiya, K.; Arai, M.; Aoki, S. *J. Am. Chem. Soc.* **1989**, 111, 3091.
[1446] Marquais, S.; Cahiez, G.; Konchel, P. *Synlett*, **1994**, 849.
[1447] Malda, H.; van Zijl, A. W.; Arnold, L. A.; Feringa, B. L. *Org. Lett.* **2001**, 3, 1169.
[1448] Yamamoto, Y.; Yamamoto, S.; Yatagai, H.; Maruyama, K. *J. Am. Chem. Soc.* **1980**, 102, 2318. See also, Lipshutz, B. H.; Ellsworth, E. L.; Dimock, S. H. *J. Am. Chem. Soc.* **1990**, 112, 5869.
[1449] Kennedy, J. P. *J. Org. Chem.* **1970**, 35, 532. See also, Sato, F.; Kodama, H.; Sato, M. *J. Organoment. Chem.* **1978**, 157, C30.
[1450] See Lee, Y.; Akiyama, K.; Gillingham, D. G.; Beown, M. K.; Hoveyda, A. H. *J. Am. Chem. Soc.* **2008**, 130, 446.
[1451] Negishi, E.; Takahashi, T.; Baba, S.; Van Horn, D. E.; Okukado, N. *J. Am. Chem. Soc.* **1987**, 109, 2393.
[1452] Falck, J. R.; Mohaptra, S.; Bondlela, M.; Venkataraman, S. K. *Tetrahedron Lett.* **2002**, 43, 8149.
[1453] Reetz, M. T.; Wenderoth, B.; Peter, R.; Steinbach, R.; Westermann, J. *J. Chem. Soc., Chem. Commun.* **1980**, 1202. See also, Klingstedt, T.; Frejd, T. *Organometallics* **1983**, 2, 598.
[1454] Bolestova, G. I.; Parnes, Z. N.; Latypova, F. M.; Kursanov, D. N. *J. Org. Chem. USSR* **1981**, 17, 1203.
[1455] Reetz, M. T.; Westermann, J.; Steinbach, R. *Angew. Chem. Int. Ed.* **1980**, 19, 900, 901.
[1456] Takahashi, H.; Hossain, K. M.; Nishihara, Y.; Shibata, T.; Takagi, K. *J. Org. Chem.* **2006**, 71, 671. See also Sase, S.; Jaric, M.; Metzger, A.; Malakhov, V.; Knochel, P. *J. Org. Chem.* **2008**, 73, 7380.
[1457] Sirieix, J.; OBberger, M.; Betzemeier, B.; Knochel, P. *Synlett* **2000**, 1613.
[1458] Kang, S.-K.; Kim, J.-S.; Choi, S.-c. *J. Org. Chem.* **1997**, 62, 4208.
[1459] Shen, W.; Wang, L. *J. Org. Chem.* **1999**, 64, 8873.
[1460] Fouquet, E.; Rodriguez, A. L. *Synlett* **1998**, 1323.
[1461] Kwon, H. B.; McKee, B. H.; Stille, J. K. *J. Org. Chem.* **1990**, 55, 3114. See Stang, P. J.; Kowalski, M. H.; Schiavelli, M. D.; Longford, D. *J. Am. Chem. Soc.* **1989**, 111, 3347; Stang, P. J.; Kowalski, M. H. *J. Am. Chem. Soc.* **1989**, 111, 3356.
[1462] Stille, J. K.; Tanaka, M. *J. Am. Chem. Soc.* **1987**, 109, 3785.
[1463] Negishi, E. *Acc. Chem. Res.* **1982**, 15, 340; Negishi, E.; Baba, S. *J. Chem. Commun.* **1976**, 597; Baba, S.; Negishi, E. *J. Am. Chem. Soc.* **1976**, 98, 6729; King, A. O.; van Horn, D. E.; Spiegel, B. I. *J. Am. Chem. Soc.* **1978**, 100, 2254; Schade, M. A.; Metzger, A.; Hug, S.; Knochel, P. *Chem. Commun.* **2008**, 3046; Phapale, V. B.; Guisán-Ceinos, M.; Buñuel, E.; Cardenas, D. J. *Chemistry: Eur. J.* **2010**, 16, 248. For insights into the mechanism, see Casares, J. A.; Espinet, P.; Fuentes, B.; Salas, G. *J. Am. Chem. Soc.* **2007**, 129, 3508. For coupling with nonactivated secondary halides, see Glorius, F. *Angew. Chem. Int. Ed.* **2008**, 47, 8347.
[1464] Mutule, I.; Suna, E. *Tetrahedron* **2005**, 61, 11168.
[1465] Kabir, M. S.; Monte, A.; Cook, J. M. *Tetrahedron Lett.* **2007**, 48, 7269.
[1466] Matsubara, S.; Oshima, K.; Matsuoka, H.; Matsumoto, K.; Ishikawa, K.; Matsubara, E. *Chem. Lett.* **2005**, 34, 952.
[1467] Coleridge, B. M.; Bello, C. S.; Ellenberger, D. H.; Leitner, A. *Tetrahedron Lett.* **2010**, 51, 357.
[1468] Wang, Q.; Chen, C. *Tetrahedron Lett.* **2008**, 49, 2916.
[1469] See Hadei, N.; Kantchev, E. A. B.; O'Brien, C. J.; Organ, M. G. *J. Org. Chem.* **2005**, 70, 8503; Andrei, D.; Wnuk, S. F. *J. Org. Chem.* **2006**, 71, 405. For a variation using Pd-nanoparticles, see Liu, J.; Deng, Y.; Wang, H.; Zhang, H.; Yu, G.; Wu, B.; Zhang, H.; Li, Q.; Marder, T. B.; Yang, Z.; Lei, A. *Org. Lett.* **2008**, 10, 2661.
[1470] Giovannini, R.; Studemann, T.; Devasagayaraj, A.; Dussin, G.; Knochel, P. *J. Org. Chem.* **1999**, 64, 3544; Jensen, A. E.; Knochel, P. *J. Org. Chem.* **2002**, 67, 79; Zhou, J.; Fu, G. C. *J. Am. Chem. Soc.* **2003**, 125, 14726; Terao, J.; Todo, H.; Watanabe, H.; Ikumi, A.; Kambe, N. *Angew. Chem. Int. Ed.* **2004**, 43, 6180.
[1471] Shibli, A.; Vaeghese, J. P.; Knochel, P.; Marek, I. *Synlett* **2001**, 818.
[1472] See Fischer, C.; Fu, G. C. *J. Am. Chem. Soc.* **2005**, 127, 4594; Arp, F. O.; Fu, G. C. *J. Am. Chem. Soc.* **2005**, 127, 10482.
[1473] Son, S.; Fu, G. C. *J. Am. Chem. Soc.* **2008**, 130, 2756.
[1474] Smith, S. W.; Fu, G. C. *Angew. Chem. Int. Ed.* **2008**, 47, 9334.
[1475] Shi, W. J.; Wang, L.-X.; Fu, Y.; Zhu, S.-F.; Zhou, Q.-L. *Tetrahedron Asymmetry* **2003**, 14, 3867.
[1476] Hu, J.-b.; Zhao, G.; Yang, G.-s.; Ding, Z.-d. *J. Org. Chem.* **2001**, 66, 303.
[1477] Jensen, A. E.; Knochel, P. *J. Org. Chem.* **2002**, 67, 79.
[1478] Kraus, G. A.; Ansersh, B.; Su, Q.; Shi, J. *Tetrahedron Lett.* **1993**, 34, 1741.
[1479] Berkowitz, W. F.; Wu, Y. *Tetrahedron Lett.* **1997**, 38, 3171.

[1480] Rodriguez, Sestelo, J. P. ; Sarandeses, L. A. *J. Org. Chem.* **2003**, 68, 2518.
[1481] Takami, K. ; Yorimitsu, H. ; Oshima, K. *Org. Lett.* **2004**, 6, 4555.
[1482] Baruah, M. ; Boruah, A. ; Prajapati, D. ; Sandu, J. S. *Synlett.* **1998**, 1083.
[1483] Cahiez, G. ; Marquais, S. *Tetrahedron Lett.* **1996**, 37, 1773.
[1484] Kakiya, H. ; Inoue, R. ; Shinokubo, H. ; Oshima, K. *Tetrahedron* **2000**, 56, 2131.
[1485] Durandetti, M. ; Sibille, S. ; Nédélec, J. -Y. ; Périchon, J. *Synth. Commun.* **1994**, 24, 145.
[1486] Usugi, S. -i. ; Yorimitsu, H. ; Oshima, K. *Tetrahedron Lett.* **2001**, 42, 4535.
[1487] Heck, R. F. *J. Am. Chem. Soc.* **1968**, 90, 5531. See Reaction 13-10. See Heck, R. F. *Palladium Reagents in Organic Syntheses*, Academic Press, NY, **1985**, pp. 208-214, 242-249. Also see Yin, L. ; Liebscher, J. *Chem. Rev.* **2007**, 107, 133.
[1488] See Stille, J. K. *Angew. Chem. Int. Ed.* **1986**, 25, 508; Bumagin, N. A. ; Beletskaya, I. P. *Russ. Chem. Rev.* **1990**, 59, 1174. See Martinez, A. G. ; Barcina, J. O. ; Heras, Md. R. C. ; Cerezo, A. d. F. *Org. Lett.* **2000**, 2, 1377.
[1489] Lee, P. H. ; Sung, S. -y. ; Lee, K. *Org. Lett.* **2001**, 3, 3201.
[1490] Rodriguez, D. ; Sestelo, J. P. ; Sarandeses, L. A. *J. Org. Chem.* **2004**, 69, 8136.
[1491] Denmark, S. E. ; Werner, N. S. *J. Am. Chem. Soc.* **2008**, 130, 16382.
[1492] Herbert, J. M. *Tetrahedron Lett.* **2004**, 45, 817.
[1493] Bentz, E. ; Moloney, M. G. ; Westaway, S. M. *Tetrahedron Lett.* **2004**, 45, 7395.
[1494] Riquet, E. ; Alami, M. ; Cahiez, G. *Tetrahedron Lett.* **1997**, 38, 4397.
[1495] Czaplik, W. M. ; Mayer, M. ; Jacobi, von Wangelin, A. *Synlett* **2009**, 2931.
[1496] Frid, M. ; Pérez, D. ; Peat, A. J. ; Buchwald, S. L. *J. Am. Chem. Soc.* **1999**, 121, 9469. See also, Villiers, P. ; Vicart, N. ; Ramondenc, Y. ; Ple, G. *Tetrahedron Lett.* **1999**, 40, 8781.
[1497] Sato, A. ; Ito, H. ; Taguchi, T. *J. Org. Chem.* **2005**, 70, 709.
[1498] Saito, B. ; Fu, G. C. *J. Am. Chem. Soc.* **2008**, 130, 6694.
[1499] Purpura, M. ; Krause, N. *Eur. J. Org. Chem.* **1999**, 267.
[1500] Goering, H. L. ; Kantner, S. S. ; Seitz, Jr. , E. P. *J. Org. Chem.* **1985**, 50, 5495.
[1501] Fleming, I. ; Higgins, D. ; Lawrence, N. J. ; Thomas, A. P. *J. Chem. Soc. Perkin Trans.* 1 **1992**, 3331.
[1502] Rubin, M. ; Gevorgyan, V. *Org. Lett.* **2001**, 3, 2705. See Schwier, T. ; Rubin, M. ; Gevorgyan, V. *Org. Lett.* **2004**, 6, 1999.
[1503] Smith, D. M. ; Tran, M. B. ; Woerpel, K. A. *J. Am. Chem. Soc.* **2003**, 125, 14149; Ayala, L. ; Lucero, C. G. ; Romero, J. A. C. ; Tabacco, S. A. ; Woerpel, K. A. *J. Am. Chem. Soc.* **2003**, 125, 15521.
[1504] Roumestant, M. ; Gore, J. *Bull. Soc. Chim. Fr.* **1972**, 591, 598; Crabbé, P. ; Barreiro, E. ; Dollat, J. ; Luche, J. *J. Chem. Soc. , Chem. Commun.* **1976**, 183, and references cited therein.
[1505] Casey, C. P. ; Marten, D. F. *Tetrahedron Lett.* **1974**, 925. See also, Posner, G. H. ; Brunelle, D. J. *J. Chem. Soc. , Chem. Commun.* **1973**, 907; Kobayashi, S. ; Takei, H. ; Mukaiyama, T. *Chem. Lett.* **1973**, 1097.
[1506] Karlström, A. S. E. ; Huerta, F. F. ; Muezelaar, G. J. ; Bäckvall, J. -E. *Synlett* **2001**, 923; Alexakis, A. ; Malan, C. ; Les, L. ; Benhaim, C. ; Fournioux, X. *Synlett* **2001**, 927.
[1507] van Klaveren, M. ; Persson, E. S. M. ; del Villar, A. ; Grove, D. M. ; Bäckvall, J. -E. ; van Koten, G. *Tetrahedron Lett.* **1995**, 36, 3059.
[1508] Del Valle, L. ; Stille, J. K. ; Hegedus, L. S. *J. Org. Chem.* **1990**, 55, 3019. For another method, see Legros, J. ; Fiaud, J. *Tetrahedron Lett.* **1990**, 31, 7453.
[1509] Sasaoka, S. ; Yamamoto, T. ; Kinoshita, H. ; Inomata, K. ; Kotake, H. *Chem. Lett.* **1985**, 315.
[1510] Trost, B. M. ; Keinan, E. *Tetrahedron Lett.* **1980**, 21, 2595.
[1511] Yatsumonji, Y. ; Ishida, Y. ; Tsubouchi, A. ; Takeda, T. *Org. Lett.* **2007**, 9, 4603.
[1512] Mandal, S. K. ; Paira, M. ; Roy, S. C. *J. Org. Chem.* **2008**, 73, 3823.
[1513] Spiess, S. ; Welter, C. ; Franck, G. ; taquet, J. -P. ; Helmachen, G. *Angew. Chem. Int. Ed.* **2008**, 47, 7652.
[1514] Plietker, B. *Angew. Chem. Int. Ed.* **2006**, 45, 6053.
[1515] Gomes, P. ; Gosmini, C. ; Périchon, J. *Org. Lett.* **2003**, 5, 1043.
[1516] Belelie, J. L. ; Chong, J. M. *J. Org. Chem.* **2001**, 66, 5552.
[1517] Kacprzynski, M. A. ; Hoveyda, A. H. *J. Am. Chem. Soc.* **2004**, 126, 10676.
[1518] See Tsuji, J. in Hartley, F. R. ; Patai, S. *The Chemistry of the Metal-Carbon Bond*, Vol. 3, Wiley, NY, **1985**, pp. 163-199.
[1519] See Trost, B. M. ; Crawley, M. L. *Chem. Rev.* **2003**, 103, 2921. For a discussion of the mechanism see Tsurugi, K. ; Nomura, N. ; Aoi, K. *Tetrahedron Lett.* **2002**, 43, 469.
[1520] See Mohr, J. T. ; Stoltz, B. M. *Chemistry: Asian J.* **2007**, 2, 1476; Trost, B. M. *Angew. Chem. Int. Ed.* **1989**, 28, 1173; *Acc. Chem. Res.* **1980**, 13, 385; Tsuji, J. ; Minami, I. *Acc. Chem. Res.* **1987**, 20, 140, *Organic Synthesis with Palladium Compounds*, Springer, Berlin, **1981**, pp. 45, 125; Heck, R. F. *Palladium Reagents in Organic Synthesis*, Academic Press, NY, **1985**, pp. 130-166; Hegedus, L. S. in Buncel, E. ; Durst, T. *Comprehensive Carbanion Chemistry*, Vol. 5, pt. B, Elsevier, NY, **1984**, pp. 30-44. See Liao, M. -c. ; Duan, X. -h. ; Liang, Y. -m. *Tetrahedron Lett.* **2005**, 46, 3469.
[1521] Trost, B. M. ; Toste, F. D. *J. Am. Chem. Soc.* **1999**, 121, 4545.
[1522] For example, see Liu, D. ; Xie, F. ; Zhang, W. *Tetrahedron Lett.* **2007**, 48, 585; Guimet, E. ; Diéguez, M. ; Ruiz, A. ; Claver, C. *Tetrahedron Asymmetry* **2005**, 16, 959; Mikhael, I. ; Goux-Henry, C. ; Sinou, D. *Tetrahedron Asymmetry* **2006**, 17, 1853; Ruzziconi, R. ; Santi, C. ; Spizzichino, S. *Tetrahedron Asymmetry* **2007**, 18, 1742; Wang, Q. -F. ; He, W. ; Liu, X. -Y. ; Chen, H. ; Qin, X. -Y. ; Zhang, S. -Y. *Tetrahedron Asymmetry* **2008**, 19, 2447; Polet, D. ; Alexakis, A. ; Tissot-Groset, K. ; Corminboeuf, C. ; Ditrich, K. *Chem. EUR. J.* **2006**, 12, 3596. Also see Mino, T. ; Sato, Y. ; Saito, A. ; Tanaka, Y. ; Saotome, H. ; Sakamoto, M. ; Fujita, T. *J. Org. Chem.* **2005**, 70, 7979.
[1523] Poli, G. ; Giambastiani, G. ; Mordini, A. *J. Org. Chem.* **1999**, 64, 2962.

[1524] Trost, B. M. ; Weber, L. ; Strege, P. E. ; Fullerton, T. J. ; Dietsche, T. J. *J. Am. Chem. Soc.* **1978**, 100, 3416. These papers include a discussion of the mechanism of this reaction.
[1525] Braun, M. ; Meier, T. *Angew. Chem. Int. Ed.* **2006**, 45, 6952.
[1526] Manchand, P. S. ; Wong, H. S. ; Blount, J. F. *J. Org. Chem.* **1978**, 43, 4769.
[1527] Nakoji, M. ; Kanayama, T. ; Okino, T. ; Takemoto, Y. *Org. Lett.* **2001**, 3, 3329.
[1528] Braun, M. ; Laicher, F. ; Meier, T. *Angew. Chem. Int. Ed.* **2000**, 39, 3494.
[1529] NaN(CHO)$_2$: Wang, Y. ; Ding, K. *J. Org. Chem.* **2001**, 66, 3238. Indene: Hayashi, T. ; Suzuka, T. ; Okada, A. ; Kawatsura, M. *Tetrahedron Asymmetry* **2004**, 15, 545.
[1530] See Chen, W. ; Xu, L. ; Chatterton, C. ; Xiao, J. *Chem. Commun.* **1999**, 1247.
[1531] Sato, Y. ; Yoshino, T. ; Mori, M. *Org. Lett.* **2003**, 5, 31.
[1532] Jansat, S. ; Gómez, M. ; Philippot, K. ; Muller, G. ; Guiu, E. ; Claver, C. ; Castillón, S. ; Chaudret, B. *J. Am. Chem. Soc.* **2004**, 126, 1592.
[1533] Falciola, C. A. ; Tissot-Croset, K. ; Alexakis, A. *Angew. Chem. Int. Ed.* **2006**, 45, 5995.
[1534] Krafft, M. E. ; Sugiura, M. ; Abboud, K. A. *J. Am. Chem. Soc.* **2001**, 123, 9174.
[1535] Ir: Kinoshita, N. ; Marx, K. H. ; Tanaka, K. ; Tsubaki, K. ; Kawabata, T. ; Yoshikai, N. ; Nakamura, E. ; Fuji, K. *J. Org. Chem.* **2004**, 69, 7960. Pt: Blacker, A. J. ; Clarke, M. L. ; Loft, M. S. ; Mahon, M. F. ; Humphries, M. E. ; Williams, J. M. *J. Chem. Eur. J.* **2000**, 6, 353. Ru: Renaud, J.-L. ; Bruneau, C. ; Demerseman, B. *Synlett* **2003**, 408.
[1536] See Boaz, N. W. ; Ponaskik Jr. , J. A. ; Large, S. E. ; Debenham, S. D. *Tetrahedron Asymmetry* **2004**, 15, 2151.
[1537] Molander, G. A. ; Burke, J. P. ; Carroll, P. J. *J. Org. Chem.* **2004**, 69, 8062; Kloetzing, R. J. ; Lotz, M. ; Knochel, P. *Tetrahedron Asymmetry* **2003**, 14, 255; Nakano, H. ; Yokayama, J.-i. ; Koiyama, Y. ; Fjita, R. ; Hongo, H. *Tetrahedron Asymmetry* **2003**, 14, 2361; Mercier, F. ; Brebion, F. ; Dupont, R. ; Mathey, F. *Tetrahedron Asymmetry* **2003**, 14, 3137.
[1538] See Consiglio, G. ; Waymouth, R. M. *Chem. Rev.* **1989**, 89, 257.
[1539] See Ito, K. ; Kashiwagi, R. ; Hayashi, S. ; Uchida, T. ; Katsuki, T. *Synlett* **2001**, 284.
[1540] Hamada, Y. ; Sakaguchi, K. -e. ; Hatano, K. ; Hara, O. *Tetrahedron Lett.* **2001**, 42, 1297.
[1541] Kuwano, R. ; Kondo, Y. ; Matsuyama, Y. *J. Am. Chem. Soc.* **2003**, 125, 12104; Faller, J. W. ; Wilt, J. C. *Tetrahedron Lett.* **2004**, 45, 7613.
[1542] Amide esters: Kazmaieer, U. ; Zumpe, F. L. *Angew. Chem. Int. Ed.* **1999**, 38, 1468.
[1543] Evans, P. A. ; Lawler, M. J. *J. Am. Chem. Soc.* **2004**, 126, 8642. For a reaction is a silyl enol ether see Muraoka, T. ; Matsuda, I. ; Itoh, K. *Tetrahedron Lett.* **2000**, 41, 8807.
[1544] Aryllithium reagents: Evans, P. A. ; Uraguchi, D. *J. Am. Chem. Soc.* **2003**, 125, 7158. Alkoxides: Evans, P. A. ; Leahy, D. K. ; Slieker, L. M. *Tetrahedron Asymmetry* **2003**, 14, 3613. Phenoxide anions: Evans, P. A. ; Leahy, D. K. *J. Am. Chem. Soc.* **2000**, 122, 5012; Lopez, F. ; Ohmura, T. ; Hartwig, J. F. *J. Am. Chem. Soc.* **2003**, 125, 3426. Secondary amines: Matsushima, Y. ; Onitsuka, K. ; Kondo, T. ; Mitsudo, T. -a. ; Takahashi, S. *J. Am. Chem. Soc.* **2001**, 123, 10405. Primary amines; Ohmura, T. ; Hartwig, J. F. *J. Am. Chem. Soc.* **2002**, 124, 15164. N-Lithio-sulfonamides: Evans, P. A. ; Robinson, J. E. ; Baum, E. W. ; Fazal, A. N. *J. Am. Chem. Soc.* **2002**, 124, 8782. C-Alkylation with an indole: Bandini, M. ; Melloni, A. ; Umani-Ronchi, A. *Org. Lett.* **2004**, 6, 3199. Mishael addition of conjugated esters: Muraoka, T. ; Matsuda, I. ; Ito, K. *J. Am. Chem. Soc.* **2000**, 12, 9552.
[1545] Uozumi, Y. ; Shibatmoi, K. *J. Am. Chem. Soc.* **2001**, 123, 2919.
[1546] Ru: Trost, B. M. ; Fraisse, P. L. ; Ball, Z. T. *Angew. Chem. Int. Ed.* **2002**, 41, 1059. Mo: Glorius, F. ; Pfaltz, A. *Org. Lett.* **1999**, 1, 141; Malkov, A. V. ; Spoor, P. ; Vinader, V. ; Kocovaky, P. *Tetrahedron Lett.* **2001**, 42, 509. Ir. Alexakis, A. ; Polet, D. *Org. Lett.* **2004**, 6, 3529; Lee, P. H. ; Sung, S. -y. ; Lee, K. ; Chang, S. *Synlett* **2002**, 146.
[1547] Kabalka, G. W. ; Al-Masum, M. *Org. Lett.* **2006**, 8, 11.
[1548] Castano, A. M. ; Méndez, M. ; Ruano, M. ; Echavarren, A. M. *J. Org. Chem.* **2001**, 66, 589. See also, Zhang, Q. ; Lu, X. ; Han, X. *J. Org. Chem.* **2001**, 66, 7676.
[1549] Riveiros, R. ; Rodríguez, D. ; Sestelo, J. P. ; Sarandeses, L. A. *Org. Lett.* **2006**, 8, 1403.
[1550] Hu, Y. ; Chen, Z. -C. ; Le, Z. -G. ; Zheng, Q. G. *Synth. Commun.* **2004**, 34, 4031.
[1551] Trost, B. M. ; Schmuff, N. R. ; Miller, M. J. *J. Am. Chem. Soc.* **1980**, 102, 5979.
[1552] See Kornblum, N. in Patai, S. *The Chemistry of Functional Groups*, Supplement F, pt. 1, Wiley, NY, **1982**, pp. 361-393; Komblum, N. *Angew. Chem. Int. Ed.* **1975**, 14, 734; Tamura, R. ; Kamimura, A. ; Ono, N. *Synthesis* **1991**, 423; Kornblum, N. in Feuer, H. ; Nielsen, A. T. *Nitro Compounds: RecentAdvances in Synthesis and Chemistry*, VCH, NY, **1990**, pp. 46-85.
[1553] Kornblum, N. ; Kelly, W. J. ; Kestner, M. M. *J. Org. Chem.* **1985**, 50, 4720.
[1554] Kornblum, N. ; Erickson, A. S. *J. Org. Chem.* **1981**, 46, 1037.
[1555] Kornblum, N. ; Carlson, S. C. ; Widmer, J. ; Fifolt, M. J. ; Newton, B. N. ; Smith, R. G. *J. Org. Chem.* **1978**, 43, 1394.
[1556] For a review of the mechanism, see Beletskaya, I. P. ; Drozd, V. N. *Russ. Chem. Rev.* **1979**, 48, 431. See also, Kornblum, N. ; Wade, P. A. *J. Org. Chem.* **1987**, 52, 5301; Bowman, W. R. *Chem. Soc. Rev.* **1988**, 17, 283; Ref, 1479.
[1557] Kornblum, N. ; Boyd, S. D. ; Ono, N. *J. Am. Chem. Soc.* **1974**, 96, 2580.
[1558] Trost, B. M. ; Merlic, C. A. *J. Org. Chem.* **1990**, 55, 1127.
[1559] Jin, L. ; Julia, M. ; Verpeaux, J. N. *Synlett* **1994**, 215.
[1560] Casey, M. ; Manage, A. C. ; Murphy, P. J. *Tetrahedron Lett* **1992**, 33, 965.
[1561] Dahmen, S. ; Bräse, S. *J. Am. Chem. Soc.* **2002**, 124, 5940.
[1562] Yanagisawa, A. ; Hibino, H. ; Nomura, N. ; Yamamoto, H. *J. Am. Chem. Soc.* **1993**, 115, 5879.
[1563] Bruylants, P. *Bull. Soc. Chem. Belg.* **1924**, 33, 467.
[1564] Trost, B. M. ; Spagnol, M. D. *J. Chem. Soc., Perkin Trans.* 1 **1995**, 2083.

[1565] Agami, C. ; Couty, F. ; Evano, G. *Org. Lett.* **2000**, 2, 2085.
[1566] Katrizky, A. R. ; Yang, H. ; Singh, S. K. *J. Org. Chem.* **2005**, 70, 286.
[1567] Zhu, J.-L. ; Shia, K. S. ; Liu, H.-J. *Tetrahedron Lett.* **1999**, 40, 7055.
[1568] Bernardi, L. ; Bonini, B. F. ; Capito, E. ; DessoG. ; Fochi, M. ; Comes-Franchini, M. ; Ricci, A. *Synlett* **2003**, 1778.
[1569] For a Review of Pd catalyzed reactions, see Muzart, J. *Tetrahdedron* **2005**, 61, 4179.
[1570] Kulinkovich, O. G. ; Epstein, O. L. ; Isakov, V. E. ; Khmel'nitskaya, E. A. *Synlett* **2001**, 49.
[1571] Kabalka, G. W. ; Dong, G. ; Venkataiah, B. *Org. Lett.* **2003**, 5, 893.
[1572] Kinoshita, H. ; Shinokubo, H. ; Oshima, K. *Org. Lett.* **2004**, 6, 4085.
[1573] Bisaro, F. ; Prestat, G. ; Vitale, M. ; Poli, G. *Synlett* **2002**, 1823.
[1574] Cho, C. S. ; Kim, B. T. ; Kim, T.-J. ; Shim, S. C. *J. Org. Chem.* **2001**, 66, 9020. See also, Mortia, M. ; Obora, Y. ; Ishii, Y. *Chem. Commun.* **2007**, 2850.
[1575] Bower, J. F. ; Skucas, E. ; Patman, R. L. ; Krische, M. J. *J. Am. Chem. Soc.* **2007**, 129, 15134.
[1576] Sumida, Y. ; Hayashi, S. ; Hirano, K. ; Hideki, H. ; Oshima, K. *Org. Lett.* **2008**, 10, 1629.
[1577] See Lai, Y. *Org. Prep. Proceed. Int.* **1980**, 12, 363, pp. 377-388.
[1578] Sharpless, K. B. ; Hanzlik, R. P. ; van Tamelen, E. E. *J. Am. Chem. Soc.* **1968**, 90, 209.
[1579] McMurry, J. E. ; Silvestri, M. G. ; Fleming, M. P. ; Hoz, T. ; Grayston, M. W. *J. Org. Chem.* **1978**, 43, 3249. For another method, see Nakanishi, S. ; Shundo, T. ; Nishibuchi, T. ; Otsuji, Y. *Chem. Lett.* **1979**, 955.
[1580] van Tamelen, E. E. ; Åkermark, B. ; Sharpless, K. B. *J. Am. Chem. Soc.* **1969**, 91, 1552.
[1581] Walborsky, H. M. ; Murati, M. P. *J. Am. Chem. Soc.* **1980**, 102, 426.
[1582] Hamey, D. W. ; Meisters, A. ; Mole, T. *Aust. J. Chem.* **1974**, 27, 1639.
[1583] Salomon, R. G. ; Kochi, J. K. *J. Org. Chem.* **1973**, 38, 3715.
[1584] Reetz, M. T. ; Westermann, J. ; Steinbach, R. *J. Chem. Soc., Chem. Commun.* **1981**, 237.
[1585] Fujita, K. ; Asai, C. ; Yamaguchi, T. ; Hanadaka, F. ; Yamaguchi, R. *Org. Lett.* **2005**, 7, 4017.
[1586] Goering, H. L. ; Tseng, C. C. *J. Org. Chem.* **1985**, 50, 1597. For another procedure, see Yamamoto, Y. ; Maruyama, K. *J. Organomet. Chem.* **1978**, 156, C9.
[1587] See Cella, J. A. *J. Org. Chem.* **1982**, 47, 2125.
[1588] Consiglio, G. ; Morandini, F. ; Piccolo, O. *J. Am. Chem. Soc.* **1981**, 103, 1846, and references cited therein. See Felkin, H. ; Swierczewski, G. *Tetrahedron* **1975**, 31, 2735; Fujisawa, T. ; Iida, S. ; Yukizaki, H. ; Sato, T. *Tetrahedron Lett.* **1983**, 24, 5745.
[1589] Araki, S. ; Usui, H. ; Kato, M. ; Butsugan, Y. *J. Am. Chem. Soc.* **1996**, 118, 4699.
[1590] Bernardelli, P. ; Paquette, L. A. *J. Org. Chem.* **1997**, 62, 8284.
[1591] McKinley, N. F. ; O'Shea, D. F. *J. Org. Chem.* **2004**, 69, 5087.
[1592] Saito, T. ; Nishimoto, Y. ; Yasuda, M. ; Baba, A. *J. Org. Chem.* **2006**, 71, 8516; Yasuda, M. ; Somoyo, T. ; Baba, A. *Angew. Chem. Int. Ed.* **2006**, 45, 793.
[1593] Kim, S. h. ; Shin, C. ; Pae, A. N. ; Koh, H. Y. ; Chang, M. H. ; Chuang, B. Y. ; Cho, Y. S. *Synthesis* **2004**, 1581.
[1594] Saito, T. ; Nishimoto, Y. ; Yasuda, M. ; Baba, A. *J. Org. Chem.* **2007**, 72, 8588.
[1595] Georgy, M. ; Boucard, V. ; Campagne, J.-M. *J. Am. Chem. Soc.* **2005**, 127, 14180.
[1596] Funayama, A. ; Satoh, T. ; Miura, M. *J. Am. Chem. Soc.* **2005**, 127, 15354.
[1597] See Trofimov, B. A. ; Korostova, S. E. *Russ. Chem. Rev.* **1975**, 44, 41.
[1598] See Mukaiyama, T. ; Murakami, M. *Synthesis* **1987**, 1043; Abell, A. D. ; Massy-Westropp, R. A. *Aust. J. Chem.* **1985**, 38, 1031. For a list of substrates and reagents, see Larock, R. C. *Comprehensive Organic Transformations*, 2nd ed., Wiley-VCH, NY, **1999**, pp. 934-942.
[1599] See DeWolfe, R. H. *Carboxylic Ortho Acid Derivatives*, Academic Press, NY, **1970**, pp. 44-45, 224-230.
[1600] Normant, J. F. ; Alexakis, A. ; Ghribi, A. ; Mangeney, P. *Tetrahedron* **1989**, 45, 507; Alexakis, A. ; Mangeney, P. ; Ghribi, A. ; Marek, I. ; Sedrani, R. ; Guir, C. ; Normant, J. F. *Pure Appl. Chem.* **1988**, 60, 49.
[1601] Ducoux, J.-P. ; LeMénez, P. ; Kunesch, N. ; Wenkert, E. *J. Org. Chem.* **1993**, 58, 1290.
[1602] See Mori, I. ; Ishihara, K. ; Flippen, L. A. ; Nozaki, K. ; Yamamoto, H. ; Bartlett, P. A. ; Heathcock, C. H. *J. Org. Chem.* **1990**, 55, 6107, and references cited therein.
[1603] Wei, Z. Y. ; Knaus, E. E. *Org. Prep. Proceed. Int.* **1993**, 25, 255.
[1604] See Mesnard, D. ; Miginiac, L. *J. Organoment. Chem.* **1989**, 373, 1. See also, Bourhis, M. ; Bosc, J. ; Golse, R. *J. Organomet. Chem.* **1983**, 256, 193.
[1605] Germon, C. ; Alexakis, A. ; Normant, J. F. *Bull. Soc. Chim. Fr.* **1984**, II-377.
[1606] See Kharasch, M. S. ; Reinmuth, O. *Grignard Reactions of Nonmetallic Substances*, Prentice-Hall, Englewood Cliffs, NJ, **1954**, pp. 1013-1045.
[1607] Guan, B.-T. ; Xiang, S.-K. ; Wang, B.-Q. ; Sun, Z.-P. ; Wang, Y. ; Zhao, K.-Q. ; Shi, Z.-J. *J. Am. Chem. Soc.* **2008**, 130, 3268.
[1608] Bach, T. ; Eilers, F. *Eur. J. Org. Chem.* **1998**, 2161.
[1609] Rama, K. ; Pasha, M. A. *Tetrahedron Lett.* **2000**, 41, 1073.
[1610] Commercon, A. ; Bourgain, M. ; Delaumeny, M. ; Normant, J. F. ; Villieras, J. *Tetrahedron Lett.* **1975**, 3837; Claesson, A. ; Olsson, L. *J. Chem. Soc. Chem. Commun.* **1987**, 621.
[1611] Calo, V. ; Lopez, L. ; Pesce, G. *J. Chem. Soc. Perkin Trans.* 1 **1988**, 1301. See also, Valverde, S. ; Bernabé, M. ; Garcia-Ochoa, S. ; Gómez, A. M. *J. Org. Chem.* **1990**, 55, 2294.
[1612] Alexakis, A. ; Marek, I. ; Mangeney, P. ; Normant, J. F. *J. Am. Chem. Soc.* **1990**, 112, 8042.

[1613] Kocienski, P. ; Dixon, N. J. ; Wadman, S. *Tetrahedron Lett.* **1988**, 29, 2353.
[1614] Hayashi, T. ; Katsuro, Y. ; Kumada, M. *Tetrahedron Lett.* **1980**, 21, 3915.
[1615] Lauens, M. ; Renaud, J.-L. ; Hiebert, S. *J. Am. Chem. Soc.* **2000**, 122, 1804.
[1616] Ishikawa, H. ; Mukaiyama, T. *Bull. Chem. Soc. Jpn.* **1978**, 51, 2059.
[1617] See Kharasch, M. S. ; Reinmuth, O. *Grignard Reactions of Nonmetallic Substances*, Prentice-Hall, Englewood Cliffs, NJ, **1954**, pp. 961-1012; Schaap, A. ; Arens, J. F. *Recl. Trav. Chim. Pays-Bas* **1968**, 87, 1249. Also see Schrumpf, G. ; Grätz, W. ; Meinecke, A. ; Fellenberger, K. *J. Chem. Res. (S)* **1982**, 162.
[1618] Likhar, P. R. ; Kumar, M. P. ; Bandyopadhyay, A. K. *Tetrahedron Lett.* **2002**, 43, 3333.
[1619] Hodgson, D. M. ; Stent, M. A. H. ; Stefane, B. ; Wilson, F. X. *Org. Biomol. Chem.* **2003**, 1, 1139; Hodgson, D. M. ; Maxwell, C. R. ; Miles, T. J. ; Paruch, E. ; Stent, M. A. H. ; Matthewa, I. R. ; Wilson, F. X. ; Witherington, J. *Angew. Chem. Int. Ed.* **2002**, 41, 4313.
[1620] Oguni, N. ; Miyagi, Y. ; Itoh, K. *Tetrahedron Lett.* **1998**, 39, 9023.
[1621] See Posner, G. H. *An Introduction to Synthesis Using Organocopper Reagent*, Wiley, NY, **1980**, pp. 103-113. See also, Lipshutz, B. H. ; Kozlowski, J. ; Wilhelm, R. S. *J. Am. Chem. Soc.* **1982**, 104, 2305; Blanchot-Courtois, V. ; Hanna, I. *Tetrahedron Lett.* **1992**, 33, 8087.
[1622] Chauret, D. C. ; Chong, J. M. *Tetrahedron Lett.* **1993**, 34, 3695.
[1623] Chong, J. M. ; Cyr, D. R. ; Mar, E. K. *Tetrahedron Lett.* **1987**, 28, 5009; Larchevêque, M. ; Petit, Y. *Tetrahedron Lett.* **1987**, 28, 1993.
[1624] See Alexakis, A. ; Jachiet, D. ; Normant, J. F. *Tetrahedron* **1986**, 42, 5607.
[1625] Yamamoto, Y. ; Asao, N. ; Meguro, M. ; Tsukada, N. ; Nemoto, H. ; Sadayori, N. ; Wilson, J. G. ; Nakamura, H. *J. Chem. Soc. Chem. Commun.* **1993**, 1201.
[1626] See Wardell, J. L. ; Paterson, E. S. in Hartley, F. R. ; Patai, S. *The Chemistry of the Metal-Carbon Bond*, Vol. 2, Wiley, NY, **1985**, pp. 307-310; Larock, R. C. *Comprehensive Organic Transformations*, 2nd ed., Wiley-VCH, NY, **1999**, pp. 1045-1063. Ba: Yasue, K. ; Yanagisaqa, A. ; Yamamoto, H. *Bull. Chem. Soc. Jpn.* **1997**, 70, 493. Mn: Tang, J. ; Yorimitsu, H. ; Kakiya, H. ; Inoue, A. ; Shinokubo, H. ; Oshima, K. *Tetrahedron Lett.* **1997**, 38, 9019. Sn: Yadav, J. S. ; Reddy, B. V. S. ; Satheesh, G. *Tetrahedron Lett.* **2003**, 44, 6501. Zn: Equey, O. ; Vrancken, E. ; Alexakis, A. *Eur. J. Org. Chem.* **2004**, 2151.
[1627] Schneider, C. ; Brauner, J. *Eur. J. Org. Chem.* **2001**, 4445; Sasaki, M. ; Tanino, K. ; Miyashita, M. *J. Org. Chem.* **2001**, 66, 5388; Sasaki, M. ; Tanino, K. ; Miyashita, M. *Org. Lett.* **2001**, 3, 1765; Shanmugam, P. ; Miyashita, M. *Org. Lett.* **2003**, 5, 3265 (formation of O-silyl ether product). For the reaction in an ionic liquid see Zhou, H. ; Campbell, E. J. ; Nguyen, S. T. *Org. Lett.* **2001**, 3, 2229.
[1628] See Zhao, H. ; Pagenkopf, B. L. *Chem. Commun.* **2003**, 2593.
[1629] Lin, J. ; Kanazaki, S. ; Kashino, S. ; Tsuboi, S. *Synlett* **2002**, 899.
[1630] Hirashita, T. ; Mitsui, K. ; Hayashi, Y. ; Araki, S. *Tetrahedron Lett.* **2004**, 45, 9189. For a reaction using Pd nanoparticles, see Jiang, N. ; Hu, Q. ; Reid, C. S. ; Ou, Y. ; Li, C. J. *Chem. Commun.* **2003**, 2318.
[1631] Lee, J. T. ; Thomas, P. J. ; Apler, H. *J. Org. Chem.* **2001**, 66, 5424.
[1632] Schmidt, J. A. R. ; Mahadevan, V. ; Getzler, Y. D. Y. L. ; Coates, G. W. *Org. Lett.* **2004**, 6, 373.
[1633] Rowley, J. M. ; Lobkovsky, E. B. ; Coates, G. W. *J. Am. Chem. Soc.* **2007**, 129, 4948.
[1634] Movassaghi, M. ; Jacobsen, E. N. *J. Am. Chem. Soc.* **2002**, 124, 2456.
[1635] Tanaka, T. ; Hiramatsu, K. ; Kobayashi, Y. ; Ohno, H. *Tetrahedron* **2005**, 61, 6726.
[1636] Albert, B. J. ; Koide, K. *J. Org. Chem.* **2008**, 73, 1093.
[1637] Gohain, M. ; Prajapati, D. *Chem. Lett.* **2005**, 34, 90.
[1638] Lautens, M. ; Maddess, M. L. ; Sauer, E. L. O. ; Oullet, S. G. *Org. Lett.* **2002**, 4, 83.
[1639] For a list of organometallic reagents that react with vinylic epoxides, with references, see Larock, R. C. *Comprehensive Organic Transformations*, 2nd ed., Wiley-VCH, NY, **1999**, pp. 244-250.
[1640] Marshall, J. A. ; Trometer, J. D. ; Cleary, D. G. *Tetrahedron* **1989**, 45, 391.
[1641] Ueki, H. ; Chiba, T. ; Yamazaki, T. ; Kitazume, T. *J. Org. Chem.* **2004**, 69, 7616.
[1642] See Marshall, J. A. *Chem. Rev.* **1989**, 89, 1503.
[1643] Wender, P. A. ; Erhardt, J. M. ; Letendre, L. J. *J. Am. Chem. Soc.* **1981**, 103, 2114.
[1644] Murai, T. ; Kato, S. ; Murai, T. ; Toki, T. ; Suzuki, S. ; Sonoda, N. *J. Am. Chem. Soc.* **1984**, 106, 6093.
[1645] Lalic, G. ; Petrovski, Z. ; Galonic, D. ; Matovic, R. ; Saicic, R. N. *Tetrahedron* **2001**, 57, 583.
[1646] See Onistschenko, A. ; Buchholz, B. ; Stamm, H. *Tetrahedron* **1987**, 43, 565.
[1647] Crotti, P. ; Favero, L. ; Gardelli, C. ; Macchia, F. ; Pineschi, M. *J. Org. Chem.* **1995**, 60, 2514.
[1648] Muller, P. ; Nury, P. *Org. Lett.* **1999**, 1, 439; Muller, P. ; Nury, P. *Helv. Chim. Acta* **2001**, 84, 662.
[1649] Penkett, C. S. ; Simpson, I. D. *Tetrahedron Lett.* **2001**, 42, 1179.
[1650] Saidi, M. R. ; Azizi, N. ; Naimi-Jamal, M. R. *Tetrahedron Lett.* **2001**, 42, 8111.
[1651] Lygo, B. *Synlett* **1993**, 764.
[1652] Nadir, U. K. ; Arora, A. *J. Chem. Soc. Perkin Trans.* 1 **1995**, 2605.
[1653] Yadav, J. S. ; Reddy, B. V. S. ; Balanarsaiah, E. ; Raghavendra, S. *Tetrahedron Lett.* **2002**, 43, 5105.
[1654] Bera, M. ; Roy, S. *Tetrahedron Lett.* **2007**, 48, 7144.
[1655] Moss, T. A. ; Fenwick, D. R. ; Dixon, D. J. *J. Am. Chem. Soc.* **2008**, 130, 10076.
[1656] Yadav, J. S. ; Subba Reddy, B. V. ; Kumar, G. M. *Synlett* **2001**, 1417.
[1657] Wu, J. ; Hou, X.-L. ; Dai, L.-X. *J. Org. Chem.* **2000**, 65, 1344.
[1658] Li, Z. ; Fernández, M. ; Jacobsen, E. N. *Org. Lett.* **1999**, 1, 1611.

[1659] Fan, R.-H.; Hou, X.-L. *Tetrahedron Lett.* **2003**, 44, 4411.

[1660] Minakata, S.; Okada, Y.; Oderaotoshi, Y.; Komatsu, M. *Org. Lett.* **2005**, 7, 3509. See also Matsukawa, S.; Tsukamoto, K. *Org. Biomol. Chem.* **2009**, 7, 3792.

[1661] For dicussions of Reactions **10-67** and **10-68**, see House, H. O. *Modern Synthetic Reactions*, 2nded., W. A. Benjamin, NY, **1972**, pp. 492-570, 586-595; Carruthers, W. *Some Modern Methods of Organic Synthesis* 3nd ed., Cambridge University Press, Cambridge, **1986**, pp. 1-26.

[1662] See Christoffers, J. *Synth. Commun.* **1999**, 29, 117.

[1663] See Fatiadi, A. J. *Synthesis* **1978**, 165, 241; Freeman, F. *Chem. Rev.* **1969**, 69, 591.

[1664] See Neplyuev, V. M.; Bazarova, I. M.; Lozinskii, M. O. *Russ. Chem. Rev.* **1986**, 55, 883.

[1665] For lists of examples, with references, see Lacrok, R. C. *Comprehensive Organic Transformations*, 2nd ed., Wiley-VCH, NY, **1999**, pp. 1522-1527 ff, 1765-1769.

[1666] See Fedoryfiski, M.; Wojciechowski, K.; Matacz, Z.; Makosza, M. *J. Org. Chem.* **1978**, 43, 4682.

[1667] Murphy, W. S.; Hamrick, Jr., P. J.; Hauser, C. R. *Org. Synth. V.* 523.

[1668] Zaugg, H. E.; Dunnigan, D. A.; Michaels, R. J.; Swett, L. R.; Wang, T. S.; Sommers, A. H.; DeNet, R. W. *J. Org. Chem.* **1961**, 26, 644; Johnstone, R. A. W.; Tuli, D.; Rose, M. E. *J. Chem. Res.(S)* **1980**, 283.

[1669] See Tundo, P.; Venturello, P.; Angeletti, E. *J. Chem. Soc. Perkin Trans.* 1 **1987**, 2159.

[1670] Park, E. J.; Kim, M. H.; Kim, D. Y. *J. Org. Chem.* **2004**, 69, 6897.

[1671] Bunce, R. A.; Burns, S. E. *Org. Prep. Proceed. Int.* **1999**, 31, 99.

[1672] Akiyama, R.; Kobayashi, S. *J. Am. Chem. Soc.* **2003**, 125, 3412.

[1673] Bhar, S.; Chaudhuri, S. K.; Sahu, S. G.; Panja, C. *Tetrahedeon* **2001**, 57, 9011.

[1674] See Trost, B. M. *Chem. Rev.* **1978**, 78, 363; Solladié, G. *Synthesis* **1981**, 185.

[1675] Gassman, P. G.; Richmond, G. D. *J. Org. Chem.* **1966**, 31, 2355; Kuwajima, I.; Iwasaki, H. *Tetrahedron Lett.* **1974**, 107.

[1676] Kurth, M. J.; O'Brien, M. J. *J. Org. Chem.* **1985**, 3846.

[1677] Lamm, B.; Samuelsson, B. *Acta Chem. Scand.* **1969**, 23, 691.

[1678] Enders, D.; Harnying, W.; Vignola, N. *Eur. J. Org. Chem.* **2003**, 3939.

[1679] Corey, E. J.; Cane, D. E. *J. Org. Chem.* **1970**, 35, 3405.

[1680] Kanemasa, S.; Mori, T.; Wada, E.; Tatsukawa, A. *Tetrahedron Lett.* **1993**, 34, 677. See Kotha, S.; Kuki, A. *Tetrahedron Lett.* **1992**, 33, 1565 for a related reaction.

[1681] For a list of references, see Larock, R. C. *Comprehensive Organic Transformations*, 2nd ed., Wiley-VCH, NY, **1999**, pp. 1540-1541. Also see, Lu, Y.-Q.; Li, C.-J. *Tetrahedron Lett.* **1996**, 37, 471.

[1682] Facchetti, A.; Streitwieser, A. *J. Org. Chem.* **2004**, 69, 8345.

[1683] Zeflrov, N. S.; Kuznetsova, T. S.; Kozhushkov, S. I.; Surmina, L. S.; Rashchupkina, Z. A. *J. Org. Chem. USSR* **1983**, 19, 474.

[1684] See Walborsky, H. M.; Murari, M. P. *Can. J. Chem.* **1984**, 62, 2464; Bose, A. K.; Manhas, M. S.; Chatterjee, B. G.; Abdulla, R. F. *Synth. Commun.* **1971**, 1, 51. For a list of examples, see Larock, R. C. *Comprehensive Organic Transformations*, 2nd ed., Wiley-VCH, NY, **1999**, pp. 156-157, 165-166.

[1685] Deslongchamps, P.; Lamothe, S.; Lin, H. *Can. J. Chem.* **1987**, 65, 1298; Brillon, D.; Deslongchamps, P. *Can. J. Chem.* **1987**, 65, 43, 56.

[1686] These SET mechanisms are often called $S_{RN}1$ mechanisms. See also, Ref. 107.

[1687] Bordwell, F. G.; Harrelson, Jr., J. A. *J. Am. Chem. Soc.* **1989**, 111, 1052.

[1688] For a review of mechanisms with these nucleophiles, see Bowman, W. R. *Chem. Soc. Rev.* **1988**, 17, 283.

[1689] Kornblum, N.; Fifolt, M. *Tetrahedron* **1989**, 45, 1311.

[1690] See Crimmins, T. F.; Hauser, C. R. *J. Org. Chem.* **1967**, 32, 2615; Boldt, P.; Militzer, H.; Thielecke, W.; Schulz, L. *Liebigs Ann. Chem.* **1968**, 718, 101.

[1691] Boldt, P.; Ludwieg, A.; Militzer, H. *Chem. Ber.* **1970**, 103, 1312.

[1692] Katritzky, A. R.; Kashmiri, M. A.; Wittmann, D. K. *Tetrahedron* **1984**, 40, 1501.

[1693] Katritzky, A. R.; Chen, J.; Marson, C. M.; Maia, A.; Kashmiri, M. A. *Tetrahedron* **1986**, 42, 101.

[1694] See Caine, D. in Augustine, R. L. *Carbon-Carbon Bond Formation*, Vol. 1; Marcel Dekker, NY, **1979**, pp. 85-352.

[1695] See Arseniyadis, S.; Kyler, K. S.; Watt, D. S. *Org. React.* **1984**, 31, 1. For a list of references, see Larock, R. C. *Comprehensive Organic Transformations*, 2nd ed., Wiley-VCH, NY, **1999**, pp. 1801-1808. See Taber, D. F.; Kong, S. *J. Org. Chem.* **1997**, 62, 8575; Rojas, G.; Baughman, T. W.; Wagener, K. B. *Synth. Commun.* **2007**, 37, 3923.

[1696] See Petragnani, N.; Yonashiro, M. *Synthesis* **1982**, 521. For a list of references, see Larock, R. C. *Comprehensive Organic Transformations*, 2nd ed., Wiley-VCH, NY, **1999**, pp. 1724-1758ff.

[1697] For a list of some basea, with references, see Larock, R. C. *Comprehensive Organic Transformations*, 2nd ed., Wiley-VCH, NY, **1999**, pp. 1476-1479.

[1698] See Klusener, P. A. A.; Brandsma, L.; Verkruijsse, H. D.; Schleyer, P. v. R.; Friedl, T.; Pi, R. *Angew. Chem. Int. Ed.* **1986**, 25, 465.

[1699] Rathke, M. W.; Lindert, A. *J. Am. Chem. Soc.* **1971**, 93, 2319; Bos, W.; Pabon, H. J. J. *Recl. Trav. Chim. Pays-Bas* **1980**, 99, 141. See also, Cregge, R. J.; Herrmann, J. L.; Lee, C. S.; Richman, J. E.; Schlessinger, R. H. *Tetrahedron Lett.* **1973**, 2425.

[1700] Watt, D. S. *Tetrahedron Lett.* **1974**, 707.

[1701] See Comins, D. L.; Killpack, M. O. *J. Org. Chem.* **1987**, 52, 104. See Xie, L.; Isenberger, K. M.; Held, G.; Dahl, M. *J. Org. Chem.* **1997**, 62, 7516 for steric versus electronic effects in kinetic enolate formation.

[1702] Liou, L. R. ; McNeil, A. J. ; Toombes, G. E. S. ; Collum, D. B. *J. Am. Chem. Soc.* **2008**, 130, 17334; Khartabil, H. K. ; Gros, P. C. ; Fort, Y. ; Ruiz-Lopez, M. F. *J. Org. Chem.* **2008**, 73, 9393; Pratt, L. M. ; Mu, R. ; Carter, C. ; Woodford, B. *Tetrahedron* **2007**, 63, 1331. See also Pratt, L. M. ; Nguyen, S. C. ; Thanh, B. T. *J. Org. Chem.* **2008**, 73, 6086.
[1703] Sun, X. ; Kenkre, S. L. ; Remenar, J. F. ; Gilchrist, J. H. *J. Am. Chem. Soc.* **1997**, 119, 4765.
[1704] Majewski, M. ; Nowak, P. *Tetrahedron Lett.* **1998**, 39, 1661.
[1705] Langhals, E. ; Langhals, H. *Tetrahedron Lett.* **1990**, 31, 859.
[1706] See Ibranhim-Ouali, M. ; Parrain, J.-L. ; Santelli, M. *Org. Prep. Proceed. Int.* **1999**, 31, 467. Enolate anions of β-lactones are subject to ring opening: see Mori, S. ; Shindo, M. *Org. Lett.* **2004**, 6, 3945.
[1707] Matsuo, J.-i. ; Kobayashi, S. ; Koga, K. *Tetrahedron Lett.* **1998**, 39, 9723.
[1708] See Makosza, M. *Russ. Chem. Rev.* **1977**, 46, 1151; *Pure Appl. Chem.* **1975**, 43, 439; Starks, C. M. ; Liotta, C. *Phase Transfer Catalysis in Organic Synthesis*, Springer, NY, **1977**, pp. 136-204.
[1709] Ooi, T. ; Takeuchi, M. ; Kato, D. ; Uematsu, Y. ; Tayama, E. ; Sakai, D. ; Maruoka, K. *J. Am. Chem. Soc.* **2005**, 127, 5073.
[1710] Artaud, I. ; Torossian, G. ; Viout, P. *Tetrahedron* **1985**, 41, 5031.
[1711] Purohit, V. G. ; Subramanian, R. *Chem. Ind. (London)* **1978**, 731; Buschmann, E. ; Zeeh, B. *Liebigs Ann. Chem.* **1979**, 1585.
[1712] Zook, H. D. ; Kelly, W. L. ; Posey, I. Y. *J. Org. Chem.* **1968**, 33, 3477.
[1713] For a list of alkylations of silyl enol ethers, see Larock, R. C. *Comprehensive Organic Transformations*, 2nd ed. , Wiley-VCH, NY, **1999**, pp. 1494-1505.
[1714] Kang, S.-K. ; Ryu, H.-c. ; Hong, Y.-T. *J. Chem. Soc. , Perkin Trans. 1* **2000**, 3350. For a review, see Reetz, M. T. *Angew. Chem. Int. Ed.* **1982**, 21, 96.
[1715] Hirano, K. ; Fujita, K. ; Yorimitsu, H. ; Shinokubo, H. ; Oshima, K. *Tetrahedron Lett.* **2004**, 45, 2555.
[1716] Yasuda, M. ; Tsuji, S. ; Shigeyoshi, Y. ; Baba, A. *J. Am. Chem. Soc.* **2002**, 124, 7440.
[1717] Trost, B. M. ; Schroeder, G. M. *J. Am. Chem. Soc.* **1999**, 121, 6759.
[1718] Rueping, M. ; Nachtsheim, B. J. ; Kuenkel, A. *Org. Lett.* **2007**, 9, 825.
[1719] Ranu, B. C. ; Chattopadhyay, K. ; Adak, L. *Org. Lett.* **2007**, 9, 4595. See Zheng, W.-H. ; Zheng, B.-H. ; Zhang, Y. ; Hou, X.-L. *J. Am. Chem. Soc.* **2007**, 129, 7718.
[1720] TROST, b. m. ; Schroeder, G. M. *Chemistry: European J.* **2005**, 11, 174.
[1721] Martínez, R. ; RamOn, D. J. ; Yus, M. *Tetrahedron* **2006**, 62, 8988.
[1722] Alonso, F. ; Riente, P. ; Yus, M. *Synlett* **2007**, 1872.
[1723] Kwon, M. S. ; Kim, N. ; Seo, S. H. ; Park, I. S. ; Cheedrala, R. K. ; Park, J. *Angew. Chem. Int. Ed.* **2005**, 44, 6913.
[1724] Kinoshita, N. ; Kawabata, T. ; Tsubaki, K. ; Bando, M. ; Fuji, K. *Tetrahedron* **2006**, 62, 1756.
[1725] Yu, W. ; Jin, Z. *Tetrahedron Lett.* **2001**, 42, 369.
[1726] Nishimoto, Y. ; Saito, T. ; Yasuda, M. ; Baba, A. *Tetrahedron* **2009**, 65, 5462.
[1727] Graening, T. ; Hartwig, J. F. *J. Am. Chem. Soc.* **2005**, 127, 17192.
[1728] For a reaction with a vinyl silane substrate, see Wang, Z. ; Pitteloud, J.-P. ; Montes, L. ; Rapp, M. ; Derane, D. ; Wnuk, S. F. *Tetrahedron* **2008**, 64, 5322.
[1729] Hiyama, T. ; Shirakawa, E. *Top. Curr. Chem.* **2002**, 219, 61; Denmark, S. E. ; Sweis, R. F. In *Metal-Catalyzed Cross-Coupling Reactions*, de Meijere, A. ; Diederich, F. , Eds. , Wiley-VCH, New York, **2004**; Chap. 4.
[1730] Dai, X. ; Strotman, N. A. ; Fu, G. C. *J. Am. Chem. Soc.* **2008**, 130, 3302.
[1731] Raders, S. M. ; Kingston, J. V. ; Verkade, J. G. *J. Org. Chem.* **2010**, 75, 1744.
[1732] Zhang, L. ; Wu, J. *J. Am. Chem. Soc.* **2008**, 130, 12250; Zhang, L. ; Qing, J. ; Yang, P. ; Wu, *J. Org. Lett.* **2008**, 10, 4971; Ranu, B. C. ; Dey, R. ; Chattopadhyay, K. *Tetrahedron Lett.* **2008**, 49, 3430; Li, J.-H. ; Deng, C.-L. ; Liu, W.-J. ; Xie, Y.-X. *Synthesis* **2005**, 3039; Li, J.-H. ; Deng, C.-L. ; Xie, Y.-X. *Synthesis* **2006**, 969.
[1733] Chen, S.-N. ; Wu, W.-Y. ; Tsai, F.-Y. *Tetrahedron* **2008**, 64, 8164.
[1734] Tsuji, J. ; Minami, I. *Acc. Chem. Res.* **1987**, 20, 140. See also, Nicolaou, K. C. ; Vassilikogiannakis, G. ; Mägerlein, W. ; Kranich, R. *Angew. Chem. Int. Ed.* **2001**, 40, 2482.
[1735] Behenna, D. C. ; Stoltz, B. M. *J. Am. Chem. Soc.* **2004**, 126, 15044.
[1736] Trost, B. M. ; Schroeder, G. M. ; Kristensen, J. *Angew. Chem. Int. Ed.* **2002**, 41, 3492.
[1737] Millard, A. A. ; Rathke, M. W. *J. Am. Chem. Soc.* **1977**, 99, 4833.
[1738] Kosugi, M. ; Hagiwara, I. ; Migita, T. *Chem. Lett.* **1983**, 839. For other methods, see Negishi, E. ; Akiyoshi, K. *Chem. Lett.* **1987**, 1007; Chang, T. C. T. ; Rosenblum, M. ; Simms, N. *Org. Synth.* 66, 95.
[1739] Chieffi, A. ; Kamikawa, K. ; Åhman, J. ; Fox, J. M. ; Buchwald, S. L. *Org. Lett.* **2001**, 3, 1897.
[1740] See Stork, G. ; Boeckman, Jr. , R. K. *J. Am. Chem. Soc.* **1973**, 95, 2016; Stork, G. ; Cohen, J. F. *J. Am. Chem. Soc.* **1974**, 96, 5270. In the last case, the substrate moiety is an epoxide function.
[1741] Misumi, A. ; Iwanaga, K. ; Furuta, K. ; Yamamoto, H. *J. Am. Chem. Soc.* **1985**, 107, 3343; Furuta, K. ; Iwanaga, K. ; Yamamoto, H. *Org. Synth.* 67, 76.
[1742] See Nógrádi, M. *Stereoselective Synthesis*, VCH, NY, **1986**, pp. 236-245; Evans, D. A. in Morrison, J. D. *Asymmetric Synthesis* Vol. 3, Academic Press, NY, **1984**, pp. 1-110.
[1743] See Murakata, M. ; Nakajima, N. ; Koga, K. *J. Chem. Soc. , Chem. Commun.* **1990**, 1657. For a review, see Cox. P. J. ; Simpkins, N. S. *Tetrahedron: Asymmetry* **1991**, 2, 1, pp. 6-13.
[1744] See Lafontaine, J. A. ; Provencal, D. P. ; Gardelli, C. ; Leahy, J. W. *J. Org. Chem.* **2003**, 68, 4215. See Evans, D. A. ; Chapman, K. T. ; Bisaha, J. *Tetrahedron Lett.* **1984**, 25, 4071; Evans, D. A. ; Chapman, K. T. ; Bisaha, J. *J. Am. Chem. Soc.* **1984**, 106, 4261; Oppolzer, W. ; Chuis, C. ; Dupuis, D. ; Guo, M. *Helv. Chim. Acta* **1985**, 68, 2100; Schmierer, R. ; Grotemeier, G. ; Helmchen, G. ; Selim, A. *Angew. Chem. Int. Ed.* **1981**, 20, 207.

[1745] Oppolzer, W.; Dudfield, P.; Stevenson, T.; Godel, T. *Helv. Chim. Acta* **1985**, 68, 212.
[1746] Denmark, S. E.; Stavenger, R. A. *Acc. Chem. Res.* **2000**, 33, 432; Machajewski, T. D.; Wong, C.-H. *Angew. Chem. Int. Ed.* **2000**, 39, 1352.
[1747] Godenschwager, P. F.; Collum, D. B. *J. Am. Chem. Soc.* **2007**, 129, 12023.
[1748] Godenschwager, P. F.; Collum, D. B. *J. Am. Chem. Soc.* **2008**, 130, 8726.
[1749] Trost, B. M.; Fandrick, D. R.; Dinh, D. C. *J. Am. Chem. Soc.* **2005**, 127, 14186.
[1750] See, for example, Prieto, J. A.; Suarez, J.; Larson, G. L. *Synth. Commun.* **1988**, 18, 253; Gaudemar, M.; Bellassoued, M. *Tetrahedron Lett.* **1989**, 30, 2779.
[1751] See Lissel, M.; Neumann, B.; Schmidt, S. *Liebigs Ann. Chem.* **1987**, 263.
[1752] See Morita, J.; Suzuki, M.; Noyori, R. *J. Org. Chem.* **1989**, 54, 1785.
[1753] See House, H. O. *Rec. Chem. Prog.* **1968**, 28, 99; Podraza, K. F. *Org. Prep. Proced. Int.* **1991**, 23, 217.
[1754] See d'Angelo, J. *Tetrahedron* **1976**, 32, 2979; Stork, G. *Pure Appl. Chem.* **1975**, 43, 553.
[1755] House, H. O.; Trost, B. M. *J. Org. Chem.* **1965**, 30, 1341.
[1756] House, H. O.; Gall, M.; Olmstead, H. D. *J. Org. Chem.* **1971**, 36, 2361. For an improved procedure, see Liotta, C. L.; Caruso, T. C. *Tetrahedron Lett.* **1985**, 26, 1599.
[1757] See Kuwajima, I.; Nakamura, E. *Acc. Chem. Res.* **1985**, 18, 181; Rasmussen, J. K. *Synthesis* **1977**, 91. See Bélanger, É.; Cantin, K.; Messe, O.; Tremblay, M.; Paquin, J.-F. *J. Am. Chem. Soc.* **2007**, 129, 1034.
[1758] House, H. O.; Gall, M.; Olmstead, H. D. *J. Org. Chem.* **1971**, 36, 2361. See also, Corey, E. J.; Gross, A. W. *Tetrahedron Lett.* **1984**, 25, 495.
[1759] House, H. O.; Gall, M.; Olmstead, H. D. *J. Org. Chem.* **1971**, 36, 2361. See also, Corey, E. J.; Gross, A. W. *Tetrahedron Lett.* **1984**, 25, 495.
[1760] See Caine, D. *Org. React.* **1976**, 23, 1. Also see Naf, F.; Decorzant, R. *Helv. Chim. Acta* **1974**, 57, 1317; Wender, P. A.; Eissenatat, M. A. *J. Am. Chem. Soc.* **1978**, 100, 292.
[1761] Yamashita, M.; Matsuyama, K.; Tanabe, M.; Suemitsu, R. *Bull. Chem. Soc. Jpn.* **1985**, 58, 407.
[1762] Shimizu, S.; Suzuki, T.; Sasaki, Y.; Hirai, C. *Synlett* **2000**, 1664.
[1763] See Fraser, R. R. in Buncel, E.; Durst, T. *Comprehensive Carbanion Chemistry*, Vol. 5, pt. B, Elsevier, NY, **1984**, pp. 65-105; Whitesell, M. A. *Synthesis* **1983**, 517. For a list of references, see Larock, R. C. *Comprehensive Organic Transformations*, 2nd ed., Wiley-VCH, NY, **1999**, pp. 1513-1518. Also see Goering, H. L.; Tseng, C. C. *J. Org. Chem.* **1981**, 46, 5250.
[1764] Park, H.-g.; Jeong, B.-s.; Yoo, M.-s.; Park, M.-k.; Huh, H.; Jew, S.-s. *Tetrahedron Lett.* **2001**, 42, 4645; Jew, S.-S.; Jeong, B.-s.; Yoo, M.-s.; Huh, H.; Park, H.-g. *Chem. Commun.* **2001**, 1244.
[1765] Pellissier, H.; Santelli, M. *Tetrahedron* **2003**, 59, 701.
[1766] Myers, A. G.; Schnider, P.; Kwon, S.; Kung, D. W. *J. Org. Chem.* **1999**, 64, 3322.
[1767] See Enders, D. in Morrison, J. D. *Asymmetric Synthesis*, Vol. 3, Academic Press, NY, **1984**, pp. 275-339.
[1768] Meyers, A. I.; Williams, D. R.; White, S.; Erickson, G. W. *J. Am. Chem. Soc.* **1981**, 103, 3088; Enders, D.; Bockstiegel, B. *Synthesis* **1989**, 493; Enders, D.; Kipphardt, H.; Fey, P. *Org. Synth.* 65, 183.
[1769] Zuend, S. J.; Ramirez, A.; Lobkovsky, E.; Collum, D. B. *J. Am. Chem. Soc.* **2006**, 128, 5939.
[1770] Hatakeyama, T.; Ito, S.; Nakamura, M.; Nakamura, E. *J. Am. Chem. Soc.* **2005**, 127, 14192.
[1771] Stork, G.; Depezay, J. C.; D'Angelo, J. *Tetrahedron Lett.* **1975**, 389. See also, Hünig, S.; Marschner, C.; Peters, K.; von Schnering, H. G. *Chem. Ber.* **1989**, 122, 2131, and other papers in this series.
[1772] For a review of 164, see Albright, J. D. *Tetrahedron* **1983**, 39, 3207.
[1773] Also see Stetter, H.; Schmitz, P. H.; Schreckenberg, M. *Chem. Ber.* **1977**, 110, 1971; Hünig, S. *Chimia*, **1982**, 36, 1.
[1774] See Martin, S. F. *Synthesis* **1979**, 633.
[1775] See Block, E. *Reactions of Organosulfur Compounds*. Academic Press, NY, **1978**, pp. 56-57; Gröbel, B.; Seebach, D. *Synthesis* **1977**, 357; Lever, Jr., O. W. *Tetrahedron* **1976**, 32, 1943; Seebach, D. *Angew. Chem. Int. Ed.* **1969**, 8, 639. Also see Hase, T. A.; Koskimies, J. K. *Aldrichimica Acta* **1981**, 14, 73; Hase, T. A. *Umpoled Synthons*, Wiley, NY, **1987**, pp. Xiii-xiv, 7-18, 219-317. For lists of references, see Larock, R. C. *Comprehensive Organic Transformations*, 2nd ed., Wiley-VCH, NY, **1999**, pp. 1435-1438.
[1776] See Hase, T. A. *Umpoled Synthons*, Wiley, NY, **1987**; Seebach, D. *Angew. Chem. Int. Ed.* **1979**, 18, 239.
[1777] Stork, G.; Ozorio, A. A.; Leong, A. Y. W. *Tetrahedron Lett.* **1978**, 5175.
[1778] Fleming, F. F.; Zhang, Z.; Knochel, P. *Org. Lett.* **2004**, 6, 501.
[1779] Nevar, N. M.; Kel'in, A. V.; Kulinkovich, O. G. *Synthesis* **2000**, 1259.
[1780] Fleming, F. F.; Zhang, Z.; Liu, W.; Knochel, P. *J. Org. Chem.* **2005**, 70, 2200.
[1781] Yamada, Y. M. A.; Uozumi, Y. *Org. Lett.* **2006**, 8, 1375.
[1782] This is the IUPAC name with respect to the halide as substrate.
[1783] See Adams, J. P. *J. Chem. Soc.*, *Perkin Trans.* 1 **2000**, 125.
[1784] See Kempf, B.; Hampel, N.; Ofial, A. R.; Mayr, H. *Chem. Eur. J.* **2003**, 9, 2209.
[1785] See Hickmott, P. W. *Tetrahedron*, **1984**, 40, 2989; **1982**, 38, 1975, 3363; Granik, V. G. *Russ. Chem. Rev.* **1984**, 53, 383. Also see in Cook, A. G. *Enamines*, 2nd ed.; Marcel Dekker, NY, **1988**, the articles by Alt, G. H.; Cook, A. G. pp. 181-246, and Gadamasetti, G.; Kuehne, M. E. Pp. 531-689; Whitesell, J. K.; Whitesell, M. A. *Synthesis*, **1983**, 517; House, H. O. *Modern Synthetic Reactions*, 2nd ed., W. A. Benjamin, NY, **1972**, pp. 570-582, 766-772; Bláha, K.; Cervinka, O. *Adv. Heterocycl. Chem.* **1966**, 6, 147, p. 186.
[1786] Weix, D. J.; Hartwig, J. F. *J. Am. Chem. Soc.* **2007**, 129, 7720.
[1787] Mukjee, S.; Yang, J. W.; Hoffmann, S.; List, B. *Chem. Rev.* **2007**, 107, 5471.

[1788]　Katritzky, A. R. ; Fang, Y. ; Silina, A. *J. Org. Chem.* **1999**, 64, 7622; Katritzky, A. R. ; Huang, Z. ; Fang, Y. *J. Org. Chem.* **1999**, 64, 7625.

[1789]　Britten, A. Z. ; Owen, W. A. ; Went, C. W. *Tetrahedron* **1969**, 25, 3157.

[1790]　See Hickmott, P. W. *Chem. Ind. (London)* **1974**, 731; Hunig, S. ; Hoch, H. *Fortschr. Chem. Forsch.* **1970**, 14, 235.

[1791]　Stork, G. ; Brizzolara, A. ; Landesman, H. ; Szmuszkovice, J. ; Terrell, R. *J. Am. Chem. Soc.* **1963**, 85. 207.

[1792]　Kuehne, M. E. *J. Am. Chem. Soc.* , **1959**, 81, 5400.

[1793]　Ziegenbein, W. *Angew. Chem. Int. Ed. Engl.* **1965**, 4, 358.

[1794]　Baudoux, D. ; Fuks, R. *Bull. Soc. Chim. Belg.* **1984**, 93, 1009.

[1795]　See Alt, G. H. ; Cook, A. G. in Cook, A. G. *Enamines*, 2nd ed. , Marcel Dekker, NY, **1988**, pp. 204-215.

[1796]　Stork, G. ; Dowd, S. R. *J. Am. Chem. Soc.* **1963**, 85, 2178.

[1797]　Stork, G. ; Benaim, J. *J. Am. Chem. Soc.* **1971**, 93, 5938.

[1798]　Curphey, T. J. ; Huang, J. C. ; Chu, C. C. C. *J. Org. Chem.*, **1975**, 40, 607. See also, Ho, T. ; Wong, C. M. *Synth. Commun.* **1974**, 4, 147.

[1799]　See NÓgrádi, M. *Stereoselective Synthesis*, VCH, NY, **1986**, pp. 248-255; Whitesell, J. K. *Acc. Chem. Res.* **1985**, 18, 280; Bergbreiter, D. E. ; Newcomb, M. in Morrison, J. D. Asymmetric Synthesis, Vol. 2, Academic Press, NY, **1983**, pp. 243-273.

[1800]　Vignola, N. ; List, B. *J. Am. Chem. Soc.* **2004**, 126, 450.

[1801]　Mladenova, M. ; Blagoev, B. ; Gaudemar, M. ; Dardoize, Lallemand, J. Y. *Tetrahedron* **1981**, 37, 2153.

[1802]　Pfeffer, P. E. ; Silbert, L. S. ; Chirinko, Jr. , J. M. *J. Org. Chem.* **1972**, 37, 451.

[1803]　For lists of reagents, with references, see Larock, R. C. *Comprehensive Organic Transformations*, 2nd ed. , Wiley-VCH, NY, **1999**, p. 1717-1720 ff.

[1804]　Cregar, P. L. *J. Am. Chem. Soc.* **1970**, 92, 1396.

[1805]　Seebach, D. ; Corey, E. J. *J. Org. Chem.* **1975**, 40, 231. See Page, P. C. B. ; van Niel, M. B. ; Prodger, J. C. *Tetrahedron* **1989**, 45, 7643;
Ager, D. J. in Hase, T. A. *Umpoled Synthons*, Wiley, NY, **1987**, pp. 19-37; Seebach, D. *Synthesis* **1969**, 17, especially pp. 24-27; Olsen, R. K. ; Curriev, Jr. , Y. O. in Patai, S. *The Chemistry of the Thiol Group*, pt. 2, Wiley, NY, **1974**, pp. 536-547.

[1806]　See Lipshutz, B. H. ; Garcia, E. *Tetrahedron Lett.* **1990**, 31, 7261.

[1807]　Larock, R. C. *Comprehensive Organic Transformations*, 2nd ed. , Wiley-VCH, NY, **1999**, p. 1451-1454.

[1808]　For a direct conversion of RX to RCHO, see Reaction 10-76.

[1809]　See Seebach, D. ; Jones, N. R. ; Corey, E. J. *J. Org. Chem.* **1968**, 33, 300; Hylton, T. ; Boekelheide, V. *J. Am. Chem. Soc.* **1968**, 90, 6887; Ogura, K. ; Yamashita, M. ; Suzuki, M. ; Tsuchihashi, G. *Tetrahedron Lett.* **1974**, 3653.

[1810]　Richman, J. E. ; Herrmann, J. L. ; Schlessinger, R. H. *Tetrahedron Lett.* **1973**, 3267. See also, Schill, G. ; Jones, P. R. *Synthesis* **1974**, 117; Hori, I. ; Hayashi, T. ; Midorikawa, H. *Synthesis* **1974**, 705.

[1811]　Corey, E. J. *Pure Appl. Chem.* **1967**, 14, 19, pp. 20-23.

[1812]　See Hase, T. A. ; Koskimies, J. K. *Aldrichimica Acta* **1982**, 15, 35.

[1813]　See Corey, E. J. ; Seebach, D. *J. Org. Chem.* **1975**, 40, 231.

[1814]　See Hylton, T. ; Boekelheide, V. *J. Am. Chem. Soc.* **1968**, 90, 6887; Jones, J. B. ; Grayshan, R. *Chem. Commun.* **1970**, 141, 741.

[1815]　See Lissel, M. *Liebigs Ann. Chem.* **1982**, 1589.

[1816]　Uemoto, K. ; Kawahito, A. ; Matsushita, N. ; Skamoto, I. ; Kaku, H. ; Tsunoda, T. *Tetrahedron Lett.* **2001**, 42, 905.

[1817]　Block, E. ; Aslam, M. *J. Am. Chem. Soc.* **1985**, 107, 6729.

[1818]　Biellmann, J. F. ; Ducep, J. B. *Tetrahedron Lett.* **1971**, 27, 5861. See also, Narasaka, K. ; Hayashi, M. ; Mukaiyama, T. *Chem. Lett.* **1972**, 259.

[1819]　Corey, E. J. ; Jautelat, M. *Tetrahedron Lett.* **1968**, 5787.

[1820]　Corey, E. J. ; Seebach, D. *J. Org. Chem.* **1966**, 31, 4097.

[1821]　Oshima, K. ; Shimoji, K. ; Takahashi, H. ; Yamamoto, H. ; Nozaki, H. *J. Am. Chem. Soc.* **1973**, 95, 2694.

[1822]　See Funk, R. L. ; Bolton, G. L. *J. Am. Chem. Soc.* **1988**, 110, 1290.

[1823]　Dolak, T. M. ; Bryson, T. A. *Tetrahedron Lett.* **1977**, 1961.

[1824]　See Magnus, P. D. *Tetrahedron* **1977**, 33, 2019, pp. 2022-2025; Hendrickson, J. B. ; Sternbach, D. D. ; Bair, K. W. *Acc. Chem. Res.* **1977**, 10, 306.

[1825]　See Truce, W. E. ; Hollister, K. R. ; Lindy, L. B. ; Parr, J. E. *J. Org. Chem.* **1968**, 33, 43; Julia, M. ; Amould, D. *Bull. Acc. Soc. Chim. Fr.* **1973**, 743, 746.

[1826]　Reich, H. J. ; Shah, S. K. *J. Am. Chem. Soc.* **1975**, 97, 3250.

[1827]　See Krief, A. *Top. Curr. Chem.* **1987**, 135, 1. Also see Pelter, A. ; Smith, K. ; Brown, H. C. *Borane Reagents*. Academic Press. NY, **1988**, pp. 336-341.

[1828]　Lepley, A. R. ; Khan, W. A. *Chem. Commun.* **1967**, 1198; Lepley, A. R. ; Giumanini, A. G. *J. Org. Chem.* **1966**, 31, 2055; Ahlbrecht, H. ; Dollinger, H. *Tetrahedron Lett.* **1984**, 25, 1353.

[1829]　Dieter, R. K. ; Li, S. *Tetrahedron Lett.* **1995**, 36, 3613.

[1830]　Suga, S. ; Okajima, M. ; Yoshida, J. -i. *Tetrahedron Lett.* **2001**, 42, 2173.

[1831]　Kise, N. ; Yamazaki, H. ; Mabuchi, T. ; Shono, T. *Tetrahedron Lett.* **1994**, 35, 1561.

[1832]　For a review, see Beak, P. ; Zajdel, W. J. ; Reitz, D. B. *Chem. Rev.* **1984**, 84, 471.

[1833]　Seebach, D. ; Enders, D. ; Renger, B. *Chem. Ber.* **1977**, 110, 1852; Renger, B. ; Kalinowski, H. ; Seebach, D. *Chem. Ber.* **1977**, 110, 1866. For a review, see Seebach, D. ; Enders, D. *Angew. Chem. Int. Ed.* **1975**, 14, 15.

[1834]　Fridman, A. L. ; Mukhametshin, F. M. ; Novikov, S. S. *Russ. Chem. Rev.* **1971**, 40, 34, pp. 41-42.

[1835] For the use of *tert*-butyl carbamates, see Beak, P. ; Lee, W. *Tetrahedron Lett.* **1989**, 30, 1197.
[1836] For a review, see Meyers, A. I. *Aldrichimica Acta.* **1985**, 18, 59.
[1837] Meyers, A. I. ; Miller, D. B. ; White, F. *J. Am. Chem. Soc.* **1988**, 110, 4778; Gonzalez, M. A. ; Meyers, A. I. *Tetrahedron Lett.* **1989**, 30, 43, 47 and references cited therein.
[1838] Takemiya, A. ; Hartwig, J. F. *J. Am. Chem. Soc.* **2006**, 128, 14800.
[1839] Funk, R. L. ; Bolton, G. L. *J. Am. Chem. Soc.* **1988**, 110, 1290. See Hommes, H. ; Verkruijsse, H. D. ; Brandsma, L. *Recl. Trav. Chim. Pays-Bas* **1980**, 99, 113, and references cited therein.
[1840] See Biellmann, J. F. ; Ducep, J. *Org. React.* **1982**, 27, 1.
[1841] Martin, S. F. ; DuPriest, M. T. *Tetrahedron Lett.* **1977**, 3925 and references cited therein.
[1842] For a review, see Ahlbrecht, H. *Chimia* **1977**, 31, 391.
[1843] Beak, P. ; Carter. L. G. *J. Org. Chem.* **1981**, 46, 2363.
[1844] Seebach, D. ; Meyer, N. *Angew. Chem. Int. Ed.* **1976**, 15, 438.
[1845] Larock, R. C. *Comprehensive Organic Transformations*, 2nd ed., Wiley-VCH, NY, **1999**, pp. 1461-1465.
[1846] Meyers, A. I. ; Nabeya, A. ; Adickes, H. W. ; Politzer, I. R. ; Malone, G. R. ; Kovelesky, A. C. ; Nolen, R. L. ; Portnoy, R. C. *J. Org. Chem.* **1973**, 38, 36.
[1847] See Schmidt, R. R. *Synthesis* **1972**, 333; Collington, E. W. *Chem. Ind, (London)* **1973**, 987.
[1848] Meyers, A. I. ; Malone, G. R. ; Adickes, H. W. *Tetrahedron Lett.* **1970**, 3715.
[1849] Adickes, H. W. ; Politzer, I. R. ; Meyers, A. I. *J. Am. Chem. Soc.* **1969**, 91, 2155.
[1850] Altman, L. J. ; Richheimer, S. L. *Tetrahedron Lett.* **1971**, 4709.
[1851] Meyers, A. I. ; Durandetta, J. L. *J. Org. Chem.* **1975**, 40, 2021.
[1852] Meyers, A. I. ; Smith, E. M. *J. Am. Chem. Soc.* **1972**, 37, 4289.
[1853] For a review, see Meyers, A. I. ; Mihelich, E. D. *Angew. Chem. Int. Ed.* **1976**, 15, 270.
[1854] Meyers, A. I. ; Temple, Jr. , D. L. ; Nolen, R. L. ; Mihelich, E. D. *J. Org. Chem.* **1974**, 39, 2778; Meyers, A. I. ; Mihelich, E. D. ; Nolen, R. L. *J. Org. Chem.* **1974**, 39, 2783; Meyers, A. I. ; Mihelich, E. D. ; Kamata, K. *J. Chem. Soc. Chem. Commun.* **1974**, 768.
[1855] See Meyers, A. I. *Pure Appl. Chem.* **1979**, 51, 1255; *Acc. Chem. Res.* **1978**, 11, 375. See also, Hoobler, M. A. ; Bergbreiter, D. E. ; Newcomb, M. *J. Am. Chem. Soc.* **1978**, 100, 8182; Meyers, A. I. ; Snyder, E. S. ; Ackerman, J. J. H. *J. Am. Chem. Soc.* **1978**, 100, 8186.
[1856] See Lutomski, K. A. ; Meyers, A. I. in Morrison, J. D. *Asymmetric Synthesis*, Vol. 3, Academic Press, NY, **1984**, pp. 213-274.
[1857] Meyers, A. I. ; Temple Jr. , D. L. *J. Am. Chem. Soc.* **1970**, 92, 6644, 6646.
[1858] Brown, H. C. ; Rogic, M. M. ; Rathke, M. W. *J. Am. Chem. Soc.* **1968**, 90, 6218.
[1859] Brown, H. C. ; Rogic, M. M. ; Rathke, M. W. Kabalka, G. W. *J. Am. Chem. Soc.* **1968**, 90, 818.
[1860] Brown, H. C. ; Nambu, H. ; Rogic, M. M. *J. Am. Chem. Soc.* **1969**, 91, 6854.
[1861] Truce, W. E. ; Mura, L. A. ; Smith, P. J. ; Young, F. *J. Org. Chem.* **1974**, 39, 1449.
[1862] See Negishi, E. ; Idacavage, M. *J. Org. React.* **1985**, 33, 1, pp. 42-43, 143-150; Weill-Raynal, J. *Synthesis* **1976**, 633; Brown, H. C. *Boranes in Organic Chemistry*, Cornell University Press, Ithaca, NY, **1972**, pp. 372-391, 404-409; Cragg, G. M. L. *Organoboranes in Organic Synthesis*, Marcel Dekker, NY, **1973**, pp. 275-278, 283-287.
[1863] Brown, H. C. ; Nambu, H. ; Rogic, M. M. *J. Am. Chem. Soc.* **1969**, 91, 6852, 6854, 6855.
[1864] For an improved procedure, with 9-BBN (see Reaction **15-16**), see Brown, H. C. ; Rogic, M. M. *J. Am. Chem. Soc.* **1969**, 91, 2146; Brown, H. C. ; Rogic, M. M. ; Nambu, H. ; Rathke, M. W. *J. Am. Chem. Soc.* **1969**, 91, 2147; Katz, J. ; Dubois, J. E. ; Lion, C. *Bull. Soc. Chim. Fr.* **1977**, 683.
[1865] Brown, H. C. ; Bhat, N. G. ; Campbell, Jr. , J. B. *J. Org. Chem.* **1986**, 51, 3398.
[1866] Brown, H. C. ; Rogic, M. M. *J. Am. Chem. Soc.* **1969**, 91, 4304.
[1867] Brown, H. C. ; Rogic, M. M. ; Rathke, M. W. ; Kabalka, G. W. *J. Am. Chem. Soc.* **1968**, 90, 1911.
[1868] Nambu, H. ; Brown, H. C. *J. Am. Chem. Soc.* **1970**, 92, 5790.
[1869] Brown, H. C. ; Nambu, H. *J. Am. Chem. Soc.* **1970**, 92, 1761.
[1870] Brown, H. C. *Organic Syntheses via Boranes*, Wiley, NY, **1975**; *Hydroboration*, W. A. Benjamin, NY, **1962**. *Boranes in Organic Chemistry*, Cornell University Press, Ithaca, NY, **1972**; Pelter, A. ; Smith, K. ; Brown, H. C. *Borane Reagents*, Academic Press, NY, **1988**.
[1871] See Prager, R. H. ; Reece, P. A. *Aust. J. Chem.* **1975**, 28, 1775.
[1872] See Midland, M. M. ; Zolopa, A. R. ; Halterman, R. I. *J. Am. Chem. Soc.* **1979**, 101, 248. See also, Midland, M. M. ; Preston, S. B. *J. Org. Chem.* **1980**, 45, 747.
[1873] Pasto, D. J. ; Wojtkowski, P. W. *J. Org. Chem.* **1971**, 36, 1790.
[1874] Brown, H. C. ; Rogic, M. M. ; Rathke, M. W. ; Kabalka, G. W. *J. Am. Chem. Soc.* **1969**, 91, 2150.
[1875] Occhiato, E. G. ; Trabocchi, A. ; Gurana, A. *Org. Lett.* **2000**, 2, 1241.
[1876] Sato, M. ; Miyaura, N. ; Suzuki, A. *Chem. Lett.* **1989**, 1405; Rivera, I. ; Soderquist, J. A. *Tetrahedron Lett.* **1991**, 32, 2311; and references cited therein. For a review, see Matteson, D. S. *Tetrahedron* **1989**, 45, 1859.
[1877] Miyaura, N. ; Ishiyama, T. ; Sasaki, H. ; Ishikawa, M. ; Satoh, M. ; Suzuki, A. *J. Am. Chem. Soc.* **1989**, 111, 314.
[1878] Ishiyama, T. ; Abe, S. ; Miyaura, N. ; Suzuki, A. *Chem. Lett.* **1992**, 691; Brown, H. C. ; Joshi, N. N. ; Pyun, C. ; Singaram, B. *J. Am. Chem. Soc.* **1989**, 111, 4399.
[1879] Mikhailov, B. M. ; Gurskii, M. E. *Bull. Acad. Sci. USSR Div. Chem. Sci.* **1973**, 22, 2588.
[1880] Hooz, J. ; Morrison, G. F. *Can J. Chem.* **1970**, 48, 868.
[1881] See Hooz, J. ; Bridson, J. N. ; Calzada, J. G. ; Brown, H. C. ; Midland, M. M. ; Levy, A. B. *J. Org. Chem.* **1973**, 38, 2574.

[1882] Kondolff, I. ; Doucet, H. ; Santelli, M. *Tetrahedron* **2004**, 60, 3813. For a variation involving a borate complex, see Zou, G. ; Falck, J. R. *Tetrahedron Lett.* **2001**, 42, 5817.
[1883] Nobre, S. M. ; Monteiro, A. L. *Tetrahedron Lett.* **2004**, 45, 8225; Langle, S. ; Abarbri, M. ; Duchene, A. *Tetrahedron Lett.* **2003**, 44, 9255.
[1884] Ohmiya, H. ; Makida, Y. ; Tanaka, T. ; Sawamura, M. *J. Am. Chem. Soc.* **2008**, 130, 17276.
[1885] Chen, H. ; Deng, M. -Z. *J. Org. Chem.* **2000**, 65, 4444.
[1886] Yoshida, M. ; Ueda, H. ; Ihara, M. *Tetrahedron Lett.* **2005**, 46, 6705.
[1887] Chen, X. ; Goodhue, C. E. ; Yu, J. -Q. *J. Am. Chem. Soc.* **2006**, 128, 12634.
[1888] Bellina, F. ; Anselmi, C. ; Rossi, R. *Tetrahedron Lett.* **2001**, 42, 3851. See also, Yoshida, H. ; Yamaryo, Y. ; Oshita, J. ; Kunai, A. *Tetrahedron Lett.* **2003**, 44, 1541.
[1889] Wiskur, S. L. ; Lorte, A. ; Fu, G. C. *J. Am. Chem. Soc.* **2004**, 126, 82.
[1890] Pastine, S. J. ; Gribkov, D. V. ; Sames, D. *J. Am. Chem. Soc.* **2006**, 128, 14220.
[1891] Pineschi, M. ; Bertolini, F. ; Haak, R. M. ; Crotti, P. ; Macchia, F. *Chem. Commun.* **2005**, 1426.
[1892] Batey, R. A. ; Thadani, A. N. ; Smil, D. V. ; Lough, A. J. *Synthesis* **2000**, 990.
[1893] Darses, S. ; Michaud, G. ; Genet, J. -P. *Eur. J. Org. Chem.* **1999**, 1875.
[1894] Xia, M. ; Chen, Z. -C. *Synth. Commun.* **1999**, 29, 2457.
[1895] Molander, G. A. ; Gormisky, P. E. *J. Org. Chem.* **2008**, 73, 7481.
[1896] Molander, G. A. ; Ito, T. *Org. Lett.* **2001**, 3, 393.
[1897] Molander, G. A. ; Rivero, M. R. *Org. Lett.* **2002**, 4, 107.
[1898] See Ben-Efraim, D. A. in Patai, S. *The Chemistry of the Carbon-Carbon Triple Bond*, Wiley, NY, **1978**, pp. 790-800; Ziegenbein, W. in Viehe, H. G. *Acetylenes*, Marcel Dekker, NY, **1969**, pp. 185-206, 241-244. Also see Bernadou, F. ; Mesnard, D. ; Miginiac, L. *J. Chem. Res. (S)* **1978**, 106; **1979**, 190.
[1899] Jeffery, T. *Tetrahedron Lett* **1989**, 30, 2225.
[1900] See Krause, N. ; Seebach, D. *Chem. Ber.* **1988**, 121, 1315.
[1901] Smith, W. N. ; Beumel Jr. , O. F. *Synthesis* **1974**, 441.
[1902] Bhanu, S. ; Scheinmann, F. *J. Chem. Soc. Perkin Trans.* 1, **1979**, 1218; Quillinan, A. J. ; Scheinmann, F. *Org. Synth.* Ⅵ, 595.
[1903] Fiandanese, V. ; Bottalico, D. ; Marchese, G. ; Punzi, A. *Tetrahedron Lett.* **2003**, 44, 9087.
[1904] Chen, M. ; Zheng, X. ; Li, W. ; He, J. ; Lei, A. *J. Am. Chem. Soc.* **2010**, 132, 4101.
[1905] Zhao, Y. ; Wang, H. ; Hou, X. ; Hu, Y. ; Lei, A. ; Zhang, H. ; Zhu, L. *J. Am. Chem. Soc.* **2006**, 128, 15048.
[1906] Nadal, M. L. ; Bosch, J. ; Vila, J. M. ; Klein, G. ; Ricart, S. ; Moretó, J. M. *J. Am. Chem. Soc.* **2005**, 127, 10476.
[1907] Rahaim, Jr. , R. J. ; Shaw, J. T. *J. Org. Chem.* **2008**, 73, 2912.
[1908] Kuninobu, Y. ; Kawata, A. ; Takai, K. *Org. Lett.* **2005**, 7, 4823.
[1909] Qian, M. ; Negishi, E. *Tetrahedron Lett.* **2005**, 46, 2927.
[1910] Kang, S. -K. ; Kim, W. -Y. ; Jiao, X. *Synthesis* **1998**, 1252.
[1911] Liu, Y. ; Xi, C. ; Hara, R. ; Nakajima, K. ; Yamazaki, A. ; Kotora, M. ; Takahashi, T. *J. Org. Chem.* **2000**, 65, 6951.
[1912] Pal, M. ; Kundu, N. G. *J. Chem. Soc. Perkin Trans* 1, **1996**, 449. Also see, Nguefack, J. -F. ; Bolitt, V. ; Sinou, D. *Tetrahedron Lett.* **1996**, 37, 5527.
[1913] Nishihara, Y. ; Ikegashira, K. ; Mori, A. ; Hiyama, T. *Tetrahedron Lett.* **1998**, 39, 4075.
[1914] See Nishihara, Y. ; Ikegashira, K. ; Mori, A. ; Hiyama, T. *Chem. Lett.* **1997**, 1233.
[1915] Poulsen, T. B. ; Bernardi, L. ; Alemán, J. ; Overgaard, J. ; Jørgensen, K. A. *J. Am. Chem. Soc.* **2007**, 129, 441.
[1916] Laroche, C. ; Li, J. ; Freyer, M. W. ; Kerwin, S. M. *J. Org. Chem.* **2008**, 73, 6462.
[1917] Castagnolo, D. ; Botta, M. *Eur. J. Org. Chem.* **2010**, 3224.
[1918] Murakami, M. ; Hayashi, M. ; Ito, Y. *Synlett* **1994**, 179.
[1919] Bieber, L. W. ; da Silva, M. F. *Tetrahedron Lett.* **2007**, 48, 7088.
[1920] Kang, S. -K. ; Lim, K. -H. ; Ho, P. -S. ; Kim, W. -Y. *Synthesis* **1997**, 874.
[1921] Xiang, J. ; Jiang, W. ; Fuchs, P. L. *Tetrahedron Lett.* **1997**, 38, 6635.
[1922] Li, Z. ; Li, C. -J. *Org. Lett.* **2004**, 6, 4997.
[1923] Li, Z. ; Li, C. -J. *J. Am. Chem. Soc.* **2004**, 126, 11810.
[1924] Zhang, J. ; Wei, C. ; Lei, C. -J. *Tetrahedeon Lett.* **2002**, 43, 5731.
[1925] Arisawa, M. ; Amemiya, R. ; Yamaguchi, M. *Org. Lett.* **2002**, 4, 2209.
[1926] Shimizu, R. ; Fuchikami, T. *Tetrahedron Lett.* **2000**, 41, 907.
[1927] Jiang, H. ; Zhu, S. *Tetrahedron Lett.* **2005**, 46, 517.
[1928] Andreev, A. A. ; Konshin, V. V. ; Komarov, N. V. ; Rubin, M. ; Brouwer, C. ; Gevorgyan, V. *Org. Lett.* **2004**, 6, 421.
[1929] See in Patai, S. ; Rappoport, Z. *The Chemistry of Functional Groups*, *Supplement C*, pt. 1, Wiley, NY, **1983**, the articles by Fatiadi, A. J. pt. 2, pp. 1057-1303, and Friedrich, K. Pt. 2, pp. 1343-1390; Friedrich, K. ; Wallenfels, K. in Rappoport, *The Chemistry of the Cyano Group*, Wiley, NY, **1970**, pp. 77-86.
[1930] For a discusin about the influence of solvent on this transition state, see Fang, Y. -r. ; MacMillar, S. ; Eriksson, J. ; Kolodiejska-Huben, M. ; Dybala-Defratyka, A. ; Paneth, P. ; Matsson, O. ; Westaway, K. C. *J. Org. Chem.* **2006**, 71, 4742.
[1931] Smiley, R. A. ; Arnold, C. *J. Org. Chem.* **1960**, 25, 257; Friedman, L. ; Shechter, H. *J. Org. Chem.* **1960**, 25, 877.
[1932] Starks, C. M. ; Liotta, C. *Phase Transfer Catalysis*, Academic Press, NY, **1978**, pp. 94-112; Weber, W. P. ; Gokel, G. W. *Phase Transfer Catalysis in Organic Synthesis*, NY, **1977**, pp. 96-108. See also, Bram, G. ; Loupy, A. ; Pedoussaut, M. *Tetrahedron Lett.* **1986**, 27, 4171; *Bull. Soc. Chim. Fr.* **1986**, 124.
[1933] Cao, Y. -Q. ; Che, B. -H. ; Pei, B. -G. *Synth. Commun.* **2001**, 31, 2203.

[1934] Ando, T. ; Kawate, T. ; Ichihara, J. ; Hanafusa, T. *Chem. Lett.* **1984**, 725.
[1935] See Luanay, D. ; Booth, S. ; Clemens, I. ; Merritt, A. ; Bradley, M. *Tetrahedron Lett.* **2002**, 43, 7201.
[1936] See Jackson, H. L. ; McKusick, B. C. *Org. Synth.* Ⅳ, 438.
[1937] Ciaccio, J. A. ; Smrtka, M. ; Maio, W. A. ; Rucando, D. *Tetrahedron Lett.* **2004**, 45, 7201.
[1938] Kim, S. ; Song, H. -J. *Synlett* **2002**, 2110.
[1939] Cho, C. H. ; Lee, J. Y. ; Kim, S. *Synlett* **2009**, 81.
[1940] See Lapouyade, R. ; Daney, M. ; Lapenue, M. ; Bouas-Laurent, H. *Bull. Soc. Chim. Fr.* **1973**, 720.
[1941] Yamamura, K. ; Murahashi, S. *Tetrahedron Lett.* **1977**, 4429.
[1942] Prochazka, M. ; Siroky, M. *Collect. Czech. Chem. Commun.* **1983**, 48, 1765.
[1943] Zieger, H. E. ; Wo, S. *J. Org. Chem.* **1994**, 59, 3838. See Tsuji, Y. ; Yamada, N. ; Tanaka, S. *J. Org. Chem.* **1993**, 58, 16 for a similar reaction with allylic acetates. See Hayashi, M. ; Tamura, M. ; Oguni, N. *Synlett*, **1992**, 663 for a similar reaction with epoxides using a Ti catalyst.
[1944] Camps, F. ; Gasol, V. ; Guerrero, A. *Synth. Commun.* **1988**, 18, 445.
[1945] See Iranpoor, N. ; Shekarriz, M. *Synth. Commun.* **1999**, 29, 2249.
[1946] Ruano, J. L. G. ; Fernández-Ibáñez, M. Á. ; Castro, A. M. M. ; Ramos, J. H. R. ; Flamarique, A. C. R. *Tetrahedron Asymmetry* **2002**, 13, 1321.
[1947] Dowd, P. ; Wilk, B. K. ; Wlostowski, M. *Synth. Commun.* **1993**, 23, 2323; Wilk, B. K. *Synth. Commun.* **1993**, 23, 2481 and see Ohno, H. ; Mori, A. ; Inoue, S. *Chem. Lett.* **1993**, 975 for similar reactions with epoxides.
[1948] Piers, E. ; Fleming, F. F. *J. Chem. Soc. Commun.* **1989**, 756.
[1949] Sasaki, M. ; Tanino, K. ; Hirai, A. ; Miyashita, M. *Org. Lett.* **2003**, 5, 1789.
[1950] Schaus, S. E. ; Jacobsen, E. N. *Org. Lett.* **2000**, 2, 1001.
[1951] Iranpoor, N. ; Firouzabadi, H. ; Akhlaghinia, B. ; Nowrouzi, N. *J. Org. Chem.* **2004**, 69, 2562.
[1952] Tarrade-Matha, A. ; Pillon, F. ; Doris, E. *Synth. Commun.* **2010**, 40, 1646.
[1953] Müller, P. ; Siegfried, B. *Helv. Chim. Acta.* **1974**, 57, 987.
[1954] Cooke, Jr., M. P. *J. Am. Chem. Soc.* **1970**, 92, 6080.
[1955] See Collman, J. P. *Acc. Chem. Res.* **1975**, 8, 342. Also see Brunet, J. *Chem. Rev.* **1990**, 90, 1041.
[1956] Dolhem, E. ; Barhdadi, R. ; Folest, J. C. ; Nédélec, J. Y. ; Troupel, M. *Tetrahedron* **2001**, 57, 525.
[1957] Siegl, W. O. ; Collman, J. P. *J. Am. Chem. Soc.* **1972**, 94, 2516.
[1958] See Collman, J. P. ; Finke, R. G. ; Cawse, J. N. ; Brauman, J. I. *J. Am. Chem. Soc.* **1978**, 100, 4766.
[1959] See Collman, J. P. ; Hoffman, N. W. *J. Am. Chem. Soc.* **1973**, 95, 2689.
[1960] Yamashita, M. ; Yamamura, S. ; Kurimoto, M. ; Suemitsu, R. *Chem. Lett.* **1979**, 1067.
[1961] Cooke Jr., M. P. ; Parlman, R. M. *J. Am. Chem. Soc.* **1975**, 97, 6863.
However, see McMurry, J. E. ; Andrus, A. *Tetrahedron Lett.* **1980**, 21, 4687, and references cited therein.
[1962] Yamashita, M. ; Uchida, M. ; Tashika, H. ; Suemitsu, R. *Bull. Chem. Soc. Jpn.* **1989**, 62, 2728.
[1963] Dolhem, E. ; Ocafrain, M. ; Nédélec, J. Y. ; Troupel, M. *Tetrahedron* **1997**, 53, 17089.
[1964] Hanzawa, Y. ; Narita, K. ; Taguchi, T. *Tetrahedron Lett.* **2000**, 41, 109.
[1965] des Abbayes, H. ; Clément, J. ; Laurent, P. ; Tanguy, G. ; Thilmont, N. *Organometallics* **1988**, 7, 2293.
[1966] Garnier, L. ; Rollin, Y. ; Périchon, J. *J. Organomet. Chem.* **1989**, 367, 347.
[1967] Baillargeon, V. P. ; Stille, J. K. *J. Am. Chem. Soc.* **1986**, 108, 452. See also, Ben-David, Y. ; Portnoy, M. ; Milstein, D. *J. Chem. Soc., Chem. Commun.* **1989**, 1816.
[1968] Tamaru, Y. ; Ochiai, H. ; Yamada, Y. ; Yoshida, Z. *Tetrahedron Lett.* **1983**, 24, 3869.
[1969] Goure, W. F. ; Wright, M. E. ; Davis, P. D. ; Labadie, S. S. ; Stille, J. K. *J. Am. Chem. Soc.* **1984**, 106, 6417. See Merrifield, J. H. ; Godschalx, J. P. ; Stille, J. K. *Organometallics* **1984**, 3, 1108.
[1970] Kosugi, M. ; Sumiya, T. ; Obara, Y. ; Suzuki, M. ; Sano, H. ; Migita, T. *Bull. Chem. Soc. Jpn.* **1987**, 60, 767.
[1971] Ogawa, A. ; Sumino, Y. ; Nanke, T. ; Ohya, S. ; Sonoda, N. ; Hirao, T. *J. Am. Chem. Soc.* **1997**, 119, 2745.
[1972] Matt, C. ; Wagner, A. ; Mioskowski, C. *J. Org. Chem.* **1997**, 62, 234.
[1973] Kim, S. ; Jon, S. Y. *Tetrahedron Lett.* **1998**, 39, 7317.
[1974] See Colquhoun, H. M. ; Holton, J. ; Thompson, D. J. ; Twigg, M. V. *New Pathways for Organic Synthesis*, Plenum, NY, **1984**, pp. 199-204, 212-220, 234-235. For lists of reagents, with references, see Larock, R. C. *Comprehensive Organic Transformations*, 2nd ed., Wiley-VCH, NY, **1999**, pp. 1684-1685, 1694-1698, 1702-1704.
[1975] Puzitskii, K. V. ; Pirozhkov, S. D. ; Ryabova, K. G. ; Myshenkova, T. N. ; Éidus, Ya. T. *Bull. Acad. Sci. USSR Div. Chem. Sci.* **1974**, 23, 192.
[1976] Takahashi, Y. ; Yoneda, N. *Synth. Commun.* **1989**, 19, 1945.
[1977] Paatz, R. ; Weisgerber, G. *Chem. Ber.* **1967**, 100, 984. See Akhrem, I. ; Afanas'eva, L. ; Petrovskii, P. ; Vitt, S. ; Orlinkov, A. *Tetrahedron Lett.* **2000**, 41, 9903.
[1978] Yoneda, N. ; Takahashi, Y. ; Fukuhara, T. ; Suzuki, A. *Bull. Chem. Soc. Jpn.* **1986**, 59, 2819.
[1979] See Bahrmann, H. ; Cornils, B. in Falbe, J. *New Syntheses with Carbon Monoxide*, Springer, NY, **1980**, pp. 226-241; Piacenti, F. ; Bianchi, M. in Wender, I. ; Pino, P. *Organic Syntheses via Metal Carbonyls*, Vol. 2, Wiley, NY, **1977**, pp. 1-42.
[1980] See Bahrmann, H. in Falbe, J. *New Syntheses with Carbon Monoxide*, Springer, NY, **1980**, pp. 372-423.
[1981] Booth, B. L. ; El-Fekky, T. A. *J. Chem. Soc. Perkin Trans.* 1 **1979**, 2441.
[1982] Kreimerman, S. ; Ryu, I. ; Minakata, S. ; Konmatsu, M. *Org. Lett.* **2000**, 2, 389.
[1983] See Collman, J. P. ; Hegedus, L. S. ; Norton, J. R. ; Finke, R. G. *Principles and Applications of Organotransition Metal Chemistry*, 2nd ed., University Science Books: Mill valley, CA, **1987**, pp. 749-768; Anderson, G. K. ; Davies, J. A. in Hartley, F. R. ;

Patai, S. *The Chemistry of the Metal-Carbon Bond*, Vol. 3, Wiley, NY, pp. 335-359, pp. 348-356.

[1984] Heck, R. F. *Adv. Catal.*, **1977**, 26, 323, p. 323; Cassar, L.; Chiusoli, G. P.; Guerrieri, F. *Synthesis* **1973**, 509.
[1985] Collman, J. P.; Winter, S. R.; Komoto, R. G. *J. Am. Chem. Soc.* **1973**, 95, 249.
[1986] Collman, J. P.; Winter, S. R.; Komoto, R. G. *J. Am. Chem. Soc.* **1973**, 95, 249.
[1987] Yamashita, M.; Mizushima, K.; Watanabe, Y.; Mitsudo, T.; Takegami, Y. *Chem. Lett.* **1977**, 1355. See also, Tanguy, G.; Weinberger, B.; des Abbayes, H. *Tetrahedron Lett.* **1983**, 24, 4005.
[1988] See Gulevich, Yu. V.; Bumagin, N. A.; Beletskaya, I. P. *Russ. Chem. Rev.* **1988**, 57, 299, pp. 303-309; Heck, R. F. *Palladium Reagents in Organic Synthesis*, Academic Press, NY, **1985**, pp. 348-356, 366-370. See Kormos. C. M.; Leadbeater, N. E. *Synlett* **2007**, 2006.
[1989] See Bessard, Y.; Crettaz, R. *Heterocycles* **1999**, 51, 2589.
[1990] See Cacchi, S.; Morera, E.; Ortar, G. *Tetrahedron Lett.* **1985**, 26, 1109.
[1991] Kiji, J.; Okano, T.; Higashimae, Y.; Kukui, Y. *Bull. Chem. Soc. Jpn.* **1996**, 69, 1029.
[1992] Zhao, Y.; Jin, L.; Li, P.; Lei, A. *J. Am. Chem. Soc.* **2008**, 130, 9429.
[1993] Jutand, A.; Négri, S. *Synlett*, **1997**, 719.
[1994] Lapidus, A. L.; Eliseev, O. L.; Bondarenko, T. N.; Sizan, O. E.; Ostapenko, A. G.; Beleskaya, I. P. *Synthesis* **2002**, 317.
[1995] Schoenberg, A.; Heck, R. F. *J. Org. Chem.* **1974**, 39, 3327. See also, Cai, M.-Z.; Song, C.-S.; Huang, X. *Synth. Commun.* **1997**, 27, 361; Screttas, C. G.; Steele, B. R. *Org. Prep. Proced. Int.* **1990**, 22, 271, pp. 288-314; Satoh, T.; Ikeda, M.; Kushino, Y.; Miura, M.; Nomura, M. *J. Org. Chem.* **1997**, 62, 2662.
[1996] Ryu, I.; Nagahara, K.; Kambe, N.; Sonoda, N.; Kreimerman, S.; Komatsu, M. *Chem. Commun.* **1998**, 1953.
[1997] Isse, A. A.; Gennaro, A. *Chem. Commun.* **2002**, 2798.
[1998] Alper, H.; Amer, I.; Vasapollo, G. *Tetrahedron Lett.* **1989**, 30, 2615. See also, Amer, I.; Alper, H. *J. Am. Chem. Soc.* **1989**, 111, 927.
[1999] Ueda, K.; Mori, M. *Tetrahedron Lett.* **2004**, 45, 2907. For an intramolecular carbonylation to generate a cyclic amide, see Trost, B. M.; Ameriks, M. K. *Org. Lett.* **2004**, 6, 1745.
[2000] Li, J. Jiang, H.; Chen, M. *Synth. Commun.* **2001**, 31, 199.
[2001] For an example, see Giroux, A.; Nadeau, C.; Han, Y. *Tetrahedron Lett.* **2000**, 41, 7601.
[2002] Buchan, C.; Hamel, N.; Woell, J. B.; Alper, H. *Tetrahedron Lett.* **1985**, 26, 5743.
[2003] Woell, J. B.; Fergusson, S. B.; Alper, H. *J. Org. Chem.* **1985**, 50, 2134.
[2004] Yokoa, K.; Tatamidani, H.; Fukumoto, Y.; Chatani, N. *Org. Lett.* **2003**, 5, 4329.
[2005] Senboku, H.; Kanaya, H.; Tokuda, M. *Synlett* **2002**, 104.
[2006] Imbeaux, M.; Mestdagh, H.; Moughamir, K.; Rolando, C. *J. Chem. Soc., Chem. Commun.* **1992**, 1678.
[2007] For a review, see Collin, J. *Bull. Soc. Chim. Fr.* **1988**, 976.
[2008] Kobayashi, T.; Tanaka, M. *J. Organomet. Chem.* **1982**, 233, C64; Ozawa, F.; Sugimoto, T.; Yuasa, Y.; Santra, M.; Yamamoto, T.; Yamamoto, A. *Organometallics* **1984**, 3, 683.
[2009] Son, T.; Yanagihara, H.; Ozawa, F.; Yamamoto, A. *Bull. Chem. Soc. Jpn.* **1988**, 61, 1251.
[2010] Tanaka, M.; Kobayashi, T.; Sakakura. T. *J. Chem. Soc. Chem. Commun.* **1985**, 837.
[2011] See Ozawa, F.; Kawasaki, N.; Okamoto, H.; Yamamoto, T.; Yamamoto, A. *Organometallics* **1987**, 6, 1640.
[2012] Kobayashi, T.; Sakakura, T.; Tanaka, M. *Tetrahedron Lett.* **1987**, 28, 2721.

第 11 章
芳香亲电取代反应

脂肪碳链上发生的大多数取代反应为亲核取代；而在芳香体系中情况相反，因为在芳香环中的高电子密度使其具有 Lewis 碱或者 Brønsted-Lowry 碱的活性，具有 Lewis 碱还是 Brønsted-Lowry 碱的活性是由电正性部分决定的。在亲电取代反应中进攻试剂是正离子，或者是偶极或诱导偶极的带正电荷的一端，离去基离去时必然不带其电子对。在亲核取代反应中，主要离去基是最易携带未共用电子对的那些基团，如 Br^-、H_2O、OTs^- 等，即最弱的碱；而在亲电取代反应中，最重要的离去基是那些不需要电子对填充外电子层而能最稳定存在的基团，即最弱的 Lewis 酸。在很多情况下，溶剂对反应的影响随反应不同而变化，具体讨论在反应部分（参见 11.6 节）[1]。

11.1 机理

亲电芳香取代与亲核取代反应不同。对于底物而言，亲电芳香取代反应大多只以一种机理进行[2]。有一种机理被称作芳基正离子机理（arenium ion mechanism），在这种机理中，第 1 步为可看作 Lewis 酸的亲电试剂进攻可看作 Lewis 碱的芳香环 π 电子。这步反应有新的 C—X 键和一个新的 sp^3 碳形成，X 代表亲电试剂，得到带正电荷的中间体，称为芳基正离子。此正离子是共振稳定的，但不是芳香性的。接着，在与正电荷碳相邻的 sp^3 碳上失去一个质子，这是受环的重新芳香化驱动的 E1 过程（参见 17.1.2 节），产生芳香性的取代产物。因此，质子在整个反应中是作为离去基团的，结果是 X 取代了 H。IUPAC 命名此机理为 $A_E + D_E$。另一种机理很少见，它的行为与上述机理相反：离去基在亲电试剂进攻之前就离开了。在这种机理中，取代基（不是 H）与芳香环连接，在亲电试剂引入之前就离去了。这种机理即 S_E1 机理，与亲核取代的 S_N1 机理对应。亲核试剂进攻和离去基团离去同时发生的机理（对应于 S_N2）根本未被发现。在某些情况下又提出了加成-消除机理（参见反应 11-6）。

11.1.1 芳基正离子机理[3]

在芳基正离子机理中，进攻试剂产生的方法各异，但在所有情况中，H 被 X 取代，芳香环转化为芳基正离子，这是基本一样的。因而，研究这个机理的注意力集中在亲电实体本身以及它是怎样产生的。

亲电试剂可以是正离子（X^+）或具有正性偶极子的分子。如果亲电试剂是正离子，芳环进攻它（芳基六隅体将一对电子对供给亲电试剂），产生碳正离子。该碳正离子是一共振杂化体，如 1 所示，但时常被描述为 2 的形式。为了方便起见，在 1 中画出了被 X 基团取代的 H 原子。这类离子被称为 Wheland 中间体[4]、σ 配合物或芳基正离子[5]。在 1 中与芳香稳定性密切相关的芳香六隅体不再存在，但该离子通过共振而稳定。因此，芳基正离子中间体通常是非常活泼的中间体，尽管有几例已经被分离出来（如下所示）。

碳正离子可以用各种各样的方法起反应（参见 5.1.3 节），但对这种类型的离子最可能稳定自己的方式[6]则是失去 X^+ 或 H^+；在这种机理的第 2 步，碳正离子以失去质子的方式进行反应，芳香六隅体得以恢复，得到最终产物（3）。

第 2 步几乎总是比第 1 步快，所以第 1 步是决速步骤，反应是二级反应（除非进攻离子形成得更慢，在这种情况下反应速率式中不包含芳香化合物）。如果失去的是 X^+，则没有净反应发生，但是如果失去的是 H^+，则发生芳香取代反应，这时需要用碱（通常是亲电试剂的反离子，有时溶剂也可担当此任）除去它。

如果亲电试剂不是离子而是具有极化共价键的分子（偶极子），那么产物必然带有负电荷，除非在反应过程中偶极子的一部分携带电子对断键离去。例如 **4** 转化为 **5**。要注意的是环香环进攻 X 时，Z 部分可以失去直接生成 **5**：

$$\text{PhH} + X-Z \longrightarrow \mathbf{4} \longrightarrow \mathbf{5} \longrightarrow \text{PhX} + Z^-$$

在每种情况下是什么样的进攻实体，以及它是如何形成的，这些问题就是本章反应部分中每一个反应所要讨论的内容。

支持芳基正离子机理的证据主要有以下两类：

(1) 同位素效应 如果氢离子在亲电试剂到达前离开（S_E1 机理），或如果亲电试剂到达和氢离子离开是同时的，那么就应该有同位素效应（即氘代底物的取代反应应比非氘代底物慢）。这是因为在上述的每种情况下，C—H 键都是在决速步中断裂的。但是在芳基正离子的机理中，C—H 键不在决速步中断裂，因此应当没有同位素效应。已经进行了许多这样的研究，并发现在大多数情况下，尤其在硝化过程中，没有同位素效应[7]。该结果与 S_E1 机理和同步反应机理均不相符。

然而，在许多例子中还是发现了同位素效应。由于这些数值一般比我们根据 S_E1 机理或同步反应机理所预期的值低得多（例如，k_H/k_D 值是 1～3，而不是预期的 6～7），所以必须寻找其它解释。对反应中氢离子是离去基的情况，芳基正离子机理可以概括：

第 1 步 $\text{ArH} + Y^+ \xrightleftharpoons[k_{-1}]{k_1} {}^+\text{Ar}\begin{smallmatrix}H\\Y\end{smallmatrix}$

第 2 步 ${}^+\text{Ar}\begin{smallmatrix}H\\Y\end{smallmatrix} \xrightarrow{k_2} \text{ArY} + H^+$

第 1 步反应具有可逆性，上述机理中存在分配效应（partitioning effect），容易监测到小的同位素效应[8]。由于 Ar—H 键不发生断裂，由 ArHY^+ 转变为 ArH 的速率与由 ArDY^+（或 ArTY^+）转变为 ArD（或 ArT）的速率应当基本一样。可是，ArHY^+ 转变成 ArY 比 ArDY^+ 或 ArTY^+ 的相应转变都应当快些，因为在这个步骤中发生了 Ar—H 键的断裂。若 $k_2 \gg k_{-1}$，则没有问题：因为大多数中间体变成产物了，其转变速率只由慢的步骤（$k_1[\text{ArH}][Y^+]$）决定，因此没有同位素效应。但是，若 $k_2 \leqslant k_{-1}$ 则转变

成起始物的过程就重要了。若 ArDY（或 ArT-Y^+）的 k_2 小于 ArHY^+ 的 k_2，而 k_{-1} 一样，则 ArDY^+ 转变成起始化合物的比例就更大，亦即 ArDY^+ 的 k_2/k_{-1}（分配因数）小于 ArHY^+ 的。因此，ArD 的反应比 ArH 的慢，于是可以看到同位素效应。

影响 k_2/k_{-1} 比值的一种因素是空间位阻。因此，**6** 与重氮盐的偶联反应没有同位素效应，而 **8** 的偶联反应其 k_H/k_D 比值是 6.55[9]。因为空间位阻影响，**9**（不容易被碱接近）比 **7** 难失去质子，所以后者的 k_2 值更大。由于除去 ArN_2^+ 时不需要碱，因为 k_{-1} 不位阻因素影响[10] 且对每个反应来说都大致相同，因而 **7** 和 **9** 的分配系数 k_2/k_{-1} 差别很大，结果 **8** 显示出大的同位素效应，而 **6** 却没有[11]。碱催化也会影响分配系数，因为随着碱浓度加大，可使中间体转变成产物的速率增加，但不影响它复原成起始物的速率。有些情况下，高浓度碱会使同位素效应减小或消除。

其它同位素效应实验也提供了芳基正离子机理的证据，包括这类取代反应：

$$\text{ArMR}_3 + H_3O^+ \longrightarrow \text{ArH} + R_3\text{MOH}_2^+$$

其中 M 代表 Si、Ge、Sn 或 Pb，R 代表甲基或乙基。在这些反应中，质子为亲电试剂。当发生芳基正离子机理时，D_3O^+ 会导致同位素效应，因为在决速步骤中需要断裂 D—O 键。结果得到的同位素效应为 1.55～0.05[12]，与芳基正离子机理一致。

(2) 芳基正离子中间体的分离 对芳基正离子机理有说服力的证据是在许多例子中分离出了芳基正离子[13]。例如，用氟乙烷和催化剂 BF_3 处理均三甲苯后可以在 -80℃ 得到 **10** 的固体，其熔点为 -15℃。加热 **10** 可得到正常的取代产物 **11**[14]。

甚至最简单的这种离子即苯基正离子（**12**），在 -134℃ 时可在 $\text{HF-SbF}_5\text{-SO}_2\text{ClF-SO}_2F_2$ 中制

备出来，并可对其进行光谱研究[15]。苯基正离子[16] 和五甲基苯基正离子[17]的 ^{13}C NMR 谱研究结果给出了结构 **12** 电荷分布的直观证据（参见芳基正离子的电子云密度图，**13**）。根据这个研究可以得出结论，以 **12** 为例，1,3,5 位上的碳原子每个均带有 +1/3 的电荷，值得注意的是 C-1、C-3、C-5（编号见 **12**）的颜色较浅，意味 **13** 中电子密度较低，而 C-2、C-4 颜色较深，意味着电子密度较高；在 NMR 中 1,3,5 位的化学位移值应大于位于 2,4 位上不带电荷的碳原子。光谱学研究证实了这一点。如化合物 **12** 的 ^{13}C NMR 谱中化学位移值分别为：C-3，178.1；C-1 和 C-5，186.6；C-2 和 C-4，136.9；C-6，52.2[16]。

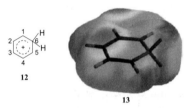

第 3 章提到过正离子可与 π 体系形成加成配合物。由于亲电取代最初的一步是正离子进攻芳环，因此被认为[18] 先生成 π 配合物（表示为 **14**），然后转变成芳基正离子 **15**[19]。可以形成各种芳基正离子或 π 配合物（例如，利用 Br_2、I_2、苦味酸、Ag^+ 或 HCl）的稳定溶液[20]。例如，仅采用 HCl 处理芳香族化合物时形成 π 配合物，但是如果采用 HCl 加 Lewis 酸（例如 $AlCl_3$）则产生芳基正离子。这两类溶液性质有很大不同。例如，芳基正离子的溶液有颜色，而且能导电（表明有正、负离子存在），而由 HCl 和苯形成的 π 配合物没有颜色也不导电。此外采用 DCl 形成的 π 配合物，不发生重氢交换反应（因为亲电试剂与环之间没有形成共价键），而采用 DCl 和 $AlCl_3$ 处理后所形成的芳基正离子则有重氢交换。一些甲基化的芳基正离子和 π 配合物的相对稳定性列于表 11.1。这里所列的芳基正离子的稳定性是利用底物相对 HF 的相对碱性来确定的[21]，π 配合物的稳定性是利用芳烃与 HCl 之间反应的相对平衡常数来确定的[22]。如表 11.1 所示，两类反应物种的相对稳定性差别很大，π 配合物稳定性受甲基取代的影响很小，但芳基正离子稳定性所受的影响很大。要注意的是，已经大分子的亚甲基桥联多环芳烃得到了稳定的芳基正离子[23]。

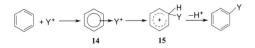

表 11.1　芳基正离子、π 配合物的相对稳定性以及氯化与硝化的相对反应速率①

取代基	芳基正离子的相对稳定性[21]	π 配合物的相对稳定性[21]	氯化反应的速率[22]	硝化反应的速率[27]
无取代基（苯）	0.09	0.61	0.0005	0.51
甲基	0.63	0.92	0.157	0.85
对二甲基	1.00	1.00	1.00	1.00
邻二甲基	1.1	1.13	2.1	0.89
间二甲基	26	1.26	200	0.84
1,2,4-三甲基	63	1.36	340	
1,2,3 三甲基	69	1.46	400	
1,2,3,4-四甲基	400	1.63	2000	
1,2,3,5-四甲基	16000	1.67	240000	
五甲基	29900		360000	

① 在每种情况下，对二甲基取代的反应速率为 1.00。

我们如何判定反应过程中是否有 **14** 呢？如果出现的话，有两种可能性：① **14** 的形成是决速步（由 **14** 转变成 **15** 的过程很快），或 ② **14** 的形成很快，而 **14** 转变成 **15** 是决速步。判断某一反应的决速步是形成哪种中间体的一种方法，是使用表 11.1 中那些稳定性数据。我们测量表 11.1 所列的一系列化合物与某一给定的亲电试剂反应的相对速率。如果测出的相对速率与芳基正离子的稳定性一致，那么我们就可以得出结论，在慢步骤中形成芳基正离子；但若相对速率大小和 π 配合物稳定性相似，那么在慢步骤中形成的则是 π 配合物[24]。大多数情况下反应的相对速率类似于芳基正离子，而与 π 配合物的稳定性规律相差较大。例如，表 11.1 列出了氯代反应速率[22]。在室温的乙酸中用溴发生溴代反应[25] 和用 $CH_3CO^+SbF_6^-$ 酰基化反应也有类似结果[26]。很明显，在这些情况下，可能根本不存在 π 配合物，或者即便形成了，它的形成也不是决速步（可惜，很难区别这两种可能性）。

另一方面，用很强的亲电试剂 NO_2^+（以 $NO_2^+BF_4^-$ 形式）进行硝化反应的相对速率，与 π 配合物稳定性的规律一致性，超过与芳基正离子稳定性的一致性程度（表 11.1）[27]，用 Br_2 和 $FeCl_3$ 在硝基甲烷中发生溴代反应也获得类似结果。这些结果表明[28]，在这些情况下，π 配合物的形成是决定反应速率的。但是，对 NO_2^+ 反应数据的图示分析表明硝化反应速率与 π 配合物的稳定性不成线性关系[29]，这又使人们对这些例子中π配合物的形成是决速步的观点产生怀疑[30]。从定位选择性考虑（在 11.4 节讨论），有其它证据表明苯基正离子形成之前有一些其它中间体出现，采用强的亲核试剂时，这些中间体的形成是决速步。目前对这些中间体知之甚少，通常称之为遭遇复合物（encounter complex），一般表示为 **16**，芳基离子配合物机理一般写作[31]：

第 1 步 ArH + Y⁺ ⇌ $\overline{Y^+ \ ArH}$
                                16

第 2 步 $\overline{Y^+ \ ArH}$ ⇌ Ar(+)(H)(Y)

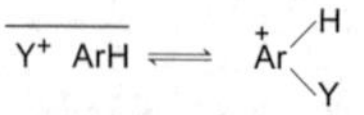

第 3 步 Ar(+)(H)(Y) ⇌ ArH + H⁺

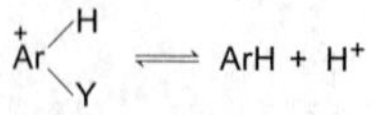

基于上述以及其它原因，遭遇复合物不太可能为π配合物。除了推测它们是位于一个溶剂笼中（参见 11.4 节）之外，我们并不知道遭遇复合物 Y⁺ 和 ArH 之间究竟是一种什么样的吸引力。有证据（从烷基的异构化和其它实验结果）表明，烷基苯气相质子化时π配合物存在于从底物到苯基正离子的过程中[32]。

11.1.2　S_E1 机理

S_E1 机理（单分子亲电取代）很少发生，只有在碳是离去原子（参见反应 11-33、11-35）或当有强碱存在时（参见反应 11-1、11-10 和 11-39）才被发现[33]。S_E1 机理包括两步反应，经过碳负离子中间体。IUPAC 命名此机理为 $D_E + A_E$。

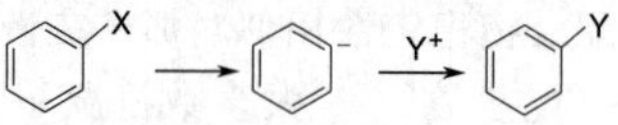

Ph—X → Ph⁻ —Y⁺→ Ph—Y

当用于芳基底物时，反应 12-41、12-45 和 12-46 也遵从这个机理。

11.2　定位和反应性

11.2.1　单取代苯环的定位效应和反应性[34]

当亲电取代反应发生在单取代苯上时，新基团可能主要被导入邻、间或对位，而取代反应可能比与苯的反应慢或快。苯环上的已有基团决定新取代基团的进入位置和反应的快慢[35]。可增快反应速率的那些基团叫活化基团，减慢反应速率的那些基团叫钝化基团。有些基团主要是间位定位的，这些基团全是钝化基团。还有一些基团主要是邻对位定位的，有些是钝化基团，但大多是活化基团。定位基团的含义是占优势的（如卤原子），而不是排它的。例如，硝基苯的硝化反应生成 93% 间位，6% 邻位和 1% 对位二硝基苯。

每个基团的定位效应和反应性效应，可采用共振效应和场效应对中间体芳基正离子的稳定性进行解释。为了理解我们为什么可以采用这种解释方法，有必要明确在这些反应中产物通常是受动力学而不是受热力学控制的（参见 6.6 节）。其中有些反应是不可逆的，而其它反应通常在到达平衡前就终止了。所以，形成三种可能的中间体中的哪一个，不取决于产物的热力学稳定性，而是由形成这些中间体所需的活化能来决定。很难预言这三种活化能哪个最低，但我们假设自由能变化曲线应该像图 6.2(a) 或图 6.2(b)。无论哪种情况，过渡态的能量更接近于中间体芳基正离子，而不是起始化合物。利用 Hammond 假设（参见 6.7 节），我们认为过渡态的几何结构和中间体的相似，并且任何导致中间体稳定性增加的因素也会令到达中间体所必需的活化能降低。由于中间体一旦形成就迅速转变成产物，我们可利用这三种中间体的相对稳定性来预测主要形成哪种产物。当然，如果可逆反应能够到达平衡点，那么可能得到完全不同的产物比。例如：萘在 80℃时磺化，反应不会达到平衡，主要产物是 α-萘磺酸[36]；而在 160℃，反应达到平衡，则产物以 β-萘磺酸为主（由于 SO_3H 基与 8 位上氢原子有空间位阻的相互作用，α-异构体在热力学上是不稳定的）[37]。

将 Y 引入到邻、间和对位，形成如下三种可能的离子：

邻位　**A**

间位

对位　**B**

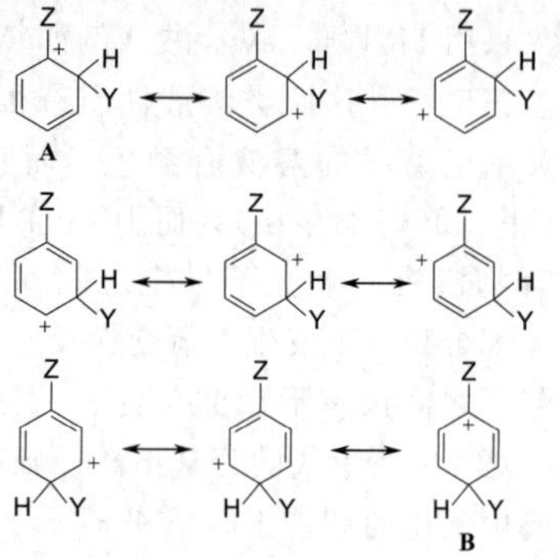

每种离子的环上有一个正电荷，因此我们可以预言，具有给电子场效应（+I，Z 基团带有负电荷或大多数为负偶极子）的 Z 基团，由于其给电子作用会稳定正电中心，因而可以稳定所有三种离子（相对于 **1**）；而吸电子基团（−I，Z 基团带有正电荷或大多数为正偶极子）却增加了环上正电荷（就像电荷互斥），使环不稳定。稳定离子的形成应当比苯产生芳基正离子 **1** 要快，或具有活化作用，不稳定离子的形成则比苯慢，

或具有钝化作用。场效应随距离加大而减小，因而与Z基团直接相连的碳（称作本位碳）受场效应影响最强。对于这三种芳基正离子，只有邻、对位取代时在此位置有正电荷。间位离子的极限式中没有一个在此位有正电荷，因此，+I 基团可稳定三种离子，但主要稳定邻对位离子。因此，+I 基团不仅活化苯环，而且具有邻对位定位性质。另一方面，−I 基团，由于降低了芳环的电子密度，使三种离子均不稳定，但主要影响的是邻对位，因此 −I 基团不仅钝化苯环，而且具有间位定位性质。

这些结论通常是正确的，但并非在所有情况下都能得出正确结果。有时 Z 和苯环之间会出现共振作用，这也影响相对稳定性，有时这种作用与场效应方向一致，而有时却不同。

有些基团具有可贡献给苯环的一对电子（通常是未共用电子），那么此时对于其中两种芳基正离子（邻对位离子）就有如下所示的第四种共振作用贡献体：

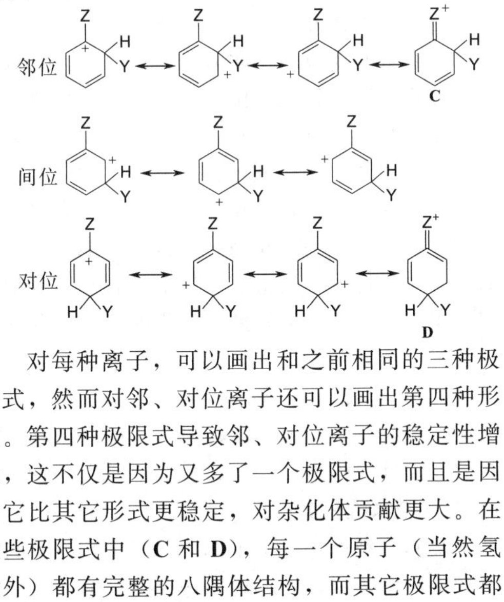

对每种离子，可以画出和之前相同的三种极限式，然而对邻、对位离子还可以画出第四种形式。第四种极限式导致邻、对位离子的稳定性增大，这不仅是因为又多了一个极限式，而且是因为它比其它形式更稳定，对杂化体贡献更大。在这些极限式中（C 和 D），每一个原子（当然氢除外）都有完整的八隅体结构，而其它极限式都有一个六隅体的碳原子。间位异构体不能画出类似的极限式。杂化体里这个极限式能量之所以较低，不只是因为规则6（参见2.5节），也因为它使正电荷分散到更广的区域——远离 Z 基团。可以预言，在没有场效应时，可贡献电子对的基团（如卤原子），不仅具有邻对位定位能力，而且也活化邻对位的亲电取代反应。

基于这些讨论，我们可以划分出以下三类基团：

（1）与环相连的原子上含有未共用电子对的基团　属于这类的有 O^-、NR_2、NHR、NH_2[38]、OH、OR、$NHCOR$、$OCOR$、SR 以及四种卤原子[39]。对于取代反应，卤原子钝化芳环的取代反应（反应速率比苯环慢），这种效应可能源于卤原子孤对电子轨道的独特能级，这些轨道的能级比相邻苯环的 π 分子轨道（$π_1$）高[40]。然而对于这个现象更普遍的解释是卤素有 −I 效应。SH 基应该也属于这一类，但是硫酚被亲电试剂进攻时，通常是硫原子被进攻，而不是芳环，这些底物的芳环不易发生取代反应[41]。共振论预言了所有这些基团应当是邻对位定位的，事实上也如此，虽然除了 O^- 之外的基团具有吸电子场效应（参见1.1节）。因此，对这些基团而言，共振效应比场效应更重要。这对 NR_2、NHR、NH_2 及 OH 基团尤其正确，因为它们是强活化基团，如同 O^-。其余的基团是中等活化基团，但卤素除外，卤素是钝化基团。氟原子的钝化能力最弱[42]，因此氟苯通常显示与苯差不多的活化性。其它三种卤原子钝化能力大致相同。为了说明为什么尽管氯、溴和碘原子是邻对位定位基，但它们确是钝化基团，我们必须假定极限式 C 和 D 对各自的杂化体贡献如此大，以至于使得邻对位的芳基正离子比间位更稳定，尽管卤原子的 −I 效应充分吸引环的电子密度使苯环钝化。这三种卤原子使邻对位离子比间位的更稳定，但这些邻对位离子都不如未取代的苯基正离子 1 稳定。其它含有未共用电子对的基团，其邻对位离子比间位离子以及未取代的离子都稳定。对于此类中的大多数基团，其间位离子也比 1 更稳定，因此 NH_2、OH 等基团也同时活化间位，只不过不如对邻对位的活化那样显著（参见11.3节的讨论）。

（2）与环相连的原子上没有未共用电子对且具有 −I 效应的基团　属于这类的基团按照钝化能力减小的近似顺序可列出为：NR_3^+、NO_2、CF_3[43]、CN、SO_3H、CHO、COR、$COOH$、$COOR$、$CONH_2$、CCl_3 和 NH_3^+。所有直接与环相连的原子上带有一个正电荷（如 SR_2^+、PR_3^+ 等）[44]的基团和许多在离环较远的原子上带有正电荷的基团，也属于这一类，因为这些基团通常具有强的 −I 效应，利用场效应理论可以预言，这些基团应当是间位定位基，且钝化苯环（除了 NH_3^+），事实上也确实如此。NH_3^+ 基团比较异常，因为此基团的对位定位能力与其间位定位能力差不多或略强些[45]。NH_2Me^+、$NHMe_2^+$ 和 NMe_3^+ 基团的间位定位能力超过对位定位能力，其对位产物的百分比随甲基数目的增加而减少[46]。

（3）与环相连的原子上没有共用电子对且又是邻对位定位的基团　属于这类的基团是烷基[47]、芳基和COO⁻基[48]，它们都活化苯环。我们将分别对它们进行讨论。芳基是$-I$基团，看起来或许应该属于第（2）类，但它们仍然是邻对位定位的活化基团。这可以用解释第（1）类的方式来解释，由于芳环六隅体的电子对可起到未共用电子对所起的部分作用，因此可以得到极限式 E。场效应可以容易地解释像COO⁻那样带负电荷基团的效应（带负电荷的基团当然是给电子基团），此处基团和环之间没有共振作用。烷基的作用可用同样方式解释，此外，即使没有未共用电子对，我们也能画出类似的极限式，也就是像 F 一样的超共轭式。与场效应一样，这种效应也导致邻对位定位和活化作用，因此无法获知每种效应对反应结果的贡献。对于既有场效应又有超共轭效应的烷基（$Z=R$）的影响的又一方式是，可以发现邻、对位芳基正离子更稳定，因为它们各有一个叔碳正离子的极限式（A 和 B），而间位取代和 1 的所有极限式都是仲碳正离子。就活化能力而言，烷基一般遵循 Baker-Nathan 规律（参见2.13节），但也有例外[49]。

11.2.2　邻/对位产物比率[50]

当苯环上有邻对位定位基时，通常难以预言有多少产物是邻位异构体，又有多少是对位异构体。这些比例很大程度上由反应条件决定。例如，甲苯氯代反应产物的邻/对位比率一般为从62/38 到 34/66[51]。尽管如此，化学家还是能大致作出预测。据纯统计学计算结果显示，应有67%邻位产物和33%对位产物，这是因为邻位有两个，而对位只有一个。然而，苯质子化产生的芳基正离子（**12**）的电荷近似分布情况如下所示[52]（也可见 **13**，见347页）。

如果我们将其作为芳香取代反应中芳基正离子的一种模型，那么对位取代基对相邻原子的稳定效应大于邻位取代基。若没有其它效应的影响，将会发现对位取代产物超过 33%，邻位取代产物要低于 67%。在没有其它效应的氢交换反应里（反应 11-1），发现许多取代基在邻对位的分速率因子的对数平均比（分速率因子的定义参见 11.3 节）接近 0.865[53]，这与由 **12** 电荷密度比值推测出的结果相差不多。这个电子分布图也被间位基团的反应事实进一步证实，间位基团使正电荷不稳定，邻/对位比率也大于 67/33（当含有这些基团发生反应时，其邻位取代产物的总数很小，但其比率一般都大于 67/33）[54]。影响产物邻/对位比率的另一重要因素是位阻效应。如果环上取代基团或进攻基团的体积很大，位阻效应将会抑制邻位产物的形成，因此增加了对位异构体的数量。例如：甲苯和 1-叔丁苯的硝化反应。前者产生 58% 的邻位产物和 37% 的对位产物，而大的叔丁基取代基导致生成 16% 的邻位产物和 73% 的对位产物[55]。有些基团因体积过大而导致几乎全部是对位产物。

当邻对位定位基团带有未共用电子对时（这是邻对位定位基团最常见的情况），则还会有一种导致邻位产物减少而对位产物增多的效应。比较反应所涉及的中间体（如上所述）可以看出，C 是邻醌型的极限式，而 D 是对醌型结构。我们已经知道对苯醌比邻苯醌更稳定，因此可以推知 D 比 C 更稳定，D 对杂化体的贡献更大，与邻位中间体相比较对位中间体的稳定性更大。

已经证明，通过采用一定的穴状化合将底物封闭住，使之只暴露出对位，则有可能发生被迫的对位专一性取代反应。苯甲醚在含有环糊精的溶液中发生氯代反应，此时苯甲醚几乎全部被环糊精封住（参见图 3.4）。当环糊精的浓度足够大时，邻/对位比率可能达到 21.6（没有环糊精存在时只有 1.48）[56]。这是酶催化反应区域选择性的一个反应模型。

11.2.3　本位进攻

我们已经充分讨论了单取代苯的邻位、间位和对位定位效应，但是对于进攻连有取代基的位置［称为本位（ipso）[57]］也很重要。硝化反应的本位进攻已经被详细研究[58]。当 NO_2^+ 进攻本位时，产生的芳基正离子（**17**）至少有五种可能的反应途径：

途径 a：芳基正离子失去 NO_2^+ 变为起始化合物。该结果不是净反应因此常无法检测。

途径 b：芳基正离子失去 Z^+，这是非氢基团作为离去基团的简单芳香取代过程（参见反应 **11-33~11-41**）。

途径 c：亲电基团（在此例中为 NO_2^+）经历一个 1,2-迁移，之后失去质子。在这种情况下的产物与 NO_2^+ 直接进攻 PhZ 的邻位所生成的产物相同。虽然有证据表明此途径产生的产物的比例相对比较可观，但区别邻位取代产物中有多少是通过此途径生成的并不容易[59]。由于这种可能性，许多被报道的有关邻位、间位和对位的相对反应性的结论被人们质疑。因为有些产物可能不是直接邻位取代所产生的，而是来自伴随着重排的本位进攻[60]。

途径 d：本位取代基（Z）也可以经历 1,2-迁移，生成邻位取代产物（如果有其它取代基存在时，重排比较明显）。实验证据显示这个途径发生的可能性很小，至少在亲电试剂是 NO_2^+ 的情况下是这样的[61]。

途径 e：亲核进攻发生在 **17** 上。在有些情况下，这种进攻的产物（如环己二烯）可被分离（即与芳香环的 1,4-加成）[62]，但是也可能发生进一步的反应。

11.2.4 多取代苯环的定位效应[63]

在这些情况下常常有可能准确预测产物主要是哪种异构体。许多情况下环上已有基团的作用是相互增强的，例如，1,3-二甲基取代发生在 4 位（因为 4 位处于一个甲基的邻位，另一个甲基的对位），但不在 5 位（5 位均处于两个甲基的间位）。同样地对氯苯甲酸的新引入基团，则进入氯的邻位和羧基的间位。

当基团定位作用彼此相反的时候则比较难预测产物，例如，对于 N-乙酰基-2-甲氧基苯胺。此例中，当两个基团定位能力基本相同但所定位的位置却互相矛盾时，可以预料所有四种产物，但难以预言产物的比例，除了位阻原因可能导致乙酰氨基邻位取代产物的减少，尤其对大体积的亲电试剂。在这些情况下经常得到比例大约相等的混合物。然而，即使环上的定位基团的作用效果彼此相反，也有一些规律可循：

（1）如果一个强活化基团与较弱的活化基团或与钝化的基团竞争时，前者起主导作用。因此，邻甲基酚取代反应主要发生在羟基的邻对位而不是甲基的邻位。因此，我们可以按照如下顺序排列基团：NH_2、OH、NR_2、O^- > OR、OCOR、NHCOR > RAr > 卤原子 > 间位定位基。

（2）所有其它条件都相同时，引入的第三个基团很难进入位于间位关系的两个基团之间的位置。这是位阻效应的结果，并且随着环上基团体积的增大和进攻基团体积的增大，而显得更加重要[64]。

（3）当间位定位基团与邻对位定位基团互处于间位时，新进入基团主要是进入间位定位基团的邻位而不是其对位。例如，**18** 的氯代反应的主要产物为 **19**。虽然 **20** 违背了前面所提到的规则，但是仍然有少量 **20** 生成，而 **21** 却一点都没有生成，这个事实强调了此效应的重要性。这个效应被称作邻位效应[65]，而且目前已经知道许多这样的例子[66]。另一个例子是对溴甲苯的硝化反应生成 2,3-二硝基-4-溴甲苯。在这种情况下，第一个硝基一旦引入，就决定了第二个硝基将进入其邻位而不是对位，尽管这意味着该基团要进入互为间位的两基团之间。对于邻位效应目前还没有满意的解释，虽然可能有间位基团的分子内协助。

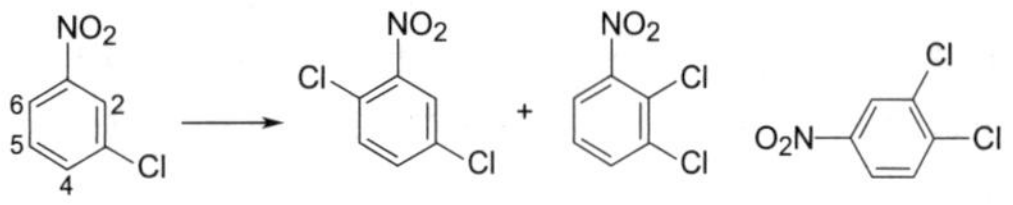

有趣的是，**18** 的氯代反应过程可以用于说明上述的三个规则。四个位置都对亲电试剂开放，5 位违背规则（1），2 位违背规则（2），4 位违背规则（3），因而主要的进攻位点是 6 位。

11.2.5 其它环体系的定位效应[67]

在稠环体系中环上的各个位置是不等价的，因为即使在未取代的稠环上也常有定位效应。预言这个优先的取代位置就像预言苯环的情况一样：因为进攻萘的 α 位所得到的芳基正离子比进攻 β 位所得到的芳基正离子所能画出的极限式数目更多，所以亲电试剂引入到 α 位比 β 位要多，α 位是优先进攻的位置[68]；但是正如前面所提到的（参见 11.2.1 节），如果反应是可逆的而且达到平衡的话，在 β 位取代形成的异构体在热力学上更稳定。由于在相应的芳基正离子中电荷的离域范围更广，因此萘比苯更活泼，而且在两个位置上的取代反应都很快。类似地，蒽、菲和其它稠环芳烃的取代也比苯快。

杂环化合物环上各个位置也不等价，对于机理和反应速率数据已知的情况中[70]，其定位规律原理是类似的[69]：呋喃、噻吩和吡咯主要发生 2 位取代，而且所有取代反应都比苯更快[71]。其中吡咯尤其活泼，其反应性近似于苯胺或酚盐负离子。对于吡啶[72]，被进攻的不是游离碱，而是它的共轭酸即吡啶鎓离子[73]。其中 3 位最活泼，但在这种情况下反应性比苯小多了，而与硝基苯的反应性类似。不过，通过在相应的 N-氧化吡啶上进行反应，可以把某些基团间接引入到吡啶环的 4 位[74]。要注意的是，计算证明，2-吡啶和 2-嘧啶正离子是很好的邻位杂原子芳基离子，比起非共轭的其它位置异构体要稳定 18～28kcal/mol（75～117kJ/mol）[75]。

当稠环体系上有取代基时，结合以上的一些原理常能作出成功的预测。例如：2-甲基萘（**22**）的 A 环由于存在甲基而被活化；B 环没有被活化（尽管在稠环系中取代基的存在会影响整个环[76]，但是这种影响一般对与取代基直接相连的环最大）。因此，我们可以预言取代反应发生在 A 环上。甲基活化它的邻位（1 位和 3 位），这两个位置都是甲基的邻位，而不活化 4 位（4 位与甲基成间位）。可是在 3 位上取代产生的芳基正离子不可能写出 B 环有完整方向六隅体的低能极限式，我们只能写出像 **23** 一样的极限式，式中芳香六隅体不再是完整的。与之相反，在 1 位上取代可产生更稳定的芳基正离子，对它可以写出 B 环是苯环的两个极限式（其中一个是 **24**）。因而我们预测取代反应主要在 C-1 上，这与通常的实验事实是一致的[77]。但是有时候就难以进行预测。例如，**25** 的氯代或硝化反应主要产生 4-位衍生物，而溴化反应主要产生 6 位衍生物[78]。

对于稠杂环体系，根据上面的原理我们也常能预测，但也有许多例外。例如，吲哚的取代反应主要发生在吡咯环上（在 3 位上），反应比苯快；而喹啉一般在苯环的 5 位和 8 位上反应，反应比苯较慢，但比吡啶快。

在更迭烃中（参见 2.10 节），给定位置的亲电取代、亲核取代和自由基取代的反应性是相似的，因为三类中间体中都有相同类型的共振（比较 **24**、**26** 和 **27**）。进攻后可以最佳地离域正电荷的那个位置，也能够最佳地离域负电荷或未配对电子。许多实验结果都与推测一致。例如，NO_2^+、NH_2^- 和 $Ph^·$ 都主要进攻萘的 1 位，且反应总是比苯容易。

当分子中的一个环因与芳环稠合产生的张力导致该环失去平面性，那么该分子更易发生芳环亲电取代反应[79]。这个现象被解释为 sp^2 杂化碳键的缩短导致该位置张力的增加，该效应称作 Mills-Nixon 效应[80]。3,6-二甲基-1,2,4,5-四氢苯双环丁烯（**28**）的电子顺磁共振谱（EPR）证据支持了 Mills-Nixon 效应[81]，并且理论研究也支持这一点[82]。

但是，三个苯环稠合形成的稠环芳烃的从头算的研究结果并不支持 Mills-Nixon 效应，并且提出了新的苯环的交替键图形[83]。因此，有争议认为 Mills-Nixon 效应并不真实存在[84]。

11.3 底物反应性的定量处理

芳环上通常有几个可离去的氢原子，所以使得研究芳香取代的定量速率具有难度，因此无法像亲核取代反应那样可以给出所有反应速率比的完整结果；而当亲核取代反应中所比较的分子只有一个可能离去的基团时，做这样的比较并不困难。在研究芳香取代反应时，需要比较的不是甲苯与苯的乙酰化反应的总速率，而是在每个位置的反应速率比。假如反应是动力学控制的，事实上这些反应通常也是动力学控制的，那么这些反应速率比可由总速率和仔细测量所获得的各种异构体比例而计算出。这样我们可以将给定基团和给定反应的分速率因子（partial rate factor）定义为该化合物在某个位置上相对于苯的相同位置发生取代反应的反应速率。例如，甲苯乙酰化反应的分速率因子为：邻位 $o_f^{Me}=4.5$，间位 $m_f^{Me}=4.8$，对位 $p_f^{Me}=750$[85]。这意味着甲苯发生乙酰化反应时，在邻位反应的反应速率是苯的相应位置的 4.5 倍，是苯发生乙酰化反应总速率的 0.75 倍。某个给定位置的分速率因子大于 1，意味着芳环上的取代基可活化该给定位置的某一给定反应。不同反应的分速率因子不同，甚至同一反应在不同条件下的反应的分速率因子可能也不同，尽管这种情况很少见。

如果假定各取代基的效应互不影响，那么一旦知道分速率因子数值，我们就可以预测含有两个或多个取代的芳环发生反应时所得到的各异构体的比例。例如，若间二甲苯分子中的两个甲基分别具有与甲苯分子中的甲基相同的效应时，那么我们可以通过将从甲苯相应位置上得到的数据乘以甲苯的那些数据，从而计算出每个位置上的理论分速率因子，结果为：

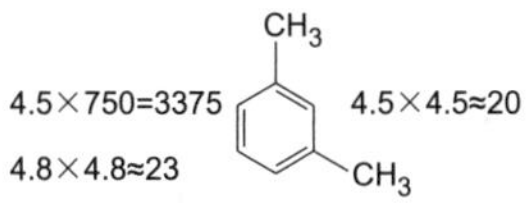

$$4.5 \times 750 = 3375 \qquad 4.5 \times 4.5 \approx 20$$
$$4.8 \times 4.8 \approx 23$$

由此可以计算出间二甲苯相对于苯的乙酰化反应的总理论速率比，因为这个数值为分速率因子（在此例中为 1130）之和的 1/6，并且如果该反应是动力学控制的反应，则还可以计算出异构体分配数。实际上总速率比是 347[86]，计算值和实验观测到的异构体分布情况见表 11.2[86]。

表 11.2　间二甲苯乙酰化反应中异构体分配数的计算值和实验值

位 置	异构体分配数/%	
	计算值	实验值
2	0.3	0
4	9.36	97.5
5	0.34	2.5

在此例中，同时也在许多反应中，计算值与实验值相符得比较好。但是目前也已知许多情况下这些效应是不可加和的（像 11.2.2 节）[87]。例如：

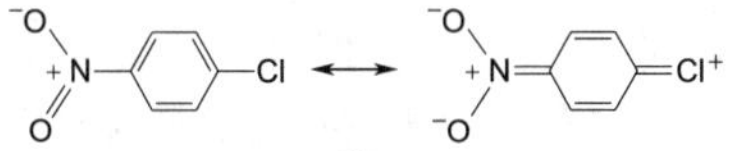

29

对 1,2,3-三甲苯进行类似分析，预测有 35% 的 5 位取代和 65% 的 4 位取代，但乙酰化反应的结果却得到 79% 的 5 位取代和 21% 的 4 位取代异构体。这种分析方法没有考虑空间效应，如前所提及的空间效应（参见 11.2.4 节），也没有考虑本位进攻的产物（参见 11.2.2 节），更没有考虑基团之间的共振作用（如 **29**），该分析方法只是将各基团的影响进行简单加和，这就必然造成这样的结局。

避免因同一分子中存在竞争性离去基团而带来麻烦的又一途径，是使用只有一个离去基团的底物。利用非氢的离去基团是最容易采用的方法。采用这种方法可以测量特殊位置的总速率比[88]。这种方法[89]得到的反应性顺序与以氢作为离去基团得到的结果相当吻合。

基于软硬概念（参见 8.5 节），芳香环底物（稠环、杂环和取代环）反应性的定量规则已经被制定出来[90]。根据分子轨道理论可以计算出芳香环上每个位置上被称为活化硬度（activation hardness）的定量数值。活化硬度值越小，进攻此位置的反应速度越快，因而这种处理方法可以预测进攻基团的最有可能的进入位置。

11.4　亲电试剂反应性的定量处理：选择性关系

并非所有的亲电试剂都具有相同的反应活性。硝鎓离子不但可以进攻苯环，也可以进攻含有强钝化基团的芳环。与之相反，重氮盐离子只与含有强活化基团的芳环偶合。人们已经努力研究并修正了取代基对进攻基团进攻能力影响的相互关系。其中最简单易行的方法是利用 Hammett 方程（参见 8.7 节）：

$$\lg(k/k_0) = \rho\sigma$$

对于芳香取代[91]，k_0 除以 6；间位取代，k_0 除以 2。这种方法只对一个位置进行比较（因此，对位上甲基的 k/k_0 值与分速率因子 p_f^{Me} 值相同）。但是不久后发现，这个方程对于吸电子基团相当成功，而对于给电子基团体系则失败了。但是，如果修改该方程，将 Brown σ^+ 代入，而不是将 Hammett σ 值代入（因为在过渡态时正电荷增加了），那么即使是应用于给电子基团体系也会获得满意的关系（表 9.4 列出了一些 σ^+ 值）[92]。σ_p^+ 或 σ_m^+ 为负值的基团说明对该位置具有活化作用；而为正值的基团具有钝化作用。ρ 值与反应对 Z 基团的稳定化或去稳定化作用的敏感性相对应，也与亲电试剂的反应性相对应。ρ 值不仅随亲电试剂的变化而变化，也随反应条件变化而改变。大的负 ρ 值意味着亲电试剂反应性比较低。当然，这个方程对邻位取代完全不适用，因为 Hammett 方程不适用于那个位置。

Brown 提出的对 Hammett 方程修正的一种方法被称为选择性关系（selectivity relationship）[93]，它是根据反应试剂的反应性变化趋势与选择性变化趋势相反的原理提出来的。表 11.3 列出了亲电试剂根据两个因数所测得的选择性顺序的排列，这两个因数分别是：① 它们在进攻甲苯不是进攻苯方面的选择性；② 它们在甲苯的间位和对位之间的选择性[93]。如同该表所显示的，亲电试剂在一种比较方式中选择性强，那么在另一种比较方式中选择性也强。在大多数情况下更稳定的亲电试剂（因而反应性较小）具有较高的选择性，这与我们预测的一致。例如，叔丁基正离子比异丙基正离子稳定，选择性也大（参见 5.1.2 节），而 Br_2 的选择性比 Br^+ 大。但是也有不符合这种相互关系的[94]。选择性不仅取决于亲电试剂的性质，也取决于温度。不出所料的是，通常随着温度的升高，选择性则降低。

表 11.3 甲苯和苯的一些亲电取代反应的相对速率和产物分配数

反应	相对速率 $k_{甲苯}/k_{苯}$	异构体分布/%	
		间位	对位
溴化	605	0.3	66.8
氯化	350	0.5	39.7
苯甲酰化	110	1.5	89.3
硝化	23	2.8	33.9
汞化	7.9	9.5	69.5
异丙基化	1.8	25.9	46.2

Brown 假定选择性的较好衡量方法是计算甲苯对位和间位的分速率因子比，他定义反应的选择性 S_f 为

$$S_f = \lg\left(\frac{p_f^{Me}}{m_f^{Me}}\right)$$

即进攻试剂越活泼，与进攻间位相比较，它进攻对位的选择就更小。如果我们将 Hammett-Brown $\sigma^+ \rho$ 关系与 $\lg S_f$ 和 $\lg p_f^{Me}$ 之间与 $\lg S_f$ 和 $\lg m_f^{Me}$ 之间的线性关系结合起来，就能推出下面的式子：

$$\lg p_f^{Me} = \left(\frac{\sigma_p^+}{\sigma_p^+ - \sigma_m^+}\right) S_f$$

$$\lg m_f^{Me} = \left(\frac{\sigma_m^+}{\sigma_p^+ - \sigma_m^+}\right) S_f$$

S_f 与 ρ 的关系为：$S_f = \rho(\sigma_p^+ - \sigma_m^+)$

甲苯的芳香取代反应的许多实验事实证明了这些方程通常是有效的，由这些方程获得的一些反应的数据列于表 11.4 中[95]。其它像甲基一样可令人满意地应用这些方程的基团也都是可极化性不太大的基团。可极化性较大的那些基团在使用这种关系时，其结果有时令人满意而有时却不，这可能是因为在过渡态时每个亲电试剂对取代基的电子有不同要求。

表 11.4 甲苯三个反应的 m_f^{Me}、p_f^{Me} 和 S_f 值

反应	m_f^{Me}	p_f^{Me}	S_f	ρ
PhMe+EtBr $\xrightarrow[\text{苯},25℃]{GaBr_3}$	1.56	6.02	0.587	−2.66
PhMe+HNO$_3$ $\xrightarrow[45℃]{90\% \text{ HOAc}}$	2.5	58	1.366	−6.04
PhMe+BR$_2$ $\xrightarrow[25℃]{85\% \text{ HOAc}}$	5.5	2420	2.644	−11.40

这些关系式不仅对一些底物不适应，而且对非常强的亲电试剂也不适用。这就是为什么我们在 11.1.1 节提到遭遇复合物。例如，尽管额外的甲基可以增快反应速率（如对二甲苯的反应速率为苯的 295 倍），对二甲苯、1,2,4-三甲苯和 1,2,3,5-四甲苯的硝化反应相对速率分别是 1.0、3.7 和 6.4[96]，对此的解释是：在强亲电试剂作用下，反应进行得如此迅速[98]（实际上在亲电试剂与底物分子的每一次碰撞时就发生了[97]），以至于活化基团的附加作用对增加反应速率的贡献很小[99]。

在这种情况下（在不同底物分子之间的选择性很小），根据选择关系预测其位置选择性也将会非常小。但是事实并非如此。例如，对二甲苯和 1,2,4-三甲苯的硝化反应速度基本相同的条件下，但后者的不同位置发生反应时却有一定的选择性[100]。尽管立体效应对 5 位和 6 位的影响几乎相同，但 5-硝基产物是 6-硝基产物的 10 倍多。显然此时选择性关系不再适用，因此有必要解释为什么这样极快发生的反应在发生时具有位置选择性。目前所得到的解释是该反应的决速步是遭遇复合物（**12**，参见 11.2.2 节）的形成[101]。也因为在决速步中进攻的位置并没有确定，5:6 的比例与反应速率无关。较早的时候因为同样的原因（在有些情况下，选择性关系不成立）而提出基本相同的概念[102]，但是早期解释所描述的配合物为 π 配合物，现在我们已经看到有证据违反这一点（参见 11.2.2 节）。

相对反应速率比

一个有趣的提议[103]是遭遇复合物是一个电子转移（SET）所形成的自由基对 $NO_2^{\cdot}$ $Ar^{+\cdot}$，这就解释了为什么亲电试剂一旦形成遭遇复合物就具有选择性，而 NO_2^+ 却没有选择性（这个提议并不认为所有的芳香取代反应中都存在自由基对，自由基对只存在于不遵从选择性关系的芳香

化合物中)。自由基对随后转变为芳基正离子。对于该提议[105]有支持的也有反对的证据[104]。

11.5　离去基团的影响

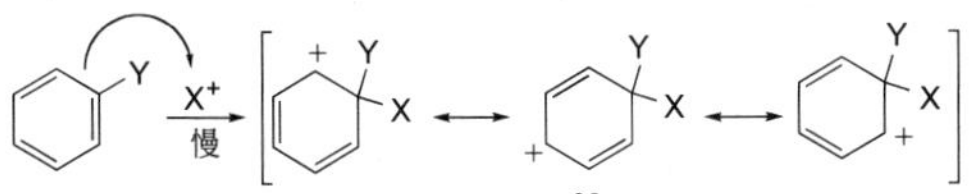

30

在大多数芳香亲电取代反应里离去基团是 H^+，关于其它离去基团的相对离电能力研究的并不多。通常认为离去基团的离去能力具有如下顺序[106]：①对不需要协助即可离去的离去基团(S_N1 过程中的离去基团)，如 NO_2^+[107] $< i\text{-}Pr^+ \approx SO_3 < t\text{-}Bu^+ \approx ArN_2^+ < ArCHOH^+ < NO^+ < CO_2$；②在外来亲核试剂协助下离去的离去基团($S_N2$ 过程)：如 $Me^+ < Cl^+ < Br^+ < D^+ \approx RCO^+ < H^+ \approx I^+ < Me_3Si^+$。我们可利用该顺序预测在一旦形成芳基正离子 **30**(在 **1** 中 Y 为 H)后，哪个基团(X 还是 Y)将离去，从而获知将发生哪个亲电取代反应。但是，一个可能的离去基团也会以另一种方式影响反应：影响原亲电试剂直接进攻本位的反应速率。在非氢基团取代的位置上发生亲电进攻反应的分速率因子叫本位分速率因子(i_f^X)[57]。对卤苯甲醚硝化反应的因子数值是：对碘苯甲醚(0.18)；对溴苯甲醚(0.08)；对氯苯甲醚(0.06)[108]。这意味着亲电试剂进攻 4-碘苯甲醚的 4-位反应速率为苯的单个位置反应的 0.18 倍。这比同一试剂进攻苯甲醚的 4-位的反应慢多了，因为碘的存在很大程度上使该位置的反应变慢。类似的实验研究结果表明对甲基苯酚的甲基发生本位进攻时，其反应速率比进攻苯酚的对位慢 6.8 倍[109]。因此，在这些例子中，碘原子和甲基都钝化本位位[110]。

11.6　反应

本章的反应按离去基团分类：首先讨论氢交换反应；然后讨论重排反应，在重排反应中，进攻试剂首先与分子的另一部分分离(在这种情况下氢也是离去基团)；最后讨论的是其它离去基团的置换。

11.6.1　氢在简单取代反应中作为离去基团

11.6.1.1　氢作为亲电试剂

11-1　氢氘交换或氘代

$$ArH + D^+ \rightleftharpoons ArD + H^+$$

用酸处理芳香化合物时可发生氢交换反应，这个反应主要用于研究反应机理(包括取代基效应)[111]，但也可用于选择性地重氢化(加 ^2H)或氚化(加 ^3H)芳环。正常的定位效应适用于此反应，例如，用 D_2O 处理酚，加热时发生慢交换反应，反应时只有邻、对位氢被交换[112]。强酸当然与芳香族底物交换得更快，而且在研究酸催化的任何芳香取代反应的机理时必须加以考虑。有许多证据表明交换反应是以常见的芳基正离子的机理发生的。证据之一是上面所说的定位效应，另一个证据是发现此反应是一般酸催化的，这意味着质子是在慢步骤中迁移的(参见 8.4 节[113])。此外，许多由质子进攻芳环形成芳基正离子稳定溶液的例子已被报道[5]。在 D_2O 和 BF_3 溶液中，可以将简单的芳香族化合物方便地深度重氢化[114]。例如化合物 **31** 可以很容易地在 2 位发生氘交换，尽管这个位置存在桥链的空间位阻。这个反应的反应速度与 1,3-二甲基萘的反应速度差别并不大[115]。

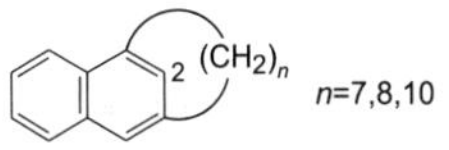

31

氢交换受强碱[116]如 NH_2^- 所影响。在碱性条件下，慢反应步骤是质子的转移[117]：

$$ArH + B \longrightarrow Ar^- + HB^+$$

该反应是 S_E1 机理，而不是平常的芳基正离子机理[118]。在三氯化铑(Ⅳ)[119]或铂[120]催化下，用 D_2O 处理芳环，或用 C_6D_6 和二氯烷铝催化剂[121]处理芳环，均能使芳环氘代，虽然在后一种方法中可能发生重排。用 T_2O 和二氯烷铝催化剂[121]处理芳环，也可以在芳环上引入氚(^3H，缩写为 T)。在 T_2 气体和多微孔磷酸铝作用下，可以在芳环的特定位置(例如，甲苯中 90%以上在对位)发生氚代反应[122]。

11.6.1.2　氮亲电试剂

11-2　硝化或脱氢硝化

$$ArH + HNO_3 \xrightarrow{H_2SO_4} ArNO_2$$

大多数芳香族化合物，无论反应性高的还是低的都可以被硝化，因为有很多种硝化试剂可供使用[123]。对于苯、简单的烷基苯以及不太活泼的芳香族化合物来说，最常用的硝化剂是浓硝酸和硫酸的混合物[124]；而对活泼的底物来说，只需要使用硝酸[125]或在水、乙酸、乙酸酐中，或氯仿中[126]即可发生硝化。事实上活泼的化合物，如苯胺、苯酚和吡咯等都需要温和的反应条件，因为硝酸和硫酸混合物可能会氧化这些底物。对活泼的底物，如苯胺[127]和苯酚[128]，在稀的亚硝酸和硝酸混合物的氧化条件下可完成硝化反应[129]。三甲氧基苯用负载在硅胶上的硝酸铈铵就很容易发生硝化反应[130]，均三甲苯在离子液体中用硝酸和乙酸酐的混合物也能发生硝化反应[131]。苯酚也能在离子液体中发生硝化反应[132]。活泼芳香化合物（如苯甲醚）的另一种硝化方法是在离子液体中用三氟甲磺酸和硝酸酯（$RONO_2$）进行对位选择性硝化[133]。

对于"普通"芳香化合物的硝化，最常见的硝化试剂是 $NaNO_2$ 和三氟乙酸[134]、N_2O_4/O_2 和催化量的沸石 $H\beta$[135]、$Yb(OTf)_3$[136]、$Bi(NO_3)_3 \cdot 5H_2O$[137]、硝酸铈铵[138]、硝酸脲和硝化脲[139]以及硝鎓盐[140]。也可以使用 NO_2 和臭氧的混合物[141]。在负载在 SiO_2 上的 P_2O_5 存在下，硝酸可用于芳香化合物无溶剂条件下的硝化[142]。苯乙烯的硝化会产生一个问题，因为它发生 C═C 单元上的加成而生成 1-硝基苯[143]。钝化的芳香化合物如苯乙酮的硝化，要用 N_2O_5 和 $Fe(acac)_2$（acac = 乙酰丙酮酸根）[144]。杂环化合物（如吡啶）则用 N_2O_5 和 SO_2 进行硝化[145]。

苯胺在强酸条件下发生硝化反应时，一般会得到间位产物，这是因为发生硝化反应的实际上是苯胺的共轭酸。在酸性较弱的条件下，被硝化的是游离的苯胺，得到邻、对位产物。此时尽管游离碱的量比共轭酸要少很多，但游离的苯胺更易发生芳香取代反应（参见 11.2.1 节）。因为这些原因以及它们对硝酸氧化性很敏感，伯芳胺在硝化反应前一般都用乙酰氯（反应 16-72）或者乙酸酐（反应 16-73）进行保护处理，生成的乙酰苯胺衍生物的硝化反应避免了上述所有问题。有证据表明当游离苯胺发生反应时，被进攻的是 N 原子，首先生成一个 N-硝基化合物（Ar—NH—NO_2），后者迅速重排（参见反应 11-28）生成产物[146]。

由于硝基是钝化基团，因而当在芳环上引入一个基团后反应通常很容易停止，但是需要的时候也可以引入第二个和第三个基团，尤其是还存在活化基团的情况下。在剧烈的条件下，甚至间二硝基苯也可以被硝化，例如 150℃ 下，在 FSO_3H 中使用 $NO_2^+BF_4^-$ 即可完成该反应[147]。

上面所提到的大多数试剂，其进攻物种都是硝鎓离子（NO_2^+）。该离子形成的途径如下。

（1）在浓硫酸中发生酸碱反应，其中硝酸为碱：

$$HNO_3 + 2H_2SO_4 \rightleftharpoons NO_2^+ + H_3O^+ + 2HSO_4^-$$

离子化反应一般很彻底。

（2）仅有浓硝酸时[148]可发生相似的酸碱反应，其中一分子硝酸是酸，另一分子是碱：

$$2HNO_3 \rightleftharpoons NO_2^+ + NO_3^- + H_2O$$

这个方程的平衡偏左（大约 4% 离子化），但所形成的 NO_2^+ 足以发生硝化反应。

（3）甚至在有机溶剂中上述平衡也会少量发生。

（4）N_2O_5 在 CCl_4 中会发生自发离解：

$$N_2O_5 \rightleftharpoons NO_2^+ + NO_3^-$$

不过这种情况下也有证据表明某些硝化反应是以未离解的 N_2O_5 为亲电试剂发生的。

（5）当使用硝鎓盐时，当然存在 NO_2^+，并且由此开始反应，硝酸的酯和酰卤解产生 NO_2^+。

有大量证据表明，硝鎓离子存在于大多数硝化反应中而且是进攻实体[149]，例如：

① 硝酸在拉曼光谱中有吸收峰。当硝酸溶于浓硫酸时该峰消失，出现了两个新峰：一个在 $1400 cm^{-1}$，来源于 NO_2^+；一个在 $1050 cm^{-1}$，来源于 HSO_4^-[150]。

② 加入硝酸后，硫酸的凝固点是没有发生解离时的预期值的 $\frac{1}{4}$[151]。这就意味着每加入一分子硝酸就产生了四个质点，这是支持上述的硫酸与硝酸之间解离反应的强有力的证据。

③ 硝鎓盐中的硝鎓离子（用 X 射线研究确定）。硝化芳香族化合物的反应事实表明该离子的确进攻芳环。

④ 大多数试剂的反应速率与 NO_2^+ 的浓度成正比，而不与其它反应物种的浓度成正比[152]。当试剂产生该离子的量很小时进攻就慢，只有活泼的底物才能被硝化。在浓的无机酸溶液中，反应动力学是二级的：对芳香底物和硝酸均为一级（除非用纯硝酸，此时是假一级动力学）。但在硝基甲烷、乙酸和 CCl_4 等有机溶剂中，动力学只对硝酸是一级的，对芳香底物是零级的，因为此时反应决速步骤是 NO_2^+ 的形成，而底物不参与 NO_2^+ 的形成。

在少数情况下，有证据表明在一些底物和溶剂条件下芳香正离子不是直接形成的，而是通过像 32 那样的自由基对中间体发生的（参见 11.4 节）[153]：

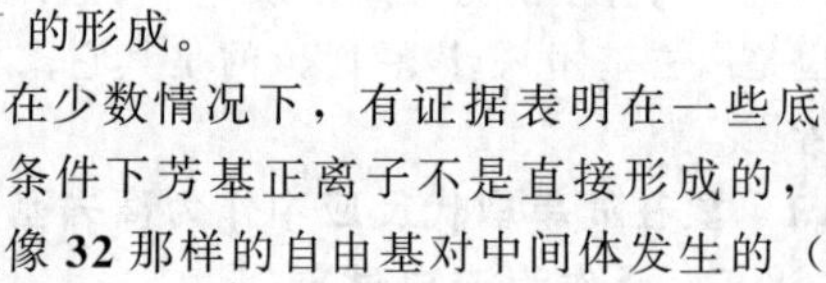

$$ArH + NO_2^+ \longrightarrow [ArH^{\cdot+}NO_2^{\cdot}] \longrightarrow \underset{\mathbf{32}}{\text{（芳环-NO}_2\text{/H）}}$$

研究发现芳香硼酸与硝酸铵和三氟乙酸反应

得到相应的硝基苯[154]。

OS I, 372, 396, 408（另见 SO **53**, 129）; II, 254, 434, 438, 447, 449, 459, 466; III, 337, 644, 653, 658, 661, 837; IV, 42, 364, 654, 711, 722, 735; V, 346, 480, 829, 1029, 1067.

11-3 亚硝基化或脱氢亚硝基化

利用亚硝酸对芳环进行环亚硝基化[155]一般只有在像苯胺和苯酚这样活泼的底物上才可以实现。但是，用亚硝酸处理伯芳胺会产生重氮离子（反应 **13-19**）[156]，仲胺倾向于产生 N-亚硝基化合物而不是 C-亚硝基化合物（反应 **12-50**），因此这个反应一般局限于苯酚和三级芳胺。但是仲芳胺可以有两种方式被 C-亚硝基化：先获得 N-亚硝基化合物，再异构化为 C-亚硝基化合物（反应 **11-29**）；或者用另外 1mol 亚硝酸处理，生成 N,C-二亚硝基化合物。此外，也有人报道苯甲醚在 $CF_3COOH-CH_2Cl_2$ 溶剂中成功地被亚硝基化[157]。

对于此反应机理所做的研究远少于对上述硝化机理做的研究[158]。有的反应中进攻实体是如：NO^+，但在其它情况下显然是 NO^+ 的载体，如 NOCl、NOBr、N_2O_3 等。NOCl 和 NOBr 是在用 HCl 或 HBr 处理亚硝酸钠产生亚硝酸的常规过程中形成的。亚硝基化反应需要活泼的底物，因为 NO^+ 的反应活性比 NO_2^+ 低很多。动力学研究表明 NO^+ 比 NO_2^+ 的活泼性小 10^{14} 倍[159]，NO^+ 如此稳定的一个结果是这种正离子容易从芳基正离子中脱离出来，所以 k_{-1} 和 k_2 的数值相近（参见 11.1.1 节），并且也发现存在同位素效应[160]。如果用苯酚进行反应，有证据表明亚硝基化首先发生在 OH 基团，此后亚硝酸酯重排形成 C-亚硝基产物[161]。邻位有取代基的叔芳胺一般不与 HONO 反应，这可能是因为邻位取代基破坏了二烷基氨基的平面性，导致芳环无法被氨基活化。这是空间效应抑制共振的一个例子（参见 2.6 节）。

OS I, 214, 411, 511; II, 223; IV, 247.

11-4 重氮盐偶联反应
脱氢芳基偶氮化

ArH + Ar'N_2^+ ⟶ Ar—N≡N—Ar'

芳香重氮盐离子一般只与苯胺和苯酚等活泼的底物偶合[162]。这个反应的许多产物被用作染料（偶氮染料）[163]。可能是因为进攻试剂的体积较大，使得取代反应主要发生在活化基团的对位，如果对位已被占据，那么就发生邻位取代。溶液的 pH 值对苯酚和苯胺的偶氮化反应都很重要。对苯胺来说，溶液必须是弱酸性或中性的。苯胺生成邻对位产物的事实说明了即使在弱酸性溶液中，苯胺仍是以非离解的形式参与反应。如果酸性太强，那么游离苯胺的浓度就太小以至于无法发生反应。苯酚必须在弱碱性溶液中反应，此时苯酚变成更活泼的酚盐负离子，因为苯酚自身反应的活性不足以参与反应。但是，无论苯酚还是苯胺在强碱中都不反应，因为此时重氮盐离子变成了重氮氢氧化物（Ar—N=N—OH）。伯胺和仲胺面临着进攻氮原子反应的竞争[164]。但是，生成的 N-偶氮化合物（芳基三氮烯）可异构化为 C-偶氮化合物（反应 **11-30**）。至少在有些情况下，甚至是 C-偶氮化合物可被分离出来的情况下，它也是由起初的 N-偶氮化合物经异构化形成的。因而在实验室中，有可能通过进一步反应直接合成 C-偶氮化合物[165]。酰基化的苯胺以及苯酚的醚与酯，通常不够活泼，不能发生上述反应，尽管有时有可能将它们（以及三甲基苯和五甲基苯这样的多烷基苯底物）与对位有吸电子基团的重氮盐离子偶合，因为这些吸电子基团增大了正电荷的密度，从而增强了 ArN_2^+ 的亲电性。某些非常慢的偶联反应（在偶联位点拥挤的情况下）可采用吡啶来催化，其原因已在 11.1.1 节讨论过了。相转移催化也被采用过[166]。一些脂肪族重氮化合物与芳环的偶联反应也已经见报道。目前所有报道的例子包括环丙烷重氮盐离子和桥头重氮盐离子，在这些例子中，失去 N_2 可导致不稳定碳正离子的形成[167]。偶氮苯可通过 Pd 催化的芳香肼与卤代芳烃偶合而后直接氧化制备得到[168]。

Ar—N=N—Ar 体系的 (Z/E) 异构化反应机理也已被研究[169]。

OS I, 49, 374; II, 35, 39, 145.

11-5 直接引入重氮基
重氮化或脱氢重氮化

$$ArH \xrightarrow[HX]{2\ HONO} ArN_2^+\ X^-$$

重氮盐可以不经过氨基，而是通过对芳香氢的置换而直接制备[170]。反应基本限于活泼的底物（苯胺和苯酚），如果采用别的底物则产率很差。该反应的试剂和底物与反应 **11-3** 一样，因此形成的第一个产物是亚硝基化合物。在过量亚硝酸作用下，它转变成重氮离子[171]。试剂（叠氮基氯亚甲基）二甲基氯化铵 [$Me_2N=C(Cl)$

N₃Cl⁻]也可以将重氮离子引入苯酚中[172]。现在已经能够合成固体氯化芳重氮盐了[173]。

11-6 胺化或胺化脱氢[174]

$$ArH + HN_3 \xrightarrow{AlCl_3} ArNH_2$$

在 AlCl₃ 或 H₂SO₄ 存在下,用叠氮酸(HN₃)处理时,可将芳香族化合物转化为伯芳胺[175],产率在 10%~65%。用三甲基硅烷叠氮化合物(Me₃SiN₃)和三氟甲磺酸(F₃CSO₂OH)可以得到更高的产率(>90%)[176]。用碘化四甲重氮盐而后用铵盐处理芳香化合物也可以得到芳香胺[177]。用 N-氯二烷基胺处理芳烃,在 96% 硫酸中加热或在硝胺溶液中用 AlCl₃ 或 FeCl₃ 处理,或者光照[178],可以得到相对高产率(约 50%~90%)的三级胺。用胺和钯催化剂处理卤代芳烃可以得到苯胺衍生物[179]。

在硫酸和金属离子(例如 Fe²⁺、Ti³⁺、Cu⁺、Cr²⁺)的情况下,可将 N-氯代二烷基胺(或 N-氯代烷基胺)胺化,以中等至高的产率制备芳叔胺但得到芳仲胺则要难一些[180]。在这种情况下,进攻实体是由下列反应形成的自由基离子 R₂NH·⁺[181]。

$$R_2\overset{+}{N}HCl + M^+ \longrightarrow R_2\overset{+}{N}H\cdot + M^{2+} + Cl^-$$

因为进攻的是带正电荷的反应物种(尽管它是一个自由基),定位与其它的亲电取代反应类似(例如,苯酚和乙酰苯胺得到邻对位取代产物,其中主要是对位产物)。当有烷基存在时,则有进攻苄位和环取代的竞争。只有间位定位基团的芳香环完全不反应。稠环体系的反应性更好[182]。

在 AlCl₃ 存在下用卤代胺和 NCl₃ 进行胺化反应出现异常定位的情况已有报道,例如,甲苯在此条件下主要是间位胺化[183]。人们认为最初的进攻是由 Cl⁺ 完成,而后氮亲核试剂(我们不知道它们的结构,但是在这里为了简化起见,将其表述为 NH₂⁻)与产生的芳基正离子加成,结果引起的反应是与碳-碳双键加成生成 33,而后消除 HCl[184]:

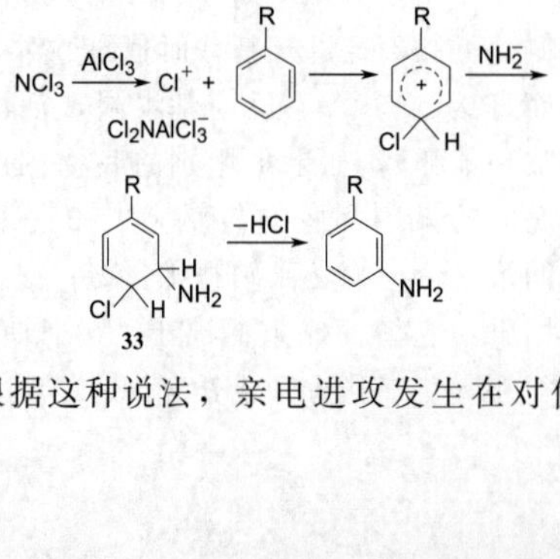

根据这种说法,亲电进攻发生在对位(或者邻位,这也会导致相同的产物),而后间接产生氨基的间位定位。该机理被称为 σ-取代机理。

在 Cu 催化作用下,二芳基碘离子与胺可以反应,例如在 DMF 中,150℃ 下,用 Cu(OAc)₂ 催化二苯基碘的四氟化硼盐(Ph₂I⁺BF₄⁻)与吲哚反应(得到 N-苯基吲哚)[185]。

没有间位定位基的芳香化合物,−60℃ 在酚的存在下用叠氮芳基化合物处理可以转化为二芳基胺:ArH + Ar′N₃ ⟶ ArNHAr′[186]。在 F₃CCOOH 存在下用芳香族化合物(苯、甲苯、苯甲醚)与 Ar′-芳基羟胺反应也可以得到二芳基胺:ArH + Ar′NHOH ⟶ ArNHAr′[187]。

在多聚磷酸中将芳香族化合物和异羟肟酸(34)混合加热,可以发生直接酰胺化反应(amidation),但是此反应只限于苯酚醚内[188]。萘酚与取代肼反应生成 1-氨基衍生物[189]。N-氨基甲酰化苯乙胺衍生物与苯基二乙酸化碘(Ⅲ)反应,而后用 Bu₄NF 处理,得到氢化吲哚的衍生物[190]。N-甲氧基芳香乙基酰胺(35)在 2,2,2-三氟乙醇中与苯基羟基化碘的对甲苯磺酸盐反应,能够完成 N 原子的本位取代而直接酰胺化,得到 N-甲氧基螺环酰胺(36)[191]。

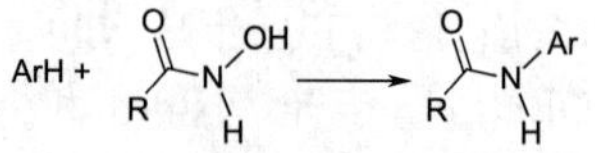

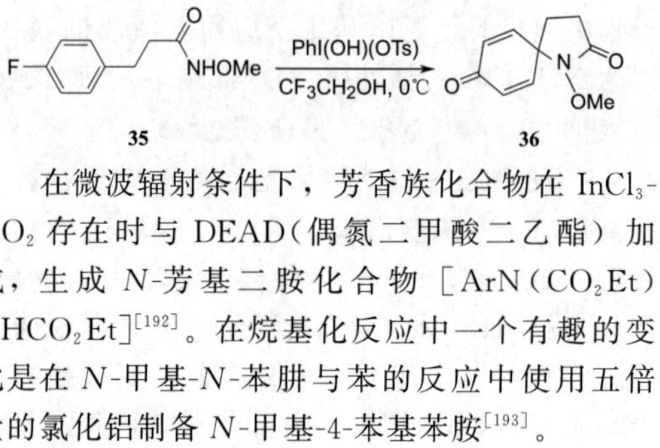

在微波辐射条件下,芳香族化合物在 InCl₃-SiO₂ 存在时与 DEAD(偶氮二甲酸二乙酯)加成,生成 N-芳基二胺化合物〔ArN(CO₂Et)NHCO₂Et〕[192]。在烷基化反应中一个有趣的变化是在 N-甲基-N-苯肼与苯的反应中使用五倍量的氯化铝制备 N-甲基-4-苯基苯胺[193]。

同时参见 13-5 和 13-16

11.6.1.3 硫亲电试剂

11-7 磺化或脱氢磺化

$$ArH + H_2SO_4 \longrightarrow ArSO_2OH$$

磺化反应范围非常广,许多芳烃(包括稠环体系)、卤苯类化合物、醚、羧酸、胺[194]、酰胺、酮、硝基化合物和磺酸等都可以被磺化[195]。苯酚也可以被磺化,但是进攻氧的反应可能会与其竞争[196]。磺化反应通常用浓硫酸,但也可以用发烟硫酸、SO₃、ClSO₂OH、ClSO₂NMe₂/In(OTf)₃[197] 或其它试剂[198]。基于 FeCl₃ 的离子液体也能用于芳香化合物的磺化[199]。正如硝化反应（11-2）一样，不同活性的试剂可分别适用于各种活泼的和很不活泼的底物。由于这是一个可逆反应（参见反应 11-38），因此有必要采取一定的办法促使反应完全。然而在低温下逆反应发生得很慢，正反应实际上可以是不可逆的[200]。SO_3 与苯的反应比硫酸快多了，它与苯的反应几乎是瞬间的。砜往往是磺化反应的副产物。将含有四个或五个烷基和/或卤原子的苯环磺化时，往往会发生重排反应（参见 11-36）。

人们在机理方面做了许多工作，这其中主要是 Cerfontain 和他的同事的贡献[201]。由于溶液的复杂性使得机理研究比较困难。有研究指出，亲电试剂是随反应试剂不同而不同的，但是在所有反应的亲电试剂中都有 SO_3，它可能是游离的或者与载体结合。在 H_2SO_4 的水溶液中，当硫酸浓度低于 80%～85% 时，亲电试剂被认为是 $H_3SO_4^+$（或 H_2SO_4 和 H_2O^+ 的结合物），对浓度高于该值时[202]（转变点随底物而改变[203]），亲电试剂被认为是 $H_2S_2O_7$（或 H_2SO_4 和 SO_3 的结合物）。亲电试剂改变的证据是在稀的或浓的溶液中，反应的速率分别与 $H_3SO_4^+$ 和 $H_2S_2O_7$ 的活度成正比。进一步的证据是，用甲苯作底物分别与稀的和浓的溶液进行反应，得到产物给出的邻/对位比例不一样。两种亲电试剂的机理基本一样，可示意如下[202]：

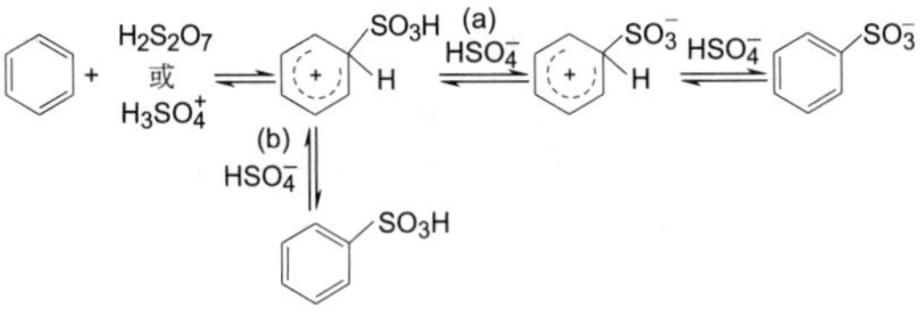

第一步反应的另一个产物是分别来自 $H_2S_2O_7$ 和 $H_3SO_4^+$ 的 HSO_4^- 和 H_2O。路径（a）通常是主要的路线，只有在很高的 H_2SO_4 浓度时路径（b）才变得重要。采用 $H_3SO_4^+$ 进行反应时，在所有条件下第一步都是决速步；但是当采用 $H_2S_2O_7$ 进行反应时，只有当 H_2SO_4 的浓度达到 96% 时，第一步才是慢步骤；而此时，一个后续的质子转移过程变得具有部分决速性质[204]。$H_2S_2O_7$ 的反应性高于 $H_3SO_4^+$，在高至 104% 的发烟硫酸中（含过量 SO_3 的硫酸），人们认为 $H_3S_2O_7^+$（质子化的 $H_3S_2O_7$）是亲电试剂；超过这个浓度时亲电试剂则是 $H_3S_4O_{13}^+$（$H_2SO_4 + 3SO_3$）[205]。最后，当在非质子溶剂中使用 SO_3 作试剂时，SO_3 本身是实际的亲电试剂[206]。游离的 SO_3 是所有这些进攻实体中最活泼的，所以在这种情况下进攻过程一般比较

快，随后的步骤常是决速的，至少在有些试剂中情况是这样的。

OS Ⅱ，42，97，482，539；Ⅲ，288，824；Ⅳ，364；Ⅵ，976.

11-8 卤磺化或脱氢卤磺化

$$ArH + ClSO_2OH \longrightarrow ArSO_2Cl$$

用氯代硫酸处理芳环可以直接制备芳磺酰氯[207]。由于磺酸也能用同样的试剂制备 (11-7)，因此芳磺酸可能是过量氯代硫酸转变成卤化物的反应中间体[208]。反应用溴和氟代硫酸也能实现该过程。用亚硫酰氯与芳香化合物在蒙脱石 K-10 黏土上反应可以制备芳亚磺酰氯[209]。

OS Ⅰ，8，85.

11-9 磺酰化

烷基磺酰化或脱氢烷基磺酰化

$$ArH + SOCl_2 \xrightarrow{TfOH} ArSOAr$$

$$ArH + Ar'SO_2Cl \xrightarrow{AlCl_3} ArSO_2Ar'$$

芳香化合物与亚硫酰氯和三氟甲磺酸反应可以制备二芳基亚砜[210]，在离子液体 [bmim] Cl·$AlCl_3$ 中与亚硫酰氯反应则可以制备二芳基砜[211]。用芳基磺酰氯和 Friedel-Crafts 催化剂处理芳香族化合物可以形成二芳基砜[212]。这个反应类似于用羧酸酰卤进行 Friedel-Crafts 酰基化反应 (11-17)。在更好的步骤中，可用芳基磺酸和 P_2O_5 在聚磷酸溶液中处理芳香化合物[213]。此外仍有另外的方法，如在不需要催化剂的情况下，使用芳基磺酸三氟甲烷磺酸酐（$ArSO_2OSO_2CF_3$）（由 $ArSO_2Br$ 和 CF_3SO_3Ag 反应原位生成）[214]。在三(三氟甲磺酸)铟[215]和三氯化铟[216]作用下，用亚硫酰氯也使芳香化合物发生磺酰化。溴化铟[217]可用于吲哚的磺酰化。也有报道在微波辐射下用氯化铁催化反应的[218]。还有报道在微波辐射下用金属锌催化的[219]。这个反应可以推广到利用磺酰氟制备烷基芳基砜[220]。使用 Nafion-H 可以由苯磺酸和苯直接生成二芳基砜[221]。卤代芳烃与亚磺酸盐在脯氨酸促进的 CuI 催化下可以发生偶合反应[222]。芳基硼酸在离子液体中用 Cu 催化发生磺酰化[223]。

OS Ⅹ，147.

11.6.1.4 卤素亲电试剂

11-10 卤化[224]

脱氢卤化

$$ArH + Br_2 \xrightarrow{催化剂} ArBr$$

（1）氯[225]和溴[226]　在催化剂的存在下，用溴或氯处理芳香族化合物可以使其溴化或氯

化[227]。苯胺和苯酚发生此类反应的速度很快,在室温下用稀的 Br_2 或 Cl_2 水溶液,或者用 DMSO 中的 HBr 水溶液[228],反应即可进行。一种典型的情况是,在苯胺的邻、对位全部被取代以前,是无法让反应停止的,这是因为最初形成的卤胺的碱性比原来的更弱,因而不大可能被放出的 HX 质子化[229]。因此,如果需要将苯胺单取代,通常采用相应的酰化苯胺。对于苯酚而言,有可能在引入一个基团后停止反应[230]。苯胺和苯酚室温下的快速反应常用于检验苯胺和苯酚。通常对许多活泼的底物,包括苯胺、苯酚、萘以及多烷基苯[231](如均三甲苯及异杜烯)等,就不需要使用催化剂。在芳香取代反应中,试剂总的有效性顺序为 $Cl_2>BrCl>Br_2>ICl>I_2$。有人认为 $ZnBr_2$ 和偶氮苯的混合物可用于活泼芳香底物的区域选择性的对位溴化[232]。

当在高温下进行氯化或溴化(例如,300~400℃),邻、对位定位基团导致生成间位取代产物,而间位定位基团导致生成邻对位取代产物[233]。在此条件下发生的反应机理不同,目前人们尚未完全搞清其机理。其中溴化反应可能以 S_E1 机理发生,例如,叔丁基钾催化的 1,3,5-三溴苯的溴化反应[234]。

对于不太活泼的芳香环的氯化,常用铁催化,但是,真正的催化剂不是铁本身,而是铁和试剂之间反应形成的少量的溴化铁或氯化铁。氯化铁以及其它 Lewis 酸往往直接用作催化剂,碘也如此。有很多 Lewis 酸可以采用,其中就有乙酸铊(Ⅲ),它促使含有邻、对位定位基团的底物发生很高区域选择性的溴化,主要发生在对位[235]。$Mn(OAc)_3$ 和乙酰氯混合物在超声条件下,可以高选择性地氯化苯甲醚[236]。

还可以采用其它试剂促进氯化或溴化。有报道称在 Cu(Ⅱ) 催化下以氧气作为氧化剂可以完成氯化[237]。N-溴代琥珀酰亚胺在光化学条件下[238]可以使芳香化合物溴化,三溴化吡啶盐同样也可以[239],乙酸中的 NBS 在超声波的作用下也很有效[240]。在 BF_3 水溶液中 NCS 和 NBS 可分别生成氯化物和溴化物[241]。在离子液体中的 NBS[242]可以生成溴化芳烃,有报道指出苯胺与离子液体 bmimBr₂ 混合得到对溴苯胺[243]。类似地,hmimBr₃[244]无需其它试剂就是一种溴化试剂。负载在硅胶上的溴[245]或溴与 SO_2Cl_2[246] 都能得到很好产率的溴化芳香化合物。Majetich 等人[247]报道使用 HBr/DMSO 可以得到显著选择性溴化的苯胺。在无溶剂条件下,溴-1,4-二氧六环复合物可用于高对位选择性溴化[248]。

还可以采用其它试剂氯化或溴化。如果底物有烷基取代基,那么所提到的包括氯和溴在内的大多数试剂,都可能发生侧链卤化(反应 14-1)。由于侧链卤化反应可被光催化,因此反应要在尽可能避光的地方进行。在乙酸中的硫酰氯 (SO_2Cl_2) 可以氯化苯甲醚衍生物[249],在催化量硝酸铈铵的作用下乙酰氯也能将芳香化合物转化为相应氯化衍生物[250]。过硫酸氢钾复合盐® 和 KCl 的混合物可以氯化活性芳香化合物[251],而与 KBr 的混合物则可以对位高选择性溴化苯甲醚[252],NH_4Br/过硫酸氢钾复合盐亦如此[253]。H_2SO_4 中的二溴异氰尿酸对含有强钝化取代基的底物来说[255]是很好的溴化剂[254]。在异丙醇中的 N-氯代琥珀酰亚胺[256]可以氯化苯胺衍生物,$KBr/NaBO_3·4H_2O$ 则可以用于苯胺衍生物的溴化[257]。先将苯胺转化为其 N-$SnMe_3$ 衍生物可以用溴进行原位地对位高选择性溴化,然后用 KF 水溶液转化为游离的胺[258]。溴铬酸吡啶鎓盐可以将苯酚化合物转化为溴化产物[259]。

用氯代的环己二烯[261]处理苯酚可以主要获得邻位氯化的产物[260],而苯酚、苯酚醚、苯和苯胺的对位氯化可以利用 N-氯代胺[262]和 S-氯代二甲基氯化锍($Me_2S^+ClCl^-$)[263]。当用 S-溴代二甲基溴化锍时,后一个方法也可成功地用于溴化反应。有人报道用 P 和 Cu 混合催化剂[264]可使乙酰苯胺发生高选择性邻位氯化。铱催化的芳烃硼烷化反应生成间位氯化产物[265]。在超酸 SbF_5-HF 溶液中用溴可以在间位溴化某些烷基化的苯酚[266]。发生间位溴化的原因可能是,超酸使苯酚的 OH 转化为 OH_2^+,后者因带正电而有间位定位性质。在实验室中可用 $CuBr_2$ 和叔丁基亚硝酸酯处理芳香伯胺,一步反应完成溴化和 Sandmeyer 反应 (14-20) 生成 37。例如[267]:

$O_2N-\text{C}_6H_4-NH_2 \xrightarrow[t\text{-BuONO}]{CuBr_2} O_2N-\text{C}_6H_2(Br)_3$

37
94%

对于钝化的芳香衍生物,NBS 和 H_2SO_4 如硝基苯,是获得间位取代的溴化产物的有效试剂[268]。例如用 NBS 可以完成 2-氨基吡啶 C-6 的溴化[269]。另一种方法是让吡啶 N-氧化物与 $POCl_3$ 和三乙胺反应得到 2-氯吡啶[270]。

对没有催化剂的反应,进攻实体仅仅是被芳环极化的 Br_2 或 Cl_2[271]。

在这些情况下氯或溴分子作进攻试剂的证据是：加入酸、碱或其它离子，尤其是氯离子后，对反应速率的提高程度大致相同；但是如果氯分子离解成 Cl^+ 和 Cl^-，那么在反应体系中加入氯将减小反应速率，加入酸将增大反应速率。在苯酚的溴化反应溶液中已经用光谱法检测到化合物 **38**[272]。

当 Lewis 酸催化剂[273]与氯或溴共同使用时，进攻实体可能是 Cl^+ 或 Br^+，它们形成的过程为 $FeCl_3 + Br_2 \longrightarrow FeCl_3Br^- + Br^+$，它们也可能是被催化剂极化的 Cl_2 或 Br_2。用其它试剂时，溴化反应中进攻实体可能是 Br^+，或类似于 H_2OBr^+（HOBr 的共轭酸）的反应物种，其中 H_2O 是 Br^+ 的载体[274]。水溶液中的 HOCl 参加反应时，亲电试剂可能是 Cl_2O、Cl_2 或 H_2OCl^+；乙酸溶液中的 HOCl 的亲电试剂一般是 AcOCl。所有这些反应物种的反应性都比 HOCl 自身更大[275]。人们对采用 HOCl 氯化时 Cl^+ 是主要的亲电试剂的观点仍存在疑问[275]。实验已经证明了在 N-甲苯苯胺与次氯酸钙的反应中，含氯的进攻实体可能进攻氮生成 N-甲基-N-氯代苯胺，后者再重排（如同反应 **11-31**）生成以邻位异构体为主的芳环氯代的 N-甲基苯胺的混合物[276]。除次卤酸和次卤酸金属盐外，有机次卤酸酯也是高活性卤化试剂。例如次溴酸叔丁酯（t-BuOBr），在沸石（HNaX）存在下可以溴化甲苯[277]。

我们知道呋喃和噻吩在包括 Brønsted-Lowry 和 Lewis 酸等强酸中会发生聚合反应。对于此类高活性的杂环芳香体系，通常用其它一些卤化剂。呋喃在溴·1,4-二氧六环复合物的作用下生成 2-溴呋喃（例如在低于 0℃ 下）[278]。3-丁基噻吩与 NBS/乙酸反应生成 2-溴-3-丁基噻吩[279]。在 −78～10℃ 温度范围内，N-甲基吡咯与 NBS 和催化量 PBr_3 反应生成 N-甲基-3-溴吡咯[280]。

(2) 碘 碘是卤素中最不容易发生芳香取代反应的元素[281]。除了活泼的底物外，通常需要利用氧化剂先将 I_2 氧化成更好的亲电试剂[282]。这些氧化剂包括：HNO_3、HIO_3、SO_3、超价碘化物 [如 $PhI(OTf)_2$[283]、$NaIO_4$[284]、碘化铵与 H_2O_2[285]、硝酸铈铵[286]、过二硫酸盐[287]、$NaIO_4/KI/NaCl$ 混合物][288]。用 I_2 和 $AgNO_3$ 可以完成无溶剂碘化[289]。此外 ICl 是比碘本身更好的碘化剂[290]。$ICl/In(OTf)_3$ 的混合物也是碘化剂[291]。碘化反应也可以在 NCl 与硫酸[292]、NIS（N-碘代琥珀酰亚胺）与三氟乙酸[293]、KI/KIO_3 的甲醇水溶液[294]、KI 与 H_2O_2[295]、NaI 与铁催化剂[296] 的存在下发生。高碘酸钠和碘被用于 β-咔啉的碘化反应[297]，采用 $NaICl_2$ 和 N-溴代铵盐可实现无溶剂的碘化反应[298]，另一种不使用溶剂的碘化反应是使用碘以及吸附在硅胶上的 $Bi(NO_3)_3$[299]。碘/吡啶/二氧六环的混合物可以使苯胺衍生物对位选择性碘化[300]。邻位选择性地氰化芳香化合物与碘反应生成相应的芳基碘[301]。已经报道采用 KI 和过二硫酸铵可以碘化活性芳香化合物[302]。NIS 和对甲苯磺酸可用于苯酚及其相关化合物的区域选择性碘化[303]。

对碘代反应实际进攻实体的了解远不如溴代或氯代反应的清楚。碘自身太不活泼，一般只与苯酚那些活泼的底物反应，有很好的证据显示在此类反应中碘是进攻的实体[304]。有证据表明当采用过氧乙酸作为催化剂时[305]，AcOI 可能是进攻的实体，当采用 SO_3 或 HIO_3 作为氧化剂时[306]，I_3^+ 是进攻实体。在某些情况下进攻的实体有可能性是 I^+[307]。芳香族化合物间接碘化的方法参见反应 **12-31**。

(3) 氟 F_2 的反应性极强，在室温下不可能直接用于氟化芳环[308]。在低温下（例如，−70～−20℃，具体反应温度取决于底物）已经实现了氟化反应[309]，但该反应没有制备价值。已经报道可用乙酰次氟酸（CH_3COOF，可用 F_2 与乙酸钠反应制备）[310]、或 N-氟代全氟烷基磺酰胺 [如 $(CF_3SO_2)_2NF$][311]。吡啶在 1,1,2-三氯-1,2,2-三氟乙烷中与 $F_2/I_2/NEt_3$ 反应生成 2-氟吡啶[312]。但是，这些方法似乎都不能代替 Schiemann 反应（**13-23**，加热四氟化硼酸重氮盐）作为将氟原子引入芳环的最常见方法。

OS Ⅰ，111，121，123，128，207，323；Ⅱ，95，97，100，173，196，343，347，349，357，592；Ⅲ，132，134，138，262，267，575，796；Ⅳ，114，166，256，545，547，872，947；Ⅴ，117，147，206，346；Ⅵ，181，700；Ⅷ，167；Ⅸ 121，356；另见 Ⅱ，128.

11.6.1.5 碳亲电试剂

在这部分反应中将形成新的碳-碳键。就芳环而言是亲电取代反应，因为发生了带正电荷的反应物种进攻芳环过程。我们之所以这样处理，主要是根据惯例。但是就亲电试剂而言，这些反应的大多数是亲核取代反应，第 10 章中所描述的那些反应与它们有关。

11-11 Friedel-Crafts 烷基化反应

烷基化或脱氢烷基化

$$ArH + RCl \xrightarrow{AlCl_3} Ar-R$$

芳环的烷基化，被称为 Friedel-Crafts 烷基化反应，是一个范围很广的反应[313]。也有报道催化的不对称 Friedel-Crafts 烷基化反应[314]。最重要的反应试剂是卤代烷、烯烃和醇，此外还可以采用其它各类试剂[313]。三级卤代烷是特别好的烷基化底物试剂，因为它能够形成相对稳定的三级碳正离子。当使用卤代烷时，反应性顺序是 F>Cl>Br>I[315]。例如，当催化剂是 BCl_3 时，二卤代烷如 $FCH_2CH_2CH_2Cl$ 与苯反应生成 $PhCH_2CH_2CH_2Cl$[316]。通过使用这个催化剂，则可能将卤烷基引入芳环（参见反应 **11-14**）[317]。采用二卤化物和三卤化物作为反应试剂，当卤原子相同时，反应试剂则通常与不只一分子的芳香族化合物反应，通常不可能使反应较早停止[318]。例如，苯与 CH_2Cl_2 反应并不生成 $PhCH_2Cl$ 而是 Ph_2CH_2；苯与 $CHCl_3$ 的产物是 Ph_3CH。但是对于 CCl_4，反应在只有三个环被取代就停止了，生成的产物是 Ph_3CCl。官能团修饰的卤代烷 [如 $ClCH(SEt)CO_2Et$] 也能进行 Friedel-Crafts 烷基化反应[319]。蒙脱土 K-10 是烷基化反应的有效介质[320]。

烯烃是特别好的烷基化试剂。通常通过形成的碳正离子中间体与富电子的芳香环反应，最终产物（**39**）是将 ArH 的 H 和 Ar 加成到 C=C 双键上。还有许多可能的情况。在离子液体中，采用 $Sc(OTf)_3$ 作催化剂也能完成这个反应[321]。其它催化剂还包括 $Sm(OTf)_3$[322]。分子内的烷基化反应生成多环芳香化合物[323]。在三氟甲磺酸存在下，苯与 1,2,3,6-四氢吡啶反应生成 4-苯基哌啶[324]。4-甲氧基苯酚与异丁烯反应（在硝基甲烷和乙酸中用 3mol/L $LiClO_4$ 电解），起始反应是酚氧盐的氧参与反应生成醚的结构，接着形成的碳正离子进攻芳香环得到苯并呋喃[325]。已有报道在手性的 Pybox-Cu 配合物作用下，吡咯或吲哚可以对映选择性烷基化[326]。

$$Ar-H + \diagup\!\!\!\diagdown \xrightarrow[H^+]{AlCl_3} Ar-\diagup\!\!\!\diagdown-H$$
39

乙炔与 2mol 芳香族化合物反应生成 1,1-二芳基乙烷，用 $Sc(OTf)_3$ 作催化剂与苯基乙炔反应生成 1,1-二芳基乙烯[327]。此处也有许多可能的情况。105℃苯酚与三甲基硅乙炔在 $SnCl_4$ 和 50%BuLi 存在下反应生成 2-乙烯基苯酚衍生物[328]。Ru 催化下与五个碳的炔结构单元分子内反应生成二氢萘衍生物[329]。而在 Rh 催化下则生成茚酮衍生物[330]。可以用酸性的六氟锑酸盐离子液体作催化剂[331]。

醇的反应性比卤代烷强，但是如果使用 Lewis 酸催化剂，则需要更多的催化剂，因为酸催化剂会与 OH 基结合。但是质子酸（如 H_2SO_4）常用来催化醇的烷基化反应。有报道在 P_2O_5 作用下，通过烯丙醇分子内环化反应生成茚[332]。采用杂双金属 Ir-Sn 配合物可使二级醇与芳香化合物偶联[333]。可以用碘分子催化芳香烃与苄醇反应发生苄基化[334]。已经报道了芳香环的"反 Friedel-Crafts"（contra Friedel-Crafts）叔丁基化反应[335]。利用醇前体有可能实现非对映选择性烷基化，如"手性苄基正离子"就具有高度的面非对映选择性[336]。

当采用酯作为反应试剂时，存在烷基化和酰基化反应（反应 **11-17**）之间的竞争。虽然选择催化剂常能控制这种竞争，但是通常反应是有利于烷基化。在 Friedel-Crafts 反应中不常用酯。其它烷基化试剂还有醚[337]、硫醇、硫酸酯、磺酸酯、硝基化合物[338]甚至烷烃和环烷烃。在一定条件下，这些化合物会转变成碳正离子。其中值得注意的是环氧乙烷和环丙烷[340]单元，环氧乙烷可将 CH_2CH_2OH 基团连接到芳环上[339]。各类试剂反应活性顺序是烯丙基≈苄基>叔>仲>伯。在 $Sc(OTf)_3$[341]存在下，烷基甲磺酰化合物与苯环发生烷基化反应，采用 $Mo(CO)_6$[342]可使烯丙基乙酸发生烷基化反应；在 $ZnCl_2/SiO_2$ 存在下，烯丙基氯也可发生烷基化反应[343]。

萘和其它稠环芳香族化合物由于太活泼，可与催化剂反应，因此其 Friedel-Crafts 反应的产率一般很低。杂环一般也不易发生此反应。虽然一些呋喃和噻吩已被烷基化，但它们都普遍存在聚合反应，吡啶和喹啉还未真正被烷基化[344]，在手性催化剂（一种手性 Friedel-Crafts 催化剂）存在下，N-甲基吡咯与 2-甲基丙烯醛的 C=C 单元反应生成 2-烷基吡咯，具有很好的对映选择性[345]。碳正离子 $[(p-MeOC_6H_4)_2CH^+\ OTf^-]$ 和质子海绵 [proton sponge，参见 8.6 节（6）] 可以使 2-三甲基硅呋喃的 C-5 位发生烷基化[346]。异喹啉与 $ClCO_2Ph$ 和 AgOTf 反应，然后与烯丙基硅烷反应，生成 2-烯丙基二氢异喹啉[347]。

不管采用哪种试剂，通常总是需要催化剂[348]。最常见的催化剂是 $AlCl_3$ 和 BF_3，许多其它 Lewis 酸也已被使用[349]，HF 和 H_2SO_4 那样的质子酸也已被使用[350]。在室温下钙可以催化 Friedel-Crafts 烷基化反应[351]。对于活泼的卤化物底物采用少量不大活泼的催化剂（例如 ZnCl₂）就足够了。对于不活泼的卤化物，例如氯甲烷，则需要用较强的催化剂（例如 AlCl₃），并且使用量更大。某些情况下，尤其是采用烯烃进行反应时，只有当少量提供质子的助催化剂存在时，Lewis 酸催化剂才能引起反应。催化剂的总反应性顺序为：AlBr₃＞AlCl₃＞GaCl₃＞FeCl₃＞SbCl₅[352]＞ZrCl₄、SnCl₄＞BCl₃、BF₃、SbCl₃[353]，但是特定情况下的反应性顺序取决于底物、试剂和反应条件。当然，也可采用其它 Lewis 酸，包括 SeCl₂[354]、InCl₃[355] 和光学纯环烷基二胺硅三氟甲磺酰亚胺催化剂[356]。

在常见的芳香取代反应中，Friedel-Crafts 烷基化反应比较特别，因为引入的是活化基团（产物比起始芳香物还活泼），因此常有两个或多个烷基化。可是简单烷基（如乙基、异丙基）的活化效应使得被这些基团取代的芳环在 Friedel-Crafts 烷基化反应中受到进攻的速度大约是苯的 1.5～3 倍[357]，所以常常有可能高产率得到烷基一取代的产物[358]。事实上，常得到二烷基和多烷基衍生物的原因，不是由于反应性的微小差别，而是烷基苯更易溶于发生反应的催化剂层[359]。可以利用合适的溶剂、高温或高速搅拌以避免该因素的影响。

要重点指出的是：OH、OR、NH₂ 等基团并不促进反应的进行，因为大多数 Lewis 酸催化剂会与这些碱性的基团配位。虽然苯酚可以发生正常的 Friedel-Crafts 反应，且反应发生在邻、对位，但是苯胺的反应性很差。可是若以烯烃作为烷基化试剂，以苯胺铝作为催化剂[360]，苯胺也能发生烷基化反应。在这个方法中，催化剂是通过用 0.33mol AlCl₃ 处理待烷基化的苯胺而制备的。苯酚也可以用相似的过程完成反应，不过此时反应的催化剂是 Al(OAr)₂[361]。伯芳胺（和苯酚）用间接的方法（参见反应 **11-23**）可在邻位区域选择性地发生甲基化。用间接的方法使苯酚在邻位区域选择性地发生甲基化，参见反应 **15-65**。

在大多数情况下，间位定位的基团使环钝化，不易发生烷基化反应。硝基苯也不能被烷基化，当芳烃上有吸电子基时，只有很少的成功的 Friedel-Crafts 烷基化反应的报道[362]。这不是因为进攻试剂的进攻能力不够强，事实上我们前面已经提到（参见 11.4 节）烷基正离子是最强的

亲电试剂之一，反应的困难在于反应底物太不活泼，亲电试剂在进攻芳环之前就发生了降解和聚合。但是如果芳环上既有活化基团又有钝化基团，那么就可以发生 Friedel-Crafts 烷基化反应[363]。芳香族硝基化合物能以亲核机理甲基化（反应 **13-17**）。

Friedel-Crafts 烷基化的中间体是碳正离子，很有可能重排成更稳定的碳正离子。Friedel-Crafts 烷基化反应应用在合成中的一个重要限制是底物时常发生重排。例如，苯用正丙基溴处理主要生成异丙基苯（枯烯），产物正丙苯的量却很少。通常重排的顺序是：伯烷基→仲烷基→叔烷基，重排主要是通过相邻碳上较小基团的迁移完成的。因此，除非对迁移基团有特殊的电子或共振效应（例如苯环），则 H 优先甲基迁移，而甲基优先乙基迁移，以此类推（参见第 18 章关于重排机理的讨论）。因而不能利用 Friedel-Crafts 烷基化反应将一个伯烷基（甲基[364] 和乙基除外）引入到芳环上。因为会发生这些重排反应，制备正烷基苯常采用酰基化（**11-17**）再还原（反应 **19-61**）的方法。

Friedel-Crafts 烷基化反应的一个重要用途是完成闭环过程[365]。这是一个分子内反应[366]。最常用的方法是采用氯化铝与在合适位置上有卤素、羟基或烯烃基的芳香化合物加热，例如，1,2,3,4-四氢合萘（**40**）的制备：

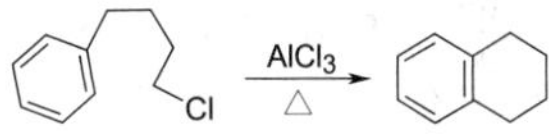

通过 Friedel-Crafts 烷基化反应实现闭环的另一种方法是利用有两个官能团的试剂，例如 **41**：

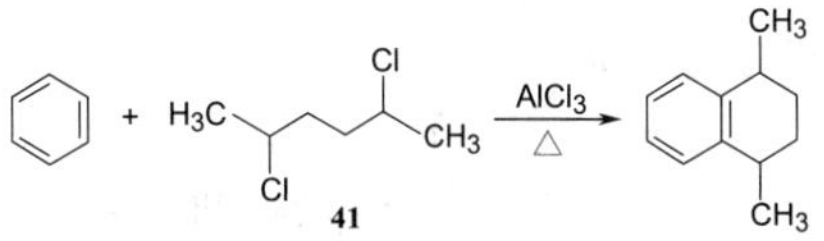

这些反应可用于环制备含五元和六元环的化合物，但是制备六元环化合物是最成功的[367]。其它 Friedel-Crafts 闭环反应的实例可参见 **11-13**、**11-15**、**11-17**。有趣的是，对反应作一改进，将 N-酰化的苯胺物质在水中用 Et₂P(＝O)H 和水溶性引发剂 V-501 处理，发生分子内烷基化反应生成酰胺[368]。

正如上面提到的，在 Friedel-Crafts 烷基化反应中亲电试剂为碳正离子，至少在大部分情况下如此[369]。这与人们所知道的碳正离子重排方向为伯、仲、叔的事实一致（参见第 18 章）。在

每个反应中,碳正离子是由进攻试剂和催化剂反应而形成的。对这三种最重要的试剂类型反应如下。

源自卤代烷:$RCl + AlCl_3 \longrightarrow R^+ + AlCl_4^-$

源自醇[370]和 Lewis 酸:

$ROH + AlCl_3 \longrightarrow ROAlCl_2 \longrightarrow R^+ + ^-OAlCl_2$

源自醇和质子酸:$ROH + H^+ \longrightarrow ROH_2^+ \longrightarrow R^+ + H_2O$

源自烯烃(通常需要提供质子):

$$\text{\Large{>=<}} + H^+ \longrightarrow H\text{-}\text{\Large{>\!\!-\!\!<}}$$

来自 IR 和 NMR 的直接证据表明叔丁基氯与 $AlCl_3$ 在无水液态 HCl 中反应[371]可以定量形成叔丁基正离子。如果是烯烃的话,反应遵循 Markovnikov 规则(参见 15.2.2 节)。由于相应碳正离子的稳定性,某些试剂特别容易形成碳正离子。三苯基甲基氯[372]和 1-氯代金刚烷[373]在不用催化剂或溶剂的情况下即可烷基化活化芳环(例如苯酚、苯胺)。这些稳定离子的反应性不及其它碳正离子,通常只进攻活泼的反应底物。例如,䓬鎓离子上能烷基化苯甲醚而不烷基化苯[374]。在 10.6 节中曾指出由某些乙烯基化合物可以产生相对稳定的乙基正离子,这已被用来将一些乙烯基团引入芳环底物[375]。Lewis 酸,如 BF_3[376] 或 $AlEt_3$[377],可用于将烯烃单元引入芳环。

不过,有许多证据表明许多 Friedel-Crafts 烷基化反应,尤其是利用一级的烷基化试剂时,反应并不通过一个完全游离的碳正离子。该离子可能以紧密离子对形式存在,如以 $AlCl_4^-$ 为平衡离子,或以配合物形式存在。其中的证据是用溴甲烷和碘甲烷对甲苯进行甲基化产生的产物具有不同的邻/对/间比[378],而如果在每种情况下进攻的实体都一样时,应该得到相同的比率。另一个证据是,在有些情况下反应动力学为三级反应:对芳香底物、进攻试剂和催化剂均分别为一级反应[379]。在这些例子中,碳正离子较慢地形成,然后很快地进攻芳环。这种机理被排除了,因为如果按照这样的机理发生反应,那么在速率表达式中不应出现底物。既然知道游离的碳正离子一旦形成就很快进攻芳环(芳环起亲核试剂的作用),那么此时就不应该有游离的碳正离子。另一种可能性(对卤代烷)是一些烷基化反应以 S_N2 机理发生(相对于卤化物),在这种情况下根本不涉及碳正离子。不过,彻底的 S_N2 机理需要发生构型转化。对于 Friedel-Crafts 反应的许多立体化学研究都发现,即便是最可能发生 S_N2 机理的情况下,产物也是全外消旋化的,或充其量只有百分之几的构型转化。发现少数例外[380],

最显著的例子是当试剂为具有旋光的氧化丙烯时,已报道发现 100% 构型转化[381]。

即使是非碳正离子机理,也可能发生重排。在对芳环发生进攻之前就可能发生重排。已有研究表明,在没有任何芳香化合物的情况下,用 $AlBr_3$ 处理 $CH_3^{14}CH_2Br$,可产生起始物和 $^{14}CH_3CH_2Br$ 的混合物[382]。用 $PhCH_2^{14}CH_2Br$ 进行研究得到类似的结果,在这种情况下重排非常快,以致于只有在低于 $-70℃$ 时才能测定速率[383]。重排也可以发生在产物形成之后,因为烷基化反应是可逆的(11-33)[384]。

Friedel-Crafts 酰基化反应参见反应 **11-17**。自由基烷基化反应参见反应 **14-17** 和 **14-19**。

OS I, 95, 548; II, 151, 229, 232, 236, 248; III, 343, 347, 504, 842; IV, 47, 520, 620, 665, 702, 898, 960; V, 130, 654; VI, 109, 744.

11-12 羟烷基化或脱氢羟烷基化

$$ArH + \underset{R}{\overset{O}{\|}}\!\!-\!\!R' \xrightarrow{H_2SO_4} \underset{R}{\overset{Ar\ OH}{\underset{|}{C}}}R' \ 或 \ \underset{R}{\overset{Ar\ \ Ar}{\underset{|}{C}}}R'$$

醛、酮或其它羰基化合物在质子酸或 Lewis 酸作用下,生成氧稳定化的碳正离子。当有芳环存在时,就发生 Friedel-Crafts 型烷基化反应。芳环与醛或酮的缩合反应被称为羟烷基化反应[385]。尽管起初产生的醇通常会与另一分子芳香族化合物发生反应(反应 **11-11**)生成二芳化产物,但是该反应仍可用于制备醇[386]。由于这一点,这个反应相当有用。一个例子即为 1,1,1-三氯-2,2-二(对氯苯)乙烷(DDT,**42**)的制备:

$$\underset{\underset{O}{\|}}{\overset{Cl}{\underset{Cl}{C}}}\!\!-\!\!CH + 2\ \text{\Large\bigcirc}\!\!-\!\!Cl \longrightarrow Cl\!\!-\!\!\text{\Large\bigcirc}\!\!-\!\!\underset{\underset{\textbf{42}}{}}{\overset{H\ \ CCl_3}{\underset{|}{C}}}\!\!-\!\!\text{\Large\bigcirc}\!\!-\!\!Cl$$

用苯酚进行的二芳基化反应尤为常见(此处的二芳基化产物被称为双酚)。反应通常在碱性溶液中以酚离子的形式发生[387]。改变反应,使醛与活泼芳香化合物(苯胺衍生物)进行 Friedel-crafts 偶合反应,则生成二芳基甲醇,产物具有旋转对映异构[参见 4.3 节 (5)][388]。当用手性的铝配合物进行反应时,具有一定的对映选择性。

采用甲醛对苯酚进行的羟甲基化反应被称为 Lederer-Manasse 反应。该反应必须小心控制反应条件[389],因为对位和邻位也可能发生取代,而后其中的某个产物又会发生芳化反应而生成了聚合结构(**43**):

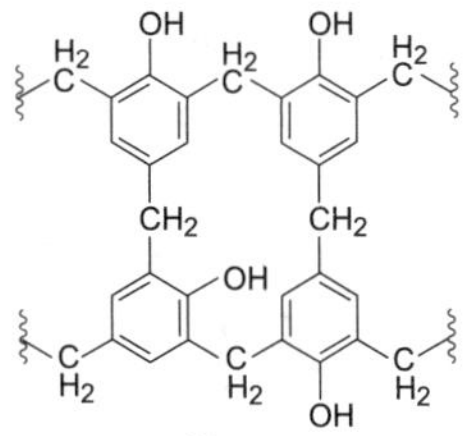

不过，这些聚合物属于 Bakelite 类型（酚醛树脂，**43**），具有重要的商业意义。

反应中进攻实体是由醛或酮与催化剂酸形成的碳正离子 $[R_2(OH)C^+]$。在碱性溶液中进行的反应情况与此不同。

当用氧代丙二酸二乙酯 $[(EtOOC)_2C=O]$ 处理芳环时，反应产物是芳基丙二酸的衍生物 $[ArC(OH)(COOEt)_2]$，后者可以转化为芳基丙二酸酯 $[ArCH(COOEt)_2]^{[390]}$。因而这是一个将丙二酸酯合成法（反应 **10-67**）应用到芳基上的情况（参见 **13-14**）。当然，此时发生的是相反的机理：芳香性反应物种是亲核试剂。

两种利用硼试剂的方法已经被用于苯酚和芳香胺的选择性邻位羟基甲基化[391]。在催化量咪唑啉酮存在下，共轭醛与芳基三氟硼酸盐发生 Friedel-Crafts 烷基化反应[392]。

OS Ⅲ, 326; Ⅴ, 422; Ⅵ, 471, 856; Ⅷ 75, 77, 80; 另见 OS Ⅰ, 214.

11-13 含羰基化合物的成环脱水

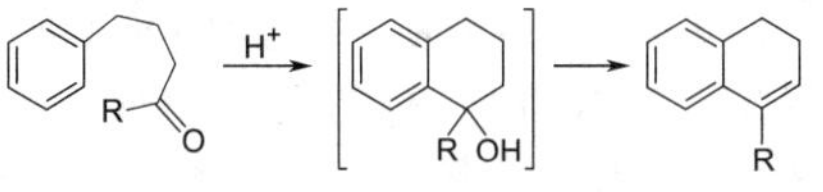

正如反应 **11-22** 所述，含有羰基的官能团与质子酸或者 Lewis 酸反应生成被氧稳定的碳正离子。当有芳环存在时生成这种碳正离子，那么就会发生 Friedel-Crafts 烷基化反应，生成醇；如果在反应条件下发生脱水反应，则生成烯烃。当芳香族化合物在有利于形成六元环的合适位置含有醛或者酮官能团时，则用酸处理可发生成环脱水反应。该反应是 **11-22** 的特殊情况，但在这种情况下脱水的结果几乎总产生与芳环共轭的双键[393]。这种方法很普适，且已经广泛用于闭环形成碳环和杂环两种环[394]。反应中常用的是聚磷酸，不过也可以用其它酸。该反应的一个改变形式为 Bradsher 反应[395]，在该反应中邻位含有羰基的二芳基甲烷可被环化成蒽的衍生物（**44**）。在这种情况下，至少在形式上发生 1,4-脱水。

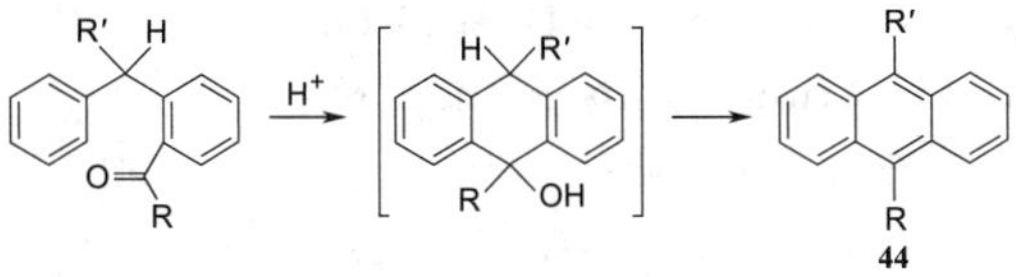

在黏土上用微波辐照，芳醚与连接在芳醚上的羰基发生分子内成环，生成苯并呋喃，这是一个 Friedel-Crafts 成环反应，并有脱水过程[396]。

对此反应进行改进，先用 β-酮基酯进行酰化，再进行酮部分的 Friedel-Crafts 成环反应，反应产物是香豆素（**46**），这就是 Pechmann 缩合[397]。无需将生成的酯 **45** 分离出来，用质子酸比用 Lewis 酸更好。当苯酚羟基的间位有羟基（OH）、二甲氨基（NMe$_2$）、烷基存在时，Pechmann 缩合更容易进行[398]。可以在石墨/蒙脱土 K-10 上用微波辐照进行反应[399]。也有报道用乙酸乙酯在离子液体中进行 Pechmann 缩合[400]。

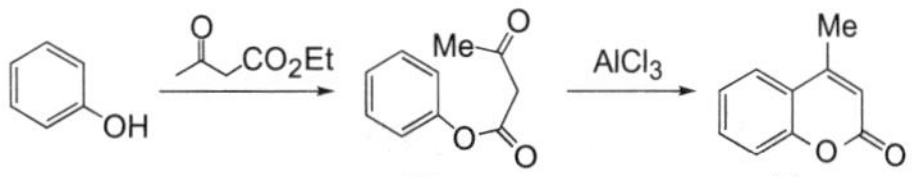

成环过程中所涉及的羰基结构不只限定于醛或酮，羧酸衍生物（例如，酰胺）的羰基也可以。其中一个重要的成环脱水反应是 β-芳基酰胺的成环，用于形成杂环体系，这被称为 Bischler-Napieralski 反应[401]。在这个反应中，像 **47** 类型的酰胺可以在三氯氧磷作用下或其它试剂，如聚磷酸、硫酸或五氧化二磷作用下环化，生成二氢异喹啉（**48**）：

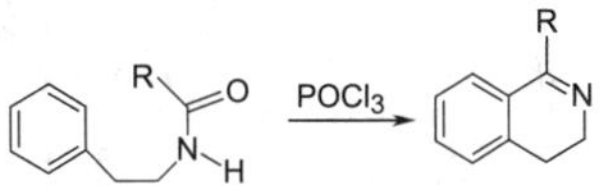

Bischler-Napieralski 反应可用 POCl$_3$ 在离子液体中进行[402]，也可采用固相反应（参见 9.4.4 节）完成[403]。

若起始化合物的 α 位有羟基，则发生加成脱水反应，形成的产物是异喹啉[404]。如果先用 PCl$_5$ 处理酰胺，分离出产生的亚胺氯 ArCH$_2$CH$_2$N=CRCl，经加热环化[405]，可以获得更高的产率。该过程的中间体是次氮基离子 ArCH$_2$CH$_2{}^+$N≡CR。

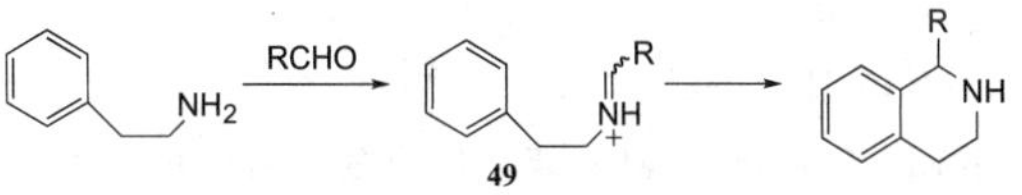

另一个有用的改进是 Pictet-Spengler 异喹啉合成，即 Pictet-Spengler 反应[406]。反应的活性中间体不是氧原子稳定化的正离子，而是亚胺正离子（**49**），其 C=N 中亲电性的碳参与成环反

应（参见反应 16-31），生成异喹啉衍生物。β-芳基胺与醛反应时，生成的亚胺盐与芳香环发生环化完成反应，生成四氢异喹啉[407]。金属可催化此反应，如使用 $AuCl_3$/AgOTf[408]。可用各种各样的醛以及不同取代的芳香环，得到许多四氢异喹啉衍生物。当反应在手性催化剂存在下进行时，能够获得高对映选择性[409]。

还有一个改进是针对基本操作的，也能生成四氢异喹啉。苯乙胺与 N-羟甲苯并三氮唑反应，然后用氯仿中 $AlCl_3$ 处理发生环化反应，再用硼氢化钠还原生成 1,2,3,4-四氢-N-甲基异喹啉[410]。

OS Ⅰ,360,478;Ⅱ,62,194;Ⅲ,281,300,329,568,580,581;Ⅳ,590;Ⅴ,550;Ⅵ,1;另见 OS Ⅰ,54.

11-14 卤烷化或者脱氢卤烷化

$$ArH + HCHO + HCl \xrightarrow{ZnCl_2} ArCH_2Cl$$

当用甲醛和 HCl 处理某些芳香族化合物时，可将 CH_2Cl 基团引入到芳环，该反应即为氯甲基化反应（chloromethylation）。用其它的醛与 HBr 和 HI 也能进行类似反应，可以用更通用的名称"卤烷基化反应"（haloalkylation）来概括此类反应[411]。此类反应已成功应用于苯、烷基苯、烷氧基苯和卤苯。含有间位定位基的芳香族化合物不易发生此反应，这些底物反应的产率很低，或根本不反应。苯胺和苯酚太活泼通常生成聚合物，除非在环上也存在钝化基团。但是酚醚和酯去可以顺利发生这个反应。反应活性较小的化合物常可以被氯甲基甲醚（$ClCH_2OMe$），或者甲氧基乙酰氯（$MeOCH_2COCl$）等试剂氯甲基化[412]。氯化锌是最常用的催化剂，但是也可以用其它的 Friedel-Crafts 催化剂。由于与反应 11-22 同样的原因，反应的一个重要副产物是 Ar_2CH_2（来自甲醛）。

显然，反应的初始步骤包括芳香化合物与醛反应形成羟烷基化合物，正如 11-22，而后 HCl 将此中间产物转化为氯烷基化合物[413]。$ZnCl_2$ 可加速反应的原因在于它提高了反应介质的酸性[414]，导致 $HOCH_2^+$ 离子浓度的增加。

OS Ⅲ,195,197,468,557;Ⅳ,980.

11-15 Friedel-Crafts 芳基化反应：Scholl 反应
脱-氢-偶联

$$2ArH \xrightarrow[H^+]{AlCl_3} Ar-Ar + H_2$$

用 Lewis 酸和质子酸处理实现两个芳环分子偶联的反应被称为 Scholl 反应[415]。此反应的产率很低因而很少应用于合成。反应需要高温和强酸催化剂，因而对于在这些条件下易被破坏的底物来说就不适用。但是对于大的稠环体系的反应却变得很重要，因为在这些体系中普通的 Friedel-Crafts 反应（11-11）很少见。例如，在 Friedel-Crafts 条件下，萘可产生联萘。加入作为氧化剂[416] 的盐，如 $CuCl_2$ 或 $FeCl_3$ 可以增加产率[417]。铑催化剂也被使用[418]。

分子内 Scholl 反应，例如从三苯甲烷生成 50，比分子间的反应要成功得多。机理尚不清楚，不过很可能包含被一个质子进攻而产生的类型（12）的芳基正离子［参见 11.1.1 节（2）］，该芳镓离子可作为亲电试剂进攻其它芳环[419]。用特别活泼的芳卤，尤其是氟代芳烃，来处理芳环底物有时可以实现芳环化反应。自由基芳基化反应参见反应 12-15、13-26、13-27、13-10、14-17 和 14-18。

OS Ⅳ,482,Ⅹ,359;另见 OS Ⅴ,102,952.

11-16 金属芳基对芳香化合物的芳基化反应

$$Ar-M \xrightarrow{Ar'-H} Ar-Ar'$$

我们知道，许多金属芳基化合物可以与芳香化合物偶合，例如，苯胺衍生物与 $ArPb(OAc)_3$ 反应生成 2-芳基苯胺[420]。苯酚负离子也能反应形成联芳基化合物，在番木鳖碱存在下反应时具有中等的对映选择性[421]。微波辐照可用于 Mn(Ⅲ) 介导的联芳基化合物的合成[422]。在 TEMPO 存在下，芳基格氏试剂可以发生自偶合反应[423]。

苯基硼酸酯 $ArB(OR)_2$ 与缺电子的芳香化合物（例如苯乙酮）反应生成联芳基化合物[424]。苯基硼酸酯也可以与 π-烯丙基 Pd 配合物反应生成烷基化的芳香化合物[425]。在金属催化剂存在下，苯基硼酸同样可以发生偶合反应[426]。用氧化钒作催化剂可使有机硼酸酯发生偶合反应[427]，用 Pd 和 Cu 催化剂则可以使苯基三氟硼酸钾与芳香化合物偶合[428]。

芳基化高价碘衍生物可以发生 Cu 催化的偶联反应[429]。

见反应 13-9、13-11 和 13-12。

11-17 Friedel-Crafts 酰基化反应
酰化或脱氢酰化

$$ArH + RCOCl \xrightarrow{AlCl_3} ArCOR$$

制备芳酮的最重要方法是 Friedel-Crafts 酰基化反应[430]。该反应范围很广。所用的试剂[431]不仅有酰卤还有羧酸[432]、酸酐和烯酮。乙二酰氯可以用来产生二芳基-1,2-二酮[433]。酯常主要发生烷基化反应（参见 11-11）[434]。N-氨基甲酰基 β-内酰胺与萘在三氟甲磺酸存在下反应生成酮酰胺[435]。RCOCl 中的 R 基团既可以是烷基也可以是芳基[436]。Friedel-Crafts 烷基化反应的主要缺点是多烷基化和碳正离子中间体的重排，而这些缺点在 Friedel-Crafts 酰基化反应中不存在。Friedel-Crafts 酰基化反应中从未发现 R 基团的重排，因为其生成的中间体是受共振化稳定的酰基正离子（$RC\equiv O^+$，见下述）。由于 RCO 基是钝化基团，引进一个 RCO 基之后反应便停下来。所有四种酰卤都可以被使用，不过最常用的是酰氯。反应性的顺序通常是：I > Br > Cl > F[437]，但也不一定总是如此。催化剂是 Lewis 酸[438]，与反应 11-11 所用的那些催化剂类似，但在酰基化反应中，每摩尔试剂需要的催化剂量略多于 1mol，因为第 1mol 的催化剂与试剂中的氧配位［如 $R(Cl)C=O^{+-}AlCl_3$][439]。人们还发现了可以重复利用的催化剂，如 $Ln(OTf)_3$-$LiClO_4$[440]。也可以使用离子液体中的氯化铁[441]。HY-沸石化合物也被用来促进乙酸酐的反应[442]。催化剂还包括 Pd 催化剂，在微波辐照下与乙酸酐[443]、$TiCl_4$[444]、SmI_2[445]、In 金属[446]、乙酰氯和锌粉一起使用[447]。有人报道了利用羧酸和被称为 Envirocat-EPIC 的催化剂（经酸处理的基于黏土的物质）进行 Friedel-Crafts 酰基化反应[448]。也有报道在离子液体中的 Friedel-Crafts 酰基化反应[449]。一个有趣的酰基化反应是在离子液体 $AlCl_3$-BPC（BPC 为丁基吡啶氯化铝）存在下，三氯苯甲烷与苯偶合生成苯甲酮[450]。在二硫化碳中也可以完成酰基化反应[451]。一个有趣的改变是，在 $AlCl_3$ 存在下用微波辐照使共轭酰氯与苯反应，生成茚酮[452]。

当酰化试剂为羧酸时可利用质子酸作为催化剂[453]。三氟甲磺酸酐可以促进羧酸的脱水酰化[454]，P_2O_5/SiO_2 同样可以[455]。芳基羧酸可以在三聚氯氰和 $AlCl_3$ 作用下原位转化为其酰氯而进行 Friedel-Crafts 酰基化反应[456]。利用甲基苯磺酸/石墨可以实现无溶剂方法酰基化[457]。

羧酸磺酸混酐（$RCOOSO_2CF_3$）是非常活泼的酰化剂，不用催化剂即可将苯平稳地酰基化[458]。对于活泼的底物（如芳醚、稠环芳香族化合物、噻吩），只需用少量，常常只是微量，有时甚至不需要催化剂就能完成 Friedel-Crafts 酰基化反应。

该反应对许多类型的底物都相当成功，包括稠环体系在内，稠环体系在反应 11-11 中的结果并不好。含有邻对位定位基（包括烷基、羟基、烷氧基、卤原子和乙酰氨基在内）的许多芳香族化合物容易被酰基化。由于酰基体积比较大，大都主要或者专一给出对位产物。然而，芳胺的反应结果不好。对苯胺和苯酚，可能发生与 N-酰基化或 O-酰基化反应的竞争；但是，O-酰基化产物可通过 Fries 重排（11-27）转变成 C-酰基化苯酚。含有间位定位基的芳香族化合物不发生 Friedel-Crafts 酰基化反应，实际上硝基苯常作为该反应的溶剂。许多杂环体系，包括呋喃、噻吩、吡喃和吡咯[459]，其酰基化反应产率很好，而吡啶和喹啉相应反应的效果却不好。吲哚先用 Et_2AlCl[460]或 $SnCl_4$[461]引发，再与乙酰氯反应生成 3-乙酰吲哚。相比之下，N-乙酰吲哚与乙酸酐和 $AlCl_3$ 反应却生成 N,6-二乙酰吲哚[462]。在离子液体 emimcl-$AlCl_3$ 中，用乙酰氯也可以实现 C-3 酰基化[463]。Gore 在参考文献[430]中（参见其中第 36~100 页，以及第 105~321 页的表），详尽概述了可发生这些反应的底物。

Friedel-Crafts 酰基化反应也可以使用环酐[464]，在这种情况下产物的侧链上有一羧基（**51**）。当使用丁二酸酐时，产物是 $ArCOCH_2CH_2COOH$。它可以被还原成（反应 19-61）$ArCH_2CH_2CH_2COOH$，然后通过分子内 Friedel-Crafts 酰基化反应实现环化 **52**。整个过程被称为 Haworth 反应[465]：

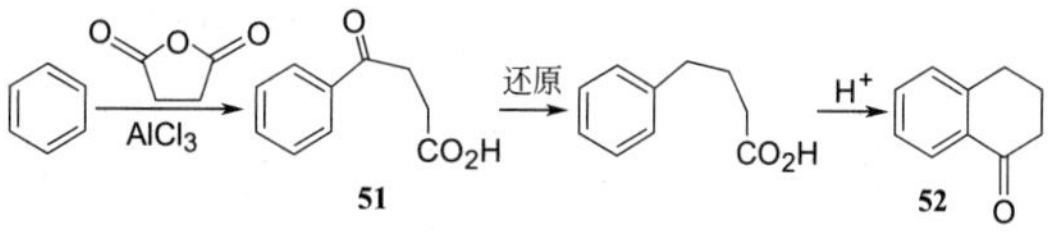

当试剂是混酐 RCOOCOR 时，可能得到两种产物：ArCOR 和 ArCOR'。哪种产物为主产物取决于两个因素：若 R 基团含有吸电子基时，主要形成 ArCOR'；但如果 R 和 R' 的吸电子能力大致相同时，则优先生成含有较大 R 基团的酮[466]。这意味着采用甲酸的混酐 HCOOCOR 不能将芳环甲酰化。

Friedel-Crafts 酰基化反应的一个重要用途是实现闭环[467]。如果酰卤、酸酐或羧酸基团[468]的位置适当，即可实现闭环。一个例子是 **53** 转化为 **54**：

该反应主要用于闭合六元环,但对于较难形成的五元环和七元环也用。用高度稀释技术甚至能闭合更大的环[469]。用环上含一个酰基的底物常能制备三元或更大的环体系。许多稠环系就是用这种方法制备的。如桥头基团是 CO,则产物就是苯醌[470]。分子内 Friedel-Crafts 酰基化反应最常见的催化剂之一是聚磷酸[471](由于它的高效率),不过也可以采用 AlCl$_3$、H$_2$SO$_4$ 以及其它 Lewis 酸与质子酸,但是用酰卤进行酰基化反应一般不用质子酸催化。

在 Pd 催化剂存在下,硫酯与芳基硼酸可以按 Friedel-Crafts 酰基化型的偶合反应发生偶联[472]。在微波辐照下酰卤可以与芳基硼酸偶联[473]。

Friedel-Crafts 酰基化反应的机理尚未完全清楚[474],但是根据反应条件,至少可能有两种机理在起作用[475]。大多数情况下进攻实体是酰基正离子,它可以以游离的形式或离子对的形式进攻。酰基正离子通过如下反应形成[476]:

$$RCOCl + AlCl_3 \longrightarrow RCO^+ + AlCl_4^-$$

若 R 是叔烷基,那么 RCO$^+$ 可能失去 CO 生成 R$^+$,因此烷基芳烃 ArR 常常是副产物,有时甚至是主要产物。这种分裂对比较不活泼底物的反应更容易发生,此时酰基正离子有足够的时间分裂。例如,新戊基酰氯 Me$_3$CCOCl 在苯甲醚中生成正常的酰基化产物。但在苯中却得到烷基化产物 Me$_3$CPh。在另一个机理中并没有形成酰基正离子,而是 1∶1 的配合物(55)直接进攻[477]。

对有立体位阻的 R 来说,更可能发生自由离子的进攻[478]。在极性溶剂(如硝基苯)中的乙酰氯和三氯化铝液态配合物中离子 CH$_3$CO$^+$ 已被检测到(用红外光谱),但在非极性溶剂中,如三氯甲烷中,只存在配合物而不存在游离的离子[479]。无论哪种情况,反应结束时肯定有 1mol 催化剂与产物结合。当采用 RCO$^+$SbF$_6^-$ 进行反应时不需要催化剂,此时进攻实体无疑是自由的离子[480](或离子对)[481]。

已经发现,在三氟甲磺酸金属盐催化的甲氧基萘的 Friedel-Crafts 酰基化反应中,需要使用 LiClO$_4$。锂盐的存在使含有甲氧基的芳环发生酰基化,然而如果没有锂盐,反应在另一个环上发生[482]。因为高氯酸锂与乙酸酐会形成配合物,该配合物可用于活化芳香化合物的 Friedel-Crafts 酰基化[483]。一个相似的反应是酰氯与芳香化合物在 Rh 催化剂作用下偶联,但该偶联反应发生脱羰基化而生成联芳烃[484]。

OS Ⅰ,109,353,476,517;Ⅱ 3,8,15,81,156,169,304,520,569;Ⅲ,6,14,23,53,109,183,248,272,593,637,761,798;Ⅳ,8,34,88,898,900;Ⅴ,111;Ⅵ,34,618,625;Ⅹ,125.

反应 11-18 是环的直接甲酰化[485]。反应 11-17 不能用于甲酰化反应,因为甲酸酐和甲酰氯在室温下不稳定。甲酰氯在 −6℃氯仿溶液中能稳定存在 1h[486],但在这种条件下无法使芳环甲酰化。在溶液中已制备了甲酸酐,但尚未分离出来[487]。可以获得甲酸和其它酸的混酐[488],这些混酐可用于甲酰化胺(参见反应 16-73)和醇,但却不能甲酰化芳环。芳环的甲酰化反应参见 13-17 的亲核方法。

相似的一个反应是其中一个环为苯酚的联苯的反应。联苯用 BCl$_3$ 处理和 AlCl$_3$ 催化,再与 CO 和 Pd(OAc)$_2$ 反应,发生羰基化和酰基化,生成相应的内酯[489]。芳香化合物的羰基化可以得到芳基酮。芳香化合物与 Ru(CO)$_{12}$、乙烯和 20atm(1atm = 2026.4kPa)的 CO 共热,生成相应的芳基乙基酮[490]。

11-18 甲酰化

甲酰化或脱氢甲酰化

$$Ar-H \longrightarrow Ar-CHO$$

芳环与二取代的甲酰胺和三氯氧磷的反应被称为 Vilsmeier 反应或 Vilsmeier-Haack 反应[491],它是芳环甲酰化的最常见方法[492],可是它只能用于如苯胺和苯酚等活泼的底物。也可以采用分子内转化的方法[493]。芳烃和杂环也可以被甲酰化,但是要求它们比苯更活泼(例如茂并芳庚、二茂铁)。虽然 N-苯基-N-甲基甲酰胺是常用的试剂,但也可以用其它芳烷基酰胺和二烷基酰胺[494]。光气(COCl$_2$)已经被用来代替 POCl$_3$。与其它酰胺反应生成酮的反应也完成了(实际上是 11-17 的一个具体反应实例),但是不常用。此时反应进攻物种[495]是 56[496],其反应机理可能为:

化合物 57 不稳定，易水解成产物。56 的形成以及 56 与底物的反应都可能是决速步，这取决于底物的反应性[497]。

如果用 $(CF_3SO_2)_2O$ 替代 $POCl_3$，该反应可应用到一些比较不活泼的化合物，如萘和菲[498]。

在一个相似的反应中，采用多聚甲醛，并与 $MgCl_2$-NEt_3 作用，苯酚转化成苯酚 2-甲醛[499]。另一种改变是，乙酰苯胺与 $POCl_3$-DMF 反应生成 2-氯喹啉-3-甲醛[500]。如果和共轭羟胺的反应联合使用，成串联 Vilsmeier-Beckman 反应（参见反应 18-17 Beckman 重排反应），则生成吡啶（2-氯-3-甲醛）[501]。也有报道碳链增长的反应，芳基烷基酮与 $POCl_3$/DMF 在硅胶上用微波辐照反应，得到了共轭醛：$ArC(=O)R \rightarrow ArC(Cl)=CHCHO$[502]。

OS I, 217; III, 98; IV, 331, 539, 831, 915.

$$ArH + Zn(CN)_2 \xrightarrow{HCl} ArCH=NH_2^+ Cl^- \xrightarrow{H_2O} ArCHO$$

用 $Zn(CN)_2$ 和 HCl 进行甲酰化的反应被称为 Gatterman 反应[503]。该反应可成功地应用于烷基苯、苯酚及其醚以及许多杂环化合物，但是此反应不能应用于芳胺。这个反应早先的做法是将底物用 HCN、HCl 和 $ZnCl_2$ 处理，但采用 $Zn(CN)_2$ 和 HCl（在原位产生 HCN 和 $ZnCl_2$）可使反应方便进行，同时也不影响产率。Gatterman 反应的机理研究不多，但是该反应中有一个含氮的初产物，该产物一般无法分离出，但却能水解生成醛。这个初产物被假定为 $rCH=NH_2^+Cl^-$ 这样的结构。当在超酸（F_3CSO_2OH-SbF_5，参见 5.1.2 节）条件下用 NaCN 处理苯，产物的产率则很高。这样可以得出结论在这种情况下的亲核试剂是 $H^+C=N^+H_2$[504]。Gatterman 反应可以认为是反应 11-24 的一个特例。

另一种将芳环甲酰化的方法是在 $AlCl_3$ 和 CuCl 的存在下用 CO 和 HCl 进行甲酰化的反应（Gatterman-Koch 反应）[505]。该方法只适用于苯和烷基苯[506]。芳基卤与 CO/H_2 在 Pd 催化剂作用下反应可转化为芳醛[507]。

OS II, 583; III, 549.

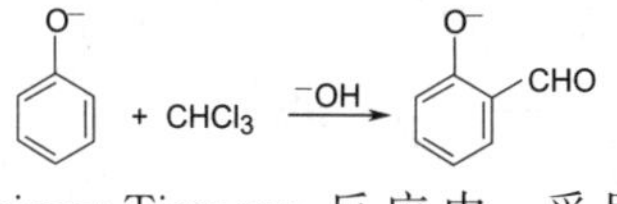

在 Reimer-Tiemann 反应中，采用氯仿和 OH^- 甲酰化芳环[508]。此方法仅适用于苯酚和吡咯与吲哚这样的杂环化合物。与以前所讲的甲酰化方法（反应 11-18）不同，该反应在碱性溶液中反应产率一般很低，很少超过 50%[509]。进入的基团将被引入邻位，如果两个邻位基团全被占据，此时新基团进入对位[510]。有些底物在反应时只生成了异常的产物，或除了正常的产物之外还有异常的产物。例如，58 和 60 分别产生 59 和 61，

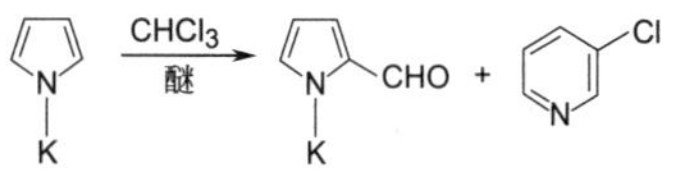

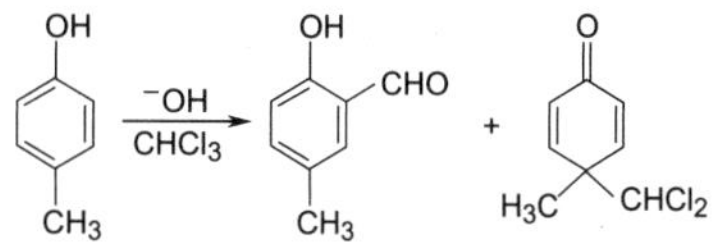

以及正常的醛产物。根据试剂的性质以及得到的异常产物结构，可以很清楚地看出这个反应的进攻反应物种是二氯卡宾（CCl_2）[511]。人们已经知道这是用碱处理氯仿所产生的（参见反应 10-3）；它是一种亲电试剂，可使芳环的环扩大（参见反应 15-64），生成了如 58 那样的产物。通常反应的机理大致为[512]：

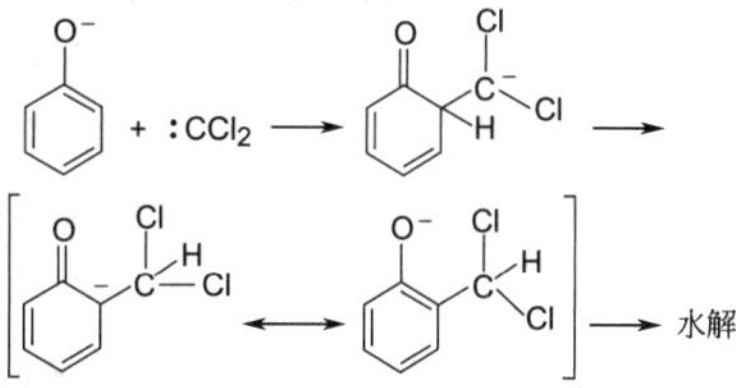

在 60 的情况下，61 的形成可以通过 CCl_2 对 CH_3 基团的本位位进攻得到解释。由于该位置没有氢原子，不会像通常的情况那样失去质子，且当 CCl_2^- 得到一个质子时反应将终止。

与 Reimer-Tiemann 反应密切相关的方法是 Duff 反应，在 Duff 反应中用六亚甲基四胺 $[(CH_3)_6N_4]$ 代替氯仿。这个反应只能用于苯酚和苯胺；一般观察到的是发生邻位取代，产率比较低。提出的机理[513]包括初始的胺烷基化（11-22）生成 $ArCH_2NH_2$，而后发生脱氢反应生成 $ArCH=NH$，该产物可水解生成产物醛。当同时使用 $(CH_3)_6N_4$ 与 F_3CCOOH 时，反应还可应用于简单的烷基苯；产率更高，并且发现专一性的对位取代[514]。在这种情况下亚胺也可能是一个中间体。

OS III, 463; IV, 866.

$$ArH + Cl_2CHOMe \xrightarrow{AlCl_3} ArCHO$$

除了 11-18 的反应之外，还有其它几种甲酰化方法[515]。其中一种是在 Friedel-Crafts 催化剂存在下，二氯甲基甲基醚将苯环甲酰化[516]。化合物 ArCHClOMe 可能是一个中间产物。也可用原甲酸酯进行甲酰化[517]。另一种方法是采用

甲酰氟 HCOF 和 BF_3 也可以使苯环甲酰化[518]。甲酰氟不如甲酰氯稳定，不适合用作甲酰化试剂。苯、烷基苯、PhCl、PhBr 和萘易发生此类反应。在 $SnCl_4$ 和叔胺的存在下，在非质子溶剂中用两当量的低聚甲醛处理苯酚，可以高收率地在邻位发生专一性的甲酰化反应[519]。将苯酚转化成芳基锂试剂，再用 N-甲酰基哌啶处理，已经实现苯酚的间接甲酰化[520]。间接方法可参见反应 11-23。芳基卤用相似的反应可以转化成相应的醛[521]。

OS Ⅵ, 49; Ⅳ, 162.

反应 11-19 和 11-20 可使苯环[523]直接羧基化[522]。

11-19 用碳酰酰卤羧化

羧化或脱氢羧化

$$ArH + COCl_2 \xrightarrow{AlCl_3} ArCOOH$$

在 Friedel-Crafts 催化剂的存在下光气可以羧化芳环。这一过程与反应 11-17 类似，但起初形成的 ArCOCl 会水解成羧酸。但是，在大多数情况下反应并不沿着这条路线，而是 ArCOCl 进攻另一个环，产生芳酮 ArCOAr。可以利用许多其它的试剂来解决这个难题，这些试剂包括草酰氯、尿素盐酸盐、三氯乙醛（Cl_3CCHO）[524]、氨基甲酰氯（NH_2COCl）和 N,N-二乙基氨基甲酰氯[525]。与氨基甲酰氯发生的反应被称为 Gatterman 酰胺合成法，反应产物是酰胺。苯、烷基苯和稠环芳香体系可以用这些试剂中的某一种羧化[526]。

其它方法虽然机理不同，但也可以将芳香族化合物转化为芳香羧酸。在钯催化下，芳香族化合物与甲酸反应生成安息香酸的衍生物[527]。在 DMF 中以钯为催化剂，二芳基碘氟硼酸盐（$Ph_2I^+BF_4^-$）与 CO 和 In 反应，可生成二苯甲酮[528]。

OS Ⅴ, 706; Ⅶ, 420.

11-20 用 CO_2 羧化：Kolbe-Schmitt 反应

羧化或脱氢羧化

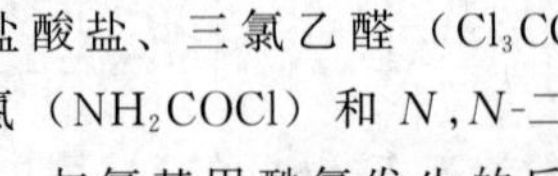

苯酚钠可以被二氧化碳羧化，反应主要发生在邻位（Kolbe-Schmitt 反应）。反应机理尚不清楚，但是显然在反应物之间形成了一种配合物[529]，使得二氧化碳的碳更具正电性，且处于易攻击环的位置。苯酚钾由于不大可能形成这样的配合物，因此主要进攻对位。有证据表明，在钾盐形成的配合物中，芳香化合物与 CO_2 的碳之间成键[530]。在形成的对羟基苯甲酸中，至少一部分是来源于起初形成的水杨酸钾的重排，而水杨酸钠并不重排[531]。在 Reimer-Tiemann 反应（11-18）的条件下，四氯化碳可以用于代替 CO_2。

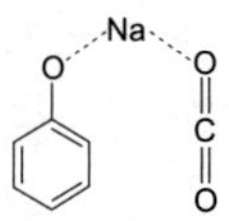

用碳酸钠或碳酸钾和一氧化碳处理苯酚钠或苯酚钾，可以选择性地在其对位发生羧化反应，反应具有高的产率[532]。C-14 标记实验表明产物对羟基苯甲酸中的碳来自碳酸盐[533]。CO 转变成了甲酸钠或甲酸钾。用钯化合物作为催化剂，一氧化碳也可用于羧化芳环[534]。此外，钯催化的反应也被用于直接制备酰氟 ArH→ACOF[535]。在 CO 和 O_2 存在下，磷酸钼钒可用于苯甲醚的反应[536]。有报道用 Ag_2CO_3 和 CO 在 Pd 催化下可以实现羧化反应[537]。

有人报道了酶催化的羧化反应，在超临界 CO_2（参见 9.4.2 节）中，将吡咯与巨大芽孢杆菌 PYR2910（Bacillus megaterium PYR2910）和 $KHCO_3$ 混合，生成吡咯 2-羧酸钾盐[538]。

OS Ⅱ, 557.

11-21 酰胺化

脱氢 N-烷基甲酰胺化

$$ArH + RNCO \xrightarrow{AlCl_3} ArCONHR$$

异氰酸酯直接进攻芳环可以制备 N-取代的酰胺[539]。R 基团可以是烷基或芳基，但若是芳基，有可能得到二聚体和三聚体。异硫氰酸酯也可以类似地产生硫代酰胺[540]。与芳烷基异硫氰酸酯和酰基异硫氰酸酯的反应都是分子内反应[541]。对于后一种情况产物很容易水解成二元羧酸，这是将一个羧基引入到与已有羧基的邻位的一种方法（62 是用异氰酸铅处理酰卤制备的）。对 $ArCH_2CONCS$ 类底物，反应产率更好，此时形成的是六元环。在 Pd 和 Cu 催化下，2-氨基联苯分子内反应生成咔唑[542]。

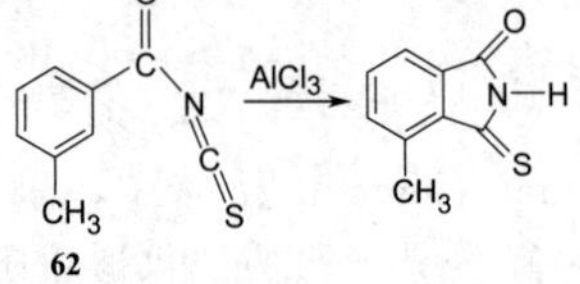

62

有一些有趣的反应由过渡金属催化生成芳香酰胺。以 Pd 作催化剂，在 $POCl_3$ 和 DMF 作用下芳基碘被转化为苯甲酰胺[543]。羰基化是形成酰胺的另外一种方法。在 3mol 倍量 DBU、10% Pd(OAc)$_2$ 存在下，在 100℃用微波辐照，芳基碘用仲胺和 Mo(CO)$_6$ 处理，得到相应的苯甲酰胺[544]。在微波辐照下用羟胺作为氨等价物可以实现氨基甲酰基化[545]。

OS V,1051；Ⅵ,465.

反应 **11-12**~**11-23** 涉及引入 CH$_2$Z 基团，Z 为卤素、羟基、氨基或烷硫基。它们都是醛和酮的 Friedel-Crafts 反应，就羰基化合物而言是对 C=O 双键的加成。它们遵循第 16 章所讨论的机理。

11-22 氨烷基化

二烷基氨烷基化或脱氢二烷基氨烷基化

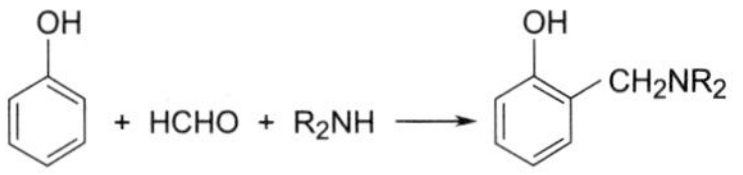

用甲醛和仲胺处理苯酚、仲芳胺和叔芳胺[546]、吡咯和吲哚，可以使其氨甲基化。有时也用其它醛。氨烷基化反应是 Mannich 反应（**16-19**）的一种特殊情况。

当用 N-羟甲基氯乙酰胺处理苯酚和其它活化的芳基化合物时，可发生酰胺烷基化反应生成产物 **63**[547]，**63** 通常在反应体系中水解生成氨烷基化的产物。其它 N-羟基烷基和 N-氯代化合物亦可用于此反应[379]。在多聚磷酸中硝基乙烷可用于芳香化合物的乙酰氨基化[548]。

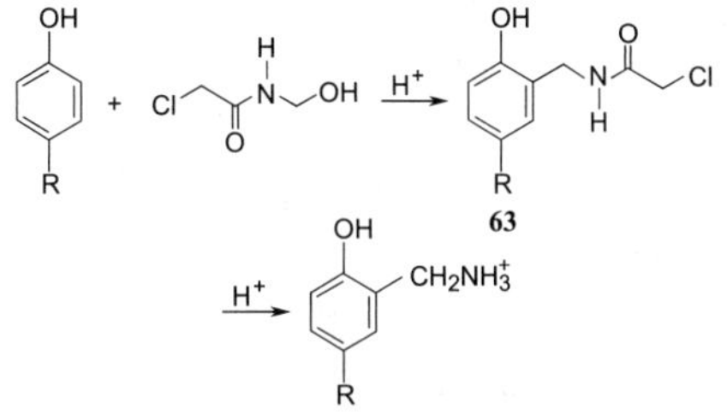

芳基卤用有机三氟硼酸钾可以发生氨基甲基化[549]。

OS Ⅰ,381；Ⅳ,626；Ⅴ,434；Ⅵ,965；Ⅶ,162.

11-23 硫烷基化

烷基硫烷基化或脱氢烷基硫烷基化

在 DMSO 和 DCC 的条件下加热苯酚，可在苯酚的邻位插入甲基硫甲基[550]。可以用其它试剂代替 DCC，如 SOCl$_2$[551] 和乙酸酐[552]。另一种方法，可用二甲硫醚和 NCS 处理苯酚，之后再用三乙胺处理[553]。该方法可以用于苯胺，在 CH$_2$Cl$_2$ 中，用 t-BuOCl、Me$_2$S 和 NaOMe 处理苯胺，生成 o-NH$_2$C$_6$H$_4$CH$_2$SMe[554]。芳香烃进行硫烷基化还可以用 α-氯甲基硫基乙酸乙酯（ClCH$_2$SCH$_2$COOEt，生成 ArCH$_2$SCH$_2$COOEt）[555]，用甲基（甲硫基甲基）亚砜（MeSCH$_2$SOMe）或者（甲硫基甲基）对甲基苯磺酸酯（MeSCH$_2$SO$_2$C$_6$H$_4$Me）生成 ArCH$_2$SMe[556]，在这些反应中都需要 Lewis 酸作催化剂。

OS Ⅵ,581,601.

11-24 用腈酰基化：Hoesch 反应

酰基化或脱氢酰基化

$$ArH + RCN \xrightarrow[ZnCl_2]{HCl} ArCOR$$

利用腈和 HCl 的 Friedel-Crafts 酰基化反应被称为 Hoesch 反应或 Houben-Hoesch 反应[557]。在大多数情况下，Lewis 酸是必需的，最常用的是氯化锌。该反应通常只适用于苯酚、苯酚醚和一些活泼的杂环化合物（例如吡咯），但是如果使用 BCl$_3$ 则可将该反应用于芳香胺[558]。在苯胺的情况下，酰基化反应区域选择性地发生在邻位。但是一元羟基苯酚一般不生成酮[559]，此时试剂进攻氧生成亚氨酸酯。许多腈均能用于此反应。如果腈先用 HCl 和 ZnCl$_2$ 处理，再在 0℃下与底物反应的话，甚至芳基腈的反应也有较高的产率[560]。事实上，这个方法应用于任何腈都可以大大提高产率。若用硫氰酸酯（RSCN），可以得到硫代酯（ArCOSR）。Gatterman 反应（**11-18**）是 Hoesch 合成法的一种特殊情形。

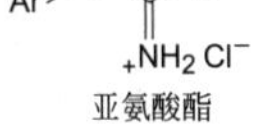

亚氨酸酯

反应机理很复杂，而且没有完全弄清楚[561]。反应的第一阶段为腈和 HCl（以及 Lewis 酸，如果存在的话）所形成的反应物种对底物的进攻，产生亚胺的盐（**66**）。其中可能的进攻实体是 **64** 和 **65**。在反应的第二阶段中，盐水解生成产物，先是转化为亚胺盐，再生成酮：

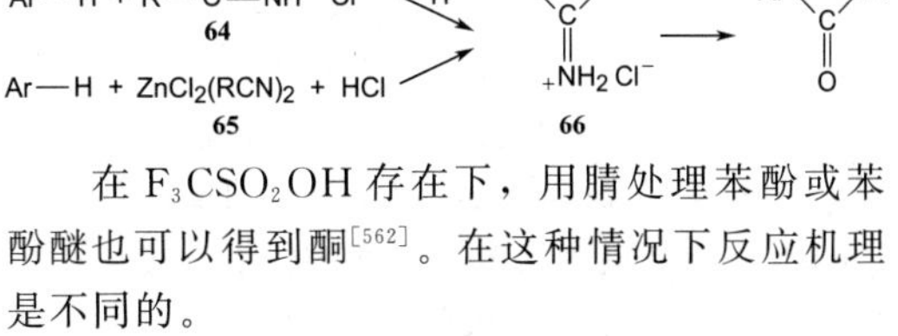

在 F$_3$CSO$_2$OH 存在下，用腈处理苯酚或苯酚醚也可以得到酮[562]。在这种情况下反应机理是不同的。

OS Ⅱ,522.

11-25 氰化或脱氢氰化

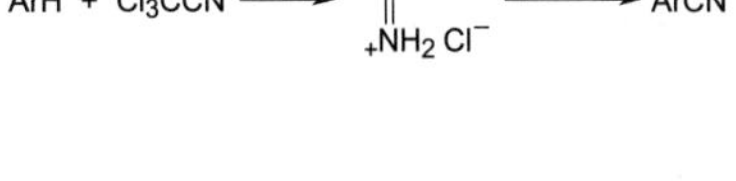

$$ArH + Cl_3CCN \xrightarrow{HCl} \underset{\overset{+}{NH_2} Cl^-}{\overset{Ar\ \ \ CCl_3}{C}} \xrightarrow{NaOH} ArCN$$

芳烃（包括苯）、苯酚和苯酚醚可用三氯乙腈、BrCN 或雷酸汞 Hg(ONC)$_2$ 氰化[563]。在使用 Cl$_3$CCN 的情况下，实际的进攻实体可能是质子与氰基氮加成形成的 Cl$_3$C$^+$C=NH。在 Cl$_3$CCN 和 BCl$_3$ 存在的条件下，可以将仲芳胺（ArNHR）以及苯酚的邻位氰化[564]。

已有研究表明，可用 Zn(CN)$_2$ 和钯催化剂将三氟甲基磺酸芳基酯转化为芳腈[565]。

OS Ⅲ, 293.

11.6.1.6 氧亲电试剂

氧亲电试剂很不常见，因为氧不容易带正电荷。但是有一个反应需要介绍。

11-26 羟基化或脱氢羟基化

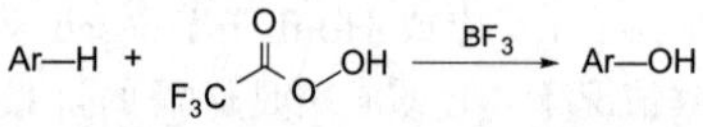

$$Ar-H + F_3C\overset{O}{\underset{}{C}}OOH \xrightarrow{BF_3} Ar-OH$$

经过亲电过程直接发生羟基化反应[566]的报道很少（见14-5）[567]。通常反应的结果不好，其部分原因是引入 OH 基使环活化，引起进一步的进攻，通常形成醌。但是像 1,3,5-三甲基苯或杜烯这样的烷基取代苯，利用三氟过乙酸和三氟化硼可使其羟基化[568]，产率较好。对于 1,3,5-三甲基苯，其产物（**67**）不会受到进一步的进攻：

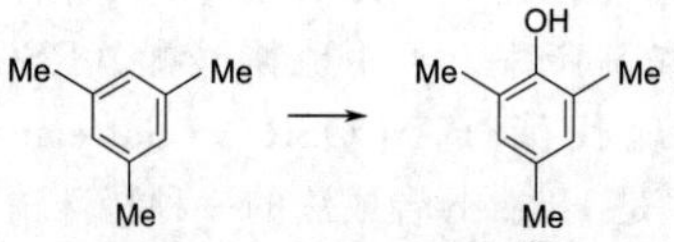

[Structure: 1,3,5-三甲基苯 → 2,4,6-三甲基苯酚 (67)]

在相关的过程中，甚至苯或者取代苯（如 PhMe、PhCl 或二甲苯）在过硼酸钠-F$_3$CSO$_2$OH 作用下，可以高产率地转化为酚[569]。芳胺、N-酰基芳胺和苯酚在 SbF$_5$-HF 中用 H$_2$O$_2$ 处理可以被羟基化[570]。在 -75℃下，用乙酰次氟酸（AcOF）可以高产率地将吡啶和喹啉转化为它们的 2-乙酰氧基衍生物[571]。

另外一个羟基化反应是 Elbs 反应[572]，即在碱溶液中用 K$_2$S$_2$O$_8$ 将苯酚氧化为对二酚[573]。伯芳胺、仲芳胺和叔芳胺主要或者全部生成邻位取代物，除非两个邻位已有取代基，在这种情况下，则生成对位取代化合物。与胺的反应被称为 Boyland-Sims 氧化反应。无论是胺还是酚，其反应产率都比较低，一般都低于 50%。反应机理不是很清楚[574]，但对 Boyland-Sims 氧化反应来说，有证据表明是 S$_2$O$_8^{2-}$ 离子进攻本位，而后再发生迁移[575]。

在三氟乙酸和三乙胺存在下电解苯可获得苯酚，产率为 73%[576]。在介孔 TiO$_2$ 存在下苯可发生光解羟基化[577]。在多金属氧酸盐 H$_5$PV$_2$Mo$_{10}$O$_{40}$ 存在下，钝化的苯化（例如，硝基苯）可发生选择性地邻位羟基化[578]。在 Fe-AlPO 催化剂存在下，一氧化二氮可用作氧化剂[579]。

11.6.1.7 金属亲电试剂

金属置换芳环氢的反应将与第 12 章中脂肪化合物的相应反应一并讨论（**12-22** 和 **12-23**）。

11.6.2 氢在重排反应中作为离去基团

在这些反应中，一个基团首先从侧链离去后再进攻环，可是从另一个角度来看它们又与本章里早已讲到的那些反应类似[580]。由于基团在同一分子的一处迁到另外一处，因而属于重排反应（见第 18 章）。在这些反应中，问题是从某个分子脱离出的基团是进攻同一个分子还是进攻另外一个分子，即反应是分子内反应还是分子间反应。对于分子间反应，其机理与普通的芳香取代一样，但对分子内反应的机理，迁移基团肯定不是完全游离的，否则它将能进攻另一个分子。既然分子内重排的迁移基团距离分离它的那个原子仍然很近，有人提出分子内反应比分子间反应更可能产生邻位化合物。利用这种特性，有助于判断给定的重排反应是分子间的还是分子内的，尽管有证据表明在有些情况下，分子间机理仍可以导致很大程度的邻位迁移[581]。

Claisen 重排（**18-33**）和对联苯胺重排（**18-36**），从表面上看像这一部分的反应，实际上机理并不相同，将放在第 18 章讨论。

11.6.2.1 从氧离去的基团

11-27 Fries 重排

1/C-氢, 5/O-酰基-交换[582]

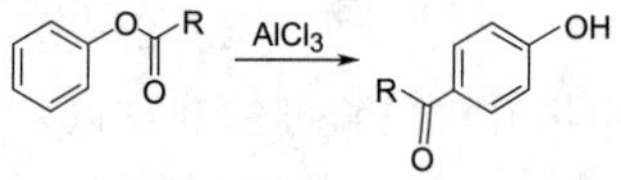

[Structure: 苯甲酸苯酯 + AlCl$_3$ → 4-羟基苯基酮]

酚醚在 Friedel-Crafts 催化剂的作用下，加热时能重排，这是具有合成意义的反应，被称为 Fries 重排[583]。邻位和对位芳基酚都可能产生，有可能通过选择条件使其中一个产物为主。邻/对位比率取决于温度、溶剂和所用的催化剂量。低温一般有利于对位产物，高温则有利于邻位产物，但也有例外。R 基团可以是脂肪族的或芳香族的。环上的任何间位取代基都不利于反应，这与 Friedel-Crafts 反应的规律一致。在用 F$_3$CSO$_2$OH 处理苯甲酸芳基酯时，Fries 重排是可逆的，并且可达到平衡[584]。过渡金属催化的

Fries 重排也已有报道[585]。

Fries 重排确切的机理并不完全清楚[586]。提出的观点包括完全分子间的[587]、完全分子内的[588] 以及部分分子间和部分分子内的[589]。判断是分子间还是分子内过程的一种方法是，在另一种芳香化合物如甲苯的存在下，使酚醚进行反应。若某些甲苯被酰基化了，于是反应必然是，至少部分是分子间的。如甲苯不被酰基化，则可以推测反应是分子内的。尽管这还不能完全肯定，因为有可能是由于甲苯不如另一底物活泼而不被进攻。已经做过许多这样的实验（被称为交叉实验）；而有时有交叉产物，有时没有。对于反应 **11-17**，起始的配合物 (**68**) 是在底物和催化剂之间形成的，所以需要的催化剂/底物的摩尔比至少要 1∶1。在氯化铝存在下，Fries 重排可以被微波辐照诱发[590]。用微波辐照简单加热乙酸苯酯就可发生 Fries 重排[591]。在离子熔融物中也已经进行了 Fries 重排[592]。

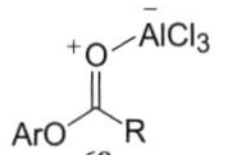

在没有催化剂的情况下，利用紫外光照射，也可以发生 Fries 重排[593]，该反应被称为光-Fries 重排[594]，主要是分子内的自由基过程。邻位和对位两种迁移都被观察到[595]。与 Lewis 酸催化的 Fries 重排不同，当环上有间位定位基团时，光-Fries 重排反应仍可以进行，尽管产率常常很低。关于光-Fries 重排[597]，已有的证据强烈表明下列机理的发生：先形成激发态酯，再发生自由基对的解离[596]。以对位进攻来说明：

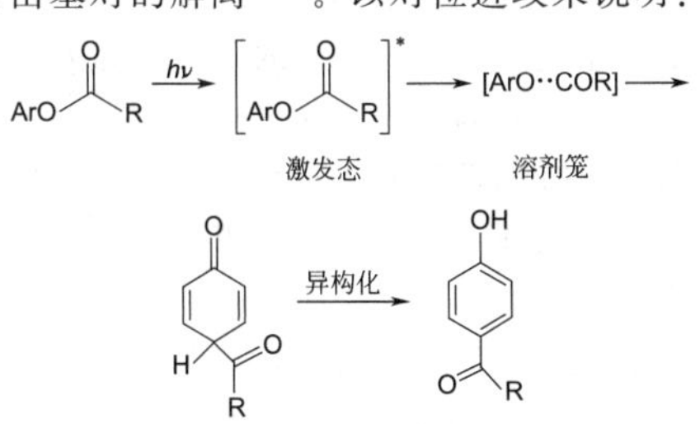

苯酚（ArOH）是常见的一种副产物，是由溶剂笼中漏出来的某些 ArO· 夺取邻近分子中的一个氢原子产生的。当乙酸苯酯在气相中发生反应时，由于气相中没有溶剂分子形成的笼（但存在的异丁烷可作为氢的来源），酚是主要的产物，实际上没有发现邻羟苯乙酮或对羟苯乙酮[598]。对这个机理的其它证据[599]是，在反应过程中发现 CIDNP 现象[600]；用闪光分解[601]和纳秒时间分辨的拉曼光谱[602]检测到自由基 ArO·。

LDA 介导的芳基甲酰胺的阴离子 Fries 重排已有报道[603]。所谓的阴离子 Snieckus-Fries 重排也被讨论过[604]。

在二氧化硅上用微波辐照，O-芳基磺酸酯用 $AlCl_3$-$ZnCl_2$ 处理可生成 2-磺酰基苯酚，这是一个硫-Fries 重排[605]。O-芳基磺酰胺的相似反应也有报道[606]。

OS Ⅱ, 543; Ⅲ, 280, 282.

11.6.2.2 从氮离去的基团[607]

研究表明 $PhNH_2D$ 可重排生成邻-和对-重氢苯胺[608]。OH 的迁移，从形式上看类似于反应 **11-28** 至 **11-32**，但实际上是一个亲核取代反应，这些反应将在第 13 章中讨论（**13-32**）。

11-28 硝基的迁移

1/C-氢,3/N-硝基-交换

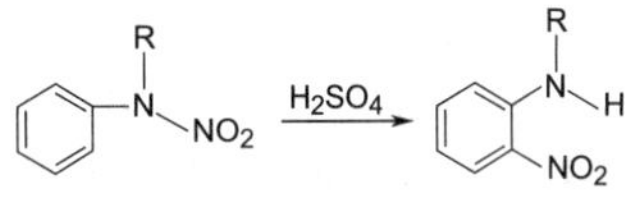

用酸处理 N-硝基芳胺，将重排生成邻位和对位硝基苯胺，其中以邻位产物为主[609]。这除了可表明该反应是分子内反应过程，还有研究事实表明实际上在这个反应中不产生间位异构体[610]，尽管对芳胺的直接硝化反应一般得到相当数量的间位产物。因而认为反应机理是由环中分离出的 NO_2^+ 再进攻另一个分子。进一步的研究结果表明该分子内过程是在 $K^{15}NO_2$ 的存在下几种底物的重排生成不含 ^{15}N 的产物[611]。$PhNH^{15}NO_2$ 和未标记的 p-$MeC_6H_4NHNO_2$ 混合物的重排反应，生成不含 ^{15}N 的产物 2-硝基-4-甲基苯胺[612]。另一方面，在无标记的 PhMe-NO_2 存在下，**69** 的重排生成带有标记的 **70**，而 **70** 的产生不是由于 F 的置换[613]。R 基团可以是氢或烷基。

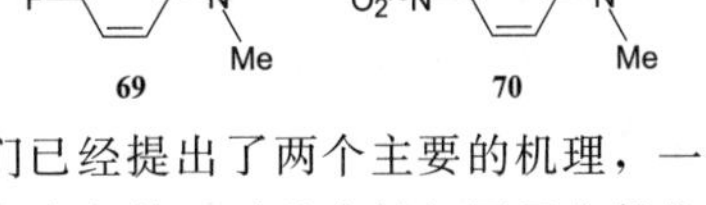

人们已经提出了两个主要的机理，一个机理是硝基离去之前，硝基中的氧原子在邻位发生环进攻[614]；另一个机理是分裂生成的自由基和自由基离子都共处于溶剂笼中[615]。

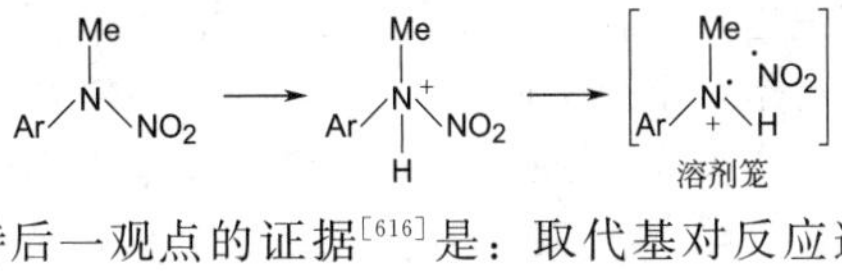

支持后一观点的证据[616]是：取代基对反应速率的影响[617]；^{15}N 和 ^{14}C 动力学同位素效应具有非

协同性[618]；以及除了正常的产物 o- 和 p-硝基-N-甲基苯胺外，还生成了足够多的 N-甲基苯胺和亚硝酸的实验事实[619]。这些副产物是自由基从溶剂笼里逸出时形成的。

11-29　亚硝基的迁移：Fischer-Hepp 重排

1/C-氢-5/N-亚硝基-交换

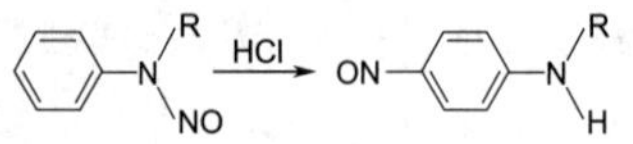

$$\underset{NO}{\underset{|}{Ph-N-R}} \xrightarrow{HCl} ON-\!\!\!\left\langle\;\;\right\rangle\!\!\!-NHR$$

亚硝基迁移的反应，形式上与反应 11-28 类似，该反应之所以重要是因为对亚硝基仲芳胺一般不能采用仲芳胺直接 C-亚硝化法制备（参见反应 12-50）。被称为 Fischer-Hepp 重排的反应[620]，是用 HCl 处理 N-亚硝基仲芳胺而发生反应的。其它酸反应的结果很差或根本不反应。对于苯系化合物，形成的全是对位产物[621]。该重排的机理未完全弄清。在大量尿素[622]情况下发生反应的事实表明反应是分子内的[623]，这是因为，如果溶液中存在游离的 NO^+、NOCl 或类似的反应实体，则会被尿素所俘获，从而阻止重排。

11-30　芳基偶氮基的迁移

1/C-氢-5/N-芳基偶氮基-交换

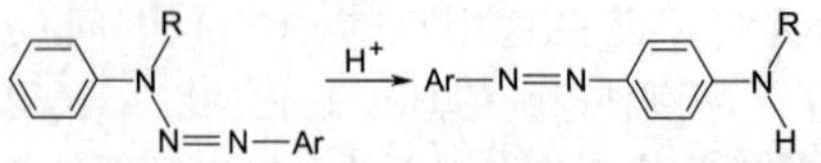

$$\underset{N=N-Ar}{\underset{|}{Ph-N-R}} \xrightarrow{H^+} Ar-N=N-\!\!\!\left\langle\;\;\right\rangle\!\!\!-NHR$$

芳三氮烯的重排可用于制备伯和仲芳胺的偶氮衍生物[624]。在这些反应中首先是氨基被重氮化（参见 11-4）生成三氮烯，而后用酸处理重排形成产物。重排结果总是生成对位异构体，除非对位被占据。

11-31　卤原子的迁移：Orton 重排

1/C-氢-5/N-卤素-交换

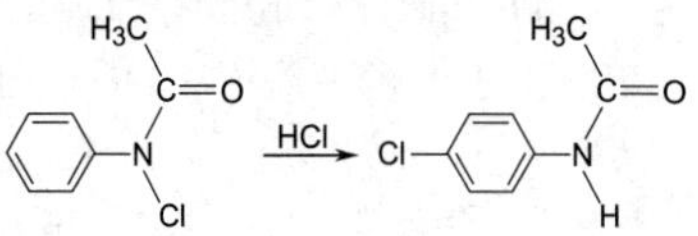

$$\underset{Cl}{\underset{|}{Ph-N-COCH_3}} \xrightarrow{HCl} Cl-\!\!\!\left\langle\;\;\right\rangle\!\!\!-NHCOCH_3$$

在 HCl 作用下，卤原子从含氮侧链迁移到环上的过程被称为 Orton 重排[625]。其主要产物是对位异构体，但也可能有一些邻位产物。最常见的是 N-氯代胺和 N-溴代胺，N-碘代胺的反应比较少见。胺必须是酰基化的，但是 $PhNCl_2$ 除外，它反应生成 2,4-二氯苯胺。反应常在水或乙酸中进行。有许多证据（交叉卤化、标记等）表明这是一个分子间反应过程[626]，HCl 先与起始物反应生成 $ArNHCOCH_3$ 和 Cl_2；而后像反应 11-10 一样，氯气使芳环卤化。这个机理的证据之一是已经从反应混合物中分离出氯。Orton 重排反应也可在光照下进行[627]，或在过氧化苯甲酰基存在下加热发生反应[628]。这些反应都是自由基过程。

11-32　烷基的迁移[629]

1/C-氢-5/N-烷基-交换

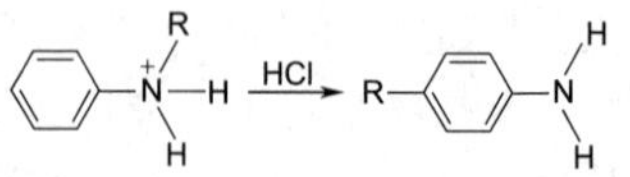

$$\underset{H\;\;H}{\underset{|\;\;|}{Ph-\overset{+}{N}-R}} \xrightarrow{HCl} R-\!\!\!\left\langle\;\;\right\rangle\!\!\!-NH_2$$

将芳烷胺的 HCl 盐加热至约 200～300℃，可发生烷基迁移，这就是 Hofmann-Martius 反应。这是一个分子间反应，因为发现了交叉产物。例如，溴化甲苯铵盐不仅产生正常的产物邻甲苯胺和对甲苯胺，还有苯胺和二甲基苯胺及三甲基苯胺[630]。同时也正如分子间机理可推测的，当 R 是伯烷基时可发生异构化。

对于伯烷基，反应可能经过最初在 S_N2 反应中形成的卤代烷：

$$RNH_2Ar + Cl^- \longrightarrow RCl + ArNH_2$$

支持这种说法的证据是，卤代烷已从反应混合物中分离出来，而且 Br^-、Cl^- 和 I^- 等不同离子导致产物的邻/对比不同，这表明反应过程与卤素有关[630]。进一步的证据是，分离出的卤代烷并未发生重排（这与 S_N2 机理所能得出的结论一致），尽管环上的烷基发生了重排。卤代烷一旦形成，便通过正常的 Friedel-Crafts 烷基化过程与底物反应（11-11），这样就可以解释重排。当 R 是仲或叔烷基时，可以直接形成碳正离子，因此反应不通过卤代烷[631]。

将胺（而不是盐）与诸如 $CoCl_2$、$CdCl_2$、$ZnCl_2$ 这样的金属卤化物加热至 200～350℃，也可能发生相应的反应。这样的反应被称为 Reilly-Hickinbottom 重排。大于乙基的伯烷基可生成重排和不重排的两种产物[632]。该反应一般不应用于仲和叔烷基，因为这些基团在该条件下一般分解成烯烃。

当酰基化的芳胺光解时，酰基迁移的过程[633]类似于光-Fries 反应（11-27）。

11.6.3　其它离去基团

此部分讨论以下三类反应。

(1) 氢置换另一个离去基团的反应：

$$ArX + H^+ \longrightarrow ArH$$

(2) 除氢外的亲电试剂置换另一个离去基团的反应：

$$ArX + Y^+ \longrightarrow ArY$$

(3) 基团（除氢外）在环上从一个位置迁移到另一个位置的反应。这些迁移可以是分子间的也可以是分子内的。

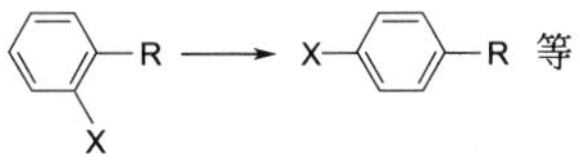

$$\underset{X}{\text{Ar}}-R \longrightarrow X-\text{Ar}-R \text{ 等}$$

这三类不再分别论述，但反应可以根据离去基团进行分类。

11.6.3.1 碳离去基团
11-33 Friedel-Crafts 烷基化的逆反应

脱烷基氢化或脱烷基化

$$ArR + H^+ \xrightarrow{AlCl_3} ArH$$

在质子酸或（和）Lewis 酸的作用下，烷基可与芳环分离。叔烷基最容易分离；正因为如此，有时叔丁基被暂时引入芳环，用于定向导入另一个基团，然后再离去[634]。例如，4-叔丁基甲苯（**71**）与苯甲酰氯和 $AlCl_3$ 反应生成酰化产物，接着再用 $AlCl_3$ 处理，失去叔丁基生成 **72**[635]：

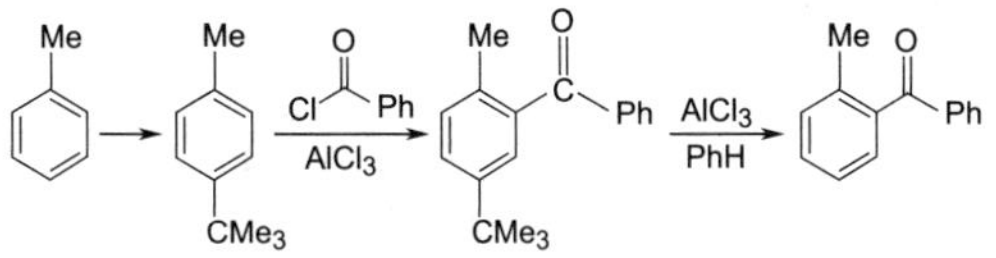

仲烷基离去较难，伯烷基更难。由于这一点，在对含有烷基的芳香族化合物用 Friedel-Crafts 催化剂时（Lewis 酸或质子酸）必须加以小心。真正的断裂，即烷基 R 转化为烯烃，只有在高温（>400℃）才发生[636]。在通常的温度下，R 基团进攻另一个环，因而大量的产物可能是去烷基化的，但还存在许多烷基化的原料。因此基团由环上一处迁到另一处，或迁移到不同环上的异构化反应，比真正的断裂更重要。在这些反应中，间位异构体一般是二烷基苯中最多的产物，而 1,3,5-三烷基苯是三烷基苯之中最多的，因为这些化合物的热力学稳定性最高。烷基迁移可以是分子间的也可以是分子内的，具体过程由反应条件和 R 基团决定。可以引用下面的实验：在 HF 和 BF_3 的作用下，乙苯几乎全部生成苯和二乙苯（完全是分子间反应）[637]；β位标记的丙基苯反应会生成苯、丙基苯和二丙苯与三丙苯，但所形成的丙基苯在α位上有部分标记，γ位上未发现标记（既有分子内又有分子间的）[638]；邻二甲苯在 HBr 和 $AlBr_3$ 作用下生成邻位和间位二甲苯的混合物，但没有对二甲苯，而对二甲苯反应给出对位和间位产物，但没有邻二甲苯，并且在这些实验中分离不出三甲基化合物（绝对是分子内重排）[639]。显然，甲基只是分子内迁移，而其它基团可能发生分子内或分子间过程[640]。

分子间重排的机理[641] 中可以有自由的碳正离子，不过有许多实例表明未必一定需要这种情况。例如，许多反应中烷基并不发生重排。对于分子间重排过程，已经提出了如下不涉及从环上分离的碳正离子的机理[642]：

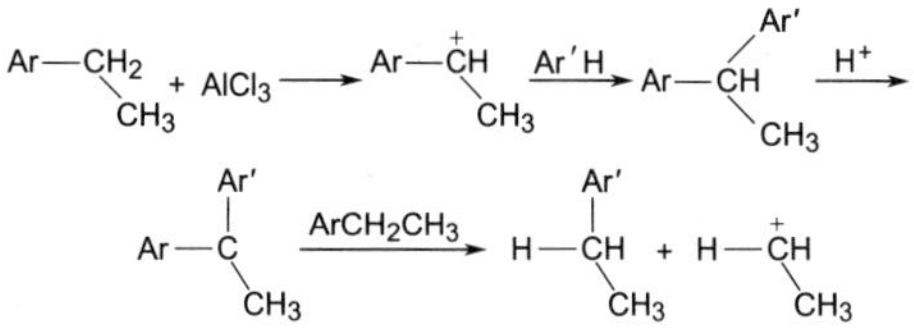

支持这一机理的证据是：^{14}C 标记芳环的旋光性 $PhCHDCH_3$，在苯的存在下用 $GaBr_3$ 处理可产生乙苯，该乙苯不含重氢原子或含两个重氢原子，而且放射性降低的速率约等于旋光性降低的速率[642]。分子内重排的机理不是很清楚。已提出的机理是 1,2-迁移[643]：

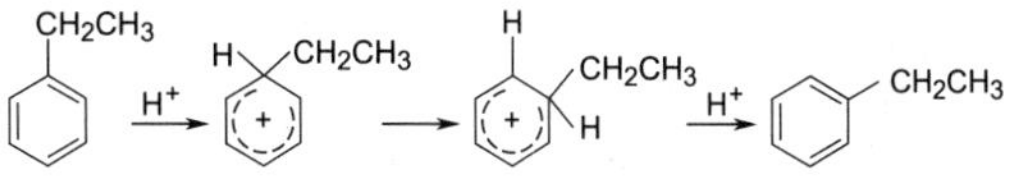

^{14}C 标记的实验证据支持了分子内迁移只以 1,2-迁移方式进行[644]。任何 1,3-迁移或 1,4-迁移都是通过两次或更多次的 1,2-迁移发生的。

也发现苯基能迁移。例如在与 $AlCl_3$-H_2O 一同加热的情况下，邻三联苯产生 7% 的邻位、70% 的间位和 23% 的对位三联苯混合物[645]。烷基也可以被除氢以外的烷基团置换（如：硝基）。

与烷基化反应不同，Friedel-Crafts 酰基化反应通常是不可逆的，但是许多离电体芳基结构已被报道[646]，尤其是有两个邻位取代基的芳环，例如 **73** 的脱苯甲酰氢化过程[647]。

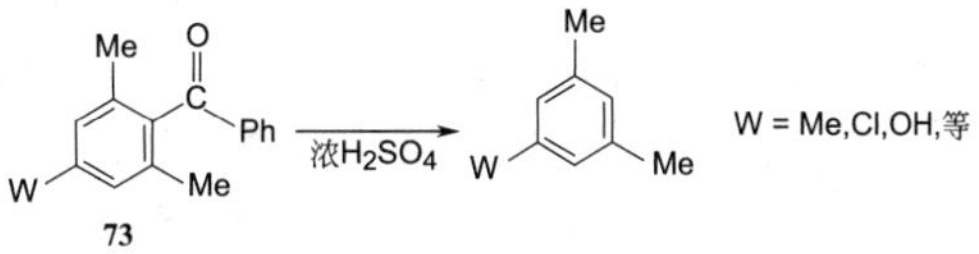

OS V，332；另见 OS III，282，653；V，598.

11-34 芳醛的脱羰基化

氢化脱甲酰化或脱甲酰化

$$ArCHO \xrightarrow{H_2SO_4} ArH + CO$$

在硫酸作用下[648]芳醛的脱羰基化反应是 Gatterman-Koch 反应（**11-18**）的逆反应。三烷基苯甲醛和三烷氧基苯甲醛可发生这个反应。反应以常见的芳锚正离子的机理发生：进攻实体是 H^+，离去基团是 HCO^+。HCO^+ 能失去一个质子生成 CO，或与溶剂水中的 OH^- 结合生成甲酸[649]。在碱性催化剂的作用下，芳醛也可以发生脱羰基化反应[650]。使用碱性催化剂时，机理可能类似于反应 **11-35** 的 S_E1 过程。也可参见反应 14-32。

11-35 芳酸的脱羧基化

氢化脱羧基或脱羧基

$$ArCOOH \xrightarrow[\text{喹啉}]{Cu} ArH + CO_2$$

把芳酸与铜及喹啉一同加热脱羧是最常进行的反应。但是对某些底物还可用其它两种方法。一种方法是加热羧酸盐（$ArCOO^-$）；另一种方法是将羧酸与强酸，通常是 H_2SO_4，一同加热。后一种方法中，邻、对位有给电子基的结构可使反应速度加快，邻位基团的位阻效应也可使反应加速；在苯系化合物中，反应通常局限于含有这些基团的底物。在这种方法里，脱羧反应以芳鎓离子的机理发生[651]，其中 H^+ 作为亲电试剂，CO_2 作为离去基团[652]。显然，离电体离去的能力顺序是 $CO_2 > H^+ > COOH^+$，因而通常 COOH 在离去之前必然先失去质子，至少在大多数情况下是这样的。

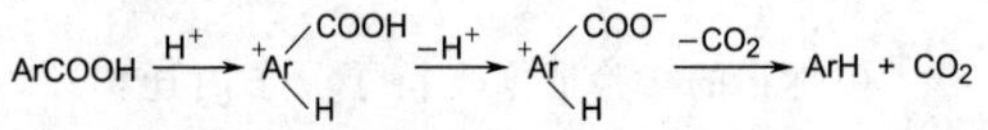

$$ArCOOH \xrightarrow{H^+} {}^+Ar\begin{smallmatrix}COOH\\H\end{smallmatrix} \xrightarrow{-H^+} {}^+Ar\begin{smallmatrix}COO^-\\H\end{smallmatrix} \xrightarrow{-CO_2} ArH + CO_2$$

羧酸盐离子脱羧的机理完全不同，属于 S_E1 机理。支持这一机理的证据是：反应是一级的，而且可以稳定碳负离子的吸电子基的存在有利于反应发生[653]。

第 1 步

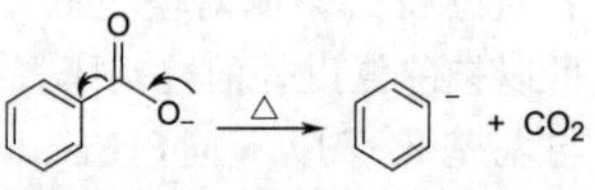

第 2 步

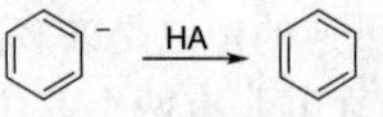

尽管这类反应具有重要的合成意义，但是铜-喹啉方法的机理研究却很少，目前已发现实际的催化剂是亚铜离子[654]。事实上，如果在喹啉中加热酸，同时用氧化亚铜代替铜，只要绝对排除空气中的氧，则反应进行得更快。对此已提出如下机理：实际上发生脱羧化的是羧酸的亚铜盐[654]。研究结果已经表明羧酸的亚铜盐在喹啉中加热容易脱羧[655]，而且有时候芳铜化合物是可被分离的中间体[656]。如果用金属银代替铜，可以获得更高的产率[657]。乙酸银也可用于促进脱羧反应[658]。也有报道 HgF_2 存在下、在氧气氛围中，可发生光照脱羧反应[659]。

在某些情况下，羧基可以被除氢之外的亲电试剂所置换（例如，NO^+[657]、I^+[660]、Br^+[661] 或 Hg^{2+}[662]。尽管与第 13 章中的反应（反应 13-9、13-11 和 13-12）很相似，但是有报道表明，使用 Pd 和 Cu 催化剂，芳基卤和芳基羧酸可发生脱羧偶联反应生成相应的联芳烃[663]。

也可能会发生重排。例如，将邻苯二甲酸盐离子与催化量的镉离子一同加热，可产生对苯二甲酸根离子（**74**）[664]：

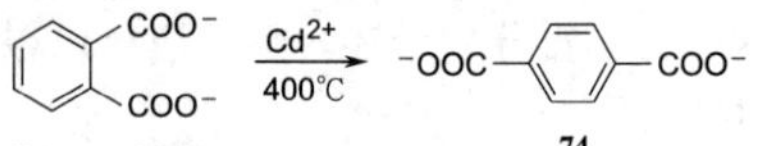

邻苯二甲酸根离子 → **74**

在类似的过程中，苯甲酸钾与镉盐一同加热，歧化为苯和 **74**。此类重排被命名为 Henkel 反应（源自获得该过程专利的公司名称）[665]。已经提出一个 S_E1 机理[666]。对苯二甲酸盐是主要产物，因为它从可反应混合物中结晶出来，使平衡向生成对苯二甲酸盐的方向移动[667]。

脂肪族化合物脱羧反应见 **12-40**。

OS I，274，455，541；II，100，214，217，341；III，267，272，471，637；IV，590，628；V，635，813，982，985；另见 I，56。

11-36 Jacobsen 反应

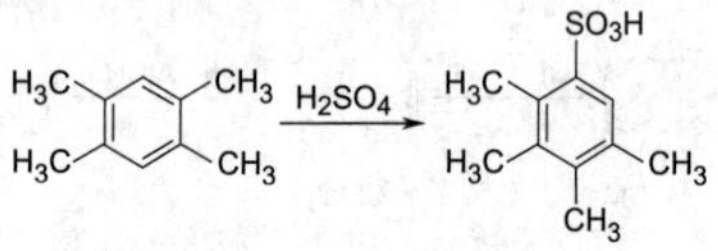

在硫酸的作用下，多烷基或多卤代苯环可被磺化，同时也发生重排。该反应被称为 Jacobsen 反应，它只局限于至少有四个取代基的苯环，这些取代基可以是烷基和卤原子的任何组合，而烷基可以是乙基或甲基，卤原子可以是碘、氯或溴。当芳环上存在异丙基或叔丁基时，这些基团会断裂产生烯烃。由于磺酸基而后可以被脱去（反应 **11-38**），Jacobsen 反应常被作为重排多烷基苯的一种方法。重排的结果总是使烷基或卤原子比起始状态靠得更近。在这种情况下，上面所提到的副产物是五甲基苯磺酸、2,4,5-三甲基苯磺酸等，表明反应（至少部分反应）是分子间的。

Jascobsen 反应的机理尚未确立[668]，但是有证据表明，至少对多烷基苯来说，重排属于分子间反应，而且甲基迁移反应的终点是多烷基苯，而不是磺酸。磺化反应发生在迁移反应之后[669]。用标记法研究表明乙基的迁移不导致内部重排[670]。

在超酸介质（参见 5.1.2 节）中，已经观察到取代联苯发生了烷基的异构化[671]。

11.6.3.2 氧离去基团

11-37 脱氧

$$ArOR \longrightarrow ArH$$

在少数情况下，有可能从芳环上直接移去含

氧取代基。例如，在 DMF 溶液中用镍催化剂处理芳基甲磺酰基醚（ArOMs），可导致脱氧产物 Ar—H 的产生[672]。

11.6.3.3 硫离去基团
11-38 脱磺化或脱磺化氢化

$$ArSO_3H \xrightarrow[\text{稀 } H_2SO_4]{135\sim200℃} ArH + H_2SO_4$$

将磺酸基从芳环中脱去是反应 **11-7** 的逆反应[673]。根据微观可逆性的原理，反应机理也是可逆的[674]。反应一般使用稀 H_2SO_4，因为磺化反应的可逆性随 H_2SO_4 浓度的增大而减小。该反应使得磺基可作为阻碍基团并引导间位定位，反应后再加以除去。磺酸基也可以被硝基和卤原子置换。与 Raney 镍的碱溶液一同加热，也可以将磺酸基从环上除去[675]。在另一个催化过程中，芳基磺酰溴或芳磺基酰氯与铑催化剂共同加热，将分别转变成芳基溴或芳基氯[676]。这个反应类似于 **14-32** 中里提到的芳酰卤的脱羰基反应。

$$ArSO_2Br \xrightarrow{PhCl(PPh_3)_3} ArBr$$

OS Ⅰ, 388; Ⅱ, 97; Ⅲ, 262; Ⅳ, 364; 另见 OS Ⅰ, 519; Ⅱ, 128; Ⅴ, 1070.

11.6.3.4 卤原子离去基
11-39 脱卤化或者脱卤加氢

$$ArX \xrightarrow{ACl_3} ArH$$

在 Friedel-Crafts 催化剂的作用下，芳卤可以脱卤。碘是最容易离去的。脱氯反应较少发生，而脱氟反应显然不可能发生。当存在一种还原剂，如 Br^- 或 I^-，与脱离下来的 I^+ 或 Br^+ 结合时，反应最易发生[677]。除了脱碘，该反应极少用于制备。也发现有卤原子的迁移[678]，分子内[679] 和分子间[680] 均有。机理可能是 **11-10** 的逆反应[681]。对于带有两个氨基的芳环，在含有乙酸/HBr 的苯胺中回流，可以实现脱溴[682]。

很强的碱也能催化多卤苯的重排；例如，用 PhNHK 处理 1,2,4-三溴苯可将其转化为 1,3,5-三溴苯[683]。这个反应过程中有芳基碳负离子中间体（S_E1 机理），称作卤原子跳动（halogen dance）[684]。

从芳环上除去卤原子也可以通过利用各种各样的还原剂来实现，如：Bu_3SnH[685]，催化加氢[686]，催化转移加氢[687]，液氨中的钠汞齐（Na-Hg）[688]，$LiAlH_4$[689]，$NaBH_4$ 和催化剂[690]，NaH[691]，HCO_2H[692] 或 HCO_2^- 溶液[693] 与 Pd-C[694]，异丙醇溶液中的甲酸铵与 Pd 催化剂[695] 以及碱溶液中的 Raney 镍[696]，后一方法对氟以及其它卤素均有效。芳基碘化物可被 DMAP 甲碘盐还原[697]。在 $KHFe(CO)_4$ 作为催化剂的条件下，一氧化碳可以专一还原芳基碘化物[698]。不是所有的这些试剂都按亲电取代机理进行。有些是亲核取代，有些是自由基取代，同时还可以采用光化学还原[699] 和电化学还原[700] 方法。将卤化物转化为格氏试剂（**12-38**），之后再水解（**11-41**），也可以间接地从芳环上除去卤原子。

OS Ⅲ, 132, 475, 519; Ⅴ, 149, 346, 998; Ⅵ, 82, 821.

11-40 有机金属化合物的形成

$$ArBr + M \longrightarrow ArM$$
$$ArBr + RM \longrightarrow ArM + RBr$$

这些反应将与它们相应的脂肪化合物的反应（**12-38** 和 **12-39**）一同讨论。

11.6.3.5 金属离去基团
11-41 有机金属化合物的水解

氢化脱金属或脱金属化

$$ArM + H^+ \longrightarrow ArH + M^+$$

在酸的作用下，金属有机化合物可以水解。对活泼金属，如 Mg、Li 等，水的酸性足够强。该反应最重要的例子是格氏试剂的水解，但 M 可以是许多其它的金属或类金属。例如：SiR_3、HgR、Na 和 $B(OH)_2$。由于芳基格氏试剂和芳基锂化合物很容易制备，所以常用它们制备弱酸的盐，例如炔盐：

$$PhMgBr + H-C\equiv C-H \longrightarrow H-C\equiv C:^- {}^+MgBr + PhH$$

上式中金属和芳环之间的键为共价键，反应机理中有常见的芳基正离子[701]。当这些键具有离子性时，就属于简单的酸碱反应。对于脂肪族化合物相应的类似反应，参见反应 **12-24**。

芳香有机金属化合物的其它反应，与它们的脂肪类似物的反应一并讨论：见反应 **12-25~12-27** 和 **12-30~12-37**。

参 考 文 献

[1] For a review of electrophilic aromatic reactions in ionic liquids, see Borodkin, G. I.; Shubin, V. G. *Russ. J. Org. Chem.* **2006**, 42, 1745.

[2] See Taylor, R. *Electrophilic Aromatic Substitution*, Wiley, NY, **1990**; Katritzky, A. R.; Taylor, R. *Electrophilic Substitution of Heterocycles: Quantitative Aspects* (Vol. 47 of *Adv. Heterocycl. Chem.*), Academic Press, NY, **1990**; Taylor, R. in Bamford,

[3] This mechanism is sometimes called the S_E2 mechanism because it is bimolecular, but in this book we reserve that name for aliphatic substrates (see Chap 12).
[4] See Olah, G. A. *J. Am. Chem. Soc.* **1971**, 94, 808.
[5] See Brouwer, D. M.; Mackor, E. L.; MacLean, C. in Olah, G. A.; Schleyer, P. v. R. *Carbonium Ions*, Vol. 2, Wiley, NY, **1970**, pp. 837-897; Perkampus, H. *Adv. Phys. Org. Chem.* **1966**, 4, 195.
[6] Also see de la Mare, P. B. D. *Acc. Chem. Res.* **1974**, 7, 361.
[7] Berglund-Larsson, U.; Melander, L. *Ark. Kemi* **1953**, 6, 219. See also, Zollinger, H. *Adv. Phys. Org. Chem.* **1964**, 2, 163.
[8] See Hammett, L. P. *Physical Organi Chemistry*, 2nd ed.; McGraw-Hill, NY, **1970**, pp. 172-182.
[9] Zollinger, H. *Helv. Chim. Acta* **1955**, 38, 1597, 1617, 1623.
[10] Snyckers, F.; Zollinger, H. *Helv. Chim. Acta* **1970**, 53, 1294.
[11] See Myhre, P. C.; Beug, M.; James, L. L. *J. Am. Chem. Soc.* **1968**, 90, 2105; Márton, J. *Acta Chem. Scand.* **1969**, 23, 3321, 3329.
[12] Bott, R. W.; Eaborn, C.; Greasley. P. M. *J. Chem. Soc.* **1964**, 4803.
[13] See Koptyug, V. A. *Top. Curr. Chem.* **1984**, 122, 1; *Bull. Acad. Sci. USSR Div. Chem. Sci.* **1974**, 23, 1031; Shteingarts, V. D. *Russ. Chem. Rev.* **1981**, 50, 735; Farcasiu, D. *Acc. Chem. Res.* **1982**, 15, 46.
[14] Olah, G. A.; Kuhn, S. J. *J. Am. Chem. Soc.* **1958**, 80, 6541. See Effenberger, F. *Acc. Chem. Res.* **1989**, 22, 27.
[15] Olah, G. A.; Schlosberg, R. H.; Porter, R. D.; Mo, Y. K.; Kelly, D. P.; Mateescu, G. D. *J. Am. Chem. Soc.* **1972**, 94, 2034.
[16] Olah, G. A.; Staral, J. S.; Asencio, G.; Liang, G.; Forsyth, D. A.; Mateescu, G. D. *J. Am. Chem. Soc.* **1978**, 100, 6299.
[17] Lyerla, J. R.; Yannoni, C. S.; Bruck, D.; Fyfe, C. A. *J. Am. Chem. Soc.* **1979**, 101, 4770.
[18] Dewar, M. J. S. *Electronic Theory of Organic Chemistry*; Clarendon Press: Oxford, **1949**.
[19] See Hubig, S. M.; Kochi, J. K. *J. Org. Chem.* **2000**, 65, 6807.
[20] See Gallivan, J. P.; Dougherty, D. A. *Org. Lett.* **1999**, 1, 103; Rosokha, S. V.; Kochi, J. K. *J. Org. Chem.* **2002**, 67, 1727.
[21] Kilpatrick, M.; Luborsky, F. E. *J. Am. Chem. Soc.* **1953**, 75, 577.
[22] Brown, H. C.; Brady, J. D. *J. Am. Chem. Soc.* **1952**, 74, 3570.
[23] Laali, K. K.; Okazaki, T.; Harvey, R. G. *J. Org. Chem.* **2001**, 66, 3977.
[24] Condon, F. E. *J. Am. Chem. Soc.* **1952**, 74, 2528.
[25] Brown, H. C.; Stock, L. M. *J. Am. Chem. Soc.* **1957**, 79, 1421.
[26] Olah, G. A.; Kuhn, S. J.; Flood, S. H.; Hardie, B. A. *J. Am. Chem. Soc.* **1964**, 86, 2203.
[27] Olah, G. A.; Kuhn, S. J.; Flood, S. H. *J. Am. Chem. Soc.* **1961**, 83, 4571, 4581.
[28] Olah, G. A.; Kuhn, S. J.; Flood, S. H.; Hardie, B. A. *J. Am. Chem. Soc.* **1964**, 86, 1039, 1044.
[29] Rys, P.; Skrabal, P.; Zollinger, H. *Angew. Chem. Int. Ed.* **1972**, 11, 874. See also, DeHaan, F. P.; Covey, W. D.; Delker, G. L.; Baker, N. J.; Feigon, J. F.; Miller, K. D.; Stelter, E. D. *J. Am. Chem. Soc.* **1979**, 101, 1336; Santiago, C.; Houk, K. N.; Perrin, C. L. *J. Am. Chem. Soc.* **1979**, 101, 1337.
[30] See Ridd, J. H. *Acc. Chem. Res.* **1971**, 4, 248; Taylor, R.; Tewson, T. J. *J. Chem. Soc., Chem. Commun.* **1973**, 836; Naidenov, S. V.; Guk, Yu. V.; Golod, E. L. *J. Org. Chem. USSR* **1982**, 18, 1731. Also see Olah, G. A. *Acc. Chem. Res.* **1971**, 4, 240; Olah, G. A.; Lin, H. C. *J. Am. Chem. Soc.* **1974**, 96, 2892; Sedaghat-Herati, M. R.; Sharifi, T. *J. Organomet. Chem.* **1989**, 363, 39; Banthorpe, D. V. *Chem. Rev.* **1970**, 70, 295, especially Sections VI and IX.
[31] See Stock, L. M. *Prog. Phys. Org. Chem.* **1976**, 12, 21; Ridd, J. H. *Adv. Phys. Org. Chem.* **1978**, 16, 1.
[32] Holman, R. W.; Gross, M. L. *J. Am. Chem. Soc.* **1989**, 111, 3560.
[33] Also see Eaborn, C.; Hornfeld, H. L.; Walton, D. R. M. cgqtBunnett, J. F.; Miles J. H.; Nahabedian, K **1967**, 1036.
[34] See Hoggett, J. G.; Moodie, R. B.; Penton, J. R.; Schofield, K. *Nitration and Aromatic Reactivity*, Cambridge University Press, Cambridge, **1971**, pp. 122-145, 163-220.
[35] For a computational approach to evaluate substituent constants, see Galabov, B.; Ilieva, S.; Schaefer III, H. F. *J. Org. Chem.* **2006**, 71, 6382.
[36] Fierz, H. E.; Weissenbach, P. *Helv. Chim. Acta* **1920**, 3, 312.
[37] Witt, O. N. *Ber.* **1915**, 48, 743.
[38] It must be remembered that in acid solution amines are converted to their conjugate acids, which for the most part are meta directing (type 2). However, unless the solution is highly acidic, there will be a small amount of free amine present, and since amino groups are activating and the conjugate acids deactivating, ortho-para direction is often found even under acidic conditions.
[39] See Chuchani, G. in Patai, S. *The Chemistry of the Amino Group*, Wiley, NY, **1968**, pp. 250-265; for ether groups see Kohnstam, G.; Williams, D. L. H. in Patai, S. *The Chemistry of the Ether Linkage*, Wiley, NY, **1967**, pp. 132-150.
[40] Tomoda, S.; Takamatsu, K.; Iwaoka, M. *Chem. Lett.* **1998**, 581.
[41] Tarbell, D. S.; Herz, A. H. *J. Am. Chem. Soc.* **1953**, 75, 4657. Ring substitution is possible if the SH group is protected. See Walker, D. *J. Org. Chem.* **1966**, 31, 835.
[42] Carroll, T. X.; Thomas, T. D.; Bergersen, H.; Børve, K. J.; Sæthre, L. J. *J. Org. Chem.* **2006**, 71, 1961.
[43] See Castagnetti, E.; Schlosser, M. *Chem. Eur. J.* **2002**, 8, 799.
[44] See Gilow, H. M.; De Shazo, M.; Van Cleave, W. C. *J. Org. Chem.* **1971**, 36, 1745; Hoggett, J. G.; Moodie, R. B.; Penton, J. R.; Schofield, K. *Nitration and Aromatic Reactivity*, Cambridge University Press, Cambridge, **1971**, pp. 167-176.
[45] Hartshorn, S. R.; Ridd, J. H. *J. Chem. Soc. B* **1968**, 1063. Also see Ridd, J. H. in *Aromaticity*, Chem. Soc. Spec. Publ., no. 21, **1967**, pp. 149-162.
[46] Brickman, M.; Utley, J. H. P.; Ridd, J. H. *J. Chem. Soc.* **1965**, 6851.
[47] For a discussion of the substituents effect of the methyl group, see Myrseth, V.; Sæthre, L. J.; Børve, K. J.; Thomas, T. D. *J.*

[48] Spryskov, A. A.; Golubkin, L. N. *J. Gen. Chem. USSR* **1961**, 31, 833. Since the CO_2^- group is present only in alkaline solution, where electrophilic substitution is not often done, it is seldom encountered.
[49] See, however, Schubert, W. M.; Gurka, D. F. *J. Am. Chem. Soc.* **1969**, 91, 1443; Himoe, A.; Stock, L. M. *J. Am. Chem. Soc.* **1969**, 91, 1452.
[50] See Effenberger, F.; Maier, A. J. *J. Am. Chem. Soc.* **2001**, 123, 3429.
[51] Stock, L. M.; Himoe, A. *J. Am. Chem. Soc.* **1961**, 83, 4605.
[52] Olah, G. A. *Acc. Chem. Res.* **1970**, 4, 240, p. 248.
[53] Ansell, H. V.; Le Guen, J.; Taylor, R. *Tetrahedron Lett.* **1973**, 13.
[54] Hoggett, J. G.; Moodie, R. B.; Penton, J. R.; Schofield, K. *Nitration and Aromatic Reactivity*, Cambridge University Press, Cambridge, **1971**, pp. 176-180.
[55] Nelson, K. L.; Brown, H. C. *J. Am. Chem. Soc.* **1951**, 73, 5605. See Baas, J. M. A.; Wepster, B. M. *Recl. Trav. Chim. Pays-Bas* **1972**, 91, 285, 517, 831.
[56] Breslow, R.; Campbell, P. *J. Am. Chem. Soc.* **1969**, 91, 3085; *Bioorg. Chem.* **1971**, 1, 140. See also, Komiyama, M.; Hirai, H. *J. Am. Chem. Soc.* **1983**, 105, 2018; **1984**, 106, 174; Chênevert, R.; Ampleman, G. *Can. J. Chem.* **1987**, 65, 307; Komiyama, M. *Polym. J. (Tokyo)* **1988**, 20, 439.
[57] Perrin, C. L.; Skinner, G. A. *J. Am. Chem. Soc.* **1971**, 93, 3389; Traynham, J. G. *J. Chem. Educ.* **1983**, 60, 937.
[58] See Moodie, R. B.; Schofield, K. *Acc. Chem. Res.* **1976**, 9, 287. See also, Fischer, A.; Henderson, G. N.; RayMahasay, S. *Can. J. Chem.* **1987**, 65, 1233, and other papers in this series.
[59] See Gibbs, H. W.; Moodie, R. B.; Schofield, K. *J. Chem. Soc. Perkin Trans. 2* **1978**, 1145.
[60] This was first pointed out by Myhre, P. C. *J. Am. Chem. Soc.* **1972**, 94, 7921.
[61] See Hartshorn, M. P.; Readman, J. M.; Robinson, W. T.; Sies, C. W.; Wright, G. J. *Aust. J. Chem.* **1988**, 41, 373.
[62] See Banwell, T.; Morse, C. S.; Myhre, P. C.; Vollmar, A. *J. Am. Chem. Soc.* **1977**, 99, 3042; Fischer, A.; Greig, C. C. *Can. J. Chem.* **1978**, 56, 1063.
[63] For a quantitative discussion, see Section 11. C.
[64] See Kruse, L. I.; Cha, J. K. *J. Chem. Soc., Chem. Commun.* **1982**, 1333.
[65] This is not the same as the ortho effect mentioned at the end of Section 9. C.
[66] See Hammond, G. S.; Hawthorne, M. F. in Newman, M. S. *Steric Effects in Organic Chemistry*, Wiley, NY, **1956**, pp. 164-200, 178-182.
[67] See Hafner, H.; Moritz, K. L. in Olah, G. A. *Friedel-Crafts and Related Reactions*, Vol. 4, Wiley, NY, **1965**, pp. 127-183; Bublitz, D. E.; Rinehart, Jr., K. L. *Org. React.* **1969**, 17, 1.
[68] See de la Mare, P. B. D.; Ridd, J. H. *Aromatic Substitution Nitration and Halogenation*, Academic Press, NY, **1959**, pp. 169-209.
[69] See Katritzky, A. R.; Taylor, R. *Electrophilic Substitution of Heterocycles: Quantitative Aspects* (Vol. 47 of *Adv. Heterocycl. Chem.*), Academic Press, NY, **1990**.
[70] Katritzky, A. R.; Fan, W.-Q. *Heterocycles* **1992**, 34, 2179.
[71] See Marino, G. *Adv. Heterocycl. Chem.* **1971**, 13, 235.
[72] See Comins, D. L.; O'Connor, S. *Adv. Heterocycl. Chem.* **1988**, 44, 199; Katritzky, A. R.; Johnson, C. D. *Angew. Chem. Int. Ed.* **1967**, 6, 608; Abramovitch, R. A.; Saha, J. G. *Adv. Heterocycl. Chem.* **1966**, 6, 229. Also see Anderson, H. J.; Loader, C. E. *Synthesis* **1985**, 353.
[73] Katritzky, A. R.; Kingsland, M. *J. Chem. Soc. B* **1968**, 862.
[74] Jaffé, H. H. *J. Am. Chem. Soc.* **1954**, 76, 3527.
[75] Gozzo, F. C.; Eberlin, M. N. *J. Org. Chem.* **1999**, 64, 2188.
[76] See Ansell, H. V.; Sheppard, P. J.; Simpson, C. F.; Stroud, M. A.; Taylor, R. *J. Chem. Soc. Perkin Trans. 2* **1979**, 381.
[77] See Kim, J. B.; Chen, C.; Krieger, J. K.; Judd, K. R.; Simpson, C. C.; Berliner, E. *J. Am. Chem. Soc.* **1970**, 92, 910. Also see Gore, P. H.; Siddiquei, A. S.; Thorburn, S. *J. Chem. Soc. Perkin Trans. 1* **1972**, 1781.
[78] Bell, F. *J. Chem. Soc.* **1959**, 519.
[79] Taylor, R. *Electrophilic Aromatic Substitution*, Wiley, Chichester, **1990**, p. 53.
[80] Mills, W. H.; Nixon, I. G. *J. Chem. Soc.* **1930**, 2510.
[81] Davies, A. G.; Ng, K. M. *J. Chem. Soc. Perkin Trans. 2* **1992**, 1857.
[82] Eckert-Maksic, M.; Maksic, Z. B.; Klessinger, M. *J. Chem. Soc. Perkin Trans. 2* **1994**, 285.
[83] Baldridge, K. K.; Siegel, J. J. *J. Am. Chem. Soc.* **1992**, 114, 9583.
[84] Siegel, J. S. *Angew. Chem. Int. Ed.* **1994**, 33, 1721.
[85] Brown, H. C.; Marino, G.; Stock, L. M. *J. Am. Chem. Soc.* **1959**, 81, 3310.
[86] Marino, G.; Brown, H. C. *J. Am. Chem. Soc.* **1959**, 81, 5929.
[87] See Cook, R. S.; Phillips, R.; Ridd, J. H. *J. Chem. Soc. Perkin Trans. 2* **1974**, 1166. For a theoretical treatment of why additivity fails, see Godfrey, M. *J. Chem. Soc. B* **1971**, 1545.
[88] See Eaborn, C. *J. Organomet. Chem.* **1975**, 100, 43.
[89] See Eaborn, C.; Jackson, P. M. *J. Chem. Soc. B* **1969**, 21.
[90] Zhou, Z.; Parr, R. G. *J. Am. Chem. Soc.* **1990**, 112, 5720.
[91] See Exner, O.; Böhm, S. *J. Org. Chem.* **2002**, 67, 6320.
[92] See Koptyug, V. A.; Salakhutdinov, N. F.; Detsina, A. N. *J. Org. Chem. USSR* **1984**, 20, 1039.
[93] Stock, L. M.; Brown, H. C. *Adv. Phys. Org. Chem.* **1963**, 1, 35.

[94] See Olah, G. A.; Olah, J. A.; Ohyama, T. *J. Am. Chem. Soc.* **1984**, 106, 5284.
[95] Stock, L. M.; Brown, H. C. *Adv. Phys. Org. Chem.* **1963**, 1, 35 presents many tables of these kinds of data. See also, DeHaan, F. P.; Chan, W. H.; Chang, J.; Ferrara, D. M.; Wainschel, L. A. *J. Org. Chem.* **1986**, 51, 1591, and other papers in this series.
[96] Olah, G. A.; Lin, H. C. *J. Am. Chem. Soc.* **1974**, 96, 2892.
[97] See Moodie, R. B.; Schofield, K.; Thomas, P. N. *J. Chem. Soc. Perkin Trans. 2* **1978**, 318.
[98] See Ridd, J. H. *Adv. Phys. Org. Chem.* **1978**, 16, 1.
[99] Manglik, A. K.; Moodie, R. B.; Schofield, K.; Dedeoglu, E.; Dutly, A.; Rys, P. *J. Chem. Soc. Perkin Trans. 2* **1981**, 1358.
[100] Barnett, J. W.; Moodie, R. B.; Schofield, K.; Taylor, P. G.; Weston, J. B. *J. Chem. Soc. Perkin Trans. 2* **1979**, 747.
[101] See Sheats, G. F.; Strachan, A. N. *Can. J. Chem.* **1978**, 56, 1280. Also see Attinà, M.; Cacace, F.; de Petris, G. *Angew. Chem. Int. Ed.* **1987**, 26, 1177.
[102] Olah, G. A. *Acc. Chem. Res.* **1971**, 4, 240.
[103] Perrin, C. L. *J. Am. Chem. Soc.* **1977**, 99, 5516.
[104] See Sankararaman, S.; Haney, W. A.; Kochi, J. K. *J. Am. Chem. Soc.* **1987**, 109, 5235; Keumi, T.; Hamanaka, K.; Hasegawa, K.; Minamide, N.; Inoue, Y.; Kitajima, H. *Chem. Lett.* **1988**, 1285; Johnston, J. F.; Ridd, J. H.; Sandall, J. P. B. *J. Chem. Soc., Chem. Commun.* **1989**, 244. For evidence against it, see Eberson, L.; Radner, F. *Acc. Chem. Res.* **1987**, 20, 53; Baciocchi, E.; Mandolini, L. *Tetrahedron* **1987**, 43, 4035.
[105] See Morkovnik, A. S. *Russ. Chem. Rev.* **1988**, 57, 144.
[106] Perrin, C. L. *J. Org. Chem.* **1971**, 36, 420.
[107] See Bullen, J. V.; Ridd, J. H.; Sabek, O. *J. Chem. Soc. Perkin Trans. 2* **1990**, 1681, and other papers in this series.
[108] Perrin, C. L.; Skinner, G. A. *J. Am. Chem. Soc.* **1971**, 93, 3389. See also, Fischer, P. B.; Zollinger, H. *Helv. Chim. Acta* **1972**, 55, 2139.
[109] Tee, O.; Iyengar, N. R.; Bennett, J. M. *J. Org. Chem.* **1986**, 51, 2585.
[110] See Clemens, A. H.; Hartshorn, M. P.; Richards, K. E.; Wright, G. J. *Aust. J. Chem.* **1977**, 30, 103, 113.
[111] See Taylor, R. in Bamford, C. H.; Tipper, C. F. H. *Comprehensive Chemical Kinetics*, Vol. 13, Elsevier, NY, **1972**, pp. 194-277.
[112] Small, P. A.; Wolfenden, J. H. *J. Chem. Soc.* **1936**, 1811.
[113] See Kresge, A. J.; Chiang, Y.; Sato, Y. *J. Am. Chem. Soc.* **1967**, 89, 4418; Gruen, L. C.; Long, F. A. *J. Am. Chem. Soc.* **1967**, 89, 1287; Butler, A. B.; Hendry, J. B. *J. Chem. Soc. B* **1970**, 852.
[114] Larsen, J. W.; Chang, L. W. *J. Org. Chem.* **1978**, 43, 3602.
[115] Laws, A. P.; Neary, A. P.; Taylor, R. *J. Chem. Soc. Perkin Trans. 2* **1987**, 1033.
[116] See Elvidge, J. A.; Jones, J. R.; O'Brien, C.; Evans, E. A.; Sheppard, H. C. *Adv. Heterocycl. Chem.* **1974**, 16, 1.
[117] For a discussion of the aromatic character of this transition state, see Bernasconi, C. F. *Pure Appl. Chem.* **2009**, 81, 649.
[118] Shatenshtein, A. I. *Tetrahedron* **1962**, 18, 95.
[119] Lockley, W. J. S. *Tetrahedron Lett.* **1982**, 23, 3819; *J. Chem. Res. (S)* **1985**, 178.
[120] See Blake, M. R.; Garnett, J. L.; Gregor, I. K.; Hannan, W.; Hoa, K.; Long, M. A. *J. Chem. Soc., Chem. Commun.* **1975**, 930. See also, Parshall, G. W. *Acc. Chem. Res.* **1975**, 8, 113.
[121] Long, M. A.; Garnett, J. L.; West, J. C. *Tetrahedron Lett.* **1978**, 4171.
[122] Garnett, J. L.; Kennedy, E. M.; Long, M. A.; Than, C.; Watson, A. J. *J. Chem. Soc., Chem. Commun.* **1988**, 763.
[123] See Esteves, P. M.; de M. Carneiro, J. W.; Cardoso, S. P.; Barbosa, A. G. H.; Laali, K. K.; Rasul, G.; Prakash, G. K. S.; Olah, G. A. *J. Am. Chem. Soc.* **2003**, 125, 4836; Olah, G. A.; Malhotra, R.; Narang, S. C. *Nitration: Methods and Mechanisms*, VCH, NY, **1989**; Schofield, K. *Aromatic Nitration*, Cambridge University Press, Cambridge, **1980**; Hoggett, J. H.; Moodie, R. B.; Penton, J. R.; Schofield, K. *Nitraton and Aromatic Reactivity*, Cambridge University Press, Cambridge, **1971**; Weaver, W. M. in Feuer, H. *Chemistry of the Nitro and Nitroso Groups*, pt. 2, Wiley, NY, **1970**, pp. 1-48; de la Mare, P. B. D.; Ridd, J. H. *Aromatic Substitution Nitration and Halogenation*, Academic Press, NY, **1959**, pp. 48-93. For a review of side reactions, see Suzuki, H. *Synthesis* **1977**, 217. Also see, Bosch, E.; Kochi, J. K. *J. Org. Chem.* **1994**, 59, 3314; Olah, G. A.; Wang, Q.; Li, X.; Bucsi, I. *Synthesis* **1992**, 1085; Olah, G. A.; Reddy, V. P.; Prakash, G. K. S. *Synthesis* **1992**, 1087.
[124] Ramana, M. M. V.; Malik, S. S.; Parihar, J. A. *Tetrahedron Lett.* **2004**, 45, 8681.
[125] See Parac-Vogt, T. N.; Binnemans, K. *Tetrahedron Lett.* **2004**, 45, 3137.
[126] See Tasneem, Ali, M. M.; Rajanna, K. C.; Saiparakash, P. K. *Synth. Commun.* **2001**, 31, 1123.
[127] See Yang, X.; Xi, C. *Synth. Commun.* **2007**, 37, 3381.
[128] Calcium nitrate can be used for the microwave nitration of phenolic compounds. See Bose, A. K.; Ganguly, S. N.; Manhas, M. S.; Rao, S.; Speck, J.; Pekelny, U.; Pombo-Villars, E. *Tetrahedron Lett.* **2006**, 47, 1885. Also see Anuradha, V.; Srinivas, P. V.; Aparna, P.; Rao, J. M. *Tetrahedron Lett.* **2006**, 47, 4933; Shi, M.; Cui, S.-C.; Yin, W.-P. *Eur. J. Org. Chem.* **2005**, 2379.
[129] See Ridd, J. H. *Chem. Soc. Rev.* **1991**, 20, 149.
[130] Khadilkar, B. M.; Madyar, V. R. *Synth. Commun.* **1999**, 29, 1195.
[131] Lancaster, N. L.; Llopis-Mestre, V. *Chem. Commun.* **2003**, 2812.
[132] Rajogopal, R.; Srinivasan, K. V. *Synth. Commun.* **2004**, 34, 961.
[133] Laali, K. K.; Gettwert, V. J. *J. Org. Chem.* **2001**, 66, 35.
[134] Uemura, S.; Toshimitsu, A.; Okano, M. *J. Chem. Soc. Perkin Trans. 1* **1978**, 1076; Zolfigol, M. A.; Ghaemi, E.; Madrakian, E. *Synth. Commun.* **2000**, 30, 1689; Zolfigol, M. A.; Bagherzadeh, M.; Madrakian, E.; Gaemi, E.; Taqian-Nasab, A. *J. Chem. Res. (S)* **2001**, 140.

[135] Smith, K.; Almeer, S.; Black, S. J. *Chem. Commun.* **2000**, 1571. See also, Smith, K.; Musson, A.; DeBoos, G. A. *J. Org. Chem.* **1998**, 63, 8448.
[136] Barrett, A. G. M.; Braddock, D. C.; Ducray, R.; McKinnell, R. M.; Waller, F. J. *Synlett* **2000**, 57.
[137] Sun, H.-B.; Hua, R.; Yin, Y. *J. Org. Chem.* **2005**, 70, 9071.
[138] Yang, X.; Xi, C.; Jiang, Y. *Tetrahedron Lett.* **2005**, 46, 8781.
[139] Almog, J.; Klein, A.; Sokol, A.; Sasson, Y.; Sonenfeld, D.; Tamiri, T. *Tetrahedron Lett.* **2006**, 47, 8651.
[140] Olah, G. A.; Kuhn, S. J. *J. Am. Chem. Soc.* **1962**, 84, 3684. Also see Iranpoor, N.; Firouzabadi, H.; Heydari, R. *Synth. Commun.* **1999**, 29, 3295; Guk, Yu. V.; Ilyushin, M. A.; Golod, E. L.; Gidaspov, B. V. *Russ. Chem. Rev.* **1983**, 52, 284.
[141] Nose, M.; Suzuki, H.; Suzuki, H. *J. Org. Chem.* **2001**, 66, 4356; Peng, X.; Suzuki, H. *Org. Lett.* **2001**, 3, 3431.
[142] Hajipour, A. R.; Ruoho, A. E. *Tetrahedron Lett.* **2005**, 46, 8307.
[143] Lewis, R. J.; Moodie, R. B. *J. Chem. Soc. Perkin Trans. 2* **1997**, 563.
[144] Bak, R. R.; Smallridge, A. J. *Tetrahedron Lett.* **2001**, 42, 6767.
[145] Arnestad, B.; Bakke, J. M.; Hegbom, I.; Ranes, E. *Acta Chem. Scand. B* **1996**, 50, 556.
[146] Ridd, J. H.; Scriven, E. F. V. *J. Chem. Soc., Chem. Commun.* **1972**, 641. See also, Helsby, P.; Ridd, J. H. *J. Chem. Soc. Perkin Trans. 2* **1983**, 1191.
[147] Olah, G. A.; Lin, H. C. *Synthesis* **1974**, 444.
[148] See Belson, D. J.; Strachan, A. N. *J. Chem. Soc. Perkin Trans. 2* **1989**, 15.
[149] Hughes, E. D.; Ingold, C. K. in a series of several papers with several different coworkers, see *J. Chem. Soc.* **1950**, 2400.
[150] Ingold, C. K.; Millen, D. J.; Poole, H. G. *J. Chem. Soc.* **1950**, 2576.
[151] Gillespie, R. J.; Graham, J.; Hughes, E. D.; Ingold, C. K.; Peeling, E. R. A. *J. Chem. Soc.* **1950**, 2504.
[152] See Ross, D. S.; Kuhlmann, K. F.; Malhotra, R. *J. Am. Chem. Soc.* **1983**, 105, 4299.
[153] See Ridd, J. H. *Chem. Soc. Rev.* **1991**, 20, 149; Kochi, J. K. *Adv. Free Radical Chem. (Greenwich, Conn.)* **1990**, 1, 53.
[154] Prakash, G. K. S.; Panja, C.; Mathew, T.; Surampudi, V.; Petasis, N. A.; Olah, G. A. *Org. Lett.* **2004**, 6, 2205.
[155] See Williams, D. L. H. *Nitrosation*, Cambridge University Press, Cambridge, **1988**, pp. 58-76. Also see, Atherton, J. H.; Moodie, R. B.; Noble, D. R.; O'Sullivan, B. *J. Chem. Soc. Perkin Trans. 2* **1997**, 663.
[156] See Hoefnagel, M. A.; Wepster, B. M. *Recl. Trav. Chim. Pays-Bas* **1989**, 108, 97.
[157] Radner, F.; Wall, A.; Loncar, M. *Acta Chem. Scand.* **1990**, 44, 152.
[158] See Williams, D. L. H. *Adv. Phys. Org. Chem.* **1983**, 19, 381. See Williams, D. L. H. *Nitrosation*, Cambridge University Press, Cambridge, **1988**, pp. 58-76; Atherton, J. H.; Moodie, R. B.; Noble, D. R.; O'Sullivan, B. *J. Chem. Soc. Perkin Trans. 2* **1997**, 663.
[159] Challis, B. C.; Higgins, R. J.; Lawson, A. J. *J. Chem. Soc. Perkin Trans. 2* **1972**, 1831; Challis, B. C.; Higgins, R. J. *J. Chem. Soc. Perkin Trans. 2* **1972**, 2365.
[160] Challis, B. C.; Higgins, R. J. *J. Chem. Soc. Perkin Trans. 2* **1973**, 1597.
[161] Gosney, A. P.; Page, M. I. *J. Chem. Soc. Perkin Trans. 2* **1980**, 1783.
[162] See Szele, I.; Zollinger, H. *Top. Curr. Chem.* **1983**, 112, 1; Hegarty, A. F. in Patai, S. *The Chemistry of Diazonium and Diazo Groups*, pt. 2, Wiley, NY, **1978**, pp. 545-551.
[163] See Zollinger, H. *Color Chemistry*, VCH, NY, **1987**, pp. 85-148; Gordon, P. F.; Gregory, P. *Organic Chemistry in Colour*, Springer, NY, **1983**, pp. 95-162.
[164] See Penton, J. R.; Zollinger, H. *Helv. Chim. Acta* **1981**, 64, 1717, 1728.
[165] Kelly, R. P.; Penton, J. R.; Zollinger, H. *Helv. Chim. Acta* **1982**, 65, 122.
[166] Hashida, Y.; Kubota, K.; Sekiguchi, S. *Bull. Chem. Soc. Jpn.* **1988**, 61, 905.
[167] See Szele, I.; Zollinger, H. *Top. Curr. Chem.* **1983**, 112, 1, see pp. 3-6.
[168] Lim, Y.-K.; Lee, K.-S.; Cho, C.-G. *Org. Lett.* **2003**, 5, 979.
[169] Asano, T.; Furuta, H.; Hofmann, H.-J.; Cimiraglia, R.; Tsuno, Y.; Fujio, M. *J. Org. Chem.* **1993**, 58, 4418.
[170] Tedder, J. M. *J. Chem. Soc.* **1957**, 4003.
[171] Kamalova, F. R.; Nazarova, N. E.; Solodova, K. V.; Yaskova, M. S. *J. Org. Chem. USSR* **1988**, 24, 1004.
[172] Kokel, B.; Viehe, H. G. *Angew. Chem. Int. Ed.* **1980**, 19, 716.
[173] Mohamed, S. K.; Gomaa, M. A.-M.; El-Din, A. M. N. *J. Chem. Res. (S)* **1997**, 166.
[174] See Kovacic, P. in Olah, G. A. *Friedel-Crafts and Related Reactions*, Vol. 3, Wiley, NY, **1964**, pp. 1493-1506.
[175] Kovacic, P.; Russell, R. L.; Bennett, R. P. *J. Am. Chem. Soc.* **1964**, 86, 1588.
[176] Olah, G. A.; Ernst, T. D. *J. Org. Chem.* **1989**, 54, 1203.
[177] Rozhkov, V. V.; Shevelev, S. A.; Chervin, I. T.; Mitchel, A. R.; Schmidt, R. D. *J. Org. Chem.* **2003**, 68, 2498.
[178] Bock, H.; Kompa, K. *Angew. Chem. Int. Ed.* **1965**, 4, 783; *Chem. Ber.* **1966**, 99, 1347, 1357, 1361.
[179] Guram, A. S.; Rennels, R. A.; Buchwald, S. L. *Angew. Chem. Int. Ed. Engl.* **1995**, 34, 1348.
[180] See Minisci, F. *Top. Curr. Chem.* **1976**, 62, 1, see pp. 6-16, *Synthesis* **1973**, 1, see pp. 2-12, Sosnovsky, G.; Rawlinson, D. J. *Adv. Free-Radical Chem.* **1972**, 4, 203, pp. see 213-238.
[181] See Chow, Y. L. *React. Intermed. (Plenum)* **1980**, 1, 151.
[182] See Citterio, A.; Gentile, A.; Minisci, F.; Navarrini, V.; Serravalle, M.; Ventura, S. *J. Org. Chem.* **1984**, 49, 4479.
[183] See Strand, J. W.; Kovacic, P. *J. Am. Chem. Soc.* **1973**, 95, 2977 and references cited therein.
[184] Kovacic, P.; Levisky, J. A. *J. Am. Chem. Soc.* **1966**, 88, 1000.
[185] Zhou, T.; Chen, Z.-C. *Synth. Commun.* **2002**, 32, 903.
[186] Nakamura, K.; Ohno, A.; Oka, S. *Synthesis* **1974**, 882. See also, Takeuchi, H.; Takano, K. *J. Chem. Soc. Perkin Trans. 1* **1986**, 611.

[187] Shudo, K. ; Ohta, T. ; Okamoto, T. *J. Am. Chem. Soc.* **1981**, 103, 645.
[188] March, J. ; Engenito, Jr. , J. S. *J. Org. Chem.* **1981**, 46, 4304. Also see, Cablewski, T. ; Gurr, P. A. ; Rander, K. D. ; Strauss, C. R. *J. Org. Chem.* **1994**, 59, 5814.
[189] Tang, Q. ; Zhang, C. ; Luo, M. *J. Am. Chem. Soc.* **2008**, 130, 5840.
[190] Pouységu, L. ; Avellan, A. -V. ; Quideau, S. *J. Org. Chem.* **2002**, 67, 3425.
[191] Miyazawa, E. ; Sakamoto, T. ; Kikugawa, Y. *J. Org. Chem.* **2003**, 68, 5429.
[192] Yadav, J. S. ; Subba Reddy, B. V. ; Kumar, G. M. ; Madan, C. *Synlett* **2001**, 1781.
[193] Ohwada, A. ; Nara, S. ; Sakamoto, T. ; Kikugawa, Y. *J. Chem. Soc, Perkin Trans.* 1 **2001**, 3064.
[194] See Khelevin, R. N. *J. Org. Chem. USSR* **1987**, 23, 1709; **1988**, 24, 535 and references cited therein.
[195] See Nelson, K. L. in Olah, G. A. *Friedel-Crafts and Related Reactions*, Vol. 3, Wiley, NY, **1964**, pp. 1355-1392; Gilbert, E. E. *Sulfonation and Related Reactions*, Wiley, NY, **1965**, pp. 62-83, 87-124.
[196] See de Wit, P. ; Woldhuis, A. F. ; Cerfontain, H. *Recl. Trav. Chim. Pays-Bas* **1988**, 107, 668.
[197] Frost, C. G. ; Hartley, J. P. ; Griffin, D. *Synlett* **2002**, 1928.
[198] See Hajipour, A. R. ; Mirjalili, B. B. F. ; Zarei, A. ; Khazdooz, L. ; Ruoho, A. E. *Tetrahedron Lett.* **2004**, 45, 6607.
[199] Bahrami, K. ; Khodei, M. M. ; Shahbazi, F. *Tetrahedron Lett.* **2008**, 49, 3931.
[200] Spryskov, A. A. *J. Gen. Chem. USSR* **1960**, 30, 2433.
[201] See Cerfontain, H. *Mechanistic Aspects in Aromatic Sulfonation and Desulfonation*, Wiley, NY, **1968**. For reviews, see Cerfontain, H. *Recl. Trav. Chim. Pays-Bas* **1985**, 104, 153; Cerfontain, H. ; Kort, C. W. F. *Int. J. Sulfur Chem. C* **1971**, 6, 123; Taylor, R. in Bamford, C. H. ; Tipper, C. F. H. *Comprehensive Chemical Kinetics*, Vol. 13, Elsevier, NY, **1972**, pp. 56-77.
[202] Cerfontain, H. ; Lambrechts, H. J. A. ; Schaasberg-Nienhuis, Z. R. H. ; Coombes, R. G. ; Hadjigeorgiou, P. ; Tucker, G. P. *J. Chem. Soc. Perkin Trans.* 2 **1985**, 659 and references cited therein.
[203] See Kaandorp, A. W. ; Cerfontain, H. *Recl. Trav. Chim. Pays-Bas* **1969**, 88, 725.
[204] Kort, C. W. F. ; Cerfontain, H. *Recl. Trav. Chim. Pays-Bas* **1967**, 86, 865.
[205] Koeberg-Telder, A. ; Cerfontain, H. *J. Chem. Soc. Perkin Trans.* 2 **1973**, 633.
[206] Lammertsma, K. ; Cerfontain, H. *J. Chem. Soc. Perkin Trans.* 2 **1980**, 28 and references cited therein.
[207] For a review, see Gilbert, E. E. *Sulfonaton and Related Reactions*, Wiley, NY, **1965**, pp. 84-87.
[208] See van Albada, M. P. ; Cerfontain, H. *J. Chem. Soc. Perkin Trans.* 2 **1977**, 1548, 1557.
[209] Karade, N. N. ; Kate, S. S. ; Adude, R. N. *Synlett* **2001**, 1573.
[210] Olah, G. A. ; Marinez, E. R. ; Prakash, G. K. S. *Synlett* **1999**, 1397.
[211] See Mohile, S. S. ; Potdar, M. K. ; Salunkhe, M. M. *Tetrahedron Lett.* **2003**, 44, 1255.
[212] See Taylor, R. in Bamford, C. H. ; Tipper, C. F. H. *Comprehensive Chemical Kinetics*, Vol. 13, Elsevier, NY, **1972**, pp. 77-83; Jensen, F. R. ; Goldman, G. in Olah, G. A. *Friedel-Crafts and Related Reactions*, Vol. 3, Wiley, NY, **1964**, pp. 1319-1347.
[213] Sipe, Jr. , H. J. ; Clary, D. W. ; White, S. B. *Synthesis* **1984**, 283. See also, Ueda, M. ; Uchiyama, K. ; Kano, T. *Synthesis* **1984**, 323.
[214] Effenberger, F. ; Huthmacher, K. *Chem. Ber.* **1976**, 109, 2315. For similar methods, see Ono, M. ; Nakamura, Y. ; Sato, S. ; Itoh, I. *Chem. Lett.* **1988**, 395.
[215] Frost, C. G. ; Hartley, J. P. ; Whittle, A. J. *Synlett* **2001**, 830.
[216] Garzya, V. ; Forbes, I. T. ; Lauru, S. ; Maragni, P. *Tetrahedron Lett.* **2004**, 45, 1499.
[217] Yadav, J. S. ; Reddy, B. V. S. ; Krishna, A. D. ; Swamy, T. *Tetrahedron Lett.* **2003**, 44, 6055.
[218] Marquié, J. ; Laporterie, A. ; Dubac, J. ; Roques, N. ; Desmurs, J. -R. *J. Org. Chem.* **2001**, 66, 421.
[219] Bandgar, B. P. ; Kasture, S. P. *Synth. Commun.* **2001**, 31, 1065.
[220] Hyatt, J. A. ; White, A. W. *Synthesis* **1984**, 214.
[221] Olah, G. A. ; Mathew, T. ; Prakash, G. K. S. *Chem. Commun.* **2001**, 1696.
[222] Zhu, W. ; Ma, D. *J. Org. Chem.* **2005**, 70, 2696.
[223] Kantam, M. L. ; Neelima, B. ; Sreedhar, B. ; Chakravarti, R. *Synlett* **2008**, 1455.
[224] See de la Mare, P. B. D. *Electrophilic Halogenation*, Cambridge University Press, Cambridge, **1976**; Buehler, C. A. ; Pearson, D. E. *Survey of Organic Synthesis*, Wiley, NY, **1970**, pp. 392-404; Braendlin, H. P. ; McBee, E. T. in Olah, G. A. *Friedel-Crafts and Related Reactions*, Vol. 3, Wiley, NY, **1964**, pp. 1517-1593; Eisch, J. J. *Adv. Heterocycl. Chem.* **1966**, 7, 1. For a list of reagents, with references, see Larock, R. C. *Comprehensive Organic Transformations*, 2nd ed. , Wiley-VCH, NY, **1999**, pp. 619-628.
[225] For electrophilicities of chlorinating agents, see Duan, X. -H. ; Mayr, H. *Org. Lett.* **2010**, 12, 2238.
[226] For a computational study of the electrophilie affinity for the bromination of arenas, see Galabov, B. ; Koleva, G. ; Schaefer, III H. F. ; Schleyer, P. v. R. *J. Org. Chem.* **2010**, 75, 2813.
[227] For a site-directed bromination using an electrochemical method, see Raju, T. ; Kulangiappar, K. ; Kulandainathan, M. A. ; Malini, U. U. R. ; Muthukumaran, A *Tetrahedron Lett.* **2006**, 47, 4581.
[228] Srivastava, S. K. ; Chauhan, P. M. S. ; Bhaduri, A. P. *Chem. Commun.* **1996**, 2679.
[229] See Berthelot, J. ; Guette, C. ; Desbène, P. ; Basselier, J. ; Chaquin, P. ; Masure, D. *Can. J. Chem.* **1989**, 67, 2061. For another procedure, see Onaka, M. ; Izumi, Y. *Chem. Lett.* **1984**, 2007.
[230] See Brittain, J. M. ; de la Mare, P. B. D. in Patai, S. ; Rappoport, Z. *The Chemistry of Functional Groups, Supplement D*, pt. 1, Wiley, NY, **1983**, pp. 522-532.
[231] See Baciocchi, E. ; Illuminati, G. *Prog. Phys. Org. Chem.* **1967**, 5, 1.
[232] Stropnik, T. ; Bombek, S. ; Kočevar, M. ; Polanc, S. *Tetrahedron Lett.* **2008**, 49, 1729.
[233] See Kooyman, E. C. *Pure. Appl. Chem.* **1963**, 7, 193.

[234] Mach, M. H.; Bunnett, J. F. *J. Am. Chem. Soc.* **1974**, 96, 936.
[235] McKillop, A.; Bromley, D.; Taylor, E. C. *J. Org. Chem.* **1972**, 37, 88.
[236] Prokes, I.; Toma, S.; Luche, J.-L. *J. Chem. Res. (S)* **1996**, 164.
[237] Chen, X.; Hao, X.-S.; Goodhue, C. E.; Yu, J.-Q. *J. Am. Chem. Soc.* **2006**, 128, 6790.
[238] Chhattise, P. K.; Ramaswamy, A. V.; Waghmode, S. B. *Tetrahedron Lett.* **2008**, 49, 189.
[239] Reeves, W. P.; Lu, C. V.; Schulmeier, B.; Jonas, L.; Hatlevik, O. *Synth. Commun.* **1998**, 28, 499. Also see, Bisarya, S. C.; Rao, R. *Synth. Commun.* **1993**, 23, 779.
[240] Paul, V.; Sudalai, A.; Daniel, T.; Srinivasan, K. V. *Synth. Commun.* **1995**, 25, 2401.
[241] Prakash, G. K. S.; Mathew, T.; Hoole, D.; Esteves, P. M.; Wang, Q.; Rasul, G.; Olah, G. A. *J. Am. Chem. Soc.* **2004**, 126, 15770. Also see Andersh, B.; Murphy, D. L.; Olson, R. J. *Synth. Commun.* **2000**, 30, 2091. For an Au catalyzed halogenation see Mo, F.; Yan, J. M.; Qiu, D.; Li, F.; Zhang, Y.; Wang, J. *Angew. Chem. Int. Ed.* **2010**, 49, 2028.
[242] See Rajagopal R.; Jarikote, D. V.; Lahoti, R. J.; Daniel, T.; Srinivasan, K. V. *Tetrahedron Lett.* **2003**, 44, 1815. For a reaction in Bu$_4$NBr, see Ganguly, N. C.; De, P.; Dutta, S. *Synthesis* **2005**, 1103.
[243] See Lei, Z.-G.; Chen, Z.-C.; Hu, Y.; Zheng, Q.-G. *Synthesis* **2004**, 2809.
[244] See Chiappe, C.; Leandri, E.; Pieraccini, D. *Chem. Commun.* **2004**, 2536.
[245] Ghiaci, M.; Asghari, J. *Bull. Chem. Soc. Jpn.* **2001**, 74, 1151.
[246] Gnaim, J. M.; Sheldon, R. A. *Tetrahedron Lett.* **2005**, 46, 4465.
[247] Majetich, G.; Hicks, R.; Reister, S. *J. Org. Chem.* **1997**, 62, 4321.
[248] Chaudhuri, S. K.; Roy, S.; Saha, M.; Bhar, S. *Synth. Commun.* **2007**, 37, 581.
[249] Yu, G.; Mason, H. J.; Wu, X.; Endo, M.; Douglas, J.; Macor, J. E. *Tetrahedron Lett.* **2001**, 42, 3247.
[250] Roy, S. C.; Rana, K. K.; Guin, C.; Banerjee, B. *Synlett* **2003**, 221.
[251] Narender, N.; Srinivasu, P.; Kulkarni, S. J.; Raghavan, K. V. *Synth. Commun.* **2002**, 32, 279.
[252] Tamhankar, B. V.; Desai, U. V.; Mane, R. B.; Wadgaonkar, P. P.; Bedekar, A. V. *Synth. Commun.* **2001**, 31, 2021.
[253] Arun Kumar, M.; Rohitha, C. N.; Kulkarni, S. J.; Narender, N. *Synthesis* **2010**, 1629.
[254] Nitrobenzene is pentabrominated in 1 min with this reagent in 15% oleum at room temperature.
[255] Gottardi, W. *Monatsh. Chem.* **1968**, 99, 815; **1969**, 100, 42.
[256] Zanka, A.; Kubota, A. *Synlett* **1999**, 1984.
[257] Roche, D.; Prasad, K.; Repic, O.; Blacklock, T. J. *Tetrahedron Lett.* **2000**, 41, 2083.
[258] Smith, M. B.; Guo, L.; Okeyo, S.; Stenzel, J.; Yanella, J.; La Chapelle, E. *Org. Lett.* **2002**, 4, 2321. A polymeric Sn reagent has been devloepd for this purpose, see Chrétien, J.-M.; Zammattio, F.; Le Grognec, E.; Paris, M.; Cahingt, B.; Montavon, G.; Quintard, J.-P. *J. Org. Chem.* **2005**, 70, 2870.
[259] Patwari, S. B.; Baseer, M. A.; Vibhute, Y. B.; Bhusare, S. R. *Tetrahedron Lett.* **2003**, 44, 4893.
[260] See Kamigata, N.; Satoh, T.; Yoshida, M.; Matsuyama, H.; Kameyama, M. *Bull. Chem. Soc. Jpn.* **1988**, 61, 2226; de la Vega, F.; Sasson, Y. *J. Chem. Soc., Chem. Commun.* **1989**, 653.
[261] Lemaire, M.; Guy, A.; Guette, J. *Bull. Soc. Chim. Fr.* **1985**, 477.
[262] Lindsay Smith, J. R.; McKeer, L. C.; Taylor, J. M. *J. Chem. Soc. Perkin Trans. 2* **1989**, 1529, 1537. See also, Minisci, F.; Vismara, E.; Fontana, F.; Platone, E.; Faraci, G. *J. Chem. Soc. Perkin Trans. 2* **1989**, 123.
[263] Olah, G. A.; Ohannesian, L.; Arvanaghi, M. *Synthesis* **1986**, 868.
[264] Wan, X.; Ma, Z.; Li, B.; Zhang, K.; Cao, S.; Zhang, S.; Shi, Z. *J. Am. Chem. Soc.* **2006**, 128, 7416.
[265] Murphy, J. M.; Liao, X.; Hartwig, J. F. *J. Am. Chem. Soc.* **2007**, 129, 15434.
[266] Jacquesy, J.; Jouannetaud, M.; Makani, S. *J. Chem. Soc., Chem. Commun.* **1980**, 110.
[267] Doyle, M. P.; Van Lente, M. A.; Mowat, R.; Fobare, W. F. *J. Org. Chem.* **1980**, 45, 2570.
[268] Rajesh, K.; Somasundaram, M.; Saiganesh, R.; Balasubramanian, K. K. *J. Org. Chem.* **2007**, 72, 5867.
[269] Cañibano, V.; Rodriguez, J. F.; Santos, M.; Sanz-Tejedor, A.; Carreño, M. C.; González, G.; García-Ruano, J. L. *Synthesis* **2001**, 2175.
[270] Jung, J.-C.; Jung, Y.-J.; Park, O.-S. *Synth. Commun.* **2001**, 31, 2507.
[271] See de la Mare, P. B. D., *Electrophilic Halogenation*, Cambridge University Press, Cambridge, **1976**; de la Mare, P. B. D.; Swedlund, B. E. in Patai, S. *The Chemistry of the Carbon-Halogen Bond*, pt. 1, Wiley, NY, **1973**; pp. 490-536; Taylor, R. in Bamford, C. H.; Tipper, C. F. H. *Comprehensive Chemical Kinetics*, Vol. 13, Elsevier, NY, **1972**, pp. 83-139. See also, Keefer, R. M.; Andrews, L. J. *J. Am. Chem. Soc.* **1977**, 99, 5693; Tee, O. S.; Paventi, M.; Bennett, J. M. *J. Am. Chem. Soc.* **1989**, 111, 2233.
[272] Tee, O. S.; Iyengar, N. R.; Paventi, M. *J. Org. Chem.* **1983**, 48, 759. See also, Tee, O. S.; Iyengar, N. R. *Can. J. Chem.* **1990**, 68, 1769.
[273] See also, Zhang, Y.; Shibatomi, K.; Yamamoto, H. *Synlett* **2005**, 2837.
[274] See Rao, T. S.; Mali, S. I.; Dangat, V. T. *Tetrahedron* **1978**, 34, 205.
[275] Swain, C. G.; Crist, D. R. *J. Am. Chem. Soc.* **1972**, 94, 3195.
[276] Paul, D. F.; Haberfield, P. *J. Org. Chem.* **1976**, 41, 3170.
[277] Smith, K.; El-Hiti, G. A.; Hammond, M. E. W.; Bahzad, D.; Li, Z.; Siquet, C. *J. Chem. Soc., Perkin Trans. 1* **2000**, 2745.
[278] See Baciocchi, E.; Clementi, S.; Sebastiani, G. V. *J. Chem. Soc., Chem. Commun.* **1975**, 875.
[279] Hoffmann, K. J.; Carlsen, P. H. J. *Synth. Commun.* **1999**, 29, 1607.
[280] Dvornikova, E.; Kamienska-Trela, K. *Synlett* **2002**, 1152.
[281] See Pizey, J. S. in Pizey, J. S. *Synthetic Reagents*, Vol. 3, Wiley, NY, **1977**, pp. 227-276. For a review of aromatic iodination,

see Merkushev, E. B. *Synthesis* **1988**, 923.
[282] Butler, A. R. *J. Chem. Educ.* **1971**, 48, 508.
[283] Panunzi, B.; Rotiroti, L.; Tingoli, M. *Tetrahedron Lett.* **2003**, 44, 8753.
[284] Lulinski, P.; Skulski, L. *Bull. Chem. Soc. Jpn.* **2000**, 73, 951.
[285] Narender, N.; Reddy, K. S. R.; Krishna Mohan, K. V. V.; Kulkarni, S. J. *Tetrahedron Lett.* **2007**, 48, 6124.
[286] Das, B.; Krishnaiah, M.; Venkateswarlu, K.; Reddy, V. S. *Tetrahedron Lett.* **2007**, 48, 81.
[287] Tajik, H.; Esmaeili, A. A.; Mohammadpoor-Baltork, I.; Ershadi, A.; Tajmehri, H. *Synth. Commun.* **2003**, 33, 1319.
[288] Emmanuvel, L.; Shukla, R. K.; Sudalai, A.; Gurunath, S.; Sivaram, S. *Tetrahedron Lett.* **2006**, 47, 4793.
[289] Yusubov, M. S.; Tveryakova, E. N.; Krasnokutskaya, E. A.; Perederyna, I. A.; Zhdankin, V. V. *Synth. Commun.* **2007**, 37, 1259.
[290] See McCleland, C. W. in Pizey, J. S. *Synthetic Reagents*, Vol. 5, Wiley, NY, **1983**, pp. 85-164; Mukaiyama, T.; Kitagawa, H.; Matsuo, J.-i. *Tetrahedron Lett.* **2000**, 41, 9383.
[291] Johnsson, R.; Meijer, A.; Ellervik, U. *Tetrahedron* **2005**, 61, 11657.
[292] Chaikovskii, V. K.; Shorokhodov, V. I.; Filimonov, V. D. *Russ. J. Org. Chem.* **2001**, 37, 1503.
[293] Castanet, A.-S.; Colobert, F.; Broutin, P.-E. *Tetrahedron Lett.* **2002**, 43, 5047.
[294] Adimurthy, S.; Ramachandraiah, G.; Ghosh, P. K.; Bedekar, A. V. *Tetrahedron Lett.* **2003**, 44, 5099.
[295] Reddy, K. S. K.; Narender, N.; Rohitha, C. N.; Kulkarni, S. J. *Synth. Commun.* **2008**, 38, 3894.
[296] Firouzabadi, H.; Iranpoor, N.; Shiri, M. *Tetrahedron Lett.* **2003**, 44, 8781.
[297] Bonesi, S. M.; Erra-Balsells, R. *J. Heterocyclic Chem.* **2001**, 38, 77.
[298] Hajipour, A. R.; Ruoho, A. E. *Org. Prep. Proceed. Int.* **2002**, 34, 647.
[299] Alexander, V. M.; Khandekar, A. C.; Samant, S. D. *Synlett* **2003**, 1895.
[300] Monnereau, C.; Blart, E.; Odobel, F. *Tetrahedron Lett.* **2005**, 46, 5421.
[301] Usui, S.; Hashimoto, Y.; Morey, J. V.; Wheatley, A. E. H.; Uchiyama, M. *J. Am. Chem. Soc.* **2007**, 129, 15102.
[302] Ganguly, N. C.; Barik, S. K.; Dutta, S. *Synthesis* **2010**, 1467.
[303] Bovonsombat, P.; Leykajarakul, J.; Khan, C.; Pla-on, K.; Krause, M. M.; Khanthapura, P.; Ali, R.; Doowa, N. *Tetrahedron Lett.* **2009**, 50, 2664.
[304] Grovenstein, Jr., E.; Aprahamian, N. S.; Bryan, C. J.; Gnanapragasam, N. S.; Kilby, D. C.; McKelvey, Jr., J. M.; Sullivan, R. J. *J. Am. Chem. Soc.* **1973**, 95, 4261.
[305] Ogata, Y.; Urasaki, I. *J. Chem. Soc. C* **1970**, 1689.
[306] Arotsky, J.; Butler, R.; Darby, A. C. *J. Chem. Soc. C* **1970**, 1480.
[307] Galli, C. *J. Org. Chem.* **1991**, 56, 3238.
[308] See German, L.; Zemskov, S. *New Fluorinating Agents in Organic Synthesis*, Springer, NY, **1989**; Purrington, S. T.; Kagen, B. S.; Patrick, T. B. *Chem. Rev.* **1986**, 86, 997. Also see Hewitt, C. D.; Silvester, M. J. *Aldrichimica Acta* **1988**, 21, 3.
[309] Stavber, S.; Zupan, M. *J. Org. Chem.* **1983**, 48, 2223. See also, Purrington, S. T.; Woodard, D. L. *J. Org. Chem.* **1991**, 56, 142.
[310] See Visser, G. W. M.; Bakker, C. N. M.; van Halteren, B. W.; Herscheid, J. D. M.; Brinkman, G. A.; Hoekstra, A. *J. Org. Chem.* **1986**, 51, 1886.
[311] Singh, S.; DesMarteau, D. D.; Zuberi, S. S.; Witz, M.; Huang, H. *J. Am. Chem. Soc.* **1987**, 109, 7194.
[312] Chambers, R. D.; Parsons, M.; Sandford, G.; Skinner, C. J.; Atherton, M. J.; Moilliet, J. S. *J. Chem. Soc., Perkin Trans. 1* **1999**, 803.
[313] See Roberts, R. M.; Khalaf, A. A. *Friedel-Crafts Alkylation Chemistry*, Marcel Dekker, NY, **1984**. For a treatise on Friedel-Crafts reactions in general, see Olah, G. A. *Friedel-Crafts and Related Reactions*, Wiley, NY, **1963-1965**. See Olah, G. A. *Friedel-Crafts Chemistry*, Wiley, NY, **1973**.
[314] Poulsen, T. B.; Jørgensen, K. A. *Chem. Rev.* **2008**, 108, 2903; Wang, Y.-Q.; Song, J.; Hong, R.; Li, H.; Deng, L. *J. Am. Chem. Soc.* **2006**, 128, 8156; Terada, M.; Sorimachi, K. *J. Am. Chem. Soc.* **2007**, 129, 292; Kang, Q.; Zhao, Z.-A.; You, S.-L. *J. Am. Chem. Soc.* **2007**, 129, 1484; Bartoli, G.; Bosco, M.; Carlone, A.; Pesciaioli, F.; Sambri, L.; Melchiorre. P. *Org. Lett.* **2007**, 9, 1403; Adachi, S.; Tanaka, F.; Watanabe, K.; Watada, A.; Harada, T. *Synthesis* **2010**, 2652; Faita, G.; Mella, M.; Toscanini, M.; Desimoni, G. *Tetrahedron* **2010**, 66, 3024.
[315] See Brown, H. C.; Jungk, H. *J. Am. Chem. Soc.* **1955**, 77, 5584.
[316] Olah, G. A.; Kuhn, S. J. *J. Org. Chem.* **1964**, 29, 2317.
[317] See Olah, G. A. in Olah, G. A. *Friedel-Crafts and Related Reactions*, Vol. 1, Wiley, NY, **1963**, pp. 881-905. This review also covers the case of alkylation versus acylation.
[318] See Belen'kii, L. I.; Brokhovetsky, D. B.; Krayushkin, M. M. *Chem. Scr.*, **1989**, 29, 81.
[319] See Sinha, S.; Mandal, B.; Chandrasekaran, S. *Tetrahedron Lett.* **2000**, 41, 9109.
[320] Sieskind, O.; Albrecht, P. *Tetrahedron Lett.* **1993**, 34, 1197.
[321] See Song, C. E.; Shim, W. H.; Roh, E. J.; Choi, J. H. *Chem. Commun.* **2000**, 1695.
[322] Hajra, S.; Maji, B.; Bar, S. *Org. Lett.* **2007**, 9, 2783.
[323] See Youn, S. W.; Pastine, S. J.; Sames, D. *Org. Lett.* **2004**, 6, 581.
[324] Klumpp, D. A.; Beauchamp, P. S.; Sanchez Jr., G. V.; Aguirre, S.; de Leon, S. *Tetrahedron Lett.* **2001**, 42, 5821.
[325] Chiba, K.; Fukuda, M.; Kim, S.; Kitano, Y.; Toda, M. *J. Org. Chem.* **1999**, 64, 7654; Abe, H.; Koshiba, N.; Yamasaki, A.; Harayama, T. *Heterocycles* **1999**, 51 2301. See also, Shen, Y.; Atobe, M.; Fuchigami, T. *Org. Lett.* **2004**, 6, 2441.
[326] Palomo, C.; Oiarbide, M.; Kardak, B. G.; Garcia, J. M.; Linden, A. *J. Am. Chem. Soc.* **2005**, 127, 4154.
[327] Tsuchimoto, T.; Maeda, T.; Shirakawa, E.; Kawakami, Y. *Chem. Commun.* **2000**, 1573;

[328] Kobayashi, K. ; Yamaguchi, M. *Org. Lett.* **2001**, 3, 241.
[329] Chatani, N. ; Inoue, H. ; Ikeda, T. ; Murai, S. *J. Org. Chem.* **2000**, 65, 4913; Inoue, H. ; Chatani, N. ; Murai, S. *J. Org. Chem.* **2002**, 67, 1414; Nishizawa, M. ; Takao, H. ; Yadav, V. K. ; Imagawa, H. ; Sugihara, T. *Org. Lett.* **2003**, 5, 4563; Ishikawa, T. ; Manabe, S. ; Aikawa, T. ; Kudo, T. ; Saito, S. *Org. Lett.* **2004**, 6, 2361. See also, Fillion, E. ; Carson, R. J. ; Trépanier, V. E. ; Goll, J. M. ; Remorova, A. A. *J. Am. Chem. Soc.* **2004**, 126, 15354.
[330] Shintani, R. ; Okamoto, K. ; Hayashi, T. *J. Am. Chem. Soc.* **2005**, 127, 2872; Yamabe, H. ; Mizuno, A. ; Kusama, H. ; Iwasawa, N. *J. Am. Chem. Soc.* **2005**, 127, 3248; Shintani, R. ; Hayashi, T. *Org. Lett.* **2005**, 7, 2071.
[331] Choi, D. S. ; Kim, J. H. ; Shin, U. S. ; Deshmukh, R. R. ; Song, C. E. *Chem. Commun.* **2007**, 3482.
[332] Basavaiah, D. ; Bakthadoss, M. ; Reddy, G. J. *Synthesis* **2001**, 919; Nishibayashi, Y. ; Joshikawa, M. ; Inada, Y. ; Hidai, M. ; Uemura, S. *J. Am. Chem. Soc.* **2002**, 124, 11846.
[333] Podder, S. ; Choudhury, J. ; Roy, S. *J. Org. Chem.* **2007**, 72, 3129.
[334] Sun, G. ; Wang, Z. *Tetrahedron Lett.* **2008**, 49, 4929.
[335] Clayden, J. ; Stimson, C. C. ; Keenan, M. *Chem. Commun.* **2006**, 1393.
[336] Mühlthau, F. ; Schuster, O. ; Bach, T. *J. Am. Chem. Soc.* **2005**, 127, 9348.
[337] See Podder, S. ; Roy, S. *Tetrahedron* **2007**, 63, 9146.
[338] Bonvino, V. ; Casini, G. ; Ferappi, M. ; Cingolani, G. M. ; Pietroni, B. R. *Tetrahedron* **1981**, 37, 615.
[339] Taylor, S. K. ; Dickinson, M. G. ; May, S. A. ; Pickering, D. A. ; Sadek, P. C. *Synthesis* **1998**, 1133. See also, Brandänge, S. ; Bäckvall, J.-E. ; Leijonmarck, H. *J. Chem. Soc., Perkin Trans.* 1 **2001**, 2051.
[340] Patra, P. K. ; Patro, B. ; Ila, H. ; Junjappa, H. *Tetrahedron Lett.* **1993**, 34, 3951.
[341] Singh, R. P. ; Kamble, R. M. ; Chandra, K. L. ; Saravanani, P. ; Singh, V. K. *Tetrahedron* **2001**, 57, 241.
[342] Shimizu, I. ; Sakamoto, T. ; Kawaragi, S. ; Maruyama, Y. ; Yamamoto, A. *Chem. Lett.* **1997**, 137.
[343] Kodomari, M. ; Nawa, S. ; Miyoshi, T. *J. Chem. Soc. Chem. Commun.* **1995**, 1895.
[344] Drahowzal, F. A. in Olah, G. A., *Friedel-Crafts and Related Reactions*, Vol. 2, Wiley, NY, **1964**, p. 433.
[345] Paras, N. A. ; MacMillan, D. W. C. *J. Am. Chem. Soc.* **2001**, 123, 4370.
[346] Herrlich, M. ; Hampel, N. ; Mayr, H. *Org. Lett.* **2001**, 3, 1629.
[347] Yamaguchi, R. ; Nakayasu, T. ; Hatano, B. ; Nagura, T. ; Kozima, S. ; Fujita, K.-i. *Tetrahedron* **2001**, 57, 109.
[348] See Stang, P. J. ; Anderson, A. G. *J. Am. Chem. Soc.* **1978**, 100, 1520.
[349] See Mertins, K. ; Iovel, I. ; Kischel, J. ; Zapf, A. ; Beller, M. *Angew. Chem. Int. Ed.* **2004**, 44, 238.
[350] See Olah, G. A. in Olah, G. A. *Friedel-Crafts and Related Reactions*, Vol. 1, Wiley, NY, **1963**, pp. 201-366, 853-881. A reusable catalyst derived from a heteropoly acid has been reported; see Okumura, K. ; Yamashita, K. ; Hirano, M. ; Niwa, M. *Chem. Lett.* **2005**, 34, 716
[351] Niggemann, M. ; Meel, M. J. *Angew. Chem. Int. Ed.* **2010**, 49, 3684.
[352] See Yakobson, G. G. ; Furin, G. G. *Synthesis* **1980**, 345.
[353] Russell, G. A. *J. Am. Chem. Soc.* **1959**, 81, 4834.
[354] Potapov, V. A. ; Khuriganova, O. I. ; Amosova, S. V. *Russ. J. Org. Chem.* **2009**, 45, 1569.
[355] Kaneko, M. ; Hayashi, R. ; Cook, G. R. *Tetrahedron Lett.* **2007**, 48, 7085.
[356] See Tang, Z. ; Mathieu, B. ; Tinant, B. ; Dive, G. ; Ghosez, L. *Tetrahedron* **2007**, 63, 8449.
[357] Olah, G. A. ; Kuhn, S. J. ; Flood, S. H. *J. Am. Chem. Soc.* **1962**, 84, 1688.
[358] See Davister, M. ; Laszlo, P. *Tetrahedron Lett.* **1993**, 34, 533 for examples of paradoxical selectivity in Friedel-Crafts alkylation.
[359] Francis, A. W. *Chem. Rev.* **1948**, 43, 257.
[360] See Stroh, R. ; Ebersberger, J. ; Haberland, H. ; Hahn, W. *Newer Methods Prep. Org. Chem.* **1963**, 2, 227.
[361] Koshchii, V. A. ; Kozlikovskii, Ya. B. ; Matyusha, A. A. *J. Org. Chem. USSR* **1988**, 24, 1358; Laan, J. A. M. ; Giesen, F. L. L. ; Ward, J. P. *Chem. Ind. (London)* **1989**, 354. See Stroh, R. ; Seydel, R. ; Hahn, W. *Newer Methods Prep. Org. Chem.* **1963**, 2, 337.
[362] Shen, Y. ; Liu, H. ; Chen, Y. *J. Org. Chem.* **1990**, 55, 3961.
[363] Olah, G. A. in Olah, G. A. *Friedel-Crafts and Related Reactions*, Vol. 1, Wiley, NY, **1963**, p. 34.
[364] See Gelman, D. ; Schumann, H. ; Blum, J. *Tetrahedron Lett.* **2000**, 41, 7555.
[365] See Barclay, L. R. C. in Olah, G. A. *Friedel-Crafts and Related Reactions*, Vol. 2, Wiley, NY, **1964**, pp. 785-977.
[366] See Stashenko, E. E. ; Martinez, J. R. ; Tafurt-Garcia, G. ; Palma, A. ; Bofill, J. M. *Tetrahedron* **2008**, 64, 7407.
[367] See Khalaf, A. A. ; Roberts, R. M. *J. Org. Chem.* **1966**, 31, 89.
[368] Khan, T. A. ; Tripoli, R. ; Crawford, J. T. ; Martin, C. G. ; Murphy, J. A. *Org. Lett.* **2003**, 5, 2971.
[369] See Taylor, R. *Electrophilic Aromatic Substitution*, Wiley, NY, **1990**, pp. 188-213.
[370] See Bijoy, P. ; Subba Rao, G. S. R. *Tetrahedron Lett.* **1994**, 35, 3341.
[371] Kalchschmid, F. ; Mayer, E. *Angew. Chem. Int. Ed.* **1976**, 15, 773.
[372] See Chuchani, G. ; Zabicky, J. *J. Chem. Soc. C* **1966**, 297.
[373] Takaku, M. ; Taniguchi, M. ; Inamoto, Y. *Synth. Commun.* **1971**, 1, 141.
[374] Bryce-Smith, D. ; Perkins, N. A. *J. Chem. Soc.* **1962**, 5295.
[375] Kitamura, T. ; Kobayashi, S. ; Taniguchi, H. ; Rappoport, Z. *J. Org. Chem.* **1982**, 47, 5503.
[376] Majetich, G. ; Liu, S. ; Siesel, D. *Tetrahedron Lett.* **1995**, 36, 4749.
[377] Majetich, G. ; Zhang, Y. ; Liu, S. *Tetrahedron Lett.* **1994**, 35, 4887.
[378] Brown, H. C. ; Jungk, H. *J. Am. Chem. Soc.* **1956**, 78, 2182.
[379] See Choi, S. U. ; Brown, H. C. *J. Am. Chem. Soc.* **1963**, 85, 2596.
[380] Some instances of retention of configuration have been reported; a neighboring-group mechanism is likely in these cases: see Effen-

berger, F. ; Weber, T. *Angew. Chem. Int. Ed.* **1987**, 26, 142.
[381] Nakajima, T. ; Suga, S. ; Sugita, T. ; Ichikawa, K. *Tetrahedron* **1969**, 25, 1807. For cases of almost complete inversion, with acyclic reagents, see Piccolo, O. ; Azzena, U. ; Melloni, G. ; Delogu, G. ; Valoti, E. *J. Org. Chem.* **1991**, 56, 183.
[382] Adema, E. H. ; Sixma, F. L. J. *Recl. Trav. Chim. Pays-Bas* **1962**, 81, 323, 336.
[383] See Roberts, R. M. ; Gibson, T. L. *Isot. Org. Chem.* **1980**, 5, 103.
[384] See Lee, C. C. ; Hamblin, M. C. ; Uthe, J. F. *Can. J. Chem.* **1964**, 42, 1771.
[385] See Hofmann, J. E. ; Schriesheim, A. in Olah, G. A. *Friedel-Crafts and Related Reactions*, Vol. 2, Wiley, NY, **1963**, pp. 597-640.
[386] See Casiraghi, G. ; Casnati, G. ; Puglia, G. ; Sartori, G. *Synthesis* **1980**, 124.
[387] For a review, see Schnell, H. ; Krimm, H. *Angew. Chem. Int. Ed.* **1963**, 2, 373.
[388] Gothelf, A. S. ; Hansen, T. ; Jørgensen, K. A. *J. Chem. Soc., Perkin Trans.* 1 **2001**, 854.
[389] See Casiraghi, G. ; Casnati, G. ; Pochini, A. ; Puglia, G. ; Ungaro, R. ; Sartori, G. *Synthesis* **1981**, 143.
[390] Ghosh, S. ; Pardo, S. N. ; Salomon, R. G. *J. Org. Chem.* **1982**, 47, 4692.
[391] Sugasawa, T. ; Toyoda, T. ; Adachi, M. ; Sasakura, K. *J. Am. Chem. Soc.* **1978**, 100, 4842; Nagata, W. ; Okada, K. ; Aoki, T. *Synthesis* **1979**, 365.
[392] Lee, S. ; MacMillan, D. W. C. *J. Am. Chem. Soc.* **2007**, 129, 15438.
[393] See Bonnet-Delpon, D. ; Charpentier-Morize, M. ; Jacquot, R. *J. Org. Chem.* **1988**, 53, 759.
[394] See Bradsher, C. K. *Chem. Rev.* **1987**, 87, 1277.
[395] Bradsher, C. K. *Chem. Rev.* **1987**, 87, 1277, see pp. 1287-1294.
[396] Meshram, H. M. ; Sekhar, K. C. ; Ganesh, Y. S. S. ; Yadav, J. S. *Synlett* **2000**, 1273.
[397] von Pechmann, H. ; Duisberg, C. *Ber.* **1883**, 16, 2119; Sethna, S. ; Phadke, R. *Org. React.* **1953**, 7, 1. For a Pechmann condensation in ionic liquids, see Kumar, V. ; Tomar, S. ; Patel, R. ; Yousaf, A. ; Parmar, V. S. ; Malhotra, S. V. *Synth. Commun.* **2008**, 38, 2646.
[398] Miyano, M. ; Dorn, C. R. *J. Org. Chem.* **1972**, 37, 259.
[399] Frère, S. ; Thiéry, V. ; Besson, T. *Tetrahedron Lett.* **2001**, 42, 2791.
[400] See Potdar, M. K. ; Mohile, S. S. ; Salunkhe, M. M. *Tetrahedron Lett.* **2001**, 42, 9285.
[401] See Fodor, G. ; Nagubandi, S. *Tetrahedron* **1980**, 36, 1279.
[402] See Judeh, Z. M. A. ; Ching, C. B. ; Bu, J. ; McCluskey, A. *Tetrahedron Lett.* **2002**, 43, 5089.
[403] Chern, M. -S. ; Li, W. R. *Tetrahedron Lett.* **2004**, 45, 8323.
[404] Wang, X. -j. ; Tan, J. ; Grozinger, K. *Tetrahedron Lett.* **1998**, 39, 6609.
[405] Fodor, G. ; Gal, G. ; Phillips, B. A. *Angew. Chem. Int. Ed.* **1972**, 11, 919.
[406] Pictet, A. ; Spengler, T. *Ber.* **1911**, 44, 2030; Cox, E. D. ; Cook, J. M. *Chem. Rev.* **1995**, 95, 1797. See also, Whaley, W. M. ; Govindachari, T. R. *Org. React.* **1951**, 6, 74; Youn, S. W. *Org. Prep. Proceed. Int.* **2006**, 38, 505.
[407] Ong, H. H. ; May, E. L. *J. Heterocyclic Chem.* **1971**, 8, 1007.
[408] Youn, S. W. *J. Org. Chem.* **2006**, 71, 2521.
[409] Seayad, J. ; Seayad, A. M. ; List, B. *J. Am. Chem. Soc.* **2006**, 128, 1086; Raheem, I. T. ; Thiara, P. S. ; Peterson, E. A. ; Jacobsen, E. N. *J. Am. Chem. Soc.* **2007**, 129, 13404; Sewgobind, N. V. ; Wanner, M. J. ; Ingemann, S. ; de Gelder, R. ; van Maarseveen, J. H. ; Hiemstra, H. *J. Org. Chem.* **2008**, 73, 6405.
[410] Locher, C. ; Peerzada, N. *J. Chem. Soc., Perkin Trans.* 1 **1999**, 179.
[411] See Belen'kii, L. I. ; Vol'kenshtein, Yu. B. ; Karmanova, I. B. *Russ. Chem. Rev.* **1977**, 46, 891; Olah, G. A. ; Tolgyesi, W. S. in Olah, G. A. *Friedel-Crafts and Related Reactions*, Vol. 2, Wiley, NY, **1963**, pp. 659-784.
[412] McKillop, A. ; Madjdabadi, F. A. ; Long, D. A. *Tetrahedron Lett.* **1983**, 24, 1933.
[413] Ogata, Y. ; Okano, M. *J. Am. Chem. Soc.* **1956**, 78, 5423. See also, Olah, G. A. ; Yu, S. H. *J. Am. Chem. Soc.* **1975**, 97, 2293.
[414] Lyushin, M. M. ; Mekhtiev, S. D. ; Guseinova, S. N. *J. Org. Chem. USSR* **1970**, 6, 1445.
[415] See Kovacic, P. ; Jones, M. B. *Chem. Rev.* **1987**, 87, 357; Balaban, A. T. ; Nenitzescu, C. D. in Olah, G. A. *Friedel-Crafts and Related Reactions*, Vol. 2, Wiley, NY, **1964**, pp. 979-1047.
[416] For examples with references, see Larock, R. C. *Comprehensive Organic Transformations*, 2nd ed., Wiley-VCH, NY, **1999**, pp. 77-84; Sartori, G. ; Maggi, R. ; Bigi, F. ; Grandi, R. *J. Org. Chem.* **1993**, 58, 7271.
[417] Barrett, A. G. M. ; Itoh, T. ; Wallace, E. M. *Tetrahedron Lett.* **1993**, 34, 2233. For a microwave promoted reaction, see Lewis, J. C. ; Wu, J. Y. ; Bergman, R. G. ; Ellman, J. A. *Angew. Chem. Int. Ed.* **2006**, 45, 1589.
[418] Matsushita, M. ; Kamata, K. ; Yamaguchi, K. ; Mizuno, N. *J. Am. Chem. Soc.* **2005**, 127, 6632. For a coupling reaction of pyridines, see Kawashima, T. ; Takao, T. ; Suzuki, H. *J. Am. Chem. Soc.* **2007**, 129, 11006.
[419] See Clowes, G. A. *J. Chem. Soc. C* **1968**, 2519.
[420] Saito, S. ; Kano, T. ; Ohyabu, Y. ; Yamamoto, H. *Synlett* **2000**, 1676.
[421] Kano, T. ; Ohyabu, Y. ; Saito, S. ; Yamamoto, H. *J. Am. Chem. Soc.* **2002**, 124, 5365.
[422] Demir, A. S. ; Findik, H. ; Saygili, N. ; Subasi, N. T. *Tetrahedron* **2010**, 66, 1308.
[423] Maji, M. S. ; Studer, A. *Synthesis* **2009**, 2467.
[424] Kakiuchi, F. ; Kan, S. ; Igi, K. ; Chatani, N. ; Murai, S. *J. Am. Chem. Soc.* **2003**, 125, 1698.
[425] Ortar, G. *Tetrahedron Lett.* **2003**, 44, 4311.
[426] Basl, O. ; Li, C. -J. *Org. Lett.* **2008**, 10, 3661.
[427] Mizuno, H. ; Sakurai, H. ; Amaya, T. ; Hirao, T. *Chem. Commun.* **2006**, 5042.
[428] Zhao, J. ; Zhang, Y. ; Cheng, K. *J. Org. Chem.* **2008**, 73, 7428.

[429] Phipps, R. J. ; Grimster, N. P. ; Gaunt, M. J. *J. Am. Chem. Soc.* **2008**, 130, 8172.

[430] See Olah, G. A. *Friedel-Crafts and Related Reactions*, Wiley, NY, **1963-1964**, as follows: Vol. 1, Olah, G. A. pp. 91-115; Vol. 3, Gore, P. H. pp. 1-381; Peto, A. G. pp. 535-910; Sethna, S. pp. 911-1002; Jensen, F. R. ; Goldman, G. pp. 1003-1032. Also see Gore, P. H. *Chem. Ind.* (*London*) **1974**, 727; *Advances in Friedel-Crafts Acylation Reactions: Catalytic and Green Processes*, Sartori, G. ; Maggi, R. , CRC Press, Boca Raton, FL. **2009**.

[431] For a list of reagents, with references, see Larock, R. C. *Comprehensive Organic Transformations*, 2nd ed. , Wiley-VCH, NY, **1999**, pp. 1423-1426.

[432] Kawamura, M. ; Cui, D. -M. ; Hayashi, T. ; Shimada, S. *Tetrahedron Lett.* **2003**, 44, 7715. See Kaur, J. ; Kozhevnikov, I. V. *Chem. Commun.* **2002**, 2508.

[433] Taber, D. F. ; Sethuraman, M. R. *J. Org. Chem.* **2000**, 65, 254.

[434] See Hwang, J. P. ; Prakash, G. K. S. ; Olah, G. A. *Tetrahedron* **2000**, 56, 7199.

[435] Anderson, K. W. ; Tepe, J. *Org. Lett.* **2002**, 4, 459.

[436] For a discussion of the relationship between electrophilicity of the substituting agents and substrate selectivity, see Meneses, L. ; Fuentealba, P. ; Contreras, R. *Tetrahedron* **2005**, 61, 831.

[437] Yamase, Y. *Bull. Chem. Soc. Jpn.* **1961**, 34, 480; Corriu, R. *Bull. Soc. Chim. Fr.* **1965**, 821.

[438] See Pearson, D. E. ; Buehler, C. A. *Synthesis* **1972**, 533. Examples include, Ga(ONf)$_3$, where Nf= nonafluorobutanesulfonate: Matsu, J. -i. ; Odashima, K. ; Kobayashi, S. *Synlett* **2000**, 403. Ga(OTf)$_3$ with LiClO$_4$: Chapman, C. J. ; Frost, C. G. ; Hartley, J. P. ; Whittle, A. J. *Tetrahedron Lett.* **2001**, 42, 773. InCl$_3$: Choudhary, V. R. ; Jana, S. K. ; Patil, N. S. *Tetrahedron Lett.* **2002**, 43, 1105. Sc(OTf)$_3$: Kawada, A. ; Mitamura, S. ; Matsuo, J-i. ; Tsuchiya, T. ; Kobayashi, S. *Bull. Chem. Soc. Jpn.* **2000**, 73, 2325. Yb[C(SO$_2$C$_4$F$_4$)$_3$]$_3$: Barrett, A. G. M. ; Bouloc, N. ; Braddock, D. C. ; Chadwick, D. ; Henderson, D. A. *Synlett* **2002**, 1653. BiOCl$_3$: Répichet, S. ; Le Roux, C. ; Roques, N. ; Dubac, J. *Tetrahedron Lett.* **2003**, 44, 2037. ZnO: Sarvari, M. H. ; Sharghi, H. *J. Org. Chem.* **2004**, 69, 6953.

[439] See Chevrier, B. ; Weiss, R. *Angew. Chem. Int. Ed.* **1974**, 13, 1.

[440] Kawada, A. ; Mitamura, S. ; Kobayashi, S. *Chem. Commun.* **1996**, 183. Kawada, A. ; Mitamura, S. ; Kobayashi, S. *SynLett*, **1994**, 545; Hachiya, I. ; Moriwaki, M. ; Kobayashi, S. *Tetrahedron Lett.* **1995**, 36, 409.

[441] Khodaei, M. M. ; Bahrami, K. ; Shahbazi, F. *Chem. Lett.* **2008**, 37, 844.

[442] Sreekumar, R. ; Padmukumar, R. *Synth. Commun.* **1997**, 27, 777. See Paul, V. ; Sudalai, A. ; Daniel, T. ; Srinivasan, K. V. *Tetrahedron Lett.* **1994**, 35, 2601.

[443] Fürstner, A. ; Voigtländer, D. ; Schrader, W. ; Giebel, D. ; Reetz, M. T. *Org. Lett.* **2001**, 3, 417.

[444] Bensari, A. ; Zaveri, N. T. *Synthesis* **2003**, 267.

[445] Soueidan, M. ; Collin, J. ; Gil, R. *Tetrahedron Lett.* **2006**, 47, 5467.

[446] Jang, D. O. ; Moon, K. S. ; Cho, D. H. ; Kim, J. -G. *Tetrahedron Lett.* **2006**, 47, 6063.

[447] Paul, S. ; Nanda, P. ; Gupta, R. ; Loupy, A. *Synthesis* **2003**, 2877.

[448] Bandgar, B. P. ; Sadavarte, V. S. *Synth. Commun.* **1999**, 29, 2587.

[449] See Gmouth, S. ; Yang, H. ; Vaultier, M. *Org. Lett.* **2003**, 5, 2219.

[450] See Rebeiro, G. L. ; Khadilkar, B. M. *Synth. Commun.* **2000**, 30, 1605.

[451] Georgakilas, V. ; Perdikomatis, G. P. ; Triantafyllou, A. S. ; Siskos, M. G. ; Zarkadis, A. K. *Tetrahedron* **2002**, 58, 2441.

[452] Yin, W. ; Ma, Y. ; Xu, J. ; Zhao, Y. *J. Org. Chem.* **2006**, 71, 4312.

[453] See Kawamura, M. ; Cui, D. -M. ; Shimada, S. *Tetrahedron* **2006**, 62, 9201. Also see Posternak, A. G. ; Garlyauskayte, R. Yu. ; Yagupolskii, L. M. *Tetrahedron Lett.* **2009**, 50, 446.

[454] Khodaei, M. M. ; Alizadeh, A. ; Nazari, E. *Tetrahedron Lett.* **2007**, 48, 4199.

[455] Zarei, A. ; Hajipour, A. R. ; Khazdooz, L. *Tetrahedron Lett.* **2008**, 49, 6715.

[456] Kangani, C. O. ; Day, B. W. *Org. Lett.* **2008**, 10, 2645.

[457] Sarvari, M. H. ; Sharghi, H. *Helv. Chim. Acta* **2005**, 88, 2282.

[458] Effenberger, F. ; Sohn, E. ; Epple, G. *Chem. Ber.* **1983**, 116, 1195. See also, Keumi, T. ; Yoshimura, K. ; Shimada, M. ; Kitajima, H. *Bull. Chem. Soc. Jpn.* **1988**, 44, 455.

[459] Yadav, J. S. ; Reddy, B. V. S. ; Kondaji, G. ; Rao, R. S. ; Kumar, S. P. *Tetrahedron Lett.* **2002**, 43, 8133.

[460] Zhang, Z. ; Yang, Z. ; Wong, H. ; Zhu, J. ; Meanwell, N. A. ; Kadow, J. F. ; Wang, T. *J. Org. Chem.* **2002**, 67, 6226.

[461] Ottoni, O. ; de V. F. Neder, A. ; Dias, A. K. B. ; Cruz, R. P. A. ; Aquino, L. B. *Org. Lett.* **2001**, 3, 1005.

[462] Cruz, R. P. A. ; Ottoni, O. ; Abella, C. A. M. ; Aquino, L. B. *Tetrahedron Lett.* **2001**, 42, 1467. See Pal, M. ; Dakarapu, R. ; Padakanti, S. *J. Org. Chem.* **2004**, 69, 2913.

[463] See Yeung, K. -S. ; Farkas, M. E. ; Qiu, Z. ; Yang, Z. *Tetrahedron lett.* **2002**, 43, 5793.

[464] See Peto, A. G. in Olah, G. A. *Friedel-Crafts and Related Reactions*, Vol. 3, Wiley, NY, **1964**, p. 535.

[465] See Agranat, I. ; Shih, Y. *J. Chem. Educ.* **1976**, 53, 488.

[466] Edwards, Jr. , W. R. ; Sibelle, E. C. *J. Org. Chem.* **1963**, 28, 674.

[467] See Sethna, S. in Olah, G. A. *Friedel-Crafts and Related Reactions*, Vol. 3, Wiley, NY, **1964**, pp. 911-1002. For examples with references, see Larock, R. C. *Comprehensive Organic Transformations*, 2nd ed. , Wiley-VCH, NY, **1999**, pp. 1427-1431.

[468] See Cui, D. -M. ; Zhang, C. ; Kawamura, M. ; Shimada, S. *Tetrahedron Lett.* **2004**, 45, 1741.

[469] See Schubert, W. M. ; Sweeney, W. A. ; Latourette, H. K. *J. Am. Chem. Soc.* **1954**, 76, 5462.

[470] See Naruta, Y.; Maruyama, K. in Patai, S.; Rappoport, Z. *The Chemistry of the Quinonoid Compounds*, Vol. 2, pt. 1, Wiley, NY, **1988**, pp. 325-332; Thomson, R. H. in Patai, S. *The Chemistry of the Quinonoid Compounds*, Vol. 1, pt. 1, Wiley, NY, **1974**; pp. 136-139.
[471] See Rowlands, D. A. in Pizey, J. S. *Synthetic Reagents*, Vol. 6, Wiley, NY, **1985**, pp. 156-414.
[472] Yang, H.; Li, H.; Wittenberg, R.; Egi, M.; Huang, W.; Liebeskind, L. S. *J. Am. Chem. Soc.* **2007**, 129, 1132.
[473] Poláčková, V.; Toma, Š.; Augustínová, I. *Tetrahedron* **2006**, 62, 11675.
[474] See Effenberger, F.; Eberhard, J. K.; Maier, A. H. *J. Am. Chem. Soc.* **1996**, 118, 12572.
[475] See Taylor, R. *Electrophilic Aromatic Substitution*, Wiley, NY, **1990**, pp. 222-237.
[476] After 2 min, exchange between PhCOCl and Al(^{36}Cl)$_3$ is complete: Oulevey, G.; Susz, P. B. *Helv. Chim. Acta* **1964**, 47, 1828.
[477] See Tan, L. K.; Brownstein, S. *J. Org. Chem.* **1983**, 48, 302.
[478] Gore, P. H. *Bull. Chem. Soc. Jpn.* **1962**, 35, 1627; Satchell, D. P. N. *J. Chem. Soc.* **1961**, 5404.
[479] Cassimatis, D.; Bonnin, J. P.; Theophanides, T. *Can. J. Chem.* **1970**, 48, 3860.
[480] See Chevrier, B.; Le Carpentier, J.; Weiss, R. *Acta Crystallogr., Sect. B*, **1972**, 28, 2673; *J. Am. Chem. Soc.* **1972**, 94, 5718.
[481] Olah, G. A.; Lin, H. C.; Germain, A. *Synthesis* **1974**, 895. Also see Al-Talib, M.; Tashtoush, H. *Org. Prep. Proced. Int.* **1990**, 22, 1.
[482] Kobayashi, S.; Komoto, I. *Tetrahedron* **2000**, 56, 6463.
[483] Bartoli, G.; Bosco, M.; Marcantoni, E.; Massaccesi, M.; Rinalde, S.; Sambri, L. *Tetrahedron Lett.* **2002**, 43, 6331.
[484] Zhao, X.; Yu, Z. *J. Am. Chem. Soc.* **2008**, 130, 8136.
[485] See Olah, G. A.; Kuhn, S. J.; Olah, G. A. *Friedel-Crafts and Related Reactions*, Vol. 3, Wiley, NY, **1964**, pp. 1153-1256; Olah, G. A.; Ohannesian, L.; Arvanaghi, M. *Chem. Rev.* **1987**, 87, 671. For a list of reagents, with references, see Larock, R. C. *Comprehensive Organic Transformations*, 2nd ed., Wiley-VCH, NY, **1999**, pp. 1423-1426.
[486] Staab, H. A.; Datta, A. P. *Angew. Chem. Int. Ed.* **1964**, 3, 132.
[487] Olah, G. A.; Vankar, Y. D.; Arvanaghi, M.; Sommer, J. *Angew. Chem. Int. Ed.* **1979**, 18, 614.
[488] Stevens, W.; van Es, A. *Recl. Trav. Chim. Pays-Bas* **1964**, 83, 863.
[489] Zhou, Q. J.; Worm, K.; Dolle, R. E. *J. Org. Chem.* **2004**, 69, 5147.
[490] Ie, Y.; Chatani, N.; Ogo, T.; Marshall, D. R.; Fukuyama, T.; Kakiuchi, F.; Murai, S. *J. Org. Chem.* **2000**, 65, 1475.
[491] See Blaser, D.; Calmes, M.; Daunis, J.; Natt, F.; Tardy-Delassus, A.; Jacquier, R. *Org. Prep. Proceed. Int.* **1993**, 25, 338 for improvements in this reaction.
[492] See Jutz, C. *Adv. Org. Chem.* **1976**, 9, pt. 1, 225.
[493] Meth-Cohn, O.; Goon, S. *J. Chem. Soc. Perkin Trans. 1* **1997**, 85.
[494] See Pizey, J. S. *Synthetic Reagents*, Vol. 1, Wiley, NY, **1974**, pp. 1-99.
[495] For a review of such species, see Kantlehner, W. *Adv. Org. Chem.* **1979**, 9, pt. 2, 5.
[496] See Jugie, G.; Smith, J. A. S.; Martin, G. J. *J. Chem. Soc. Perkin Trans. 2* **1975**, 925.
[497] Alunni, S.; Linda, P.; Marino, G.; Santini, S.; Savelli, G. *J. Chem. Soc. Perkin Trans. 2* **1972**, 2070.
[498] Martínez, A. G.; Alvarez, R. M.; Barcina, J. O.; Cerero, S. de la M.; Vilar, E. T.; Fraile, A. G.; Hanack, M.; Subramanian, L. R. *J. Chem. Soc., Chem. Commun.* **1990**, 1571.
[499] Hofsløkken, N. U.; Skattebøl, L. *Acta Chem. Scand.* **1999**, 53, 258.
[500] Ali, M. M.; Tasneem, Rajanna, K. C.; Prakash, P. K. S. *Synlett* **2001**, 251. Also see Akila, S.; Selvi, S.; Balasubramanian, K. *Tetrahedron* **2001**, 57, 3465.
[501] Amaresh, R. R.; Perumal, P. T. *Synth. Commun.* **2000**, 30, 2269.
[502] Paul, S.; Gupta, M.; Gupta, R. *Synlett* **2000**, 1115.
[503] See Truce, W. E. *Org. React.* **1957**, 9, 37; Tanaka, M.; Fujiwara, M.; Ando, H. *J. Org. Chem.* **1995**, 60, 2106 for rate studies.
[504] Yato, M.; Ohwada, T.; Shudo, K. *J. Am. Chem. Soc.* **1991**, 113, 691.
[505] See, however, Toniolo, L.; Graziani, M. *J. Organomet. Chem.* **1980**, 194, 221.
[506] See Crounse, N. N. *Org. React.* **1949**, 5, 290.
[507] Sergeev, A. G.; Spannenberg, A.; Beller, M. *J. Am. Chem. Soc.* **2008**, 130, 15549.
[508] See Wynberg, H.; Meijer, E. W. *Org. React.* **1982**, 28, 1.
[509] See Cochran, J. C.; Melville, M. G. *Synth. Commun.* **1990**, 20, 609.
[510] See, however, Neumann, R.; Sasson, Y. *Synthesis* **1986**, 569.
[511] See Kulinkovich, O. G. *Russ. Chem. Rev.* **1989**, 58, 711.
[512] Robinson, E. A. *J. Chem. Soc.* **1961**, 1663; Hine, J.; van der Veen, J. M. *J. Am. Chem. Soc.* **1959**, 81, 6446. See also, Langlois, B. R. *Tetrahedron Lett.* **1991**, 32, 3691.
[513] Ogata, Y.; Kawasaki, A.; Sugiura, F. *Tetrahedron* **1968**, 24, 5001.
[514] Smith, W. E. *J. Org. Chem.* **1972**, 37, 3972.
[515] See Nishino, H.; Tsunoda, K.; Kurosawa, K. *Bull. Chem. Soc. Jpn.* **1989**, 62, 545.
[516] Lewin, A. H.; Parker, S. R.; Fleming, N. B.; Carroll, F. I. *Org. Prep. Proceed. Int.* **1978**, 10, 201.
[517] Gross, H.; Rieche, A.; Matthey, G. *Chem. Ber.* **1963**, 96, 308.
[518] Olah, G. A.; Kuhn, S. J. *J. Am. Chem. Soc.* **1960**, 82, 2380.
[519] Casiraghi, G.; Casnati, G.; Puglia, G.; Sartori, G.; Terenghi, G. *J. Chem. Soc. Perkin Trans. 1* **1980**, 1862.

[520] Hardcastle, I. R. ; Quayle, P. ; Ward, E. L. M. *Tetrahedron Lett.* **1994**, 35, 1747.
[521] Klaus, S. ; Neumann, H. ; Zapf, A. ; Strübing, D. ; Hübner, S. ; Almena, J. ; Riermeier, T. ; Groß, P. ; Sarich, M. ; Krahnert, W. -R. ; Rossen, K. ; Beller, M. *Angew. Chem. Int. Ed.* **2005**, 45, 154.
[522] See Fujiwara, Y. ; Kawata, I. ; Kawauchi, T. ; Taniguchi, H. *J. Chem. Soc. , Chem. Commun.* **1982**, 132.
[523] See Olah, G. A. ; Olah, J. A. in Olah, G. A. *Friedel-Crafts and Related Reactions*, Vol. 3, Wiley, NY, **1964**, pp. 1257-1273.
[524] Menegheli, P. ; Rezende, M. C. ; Zucco, C. *Synth. Commun.* **1987**, 17, 457.
[525] Naumov, Yu. A. ; Isakova, A. P. ; Kost, A. N. ; Zakharov, V. P. ; Zvolinskii, V. P. ; Moiseikina, N. F. ; Nikeryasova, S. V. *J. Org. Chem. USSR* **1975**, 11, 362.
[526] See Sartori, G. ; Casnati, G. ; Bigi, F. ; Bonini, G. *Synthesis* **1988**, 763.
[527] Shibahara, F. ; Kinoshita, S. ; Nozaki, K. *Org. Lett.* **2004**, 6, 2437.
[528] Zhou, T. ; Chen, Z. -C. *Synth. Commun.* **2002**, 32, 3431.
[529] Hales J. L. ; Jones, J. I. ; Lindsey, A. S. *J. Chem. Soc.* **1954**, 3145.
[530] See Hirao, I. ; Kito, T. *Bull. Chem. Soc. Jpn.* **1973**, 46, 3470.
[531] See Shine, H. J. *Aromatic Rearrangements*, Elsevier, NY, **1967**, pp. 344-348. See also, Ota, K. *Bull. Chem. Soc. Jpn.* **1974**, 47, 2343.
[532] Yasuhara, Y. ; Nogi, T. *J. Org. Chem.* **1968**, 33, 4512, *Chem. Ind. (London)* **1969**, 77.
[533] Yasuhara, Y. ; Nogi, T. ; Saisho, H. *Bull. Chem. Soc. Jpn.* **1969**, 42, 2070.
[534] See Jintoku, T. ; Taniguchi, H. ; Fujiwara, Y. *Chem. Lett.* **1987**, 1159; Ugo, R. ; Chiesa, A. *J. Chem. Soc. Perkin Trans. 1* **1987**, 2625.
[535] Sakakura, T. ; Chaisupakitsin, M. ; Hayashi, T. ; Tanaka, M. *J. Organomet. Chem.* **1987**, 334, 205.
[536] Ohashi, S. ; Sakaguchi, S. ; Ishii, Y. *Chem. Commun.* **2005**, 486.
[537] Giri, R. ; Yu, J. -Q. *J. Am. Chem. Soc.* **2008**, 130, 14082. See also, Sakakibara, K. ; Yamashita, M. ; Nozaki, K. *Tetrahedron Lett.* **2005**, 46, 959.
[538] Matsuda, T. ; Ohashi, Y. ; Harada, T. ; Yanagihara, R. ; Nagasawa, T. ; Nakamura, K. *Chem. Commun.* **2001**, 2194.
[539] Piccolo, O. ; Filippini, L. ; Tinucci, L. ; Valoti, E. ; Citterio, A. *Tetrahedron* **1986**, 42, 885.
[540] Jagodzinski, T. *Synthesis* **1988**, 717.
[541] Smith, P. A. S. ; Kan, R. O. *J. Org. Chem.* **1964**, 29, 2261.
[542] Tsang, W. C. P. ; Zheng, N. ; Buchwald, S. L. *J. Am. Chem. Soc.* **2005**, 127, 14560.
[543] Hosoi, K. ; Nozaki, K. ; Hiyama, T. *Org. Lett.* **2002**, 4, 2849. Also see Schnyder, A. ; Beller, M. ; Mehltretter, G. ; Nsenda, T. ; Studer, M. ; Indolese, A. F. *J. Org. Chem.* **2001**, 66, 4311. See also, Schnyder, A. ; Indolese, A. F. *J. Org. Chem.* **2002**, 67, 594.
[544] Wannberg, J. ; Larhed, M. *J. Org. Chem.* **2003**, 68, 5750.
[545] Wu, X. ; Wannberg, J. ; Larhed, M. *Tetrahedron* **2006**, 62, 4665.
[546] Miocque, M. ; Vierfond, J. *Bull. Soc. Chim. Fr.* **1970**, 1896, 1901, 1907.
[547] For a review, see Zaugg, H. E. *Synthesis* **1984**, 85.
[548] Aksenov, A. V. ; Aksenov, N. A. ; Nadein, O. N. ; Aksenova, I. V. *Synlett* **2010**, 2628.
[549] Molander, G. A. ; Sandrock, D. L. *Org. Lett.* **2007**, 9, 1597.
[550] Olofson, R. A. ; Marino, J. P. *Tetrahedron* **1971**, 27, 4195.
[551] Sato, K. ; Inoue, S. ; Ozawa, K. ; Tazaki, M. *J. Chem. Soc. Perkin Trans. 1* **1984**, 2715.
[552] Hayashi, Y. ; Oda, R. *J. Org. Chem.* **1967**, 32, 457; Pettit, G. H. ; Brown, T. H. *Can. J. Chem.* **1967**, 45, 1306; Claus, P. *Monatsh. Chem.* **1968**, 99, 1034.
[553] Gassman, P. G. ; Amick, D. R. *J. Am. Chem. Soc.* **1978**, 100, 7611.
[554] Gassman, P. G. ; Gruetzmacher, G. *J. Am. Chem. Soc.* **1973**, 95, 588; Gassman, P. G. ; van Bergen, T. J. *J. Am. Chem. Soc.* **1973**, 95, 590, 591.
[555] Tamura, Y. ; Tsugoshi, T. ; Annoura, H. ; Ishibashi, H. *Synthesis* **1984**, 326.
[556] Torisawa, Y. ; Satoh, A. ; Ikegami, S. *Tetrahedron Lett.* **1988**, 29, 1729.
[557] See Ruske, W. in Olah, G. A. *Friedel-Crafts and Related Reactions*, Vol. 3, Wiley, NY, **1964**, pp. 383-497.
[558] Sugasawa, T. ; Adachi, M. ; Sasakura, K. ; Kitagawa, A. *J. Org. Chem.* **1979**, 44, 578.
[559] For an exception, see Toyoda, T. ; Sasakura, K. ; Sugasawa, T. *J. Org. Chem.* **1981**, 46, 189.
[560] Zil' berman, E. N. ; Rybakova, N. A. *J. Gen. Chem. USSR* **1960**, 30, 1972.
[561] See Ruske, W. in Olah, G. A. *Friedel-Crafts and Related Reactions*, Vol. 3, Wiley, NY, **1964**, p. 383; Jeffery, E. A. ; Satchell, D. P. N. *J. Chem. Soc. B* **1966**, 579.
[562] Amer, M. I. ; Booth, B. L. ; Noori, G. F. M. ; ProenSca, M. F. J. R. P. *J. Chem. Soc. Perkin Trans. 1* **1983**, 1075.
[563] Olah, G. A. in Olah, G. A. in Olah, *Friedel-Crafts and Related Reactions*, Vol. 1, Wiley, NY, **1963**, pp. 119-120.
[564] Adachi, M. ; Sugasawa, T. *Synth. Commun.* **1990**, 20, 71.
[565] Kubota, H. ; Rice, K. C. *Tetrahedron Lett.* **1998**, 39, 2907.
[566] For a list of hydroxylation reagents, with references, see Larock, R. C. *Comprehensive Organic Transformations*, 2nd ed. , Wiley-VCH, NY, **1999**, pp. 977-978.
[567] See Jacquesy, J. ; Gesson, J. ; Jouannetaud, M. *Rev. Chem. Intermed.* **1988**, 9, 1, see pp. 5-10; Haines, A. H. *Methods for the Oxidation of Organic Compounds*, Academic Press, NY, **1985**, pp. 173-176, 347-350.
[568] Hart, H. ; Buehler, C. A. *J. Org. Chem.* **1964**, 29, 2397. See also, Hart, H. *Acc. Chem. Res.* **1971**, 4, 337.
[569] Prakash, G. K. S. ; Krass, N. ; Wang, Q. ; Olah, G. A. *Synlett* **1991**, 39.

[570] Berrier, C.; Carreyre, H.; Jacquesy, J.; Joannetaud, M. *New J. Chem.* **1990**, 14, 283, and cited references.
[571] Rozen, S.; Hebel, D.; Zamir, D. *J. Am. Chem. Soc.* **1987**, 109, 3789.
[572] See Behrman, E. J. *Org. React.* **1988**, 35, 421.
[573] See Capdevielle, P.; Maumy, M. *Tetrahedron Lett.* **1982**, 23, 1573, 1577.
[574] Walling, C.; Camaioni, D. M.; Kim, S. S. *J. Am. Chem. Soc.* **1978**, 100, 4814.
[575] Srinivasan, C.; Perumal, S.; Arumugam, N. *J. Chem. Soc. Perkin Trans. 2* **1985**, 1855.
[576] Fujimoto, K.; Tokuda, Y.; Maekawa, H.; Matsubara, Y.; Mizuno, T.; Nishiguchi, I. *Tetrahedron* **1996**, 52, 3889.
[577] Shiraishi, Y.; Saito, N.; Hirai, T. *J. Am. Chem. Soc.* **2005**, 127, 12820. Also see Mita, S.; Sakamoto, T.; Yamada, S.; Sakaguchi, S.; Ishii, Y. *Tetrahedron Lett.* **2005**, 46, 7729; Tani, M.; Sakamoto, T.; Mita, S.; Sakaguchi, S.; Ishii, Y. *Angew. Chem. Int. Ed.* **2005**, 44, 2586.
[578] Khenkin, A. M.; Weiner, L.; Neumann, R. *J. Am. Chem. Soc.* **2005**, 127, 9988.
[579] Shiju, N. R.; Fiddy, S.; Sonntag, O.; Stockenhuber, M.; Sankar, G. *Chem. Commun.* **2006**, 4955.
[580] See Shine, H. J. *Aromatic Rearrangements*, Elsevier, NY, **1967**; Williams, D. L. H.; Buncel, I. M. *Isot. Org. Chem.* **1980**, 5, 147; Williams, D. L. H. in Bamford, C. H.; Tipper, C. F. H. *Comprehensive Chemical Kinetics*, Vol. 13, Elsevier, NY, **1972**, pp. 433-486.
[581] See Dawson, I. M.; Hart, L. S.; Littler, J. S. *J. Chem. Soc. Perkin Trans. 2* **1985**, 1601.
[582] This is the name for the para migration. For the ortho migration, the name is 1/C-hydro,3/O-acyl-interchange.
[583] See Shine, H. J. *Aromatic Rearrangments*, Elsevier, NY, **1967**, pp. 72-82, 365-368; Gerecs, A. in Olah, G. A. in Olah, G. *Friedel-Crafts and Related Reactions*, Vol. 3, Wiley, NY, **1964**, pp. 499-533. For a list of references, see Larock, R. C. *Comprehensive Organic Transformations*, 2nd ed., Wiley-VCH, NY, **1999**, p. 1310.
[584] Effenberger, F.; Gutmann, R. *Chem. Ber.* **1982**, 115, 1089.
[585] With Hf(OTf)$_4$ see Kobayashi, S.; Moriwaki, M.; Hachiya, I. *Tetrahedron Lett.* **1996**, 37, 2053. With Sc(OTf)$_3$, see Kobayashi, S.; Moriwaki, M.; Hachiya, I. *Tetrahedron Lett.* **1996**, 37, 4183; with ZrCl$_4$ see Harrowven, D. C.; Dainty, R. F. *Tetrahedron Lett.* **1996**, 37, 7659.
[586] See Sharghi, H.; Eshghi, H. *Bull. Chem. Soc. Jpn.* **1993**, 66, 135.
[587] Martin, R.; Gavard, J.; Delfly, M.; Demerseman, P.; Tromelin, A. *Bull. Soc. Chim. Fr.* **1986**, 659 and cited references.
[588] Ogata, Y.; Tabuchi, H. *Tetrahedron* **1964**, 20, 1661.
[589] Dawson, I. M.; Hart, L. S.; Littler, J. S. *J. Chem. Soc. Perkin Trans. 2* **1985**, 1601.
[590] Khadilkar, B. M.; Madyar, V. R. *Synth. Commun.* **1999**, 29, 1195.
[591] Paul, S.; Gupta, M. *Synthesis* **2004**, 1789.
[592] Harjani, J. R.; Nara, S. J.; Salunkhe, M. M. *Tetrahedron Lett.* **2001**, 42, 1979.
[593] Finnegan, R. A.; Matice, J. J. *Tetrahedron* **1965**, 21, 1015.
[594] See Bellus, D. *Adv. Photochem.* **1971**, 8, 109; Bellus, D.; Hrdlovic, P. *Chem. Rev.* **1967**, 67, 599. See Cui, C.; Wang, X.; Weiss, R. G. *J. Org. Chem.* **1996**, 61, 1962.
[595] The migration can be made almost entirely ortho by cyclodextrin encapsulation (see Sec. 3. C. iv): Syamala, M. S.; Rao, B. N.; Ramamurthy, V. *Tetrahedron* **1988**, 44, 7234. See also, Veglia, A. V.; Sanchez, A. M.; de Rossi, R. H. *J. Org. Chem.* **1990**, 55, 4083.
[596] Proposed by Kobsa, H. *J. Org. Chem.* **1962**, 27, 2293.
[597] It has been suggested that a second mechanism, involving a four-center transition state, is also possible: Sander, M. R.; Hedaya, E.; Trecker, D. J. *J. Am. Chem. Soc.* **1968**, 90, 7249; Bellus, D. *Adv. Photochem.* **1971**, 8, 109.
[598] Meyer, J. W.; Hammond, G. S. *J. Am. Chem. Soc.* **1972**, 94, 2219.
[599] See Shine, H. J.; Subotkowski, W. *J. Org. Chem.* **1987**, 52, 3815.
[600] Adam, W. *J. Chem. Soc., Chem. Commun.* **1974**, 289.
[601] Kalmus, C. E.; Hercules D. M. *J. Am. Chem. Soc.* **1974**, 96, 449.
[602] Beck, S. M.; Brus, L. E. *J. Am. Chem. Soc.* **1982**, 104, 1805.
[603] For a discussion of the role of aggregates and mixed aggregates in this reaction, see Singh, K. J.; Collum, D. B. *J. Am. Chem. Soc.* **2006**, 128, 13753.
[604] Riggs, J. C.; Singh, K. J.; Yun, M.; Collum, D. B. *J. Am. Chem. Soc.* **2008**, 130, 13709.
[605] Moghaddam, F. M.; Dakamin, M. G. *Tetrahedron Lett.* **2000**, 41, 3479.
[606] Benson, G. A.; Maughan, P. J.; Shelly, D. P.; Spillane, W. J. *Tetrahedron Lett.* **2001**, 42, 8729.
[607] See Stevens, T. S.; Watts, W. E. *Selected Molecular Rearrangements*, Van Nostrand-Reinhold, Princeton, NJ, **1973**, pp. 192-199.
[608] Okazaki, N.; Okumura, A. *Bull. Chem. Soc. Jpn.* **1961**, 34, 989.
[609] See Williams, D. L. H. in Patai, S. *The Chemistry of Functional Groups*, Supplement F, pt. 1, Wiley, NY, **1982**, pp. 127-153; White, W. N. *Mech. Mol. Migr.* **1971**, 3, 109-143; Shine, H. J. *Aromatic Rearrangements*, Elsevier, NY, **1967**, pp. 235-249.
[610] Hughes, E. D.; Jones, G. T. *J. Chem. Soc.* **1950**, 2678.
[611] Banthorpe, D. V.; Thomas, J. A.; Williams, D. L. H. *J. Chem. Soc.* **1965**, 6135.
[612] Geller, B. A.; Dubrova, L. N. *J. Gen. Chem. USSR* **1960**, 30, 2627.
[613] White, W. N.; Golden, J. T. *J. Org. Chem.* **1970**, 35, 2759.
[614] Banthorpe, D. V.; Thomas, J. A. *J. Chem. Soc.* **1965**, 7149, 7158. Also see, Banthorpe, D. V.; Thomas, J. A.; Williams, D. L. H. *J. Chem. Soc.* **1965**, 6135.

[615] White, W. N. ; White, H. S. ; Fentiman, A. *J. Org. Chem.* **1976**, 41, 3166.
[616] See White, W. N. ; Klink, J. R. *J. Org. Chem.* **1977**, 42, 166; Ridd, J. H. ; Sandall, J. P. B. *J. Chem. Soc. , Chem. Commun.* **1982**, 261.
[617] White, W. N. ; Klink, J. R. *J. Org. Chem.* **1970**, 35, 965.
[618] Shine, H. J. ; Zygmunt, J. ; Brownawell, M. L. ; San Filippo, Jr. , J. *J. Am. Chem. Soc.* **1984**, 106, 3610.
[619] White, W. N. ; White, H. S. *J. Org. Chem.* **1970**, 35, 1803.
[620] See Williams, D. L. H. *Nitrosation*, Cambridge University Press, Cambridge, **1988**, pp. 113-128; Williams, D. L. H. in Patai, S. *The Chemistry of Functional Groups*, *Supplement F*, pt. 1, Wiley, NY, **1982**, Shine, H. J. *Aromatic Rearrangements*, Elsevier, NY, **1967**, pp. 231-235.
[621] See Titova, S. P. ; Arinich, A. K. ; Gorelik, M. V. *J. Org. Chem. USSR* **1986**, 22, 1407.
[622] Morgan, T. D. B. ; Williams, D. L. H. *J. Chem. Soc. Perkin Trans. 2* **1972**, 74.
[623] See also, Williams, D. L. H. *J. Chem. Soc. Perkin Trans. 2* **1982**, 801.
[624] See Shine, H. J. *Aromatic Rearrangements*, Elsevier, NY, **1967**, pp. 212-221.
[625] See Shine, H. J. *Aromatic Rearrangements*, Elsevier, NY, **1967**, pp. 221-230, 362-364: Bieron, J. F. ; Dinan, F. J. in Zabicky, J. *The Chemistry of Amides*, Wiley, NY, **1970**, pp. 263-269.
[626] See Golding, P. D. ; Reddy, S. ; Scott, J. M. W. ; White, V. A. ; Winter, J. G. *Can. J. Chem.* **1981**, 59, 839.
[627] See Hodges, F. W. *J. Chem. Soc.* **1933**, 240.
[628] See Coulson, J. ; Williams, G. H. ; Johnston, K. M. *J. Chem. Soc. B* **1967**, 174.
[629] See Grillot, G. F. *Mech. Mol. Migr.* **1971**, 3 237; Shine, H. J. *Aromatic Rearrangements*, Elsevier, NY, **1967**, pp. 249-257.
[630] Ogata, Y. ; Tabuchi, H. ; Yoshida, K. *Tetrahedron* **1964**, 20, 2717.
[631] Hart, H. ; Kosak, J. R. *J. Org. Chem.* **1962**, 27, 116.
[632] See Birchal, J. M. ; Clark, M. T. ; Goldwhite, H. ; Thorpe, D. H. *J. Chem. Soc. Perkin Trans. 1* **1972**, 2579.
[633] See Nassetta, M. ; de Rossi, R. H. ; Cosa, J. J. *Can. J. Chem.* **1988**, 66, 2794.
[634] See Tashiro, M. *Synthesis* **1979**, 921; Tashiro, M. ; Fukata, G. *Org. Prep. Proced. Int.* **1976**, 8, 51.
[635] Hofman, P. S. ; Reiding, D. J. ; Nauta, W. T. *Recl. Trav. Chim. Pays-Bas* **1960**, 79, 790.
[636] Olah, G. A. in Olah, G. A. *Friedel-Crafts and Related Reactions*, Vol. 1, Wiley, NY, **1963**, pp. 36-38.
[637] McCaulay, D. A. ; Lien, A. P. *J. Am. Chem. Soc.* **1953**, 75, 2407. For similar results, see Bakoss, H. J. ; Roberts, R. M. G. ; Sadri, A. R. *J. Org. Chem.* **1982**, 47, 4053.
[638] Roberts, R. M. G. ; Douglass, J. E. *J. Org. Chem.* **1963**, 28, 1225.
[639] Allen, R. H. ; Yats, L. D. *J. Am. Chem. Soc.* **1959**, 81, 5289.
[640] Allen, R. H. *J. Am. Chem. Soc.* **1960**, 82, 4856.
[641] See Shine, H. J. *Aromatic Rearrangements*, Elsevier, NY, **1967**, pp. 1-55.
[642] Streitwieser, Jr. , A. ; Reif, L. *J. Am. Chem. Soc.* **1964**, 86, 1988.
[643] Olah, G. A. ; Meyer, M. W. ; Overchuk, N. A. *J. Org. Chem.* **1964**, 29, 2313.
[644] See Steinberg, H. ; Sixma, F. L. J. *Recl. Trav. Chim. Pays-Bas* **1962**, 81, 185; Koptyug, V. A. ; Isaev, I. S. ; Vorozhtsov, Jr. , N. N. *Doklad. Akad. Nauk SSSR*, **1963**, 149, 100.
[645] Olah, G. A. ; Meyer, M. W. *J. Org. Chem.* **1962**, 27, 3682.
[646] See Keumi, T. ; Morita, T. ; Ozawa, Y. ; Kitajima, H. *Bull. Chem. Soc. Jpn.* **1989**, 62, 599; Giordano, C. ; Villa, M. ; Annunziata, R. *Synth. Commun.* **1990**, 20, 383.
[647] Al-Ka'bi, J. ; Farooqi, J. A. ; Gore, P. H. ; Moonga, B. S. ; Waters, D. N. *J. Chem. Res. (S)* **1989**, 80.
[648] See Taylor, R. in Bamford, C. H. ; Tipper, C. F. H. *Comprehensive Chemical Kinetics*, Vol. 13, Elsevier, NY, **1972**, pp. 316-323; Schubert, W. M. ; Kintner, R. R. in Patai, S. *The Chemistry of the Carbonyl Group*, Vol. 1, Wiley, NY, **1966**, pp. 695-760.
[649] Burkett, H. ; Schubert, W. M. ; Schultz, F. ; Murphy, R. B. ; Talbott, R. *J. Am. Chem. Soc.* **1959**, 81, 3923.
[650] Bunnett, J. F. ; Miles J. H. ; Nahabedian, K. V. *J. Am. Chem. Soc.* **1961**, 83, 2512; Forbes, E. J. ; Gregory, M. J. *J. Chem. Soc. B* **1968**, 205.
[651] See Taylor, R. in Bamford, C. H. ; Tipper, C. F. H. *Comprehensive Chemical Kinetics*, Vol. 13, Elsevier, NY, **1972**, pp. 303-316; Willi, A. V. *Isot. Org. Chem.* **1977**, 3, 257.
[652] See Willi, A. V. ; Cho, M. H. ; Won, C. M. *Helv. Chim. Acta* **1970**, 53, 663.
[653] See Segura, P. ; Bunnett, J. F. ; Villanova, L. *J. Org. Chem.* **1985**, 50, 1041.
[654] Cohen, T. ; Schambach, R. A. *J. Am. Chem. Soc.* **1970**, 92, 3189. See also, Aalten, H. L. ; van Koten, G. ; Tromp, J. ; Stam, C. H. ; Goubitz, K. ; Mak, A. N. S. *Recl. Trav. Chim. Pays-Bas* **1989**, 108, 295.
[655] Cohen, T. ; Berninger, R. W. ; Wood, J. T. *J. Org. Chem.* **1978**, 43, 37.
[656] See Ibne-Rasa, K. M. *J. Am. Chem. Soc.* **1962**, 84, 4962.
[657] Chodowska-Palicka, J. ; Nilsson, M. *Acta Chem. Scand.* **1970**, 24, 3353.
[658] Gooßen, L. J. ; Linder, C. ; Rodriguez, N. ; Lange, P. P. ; Fromm, A. *Chem. Commun.* **2009**, 7173.
[659] Farhadi, S. ; Zaringhadam, P. ; Sahamieh, R. Z. *Tetrahedron Lett.* **2006**, 47, 1965.
[660] Singh, R. ; Just, G. *Synth. Commun.* **1988**, 18, 1327.
[661] See Grovenstein, Jr. , E. ; Ropp, G. A. *J. Am. Chem. Soc.* **1956**, 78, 2560.
[662] Larock, R. C. *Organomercury Compounds in Organic Synthesis*, Springer, NY, **1985**, pp. 101-105.
[663] Goossen, L. J. ; Rodriguez, N. ; Melzer, B. ; Linder, C. ; Deng, G. ; Levy, L. M. *J. Am. Chem. Soc.* **2007**, 129, 4824; Goossen, L. J. ; Rodrguez, N. ; Linder, C. *J. Am. Chem. Soc.* **2008**, 130, 15248.

[664] Ogata, Y. ; Nakajima, K. *Tetrahedron* **1965**, 21, 2393; Ratusky, J. ; Sorm, F. *Chem. Ind. (London)*, **1966**, 1798.
[665] See Ratusky, J. in Patai, S. *The Chemistry of Acid Derivatives*, pt. 1, Wiley, NY, **1979**, pp. 915-944.
[666] See Ratusky, J. *Collect. Czech. Chem. Commun.* **1973**, 38, 74, 87, and references cited therein.
[667] Ratusky, J. *Collect. Czech. Chem. Commun.* **1968**, 33, 2346.
[668] See Koeberg-Telder, A. ; Cerfontain, H. *J. Chem. Soc. Perkin Trans. 2* **1977**, 717; Cerfontain, H. *Mechanistic Aspects in Aromatic Sulfonation and Desulfonation*, Wiley, NY, **1968**, pp. 214-226; Taylor, R. in Bamford, C. H. ; Tipper, C. F. H. *Comprehensive Chemical Kinetics*, Vol. 13, Elsevier, NY, **1972**, pp. 22-32, 48-55.
[669] Cerfontain, H. ; Koeberg-Telder, A. *Can. J. Chem.* **1988**, 66, 162.
[670] Marvell, E. N. ; Webb, D. *J. Org. Chem.* **1962**, 27, 4408.
[671] Sherman, S. C. ; Iretskii, A. V. ; White, M. G. ; Gumienny, C. ; Tolbert, L. M. ; Schiraldi, D. A. *J. Org. Chem.* **2002**, 67, 2034.
[672] Sasaki, K. ; Kubo, T. ; Sakai, M. ; Kuroda, Y. *Chem. Lett.*, **1997**, 617.
[673] See Cerfontain, H. *Mechanistic Aspects in Aromatic Sulfonation and Desulfonation*, Wiley, NY, **1968**, pp. 185-214; Taylor, R. in Bamford, C. H. ; Tipper, C. F. H. *Comprehensive Chemical Kinetics*, Vol. 13, Elsevier, NY, **1972**, pp. 349-355; Gilbert, E. E. *Sulfonation and Related Reactions*, Wiley, NY, **1965**, pp. 427-442. See also, Krylov, E. N. *J. Org. Chem. USSR* **1988**, 24, 709.
[674] See Kozlov, V. A. ; Bagrovskaya, N. A. *J. Org. Chem. USSR* **1989**, 25, 1152.
[675] Feigl, F. *Angew. Chem.* **1961**, 73, 113.
[676] Blum, J. ; Scharf, G. *J. Org. Chem.* **1970**, 35, 1895.
[677] Pettit, G. R. ; Piatak, D. M. *J. Org. Chem.* **1960**, 25, 721.
[678] Olah, G. A. ; Meidar, D. ; Olah, J. A. *Nouv. J. Chim.*, **1979**, 3, 275.
[679] Jacquesy, J. ; Jouannetaud, M. *Tetrahedron Lett.* **1982**, 23, 1673.
[680] Augustijn, G. J. P. ; Kooyman, E. C. ; Louw, R. *Recl. Trav. Chim. Pays-Bas* **1963**, 82, 965.
[681] Choguill, H. S. ; Ridd, J. H. *J. Chem. Soc.* **1961**, 822; Shine, H. J. *Aromatic Rearrangements*, Elsevier, NY, **1967**, p. 1; Ref. 636.
[682] Choi, H. ; Chi, D. Y. *J. Am. Chem. Soc.* **2001**, 123, 9202.
[683] Moyer, Jr. , C. E. ; Bunnett, J. F. *J. Am. Chem. Soc.* **1963**, 85, 1891.
[684] Bunnett, J. F. *Acc. Chem. Res.* **1972**, 5, 139; Mach, M. H. ; Bunnett, J. F. *J. Org. Chem.* **1980**, 45, 4660; Sauter, F. ; Fröhlich, H. ; Kalt, W. *Synthesis* **1989**, 771.
[685] Maitra, U. ; Sarma, K. D. *Tetrahedron Lett.* **1994**, 35, 7861.
[686] See Subba Rao, Y. V. ; Mukkanti, K. ; Choudary, B. M. *J. Organomet. Chem.* **1989**, 367, C29. See also, Sajiki, H. ; Kume, A. ; Hattori, K. ; Hirota, K. *Tetrahedron Lett.* **2002**, 43, 7247.
[687] Anwer, M. K. ; Spatola, A. F. *Tetrahedron Lett.* **1985**, 26, 1381.
[688] Austin, E. ; Alonso, R. A. ; Rossi, R. A. *J. Chem. Res. (S)* **1990**, 190.
[689] Brown, H. C. ; Chung, S. ; Chung, F. *Tetrahedron Lett.* **1979**, 2473. See Chung, F. ; Filmore, K. L. *J. Chem. Soc. , Chem. Commun.* **1983**, 358; Beckwith, A. L. J. ; Goh, S. H. *J. Chem. Soc. , Chem. Commun.* **1983**, 905. See also, Beckwith, A. L. J. ; Goh, S. H. *J. Chem. Soc. , Chem. Commun.* **1983**, 907.
[690] Narisada, M. ; Horibe, I. ; Watanabe, F. ; Takeda, K. *J. Org. Chem.* **1989**, 54, 5308.
[691] Nelson, R. B. ; Gribble, G. W. *J. Org. Chem.* **1974**, 39, 1425.
[692] Barren, J. P. ; Baghel, S. S. ; McCloskey, P. J. *Synth. Commun.* **1993**, 23, 1601.
[693] Arcadi, A. ; Cerichelli, G. ; Chiarini, M. ; Vico, R. ; Zorzan, D. *Eur. J. Org. Chem.* **2004**, 3404.
[694] See Monguchi, Y. ; Kume, A. ; Hattori, K. ; Maegawa, T. ; Sajiki, H. *Tetrahedron* **2006**, 62, 7926. Also see Chen, J. ; Zhang, Y. ; Yang, L. ; Zhang, X. ; Liu, J. ; Li, L. ; Zhang, H. *Tetrahedron* **2007**, 63, 4266.
[695] Nakao, R. ; Rhee, H. ; Uozumi, Y. *Org. Lett.* **2005**, 7, 163.
[696] de Koning, A. *J. Org. Prep. Proced. Int.* **1975**, 7, 31.
[697] Garnier, J. ; Murphy, J. A. ; Zhou, S. -Z. ; Turner, A. T. *Synlett* **2008**, 2127.
[698] Brunet, J. ; Taillefer, M. *J. Organomet. Chem.* **1988**, 348, C5.
[699] See Barltrop, J. A. ; Bradbury, D. *J. Am. Chem. Soc.* **1973**, 95, 5085.
[700] See Fry, A. J. *Synthetic Organic Electrochemistry*, 2nd ed. , Wiley, NY, **1989**, pp. 142-143. Also see, Bhuvaneswari, N. ; Venkatachalam, C. S. ; Balasubramanian, K. K. *Tetrahedron Lett.* **1992**, 33, 1499.
[701] See Taylor, R. in Bamford, C. H. ; Tipper, C. F. H. *Comprehensive Chemical Kinetics*, Vol. 13, Elsevier, NY, **1972**, pp. 278-303, 324-349.

第 12 章
烷基、烯基和炔基的取代反应
(亲电取代反应和金属有机反应)

在第 11 章中，我们曾指出在亲电取代反应中，大多数离去基团都是在缺电子状态下能稳定存在的基团。对于芳环体系，质子是最常见的离去基团。对于脂肪族化合物，质子也是一个离去基团，但是其反应活性与其酸度有关。饱和烷烃上的质子反应活性很低，但是亲电取代反应很容易地发生在一些酸性位点，例如：羰基的α位或炔基氢。由于金属离子很容易带正电荷，因此我们可以推测金属有机化合物很容易发生亲电取代反应，事实上也如此[1]。另一类重要的亲电取代反应是阴离子断裂（anionic cleavage）反应，反应涉及 C—C 键的断裂；在这些反应中存在含碳离去基团（反应 12-40～12-46）。一系列的氮原子上的亲电取代反应将在本章末讨论。

碳负离子可以由从碳原子上失去一个正离子而得到，碳负离子的结构与稳定性（参见第 5 章）不可避免地与本章内容有关。同样，本章还会涉及非常弱的酸和非常强的碱（参见第 8 章），因为最弱的酸就是这些连在碳上的氢。

12.1 反应机理

脂肪族亲电取代反应至少可以分为四种主要的反应机理[2]：S_E1，S_E2（正面），S_E2（背面）和 S_Ei。其中 S_E1 是单分子反应机理，其它都是双分子反应机理。值得注意的是"S_EAr"代表芳香族亲电取代反应，"S_E2"表示可能具有立体选择性的亲电取代反应[3]。为了表述可能具有立体选择性的脂肪族取代反应，在英文命名时使用前缀"ret"和"inv"来分别表示"构型保持"和"构型翻转"。

12.1.1 双分子反应机理：S_E2 和 S_Ei

在键的形成和断裂方面，双分子亲电取代反应机理与 S_N2 机理很类似。但是，在 S_N2 机理中，进攻的基团带有一对孤对电子，只有当离去基团将它的一对电子带走时，进攻基团的轨道才能与中心碳原子的相应轨道重叠，否则中心碳原子最外层将会超过 8 个电子。由于电子云的排斥作用，进攻基团将会在离去基团的背面，即与离去基团成 180°角的位置进攻，结果导致分子构型翻转。当一个带有空轨道的亲电试剂进攻亲核性的底物（提供电子）时，我们就很难预见亲电试剂会从哪一侧进攻了。因此，对于 S_E2 反应，我们可以大致分为两种主要的进攻类型：从正面进攻就叫做 S_E2（正面），从离去基团的背面进攻就叫做 S_E2（背面）。两种进攻的类型如下图（没有标注电荷）所示：

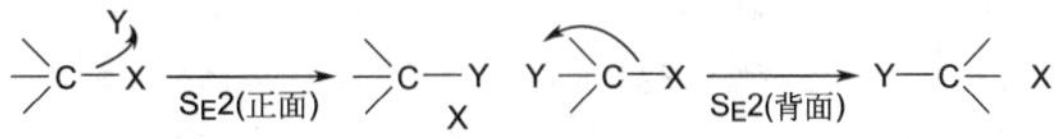

$$\underset{X}{>}C-X \xrightarrow{S_E2(正面)} \underset{X}{>}C-Y \quad Y\underset{}{>}C-X \xrightarrow{S_E2(背面)} Y-C\underset{}{<} \quad X$$

两种类型：S_E2（正面）和 S_E2（背面），在 IUPAC 命名中都被称为 D_EA_E。根据底物的可能情况，我们就可以很容易地区分这两种反应类型，前者导致分子构型不变，而后者导致分子构型翻转。以烯丙基硅烷与金刚烷氯和 $TiCl_4$ 的反应为例，该反应通过 S_E2' 过程主要得到反式产物[4]。当亲电进攻发生在正面时，还有第三种可能：亲电试剂的某个部分可能在离去基团的离去中起辅助作用，它在 C—Y 键生成的同时会与离去基团形成一根化学键。

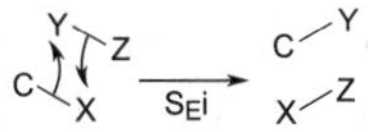

$$\underset{X}{>}C\underset{}{\overset{Y-Z}{\curvearrowright}} \xrightarrow{S_Ei} \underset{X-Z}{>}C-Y$$

我们通常称这个机理为 S_Ei 机理（IUPAC 命名为环-$D_EA_ED_nA_n$ 机理）[5]，反应后分子构型也保持不变[6]。通常，含有此类分子内辅助的二级机理中，背面进攻是不可能的。

显然，这三种机理有时很难区分。所有这三种反应在动力学上表现为二级反应，其中两个机理导致构型保持不变[7]。事实上，尽管在此方面已经做了大量的工作，但是只有很少数的例子中我们才能非常肯定该反应采取的是其中的某一个机理而不是另外的两个机理。很明显，对反应立体化学的研究可以帮助我们区分反应是按照 S_E2（正面）、S_E2（背面）还是 S_Ei 机理进行的。在这方面做了大量的研究。在绝大多数二级亲电取代反应中，结果是分子构型保持不变或存在其它一些正面进攻的证据，表明反应是按照 S_E2（正面）或 S_Ei 机理进行的。例如顺式结构的 **1** 与带有标记的氯化汞反应得到的产物 **2** 全部是顺式的。**1** 中汞与环相连的键（以及其它的 Hg—C 键）一定要断裂，因为两种产物中都含有大约一半的标记的汞[8]。

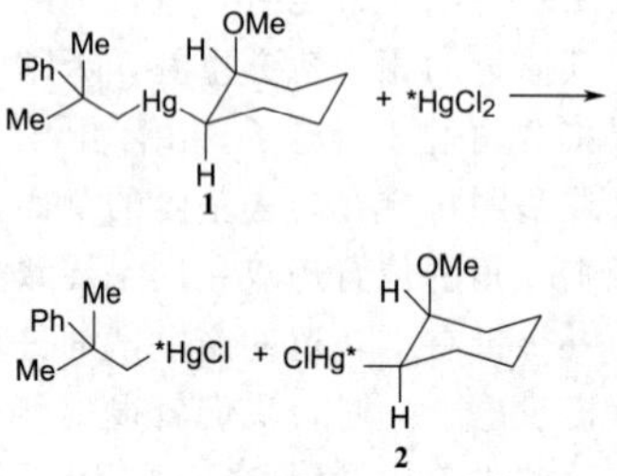

另一个正面进攻的证据是二级亲电取代反应在桥头碳（参见 10.1.1 节）上很容易进行[9]。此外新戊烷作为底物的反应也能说明一些问题。新戊烷发生 S_N2 反应时速率非常慢（参见 10.7.1 节），因为从背面进攻时有很大的空间位阻，反应过渡态能量很高。但是新戊烷类结构的亲电取代反应的反应速率只比乙基类结构慢一点点，这个事实说明反应实际上是一个从前方进攻的机理[10]。下面是一个设计精妙的方案：

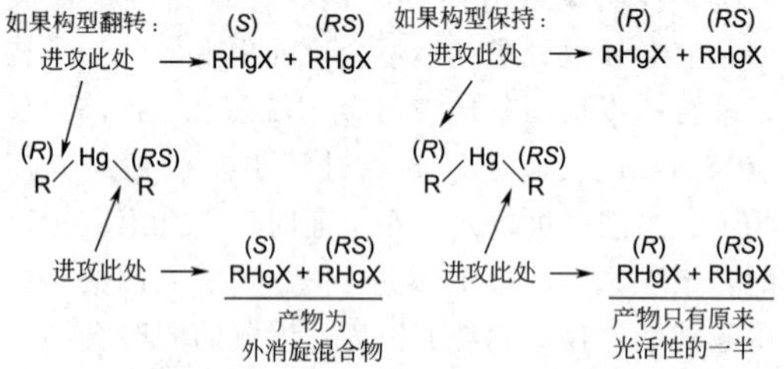

化合物二仲丁基汞可以通过一分子具有光学活性的仲丁基和一分子外消旋的仲丁基制备得到[11]。这可以通过光学活性的仲丁基溴化汞和外消旋的仲丁基溴化镁反应来完成。二仲丁基化合物随后再与溴化汞反应生成两分子的仲丁基溴化汞。假定与汞相连的两个 Hg—C 键各有一半的机会断裂，那么反应的空间立体过程可以通过下面的分析来预测。最初的光活性来自于制备二烷基化合物的光学活性的仲丁基溴化汞。实际结果是，在各种不同的条件下，有一半的产物保持了原有的光学活性，这说明反应构型是保持不变的。

但是，在某些情况下也观察到了构型翻转，这说明 S_E2（背面）的机理也能发生。例如，光学活性的仲丁基三新戊基锡与单质溴反应（**12-40**）生成构型翻转的仲丁基溴化物[12]。当与卤素单质反应时，许多其它金属有机化合物也会在反应中发生构型翻转[13]，但是其它一些反应不会发生这样的情况[14]。到目前为止，有机汞底物的反应没有发现构型翻转的情况，但仍有背面进攻的实例[15]。由于难以制备金属和碳之间具有稳定构型的化合物，因此我们检测不到这种进攻方式。一些手性化合物中，由于与金属相连的碳是一个不对称碳[16]，很难分离得到，即使分离得到了也很容易发生外消旋。金属汞化合物经常被顺利拆分[17]，对这些底物也进行了大量立体化学研究。目前只制备出极少数有光学活性的格氏试剂（反应 12-38），亦即其中不对称中心碳是与金属相连的[18]。因此，C—Mg 上发生的亲电取代的立体过程研究得很少。但是内型和外型 2-降冰片格氏试剂与溴化汞反应时（生成了 2-降冰片溴化汞）构型保持不变[19]。因此构型翻转的情况很可能只有满足下面的条件才能发生，即空间因素阻止了从正面进攻并且亲电试剂不带有 Z 基团（参见前述）。

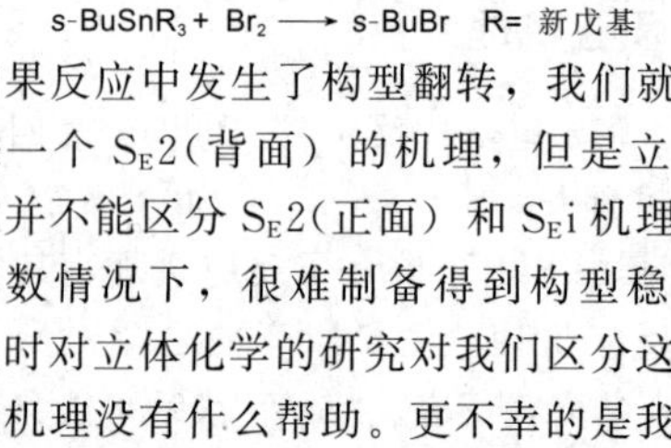

s-BuSnR₃ + Br₂ → s-BuBr   R= 新戊基

如果反应中发生了构型翻转，我们就能确定反应是一个 S_E2（背面）的机理，但是立体化学的研究并不能区分 S_E2（正面）和 S_Ei 机理，而且在大多数情况下，很难制备得到构型稳定的底物，此时对立体化学的研究对我们区分这三种二级反应机理没有什么帮助。更不幸的是我们很难找到其它方法来分析得到确定的结果。目前用来区分 S_Ei 和 S_E2 机理的一个方法就是研究盐效应对反应速率的影响。首先我们来回忆一下这个基本的原理（参见 10.7.4 节），如果中性分子参与的反应在过渡态时带有电荷，那么增加盐的浓度就能提高反应速率。因此 S_Ei 机理基本不受盐效应的影响，而 S_E2 机理就不同了。以这一点为基础，Abraham 和 Johnston[20] 研究指出反应 $R_4Sn + HgX_2 \rightarrow RHgX + R_3SnX$（$X = Cl$ 或 I）是以 S_E2 机理而不是 S_Ei 机理进行反应。相似的研究还有探讨溶剂极性对反应的影响（参见 12.3.1 节）[21]。在下面的反应中（$R = R' = i\text{-Pr}$；$R = i\text{-Pr}$，$R' = $ 新戊基），极性溶剂主要导致生成构型翻转的产物而非极性溶剂主要导致生成构型保持的产物[22]。

$$s\text{-BuSnR}_2R' + Br_2 \longrightarrow s\text{-BuBr}$$

以对反应活性的研究为基础，人们提出[23]：在下面的反应中如果基团 Z 在 X 离去之前就相互连在一起了，那么该反应很可能是一个 S_Ei 机理：

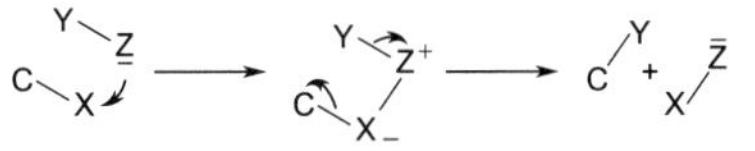

这个过程被称为 S_EC[22] 或 S_E2（co-ord）[24] 机理（IUPAC 命名为 $A_n + cyclo\text{-}D_EA_ED_n$）。

研究发现，在某些情况下（例如，$Me_4Sn + I_2$），反应物混合以后发生 S_E2 反应，可以看到一个瞬时的电荷转移光谱（参见 3.3.1 节），表明形成了一个电子供体-受体复合物（EDA）[25]。在这些情况下这个复合物就是反应的一个中间体。

12.1.2　S_E1 机理

S_E1 反应机理与 S_N1 类似。它包括两步：第 1 步是慢的离解；第 2 步是快的结合过程。

第 1 步　　$R-X \xrightarrow{慢} R^- + X^+$

第 2 步　　$R^- + X^+ \longrightarrow R-Y$

IUPAC 命名这个反应为 $D_E + A_E$。反应在动力学上表现为一级，也发现了许多这样的例子。在研究碱催化下的互变异构反应时得到 S_E1 反应的其它证据。如下面的例子，氘试剂交换的速率与外消旋的速率是一致的[26]，并且还存在同位素效应[27]。

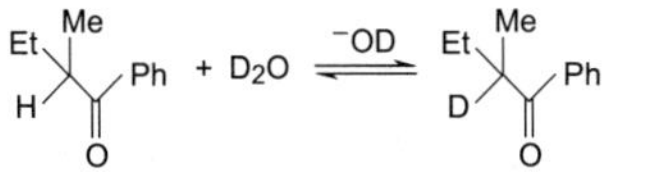

有光活性

在 [2.2.1] 双环体系的桥头上不能发生 S_N1 反应（参见 10.1.2 节），因为桥头碳不能形成平面型的碳正离子。但是碳负离子不能通过共振而稳定说明碳负离子可能是一个非平面结构。因此这种底物可以发生 S_E1 反应，事实上也如此。另一方面，碳负离子的结构也与 S_E1 反应产物的立体化学有关。如果它是一个平面结构，那么会得到外消旋的产物；如果它是一个锥形结构并能保持构型，那么得到构型保持的产物。同时，如果碳负离子的锥形结构不稳定，那么也会得到外消旋的产物，因为即使是锥形结构也会像胺类一样发生构型的翻转［参见 4.3 节（3）］。不幸的是，只有通过共振而稳定的这部分碳负离子才容易研究，共振使它们变成了平面型结构（参见 5.2.1 节）。对于简单的烷基碳负离子，研究其结构的主要途径是研究 S_E1 反应的立体化学，而不是其它的途径。研究的结果得到的几乎全部是外消旋产物，但人们并不知道这究竟是由平面型的碳负离子还是由锥形振荡改变构型的四面体型的碳负离子引起的。无论碳负离子是游离的还是被对称地溶剂化的都会发生外消旋化。

但是，有时即使是平面型的碳负离子也不一定得到外消旋产物。Cram 发现在醇盐 3 的裂解反应（反应 12-41）中有构型保持和甚至构型翻转：

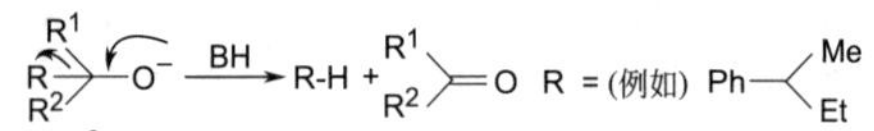

这是一个一级 S_E1 反应，反应过程中涉及共振稳定平面型碳负离子（这里指 R^-）[28]。通过改变溶剂，Cram 得到的产物构型不同，其变化范围从 99% 的构型保持到 60% 的构型翻转，同时还包括全部外消旋化的产物。这些结果可以解释为碳负离子不是完全的游离形式而是被溶剂化的。在非解离的非极性溶剂中，如苯或二氧六环，醇盐以离子对形式存在，并被 BH 溶剂解：

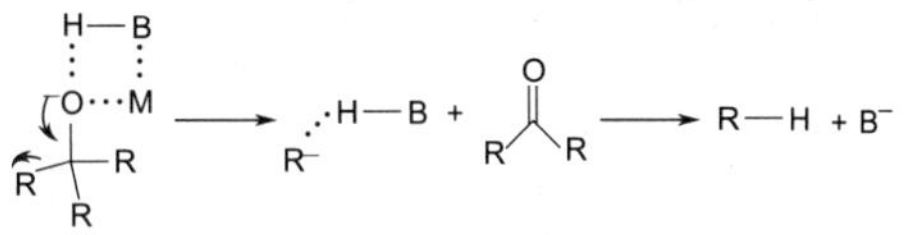

在裂解过程中，溶剂的质子会溶剂解新形成的碳负离子。很容易看出来由于溶剂分子处于碳负离子的正面，因此这个过程将是一个不对称的。当质子与碳负离子成键之后，得到的产物还将保持原始的构型。在质子溶剂，如二甘醇中可以看到大量的构型翻转。因为在这些溶剂中离去基团首先溶剂化碳负离子，因此溶剂只能从背面进攻：

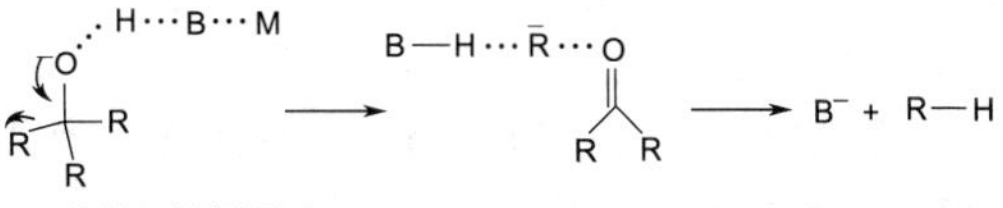

溶剂分离的离子对

当 C—H 键形成时，结果发生了翻转。在极性非质子溶剂如 DMSO 中发生外消旋化。在这些溶剂中，碳负离子的寿命比较长（由于没有质子供体），可以对称地被溶剂化。

相似的过程发生在碱催化的氢原子交换反应

中（反应 12-1）[29]：

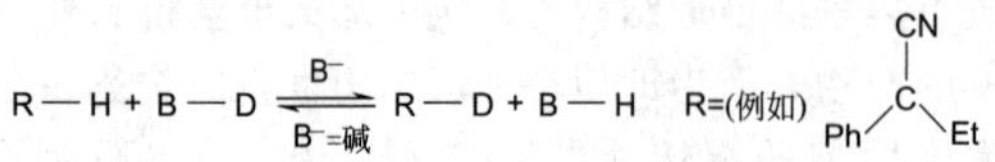

$$R-H + B-D \xrightleftharpoons[B\cdots=\text{碱}]{B^-} R-D + B-H \quad R=（例如） \underset{Ph}{\overset{CN}{\underset{|}{C}}}Et$$

在这种情况下，我们可以通过比较 k_e（同位素交换的速率常数）和 k_a（外消旋的速率常数）的比值来得到有用的信息。如果 k_e/k_a 的比值大于 1，那么将得到构型保持的产物，因为许多单个的同位素交换不会导致构型的变化；如果这个比值约等于 1，那么就意味着会出现外消旋化，有一半的化合物构型发生翻转（参见 10.1.1 节）。所有三种类型的立体化学行为都发现过，具体哪种占优势与 R 基团、碱以及溶剂的种类有关。对于醇盐的裂解反应来说，在低介电常数的溶剂中得到构型保持的产物，而在极性非质子溶剂中得到外消旋产物，在质子溶剂中得到构型翻转的产物。但是在质子交换反应中，还会出现第四种立体化学行为。在非质子溶剂中，当存在非质子碱如三乙胺时，上述 k_e/k_a 比值小于 0.5，这说明外消旋化过程要快于同位素交换过程（称为同位素外消旋化反应）。在这种情况下，胺的共轭酸与碳负离子之间形成一对离子对。有时候这个离子对分离的时间足够长以使得碳负离子发生翻转并且重新捕获质子：

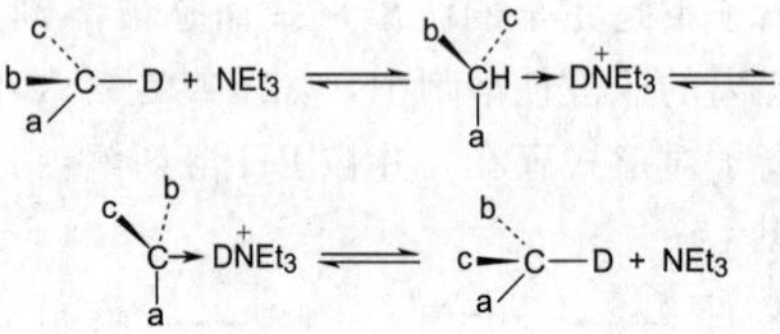

这样就发生了构型的翻转（而外消旋化反应通过重复的构型翻转而产生）而没有发生交换反应。这种只发生翻转而没有交换的反应被称为等翻转（isoinversion）。

等翻转还可以通过另外一条途径发生：在分子中一个带正电的部分，由一个亲核中心一步一步地迁移到另一个亲核中心。例如在 3-氨基甲酰基-9-甲基芴（3）与 Pr_3N 在叔丁醇中反应，人们提出胺从 4 的 C-9 位移走一个质子，而后携带这个质子沿着分子转移到 C=O 上的 O 上（6）。而后又从离子的背面回到 C-9。最后经过 7 得到产物 8。当然 6 也可能会到 4。但是经过一个总的过程 4→5→6→7→8 后得到了构型翻转的产物并且过程中没有发生交换。这个途径被称为传导旅行机理（conducted tour mechanism）[30]，这个机理的证据是 4 的 2-氨基甲酰基异构体并不发生等消旋化。在这种情况下，负离子的氧原子上

的负电荷与 6 相比较少，因为极限式中 O 原子需要一个完整的负电荷（9），这将会破坏两个苯环的六电子体系（而作为对比，10 的一个苯环保持完整）。总之，等消旋过程究竟是一个传导旅行机理还是一个简单的非结构接触的离子对机理取决于底物的性质（传导旅行机理需要一个合适的官能团）和所用的碱[31]。

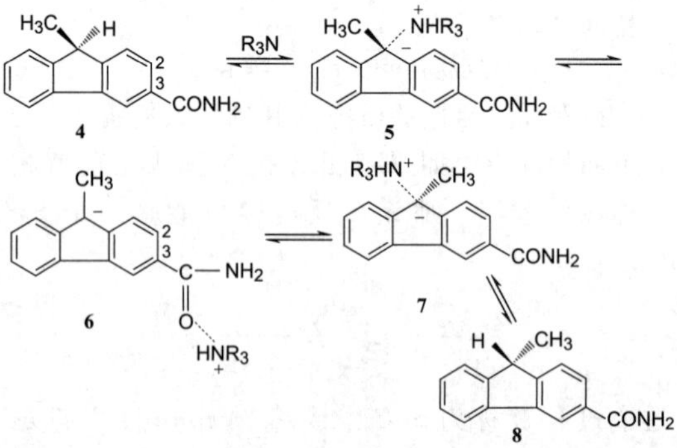

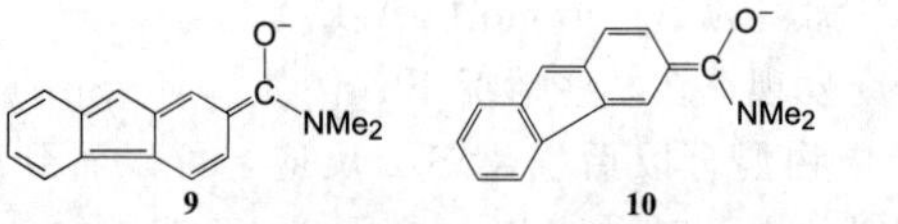

已知乙烯基碳负离子能保持构型，因此通过 S_E1 反应将会得到构型保持的产物。这已经被发现是一个事实。例如：反式 2-溴-2-丁烯转化为当归酸，转化率为 64%～74%[32]。

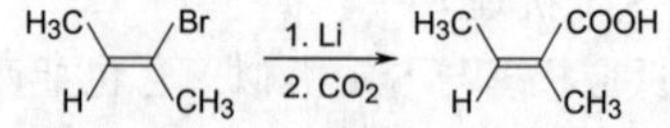

上面的反应中仅仅得到约 5% 的顺式异构体，惕各酸（E-2-甲基-2-丁烯酸）。此外，某些通过 d 轨道的重叠来分散负电荷而稳定的碳负离子也能维持构型不变（参见 5.2.2 节），因此具有这种碳负离子的 S_E1 反应同样得到构型保持的产物。

12.1.3 伴随双键迁移的亲电取代

当亲电取代反应发生在烯丙型衍生物上时，可能会得到如下所示重排产物（11→12）：

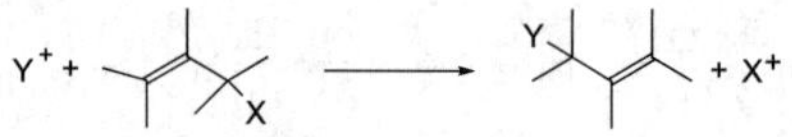

这类反应与我们在 10.4 节讨论的烯丙型亲核重排类似。一共有两个基本的途径，第一个类似于 S_E1 机理，离去基团首先离去，得到共振稳定的烯丙基碳负离子，随后亲电试剂进攻。

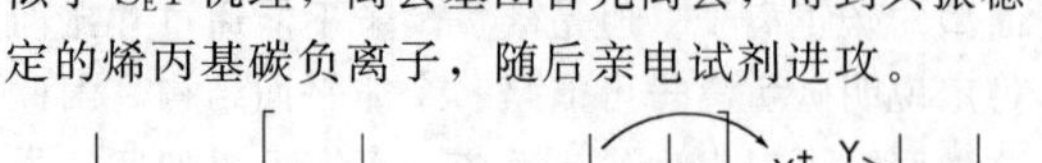

在第二条途径，Y 基团首先进攻 π 键生成碳正离子，随后离解 X 得到烯烃单元：

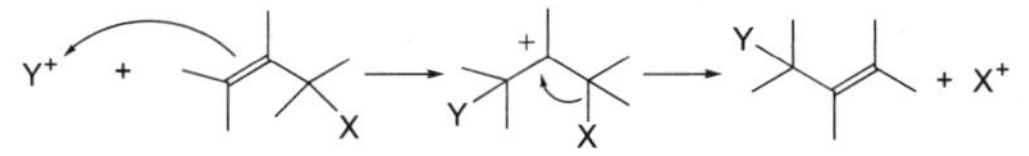

这些机理在反应 **12-2** 中有更详细的讨论。

大多数烯丙基亲电重排涉及 H 原子作为离去基团，但是也观察到了一些金属离子作为离去基团的例子[33]。Sleezer[34] 等发现 2-丁烯基溴化汞与 HCl 反应的速率比正丁基溴化汞快大约 10^7 倍，并且 99% 以上的产物是 1-丁烯。这些事实证实了是 S_Ei' 机理（IUPAC 命名为环-$1/3D_EA_ED_nA_n$）：

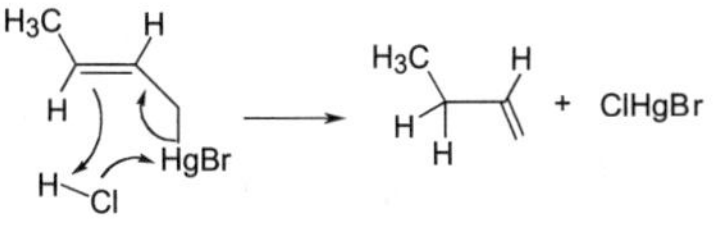

相同化合物与乙酸-高氯酸经过一个被称为 S_E2' 的机理（IUPAC 命名为 $1/3D_EA_E$）[34]：

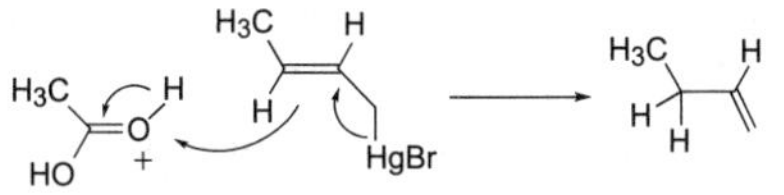

烯丙基亲电重排的立体化学研究得不是很多（其亲核反应的例子，参见 10.5 节），但是在大多数情况下重排结果主要得到反式产物[35]，尽管在某些情况下也能得到顺式产物[36]。当使用亲电的 H^+ 以及 $SnMe_3$ 作为离去基团时，可以得到顺式或反式产物，这取决于反应物是顺式还是反式的[37]。

12.1.4 其它机理

其它的机理还有加成-消除机理（反应 **12-16**）和环化反应机理（反应 **12-40**）。

与亲核取代反应相比，对脂肪族化合物的亲电取代反应研究得比较少，这一章里的许多反应机理还在争议之中。因为对于它们之中的大多数而言，没有足够的研究工作可以帮助我们判断反应的实际机理，即使有些反应确实就是按照我们讨论的机理进行的。此外还有其它一些亲电取代机理。在这一章里的有些反应可能甚至根本就不是亲电取代反应。

12.2 反应性

与脂肪族的亲核取代反应和芳香族的亲电取代反应相比，对脂肪族亲电反应研究得很少。我们只能粗略地得到一些结论[38]。

(1) 底物的影响 对于 S_E1 反应，给电子基降低反应速率而吸电子基增大反应速率。如果一个反应的决速步骤与质子从酸上的离解过程类似，那么就可以得出这个结论。对于 S_E2（背面）机理，Jensen 和 Davis[12] 指出烷基的反应活性顺序与 S_N2 反应相同（如：Me＞Et＞Pr＞i-Pr＞新戊基），这与我们预料的一样，因为两者都是从背后进攻，也都同样会受到空间位阻的影响。实际上，当立体化学研究行不通时这种类型的反应活性也可以视为 S_E2（背面）机理的有力证据[39]。对于构型不变的 S_E2 反应也有一些研究，但是结果不一致，反应过程取决于具体的反应[40]。如下面这样一个反应：$RHgBr+Br_2 \longrightarrow RBr$ 在 Br^- 的催化下得到如表 12.1 所示结果[41]。

表 12.1 RHgBr 与 Br_2 和 Br^- 反应的相对速率①

R	相对速率	R	相对速率
Me	1	Et	10.8
Et	10.8	i-Bu	1.24
i-Pr	780	新戊基	0.173
t-Bu	3370		

① 参照参考文献[41]。

从表 12.1 看到 α 位取代基增大反应速率，而 β 位取代基降低反应速率。Sayre 和 Jensen[41] 认为速率降低是受空间位阻的影响，尽管进攻位点是正面，而速率增加是因为烷基给电子效应的影响，因为这样可以稳定缺电子的过渡态[42]。当然支链基团的存在也会有空间位阻作用，因此研究人员得出了结论，认为如果没有这种影响，那么反应速率会更大。亲电试剂 Br 是一个比较大的基团，因此，如果用较小的基团作为亲电试剂，那么空间位阻也会减小。当取代基吸电子能力增加时，一些有机锡化合物的二级反应速率增大。这个现象被解释[43]为离子对形式的 S_E2 机理，类似于 Sneen 提出的亲核取代的离子对机理（参见 10.1.4 节）。在水中溶剂解 2-溴-1,1,1-三氟-2-(对甲氧基苯基)乙烷，反应经历一个游离的碳正离子中间体，但是有溴离子存在时离子对会影响反应[44]。

(2) 离去基团的影响 对于 S_E1 和二级机理，C—X 的极性越大，离电体越容易断裂离去。

对于价键数高于 1 的金属离去基团，与金属相连的其它基团对反应有着影响。例如有机汞试剂 RHgY，由于电负性较高的 Y 原子降低了 C—Hg 键的极性，从而导致 HgY^+ 的稳定性降低，最终使得 Y 电负性升高的同时，HgY 的离电能力降低。因此，RHgR′ 中的 HgR′ 比 RHgCl 中的 HgCl 更易离去。由于高度分支化的烷基有助于正电荷的分散，对于 R_2Hg 的乙酸解反应[42]，可按离去能力的高低将离去基团排序如下：Hgt-Bu＞Hgi-Pr＞$HgEt$＞$HgMe$，排序结果与前面的结论一致。由此人们推测，当金属是离去基团时，反应倾向于将按 S_E1 机理进行，而反应中碳是离去基团时，反应将按二级反应机理进行。但是，目前相关报道发现实际结果与预测的相反：对于碳离去基团，反应机理通常是 S_E1；而对于金属离去基团，反应机理几乎总是 S_E2 或 S_Ei。许多金属离去基团相关的 S_E1 反应研究报道相继出现[45]，但反应机理仍很难被证实，而且这些报道结果还存在争议[46]。Reutov 及其合作者[45]提出，在该类反应中存在一种亲核试剂，这种试剂也可以是溶剂，在反应中协助离电体的离开，这种反应进程被命名为 $S_E1(N)$ 反应机理。

（3）溶剂效应[47]　根据前面提到的内容（参见 12.1.2），发现溶剂除了对某些 S_E1 反应有影响外，还能影响优先采用的反应机理。对于亲核取代反应（参见 10.7.4 节），溶剂极性的增大，提高了发生离子化机理的可能性，然而 S_E1 过程与二级反应机理不同，它不含有离子。正如前面所提到的（参见 12.1.2），溶剂还能影响 S_E2（正面或背面）和 S_Ei 机理：随着溶剂极性增加，S_E2 反应速率提高，而 S_Ei 反应却不怎么受影响。

12.3　反应

本章的反应按离去基团的顺序来排列：氢、金属、卤素和碳，最后还涉及氮原子上的亲电取代反应。

12.3.1　氢作为离去基团
12.3.1.1　氢作为亲电试剂
12-1　氢交换

氘-去-氢化或氘化反应

$$R-H + D^+ \rightleftharpoons R-D + H^+$$

氢交换反应可在酸或碱溶液中完成，如 **11-1**，交换反应通常用于研究相对酸度等机理问题，此外，它还能被用于制备氘代或氚代分子。当使用一般的强酸如硫酸时，只能交换碳上具有相当酸性的质子（例如乙炔基和烯丙基）。而烷烃的伯、仲和叔氢可通过与超酸（参见 5.1.2 节）反应而被交换[48]。氢反应活性顺序为：三级（叔）＞次级（仲）＞初级（伯）。存在的 C—C 键也可能发生断裂（反应 **12-47**）。以甲烷为例，交换机理为：H^+ 进攻 C—H 键，形成五价甲烷正离子，再脱去一个 H_2，最终得到三价碳正离子[49]。其中的五价甲烷正离子 CH_5^+（methanonium ion）拥有一个三中心两电子键[50]。目前还不知道甲烷离子是一个反应过渡态还是一个真实存在的中间体，

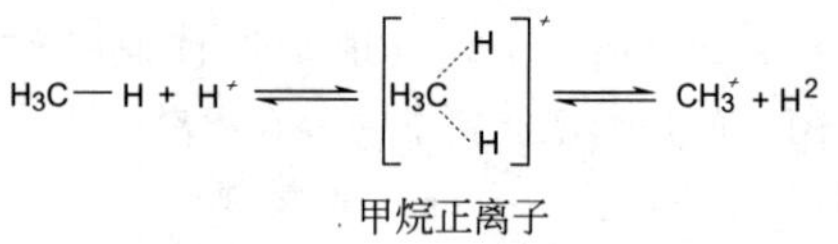

$$H_3C-H + H^+ \rightleftharpoons \left[H_3C \begin{array}{c} H \\ \cdots \\ H \end{array} \right]^+ \rightleftharpoons CH_3^+ + H_2$$

甲烷正离子

但是已经在质谱中发现了 CH_5^+ 离子[51]，在气相中也已检测到乙烷离子 $C_2H_7^+$ 的红外光谱[52]。需要注意的是该三中心两电子键中的两个电子可向三个方向运动，这与该类结构的三重对称性一致。这些电子还可运动结合两个氢，使得 CH_3^+ 自由离去（正向反应）；这些电子也可将 CH_3 与两个氢中的任意一个结合，使得另外一个氢以 H^+ 形式离去（逆向反应）。事实上，甲基正离子在这些情况下均不稳定，它可通过已知反应路线（导致 H^+ 发生交换）复原成 CH_4；甲基正离子也可与其它的 CH_4 分子反应最终生成叔丁基正离子（**12-20**），这种正离子在超酸溶剂中能稳定存在。通过与纯 SbF_5 在无任何 H^+ 源环境中作用，氢离子还可从烷烃上离去（生成三价碳正离子）[53]。通过与稀的 DCl/D_2O 在密封的派热克斯耐热玻璃试管中加热至 $165\sim280℃$[54]，可合成出环状烷烃的完全或几乎完全氘代分子。

碱性条件下交换反应为 S_E1 机理：

第 1 步　$RH + B^- \longrightarrow R^- + BH$

第 2 步　$R^- + BD \longrightarrow RD + B^-$

当然，对于一般的酸性质子，如羰基的 α 位质子，这些交换反应均可顺利发生。如果碱性够强，更弱的酸性质子也能发生交换反应（参见 5.2.1 节）。

无论是高分子量还是低分子量的烷烃和环烷烃，它们均可与 D_2 气在 Rh、Pt 或 Pd 的催化下反应，从而实现完全氘代[55]。

OS Ⅵ，432。

12-2　双键的迁移

3/氢-去氢化

$$C_5H_{11}-CH_2-CH=CH_2 \xrightarrow[Me_2SO]{KNH_2} C_5H_{11}-CH=CH-CH_3$$

许多不饱和化合物中的双键在与强碱[57]作用下会发生迁移[56]。在大多数情况下得到平衡混合物，其中热力学稳定的产物为主[58]。因此，如果一个新的双键可与已存在的双键或芳香环共轭，那么反应就容易生成这种产物[59]；如果反应既可能发生在环内又可能发生在环外（尤其是六元环），那么双键迁移现象通常发生在环外；如果这些前提条件都不满足，便可运用 Zaitsev

规则（参见 17.2 节），这时候双键将迁移向含氢数目较少的碳。如果将上述一切都考虑在内，我们可以预测末端烯烃可被异构化为非末端烯烃，非共轭烯烃可被异构化为共轭烯烃，六元环外烯烃可被异构化为环内烯烃等，而不是选择其它的可能形式。

对于这种反应，有时被称为"质子转移重排"，是亲电取代反应并伴随烯丙基重排的一个实例。该类反应中，在碱的作用下产生一个共振稳定的碳负离子，这个负碳离子的适当位置再与一个质子结合，从而形成更稳定的烯烃[60]：

第 1 步

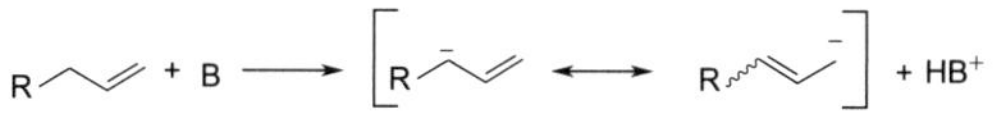

$$R\diagup\!\!\diagdown + B \longrightarrow [R\diagup\!\!\diagdown^- \longleftrightarrow R^-\diagdown\!\!\diagup] + HB^+$$

第 2 步

$$[R\diagup\!\!\diagdown^- \longleftrightarrow R^-\diagdown\!\!\diagup] \xrightarrow{BH^+} R\diagup\!\!\diagdown CH_3 + B$$

这个反应机理与前面提到的亲核取代烯丙基重排反应过程类似（参见 10.4 节）。当溶解于含 NH_2^- 的溶液中时，烯丙基苯和 1-丙烯基苯的紫外吸收光谱完全相同，这表明在两种化合物中碳负离子的结构是一样的，这也正是本机理所必需的[61]。酸 BH^+ 可将特定位点质子化，从而使产物更稳定，而且两种可能产物的比率由 BH^+ 的性质决定[62]。目前已有研究证实，在碱催化下发生的双键转移反应部分发生在分子内，至少在某些情况下是这样的[63]。这种发生在分子内的过程被称为传导旅行机理（参见 12.1.3 节），在该机理中，碱将引导质子从一个碳负离子位点迁移到另一个位点（**13→14**）[64]：

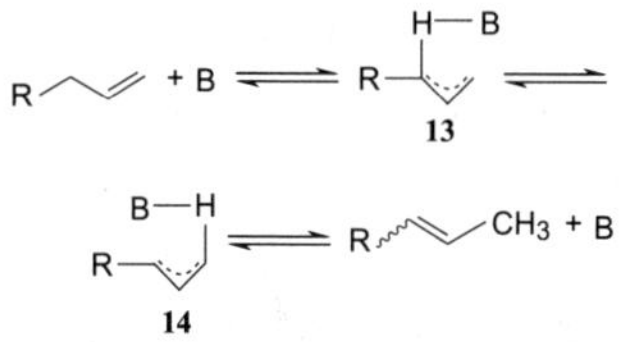

$$R\diagup\!\!\diagdown + B \Longleftrightarrow R\underset{\mathbf{13}}{\overset{H\cdots B}{\diagup\!\!\diagdown}} \Longleftrightarrow$$

$$\underset{\mathbf{14}}{R\overset{B\cdots H}{\diagdown\!\!\diagup}} \Longleftrightarrow R\diagdown\!\!\diagup CH_3 + B$$

在酸性条件下也可发生双键重排反应，质子和 Lewis 酸[65] 对该类反应均有效。质子酸催化下发生的反应机理是前面提到机理相反的逆过程：烯烃首先获得一个质子，形成碳正离子，接着另一个质子也失去：

第 1 步

$$H_3C-CH_2-CH=CH_2 + H^+ \longrightarrow H_3C-CH_2-\overset{+}{C}H-CH_3$$

第 2 步

$$H_3C-CH_2-\overset{+}{C}H-CH_3 \longrightarrow H_3C-CH=CH-CH_3 + H^+$$

在碱催化下发生的反应中，热力学最稳定的烯烃是主产物。然而，在酸催化下发生的反应中，由于碳正离子会发生许多副反应，因此很少将该反应运用于合成中。如果底物具有多个可形成双键的位置，那么通常获得所有可能异构体的混合物。以 1-癸烯的异构化为例来说明，由于碳正离子的重排可获得包含众多癸烯异构体的混合物，这种混合物不仅有 1-癸烯、顺-和反-2-癸烯，还含有顺-和反-3-、4-、5-癸烯以及其它一些带支链的癸烯。的确稳定性最高的癸烯是主要产物，但是许多这些癸烯的稳定性都很接近。

双键异构化反应还可以其它方式进行。亲核烯丙基重排反应已在第 10 章讨论过（参见 10.5 节）。电环化反应和 σ 重排反应将在反应 **18-27～18-35** 中介绍。双键迁移还可在光化学条件下发生[66]，也可在金属离子（大多是含有 Pt、Rh 或 Ru 的复合离子）或金属羰基催化剂作用下发生[67]。在金属化合物催化的反应中，至少有两个以上的可能机理，其中一种机理由于需要外部氢的参与，因此被称为金属氢化物加成-消除机理：

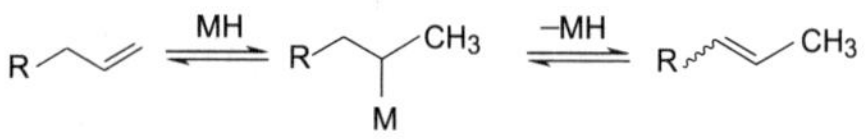

$$R\diagup\!\!\diagdown \xrightleftharpoons{MH} R\diagdown\!\!\diagup\overset{M}{\underset{}{C}}H_3 \xrightleftharpoons{-MH} R\diagdown\!\!\diagup CH_3$$

另一种机理是 π-烯丙基配合物机理，这种机理不需要外部氢的参与，而是通过金属夺取氢形成 η^3-π-烯丙基配合物 **15**〔参见 3.3.1 节（1）和反应 **10-60**〕而进行反应的：

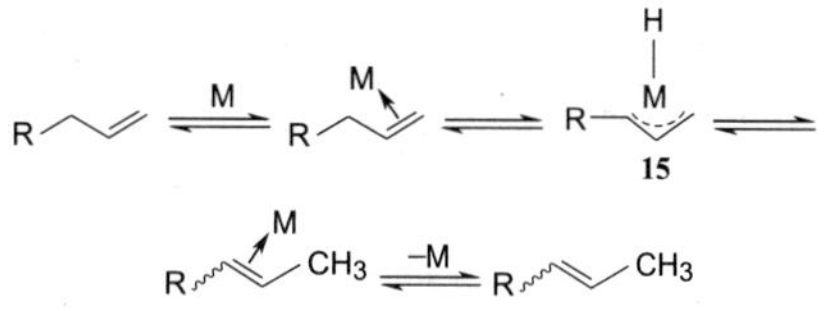

$$R\diagup\!\!\diagdown \xrightleftharpoons{M} R\overset{M}{\diagup\!\!\diagdown} \xrightleftharpoons{M} R\underset{\mathbf{15}}{\overset{H\;M}{\diagup\!\!\diagdown}}$$

$$R\overset{M}{\diagdown\!\!\diagup}CH_3 \xrightleftharpoons{-M} R\diagdown\!\!\diagup CH_3$$

这两种机理之间的另一个差异在于：前者是 1,2-迁移，后者是 3,4-迁移。金属铑（Ⅰ）催化的 1-丁烯的异构化反应是金属氢化物机理的例子[68]，而 π-烯丙基配合物机理的一个例子是 $Fe_3(CO)_{12}$ 催化的 3-乙基-1-戊烯异构化反应[69]。另外还可将钯催化剂应用到将炔酮 $RCOC\equiv CCH_2CH_2R'$ 转化为 2,4-烷基二烯-1-酮化合物 $RCOCH=CHCH=CHR'$ 的反应中[70]。烯炔与 $HSiCl_3$ 及 Pd 催化剂反应生成丙二烯，反应具有中等的对映选择性〔参见 4.3 节（5）手性丙二烯〕[71]。

金属催化的方法已被运用于制备简单的烯醇，例如烯丙醇的异构化[72]。这些烯醇很稳定可被分离出（参见 4.17.4 节），但会缓慢地异构化为醛或酮，半衰期从 40min、50min 到几天[72]。

不管双键迁移反应以哪种亲电方式进行，在大多数反应中，尽管有少量异常化合物产生，大量生成的化合物还是热力学最稳定的烯烃。然而，还存在另一种双键异构的方法，此时双键可以向另一个方向迁移。这种方法是将烯烃转变为硼烷（反应 15-16），而后硼烷发生重排（反应 18-11），新生成的硼烷被氧化和水解转变为醇（17，参见反应 12-31），最后醇脱水（反应 17-1）生成烯烃。该反应在加热作用下进行，硼烷的加成是可逆的，其平衡向生成空间位阻小的硼烷 16 方向移动：

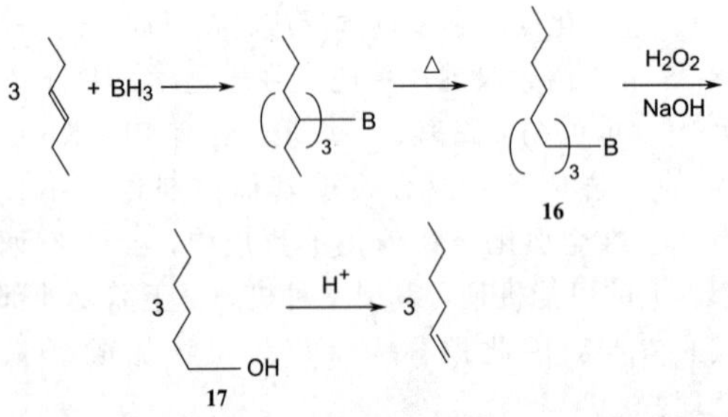

由于迁移方向一般都指向链的末端，因此端烯烃可通过非端烯烃制备得到，这种迁移方式的方向与其它方法正好相反。如果将硼烷与一种比生成的烯烃分子量更大的烯烃一同加热，重排得到的硼烷可直接转变成烯烃（反应 17-15）。光化学异构化反应也可导致生成热力学稳定性较低的异构体[73]。

在碱性环境中，叁键也可发生迁移[74]，但是其中间产物是一种丙二烯类结构[75]：

$R-CH_2-C\equiv CH \rightleftharpoons R-CH=C=CH_2 \rightleftharpoons R-C\equiv C-CH_3$

一般情况下，$NaNH_2$ 这样的强碱可将内炔转变为端炔，有这种功能的一种特别好的碱是 $NH_2CH_2CH_2CH_2NHK$（3-氨基丙氨基钾）[76]，由于形成炔化物可使平衡发生移动。当碱性较弱时，例如使用 NaOH，由于碱性太弱而不能移去乙炔的质子，因而化合物主要以在热力学上更稳定的非端炔形式存在。在某些情况下，反应也可能停留在丙二烯阶段[77]，因此，该类反应也可被用来制备丙二烯类化合物[78]。炔丙醇与甲苯磺酰肼、PPh_3 及偶氮二甲酸二乙酯（DEAD）反应也可制备丙二烯类化合物[79]。在一个相关的反应中，有时碱诱导炔丙醇异构化生成共轭酮[80]。如果采用很强的酸（如 $HF-PF_5$），可发生酸催化的叁键迁移（中间体是丙二烯）[81]。如果反应机理与双键迁移反应机理一样，那么中间体就是乙烯基正离子。

OS Ⅱ, 140; Ⅲ, 207; Ⅳ, 189, 192, 195, 234, 398, 683; Ⅵ, 68, 87, 815, 925; Ⅶ, 249; Ⅷ, 146, 196, 251, 396, 553; Ⅹ, 156, 165; **81**, 147.

12-3 酮-烯醇异构化

3/O-氢-去-氢化

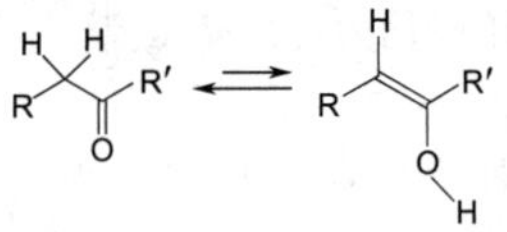

烯醇与酮或醛之间的互变异构平衡（酮-烯醇异构化）是一种质子转移形式[82]，但一般不用于制备。然而一些酮的酮式和烯醇式都可以制得［参见 2.14.1 节（3）关于这类异构及其它类型互变异构的讨论］。含有一个或多个羰基且羰基与带有一个或多个氢原子的 sp^3 碳相连的体系会发生酮-烯醇异构化。一般来讲，中性体系的酮式比烯醇式异构体稳定，对于大多数酮或醛，在通常情况下，只有羰基形式可被检测出。通过氢键或完全的电子离域（像苯酚）而使分子具有额外的分子内稳定性，有利于烯醇异构体的生成。

酮-烯醇异构化通常是一个慢过程，但可被微量的酸或碱催化[83]。在这个平衡中，杂原子是碱性位点，质子是酸性位点。对于一般的互变异构（参见 2.14.1 节），酸或碱并不是引发异构化必需的，因为每个互变异构的物质本身就是两性的[84]。极性质子性溶剂如水或醇可与互变异构体形成环状或线型配合物而参与质子转移[85]。形成的配合物是环状的还是线型的，取决于互变异构体的构象和构型。在强极性非质子溶剂中及酸或碱的作用下，互变异构分子可以失去或得到一个质子，形成相应的中介负离子或正离子，它们反过来分别得到或失去一个质子，从而生成了新的互变异构形式[86]。羰基化合物的结构特征影响平衡情况[87]。CH-π 轨道重叠的不同共轭稳定化作用不直接影响立体选择性，除非空间位阻特别大，空间效应通常并不足够大到引起过渡态之间产生几个 kcal/mol 的能量差[88]。要指出的是空间稳定的烯醇已有报道[89]，例如芳基乙醛[90]。邻近键的扭转张力对烯醇形成的立体选择性没有的影响[88]。

酸碱催化的反应机理与反应 12-2 中提到的机理一样[91]：

酸催化：

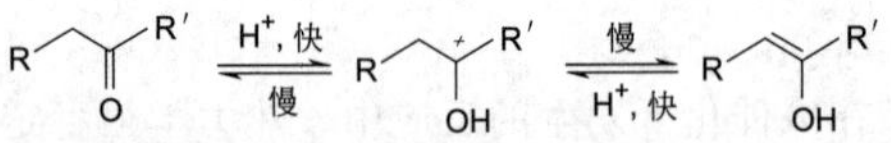

碱催化[92]：

对于各种不同的催化剂,一个方向的反应机理正好是另一个方向的逆反应,这正好符合微观可逆原理[93]。正如反应机理所预测的,C—H 键在决速步发生断裂,RCD₂COR 类底物在碱[94]和酸[95]催化过程中均有氘同位素效应(大约等于 5)。有人研究了 β-O[96] 或 β-N[97] 取代基对酮-烯醇/烯醇离子平衡的影响。烯醇质子化的立体化学可通过改变邻近基团或改变介质酸性进行控制[98]。

碱催化的反应生成烯醇盐离子而不是烯醇,烯醇盐离子的形成及其反应在反应 10-60、10-67、16-24 和 16-34 中详细讨论。要注意的是环张力对碱催化的烯醇化没有明显影响[99]。在有些情况下,例如苯并呋喃酮,碱催化烯醇盐离子的形成会生成一个过渡态,在过渡态中芳香性起到了一定的作用。一项研究表明,过渡态的芳香稳定化发生在质子转移之前,芳香性似乎能够降低反应的内在能垒[100]。当将样品通过一个氘代(或含 ¹⁸O)的气相色谱柱,烯醇的氢可被氘交换(或 ¹⁶O 被 ¹⁸O 交换)[101]。

尽管从醛或酮到相应烯醇异构体的转化一般不用于合成,但该类反应依然拥有它们的制备功效。当烯醇醚或酯被水解时,所生成的烯醇迅速异构化为醛或酮。此外,所有的反应过程(正向和反向反应)常被运用于平衡的目的。对于一种具有光学活性的化合物,该化合物的手性源自于羰基边上的不对称 α-碳,如化合物 **19**,如果将该化合物用酸或碱处理,则会发生外消旋[102]。如果在分子结构中还存在另一个不对称中心,那么采取这种方式可将稳定性较差的差向异构体转化为更稳定的异构体,这种转化是很常用的。例如,顺-萘烷酮可与其反式异构体处于平衡状态。一个醛或酮类的某个位置也会以类似的方式发生同位素交换反应。对于环状化合物,顺反异构化均可通过烯醇来完成[103]。关于添加剂如 ZnCl₂ 在不对称烯醇化反应中的作用已经被研究过[104]。例如,在每摩尔的酮中加入 1mol 的碱,可合成

并分离出烯醇盐离子(**18**)[105](例如参见反应 10-68 烷基化反应)[106]。对映选择性的烯醇盐离子质子化反应已经得到研究[107]。烯醇盐离子质子化反应在反应 16-34 中讨论。在酸催化的反应过程中,只有当羰基化合物完全被转化为烯醇而且再逆回来,那么交换或平衡反应便可发生;然而在碱催化的反应中,只要当第一步反应即转化为烯醇离子后,交换或平衡反应即可发生。这两种情况的差别通常只是理论上的。有人研究了二氨基镁或二氨基钙催化的立体选择性烯醇化的聚焦行为[108]。

以酮 **20** 为例,用手性碱 **21** 处理时,可将外消旋混合物转变为一种具有光学活性的混合物(光学产率为 46%)[109]。这个过程之所以能发生,是因为化合物 **21** 与化合物 **20** 的一个对映体的反应速率要比与另一个对映体的快(动力学拆分的一个例子)。烯醇盐(**22**)必须保持与手性胺配位,这个胺使化合物(**22**)重新质子化,而不是一个外加的质子提供者。

在《有机合成》(OS)中有许多酮-烯醇相互转化反应和烯醇离子被酸化为酮形式的反应,这里没有将这些反应一一列举出来。

12.3.1.2 卤原子亲电试剂

不活泼的碳氢化合物的卤代反应将在反应 14-1 中讨论。

12-4 醛和酮的卤代

卤代或卤原子-去-氢化

醛和酮可在 α 位被溴、氯或碘取代[110],而该反应对于氟不是很有效[111]。硫酰氯[112]、Me₃SiCl-Me₂SO[113] 以及 NCS[114] 可用作氯代试剂。用 Cl₂ 和催化量的四乙基氯化铵可以生成 α-氯代醛[115]。溴代方法包括 NBS(参见反应 **14-**

3)[116]、Me_3SiBr-DMSO[117]、四丁基三溴化铵[118]、水中原位产生的 $ZnBr_2$[119],以及微波辐照下硅胶上的溴·二氧六环[120]。离子液体中的 α-氯代[121]及溴代[122]反应已有报道。对映选择性的氯代[123]和溴代[124]方法已被发现,包括使用烯醇盐离子作为中间体的方法[125]。有机催化的不对称 α-氯代方法也已有报道,该方法可用于引入所有卤素[126]。β-酮酯和1,3-二酮可被溴代二甲基砜离子溴化物(bromodimethylsulfonium bromide)α-溴代[127]。1,3-二酮、β-酮酯和丙二酸酯可被次氯酸钠氯代,或被次溴酸钠溴代[128]。

碘代反应可通过碘与碘分子[129]、I_2-硝酸铈(Ⅳ)铵[130]、NCS/NaI[131]、ICl/NaI/$FeCl_3$[132] 或在甲醇中 1-氯甲基-4-氟-1,4-重氮二环 [2.2.2] 辛烷双四氟硼酸盐作用下与碘[133] 直接反应实现。无溶剂条件下甲基酮与 NIS 及对甲苯磺酸在微波辐照下反应,生成 α-碘代酮[134]。醛的不对称碘代可用 NIS 在催化量苯甲酸及手性二芳基胺作用下完成[135]。

虽然没有前面提到的那样普遍,但是也已报道了好几个制备 α-氟代醛和酮的方法[136],其中包括对映选择性氟代方法[137]。醛和酮有机催化的 α-氟代已有报道[138]。选择性氟代试剂(Selectfluor, 1-氟-4-羟基-1,4-重氮二环[2.2.2]辛烷双四氟硼酸盐,F-TEDA-BF_4)可用于酮的单氟代[139],正如混合物 KI-KIO_3-H_2SO_4 的作用[140]。活性化合物,如 β-酮酸酯和 β-二酮,在与 N-氟代-N-烷基磺酰胺化合物作用时[141](如果使用具有旋光活性的 N-氟代-N-烷基磺酰胺,就可发生对映选择性的氟代反应[142]),或者与 F_2/N_2HCOOH 作用[143]、或者与 Bu_4NOH/NF_3O[144]作用后可被氟化。乙酰次氟酸也可将简单酮的烯醇锂氟化[145]。利用 N-氟代苯磺酰亚胺作为氟的亲电试剂源并利用咪唑啉酮作为有机催化剂,醛可被 α-氟代[146]。已经报道氧代吲哚(oxindole)的对映选择性 α-氟代可采用 N-氟代苯磺酰亚胺、Pd 催化剂及手性配体[147],也可采用有机催化剂[148]。

对于非对称酮,卤代反应的优先位点通常是取代基多的位点:最易发生在 CH 基团,其次是 CH_2 基团,最后是 CH_3 基团[149],但是经常出现混合物。对于醛来说,有时醛基的氢也会被卤代。但只在没有 α-氢时才会发生,该反应一般没有什么价值(参见反应 14-4)。有时也可能得到二卤化物或多卤化物。当反应中加入碱性催化剂,酮的某个位点会在另一个位点被攻击前被完全卤化,而且直到这个碳上的氢被完全取代后,反应才停止(详见如下)。如果其中一个基团是甲基,那么将会发生卤仿反应(12-44)。当用酸作催化剂时,在一个卤原子进入后,反应便可容易地停止。只有使用过量的试剂,第二个卤原子才能被引入。在氯化反应中,第二个卤原子一般出现在与第一个卤原子相同的位点[150];而在溴化反应中,反应物通常为 α,α'-二溴化物[151]。实际上,两种卤素首先形成的都是 α,α-二卤化酮,但是对于溴化反应,该产物在反应条件下异构化为 α,α'-异构体[150]。甲基酮与 DMF 中过量的 $CuCl_2$ 和 LiCl[152],或与甲醇中 HCl 和 H_2O_2 反应[153] 生成,α,α'-二氯代酮。α,α'-二溴代芳基甲基酮可被三溴代苯基三甲基铵高产率地双溴化[154]。活泼亚甲基化合物可被 NCS 及 $Mg(ClO_4)_2$ 氯化[155]。在手性铜催化剂作用下进行相似的氯化反应可获得中等对映选择性的 α-氯化[156]。

被卤化的化合物并不是醛或酮本身,而是它们相应的烯醇或烯醇离子。使用催化剂的目的是产生少量的烯醇或烯醇离子(反应 12-3)。该类反应可以在没有酸或碱的情况下发生,但是实际上反应体系中通常有微量的酸或碱,这些微量的酸或碱足以催化使其形成烯醇或烯醇离子。酸催化的反应机理如下:

第1步

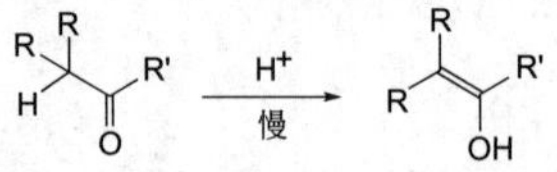

$$\underset{H}{\overset{R}{|}}\underset{\underset{O}{\|}}{C}-R' \xrightarrow[\text{慢}]{H^+} \underset{OH}{\overset{R}{|}}C=\underset{}{\overset{R'}{|}}$$

第2步

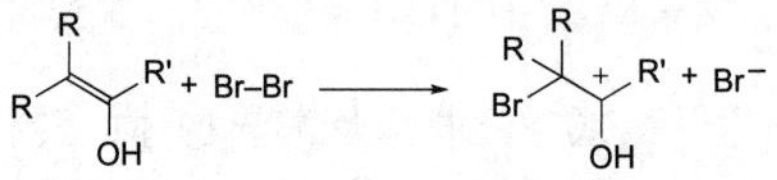

$$\underset{OH}{\overset{R}{|}}C=R' + Br-Br \longrightarrow \underset{OH}{\overset{R}{|}}\underset{Br}{\overset{|}{C}}-\overset{+}{C}R' + Br^-$$

第3步

$$\underset{OH}{\overset{R}{|}}\underset{Br}{\overset{|}{C}}-\overset{+}{C}R' \longrightarrow \underset{Br}{\overset{R}{|}}\underset{O}{\overset{\|}{C}}-C R'$$

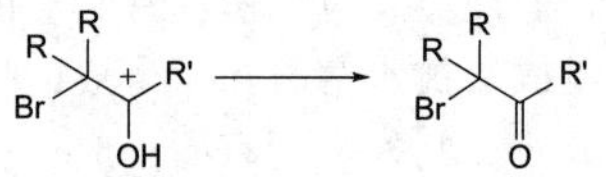

第1步反应,如反应 12-3,实际上该步反应包括两个步骤。第2步反应与第1步非常类似,需要在双键上进行亲电子加成(参见 15.1.1 节)。有许多证据支持该反应机理:①反应速率对底物是一级的;②溴根本不出现在反应速率表达式中[157],这与决速步是第1步的机理相一致[158];③对于相同条件下发生的溴化、氯化和碘化反应来说,反应速率都是一样的[159];④反应表现出同位素效应;⑤从第2步和第3步反应速率分别被测量出(以烯醇为反应起始物),发现反应速率很快[160]。

对于用碱作催化剂的反应,其机理可能和上面提到的机理一样,因为碱也可以催化形成烯醇。但是这类反应也可能通过直接形成烯醇离子发生，而不需要生成烯醇：

第1步 R-CH(R')-C(=O) + ⁻OH → R(R')C=C(R')-O⁻

第2步 R(R')C=C(R')-O⁻ + Br-Br → R(R')C(Br)-C(=O)R' + Br⁻

这两种可能性很难被区分开。上面已提到过，在碱催化的反应中，如果底物在 C＝O 基团的一侧含有可被两个或三个卤原子取代的氢，那么在第一个卤原子进入后，反应不可能停止，其原因是反应受到进入的卤原子场效应的影响，使得余下氢的酸性增大，即 CHX 基团的酸性比 CH_2 基团的酸性强，因此新形成的卤代酮被转化为相应的烯醇离子（进而被卤代）的速度比原始底物快。其它的卤代试剂也可用于此反应。

对于非对称酮，可通过用 NBS 或 NCS 处理酮的适当烯醇硼烷而实现区域选择性卤代[161]。生成目标卤化酮产物很高。通过另一个方法同样可获得同样的结果，即在低温下溴代相应的烯醇锂［对于烯醇离子的区域选择性形成过程详见反应 **10-68**，第（4）点］[162]。采用与之相似的反应过程，α-卤代醛可通过三甲基硅烯醇醚（$R_2C=CHOSiMe_3$）与 Br_2 或 Cl_2[163]、与硫酰氯（SO_2Cl_2）[164]、或者与 I_2 和乙酸银[165]反应而高产率地得到。三甲基硅烯醇醚与 $ZrCl_4$ 和 α,α-二氯丙二酸酯联合作用生成 α-氯代酮，反应具有很好的对映选择性[166]。甲硅醚烯醇在 $-78℃$，以 $FCCl_3$ 为溶剂，与 XeF_2[167] 或与含 5% 氟气的氮气反应，也可被氟代[168]。烯醇的乙酸酯可与 I_2 和醋酸铊（Ⅰ）[169] 或醋酸铜（Ⅱ）反应[170]，而被区域选择性地碘化。溴代或氯代苯硒 α-卤原子-α,β-不饱和酮[171]；而利用 HOCl 进行两相处理，可将 α,β-不饱和酮转化为 α-卤代-β,γ-不饱和酮[172]利用 Dess-Martin 高碘烷［参见反应 **19-3** 第（5）点］和四乙基溴化铵处理，共轭酮可转化为 α-溴代共轭酮（乙烯基溴）[173]。

R¹-C(OBR²₂)=C(H)-R + NBS → R¹-C(=O)-C(Br)(H)-R
硼酸烯醇酯

OS Ⅰ,127；Ⅱ,87,88,244,480；Ⅲ,188,343,538；Ⅳ,110,162,590；Ⅴ,514；Ⅵ,175,193,368,401,12,520,711,991；Ⅶ,271；Ⅷ,286；另见 OS Ⅵ,1033；Ⅷ,192.

12-5 羧酸和酰卤的卤代反应
卤代或卤素-去-氢化

R-CH₂-COOH + Br₂ $\xrightarrow{PBr_3}$ R-CH(Br)-COOH

以卤化磷作催化剂，羧酸的 α-氢可被溴或氯原子取代[174]。该反应被称为 Hell-Volhard-Zelinskii 反应，它不适用于碘和氟。如果有两个 α-氢，可以是一个氢原子被取代，也可以是两个氢原子都被取代，但是反应很难停止在一个氢原子被置换的状态。反应实际上是羧酸和催化剂反应生成酰卤，也即每个羧酸分子在形成酰卤的阶段被 α-卤代。酸自身是没有活性的，除非那些有相对较高烯醇含量的酸，例如丙二酸。对于每摩尔底物，只需要加入不到 1mol 的催化剂，因为在羧酸和酰卤之间存在交换反应（参见反应 **16-79**）。催化剂上的卤原子不会进入到 α 位，例如，使用 Cl_2 和 PBr_3 可发生 α-氯代反应，而不发生溴代。正如前面所叙述的，酰卤可在无催化剂的情况下发生卤代反应。曾有报道指出，通过生物碱催化的酰卤与全卤代酮衍生试剂反应，可发生对映选择性的 α-卤代反应，生成手性的 α-卤代酯[175]。酸酐以及许多容易烯醇化的化合物（例如，丙二酸酯和脂肪族硝基化合物）也可在无催化剂的条件下被卤代。该反应的机理通常被认为是通过在反应 **12-4** 中提到的烯醇来进行的[176]。如果以氯磺酸（$ClSO_2OH$）为催化剂，羧酸除了可被氯代和溴代外[178]还可被 α-碘化[177]。磺酸-三氟乙酸混合物中的 N-溴代琥珀酰亚胺可将简单的羧酸单溴代[179]。

此外还有许多其它方法可将羧酸或它们的衍生物卤化[180]。丙二酸酯在电解条件下与 NaCl 反应可转化为 2-氯丙二酸酯[181]。通过使用 NBS 或 NCS 以及 HBr 或 HCl，可将酰胺溴代或氯代[182]。后者是离子型而不是自由基型的卤代反应（详见 **14-3**）；通过与 HOAc 中的 I_2-醋酸铜（Ⅱ）反应，可实现羧酸的直接碘代[183]；酰氯可通过与 I_2 和微量的 HI 反应而被碘代[184]。羧酸、酯和酰胺在 $-78℃$ 与被 N_2 稀释的 F_2 反应，生成 α-氟化产物[185]；采用碘和 s-三甲基吡啶（可力丁），可使酰胺发生 α-碘代反应[186]。

OS Ⅰ,115,245；Ⅱ,74,93；Ⅲ,347,381,495,523,623,705,848；Ⅳ,254,348,398,608,616；Ⅴ,255；Ⅵ,90,190,403；Ⅸ,526；另见 OS Ⅳ,877；Ⅵ,427.

12-6 亚砜和砜的卤代反应
卤代或卤素-去-氢化

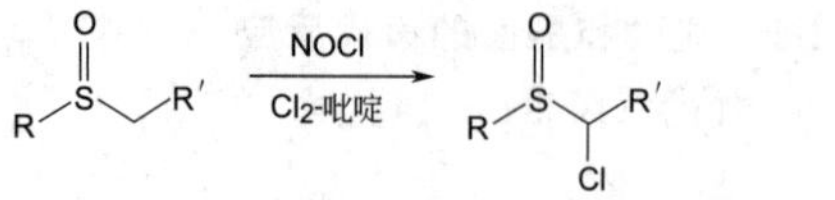

通过与 Cl_2[188] 或 NCS[189] 在吡啶存在下反应，可将亚砜的 α-位[187]氯化。这些方法均要求碱性反应条件。该反应也可在没有碱的情况下与 CH_2Cl_2 中的 SO_2Cl_2[190] 反应，或者与 $TsNCl_2$ 反应[191]。采用 Br_2[192] 或采用 NBS-Br_2[193]进行亚砜的溴代反应已有报道。用不同溶剂，如：SO_2Cl_2、CCl_4[194]、NCS[195] 处理砜的共轭碱 $RSO_2\bar{C}HR'$，可使砜发生氯代反应。据报道，通过与二乙基氨基三氟化硫（Et_2NSF_3，DAST）反应，亚砜被 α-氟代，得到 α-氟代硫醚，该反应通常产率很高。用 m-氯化过苯甲酸氧化该化合物可制得亚砜[196]。

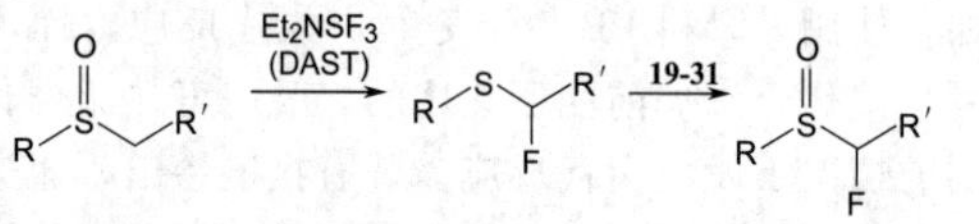

12.3.1.3 氮亲电试剂
12-7 脂肪重氮盐偶联反应
芳香亚肼-去-二氢-二取代

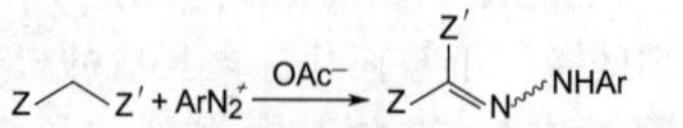

如果 C—H 键的酸性足够强，那么在碱性条件下它可与重氮盐发生偶合作用（经过烯醇盐离子），最常用的碱是醋酸钠水溶液[197]。该反应中所用的的反应物通常是 Z—CH_2—Z'形式的化合物，这里 Z 和 Z'的定义见反应 **16-38**，例如，β-酮酸酯、β-酮酰胺、丙二酸酯。

反应机理可能是简单的 S_E1 型机理：

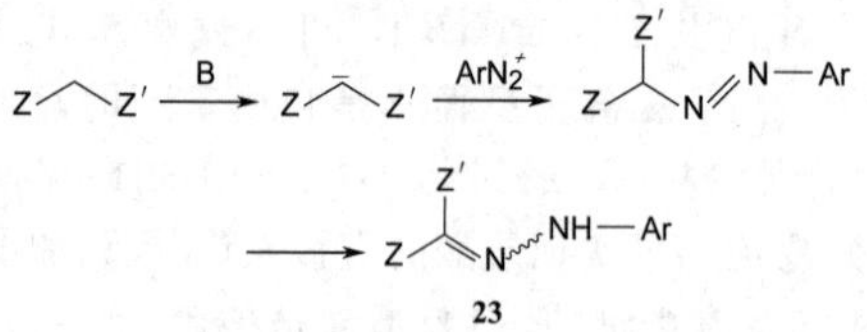

23

对于脂肪族偶氮化合物，如果与偶氮基团直接相连的碳原子上连有氢原子，那么该类化合物不稳定，容易发生异构化反应，生成异构体腙 **23**，即反应的最终产物。

当该反应的起始化合物是 Z—CHR—Z'型结构的化合物时，那么生成的偶氮化合物就不含有异构化所需的氢。但是如果其中至少一个 Z 是酰基或羧基，那么该基团通常会从反应物上断裂：

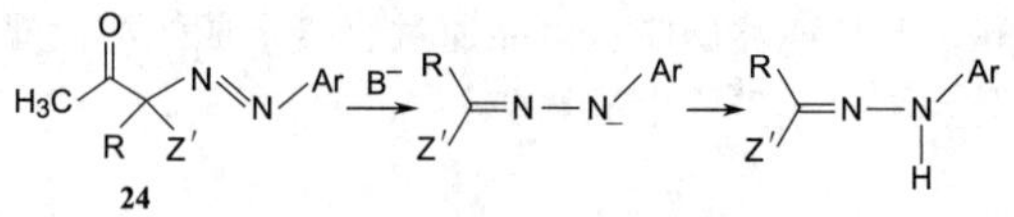

因此本例子中的产物同样是腙，而不再是偶氮化合物。实际上，化合物 **24** 这类结构很少能从反应中分离出来，尽管也有少量该类化合物被分离出[198]。所示的断裂步骤是 **12-43** 的一个例子，如果断裂的是一个羧基，则参见反应 **12-40**。反应过程被称为 Japp-Klingemann 反应[199]，此反应涉及到从酮 **25** 或羧酸 **26** 到腙 **27** 的转化。当反应底物中既含有一个酰基又含有一个羧基，离去基团的离去能力顺序为 $MeCO > COOH > PhCO$[200]。如果化合物不含任何酰基或羧基，则脂肪族偶氮化合物则可稳定存在。

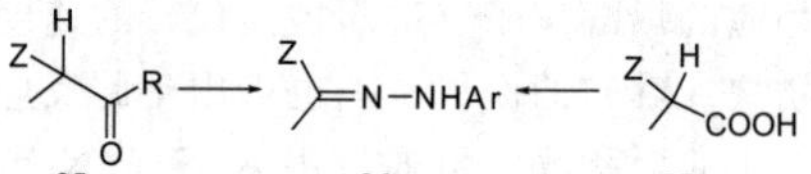

25 **26** **27**

OS Ⅲ，660；Ⅳ，633.

12-8 含活泼氢碳上的亚硝化反应
羟基亚氨基-去-二氢-二取代

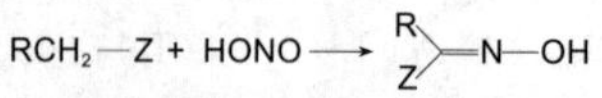

$$RCH_2-Z + HONO \longrightarrow \underset{Z}{R}C=NOH$$

亚硝化或亚硝化-去-氢化

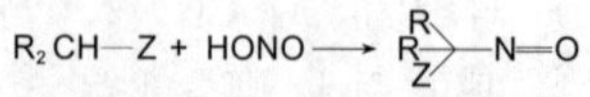

$$R_2CH-Z + HONO \longrightarrow \underset{Z}{R_2}C-N=O$$

采用亚硝酸或烷基亚硝酸盐，可将与 Z 基团（在反应 **10-67** 有所定义）相邻的碳原子亚硝化[201]。最初的反应产物是 C-亚硝基化合物，但这些产物只有在没有异构所需的氢的情况下才能稳定存在。如果有异构氢的存在，那产物将是稳定性更高的肟。这种情况类似于偶氮化合物和腙（反应 **12-7**）。反应机理与 **12-7** 相似[202]：R—H → R$^-$ + $^+$N=O → R—N=O。进攻基团是 NO^+ 或是携带 NO^+ 的一个基团。如果反应底物是一种简单的酮，则反应通过烯醇机理（见反应 **12-4** 中的卤代反应）：

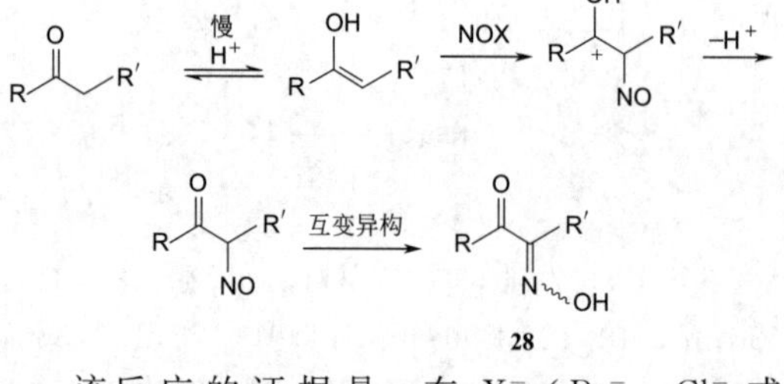

28

该反应的证据是，在 X^-（Br^-、Cl^- 或 SCN^-）存在时，反应对于酮和 H^+ 均为一级，

但是对 HNO_2 和 X^- 均为零级[203]。此外，亚硝化反应的速率与相应的酮的烯醇化速率一样。化合物 NOX 是通过反应 $HONO + X^- + H^+ \longrightarrow HOX + H_2O$ 而形成的，在 $F_3CCOCH_2COCF_3$ 和丙二腈的反应中，亚硝化反应直接通过烯醇离子，而不是通过烯醇[204]。

与 Japp-Klingemann 反应一样，当 Z 是一个酰基或一个羧基（以 R_2CH-Z 的结构形式）时，它可被断裂。由于肟和亚硝基化合物能被还原为伯胺，该反应通常被用来作为制备氨基酸的一个反应路线。正如反应 12-4 中所列举的例子，酮的甲硅基烯醇醚形式可用于替代酮本身[205]。用叔丁基硫代亚硝酸盐处理酮，可高产率地获得 α-肟（基）酮（28）[206]。

类似地，用亚硝基化合物处理含活泼氢的化合物可合成亚胺：

$$RCH_2-Z + R'NO \longrightarrow \underset{Z}{\overset{R}{C}}=NR'$$

烷烃可通过光化学反应被亚硝基化，该反应需要 NOCl 的参与，还需要紫外光的照射[207]。对于活泼碳的亚硝化反应参见 12-9。三烷基锡烯醇醚（C=C—O—SnR_3）与 PhNO 反应生成 α-(N-羟氨基)酮[208]。

OS Ⅱ, 202, 204, 223, 363; Ⅲ, 191, 513; Ⅴ, 32, 373; Ⅵ, 199, 840; 另见 OS Ⅴ, 650.

12-9 烷烃的硝化

硝化或硝基-去-氢化

$$RH + HNO_3 \xrightarrow{400℃} RNO_2$$

烷烃的硝化[209]可在约 400℃ 的气相中或在液相中进行。除了甲烷以外，这个反应对制备任何烷烃的纯产物都是不实用的。对于其它烷烃，这个反应不仅在每个位置上都可以发生，得到一、二和多硝基烷烃的混合物，而且还会发生广泛的链断裂[210]。反应为自由基机理[211]。

$$\underset{}{>\!\!<} + MeONO_2 \longrightarrow \underset{}{>\!\!<}^{NO_2} + {^-}OMe$$

活化位点（例如 ZCH_2Z' 化合物）的硝化可用发烟硝酸-乙酸、乙酰硝酸和酸催化剂[212]、或在碱性条件下用烷基硝酸酯法[213]。对于最后一种方式实际上硝化的是底物的碳负离子形式。在碱性条件下分离出来的是硝基化合物的共轭碱，产率不高。在这种情况下的机理，当然不是自由基型的，而是对于这个碳的亲电取代（类似于反应 12-7 和 12-8 的机理）。只被一个吸电子基团活化的位置（例如，简单的酮、腈、砜或 N,N-二烷酰胺的 α 位），如果用很强的碱（例如 t-BuOK 或 $NaNH_2$）将底物变成负碳离子的形式，则可用烷基硝酸酯硝化[214]。

用硝盐（例如 $NO_2^+PF_6^-$ 及 HNO_3-H_2SO_4 的混合物）可以实现烷烃的亲电硝化，但是会得到硝化和断裂产物的混合物，产率一般很低[215]。但是烷烃与硝酸及 N-羟基琥珀酰亚胺（NHS）反应却生成中等至高产率的相应硝基烷烃[216]。用 NO_2、NHS 和空气也可进行相似的硝化反应[217]。

用 NO_2^- 和 $K_3Fe(CN)_6$ 处理脂肪族硝基化合物的共轭碱 $RCNO_2$ 可将它们硝化[$R_2\bar{C}NO_2 \rightarrow R_2C(NO_2)_2$][218]。

OS Ⅰ, 390; Ⅱ, 440, 512.

12-10 重氮化合物的直接形成

重氮-去-二氢-二取代

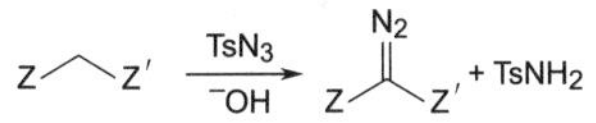

$$\underset{Z'}{\overset{Z}{\diagdown}}\!\!\diagup \xrightarrow[-OH]{TsN_3} \underset{Z'}{\overset{Z}{\diagdown}}C\!\!=\!\!N_2 + TsNH_2$$

含有与两个 Z 基团（含 Z 的活泼亚甲基化合物的定义见反应 10-67）键合的 CH_2 基团的化合物，当与甲基苯磺酰叠氮化物在碱的存在下反应时，可被转化为重氮化合物[219]。采用相转移催化剂可提高该方法的简便性[220]。磺酰叠氮化物也可用于该类反应[221]，该反应被称为重氮转移反应，该反应还可被运用于其它反应位点，例如，环戊二烯的 5 位[222]。该反应的可能机理如下：

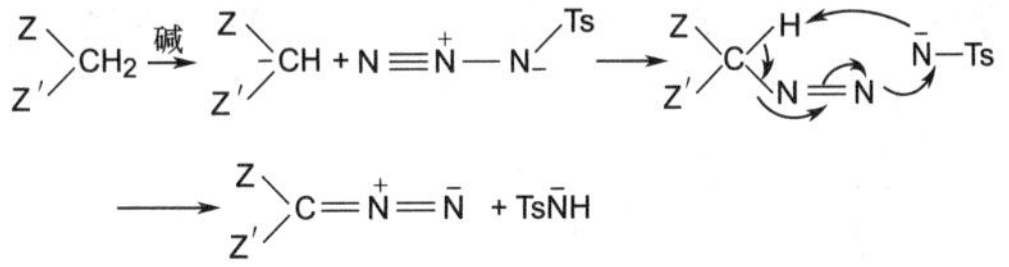

$$\underset{Z'}{\overset{Z}{\diagdown}}CH_2 \xrightarrow{碱} \underset{Z'}{\overset{Z}{\diagdown}}\bar{C}H + N\!\!=\!\!\overset{+}{N}\!\!=\!\!\bar{N}\!-\!Ts \longrightarrow \underset{Z'}{\overset{Z}{\diagdown}}\overset{H}{\underset{}{C}}\!\!-\!\!\overset{+}{N}\!\!=\!\!N\!-\!\bar{N}\!-\!Ts$$

$$\longrightarrow \underset{Z'}{\overset{Z}{\diagdown}}C\!\!=\!\!\overset{+}{N}\!\!=\!\!\bar{N} + Ts\bar{N}H$$

首先将酮转化为一个 α-甲酰基酮（反应 16-85），而后用甲基苯磺酰叠氮化合物处理，可间接地将重氮基引入到单个羰基相邻的位点上。与 12-7 和 12-8 的情况类似，在反应中甲酰基会断裂[223]：

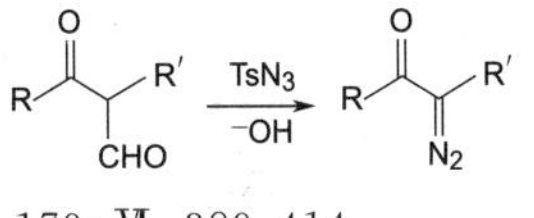

$$\underset{CHO}{\overset{O}{\underset{\|}{R\!-\!C\!-\!CH\!-\!R'}}} \xrightarrow[-OH]{TsN_3} \underset{N_2}{\overset{O}{\underset{\|}{R\!-\!C\!-\!C\!-\!R'}}}$$

OS Ⅴ, 179; Ⅵ, 389, 414.

12-11 将酰胺转化为 α-叠氮酰胺

叠氮化或叠氮-去-氢化

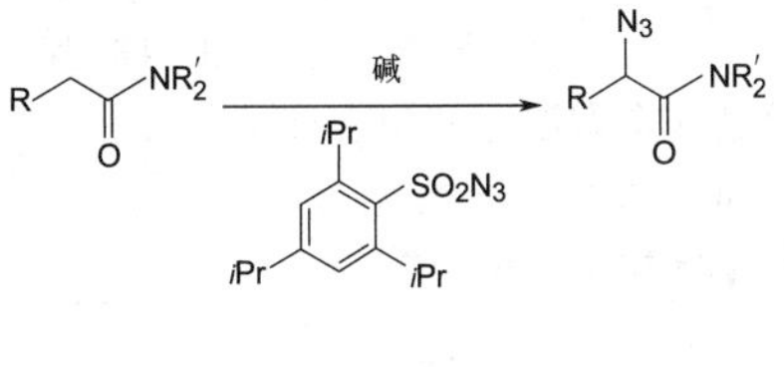

在反应 **12-10** 中，Z—CH$_2$—Z′ 与甲基苯磺酰叠氮化物可通过重氮基转移而生成 α-重氮化合物。当含单个 Z 基团的化合物发生该类反应时，叠氮化物的生成经过烯醇盐离子，是一个竞争过程[224]。影响倾向于形成叠氮化物而不是发生重氮基转移过程的因素有：以 K$^+$ 为烯醇盐的平衡离子而不是以 Na$^+$ 或 Li$^+$，采用 2,4,6-三异丙基苯磺酰叠氮化物而不是 TsN$_3$。当将该反应应用到含一个手性 R′ 的酰胺化合物（例如噁唑啉酮衍生物 **29**）时，反应具有高度立体选择性，而且产物可被转化为一个具有光学活性的氨基酸[224]。

12-12 活化位点的直接胺化
烷基氨基-去-氢化，等

通过与亚胺硒化合物 R—N=Se=N—R 溶液反应[226]，烯烃可在烯丙位被胺化[225]。该反应与采用 SeO$_2$ 氧化烯烃烯丙位的反应（见 **19-4**）类似，当 R 基团为 t-Bu 和 Ts 时，已实现了该反应。亚胺硫化合物 TsN=S=NTs 可被用于该反应[227]，此外还可采用 PhNHOH-FeCl$_2$/FeCl$_3$[228]。在催化量 Cu(OTf)$_2$ 存在下，t-BuOOCONHTs 可将苯甲位胺化[229]。已有报道使用有机催化剂可进行对映选择性的烯丙位胺化[230]，也有报道 Rh 催化的苯甲位胺化[231]。

叔烷基氢在有些情况下可通过 C—H 氮的插入而被取代。例如，氨基磺酸酯 (**30**) 与 Ph(OAc)$_2$、MgO 及双核乙酸 Rh 催化剂反应生成噁噻嗪烷 (**31**)[232]。这个转化是一种形式上的氧化反应，伯氨基甲酸酯类似地转化为噁唑啉-2-酮[233]。

使用功能化的二亚胺及适当的催化剂可实现 1,3-二羰基化合物的胺化，生成相应的腙。已有报道通过这个方法，使用手性胍催化剂可进行对映选择性的胺化[234]。

另见反应 **10-39**。

12-13 氮烯的插入反应
CH-[酰胺]-插入反应等

$$R-H + :\!\!N\text{-COW} \longrightarrow R-\!\!N\!\!H\text{-COW}$$

羰基氮烯：NCOW（W=R′、Ar 或 OR′）是非常活泼的反应物种（参见 5.5 节），它能插入到烷烃的 C—H 键：当 W 基团是 R′ 或 Ar 时，反应生成酰胺；当 W 基团是 OR′ 时，反应产物则为氨基甲酸酯[235]。氮烯的合成已经在 5.5 节有所探讨。烷烃 C—H 键的反应活性顺序如下：叔＞仲＞伯[236]。在这个反应中，氮烯比卡宾（反应 **12-17**）具有高得多的选择性（而更低的反应活性）[237]。这说明有可能只是单线态而不是三线态的氮烯发生插入反应[238]。反应中手性碳的构型保持[239]。该反应机理大致与卡宾插入反应的简单一步反应机理（**12-21**）类似。其它氮烯，如氰氮烯（NCN）[240] 和芳基氮烯（NAr）[241]，也可插入 C—H 键，但烷基氮烯一般先发生重排反应，而后才与烷烃发生反应。已有报道 Au(III) 催化的氮烯插入芳香 C—H 键及苯甲基型 C—H 键的反应[242]。N-氨基甲酰基氮烯的插入反应常常生成混合产物，当然也有例外[243]，实例主要出现在环化反应中[244]。例如，加热 2-(2-甲基丁基)苯基叠氮化物可生成 2-乙基-2-甲基吲哚 (**32**)[239]，它的产率约为 60%。对映选择性的氮烯插入反应也已有报道[245]。

12.3.1.4 硫亲电试剂
12-14 酮和酯的亚磺酰化、磺化和硒化
烷硫基-去-氢化，等

磺化或硫-去-氢化

酮、酯（包括内酯）[246] 和酰胺（包括内酰胺）[247] 在碱（如 N-异丙基环己基锂）的作用下可转化为烯醇负离子 [参见 8.6 节 (7)]，用二硫化物[249] 处理该烯醇负离子，可在其 α 位亚磺酰化[248]。上述酮的反应，涉及硫上的亲核取代反应。与之类似，α-苯硒酮 [RCH(SePh)COR′] 和 α-苯硒酯 [RCH(SePh)COOR′] 可通过用

PhSeBr[251]、PhSeSePh[252]或苯硒酐［PhSe(O)OSe(O)Ph］等[253]试剂处理相应的烯醇负离子而制备[250]。另一种在酮的α位引入苯硒基团的方法是简单地在室温下将酮与PhSeCl（而不是PhSeBr）在乙酸乙酯溶液中发生化学反应[254]。这个反应成功地用于醛类化合物，但是对羧酸酯类化合物都不适用。N-苯硒邻苯二甲酰亚胺可被用于将酮[255]和醛[256]转化为α-PhSe衍生物。三甲基硅烷基烯醇醚可通过亚磺酰化方法转化为α-烷基硫酮和α-芳基硫酮，该方法在Me₃SiOTf存在下通过加入醌的单-O,S-缩醛的芳香化驱动[257]。

通过该反应生成的α-硒代和α-亚磺酰代羰基化合物可被转化为α,β-不饱和羰基化合物（**17-12**），亚磺酰化反应也已经被作为[258]将羰基移位到相邻碳原子上的串联反应中的关键一步[259]。

$$R\overset{O}{-} \longrightarrow R\overset{O}{-}\text{SPh} \xrightarrow{\textbf{19-36}} R\overset{OH}{-}\text{SPh}$$
$$\xrightarrow{\textbf{17-1}} R\overset{}{=}\text{SPh} \xrightarrow{\textbf{10-6}} R\overset{O}{-}$$

三氧化硫可使含α-氢的醛、酮和羧酸发生磺化反应[260]。该反应的机理被认为与反应**12-4**中提到的部分机理一样。磺化作用还可发生在乙烯氢位置。

OS Ⅳ, 846, 862; Ⅵ, 23, 109; Ⅷ, 550.

12.3.1.5 碳亲电试剂
12-15 烯烃的烷基化和烯基化

烷基化或烷基-去-氧磺酰化（去-卤化），芳基化或芳基-去-氧磺酰化（去-卤化）等

$$\underset{R}{\diagup}\text{OTf} + \underset{R^1}{\overset{\text{SnR}_3^2}{\diagup}}\underset{R^2}{\diagdown} \xrightarrow{\text{PdL}_4} \underset{R}{\diagup}\underset{R^2}{\overset{R^1}{\diagdown}}$$

乙烯基三氟甲磺酸（C=C—OSO₂CF₃）与乙烯基锡衍生物在Pd催化剂存在下反应生成二烯，该反应被称为Stille偶联[261]。膦或双膦配体是最常用于Pd催化剂的配体[262]，其它配体也有使用[263]，如三苯基胂[264]。乙烯基三氟甲磺酸可以用烯醇化物与N-苯基三氟甲基磺酰亚胺反应制备[265]。乙烯基锡化合物通常通过炔烃与三烷基卤化锡（参见反应**15-17**和**15-21**）反应制备[266]。Stille交叉偶联反应是对基本反应的一个重要改进[267]，例如非活化的仲卤化物与单有机锡试剂之间的交叉偶联反应[268]。Stille偶联反应对许多官能团都没有影响。可以用乙烯基卤化物[269]，也可以用丙二烯基锡化合物[270]。可以发生分子内反应[271]。Stille偶联反应可在微波辐照下[272]，在含氟溶剂中[273]，以及在超临界二氧化碳中（参见9.4.2节）[274]进行。以炔烃为底物的Stille偶联反应已见报道[275]。

这个反应具有高度立体选择性。C=C单元的几何构型保持不变，新形成的C—Cσ键通常具有区域专一性。在这个反应中有移位（cine）取代，而且它的机理已经被研究[276]。通过使用ArSnCl₃衍生物，Stille偶联反应可以在KOH水溶液中进行[277]。

芳基卤[278]、杂芳基卤[279]和杂芳基三氟甲磺酸酯[280]在Pd催化剂作用下都可与乙烯基锡试剂[281]偶联。Mo催化的反应已有报道[282]。离子液体中[284]Cu催化的偶联反应[283]也已有报道。乙烯基卤化物可与烯基偶联生成二烯烃[285]。二氢呋喃与乙烯基三氟甲磺酸酯及Pd催化剂反应得到非共轭二烯烃[286]，该反应表明反应产物是通过消除过程产生的，如同Heck反应（反应**13-10**），并且会有双键迁移从而发生烯丙基重排。

Stille反应被人们所接受的机理包含一个催化循环[287]，其中氧化加成[288]和还原消除[289]步骤相对于Sn/Pd金属交换是快步骤，而Sn/Pd金属交换是决速步[290]。不饱和物种的配位能力需要更强些，这一点似乎很重要，因为配位的溶剂分子可能参与对锡的亲电取代。人们还提出了另外一个反应机理，在这个机理中，乙烯基三氟甲基磺酸酯氧化加成到配位的Pd上生成顺-Pd配合物，该配合物迅速异构化为反-Pd配合物，然后反-Pd配合物与有机锡化合物按照S_E2过程反应，释放出配体[291]。这个反应途径中生成了桥式中间体，接着消除XSnBu₃得到三配位物种顺-Pd配合物，该配合物很容易生成偶联产物[291]。大多数的主要中间体已经得到阐释、分离，并用电喷雾质谱进行了表征[292]。

使用Pd催化剂，环丙基硼酸（反应**12-28**）可与乙烯基卤化物[293]或乙烯基三氟甲磺酸酯[294]偶联，生成乙烯基环丙烷。使用Pd催化剂，乙烯基硼酸酯（反应**12-28**）也可与乙烯基三氟甲磺酸酯偶联[295]。乙烯基三氟硼酸盐可与烯丙基氯化物在微波辐照下偶联[296]，乙烯基卤化物也可与乙烯基三氟硼酸盐反应生成二烯烃，反应具有高度的立体选择性[297]。与烯醇Stille偶联的反应已有报道[298]。乙烯基硅烷在CuCl及空气存在下偶联生成对称的共轭二烯烃也有报道[299]。

还有其它的方法可以得到类似 Stille 的产物。使用 Ni[300] 或 Pd 催化剂[301]，1-炔化锂可与乙烯基碲化合物（C═C—TeBu）偶联，生成共轭烯炔。2-炔烃（R—C≡C—Me）先后与 $HgCl_2$、正丁基锂和 $ZnBr_2$ 反应，而后与乙烯基碘化物及 Pd 催化剂反应，生成非共轭的烯炔[302]。通过炔化银（Ag—C≡C—R）与乙烯基三氟甲磺酸酯及 Pd 催化剂反应，炔基可与乙烯基偶联生成烯炔[303]。在 CuI 和 Pd 催化剂存在下，乙烯基三氟甲磺酸酯[304]或乙烯基卤化物[305]可与端炔偶联。炔化锌试剂（R—C≡C—ZnBr）可与乙烯基卤化物在 Pd 催化剂作用下偶联，生成共轭烯炔[306]。

烷基可与乙烯基单元偶联生成取代烯烃。乙烯基碘化物与 EtZnBr 在 Pd 催化剂作用下反应，生成乙基取代的烯烃（C═C—Et）[307]。脂肪族溴代烷可与乙烯基锡化合物在 Pd 催化剂作用下反应，生成烷基化的烯烃[308]。烯丙基对甲苯磺酸酯可与共轭烯烃在 Pd 催化剂作用下偶联，生成非共轭的二烯烃[309]。已有报道分子内的偶联反应，在这个反应中，烯烃基酰化烯胺（33）与 Ag_3PO_4 及手性 Pd 催化剂反应，对映选择性地生成 34[310]。

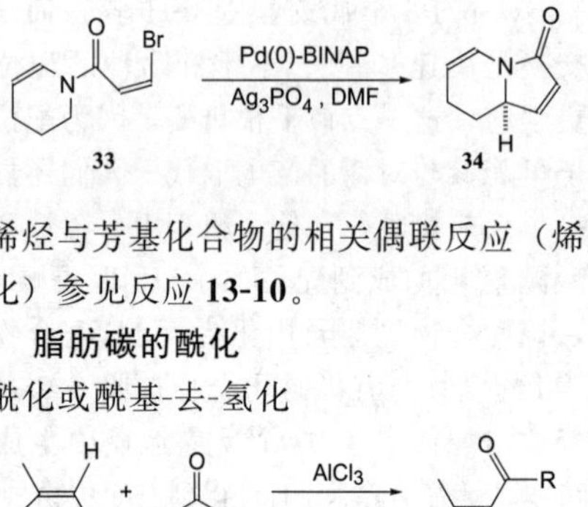

烯烃与芳基化合物的相关偶联反应（烯烃的芳基化）参见反应 13-10。

12-16 脂肪碳的酰化

酰化或酰基-去-氢化

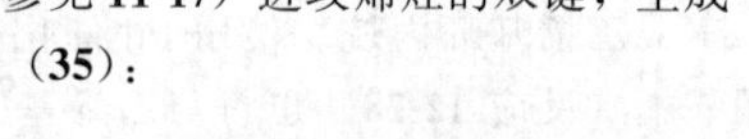

烯烃可在酰卤和 Lewis 酸催化剂的作用下被酰基化，该反应可视为脂肪碳原子上的 Friedel-Crafts 反应（11-17）[311]。产物可通过两个途径生成。最初是酰基正离子 RCO^+（或游离的或被酰卤复合，参见 11-17）进攻烯烃的双键，生成一个碳正离子（35）：

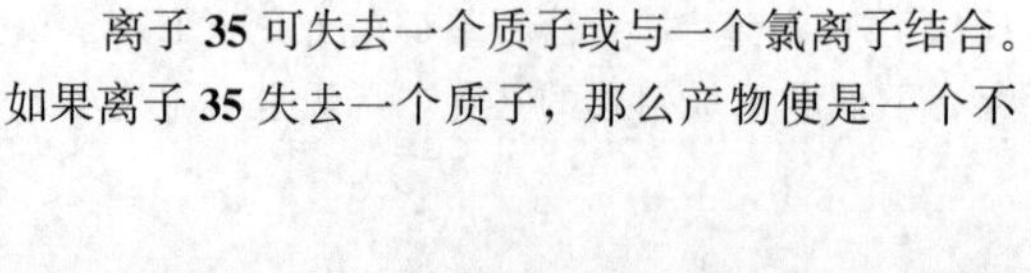

离子 35 可失去一个质子或与一个氯离子结合。如果离子 35 失去一个质子，那么产物便是一个不饱和酮；反应机理与 16.1.1 节中提到的四面体机理类似，只是所带电荷相反。如果离子 35 与氯离子结合，反应产物则为 β-卤代酮，该化合物能分离得到，反应结果是形成对双键加成的产物（见 15-47）。此外，β-卤化酮可在反应条件下失去一分子 HCl 形成不饱和酮，该反应机理是加成-消除机理。对于不对称的烯烃来说，生成更稳定的烯烃，即取代基更多的和/或共轭烯烃，这符合 Markovnikov 规则（参见 15.2.2 节）。酸酐和羧酸有时也被用于替代酰卤，对于羧酸常需要质子酸，如无水 HF、H_2SO_4 或多聚磷酸作为催化剂。对于某些底物和催化剂，可能会导致发生双键迁移，例如，当 1-甲基环己烯被乙酸酐和氯化锌酰化时，反应的主要产物是 6-乙酰基-1-甲基环己烯[312]。

通过与酰基或烷基四羰基钴反应，共轭二烯烃可被酰基化，生成的 π-烯丙基羰基衍生物被碱催化断裂[313]（π-烯丙基金属配合物已在 3.3.1 节中讨论过）。这是一种很常见的反应。对于不对称二烯烃，酰基基团一般最容易在顺式双键发生取代，其次在是末端烯烃处取代，最难发生的取代位置则是反式双键处。对于该反应，最有效的碱是碱性强、有空间位阻的胺，如二环己基乙胺。如果采用烷基四羰基钴，反应产物则与上面提到的一致。通过与芳香族酰氯、一种碱以及 Pd 催化剂进行反应，可将乙烯醚酰基化：ROHC═CH_2 → ROHC═CHCOAr[314]。

烯烃的甲酰化反应可通过与 N,N-二取代甲酰胺和 $POCl_3$ 反应而实现[315]。这个反应是一种脂肪族的 Vilsmeier 反应（参见 11-18）。由于 Vilsmeier 甲酰化反应也能发生在缩醛和缩酮的 α 位，因此反应产物的水解将导致生成酮醛或二醛化合物[316]。反应的一种改进形式是将 1,1-二溴烯烃与仲胺在 DMF 水溶液中加热生成相应的酰胺[317]。

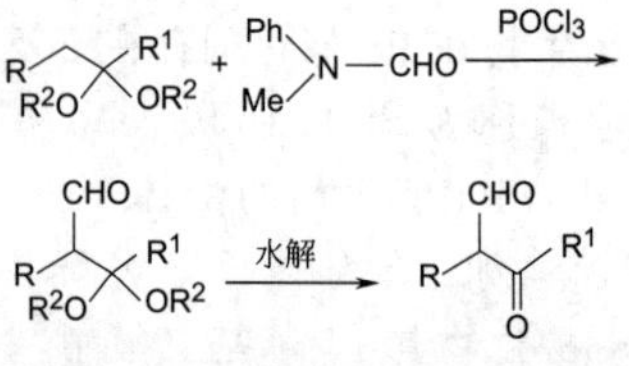

缩醛和缩酮的乙酰化作用可通过与乙酸酐和 BF_3 醚溶液反应而实现[318]。缩醛和缩酮反应的机理涉及对烯烃碳的进攻，因为反应的中间体是烯醇醚[318]。用 CO 和强碱处理，可将酮的 α 位甲酰化[319]。

OS Ⅳ,555,560;Ⅵ,744;另见 OS Ⅵ,28.

12-17 烯醇盐转化为烯醇硅醚、烯醇酯和烯醇磺酸酯

3/O-三甲基硅烷基-去-氢化

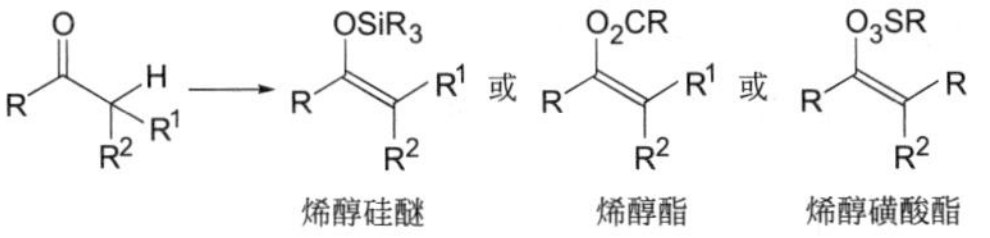

$$\underset{R^2}{\overset{R}{\underset{|}{C}}}\overset{O}{\underset{R^1}{\overset{\|}{C}}}\overset{H}{\underset{R^1}{\underset{|}{C}}} \longrightarrow \underset{\text{烯醇硅醚}}{R\overset{OSiR_3}{\underset{R^2}{\overset{|}{C}}}=\overset{R^1}{\underset{R^2}{\overset{|}{C}}}} \text{ 或 } \underset{\text{烯醇酯}}{R\overset{O_2CR}{\underset{R^2}{\overset{|}{C}}}=\overset{R^1}{\underset{R^2}{\overset{|}{C}}}} \text{ 或 } \underset{\text{烯醇磺酸酯}}{R\overset{O_3SR}{\underset{R^2}{\overset{|}{C}}}=\overset{R^1}{\underset{R^2}{\overset{|}{C}}}}$$

烯醇硅醚[320],作为具有多种合成用途（例如 10-68、12-4、15-24、15-64、16-36）的重要试剂,可以通过用碱处理酮（将其转化为烯醇式）继而加入三烷基氯硅烷来制备。常用的还有一些其它硅烷化试剂[321]。强碱（如 LDA）和弱碱（如 Et_3N）都可以用于该过程[322]。在一些情况下,碱和硅烷化试剂可以同时使用[323]。其它方式制备的烯醇盐（如反应 10-58 中所示）同样可以用于该反应[324]。在使用碱 KH 的 1,2-二甲氧基乙烷溶液的情况下,该反应也可用于醛[325]。一个将酮和醛转变为烯醇硅醚的特别温和的方法是使用 Me_3SiBr 和碱二(三甲基硅基)胺$(Me_3Si)_2NH$[326]。环酮在非环状酮存在下,可被 Me_3SiBr、四苯基溴化锑和氮丙啶转化为烯醇硅醚[327]。二(三甲基硅基)乙酰胺是将酮转化为烯醇硅醚的有效试剂,通常生成热力学产物（见下述）[328]。烯醇硅醚也可以通过酮与硅烷(R_3SiH)在 Pt 催化剂作用下直接反应而制得[329]。

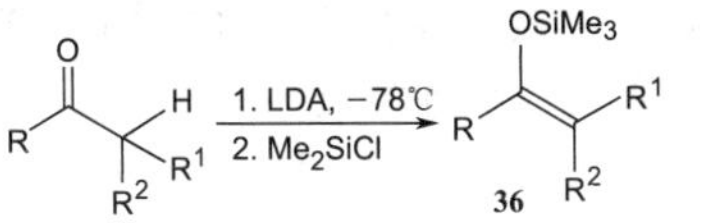

$$\underset{R^2}{\overset{R}{\underset{|}{C}}}\overset{O}{\underset{R^1}{\overset{\|}{C}}}\overset{H}{\underset{R^1}{\underset{|}{C}}} \xrightarrow[\text{2. Me}_2SiCl]{\text{1. LDA, }-78℃} \underset{36}{R\overset{OSiMe_3}{\underset{R^2}{\overset{|}{C}}}=\overset{R^1}{\underset{R^2}{\overset{|}{C}}}}$$

对于取代酮,通常形成(E)型和(Z)型异构体。如得到的 36,当 R^1 是优先基团时,它为(Z)型,而当 R^2 是优先基团时,它为(E)型。在有些情况下,可以通过控制选择性使一个异构体比另一个异构体生成得更多。例如,用 $-78℃$ LDA 的 THF 溶液处理 2-甲基-3-戊酮,得到(Z)型和(E)型烯醇盐比例为 60∶40 的混合物[330]。生成烯醇盐离子所用的碱、溶剂和温度、所用碱的共轭酸,以及羰基底物的性质都对选择性有影响。一般来说,平衡（热力学）条件,包括质子溶剂（例如乙醇、水或氨）、生成的共轭酸比起始酮强的碱、较强离子性的平衡离子（如 K 或 Na）、较高的温度以及较长的反应时间,有望得到更多的(E)型异构体。反过来,动力学条件,包括非质子溶剂（例如醚或 THF）、生成的共轭酸比起始酮弱的碱、较强共价性的平衡离子（例如 Li）、较低的温度以及相对较短的反应时间,有望得到更多的(Z)型异构体。然而,预测异构体的比例并不容易。使用合适的 Rh 催化剂,从醛可以得到两个异构体中的任何一个[331]。

二异丙基氨基镁可用于制备动力学控制的烯醇硅醚,且产率基本定量[332]。在 DMF 中与 Me_3SiCl/KI 的反应同样得到热力学控制的烯醇硅醚[333]。

一种有趣的合成烯醇硅醚的方法涉及醛的碳链延伸。通过先后与三甲基硅基重氮甲烷锂(LTMSD,由丁基锂与三甲基硅基重氮甲烷反应原位制备)和双铑催化剂反应,醛可以转化为酮的烯醇硅醚[334]。例如,LTMSD 与醛（如 37）首先反应生成烷氧基加成产物,该产物经质子化,而后被过渡金属催化剂俘获,发生 1,2-氢迁移而得到烯醇硅醚（38）。烯醇硅醚也可从酮醇衍生物制备得到（参见反应 19-78）[335]。

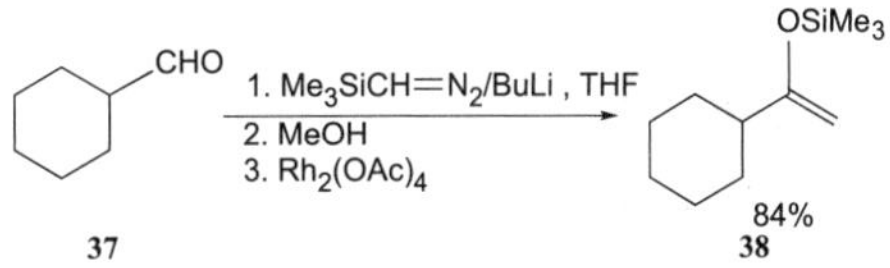

$$\underset{37}{\overset{CHO}{\bigcirc}} \xrightarrow[\substack{\text{2. MeOH}\\\text{3. Rh}_2(OAc)_4}]{\text{1. Me}_3SiCH=N_2/BuLi, THF}} \underset{38 \quad 84\%}{\overset{OSiMe_3}{\bigcirc}}$$

烯醇乙酸酯通常可通过烯醇盐离子与适当的乙酰化试剂反应制备[336]。烯醇盐离子与酰卤或酸酐反应生成酰化产物。反应可能既发生 C-酰化,又发生 O-酰化,但一般以 O-酰化为主[337]。需要指出的是,O-酰化和 C-酰化的比例很大程度上与反应的局部环境和烯醇盐离子中的电子效应有关[338]。在 CuI 和叔丁基过氧化氢存在下,从醛或 1,3-二酮可以高产率地生成 O-苯甲酸烯醇酯[339]。通过使用磺酸酐而不是羧酸酐这种相似的方法可以制备硅烷基磺酸酯。在二异丙基乙胺存在下,使用聚合物负载的三氟甲磺酰化试剂可以从酮制得硅烷基烯醇三氟甲磺酸酯[340]。

当烯醇硅醚是三甲基硅衍生物（Me_3Si—O—C=C）时,用甲基锂处理将重新生成烯醇锂和挥发性的三甲基硅烷（Me_3SiH）[341]。

OS VI,327,445；VII,282,312,424,512；VIII,1,286,460；IX,573；另见 OS VII,66,266；关于酮转化为乙烯基三氟甲磺酸盐[342],可参见 OS VIII,97,126.

12-18 醛转化为 β-羰基酯或酮

烷氧羰基烷基化或烷氧羰基烷基-去-氢化

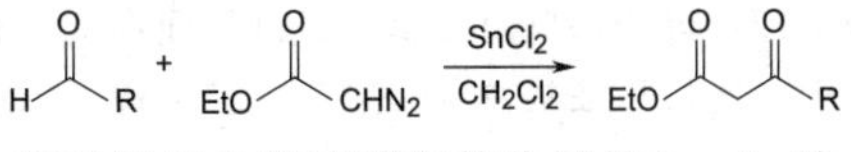

$$\underset{R}{\overset{H}{\underset{|}{C}}}\overset{O}{\overset{\|}{C}} + \underset{EtO}{\overset{O}{\underset{|}{C}}}\overset{\|}{\underset{CHN_2}{C}} \xrightarrow[CH_2Cl_2]{SnCl_2} \underset{EtO}{\overset{O}{\underset{|}{C}}}\overset{\|}{\underset{|}{C}}\underset{R}{\overset{O}{\underset{|}{C}}}$$

用重氮基乙酸乙酯和催化量的 Lewis 酸（如

SnCl₂、BF₃ 或 GeCl₂）处理醛，可以中等或高产率地制备 β-羰基酯[343]。该反应既适用于脂肪族醛，也适用于芳香族醛，但是对于前者而言反应更快，二者反应速率的差别足够大，使得该反应具有足够的反应选择性。在与之类似的反应过程中，醛在（F₃CCO)₂O 或 NCS 的存在下，与某些被硼所稳定的碳负离子反应，得到产物酮[344]。

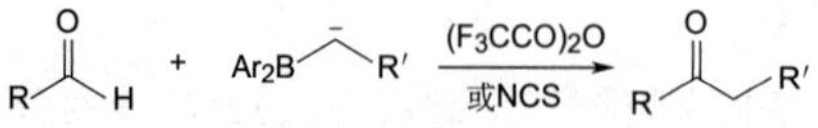

$$\underset{\text{Ar = 2,4,6-三甲苯基}}{\overset{O}{\underset{H}{\parallel}}\!\!R\!\!-\!\!C\!\!-\!\!H} + Ar_2B\!\!-\!\!\overset{}{\underset{R'}{C}}\!H \xrightarrow[\text{或 NCS}]{(F_3CCO)_2O} \overset{O}{\underset{R'}{\parallel}}\!\!R\!\!-\!\!C\!\!-\!\!R'$$

酮可通过芳醛（ArCHO）用 Rh 配合物 [(Ph₃P)₂Rh(CO)Ar'] 处理制得，其中 Ar' 基团转移到醛中生成酮（Ar—CO—Ar'）[345]。在另一个 Rh 催化的反应中，芳醛（ArCHO）与 Me₃SnAr' 反应生成二芳基酮（Ar—CO—Ar'）[346]。

在 Pd 催化剂存在下，芳基卤化物用醛酰化生成芳基酮[347]。

12-19 氰化

氰基-去-氢化

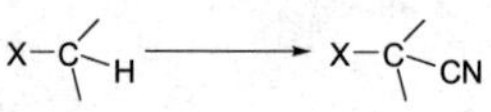

$$X-\overset{|}{\underset{|}{C}}\!\!-\!\!H \longrightarrow X-\overset{|}{\underset{|}{C}}\!\!-\!\!CN$$

在一些反应中 C—H 键被 C—CN 键所取代。事实上在所有的情况下，被杂原子或官能团所取代的通常是 α-碳上的氢原子。下面举例说明。

在 THF 中用二异丙基氨基锂（LDA）先制得烯醇盐，而后在 −78℃ 下将该溶液加入到 p-TsCN 中，便可将氰基引入到酮分子羰基的 α 位上[348]。该反应的产率中等或高，但却不适用于甲基酮。将 TMSCH₂N(Me)C=Nt-Bu 与仲丁基锂以及 R₂C=O 反应，而后再与碘甲烷和 NaOMe 反应，最终合成出腈 R₂CH—CN[349]。

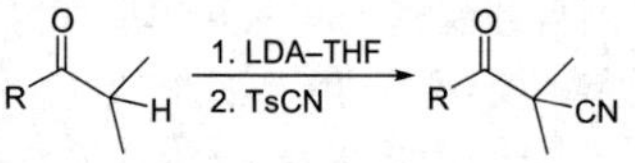

$$\overset{O}{\underset{H}{\parallel}}\!\!R\!\!-\!\!C\!\!-\!\!\overset{}{\underset{H}{C}}\!\!-\!\!H \xrightarrow[\text{2. TsCN}]{\text{1. LDA-THF}} \overset{O}{\underset{}{\parallel}}\!\!R\!\!-\!\!C\!\!-\!\!\overset{}{\underset{CN}{C}}$$

研究表明，氰化作用可以发生在氮的 α 位上，特别是对于 N,N-二甲基苯胺衍生物。在氧气和 NaCN 存在下用催化量 RuCl₃ 处理，结果生成相应的氰甲基胺[350]。已经报道在 FeCl₂ 和 t-BuOOH 存在下，叔胺可转化为 α-氰基胺[351]。在另一个不同的反应中，硝基化合物与 CN⁻ 和 K₃Fe(CN)₆ 反应，其 α 位被氰基化[352]。反应机理很可能是自由基离子机理。而在另外一个反应中，通过与苯基亚硒酸酐和 NaCN 或 Me₃SiCN 反应，可使二级胺转化为 α-氰基胺[353,354]。

另外，在一个特殊的反应中，芳烃的甲基（例如甲苯）被转化为氰基，例如：甲苯→苯甲腈[355]。

12-20 烷烃的烷基化

烷基化或烷基-去-氢化

$$RH + R'^+ \longrightarrow R-R' + H^+$$

通过与稳定的碳正离子溶液（参见 5.1.2 节）反应[356]，可将烷烃烷基化，但是这个反应一般并不用于合成，反应通常得到混合物。举个典型的例子：用异丙基氟锑酸盐（Me₂C⁺ SbF₆⁻）处理丙烷，得到的产物是 26% 的 2,3-二甲基丁烷，28% 的 2-甲基戊烷，14% 的 3-甲基戊烷和 32% 的正己烷，此处还有一些丁烷、戊烷（通过 12-47 中提到的机理形成），以及更高级的烷烃。之所以生成这么多种产物，部分是因分子间的氢交换反应（RH + R'⁺ ⇌ R⁺ + R'H）比烷基化反应要快很多，因此新的产物还会生成烷基化产物，在交换反应中还会生成碳正离子。此外，碳正离子还有重排作用（参见第 18 章），导致了新碳正离子的形成。在反应体系中所有碳氢化合物和碳正离子都会生成产物。根据它们的相对稳定性可以推测，二级烷基正离子比三级烷基正离子更容易烷基化烷烃（叔丁基正离子不能烷基化甲烷或乙烷）。稳定的一级烷基正离子不能得到，但可以利用与 CH₃F 或 C₂H₅F 和 SbF₅ 形成的复合物而完成烷基化反应[357]。烷基化作用的机理可阐述如下（该反应机理与 12-1 中提到的与超酸的氢交换反应机理类似）：

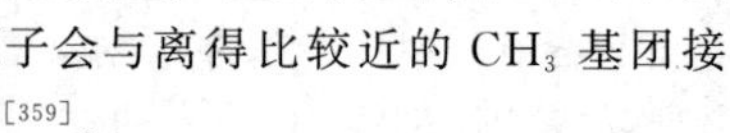

$$R\!\!-\!\!H + R'^+ \longrightarrow \left[R\overset{H}{\underset{R'}{\diagdown\!\!\!\diagup}}\right]^+ \xrightarrow{-H^+} R\!\!-\!\!R'$$

正是通过这些连续的反应，简单的烷烃如甲烷、乙烷，能在超酸溶液中生成叔丁基碳正离子（详见 5.1.2 节）[358]。

分子内插入反应有研究报道。用 triptycene（39）的重氮盐产生的碳正离子（40），其带正电的碳原子会与离得比较近的 CH₃ 基团接近并发生反应[359]。

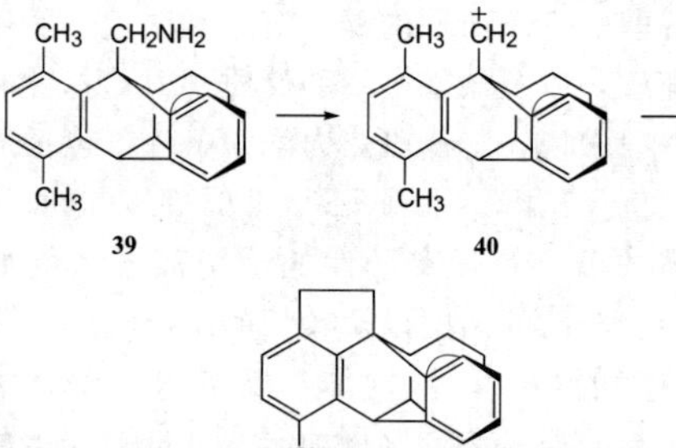

12-21 卡宾的插入反应

CH-亚甲基-插入

$$RH + :CH_2 \longrightarrow RCH_3$$

反应活性极高的亚甲基卡宾可插入到 C—H 键中[360]，C—H 键可以源自脂肪族化合物或芳香族化合物[361]，但是芳香类化合物的反应有可能导致环扩张（参见反应 **15-64**）。这实际上是一个同系化（homologation）反应[362]。亚甲基插入反应的用途很有限，因为该反应没有选择性（参见 5.4.1 节）。卡宾的插入反应可用于合成目的[363]。

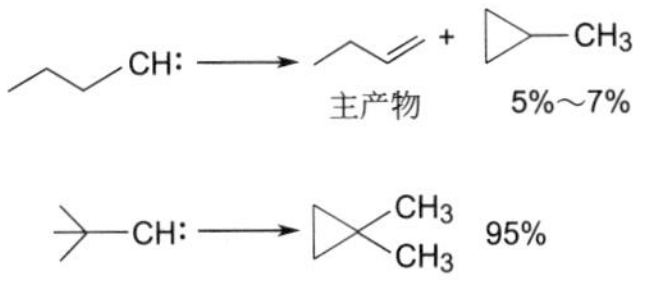

卡宾可用第 5 章 5.4.2 节提到的任何一种方法产生。烷基卡宾更容易发生重排反应，而不是插入反应［参见 5.4.2 节（4）］。但是当不能重排时，一般发生的是分子内[364]而不是分子间插入反应[365]。从液态重氮甲烷（CH_2N_2）中光分解而得到的 :CH_2 在反应中没有差别［参见 5.4.2 节（2）］。用其它方法制备的卡宾的反应活性较低，它们发生插入反应的活性顺序如下：三级＞二级＞一级[366]。卡宾插入到某些烯丙基体系中会引起双键的重排[367]。卡宾还可在超声的条件下生成[368]。虽然已有很多反应实例被报道，但通常来说卤代卡宾（:CCl_2，:CBr_2 等）较不容易发生插入反应[369]。

在烯烃烯丙位碳的插入反应已被报道[370]。双铑催化的插入到 H—C^{sp^3} 键中的反应[371]，以及插入到 H—C^{sp} 键中的反应[372] 也已有报道。对于富电子的高度取代的烯烃，环丙烷化可能与 C—H 插入反应存在竞争[373]。人们已经检测到通过联苯烯的 C—H 插入反应形成的环状钯，该物种存在于 Heck 反应（反应 **13-10**）中[374]。重氮烷和重氮羰基化合物的插入反应可被铜化合物催化[375]，也可被银化合物催化[376]。插入到醛的 α C—H 键的反应生成 α-取代的醛[377]。在 $TiCl_4$ 作用下，酮的 α-碳发生重氮酮的分子内插入反应，生成双环 1,3-二酮[378]。在醛转化为甲基酮的反应：$RCHO + CH_2N_2 \longrightarrow RCOCH_3$ 中，即使从表面上看与插入反应很相近，但该反应并不涉及自由卡宾中间体，关于这个反应在 **18-9** 中讨论。要注意的是，芳基烯酮先后与 Me_3SiCHN_2 和硅反应生成 2-茚酮（indanone）衍生物[379]。乙烯基碘化物、仲胺和重氮(三甲基硅基)甲烷可发生三组分偶联反应生成烯丙基胺[380]。还有金催化的反应，该反应使用炔作为 α-重氮酮的等价体[381]。

有报道称，利用重氮酮化合物和 $In(OTf)_3$ 催化剂，可发生插入到醇的 O—H 键的反应而生成醚[382]。Cu 催化的重氮酯插入到氧杂环丁烷的反应生成扩环的 THF 衍生物[383]。还可发生插入到其它醚的反应，例如硅醚[384]。金属催化的硅卡宾（silylene）插入到烯丙基醚的反应得到烯丙基硅烷[385]。在使用手性配体的 Rh 催化剂作用下，可在醚的 α-碳发生类似的插入反应生成环醚，反应具有高度的对映选择性[386]。

在如下所示的反应中，重氮羰基单元插入到 α-重氮酰胺的 C—H 中生成环内酰胺[387]。利用 $Me_3SiCH_2N_2$ 可发生插入到 2-吡咯酮衍生物的反应，而后在超声作用下用 $AgCO_2Ph$ 处理，生成扩环的 2-哌啶酮衍生物[388]。分子内的插入反应也已被报道[389]，而且适用于许多不同的官能团[390]。

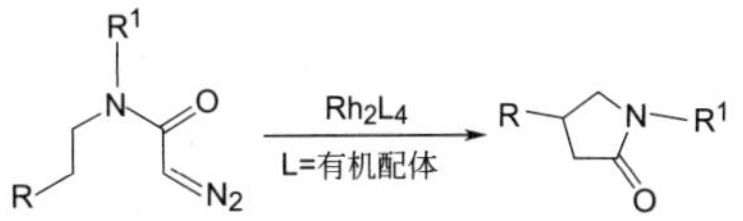

金属卡宾的插入反应与亚甲基插入反应相反，金属卡宾的反应具有高度的选择性[391]，在合成上很有用[392]。金属卡宾的插入反应已经有大量实例，这些反应通常需要催化剂[393]。催化剂一般将重氮烷或重氮羰基化合物原位转化为金属卡宾，金属卡宾随后发生插入反应。已有报道分子内的插入反应，如在双铑催化剂作用下重氮烷的插入反应[394]。如果使用手性配体，则插入产物具有很好的对映选择性[395]。

目前插入反应的机理[396]并不太清楚，但似乎至少有以下两种可能的反应途径：

（1）简单的一步反应　该反应涉及一个三中心环状过渡态：

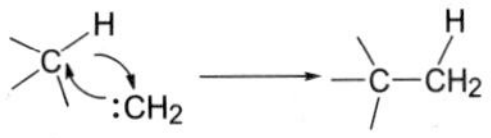

该机理最有力的证据是：在异丁烯-1-^{14}C 和卡宾的反应中，产物 2-甲基-1-丁烯只在 1 位上有同位素标记[397]。这排除了自由基、碳正离子或碳负离子中间体。如果 **41**（或一个相应的离子）是反应中间体，共振效应将确保有一些卡宾进攻 1 位：

该机理的其它证据便是构型的保持，这符合本反应机制，而且在很多反应实例中均发生该现象[398]。在 :CH₂ 与烯丙醇发生的反应中，捕获到叶立德中间体[399]。

（2）自由基机理　在该机理中卡宾直接从底物夺取一个氢，从而产生一对自由基：

$$RH + CH_2 \longrightarrow R \cdot + \cdot CH_3$$
$$R \cdot + \cdot CH_3 \longrightarrow RCH_3$$

支持这一说法的证据是，在丙烷和 CH₂（由重氮甲烷或乙烯酮光解制得）反应中，生成的产物是丙烯和丁烷（除丁烷和异丁烷之外）[400]，这两种产物可分别通过以下过程产生：

$$2CH_3CH_2CH_2 \cdot \longrightarrow CH_3CH=CH_2 + CH_3CH_2CH_3 \text{ (歧化反应)}$$
和
$$CH_3CH_2CH_3 + :CH_2 \longrightarrow CH_3CH_2CH_2 \cdot + \cdot CH_3$$
$$2 \cdot CH_3 \longrightarrow CH_3CH_3$$

该反应机理在适当条件下可以发生，这已被同位素标记[401]和其它方法[402]所证实。然而，歧化或二聚产物的生成并不总是意味着发生自由基反应。在一些反应体系中，这些产物可以其它方式生成[403]。我们都知道，在一个卡宾和一个分子反应得到的产物有着过剩的能量（参见 5.4.2 节）。因此对于底物和卡宾来说，可能通过机理（1）（直接插入反应），而过剩的能量可使生成的化合物裂解成自由基。当发生这种机理时，自由基将在实际插入反应之后形成。

人们已经讨论过环丙基卡宾的反应机理[404]。有人认为单线态卡宾插入反应时采用一步直接插入机理，而三线态卡宾（作为游离自由基，更倾向于吸收氢原子）反应则是通过自由基过程来完成[405]。CIDNP 信号[406]（参见 5.3.1 节）正是这种说法的有力证据，它出现在由甲苯和三线态 CH₂ 反应而得的产物乙苯中，但是同样的反应，只是采用了单线态 CH₂[407]，则不能从中发现 DIDNP 信号。类卡宾（如 R₂CMCl 类化合物，参见 **12-39**）可通过不同的机理插入到 C—H 键中，该反应机理与途径（2）相似，不同的是该机理涉及的是吸收一个氢负离子而不是一个氢原子[408]。

对于氮烯发生的类似的插入反应见 **12-13**。
OS Ⅶ ,200。

12.3.1.6　金属亲电试剂
12-22　利用有机金属化合物的金属化作用
金属化或金属-去-氢化
$$RH + R'M \longrightarrow RM + R'H$$

许多有机化合物都能被有机金属化合物金属化[409]。由于该反应涉及一个质子的转移，反应平衡点位于弱酸的一侧[410]。例如，芴与丁基锂反应，生成的产物是丁烷和 9-芴化锂。由于芳香族化合物一般比脂肪族化合物的酸性强，所以反应中 R 一般都是芳基。对于该反应，最常见的试剂是丁基锂[411]。还原锂化是制备有机锂试剂的一个重要方法[412]。一般来说，只有活泼的芳香环可与丁基锂反应。苯本身反应活性不高，产率很低，但是苯可在 t-BuOK[413]存在下或与不同二胺[414]配位后被丁基锂金属化。当反应体系中的碳负离子可被共振稳定（烯丙基、苯甲基或炔丙基[415]等），或者当负电荷在 sp 碳原子上（在叁键上）时，脂肪族 RH 也可以有效地发生此类反应。对于烯丙基底物的金属化反应来说有一些很好的试剂，如三甲基硅甲基钾（Me₃SiCH₂K）[416]、有机锂化合物与大体积醇盐（LICKOR 超碱）的复合物等[417]。前一种试剂也适用于苯甲基位的反应。同时使用 BuLi、t-BuOK 和四甲基乙烯基二胺可将乙烯转化为乙烯钾[418]。可利用这个反应来研究各种非常弱的弱酸的相对酸性，比较过程中可让两个含 R—H 键的化合物竞争同一个 R'M，以此来判断哪个质子酸性更强[419]。

需要指出的是，有机锂化合物是聚集态的物种，它们也可以形成含有不同有机基团的杂聚集体[420]。N-锂-N-(三烷基硅烷基)烯丙基胺在醚溶剂中可发生顺-乙烯基位的去质子化，生成 3,N-二锂-N-(三烷基硅烷基)烯丙基胺[421]。

一般来说，只有含活性金属（例如锂、钠和钾等）的有机金属化合物才能发生这些反应，但格氏试剂可以从一个酸性足够强的 C—H 键上夺取质子，如：R—C≡C—H ⟶ HR—C≡C—MgX。这个反应是合成炔基格氏试剂的最佳反应[422]。Lewis 酸可用于促进胺的 α-锂化[423]。三乙基镓可用于生成烯醇盐离子形式的酮[424]。

当含有芳环或双键的分子中有杂原子，如 N、O、S[425]或卤原子[426]等，锂化反应通常具有很高的立体选择性[427]。研究表明，相比较重的卤原子，氟原子对碳负离子的稳定化作用更加有效[428]。锂一般与离杂原子最近的 sp² 杂化碳原子键合，原因很可能是进攻物种与杂原子配位[429]。这些与苯甲醚类化合物的反应通常都称为直接金属化作用[430]。对于芳香环来说，反应一般进攻的是邻位[431]。该反应在 **13-17** 中讨论。

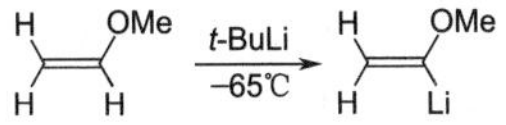

$$\underset{H}{\overset{H}{>}}C=C\underset{H}{\overset{OMe}{<}} \xrightarrow[-65^\circ C]{t\text{-BuLi}} \underset{H}{\overset{H}{>}}C=C\underset{Li}{\overset{OMe}{<}} \qquad 文献[432]$$

对于 γ,δ-不饱和二取代胺（**42**），锂不会进入到最邻近的位置，由于与氧配位导致了反应的区域选择性控制了反应[433]。环丙基锂试剂相当稳定[434]。

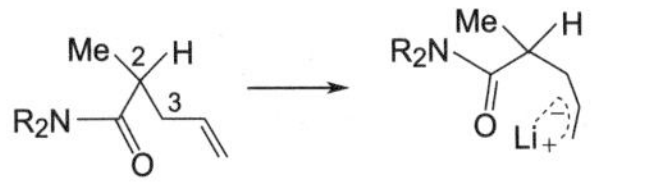

$$\underset{\mathbf{42}}{R_2N\underset{Me}{\overset{H}{|}}} \longrightarrow R_2N\underset{O}{\overset{Me}{|}}\underset{Li^+}{\overset{H}{|}}$$

该反应的机理涉及 R'⁻（或一个极性 R'）对氢原子的亲核进攻[435]。有证据表明，R 上取代基的共振作用会导致反应有些许差异。当 R 是芳基时，OMe 和 CF₃ 均导向邻位，而异丙基则导向间位或/和对位（大多数情况下是间位）[436]。这些结果均是纯的场效应的推测，此时没有共振效应的影响。因为如果共振效应起作用，那么意味着反应进攻将发生在氢原子上，而不是 R 上。决速步牵涉到 H 的其它证据是大量的同位素效应数据[437]。R′本身对反应速率也有所影响。在三苯甲烷与 R′Li 的反应中，反应速率从高到低顺序如下：R′= 烯丙基＞丁基＞苯基＞乙烯基＞甲基，该顺序会随 R′Li 的浓度不同而有所改变，因为浓度不同 R′Li 聚集的程度也不一样[438]。就反应试剂而言，该反应是 **12-24** 的一个特例。

可以发生对映选择性的反应。氯代氘代甲基锂可从相应的对映异构纯的锡衍生物经过构型翻转而制备[439]。虽然该试剂具有很高的化学反应活性，但在高达 −78°C 的温度时其构型仍是稳定的。通过手性配体可进行对映选择性的催化去质子化反应，这已被用于 N-Boc 胺的去质子化，反应生成手性的 α-三甲基硅烷基衍生物[440]。非稳定化的、螯合的以及偶极稳定化的有机锂化合物发生对映异构化的能垒已经被观测到。对吡咯烷基锂的研究表明，0°C 时其对映异构化的自由能在 19～22 kcal/mol（79.5～92.1 kJ/mol）范围内[441]。

一个与之相关的反应是从季铵转化为氮叶立德[442] 的过程（详见反应 **17-8**）：

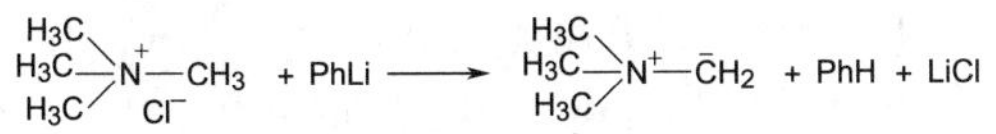

$$H_3C-\overset{+}{\underset{|}{N}}(CH_3)_2-CH_3 \; Cl^- + PhLi \longrightarrow H_3C-\overset{+}{\underset{|}{N}}(CH_3)_2-CH_2^- + PhH + LiCl$$

膦盐也有类似的反应（详见 **16-44**）。

OS Ⅱ, 198; Ⅲ, 413, 757; Ⅳ, 792; Ⅴ 751; Ⅵ, 436, 478, 737, 979; Ⅶ, 172, 334, 456, 524; Ⅷ, 19, 391, 396, 606.

12-23 利用金属和强碱的金属化作用

金属化或金属-去-氢化

$$2\,RH + M \longrightarrow 2\,RM + H_2$$

有机化合物上的适当酸性位点可被活性金属和强碱金属化[443]，这个反应已经被应用于研究非常弱的弱酸的酸性（参见 5.2.1 节），将末端炔转化为炔基负离子也是该反应的一个重要应用[444]。金催化的三甲基硅烷基取代的酯和碳酸酯转化为相应烯醇盐离子的反应已被报道[445]。在合成中，该反应最重要的用途是将醛、酮[446] 和羧酸酯以及类似的化合物转化为它们的烯醇形式[447]，例如，

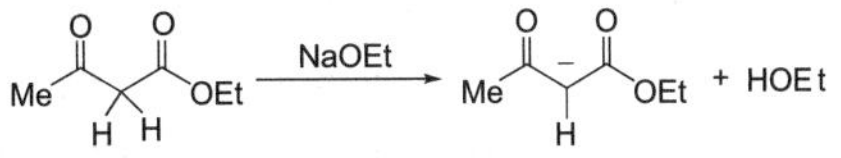

$$\underset{H}{\overset{O}{\underset{\|}{Me-C}}}\underset{H}{\overset{O}{\underset{\|}{-C-C}}}OEt \xrightarrow{NaOEt} \underset{H}{\overset{O}{\underset{\|}{Me-C}}}\overset{O^-}{\underset{\|}{-C=C}}OEt + HOEt$$

在亲核取代反应中的应用（**10-67**、**10-68** 和 **13-14**），以及在多重键加成上的应用（**15-24** 和 **16-53**）。需要注意的是，羰基化合物可与二烷基氨基锂反应，生成相应的烯醇盐离子。该反应在 **10-68** 中与烯醇盐离子的烷基化反应一并讨论。

OS Ⅰ, 70, 161, 490; Ⅳ, 473; Ⅵ, 468, 542, 611, 683, 709; Ⅶ, 229, 339.

未列出从酮或酯到烯醇盐的反应。

12.3.2 金属作为离去基

12.3.2.1 氢作为亲电试剂

12-24 金属被氢置换

氢-去-金属化或去金属化

$$RM + HA \longrightarrow RH + MA$$

金属有机化合物，包括烯醇化物，与酸发生反应时，金属原子可被氢原子替换[448]，其中 R 可以是芳基（参见 **11-41**）。这个反应通常用于将氘或氚引入敏感的位置。对于格氏试剂来说，通常水已经是足够强的酸，但也可用更强的酸。一个重要的还原卤代烷的方法就是：RX→RMgX→RH。

其它可以被水水解的金属有机化合物是在电动势顺序表中位置靠上的一些金属所形成的金属有机化合物，如钠、钾、锂、锌等。锂的烯醇化物[449] 和环丙基锂化合物[450] 可以被对映选择性地质子化。当金属不那么活泼时，则需要较强的酸。例如，R_2Zn 型化合物与水发生爆炸性反应，R_2Cd 的反应比较慢，而 R_2Hg 则完全不反应，但是后者可以被浓盐酸分解。然而，这个总的规律还有很多例外，其中一些现象难以解释。例如，BR_3 化合物与水完全不反应，GaR_3 在室温下只断裂一个 R 基团，但 AlR_3 与水剧烈反应。

不过，BR₃可以被羧酸转化为RH[451]。对于不太活泼的金属，往往能从多价金属中只断裂一个R基。例如，

$$R_2Hg + HCl \longrightarrow RH + RHgCl$$

不太活泼的金属有机和类金属化合物如硅[452]、锑、铋等，完全不与水反应。有机汞化合物（RHgX或R₂Hg）可以被H₂、NaBH₄或其它还原剂还原为RH[453]。利用NaBH₄的还原反应是自由基机理[454]。烷基-硅键可以被H₂SO₄切断，例如[455]，HOOCCH₂CH₂SiMe₃ ⟶ 2 CH₄ + (HOOCCH₂CH₂SiMe₂)₂O。

当HA上的氢与碳相连时，这个反应与12-22相同。

在《有机合成》（OS）中有许多烯醇钠盐或烯醇钾盐水解的反应，此处我们不一一列举，相关反应可在OS中查到。格氏试剂水解生成烷烃的反应可查阅OS Ⅱ，478；乙烯基锡化合物的还原反应可查阅OSⅧ，381；炔基硅烷的还原反应查阅OS Ⅷ，281。

12.3.2.2 氧亲电试剂
12-25 金属有机试剂与氧的反应[456]

氢过氧-去-金属化；氢氧-去-金属化

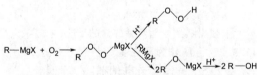

氧与格氏试剂反应生成氢过氧化物[457]或醇。该反应可用于将卤代烃转变为醇并且无副反应。芳基格氏试剂反应的产率较低且只得到酚，而不是氢过氧化物。正是因为有发生这个反应的可能性，当格氏试剂欲用作其它目的时反应体系必须除去氧。

多数其它金属有机化合物也会与氧反应。三烷基硼烷和烷基二氯硼烷（RBCl₂）用氧处理进而水解可以方便地转变为氢过氧化物[458]。羧酸二锂化物（见10-70）与氧反应而后水解得到α-羟基羧酸[459]。有证据表明格氏试剂与氧的反应为自由基机理[460]。

OS Ⅴ，918；另见OS Ⅷ，315。

12-26 金属有机试剂与过氧化物的反应

叔丁氧基-去-金属化

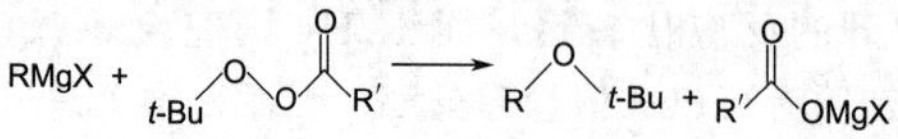

$$RMgX + t\text{-Bu}\overset{O}{\underset{}{\|}}\text{C-O-O-}\overset{O}{\underset{}{\|}}\text{C-R'} \longrightarrow R\text{-O-}t\text{-Bu} + R'\overset{O}{\underset{}{\|}}\text{C-OMgX}$$

一种制备叔丁醚的便利方法是用叔丁酰基过氧化物处理格氏试剂[461]。该反应对烷基和芳基格氏试剂都适用。对于由环丙基卤化物制备的格氏试剂来说，这个反应可使环丙基卤化物转变为环丙醇的叔丁醚[462]，进而可以容易地水解为环丙醇。通过反应10-1，无法将环丙基卤化物直接转变为环丙醇，因为环丙基卤化物一般很难保证只发生亲核取代反应而不开环。

烯基锂试剂43与三甲硅基过氧化物反应可以高产率地得到构型保持的烯醇硅醚[463]。由于从烯基卤制备43的过程（12-39）同样保持构型，因此总的反应结果是一个立体专一性的从烯基卤到烯醇硅醚的转化。二炔基醚可以由有机三氟硼酸盐和缩醛反应制备[464]。

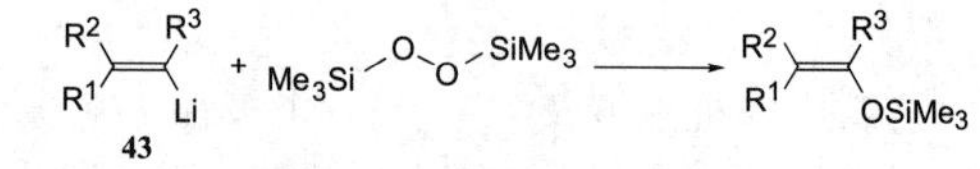

$$\underset{R^1}{\overset{R^2}{\diagdown}}\!\!=\!\!\underset{Li}{\overset{R^3}{\diagup}} + Me_3Si\text{-O-O-}SiMe_3 \longrightarrow \underset{R^1}{\overset{R^2}{\diagdown}}\!\!=\!\!\underset{OSiMe_3}{\overset{R^3}{\diagup}}$$

43

OS Ⅴ，642，924。

12-27 三烷基硼烷氧化为硼酸酯

$$R_3B \xrightarrow[NaOH]{H_2O_2} (RO)_3B \longrightarrow 3 ROH + B(OH)_3$$

烯烃与甲硼烷、单烷基硼烷或双烷基硼烷反应，生成一个新的有机硼烷（参见反应15-16）。用碱性H₂O₂处理可将三烷基硼烷氧化为硼酸酯[465]。这个反应不影响分子中其它的双键或叁键、醛、酮、卤化物或腈，R基团也不发生重排。这个反应是将烯转变为醇的硼氢化法（反应15-16）中的一个步骤。

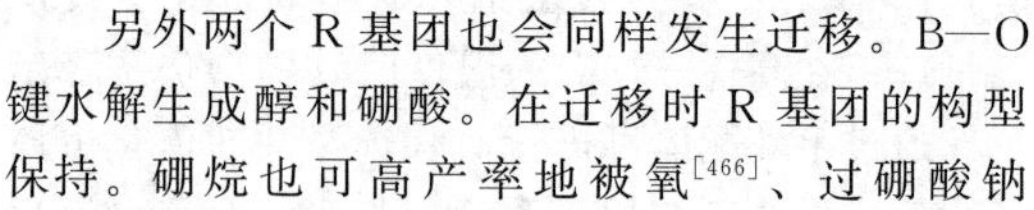

该机理为：最初过氧化氢负离子进攻亲电的硼原子，形成盐复合物，而后烷基从B原子重排迁移至O原子[465]，如上所示，形成B—O—R结构。

另外两个R基团也会同样发生迁移。B—O键水解生成醇和硼酸。在迁移时R基团的构型保持。硼烷也可高产率地被氧[466]、过硼酸钠（NaBO₃）[467]和氧化三甲胺氧化为硼酸酯，这些试剂可以是无水的[468]，或者是二水合物形式[469]。与氧的反应实质上是自由基型反应[470]。

OS Ⅴ，918；Ⅵ，719，852，919。

12-28 硼酸酯和硼酸的制备

$$R\text{-M} \longrightarrow R\text{-B(OH)}_2$$
$$Ar\text{-M} \longrightarrow Ar\text{-B(OH)}_2$$
$$R\text{-OH} + BX_3 \text{ 或 } B(OH)_3 \longrightarrow B(OR)_3$$

烷基硼酸和芳基硼酸［RB(OH)₂和ArB(OH)₂］在有机化学中具有越来越大的意义。Pd催化的芳基卤化物和芳基三氟甲磺酸酯与硼酸的偶联反应，即Suzuki-Miyaura反应（13-12）可能是最著名的应用例子。硼酸的简单合成可通过格氏

试剂（例如苯基溴化镁）与烷基硼酸酯反应生成苯基硼酸[471]。烷基硼酸可用类似的方法制备[472]。要注意的是，硼酸会失水而发生环化三聚生成氧杂硼环（boroxine）。四羟基二硼化物可用于制备烯丙基硼酸，以及三氟烯丙基硼酸钾[473]。

三甲基硼酸酯［$B(OMe)_3$］可用于替代三正丁基硼酸酯[474]。较新的方法是用二频哪基二硼[475]或频哪基硼[476]在Pd催化下对醇进行硼化，但该方法存在的问题是硼酸酯会发生去质子化。二醇化硼烷（例如，邻苯二酚化硼烷44）[477]可通过二醇与硼烷的反应制备。柏木烷二醇（cedranediol）硼烷（45，通过柏木烷-8,9-二醇[478]与硼烷·二甲基硫醚反应制得）可与芳基碘化物在Pd催化剂作用下偶联，经过二乙醇胺处理，再经酸的水溶液处理，生成自由的硼酸[479]。硼酸酯的制备常常是作为纯化有机硼物种的一种手段，但是有些硼酸酯易水解不稳定，在反应完成后很难后处理[480]。

烯基硼酸酯和烯基硼酸也很容易获得，如通过-50 ℃时乙烯基氯化镁[481]对三甲基硼酸酯的加成而后水解[482]。制备芳基硼酸酯［ArB(OR')$_2$］的非水溶液操作方法已有报道[483]。许多硼酸在分离操作的最后阶段会发生不可控制的聚合或氧化反应，但通过将粗产物加入到1-丁醇中原位转化为二丁基酯可以避免这种现象的发生。Sm(Ⅲ)催化作用下邻苯二酚化硼烷对烯烃的硼氢化反应是合成硼酸酯的一种好方法[484]。

三烷基硼酸酯（有时称为原硼酸酯）可通过加热封管中适当的醇和三卤化硼而制得，但该方法只对相对简单的烷基非常适用[485]。在高压釜中于110~170 ℃加热醇和三氧化二硼（B_2O_3）也生成三烷基硼酸酯[486]。硼酸与醇在氯化氢或浓硫酸存在下加热也可制得三烷基硼酸酯[487]。通过与过量的醇共沸除水可提高产率[488]，对于三烷基硼酸酯[489]，甚至是三苯基硼酸酯[490]，可以得到很好的产率。该方法不适用于制备那些母体醇不能与水共沸的硼酸酯以及叔烷基硼酸酯[489]，通常得不到纯的产品[491]。

有机三氟硼酸钾（RBF_3K）很容易通过廉价的KHF_2与各种有机硼中间体加成而制得[492]。它们是单体形式的结晶固体，很容易分离得到，在空气中长期稳定。这些试剂可应用于很多涉及硼酸或硼酸酯的反应（反应13-10~13-13）[493]。值得注意的是，乙烯基硼酸甚至是乙烯基硼酸酯不稳定，会发生聚合[494]，而类似的乙烯基三氟硼酸盐则很容易制备，而且十分稳定[495]。

OS 13，16；81，134。

12-29 金属有机试剂及其它底物氧化成 *O*-酯及相关化合物

$$R-M \longrightarrow R-OOCR' \quad R-Y \longrightarrow R-OOCR'$$

在有些情况下，多种试剂可氧化非芳香性的碳原子，得到的产物是*O*-酯而不是醇。例如，乙烯基碘鎓离子盐与DMF共热生成相应的甲酸酯[496]。

$$n\text{-}C_8H_{17}\overset{+}{\longrightarrow}IPh\ \overline{B}F_4 \xrightarrow{Me_2NCHO,\ 50\ ℃} n\text{-}C_8H_{17}\longrightarrow O\text{-}CHO$$

12.3.2.3 硫亲电试剂

12-30 金属有机试剂转变为硫化合物

硫-去-金属-聚集-取代

$$RMgX + S \longrightarrow RSMgX \xrightarrow[+H]{RMgX} \begin{array}{l} RSR\ \text{硫-去-二金属-聚集-取代}\\ RSH\ \text{巯基-去-金属化}\end{array}$$

硫醇和硫化物有时可通过用硫处理格氏试剂来制备[497]。硒和碲也有类似的反应。格氏试剂及其它金属有机化合物[498]与硫酰氯反应得到磺酰氯[499]，与亚磺酸酯反应得到（立体特异的）亚砜[500]，与二硫化物反应得到硫化物[501]，与SO_2反应得到亚磺酸盐[502]，后者可以被水解为亚磺酸或者用卤素处理得到磺酰卤[503]。

$$RMgX + SO_2Cl_2 \longrightarrow RSO_2Cl$$
$$RMgX + R^1SO\text{-}OR^2 \longrightarrow RSOR$$
$$RMgX + R^1SSR^1 \longrightarrow RSR^1$$
$$RMgX + SO_2 \longrightarrow RSO\text{-}OMgX \xrightarrow[X_2]{H^+} \begin{array}{l}RSO_2H\\RSO_2X\end{array}$$

OS Ⅲ，771；Ⅳ 667；Ⅵ，533,979.

12.3.2.4 卤素亲电试剂

12-31 卤素-去-金属化

$$RMgX + I_2 \longrightarrow RI + MgIX$$

格氏试剂与卤素反应得到卤代烷。这个反应可用于从相应的氯代烷和溴代烷制备碘代烷。该反应不可用于制备氯代烷，因为试剂RMgBr和RMgI与Cl_2反应主要分别产生RBr和RI[504]。

大多数金属有机化合物，不论是烷基取代的还是芳基取代的，也和卤素反应生成烷基或者芳基卤[505]。这个反应可用于将乙炔负离子转化为1-卤炔[506]。乙烯基碘鎓离子四氟硼酸盐加热可转化为乙烯基氟化物[507]。类似地，乙烯基三氟硼酸盐在 THF 水溶液中用 NaI 和氯胺-T 处理后得到乙烯基碘[508]。烯烃与 CuO·BF$_4$、碘及三乙基硅烷反应生成 2-碘代烷烃[509]。乙烯基锆酸盐试剂与 I$_2$ 反应生成相应的乙烯基碘[510]。

烯醇盐离子可转化为相应的乙烯基膦酸酯，而后与三苯基膦二卤化物反应得到乙烯基卤[511]。

在 NaOMe 的甲醇溶液中，三烷基硼烷快速与 I$_2$[512] 或 Br$_2$[513] 反应，或者与 FeCl$_3$ 或其它试剂[514] 反应，分别生成碘代烷、溴代烷或者氯代烷。结合硼氢化反应（15-16），这就是一个在双键上以反马氏方式加成 HBr、HI 或 HCl 的间接方法（参见 15-1）。三烷基硼烷也可以用烯丙基碘和空气处理转化为碘代烷，反应为自由基过程[515]。

由端炔与儿茶酚硼烷发生硼氢化反应生成 **46**[516]（反应 15-16），继而水解制得反-1-烯基硼酸（**47**），在 0℃、NaOH 乙醚溶液中，**47** 与碘反应生成反式乙烯基碘[517]。与 ICl 反应同样得到乙烯基碘[518]。这是一个实现 HI 反马氏加成到末端叁键的间接方法。这个反应不能用于由非端炔制备的烯基硼酸。

然而，无论是由非端炔还是端炔制备的烯基硼酸与溴反应（必须使用 2mol Br$_2$）继而用碱处理，都可以得到相应的乙烯基溴，但是在这种情况下会发生构型改变，因此产物是顺-乙烯基溴[519]。烯基硼酸用温和的氧化剂及 NaBr 或 NaI 处理后，也分别得到乙烯基溴或乙烯基碘[520]。用 Cl$_2$ 处理 **47**（由端炔制备）得到构型改变的乙烯基氯[521]。乙烯基硼烷用 NCS 或 NBS 处理可转化为相应的乙烯基卤[522]。乙烯基卤还可以由乙烯基硅烷[523] 或乙烯基铜试剂制备。后者与碘反应将得到碘化物[524]，在 -45℃ 与 NCS 或者 NBS 反应得到氯化物或溴化物[525]。芳基炔与 HInCl$_2$/BEt$_3$ 反应，而后与碘反应，得到芳基和碘原子为 Z 型的乙烯基碘[526]。硼酸在三氟甲磺酸银（I）介导下反应可被氟代[527]。

有报道指出，在电化学条件下用 NaI 可将端炔转化为 1-碘-1-炔类化合物[528]。用 CuI 可将1-溴-1-炔类化合物转化为 1-碘-1-炔类化合物[529]。1-三烷基二硅烷基炔与 NBS 和 AgF 反应可转化为相应的 1-溴炔类化合物[530]。端炔与二乙酰氧基碘苯、KI 和 CuI 反应生成 1-碘炔类化合物[531]。三氯异氰尿酸可用于将端炔转化为 1-氯炔类化合物[532]。

不可能用一种机理把金属有机化合物到卤代烷的所有转变都概括进来[533]。在许多情况下，反应发生构型转变（参见 12.1.1 节），表明是 S_E2（背面）机理；然而在其它一些情况下则表现出构型保持[534]，说明是 S_E2（正面）或者 S_Ei 机理。还有另外一些情况，完全失去构型以及其它证据已经证明自由基机理的存在[534,535]。

OS I, 125, 325, 326; III, 774, 813; V, 921; VI, 709; VII, 290; VIII, 586; IX, 573; 另见 OS II, 150。

12.3.2.5 氮亲电试剂
12-32 金属有机化合物转变为胺
氨基-去金属化

$$RLi \xrightarrow[\text{MeLi}]{\text{MeONH}_2} RNH_2$$

有几个方法可以将烷基或芳基锂化合物转变为伯胺[536]。最重要的两个方法是与羟胺衍生物或特定叠氮化物反应[537]。在第一个方法中，RLi 在 -78℃ 下的乙醚中用甲氧胺和 MeLi 处理得到 RNH$_2$[538]，由脂肪族卤化物制得的格氏试剂的反应产率较低。使用 N-取代甲氧胺（CH$_3$ONHR'）可将该反应扩展到制备仲胺[539]。有证据[540] 表明反应机理包括了 R 直接置换中间体 CH$_3$ONR'$^-$ 的 OCH$_3$ 基团（CH$_3$ONR'$^-$Li$^+$ + RLi → CH$_3$OLi + RNR'$^-$Li$^+$）。最有用的叠氮化物是甲苯磺酰基叠氮（TsN$_3$）[541]。反应中最初的产物通常是 RN$_3$，RN$_3$ 很容易被还原成胺（反应 **19-51**）。对于一些叠氮化物，如叠氮甲基苯基硫化物（PhSCH$_2$N$_3$），在 N$_3$ 上连接的基团是不太好的离去基团，因此初产物是三氮烯（在这种情况下由 ArMgX 得到 ArNHN=NCH$_2$SPh），三氮烯可被水解为胺[542]。

$$R_3B \xrightarrow{\text{NH}_3\text{-NaOCl}} 2\,RNH_2 + RB(OH)_2$$

有机硼烷与氨水和 NaOCl 的混合物反应生成伯胺[543]。反应中似乎真正的反应物是氯代胺（NH$_2$Cl），NH$_2$Cl[544] 二甲醚中的羟胺-O-磺酸[545] 以及三甲基硅基叠氮[546] 也会发生这个反应。由于硼烷可以由烯烃的硼氢化制备（反应 **15-16**），这是在双键上反马氏加成 NH$_3$ 的一个间接方法。仲胺可以用烷基或芳基叠氮化物处理烷基或芳基二氯硼烷或二烷基氯硼烷而制备[547]。

$$RBCl_2 + R'N_3 \longrightarrow RR'NBCl_2 \xrightarrow{H_2O}_{HO^-} RNHR'$$

$$R_2BCl + R'N_3 \xrightarrow{1.\ Et_2O}_{2.\ H_2O} RNHR'$$

使用光学活性的 R^*BCl_2（R^* 是具有手性的取代基），可以制备几乎 100% 光学纯的仲胺[548]。三乙酸芳基铅 $[ArPb(OAc)_3]$ 与伯芳胺 $Ar'NH_2$ 和 $Cu(OAc)_2$ 反应可生成仲胺 $ArN-HAr'$[549]。

采用二烷基铜锂试剂可以将仲胺转变为叔胺：$R_2CuLi + NHR \longrightarrow RNR_2'$[550]。这个反应也用于将伯胺转化为仲胺，但是产率相对低一些[551]。

端炔与二苯基氯化膦（Ph_2PCl）和 Ni 催化剂反应生成 1-二苯基膦代炔（$R-C\equiv C-PPh_2$）[552]。卤代炔可发生相似的反应。用 KHMDS 和 CuI 处理氨基甲酸甲酯，继而用 2mol 1-溴苯基炔处理，可生成 N-取代炔 $Ph-C\equiv C-N(CO_2Me)R$[553]。

金属催化的胺化反应在有机方法学中具有越来越重要的作用。一个典型的反应是胺与烷基、乙烯基或芳基卤化物（或其它的离去基团）在过渡金属作用下偶联，过渡金属通常是 Pd。据推断，胺化是通过与短暂存在的金属有机化合物反应而发生。芳香化合物通过该方法的胺化在反应 **13-5** 中讨论。脂肪族的和乙烯基型的底物在此讨论。例如，通过在 Pd 催化剂作用下与吡咯的反应，乙烯基三氟甲磺酸酯可转化为烯胺[554]。

OS Ⅵ, 943.

12.3.2.6 碳亲电试剂

12-33 金属有机化合物转变为酮、醛、羧酸酯或酰胺

酰基-去金属化，等

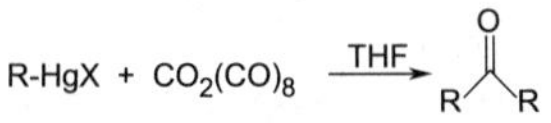

$$R-HgX + CO_2(CO)_8 \xrightarrow{THF} \underset{R}{\overset{O}{\|}} R$$

卤化有机汞[556]通过在 THF 中与八羰基二钴的反应[557]，或者在 DMF 或其它特定溶剂中与羰基镍反应[558]，可以高产率制备对称酮[555]。其中 R 基团可以是芳基或烷基。然而，当 R 是烷基时，$Co_2(CO)_8$ 的反应中可能会发生重排，而 $Ni(CO)_4$ 的反应似乎可避免这种重排[559]。用 CO 和铑催化剂处理烯基卤代汞可高产率制备二烯基酮（用于 Nazarov 环化反应，**15-20**）[559]。一个更加通用的合成非对称酮的方法是用卤代烷 $R'X$（$R'=$ 芳基、烯基、苄基）、CO 及 Pd 复合催化剂处理四烷基锡（R_4Sn）[560]。使用格氏试剂、$Fe(CO)_5$ 及卤代烷也可以发生同样的反应[561]。

格氏试剂与甲酸反应可高产率得到醛。反应需要 2mol 的 RMgX：1mol RMgX 将 HCOOH 转化为 $HCOO^-$，后者与另外 1mol RMgX 反应生成 RCHO[562]。而烷基锂试剂或格氏试剂与 CO 反应生成对称酮[563]。一个有趣的变化是将 CO_2 与一种有机锂化合物反应，然后再用另一种不同的有机锂试剂处理将得到非对称酮[564]。在 $-90℃$ 下二氯甲基甲基醚和 $TiCl_4$ 与烯基硅烷反应可以制备 α,β-不饱和醛[565]。

用 CO、$PdCl_2$ 和 NaOAc 的 MeOH 溶液处理硼酸酯可以制备 α,β-不饱和酯[566]。α,β-不饱和酯的合成还可以用 CO 在 1atm（101.32kPa）和 Pd 催化剂存在下，以乙醇为溶剂，处理烯基氯化汞来实现，例如[567]：

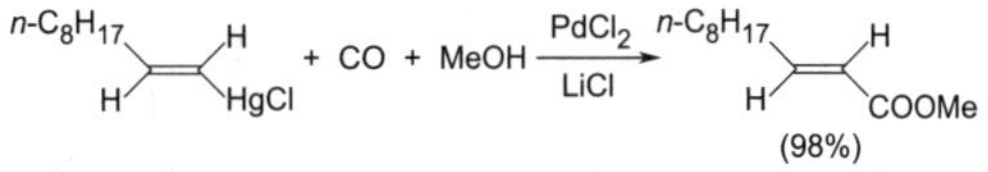

$$\underset{H}{\overset{n\text{-}C_8H_{17}}{>}}=\underset{HgCl}{\overset{H}{<}} + CO + MeOH \xrightarrow[LiCl]{PdCl_2} \underset{H}{\overset{n\text{-}C_8H_{17}}{>}}=\underset{COOMe}{\overset{H}{<}}$$

(98%)

用 $Fe(CO)_5$ 代替 CO，可以将烷基和芳基格氏试剂转化为羧酸酯[568]。

用 CO 和一个亚胺在催化量的羰基钴存在下处理三烷基或三芳基硼烷可以制备酰胺[569]：

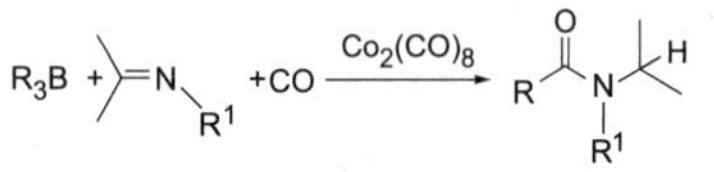

$$R_3B + \underset{R^1}{\overset{}{=}}N\diagup + CO \xrightarrow{Co_2(CO)_8} \underset{R^1}{\overset{O}{\|}}N\diagup$$

在另一个 RM→RCONR 的转变中，用甲酰胺（$HCONR_2'$）处理格氏试剂和有机锂试剂得到中间产物 $RCH(OM)NR_2'$，该中间产物不经分离，直接与 PhCHO 或 Ph_2CO 反应即可得到产物 $RCONR_2'$[570]。

有报道指出，通过与 $GaCl_3$ 和 CO 反应，烃可直接转化为醛（R—H → R—CHO）[571]。

关于芳基卤化物的羰基化反应参见反应 **13-15**。

亦可参见反应 **10-76**、**15-32**、**18-23** 和 **18-24**。

OS Ⅷ, 97.

12-34 氰基-去-金属化

$$R-M + CuCN \longrightarrow R-CN$$

烯基铜试剂与 ClCN 反应生成烯基腈，而与 BrCN 和 ICN 的反应却生成烯基卤[572]。烯基腈也可以由烯基锂化合物和苯基氰酸酯（PhOCN）反应制备[573]；采用 NaCN 和四乙酸铅处理三烷基氰基硼酸酯可以制得烷基腈（RCN）[574]，反应产率不等；烯基溴在镍配合物和金属锌存在下与 KCN 反应生成烯基腈[575]；烯基三氟甲磺酸在 Pd 催化剂存在与 LiCN 反应，生成烯基腈[576]。

更多 RM→RC 型的亲电取代反应见第 10 章亲核取代反应中的讨论，亦可参见反应 16-81~16-85 和 16-99。

OS Ⅸ, 548。

12.3.2.7 金属亲电试剂

12-35 金属置换金属

金属-去-金属化

$$RM + M' \rightleftharpoons RM' + M$$

很多金属有机化合物可以通过这个反应很好地制备得到，反应涉及一种金属对金属有机化合物中金属的置换。只有当金属 M' 在电动序中位于 M 上面时，化合物 RM' 才能被成功制备，否则就需一些可使平衡移动的方法。也就是说，RM 通常是一个不活泼的化合物，而 M' 是一个比 M 活泼的金属。最常见的情况是，RM 是 R_2Hg，这是因为烷基汞[556]容易制备，而且汞又位于电动序的下方[577]。Li、Na、K、Be、Mg、Al、Ga、Zn、Cd、Te、Sn 等的金属烷基化合物都已经通过该方法制备。这个方法与 **12-38** 相比的一个重要优点是它在制备金属有机化合物时不需要任何卤化物。这个反应可被用来分离固体烷基钠和烷基钾[578]。如果两种金属在电动序表中靠得太近，则可能无法移动反应平衡。例如，不能采用这种方法从烷基汞化合物制备烷基铋化合物。

OS Ⅴ, 1116。

12-36 用金属卤化物进行金属置换

金属-去-金属化

$$RM + M'X \rightleftharpoons RM' + M$$

与反应 **12-35** 相反，只有当电动序中 M' 在 M 下面时，一个金属有机化合物和一个金属卤化物之间的反应才能成功[579]。因此将这两个反应综合在一起考虑，就构成了制备各种金属有机化合物的强有力方法。在这个反应中，最常用的底物是格氏试剂和有机锂化合物[580]。

格氏试剂[581]中的 MgX 在少量 $TiCl_4$ 存在下可以迁移到烷基链的末端位置[582]。推测的机理为金属交换（反应 **12-36**），消除-加成和金属交换：

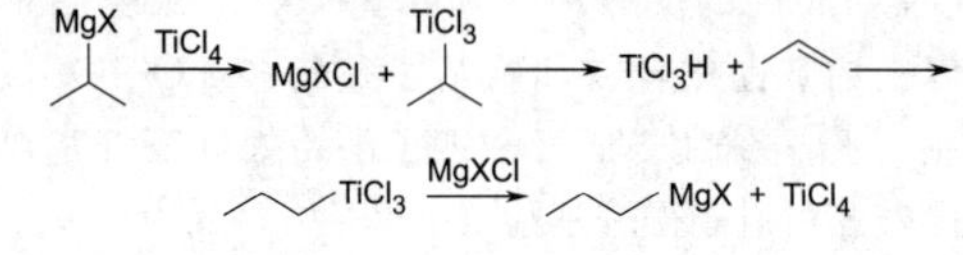

MgX + TiCl₄ → MgXCl + TiCl₃ → TiCl₃H + 烯 →

→ TiCl₃ + MgXCl → MgX + TiCl₄

加成的步骤与 **15-16** 或 **15-17** 类似，并且遵循马氏规则，因此带正电荷的钛加到末端碳上。

在其它情况下，Be、Zn[583]、Cd、Hg、Al、Sn、Pb、Co、Pt 和 Au 的烷基化物可用适当的卤化物与格氏试剂反应得到[584]。这个反应已经被用于制备几乎所有的烷基非过渡金属甚至一些烷基过渡金属。烷基准金属和烷基非金属，包括 Si、B[585]、Ge、P、As、Sb 和 Bi，也可以用这种方法制备[586]。除了烷基碱金属和格氏试剂，RM 和 M'X 之间的反应是用来制备金属有机化合物的最常用的方法[587]。在 Ir[588] 或 Pd 催化剂[589] 存在下，芳香化合物与硼烷反应生成相应的芳基硼烷。

二烷基铜锂试剂可以由 2mol RLi 和 1mol 卤化亚酮（CuX）低温下在醚中混合后制备得到[590]。关于这种类型有机铜试剂的形成，以及有机铜与卤代烷的偶联反应，在反应 **10-58** 中有更详细的讨论。

$$2\,RLi + CuX \longrightarrow R_2CuLi + LiX$$

另一种方法是将烷基铜化合物溶解到一个烷基锂溶液中。高序铜和非盐铜试剂一样也可以被制备[591]。

茂金属化合物（**48**，参见 2.9.2 节）通常用这种方法制备。Sc、Ti、V、Cr、Mn、Fe、Co 和 Ni 的茂金属化合物也可以用这种方法制备[592]。

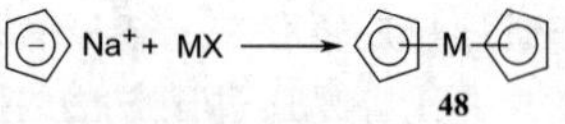

$$2\,C_5H_5Na^+ + MX \longrightarrow (C_5H_5)_2M$$
48

在一个相关的反应中，硫代硼烷（R_2B-$SSiR'_3$）与格氏试剂（例如甲基溴化镁）在真空下加热生成 β-烷基硼烷（例如 R_2BMe）[593]。

OS Ⅰ, 231, 550; Ⅲ, 601; Ⅳ, 258, 473, 881; Ⅴ, 211, 496, 727, 918, 1001; Ⅵ, 776, 875, 1033; Ⅶ, 236, 290, 524; Ⅷ, 23, 57, 268, 474, 586, 606, 609; 另见 OS Ⅳ, 476。

12-37 用金属有机化合物进行金属置换

金属-去-金属化

$$RM + R'M' \rightleftharpoons RM' + R'M$$

这种类型的金属交换反应不如 **12-35** 和 **12-36** 常用。这是一个平衡反应，只有平衡位于所需的方向时才是有用的。通常目标是制备采用其它方法不容易制备的锂化合物[594]，例如，烯基锂或烯丙基锂通常可由有机锡化合物制备得到。相应的实例是由苯基锂和四乙烯基锡制备乙烯基锂，以及由相应的有机锡化合物制备 α-二烷基氨基有机锂化合物[595]。

$$RR'NCH_2SnBu_3 + BuLi \xrightarrow{0℃} RR'NCH_2Li + Bu_4Sn$$

这个反应也用于从相应的汞化物制备 1,3-二锂丙烷[596] 和 1,1-二锂亚甲基环己烷[597]。一般来说，平衡点位于较强电正性的金属与更稳定的烷基或芳基碳负离子（参见5.2.1节）结合所形成的化合物一侧。反应结果构型保持[598]，可能是一个S_{EI}机理[599]。

"高序"铜酸盐[600]（见反应10-58）已经采用该反应由烯基锡化合物制得[601]：

$$RSnR'_3 + Me_2Cu(CN)Li_2 \longrightarrow RCuMe(CN)Li_2 + MeSnR'_3$$
$$R = 烯基$$

这些化合物不必分离，直接原位用于共轭加成反应（15-25）。另一个制备这些试剂（但是以Zn替代Li）的方法是从α-乙酸基卤化物制得[602]：

$$\underset{R}{\overset{OAc}{\underset{Br}{|}}} \xrightarrow[2.\ CuCN\cdot 2LiCl]{1.\ Zn粉,\ THF,\ Me_2SO} \underset{R}{\overset{OAc}{\underset{Cu(CN)ZnBr}{|}}}$$

OS V, 452; Ⅵ, 815; Ⅷ, 97.

12.3.3 卤原子作为离去基团

尽管卤代烷的还原反应可以通过亲电取代机理进行，但是它被放在第19章讨论（反应19-53）。

12-38 金属-去-卤化

$$RX + M \longrightarrow RM$$

卤代烷与特定的金属直接反应生成金属有机化合物[603]。最常用的金属是镁，当然这是至今最常用的制备格氏试剂的方法[604]。醛或酮与格氏试剂的反应在反应16-24中讨论。卤化物的反应性顺序是I>Br>Cl。这个反应可以被用于卤代烷：一级、二级、三级卤代烷和芳基卤，但是芳基氯需要使用THF或其它沸点较高的溶剂代替通常用的乙醚，或者用特殊的雾沫夹带法（entrainment method）[605]。芳基碘和芳基溴可以用通常的方法处理。烯丙基格氏试剂也可以用通常的方法制备（或者在THF中）[606]，然而在过量卤化物存在的情况下，有可能得到Wurtz偶联反应产物（见反应10-56）[607]。像芳基氯一样，烯基卤也需要较高沸点的溶剂（参见OS Ⅳ, 258）。一个很适用于苄基和烯丙基卤的方法是使用蒽基镁（由Mg和蒽在THF中制备）[608]代替通常用的镁[609]，但同样也可以使用活化的镁屑[610]。格氏试剂的制备通常通过反应12-22。

如果二卤化物[611]的两个卤原子不相同而且至少间隔三个碳原子，那么也可以被转变为格氏试剂。如果两个卤原子相同，则可能得到二镁化合物，例如，$BrMg(CH_2)_4MgBr$[612]。1,2-二卤化物会发生消除反应[613]而不是生成格氏试剂（反应17-22）。这个反应很少能够成功用于1,1-二卤化物，尽管偕二取代的化合物如$CH_2(MgBr)_2$可以从这些底物成功制备[614]。α-卤代格氏试剂和α-卤代锂试剂可以用12-39中给出的方法制备[615]。氟化烷基镁可以由氟代烷和Mg在合适的催化剂（如I_2或EtBr）存在下，在THF中回流几天来制备[616]。含氮的格氏试剂也已经制备得到[617]。

卤代烷中其它官能团的存在通常影响格氏试剂的制备。含有活泼氢（定义为任何会与格氏试剂反应的氢）的基团，如OH、NH_2和COOH，只有当它们被转化为盐的形式（分别是O^-、NH^-、COO^-）才可以保留在分子中。可与格氏试剂反应的基团，如C=O、C≡N、NO_2、COOR等，完全抑制格氏试剂的形成。总的来说，唯一可以在卤代烷分子中存在而一点都不干扰格氏试剂的基团只有双键和叁键（末端叁键除外）以及OR和NR_2基团。然而，β-卤代醚用镁处理时通常发生β-消除反应（参见17-24）；而从α-卤代醚[618]制备的格氏试剂只能低温下在THF或二甲氧基甲烷中制备，例如[619]：

$$EtOCH_2Cl + Mg \xrightarrow[-30℃]{THF 或 CH_2(OMe)_2} EtOCH_2MgCl$$

因为这些试剂在室温乙醚溶液中迅速发生消除反应（参见反应12-39）。

由于格氏试剂可与水（12-24）和氧（12-25）反应，所以通常最好在无水氮气保护下制备它们。格氏试剂一般既不能分离又不能储存，格氏试剂溶液直接用于所需的合成。格氏试剂也可以在苯或者甲苯中制备，如果加入一个叔胺使之与RMgX配位的话[620]，可以减少乙醚溶剂的使用量。对于特定的伯卤代烷甚至可以在无有机碱的烃溶剂中制备烷基镁化合物[621]。也可能得到粉末形态的格氏试剂，只要将它们与螯合剂[三(3,6-二氧庚基)胺][$N(CH_2CH_2OCH_2CH_2OCH_3)_3$]络合[622]。

除了生成格氏试剂，这个反应另一个最重要的应用是将烷基卤化物和芳基卤化物转变为有机锂化合物[623]，该反应也用于其它很多金属（如：Na、Be、Zn、Hg、As、Sb和Sn）。对于钠来说，Wurtz反应（10-56）是一个很重要的副反应。在有些情况下，当卤化物和金属之间的反应太慢时，该金属与钾或者钠的合金可以被用来替代单纯金属。最重要的一个例子是从溴乙烷和Pb-Na合金制备四乙基铅。

采用金属的粉末[624]或蒸气[625]形态进行反应通常可以提高反应的效率。这种技术已经使得一些用常规方法不能制备的有机金属化合物被制备出。在活化形态下进行反应的金属有 Mg[626]、Ca[627]、Zn[628]、Al、Sn、Cd[629]、Ni、Fe、Ti、Cu[630]、Pd 和 Pt[631]。

格氏试剂形成的机理涉及自由基[632],有许多来自 CIDNP（参见 5.3.1 节）[633]和立体化学、反应速率及产物的研究证据证明了这一点[634]。进一步的证据是已经捕获了自由基[635],研究在镁单晶表面的 MeBr 的本征反应性的实验表明格氏试剂的形成不是一个一步插入机理[636]。人们提出了如下 SET 机理[633]：

$$R-X + Mg \longrightarrow R-X^{\cdot -} + Mg_s^{\cdot +}$$
$$R-X^{\cdot -} \longrightarrow R^{\cdot} + X^-$$
$$X^- + Mg_s^{\cdot +} \longrightarrow XMg_s^{\cdot}$$
$$R^{\cdot} + XMg_s^{\cdot} \longrightarrow RMgX$$

其它的证据支持该机理的第 2 步为 SET 触发的自由基过程[637]。$R-X^{\cdot -}$ 和 $Mg^{\cdot +}$ 是自由基离子[638]。下标"s"表示该反应物种与镁表面结合。已经知道这是一个表面反应[639]。有人推测一些 $R^{\cdot}$ 自由基从镁的表面扩散到溶液中而后返回到表面与 $XMg^{\cdot}$ 反应。对于这个推测,既有支持的证据[640],又有反对的证据[641]。另一个推测是第 4 步并不是上式所显示的那样,而是 $R^{\cdot}$ 被 Mg^+ 还原为 R^-,而后 R^- 与 MgX^+ 结合生成 RMgX[642]。

在《有机合成》(OS) 中有太多的格氏试剂制备方法可供我们列在这里。手性的格氏试剂很少见,因为在大多数情况下它们的构型是不稳定的。但是也报道了少数几个手性的格氏试剂[643]。制备其它有机金属化合物的反应可以在 OS Ⅰ,228; Ⅱ,184,517,607; Ⅲ,413,757; Ⅵ,240; Ⅶ,346; Ⅷ,505 中找到。非溶剂化的丁基溴化镁的制备在 OS Ⅴ,1141 中描述。高反应性（粉末状态）镁的制备在 OS Ⅶ,845 中给出。

12-39 金属有机化合物中的金属置换卤原子
金属-去-卤化

$$RX + R'M \longrightarrow RM + R'X$$

卤化物和有机金属化合物的交换反应几乎全部局限在当 M 是锂并且 X 是溴或碘的情况下[644],尽管镁有时也会发生这个反应[645]。R' 基团通常是（但不是总是）烷基而且常常是丁基;R 通常是芳基[646]。卤代烷一般反应性不够高,而烯丙基卤和苄基卤通常发生 Wurtz 偶联反应。当然,与卤原子结合的 R 是 RH 中酸性较弱的那一个。虽然这个反应以溴化物和碘化物为主,但值得注意的是,1-氟辛烷与 4～10 倍量的 Li 粉末和 2～4 倍量的 4,4'-二叔丁基联苯（DTBB）在 0℃ 的 THP（四氢吡喃）中反应 5min,可生成相应的 1-辛基锂溶液[647]。烯基卤在反应中构型保持[648]。这个反应可以被用来制备 α-卤代有机锂和 α-卤代有机镁化合物[649]。例如,四氯化碳与丁基锂反应生成三氯甲基锂（Cl_3C-Li）[650]。像三氯甲基锂这类化合物还可以通过氢-金属交换反应制备,例如[651]：

$$Br_3CH + i\text{-PrMgCl} \xrightarrow[-95℃]{\text{THF-HMPA}} Br_3C-MgCl + C_3H_8$$

这是反应 **12-22** 的一个例子。然而,这些 α-卤代金属有机化合物只有在低温下（约-100℃）并且只有在 THF 或者 THF 与其它溶剂（如 HMPA）的混合溶剂中才能稳定存在（这也包括构型的稳定[652]）。在通常的温度下它们失去 MX（α-消除）生成卡宾（后者进一步发生反应）或者发生类卡宾反应。α-氯-α-镁砜 [$ArSO_2CH(Cl)MgBr$] 是一个例外,它在室温甚至回流下仍然稳定[653]。一个卤原子和一个过渡金属原子在同一个碳上的化合物可以比那些只有锂的化合物更稳定[654]。

有证据表明烷基锂化合物与烷基碘或芳基碘的反应[655]机理为自由基型[656]。

$$RX + R'M \underset{\text{溶剂笼}}{\rightleftharpoons} [R^{\cdot}, X, M, R'^{\cdot}] \rightleftharpoons RM + R'X$$

在众多证据中有如下事实,偶合和歧化产物来自于 $R^{\cdot}$ 和 $R'^{\cdot}$,这已被 CIDNP 观察到[656,657]。然而,在 PhI 和 PhLi 之间的简并交换（degenerate exchange）中,已经发现盐配合物 $Ph_2I^-Li^+$ 是一个中间体[658],但是也有其它证据表明这个反应并不是所有情况下都是自由基反应[659]。

在一种完全不同的过程中,卤代烷可以与有机金属盐离子反应而转变成特定的金属有机化合物,例如,

$$RX + R'_3SnLi \longrightarrow RSnR'_3 + LiX$$

大多数的证据一致认为这是一个包含电子转移的自由基机理,而在一些条件下一个 S_N2 机理可能会与之竞争[660]。电化学产生的锌可用于从相应卤代烷制备有机溴化锌[661]。

OS Ⅵ,82; Ⅶ,271,326,495; Ⅷ,430;另见 OS Ⅶ,512; Ⅷ,479.

12.3.4 碳离去基团

在这些反应（**12-40**～**12-48**）中发生了碳-碳键断裂。我们将保留电子对的反应物视为底物,这样这个反应就被认为是亲电取代反应。除了一个反应（**12-42**）外,所有反应的进入基团都是氢。12.3.4.1 节和 12.3.4.2 节中的反应有时被称为负离子分裂[662],尽管它们并不总是以游离碳负离子的机理（S_E1）发生的。如果它们以碳

负离子机理进行时，提高碳负离子的稳定性有利于反应进行。

12.3.4.1 碳碳键断裂的同时形成羰基

这些反应以如下方式进行：

离去基团被稳定是因为碳的缺电子状况被氧的一对电子所缓和。对离去基团来说，这个反应是形成一个 C═O 键的消除反应。羟醛缩合的逆反应（**16-34**）和氰醇的分裂（**16-52**）都属于这一类，但是这些反应都在第 16 章它们更重要的逆反应的章节中讨论。其它形成 C═O 键的消除反应在第 17 章中讨论（**17-32**）。

12-40 脂肪酸的脱羧

$$RCOOH \longrightarrow RH + CO_2$$

很多羧酸可以被成功地脱羧，无论是以游离酸的形式还是以盐的形式，但普通的脂肪酸却不容易脱羧[663]。一个例外是乙酸，乙酸可以乙酸盐的形式与碱一起加热，得到高产率的甲烷。丙二酸衍生物是最常见的脱羧底物，其脱羧后生成相应的单羧酸。微波辐照下 2-取代丙二酸的脱羧反应已被报道[664]。可以成功脱羧的脂肪酸通常在 α 位或 β 位有特定的官能团或有双键或叁键。其中一些结构列于表 12.2。

表 12.2　较容易脱羧的一些羧酸[①]

酸的类型		脱羧产物	
丙二酸	HOOC–C–COOH	HOOC–C–H	
α-氰基酸	HOOC–C–CN	H–C–CN 或 HOOC–C–H	
α-硝基酸	HOOC–C–NO₂	O₂N–C–H	
α-芳基酸	HOOC–C–Ar	Ar–C–H	
α,α,α-三卤代酸	X₃C—COOH	X₃C—H	
β-羰基酸	C(=O)–C–COOH	C(=O)–C–H	
β,γ-不饱和酸	C=C–C–COOH	C=C–C–H	

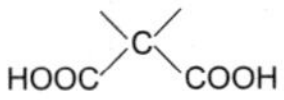

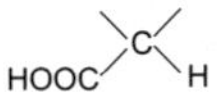

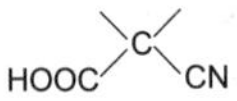

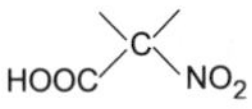

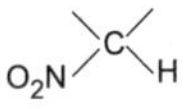

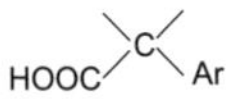

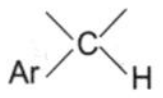

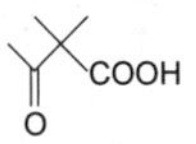

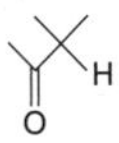

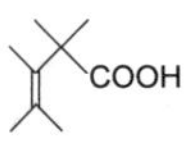

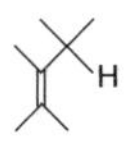

① 其它反应见教材中的描述。

芳香酸的脱羧参见反应 **11-35**。α-氰基酸脱羧得到腈或羧酸，因为氰基在反应过程中可能水解也可能不水解。除了表 12.2 中列出的化合物，α,β-不饱和酸[665] 及 α,β-炔酸也能发生脱羧反应。环氧丙酸脱羧得到醛。人们已提出下面的机理[666]：

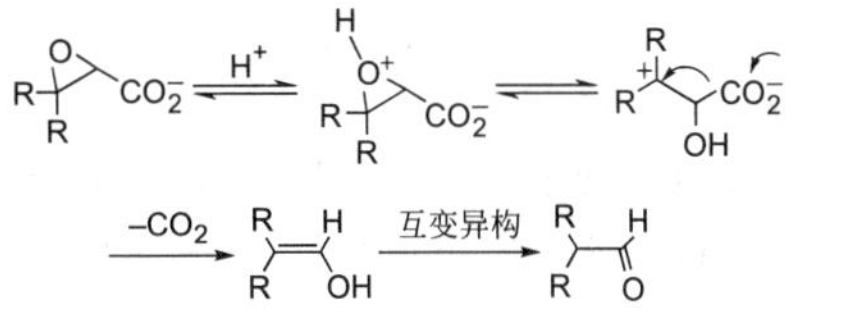

直接产物是一个烯醇，而后互变异构为醛[667]。这通常是 Darzens 反应（**16-40**）的最后一步。

脱羧反应可以视为碳负离子与二氧化碳的加成反应（**16-82**）的逆过程，但是反应中并不一定存在游离的碳负离子[668]。羧酸盐离子脱羧时，其机理不是 S_E1 就是 S_E2。对于 S_E1 机理，存在可稳定碳负离子的吸电子基当然有利于反应的进行[669]。加入合适的冠醚可以有效地驱除金属离子，加速羧酸盐离子的脱羧化[670]。没有金属离子的反应也已经在气相中成功进行[671]。有些酸也可以直接脱羧，并且在大多数情况下，反应经过一个六中心环状机理：

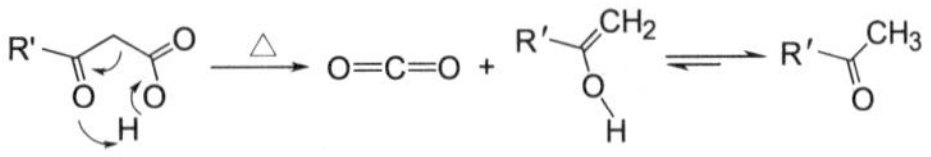

这里也有一个可互变异构到产物的烯醇。该机理可以以 β-酮酸为例来说明[672]，但是似乎丙二酸、α-氰酸、α-硝基酸和 β,γ-不饱和酸[673]也有类似的行为，因为它们也可以画出类似的六元环过渡态。一些 α,β-不饱和酸也以这个机理脱羧，在它们真正脱羧以前先异构化为 β,γ-异构体[674]。证据是 **49** 以及类似的二环 β-酮酸不会脱羧[675]。在这些化合物中，由于位阻原因不能形成六元环过渡态[676]；如果可以形成的话，烯醇中间体的形成会违反 Bredt 的规则（参见 4.17.3 节）。

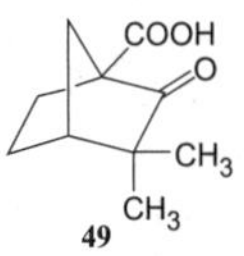

49

一些不能形成六元环过渡态的羧酸仍然可以脱羧，这些反应大概是 S_E1 或 S_E2 机理[677]。支持环状机理的进一步证据是当溶剂从非极性变成极性（甚至是从苯到水[678]）时，反应速率变化非常小，并且不受酸催化的影响[679]。当在 β,γ-不饱和酸分子中引入一个 β-甲氧基时，它的脱羧反应速率会提高 $10^5 \sim 10^6$ 倍，这说明环状过渡态具有偶极性[680]。脱羧反应的速率常数已经使用无能垒理论（no barrier theory）得以计算[681]。

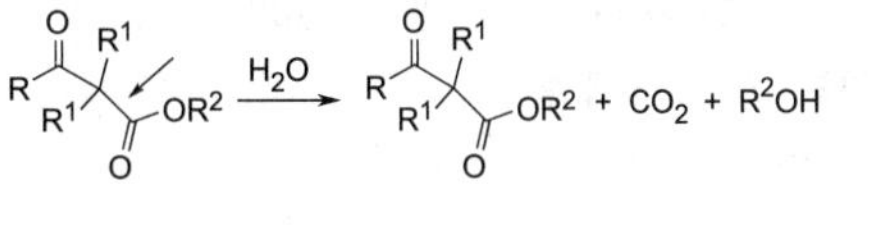

β-酮酸[682]很容易脱羧，但是这类酸通常由β-酮酸酯制备，并且酯本身在水解过程中不需要分离出酸即可很容易地发生脱羧[683]。这个β-酮酸酯的脱羧包括了取代的亚甲基在羰基一侧断裂（箭头所指），该反应可在酸性、中性或弱碱性条件下进行，反应生成酮。在强碱性条件下，断裂发生在 CR_2 基团的另一侧（反应 12-43）。β-酮酸酯在 150℃ 下与硼酐（B_2O_3）反应，不经过游离酸状态即可脱烷酯基[684]。酯的烷基部分（R'）被转变为烯烃；如果烷基部分没有 β-氢，则会转变为醚 R'OR'。另一个 β-酮酸酯、丙二酸酯和 α-氰酸酯脱烷酯基化的方法是将底物在含有 NaCl、Na_3PO_4 或其它一些简单盐的湿 DMSO 中加热[685]。在这个方法中，游离酸也可能不是中间体，但是此处底物的烷基部分被转变为相应的醇。采用催化量的 2-环己烯酮处理 α-氨基酸可将其脱羧[686]。通过先在 pH 5 下用 NBS、而后用 $NaBH_4$、最后用 $NiCl_2$ 处理，氨基酸可被脱羧[687]。特定的脱羧反应也可以通过光化学过程完成[688]。亦可参见 14-32 中提到的酰卤的脱羰。在一些情况下，脱羧可以得到金属有机化合物：$RCOOM \rightarrow RM + CO_2$[689]。Cu 催化的 2-炔酸转化为端炔的脱羧反应已被报道[690]。

另外还有脱羧烷基化和脱羧芳基化反应。在 Ru 催化剂和 B-苯基硼酸酯存在下，脯氨酸酯可脱羧生成 2-苯基吡咯烷衍生物[691]。在 Pd 催化剂存在下，羧酸中与羰基连接的烷基和与酯基氧连接的烷基之间偶联生成相应的烃片段，从而完成脱羧反应[692]。

在《有机合成》（OS）中所列举的一些脱羧反应，在反应过程中伴随着酯或腈的水解，其它的是单纯的脱羧。

伴随酯或腈的水解：OS Ⅰ, 290, 451, 523; Ⅱ, 200, 391; Ⅲ, 281, 286, 313, 326, 510, 513, 591; Ⅳ, 55, 93, 176, 441, 664, 708, 790, 804; Ⅴ, 76, 288, 572, 687, 989; Ⅵ, 615, 781, 873, 932; Ⅶ, 50, 210, 319; Ⅷ, 263。

单纯的脱羧：OS Ⅰ, 351, 401, 440, 473, 475; Ⅱ, 21, 61, 93, 229, 302, 333, 368, 416, 474, 512, 523; Ⅲ, 213, 425, 495, 705, 733, 783; Ⅳ, 234, 254, 278, 337, 555, 560, 597, 630, 731, 857; Ⅴ, 251, 585; Ⅵ, 271, 965; Ⅶ, 249, 359; Ⅷ, 235, 444, 536; 75, 195; 另见 OS Ⅳ, 633。

12-41 醇盐的裂解

氢-去-(α-烷氧基)-取代

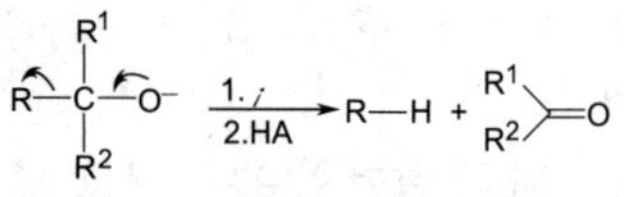

$$R-\overset{R^1}{\underset{R^2}{\overset{|}{C}}}-O^- \xrightarrow[2.HA]{1.} R-H + \underset{R^2}{\overset{R^1}{C}}=O$$

叔醇盐可以一个基本上是碳负离子与酮加成反应（16-24）的逆反应方式断裂[693]。当 R 基团是简单的无支链烷基（如三乙基甲醇盐）时不易发生该反应。含支链的醇盐，如二异丙基新戊基甲醇盐或者三叔丁基甲醇盐，可以很容易地发生此类断裂反应[694]。烯丙基[695]、苄基[696]和芳基也可以断裂。例如，三苯基甲醇盐断裂生成苯和二苯甲酮。在气相中的研究表明断裂是一个简单反应，在一步反应中生成碳负离子和酮[697]。然而，对于溶液中的某些底物，产物中可以发现大量的 R—R 二聚体，提示是一个自由基过程[698]。位阻较大的醇（不是醇盐）也可以断裂失去一个 R 基团，该反应也是通过了一个自由基过程[699]。这是逆羟醛反应（参见反应 16-34）的又一个例子。

这个反应已经被广泛用于机理研究（参见第 12.1.2 节）。

OS Ⅵ, 268。

12-42 羧基被酰基置换

酰基-去-羧基化

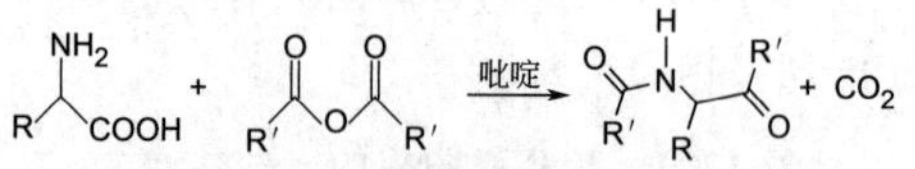

$$R-\underset{COOH}{\overset{NH_2}{\underset{|}{C}H}} + R'\overset{O}{C}-O-\overset{O}{C}R' \xrightarrow{\text{吡啶}} R'\overset{O}{C}-\underset{R}{\overset{H}{N}}-\overset{O}{C}R' + CO_2$$

当 α-氨基酸在吡啶存在下与酸酐反应时，羧基可被酰基置换并且 NH_2 被酰基化，这就是 Dakin-West 反应[700]。反应机理中有噁唑酮的形成[701]。这个反应有时甚至发生在没有氨基的羧酸上。很多 N-取代氨基酸［RCH（NHR'）COOH］反应后生成相应的 N-烷基化产物。

OS Ⅳ, 5; Ⅴ, 27。

12.3.4.2 酰基断裂

在这些反应（21-43～12-46）中，羰基被羟基负离子（或者氨基负离子）进攻生成一个中间体，该中间体断裂生成羧酸（或酰胺）。就离去基团而言，这是一个羰基上的亲核取代反应，其机理是 16.1.1 节讨论过的四面体机理。

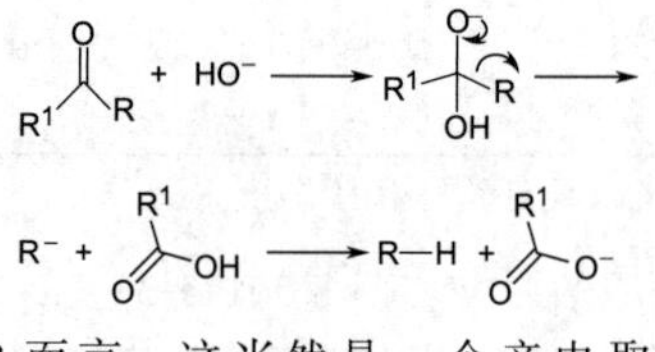

$$R^1-\overset{O}{C}-R + HO^- \longrightarrow R^1-\underset{OH}{\overset{O^-}{\underset{|}{C}}}-R \longrightarrow$$

$$R^- + \overset{O}{C}-OH \longrightarrow R-H + \underset{R^1}{\overset{O}{C}}-O^-$$

就 R 而言，这当然是一个亲电取代反应，反应机理通常是 S_E1。

12-43 β-酮酸酯和 β-二酮的碱性断裂

氢-去酰基化

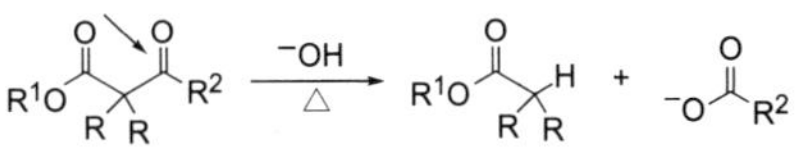

当 β-酮酸酯与浓碱反应时，会发生键的断裂，但是此时键的断裂方式与在反应 **12-40** 中提到的酸断裂方式相反，碱性条件下键的断裂发生在 CR_2 基团（箭头所指）酮的一侧，产物是羧酸酯和酸的盐。然而，这个反应在应用时有一定局限性，因为在碱性条件下会发生脱羧副反应。β-二酮以相同的方式反应得到酮和羧酸盐。无论是 β-酮酸酯还是 β-二酮，可以用 $^-$OEt 来代替 $^-$OH，在这种情况下，得到相应酸的乙酯而不是盐。对于 β-酮酸酯来说，这是 Claisen 缩合反应（**16-85**）的逆反应。环 α-氰基酮的类似断裂反应以分子内方式进行，已被用于实现一种大环内酯的合成，例如 **50**[702]：

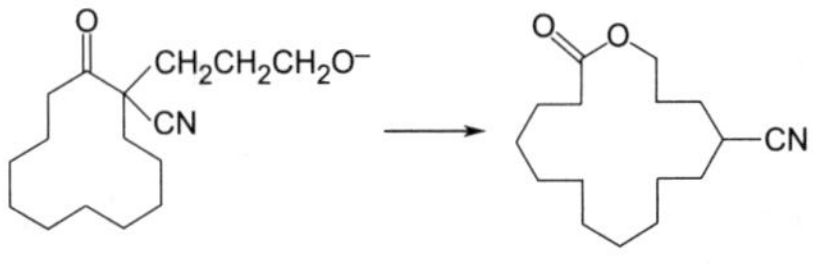

活化的 F^-（来自 KF 和冠醚）已经被用于断裂 α-氰基酮的碱[703]。采用硝酸铈铵处理也可使 β-二酮发生断裂生成羧酸[704]。

OS Ⅱ,266,531;Ⅲ,379;Ⅳ,415,957;Ⅴ,179,187,277,533,747,767.

12-44 卤仿反应

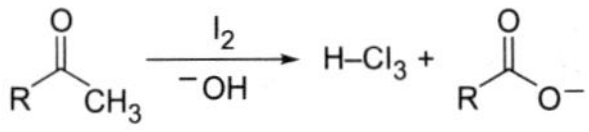

在卤仿反应中，甲基酮（以及唯一的甲基醛，乙醛）被卤素和碱断裂[705]。卤素可以是溴、氯或者碘。实际发生的是两个反应。第一个反应是 **12-4** 的一个例子，反应中，碱性条件下甲基被三卤代，然后所得的三卤代酮被氢氧根负离子进改生成四面体中间体（**51**）[706]。X_3C^- 是一个相当好的离去基团（而不是 HX_2C^- 或是 H_2XC^-），离去后 **51** 转化为羧酸，羧酸很快与碳负离子反应得到最终产物。伯或仲甲基醇也会发生这个反应，因为它们在反应条件下可被氧化为羰基化合物。

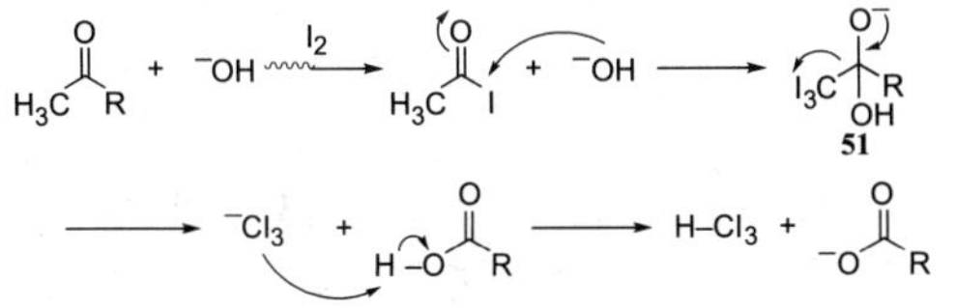

对于反应 **12-4**，决速步是甲基酮的初始烯醇化[707]。该反应的一个副反应是非甲基 R 基团的 α-卤代。有时这些基团也会被断裂[708]。这个反应不能应用于 F_2，但是 $RCOCF_3$（R=烷基或芳基）形式的酮用碱处理时也会得到氟仿和 $RCOO^-$[709]。X_3CCOPh（X = F、Cl、Br）的断裂速率常数比为 $1:5.3×10^{10}:2.2×10^{13}$，表明 F_3C^- 基团比其它基团断裂速度要慢很多[710]。卤仿反应经常被用于检验甲醇和甲基酮。碘是最常用的检验试剂，因为碘仿是一个容易辨认的黄色固体。这个反应也经常被用于合成。甲基酮（$RCOCH_3$）可以用一个电化学反应直接转化为甲基酯（$RCOOCH_3$）[711]。三氟甲基酮可以通过在 DMF 水溶液中用 NaH 处理继而与溴乙烷反应被转化为乙基酯[712]。

OS Ⅰ,526;Ⅱ,428;Ⅲ,302;Ⅳ,345;Ⅴ,8;另见 OS Ⅵ,618.

12-45 不能烯醇化的酮的断裂

氢-去-酰基化

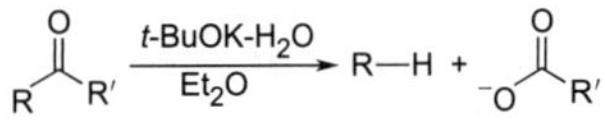

普通的酮通常比三卤代酮或者 β-二酮难断裂得多。然而，不能烯醇化的酮可以用 10∶3 的 t-BuOK-H_2O 的混合物在非质子溶剂，如乙醚、二甲亚砜、1,2-二甲氧基乙烷（甘醇二甲醚）等溶剂中处理[713]，或者是用无溶剂的固体 t-BuOK 处理[714]，从而发生断裂反应。当这个反应应用于单取代的二芳基酮时，可使碳负离子更稳定的芳基优先断裂。但是邻位有取代基的芳基更易断裂，这是受空间位阻（释放张力）的影响[714,715]。在特定情况下，环酮可以被碱处理而断裂，即使它们是可以被烯醇化的[716]。

OS Ⅵ,625;另见 OS Ⅶ,297.

12-46 Haller-Bauer 反应

氢-去-酰基化

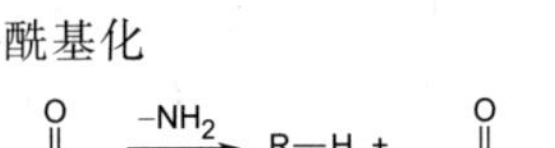

酮与氨基钠的断裂反应称为 Haller-Bauer 反应[717]。与 **12-45** 的情况类似，这个反应通常只能应用于不能烯醇化的酮，最常应用于 $ArCOCR_3$ 形式的酮，这种酮的反应产物 R_3CCONH_2 用别的方法不容易获得。该反应已被应用于很多其它酮，但是二苯甲酮不发生此反应。研究表明，反应中具有光学活性的烷基（R）的构型得到保持[718]。NH_2 在 R 基团断裂之前从四面体中间体（**52**）失去它的质子[719]：

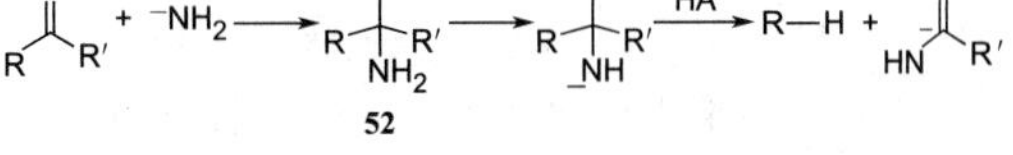

该断裂过程可扩展至 α-硝基酮（O=C—CHRNO$_2$）与伯胺的反应，反应完全生成相应的酰胺（O=C—NHR'）[720]。

OS V, 384, 1074.

12.3.4.3 其它断裂
12-47 烷烃的断裂
氢-去-叔丁基化，及其它

$$(CH_3)_4C \xrightarrow{FSO_3H\text{-}SbF_5} CH_4 + (CH_3)_3C$$

烷烃的 C—C 键用超酸（参见 5.1.2 节）处理可以被裂解。例如，新戊烷在 FSO$_3$H-SbF$_5$ 中可以断裂生成甲烷和叔丁基正离子。C—H 键断裂（参见反应 12-1）是其竞争反应，例如，新戊烷可以通过这条途径生成 H$_2$ 和叔戊基正离子（通过新生成的新戊基正离子重排形成）。总的来说，反应性的顺序是：3° C—H＞C—C＞2° C—H≫1° C—H，但是立体化学因素在如三叔丁基甲烷这样的大位阻化合物中造成了有利于 C—C 键断裂的迁移。该反应机理与反应 12-1 和 12-20 中所示的类似，反应中 H$^+$ 对 C—C 键进攻，生成五价的正离子。

催化氢化通常无法断裂未活化的 C—C 键（例如，R—R' + H$_2 \longrightarrow$ RH+R'H），但是甲基和乙基可以被 Ni-Al$_2$O$_3$ 催化剂在大约 250℃ 条件下从取代的金刚烷上裂解下来[721]。一些特定的 C—C 键可被碱金属断裂[722]。

在 Ni 催化剂作用下，2-烯丙基-2-芳基丙二酸酯衍生物的 C—C 键可被裂解，失去烯丙基从而生成 2-芳基丙二酸酯[723]。

12-48 脱氰化或氢-去-氰基化

$$RCN \xrightarrow{Na\text{-}NH_3 \text{ 或 } Na\text{-}Fe(acac)_3} RH$$

烷基腈可以与液氨中的金属钠[725]或者钠和三(乙酰丙酮基)铁(Ⅲ)〔亦即 Fe(acac)$_3$〕的组合反应[726]，或者与亚钛茂（产率较低）反应而除去氰基[724]。这两个过程是互相补充的。尽管两种方法都可用于将许多腈脱氰基，但是当 R 基团为三苯甲基、苄基、苯基和叔烷基时，Na-NH$_3$ 方法的产率较高；当 R 为伯或者仲烷基时产率较低（约 30%～50%）。从另一方面来说，伯烷基和仲烷基腈通过 Na-Fe(acac)$_3$ 方法可以高产率地脱氰基。液氨中的 Na 是一种溶剂化的电子源，反应可能通过自由基 R· 机理进行，自由基而后被还原成碳负离子 R$^-$，碳负离子最后从溶剂中获得一个氢生成 RH。这与 Fe(acac)$_3$ 的反应机理是不同的。另一个过程[727]对于 R 为伯、仲或叔烷来说是成功的，反应中需要使用金属钾和冠醚（二环己基-18-冠-6）[728]。

α-氨基腈〔RCH(CN)NR$_2'$〕和 α-酰氨基腈〔RCH(CN)NHCOR'〕可以用 NaBH$_4$ 处理，高产率地脱氰基[729]。

12.3.5 氮上的亲电取代反应

在本节的几乎所有反应中，都是亲电试剂与氮原子上的未共用电子对结合。亲电试剂可以是游离的正离子或者一个附着在载体上的正离子，该正离子在进攻过程中或进攻后不久即脱落下来：

$$-\underset{|}{N}- + Y\text{-}Z \longrightarrow -\underset{|}{\overset{+}{N}}Y + Z$$
$$\qquad\qquad\qquad\qquad 53$$

53 的进一步反应取决于 Y 以及氮上连接的其它基团的性质。

12-49 肼转化为叠氮化物
肼-叠氮化物转化

$$RNHNH_2 + HONO \longrightarrow R-N=N^+=N^-$$

单取代的肼用亚硝酸处理后，通过一个与反应 13-19 中提到的脂肪族重氮化合物制备反应完全类似的反应得到叠氮化物。其它可用于这个转化的试剂有 N$_2$O$_4$[730] 和亚硝基四氟化硼（NOBF$_4$）[731]。

OS Ⅲ, 710; Ⅳ, 819; Ⅴ, 157.

12-50 N-亚硝基化
N-亚硝基-去-氢化

$$R_2NH + HONO \longrightarrow R_2N\text{-}NO$$

当用亚硝酸（一般由亚硝酸钠与无机酸反应生成）处理仲胺时[732]，可以生成 N-亚硝基化合物（也叫亚硝胺）[733]。该反应适用于二烷基胺、二芳基胺或烷基芳基胺，甚至 N-单取代酰胺也可以发生此反应：RCONHR' + HONO $\longrightarrow$ RCON(NO)R'[734]。叔胺也可以被亚硝基化，但是此时 N 上一个基团离去，因此产物是一种仲胺的亚硝基衍生物[735]。断裂的基团生成醛或酮。还可以采用其它试剂，如 NOCl，可用于在酸性水溶液中不溶的胺或酰胺，或者当 N-亚硝基化合物的反应性很高时。N-亚硝基化合物可以在碱性溶液中用仲胺与气态的 N$_2$O$_3$、N$_2$O$_4$[736] 或烷基亚硝基酯[737] 反应，或者在水或有机溶剂中与 BrCH$_2$NO$_2$ 反应而制备[738]。仲芳基胺与湿硅胶上的 H$_5$IO$_6$ 反应转化为 N-亚硝基化合物[739]。

$$\underset{R}{\overset{Ar}{>}}N\text{-}N=O$$
$$\qquad 54$$

亚硝基化的机理实质上与 13-19 中 54 形成机理一样。由于这个产物不能失去质子，它是稳定的，因此反应在此处结束。进攻的实体可以是 13-19 中提到的任何一种。以下是人们提出的叔胺反应的机理[740]：

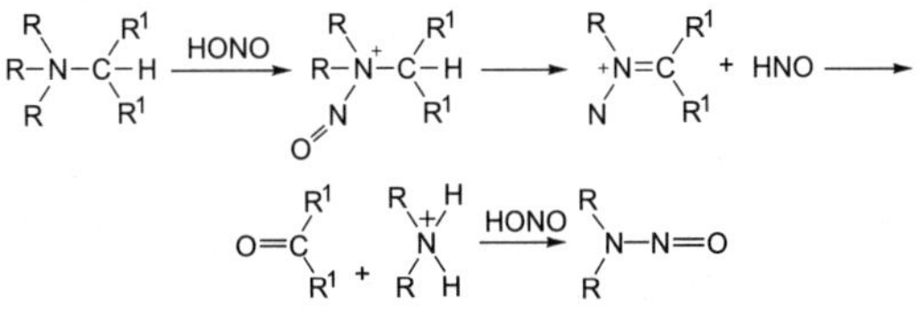

$$\underset{R^1}{\overset{R}{R-N-CH}} \xrightarrow{HONO} \underset{R^1}{\overset{R}{R-N-CH}} \longrightarrow \overset{R}{\underset{R}{}}N=CH \atop R^1 + HNO \longrightarrow$$

$$\underset{R^1}{\overset{R}{O=C}} + \overset{R}{\underset{R}{}}N \atop H \xrightarrow{HONO} \overset{R}{\underset{R}{}}N-N=O$$

支持这个机理的证据有：人们发现其中一个产物是一氧化氮（通过 $2HNO \longrightarrow H_2O+N_2O$ 形成）。同时，在对奎宁环的研究中也得出一些结论：奎宁环上的氮原子在桥头位置时不能消去，所以不发生反应。叔胺也可以用 Ac_2O 中的硝酸[741]或用 N_2O_4 转化为亚硝胺[742]。

胺和酰胺可以用硝酸[744]或 NO_2^+[745] N-硝基化[743]；芳香胺可以用重氮盐转化为三氮烯。如果重氮盐含有吸电子基团，脂肪族伯胺也可以被转化为三氮烯[746]。C-亚硝基化在 **11-3** 和 **12-8** 中讨论。

OS Ⅰ，177，399，417；Ⅱ，163，211，290，460，461，462，464（另见 Ⅴ，842）；Ⅲ，106，244；Ⅳ，718，780，943；Ⅴ，336，650，797，839，962；Ⅵ，542，981；另见 OS Ⅲ，711.

12-51 亚硝基化合物转化为氧化偶氮化合物

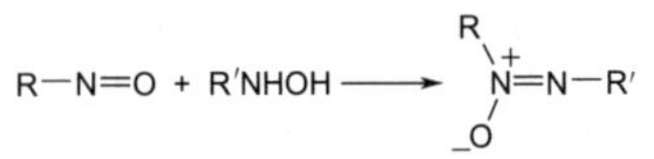

$$R-N=O + R'NHOH \longrightarrow \underset{O^-}{\overset{R}{}}N=N-R'$$

在与 **13-24** 相似的反应中，亚硝基化合物与羟胺可以缩合制备氧化偶氮化合物[747]。最终产物中氧的位置由 R 基团的性质决定，而不是由该 R 基团来自哪个起始化合物决定。R 和 R' 都可以是烷基或芳基，但是当两个芳基不同时，将得到氧化偶氮化合物的混合物（ArNONAr、ArNONAr' 和 Ar'NONAr'）[748]，其中非对称产物（ArNONAr'）的量通常最小。这种行为可能是由实际反应之前起始化合物之间的平衡引起的（$ArNO + Ar'NHOH \longrightarrow Ar'NO + ArNHOH$）[749]。已经在碱存在下研究了该机理[750]。在这些条件下两个反应物都转化为自由基负离子，而后偶合：

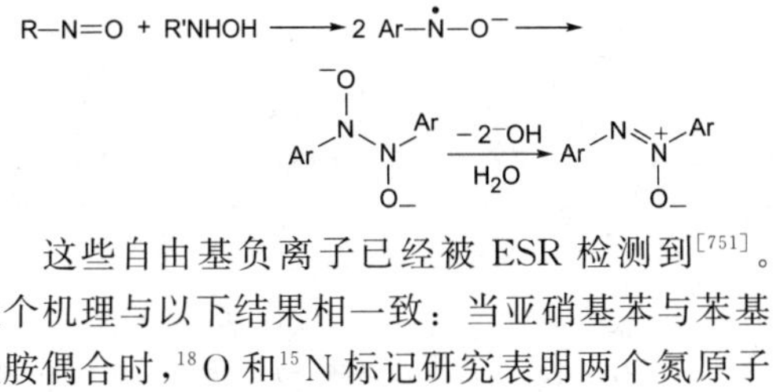

$$R-N=O + R'NHOH \longrightarrow 2 Ar-\overset{\cdot}{N}-O^- \longrightarrow$$

$$\underset{Ar}{\overset{O^-}{}}N-N\overset{Ar}{\underset{O^-}{}} \xrightarrow[H_2O]{-2 OH^-} Ar-N=\overset{+}{N}-Ar \atop O^-$$

这些自由基负离子已经被 ESR 检测到[751]。这个机理与以下结果一致：当亚硝基苯与苯基羟胺偶合时，^{18}O 和 ^{15}N 标记研究表明两个氮原子和两个氧原子变得等价[752]。非对称氧化偶氮化合物可以由亚硝基化合物与 N,N-二溴代胺反应制备[753]。芳香族硝基化合物与芳香亚胺二镁试剂 $ArN(MgBr)_2$ 反应，可制备对称和非对称的偶氮和氧化偶氮化合物[754]。

12-52 N-卤化

N-卤-去-氢化

$$RNH_2 + NaOCl \longrightarrow RNHCl$$

用次氯酸钠或次溴酸钠处理伯胺可将其转化为 N-卤代胺或 N,N-二卤代胺。仲胺可以被转化成 N-卤代仲胺。类似的反应可以在无取代的和 N-取代的酰胺和磺酰胺上发生。对于未取代的酰胺，很少能分离出 N-卤代产物，N-卤代物通常发生重排（参见反应 **18-13**）；然而，N-卤代-N-烷基酰胺和 N-卤代酰亚胺十分稳定。重要试剂 NBS 和 NCS 就是用这种方法制备的。N-卤代反应已经成功地用其它试剂完成了，如亚溴酸钠（$NaBrO_2$）[755]、三溴化苄基三甲基铵（$PhCH_2NMe_3^+ Br_3^-$）[756] NaCl 与过硫酸氢钾[757]，以及 NCS[758]。使用叔丁醇和乙酸存在下的次卤酸钠是制备 N-卤代胺的有效方法[759]。酰胺可被三氯异氰尿酸 N-氯代[760]。这些反应的机理[761]包括了卤素正离子的进攻，机理可能与 **13-19** 和 **12-50** 类似[762]。用 F_2 直接处理胺[763]或者酰胺[764]可以发生 N-氟代反应。N-烷基-N-氟代酰胺的氟化反应导致键断裂生成 N,N-二氟胺[764,765]。三氯异氰尿酸可将伯胺转化为 N,N-二氯胺[766]。

OS Ⅲ，159；Ⅳ，104，157；Ⅴ，208，663，909；Ⅵ，968；Ⅶ，223；Ⅷ，167，427.

12-53 胺和 CO 或 CO_2 的反应

N-甲酰化或 N-甲酰-去-氢化，等

$$RNH_2 + CO \xrightarrow{催化剂} \underset{H}{\overset{O}{}}C-NHR \ 或 \ \underset{RHN}{\overset{O}{}}C-NHR \ 或 \ RNCO$$

胺与一氧化碳的反应可以得到三类产物，具体是哪一类产物取决于催化剂。①伯胺和仲胺在各种催化剂［如 $Cu(CN)_2$、Me_3N-H_2Se、铑或钌的配合物］存在下与 CO 反应分别生成 N-取代甲酰胺和 N,N-二取代甲酰胺[767]。伯芳香胺与甲酸铵反应生成甲酰胺[768]。叔胺与 CO 及 Pd 催化剂反应生成酰胺[769]。②在硒[771]或硫[772]存在下用 CO[770] 与伯胺（或者氨）反应可以制备对称取代的脲。其中 R 基团可以是烷基或芳基。使用 $Pd(OAc)_2-I_2-K_2CO_3$ 体系可使仲胺发生类似反应[773]。伯芳香胺与 β-酮酸酯及 $Mo-ZrO_2$ 催化剂反应生成对称的脲[774]。仲胺与硝基苯、Se 及 CO 反应得到非对称的脲[775]。③当以 $PdCl_2$ 为催化剂时，伯胺可生成异氰酸酯[776]。异氰酸酯也可以由叠氮化物与 CO 反应获得：$RN_3 +$

CO→RNCO[777], 或者用芳烃亚硝基或硝基化合物和铑配合物催化剂与 CO 反应而获得[778]。伯胺与二叔丁基碳酸酯（tricarbonate）反应也可生成异氰酸酯[779]。

在二氯甲烷中湿的氧化铝作用下，使用 $Ca(OCl)_2$ 可将内酰胺转化为相应的 N-氯代内酰胺[780]。通过相似的反应可从环胺得到环扩展的内酰胺[781]（另见反应 16-22）。胺的分子内羰基化也生成内酰胺[782]。

第四类产物，氨基甲酸酯（RNHCOOR'），可以通过伯胺或仲胺在催化剂存在下与 CO、O_2 和醇 R'OH 反应而获得[783]。伯胺与碳酸二甲酯在超临界 CO_2（参见 9.4.2 节）中反应生成氨基甲酸酯[784]。氨基甲酸酯也可以由亚硝基化合物通过与 CO、R'OH、$Pd(OAc)_2$ 和 $Cu(OAc)_2$ 的反应得到[785]。从硝基化合物也能制备氨基甲酸酯[786]。当烯丙基胺（$R_2C\!=\!CHRCHRNR'_2$）与 CO 和 $Pd\text{-}PH_3$ 催化剂反应时，CO 插入到反应物中，以很高的产率生成 β,γ-不饱和酰胺（$R_2C\!=\!CHRCHRCONR'_2$）[787]。三烷基硅烷基氨基甲酸酯（$RNHCO_2SiR'_3$）可通过伯胺与 CO_2 和三乙胺反应，而后与三异丙基硅烷基三氟甲磺酸酯和四丁基氟化铵反应而制备[788]。

CO_2 在电解条件下与胺（$ArNH_2$）和碘乙烷反应，生成相应的氨基甲酸酯（$ArNHCO_2Et$）[789]。仲胺与所有的卤代物和鎓盐在超临界 CO_2（参见 9.4.2 节）中反应生成氨基甲酸酯[790]。N-苯硫基胺与 CO 和 Pd 催化剂反应生成硫代氨基甲酸酯（$ArSCO_2NR'_2$）[791]。脲衍生物可以从胺与 CO_2 和锑催化剂反应获得[792]。

吖丙啶与 CO_2 和 Cr-salen 催化剂共热可转化为环状氨基甲酸酯（噁唑啉酮）[793]。吖丙啶与 LiI，而后与 CO_2 反应也得到噁唑啉酮[794]。

参 考 文 献

[1] See Hartley, F. R.; Patai, S. *The Chemistry of the Metal-Carbon Bond*, 5 Vols., Wiley, NY, **1984-1990**; Haiduc, I.; Zuckerman, J. J. *Basic Organometallic Chemistry*, Walter de Gruyter, NY, **1985**; Negishi, E. *Organometallics in Organic Synthesis*, Wiley, NY, **1980**; Aylett, B. J. Organometallic Compounds, 4th ed., Vol. 1, pt. 2; Chapman and Hall, NY, **1979**; Maslowsky, Jr., E. Chem. Soc. Rev. **1980**, 9, 25, and in Tsutsui, M. *Characterization of Organometallic Compounds*, Wiley, NY, **1969-1971**, the articles by Cartledge, F. K.; Gilman, H. pt. 1, pp. 1-33, and by Reichle, W. T. pt. 2, pp. 653-826.

[2] See Abraham, M. H. *Comprehensive Chemical Kinetics*, Bamford, C. H.; Tipper, C. F. H. Eds., Vol. 12, Elsevier, NY, **1973**; Reutov, O. A.; Beletskaya, I. P. *Reaction Mechanisms of Organometallic Compounds*, North-Holland Publishing Company, Amsterdam, The Netherlands, **1968**; Abraham, M. H.; Grellier, P. L. in Hartley, F. R.; Patai, S. *The Chemistry of the Metal-Carbon Bond*, Vol. 2, Wiley, NY, pp. 25-149; Reutov, O. A. *Pure Appl. Chem.* **1978**, 50, 717; *Tetrahedron* **1978**, 34, 2827.

[3] Gawley, R. E. *Tetrahedron Lett.* **1999**, 40, 4297.

[4] Buckle, M. J. C.; Fleming, I.; Gil, S. *Tetrahedron Lett.* **1992**, 33, 4479.

[5] The names for these mechanisms vary throughout the literature. For example, the S_Ei mechanism has also been called the S_E2, the S_E2 (closed), and the S_E2 (cyclic) mechanism. The original designations, S_E1, S_E2, and so on, were devised by the Hughes-Ingold school.

[6] It has been contended that the S_Ei mechanism violates the principle of conservation of orbital symmetry (sec Reaction 15-60, A), and that the S_E2 (back) mechanism partially violates it: Slack, D. A.; Baird, M. C. *J. Am. Chem. Soc.* **1976**, 98, 5539.

[7] See Flood, T. C. *Top. Stereochem.* **1981**, 12, 37. See also, Jensen, F. R.; Davis, D. D. *J. Am. Chem. Soc.* **1971**, 93, 4048.

[8] Winstein, S.; Traylor, T. G.; Garner, C. S. *J. Am. Chem. Soc.* **1955**, 77, 3741.

[9] Schöllkopf, U. *Angew. Chem.* **1960**, 72, 147. See Fort, Jr., R. C.; Schleyer, P. v. R. *Adv. Alicyclic Chem.* **1966**, 1, 283, pp. 353-370.

[10] Hughes, E. D.; Volger, H. C. *J. Chem. Soc.* **1961**, 2359.

[11] Jensen, F. R. *J. Am. Chem. Soc.* **1960**, 82, 2469; Ingold, C. K. *Helv. Chim. Acta* **1964**, 47, 1191.

[12] Jensen, F. R.; Davis, D. D. *J. Am. Chem. Soc.* **1971**, 93, 4048. See Fukuto, J. M.; Jensen, F. R. *Acc. Chem. Res.* **1983**, 16, 177.

[13] See Magnuso, R. H.; Halpern, J.; Levitin, I. Ya.; Vol'pin, M. E. *J. Chem. Soc. Chem. Commun.* **1978**, 44.

[14] See Rahm, A.; Pereyre, M. *J. Am. Chem. Soc.* **1977**, 99, 1672; McGahey, L. F.; Jensen, F. R. *J. Am. Chem. Soc.* **1979**, 101, 4397; Olszowy, H. A.; Kitching, W. *Organometallics* **1984**, 3, 1676. Also see Rahm, A.; Grimeau, J.; Pereyre, M. *J. Organomet. Chem.* **1985**, 286, 305.

[15] See Bergbreiter, D. E.; Rainville, D. P. *J. Organomet. Chem.* **1976**, 121, 19.

[16] See Sokolov, V. I. *Chirality and Optical Activity in Organometallic Compounds*, Gordon and Breach, NY, **1990**.

[17] See Jensen, F. R.; Whipple, L. D.; Wedegaertner, D. K.; Landgrebe, J. A. *J. Am. Chem. Soc.* **1959**, 81, 1262; Charman, H. B.; Hughes, E. D.; Ingold, C. K. *J. Chem. Soc.* **1959**, 2523, 2530.

[18] This was done first by Walborsky, H. M.; Young, A. E. *J. Am. Chem. Soc.* **1964**, 86, 3288.

[19] Jensen, F. R.; Nakamaye, K. L. *J. Am. Chem. Soc.* **1966**, 88, 3437.

[20] Abraham, M. H.; Johnston, G. F. *J. Chem. Soc. A*, **1970**, 188.

[21] See Abraham, M. H. ; Dorrell, F. J. *J. Chem. Soc. Perkin Trans.* 2 **1973**, 444.
[22] Fukuto, J. M. ; Newman, D. A. ; Jensen, F. R. *Organometallics* **1987**, 6, 415.
[23] Abraham, M. H. ; Hill, J. A. *J. Organomet. Chem.* **1967**, 7, 11.
[24] Abraham, M. H. *Comprehensive Chemical Kinetics*, Bamford, C. H. ; Tipper, C. F. H. , Eds. , Vol. 12, Elsevier, NY, **1973**, p. 15.
[25] Fukuzumi, S. ; Kochi, J. K. *J. Am. Chem. Soc.* **1980**, 102, 2141, 7290.
[26] Hsu, S. K. ; Ingold, C. K. ; Wilson, C. L. *J. Chem. Soc.* **1938**, 78.
[27] Wilson, C. L. *J. Chem. Soc.* **1936**, 1550.
[28] See Hoffman, T. D. ; Cram, D. J. *J. Am. Chem. Soc.* **1969**, 91, 1009. For a discussion, see Cram, D. J. *Fundamentals of Carbanion Chemistry*, Academic Press, NY, **1965**, pp. 138-158.
[29] See Roitman, J. N. ; Cram, D. J. *J. Am. Chem. Soc.* **1971**, 93, 2225, 2231 and references cited therein; Cram, J. M. ; Cram, D. J. *Intra-Sci. Chem. Rep.* **1973**, 7(3), 1; Cram, D. J. *Fundamentals of Carbanion Chemistry*, AcademicPress, NY, **1965**, pp. 85-105.
[30] Cram, D. J. ; Ford, W. T. ; Gosser, L. *J. Am. Chem. Soc.* **1968**, 90, 2598; Ford, W. T. ; Cram, D. J. *J. Am. Chem. Soc.* **1968**, 90, 2606, 2612. See also, Buchholz, S. ; Harms, K. ; Massa, W. ; Boche, G. *Angew. Chem. Int. Ed.* **1989**, 28, 73.
[31] Almy, J. ; Hoffman, D. H. ; Chu, K. C. ; Cram, D. J. *J. Am. Chem. Soc.* **1973**, 95, 1185.
[32] Dreiding, A. S. ; Pratt, R. J. *J. Am. Chem. Soc.* **1954**, 76, 1902. See also, Walborsky, H. M. ; Turner, L. M. *J. Am. Chem. Soc.* **1972**, 94, 2273.
[33] See Courtois, G. ; Miginiac, L. *J. Organomet. Chem.* **1974**, 69, 1.
[34] Sleezer, P. D. ; Winstein, S. ; Young, W. G. *J. Am. Chem. Soc.* **1963**, 85, 1890. See also, Kashin, A. N. ; Bakunin, V. N. ; Khutoryanskii, V. A. ; Beletskaya, I. P. ; Reutov, O. A. *J. Organomet. Chem.* **1979**, 171, 309.
[35] Matassa, V. G. ; Jenkins, P. R. ; Kümin, A. ; Damm, L. ; Schreiber, J. ; Felix, D. ; Zass, E. ; Eschenmoser, A. *Isr. J. Chem.* **1989**, 29, 321.
[36] Young, D. ; Kitching, W. *J. Org. Chem.* **1983**, 48, 614; *Tetrahedron Lett.* **1983**, 24, 5793.
[37] Kashin, A. N. ; Bakunin, V. N. ; Beletskaya, I. P. ; Reutov, O. A. *J. Org. Chem. USSR* **1982**, 18, 1973. See also, Wickham, G. ; Young, D. ; Kitching, W. *Organometallics* **1988**, 7, 1187.
[38] See Abraham, M. H. *Comprehensive Chemical Kinetics*, Bamford, C. H. ; Tipper, C. F. H. , Eds. , Vol. 12, Elsevier, NY, **1973**, pp. 211-241.
[39] Also see Isaacs, N. S. ; Laila, A. H. *Tetrahedron Lett.* **1984**, 25, 2407.
[40] See Abraham, M. H. ; Broadhurst, A. T. ; Clark, I. D. ; Koenigsberger, R. U. ; Dadjour, D. F. *J. Organomet. Chem.* **1981**, 209, 37.
[41] Sayre, L. M. ; Jensen, F. R. *J. Am. Chem. Soc.* **1979**, 101, 6001.
[42] Also see Nugent, W. A. ; Kochi, J. K. *J. Am. Chem. Soc.* **1976**, 98, 5979.
[43] Reutov, O. A. *J. Organomet. Chem.* **1983**, 250, 145. See also, Butin, K. P. ; Magdesieva, T. V. *J. Organomet. Chem.* **1985**, 292, 47.
[44] Richard, J. P. *J. Org. Chem.* **1992**, 57, 625.
[45] See Reutov, O. A. *Bull. Acad. Sci. USSR Div. Chem. Sci.* **1980**, 29, 1461. See also, Dembech, P. ; Eaborn, C. ; Seconi, G. *J. Chem. Soc. Chem. Commun.* **1985**, 1289.
[46] See Kitching, W. *Rev. Pure Appl. Chem.* **1969**, 19, 1.
[47] See Petrosyan, V. S. *J. Organomet. Chem.* **1983**, 250, 157.
[48] See Olah, G. A. ; Prakash, G. K. S. ; Sommer, J. *Superacids*, Wiley, NY, **1985**, pp. 244-249; Olah, G. A. *Angew. Chem. Int. Ed.* **1973**, 12, 173.
[49] See McMurry, J. E. ; Lectka, T. *J. Am. Chem. Soc.* **1990**, 112, 869; Culmann, J. ; Sommer, J. *J. Am. Chem. Soc.* **1990**, 112, 4057.
[50] See Olah, G. A. ; Prakash, G. K. S. ; Williams, R. E. ; Field, L. D. ; Wade, K. *Hypercarbon Chemistry*, Wiley, NY, **1987**.
[51] See Sefcik, M. D. ; Henis, J. M. S. ; Gaspar, P. P. *J. Chem. Phys.* **1974**, 61, 4321.
[52] Yeh, L. I. ; Pric, J. M. ; Lee, Y. T. *J. Am. Chem. Soc.* **1989**, 111, 5597.
[53] Lukas, J. ; Kramer, P. A. ; Kouwenhoven, A. P. *Recl. Trav. Chim. Pays-Bas* **1973**, 92, 44.
[54] Werstiuk, N. H. ; Timmins, G. *Can. J. Chem.* **1985**, 63, 530; **1986**, 64, 1564.
[55] See Atkinson, J. G. ; Luke, M. O. ; Stuart, R. S. *Can. J. Chem.* **1967**, 45, 1511.
[56] For a list of methods used to shift double and triple bonds, with references, see Larock, R. C. *Comprehensive Organic Transformations*, 2nd ed. , Wiley-VCH, NY, **1999**, pp. 220-226, 567-568.
[57] See Pines, H. ; Stalick, W. M. *Base-Catalyzed Reactions of Hydrocarbons and Related Compounds*, AcademicPress, NY, **1977**, pp. 25-123; DeWolfe, R. H. in Bamford, C. H. ; Tipper, C. F. H. *Comprehensive Chemical Kinetics*, Vol. 9, Elsevier, NY, **1973**, pp. 437-449; Hubert, A. J. ; Reimlinger, H. **1970**, 405; Mackenzie, K. *in The Chemistry of Alkenes*, Vol. 1, Patai, S. , pp. 416-436, Vol. 2, Zabicky, J. , pp. 132-148; Wiley, NY, **1964**, 1970; Broaddus, C. D. *Acc. Chem. Res.* **1968**, 1, 231.
[58] See Hine, J. ; Skoglund, M. J. *J. Org. Chem.* **1982**, 47, 4766. See also, Hine, J. ; Linden, S. *J. Org. Chem.* **1983**, 48, 584.
[59] For a review of conversions of β,γ-enones to α,β enones, see Pollack, R. M. ; Bounds, P. L. ; Bevins, C. L. in Patai, S. ; Rappoport, Z. *The Chemistry of Enones*, pt. 1, Wiley, NY, **1989**, pp. 559-597.
[60] See Pollack, R. M. ; Mack, J. P. G. ; Eldin, S. *J. Am. Chem. Soc.* **1987**, 109, 5048.
[61] Rabinovich, E. A. ; Astaf'ev, I. V. ; Shatenshtein, A. I. *J. Gen. Chem. USSR* **1962**, 32, 746.
[62] Hünig, S. ; Klaunzer, N. ; Schlund, R. *Angew. Chem. Int. Ed.* **1987**, 26, 1281.
[63] See Cram, D. J. ; Uyeda, R. T. *J. Am. Chem. Soc.* **1964**, 86, 5466; Ohlsson, L. ; Wold, S. ; Bergson, G. *Ark. Kemi*, **1968**,

29, 351.
- [64] Hussénius, A.; Matsson, O.; Bergson, G. *J. Chem. Soc. Perkin Trans. 2* **1989**, 851.
- [65] See Cameron G. S.; Stimson, V. R. *Aust. J. Chem.* **1977**, 30, 923.
- [66] Schönberg, A. *Preparative Organic Photochemistry*, Springer, NY, **1968**, pp. 22-24.
- [67] See Rodriguez, J.; Brun, P.; Waegell, B. *Bull. Soc. Chim. Fr.* **1989**, 799-823; Otsuka, S.; Tani, K. in Morrison, J. D. *Asymmetric Synthesis* Vol. 5, Academic Press, NY, **1985**, pp. 171-191 (enantioselective); Colquhoun, H. M.; Holton, J.; Thompson, D. J.; Twigg, M. V. *NewPathways for Organic Synthesis*, Plenum, NY, **1984**, pp. 173-193; Khan, M. M. T.; Martell, A. E. *Homogeneous Catalysis by Metal Complexes*, Academic Press, NY, **1974**, pp. 9-37; Heck, R. F. *Organotransition Metal Chemistry*, Academic Press, NY, **1974**, pp. 76-82; Jira, R.; Freiesleben, W. *Organomet. React.* **1972**, 3, 1, pp. 133-149.
- [68] Cramer, R. *J. Am. Chem. Soc.* **1966**, 88, 2272.
- [69] Casey, C. P.; Cyr, C. R. *J. Am. Chem. Soc.* **1973**, 95, 2248.
- [70] Trost, B. M.; Schmidt, T. *J. Am. Chem. Soc.* **1988**, 110, 2301.
- [71] Han, J. W.; Tokunaga, N.; Hayashi, T. *J. Am. Chem. Soc.* **2001**, 123, 12915.
- [72] Bergens, S. H.; Bosnich, B. *J. Am. Chem. Soc.* **1991**, 113, 958.
- [73] See Duhaime, R. M.; Lombardo, D. A.; Skinner, I. A.; Weedon, A. C. *J. Org. Chem.* **1985**, 50, 873.
- [74] See Pines, H.; Stalick, W. M. *Base-Catalyzed Reactions of Hydrocarbons and Related Compounds*, Academic Press, NY, **1977**, pp. 124-204; Théron F.; Verny, M.; Vessière, R. in Patai, S. *The Chemistry of Carbon-CarbonTriple Bond*, pt. 1, Wiley, NY, **1978**, pp. 381-445; Bushby, R. J. *Q. Rev. Chem. Soc.* **1970**, 24, 585; Iwai, I. *Mech. Mol. Migr.* **1969**, 2, 73.
- [75] See Huntsman, W. D. in Patai, S. *The Chemistry of Ketenes, Allenes, and Related Compounds*, pt. 2, Wiley, NY, **1980**, pp. 521-667.
- [76] Macaulay, S. R. *J. Org. Chem.* **1980**, 45, 734; Abrams, S. R. *Can. J. Chem.* **1984**, 62, 1333.
- [77] See Oku, M.; Arai, S.; Katayama, K.; Shioiri, T. *Synlett* **2000**, 493.
- [78] See Cunico, R. F.; Zaporowski, L. F.; Rogers, M. *J. Org. Chem.* **1999**, 64, 9307.
- [79] Myers, A. G.; Zheng, B. *J. Am. Chem. Soc.* **1996**, 118, 4492. See Moghaddam, F. M.; Emami, R. *Synth. Commun.* **1997**, 27, 4073 for the formation of alkoxy allenes from propargyl ethers.
- [80] Sonye, J. P.; Koide, K. *J. Org. Chem.* **2006**, 71, 6254.
- [81] Barry, B. J.; Beale, W. J.; Carr, M. D.; Hei, S.; Reid, I. *J. Chem. Soc. Chem. Commun.* **1973**, 177.
- [82] Patai, S. *The Chemistry of the Carbonyl Group*, Wiley, London, **1966**; Rappoport, Z. *The Chemistry of Enols*, Wiley, NY, **1990**; Rappoport, Z.; Frey, J.; Sigalov, M.; Rochlin, E. *Pure Appl. Chem.* **1997**, 69, 1933; Fontana, A.; De Maria, P.; Siani, G.; Pierini, M.; Cerritelli, S.; Ballini, R. *Eur. J. Org. Chem.* **2000**, 1641; Iglesias, E. *Curr. Org. Chem.* **2004**, 8, 1.
- [83] See Jones, J. R. *The Ionisation of Carbon Acids*, Academic Press, London, **1973**; Toullec, J. *Adv. Phys. Org. Chem.* **1982**, 18, 1; Chiang, Y.; Kresge, A. J.; Santaballa, J. A.; Wirz, J. *J. Am. Chem. Soc.* **1988**, 110, 5506.
- [84] See Raczynska, E. D.; Kosinska, W.; Osmialowski, B.; Gawinecki, R. *Chem. Rev.* **2005**, 105, 3561 for a generaldiscussion of tautomerism. Also see Rappoport, Z. *The Chemistry of Enols*, Wiley, NY, **1990**; Zabicky, J. *TheChemistry of Amides*, Wiley, London, **1970**; Boyer, J. H. *The Chemistry of the Nitro and Nitroso Groups*, Interscience Publishers, NY, **1969**; Patai, S. *The Chemistry of Amino, Nitroso, Nitro Compounds and theirDerivatives*, Wiley, NY, **1982**; Patai, S. *The Chemistry of Amino, Nitroso, Nitro and Related Groups, SupplementF2*, Wiley, Chichester, **1996**; Cook, A. G. Enamines, 2nd ed., Marcel Dekker, NY, **1998**.
- [85] Gorb, L.; Leszczynski, J. *J. Am. Chem. Soc.* **1998**, 120, 5024; Guo, J. X.; Ho, J. J. *J. Phys. Chem. A* **1999**, 103, 6433.
- [86] Briegleb, G.; Strohmeier, W. *Angew. Chem.* **1952**, 64, 409; Baddar, F. G.; Iskander, Z. *J. Chem. Soc.* **1954**, 203.
- [87] Hegarty, A. F.; Dowling, J. P.; Eustace, S. J.; McGarraghy, M. *J. Am. Chem. Soc.* **1998**, 120, 2290.
- [88] Behnam, S. M.; Behnam, S. E.; Ando, K.; Green, N. S.; Houk, K. N. *J. Org. Chem.* **2000**, 65, 8970.
- [89] Miller, A. R. *J. Org. Chem.*, **1976**, 41, 3599.
- [90] Fuson, R. C.; Tan, T.-L. *J. Am. Chem. Soc.* **1948**, 70, 602.
- [91] See Keeffe, J. R.; Kresge, A. J. in Rappoport, Z. *The Chemistry of Enols*, Wiley, NY, **1990**, pp. 399-480; Toullec, J. *Adv. Phys. Org. Chem.* **1982**, 18, 1. Also see Bell, R. P. *The Proton in Chemistry*, 2nd ed., Cornell Univ. Press, Ithaca, NY, **1973**, pp. 171-181; Shelly, K. P.; Venimadhavan, S.; Nagarajan, K.; Stewart, R. *Can. J. Chem.* **1989**,67, 1274. Also see Pollack, R. M. *Tetrahedron***1989**, 45, 4913.
- [92] Another mechanism for base-catalyzed enolization has been reported when the base is a tertiary amine: SeeBruice, P. Y. *J. Am. Chem. Soc.* **1990**, 112, 7361 and references cited therein.
- [93] For a proposed concerrted mechanism, see Capon, B.; Siddhanta, A. K.; Zucco, C. *J. Org. Chem.* **1985**, 50, 3580. For evidence against it, see Chiang, Y.; Hojatti, M.; Keeffe, J. R.; Kresge, A. J.; Schepp, N. P.; Wirz, J. **1987**,109, 4000 and references cited therein.
- [94] Xie, L.; Saunders, Jr., W. H. *J. Am. Chem. Soc.* **1991**, 113, 3123.
- [95] Lienhard, G. E.; Wang, T. *J. Am. Chem. Soc.* **1969**, 91, 1146. See also, Toullec, J.; Dubois, J. E. *J. Am. Chem. Soc.* **1974**, 96, 3524.
- [96] Chiang, Y.; Kresge, A. J.; Meng, Q.; More O'Ferrall, R. A.; Zhu, Y. *J. Am. Chem. Soc.* **2001**, 123, 11562.
- [97] Chiang, Y.; Griesbeck, A. G.; Heckroth, H.; Hellrung, B.; Kresge, A. J.; Meng, Q.; O'Donoghue, A. C.; Richard, J. P.; Wirz, J. *J. Am. Chem. Soc.* **2001**, 123, 8979.
- [98] Zimmerman, H. E.; Cheng, J. *J. Org. Chem.* **2006**, 71, 873.
- [99] Cantlin, R. J.; Drake, J.; Nagorski, R. W. *Org. Lett.* **2002**, 4, 2433.
- [100] Bernasconi, C. F.; Pérez-Lorenzo, M. *J. Am. Chem. Soc.* **2007**, 129, 2704.
- [101] Senn, M.; Richter, W. J.; Burlingame, A. L. *J. Am. Chem. Soc.* **1965**, 87, 680; Richter, W. J.; Senn, M.; Burlingame, A. L.

Tetrahedron Lett. **1965**, 1235.

[102] For an exception, see Guthrie, R. D.; Nicolas, E. C. *J. Am. Chem. Soc.* **1981**, 103, 4637.

[103] Dechoux, L.; Doris, E. *Tetrahedron Lett.* **1994**, 35, 2017.

[104] Coggins, P.; Gaur, S.; Simpkins, N. S. *Tetrahedron Lett.* **1995**, 36, 1545.

[105] See Wen, J. Q.; Grutzner, J. B. *J. Org. Chem.* **1986**, 51, 4220.

[106] See d'Angelo, J. *Tetrahedron* **1976**, 32, 2979. Also see Fruchart, J.-S.; Lippens, G.; Kuhn, C.; Gran-Masse, H.; Melnyk, O. *J. Org. Chem.* **2002**, 67, 526.

[107] Vedejs, E.; Kruger, A. W.; Suna, E. *J. Org. Chem.* **1999**, 64, 7863.

[108] He, X.; Allan, J. F.; Noll, B. C.; Kennedy, A. R.; Henderson, K. W. *J. Am. Chem. Soc.* **2005**, 127, 6920.

[109] Eleveld, M. B.; Hogeveen, H. *Tetrahedron Lett.* **1986**, 27, 631. See also, Cain, C. M.; Cousins, R. P. C.; Coumbarides, G.; Simpkins, N. S. *Tetrahedron* **1990**, 46, 523.

[110] See House, H. O. *Modern Synthetic Reactions*, 2nd ed., W. A. Benjamin, NY, **1972**, pp. 459-478; De Kimpe, N.; Verhé, R. *The Chemistry of α-Haloketones, α-Haloaldehydes, and α-Haloimines*, Wiley, NY, **1988**. For lists of reagents, with references, see Larock, R. C. *Comprehensive Organic Transformations*, 2nd ed., Wiley-VCH, NY, **1999**, pp. 709-719.

[111] See Rozen, S.; Filler, R. *Tetrahedron* **1985**, 41, 1111; German, L.; Zemskov, S. *New Fluorinating Agents in Organic Chemistry*; Springer, NY, **1989**.

[112] Tabushi, I.; Kitaguchi, H. in Pizey, J. S. *Synthetic Reagents*, Vol. 4; Wiley, NY, **1981**, pp. 336-396.

[113] Fraser, R. R.; Kong, F. *Synth. Commun.* **1988**, 18, 1071.

[114] See Mei, Y.; Bentley, P. A.; Du, J. *Tetrahedron Lett.* **2008**, 49, 3802. Alse see Pravst, I.; Zupan, M.; Stavber, S. *Tetrahedron* **2008**, 64, 5191.

[115] Bellesia, F.; DeBuyck, L.; Ghelfi, F.; Pagnoni, U. M.; Parson, A. F.; Pinetti, A. *Synthesis* **2003**, 2173.

[116] Tanemura, K.; Suzuki, T.; Nishida, Y.; Satsumabayashi, K.; Horaguchi, T. *Chem. Commun.* **2004**, 470. See Guha, S. K.; Wu, B.; Kim, B. S.; Baik, W.; Koo, S. *Tetrahedron Lett.* **2006**, 47, 291; Arbuj, S. S.; Waghmode, S. B.; Ramaswamy, A. V. *Tetrahedron Lett.* **2007**, 48, 1411. See also Sreedhar, B.; Reddy, P. S.; Madhavi, M. *Synth. Commun.* **2007**, 37, 4149.

[117] Bellesia, F.; Ghelfi, F.; Grandi, R.; Pagnoni, U. M. *J. Chem. Res. (S)* **1986**, 428.

[118] Kajigaeshi, S.; Kakinami, T.; Okamoto, T.; Fujisaki, S. *Bull. Chem. Soc. Jpn.* **1987**, 60, 1159.

[119] Juneja, S. K. Choudhary, D.; Paul, S.; Gupta, R. *Synth. Commun.* **2006**, 36, 2877.

[120] Paul, S.; Gupta, V.; Gupta, R.; Loupy, A. *Tetrahedron Lett.* **2003**, 44, 439.

[121] Lee, J. C.; Park, H. J. *Synth. Commun.* **2006**, 36, 777.

[122] Pingali, S. R. K.; Madhav, M.; Jursic, B. S. *Tetrahedron Lett.* **2010**, 51, 1383.

[123] Brochu, M. P.; Brown, S. P.; MacMillan, D. W. C. *J. Am. Chem. Soc.* **2004**, 126, 4108; Halland, N.; Braunton, A.; Bachmann, S.; Marigo, M.; Jorgensen, K. A. *J. Am. Chem. Soc.* **2004**, 126, 4790. See Wang, L.; Cai, C.; Curran, D. P.; Zhang, W. *Synlett* **2010**, 433.

[124] See Bertelsen, S.; Halland, N.; Bachmann, S.; Marigo, M.; Braunton, A.; Jørgensen, K. A. *Chem. Commun.* **2005**, 4821.

[125] See France, S.; Weatherwax, A.; Lectka, T. *Eur. J. Org. Chem.* **2005**, 475.

[126] See Ueda, M.; Kano, T.; Maruoka, K. *Org. Biomol. Chem.* **2009**, 7, 2005.

[127] Khan, A. T.; Ali, Md. A.; Goswami, P.; Choudhury, L. H. *J. Org. Chem.* **2006**, 71, 8961.

[128] Meketa, M. L.; Mahajan, Y. R.; Weinreb, S. M. *Tetrahedron Lett.* **2005**, 46, 4749.

[129] Rao, M. L. N.; Jadhav, D. N. *Tetrahedron Lett.* **2006**, 47, 6883. Also see Yadav, J. S.; Kondaji, G.; Reddy, M. S. R.; Srihari, P. *Tetrahedron Lett.* **2008**, 49, 3810.

[130] Horiuchi, C. A.; Kiji, S. *Bull. Chem. Soc. Jpn.* **1997**, 70, 421. For another reagent, see Sket, B.; Zupet, P.; Zupan, M.; Dolenc, D. *Bull. Chem. Soc. Jpn.* **1989**, 62, 3406.

[131] Yamamoto, T.; Toyota, K.; Morita, N. *Tetrahedron Lett.* **2010**, 51, 1364.

[132] Mohanakrishnan, A. K.; Prakash, C.; Ramesh, N. *Tetrahedron* **2006**, 62, 3242.

[133] Jereb, M.; Stavber, S.; Zupan, M. *Tetrahedron* **2003**, 59, 5935.

[134] Lee, J. C.; Bae, Y. H. *Synlett* **2003**, 507.

[135] Kano, T.; Ueda, M.; Maruoka, K. *J. Am. Chem. Soc.* **2008**, 130, 3728.

[136] Davis, F. A.; Kasu, P. V. N. *Org. Prep. Proceed. Int.* **1999**, 31, 125.

[137] See Pihko, P. M. *Angew. Chem. Int. Ed.* **2006**, 45, 544.

[138] Enders, D.; Hüttl, M. R. M. *Synlett* **2005**, 991.

[139] See Loghmani-Khouzani, H.; Poorheravi, M. R.; Sadeghi, M. M. M.; Caggiano, L.; Jackson, R. F. W. *Tetrahedron* **2008**, 64, 7419.

[140] Okamoto, T.; Kakinami, T.; Nishimura, T.; Hermawan, I.; Kajigaeshi, S. *Bull. Chem. Soc. Jpn.* **1992**, 65, 1731.

[141] Barnette, W. E. *J. Am. Chem. Soc.* **1984**, 106, 452; Ma, J.-A. For an example with asymmetric induction, see Cahard, D. *Tetrahedron Asymm* **2004**, 15, 1007.

[142] Differding, E.; Lang, R. W. *Tetrahedron* **1988**, 29, 6087.

[143] Chambers, R. D.; Greenhall, M. P.; Hutchinson, J. *J. Chem. Soc. Chem. Commun.* **1995**, 21.

[144] Gupta, O. D.; Shreeve, J. M. *Tetrahedron Lett.* **2003**, 44, 2799.

[145] Rozen, S.; Brand, M. *Synthesis* **1985**, 665. For another reagent, see Davis, F. A.; Han, W. *Tetrahedron Lett.* **1991**, 32, 1631.

[146] Beeson, T. D.; MacMillan, D. W. C. *J. Am. Chem. Soc.* **2005**, 127, 8826.

[147] Hamashima, Y.; Suzuki, T.; Takano, H.; Shimura, Y.; Sodeoka, M. *J. Am. Chem. Soc.* **2005**, 127, 10164.

[148] Steiner, D. D.; Mase, N.; Barbas III, C. F. *Angew. Chem. Int. Ed.* **2005**, 44, 3706.

[149] For chlorination this is reversed if the solvent is methanol: Gallucci, R. R.; Going, R. *J. Org. Chem.* **1981**, 46, 2532.

[150] Rappe, C. Ark. Kemi **1965**, 24, 321. But see also, Teo, . E. ; Warnhoff, E. W. *J. Am. Chem. Soc.* **1973**, 95, 2728.
[151] Garbisch Jr. , E. W. *J. Org. Chem.* **1965**, 30, 2109.
[152] Nobrega, J. A. ; Goncalves, S. M. C. ; Reppe, C. *Synth. Commun.* **2002**, 32, 3711.
[153] Terent'ev, A. O. ; Khodykin, S. V. ; Troitskii, N. A. ; Ogibin, Y. N. ; Nikishin, G. I. *Synthesis* **2004**, 2845.
[154] Kajigaeshi, S. ; Kakinami, T. ; Tokiyama, H. ; Hirakawa, T. ; Okamoto, T. *Bull. Chem. Soc. Jpn.* **1987**, 60, 2667.
[155] Yang, D. ; Yan, Y. -L. ; Lui, B. *J. Org. Chem.* **2002**, 67, 7429.
[156] Marigo, M. ; Kumaragurubaran, N. ; Jørgensen, K. A. *Chem. Eur. J.* **2004**, 10, 2133.
[157] See Tapuhi, E. ; Jencks, W. P. *J. Am. Chem. Soc.* **1982**, 104, 5758. Also see Pinkus, A. G. ; Gopalan, R. *J. Am. Chem. Soc.* **1984**, 106, 2630; Pinkus, A. G. ; Gopalan, R. *Tetrahedron* **1986**, 42, 3411.
[158] See, however, Deno, N. C. ; Fishbein, R. *J. Am. Chem. Soc.* **1973**, 95, 7445.
[159] Bell, R. P. ; Yates, K. *J. Chem. Soc.* **1962**, 1927.
[160] Hochstrasser, R. ; Kresge, A. J. ; Schepp, N. P. ; Wirz, J. *J. Am. Chem. Soc.* **1988**, 110, 7875.
[161] Hooz, J. ; Bridson, J. N. *Can. J. Chem.* **1972**, 50, 2387.
[162] Stotter, P. L. ; Hill, K. A. *J. Org. Chem.* **1973**, 38, 2576.
[163] Blanco, L. ; Amice, P. ; Conia, J. M. *Synthesis* **1976**, 194.
[164] Olah, G. A. ; Ohannesian, L. ; Arvanaghi, M. ; Prakash, G. K. S. *J. Org. Chem.* **1984**, 49, 2032.
[165] Rubottom, G. M. ; Mott, R. C. *J. Org. Chem.* **1979**, 44, 1731.
[166] Zhang, Y. ; Shibatomi, K. ; Yamamoto, H. *J. Am. Chem. Soc.* **2004**, 126, 15038.
[167] Tsushima, T. ; Kawada, K. ; Tsuji, T. *Tetrahedron Lett.* **1982**, 23, 1165.
[168] Purrington, S. T. ; Bumgardner, C. L. ; Lazaridis, N. V. ; Singh, P. *J. Org. Chem.* **1987**, 52, 4307.
[169] Cambie, R. C. ; Hayward, R. C. ; Jurlina, J. L. ; Rutledge, P. S. ; Woodgate, P. D. *J. Chem. Soc. Perkin Trans.* 1 **1978**, 126.
[170] Horiuchi, C. A. ; Satoh, J. Y. *Synthesis* **1981**, 312.
[171] Ley, S. V. ; Whittle, A. J. *Tetrahedron Lett.* **1981**, 22, 3301.
[172] Hegde, S. G. ; Wolinsky, J. *Tetrahedron Lett.* **1981**, 22, 5019.
[173] Fache, F. ; Piva, O. *Synlett* **2002**, 2035.
[174] See Harwood, H. *J. Chem. Rev.* **1962**, 62, 99, pp. 102-103.
[175] Wack, H. ; Taggi, A. E. ; Hafez, A. M. ; Drury III, W. J. ; Lectka, T. *J. Am. Chem. Soc.* **2001**, 123, 1531. See also, France, S. ; Wack, H. ; Taggi, A. E. ; Hafez, A. M. ; Wagerle, Ty. R. ; Shah, M. H. ; Dusich, C. L. ; Lectka, T. *J. Am. Chem. Soc.* **2004**, 126, 4245.
[176] See, however, Kwart, H. ; Scalzi, F. V. *J. Am. Chem. Soc.* **1964**, 86, 5496.
[177] Ogata, Y. ; Watanabe, S. *J. Org. Chem.* **1979**, 44, 2768; **1980**, 45, 2831.
[178] Ogata, Y. ; Adachi, K. *J. Org. Chem.* **1982**, 47, 1182.
[179] Zhang, L. H. ; Duan, J. ; Xu, Y. ; Dolbier, Jr. , W. R. *Tetrahedron Lett.* **1998**, 39, 9621.
[180] For a list of reagents, with references, see Larock, R. C. *Comprehensive Organic Transformations*, 2nd ed. , Wiley-VCH, NY, **1999**, pp. 730-738.
[181] Okimoto, M. ; Takahashi, Y. *Synthesis* **2002**, 2215.
[182] Harpp, D. N. ; Bao, L. Q. ; Black, C. J. ; Gleason, J. G. ; Smith, R. A. *J. Org. Chem.* **1975**, 40, 3420.
[183] Horiuchi, C. A. ; Satoh, J. Y. *Chem. Lett.* **1984**, 1509.
[184] Rathke, M. W. ; Lindert, A. *Tetrahedron Lett.* **1971**, 3995.
[185] Purrington, S. T. ; Woodard, D. L. *J. Org. Chem.* **1990**, 55, 3423.
[186] Kitagawa, O. ; Hanano, T. ; Hirata, T. ; Inoue, T. ; Taguchi, T. *Tetrahedron Lett.* **1992**, 33, 1299.
[187] For a review, see Venier, C. G. ; Barager, III, H. *J. Org. Prep. Proced. Int.* **1974**, 6, 77, pp. 81-84.
[188] Tsuchihashi, G. ; Iriuchijima, S. *Bull. Chem. Soc. Jpn.* **1970**, 43, 2271.
[189] Ogura, K. ; Imaizumi, J. ; Iida, H. ; Tsuchihashi, G. *Chem. Lett.* **1980**, 1587.
[190] Tin, K. ; Durst, T. *Tetrahedron Lett.* **1970**, 4643.
[191] Kim, Y. H. ; Lim, S. C. ; Kim, H. R. ; Yoon, D. C. *Chem. Lett.* **1990**, 79.
[192] Cinquini, M. ; Colonna, S. *J. Chem. Soc. Perkin Trans.* 1 **1972**, 1883. See also, Cinquini, M. ; Colonna, S. *Synthesis* **1972**, 259.
[193] Iriuchijima, S. ; Tsuchihashi, G. *Synthesis* **1970**, 588.
[194] Regis, R. R. ; Doweyko, A. M. *Tetrahedron Lett.* **1982**, 23, 2539.
[195] Paquette, L. A. ; Houser, R. W. *J. Org. Chem.* **1971**, 36, 1015.
[196] McCarthy, J. R. ; Pee, N. P. ; LeTourneau, M. E. ; Inbasekaran, M. *J. Am. Chem. Soc.* **1985**, 107, 735. See also, Umemoto, T. ; Tomizawa, G. *Bull. Chem. Soc. Jpn.* **1986**, 59, 3625.
[197] See Parmerter, S. M. *Org. React.* **1959**, 10, 1.
[198] See Yao, H. C. ; Resnick, P. *J. Am. Chem. Soc.* **1962**, 84, 3514.
[199] For a review, see Phillips, R. R. *Org. React.* **1959**, 10, 143.
[200] Neplyuev, V. M. ; Bazarova, I. M. ; Lozinskii, M. O. *J. Org. Chem. USSR* **1989**, 25, 2011. This paper also includesa sequence of leaving group ability for other Z groups.
[201] For a review, see Williams, D. L. H. *Nitrosation*, Cambridge Univ. Press, Cambridge, **1988**, pp. 1-45.
[202] For a review, see Williams, D. L. H. *Adv. Phys. Org. Chem.* **1983**, 19, 381. See also, Williams, D. L. H. *Nitrosation*, Cambridge Univ. Press, Cambridge, **1988**.
[203] Leis, J. R. ; Peña, M. E. ; Williams, D. L. H. ; Mawson, S. D. *J. Chem. Soc. Perkin Trans.* 2 **1988**, 157.
[204] Iglesias, E. ; Williams, D. L. H. *J. Chem. Soc. Perkin Trans.* 2 **1989**, 343; Crookes, M. J. ; Roy, P. ; Williams, D. L. H. *J.*

Chem. Soc. Perkin Trans. 2 **1989**, 1015. See also, Graham, A. ; Williams, D. L. H. *J. Chem. Soc. Chem. Commun.* **1991**, 407.

[205] Rasmussen, J. K. ; Hassner, A. *J. Org. Chem.* **1974**, 39, 2558.
[206] Kim, Y. H. ; Park, Y. J. ; Kim, K. *Tetrahedron Lett.* **1989**, 30, 2833.
[207] See Pape, M. *Fortschr. Chem. Forsch.* **1967**, 7, 559.
[208] Momiyama, N. ; Yamamoto, H. *Org. Lett.* **2002**, 4, 3579.
[209] See Olah, G. A. ; Malhotra, R. ; Narang, S. C. *Nitration*, VCH, NY, **1989**, pp. 219-295; Ogata, Y. inTrahanovsky, W. S. *Oxidation in Organic Chemisry*, part C, Academic Press, NY, **1978**, pp. 295-342; Ballod, A. P. ; Shtern, V. Ya. *Russ. Chem. Rev.* **1976**, 45, 721.
[210] See Matasa, C. ; Hass, H. B. *Can. J. Chem.* **1971**, 49, 1284.
[211] Titov, A. I. *Tetrahedron* **1963**, 19, 557.
[212] Sifniades, S. *J. Org. Chem.* **1975**, 40, 3562.
[213] See Larson, H. O. in Feuer, H. *The Chemistry of the Nitro and Nitroso Groups*, Vol. 1, Wiley, NY, **1969**, pp. 310-316.
[214] See Feuer, H. ; Van Buren, II, W. D. ; Grutzner, J. B. *J. Org. Chem.* **1978**, 43, 4676.
[215] Olah, G. A. ; Lin, H. C. *J. Am. Chem. Soc.* **1973**, 93, 1259. See also, Bach, R. D. ; Holubka, J. W. ; Badger, R. C. ; Rajan, S. *J. Am. Chem. Soc.* **1979**, 101, 4416.
[216] Isozaki, S. ; Nishiwaki, Y. ; Sakaguchi, S. ; Ishii, Y. *Chem. Commun.* **2001**, 1352.
[217] Nishiwaki, Y. ; Sakaguchi, S. ; Ishii, Y. *J. Org. Chem.* **2002**, 67, 5663.
[218] Garver, L. C. ; Grakauskas, V. ; Baum, K. *J. Org. Chem.* **1985**, 50, 1699.
[219] See Regitz, M. ; Maas, G. *Diazo Compounds*, Academic Press, NY, **1986**, pp. 326-435; Regitz, M. *Synthesis* **1972**, 351. See also, Koskinen, A. M. P. ; Muñoz, L. *J. Chem. Soc. Chem. Commun.* **1990**, 652.
[220] Ledon, H. *Synthesis* **1974**, 347, Org. Synth. VI, 414; Also see Ghosh, S. ; Datta, I. *Synth. Commun.* **1991**, 21, 191.
[221] Taber, D. F. ; Ruckle, Jr. , R. E. ; Hennessy, M. J. *J. Org. Chem.* **1986**, 51, 4077; Baum, J. S. ; Shook, D. A. ; Davies, H. M. L. ; Smith, H. D. *Synth. Commun.* **1987**, 17, 1709.
[222] Doering, W. von E. ; DePuy, C. H. *J. Am. Chem. Soc.* **1953**, 75, 5955.
[223] See also Danheiser, R. L. ; Miller, R. F. ; Brisbois, R. G. ; Park, S. Z. *J. Org. Chem.* **1990**, 55, 1959.
[224] Evans, D. A. ; Britton, T. C. *J. Am. Chem. Soc.* **1987**, 109, 6881, and references cited therein.
[225] See Sheradsky, T. in Patai, S. *The Chemistry of Functional Groups, Supplement F*, pt. 1, Wiley, NY, **1982**, pp. 395-416.
[226] Sharpless, K. B. ; Hori, T. ; Truesdale, L. K. ; Dietrich, C. O. *J. Am. Chem. Soc.* **1976**, 98, 269; Kresze, G. ; Münsterer, H. *J. Org. Chem.* **1983**, 48, 3561. For a review, see Cheikh, R. B. ; Chaabouni, R. ; Laurent, A. ; Mison, P. ; Nafti, A. *Synthesis* **1983**, 685, pp. 691-696.
[227] Sharpless, K. B. ; Hori, T. *J. Org. Chem.* **1979**, 41, 176. For other reagents, see Tsushima, S. ; Yamada, Y. ; Onami, T. ; Oshima, K. ; Chaney, M. O. ; Jones, N. D. ; Swartzendruber, J. K. *Bull. Chem. Soc. Jpn.* **1989**, 62, 1167.
[228] Srivastava, R. S. ; Nicholas, K. M. *Tetrahedron Lett.* **1994**, 35, 8739.
[229] Kohmura, Y. ; Kawasaki, K. ; Katsuki, T. Synlett, **1997**, 1456.
[230] Poulsen, T. B. ; Alemparte, C. ; Jørgensen, K. A. *J. Am. Chem. Soc.* **2005**, 127, 11614.
[231] Fiori, J. W. ; Du Bois, J. *J. Am. Chem. Soc.* **2007**, 129, 562.
[232] Espino, C. G. ; Wehn, P. M. ; Chow, J. ; Du Bois, J. *J. Am. Chem. Soc.* **2001**, 123, 6935.
[233] Espino, C. G. ; Du Bois, J. *Angew. Chem. Int. Ed.* **2001**, 40, 598.
[234] Terada, M. ; Nakano, M. ; Ube, H. *J. Am. Chem. Soc.* **2006**, 128, 16044.
[235] See Lwowski, W. in Lwowski, W. *Nitrenes*, Wiley, NY, **1970**, pp. 199-207.
[236] See Maslak, P. *J. Am. Chem. Soc.* **1989**, 111, 8201.
[237] See Alewood, P. F. ; Kazmaier, P. M. ; Rauk, A. *J. Am. Chem. Soc.* **1973**, 95, 5466.
[238] See Inagaki, M. ; Shingaki, T. ; Nagai, T. *Chem. Lett.* **1981**, 1419.
[239] Smolinsky, G. ; Feuer, B. I. *J. Am. Chem. Soc.* **1964**, 86, 3085.
[240] See Anastassiou, A. G. ; Shepelavy, J. N. ; Simmons, H. E. ; Marsh, F. D. in Lwowski, W. *Nitrenes*, Wiley, NY, **1970**, pp. 305-344.
[241] See Scriven, E. F. V. *Azides and Nitrenes*, Academic Press, NY, **1984**, pp. 95-204.
[242] Li, Z. ; Capretto, D. A. ; Rahaman, R. O. ; He, C. *J. Am. Chem. Soc.* **2007**, 129, 12058.
[243] See also, Meinwald, J. ; Aue, D. H. *Tetrahedron Lett.* **1967**, 2317.
[244] For a list of examples, with references, see Larock, R. C. *Comprehensive Organic Transformations*, 2nd ed., Wiley-VCH, NY, **1999**, pp. 1148-1149.
[245] See Müller, P. ; Fruit, C. *Chem. Rev.* **2003**, 103, 2905.
[246] See Trost, B. M. *Pure Appl. Chem.* **1975**, 43, 563, pp. 572-578; Caine, D. in Augustine, R. L. *Carbon-Carbon Bond Formation*, Vol. 1, Marcel Dekker, NY, **1979**, pp. 278-282.
[247] Gassman, P. G. ; Balchunis, R. J. *J. Org. Chem.* **1977**, 42, 3236.
[248] See Sandrinelli, F. ; Fontaine, G. ; Perrio, S. ; Beslin, P. *J. Org. Chem.* **2004**, 69, 6916.
[249] For another reagent, see Scholz, D. *Synthesis* **1983**, 944.
[250] See Back, T. G. in Liotta, D. C. *Organoselenium Chemistry*, Wiley, NY, **1987**, pp. 1-125; Paulmier, C. *Selenium Reagents and Intermediates in Organic Synthesis*, Pergamon, Elmsford, NY, **1986**, pp. 95-98.
[251] Brocksom, T. J. ; Petragnani, N. ; Rodrigues, R. *J. Org. Chem.* **1974**, 39, 2114. See also, Liotta, D. *Acc. Chem. Res.* **1984**, 17, 28.
[252] Grieco, P. A. ; Miyashita, M. *J. Org. Chem.* **1974**, 39, 120. See Miyoshi, N. ; Yamamoto, T. ; Kambe, N. ; Murai, S. ; Sonoda, N. *Tetrahedron Lett.* **1982**, 23, 4813.

[253] Barton, D. H. R. ; Morzycki, J. W. ; Motherwell, W. B. ; Ley, S. V. *J. Chem. Soc. Chem. Commun.* **1981**, 1044.
[254] Sharpless, K. B. ; Lauer, R. F. ; Teranishi, A. Y. *J. Am. Chem. Soc.* **1973**, 95, 6137.
[255] Cossy, J. ; Furet, N. *Tetrahedron Lett.* **1993**, 34, 7755.
[256] Wang, W. ; Wang, K. ; Li, H. *Org. Lett.* **2004**, 6, 2817.
[257] Matsugi, M. ; Murata, K. ; Gotanda, K. ; Nambu, H. ; Anilkumar, G. ; Matsumoto, K. ; Kita, Y. *J. Org. Chem.*, **2001**, 66, 2434.
[258] Trost, B. M. ; Hiroi, K. ; Kurozumi, S. *J. Am. Chem. Soc.* **1975**, 97, 438.
[259] See OS VI, 23, 109; 68, 8. See also Morris, D. G. *Chem. Soc. Rev.* **1982**, 11, 397; Kane, V. V. ; Singh, V. ; Martin, A. ; Doyle, D. L. *Tetrahedron* **1983**, 39, 345.
[260] See Gilbert, E. E. *SulfonationandRelatedReactions*, Wiley, NY, **1965**, pp. 33-61.
[261] Scott, W. J. ; Crisp, G. T. ; Stille, J. K. *J. Am. Chem. Soc.* **1984**, 106, 4630. See Roth, G. P. ; Farina, V. ; Liebeskind, L. S. ; Peña-Cabrera, E. *TetrahedronLett.* **1995**, 36, 2191 for an optimized version of this reaction. Also see Echavarren, A. M. *Angew. Chem. Int. Ed.* **2005**, 44, 3962; Reiser, O. *Angew. Chem. Int. Ed.* **2006**, 45, 2838.
[262] See Zhou, W.-J. ; Wang, K.-H. ; Wang, J.-X. *J. Org. Chem.* **2009**, 74, 5599.
[263] Gajare, A. S. ; Jensen, R. S. ; Toyota, K. ; Yoshifuji, M. ; Ozawa, F. *Synlett* **2005**, 144. For a ligand free reaction, see Yabe, Y. ; Maegawa, T. ; Monguchi, Y. ; Sajiki, H. *Tetrahedron* **2010**, 66, 8654.
[264] Lau, K. C. Y. ; Chiu, P. *Tetrahedron Lett.* **2007**, 48, 1813.
[265] McMurry, J. E. ; Scott, W. J. *Tetrahedron Lett.* **1983**, 24, 979.
[266] See Maleczka Jr. , R. E. ; Lavis, J. M. ; Clark, D. H. ; Gallagher, W. P. *Org. Lett.* **2000**, 2, 3655.
[267] Farina, V. ; Krishnamurthy, V. ; Scott, W. J. *Org. React.* **1997**, 50, 1; Li, J.-H. ; Liang, Y. ; Wang, D.-P. ; Liu, W.-J. ; Xie, Y.-X. ; Yin, D.-L. *J. Org. Chem.* **2005**, 70, 2832.
[268] Powell, D. A. ; Maki, T. ; Fu, G. C. *J. Am. Chem. Soc.* **2005**, 127, 510.
[269] Johnson, C. R. ; Adams, J. P. ; Braun, M. P. ; Senanayake, C. B. W. *Tetrahedron Lett.* **1992**, 33, 919.
[270] Badone, D. ; Cardamone, R. ; Guzzi, U. *Tetrahedron Lett.* **1994**, 35, 5477.
[271] Segorbe, M. M. ; Adrio, J. ; Carretero, J. C. *Tetrahedron Lett.* **2000**, 41, 1983.
[272] Larhed, M. ; Hoshino, M. ; Hadida, S. ; Curran, D. P. *J. Org. Chem.* **1997**, 62, 5583.
[273] Olofsson, K. ; Kim, S.-Y. ; Larhed, M. ; Curran, D. P. ; Hallberg, A. *J. Org. Chem.* **1999**, 64, 4539.
[274] Jessop, P. G. ; Ikariya, T. ; Noyori, R. *Chem. Rev.* **1999**, 99, 475.
[275] Shi, Y. ; Peterson, S. M. ; Haberaecker III, W. W. ; Blum, S. A. *J. Am. Chem. Soc.* **2008**, 130, 2168.
[276] Farina, V. ; Hossain, M. A. *Tetrahedron Lett.* **1996**, 37, 6997.
[277] Rai, R. ; Aubrecht, K. B. ; Collum, D. B. *Tetrahedron Lett.* **1995**, 36, 3111.
[278] Littke, A. F. ; Fu, G. C. *Angew. Chem. Int. Ed.* **1999**, 38, 2411.
[279] Clapham, B. ; Sutherland, A. J. *J. Org. Chem.* **2001**, 66, 9033.
[280] Schaus, J. V. ; Panek, J. S. *Org. Lett.* **2000**, 2, 469.
[281] See Rousset, S. ; Abarbri, M. ; Thibonnet, J. ; Duchêne, A. ; Parrain, J.-L. *Org. Lett.* **1999**, 1, 701. Also seeMinière, S. ; Cintrat, J.-C. *J. Org. Chem.* **2001**, 66, 7385.
[282] Lindh, J. ; Fardost, A. ; Almeida, M. ; Nilsson, P. *Tetrahedron Lett.* **2010**, 51, 2470; Sävmarker, J. ; Lindh, J. ; Nilsson, P. *Tetrahedron Lett.* **2010**, 51, 6886.
[283] Mee, S. P. H. ; Lee, V. ; Baldwin, J. E. *Chemistry: European J.* **2005**, 11, 3294.
[284] Li, J.-H. ; Tang, B.-X. ; Tao, L.-M. ; Xie, Y.-X. ; Liang, Y. ; Zhang, M.-B. *J. Org. Chem.* **2006**, 71, 7488.
[285] Voigt, K. ; Schick, U. ; Meyer, F. E. ; de Meijere, A. *Synlett* **1994**, 189.
[286] Gilbertson, S. R. ; Fu, Z. ; Xie, D. *Tetrahedron Lett.* **2001**, 42, 365.
[287] Scott, W. J. ; Stille, J. K. *J. Am. Chem. Soc.* **1986**, 108, 3033; Stille, J. K. *Angew. Chem.*, *Int. Ed.* **1986**, 25, 508; Farina, V. in Abel, E. W. ; Stone, F. G. A. ; Wilkinson, G. *Comprehensive Organometallic Chemistry II*, Vol. 12, Pergamon, Oxford, U. K. , **1995**, Chapter 3. 4. ; Brown, J. M. ; Cooley, N. A. *Chem. Rev.* **1988**, 88, 1031.
[288] Amatore, C. ; Jutand, A. ; Suarez, A. *J. Am. Chem. Soc.* **1993**, 115, 9531 and references cited therein.
[289] Ozawa, F. ; Fujimori, M. ; Yamamoto, T. ; Yamamoto, A. *Organometallics* **1986**, 5, 2144; Tatsumi, K. ; Hoffmann, R. ; Moravski, A. ; Stille, J. K. *J. Am. Chem. Soc.* **1981**, 103, 4182; Loar, M. K. ; Stille, J. K. *J. Am. Chem. Soc.* **1981**, 103, 4174.
[290] Deacon, G. B. ; Gatehouse, B. M. ; Nelson-Reed, K. T. *J. Organomet. Chem.* **1989**, 359, 267.
[291] Casado, A. L. ; Espinet, P. ; Gallego, A. M. *J. Am. Chem. Soc.* **2000**, 122, 11771.
[292] Santos, L. S. ; Rosso, G. B. ; Pilli, R. A. ; Eberlin, M. N. *J. Org. Chem.* **2007**, 72, 5809.
[293] Zhou, S.-m. ; Deng, M.-z. *Tetrahedron Lett.* **2000**, 41, 3951.
[294] Yao, M.-L. ; Deng, M.-Z. *J. Org. Chem.* **2000**, 65, 5034; Yao, M.-L. ; Deng, M.-Z. *Tetrahedron Lett.* **2000**, 41, 9083.
[295] Occhiato, E. G. ; Trabocchi, A. ; Guarna, A. *J. Org. Chem.* **2001**, 66, 2459.
[296] Kabalka, G. W. ; Dadush, E. ; Al-Masum, M. *Tetrahedron Lett.* **2006**, 47, 7459.
[297] Molander, G. A. ; Felix, L. A. *J. Org. Chem.* **2005**, 70, 3950.
[298] Fu, X. ; Zhang, S. ; Yin, J. ; McAllister, T. L. ; Jiang, S. A. ; Tann, C.-H. ; Thiruvengadam, T. K. ; Zhang, F. *Tetrahedron Lett.* **2002**, 43, 573. See Vallin, K. S. A. ; Larhed, M. ; Johansson, K. ; Hallberg, A. *J. Org. Chem.* **2000**, 65, 4537.
[299] Nishihara, Y. ; Ikegashira, K. ; Toriyama, F. ; Mori, A. ; Hiyama, T. *Bull. Chem. Soc. Jpn.* **2000**, 73, 985.
[300] Raminelli, C. ; Gargalak Jr. , J. ; Silveira, C. C. ; Comasseto, J. V. *Tetrahedron Lett.* **2004**, 45, 4927; Silveira, C. C. ; Braga, A. L. ; Vieira, A. S. ; Zeni, G. *J. Org. Chem.* **2003**, 68, 662.
[301] Zeni, G. ; Comasseto, J. V. *Tetrahedron Lett.* **1999**, 40, 4619.

[302] Ma, S. ; Zhang, A. ; Yu, Y. ; Xia, W. *J. Org. Chem.* **2000**, 65, 2287.
[303] Dillinger, S. ; Bertus, P. ; Pale, P. *Org. Lett.* **2001**, 3, 1661. See Halbes, U. ; Bertus, P. ; Pale, P. *Tetrahedron Lett.* **2001**, 42, 8641; Bertus, P. ; Halbes, U. ; Pale, P. *Eur. J. Org. Chem.* **2001**, 4391.
[304] Braga, A. L. ; Emmerich, D. J. ; Silveira, C. C. ; Martins, T. L. C. ; Rodrigues, O. E. D. *Synlett* **2001**, 369.
[305] Lee, J.-H. ; Park, J.-S. ; Cho, C.-G. *Org. Lett.* **2002**, 4, 1171. Also see Bates, C. G. ; Saejueng, P. ; Venkataraman, D. *Org. Lett.* **2004**, 6, 1441.
[306] Negishi, E. ; Qian, M. ; Zeng, F. ; Anastasia, L. ; Babinski, D. *Org. Lett.* **2003**, 5, 1597.
[307] Abarbri, M. ; Parrain, J.-L. ; Kitamura, M. ; Noyori, R. ; Duchêne, A. *J. Org. Chem.* **2000**, 65, 7475.
[308] Menzel, K. ; Fu, G. C. *J. Am. Chem. Soc.* **2003**, 125, 3718.
[309] Tsukada, N. ; Sato, T. ; Inoue, Y. *Chem. Commun.* **2003**, 2404.
[310] Kiewel, K. ; Tallant, M. ; Sulikowski, G. A. *Tetrahedron Lett.* **2001**, 42, 6621.
[311] See Groves, E. E. *Chem. Soc. Rev.* **1972**, 1, 73; Satchell, D. P. N. ; Satchell, R. S. in Patai, S. *The Chemistry of theCarbonyl Group*, Vol. 1, Wiley, NY, **1966**, pp. 259-266, 270-273; Nenitzescu, C. D. ; Balaban, A. T. in Olah, G. A. *Friedel-Crafts and Related Reactions*, Vol. 3, Wiley, NY, **1964**, pp. 1033-1152.
[312] Deno, N. C. ; Chafetz, H. *J. Am. Chem. Soc.* **1952**, 74, 3940. For other examples, see Grignon-Dubois, M. ; Cazaux, M. *Bull. Soc. Chim. Fr.* **1986**, 332.
[313] See Heck, R. F. in Wender, I. ; Pino, P. *Organic Syntheses via Metal Carbonyls*, Vol. 1, Wiley, NY, **1968**, pp. 388-397.
[314] Andersson, C. ; Hallberg, A. *J. Org. Chem.* **1988**, 53, 4257.
[315] See Burn, D. *Chem. Ind. (London)* **1973**, 870; Satchell, D. P. N. ; Satchell, R. S. in Patai, S. *The Chemistry of theCarbonyl Group*, Vol. 1, Wiley, NY, **1966**, pp. 281-282.
[316] Youssefyeh, R. D. *Tetrahedron Lett.* **1964**, 2161.
[317] Shen, W. ; Kunzer, A. *Org. Lett.* **2002**, 4, 1315.
[318] Youssefyeh, R. D. *J. Am. Chem. Soc.* **1963**, 85, 3901.
[319] See van der Zeeuw, A. J. ; Gersmann, H. R. *Recl. Trav. Chim. Pays-Bas* **1965**, 84, 1535.
[320] See Poirier, J. *Org. Prep. Proced. Int.* **1988**, 20, 319; Brownbridge, P. *Synthesis* **1983**, 1, 85; Colvin, E. W. *Silicon Reagents in Organic Synthesis*, Academic Press, NY, **1988**; Colvin, E. W. in Hartley, C. R. ; Patai, S. *TheChemistry of the Metal-Carbon Bond*, Vol. 4, Wiley, NY, pp. 539-621; Ager, D. J. *Chem. Soc. Rev.* **1982**, 11, 493.
[321] See Mizhiritskii, M. D. ; Yuzhelevskii, Yu. A. *Russ. Chem. Rev.* **1987**, 56, 355. For a list, with references, see Larock, R. C. *Comprehensive Organic Transformations*, 2nd ed. , Wiley-VCH, NY, **1999**, pp. 1488-1491.
[322] Di-tert-butylmagnesium has also been used. See Kerr, W. J. ; Watson, A. J. B. ; Hayes, D. *Synlett* **2008**, 1386.
[323] Corey, E. J. ; Gross, A. W. *Tetrahedron Lett.* **1984**, 25, 495. Also see Lipshutz, B. H. ; Wood, M. R. ; Lindsley, C. W. *Tetrahedron Lett.* **1995**, 36, 4385.
[324] See Cahiez, G. ; Figadère, B. ; Cléry, P. *Tetrahedron Lett.* **1994**, 35, 6295.
[325] Ladjama, D. ; Riehl, J. J. *Synthesis* **1979**, 504. See Orban, J. ; Turner, J. V. ; Twitchin, B. *Tetrahedron Lett.* **1984**, 25, 5099.
[326] Miller, R. D. ; McKean, D. R. *Synth. Commun.* **1982**, 12, 319. See also, Ahmad, S. ; Khan, M. A. ; Iqbal, J. *Synth. Commun.* **1988**, 18, 1679.
[327] Fujiwara, M. ; Baba, A. ; Matsuda, H. *Chem. Lett.* **1989**, 1247.
[328] Smietana, M. ; Mioskowski, C. *Org. Lett.* **2001**, 3, 1037. See also, Tanabe, Y. ; Misaki, T. ; Kurihara, M. ; Iida, A. ; Nishii, Y. *Chem. Commun.* **2002**, 1628.
[329] Ozawa, F. ; Yamamoto, S. ; Kayagishi, S. ; Hiraoka, M. ; Ideda, S. ; Minami, T. ; Ito, S. ; Yoshifuji, M. *Chem. Lett.* **2001**, 972. See Blackwell, J. M. ; Morrison, D. J. ; Piers, W. E. *Tetrahedron* **2002**, 58, 8247; Mori, A. ; Kato, T. *Synlett* **2002**, 1167.
[330] Heathcock, C. H. ; Buse, C. T. ; Kleschick, W. A. ; Pirrung, M. A. ; Sohn, J. E. ; Lampe, J. *J. Org. Chem.* **1980**, 45, 1066.
[331] Vitale, M. ; Lecourt, T. ; Sheldon, C. G. ; Aggarwal, V. K. *J. Am. Chem. Soc.* **2006**, 128, 2524.
[332] Lessène, G. ; Tripoli, R. ; Cazeau, P. ; Biran, C. ; Bordeau, M. *Tetrahedron Lett.* **1999**, 40, 4037. Also seePatonay, T. ; Hajdu, C. ; Jeko, J. ; Lévai, A. ; Micskei, K. ; Zucchi, C. *Tetrahedron Lett.* **1999**, 40, 1373.
[333] Lin, J.-M. ; Liu, B.-S. *Synth. Commun.* **1997**, 27, 739.
[334] Aggarwal, V. K. ; Sheldon, C. G. ; Macdonald, G. J. ; Martin, W. P. *J. Am. Chem. Soc.* **2002**, 124, 10300.
[335] Robertson, B. D. ; Hartel, A. M. *Tetrahedron Lett.* **2008**, 49, 2088.
[336] For the synthesis of enol acetates, see Larock, R. C. *Comprehensive Organic Transformations*, 2nd ed. , Wiley-VCH, NY, **1999**, 1484-1485.
[337] See Krapcho, A. P. ; Diamanti, J. ; Cayen, C. ; Bingham, R. *Org. Synth. Coll. Vol. V* **1973**, 198.
[338] See Honda, T. ; Namiki, H. ; Kudoh, M. ; Watanabe, N. ; Nagase, H. ; Mizutani, H. *Tetrahedron Lett.* **2000**, 41, 5927.
[339] Yoo, W.-J. ; Li, C.-J. *J. Org. Chem.* **2006**, 71, 6266.
[340] Wentworth, A. D. ; Wentworth, Jr. , P. ; Mansoor, U. F. ; Janda, K. D. *Org. Lett.* **2000**, 2, 477.
[341] House, H. O. ; Czuba, L. J. ; Gall, M. ; Olmstead, H. D. *J. Org. Chem.* **1969**, 34, 2324.
[342] Comins, D. L. ; Dehghani, A. *Tetrahedron Lett.* **1992**, 33, 6299.
[343] Holmquist, C. R. ; Roskamp, E. J. *J. Org. Chem.* **1989**, 54, 3258.
[344] Pelter, A. ; Smith, K. ; Elgendy, S. ; Rowlands, M. *Tetrahedron Lett.* **1989**, 30, 5643.
[345] Krug, C. ; Hartwig, J. F. *J. Am. Chem. Soc.* **2002**, 124, 1674.
[346] Pucheault, M. ; Darses, S. ; Genet, J.-P. *J. Am. Chem. Soc.* **2004**, 126, 15356.
[347] Ruan, J. ; Saidi, O. ; Iggo, J. A. ; Xiao, J. *J. Am. Chem. Soc.* **2008**, 130, 10510.
[348] Kahne, D. ; Collum, D. B. *Tetrahedron Lett.* **1981**, 22, 5011.
[349] Santiago, B. ; Meyers, A. I. *Tetrahedron Lett.* **1993**, 34, 5839.

[350] North, M. *Angew. Chem. Int. Ed.* **2004**, 43, 4126.
[351] Han, W.; Ofial, A. R. *Chem. Commun.* **2009**, 5024.
[352] Kornblum, N.; Singh, N. K.; Kelly, W. J. *J. Org. Chem.* **1983**, 48, 332.
[353] Barton, D. H. R.; Billion, A.; Boivin, J. *Tetrahedron Lett.* **1985**, 26, 1229.
[354] Lemaire, M.; Doussot, J.; Guy, A. *Chem. Lett.* **1988**, 1581. See also, Hayashi, Y.; Mukaiyama, T. *Chem. Lett.* **1987**, 1811.
[355] Zhou, W.; Zhang, L.; Jiao, N. *Angew. Chem. Int. Ed* **2009**, 48, 7094.
[356] Olah, G. A.; Mo, Y. K.; Olah, J. A. *J. Am. Chem. Soc.* **1973**, 95, 4939. See Olah, G. A.; Farooq, O.; Prakash, G. K. S. in Hill, C. L. *Activation and Functionalization of Alkanes*, Wiley, NY, **1989**, pp. 27-78; Ref. 48; Fabre, P.; Devynck, J.; Trémillon, B. *Chem. Rev.* **1982**, 82, 591. See also, Olah, G. A.; Prakash, G. K. S.; Williams, R. E.; Field, L. D.; Wade, K. *Hypercarbon Chemistry*, Wiley, NY, **1987**.
[357] Olah, G. A.; DeMember, J. R.; Shen, J. *J. Am. Chem. Soc.* **1973**, 95, 4952. See also, Sommer, J.; Muller, M.; Laali, K. *Nouv. J. Chem.* **1982**, 6, 3.
[358] For example, see Hogeveen, H.; Roobeek, C. F. *Recl. Trav. Chim. Pays-Bas* **1972**, 91, 137.
[359] Yamamoto, G.; Oki, M. *Chem. Lett.* **1987**, 1163.
[360] First reported by Meerwein, H.; Rathjen, H.; Werner, H. *Ber.* **1942**, 75, 1610. See Doyle, M. P.; Duffy, R.; Ratnikov, M.; Zhou, L. *Chem. Rev.* **2010**, 110, 704; Bethell, D. in McManus, S. P. *Organic Reactive Intermediates*, Academic Press, NY, **1973**, pp. 92-101; Kirmse, W. *Carbene Chemistry*, 2nd ed., Academic Press, NY, **1971**, pp. 209-266.
[361] Terao, T.; Shida, S. *Bull. Chem. Soc. Jpn.* **1964**, 37, 687. See also, Moss, R. A.; Fedé, J.-M.; Yan, S. *J. Am. Chem. Soc.* **2000**, 122, 9878.
[362] See Marek, I. *Tetrahedron* **2002**, 58, 9463.
[363] See Paquette, L. A.; Kobayashi, T.; Gallucci, J. C. *J. Am. Chem. Soc.* **1988**, 110, 1305; Doyle, M. P.; Bagheri, V.; Pearson, M. M.; Edwards, J. D. *Tetrahedron Lett.* **1989**, 30, 7001.
[364] Friedman, L.; Berger, J. G. *J. Am. Chem. Soc.* **1961**, 83, 492, 500. See Padwa, A.; Krumpe, K. E. *Tetrahedron* **1992**, 48, 5385.
[365] See Burke, S. D.; Grieco, P. A. *Org. React.* **1979**, 26, 361.
[366] Doering, W. von E.; Knox, L. H. *J. Am. Chem. Soc.* **1961**, 83, 1989.
[367] Carter, D. S.; Van Vranken, D. L. *Org. Lett.* **2000**, 2, 1303; Doyle, M. P.; McKervey, M. A.; Ye, T. *Modern Catalytic Methods for Organic Synthesis with Diazo Compounds: From Cyclopropanes to Ylides*, Wiley, NY, **1998**.
[368] Bertram, A. K.; Liu, M. T. H. *J. Chem. Soc. Chem. Commun.* **1993**, 467.
[369] See Steinbeck, K. *Tetrahedron Lett.* **1978**, 1103; Boev, V. I. *J. Org. Chem. USSR* **1981**, 17, 1190.
[370] Davies, H. M. L.; Ren, P.; Jin, Q. *Org. Lett.* **2001**, 3, 3587.
[371] Gibe, R.; Kerr, M. A. *J. Org. Chem.* **2002**, 67, 6247.
[372] Arduengo, III, A. J.; Calabrese, J. C.; Davidson, F.; Dias, H. V. R.; Goerlich, J. R.; Krafczyk, R.; Marshall, W. J.; Tamm, M.; Schmutzler, R. *Helv. Chim. Acta.* **1999**, 82, 2348.
[373] Ventura, D. L.; Li, Z.; Coleman, M. G.; Davies, H. M. L. *Tetrahedron* **2009**, 65, 3052.
[374] Masselot, D.; Charmant, J. P. H.; Gallagher, T. *J. Am. Chem. Soc.* **2006**, 128, 694.
[375] See Caballero, A.; Díaz-Requejo, M. M.; Belderrain, T. R.; Nicasio, M. C.; Trofimenko, S.; Pérez, P. J. *J. Am. Chem. Soc.* **2003**, 125, 1446.
[376] Dias, H. V. R.; Browning, R. G.; Polach, S. A.; Diyabalanage, H. V. K.; Lovely, C. J. *J. Am. Chem. Soc.* **2003**, 125, 9270.
[377] Hashimoto, T.; Naganawa, Y.; Maruoka, K. *J. Am. Chem. Soc.* **2008**, 130, 2434.
[378] Wee, A. G. H.; Duncan, S. C. *J. Org. Chem.* **2005**, 70, 8372.
[379] Dalton, A. M.; Zhang, Y.; Davie, C. P.; Danheiser, R. L. *Org. Lett.* **2002**, 4, 2465.
[380] Devine, S. K. J.; Van Vranken, D. L. *Org. Lett.* **2007**, 9, 2047.
[381] Ye, L.; Cui, L.; Zhang, G.; Zhang, L. *J. Am. Chem. Soc.* **2010**, 132, 3258.
[382] Matusamy, S.; Arulananda, S.; Babu, A.; Gunanathan, C. *Tetrahedron Lett.* **2002** 43, 3133.
[383] Lo, M. M.-C.; Fu, G. C. *Tetrahedron* **2001**, 57, 2621.
[384] Davies, H. M. L.; Hedley, S. J.; Brooks R.; Bohall, B. R. *J. Org. Chem.* **2005**, 70, 10737.
[385] Bourque, L. E.; Cleary, P. A.; Woerpel, K. A. *J. Am. Chem. Soc.* **2007**, 129, 12602.
[386] Davies, H. M. L.; Grazini, M. V. A.; Aouad, E. *Org. Lett.* **2001**, 3, 1475.
[387] Doyle, M. P.; Protopopova, M. N.; Winchester, W. R.; Daniel, K. L. *Tetrahedron Lett.* **1992**, 33, 7819. See also, Clark, J. S.; Hodgson, P. B.; Goldsmith, M. D.; Street, L. J. *J. Chem. Soc., Perkin Trans. 1* **2001**, 3312.
[388] Coutts, I. G. C.; Saint, R. E.; Saint, S. L.; Chambers-Asman, D. M. *Synthesis* **2001**, 247.
[389] See Shi, W.; Zhang, B.; Zhang, J.; Liu, B.; Zhang, S.; Wang, *J. Org. Lett.* **2005**, 7, 3103.
[390] See Doyle, M. P.; Kalinin, A. V. *Synlett*, **1995**, 1075; Watanabe, N.; Ohtake, Y.; Hashimoto, S.; Shiro, M.; Ikegami, S. *Tetrahedron Lett.* **1995**, 36, 1491; Maruoka, K.; Concepcion, A. B.; Yamamoto, H. *J. Org. Chem.* **1994**, 59, 4725.
[391] See Sulikowski, G. A.; Cha, K. L.; Sulikowski, M. M. *Tetrahedron Asymmetry*, **1998**, 9, 3145.
[392] Ye, T.; McKervey, M. A. *Chem. Rev.* **1994**, 94, 1091.
[393] Doyle, M. P. *Pure Appl. Chem.* **1998**, 70, 1123. See Taber, D. F.; Malcolm, S. C. *J. Org. Chem.* **1998**, 63, 3717 for a discussion of transition state geometry in rhodium mediated C-H insertion.
[394] Davies, H. M. L.; Jin, Q. *Org. Lett.* **2004**, 6, 1769; Davies, H. M. L.; Loe, I. *Synthesis* **2004**, 2595.
[395] See Davies, H. M. L.; Beckwith, R. E. J. *Chem. Rev.* **2003**, 103, 2861. See also Davies, H. M. L.; Nikolai, J. *Org. Biomol. Chem.* **2005**, 3, 4176; Suematsu, H.; Katsuki, T. *J. Am. Chem. Soc.* **2009**, 131, 14218.
[396] See Bethell, D. *Adv. Phys. Org. Chem.* **1969**, 7, 153, pp. 190-194.

[397] Doering, W. von E. ; Prinzbach, H. *Tetrahedron* **1959**, 6, 24.
[398] See Seyferth, D. ; Cheng, Y. M. *J. Am. Chem. Soc.* **1971**, 93, 4072.
[399] Sobery, W. ; DeLucca, J. P. *Tetrahedron Lett.* **1995**, 36, 3315.
[400] Frey, H. M. *Proc. Chem. Soc.* **1959**, 318.
[401] McNesby, J. R. ; Kelly, R. V. *Int. J. Chem. Kinet.* **1971**, 3, 293.
[402] Ring, D. F. ; Rabinovitch, B. S. *J. Am. Chem. Soc.* **1966**, 88, 4285; *Can J. Chem.* **1968**, 46, 2435.
[403] Bell, J. A. *Prog. Phys. Org. Chem.* **1964**, 2, 1, pp. 30-43.
[404] Cummins, J. M. ; Porter, T. A. ; Jones, Jr. , M. *J. Am. Chem. Soc.* **1998**, 120, 6473.
[405] Richardson, D. B. ; Simmons, M. C. ; Dvoretzky, I. *J. Am. Chem. Soc.* **1961**, 83, 1934.
[406] See Roth, H. D. *Acc. Chem. Res.* **1977**, 10, 85.
[407] Roth, H. D. *J. Am. Chem. Soc.* 1 **972**, 94, 1761. See also, Bethell, D. ; McDonald, K. *J. Chem. Soc. Perkin Trans.* 2 **1977**, 671.
[408] See Oku, A. ; Yamaura, Y. ; Harada, T. *J. Org. Chem.* **1986**, 51, 3730; Ritter, R. H. ; Cohen, T. *J. Am. Chem. Soc.* **1986**, 108, 3718.
[409] See Wardell, J. L. in Zuckerman, J. J. *Inorganic Reactions and Methods*, Vol. 11, VCH, NY, **1988**, pp. 44-107; Wardell, J. L. in Hartley, F. R. ; Patai, S. T*he Chemistry of the Metal-Carbon Bond*, Vol. 4, Wiley, NY, pp. 1-157, pp. 27-71; Narasimhan, M. S. ; Mali, R. S. *Synthesis* **1983**, 957; Biellmann, J. F. ; Ducep, *J. Org. React.* **1982**, 27, 1; Gschwend, H. W. ; Rodriguez, H. R. *Org. React.* **1979**, 26, 1; Mallan, J. M. ; Bebb, R. L. *Chem. Rev.* **1969**, 69, 693.
[410] See Saá, J. M. ; Martorell, G. ; Frontera, A. *J. Org. Chem.* **1996**, 61, 5194.
[411] See Durst, T. in Buncel, E. ; Durst, T. *Comprehensive CarbanionChemistry*, Vol. 5, pt. B, Elsevier, NY, **1984**, pp. 239-291, pp. 265-279. For an article on the safe handling of RLi compounds, see Anderson, R. *Chem. Ind. (London)* **1984**, 205.
[412] Ivanov, R. ; Marek, I. ; Cohen, T. *TetrahedronLett.* **2010**, 51, 174.
[413] Schlosser, M. *J. Organomet. Chem.* **1967**, 8, 9. See also, Schlosser, M. ; Katsoulos, G. ; Takagishi, S. *Synlett*, **1990**, 747.
[414] Rausch, M. D. ; Ciappenelli, D. J. *J. Organomet. Chem.* **1967**, 10, 127.
[415] See Klein, J. *Tetrahedron* **1983**, 39, 2733; Klein, J. in Patai, S. *The Chemistry of the Carbon-Carbon TripleBond*, pt. 1, Wiley, NY, **1978**, pp. 343-379.
[416] Hartmann, J. ; Schlosser, M. *Helv. Chim. Acta* **1976**, 59, 453.
[417] Schlosser, M. *Pure Appl. Chem.* **1988**, 60, 1627. For sodium analogues, see Schlosser, M. ; Hartmann, J. ; Stähle, M. ; Kramar, J. ; Walde, A. ; Mordini, A. *Chimia*, **1986**, 40, 306.
[418] Brandsma, L. ; Verkruijsse, H. D. ; Schade, C. ; Schleyer, P. v. R. *J. Chem. Soc. Chem. Commun.* **1986**, 260.
[419] See Shirley, D. A. ; Hendrix, J. P. *J. Organomet. Chem.* **1968**, 11, 217.
[420] Gossage, R. A. ; Jastrzebski, J. T. B. H. ; van Koten, G. *Angew. Chem. Int. Ed.* **2005**, 44, 1448.
[421] Jacobson, M. A. ; Keresztes, I. ; Williard, P. G. *J. Am. Chem. Soc.* **2005**, 127, 4965. For a computational study of mixed aggregates of chloromethyllithium and lithium dialkylamides, see Pratt, L. M. ; Lê, L. T. ; Truong, T. N. *J. Org. Chem.* **2005**, 70, 8298. Also see Gupta, L. ; Hoepker, A. C. ; Singh, K. J. ; Collum, D. B. *J. Org. Chem.* **2009**, 74, 2231 for a LiCl catalyzed reaction.
[422] See Blagoev, B. ; Ivanov, D. *Synthesis* **1970**, 615.
[423] Kessar, S. V. ; Singh, P. ; Singh, K. N. ; Venugopalan, P. ; Kaur, A. ; Bharatam, P. V. ; Sharma, A. K. *J. Am. Chem. Soc.* **2007**, 129, 4506.
[424] Nishimura, Y. ; Miyake, Y. ; Amemiya, R. ; Yamaguchi, M. *Org. Lett.* **2006**, 8, 5077.
[425] See Figuly, G. D. ; Loop, C. K. ; Martin, J. C. *J. Am. Chem. Soc.* **1989**, 111, 654; Block, E. ; Eswarakrishnan, V. ; Gernon, M. ; Ofori-Okai, G. ; Saha, C. ; Tang, K. ; Zubieta, J. *J. Am. Chem. Soc.* **1989**, 111, 658; Smith, K. ; Lindsay, C. M. ; Pritchard, G. J. *J. Am. Chem. Soc.* **1989**, 111, 665.
[426] See Gilday, J. P. ; Negri, J. T. ; Widdowson, D. A. *Tetrahedron* **1989**, 45, 4605.
[427] See Katritzky, A. R. ; Lam, J. N. ; Sengupta, S. *Prog. Heterocycl. Chem.* **1989**, 1, 1.
[428] Bickelhaupt, F. M. ; Hermann, H. L. ; Boche, G. *Angew. Chem. Int. Ed.* **2006**, 45, 823.
[429] See Beak, P. ; Meyers, A. I. *Acc. Chem. Res.* **1986**, 19, 356; Beak, P. ; Snieckus, V. *Acc. Chem. Res.* **1982**, 15, 306; Narasimhan, N. S. ; Mali, R. S. *Top. Curr. Chem.* **1987**, 138, 63; Reuman, M. ; Meyers, A. I. *Tetrahedron* **1985**, 41, 837.
[430] Slocum, D. W. ; Coffey, D. S. ; Siegel, A. ; Grimes, P. *TetrahedronLett.* **1994**, 35, 389.
[431] See Snieckus, V. *Chem. Rev.* **1990**, 90, 879; *Pure Appl. Chem.* **1990**, 62, 2047. For a discussion of themechanism, see Bauer, W. ; Schleyer, P. v. R. *J. Am. Chem. Soc.* **1989**, 111, 7191.
[432] Baldwin, J. E. ; Höfle, G. A. ; Lever Jr. , O. W. *J. Am. Chem. Soc.* **1974**, 96, 7125.
[433] Beak, P. ; Hunter, J. E. ; Jun, Y. M. ; Wallin, A. P. *J. Am. Chem. Soc.* **1987**, 109, 5403. See also, Stork, G. ; Polt, R. L. ; Li, Y. ; Houk, K. N. *J. Am. Chem. Soc.* **1988**, 110, 8360; Barluenga, J. ; Foubelo, F. ; Fañanas, F. J. ; Yus, M. *J. Chem. Res. (S)* **1989**, 200.
[434] Peñafiel, I. ; Pastor, I. M. ; Yus, M. *Tetrahedron* **2010**, 66, 2928.
[435] Benkeser, R. A. ; Trevillyan, E. A. ; Hooz, J. *J. Am. Chem. Soc.* **1962**, 84, 4971.
[436] Bryce-Smith, D. *J. Chem. Soc.* **1963**, 5983; Benkeser, R. A. ; Hooz, J. ; Liston, T. V. ; Trevillyan, E. A. *J. Am. Chem. Soc.* **1963**, 85, 3984.
[437] Pocker, Y. ; Exner, J. H. *J. Am. Chem. Soc.* **1968**, 90, 6764.
[438] West, P. ; Waack, R. ; Purmort, J. I. *J. Am. Chem. Soc.* **1970**, 92, 840.
[439] Kapeller, D. C. ; Hammerschmidt, F. *J. Am. Chem. Soc.* **2008**, 130, 2329.
[440] McGrath, M. J. ; O'Brien, P. *J. Am. Chem. Soc.* **2005**, 127, 16378.

[441] Ashweek, J.; Brandt, P.; Coldham, I.; Dufour, S.; Gawley, R. E.; Hæffner, F.; Klein, R.; Sanchez-Jimenezy, G. *J. Am. Chem. Soc.* **2005**, 127, 449.
[442] Zugravescu, I.; Petrovanu, M. *Nitrogen-Ylid Chemistry*, McGraw Hill, NY, 1976, pp. 251-283; Wittig, G.; Rieber, M. *Ann.* **1949**, 562, 177; Wittig, G.; Polster, R. *Ann.* **1956**, 599, 1.
[443] See Durst, T. in Buncel, E.; Durst, T. *Comprehensive Carbanion Chemistry*, Vol. 5, pt. B, Elsevier, NY, **1984**, pp. 239-291; Wardell, J. L. Ref. 388; Wakefield, B. J. *Organolithium Methods*, Academic Press, NY, **1988**, pp. 32-44.
[444] See Ziegenbein, W. in Viehe, H. G. *Acetylenes*, Marcel Dekker, NY, **1969**, pp. 170-185. For an improvedmethod, see Fisch, A.; Coisne, J. M.; Figeys, H. P. *Synthesis* **1982**, 211.
[445] Wang, S.; Zhang, L. *Org. Lett.* **2006**, 8, 4585.
[446] Hegarty, A. F.; Dowling, J. P.; Eustace, S. J.; McGarraghy, M. *J. Am. Chem. Soc.* **1998**, 120, 2290.
[447] See Caine, D. in Augustine, R. L. *Carbon-Carbon Bond Formation*, Vol. 1, Marcel Dekker, NY, **1979**, pp. 95-145, 284-291.
[448] See Abraham, M. H.; Grellier, P. L. in Hartley, F. R.; Patai, S. *The Chemistry of the Metal-Carbon Bond*, Vol. 2, Wiley, NY, pp. 25-149, pp. 105-136; Abraham, M. H. *Comprehensive Chemical Kinetics*, Bamford, C. H.; Tipper, C. F. H. Eds., Vol. 12, Elsevier, NY, **1973**, pp. 107-134; Schlosser, M. *Angew. Chem. Int. Ed.* **1964**, 3, 287, 362; *Newer MethodsPrep. Org. Chem.* **1968**, 5, 238.
[449] Mitsuhashi, K.; Ito, R.; Arai, T.; Yanagisawa, A. *Org. Lett.* **2006**, 8, 1721.
[450] Walborsky, H. M.; Ollman, J.; Hamdouchi, C.; Topolski, M. *TetrahedronLett.* **1992**, 33, 761.
[451] Pelter, A.; Smith, K.; Brown, H. C. *Borane Reagents*, Academic Press, NY, **1988**, see pp. 242-244.
[452] See Fleming, I.; Dunoguès, J.; Smithers, R. *Org. React.* **1989**, 37, 57, pp. 89-97, 194-243.
[453] See Makarova, L. G. *Organomet. React.* **1970**, 1, 119, see pp. 251-270, 275-300.
[454] See Barluenga, J.; Yus, M. *Chem. Rev.* **1988**, 88, 487.
[455] Sommer, L. H.; Marans, N. S.; Goldberg, G. M.; Rockett, J.; Pioch, R. P. *J. Am. Chem. Soc.* **1951**, 73, 882. Seealso, Abraham, M. H.; Grellier, P. L. in Hartley, F. R.; Patai, S. *The Chemistry of the Metal-Carbon Bond*, Vol. 2, Wiley, NY, p. 117.
[456] See Brilkina, T. G.; Shushunov, V. A. *Reactions of Organometallic Compounds with Oxygen and Peroxides*, CRC Press, Boca Raton, FL, **1969**; Wardell, J. L.; Paterson, E. S. in Hartley, F. R.; Patai, S. *TheChemistry of theMetal-Carbon Bond*, Vol. 2, Wiley, NY, **1985**, see pp. 219-338, pp. 311-316.
[457] See Harada, T.; Kutsuwa, E. *J. Org. Chem.* **2003**, 68, 6716.
[458] Brown, H. C.; Midland, M. M. *Tetrahedron* **1987**, 43, 4059.
[459] Adam, W.; Cueto, O. *J. Org. Chem.* **1977**, 42, 38.
[460] Garst, J. F.; Smith, C. D.; Farrar, A. C. *J. Am. Chem. Soc.* **1972**, 94, 7707. See Davies, A. G. *J. Organomet. Chem.* **1980**, 200, 87.
[461] Lawesson, S.; Frisell, C.; Denney, D. B.; Denney, D. Z. *Tetrahedron* **1963**, 19, 1229. See Brilkina, T. G.; Shushunov, V. A. *Reactions of Organometallic Compounds with Oxygen and Peroxides*, CRC Press, Boca Raton, FL, **1969**; Razuvaev, G. A.; Shushunov, V. A.; Dodonov, V. A.; Brilkina, T. G. in Swern, D. *Organic Peroxides*, Vol. 3, Wiley, NY, **1972**, pp. 141-270.
[462] Longone, D. T.; Miller, A. H. *Tetrahedron Lett.* **1967**, 4941.
[463] Davis, F. A.; Lal, G. S.; Wei, J. *Tetrahedron Lett.* **1988**, 29, 4269.
[464] Mitchell, T. A.; Bode, J. W. *J. Am. Chem. Soc.* **2009**, 131, 18057.
[465] See Pelter, A.; Smith, K.; Brown, H. C. *Borane Reagents*, Aademic Press, NY, **1988**, pp. 244-249; Brown, H. C. *Boranes in Organic Chemistry*, Cornell University Press, Ithaca, NY, **1972**, pp. 321-325. See also, Brown, H. C.; Snyder, C.; Subba Rao, B. C.; Zweifel, G. *Tetrahedron* **1986**, 42, 5505.
[466] Brown, H. C.; Midland, M. M.; Kabalka, G. W. *Tetrahedron* **1986**, 42, 5523.
[467] Kabalka, G. W.; Shoup, T. M.; Goudgaon, N. M. *J. Org. Chem.* **1989**, 54, 5930.
[468] Köster, R.; Arora, S.; Binger, P. *Angew. Chem. Int. Ed.* **1969**, 8, 205.
[469] Kabalka, G. W.; Slayden, S. W. *J. Organomet. Chem.* **1977**, 125, 273.
[470] Midland, M. M.; Brown, H. C. *J. Am. Chem. Soc.* **1971**, 93, 1506.
[471] Bean, F. R.; Johnson, J. R. *J. Am. Chem Soc.* **1932**, 54, 4415; Lappert, M. F. *Chem. Rev.* **1956**, 56, 959.
[472] Khotinsky, E.; Melamed, M. *Chem. Ber.* **1909**, 42, 3090.
[473] Sebelius, S.; Olsson, V. J.; Szabó, K. J. *J. Am. Chem. Soc.* **2005**, 127, 10478.
[474] Soloway, A. H. *J. Am. Chem. Soc.* **1959**, 81, 3017.
[475] Ishiyama, T.; Murata, M.; Miyaura, N. *J. Org. Chem.* **1995**, 60, 7508.
[476] Murata, M.; Oyama, T.; Watanabe, S.; Masuda, Y. *J. Org. Chem.* 2000, 65, 164; Song, Y. L. *Synlett* **2000**, 1210.
[477] Kanth, J. V. B.; Periasamy, M.; Brown, H. C. *Org. Process Res. Dev.* **2000**, 4, 550.
[478] Song, Y.; Ding, Z.; Wang, Q.; Tao, F. *Synth. Commun.* **1998**, 28, 3757.
[479] Song, Y.-L.; Morin, C. *Synlett* **2001**, 266.
[480] Lightfoot, A. P.; Maw, G.; Thirsk, C.; Twiddle, S. J. R.; Whiting, A. *Tetrahedron Lett.* **2003**, 44, 7645.
[481] Ramsden, H. E.; Leebrick, J. R.; Rosenberg, S. D.; Miller, E. H.; Walburn, J. J.; Balint, A. E.; Cserr, R. *J. Org. Chem.*, **1957**, 22, 1602.
[482] Matteson, D. S. *Acc. Chem. Res.* **1970**, 3, 186; Matteson, D. S. *Progr. Boron Chem.* **1970**, 3, 117.
[483] Wong, K.-T.; Chien, Y.-Y.; Liao, Y.-L.; Lin, S.-C.; Chou, M.-Y.; Leung, M.-K. *J. Org. Chem.* **2002**, 67, 1041.
[484] Evans, D. A.; Muci, A. R.; Stuermer, R. *J. Org. Chem.*, **1993**, 58, 5307.
[485] Councler, C. *Ber.* **1876**, 9, 485; **1877**, 10, 1655; **1878**, 11, 1106.
[486] Schiff, H. *Ann. Suppl.* **1867**, 6, 158; Councler, C. *J. Prakt. Chem.* **1871**, 16, 371.
[487] Cohn, G. *Pharm. Zentr.* **1911**, 62, 479.

[488] Bannister, W. J. U. S. Patent 1,668,797 (*Chem. Abstr.* **1928**, 22:2172).
[489] Haider, S. Z. ; Khundhar, M. H. ; Siddiqulah, Md. *J. Appl. Chem.* **1954**, 4, 93.
[490] Colclough, T. ; Gerrard, W. ; Lappert, M. F. *J. Chem. Soc.* **1955**, 907.
[491] Ahmad, T. ; Khundkar, M. H. *Chem. Ind.* **1954**, 248.
[492] Vedejs, E. ; Fields, S. C. ; Hayashi, R. ; Hitchcock, S. R. ; Powell, D. R. ; Schrimpf, M. R. *J. Am. Chem. Soc.* **1999**, 121, 2460.
[493] Molander, G. A. ; Biolatto, B. *J. Org. Chem.* **2003**, 68, 4302; Molander, G. A. ; Yun, C. ; Ribagorda, M. ; Biolatto, B. *J. Org. Chem.* **2003**, 68, 5534; Molander, G. A. ; Ribagorda, M. *J. Am. Chem. Soc.* **2003**, 125, 11148.
[494] Matteson, D. S. *J. Am. Chem. Soc.* **1960**, 82, 4228.
[495] Molander, G. A. ; Felix, L. A. *J. Org. Chem.* **2005**, 70, 3950.
[496] Ochiai, M. ; Yamamoto, S. ; Sato, K. *Chem. Commun.* **1999**, 1363.
[497] See Wardell, J. L. ; Paterson, E. S. in Hartley, F. R. ; Patai, S. *The Chemistry of the Metal-Carbon Bond*, Vol. 2, Wiley, NY, **1985**, pp. 316-323; Wardell, J. L. in Patai, S. *The Chemistry of the Thiol Group*, pt. 1, Wiley, NY, **1974**, pp. 211-215; Wakefield, B. J. *Organolithium Methods*, Academic Press, NY, **1988**, pp. 135-142.
[498] Larock, R. C. *Organomercury Compounds in Organic Synthesis*, Springer, NY, **1985**, pp. 210-216.
[499] Bhattacharya, S. N. ; Eaborn, C. ; Walton, D. R. M. *J. Chem. Soc. C* **1968**, 1265. For similar reactions withorganolithiums, see Hamada, T. ; Yonemitsu, O. *Synthesis* **1986**, 852.
[500] Harpp, D. N. ; Vines, S. M. ; Montillier, J. P. ; Chan, T. H. *J. Org. Chem.* **1976**, 41, 3987.
[501] See Negishi, E. *Organometallics in Organic Synthesis*, Wiley, NY, **1980**, pp. 243-247.
[502] See Kitching, W. ; Fong, C. W. *Organomet. Chem. Rev. Sect. A* **1970**, 5, 281.
[503] Asinger, F. ; Laue, P. ; Fell, B. ; Gubelt, C. *Chem. Ber.* **1967**, 100, 1696.
[504] Zakharkin, L. I. ; Gavrilenko, V. V. ; Paley, B. A. *J. Organomet. Chem.* **1970**, 21, 269.
[505] See Abraham, M. H. ; Grellier, P. L. in Hartley, F. R. ; Patai, S. *The Chemistry of the Metal-Carbon Bond*, Vol. 2, Wiley, NY, pp. 72-105; Larock, R. C. *Organomercury Compounds in Organic Synthesis*, Springer, NY, **1985**,pp. 158-178; Makarova, L. G. *Organomet. React.* **1970**, 1, 119, pp. 325-348.
[506] See Delavarenne, S. Y. ; Viehe, H. G. inViehe, H. G. *Acetylenes*, Marcel Dekker, NY, **1969**, pp. 665-688. For a listof reagents, with references, see Larock, R. C. *Comprehensive Organic Transformations*, 2nd ed., Wiley-VCH, NY, **1999**, pp. 655-656. For an improved procedure, see Brandsma, L. ; Verkruijsse, H. D. *Synthesis* **1990**, 984.
[507] Okuyama, T. ; Fujita, M. ; Gronheid, R. ; Lodder, G. *TetrahedronLett.* **2000**, 41. 5125.
[508] Kabalka, G. W. ; Mereddy, A. R. *TetrahedronLett.* **2004**, 45, 1417.
[509] Campos, P. J. ; García, B. ; Rodriguez, M. A. *TetrahedronLett.* **2002**, 43, 6111.
[510] Zhang, D. ; Ready, J. M. *J. Am. Chem. Soc.* **2007**, 129, 12088.
[511] Kamei, K. ; Maeda, N. ; Tatsuoka, T. *Tetrahedron Lett.* **2005**, 46, 229.
[512] Brown, H. C. ; Rathke, M. W. ; Rogic, M. M. ; De Lue, N. R. *Tetrahedron* **1988**, 44, 2751.
[513] Brown, H. C. ; Lane, C. F. *Tetrahedron* **1988**, 44, 2763; Brown, H. C. ; Lane, C. F. ; De Lue, N. R. *Tetrahedron* **1988**, 44, 2273. Also see Nelson, D. J. ; Soundararajan, R. *J. Org. Chem.* **1989**, 54, 340.
[514] Nelson, D. J. ; Soundararajan, R. *J. Org. Chem.* **1988**, 53, 5664. For other reagents, see Jigajinni, V. B. ; Brown, H. C. ; De Lue, N. R. *Tetrahedron* **1988**, 44, 2785.
[515] Suzuki, A. ; Nozawa, S. ; Harada, M. ; Itoh, M. ; Brown, H. C. ; Midland, M. M. *J. Am. Chem. Soc.* **1971**, 93, 1508;Brown, H. C. ; Midland, M. M. *Angew. Chem. Int. Ed.* **1972**, 11, 692, pp. 699-700; Brown, H. C. *Boranes in Organic Chemistry*, Cornell University Press, Ithica, NY, **1972**, pp. 442-446.
[516] See Kabalka, G. W. *Org. Prep. Proced. Int.* **1977**, 9, 131.
[517] Brown, H. C. ; Hamaoka, T. ; Ravindran, N. ; Subrahmanyam, C. ; Somayaji, V. ; Bhat, N. G. *J. Org. Chem.* **1989**, 54, 6075. See also, Kabalka, G. W. ; Gooch, E. E. ; Hsu, H. C. *Synth. Commun.* **1981**, 11, 247.
[518] Stewart, S. K. ; Whiting, A. *Tetrahedron Lett.* **1995**, 36, 3929.
[519] Brown, H. C. ; Hamaoka, T. ; Ravindran, N. *J. Am. Chem. Soc.* **1973**, 95, 6456. See also, Brown, H. C. ; Bhat, N. G. *TetrahedronLett.* **1988**, 29, 21.
[520] See Kabalka, G. W. ; Sastry, K. A. R. ; Knapp, F. F. ; Srivastava, P. C. *Synth. Commun.* **1983**, 13, 1027.
[521] Kunda, S. A. ; Smith, T. L. ; Hylarides, M. D. ; Kabalka, G. W. *Tetrahedron Lett.* **1985**, 26, 279.
[522] Hoshi, M. ; Shirakawa, K. *Tetrahedron Lett.* **2000**, 41, 2595.
[523] See Chou, S. P. ; Kuo, H. ; Wang, C. ; Tsai, C. ; Sun, C. *J. Org. Chem.* **1989**, 54, 868.
[524] Normant, J. F. ; Chaiez, G. ; Chuit, C. ; Villieras, J. *J. Organomet. Chem.* **1974**, 77, 269; *Synthesis* **1974**, 803.
[525] Westmijze, H. ; Meijer, J. ; Vermeer, P. *Recl. Trav. Chim. Pays-Bas* **1977**, 96, 168; Levy, A. B. ; Talley, P. ; Dunford, J. A. *Tetrahedron Lett.* **1977**, 3545.
[526] Takami, K. ; Yorimitsu, H. ; Oshima, K. *Org. Lett.* **2002**, 4, 2993.
[527] Furuya, T. ; Ritter, T. *Org. Lett.* **2009**, 11, 2860.
[528] Nishiguchi, I. ; Kanbe, O. ; Itoh, K. ; Maekawa, H. *Synlett* **2000**, 89.
[529] Abe, H. ; Suzuki, H. *Bull. Chem. Soc. Jpn.* **1999**, 72, 787.
[530] Lee, T. ; Kang, H. R. ; Kim, S. ; Kim, S. *Tetrahedron* **2006**, 62, 4081.
[531] Yan, J. ; Li, J. ; Cheng, D. *Synlett* **2007**, 2442.
[532] Vilhelmsen, M. H. ; Andersson, A. S. ; Nielsen, M. B. *Synthesis* **2009**, 1469.
[533] See Abraham, M. H. ; Grellier, P. L. in Hartley, F. R. ; Patai, S. *The Chemistry of the Carbon-Metal Bond*, Vol. 2, Wiley, NY, p. 72; Abraham, M. H. *Comprehensive Chemical Kinetics*, Bamford, C. H. ; Tipper, C. F. H. , Eds. , Vol. 12; Elsevier, NY,

[534] See Jensen, F. R. ; Gale, L. H. *J. Am. Chem. Soc.* **1960**, 82, 148.
[535] See de Ryck, P. H. ; Verdonck, L. ; Van der Kelen, G. P. *Bull. Soc. Chim. Belg.*, **1985**, 94, 621.
[536] See Erdik, E. ; Ay, M. *Chem. Rev.* **1989**, 89, 1947.
[537] See Genet, J. P. ; Mallart, S. ; Greck, C. ; Piveteau, E. *TetrahedronLett.* **1991**, 32, 2359.
[538] Beak, P. ; Kokko, B. J. *J. Org. Chem.* **1982**, 47, 2822; Colvin, E. W. ; Kirby, G. W. ; Wilson, A. C. *TetrahedronLett.* **1982**, 23, 3835; Boche, G. ; Bernheim, M. ; Schrott, W. *TetrahedronLett.* **1982**, 23, 5399; Boche, G. ; Schrott, W. *TetrahedronLett.* **1982**, 23, 5403.
[539] Kokko, B. J. ; Beak, P. *TetrahedronLett.* **1983**, 24, 561.
[540] Beak, P. ; Basha, A. ; Kokko, B. ; Loo, D. *J. Am. Chem. Soc.* **1986**, 108, 6016.
[541] Spagnolo, P. ; Zanirato, P. ; Gronowitz, S. *J. Org. Chem.* **1982**, 47, 3177; Reed, J. N. ; Snieckus, V. *TetrahedronLett.* **1983**, 24, 3795; Mori, S. ; Aoyama, T. ; Shioiri, T. *Tetrahedron Lett.* **1984**, 25, 429.
[542] Trost, B. M. ; Pearson, W. H. *J. Am. Chem. Soc.* **1981**, 103, 2483; **1983**, 105, 1054.
[543] Kabalka, G. W. ; Wang, Z. ; Goudgaon, N. M. *Synth. Commun.* **1989**, 19, 2409. See Kabalka, G. W. ; Wang, Z. *Organometallics* **1989**, 8, 1093; *Synth. Commun.* **1990**, 20, 231.
[544] Brown, H. C. ; Heydkamp, W. R. ; Breuer, E. ; Murphy, W. S. *J. Am. Chem. Soc.* **1964**, 86, 3565.
[545] Brown, H. C. ; Kim, K. ; Srebnik, M. ; Singaram, B. *Tetrahedron* **1987**, 43, 4071. See Brown, H. C. ; Kim, K. ; Cole, T. E. ; Singaram, B. *J. Am. Chem. Soc.* **1986**, 106, 6761.
[546] Kabalka, G. W. ; Goudgaon, N. M. ; Liang, Y. *Synth. Commun.* **1988**, 18, 1363.
[547] Carboni, B. ; Vaultier, M. ; Courgeon, T. ; Carrie, R. *Bull. Soc. Chim. Fr.* **1989**, 844.
[548] Brown, H. C. ; Salunkhe, A. M. ; Singaram, B. *J. Org. Chem.* **1991**, 56, 1170.
[549] Barton, D. H. R. ; Donnelly, D. M. X. ; Finet, J. ; Guiry, P. J. *Tetrahedron Lett.* **1989**, 30, 1377.
[550] Yamamoto, H. ; Maruoka, K. *J. Org. Chem.* **1980**, 45, 2739.
[551] Merkushev, E. B. *Synthesis* **1988**, 923
[552] Beletskaya, I. P. ; Affanasiev, V. V. ; Kazankova, M. A. ; Efimova, I. V. *Org. Lett.* **2003**, 5, 4309.
[553] Dunetz, J. R. ; Danheiser, R. L. *Org. Lett.* **2003**, 5, 4011.
[554] Movassaghi, M. ; Ondrus, A. E. *J. Org. Chem.* **2005**, 70, 8638.
[555] See Narayana, C. ; Periasamy, M. *Synthesis* **1985**, 253; Gulevich, Yu. V. ; Bumagin, N. A. ; Beletskaya, I. P. *Russ. Chem. Rev.* **1988**, 57, 299.
[556] See Larock, R. C. *Organomercury Compounds in Organic Synthesis*, Springer, NY, **1985**; Larock, R. C. *Tetrahedron* **1982**, 38, 1713; *Angew. Chem. Int. Ed.* **1978**, 17, 27.
[557] Seyferth, D. ; Spohn, R. J. *J. Am. Chem. Soc.* **1969**, 91, 3037.
[558] Ryu, I. ; Ryang, M. ; Rhee, I. ; Omura, H. ; Murai, S. ; Sonoda, N. *Synth. Commun.* **1984**, 14, 1175 and referencescited therein. For another method, see Hatanaka, Y. ; Hiyama, T. *Chem. Lett.* **1989**, 2049.
[559] Larock, R. C. ; Hershberger, S. S. *J. Org. Chem.* **1980**, 45, 3840.
[560] Tanaka, M. *Tetrahedron Lett.* **1979**, 2601.
[561] Yamashita, M. ; Suemitsu, R. *TetrahedronLett.* **1978**, 761. See also, Vitale, A. A. ; Doctorovich, F. ; Nudelman, N. S. *J. Organomet. Chem.* **1987**, 332, 9.
[562] Sato, F. ; Oguro, K. ; Watanabe, H. ; Sato, M. *TetrahedronLett.* **1980**, 21, 2869. See Amaratunga, W. ; Fréchet, J. M. J. *TetrahedronLett.* **1983**, 24, 1143.
[563] Trzupek, L. S. ; Newirth, T. L. ; Kelly, E. G. ; Sbarbati, N. E. ; Whitesides, G. M. *J. Am. Chem. Soc.* **1973**, 95, 8118.
[564] Zadel, G. ; Breitmaier, E. *Angew. Chem. Int. Ed.* **1992**, 31, 1035.
[565] Yamamoto, K. ; Yohitake, J. ; Qui, N. T. ; Tsuji, J. *Chem. Lett.* **1978**, 859.
[566] Miyaura, N. ; Suzuki, A. *Chem. Lett.* **1981**, 879. See also, Yamashina, N. ; Hyuga, S. ; Hara, S. ; Suzuki, A. *TetrahedronLett.* **1989**, 30, 6555.
[567] Larock, R. C. *J. Org. Chem.* **1975**, 40, 3237.
[568] Yamashita, M. ; Suemitsu, R. *TetrahedronLett.* **1978**, 1477.
[569] Alper, H. ; Amaratunga, S. *J. Org. Chem.* **1982**, 47, 3593.
[570] Screttas, C. G. ; Steele, B. R. *J. Org. Chem.* **1988**, 53, 5151.
[571] Oshita, M. ; Chatani, N. *Org. Lett.* **2004**, 6, 4323.
[572] Westmijze, H. ; Vermeer, P. *Synthesis* **1977**, 784.
[573] Murray, R. E. ; Zweifel, G. *Synthesis* **1980**, 150.
[574] Masuda, Y. ; Hoshi, M. ; Yamada, T. ; Arase, A. *J. Chem. Soc. Chem. Commun.* **1984**, 398.
[575] Sakakibara, Y. ; Enami, H. ; Ogawa, H. ; Fujimoto, S. ; Kato, H. ; Kunitake, K. ; Sasaki, K. ; Sakai, M. *Bull. Chem. Soc. Jpn.* **1995**, 68, 3137.
[576] Piers, E. ; Fleming, F. F. *Can. J. Chem.* **1993**, 71, 1867.
[577] See Makarova, L. G. *Organomet. React.* **1970**, 1, 119, pp. 190-226; Wardell, J. L. in Zuckerman, J. J. *InorganicReactions and Methods*, Vol. 11, VCH, NY, **1988**, pp. 31-44.
[578] See Pi, R. ; Bauer, W. ; Brix, B. ; Schade, C. ; Schleyer, P. v. R. *J. Organomet. Chem.* **1986**, 306, C1.
[579] See Abraham, M. H. ; Grellier, P. L. in Hartley, F. R. ; Patai, S. *The Chemistry of the Carbon-Metal Bond*, Vol. 2, Wiley, NY, pp. 25-149; Abraham, M. H. *Comprehensive Chemical Kinetics*, Bamford, C. H. ; Tipper, C. F. H. , Eds. , Vol. 12; Elsevier, NY, **1973**, pp. 39-106; Jensen, F. R. ; Rickborn, B. *Electrophilic Substituton of Organomercurials*, McGraw-Hill, NY, **1968**,

pp. 100-192. Also see, Schlosser, M. *Angew. Chem. Int. Ed.* **1964**, 3, 287,362; Newer Methods Prep. *Org. Chem.* **1968**, 5, 238.

[580] See Wakefield, B. J. *Organolithium Methods*, Academic Press, NY, **1988**; Wakefield, B. J. *The Chemistry of Organolithium Compounds*, Pergamon, Elmsford, NY, **1974**.
[581] See Hill, E. A. *Adv. Organomet. Chem.* **1977**, 16, 131; *J. Organomet. Chem.* **1975**, 91, 123.
[582] Fell, B. ; Asinger, F. ; Sulzbach, R. A. *Chem. Ber.* **1970**, 103, 3830. See also, Ashby, E. C. ; Ainslie, R. D. *J. Organomet. Chem.* **1983**, 250, 1.
[583] See Erdik, E. *Tetrahedron* **1987**, 43, 2203.
[584] See Noltes, J. G. *Bull. Soc. Chim. Fr.* **1972**, 2151.
[585] See Brown, H. C. ; Racherla, U. S. *Tetrahedron Lett.* **1985**, 26, 4311.
[586] See Wakefield, B. J. *Organolithium Methods*, Academic Press, NY, **1988**, pp. 149-158; Kharasch, M. S. ; Reinmuth, O. *Grignard Reactions of Nonmetallic Substances*, Prentice-Hall, Englewood Cliffs, NJ, **1954**, pp. 1306-1345.
[587] See Mole, T. *Organomet. React.* **1970**, 1, 1, pp. 31-43; Larock, R. C. *Organomercury Compounds in Organic Synthesis*, Springer, NY, **1985**, pp. 9-26; Makarova, L. G. *Organomet. React.* **1970**, 1, 119, pp. 129-178, 227-240; van Koten, G. in Zuckerman, J. J. *Inorganic Reactions and Methods*, Vol. 11, VCH, NY, **1988**, pp. 219-232; Wardell, J. L. *in Zuckerman*, J. J. *Inorganic Reactions and Methods*, Vol. 11, VCH, NY, **1988**, pp. 248-270.
[588] Chotana, G. A. ; Rak, M. A. ; Smith III, M. R. *J. Am. Chem. Soc.* **2005**, 127, 10539; Harrisson, P. ; Morris, J. ; Marder, T. B. ; Steel, P. G. *Org. Lett.* **2009**, 11, 3586.
[589] Billingsley, K. L. ; Buchwald, S. L. *J. Org. Chem.* **2008**, 73, 5589.
[590] House, H. O. ; Chu, C. ; Wilkins, J. M. ; Umen, M. J. *J. Org. Chem.* **1975**, 40, 1460. But see also, Lipshutz, B. H. ; Whitney, S. ; Kozlowski, J. A. ; Breneman, C. M. *Tetrahedron Lett.* **1986**, 27, 4273; Bertz, S. H. ; Dabbagh, G. *Tetrahedron* **1989**, 45, 425.
[591] Stack, D. E. ; Klein, W. R. ; Rieke, R. D. *Tetrahedron Lett.* **1993**, 34, 3063.
[592] See Bublitz, D. E. ; Rinehart Jr. , K. L. *Org. React.* **1969**, 17, 1; Birmingham, J. M. *Adv. Organomet. Chem.* **1965**, 2, 365, pp. 375.
[593] Soderquist, J. A. ; DePomar, J. C. J. *Tetrahedron Lett.* **2000**, 41, 3537.
[594] See Wardell, J. L. in Hartley, F. R. ; Patai, S. *The Chemistry of the Carbon-Metal Bond*, Vol. 4, Wiley, NY, pp. 1-157, see pp. 81-89; Kauffmann, T. *Top. Curr. Chem.* **1980**, 92, 109, pp. 130.
[595] Pearson, W. H. ; Lindbeck, A. C. *J. Org. Chem.* **1989**, 54, 5651.
[596] Seetz, J. W. F. L. ; Schat, G. ; Akkerman, O. S. ; Bickelhaupt, F. *J. Am. Chem. Soc.* **1982**, 104, 6848.
[597] Maercker, A. ; Dujardin, R. *Angew. Chem. Int. Ed.* **1984**, 23, 224.
[598] Sawyer, J. S. ; Kucerovy, A. ; Macdonald, T. L. ; McGarvey, G. J. *J. Am. Chem. Soc.* **1988**, 110, 842.
[599] Dessy, R. E. ; Kaplan, F. ; Coe, G. R. ; Salinger, R. M. *J. Am. Chem. Soc.* **1963**, 85, 1191.
[600] See Lipshutz, B. H. *Synlett*, **1990**, 119. See also, Bertz, S. H. *J. Am. Chem. Soc.* **1990**, 112, 4031; Lipshutz, B. H. ; Sharma, S. ; Ellsworth, E. L. *J. Am. Chem. Soc.* **1990**, 112, 4032.
[601] Behling, J. R. ; Babiak, K. A. ; Ng, J. S. ; Campbell, A. L. ; Moretti, R. ; Koerner, M. ; Lipshutz, B. H. *J. Am. Chem. Soc.* **1988**, 110, 2641.
[602] Chou, T. ; Knochel, P. *J. Org. Chem.* **1990**, 55, 4791.
[603] See Massey, A. G. ; Humphries, R. E. *Aldrichimica Acta* **1989**, 22, 31; Negishi, E. *Organometallics in Organic Synthesis*, Wiley, NY, **1980**, pp. 30-37
[604] See Raston, C. L. ; Salem, G. in Hartley, F. R. ; Patai, S. *The Chemistry of the Carbon-Metal Bond*, Vol. 4, Wiley, NY, pp. 159-306, 162-175; Kharasch, M. S. ; Reinmuth, O. *Grignard Reactions of Monmetallic substances*, Prentice-Hall, Englewood Cliffs, NJ, **1954**, pp. 5-91.
[605] Pearson, D. E. ; Cowan, D. ; Beckler, J. D. *J. Org. Chem.* **1959**, 24, 504.
[606] See Benkeser, R. A. *Synthesis* **1971**, 347.
[607] See Oppolzer, W. ; Schneider, P. *Tetrahedron Lett.* **1984**, 25, 3305.
[608] Bogdanovic, B. ; Janke, N. ; Kinzelmann, H. *Chem. Ber.* **1990**, 123, 1507, and other papers in this series.
[609] Gallagher, M. J. ; Harvey, S. ; Raston, C. L. ; Sue, R. E. *J. Chem. Soc. Chem. Commun.* **1988**, 289.
[610] Baker, K. V. ; Brown, J. M. ; Hughes, N. ; Skarnulis, A. J. ; Sexton, A. *J. Org. Chem.* **1991**, 56, 698. See Lai, Y. *Synthesis* **1981**, 585.
[611] See Raston, C. L. ; Salem, G. in Hartley, F. R. ; Patai, S. *The Chemistry of the Carbon-Metal Bond*, Vol. 4, Wiley, NY, pp. 187-193; Heaney, H. *Organomet. Chem. Rev.* **1966**, 1, 27. For a review of di-Grignard reagents, see Bickelhaupt, F. *Angew. Chem. Int. Ed.* **1987**, 26, 990.
[612] See Seetz, J. W. F. L. ; Hartog, F. A. ; Böhm, H. P. ; Blomberg, C. ; Akkerman, O. S. ; Bickelhaupt, F. *Tetrahedron Lett.* **1982**, 23, 1497.
[613] See van Eikkema Hommes, N. J. R. ; Bickelhaupt, F. ; Klumpp, G. W. *Angew. Chem. Int. Ed.* **1988**, 27, 1083.
[614] See Bruin, J. W. ; Schat, G. ; Akkerman, O. S. ; Bickelhaupt, F. *J. Organomet. Chem.* **1985**, 288, 13.
[615] See Chivers, T. *Organomet. Chem. Rev. Sect. A* **1970**, 6, 1.
[616] Yu, S. H. ; Ashby, E. C. *J. Org. Chem.* **1971**, 36, 2123.
[617] Sugimoto, O. ; Yamada, S. ; Tanji, K. *J. Org. Chem.* **2003**, 68, 2054.
[618] See Peterson, D. J. *Organomet. Chem. Rev. Sect. A* **1972**, 7, 295.
[619] See Castro, B. *Bull. Soc. Chim. Fr.* **1967**, 1533, 1540, 1547.
[620] Gitlitz, M. H. ; Considine, W. J. *J. Organomet. Chem.* **1970**, 23, 291.

[621] Smith, Jr. , W. N. *J. Organomet. Chem.* **1974**, 64, 25.
[622] Boudin, A. ; Cerveau, G. ; Chuit, C. ; Corriu, R. J. P. ; Reye, C. *Tetrahedron* **1989**, 45, 171.
[623] See Wakefield, B. J. *Organolithium Methods*, Academic Press, NY, **1988**, pp. 21-32; Wardell, J. L. in Hartley, F. R. ; Patai, S. Vol. 4, pp. 1-157, 5-27; Newcomb, M. E. in Zuckerman, J. J. *Inorganic Reactions and Methods*, Vol. 11, WILEY-VCH, NY, **1988**, pp. 3-14. For a study of halogen-lithium exhange in hydrocarbon solvents, see Slocum, D. W. ; Kusmic, D. ; Raber, J. C. ; Reinscheld, T. K. ; Whitley, P. E. *TetrahedronLett.* **2010**, 51, 4793.
[624] See Rieke, R. D. *Science* **1989**, 246, 1260.
[625] See Klabunde, K. J. *React. Intermed. (Plenum)* **1980**, 1, 37; *Acc. Chem. Res.* **1975**, 8, 393; Skell, P. S. Havel, J. J. ; McGlinchey, M. J. *Acc. Chem. Res.* **1973**, 6, 97.
[626] Ebert, G. W. ; Rieke, R. D. *J. Org. Chem.* **1988**, 53, 4482. See also, Baker, K. V. ; Brown, J. M. ; Hughes, N. ; Skarnulis, A. J. ; Sexton, A. *J. Org. Chem.* **1991**, 56, 698.
[627] Wu, T. ; Xiong, H. ; Rieke, R. D. *J. Org. Chem.* **1990**, 55, 5045.
[628] Rieke, R. D. ; Li, P. T. ; Burns, T. P. ; Uhm, S. T. *J. Org. Chem.* **1981**, 46, 4323. See also, Zhu, L. ; Wehmeyer, R. M. ; Rieke, R. D. *J. Org. Chem.* **1991**, 56, 1445.
[629] Burkhardt, E. R. ; Rieke, R. D. *J. Org. Chem.* **1985**, 50, 416.
[630] Stack, D. E. ; Dawson, B. T. ; Rieke, R. D. *J. Am. Chem. Soc.* **1991**, 113, 4672, and references cited therein.
[631] See Lai, Y. *Synthesis* **1981**, 585; Rieke, R. D. *Acc. Chem. Res.* **1977**, 10, 301.
[632] See Blomberg, C. *Bull. Soc. Chim. Fr.* **1972**, 2143.
[633] Bodewitz, H. W. H. J. ; Blomberg, C. ; Bickelhaupt, F. *Tetrahedron* **1975**, 31, 1053. See also, Schaart, B. J. ; Blomberg, C. ; Akkerman, O. S. ; Bickelhaupt, F. *Can. J. Chem.* **1980**, 58, 932.
[634] See Rogers, H. R. ; Hill, C. L. ; Fujiwara, Y. ; Rogers, R. J. ; Mitchell, H. L. ; Whitesides, G. M. *J. Am. Chem. Soc.* **1980**, 102, 217; Barber, J. J. ; Whitesides, G. M. *J. Am. Chem. Soc.* **1980**, 102, 239.
[635] Root, K. S. ; Hill, C. L. ; Lawrence, L. M. ; Whitesides, G. M. *J. Am. Chem. Soc.* **1989**, 111, 5405.
[636] Nuzzo, R. G. ; Dubois, L. H. *J. Am. Chem. Soc.* **1986**, 108, 2881.
[637] Hoffmann, R. W. ; Brönstrup, M. ; Müller, M. *Org. Lett.* **2003**, 5, 313.
[638] See Sergeev, G. B. ; Zagorsky, V. V. ; Badaev, F. Z. *J. Organomet. Chem.* **1983**, 243, 123. See, however, de Souza-Barboza, J. C. ; Luche, J. ; Pétrier, C. *TetrahedronLett.* **1987**, 28, 2013.
[639] Walborsky, H. M. ; Topolski, M. *J. Am. Chem. Soc.* **1992**, 114, 3455; Walborsky, H. M. ; Zimmermann, C. *J. Am. Chem. Soc.* **1992**, 114, 4996; Walborsky, H. M. *Accts. Chem. Res.* **1990**, 23, 286.
[640] Garst, J. F. *Acc. Chem. Res.* **1991**, 24, 95; Garst, J. F. ; Ungváry, F. ; Batlaw, R. ; Lawrence, K. E. *J. Am. Chem. Soc.* **1991**, 113, 5392.
[641] Walborsky, H. M. *Acc. Chem. Res.* **1990**, 23, 286.
[642] de Boer, H. J. R. ; Akkerman, O. S. ; Bickelhaupt, F. *Angew. Chem. Int. Ed.* **1988**, 27, 687.
[643] See Hölzer, B. ; Hoffmann, R. W. *Chem. Commun.* **2003**, 732; Dakternieks, D. ; Dunn, K. ; Henry, D. J. ; Schiesser, C. H. ; Tiekink, E. R. *Organometallics* **1999**, 18, 3342.
[644] SeeWardell, J. L. in Zuckerman, J. J. *InorganicReactions and Methods*, Vol. 11, VCH, NY, **1988**, pp. 107-129; Parham, W. E. ; Bradsher, C. K. *Acc. Chem. Res.* **1982**, 15, 300.
[645] See Tamborski, C. ; Moore, G. J. *J. Organomet. Chem.* **1971**, 26, 153.
[646] See Bailey, W. F. ; Punzalan, E. R. *J. Org. Chem.* **1990**, 55, 5404; Negishi, E. ; Swanson, D. R. ; Rousset, C. J. *J. Org. Chem.* **1990**, 55, 5406.
[647] Yus, M. ; Herrera, R. P. ; Guijarro, A. *TetrahedronLett.*, **2003**, 44, 5025.
[648] For examples of exchange, R=vinylic, see Miller, R. B. ; McGarvey, G. *Synth. Commun.* **1979**, 9, 831; Sugita, T. ; Sakabe, Y. ; Sasahara, T. ; Tsukuda, M. ; Ichikawa, K. *Bull. Chem. Soc. Jpn.* **1984**, 57, 2319.
[649] See Siegel, H. *Top. Curr. Chem.* **1982**, 106, 55; Negishi, E. *Organometallics in Organic Synthesis*, Wiley, NY, **1980**, pp. 136-151; Köbrich, G. *Angew. Chem. Int. Ed.* **1972**, 11, 473. Also see Krief, A. *Tetrahedron* **1980**, 36, 2531; Normant, H. *J. Organomet. Chem.* **1975**, 100, 189.
[650] Hoeg, D. F. ; Lusk, D. I. ; Crumbliss, A. L. *J. Am. Chem. Soc.* **1965**, 87, 4147. See also, Villieras, J. ; Tarhouni, R. ; Kirschleger, B. ; Rambaud, M. *Bull. Soc. Chim. Fr.* **1985**, 825.
[651] Villieras, J. *Bull. Soc. Chim. Fr.* **1967**, 1520.
[652] Schmidt, A. ; Köbrich, G. ; Hoffmann, R. W. *Chem. Ber.* **1991**, 124, 1253; Hoffmann, R. W. ; Bewersdorf, M. *Chem. Ber.* **1991**, 124, 1259.
[653] Stetter, H. ; Steinbeck, K. *Liebigs Ann. Chem.* **1972**, 766, 89.
[654] Kauffmann, T. ; Fobker, R. ; Wensing, M. *Angew. Chem. Int. Ed.* **1988**, 27, 943.
[655] For reviews of the mechanism, see Bailey, W. F. ; Patricia, J. J. *J. Organomet. Chem.* **1988**, 352, 1; Beletskaya, I. P. ; Artamkina, G. A. ; Reutov, O. A. *Russ. Chem. Rev.* **1976**, 45, 330.
[656] Ashby, E. C. ; Pham, T. N. *J. Org. Chem.* **1987**, 52, 1291. See also, Bailey, W. F. ; Patricia, J. J. ; Nurmi, T. T. ; Wang, W. *Tetrahedron Lett.* **1986**, 27, 1861.
[657] Ward, H. R. ; Lawler, R. G. ; Loken, H. Y. *J. Am. Chem. Soc.* **1968**, 90, 7359.
[658] See Reich, H. J. ; Green, D. P. ; Phillips, N. H. *J. Am. Chem. Soc.* **1989**, 111, 3444.
[659] Beak, P. ; Allen, D. J. ; Lee, W. K. *J. Am. Chem. Soc.* **1990**, 112, 1629.
[660] See Ashby, E. C. ; Su, W. ; Pham, T. N. *Organometallics* **1985**, 4, 1493; Alnajjar, M. S. ; Kuivila, H. G. *J. Am. Chem. Soc.* **1985**, 107, 416.
[661] Kurono, N. ; Inoue, T. ; Tokuda, M. *Tetrahedron* **2005**, 61, 11125.

[662] See Artamkina, G. A. ; Beletskaya, I. P. *Russ. Chem. Rev.* **1987**, 56, 983.
[663] March, J. *J. Chem. Educ.* **1963**, 40, 212.
[664] Zara, C. L. ; Jin, T. ; Giguere, R. J. *Synth. Commun.* **2000**, 30, 2099.
[665] See Roy, S. C. ; Guin, C. ; Maiti, G. *TetrahedronLett.* **2001**, 42, 9253.
[666] Singh, S. P. ; Kagan, J. *J. Org. Chem.* **1970**, 35, 2203.
[667] Shiner, Jr. , V. J. ; Martin, B. *J. Am. Chem. Soc.* **1962**, 84, 4824.
[668] See Richardson, W. H. ; O'Neal, H. E. in Bamford, C. H. ; Tipper, C. F. H. *Comprehensive Chemical Kinetics*, Vol. 5, Elsevier, NY, **1972**, pp. 447-482; Clark, L. W. in Patai, S. *The Chemistry of Carboxylic Acids and Esters*, Wiley, NY, **1969**, pp. 589-622. See Dunn, G. E. *Isot. Org. Chem.* **1977**, 3, 1.
[669] See Buncel, E. ; Venkatachalam, T. K. ; Menon, B. C. *J. Org. Chem.* **1984**, 49, 413.
[670] Hunter, D. H. ; Patel, V. ; Perry, R. A. *Can. J. Chem.* **1980**, 58, 2271, and references cited therein.
[671] Graul, S. T. ; Squires, R. R. *J. Am. Chem. Soc.* **1988**, 110, 607.
[672] See Jencks, W. P. *Catalysis in Chemistry and Enzmology*, McGraw-Hill, NY, **1969**, pp. 116-120.
[673] Bigley, D. B. ; Clarke, M. J. *J. Chem. Soc. Perkin Trans.* 2 **1982**, 1, and references cited therein. For a review, seeSmith, G. G. ; Kelly, F. W. *Prog. Phys. Org. Chem.* **1971**, 8, 75, pp. 150-153.
[674] Bigley, D. B. *J. Chem. Soc.* **1964**, 3897.
[675] Wasserman, H. H. *in Newman Steric Effects in Organic Chemistry*, Wiley, NY, **1956**, p. 352. See also, Buchanan, G. L. ; Kean, N. B. ; Taylor, R. *Tetrahedron* **1975**, 31, 1583.
[676] Sterically hindered b-keto acids decarboxylate more slowly: Meier, H. ; Wengenroth, H. ; Lauer, W. ; Krause, V. *Tetrahedron Lett.* **1989**, 30, 5253.
[677] See Ferris, J. P. ; Miller, N. C. *J. Am. Chem. Soc.* **1966**, 88, 3522.
[678] Swain, C. G. ; Bader, R. F. W. ; Esteve Jr. , R. M. ; Griffin, R. N. *J. Am. Chem. Soc.* **1961**, 83, 1951.
[679] Noyce, D. S. ; Metesich, M. A. *J. Org. Chem.* **1967**, 32, 3243.
[680] Bigley, D. B. ; Al-Borno, A. *J. Chem. Soc. Perkin Trans.* 2 **1982**, 15.
[681] Guthrie, J. P. ; Peiris, S. ; Simkin, M. ; Wang, Y. *Can. J. Chem.* **2010**, 88, 79.
[682] See Oshry, L. ; Rosenfeld, S. M. *Org. Prep. Proced. Int.* **1982**, 14, 249.
[683] For a list of examples, with references, see Larock, R. C. *Comprehensive Organic Transformations*, 2nd ed. , Wiley-VCH, NY, **1999**, pp. 1542-1543. See Yu, Y. ; Zhang, Y. *Synth. Commun.* **1999**, 29, 243.
[684] Lalancette, J. M. ; Lachance, A. *Tetrahedron Lett.* **1970**, 3903.
[685] See Krapcho, A. P. *Synthesis* **1982**, 805, 893. For other methods, see Dehmlow, E. V. ; Kunesch, E. *Synthesis* **1985**, 320; Taber, D. F. ; Amedio, Jr. , J. C. ; Gulino, F. *J. Org. Chem.* **1989**, 54, 3474.
[686] Hashimoto, M. ; Eda, Y. ; Osanai, Y. ; Iwai, T. ; Aoki, S. *Chem. Lett.* **1986**, 893.
[687] Laval, G. ; Golding, B. T. *Synlett* **2003**, 542.
[688] See Okada, K. ; Okubo, K. ; Oda, M. *TetrahedronLett.* **1989**, 30, 6733.
[689] See Deacon, G. B. *Organomet. Chem. Rev.* A **1970**, 355; Deacon, G. B. ; Faulks, S. J. ; Pain, G. N. *Adv. Organomet. Chem.* **1986**, 25, 237.
[690] Kolarovi, A. ; Fberov, Z. *J. Org. Chem.* **2009**, 74, 7199.
[691] Gribkov, D. V. ; Pastine, S. J. ; Schnürch, M. ; Sames, D. *J. Am. Chem. Soc.* **2007**, 129, 11750.
[692] Waetzig, S. R. ; Tunge, J. A. *J. Am. Chem. Soc.* **2007**, 129, 14860.
[693] Benkeser, R. A. ; Siklosi, M. P. ; Mozdzen, E. C. *J. Am. Chem. Soc.* **1978**, 100, 2134.
[694] Arnett, E. M. ; Small, L. E. ; McIver Jr. , R. T. ; Miller, J. S. *J. Org. Chem.* **1978**, 43, 815. See also, Lomas, J. S. ; Dubois, J. E. *J. Org. Chem.* **1984**, 49, 2067.
[695] See Snowden, R. L. ; Linder, S. M. ; Muller, B. L. ; Schulte-Elte, K. H. *Helv. Chim. Acta* **1987**, 70, 1858, 1879.
[696] Partington, S. M. ; Watt, C. I. F. *J. Chem. Soc. Perkin Trans.* 2 **1988**, 983.
[697] Tumas, W. ; Foster, R. F. ; Brauman, J. I. *J. Am. Chem. Soc.* **1988**, 110, 2714; Ibrahim, S. ; Watt, C. I. F. ; Wilson, J. M. ; Moore, C. *J. Chem. Soc. Chem. Commun.* **1989**, 161.
[698] Paquette, L. A. ; Gilday, J. P. ; Maynard, G. D. *J. Org. Chem.* **1989**, 54, 5044; Paquette, L. A. ; Maynard, G. D. *J. Org. Chem.* **1989**, 54, 5054.
[699] See Lomas, J. S. ; Fain, D. ; Briand, S. *J. Org. Chem.* **1990**, 55, 1052, and references cited therein.
[700] See Buchanan, G. L. *Chem. Soc. Rev.* **1988**, 17, 91.
[701] Allinger, N. L. ; Wang, G. L. ; Dewhurst, B. B. *J. Org. Chem.* **1974**, 39, 1730.
[702] Milenkov, B. ; Hesse, M. *Helv. Chim. Acta* **1987**, 70, 308. For a similar preparation of lactams, seeWälchli, R. ; Bienz, S. ; Hesse, M. *Helv. Chim. Acta* **1985**, 68, 484.
[703] Beletskaya, I. P. ; Gulyukina, N. S. ; Borodkin, V. S. ; Solov'yanov, A. A. ; Reutov, O. A. *Doklad. Chem.* **1984**, 276, 202. See also, Mignani, G. ; Morel, D. ; Grass, F. *Tetrahedron Lett.* **1987**, 28, 5505.
[704] Zhang, Y. ; Jiao, J. ; Flowers II, R. A. *J. Org. Chem.* **2006**, 71, 4516.
[705] See Chakrabartty, S. K. in Trahanovsky, W. S. *Oxidation in Organic Chemistry*, pt. C, Academic Press, NY, **1978**, pp. 343-370.
[706] See Guthrie, J. P. ; Cossar, J. *Can. J. Chem.* **1986**, 64, 1250; Zucco, C. ; Lima, C. F. ; Rezende, M. C. ; Vianna, J. F. ; Nome, F. *J. Org. Chem.* **1987**, 52, 5356.
[707] Pocker, Y. *Chem. Ind. (London)* **1959**, 1383.
[708] Levine, R. ; Stephens, J. R. *J. Am. Chem. Soc.* **1950**, 72, 1642.
[709] See Hudlicky, M. *Chemistry of Organic Fluorine Compounds*, 2nd ed. , Ellis Horwood, Chichester, **1976**, pp. 276-278.
[710] Guthrie, J. P. ; Cossar, J. *Can. J. Chem.* **1990**, 68, 1640.

[711] Nikishin, G. I.; Elinson, M. N.; Makhova, I. V. *Tetrahedron* **1991**, 47, 895.
[712] Delgado, A.; Clardy, J. *Tetrahedron Lett.* **1992**, 33, 2789.
[713] Gassman, P. G.; Lumb, J. T.; Zalar, F. V. *J. Am. Chem. Soc.* **1967**, 89, 946.
[714] March, J.; Plankl, W. *J. Chem. Soc. Perkin Trans.* 1 **1977**, 460.
[715] Davies, D. G.; Derenberg, M.; Hodge, P. *J. Chem. Soc.* C **1971**, 455.
[716] See Hoffman, T. D.; Cram, D. J. *J. Am. Chem. Soc.* **1969**, 91, 1009.
[717] See Gilday, J. P.; Paquette, L. A. *Org. Prep. Proced. Int.* **1990**, 22, 167.
[718] Paquette, L. A.; Gilday, J. P. *J. Org. Chem.* **1988**, 53, 4972; Paquette, L. A.; Ra, C. S. *J. Org. Chem.* **1988**, 53, 4978.
[719] Bunnett, J. F.; Hrutfiord, B. F. *J. Org. Chem.* **1962**, 27, 4152.
[720] Ballini, R.; Bosica, G.; Fiorini, D. *Tetrahedron* **2003**, 59, 1143.
[721] Grubmüwller, P.; Schleyer, P. v. R.; McKervey, M. A. *Tetrahedron Lett.* **1979**, 181.
[722] See Grovenstein Jr., E.; Bhatti, A. M.; Quest, D. E.; Sengupta, D.; VanDerveer, D. *J. Am. Chem. Soc.* **1983**, 105, 6290.
[723] Necas, D.; Tursky, M.; Kotora, M. *J. Am. Chem. Soc.* **2004**, 126, 10222.
[724] For a list of procedures, with references, see Larock, R. C. *Comprehensive Organic Transformations*, 2nd ed., Wiley-VCH, NY, **1999**, p. 75.
[725] Birch, A. J.; Hutchinson, E. G. *J. Chem. Soc. Perkin Trans.* 1 **1972**, 1546; Yamada, S.; Tomioka, K.; Koga, K. *Tetrahedron Lett.* **1976**, 61.
[726] Van Tamelen, E. E.; Rudler, H.; Bjorklund, C. *J. Am. Chem. Soc.* **1971**, 93, 7113.
[727] See Berkoff, C. E.; Rivard, D. E.; Kirkpatrick, D.; Ives, J. L. *Synth. Commun.* **1980**, 10, 939; Savoia, D.; Tagliavini, E.; Trombini, C.; Umani-Ronchi, A. *J. Org. Chem.* **1980**, 45, 3227; Ozawa, F.; Iri, K.; Yamamoto, A. *Chem. Lett.* **1982**, 1707.
[728] Ohsawa, T.; Kobayashi, T.; Mizuguchi, Y.; Saitoh, T.; Oishi, T. *Tetrahedron Lett.* **1985**, 26, 6103.
[729] Fabre, C.; Hadj Ali Salem, M.; Welvart, Z. *Bull. Soc. Chim. Fr.* **1975**, 178. See also, Ogura, K.; Shimamura, Y.; Fujita, M. *J. Org. Chem.* **1991**, 56, 2920.
[730] Kim, Y. H.; Kim, K.; Shim, S. B. *Tetrahedron Lett.* **1986**, 27, 4749.
[731] Pozsgay, V.; Jennings, H. J. *Tetrahedron Lett.* **1987**, 28, 5091.
[732] See Zolfigol, M. A. *Synth. Commun.* **1999**, 29, 905; Zolfigol, M. A.; Ghaemi, E.; Madrikian, E.; Kiany-Burazjani, M. *Synth. Commun.* **2000**, 30, 2057.
[733] See Williams, D. L. H. *Nitrosation*, Cambridge University Press, Cambridge, **1988**, pp. 95-109; Kostyukovskii, Ya. L.; Melamed, D. B. *Russ. Chem. Rev.* **1988**, 57, 350; Saavedra, J. E. *Org. Prep. Proced. Int.* **1987**, 19, 83; Challis, B. C.; Challis, J. A. in Patai, S.; Rappoport, Z. *The Chemistry of the Functional Groups Supplement F*, pt. 2, Wiley, NY, **1982**, pp. 1151-1223. Also see Zyranov, G. V.; Rudkevich, D. M. *Org. Lett.* **2003**, 5, 1253.
[734] Castro, A.; Iglesias, E.; Leis, J. R.; Peña, M. E.; Tato, J. V. *J. Chem. Soc. Perkin Trans.* 2 **1986**, 1725.
[735] Hein, G. E. *J. Chem. Educ.* **1963**, 40, 181. See also, Verardo, G.; Giumanini, A. G.; Strazzolini, P. *Tetrahedron* **1990**, 46, 4303.
[736] Challis, B. C.; Kyrtopoulos, S. A. *J. Chem. Soc. Perkin Trans.* 1 **1979**, 299.
[737] Casado, J.; Castro, A.; Lorenzo, F. M.; Meijide, F. *Monatsh. Chem.* **1986**, 117, 335.
[738] Challis, B. C.; Yousaf, T. I. *J. Chem. Soc. Chem. Commun.* **1990**, 1598.
[739] Zolfigol, M. A.; Choghamarani, A. G.; Shivini, F.; Keypour, H.; Salehzadeh, S. *Synth. Commun.* **2001**, 31, 359. See Zolfigol, M. A.; Bagherzadeh, M.; Choghamarani, A. G.; Keypour, H.; Salehzadeh, S. *Synth. Commun.* **2001**, 31, 1161.
[740] Gowenlock, B. G.; Hutchison, R. J.; Little, J.; Pfab, J. *J. Chem. Soc. Perkin Trans.* 2 **1979**, 1110. See also, Loeppky, R. N.; Outram, J. R.; Tomasik, W.; Faulconer, J. M. *Tetrahedron Lett.* **1983**, 24, 4271.
[741] Boyer, J. H.; Pillai, T. P.; Ramakrishnan, V. T. *Synthesis* **1985**, 677.
[742] Boyer, J. H.; Kumar, G.; Pillai, T. P. *J. Chem. Soc. Perkin Trans.* 1 **1986**, 1751.
[743] See Bottaro, J. C.; Schmitt, R. J.; Bedford, C. D. *J. Org. Chem.* **1987**, 52, 2292; Suri, S. C.; Chapman, R. D. *Synthesis* **1988**, 743; Carvalho, E.; Iley, J.; Norberto, F.; Rosa, E. *J. Chem. Res.* (S) **1989**, 260.
[744] Cherednichenko, L. V.; Dmitrieva, L. G.; Kuznetsov, L. L.; Gidaspov, B. V. *J. Org. Chem. USSR* **1976**, 12, 2101, 2105.
[745] Andreev, S. A.; Lededev, B. A.; Tselinskii, I. V. *J. Org. Chem. USSR* **1980**, 16, 1166, 1170, 1175, 1179.
[746] See Vaughan, K.; Stevens, M. F. G. *Chem. Soc. Rev.* **1978**, 7, 377.
[747] Boyer, J. H. in Feuer, H. *The Chemistry of the Nitro and Nitroso Groups*, pt. 1, Wiley, NY, **1969**, pp. 278-283.
[748] See Ogata, Y.; Tsuchida, M.; Takagi, Y. *J. Am. Chem. Soc.* **1957**, 79, 3397.
[749] Knight, G. T.; Saville, B. *J. Chem. Soc. Perkin Trans.* 2 **1973**, 1550.
[750] For discussions of the mechanism in the absence of base, see Becker, A. R.; Sternson, L. A. *J. Org. Chem.* **1980**, 45, 1708. See also, Pizzolatti, M. G.; Yunes, R. A. *J. Chem. Soc. Perkin Trans.* 1 **1990**, 759.
[751] Russell, G. A.; Geels, E. J.; Smentowski, F. J.; Chang, K.; Reynolds, J.; Kaupp, G. *J. Am. Chem. Soc.* **1967**, 89, 3821.
[752] Oae, S.; Fukumoto, T.; Yamagami, M. *Bull. Chem. Soc. Jpn.* **1963**, 36, 728.
[753] Zawalski, R. C.; Kovacic, P. *J. Org. Chem.* **1979**, 44, 2130. Also see Moriarty, R. M.; Hopkins, T. E.; Prakash, I.; Vaid, B. K.; Vaid, R. K. *Synth. Commun.* **1990**, 20, 2353.
[754] Okubo, M.; Matsuo, K.; Yamauchi, A. *Bull. Chem. Soc. Jpn.* **1989**, 62, 915, and other papers in this series.
[755] Kajigaeshi, S.; Nakagawa, T.; Fujisaki, S. *Chem. Lett.* **1984**, 2045.
[756] Kajigaeshi, S.; Murakawa, K.; Asano, K.; Fujisaki, S.; Kakinami, T. *J. Chem. Soc. Perkin Trans.* 1 **1989**, 1702.
[757] Curini, M.; Epifano, F.; Marcotullio, M. C.; Rosati, O.; Tsadjout, A. *Synlett* **2000**, 813.
[758] See Guillemin, J.; Denis, J. N. *Synthesis* **1985**, 1131.

[759] Zhong, Y.-L.; Zhou, H.; Gauthier, D. R.; Lee, J.; Askin, D.; Dolling, U. H.; Volante, R. P. *Tetrahedron Lett.* **2005**, 46, 1099.
[760] De Luca, L.; Giacomelli, G.; Nieddu, G. *Synlett* **2005**, 223.
[761] See Matte, D.; Solastiouk, B.; Merlin, A.; Deglise, X. *Can. J. Chem.* **1989**, 67, 786.
[762] See Thomm, E. W. C. W.; Wayman, M. *Can. J. Chem.* **1969**, 47, 3289; Higuchi, T.; Hussain, A.; Pitman, I. H. *J. Chem. Soc. B*, **1969**, 626.
[763] Sharts, C. M. *J. Org. Chem.* **1968**, 33, 1008.
[764] Grakauskas, V.; Baum, K. *J. Org. Chem.* **1969**, 34, 2840; **1970**, 35, 1545.
[765] See Barton, D. H. R.; Hesse, R. H.; Klose, T. R.; Pechet, M. M. *J. Chem. Soc. Chem. Commun.* **1975**, 97.
[766] DeLuca, L.; Giacomelli, G. *Synlett* **2004**, 2180.
[767] See Bitsi, G.; Jenner, G. *J. Organomet. Chem.* **1987**, 330, 429.
[768] Reddy, P. G.; Kumar, .D. K.; Baskaran, S. *TetrahedronLett.* **2000**, 41, 9149.
[769] Troisi, L.; Granito, C.; Rosato, F.; Videtta, V. *TetrahedronLett.* **2010**, 51, 371; Wu, X.-F.; Neumann, H.; Beller, M. *Chemistry: Eur. J.* **2010**, 16, 9750.
[770] See Gabriele, B.; Salerno, G.; Mancuso, R.; Costa, M. *J. Org. Chem.* **2004**, 69, 4741.
[771] Sonoda, N.; Yasuhara, T.; Kondo, K.; Ikeda, T.; Tsutsumi, S. *J. Am. Chem. Soc.* **1971**, 93, 6344.
[772] Franz, R. A.; Applegath, F.; Morriss, F. V.; Baiocchi, F.; Bolze, C. *J. Org. Chem.* **1961**, 26, 3309.
[773] Pri-Bar, I.; Alper, H. *Can. J. Chem.* **1990**, 68, 1544.
[774] Reddy, B. M.; Reddy, V. R. *Synth. Commun.* **1999**, 29, 2789.
[775] Yang, Y.; Lu, S. *TetrahedronLett.* **1999**, 40, 4845.
[776] Stern, E. W.; Spector, M. L. *J. Org. Chem.* **1966**, 31, 596.
[777] Bennett, R. P.; Hardy, W. B. *J. Am. Chem. Soc.* **1968**, 90, 3295.
[778] Unverferth, K.; Tietz, H.; Schwetlick, K. *J. Prakt. Chem.* **1985**, 327, 932. See also, Kunin, A. J.; Noirot, M. D.; Gladfelter, W. L. *J. Am. Chem. Soc.* **1989**, 111, 2739.
[779] Peerlings, H. W. I.; Meijer, E. W. *TetrahedronLett.* **1999**, 40, 1021.
[780] Larionov, O. V.; Kozhushkov, S. I.; de Meijere, A. *Synthesis* **2003**, 1916.
[781] Wang, M. D.; Alper, H. *J. Am. Chem. Soc.* **1992**, 114, 7018.
[782] Lu, S.-M.; Alper, H. *J. Am. Chem. Soc.* **2005**, 127, 14776.
[783] Feroci, M.; Inesi, A.; Rossi, L. *TetrahedronLett.* **2000**, 41, 963.
[784] Selva, M.; Tundo, P.; Perosa, A. *TetrahedronLett.* **2002**, 43, 1217. Also see Selva, M.; Tundo, P.; Perosa, A.; Dall'Acqua, F. *J. Org. Chem.* **2005**, 70, 2771.
[785] Alper, H.; Vasapollo, G. *TetrahedronLett.* **1987**, 28, 6411.
[786] Cenini, S.; Crotti, C.; Pizzotti, M.; Porta, F. *J. Org. Chem.* **1988**, 53, 1243; Reddy, N. P.; Masdeu, A. M.; El Ali, B.; Alper, H. *J. Chem. Soc. Chem. Commun.* **1994**, 863.
[787] Murahashi, S.; Imada, Y.; Nishimura, K. *J. Chem. Soc. Chem. Commun.* **1988**, 1578.
[788] Lipshutz, B. H.; Papa, P.; Keith, J. M. *J. Org. Chem.* **1999**, 64, 3792.
[789] Feroci, M.; Casadei, M. A.; Orsini, M.; Palombi, L.; Inesi, A. *J. Org. Chem.* **2003**, 68, 1548.
[790] Yoshida, M.; Hara, N.; Okuyama, S. *Chem. Commun.* **2000**, 151.
[791] Kuniyasu, H.; Hiraike, H.; Morita, M.; Tanaka, A.; Sugoh, K.; Kurosawa, H. *J. Org. Chem.* **1999**, 64, 7305.
[792] Nomura, R.; Hasegawa, Y.; Ishimoto, M.; Toyosaki, T.; Matsuda, H. *J. Org. Chem.* **1992**, 57, 7339.
[793] Miller, A. W.; Nguyen, S. T. *Org. Lett.* **2004**, 6, 2301.
[794] Hancock, M. T.; Pinhas, A. R. *Tetrahedron Lett.* **2003**, 44, 5457.

第 13 章
芳香族化合物的取代反应（亲核取代反应和金属有机反应）

本书10.7.1节第（2）点已经指出，芳香环碳上的亲核取代反应进行得非常缓慢，第10章提到的亲核取代反应对于芳香底物都不可行。然而，还是存在一些例外，正是这些例外情况构成了本章的主要内容[1]。在芳香底物上能顺利进行的反应主要可以分为以下几种情况：

（1）离去基团的邻位和对位上存在吸电子基团，反应因此被活化；
（2）反应被强碱催化而且经过芳炔中间体；
（3）给电子体引发的反应；
（4）重氮盐被亲核试剂取代的反应；
（5）主要由Pd[2]、Cu、Ni等过渡金属催化的偶联反应。要注意的是，溶剂效应可能对反应有重要影响[3]。

然而，并不是本章讨论的所有反应都属于以上几类。过渡金属催化的偶联反应也列于本章，因为它们涉及芳香环上离去基团的置换。

13.1 反应机理

芳香环的亲核取代反应主要有四种机理[4]。其中，每一种机制都与第10章中讨论的脂肪族化合物亲核取代反应的机理相似。

13.1.1 S_NAr 机理[5]

到目前为止，芳香环亲核取代反应的最重要机理包括以下两步：亲核物种进攻芳香环上的本位碳（这里是指带有离去基团的碳），然后离去基团脱去并重新形成芳香环。

第1步

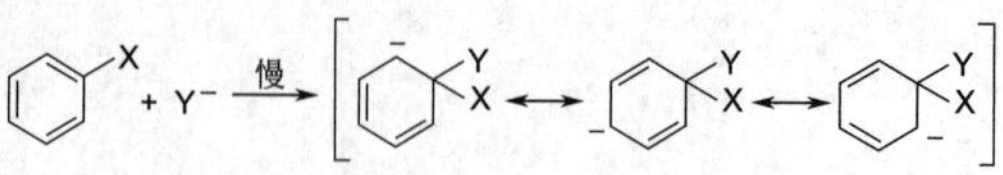

第2步

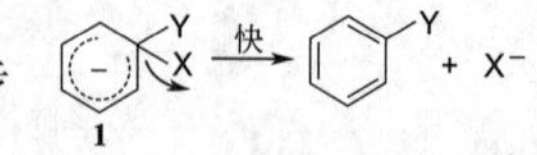

第1步通常是决速步，但也有例外。可以发现，这一机理与第16章讨论的四面体碳反应机理很相似，与第11章讨论的芳香族化合物亲电取代的芳基正离子机理也很相似。在这三种情况中，进攻试剂都与底物成键形成中间体（如1），然后离去基团离去。我们将这种机理称为S_NAr机理[6]。IUPAC的定义是$A_N + D_N$（与四面体碳机理一样；此外，$A_E + D_E$代表芳基正离子机理）。该机理通常出现在环上有活化基团时（参见13.2.1节）。

这一机理有着大量的证据[4]。最有说服力的证据应该是，早在1902年，2,4,6-三硝基苯乙醚与甲氧基负离子反应的中间体 2 就被分离出[7]。这类中间体是稳定的盐类，被称为Meisenheimer盐或者Meisenheimer-Jackson盐[8]。已

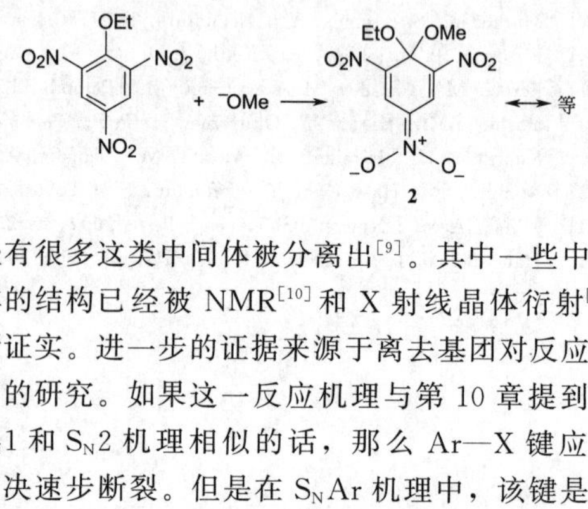

经有很多这类中间体被分离出[9]。其中一些中间体的结构已经被NMR[10]和X射线晶体衍射[11]所证实。进一步的证据来源于离去基团对反应影响的研究。如果这一反应机理与第10章提到的S_N1和S_N2机理相似的话，那么Ar—X键应该在决速步断裂。但是在S_NAr机理中，该键是在决速步之后才断裂的（例如：如果第1步是决速步）。还有一些证据表明在这一过程中出现了电子转移[12]。从这些事实中我们预测，如果发生的是S_NAr机理，则离去基团的变化对反应速率没有太大影响。在二硝基化合物 3 与哌啶的反应中，当X分别是Cl、Br、I、SOPh、SO_2Ph或对硝基苯甲氧基时，速率因子差别仅仅大约是5[13]。在那些决速步中存在Ar—X键断裂的反应中，这种情况是不可能出现的。当然，我们也并不期望所有的反应速率都一样，因为X的性质

会影响 Y 的进攻速率[14]。随着 X 的电负性增加，被进攻位点的电子密度也将降低，从而导致亲核试剂的进攻速度加快。因此，对于上面提及的反应，当 X=F 时，相对反应速率为 3300（与 X=I 时，相对反应速率为 1 比较）。与其它的卤原子相比较，氟在大部分芳香核亲核取代中是最好的离去基团，这一事实有力地证明了该机理有别于 S_N1 和 S_N2 机理。因为在 S_N1 和 S_N2 中，氟是卤原子中最差的离去基团。这也是元素效应的一个例子（参见 10.6 节）。

$$O_2N\text{-}C_6H_3(NO_2)\text{-}X + H\text{-}N\underset{3}{\bigcirc} \longrightarrow O_2N\text{-}C_6H_3(NO_2)\text{-}N\bigcirc + X^-$$

碱对那些以胺作为亲核试剂的反应的催化方式，为该反应机理提供了另一证据。这些反应只在当离去基团离去能力相对较弱（如 OR，而不是 Cl 或 Br）或相对体积较大的胺作为亲核试剂的时候，被碱催化[15]。碱不能催化第 1 步，但是如果胺是亲核试剂，碱能催化第 2 步。碱仅严格催化氨基容易离去而 X 不易离去的那些反应，因此 k_{-1} 很大，而且第 2 步是决速步。这也是 S_NAr 机理的又一证据，因为它意味着反应有两步。此外，在碱催化的例子中，碱只在低浓度的情况下进行催化：反应速率与碱浓度的相关图

$$R_2NH + \text{Ar-X} \underset{k_{-1}}{\overset{k_1}{\rightleftharpoons}} \underset{4}{\text{Ar(X)(NHR}_2)} \overset{\text{碱}}{\underset{k_2}{\longrightarrow}} \text{Ar-NR}_2 + HX$$

表明，当碱浓度较低时，碱的含量增加能迅速加快反应速率，但是当碱的浓度到达一个数值时，再增加碱的浓度对反应速度就没有显著影响了。这一基于分配效应的现象（参见 11.1.1 节），是 S_NAr 机理的又一证据。当碱的浓度较低时，碱浓度的增加伴随着第 2 步反应速率的增加，从而使更多反应中间体转化为产物而不是返回为原料。当碱的浓度很高时，这一过程则完全完成

$$\underset{4}{\text{Ar(X)(NHR}_2)} \overset{\text{碱}}{\longrightarrow} \text{Ar(X)(NR}_2) \overset{-X}{\underset{BH^+}{\longrightarrow}} \text{Ar-NR}_2 + HX + B$$

了：基本上没有向反应物方向的转化，决速步骤变为了第 1 步。人们进一步研究了碱是如何催化第 2 步的。对于质子型溶剂，人们提出了两种假设。第一种假设是第 2 步包括两步，即决速步是 **4** 的去质子化以及紧接着的 X 的迅速离去。碱通过加快去质子化步骤的速率来催化该反应[16]。而另一种假设中，BH^+ 协助 X 的离去是决速步[17]。两种机理都是基于动力学证据提出来的，它们也被推广到非质子溶剂，如：苯。两种假设中，反应都是按照一般的 S_NAr 机理进行。但是，一种假说中，需要两分子的胺作为进攻试剂（二聚体机理）[18]，而另一种假说中存在一个环状过渡态[19]。S_NAr 机理的进一步证据来自于 $^{18}O/^{16}O$ 和 $^{15}N/^{14}N$ 的同位素效应[20]。

2,4,6-三硝基氯苯（以及其它的底物）与 OH^- 离子反应（13-1）的 S_NAr 机理的第 1 步已被研究过了，两种中间体的光谱证据已有报道[21]，一种是 π 复合物（参见 11.1.1 节），另一种是自由基离子-自由基对：

$$\underset{\text{2,4,6-三硝基氯苯}}{\text{Ar-Cl}} \rightleftharpoons \underset{\pi \text{ 复合物}}{\text{[Ar-Cl-OH]}} \rightleftharpoons$$

$$\underset{\text{自由基离子-自由基对}}{\text{[Ar-Cl-OH]}^{\bullet-}} \longrightarrow$$

对于酰基碳的四面体机理，一些以酰基化合物为底物的亲核催化（参见 16.1.1 节）反应已被阐明[22]。也有证据表明负离子与芳香化合物 π 电子云之间的相互作用[23]。

13.1.2 S_N1 机理

对于芳基卤化物以及芳基磺化物，甚至一些活泼化合物，单分子 S_N1 机理（IUPAC 命名：$D_N + A_N$）非常少见；仅仅当三氟甲基磺酸芳基酯的两个邻位存在体积较大的基团（如：叔丁基或者 SiR_3）时，可观测到 S_N1 机理[24]。在与重氮化物的反应中[25]，S_N1 机理非常重要[26]：

第 1 步 $\text{Ar-N}_2^+ \underset{}{\overset{\text{慢}}{\rightleftharpoons}} \text{Ar}^+ + N_2$

第 2 步 $\text{Ar}^+ + Y^- \longrightarrow \text{Ar-Y}$

芳基正离子作为中间体[28,29]的 S_N1 机理[27]的证据如下[30]：

（1）反应速率对于重氮化合物浓度是一级的，而与 Y 的浓度无关。

（2）当加入高浓度的卤化物时，产物是芳基卤化物，但是反应速率与所加卤化物的浓度无关。

（3）环上取代物对反应速率的影响与单分子决速断裂的反应一致[31]。

（4）当邻位被氘代的底物进行反应时，同位素效应大约是 1.22[32]。如果采取的是其它

的机制,则很难解释如此高的二级同位素效应,除非一个初始的苯基正离子被超共轭稳定(参见2.13节)[33],而当氘原子取代氢原子后,削弱了这一稳定性。

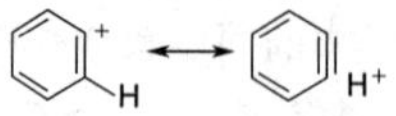

(5) 当 $Ar^{15}N^+\equiv N$ 作为反应物时,回收的起始物不仅包含 $Ar^{15}N^+\equiv N$ 还有 $Ar^{15}N\equiv N^+$ 基团[35,36],这证明了第1步是可逆反应[34]。这只能是氮从环上断裂,而后又重新连接上所导致的。$PhN\equiv^{15}N$ 与未标记的 N_2 在不同的压力下作用的研究结果,提供了该机理的又一证据。在 300atm(30396kPa),回收的产物缺失了大约 3‰的标记氮,这表明 PhN_2^+ 与大气中的 N_2 交换了[36]。

另外,一些动力学以及其它的证据表明[37],第1步还要更为复杂,它包括两步,而且都可逆:

$$ArN_2^+ \rightleftharpoons [Ar^+\ N_2] \rightleftharpoons Ar^+ + N_2$$
$$5$$

中间体 5 可能是某种紧密的离子-分子对,已经利用一氧化碳捕获到了[38]。

13.1.3 苯炔机理[39]

一些芳香族化合物亲核取代反应的性质与 S_NAr 机理(或者 S_N1 机理)完全不同,它们具有以下特征:①主要出现在没有活化基团的芳基卤化物上;②所需要的碱比一般的芳香化合物的亲核取代反应中所用的碱强;③最有意思的是,进入基团并不总是占据离去基团空出的位置。最后一个特征可以从 1-^{14}C-氯苯与氨基钾的反应中得到证明,产物包含几乎等量的分别在1位和2位标记了的苯胺[40]。

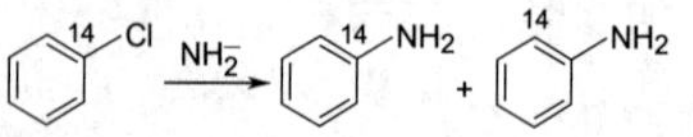

能解释所有这些事实的反应机理包括消除和随后的加成步骤。在第1步反应中,碱夺取邻位的氢原子,随后(或者同时)氯原子(作为离去基团)离去,生成对称的中间体 6[41],即苯炔[42](见后面)[43]。在第2步反应中,NH_3 进攻苯炔两位点中的任何一个位点。这解释了为什么同位素标记的氯苯有一半转化为 2 位标记了的苯胺。1位和2位产物并不完全等量标记是由于微小的同位素效应导致的。

第1步

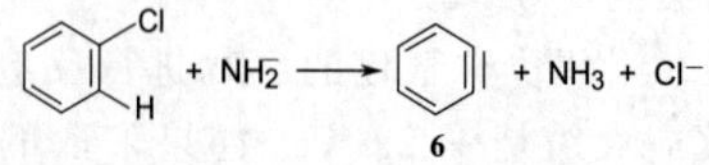

该机制的其它证据如下:

第2步

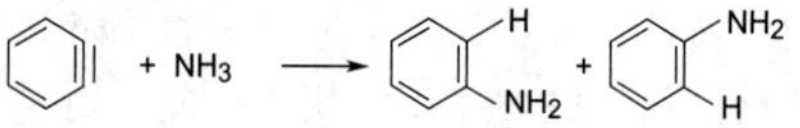

(1) 如果芳基卤化物含有两个邻位取代基,则反应无法进行。这是已经得到确证的事实[38]。

(2) 很多年前人们已经知道,芳香化合物的亲核取代反应偶尔也能出现在不同位点上。这被称为移位(cine)取代[44],例如邻溴苯甲醚向间氨基苯甲醚的转化反应[45]。在这个特殊的例子中,只形成间位异构体。并未出现 1:1 的混合物的原因是中间体 7 并不是对称的,甲氧基导致了进入基团定位于间位而不是邻位(参见13.2.1节)。然而,并不是所有的移位取代都是通过这类机理进行的(参见13-30)。已有研究报道了反应物结构对取代苯炔形成的影响,也包括对反应速率的影响[46]。

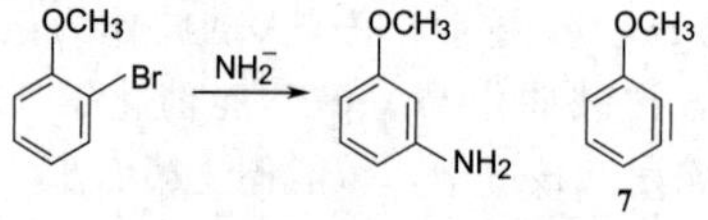

(3) 卤化物的反应活性顺序是:$Br>I>Cl>F$(当与液氨中的 KNH_2 进行反应时),这表明 S_NAr 机理并不适用于此类反应[40]。

底物转化为 7 的过程中,无论是质子的离去还是接下来的卤原子的离去都可能是决速步。事实上,前面提及的离去基团的非正常活性顺序($Br>I>Cl$)是由于决速步的改变所导致的。当离去基团是 Br 或 I 时,质子离去是决速步,且这一步的速率顺序是 $F>Cl>Br>I$。当 Cl 或 F 是离去基团时,C—X 键的断裂是决速步,且该步的速率顺序是 $I>Br>Cl>F$。后一速率顺序的证实来自于一个直接的竞争性实验研究:不同卤原子取代的间二卤苯分别与 NH_2^- 作用[47]。在这些化合物中,酸性最强的氢位于两个卤原子之间;当它离去后,产生的负离子化合物很容易失去其中一个卤原子。因而,对哪个卤原子先离去的研究能直接测出离去基团的离去能力。最后发现的顺序是:$I>Br>Cl$[47,48]。

如 6 和 7 一类的反应物种被称为苯炔(有时称为脱氢苯),更宽泛的名称是芳炔[49]。这一机理被称为苯炔机理。苯炔的活性很高。到目前为止,无论苯炔还是其它的芳基炔都没有在正常的条件下分离获得[50]。但是在 8K 下的氩基质中能分离出苯炔[51],且能观测到其红外光谱。此外,苯炔能被捕获到:例如,当它们进行 Diels-Alder 反应时(参见反应 15-60)。应该注意到多余的一对电子并不影响其芳香性。

但是，通过磁各向异性和异常、核独立化学位移（NICS）、芳香稳定化能和价键鲍林共振能等一系列芳香性指标的评价，表明芳香性的顺序为 o-苯炔＞m-苯炔＞p-苯炔[52]。苯的相对顺序则取决于芳香性的标准。要注意的是已经证实 m-苯炔的反应活性具有可变性[53]。原来的芳香六隅体电子结构仍然作为一个闭环行使功能，另外两个电子位于仅仅覆盖两个碳原子的π轨道上。苯炔不含一个标准的叁键，因为两个共振式（A 和 B）都对杂化体有贡献。前面提到的红外光谱研究表明 A 的贡献比 B 大。不仅苯环，而且其它的芳香环[54]，甚至一些非芳香环（参见 10.6 节），也能通过这类中间体进行反应。当然，非芳香环反应的中间体确实带有一个标准的叁键。在苯炔与小环的反应中，已经发现了张力诱导的区域选择性[55]。

13.1.4 $S_{RN}1$ 机理

在液氨中用 KNH_2 处理 5-碘-1,2,4-三甲基苯（**8**），得到的产物 **9** 和 **10** 的比例是 0.63∶1。非活泼底物、强碱以及伴随取代出现的移位取代现象都是苯炔机理的明显证据。但是，如果是按照这样的推测，**8** 的 6-碘代异构体应该产生同比率的 **9** 和 **10**（因为两种异构体应该生成同样的苯炔中间体），但是实际上 6-碘代异构体得到的 **9** 和 **10** 的比率是 5.9∶1（氯代以及溴代类似物给出相同的比率，1.46∶1，这表明该情况下采取的是苯炔机理）。

为了解释碘代物的反应结果，提出了一种假设[56]，即除了苯炔反应机制外，还存在自由基机理：

ArI $\xrightarrow{\text{电子给体}}$ ArI$\cdot^-$ ⟶ Ar· + I$^-$

Ar· + NH_2^- ⟶ Ar$NH_2^{\cdot-}$ + ArI ⟶ ArNH_2 + ArI$\cdot^-$

最后是终止步骤。

该机理被称为 $S_{RN}1$ 反应机理[57]，很多已知的反应均采用该机理（参见反应 13-3、13-4、13-6、13-14）。IUPAC 将其定义为：T + D_N + A_N[58]。请注意，该机理的最后一步生成的是 ArI$\cdot^-$ 自由基离子，所以这一过程是链反应机制（参见 14.1.1 节）[59]，反应需要电子给体引发。

上面所举例子中，电子给体是 NH_3 中 KNH_2 提供的溶剂化电子，证据是：当加入金属钾（在氨中能有效提供溶剂化电子）时，完全抑制了移位取代。$S_{RN}1$ 反应机理的进一步证据是，加入自由基猝灭剂（这将抑制自由基机理）能导致产物 **9** 和 **10** 的比率接近 1.46∶1。目前，已经有大量关于由溶剂化电子引发反应而且被自由基猝灭剂抑制 $S_{RN}1$ 反应的报道[60]。上面所举例子采取 $S_{RN}1$ 反应机理的另一证据是产物中发现了一些 1,2,4-三甲基苯。当 Ar· 从溶剂 NH_3 中夺取一个 H 时，很容易生成 1,2,4-三甲基苯。除了可被溶剂化电子引发反应外[61]，$S_{RN}1$ 反应还能被光化学引发[62]、电化学引发[63]，甚至热引发[64]。

$S_{RN}1$ 机理反应的范围很广。反应的效率与取代产物中自由基负离子的能级有关[65]，采取 $S_{RN}1$ 机理的反应对于活性基团和强碱都没有要求，但是在 DMSO 中，卤代芳烃的活性下降，这是由于负离子的稳定性增加了[66]。这一反应还可以在液氨中利用超声进行（参见 7.2 节）[67]，亚铁离子可以作为催化剂[68]。Me_2N、O^- 以及 NO_2 基团干扰反应，但是烷基、烷氧基、芳基以及 COO^- 都不干扰反应的发生。没有发现移位取代。

13.1.5 其它机理

目前还没有清晰的证据能证明芳环取代中存在一步的 S_N2 机理，尽管该机理在饱和碳的取代反应中具有重要地位，甚至在一些芳香底物上也可能发生 S_N2 机理。假设的芳香族 S_N2 过程有时被称为一阶段机理，这是为了区别两阶段 S_NAr 机理。化合物 **11** 在甲醇中转变为 **12** 的反应被报道是 $S_{RN}2$ 反应的一个"清晰"的例子[69]。有关 $S_{RN}1$ 和 $S_{RN}2$ 的反应已经有综述性报道[70]。

本章中还有一些反应采取了其它的机制，其中有一种被称为加成-消除机制（参见 13-17）。这是已经报道了的一个关于芳香族化学新的机理：活性被削弱的"极性"亲核芳环取代[71]。酚盐与对二硝基苯在 DMF 中的反应表现出自由基的特征，但是并不能归类为自由基负离子反应，因此该反应不是 $S_{RN}2$ 机理。因此，人们提出了新的机理来解释这些结果。

13.2 反应活性

13.2.1 底物结构的影响

在芳香亲电取代反应的讨论中（第11章），底物结构对反应活性（活化或者钝化）的影响以及取代位置的选择引起了大家同等的关注。取代位置的选择非常重要，因为在典型的取代反应中，一般存在 4 个或者 5 个氢可作为离去基团。但是对于芳香亲核取代反应来说，这个问题的重要性不大。因为大部分情况下，一个分子中仅仅只有一个潜在的离去基团。因此，人们的注意力主要集中在分子之间的活性比较，而不是同一分子不同位置的活性比较。

(1) S_NAr 机理 吸电子基团能加速这些取代反应，尤其是离去基团邻位和对位的吸电子基团[72]；而给电子基团却阻碍这些反应。显然，这与亲电取代中这些基团的影响是相反的，原因与 11.1.1 节讨论的相似。当苯环上连接取代基时，反应速率取决于取代基[73]。活化基团包括 2-硝基[74,75]、N_2^+、NO 和带有强亲核试剂的 C=N 结构单元，当硝基与 SO_2Me、NMe_3、CF_3CN、CHO、COR 连接时，CO_2H、SO_3^-、H、Me 或 OMe 被活化[73]。表 13.1 列出了根据近似活化程度排列的基团[73~76]。氮杂原子有着很强的活化能力（尤其对 α 和 γ 位置），而且季铵化后作用更加强[77]。因此，2-，和 4-氯吡啶经常作为反应底物。

杂芳香胺 N-氧化物的 2 位和 4 位很容易被亲核试剂进攻，但是在反应中经常失去氧[78]。活化能力最强的基团 N_2^+，很少被用于活化反应，但是有时也有例外：在一些化合物，如对硝基苯胺或者对氯苯胺的重氮化反应中，重氮基团的对位可被溶剂中 OH 或者 $ArN_2^+X^-·$ 中的 X 取代。目前，最常用的活化基团是硝基，最常用的底物是 2,4-二硝基卤苯以及 2,4,6-三硝基卤苯（又称为苦基卤）[79]。多氟苯[80]如 **11** 也很容易发生芳环的亲核取代反应[81]。对于 S_NAr 机理来说，缺少活化基团的苯环是无用的底物，因为 **1** 中两个多余的电子位于反键轨道（参见 2.1 节）。活化基团能通过吸电子效应稳定中间体以及产生中间体的过渡态。当芳香环与过渡金属配位后，能加速 S_NAr 机理的反应[82]。

正如芳香亲电取代反应或多或少遵循 Hammett 关系（用 σ^+ 代替 σ；参见 9.3 节），亲核取代反应也一样，只是对于吸电子基团，可用 σ^- 代替 σ[83]。

表 13.1 S_NAr 机制中取代基团活化能力顺序[73]

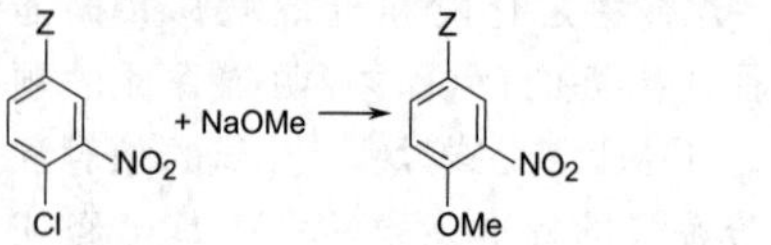

(a) 在 0℃[74]

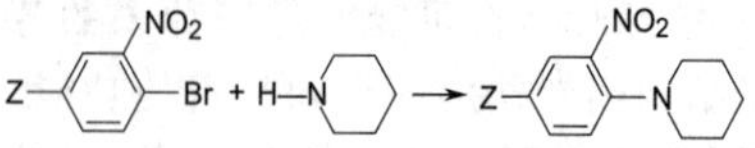

(b) 在 25℃[75]

说明①	基团 Z	相对反应速率 (a)[73] H=1	(b)[78] NH_2=1
室温下活化卤素交换反应	N_2^+		
室温下因强亲核试剂的活化反应	$\geqslant N^+$—R (杂环的)		
80~100℃下，强亲核试剂活化反应	NO	$5.22×10^6$	非常快
	NO_2	$6.73×10^5$	
	$\geqslant N$ (杂环的)		
硝基存在下，室温下与强亲核试剂活化的反应	SO_2Me		
	NMe_3^+		
	CF_3		
	CN	$3.81×10^4$	
	CHO	$2.02×10^4$	
硝基存在下，40~60℃下强亲核试剂的活化反应	COR		
	COOH		
	SO_3^-		
	Br	$6.31×10^4$	
	Cl	$4.50×10^4$	
	I	$4.36×10^4$	
	COO^-	$2.02×10^4$	
	H	$8.06×10^3$	
	F	$2.10×10^3$	
	CMe_3	$1.37×10^3$	
	Me	$1.17×10^3$	
	OMe	145	
	NMe_2	9.77	
	OH	4.70	
	NH_2		1

① 对于反应 (a)，速率是相对 H 原子的；而对于反应 (b)，速率是相对 NH_2 基团的。

(2) 苯炔机理 两个因素影响引入基团的位置，第一是芳炔形成的方向[84]。当离去基团的邻位或者对位被占据时，则没有选择；

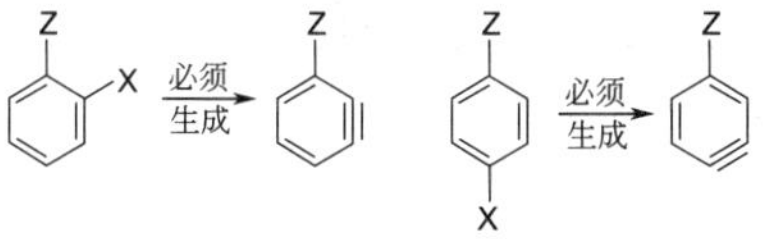

但是当存在间位取代基团时，能形成两种不同的芳炔：

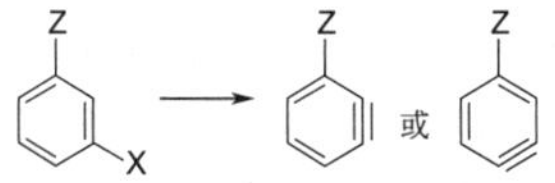

在这些例子中，酸性最强的氢脱去。因为酸性与 Z 的场效应相关，所以预计当吸电子基团 Z 有利于邻位氢的离去，而给电子基团 Z 有利于对位氢的离去。

第二个因素是芳炔一旦形成，则有两个可被进攻的位点，能导致形成最稳定碳负离子中间体的位点是亲核进攻的最佳位点。反过来，这也依赖 Z 的场效应。对于 $-I$ 基团，负电荷最接近取代基团的那一个碳负离子最稳定。这些原理可以通过下面三个二氯苯与碱金属胺化物的反应得到很好的阐明。预测的产物如下：

每个例子中的的预测产物都是唯一的主要产物[85]。在 13.1.3 节提及观测到了间氨基苯甲醚，这与这些预测结果也是一致的。

13.2.2 离去基团的影响[86]

在脂肪族亲核取代反应（卤化物、硫酸化物、磺化物、NR_3^+ 等等）中常见的离去基团也是芳香亲核取代反应中常见的离去基团。但是，一些在脂肪烃体系中一般不易离去的基团，如：NO_2、OR、OAr、SO_2R[87] 和 SR，一旦连接到芳香环上则成为可离去基团。令人惊讶的是，NO_2 是一个很好的离去基团[88]。离去基团的离去能力大致顺序为[89]：$F>NO_2>OTs>SOPh>Cl, Br, I>N_3>NR_3^+>OAr, OR, SR, NH_2$。然而，离去基团的离去能力很大程度上依赖亲核试剂的特性，$C_6Cl_5OCH_3$ 与 NH_2^- 反应的大部分产物是 $C_6Cl_5NH_2$，该事实能说明这一点：甲氧基比其它五个原子更容易被取代[90]。一般来说，OH 如果被转换为无机酯则能作为离去基团。通常卤原子中氟原子是强于其它卤素的离去基团，其它卤原子的离去能力非常相近，其顺序一般是 $Cl>Br>I$，但也有例外[91]。在这里，离去基团的离去能力顺序与 S_N1 或者 S_N2 机理差别很大。最可能的解释是，S_NAr 机理的第 1 步经常是决速步，而且具有很强的 $-I$ 效应的基团有利于这一步反应。这也可以解释为什么当采用这一机理时，氟原子和硝基都是很好的离去基团。如果 S_NAr 机理中的第 2 步是决速步或者采用苯炔机理时，氟原子则成为卤素中最弱的离去基团。四种卤原子以及 SPh、NMe_3^+ 和 $OPO(OEt)_2$ 在 $S_{RN}1$ 机理中也能成为离去基团[60]。S_N1 机理中唯一重要的离去基团是 N_2^+。

13.2.3 亲核试剂的影响[92]

由于不同底物和不同反应条件能导致不同的亲核性，因此不可能构建一个确切的亲核性顺序表，但是总的来说大致的顺序是：$NH_2^->Ph_3C^->PhNH^-$（芳炔机理）$>ArS^->RO^->R_2NH>ArO^->HO^->ArNH_2>NH_3>I^->Br^->Cl^->H_2O>ROH$[93]。正如脂肪族的亲核取代反应，亲核性一般依赖于碱性的强度，当进攻原子处于周期表下方位置时，亲核性增加。但是也有一些例外，令人惊讶，如 HO^- 的碱性强于 ArO^-，但亲核性却比 ArO^- 弱[94]。在一系列相似的亲核试剂中，如取代苯胺，其亲核性与碱性强度一致。奇怪的是，氰基离子对于芳香族化合物体系竟然不是亲核试剂，除非是与硫酸盐反应并且在 von Richter（反应 13-21）以及 Rosenmund-von Braun（反应 13-10）反应中，这些反应是特殊的例子。实际上，一些碳负离子亲核取代反应的二级速率常数已经得到测定，用以确定缺电子杂芳香体系的亲核性参数[95]。

13.3 反应

在这一节的第一部分将根据进攻试剂的种类将反应进行分类，一并考虑所有的离去基团，而氢原子和 N_2^+ 将随后讨论。最后讨论一些重排反应。

13.3.1 所有离去基团（不包括氢和 N_2^+）

13.3.1.1 氧亲核试剂

13-1 芳香化合物的羟基化

羟基-去-卤化

$$ArBr + HO^- \longrightarrow ArOH$$

只有当存在活化基团或者采用激烈反应条件

时，芳基卤化物才能够转化为酚[96]。当反应在高温下进行时，能观察到移位取代，这表明采取的是苯炔机理[97]。但是，在100℃芳基卤化物与KOH和Pd催化剂反应可制得酚[98]。通过与$AgNO_3$在微波辐照下反应[99]，或与CuI反应[100]，也可以生成酚。有人报道了过氧化氢促进的芳基卤化物被金属氢氧化物羟基化反应[101]。其它微波促进的生成酚的反应也有报道[102]。

一个有些相关的反应是萘胺的氨基能在亚硫酸氢盐的水溶液中被羟基取代[103]。这个反应的应用范围很有限，氨基（可以是NH_2或者NHR）必须在萘环上，基本上没有例外。反应是可逆的（参见反应13-6），正向和逆向反应都被称为Bucherer反应。

将芳基卤化物转化为酚的间接方法可以先将其转化为金属有机化合物，再氧化成酚。要将芳基格氏试剂转化为酚，一个好的方法是用三甲基硼酸酯处理，然后在乙酸中用H_2O_2氧化（参见反应12-31）[104]。当不活泼的芳基卤化物与硼烷以及金属（如锂）作用，而后被碱性双氧水氧化时，也能生成酚[105]。芳基硼酸$ArB(OH)_2$可被H_2O_2水溶液氧化成相应的酚[106]。芳香化合物与硼烷在Ir催化剂存在下反应，而后用Oxone溶液氧化，生成相应的酚[107]。芳基锂试剂用氧气处理可转化为酚[108]。在一个相似的间接方法中，芳基双三氟乙酸铊（通过反应12-33制得）先后用四乙酸铅、三苯基膦和稀NaOH溶液处理，可转化为酚[109]。二芳基三氟乙酸铊可进行相同的反应[110]。

$$ArMgX \xrightarrow{B(OMe)_3} ArB(OMe)_2 \xrightarrow[H_2O_2]{H^+} ArOH$$

OS Ⅰ, 455; Ⅱ, 451; Ⅴ, 632; 另见 OS Ⅴ, 918.

13-2 磺酸盐的碱熔融
氧负离子-去-磺酸基-取代

$$ArSO_3^- \xrightarrow[300\sim320℃]{NaOH熔融} ArO^-$$

芳基磺酸盐能在碱熔融条件下转化为酚。尽管反应需要比较极端的条件，但是反应产率很高，除非底物含有在熔融温度下可被碱进攻的其它基团。当底物含有活化基团时，可采用温和的条件，但是惰性基团会阻碍这个反应。这个反应的机理很奇特，但是通过苯炔中间体的机理可以被排除，因为没有发现移位取代的产物[111]。

OS Ⅰ, 175; Ⅲ, 288.

13-3 被OR或者OAr取代
烷氧负离子-去-卤化

$$ArBr + RO^- \longrightarrow ArOR$$

这个反应与13-1相似，一般也需要活化的底物[96,112]。当采用非活化底物时，副反应占据了主要地位，但是也有例外：芳甲醚就是利用非活化的氯化物与HMPA中的MeO^-反应而制备的[113]。这个反应比13-1的产率高，而且使用更频繁。这个反应最好的溶剂是液氨。在微波辐射下，芳基氯化物与酚和KOH反应生成二芳基醚[114]。酚钾在100℃的离子液体中及CuI作用下可与碘苯反应[115]。NaOMe与邻氟苯或对氟苯在-70℃的液氨中反应时，反应速率是在甲醇中的大约10^9倍[116]。相转移催化剂也被用于该反应[117]。酚与芳基氟化物[118]或者与芳基氯化物[119]反应生成二芳基醚。反应分子内进行时生成苯并呋喃[120]。芳基碘化物与苯酚在离子液体中加热生成醚[121]。除了卤化物，离去基团还可以是其它的OR基团，甚至OH[122]。

对于芳氧负离子作为亲核试剂的反应，能被铜盐促进[123]，而且分子中不需要活化基团。这种制备二芳基醚的方法被称为Ullmann醚合成法[124]，注意不要与Ullmann二芳基合成法混淆（反应13-11）。尽管存在铜盐，反应活性顺序还是典型的亲核取代反应顺序[125]。已有报道铜催化的偶联反应可在无配体和添加物条件下进行[126]。因为芳氧基亚铜试剂ArOCu能与芳基卤化物反应生成醚，因此它们是Ullmann醚合成反应的中间体[127]。事实上，ROCu或者ArOCu与芳基卤化物反应可高产率地生成醚[128]。在适当的Cu盐存在下，芳基卤化物可与脂肪醇转化为芳基醚[129]。

烷氧负离子与芳基卤化物在Pd催化剂和合适配体存在下偶联生成芳基醚[130]，这是对该反应的改进，具有越来越重要的意义。在这类反应中配体效应十分重要[131]。在Pd催化下，芳基卤化物可与其侧链的烷氧基结构单元发生分子内取代反应，生成二氢苯并呋喃[132]。镍催化剂也被用于反应中[133]。芳基碘化物在K_2CO_3、CuI和Raney镍合金的存在下可与酚发生反应[134]。有人报道Fe也可催化醚化反应[135]。

在相似的反应中，羧酸盐$RCOO^-$有时也作为亲核试剂[136]。在氧化条件下非活性底物能以较低或者中等的产率转化为羧酸酯[137]。人们提出了以下的链式反应机理[138]，即 $S_{ON}2$ 机理[138]：

链引发

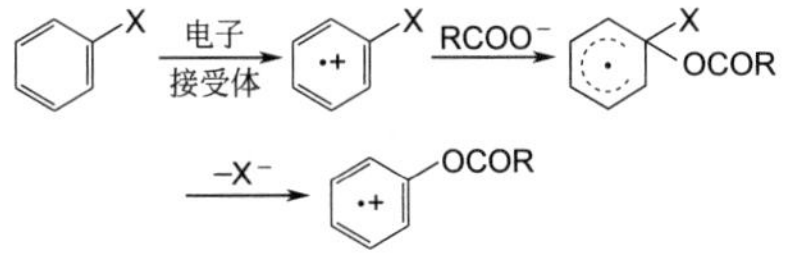

$$\text{PhX} \xrightarrow{\text{电子接受体}} \text{PhX}^{\cdot+} \xrightarrow{\text{RCOO}^-} \text{[complex]} \xrightarrow{-X^-} \text{PhOCOR}^{\cdot+}$$

链增长：

$$\text{PhOCOR}^{\cdot+} + \text{PhX} \longrightarrow \text{PhX}^{\cdot+} + \text{PhOCOR}$$

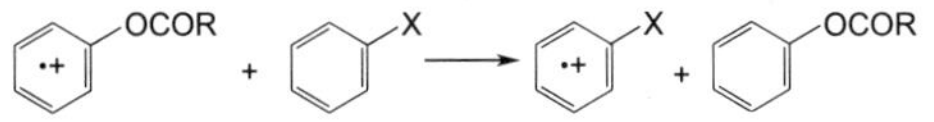

OS I, 219; II, 445; III, 293, 566; V, 926; VI, 150; X, 418.

13.3.1.2 硫亲核试剂
13-4 被 SH 或 SR 取代

巯基-去-卤化　　ArBr + HS⁻ ⟶ ArSH
烷硫基-去-卤化　ArBr + RS⁻ ⟶ ArSR

硫酚以及芳基硫醚能通过类似 **13-1** 和 **13-3** 的反应制备[139]。活化的芳基卤化物一般反应性较好，但是副反应有时也值得引起重视。一些试剂能直接生成硫酚。例如，4-溴硝基苯能与 Na_3SPO_3 在甲醇中回流生成 4-硝基硫酚[140]。

二芳基硫化物能利用 ArS⁻ 制备[141]。如果使用非质子溶剂，如：DMF[142]、Me_2SO[143]、1-甲基-2-吡咯烷酮[144] 或 HMPA[145]，即使是不活泼的芳基卤化物也能与 ArS⁻ 反应。反应机理仍然主要是亲核取代。2-碘代噻吩能直接与硫酚反应生成 2-苯硫基噻吩[146]。

金属催化芳基卤化物与硫酚反应生成硫酚醚。Pd 是目前最常用的金属[147]。也可用 Cu 催化剂[148]，包括其在水溶液介质中的催化反应[149]，还可用 Ni[150] 或 In[151] 催化剂。有人报道了无配体和无添加剂条件下铜催化的偶联反应[152]。芳基碘化物与二烷基硫醚及镍催化剂反应生成芳基烷基硫醚[153]。非活化芳基碘在液氨中与 ArS⁻ 反应，经光照能生成二芳基硫化物，反应产率很高[154]。这个例子的反应机理很可能是 $S_{RN}1$。这个（与非活化卤化物的）反应也可以在 Ni 配合物的催化下利用电解进行[155]。在 Pd 催化剂存在下，硫酚与二芳基碘盐 $Ar_2I^+ BF_4^-$ 反应生成非对称的二芳基硫化物[156]。

其它硫亲核试剂也能与活化的芳基卤化物反应：

$$2\text{ArX} + S_2^{2-} \longrightarrow \text{Ar}-S-S-\text{Ar}$$
$$\text{ArX} + SO_3^{2-} \longrightarrow \text{Ar}-SO_3^-$$
$$\text{ArX} + SCN^- \longrightarrow \text{ArSCN}$$
$$\text{ArX} + RSO_2^- \longrightarrow \text{Ar}-SO_2-R$$

芳基硼酸 $ArB(OH)_2$ 可与硫酚及乙酸铜反应生成相应的烷基芳基硫化物[157]。芳基硼酸也

可与 N-甲基硫代琥珀酰亚胺在 Cu 催化剂作用下反应，生成芳基甲基硫化物[158]。

亚硫酸盐与芳基碘化物以及 CuI 反应可以制备芳基砜[159]。Pd 催化次磺酸负离子的芳基化可生成芳基亚砜[160]。铜催化 NaO_2SMe 与芳基碘化物反应可生成芳基甲基砜[161]。芳基硼酸在 Cu 催化剂作用下可制得芳基砜[162]。用 Pd 催化剂通过类似的方法可合成二芳基砜[163]。

芳基硒化物（ArSeAr 和 ArSeAr'）可用类似的方法制备。在 Mg 及 Cu 催化剂存在下，碘苯与二苯基二硒化物（PhSeSePh）反应，可制得对称的二芳基硒化物[164]。芳基卤化物与硒化锡（$ArSeSnR_3$）在 Cu 催化剂作用下反应，生成二芳基硒化物[165]，CuS-Fe 催化剂也被用于该反应[166]。

非活化的芳基卤化物也能在活性炭上的硫氰化亚铜作用下，生成硫氰化物[167]。

OS I, 220; III, 86, 239, 667; V, 107, 474; VI, 558, 824; 另见 OS V, 977.

13.3.1.3 氮亲核试剂
13-5 卤原子被 NH_2、NHR 或 NR_2 取代

氨基-去-卤化
酰胺基-去-卤化

$$R_3N + Ar-Y \xrightarrow{R=H, \text{烷基} (1° 或 2°)} R_2N-Ar$$

活化的芳基卤化物能与氨以及伯胺、仲胺很好地反应生成相应的芳胺。伯胺和仲胺的反应性比氨好，与哌啶的反应尤其好。苦基氯（2,4,6-三硝基氯苯）经常用于合成胺的衍生物。2-氯硝基苯也可在微波辐射下与苯胺衍生物直接发生反应[168]。这类反应中其它可能的离去基团是 NO_2[169]、N_3、OSO_2R、OR、SR、N=NAr（其中 Ar 含有吸电子基团）[170] 以及 NR_2[171]。芳基三氟甲磺酸酯在 N-甲基吡咯啉溶剂中用微波辐照可直接与仲胺反应[172]。在四丁基氟化铵存在及光解条件下，苯胺衍生物可与活化的芳香环反应，生成 N,N-二芳基胺[173]。在离子液体中[174] 或在超临界 CO_2 中[175]，胺可用芳基卤化物进行芳基化。流式反应器技术已经被用于 2-氯吡啶的非催化直接胺化[176]。

利用 $NaNH_2$、NaNHR 或 $NaNR_2$ 可将不活泼的芳基卤化物转化为胺类化合物[177]。二烷基氨基锂也可与芳基卤化物反应生成 N-芳基胺[178]。使用氨基碱试剂时一般采用苯炔反应机理，因此反应中经常发现移位取代产物［参见 13.1.3 节（2）］。氨基碱通常通过胺与有机锂试剂反应制得，不过也可以使用其它的碱。胺与

芳基卤化物及叔丁醇钾反应生成 N-芳基胺[179]。可以用这种方式闭合较大的环：八元环甚至十二元环。ArI，甚至不活泼的 ArI 与 Ar$_2'$NLi 反应都能以相似的方式生成三芳基胺[180]。

芳基氟化物在 KF-氧化铝和 18-冠-6 的 DMSO 溶液中也可以发生反应[181]。芳基氟化物在碳酸钾/DMSO 中并在超声作用下可与氨反应[182]，在微波辐射下在碱性铝酸盐表面也可以发生反应[183]。2-氟吡啶与 R$_2$NBH$_3$Li 反应生成 2-氨基烷基吡啶[184]。

2,4-二硝基氟苯（被称作 Sanger 试剂）也被用于标记多肽或者蛋白质的氨基末端[185]。

当用催化剂引发或催化时，胺与芳基卤化物的反应可在温和的条件下进行。在 Pd 催化剂和适当配体的作用下，胺（脂肪胺和苯胺衍生物）[186]和氨基碱[187]都可与芳基卤化物发生偶联反应[188]。已经有大量的工作[189]致力于配体的性质、Pd 催化剂以及碱的改变[190]。探究反应机理的研究工作也受到了高度的关注[191]。该胺化反应被称为 Buchwald-Hartwig 交叉偶联反应。

高分子负载的 Pd 催化剂[192]、与 Pd 催化剂配合使用的连接高分子的膦配体[193]，以及连接高分子的胺[194]都已经被用于 N-芳基化。这些反应可用 Pd 催化剂在离子液体中完成[195]。Pd 催化的芳基卤化物的胺化反应可在微波辐射下进行[196]。已经获得水溶液中芳基卤化物胺化反应的催化剂[197]。钯催化的胺化反应的芳基底物不只局限于卤化物，也可用甲磺酸酯反应生成芳基胺[198]。当用光学活性的配体与 Pd 催化剂配合使用时，可以制备氮原子上具有手性取代基的芳基胺[199]。

芳基氯化物与硅基胺 Ph$_3$SiNH$_2$ 在六甲基二硅烷基氨基锂及 Pd 催化剂作用下反应，可制备苯胺衍生物[200]。胺可与 Ph$_2$I$^+$BF$_4^-$ 在 Pd 催化剂[201]或 CuI 催化剂[202]存在下反应，生成 N-苯胺。杂芳环化合物的氨基烷基化也可以发生，如 3-溴噻吩与伯胺及 Pd 催化剂的反应[203]。2-卤代吡啶反应则生成 2-氨基烷基吡啶[204]。

铜催化剂已经被用于胺或苯胺衍生物与芳基卤化物的反应[205]。已经讨论过氨基醇反应时 O-芳基化对 N-芳基化的选择性[206]。铜催化的氨化反应用 2-二甲基氨基乙醇作为配体时可在水溶液中进行[207]。有时可用铵盐作为氮的来源[208]。在 Goldberg 反应中，芳基溴化物在 K$_2$CO$_3$ 和 CuI 的参与下可以与乙酰苯胺反应生成 N-乙酰基二芳基胺，后者能继续水解为二芳基胺：
ArBr + Ar'NHAc → ArAr'NAc[209]。

镍催化剂已被用于芳基卤化物与 N-烷基苯胺衍生物[210]以及与脂肪胺[211]之间的反应。N-芳基化也可在 Ni/C-二苯基膦茂（dppf）作用下与丁基锂及仲胺反应实现[212]。分子内的侧链氨基烷基结构单元与芳基氯位点之间在 Ni（0）催化下可发生反应，生成二氢吲哚[213]。芳基铋试剂可与脂肪胺在乙酸铜作用下反应，生成 N-芳基胺[214]。二芳基锌试剂在 Cu[215]或 Ni[216]催化剂作用下反应生成 N-芳基胺。芳基卤化物也可与 Zn(NTMS)$_2$ 在 Pd 催化剂存在下反应生成芳基胺[217]。铁也可催化芳基化反应[218]。在 Mo(CO)$_6$ 介导下可进行 Pd 催化的烯丙基胺与芳基卤化物的反应[219]。

该反应可分子内进行生成二环胺或多环胺[220]，例如，16 转化为四氢喹啉[221]。可以以这种方式闭合较大的环；八元环甚至十二元环。

芳基硼酸可与脂肪胺[222]或氨水溶液[223]在 Cu 催化剂作用下反应。从芳基硼酸通过相似的方法也可制得 N-芳基亚胺[224]。芳基三氟硼酸盐首先与乙酸铜（II）反应，而后再与脂肪胺反应生成 N-苯基胺[225]。伯芳香胺（ArNH$_2$）用 Ph$_3$Bi(OAc)$_2$[226]和 Cu 粉催化剂[227]处理可转化为二芳基胺 ArNHPh。

金属催化的与氨或胺的反应很可能是 S$_N$Ar 机理[228]。利用相转移催化剂，这个反应已经被用来合成三芳基胺[229]。在某些情况下反应采用 S$_{RN}$1 机制（参见反应 10-26）。如果底物是含氮的杂环芳香族化合物，则采取另一种不同的机理：S$_N$(ANRORC) 机理。该机理包括芳环的开环和闭环[230]。

还有许多间接的方法可以制备芳基胺。在强碱的作用下，活泼的芳香化合物能被羟胺直接胺化为 N-芳基胺，产率很高[231]。芳基卤化物可以转化为相应的格氏试剂（反应 12-38），格氏试剂再与烯丙基叠氮化物反应，通过水解生成相应的苯胺衍生物[232]。芳基格氏试剂与硝基芳香化合物反应，经 FeCl$_3$/NaBH$_4$ 还原后生成二芳基胺[233]。芳基卤化物通过卤素-锂交换或氢-锂交换可以转化为芳基锂试剂（反应 12-38 和

12-39)。

过渡金属催化剂可使芳基卤化物与酰胺或氨基甲酸酯的氮原子反应,生成相应的 N-芳基酰胺或 N-芳基氨基甲酸酯。酰胺可在 Pd[234] 或 Cu 催化剂作用下与芳基卤化物反应[235]。内酰胺在 Pd 催化剂作用下与芳基卤化物反应可制备 N-芳基内酰胺[236]。β-内酰胺也可发生同样的反应[237]。2-噁唑啉酮可在 Pd 催化剂作用下与芳基卤化物反应生成 N-芳基-2-噁唑啉酮[238]。酰胺与 PhSi(OMe)$_3$/Cu(OAc)$_2$/Bu$_4$NF 反应可制备 N-芳基酰胺[239]。N-Boc 肼衍生物(BocNHNH$_2$)可与碘苯、催化量 CuI 及 10% 邻菲啰啉反应,生成 N-苯基衍生物[240]。3-溴噻吩与酰胺及 CuI-二甲基乙二胺反应可转化为 3-酰胺基衍生物[241]。2-碘噻吩与内酰胺及 Cu 催化剂可进行相似的反应制备 N-(2-噻吩)-2-吡咯啉酮[242]。使用 Cu 催化剂也可能使脲 N-芳基化[243]。

已经报道过渡金属催化伯膦或仲膦与芳基卤化物或芳基磺酸酯偶联生成芳基膦[244]。Pd 催化芳基卤化物与三甲基硅烷基二苯基膦反应可转化为芳基膦,该反应对许多官能团(除了易被还原的基团,如醛,因为反应中常常用金属 Zn[245] 作为共试剂)无影响,但主要限于芳基碘化物的反应[246]。二苯基膦可与芳基碘化物和铜催化剂反应生成三芳基膦[247]。芳基碘化物也可与仲膦和 5%Pd-C 反应生成 P-芳基膦[248]。叔膦可通过芳基-芳基交换用于该反应,例如,芳基三氟甲磺酸酯与三苯基膦及 Pd 催化剂反应,生成芳基磷盐 ArPPh$_3$[249]。芳基碘化物也可用于该反应[250]。

OS I,544;II,15,221,228;III,53,307,573;IV,336,364;V,816,1067;VII,15;另见 OS III,664;X,423.

13-6 氨基取代羟基的反应
氨基-去-羟基化

萘酚与氨和亚硫酸氢钠的反应被称为 Bucherer 反应。可以用伯胺替代氨,这种情况下获得的产物是 N-取代萘胺。此外,一级萘胺能够通过氨基交换反应转化为二级胺:(ArNH$_2$ + RNH$_2$ + NaSO$_3$ ⟶ ArNHR) Bucherer 反应的机理总的来说是一种加成-消除机理:反应过程中经过 18 和 19[251]。

任何一个方向反应的第 1 步都是 NaHSO$_3$ 加成到环上的一个双键,从而生成源自 17 的烯醇(或者源自 20 的烯胺),而后互变异构为酮的形式 18(或者亚胺的形式 19)。18 向 19 的转化(反之亦然)是 16-13(或 16-2)的一个例子。该机理的证据是已分离得到 18[252]。同时研究发现,当 β-萘酚与氨或者 HSO$_3^-$ 反应时,反应的速率只取决于底物和 HSO$_3^-$,这表明氨并未参与决速步[253]。如果起始化合物是 β-萘酚,那么反应中间体是 2-氧代-4-磺酸类化合物,因此在任何一个情况下亚硫酸氢盐中的硫都进攻 OH 或 NH$_2$ 的间位[254]。

如果苯环上的羟基可以先转化为芳基二乙基磷酸酯,则能被 NH$_2$ 取代。这些化合物与 KNH$_2$ 和液氨中的金属钾作用,则能生成相应的芳香伯胺[255]。第 2 步的反应机理是 S$_{RN}$1 过程[256]。

OS III,78.

13.3.1.4 卤素亲核试剂
13-7 卤原子的引入
卤素-去-卤化,等

Ar—X + X'⁻ ⇌ Ar—X' + X⁻

如果是活化的芳香环,那么环上的卤原子有可能被另一个卤原子取代[257]。这是一个平衡过程,但是通常能通过加入过量的卤离子来使平衡朝着期望的方向移动[258]。利用 PCl$_5$ 或 POCl$_3$,活化的酚羟基能被氯原子取代。不活泼的酚与 POCl$_3$ 作用只能生成磷酸酯:3ArOH + POCl$_3$ ⟶ (ArO)$_3$PO。如果与 Ph$_3$PBr$_2$ 反应,即使是不活泼的酚也能转化为芳基溴化物(参见 10-47)[259],如果与 PhPCl$_4$ 作用则转化为芳基氯化物[260]。

卤素交换反应在将氟原子引入芳环方面特别有用,这是由于与其它卤素相比,引入氟原子的方法要少得多。活化了的芳基氯化物与 DMF、Me_2SO 或二甲基亚砜中的 KF 反应生成相应的氟化物[261]。芳基卤化物与 Bu_4PF/HF 的反应也是有效的氟/卤素交换方法[262]。

卤素交换反应也能通过卤化铜完成。因为在这类反应中离去基团的离去能力顺序是 I>Br>Cl≫F,这就意味着不能利用这种方法制备碘化物,所以此类反应很可能并不采用 S_NAr 反应机理[263]。然而,芳基碘化物可以在活性炭或 Al_2O_3 上的 Cu 的催化下[264],或通过过量的 NaI 在 Cu 催化剂作用下[265],或通过过量的 KI 在 Ni 催化剂的作用下[266],从溴化物转化而来。有趣的是,芳基氯化物可通过碘化物与 DMF 中 2 倍量的 $NiCl_2$ 在微波作用下制得[267]。芳基及乙烯基三氟甲磺酸酯在 Pd 催化剂作用下可转化为相应的溴化物或氯化物[268]。

芳基碘化物[269]和芳基氟化物可以从芳基二(三氟乙酸)铊制备(参见反应 12-23),这间接地实现了 ArH→ArI 和 ArH→ArF 的转化。二(三氟乙酸)盐可以与 KI 反应生成 ArI,反应产率很高[270]。芳基三乙酸铅 $ArPb(OAc)_3$ 在 $BF_3·OEt_2$ 的作用下可转化为芳基氟化物[271]。$PhB(OH)_2$ 与 NIS 反应生成碘苯[272]。芳基硼酸(反应 12-28)与 1,3-二溴-5,5-二甲基乙内酰脲及 5%NaOMe 反应可转化为相应的芳基溴化物[273]。用 1,3-二卤-5,5-二甲基乙内酰脲也可制备其它芳基卤化物。

OS Ⅲ,194,272,475;Ⅴ,142,478;Ⅷ,57;81,98。

苯酚、酚醚和醚的还原反应在反应 19-38 和 19-35 中讨论。反应 ArX→ArH 在 11-39 中讨论,该反应与反应试剂和条件有关,可以是亲核或自由基取代,也可以是亲电取代。

13.3.1.5 碳亲核试剂[274]

一些由芳基底物生成新的芳基-碳键的反应已在第 10 章反应 10-57、10-68、10-76 和 10-77 提及。

13-8 芳香环氰化反应

氰基-去-卤化

氰基-去-金属化

Ar-X ⟶ Ar-CN

芳基卤化物与氰化亚铜的反应被称为 Rosenmund-von Braun 反应[275]。芳香卤化物反应的活性顺序是:I>Br>Cl>F,这表明这类反应并不采取 S_NAr 机理[276]。其它氰化物(如 KCN 和 NaCN)不与芳基卤化物反应,即便是与活泼的芳基卤化物也不反应;但使用 CuCN,该反应可以在离子液体中完成[277]。使用 CuCN 的反应在相转移催化剂和微波辐照条件下也可在水中进行[278]。L-脯氨酸可促进反应[279]。

芳基卤化物与金属氰化物的反应通常需要另一个过渡金属催化剂的作用,生成芳基腈(芳基氰化物)。然而,在 Pd(Ⅱ)盐[281]或铜[282]、镍[283]配合物的作用下,碱金属氰化物能在极性非质子溶剂中将芳香卤化物转变为腈[280]。在 Pd-催化剂作用下[284],许多种含氰化合物可与芳基卤化物反应。在 Pd 催化的反应中,氰根可有好几种不同的来源,如 $Zn(CN)_2$[285]、CuCN[286]、氰基硼氢化钠/邻苯二酚[287]、铁氰化钾[288]和 KCN[289]。微波辐照可促进 Pd 催化的氰化反应[290]。芳基三氟甲基磺酸酯和芳基卤化物都可用于芳基氰化反应[291]。苄基硫代氰酸酯在 Pd 配合物催化及 Cu(Ⅰ)介导下可与硼酸反应,生成芳基氰化物,这是一个"无氰根"反应[292]。铜盐催化的氰化反应很常见[293]。芳基溴化物可与 $Ni(CN)_2$ 在微波辐照下反应生成 ArCN[294]。镍的配合物也能催化三氟甲基磺酸芳基酯与 KCN 的反应,生成芳基腈[295]。铱催化的芳烃硼化反应也可得到芳基腈[296]。

已经有了替代的方法。有人这样反应:使用过量的 KCN 水溶液反应,而后在过量 KCN 存在下光解生成的配合物离子 $ArTl(CN)_3^-$[297]。另外,芳基乙酸铊与 $Cu(CN)_2$ 或 CuCN 反应生成芳基腈[298]。该方法的产率不确定,有的几乎不反应,有的可达到 90% 或 100%。

已经有人报道了无金属的方法。例如,将芳香化合物用 $POCl_3$ 和 DMF 转化为相应的亚胺盐,然后在氨水溶液中与碘分子反应,可生成腈[299]。还有一种间接的方法:芳香环,特别是存在定位基团(参见反应 13-17)的芳香环,与叔丁基锂反应,而后与 PhOCN 反应可生成芳基腈[300]。芳香醚 ArOR[301]也可以通过光化学方法转化为 ArCN。

OS Ⅲ,212,631。

13-9 芳基和烷基金属有机化合物与官能团化芳基化合物的偶联反应

芳基-去-卤化,等

Ar—X + Ar′—M ⟶ Ar—Ar′
Ar—X + R—M ⟶ Ar—R

大量由过渡金属催化的方法已经被用于制备非对称的二芳基化合物[302](另见反应 13-11)。芳基卤化物与金属化芳基化合物(特别是芳基锂试剂)的非催化偶联也已经被报道,例如,金属有机锂试剂环化成芳香环[303]。芳基锂试剂与卤代芳烃的非催化偶联反应按大家熟知的芳炔过程进行,但是,当取代基有利于配位驱动的亲核取代过程时,也有可能是另一种新的加成-消除过程[304]。这种非催化偶联反应通常有很高的区域选择性以及很高的产率。2-溴吡啶可与吡咯烷在130℃微波辐照下反应,生成 2-(2-吡咯烷基)吡啶[305]。芳基碘化物在离子液体中与三乙胺共热可发生自偶联,生成二芳基化合物[306]。值得注意的是,溴代烷与吡咯烷在离子液体中加热也可偶联[307]。

钯催化的偶联反应生成二芳基化合物,这在合成上具有越来越重要的意义。芳基卤化物在 Pd[308]或 Ni 催化剂[309]作用下发生自偶联,生成二芳基化合物。芳基碘化物在 Pd 催化剂作用下偶联成对称的联苯化合物[310]。芳基三氟甲基磺酸酯在 Pd 催化剂作用下通过电解方法发生自偶联[311]。已经研制出在离子液体中可回收利用的 Pd 催化剂[312]。还可用其它的溶剂如 PEG[313]替代。

噻吩衍生物[314]、吡咯[315]、唑类[316]、喹啉[317]和吲嗪[318]在 Pd 催化剂作用下可与芳基卤化物偶联。稠多环芳香化合物也可以由卤代二芳基化合物制得[319]。三甲基硅烷基吡啶衍生物在 Pd 催化剂作用下可与芳基卤化物偶联[320]。一个相关的反应是,芳基羧酸与芳基碘化物发生 Pd 催化的脱羧偶联[321]。

钯催化剂常常与另一种金属化合物或配合物一起联合使用。芳基镁化合物在四丁基氟化铵及 Pd 催化剂作用下可与芳基碘化物偶联[322]。三苯基铋可发生自偶联反应[323],此外,芳基铋试剂在 Pd 化合物或配合物作用下可与芳基碘离子盐[324]和芳基锡化合物[325]偶联。芳基三氟甲基磺酸酯在 Pd 催化剂作用下可与三苯基铋偶联[326]。特定的芳基铋化合物用 Pd 催化剂可将芳基氯化物转化为二芳基化合物[327]。芳基锡-芳基卤化物偶联已经在离子液体中完成[328]。芳基卤化物可与环戊二烯、Cp_2ZrCl_2 及 Pd 催化剂反应,生成五苯基环戊二烯[329]。芳基锌碘化物在 Pd 催化剂作用下可发生自偶联[330]。在一个相关的反应中,在 Pd 和 Cu 催化剂作用下,芳基磺酰氯也可以与 $ArSnBu_3$ 反应[331]。

芳基三氟甲基磺酸酯(卤化物)在 Ni 催化剂作用下可与 ArZn(卤化物)试剂偶联[332]。有人报道了一个均一偶联型反应:$PhSnBu_3$ 与 10% $CuCl_2$、0.5 倍量的碘在 DMF 中加热,生成联苯[333]。芳基碲化合物也可进行相似的偶联反应[334]。芳基铜化合物与芳基卤化物可发生 Co(Ⅱ)催化的交叉偶联,生成相应的二芳基化合物[335]。另一个均一偶联反应的例子是吡啶溴化物在 $NiBr_2$ 和电解条件下完成的。烷基锰化合物 $(RMnCl)$[336] 和 Ph_3In[337] 两者都可与芳基卤化物或芳基三氟甲基磺酸酯反应生成芳烃。芳基卤化物在 Rh 催化剂作用下也可与苯酚反应生成二芳基化合物[338]。二芳基碘鎓盐可与 $PhPb(OAc)_3$ 及 Pd 催化剂反应生成二芳基化合物[339]。在 Pd 催化剂作用下,三烷基铋化合物可与芳基卤化物偶联成芳烃[340]。在 Pd 催化剂作用下,苄基铟化合物可与芳基卤化物发生交叉偶联反应[341]。

格氏试剂可以在没有钯催化剂的条件下以苯炔机理与芳基卤化物反应[342],但也有人报道了金属催化的反应。典型的催化剂包括 Fe[343]、Ni[344]、Co[345]或 Ti[346],Pd 催化的反应具有重要意义[347]。在 Pd 催化剂作用下,芳基格氏试剂可与芳基三甲基铵的三氟甲基磺酸盐反应,生成相应的二芳基化合物[348]。芳基镁卤化物在 Pd 催化剂作用下可与芳基甲苯磺酸酯偶联,生成非对称的二芳基化合物[349],与卤代吡啶偶联,生成芳基化吡啶[350]。在 $ZnCl_2$ 和 Pd 催化剂作用下,芳基格氏试剂可与芳基碘鎓盐偶联,生成二芳基化合物[351]。

过量的格氏试剂 RMgX 可与甲氧基芳香化合物偶联反应,当芳香化合物含有多个甲氧基时,发生 OMe 被 R 取代的反应[352]。芳基砜与芳基格氏试剂在镍催化剂的作用下可以相似的方式进行偶联反应[353]。

在光化学作用的引发下,碘萘与萘氧基负离子能以 $S_{RN}1$ 机理反应,生成非对称的二萘[354]。利用镍催化剂,氯乙酸甲酯在电解条件下能与芳基碘偶联[355]。利用 CuI 催化剂和微波辐照,可由两个芳基碘化物制备非对称的二芳基化合物[356]。

烷基金属化合物可能与芳香化合物发生偶联反应。卤代烷[357]可与芳基卤化物发生 Ni 催化的还原交叉偶联[358]。由卤代烷与金属锌反应可得到有机锌化合物,该化合物可与芳基卤化物在 Pd 催化剂作用下偶联[359]。在 Pd 催化剂作用下,特定的烷基铟配合物可反应生成芳烃[360]。铁配合物已经被用于偶联反应[361]。三芳基铋化合物在 Pd 催化剂作用下可与芳基溴化物偶联[362]。

在 Ni 催化剂作用下，有机锂试剂可与芳基溴化物偶联[363]，芳基锌化合物也可进行同样的反应[364]。酯的烯醇式锂化合物在 Pd 催化剂作用下可与芳基卤化物偶联[365]。在 Pd 催化剂作用下，其它的酮可以与芳基三氟甲基磺酸酯进行偶联，反应具有很好的对映选择性[366]。

OS Ⅵ, 916; Ⅷ, 430, 586; Ⅹ, 9, 448.

13-10 烯烃的芳基化和烷基化

烷基化或烷基-去-氢化，等

$$R_2C=CH_2 + Ar-X \xrightarrow{Pd(0)} R_2C=CH-Ar$$

利用"芳基钯"试剂可将烯烃芳基化[367]。这是一个重要的反应。"芳基钯"试剂可以主要通过芳基卤化物或其它合适的官能团化芳香化合物与 Pd 催化剂原位产生[368]。Pd 催化的芳基-烯烃偶联反应被称为 Heck 反应[369]。Mizoroki 很早就研究过碘苯与苯乙烯的偶联反应[370]，它们在乙酸钾和氯化钯催化剂作用下，于 120℃甲醇中反应生成二苯乙烯，因此，也有人称这个反应为 Mizoroki-Heck 反应。该反应对芳基碘化物反应效果最佳，而芳基溴化物和芳基氯化物的反应条件也已经建立[371]。芳基重氮盐（参见反应 13-25 和 13-26）也可用于该反应[372]。活化的芳香化合物很容易偶联[373]，而未活化的芳香化合物常常需要特殊的反应条件。杂环化合物可进行 Heck 反应[374]，杂芳基卤化物可用于偶联反应[375]。分子内的 Heck 反应有越来越重要的意义[376]。硅烷连接（silane-tethered）的分子内 Heck 反应已经被报道[377]。其它亲核试剂也可与芳基卤化物偶联[378]。

Heck 反应已经得到了发展，如无膦催化剂[379]、无卤素参与的反应[380]和无碱参与的反应[381]。对 Pd 催化体系的改进不断被报道出来[382]，包括负载到高分子上[383]、负载到硅胶上[384]，以及改进成可回收利用的催化剂[385]。大量的工作致力于研究和改进配体[386]。也有工作致力于研制用于 Heck 反应的均相催化剂[387]。Heck 反应可在水溶液[388]、多氟化溶剂[389]、聚乙烯醇[390]、纯三癸酰基甲基氯化铵[391]以及超临界 CO_2（参见 9.4.2 节）中进行[392]，可在固相载体如蒙脱土[394]、玻璃珠[395]上进行[393]，可在反相硅胶体上进行[396]，以及在微波辐照下进行[397]。利用 Pd 催化剂可在水中进行微波辐照下的 Heck 偶联反应[398]。有人报道利用超临界水可进行不需要催化的反应[399]。已经研究了高压对反应的影响[400]。Heck 反应也可在离子液体中进行[401]，在这种情况下卤原子的性质对反应有重要影响[402]。研究表明，离子液体确实能促进 Heck 反应[403]。

乙烯是最活泼的烯烃。增加取代基会降低反应活性。因此，取代发生在含取代基较少的双键一侧[404]。与 13-26 重氮盐不同，Heck 反应并不限于活化的底物。缺电子的烯烃如丙烯酸甲酯[405]和富电子的烯烃[406]都能发生 Heck 反应。反应底物可以是不活泼的烯烃[407]，或含有各种官能团，例如酯、醚[408]、烯醇醚[409]、烯胺[410]、羧基、酚或氰基的烯烃[411]。

芳基卤化物或芳基三氟甲磺酸酯可与二烯烃[412]、丙二烯[413]、乙酸烯丙酯[414]、烯丙基硅烷[415]、烯丙基胺[416]、乙烯基磷酸酯[417]和端炔[418]偶联。芳基碘鎓盐可在 Pd 催化剂作用下以类 Heck 方式与共轭烯烃偶联[419]。已经报道了双偶联反应，该反应生成二芳基芳香化合物[420]。也有人报道烯胺可发生 Heck 型反应[421]。

反应的区域选择性控制是非对称烯烃偶联的重要问题。通过在烯烃上连接辅助协同基团[422]，或使用特定的配体和丙烯酸酯或苯乙烯为底物[423]，可以获得一些区域选择性。邻基效应在 Heck 反应中起到了重要作用[424]。有人认为空间效应控制区域选择性[425]，但也有人提出电子效应控制区域选择性[426]。研究表明，空间效应通常提高 1,2-选择性，电子效应有利于 1,2-或 2,1-选择性[427]。在源自 o-卤二芳基化合物的有机钯中间体中，观察到了 o-和 o'-位之间的 1,4-Pd 迁移[428]。有些情况下，双键的迁移是一个反应要解决的难题，反应条件在双键迁移中发挥重要作用[429]。已经有人报道双键异构化在超临界 CO_2（参见 9.4.2 节）中的分子内 Heck 反应中受到抑制[430]。

Pd 催化的反应通常具有立体专一的[431]，产物通过顺式加成和随后的顺式消除得到[432]。因为产物是在消除步骤形成，所以当采用合适的底物，双键可以向另一个方向迁移，得到烯丙基重排产物，例如环戊烯与碘苯反应生成 2[433]：

$$PhI + \underset{}{\bigcirc} \xrightarrow[NaOAc, n\text{-}Bu_4N^+Cl^-]{Pd(OAc)_2} Ph-\underset{\substack{21 \\ (89\%)}}{\bigcirc}$$

已经报道了不对称的 Heck 反应[434]，也包括不对称的分子内 Heck 反应[435]。二氢呋喃与芳基三氟甲磺酸酯在具有手性配体的 Pd 催化剂作用下反应，生成 5-苯基-3,4-二氢呋喃，反应具有很好的对映选择性[436]。有人报道 N-氨基甲酰基二氢吡咯可发生相似的反应[437]。

在大多数情况下，反应按加成-消除机理（ArPdX的加成，随后消除HPdX）[438]进行。在人们惯常接受的反应机理中[439]，首先通过芳基卤化物与Pd(0)配合物的氧化加成，形成了一个四配位的芳基Pd(Ⅱ)中间体（环状钯）[441]，而后进行烯烃加成[442]，如下图所示[440]：

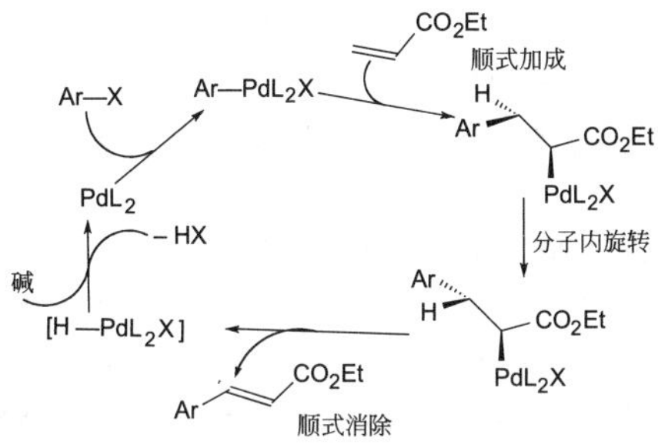

从该过程可以看出，前体配合物二聚体的裂解、Pd^{2+}的还原以及配体的解离相互协同，生成有效的催化物种[443]。研究认为反应涉及σ-烷基 Pd(Ⅱ)中间体[444]。有人进行了干燥条件下的反应动力学测定[435]。研究发现，反应机理对烯烃浓度呈一级关系，当反应决速步并不是直接地包含在催化循环中时，可观测到反常的反应动力学[435]。反应机理需要有一个消除质子的步骤，在该步骤中存在取代基效应[445]。烯烃与芳基羧酸之间 Pd 催化的脱羧反应机理研究已经被报道[446]。C—N 环状钯促进的 Heck 反应的动力学和机理已经得到研究[447]。不对称 Heck 反应的机理也已经得到阐明[448]。

对该反应有大量的改进工作，如使用 Pd 之外的过渡金属催化剂。铑催化的 Heck 反应已经被报道[449]，还有 Co[450]、Ru[451] 和 Ni 催化的反应[452]。铁介导的烯烃芳基化反应也已经被报道[453]，乙烯基锗在 Pd 催化剂作用下可与芳基卤化物偶联[454]。在 O_2 和 CO 气氛中，芳基卤化物在 $RuCl_3 \cdot 3H_2O$ 作用下可与共轭酯偶联[455]。芳基卤化物还可与丙二烯锡化合物（C＝C＝C—SnR_3）偶联[456]。在 THF 水溶液中，二乙烯基氯化铟［$(CH_2＝CH)_2InCl$］在 Pd 催化剂作用下可与芳基碘化物反应，生成苯乙烯衍生物[457]。三烯烃基铟试剂在 Pd 催化剂作用下可与芳基卤化物发生相似的反应[458]。利用 Pd 催化剂，芳基氯化锌（ArZnCl）可与氯乙烯偶联[459]，乙烯基锌化合物可与芳基碘化物偶联[460]。在三甲基硅烷氯化镁存在下，利用 Co 催化剂，伯卤代烷可与芳基烯烃偶联，生成取代烯烃（R′—CH＝CHAr）[461]。

乙烯基三氟硼酸钾可与芳基卤化物进行类 Heck 偶联反应[462]。同样的，芳基三氟硼酸盐可与乙烯基卤化物在 Pd 催化剂作用下反应，生成芳基烯烃[463]。在一个相似的反应中，烷基三氟硼酸盐可与芳基卤化物在 Pd 和 Rh 催化剂存在下反应[464]。

虽然与反应 10-57 中的化学相似，但金属催化的烷基化反应还是很容易被人们看作类 Heck 反应，因此，这些反应在这里讨论。利用 Co 催化剂，卤代烷可在 Me_3SiCH_2MgCl 促进下与烯烃偶联，生成取代烯烃[465]。烷基化反应要求烷基不能有 β-氢，通过该反应可成功引入甲基、苄基和新戊基[466]。但是，通过烯烃与乙烯基卤在三烷基胺和 Pd(0) 催化剂存在下的反应，也可以成功地引入乙烯基，甚至具有 β-氢的乙烯基，生成 1,3-二烯烃[467]。

OS Ⅵ, 815; Ⅶ, 361; **81**, 42, 54, 63, 263.

13-11 芳基卤化物的自偶联：Ullmann 反应

去-卤原子-偶联

$$2\ ArI \xrightarrow[\triangle]{Cu} Ar—Ar$$

芳基卤化物与铜的反应称为 Ullmann 反应[468]。显然，这个反应与反应 13-9 相似，只是经历了芳基铜中间体。这个反应的适用范围很广，已经被用来制备许多对称和非对称的二芳基化合物[469]。当两种不同的芳基卤化物混合在一起时，有三种可能的产物，但是一般只能得到一种产物。在这类反应中，最佳的离去基团是碘原子，因此经常使用芳基碘化物，但溴化物、氯化物甚至硫氰酸盐也可以用于此类反应。已经研究出新的配体用于促进反应，如对空气稳定的氮杂膦烷配体[470]。Cu 催化剂可以被固载化[471]。分子内的反应已经被报道[472]。该反应也能应用于杂环化合物的偶联[473]。

环上其它基团的影响与一般情况不同。硝基具有强的活化作用，但只在邻位（而不是间位或者对位）才如此[474]。而 R 和 OR 基团在任何位置都有活化作用。不仅 OH、NH_2、NHR 和 NHCOR 这些不利于芳环亲核取代反应的基团能抑制该反应，而且 COOH（不包括 COOR）、SO_2NH_2 以及相似基团也能导致该反应无法进行。这些基团是通过导致副反应来抑制偶联反应。

该反应的反应机理还不很清楚，但是很可能通过两步进行，与 Wurtz 反应有些类似

（10-56）。反应机理可以图解如下：

第1步 ArI + Cu ⟶ ArCu

第2步 ArCu + ArI ⟶ Ar—Ar

　　有机铜化合物可以通过配位作用被有机碱捕获[475]。而且芳基铜已经被单独制备出来，并能与芳基碘化物作用生成二芳基化合物（Ar—Ar'）[476]。类似的反应已被用于环的闭合[477]。铜催化的芳基卤化物与杂环的偶联反应已经被报道[478]。

　　替代 Ullmann 方法的一个反应是利用镍配合物[479]。芳基卤化物 ArX 分别与活化了的金属镍[481]或 Zn-镍复合物[482]，或甲酸钠碱性水溶液、Pd-C 和相转移催化剂[483]，或在镍配合物催化下进行电化学反应[484]，都能生成相应的 Ar—Ar[480]。

　　不对称的 Ullmann 反应已经被报道[485]。

　　OS Ⅲ,339；Ⅴ,1120.

13-12 芳基化合物与芳基硼酸衍生物的偶联

　　芳基-去-卤化，等

　　芳基-去-硼化，等

$$Ar—Br + Ar'B(OH)_2 \xrightarrow{PdL_4} Ar—Ar'$$

　　在 Pd 催化剂作用下，芳基硼酸与芳基卤化物偶联生成芳烃，该反应被称为 Suzuki 偶联（或 Suzuki-Miyaura 偶联）[486]。芳基三氟甲磺酸酯在 Pd 催化剂作用下可以与芳基硼酸〔ArB(OH)$_2$，反应 12-38〕[487]或有机硼烷[488]反应[489]。甚至具有空间位阻的硼酸也能得到高产率的偶联产物[490]。芳基硼酸的自偶联已经被报道[491]。有些芳香化合物反应活性很高，可以不必使用催化剂。如果使用四丁基溴化铵，苯基硼酸可与2-溴呋喃在没有催化剂作用下偶联[492]。

　　不同的反应条件（包括添加物和溶剂）被研究报道[493]，主要集中在 Pd 催化剂[494]或配体[495]的研究上。无膦[496]和无配体[497]的反应条件都已经被研究出来。可回收利用的催化剂被研制成功[498]。适用于不活泼芳基氯化物的催化剂也被研制出来[499]。Suzuki 偶联反应可在离子液体[500]或在超临界 CO$_2$[501]（参见 9.4.2 节）中进行，也可采用无溶剂方法[502]。多种在水溶液中进行偶联的方法已经被报道[503]。该反应也可在纯氧化铝上[504]或在微波辐照下的氧化铝上进行[505]。多种在微波辐照下的方法已经被报道[506]。对反应的基本方法进行改进，如将芳基三氟甲磺酸酯[507]或硼酸[508]连接到高分子聚合物上，这样就可以在高分子聚合物上进行 Suzuki 反应。采用高分子聚合物连接的 Pd 配合物进行反应[509]，甚至不需要 Pd 催化剂也可进行交叉偶联反应[510]。

　　芳基硼酸在 Pd 催化剂作用下可与乙烯基卤化物[511]或乙烯基甲苯磺酸酯[512]偶联。卤代杂芳香化合物、芳基氨基甲酸酯、碳酸酯或氨基磺酸酯[513]，以及芳基磷酰胺[514]都可以发生同样的反应。芳基磺酸酯也被用于该反应[515]。芳基硼酸可与芳基磺酸酯偶联[516]。许多不同的杂环化合物已经被芳基化[517]。4-吡啶基硼酸已经被用于反应[518]。3-碘吡啶可与 NaBPh 和乙酸钯在微波辐照下反应，生成3-苯基吡啶[519]。

　　许多种官能团，如 Ar$_2$P=O[520]、CHO[521]、醛的 C=O[522]、CO$_2$R[523]、环丙基[524]、NO$_2$[525]、CN 和卤原子取代基[526]，在 Suzuki 反应中都不受影响。乙烯基卤化物可与芳基硼酸反应生成烯烃衍生物（乙烯基芳烃，C=C—Ar）[527]，该反应显然为类 Heck 反应。乙烯基硼酸可与芳基卤化物反应生成乙烯基偶联的产物，这是该反应的另外一种形式[528]。乙烯基硼酸可与芳基重氮盐（参见反应 13-25）偶联，反应需要 Pd 催化剂及咪唑离子配体作用，但不需要碱[529]。

　　如果在碘苯转化为2,6-二丁基联苯的反应中加入卤代烷，则伴随芳基化反应会发生烷基化[530]。比如在 Pd 催化的芳基硼酸与苄基碳酸酯的反应中，烷基可能与芳基偶联[531]。在乙酸钯(Ⅱ)[532]或 Ni 催化剂[533]作用下，芳基硼酸均可与卤代烷偶联。相反地，芳基硼酸可与脂肪族卤代烷偶联[534]。芳基硼酸也可与烯丙醇偶联[535]。苄基磷酸酯也可用于反应[536]。双 Suzuki 偶联反应已经被报道[537]。烷基-烷基偶联反应被归类为 Suzuki 交叉偶联反应[538]。在 KOH 和 Pd 催化剂作用下，芳基硼酸可与1,2-二溴乙烷反应，生成苯乙烯衍生物[539]。

　　由于许多二芳基化合物因阻转异构作用〔参见 4.3 节（5）〕而具有手性，因此使用手性催化剂和/或手性配体，可使 Suzuki 偶联反应具有对映选择性[540]。

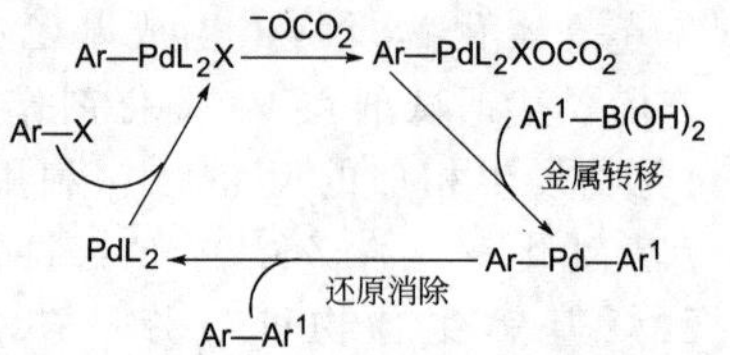

$$\begin{array}{c} Ar-PdL_2X \xrightarrow{^-OCO_2} Ar-PdL_2XOCO_2 \\ Ar-X \nearrow \qquad\qquad \searrow Ar^1-B(OH)_2 \\ \qquad\qquad\qquad\qquad 金属转移 \\ PdL_2 \qquad\qquad\qquad Ar-Pd-Ar^1 \\ Ar-Ar^1 \qquad 还原消除 \end{array}$$

　　从反应机理的观点看[541]，Suzuki 偶联经过了以下过程：首先芳基硼酸氧化加成为 Pd 反应物种，然后发生 1,2-芳基迁移至缺电子的 Pd 原子上的反应，最终很快发生还原消除产生二芳基化合物[542]。反应机理如图所示[543]。利用电喷雾离子化质谱已经检测到了多个氧化偶联过程生成的中间体[544]。研究表明，钯过氧化配合物是反应的关键中间体[545]。

其它的过渡金属可用于这些偶联反应，有时它们起共催化剂的作用。使用 Pd 催化剂[546]、Ru 催化剂加乙酸铜(Ⅱ)[547]、Ni 催化剂[548]或 Rh 催化剂[549]，芳基硼酸可与共轭烯烃偶联，生成芳基-烯烃偶联产物。芳基硼酸可与芳基铵盐在 Ni 催化剂作用下偶联，生成二芳基化合物[550]。乙酸烯丙酯可与芳基硼酸在双乙酰丙酮镍和二异丁基氢化铝作用下偶联[551]。研究表明，在 Mn(OAc)$_3$ 存在下，芳基硼酸（反应 12-28）可直接与苯反应[552]。芳基卤化物可与 ArB(IR$'_2$) 类物种在 Pd 催化剂作用下偶联[553]。铁催化剂已经得到发展，可用于卤代烷的偶联[554]。在 Pd 催化剂作用下，芳基硼酸可与 Ph$_2$TeCl$_2$ 的苯基进行偶联[555]。在 Ni 催化剂作用下，三丁基锡芳基化合物可与 Ar$_2$I$^+$BF$_4^-$ 的芳基发生偶联[556]。

有关酰卤的 Suzuki 型反应已经被报道。芳基硼酸可与苯甲酰氯及 PdCl$_2$ 反应，得到的产物为二芳基酮[557]。该偶联反应也可采用 Pd(0) 催化剂完成[558]。在 Ag$_2$O 和 Pd 催化剂作用下，环丙基硼酸可与苯甲酰氯偶联生成环丙基酮[559]。反应可采用 Ni 催化剂[560]，也可采用 Ph$_3$P/Ni/C-BuLi[561]。芳基硼酸也可与酸酐进行偶联反应[562]。苯甲醚衍生物与苯基硼酸和 Ru 催化剂反应，其甲氧基可被苯基取代[563]。

芳基硼酸酯（参见反应 12-28）ArB(OR)$_2$ 可替代硼酸用于反应[564]。例如，芳基碘化物（**22**）可与硼酸酯（**23**）偶联反应，生成二芳基化合物 **24**[565]。采用含氮配体而不需要碱的反应条件已经被报道[566]。芳基或杂芳基硼氧六环（**25**）在 Pd 催化剂作用下可与芳基卤化物偶联[567]。乙烯基硼烷在 Pd 催化剂存在下可与芳基碘化物偶联，生成芳基烯烃[568]。有机硼烷在 Pd 催化剂作用下可与芳基卤化物偶联[569]。

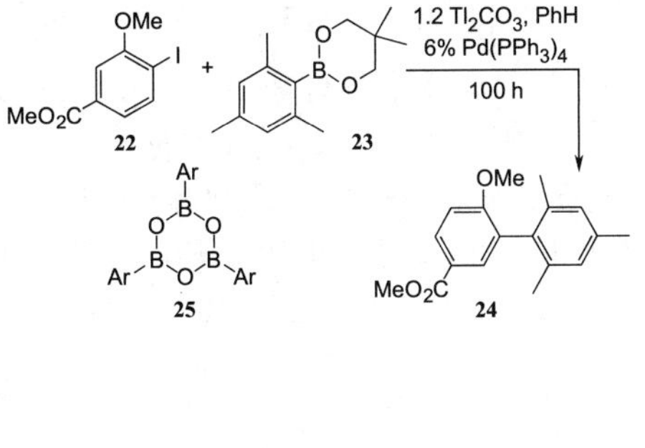

在对反应进行的一个非常有用的改进中，芳基三氟硼酸盐（ArBF$_3^+$X$^-$）（反应 12-28）可与芳基卤化物在 Pd 催化剂作用下偶联，生成二芳基化合物[570]。在 Pd 催化剂作用下，烷基三氟硼酸盐[571]（RBF$_3$K，参见反应 12-28）可与芳基三氟甲磺酸酯[572]、芳基卤化物[573]或芳基碘离子盐[574]反应，生成芳烃化合物。在一个相似的反应中，乙烯基三氟硼酸盐（C═C—BF$_3^+$X$^-$）（参见反应 12-28）可与芳基卤化物在 Pd 催化剂作用下偶联，生成苯乙烯衍生物[575]。三氟硼酸盐的 Suzuki 偶联反应也可在微波辐照下进行[576]。芳基碲化物可用于反应中[577]。在 Cu(Ⅱ)盐促进下，Pd 催化芳基碲化物与烯氨基酮偶联，生成芳基衍生物[578]。钌催化剂也已经被用于反应[579]。

OS **75**，53，61

烷基硼酸的偶联反应在反应 **13-17** 中讨论。

OS **CV**，102，467；OS **81**，89。

13-13 芳基-炔基偶联反应

炔基-去-卤化，等

$$ArI + RC\equiv CCu \longrightarrow ArC\equiv CR$$

芳基卤化物与乙炔铜反应生成 1-芳基炔，该反应被称为 Stephens-Castro 偶联[580]。无论是脂肪族的取代物还是芳香族的取代物，都可与炔基单元连接，各种芳基碘化物被用于反应中。研究表明苯甲腈在 Ni 催化剂作用下可与炔基溴化锌反应，经电解后生成二芳基炔，此反应中氰基结构单元被炔基单元取代[581]。

$$Ar-X + RC\equiv CH \xrightarrow{Pd(0)} Ar-C\equiv CR$$

Pd 催化的反应已经被报道，在 Pd 催化下芳基卤化物与端炔反应，生成 1-芳基炔，该反应被称为 Sonogashira 偶联[582]。虽然端芳基炔可与芳基碘化物及 Pd(0) 反应[583]，生成相应的二芳基炔[584]，但单炔还是很容易制备[585]。芳基碘化物比芳基氟化物更容易反应[586]。炔也可与杂芳香化合物偶联[587]。如同本章所有金属催化的反应一样，大量工作致力于反应条件的改进，包括催化剂[588]、配体[589]、溶剂和添加剂[590]。不需要铜催化[591]和不需要配体[592]的反应已经被报道。利用 2,2,6,6-四甲基哌啶-N-甲酰自由基作为氧化剂，可进行不需要过渡金属的偶联反应[593]。还有一些改进，如在水中进行不加 Cu 的 Sonogashira 偶联[594]，以及在水溶液介质中进行其它的反应[595]。在聚乙烯醇水溶液中[596]或在离子液体中[597]也可进行偶联反应。微波辐照是促进该反应的一个重要手段[598]。在微珠上[599]或利用纳米镍粉[600]进行 Sonogashira 偶联都已经被报道,将芳基碘化物连接到高分子聚合物上可进行固相 Sonogashira 反应[601]。负载到高分子聚合物上的催化剂已经被报道[602]。可通过加入 Merrifield 树脂清除副产物三苯基膦对反应进行改进[603]。

虽然有时炔之间会发生偶联生成二炔(参见反应 14-16),这是反应需要避免的问题,但是芳基-炔的偶联仍为主反应[604]。该反应有许多种改变的方式。在 Sonogashira 条件下,烷基可与炔发生偶联,甚至包括不活泼的仲卤代烷的烷基[605]。炔丙基溴可与芳基碘化物在胺存在下偶联,生成芳基氨基甲基炔[606]。4-氯苯乙酮可与 1-苯基乙炔反应,这表明羰基在这个反应中并不会受影响[607]。芳基重氮盐可用于偶联反应[608]。溴代炔与杂环可发生类似的 Pd 催化的偶联,也生成炔的衍生物[609]。炔胺可在无铜催化的条件下发生偶联[610]。

改变 Sonogashira 反应可使用其它金属作为催化剂或共催化剂。不加 Pd 而利用 Cu 配合物作为催化剂[611],以及不使用 Cu、Pd 和膦配体而利用 In 催化的反应[612]都已经被报道。Au(Ⅰ)[613]、Ni[614]、Fe[615]以及 AgI[616]均可催化 Sonogashira 反应。1-炔化锂转化为相应的炔基锌试剂,该试剂在 Pd 催化剂作用下可与芳基碘化物偶联[617]。在 $B(OiPr)_3$ 和 Pd 催化剂存在下,1-炔化锂可直接与芳基溴化物偶联[618],该反应可原位生成炔基硼酸。炔基三甲基硼酸锂也可与芳基氯化物偶联[619]。端炔在 Cu 催化剂作用下可与乙酰吡啶盐偶联,如果使用手性配体,则得到的产物具有高度的对映选择性[620]。与炔基锡化合物的偶联反应已经被报道[621]。利用 Pd 和 CuI 催化剂,三苯基乙酸锑 $[Ph_3Sb(OAc)_2]$ 的苯基可转移至 $PhC\equiv CSiMe_3$ 的炔碳上[622]。

甲硫基炔(R—C≡C—SMe)与芳基硼酸可在 Pd 催化剂作用下反应生成芳基炔(R—C≡C—Ar)[623],这是对芳基-炔偶联反应的改进。在三氟化硼诱导下,1-芳基三氮烯与芳基硼酸可进行 Pd 催化的交叉偶联反应[624]。芳基卤化物在 Pd 催化剂作用下可与炔基三氟硼酸盐(R—C≡C—BF_3K,反应 12-28)偶联[625]。芳基碘化物也可与炔基硼酸酯锂复合物 $[Li/R\equiv C\equiv C\equiv B(OR')_3]$ 偶联,生成芳基炔[626]。

二芳基碘鎓盐可与端炔反应生成苯基炔[627]。$Ph_2^+OTf^-$ 的苯基可与烯炔在 Pd 催化剂作用下偶联[628],这是对该反应的一种改进。在聚甲基羟基硅氧烷上,利用 Pd 催化剂,芳基磺酸酯可与端炔进行偶联[629]。

OS **11**,2009,234.

13-14 含有活泼氢碳原子的芳基化

双(乙氧基羰基)甲基-去-卤化,等

$$Ar-Br + \underset{Z}{\overset{Z'}{>}}\!\!\!\!\!\underset{}{\searrow} \longrightarrow \underset{Z}{\overset{Ar}{>}}\!\!\!\!\!\underset{Z'}{\searrow}$$

ZCH_2Z' 类化合物的芳基化反应与 10-67 类似,Z 基团为吸电子基团(酯基、氰基、砜基等)。活泼的芳基卤化物一般能有较好的反应结果[630]。例如,在含有 Na 或 K 的液氨中,与芳基卤化物反应,可生成 **26** 和 **27**[631]。如果在反应中不加 Na 和 K,而改用近紫外光引发反应,也能得到同样的产物(但是产物比例可能不同)[632]。在这两种反应条件下可以用其它离去基团(如:NR_3^+,SAr)代替卤原子,所采用的机理是 $S_{RN}1$ 机理。在烷氧离子碱存在下,N-杂环卡宾配体可使酮与芳基卤化物偶联,而且发生在酮的 α-位[633]。如果不加引发剂,反应也可以发生。2-氟苯甲醚与 KHMDS、4 倍量 2-氰基丙烷反应,氟原子被 CMe_2CN 取代[634]。β-酮酯可与芳基氟化物在 CsOH 和手性季铵盐作用下偶联,生成芳基取代产物,反应具有很好的对映选择性[635]。

$$Ar-X + Me\overset{O}{\underset{}{\bigsqcup}}Me \xrightarrow{K}{NH_3} Me\overset{O}{\underset{}{\bigsqcup}}Ar + Me\overset{OH}{\underset{}{\bigsqcup}}Ar$$
$$\qquad\qquad\qquad\qquad\qquad **26** \qquad\qquad **27**$$

如果有强碱如 $NaNH_2$[636] 或 LDA 存在,即使不活泼的芳基卤化物也能发生此类反应。ZCH_2Z' 形式的化合物,甚至简单的酮[637]和羧酸酯,都能以这种方式芳基化。不活泼的芳基卤化物以芳炔反应机理进行该反应,这个反应可以视为将丙二酸酯(及类似的)合成法扩展到芳环体系。碱在这里起到了两个作用:脱去 ZCH_2Z' 上一个质子和催化反应以苯炔机理进行。这个反应能用于闭环,如生成吲哚 **28**[638]。

利用 Pd 催化剂进行的相似反应已经被报道[639]。硝基乙烷与溴苯在 Pd 催化剂作用下反应,生成 2-苯基硝基乙烷[640]。Pd 催化剂已经发展成可用于酮的 α-芳基化[641]。酯的 α-芳基化在 Pd 催化剂作用下也可以进行[642]。利用 Pd 催化剂，丙二酯可与不活泼的芳基卤化物偶联[643]。双砜 [CH$_2$(SO$_2$Ar)$_2$] 可与芳基卤化物在 Pd 催化剂作用下反应[644]。二价铁盐也可以引发此类反应[645]。活泼亚甲基化合物与不活泼芳基卤化物的偶联也可在卤化铜催化剂[103]的作用下进行(Hurtley 反应)[646]。CH$_2$(CN)$_2$ 在 Ni 催化剂作用下也可进行相似的偶联反应[647]。在 Ni 催化剂存在下，α-卤代羰基化合物与芳基硼酸可发生 α-芳基化反应[648]，这是对 α-芳基化的一个改进。丙二酯或 β-酮酯分别与芳基三乙酸铅 ArPb(OAc)$_3$[649]、三苯基碳酸铋 Ph$_2$BiCO$_3$[650] 和其它 Bi 试剂[651]反应，可以发生 α-碳的芳基化，产率很高。在一个相似的反应中，乙酸锰（Ⅲ）被用于将 ArH 和 ZCH$_2$Z' 混合物转化为 ArCHZZ'[652]。芳基锌试剂也可用于该反应[653]。

酮的烯醇离子与 PhI 在黑暗的条件下即可反应[654]。在这个例子中，人们推测[655]反应是通过自由基（如 29）而被引发的：

$$\underset{R}{\overset{R}{>}}C=C\overset{O^-}{\underset{R}{<}} + Ar-I \longrightarrow \underset{R}{\overset{R}{>}}\dot{C}-C\overset{O}{\underset{R}{<}} + Ar-I^{\cdot -}$$
$$\qquad\qquad\qquad\qquad\quad \mathbf{29}$$

该反应是 SET 机理（参见 10.2 节）。光激发反应也能用于环的闭合[656]。在某些分子间反应中有证据表明，离去基团对产物比率有一定的影响，即便在产物选择性发生之前离去基团已离去，这些离去基团也会产生影响[657]。

在适当的碱作用下，酮或醛原位生成烯醇离子，这些烯醇离子在 Pd 催化剂作用下可与芳基卤化物反应[658]。共轭酮如环己烯酮经 LDA 处理生成烯醇离子，其与 Ph$_3$BiCl$_2$ 反应，生成 α-苯基共轭酮（6-苯基环己基-2-烯酮）[659]。酯可与 TiCl$_4$ 和 N,N-二甲基苯胺反应，生成对位取代产物（Me$_2$N—Ar—2Et）[660]。Ni 催化的酮烯醇离子的 α-芳基化也已经被报道[661]。在 Pd 催化剂作用下，内酰胺的烯醇离子可与芳基卤化物反应，反应经过了 3-芳基内酰胺[662]。如果酮在形成烯醇离子时有 Pd 催化剂和手性膦配体的存在，那么 α-芳基酮的生成将具有很好的对映选择性[663]。

OS Ⅴ,12,263; Ⅵ,36,873,928; Ⅶ,229.

13-15 芳基转化为羧酸、羧酸衍生物、醛和酮[664]

烷氧羰基-去-卤化，等

$$\text{ArX + CO + ROH} \xrightarrow[\text{Pd 配合物}]{\text{碱}} \text{ArCOOR}$$

芳基卤化物[665]和芳基三氟甲磺酸酯[666]可与 CO、醇、碱（用于生成醇盐）和 Pd 催化剂发生羰基化反应，可以生成羧酸酯。卤代烷可发生相似的羰基化反应。芳基碘化物在 DMF 中与甲酸锂、LiCl、乙酸酐以及 Pd 催化剂共热，也可制得芳基羧酸[667]。即使是空间位阻很大的醇盐也可以用于生成相应的酯[668]。用 H$_2$O、RNH$_2$ 或碱金属、碳酸钙[669]代替 ROH 可以分别生成相应的羧酸[670]、酰胺[671]或者混合酸酐[672]。羰基化成酯反应可在超临界 CO$_2$（参见 9.4.2 节）中进行[673]。微波促进的羰基化反应已经被报道[674]。

在 CO 和丁醇存在下，利用负载在硅胶上的 Pd 试剂可将碘苯转化为苯甲酸丁酯[675]，这是对反应的改进。采用这一方法可将 2-氯吡啶转化为吡啶 2-羧酸丁酯[676]。八羰基二钴 [Co$_2$(CO)$_8$] 可以用作 CO 的替代物[677]。芳基碘化物、CO 在乙醇和 DBU 中与 Pd 催化剂共热，可生成芳基羧酸乙酯[678]。芳基碘化物在乙醇中与三乙胺、CO 和 Pd-C 共热，可生成相似的产物[679]。苯酚和芳基卤化物与 Pd 催化剂可发生羰基化反应生成苯酯[680]。芳基二（三氟乙酸）铊 [ArTl(O$_2$CCF$_3$)$_2$, 参见反应 12-23] 可被 CO、醇及 PdCl$_2$ 催化剂羰基化生成酯[681]。值得注意的是，通过芳基碘化物、CO、PhSeSnBu$_3$ 以及 Pd 催化剂反应，可制得硒酯（ArCOSeAr）[682]。氨基羰基化反应也已经被报道[683]。

对该方法进行修订，可用于酮的合成，芳基碘化物可转化为醛[684]。芳基三甲基硅（Ar-SiMe$_3$）与酰氯在 AlCl$_3$ 作用下可制备芳基酮[685]。芳基锂和格氏试剂与五羰基铁反应，可生成醛 ArCHO[686]。CO 与芳基锂的反应可能是通过电子转移进行的[687]。与芳基卤化汞以及羰基镍作用，芳基碘化物能转化为不对称的二芳基酮[688]：ArI + Ar'HgX + Ni(CO)$_4$ ⟶ ArCOAr'。芳基碘化物可被 CO 和 R$_3$In 羰基化为芳基烷基酮[689]。在 In 配合物作用下，芳基碘化物可与芳基酰氯发生偶联生成二芳基酮[690]。有机汞化合物可发生相似的反应[691]。利用 NaOMe、CO 以及 Pd 催化剂，可将芳基铅试剂 [PhPb(OAc)$_2$] 转化为二苯基酮[692]。在 130℃、DMF 水溶液中，具有以 β-氰基为邻位基团的芳基碘化物在 Pd 催化剂作用下，可转化为双环酮[693]，其中氰基作为羰基的来源。

在 CO 和 Pd 催化剂存在下，芳基碘化物与苯基硼酸偶联（反应 12-28），也可制备二芳基酮[694]。该反应可扩展至杂芳香体系，例如，由苯基硼酸与 4-碘吡啶反应可制备苯基 4-吡啶酮[695]。2-溴吡啶可与苯基硼酸、CO 及 Pd 催化剂偶联，生成苯基 2-吡啶酮[696]。炔和芳基卤化物可被 CO 及 Pd 和 Cu 催化剂羰基化，生成炔酮 RC≡C(C=O)Ar[697]。

13-16 硅烷的芳基化

硅烷基和硅烷氧基-去-卤化，芳基-去-硅烷基化，等

$$Ar-X + Ar'SiR_2 \longrightarrow Ar-SiR_3$$

在过渡金属催化剂（如 Pd）作用下，三烷氧基硅烷 [HSi(OR)$_3$] 可与芳基卤化物反应，生成相应的芳基硅烷[698]。该转化是 Suzuki 偶联（反应 13-12）的另一种形式[699]。已经研究了硅上取代基对交叉偶联反应的影响[700]。可采用 Rh 催化剂进行相似的反应[701]。在 Pd[702] 或 Rh 催化剂[703]，或 PtO$_2$[704] 作用下，芳基卤化物可与三烷基硅烷发生相似的偶联，生成芳基硅烷。通过 Pd 催化的交叉偶联反应可以制备环状的烷氧基硅烷[705]。乙烯基硅烷可与芳基卤化物偶联，生成芳基烯烃[706]。利用 Pd 催化剂，二硅烷也可以进行反应[707]。芳基硅烷在 Pd 催化剂作用下可与芳基碘化物偶联[708]，反应还可在水溶液介质中进行[709]。在 Pd 催化剂作用下，芳基硅烷可与卤代烷反应，生成相应的芳烃[710]。

反应还有其它的形式，如，乙烯基硅烷经 Bu$_4$NF（TBAF）、芳基碘化物及 Pd 催化剂处理，可转化为苯乙烯衍生物[711]。在氧气中利用乙酸钯[712]，或利用 TBAF 和 Ir 催化剂[713]，芳基硅烷可与烯烃偶联生成苯乙烯衍生物。利用 Pd 催化剂和 TBAF，芳基碘化物可与 1-甲基-1-乙烯基-和 1-甲基-1-(丙-2-炔基)环丁烷发生脱硅烷基化反应进而偶联，生成相应的苯乙烯衍生物[714]。芳基硅烷在 Ag$_2$O 和 Pd 催化剂作用下可与芳基碘化物发生偶联[715]。芳基烷氧基硅烷 [ArSi(OR)$_3$] 在 TBAF 和 Pd 催化剂作用下可与芳基卤化物偶联[716]。在 Pd 催化剂作用下，1-三烷基硅基炔（R$_3$Si—C≡C—R'）可与芳基碘化物偶联[717]。

另一种替代的方法是将芳基锂试剂与烷氧基硅烷 [Si(OR)$_4$] 反应，生成芳基衍生物 ArSi(OR)$_3$[718]。通过类似的方法可从芳基卤化物制备二芳基衍生物[719]。芳基烷氧基硅烷也可与苯胺衍生物的邻位发生相似的偶联反应[720]。

四苯基硼酸钠（NaBPh$_4$）可与二氯硅烷 Ph$_2$SiCl$_2$ 反应，生成联苯化合物[721]。

13.3.2 氢作为离去基团[722]

13-17 烷基化和芳基化

烷基化或烷基脱氢化，等

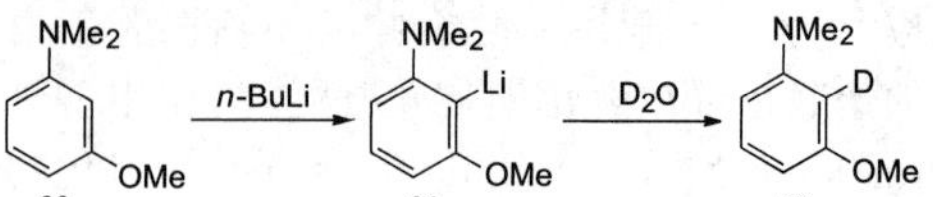

芳香环的烷基化反应已经在反应 10-57 中作了部分介绍。芳香环与有机锂试剂反应，可发生 H-Li 交换而生成芳基锂。如果芳基卤化物中具有活化取代基或反应中没有添加二胺物质，则反应会进行得很缓慢[723]。然而，如果反应物中有杂原子的取代基，如 30，则反应很容易进行，而且 Li 进入到 2 位，如 31[724]。这种反应的区域选择性在合成上非常有用，该反应被称为邻位定位金属化[725]（参见反应 10-57）。在这个反应中，如果继续与适当的亲电试剂如 D$_2$O 反应，则生成产物 32。芳基锂试剂可用于芳基化反应。这个反应是以加成-消除机理进行的，加成产物已经被分离出[726]。加热加成产物将消除 LiH 得到烷基化产物。就 2 位碳而言，反应第 1 步与 S$_N$Ar 反应机理一样。不同之处是氮上的孤对电子与锂结合，因此环上多余的一对电子有了去处：这对电子成为氮上的孤对电子。

对于 TMEDA/正丁基锂作用的芳烃锂化反应，定位效应（配合物诱导的近似效应）的规律性不适用[727]，但对于其它的体系，特别是存在强配合作用基团（如氨基甲酸酯）的体系[728]，这种效应还不清楚。2 位的酸性比 3 位要强得多（参见表 8.1），但 C-3 的负电荷由于处于更优的位置而更容易被 Li$^+$ 稳定。锂化反应并不一定取决于配合物诱导的近似效应[729]。N,N-二烷基芳基-O-氨基磺酸酯可作为邻位金属化的底物[730]。苯基氮丙啶也可进行同样的反应[731]。在形如 (R$_2$N)$_2$Mg 的碱的作用下，可得到邻芳基镁化合物[732]。利用碱金属介导的锌化反应已经实现了间位定位金属化[733]。需要注意的是，利用丁基锂进行芳基噁唑啉邻位锂化反应的底物依赖机理已经得到研究[734]。

苯、萘和菲能被烷基锂试剂烷基化，尽管一般来说，与这些试剂通常发生 12-22 所示的反应[735]，格氏试剂也能烷基化萘[736]。这些反应显然也采取加成-消除机理。保护的苯甲醛（苄亚胺）的邻位能被丁基锂以相似的方式烷基化[737]。

用烷基锂试剂烷基化含氮杂环化合物[738]的

反应被称为 Ziegler 烷基化反应。2-氯吡啶先与 3 倍量的丁基锂-Me$_2$NCH$_2$CH$_2$OLi 反应,而后与碘甲烷反应生成 2-氯-6-甲基吡啶[739]。需要指出的是,H-Li 交换的速度比 Cl-Li 交换快。因此,2-氯-5-苯基吡啶用叔丁基锂处理,发生的是苯环的锂化,而不是 Li-Cl 交换,进一步与硫酸二甲酯反应生成 2-氯-5-(2-甲基苯基)吡啶[740]。N-三异丙基硅烷基吲哚先后与叔丁基锂和碘甲烷反应,生成 3-甲基衍生物[741]。杂芳香化合物也可以被烷基化。例如,吡咯可与烯丙基卤化物及锌反应,主要生成 3-取代吡咯[742]。

芳香化合物可被汞盐汞化[743],最常使用的汞盐是 Hg(OAc)$_2$[744],得到产物为 ArHgOAc。这是一个普通的亲电芳香取代反应,通过芳基正离子机理(11.1.1 节)进行[745]。在三氟乙酸中与三氟乙酸铊(Ⅲ)[746]反应,芳香化合物也可转化为芳基二(三氟乙酸)铊〔ArTl(OOCCF$_3$)$_2$〕[747]。这些芳基铊化合物可转化为苯酚、芳基碘化物或氟化物(反应 12-31)、芳基腈(反应 12-34)、芳基硝基化合物[748]或芳基酯(反应 12-33)。铊化反应的机理似乎很复杂,亲电和电子转移的机理可能都发生了[749]。反应可形成短暂的金属化芳基配合物,它可与另一个芳香化合物反应。芳基碘化物可与苯在 Ir 催化剂作用下反应,生成二芳基化合物[750]。苯胺衍生物可与 TiCl$_4$ 反应生成对位均一的偶联产物(R$_2$N—Ar—Ar—NR$_2$)[751]。

芳香族化合物能被二甲基氧代锍甲基负离子[752]或甲亚磺酰甲基负离子(由 DMSO 与强碱反应制备)甲基化[753]:

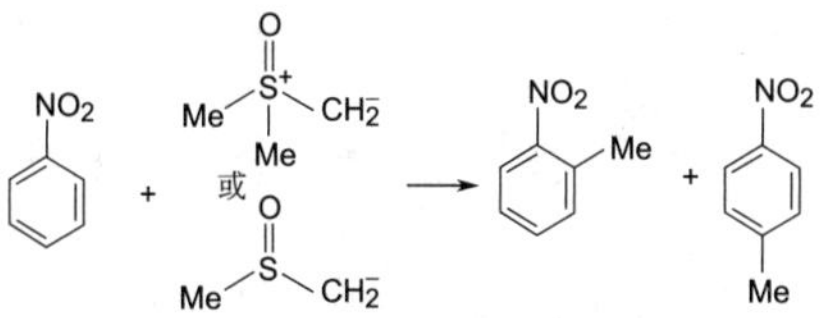

这类利用含硫碳负离子的反应很有用,因为这些底物都无法利用 Friedel-Crafts 反应(11-10)甲基化。

芳香族硝基化合物的另一种烷基化方式是利用碳负离子亲核试剂,这类碳负离子的碳上含有氯原子。反应过程如下[754]:

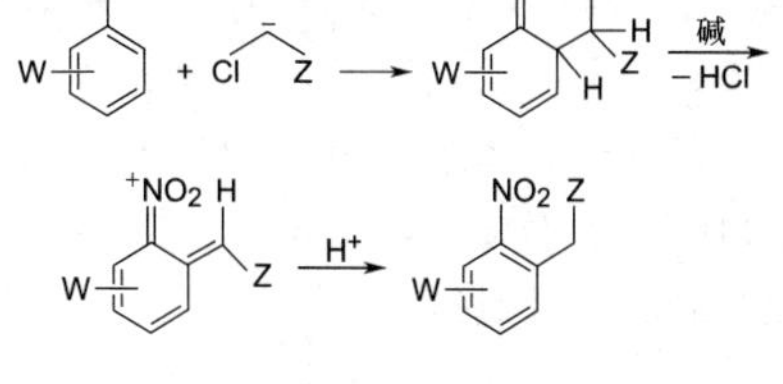

这类反应过程被称为氢的代理亲核取代(vicarious nucleophilic substitution of hydrogen)[755]。其中 Z 基团是吸电子基,如 SO$_2$R、SO$_2$OR、SO$_2$NR$_2$、COOR 或 CN,能稳定负电荷。碳负离子进攻活泼芳环硝基的邻位或对位[756]。氢负离子(H$^-$)一般不作为离去基团,但是在该情况下,相邻 Cl 的存在促使氢很容易被取代。因而,Cl 被称为"代理"离去基团。虽然该反应可以使用其它离去基团(如:OMe、SPh),但是 Cl 是最佳选择。在邻位、间位和对位的 W 基团一般不影响这个反应。该反应可以成功地应用于一些二硝基和三硝基化合物、硝基萘[757]以及许多硝基杂环化合物。反应中还可以使用 $^-$Z—CR—Cl[758]。当 Br$_3$C$^-$ 或 Cl$_3$C$^-$ 作为亲核试剂时,产物是 ArCHX$_2$,后者很容易水解为 ArCHO[759]。因此,它是一种间接甲酰化含一个或两个硝基芳环的方法。对于含一个或两个硝基的苯环,第 11 章反应 11-1~11-8 提及的甲酰化方法都不可行。

氨基也可以被取代。苯胺衍生物用烯丙基溴和亚硝酸叔丁基酯(t-BuONO)处理,生成芳基-烯丙基偶联产物(Ar—NH$_2$→Ar—CH$_2$CH=CH$_2$)[760]。

将 CH$_2$SR 基团引入酚的方法,参见 11-23。另见 14-19。

OS Ⅱ,517.

13-18 含氮杂环化合物的胺化

胺化或氨基-去-氢化

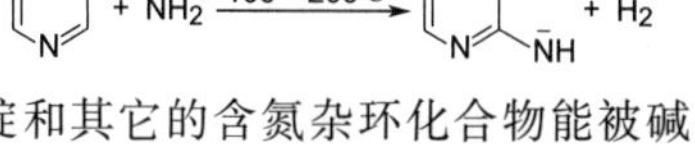

吡啶和其它的含氮杂环化合物能被碱金属胺化物胺化,这个反应被称为 Chichibabin 反应[761]。进攻位点总是在 2 位,除非两个 2 位都被占据,这种情况下的进攻位点为 4 位。取代的碱金属胺化物(如:RNH$^-$ 和 R$_2$N$^-$)也可用于该反应。这个反应的反应机理可能与 13-17 反应相似。如 33 的中间体离子(来自喹啉)已经被 NMR 谱图鉴定[762]。根据以下的几个观察结果,可以排除吡啶炔形式中间体的存在:3-乙基吡啶能通过该反应生成 2-氨基-3-乙基吡啶[763];不能形成芳炔的某些杂环化合物仍然能成功被胺化。硝基化合物不发生该反应[764],但是它们能通过代理取代方式(见反应 13-17)胺化(ArH→ArNH$_2$ 或 ArNHR),其中 4-氨基或 4-烷基氨基-1,2,4-三唑可作为亲核试剂[765]。这时,代理离去基团是三唑环。然而,需要注意的是,通过与

KOH、羟胺以及 $ZnCl_2$ 反应，3-硝基吡啶可转化为 6-氨基-3-硝基吡啶[766]。

酰肼离子（R_2NNH^-）可发生类似的反应[767]。NO_2、O_3 和过量 $NaHSO_3$ 的混合物可将吡啶转化为 3-氨基吡啶[768]。其它胺化芳环的方法参见 11-6。

该反应在《有机合成》中没有参考资料，但相关反应请见 OSⅤ，977。

13.3.3　氮作为离去基团

重氮离子基团能被许多的其它基团取代[769]。这些取代反应中的一些是以 S_N1 机理（参见 10.1.2 节）进行的亲核取代反应，但是其它的是自由基反应，这些反应将在第 14 章讨论。这些反应一般都在水溶液中进行。使用其它不同的溶剂进行该反应时可以发现，低亲核性的溶剂有利于采取 S_N1 机理，而高亲核性的溶剂有利于采取自由基机理[770]。通过亲核机理（参见 OSⅣ，182），N_2^+ 基团[771] 可被 Cl^-、Br^- 和 CN^- 取代，但是此时 Sandmeyer 反应更有应用价值（14-20）。有关芳基重氮盐的过渡金属催化的反应已经被报道，重氮盐进行的 Heck 反应（13-10）和 Suzuki 偶联（13-12）也已经在前面提到。但是正如 13.2.1 节所描述，必须牢记在心的是 N_2^+ 同时也能激活芳环上其它基团的离去。在有些情况下，含氮基团如硝基或铵离子可被取代。

13-19　重氮化

$$Ar-NH_2 + HONO \longrightarrow Ar-\overset{+}{N} \equiv N$$

伯芳胺与亚硝酸反应生成重氮盐[772]。这个反应也可以发生在脂肪族伯胺上，但是脂肪族重氮离子极其不稳定，即使是在溶液中也如此（参见 10.7.3 节）。芳香重氮离子则稳定多了，这是因为氮和芳环之间有共振作用：

34　**35**　等

顺便提一句，**34** 对杂化体的贡献比 **35** 大，正如键长测量所显示的[773]。在氯化重氮苯中，C—N 键长约等于 1.42Å，N—N 键长约等于 1.08Å[774]，这两个值更接近于一根单键和一根叁键而不是两根双键（见表 1.5）。芳香重氮盐只有在低温下才能稳定存在，通常温度只能低于 5℃。只有比较稳定的重氮盐，如从对氨基苯磺酸制备的重氮盐，直到 10℃ 或 15℃ 还能稳定存

在。重氮盐通常在水溶液中制备，不经分离就被使用[775]，如果需要的话也可以制备固体重氮盐（参见 13-23）。许多干燥的重氮盐如果处理时不谨慎有可能会发生爆炸，应当格外小心。芳基重氮盐可以通过与冠醚络合而提高稳定性[776]。

对于芳香胺，这个反应非常常见。卤素、硝基、烷基、醛基、磺酸基等基团不干扰反应。因为脂肪胺在 pH≈3 以下不与亚硝酸反应，甚至有可能在 pH≈1 条件下将芳香胺重氮化而不影响同一个分子上的脂肪氨基[777]。

$$EtOOC-CH_2-NH_2 + HONO \longrightarrow EtOOC-CH=N=N^+$$

如果一个脂肪族的氨基与 COOR、CN、CHO、COR 等连在同一个碳上，并且该碳原子上连有一个氢时，用亚硝酸处理不生成重氮盐，而是生成重氮化合物[778]。这种重氮化合物常常可以用亚硝酸异戊酯和少量的酸处理而更方便地制备[779]。有些杂环胺也生成重氮化合物而不是重氮盐[780]。

尽管在酸性溶液中可发生重氮化反应，但实际进攻的实体却不是胺的盐而是少量存在的游离胺[781]。由于脂肪胺的碱性比芳香胺强，在 pH 值低于 3 的情况下，前者由于没有足够的游离胺存在而无法发生重氮化反应，而后者仍然可以发生反应。在稀酸中实际进攻的反应物种是 N_2O_3，它作为 NO^+ 的载体。其证据是在亚硝酸中的反应是二级反应，而且在足够低的酸度下，速率表达式中没有胺[782]。在这些条件下的反应机理如下：

第 1 步　$2 HONO \xrightarrow{慢} N_2O_3 + H_2O$

第 2 步　$ArNH_2 + N_2O_3 \longrightarrow Ar-\overset{H}{\underset{H}{N^+}}-N=O + NO_2^-$

第 3 步　$Ar-\overset{H}{\underset{H}{N^+}}-N=O \xrightarrow{-H^+} Ar-\overset{H}{N}-N=O$
　　　　　　　　　　　　　　　　　　　　33

第 4 步　$Ar-N-N=O \xrightleftharpoons{互变异构} Ar-N=N-O-H$

第 5 步　$Ar-N=N-O-H \xrightleftharpoons{H^+} Ar-\overset{+}{N} \equiv N + H_2O$

还存在其它证据支持这个机理[783]。其它进攻试剂可以是 NOCl、$H_2NO_2^+$ 以及高酸度下的 NO^+。亲核试剂（如 Cl^-、SCN^-、硫脲）通过将 HONO 转化为一个更好的亲电试剂而催化这个反应（如 $HNO_2 + Cl^- + H^+ \longrightarrow NOCl + H_2O$）[784]。

在二氧六环中用 $NaNO_2$ 和 H_2SO_4 处理[785]，或在 DMF 中用 DMF-NO_2 处理[786]，N-芳基脲可转化为硝酸芳基重氮盐。

在《有机合成》中列举了很多重氮盐的制备方法，但是它们经常是为了在其它反应中的应用而制备的。我们不把它们列在这里，而是把它们列在被应用的反应下。脂肪族重氮化合物的制备可以查阅：OS Ⅲ，392；Ⅳ，424；另见 OS Ⅵ，840.

13-20　芳香重氮盐的羟基化

羟基-去-重氮基化反应

$$ArN_2^+ + H_2O \longrightarrow ArOH$$

这个反应在形式上与反应 13-1 类似，但在这个反应中离去基团是 N_2^+，而不是卤离子。无论什么时候制备重氮盐都需要水，但是在这样的温度下（0~5℃）反应进行得非常缓慢。当需要 OH 取代重氮基团时，过量亚硝酸需被破坏掉，而且溶液一般都需煮沸。一些重氮盐需要更为剧烈的条件，例如与硫酸的水溶液或与含三氟乙酸钾的三氟乙酸溶液共沸[787]。该反应能在任何重氮盐的溶液中进行，但是硫酸氢盐要比卤化物或硝酸盐更好，因为在后两种溶液中存在来自亲核性 Cl^- 和 NO_3^- 的竞争。

一种更快、无副反应、室温下进行而且产率更高的方法是：将 Cu_2O 加入到含有过量硝酸铜的稀重氮盐溶液中[788]。当采用这种方法时，芳基自由基是反应中间体。研究表明，当常见的羟基取代重氮基的反应在弱碱水溶液中进行时，芳基自由基至少部分参与了该反应[789]。在三氟甲基磺酸中四氟硼酸芳香重氮盐解离可直接生成芳基三氟甲基磺酸酯，反应产率很高[790]。

OS Ⅰ，404；Ⅲ，130，453，564；Ⅴ，1130.

13-21　被含硫基团取代

巯基-去-重氮化，等

$$ArN_2^+ + HS^- \longrightarrow ArSH$$
$$ArN_2^+ + S^{2-} \longrightarrow ArSAr$$
$$ArN_2^+ + RS^- \longrightarrow ArSR$$
$$ArN_2^+ + SCN^- \longrightarrow ArSCN + ArNCS$$

这些反应都是将含硫基团引入芳环的便利方法。当使用 $Ar'S^-$ 时，重氮硫化物 Ar—N=N—S—Ar' 是反应中间体[791]，在有些情况下可分离出这些中间体[792]。硫酚可以通过上述的方法制备，但多数情况是将重氮离子与 EtO—CSS$^-$ 或 S_2^{2-} 反应，这样可以获得预期的产物，这些产物很容易转变为硫酚。芳重氮盐可通过苯胺衍生物与亚硝酸烷基酯（RONO）反应制备，如果反应中加入二甲基二硫化物（MeS—SMe），则得到的产物为硫醚 Ar—S—Me[793]。通过首先与 NaST(P5) 和 Pd 催化剂作用，而后加入氟化四丁基铵，可将三氟甲基磺酸芳基酯转化为芳

硫[794]。参见反应 14-22。

OS Ⅱ，580；Ⅲ，809（参见 OS Ⅴ，1050）；另见 OS Ⅱ，238.

13-22　重氮基被碘原子取代

碘原子-去-重氮基化

$$ArN_2^+ + I^- \longrightarrow ArI$$

将碘引入芳环（参见反应 13-7）的最佳方案是利用芳基重氮盐与碘离子的反应[795]。氯离子、溴离子和氟离子类似反应的结果很糟，人们更倾向于利用 14-20 和 13-23 的反应来制备芳基氯化物、溴化物和氟化物。然而，当其它重氮盐在这些离子存在下进行反应时，常常会生成副产物卤化物。苯胺与 t-BuONO 和 SiF_4 作用，而后加热可转变为氟苯[796]。$PhN=N-NR_2$ 与碘之间的反应可生成碘苯[797]。

在仅有 I^- 的情况下，实际的进攻物可能不仅仅是碘离子。碘离子很容易被氧化为碘（被重氮离子、亚硝酸或其它氧化试剂氧化），这样单质碘与溶液中碘离子进一步结合生成 I_3^-，这才是真正的进攻试剂，或至少部分情况如此。这一点可通过分离得到 $ArN_2^+ I_3^-$ 盐而证实，该盐进一步反应生成 ArI[798]。因此，从这儿可以推断出，其它的卤离子不易进行该反应的原因并不是它们的亲核性差，而是它们是弱的还原剂（与碘离子比较）。目前，还有以自由基机理进行反应的证据[799]。

苯酚的羟基可被碘取代。苯酚与硼酸酯及 Pd 催化剂反应，而后与 NaI 和氯胺-T 反应，可将苯酚转化为碘苯[800]。在 Pd 催化剂作用下，芳基硼酸可被选择性氟试剂（Selectfluor）转化为芳基氟化物[801]。

OS Ⅱ，351，355，604；Ⅴ，1120.

13-23　Schiemann 反应

氟原子-去-重氮基化（完全转化）

$$ArN_2^+ BF_4^- \xrightarrow{\Delta} ArF + N_2 + BF_3$$

加热芳基重氮四氟硼酸盐（Schiemann 或 Balz-Schiemann 反应）是到目前为止将氟引入芳环的最佳方案[802]。最常见的制备四氟硼酸盐的程序是：先利用亚硝酸和盐酸进行重氮化，而后加入冷的 $NaBF_4$、HBF_4 或 NH_4BF_4 水溶液。有沉淀物形成后干燥这些沉淀，而后在干燥状态下加热这些盐。这些重氮盐很稳定，反应一般很成功（而重氮盐通常不稳定，当其干燥时，任何时候都要小心操作）。一般来说，任何能被重氮化的芳胺都能以较高的产率形成 BF_4^- 盐。四氟硼酸芳重氮盐也可以通过芳香伯胺与亚硝酸叔丁

酯和 BF$_3$-乙醚溶液反应制备[803]。ArN$_2^+$ PF$_6^-$、ArN$_2^+$ SbF$_6^-$ 以及 ArN$_2^+$ AsF$_6^-$ 也能进行该反应，而且大多数情况下反应产率都比较高[804]。制备芳基氯化物和芳基溴化物的常用方法是利用 Sandmeyer 反应（14-20）。另一种制备芳基氟化物的方法是：利用 Ar—N=N—NR$_2$ 与含 70% HF 的吡啶溶液反应，得到芳基氟化物[805]。

反应机理是 S$_N$1。芳基正离子是中间体，这在下面的实验中得到体现[806]：氯化芳基重氮盐能通过自由基机制芳基化其它芳环（参见 13-27）。在自由基芳基化反应中，其它芳环上是否含有吸电子基团或给电子基团都无关紧要；由于不是被带电荷的反应物种进攻，所以任何一种情况下都是获得异构体混合物。如果 Schiemann 反应的中间体是芳基自由基，而且反应是在存在其它芳环的情况下进行，那么其它芳环上取代基团的种类对反应就不会产生影响，即各种情况下都能得到二芳基混合物；但是，如果 Schiemann 反应中间体是芳基正离子，那么含有间位定位基团的反应底物，也就是含亲电取代中的间位定位基团的底物，将在间位被芳基化；而那些含有邻对位定位基团的反应底物则应该是在邻位和对位芳基化，这主要是由于这时的芳基正离子在反应中作为亲电试剂（参见第 11 章）。实验[807]已经观察到这种定位效应，这表明 Schiemann 反应中存在带正电荷的中间体。至少在一些例子中，进攻试剂是 BF$_4^-$，而不是 F$^-$ [808]。

OS II, 188, 295, 299；V, 133.

13-24 胺转化为偶氮化合物

N-芳基亚胺-去-二氢-二取代

$$ArNH_2 + Ar'NO \xrightarrow{HOAc} Ar-N=N-Ar'$$

芳香亚硝基化合物与伯芳胺在冰醋酸中偶联生成对称的或不对称的偶氮化合物（Mills 反应）[809]。两个芳基可以是各种形式的结构。非对称偶氮化合物可以由芳香硝基化合物 ArNO$_2$ 与 N-酰基芳香胺（Ar'NHAc）反应制备[810]。使用相转移催化可以提高产率。

13-25 重氮盐的甲基化、乙烯化和芳基化

甲基-去-重氮基化，等

$$ArN_2^+ + Me_4Sn \xrightarrow[MeCN]{Pd(OAc)_2} ArMe$$

通过重氮盐与四甲基锡和 Pd 催化剂反应，可将甲基引入芳环中[811]。这个反应已成功用于将 Me、Cl、Br 和 NO$_2$ 引入芳环。使用 CH$_2$=CHSnBu$_3$ 可以引入乙烯基。芳香胺与亚硝酸叔丁酯（t-BuONO）和烯丙基溴反应，氮可被取代而生成烯丙基-芳基化合物[812]。

在一个类 Heck 反应（13-10）中，芳基重氮盐可以与烯烃偶联[813]。在钯催化剂存在时其它活泼的芳香族反应物，可以与芳基重氮盐反应[814]。类似 Suzuki 反应的偶联反应也已见报道，反应中通常使用芳基硼酸、芳基重氮盐和 Pd 催化剂[815]。

芳基三氟硼酸盐（反应 12-28）与芳基重氮盐可在钯催化剂作用下反应，生成相应的二芳基化合物[816]。参见反应 13-12。利用钯催化剂，芳基硼酸酯也可与芳基重氮盐反应，而且芳基重氮盐的反应比芳基卤化物快[817]。

13-26 活化烯烃被重氮盐芳化：Meerwein 芳基化

芳基化或芳基-去-氢化

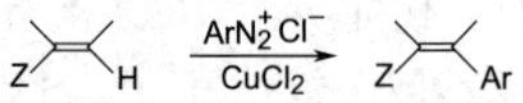

$$\underset{Z}{\overset{H}{>}}=< \xrightarrow[CuCl_2]{ArN_2^+Cl^-} \underset{Z}{\overset{}{>}}=<\underset{Ar}{}$$

被吸电子基团（Z 可以是 C=C、卤素、C=O、Ar、CN 等）活化的烯烃，用重氮盐和氯化铜催化剂[818]处理可以被芳基化，这就是 Meerwein 芳基化反应[819]。ArCl 与双键的加成

$$\left[生成\ Z-\underset{Cl}{\overset{}{C}}-\underset{H}{\overset{}{C}}-Ar \right]$$

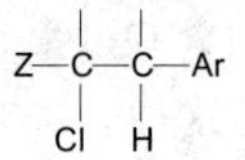

是副反应（15-46）。在一个改进的方法中，在烯烃存在下用烷基亚硝酸酯和卤化铜（II）处理芳胺（原位生成 ArN$_2^+$）[820]。

反应机理可能是自由基型的，Ar· 的形成与 14-20 一样，接着，36 通过卤素转移生成 37，或者通过消除生成 38[821]。

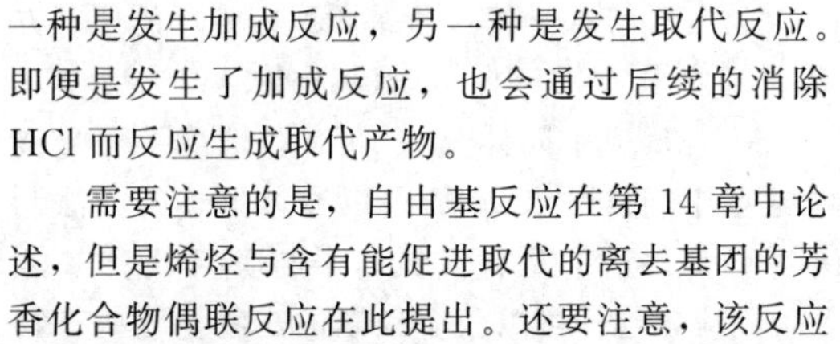

自由基 36 可以通过两条途径和氯化铜反应，一种是发生加成反应，另一种是发生取代反应。即便是发生了加成反应，也会通过后续的消除 HCl 而反应生成取代产物。

需要注意的是，自由基反应在第 14 章中论述，但是烯烃与含有能促进取代的离去基团的芳香化合物偶联反应在此提出。还要注意，该反应与 13-10 所描述的 Heck 反应相似。

OS IV, 15.

13-27 用重氮盐芳基化芳香族化合物

芳基化或芳基-去-氢化

$$ArH + Ar'N_2^+ X^- \xrightarrow{HO^-} Ar-Ar'$$

当将常见的重氮盐酸性溶液碱化后，重氮盐

的芳基部分能与另一芳环偶联。这个反应被称为 Gomberg 反应或 Gomberg-Bachmann 反应[822],这个反应已成功应用于几种类型的芳环和醌。由于重氮盐可发生许多副反应,所以反应产率并不高(常在 40% 以下),但是在相转移条件下可获得较高产率[823]。也曾使用过 Meerwein 反应(13-26)条件,即在溶液中加入铜离子催化剂,或在 DMSO 中加入亚硝酸钠(氟硼酸苯重氮盐溶于 DMSO)[824]。当 Gomberg-Bachmann 反应在分子内进行并形成 39,那么无论反应在碱性条件下或采用铜离子催化,均被称为 Pschorr 反应[825],其产率通常比 Gomberg-Bachmann 反应高。通过电化学方式进行 Pschorr 反应,可以获得更高的产率[826]。Pschorr 反应已经成功地应用于 Z 是 CH=CH、CH_2CH_2、NH、C=O、CH_2 以及少数其它基团的情况。一个快速便捷的 Pschorr 合成的例子是:在碘化钠的存在下,用异丙基亚硝酸酯重氮化底物胺,在这种情况下,闭环产物一步形成[827]。钯催化的芳香重氮盐芳香化反应已经被报道[828]。

已经使用含氮-氮键的其它化合物代替重氮盐。其中包含 N-亚硝基酰胺 [ArN(NO)COR]、三氮烯[829]和偶氮化合物。此外还有其它方法,如以芳香族底物为溶剂,直接用烷基亚硝酸酯处理芳香伯胺[830]。

在每种情况下,反应机理均涉及从共价的偶氮化合物产生芳基自由基。在酸性溶液中,重氮盐以离子形式存在的,反应是极性的,一旦重氮盐分裂,产物是芳基正离子(参见 13.1.1 节)。但是,在中性或碱性溶液中,重氮盐离子转变为共价化合物,当分子断裂时生成自由基(Ar· 和 Z·)。需要注意的是,自由基反应在第 14 章中论述,但是芳香环与含有能促进取代的离去基团的芳香化合物偶联反应在此提出。还要注意,该反应与 13-12 所描述的 Suzuki 反应相似。

Ar—N=N—Z ⟶ Ar· + N≡N + Z·

在 Gomberg-Bachmann 反应条件下,发生断裂的反应物种是酸酐(**40**)[831]:

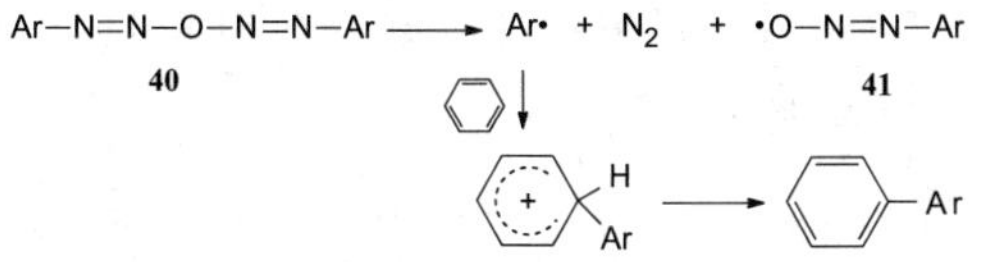

Ar—N=N—O—N=N—Ar ⟶ Ar· + N_2 + ·O—N=N—Ar
40   **41**

生成的芳基自由基进攻底物得到芳基正离子[832]中间体 **42**(参见 14.1.3 节),自由基 **41** 从中间体 **42** 中夺取氢得到产物 **43**。N-亚硝基酰胺可能重排生成 N-酰氧基化合物 **44**,**44** 断裂生成芳基自由基[833]。有证据表明与烷基亚硝酸酯的反应也涉及了芳基自由基的进攻[834]。

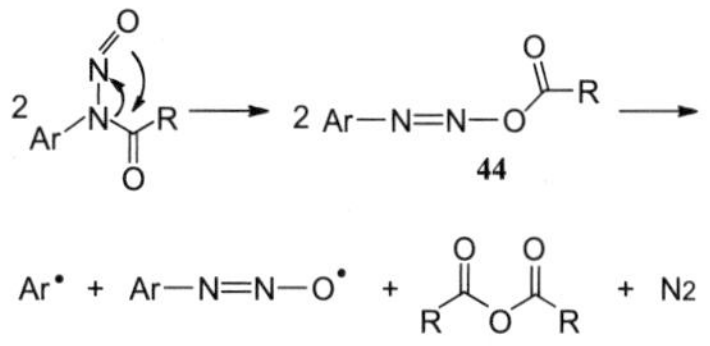

$$2 \underset{44}{Ar\overset{NO}{\underset{|}{N}}-\overset{O}{\overset{\|}{C}}-R} \longrightarrow 2\ Ar-N=N-O-\overset{O}{\overset{\|}{C}}-R \longrightarrow$$

$$Ar· + Ar-N=N-O· + \overset{O}{\overset{\|}{R-C}}-O-\overset{O}{\overset{\|}{C}}-R + N_2$$

Pschorr 反应能以两种不同的机理发生,具体机理取决于反应条件:(1)被芳基自由基进攻(与 Gomberg-Bachmann 反应一样);或(2)被芳基正离子进攻(类似于 13.1.2 节讨论的 S_N1 机理)[835]。在某些特定条件下,通常的 Gomberg-Bacbmann 反应也可以有芳基正离子进攻[836]。

OS I,113;IV,718.

13-28 重氮盐的芳基二聚

去-重氮-偶联;烷基重氮-去-重氮-取代

$$2\ ArN_2^+ \xrightarrow[\text{或 Cu + H}^+]{Cu^+} Ar-Ar + 2\ N_2\ \text{或}$$
$$Ar-N=N-Ar + N_2$$

用亚铜离子(或用铜和酸,在此情况下,该反应被称为 Gatterman 法)处理重氮盐时,可能产生两种产物。如果环上有吸电子基团,那么主产物是联芳,但是如果分子中存在给电子基团,那么主要得到偶氮化合物。这个反应不同于反应 **13-27**(也不同于反应 **19-14**),该反应中产物的两个芳基来自于 ArN_2^+,也就是说氢不是这个反应中的离去基团。该反应机理中大概有自由基[837]。

OS I,222;IV,872;另见 OS IV,273.

13-29 硝基的取代反应

烷基-去-硝化、羟基和烷氧基-去-硝化、卤素-去-硝化

$$Ar-NO_2 \longrightarrow Ar-R$$

在某些情况下,芳香族硝基化合物的含氮部分可被烷基取代。例如 1,4-二硝基苯在 BEt_3 的存在下和叔丁醇反应生成 4-乙基硝基苯[838]。

其它亲核试剂也可以取代含氮基团。氢氧根负离子和 Ar—Y(Y= 硝基[839]、叠氮化合物、NR_3^+ 等)反应,生成相应的酚。后面的这个反应与醇盐亲核试剂反应生成相应的芳基醚。使用 NH_4Cl、PCl_3、HCl、Cl_2 或 CCl_4,硝基可被氯取代。有些试剂只在温度较高时发挥作用,机理也不都是亲核取代历程。被活化的芳香族硝基化合物可与氟离子发生反应生成氟化物[840]。

有报道称在 BEt_3 作用下,将烯基硝基化合物($C=C-NO_2$)与芳基碘化物暴露在空气中,可反应生成苯乙烯化合物($C=C-Ar$)[841]。

13.3.4 重排反应
13-30 von Richter 重排
氢-去-硝基-移位-取代

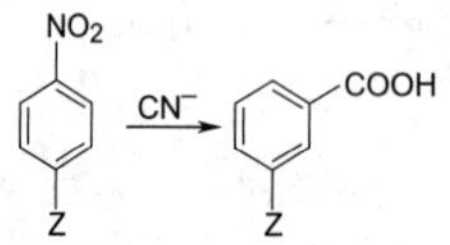

当芳香族硝基化合物与氰离子反应时,硝基能被羧基移位取代(参见 13.1.3 节),发生移位取代的位置通常是硝基的邻位(间位和对位不发生取代)。这个被称为 von Richter 重排反应的应用范围是多变的[842]。与其它芳香亲核取代反应一样,当邻位或对位存在吸电子基时,该反应的结果最好,但是反应产率很低,一般都小于20%,决不会大于50%。

由于氰化物是反应试剂而且腈在反应条件下可以水解生成羧酸(**16-4**),因此人们曾一度认为腈 ArCN 是该反应的中间体。然而,大量的实验结果证明这种观点是错误的。Bunnett 和 Rauhut 阐明了[843] β-硝基萘可以发生 von Richter 重排反应生成 α-萘甲酸,但是在同样的条件下 α-萘甲腈却不能水解成为 α-萘甲酸。这也证明腈不是该反应的中间体。接下来的研究表明 N_2 是该反应的主要产物[844]。以前认为反应中所有的氮都转化为氨,这是为了与腈是反应中间体的说法匹配,因为氨是腈水解的产物之一。同时研究还发现 NO_2^- 不是主要产物。氮气的发现表明在这个反应过程中一定有 N—N 键的形成。根据研究事实,Roseblum 提出了如下反应机制[843]:

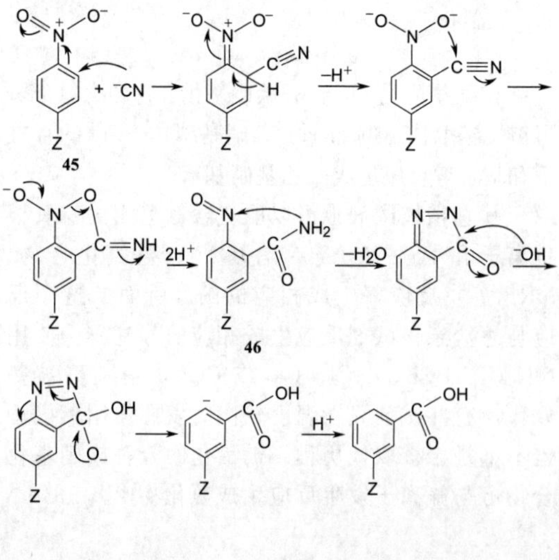

需要注意 **46** 是稳定的化合物,因此可能独立地制备它们,而后根据 von Richter 重排反应的条件使之继续反应。这些工作已经完成,而且已经获得正确的产物[845]。进一步的证据是当 **45**(Z=Cl 或 Br)与 $H_2^{18}O$ 中的氰化物反应时,产物中一半的氧被标记,这说明羧基中的一个氧来自硝基,另一个来自溶剂。这与该机制描述的一致[846]。

13-31 Sommelet-Hauser 重排反应

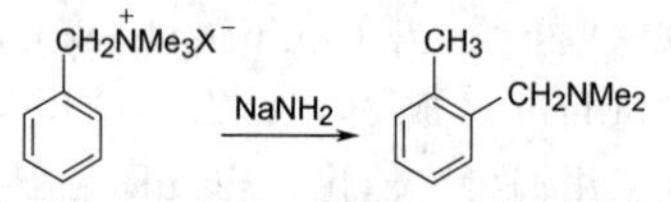

苄基季铵盐在碱金属氨基化合物作用下会发生重排反应,这就是 Sommelet-Hauser 重排[847]。因为产物是苄基叔胺,所以可以进一步烷基化,而烷基化产物还可以再次发生重排反应。该过程可以沿着芳环不断进行,直到遇到邻位位置被占满[848]。

该重排反应产率很高,而且环上的各种取代基都不影响反应的进行[849]。氮上含三个甲基的化合物最易发生此反应,而氮上含有其它基团的化合物也可以发生该反应,但是如果存在 β-氢时,Hofmann 重排(**17-7**)会与之竞争。此外,Stevens 重排反应(**18-21**)也是该反应的竞争反应[850]。当两种重排反应都可能发生时,高温有利于 Stevens 重排,而低温有利于 Sommelet-Hauser 重排[851]。反应机理是:

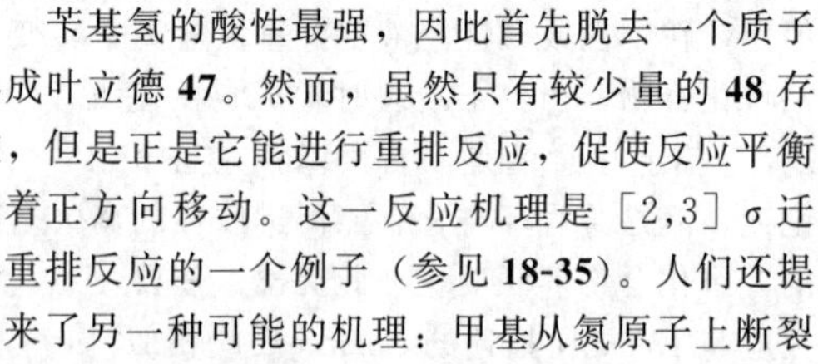

苄基氢的酸性最强,因此首先脱去一个质子形成叶立德 **47**。然而,虽然只有较少量的 **48** 存在,但是正是它能进行重排反应,促使反应平衡朝着正方向移动。这一反应机理是 [2,3] σ 迁移重排反应的一个例子(参见 **18-35**)。人们还提出来了另一种可能的机理:甲基从氮原子上断裂下来(以某种形式),然后连接到苯环上。但是对产物的研究发现反应实际上并非如此[852]。如果第二种机理是正确的,那么 **49** 应该生成 **50**,而根据第一种反应机理应该生成 **51**。事实上,得到的产物是 **51**[853]。

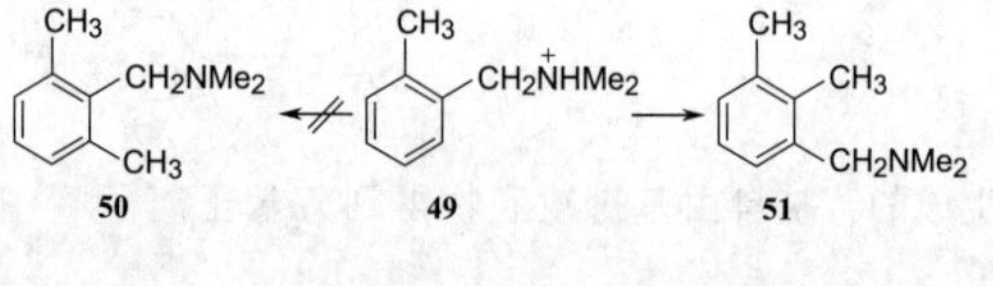

根据我们所描述的反应机理,应该只生成邻位产物。然而,在某些情况下也检测到少量的对位产物[854]。为了解释对位产物的生成,人们提出了另一种机理[855],即反应中发生了ArC—N键的解离(与Stevens重排反应的离子对机理相似,参见反应18-21)。

含有苄基的硫叶立德（**48**的类似物）也能发生类似的重排反应[856]。

OS Ⅳ,585.

13-32 芳基羟胺的重排

1/C-氢-5/N-羟基-交换

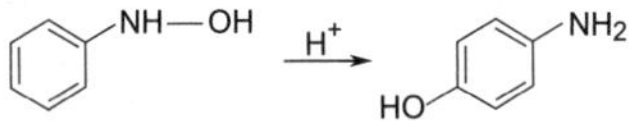

芳基羟胺化物与酸作用能重排生成氨基苯酚[857]。虽然该反应（被称为Bamberger重排反应）表面上与反应11-28～11-32相似,但是对苯环的进攻不是亲电进攻而是亲核进攻。该重排反应是分子间重排,机理如下:

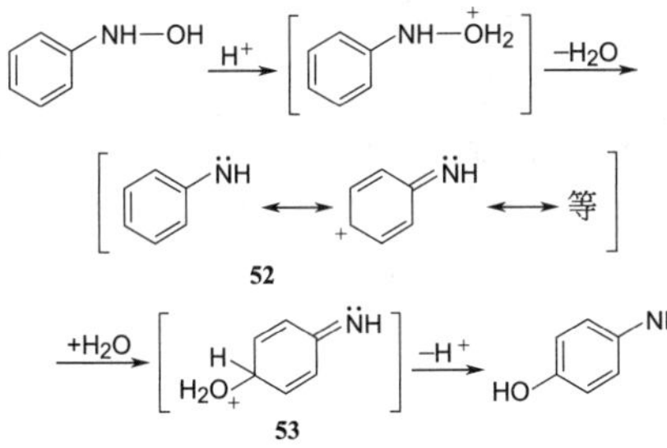

该反应机理的证据是[858]:当反应过程中存在其它竞争性亲核试剂时,能生成其它的产物,如:当乙醇存在时,会生成对乙氧苯胺。当对位被封闭时,可分离到与**53**类似的化合物。对于2,6-二甲基苯基羟胺来说,氮鎓离子中间体**52**可被捕获,而且它在溶液中的寿命也被测量出[859]。已发现,**52**与水的反应是扩散控制的[860]。

另外,在碱作用下芳基羟胺酸可重排生成苯胺[861]。

OS Ⅳ,148.

13-33 Smiles重排

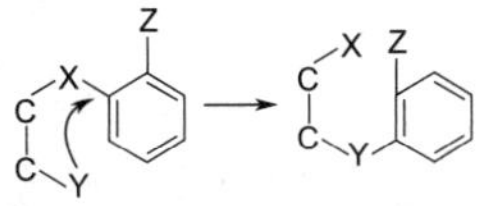

Smiles重排反应实际上包括一组重排反应,重排方式如上所示[862]。一个特殊的例子是**54**与氢氧根离子反应生成**55**。

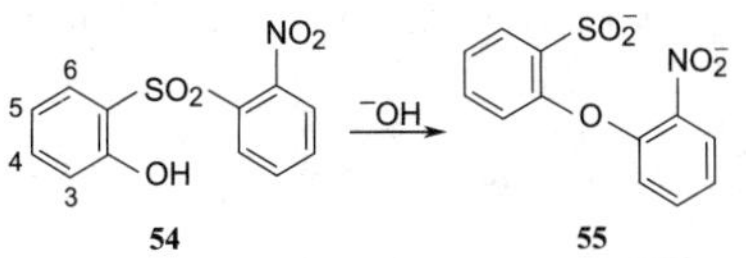

Smiles重排反应是简单的分子内亲核取代反应。在所示例子中,SO_2Ar是离去基团,ArO^-是亲核试剂,硝基起着活化邻位的作用。卤原子也可起着活化基团的作用[863]。环上发生取代反应的位置基本上都是被活化的,通常是被邻位或对位硝基所活化。X基团一般是S、SO、SO_2[864]、O或COO。Y基团一般是OH、NH_2、NHR或SH的共轭碱。甚至Y=CH_2^-时也能进行这一反应（所用的碱是苯基锂）[865]。

进攻芳环上的6位有取代基时反应速率大大提高,这主要是由于立体效应。如化合物**54**的6位被甲基、氯或溴基团取代后,其反应速率是其4位被同一基团取代的反应速率大约10^5倍[866],尽管这些取代位置上的电子效应相似。速率提高的原因是,这个分子由于6位取代基位阻因素所采取的最佳构象正是重排反应所需要的构象,因此所需的活化熵下降。

虽然Smiles重排反应一般发生在含有两个芳环的化合物上,但也并不总是如此,例如生成**56**的反应[867]。

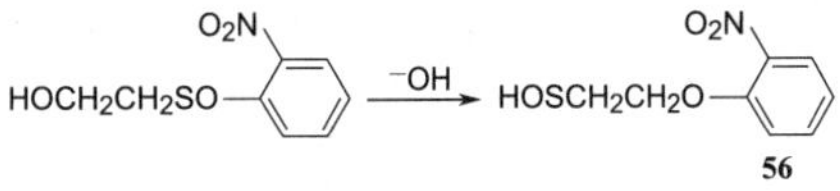

在这种情况下所得到的次磺酸（**56**）很不稳定[868],实际上分离出来的产物是相应的亚磺酸（RSO_2H）和二硫化物（R_2S_2）。

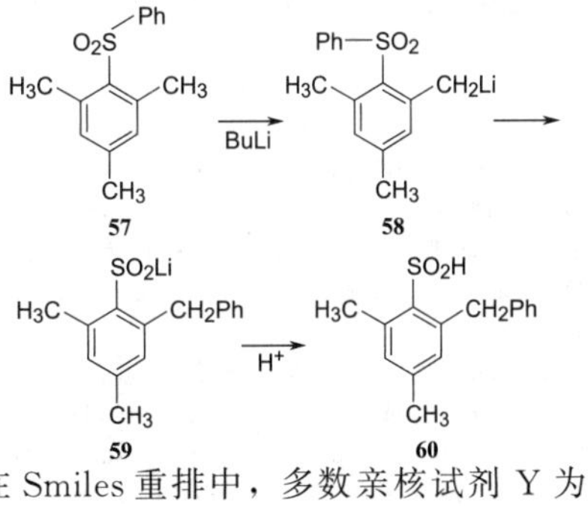

在Smiles重排中,多数亲核试剂Y为SH、SO_2NHR、SO_2NH_2、NH_2、NHR、OH以及OR的共轭碱。Y为碳负离子的例子很少,较普遍的例子可能是Truce-Smiles重排,在这个反应中L—YH是邻苯甲基基团[869]。典型的Truce-Smiles重排需要强碱,以形成可以发生重排的苄基碳负离子。例如当砜**57**与丁基锂作用,去质子化生成苄基锂化物（**58**）。经Truce-Smiles重排得到化合物**59**,继而水化生成亚磺酸（**60**）[870]。稳定的苄基碳负离子的Truce-

Smiles 重排[870]已经被报道，普通碳负离子的重排就属于这一类[871]。但是这方面的报道却相对较少[872]。已经有报道，砜的 Truce-Smiles 重排经历六元环过渡态[873]。另一个例子是活化的芳基氟化物被邻羟基苯乙酮取代，生成在酮基邻位碳上芳基化的产物[874]。

参 考 文 献

[1] See Zoltewicz, J. A. *Top. Curr. Chem.* **1975**, 59, 33.
[2] See Fairlamb, I. J. S. *Tetrahedron* **2005**, 61, 9661.
[3] Acevedo, O.; Jorgensen, W. L. *Org. Lett.* **2004**, 6, 2881.
[4] See Miller, J. *Aromatic Nucleophilic Substitution*, Elsevier, NY, **1968**. For reviews, see Bernasconi, C. F. *Chimia* **1980**, 34, 1; *Acc. Chem. Res.* **1978**, 11, 147; Bunnett, J. F. *J. Chem. Educ.* **1974**, 51, 312; Ross, S. D. in Bamford, C. H.; Tipper, C. F. H. *Comprehensive Chemical Kinetics*, Vol. 13, Elsevier, NY, **1972**, pp. 407-431; Buck, P. *Angew. Chem., Int. Ed.* **1969**, 8, 120; Buncel, E.; Norris, A. R.; Russell, K. E. *Q. Rev. Chem. Soc.* **1968**, 22, 123; Bunnett, J. F. *Tetrahedron* **1993**, 49, 4477; Zoltewicz, J. A. *Top. Curr. Chem.* **1975**, 59, 33.
[5] See Barrett, I. C.; Kerr, M. A. *Tetrahedron Lett.* **1999**, 40, 2439.
[6] Also see Wu, Z.; Glaser, R. *J. Am. Chem. Soc.* **2004**, 126, 10632; Terrier, F.; Mokhtari, M.; Goumont, T.; Hallé, J.-C.; Buncel, E. *Org. Biomol. Chem.* **2003**, 1, 1757.
[7] Meisenheimer, J. *Liebigs Ann. Chem.* **1902**, 323, 205; Jackson, C. L.; see Jackson, C. L.; Gazzolo, F. H. *Am. Chem. J.* **1900**, 23, 376; Jackson, C. L.; Earle, R. B. *Am. Chem. J.*, **1903**, 29, 89.
[8] For heteroatom nucleophiles see Gallardo, I.; Guirado, G.; Marquet, J. *J. Org. Chem.* **2002**, 67, 2548.
[9] See Buncel, E.; Crampton, M. R.; Strauss, M. J.; Terrier, F. *Electron Deficient Aromatic- and Heteroaromatic-Base Interactions*, Elsevier, NY, **1984**; Illuminati, G.; Stegel, F. *Adv. Heterocycl. Chem.* **1983**, 34, 305; Terrier, F. *Chem. Rev.* **1982**, 82, 77; Strauss, M. J. *Acc. Chem. Res.* **1974**, 7, 181; Hall, T. N.; Poranski, Jr., C. F. in Feuer, H. *The Chemistry of the Nitro and Nitroso Groups*, pt. 2, Wiley, NY, **1970**, pp. 329-384; Foster, R.; Fyfe, C. A. *Rev. Pure Appl. Chem.* **1966**, 16, 61.
[10] Crampton, M. R.; Gold, V. *J. Chem. Soc. B* **1966**, 893. See Buncel, E.; Crampton, M. R.; Strauss, M. J.; Terrier, F. *Electron Deficient Aromatic- and Heteroaromatic-Base Interactions*, Elsevier, NY, **1984**, pp. 15-133.
[11] Destro, R.; Gramaccioli, C. M.; Simonetta, M. *Acta Crystallogr.* **1968**, 24, 1369; Ueda, H.; Sakabe, M.; Tanaka, J.; Furusaki, A. *Bull. Chem. Soc. Jpn.* **1968**, 41, 2866; Messmer, G. G.; Palenik, G. J. *Chem. Commun.* **1969**, 470.
[12] Grossi, L. *Tetrahedron Lett.* **1992**, 33, 5645.
[13] Bunnett, J. F.; Garbisch, Jr., E. W.; Pruitt, K. M. *J. Am. Chem. Soc.* **1957**, 79, 385. See Gandler, J. R.; Setiarahardjo, I. U.; Tufon, C.; Chen, C. *J. Org. Chem.* **1992**, 57, 4169.
[14] See Fernndez, I.; Frenking, G.; Uggerud, E. *J. Org. Chem.* **2010**, 75, 2971.
[15] Chiacchiera, S. M.; Singh, J. O.; Anunziata, J. D.; Silber, J. J. *J. Chem. Soc. Perkin Trans. 2* **1987**, 987.
[16] Bernasconi, C. F.; de Rossi, R. H.; Schmid, P. *J. Am. Chem. Soc.* **1977**, 99, 4090.
[17] Bunnett, J. F.; Sekiguchi, S.; Smith, L. A. *J. Am. Chem. Soc.* **1981**, 103, 4865.
[18] See Nudelman, N. S. *J. Phys. Org. Chem.* **1989**, 2, 1. See also, Nudelman, N. S.; Montserrat, J. M. *J. Chem. Soc. Perkin Trans. 2* **1990**, 1073.
[19] Jain, A. K.; Gupta, V. K.; Kumar, A. *J. Chem. Soc. Perkin Trans. 2* **1990**, 11.
[20] Ayrey, G.; Wylie, W. A. *J. Chem. Soc. B* **1970**, 738.
[21] Bacaloglu, R.; Blaskó, A.; Bunton, C. A.; Dorwin, E.; Ortega, F.; Zucco, C. *J. Am. Chem. Soc.* **1991**, 113, 238; Crampton, M. R.; Davis, A. B.; Greenhalgh, C.; Stevens, J. A. *J. Chem. Soc. Perkin Trans. 2* **1989**, 675.
[22] See Muscio, Jr., O. J.; Rutherford, D. R. *J. Org. Chem.* **1987**, 52, 5194.
[23] Quiñonero, D.; Garau, C.; Rotger, C.; Frontera, A.; Ballester, P.; Costa, A.; Deyà. P. M. *Angew. Chem. Int. Ed.* **2002**, 41, 3389.
[24] Himeshima, Y.; Kobayashi, H.; Sonoda, T. *J. Am. Chem. Soc.* **1985**, 107, 5286.
[25] See Glaser, R.; Horan, C. J.; Nelson, E. D.; Hall, M. K. *J. Org. Chem.* **1992**, 57, 215.
[26] Aryl iodonium salts Ar_2I^+ also undergo substitutions by this mechanism (and by a free radical mechanism).
[27] Also see Lorand, J. P. *Tetrahedron Lett.* **1989**, 30, 7337.
[28] See Ambroz, H. B.; Kemp, T. J. *Chem. Soc. Rev.* **1979**, 8, 353.
[29] Stang, P. J.; Rappoport, Z.; Hanack, M.; Subramanian, L. R. *Vinyl Cations*, Academic Press, NY, **1979**. See Hanack, M. *Pure Appl. Chem.* **1984**, 56, 1819; Rappoport, Z. *Reactiv. Intermed.* (Plenum) **1983**, 3, 427; Ambroz, H. B.; Kemp, T. J. *Chem. Soc. Rev.* **1979**, 8, 353. See also, Charton, M. *Mol. Struct. Energ.* **1987**, 4, 271; Glaser, R.; Horan, C. J.; Lewis, M.; Zollinger, H. *J. Org. Chem.* **1999**, 64, 902.
[30] See Zollinger, H. *Angew. Chem., Int. Ed.* **1978**, 17, 141; Swain, C. G.; Sheats, J. E.; Harbison, K. G. *J. Am. Chem. Soc.* **1975**, 97, 783, 796; Burri, P.; Wahl, Jr., G. H.; Zollinger, H. *Helv. Chim. Acta* **1974**, 57, 2099; Richey, Jr., H. G.; Richey, J. M. in Olah, G. A.; Schleyer, P. v. R. *Carbonium Ions*, Vol. 2, Wiley, NY, **1970**, pp. 922-931; Miller, J. *Aromatic Nucleophilic Substitution*, Elsevier, NY, **1968**, pp. 29-40.
[31] Lewis, E. S.; Miller, E. B. *J. Am. Chem. Soc.* **1953**, 75, 429.
[32] Swain, C. G.; Sheats, J. E.; Gorenstein, D. G.; Harbison, K. G. *J. Am. Chem. Soc.* **1975**, 97, 791.
[33] See Apeloig, Y.; Arad, D. *J. Am. Chem. Soc.* **1985**, 107, 5285.

[34] See Williams, D. L. H.; Buncel, E. *Isot. Org. Chem.* Vol. 5, Elsevier, Amsterdam, The Netherlands, **1980**, pp. 147, 212; Zollinger, H. *Pure Appl. Chem.* **1983**, 55, 401.
[35] Lewis, E. S.; Kotcher, P. G. *Tetrahedron* **1969**, 25, 4873; Lewis, E. S.; Holliday, R. E. *J. Am. Chem. Soc.* **1969**, 91, 426; Tröndlin, F.; Medina, R.; Rüchardt, C. *Chem. Ber.* **1979**, 112, 1835.
[36] Bergstrom, R. G.; Landell, R. G. M.; Wahl, Jr., G. H.; Zollinger, H. *J. Am. Chem. Soc.* **1976**, 98, 3301.
[37] Szele, I.; Zollinger, H. *Helv. Chim. Acta* **1981**, 64, 2728.
[38] Ravenscroft, M. D.; Skrabal, P.; Weiss, B.; Zollinger, H. *Helv. Chim. Acta* **1988**, 71, 515.
[39] See Hoffmann, R. W. *Dehydrobenzene and Cycloalkynes*, Academic Press, NY, **1967**; Gilchrist, T. L. in Patai, S.; Rappoport, Z. *The Chemistry of Functional Groups*, *Supplement C* pt. 1, Wiley, NY, **1983**, pp. 383-419; Bryce, M. R.; Vernon, J. M. *Adv. Heterocycl. Chem.* **1981**, 28, 183; Levin, R. H. *React. Intermed. (Wiley)* **1985**, 3, 1; Fields, E. K. in McManus, S. P. *Organic Reactive Intermediates*, Academic Press, NY, **1973**, pp. 449-508.
[40] Roberts, J. D.; Semenow, D. A.; Simmons, H. E.; Carlsmith, L. A. *J. Am. Chem. Soc.* **1965**, 78, 601.
[41] See Hess, Jr., B. A. *Eur. J. Org. Chem.* **2001**, 2185.
[42] Wentrup, C. *Austr. J. Chem.* **2010**, 63, 979.
[43] See Kitamura, T.; Meng, Z.; Fujiwara, Y. *Tetrahedron Lett.* **2000**, 41, 6711; Kawabata, H.; Nishino, T.; Nishiyama, Y.; Sonoda, N. *Tetrahedron Lett.* **2002**, 43, 4911. Microwave spectroscopy can be used to detect benzynes: see Godfrey, P. D. *Austr. J. Chem.* **2010**, 63, 1061.
[44] See Suwinski, J.; Swierczek, K. *Tetrahedron* **2001**, 57, 1639.
[45] See Gilman, H.; Avakian, S. *J. Am. Chem. Soc.* **1945**, 67, 349. For a table of many such examples, see Bunnett, J. F.; Zahler, R. E. *Chem. Rev.* **1951**, 49, 273, p. 385.
[46] Riggs, J. C.; Ramirez, A.; Cremeens, M. E.; Bashore, C. G.; Candler, J.; Wirtz, M. C.; Coe, J. C.; Collum, D. B. *J. Am. Chem. Soc.* **2008**, 130, 3406.
[47] Bunnett, J. F.; Kearley, Jr., F. J. *J. Org. Chem.* **1971**, 36, 184.
[48] See Kalendra, D. M.; Sickles, B. R. *J. Org. Chem.* **2003**, 68, 1594.
[49] See Pellissier, H.; Santelli, M. *Tetrahedron* **2003**, 59, 701.
[50] See Gaviña, F.; Luis, S. V.; Costero, A. M.; Gil, P. *Tetrahedron* **1986**, 42, 155.
[51] Chapman, O. L.; Mattes, K.; McIntosh, C. L.; Pacansky, J.; Calder, G. V.; Orr, G. *J. Am. Chem. Soc.* **1973**, 95, 6134. For the IR spectrum of pyridyne trapped in a matrix, see Nam, H.; Leroi, G. E. *J. Am. Chem. Soc.* **1988**, 110, 4096. See Brown, R. D.; Godfrey, P. D.; Rodler, M. *J. Am. Chem. Soc.* **1986**, 108, 1296.
[52] DeProft, F.; Schleyer, P. v. R.; van Lenthe, J. H.; Stahl, F.; Geerlings, P. *Chem. Eur. J.* **2002**, 8, 3402.
[53] Nash, J. J.; Nizzi, K. E.; Adeuya, A.; Yurkovich, M. J.; Cramer, C. J.; Kenttämaa, H. I. *J. Am. Chem. Soc.* **2005**, 127, 5760.
[54] For reviews of hetarynes, see van der Plas, H. C.; Roeterdink, F. in Patai, S.; Rappoport, Z. *The Chemistry of Functional Groups*, *Supplement C*, pt. 1, Wiley, NY, **1983**, pp. 421-511; Reinecke, M. G. *Tetrahedron* **1982**, 38, 427; den Hertog, H. J.; van der Plas, H. C. *Adv. Heterocycl. Chem.* **1971**, 40, 121; Kauffmann, T.; Wirthwein, R. [*Angew. Chem., Int. Ed.* **1971**, 10, 20.
[55] Hamura, T.; Ibusuki, Y.; Sato, K.; Matsumoto, T.; Osamura, Y.; Suzuki, K. *Org. Lett.* **2003**, 5, 3551.
[56] Kim, J. K.; Bunnett, J. F. *J. Am. Chem. Soc.* **1970**, 92, 7463, 7464.
[57] See Rossi, R. A.; de Rossi, R. H. *Aromatic Substitution by the $S_{RN}1$ Mechanism*, American Chemical Society, Washington, **1983**; Savéant, J. *Adv. Phys. Org. Chem.* **1990**, 26, 1; Norris, R. K. in Patai, S.; Rappoport, Z. *The Chemistry of Functional Groups*, *Supplement D*, pt. 1, Wiley, NY, **1983**, pp. 681-701; Chanon, M.; Tobe, M. L. *Angew. Chem., Int. Ed.* **1982**, 21, 1; Rossi, R. A. *Acc. Chem. Res.* **1982**, 15, 164. Also see Rossi, R. A.; Pierini, A. B.; Palacios, S. M. *Adv. Free Radical Chem. (Greenwich, Conn.)* **1990**, 1, 193; Costentin, C.; Hapiot, P.; Médebielle, M.; Savéant, J.-M. *J. Am. Chem. Soc.* **1999**, 121, 4451.
[58] The symbol T is used for electron transfer.
[59] See Amatore, C.; Pinson, J.; Savéant, J.; Thiébault, A. *J. Am. Chem. Soc.* **1981**, 103, 6930.
[60] Bunnett, J. F. *Acc. Chem. Res.* **1978**, 11, 413.
[61] Savéant, J.-M. *Tetrahedron* **1994**, 50, 10117.
[62] See Cornelisse, J.; de Gunst, G. P.; Havinga, E. *Adv. Phys. Org. Chem.* **1975**, 11, 225; Cornelisse, J. *Pure Appl. Chem.* **1975**, 41, 433; Pietra, F. *Q. Rev. Chem. Soc.* **1969**, 23, 504, p. 519.
[63] See Savéant, J. *Acc. Chem. Res.* **1980**, 13, 323. See also, Alam, N.; Amatore, C.; Combellas, C.; Thiébault, A.; Verpeaux, J. N. *J. Org. Chem.* **1990**, 55, 6347.
[64] Swartz, J. E.; Bunnett, J. F. *J. Org. Chem.* **1979**, 44, 340, and references cited therein.
[65] Galli, C.; Gentili, P.; Guarnieri, A. *Gazz. Chim. Ital.*, **1995**, 125, 409.
[66] Borosky, G. L.; Pierini, A. B.; Rossi, R. A. *J. Org. Chem.* **1992**, 57, 247.
[67] Manzo, P. G.; Palacios, S. M.; Alonso, R. A. *Tetrahedron Lett.* **1994**, 35, 677.
[68] Galli, C.; Gentili, P. *J. Chem. Soc. Perkin Trans.* 2 **1993**, 1135.
[69] Marquet, J.; Jiang, Z.; Gallardo, I.; Batlle, A.; Cayón, E. *Tetrahedron Lett.* **1993**, 34, 2801. Also see, Keegstra, M. A. *Tetrahedron* **1992**, 48, 2681.
[70] Rossi, R. A.; Palacios, S. M. *Tetrahedron* **1993**, 49, 4485.
[71] Marquet, J.; Casado, F.; Cervera, M.; Espín, M.; Gallardo, I.; Mir, M.; Niat, M. *Pure Appl. Chem.* **1995**, 67, 703.
[72] With meta substituents, electron-withdrawing groups also increase the rate: See Nurgatin, V. V.; Sharnin, G. P.; Ginzburg, B. M. *J. Org. Chem., USSR* **1983**, 19, 343.

[73] See Miller, J. *Aromatic Nucleophilic Substitution*, Elsevier, NY, **1968**, pp. 61-136.
[74] For reviews of reactivity of nitrogen-containing heterocycles, see Illuminati, G. *Adv. Heterocycl. Chem.* **1964**, 3, 285; Shepherd, R. G. ; Fedrick, J. L. *Adv. Heterocycl. Chem.* **1965**, 4, 145.
[75] See Albini, A. ; Pietra, S. *Heterocyclic N-Oxides*, CRCPress, Boca Raton, FL, **1991**, pp. 142-180; Katritzky, A. R. ; Lagowski, J. M. *Chemistry of the Heterocyclic N-Oxides*, Academic Press, NY, **1971**, pp. 258-319, 550-553.
[76] Bunnett, J. F. ; Zahler, R. E. *Chem. Rev.* **1951**, 49, 273, pp. 308.
[77] Miller, J. ; Parker, A. J. *Aust. J. Chem.* **1958**, 11, 302.
[78] Berliner, E. ; Monack, L. C. *J. Am. Chem. Soc.* **1952**, 74, 1574.
[79] See de Boer, T. J. ; Dirkx, I. P. in Feuer, H. *The Chemistry of the Nitro and Nitroso Groups*, pt. 1, Wiley, NY, **1970**, pp. 487-612.
[80] Fluorine significantly activates ortho and meta positions, and slightly deactivates para positions (see Table 13.1): See Chambers, R. D. ; Seabury, N. J. ; Williams, D. L. H. ; Hughes, N. *J. Chem. Soc. Perkin Trans.* 1 **1988**, 255.
[81] See Yakobson, G. G. ; Vlasov, V. M. *Synthesis* **1976**, 652; Kobrina, L. S. *Fluorine Chem. Rev.* **1974**, 7, 1.
[82] See Balas, L. ; Jhurry, D. ; Latxague, L. ; Grelier, S. ; Morel, Y. ; Hamdani, M. ; Ardoin, N. ; Astruc, D. *Bull. Soc. Chim. Fr.* **1990**, 401.
[83] See Bartoli, G. ; Todesco, P. E. *Acc. Chem. Res.* **1977**, 10, 125; a list of σ^- values in Table 9.4.
[84] From Roberts, J. D. ; Vaughan, C. W. ; Carlsmith, L. A. ; Semenow, D. A. *J. Am. Chem. Soc.* **1956**, 78, 611. See Hoffmann, R. W. *Dehydrobenzene and Cycloalkynes*, Academic Press, NY, **1973**, pp. 134-150.
[85] Wotiz, J. H. ; Huba, F. *J. Org. Chem.* **1959**, 24, 595. See also, Biehl, E. R. ; Razzuk, A. ; Jovanovic, M. V. ; Khanapure, S. P. *J. Org. Chem.* **1986**, 51, 5157.
[86] See Miller, J. *Aromatic Nucleophilic Substitution*, Elsevier, NY, **1968**, pp. 137-179.
[87] See Furukawa, N. ; Ogawa, S. ; Kawai, T. ; Oae, S. *J. Chem. Soc. Perkin Trans.* 1 **1984**, 1839.
[88] See Beck, J. R. *Tetrahedron* **1978**, 34, 2057. See also, Effenberger, F. ; Koch, M. ; Streicher, W. *Chem. Ber.* **1991**, 24, 163.
[89] Loudon, J. D. ; Shulman, N. *J. Chem. Soc.* **1941**, 772; Suhr, H. *Chem. Ber.* **1963**, 97, 3268.
[90] Kobrina, L. S. ; Yakobson, G. G. *J. Gen. Chem. USSR* **1963**, 33, 3238.
[91] Reinheimer, J. D. ; Taylor, R. C. ; Rohrbaugh, P. E. *J. Am. Chem. Soc.* **1961**, 83, 835; Ross, S. D. *J. Am. Chem. Soc.* **1959**, 81, 2113; Litvinenko, L. M. ; Shpan'ko, L. V. ; Korostylev, A. P. *Doklad. Chem.* **1982**, 266, 309.
[92] See Miller, J. *Aromatic Nucleophilic Substitution*, Elsevier, NY, **1968**, pp. 180-233.
[93] From Bunnett, J. F. ; Zahler, R. E. *Chem. Rev.* **1951**, 49, 273, p. 340; Sauer, J. ; Huisgen, R. *Angew. Chem.* **1960**, 72, 294, p. 311; Bunnett, J. F. *Annu. Rev. Phys. Chem.* **1963**, 14, 271.
[94] See Amatore, C. ; Combellas, C. ; Robveille, S. ; Savéant, J. ; Thiébault, A. *J. Am. Chem. Soc.* **1986**, 108, 4754, and references cited therein.
[95] Seeliger, F. ; Błazej, S. ; Bernhardt, S. ; Maąkosza, M. ; Mayr, H. *Chemistry: European J.* **2008**, 14, 6108.
[96] See Fyfe, C. A. in Patai, S. *The Chemistry of the Hydroxyl Group*, pt. 1, Wiley, NY, **1971**, pp. 83-124.
[97] This benzyne mechanism is also supported by ^{14}C labeling experiments: Bottini, A. T. ; Roberts, J. D. *J. Am. Chem. Soc.* **1957**, 79, 1458; Dalman, G. W. ; Neumann, F. W. *J. Am. Chem. Soc.* **1968**, 90, 1601.
[98] Anderson, K. W. ; Ikawa, T. ; Tundel, R. E. ; Buchwald, S. L. *J. Am. Chem. Soc.* **2006**, 128, 10694. Also see Schulz, T. ; Torborg, C. ; Schäffner, B. ; Huang, J. ; Zapf, A. ; Kadyrov, R. ; Börner, A. ; Beller, M. *Angew. Chem. Int. Ed.* **2009**, 48, 918; Sergeev, A. G. ; Schulz, T. ; Torborg, C. ; Spannenberg, A. ; Neumann, H. ; Beller, M. *Angew. Chem. Int. Ed.* **2009**, 48, 7595.
[99] Hashemi, M. M. ; Akhbari, M. *Synth. Commun.* **2004**, 34, 2783.
[100] Maurer, S. ; Liu, W. ; Zhang, X. ; Jiang, Y. ; Ma, D. *Synlett* **2010**, 976. See also Jing, L. ; Wei, J. ; Zhou, L. ; Huang, Z. ; Li, Z. ; Zhou, X. *Chem. Commun.* **2010**, 4767.
[101] Cantrell, Jr. , W. R. ; Bauta, W. E. ; Engles, T. *Tetrahedron Lett.* **2006**, 47, 4249.
[102] Kormos, C. M. ; Leadbeater, N. E. *Tetrahedron* **2006**, 62, 4728.
[103] See Seeboth, H. *Angew. Chem, Int. Ed.* **1967**, 6, 307; Gilbert, E. E. *Sulfonation and Related Reactions*; Wiley, NY, **1965**, pp. 166-169.
[104] Hawthorne, M. F. *J. Org. Chem.* **1957**, 22, 1001. For other procedures, see Lewis, N. J. ; Gabhe, S. Y. *Aust. J. Chem.* **1978**, 31, 2091; Hoffmann, R. W. ; Ditrich, K. *Synthesis* **1983**, 107.
[105] Pickles, G. M. ; Thorpe, F. G. *J. Organomet. Chem.* **1974**, 76, C23.
[106] Simon, J. ; Salzbrunn, S. ; Prakash, G. K. S. ; Petasis, N. A. ; Olah, G. A. *J. Org. Chem.* **2001**, 66, 633. Also see Xu, J. ; Wang, X. ; Shao, C. ; Su, D. ; Cheng, G. ; Hu, Y. *Org. Lett.* **2010**, 12, 1964.
[107] Maleczka, Jr. , R. E. ; Shi, F. ; Holmes, D. ; Smith III , M. R. *J. Am. Chem. Soc.* **2003**, 125, 7792.
[108] Parker, K. A. ; Koziski, K. A. *J. Org. Chem.* **1987**, 52, 674. See Taddei, M. ; Ricci, A. *Synthesis* **1986**, 633; Einhorn, J. ; Luche, J. ; Demerseman, P. *J. Chem. Soc. Chem. Commun.* **1988**, 1350.
[109] Taylor, E. C. ; Altland, H. W. ; Danforth, R. H. ; McGillivray, G. ; McKillop, A. *J. Am. Chem. Soc.* **1970**, 92, 3520.
[110] Taylor, E. C. ; Altland, H. W. ; McKillop, A. *J. Org. Chem.* **1975**, 40, 2351.
[111] Buzbee, L. R. *J. Org. Chem.* **1966**, 31, 3289; Oae, S. ; Furukawa, N. ; Kise, M. ; Kawanishi, M. *Bull. Chem. Soc. Jpn.* **1966**, 39, 1212.
[112] See Gujadhur, R. ; Venkataraman, D. *Synth. Commun.* **2001**, 31, 2865.
[113] Testaferri, L. ; Tiecco, M. ; Tingoli, M. ; Chianelli, D. ; Montanucci, M. *Tetrahedron* **1983**, 39, 193.
[114] Rebeiro, G. L. ; Khadilkar, B. M. *Synth. Commun.* **2003**, 33, 1405.

[115] Chauhan, S. M. S. ; Jain, N. ; Kumar, A. ; Srinivas, K. A. *Synth. Commun.* **2003**, 33, 3607.
[116] Kizner, T. A. ; Shteingarts, V. D. *J. Org. Chem*, USSR **1984**, 20, 991.
[117] Artamanova, N. N. ; Seregina, V. F. ; Shner, V. F. ; Salov, B. V. ; Kokhlova, V. M. ; Zhdamarova, V. N. *J. Org. Chem*, USSR **1989**, 25, 554.
[118] See Agejas, J. ; Bueno, A. B. *Tetrahedron Lett.* **2006**, 47, 5661.
[119] Chaouchi, M. ; Loupy, A. ; Marque, S. ; Petit, A. *Eur. J. Org. Chem.* **2002**, 1278.
[120] Chen, C. -y. ; Dormer, P. G. *J. Org. Chem.* **2005**, 70, 6964.
[121] Luo, Y. ; Wu, J. X. ; Ren, R. X. *Synlett* **2003**, 1734.
[122] Oae, S. ; Kiritani, R. *Bull. Chem. Soc. Jpn.* **1964**, 37, 770 ; **1966**, 39, 611.
[123] See Hosseinzadeh, R. ; Tajbakhsh, M. ; Mohadjerani, M. ; Alikarami, M. *Synlett* **2005**, 1101.
[124] Naidu, A. B. ; Raghunath, O. R. ; Prasad, D. J. C. ; Sekar, G. *Tetrahedron Lett.* **2008**, 49, 1057 ; Naidu, A. B. ; Sekar, G. *Tetrahedron Lett.* **2008**, 49, 3147. See Moroz, A. A. ; Shvartsberg, M. S. *Russ. Chem. Rev.* **1974**, 43, 679 ; Kunz, K. ; Scholz, U. ; Ganzer, D. *Synlett* **2003**, 2428.
[125] Weingarten, H. *J. Org. Chem.* **1964**, 29, 977, 3624. See Cai, Q. ; Zou, B. ; Ma, D. *Angew. Chem. Int. Ed.* **2006**, 45, 1276.
[126] Chang, J. W. W. ; Chee, S. ; Mak, S. ; Buranaprasertsuk, P. ; Chavasiri, W. ; Chan, P. W. H. *Tetrahedron Lett.* **2008**, 49, 2018.
[127] Kawaki, T. ; Hashimoto, H. *Bull. Chem. Soc. Jpn.* **1972**, 45, 1499.
[128] Whitesides, G. M. ; Sadowski, J. S. ; Lilburn, J. *J. Am. Chem. Soc.* **1974**, 96, 2829.
[129] Lipshutz, B. H. ; Unger, J. B. ; Taft, B. R. *Org. Lett.* **2007**, 9, 1089 ; Maiti, D. ; Buchwald, S. L. *J. Org. Chem.* **2010**, 75, 1791 ; Maiti, D. ; Buchwald, S. L. *J. Am. Chem. Soc.* **2009**, 131, 17423 ; Tlili, A. ; Monnier, F. ; Taillefer, M. *Chemistry*: *Eur. J.* **2010**, 16, 12299 ; Zhao, D. ; Wu, N. ; Zhang, S. ; Xi, P. ; Su, X. ; Lan, J. ; You, J. *Angew. Chem. Int. Ed.* **2009**, 48, 8729.
[130] Parrish, C. A. ; Buchwald, S. L. *J. Org. Chem.* **2001**, 66, 2498 ; Torraca, K. E. ; Huang, X. ; Parrish, C. A. ; Buchwald, S. L. *J. Am. Chem. Soc.* **2001**, 123, 10770.
[131] Burgos, C. H. ; Barder, T. E. ; Huang, X. ; Buchwald, S. L. *Angew. Chem. Int. Ed.* **2006**, 45, 4321.
[132] Kuwabe, S. -i. ; Torraca, K. E. ; Buchwald, S. L. *J. Am. Chem. Soc.* **2001**, 123, 12202.
[133] Manolikakes, G. ; Dastbaravardeh, N. ; Knochel, P. *Synlett* **2007**, 2077.
[134] Xu, L. -W. ; Xia, C. -G. ; Li, J. -W. ; Hu, X. -X. *Synlett* **2003**, 2071.
[135] Bistri, O. ; Correa, A. ; Bolm, C. *Angew. Chem. Int. Ed.* **2008**, 47, 586.
[136] See Desai, L. V. ; Stowers, K. J. ; Sanford, M. S. *J. Am. Chem. Soc.* **2008**, 130, 13285.
[137] Jönsson, L. ; Wistrand, L. *J. Org. Chem.* **1984**, 49, 3340.
[138] First proposed by Alder, R. W. *J. Chem. Soc. Chem. Commun.* **1980**, 1184.
[139] See Peach, M. E. in Patai, S. *The Chemistry of the Thiol Group*, pt. 2, Wiley, NY, **1974**, pp. 735-744.
[140] Bieniarz, C. ; Cornwell, M. J. *Tetrahedron Lett.* **1993**, 34, 939.
[141] See Palomo, C. ; Oiarbide, M. ; López, R. ; Gómez-Bengoa, E. *Tetrahedron Lett.* **2000**, 41, 1283.
[142] Testaferri, L. ; Tiecco, M. ; Tingoli, M. ; Chianelli, D. ; Montanucci, M. *Synthesis* **1983**, 751. See Tiecco, M. ; Testaferri, L. ; Tingoli, M. ; Chianelli, D. ; Montanucci, M. *J. Org. Chem.* **1983**, 48, 4289.
[143] Bradshaw, J. S. ; South, J. A. ; Hales, R. H. *J. Org. Chem.* **1972**, 37, 2381.
[144] Caruso, A. J. ; Colley, A. M. ; Bryant, G. L. *J. Org. Chem.* **1991**, 56, 862 ; Shaw, J. E. *J. Org. Chem.* **1991**, 56, 3728.
[145] Cogolli, P. ; Maiolo, F. ; Testaferri, L. ; Tingoli, M. ; Tiecco, M. *J. Org. Chem.* **1979**, 44, 2642. See also, Testaferri, L. ; Tingoli, M. ; Tiecco, M. *Tetrahedron Lett.* **1980**, 21, 3099 ; Suzuki, H. ; Abe, H. ; Osuka, A. *Chem. Lett.* **1980**, 1363.
[146] Lee, S. B. ; Hong, J. -I. *Tetrahedron Lett.* **1995**, 36, 8439.
[147] Fernández-Rodríguez, M. A. ; Shen, Q. ; Hartwig, J. F. *J. Am. Chem. Soc.* **2006**, 128, 2180.
[148] Sperotto, E. ; van Klink, G. P. M. ; de Vries, J. G. ; van Koten, G. *J. Org. Chem.* **2008**, 73, 5625 ; Zhu, D. ; Xu, L. ; Wu, F. ; Wan, B. *Tetrahedron Lett.* **2006**, 47, 5781 ; Feng, Y. -S. ; Li, Y. -Y. ; Tang, L. ; Wu, W. ; Xu, H. -J. *Tetrahedron Lett.* **2010**, 51, 2489 ; Feng, Y. ; Wang, H. ; Sun, F. ; Li, Y. ; Fu, X. ; Jin, K. *Tetrahedron* **2009**, 65, 9737.
[149] Rout, L. ; Saha, P. ; Jammi, S. ; Punniyamurthy, T. *Eur. J. Org. Chem.* **2008**, 640.
[150] Gómez-Benítez, V. ; Baldovino-Pantaleón, O. ; Herrera-Álvarez, C. ; Toscano, R. A. ; Morales-Morales, D. *Tetrahedron Lett.* **2006**, 47, 5059 ; Yoon, H. -J. ; Choi, J. -W. ; Kang, H. ; Kang, T. ; Lee, S. -M. ; Jun, B. -H. ; Lee, Y. -S. *Synlett* **2010**, 2518.
[151] Reddy, V. P. ; Swapna, K. ; Kumar, A. V. ; Rama Rao, K. *J. Org. Chem.* **2009**, 74, 3189.
[152] Buranaprasertsuk, P. ; Chang, J. W. W. ; Chavasiri, W. ; Chan, P. W. H. *Tetrahedron Lett.* **2008**, 49, 2023.
[153] Tankguchi, N. *J. Org. Chem.* **204**, 69, 6904.
[154] Bunnett, J. F. ; Creary, X. *J. Org. Chem.* **1974**, 39, 3173, 3611.
[155] Meyer, G. ; Troupel, M. *J. Organomet. Chem.* **1988**, 354, 249.
[156] Wang, L. ; Chen, Z. -C. *Synth. Commun.* **2001**, 31, 1227.
[157] Herradua, P. S. ; Pendola, K. A. ; Guy, R. K. *Org. Lett.* **2000**, 2, 2019.
[158] Savarin, C. ; Srogl, J. ; Liebeskind, L. S. *Org. Lett.* **2002**, 4, 4309.
[159] Suzuki, H. ; Abe, H. *Tetrahedron Lett.* **1995**, 36, 6239.
[160] Maitro, G. ; Vogel, S. ; Prestat, G. ; Madec, D. ; Poli, G. *Org. Lett.* **2006**, 8, 5951.
[161] Baskin, J. M. ; Wang, Z. *Org. Lett.* **2002**, 4, 4423.
[162] Kar, A. ; Sayyed, I. A. ; Lo, W. F. ; Kaiser, H. M. ; Beller, M. ; Tse, M. K. *Org. Lett.* **2007**, 9, 3405.
[163] Cacchi, S. ; Fabrizi, G. ; Goggiamani, A. ; Parisi, L. M. ; Bernini, R. *J. Org. Chem.* **2004**, 69, 5608.
[164] Taniguchi, N. ; Onami, T. *J. Org. Chem.* **2004**, 69, 915 ; Taniguchi, N. ; Onami, T. *Synlett* **2003**, 829.
[165] Beletskaya, I. P. ; Sigeev, A. S. ; Peregudov, A. S. ; Petrovlskii, P. V. *Tetrahedron Lett.* **2003**, 44, 7039.

[166] Li, Y.; Wang, H.; Li, X.; Chen, T.; Zhao, D. *Tetrahedron* **2010**, 66, 8583.
[167] Clark, J. H.; Jones, C. W.; Duke, C. V. A.; Miller, J. M. *J. Chem. Soc. Chem. Commun.* **1989**, 81. See also, Yadav, J. S.; Reddy, B. V. S.; Shubashree, S.; Sadashiv, K. *Tetrahedron Lett.* **2004**, 45, 2951.
[168] Xu, Z.-B.; Lu, Y.; Guo, Z.-R. *Synlett* **2003**, 564. See Li, W.; Yun, L.; Wang, H. *Synth. Commun.* **2002**, 32, 2657.
[169] See Yang, T.; Cho, B. P. *Tetrahedron Lett.* **2003**, 44, 7549.
[170] Kazankov, M. V.; Ginodman, L. G. *J. Org. Chem, USSR* **1975**, 11, 451.
[171] Sekiguchi, S.; Horie, T.; Suzuki, T. *J. Chem. Soc. Chem. Commun.* **1988**, 698.
[172] Xu, G.; Wang, Y.-G. *Org. Lett.* **2004**, 6, 985.
[173] Hertas, I.; Gallardo, I.; Marquet, J. *Tetrahedron Lett.* **2000**, 41, 279.
[174] Yadav, J. S.; Reddy, B. V. S.; Basak, A. K.; Narsaiah, A. V. *Tetrahedron Lett.* **2003**, 44, 2217.
[175] Smith, C. J.; Tsang, M. W. S.; Holmes, A. B.; Danheiser, R. L.; Tester, J. W. *Org. Biomol. Chem.* **2005**, 3, 3767.
[176] Hamper, B. C.; Tesfu, E. *Synlett* **2007**, 2257.
[177] See Heaney, H. *Chem Rev.* **1962**, 62, 81, see p. 83.
[178] Tripathy, S.; Le Blanc, R.; Durst, T. *Org. Lett.* **1999**, 1, 1973. See Kanth, J. V. B.; Periasamy, M. *J. Org. Chem.* **1993**, 58, 3156.
[179] Shi, L.; Wang, M.; Fan, C.-A.; Zhang, F.-M.; Tu, Y.-Q. *Org. Lett.* **2003**, 5, 3515.
[180] Neunhoeffer, O.; Heitmann, P. *Chem. Ber.* **1961**, 94, 2511.
[181] Smith III, W. J.; Sawyer, J. S. *Tetrahedron Lett.* **1996**, 37, 299.
[182] Magdolen, P.; Meciarová, M.; Toma, S. *Tetrahedron* **2001**, 57, 4781.
[183] Kidwai, M.; Sapra, P.; Dave, B. *Synth. Commun.* **2000**, 30, 4479.
[184] Thomas, S.; Roberts, S.; Pasumansky, .L; Gamsey, S.; Singaram, B. *Org. Lett.* **2003**, 5, 3867.
[185] Sanger, F *The Biochem. J.* **1945**, 39, 507.
[186] Ali, M. H.; Buchwald, S. L. *J. Org. Chem.* **2001**, 66, 2560; Kuwano, R.; Utsunomiya, M.; Hartwig, J. F. *J. Org. Chem.* **2002**, 67, 6479; Reddy, Ch. V.; Kingston, J. V.; Verkade, J. G. *J. Org. Chem.* **2008**, 73, 3047; Shen, Q.; Hartwig, J. F. *Org. Lett.* **2008**, 10, 4109.
[187] Harris, M. C.; Huang, X.; Buchwald, S. L. *Org. Lett.* **2003**, 4, 2885. See Coldham, I.; Leonori, D. *Org. Lett.* **2008**, 10, 3923; Shen, Q.; Hartwig, J. F. *J. Am. Chem. Soc.* **2006**, 128, 10028. For a discussion about the influence of water on this reaction, see Dallas, A. S.; Gothelf, K. V. *J. Org. Chem.* **2005**, 70, 3321.
[188] See Anderson, K. W.; Tundel, R. E.; Ikawa, T.; Altman, R. A.; Buchwald, S. L. *Angew. Chem. Int. Ed.* **2006**, 45, 6523.
[189] Gajare, A. S.; Toyota, K.; Yoshifuji, M.; Ozawa, F. *J. Org. Chem.* **2004**, 69, 6504; Huang, X.; Anderson, K. W.; Zim, D.; Jiang, L.; Klapars, A.; Buchwald, S. L. *J. Am. Chem. Soc.* **2004**, 125, 6653; Singer, R. A.; Tom, N. J.; Frost, H. N.; Simon, W. M. *Tetrahedron Lett.* **2004**, 45, 4715; Smith, C. J.; Early, T. R.; Holmes, A. B.; Shute, R. E. *Chem. Commun.* **2004**, 1976.
[190] See Singh, U. K.; Strieter, E. R.; Blackmond, D. G.; Buchwald, S. L. *J. Am. Chem. Soc.* **2002**, 124, 14104. For a study of rate enhancement by the added base, see Meyers, C.; Maes, B. U. W.; Loones, K. T. J.; Bal, G.; Lemière, G. L. F.; Dommisse, R. A. *J. Org. Chem.* **2004**, 69, 6010.
[191] See Strieter, E. R.; Buchwald, S. L. *Angew. Chem. Int. Ed.* **2006**, 45, 925; Fors, B. P.; Davis, N. R.; Buchwald, S. L. *J. Am. Chem. Soc.* **2009**, 131, 5766.
[192] Guinó, M.; Hii, K. K. *Tetrahedron Lett.* **2005**, 46, 7363. See Inasaki, T.; Ueno, M.; Miyamoto, S.; Kobayashi, S. *Synlett* **2007**, 3209.
[193] Parrish, C. A.; Buchwald, S. L. *J. Org. Chem.* **2001**, 66, 3820.
[194] Weigand, K.; Pelka, S. *Org. Lett.* **2002**, 4, 4689.
[195] See Grasa, G. A.; Viciu, M. S.; Huang, J.; Nolan, S. P. *J. Org. Chem.* **2001**, 66, 7729.
[196] Jensen, T. A.; Liang, X.; Tanner, D.; Skjaerbaek, N. *J. Org. Chem.* **2004**, 69, 4936.; Loones, K. T. J.; Maes, B. U. W.; Rombouts, G.; Hostyn, S.; Diels, G. *Tetrahedron* **2005**, 61, 10338.
[197] Xu, C.; Gong, J.-F.; Wu, Y.-J. *Tetrahedron Lett.* **2007**, 48, 1619.
[198] So, C. M.; Zhou, Z.; Lau, C. P.; Kwong, F. Y. *Angew. Chem. Int. Ed.* **2008**, 47, 6402.
[199] Tagashira, J.; Imao, D.; Yamamoto, T.; Ohta, T.; Furukawa, I.; Ito, Y. *Tetrahedron Asymmetry* **2005**, 16, 230.
[200] Huang, X.; Buchwald, S. L. *Org. Lett.* **2001**, 3, 3417.
[201] Kang, S.-K.; Lee, H.-W.; Choi, W.-K.; Hong, R.-K.; Kim, J.-S. *Synth. Commun.* **1996**, 26, 4219. See Carroll, M. A.; Wood, R. A. *Tetrahedron* **2007**, 63, 11349.
[202] Kang, S.; Lee, S.-H.; Lee, D. *Synlett* **2000**, 1022.
[203] Ogawa, K.; Radke, K. R.; Rothstein, S. D.; Rasmussen, S. C. *J. Org. Chem.* **2001**, 66, 9067.
[204] Junckers, T. H. M.; Maes, B. U. W.; Lemière, G. L. F.; Dommisse, R. *Tetrahedron* **2001**, 57, 7027; Basu, B.; Jha, S.; Mridha, N. K.; Bhuiyan, Md. M. H. *Tetrahedron Lett.* **2002**, 43, 7967.
[205] Choudary, B. M.; Sridhar, C.; Kantam, M. L.; Venkanna, G. T.; Sreedhar, B. *J. Am. Chem. Soc.* **2005**, 127, 9948; Shafir, A.; Buchwald, S. L. *J. Am. Chem. Soc.* **2006**, 128, 8742; Wolf, C.; Liu, S.; Mei, X.; August, A. T.; Casimir, M. D. *J. Org. Chem.* **2006**, 71, 3270; Jiang, D.; Fu, H.; Jiang, Y.; Zhao, Y. *J. Org. Chem.* **2007**, 72, 672; Wang, H.; Li, Y.; Sun, F.; Feng, Y.; Jin, K.; Wang, X. *J. Org. Chem.* **2008**, 73, 8639; Cai, Q.; Zhu, W.; Zhang, H.; Zhang, Y.; Ma, D. *Synthesis* **2005**, 496. For a ligand-free reaction, see Yong, F. F.; Teo, Y.-C. *Synlett* **2010**, 3068.
[206] Shafir, A.; Lichtor, P. A.; Buchwald, S. L. *J. Am. Chem. Soc.* **2007**, 129, 3490. For an amination using aq ammonia, see Meng, F.; Zhu, X.; Li, Y.; Xie, J.; Wang, B.; Yao, J.; Wan, Y. *Eur. J. Org. Chem.* **2010**, 6149.
[207] Lu, Z.; Twieg, R. J. *Tetrahedron Lett.* **2005**, 46, 2997.

[208] Kim, J.; Chang, S. *Chem. Commun.* **2008**, 3052.
[209] See Renger, B. *Synthesis* **1985**, 856.
[210] Wolfe, J. P.; Buchwald, S. L. *J. Am. Chem. Soc.* **1997**, 119, 6054; Lipshutz, B. H.; Ueda, H. *Angew. Chem. Int. Ed.* **2000**, 39, 4492.; Brenner, E.; Schneider, R.; Fort, Y. *Tetrahedron* **2002**, 58, 6913; Chen, C.; Yang, L.-M. *J. Org. Chem.* **2007**, 72, 6324.
[211] Manolikakes, G.; Gavryushin, A.; Knochel, P. *J. Org. Chem.* **2008**, 73, 1429; Gao, C.-Y.; Cao, X.; Yang, L.-M. *Org. Biomol. Chem.* **2009**, 7, 3922.
[212] Tasler, S.; Lipshutz, B. H. *J. Org. Chem.* **2003**, 68, 1190.
[213] Omar-Amrani, R.; Thomas, A.; Brenner, E.; Schneider, R.; Fort, Y. *Org. Lett.* **2003**, 5, 2311.
[214] Fedorov, A. Yu.; Finet, J.-P. *J. Chem. Soc. Perkin Trans. 1* **2000**, 3775.
[215] Berman, A. M.; Johnson, J. S. *J. Am. Chem. Soc.* **2004**, 126, 5680.
[216] Berman, A. M.; Johnson, J. S. *Synlett* **2005**, 1799.
[217] Lee, D.-Y.; Hartwig, J. F. *Org. Lett.* **2005**, 7, 1169.
[218] Guo, D.; Huang, H.; Xu, J.; Jiang, H.; Liu, H. *Org. Lett.* **2008**, 10, 4513; Correa, A.; Bolm, C. *Angew. Chem. Int. Ed.* **2007**, 46, 8862; Correa, A.; Carril, M.; Bolm, C. *Chemistry: European J.* **2008**, 14, 10919.
[219] Appukkuttan, P.; Axelsson, L.; Van der Eycken, E.; Larhed, M. *Tetrahedron Lett.* **2008**, 49, 5625.
[220] See Jordan-Hore, J. A.; Johansson, C. C. C.; Gulias, M.; Beck, E. M.; Gaunt, M. J. *J. Am. Chem. Soc.* **2008**, 130, 16184; Kuwahara, A.; Nakano, K.; Nozaki, K. *J. Org. Chem.* **2005**, 70, 413.
[221] See Bunnett, J. F.; Hrutfiord, B. F. *J. Am. Chem. Soc.* **1961**, 83, 1691. Also see Hoffmann, R. W. *Dehydrobenzene and Cycloalkynes*, Academic Press, NY, **1973**, pp. 150-164.
[222] Chiang, G. C. H.; Olsson, T. *Org. Lett.* **2004**, 6, 3079; Lan, J.-B.; Zhang, G.-L.; Yu, X.-Q.; You, J.-S.; Chen, L.; Yan, M.; Xie, R.-G. *Synlett* **2004**, 1095.
[223] Jiang, Z.; Wu, Z.; Wang, L.; Wu, D.; Zhou, X. *Can. J. Chem.* **2010**, 88, 964.
[224] Chernick, E. T.; Ahrens, M. J.; Scheidt, K. A.; Wasielewski, M. R. *J. Org. Chem.* **2005**, 70, 1486.
[225] Quach, T. D.; Batey, R. A. *Org. Lett.* **2003**, 5, 4397.
[226] See Finet, J. *Chem. Rev.* **1989**, 89, 1487.
[227] See Barton, D. H. R.; Yadav-Bhatnagar, N.; Finet, J.; Khamsi, J. *Tetrahedron Lett.* **1987**, 28, 3111.
[228] See Bethell, D.; Jenkins, I. L.; Quan, P. M. *J. Chem. Soc. Perkin Trans. 1* **1985**, 1789; Paine, A. J. *J. Am. Chem. Soc.* **1987**, 109, 1496.
[229] Gauthier, S.; Fréchet, J. M. J. *Synthesis* **1987**, 383.
[230] See van der Plas, H. C. *Tetrahedron* **1985**, 41, 237; *Acc. Chem. Res.* **1978**, 11, 462.
[231] See Chupakhin, O. N.; Postovskii, I. Ya. *Russ. Chem. Rev.* **1976**, 45, 454, p. 456.
[232] Kabalka, G. W.; Li, G. *Tetrahedron Lett.* **1997**, 38, 5777.
[233] Sapountzis, I.; Knochel, P. *J. Am. Chem. Soc.* **2002**, 124, 9390.
[234] Kitagawa, O.; Takahashi, M.; Yoshikawa, M.; Taguchi, T. *J. Am. Chem. Soc.* **2005**, 127, 3676; Fors, B. P.; Dooleweerdt, K.; Zeng, Q.; Buchwald, S. L. *Tetrahedron* **2009**, 65, 6576. For an intramolecular reaction, see Yang, B. H.; Buchwald, S. L. *Org. Lett.* **1999**, 1, 35.
[235] Hosseinzadeh, R.; Tajbakhsh, M.; Mohadjerani, M.; Mehdinejad, H. *Synlett* **2004**, 1517.
[236] Browning, R. G.; Badaringarayana, V.; Mahmud, H.; Lovely, C. J. *Tetrahedron* **2004**, 60, 359; Deng, W.; Wang, Y.-F.; Zou, Y.; Liu, L.; Guo, Q.-X. *Tetrahedron Lett.* **2004**, 45, 2311. Also see Klapars, A.; Huang, X.; Buchwald, S. L. *J. Am. Chem. Soc.* **2002**, 124, 7421; Ferraccioli, R.; Carenzi, D.; Rombolà, O.; Catellani, M. *Org. Lett.* **2004**, 6, 4759.
[237] Also see Klapars, A.; Parris, S.; Anderson, K. W.; Buchwald, S. L. *J. Am. Chem. Soc.* **2004**, 126, 3529.
[238] Cacchi, S.; Fabrizi, G.; Goggiamani, A.; Zappia, G. *Org. Lett.* **2001**, 3, 2539.
[239] Lam, P. Y. S.; Deudon, S.; Hauptman, E.; Clark, C. G. *Tetrahedron Lett.* **2001**, 42, 2427.
[240] Wolter, M.; Klapars, A.; Buchwald, S. L. *Org. Lett.* **2001**, 3, 3803.
[241] Padwa, A.; Crawford, K. R.; Rashatasakhon, P.; Rose, M. *J. Org. Chem.* **2003**, 68, 2609.
[242] Kang, S.-K.; Kim, D.-H.; Park, J.-N. *Synlett* **2002**, 427.
[243] Nandakumar, M. V. *Tetrahedron Lett.* **2004**, 45, 1989.
[244] Gelpke, A. E. S.; Kooijman, H.; Spek, A. L.; Hiemstra, H. *Chem. Eur. J.* **1999**, 5, 2472; Ding, K.; Wang, Y.; Yun, H.; Liu, J.; Wu, Y.; Terada, M.; Okubo, Y.; Mikami, K. *Chem. Eur. J.* **1999**, 5, 1734; Vyskocil, S.; Smrcina, M.; Hanus, V.; Polasek, M.; Kocovsky, P. *J. Org. Chem.* **1998**, 63, 7738; Martorell, G.; Garcias, X.; Janura, M.; Saá, J. M. *J. Org. Chem.* **1998**, 63, 3463; Lipshutz, B. H.; Buzard, D. H.; Yun, C. S. *Tetrahedron Lett.* **1999**, 40, 201.
[245] Ager, D. J.; Laneman, S. *Chem. Commun.* **1997**, 2359.
[246] Tunney, B. H.; Stille, J. K. *J. Org. Chem.* **1987**, 52, 748.
[247] Van Allen, D.; Venkataraman, D. *J. Org. Chem.* **2003**, 68, 4590.
[248] Stadler, A.; Kappe, C. O. *Org. Lett.* **2002**, 4, 3541.
[249] Kwong, F. Y.; Lai, C. W.; Chan, K. S. *Tetrahedron Lett.* **2002**, 43, 3537.
[250] Marcoux, D.; Charette, A. B. *J. Org. Chem.* **2008**, 73, 590.
[251] Rieche, A.; Seeboth, H. *Liebigs Ann. Chem.* **1960**, 638, 66.
[252] Rieche, A.; Seeboth, H. *Liebigs Ann. Chem.* **1960**, 638, 43, 57.
[253] Kozlov, V. V.; Veselovskaia, I. K. *J. Gen. Chem. USSR* **1958**, 28, 3359.
[254] Rieche, A.; Seeboth, H. *Liebigs Ann. Chem.* **1960**, 638, 76.
[255] Rossi, R. A.; Bunnett, J. F. *J. Org. Chem.* **1972**, 37, 3570.

[256] See Scherrer, R. A. ; Beatty, H. R. *J. Org. Chem.* **1972**, 37, 1681.
[257] For a list of reagents, with references, see Larock, R. C. *Comprehensive Organic Transformations*, 2nd ed. , Wiley-VCH, NY, **1999**, pp. 671-672.
[258] Sauer, J. ; Huisgen, R. *Angew. Chem.* **1960**, 72, 294, p. 297.
[259] Schaefer, J. P. ; Higgins, J. *J. Org. Chem.* **1967**, 32, 1607.
[260] Bay, E. ; Bak, D. A. ; Timony, P. E. ; Leone-Bay, A. *J. Org. Chem.* **1990**, 55, 3415.
[261] Kimura, Y. ; Suzuki, H. *Tetrahedron Lett.* **1989**, 30, 1271. See Dolby-Glover, L. *Chem. Ind.* (*London*) **1986**, 518.
[262] Uchibori, Y. ; Umeno, M. ; Seto, H. ; Qian, Z. ; Yoshioka, H. *Synlett* **1992**, 345.
[263] Bacon, R. G. R. ; Hill, H. A. O. *J. Chem. Soc.* **1964**, 1097, 1108. See also, Clark, J. H. ; Jones, C. W. ; Duke, C. V. A. ; Miller, J. M. *J. Chem. Res.* (*S*) **1989**, 238.
[264] Clark, J. H. ; Jones, C. W. *J. Chem. Soc. Chem. Commun.* **1987**, 1409.
[265] Klapars, A. ; Buchwald, S. L. *J. Am. Chem. Soc.* **2002**, 124, 14844.
[266] Yang, S. H. ; Li, C. S. ; Cheng, C. H. *J. Org. Chem.* **1987**, 52, 691.
[267] Arvela, R. K. ; Leadbeater, N. E. *Synlett* **2003**, 1145.
[268] Shen, X. ; Hyde, A. M. ; Buchwald, S. L. *J. Am. Chem. Soc.* **2010**, 132, 14076.
[269] See Merkushev, E. B. *Synthesis* **1988**, 923; *Russ. Chem. Rev.* **1984**, 53, 343.
[270] Taylor, E. C. ; Kienzle, F. ; McKillop, A. *Org. Synth.* **VI**, 826; Taylor, E. C. ; Katz, A. H. ; Alvarado, S. I. ; McKillop, A. *J. Organomet. Chem.* **1985**, 285, C9. See Usyatinskii, A. Ya. ; Bregadze, V. I. *Russ. Chem. Rev.* **1988**, 57, 1054; Taylor, E. C. ; Altland, H. W. ; McKillop, A. *J. Org. Chem.* **1975**, 40, 2351.
[271] De Meio, G. V. ; Pinhey, J. T. *J. Chem. Soc. Chem. Commun.* **1990**, 1065.
[272] Thiebes, C. ; Prakash, G. K. S. ; Petasis, N. A. ; Olah, G. A. *Synlett* **1998**, 141.
[273] Szumigala, Jr. , R. H. ; Devine, P. N. ; Gauthier, Jr. , D. R. ; Volante, R. P. *J. Org. Chem.* **2004**, 69, 566.
[274] See Artamkina, G. A. ; Kovalenko, S. V. ; Beletskaya, I. P. ; Reutov, O. A. *Russ. Chem. Rev.* **1990**, 59, 750.
[275] See Ellis, G. P. ; Romney-Alexander, T. M. *Chem. Rev.* **1987**, 87, 779.
[276] See Connor, J. A. ; Leeming, S. W. ; Price, R. *J. Chem. Soc. Perkin Trans.* 1 **1990**, 1127.
[277] Wu, J. X. ; Beck, B. ; Ren, R. X. *Tetrahedron Lett.* **2002**, 43, 387.
[278] Arvela, R. K. ; Leadbeater, N. W. ; Torenius, H. M. ; Tye, H. *Org. Biomol. Chem.* **2003**, 1, 1119.
[279] Wang, D. ; Kuang, L. ; Li, Z. ; Ding, K. *Synlett* **2008**, 69.
[280] For a list of reagents that convert aryl halides to cyanides, with references, see Larock, R. C. *Comprehensive Organic Transformations*, 2nd ed. , Wiley-VCH, NY, **1999**, pp. 1705-1709.
[281] Takagi, K. ; Sasaki, K. ; Sakakibara, Y. *Bull. Chem. Soc. Jpn.* **1991**, 64, 1118.
[282] Connor, J. A. ; Gibson, D. ; Price, R. *J. Chem. Soc. Perkin Trans.* 1 **1987**, 619.
[283] Sakakibara, Y. ; Okuda, F. ; Shimobayashi, A. ; Kirino, K. ; Sakai, M. ; Uchino, N. ; Takagi, K. *Bull. Chem. Soc. Jpn.* **1988**, 61, 1985.
[284] See Stazi, F. ; Palmisano, G. ; Turconi, M. ; Santagostino, M. *Tetrahedron Lett.* **2005**, 46, 1815; Zhu, Y.-Z. ; Cai, C. *Eur. J. Org. Chem.* **2007**, 2401.
[285] Marcantonio, K. M. ; Frey, L. F. ; Liu, Y. ; Chen, Y. ; Strine, J. ; Phenix, B. ; Wallace, D. J. ; Chen, C.-y. *Org. Lett.* **2004**, 6, 3723. See Erker, T. ; Nemec, S. *Synthesis* **2004**, 23.
[286] Sakamoto, T. ; Ohsawa, K. *J. Chem. Soc. Perkin Trans.* 1 **1999**, 2323.
[287] Jiang, B. ; Kan, Y. ; Zhang, A. *Tetrahedron* **2001**, 57, 1581.
[288] Mariampillai, B. ; Alliot, J. ; Li, M. ; Lautens, M. *J. Am. Chem. Soc.* **2007**, 129, 15372; Weissman, S. A. ; Zewge, D. ; Chen, C. *J. Org. Chem.* **2005**, 70, 1508; Schareina, T. ; Zapf, A. ; Mägerlein, W. ; Müller, N. ; Beller, M. *Tetrahedron Lett.* **2007**, 48, 1087; Velmathi, S. ; Leadbeater, N. E. *Tetrahedron Lett.* **2008**, 49, 4693.
[289] Yang, C. ; Williams, J. M. *Org. Lett.* **2004**, 6, 2837.
[290] Chobanian, H. R. ; Fors, B. P. ; Lin, L. S. *Tetrahedron Lett.* **2006**, 47, 3303.
[291] Zhu, Y.-Z. ; Cai, C. *Synth. Commun.* **2008**, 38, 2753; Yeung, P. Y. ; So, C. M. ; Lau. C.-P. ; Kwong, F. Y. *Angew. Chem. Int. Ed.* **2010**, 49, 8918.
[292] Zhang, Z. ; Liebeskind, L. S. *Org. Lett.* **2006**, 8, 4331.
[293] Cristau, H.-J. ; Ouali, A. ; Spindler, J.-F. ; Taillefer, M. *Chemistry: European J.* **2005**, 11, 2483.
[294] Arvela, R. K. ; Leadbeater, N. E. *J. Org. Chem.* **2003**, 68, 9122.
[295] Chambers, M. R. I. ; Widdowson, D. A. *J. Chem. Soc. Perkin Trans.* 1 **1989**, 1365; Takagi, K. ; Sakakibara, Y. *Chem. Lett.* **1989**, 1957.
[296] Liskey, C. W. ; Liao, X. ; Hartwig, J. F. *J. Am. Chem. Soc.* **2010**, 132, 11389.
[297] Taylor, E. C. ; Altland, H. W. ; McKillop, A. *J. Org. Chem.* **1975**, 40, 2351.
[298] Uemura, S. ; Ikeda, Y. ; Ichikawa, K. *Tetrahedron* **1972**, 28, 3025.
[299] Ushijima, S. ; Togo, H. *Synlett* **2010**, 1067; Ushijima, S. ; Togo, H. *Synlett* **2010**, 1562.
[300] Sato, N. *Tetrahedron Lett.* **2002**, 43, 6403.
[301] Letsinger, R. L. ; Colb, A. L. *J. Am. Chem. Soc.* **1972**, 94, 3665.
[302] Alberico, D. ; Scott, M. E. ; Lautens, M. *Chem. Rev.* **2007**, 107, 174.
[303] See Clayden, J. ; Kenworthy, M. N. *Synthesis* **2004**, 1721.
[304] See Becht, J.-M. ; Gissot, A. ; Wagner, A. ; Mioskowski, C. *Chem. Eur. J.* **2003**, 9, 3209.
[305] Narayan, S. ; Seelhammer, T. ; Gawley, R. E. *Tetrahedron Lett.* **2004**, 45, 757.
[306] Park, S. B. ; Alper, H. *Tetrahedron Lett.* **2004**, 45, 5515.

[307] Jorapur, Y. R. ; Lee, C. -H. ; Chi, D. Y. *Org. Lett.* **2005**, 7, 1231.
[308] Silveira, P. B. ; Lando, V. R. ; Dupont, J. ; Monteiro, A. L. *Tetrahedron Lett.* **2002**, 43, 2327; Kuroboshi, M. ; Waki, Y. ; Tanaka, H. *Synlett* **2002**, 637. See also, Venkatraman, S. ; Li, C. -J. *Org. Lett.* **1999**, 1, 1133.
[309] Leadbeater, N. E. ; Resouly, S. M. *Tetrahedron Lett.* **1999**, 40, 4243.
[310] Penalva, V. ; Hassan, J. ; Lavenot, L. ; Gozzi, C. ; Lemaire, M. *Tetrahedron Lett.* **1998**, 39, 2559.
[311] de Franca, K. W. R. ; Navarro, M. ; Léonel, É. ; Durandetti, M. ; Nédélec, J. -Y. *J. Org. Chem.* **2002**, 67, 1838.
[312] Wang, R. ; Twamley, B. ; Shreeve, J. M. *J. Org. Chem.* **2006**, 71, 426.
[313] Wang, L. ; Zhang, Y. ; Liu, L. ; Wang, Y. *J. Org. Chem.* **2006**, 71, 1284.
[314] Glover, B. ; Harvey, K. A. ; Liu, B. ; Sharp, M. J. ; Tymoschenko, M. F. *Org. Lett.* **2003**, 5, 301.
[315] See Rieth, R. D. ; Mankand, N. P. ; Calimano, E. ; Sadighi, J. P. *Org. Lett.* **2004**, 6, 3981.
[316] Sezen, B. ; Sames, D. *Org. Lett.* **2003**, 5, 3607.
[317] Quintin, J. ; Franck, X. ; Hocquemiller, R. ; Figadère, B. *Tetrahedron Lett.* **2002**, 43, 3547.
[318] Park, C. -H. ; Ryabova, V. ; Seregin, I. V. ; Sromek, A. W. ; Gevorgyan, V. *Org. Lett.* **2004**, 6, 1159.
[319] Liu, Z. ; Zhang, X. ; Larock, R. C. *J. Am. Chem. Soc.* **2005**, 127, 15716.
[320] Napier, S. ; Marcuccio, S. M. ; Tye, H. ; Whittaker, M. *Tetrahedron Lett.* **2008**, 49, 6314. See also, Denmark, S. E. ; Smith, R. C. ; Chang, W. -T. T. ; Muhuhi, J. M. *J. Am. Chem. Soc.* **2009**, 131, 3104.
[321] Wang, Z. ; Ding, Q. ; He, X. ; Wu, J. *Tetrahedron* **2009**, 65, 4635.
[322] Nakamura, T. ; Kinoshita, H. ; Shinokubo, H. ; Oshima, K. *Org. Lett.* **2002**, 4, 3165.
[323] Ohe, T. ; Tanaka, T. ; Kuroda, M. ; Cho, C. S. ; Ohe, K. ; Uemura, S. *Bull. Chem. Soc. Jpn.* **1999**, 72, 1851.
[324] Kang, S. -K. ; Ryu, H. -C. ; Kim, J. -W. *Synth. Commun.* **2001**, 31, 1021.
[325] Wang, J. ; Scott, A. I. *Tetrahedron Lett.* 1996, 37, 3247; Kim, Y. M. ; Yu, S. *J. Am. Chem. Soc.* **2003**, 125, 1696.
[326] Rao, M. L. N. ; Yamazaki, O. ; Shimada, S. ; Tanaka, T. ; Suzuki, Y. ; Tanaka, M. *Org. Lett.* **2001**, 3, 4103.
[327] Yamazaki, O. ; Tanaka, T. ; Shimada, S. ; Suzuki, Y. ; Tanaka, M. *Synlett* **2004**, 1921.
[328] Grasa, G. A. ; Nolan, S. P. *Org. Lett.* **2001**, 3, 119.
[329] Dyker, G. ; Heiermann, J. ; Miura, M. ; Inoh, J. -I. ; Pivsa-Ast, S. ; Satoh, T. ; Nomura, M. *Chem. Eur. J.* **2000**, 6, 3426.
[330] With NCS, Hossain, K. M. ; Kameyama, T. ; Shibata, T. ; Takagi, K. *Bull. Chem. Soc. Jpn.* **2001**, 74, 2415. See also, Venkatraman, S. ; Li, C. -J. *Tetrahedron Lett.* **2000**, 41, 4831.
[331] Dubbaka, S. R. ; Vogel, P. *J. Am. Chem. Soc.* **2003**, 125, 15292.
[332] Chen, C. *Synlett* 2000, 1491. See Walla, P. ; Kappe, C. O. *Chem. Commun.* **2004**, 564.
[333] Kang, S. -K. ; Baik, T. -G. ; Jiao, X. H. ; Lee, Y. -T. *Tetrahedron Lett.* **1999**, 40, 2383.
[334] Kang, S. -K. ; Lee, S. -W. ; Kim, M. -S. ; Kwon, H. S. *Synth. Commun.* **2001**, 31, 1721.
[335] Korn, T. J. ; Knochel, P. *Angew. Chem. Int. Ed.* **2005**, 44, 2947.
[336] Cahiez, G. ; Luart, D. ; Lecomte, F. *Org. Lett.* **2004**, 6, 4395.
[337] Pérez, I. ; Sestelo, J. P. ; Sarandeses, L. A. *J. Am. Chem. Soc.* **2001**, 123, 4155.
[338] Bedford, R. B. ; Limmert, M. E. *J. Org. Chem.* **2003**, 68, 8669.
[339] Kang, S. -K. ; Choi, S. -C. ; Baik, T. -G. *Synth. Commun.* **1999**, 29, 2493.
[340] Gagnon, A. ; Duplessis, M. ; Alsabeh, P. ; Barabé, F. *J. Org. Chem.* **2008**, 73, 3604.
[341] Chupak, L. S. ; Wolkowski, J. P. ; Chantigny, Y. A. *J. Org. Chem.* **2009**, 74, 1388.
[342] Du, C. F. ; Hart, H. ; Ng, K. D. *J. Org. Chem.* **1986**, 51, 3162.
[343] Cahiez, G. ; Chaboche, C. ; Mahuteau-Betzer, F. ; Ahr, M. *Org. Lett.* **2005**, 7, 1943.
[344] Yoshikai, N. ; Mashima, H. ; Nakamura, E. *J. Am. Chem. Soc.* **2005**, 127, 17978.
[345] Korn, T. J. ; Cahiez, G. ; Knochel, P. *Synlett* **2003**, 1892.
[346] Inoue, A. ; Kitagawa, K. ; Shinokubo, H. ; Oshima, K. *Tetrahedron* **2000**, 56, 9601.
[347] Manabe, K. ; Ishikawa, S. *Synthesis* **2008**, 2645.
[348] Reeves, J. T. ; Fandrick, D. R. ; Tan, Z. ; Song, J. J. ; Lee, H. ; Yee, N. K. ; Senanayake, C. H. *Org. Lett.* **2010**, 12, 4388.
[349] Roy, A. H. ; Hartwig, J. F. *J. Am. Chem. Soc.* **2003**, 125, 8704.
[350] Bonnet, V. ; Mongin, F. ; Trècourt, F. ; Quèguiner, G. ; Knochel, P. *Tetrahedron Lett.* **2001**, 42, 5717.
[351] Wang, L. ; Chen, Z. -C. *Synth. Commun.* **2000**, 30, 3607.
[352] Kojima, T. ; Ohishi, T. ; Yamamoto, I. ; Matsuoka, T. ; Kotsuki, H. *Tetrahedron Lett.* **2001**, 42, 1709.
[353] Clayden, J. ; Cooney, J. J. A. ; Julia, M. *J. Chem. Soc. Perkin Trans.* 1 1995, 7.
[354] Beugelmans, R. ; Bois-Choussy, M. ; Tang, Q. *Tetrahedron Lett.* **1988**, 29, 1705. See Pierini, A. B. ; Baumgartner, M. T. ; Rossi, R. A. *Tetrahedron Lett.* **1988**, 29, 3429.
[355] Durandetti, M. ; Nédélec, J. -Y. ; Périchon, J. *J. Org. Chem.* **1996**, 61, 1748.
[356] He, H. ; Wu, Y. -J. *Tetrahedron Lett.* **2003**, 44, 3445.
[357] For a review of coupling reactions using various metals, see Terao, J. ; Kambe, N. *Acc. Chem. Res.* **2008**, 41, 1545.
[358] Everson, D. A. ; Shrestha, R. ; Weix, D. J. *J. Am. Chem. Soc.* **2010**, 132, 920.
[359] Hama, T. ; Culkin, D. A. ; Hartwig, J. F. *J. Am. Chem. Soc.* **2006**, 128, 4976.
[360] Shenglof, M. ; Gelman, D. ; Heymer, B. ; Schumann, H. ; Molander, G. A. ; Blum, J. *Synthesis* **2003**, 302.
[361] Sherry, B. D. ; Fürstner, A. *Acc. Chem. Res.* **2008**, 41, 1500.
[362] Rao, M. L. N. ; Banerjee, D. ; Jadhav, D. N. *Tetrahedron Lett.* **2007**, 48, 2707.
[363] Jhaveri, S. B. ; Carter, K. R. *Chemistry: European J.* **2008**, 14, 685.
[364] Wang, L. ; Wang, Z. -X. *Org. Lett.* **2007**, 9, 4335.
[365] Moradi, W. A. ; Buchwald, S. L. *J. Am. Chem. Soc.* **2001**, 123, 7996.

[366] Liao, X.; Weng, Z.; Hartwig, J. F. *J. Am. Chem. Soc.* **2008**, 130, 195.

[367] See Heck, R. F. *Palladium Reagents in Organic Syntheses*, Academic Press, NY, **1985**, pp. 179-321; Ryabov, A. D. *Synthesis* **1985**, 233; Heck, R. F. *Org. React.* **1982**, 27, 345; Moritani, I.; Fujiwara, Y. *Synthesis* **1973**, 524. See Cabri, W.; Candiani, I. *Accts. Chem. Res.* **1995**, 28, 2.

[368] See Heck, R. F. *Acc. Chem. Res.* **1979**, 12, 146; Kozhevnikov, I. V. *Russ. Chem. Rev.* **1983**, 52, 138. See also, Spencer, A. *J. Organomet. Chem.* **1983**, 258, 101; Andersson, C.; Karabelas, K.; Hallberg, A.; Andersson, C. *J. Org. Chem.* **1985**, 50, 3891; Larock, R. C.; Johnson, P. L. *J. Chem. Soc. Chem. Commun.* **1989**, 1368.

[369] See Alonso, F.; Beletskaya, I. P.; Yus, M. *Tetrahedron* **2005**, 61, 11771.

[370] Mizoroki, T.; Mori, K.; Ozaki, A. *Bull. Chem. Soc. Jpn* **1971**, 4, 581.

[371] See Littke, A. F.; Fu, G. C. *Angew. Chem. Int. Ed.* **2002**, 41, 4176.

[372] Roglans, A.; Pla-Quintana, A.; Moreno-Mañas, M. *Chem. Rev.* **2006**, 106, 4622;

[373] Myers, A. G.; Tanaka, D.; Mannion, M. R. *J. Am. Chem. Soc.* **2002**, 124, 11250.

[374] Pyridines: Draper, T. L.; Bailey, T. R. *Synlett* **1995**, 157.

[375] See Park, S. B.; Alper, H. *Org. Lett.* **2003**, 5, 3209. See also, Zeni, G.; Larock, R. C. *Chem. Rev.* **2004**, 104, 2285.

[376] See Firmansjah, L.; Fu, G. C. *J. Am. Chem. Soc.* **2007**, 129, 11340. Also see, Echavarren, A. M.; Gómez-Lor, B.; González, J. J.; de Frutos, Ó. *Synlett* **2003**, 585.

[377] Mayasundari, A.; Young, D. G. J. *Tetrahedron Lett.* **2001**, 42, 203.

[378] For a review, see Prim, D.; Campagne, J.-M.; Joseph, D.; Andrioletti, B. *Tetrahedron* **2002**, 58, 2041.

[379] Consorti, C. S.; Zanini, M. L.; Leal, S.; Ebeling, G.; Dupont, J. *Org. Lett.* **2003**, 5, 983; Senra, J. D.; Malta, L. F. B.; de Souza, A. L. F.; Medeiros, M. E.; Aguiar, L. C. S.; Antunes, O. A. C. *Tetrahedron Lett.* **2007**, 48, 8153.

[380] Hirabayashi, K.; Nishihara, Y.; Mori, A.; Hiyama, T. *Tetrahedron Lett.* **1998**, 39, 7893.

[381] Ruan, J.; Li, X.; Saidi, O.; Xiao, J. *J. Am. Chem. Soc.* **2008**, 130, 2424; Martinez, R.; Voica, F.; Genet, J.-P.; Darses, S. *Org. Lett.* **2007**, 9, 3213.

[382] Selvakumar, K.; Zapf, A.; Beller, M. *Org. Lett.* **2002**, 4, 3031; Feuerstein, M.; Doucet, H.; Santelli, M. *Tetrahedron Lett.* **2002**, 43, 2191. For the use of palladium nanoparticles, see Calò, V.; Nacci, A.; Monopoli, A.; Laera, S.; Cioffi, N. *J. Org. Chem.* **2003**, 68, 2929. See Lindh, J.; Enquist, P.-A.; Pilotti, Å.; Nilsson, P.; Larhed, M. *J. Org. Chem.* **2007**, 72, 7957. See also Seki, M. *Synthesis* **2006**, 2975.

[383] Kim, J.-H.; Kim, J. W.; Shokouhimehr, M.; Lee, Y.-S. *J. Org. Chem.* **2005**, 70, 6714.

[384] Polshettiwar, V.; Molnár, Á. *Tetrahedron* **2007**, 63, 6949.

[385] Karimi, B.; Enders, D. *Org. Lett.* **2006**, 8, 1237; Ambulgekar, G. V.; Bhanage, B. M.; Samant, S. D. *Tetrahedron Lett.* **2005**, 46, 2483; Papp, A.; Galbács, G.; Molnár, Á. *Tetrahedron Lett.* **2005**, 46, 7725; Li, H.; Wang, L.; Li, P. *Synthesis* **2007**, 1635.

[386] See Qadir, M.; Möchel, T.; Hii, K. K. *Tetrahedron* **2000**, 56, 7975. Also see Tani, M.; Sakaguchi, S.; Ishii, Y. *J. Org. Chem.* **2004**, 69, 1221; Yang, D.; Chen, Y.-C.; Zhu, N.-Y. *Org. Lett.* **2004**, 6, 1577; Eberhard, M. R. *Org. Lett.* **2004**, 6, 2125; Liu, J.; Li, S.; Xie, H.; Zhang, S.; Lin, Y.; Xu, J.; Cao, J. *Synlett* **2005**, 1885; Schultz, T.; Pfaltz, A. *Synthesis* **2005**, 1005; Iranpoor, N.; Firouzabadi, H.; Tarassoli, A.; Fereidoonnezhad, M. *Tetrahedron* **2010**, 66, 2415.

[387] Nair, D.; Scarpello, J. T.; White, L. S.; dos Santes, L. M. F.; Vankelecom, I. F. J.; Livingston, A. G. *Tetrahedron Lett.* **2001**, 42, 8219.

[388] See Botella, L.; Nájera, C. *J. Org. Chem.* **2005**, 70, 4360; Zhang, Z.; Zha, Z.; Gan, C.; Pan, C.; Zhou, Y.; Wang, Z.; Zhou, M.-M. *J. Org. Chem.* **2006**, 71, 4339; Bhattacharya, S.; Srivastava, A.; Sengupta, S. *Tetrahedron Lett.* **2005**, 46, 3557.

[389] Moineau, J.; Pozzi, G.; Quici, S.; Sinou, D. *Tetrahedron Lett.* **1999**, 40, 7683.

[390] Chandrasekhar, S.; Narsihmulu, Ch.; Sultana, S. S.; Reddy, N. R. *Org. Lett.* **2002**, 4, 4399.

[391] Perosa, A.; Tundo, P.; Selva, M.; Zinovyev, S.; Testa, A. *Org. Biomol. Chem.* **2004**, 2, 2249.

[392] Early, T. R.; Gordon, R. S.; Carroll, M. A.; Holmes, A. B.; Shute, R. E.; McConvey, I. F. *Chem. Commun.* **2001**, 1966. See Kayaki, Y.; Noguchi, Y.; Ikariya, T. *Chem. Commun.* **2000**, 2240.

[393] Franzén, R. *Can. J. Chem.* **2000**, 78, 457.

[394] Ramchandani, R. K.; Uphade, B. S.; Vinod, M. P.; Wakharkar, R. D.; Choudhary, V. R.; Sudalai, A. *Chem. Commun.* **1997**, 2071.

[395] Tonks, L.; Anson, M. S.; Hellgardt, K.; Mirza, A. R.; Thompson, D. F.; Williams, J. M. J. *Tetrahedron Lett.* **1997**, 38, 4319.

[396] Anson, M. S.; Mirza, A. R.; Tonks, L.; Williams, J. M. J. *Tetrahedron Lett.* **1999**, 40, 7147.

[397] Arvela, R. K.; Leadbeater, N. E. *J. Org. Chem.* **2005**, 70, 1786; Leadbeater, N. E.; Williams, V. A.; Barnard, T. M.; Collins, Jr., M. J. *Synlett* **2006**, 2953; Declerck, V.; Martinez, J.; Lamaty, F. *Synlett* **2006**, 3029; Zhu, M.; Song, Y.; Cao, Y. *Synthesis* **2007**, 853; Du, L.-H.; Wang, Y.-G. *Synth. Commun.* **2007**, 37, 217. See Nilsson, P.; Gold, H.; Larhed, M.; Hallberg, A. *Synthesis* **2002**, 1611.

[398] Wang, J.-X.; Liu, Z.; Hu, Y.; Wei, B.; Bai, L. *Synth. Commun.* **2002**, 32, 1607.

[399] Zhang, R.; Sato, O.; Zhao, F.; Sato, M.; Ikushima, Y. *Chem. Eur. J.* **2004**, 10, 1501.

[400] Buback, M.; Perkovic, T.; Redlich, S.; de Meijere, A. *Eur. J. Org. Chem.* **2003**, 2375.

[401] Hagiwara, H.; Sugawara, Y.; Isobe, K.; Hoshi, T.; Suzuki, T. *Org. Lett.* **2004**, 6, 2325; Handy, S. T. *Synlett* **2006**, 3176; Jung, J.-Y.; Taher, A.; Kim, H.-J.; Ahn, W.-S.; Jin, M.-J. *Synlett* **2009**, 39; Zhou, L.; Wang, L. *Synthesis* **2006**, 2653; Iranpoor, N.; Firouzabadi, H.; Azadi, R. *Eur. J. Org. Chem.* **2007**, 2197; Cárdenas, J. C.; Fadini, L.; Sierra, C. A. *Tetrahedron Lett.* **2010**, 51, 6867.

[402] Handy, S. T. ; Okello, M. *Tetrahedron Lett.* **2003**, 44, 8395.
[403] Mo, J. ; Xu, L. ; Xiao, J. *J. Am. Chem. Soc.* **2005**, 127, 751.
[404] Heck, R. F. *J. Am. Chem. Soc.* **1969**, 91, 6707; **1971**, 93, 6896.
[405] Xu, Y.-H. ; Lu, J. ; Loh, T.-P. *J. Am. Chem. Soc.* **2009**, 131, 1372.
[406] Mo, J. ; Xiao, J. *Angew. Chem. Int. Ed.* **2006**, 45, 4152.
[407] Yokota, T. ; Tani, M. ; Sakaguchi, S. ; Ishii, Y. *J. Am. Chem. Soc.* **2003**, 125, 1476.
[408] Larhed, M. ; Hallberg, A. *J. Org. Chem.* **1996**, 61, 9582.
[409] Battace, A. ; Zair, T. ; Doucet, H. ; Santelli, M. *Tetrahedron Lett.* **2006**, 47, 459; Andappan, M. M. S. ; Nilsson, P. ; von Schenck, H. ; Larhed, M. *J. Org. Chem.* **2004**, 69, 5212. For a review pertaining to enol ethers, see Daves, Jr. , G. D. *Adv. Met. Org. Chem.* **1991**, 2, 59.
[410] Liu, Z. ; Xu, D. ; Tang, W. ; Xu, L. ; Mo, J. ; Xiao, J. *Tetrahedron Lett.* **2008**, 49, 2756.
[411] See Daves, Jr. , G. D. ; Hallberg, A. *Chem. Rev.* **1989**, 89, 1433.
[412] Jeffery, T. *Tetrahedron Lett.* **1992**, 33, 1989.
[413] Chang, H.-M. ; Cheng, C.-H. *J. Org. Chem.* **2000**, 65, 1767.
[414] Mariampillai, B. ; Herse, C. ; Lautens, M. *Org. Lett.* **2005**, 7, 4745.
[415] Jeffery, T. *Tetrahedron Lett.* **2000**, 41, 8445.
[416] Olofsson, K. ; Larhed, M. ; Hallberg, A. *J. Org. Chem.* **2000**, 65, 7235; Wu, J. ; Marcoux, J.-F. ; Davies, I. W. ; Reider, P. J. *Tetrahedron Lett.* **2001**, 42, 159.
[417] Kabalka, G. W. ; Guchhait, S. K. ; Naravane, A. *Tetrahedron Lett.* **2004**, 45, 4685.
[418] Kundu, N. G. ; Pal, M. ; Mahanty, J. S. ; Dasgupta, S. K. *J. Chem. Soc. Chem. Commun.* **1992**, 41. See also, Heck, R. F. *Palladium Reagents in Organic Syntheses*, Academic Press, NY, **1985**, pp. 299-306.
[419] Xia, M. ; Chen, Z. C. *Synth. Commun.* **2000**, 30, 1281.
[420] Handy, S. T. ; Wilson, T. ; Muth, A. *J. Org. Chem.* **2007**, 72, 8496.
[421] Li, Z. ; Fu, Y. ; Zhang, S.-L. ; Guo, Q.-X. ; Liu, L. *Chemistry: Asian J.* **2010**, 5, 1475.
[422] Nilsson, P. ; Larhed, M. ; Hallberg, A. *J. Am. Chem. Soc.* **2001**, 123, 8217 and earlier references therein.
[423] Ludwig, M. ; Strömberg, S. ; Svensson, M. ; Åkermark, B. *Organometallics* **1999**, 18, 970.
[424] Oestreich, M. *Eur. J. Org. Chem.* **2005**, 783.
[425] Collman, J. P. ; Hegedus, L. S. ; Norton, J. R. ; Finke, R. G. *Principles and Applications of Organotransition Metal Chemistry*, 2nd ed. , University Science Books, Mill Valley, CA, **1987**; Cornils, B. ; Herrmann, A. W. , Eds. , *Applied Homogeneous Catalysis with Organometallic Compounds*, Wiley, NY, **1996**; Vol. 2; Heck, R. F. *Acc. Chem. Res.* **1979**, 12, 146.
[426] Cabri, W. ; Candiani, I. *Acc. Chem. Res.* **1995**, 28, 2.
[427] von Schenck, H. ; Akermark, B. ; Svensson, M. *J. Am. Chem. Soc.* **2003**, 125, 3503.
[428] Campo, M. A. ; Zhang, H. ; Yao, T. ; Ibdah, A. ; McCulla, R. D. ; Huang, Q. ; Zhao, J. ; Jenks, W. S. ; Larock, R. C. *J. Am. Chem. Soc.* **2007**, 129, 6298.
[429] Fall, Y. ; Berthiol, F. ; Doucet, H. ; Santelli, M. *Synthesis* **2007**, 1683.
[430] Shezad, N. ; Clifford, A. A. ; Rayner, C. M. *Tetrahedron Lett.* **2001**, 42, 323.
[431] Su, Y. ; Jiao, N. *Org. Lett.* **2009**, 11, 2980.
[432] Heck, R. F. *J. Am. Chem. Soc.* **1969**, 91, 6707; See Masllorens, J. ; Moreno-Mañas, M. ; Pla-Quintana, A. ; Plexats, R. ; Roglans, A. *Synthesis* **2002**, 1903. See Tan, Z. ; Negishi, E. *Angew. Chem. Int. Ed.* **2006**, 45, 762.
[433] Larock, R. C. ; Baker, B. E. *Tetrahedron Lett.* **1988**, 29, 905. Also see, Larock, R. C. ; Gong, W. H. ; Baker, B. E. *Tetrahedron Lett.* **1989**, 30, 2603.
[434] Wu, W.-Q. ; Peng, Q. ; Dong, D.-X. ; Hou, X.-L. ; Wu, Y.-D. *J. Am. Chem. Soc.* **2008**, 130, 9717.
[435] Lapierre, A. J. B. ; Geib, S. J. ; Curran, D. P. *J. Am. Chem. Soc.* **2007**, 129, 494. See Dounay, A. B. ; Overman, L. E. *Chem. Rev.* **2002**, 102, 2945.
[436] Gilbertson, S. R. ; Xie, D. ; Fu, Z. *J. Org. Chem.* **2001**, 66, 7240; Gilbertson, S. R. ; Fu, Z. *Org. Lett.* **2001**, 3, 161; Hennessy, A. J. ; Connolly, D. J. ; Malone, Y. M. ; Buiry, P. J. *Tetrahedron Lett.* **2000**, 41, 7757.
[437] Servino, E. A. ; Correia, C. R. D. *Org. Lett.* **2000**, 2, 3039.
[438] Heck, R. F. ; Nolley, Jr. , J. P. *J. Org. Chem.* **1972**, 3720; Henriksen, S. T. ; Norrby, P.-O. ; Kaukoranta, P. ; Andersson, P. G. *J. Am. Chem. Soc.* **2008**, 130, 10414.
[439] Heck, R. F. *Comprehensive Organic Synthesis* Vol. 4, Trost, B. M. ; Fleming, I. , Eds. , Pergamon, Oxford, NY, **1991**, p. 833; de Meijere, A. ; Meyer, F. E. *Angew. Chem. Int. Ed.* **1994**, 33, 2379; Cabri, W. ; Candiani, I. *Acc. Chem. Res.* **1995**, 28, 2; Crisp, G. T. *Chem. Soc. Rev.* **1998**, 27, 427.
[440] See Diederich, F. ; Stang, P. J. , Eds. *Metal-Catalyzed Cross-Coupling Reactions*, Wiley-VCH, Weinheim, **1998**; Heck, R. F. *Palladium Reagents in Organic Syntheses*, Academic Press, NY, **1985**.
[441] Masselot, D. ; Charmant, J. P. H. ; Gallagher, T. *J. Am. Chem. Soc.* **2006**, 128, 694.
[442] See Amatore, C. ; Godin, B. ; Jutand, A. ; Lemaître, F. *Chemistry: European J.* **2007**, 13, 2002.
[443] Rosner, T. ; Pfaltz, A. ; Blackmond, D. G. *J. Am. Chem. Soc.* **2001**, 123, 4621.
[444] For related work, see Kalyani, D. ; Sanford, M. S. *J. Am. Chem. Soc.* **2008**, 130, 2150.
[445] Garcia-Cuadrado, D. ; de Mendoza, P. ; Braga, A. C. ; Maseras, F. ; Echavarren, A. M. *J. Am. Chem. Soc.* **2007**, 129, 6880.
[446] Tanaka, D. ; Romeril, S. P. ; Myers, A. G. *J. Am. Chem. Soc.* **2005**, 127, 10323.
[447] Consorti, C. S. ; Flores, F. R. ; Dupont, J. *J. Am. Chem. Soc.* **2005**, 127, 12054.
[448] Hii, K. K. ; Claridge, T. D. W. ; Brown, J. M. ; Smith, A. ; Deeth, R. J. *Helv. Chim. Acta* **2001**, 84, 3043.
[449] Kurahashi, T. ; Shinokubo, H. ; Osuka, A. *Angew. Chem. Int. Ed.* **2006**, 45, 6336.

[450] Zhou, P. ; Li, Y. ; Sun, P. ; Zhou, J. ; Bao, J. *Chem. Commun.* **2007**, 1418 ; Amatore, M. ; Gosmini, C. ; Périchon, J. *Eur. J. Org. Chem.* **2005**, 989.

[451] Matsuura, Y. ; Tamura, M. ; Kochi, T. ; Sato, M. ; Chatani, N. ; Kakiuchi, F. *J. Am. Chem. Soc.* **2007**, 129, 9858.

[452] Inamoto, K. ; Kuroda, J. ; Danjo, T. ; Sakamoto, T. *Synlett* **2005**, 1624 ; Denmark, S. E. ; Butler, C. R. *Chem. Commun.* **2009**, 20.

[453] Wen, J. ; Zhang, J. ; Chen, S.-Y. ; Li, J. ; Yu, X.-Q. *Angew. Chem. Int. Ed.* **2008**, 47, 8897 ; Liu, W. ; Cao, H. ; Lei, A. *Angew. Chem. Int. Ed.* **2010**, 49, 2004.

[454] Torres, N. M. ; Lavis, J. M. ; Maleczka, Jr. , R. E. *Tetrahedron Lett.* **2009**, 50, 4407.

[455] Weissman, H. ; Song, X. ; Milstein, D. *J. Am. Chem. Soc.* **2001**, 123, 337.

[456] Huang, C.-W. ; Shanmugasundaram, M. ; Chang, H.-M. ; Cheng, C.-H. *Tetrahedron* **2003**, 59, 3635.

[457] Takami, K. ; Yorimitsu, H. ; Shinokubo, H. ; Matsubara, S. ; Oshima, K. *Org. Lett.* **2001**, 3 , 1997.

[458] Lehmann, U. ; Awasthi, S. ; Minehan, T. *Org. Lett.* **2003**, 5, 2405.

[459] Dai, C. ; Fu, G. C. *J. Am. Chem. Soc.* **2001**, 123, 2719.

[460] Jalil, A. A. ; Kurono, N. ; Tokuda, M. *Synlett* **2001**, 1944.

[461] Ikeda, Y. ; Makamura, T. ; Yorimitsu, H. ; Oshima, K. *J. Am. Chem. Soc.* **2002**, 124, 6514.

[462] Molander, G. A. ; Brown, A. R. *J. Org. Chem.* **2006**, 71, 9681. Also see Alacid, E. ; Njera, C. *J. Org. Chem.* **2009**, 74, 2321.

[463] Molander, G. A. ; Fumagalli, T. *J. Org. Chem.* **2006**, 71, 5743.

[464] Molander, G. A. ; Jean-Gérard, L. *J. Org. Chem.* **2007**, 72, 8422.

[465] Affo, W. ; Ohmiya, H. ; Fujioka T. ; Ikeda, Y. ; Nakamura, T. ; Yorimitsu, H. ; Oshima, K. ; Imamura, Y. ; Mizuta, T. ; Miyoshi, K. *J. Am. Chem. Soc.* **2006**, 128, 8068.

[466] Heck, R. F. *J. Organomet. Chem.* **1972**, 37, 389 ; Heck, R. F. ; Nolley, Jr. , J. P. *J. Org. Chem.* **1972**, 3720.

[467] Kim, J. I. ; Patel, B. A. ; Heck, R. F. *J. Org. Chem.* **1981**, 46, 1067 ; Heck, R. F. *Pure Appl. Chem.* **1981**, 53, 2323. See also, Jeffery, T. *J. Chem. Soc. Chem. Commun.* **1991**, 324 ; Larock, R. C. ; Gong, W. H. *J. Org. Chem.* **1989**, 54, 2047. Also see Varma, R. S. ; Naicker, K. P. ; Liesen, P. J. *Tetrahedron Lett.* **1999**, 40, 2075.

[468] See Fanta, P. E. *Synthesis* **1974**, 9 ; Goshaev, M. ; Otroshchenko, O. S. ; Sadykov, A. S. *Russ. Chem. Rev.* **1972**, 41, 1046.

[469] See Bringmann, G. ; Walter, R. ; Weirich, R. *Angew. Chem, Int. Ed.* **1990**, 29, 977. Also see, Meyers, A. I. ; Price, A. J. *Org. Chem.* **1998**, 63, 412.

[470] Yang, M. ; Liu, F. *J. Org. Chem.* **2007**, 72, 8969.

[471] Wu, Q. ; Wang, L. *Synthesis* **2008**, 2007.

[472] See for example, Karimipour, M. ; Semones, A. M. ; Asleson, G. L. ; Heldrich, F. J. *Synlett* , **1990**, 525.

[473] D'Angelo, N. D. ; Peterson, J. J. ; Booker, S. K. ; Fellows, I. ; Dominguez, C. ; Hungate, R. ; Reider, P. J. ; Kim, T.-S. *Tetrahedron Lett.* **2006**, 47, 5045.

[474] Forrest, J. *J. Chem. Soc.* **1960**, 592.

[475] Lewin, A. H. ; Cohen, T. *Tetrahedron Lett.* **1965**, 4531.

[476] See Mack, A. G. ; Suschitzky, H. ; Wakefield, B. J. *J. Chem. Soc. Perkin Trans.* 1 **1980**, 1682.

[477] Salfeld, J. C. ; Baume, E. *Tetrahedron Lett.* 1966, 3365 ; Lothrop, W. C. *J. Am. Chem. Soc.* **1941**, 63, 1187.

[478] Do, H.-Q. ; Daugulis, O. *J. Am. Chem. Soc.* **2007**, 129, 12404.

[479] See Lourak, M. ; Vanderesse, R. ; Fort, Y. ; Caubere, P. *J. Org. Chem.* **1989**, 54, 4840, 4844 ; Iyoda, M. ; Otsuka, H. ; Sato, K. ; Nisato, N. ; Oda, M. *Bull. Chem. Soc. Jpn.* **1990**, 63, 80. For a review of the mechanism, see Amatore, C. ; Jutand, A. *Acta Chem. Scand.* **1990**, 44, 755.

[480] For a list of reagents, with references, see Larock, R. C. *Comprehensive Organic Transformations*, 2nd ed. , Wiley-VCH, NY, **1999**, pp. 82-84.

[481] Matsumoto, H. ; Inaba, S. ; Rieke, R. D. *J. Org. Chem.* **1983**, 48, 840 ; Chao, C. S. ; Cheng, C. H. ; Chang, C. T. *J. Org. Chem.* **1983**, 48, 4904.

[482] Takagi, K. ; Hayama, N. ; Sasaki, K. *Bull. Chem. Soc. Jpn.* **1984**, 57, 1887.

[483] Bamfield, P. ; Quan, P. M. *Synthesis* **1978**, 537.

[484] Meyer, G. ; Rollin, Y. ; Perichon, J. *J. Organomet. Chem.* **1987**, 333, 263.

[485] Nelson, T. D. ; Meyers, A. I. *J. Org. Chem.* **1994**, 59, 2655 ; Nelson, T. D. ; Meyers, A. I. *Tetrahedron Lett.* **1994**, 35, 3259.

[486] Miyaura, N. ; Suzuki, A. *Chem. Rev.* **1995**, 95, 2457 ; Alonso, F. ; Beletskaya, I. P. ; Yus, M. *Tetrahedron* **2008**, 64, 3047 ; Doucet, H. *Eur. J. Org. Chem.* **2008**, 2013 ; Molander, G. A. ; Yun, C.-S. *Tetrahedron* **2002**, 58, 1465. See Kotha, S. ; Lahiri, K. ; Kasshinath, D. *Tetrahedron* **2002**, 58, 9633.

[487] Miyaura, N. ; Yanagi, T. ; Suzuki, A. *Synth. Commun.* **1981**, 11, 513 ; Badone, D. ; Baroni, M. ; Cardomone, R. ; Ielmini, A. ; Guzzi, U. *J. Org. Chem.* **1997**, 62, 7170. See Torrell, E. ; Brookes, P. *Synthesis* **2003**, 469.

[488] Fürstner, A. ; Seidel, G. *Synlett* , **1998**, 161.

[489] For a review, see Bellina, F. ; Carpita, A. ; Rossi, R. *Synthesis* **2004**, 2419.

[490] Watanabe, T. ; Miyaura, N. ; Suzuki, A. *Synlett* **1992**, 207.

[491] Lei, A. ; Zhang, X. *Tetrahedron Lett.* **2002**, 43, 2525 ; Parrish, J. P. ; Jung, Y. C. ; Floyd, R. J. ; Jung, K. W. *Tetrahedron Lett.* **2002**, 43, 7899.

[492] Bussolari, J. C. ; Rehborn, D. C. *Org. Lett.* **1999**, 1, 965.

[493] Fairlamb, I. J. S. ; Kapdi, A. R. ; Lee, A. F. *Org. Lett.* **2004**, 6, 4435 ; Arentsen, K. ; Caddick, S. ; Cloke, G. N. ; Herring, A. P. ; Hitchcock, P. B. *Tetrahedron Lett.* **2004**, 45, 3511 ; Artok, L. ; Bulat, H. *Tetrahedron Lett.* **2004**, 45, 3881 ; Arcadi, A. ; Cerichelli, G. ; Chiarini, M. ; Correa, M. ; Zorzan, D. *Eur. J. Org. Chem.* **2003**, 4080.

[494] See Schweizer, S.; Becht, J.-M.; Le Drian, C. *Org. Lett.* **2007**, 9, 3777; Burns, M. J.; Fairlamb, I. J. S.; Kapdi, A. R.; Sehnal, P.; Taylor, R. J. K. *Org. Lett.* **2007**, 9, 5397; Guo, M; Jian, F.; He, R. *Tetrahedron Lett.* **2006**, 47, 2033; Li, J.-H.; Zhu, Q.-M.; Xie, Y.-X. *Tetrahedron* **2006**, 62, 10888; Kantam, M. L.; Subhas, M. S.; Roy, S.; Roy, M. *Synlett* **2006**, 633; Alonso, D. A.; Civicos, J. F.; Nájera, C. *Synlett* **2009**, 3011; You, E.; Li, P.; Wang, L. *Synthesis* **2006**, 1465; Felpin, F.-X.; Ayad, T.; Mitra, S. *Eur. J. Org. Chem.* **2006**, 2679; Lee, D.-H.; Jung, J.-Y.; Lee, I.-M.; Jin, M.-J. *Eur. J. Org. Chem.* **2008**, 356; Subhas, M. S.; Racharlawar, S. S.; Sridhar, B.; Kennady, P. K.; Likhar, P. R.; Kantam, M. L.; Bhargava, S. K. *Org. Biomol. Chem.* **2010**, 8, 3001; Bhayana, B.; Fors, B. P.; Buchwald, S. L. *Org. Lett.* **2009**, 11, 3954; Nishikata, T.; Abela, A. R.; Huang, S.; Lipshutz, B. H. *J. Am. Chem. Soc.* **2010**, 132, 4978; Guo, M.; Zhang, Q. *Tetrahedron Lett.* **2009**, 50, 1965. For a discussion of catalysts in this reaction, see Barder, T. E.; Walker, S. D.; Martinelli, J. R.; Buchwald, S. L. *J. Am. Chem. Soc.* **2005**, 127, 4685. For a precatalyst that is useful with unstable 2-heteroaryl boronic acids, see Kinzel, T.; Zhang, Y.; Buchwald, S. L. *J. Am. Chem. Soc.* **2010**, 132, 14073.

[495] So, C. M.; Yeung, C. C.; Lau, C. P.; Kwong, F. Y. *J. Org. Chem.* **2008**, 73, 7803; Lipshutz, B. H.; Petersen, T. B.; Abela, A. R. *Org. Lett.* **2008**, 10, 1333; Dai, W.-M.; Zhang, Y. *Tetrahedron Lett.* **2005**, 46, 1377; Villemin, D.; Jullien, A.; Bar, N. *Tetrahedron Lett.* **2007**, 48, 4191; Lai, Y.-C.; Chen, H.-Y.; Hung, W.-C.; Lin, C.-C.; Hong, F.-E. *Tetrahedron* **2005**, 61, 9484; Kuriyama, M.; Shimazawa, R.; Shirai, R. *Tetrahedron* **2007**, 63, 9393; Mai, W.; Gao, L. *Synlett* **2006**, 2553; Ghosh, R.; Adarsh, N. N.; Sarkar, A. *J. Org. Chem.* **2010**, 75, 5320.

[496] Mino, T.; Shirae, Y.; Sakamoto, M.; Fujita, T. *J. Org. Chem.* **2005**, 70, 2191; Liu, L.; Zhang, Y.; Wang, Y. *J. Org. Chem.* **2005**, 70, 6122; Yamamoto, Y.; Suzuki, R.; Hattori, K.; Nishiyama, H. *Synlett* **2006**, 1027; Mino, T.; Kajiwara, K.; Shirae, Y.; Sakamoto, M.; Fujita, T. *Synlett* **2008**, 2711; Zhang, G. *Synthesis* **2005**, 537; Cui, X.; Qin, T.; Wang, J. R.; Liu, L.; Guo, Q.-X. *Synthesis* **2007**, 393.

[497] Liu, L.; Zhang, Y.; Xin, B. *J. Org. Chem.* **2006**, 71, 3994; Korolev, D. N.; Bumagin, N. A. *Tetrahedron Lett.* **2006**, 47, 4225; Li, J.-H.; Li, J.-L.; Xie, Y.-X. *Synthesis* **2007**, 984; Saha, D.; Chattopadhyay, K.; Ranu, B. C. *Tetrahedron Lett.* **2009**, 50, 1003; da Conceição Silva, A.; Senra, J. D.; Aguiar, L. C. S.; Simas, A. B. C.; de Souza, A. L. F.; Malta, L. F. B.; Antunes, O. A. C. *Tetrahedron Lett.* **2010**, 51, 3883; Zhou, W.-J.; Wang, K.-H.; Wang, J.-X.; Gao, Z.-R. *Tetrahedron* **2010**, 66, 7633.

[498] Li, J.-H.; Liu, W.-J.; Xie, Y.-X. *J. Org. Chem.* **2005**, 70, 5409; Felpin, F.-X. *J. Org. Chem.* **2005**, 70, 8575; Masllorens, J.; González, I.; Roglans, A. *Eur. J. Org. Chem.* **2007**, 158.

[499] Zapf, A.; Ehrentraut, A.; Beller, M. *Angew. Chem. Int. Ed.* **2000**, 39, 4153.

[500] See Caló, V.; Nacci, A.; Monopoli, A.; Montingelli, F. *J. Org. Chem.* **2005**, 70, 6040; Yang, C.-H.; Tai, C. C.; Huang, Y.-T.; Sun, I.-W. *Tetrahedron* **2005**, 61, 4857; Hagiwara, H.; Ko, K. H.; Hoshi, T.; Suzuki, T. *Chem. Commun.* **2007**, 2838; Xin, B.; Zhang, Y.; Liu, L.; Wang, Y. *Synlett* **2005**, 3083.

[501] Early, T. R.; Gordon, R. S.; Carroll, M. A.; Holmes, A. B.; Shute, R. E.; McConvey, I. F. *Chem. Commun.* **2001**, 1966.

[502] Li, J.-H.; Deng, C.-L.; Xie, Y.-X. *Synth. Commun.* **2007**, 37, 2433.

[503] For a review, see Franzén, R.; Xu, Y. *Can. J. Chem.* **2005**, 83, 266. See Jiang, N.; Ragauskas, A. J. *Tetrahedron Lett.* **2006**, 47, 197; Arvela, R. K.; Leadbeater, N. E.; Mack, T. L.; Kormos, C. M. *Tetrahedron Lett.* **2006**, 47, 217; Hattori, H.; Fujita, K.; Muraki, T.; Sakaba, A. *Tetrahedron Lett.* **2007**, 48, 6817; Del Zotto, A.; Amoroso, F.; Baratta, W.; Rigo, P. *Eur. J. Org. Chem.* **2009**, 110; Xu, K.; Hao, X.-Q.; Gong, J.-F.; Song, M.-P.; Wu, Y.-J. *Austr. J. Chem.* **2010**, 63, 315.

[504] Kabalka, G. W.; Pagni, R. M.; Hair, C. M. *Org. Lett.* **1999**, 1, 1423. See Basu, B.; Das, P.; Bhuiyan, Md. M. H.; Jha, S. *Tetrahedron Lett.* **2003**, 44, 3817.

[505] Villemin, D.; Caillot, F. *Tetrahdron Lett.* **2001**, 42, 639.

[506] Chanthavong, F.; Leadbeater, N. E. *Tetrahedron Lett.* **2006**, 47, 1909; Arvela, R. K.; Leadbeater, N. E.; Sangi, M. S.; Williams, V. A.; Granados, P.; Singer, R. D. *J. Org. Chem.* **2005**, 70, 161; Miao, G.; Ye, P.; Yu, L.; Baldino, C. M. *J. Org. Chem.* **2005**, 70, 2332; Arvela, R. K.; Leadbeater, N. E. *Org. Lett.* **2005**, 7, 2101; Baxendale, I. R.; Griffiths-Jones, C. M.; Ley, S. V.; Tranmer, G. K. *Chemistry: European J.* **2006**, 12, 4407; Yan, J.; Zhu, M.; Zhou, Z. *Eur. J. Org. Chem.* **2006**, 2060.

[507] Blettner, C. G.; König, W. A.; Stenzel, W.; Schotten, T. *J. Org. Chem.* **1999**, 64, 3885. For other reactions on solid support, see Franzén, R. *Can. J. Chem.* **2000**, 78, 957.

[508] Hebel, A.; Haag, R. *J. Org. Chem.* **2002**, 67, 9452.

[509] Kantam, M. L.; Roy, M.; Roy, S.; Sreedhar, B.; Madhavendra, S. S.; Choudary, B. M.; De, R. L. *Tetrahedron* **2007**, 63, 8002; Schweizer, S.; Becht, J.-M.; Le Drian, C. *Tetrahedron* **2010**, 66, 765; Islam, M.; Mondal, P.; Tuhina, K.; Hossain, D.; Roy, A. S. *Chem. Lett.* **2010**, 39, 1200.

[510] Guo, Y.; Young, D. J.; Hor, T. S. A. *Tetrahedron Lett.* **200**8, 49, 5620.

[511] Poondra, R. R.; Fischer, P. M.; Turner, N. J. *J. Org. Chem.* **2004**, 69, 6920.

[512] Wu, J.; Zhu, Q.; Wang, L.; Fathi, R.; Yang, Z. *J. Org. Chem.* **2003**, 68, 670.

[513] Quasdorf, K. W.; Riener, M.; Petrova, K. V.; Garg, N. K. *J. Am. Chem. Soc.* **2009**, 131, 17748. See Antoft-Finch, A.; Blackburn, T.; Snieckus, V. *J. Am. Chem. Soc.* **2009**, 131, 17750.

[514] Zhao, Y.-L.; Li, Y.; Li, Y.; Gao, L.-X.; Han, F.-S. *Chemistry: Eur. J.* **2010**, 16, 4991.

[515] Zhang, W.; Chen, C. H.-T.; Lu, Y.; Nagashima, T. *Org. Lett.* **2004**, 6, 1473; Riggleman, S.; DeShong, P. *J. Org. Chem.* **2003**, 68, 8106.

[516] So, C. M.; Lau, C. P.; Chan, A. S. C.; Kwong, F. Y. *J. Org. Chem.* **2008**, 73, 7731; So, C. M.; Lau, C. P.; Kwong, F. Y. *Angew. Chem. Int. Ed.* **2008**, 47, 8059.

[517] Lane, B. S.; Sames, D. *Org. Lett.* **2004**, 6, 2897; Denmark, S. E.; Baird, J. D. *Org. Lett.* **2004**, 6, 3649; Prieto, M.; Zurita, E.; Rosa, E.; Muñoz, L.; Lloyd-Williams, P.; Giralt, E. *J. Org. Chem.* **2004**, 69, 6812; Dvorak, C. A.; Rudolph, D. A.;

Ma, S. ; Carruthers, N. I. *J. Org. Chem.* **2005**, 70, 4186; Kudo, N. ; Perseghini, M. ; Fu, G. C. *Angew. Chem. Int. Ed.* **2006**, 45, 1282; Yang, S.-D. ; Sun, C.-L. ; Fang, Z. ; Li, B.-J. ; Li, Y.-Z. ; Shi, Y.-J. *Angew. Chem. Int. Ed.* **2008**, 47, 1473.

[518] Morris, G. A. ; Nguyen, S. T. *Tetrahedron Lett.* **2000**, 42, 2093.

[519] Villemin, D. ; Gómez-Escalonilla, M. J. ; Saint-Clair, J.-F. *Tetrahedron Lett.* **2001**, 42, 635.

[520] Baillie, C. ; Chen, W. ; Xiao, J. *Tetrahedron Lett.* **2001**, 42, 9085.

[521] Phan, N. T. S. ; Brown, D. H. ; Stgring, P. *Tetrahedron Lett.* **2004**, 45, 7915.

[522] Baillie, C. ; Zhang, L. ; Xiao, J. *J. Org. Chem.* **2004**, 69, 7779.

[523] Mutele, I. ; Suna, E. *Tetrahedron Lett.* **2004**, 45, 3909.

[524] Ma, H.-r. ; Wang, X.-L. ; Deng, M.-z. *Synth. Commun.* **1999**, 29, 2477.

[525] Tao, B. ; Boykin, D. W. *J. Org. Chem.* **2004**, 69, 4330; Li, J.-H. ; Liu, W.-J. *Org. Lett.* **2004**, 6, 2809.

[526] Colacot, T. J. ; Shea, H. A. *Org. Lett.* **2004**, 6, 3731; DeVasher, R. B. ; Moore, L. R. ; Shaughnessy, K. H. *J. Org. Chem.* **2004**, 69, 7919.

[527] Shen, W. *Synlett* **2000**, 737.

[528] Peyroux, E. ; Berthiol, F. ; Doucet, H. ; Santelli, M. *Eur. J. Org. Chem.* **2004**, 1075.

[529] Andrus, M. B. ; Song, C. ; Zhang, J. *Org. Lett.* **2002**, 4, 2079.

[530] Catellani, M. ; Motti, E. ; Minari, M. *Chem. Commun.* **2000**, 157. See Yin, J. ; Buchwald, S. L. *J. Am. Chem. Soc.* **2000**, 122, 112051.

[531] Kuwano, R. ; Yokogi, M. *Org. Lett.* **2005**, 7, 945.

[532] Kirchhoff, J. H. ; Netherton, M. R. ; Hills, I. D. ; Fu, G. C. *J. Am. Chem. Soc.* **2002**, 124, 13662.

[533] Zhou, J. ; Fu, G. C. *J. Am. Chem. Soc.* **2004**, 126, 1340.

[534] Bandgar, B. P. ; Bettigeri, S. V. ; Phopase, J. *Tetrahedron Lett.* **2004**, 45, 6959.

[535] Tsukamoto, H. ; Sato, M. ; Kondo, Y. *Chem. Commun.* **2004**, 1200; Kayaki, Y. ; Koda, T. ; Ikariya, T. *Eur. J. Org. Chem.* **2004**, 4989.

[536] McLaughlin, M. *Org. Lett.* **2005**, 7, 4875.

[537] Habashneh, A. Y. ; Dakhil, O. O. ; Zein, A. ; Georghiou, P. E. *Synth. Commun.* **2009**, 39, 4221.

[538] Lu, Z. ; Fu, G. C. *Angew. Chem. Int. Ed.* **2010**, 49, 6676.

[539] Lando, V. R. ; Moneitro, A. L. *Org. Lett.* **2003**, 5, 2891.

[540] Navarro, O. ; Kelly, Ⅲ, R. A. ; Nolan, S. P. *J. Am. Chem. Soc.* **2003**, 125, 16194; Baudoin, O. *Eur. J. Org. Chem.* **2005**, 4223.

[541] See Esponet, P. ; Echavarren, A. M. *Angew. Chem. Int. Ed.* **2004**, 43, 4704.

[542] Moreno-Mañas, M. ; Pérez, M. ; Pleixats, R. *J. Org. Chem.* **1996**, 61, 2346.

[543] See *Metal-Catalyzed Cross-Coupling Reactions*, Diederich, F. ; Stang, P. J. Wiley-VCH, Weinheim, **1998**, p. 212.

[544] Aramendia, M. A. ; Lafont, F. ; Moreno-Mañas, M. ; Pleixats, R. ; Roglans, A. *J. Org. Chem.* **1999**, 64, 3592.

[545] Adamo, C. ; Amatore, C. ; Ciofini, I. ; Jutand, A. ; Hakim Lakmini, H. *J. Am. Chem. Soc.* **2006**, 128, 6829.

[546] Jung, Y. C. ; Mishra, R. K. ; Yoon, C. H. ; Jung, K. W. *Org. Lett.* **2003**, 5, 2231.

[547] Farrington, E. J. ; Brown, J. M. ; Barnard, C. F. J. ; Rowsell, E. *Angew. Chem. Int. Ed.* **2002**, 41, 169.

[548] Percec, V. ; Golding, G. M. ; Smidrkal, J. ; Weichold, O. *J. Org. Chem.* **2004**, 69, 3447. See Quasdorf, K. W. ; Tian, X. ; Garg, N. K. *J. Am. Chem. Soc.* **2008**, 130, 14422; Chen, C. ; Yang, L.-M. *Tetrahedron Lett.* **2007**, 48, 2427; González-Bobes, F. ; Fu, G. C. *J. Am. Chem. Soc.* **2006**, 128, 5360.

[549] Lautens, M. ; Roy, A. ; Fukuoka, K. ; Fagnou, K. ; Martín-Matute, B. *J. Am. Chem. Soc.* **2001**, 123, 5358.

[550] Blakey, S. B. ; MacMillan, D. W. C. *J. Am. Chem. Soc.* **2003**, 125, 6046.

[551] Chung, K.-G. ; Miyake, Y. ; Uemura, S. *J. Chem. Soc. Perkin Trans.* 1 **2000**, 15.

[552] Demir, A. S. ; Reis, Ö; Emrullahoglu, M. *J. Org. Chem.* **2003**, 68, 578.

[553] Bumagin, N. A. ; Tsarev, D. A. *Tetrahedron Lett.* **1998**, 39, 8155.

[554] Hatakeyama, T. ; Hashimoto, T. ; Kondo, Y. ; Fujiwara, Y. ; Seike, H. ; Takaya, H. ; Tamada, Y. ; Ono, T. ; Nakamura, M. *J. Am. Chem. Soc.* **2010**, 132, 10674. However, see Bedford, R. B. ; Nakamura, M. ; Gower, N. J. ; Haddow, M. F. ; Hall, M. A. ; Huwe, M. ; Hashimoto, T. ; Okopie, R. A. *Tetrahedron Lett.* **2009**, 50, 6110.

[555] Kang, S.-K. ; Hong, Y.-T. ; Kim, D.-H. ; Lee, S.-H. *J. Chem. Res. (S)* **2001**, 283.

[556] Kang, S.-K. ; Ryu, H.-C. ; Lee, S.-W. *J. Chem. Soc. Perkin Trans.* 1 **1999**, 2661.

[557] Bumagin, N. A. ; Korolev, D. N. *Tetrahedron Lett.* **1999**, 40, 3057.

[558] Haddach, M. ; McCarthy, J. R. *Tetrahedron Lett.* **1999**, 40, 3109.

[559] Chen, H. ; Deng, M.-Z. *Org. Lett.* **2000**, 2, 1649.

[560] Leadbeater, N. E. ; Resouly, S. M. *Tetrahedron* **1999**, 55, 11889.

[561] Lipshutz, B. H. ; Sclafani, J. A. ; Blomgren, P. A. *Tetrahedron* **2000**, 56, 2139.

[562] Gooßen, L. J. ; Ghosh, K. *Angew. Chem. Int. Ed.* **2001**, 40, 3458.

[563] Kakiuchi, F. ; Usai, M. ; Ueno, S. ; Chatani, N. ; Murai, S. *J. Am. Chem. Soc.* **2004**, 126, 2706.

[564] Lu, G. ; Franzén, R. ; Zhang, Q. ; Xu, Y. *Tetrahedron Lett.* **2005**, 46, 4255.

[565] Chameil, H. ; Signorella, S. ; Le Drian, C. *Tetrahedron* **200**0, 56, 9655. Also see Kakiuchi, F. ; Matsuura, Y. ; Kan, S. ; Chatani, N. *J. Am. Chem. Soc.* **2005**, 127, 5936.

[566] Yoo, K. S. ; Yoon, C. H. ; Jung, K. W. *J. Am. Chem. Soc.* **2006**, 128, 16384.

[567] Cioffi, C. L. ; Spencer, W. T. ; Richards, J. J. ; Herr, R. J. *J. Org. Chem.* **2004**, 69, 2210.

[568] Nishihara, Y. ; Miyasaka, M. ; Okamoto, M. ; Takahashi, H. ; Inoue, E. ; Tanemura, K. ; Takagi, K. *J. Am. Chem. Soc.*

2007, 129, 12634.
[569] Iglesias, B.; Alvarez, R.; de Lera, A. R. *Tetrahedron* **2001**, 57, 3125.
[570] Molander, G. A.; Canturk, B.; Kennedy, L. E. *J. Org. Chem.* **2009**, 74, 973; Molander, G. A.; Jean-Grard, L. *J. Org. Chem.* **2009**, 74, 1297; Barder, T. E.; Buchwald, S. L. *Org. Lett.* **2004**, 6, 2649. See Ito, T.; Iwai, T.; Mizuno, T.; Ishino, Y. *Synlett* **2003**, 1435.
[571] Darses, S.; Genet, J.-P. *Chem. Rev.* **2008**, 108, 288.
[572] Molander, G. A.; Yun, C.-S.; Ribagorda, M.; Biolatto, B. *J. Org. Chem.* **2003**, 68, 5534.
[573] Dreher, S. D.; Dormer, P. G.; Sandrock, D. L.; Molander, G. A. *J. Am. Chem. Soc.* **2008**, 130, 9257; Dreher, S. D.; Lim, S.-E.; Sandrock, D. L.; Molander, G. A. *J. Org. Chem.* **2009**, 74, 3626.
[574] Xia, M.; Chen, Z.-C. *Synth. Commun.* **1999**, 29, 2457.
[575] Molander, G. A.; Bernardi, C. R. *J. Org. Chem.* **2002**, 67, 8424.
[576] Kabalka, G. W.; Al-Masum, M. *Tetrahedron Lett.* **2005**, 46, 632; Kabalka, G. W.; Zhou, L.-L.; Naravane, A. *Tetrahedron Lett.* **2006**, 47, 6887; Harker, R. L.; Crouch, R. D. *Synthesis* **2007**, 25; Kabalka, G. W.; Naravane, A.; Zhao, L. L. *Tetrahedron Lett.* **2007**, 48, 7091; Kabalka, G. W.; Al-Masum, M.; Mereddy, A. R.; Dadush, E. *Tetrahedron Lett.* **2006**, 47, 1133.
[577] Cella, R.; Cunha, R. L. O. R.; Reis, A. E. S.; Pimenta, D. C.; Klitzke, C. F.; Stefani, H. A. *J. Org. Chem.* **2006**, 71, 244.
[578] Ge, H.; Niphakis, M. J.; Georg, G. I. *J. Am. Chem. Soc.* **2008**, 130, 3708.
[579] Wu, J.; Zhang, L.; Gao, K. *Eur. J. Org. Chem.* **2006**, 5260.
[580] Castro, C. E.; Stephens, R. D. *J. Org. Chem.* **1963**, 28, 2163; Stephens, R. D.; Castro, C. E. *J. Org. Chem.* **1963**, 28, 3313. See Sladkov, A. M.; Gol'ding, I. R. *Russ. Chem. Rev.* **1979**, 48, 868; Bumagin, N. A.; Kalinovskii, I. O.; Ponomarov, A. B.; Beletskaya, I. P. *Doklad. Chem.* **1982**, 265, 262.
[581] Penney, J. M.; Miller, J. A. *Tetrahedron Lett.* **2004**, 45, 4989.
[582] Sonogashira, K.; Tohda, Y.; Hagihara, N. *Tetrahedron Lett.* **1975**, 4467; Chinchilla, R.; Nájera, C. *Chem. Rev.* **2007**, 107, 874; Rossi, R.; Carpita, A.; Bellina, F. *Org. Prep. Proceed. Int.* **1995**, 27, 127; Sonogashira, K. in Diederich, F.; Stang, P. J. *Metal-Catalyzed Cross-Coupling Reactions*, Wiley-VCH, NY, **1998**, Chapter 5.
[583] See Novák, Z.; Szabó, A.; Répási, J.; Kotschy, A. *J. Org. Chem.* **2003**, 68, 3327.
[584] Böhm, V. P. W.; Herrmann, W. A. *Eur. J. Org. Chem.* **2000**, 3679. See Mori, A.; Shimada, T.; Kondo, T.; Sekiguchi, A. *Synlett* **2001**, 649.
[585] Liang, B.; Dai, M.; Chen, J.; Yang, Z. *J. Org. Chem.* **2005**, 70, 391.
[586] See Mio, M. J.; Kopel, L. C.; Braun, J. B.; Gadzikwa, T. L.; Hull, K.; Brisbois, R. G.; Markworth, C. J.; Grieco, P. A. *Org. Lett.* **2002**, 4, 3199.
[587] Wolf, C.; Lerebours, R. *Org. Biomol. Chem.* **2004**, 2, 2161; Chen, Y.; Markina, N. A.; Larock, R. C. *Tetrahedron* **2009**, 65, 8908; R'kyek, O.; Halland, N.; Lindenschmidt, A.; Alonso, J.; Lindemann, P.; Urmann, M.; Nazaré, M. *Chemistry: Eur. J.* **2010**, 16, 9986.
[588] Yi, C.; Hua, R. *J. Org. Chem.* **2006**, 71, 2535; Tang, B. X.; Wang, F.; Li, J.-H.; Xie, Y.-X.; Zhang, M.-B. *J. Org. Chem.* **2007**, 72, 6294; Li, P.; Wang, L.; Li, H. *Tetrahedron* **2005**, 61, 8633; Plenio, H. *Angew. Chem. Int. Ed.* **2008**, 47, 6954.
[589] Mori, S.; Yanase, T.; Aoyagi, S.; Monguchi, Y.; Maegawa, T.; Sajiki, H. *Chemistry: European J.* **2008**, 14, 6994.
[590] See Sakai, N.; Annaka, K.; Konakahara, T. *Org. Lett.* **2004**, 6, 1527; Djakovitch, L.; Rollet, P. *Tetrahedron Lett.* **2004**, 45, 1367; Hierso, J.-C.; Fihri, A.; Amardeil, R.; Meunier, P.; Doucet, H.; Santelli, M.; Ivanov, V. V. *Org. Lett.* **2004**, 6, 3473.
[591] Yi, C.; Hua, R. *J. Org. Chem.* **2006**, 71, 2535; Cwik, A.; Hell, Z.; Figueras, F. *Tetrahedron Lett.* **2006**, 47, 3023; Komáromi, A.; Tolnai, G. L.; Novák, Z. *Tetrahedron Lett.* **2008**, 49, 7294; Teratani, T.; Ohtaka, A.; Kawashima, T.; Shimomura, O.; Nomura, R. *Synlett* **2010**, 2271; Li, J.-H.; Zhang, X.-D.; Xie, Y.-X. *Synthesis* **2005**, 804; Li, J.-H.; Zhang, X.-D.; Xie, Y.-X. *Eur. J. Org. Chem.* **2005**, 4256; Ren, T.; Zhang, Y.; Zhu, W.; Zhou, J. *Synth. Commun.* **2007**, 37, 3279; Bakherad, M.; Keivanloo, A.; Bahramian, B.; Hashemi, M. *Tetrahedron Lett.* **2009**, 50, 1557. For a variation using Au-nanoparticles, see de Souza, R. O. M. A.; Bittar, M. S.; Mendes, L. V. P.; da Silva, C. M. F.; da Silva, V. T.; Antunes, O. A. C. *Synlett* **2008**, 1777.
[592] Gholap, A. R.; Venkatesan, K.; Pasricha, R.; Daniel, T.; Lahoti, R. J.; Srinivasan, K. V. *J. Org. Chem.* **2005**, 70, 4869; Pan, C.; Luo, F.; Wang, W.; Ye, Z.; Cheng, J. *Tetrahedron Lett.* **2009**, 50, 5044.
[593] Maji, M. S.; Murarka, S.; Studer, A. *Org. Lett.* **2010**, 12, 3878.
[594] Lipshutz, B. L.; Chung, D. W.; Rich, B. *Org. Lett.* **2008**, 10, 3793; Guan, J. T.; Weng, T. Q.; Yu, G.-A.; Liu, S. H. *Tetrahedron Lett.* **2007**, 48, 7129.
[595] Özdemir, I.; Gürbüz, N.; Gök, Y.; Çetinkaya, E.; Çetinkaya, B. *Synlett* **2005**, 2394; Chen, G.; Zhu, X.; Cai, J.; Wan, Y. *Synth. Commun.* **2007**, 37, 1355.
[596] Leadbeater, N. E.; Marco, M.; Tominack, B. *J. Org. Lett.* **2003**, 5, 3919.
[597] See Fukuyama, T.; Shinmen, M.; Nishitani, S.; Sato, M.; Ryu, I. *Org. Lett.* **2002**, 4, 1691; Park, S. B.; Alper, H. *Chem. Commun.* **2004**, 1306; de Lima, P. G.; Antunes, O. A. C. *Tetrahedron Lett.* **2008**, 49, 2506.
[598] Appukkuttan, P.; Dehaen, W.; van der Eyken, E. *Eur. J. Org. Chem.* **2003**, 4713. See also, Kabalka, G. W.; Wang, L.; Namboodiri, V.; Pagni, R. M. *Tetrahedron Lett.* **2000**, 41, 515.
[599] Liao, Y.; Fathi, R.; Reitman, M.; Zhang, Y.; Yang, Z. *Tetrahedron Lett.* **2001**, 42, 1815; Gonthier, E.; Breinbauer, R. *Synlett* **2003**, 1049.
[600] Wang, M.; Li, P.; Wang, L. *Synth. Commun.* **2004**, 34, 2803.
[601] Erdélyi, M.; Gogoll, A. *J. Org. Chem.* **2003**, 68, 6431.

[602] Bakherad, M.; Amin, A. H.; Keivanloo, A.; Bahramian, B.; Raeissi, M. *Tetrahedron Lett.* **2010**, 51, 5653.
[603] Lipshutz, B. H.; Blomgren, P. A. *Org. Lett.* **2001**, 3, 1869.
[604] See Chow, H.-F.; Wan, C.-W.; Low, K.-H.; Yeung, Y.-Y. *J. Org. Chem.* **2001**, 66, 1910.
[605] Altenhoff, G.; Würtz, S.; Glorius, F. *Tetrahedron Lett.* **2006**, 47, 2925.
[606] Olivi, N.; Spruyt, P.; Peyrat, J.-F.; Alami, M.; Brion, J.-D. *Tetrahedron Lett.* **2004**, 45, 2607.
[607] Feuerstein, M.; Doucet, H.; Santelli, M. *Tetrahedron Lett.* **2004**, 45, 8443.
[608] Fabrizi, G.; Goggiamani, AA.; Sferrazza, A.; Cacchi, S. *Angew. Chem. Int. Ed.* **2010**, 49, 4067.
[609] Seregin, I. V.; Ryabova, V.; Gevorgyan, V. *J. Am. Chem. Soc.* **2007**, 129, 7742.
[610] Wakamatsu, H.; Takeshita, M. *Synlett* **2010**, 2322.
[611] Monnier, F.; Turtaut, F.; Duroure, L.; Taillefer, M. *Org. Lett.* **2008**, 10, 3203. For a mcirowave induced variation of this reacation, see Colacino, E.; Daïch, L.; Martinez, J.; Lamaty, F. *Synlett* **2007**, 1279.
[612] Borah, H. N.; Prajapati, D.; Boruah, R. C. *Synlett* **2005**, 2823.
[613] Li, P.; Wang, L.; Wang, M.; You, F. *Eur. J. Org. Chem.* **2008**, 5946. However, see Lauterbach, T.; Livendahl, M.; Roselln, A.; Espinet, P.; Echavarren, A. M. *Org. Lett.* **2010**, 12, 3006, and Panda, B.; Sarkar, T. K. *Tetrahedron Lett.* **2010**, 51, 301. See also, Beaumont, S. K.; Kyriakou, G.; Lambert, R. M. *J. Am. Chem. Soc.* **2010**, 132, 12246.
[614] Bakherad, M.; Keivanloo, A.; Mihanparast, S. *Synth. Commun.* **2010**, 40, 179.
[615] Sawant, D. N.; Tambade, P. J.; Wagh, Y. S.; Bhanage, B. M. *Tetrahedron Lett.* **2010**, 51, 2758.
[616] Li, P.; Wang, L. *Synlett* **2006**, 2261.
[617] Anastasia, L.; Negishi, E. *Org. Lett.* **2001**, 3, 3111.
[618] Castanet, A.-S.; Colobert, F.; Schlama, T. *Org. Lett.* **2000**, 2, 3559.
[619] Torres, G. H.; Choppin, S.; Colobert, F. *Eur. J. Org. Chem.* **2006**, 1450.
[620] Sun, Z.; Yu, S.; Ding, Z.; Ma, D. *J. Am. Chem. Soc.* **2007**, 129, 9300.
[621] See Jeganmohan, M.; Cheng, C.-H. *Org. Lett.* **2004**, 6, 2821.
[622] Kang, S.-K.; Ryu, H.-C.; Hong, Y-T. *J. Chem. Soc. Perkin Trans.* 1 **2001**, 736.
[623] Savarin, C.; Srogl, J.; Liebeskind, L. S. *Org. Lett.* **2001**, 3, 91.
[624] Saeki, T.; Son, E.-C.; Tamao, K. *Org. Lett.* **2004**, 6, 617.
[625] Molander, G. A.; Katona, B. W.; Machrouhi, F. *J. Org. Chem.* **2002**, 67, 8416.
[626] Oh, C. H.; Jung, S. H. *Tetrahedron Lett.* **2000**, 41, 8513.
[627] Kang, S.-K.; Yoon, S.-K.; Kim, Y.-M. *Org. Lett.* **2001**, 3, 2697.
[628] Radhakrishnan, U.; Stang, P. J. *Org. Lett.* **2001**, 3, 859.
[629] Gallagher, W. P.; Maleczka, Jr., R. E. *J. Org. Chem.* **2003**, 68, 6775.
[630] There is evidence for both the SNAr mechanism (see Leffek, K. T.; Matinopoulos-Scordou, A. E. *Can. J. Chem.* **1977**, 55, 2656, 2664) and the S$_{RN}$1 mechanism (see Zhang, X.; Yang, D.; Liu, Y.; Chen, W.; Cheng, J. *Res. Chem. Intermed.* **1989**, 11, 281).
[631] Rossi, R. A.; Bunnett, J. F. *J. Org. Chem.* **1973**, 38, 3020; Bunnett, J. F.; Gloor, B. F. *J. Org. Chem.* **1973**, 38, 4156; **1974**, 39, 382.
[632] Rajan, S.; Muralimohan, K. *Tetrahedron Lett.* **1978**, 483; Rossi, R. A.; Alonso, R. A. *J. Org. Chem.* **1980**, 45, 1239; Beugelmans, R. *Bull. Soc. Chim. Belg.* **1984**, 93, 547.
[633] Matsubara, K.; Ueno, K.; Koga, Y.; Hara, K. *J. Org. Chem.* **2007**, 72, 5069.
[634] Caron, S.; Vasquez, E.; Wojcik, J. M. *J. Am. Chem. Soc.* **2000**, 122, 712.
[635] Bella, M.; Kobbelgaard, S.; Jørgensen, K. A. *J. Am. Chem. Soc.* **2005**, 127, 3670.
[636] Leake, W. W.; Levine, R. *J. Am. Chem. Soc.* **1959**, 81, 1169, 1627.
[637] See Caubere, P.; Guillaumet, G. *Bull. Soc. Chim. Fr.* **1972**, 4643, 4649.
[638] Bunnett, J. F.; Kato, T.; Flynn, R.; Skorcz, J. A. *J. Org. Chem.* **1963**, 28, 1. See Biehl, E. R.; Khanapure, S. P. *Acc. Chem. Res.* **1989**, 22, 275; Hoffmann, R. W. *Dehydrobenzene and Cycloalkynes*, Academic Press, NY, **1967**, pp. 150-164. See also, Kessar, S. V. *Acc. Chem. Res.* **1978**, 11, 283.
[639] You, J.; Verkade, J. G. *Angew. Chem. Int. Ed.* **2003**, 42, 5051.
[640] Vogl, E. M.; Buchwald, S. L. *J. Org. Chem.* **2002**, 67, 106.
[641] Grasa, G. A.; Colacot, T. *J. Org. Chem.* **2007**, 9, 5489.
[642] Hama, T.; Hartwig, J. F. *Org. Lett.* **2008**, 10, 1545, 1549; Biscoe, M. R.; Buchwald, S. L. *Org. Lett.* **2009**, 11, 1773.
[643] Aramendia, M. A.; Borau, V.; Jiménez, C.; Marinas, J. M.; Ruiz, J. R.; Urbano, F. J. *Tetrahedron Lett.* **2002**, 43, 2847.
[644] Kashin, A. N.; Mitin, A. V.; Beletskaya, I. P.; Wife, R. *Tetrahedron Lett.* **2002**, 43, 2539.
[645] Galli, C.; Bunnett, J. F. *J. Org. Chem.* **1984**, 49, 3041.
[646] See Osuka, A.; Kobayashi, T.; Suzuki, H. *Synthesis* **1983**, 67; Hennessy, E. J.; Buchwald, S. L. *Org. Lett.* **2002**, 4, 269.
[647] Cristau, H. J.; Vogel, R.; Taillefer, M.; Gadras, A. *Tetrahedron Lett.* **2000**, 41, 8457.
[648] Liu, C.; He, C.; Shi, W.; Chen, M.; Lei, A. *Org. Lett.* **2007**, 9, 5601.
[649] Elliott, G. I.; Konopelski, J. P.; Olmstead, M. M. *Org. Lett.* **1999**, 1, 1867 and refs. 3-7 therein.
[650] See Elliott, G. I.; Konopelski, J. P. *Tetrahedron* **2001**, 57, 5683.
[651] Barton, D. H. R.; Blazejewski, J.; Charpiot, B.; Finet, J.; Motherwell, W. B.; Papoula, M. T. B.; Stanforth, S. P. *J. Chem. Soc, Perkin Trans.* 1 **1985**, 2667; O'Donnell, M. J.; Bennett, W. D.; Jacobsen, W. N.; Ma, Y. *Tetrahedron Lett.* **1989**, 30, 3913.
[652] Citterio, A.; Santi, R.; Fiorani, T.; Strologo, S. *J. Org. Chem.* **1989**, 54, 2703; Citterio, A.; Fancelli, D.; Finzi, C.; Pesce, L.; Santi, R. *J. Org. Chem.* **1989**, 54, 2713.

[653] Lundin, P. M. ; Esquivias, J. ; Fu, G. C. *Angew. Chem. Int. Ed.* **2009**, 48, 154.
[654] Scamehorn, R. G. ; Hardacre, J. M. ; Lukanich, J. M. ; Sharpe, L. R. *J. Org. Chem.* **1984**, 49, 4881.
[655] Aoki, S. ; Fujimura, T. ; Nakamura, E. ; Kuwjima, I. *J. Am. Chem. Soc.* **1988**, 110, 3296.
[656] See Semmelhack, M. F. ; Bargar, T. *J. Am. Chem. Soc.* **1980**, 102, 7765; Bard, R. R. ; Bunnett, J. F. *J. Org. Chem.* **1980**, 45, 1546.
[657] Bard, R. R. ; Bunnett, J. F. ; Creary, X. ; Tremelling, M. J. *J. Am. Chem. Soc.* **1980**, 102, 2852; Tremelling, M. J. ; Bunnett, J. F. *J. Am. Chem. Soc.* **198**0, 102, 7375.
[658] See Culkin, D. A. ; Hartwig, J. F. *Acc. Chem. Res.* **2003**, 36, 234.
[659] Arnauld, T. ; Barton, D. H. R. ; Normant, J. -F. ; Doris, E. *J. Org. Chem.* **1999**, 64, 6915
[660] Periasamy, M. ; KishoreBabu N. ; Jayakumar, K. N. *Tetrahedron Lett.* **2003**, 44, 8939.
[661] Chen, G. ; Kwong, F. Y. ; Chan, H. O. ; Yu, W. -Y. ; Chan, A. S. C. *Chem. Commun.* **2006**, 1413.
[662] Cossy, J. ; de Filippis, A. ; Pardo, D. G. *Org. Lett.* **2003**, 5, 3037.
[663] Hamada, T. ; Chieffi, A. ; Åhman, J. ; Buchwald, S. L. *J. Am. Chem. Soc.* **2002**, 124, 1261.
[664] See Weil, T. A. ; Cassar, L. ; Foà, M. in Wender, I. ; Pino, P. *Organic Synthesis Via Metal Carbonyls*, Vol. 2, Wiley, NY, **1977**, pp. 517-543.
[665] Liu, J. ; Liang, B. ; Shu, D. ; Hu, Y. ; Yang, Z. ; Lei, A. *Tetrahedron* **2008**, 64, 9581; Berger, P. ; Bessmernykh, A. ; Caille, J. -C. ; Mignonac, S. *Synthesis* **2006**, 3106.
[666] Garrido, F. ; Raeppel, S. ; Mann, A. ; Lautens, M. *Tetrahedron Lett.* **2001**, 42, 265.
[667] Cacchi, S. ; Babrizi, G. ; Goggiamani, A. *Org. Lett.* **2003**, 5, 4269.
[668] Antebi, S. ; Arya, P. ; Manzer, L. E. ; Alper, H. *J. Org. Chem.* **2002**, 67, 6623. For an interesting variation that generated a lactone ring, see Cho, C. S. ; Baek, D. Y. ; Shim, S. C. *J. Heterocyclic Chem.* **1999**, 36, 289.
[669] Pri-Bar, I. ; Alper, H. *J. Org. Chem.* **1989**, 54, 36.
[670] See Bumagin, N. A. ; Nikitin, K. V. ; Beletskaya, I. P. *Doklad. Chem.* **1990**, 312, 149.
[671] Wan, Y. ; Alterman, M. ; Larhed, M. ; Hallberg, A. *J. Org. Chem.* **2002**, 67, 6232.
[672] See Heck, R. F. *Palladium Reagents in Organic Synthesis*, Academic Press, NY, **1985**, pp. 348-358.
[673] Albaneze-Walker, J. ; Bazaral, C. ; Leavey, T. ; Dormer, P. G. ; Murry, J. A. *Org. Lett.* **2004**, 6, 2097.
[674] Kormos, C. M. ; Leadbeater, N. E. *Synlett* **2006**, 1663.
[675] Cai, M. -Z. ; Song, C. -S. ; Huang, X. *J. Chem. Soc. Perkin Trans. I*, **1997**, 2273.
[676] Beller, M. ; Mägerlein, W. ; Indolese, A. F. ; Fischer, C. *Synthesis* **2001**, 1098.
[677] Brunet, J. ; Sidot, C. ; Caubere, P. *J. Org. Chem.* **1983**, 48, 1166. See also, Kudo, K. ; Shibata, T. ; Kashimura, T. ; Mori, S. ; Sugita, N. *Chem. Lett.* **1987**, 577.
[678] Ramesh, C. ; Kubota, Y. ; Miwa, M. ; Sugi, Y. *Synthesis* **2002**, 2171.
[679] Ramesh, C. ; Nakamura, R. ; Kubota, Y. ; Miwa, M. ; Sugi, Y. *Synthesis* **2003**, 501.
[680] Watson, D. A. ; Fan, X. ; Buchwald, S. L. *J. Org. Chem.* **2008**, 73, 7096.
[681] Larock, R. C. ; Fellows, C. A. *J. Am. Chem. Soc.* **1982**, 104, 1900.
[682] Nishiyama, Y. ; Tokunaga, K. ; Kawamatsu, H. ; Sonoda, N. *Tetrahedron Lett.* **2002**, 43, 1507.
[683] Wu, X. ; Larhed, M. *Org. Lett.* **2005**, 7, 3327; Ju, J. ; Jeong, M. ; Moon, J. ; Jung, H. M. ; Lee, S. *Org. Lett.* **2007**, 9, 4615; Csejági, C. ; Borcsek, B. ; Niesz, K. ; Kovács, I. ; Székelyhidi, Z. ; Bajkó, Z. ; Ürge, L. ; Darvas, F. *Org. Lett.* **2008**, 10, 1589; Letavic, M. A. ; Ly, K. S. *Tetrahedron Lett.* **2007**, 48, 2339; Tambade, P. J. ; Patil, Y. P. ; Bhanushali, M. J. ; Bhanage, B. M. *Synthesis* **2008**, 2347.
[684] Ryu, I. ; Kusano, K. ; Masumi, N. ; Yamazaki, H. ; Ogawa, A. ; Sonoda, N. *Tetrahedron Lett.* **1990**, 31, 6887.
[685] Dey, K. ; Eaborn, C. ; Walton, D. R. M. *Organomet. Chem. Synth.* **1971**, 1, 151.
[686] Yamashita, M. ; Miyoshi, K. ; Nakazono, Y. ; Suemitsu, R. *Bull. Chem. Soc. Jpn.* **1982**, 55, 1663.
[687] Nudelman, N. S. ; Doctorovich, F. *Tetrahedron* **1994**, 50, 4651.
[688] Ryu, I. ; Ryang, M. ; Rhee, I. ; Omura, H. ; Murai, S. ; Sonoda, N. *Synth. Commun.* **1984**, 14, 1175 and cited references. See Hatanaka, Y. ; Hiyama, T. *Chem. Lett.* **1989**, 2049.
[689] Lee, S. W. ; Kee, K. ; Seomoon, D. ; Kim, S. ; Kim, H. ; Kim, H. ; Shim, E. ; Lee, M. ; Lee, S. ; Kim, S. ; Lee, P. H. *J. Org. Chem.* **2004**, 69, 4852.
[690] Papoian, V. ; Minehan, T. *J. Org. Chem.* **2008**, 73, 7376.
[691] Baird, Jr. , W. C. ; Hartgerink, R. L. ; Surridge, J. H. *J. Org. Chem.* **1985**, 50, 4601.
[692] Kang, S. -K. ; Ryu, H. -C. ; Choi, S. -C. *Synth. Commun.* **2001**, 31, 1035.
[693] Pletnev, A. A. ; Larock, R. C. *J. Org. Chem.* **2002**, 67, 9428.
[694] Ishiyama, T. ; Kizaki, H. ; Miyaura, N. ; Suzuki, A. *Tetrahedron Lett.* **1993**, 34, 7595.
[695] Couve-Bonnaire, S. ; Caprentier, J. -F. ; Mortreux, A. ; Castanet, Y. *Tetrahedron Lett.* **2001**, 42, 3689.
[696] Maerten, E. ; Hassouna, F. ; Couve-Bonnaire, S. ; Mortreux, A. ; Carpentiere, J. -F. ; Castanet, Y. *Synlett* **2003**, 1874.
[697] Ahmed, M. S. M. ; Mori, A. *Org. Lett.* **2003**, 5, 3057. For a Pd-catalyzed reaction, see Liang, B. ; Huang, M. ; You, Z. ; Xiong, Z. ; Lu, K. ; Fathi, R. ; Chen, J. ; Yang, Z. *J. Org. Chem.* **2005**, 70, 6097.
[698] Yamanoi, Y. ; Nishihara, H. *J. Org. Chem.* **2008**, 73, 6671; Gordillo, Á. ; de Jesús, E. ; López-Mardomingo, C. *Org. Lett.* **2006**, 8, 3517; Murata, M. ; Yamasaki, H. ; Ueta, T. ; Nagata, M. ; Ishikura, M. ; Watanabe, S. ; Masuda, Y. *Tetrahedron* **2007**, 63, 4087; Murata, M. ; Yoshida, S. ; Nirei, S. ; Watanabe, S. ; Masuda, Y. *Synlett* **2006**, 118; Ye, Z. ; Chen, F. ; Luo, F. ; Wang, W. ; Lin, B. ; Jia, X. ; Cheng, J. *Synlett* **2009**, 2198. See also, Denmark, S. E. ; Kallemeyn, J. M. *J. Am. Chem. Soc.* **2006**, 128, 15958.
[699] Seganish, W. M. ; DeShong, P. *Org. Lett.* **2004**, 6, 4379.

[700] Denmark, S. E. ; Neuville, L. ; Christy, M. E. L. ; Tymonko, S. A. *J. Org. Chem.* **2006**, 71, 8500.
[701] Murata, M. ; Ishikura, M. ; Nagata, M. ; Watanabe, S. ; Masuda, Y. *Org. Lett.* **2002**, 4, 1843.
[702] Yamanoi, Y. *J. Org. Chem.* **2005**, 70, 9607.
[703] Omachi, H. ; Itami, K. *Chem. Lett.* **2009**, 38, 186.
[704] Hamze, A. ; Provot, O. ; Alami, M. ; Brion, J.-D. *Org. Lett.* **2006**, 8, 931.
[705] Nakao, Y. ; Imanaka, H. ; Sahoo, A. K. ; Yada, A. ; Hiyama, T. *J. Am. Chem. Soc.* **2005**, 127, 6952.
[706] Denmark, S. E. ; Tymonko, S. A. *J. Am. Chem. Soc.* **2005**, 127, 8004 ; Denmark, S. E. ; Butler, C. R. *J. Am. Chem. Soc.* **2008**, 130, 3690.
[707] McNeill, E. ; Barder, T. E. ; Buchwald, S. L. *Org. Lett.* **2007**, 9, 3785.
[708] Denmark, S. E. ; Wu, Z. *Org. Lett.* **1999**, 1, 1495 ; Lee, H. M. ; Nolan, S. P. *Org. Lett.* **2000**, 2, 2053.
[709] Denmark, S. E. ; Ober, M. H. *Org. Lett.* **2003**, 5, 1357.
[710] Lee, J.-y. ; Fu, G. C. *J. Am. Chem. Soc.* **2003**, 125, 5616.
[711] Hanamoto, T. ; Kobayashi, T. *J. Org. Chem.* **2003**, 68, 6354. See also, Taguchi, H. ; Ghoroku, K. ; Tadaki, M. ; Tsubouchi, A. ; Takeda, T. *J. Org. Chem.* **2002**, 67, 8450.
[712] Parrish, J. P. ; Jung, Y. C. ; Shin, S. I. ; Jung, K. W. *J. Org. Chem.* **2002**, 67, 7127.
[713] Koike, T. ; Du, X. ; Sanada, T. ; Danda, Y. ; Mori, A. *Angew. Chem. Int. Ed.* **2003**, 42, 89.
[714] Denmark, S. E. ; Wang, Z. *Synthesis* **2000**, 999.
[715] Hirabayashi, K. ; Kawashima, J. ; Nishihara, Y. ; Mori, A. ; Hiyama, T. *Org. Lett.* **1999**, 1, 299.
[716] Mowery, M. E. ; DeShong, P. *Org. Lett.* **1999**, 1, 2137.
[717] Kabalka, G. W. ; Wang, L. ; Pagni, R. M. *Tetrahedron* **2001**, 57, 8017 ; Denmark, S. E. ; Tymonko, S. A. *J. Org. Chem.* **2003**, 68, 9151.
[718] Manoso, A. S. ; Ahn, C. ; Soheili, A. ; Handy, C. J. ; Correia, R. ; Seganish, W. M. ; DeShong, P. *J. Org. Chem.* **2004**, 69, 8305.
[719] Mori, A. ; Suguro, M. *Synlett* **2001**, 845 ; Murata, M. ; Shimazaki, R. ;Watanabe, S. ; Masuda, Y. *Synthesis* **2001**, 2231.
[720] Yang, S. ; Li, B. ; Wan, X. ; Shi, Z. *J. Am. Chem. Soc.* **2007**, 129, 6066.
[721] Sakurai, H. ; Morimoto, C. ; Hirao, T. *Chem. Lett.* **2001**, 1084. See also, Powell, D. A. ; Fu, G. C. *J. Am. Chem. Soc.* **2004**, 126, 7788.
[722] See Chupakhin, O. N. ; Postovskii, I. Ya. *Russ. Chem. Rev.* **1976**, 45, 454. See Chupakhin, O. N. ; Charushin, V. N. ; van der Plas, H. C. *Tetrahedron* **1988**, 44, 1.
[723] See Becht, J.-M. ; Gissot, A. ; Wagner, A. ; Misokowski, C. *Tetrahedron Lett.* **2004**, 45, 9331.
[724] Slocum, D. W. ; Jennings, C. A. *J. Org. Chem.* **1976**, 41, 3653. However, the regioselectivity can depend on reaction conditions : See Meyers, A. I. ; Avila, W. B. *Tetrahedron Lett.* **1980**, 3335.
[725] See Snieckus, V. *Chem. Rev.* **1990**, 90, 879 ; Gschwend, H. W. ; Rodriguez, H. R. *Org. React.* **1979**, 26, 1 ; Green, L. ; Chauder, B. ; Snieckus, V. *J. Heterocylic Chem.* **1999**, 36, 1453. Also see, Green, L. ; Chauder, B. ; Snieckus, V. *J. Heterocylic Chem.* **1999**, 36, 1453 ; Slocum, D. W. ; Dietzel, P. *Tetrahedron Lett.* **1999**, 40, 1823.
[726] Armstrong, D. R. ; Mulvey, R. E. ; Barr, D. ; Snaith, R. ; Reed, D. *J. Organomet. Chem.* **1988**, 350, 191.
[727] Chadwick, S. T. ; Rennels, R. A. ; Rutherford, J. L. ; Collum, D. B. *J. Am. Chem. Soc.* **2000**, 122, 8640.
[728] Hay, D. R. ; Song, Z. ; Smith, S. G. ; Beak, P. *J. Am. Chem. Soc.* **1988**, 110, 8145.
[729] Chadwick, S. T. ; Rennels, R. A. ; Rutherford, J. L. ; Collum, D. B. *J. Am. Chem. Soc.* **2000**, 122, 8640 ; Collum, D. B. *Acc. Chem. Res.* **1992**, 25, 448. For a discussion of mechanistic possibilities, see Nguyen, T.-H. ; Chau, N. T. T. ; Castanet, A.-S. ; Nguyen, K. P. P. ; Mortier, J. *Org. Lett.* **2005**, 7, 2445.
[730] Macklin, T. K. ; Snieckus, V. *Org. Lett.* **2005**, 7, 2519.
[731] Capriati, V. ; Florio, S. ; Luisi, R. ; Musio, B. *Org. Lett.* **2005**, 7, 3749.
[732] Eaton, P. E. ; Lee, C. ; Xiong, Y. *J. Am. Chem. Soc.* **1989**, 111, 8016. Also see Kronenburg, C. M. P. ; Rijnberg, E. ; Jastrzebski, J. T. B. H. ; Kooijman, H. ; Lutz, M. ; Spek, A. L. ; Gossage, R. A. ; van Koten, G. *Chemistry : European J.* **2005**, 11, 253.
[733] Armstrong, D. R. ; Clegg, W. ; Dale, S. H. ; Hevia, E. ; Hogg, L. M. ; Honeyman, G. W. ; Mulvey, R. E. *Angew. Chem. Int. Ed.* **2006**, 45, 3775.
[734] Chadwick, S. T. ; Ramirez, A. ; Gupta, L. ; Collum, D. B. *J. Am. Chem. Soc.* **2007**, 129, 2259.
[735] Eppley, R. L. ; Dixon, J. A. *J. Am. Chem. Soc.* **1968**, 90, 1606.
[736] Bryce-Smith, D. ; Wakefield, B. J. *Tetrahedron Lett.* **1964**, 3295.
[737] Flippin, L. A. ; Carter, D. S. ; Dubree, N. J. P. *Tetrahedron Lett.* **1993**, 34, 3255.
[738] See Vorbrüggen, H. ; Maas, M. *Heterocycles*, **1988**, 27, 2659. Also see Comins, D. L. ; O'Connor, S. *Adv. Heterocycl. Chem.* **1988**, 44, 199.
[739] Choppin, S. ; Gros, P. ; Fort, Y. *Org. Lett.* **2000**, 2, 803.
[740] Fort, Y. ; Rodriguez, A. L. *J. Org. Chem.* **2003**, 68, 4918.
[741] Matsuzono, M. ; Fukuda, T. ; Iwao, M. *Tetrahedron Lett.* **2001**, 42, 7621.
[742] Yadav, J. S. ; Reddy, B. V. S. ; Reddy, P. M. ; Srinivas, Ch. *Tetrahedron Lett.* **2002**, 43, 5185.
[743] See Larock, R. C. *Organomercury Compounds in Organic Synthesis*, Springer, NY, **1985**, pp. 60-97 ; Wardell, J. L. in Zuckerman, J. J. *Inorganic Reactions and Methods*, Vol. 11, VCH, NY, **1988**, pp. 308-318.
[744] See Butler, R. N. in Pizey, J. S. *Synthetic Reagents*, Vol. 4, Wiley, NY, **1981**, pp. 1-145.
[745] See Taylor, R. in Bamford, C. H. ; Tipper, C. F. H. *Comprehensive Chemical Kinetics*, Vol. 13, Elsevier, NY, **1972**, pp. 186-194. An alternative mechanism, involving radial cations, has been reported : Courtneidge, J. L. ; Davies, A. G. ; McGuchan, D. C. ;

Yazdi, S. N. *J. Organomet. Chem.* **1988**, 341, 63.
[746] See Uemura, S. in Pizey, J. S. *Synthetic Reagents*, Vol. 5, Wiley, NY, **1983**, pp. 165-241.
[747] Taylor, E. C.; Kienzle, F.; McKillop, A. *Org. Synth.* **VI**, 826; Taylor, E. C.; Katz, A. H.; Alvarado, S. I.; McKillop, A. *J. Organomet. Chem.* **1985**, 285, C9. See Usyatinskii, A. Ya.; Bregadze, V. I. *Russ. Chem. Rev.* **1988**, 57, 1054.
[748] Uemura, S.; Toshimitsu, A.; Okano, M. *Bull. Chem. Soc. Jpn.* **1976**, 49, 2582.
[749] Lau, W.; Kochi, J. K. *J. Am. Chem. Soc.* **1984**, 106, 7100; **1986**, 108, 6720.
[750] Fujita, K. -i.; Nonogawa, M.; Yamaguchi, R. *Chem. Commun.* **2004**, 1926.
[751] Periasamy, M.; Jayakumar, K. N.; Bharathi, P. *J. Org. Chem.* **2000**, 65, 3548.
[752] Traynelis, V. J.; McSweeney, J. V. *J. Org. Chem.* **1966**, 31, 243.
[753] Russell, G. A.; Weiner, S. A. *J. Org. Chem.* **1966**, 31, 248.
[754] See Stahly, G. P.; Stahly, B. C.; Maloney, J. R. *J. Org. Chem.* **1988**, 53, 690.
[755] See Makosza, M. *Synthesis* **1991**, 103; *Russ. Chem. Rev.* **1989**, 58, 747; Makosza, M.; Winiarski, J. *Acc. Chem. Res.* **1987**, 20, 282.
[756] For a discussion of the mechanism of vicarious nucleophilic aromatic substitution, see Makosza, M.; Lemek, T.; Kwast, A.; Terrier, F. *J. Org. Chem.* **2002**, 67, 394.
[757] Makosza, M.; Danikiewicz, W.; Wojciechowski, K. *Liebigs Ann. Chem.* **1987**, 711.
[758] See Mudryk, B.; Makosza, M. *Tetrahedron* **1988**, 44, 209.
[759] Makosza, M.; Owczarczyk, Z. *J. Org. Chem.* **1989**, 54, 5094.
[760] Ek, F.; Axelsson, O.; Wistrand, L. -G.; Frejd, T. *J. Org. Chem.* **2002**, 67, 6376.
[761] See Vorbrüggen, H. *Adv. Heterocycl. Chem.* **1990**, 49, 117; McGill, C. K.; Rappa, A. *Adv. Heterocycl. Chem.* **1988**, 44, 1; Pozharskii, A. F.; Simonov, A. M.; Doron'kin, V. N. *Russ. Chem. Rev.* **1978**, 47, 1042.
[762] Wozniak, M.; Baránski, A.; Nowak, K.; van der Plas, H. C. *J. Org. Chem.* **1987**, 52, 5643.
[763] Ban, Y.; Wakamatsu, T. *Chem. Ind. (London)* **1964**, 710.
[764] See Levitt, L. S.; Levitt, B. W. *Chem. Ind. (London)* **1975**, 520.
[765] Katritzky, A. R.; Laurenzo, K. S. *J. Org. Chem.* **1986**, 51, 5039; **1988**, 53, 3978.
[766] Bakke, J. M.; Svensen, H.; Trevisan, R. *J. Chem. Soc. Perkin Trans. 1* **2001**, 376.
[767] Kauffmann, T.; Hansen, J.; Kosel, C.; Schoeneck, W. *Liebigs Ann. Chem.* **1962**, 656, 103.
[768] Suzuki, H.; Iwaya, M.; Mori, T. *Tetrahedron Lett.* **1997**, 38, 5647.
[769] See Wulfman, D. S. in Patai, S. *The Chemistry of Diazonium and Diazo Groups*, pt. 1; Wiley, NY, **1978**, pp. 286-297.
[770] Szele, I.; Zollinger, H. *Helv. Chim. Acta* **1978**, 61, 1721.
[771] See Pérez, P. *J. Org. Chem.* **2003**, 68, 5886.
[772] See in Patai, S. *The Chemistry of Diazonium and Diazo Groups*, Wiley, NY, **1978**, the articles by Hegarty, A. F. pt. 2, pp. 511-591, and Schank, K. pt. 2, pp. 645-657; Godovikova, T. I.; Rakitin, O. A.; Khmel'nitskii, L. I. *Russ. Chem. Rev.* **1983**, 52, 440; Challis, B. C.; Butler, A. R. in Patai, S. *The Chemistry of the Amino Group*, Wiley, NY, **1968**, pp. 305-320. See Butler, A. R. *Chem. Rev.* **1975**, 75, 241.
[773] See Sorriso, S. in Patai, S. *The Chemistry of Diazonium and Diazo Groups*, pt. 1, Wiley, NY, **1978**, pp. 95-105.
[774] Rømming, C. *Acta Chem. Scand.* **1963**, 17, 1444; Sorriso, S. in Patai, S. *The Chemistry of Diazonium and Diazo Groups*, pt. 1, Wiley, NY, **1978**, p. 98; Ball, R. G.; Elofson, R. M. *Can. J. Chem.* **1985**, 63, 332.
[775] See Wulfman, D. S. in Patai, S. *The Chemistry of Diazonium and Diazo Groups*, pt. 1, Wiley, NY, **1978**, pp. 247-339.
[776] Korzeniowski, S. H.; Leopold, A.; Beadle, J. R.; Ahern, M. F.; Sheppard, W. A.; Khanna, R. K.; Gokel, G. W. *J. Org. Chem.* **1981**, 46, 2153, and references cited therein; Bartsch, R. A. in Patai, S.; Rappoport, Z. *The Chemistry of Functional Groups*, Supplement C pt. 1, Wiley, NY, **1983**, pp. 889-915.
[777] Kornblum, N.; Iffland, D. C. *J. Am. Chem. Soc.* **1949**, 71, 2137.
[778] See Regitz, M.; Maas, G. *Diazo Compounds*, Academic Press, NY, **1986**. For reviews, see, in Patai, S. *The Chemistry of Diazonium and Diazo Groups*, pt. 1, Wiley, NY, **1978**, the articles by Regitz, M. pt. 2, pp. 659-708, 751-820, and Wulfman, D. S.; Linstrumelle, G.; Cooper, C. F. pt. 2, pp. 821-976.
[779] Takamura, N.; Mizoguchi, T.; Koga, K.; Yamada, S. *Tetrahedron* **1975**, 31, 227.
[780] Butler, R. N. in Patai, S. *The Chemistry of the Amino Group*, Wiley, NY, **1968**, p. 305.
[781] Challis, B. C.; Larkworthy, L. F.; Ridd, J. H. *J. Chem. Soc.* **1962**, 5203.
[782] Hughes, E. D.; Ingold, C. K.; Ridd, J. H. *J. Chem. Soc.* **1958**, 58, 65, 77, 88; Hughes, E. D.; Ridd, J. H. *J. Chem. Soc.* **1958**, 70, 82.
[783] See Williams, D. L. H. *Nitrosation*, Cambridge University Press, Cambridge, **1988**, pp. 95-109; Ridd, J. H. *Q. Rev. Chem. Soc.* **1961**, 15, 418, p. 422.
[784] Williams, D. L. H. *Nitrosation*, Cambridge University Press, Cambridge, **1988**, pp. 84-93.
[785] Zhang, Z.; Zhang, Q.; Zhang, S.; Liu, X.; Zhao, G. *Synth. Commun.* **2001**, 31, 329.
[786] Zhang, O. Z.; Zhang, S.; Zhang, J. *Synth. Commun.* **2001**, 31, 1243.
[787] Horning, D. E.; Ross, D. A.; Muchowski, J. M. *Can. J. Chem.* **1973**, 51, 2347.
[788] Cohen, T.; Dietz, Jr., A. G.; Miser, J. R. *J. Org. Chem.* **1977**, 42, 2053.
[789] Dreher, E.; Niederer, P.; Rieker, A.; Schwarz, W.; Zollinger, H. *Helv. Chim. Acta* **1981**, 64, 488.
[790] Yoneda, N.; Fukuhara, T.; Mizokami, T.; Suzuki, A. *Chem. Lett.* **1991**, 459.
[791] Abeywickrema, A. N.; Beckwith, A. L. J. *J. Am. Chem. Soc.* **1986**, 108, 8227, and references cited therein.
[792] See Price, C. C.; Tsunawaki, S. *J. Org. Chem.* **1963**, 28, 1867.
[793] Allaire, F. S.; Lyga, J. W. *Synth. Commun.* **2001**, 31, 1857.

[794] Arnould, J. C. ; Didelot, M. ; Cadilhac, C. ; Pasquet, M. J. *Tetrahedron Lett.* **1996**, 37, 4523.
[795] See Krasnokutskaya, E. A. ; Semenischeva, N. I. ; Filimonov, V. D. ; Knochel, P. *Synthesis* **2007**, 81; Filimonov, V. D. ; Semenischeva, N. I. ; Krasnokutskaya, E. A. ; Tretyakov, A. N. ; Hwang, H. Y. ; Chi, K. W. *Synthesis* **2008**, 185.
[796] Tamura, M. ; Shibakami, M. ; Sekiya, A. *Eur. J. Org. Chem.* **1998**, 725.
[797] Wu, Z. ; Moore, J. S. *Tetrahedron Lett.* **1994**, 35, 5539.
[798] Carey, J. G. ; Millar, I. T. *Chem. Ind. (London)* **1960**, 97.
[799] Packer, J. E. ; Taylor, R. E. R. *Aust. J. Chem.* **1985**, 38, 991; Abeywickrema, A. N. ; Beckwith, A. L. J. *J. Org. Chem.* **1987**, 52, 2568.
[800] Thompson, A. L. S. ; Kabalka, G. W. ; Akula, M. R. ; Huffman, J. W. *Synthesis* **2005**, 547.
[801] Furuya, T. ; Kaiser, H. M. ; Ritter, T. *Angew. Chem. Int. Ed.* **2008**, 47, 5993.
[802] See Suschitzky, H. *Adv. Fluorine Chem.* **1965**, 4, 1.
[803] Doyle, M. P. ; Bryker, W. J. *J. Org. Chem.* **1979**, 44, 1572.
[804] Sellers, C. ; Suschitzky, H. *J. Chem. Soc. C* **1968**, 2317.
[805] Rosenfeld, M. N. ; Widdowson, D. A. *J. Chem. Soc. Chem. Commun.* **1979**, 914. For another alternative procedure, see Yoneda, N. ; Fukuhara, T. ; Kikuchi, T. ; Suzuki, A. *Synth. Commun.* **1989**, 19, 865.
[806] See also, Swain, C. G. ; Sheats, J. E. ; Harbison, K. G. *J. Am. Chem. Soc.* **1975**, 97, 783, 796; Becker, H. G. O. ; Israel, G. *J. Prakt. Chem.* **1979**, 321, 579.
[807] Makarova, L. G. ; Matveeva, M. K. *Bull. Acad. Sci. USSR Div. Chem. Sci.* **1958**, 548; Makarova, L. G. ; Matveeva, M. K. ; Gribchenko, E. A. *Bull. Acad. Sci. USSR Div. Chem. Sci.* **1958**, 1399.
[808] Swain, C. G. ; Rogers, R. J. *J. Am. Chem. Soc.* **1975**, 97, 799.
[809] See Boyer, J. H. in Feuer, H. *The Chemistry of the Nitro and Nitroso Groups*, pt. 1, Wiley, NY, **1969**, pp. 278-283.
[810] Ayyangar, N. R. ; Naik, S. N. ; Srinivasan, K. V. *Tetrahedron Lett.* **1989**, 30, 7253.
[811] Kikukawa, K. ; Kono, K. ; Wada, F. ; Matsuda, T. *J. Org. Chem.* **1983**, 48, 1333.
[812] Ek, F. ; Wistrand, L. -G. ; Frejd, T. *J. Org. Chem.* **2003**, 68, 1911.
[813] Sengupta, S. ; Bhattacharya, S. *J. Chem. Soc. Perkin Trans. 1* **1993**, 1943.
[814] Darses, S. ; Genêt, J. -P. ; Brayer, J. -L. ; Demoute, J. -P. *Tetrahedron Lett.* **1997**, 38, 4393.
[815] Darses, S. ; Jeffery, T. ; Genêt, J. -P. ; Brayer, J. -L. ; Demoute, J. -P. *Tetrahedron Lett.* **1996**, 37, 3857.
[816] Darses, S. ; Michaud, G. ; Genêt, J. -P. *Eur. J. Org. Chem.* **1999**, 1875.
[817] Willis, D. M. ; Strongin, R. M. *Tetrahedron Lett.* **2000**, 41, 6271.
[818] See Ganushchak, N. I. ; Obushak, N. D. ; Luka, G. Ya. *J. Org. Chem. USSR* **1981**, 17, 765.
[819] Dombrovskii, A. V. *Russ. Chem. Rev.*, **1984**, 53, 943; Rondestvedt, Jr. , C. S. *Org. React.*, **1976**, 24, 225.
[820] Doyle, M. P. ; Siegfried, B. ; Elliott, R. C. ; Dellaria, Jr. , J. F. *J. Org. Chem.* **1977**, 42, 2431.
[821] Dickerman, S. C. ; Vermont, G. B. *J. Am. Chem. Soc.* **1962**, 84, 4150; Morrison, R. T. ; Cazes, J. ; Samkoff, N. ; Howe, C. A. *J. Am. Chem. Soc.* **1962**, 84, 4152.
[822] See Bolton, R. ; Williams, G. H. *Chem. Soc. Rev.*, **1986**, 15, 261; Hey, D. H. *Adv. Free-Radical Chem.* **1966**, 2, 47. Also see Vernin, G. ; Dou, H. J. ; Metzger, J. *Bull. Soc. Chim. Fr.* **1972**, 1173.
[823] Beadle, J. R. ; Korzeniowski, S. H. ; Rosenberg, D. E. ; Garcia-Slanga, B. J. ; Gokel, G. W. *J. Org. Chem.* **1984**, 49, 1594.
[824] Kamigata, N. ; Kurihara, T. ; Minato, H. ; Kobayashi, M. *Bull. Chem. Soc. Jpn.* **1971**, 44, 3152.
[825] For a review, see Abramovitch, R. A. *Adv. Free-Radical Chem.* **1966**, 2, 87.
[826] Elofson, R. M. ; Gadallah, F. F. *J. Org. Chem.* **1971**, 36, 1769.
[827] Chauncy, B. ; Gellert, E. *Aust. J. Chem.* **1969**, 22, 993. See also, Duclos, Jr. , R. I. ; Tung, J. S. ; Rappoport, H. *J. Org. Chem.* **1984**, 49, 5243.
[828] Robinson, M. K. ; Kochurina, V. S. ; Hanna, Jr. , J. M. *Tetrahedron Lett.* **2007**, 48, 7687.
[829] See Butler, R. N. ; O'Shea, P. D. ; Shelly, D. P. *J. Chem. Soc. Perkin Trans. 1*, **1987**, 1039.
[830] Fillipi, G. ; Vernin, G. ; Dou, H. J. ; Metzger, J. ; Perkins, M. J. *Bull. Soc. Chim. Fr.* **1974**, 1075.
[831] Eliel, E. L. ; Saha, J. G. ; Meyerson, S. *J. Org. Chem.* **1965**, 30, 2451.
[832] For an alternative method to generate aryl cations, see Milanesi, S. ; Fagnoni, M. ; Albini, A. *J. Org. Chem.* **2005**, 70, 603.
[833] Cadogan, J. I. G. ; Murray, C. D. ; Sharp, J. T. *J. Chem. Soc. Perkin Trans. 2*, **1976**, 583, and references cited therein.
[834] Gragerov, I. P. ; Levit, A. F. *J. Org. Chem. USSR* **1968**, 4, 7.
[835] See Gadallah, F. F. ; Cantu, A. A. ; Elofson, R. M. *J. Org. Chem.* **1973**, 38, 2386.
[836] See Burri, P. ; Zollinger, H. *Helv. Chim. Acta* **1973**, 56, 2204; Eustathopoulos, H. ; Rinaudo, J. ; Bonnier, J. M. *Bull. Soc. Chim. Fr.* **1974**, 2911; Zollinger, H. *Acc. Chem. Res.* **1973**, 6, 335, p. 338.
[837] See Cohen, T. ; Lewarchik, R. J. ; Tarino, J. Z. *J. Am. Chem. Soc.* **1974**, 96, 7753.
[838] Palani, N. ; Jayaprakash, K. ; Hoz, S. *J. Org. Chem.* **2003**, 68, 4388.
[839] See Knudsen, R. D. ; Snyder, H. R. *J. Org. Chem.* **1974**, 39, 3343.
[840] Suzuki, H. ; Yazawa, N. ; Yoshida, Y. ; Furusawa, O. ; Kimura, O. *Bull. Chem. Soc. Jpn.* **1990**, 63, 2010; Effenberger, F. ; Streicher, W. *Chem. Ber.* **1991**, 124, 157.
[841] Liu, J. -T. ; Jang, Y. -J. ; Shih, Y. -K. ; Hu, S. -R. ; Chu, C. -M. ; Yao, C. -F. *J. Org. Chem.* **2001**, 66, 6021.
[842] For a review, see Shine, H. J. *Aromatic Rearrangements*, Elsevier, NY, **1967**, pp. 326-335.
[843] Bunnett, J. F. ; Rauhut, M. M. *J. Org. Chem.* **1956**, 21, 934, 944.
[844] Rosenblum, M. *J. Am. Chem. Soc.* **1960**, 82, 3796.
[845] Ibne-Rasa, K. M. ; Koubek, E. *J. Org. Chem.* **1963**, 28, 3240.
[846] Samuel, D. *J. Chem. Soc.* **1960**, 1318. For other evidence, see Cullen, E. ; L'Ecuyer, P. *Can. J. Chem.* **1961**, 39, 144, 155,

382; Ullman, E. F.; Bartkus, E. A. *Chem. Ind. (London)* **1962**, 93.
[847] See Pine, S. H. *Org. React.*, **1970**, 18, 403; Lepley, A. R.; Giumanini, A. G. *Mech. Mol. Migr.* **1971**, 3, 297; Wittig, G. *Bull. Soc. Chim. Fr.* **1971**, 1921; Stevens, T. S.; Watts, W. E. *Selected Molecular Rearrangements*, Van Nostrand-Reinhold, Princeton, **1973**, pp. 81-88; Shine, H. J. *Aromatic Rearrangements*, Elsevier, NY, **1967**, pp. 316-326. Also see, Klunder, J. M. *J. Heterocyclic Chem.* **1995**, 32, 1687.
[848] Beard, W. Q.; Hauser, C. R. *J. Org. Chem.* **1960**, 25, 334.
[849] Jones, G. C.; Beard, W. Q.; Hauser, C. R. *J. Org. Chem.* **1963**, 28, 199.
[850] See, however, Nakano, M.; Sato, Y. *J. Org. Chem.* **1987**, 52, 1844; Shirai, N.; Sato, Y. *J. Org. Chem.* **1988**, 53, 194.
[851] Wittig, G.; Streib, H. *Liebigs Ann. Chem.* **1953**, 584, 1.
[852] See Puterbaugh, W. H.; Hauser, C. R. *J. Am. Chem. Soc.* **1964**, 86, 1105; Pine, S. H.; Sanchez, B. L. *Tetrahedron Lett.* **1969**, 1319; Shirai, N.; Watanabe, Y.; Sato, Y. *J. Org. Chem.* **1990**, 55, 2767.
[853] Kantor, S. W.; Hauser, C. R. *J. Am. Chem. Soc.* **1951**, 73, 4122.
[854] Pine, S. H. *Tetrahedron Lett.* **1967**, 3393; Pine, S. H. *Org. React.* **1970**, 18, 403, p. 418.
[855] Bumgardner, C. L. *J. Am. Chem. Soc.* **1963**, 85, 73.
[856] See Block, E. *Reactions of Organosulfur Compounds*, Academic Press, NY, **1978**, pp. 118-124.
[857] See Shine, H. J. *Aromatic Rearrangements*, Elsevier, NY, **1967**, pp. 182-190.
[858] Also see Kohnstam, G.; Petch, W. A.; Williams, D. L. H. *J. Chem. Soc. Perkin Trans. 2* **1984**, 423; Sternson, L. A.; Chandrasakar, R. *J. Org. Chem.* **1984**, 49, 4295, and references cited therein.
[859] Fishbein, J. C.; McClelland, R. A. *J. Am. Chem. Soc.* **1987**, 109, 2824.
[860] Sundermeier, M.; Zapf, A.; Beller, M. *Angew. Chem. Int. Ed.* **2003**, 42, 1661.
[861] Hoshino, Y.; Okuno, M.; Kawamura, E.; Honda, K.; Inoue, S. *Chem. Commun* **2009**, 2281.
[862] See Truce, W. E.; Kreider, E. M.; Brand, W. W. *Org. React.*, **1971**, 18, 99; Shine, H. J. *Aromatic Rearrangements*, Elsevier, NY, **1967**, pp. 307-316; Stevens, T. S.; Watts, W. E. *Selected Molecular Rearrangements*, Van Nostrand-Reinhold, Princeton, **1973**, pp. 120-126.
[863] Grundon, M. F.; Matier, W. L. *J. Chem. Soc., B* **1966**, 266; Schmidt, D. M.; Bonvicino, G. E. *J. Org. Chem.* **1984**, 49, 1664.
[864] See Cerfontain, H. *Mechanistic Aspects in Aromatic Sulfonation and Desulfonation*, Wiley, NY, **1968**, pp. 262-274.
[865] Truce, W. E.; Robbins, C. R.; Kreider, E. M. *J. Am. Chem. Soc.* **1966**, 88, 4027; Drozd, V. N.; Nikonova, L. A. *J. Org. Chem, USSR* **1969**, 5, 313.
[866] Bunnett, J. F.; Okamoto, T. *J. Am. Chem. Soc.* **1956**, 78, 5363.
[867] Kent, B. A.; Smiles, S. *J. Chem. Soc.* **1934**, 422.
[868] For a stable sulfenic acid, see Nakamura, N. *J. Am. Chem. Soc.* **1983**, 105, 7172.
[869] Truce, W. E.; Ray, Jr., W. J.; Norman, O. L.; Eickemeyer, D. B. *J. Am. Chem. Soc.* **1958**, 80, 3625.
[870] Erickson, W. R.; McKennon, M. J. *Tetrahedron Lett.* **2000**, 41, 4541.
[871] Fukazawa, Y.; Kato, N.; Ito, S. *Tetrahedron Lett.* **1982**, 23, 437.
[872] Hirota, T.; Tomita, K.; Sasaki, K.; Okuda, K.; Yoshida, M.; Kashino, S. *Heterocycles* **2001**, 55, 741.
[873] Truce, W. E.; Hampton, D. C. *J. Org. Chem.* **1963**, 28, 2276.
[874] Mitchell, L. H.; Barvian, N. C. *Tetrahedron Lett.* **2004**, 45, 5669.

第 14 章
自由基取代

本章讨论多种类型的自由基反应，包括以自由基作为中间体的反应。自由基在有机合成中具有越来越重要的作用[1]。自由基的形成、寿命和性质已在 5.1 节中作了介绍。自由基的其它情况在 7.1 节光化学过程的讨论中也有介绍。

本章主要讨论自由基取代反应。自由基对不饱和化合物的加成和自由基重排反应分别在第 15 章和第 18 章讨论。断链反应（fragmentation reactions）的部分内容安排在第 17 章。另外，第 19 章中讨论的许多氧化-还原反应也涉及自由基机理。有几类重要的自由基反应通常不能得到有效产率的纯产物，在本书中不作论述。

14.1 机理

14.1.1 自由基机理概述[2]

自由基反应过程至少由两步组成。第 1 步通常是化学键均裂，即每个碎片保留一个电子的分裂，形成自由基：

$$A-B \longrightarrow A^\bullet + B^\bullet$$

这个步骤被称为引发步骤。根据不同键的类型，它可以自发地发生，或者用热[3]或光诱导[4]发生（参见 5.3.2 节的讨论）。过氧化物，包括过氧化氢、二烷基、二酰基、烷基酰基过氧化物以及过氧酸，都是最常见的自由基源，但其它含有低能键的有机化合物，例如偶氮化合物也常用作自由基源。通过光裂解的最常见的分子是氯、溴和各种酮（参见第 7 章）。自由基也可以通过另一个途径——单电子转移（失去或得到）形成，例如，$A^+ + e^- \rightarrow A^\bullet$。单电子转移过程中通常有无机离子或经历电化学过程[5]。

二烷基过氧化物（ROOR）和烷基过氧化氢（ROOH）加热分解成羟自由基（$HO^\bullet$）或烷氧自由基（$RO^\bullet$）[6]。异丙苯过氧化氢（$PhCMe_2OOH$）、二叔丁基过氧化物（$Me_3COOCMe_3$）[7]和苯甲酰基过氧化物$[(PhCO)_2O_2]$在适宜许多有机反应的温度下可发生均裂。它们在有机溶剂中的溶解性也相当好[8]。通常情况下，过氧化物分解时，氧自由基会在其扩散离开之前停留在一个"笼子"里约 10^{-11} s。

自由基可发生重组（二聚），或与其它分子反应。偶氮化合物，即具有 $-N=N-$ 键的化合物，是自由基的前体，分解时释放出氮气。众所周知的例子是偶氮异丁腈（AIBN，1），它分解产生氮气，得到的自由基（2）可被氰基稳定[9]。对称偶氮化合物的均裂可能是分步进行的[10]。已经研制出了室温分解的偶氮衍生物：2,2′-偶氮二(2,4-二甲基-4-甲氧基戊腈)（3）[11]。还有水溶性的偶氮化合物，可作为自由基抑制剂[12]。

烷基次氯酸酯加热产生氯自由基（$Cl^\bullet$）和烷氧自由基（$RO^\bullet$）[13]。另一种产生烷氧自由基（$RO^\bullet$）的有用方法是加热 N-烷氧基二硫代氨基甲酸酯[14]。烷氧自由基，特别是那些从环状化合物得来的烷氧自由基，可能发生 β-断裂反应生成羰基衍生物[15]。

多年来人们已经知道硼化合物可参与自由基反应[16]。像三乙基硼烷（Et_3B）这样的三烷基硼烷（R_3B，参见反应 **15-27** 和 **12-27**）可用于引发自由基反应。实际广泛使用的是 Et_3B[17]。Et_3B 在自由基反应中既作为自由基引发剂，又作为链传递剂（chain-propagation agent）[18]。反应通常在暴露于氧气中的敞开容器中进行，或者在氧气氛围下进行。已经知道 O_2 参与了自由基引发步骤，在如下所示的反应中，通过碘代烷的原子转移反应产生烷基自由基（$R^\bullet$）。三烷基硼烷/水介导的自由基反应也已有报道[19]。

$$Et_3B + O_2 \longrightarrow Et_2BOO^\cdot + Et^\cdot \quad 引发$$
$$Et^\cdot + R-I \longrightarrow Et-I + R^\cdot$$

一般来说，硼化合物的反应性顺序为 $R_3B > R_2BOR > RB(OR)_2$，其中 R 为烷基[20]。硼酸的反应活性较低，可能是由于 B 与 O 之间的 π 键所致[17]。然而，B-烷基邻苯二酚硼烷却很活泼，在引发自由基反应中用途很大[21]。反应条件通常需要加入邻苯二酚硼烷（**4**，简写为 CatBH），其与烯烃反应可能原位产生 B-烷基衍生物[22]。值得注意的是硼咯（borole）衍生物（吡咯的 B 类似物，**5**）已经被用于引发自由基反应[23]。

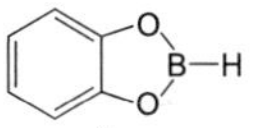

通过与过渡金属盐如乙酸锰（Ⅲ）或铁（Ⅱ）化合物反应，醛可作为酰基自由基（$^\cdot C=O$）之源[24]。α,β-不饱和的酰基自由基会发生异构化从而生成 α-乙烯酮自由基（α-ketenyl radicals）[25]。另外一个非常有用的改进是使用亚氨基（imidoyl）自由基作为不稳定芳基自由基的合成子[26]。

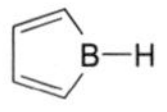

自由基反应的一个重要步骤是自由基的湮灭，该步与第 1 步的过程相反，即两个相同或者不同的自由基结合形成新键[27]：

$$A^\cdot + B^\cdot \longrightarrow A-B$$

这类步骤被称为终止，因为反应的产物是中性化合物而并非自由基[28]。要指出的是这个反应其实是一个自由基偶联过程。然而，终止过程往往不是紧随引发过程之后。因为大多数自由基非常活泼，存在数个比终止步骤快的自由基过程。一般情况下，如果自由基浓度低，那么自由基与分子反应的可能性比与另一个自由基反应的可能性大（也即自由基偶联反应通常较慢）。当自由基与分子反应时，由于自由基含有奇数个电子，分子含有偶数个电子，因而所生成产物的电子总数必然是奇数。也就是说产物是另一个自由基。例如，当自由基与 π 键反应时，产物是自由基（**6**）。

这个反应被称为自由基加成。另一个反应是原子转移反应。自由基从烷基链中夺取一个原子（例如氢原子）生成两种物质：R—H 和新的自由基（$R'^\cdot$），如下所示。

$$R^\cdot + R'H \longrightarrow RH + R'^\cdot$$

这种类型的原子转移反应被称为氢转移反应。同样的，产物是一个自由基。无论在那种情况下都会产生新的自由基。该步骤被称为增长，由于新形成的自由基还能与另外的分子反应，并产生新的自由基，依此类推，直到两个自由基发生偶联而终止该过程为止。由引发、增长及最后的终止所构成的过程被称为链式反应[29]，在引发和终止之间可能有数百或数千的增长步骤。其余两类增长反应并不只涉及一个分子：它们是：①自由基断裂成一个自由基和一个分子；②一种自由基重排成另一种自由基（参见第 18 章）。当自由基的反应性很高时，例如烷基自由基，反应的链会很长，因为它可以与许多分子发生反应；但反应性低的自由基，例如芳基自由基，该自由基直到与另一自由基相遇才发生反应，因此反应的链很短，或者该反应也可能是非链式过程。在任何链式过程里，通常有多种多样的增长和终止步骤。因此这些反应导致许多产物，而且从动力学上研究也往往困难[30]。

$$R-CH_2^\cdot + n\text{-}Bu_3Sn-H \longrightarrow R-CH_2-H + n\text{-}Bu_3Sn^\cdot$$
$$n\text{-}Bu_3Sn^\cdot + n\text{-}Bu_3Sn^\cdot \longrightarrow n\text{-}Bu_3Sn-Snn\text{-}Bu_3$$

可以通过控制条件终止自由基反应吗？答案是肯定的，可以采用原子转移反应。一个烷基自由基（$R^\cdot$）生成时，如果存在氢化三丁基锡（$n\text{-}Bu_3SnH$），一个氢原子会转移到自由基上，形成 R—H 和一个新的自由基 $n\text{-}Bu_3Sn^\cdot$。锡自由基通常与另一个锡自由基快速偶合，形成 $n\text{-}Bu_3Sn—Snn\text{-}Bu_3$，这样就有效地终止了链式自由基过程。氢原子转移作用的结果是烷基自由基被还原（$R^\cdot \rightarrow R-H$），锡二聚物可以从反应体系中除去。需要再次指出，氢原子转移[31]只是存在原子转移的自由基反应的一种形式。硅烷，例如三乙基硅烷（Et_3SiH），也可以用作一个有效的自由基还原试剂[32]。氢化三丁锡以及$(Me_3Si)_3SiH$ 与酰基自由基反应的速率常数已经被测定，硅烷湮灭自由基的速度比氢化锡快[33]。二(三正丁基锡烷基)苯频哪醇盐的热解也被作为 $n\text{-}Bu_3Sn\cdot$ 的来源，用于调控自由基反应[34]。

下面是自由基反应的一些通性[35]：

（1）不论是气相还是液相中发生的反应都十分相似，但溶液中自由基的溶剂化可能会导致某些差异[36]。

（2）反应大都不受酸、碱或溶剂极性改变的影响，但有时非极性溶剂能抑制竞争的离子型反应。

（3）反应被上述典型的自由基源（例如过氧化物或重氮化合物），或者被光引发或加速。在用光引发或加速的情况下，常常使用量子产率的概念（参见 7.1.8 节）。若每个量子导致长的链反应，量子产率可以相当高，例如可达 1000，而在非链式过程中量子产率就很低。

(4) 反应的速率会被可清除自由基的物质（例如氧化氮、分子氧或苯醌）所减小或反应被完全抑制。这些物质被称为自由基抑制剂（inhibitors）[37]。需要注意的是，以碳为中心的自由基与其二聚体存在热平衡，这些自由基与分子氧的反应性很差，而与过氧化物自由基的反应性却很好[38]。

14.1.2 自由基取代机理[39]

在一个自由基取代反应中，

第 1 步   R—X ⟶ R—Y   (14.1)

首先必须发生底物 RX 的键断裂，产生自由基 R·。这可以通过自发断裂产生：

第 2 步   R—X ⟶ R· + X·   (14.2)

或者由光或热产生，或更常出现的是不发生实际的断裂，而是通过夺取反应产生 R·，如自由基 W· 夺取 X：

第 3 步   R—X + W· ⟶ R· + W—X   (14.3)

W· 是通过加入的化合物产生的，例如能自发产生自由基的过氧化物。这样的化合物称作引发剂（initiator）。R· 一旦形成，能以两种方式形成产物，一种是被另一个原子夺取，诸如 A—B 与 R· 反应生成 R—A 和一个新的自由基 B·（原子转移）：

第 4 步   R· + A—B ⟶ R—A + B·   (14.4)

另一种方式是与另一个自由基偶合而形成新的中性产物 R—Y：

第 5 步   R· + Y· ⟶ R—Y   (14.5)

在中等长度的链反应中，夺取反应 [式 (14.4)] 生成的产物比偶合反应 [式 (14.5)] 生成的多得多。式 (14.2) 这样的分裂步骤被称为 S_H1（H 表示均裂），[式 (14.3)] 和 [式 (14.4)] 这样的夺取步骤被称为 S_H2，根据由 RX 是通过 [式 (14.2)] 还是通过 [式 (14.3)] 转变成 R，可以将反应分成为 S_H1 或 S_H2[40]。大多数链式取代反应依照式 (14.3)、式 (14.4)、式 (14.3)、式 (14.4)……的模式使链变长，如果式 (14.3) 和式 (14.4) 两步交替进行在能量上有利的话，反应会很顺利地进行（如果只是轻微地吸热，反应也可以进行，参见 14.2.1 节和 14.3.1 节）。IUPAC 将遵循式 (14.3)、式 (14.4) ……的链反应标记为 $ArD_R + A_RDr$（R 表示自由基）。

某些自由基在夺取反应的过渡态时有一定极性。例如溴原子从甲苯的甲基夺取氢的过程，由于溴电负性大于碳，因此可以有理由假定在过渡态时出现电荷分离，卤原子上带部分负电荷，碳上带部分正电荷。

$$PhCH_2 \overset{\delta+}{\cdots\cdots} H \overset{\delta-}{\cdots\cdots} Br$$

支持过渡态极化的证据是：在甲苯对位的吸电子基团（该取代基使负电荷不稳定）减小用溴夺取氢的速率，而给电子基团则提高该过程的速率[41]。然而，与含有完全离子中间体的反应相比，例如 S_N1 机理（参见 10.1.2 节），此处取代基的影响较小（$\rho \approx -1.4$）。自由基夺取反应中极性过渡态的其它证据在 14.2.1 节 (4) 中会提到。对由像甲基或苯基自由基这样的自由基所引起的夺取反应，极性效应很小或完全没有。例如，从取代的甲苯上用甲基自由基夺取氢的反应速率，基本不受给电子或吸电子取代基存在的影响[42]。那些倾向于夺取富含电子的氢原子的自由基（例如 Br·），被称作亲电自由基（electrophilic radical）。

当反应 R—X ⟶ R· 发生在手性碳上时，几乎总可以观察到外消旋，因为自由基并不能保持构型。但是也有例外，如环丙基底物的反应，既发现过构型翻转[43]，也发现过构型保持[44]，这些反应列于 14.1.4 节。对映选择性的自由基过程已有综述[45]。

14.1.3 芳香底物取代的机理[46]

在反应 (14.1) 中当 R 是芳基时，可能存在刚讨论过的简单夺取机理，尤其是在气相反应中。但是这类机理不能解释芳香底物的所有反应。在像下列这些过程中（见反应 **13-27**、**14-17** 和 **14-18**）：

第 6 步   Ar· + ArH ⟶ Ar—Ar   (14.6)

这些反应发生在溶液里，两个环的简单偶合不能用夺取过程来解释：

第 7 步   Ar· + ArH ⟶ Ar—Ar + H·   (14.7)

因为像苯基这样的基团整个地被自由基夺取是非常不可能的（参见 14.2.1 节）。所以这些产物可以以类似于亲电和亲核芳香取代的机理解释。首先，自由基将以与亲电或亲核试剂大致一样的方式进攻苯环生成 **7**：

第 8 步

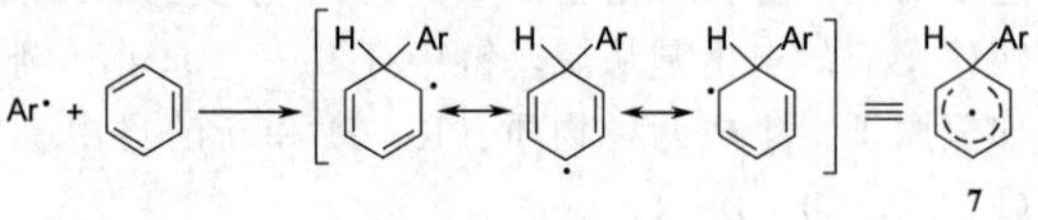

$$Ar\cdot + \underset{}{\bigcirc} \longrightarrow \left[\underset{}{\overset{H\ \ Ar}{\bigcirc}} \leftrightarrow \underset{\cdot}{\overset{H\ \ Ar}{\bigcirc}} \leftrightarrow \underset{}{\overset{H\ \ Ar}{\bigcirc}}_{\cdot} \right] \equiv \underset{\mathbf{7}}{\overset{H\ \ Ar}{\bigcirc}}$$

(14.8)

由于共振，该自由基中间体 (**7**) 是比较稳定的。该反应能以三种方式终止：简单偶合生成 **8**，歧

化生成 **9**，或者，如果存在可夺取氢的自由基 (R′·)，通过夺取反应生成 **10**[47]，

第 9 步

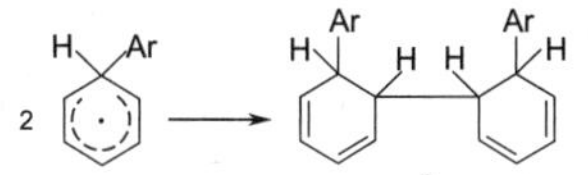

$$2 \underset{\text{H Ar}}{\bigcirc} \longrightarrow \underset{7}{\text{Ar H H Ar}} \quad (14.9)$$

第 10 步

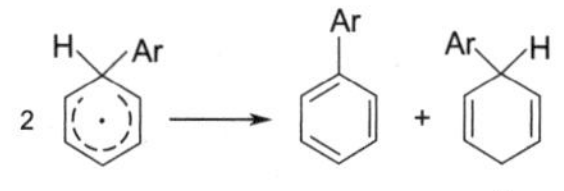

$$2 \underset{\text{H Ar}}{\bigcirc} \longrightarrow \underset{}{\text{Ar}} + \underset{9}{\text{Ar}} \quad (14.10)$$

第 11 步

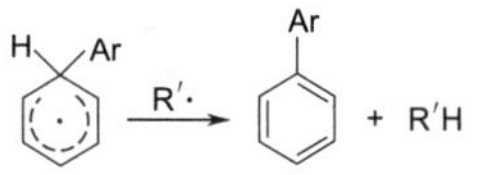

$$\underset{\text{H Ar}}{\bigcirc} \xrightarrow{\text{R}'\cdot} \underset{}{\text{Ar}} + \text{R}'\text{H} \quad (14.11)$$

偶合产物 **8** 是部分氢化的邻联四苯。当然，偶合不必是邻位-邻位，也可以形成其它异构体。式 (14.9) 和式 (14.10) 的证据之一是化合物 **8** 和 **9** 的分离[48]，但是在反应条件下，通常像 **9** 一样的二氢联苯易被氧化成相应的联苯。对于这个机理的其它证据是，用 CIDNP[49] 检出中间体 **7** 以及没有发现同位素效应，如果决速步是含有 Ar—H 键断裂的 [式 (14.7)]，则应该有同位素效应。在刚给出的机理中，决速步 [式 (14.8)] 不涉及失去氢。芳环与·OH 自由基的反应机理也类似。芳基自由基也可发生分子内氢转移反应[50]。在某些乙烯型[51] 和乙炔型底物上的反应也有类似的机理，例如生成取代烯烃 (**11**)[52]：

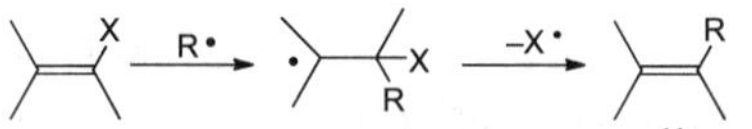

$$\underset{}{\overset{X}{\diagup\!\!\!\diagdown}} \xrightarrow{\text{R}\cdot} \underset{\text{R}}{\overset{X}{\cdot\diagup\!\!\!\diagdown}} \xrightarrow{-X\cdot} \underset{11}{\overset{R}{\diagup\!\!\!\diagdown}}$$

自由基异裂反应形成烯烃自由基正离子的动力学已经被研究[53]。这个暗示了在乙烯碳上的一个四面体亲核机理（参见 10.6 节）。

许多过渡金属介导的芳香底物的偶联反应很可能是通过自由基偶合过程进行的。其中一些反应可能不是通过自由基，而是通过金属介导的自由基或在金属上的配体交换进行的。属于这些类型的反应在第 13 章论述，以便于和芳基卤代物、芳基重氮盐等的其它取代反应联系起来。

14.1.4 自由基反应中的邻基促进

在一些反应中可以发现，键断裂步骤 [式 (14.2)] 和夺取步骤 [式 (14.3)] 可被邻基的存在所加速。光引发的卤代反应（反应 **14-1**）是常见的可导致许多混合产物的一个过程。但是含一个溴原子碳链的溴代反应表现很高的区域选择性：溴代烷分子的溴代反应 84%～94% 发生在分子中原有溴原子的邻位碳上[54]。这个结果看似意外，因为我们将会看到 [参见 14.2.1 节 (3)] 通过溴或类似的极性基团的吸电子效应，其相邻近的位置其实应该被钝化了。这种异常的区域选择性可以通过相邻溴原子协助的夺取机理 (14.3) 来解释，如 **12** 所示[55]：

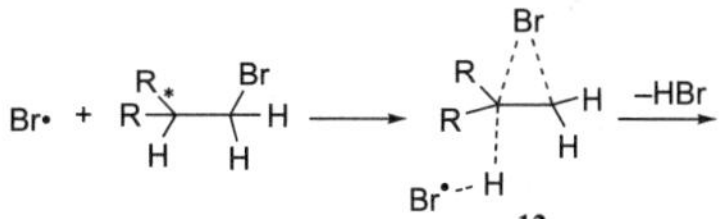

$$\text{Br}\cdot + \text{R}\underset{\text{Br}}{\overset{*}{\text{C}}}\text{H} \longrightarrow \underset{\text{Br}\cdot\cdot\cdot\text{H}}{\overset{\text{Br}}{\text{R}\diagup\!\!\!\diagdown \text{H}}} \xrightarrow{-\text{HBr}}$$

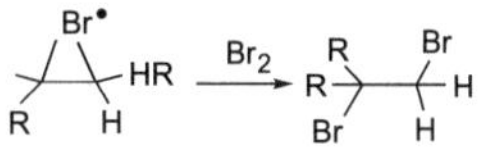

$$\underset{13}{\overset{\text{Br}\cdot}{\text{R}\diagup\!\!\!\diagdown \text{HR}}} \xrightarrow{\text{Br}_2} \underset{}{\overset{\text{R Br}}{\text{Br H}}}$$

在通常的机理中，Br· 夺取 RH 中的一个氢而留下 R·。但是当合适位置上有溴时，溴原子可以通过形成环中间体（桥自由基，**13**）而协助这个过程[56]。在最后一步中（类似于 R· + $\text{Br}_2 \rightarrow \text{RBr} + \text{Br}\cdot$），环破裂。如果这个机理正确，被取代碳原子（标记*）的构型应当保持。这一点已被证实：光活性的 1-溴-2-甲基丁烷反应得到构型保持的 1,2-二溴-2-甲基丁烷[55]。此外，当这个反应在 DBr 存在下进行时，可以发现这时"恢复的"1-溴-2-甲基丁烷在 2 位上被重氢化，而且它的构型保持[57]。该反应事实与假设存在某些 **11** 并且从 DBr 夺取 D 的机理得出的结论一致。Cl 原子也能形成桥式基[58] 的证据来自 ESR 谱，ESR 谱显示该桥可以是不对称的[59]。据同位素效应和其它研究结果已经得到以 Br 作为桥的更多证据[60]。但是 CIDNP 的证据显示 β-溴乙基自由基的亚甲基的质子是不等价的，至少当该自由基在溶剂笼内以自由基对形式 [PhCOO·· $\text{CH}_2\text{CH}_2\text{Br}$] 存在时[61]。这个证据表明，在这些条件下 $\text{BrCH}_2\text{CH}_2\cdot$ 不是对称的桥自由基，而是不对称桥基。当溴原子处于适当位置时，在 Hunsdiecker 反应中[62]（反应 **14-30**）以及在用苯基夺取碘原子的反应中[63] 也存在桥中间体。其它邻基（例如 SR、SiR_3、SnR_3）参与的反应也有被报道[64]。

需要注意的是，对于溴相对氯的选择性的传统解释认为，相对氯自由基夺氢，溴自由基夺取氢的过程具有较晚的过渡态（a later transition state）。在较晚的过渡态中，自由基相对稳定性所起的作用比 C—H 键的强度更大。由于叔自由基比仲自由基稳定，仲自由基比伯自由基稳定，因而溴代反应使仲自由基比伯自由基、叔自由基

比仲自由基更有利于形成。该解释得到了 Br·夺取氢原子与 Cl·夺取氢原子的相对速率的支持,比较发现, Br·夺取氢原子的速率在1°、2°和3°氢原子之间具有较大的差异,而 Cl·夺取氢原子的速率却差异较小。这种效应在 14.2.1 节 (1) ~ (5) 中将作详细讨论。

14.2 反应性

14.2.1 脂肪族底物的反应性[65]

在链式反应中,决定产物的步骤通常是夺取步骤。被自由基提取的原子,几乎都不是四价[66]或三价[67]的原子(除了有张力的体系中,参见 15.2.4)[68],而且二价原子被夺取的情况也不常见[69]。被自由基夺取的原子几乎都是一价的。因此,对有机化合物来说,这种原子就是氢原子或者卤原子。例如,氯原子和乙烷的反应产生乙基自由基(氢原子转移),而不是氢原子自由基(Cl原子转移):

$$CH_3CH_3 + Cl \cdot \begin{array}{c} \nearrow H-Cl + CH_3CH_2 \cdot \quad \Delta H = -3 \text{kcal/mol} \\ (-13 \text{kJ/mol}) \\ \searrow CH_3CH_2-Cl + H \cdot \quad \Delta H = +18 \text{kcal/mol} \\ (+76 \text{kJ/mol}) \end{array}$$

造成这种现象的主要原因是位阻因素,一价原子比高价的原子更暴露,更易遭受外来自由基的进攻。另一个原因是在许多情况下夺取一价原子在能量上更有利。例如,在上面所举的反应中,无论采用哪条路径 C_2H_5—H 键都要断裂 ($D=100\text{kcal/mol}, 419\text{kJ/mol}$, 引自表 5.3),但在前一种情况下形成的是 H—Cl 键 ($D=103\text{kcal/mol}, 432\text{kJ/mol}$),而在后一种情况下形成的是 C_2H_5—Cl 键($D=82\text{kcal/mol}, 343\text{kJ/mol}$)。第一个反应有利,因为它放热 $3(100-103)\text{kcal/mol}$ [$13(419-432)\text{kJ/mol}$],而后一个反应吸热 $18(=100-82)\text{kcal/mol}[76(=419-343)\text{kJ/mol}]$[70]。可是,位阻因素显然更重要,因为即使这几种可能性的 ΔH 没有很大差别,但是反应的结果还是选择一价原子[71]。从头算研究得到了自由基氢夺取的过渡态结构[72]。

对脂肪族化合物反应性的大多数研究,主要集中于氢作为被置换的原子、而氯作为夺取原子的情况[73]。在这些反应中,底物中的每一个氢都可以被置换,所以常得到数个产物的混合物。但是,发生夺取反应的自由基不是全无选择的,分子中某些位置比别的位置更容易失去氢原子。人们用从头算方法研究了控制自由基夺取氢的因素[74]。对于用叔丁氧基自由基 (t-BuO·) 夺取氢的过程,影响速率的因素按照重要性排序是: 自由基结构 > 取代效应[75] > 溶剂效应[76]。下面我们分几点讨论进攻的位置[77]:

(1) 烷烃 烷烃的叔氢是几乎被任何自由基优先夺取的原子,其次是仲氢。这个顺序与这些类型 C—H 键的 D 值(参见表 5.3)顺序相同。选择的程度依赖于夺取自由基的选择性和温度。

表 14.1 在 100℃ 和 600℃ 气相中,Cl·进攻伯、仲和叔碳的相对灵敏性①

温度/℃	伯碳	仲碳	叔碳
100	1	4.3	7.0
600	1	2.1	2.6

① 是参见参考文献[78]。

表 14.1[78]表明高温选择性减小,这与所预料的一样[79]。从比较氟原子与溴原子的选择性,可以看到自由基选择性效应。对于氟原子,对伯氢与叔氢夺取的比率是 1:1.4(夺取氢);而活性较低的溴原子,该比率是 1:1600。某些大体积的自由基由于空间位阻的影响,可能导致反应选择性的改变。例如,在 H_2SO_4 中,异戊烷和 N-氯-二叔丁基胺与 N-氯-叔丁基叔戊基胺的光化学氯代反应,伯氢被夺取的速度是叔氢的 1.7 倍[80]。在这种情况下,进攻的自由基(该自由基离子是 $R_2NH^{+\cdot}$,参见反应 **14-1**)的体积很大,使得位阻成为主要因素。

△· ⇌ ⌇·
14

环丙基甲基自由基(**14**)是烷基自由基,不过由于环丙烷环的键相对较弱,它们可以快速开环,得到丁烯基自由基[81]。这个过程的速率常数已经通过皮秒自由基动力学技术测量得到,其范围从母体的 10^7L/(mol·s)[82]到取代衍生物的 10^{10}L/(mol·s)[83]。环丁基甲基自由基可以经过环丁基甲基而转变为 4-戊烯基自由基[84],但是此类过程通常限于母体结构和苯基取代的衍生物[85]。4-戊烯基自由基的环化常发生在能形成稳定自由基的体系中[86]。人们研究过此类反应中的取代基效应[87],需要指出的是,2-吖丙啶甲基自由基也可以通过 C—N 键或 C—C 键断裂而发生开环,分别生成 N 自由基或 C 自由基。该开环过程受到 C-1 上取代基的强烈影响,而不受 N 上取代基的影响[88]。C-1 上的烷基取代基常常导致 C—N 键断裂,而 C-1 上的羰基取代基常常有利于 C—C 键断裂[88]。

化合物 5[89] 及其它化合物的开环反应速率已经通过快速自由基反应校正[90]这种间接方法得到,该方法适用于寿命仅为 1ps[91] 的自由基。这种"自由基钟(radical clock)"[92]的方法以吡啶-2-硫酮-N-氧羰基酯作为前体,并通过高活性的硫酚和苯硒醇来捕获自由基[93]。目前已经知道许多种可作为自由基钟的化合物[94]。其它自由基钟过程有:具有手性构象的自由基外消旋化[95],环戊酮[96]、降冰片和螺[2,5]辛烷[97]的增加一个碳的环扩张,α-和β-苎酮自由基的重排[98],以及含具有稳定作用取代基的环丙基甲基自由基或环氧基羰基自由基[99]和环丁基甲基自由基[100]。从头算和密度泛函理论已经被用于研究自由基钟反应[101]。

(2) 烯烃 当底物分子中含有双键时,用氯或溴处理通常导致加成反应,而不是取代反应,这在反应 15-39 中有所描述。可是对于其它自由基(甚至对于氯或溴原子,当它们的确夺取氢时),它们进攻的位置是烯丙基位的碳。乙烯基氢实际上不能被夺取,烯丙基氢比分子其它位置的氢都容易被夺取。从环状烯烃的烯丙位夺取氢的反应快于从链状烯烃的烯丙位夺取氢[102]。烯丙位的氢原子之所以易被夺取,这主要是因为产生的烯丙基自由基(15)因共振而稳定[103]。可以预计在这些情况下常发生烯丙基重排(参见反应 14-7)[104]。

(3) 芳环的烷基侧链 进攻侧链的优势位置常是与芳环相邻的位置(苄基位)。无论是像氯和苯自由基这样活泼的自由基,还是诸如溴这样选择性较强的自由基,在苄基位发生氢交换的速率快于在伯碳上的速率。但是对于活泼自由基来说,进攻苄基位的反应速率慢于进攻叔碳位置;而对于选择性强的自由基来说,进攻苄基位的反应速率反而快于进攻叔碳位置。正如从共振效应所能推测的,碳原子上两个或三个芳基使该碳上的氢更加活泼。通过下面的夺取速率可以说明这些事实[105]:

自由基	Me—H	MeCH$_2$—H	Me$_2$CH—H	Me$_3$C—H
Br·	0.0007	1	220	19400
Cl·	0.004	1	4.5	6.0

自由基	PhCH$_2$—H	Ph$_2$CH—H	Ph$_3$C—H
Br·	64000	$1.1×10^6$	$6.4×10^6$
Cl·	1.3	2.6	9.5

然而,也有许多关于这些底物的反常结果报道。苄基位未必总是最有利的。有一点可以确定,如果有脂肪氢与之竞争的话,芳环上的氢原子几乎不被夺取(注意,从表 5.3 可见,Ph—H 的 D 值高于任何烷基—H 键的 D 值)。对于苄基自由基来说,已有几个 σ· 标度(与第 9 章讨论的 σ、$σ^+$ 和 $σ^−$ 类似)[106]。

(4) 含吸电子取代基的化合物 在卤代反应中,化合物中的吸电子基团大多数钝化该基团的邻位。对于 Z—CH$_2$—CH$_3$ 型化合物,当 Z 是 COOH、COCl、COOR、SO$_2$Cl 或 CX$_3$ 时,卤原子主要或唯一地进攻 β 位;而像乙酸和乙酰氯这些的化合物完全不被卤原子进攻。这与亲电卤代反应(反应 12-4~12-6)完全相反,亲电卤代反应只发生在 α 位。α 位的这种钝化程度也随产生的自由基稳定性的不同而改变,因为那些自由基可以由于类似对烯丙基和苄基的共振而稳定,这种行为是 14.1.2 节讨论过的极性过渡态的必然结果。卤原子是亲电自由基,要寻找电子密度高的位置进攻。邻近吸电子基团的碳上的氢原子电子云密度低(因为 Z 的场效应),所以卤原子进攻时将避开这些位置。非亲电性的那些自由基没有这种性质。例如,甲基自由基基本上是非极性的,不回避邻近吸电子基团的位置;在丙酸的 α 碳和 β 碳上发生夺取反应的相对速率是[107]:

自由基	CH$_3$—CH$_2$—COOH	
Me·	1	7.8
Cl·	1	0.02

有可能得到与吸电子基团相邻的自由基。自由基 16 可以得到,它可以发生选择性很低的偶联反应。然而当得到自由基 17 时,它很快就发生歧化反应,得到相应的烯烃和烷烃而不发生偶合[108]。这样的自由基存在优势构象,倾向含单电子的轨道。在这种情况下,夺取氢的反应有很好的选择性[109]。

某些自由基(如:叔丁基[110]、苄基[111]和环丙基[112]),都是亲核自由基(它们倾向于夺取缺电子的氢原子)[113]。苯基似乎也有很小的亲核性[114]。对较长的碳链来说,场效应会延续,β 位也对卤原子的进攻不敏感,但是 β 位的不敏感程度不及 α 位那样显著。14.1.2 节中已经提及,从取代的甲苯中夺取 α-H 的反应可用 Hammett 方程描述。

（5）**立体电子效应**　在 16.1.1 节（4）中，我们看到了一个立体电子效应的例子。它表明了这种效应在从与 C—O 或 C—N 键相邻的 C 原子上夺取氢的反应中很重要。在这种情况里，与 O 原子或 N 原子未共用电子对所占轨道之间的二面角较小（约 $30°$）的 C—H 键上的氢，比二面角较大（约 $90°$）的 C—H 键上的氢更容易被夺取。例如，**18** 中标有星号的氢原子被夺取的速度比 **19** 中标有星号的氢原子快 8 倍[115]。

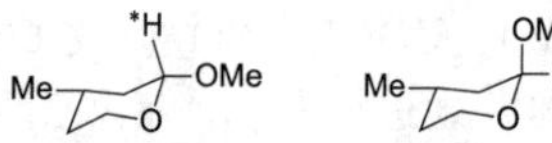

自由基的 β 位有 OR 或 SiR_3 取代基时，可加快卤原子夺取反应的速率[116]。叔芳甲氧自由基可发生 β-断裂而生成酮[117]：

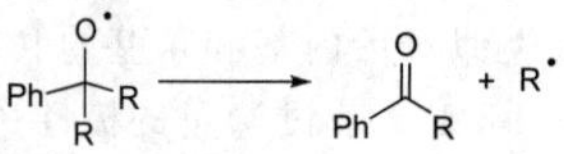

夺取卤原子的反应研究得很少[118]，但是已发现其选择性的顺序是 $RI > RBr > RCl \gg RF$。现在已经发现许多过渡金属加速自由基反应的例子[119]。

14.2.2　桥头碳的反应性[120]

已经有许多桥头碳上的自由基反应，如溴化物 **20** 的形成（参见反应 **14-30**）[121]：这说明自由基不必是平面的。用磺酰氯和过氧化苯甲酰基处理降冰片烷，尽管桥头碳是叔碳，但得到的几乎全部是 2-氯降冰片烷[122]。因此，有可能获得桥头碳自由基，但是由于存在张力，桥头碳自由基的获得并不占优势[123]。

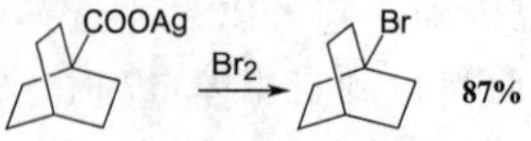

14.2.3　芳香底物的反应性

在芳环碳上的自由基取代反应很少以夺取氢原子产生芳基自由基的机理进行。此时，反应性的考虑类似于第 11 章和第 13 章，即我们要知道环上哪个位置会受到进攻从而产生中间体 **21**。

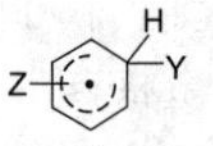

要获得这个信息的显而易见的方法，是与含有不同 Z 基团的芳环进行反应，并分析产物中邻、间和对位异构体所占的比例，即像对亲电取代反应所采取的研究方法一样。可是，这种方法对自由基取代反应来说不太精确，因为存在许多副反应。例如，在某些结构中邻位或许比对位更活泼，但是进攻对位得到的中间体，或许会继续发生反应得到产物，而进攻邻位得到的中间体如果发生其它反应则得到副产物。在这种情况下，分析三种产物将不会给出进攻哪个位置最敏感的真实结论。虽然还有许多争论，但是我们还是能得到下面的一些通性[124]：

（1）所有在邻位或对位的取代基都会增大苯的反应性。给电子基和吸电子基之间的差别不大。

（2）间位的反应性通常类似于苯，也许稍高或稍低。这个事实结合上一条所提到的现象，可以归纳为：所有取代基都是活化的，而且是邻对位定位的；没有钝化取代基，也没有（主要的）间位定位基。

（3）邻位的反应性通常或多或少大于对位的反应性，除非因邻位大基团的位阻效应而减小邻位反应性。

（4）在直接竞争反应中，吸电子基施加的影响或多或少大于给电子基。对位二取代的化合物 XC_6H_4Y 的芳基化反应表明，随着 X 吸电子性增大（Y 保持不变）取代反应越来越倾向于发生在 X 的邻位[125]。这种变化可能与 X 的 Hammett σ_p 值有关。

（5）自由基取代反应中取代基对反应的影响远小于在亲电取代或亲核取代中的影响；因此分速率因子（参见 11.3 节）也不大[126]。一些基团的分速率因子值列于表 14.2[127]。

（6）虽然在大多数自由基芳基取代反应中氢原子是离去基团，但在一些反应中观察到本位进攻（参见 11.2.3 节）和本位取代（例如，Br、NO_2 或 CH_3CO 作为离去基团）[128]。

表 14.2　以由 Bz_2O_2 产生的苯自由基进攻取代苯（反应 14-21）的分速率因子[①]

Z	分速率因子		
	o	m	p
H	1	1	1
NO_2	5.50	0.86	4.90
CH_3	4.70	1.24	3.55
CMe_3	0.70	1.64	1.81
Cl	3.90	1.65	2.12
Br	3.05	1.70	1.92
MeO	5.6	1.23	2.31

① 参见参考文献[127]。

值得注意的是，从联芳基化合物得到的自由基可能发生可以相互转化的 1,4-氢原子迁移[129]

14.2.4 自由基的反应性[130]

我们已经发现有些自由基有更大的选择性（参见 14.2.1 节）。溴原子选择性很大，以致当底物分子中只有伯氢时，例如在新戊烷或叔丁苯的情况下，反应进行得很慢或不发生反应；异丁烷能被高产率地选择性溴化生成异丁基溴。甲苯与溴迅速反应。其它烷基苯的溴化，例如乙苯和异丙苯的溴化反应唯一地发生在 α 位[131]，这充分体现了 Br· 的选择性。C—H 键的离解能 D 对低反应性自由基的影响比对高反应性自由基的影响更大，因为过渡态时键断裂需要的能量更大。于是溴进攻吸电子基团 α 位的倾向大于氯，因为在 α 位 C—H 键的键能低于分子中其它 C—H 键能。

某些自由基（例如，三苯甲基自由基）非常不活泼，以致它们夺取氢的反应即使可能发生也不显著。表 14.3 列有一些常见自由基反应性的大致顺序[132]。

表 14.3 一些常见自由基活性的减小顺序①
$$X· + C_2H_6 \longrightarrow X—H + C_2H_5·$$

自由基	E	
	kcal/mol	kJ/mol
F·	0.3	1.3
Cl·	1.0	4.2
MeO·	7.1	30
CF₃·	7.5	31
H·	9.0	38
Me·	11.8	49.4
Br·	13.2	55.2

① E 值代表反应的活化能。i-Pr· 活性小于 Me·，t-Bu· 活性更小[133]。

前已述及某些自由基是亲电的（例如氯原子），而另一些是亲核的（例如叔丁基自由基）。必须记住，这些倾向与正离子的亲电性或负离子的亲核性相比是很微弱的，无论自由基有轻微的亲电倾向，还是轻微的亲核倾向，总的来说自由基的主要特性是中性的。

14.2.5 溶剂对反应性的影响[134]

正如早些时候已经注意到的，与离子型取代反应相比，溶剂效应对自由基型取代反应的影响通常很小：的确，溶液中的自由基取代反应性质与没有溶剂时的气相反应类似。然而在某些情况下，溶剂会引起一定的差异。例如，2,3-二甲基丁烷在脂肪族溶剂中的氯代反应得到大约 60% (CH₃)₂CHCH(CH₃)₂CH₂Cl 和 40% (CH₃)₂CHCCl(CH₃)₂，而在芳香族溶剂中两种产物的比率大约为 10∶90[135]。这是由于芳香族溶剂和氯原子形成了配合物，从而提高氯的反应选择性[136]。但是如果可夺取性差异是由吸电子基团的场效应引起的，那么就没有这种溶剂效应（参见 14.2.1 节）。在这些情况下，芳香族溶剂影响的差异很小[137]。在脉冲辐解 CCl₄-苯溶液[139]时观察到 **22** 的可见光谱，发现配合物 **22**[138] 是寿命很短的自由基。由溶剂引起的其它自由基反应性差异也有报道[140]。在芳香族化合物侧链的氯代反应中（参见 14.2.1 节）得到的一些反常产物，也可用这类配位来解释。在该类反应中，氯原子不是与溶剂而是与反应的自由基配位[141]。在 2,3-二甲基丁烷的氯代反应中，当溶剂从烷烃变为 CCl₄ 时，已经发现有更小的，但是真实存在的选择性差异[142]。然而这些差异不是由 Cl· 与溶剂的配位引起的，而是由于捕捉自由基的反应速率依赖于溶剂的极性，尤其是在水中[143]。

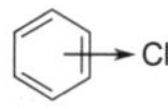

22

14.3 反应

本章的反应按离去基团分类。最常见的离去基团是氢和氮（由重氮盐离子产生），因此将先论述氢和氮。

14.3.1 氢作为离去基团

14.3.1.1 被卤原子取代

14-1 烷基碳上的卤代[144]

卤代，或卤原子-去-氢化

$$R—H + 卤代试剂 \xrightarrow{h\nu} R—Cl$$

烷烃在可见光或紫外光的照射下，或者加热下，可被氯或溴氯代或溴代[145]。这些反应需要自由基链引发这样的化学试剂，或光照，或高温[146]。这个反应也适用于含各种官能团的烷基链。氯代反应通常不用于制备，因为普遍情况是：实际上取代不仅发生在分子中某一个烷基碳上，而且几乎肯定会发生二卤和多卤取代，即使底物与卤素的摩尔比很大。要指出的是，苄基位卤代反应（例如 Wohl-Ziegler 溴代反应）在反应 **14-3** 中讨论。当存在官能团时，其原则就是 14.2.1 节简述的那些：叔碳最最容易被进攻，伯碳最不容易被进攻；有利的位置是芳环的 α 位，而吸电子基团的 α 位一般很少发生取代反应；OR 基团的 α 位很容易被进攻。然而无论如何，通常总是得到混合物。这与亲电卤代反应（反应 **12-4**～**12-6**）的特性可能相反，亲电卤代反应总是发生在羰基的 α 位（除了用 AgSbF$_6$ 催化的反应）。当然，如果需要的是卤化物的混合物，这个反应通常还是相当令人满意的。如果要获得纯化合物，氯代反应基本上限于只有一类可置换氢的底物（例如乙烷、环己烷和新戊烷）。最常见的是甲苯或在芳环上有甲基的底物，因为很少在芳环上发生卤原子取代反应[147]。然而，当存在可形成正离子的催化剂时会发生芳环上的取代反应（**11-10**）。除了生成各种卤代烷的混合物，取代反应还生成其它微量产物。这些产物包括氢气、烯烃、较高级烷烃、较低级烷烃及其卤代衍生物。溶剂在这个过程中起重要作用[148]。

溴原子的选择性比氯原子大得多。正如 14.2.4 节所指出的，通常有可能选择性地在叔碳位或苯甲位溴代。如果有邻基机理（14.1.4 节），可能会发生高区域选择性反应。

正如前已述及的，卤代反应可用氯或溴完成。也可以用氟[149]，不过很少使用。因为氟太活泼而且难以控制[150]，它常使碳链断裂成较小的单位，有时氯代反应也有这类十分麻烦的副反应。氟代反应[151]已经成功地用三氟化氯（ClF$_3$）在 −75℃下反应实现[152]。例如，与环己烷反应可生成 41% 氟代环己烷，甲基环己烷给出 47% 的 1-氟-1-甲基环己烷。氟氧三氟甲烷（CF$_3$OF）可以高区域选择性地氟代某些分子的叔碳位，反应产率很高[153]。例如，金刚烷给出 75% 1-氟代金刚烷。在 −70℃用 N$_2$ 稀释的氟气（F$_2$）[154]以及 25~35℃的三氟化溴[155]，对叔碳位也有高的区域选择性。这些反应大概是亲电机理[156]，而不是自由基机理。事实上，F$_2$ 反应的成功有赖于对自由基途径的抑制，如在惰性气体中稀释、在低温下进行、或使用自由基清除剂。采用 Selectfluor™ F-TEDA-BF$_4$，可在无溶剂条件下实现 1,3-二羰基化合物和活化芳香化合物的氟代反应[157]。

如果激发光的波长为 184.9nm，也能用碘进行反应[158]。但是人们很少尝试碘代反应，这主要是因为形成的 HI 能还原碘代烃。相对于其它卤素，碘对脂肪烃的直接自由基卤代反应显著吸热，因而不发生需要的链式反应[159]。然而，碘（CCl$_4$·2AlI$_3$）与烷烃在 −20℃二溴甲烷中反应，可获得高产率的碘代烷[160]。烷烃与叔丁基次碘酸酯（t-BuOI）在 40℃反应，也可生成高产率的碘代烷[161]。烷烃与碘和 PhI(OAc)$_2$ 反应可生成碘代烷[162]。已经建立了在碱作用下用 CI$_4$ 进行自由基反应的方法。例如，在粉末状

NaOH 的存在下，环己烷可被 CI$_4$ 碘代[163]。该反应以 NaOH 固体上的碘仿作为碘代试剂。碱诱导的溴代反应也有报道。2-甲基丁烷与 50% 的 NaOH 水溶液及 CBr$_4$ 在相转移催化剂作用下反应，可生成中等产率的 2-溴-2-甲基丁烷。通过电解条件下与 EtN·4HF 反应，可从母体醚或内酯制备 α-碘代醚或 α-碘代内酯[164]。

许多别的卤化剂也被使用过，其中最常见的是硫酰氯（SO$_2$Cl$_2$）[165]。其它曾用过的试剂是 NBS（见 **14-3**）、CCl$_4$[166]、PCl$_5$[167]，还有 N-卤代胺和硫酸[168]。使用这些试剂时，需要链引发催化剂，通常是过氧化物或紫外光[169]。

当采用 N-卤代胺和硫酸（被紫外光或金属离子所催化）进行氯代反应时，其反应选择性比用其它试剂大得多[168]。特别地，烷烃链在接近于链端（ω-1 位）的位置时，氯化反应区域选择性高[170]。一些典型的选择性数值是[171]：

$$CH_3-CH_2-CH_2-CH_2-CH_2-CH_3 \quad 文献[172]$$
$$1 \quad 56 \quad 29 \quad 14$$

$$CH_3-CH_2-CH_2-CH_2-CH_2-CH_2-OH \quad 文献[173]$$
$$1 \quad 92 \quad 31 \quad 12 \quad 0 \quad 0$$

$$CH_3-CH_2-CH_2-CH_2-CH_2-CH_2-COOMe \quad 文献[174]$$
$$3 \quad 72 \quad 20 \quad 4 \quad 1 \quad 0$$

而且二氯代和多氯代很少发生。采用这个过程二羧酸主要在链的中部发生氯化反应[175]，金刚烷和二环[2.2.2]辛烷主要在桥头氯代[176]。在 ω-1 位高选择性地发生反应的原因尚不清楚[177]。氯代烷用 MoCl$_5$ 处理可以生成连二氯化物[178]。在 Pentasil 型沸石上吸附底物，可以提高正烷烃链末端的反应选择性[179]。关于在甾核的某些位置上区域选择性地氯代，参见 **19-2**。

在几乎所有情况下，这个反应为自由基链式反应机理：

$$引发 \quad X_2 \xrightarrow{h\nu} 2X·$$
$$增长 \quad RH + X· \longrightarrow R· + XH$$
$$\quad R· + X_2 \longrightarrow RX + X·$$
$$终止 \quad R· + X· \longrightarrow RX$$

当反应试剂是卤素时，引发过程以上面表示的方式出现[180]。当采用另一些反应试剂时，将发生类似的链断裂过程（光催化，更常见的是用过氧化物催化），而后直接发生链增长反应，而不需要经过卤原子夺取氢的过程。例如，用 t-BuOCl 进行氯代反应的增长步骤是[181]：

$$RH + t\text{-}BuO· \longrightarrow R· + t\text{-}BuOH$$
$$R· + t\text{-}BuOCl \longrightarrow RCl + t\text{-}BuO·$$

当采用 N-卤代胺进行反应时，发生夺取反应的自由基是胺基自由基的正离子 R$_2$NH$^+$·（参见反

应 11-5），其机理如下（在 Fe^{2+} 引发的情况下）[168]：

引发 $R_2NCl \xrightarrow{H^+} R_2\overset{+}{N}HCl \xrightarrow{Fe^{2+}} R_2\overset{+}{N}H \cdot + FeCl$

增长 $R_2\overset{+}{N}H \cdot + RH \longrightarrow R_2\overset{+}{N}H_2 + R \cdot$

        $R \cdot + R_2\overset{+}{N}HCl \longrightarrow RCl + R_2\overset{+}{N}H \cdot$

这个机理类似于 Hofmann-Löffler 反应的机理（反应 **18-40**）。

上述 X_2 的两个链增长过程是直接导致主要产物（RX 和 HX）的步骤，但是还可能存在许多其它增长步骤，而且事实上许多这些反应也发生了。同样，上式显示的唯一终止步骤是生成 RX 的步骤，但任何两个自由基都能结合（如 $H \cdot$，$\cdot CH_3$，$\cdot Cl$，$\cdot CH_2CH_3$）。因此，诸如 H_2、较高级的烷烃和较高级卤代烷等产物，也可以通过类似的步骤生成。当甲烷是底物时，决速步是：

$$CH_4 + Cl \cdot \longrightarrow \cdot CH_3 + HCl$$

因为在 0℃ 时观察到的同位素效应是 12.1[182]。对于氯代反应，反应链很长，在终止步骤发生之前，典型的情况有 $10^4 \sim 10^6$ 次增长。

卤素反应性的顺序可以从能量角度来解释。对于底物甲烷，两个主要的增长步骤的 ΔH 值是：

反应	F_2	Cl_2	Br_2	I_2
	ΔH/(kcal/mol)			
$CH_4 + X \cdot \longrightarrow \cdot CH_3 + HX$	−31	+2	+17	+34
$CH_4 + X_2 \longrightarrow CH_3X + X \cdot$	−70	−26	−24	−21

反应	F_2	Cl_2	Br_2	I_2
	ΔH/(kJ/mol)			
$CH_4 + X \cdot \longrightarrow \cdot CH_3 + HX$	−132	+6	+72	+140
$CH_4 + X_2 \longrightarrow CH_3X + X \cdot$	−293	−113	−100	−87

在每个例子中，CH_3—H 的 D 值是 105kcal/mol(438kJ/mol)，其它键的 D 值见表 14.4[183]。F_2 非常活泼[184]，以至于不需要紫外光和任何其它引发（总 $\Delta H = -101$kcal/mol；-425kJ/mol）[185]；而溴和碘基本上不与甲烷反应。在所有四个反应中第 2 步是放热的，但它不可能发生在第 1 步之前。而第 1 步对于 Br_2 和 I_2，正是非常不利的一步。很明显，导致卤素反应性的顺序是 $F_2 > Cl_2 > Br_2 > I_2$ 的一个最重要因素是，HX 键的强度依 HF>HCl>HBr>HI 顺序减小。仲位和叔位反应性较大，这与 R—H 的 D 值以伯>仲>叔位顺序减小一致（表 5.3）。

注意：除甲烷外，实际上所有底物氯代反应第 1 步都是放热的，因为大多数的其它脂肪族 C—H 键弱于 CH_4 的 C—H 键。

表 14.4   一些含卤素的化学键的 D 值[183]

键	D	
	kcal/mol	kJ/mol
H—F	136	570
H—Cl	103	432
H—Br	88	366
H—I	71	298
F—F	38	159
Cl—Cl	59	243
Br—Br	46	193
I—I	36	151
CH_3—F	108	452
CH_3—Cl	85	356
CH_3—Br	70	293
CH_3—I	57	238

金属介导的卤代反应已有报道。烯烃与溴在 MnO_2 存在下加热发生单溴代反应[186]。水中的 H_2O_2-HBr 可用于自由基溴代反应[187]。如果以 $AgSbF_6$ 为催化剂，烷烃和环烷烃的溴代和氯代反应也能通过亲电机理完成[188]，利用苯基亚硒酰氯 [PhSe(O)Cl] 和 $AlCl_3$ 或 $AlBr_3$，可以通过亲电机理将乙烯位直接氯代[189]。然而，某些取代烯烃能得到高产率的氯代产物，而其它烯烃（例如苯乙烯）却是将 Cl_2 加成到双键上（反应 **15-39**）[151]。亲电氟代反应参见 14.3.1 节。

OS Ⅱ,89,133,443,549；Ⅲ,737,788；Ⅳ,807,921,984；Ⅴ,145,221,328,504,635,825；Ⅵ,271,404,715；Ⅶ,491；Ⅷ,161.

14-2 硅烷的卤代

卤代或卤原子-去-氢化

$$R_3Si-H \longrightarrow R_3Si-X$$

就像烷烃的碳上发生自由基卤代反应一样，通过氢被夺取生成自由基，硅烷也可以发生相同的反应。三异丙基硅烷（iPr_3Si—H）与叔丁基次氯酸酯在 −10℃ 反应，得到的产物为三异丙基氯硅烷（iPr_3Si—Cl）[190]。

14-3 烯丙位和苄基位的卤代

卤代，或卤代-去-氢化

这个反应实际上是反应 **14-1** 的一种特殊情况，但它很重要，所以单独论述[191]。烯烃的烯丙位可被许多试剂卤代，苯甲基位亦如此，其中 NBS[192] 是目前最常用的试剂。使用这个试剂时，反应被称为 Wohl-Ziegler 溴化。反应需要使用非极性溶剂，最常用的是 CCl_4，但也可在离子液体中有反应[193]。NBS 和 5％$Yb(OTf)_3$ 以及 5％$ClSiMe_3$ 一起使用对反应加以改进[194]。其它 N-溴代酰胺也已用过。对任一试剂都需要引发剂，引发剂通常是 AIBN（1）过氧化物（如二叔丁基过氧）或苯甲酰过氧，另一种不常用的方法是利用紫外光。三氟化硼已经被用于苄位溴代[195]。

在 Lewis 酸如 $ZrCl_4$ 存在下，1,3-二溴-5,5-二甲基乙内酰脲（DBDMH）可用于苯甲基位溴代[196]。类似地，在 Pd 催化剂存在下微波辐照，N-氟-2,4,6-三甲基吡啶正离子四氟硼酸盐可使苯甲基位氟代[197]。

烯丙位氯代反应也可以用 NCS 并以芳基硒氯化物（ArSeCl）、芳基二硒化物（ArSeSeAr）或 TsNSO 为催化剂来完成[198]。烯丙位氯代反应还可以采用叔丁基次氯酸酯[199]或 $NaClO/CeCl_3·7H_2O$ 来实现[200]。

通常这个反应相当专一地发生在烯丙位或苯甲基位，反应产率也很高。但是，如果烯丙基自由基中间体不对称时，会发生烯丙基自由基重排，结果获得两种可能产物的混合物 **23** 和 **24**。

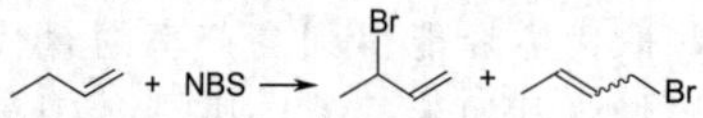

使用硒催化剂可以高产率地生成几乎全部的烯丙基重排氯化物，而使用 TsNSO 催化剂则生成没有重排的氯化物，产率也低。氧化二氯（Cl_2O）在没有催化剂时，也可以高产率地生成烯丙基重排氯化物[201]。这些反应似乎不采用自由基机理。当双键有两个不同的烯丙位时（例如 $CH_3CH=CHCH_2CH_3$），取代仲位比伯位更容易。叔位氢的相对反应性尚不清楚，但是目前已经实现了许多烯丙叔位上的取代反应[202]。有可能溴代双键的两侧[203]。由于溴的吸电子性，使得第二个溴的取代发生在双键的另一侧而不是在第一个溴的 α 位上。有苄基氢的分子，例如甲苯，可以很快地反应生成 α-溴代甲苯（例如：$PhCH_3 \rightarrow PhCH_2Br$）。

N-溴代琥珀酰亚胺是其它位置的高度专一性的溴化剂，这些位置包括羰基、C≡C 叁键和芳环的 α 位（共位）。当分子中既有双键又有叁键时，反应通常发生在叁键的 α 位[204]。

Dauben 和 McCoy[205]证实了烯丙位溴代的机理是自由基机理，他们证明了该反应对自由基引发剂和抑制剂十分敏感，如果反应开始时不用微量引发剂，那么反应就的确不发生。其后的工作表明，实际上夺取底物中氢的反应物种是溴原子。该反应被少量 Br· 引发，Br· 一旦形成，主要的增长步骤便是：

第 1 步   Br· + RH ⟶ R· + HBr

第 2 步   R· + Br_2 ⟶ RBr + Br·

Br_2 的来源是 NBS 和第 1 步中释放的 HBr 之间的快速离子反应：

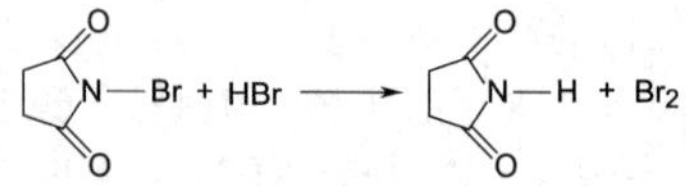

因为 NBS 的作用是提供低的稳态浓度的 Br_2 源，并且消耗在第 1 步中放出的 HBr[206]。支持这个机理的主要证据是 NBS 和 Br_2 表现出类似的选择性[207]，而且各种 N-溴代酰胺也表现出类似的选择性[208]，这些都符合各种情况下同一种反应物中发生夺取过程的假说[209]。

人们可能会问，既然 Br_2 是反应物种，为什么 Br_2 不以离子的或自由基的机理（见反应 **15-39**）加成到双键上呢？显然是因为 Br_2 浓度太低。在双键的溴代反应中，无论是亲电加成，还是自由基加成，进攻的溴分子中只有一个溴原子与底物相连：

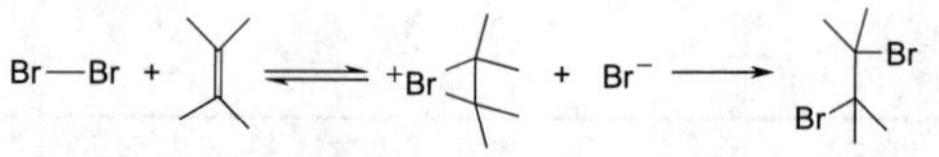

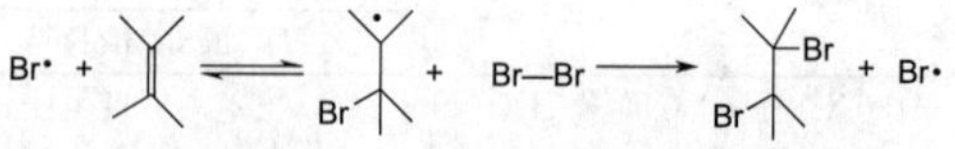

另一个溴原子来自于另一个含有溴的分子或离子。在苄基的反应中不存在这个问题，因为苯环不容易发生这种加成反应。如果浓度很低，中间体一旦形成，合适的反应物种正好出现在附近的概率也很低。在这两种情况中，中间体会变回初始物，使得烯丙位取代反应可以竞争成功。若果真如此，那么，如果使用的溴浓度很低，而且一旦形成 HBr 就马上除去，使之不与加成过程竞争，则有可能只溴化烯烃的烯丙位而不发生加成反应。即使在缺少 NBS 或类似的化合物时，也不能发生加成步骤。已经证明的确如此[210]。

当 NBS 被用于溴化非烯烃底物例如烷烃时，会发生另一个机理，即琥珀酰亚胺基自由基[211] **25** 夺取底物中的氢[212]。易溶解 NBS 的溶剂（如 CH_2Cl_2、$CHCl_3$ 或 MeCN）以及少量的无烯丙位氢的烯烃（例如乙烯）有利于该反应的进行。烷烃被用于清除任何形成的 Br·。含有 **25** 的机理的证据是夺取反应的选择性与 Cl· 类似以及分离出 **25** 开环形成的 β-溴代丙酰异氰酸盐

($BrCH_2CH_2CONCO$)。

烯丙基硅烷和有氯化物配体的过渡金属反应生成烯丙基氯化物，反应中氯原子置换了 Me_3Si 单元[213]。

OS IV, 108; V, 825; VI, 462; IX, 191

14-4 醛的卤代

卤代或卤代-去-氢化

$$RCHO + Cl_2 \longrightarrow RCOCl$$

羰基化合物的 α-卤代反应参见反应 **14-2**。醛也可能发生不同的卤代反应。醛用氯处理能直接转变酰氯；但是，这个反应只有当醛没有 α-氢时才能发生，但是，即使在这种情况下反应的用处也不大。当有 α-氢时，则发生 α-卤代 (**14-2** 和 **12-4**)。也曾使用其它的氯源，如：SO_2Cl_2[214] 和 t-$BuOCl$[215]。反应机理可能是自由基型的。N-溴代琥珀酸亚胺（NBS），以 AIBN（参见 14.1.1 节）作为催化剂，被用于将醛转化成酰溴[216]。在苯甲酰过氧化物为引发剂存在下，Br_3CCO_2Et 可通过自由基条件将醛转化为酰溴[217]。

OS I, 155。

14.3.1.2 被氧取代

14-5 在芳香碳上羟基化[218]

羟化或羟化-去-氢化

$$ArH + H_2O_2 + FeSO_4 \longrightarrow ArOH$$

过氧化氢和硫酸亚铁的混合物[219]被称为 Fenton 试剂[220]，可用于羟基化芳环，但是反应产率通常不高[221]，联芳是常见的副产物[222]。其它使用过的试剂有：H_2O_2 和亚钛离子；O_2 和 $CuO(I)$[223] 或 $Fe(III)$[224]；亚铁离子、氧、抗坏血酸和乙烯四胺四乙酸（Udenfriend 试剂）的混合物[225]；液氨中的 O_2 和 KOH[226]；以及过氧酸，如过亚硝酸与三氟过乙酸等。

人们对 Fenton 试剂的反应机理已经做了许多研究，已知游离的芳基自由基（由类似于 $HO\cdot + ArH \rightarrow Ar\cdot + H_2O$ 这样的过程形成）不是反应中间体。这个机理基本上是如 14.1.3 节中概述过的机理，以 $HO\cdot$ 作为进攻的自由基[227]，该自由基形成的反应是

$$Fe^{2+} + H_2O_2 \longrightarrow Fe^{3+} + OH^- + HO\cdot$$

决速步是 $HO\cdot$ 的形成，而不是它与芳香底物的反应。

已经报道过芳烃的另一个氧化反应，该反应采用 $Cu(NO_3)_2 \cdot 3H_2O$、30%过氧化氢和磷酸缓冲液，可将芳烃氧化为苯酚[228]。

另见反应 **11-26**。

14-6 环醚的形成

（5）OC-环-烷氧-去-氢-取代

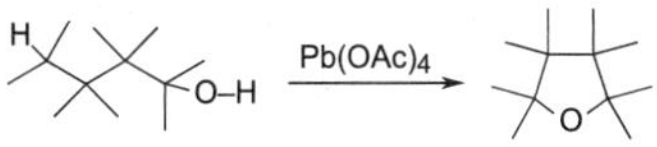

δ 位有氢的醇，用四乙酸铅处理后可以成环[229]。这个反应常在约 80℃ 左右进行（最常见的是在苯中回流），但如果用紫外光照射反应混合物，也能在室温下反应，生成四氢呋喃的产率很高。即使有 γ-H 和 ε-H 存在时，也几乎不会得到四元和六元的环醚（分别是环氧丙烷和四氢吡喃）。这个反应还可以利用卤素（Br_2 或 I_2）和银或汞的氧化物或盐（尤其是 HgO 和 $AgOAc$）[230]，还有亚碘酰苯二乙酸盐和 I_2[231]，以及硝酸铈铵（CAN）[232]。下面的机理可以解释四乙酸铅的反应[233]，尽管 **26** 从未被分离出：

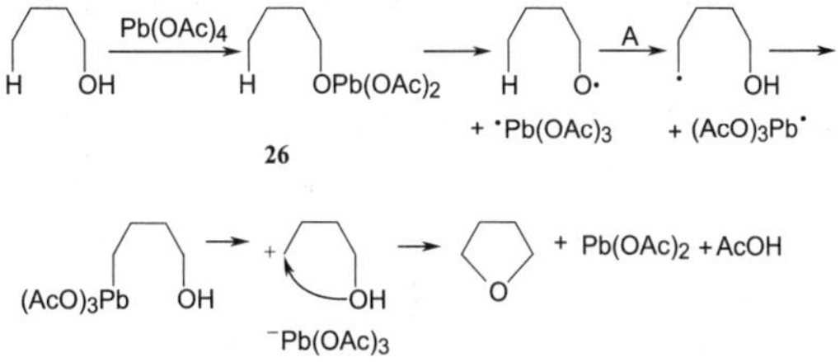

步骤 A 是 1,5-分子内氢的夺取反应。这种夺取反应很著名（参见反应 **18-40**），比 1,4-或 1,6-夺取反应更为有利（少量形成的四氢吡喃源于 1,6-夺取反应）[234]。

有时氧化为醛或酸（反应 **19-3** 和 **19-22**）以及底物的断裂是这个反应的竞争反应。当羟基出现在不小于七元的环上时，有可能形成跨环产物，例如环辛醇环化反应生成 **27**[235]，

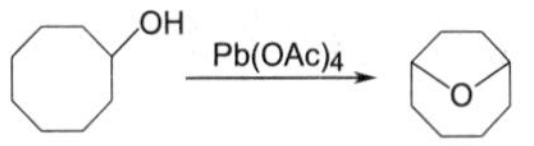

β-羟基醚可以得环乙缩醛，例如 **28**[236]：

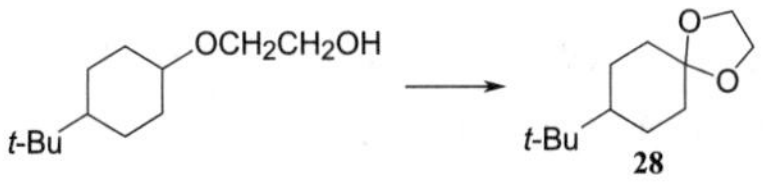

在《有机合成》中没有相应的参考内容，但是可参见 OS V, 692; VI, 958 中的相关反应。

14-7 氢过氧化物的形成

氢过氧-去-氢化

$$RH + O_2 \longrightarrow R-O-O-H$$

在空气中，C—H 键缓慢地（慢，即意味着不燃烧）氧化为 C—O—O—H 的过程称为自动氧化（autooxidation）[237]。当化合物放置在空气

中并被光催化时,就会发生这种反应。所以如果将化合物保存在暗处,不希望发生的自动氧化反应大都可以变慢。大多数自动氧化是通过包含过氧自由基的自由基链式过程进行的[238]。可加入抗氧化剂抑制自动氧化,因为抗氧化剂会阻止或延缓与空气中氧的反应[239]。虽然一些内酯化合物被作为抗氧化剂出售,但是许多源自内酯的自由基对氧的反应活性却很差或没有[239]。产生的氢过氧化物常进一步发生反应,生成醇、酮和更复杂的产物,因此该反应通常不用于制备,虽然有时可以采用这种方法以高的产率制备氢过氧化物[240]。正是因为自动氧化,使食物、橡胶、涂料和润滑油等在空气中暴露一段时间后容易变坏。另一方面,自动氧化的有益用途是涂料在大气中的干燥。与C—H键的其它自由基反应一样,反应中进攻某些键比进攻其它键更容易[241]。在前面我们已经论述过这些事实(参见14.2.1节),但是在高温和气相状态下这种选择性很低。该反应在烷基的叔位(或更小范围的仲位)、苄位[242]和烯丙位(烯丙位很容易重排)上都可以进行[243]。例如,2-苯基丙烷可以与氧气反应得到$PhMe_2COOH$。还有一个反应的敏感位置是醛的C—H键,但是采用这种方法产生的过氧酸不容易分离[244],因为它们会变成相应的羧酸(反应19-23)。醚的α位也容易被氧进攻(RO—C—H→RO—C—OOH),生成的氢过氧化物几乎从未被分离出。但是,这个反应导致醚储存的危险性,因为这些存在于醚中的氢过氧化物及其重排产物具有潜在的自动爆炸性[245]。

氧(双自由基)本身不太活泼,实际上不会夺取氢。但若通过某些引发过程产生微量自由基(例如R'·),这些自由基便会与氧反应[246]生成R'—O—O·;因为这种类型的自由基可以夺取氢,该链式反应为

$$R'OO· + RH \longrightarrow R'· + R'OOH$$
$$R· + O_2 \xrightarrow{等} R—O—O·$$

至少在某些情况下(在碱性介质中)[247],自由基R·可以通过形成碳负离子而后氧化(用O_2)生成自由基的方法来产生,例如烯丙基自由基29的产生[248]:

$$\overset{H}{\diagdown}\!\!=\!\!\diagup \xrightarrow{\text{碱}} -\diagdown\!\!=\!\!\diagup + O_2 \longrightarrow ·\diagdown\!\!=\!\!\diagup + [O—O·]^-$$
$$\qquad\qquad\qquad\qquad\qquad\qquad\qquad 29$$

在碱性介质中,自动氧化也能以另一机理进行:R—H+碱→R⁻+O_2→ROO⁻[249]。

用光敏化的氧处理烯烃时[参见7.1.6节(6)],烯烃的烯丙位能被OOH取代,这是一个合成上有用的反应[250]。这个反应虽然表面上看类似于自动氧化,但实际上总是100%发生烯丙重排,所以该反应的机理与自动氧化显然不同。此时反应试剂不是基态氧(三线态)而是激发的单线态氧(单线态所有电子都配对)[251],光敏作用是将氧激发到这个单线态。单线态氧也能以非光化学法产生[252],例如可用H_2O_2与NaOCl[253]或用臭氧和三苯基膦反应[254]。已经报道二过氧化氢合过氧化钙($CaO_2·2H_2O_2$)被用于化学产生单线态氧,是可储存的化合物[255]。以光化学或以非光化学法产生的氧与烯烃的反应方式相同[256],这也是光化学反应中的反应物种是单线态氧而不是人们以前提出的三线态氧与光敏剂形成假设的复合物的证据。100%发生烯丙重排的事实也与自由基机理不相符,反应中不涉及自由基的进一步证据来自用单线态氧处理旋光性苧烯(30),其它产物之一是旋光性的氢过氧化物31。

如果32是反应中间体,它有一个对称面[257],那么就不会生成旋光产物。相反,30的自动氧化可生成无旋光的31(四种非对映体的混合物。这四个异构体组成两对对映异构体,从而形成外消旋混合物)。如同这个例子所显示的,单线态氧与取代基较多的烯烃的反应比与取代少的快些,烯烃反应性顺序为四取代的>三取代的>二取代的。吸电子取代基钝化烯烃[258]。对于简单的三取代烯烃,在双键的更拥挤的一端脱氢更有利[259]。对于式为RCH=CHR'的顺式烯烃,通常在含有大的R基团一端脱去氢[260]。烯丙基上的许多官能团都会导致在该侧而不是另一侧脱去氢(偕位选择性)[261]。同样的,在烷基取代的烯烃中,双键上大取代基偕位上的氢较易脱去[262]。

人们已经提出了几种与单线氧反应的机理[263]。其中之一是周环机理,这个机理类似于烯合成(反应15-23)的机理,也类似于烯烃与SeO_2反应(反应19-14)的第一步。然而,有很有力的证据反对这个机理[264]。更为可能的一个机理是:单线态氧与双键加成生成过氧环氧乙烷(33)[265],而后是分子内质子迁移[266]。

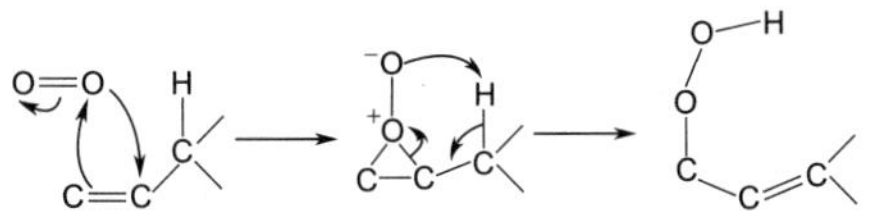

此外还有涉及双自由基或偶极中间体的其它的机理[267]。

OS Ⅳ, 895.

14-8 过氧化物的形成

烷二氧-去-氢化

$$RH + R'OOH \xrightarrow{CuCl} ROOR'$$

在氯化亚铜或其它催化剂（例如钴盐和锰盐）存在下，用氢过氧化物处理，能将过氧基团（ROO）引入敏感的有机分子[268]，反应产率很高。置换氢的反应类型类似于与 NBS 反应的类型（14-2），亦即主要是苄位、烯丙位和叔位的氢。因此，该机理是自由基型，涉及由 ROOH 和金属离子形成的 ROO·。这个反应可用于将 R_2NCH_3 类型叔胺脱甲基，因为产物 R_2NCH_2OOR' 可以很容易地在酸中水解（反应 10-6）得到 R_2NH[269]。

14-9 酰氧化

酰氧-去-氢化

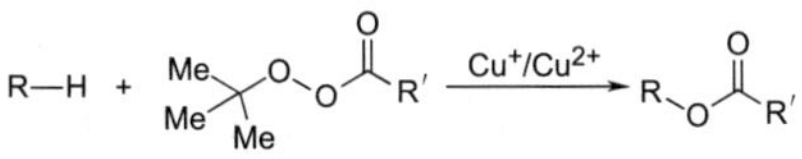

$$R—H + Me_3COOCR' \xrightarrow{Cu^+/Cu^{2+}} R—O—C(=O)R'$$

有机化合物的敏感位点可以被过酸叔丁酯直接酰氧化[270]，最常用的是乙酸和苯甲酸的过酸叔丁酯（R′=Me 或 Ph）[271]。这个反应需要催化剂（实际的催化剂是亚铜离子，但只需要微量的亚铜离子，这种微量的亚铜离子通常存在于铜的化合物中，所以经常直接用铜化合物），没有催化剂就没有选择性。反应敏感位点类似于 14-6 中的那些：苄位、烯丙位，还有醚和硫醚的 α 位。端烯的取代反应几乎完全发生在 3 位，也即只有少量烯丙重排，但非端烯一般得到含有大量烯丙迁移产物的混合物。如果与烯烃的反应是在过量的另一种酸 R″COOH 存在下进行，则生成的就是该酸的酯 ROCOR″。醛生成酸酐：

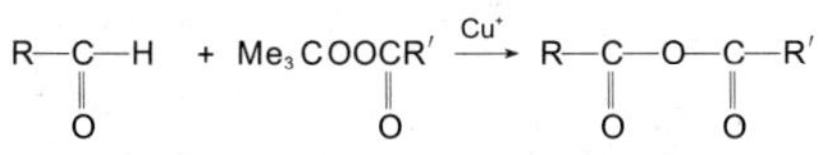

$$R—C(=O)H + Me_3COOCR' \xrightarrow{Cu^+} R—C(=O)—O—C(=O)—R'$$

采用像四乙酸铅[272]、乙酸汞[273] 和乙酸钯（Ⅱ）[274] 这些金属乙酸盐也能实现酰氧化反应。在采用乙酸铅和乙酸汞的情况下，反应不仅发生在烯丙位和苄位以及 OR 或 SR 基的 α 位上，而且还发生在醛、酮或酯羰基的 α 位上，以及在两个羰基（ZCH₂Z′）的 α 位上。在后面的情况中，这个反应可能是以这些底物的烯醇式发生的。酮可以通过用金属乙酸盐处理它们的多种烯醇衍生物而间接地 α-酰氧化，例如，用羧酸银-碘处理烯醇硅醚[275]、用四乙酸铅处理烯醇硫醚[276]、用四乙酸铅[278] 处理烯胺[277]。四乙酸铅甚至能够以比较慢的速度（10 天至 2 周）酰氧化烷烃，反应中叔位和仲位比伯位有利得多[279]。α,β-不饱和酮可以用三乙酸锰[280] 处理得到产率不错的 α′-酰氧化产物。乙酸钯可将烯转变为乙酸乙烯酯和/或乙酸烯丙酯[281]。已报道称利用乙酸钯（Ⅱ）可将某些烷烃酰氧化[282]。

对亚铜催化反应的机理研究表明，最常见的机理是[283]：

第 1 步

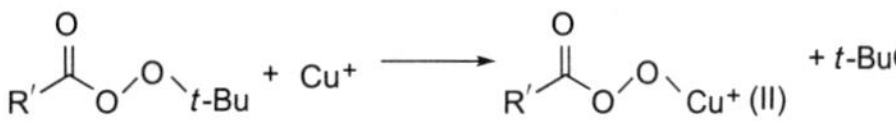

$$R'C(=O)O—O—t\text{-}Bu + Cu^+ \longrightarrow R'C(=O)O—O—Cu^+(\text{II}) + t\text{-}BuO·$$

第 2 步 $RH + t\text{-}BuO· \longrightarrow R· + t\text{-}BuOH$

第 3 步

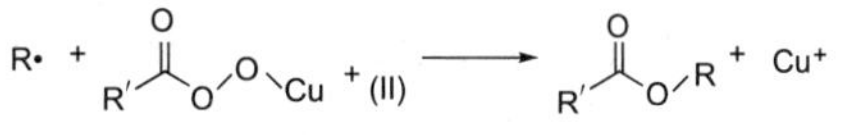

$$R· + R'C(=O)O—O—Cu^+(\text{II}) \longrightarrow R'C(=O)O—R + Cu^+$$
$$\mathbf{34}$$

这个机理涉及一个自由基（R·），它与实验发现的烯丙迁移结果一致[284]。研究发现用 ¹⁸O 标记羰基氧的过酸叔丁酯，反应后给出在每个氧上有 50%标记的酯[285]，这与 R· 和中间体 34 结合的描述一致，因为在 34 中铜以离子键与之相连，所以两个氧实质上是等价的。又一个证据是叔丁氧基自由基已经被二烯捕获[286]。但是与金属乙酸盐的反应机理，人们仍所知甚少[287]。

芳香底物[288] 的自由基酰氧化反应已通过采用许多试剂完成了，这些试剂包括乙酸铜（Ⅱ）[289]，银（Ⅱ）配合物[290] 和三氟乙酸钴（Ⅲ）[291]。

OS Ⅲ, 3; Ⅴ, 70, 151; Ⅷ, 137.

14.3.1.3 被硫取代

14-10 氯磺化

氯磺基-去-氢化

$$RH + SO_2 + Cl_2 \xrightarrow{h\nu} RSO_2Cl$$

有机分子被氯和二氧化硫的氯磺化反应被称为 Reed 反应[292]。从可获得产物的范围和限度看，这个反应类似于 14-1。反应机理也类似，除了有两个额外的主要增长步骤：

$$R· + SO_2 \longrightarrow R—SO_2·$$
$$R—SO_2· + Cl_2 \longrightarrow R—SO_2Cl + Cl·$$

通过用 SCl_2 和紫外光处理也能完成氯硫化反应[293]：$RH + SCl_2 \xrightarrow{h\nu} RSCl$。

14.3.1.4 被氮取代
14-11 醛直接转变为酰胺

胺化，或氨基-去-氢化

$$\text{ArCHO} \xrightarrow[\text{NBS-AIBN}]{\text{NH}_3} \text{ArCONH}_2$$

脂肪族或芳香族醛可以被氨、伯或仲胺，以及 NBS 和催化量的 AIBN（参见 14.1.1 节）转变为相应的酰胺[294]。在一个更小范围内的反应中，可以用干燥的氨气和过氧化镍处理芳醛或 α,β-不饱和醛而得到酰胺[295]。在 $-25 \sim -20\ \text{℃}$，反应产率最高（80% 至 90%）。在过氧化镍的反应中，相应的醇（ArCH_2OH）也曾被用作底物。醛的氧化酰胺化可在 CuI 催化剂存在下用 AgIO_3 实现[296]。类似的氧化酰胺化可用 H_2O_2 和 Pd 催化剂完成[297]。采用 NBS 和 Cu 催化剂，可由醛制备酰胺[298]。高价碘并同 Fe 催化剂一起也曾被用过[299]。芳香醛可采用无溶剂球磨法被 Oxone（过硫酸氢钾制剂）氧化酰胺化，生成相应的酰胺[300]。采用亲核性的 N-杂环卡宾，可致使最临近的环氧乙烷[301]或环丙烷结构片段[302]发生开环酰胺化。芳香醛可在 LnCl_3 存在下经 LiN(TMS)$_2$ 处理而转化为相应的酰胺，曾报道过利用 $[(\text{Me}_3\text{Si})_2\text{N}]_3\text{Ln}(i\text{-Cl})\text{Li}(\text{THF})_3$ 进行的化学计量反应[303]。在 0 ℃ 的异丙醇中，与 MnO_2 和 NaCN 以及氨成胺一同也能实现这个反应[304]。醛在氨水溶液中用碘处理，而后用 H_2O_2 溶液氧化，生成伯酰胺[305]。仲胺与醛在 Pd[306]或 Rh 催化剂[307]作用下反应生成酰胺。一个将醛转变成酰胺的间接途径参见反应 **12-32**。硫代酰胺（RCSNR'_2）也以较高的产率由硫醛（由䏸烷和硫原位制备）和仲胺反应制备[308]。

14-12 烷烃碳的酰胺化和胺化

酰胺基-去-氢化

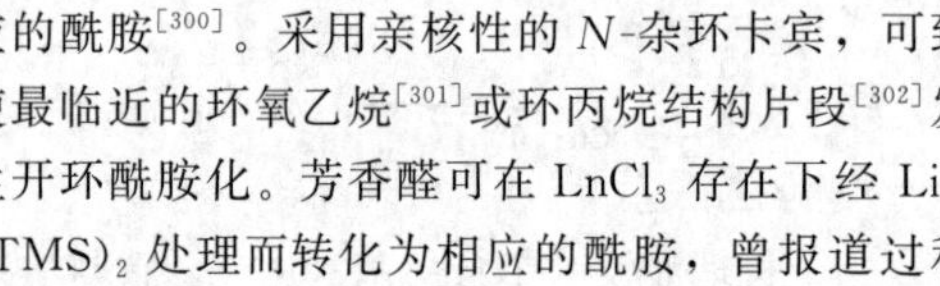

$$\text{R}_3\text{C-H} + \text{CH}_3\text{CN} \xrightarrow[\text{H}_3(\text{PW}_{12}\text{O}_{40}) \cdot \text{H}_2\text{O}]{h\nu} \text{R}_3\text{C-N(H)-C(O)CH}_3 + \text{H}_2$$

含有叔氢的烷烃在含有杂多钨酸的乙腈中，在紫外光照射下会被酰胺化[309]。产物中的氧来自钨酸。当底物有两个相邻的叔氢时，则形成烯烃（通过失去两个氢）而不形成酰胺（反应 **19-2**）。酰胺自由基还可以用其它的方式产生[310]。

14-13 被硝基取代

硝基-去-羧化

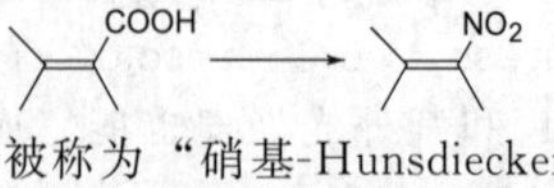

在一个被称为"硝基-Hunsdiecker"的反应中（参见反应 **14-30**），烯基羧酸（共轭羧酸）与硝酸和催化量的 AIBN（参见 14.1.1 节）反应，产物为烯基硝基化合物，该产物是通过自由基中间体的脱羧而生成[311]。

芳基卤代物与氰盐发生 Cu 催化的反应可转化为芳香硝基化合物（$\text{Ar-X} \rightarrow \text{Ar-NO}_2$）[312]。乙腈中的硝酸铈铵也可促进这个反应[313]。

共轭酰胺在过量碘化钐（Ⅱ）作用下，可通过其 γ-碳发生偶联，生成高产率的二聚二酰胺，若采用手性添加剂，可获得中等程度的对映选择性[314]。

14.3.1.5 被碳取代

在这些反应中形成了新的碳-碳键，因此被称为偶联反应（coupling reactions）。在这些反应中，都产生烷基或芳基自由基，然后与另一个自由基结合（终止过程），或者进攻芳环或烯烃从而得到偶联产物[315]。

14-14 在敏感位点的简单偶联

去-氢-偶联

$$2\ \text{RH} \longrightarrow \text{R-R}$$

过氧化物裂解产生的自由基可以从烷烃及其衍生物 RH 中夺取一个氢而产生自由基 R·，该自由基可以发生二聚。二烷基过氧化物、二乙酰基过氧化物和 Fenton 试剂（反应 **14-5**）已被用于此类反应。尽管在特定的情况下可以获得较满意的产率，但该反应并不常用。易发生反应的敏感位点通常是：叔碳位[316]，芳环（尤其是还存在 α-烷基或 α-氯原子时）[317]、醚基[318]、羰基[319]、氰基[320]、二烷基氨基[321]或羧酸酯基（羧酸-侧或醇-侧）的 α 位[322]，在某些情况下可能发生交叉偶联。当体系中存在二叔丁基过氧化物时，加热甲苯和烯丙基溴可以定量生成 4-苯基-1-丁烯[323]。

$$2\ \text{RH} \xrightarrow[\text{Hg}]{h\nu} \text{R-R} + \text{H}_2$$

在一个合成上很有用的过程中，烷烃可以被蒸气态汞光敏化二聚[324]。最容易发生的是在叔位上的偶联，但是没有叔氢的化合物（例如环己烷）也可以得到不错的产率。正烷烃的二聚得到仲-仲偶联产物，其产物分布几乎与统计学分布一致，而伯位基本上不发生反应。醇和醚在氧的 α 位二聚，例如：

$$2\ \text{EtOH} \longrightarrow \text{MeCH(OH)CH(OH)Me}$$

当采用混合物进行反应时，则按统计学规律发生异二聚（生成 35）和同二聚，例如：

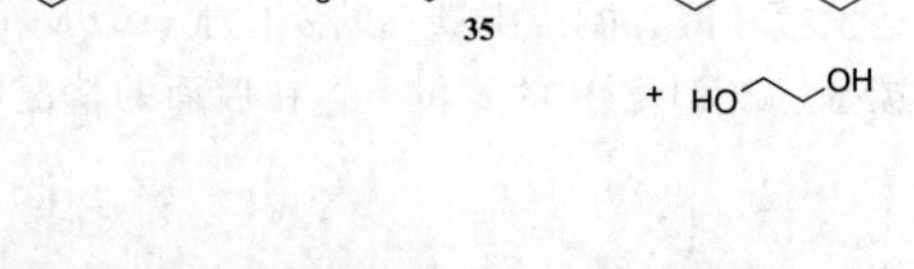

即使反应产率受到产物统计学分布的限制,交叉二聚在反应物之一是烷烃时仍然很有用,因为产物很容易分离,而且能将烷烃官能团化的方法太少。烷基与三噁烷的交叉二聚特别有价值,因为产物水解(反应10-6)得到醛,这样就实现了RH→RCHO的转化。反应的机理可能是激发态Hg原子对H的夺取,产生的自由基相互偶联。

在H_2存在下,该反应被扩展到了酮、羧酸和酯(所有偶联都发生在C=O基团的α位),以及酰胺(偶联发生在氮的α位)[325]。在这些条件下,很可能是激发态的Hg从H_2中夺取H·,而余下的H·从底物中夺取H。在苄位上也能产生自由基,而后与环氧化物偶联得到醇[326]。

OS Ⅳ,367;Ⅴ,1026;Ⅷ,482.

14-15 通过硅烷在敏感位点上的偶联

去-硅烷基-偶联

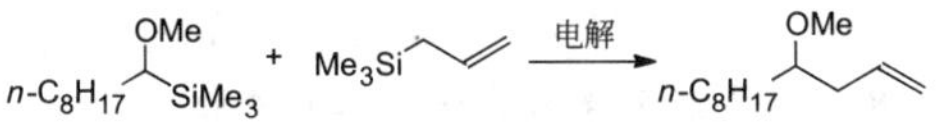

$$n\text{-}C_8H_{17}\underset{SiMe_3}{\overset{OMe}{|}} + Me_3Si\diagup\!\!\!\diagup \xrightarrow{\text{电解}} n\text{-}C_8H_{17}\underset{}{\overset{OMe}{|}}\diagup\!\!\!\diagup$$
                36

两个硅烷在电化学条件下可以发生偶联。例如,36与烯丙基三甲基硅烷反应生成相应的高烯丙基醚[327]。

14-16 炔的偶联[328]

去-氢-偶联

$$2\ R\text{-}C{\equiv}C\text{-}H \xrightarrow[\text{吡啶}]{CuX_2} R\text{-}C{\equiv}C\text{-}C{\equiv}C\text{-}R$$

端炔与化学计量的铜盐在吡啶或类似的碱中加热,可以发生偶联。这个反应被称为Eglinton反应[329],反应能生成对称的二炔,产率很高。通过利用端双炔的Eglinton偶联制备得到的环多炔37[330]的重排和氢化,制备了大环轮烯(参见2.11节),例如,37是1,5-己二炔的环三聚体[331]。相应的四聚体(C_{24})、五聚体(C_{30})和六聚体(C_{36})也可以形成。

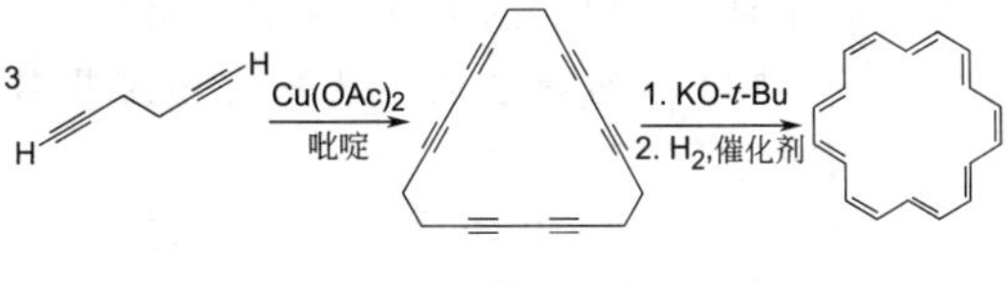

$$3 \underset{H}{\overset{H}{\diagdown}}{\equiv}\!\!\!-\!\!\!\diagup \xrightarrow[\text{吡啶}]{Cu(OAc)_2} \boxed{37} \xrightarrow[\text{2. }H_2\text{,催化剂}]{\text{1. KO-}t\text{-Bu}} \bigcirc$$

Eglinton反应应用范围很广,炔分子中可以同时存在多种官能团。叁键氢的氧化反应通常是相当专一的。另一个常用的方法是,在氨或氯化铵的存在下,使用催化量的亚铜盐(这一方法被称为Glaser反应)。在后一种方法中,需要空气中的氧或像高锰酸盐或过氧化氢等其它氧化剂。

这种方法的成环偶联结果不令人很满意。过氧化氢、高锰酸钾、铁氰化钾、碘或Cu(Ⅱ)可替代氧作为氧化剂[332]。当反应在吡啶或环己基胺中在催化量的$CuCl_2$存在下进行时,可以避免在反应过程中分离出乙炔亚铜[333]。在N,N,N',N'-四甲基乙基二胺/CuCl复合物作用下,Glaser反应几乎可以在所有溶剂中高产率地进行[334]。以分子氧作为氧化剂的Glaser反应被称为Hay反应。

改进的偶联端炔的方法是使用超临界CO_2[335](参见9.4.2节)及离子液体[336]中的$CuCl_2$。端炔偶联也可在微波辐照下用$KF\text{-}Al_2O_3$上的$CuCl_2$完成[337]。Co催化的Glaser偶联[338],以及无过渡金属的偶联[339]已被报道。使用KF/氧化铝对Glaser偶联加以改进已被报道[340]。偶联反应也可在室温条件下采用乙酸铜实现[341]。铜(Ⅱ)促进的端炔偶联反应已经在超临界CO_2中完成[342]。另一种改进的反应是Ni催化的交叉偶联[343]。端炔用$Cu\text{-}I_2$处理生成1,3-二炔[344]。

不对称二炔可以用Cadiot-Chodkiewicz偶联反应[345]来制备:

$$R\text{-}C{\equiv}C\text{-}H + R'\text{-}C{\equiv}C\text{-}Br \xrightarrow{Cu^+}$$
$$R\text{-}C{\equiv}C\text{-}C{\equiv}C\text{-}R' + HBr$$

这个反应可以视作反应10-74的一种变化,但机理完全不同,因为卤化炔可发生反应而常见的卤代烷却不发生反应,这与亲核机理很不一致。这个反应机理还没有完全弄清楚。这个反应的一个用法是将溴化炔连到聚合物上,在固态相变后,二炔就从聚合物中释放出来[346]。炔烃也可以在CuI和钯催化剂下进行偶联[347]。Cadiot-Chodkiewicz法的一种变化是,用乙炔铜(RC≡CCu)处理卤代炔(R'C≡CX)[348]。利用BrC≡CSiEt_3,继而将$SiEt_3$基团断裂,Cadiot-Chodkiewicz法可以适用于$R'=H$的双炔的制备[349]。在Eglinton或Glaser法中,也可用$SiEt_3$作为保护基团[350]。

Eglinton和Glaser反应的机理,可能从失去质子开始:

$$R\text{-}C{\equiv}C\text{-}H \xrightarrow{\text{碱}} R\text{-}C{\equiv}C^-$$

由于有碱存在,炔的质子显示出酸性。当然,我们已经知道亚铜离子会与叁键形成配合物。最后一步可能是两个自由基的偶联:

$$2\ R\text{-}C{\equiv}C\cdot \longrightarrow R\text{-}C{\equiv}C\text{-}C{\equiv}C\text{-}R$$

但是碳负离子怎样被氧化为自由基,亚铜离子起什么作用(而不是形成炔盐),这些都是需要考虑的问题[351],而且这些因素还取决于氧化剂。人们提出了一个机理假定 Cu（Ⅱ）为氧化剂[352]。研究显示分子氧与 Cu（Ⅰ）形成加合物，这得到了叔胺的支持，叔胺可能是以分子氧为氧化剂的 Glaser 反应的中间体[353]。Hay 反应的机理包含 Cu（Ⅰ）/Cu（Ⅲ）/Cu（Ⅱ）/Cu（Ⅰ）的催化循环，该反应的关键是在两分子的乙炔化物与分子氧形成 Cu（Ⅲ）络合物的过程中氧的活化[354]。Glaser 偶联条件下形成的 Cu（Ⅲ）配合物的分离和表征支持了这一机理。

Sonogashira 偶联是指芳基卤与端炔在 Pd 催化剂作用下的反应，该反应已经扩展到了两个炔的偶联[355]。实际上，Pd 催化的两个炔形成二炔[356]的偶联通常被称为 Sonogashira 交叉偶联或类 Sonogashira 偶联。例如 38 转化为 39[357]，其中 rt 表示室温，DABCO 表示 1,4-二氮杂二环[2.2.2]辛烷。

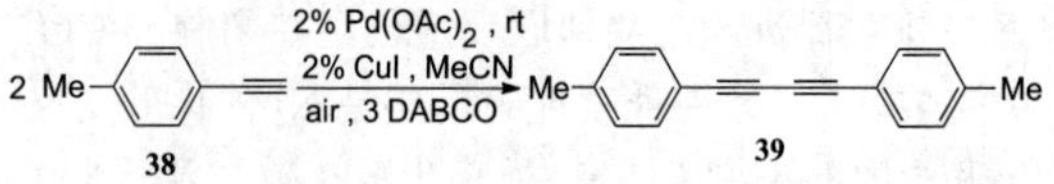

$$2\ Me-\!\!\bigcirc\!\!-\!\equiv\!-H \xrightarrow[\text{air, 3 DABCO}]{\substack{2\%\ Pd(OAc)_2,\ rt \\ 2\%\ CuI,\ MeCN}} Me-\!\!\bigcirc\!\!-\!\equiv\!\!-\!\equiv\!\!-\!\bigcirc\!\!-Me$$
   38   **39**

端炔并不是唯一的反应物。1-三甲基硅烷基炔（R—C≡C—SiMe₃）与 CuCl[358] 或 Cu(OAc)₂/Bu₄NF[359] 反应生成二炔（R—C≡C—C≡C—R）。

炔基硼酸酯在 Cu 盐存在下发生自偶联生成对称的 1,3-二炔[360]。Cu 催化的炔基三氟硼酸酯的自偶联也生成 1,3-二炔[361]。

在一些相关的反应中，炔基三氟硼酸酯与烯基碲化物反应生成 1,3-烯炔[362]。Pd 催化的烯基溴化物与端炔的反应生成烯炔[363]。1,3-二烯可通过 Pd 催化的烯基三氟硼酸酯的同偶联制备[364]。

OS Ⅴ,517；Ⅵ,68,925；Ⅷ,63.

14-17 过氧化物烷基化和芳基化芳香族化合物

烷基化，或烷基-去-氢化

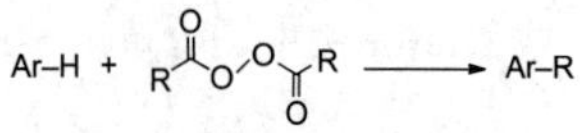

$$Ar\!-\!H + R\overset{O}{\underset{\parallel}{C}}\!-\!O\!-\!O\!-\!\overset{O}{\underset{\parallel}{C}}\!R \longrightarrow Ar\!-\!R$$

用 R=芳基的过氧化物进行芳基化是最常用的，所以最终产物与 13-27 一样，虽然所用试剂不同[365]。这个反应比 13-27 用得少，不过应用范围类似。当 R=烷基时，范围更受限制[366]。只有某些芳香族化合物，尤其是含有两个或多个硝基的苯环以及稠环体系，才能用这种方法烷基化。1,4-苯醌可用二酰基过氧或四乙酸铅（用这个试剂发生甲基化）烷基化。

反应机理在请见 14.1.3 节（CIDNP 已经观察到该机理[367]）。自由通过以下过程形成：

$$R\overset{O}{\underset{\parallel}{C}}\!-\!O\!-\!O\!-\!\overset{O}{\underset{\parallel}{C}}\!R \longrightarrow 2\ R\overset{O}{\underset{\parallel}{C}}\!-\!O\cdot \longrightarrow 2\ R\cdot + 2CO_2$$

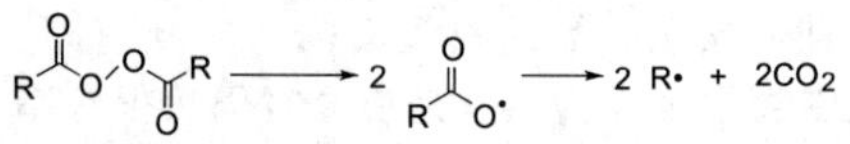

因为在这种情况下没有比较稳定的自由基（例如 13-27 中的 ·O—N=N—Ar），大多数产物产生于二聚和歧化[368]。加入少量硝基苯可增大芳基化产物的产率，这是因为硝基苯变成二苯基氧化氮会夺取一个氢，减少副反应的程度[369]。在氧化二异丙苯存在下 Pd 催化的芳环的甲基化是反应的另一种形式[370]。

$$ArH + Ar'Pb(OAc)_3 \longrightarrow ArAr'$$

芳香族化合物也能用三羧酸芳基铅芳基化[371]。当底物含有烷基时反应的产率最好（约 70% 到 85%）；反应可能是亲电机理。苯酚可以用二氯三苯基铋或其它特定的 Bi（Ⅴ）试剂在 OH 基团的邻位芳基化（烯醇化物被芳基化）[372]。O-芳基化可能是一个副反应。采用三羧酸芳基铅的芳基化反应，不像是自由基机理[373]。

OS Ⅴ,51；另见 OS Ⅴ,952；Ⅵ,890.

14-18 芳香族化合物的光化学芳基化

芳基化，或芳基-去-氢化

$$ArI + Ar'H \xrightarrow{h\nu} ArAr'$$

另一个自由基芳基化的方法是在芳香族溶剂中对芳基碘的光解[374]。该反应产率一般高于 13-27 或 14-17 的产率。芳基碘可以含有 OH 或 COOH 基。碘苯与茂并芳庚（薁）生成苯基茂并芳庚的偶联反应已有报道（41% 的转化和 85% 的产率）[375]。反应机理类似于 13-27 的机理。芳基自由基由光解分裂 ArI→Ar· + I· 产生。这个反应已用于分子内的芳基化（类似于 Pschorr 反应）[376]。类似的反应是在芳香族溶剂中双（三氟乙酸）芳基铊的光解（反应 12-23）。这个反应也以较好的产率生成不对称联芳[377]。

$$Ar'Tl(OCOCF_3)_2 \xrightarrow[h\nu]{Ar'H} ArAr'$$

反应中，正是 C—Tl 键断裂产生芳基自由基。

14-19 含氮杂环的烷基化、酰基化和烷氧羰基化[378]

烷基化，或烷基-去-氢化

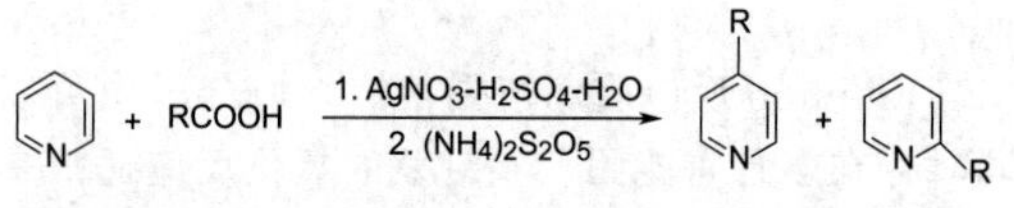

$$\bigcirc\!\!\!\!\!\!N + RCOOH \xrightarrow[\text{2. }(NH_4)_2S_2O_8]{\text{1. AgNO}_3\text{-H}_2SO_4\text{-H}_2O} \bigcirc\!\!\!\!\!\!N\text{-R} + \bigcirc\!\!\!\!\!\!N\!\!-\!\!R$$

利用羧酸、硝酸银、硫酸和过二硫酸铵可将质子化的含氮杂环（例如吡啶、喹啉）烷基化[379]。R 基团可以是伯、仲或叔烷基团。形成进攻自由基 R· 的过程是[380]：

$$2\text{Ag}^+ + S_2O_8^{2-} \longrightarrow 2\text{Ag}^{2+} + 2SO_4^{2-}$$
$$\text{RCOOH} + \text{Ag}^{2+} \longrightarrow \text{RCOO}^\cdot + H^+ + \text{Ag}^+$$
$$\text{RCOO}^\cdot \longrightarrow R^\cdot + CO_2$$

可以通过这个方法的各种变化方法将羟甲基引入（ArH→ArCH$_2$OH）[381]。这些底物的烷基化也可以用其它生成烷基自由基的方法完成：源自氢过氧化物和FeSO$_4$[382]、源自烷基碘和H$_2$O$_2$-Fe(II)[383]、源自羧酸和四乙酸铅，或源自二乙酸碘酰苯的光化学诱导羧酸脱羧[384]。

通过用醛、叔丁基氢过氧物、硫酸和硫酸亚铁处理，可以将质子化的氮杂环酰基化，如由喹喔啉 **40** 生成 **41**[385]。

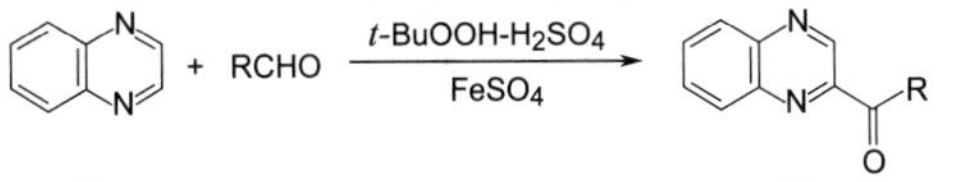

<chemical reaction: quinoxaline + RCHO with t-BuOOH-H$_2$SO$_4$/FeSO$_4$ → 2-acyl quinoxaline; 40 → 41>

在Ph$_2$Se(O$_2$CCH$_6$H$_{11}$)$_2$存在的条件下[386]，质子化的喹啉可发生光化学烷基化。

其它带正电的杂环也会发生反应。用丙酮的烯醇盐处理 N-氟代吡啶三氟甲磺酸时，可以得到中等产率的2-(2-氧丙基)吡啶[387]。

这些烷基化和酰基化反应非常重要，因为Friedel-Crafts烷基化和酰基化反应（**11-11**，**11-17**）无法应用于大多数含氮杂环（另见反应**13-17**）。

质子化的含氮杂环也可以用 α-羰基酸酯和Fenton试剂处理而被烷氧羰基化[388]。例如，吡啶在C-2和C-4位被烷氧羰基化。反应中的进攻物种是由酯经其氢过氧化物（**42**）生成的 ·COOR自由基：

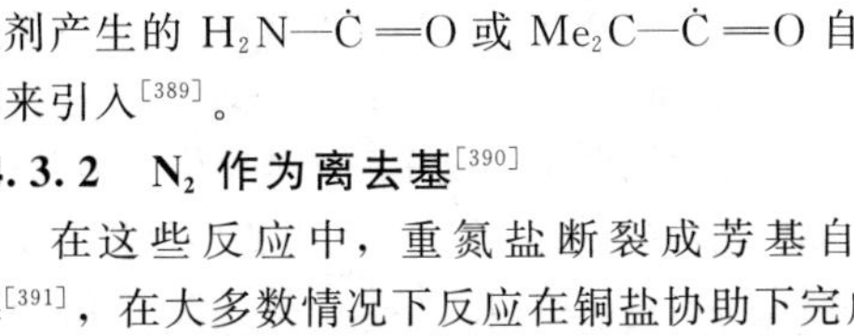

<chemical reaction: R'C(O)CO$_2$R + H$_2$O$_2$ → R'C(OH)(OOH)CO$_2$R → R'C(O·)(OOH)CO$_2$R (42) → R'C(O)OH + ·OOCR>

类似地，氨基甲酰基可以通过使用从甲酰胺或DMR和H$_2$SO$_4$、H$_2$O$_2$以及FeSO$_4$或其它氧化剂产生的 H$_2$N-Ċ=O 或 Me$_2$C-Ċ=O 自由基来引入[389]。

14.3.2 N$_2$ 作为离去基[390]

在这些反应中，重氮盐断裂成芳基自由基[391]，在大多数情况下反应在铜盐协助下完成。就进攻的化合物而言，反应**13-27**和**13-26**也可以被认为属于这个范围。关于重氮盐的亲核取代反应请参阅**13-20**～**13-23**。去除氮气并被氢原子置换是一个还原反应，在第19章中讨论。

14-20 重氮基被氯或溴置换

氯化-去-重氮等

$$\text{ArN}_2^+ + \text{CuCl} \longrightarrow \text{ArCl}$$

重氮盐用氯化亚铜或溴化亚铜处理分别得到芳基氯或芳基溴。在这两种情况下反应都叫做Sandmeyer反应[392]。这个反应还可以用铜和HBr或HCl完成，此时反应被称为Gatterman反应（不要与反应**11-18**相混淆）。但是，Cu催化的Sandmeyer溴化反应已有报道[393]。Sandmeyer反应不用于制备芳基氟和芳基碘，但对芳基溴和芳基氯的制备来说适用范围很广，该反应可能是将溴或氯引入芳环的最好方法。反应产率通常比较高。

反应机理尚不明确，但推测是按下列路线进行的[394]：

$$\text{ArN}_2^+ X^- + \text{CuX} \longrightarrow \text{Ar}^\cdot + N_2 + \text{CuX}_2$$
$$\text{Ar}^\cdot + \text{CuX}_2 \longrightarrow \text{ArX} + \text{CuX}$$

第1步是亚铜离子还原重氮离子，结果形成芳基自由基。第2步，芳基自由基夺取卤化铜中的卤原子，并使卤化铜还原。此时CuX重新生成，因此是真正的催化剂。

芳基溴和芳基氯可由芳伯胺用几种方法一步制备[395]，这些方法包括：①在65℃下，用亚硝酸叔丁酯和无水CuCl$_2$或CuBr$_2$处理胺[396]，和②在室温下用硫代亚硝酸叔丁酯或硫代硝酸叔丁酯和CuCl$_2$或CuBr$_2$处理胺[397]。实际上，这些过程是反应**13-19**和Sandmeyer反应的组合。最大的优点是不需要冷却到0℃。Me$_3$SiCl和NaNO$_2$的混合物在一个相关的反应中将苯胺转化为氯苯[398]。

由重氮盐制备芳基氟和芳基碘的反应参见**13-32**和**13-31**。

$$\text{ArN}_2^+ + \text{CuCN} \longrightarrow \text{ArCN}$$

要注意CuCN与芳基重氮盐反应得到苯腈衍生物的反应，也叫做Sandmeyer反应。它通常在中性溶液中进行，以防止释放出HCN。

OS I, 135, 136, 162, 170; II, 130; III, 185; IV, 160; 另见 OS III, 136; IV, 182; 与 CuCN 的反应见 OS I, 514。

14-21 重氮基被硝基置换

硝基-去-重氮化

$$\text{ArN}_2^+ + \text{NaNO}_2 \xrightarrow{\text{Cu}^+} \text{ArNO}_2$$

用亚硝酸钠在亚铜离子的催化下处理重氮盐，可以高产率地生成硝基化合物。此反应只发生在中性或碱性溶液中。这个反应通常不叫做Sandmeyer反应，虽然该反应与**14-20**类似，都是Sandmeyer发现的。为了避免氯离子的竞争，通常用亲核性较弱的四氟化硼（BF$_4^-$）作为负离子。反应机理可能类似于 **14-20** 的机理[399]。若存在吸电子基团，那么反应就不需要催化剂；仅使用 $NaNO_2$ 就可以高产率地获得硝基化合物[400]。

另一个可选的方法是使用电解方法，在 60% 的 HNO_3 中可将 1-氨基萘转变为硝基萘[401]。

OS Ⅱ,225；Ⅲ,341.

14-22 重氮基被含硫基团置换

氯硫-去-重氮化

$$ArN_2^+ + SO_2 \xrightarrow[HCl]{CuCl_2} ArSO_2Cl$$

在氯化铜存在下，用二氧化硫处理重氮盐可将其转变成磺酰氯[402]。利用 $FeSO_4$ 和金属铜代替 $CuCl_2$ 可以获得亚磺酸（$ArSO_2H$）[403]，另见反应 **13-21**。

OS Ⅴ,60；Ⅶ,508.

14-23 重氮盐转变为醛、酮或羧酸

酰基-去-重氮，等

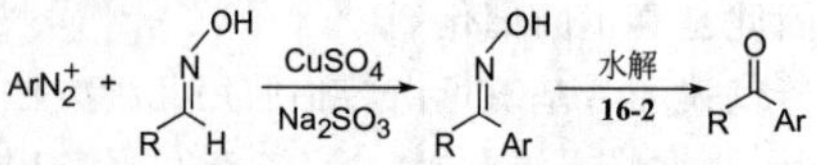

重氮盐与肟反应生成芳基肟，芳基肟容易水解成醛（R=H）或酮[404]。反应中硫酸铜-亚硫酸钠催化剂是必要的。在大多数情况下，转化为醛反应的产率高于酮反应的产率（40%～60%）。在另一个实现 $ArN_2^+ \to ArCOR$ 转化的方法[405]中，可以用 R_4Sn 和 CO 处理重氮盐，同时乙酸钯作为催化剂[406]。在另一个不同的反应中，芳基酮的烯醇甲硅醚 $Ar'C(OSiMe_3)=CHR$ 与固态氟硼酸重氮盐 $ArN_2^+F^-$ 反应得到酮 $ArCHR-COAr'$[407]。实际上，这是芳基酮的芳基化反应。

通过用一氧化碳和乙酸钯[408]或氯化铜(Ⅱ)[409]与氟硼酸重氮盐反应，可以中等至高产率地制备羧酸。混合酸酐 ArCOOCOMe 是反应中间体，可以被分离出来。用其它盐替代乙酸钠可以制备其它混合酸酐[410]，反应中芳基钯很可能是中间体[368]。

OS Ⅴ,139.

14.3.3 金属作为离去基

14-24 Grignard 试剂的偶联

去-金属-偶联

$$2\ RMgX \xrightarrow{M} RR$$

这个金属有机偶联反应显然与 Wurtz 偶联相关，在反应 **10-56** 中讨论，其它金属有机化合物的偶联在反应 **14-25** 中讨论。用溴化铊（Ⅰ）[412]，或用 Fe 化合物[413]、$CrCl_2$、$CrCl_3$、$CoCl_2$、$CoBr_2$ 或 $CuCl_2$[414]这些过渡金属卤化物处理 Grignard（格氏）试剂，可使其偶联成对称的二聚体[411]。金属卤化物是氧化剂，在反应中被还原。芳基和烷基的格氏试剂能用两种方法中的任一种二聚，但 TlBr 法不能用于 R=伯烷基或有邻位取代基的芳基。芳基格氏试剂也可以用 1,4-二氯-2-丁烯、1,4-二氯-2-丁炔或 2,3-二氯丙烯处理而二聚[415]。乙烯基和炔基格氏试剂，通过用亚磺酰氯处理也可以偶联（分别得到 1,3-二烯和 1,3-二炔）[416]。伯烷基、烯基、芳基和苄基格氏试剂，在像硝酸锂、硝酸甲酯或 NO_2 这样的含氮氧化剂存在下，用银（Ⅰ）盐处理时，可以高的产率（约 90%）得到对称二聚物[417]。这个方法已用于四、五、六元环的闭环[418]。

与金属卤化物反应的机理，至少在某些情况下，很可能是 RMgX 先变成相应的 RM(**12-36**)，随后 RM 分解成自由基[419]。

OS Ⅳ,488.

14-25 其它金属有机试剂的偶联[332]

去-金属-偶联

$$R_2CuLi \xrightarrow[-78℃,THF]{O_2} RR$$

在 $-78℃$ 下四氢呋喃中，用 O_2 可以将二烷基铜锂试剂氧化成对称二聚物[420]。这个反应对 R=伯和仲烷基、乙烯基以及芳基均很成功。可以用其它氧化剂（例如硝基苯）来代替 O_2。乙烯基铜试剂用氧气处理，或仅在 0℃ 静置几天，或在 25℃ 静置几小时就会发生二聚，生成 1,3-二烯[421]。这个反应构型保持不变，证明反应过程中没有自由基中间体。

格氏试剂的偶联反应在反应 **14-24** 中讨论。铁催化的交叉偶联反应已有报道[422]。用 $Cu(OAc)_2$ 处理有机铝锂 $LiAlR_4$，可使其二聚为 RR[423]。端乙烯基铝烷（由 **15-17** 反应制备）在 THF 中与 CuCl 反应能二聚成 1,3-二烯[424]。对称的 1,3-二烯也可在高苄基溴中通过偶联制备[425]。用 LiCl 和铑催化剂[427]处理乙烯基氯化汞[426]，或用钯催化剂处理乙烯基锡化合物[428]均可以得到偶联产物。乙烯基、炔基和芳基锡化合物用 $Cu(NO_3)_2$ 处理后可以二聚[429]。烯丙基铟试剂与烷基锂和芳基锂化合物进行偶联，可通过类似 **14-24** 的过程在过渡金属卤化物作用下发生二聚[430]。

乙烯基、炔基和芳基汞化合物可以通过与烷基和乙烯基二烷基铜试剂反应，以中等到不错的产率发生不对称偶联（例如，PhCH=

CHHgCl+Me₂CuLi→PhCH=CHMe)[431]。自由基偶联反应已被报道，在这个反应中，芳基卤与 Bu₃SnH、AIBN 和苯反应，而后用甲基锂处理生成联芳[432]。

14-26 硼烷的偶联

烷基-去-二烷基硼酸化

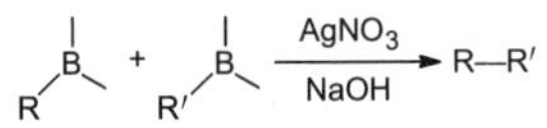

$$R-B\begin{pmatrix}\\\\\end{pmatrix}_2 + R'-B\begin{pmatrix}\\\\\end{pmatrix}_2 \xrightarrow[NaOH]{AgNO_3} R-R'$$

用硝酸银和碱处理可以使烷基硼烷偶联[433]。由于烷基硼烷可以容易地从烯烃制备（反应 15-16），所以这个反应实际上是偶联还原烯烃的一种方法；事实上，烯烃能在同一烧瓶内进行硼氢化和偶联。对称偶联（R=R'）的产率，对于端烯来说为 60%～80%，对非端烯来说为 35%～50%。不对称偶合也已实现[434]，不过反应产率较低。芳硼烷的反应类似，可产生联芳[435]。反应机理可能是自由基型。

通过用甲基铜处理二乙烯基氯硼烷（用 BH₂Cl 与炔加成制备；见反应 15-16）可以实现乙烯基二聚，生成共轭二烯。以很高的产率制备出 (E,E)-1,3-二烯[436]。

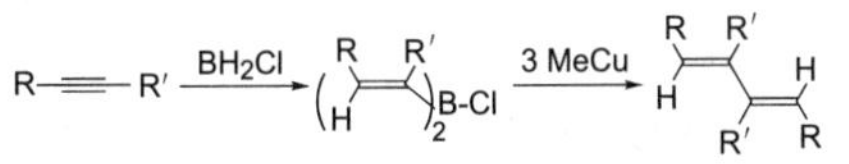

$$R-\equiv-R' \xrightarrow{BH_2Cl} \begin{pmatrix}R\\H\end{pmatrix}_2 B-Cl \xrightarrow{3\ MeCu} \begin{matrix}R&R'\\H&H\\H&R'\end{matrix}$$

按照类似的反应，对称的共轭二炔 RC≡C—C≡CR 可以通过二烷基二炔基硼化锂 Li⁺[R'₂B(C≡CR)₂]⁻ 与碘的反应来制备[437]。

14.3.4 卤原子作为离去基

由 RX 转变成 RH 的反应可按自由基的机理发生，这些内容已在反应 19-53 中论述过了。

14.3.5 硫作为离去基

14-27 脱硫

氢-去-硫-取代等

$$RSH \xrightarrow[Ni]{H_2} RH \qquad RSR' \xrightarrow[Ni]{H_2} RH + R'H$$

用 Raney 镍氢解可以使烷基和芳基的硫醇与硫醚[438]脱硫[439]。反应中通常不再外加氢气，因为 Raney 镍已经含有足够发生反应的氢。其它含硫化合物也可以类似地脱硫，这些含硫化合物有二硫化物（RSSR）、硫代酯（RCSOR'）[440]、硫代酰胺（RCSNHR'）、亚砜和缩硫醛。硫缩醛的反应是将羰基还原到亚甲基的间接方法（参见反应 19-61），如果结构中有氢，也能得到烯烃[441]。在给出的大多数例子中，R 也可能是芳基。也曾用过[443]其它一些试剂[442]，包括利用乙酸中的 Sm 使烯基砜脱硫[444]。

RSR 还原的一个重要特例是噻吩衍生物脱硫。这个方法伴随双键的还原。许多化合物可以通过噻吩的烷基化（见 39，应该 43），再还原成相应的烷烃而制备：

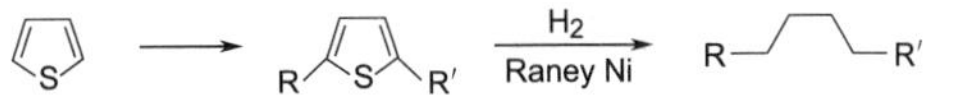

$$\underset{S}{\bigcirc} \longrightarrow \underset{43}{\underset{S}{\bigcirc}}_{R\ \ R'} \xrightarrow[Raney\ Ni]{H_2} R \diagup\diagdown R'$$

在甲醇中用由氯化镍（Ⅱ）和 NaBH₄ 制备的硼化镍催化剂，也能使噻吩脱硫生成烯烃（从 43 得到 RCH₂CH=CHCH₂R'）[445]。在 AlCl₃ 存在下，用三氟乙酸或 CH₂Cl₂ 中的硼烷-吡啶处理，有可能只还原缩硫醛的一个 SR 基团[446]。用 Ph₃SnH[447] 和溴化镍[448] 可以将苯基硒化物 RSePh 还原成 RH。

Raney 镍反应的机理还存在许多未解决的问题，但反应可能是自由基型的[449]。已经证明，噻吩的还原过程经过丁二烯和丁烯，而不经过 1-丁硫醇或其它含硫化合物。也就是说，硫是在双键被还原之前除去的。这个说法被已经分离出烯烃，但是却无法分离出任何含硫中间体的事实所证明[450]。

含硫化合物的其它还原反应参见第 19 章。

OS Ⅳ, 638; Ⅴ, 419; Ⅵ, 109, 581, 601; 另见 OS Ⅶ, 124, 476.

14-28 硫化物转变为有机锂化合物

锂-去-苯基硫-取代

$$RSPh \xrightarrow[THF]{萘基锂} RLi$$

在 THF 中用锂或萘基锂[452]与硫化物反应，可使硫化物发生断裂，其中的苯硫基被锂取代[451]。当 R=伯、仲、叔烷基，或烯丙基[453] 或含有如双键或卤原子等基团时，反应产率很高。二锂化物可以从含有两个分离的 SPh 基团的化合物制备，但是如果化合物在同一个碳上含有两个这种基团，那么也可以只取代其中一个 SPh，得到 α-硫代锂[454]。α-锂醚和 α-有机硅锂也可以用这个反应制备[451]。对于这些化合物，1-(二甲基氨基)-萘基锂的反应效果比 Li 或萘锂更好[455]。人们推测这个反应的机理是自由基类型。

14.3.6 碳作为离去基

14-29 脱羧二聚：Kolbe 反应

去-羧基-偶合

$$2\ RCOO^- \xrightarrow{电解} R-R$$

电解羧酸盐使之脱羧，生成的自由基互相结合，这个反应被称为 Kolbe 反应或 Kolbe 电解[456]。此反应可用于制备对称的 RR，式中 R 是直链的，因为支链化合物几乎不发生反应或产率很低。当 R 是芳基时不能成功进行反应。许多官能团不影响反应，但有许多其它官能团会抑制反应[456]。偶联羧酸盐的混合物可以制备不对称的RR'。Kolbe反应已经用固相负载的碱实现[457]。

反应是自由基机理：

$$RCOO^- \xrightarrow{电解氧化} RCOO\cdot \xrightarrow{-CO_2} R\cdot \longrightarrow R-R$$

有很多证据支持自由基机理[458]，包括获得具有自由基中间体特性的副产物（RH、烯烃）；在苯乙烯存在下电解乙酸盐离子会导致某些苯乙烯聚合成聚苯乙烯（这种聚合反应由自由基引发，参见15.2.1节）。有时候也发现其它副产物（ROH、RCOOR）；这些产物源于自由基R·的进一步氧化成碳正离子R$^+$[459]。

当反应在1,3-二烯存在下进行时，可以发生加成二聚[460]：

$$2\ RCOO^- + CH_2=CH-CH=CH_2 \longrightarrow RCH_2CH-CHCH_2CH=CHCH_2R$$

自由基R·与共轭体系加成，生成RCH$_2$CH=CHCH$_2$·，后者发生二聚。另一个可能的产物是两种自由基偶联的结果RCH$_2$CH=CHCH$_2$R[461]。

在一个非电解的反应中（只限制在R=伯烷基的情况下），在−64℃氩气保护下，光照硫代异羟肟酸酯44，会使其二聚[462]。

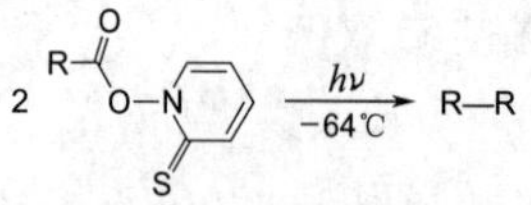

在另一个非电解过程中，通过用过硫酸钠（Na$_2$S$_2$O$_8$）和催化量的AgNO$_3$与芳基乙酸反应，可将其转化成 *vic*-二芳基化合物（2 ArCR$_2$COOH → ArCR$_2$CR$_2$Ar）[463]。羧酸在Hg$_2$F$_2$存在下光解，通过脱羧过程生成二聚烷烃[464]。这些反应都涉及自由基的二聚。在另一个过程中，通过用二硅化物R$_3$SiSiR$_3$和钯催化剂与缺电子的芳基酰氯反应，使其二聚成联芳Ar—Ar[465]。

OS Ⅲ, 401; Ⅴ, 445, 463; Ⅶ, 181.

14-30 Hunsdiecker 反应

溴-去-羧化

$$RCOOAg + Br_2 \longrightarrow RBr + CO_2 + AgBr$$

羧酸银盐与溴的反应被称为Hunsdiecker反应[466]，这是使碳链减少一个碳原子的方法[467]。该反应应用范围很广，对2～18个碳的正烷基来说，反应结果很好，对许多有支链的R也能生成伯、仲和叔溴化物。许多官能团可以存在，只要它们不在α位取代。R也可能是芳基。可是，如果R基团中含有不饱和基团，反应结果一般不好。溴是最常用的卤素，但氯和碘也曾被用过。催化进行的Hunsdiecker反应已有报道[468]，微波增强反应已被应用[469]。

当碘作试剂时，反应物间的比例很重要，它能够决定产物的生成。当使用的羧酸盐与碘之比是1∶1时，产物是卤代烷，如上所示。可是，当羧酸盐与碘之比是2∶1时，产物是酯RCOOR。这是Simonini反应，有时用这个反应制备羧酸酯。Simonini反应也可以用羧酸的铅盐[470]。完成Hunsdiecker反应的更方便方法是，利用羧酸和氧化汞的混合物代替银盐，因为反应中银盐必须很纯并且干燥，而这样的纯银盐通常不易制备[471]。

完成RCOOH→RX这个转化的其它方法还有[472]：①用溴处理羧酸铊（Ⅰ）[473]；②用四乙酸铅和卤离子（Cl$^-$、Br$^-$或I$^-$）处理羧酸[474]；③羧酸与四乙酸铅和NCS反应，生成叔和仲卤化物，反应产率较好，但对R=伯烷基或苯基时的产率不好[475]；④在自由基引发剂存在下，用CCl$_4$、BrCCl$_3$（用于溴化）、CHI$_3$或CH$_2$I$_2$处理硫代异羟肟酸酯[476]；⑤在CCl$_4$中光解羧酸的二苯甲酮酰胺（RCON=CPh$_2$→RCl）[477]。通过用XeF$_2$处理羧酸RCOOH可以制备氟代烷，反应产率中等或好[478]。当R=伯或叔烷基以及苄基时，这个方法效果最好；而R为芳香基和乙烯基时不发生此反应。

Hunsdiecker反应的机理被认为是：

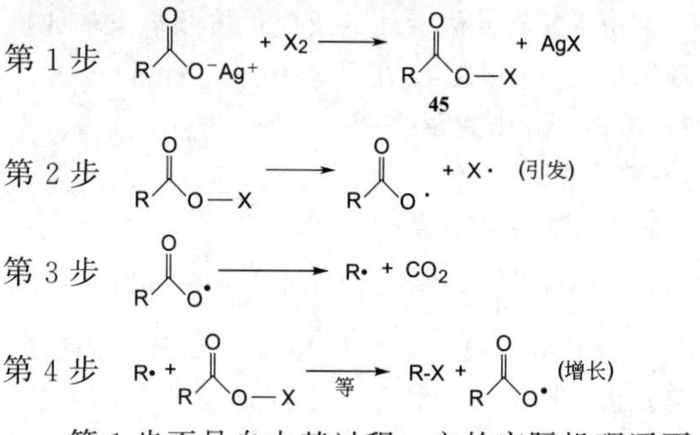

第1步不是自由基过程，它的实际机理还不知道[479]。化合物45是酰基次卤酸，被认为是反应中间体，但是它从未从反应混合物中分离出来。支持这一机理的证据是在R的旋光性消失（当邻位存在溴原子时除外，参见14.1.4节）；如果R是新戊基，则不发生重排，而重排对碳正离子肯定发生；副产物RR，显然与自由基机理一致。有证据表明Simonini反应和Hunsdiecker反应具有同样的机理，只是形成的卤代烷与过量的RCOOAg发生反应（反应10-17）生成酯[480]（也可参见反应 19-12）。

烯基羧酸（共轭羧酸）可与 NBS 和乙酸锂在乙腈水溶液中被微波辐照反应，生成相应的烯基溴（C＝C—CO_2H→C＝C—Br）[481]。据报道采用 Na_2MoO_4、KBr 和 H_2O_2 水溶液可进行类似的反应[482]。

一个相关的反应是，烷基磺酸的钠盐与亚硫酰氯在 100℃时反应，得到氯代烷[483]。

OS Ⅲ,578；Ⅴ,126；Ⅵ,179；**75**,124；另参见 OS Ⅵ,403。

14-31 脱羧基烯丙基化作用

烯丙基-去-羧化

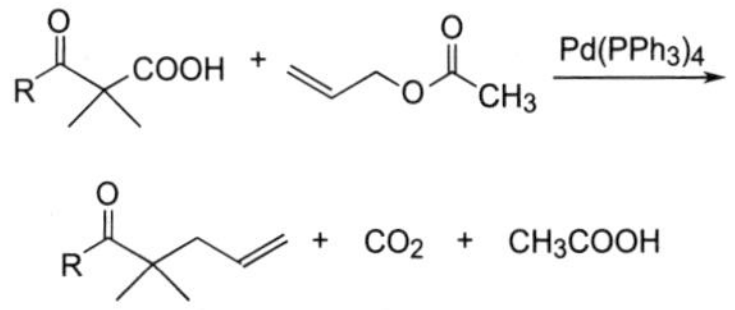

与烯丙基乙酸酯和钯催化剂在室温下反应，β-酮酸的 COOH 基团可以被烯丙基取代[484]。对于许多种取代的烯丙基，反应也可以成功进行。烯丙基取代较少的一端形成新的键。因此，CH_2＝CHCHMeOAc 和 MeCH＝CH_2OAc 都能得到产物 O＝C(R)—C—CH_2CH＝CHMe。

14-32 醛和酰卤的脱羰基化

除羰基

$$RCHO \xrightarrow{RhCl(Ph_3P)_3} RH$$

醛，包括脂肪族醛和芳香族醛，与 Rh 催化剂[486]或其它催化剂（如 Pd）[487]一同加热，可以被脱羰基[485]。$RhCl(Ph_3P)_3$ 常被称为 Wilkinson 催化剂[488]。在旧的反应里，脂肪族（但不是芳香族的）醛与二叔丁基过氧或其它过氧化物加热脱羰基[489]，反应常在含有氢给体的溶液中进行，例如硫醇。这个反应可以用光引发，也可以利用加热到 500℃左右的热引发（不用引发剂）。

也曾报道过 Wilkinson 催化剂在 180℃下能使芳香酰卤脱羰基（ArCOX→ArX）[490]。已经用酰碘[491]、酰溴和酰氯完成了这个反应。没有 α-氢的脂肪族酰卤也可以进行这个反应[492]，但是如果存在 α-氢则发生消除反应（17-17）。芳酰氰生成芳腈（ArCOCN→ArCN）[493]。芳酰氯和酰氰也可以用钯催化剂脱羰基[494]。

也可以用另一种方法使酰卤脱羰得到烷烃（RCOCl→RH）。这是通过在叔丁基过氧化物存在下，将底物与三丙基硅烷（Pr_3SiH）一同加热完成的[495]。当 R＝伯或仲烷基时反应产率比较好；但是当 R＝叔烷基或苄基时产率较差；R＝芳基时不发生反应（另见 14-29 中提到的脱羰反应 ArCOCl→ArAr）。

通过过氧化物或光诱导的反应机理可能如下所示（在硫醇的存在下）[496]：

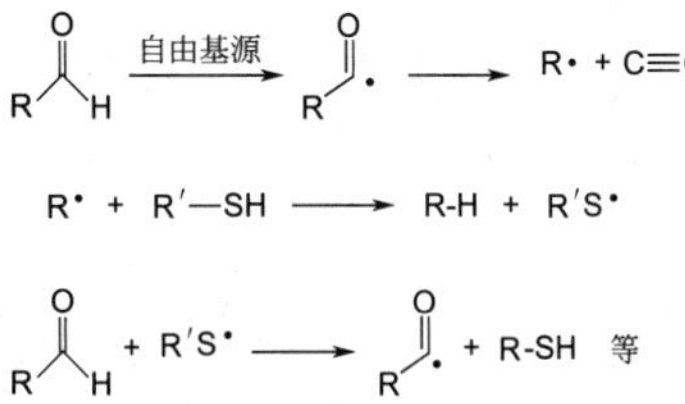

醛与 Wilkinson 催化剂的反应经过 **46** 和 **47** 这两个配合物，这些配合物已经被捕捉到[497]。已经证明该过程中使手性 R· 时仍保持构型[498]；重氢标记实验证实该过程是分子内反应：RCOD 生成 RD[499]。反应不是自由基机理[500]。酰卤的反应机理看起来更复杂[501]。

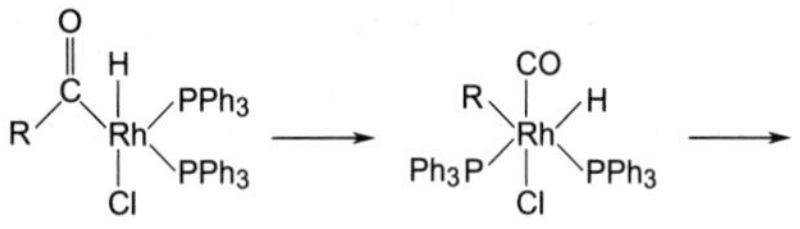

46   **47**

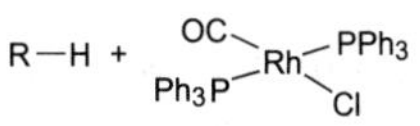

亲电机理的醛脱羰过程参见反应 **11-34**。

参 考 文 献

[1] Rowlands, G. J. *Tetrahedron* **2009**, 65, 8603；**2010**, 66, 1593.

[2] Nonhebel, D. C.；Tedder, J. M.；Walton, J. C. *Radical*, Cambridge University Press, Cambridge, **1979**；Nonhebel, D. C.；Walton. J. C. *Free-Radical Chemistry*, Cambridge University Press, London, **1974**；Huyser, E. S. *Free-Radical Chain Reactions*, Wiley, NY, **1970**；Pryor, W. A. *Free Radicals*, McGraw-Hill, NY, **1966**. See Huyser, E. S. in McManus, S. P. *Organic Reactive Intermediates*, Academic Press, NY, **1973**, pp. 1-59；Giese, B. *Radicals in Organic Synthesis: Formation of Carbon-Carbon Bonds*, Pergamon, Elmsford, NY, **1986**；Davies, D. I.；Parrott, M. J. *Free Radicals in Organic Synthesis*, Springer, NY, **1978**；Curran, D. P. *Synthesis* **1988**, 417, 489；Ramaiah, M. *Tetrahedron* **1987**, 43, 3541.

[3] See Engel, P. S.；Pan, L.；Ying, Y.；Alemany, L. B. *J. Am. Chem. Soc.* **2001**, 123, 3706.

[4] See Fokin, A. A.；Schreiner, P. R. *Chem. Rev.* **2002**, 102, 1551.

[5] For a review of bond formation and bond dissociation, see Houmam, A. *Chem. Rev.* **2008**, 108, 2180.

[6] For a table of approximate decomposition temperatures, see Lazár, M.；Rychly, J.；Klimo, V.；Pelikán, P.；Valko, L. *Free Radi-*

cals in Chemistry and Biology CRC Press, Washington, DC, **1989**, p 12.

[7] Lazár, M. ; Rychly, J. ; Klimo, V. ; Pelikán, P. ; Valko, L. *Free Radicals in Chemistry and Biology*, CRC Press, Washington, DC, **1989**, p 13.

[8] Hydrogen bonding affects the persistency of alkyl peroxy radicals. See Mugnaini, V. ; Lucarini, M. *Org. Lett.* **2007**, 9, 2725.

[9] Yoshino, K. ; Ohkatsu, J. ; Tsuruta, T. *Polym. J.* **1977**, 9, 275; von J. Hinz, A. ; Oberlinner, A. ; Rüchardt, C. *Tetrahedron Lett.* **1973**, 1975.

[10] Dannenberg, J. J. ; Rocklin, D. *J. Org. Chem.* **1982**, 47, 4529. See also, Newman, Jr, R. C. ; Lockyer, Jr, G. D. *J. Am. Chem Soc.* **1983**, 105, 3982.

[11] Kita, Y. ; Sano, A. ; Yamaguchi, T. ; Oka, M. ; Gotanda, K. ; Matsugi, M. *Tetrahedron Lett.* **1997**, 38, 3549.

[12] Yorimitsu, H. ; Wakabayashi, K. ; Shinokubo, H; Oshima, K. *Tetrahedron Lett.* **1999**, 40, 519.

[13] Davies, D. I. ; Parrott, M. J. *Free Radicals in Organic Synthesis* Springer-Verlag, Berlin, **1978**, p. 9; Chattaway, F. D. ; Baekeberg, O. G. *J. Chem. Soc.* **1923**, 123, 2999.

[14] Kim, S. ; Lim, C. J. ; Song, S.-E. ; Kang, H.-Y. *Synlett* **2001**, 688.

[15] See Bietti, M. ; Lanzalunga, O. ; Salamone, M. *J. Org. Chem.* **2005**, 70, 417.

[16] See Brown, H. C. ; Midland, M. M. *Angew. Chem. Int. Ed.* **1972**, 11, 692; Ghosez, A. ; Giese, B. ; Zipse, H. *Houben-Weyl*, Vol. E19a, **1989**, p. 753; Ollivier, C. ; Renaud, P. *Chem. Rev.* **2001**, 101, 3415.

[17] Renaud, P. ; Beauseigneur, A. ; Brecht-Forster, A. ; Becattini, B. ; Darmency, V. ; Kandhasamy, S. ; Montermini, F. ; Ollivier, C. ; Panchaud, P. ; Pozzi, D. ; Scanlan, E. M. ; Schaffner, A.-P. ; Weber, V. *Pure Appl.* Chem. **2007**, 79, 223;Nozaki, K. ; Oshima, K. ; Utimoto. K. *J. Am. Chem. Soc.* **1987**, 109, 2547; Yorimitsu, H. ; Oshima, K. *in Radicals inOrganic Synthesis*, Vol. 1, Renaud, P. ; Sibi, M. P. (Eds.) p. 11, Wiley-VCH, Weinheim, **2001**.

[18] See Darmency, V. ; Renaud, P. *in Topics in Current Chemistry*, Vol. 263 Gansaeuer, A. (Ed.), Springer, Berlin, **2006**, p. 71.

[19] Medeiros, M. R. ; Schacherer, L. N. ; Spiegel, D. A. ; Wood, J. L. *Org. Lett.* **2007**, 9, 4427.

[20] Davies, A. G. ; Roberts, B. P. *Free Radicals*, Vol. 1 Kochi, J. K. (Ed.), p. 457, J Wiley, NY, **1973**, p. 457; Baban,J. A. ; Goodchild, N. J. ; Roberts, B. P. *J. Chem. Soc. , Perkin Trans.* 2 **1986**, 157.

[21] Ollivier, C. ; Renaud, P. *Angew. Chem. Int. Ed.* **2000**, 39, 925; Ollivier, C. ; Renaud, P. *Chem. Eur. J.* **1999**, 5, 1468; Schaffner, A.-P. ; Renaud, P. Eur. J. Org. Chem. **2004**, 2291; Darmency, V. ; Renaud, P. *Top. Curr. Chem.* **2006**, 263, 71.

[22] See Garrett, C. E. ; Fu, G. C. *J. Org. Chem.* **1996**, 61, 3224.

[23] Montgomery, I. ; Parsons, A. F. ; Ghelfi, F. ; Roncaglia, F. *Tetrahedron Lett.* **2008**, 49, 628.

[24] Davies, D. I. ; Parrott, M. J. *Free Radicals in Organic Synthesis* Springer-Verlag, Berlin, **1978**, p 69; Nikishin, G. I. ; Vinogradov, M. G. ; Il'ina, G. P. *Synthesis* **1972**, 376; Nikishin, G. I. ; Vinogradov, M. G. ; Verenchikov, S. P. ;Kostyukov, I. N. ; Kereselidze, R. V. *J. Org. Chem, USSR* **1972**, 8, 539 (Engl. p. 544).

[25] Matsubara, H. ; Ryu, I. ; Schiesser, C. H. *J. Org. Chem.* **2005**, 70, 3610.

[26] Fujiwara, S.-i. ; Matsuya, T. ; Maeda, H. ; Shin-ike, T. ; Kambe, N. ; Sonoda, N. *J. Org. Chem.* **2001**, 66, 2183.

[27] For a review of stereochemistry, see Porter, N. A. ; Krebs, P. J. *Top. Stereochem.* **1988**, 18, 97.

[28] Another type of termination step is disproportionation (see Sec. 5. C. ii).

[29] See Walling, C. *Tetrahedron* **1985**, 41, 3887.

[30] See Huyser, E. S. *Free-Radical Chain Reactions*, Wiley, NY, **1970**, pp. 39-65.

[31] For a discussion of barriers to degenerate hydrogen transfer, see Isborn, C. ; Hrovat, D. A. ; Borden, W. T. ; Mayer, J. M. ; Carpenter, B. K. *J. Am. Chem. Soc.* **2005**, 127, 5794. For a discussion of hydrogen atom transfer fromphenols, see Nielsen, M. F. ; Ingold, K. U. *J. Am. Chem. Soc.* **2006**, 128, 1172.

[32] Chatgilialoglu, C. ; Ferreri, C. ; Lucarini, M. *J. Org. Chem.* **1993**, 58, 249.

[33] Chatgilialoglu, C. ; Lucarini, M. *TetrahedronLett.* **1995**, 36, 1299.

[34] Hart, D. J. ; Krishnamurthy, R. ; Pook, L. M. ; Seely, F. L. *TetrahedronLett.* **1993**, 34, 7819.

[35] See Beckwith, A. L. *J. Chem. Soc. Rev.* **1993**, 22, 143 for a discussion of selectivity in radical reactions.

[36] See Mayo, F. R. *J. Am. Chem. Soc.* **1967**, 89, 2654.

[37] See Denisov, E. T. ; Khudyakov, I. V. *Chem. Rev.* **1987**, 87, 1313.

[38] Korth, H.-G. *Angew. Chem. Int. Ed.* **2008**, 47, 5274.

[39] See Poutsma, M. L. in Kochi, J. K. *Free Radicals*, Vol. 2, Wiley, NY, **1973**, pp. 113-158.

[40] Eliel, E. L. in Newman, M. S. *Steric Effects in Organic Chemistry*, Wiley, NY, **1956**, pp. 142-143.

[41] See Kim, S. S. ; Choi, S. Y. ; Kang, C. H. *J. Am. Chem. Soc.* **1985**, 107, 4234.

[42] See Pryor, W. A. ; Tonellato, U. ; Fuller, D. L. ; Jumonville, S. *J. Org. Chem.* **1969**, 34, 2018.

[43] Altman, L. J. ; Nelson, B. W. *J. Am. Chem. Soc.* **1969**, 91, 5163.

[44] Jacobus, J. ; Pensak, D. *Chem. Commun.* **1969**, 400.

[45] Sibi, M. P. ; Manyem, S. ; Zimmerman, J. *Chem. Rev.* **2003**, 103, 3263.

[46] See Kobrina, L. S. *Russ. Chem. Rev.* **1977**, 46, 348; Perkins, M. J. in Kochi, J. K. *Free Radicals*, Vol. 2, Wiley, NY, **1973**, 231-271; Bolton, R. ;Williams, G. H. *Adv. Free-Radical Chem.* **1975**, 5, 1; Nonhebel, D. C. ;Walton, J. C. *Free-Radical Chemistry*, Cambridge University Press, London, **1974**, pp. 417-469.

[47] See Narita, N. ; Tezuka, T. *J. Am. Chem. Soc.* **1982**, 104, 7316.

[48] DeTar, D. F. ; Long, R. A. J. ; Rendleman, J. ; Bradley, J. ; Duncan, P. *J. Am. Chem. Soc.* **1967**, 89, 4051; DeTar, D. F. *J. Am. Chem. Soc.* **1967**, 89, 4058. See also, Jandu, K. S. ; Nicolopoulou, M. ; Perkins, M. J. *J. Chem. Res. (S)* **1985**, 88.

[49] Fahrenholtz, S. R. ; Trozzolo, A. M. *J. Am. Chem. Soc.* **1972**, 94, 282.

[50] Curran, D. P. ; Fairweather, N. *J. Org. Chem.* **2003**, 68, 2972.

[51] See Bach, R. D. ; Baboul, A. G. ; Schlegel, H. B. *J. Am. Chem. Soc*, **2001**, 123, 5787.

[52] Russell, G. A. ; Ngoviwatchai, P. *Tetrahedron Lett.* **1986**, 27, 3479, and references cited therein.
[53] Horner, J. H. ; Bagnol, L. ; Newcomb, M. *J. Am. Chem. Soc.* **2004**, 126, 14979. See also, Maruyama, T. ; Suga, S. ; Yoshida, J. *J. Am. Chem. Soc.* **2005**, 127, 7324.
[54] Thaler, W. A. *J. Am. Chem. Soc.* **1963**, 85, 2607. See also, Hargis, J. H. *J. Org. Chem.* **1973**, 38, 346.
[55] Skell, P. S. ; Tuleen, D. L. ; Readio, P. D. *J. Am. Chem. Soc.* **1963**, 85, 2849; Huyser, E. S. ; Feng, R. H. C. *J. Org. Chem.* **1971**, 36, 731. For another explanation, see Lloyd, R. V. ; Wood, D. E. *J. Am. Chem. Soc.* **1975**, 97, 5986. Also see, Cope, A. C. ; Fenton, S. W. *J. Am. Chem. Soc.* **1951**, 73, 1668.
[56] See Kaplan, L. *Bridged Free Radicals*; Marcel Dekker, NY, **1972**; Skell, P. S. ; Traynham, J. G. *Acc. Chem. Res.* **1984**, 17, 160; Skell, P. S. ; Shea, K. J. in Kochi, J. K. *Free Radicals*, Vol. 2, Wiley, NY, **1973**, pp. 809-852.
[57] Shea, K. J. ; Skell, P. S. *J. Am. Chem. Soc.* **1973**, 95, 283.
[58] Everly, C. R. ; Schweinsberg, F. ; Traynham, J. G. *J. Am. Chem. Soc.* **1978**, 100, 1200; Wells, P. R. ; Franke, F. P. *Tetrahedron Lett.* **1979**, 4681.
[59] Cooper, J. ; Hudson, A. ; Jackson, R. A. *Tetrahedron Lett.* **1973**, 831; Chen, K. S. ; Elson, I. H. ; Kochi, J. K. *J. Am. Chem. Soc.* **1973**, 95, 5341.
[60] Cain, E. N. ; Solly, R. K. *J. Chem. Soc., Chem. Commun.* **1974**, 148; Howard, J. A. ; Chenier, J. H. B. ; Holden, D. A. *Can. J. Chem.* **1977**, 55, 1463. See, however, Tanner, D. D. ; Blackburn, E. V. ; Kosugi, Y. ; Ruo, T. C. S. *J. Am. Chem. Soc.* **1977**, 99, 2714.
[61] Hargis, J. H. ; Shevlin, P. B. *J. Chem. Soc., Chem. Commun.* **1973**, 179.
[62] Applequist, D. E. ; Werner, N. D. *J. Org. Chem.* **1963**, 28, 48.
[63] Danen, W. C. ; Winter, R. L. *J. Am. Chem. Soc.* **1971**, 93, 716.
[64] Ingold, K. U. ; Griller, D. ; Nazran, A. S. *J. Am. Chem. Soc.* **1985**, 107, 208. See Reetz, M. T. *Angew. Chem. Int. Ed.* **1979**, 18, 173.
[65] See Tedder, J. M. *Angew. Chem. Int. Ed.* **1982**, 21, 401.
[66] See Firouzbakht, M. L. ; Ferrieri, R. A. ; Wolf, A. P. ; Rack, E. P. *J. Am. Chem. Soc.* **1987**, 109, 2213.
[67] See Back, R. A. *Can. J. Chem.* **1983**, 61, 916.
[68] See Jackson, R. A. ; Townson, M. *J. Chem. Soc. Perkin Trans.* 2 **1980**, 1452. See also, Johnson, M. D. *Acc. Chem. Res.* **1983**, 16, 343.
[69] See Ingold, K. U. ; Roberts, B. P. *Free-Radical Substitution Reactions*, Wiley, NY, **1971**.
[70] The parameter DH for a free radical abstraction reaction can be regarded simply as the difference in D values for the bond being broken and the one formed.
[71] Giese, B. ; Hartung, J. *Chem. Ber.* **1992**, 125, 1777.
[72] Eksterowicz, J. E. ; Houk, K. N. *Tetrahedron Lett.* **1993**, 34, 427; Damm, W. ; Dickhaut, J. ;Wetterich, F. ; Giese, B. *Tetrahedron Lett.* **1993**, 34, 431.
[73] See Hendry, D. G. ; Mill, T. ; Piszkiewicz, L. ; Howard, J. A. ; Eigenmann, H. K. *J. Phys. Chem. Ref. Data* **1974**, 3, 937; Roberts, B. P. ; Steel, A. J. *Tetrahedron Lett.* **1993**, 34, 5167. See Tanko, J. M. ; Blackert, J. F. *J. Chem. Soc. Perkin Trans.* 2 **1996**, 1775.
[74] Zavitsas, A. A. *J. Chem. Soc. Perkin Trans.* 2 **1998**, 499.
[75] See Wen, Z. ; Li, Z. ; Shang, Z. ; Cheng, J.-P. *J. Org. Chem.* **2001**, 66, 1466.
[76] Kim, S. S. ; Kim, S. Y. ; Ryou, S. S. ; Lee, C. S. ; Yoo, K. H. *J. Org. Chem.* **1993**, 58, 192.
[77] See Tedder, J. M. *Tetrahedron* **1982**, 38, 313; Kerr, J. A. in Bamford, C. H. ; Tipper, C. F. H. *ComprehensiveChemical Kinetics*, Vol. 18, Elsevier, NY, **1976**, pp. 39-109; Russell, G. A. in Kochi, J. K. *Free Radicals*, Vol. 2, Wiley, NY, **1973**, pp. 275-331; Rüchardt, C. *Angew. Chem. Int. Ed.* **1970**, 9, 830; Poutsma, M. L. *Methods Free-Radical Chem.* **1969**, 1, 79; Davidson, R. S. *Q. Rev. Chem. Soc.* **1967**, 21, 249; Pryor, W. A. ; Fuller, D. L. ; Stanley, J. P. *J. Am. Chem. Soc.* **1972**, 94, 1632.
[78] Hass, H. B. ; McBee, E. T. ; Weber, P. *Ind. Eng. Chem.* **1936**, 28, 333.
[79] With phenyl radicals: Kopinke, F. ; Zimmermann, G. ; Anders, K. *J. Org. Chem.* **1989**, 54, 3571.
[80] Deno, N. C. ; Fishbein, R. ;Wyckoff, J. C. *J. Am. Chem. Soc.* **1971**, 93, 2065. See Dneprovskii, A. N. ; Mil'tsov, S. A. *J. Org. Chem. USSR* **1988**, 24, 1836.
[81] Nonhebel, D. C. *Chem. Soc. Rev.* **1993**, 22, 347. For a discussion of solvent/counterion reorganization, seeTanko, J. M. ; Gillmore, J. G. ; Friedline, R. ; Chahma, M. *J. Org. Chem.* **2005**, 70, 4170.
[82] Engel, P. S. ; He, S.-L. ; Banks, J. T. ; Ingold, K. U. ; Lusztyk, J. *J. Org. Chem.* **1997**, 62, 1210.
[83] Toy, P. H. ; Newcomb, M. *J. Org. Chem.* **1998**, 63, 8609. See Martinez, F. N. ; Schlegel, H. B. ; Newcomb, M. *J. Org. Chem.* **1996**, 61, 8547; **1998**, 63, 3618 for ab initio studies to determine rate constants.
[84] See Jin, J. ; Newcomb, M. *J. Org. Chem.* **2007**, 72, 5098. For a discussion of ring opening versus ring expansionin bicyclic cyclocarbinyl radicals, see Shi, J. ; Chong, S.-S. ; Fu, Y. ; Guo, Q.-X. ; Liu, L. *J. Org. Chem.* **2008**, 73, 974.
[85] Choi, S.-Y. ; Horner, J. H. ; Newcomb, M. *J. Org. Chem.* **2000**, 65, 4447.
[86] Cerreti, A. ; D'Annibale, A. ; Trogolo, C. ; Umani, F. *TetrahedronLett.* **2000**, 41, 3261.
[87] Baker, J. M. ; Dolbier, Jr., W. R. *J. Org. Chem.* **2001**, 66, 2662. See Kirschberg, T. ; Mattay, J. *TetrahedronLett.* **1994**, 35, 7217.
[88] Wang, Y.-M. ; Fu, Y. ; Liu, L. ; Guo, Q.-X. *J. Org. Chem.* **2005**, 70, 3633.
[89] Mathew, L. ;Warkentin, J. *J. Am. Chem. Soc.* **1986**, 108, 7981; Engel, P. S. ; He, S.-L. ; Banks, J. T. ; Ingold, K. U. ;Lusztyk, J. *J. Org. Chem.* **1997**, 62, 1210, 5656.
[90] See Hollis, R. ; Hughes, L. ; Bowry, V. W. ; Ingold, K. U. *J. Org. Chem.* **1992**, 57, 4284.
[91] Newcomb, M. ; Toy, P. H. *Acc. Chem. Res.* **2000**, 33, 449. See Horn, A. H. C. ; Clark, T. *J. Am. Chem. Soc.* **2003**,

125, 2809.
- [92] See Griller, D. ; Ingold, K. U. *Acc. Chem. Res.* **1980**, 13, 317.
- [93] Newcomb, M. ; Johnson, C. C. ; Manek, M. B. ; Varick, T. R. *J. Am. Chem. Soc.* **1992**, 114, 10915; Newcomb, M. ; Varick, T. R. ; Ha, C. ; Manek, M. B. ; Yue, X. *J. Am. Chem. Soc.* **1992**, 114, 8158.
- [94] See Kumar, D. ; de Visser, S. P. ; Sharma, P. K. ; Cohen, S. ; Shaik, S. *J. Am. Chem. Soc.* **2004**, 126, 1907.
- [95] Rychnovsky, S. D. ; Hata, T. ; Kim, A. I. ; Buckmelter, A. J. *Org. Lett.* **2001**, 3, 807.
- [96] Chatgilialoglu, C. ; Timokhin, V. I. ; Ballestri, M. *J. Org. Chem.* **1998**, 63, 1327.
- [97] See Auclair, K. ; Hu, Z. ; Little, D. M. ; Ortiz de Montellano, P. R. ; Groves, J. T. *J. Am. Chem. Soc.* **2002**, 124, 6020.
- [98] He, X. ; Ortiz de Montellano, P. R. *J. Org. Chem.* **2004**, 69, 5684.
- [99] Beckwith, A. L. J. ; Bowry, V. W. *J. Am. Chem. Soc.* **1994**, 116, 2710. See Cooksy, A. L. ; King, H. F. ; Richardson, W. H. *J. Org. Chem.* **2003**, 68, 9441.
- [100] Jin, J. ; Newcomb, M. *J. Org. Chem.* **2008**, 73, 4740.
- [101] Jäger, C. M. ; Hennemann, M. ; Mieszała, A. ; Clark, T. *J. Org. Chem.* **2008**, 73, 1536.
- [102] Rothenberg, G. ; Sasson, Y. *Tetrahedron* **1998**, 54, 5417.
- [103] See, however, Kwart, H. ; Brechbiel, M. ; Miles, W. ; Kwart, L. D. *J. Org. Chem.* **1982**, 47, 4524.
- [104] See Wilt, J. W. in Kochi, J. K. *Free Radicals*, Vol. 1 Wiley, NY, **1973**, pp. 458-466.
- [105] Russell, G. A. in Kochi, J. K. *Free Radicals*, Vol. 2, Wiley, NY, **1973**, p. 289.
- [106] See Fisher, T. H. ; Dershem, S. M. ; Prewitt, M. L. *J. Org. Chem.* **1990**, 55, 1040.
- [107] Russell, G. A. in Kochi, J. K. *Free Radicals*, Vol. 2, Wiley, NY, **1973**, p. 311.
- [108] Porter, N. A. ; Rosenstein, I. J. *TetrahedronLett.* **1993**, 34, 7865.
- [109] Giese, B. ; Damm, W. ; Wetterich, F. ; Zeitz, H. -G. *TetrahedronLett.* **1992**, 33, 1863.
- [110] Pryor, W. A. ; Tang, F. Y. ; Tang, R. H. ; Church, D. F. *J. Am. Chem. Soc.* **1982**, 104, 2885; Dütsch, H. R. ; Fischer, H. *Int. J. Chem. Kinet.* **1982**, 14, 195.
- [111] Clerici, A. ; Minisci, F. ; Porta, O. *Tetrahedron* **1973**, 29, 2775.
- [112] Stefani, A. ; Chuang, L. ; Todd, H. E. *J. Am. Chem. Soc.* **1970**, 92, 4168.
- [113] Nucleophilicity and electrophilicity indices have been developed for radicals. See De Vleeschouwer, F. ; VanSpeybroeck, V. ; Waroquier, M. ; Geerlings, P. ; De Proft, F. *Org. Lett.* **2007**, 9, 2721.
- [114] Suehiro, T. ; Suzuki, A. ; Tsuchida, Y. ; Yamazaki, J. *Bull. Chem. Soc. Jpn.* **1977**, 50, 3324.
- [115] Hayday, K. ; McKelvey, R. D. *J. Org. Chem.* **1976**, 41, 2222. Also see Beckwith, A. L. J. ; Westwood, S. W. *Aust. J. Chem.* **1983**, 36, 2123; Griller, D. ; Bunce, N. J. ; Cheung, H. K. Y. ; Langshaw, J. *J. Org. Chem.* **1986**, 51, 5421.
- [116] Roberts, B. P. ; Steel, A. J. *J. Chem. Soc. Perkin Trans.* 2 **1994**, 2411.
- [117] Bietti, M. ; Gente, G. ; Salamone, M. *J. Org. Chem.* **2005**, 70, 6820.
- [118] See Danen, W. C. *Methods Free-Radical Chem.* **1974**, 5, 1.
- [119] Iqbal, J. ; Bhatia, B. ; Nayyar, N. K. *Chem. Rev.* **1994**, 94, 519.
- [120] See Bingham, R. C. ; Schleyer, P. v. R. *Fortschr. Chem. Forsch.* **1971**, 18, 1, see pp. 79-81.
- [121] Grob, C. A. ; Ohta, M. ; Renk, E. ; Weiss, A. *Helv. Chim. Acta* **1958**, 41, 1191.
- [122] Roberts, J. D. ; Urbanek, L. ; Armstrong, R. *J. Am. Chem. Soc.* **1949**, 71, 3049. See also, Kooyman, E. C. ; Vegter, G. C. *Tetrahedron* **1958**, 4, 382; Walling, C. ; Mayahi, M. F. *J. Am. Chem. Soc.* **1959**, 81, 1485.
- [123] See Koch, V. R. ; Gleicher, G. J. *J. Am. Chem. Soc.* **1971**, 93, 1657.
- [124] Vidal, S. ; Court, J. ; Bonnier, J. *J. Chem. Soc. Perkin Trans.* 2 **1973**, 2071; Tezuka, T. ; Ichikawa, K. ; Marusawa, H. ; Narita, N. *Chem. Lett.* **1983**, 1013.
- [125] Davies, D. I. ; Hey, D. H. ; Summers, B. *J. Chem. Soc. C* **1970**, 2653.
- [126] For a quantitative treatment, see Charton, M. ; Charton, B. *Bull. Soc. Chim. Fr.* **1988**, 199.
- [127] Davies, D. I. ; Hey, D. H. ; Summers, B. *J. Chem. Soc. C* **1971**, 2681.
- [128] See Traynham, J. G. *J. Chem. Educ.* **1983**, 60, 937; *Chem. Rev.* **1979**, 79, 323; Tiecco, M. *Acc. Chem. Res.* **1980**, 13, 51; *Pure Appl. Chem.* **1981**, 53, 239.
- [129] Peng, L. ; Scott, L. T. *J. Am. Chem. Soc.* **2005**, 127, 16518.
- [130] See Trotman-Dickenson, A. F. *Adv. Free-Radical Chem.* **1965**, 1, 1; Gray, P. ; Herod, A. A. ; Jones, A. *Chem. Rev.* **1971**, 71, 247.
- [131] Huyser, E. S. *Free-Radical Chain Reactions*, Wiley, NY, **1970**, p. 97.
- [132] Trotman-Dickenson, A. F. *Adv. Free-Radical Chem.* **1965**, 1, 1.
- [133] Kharasch, M. S. ; Hambling, J. K. ; Rudy, T. P. *J. Org. Chem.* **1959**, 24, 303.
- [134] See Reichardt, C. *Solvent Effects in Organic Chemistry*, Verlag Chemie, Deerfield Beach, FL, **1979**, pp. 110-123; Martin, J. C. in Kochi, J. K. *Free Radicals*, Vol. 2, Wiley, NY, **1973**, pp. 493-524; Huyser, E. S. *Adv. Free-Radical Chem.* **1965**, 1, 77.
- [135] Russell, G. A. *J. Am. Chem. Soc.* **1958**, 80, 4987, 4997, 5002; *J. Org. Chem.* **1959**, 24, 300.
- [136] See also, Ingold, K. U. ; Lusztyk, J. ; Raner, K. D. *Acc. Chem. Res.* **1990**, 23, 219.
- [137] Nagai, T. ; Horikawa, Y. ; Ryang, H. S. ; Tokura, N. *Bull. Chem. Soc. Jpn.* **1971**, 44, 2771.
- [138] See, however, Skell, P. S. ; Baxter III, H. N. ; Tanko, J. M. ; Chebolu. V. *J. Am. Chem. Soc.* **1986**, 108, 6300. Forarguments against this proposal, see Walling, C. *J. Org. Chem.* **1988**, 53, 305; Aver'yanov, V. A. ; Shvets, V. F. ; Semenov, A. O. *J. Org. Chem. USSR* **1990**, 26, 1261.
- [139] Bühler, R. E. *Helv. Chim. Acta* **1968**, 51, 1558; Raner, K. D. ; Lusztyk, J. ; Ingold, K. U. *J. Phys. Chem.* **1989**, 93, 564.
- [140] Minisci, F. ; Vismara, E. ; Fontana, F. ; Morini, G. ; Serravalle, M. ; Giordano, C. *J. Org. Chem.* **1987**, 52, 730.
- [141] See Newkirk, D. D. ; Gleicher, G. J. *J. Am. Chem. Soc.* **1974**, 96, 3543 and reference cited therein.

[142] See Raner, K. D. ; Lusztyk, J. ; Ingold, K. U. *J. Org. Chem.* **1988**, 53, 5220.
[143] Tronche, C. ; Martinez, F. N. ; Horner, J. H. ; Newcomb, M. ; Senn, M. ; Giese, B. *TetrahedronLett.* **1996**, 37, 5845.
[144] For lists of reagents, with references, see Larock, R. C. *Comprehensive Organic Transformations*, 2nd ed, Wiley-VCH, NY, **1999**, pp. 611-617.
[145] See Poutsma, M. L. in Kochi, J. K. *Free Radicals*, Vol. 2, Wiley, NY, **1973**, pp. 159-229; Huyser, E. S. in Patai, S. *The Chemistry of the Carbon-Halogen Bond*, pt. 1, Wiley, NY, **1973**, pp. 549-607; Poutsma, M. L. *MethodsFree-Radical Chem.* **1969**, 1, 79 (chlorination); Thaler, W. A. *Methods Free-Radical Chem.* **1969**, 2, 121(bromination).
[146] Hill, C. L. *Activation and Functionalization of Alkanes*, Wiley, NY, **1989**.
[147] Dermer, O. C. ; Edmison, M. T. *Chem. Rev.* **1957**, 57, 77, pp. 110-112. See Kooyman, E. C. *Adv. Free-RadicalChem.* **1965**, 1, 137.
[148] Dneprovskii, A. S. ; Kuznetsov, D. V. ; Eliseenkov, E. V. ; Fletcher, B. ; Tanko, J. M. *J. Org. Chem.* **1998**, 63, 8860.
[149] Rozen, S. *Acc. Chem. Res.* **1988**, 21, 307; Purrington, S. T. ; Kagen, B. S. ; Patrick, T. B. *Chem. Rev.* **1986**, 86, 997, pp. 1003-1005; Gerstenberger, M. R. C. ; Haas, A. *Angew. Chem. Int. Ed.* **1981**, 20, 647; Hudlicky, M. *TheChemistry of Organic Fluorine Compounds*, 2nd ed. , Ellis Horwood, Chichester, **1976**; pp. 67-91. *For descriptions of the apparatus necessary for handling* F_2, see Vypel, H. *Chimia* **1985**, 39, 305.
[150] See Rozhkov, I. N. in Baizer, M. M. ; Lund, H. *Organic Electrochemistry*, Marcel Dekker, NY, **1983**, pp. 805-825; Lagow, R. J. ; Margrave, J. L. *Prog. Inorg. Chem.* **1979**, 26, 161. See also, Adcock, J. L. ; Evans, W. D. *J. Org. Chem.* **1984**, 49, 2719; Huang, H. ; Lagow, R. J. *Bull. Soc. Chim. Fr.* **1986**, 993.
[151] See German, L. ; Zemskov, S. *New Fluorinating Agents in Organic Synthesis*, Springer, NY, **1989**.
[152] Brower, K. R. *J. Org. Chem.* **1987**, 52, 798.
[153] Alker, D. ; Barton, D. H. R. ; Hesse, R. H. ; Lister-James, J. ; Markwell, R. E. ; Pechet, M. M. ; Rozen, S. ; Takeshita, T. ; Toh, H. T. *Nouv. J. Chem.* **1980**, 4, 239.
[154] Rozen, S. ; Gal, C. *J. Org. Chem.* **1988**, 53, 2803. (See Ref. 153.)
[155] Boguslavskaya, L. S. ; Kartashov, A. V. ; Chuvatkin, N. N. *J. Org. Chem. USSR* **1989**, 25, 1835.
[156] See, for example, Rozen, S. ; Gal, C. *J. Org. Chem.* **1987**, 52, 2769.
[157] Stavber, G. ; Zupan, M. ; Stavber, S. *TetrahedronLett.* **2007**, 48, 2671.
[158] Gover, T. A. ; Willard, J. E. *J. Am. Chem. Soc.* **1960**, 82, 3816.
[159] Liguori, L. ; Bjørsvik, H. -R. ; Bravo, A. ; Fontana, R. ; Minisci, F. *Chem. Commun.* **1997**, 1501.
[160] Akhrem, I. ; Orlinkov, A. ; Vitt, S. ; Chistyakov, A. *Tetrahedron Lett.* **2002**, 43, 1333.
[161] Montoro, R. ; Wirth, T. *Org. Lett.* **2003**, 5, 4729.
[162] Barluenga, J. ; González-Bobes, F. ; González, J. M. *Angew. Chem. Int. Ed.* **2002**, 41, 2556.
[163] Schreiner, P. R. ; Lauenstein, O. ; Butova, E. D. ; Fokin, A. A. *Angew. Chem. Int. Ed.* **1999**, 38, 2786.
[164] Hasegawa, M. ; Ishii, H. ; Fuchigami, T. *TetrahedronLett.* **2002**, 43, 1503.
[165] See Tabushi, I. ; Kitaguchi, H. in Pizey, J. S. *SyntheticReagents*, Vol. 4, Wiley, NY, **1981**, pp. 336-396.
[166] See Hawari, J. A. ; Davis, S. ; Engel, P. S. ; Gilbert, B. C. ; Griller, D. *J. Am. Chem. Soc.* **1985**, 107, 4721.
[167] Wyman, D. P. ; Wang, J. Y. C. ; Freeman, W. R. *J. Org. Chem.* **1963**, 28, 3173.
[168] See Minisci, F. *Synthesis* **1973**, 1; Deno, N. C. *Methods Free-Radical Chem.* **1972**, 3, 135; Sosnovsky, G. ; Rawlinson, D. J. *Adv. Free-Radical Chem.* **1972**, 4, 203.
[169] Schreiner, P. R. ; Lauenstein, O. ; Kolomitsyn, I. V. ; Nadi, S. ; Kokin, A. A. *Angew. Chem. Int. Ed.* **1998**, 37, 1895.
[170] The (ω - 1 regioselectivity diminishes when the chains are $>$10 carbon atoms; see Deno, N. C. ; Jedziniak, E. J. *Tetrahedron Lett.* **1976**, 1259; Konen, D. A. ; Maxwell, R. J. ; Silbert, L. S. *J. Org. Chem.* **1979**, 44, 3594.
[171] See, however, Deno, N. C. ; Pohl, D. G. *J. Org. Chem.* **1975**, 40, 380.
[172] Bernardi, R. ; Galli, R. ; Minisci, F. *J. Chem. Soc. B* **1968**, 324. See also, Fuller, S. E. ; Lindsay Smith, J. R. ; Norman, R. O. C. ; Higgins, R. *J. Chem. Soc. Perkin Trans.* 2 **1981**, 545.
[173] Deno, N. C. ; Billups, W. E. ; Fishbein, R. ; Pierson, C. ; Whalen, R. ; Wyckoff, J. C. *J. Am. Chem. Soc.* **1971**, 93, 438.
[174] Minisci, F. ; Gardini, G. P. ; Bertini, F. *Can. J. Chem.* **1970**, 48, 544.
[175] Kämper, F. ; Schäfer, H. J. ; Luftmann, H. *Angew. Chem. Int. Ed.* **1976**, 15, 306.
[176] Smith, C. V. ; Billups, W. E. *J. Am. Chem. Soc.* **1974**, 96, 4307.
[177] See, however, Dneprovskii, A. S. ; Mil'tsov, S. A. ; Arbuzov, P. V. *J. Org. Chem. USSR* **1988**, 24, 1826. See also, Tanner, D. D. ; Arhart, R. ; Meintzer, C. P. *Tetrahedron* **1985**, 41, 4261.
[178] San Filippo, Jr. , J. ; Sowinski, A. F. ; Romano, L. J. *J. Org. Chem.* **1975**, 40, 3463.
[179] Turro, N. J. ; Fehlner, J. R. ; Hessler, D. P. ; Welsh, K. M. ; Ruderman, W. ; Firnberg, D. ; Braun, A. M. *J. Org. Chem.* **1988**, 53, 3731.
[180] There is evidence radicals within a solvent cage, see Raner, K. D. ; Lusztyk, J. ; Ingold, K. U. *J. Am. Chem. Soc.* **1988**, 110, 3519; Tanko, J. M. ; Anderson III, F. E. *J. Am. Chem. Soc.* **1988**, 110, 3525.
[181] SeeWalling, C. ; McGuiness, J. A. *J. Am. Chem. Soc.* **1969**, 91, 2053. See also, Zhulin, V. M. ; Rubinshtein, B. I. *Bull. Acad. Sci. USSR Div. Chem. Sci*, **1977**, 26, 2082.
[182] Wiberg, K. B. ; Motell, E. L. *Tetrahedron* **1963**, 19, 2009.
[183] Lide, D. R. (Ed.), *Handbook of Chemistry and Physics*, 87th ed. , CRC Press, Boca Raton, FL, **2007**, pp. 5-4-5-42.
[184] See Johnson, G. L. ; Andrews, L. *J. Am. Chem. Soc.* **1980**, 102, 5736.
[185] For F_2 the following initiation step is possible: F_2 + RH $\rightarrow$ R b+F + HF (first demonstrated by Miller, Jr. , W. T. ; Koch, Jr. , S. D. ; McLafferty, F. W. *J. Am. Chem. Soc.* **1956**, 78, 4992).
[186] Jiang, X. ; Shen, M. ; Tang, Y. ; Li, C. *TetrahedronLett.* **2005**, 46, 487.

[187] Podgoršek, A. ; Stavber, S. ; Zupan, M. ; Iskra, J. *TetrahedronLett.* **2006**, 47, 7245.
[188] Olah, G. A. ; Renner, R. ; Schilling, P. ; Mo, Y. K. *J. Am. Chem. Soc.* **1973**, 95, 7686. See also, Olah, G. A. ; Wu, A. ; Farooq, O. *J. Org. Chem.* **1989**, 54, 1463.
[189] Kamigata, N. ; Satoh, T. ; Yoshida, M. *Bull. Chem. Soc. Jpn.* **1988**, 44, 449.
[190] Chawla, R. ; Larson, G. L. *Synth. Commun.* **1999**, 29, 3499.
[191] See Nechvatal, A. *Adv. Free-Radical Chem.* **1972**, 4, 175.
[192] See Pizey, J. S. *Synthetic Reagents*, Vol. 2, Wiley, NY, **1974**, pp. 1-63.
[193] Togo, H. ; Hirai, T. *Synlett* **2003**, 702.
[194] Yamanaka, M. ; Arisawa, M. ; Nishida, A. ; Nakagawa, M. *TetahedronLett.* **2002**, 43, 2403.
[195] Chen, H. ; Shen, L. ; Lin, Y. *Synth. Commun.* **2010**, 40, 998.
[196] Shibatomi, K. ; Zhang, Y. ; Yamamoto, H. *Chemistry: Asian J.* **2008**, 3, 1581.
[197] Hull, K. I. ; Anani, W. Q. ; Sanford, M. S. *J. Am. Chem. Soc.* **2006**, 128, 7134.
[198] Hori, T. ; Sharpless, K. B. *J. Org. Chem.* **1979**, 44, 4204.
[199] Walling, C. ; Thaler, W. A. *J. Am. Chem. Soc.* **1961**, 83, 3877.
[200] Moreno-Dorado, F. J. ; Guerra, F. M. ; Manzano, F. L. ; Aladro, F. J. ; Jorge, Z. S. ; Massanet, G. M. *TetrahedronLett.* **2003**, 44, 6691.
[201] Torii, S. ; Tanaka, H. ; Tada, N. ; Nagao, S. ; Sasaoka, M. *Chem. Lett.* **1984**, 877.
[202] Dauben, Jr, H. J. ; McCoy, L. L. *J. Org. Chem.* **1959**, 24, 1577.
[203] Ucciani, E. ; Naudet, M. *Bull. Soc. Chim. Fr.* **1962**, 871.
[204] Peiffer, G. *Bull. Soc. Chim. Fr.* **1963**, 537.
[205] Dauben, Jr, H. J. ; McCoy, L. L. *J. Am. Chem. Soc.* **1959**, 81, 4863.
[206] See Adam, J. ; Gosselain, P. A. ; Goldfinger, P. *Nature (London)* **1953**, 171, 704; *Bull. Soc. Chim. Belg.* **1956**, 65, 533.
[207] Walling, C. ; Rieger, A. L. ; Tanner, D. D. *J. Am. Chem. Soc.* **1963**, 85, 3129; Russell, G. A. ; Desmond, K. M. *J. Am. Chem. Soc.* **1963**, 85, 3139; Pearson, R. ; Martin, J. C. *J. Am. Chem. Soc.* **1963**, 85, 3142; Skell, P. S. ; Tuleen, D. L. ; Readio, P. D. *J. Am. Chem. Soc.* **1963**, 85, 2850.
[208] Incremona, J. H. ; Martin, J. C. *J. Am. Chem. Soc.* **1970**, 92, 627.
[209] For other evidence, see Day, J. C. ; Lindstrom, M. J. ; Skell, P. S. *J. Am. Chem. Soc.* **1974**, 96, 5616.
[210] McGrath, B. P. ; Tedder, J. M. *Proc. Chem. Soc.* **1961**, 80.
[211] See Chow, Y. L. ; Naguib, Y. M. A. *Rev. Chem. Intermed.* **1984**, 5, 325.
[212] Lüning, U. ; Seshadri, S. ; Skell, P. S. *J. Org. Chem.* **1986**, 51, 2071; Zhang, Y. ; Dong, M. ; Jiang, X. ; Chow, Y. L. *Can. J. Chem.* **1990**, 68, 1668.
[213] Fujii, T. ; Hirao, Y. ; Ohshiro, Y. *Tetrahedron Lett.* **1993**, 34, 5601.
[214] Arai, M. *Bull. Chem. Soc. Jpn.* **1964**, 37, 1280; **1965**, 38, 252.
[215] Walling, C. ; Mintz, M. J. *J. Am. Chem. Soc.* **1967**, 89, 1515.
[216] Markó, I. E. ; Mekhalfia, A. *TetrahedronLett.* **1990**, 31, 7237. For a related procedure, see Cheung, Y. *TetrahedronLett.* **1979**, 3809.
[217] Kang, D. H. ; Joo, T. Y. ; Chavasiri, W. ; Jang, D. O. *TetrahedronLett.* **2007**, 48, 285.
[218] See Vysotskaya, N. A. *Russ. Chem. Rev.* **1973**, 42, 851; Sangster, D. F. in Patai, S. *The Chemistry of theHydroxyl Group*, pt. 1, Wiley, NY, **1971**, pp. 133-191; Metelitsa, D. I. *Russ. Chem. Rev.* **1971**, 40, 563; Loudon, J. D. *Prog. Org. Chem.* **1961**, 5, 47.
[219] See Sosnovsky, G. ; Rawlinson, D. J. in Swern, D. *Organic Peroxides*, Vol. 2, Wiley, NY, **1970**, pp. 269-336. See also, Sheldon, R. A. ; Kochi, J. K. *Metal-Catalyzed Oxidations of Organic Compounds*; Academic Press, NY, **1981**.
[220] See Walling, C. *Acc. Chem. Res.* **1975**, 8, 125.
[221] Yields can be improved with phase-transfer catalysis: Karakhanov, E. A. ; Narin, S. Yu. ; Filippova, T. Yu. ; Dedov, A. G. *Doklad. Chem.* **1987**, 292, 81.
[222] See the discussion of the aromatic free-radical substitution mechanism in Sec. 14. A. ii.
[223] See Cruse, R. W. ; Kaderli, S. ; Meyer, C. J. ; Zuberbühler, A. D. ; Karlin, K. D. *J. Am. Chem. Soc.* **1988**, 110, 5020; Ito, S. ; Kunai, A. ; Okada, H. ; Sasaki, K. *J. Org. Chem.* **1988**, 53, 296.
[224] Funabiki, T. ; Tsujimoto, M. ; Ozawa, S. ; Yoshida, S. *Chem. Lett.* **1989**, 1267.
[225] Udenfriend, S. ; Clark, C. T. ; Axelrod, J. ; Brodie, B. B. *J. Biol. Chem.* **1954**, 208, 731; Brodie, B. B. ; Shore, P. A. ; Udenfriend, S. *J. Biol. Chem.* **1954**, 208, 741. See also, Tamagaki, S. ; Suzuki, K. ; Tagaki, W. *Bull. Chem. Soc. Jpn.* **1989**, 62, 148, 153, 159.
[226] Malykhin, E. V. ; Kolesnichenko, G. A. ; Shteingarts, V. D. *J. Org. Chem. USSR* **1986**, 22, 720.
[227] Brook, M. A. ; Castle, L. ; Lindsay Smith, J. R. ; Higgins, R. ; Morris, K. P. *J. Chem. Soc. Perkin Trans. 2* **1982**, 687; Kunai, A. ; Hata, S. ; Ito, S. ; Sasaki, K. *J. Am. Chem. Soc.* **1986**, 108, 6012.
[228] Nasreen, A. ; Adapa, S. R. *Org. Prep. Proceed. Int.* **2000**, 32, 373.
[229] See Mihailovic, M. Lj. ; Partch, R. *Sel. Org. Transform.* **1972**, 2, 97; Milhailovic, M. Lj. ; Cekovic, Z. *Synthesis* **1970**, 209; Butler, R. N. in Pizey, J. S. *Synthetic Reagents*, Vol. 3, Wiley, NY, **1977**, pp. 277-419.
[230] Roscher, N. M. ; Shaffer, D. K. *Tetrahedron* **1984**, 40, 2643. See Kalvoda, J. ; Heusler, K. *Synthesis* **1971**, 501. For a list of references, see Larock, R. C. *Comprehensive Organic Transformations*, 2nd ed, Wiley-VCH, NY, **1999**, pp. 889-890.
[231] Furuta, K. ; Nagata, T. ; Yamamoto, H. *TetrahedronLett.* **1988**, 29, 2215.
[232] See Doyle, M. P. ; Zuidema, L. J. ; Bade, T. R. *J. Org. Chem.* **1975**, 40, 1454.
[233] Mihailovic, M. Lj. ; Cekovic, Z. ; Maksimovic, Z. ; Jeremic, D. ; Lorenc, Lj. ; Mamuzic, R. I. *Tetrahedron* **1965**, 21, 2799.

[234] Mihailovic, M. Lj. ; Cekovic, Z. ; Jeremic, D. *Tetrahedron* **1965**, 21, 2813.
[235] Mihailovic, M. Lj. ; Cekovic, Z. ; Andrejevic, V. ; Matic, R. ; Jeremic, D. *Tetrahedron* **1968**, 24, 4947.
[236] Furuta, K. ; Nagata, T. ; Yamamoto, H. *TetrahedronLett.* **1988**, 29, 2215.
[237] The term autoxidation actually applies to any slow oxidation with atmospheric oxygen. See Goosen, A. ; Morgan, D. H. *J. Chem. Soc. PerkinTrans.* 2 **1994**, 557. For reviews, see Sheldon, R. A. ; Kochi, J. K. *Adv. Catal.* **1976**, 25, 272; Howard, W. G. in Kochi, J. K. *Free Radicals*, Vol. 2, Wiley, NY, **1973**, pp. 3-62; Lloyd, W. G. *Methods Free-Radical Chem.* **1973**, 4, 1; Betts, J. *Q. Rev. Chem. Soc.* **1971**, 25, 265; Ingold, K. U. *Acc. Chem. Res.* **1969**, 2, I; Mayo, F. R. *Acc. Chem. Res.* **1968**, 1, 193.
[238] Ingold, K. U. *Acc. Chem. Res.* **1969**, 2, 1.
[239] Bejan, E. V. ; Font-Sanchis, E. ; Scaiano, J. C. *Org. Lett.*, **2001**, 3, 4059.
[240] See Sheldon, R. A. in Patai, S. *The Chemistry of Peroxides*, Wiley, NY, **1983**, pp. 161-200.
[241] See Korcek, S. ; Chenier, J. H. B. ; Howard, J. A. ; Ingold, K. U. *Can. J. Chem.* **1972**, 50, 2285, and other papers inthis series.
[242] See Santamaria, J. ; Jroundi, R. ; Rigaudy, J. *TetrahedronLett.* **1989**, 30, 4677.
[243] See Voronenkov, V. V. ; Vinogradov, A. N. ; Belyaev, V. A. *Russ. Chem. Rev.* **1970**, 39, 944.
[244] Swern, D. *Organic Peroxides*, Vol. 1, Wiley, NY, **1970**, p. 313.
[245] For methods of detection and removal of peroxides from ether solvents, see Gordon, A. J. ; Ford, R. A. *The Chemist's Companion*, Wiley, NY, **1972**, p. 437; Burfield, D. R. *J. Org. Chem.* **1982**, 47, 3821.
[246] See Schwetlick, K. *J. Chem. Soc. Perkin Trans.* 2 **1988**, 2007.
[247] Sosnovsky, G. ; Zaret, E. H. in Swern, D. *Organic Peroxides*, Vol. 1, Wiley, NY, **1970**, pp. 517-560.
[248] Barton, D. H. R. ; Jones, D. W. *J. Chem. Soc.* **1965**, 3563; Russell, G. A. ; Bemis, A. G. *J. Am. Chem. Soc.* **1966**, 88, 5491.
[249] Gersmann, H. R. ; Bickel, A. F. *J. Chem. Soc. B* **1971**, 2230.
[250] See Frimer, A. A. ; Stephenson, L. M. in Frimer, A. A. *Singlet O_2*, Vol. 2, CRC Press, Boca Raton, FL, **1985**, pp. 67-91; Wasserman, H. H. ; Ives, J. L. *Tetrahedron* **1981**, 37, 1825; Gollnick, K. ; Kuhn, H. J. in Wasserman, H. H. ; Murray, R. W. *Singlet Oxygen*, Academic Press, NY, **1979**, pp. 287-427; Denny, R. W. ; Nickon, A. *Org. React.* **1973**, 20, 133; Adams, W. R. in Augustine, R. L. *Oxidation*, Vol. 2, Marcel Dekker, NY, **1969**, pp. 65-112.
[251] See Frimer, A. A. *Singlet O_2*, 4 Vols. , CRC Press, Boca Raton, FL, **1985**; Wasserman, H. H. ; Murray, R. W. *Singlet Oxygen*, Academic Press, NY, **1979**; Frimer, A. A. in Patai, S. *The Chemistry of Peroxides*, Wiley, NY, **1983**, pp. 201-234; Gorman, A. A. ; Rodgers, M. A. J. *Chem. Soc. Rev.* **1981**, 10, 205; Ohloff, G. *Pure Appl. Chem.* **1975**, 43, 481; Kearns, D. R. *Chem. Rev.* **1971**, 71, 395; Wayne, R. P. *Adv. Photo Chem.* **1969**, 7, 311.
[252] See Turro, N. J. ; Ramamurthy, V. in de Mayo, P. *Rearrangements in Ground and Excited States*, Vol. 3, Academic Press, NY, **1980**, pp. 1-23; Murray, R. W. inWasserman, H. H. ; Murray, R. W. *Singlet Oxygen*, AcademicPress, NY, **1979**, pp. 59-114; Adam, W. ; Cilento, G. *Chemical and Biological Generation of Excited States*, Academic Press, NY, **1982**.
[253] Foote, C. S. ; Wexler, S. *J. Am. Chem. Soc.* **1964**, 86, 3879.
[254] See Bartlett, P. D. ; Mendenhall, G. D. ; Durham, D. L. *J. Org. Chem.* **1980**, 45, 4269.
[255] Pierlot, C. ; Nardello, V. ; Schrive, J. ; Mabille, C. ; Barbillat, J. ; Sombret, B. ; Aubry, J. -M. *J. Org. Chem.*, **2002**, 67, 2418.
[256] Foote, C. S. ; Wexler, S. ; Ando, W. ; Higgins, R. *J. Am. Chem. Soc.* **1968**, 90, 975. See also, McKeown, E. ; Waters, W. A. *J. Chem. Soc. B* **1966**, 1040.
[257] See Schenck, G. O. ; Neumüller, O. ; Ohloff, G. ; Schroeter, S. *Liebigs Ann. Chem.* **1965**, 687, 26.
[258] See Foote, C. S. ; Denny, R. W. *J. Am. Chem. Soc.* **1971**, 93, 5162.
[259] Rautenstrauch, V. ; Thommen, W. ; Schulte-Elte, K. H. *Helv. Chim. Acta* **1986**, 69, 1638 and references citedtherein.
[260] Orfanopoulos, M. ; Stratakis, M. ; Elemes, Y. *TetrahedronLett.* **1989**, 30, 4875.
[261] Clennan, E. L. ; Chen, X. ; Koola, J. J. *J. Am. Chem. Soc.* **1990**, 112, 5193, and references cited therein.
[262] Orfanopoulos, M. ; Stratakis, M. ; Elemes, Y. *J. Am. Chem. Soc.* **1990**, 112, 6417.
[263] See Frimer, A. A. ; Stephenson, L. M. in Frimer, A. A. *Singlet O_2*, Vol. 2, CRC Press, Boca Raton, FL, **1985**, pp. 80-87; Stephenson, L. M. ; Grdina, M. J. ; Orfanopoulos, M. *Acc. Chem. Res.* **1980**, 13, 419; Gollnick, K. ; Kuhn, H. J; Wasserman, H. H. ; Murray, R. W. *Singlet Oxygen*, Academic Press, NY, **1979**, pp. 288-341; Frimer, A. A. *Chem. Rev.* **1979**, 79, 359; Foote, C. S. *Pure Appl. Chem.* **1971**, 27, 635; Gollnick, K. *Adv. Photochem.* **1968**, 6, 1; Kearns, D. R. *Chem. Rev.* **1971**, 71, 395.
[264] Asveld, E. W. H. ; Kellogg, R. M. *J. Org. Chem.* **1982**, 47, 1250.
[265] See Mitchell, J. *C. Chem. Soc. Rev.* **1985**, 14, 399, p. 401.
[266] See Wilson, S. L. ; Schuster, G. B. *J. Org. Chem.* **1986**, 51, 2056; Davies, A. G. ; Schiesser, C. H. *TetrahedronLett.* **1989**, 30, 7099; Orfanopoulos, M. ; Smonou, I. ; Foote, C. S. *J. Am. Chem. Soc.* **1990**, 112, 3607.
[267] See Jefford, C. W. *Helv. Chim. Acta* **1981**, 64, 2534.
[268] See Sosnovsky, G. ; Rawlinson, D. J. in Swern, D. *Organic Peroxides*, Vol. 2, Wiley, NY, **1970**, pp. 153-268. See also, Murahashi, S. ; Naota, T. ; Kuwabara, T. ; Saito, T. ; Kumobayashi, H. ; Akutagawa, S. *J. Am. Chem. Soc.* **1990**, 112, 7820; Sheldon, R. A. in Patai, S. *The Chemistry of Peroxides*, Wiley, NY, **1983**, p. 161.
[269] See Murahashi, S. ; Naota, T. ; Yonemura, K. *J. Am. Chem. Soc.* **1988**, 110, 8256.
[270] For a list of reagents, with references, see Larock, R. C. *Comprehensive Organic Transformations*, 2nd ed, Wiley-VCH, NY, **1999**, pp. 1625-1630 ff, 1661-1663.
[271] See Rawlinson, D. J. ; Sosnovsky, G. *Synthesis* **1972**, 1; Sosnovsky, G. ; Rawlinson, D. J. in Swern, D. *OrganicPeroxides*, Vol. 1, Wiley, NY, **1970**, pp. 585-608; Doumaux Jr, A. R. in Augustine, R. L. *Oxidation*, Vol. 2, Marcel Dekker, NY, **1971**, pp. 141-185.
[272] See Butler, R. N. in Pizey, J. S. *Synthetic Reagents*, Vol. 3, Wiley, NY, p. 277.
[273] Larock, R. C. *Organomercury Compounds in Organic Synthesis*, Springer, NY, **1985**, pp. 190-208; Rawlinson, D. J. ; Sosnovsky,

G. *Synthesis* **1973**, 567.

[274] Hansson, S.; Heumann, A.; Rein, T.; Åkermark, B. *J. Org. Chem.* **1990**, 55, 975; Byström, S. E.; Larsson, E. M.; Åkermark, B. *J. Org. Chem.* **1990**, 55, 5674.

[275] Rubottom, G. M.; Mott, R. C.; Juve Jr., H. D. *J. Org. Chem.* **1981**, 46, 2717.

[276] Trost, B. M.; Tanigawa, Y. *J. Am. Chem. Soc.* **1979**, 101, 4413.

[277] See Cook, A. G. in Cook, A. G. *Enamines*, 2nd ed., Marcel Dekker, NY, **1988**, pp. 251-258.

[278] See Butler, R. N. *Chem. Ind.* (London) **1976**, 499.

[279] See Mosher, M. W.; Cox, J. L. *TetrahedronLett.* **1985**, 26, 3753.

[280] Demir, A. S.; Sayrac, T.; Watt, D. S. *Synthesis* **1990**, 1119.

[281] See Rylander, P. N. *Organic Synthesis with Noble Metal Catalysts*, Academic Press, NY, **1973**, pp. 80-87; Jira, R.; Freiesleben, W. *Organomet. React.* **1972**, 3, 1, pp. 44-84; Heck, R. F. *Fortschr. Chem. Forsch.* **1971**, 16, 221, pp. 231-237; Tsuji, J. *Adv. Org. Chem.* **1969**, 6, 109, pp. 132-143.

[282] See Sen, A.; Gretz, E.; Oliver, T. F.; Jiang, Z. *New J. Chem.* **1989**, 13, 755.

[283] Kochi, J. K.; Mains, H. E. *J. Org. Chem.* **1965**, 30, 1862. See also, Beckwith, A. L. J.; Zavitsas, A. A. *J. Am. Chem. Soc.* **1986**, 108, 8230.

[284] Goering, H. L.; Mayer, U. *J. Am. Chem. Soc.* **1964**, 86, 3753.

[285] Denney, D. B.; Denney, D. Z.; Feig, G. *TetrahedronLett.* **1959**, no. 15, p. 19.

[286] Kochi, J. K. *J. Am. Chem. Soc.* **1962**, 84, 2785, 3271; Story, P. R. *TetrahedronLett.* **1962**, 401.

[287] See, for example, Jones, S. R.; Mellor, J. H. *J. Chem. Soc. Perkin Trans.* 2 **1977**, 511.

[288] See Haines, A. H. *Methods for the Oxidation of Organic Compounds*, Academic Press, NY, **1985**, pp. 177-180,351-355.

[289] Takizawa, Y.; Tateishi, A.; Sugiyama, J.; Yoshida, H.; Yoshihara, N. *J. Chem. Soc., Chem. Commun.* **1991**,104. See also, Kaeding, W. W.; Kerlinger, H. O.; Collins, G. R. *J. Org. Chem.* **1965**, 30, 3754.

[290] Nyberg, K.; Wistrand, L. G. *J. Org. Chem.* **1978**, 43, 2613.

[291] See DiCosimo, R.; Szabo, H. *J. Org. Chem.* **1986**, 51, 1365.

[292] See Gilbert, E. E. *Sulfonation and Related Reactions*, Wiley, NY, **1965**, pp. 126-131.

[293] Müller, E.; Schmidt, E. W. *Chem. Ber.* **1964**, 97, 2614; Kühle, E. *Synthesis* **1970**, 561; **1971**, 563, 617.

[294] Markó, I. E.; Mekhalfia, A. *TetrahedronLett.* **1990**, 31, 7237. See Ekoue-Kovi, K.; Wolf, C. *Chemistry: European J.* **2008**, 14, 6302.

[295] Nakagawa, K.; Onoue, H.; Minami, K. *Chem. Commun.* **1966**, 17.

[296] Yoo, W.-J.; Li, C.-J. *J. Am. Chem. Soc.* **2006**, 128, 13064.

[297] Suto, Y.; Yamagiwa, N.; Torisawa, Y. *TetrahedronLett.* **2008**, 49, 5732.

[298] Wang, L.; Fu, H.; Jiang, Y.; Zhao, Y. *Chem.: Eur. J.* **2008**, 14, 10722.

[299] Fang, C.; Qian, W.; Bao, W. *Synlett* **2008**, 2529.

[300] Gao, J.; Wang, G.-W. *J. Org. Chem.* **2008**, 73, 2955.

[301] Vora, H. U.; Rovis, T. *J. Am. Chem. Soc.* **2007**, 129, 13796.

[302] Bode, J. W.; Sohn, S. S. *J. Am. Chem. Soc.* **2007**, 129, 13798.

[303] Zhang, L.; Wang, S.; Zhou, S.; Yang, G.; Sheng, E. *J. Org. Chem.* **2006**, 71, 3149.

[304] Gilman, N. W. *Chem. Commun.* **1971**, 733.

[305] Shie, J.-J.; Fang, J.-M. *J. Org. Chem.* **2003**, 68, 1158.

[306] Tamaru, Y.; Yamada, Y.; Yoshida, Z. *Synthesis* **1983**, 474.

[307] Tillack, A.; Rudloff, I.; Beller, M. *Eur. J. Org. Chem.* **2001**, 523.

[308] Okuma, K.; Komiya, Y.; Ohta, H. *Chem. Lett.* **1988**, 1145.

[309] Renneke, R. F.; Hill, C. L. *J. Am. Chem. Soc.* **1986**, 108, 3528.

[310] Moutrille, C.; Zard, S. Z. *Chem. Commun.* **2004**, 1848.

[311] Das, J. P.; Sinha, P.; Roy, S. *Org. Lett.* **2002**, 4, 3055.

[312] Saito, S.; Koizumi, Y. *TetrahedronLett.* **2005**, 46, 4715.

[313] Rao, A. S.; Srinivas, P. V.; Babu, K. S.; Rao, J. M. *Tetrahedron Lett.* **2005**, 46, 8141.

[314] Kikukawa, T.; Hanamoto, T.; Inanaga, J. *TetrahedronLett.* **1999**, 40, 7497.

[315] See Giese, B. *Radicals in Organic Synthesis: Formation of Carbon-Carbon Bonds*, Pergamon, Elsmsford, NY, **1986**.

[316] Meshcheryakov, A. P.; Érzyutova, E. I. *Bull. Acad. Sci. USSR Div. Chem. Sci*, **1966**, 94.

[317] Johnston, K. M.; Williams, G. H. *J. Chem. Soc.* **1960**, 1168.

[318] Pfordte, K.; Leuschner, G. *Liebigs Ann. Chem.* **1961**, 643, 1.

[319] Hawkins, E. G. E.; Large, R. *J. Chem. Soc. Perkin Trans.* 1 **1974**, 280.

[320] Kharasch, M. S.; Sosnovsky, G. *Tetrahedron* **1958**, 3, 97.

[321] Schwetlick, K.; Jentzsch, J.; Karl, R.; Wolter, D. *J. Prakt. Chem.* **1964**, [4] 25, 95.

[322] Boguslavskaya, L. S.; Razuvaev, G. A. *J. Gen. Chem. USSR* **1963**, 33, 1967.

[323] Tanko, J. M.; Sadeghipour, M. *Angew. Chem. Int. Ed.* **1999**, 38, 159.

[324] Brown, S. H.; Crabtree, R. H. *J. Am. Chem. Soc.* **1989**, 111, 2935, 2946; *J. Chem. Educ.* **1988**, 65, 290.

[325] Boojamra, C. G.; Crabtree, R. H.; Ferguson, R. R.; Muedas, C. A. *TetrahedronLett.* **1989**, 30, 5583.

[326] Rawal, V. H.; Krishnamurthy, V.; Fabre, A. *TetrahedronLett.* **1993**, 34, 2899.

[327] Suga, S.; Suzuki, S.; Yamamoto, A.; Yoshida, J.-i. *J. Am. Chem. Soc.* **2000**, 122, 10244.

[328] See Siemsen, P.; Livingston, R. C.; Diederich, F. *Angew. Chem. Int. Ed.* **2000**, 39, 2632.

[329] See Simándi, L. I. in Patai, S.; Rappoport, Z. *The Chemistry of Functional Groups*, Supplement C pt. 1, Wiley, NY, **1983**, pp.

[330] 529-534; Nigh, W. G. in Trahanovsky, W. S. *Oxidation in Organic Chemistry*, pt. B, AcademicPress, NY, **1973**, pp. 11-31; Cadiot, P.; Chodkiewicz, W. in Viehe, H. G. *Acetylenes*, Marcel Dekker, NY; **1969**, pp. 597-647.

[331] See Nakagawa, M. in Patai, S. *The Chemistry of the Carbon-Carbon Triple Bond*, pt. 2, Wiley, NY, **1978**, pp. 635-712. See Sondheimer et al. in Ref. 331 also.

[331] Sondheimer, F.; Wolovsky, R. *J. Am. Chem. Soc.* **1962**, 84, 260; Sondheimer, F.; Wolovsky, R.; Amiel, Y. *J. Am. Chem. Soc.* **1962**, 84, 274.

[332] Gunter, H. V. *Chemistry of Acetylenes*, Marcel Dekker, NY, **1969**, pp. 597-647 and references cited therein.

[333] Stansbury, H. A.; Proops, W. R. *J. Org. Chem.* **1962**, 27, 320.

[334] Hay, A. S. *J. Org. Chem.* **1960**, 25, 1275; Hay, A S. *J. Org. Chem.* **1962**, 27, 3320.

[335] Li, J.; Jiang, H. *Chem. Commun.* **1999**, 2369.

[336] Yadav, J. S.; Reddy, B. V. S.; Reddy, K. B.; Gayathri, K. U.; Prasad, A. R. *Tetrahedron Lett.* **2003**, 44, 6493.

[337] Kabalka, G. W.; Wang, L.; Pagni, R. M. *Synlett* **2001**, 108.

[338] Hilt, G.; Hengst, C.; Arndt, M. *Synthesis* **2009**, 395.

[339] Yan, J.; Wang, L. *Synth. Commun.* **2005**, 35, 2333.

[340] Sharifi, A.; Mirzael, M.; Naimi-Jamal, M. R. *Monat. Chemie* **2006**, 137, 213.

[341] Balaraman, K.; Kesavan, V. *Synthesis* **2010**, 3461.

[342] Jiang, H.-F.; Tang, J. Y.; Wang, A.-Z.; Deng, G.-H.; Yang, S.-R. *Synthesis* **2006**, 1155.

[343] Yin, W.; He, C.; Chen, M.; Zhang, H.; Lei, A. *Org. Lett.* **2009**, 11, 709.

[344] Li, D.; Yin, K.; Li, J.; Jia, X. *Tetrahedron Lett.* **2008**, 49, 5918.

[345] Chodkiewicz, W. *Ann. Chim. (Paris)* **1957**, [13] 2, 819.

[346] Montierth, J. M.; DeMario, D. R.; Kurth, M. J.; Schore, N. E. *Tetrahedron* **1998**, 54, 11741.

[347] Liu, Q.; Burton, D. J. *TetrahedronLett.* **1997**, 38, 4371.

[348] Curtis, R. F.; Taylor, J. A. *J. Chem. Soc. C* **1971**, 186.

[349] Ghose, B. N.; Walton, D. R. M. *Synthesis* **1974**, 890.

[350] Johnson, T. R.; Walton, D. R. M. *Tetrahedron* **1972**, 28, 5221.

[351] See Nigh, W. G. in Trahanovsky, W. S. *Oxidation in Organic Chemistry*, pt. B, Academic Press, NY, **1973**, pp. 27-31; Fedenok, L. G.; Berdnikov, V. M.; Shvartsberg, M. S. *J. Org. Chem. USSR* **1973**, 9, 1806; Clifford, A. A.; Waters, W. A. *J. Chem. Soc.* **1963**, 3056.

[352] Bohlmann, F.; Schönowsky, H.; Inhoffen, E.; Grau, G. *Chem. Ber.* **1964**, 97, 794.

[353] Wieghardt, K.; Chaudhuri, P. *Prog. Inorg. Chem.* **1987**, 37, 329.

[354] Fomina, L.; Vazquez, B.; Tkatchouk, E.; Fomine, S. *Tetrahedron* **2002**, 58, 6741.

[355] See Henriksen, S. T.; Tanner, D.; Skrydstrup, T.; Norrby, P.-O. *Chemistry: Eur. J.* **2010**, 16, 9494.

[356] See Kurita, T.; Abe, M.; Maegawa, T.; Monguchi, Y.; Sajiki, H. *Synlett* **2007**, 2521.

[357] Li, J.-H.; Liang, Y.; Xie, Y.-X. *J. Org. Chem.* **2005**, 70, 4393.

[358] Nishihara, Y.; Ikegashira, K.; Hirabayashi, K.; Ando, J.-i.; Mori, A.; Hiyama, T. *J. Org. Chem.* **2000**, 65, 1780.

[359] Heuft, M. A.; Collins, S. K.; Yap, G. P. A.; Fallis, A. E. *Org. Lett.* **2001**, 3, 2883.

[360] Nishihara, Y.; Okamoto, M.; Inoue, Y.; Miyazaki, M.; Miyasaka, M.; Takagi, K. *TetrahedronLett.* **2005**, 46, 8661.

[361] Paixão, M. W.; Weber, M.; Braga, A. L; de Azeredo, J. B.; Deobald, A. M.; Stefani, H. A. *TetrahedronLett.* **2008**, 49, 2366.

[362] Stefani, H. A.; Cella, R.; Dörr, F. A.; Pereira, C. M. P.; Zeni, G.; Gomes, Jr., M. *TetrahedronLett.* **2005**, 46, 563.

[363] Feuerstein, M.; Chahen, L.; Doucet, H.; Santelli, M. *Tetrahedron* **2006**, 62, 112.

[364] Weber, M.; Singh, F. V.; Vieira, A. S.; Stefani, H. A.; Paixão, M. W. *TetrahedronLett.* **2009**, 50, 4324.

[365] See Bolton, R.; Williams, G. H. *Chem. Soc. Rev.* **1986**, 15, 261; Hey, D. H. *Adv. Free-Radical Chem.* **1966**, 2, 47.

[366] See Tiecco, M.; Testaferri, L. *React. Intermed. (Plenum)* **1983**, 3, 61.

[367] Kaptein, R.; Freeman, R.; Hill, H. D. W.; Bargon, J. *J. Chem. Soc., Chem. Commun.* **1973**, 953.

[368] The mechanism is actually more complicated. See DeTar, D. F.; Long, R. A. J.; Rendleman, J.; Bradley, J.; Duncan, P. *J. Am. Chem. Soc.* **1967**, 89, 4051; DeTar, D. F. *J. Am. Chem. Soc.* **1967**, 89, 4058. See also, Jandu, K. S.; Nicolopoulou, M.; Perkins, M. J. *J. Chem. Res. (S)* **1985**, 88.

[369] Chalfont, G. R.; Hey, D. H.; Liang, K. S. Y.; Perkins, M. J. *J. Chem. Soc. B* **1971**, 233.

[370] Zhang, Y.; Feng, J.; Li, C.-J. *J. Am. Chem. Soc.* **2008**, 130, 2900.

[371] Bell, H. C.; Kalman, J. R.; May, G. L.; Pinhey, J. T.; Sternhell, S. *Aust. J. Chem.* **1979**, 32, 1531.

[372] See Abramovitch, R. A.; Barton, D. H. R.; Finet, J. *Tetrahedron* **1988**, 44, 3039, pp. 3040-3047.

[373] Barton, D. H. R.; Finet, J.; Giannotti, C.; Halley, F. *J. Chem. Soc. Perkin Trans. 1* **1987**, 241.

[374] See Sharma, R. K.; Kharasch, N. *Angew. Chem. Int. Ed.* **1968**, 7, 36.

[375] Ho, T.-I.; Ku, C.-K.; Liu, R. S. H. *Tetrahedron Lett.* **2001**, 42, 715.

[376] See Jeffs, P. W.; Hansen, J. F. *J. Am. Chem. Soc.* **1967**, 89, 2798; Thyagarajan, B. S.; Kharasch, N.; Lewis, H. B.; Wolf, W. *Chem. Commun.* **1967**, 614.

[377] Taylor, E. C.; Kienzle, F.; McKillop, A. *J. Am. Chem. Soc.* **1970**, 92, 6088.

[378] See Heinisch, G. *Heterocycles* **1987**, 26, 481; Minisci, F.; Vismara, E.; Fontana, F. *Heterocycles* **1989**, 28, 489; Vorbrüggen, H.; Maas, M. *Heterocycles* **1988**, 27, 2659.

[379] Fontana, F.; Minisci, F.; Barbosa, M. C. N.; Vismara, E. *Tetrahedron* **1990**, 46, 2525.

[380] Anderson, J. M.; Kochi, J. K. *J. Am. Chem. Soc.* **1970**, 92, 1651.

[381] See Katz, R. B.; Mistry, J.; Mitchell, M. B. *Synth. Commun.* **1989**, 19, 317.

[382] Minisci, F.; Selva, A.; Porta, O.; Barilli, P.; Gardini, G. P. *Tetrahedron* **1972**, 28, 2415.

[383] Fontana, F. ; Minisci, F. ; Barbosa, M. C. N. ; Vismara, E. *Acta Chem. Scand*, **1989**, 43, 995.
[384] Minisci, F. ; Vismara, E. ; Fontana, F. ; Barbosa, M. C. N. *Tetrahedron* Lett. **1989**, 30, 4569.
[385] Arnoldi, A. ; Bellatti, M. ; Caronna, T. ; Citterio, A. ; Minisci, F. ; Porta, O. ; Sesana, G. *Gazz. Chim. Ital.* **1977**, 107, 491.
[386] Togo, H. ; Miyagawa, N. ; Yokoyama, M. *Chem. Lett*, **1992**, 1677.
[387] Kiselyov, A. S. ; Strekowski, L. *J. Org. Chem.* **1993**, 58, 4476.
[388] See Heinisch, G. ; Lötsch, G. *Angew. Chem. Int. Ed.* **1985**, 24, 692.
[389] Minisci, F. ; Citterio, A. ; Vismara, E. ; Giordano, C. *Tetrahedron* **1985**, 41, 4157.
[390] See Wulfman, D. S. in Patai, S. *The Chemistry of Diazonium and Diazo Groups*, pt. 1, Wiley, NY, **1978**, pp. 286-297.
[391] See Galli, C. *Chem. Rev.* **1988**, 88, 765; Zollinger, H. *Acc. Chem. Res.* **1973**, 6, 355, pp. 339-341.
[392] Rate constants for this reaction have been determined. See Hanson, P. ; Hammond, R. C. ; Goodacre, P. R. ; Purcell, J. ; Timms, A. W. *J. Chem. Soc. Perkin Trans.* 2 **1994**, 691.
[393] Beletskaya, I. P. ; Sigeev, A. S. ; Peregudov, A. S. ; Petrovskii, P. V. *Synthesis* **2007**, 2534.
[394] Galli, C. *J. Chem. Soc. Perkin Trans.* 2 **1984**, 897. See also, Hanson, P. ; Jones, J. R. ; Gilbert, B. C. ; Timms, A. W. *J. Chem. Soc. Perkin Trans.* 2 **1991**, 1009.
[395] Also see Brackman, W. ; Smit, P. J. *Recl. Trav. Chim. Pays-Bas*, **1966**, 85, 857; Cadogan, J. I. G. ; Roy, D. A. ; Smith, D. M. *J. Chem. Soc.* C **1966**, 1249.
[396] Doyle, M. P. ; Siegfried, B. ; Dellaria, Jr. , J. F. *J. Org. Chem.* **1977**, 42, 2426.
[397] Oae, S. ; Shinhama, K. ; Kim, Y. H. *Bull. Chem. Soc. Jpn.* **1980**, 53, 1065.
[398] Lee, J. G. ; Cha, H. T. *Tetrahedron Lett.* **1992**, 33, 3167.
[399] See Singh, P. R. ; Kumar, R. ; Khanna, R. K. *Tetrahedron Lett.* **1982**, 23, 5191.
[400] Bagal, L. I. ; Pevzner, M. S. ; Frolov, A. N. *J. Org. Chem. USSR* **1969**, 5, 1767.
[401] Torii, S. ; Okumoto, H. ; Satoh, H. ; Minoshima, T. ; Kurozumi, S. *SynLett*, **1995**, 439.
[402] Gilbert, E. E. *Synthesis* **1969**, 1, p. 6.
[403] Wittig, G. ; Hoffmann, R. W. *Org. Synth.* V, 60.
[404] Beech, W. F. *J. Chem. Soc.* **1954**, 1297.
[405] See Citterio, A. ; Serravalle, M. ; Vimara, E. *Tetrahedron Lett.* **1982**, 23, 1831.
[406] Kikukawa, K. ; Idemoto, T. ; Katayama, A. ; Kono, K. ; Wada, F. ; Matsuda, T. *J. Chem. Soc. Perkin Trans.* 1 **1987**, 1511.
[407] Sakakura, T. ; Hara, M. ; Tanaka, M. *J. Chem. Soc., Chem. Commun.* **1985**, 1545.
[408] Nagira, K. ; Kikukawa, K. ; Wada, F. ; Matsuda, T. *J. Org. Chem.* **1980**, 45, 2365.
[409] Olah, G. A. ; Wu, A. ; Bagno, A. ; Prakash, G. K. S. *Synlett*, **1990**, 596.
[410] Kikukawa, K. ; Kono, K. ; Nagira, K. ; Wada, F. ; Matsuda, T. *J. Org. Chem.* **1981**, 46, 4413.
[411] For a list of reagents, with references, see Larock, R. C. *Comprehensive Organic Transformations*, 2nd ed, Wiley-VCH, NY, **1999**, pp. 85-88.
[412] McKillop, A. ; Elsom, L. F. ; Taylor, E. C. *Tetrahedron* **1970**, 26, 4041.
[413] Liu, W. ; Lei, A. *Tetrahedron Lett.* **2008**, 49, 610.
[414] See Kauffmann, T. *Angew. Chem. Int. Ed.* **1974**, 13, 291; Elsom, L. F. ; Hunt, J. D. ; McKillop, A. *Organomet. Chem. Rev. Sect. A* **1972**, 8, 135; Nigh, W. G. in Trahanovsky, W. S. *Oxidation in Organic Chemistry*, pt. B; Academic Press, NY, **1973**, pp. 85-91. See Terao, J. ; Todo, H. ; Begum, S. A. ; Kuniyasu, H. ; Kambe, N. *Angew. Chem. Int. Ed.* **2007**, 46, 2086.
[415] Cheng, J. ; Luo, F. *Tetrahedron Lett.* **1988**, 29, 1293.
[416] Uchida, A. ; Nakazawa, T. ; Kondo, I. ; Iwata, N. ; Matsuda, S. *J. Org. Chem.* **1972**, 37, 3749.
[417] Tamura, M. ; Kochi, J. K. *Bull. Chem. Soc. Jpn.* **1972**, 45, 1120.
[418] Whitesides, G. M. ; Gutowski, F. D. *J. Org. Chem.* **1976**, 41, 2882.
[419] See Kashin, A. N. ; Beletskaya, I. P. *Russ. Chem. Rev.* **1982**, 51, 503.
[420] Whitesides, G. M. ; San Filippo Jr. , J. ; Casey, C. P. ; Panek, E. J. *J. Am. Chem. Soc.* **1967**, 89, 5302. See also Bertz, S. H. ; Gibson, C. P. *J. Am. Chem. Soc.* **1986**, 108, 8286.
[421] Rao, S. A. ; Periasamy, M. *J. Chem. Soc., Chem. Commun.* **1987**, 495. See also, Lambert, G. J. ; Duffley, R. P. ; Dalzell, H. C. ; Razdan, R. K. *J. Org. Chem.* **1982**, 47, 3350.
[422] Fürstner, A. ; Martin, R. *Chem. Lett.* **2005**, 34, 624.
[423] Sato, F. ; Mori, Y. ; Sato, M. *Chem. Lett.* **1978**, 1337.
[424] Zweifel, G. ; Miller, R. L. *J. Am. Chem. Soc.* **1970**, 92, 6678.
[425] Ranu, B. C. ; Banerjee, S. ; Adak, L. *Tetrahedron Lett.* **2007**, 48, 7374.
[426] See Russell, G. A. *Acc. Chem. Res.* **1989**, 22, 1; Larock, R. C. *Organomercury Compounds in OrganicSynthesis* Springer, NY, **1985**, pp. 240-248.
[427] Larock, R. C. ; Bernhardt, J. C. *J. Org. Chem.* **1977**, 42, 1680; Larock, R. C. ; Riefling, B. *J. Org. Chem.* **1978**, 43, 1468.
[428] Tolstikov, G. A. ; Miftakhov, M. S. ; Danilova, N. A. ; Vel'der, Ya. L. ; Spirikhin, L. V. *Synthesis* **1989**, 633.
[429] Ghosal, S. ; Luke, G. P. ; Kyler, K. S. *J. Org. Chem.* **1987**, 52, 4296.
[430] Morizur, J. *Bull. Soc. Chim. Fr.* **1964**, 1331.
[431] Larock, R. C. ; Leach, D. R. *Organometallics* **1982**, 1, 74. Also see Larock, R. C. ; Hershberger, S. S. *TetrahedronLett.* **1981**, 22, 2443.
[432] Studer, A. ; Bossart, M. ; Vasella, T. *Org. Lett.* **2000**, 2, 985.
[433] Pelter, A. ; Smith, K. ; Brown, H. C. *BoraneReagents*, Academic Press, NY, **1988**, pp. 306-308.
[434] Brown, H. C. ; Verbrugge, C. ; Snyder, C. H. *J. Am. Chem. Soc.* **1961**, 83, 1001.
[435] Breuer, S. W. ; Broster, F. A. *TetrahedronLett.* **1972**, 2193.

[436] Yamamoto, Y. ; Yatagai, H. ; Maruyama, K. ; Sonoda, A. ; Murahashi, S. *J. Am. Chem. Soc.* **1977**, 99, 5652; *Bull. Chem. Soc. Jpn.* **1977**, 50, 3427. See Rao, V. V. R. ; Kumar, C. V. ; Devaprabhakara, D. *J. Organomet. Chem.* **1979**, 179, C7; Campbell, Jr. , J. B. ; Brown, H. C. *J. Org. Chem.* **1980**, 45, 549.

[437] Pelter, A. ; Smith, K. ; Tabata, M. *J. Chem. Soc. , Chem. Commun.* **1975**, 857; Pelter, A. ; Hughes, R. ; Smith, K. ; Tabata, M. *TetrahedronLett.* **1976**, 4385; Sinclair, J. A. ; Brown, H. C. *J. Org. Chem.* **1976**, 41, 1078.

[438] See Block, E. in Patai, S. *The Chemistry of Functional Groups, Supplement E*, pt. 1, Wiley, NY, **1980**, pp. 585-600.

[439] See Belen'kii, L. I. in Belen'kii, L. I. *Chemistry of OrganosulfurCompounds*, Ellis Horwood, Chichester, **1990**, pp. 193-228; Pettit, G. R. ; van Tamelen, E. E. *Org. React.* **1962**, 12, 356; Hauptmann, H. ; Walter, W. F. *Chem. Rev.* **1962**, 62, 347.

[440] See Baxter, S. L. ; Bradshaw, J. S. *J. Org. Chem.* **1981**, 46, 831.

[441] Fishman, J. ; Torigoe, M. ; Guzik, H. *J. Org. Chem.* **1963**, 28, 1443.

[442] For lists of reagents, with references, see Larock, R. C. *Comprehensive Organic Transformations*, 2nd ed, Wiley-VCH, NY, **1999**, pp. 53-60. See Luh, T. ; Ni, Z. *Synthesis* **1990**, 89; Becker, S. ; Fort, Y. ; Vanderesse, R. ;Caubère, P. *J. Org. Chem.* **1989**, 54, 4848.

[443] See Shigemasa, Y. ; Ogawa, M. ; Sashiwa, H. ; Saimoto, H. *TetrahedronLett.* **1989**, 30, 1277; Ho, K. M. ; Lam, C. H. ; Luh, T. *J. Org. Chem.* **1989**, 54, 4474.

[444] Liu, Y. ; Zhang, Y. *Org. Prep. Proceed. Int.* **2001**, 33, 376.

[445] Schut, J. ; Engberts, J. B. F. N. ; Wynberg, H. *Synth. Commun.* **1972**, 2, 415.

[446] Kikugawa, Y. *J. Chem. Soc. Perkin Trans.* 1 **1984**, 609.

[447] Clive, D. L. J. ; Chittattu, G. ; Wong, C. K. *J. Chem. Soc. , Chem. Commun.* **1978**, 41.

[448] Back, T. G. *J. Chem. Soc. , Chem. Commun.* **1984**, 1417.

[449] See Bonner, W. A. ; Grimm, R. A. in Kharasch, N. ; Meyers, C. Y. *TheChemistry of Organic Sulfur Compounds*, Vol. 2, Pergamon, NY, **1966**, pp. 35-71, 410-413. Also see Friend, C. M. ; Roberts, J. T. *Acc. Chem. Res.* **1988**, 21,394.

[450] Owens, P. J. ; Ahmberg, C. H. *Can. J. Chem.* **1962**, 40, 941.

[451] See Cohen, T. ; Bhupathy, M. *Acc. Chem. Res.* **1989**, 22, 152.

[452] Screttas, C. G. ; Micha-Screttas, M. *J. Org. Chem.* **1978**, 43, 1064; **1979**, 44, 713.

[453] See Cohen, T. ; Guo, B. *Tetrahedron* **1986**, 42, 2803.

[454] See Cohen, T. ; Sherbine, J. P. ; Matz, J. R. ; Hutchins, R. R. ; McHenry, B. M. ; Willey, P. R. *J. Am. Chem. Soc.* **1984**, 106, 3245; Ager, D. J. *J. Chem. Soc. Perkin Trans.* 1 **1986**, 183.

[455] See Cohen, T. ; Matz, J. R. *Synth. Commun.* **1980**, 10, 311.

[456] See Nuding, G. ; Vögtle, F. ; Danielmeier, K. ; Steckhan, E. *Synthesis* **1996**, 71; Schäfer, H. J. *Top. Curr. Chem.* **1990**, 152, 91; *Angew. Chem. Int. Ed.* **1981**, 20, 911; Fry, A. J. *Synthetic Organic Electrochemistry*, 2nd ed, Wiley, NY, **1989**, pp. 238-253; Eberson, L. ; Utley, J. H. P. in Baizer, M. M. ; Lund, H. *OrganicElectrochemistry*, MarcelDekker, NY, **1983**, pp. 435-462.

[457] Kurihara, H. ; Fuchigami, T. ; Tajima, T. *J. Org. Chem.* **2008**, 73, 6888.

[458] See Kraeutler, B. ; Jaeger, C. D. ; Bard, A. J. *J. Am. Chem. Soc.* **1978**, 100, 4903.

[459] See Corey, E. J. ; Bauld, N. L. ; La Londe, R. T. ; Casanova Jr, J. ; Kaiser, E. T. *J. Am. Chem. Soc.* **1960**, 82, 2645.

[460] Khrizolitova, M. A. ; Mirkind, L. A. ; Fioshin, M. Ya. *J. Org. Chem. USSR* **1968**, 4, 1640; Bruno, F. ; Dubois, J. E. *Bull. Soc. Chim. Fr.* **1973**, 2270.

[461] See Schäfer, H. ; Pistorius, R. *Angew. Chem. Int. Ed.* **1972**, 11, 841.

[462] Barton, D. H. R. ; Bridon, D. ; Fernandez-Picot, I. ; Zard, S. Z. *Tetrahedron* **1987**, 43, 2733.

[463] Fristad, W. E. ; Klang, J. A. *TetrahedronLett.* **1983**, 24, 2219.

[464] Habibi, M. H. ; Farhadi, S. *TetrahedronLett.* **1999**, 40, 2821.

[465] Krafft, T. E. ; Rich, J. D. ; McDermott, P. J. *J. Org. Chem.* **1990**, 55, 5430.

[466] This reaction was first reported by the Russian composer-chemist Alexander Borodin: *Liebigs Ann. Chem.* **1861**, 119, 121.

[467] SeeWilson, C. V. *Org. React.* **1957**, 9, 332; Johnson, R. G. ; Ingham, R. K. *Chem. Rev.* **1956**, 56, 219. Also see, Naskar, D. ; Chowdhury, S. ; Roy, S. *TetrahedronLett.* **1998**, 39, 699.

[468] Das, J. P. ; Roy, S. *J. Org. Chem.* **2002**, 67, 7861.

[469] Kuang, C. ; Yang, Q. ; Senboku, H. ; Tokuda, M. *Synthesis* **2005**, 1319.

[470] Bachman, G. B. ; Kite, G. F. ; Tuccarbasu, S. ; Tullman, G. M. *J. Org. Chem.* **1970**, 35, 3167.

[471] Cristol, S. J. ; Firth, W. C. *J. Org. Chem.* **1961**, 26, 280. See also, Meyers, A. I. ; Fleming, M. P. *J. Org. Chem.* **1979**, 44, 3405, and references cited therein.

[472] For a list of reagents, with references, see Larock, R. C. *Comprehensive Organic Transformations*, 2nd ed, Wiley-VCH, NY, **1999**, pp. 741-744.

[473] Cambie, R. C. ; Hayward, R. C. ; Jurlina, J. L. ; Rutledge, P. S. ; Woodgate, P. D. *J. Chem. Soc. Perkin Trans.* 1 **1981**, 2608.

[474] Kochi, J. K. *J. Am. Chem. Soc.* **1965**, 87, 2500; *J. Org. Chem.* **1965**, 30, 3265; Sheldon, R. A. ; Kochi, J. K. *Org. React.* **1972**, 19, 279, pp. 326-334, 390-399.

[475] Becker, K. B. ; Geisel, M. ; Grob, C. A. ; Kuhnen, F. *Synthesis* **1973**, 493.

[476] Barton, D. H. R. ; Lacher, B. ; Zard, S. Z. *Tetrahedron* **1987**, 43, 4321; Stofer, E. ; Lion, C. *Bull. Soc. Chim. Belg.* **1987**, 96, 623; Della, E. W. ; Tsanaktsidis, J. *Aust. J. Chem.* **1989**, 42, 61.

[477] Hasebe, M. ; Tsuchiya, T. *TetrahedronLett.* **1988**, 29, 6287.

[478] Patrick, T. B. ; Johri, K. K. ; White, D. H. ; Bertrand, W. S. ; Mokhtar, R. ; Kilbourn, M. R. ; Welch, M. J. *Can. J. Chem.* **1986**, 64, 138. For another method, see Grakauskas, V. *J. Org. Chem.* **1969**, 34, 2446.

[479] When Br_2 reacts with aryl R, at low temperature in inert solvents, it is possible to isolate a complex containingboth Br_2 and the silver

carboxylate: see Bryce-Smith, D.; Isaacs, N. S.; Tumi, S. O. *Chem. Lett.* **1984**, 1471.

[480] Bunce, N. J.; Murray, N. G. *Tetrahedron* **1971**, 27, 5323.

[481] Kuang, C.; Senboku, H.; Tokuda, M. *Synlett* **2000**, 1439.

[482] Sinha, J.; Layek, S.; Bhattacharjee, M.; Mandal, G. C. *Chem. Commun.* **2001**, 1916.

[483] Carlsen, P. H. J.; Rist, Ø.; Lund, T.; Helland, I. *Acta Chem. Scand. B* **1995**, 49, 701.

[484] Tsuda, T.; Okada, M.; Nishi, S.; Saegusa, T. *J. Org. Chem.* **1986**, 51, 421.

[485] See Collman, J. P.; Hegedus, L. S.; Norton, J. R.; Finke, R. G. *Principles and Applications of OrganotransitionMetal Chemistry*, University Science Books, Mill Valley, CA **1987**, pp. 768-775; Baird, M. C. in Patai, S. *TheChemistry of Functional Groups, Supplement B* pt. 2, Wiley, NY, **1979**, pp. 825-857; Tsuji, J. inWender, I.; Pino, P. *OrganicSyntheses Via Metal Carbonyls*, Vol. 2, Wiley, NY, **1977**, pp. 595-654; Tsuji, J.; Ohno, K. *Synthesis* **1969**, 157; Bird, C. W. *Transition Metal Intermediates in Organic Synthesis*, Academic Press, NY, **1967**, pp. 239-247.

[486] Ohno, K.; Tsuji, J. *J. Am. Chem. Soc.* **1968**, 90, 99; Baird, C. W.; Nyman, C. J.; Wilkinson, G. *J. Chem. Soc. A* **1968**, 348.

[487] Rylander, P. N. *Organic Synthesis with Noble Metal Catalysts*, Academic Press, NY, **1973**, pp. 260-267.

[488] For a review of this catalyst, see Jardine, F. H. *Prog. Inorg. Chem.* **1981**, 28, 63.

[489] See Vinogradov, M. G.; Nikishin, G. I. *Russ. Chem. Rev.* **1971**, 40, 916; Schubert, W. M.; Kintner, R. R. in Patai, S. *The Chemistry of the Carbonyl Group*, Vol. 1, Wiley, NY, **1966**, pp. 711-735.

[490] Kampmeier, J. A.; Rodehorst, R.; Philip Jr., J. B. *J. Am. Chem. Soc.* **1981**, 103, 1847.

[491] Blum, J.; Rosenman, H.; Bergmann, E. D. *J. Org. Chem.* **1968**, 33, 1928.

[492] Tsuji, J.; Ohno, K. *Tetrahedron Lett.* **1966**, 4713; *J. Am. Chem. Soc.* **1966**, 88, 3452.

[493] Blum, J.; Oppenheimer, E.; Bergmann, E. D. *J. Am. Chem. Soc.* **1967**, 89, 2338.

[494] Murahashi, S.; Naota, T.; Nakajima, N. *J. Org. Chem.* **1986**, 51, 898.

[495] Billingham, N. C.; Jackson, R. A.; Malek, F. *J. Chem. Soc. Perkin Trans. 1* **1979**, 1137.

[496] Berman, J. D.; Stanley, J. H.; Sherman, V. W.; Cohen, S. G. *J. Am. Chem. Soc.* **1963**, 85, 4010. See Fristrup, P.; Kreis, M.; Palmelund, A.; Norrby, P.-O.; Madsen, R. *J. Am. Chem. Soc.* **2008**, 130, 5206.

[497] Kampmeier, J. A.; Harris, S. H.; Mergelsberg, I. *J. Org. Chem.* **1984**, 49, 621.

[498] Walborsky, H. M.; Allen, L. E. *J. Am. Chem. Soc.* **1971**, 93, 5465. See also, Tsuji, J.; Ohno, K. *TetrahedronLett.* **1967**, 2173.

[499] Walborsky, H. M.; Allen, L. E. *J. Am Chem. Soc.* **1971**, 93, 5465. See, however, Baldwin, J. E.; Bardenm, T. C.; Pugh, R. L.; Widdison, W. C. *J. Org. Chem.* **1987**, 52, 3303.

[500] Kampmeier, J. A.; Harris, S. H.; Wedegaertner, D. K. *J. Org. Chem.* **1980**, 45, 315.

[501] Kampmeier, J. A.; Liu, T. *Organometallics* **1989**, 8, 2742

第 15 章
不饱和碳-碳键的加成反应

双键或叁键发生加成反应有四种基本的反应方式。这其中的三种是两步反应：第1步都是被亲核试剂、亲电试剂或自由基所进攻；第2步反应则是前面生成的反应中间体与带正电的、带负电的或是中性的反应物种结合。在第四种反应方式中，对叁键或双键的两个碳原子的进攻则是协同的。某个具体反应采用哪种机制取决于反应底物、反应试剂和反应条件。本章中的某些反应能够以这四种机制中的任何一种发生反应。

15.1 反应机理

15.1.1 亲电加成反应[1]

在这种机理中，一个带正电的反应物种进攻双键或叁键，并在第1步反应中 π 键的一对电子[2]提供给带正电的反应物种从而形成 σ 键。

第 1 步

第 2 步

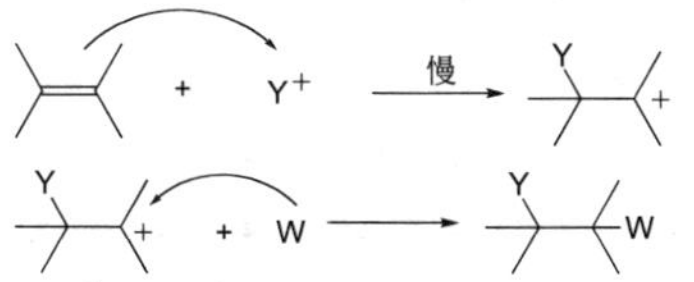

IUPAC 将此机理命名为 $A_E + A_N$（或 $A_H + A_N$，如果 $Y^+ = H^+$）。正如亲电取代反应（参见11.1.1节）一样，Y 不必是一个正离子。它可以是偶极或诱导偶极的带正电的一端，它的负电部分可在第1步反应中或稍后失去。第2步反应是 1 与一个带有电子对或者通常是带有负电荷的物种结合。这一步反应与 S_N1 反应的第二步反应很相似。并非所有的亲电加成都遵照以上的简单反应机理。在许多溴代反应中的确生成了 **1**，但它又很快转化为环溴鎓离子（**2**）：

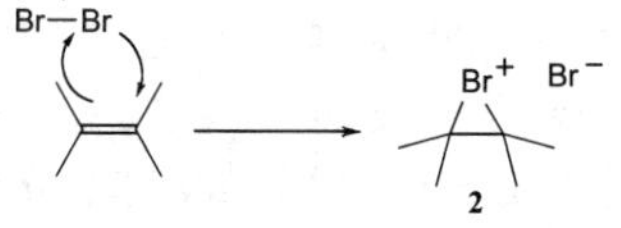

这种反应中间体与邻基参与的亲核取代反应（参见10.3节）中产生的中间体相似。W 对 **2** 这样的中间体的进攻是一个 S_N2 过程。无论中间体是 **1** 还是 **2**，这种机理都被称为 Ad_E2（双分子亲电加成）。

在对双键加成反应机理的研究中，最有用的信息应该是反应的立体化学性质[3]。双键的两个碳原子以及四个和它们直接相连的原子都在同一平面内（参见1.4）；这样，反应就有三种可能：Y 和 W 可能都从此平面的同一侧进攻，这是一个立体专一性的顺式加成；如果它们从不同的两侧进攻，则是一个立体专一性的反式加成；还有一种可能就是反应不具有立体专一性。为了判断某个给定反应会发生哪种情况，我们经常做以下类型的实验：YW 对 ABC═CBA 类烯烃的顺反异构体进行加成。以顺式烯烃为例，如果是顺式加成，产物将是赤式的 *dl* 对，因为每个碳有 50% 的可能性被 Y 进攻：

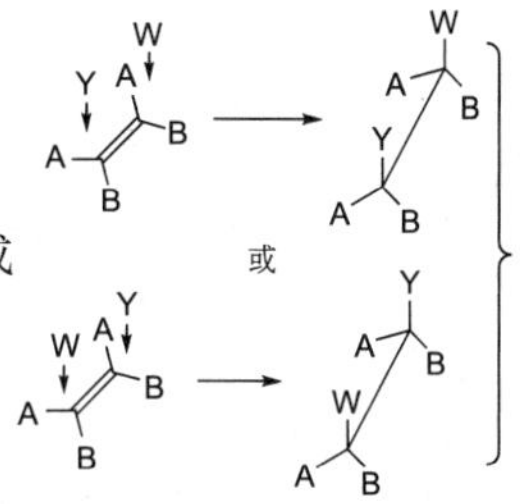

另一方面，如果是反式加成，产物将是苏式外消旋的：

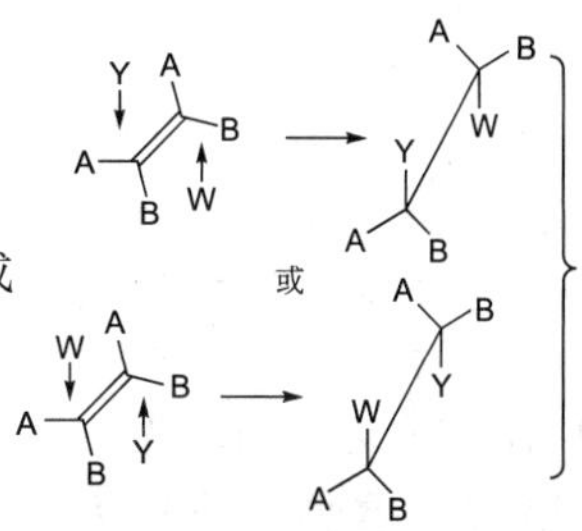

当然，反式的异构体将会给出相反的结果：若是顺式加成就产生苏式，若是反式加成则生成赤式。苏式与赤式异构体具有不同的物理性质。当 Y = W 时，是一种特殊的情况（就像溴的加成），"赤式对"的产物是内消旋化合物。在对 AC≡CA

类型的叁键化合物加成反应中,顺式加成生成一个顺式的烯烃,反式加成会生成一个反式的异构体。根据4.14节的定义,叁键的加成不具有立体专一性,但是可能并且经常是有立体选择性的。

显而易见,在能形成像 2 这样环状中间体的反应,加成一定是反式的。因为第 2 步反应是一个 S_N2 步骤,必须在另一侧发生。对于能形成 1 的反应,却没这么容易预言反应的立体化学性质。如果 1 具有足够长的寿命,那么加成应当不具有立体选择性,因为单键可以自由旋转。另外,碳正离子是平面的,对于亲核进攻不存在面的优势。但从另一方面来说,可能存在能够维持该中间体构型的某些因素,在这种情况下,W 将从与 Y 相同的一侧或相反的一侧进攻,具体采取哪一种方式完全取决于反应条件。例如,正电荷可能由于 Y 的吸引而变得稳定,此时带正电荷的原子与 Y 原子之间并不是一根完整的键(见 3);在这种情况下,可以解释为 Y 通过反馈作用稳定了正电中心。

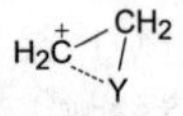

而后,第二个基团就将从背面进攻。这与顺式加成的情况截然不同,在顺式加成中,Y 加成后形成了离子对(4)[4]:

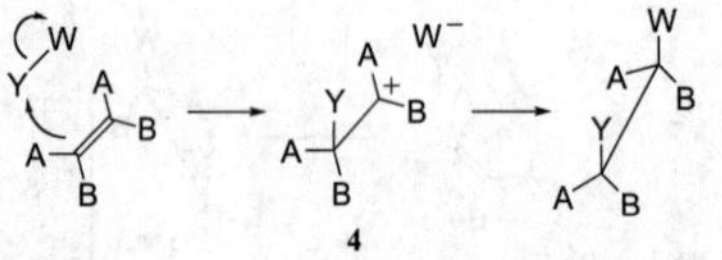

因为 W 已经存在于 Y 的同侧,离子对的碰撞将导致顺式加成。

反式加成的另一种可能性,至少在某些情况下,是由于 W 和 Y 同时从相反的方向进攻:

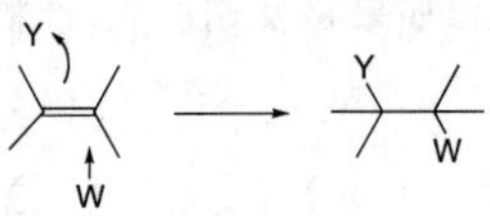

这种反应机制被称为 Ad_E3 机制(三分子加成,IUPAC 命名为 A_NA_E)[5]。它的不足之处是三个原子在过渡态时必须聚集在一起。然而,它正好是 E2 消除反应的逆过程。E2 反应的过渡态也拥有这样的形式(参见 17.1.1 节)。

有许多证据表明当烯烃被 Br^+(或是携带 Br^+ 的反应物种)进攻时,反应中间体往往是环溴鎓离子(2),并且加成是反式加成。因而这个反应具有非对映专一性。在 Br^+ 对双键加成的反应中,已经分离出这样的离子[6]。例如,溴与顺-丁烯二酸加成可得到具有旋光性的 2,3-二溴丁二酸外消旋体,而溴与反-丁烯二酸(反式异构体)加成得到内消旋化合物[7]。很多类似的实验得出了相似的结果。溴与丁炔二酸加成生成 70% 的反式异构体[8]:

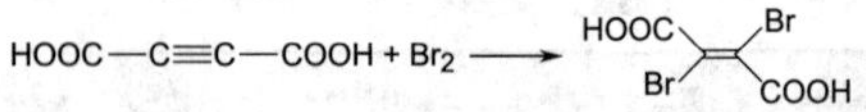

$$HOOC-C\equiv C-COOH + Br_2 \longrightarrow \underset{70\%反式}{\overset{HOOC}{\underset{Br}{>}}C=C\overset{Br}{\underset{COOH}{<}}}$$

还有其它支持这种包含 2 的反应机制的证据。我们已经提到过(参见 10.3 节),在亲核取代反应中,当有溴作为邻基时,环溴鎓离子能够在稳定的溶液中被分离出。下面是进一步的证据。如果两个溴原子从一个双键的两侧进攻,那么这两个溴原子不大可能来自同一溴分子。这意味着如果反应在有其它的亲核试剂存在下进行,有些亲核试剂就会在第 2 步反应中与从溴分子中脱离出的溴离子竞争。的确已经发现,在有氯离子的存在下,用溴处理乙烯时除了得到二溴乙烷之外还得到 1-氯-2-溴乙烷[9]。当反应在水(反应 15-40)或其它亲核试剂中进行时,也会发现相同的情况[10]。从头算分子轨道理论的研究表明 2 比它的开环异构体 1(Y=Br) 更稳定[11]。有证据表明 2 的形成是可逆的[12]。

然而,已经发现在许多溴的加成例子中,并非都是具有立体专一性的反式加成。例如,Br_2 与顺和反-1-苯基丙烯在 CCl_4 中的加成反应就不具有立体专一性[13]。此外,溴与 1,2-二苯乙烯加成的立体专一性取决于溶剂的介电常数。在低介电常数的溶剂中,90% 至 100% 的加成是反式的。但随着溶剂介电常数的增大,反应的立体专一性越来越差;当溶剂的介电常数达到大约是 35 时,加成反应就完全没有立体专一性[14]。同样在叁键的反应中,3-己炔的溴加成是有立体选择性的反式加成,但在苯乙炔的溴加成产物中,顺反产物都存在[15]。这些结果说明当开环的正离子通过其它方式被稳定时(例如,溴离子 Br^+ 与 1-苯基丙烯加成形成的 PhC^+ $HCHBrCH_3$ 离子,就是一种相当稳定的苯基正离子),环溴鎓离子就不会形成;这还说明可能存在一种特殊的中间体(3),这种中间体介于完整的环溴鎓离子(2,不能旋转)和完全开链的正离子(1,可旋转的)之间,溴离子分别与两个原子部分成键(是有限制地旋转)[16]。早先我们曾见过这样的情况[参见 10.3.1 节(4)],在正离子本身变得越来越不稳定时,就需要越来越多的外界稳定因素[17]。在 Br_2 对 $ArCH=$

CHCHAr′(Ar = p-硝基苯，Ar′ = p-甲基苯) 加成反应的同位素效应研究中，有进一步的证据表明芳基对开环正离子具有稳定作用。^{14}C 对双键中其中一个碳原子(靠近 NO_2 基的) 的同位素效应大于对另外一个的[18]。

烯烃的 π 键被 $Cl^{+[19]}$、$I^{+[20]}$ 和 $RS^{+[21]}$ 的进攻与被 Br^+ 的进攻相似：有一个介于环状中间体和开链正离子之间的中间体生成。从第 10 章的讨论(参见 10.3 节)可知，碘鎓离子与开链碳正离子的竞争能力强于溴鎓离子，而氯鎓离子则更弱。动力学和光谱学的证据表明，至少在某些情况下，例如 Br_2 或 ICl 的加成中，亲电试剂在与烯烃形成共价键之前就形成了一个 π 复合体[22]。有证据表明，在一些反应中形成了 β-Cl 和 β-Br 碳正离子[23]。

当亲电试剂是质子的时候[24]，就不可能形成一个环状的中间体，因此反应机制是前面提到过的简单的 $A_H + A_N$。

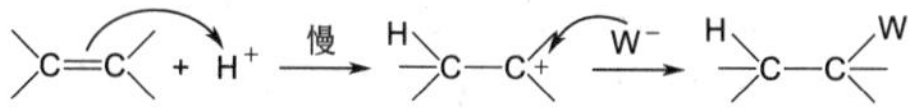

这是一个 A-S_E2 反应机理(参见反应 **10-6**)。现在有许多证据[25]已经证明了这一点，包括：

(1) 反应是一般酸催化而不是特殊酸催化反应。这意味着决速步是质子从酸转移到双键[26]。

(2) 将该反应的烷基取代效应与可形成环状中间体的溴加成机制的烷基取代效应相比较，我们可以证明开环正离子[27]的存在。在溴代过程中，$H_2C=CH_2$ 上烷基的不断取代导致一个反应速率的累积加快，直到所有四个氢原子被烷基所取代。每个烷基都能够稳定正电荷[28]。但在 HX 的加成中，取代基效应并不累加。一个碳原子上的

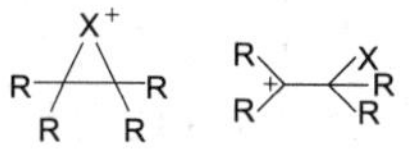

两个氢被取代导致反应速率的大大加快(一级→二级→三级碳正离子)，但另一个碳上的取代使反应速率的加快不明显，或根本不使反应速率加快[29]。这证明了当亲电试剂是氢离子时存在开环离子中间体[30]。

(3) 开环的碳正离子倾向于重排(第 18 章)。在 HX 和 H_2O 的加成反应中，常伴随发生许多重排反应[31]。

在此我们顺便说一下，乙烯醚与质子给体的反应也通过同样的方式进行(见 **10-6**)。

HX 加成的立体化学性质是多种多样的。现已知晓的主要有顺式、反式和无立体选择性的加成。我们发现用 HBr 与 1,2-二甲基环己烯(**5**)的反应主要生成反式加成的产物[32]，而水与 **5** 的加成反应中，顺式和反式加成生成的醇的量相同[33]：

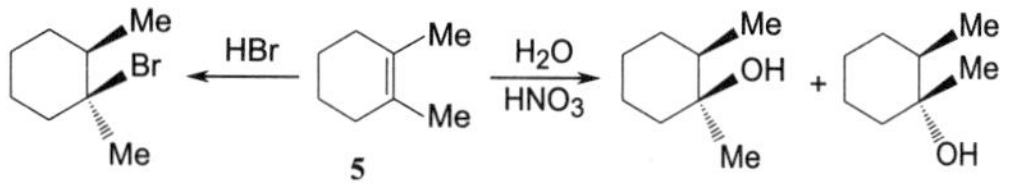

另一方面，DBr 对苊、茚和 1-苯基丙烯的加成反应则主要是顺式的，例如[34]：

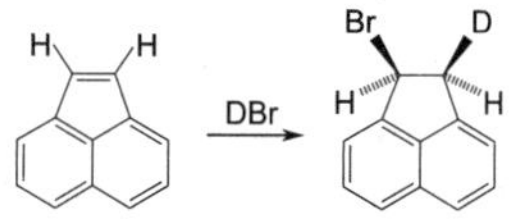

事实上，现已发现 HCl 加成反应的立体选择性随着反应条件改变而改变。HCl 与 **5** 的加成反应中，如果是在 $-98℃$ 的 CH_2Cl_2 中，主要是顺式加成；而在 0℃ 的乙醚中，则总是反式加成[35]。

HX 对叁键的加成具有相同的反应机制，但其中的中间体是乙烯基型的正离子 **6**[36]：

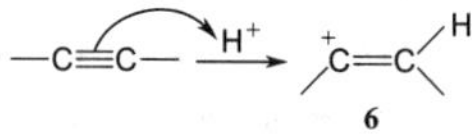

在所有的这些例子中(除了 $Ad_E 3$ 机制)，我们都假定中间体(**1**、**2** 或 **3**)的形成是慢的一步，而亲电试剂进攻中间体是快的一步。这在大多数的反应中是正确的。但是，我们也发现了一些第 2 步是决速步骤的加成反应[37]。

15.1.2 亲核加成反应[38]

在亲核加成反应的第 1 步，亲核试剂带着一对电子进攻双键或叁键的一个碳原子，产生了一个碳负离子。第 2 步反应中这个碳负离子与带正电反应物种加合：

第 1 步

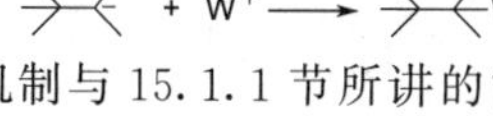

第 2 步

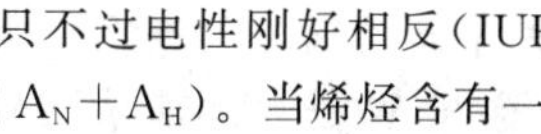

这种机制与 15.1.1 节所讲的简单亲电加成反应一样，只不过电性刚好相反(IUPAC 定义为 $A_N + A_E$ 或 $A_N + A_H$)。当烯烃含有一个好的离去基团(与亲核取代反应中的定义一样)，其副反应是取代反应(这是对含乙烯基底物的亲核取代反应，参见 10.6 节)。

在 HY 对具有 —C=C—Z 形式的底物进行加成的特殊情况下，其中 Z= CHO、COR[39] (包括苯醌[40])、COOR、$CONH_2$、CN、NO_2、

SOR、SO_2R[41]等，通常发生的是亲核加成反应[42]，此时 Y^- 和远离 Z 基团的碳成键，例如：

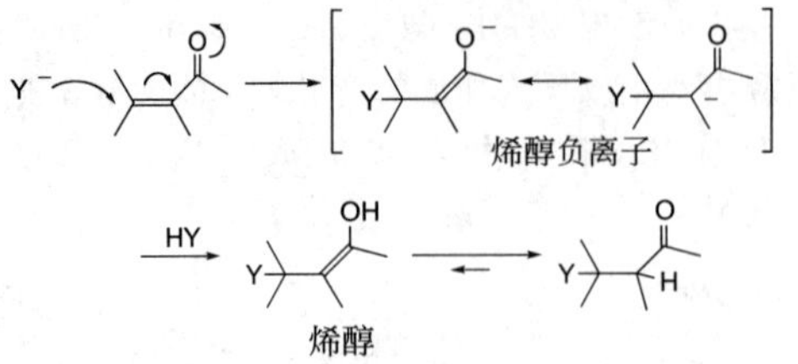

与 HY 反应的产物是共振稳定的烯醇负离子。由于氧原子比碳原子带更多的负电荷，烯醇负离子质子化过程主要发生在氧原子上，从而生成烯醇，烯醇可互变异构为酮(参见 2.14.1 节)。所以，虽然反应的最终结果是对 C＝C 键的加成，但反应机制是对 C＝C—C＝O(或类似结构)的 1,4-亲核加成。这与 C＝O 或类似键(详见第 16 章)的加成机制相似。该反应机制其实就是反应 **15-24** 所讨论的 Michael 反应。此种反应通常被称为 Michael 反应或 Michael 型反应。当 Z＝CN 或 C＝O 时，Y^- 有可能进攻 Z 基上的这个碳，因此反应可能是两种反应机理的竞争。当第二种机理发生时，我们称之为 1,2-加成(参见第 16 章酰基的亲核加成反应)。对这些底物的 1,4-加成也被称为共轭加成。Y^- 几乎不进攻 3 位，因为进攻产生的碳负离子产物没有稳定的共振式[43]。具有 C＝C—C＝C—Z 结构的分子能够发生 1,2-加成，1,4-加成或 1,6-加成[44]。Michael 型反应是可逆的，具有 YCH_2CH_2Z 类型的化合物在加热时通常能分解为 YH 和 CH_2＝CHZ，不管是否存在碱。

如果亲核加成反应的机理是上述烯烃所呈现的那种简单碳负离子反应机理，那么加成应该是无立体专一性的，尽管它也可能有立体选择性(参见 4.14 这两个概念的区别)。例如，Y^- 与烯烃 ABC＝CDE 的(E)型和(Z)型底物反应将分别得到 **7** 和 **8**：

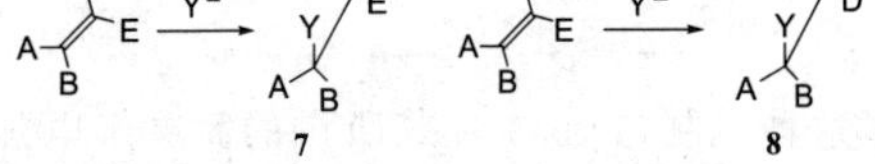

即使这两个碳负离子仅存在一个很短的时间，**7** 和 **8** 也会在 W 进攻之前采取最有利的构象。这个最有利的构象对二者来说当然是一样的，因此当 W 进攻的时候，二者将会生成相同产物。这个产物可能是两种非对映异构体中的一个，因此该反应具有立体选择性；但因为顺反异构体并不生成不同的异构体产物，因此它没有立体专一性。但遗憾的是，这种预言并未在直链烷烃中得到证实。除了 Michael 类型的底物外，仅研究过环状体系双键亲核加成反应的立体化学，在此类体系中只有顺式异构体。在这些例子中，反应具有立体选择性，在有些例子中是顺式加成[45]，在有些例子中是反式加成[46]。当反应在 Michael 底物(C＝C—Z)上进行时，氢原子只有通过互变异构平衡才能加到碳上，而不是直接加成到碳上。产物自然采取热力学最稳定的构型，此种构型与 Y 最初的进攻方向无关。在一类这样的反应中(EtOD 和 MeCSD 对反式 MeCH＝CHCOOEt 的加成)，加成反应主要是反式的。现有证据表明立体选择性来自于烯醇离子最终的质子化作用，而不是源于最初基团的进攻[47]。很显然，对叁键的加成不可能具有立体专一性。与亲电加成一样，对叁键的亲核加成大多是具有立体选择性，并且是反式加成[48]，尽管有一些顺式加成[49]和无立体选择性加成[50]的例子被报道。

15.1.3 自由基加成反应

自由基加成机制[51]遵循 14.1.1 节讨论的方式。主要成分分析法已被用于分析自由基加成反应中的极性和熵效应[52]。自由基通常是这样生成的：

$$YW \xrightarrow{\text{光照或自动解离}} Y\cdot + W\cdot$$

或 R·(其它来源) + YW ⟶ RW + Y·

通过与烯烃的反应，自由基不断增加：

第 1 步

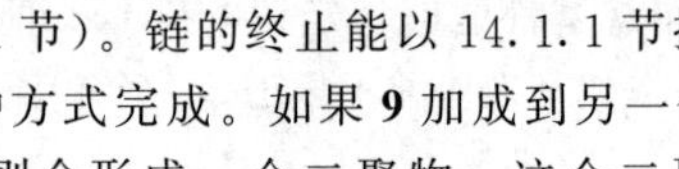

第 2 步

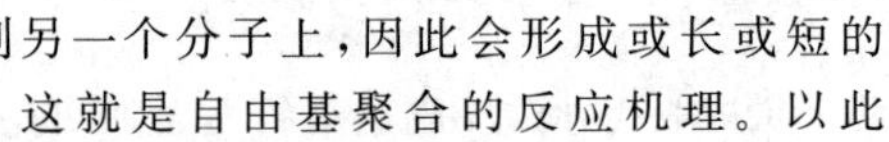

第 2 步是一个夺取的过程(原子迁移)，所以 W 几乎都是一价的，无论 W 是氢还是卤素(参见 14.2.1 节)。链的终止以 14.1.1 节提到的任何一种方式完成。如果 **9** 加成到另一个烯烃分子上，则会形成一个二聚物。这个二聚物还可以加到另一个分子上，因此会形成或长或短的碳链。这就是自由基聚合的反应机理。以此种方式形成的短链聚合分子(称为调聚物，telomers)通常是自由基加成反应中令人头疼的副产物。

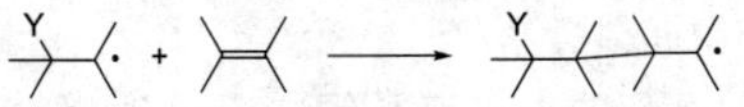

当自由基对 1,5-或 1,6-二烯加成时，先生成的自由基(**10**)能够进攻同一分子内的另一个双键，从而形成一个环状产物(**11**)[53]。然而，当自由基是由一个能生成乙烯基自由基 **12** 的前体结

构生成时,则环化生成 **13** 与环戊基甲基自由基 **14** 通过 5-*exo*-trig 过程达到平衡[54]。6-*endo*-trig 过程(参见 6.5 节)导致 **15** 的生成。然而除非有取代基效应的干扰,否则环丙烷化反应将是主反应。以其它方式生成 **10** 这样的自由基同样会发生这种环化反应。在这些反应中,五元环和六元环都可能形成(参见 15.2.1 节)。

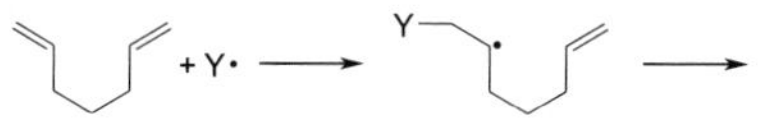

这种自由基加成机制意味着加成反应是无立体专一性的,至少当 **9** 仅能存在一段很短的时间时是这样的。然而,这些反应可能有立体选择性,原因与之前烯烃的亲核加成过程一样。一些自由基加成反应确实有立体选择性。例如,HBr 对 1-溴环己烯的加成仅生成顺-1,2-二溴环己烷,并不生成反式的异构体(反式加成)[55];对丙炔的加成(−78～−60℃)仅生成顺-1-溴丙烯(反式加成),可见反应是有立体选择性的[56]。含有官能团的烯烃的自由基环化反应,经过一个反式的环闭合过程,在此反应中可观察到立体选择性[57]。最重要的一个例子可能就是 HBr 在 −80℃自由基条件下对 2-溴-2-丁烯的加成。在此条件下,顺式异构体生成的产物有 92%的内消旋异构体,而反式异构体则主要生成外消旋异构体(*dl* 对)[58]。这种立体专一性在室温下便消失了。在室温下,两种烯烃生成相同的产物混合物(大约 78%的外消旋异构体和 22%的内消旋异构体),因此此时该反应依然具有立体选择性,但不再具有立体专一性。这种在低温下的立体专一选择性很可能是由于反应中间体自由基,通过形成 14.1.4 节提到的一种桥状溴自由基而变得稳定:

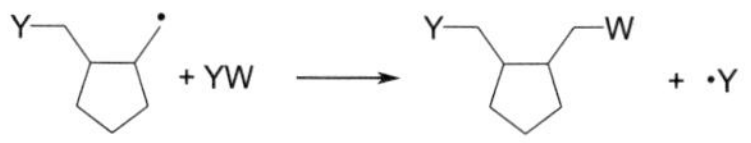

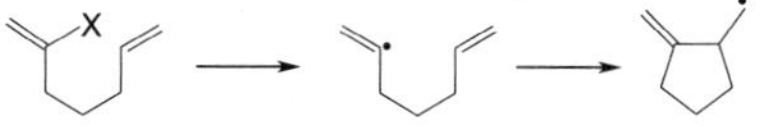

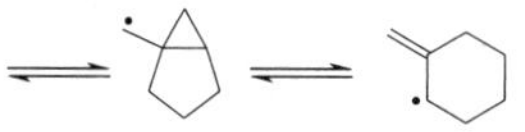

这种自由基和导致反式立体专一性的亲电加成反应中的环溴鎓离子(**2**)很像。Br·在 77K 对烯烃的加成也证明这种桥状自由基的存在:生成的反应物种的 ESR 谱结果与这类桥状自由基的假设一致[59]。

对于许多自由基,反应第 1 步(C=C+Y·→·C—C—Y)是可逆的。在这种情况下,通过此途径能够使双键发生顺反异构化[60]。

15.1.4 环状机理

在许多加成反应中,第 1 步的进攻并非针对双键中的某一个原子,而是同时对两个碳原子进攻。其中的一些反应是四中心反应,它们遵循以下模式:

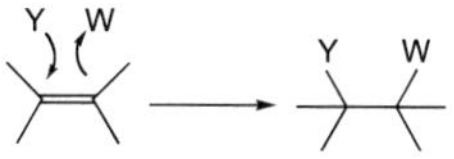

在其它的反应中,还有五原子或六原子过渡态。在这种情况下,对双键或叁键的加成一定是顺式的。此类型最重要的反应是 Diels-Alder 反应(**15-60**)。

15.1.5 共轭体系的加成反应

当一个具有两个共轭双键的底物发生亲电加成反应时,通常可以得到一个 1,2-加成产物(**16**)。但在大多数情况下,会有 1,4-加成的产物(**17**),而且反应产率较高[61]:

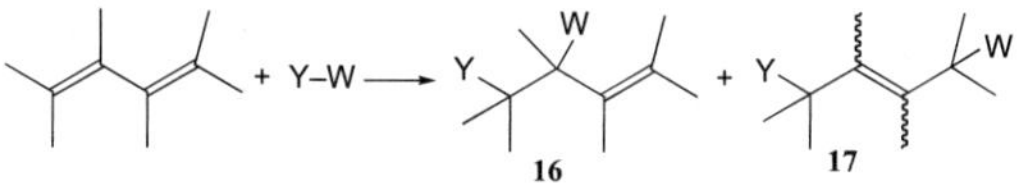

若此双烯是非对称的,则会有两种 1,2-加成产物。出现两种加成产物的原因是 Y⁺ 进攻后生成的碳正离子是共振杂化体,使 2 位和 4 位均有部分正电荷:

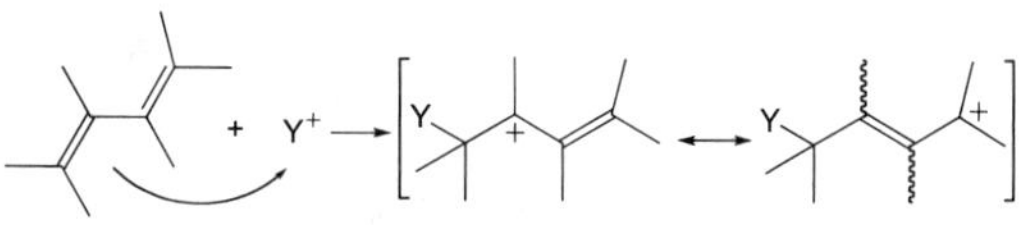

W⁻ 可以进攻任何一个位置。Y⁺ 总是先进攻共轭体系的末端,因为对一个中间位碳的进攻会生成一个共振不稳定的正离子。在像 Br⁺ 这样能够形成环状中间体的亲电试剂加成的例子中,1,2-和 1,4-加成产物都可以从像 **18** 这样的中间体衍生出。W⁻ 的直接进攻会生成 1,2-加成产物,而若采取 S_N2' 类型的机理(参见 10.5 节)进攻 4 位则会生成 1,4-加成产物。人们曾假定存在 **19** 这样的中间体,但后来被丁二烯的氯化或溴化反应生成反式 1,4-加成产物这一事实否定了[62]。如果存在一个类似于 **19** 的中间体,那么 1,4-加成产物应该是顺式的。

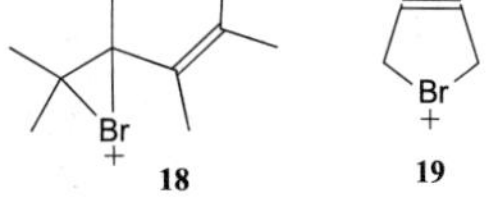

在大多数的例子中,得到的1,4-加成产物比1,2-加成产物更多。这应该是热力学控制产物的结果,而违背了动力学规则因而得到的产物与反应温度有关。在大多数情况中,在反应条件下 **16** 会转变为 **16** 和 **17** 的混合物,其中 **17** 较多。这就是说,任一异构体都能生成含较多 **17** 的这种混合物。研究发现,在低温下,丁二烯和 HCl 反应仅生成 20%~25% 的 1,4-加成产物;而在高温下,反应平衡较易达到,混合物中含有 75% 的 1,4-加成产物[63]。在 DCl 与 1,3-戊二烯的反应中,中间体为对称的(不考虑 D 标记)$H_3CHC\overset{+}{-}CH-CHCH_2D$,此时 1,2-加成产物为主[64]。这一结果可以借用离子对理论来解释,因为当忽略非常小的同位素效应时,Cl^- 会以同等概率从自由离子的两侧进攻。

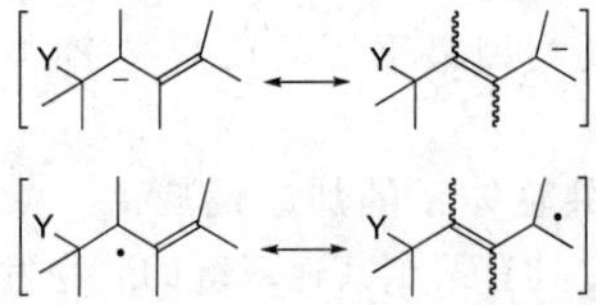

对共轭体系的加成也能由其它三种机理中的一种来实现。在每种情况下,都存在 1,2- 和 1,4-加成的竞争。在亲核试剂或自由基进攻的反应中[65],中间体是共振杂化的,其性质与亲电进攻中的中间体相似。二烯烃能通过一个环状的机理发生 1,4-加成:

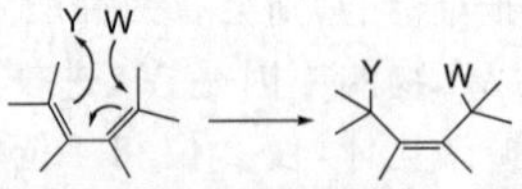

其它的共轭体系,包括三烯、烯炔、二炔等,研究得较少,但它们的反应性都类似。对烯炔的 1,4-加成是合成累积二烯的一种重要方法:

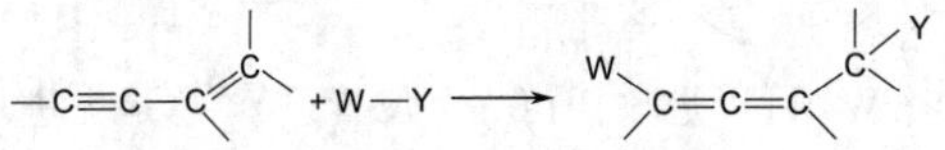

对共轭体系的自由基加成是链增长反应的一个重要组成部分。环己基自由基对共轭酰胺加成反应的速率现已被测得,该反应速率比苯乙烯加成的反应速率还快[66]。在对 $RCH=C(CN)_2$ 体系的加成反应中,若 R 基团有一个手性中心,那么反应将遵循 Felkin-Ahn 规则[参见 4.8 节 (1)],并且反应具有极高的选择性[67]。某些自由基的加成,如 $(MeSi)_3Si\cdot$,反应是可逆的,这将导致反应的选择性较差或者发生异构化[68]。

15.2 定位与反应性

15.2.1 反应性

与芳香族化合物的亲电取代反应(第 11 章)类似,给电子基团增加双键亲电加成反应的反应性,而吸电子基团降低双键亲电加成反应的活性。这些规律列于表 15.1 和表 15.2 中[69]。通过一组烯烃亲电加成反应活性以 $CCl_3CH=CH_2 < Cl_2CHCH=CH_2 < ClCH_2CH=CH_2 < CH_3CH=CH_2$[70] 的顺序递增的例子,也可以进一步说明这一点。对于亲核加成反应,情况正好相反。亲核加成反应最易在有三四个吸电子基团的底物上进行,其中最常见的两个底物是 $F_2C=CF_2$[71] 和 $(CN)_2C=C(CN)_2$[72]。取代基对反应的影响很大,因此可以得出结论:简单烯烃不发生亲核加成反应,多卤代或多氰代烯烃不发生亲电加成反应[73]。有些试剂只能作为亲核试剂进攻(例如:氨),它们只能与那些易被亲核试剂进攻的底物发生加成。另外一些试剂只能作为亲电试剂去进攻,并且不与像 $F_2C=CF_2$ 这样的化合物反应。还有些试剂与简单烯烃发生亲电加成反应,而与多卤代烯烃发生亲核加成反应。例如,Cl_2 和 HF 通常是亲电试剂,但是实验表明 Cl_2 与 $(CN)_2C=C(CN)_2$ 加成时首先是 Cl^- 进攻底物[74],HF 与 $F_2C=CClF$ 发生加成时首先是 F^- 进攻底物[75]。含有与 Z 基团(Z 基团定义参见 15.1.2)共轭双键的化合物几乎总是发生亲核反应[76],这些反应实际上是 1,4-加成,在 15.1.2 节中已有讨论。人们对不同的 Z 基团的相对活化能力进行了研究[77]。根据这些研究,基团活化能力依次降低的顺序为:$Z=NO_2$,COAr,CHO,COR,SO_2Ar,CN,COOR,SOAr,$CONH_2$,CONHR[78]。

表 15.1 24℃下,在乙酸中某些烯烃与 Br_2 的相对反应性[69]

烯 烃	相对速率
$PhCH=CH_2$	非常快
$PhCH=CHPh$	18
$CH_2=CHCH_2Cl$	1.6
$CH_2=CHCH_2Br$	1.0
$PhCH=CHBr$	0.11
$CH_2=CHBr$	0.0011

表 15.2 在甲醇中某些烯烃与 Br_2 的相对反应性[69]

烯 烃	相对速率
$CH_2=CH_2$	3.0×10^1
$CH_3CH_2CH=CH_2$	2.9×10^3
cis-$CH_3CH_2CH=CHCH_3$	1.3×10^5
$(CH_3)_2C=C(CH_3)_2$	2.8×10^7

显然，吸电子基团会增强亲核取代反应活性，阻碍亲电取代，因为它们降低了双键的电子云密度。亲电性自由基加成到富含电子烯烃上的反应已见报道[79]，所以在某些情况下，反应也是可以发生的。以上这些结论也许是正确的，但是同样的推理过程不能从双键应用到叁键上[80]。叁键的电子云密度比双键的电子云密度高，然而与双键相比，叁键更倾向于被亲核进攻，而不倾向于被亲电进攻[81]。这一论述尽管不普遍成立，但在很多情况下是正确的。在既含双键又含叁键（不共轭）的化合物中，亲电反应试剂溴总是加成在双键上[82]。事实上，所有生成类似 **2** 的桥连中间体的试剂与双键的反应速率都要快于与叁键的反应速率。而另一方面，烯烃和其相应炔烃被亲电性 H$^+$ 加成［酸催化水合（**15-3**），加成卤化氢（**15-2**）］的速率几乎相同[83]。此外，吸电子基团的存在会降低烯烃与炔烃反应速率的比值。例如，苯乙烯 PhCH=CH$_2$ 加溴的速率比 PhC≡CH 快 3000 倍，而如果加上第 2 个苯基，(PhCH=CHPh 对 PhC≡CPh) 这一速率比会降至 250[84]。在反式 MeOOCCH=CHCOOMe 和 MeOOCC≡CCOOMe 的比较中，叁键化合物加溴的速率实际上比双键化合物还快[85]。

然而总的来说，尽管叁键具有较高的电子密度，但是它们一般比双键更容易被亲核进攻而不容易被亲电进攻。这是正确的。一种解释是：叁键中碳碳键距离较短，电子被束缚得更牢固，故而进攻的亲电试剂难以从中得到一对电子。远紫外光谱的数据支持这一结论[86]。另一种可能的解释与利用炔烃未填充轨道有关。研究表明弯曲炔烃（例如环辛炔）的 π* 轨道能量比烯烃的 π* 轨道低，因此人们认为[87]线状炔烃在与亲电试剂反应的过渡态中也能形成弯曲结构。如果亲电加成中生成桥连离子中间体，那些由叁键生成的中间体（**20**）的张力比相应的从双键生成的中间体（**21**）张力大。这也许是叁键与 Br、I、SR 这类亲电试剂加成反应速率比双键慢的原因[88]。可以预料，与 Z 基团相连的叁键（C≡C—Z）特别容易发生亲核加成[89]。

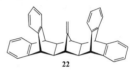

一般来说，烷基会增加亲电加成反应的速率。但是我们也曾提到［参见 15.1.1 节（1）］，反应的形式会有所不同，这取决于中间体究竟是桥连离子还是开链的碳正离子。对于溴化和其它一些亲电加成反应，反应机理的第 1 步是决速步，取代烯烃的反应速率与烯烃的离子化势密切相关，这意味着此时空间效应并不重要[90]。如果第 2 步是决速步，例如羟汞化反应（**15-3**）、硼氢化反应（**15-17**），立体效应就很重要了[89]。

自由基加成可以在任何底物上发生。其决定因素是是否有自由基反应物。某些试剂（如 HBr、RSH）如果没有自由基引发剂存在，则以离子机理反应。但是如果体系中存在诱发自由基反应的试剂，反应机理发生改变，加成反应变成了自由基机理。亲核性自由基（参见 14.1.2 节）的反应性类似于亲核试剂，底物上有吸电子基团会增加它们的反应速率。反之，对于亲电自由基也一样[91]。但是，亲核性自由基与炔烃的反应速率比与烯烃的反应速率慢得多[92]，这与我们的预料相反[93]。

在某些情况下，空间效应也很重要。在催化氢化中，底物必须吸附到催化剂表面。当取代基较多时，反应较难进行。烃 **22** 的双键埋藏在苯环之间，因此不能与 Br$_2$、H$_2$SO$_4$、O$_3$、BH$_3$、:CBr$_2$ 之类的能与大部分双键反应的试剂反应[94]。类似的惰性化合物还有四叔丁基丙二烯 $(t\text{-Bu})_2$C=C=C$(t\text{-Bu})_2$，它不与 Br$_2$、Cl$_2$、O$_3$ 反应，也不发生催化加氢反应[95]。

15.2.2 定位

如果一个不对称的试剂加到了一个不对称的底物上，人们通常要问：试剂的一端会加到双键或叁键的哪一端？换句话说，反应的区域选择性是怎样的？区域选择性的定义为：比所有其它可能方向优先发生的键的形成或断裂方向。我们首先硬性规定"边（side）"和"面（face）"两个词的意义，接下来是一个有助于你了解相关论证的简单说明。对于亲电进攻，Markovnikov 规则给出了答案：试剂的电正性部分会加到双键或叁键的含氢较多的一边[96]。有关这一区域选择性规律的解释很多，其中最合理的解释可能是 Y$^+$ 进攻 π 键形成一根键，形成较稳定的碳正离子。例如，二级碳正离子比一级碳正离子更稳定：

$$\underset{H}{\overset{R}{\diagdown}}C=C\underset{H}{\overset{H}{\diagup}} + Y^+ \longrightarrow \underset{\text{更稳定}}{R\overset{Y}{\underset{H}{\overset{|}{C}}}-\overset{H}{\underset{H}{\overset{|}{C}}}{}^+} \quad \text{或} \quad \underset{\text{较不稳定}}{R\overset{+}{\underset{H}{\overset{|}{C}}}-\overset{H}{\underset{H}{\overset{|}{C}}}Y}$$

这一假设已经被芯电子谱（core electron spectroscopy）和理论分析所证实[97]。Hammond 假说提出：低能量的碳正离子的形成会经过一个低能量的过渡态。Markovnikov 规则同样可以应用于卤素的加成，因为卤素加成会形成以下共振体稳定碳正离子，所以正电荷位于含 Cl 的碳上的中间体更稳定。

Markovnikov 规则也常适用于在质子性溶剂（如甲醇）中形成溴鎓离子和其它三元环中心体的情况[98]。在这些反应中，立体专一的反式加成表明，亲核取代时发生构象翻转。尽管如此，亲核试剂 W 对三元环的进攻更像 S_N1 反应机理（参见 10.1.2 节），而不太像 S_N2 反应机理（参见 10.7.8 节）。这说明紧密离子对比游离的碳正离子更稳定。

$$\underset{H}{\overset{Y^+}{\diagup\diagdown}}\underset{R}{\overset{H}{\diagdown\diagup}} \xrightarrow{W} \underset{H}{\overset{Y}{\diagdown}}\underset{H}{\overset{W}{\diagup}}R$$

含强吸电子基团烯烃的反应可能违反 Markovnikov 规则，但是形成更稳定的碳正离子仍然是主导。例如，进攻 $Me_3N^+-CH=CH_2$ 的 Markovnikov 位置会导致生成两个正电荷处于相邻原子上的离子。有报道表明，化合物 $CF_3CH=CH_2$ 与酸发生亲电加成时会生成反 Markovnikov 产物，但是研究证实[99]，该化合物与酸反应时并不依照简单的亲电加成反应机理；表面上的反 Markovnikov 产物实际上由其它反应路径得到的。对具有给电子取代基和吸电子取代基取代的烯烃 π 区域分子静电势进行了研究（基于 V_{min}-最负值点的负特性的增加或减小），V_{min} 曲线与 Hammett 常数 $σ_p$ 显示出很好的线性关联，这说明取代乙烯和取代苯烯具有相似的取代基电子效应[100]。

在自由基加成反应中[101]，主要的影响因素似乎是空间效应[102]。不论是什么样的 X 基团，也不论是什么样的进攻自由基，所有 $CH_2=CHX$ 类型的底物都选择性地在—CH_2 位被进攻。对于 HBr 之类的试剂，通过氢原子交换原位产生 Br·，这意味着加成将是反 Markovnikov 规则的：

$$\underset{H}{\overset{R}{\diagdown}}C=C\underset{H}{\overset{H}{\diagup}} + Br\cdot \longrightarrow \underset{\text{优先生成的中间体}}{R\overset{Br}{\underset{H}{\overset{|}{C}}}\cdot-\overset{H}{\underset{H}{\overset{|}{C}}}H} \longrightarrow \underset{\text{产物}}{R\overset{Br}{\underset{H}{\overset{|}{C}}}H-\overset{H}{\underset{H}{\overset{|}{C}}}H}$$

因此，HBr 加成的两种取向（遵守 Markovnikov 规则的亲电反应和反 Markovnikov 规则的自由基反应）都是由于生成了更稳定的二级（仲位）中间体造成的。

在含有 5,6-双键的分子内自由基加成（自由基环化参见反应 15-30）中[53]，既能生成五元环也能生成六元环。但大部分情况[103]中，五元环在动力学上有利，尽管（就像例子中那样）五元环的闭合可能意味着生成一个一级自由基，而六元环的闭合可以生成一个二级自由基。这一现象可能是由于生成五元环的熵效应更有利，也可能是由于空间电子效应，此外还有些其它的解释[104]。当双键处于其它位置（从 3,4-位到 7,8-位），人们也发现了类似的现象。在每种情况下，更倾向于生成较小的环（*exo*-trig 加成）而不是生成较大的环（*endo*-trig 加成）[105]（参见 6.5 节，Baldwin 规则）。但是当在 5,6-位有不饱和键的自由基在 5 位上连有烷基时候，通常则倾向于形成六元环，这可能是由于不利的空间相互作用所致[106]。

正离子、负离子或自由基几乎总是进攻共轭二烯共轭体系的两端，因为这样会生成一个被共振稳定的中间体。对于不对称二烯烃，会生成较稳定的离子。例如，异戊二烯（$CH_2=CMeCH=CH_2$）与 HCl 反应，只得到 $Me_2CClCH=CH_2$ 和 $Me_2C=CHCH_2Cl$，没有一个产物是由进攻链的某一端而得到的。化合物 $PhCH=CHCH=CH_2$ 反应只得到 $PhCH=CHCHClCH_3$，因为这是 H^+ 进攻共轭体系某一端导致的八种可能产物中唯一一种双键与环共轭的产物。

$$\diagdown C=C\diagup + Y^+ \longrightarrow \left[\underset{+}{\diagdown C}-\overset{Y}{\underset{|}{C}}-C=C\diagup \longleftrightarrow \diagdown C=C-\overset{Y}{\underset{|}{C}}-\underset{+}{C\diagup}\right] \quad \text{或} \quad Y-\overset{|}{\underset{|}{C}}-C=C\diagup$$

如果亲电试剂进攻丙二烯[107]，依据 Markovnikov 规则，进攻会发生在体系的两端，因为中间的碳原子上没有氢。进攻中间的碳原子可以形成一个由共振稳定的碳正离子，但它并不马上形成。只有三个 p 轨道平行，这一稳定效应才能起作用，这就要求 C—C 键要发生一次旋转[108]。因此烯丙基离子的稳定性不会影响反应过渡态，反应过渡态在几何形状上仍与原来的丙二烯相似 [参见 4.3 节第（5）点]。很可能由于这个原因，对未取代底物 $CH_2=C=CH_2$ 的进攻通常发生在末端碳原子上，生成乙烯型正离子，但是对中心碳原子的进攻也曾见报道。但如果丙二烯的碳上连有烷基或芳香基，反应就更倾向于进攻中间的碳原子，因为这样产生的碳正离子可以被烷基或芳基稳定（它现在变成了二级、三级或苯甲型正离子）。例如，$RHC=C=CH_2$ 形式的丙二烯的类化合物的进攻，还总是发生在两端；但是对 $RHC=C=CHR'$ 的进攻就常发生在中间了[109]。自由基[110]对丙二烯的进攻通常发生在两端[111]，然而有报道表明有时候也会进攻中间[112]。和亲电进攻的道理一样，烯丙基自由基的稳定性不会影响自由基与丙二烯反应的过渡态。此外，与亲电进攻一样，烷基的存在可以增加自由基进攻中间碳原子的概率[113]。

15.2.3 立体化学取向

我们曾经指出，某些加成反应是顺式的，即两个基团会从双键或叁键的同侧进攻；而另一些加成反应是反式的，即从双键或叁键的异侧进攻。环状化合物还存在空间取向的问题。在非对称环烯的顺式加成中，两个基团可能从位阻大的一面进攻也可能从位阻小的一面进攻。此时的规律是，顺式加成通常从位阻小的一面进攻，但也不是绝对的。例如，4-甲基环戊烯的环氧化产物中，76%是由位阻小的一面进攻得到的，24%是由位阻大的一面进攻得到的[114]。

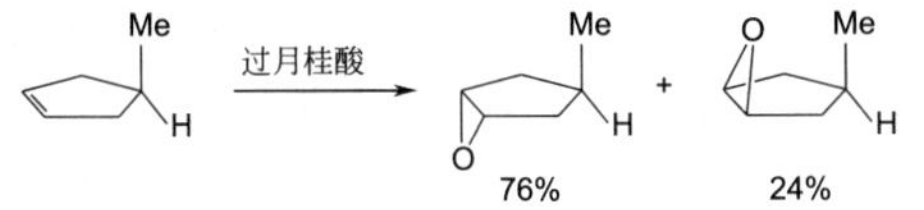

在对环状底物的反式加成中，亲电试剂起始进攻也是从位阻小的一面开始。很多（但不是全部）降冰片烯之类的张力较大的双环化合物的亲电加成是顺式的[115]。在这种情况下，进攻总是发生在外型方向，例如生成 23[116]：

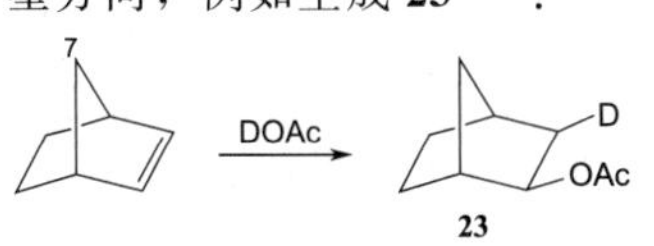

如果外型位置已经被7位取代基挡住了，那么内型进攻就占主导地位。例如7,7-二甲基降冰片烯可发生顺式-内型环氧化（**15-50**）和硼氢化[117]（**15-16**）。然而，尽管有7位甲基，7,7-二甲基降冰片烯发生 DCl 加成、F_3CCOOD 加成和发生羟汞化反应（**15-2**）时都是顺式-外型[118]。与之类似，降冰片烯类化合物的自由基加成反应通常也是顺式-外型，尽管也存在反式加成和内型进攻[119]。

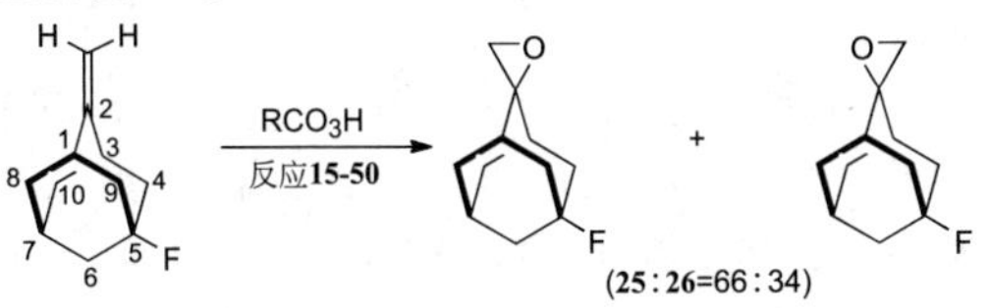

电子效应也影响进攻的方向。在金刚烷衍生物 24 中，从两面进攻的立体位阻几乎是一样的。但是环氧化反应中，二溴卡宾加成反应（**15-62**）和硼氢化反应（**15-16**）都几乎发生在含有吸电子氟的那一侧[120]。在给出的例子中，生成的 25 几乎是 26 的两倍。在其它底物上也得到了类似的结果[121]：无论是亲电反应还是亲核反应，吸电子基团通过场效应（$-I$）使进攻发生在同面，$+I$ 基团使进攻发生在异面。这一结果归因于[122]超共轭效应（参见2.13节）：在金刚烷的例子中，新生成键的 σ^* 轨道（在 24 中，位于进攻试剂和 C-2 之间）与对面的 C_α—C_β 键的占有电子的 σ 轨道发生重叠，这就是 Cieplak 效应。$LiAlH_4$ 还原 2 位含有轴向甲基环或者甲氧基的实验支持了 Cieplak 的假说[123]。然而，在甲醇与降莰酮的加成反应中，却没有什么能够支持 Cieplak 效应的结果[124]。四个可能的键包括同侧的 C-3—C-4 和 C-1—C-9，以及异侧的 C-3—C-10 和 C-1—C-8。最合适的路径要求进入基团从较富含电子的键（进攻基团将与这些键重叠）的背面进攻。吸电子基团 F 对它周围的键有非常大的影响，因此相对来说 C-1—C-8 和 C-3—C-10 键的电子云密度较高，所以基团会从 F 的同侧靠近。

之前我们曾提到，由于形成溴鎓离子，Br_2 和 HOBr 通常发生反式加成；HBr 的自由基加成也是反式的。如果这些加成反应的底物是环己烯，那么加成产物不但是反式的而且反应生成的最初产物的构象也是专一的，通常产物的构象是加成基团处于两个直立键[125]。这是因为以双直立键方向打开三元环，可以在过渡态中最大限度地保持反应中心的共平面；的确，环氧化物开环也得到双直立键的产物[126]。然而，起初生成的双直立键的产物会转化为双平伏键的构象，除非环上存在其它可以使后者不如前者稳定的基团。环己烯的自由基加成过程中不生成环状中间体，但自由基的起始进攻仍然是直立键方向[127]。如果反应的总结果是反式加成，那么将得到一个双直立键的初产物。人们也研究过不对称自由基进攻的方向[128]。例如，当自由基 27 与双键加成时，它优先加在 OH 基团的对侧，生成一个双直立键的反式加成产物[126]。

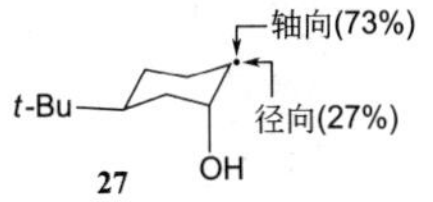

15.2.4 环丙烷的加成[129]

之前我们已经注意到（参见4.17.4节），环丙烷在某些方面类似双键[130]。因此可以理解的是，环丙烷发生加成反应与双键化合物发生加成反应类似，反应结果是打开三元环。下面是两个相应的反应例子[131]，与反应对应的编号写在了括号里。

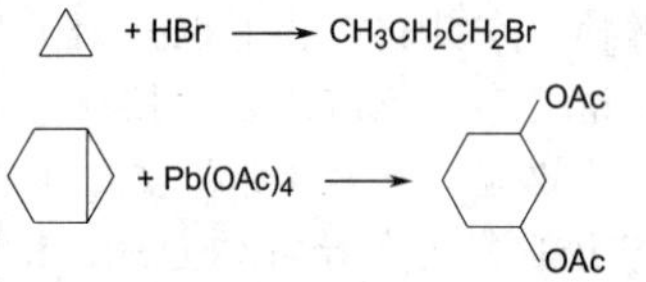

△ + HBr ⟶ CH₃CH₂CH₂Br　　　(反应15-2)

⬡ + Pb(OAc)₄ ⟶ [环己烷-1,2-二OAc]　　　(反应15-45)

其它的例子见反应 **15-3**、**15-15** 和 **15-61** 的讨论。

环丙烷的加成可以按照本章讨论过的四种反应机理中的任意一种进行，但最重要的一种是亲电进攻[132]。取代环丙烷的反应通常遵循 Markovnikov 规则。不过还是有些特例，而且区域选择性常常较小。HX 与 1,1,2-三甲基环丙烷反应的例子可以用来解释 Markovnikov 规则在这些底物上的应用[133]。规则预测，亲电试剂（在这个反应中是 H⁺）会进攻含氢原子最多的碳，而亲核试剂会进攻最能稳定正电荷的碳原子（在这个反应里，三级碳比二级碳优先）。反应的立体化学性质可以从两个位置考察：与亲电试剂相连的位置和与亲核试剂相连的位置。与亲电试剂相连位置的立体化学情况很复杂：有的 100% 保持构象[134]，有的 100% 翻转[135]，也有两种构型混合的情况[136]。连接亲核试剂的碳原子大部分情况下会发生构型翻转，不过也发现构型保持的情况[137]，消除、重排、外消旋过程都会与之竞争。这表明在很多情况下，该位置会产生碳正离子。

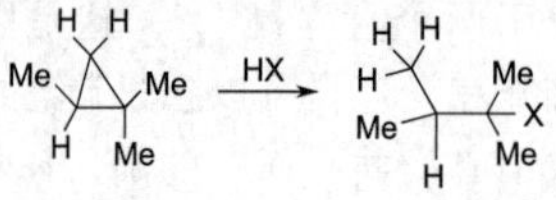

[三甲基环丙烷 + HX 反应示意图]

现在至少已经提出三种亲电加成机理（反应机理以 HX 进攻来说明，可以通过类比写出其它亲电试剂的反应机理）。

机理 a 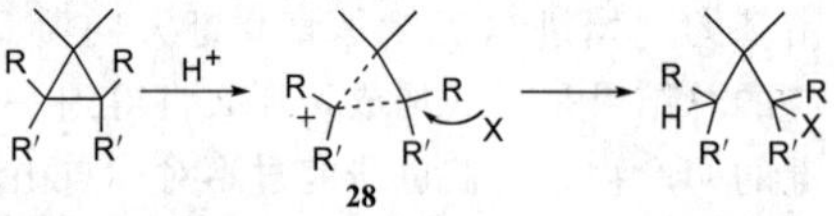
[机理 a 反应示意图，中间体 **28**]

机理 b 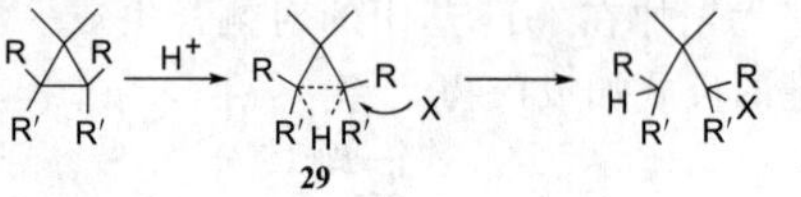
[机理 b 反应示意图，中间体 **29**]

机理 c 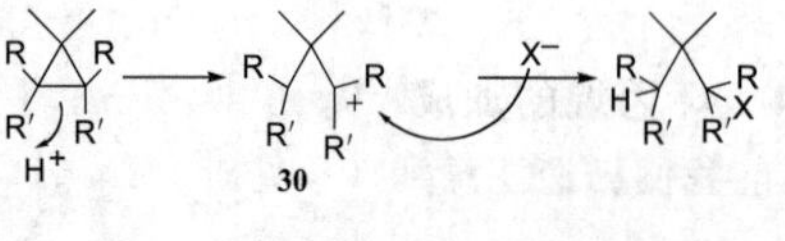
[机理 c 反应示意图，中间体 **30**]

机理 a 中生成了一个角质子化的环丙烷 (**28**)[138]；我们曾经在 2-降冰片基正离子和 7-降冰片烯基正离子中见过这样的例子（参见 10.3.1 节）。机理 b 中生成了一个边质子化的环丙烷 (**29**)。机理 c 包含一个 H⁺ 的一步 S_E2 型进攻，生成典型的碳正离子 **30**，该碳正离子再与亲核试剂反应。尽管列出的三种机理中与质子相连的碳原子都保持了原始构型，但机理 a 和机理 c 也能导致该碳原子构型的翻转。很遗憾的是，我们没法依据现有的证据从这些反应机理中选出唯一的一个。至少在某些情况下，环丙烷可能有不止一个边被质子化，这时情况就会变得很复杂。有强有力的证据表明，亲电试剂 Br⁺ 和 Cl⁺ 的反应按照反应机理 b 进行[139]；D⁺ 和 Hg²⁺ 的反应按照反应机理 a 进行[140]。从头算的研究显示，角质子化产物 **28** 比边质子化产物 **29** 稍稳定一些[141]（约 1.4kcal/mol，6kJ/mol）。一些实验结果与反应机理 c 冲突[142]。

人们对环丙烷的自由基加成反应研究得相对较少。但是已知在紫外光照射下，Br₂ 和 Cl₂ 会以自由基反应机理加成到环丙烷上。加成遵循 Markovnikov 规则：第一个自由基进攻含取代基最少的碳原子，第二个自由基进攻含取代基最多的碳原子。许多研究表明，在一个碳上，反应是立体专一的，发生了构型的翻转。但是另一个碳原子上的反应没有立体专一性[143]。我们可以用以下机理来说明这一现象[144]：

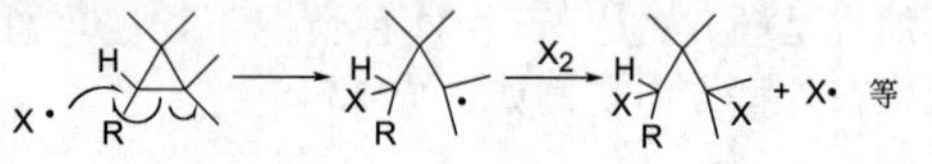

[自由基加成机理示意图] X· + ⟶ X· ⟶ X₂ ⟶ X + X· 等

在某些情况下，共轭加成会出现在双键与三元环"共轭"的体系里。例如 **31** 的生成[145]：

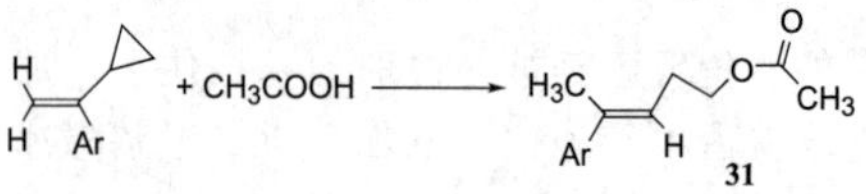

[环丙基烯烃 + CH₃COOH ⟶ **31** 反应示意图]　　　(反应15-6)

15.3 反应

15.3.1 双键和叁键的异构化
15-1 异构化

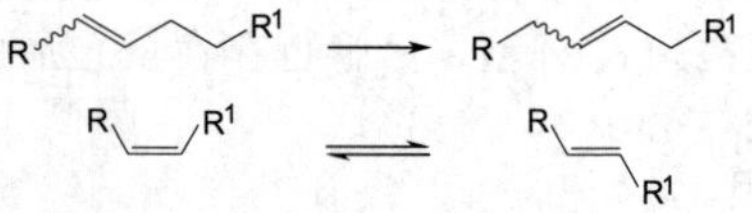

[烯烃 E/Z 异构化示意图]

如果没有过渡金属催化剂，(E/Z) 异构化过程中到达激发态所需要跨越的能垒则相当高[146]。过渡金属催化的烯烃从 (E) 到 (Z) 或从 (Z) 到 (E) 异构化反应研究得很多[147]。在使用的金属中，Pt 最常用，并且有很好的选择性[148]。Pd 催化的 (Z)-烯烃到 (E)-烯烃的异构化反应需要在 Bu$_3$SnH 存在下进行[149]。然而有报道指出，在 Pd 催化剂条件下，1 : 1 混合的顺/反-苯乙烯衍生物可被异构化为 90% 的反-苯乙烯衍生物[150]。七元及低于七元的环状烯烃的异构化较困难，但是环辛烯却可通过光化学诱导而发生顺/反异构化[151]。自由基诱导的 (E/Z) 异构化反应已见报道[152]。双烯中 C═C 单元的异构化也可通过光化学反应诱导完成[153]。

在一个不同的反应类型中，炔烃有可能在 Rh 或 Pd 的催化作用下异构化为 1,3-二烯烃[154]。

许多试剂会导致双键的异构化，从而生成新的烯烃。与 β,γ-双键相比，通常生成 α,β-双键的能量更有利[155]。在 Ru 催化剂[156]或负载在高分子载体的 Ir 催化剂[157] 作用下，烯丙基芳烃 (Ar—CH$_2$CH═CH$_2$) 可转化为相应的 (Z)-1-丙烯基芳烃 (Ar—CH═CHMe)。在 Rh 催化剂条件下，某些烯丙基胺可高度选择性地被异构化为 (Z)构型的烯胺[158]。在单线态氧诱导下，硫化物在光照射下可观测到双键的迁移[159]。其中许多反应在反应 **12-2** 中讨论。

对于在 γ-(C-4) 位上有氢原子的共轭羰基化合物，可能发生双键迁移生成非共轭产物的反应。在 N,N-二甲基氨基乙醇存在下，共轭酯可在 -40℃ 条件下发生光解反应，生成非共轭酯[160]。加热 Fe(CO)$_5$ 与 N-烯丙基胺 (N—C—C═C) 的混合物完全生成烯胺 (N—C═C—C)[161]。共轭醛在 DMF 中用硫脲处理可以发生异构化[162]。

除了碳碳双键外，其它原子构成的双键也会发生异构化。偶氮苯 (Ar—N═N—Ar) 存在 (E) 和 (Z) 异构体，并且可能发生光化学异构[163]。

15.3.2 氢加到一端的反应

15.3.2.1 卤原子加到另一端

15-2 卤化氢加成

氢-卤-加成

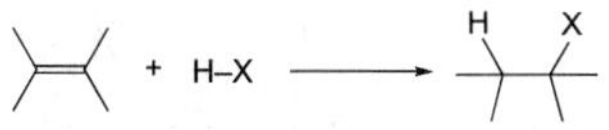

$$\text{C═C} + \text{H—X} \longrightarrow \text{H—C—C—X}$$

四种卤化氢的任意一种都能加成到双键上[164]。烯烃作为 Brønsted-Lowry 碱与 HI、HBr 和 HF[165]在室温下就可以反应。加成 HCl 较困难，通常需要加热[24]，不过在硅胶中加成 HCl 却很容易[166]。然而 HF 的加成很难控制，加成 HF 最方便的方法是使用溶有多氢氟化物-吡啶溶液[167]。

在没有过氧化物的情况下，简单卤化氢与烯烃的加成按照亲电反应机理进行，产物遵守 Markovnikov 规则[168]。也就是说，烯烃 π 键将两个电子提供给 H—X 的酸性质子。该加成反应按照二级动力学进行[169]。如果加入过氧化物，加成 HBr 就按照自由基反应的机理进行，而且得到的是反 Markovnikov 规则的产物（参见 15.2.1 节）[170]。必须强调的是，这一描述仅适合于 HBr。未观测到 HF 和 HI 的自由基加成，即使反应体系中存在过氧化物；HCl 的自由基加成也很少见。在仅有的几个 HCl 自由基加成的例子，反应产物中加成基团的定位仍然遵守 Markovnikov 规则，大概因为这样可以形成更稳定的产物[171]。从能量上分析，HF、HI 和 HCl 的自由基加成反应难以发生（参见 14.2.1 节和 14.3.1 节的讨论）。很多时候，即使没有加入过氧化物，也能观测到 HBr 的反 Markovnikov 加成。这是因为底物烯烃从空气中吸收了氧，形成少量过氧化物（反应 14-7）。我们可以通过严格纯化底物来确保 Markovnikov 加成，但在实际应用中却不太容易做到。更常用的方法是加入抑制剂（例如苯酚或苯醌）来抑制自由基反应。过氧化物等自由基前体不能抑制离子反应，但确实能抑制发生较快的按链式过程进行的自由基反应。在绝大部分情况下，可以通过加入过氧化物来控制反应机理（最终控制加成基团的位置）实现全部获得自由基加成的产物；也可以通过加入抑制剂来实现完全的亲电加成。不过有时候，亲电反应的速度很快，可以与自由基反应相竞争。完全控制反应就不太容易实现了。利用相转移催化剂，可以高产率地实现 HBr、HCl 和 HI 的 Markovnikov 加成[172]。以反 Markovnikov 规则方式加成 HBr（或 HI）的方法，请参见反应 **12-31**。

炔烃也可以作为碱与酸（如 HX）反应。还可以有选择地在叁键上加入 1mol[173] 或 2mol 的这四种卤化氢中的任意一种。Markovnikov 规则确保加成 2mol 卤化氢后，反应生成的是偕二卤代物，而不是邻二卤代物。

$$—\text{C≡C}— \xrightarrow{\text{HX}} —\text{CH═CX}— \xrightarrow{\text{HX}} —\text{CH}_2—\text{CX}_2—$$

三甲基氯硅烷可以加成到烯烃上产生氯代烷。1-己烯在水中与 Me$_3$SiCl 反应得到 2-氯己烷[174]。用 KHF$_2$ 和 SiF$_4$ 处理烯烃可以得到氟代烷[175]。同样，三甲基溴硅烷可以加成到炔烃上生成乙烯基溴[176]。

Brønsted-Lowry 酸（例如 HX）是亲电试剂。如果没有发生自由基反应的条件，许多多卤代和多氰基烯烃根本不与它们反应。然而乙烯基环丙烷能发生环丙烷开环的反应而生成高烯丙基氯[177]。如果它们之间的确发生反应，那么通常是以亲核加成的机理进行的，也就是，最开始是 X^- 进攻。Michael 型底物 C＝C—Z 的加成反应也按照这种机理；即使有自由基引发剂，C＝C—Z 的加成产物中[178]卤素也总是与不和 Z 相连的碳原子结合。也就是说，产物总是 X—C—CH—Z 类型。共轭双烯也可以发生此类反应，得到 1,2-和 1,4-加成产物。碘化氢以周环反应机理在气相中 1,4-加成到共轭双烯上[179]：

在一个相关的反应中，HX 可以加成到烯酮上[180]得到酰基卤：

$$\text{C=C=O} + H-X \longrightarrow$$

OS I, 166; II, 137, 336; III, 576; IV, 238, 543; VI, 273; VII, 59; 80, 129.

15.3.2.2 氧加成到另一端
15-3 双键上的水合反应
氢-羟基-加成

在酸催化下双键可以与水发生加成反应。最常见的催化剂是硫酸，但是其它带有不亲核平衡离子的酸例如硝酸、高氯酸或一些常见的磺酸（对甲苯磺酸，甲基磺酸等）也可以催化反应。反应机理是亲电加成，首先发生的是质子进攻 π 键（参见 15.1.1 节）。而后负电性物种（例如 HSO_4^-，对于其它酸来说可以是类似的负离子），进攻生成最终产物（**32**）。产物 **32** 可以被分离出来，但是，像 **32** 这样的化合物相当不稳定，在反应条件下通常发生水解反应生成醇（反应 10-4）。

$$\underset{\mathbf{32}}{\text{H OSO}_3\text{OH}}$$

在某些反应条件下会存在其它的亲核试剂，可能是溶剂本身或者是加入的物质。在水溶液中，水就是一个竞争性的亲核试剂，进攻碳正离子形成氧鎓离子 **33**。当其它亲核试剂与碳正离子反应时，得到的就不是像 **32** 这样的产物。反应机理正是醇的 E1 消除机理（反应 17-1）的逆过程（根据微观可逆原理）[181]。最初生成的碳正离子有时会发生重排形成更稳定的碳正离子。例如，

$CH_2=CHCH(CH_3)_2$ 的水合反应产物是 $CH_3CH_2COH(CH_3)_2$。普通烯烃的加成反应遵循 Markovnikov 规则。

烯烃在 Hg 和氧气存在下发生羟汞化反应（oxymercuration）[182]，而后再加入 $NaBH_4$ 进行原位处理[183]，可以在温和的条件下生成醇（见例子），并且产物没有重排，产率很高。例如，2-甲基-1-丁烯与 $Hg(Ac)_2$ 反应[184]，而后加入 $NaBH_4$，反应得到 2-甲基-2-丁醇；已经报道在水中用环糊精作为相转移催化剂，可进行烯烃的氧汞化反应[185]。

$$\xrightarrow[\text{2. NaBH}_4]{\text{1. Hg(OAc)}_2} \quad 90\%$$

这个方法可以用于一取代、二取代、三取代、四取代以及苯基取代的烯烃，产物几乎都符合 Markovnikov 规则。底物分子中的羟基、甲氧基、乙酰氧基、卤原子和其它基团通常不会影响底物进行加成反应[186]。当一个分子中存在两个双键时，可以使用超声波使氧汞化加成反应只发生在取代较少的烯烃上，另一个双键却不受影响[187]。一个相关的反应是与硼氢化锌在硅胶上反应，反应生成二级醇和一级醇的比例为 35 : 65[188]。

当底物是 C＝C—Z（Z 的定义参见 15.1.2 节）形式的烯烃，产物基本上总是 HO—C—CH—Z，此时反应机理是亲核的[189]。虽然亲电加成也能得到相同的产物[190]，因为 CH—C—Z 正离子由于两边相邻原子的（完全或部分）正电荷而变得不稳定。然而，在 Mn 的配合物催化下底物与 O_2、$PhSiH_3$ 反应可以得到另一个产物 HC—CH(OH)Z[191]。当底物为 RCH＝CZZ' 类型时，加成水的反应可以导致加合物发生断裂，生成醛和 CH_2ZZ'（**34**）[192]。断裂步骤是 **12-41** 的一个例子。

另一种反 Markovnikov 规则的水合方法参见硼氢化反应（如 **15-16** 所示）。

将 $PhCH_2NEt_3^+BH_4^-$ 与 Me_3SiCl 1 : 1 混合液与烯烃反应，然后加入 K_2CO_3 水溶液，这样

水可以间接地被加成,加成方向是反 Markovnikov 规则的[193]。烯烃与 $Ti(BH_4)_3$ 反应后加入 K_2CO_3 溶液也可以得到反 Markovnikov 规则的产物醇[194]。烯烃与 PhO_2BH 和铑催化剂反应,而后加入氧化剂 $NaOO^-$,可以生成醇[195]。在这个反应中也可以使用 Cp_2TiCl_4[196]。共轭烯烃也可以与 $PhSiH_3$ 和 O_2 在 Mn 催化剂作用下反应,得到 α-羟基酮[197]。在 Co-卟啉配合物催化下,烯烃与分子氧反应,再用 $P(OMe)_3$ 还原得到二级醇[198]。这个反应还可以用于水合共轭烯烃的水合[199],尽管共轭烯烃在一般情况下不能被水合。

将水加到烯醇醚中可以发生水解反应,生成醛或酮(反应 **10-6**)。在酸催化下,在烯酮中加入水可以得到羧酸[200]。

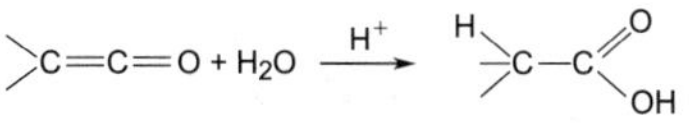

$$>C=C=O + H_2O \xrightarrow{H^+} \begin{array}{c} H \\ >C-C \\ OH \end{array}$$

OS Ⅳ, 555, 560; Ⅵ, 766; 另见 OS Ⅴ, 818.

15-4 叁键上的水合反应

二氢-氧代-双加成

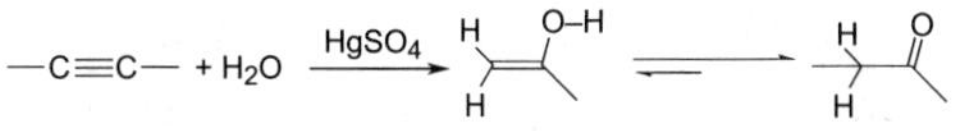

$$-C\equiv C- + H_2O \xrightarrow{HgSO_4} \begin{array}{c} H \\ >C=C \\ OH \end{array} \rightleftharpoons \begin{array}{c} H \\ >C-C \\ O \end{array}$$

叁键的水合通常在汞盐(例如硫酸汞或醋酸汞或氧化汞)的催化下进行[201]。与烯烃的氧汞化相比,这种反应的有机汞中间体是不稳定的,会原位失去汞得到烯醇。烯醇会互变异构成酮(参见 2.14.1 节),所以不管是端炔还是非端炔(OH 总是加在取代基较多的碳原子上,这样能形成较稳定的二级烯基正离子),最终分离得到的产物都是酮。只有乙炔反应才能生成醛。形如 $RC\equiv CR'$ 的炔烃通常两种产物都可能得到。当使用 Nafion-H(高氟化树脂;一种超强酸,参见 5.1.2 节)吸附的氧化汞作为催化剂时[202],这个反应很容易发生。用 Au[203]、In[204] 和 Ru[205] 作催化剂可以将炔烃转化为酮。$Au(Ⅰ)$ 也可以催化丙二烯的水合[206]。使用钯催化剂并在二氧六环中回流,非端炔能与 2-氨基苯酚反应生成相应的酮[207]。在分子中任何其它部位含有一个羟基的三甲基硅烯烃与分子氧、$CuCl_2$ 和钯催化剂反应,可以制备内酯[208]。当羧酸碳链上有双键时,不论双键在链中哪个位置,用强酸处理可发生分子内水合反应,生成 γ-和/或 δ-内酯,这是因为强酸可催化双键发生迁移(反应 **15-1**;并参见反应 **12-2**)[209]。无论是靠近还是远离羧基,双键总会迁移到对反应最有利的位置。使用手性的金鸡纳啶生物碱添加剂可得到中等对映选择性的内酯[210]。

汞催化反应的第 1 步是形成配合物 **35**(离子如 Hg^{2+} 与炔烃形成的配合物,参见 3.3.1 节)。然后 H_2O 通过 S_N2 历程进攻,形成中间体 **36**,该中间体接着失去一个质子得到 **37**。**37** 发生水解反应(**12-34** 的一个实例)生成烯醇,烯醇经过互变异构得到最终产物。当苯乙炔光解水化时,通过闪式光解能得到烯醇的谱图[211]。要注意的是,**35** 还存在另一种可能的形式,即汞稳定化的碳正离子,而不是形式上为三元环配合物。这样的碳正离子由于金属的反馈作用而被稳定了,发生的亲核进攻更像 S_N1 历程。

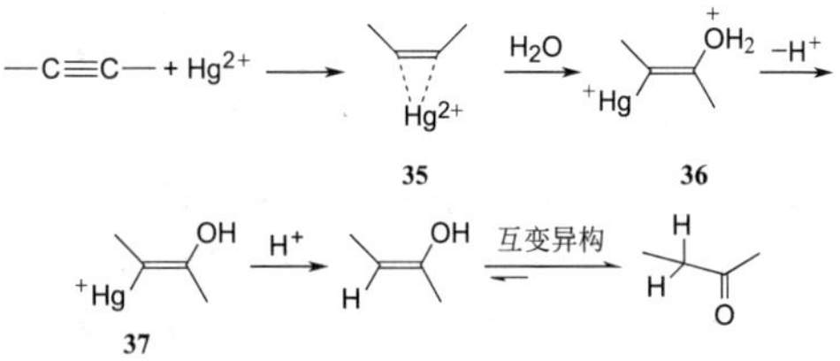

$$-C\equiv C- + Hg^{2+} \longrightarrow \underset{\underset{Hg^{2+}}{|}}{\bigtriangleup} \xrightarrow{H_2O} \underset{\underset{+Hg}{|}}{\overset{OH}{\underset{|}{C}=C}} \xrightarrow{-H^+}$$

35 **36**

$$\underset{+Hg}{\overset{OH}{\underset{|}{C}=C}} \xrightarrow{H^+} \overset{OH}{\underset{|}{C}=C} \xrightarrow{互变异构} \underset{O}{\overset{H}{\underset{|}{C}-C}}$$

37

无需金属催化的反应已见报道,但反应通常使用强酸。在催化量强酸 Tf_2NH(三氟甲磺酰亚胺)作用下,苯乙炔与水在 100℃反应生成苯乙酮[212]。简单的炔与甲酸共热也可转化为酮,反应不需要催化剂[213]。在微波加热下,端炔与水可发生无金属催化的水合反应,生成相应的甲基酮[214]。在二氯甲烷溶液中,1-硒炔,如 $PhSe-C\equiv C-Ph$,与对甲苯磺酸反应后再用水处理,得到的产物为含硒的酯 $PhSeC(=O)SH_2Ph$[215]。丙二烯也可以在酸催化下水合生成酮[216]。

羧酸酯、硫酯和酰胺都可以分别通过炔基醚、硫醚[217]和炔胺酸催化水解反应得到,而不需要汞的催化[218]:

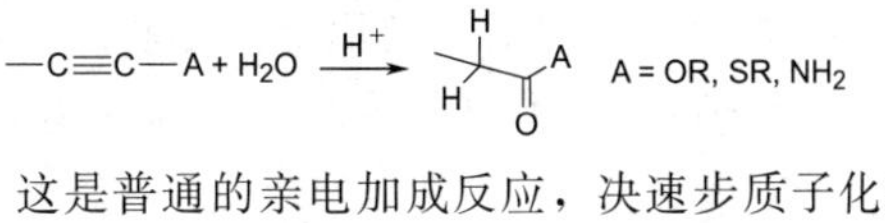

$$-C\equiv C-A + H_2O \xrightarrow{H^+} \underset{H}{\overset{}{\underset{|}{C}-C}}\underset{O}{\overset{}{\underset{|}{C}}} A \quad A = OR, SR, NH_2$$

这是普通的亲电加成反应,决速步质子化过程首先发生[219]。一些其它特定的炔烃也可以在没有汞盐的情况下与强酸作用水合成酮[220]。已经研制出一些可用于炔烃反 Markovnikov 规则水合反应的催化剂[221]。例如,在异丙醇和 Ru 催化剂作用下,1-辛炔与水共热,生成的产物是辛醛[222]。反应物中某些官能团的存在能影响水合反应的区域选择性。

有报道称,炔烃与烯丙基苯基硫醚可发生 Ni 催化的反应使炔烃硫烯丙基化[223]。

OS Ⅲ, 22; Ⅳ, 13; Ⅴ, 1024.

15-5 加成醇和酚

氢-烷氧-加成

$$\text{C=C} + \text{ROH} \longrightarrow \text{H-C-C-OR}$$

就像水与烯烃的加成水合成醇一样，醇也可与烯烃加成生成醚。在酸或碱的催化下，醇和酚可以加成到双键上。使用酸作为催化剂时，反应是亲电的，酸催化剂中的 H^+ 进攻 π 键，生成较稳定的碳正离子，而后碳正离子结合一分子的醇生成氧鎓离子 (**38**)：

$$\text{C=C} + H^+ \longrightarrow \text{H-C-C}^+ \xrightarrow{+\text{ROH}} \text{H-C-C-O}^+\!\!\underset{R}{\overset{H}{|}} \xrightarrow{-H^+} \text{H-C-C-OR}$$
$$\mathbf{38}$$

此加成反应遵守 Markovnikov 规则。一级醇比二级醇反应性好一些，三级醇的反应活性很差。此时利用合适的烯烃，例如 $Me_2C=CH_2$，可以很容易地制备三级醇。醇与烯丙基体系的加成会发生重排反应，使用手性添加剂可进行不对称诱导的反应[224]。在超临界醇中可进行非催化的醇加成[225]。

金属催化的烯烃加成反应非常有用。Pd 催化醇与芳基烯烃加成生成醚[226]。Au(Ⅲ)-$CuCl_2$ 催化醇与烯烃反应生成醚[227]。Au(Ⅰ) 催化酚发生分子内加成生成芳基醚[228]。

烯烃发生分子内的醇加成反应生成环醚，产物中常常含有一个羟基[229]，但也有的没有羟基[230]。环化反应可以被 Re[231]、Ti[232] 或 Pt[233] 化合物促进，得到官能团化的四氢呋喃或四氢吡喃。分子内醇对烯烃的加成反应可被 Pd 催化剂促进，但有时存在反应产物中双键位置发生移动的问题[234]。在 $CuCl_2$ 和 Pd[235]、Cr[236]、Ag(Ⅰ)[237] 或 La[238] 催化剂作用下，可以从烯烃-酮制备呋喃衍生物。使用金催化剂，含有炔基的共轭酮会生成稠环呋喃[239]。值得注意的是，烯-醇与 NIS 在手性 Ti 催化剂作用下反应，生成侧链为烷基碘的 THF，反应具有中等的对映选择性[240]。

醇与炔烃在特定条件下加成反应生成烯基醚。在 Pt[241] 或 Au[242] 催化剂作用下，非端炔在过量醇中可转化为缩酮。醇对炔烃的加成反应在杂环化合物的制备中非常有用。采用该方法已经制备了二氢呋喃[243]、呋喃[244]、苯并呋喃[245] 和吡喃衍生物[246]。带有环外双键的四氢呋喃 (亚乙烯基四氢呋喃) 可由炔醇与碳酸银催化剂制得[247]。

在二苯基碘盐作用下，丙二烯与醇和丙二烯醇反应可转化为 α 位连接烯基的 THF 衍生物[248]。在烯丙基溴和 Pd 催化剂作用下，丙二烯醇可转化为烯丙基取代的二氢呋喃[249]。Au(Ⅰ) 催化的分子内醇与丙二烯的反应已见报道[250]，反应生成环状烯基醚[251]。

在其它试剂存在下可以得到官能团化的醚。在甲醇中与试剂 R-Se-Br 反应，烯烃可转化为硒烷基醚 (MeO-C-C-SeR)[252]。

碱催化的反应已有报道，对于易被亲核试剂进攻的底物，如多卤代烯烃以及 C=C-Z 类型的烯烃，反应最好在碱性条件下进行，此时进攻基团是 RO^-[253]。C=C-Z 的反应是 Michael 反应，产物中 OR 与 Z 连接在不同的碳上[254]。

由于叁键比双键更容易接受亲核试剂的进攻，所以在碱催化下叁键的加成反应活性很好。事实的确如此，烯醇醚和乙缩醛都可以通过这类反应制得[255]。因为烯醇醚比叁键更容易发生亲电反应，醇对烯醇醚的加成也可以用酸催化[256]。实现这个反应的一个底物就是二氢吡喃 (**39**)，该过程常用于保护伯醇、仲醇[257] 以及酚[258] 的 OH 基团。反应结束后，很容易用稀酸切掉 **40** 上的取代基 (反应 10-6)。在碱催化叁键加成的反应中，从一级醇到三级醇反应速率逐渐下降，酚的反应条件更加苛刻。

$$\underset{\mathbf{39}}{\text{O}} + \text{ROH} \underset{H_2O, H^+}{\overset{H^+}{\rightleftharpoons}} \underset{\mathbf{40}}{\text{O-OR}}$$

对于特定的双键 (环己烯和环戊烯)，在光敏剂如苯的存在下也可以进行光化学的加醇反应[259]。反应历程是亲电的，产物符合 Markovnikov 规则。烯烃在它们第一激发三线态发生反应[260]。

在 15-3 中提到的氧汞化-脱汞反应，如果汞氧化过程在醇 (ROH) 溶剂中进行，那么该反应就可以用于制备醚，反应被称为烷氧汞化-脱汞反应，产物遵从 Markovnikov 规则[261]。例如，2-甲基-1-丁烯在乙醇中氧汞化反应生成 $EtMe_2COEt$[262]。当使用醋酸汞时，一级醇产率较高。但是二级醇和三级醇的反应就必须使用三氟乙酸汞[263]。但是即使使用三氟乙酸汞，这个方法也无法制备二叔基醚。也可以将醇与其它试剂结合使用。烯烃与碘和烯丙醇在 HgO 作用下反应，生成邻碘醚[264]。烯-醇与三氟乙酸汞和 KBr 水溶液 (在 $LiBH_4/BEt_3$ 作用下) 反应，生成连接碘烷基取代基的 THF 衍生物 [-O-C-CH(I)R][265]。

炔烃在相同的条件下反应生成缩醛。如果在过氧化氢而不是醇存在下发生氧汞化反应（然后用$NaBH_4$脱汞），反应产物则是烷基过氧化物（过氧-汞化作用）[266]。这个反应可以是分子间反应[267]。

醇或酚对烯酮的加成都生成羧酸酯（$R_2C=C=O+ROH \longrightarrow R_2CHCO_2R$）[268]，分子内反应的结果是在分子链的末端生成烯酮，而后原位反应，形成中环和大环内酯[269]。在强酸存在下，烯酮与醛或酮（以烯醇的形式）反应，生成烯醇乙酸酯。手性醇与烯酮的加成可以发生1,4-不对称诱导[270]。

OS Ⅲ,371,774,813；Ⅳ,184,558；Ⅵ,916；Ⅶ,66,160,304,334,381；Ⅷ,204,254；Ⅸ,472.

15-6 与羧酸加成形成酯

氢-酰氧基-加成

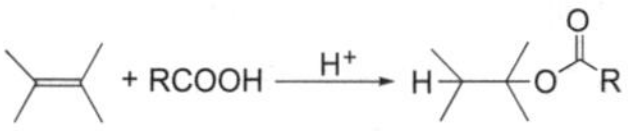

在酸（Brønsted-Lowry 酸或 Lewis 酸[271]）催化下，羧酸与烯烃加成生成酯，反应机理和 **15-5** 类似。由于遵循 Maikovnikov 规则，所以很难通过羧酸与 $R_2C=CHR$ 类型的烯烃加成而得到三级醇酯[272]。羧酸酯也可以通过烯烃的酰氧汞化-脱汞反应制备（与 **15-3** 和 **15-4** 中提到的过程相似）[273]。羧酸加成到烯烃生成酯或内酯的反应可被 Pd 化合物催化[274]。乙酸铊也可以促进该环化反应[275]。二烯羧酸与乙酸和 Pd 催化剂发生环化反应生成内酯，在该内酯分子中的其它部位引入了烯丙基乙酸酯基[276]。

羧酸与叁键化合物反应，生成烯醇酯[277]或者缩羧酯，催化剂通常是汞盐[278]，乙烯基汞 XHg—C=C—OCOR 是反应中间体[279]。Ru 配合物也可以用于该反应[280]。端炔 RC≡CH 与 CO_2、二级胺 $R_2'NH$ 以及 Ru 配合物催化剂反应，生成烯醇氨基甲酸酯 RCH=CHOC(=O)NR[281]。这个反应也可以发生在分子内，生成不饱和内酯[282]。由炔-酸与 Pd[283]或 Ru[284] 催化剂反应可生成环状不饱和内酯（环内乙烯基酯）。羧酸酯也可以通过二酰基过氧化物对烯烃的加成制备[285]。这些反应是利用铜催化的，为自由基历程。

丙二烯羧酸在氯化铜（Ⅱ）作用下可环化成丁烯酸内酯[286]。丙二烯羧酸酯与乙酸和 LiBr 反应可转化为丁烯酸内酯[287]。由丙二烯醇与二氧化碳和 Pd 催化剂反应可制备环状碳酸酯[288]。羧酸与烯酮反应生成酸酐[289]，在工业上乙酸酐就是以这种方法制备的：

$CH_2=C=O+ MeCO_2H \longrightarrow (MeC=O)_2O$

磺酸也可加成到烯烃和炔烃上。炔烃与对甲苯磺酸反应并用硅胶处理，生成乙烯基磺酸酯（C=C—OSO$_2$Tol）[290]。通过烯丙基磺酸酯的盐（C=C—C—OSO$_3^-$）与硝酸银在含量溴和催化量水的乙腈中反应，可得到环状磺酸酯[291]。烯烃与 PhIO 和 2 倍量 Me_2SiSO_3Cl 反应生成磺酸内酯[292]。

OS Ⅲ,853；Ⅳ,261,417,444；Ⅴ,852,863；Ⅶ,30,411.另见 OS Ⅰ,317.

15.3.2.3 硫加到另一端

15-7 加成 H_2S 和硫醇

氢-烷基硫基-加成

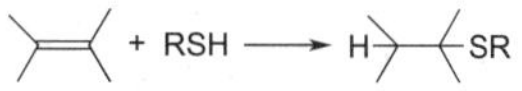

$$\rangle= + RSH \longrightarrow H\rangle\text{—}SR$$

硫化氢和硫醇可以通过亲电、亲核或是自由基机理加成到烯烃上生成烷基硫醇或硫醚[293]。在没有引发剂的情况下，简单的烯烃加成反应是亲电机理，这与 **15-5** 类似，反应遵循 Markovnikov 规则。但是这个反应通常很慢，一般不易进行，或者需要在剧烈的条件下进行。除非加入 Brønsted-Lowry 或者 Lewis 酸。例如在浓硫酸[294]或者 $AlCl_3$[295] 存在下，这个反应可以发生。在自由基引发剂的存在下，H_2S 和硫醇对双键和叁键的加成是自由基机理，加成方向是反 Markovnikov 规则的[296]。硫醇对烯基醚的反 Markovnikov 加成可在无溶剂和无催化剂条件下进行[297]，并且被水促进[298]。

添加剂会影响反应的区域选择性。苯乙烯与硫酚反应主要生成反 Markovnikov 产物，然而在蒙脱土 K-10 存在下，则主要生成 Markovnikov 加成产物[299]。但是，在沸石作用下，硫酚对烯烃的加成得到的却是反 Markovnikov 硫醚[300]。事实上，这种定位情况可以用来判断反应采用哪种历程。H_2S、RSH（R 可以是一级、二级或三级烃基）、ArSH 或者 RCOSH 的加成可以是自由基机理[301]。R 基团可以含有各种官能团。烯烃可以是端烯或者是非端烯，可以含有支链，也可以是环状的，还可以包括例如 OH、COOH、COOR、NO_2、RSO_2 等官能团。Ph_3SiSH 在端烯上发生自由基加成反应，产物是一级硫醇[302]。

炔烃与硫醇反应生成烯基硫醚。对于炔烃，可以加成 1mol 或 2mol 的 RSH，分别生成烯基硫醚[303]或硫代缩酮。在 Pd 催化剂的催化下，硫醇可以加成到炔烃上，生成烯基硫化物[304]。在光化学条件下，硫醇与烯烃加成反应的产物是硫醚，也可能发生分子内加成，产物是环硫醚[305]。硫代碳酸酯可作为硫醇的替代物，在 TiCl$_4$ 和 CuO 存在下可将烯烃转化为烷基硫醇[306]。在 Au 催化剂存在下，磺酸加成到炔烃上得到烯基磺酸酯[307]。碳酸铯催化炔烃加成生成烯基硫醚，反应具有良好的（Z)-选择性[308]。Rh[309]、In[310]、有机铜[311]、有机锆[312] 或 Pt[313] 催化炔烃与硫醇的反应都生成相应的烯基硫醚。在无溶剂条件下使用氧化铝-KF 体系可得到同样的结果[314]。有一种可替代的方法：端炔与 Cp$_2$Zr(H)Cl 反应，而后与 PhSCl 反应生成烯基硫醚，产物中 SPh 单元在取代基较少的碳上（PhCH＝CHSPh)[315]。在 Pd 催化剂作用下，分子内硫醇对烯-炔的加成得到取代的噻吩衍生物[316]。烯烃与二苯基二硫化物在 GaCl$_3$ 存在下反应，生成的产物连接两个苯基硫单元（PhS—C—C—SPh)[317]。炔烃与二苯基二硫化物和 Pd 催化剂反应，则生成二硫化烯烃（PhS—C＝C—SPh)[318]。

当将硫醇加入到对亲核进攻敏感的底物中时，碱会催化此反应，反应机理是亲核的。这些底物可以是 Michael 类型[319]，或者是多卤代烯烃或炔烃[255]。如果采取自由基历程，炔烃的加成产物可以是乙烯基硫醚或者是二硫代缩醛：

—C≡C— + RSH —OH→ 〉＝〈 SR + RSH —OH→ —C—C— SR SR

无论通过何种机理，H$_2$S 加成到双键上的最初产物是硫醇。硫醇还可以与另一分子的烯烃发生加成反应，生成硫化物（C＝C→H—C—C—S—C—C—H)。在醇的存在下，硫醇与烯酮发生加成反应生成硫酯（R$_2$C＝C＝O + RSH ⟶ R$_2$CHCOSR)[320]。

硒的化合物（RSeH）也可以以与硫醇类似的方式进行加成[321]。由炔烃与二苯基二硒化物和硼氢化钠反应可制备烯基硒醚[322]。Pd(Ⅱ) 催化下 PhSeH 与炔烃在吡啶中反应也生成相应的烯基硒醚[323]。

硫醇对 α,β-不饱和羰基化合物的共轭加成在反应 **15-31** 中讨论。

OS Ⅲ，458；Ⅳ，669；Ⅶ，302；另见 OS Ⅷ，458。

15.3.2.4 氮或磷加成到另一端
15-8 加成氢、胺、膦及相应化合物[324]
氢-氨基-加成
氢-膦基-加成

〉＝〈 + NH$_3$ ⟶ H〉—〈NH$_2$ + (H〉—〈)$_2$NH + (H〉—〈)$_3$N

〉＝〈 + RNH$_2$ ⟶ H〉—〈NHR + (H〉—〈)$_2$NR

〉＝〈 + R$_2$NH ⟶ H〉—〈NR$_2$

在某些情况下，氨、伯胺或者仲胺可以加成到烯烃上[325]。氨和胺的酸性比水、醇和硫醇都弱（参见反应 **15-3**、**15-5**、**15-7**），由于酸会将 NH$_3$ 变成弱酸 NH$_4^+$，所以这种反应难以通过亲电历程完成；即便发生了，普通烯烃在通常条件下产率也很低，除非在一些特殊条件下反应（例如，乙烯和氨气可以在 178～200℃ 的高温中，施加 800～1000atm（81060～101325kPa）压力下，在金属钠的存在下才能明显地发生反应[326]）。但是也有质子催化的氢氨化反应，该反应是在苯铵盐的存在下，苯胺衍生物加成到烯烃上，产率根据烯烃的不同为 20%～90%[327]。

有许多过渡金属催化的含氮化合物与烯烃、炔烃等加成反应的例子[328]。在 Pd[329]、Rh[330]、In[331]、Ti[332]、Fe[333]、Ta[334]、Au[335]、Y[336]、Mo[337] 和各种 La 催化剂[338] 的作用下，胺可以和一些不活泼的烯烃发生加成反应。1,3-二烯[339] 以及丙二烯[340] 在 Au 催化剂存在下可发生氢氨化反应。络合作用降低了双键的电子云密度，有利于亲核进攻[341]。反应是反式加成，产物符合 Markovnikov 规则[342]。苯胺与二烯烃和 Pd 催化剂反应生成烯丙基胺[343]。二烯胺与 Sm 催化剂生成 2-烯基四氢吡咯[344]。有人研究了 Au(Ⅰ) 催化的烯烃氢氨化反应机理[345]。研究确信：反应历程包含了活化 Au 物种的配体取代，而后是 N-亲核试剂对活化双键的亲核进攻，最后是质子从 NH$_2$ 基团向不饱和碳原子的转移。

环化反应是这种反应非常有用的形式。曾有报道指出，采用 Pd[346]、Rh[347]、Sc[348]、Sm[349]、Ti[350]、Zr[351] 或 Lu 催化剂[352]，以及 La 试剂[353] 或 Y 试剂[354]，分子内胺单元对烯烃的加成得到四氢吡咯。Ca 调控的分子内氨基烯烃反应生成环胺[355]。烯胺用正丁基锂处理，得到的主要产物为环胺[356]，反应产率很好。二级胺与丁基锂反应生成胺基碱，胺基碱与烯烃反应得到烷基胺[357]，而与烯烃发生分子内加成反应得到四氢吡咯[358]。吡咯可以用这种方法制备[359]。

其它含氮化合物如羟胺[360]、肼、酰胺（反应 **15-9**）也可以加成到烯烃上。叔胺（不包括位阻很大的情况）在酸（HCl 或 HNO$_3$）的催化下与 Michael 类型的底物（C=C—Z）发生加成反应，生成相应的季铵盐（R_3N^+—C—C—Z）[361]。叔胺可以是脂肪胺、环胺以及杂环的胺（包括吡啶）。NaOH 与含有两个远端烯烃单元的胺反应，而后加入钕催化剂可生成二环胺[362]。

伯胺与叁键加成生成烯胺[363]，这些烯胺的氮原子上有一个 H，氢原子会发生（与烯醇类似）互变异构［参见 2.14.2 节 (4)］生成更稳定的亚胺（**41**）[364]；反应可在 Pd[365]、Ti[366]、Ta[367]、Cu[368] 或 Au[369] 催化剂作用下进行。在 Pd 催化剂作用下分子内的胺对炔单元的加成生成杂环或环胺化合物[370]。在一个改进的反应中炔基亚胺与 CuI 反应生成吡咯[371]。N,N-二苯基肼与二苯基乙炔和 Ti 催化剂反应生成吲哚衍生物[372]。2-炔基苯甲醛的亚胺基与碘反应生成官能团化的异喹啉[373]。

$$R-C\equiv C-R' + R^2NH_2 \longrightarrow \underset{R'}{\overset{H}{\underset{|}{\text{C}}}}=\underset{}{\overset{NHR^2}{\underset{|}{\text{C}}}} \rightleftharpoons \underset{R}{\overset{H}{\underset{|}{\text{C}}}}-\underset{}{\overset{N-R^2}{\underset{|}{\text{C}}}}$$
41

但是当使用氨代替伯胺时，相应的亚胺 $R_2C=NH$ 不稳定，易发生聚合，因此无法分离出来。氨及伯胺（脂肪族的或者芳香族的）与共轭二炔加成生成吡咯（**42**）[374]。使用 Cu 催化剂可发生反 Markovnikov 加成[375]。胺与炔烃在超临界 CO_2 中发生相关的反应生成酰胺[376]。

丙二烯也可作为反应底物[377]。在催化量的 CuBr[378]、Au[379]、或者 Pd 化合物[380] 的催化下，胺可以与丙二烯发生加成反应。在 Au 催化剂作用下，丙二烯胺发生分子内反应生成二氢吡咯[381]。利用 Ti 催化剂可从丙二烯胺制备环状亚胺[382]。

利用硼氢化反应（反应 **15-16**），然后用 NH_2Cl 或 NH_2OSO_2OH 处理（反应 **12-32**），NH_2 或 NR_2 可以间接地加成到双键上，即使是普通双键也可以发生反应。反应生成反 Markovnikov 规则的伯胺。间接地将伯胺或者仲胺加成到双键的方法是首先发生氨汞化生成 **43**，而后还原生成胺 **44**（见反应 **15-3**，参考类似的羟汞化-脱汞反应），例如[383]：

$$\underset{H_3C}{\overset{H}{\underset{|}{\text{C}}}}=\underset{H}{\overset{H}{\underset{|}{\text{C}}}} \xrightarrow{R_2NH, Hg(OAc)_2} \underset{R_2N}{\overset{H_3C}{\underset{|}{\text{C}}}}-\underset{}{\overset{HgOAc}{\underset{|}{\text{C}}}} \xrightarrow{NaBH_4} \underset{H}{\overset{CH_3}{\underset{|}{\text{C}}}}-\underset{NR_2}{\overset{H}{\underset{|}{\text{C}}}}$$
43 **44**

二级胺的加成生成叔胺，而伯胺的加成生成仲胺。总的加成定位方向符合 Markovnikov 规则。化合物 **43** 转化为其它产物的方法参见反应 **15-53**。

$$\text{C}=\text{C} + R_2PH \longrightarrow H-\text{C}-\text{C}-PR_2$$
45

膦化物能与烯烃、炔烃发生加成反应分别生成烷基膦化物（**45**）和乙烯基膦化物。烯烃与三芳基膦在 Pd 催化下反应生成烷基三芳基磷鎓盐[384]。在镍催化剂催化下，二芳基膦化物能与烯烃反应生成烷基膦[385]。硅烷基膦（R_3SiPAr_2）与烯烃和 Bu_4NF 反应，产物为符合反 Markovnikov 规则的烯丙基膦[386]。利用芳环取代烯烃与二苯基膦氧化物 $[Ph_2P(=O)H]$ 的反应可以制备膦氧化物[387]。膦酸酯也可以通过烯烃与亚磷酸二乙酯 $[(EtO_2)P(=O)H]$ 在锰催化剂及氧气作用下的发生类似反应制备获得[388]。烯烃与 NaH_2PO_2 也能发生类似的加成反应，生成亚膦酸盐，$RCH=CH_2 \rightarrow RCH_2CH_2PH(=O)ONa$[389]。采用 Pd 催化剂可以通过烯烃制备类似化合物[390]，端炔与二甲基亚磷酸酯以及镍催化剂作用生成符合 Markovnikov 规则的乙烯基膦酸酯[391]。

在钇（Yb）催化剂存在下，二苯基膦与二苯乙炔反应，产物为相应的乙烯基膦化物[392]。在钯催化剂作用下，邻苯基膦化物与端炔加成，得到符合反 Markovnikov 规则的乙烯基膦化物；若使用镍化合物催化，则得到符合 Markovnikov 规则的乙烯基膦化物[393]。

Co 催化剂也可用于此种反应[394]。二苯基膦氧化物也可在铑催化剂作用下与端炔反应，得到符合反 Markovnikov 规则的乙烯基膦氧化物[395]。采用钯催化剂时，其它磷酸酯可与二烯烃发生加成反应生成烯丙基膦酸酯[396]。二芳基磷化氢与烯丙基醚和镍催化剂反应得到的产物是 α-烷氧基膦酸酯[397]。

OS I, 196; III, 91, 93, 244, 258; IV, 146, 205; V, 39, 575, 929; VI, 75, 943; VIII, 188, 190, 536; **80**, 75; 另见 OS VI, 932.

15-9 加成酰胺

氢-酰氨基-加成

$$\text{C}=\text{C} + RHN-\overset{O}{\underset{}{\overset{\|}{C}}}-R^1 \longrightarrow \text{C}-\text{C}-\overset{O}{\underset{R}{\overset{\|}{N}}}-\overset{}{\underset{}{C}}-R^1$$

在一定条件下，伯酰胺和仲酰胺可以直接与烯烃加成生成 N-烷基酰胺。磺酰胺发生类似的反应。烯烃可与酰胺及相关化合物在某些过渡金属存在下反应。Ti 催化下烯基 N-对甲苯磺酰胺反应生成 N-对甲苯磺酰基环胺[398]。

这个反应也可以是分子内的。3-戊酰胺在三氟磺酸催化下环化生成 5-甲基-2-吡咯烷酮[399]。N-苄基-4-戊炔酰胺与氟化四丁基铵反应生成亚烷基内酰胺[400]。在高价碘试剂作用下, 酰肼衍生物也可以环化生成内酰胺[401]。三氟甲磺酰胺烯烃与三氟甲磺酸反应生成相应的 N-三氟甲磺酰基环胺[402]。氨基磺酸酯在 Rh 配合物催化下发生分子内环化反应, 生成环状氨基磺酸酯[403]。

炔烃和丙二烯也可以与酰胺反应。在 Ru/In 催化下磺酰胺与炔烃加成反应生成环状的 N-磺酰基衍生物[404]。Pd 催化的反应得到类似的结果[405]。Bi 和 Hf 也可用作催化剂[406]。苯基硫甲基炔可被 Boc 叠氮化物和铁催化剂转化为 N-Boc-N-苯基硫丙二烯[407]。通过端炔与酰胺在 Re[408] 或 Ru[409] 催化下发生的氢酰胺化反应可制备烯酰胺。Pd 催化下丙二烯酰胺与碘苯反应, 生成 C-1 上连接烯丙基的 N-磺酰基吖丙啶[410]。其它丙二烯 N-对甲苯磺酰胺类似地生成 N-对甲苯磺酰基四氢吡啶[411]。

N-溴代氨基甲酸酯在 BF$_3$·OEt$_2$ 作用下也与烯烃加成, 生成邻溴 N-Boc-胺[412]。氨基甲酸酯在 Bu$_3$SnH 和 AIBN 作用下与烯烃加成, 生成二环内酰胺[413]。烯基酰胺和氨基甲酸酯与过渡金属催化剂反应生成内酰胺或环状氨基甲酸酯。在 Pd 催化剂催化下, 类似的甲苯磺酰胺-烯烃发生加成反应生成烯基 N-甲苯磺酰基四氢吡咯[414]。Pd[415] 和 Au[416] 都可催化氨基甲酸酯的环化反应, Os 化合物也可用于这个反应[417]。离子液体已被用于催化这些反应[418]。

酰亚胺也可以与烯烃或炔烃发生加成反应。在 Pd 催化剂催化下, 邻苯二甲酰亚胺可与烯烃反应[419]。在钯催化剂催化下, 2-丙炔酸乙酯与邻苯二甲酰亚胺反应, 生成 2-苯二甲酰亚氨基-2-丙炔酸乙酯[420]。

镍催化的氢膦酸化反应已见报道。例如, 炔烃与烷基膦酸酯反应生成烯基膦酸酯[421]。H-膦酸酯和二级氧化膦都可与烯烃以反 Markovnikov 规则发生加成反应, 反应受空气诱发, 可能是自由基机理[422]。

15-10 加成叠氮酸

氢-叠氮基-加成

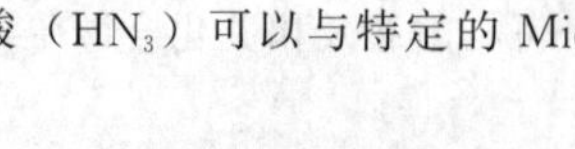

叠氮酸 (HN_3) 可以与特定的 Michael 类型底物加成 (其中 Z 的定义参见 15.1.2 节) 生成 β-叠氮化合物[423]。如果 R 是苯基, 这个反应不能进行。HN_3 可以与烯醇醚 $CH_2=CHOR$ 发生加成反应生成 $CH_3CH(OR)N_3$; 也可以与烯醇硅醚反应[424]; 但是却不能与烯烃发生加成反应, 除非使用 Lewis 酸如 $TiCl_4$。在使用 Lewis 酸的情况下, 可以高产率地得到叠氮化合物[424]。通过叠氮汞化-脱汞反应, HN_3 可以间接地加成到普通烯烃上[425]。这个过程与 15-3、15-5、15-6 和 15-8 中提到的反应类似。这个反应适用于端烯或者具有张力的环烯 (例如降冰片烯), 但是不适用于无张力的非端烯。该反应的一种改进形式是, 在 Co 催化剂和 t-BuOOH 作用下烯烃发生氢叠氮化反应, 生成烷基叠氮化物[426]。

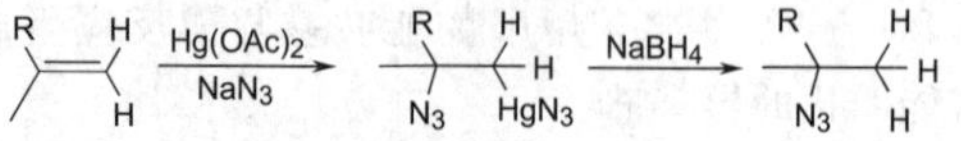

15.3.2.5　氢加在两侧

15-11　双键和叁键的氢化反应[427]

二氢-加成

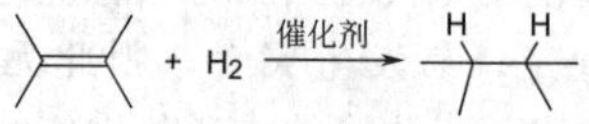

大多数碳碳双键, 不论是否连有给电子基或吸电子基, 都可以被定量或近似定量地催化氢化[428]。几乎所有已知的烯烃在 0~275℃ 温度范围内都可以被氢化。使用的催化剂可以分为两大类, 其中每一类都包含过渡金属及其化合物: ①不能溶解在反应介质中的催化剂 (非均相催化剂), 最有效的有 Raney 镍[429]、钯炭 (可能更普遍)[430], $NaBH_4$ 还原的镍[431] (又称镍硼化合物), 金属铂及其氧化物, 铑、钌和锌的氧化物[432]; ②能溶解在反应介质中的催化剂 (均相催化剂)[433], 最重要的有氯化三 (三苯基膦) 铑 [$RhCl(Ph_3P)_3$][434], 46, Wilkinson 催化剂][435], 该催化剂可以催化许多烯烃的加氢反应而不影响分子中存在的 COOR、NO_2、CN 或 COR[436]。甚至不饱和醛也可以被还原成饱和醛[437], 但是在这个反应中脱羰基化 (14-32) 可能是副反应。分子中许多其它的官能团如 OH、COOH、NR_2 (包括 NH_2) 和 N(R)COR′ (包括氨基甲酸酯)[438]、CHO、COR、COOR 和 CN 乙烯基酯可用均相 Rh 催化剂催化氢化[439]。其中一些基团也较易发生催化还原反应, 但是通常情况下总是可以找到选择性还原双键的方法 (见表 19.2)[440]。通过控制溶剂可使烯烃发生催化氢化而不影响分子中的芳香族硝基[441]。

改进的催化剂包括聚合物键连的 Ru 催化

剂[442]和箝闭于多聚物上的 Pd 催化剂[443]。离子液体中的纳米微粒状 Pd 催化剂也被用于烯烃的氢化反应[444]。

均相催化剂的优点是催化再生能力强,反应选择性高。除了 Wilkinson 催化剂（**46**）,氯化三（三苯基膦）氢化钌（Ⅱ）[$(Ph_3P)_3RuClH$][445]可以专一地催化氢化端烯,非端位的双键反应效率极低甚至不反应。另外均相催化剂不易发生催化剂中毒[446],而非均相催化剂易被橡胶塞中的少量硫或体系中的硫醇或硫化物作用而发生催化剂中毒[447]。但是,非均相催化剂容易从反应混合物中分离。

使用可溶的均相催化剂,同时使用各种金属催化剂,例如 Ir[449]、Pd[450]或 Zr[451]以及手性配体[452],非官能团化的烯烃可被高非对映选择性和高对映选择性[448]地催化氢化。手性过渡金属催化剂（最常见的是 Rh 和 Ru）可通过与适当的手性配体作用而制备,通常在加入到反应体系前完成。另一种可以替换的简便方法是,将非手性催化剂（例如,Wilkinson 催化剂,**46**）与手性配体同时使用。可以使用单膦手性配体[453],其磷原子可能具有手性,如 **47**（称为 R-camp）[454],或者使用双膦手性配体,如 **48**（称为 dipamp）[455],但是这样的配体由于温度升高会发生锥形翻转（参见 4.3 节）而使用受限。还可选用含有手性碳原子的膦作为配体,如 **49**（称为手性膦 chiraphos）[456],但是已经有许多各种各样的手性双膦配体可以使用[457]。手性中毒也被用于不对称催化[458]。

大多数情况下氢化反应在室温下就可以进行,压力略高于常压,但是有些双键活性较低,需要更高的温度和压力。随着取代基的增多,双键上的加氢越难进行,可能是由于反应的位阻增大了。三取代的双键需要 25℃、100atm（10132.5kPa）下发生反应,而四取代的双键需要 175℃、1000atm（101325kPa）才能反应。在所有的双键中最难反应或者不能反应的是那些含有两个环的烯烃,例如甾族化合物。在一种特殊的加氢设备中即便是在常压下氢化反应也可以发

生,但是这种加氢设备不是必需的。实际上,对于无需加热或加压的小规模氢化反应,常常在反应瓶上连接一个氢气球即可。大量的催化剂可以选用,所以总能发现具有高选择性的催化剂。例如,被包裹在沸石中的 Pd-salen 催化剂使 1-己烯在环己烯的溶剂中发生催化氢化[459]。实验显示反应压力可以影响不对称氢化的对映体选择性[460]。

叁键可以通过催化氢化或者以下提到的其它方法被还原。叁键和双键的氢化反应存在竞争,这可由催化剂控制。对于大部分催化剂（例如 Pd）,叁键上更容易发生反应,因此可以只加入 1mol 的氢气来控制反应只进行到将叁键还原到双键（通常是有立体选择性的加成）或只还原分子中的叁键而双键不受影响[461]。能实现这个反应的一个特别好的催化剂就是 Lindlar 催化剂（Pd-$CaCO_3$-PbO）[462]发生的是顺式加成,得到 Z-烯烃,另一种用于选择性催化氢化形成顺式烯烃的催化剂是 Pd-$BaSO_4$/喹啉（喹啉使催化剂中毒,有时称为 Rosenmund 催化剂）[463]。PEG 中的 Pd-$CaCO_3$ 也已被用作可回收使用的催化体系[464]。使用 Pd 催化剂和 DMF/KOH 可使炔烃发生催化氢化生成顺式烯烃,其中 DMF/KOH 作为高效的氢转移源[465]。C≡C 单元的催化氢化对其它官能团如 NR_2、NH_2[466]和磺酰基[467]没有影响。

共轭二烯有 1,2-加成和 1,4-加成两种加氢方式。在一氧化碳存在下使用二(环戊二烯基)铬催化,可以发生选择性的 1,4-加氢反应[468]。对于丙二烯[469],催化氢化得到的常是两个双键全部被还原的产物。官能团化的烯烃也可发生氢化反应。例如,Rh 催化下烯胺发生氢化反应生成胺[470]。Ir 催化剂作用下氟代烯烃的氢化反应已被报道[471]。共轭烯烃的氢化反应在反应 **15-14** 中讨论。

不论是均相催化还是非均相催化,大部分双键或叁键的催化氢化都是顺式的,氢从位阻小的一侧加到分子上[472]。这种选择性很大程度上取决于反应的活性中间体与金属结合的好坏。立体选择性只有通过四取代的烯烃才能研究（除非反应试剂为 D_2）,四取代烯烃很难发生氢化反应,但是研究结果显示尽管也有一些反式加成的产物（有时还是主产物）,但是 80%~

100％的产物是顺式的。烯烃的催化氢化几乎总是具有立体选择性的，生成的产物多为顺式（80％），即使产物是热力学不稳定的。例如，化合物 **50** 反应生成 **51**，尽管空间位阻使得分子无法成为一个平面[473]。

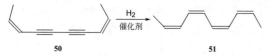

这是一个制备顺式烯烃的方法[474]。但是当位阻过大时，就有可能形成反式烯烃。在非均相催化氢化的研究中，氢交换的发生是使得立体化学研究复杂化的一个因素，这一因素可以在用 D_2 进行氢化的反应中看出[475]。这样乙烯氘化反应生成所有可能的氘代乙烯和氘代乙烷，以及乙烷和 HD[476]。对于 2-丁烯，双键可以发生迁移，也可以发生顺-反异构，甚至可以和不在双键上的氢发生氢交换（例如在催化下，当用 D_2 和顺-2-丁烯反应时，产物中发现 $C_4H_2D_8$ 和 C_4HD_9）[477]。事实上，在催化剂存在下已经发现烷烃可以和 D_2 发生氢交换反应[478]，有些反应甚至可以在没有 D_2 存在下发生（例如，$CH_4 + CD_4 \rightarrow CHD_3 + CH_3D$，气相中，催化剂）。所有这些因素都使得对非均相催化氢化的立体化学的研究变得很困难。

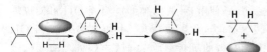

双键上非均相催化氢化机理的理解仍不透彻，因为这个反应研究起来难度很大[479]。因为反应是非均相的，动力学数据尽管很容易得到（通过测量氢气压力的减小），但是很难解释。此外，前面提到的氢交换反应也给这一问题带来了难度。目前普遍接受的普通两相反应机理于 1934 年被首次提出[480]。根据这个理论，烯烃被吸附在金属表面[481]，尽管经过了无数次的努力，但是成键的实际过程还未知[482]。金属结合位点通常用星号标出，但在上图中我们用 ⬬ 表示。由于空间位阻原因，烯烃在金属表面的吸附是从位阻较小的一侧进行的，这说明氢很可能也是首先吸附在催化剂表面的，当氢分子被吸附后就断裂生成 η^1-配位的氢原子（参见 3.3.1 节）。要注意的是，该模型表明烯烃和氢原子都只与一个金属粒子配位，但是它们可以与不同的金属粒子配位。研究显示铂催化氢的均裂[483]。第 2 步，被吸附的一个原子（η^1-配位）与一个碳原子相连，形成一个烷基自由基，此时仍然通过一根键与催化剂相连，很可能形成 η^1-配位。氢原子向碳的转移释放出了一个空的催化位点，该位点可与另一个氢原子配位。最后，另一个氢原子（不一定是与刚才那个氢原子组成氢分子的另一个氢原子）与自由基结合，得到反应产物，从催化剂表面解吸，金属催化剂又能与别的氢原子和/或烯烃分子配位了。各种各样的副反应，包括氢交换反应和异构化反应，可以被这种机理所解释[484]。尽管这个机理可以满足一些事实，但是仍然有些问题没有得到答案[485]，在这些问题[486]中就包括星号标记处的本质、成键的性质和不同催化剂的不用性质[487]。

非均相催化研究的另一个难题是，该反应发生在表面上，不同类型的金属粒子又都暴露于介质和反应物中。Maier 指出在非均相催化剂的表面存在 terrace 型、step 型和 kink 型原子（见图 15.1）[488]。这些术语指的是不同的原子类型，用最邻近原子的个数来表示，对应的是不同的过渡金属碎片，也表明了该金属的不同配位状态[489]。terrace 型原子（图 15.1 中的 A）通常有 8 个或 9 个邻近原子，相应的结构如粒子 ML_5 所示；step 型原子（B）通常有 7 个邻近原子，相应的结构如粒子 ML_4 所示；最后，kink 型原子（C）通常有 6 个邻近原子，相应的结构如粒子 ML_3 所示。通常随着粒子尺寸的增大，terrace 型原子的相对浓度将升高，而小的粒子尺寸则有利于形成 kink 型原子。

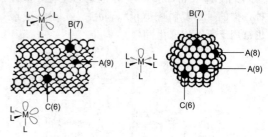

图 15.1　非均相催化剂的主要表面和粒子位点[488]

由 $RhCl(Ph_3P)_3$（**46**，Wilkinson 催化剂）[491]催化的均相催化氢化机理[490]涉及了催化剂和形成金属氢化物 $(PPh_3)_2RhH_2Cl$（**52**）[492]。三苯基膦（PPh_3）被两个氢原子取代是一个氧化加成过程。烯烃与 **52** 配位形成 **53**，然后氢原子转移到碳原子上，可能得到 **55**，这是一个插入反应，**55** 再次插入一个氢原子后释放出氢化产物和 Rh 配合物 **54**。**54** 又可以通过氧化加成过程加氢生成 **55**。在一项 Pd 催化氢化的研究中检测到了钯氢化物[493]。另外一条途径中，PPh_3

被两个氢原子和 η^2-烯烃复合物取代也可生成 **53**。

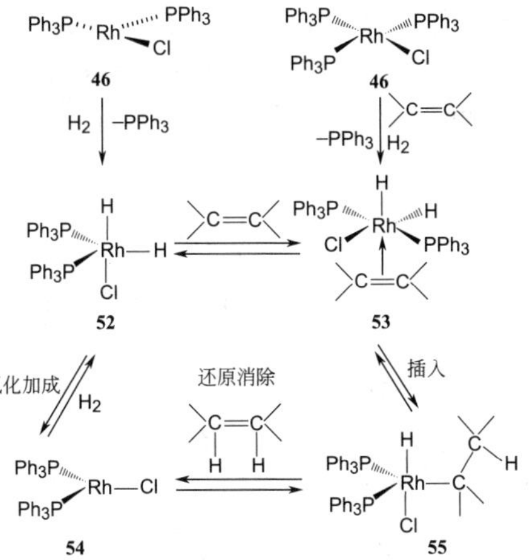

如果是 H_2 和 D_2 的混合物参与反应，产物就只有含有二氘代的化合物和非氘代的化合物，没有发现生成单氘代的化合物，这表明均相的反应与非均相反应不同，H_2 或者 D_2 被加成到同一个烯烃分子上，并且没有发生交换[491]。尽管化合物 **53** 转化为产物经过了两步[494]，但是 H_2 加成到双键上是顺式的，**55** 中键的旋转会导致生成立体产物的混合物。

在非均相催化氢化中氢交换和双键迁移的发生说明氢化反应不必要求两个氢原子直接在原来双键的位置上加成。因为对双键或叁键上 D_2 加成的区域选择性和立体选择性方面的特性，这个方法在合成上没有大的用处。然而，通过均相催化氢化，与 D_2 的加成通常具有规律性[495]；或者使用二酰亚胺法（反应 **15-12**），也可以实现区域选择性和立体选择性（顺式加成）。氘的加成也可以通过前面提到的硼氢化-还原过程实现区域选择性。

双键和叁键的还原参见 OS Ⅰ, 101, 311; Ⅱ, 191, 491; Ⅲ, 385, 794; Ⅳ, 298, 304, 408; Ⅴ, 16, 96, 277; Ⅵ, 68, 459; Ⅶ, 266, 287; Ⅷ, 420, 609; Ⅸ, 169, 533.

用于氢化反应的催化剂和仪器设备参见 OS Ⅰ, 61, 463; Ⅱ, 142; Ⅲ, 176, 181, 685; Ⅴ, 880; Ⅵ, 1007.

15-12 双键和叁键的其它还原反应

尽管催化氢化是最常用的方法，但是双键也可以被其它试剂还原，这些试剂有：乙醇中的钠、HMPA 中的钠和叔丁醇[496]、脂肪族胺中的锂（见 **15-13**）[497]、锌和酸，以及 $(EtO)_3SiH$-$Pd(OAc)_2$[498]。三烷基硅烷（R_3SiH）与酸联合使用可还原双键[499]。当双键被液氨或氨中的锂还原时，其反应机理与 Birch 还原类似（反应 **15-13**）[500]。三氟乙酸和 Et_3SiH 的还原是离子型机理，其中 H^+ 来自酸而 H^- 来自硅烷[289]。与这个机理一致的事实是这个反应仅适用于质子化后能生成叔碳正离子或者可以被其它基团（例如 OR 取代基）稳定的正离子的烯烃[501]。利用 CI-DNP 检测的研究表明，五羰基氢锰 $HMn(CO)_5$ 还原 α-甲基苯乙烯被五羰基氢锰（Ⅰ）[$HMn(CO)_5$] 的还原是自由基机理[502]。

在 Pd 催化剂作用下，三乙胺可将炔还原[503]。水中的碘化钐和三胺添加剂可使烯烃还原[504]。曾有报道称，类似的还原可用二甲氧基乙烷中的 $Co_2(CO)_8$ 和过量的水[505]。

另一种氢化方法被称为转移氢化（transfer hydrogenation）[506]。该反应中的氢来自另一个自身被氧化的有机分子，反应常需要均相的或非均相的过渡金属催化剂。常用的还原剂是环己烯，当使用 Pd 催化剂时它可以被氧化成苯，同时失去两分子的 H_2。使用 2-丙醇，镍纳米粒子可通过转移氢化还原烯烃[507]。

偶氮（NH=NH）是简单烯烃的还原剂，可由肼（N_2H_4）与羟胺混合反应原位形成[508]。人们研究了这个反应的速率[509]。偶氮也可在氧气保护下由肼在黄素（flavin）催化剂作用下产生[510]。虽然生成的偶氮有顺式和反式两种，但是只有顺式偶氮能还原双键[511]，反应可能经历了一个环状过程[512]：

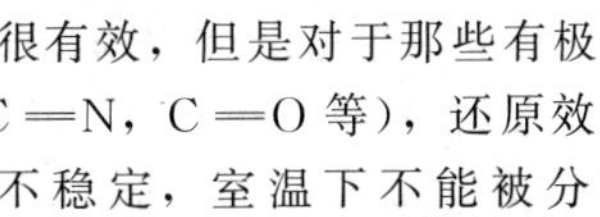

因此加成是顺式的[513]，而且与催化氢化一样，反应通常发生在双键上位阻较小的一侧。当空间位阻的差别不大时，从这一点上看没有什么区别[514]。偶氮还原对称的多重键（C=C，C≡C，N=N）很有效，但是对于那些有极性的双键（C≡N，C=N，C=O 等），还原效果却不理想。偶氮不稳定，室温下不能被分离出，在 $-196\ ℃$ 下可以被制备[515]，是黄色固体。

在一种烯烃还原的间接方法中[516]，烯烃先形成烷基硼烷，而后硼烷（通过反应 **15-16** 制备）水解。三烷基硼烷可与羧酸加热回流水解[517]，而单烷基硼烷（RBH_2）则可用碱水解[518]。一种温和的方法是先将烯烃与 2mol 邻苯二酚硼烷、催化量的 $MeCONMe_2$ 反应，接着用 4mol 甲醇还原上一步反应生成的有机硼烷,最后用空气处理[519]。叁键可类似地被还原成顺式烯烃[520],烯烃也可以继续还原。当炔烃与癸硼烷和 Pd/C 在甲醇中反应时,2mol 的氢发生了转移从而生成烷烃[521]。在甲醇中在 10% Pd/C 作用下叔丁基胺•硼烷复合物可使烯烃发生还原反应[522]。在一个类似的反应中,烯烃用 $NaBH_4$、与湿氧化铝混合的 $NiCl_2·6H_2O$ 处理,可原位发生还原反应[523]。利用负载在硼氢化物交换树脂(BER)上的 Ni_2B 进行氢化反应也已经得到应用[524]。金属氢化物如氢化铝锂和硼氢化钠,一般不能还原碳-碳双键。但是在特殊情况下,如当双键具有极性时,例如 1,1-二芳基乙烯[525]和烯胺[526],可发生还原反应。当与过渡金属盐(例如,$FeCl_2$ 或 $CoBr_2$)复合后,$LiAlH_4$ 和 $NaBH_4$ 以及 NaH 都可还原一般烯烃和炔烃[527]。$LiAlH_4$ 可将在烯丙位的侧链为醇的环丙烯还原成相应的环丙烷[528]。使用 $NaBH_4$ 可发生过渡金属催化的烯烃还原反应。具有此用途的金属有 Pd[529]和 Ru[530]。$NaBH_4$ 和 $BiCl_3$ 的混合物也可以还原某些烯烃[531]。在 Rh 配合物存在下,金属锌可催化水中烯烃的还原[532]。

普通双键对于金属氢化物不活泼,这样可以只还原分子中的羰基或是硝基,而不影响双键(参见第 19 章关于还原反应选择性的讨论)。Na 的液氨溶液也不能还原普通双键[533],但是却可以还原炔烃、丙二烯、共轭二烯[534]和芳环(反应 15-13)。

用发面酵母可以实现某些烯烃的对映选择性还原[535]。叁键的催化氢化以及与 DIBAL-H(二异丁基氢化铝)的反应通常得到顺式烯烃(反应 15-11)。其它大多数叁键还原方法得到的是热力学稳定的反式烯烃。当反应涉及硼烷的水解或者使用活化锌、肼或 NH_2OSO_3H 还原时,产物也是顺式的。

DIBAL-H[536]、活化的锌(参见 12-38)[537]、或者液氨或低分子量胺溶液中的碱金属(Na,Li)(对于非端叁键有效)[538],都可以将叁键选择性还原到双键。端炔不能被 $Na-NH_3$ 还原,因为在这个条件下,它被转化成乙炔基负离子。但是,可以将端炔加入到 $(NH_4)_2SO_4$ 的 $Na-NH_3$ 溶液中,释放出游离的乙炔基,从而将叁键还原到双键[539]。端炔和萘基锂、$NiCl_2$ 的反应可以有效地还原炔烃[540]。这个试剂对于简单烯烃的还原效果也很好[541]。

与烷氧硅烷[$(RO)_3SiH$][542]和 Ru 催化剂反应,而后用 AgF 处理,或者与硅烷[543]和 Ru 催化剂反应,而后用 CuI 和 Bu_4NF 处理,炔烃可被转化为反式烯烃。炔烃还原成烯烃也可通过金属有机化合物实现,如将炔烃和金属 In 在乙醇水溶液中加热[544]。炔烃可被乙酸钯和乙醇钠还原,在甲醇中还原产物为烷烃,而在 THF 中则得到顺式烯烃[545]。

使用催化剂 $Na-NH_3$[546]、DIBAL-H[547]或 $RhCl(PPh_3)_3$[548]为催化剂,可以只还原丙二烯中的一个双键,得到烯烃。

双键和叁键的还原参见 OS Ⅲ,586,742;Ⅳ,136,302,887;Ⅴ,281,993;Ⅶ,524.

15-13 芳环的氢化

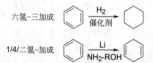

芳环可以被催化氢化而还原[549],但是反应需要的温度比还原普通双键更高(100~200℃)[550]。尽管这个反应通常使用非均相催化剂,但是有时也使用均相催化剂,使用后者时反应条件更温和[551]。在催化氢化反应中使用相转移催化剂可使反应条件变得十分温和[552]。还可以在离子液体中[553]以及在含水的超临界乙烷中[554]进行氢化反应。很多官能团,如 OH、O^-、COOH 和 NH_2 对反应没有影响,但是有些基团会被优先还原:如 CH_2OH 在氢解条件下可被还原成 CH_3(反应 19-54)。苯酚被还原成环己酮,反应过程中可能经历烯醇结构。芳香化合物氢化机理的计算研究已经被报道,结果表明,非催化的 1,4-氢化反应的能垒比 1,2-氢化反应低得多,尽管两者具有相近的反应焓[555]。

对于苯环,反应通常无法停止在只还原一个或两个双键,因为烯烃比苯环更容易被还原[556]。因此如果 1:1 的苯与氢气反应,反应不会得到环己二烯或者环己烯,而是 1/3 的环己烷和 2/3 未反应的苯。对于大部分芳香体系,实际情况却不是这样。例如蒽的还原反应很容易在 9,10-键被还原后停止下来(参 2.9.1 节)。酚衍生物的氢化可以生成共轭的环己烯酮[557]。甲苯在离子液体中用 Ru 催化剂催化氢化生成甲基环己烷[558]。

杂环化合物也常被氢化还原[559]:呋喃被还原成 THF,吡咯[560]被还原成四氢吡咯,吡啶[561]被还原成六氢吡啶。喹啉的含氮杂环可被碘和 Ir 催化剂作用而发生氢化还原[562]。吲哚衍生物中的五元环可在手性 Rh 催化剂作用催化氢化，生成氢化吲哚，反应具有很高的对映选择性[563]。

当芳环被 Li（或 K、Na）的液氨溶液还原时（这些反应被称为溶解金属还原），通常情况下如果存在醇（乙醇、异丙醇、叔丁醇），则发生氢的 1,4-加成，生成非共轭的环己二烯[564]。这个反应被称为 Birch 还原[565]。杂环化合物如吡咯[566]和呋喃[567]、吡啶[568]和吲哚[569]，也可以发生 Birch 还原。市售的液氨常含有铁盐等杂质，这使得 Birch 还原的产率降低，因此使用氨之前需要蒸馏。当取代的芳烃发生 Birch 还原时，给电子基团如烷基、烷氧基会降低反应的速率，并且给电子基团通常连接在产物中未发生还原的位置。例如苯甲醚 Birch 还原的产物是 1-甲氧基-1,4-环己二烯而不是 3-甲氧基-1,4-环己二烯。而另一方面吸电子基团如 COOH 和 $CONH_2$ 可加快反应速率，并且吸电子基连接的位置可发生还原[570]。人们已经研究过这个反应的区域选择性[571]。反应机理涉及从金属转移到溶剂中而后再转移到芳环[573]的溶剂化电子[572]：

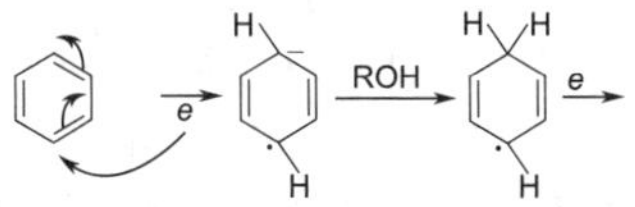

Na 被氧化成 Na^+，并生成一个自由基离子（**56**）[574]。从这类反应的 ESR 谱中可以得到大量这种自由基离子的证据[575]。自由基离子从醇分子中接受一个质子生成自由基，该自由基继而被另一个 Na 原子还原成碳负离子。最后 **57** 接受另一个质子。由此可见，醇的作用是提供质子，因为对于大多数的底物来说氨的酸性都不够强，无法提供质子。如果反应中没有醇，化合物 **56** 一般会发生二聚。有证据表明[576]，至少有一部分底物（例如联苯），通过其它的途径从 **56** 类似的结构转化为 **57** 类似的结构，它的过程与前述相反：首先得到第 2 个电子形成二价阴离子[573]，然后获得一个质子，得到与 **57** 类似结构的中间体。

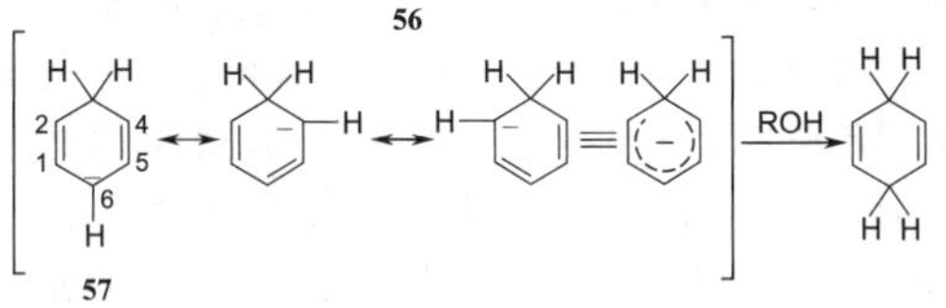

Birch 还原反应的条件对于一般的烯烃没有作用，因此，只要不与芳环共轭的双键在 Birch 反应中不会受到影响。然而苯代烯烃、非端炔烃（参见 15-12）[577]以及（与 C═C、C═O）共轭的烯烃，可以通过 Birch 反应被还原。

值得注意的是化合物 **57** 是一个共振杂化体，我们可以写出其它两种极限形式。这样就有了一个问题，为什么碳负离子选在 6 号位置夺取一个质子生成 1,4-二烯而不在 2 号位置夺取一个质子生成 1,3-二烯呢[578]？Hine 给出了这个问题的一个答案[579]：Hine 推测这是由于最小变动规则（principle of least motion）。根据最小变动规则，"在基元反应中原子位置和电子结构的改变越小越有利于反应的进行"[578]。这个规则应用到前面提到的反应中就是这样一种情况（简化后）：（假设三个极限式的贡献是一样的）苯环上六根碳碳价键的键级（参见 2.1）是（按照顺着环的方向进行）$1 \frac{2}{3}, 1, 1, 1\frac{2}{3}, 1\frac{1}{3}, 1\frac{1}{3}$。当碳负离子变成烯烃的时候，键级的变化如下所示：

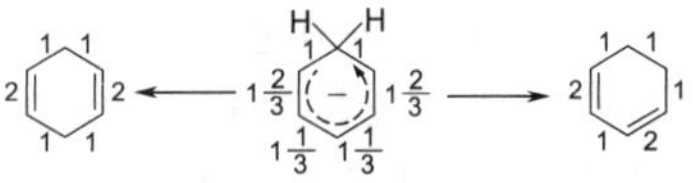

可以看出，在两个产物中两根键键级仍为 1，没有发生变化，但是其它四根键的键级发生了变化。如果生成的是 1,4-二烯，那么键级变化之和就是 $\frac{1}{3}+\frac{1}{3}+\frac{1}{3}+\frac{1}{3}$；如果生成 1,3-二烯，键级变化之和就是 $\frac{1}{3}+\frac{2}{3}+\frac{2}{3}+\frac{1}{3}$，所以生成 1,3-二烯的变化更大。依据最小变动规则，产物应该是 1,4-二烯。但是这也不是唯一的决定因素，因为化合物 **57** 的 ^{13}C NMR 谱图显示 6 位碳的电子云密度要大于 2 位的，这可能是 6 位碳更容易吸引质子的原因[580]。

在 Li[581]或 Ca[582]的胺溶液（用胺替代氨，这个反应称为 Benkeser 还原）作用下，芳环被还原生成环己烯。这样通过选择合适的催化剂，可以得到苯环上一根、两根或三根双键被还原的产物[583]。三乙基硼氢化锂（$LiBEt_3H$）也用于将吡啶衍生物还原成哌啶衍生物[584]。

过渡金属及其化合物在适当的介质中可还原芳环。在乙醇水溶液中，金属铟可以还原喹啉的吡啶环[585]，也可还原吲哚衍生物的五元环中的 C═C 结构[586]。在 THF 溶液[587]或苯酚的 MeOH/KOH 溶液[588]中，SmI_2 可以还原吡啶。在甲醇中，甲酸铵和 Pd-C 催化剂可将吡啶 N-氧化物还原成哌啶[589]。在异丙醇中，喹啉的含氮环可被 In 催化剂还原[590]。

OS Ⅰ,99,499;Ⅱ,566;Ⅲ,278,742;Ⅳ,313,887,903;Ⅴ,398,400,467,591,670,743,989;Ⅵ,371,395,461,731,852,856,996;Ⅶ,249.

15-14 与羰基、氰基、硝基等共轭双键和叁键的还原

$$\text{环戊烯酮} \xrightarrow{NaBH_4} \text{环戊醇} \quad (100\%)$$

很多还原剂可以只还原共轭体系 C=C—C=O 和 C=C—C≡N[591] 中的 C=C 键[592],其中包括 Rh[593]、Ru[594]、Pd[595] 或 Ir[596] 催化剂催化氢化,以及单独使用 Raney 镍[597]。SmI_2[598] 以及儿茶酚硼烷[599] 也是很有效的试剂。共轭酮与 2 倍量的 Cp_2TiCl 在 THF/MeOH 中反应,生成相应的饱和酮[600]。锌和乙酸可用于二氢吡啶-4-酮的共轭还原[601]。甲酸与 Pd 催化剂共同使用可还原共轭的羧酸[602]。锌-钛茂烯(zinc-titanocene)方法已被用于共轭还原[603]。$NaBH_4$ 的 MeOH-THF 溶液[604] 或者 $NaCNBH_3$-沸石[605] 可以将 α,β-不饱和硝基化合物还原为硝基烷烃。

在某些情况下[606],金属氢化物不仅可以选择性地还原与 C=O 共轭的双键[607],但在很多情况下 C=O 也可以被还原,例如,环戊烯酮转化为环戊基醇[608]。

在这个双还原反应中,$NaBH_4$ 比 $LiAlH_4$ 更常使用,尽管 $NaBH_4$ 的还原产物中很大部分都是 1,2-还原的(C=O 被还原)。在 $NaBH_4/I_2$ 的作用下,二烯酰胺中离羰基最近的双键 C=C 可以被选择性还原[609]。混合氢化物还原剂,例如 $NaBH_4$-$BiCl_3$[610]、$NaBH_4$-$InCl_3$[611] 和 Dibal-H-Co$(acac)_2$[612] 都已被使用。$NaBH_4$-$BiCl_3$ 可用于将共轭二烯酮(C=C—C=C—C=O)选择性地转化为非共轭的烯基酮(C=C—CH_2CH_2—C=O)[613]。氢化铝锂可以还原烯丙醇的双键[614]。

可用转移氢化方法还原共轭烯烃。共轭醛中 C=C 单元的还原可用咪唑啉酮催化剂[615] 或氨基酯[616] 在 Hantzch 酯(例如 58)存在下实现。在 58 的存在下使用硫脲催化剂,硝基烯烃可被氢化[617]。以 1,4-环己二烯为氢转移试剂,微波加热下 Pd-C 可用于共轭羧酸的转移氢化反应[618]。以甲酸[619] 或水为氢供体,使用 Ru 复合物可进行无溶剂的转移氢化反应[620]。Pd-P(t-Bu)$_3$ 已被用作转移氢化反应的温和催化剂[621]。Ti 催化的还原反应也已见报道[622]。

$$\underset{58}{\text{EtO}_2C\underset{N}{\underset{H}{\bigvee}}CO_2Et}$$

在 Cu 试剂存在下,硅烷可还原共轭体系中的 C=C 单元[623]。已有 CuH 催化的不对称氢硅烷化反应的报道[624]。$PhSiH_3$ 与镍催化剂[625]、CuCl[626] 或 Mn 催化剂[627] 或 Mo 催化剂[628] 都已被用于氢硅烷化反应。三苯基硅烷曾被用于硝基烯烃(C=C—NO_2)的不对称还原反应[629]。聚甲基羟基硅氧烷与手性铜催化剂能还原共轭酯的共轭键部分,生成饱和衍生物,该反应具有很高的对映选择性[630]。聚甲基羟基硅氧烷在 Co 催化剂存在下可还原共轭腈[631]。使用过量的 Ph_3SiH 与含手性配体的 CuCl 催化剂能将 β-溴代共轭内酯还原成相应的 β-溴代内酯,反应具有一定的对映选择性[632]。在 $MgBr_2 \cdot OEt_2$ 作用下,三丁基锡氢化物能使共轭酯发生 1,4-还原反应[633]。

$$\underset{59}{\underset{\text{Ph}}{\overset{H}{\underset{}{\bigvee}}}\overset{COOH}{\underset{\text{NHCOMe}}{}}} \xrightarrow[\text{催化剂}]{H_2} \underset{\text{Ph}}{\overset{H}{\underset{}{\bigvee}}}\overset{COOH}{\underset{\text{NHCOMe}}{H}} \quad (+)\text{或}(-)$$

一些具有光学活性的均相催化剂被用于对前手性共轭底物[635] 的对映选择性氢化反应[634]。例如[636],在适当催化剂作用下,化合物 59 发生氢化反应得到(+)或(-)的氨基酯(具体哪一种产物,取决于所用的催化剂是哪种异构体,ee 值可高达 96%[637]。导致如此高光学产率的前手性反应底物通常含有一些官能团,如羰基[638]、酰氨基、氰基以及像化合物 58 中的复合基团[639]。这类反应[640] 中所使用的催化剂一般是含有手性膦配体[643] 的钌[641] 或铑配合物[642]。手性铑配合物以及其它手性添加剂[645] 在反应中具有良好的不对称诱导作用[644]。若采用铱配合物作为催化剂能获得很好的对映选择性[646]。溶剂[647] 和压力[648] 对具有对映选择性的氢化反应的影响都已见报道。共轭羧酸[649] 和共轭酮[650] 的不对称催化加氢反应也曾见报道。离子液体中共轭羧酸的不对称加氢可以通过使用手性 Ru 催化剂实现[651]。

在共轭 C=C 双键存在时对 C=O 进行选择性还原的方法参见反应 **19-36**。

共轭醛中的 C=C 单元可被 $AlMe_3$、催化量的 CuBr[652] 或者 $AlMe_3$ 以及甲酸铵/Pd-C[653] 还原。多聚物负载的甲酸盐被用于共轭酮的 1,4-还原反应[654],而共轭酸的该类反应使用铑催化剂和微波辐射[655]。异丙醇与铱催化剂能对共轭

酮进行共轭还原[656]。共轭酮与氯化铝发生反应，再用水进行处理，得到的产物为相应的饱和酮[657]。

共轭体系的酶法还原要求某些钝化的或全细胞酶具有活性。食用发酵粉能将共轭硝基化合物还原成硝基烷烃[658]，也能选择性还原共轭酮中 C═C 键单元[659]。其它的酶也可能进行还原反应。从烟草 *Nicotiana tabacum* 中提取的一种还原酶能将共轭酮还原成饱和酮，该反应具有很好的对映选择性[660]。酶 YNAR-I 和 NADP-H 能将共轭硝基化合物还原成硝基烷烃[661]。共轭硝基化合物也可被 *Clostridium sporogenes* 还原[662]。

15-15 环丙烷的还原开链

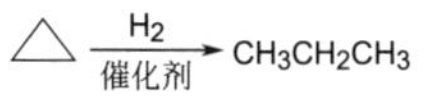

$$\triangle \xrightarrow[\text{催化剂}]{H_2} CH_3CH_2CH_3$$

环丙烷可以通过催化氢化发生开环[663]。Ni、Pd、Ph[664]或 Pt 被用作这个反应的催化剂。这个反应通常可在温和的条件下进行[665]。某些环丙烷，尤其是环丙酮和芳基取代的环丙烷[666]，可以在碱金属（通常是 Na 或 Li）的液氨溶液中被还原[667]。在 $LiClO_4$ 存在下，通过光化学途径也可以发生类似的反应[668]。该反应是在分子中引入偕二甲基的一种好方法。如在 PtO_2（Adam 催化剂）的作用下，可对化合物 60 中环丙烷进行加氢反应，引入偕二甲基，生成化合物 61[669]。

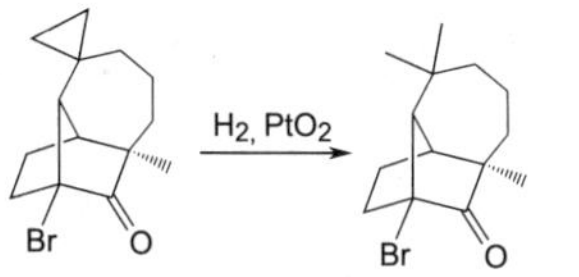

15.3.2.6 金属进攻另一侧
15-16 硼氢化反应

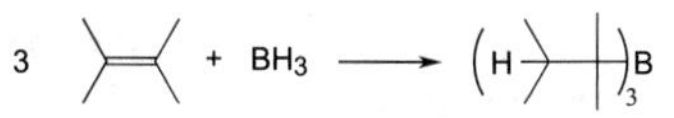

当烯烃与硼烷[670]在醚中反应，BH_3 可加成在双键上[671]。烯烃作为碱与作为 Lewis 酸的硼反应。硼烷不能稳定存在[672]（容易发生二聚生成乙硼烷，B_2H_6），市售的硼烷是以与 THF、Me_2S[673]、磷化氢或者叔胺形成配合物的形式存在。烯烃可与上述任何一种配合物反应。THF-BH_3 最常用，一般在 0℃下使用；R_3N-BH_3 需要在接近 100℃下使用。但是后者可以液态或固态形式制备出来，它们在空气中很稳定；而前者只能在 THF 稀溶液中使用，在潮湿的空气中会被分解，或者与 $NaBH_4$ 和 $BF_3·OEt_2$ 复合物的混合物反应，这种混合物会在原位生成硼烷[674]。吡啶-硼烷可用于室温下烯烃的硼氢化反应[675]。对于位阻较小的烯烃，反应不会停留在只加成一分子 BH_3 的情况下，因为生成的 RBH_2 会马上和另一分子的烯烃发生加成生成 R_2BH，之后继续与第三分子的烯烃反应，所以被分离的产物是三烷基硼烷（R_3B）。参与反应的烯烃可以连有 1~4 个取代基，包括环烯；但是当烯烃结构上有一定位阻时，产物是二烷基硼烷（R_2BH）甚至是一烷基硼烷（RBH_2）[676]。例如化合物二(1,2-二甲基丙基)硼烷（**62**）和化合物 1,1,2-三甲基丙基硼烷（**63**）[677]就是用这种方法制备的。一烷基硼烷（RBH_2）；如上所述，可以通过位阻大的烯烃制备）和二烷基硼烷（R_2BH）也可以与烯烃加成，分别得到杂三烷基硼烷 $RR_2'B$ 和 $R_2R'B$。令人惊讶的是，当并没有大基团的甲基硼烷（$MeBH_2$）[678]在 THF 溶剂中与烯烃反应，加成一分子的烯烃后反应可以被终止，得到二烷基硼烷（$RMeBH$）[679]。如果再加入另一种烯烃，该反应继续进行，生成三烷基硼烷（RR' MeB）[680]。其它一烷基硼烷，例如 i-$PrBH_2$、n-$BuBH_2$、s-$BuBH_2$ 和 t-$BuBH_2$ 和非端烯的反应情况相似，但是与端烯 $R'CH$=CH_2 的反应情况就不同[681]。

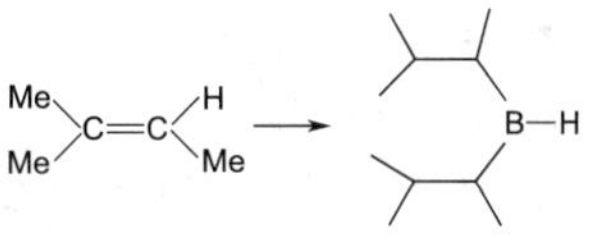

二(1,2-二甲基丙基)硼烷
62

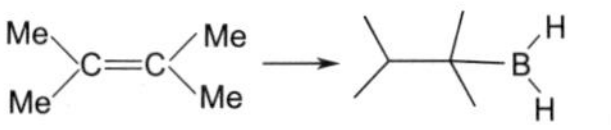

1,1,2-三甲基丙基硼烷
63

在所有情况下，硼原子加到双键上含氢较多的碳上（取代基较少），无论取代基是芳基还是炔基[682]。从原理上分析这是符合 Markovnikov 规则，因为硼比氢的电正性更大。然而实际上反应的区域选择性更多地决定于空间位阻因素，尽管电子因素也起一定作用。对于取代苯乙烯硼氢化反应，人们研究环取代对反应速率和进攻方向的影响，发现硼的进攻是亲电性的[683]。当双键两侧都是单取代或都是双取代时，得到的是几乎等量的异构体。然而如果使用大的进攻基团就可以得到具有区域选择性的产物。例如 i-$PrCH$=$CHMe$ 与硼烷反应，57% 的产物是硼烷加到连有甲基的碳上，43% 的产物是硼烷加成到另一个双键碳上；如果该烯烃与化合物 **62**

反应，95%的产物是化合物 **64**，只有 5% 是它的异构体[684]。

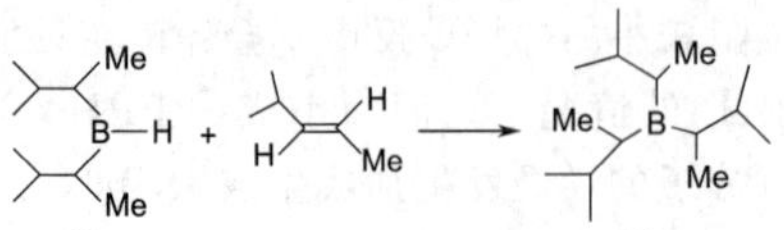

另一个具有高度区域选择性的试剂是 9-硼杂二环[3.3.1]壬烷（9-BBN，**65**），它可以通过 1,5-环辛二烯的硼氢化反应制备[685]。

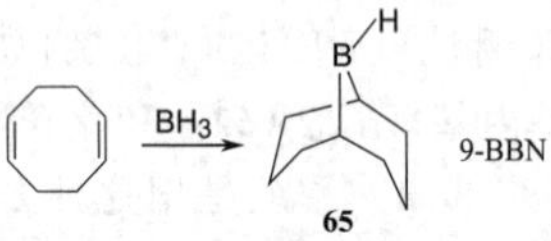

9-BBN 的优点是它可以在空气中稳定存在。硼烷的加成没有选择性，可以与所有的双键反应。二(1,2-二甲基丙基)硼烷、9-BBN 以及类似的分子具有较好的选择性，更容易进攻位阻较小的双键，所以有可能只硼氢化分子中的一个双键而对其它的双键没有影响，或者只硼氢化两种烯烃中较活泼的，而对不活泼的烯烃没有影响[686]。例如，可以将 1-戊烯从 1-戊烯和 2-戊烯的混合物中分离出来。又如，在顺式烯烃和反式烯烃的混合物中，可以选择性地硼氢化顺式烯烃。

对于大多数底物，硼氢化加成是有立体选择性的同侧加成，试剂从位阻较小的一侧进攻[687]。要指出的是，有机硼烷可采用 ^{11}B NMR 进行研究[688]。反应过程[689]可能经历了四中心的环状过渡态[690]：

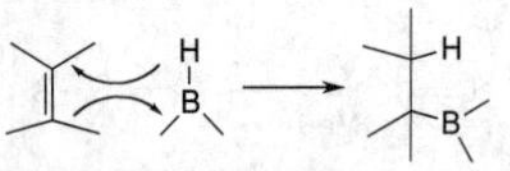

当底物是烯丙醇或烯丙胺，加成通常是反式的[691]。但是如果使用上面提到的儿茶酚硼烷和 Rh 络合物，立体选择性会改变，导致生成顺式产物[692]。由于反应机理不同，使用这种方法会使反应区域选择性也发生变化，例如 PhCH=CH$_2$ 反应生成 PhCH(OH)CH$_3$[693]。

比 BH$_3$（对于端烯和 R$_2$C=CHR 型的烯烃）具有更高的区域选择性的硼氢化试剂是与 DMS 配位的一氯硼烷（BH$_2$Cl）[694]，硼氢化产物是二烷基氯硼烷（R$_2$BCl）[695]。例如，1-己烯与 BH$_3$-THF 反应可以生成 94% 的反 Markovnikov 规则的加成产物（硼加到取代较少的碳上），而与 BH$_2$Cl-SMe$_2$ 反应可以生成 99.2% 的反 Markovnikov 规则的加成产物。在 BF$_3$[696]、或者 BCl$_3$ 和 Me$_3$SiH[697] 存在下，烯烃与 BH$_2$Cl-SMe$_2$ 反应生成二烷基氯硼烷 RBCl$_2$。该方法也可扩展至二卤烷基硼烷。通过烯烃与烯丙基二溴硼烷的反应，可在相邻碳原子上引入烯丙基和硼[698]。

硼氢化反应的一个重要应用是：当硼烷被 NaOH/H$_2$O$_2$ 氧化后可转化为醇（参见反应 **12-27**）。因此这是一个间接在双键上以反 Markovnikov 规则方式加成水的方法。然而，硼烷也可以进行其它反应。其中有：硼烷与 α-卤代羰基化合物反应生成烷基化产物（反应 **10-73**），与 α,β-不饱和羰基化合物反应生成加成 R 和 H 的 Michael 加成产物（反应 **15-27**），与 CO 反应生成醇和酮（反应 **18-23** 和 **18-24**）。硼烷也可以被羧酸还原（反应 **15-11**）。硼烷还可以被铬酸或者氯吡啶铬酸盐氧化生成酮[699]或醛（与端烯反应）[700]，与 AgNO$_3$-NaOH 反应发生二聚（**14-26**），或者是异构化（**18-11**），或者转化成胺（**12-32**）或卤化物（**12-31**）或羧酸[701]。硼烷是很重要的反应中间体，可以由它继续反应生成很多化合物。硼氢化反应也可以是分子内的[702]。

底物分子中不能有容易被硼烷还原的基团，如 COOH，但是可以存在 OR、OH、NH$_2$、SMe、卤原子和 COOR 这样一些官能团[703]。9-BBN 对烯胺的硼氢化反应是将醛或酮间接还原成烯烃的方法，例如[704]：

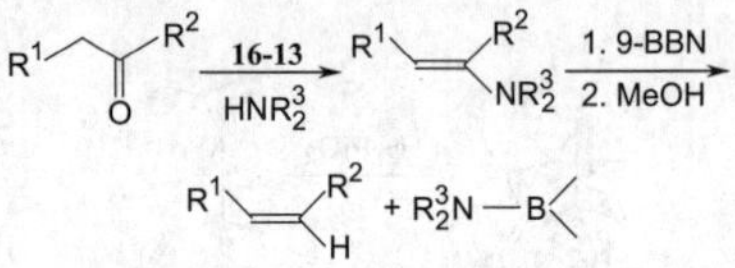

分子存在的某些官能团会对硼氢化反应有直接影响。例如，酰胺可定向硼氢化反应发生在烯基酰胺上[705]。氨基可定向分子内硼氢化反应发生在烯基胺上[706]。烯基醇或醚也可发生硼的引入由氧定向的硼氢化反应[707]。

采用二异松莰烯基硼烷 **66**（由光学活性的 α-蒎烯与 BH$_3$ 反应制得），可以实现对映选择性的硼氢化-氧化反应[708]。由于（+）和（−）α-松萜都比较易得，所以两种对映体都可以制备。用这种方法获得的醇具有中等乃至很好的对映选择性[709]。然而，如果使用位阻较小的烯烃，化合物 **66** 也无法得到很好的结果。一个更好的试

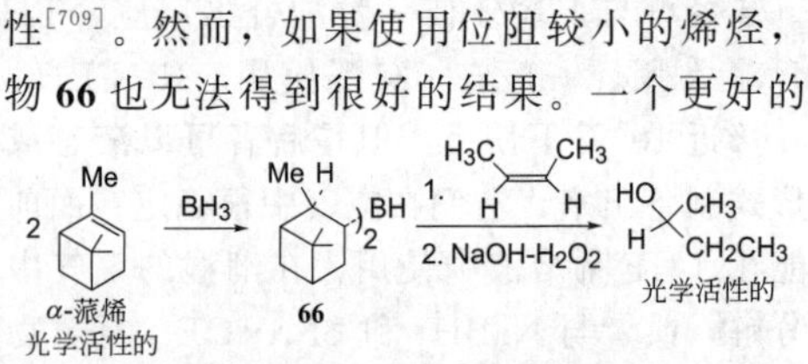

剂是异松莰烯基硼烷[710]，尽管它的光学产率并不高。苄基硼烷[711]、2-和4-二蒈烷基硼烷[712]、桃金娘烷基硼烷[713]、二长叶烷基硼烷[714]也被使用过。人们还开发出其它新的不对称硼烷，手性环状硼烷，反-2,5-二甲基硼杂环戊烷（**67** 和 **68**）也可以对烯烃发生对映选择性的加成（RR¹C＝CH₂ 类型端烯除外），得到具有高光学纯度的硼烷[715]。当手性硼烷与 RR¹C＝CHR² 三取代烯烃加成时，就会产生两个手性中心；但是对于 **67** 或 **68**，主产物只有四个异构体中的一个，产率大于 90%[715]。这被称为"双非手性合成"（double asymmetric synthesis）[716]。还可选用另外一种醇的不对称合成方法，该方法通过儿茶酚硼烷与烯烃在手性 Rh 催化剂作用下反应，而后通过氧化对映选择性地生成醇[717]。

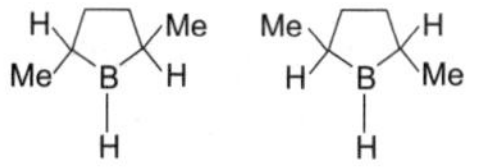

共轭二烯中的双键是被分别硼氢化的，而不是发生 1,4-加成。然而，硼氢化很难只发生在共轭体系的一个双键上，因为共轭双键不如孤立双键活泼。（1,1,2-三甲基丙基）硼烷[677]（**63**）可以实现共轭或非共轭二烯成环硼氢化（如 **69** 所示）[718]。

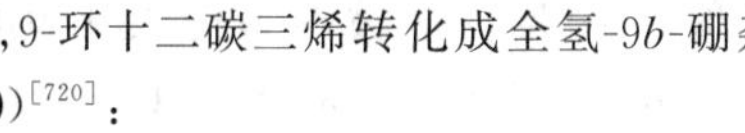

使用这个方法可以制备五元、六元和七元环。利用其它单烷基硼烷也可以完成类似的环化过程，在某些情况下仅用 BH₃ 就可以[719]。一个例子是 9-BBN 的合成，如前述所示。另一个是将 1,5,9-环十二碳三烯转化成全氢-9b-硼杂非那烯（**70**）[720]：

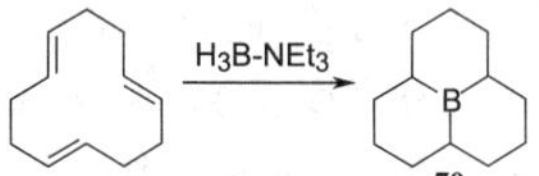

硼酸酯可由烯烃制备。例如，烯烃与吡啶-碘硼烷反应，而后与频哪醇和 NaOH 反应生成硼酸频哪醇酯[721]。

叁键[722]可以被单硼氢化生成烯基硼烷，之后可以被羧酸还原成顺式烯烃，或者被氧化并水解成醛或酮。醛可以通过这种方法由端炔制备，该反应与 15-4 中讨论的汞或酸催化的加水反应不同。然而，端炔只有与位阻较大的硼烷，例如 **62**、**63**，或是与邻苯二酚基硼烷（参见反应 **12-31** 和 **14.1.1** 节）[724]，或与 BHBr₂-SMe₂ 反应[725]，才能生成乙烯基硼烷[723]，而后生成醛。端炔和 BH₃ 反应生成 1,1-二硼化合物，产物可以被氧化成一级醇（使用 NaOH-H₂O₂）或羧酸（使用间氯过苯甲酸）[726]。如果使用 9-BBN，分子中存在叁键时，双键也可以被硼氢化[727]。另一方面，在分子中存在双键的情况下，二（2,4,6-三甲苯基）硼烷选择性硼氢化叁键[728]。此外，对于非共轭二烯，也可以选择性地硼氢化其中的一个双键[729]。在酮的存在下，叁键可以被硼氢化；与羧酸反应，叁键被还原成顺式烯烃（见反应 15-12）[730]。当试剂是儿茶酚硼烷时，硼氢化反应可被 Rh 配合物[731]，例如威尔金森催化剂 **46**[732]、SmI₂[733] 或者镧试剂催化[734]。对映选择性的硼氢化-氧化反应可以通过使用具有光学活性的 Rh 配合物而实现[735]。

苯乙烯先后与邻苯二酚基硼烷和 Me₃SiCHN₂ 反应可将碳链延长[736]，继续用 NaOH-H₂O₂ 氧化，而后与 Bu₄NF 反应可生成 3-苯基-1-丙醇。

OS Ⅵ，719，852，919，943；Ⅶ，164，339，402，427；Ⅷ，532.

15-17 其它氢金属化反应

氢-金属-加成

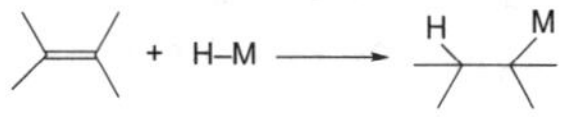

周期表第 13 族（ⅢA）、第 13 族（ⅣA）的金属氢化物（例如 AlH₃、GaH₃）及其烷基和芳基衍生物（例如 R₂AlH、Ar₃SnH）可以与双键加成生成金属有机化合物[737]。硼氢化反应（**15-16**）是最重要的一个例子，但是这个反应中还可以使用其它重要的金属：如 Al[738]、Sn[739] 和 Zr[740][第 4 族（ⅣB）金属]。有些这种反应不需要催化，而另一些反应中可使用各种各样的催化剂[741]。氢锆化反应通常利用 Cp₂ZrHCl（Cp=环戊二烯基），这就是通常所说的 Schwartz 试剂[742]。第 13 族（ⅢA）的氢化物参与反应的机理可能是亲电的（或者是具有亲电性质的四中心周环反应）；而第 14 族（ⅣA）氢化物的反应机理可能是自由基机理。MgH₂ 与双键反应得到二烷基镁试剂[743]。对于另一些试剂，叁键[744]可以与 1mol 或者 2mol 的这些试剂反应[745]。当发生 2mol 加成时，亲电加成的产物通常是 1,1-二金属化的产物（与硼氢化反应类似），而自由基加成反应通常得到 1,2-二金属化的产物。

OS Ⅶ，456；Ⅷ，268，295，507；另见 OS Ⅷ，277，381.

15.3.2.7 碳或硅进攻另一侧

15-18 加成烷烃

氢-烷基-加成

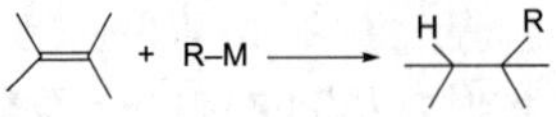

$$\text{C=C} + R-M \longrightarrow \text{H-C-C-R}$$

烯烃上加成烷烃的两个重要方法是加热法和酸催化法[746]。两种方法都得到混合物,没有一种方法可以得到令人满意量的相对纯净的化合物。然而,两种方法在工业上的应用都很广泛。在加热法中,反应物被加热到约 500℃ 的高温,压力是 150atm 到 300atm (1atm = 101.325kPa),反应不需要催化剂。例如,丙烷和乙烯反应生成 55.5% 的异戊烷,7.3% 的己烷,10.1% 的庚烷和 7.4% 的烯烃[747]。反应机理无疑是自由基类型,以丙烷和乙烯的反应为例描述反应历程如下:

第 1 步

$$CH_3CH_2CH_3 + CH_2=CH_2 \xrightarrow{\Delta} CH_3\dot{C}H-CH_3 + CH_3CH_2\cdot$$

第 2 步

$$CH_3-\dot{C}H-CH_3 + CH_2=CH_2 \longrightarrow (CH_3)_2CHCH_2CH_2\cdot$$

第 3 步

$$(CH_3)_2CHCH_2CH_2\cdot + CH_3CH_2CH_3 \longrightarrow$$
$$(CH_3)_2CHCH_2CH_3 + CH_3\dot{C}HCH_3$$

有动力学的证据证明,反应开始时如第 1 步所示,这是所谓的对称歧化(symproportionation)步骤[748]〔与歧化(disproportionation)相反,参见 5.3.2 节〕。

在酸催化的反应中,质子酸或者 Lewis 酸被用作催化剂,反应温度为 -30~100℃。这是一个 Friedel-Crafts 反应过程,是碳正离子机理[749](以质子催化为例):

第 1 步

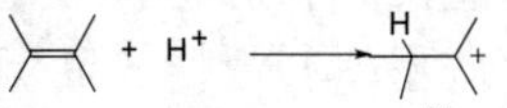

第 2 步

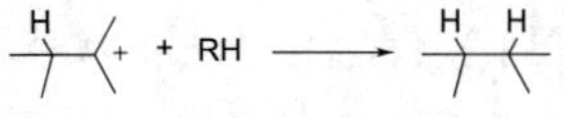

第 3 步

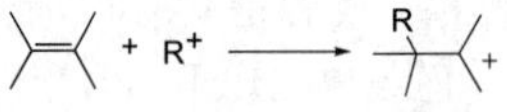

第 4 步

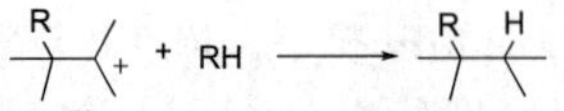

碳正离子 **72** 在夺取氢离子之前常发生重排,这就是为什么异丁烷和乙烯反应的主要产物是 2,3-二甲基丁烷。对于 **71**(或 **72**),也可能不是夺取一个氢离子,而是与另一分子烯烃加成,所以不仅有重排产物,还常有二聚和多聚产物生成。如果三取代和四取代的烯烃与 Me_4Si、HCl 和 $AlCl_3$ 反应,它们会被质子化生成三级碳正离子,而与 Me_4Si 反应时生成 H 和 Me 加成到原来烯烃上的产物[750]。对于自由基机理的氢-甲基的加成,参见反应 **15-28**。曾有报道在离子液体中氯化铝的作用下,1-十二碳烯发生分子内环化反应生成环十二烷[751]。

烷烃在光解条件下与炔烃加成生成烯烃[752]。四氢呋喃在微波辐照下与炔烃加成生成烯烃[753]。

这个反应也可以被碱催化,此时发生的是亲核加成反应,碳负离子机理[754]。通常使用的碳负离子是那些被一个或多个 α-芳基稳定的碳负离子。例如甲苯在钠的存在下加成到苯乙烯上,生成 1,3-二苯基丙烷[755]:

$$PhCH_3 \xrightarrow{Na} PhCH_2^- + PhHC=CH_2 \longrightarrow$$
$$PhCH^--CH_2CH_2Ph \xrightarrow{溶剂} PhCH_2CH_2CH_2Ph$$

共轭二烯发生 1,4-加成[756]。羧酸盐也可以发生这个反应,羧酸盐的用量与羧酸烷基化方法中的用量相似[757](参见反应 **10-59**)。

$$CH_3COOK \xrightarrow{NaNH_2} {}^-CH_2COOK \xrightarrow{+CH_2=CH_2} {}^-CH_2CH_2CH_2COOK$$

过渡金属可催化烷基对烯烃的加成反应[758],该反应常常伴随金属氢化物的消除而生成烯烃。曾有报道 N-四氢吡咯酰胺烯烃在 Ir 催化剂作用下发生分子内环化反应,反应时位于氮 α 位的碳加到烯烃单元上[759]。

15-19 加成硅烷

硅烷基-氢-加成

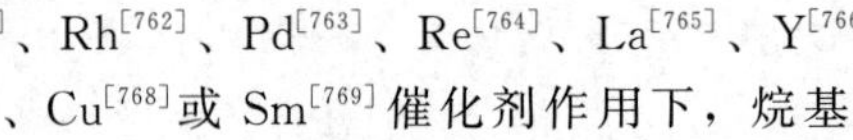

$$R\text{−CH=CH−} + (R^1)_{4-n}SiH_n \xrightarrow{催化剂} \begin{array}{c} H \\ R \end{array}\!\!\!\!\!\!\!\!\!\begin{array}{c} Si(R^1)_{4-n} \\ \end{array}$$

含有至少一个 Si—H 单元的硅烷通常不能与烯烃或炔烃反应,但是它们在过渡金属催化剂作用下可发生加成反应,生成相应的烷基硅烷或烯基硅烷[760]。该反应被称为硅氢化反应。在 Ru[761]、Rh[762]、Pd[763]、Re[764]、La[765]、Y[766]、Pt[767]、Cu[768] 或 Sm[769] 催化剂作用下,烷基硅烷与烯烃发生具有高度反 Markovnikov 选择性的加成反应。硅烷在 Pd 催化剂作用下可与二烯烃加成,如果使用手性联萘基添加剂,则可实现不对称诱导[770]。烯烃与金属 Li 和 t-Bu_2SiCl_2 反应生成三元环硅烷[771]。

二烯烃与硅烷在锆化合物的作用下反应生成环状化合物。在此环状化合物中,硅烷基也加成在一个 C=C 单元上[772]。在 Y 催化剂作用下,$PhSiH_3$ 与非共轭的二烯烃反应,生成侧链为 CH_2SiH_2Ph 的环状烯烃[773]。铑化物能催化硅烷与烯基酰胺的加成,得到 α-硅烷基酰胺[774]。与烯烃反应得到的硅烷,经过与氟离子的反应而后氧化可生成醇[775]（参见反应 **10-16**；Tamao-Fleming 氧化）。该反应可改进成另一种形式：端烯和双负离子型锌配合物（dianion-type zincate）在 Ti 催化剂作用下生成烯丙基硅烷[776]。

在 BEt_3 的存在下，硅烷与烯烃加成生成烷基硅烷，产物具有反 Markovnikov 规则的选择性[777]，或与炔烃加成生成相应的烯基硅烷[778]。硅烷基化的锌试剂与端炔的加成具有相似的选择性[779]。炔烃的硅氢化反应可在过渡金属催化剂（例如 Ru[780]、Pt[781]、Ti[782] 或 Ir[783]）作用下完成。还可以使用有机催化剂催化该反应[784]。烷氧基硅烷 [如 $(RO)_3SiH$] 在 Ru 催化剂作用下与炔烃加成生成相应的烯基硅烷[785]。在乙醇-三乙胺中，Cl_2MeSiH 与端炔在 Ru 催化剂作用下反应，主要生成符合 Markovnikov 规则的烯基硅烷[786]。但是，Et_3SiH 与端炔在 Rh[787] 或 Pt[788] 催化剂作用下加成，生成的却是反 Markovnikov 规则的烯基硅烷。在 $0.5\,mol\,HfClO_4$ 作用下，含有二甲基苯基硅烷基单元的炔烃可转化为环状烯基硅烷，其中的苯基转移到了碳上[789]（见 **73**）。

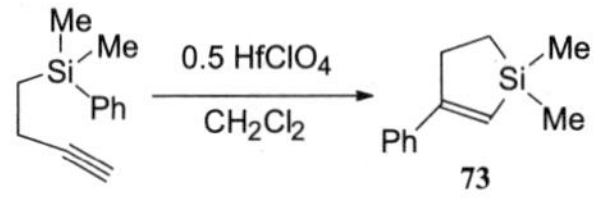

在一些自由基反应条件下（如使用 AIBN），硅烷与烯烃也能加成，得到的产物主要是反 Markovnikov 规则的[790]。另外的方法也能得到烷基硅烷，该方法利用烯烃与金属 Li 在 3 倍量氯三甲基硅烷存在下反应，经水处理后得到双-1,2-三甲基硅烷基化合物[791]。

在连二次硝酸盐（hyponitrite）的催化下，硅烷（R_3SiH）也可以与烯烃发生加成反应，生成反 Markovnikov 规则的烷基硅烷（$R_3Si-C-C-R'$）[792]。

在与 **15-24** 很相似的反应中，乙烯基硅烷在 Ru 催化剂的作用下与共轭羰基化合物加成[793]，或在 Co 催化剂作用下与丙烯腈反应[794]。硅烷基膦与共轭炔酮反应，可直接生成含有 α-三甲基硅烷基和 β-膦基团的烯酮[795]。在双铑催化剂的作用下，$(RO)_3SiH$ 类烷氧基硅烷可加成到烯胺的 α-碳上[796]。然而，三甲基硅烷基氰化物与炔胺发生非催化的反应，生成的是含有 β-三甲基硅烷基和 α-氰基的烯胺[797]。

在 Cu 催化剂存在下，双硅烷可与烷基亚甲基丙二酸酯衍生物反应（参见反应 **15-24**），生成 β-硅烷基丙二酸酯 [$RCH(SiR_3)CH(CO_2Me)_2$][798]。在 CuCN 催化剂作用下，利用双(三烷基硅烷基)锌试剂可实现烷基硅烷单元的加成[799]。三甲基硅烷基氰化物（Me_3SiCN）在特殊催化剂 Al(salen)-Y 的作用下，可将氰基加到 α,β-不饱和胺上[800]。

OS I, 229; IV, 665; VII, 479.

15-20 烯烃和/或炔烃加成到烯烃和/或炔烃

氢-烯基-加成

$$H_2C=CH_2 + H_2C=CH_2 \xrightarrow{H^+} H_2C=CHCH_2CH_3$$

对于特定的底物，在酸催化下烯烃可能发生二聚，生成的是含一根双键的二聚体[801]。由 Zn 和 $CoCl_2$ 组合而成的催化剂可用于催化此类偶联反应[802]。在 Ni 催化剂存在下，一分子烯烃可与另一分子烯烃发生加成反应[803]。在 Fe 催化剂作用下，α-烯烃与二烯烃可发生 1,4-加成[804]。该反应经常发生在分子内，例如生成环己烯（**74**）：

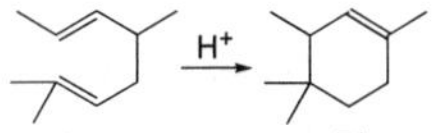

在已报道的 Pd 催化的环化反应中，二烯烃转化为环戊烯衍生物（例如：**75**）[805]。

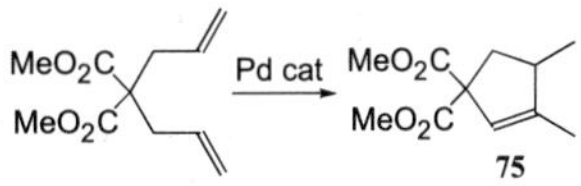

可以发生成环反应。该反应在 Ru 催化下生成具有环外双键的五元环化合物[806]。曾有报道称，在 Y[807] 或 Ti 催化剂[808] 作用下，一个烯烃单元会与另一个烯烃单元发生碳环化反应。在有些情况下，两个烯烃发生分子内偶联可生成较大的环状化合物[809]。还有采用 Pd[810]、Rh[811]、Ru[812]、Ir[813] 或 Zr 催化剂[814] 进行碳环化反应的报道。在 Pd 催化剂作用下，烯烃丙二烯底物可发生环化反应，生成具有环外双键的环状产物[815]。一个有趣的反应形式是，烯醇硅醚与炔烃在 $GaCl_3$ 催化下加成生成非共轭的烯酮（$O=C-C-C=C$）[816]。烯烃与炔烃也可能以其它方式互相加成生成环状产物（参见反应 **15-63** 和 **15-65**）。

该反应过程在甾族化合物和四环及五环萜烯的生物合成中很重要。例如，在酶的催化作用下，2,3-环氧角鲨烯（三十碳六烯）可转化成达玛二烯醇（dammaradienol）。

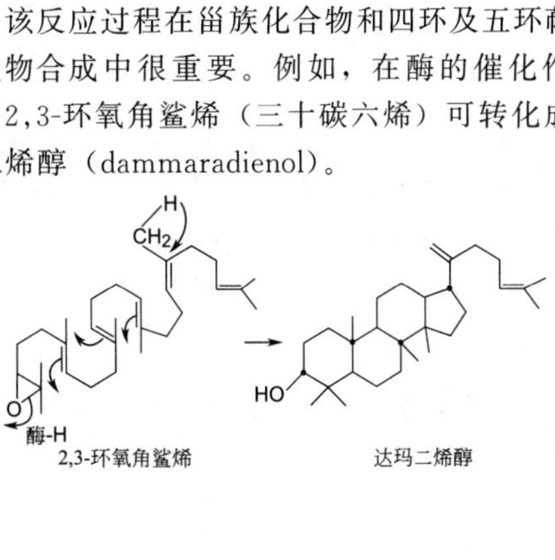

2,3-环氧角鲨烯   达玛二烯醇

角鲨烯转化成羊毛甾醇的生物合成过程（它是生物合成胆固醇的关键一步）也是相似的。在1955年，含有多个关环反应的此类化合物的生物合成概念被提出，这就是Stock-Eschenmoser假设[817]。这类反应也能够在实验室中进行，反应不需要酶[818]。通过在带正电荷的位置上引入正离子稳定基团，Johnson及其合作者能够在一次操作中完成四个环的关环，反应具有高的立体选择性和高产率[819]。例如生成76[820]：

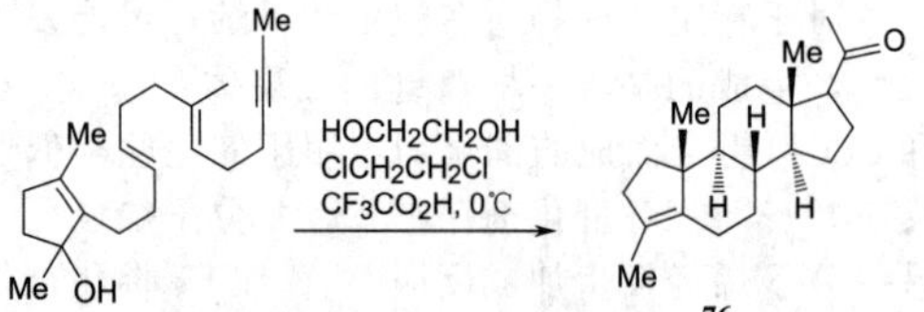

该反应被称为Johnson多烯环化[821]。Lewis酸可以用来引发这类关环反应[822]。例如EtAlCl$_2$被用于催化炔烃与烯烃的偶联[823]。Pd催化剂可用于催化类似的环化反应[824]。利用硒基酯锚可以完成多烯烃的自由基环化反应生成四环体系[825]。

烯烃与烯烃的加成反应[826]也可以在碱中[827]完成，此外也可以用过渡金属催化剂体系[828]，例如烷基铝（即Ziegler催化剂）[829]、Rh催化剂[830]和Fe[831]或Ni催化剂[832]。这些以及类似的催化剂也能催化烯烃与共轭烯烃的1,4-加成，例如生成二烯烃[833]。如同1,3-丁二烯二聚生成辛三烯的反应[834]。

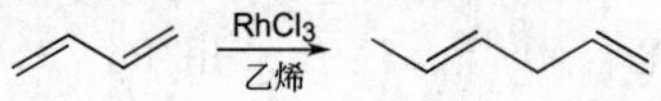

在Pd催化剂作用下，含有两个末端共轭二烯单元的分子可发生环化反应，生成具有环外双键的二环化合物[835]。Ni催化剂可使类似的分子体系转化为含有烯丙基和烯基的饱和五元环化合物[836]。

在Ni催化剂[837]或Zr催化剂[838]存在时，乙烯与烯烃的加成会生成一个新的烯烃；在Ru催化剂[839]存在时，乙烯与炔烃的加成会生成二烯烃。在Ti催化剂存在时，丙二烯与炔烃的加成会生成二烯烃[840]。

在有CuCl和NH$_4$Cl存在时，乙炔会发生自身偶联生成乙烯基乙炔。在Ni催化剂存在时，乙炔会与二烯烃偶联生成烯炔[841]。

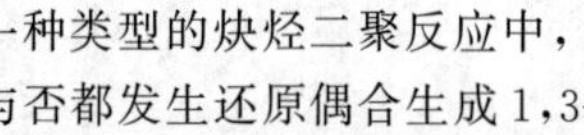

在另一种类型的炔烃二聚反应中，无论炔烃分子相同与否都发生还原偶合生成1,3-二烯[842]。在这种方法中，一种炔烃与Schwartz试剂反应（见15-17）生成乙烯基锆中间体。该中间体先与MeLi或MeMgBr加成，而后再与第二分子炔烃反应，产生另一种中间体。后一种中间体再与酸溶液反应，生成二烯烃，反应有中等和高的产率[843]。如果用I$_2$而不是酸溶液处理后一种中间体，就得到1,4-二碘-1,3-二烯。该反应具有与前一个反应类似的产率和异构体纯度。炔烃与格氏试剂反应后，再与Fe配合物反应，最后与烯烃反应生成烯炔[844]。在Rh催化下，烯烃与缺电子的非端炔可发生偶联反应，生成1,3-二烯[845]。Zr和Cr试剂组合使用可催化炔烃偶联生成线型多烯[846]。炔烃也可与烯丙基硅醚在Ru催化剂作用下偶联生成二烯烃[847]。还有其它的炔烃—烯丙基偶联反应也生成二烯烃[848]。

该反应可以在分子内进行：二炔77在Zr[849]、Rh[850]、Ru[851]、Au[852]或Pt[853]配合物作用下可以环化生成（E,E）-环外二烯78。

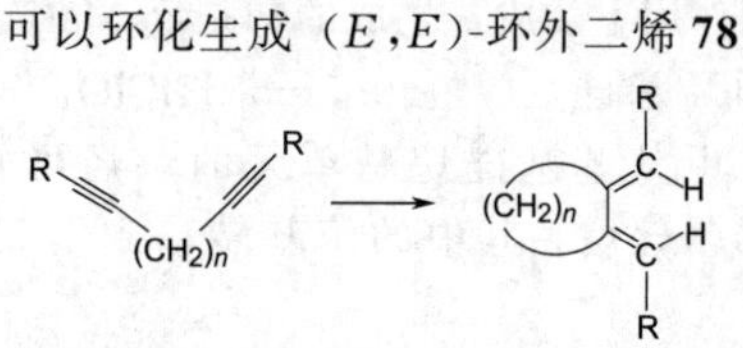

曾有二炔酰胺在Ti催化剂作用下发生类似反应的报道[854]。形成四元、五元、六元环的反应都有高的产率，但七元环的产率就比较低。当该反应用于烯炔时，通过各种催化剂可以得到类似于78的化合物，但其结构中仅有一个双键[855]。由适当的烯烃可以形成较大的环状化合物，包括形成环己二烯化合物[856]。利用甲酸和Pd催化剂可由烯炔通过这个反应制备螺环化合物[857]。

在芳基硼酸的引发下，1,6-烯炔可发生Rh催化的环化反应，生成具有环外亚烷基的环状化合物[858]。在Ni[859]、Pd[860]、Lu[861]或Ru[862]催化剂作用下，炔烃可发生偶联反应生成烯炔。在Pd和CuI组合催化剂的作用下，端炔与丙二烯可发生交叉偶联反应，得到类似的产物[863]。该反应可在分子内进行，从而将二炔转化为含有环外双键的大环烯炔[864]。在甲醇中四氟硼酸铵的作用下，二炔烃可被双铑催化剂催化环化，生成具有环内双键的环状烯炔[865]。在双钴催化剂作用下，烯炔可发生类似的环化反应，生成具有环内C≡C单元的环烯烃[866]。

在Au[867]、Rh[868]、Fe[869]或Pd[870]催化剂

作用下,烯炔也可以转化为环状或二环化合物。在 ZnBr$_2$ 存在下,含有共轭烯烃单元的烯炔也可以发生这种反应[871]。水中三氟甲磺酸汞(Ⅱ)可催化烯炔环化反应,生成具有环外双键和侧链为醇的五元环化合物[872]。在 GaCl$_3$[873] 或在离子液体中 Pt 催化剂[874] 作用下,烯炔反应生成环状化合物,该化合物具有与另一个烯烃单元共轭的环内双键(共轭二烯)。在 Pd[875] 或 Ru[876] 催化剂作用下,丙二烯-烯烃反应生成类似的产物,炔烃-丙二烯在双铑催化剂作用下也发生类似的反应[877]。

有许多有用的其它反应形式。炔烃与乙烯基卤化物在三乙基硅烷和 Pd 催化剂作用下发生分子内偶联反应,生成具有两个相邻环外双键的饱和环状化合物(2,3-二取代二烯)[878]。炔烃与丙炔基乙酸酯在 Pd 催化剂作用下加成反应生成炔烃-丙二烯[879]。端炔与丙二烯在 Pd 催化剂作用下偶联生成炔烃-烯烃[880]。炔烃在 Pd 催化剂作用下发生分子内偶联生成丙二烯,在乙烯基锡衍生物作用下生成具有环外亚甲基的产物[881]。炔烃在 RhCl(PPh$_3$)$_3$ 作用下与乙烯基氯发生类似的反应[882]。丙二烯-烯丙基卤化物体系与苯基硼酸和 Pd 催化剂反应,生成两个侧链为乙烯基的环戊烷,其中一个侧链含有苯基[883]。

OS Ⅷ,190,381,505;Ⅸ,310.

15-21 有机金属化合物和与羰基未共轭的双键和叁键的加成

氢-烷基-加成

$$R\diagup\!\!\!\!\diagdown \xrightarrow{R^1-M} \begin{array}{c}R^1\\ \diagup\\ R\end{array}\!\!\!\!\!\diagdown X$$

如果没有过渡金属催化剂的作用,格氏试剂和二烷基铜锂(LiCuR$_2$)试剂一般不会加成到普通的 C=C 双键上[884]。格氏试剂通常仅加成到易被亲核进攻的双键上(如氟代烯烃和四氰基乙烯)[885]。然而活泼的格氏试剂(苄型的、烯丙型的)也能加成到烯丙胺[886]、烯丙醇及高烯丙醇[887]的双键上。同样它也能加成到炔丙醇和特定炔醇的叁键上[888]。过渡金属配合物能够促进格氏试剂与烯烃的加成反应,例如 Ti[889]、Mn[890]、Zr[891]、Ni[892]、Fe[893] 和 Cu[894] 的化合物。环丙烯是一个例外,过量的格氏试剂与其在低温下便发生加成反应[895]。环丙烯衍生物也可与 CuI 而后与烯丙基溴反应[896]。

苄型烯烃可与硅烷基甲基格氏试剂在氧气存在下反应[897]。这些反应中很可能有环状中间体,在此中间体中镁与杂原子配位。如果反应不是在醚而是在烃溶剂如戊烷,或以烯烃自身作溶剂,反应需要加热到 60~130℃,必要时还要加压[898]。烯丙基、苄基和三级烷基的格氏试剂也能加成到 1-烯烃和含有张力的非端烯上(如降冰片烯),但产率不等。

RMgX 的分子内加成到完全不活泼的双键和叁键的反应也已见报道[899],在 Zr 催化作用下,含有间隔较远的烯烃单元和格氏试剂的甲苯磺酸酯可发生环化反应[900]。使用 PhMgBr 和 Co 催化剂,可实现烯丙基醚中 CH$_2$Br 单元对 C=C 单元的分子内加成,得到官能团化的 THF,同时将苯基引入到 C=C 单元上[901]。

在一个有用的反应中,乙烯基环氧化物与格氏试剂和 CuBr 反应,反应发生在 C=C 单元上,同时发生环氧化物开环,产物为烯丙醇[902]。共轭二烯烃可与芳基卤化镁、Ph$_3$SiCl 和 Pd 催化剂反应生成偶联产物,其中 2 倍量的二烯烃参与了反应,并引入了两个 SiPh$_3$ 单元[903]。Cr 催化的生成芳基镁化合物的反应[904]和 Rh 催化的炔烃的氢芳基化(hydroarylation)反应[905]也已有报道。以芳基重氮盐[907]作为底物,可以进行 Pd 催化的炔烃氢芳基化反应[906],或者在硼酸作用下进行 1,3-二烯烃的氢芳基化反应[908]。

有机锂试剂(一级、二级和三级烷基,有时也可以是芳基)可以加成到烯丙基醇和炔丙基醇的双键和叁键上[909](反应中以四甲基乙烯二胺作为催化剂);还可以加成到含杂原子基团如 OR、NR$_2$、SR 的特定烯烃上。有机锂试剂与过渡金属化合物[例如 CeCl$_3$[910] 或 Fe(acac)$_3$[911]] 混合可发生烷基的加成。采用这种方式可得到环丙烷衍生物[912]。

有机锂试剂的分子中可以存在杂原子,如氮原子。有机锂化合物可能来自一种有机锡衍生物中间体[913]。有机锂试剂加成到共轭二烯烃中取代较少的 C=C 单元上[914]。当加入鹰爪豆碱,丁基锂与烯烃的反应具有很好的对映选择性[915]。

分子内加成 RLi 和 R$_2$CuLi 的反应已有报道[916]。含烯烃[917]或炔烃[918]单元的有机锂试剂在低温下会发生关环反应[919],反应可被甲醇淬灭,即新生成的 C—Li 键被 C—H 键替代。二烯和烯炔可能发生串联关环反应形成一个以上的环[920],如双环化合物[921]。炔烃碘化物[922]或炔烃与高烯丙基的 CH$_2$Li 单元[923]也有可能发生串联关环反应。有机锂化合物可以通过有机锡化合物与丁基锂反应原位得到,这就使得环化反应在过量 LiCl 作用下就能发生[924]。

不活泼的烯烃或炔烃[925]在特定条件下也会与其它有机金属化合物反应。金属有机化合物与炔烃发生Pt催化的加成反应生成官能团化的烯烃[926]。在Co[927]或Pd[928]催化剂存在下，苯基硼酸可加成到炔烃上。例如：三甲基铝在Cl_2ZrCp_2存在下会与4-甲基-1-戊烯反应，而后与分子氧反应生成2(R),4-二甲基-1-戊醇，反应产率高，ee值为74%[929]。这些试剂也可以加成到炔烃上[930]。Ru催化剂已被用于调控烯丙醇与炔烃的加成反应[931]。SmI_2会导致卤化物加到炔烃单元[932]或烯烃单元[933]上，形成环状化合物。Cu配合物能够催化烯烃相似的环化反应，即使分子内存在酯单元，反应亦可进行[934]。烯丙基锰化合物加成到丙二烯上生成非共轭的二烯[935]。

有机Mn试剂可以加成到烯烃上[936]。在乙酸铜存在下，三乙酸锰[$Mn(OAc)_3$]可以实现卤代烷单元与烯烃单元的分子内环化反应[937]。炔烃与In试剂[如$(allyl)_3In_2I_3$]反应生成二烯烃(从炔烃生成烯丙基取代的烯烃)[938]。烯丙基卤化物与炔丙醇在金属In存在下加成，原位生成芳基金属有机化合物[939]。在$ZrCl_4$存在下，烯丙基锡试剂会以相似的方式加成到炔烃上[940]。在Pd催化剂存在下，烷基锌加成到炔烃，生成取代的烯烃[941]、在Co催化剂存在下，烯丙基锌试剂可加成到炔烃上[942]。在$CuI/PdCl_2$存在下，乙烯基碲试剂可加成到炔烃上[943]。

在$CuCl_2$和Pd催化剂作用下，并在封管中加热，具有α-氢的酮可以分子内加成到烯烃上[944]。利用$Yb(OTf)_3$和Pd催化剂[945]或$Yb(OTf)_3$和In催化剂[946]进行的类似反应已见报道。在10%苯甲酸和Pd催化剂[947]或10%苯甲酸和In催化剂[948]作用下，酮酯可加成到炔烃上。在Pd催化剂[949]或$AuCl_3/AgOTf$催化剂[950]的作用下，1,3-二酮可加成到二烯烃上(1,4-加成)，若使用2.4mol的$CuCl_2$和Pd催化剂[951]，该加成反应可在分子内进行。在乙酸中Pd催化剂作用下，并采用微波辐照，二酯(例如，丙二酸酯)与炔烃可进行分子间的加成反应[952]。由腈与叔丁醇钾反应而得到的烯醇盐离子，在DMSO中可加成到苯乙烯的C=C单元中取代较少的碳上[953]。在W催化剂作用下，烯醇硅醚可加成到炔烃上[954]。在$Al(OR)_3$催化剂作用下，丙二酸酯衍生物可加成到烯烃上[955]。在Pd催化剂作用下，1,3-二羰基化合物可加成到丙二烯上[956]。

在Pt配合物和Pd催化剂的共同作用下，芳基碘化物可加成到炔烃上[957]，也可单独使用Pd催化剂完成这个反应[958]。在Pd[959]或$GaCl_3$催化剂[960]的作用下，可实现芳烃对烯烃的分子内加成反应。在Ti催化剂作用下，芳基碘化物可在分子内加成到烯烃上[961]，或在金属In和添加剂的作用下加成到烯烃上[962]。在In和I_2[963]，或在SmI_2作用[964]下，可实现芳基碘化物对烯烃的环化反应。

在Ru催化剂[965]、$AuCl_3/AgSbF_6$混合催化剂[966]或Rh催化剂[967]的作用下，芳香烃如苯可加成到烯烃上。在Ru配合物催化下，杂芳香化合物如吡啶也可加成到烯烃上[968]。这种烷基化反应显然会使我们联想到Friedel-Crafts反应(反应11-11)。Pd催化剂也可用于催化芳香化合物与炔烃的加成反应[969]，Rh催化剂可用于催化芳香化合物与烯烃的加成反应(在微波辐照下)[970]。要指出的是，亚乙烯基环丙烷可与呋喃和Pd催化剂反应，生成烯丙基取代的呋喃[971]。

在Rh催化剂作用下，芳基硼酸(参见反应13-13)可加成到炔烃上，生成取代烯烃[972]。在Pd催化剂作用下，丙二烯可与芳基硼酸和芳基碘化物反应，生成取代烯烃[973]。2-溴-1,6-二烯烃与苯基硼酸可在Pd催化剂作用下反应，生成具有环外双键和苄基取代基的环戊烷[974]。

先将炔烃在Pd催化剂作用下转化为有机锌化合物，然后与烯丙基卤化物反应可实现间接加成[975]。类似地，炔烃与$Ti(Oi\text{-}Pr)_4/2\,i\text{-}PrMgCl$反应，然后与炔烃加成，可生成共轭二烯烃[976]。

OS **81**, 121。

15-22 两个烷基加成到炔烃上

二烷基-加成

$$R-\!\!\!\equiv\!\!\!-H + R^1CuMgBr_2 + R^2I \xrightarrow[\text{醚-HPMA}]{(EtO)_2P} \begin{matrix}R & H \\ \diagdown\!\!=\!\!\diagup \\ R^1 & R^2\end{matrix}$$

通过一步实验室反应，可以将两个不同的烷基加成到端炔上[977]。这一反应需要在含亚磷酸三乙酯的醚-HMPA中使用烷基铜-溴化镁试剂(称为Normant试剂)[978]和烷基碘化物[979]。两个基团的加成是立体选择性的顺式加成。反应适用于一级[980] R^1的铜试剂，也适用于一级烯丙基、苄基、乙烯基和α-烷氧基烷基R^1的铜试剂，反应过程包括初始的烷基铜的加成[981]，而后是偶联反应(**10-57**)：

$$R-\!\!\!\equiv\!\!\!-H \xrightarrow{R^1CuMgBr_2} \begin{matrix}R & H \\ \diagdown\!\!=\!\!\diagup \\ R^1 & CuMgBr_2\end{matrix} \xrightarrow{R^2I} \begin{matrix}R & H \\ \diagdown\!\!=\!\!\diagup \\ R^1 & R^2\end{matrix}$$

乙炔（R＝H）本身可以与 R_2CuLi 反应，而不是与 Normant 试剂反应[982]。R^1 基团上含有官能团也能参与反应的情况也有报道[983]。如果反应体系中没有碘代烷，在 HMPA 和催化量亚磷酸三乙酯存在下[984]，乙烯基铜中间体 **79** 通过加成 CO_2 分子能够转化为羧酸（反应 **16-30**），或者通过加入异氰酸酯能成为酰胺。若在体系中加入 I_2，就会生成碘乙烯[985]。

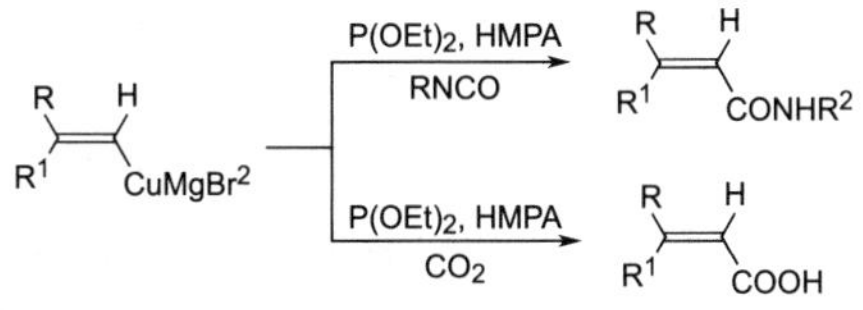

$$\underset{R^1}{\overset{R}{\diagdown}}C=C\underset{CuMgBr^2}{\overset{H}{\diagup}} \xrightarrow[\text{RNCO}]{\text{P(OEt)}_2, \text{HMPA}} \underset{R^1}{\overset{R}{\diagdown}}C=C\underset{CONHR^2}{\overset{H}{\diagup}}$$

$$\xrightarrow[\text{CO}_2]{\text{P(OEt)}_2, \text{HMPA}} \underset{R^1}{\overset{R}{\diagdown}}C=C\underset{COOH}{\overset{H}{\diagup}}$$

在相似的反应中，两个烷基可以在三烷基铝（R_3Al）的存在下，以 Zr 配合物为催化剂加成到叁键上[986]。在 Ni 催化剂和三烯丙基铟作用下，非端炔可发生双烯丙基化反应[987]。在 Zr 配合物作用下，烯丙基醚和碘苯也可进行加成[988]。相似地，烯丙基醚和烯丙基氯也可以发生加成反应[989]。

在 Pd 催化剂作用下，芳基硼酸（参见反应 **13-13**）可与炔烃和等摩尔量的芳基碘化物反应，两个芳基基团被分别加成到叁键碳上[990]。

OS Ⅶ，236，245，290。

15-23 单烯加成

氢-烯丙基-加成

80

一个有趣的 RH 到烯烃上的加成是烯烃与含有烯丙氢的烯烃（**80**）发生的反应，该反应被称为单烯反应（ene reaction）或单烯合成（ene synthesis）[991]。对于没有催化剂的反应过程，其中的一种反应物必须是活泼的亲双烯体（与二烯烃反应参见 **15-60** 亲双烯体的定义）。例如马来酸酐，而反应的另一部分（H 原子的供体）可以是简单烯烃，如丙烯，只要简单烯烃中含有烯丙氢原子。除非反应底物非常活泼，该反应常常需要相当高的温度（250℃～450℃），但也有非催化的单烯反应被空间因素加速的报道[992]。该反应对许多官能团都不会产生影响，因此这些官能团可以存在于烯烃或亲二烯体上。例如：N,N-二烯丙基酰胺会发生烯烃环化反应[993]。人们对该反应机理进行过许多讨论，协同机理（如上所示）和分步机理都被提出过。单线态（$^1\Delta_g$）氧与简单烯烃的单烯反应机理包含两步，

没有中间体生成[994]。已发现烯丙基二硫代碳酸酯会发生逆单烯合成反应[995]。噁唑酮与烯醇醚之间会发生分子内的单烯合成反应，生成官能团化的噁唑酮[996]。马来酸酐和光活性的 $PhCHMeCH=CH_2$ 反应生成光活性的产物（**81**）[997]。这个事实强烈支持了协同机理而不支持分步机理[998]。该反应具有高度的立体选择性[999]。

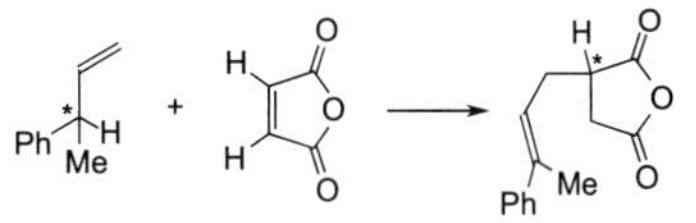

在用 Lewis 酸作催化剂时，反应活性较小的亲烯体，特别是使用烷基卤化铝时，也会发生此类反应[1000]。当然也可以用 Ti 催化剂[1001]、$Sc^{[1002]}$、$LiClO_4^{[1003]}$、$Y^{[1004]}$、$In^{[1005]}$、$Pd^{[1006]}$、$Co^{[1007]}$、Ni 催化剂[1008]，以及 Ag 和 Au 催化剂的组合[1009]等。立体化学上受烯丙基氧负离子基定向的镁-烯环化反应已有报道[1010]。

Lewis 酸催化的反应可能是分步机理[1011]。可以在离子液体中进行 Ir 催化的单烯反应[1012]。芳炔与炔烃可发生单烯反应生成芳基丙二烯[1013]。以两个不同的亚胺作为起始原料，可进行氮杂单烯反应（aza-ene reaction）[1014]，该反应被用于合成对映体富集的哌啶[1015]。亚胺的单烯反应有时也被称为亚胺-单烯（imino-ene）反应[1016]。

羰基-单烯反应[1017]也非常有用，当使用 Lewis 酸作催化剂，产物的产率很高，可用于合成[1018]。三氟甲磺酸铱[1019]和铬配合物[1020]是催化该反应非常有效的 Lewis 酸。用于对映选择性的羰基单烯反应的不对称催化剂[1021]已被报道，报道中使用了手性 Sc 催化剂[1022]、$In^{[1023]}$ 或手性 Ni 催化剂[1024]。在 Pd 和 Ag 催化剂作用下，酮酯与烯醇硅醚可发生单烯反应[1025]。高压条件下（15kbar），在硅胶上完成了羰基-单烯环化反应[1026]。与亚胺[1027]、腈氧化物[1028]的单烯反应，以及亚硝基-单烯反应[1029]也已见报道。通过 Ru 催化的单烯反应已经制备了乙烯基硼酸酯[1030]。

OS Ⅳ，766；Ⅴ，459。另见Ⅷ，427。

15-24 Michael 反应

氢-二（乙氧基羰基）甲基-加成，等

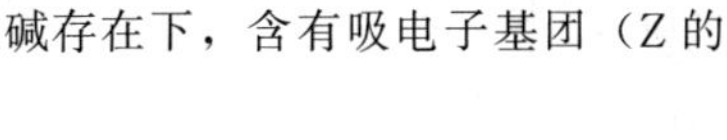

在碱存在下，含有吸电子基团（Z 的定义见

15.1.1 节）的化合物可以加成到 C=C—Z 类型的烯烃上[1031]。这就是 Michael 反应。反应为共轭加成[1032]。反应产物为 RCH_2Z 或 $RCHZZ'$，它们包括醛[1033]、酮[1034]、羧酸酯[1035]、二酯[1036]、二酮[1037]、酮酯[1038]、羧酸、二羧酸[1039]、腈[1040]、乙烯基砜[1041]、硝基化合物[1042]（见下述），产物还可以是其它的 ZCH_3、ZCH_2R、$ZCHR_2$、$ZCHRZ'$ 类结构的化合物[1043]。在最常见的例子中，碱从加成到 C=C—Z 上的底物中夺取酸性质子，其机理概括在 15.1.2 节中。据报道膦可催化 Michael 加成反应[1044]，其它的有机催化剂也能催化该反应[1045]。已经发现水溶液介质对催化剂没有影响[1046]。可以发生双 Michael 反应，在此反应中，反应物先与炔基酮共轭加成，而后发生分子内 Michael 反应生成官能团化的环状化合物[1047]。各种各样的亲核试剂可发生人们熟知的插烯型 Michael 反应[1048]（vinylogous Michael reactions）（参见 6.2 节插烯作用）。1,6-加成也已见报道[1049]。在 Rh 催化剂存在下，芳基硅烷可加成到共轭羧酸酯和酰胺上[1050]。硝基化合物可通过 Michael 反应加成到共轭酮上[1051]。在 Ni 催化剂[1054]或有机催化剂[1055]的作用下，硝基烯烃可作为 β-酮酸酯[1053]或丙二酸酯衍生物的烯醇盐的 Michael 受体[1052]。其它底物也可通过 Michael 反应加成到硝基烯烃上[1056]。丙二酸酯衍生物也可加成到共轭酮上[1057]，酮酸酯可加成到共轭羧酸酯上[1058]。乙烯基砜可发生 Michael 加成反应[1059]。

研究发现，1,2-加成（加成到 C=O 或 C≡N 基团）经常是竞争反应，并在有时会占主要地位（反应 **16-38**）[1060]。特别是 α,β-不饱和醛，很少发生 1,4-加成[1061]。通过将亲核试剂转化成它的烯醇盐形式（预先形成烯醇盐），可以减少 Michael 反应的副反应，提高产率[1062]。相转移催化剂已被用于该反应[1063]，离子液体和相转移催化也被联合应用于该反应[1064]。过渡金属如 $Ce^{[1065]}$、$Yb^{[1066]}$、$Bi^{[1067]}$、$Fe^{[1068]}$、$Ni^{[1069]}$、$Cu^{[1070]}$、$La^{[1071]}$、$Ru^{[1072]}$ 或 $Sc^{[1073]}$ 的化合物，也可以引发该反应。Y-沸石也可以促进共轭加成[1074]。用水促进的 Michael 加成反应也已有报道[1075]。特定条件下，酰基硅烷经氟离子处理可加成到共轭酰胺上[1076]。与苯酚化合物间位的加成生成二环酮[1077]。SmI_2 作用下硝基酮（nitrone）的共轭加成已见报道[1078]。氰根离子可加成到 Michael 受体上，TMSCN 也可在 Michael 反应中用于加成[1079]。

已经发现分子内的 Michael 加成反应[1080]。α-氯代酮的烯醇盐（用 DABCO 原位生成）可发生分子内 Michael 加成反应，产物为二环 [4.1.0] 二酮[1081]。

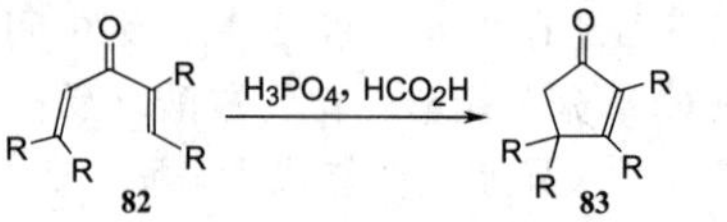

酸催化下二烯酮（例如，**82**）的加成反应是一个重要的环化方法，其中一个共轭烯烃加成到另一个共轭烯烃上，生成环戊烯酮 (**83**)。该反应被称为 Nazarov 环化[1082]。由于反应时一个烯烃单元加成到另一个烯烃单元上，该反应可以归属于反应 **15-20**，但是，该加成实质为 Michael 加成，因而在此讨论。可以通过结构改变制备各种各样的环戊烯酮。人们已经讨论了取代基的空间位阻对反应的影响[1083]，在 N-杂环和 S-杂环中发现了造成反应速率加快的因素[1084]。所生成的环戊烯酮会带有那些参加反应的 C=C 单元上所带的取代基。$Au^{[1085]}$ 和 $V^{[1086]}$ 催化的环化反应，以及水中 Sc 催化的环化反应[1087]已有报道。研究表明，在 DME 或离子液体中加热二烯酮可生成 Nazarov 产物，而不会有 Lewis 酸的加成[1088]。丙二烯可发生 Nazarov 环化反应[1089]。交叉共轭三烯（参见 6.2 节，插烯作用）的环化反应是插烯型的 Nazarov 反应[1090]。使用手性配体可以生成具有中等对映选择性的环戊烯酮[1091]。还原环化反应也可以生成非共轭的五元环化合物[1092]。要注意的是，α-溴环戊酮可能发生逆 Nazarov 反应[1093]。采用 Al 配合物对反应进行改进，可生成环己烯酮[1094]。已经发现被称为中断的 Nazarov 反应，在这个反应中，胺被环化反应产物捕获而生成 α-氨基共轭环戊烯酮[1095]。通过串联 Nazarov-Wagner-Meerwein 反应可以制备螺环化合物[1096]。

含有适当的不同 R 基团的底物发生 Michael 反应，可以得到两个新的手性中心：

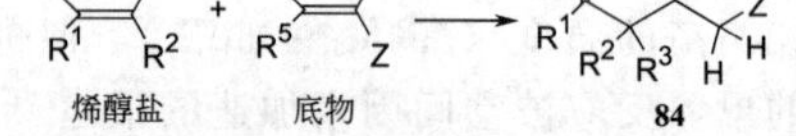

在非对映立体选择性的反应过程中，只得到两对异构体中的一对，或大部分是两对异构体中的一对，它们是外消旋混合物[1097]。当其中一个反应物或两个反应物都含有一个手性取代基时，反应可能具有对映选择性的（只有四个非立体异构体中的一个是主要的产物）[1098]，已有许多催

化发生的对映选择性 Michael 加成反应的例子[1099]，这些反应常常通过用手性催化剂[1100]和用光活性的烯胺替代烯醇盐[1101]而实现。普通手性催化剂包括 Ru[1102]、Ni[1103]、Sr[1104] 和 Al-salen 配合物[1105]，可用于催化羰基底物的反应。手性有机催化剂[1106]如噁唑啉酮[1107]已经研制成功。也可以使用手性亚胺[1108]。某些特定的抗体可用于促进手性的分子内 Michael 加成反应[1109]。酶可用于催化不对称的 Michael 反应[1110]。

在反应体系中加入手性诱导剂，如金属-salen 配合物[1111]脯氨酸衍生物[1112]或（－）-鹰爪豆碱[1113]，会使得产物具有好或很好的立体选择性。超声波也被用于提高不对称 Michael 反应的反应性[1114]。在烯醇盐反应中，烯醇盐和底物可能以（Z）或（E）异构体形式存在。从酮或羧酸酯衍生而来的烯醇盐，（E）型烯醇盐反应得到顺式对映体对（参见 4.7 节），（Z）型烯醇盐反应得到反式对映体对[1115]。

当底物含有偕-Z 基团时（如 86），如果反应在非质子化条件下进行就可以加成大体积的基团。例如，烯醇盐 85 与 86 的加成，可以生成两个四级碳原子相邻的化合物 87[1116]。

在特殊情况下，Michael 反应也能在酸性条件下发生[1117]。自由基与共轭羰基化合物的 Michael 型加成也已见报道[1118]。自由基的加成可用 Yb(OTf)$_3$[1119] 催化，但是自由基加成，甚至是分子内的自由基加成反应在一般条件下也能发生[1120]。电化学引发的 Michael 反应也有报道。

炔烃的反应性很高，有时 C≡C—Z 型底物也可以发生 Michael 反应，其中，副产物是 C=C—Z 型的产物[1121]。端炔可加成到共轭体系上[1122]。由于叁键易受亲核试剂进攻，即使是不活泼的炔烃（如乙炔）都可能发生这个反应[1123]。

在 TiCl$_4$[1125]或 InCl$_3$[1126] 的催化下，烯醇硅醚（88）可加成到 α,β-不饱和酮或酯上[1124]。

Al 化合物也能催化该反应[1127]，并且反应在纯的三正丙基铝中进行[1128]。使用 Al$_2$O$_3$·ZnCl$_2$[1129] 时，这一反应可以在固态进行。烯醇锡化合物也可发生该反应[1130]。该反应也能以非对映选择方式进行[1131]，反应中烯醇硅醚和手性添加剂共同使用[1132]。C≡C—Z 型化合物与烯胺的反应（10-69）也被认为是 Michael 反应。

OS I，272；II，200；III，286；IV，630，652，662，776；V，486，1135；VI，31，648，666，940；VII，50，363，368，414，443；VIII，87，210，219，444，467；IX，526；另见 OS VIII，148.

15-25 金属有机化合物与活泼双键的 1,4-加成反应

氢-烷基-加成

二烷基铜锂试剂（R$_2$CuLi[1133]，也称为 Gilman 试剂，参见 10-57）与 α,β-不饱和醛[1134]或酮（R^1＝H，R，Ar）及其它结构为 C=C—C=O 的体系[1135]发生类似 Michael 反应的共轭加成反应[1136]。α,β-不饱和酯的反应活性相对较低[1137]，相应的酸根本不发生反应。金属有机化合物中的烷基 R 可以是一级烷基、乙烯基[1138]或者芳基。当反应体系中存在 Me$_3$SiCl 时，反应进行得很快并且产率也会提高；在这种情况下产物是 89 的烯醇硅醚（参见反应 12-17）[1139]。当 R 基团是烯丙基时，使用 Me$_3$SiCl 也能提高反应产率[1140]。共轭的炔酮也可以通过 1,4-加成得到取代的烯基酮[1141]。溶剂效应对有机铜试剂的反应活性有重要影响[1142]，因为溶剂会影响二烷基铜的聚集及聚集状态[1143]。已经发现有机铜反应时在多种配合物中来回振荡[1144]。

该反应通常要求有机铜试剂相对共轭底物是过量的。二烷基铜锂试剂中的两个烷基只有一个被加成到底物上，另外一个烷基在反应中被浪费了。如果制备铜锂试剂的前体（RLi 和 RCu，参见反应 12-36）很贵或不易获得，特别是需要铜锂试剂过量时，那么这个反应的应用性就受到限制。上述困难可以通过使用混合型的铜锂试剂来解决，例如采用 R(R′C≡C)CuLi[1145]，R(Ot-Bu)CuLi[1146]或 R(PhS)CuLi[1147] 等，这些试剂在反应中都只转移 R 基团。混合型试剂可以通过烷基锂试剂 RLi 分别与 R′C≡CCu（R′＝n-Pr 或 t-Bu）、t-BuOCu 或 PhSCu 反应得到。这种混合

型铜锂试剂的另一个优点是：当其中的取代基R是三级烷基时可以得到很好的产率，因此通常可以使用这些试剂来引入一个三级烷基。混合型的铜锂试剂，例如R(CN)CuLi[1148]（通过RLi与CuCN反应制备得到）和R_2Cu(CN)Li_2[1149]也能选择性地转移R基团[1150]。在混合型的铜锂试剂中，其中一个配体可能比另一个配体较难发生转移，如R(R'Se)Cu(CN)Li_2只选择性地转移R基团[1151]。较难转移的配体有时被称为"假配体"（dummy ligand）。配体发生转移的选择性取决于两个因素：基团的热力学性质（例如烷基或烷硫基）和基团的动力学活性（例如硅烷基烷基或乙烯基）[1152]。当有机铜酸与不饱和羰基化合物配位而形成Cu(Ⅲ)反应中间体后，基团转移的选择性会提高[1150,1153]。采用快速注射NMR已经检测到了Cu(Ⅲ)配合物[1154]。

反应底物中多种官能团，例如OH和非共轭的C=O的存在不会干扰反应[1155]。一般情况下只有少数或几乎没有1,2-加成（加成到C=O上）反应发生。但是，当R是烯丙基时，一些底物会发生1,4-加成而另一些底物会发生1,2-加成[1156]。二烷基铜锂试剂也能与α,β-不饱和砜加成[1157]，但是却不与简单的α,β-不饱和腈反应[1158]。有机铜试剂RCu以及一些特定的R_2CuLi也能与α,β-不饱和砜以及α,β-炔砜加成[1159]。α,β-炔酮[1161]、酯和腈也能发生这个反应[1160]。对α,β-不饱和的炔酸、酯和酮的共轭加成可以通过一些配位试剂如RCu·BF_3（R是一级烷基）来实现[1162]。胺也可以通过α-氨基锂、CuCN和各种添加剂被转移，从而实现氨甲基单元〔—CH_2N(Me)Boc〕的共轭加成[1163]。其它一些氨基铜酸盐也能发生共轭加成反应[1164]。

有机铜酸盐试剂共轭加成到α,β-不饱和酮生成烯醇离子（**89**）。生成的烯醇离子也可以与一些亲电试剂反应（串联邻位双官能团化），有时反应发生在O原子上，有时发生在C原子上[1165]。例如，当反应体系中存在卤代烷R^2X（R^2可以是一级烷基和烯丙基），烯醇离子**89**就能直接被烷基化得到**90**[1166]。在这种情况下羰基的α位和β位在一个合成操作步骤中同时被烷基化了（参见反应**15-22**）。

$$\underset{}{\overset{}{\text{C=C}}}R^1 + R'_2\text{CuLi} \longrightarrow \underset{\mathbf{89}}{R-\overset{O^-}{\underset{}{\text{C=C}}}-R^1} \xrightarrow{R^2X} \underset{\mathbf{90}}{R-\overset{O}{\underset{R^2}{\text{C}}}-\text{C}-R^1}$$

与Michael反应（**15-24**）一样，金属有机化合物的1,4-加成也具有非对映选择性[1167]和对

映选择性[1168]。人们已经研究了溶剂及添加剂对反应产率及选择性的影响[1169]。在有机铜酸盐的共轭加成反应中加入手性配体可使烷基化反应具有好的或很好的对映选择性[1170]。一个例子就是二甲基铜酸盐在手性模板剂（如**91**）作用下的加成[1171]：

$$\underset{}{\text{Ph}}\overset{}{\underset{}{\overset{O}{\text{C}}}}\text{Ph} + \underset{\mathbf{91}}{\underset{\text{Boc}}{\overset{}{\text{N}}}\text{PPh}_2} \xrightarrow[\text{醚,}-20℃,1h]{\text{Me}_2\text{CuLi}} \underset{79\% [84\%\text{ee}, (S)]}{\text{Ph}\overset{O}{\underset{\text{Me}}{\text{C}}}\text{Ph}}$$

手性双噁唑烷（oxazoline）铜催化剂已被应用于吲哚对α,β-不饱和酯的共轭加成反应[1172]。在手性添加剂和Cu催化剂存在下，三取代环己烯酮发生共轭加成生成手性季碳中心[1173]。在α-卤代烯酮的共轭加成反应中加入苯乙烯可提高反应的对映选择性[1174]。通过配体的选择及其与铜化合物的相互作用，可以有效地控制反应的对映选择性，因为金属上不同的配体可能导致选择性的不同[1175]。也可以使用手性模板，直接地[1176]或在AlMe_2Cl存在下[1177]来控制格氏试剂的反应。

$$\underset{\mathbf{92}}{\underset{\text{Ph}}{\overset{}{\text{C=C}}}\overset{O}{\underset{\text{Ph}}{\text{C}}}\text{Ph}} \xrightarrow[100\%]{\text{PhMgBr}} \underset{}{\text{Ph}\overset{O}{\underset{}{\text{C}}}\text{Ph}}$$

$$\underset{\mathbf{93}}{\underset{\text{Ph}}{\overset{\text{Ph}}{\text{C=C}}}\overset{O}{\underset{\text{Ph}}{\text{C}}}\text{Ph}} \xrightarrow[100\%]{\text{PhMgBr}} \underset{}{\text{Ph}\overset{\text{HO}}{\underset{\text{H}}{\text{C}}}\text{Ph}}$$

其它的金属有机化合物也可以与共轭体系发生加成反应。格氏试剂也能与共轭底物（α,β-不饱和酮、氰酮[1178]、α,β-不饱和酯和α,β-不饱和腈）发生加成反应[1179]，但是1,2-加成会与之发生严重的竞争[1180]。当使用铜催化剂〔如CuCl，Cu(OAc)$_2$〕时，会原位生成铜酸镁，可以增加格氏试剂的1,4-加成产物[1181]。共轭加成产物通常是受空间位阻因素控制的。因此化合物**92**与苯基溴化镁反应得到100%的1,4-加成产物，而**93**反应得到100%的1,2-加成产物。一般情况下，羰基上的取代基会增加1,4-加成产物，而双键上的取代基会增加1,2-加成产物。大多数情况下，两种加成产物都会得到，但是α,β-不饱和醛与格氏试剂反应时几乎只生成1,2-加成产物。格氏试剂与CeCl$_3$混合使用可得到一个活性反应物种，该活性反应物种将导致全部生成1,4-加成产物[1182]。可能的解释是，RMgX和Cu$^+$（乙酸铜中的二价铜离子被过量RMgX还原成一价铜离子）生成的烷基铜试剂是实际的活性进攻物

种[1134]。亚烷基丙二酸酯 $[C=C(CO_2R)_2]$ 由于带有两个吸电子基团使得其 1,4-加成更加容易[1183]。

二烷基铜-碘化镁配合物（$R_2Cu \cdot MgI$）已被用于对手性 α,β-不饱和酰胺的共轭加成[1184]。格氏试剂在催化作用下对映选择性的共轭加成反应已见报道[1185]。

有机锂试剂[1186]与共轭的醛、酮或酯通常发生 1,2-加成反应[1187]，但与结构为 C═C—COOAr 的酯反应时可得到 1,4-加成产物，此处的 Ar 基是空间位阻比较大的基团，如 2,6-二叔丁基-4-甲氧基苯基[1188]。在 HMPA 存在下，烷基锂试剂与 α,β-不饱和酮[1189]和醛[1190]反应得到的是 1,4-加成产物[1191]。这些可发生 1,4-加成的烷基锂试剂通常是 2-锂-1,3-二噻烷（参见反应 **10-71**）[1192]、乙烯基锂试剂[1193]和 α-锂烯丙基酰胺[1194]。锂-卤交换反应（**12-22**）产生的有机锂试剂与共轭酯发生分子内加成反应，生成环状或双环的产物[1195]。由 RMgX-3MeLi 组成的试剂可与 α,β-不饱和酰胺或羧酸衍生物发生共轭加成反应[1196]。烷基锂试剂与 α,β-不饱和醛的 1,4-加成反应也可以通过将醛基转变成苯并噻唑的衍生物来完成（保护醛基）[1197]，反应结束后可将醛基复原。芳基锂试剂可与 α,β-不饱和硝基化合物发生共轭加成反应，而后经乙酸处理生成 α-芳基酮[1198]。

如果有机锂试剂是被络合的，那么它就更容易发生 1,4-加成反应。例如，芳基锂试剂与 $B(OMe)_3$ 作用后，可进行 Rh 催化的共轭加成反应，当使用手性配体时，反应具有很好的对映选择性[1199]。烯丙基碲试剂与二异丙基氨基锂反应后，再与共轭酯反应可得到 1,4-加成产物，该产物环化生成相应的环丙烷衍生物[1200]。

有机锌化合物，特别是二烷基锌化合物（R_2Zn），可以与共轭体系发生加成反应。许多二烷基锌化合物可以进行该反应，例如乙烯基锌化合物[1201]。使用手性配体可以有效地控制二烷基锌化合物与 α,β-不饱和酮、酯等的共轭加成[1202]，也包括与共轭内酯的反应[1203]。将手性络合物加入到二烷基锌化合物中，并协同使用 $Cu(OTf)_2$[1204]、CuCN[1205] 或其它含铜化合物[1206]，可以进行对映选择性的共轭加成。也可以使用手性离子液体控制反应[1207]。在催化量的 $Cu(OTf)_2$ 存在下，二乙基锌可与共轭硝基化合物反应，生成共轭加成产物[1208]。在 Rh 催化剂作用下二烷基锌化合物进行的 1,6-加成反应已见报道[1209]。其它的过渡金属化合物也可以与二烷基锌化合物[1210]或芳基卤化锌（$ArZnCl$）[1211]配合使用。

碘代烃与 Zn/CuI 在超声波的作用下反应得到的有机金属化合物能与共轭酯加成[1212]。在乙酰丙酮镍的作用下，二芳基锌化合物（在超声波作用下制备）不仅能与 α,β-不饱和酮发生 1,4-加成，而且还能与 α,β-不饱和醛发生 1,4-加成[1213]。混合烷基有机锌化合物也能与这些共轭体系进行加成[1214]。在烯丙基卤化物、锌和超声波的作用下，含有官能团的烯丙基能与端炔加成得到 1,4-二烯[1215]。利用金属锌和 Co 配合物的混合物为催化剂，非端炔可与共轭酯发生 1,4-加成[1216]。

在乙酰丙酮镍[1217]或 $Cu(OTf)_2$[1218]存在下，三烷基铝（R_3Al）可与 α,β-不饱和羰基化合物发生 1,4-加成反应。在氯化铝的作用下，苯可与共轭酰胺反应生成 C-4 上具有苯基的产物[1219]。在 BEt_3 或 $AlEt_3$ 作用下，卤代烷可进行共轭加成反应[1220]。其它金属如 Co 也能催化烷基或芳基的共轭加成反应[1221]。在 In/Cu 介导下用不活泼碘代烷进行共轭加成反应已有报道[1222]。

在 Ru[1223]、Pd[1224]、Ni[1225] 或 Rh[1226] 催化剂作用下，端炔可与共轭体系发生加成反应。在苯基硼酸和 Rh 催化剂存在下，端炔与共轭体系发生分子内的加成反应生成环状化合物[1227]。四烷基镓化锂试剂发生反应生成 1,4-加成产物[1228]。三甲基苯基锡在 Rh 催化剂作用下发生甲基基团的共轭加成[1229]，而四苯基锡在 Pd 催化剂的作用下发生苯基基团的加成[1230]。三苯基铋（Ph_3Bi）在 Rh 催化剂作用下通入空气发生苯基基团的共轭加成[1231]。在水溶液中 Pd 催化剂的作用下可发生类似的反应[1232]。烯丙基锡化合物在 Sc 催化剂存在下可发生烯丙基的加成[1233]。在 $CrCl_3$ 与金属 Mn 为 2:1 的混合物作用下，苄基溴可与共轭腈发生加成反应[1234]。在 $NiBr_2$ 作用下，芳基卤化物可以发生加成反应[1235]。在 Rh 催化剂作用下，乙烯基 Zr 配合物可发生共轭加成反应[1236]。

在某些情况下，格氏试剂能与芳香结构发生 1,4-加成，经最初形成的烯醇结构异构化后（参见 2.14.1 节）生成 **94**[1237]。由于这些环己二烯非常容易被氧化成苯（空气中的氧气即可氧化），因此该反应提供了一个烷基化或芳香化适当取代的（通常是取代基位阻较大）芳基酮的方法。芳香族硝基化合物的一个相似反应已见报道，即1,3,5-三硝基苯与过量的甲基卤化镁反应得到2,4,6-三硝基-1,3,5-三甲基环己烷[1238]。

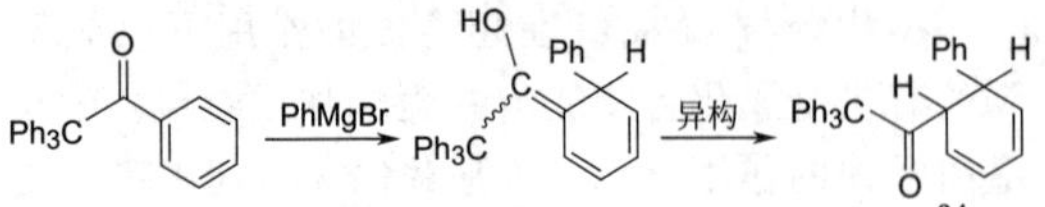

大多数这些反应的机理还不清楚。在没有催化剂的情况下格氏试剂发生的此类反应可以用下面的环状机理来解释，但是也有证据表明反应不是按这个机理进行的[1239]。

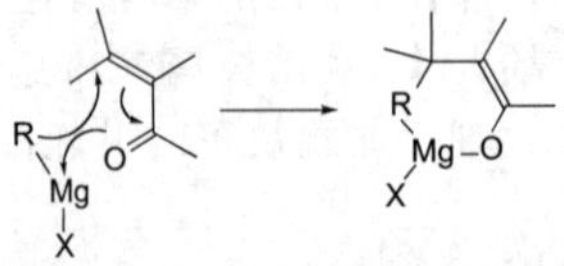

二烷基铜锂试剂[1240]以及铜催化的格氏试剂加成可能包括一系列机理，因为实际的进攻物种及底物变化多样[1241]。一些自由基型的机理被提出（例如 SET）[1242]，但是许多反应中 R 基团的构型保持说明了不可能是完全的 R· 自由基[1243]。对于一些简单的 α,β-不饱和酮，例如 2-环己烯酮与二甲基铜锂试剂的反应，有证据表明其机理为[1244]：

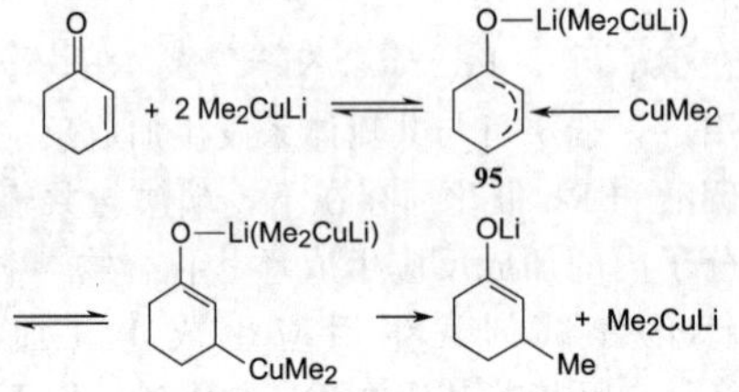

95 是一个 d,π* 配合物。铜以 d 轨道的一对孤对电子作为碱，烯酮利用烯丙基体系的 π* 轨道作为路易斯酸，二者之间成键[1242]。一个与 95 相似的中间体的 ^{13}C NMR 已有报道[1245]。

有机铜试剂与炔烃和共轭二烯的加成参见反应 15-22。

OS Ⅳ, 93; Ⅴ, 762; Ⅵ, 442, 666, 762, 786; Ⅷ, 112, 257, 277, 479; Ⅸ, 328, 350, 640.

15-26 Sakurai 反应

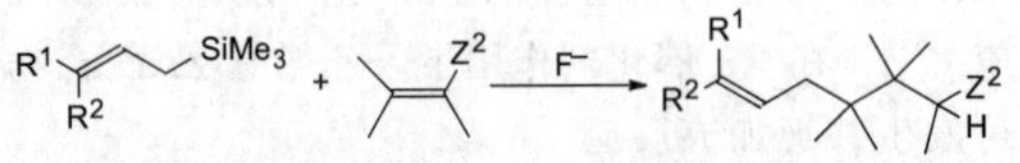

烯丙基硅烷（$R_2C=CHCH_2SiMe_3$）而不是烯醇硅醚可与共轭体系发生加成反应，该反应被称为 Sakurai 反应[1246]。例如，通过与 $CH_2=CHCH_2SiMe_3$ 和 F^- 离子反应，可将烯丙基加成到 α,β-不饱和羧酸酯、酰胺和腈上（参见反应

15-47)[1247]。该试剂比二烯丙基铜锂（反应 15-25）反应性能更好。催化作用下的 Sakurai 反应已见报道[1248]。在 Pd 催化作用下，共轭酮与 $PhSi(OEt)_3$、$SbCl_3$ 和 Bu_4NF 在乙酸中发生 1,4-加成反应[1249]。在 Rh 催化剂作用下 $PhSi(OMe)_3$ 发生的类似反应已有报道[1250]。氟化银可用于催化烯丙基三甲氧基硅烷的反应[1251]。在一个相关的反应中，Ph_2SiCl_2 和 NaF 在 Rh 催化剂作用下将一个苯基共轭加成到了 α,β-不饱和酮上[1252]。曾报道过一个有趣的反应，该反应在 Rh 催化下采用硅氧烷高聚物连接的 Si—Ph 单元进行苯基的共轭加成[1253]。Sakurai 反应可按多组分反应（multi-component reaction）的形式进行[1254]。

15-27 硼烷与活泼双键的加成

氢-烷基-加成（完全转化）

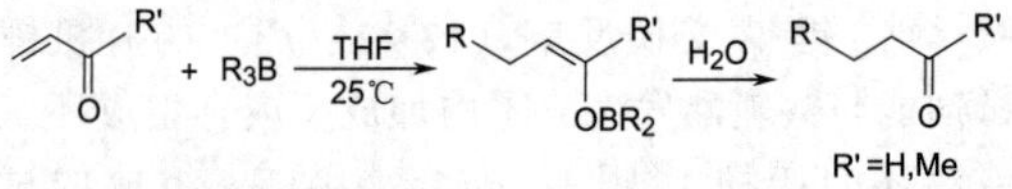

就像与简单烯烃发生加成反应似的（反应 15-16），在 THF 溶液中，三烷基硼能与丙烯醛、甲基乙烯基酮以及它们的一些异构体迅速发生加成反应，生成烯醇硼酸酯（另见反应 10-68），后者水解后得到醛或酮[1255]。反应一开始就可以存在水，因此两步反应可以在一个实验步骤中完成。由于硼烷可由烯烃制备得到（反应 15-16），因此这个反应提供了一个将碳链延长 3 个或 4 个碳原子的方法。末端含有烷基的化合物，例如巴豆醛（$CH_3CH=CHCHO$）和 3-戊烯-2-酮以及丙烯腈在此反应条件下不发生反应，但是这些化合物能在某些条件的诱导下起反应，这些条件可以是缓慢控制地加入氧气或是用过氧化物或用紫外线诱发[1256]。这个反应的缺点之一是硼烷的三个烷基中只有一个能加到相应的烯烃上，另外两个烷基却被浪费了。这个问题可以通过使用 β-烷基硼烷（例如 96）来解决[1257]，96 可通过下述方式制备：

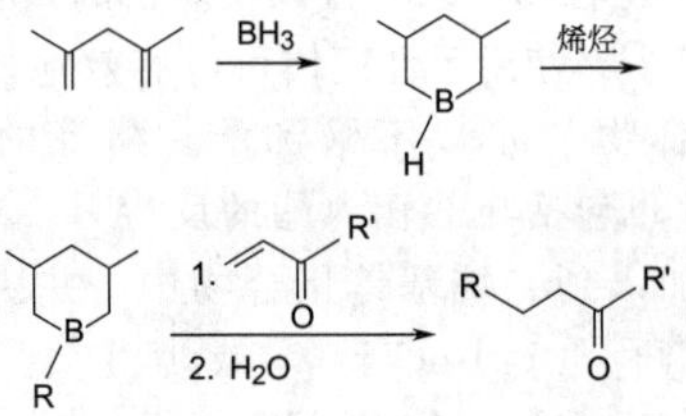

化合物 96（R=t-Bu）可以通过 96（R=OMe）与 t-BuLi 的反应制得。使用该试剂可以在底物中加入叔丁基。β-1-烯基-9-BBN 类化合物 β-

RCH=CR'-9-BBN（通过炔烃与 9-BBN 反应或 RCH=CR'Li 与 β-甲氧基-9-BBN 反应制得[1258]）与甲基乙烯基酮反应，而后再水解可以得到 γ,δ-不饱和酮[1259]。当 R 是一个饱和基团时，β-R-9-BBN 试剂不能应用于该反应，因为这些试剂中的 R 基团无法加成到底物上[1253]。过渡金属可催化三烷基硼与共轭体系的加成反应（例如，在 Ni 催化剂作用下烯丙基硼烷的加成反应）[1260]。加入甲醇可以促进 Ni 催化的加成反应[1261]。

相应的 β-1-炔基-9-BBN 类化合物也能发生类似的反应[1262]。由于产物 97 是一个 α,β-不饱和酮，因此它能继续与另一分子硼烷（相同的或不同的）反应得到各种酮（**98**）。

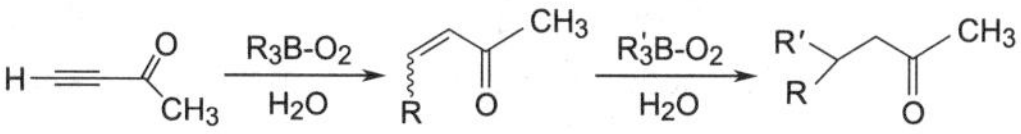

$$H-\overset{O}{\underset{CH_3}{C}}\equiv \xrightarrow[H_2O]{R_3B-O_2} \overset{CH_3}{\underset{R}{C}}=\overset{O}{\underset{97}{C}}-CH_3 \xrightarrow[H_2O]{R'_3B-O_2} \overset{R'}{\underset{R}{C}}-\overset{O}{\underset{98}{C}}-CH_3$$

在 Rh 试剂催化下，乙烯基硼烷能与共轭酮加成（当有 BINAP 存在时反应具有很好的不对称选择）[1263]。在 BF₃ 存在下，炔基硼烷也能与共轭酮加成[1264]。

其它的硼试剂也可与共轭羰基化合物发生加成反应[1265]。在 Pd 催化剂作用下，四苯基硼烷可加成到共轭炔烃上，即氢苯基化反应[1266]。在三氟化硼·乙醚存在下[1268]，炔基硼酸酯（反应 **12-28**）可进行共轭加成反应[1267]，在 Rh[1269]、Pd[1270] 或 Bi[1271] 催化剂的作用下，芳基硼酸（反应 **12-28**）也发生共轭加成反应。二乙基锌也可用于该反应[1272]。在 Rh 催化剂作用下，芳基硼酸可加成到乙烯基砜的双键上[1273]。乙烯基硼酸可直接加成到共轭酮上[1274]。芳基硼酸在 Ir 催化下发生的 1,6-加成反应已见报道[1275]。在 Cu 催化剂作用下，共轭炔烃可与芳基硼酸发生共轭加成反应[1276]。有机催化剂也已被应用于芳基硼酸与共轭体系的共轭加成反应[1277]。在 Rh 催化剂作用下，乙烯基三氟硼酸钾（参见反应 **10-59**、**13-10**、**13-13**）可进行 1,4-加成[1278]，芳基三氟硼酸钾也可发生相同的反应[1279]。乙烯基四氟硼酸酯在 Rh 催化剂下的加成反应也已见报道[1280]。

在 Rh 催化剂作用下，LiBPh(OMe)₃ 可将苯基共轭加成到 α,β-不饱和酯上[1281]。由于这类反应能被自由基引发剂来催化，也能被尔万氧基自由基（Galvinoxyl，一种自由基抑制剂）抑制[1282]，可以推断该反应以自由基机理进行。

15-28 活泼双键的自由基加成

氢-烷基-加成

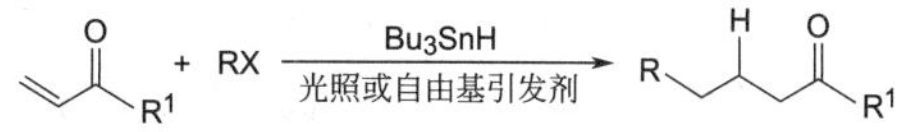

$$\underset{R^1}{\overset{O}{\Vert}}C-CH=CH_2 + RX \xrightarrow[\text{光照或自由基引发剂}]{Bu_3SnH} R-CH_2-CH\underset{H}{\overset{H}{|}}-\underset{R^1}{\overset{O}{\Vert}}C$$

在一个与 **15-25** 类似的反应中，烷基可以加成到被 COR'、COO、CN 甚至 Ph 活化的双键上[1283]。这是一个自由基加成反应[1284]。如上式所示，R 基来自于卤代烷（R 可以是一级、二级和三级烷基；X 可以是溴或碘），氢原子来自锡的氢化物。例如，叔丁基溴、Bu₃SnH 和 AIBN（参见 14.1.1 节）与共轭酯发生 1,4-加成反应从而在共轭酯上引入叔丁基[1285]。烯烃与儿茶酚硼烷（反应 **12-28**）反应转化为烷基硼烷，烷基硼烷与共轭酮和 O₂ 发生自由基加成反应生成 β-取代的酮[1286]。Bu₃SnH 也能类似地由 R₃SnX 和 NaBH₄ 原位反应产生。与 **15-27** 类似，这些加成反应也是自由基加成机理。该反应已被用于在反应 **15-30** 讨论的自由基环化[1287]。用这种方式进行的环化反应通常主要得到五元环，其它一些环（十一至十二元环）也能通过这个反应得到[1288]。

在 Bu₃SnH 和 O₂ 存在下，BEt₃（参见 14.1.1 节）可引发共轭酰胺与碘代烷的反应，实现烷基的共轭加成[1289]。对映选择性的加成反应已有报道[1290]。

共轭加成也可以在光解条件下进行。在 350nm 光的照射下，吲哚与烯酮可发生光诱导的 1,4-加成反应[1291]。

OS Ⅶ,105.

15-29 不活泼双键的自由基加成[1292]

烷基-氢-加成

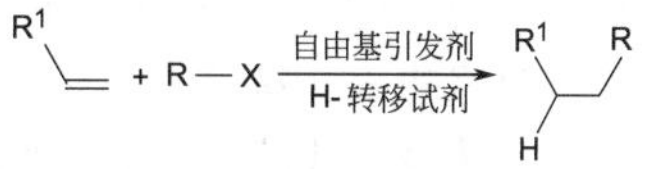

$$R^1-CH=CH_2 + R-X \xrightarrow[\text{H-转移试剂}]{\text{自由基引发剂}} R^1-\underset{H}{\overset{R}{|}}CH-CH_2$$

除了共轭羰基化合物的自由基加成外（反应 **15-24**），烯烃的自由基加成通常很难进行。但是如果自由基中心碳原子的 α 位有一个能与烯烃碳原子作用的杂原子，那么就可能发生反应。这些自由基通常非常稳定，能与烯烃加成得到反 Markovnikov 规则的产物，正如自由基引发的 HBr 与烯烃的加成一样（**15-2**）[1293]。此种类型的加成反应通常涉及醇、酯[1294]、胺和醛等稳定的自由基[483]。在四烷基次磷酸铵作用下，并以 BEt₃/O₂ 作为引发剂，碘代烷的烷基可加成到烯烃上[1295]。例如，(EtO)₂POCH₂Br 产生的自由基与烯烃加成后得到一个新的磷酸酯[1296]，在

BEt$_3$/空气作用下，α-溴代酯与烯烃加成转化为 γ-溴代酯[1297]。以 BEt$_3$/O$_2$ 作为自由基引发剂，α-溴代酰胺可在 Yb(OTf)$_3$ 作用下将 Br 和酰基碳加成到烯烃上[1298]。α-碘代酰胺可在水溶性偶氮二腈（azobis）引发剂（参见 14.1.1 节）作用下与烯烃加成生成碘代酯，后者在反应条件下环化成内酯[1299]。β-酮二硫代碳酸酯［RC(=O)—C—SC(=S)OEt］在过氧化物存在下会生成自由基并与烯烃加成[1300]。在月桂酰过氧化物存在下，烯丙醇的 2-氟吡啶基衍生物可与黄原酸酯反应生成烯烃[1301]。在 Mn/Co 混合催化剂作用下，丙二酸酯衍生物可在具有活性氧的乙酸中与烯烃发生加成反应[1302]。

其它一些自由基也能与烯烃加成。甲基自由基与烯烃加成反应的速率常数[1303]以及自由基与烯烃加成的总反应速率均已被研究[1304]。自由基加成反应区域选择性的动力学和热力学控制也已有研究[1305]。一般情况下，炔烃的自由基反应活性比烯烃低[1306]，但是炔烃的非自由基亲核反应要快于烯烃[1307]。

15-30　自由基环化反应[1308]

烷基-氢-加成

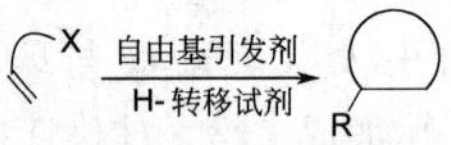

<图>

在自由基引发剂如 AIBN 等试剂存在下或光解条件下，ω-卤代烯烃能产生自由基[1309]，生成的碳自由基迅速与烯烃加成生成环状化合物[1310]。这种分子内自由基对烯烃的加成反应被称为自由基环化反应。一个典型的例子是，在 AIBN 条件下产生的自由基与卤代烯烃 **101** 反应，生成自由基 **100**。该自由基能通过一个 5-exo-trig 反应（参见 6.5 节）加成到含取代基较多的碳上，生成自由基 **102**[1311]。该自由基也可以通过一个 6-endo-trig 反应，加成到含取代基较少的碳上，生成自由基 **103**[1312]。两个过程的产物均为自由基，因此需要转化为活性较低的产物。这可以通过加入一种氢转移试剂来完成[1313]，如加入三丁基氢化锡（Bu$_3$SnH），它能与 **102** 反应生成甲基环戊烷和 Bu$_3$Sn·，或与 **103** 反应生成环己烷。两种情况下生成的 Bu$_3$Sn·通常会二聚生成 Bu$_3$Sn—SnBu$_3$。环化反应会与 Bu$_3$Sn 将 H 转移[1314]给化合物 **100** 生成还原产物 **99** 的过程竞争。也可能发生其它原子转移的环化反应，如在 InCl$_3$[1315]或 CuBr[1316]催化下发生卤原子的转移。在过氧酸作用下，也可进行没有锡参与的自由基环化反应[1317]。

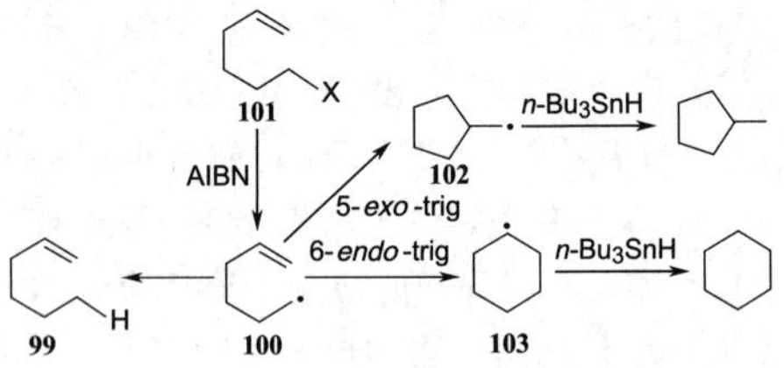

通常，环化反应的关键步骤是五元环的形成，但若 C=C 键的加成速率相对较慢的话，则反应主要生成还原产物。反应过程中自由基重排也会降低目标产物的产率[1318]。当存在生成大环或小环的可能时，自由基环化反应通常生成小环产物[1319]，但并非完全如此[1320]。当然也可能形成其它大小的环。4-exo-trig 自由基环化反应[1321]、7-endo 与 6-exo 环化反应的竞争选择性[1322]以及 8-endo-trig 反应[1323]都已经被研究。在生成大环的自由基环化反应中，1,5-位氢原子和 1,9-位氢原子的夺取可能存在问题[1324]。在自由基环化反应中，当最终的中间体是一个环丁基甲基自由基时，有可能发生环的扩张[1325]。

该反应的机理已被研究[1326]。经过 5-endo-dig 过渡态进行环化反应，必须对自由基轨道进行空间调整，以使轨道在成键步骤中达到乙烯 π 轨道的平面性，这将会伴随共轭稳定性的丧失和活化能的增加。因此，许多 5-endo 环化反应会发生 H 夺取过程或存在与自由基异构体之间的平衡[1327]。

由于氢原子转移主要产生还原产物，为了解决这一问题，Bu$_3$Sn—SnBu$_3$ 通过光化学分解生成自由基，由此自由基生成的碳自由基发生环化反应（**15-46**）[1328]。通常会使用卤原子转移试剂如碘乙烷，而不是氢转移试剂，因此最终产物是碘代烷烃。

格氏试剂和 CoCl$_2$ 的混合物可用于引发芳基的自由基环化反应[1329]。钛（Ⅲ）介导的自由基环化反应[1330]，Ni 催化剂存在下 SmI$_2$ 也可能介导该反应[1331]。有机硼化物引发的自由基环化反应也已见报道（参见 14.1.1 节）[1332]。卤原子对自由基环化反应的影响已被研究[1333]。

在自由基环化反应中，苯硫基[1334]和苯硒基[1335]均可作为好的离去基团，硫原子或硒原子的转移会产生自由基。硒酯 R$_2$N—CH$_2$C(=O)SeMe 与三(三甲基硅烷基)硅烷［(Me$_3$Si)$_3$SiH，TTMSS］和 AIBN 作用可用于生成 R$_2$NCH$_2$C·[1336]。O-膦酸酯[1337]和 N-(2-溴苯基)甲基氨基[1338]也可以作为离去基团，用于生成自由基。

当使用手性前体时，自由基环化反应通常具有高的非对映选择性[1339]，并且显示高的不对称诱导效应。非端炔很容易发生自由基环化反应[1340]，而端炔会得到 *exo*-dig 和 *endo*-dig 的混合物（参见 6.5 节）[1341]。通过自由基环化反应，结构上的不对称性会由瞬时存在的阻转异构体转移到形成的内酰胺中[1342]。

一些常见的官能团与环化反应是相容的，它们的存在不会妨碍环化反应的进行。杂环也可以通过自由基环化形成[1343]。当芳香环上具有烯烃或炔烃取代基时，它生成的芳基自由基会与烯烃或炔烃单元发生环化反应。例如，在乙醇中用 AIBN、H_3PO_2 水溶液和 $NaHCO_3$ 处理，邻位碘代芳基烯丙基醚环化生成苯并呋喃[1344]。乙烯基自由基[1345]和联烯基自由基[1346]的环化反应也很常见。化合物 $XCH_2CON(R)-C(R^1)=CH_2$（X=Cl，Br，I）的衍生物与 Ph_3SnH 和 AIBN 作用发生自由基环化，得到一个内酰胺[1347]。N-碘乙基-5-乙烯基-2-吡咯烷酮通过环化反应，得到双环内酰胺[1348]，还有很多含有内酰胺[1349]或酰胺单元[1350]的化合物也能进行自由基环化反应。在 $Mn(OAc)_3$ 作用下通过自由基环化可得到 β-内酰胺[1351]。烯胺也能发生自由基环化反应[1352]。肟发生自由基环化反应生成相应的杂环化合物[1353]。苯硒基 N-烯丙基胺反应得到环胺[1354]。ω-碘代丙烯酸酯环化可形成内酯[1355]。结构为 $C\equiv C-C-O_2C-CH_2I$ 型的烯丙基乙酰氧化合物可按类似的方式环化生成内酯[1356]。烯丙基乙酰氧化合物在标准的自由基环化条件下发生碘内酯化反应（参见反应 15-41）[1357]，该反应的自由基过程可用 $HGaCl_2$/BEt_3 来引发[1358]。α-溴代混合缩醛环化反应生成 α-烷氧基 THF 衍生物[1359]，α-碘代缩醛也可发生环化反应生成相似的产物[1360]。邻位炔基芳基异腈与 AIBN 和 2.2 倍量 Bu_3SnH 发生 5-*exo*-dig 环化反应生成吲哚[1361]。邻位碘代苯胺衍生物与 AIBN 和 TTMSS 反应也可制备吲哚衍生物[1362]。Sm(II) 可用于引发 5-*exo*-trig 型的羰基自由基-烯烃偶联反应，该反应的机理已经得到研究[1363]。

酰基自由基也能生成并通过常见的方式环化[1364]。分子轨道计算表明，在环化反应过程中，酰基自由基以及硅烷基自由基与烯烃同时发生了 SOMO-LUMO（SOMO 表示单电子占有分子轨道，LUMO 表示能量最低空分子轨道）和 LUMO-HOMO 相互作用[1365]。多烯通过自由基环化反应可以得到四环化合物，将苯硒基酯和 Bu_3SnH/AIBN 反应后得到酰基自由基，酰基自由基可以加成到第一个双键上[1366]。然后，新生成的碳自由基继续与下一个双键加成，依此类推。Ts(R)NCOSePh 衍生物形成的酰基自由基可以环化得到内酰胺[1367]。

碘代醛或酮在羰基碳上发生自由基环化是一个成功的酰基加成反应（反应 16-24 和 16-25）。该环化反应通常是可逆的，很少有加成到烯烃或炔烃上的例子。例如，δ-碘代醛经 BEt_3/O_2 引发形成自由基，自由基在 Bu_3SnH 存在下环化生成环戊醇[1368]。醛-烯烃在 AIBN、0.5 倍量 $PhSiH_3$ 和 0.1 倍量 Bu_3SnH 作用下，由烯烃产生的自由基与醛发生环化反应生成环戊醇衍生物[1369]。O-甲基醛肟在标准条件下会产生一个与氮邻位的自由基，该自由基在羰基处环化生成环状的 α-羟基 N-甲氧基胺[1370]。另外，在电解条件下，α-溴代缩醛-O-甲基肟在 cobaloxime 作用下会在 C=NOMe 单元处发生环化反应[1371]。在自由基反应条件下，炔基-亚胺在 CO 存在下可在亚胺的碳上发生环化反应，生成亚烷基内酰胺[1372]。

进攻的自由基并不一定总是碳自由基，并且通过自由基反应也可以制备大量杂环化合物[1373]。酰胺自由基也能发生环化反应[1374]，氨基自由基的环化也有报道[1375]。N-氯代胺-烯烃在 $TiCl_3 \cdot BF_3$ 作用下生成氨基自由基，该自由基发生环化反应得到侧链为氯甲基的吡咯烷衍生物[1376]。N-(S-取代)胺在 AIBN/Bu_3SnH 作用下得到相似的产物[1377]。肟-烯烃与 PhSSPh 和 TEMPO（参见 5.3.1 节）作用可环化成亚胺[1378]。通过光化学反应也能得到氧自由基，并且能以常见的方式与烯烃加成[1379]。需要注意的是，可能发生自由基取代反应，Ph_3SnH/AIBN 和分子中具有膦酸酯基的 O-酰胺基化合物发生环化反应，生成 THF 衍生物[1380]。

15-31 杂原子亲核试剂的共轭加成

X + \\=/Z² ⟶ X\\/Z² H

杂原子亲核试剂可与共轭体系加成生成 Michael 型产物。胺与共轭羰基化合物发生共轭加成反应生成 β-氨基衍生物（参见反应 15-31）[1381]。含氮化合物的共轭加成常常被称为氮杂 Michael 反应（aza-Michael reaction）[1382]。在 In[1383]、Pd[1384]、Sm[1385]、Bi[1386]、Cu[1387]、

Ce[1388]、La[1389]或 Yb 化合物[1390]存在时，胺可加成到共轭体系上，生成 β-氨基衍生物。该反应能被光化学[1391]或微波辐射引发[1392]。在催化量 DBU 存在时，苯胺衍生物能加成到共轭醛上[1393]，实际上 DBU 可促进氮杂 Michael 反应[1394]。氨基锂加成到共轭酯上生成 β-氨基酯[1395]。氨基铜酸盐加成到共轭体系上生成 β-氮化合物，β-烷基硅烷基对氨基铜酸盐具有活化作用[1396]。在 Ce 催化剂作用下，胺可以在氧化铝上发生无溶剂的共轭加成反应[1397]。硼酸可用作水中氮杂 Michael 反应的催化剂[1398]。在钯催化剂作用下或光化学条件下，胺单元能与共轭酮发生分子内加成反应生成环胺[1399]，胺还能与硫代内酰胺发生加成反应[1400]。

可以进行不对称的氮杂 Michael 反应[1401]，采用有机催化剂可以获得很高的对映选择性[1402]。手性催化剂的使用能使反应具有对映选择性[1403]。手性添加剂，如手性金鸡纳生物碱[1404]或手性萘酚衍生物[1405]，都曾应用于在此类反应中。手性亚胺能给反应带来很高的立体选择性[1406]。氨基甲酸酯共轭加成反应中使用过手性催化剂[1407]。在有机催化剂作用下，吲哚可加成到硝基烯烃上[1408]，其它氮杂环也能以很好的对映选择性进行加成反应[1409]。

在 Si(OEt)$_4$ 和 CsF 存在时，内酰胺能加成到共轭酯上[1410]。在 Pd 催化剂作用下，苯邻二甲酰亚胺通过 1,4-加成反应加成到亚烷基丙二腈上，反应所得到的阴离子随后被加入的烯丙基卤化物烷基化[1411]。亚烷基酰氨基酰胺[C＝C(NHAc)CONHR]在水中与二级胺反应生成 β-氨基酰氨基酰胺[1412]。若使用 CuI 催化剂，胺能通过共轭方式加成到炔基膦酸酯［C≡C—P(OEt)$_2$］上[1413]。羟胺与共轭硝基化合物加成生成 2-硝基羟胺[1414]。在铜催化剂作用下，N,O-三甲基硅基羟胺能通过氮原子加成到共轭酯上[1415]。三甲基硅基叠氮化物以及乙酸与共轭酮反应，生成 β-叠氮酮[1416]。在 20% PBu$_3$ 的乙酸溶液中，叠氮化钠能与共轭酮发生加成反应[1417]。有趣的是，酰胺基胺、酰胺基醇或酰胺基硫醇与共轭炔烃可发生双 Michael 加成反应，生成吡咯烷、噁唑烷、硫唑烷衍生物[1418]。

在铂[1419]、钯[1420]、铜[1421]或双(三氟甲磺酰胺)[1422]催化剂作用下，氨基甲酸酯中的氮原子可与共轭酮发生加成反应。用高聚物负载的酸催化剂[1423]或 BF$_3$·OEt$_2$[1424]催化，氨基甲酸酯中的氨基单元可加成到共轭酮上。

在 PEG-200、钯催化剂及微波辐射下，1,4-二苯基丁-2-烯-1,4-二酮与甲酸铵的反应产物是 2,5-联苯吡咯[1425]。

在一定条件下，膦也能与胺发生类似反应。在镍催化剂存在下，R$_2$PH 可与 α,β-不饱和腈发生共轭加成反应[1426]。Pd 催化下二芳基膦发生加成反应生成手性膦，反应具有很好的对映选择性[1427]。在手性有机催化剂作用下，亚膦酸酯可与硝基烯烃加成，生成相应的硝基亚膦酸酯化合物[1428]。

在 PMe$_3$ 试剂的催化下，乙醇与共轭酮加成，生成 β-烷氧基酮[1429]。该反应被称为氧代 Michael 反应（oxy-Michael reaction）[1430]。醇的加成反应可用 N-杂环卡宾[1431]和其它的有机催化剂[1432]来催化，反应通常具有对映选择性[1433]。过氧负离子（HOO$^-$和 ROO$^-$）与 α,β-不饱和羰基化合物的共轭加成将在反应 15-48 中讨论。生成二氢吡喃酮的分子内反应已有报道[1434]。

硫酚和丁基锂（苯基硫基锂）能与共轭酯发生加成反应[1435]。硒化合物 RSeLi 也能发生类似反应[1436]。若添加 10% Hf(OTf)$_4$ 或其它三氟甲磺酸镧盐，硫醇能与共轭胺发生 1,4-加成反应[1437]；在离子型溶剂中，硫醇能与共轭酮发生 1,4-加成反应[1438]。在有机催化剂的作用下，烷基硫醇与共轭羰基化合物可发生具有高度对映选择性的加成反应[1439]。硫醇在铁(Ⅲ)催化下的加成反应可在无溶剂条件下进行[1440]。硫醇可在水[1441]、PEG[1442]或离子液体[1443]中发生加成反应，并且不需要催化剂的作用。硫醇的加成反应也可用碘催化在无溶剂条件下进行[1444]。硝酸铈铵可促进硫醇的共轭加成[1445]。在 Yb[1446]或催化量（DHQD)$_2$PYR[1447]（一种二氢奎尼丁，参见反应 15-48）作用下，芳基硫醇也可发生加成反应。若使用 BuS—SnBu 和 In—I 试剂，硫烷基单元（如 BuS—）可被加成到共轭酮上[1448]。共轭内酯的加成反应可能生成 β-芳硫基内酯[1449]。通过胺、CS$_2$ 和共轭羰基化合物的反应可以制得二硫代氨基甲酸酯[1450]。若使用 Et$_2$AlCN 试剂，氰基能与 α,β-不饱和砜发生共轭加成反应[1451]。

15-32 活泼双键和叁键的酰化反应

氢-酰基-加成

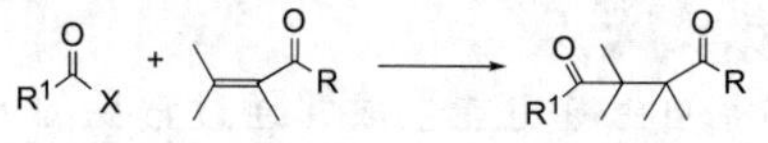

$$\text{R}^1\overset{O}{\underset{}{\|}}\text{X} + \overset{O}{\underset{}{\|}}\diagup\!\!\!\!\diagdown\text{R} \longrightarrow \text{R}^1\overset{O}{\underset{}{\|}}\diagup\!\!\!\!\diagdown\overset{O}{\underset{}{\|}}\text{R}$$

在某些情况下，羧酸衍生物能直接加成到未活化的双键上。共轭酯能与乙酸酐、金属镁以及 Me$_3$SiCl 反应，生成 γ-酮酯[1452]。乙烯基膦酸酯也能发生类似反应，生成 γ-酮磷酸酯[1453]。在 SmI_2 存在下，硫酯可与 α,β-不饱和酮发生共轭加成[1454]。使用 DBU 和硫基咪唑盐、酰基硅烷、[Ar(C=O)SiMe₃] 也可发生类似的加成反应[1455]。在微波辐射条件下，DBU/Al_2O_3 和噻唑盐存在下，醛能与共轭酮发生加成反应[1456]。$BF_3·OEt_2$ 存在时，酰基锆配合物的共轭加成在乙酸钯的催化下进行[1457]。

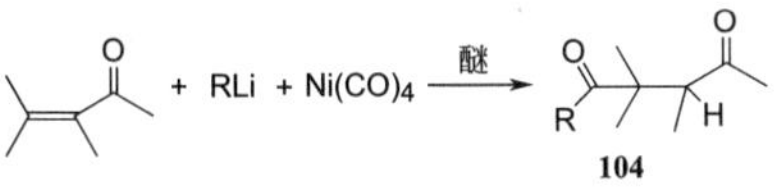

$$\text{（结构式）} + RLi + Ni(CO)_4 \xrightarrow{\text{醚}} \text{（结构式）} \quad \mathbf{104}$$

在有机锂试剂和羰基镍试剂的作用下，酰基可被引入到 α,β-不饱和酮的 4 位[1458]。反应产物是一个 1,4-二酮 (**104**)。R 基团可以是芳基或一级烷基。炔烃也能发生类似的反应，并且炔分子中不需要活化基团。反应中加成了 2mol 试剂，反应产物还是 1,4-二酮（例如：R'C≡CH→RCOCHR'CH₂COR)[1459]。在另一个不同的反应中，在 $R_2(CN)CuLi_2$ 和 CO 的作用下，α,β-不饱和酮与醛在 −110℃ 下就能发生酰基化反应。在这一反应中 R 可以是一级、二级和三级烷基[1460]。当 R 是二级或三级烷基时，可以使用 R(CN)CuLi，采用此试剂时不会浪费 R 基团[1461]。

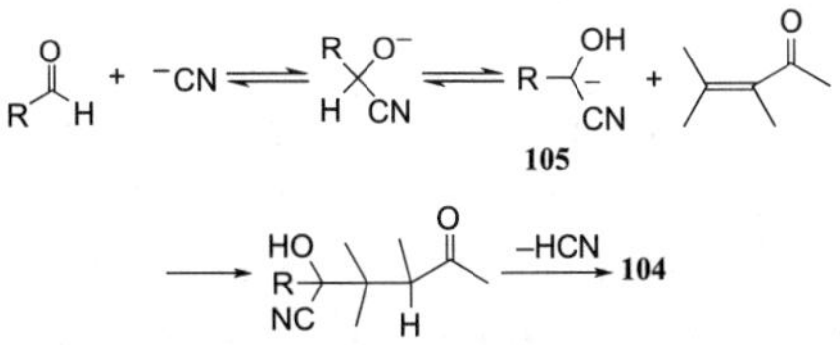

$$RCHO + ^-CN \rightleftharpoons \text{（结构式）} \rightleftharpoons \text{（结构式）} + \text{（结构式）}$$
$$\mathbf{105}$$

$$\rightarrow \text{（结构式）} \xrightarrow{-HCN} \mathbf{104}$$

在极性非质子溶剂中（例如，DMF 或 DMSO)，醛与氰根离子反应（参见 **16-52**）生成氰醇，氰醇失去 HCN 后生成二酮[1462]。α,β-不饱和酮、酯以及腈发生这类反应后可生成相应的 1,4-二酮、γ-酮酯和 γ-酮腈（参见反应 **16-55**）。反应最初生成的离子 **105** 是一个无法得到的 $R\bar{C}=O$ 碳负离子（另见反应 **10-68**）的合成子，这是一个伪装了的 $R\bar{C}=O$ 负离子，它与共轭羰基化合物的加减产物氰醇失去 HCN 后得到 **104**。其它伪装了的碳负离子也能发生相似的反应，例如离子 $R\bar{C}(CN)-NR$[1463]、$EtS\bar{C}RSOEt$[1464]、$CH_2=\bar{C}OEt$[1465]、$CH_2=\bar{C}(OEt)Cu_2Li$[1466]、$CH_2=CMe(SiMe_3)$ 和 $R\bar{C}(OCHMeOEt)CN$[1467]。在最后一个离子中，当 R 是乙烯基时反应性最好。1,3-二噻烷负离子（反应 **10-71**）不与这些底物发生 1,4-加成反应（除非在 HMPA 存在下，参见反应 **15-25**），而是与羰基发生 1,2-加成反应（反应 **16-38**）。

有趣的是，α,β-不饱和酮与酰氯和 Et_2Zn 在 Rh 催化剂存在下反应，结果是烯酮的 α-位发生酰基化[1468]。

在另外一个反应中，由 ArCOSePh 产生的酰基自由基（通过用 Bu_3SnH 处理 ArCOSePh）与 α,β-不饱和酯或腈加成，分别生成 γ-酮酯和 γ-酮腈[1469]。

OS Ⅵ,866; Ⅷ,620.

15-33 加成醇、胺、羧酸酯和醛等

氢-酰基-加成，等

醛、甲酸酯、一级醇、二级醇、胺、醚、卤代烷烃、Z-CH₂-Z' 类型的化合物以及少数其它类型的化合物在自由基引发剂的存在下能与双键加成[1470]。从形式上看，是 RH 与双键的加成，但是这里的 "R" 不仅仅包括各种碳原子，还可以是与一个氧原子或氮原子或卤原子相连或者与两个 Z 基团 (Z 基团的定义参见 15.1.1 节) 相连的碳。甲酸酯和甲酰胺与烯烃的加成很类似[1471]：

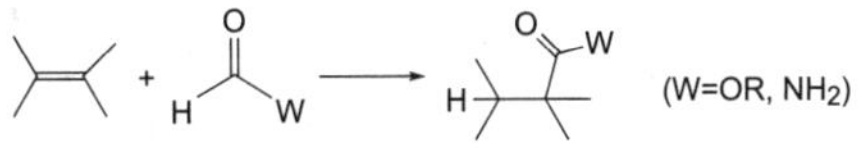

$$\text{（结构式）} + \text{（结构式）} \longrightarrow \text{（结构式）} \quad (W=OR, NH_2)$$

醇、醚、胺和卤代烃按照下面的通式加成（以醇为例）：

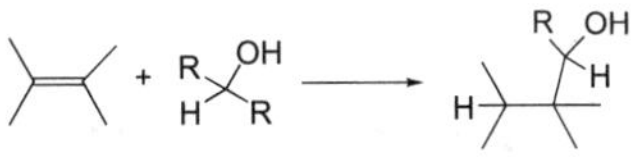

$$\text{（结构式）} + ROH \longrightarrow \text{（结构式）}$$

ZCH₂Z' 类型的化合物与烯烃的反应发生在与活泼氢相连的碳原子上[1472]：

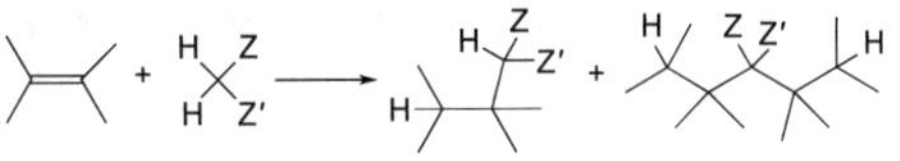

$$\text{（结构式）} + \text{（结构式）} \longrightarrow \text{（结构式）}$$

羧酸、酸酐[1473]、酰卤、羧酸酯、腈以及其它类型的化合物[1474]也能发生类似的加成反应。

乙炔也能与上述化合物发生类似反应[1475]。在一个有趣的反应中，硫代碳酸酯与炔烃在 Pd 催化剂作用下加成得到 β-苯硫基 α,β-不饱和酯[1476]。在铑催化剂存在下，醛与炔烃加成生成共轭酮[1477]。在铑配合物的催化下，醛发生环状加成，4-戊烯醛被转化为环戊酮[1478]。曾有报道，使用硅烷基酮、乙酸和 Rh 催化剂，可发生分子内的酰基对炔烃的加成[1479]。在钯催化剂的作用下，甲酰胺与烯烃加成，生成共轭酰胺[1480]。

OS Ⅳ,430; Ⅴ,93; Ⅵ,587,615.

15-34 加成醛

烷基-羰基-加成

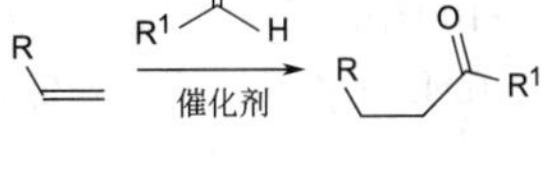

$$\text{（结构式）} + R^1CHO \xrightarrow{\text{催化剂}} \text{（结构式）}$$

在金属催化剂，如 Rh[1481] 和 Yb[1482] 的催化下，醛可以直接加成到烯烃上生成相应的酮。添加剂在此类反应中具有重要作用[1483]。ω-烯基醛在铑催化剂作用下可以生成环酮[1484]，当存在手性配体时，反应还具有高的对映选择性。卡宾有机催化剂可用于催化对映选择性的分子内反应[1485]。通过 Rh 催化下醛对二烯烃的加成可得到 β,γ-不饱和酮[1486]。

在弱碱性条件下，由催化量噻唑盐催化的醛与活泼双键的加成反应被称为 Stetter 反应[1487]。在铑配合物催化下，炔醛发生分子内加成反应生成环戊烯酮衍生物[1488]。

当烯烃含有吸电子基团，如卤原子或羰基时，这些反应很难进行。反应通常需要自由基引发剂，常用的方式有加入过氧化物或紫外光照射[1489]。以醛为例将反应机理描述如下，其它化合物的机理也类似：

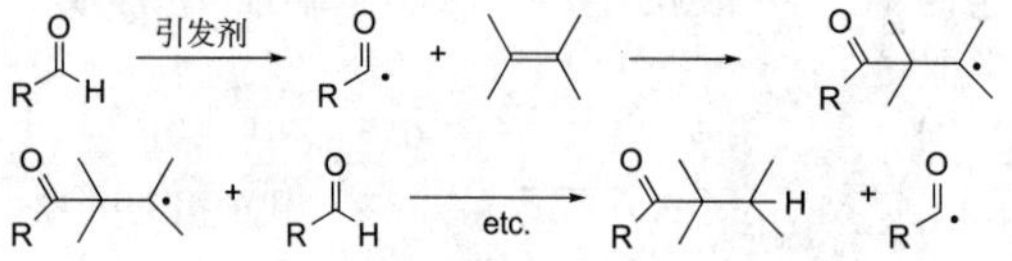

在 BF_3 和 Ag 盐的作用下，醛加成到炔烃上生成相应的共轭酮[1490]。副产物通常是多聚物。使用三线态敏化剂［triplet sensitizer，参见 7.1.6 节（5）］如二苯甲酮[1491]时，可提高醛与共轭 C=C 单元的光化学加成反应效率。

烯丙基醇和苯甲醛的反应是一类酰基加成反应（**16-25**）的改进。在含 Ru 催化剂的离子液体中，C=C 双键与醛反应，伴随着烯丙基醇的氧化，生成了 β-羟基酮，$PhCHO+H_2C=CHCH(OH)R \longrightarrow PhCH(OH)CH(Me)COR$[1492]。在另一个反应中，在 Ru 催化剂的作用下，甲酸酯与烯烃通过甲酰化过程发生加成，生成烷基酯[1493]。

15-35 氢羧基化反应

氢-羧基-加成

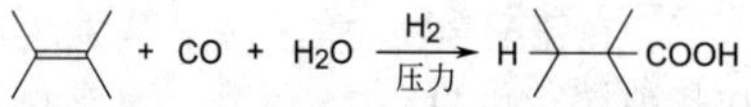

烯烃的酸催化氢羧基化反应（Koch 反应）能够以多种途径进行[1494]。其中一种方法就是在无机酸的催化下，烯烃与一氧化碳和水在 100～300℃、500～1000atm（1atm=101.325kPa，下同）的条件下发生氢羧基化反应。反应也可以在温和一些的条件下进行。如果烯烃首先与一氧化碳和催化剂作用，然后再加入水，反应就能在 0～50℃ 和 1～100atm 条件下完成。如果将甲酸作为一氧化碳和水的来源，反应就能在室温和常压的条件下进行[1495]。甲酸参与的反应被称为 Koch-Haaf 反应（该反应也可以应用于醇，参见 **10-77**）。几乎所有的烯烃都能通过这些方法中的一种或几种进行氢羧基化反应。然而，共轭二烯在该反应条件下会发生聚合。当使用羰基镍作为催化剂时，氢羧基化反应可在温和的条件下（160℃，50atm）进行。酸催化剂通常与羰基镍一起联用，共同催化反应，此外一些碱催化剂也可以用于催化反应[1496]。以 CO 和 H_2O 作为亲核试剂，$Ni(CO)_4$ 催化作用下进行的氧化羰基化反应通常被称为 Reppe 羰基化[1497]。由于四羰基镍具有毒性，人们发展了其它的催化剂[1498]。Pd[1499]、Pt[1500] 和 Rh[1501] 催化剂已在实际反应中得到应用。烯烃、炔烃和二烯烃都可应用于此反应，而很多其它的官能团不会发生反应。当在反应中添加醇或酸后，可得到饱和或不饱和的酸、酯或酸酐（参见反应 **15-36**）。可使用有光学活性的 Pd 配合物作为催化剂进行过渡金属催化的羰基化，反应具有对映选择性，得到中等到较高的光学产率[1502]。烯烃也能与 $Fe(CO)_5$ 和 CO 反应生成羧酸[1503]。电化学羧基化的方法已经得到发展，它可将烯烃转化为 1,4-丁二羧酸[1504]。运用 CO 和碳酸铯进行烯烃的还原羰基化反应已有报道[1505]。

碳碳叁键可在非常温和的条件下通过氢羧基化反应生成 α,β-不饱和羧酸。碳碳叁键在电化学还原制备的镍配合物的催化下，可以与 CO_2 反应生成不饱和羧酸以及饱和二元羧酸[1506]。炔烃与 $NaHFe(CO)_4$ 作用后再与 $CuCl_2·2H_2O$ 反应，生成烯酸衍生物[1507]。在钯催化及在 $SnCl_2$ 存在下，炔烃可与一氧化碳反应生成共轭酸衍生物[1508]。端炔与 CO_2 和 $Ni(cod)_2$（cod 表示 1,5-环辛二烯）反应而后用 DBU 处理，可生成 α,β-不饱和羧酸[1509]。

当上述反应仅以酸作为催化剂而不加入羰基镍时，反应的机理[1510]是质子先进攻双键得到碳正离子，碳正离子进攻一氧化碳生成酰基正离子，后者与水反应生成羧酸 **107**。因此反应服从 Markovnikov 规则，反应过程中经常会发生碳正离子的重排和双键的异构化（在被 CO 进攻之前）。

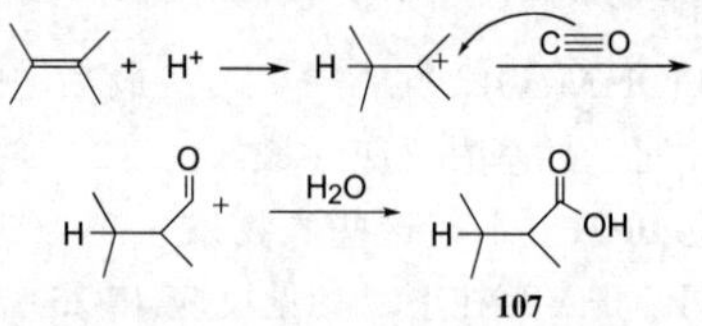

107

对于过渡金属催化的反应，羰基镍参与的反

应得到了很好的研究。无论是与烯烃还是与炔烃的反应,加成都是顺式的[1511]。下面是被认可的反应机理[1511]:

第 1 步 $Ni(CO)_4 \longrightarrow Ni(CO)_3 + CO$

第 2 步 烯烃 + $Ni(CO)_3$ → 加成产物–$Ni(CO)_3$

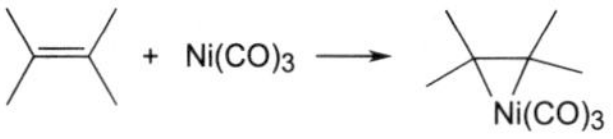

第 3 步 加成产物–$Ni(CO)_3$ + H^+ → 质子化中间体–$Ni(CO)_3$

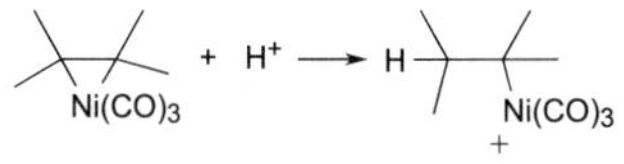

第 4 步 质子化中间体 → 酰基–$Ni(CO)_2$

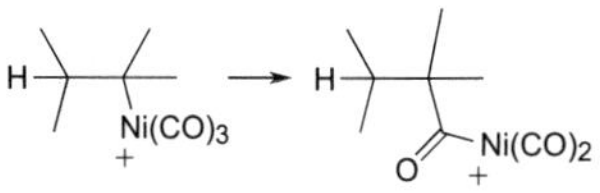

第 5 步 酰基–$Ni(CO)_2$ → 羧酸

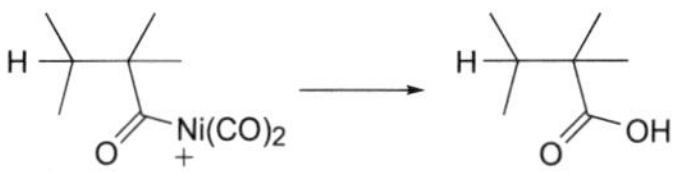

第 3 步是一个亲电取代反应。此机理中的关键步骤第 4 步是一个重排反应。

一种间接的氢羧基化方法是,利用烯烃与硼酸酯[$(RO)_2BH$]在 Rh 催化剂作用下反应,而后与 $LiCHCl_2$ 反应,最后与 $NaClO_2$ 反应,生成遵守 Markovnikov 规则的羧酸($RC=C \to RC(CO_2H)CH_3$)[1512]。当使用手性配体时,反应具有很好的对映选择性。

15-36 双键和叁键的羰基化、烷氧基羰基化和氨基羰基化反应

烷基、烷氧基或氨基-羧基-加成

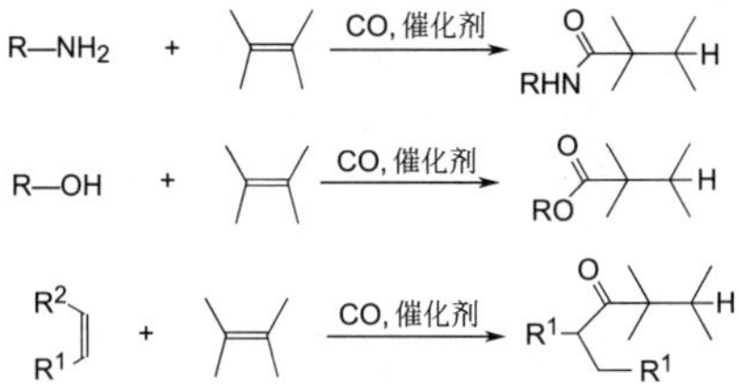

$R-NH_2$ + 烯烃 $\xrightarrow{CO,催化剂}$ RHN-CO-CHR-H

$R-OH$ + 烯烃 $\xrightarrow{CO,催化剂}$ RO-CO-CHR-H

$R^2R^1C=CH_2$ + 烯烃 $\xrightarrow{CO,催化剂}$ R^1-CO-CHR-R^1-H

在特定金属催化剂的存在下,烯烃和炔烃都能被羰基化或转化为酰胺或酯[1513]。该类型反应很多,如:在超临界 CO_2 中(参见 9.4.2 节),碘代烷与共轭酯以及 CO、$(Me_3Si)_3SiH$ 和 AIBN 反应,生成 γ-酮酯[1514]。在 $CuCl_2$ 和 $PdCl_2$ 存在下,端炔与 CO 和甲醇反应,生成 β-氯-α,β-不饱和甲酯[1515]。苯硫酚、CO 和 $Pd(OAc)_2$ 与共轭二烯反应,生成 β,γ-不饱和硫酯[1516]。丙二烯在 Ru 试剂的催化下与 CO 和甲醇反应,产物是甲基丙烯酸[1517]。在 $Pd^{[1518]}$或 $Pt^{[1519]}$催化剂的存在下,炔能与 CO 和硫酚反应生成共轭硫酯。以卤化钯(Ⅱ)和卤化铜(Ⅱ)复合物作为催化剂,端炔与 CO 和甲醇反应生成共轭二酯,$MeO_2C-C≡C-CO_2Me^{[1520]}$。烯烃在钯和钼复合试剂的催化下能发生类似反应生成饱和二酯,$MeO_2C-C-C-CO_2Me^{[1521]}$。在 CO/O_2、$PdCl_2$ 和 CuCl 复合催化剂作用下,烯烃能转化为 1,4-丁二酸的二甲酯衍生物[1522]。值得注意的是,经过芳基甲基甲酸酯($ArCH_2OCHO$)和钌催化剂处理后,烯烃生成的产物主要是符合反 Markovnikov 规则的酯[1523]。端炔可与甲苯磺酰叠氮、水和催化量的 CuI 反应,生成 N-甲苯磺酰基酰胺[1524]。

将 1,2-二苯乙炔与 CO、甲醇和双核铑催化剂共同加热,生成的产物为双环酮[1525]。在钯试剂的催化下,2-碘代苯乙烯与 CO 和 Pd 催化剂在 100℃时反应生成 1-茚酮双环酮[1526]。另一个改进的反应是共轭丙二烯-烯烃在 5atm 的 CO/铑催化剂作用下,生成双环酮[1527]。该反应的分子内反应实例是在钴试剂的催化下生成环戊酮[1528],经历了类似于 Pauson-Khand 反应的历程(如下)。含末端双键的共轭双烯与 CO 和铑催化剂反应,生成双环共轭酮[1529]。在 CO 气氛下发生 Stille 偶联反应(反应 12-15),可生成 C=C-CO-C=C 型共轭酮[1530],该酮很适合于发生 Nazarov 环化反应(反应 15-20)。在 $Fe_3(CO)_{12}$ 作用下,炔烃先转化成中间产物,而后与氯化铜(Ⅱ)反应生成环丁烯酮[1531]。一个有趣的改进是,在 $RuCl_3$ 的催化下,环己烯与 5 倍量的过硫酸氢钾试剂(Oxone®)反应,生成产物 2-羟基环己酮[1532]。

二烯、二炔或烯炔与过渡金属[1533](通常为 Co)[1534]反应生成金属有机配合物。$Rh^{[1535]}$、$Ti^{[1536]}$、$Mo^{[1537]}$ 和 $W^{[1538]}$ 配合物已经用于该反应。在 CO 存在时,主要由烯炔生成的金属有机配合物反应生成环戊烯酮衍生物,此反应被称为 Pauson-Khand 反应[1539]。该反应包括:①六羰基二钴-炔烃复合物的形成;②烯烃存在时该复合物的分解[1540]。化合物 108 的形成就是一个典型的例子[1541]。环戊烯酮能在 CO 和钌催化剂作用下,通过乙烯硅烷和炔的分子间反应制备得到[1542]。在铑试剂的催化下,烯烃—双烯的羰基化产物能发生环化反应,得到最终产物 α-乙烯基环戊烯酮[1543]。炔-双烯也可以发生 Pauson-Khand 反应[1544]。

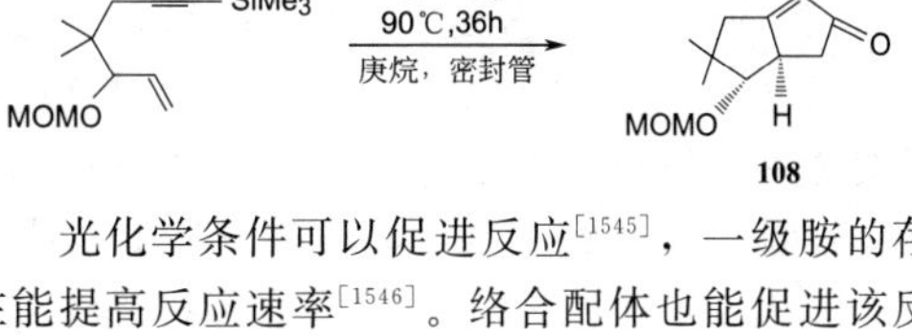

$\underset{MOMO}{\overset{SiMe_3}{\text{烯炔}}} \xrightarrow[庚烷,密封管]{Co_2(CO)_8,CO \\ 90℃,36h} \underset{MOMO}{\overset{SiMe_3}{\text{双环酮 108}}}$

光化学条件可以促进反应[1545],一级胺的存在能提高反应速率[1546]。络合配体也能促进该反

应的进行[1547]，另外，高聚物负载的促进剂已经研发出来[1548]人们对反应条件也进行了多种可能的改进[1549]。Pauson-Khand 反应可在非均相反应条件下进行[1550]，纳米 Co 颗粒作用下[1551]或在水中[1552]进行。还可使用一种树枝状 Co 催化剂[1553]。现已发现超声[1554]和微波均能促进该反应[1555]，可以利用该反应比较直接地制备多环化合物（三元环或多元环）[1556]。不对称 Pauson-Khand 反应也已见诸报道[1557]。

Pauson-Khand 反应不会影响分子中的一些基团或杂原子，如：醚和卤代芳烃[1558]、酯[1559]、酰胺[1560]、醇[1561]、二醇[1562]和吲哚单元[1563]。一类硅受限的 Pauson-Khand 反应也有报道[1564]，丙二烯也可参与 Pauson-Khand 反应[1565]。若使用钌催化剂，该类型反应可以用来合成六元环化合物[1566]。双 Pauson-Khand 反应也曾报道过[1567]。某些情况下，醛能作为羰基化反应中羰基的来源[1568]。

Magnus 提出的反应机理现已被广泛接受[1569]，化合物 **109** 的形成[1570]已被 Krafft 的研究所证明[1571]。研究表明，在烯烃配位以及基团插入之前 CO 就已离去[1572]。理论计算得出结论，认为配位烯烃的 LUMO 决定了烯烃在配合物中的反馈程度，从而对烯烃活性起到至关重要的作用[1573]。

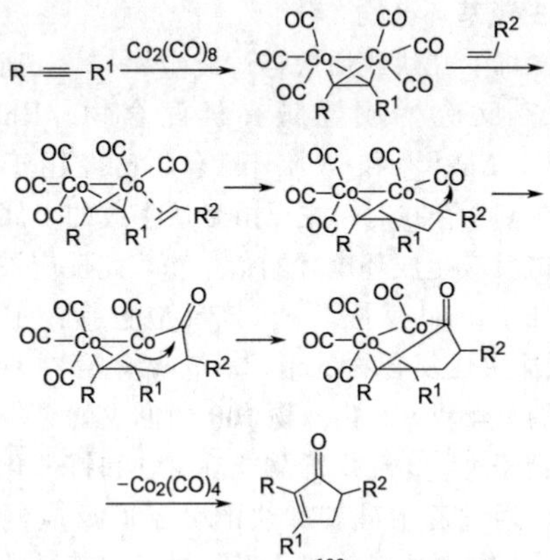
$Co_2(CO)_8$
$-Co_2(CO)_4$

109

此外还有一些其它羰基化方法。若使用苯基硼酸（反应 **13-12**）、CO 和铑催化剂，共轭酮可发生羰基化反应生成 1,4-二酮[1574]。在一种非羰基化的方法中，用过量的叔丁基锂处理共轭二烯，而后用 CO_2 终止反应，最终能得到产物环戊二烯酮[1575]。若改用 CO 而不是 CO_2 对反应进行终止，得到的产物是非共轭的环戊烯酮[1576]。值得注意的是，在 Ir[1577]或 Co[1578]催化剂作用下，二炔与 CO 反应得到的羰基化产物类似。

若烯烃中含有一些官能团，如 OH、NH_2 或 $CONH_2$，无论采取哪种方法，都可能生成相应的内酯（反应 **16-63**）[1579]、内酰胺（反应 **16-74**）和环亚胺化合物[1580]。钛[1581]、钯[1582]、钌[1583]和铑[1584]催化剂已用于生成内酯的反应，在 10atm（1013.25kPa）的 CO 和钌催化剂作用下，丙二烯醇能被转化为丁烯羟酸内酯[1585]。若使用适当的丙二烯醇类化合物，该方法可以应用于大环共轭内酯的合成[1586]。炔丙基醇也能反应生成 β-内酯[1587]。炔丙基醇也能与 CO/H_2O 在钌试剂的催化下反应生成丁烯羟酸内酯[1588]。若使用 20atm 的 CO 和钌催化剂，丙二烯甲苯磺酰胺能被转化为 *N*-甲苯磺酰基-α,β-不饱和吡咯酮[1589]。在 CO、乙烯和钌催化剂的作用下，共轭亚胺也能发生反应得到类似的产物[1590]。用铬的五羰基卡宾配合物处理炔丙基醇，能得到相应的内酯产物[1591]。在 CO 和钯试剂存在时，胺能与丙二烯发生加成反应生成共轭酰胺[1592]。

二级胺、CO、端炔和 *t*-$BuMe_2SiH$ 在铑试剂作用下反应，生成含 C═C 键的硅烷基共轭酰胺[1593]。在钯催化剂存在时，含氨基和烯烃基团的分子被 CO 羰基化，得到内酰胺化合物[1594]。在 CO 和铑催化剂存在时，含氨基和炔基的分子也发生类似的反应生成内酰胺[1595]。共轭亚胺与 CO、乙烯和钌催化剂的分子内羰基化反应得到的产物是多取代 β,γ-不饱和内酰胺[1596]。

15-37 氢甲酰化反应

氢-甲酰基-加成

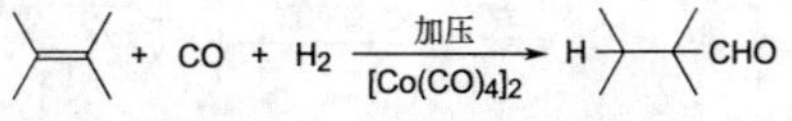
CO
H_2
加压
$[Co(CO)_4]_2$
H
CHO

在催化剂作用下，烯烃能与一氧化碳和氢气发生氢甲酰化反应[1597]。最常用的催化剂是羰基钴（参见下述对机理的描述）和铑的一些配合物[1598]，其它的一些过渡金属化合物也可以用于催化该反应。钴催化剂的活性低于铑的，其它金属催化剂的活性更低[1599]。在工业界，该反应被称为羰基合成（oxo process），但是该反应在实验室中利用普通的氢化装置即可实现。烯烃的氢甲酰化反应活性顺序是：直链端烯＞直链非端烯＞支链烯烃。以端烯为例，醛基既可以连接在一级碳原子上也可以连接在二级碳原子上，可以通过选择不同的催化剂来选择性地将醛基加在一级[1601]或二级碳原子[1600]上。亚烷基环丙烷衍生物发生氢甲酰化反应生成含有季碳中心的醛[1602]。

当使用铑催化剂并结合使用其它添加剂时，

可以得到很好的产率[1603]。伴随这个反应的副反应有：羟醛缩合反应、缩醛化反应、Tishchenko反应（**19-82**）和聚合反应。在 Rh 催化剂作用下，2-辛烯反应生成壬醛，该反应可能经过了 η^3-烯丙基配合物（参见 3.3 节）[1604]。使用铑催化剂时，共轭二烯通过这个反应可以得到双醛基化合物[1605]，但是如果使用钴催化剂，那么得到的是饱和的单醛基产物（另外一个双键被还原了）。1,4-二烯和 1,5-二烯通过这个反应可以得到相应的环酮[1606]。

碳碳叁键的氢甲酰化反应进行得很慢，只有少数例子被报道[1607]。但是，在 Rh 催化剂存在下，共轭烯炔中的叁键可被甲酰化[1608]。Rh 催化的氢甲酰化反应具有区域选择性[1609]。分子中的卤原子通常会干扰反应，但是很多其它官能团（如：OH，CHO，COOR[1610]，CN）的存在对反应并没有影响。有报道认为氢甲酰化反应具有顺式立体选择性[1611]。但也有立体选择性的反式加成[1612]。在手性添加剂存在下[1613]采用手性催化剂时[1614]，可以实现不对称氢甲酰化反应。配体的选择对于该类反应非常重要[1615]。烯丙基胺通过这个反应可以环化得到脯氨酸衍生物[1616]。

当使用 $[Co(CO)_4]_2$ 作为催化剂时，实际上与双键加成的是 $HCo(CO)_3$[1617]。与 **15-35** 中羟基镍反应机理中的第（4）步和第（5）步类似，羰基化反应 $RCo(CO)_3 + CO \longrightarrow RCo(CO)$ 发生之后，将会发生一个重排反应和 C—Co 键的还原反应。还原反应中的还原剂是 $HCo(CO)_4$[1618]，在某些条件下也可以用 H_2 作为还原剂[1619]。当使用 $HCo(CO)_4$ 对苯乙烯进行氢甲酰化时，CIDNP（参见 5.3.1 节）显示反应机理可能与前述有所不同，可能涉及自由基反应[1620]。Co 催化的氢甲酰化反应中的关键中间体已经被检测到[1621]。当体系中所有的 CO 被消耗尽时，如果还原反应继续进行，则可能合成乙醇。研究表明[1622]乙醇的生成是第 2 步，发生在醛的生成之后，$HCo(CO)$ 是还原剂。

OS Ⅵ,338.

15-38 加成 HCN

氢-氰基-加成

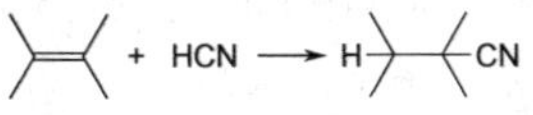

$$\diagup\!\!\!=\!\!\!\diagdown + HCN \longrightarrow H-\diagup\!\!\!\diagdown\!\!-CN$$

普通的烯烃不与 HCN 发生加成反应，但是多卤代烯烃和 C=C—Z 形式的烯烃可以与 HCN 加成生成腈[1623]。很显然，此反应是亲核加成反应，而且是碱催化的。在八羰基二钴[1624]或其它特定过渡金属化合物[1625]存在下，HCN 能加成到普通的烯烃上。当 Z 基团是 COR，尤其是 CHO 时，1,2-加成（反应 **16-53**）是一个很重要的竞争反应，有时可能是唯一的反应。酸催化的氢氰基化反应也已有报道[1626]。在含有 CuCl、NH_4Cl 和 HCl 的水溶液中，或者在 Ni 或 Pd 化合物的催化下，叁键也能很好地与 HCN 发生类似的亲核加成反应[1627]。为了避免直接使用有毒的 HCN，可以在反应中从丙酮的氰醇溶液中获得 HCN（参见 **16-52**）[1628]。在 Ni 配合物作用下，烯烃与 HCN 通过该方法反应生成腈[1629]。

由于最初生成的产物是 Michael 类型的底物，因此叁键上可以加上 1mol 或者 2mol 的 HCN。工业上就是利用 HCN 与乙炔的加成反应来制备丙烯腈。对于 HCN[1630]与 α,β-不饱和酮和 α,β-不饱和酰卤的共轭加成，烷基铝的氰化物（如 Et_2AlCN）以及 HCN 与三烷基铝 R_3Al 的混合物都是非常好的反应试剂。通过使用异氰化物 RNC 和 Schwartz 试剂（参见反应 **15-17**）可以间接地将 HCN 加成到普通的烯烃上：这种方法得到反 Markovnikor 规则的加成产物[1631]。叔丁基异氰化物和 $TiCl_4$ 已被用于将 HCN 加成到 C=C—Z 的烯烃上[1632]。用 NaI/Me_3SiCl 预处理乙炔，而后再加入 CuCN，可以将炔烃转化为乙烯基腈[1633]。

烯烃与 Me_3SiCN 和 $AgClO_4$ 反应，而后用 $NaHCO_3$ 水溶液处理，得到的产物是异腈（RNC），反应具有 Markovnikov 选择性[1634]。采用 TMSCN 和 HCN 并在 Gd 催化剂作用下，可发生对映选择性的氰基化反应，生成 β-氰基酰胺[1635]。

OS Ⅰ,451；Ⅱ,498；Ⅲ,615；Ⅳ,392,393,804；Ⅴ,239,572；Ⅵ,14.

对于 ArH 的加成反应，参见反应 **11-12**（Friedel-Crafts 烃基化反应）。

15.3.3 没有氢原子加成的反应

环加成反应属于这类反应（反应 **15-50**，**15-62**，**15-54**，**15-57**~**15-66**），在这些反应中与多重键加成后得到一个闭合的环：

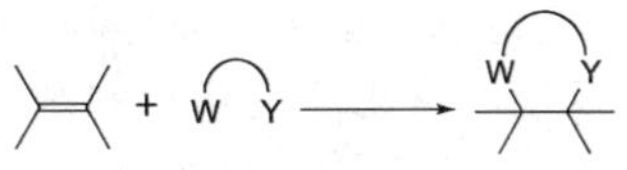

$$\diagup\!\!\!=\!\!\!\diagdown + \overset{W\frown Y}{} \longrightarrow \overset{W\quad Y}{\diagup\!\!\!\diagdown\!\!\diagup\!\!\!\diagdown}$$

15.3.3.1 卤原子加成在一侧或两侧

15-39 双键和叁键的卤化（加成卤素）

二卤-加成

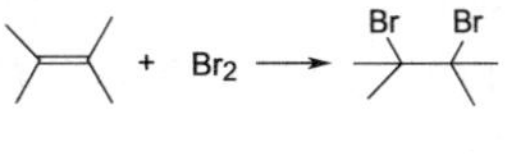

$$\diagup\!\!\!=\!\!\!\diagdown + Br_2 \longrightarrow \overset{Br\quad Br}{\diagup\!\!\!\diagdown\!\!\diagup\!\!\!\diagdown}$$

大多数双键都非常容易被单质氯、溴以及卤素间化合物[1637]加成[1636]。在某些情况下取代反应会与加成反应形成竞争[1638]，双键与碘单质也能发生碘化反应，但是反应相对较慢[1639]。在自由基反应条件下，碘与双键的加成反应就很容易进行[1640]。但是，邻二碘化物通常很不稳定，容易发生逆反应生成烯烃和碘单质。

$$\text{反应示意图}$$
110

该反应通常是亲电机理（参见 15.1.1 节），其中涉及卤正离子 110 的形成[1641]，而后亲核开环生成邻二卤化物。对于不对称烯烃，亲核进攻选择性地发生在含取代基较少的碳上。如果存在自由基引发剂（或紫外光照射），加成反应也会采取自由基机理[1642]。但是一旦形成了自由基 Br·或 Cl·，取代反应会与加成反应竞争（反应 **14-1** 和 **14-3**）。如果烯烃中含有烯丙基型或苄基型的氢原子，这种竞争就显得尤为突出。在自由基条件下（紫外光照），溴或氯加成到苯环上分别生成六溴环己烷或六氯环己烷。它们是立体异构体的混合物（参见 4.11.2 节）[1643]。

通常条件下，单质氟由于其特别高的反应活性不仅发生简单的加成反应，还会与其它化学键反应而得到混合物[1644]。但是用氩气或氮气稀释单质氟之后，在低温下（-78℃）的惰性溶剂里，单质氟可以很好地与某些双键实现加成[1645]。采用其它试剂，如 p-Tol-IF$_2$/Et$_3$N·5HF[1646]或 PbO$_2$ 和 SF$_4$ 的混合物也可以实现氟化反应[1647]。Et$_3$N-HF 与炔烃在 Au 催化下反应生成乙烯基氟[1648]。

尽管在某些条件下溴的加成反应是可逆的[1650]，但是溴与不饱和键的加成进行得很快，并且在室温下就能进行[1649]。烯烃与溴的反应中，至少在一个反应中已经检测到烯烃与溴的复合物[1651]。溴与烯烃的加成反应常用于化合物中不饱和键的定性和定量分析[1652]，绝大多数双键都能与单质溴发生加成反应而被溴化。由于单质溴与烯烃的加成反应进行得很快，分子中的醛基、羰基、氨基等官能团均不会干扰此反应。溴化反应可以在离子液体中进行[1653]。

除 Cl$_2$ 之外的许多试剂都能在双键上加入氯，如：Me$_3$SiCl-MnO$_2$[1654]、BnNEt$_3$MnO$_4$/Me$_3$SiCl[1655] 和 KMnO$_4$-草酰氯[1656]等。当少批量地进行溴的双键加成反应时，可以使用市售的 C$_5$H$_5$NH$^+$Br$_3^-$[1657]，水/二氯甲烷中的溴化钾和硝酸铈铵可用于二溴化反应[1658]。KBr 和 Selectfluor 也可用于二溴化反应[1659]。THF 水溶液中的 CuBr$_2$ 和手性配体组合使用可高对映选择性地得到二溴化产物[1660]。在乙腈、甲醇或三苯基膦的存在下，CuBr$_2$ 或 CuCl$_2$ 也可以实现溴代或氯代[1661]。KBr 和二乙酰氧基碘苯也可以使烯烃溴代[1662]。值得指出的是，理论和实验的研究均表明，在非极性溶剂中乙炔的溴化反应是经过共价的三溴化加合物进行的，这种机理比一些书中的桥连溴鎓机理更具可能。混合卤化反应也已经实现。与烯烃的加成反应活性顺序是：BrCl > ICl[1663] > Br$_2$ > IBr > I$_2$[1664]。单质氯和单质溴的混合物可以将烯烃氯溴化[1665]，Bu$_4$NBrCl$_2$ 也可以将烯烃氯溴化[1666]；KICl$_2$[1667]，CuCl$_2$/I$_2$/HI，或者 CuCl$_2$/CdI$_2$ 可以将烯烃氯碘化；AgF 与 I$_2$ 的混合物[1669]可以将烯烃氟碘化[1668]；无水 HF 与 N-溴代酰胺的混合物可以将烯烃氟溴化[1670]。用 Br$_2$、I$_2$、Cl$_2$ 或者相应的 N-卤代酰胺的多氢吡啶氟化物溶液处理底物，分别生成氟溴化、氟碘化及氟氯化产物[1671]。I 和 Br、Cl 或 F 的同时加成可以分别通过 I(Py)$_2$BF$_4$ 与 Br$^-$、Cl$^-$ 或 F$^-$ 作为试剂反应得以实现[1672]。这些反应也能发生在碳碳叁键上[1673]可以进一步扩展到 I 和其它亲核试剂（如 NCO、OH、OAc 和 NO$_2$）的加成[1673]。

共轭烯烃可以发生 1,2-加成和 1,4-加成[1644]。单质溴可以与叁键加成，但是反应通常慢于与双键的加成（参见 15.2.1 节）。当分子中同时含有双键和叁键时，加成反应就会优先在双键上发生。2mol 的单质溴与碳碳叁键加成得到四溴化产物，有证据表明第一个溴分子与叁键的加成是以亲核加成的机理进行的[1674]。吸附在 Al$_2$O$_3$ 上的单质碘可与碳碳叁键加成，得到相应的 1,2-二碘烯烃且产率很高[1675]。有趣的是，由炔基锡化合物先后与 Cp$_2$Zr(H)Cl 和 2.15 倍量的碘反应，可制备得到 1,1-二碘烯烃[1676]。NaB$_3$O$_3$ 和 NaBr 的混合物可以在叁键的两端各加上一个溴[1677]。当丙二烯与卤素加成时，可以很容易控制只加成 1mol 卤素而得到 X—C—CX=C[1678]。卤素与烯酮加成可以得到相应的 α-卤代酰卤，但是产率不是很高。

OS Ⅰ，205，521；Ⅱ，171，177，270，408；Ⅲ，105，123，127，209，350，526，531，731，785；Ⅳ，130，195，748，851，969；Ⅴ，136，370，403，467；Ⅵ，210，422，675，862，954；Ⅸ，117；**76**，159.

15-40 次卤酸和次卤酸盐的加成（加成卤素、氧）

羟基-卤素-加成，等[1679]

烷氧基-氯-加成，等

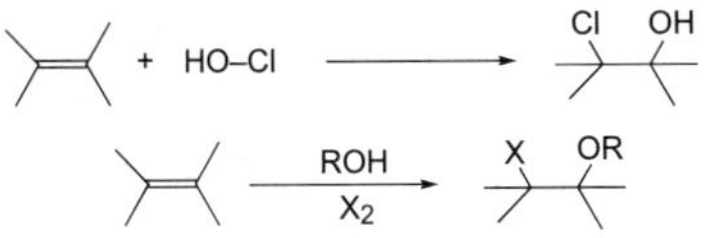

$$\ce{>C=C< + HO-Cl -> Cl-C-C-OH}$$

$$\ce{>C=C< ->[ROH][X2] X-C-C-OR}$$

次卤酸（HOCl、HOBr 和 HOI）能够加成到烯烃上[1680]生成卤代醇[1681]。HOBr 和 HOCl 通常由 H_2O 分别与 Br_2 或 Cl_2 反应原位生成。如果在四亚甲基砜-$CHCl_3$ 中[1682]，或在氧化试剂，如 HIO_3 的存在下[1683]，由 I_2 和 H_2O 生成的 HOI 也能加成到双键上。与碘和乙酸铵的乙酸溶液[1685]或 $NaIO_4$/亚硫酸氢钠一样[1686]，碘和硫酸铈在乙腈的水溶液中也能生成碘代醇[1684]。在含有 N-溴代胺(如 NBS 或 N-溴代乙酰胺) 的试剂和少量水的二甲亚砜或二氧六环的溶液中，也很容易加成 HOBr[1687]。二甲氧基乙烷水溶液中的 N-碘代琥珀酰亚胺可用于反应生成碘代醇[1688]。最有效的 HOCl 加成试剂是叔丁基氢过氧化物（或是二叔丁基过氧化物）和 $TiCl_4$[1689]。在丙酮-水溶液中，通过烯醇与氯胺 T($TsNCl^-Na^+$)[1690] 反应可以获得氯醇[1691]。高碘酸、$NaHSO_3$ 与烯烃反应可以获得加成 HOI 的产物[1692]。还有 Se 催化的生成碘代醇的反应[1693]。烯烃与多聚体 $(SnO)_n$ 反应后，再与 HCl/$Me_3SiOOSiMe_3$ 反应，可生成氯醇[1694]。高价碘化合物与烯烃和碘在水溶液中反应生成碘代醇[1695]。卤代醇可在离子液体中制备[1696]。N-溴代糖精和 N-溴代糖精也可用于制备相应的卤代醇[1697]。

HOF 也能被加成，但是这种试剂难以得到纯净物并且会发生爆炸[1698]。

HOX 加成的机理是亲电加成，HOX 偶极带正电荷的卤素端首先进攻。根据 Markovnikov 规则，带正电荷的卤素加成到双键含氢较多的一侧，得到的碳正离子（或溴鎓或碘鎓离子，没有含水溶剂时得到的）与羟基或水反应得到最终产物。如果底物与 Br_2 或 Cl_2（或其它能产生电正性卤素的试剂，如 NBS）在乙醇或羧酸溶剂中反应，可能分别直接得到 C—C—C—OR 或 X—C—C—OCOR（另见 **15-48**）[1699]，甚至弱的亲核试剂 $CF_3SO_2O^-$ 也能参与第 2 步反应。在这一离子的存在下，Cl_2 或 Br_2 与烯烃加成得到 β-卤代烷基三氟甲基磺酸[1700]。有证据表明与 Cl_2 及 H_2O 的反应和与 HOCl 反应的机理不同[1701]。

HOCl 和 HOBr 能够加成到叁键上，形成二卤代羰基化合物（—CX_2—CO—）。

醇和卤素与烯烃反应得到卤代醚。高烯丙醇与溴反应后，得到的产物会发生环化生成 3-溴代四氢呋喃衍生物[1702]。叔丁基次氯酸盐（Me_3COCl）、次溴酸盐和次碘酸盐[1703]加成到双键上，形成卤代叔丁基醚（X—C—C—OCMe$_3$），这是一种制备三级醚的便捷方法。碘和乙醇能使一些烯烃转变成碘醚[1704]，碘、醇和 $Ce(OTf)_2$ 催化剂也可用于生成碘醚[1705]。在过量的 ROH 存在下，向烯烃中加入 Me_3COCl 或 Me_3COBr，产物醚是 X—C—C—OR[1706]。乙烯基醚反应得到 β-卤代缩醛[1707]。乙酸氯盐 [可在合适的溶剂中用 $Hg(OAc)_2$ 和 Cl_2 反应制备] 加入到烯烃中可以制得乙酸基氯化物[1708]。乙酸基氟化物也能由 CH_3COOF 和烯烃反应制备[1709]。

碘乙酰基的加成方法见 **15-48**。

OS I, 158; IV, 130, 157; VI, 184, 361, 560; VII, 164; VIII, 5, 9.

15-41 卤内酯化和卤内酰胺化

卤-烷氧化

卤原子和酯基加成到烯烃上得到卤代酯。烯烃羧酸会发生一个串联反应：先生成卤鎓离子，而后羧基对其进行分子内取代生成卤代内酯。这种串联的 X 和 OCOR 的分子内加成反应被称为卤内酯化反应（haloactonization）[1710]。这种反应最常见的模式是碘内酯化反应[1711]，一个典型的例子是[1712]：

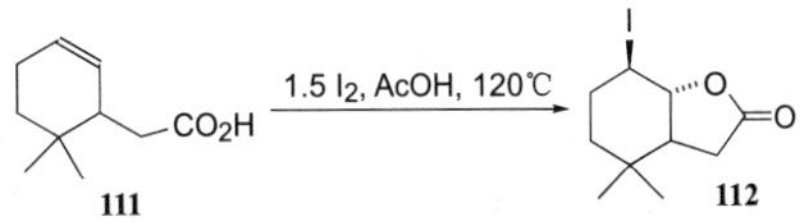

此外溴内酯化反应和氯内酯化反应（较少）都已实现。一般地，在烯酸上加成卤素会形成卤代内酯。其它反应试剂包括 I$^+$ (可力丁)$_2$PF$_6^-$[1713]、KI/过硫酸钠[1714]、Tl[1715] 或 Y[1716] 试剂和卤素也被使用过。有报道指出，使用像碘代二(可力丁)六氟磷酸盐或 $AgSbF_6$ 这样的体系反应后，再与碘反应，可实现对映选择性的 5-内-卤内酯化反应[1717]。如果存在手性钛试剂、I_2 和 CuO，形成的内酯会有很好的对映选择性[1718]。ICl 可用于在内酯中连接氧的碳上形成一个季碳中心[1719]。有机催化剂也已被用于介导不对称的卤内酯化反应[1720]。在手性 Co-salen 配合物存在下，戊烯酸衍生物可发生对映选择性的碘内酯化反应[1721]。

对于 γ,δ-不饱和酸，如上所示，形成的主要是五元环（γ-内酯），产物遵守 Markovnikov 规则。此外，六元环，甚至四元环的内酯也能采用这个反应制备。有一种偕二甲基效应，使得该反应倾向于形成 7～11 元环的内酯[1722]。

通过类似的方法形成卤内酰胺（反应 15-43）比较困难，但是这一问题已被解决：先由 113 生成三氟甲基磺酸盐，而后用碘处理生成碘内酰胺（114），例如[1723]：

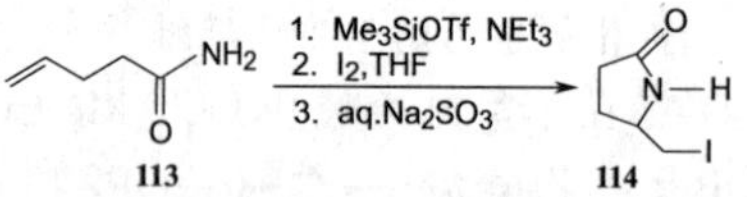

N-磺酰基-氨基-烯与 NBS 发生一个相应的环化反应，形成溴内酰胺[1724]，此处二氯-N,N-二丙基胺能被 $FeCl_2$ 转化为二氯内酰胺[1725]。要指出的是，内酯可能从不饱和酰胺得到。

OS Ⅸ,516.

15-42 加成硫化物（加成氢、硫）

烷基磺酰基-氯-加成，等[1726]

在自由基引发剂存在或者紫外光照射下，磺酰卤可加成到双键上，形成 β-卤代砜。氯化亚铜是该反应非常好的催化剂[1727]。烯烃在 TsCl、AIBN 和 Ru 催化剂作用下，生成 β-卤代砜[1728]。$ArSO_2Na$、NaI 和硝酸铈铵组合使用可使烯烃转化为乙烯基砜[1729]。叁键的性质与双键类似，反应得到 β-卤代-α,β-不饱和砜[1730]。亚磺酰氯（RSCl）在类似的反应下反应，生成 β-卤代硫醚[1731]。后一个反应在不同条件下，可以是自由基加成反应，也可以是亲电加成反应。通过烯烃与 Me_3SiCl 及 Me_2SO 的反应，可以在底物上加成 MeS 和 Cl[1732]。烯烃与 Me_3SiBr 及 Me_2SO 不能发生上述反应，它们反应生成的是二溴化物（反应 15-39）。用 I_2 及异硫氰酸三叔丁基锡（Bu_3SnNCS）与烯烃反应，可以制备 β-卤代硫醚[1733]。采用 Br_2 和硫氰化铊（Ⅰ）可以实现溴硫氰化反应[1734]。硫氰酸铅（Ⅱ）与端炔在 $PhICl_2$ 存在下反应，生成二硫氰基烯烃[ArC(SCN)=CHSCN][1735]。二硫氰基烯烃这类化合物也可以由烯烃与 KSCN 和 FCl_3[1736] 或与硫氰酸碘反应[1737]得到。芳基硫代亚磺酰氯与双键加成生成的 β-卤代二硫化物，可以很容易地与氨基钠或硫化钠反应，转化为硫杂环丙烷[1738]。

OS Ⅷ,212；另见 OS Ⅶ,251.

15-43 加成卤原子和氨基（加成卤素、氮）

二烷基氨基-氯-加成

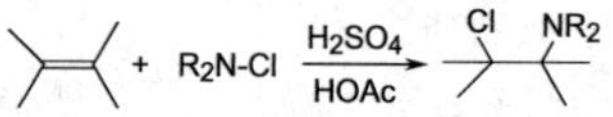

通过与二烷基-N-氯胺及酸反应，可以在烯烃、丙二烯、共轭二烯和炔烃分子中直接加成上 R_2N 和 Cl 基团[1739]。在紫外光或氯化铬存在下，N-卤代酰胺（RCONHX）可将 RCONH 和 X 加成到双键上[1740]。在过渡金属催化剂如 $SnCl_4$ 作用下，N-溴代酰胺可与烯烃加成生成相应的 β-溴代酰胺[1741]。在 $TsNCl_2$ 和 $ZnCl_2$ 催化剂作用下可生成氯代甲苯磺酰胺[1742]。烯烃可与氯胺 T（$TsNCl^-Na^+$）在 CO_2 促进下发生氨基氯化反应[1743]。这些是自由基加成反应，起始进攻的是自由基离子 $R^2NH^+·$[1744]。在钯催化剂的存在下，胺可加成到丙二烯上[1745]。N-(2-nosyl)NCl_2 和 N-(2-nosyl)NH^- 钠盐的混合物及 CuOTf 催化剂与共轭酯发生反应，生成邻（E）-3-氯-2-氨基酯[1746]。后面这一反应也可在离子液体中进行[1747]。

15-44 加成 NOX 和 NO_2X（加成卤素、氮）

亚硝基-氯-加成

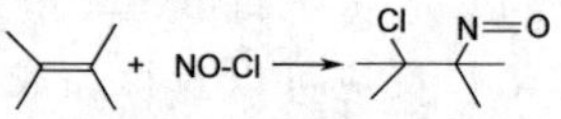

NOCl 加成到烯烃上时有三种可能的产物：β-卤代亚硝基化合物、肟或 β-卤代硝基化合物[1748]。最初的产物通常总是 β-卤代亚硝基化合物[1749]，但是只有与 N 相连的碳原子上没有氢原子时，该产物才稳定。如果该碳原子上有氢原子，那么亚硝基化合物会异构为肟，(H—C—N=O→C=N—OH)。对于一些烯烃，最初生成的 β-卤代亚硝基化合物可被 NOCl 氧化，生成 β-卤代硝基化合物[1750]。COOH、COOR、CN、OR 等官能团的存在不会影响该反应。在大多数情况下该反应的机理是简单的亲电加成，尽管有过一些顺式加成的报道[1751]，但该加成反应一般来说是反式的。该反应遵从 Markovnikov 规则，即带正电的 NO 加成到含氢较多的碳上。

硝酰氯（NO_2Cl）也可以加成到烯烃上，得到 β-卤代硝基化合物，但这是一个自由基反应过程，NO_2 加成到含有较少取代基的碳上[1752]。硝酰氯也可以加成到叁键上，得到 1-硝基-2-氯烯烃[1753]。用 HNO_3 中的 HF 处理[1755]，化合物 FNO_2 可以加成到烯烃上[1754]。也可以将烯烃加入到四氟硼酸硝（$NO_2^+BF_4^-$，参见反应 11-2）

的70%多氢氟化物-吡啶溶液中以发生同样的反应[1756]（另见反应15-37）。

OS Ⅳ,711; Ⅴ,266,863.

15-45 加成 XN₃（加成卤素、氮）

叠氮-碘-加成

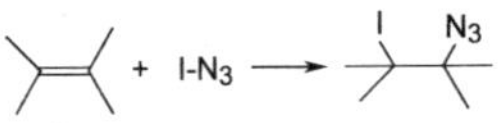

叠氮碘与双键加成，得到β-碘代叠氮化物[1757]。反应试剂可由KI-NaN₃在Oxone-湿氧化铝存在下原位制得[1758]。该反应是立体专一性的反式加成表明反应机理中有环状碘鎓离子中间体的形成[1759]。这个反应可在很多双键化合物上发生，包括丙二烯[1760]和α,β-不饱和酮。BrN₃[1761]和ClN₃也能发生类似的反应，在链状共轭二烯的反应中还发现1,4-加成产物[1762]。对于BrN₃，亲电机理和自由基机理都可能发生[1763]，但是ClN₃加成主要是自由基机理[1764]。IN₃也可以与叁键加成，得到β-碘-α,β-不饱和叠氮化物[1765]。

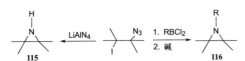

β-碘代叠氮化合物可被LiAlH₄还原成为氮杂环丙烷（**115**）[1766]或者与烷基-或芳基二氯硼烷反应，而后在碱的作用下转化为N-烷基或N-芳基氮杂环丙烷（**116**）[1767]。在这两种情况下，叠氮化物首先被还原成相应的胺（分别是一级的或二级的），而后是闭环反应（**10-31**）。但是，烯烃与氯胺T（TsNCl⁻Na⁺）和10%的吡啶溴化物过溴化物（pyridinium bromide perbromide）反应，却直接生成N-甲苯磺酰基氮杂环丙烷[1768]。

OS Ⅵ,893.

15-46 加成烷基卤化物（加成卤素、碳）

烷基-卤-加成[1135]

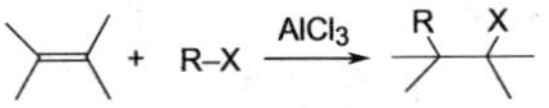

在Friedel-Crafts催化剂（一般是AlCl₃）的催化下，烷基卤化物可以加成到烯烃上[1769]。三级烃基的产率最高，二级烃基也可以使用，但是一级烃基会得到重排产物（**11-11**）。进攻的基团是由烷基卤化物和催化剂反应产生的碳正离子（参见**11-11**）[1770]，因此加成反应遵循Markovnikov规则：碳正离子加成到烯烃上形成新的较稳定的碳正离子。不能发生重排的甲基和乙基卤化物根本不能发生该反应。取代反应是副反应，当最初生成的碳正离子进攻双键形成的新碳正离子失去氢，即发生了取代反应：

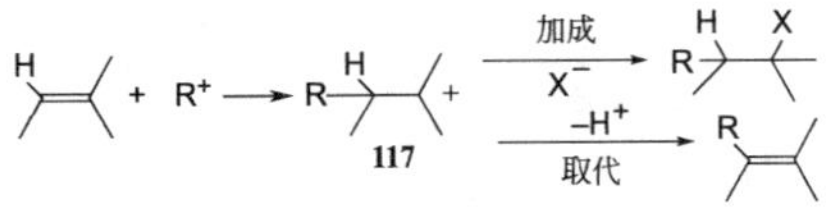

共轭二烯烃可以发生1,4-加成反应[1771]。叁键也可以发生该反应，得到乙烯基卤化物[1772]。

CCl₄、BrCCl₃、ICF₃和类似的简单多卤代烷烃均可以与烯烃加成，反应产率高[1773]。这些都是自由基加成反应，因此需要引发剂，如[1774]过氧化物、金属卤化物（如FeCl₂、CuCl）[1775]、Ru催化剂[1776]或者是紫外线。与大多数自由基进攻一样，反应首先生成较稳定的自由基中间体：

在AlCl₃的存在下，此类多卤代烷烃加成到卤代烯烃的反应是亲电机理，被称为Prins反应（不要与其它Prins反应混淆，反应**16-54**）[1777]。

在BEt₃/O₂的存在下，α-碘代内酯与烯烃反应得到加成产物[1778]。在相似条件下，其它α-碘代酯加成得到内酯[1779]。碘代酯也可以在BEt₃存在下加成到烯烃，得到碘-酯加成产物，而且产物不成环[1780]。

多种自由基加成反应已经被用来关闭成环（参见反应**15-30**）。

其它将R和I加成到叁键上的方法参见**15-23**。

OS Ⅱ,312; Ⅳ,727; Ⅴ,1076; Ⅵ,21; Ⅶ,290.

15-47 加成酰卤（加成卤素、碳）

酰基-卤原子-加成

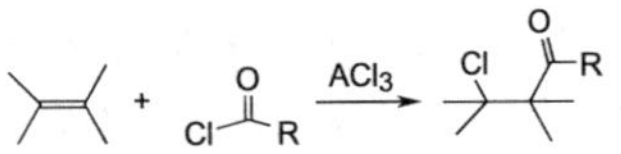

在Friedel-Crafts催化剂的存在下，酰卤可以加成到各种烯烃上。但是存在发生聚合反应的问题。这一反应可以应用到直链、支链、环状烯烃等，但是除了卤素，含有其它官能团的烯烃一般不发生这类反应[1781]，该反应的机理类似于反应**15-46**。在这种情况下，取代反应会与之竞争（反应**12-16**）。提高温度有利于取代反应[1782]，如果将反应温度保持在0℃以下，能够获得较高的加成产物收率。这一反应通常不适用于共轭二烯，因为此时以聚合反应为主[1783]。碘、Pb(OAc)₂在乙酸中与烯烃反应可以制备碘代乙酸酯[1784]。Rh催化的反应已有报道[1785]。叁键化合物也可以发生此反应,生成 RCO—C≡C—Cl 型化合物[1786]。通过与 N,N-二取代甲酰胺及 POCl₃ 反应,甲酰基和卤原子可以加成到叁键上(Vilsmeier 条件,见反应 **11-18**)[1787]。在 Rh 催化剂存在下,氯甲酸酯可与丙二烯加成生成 β-氯-β,γ-不饱和酯[1788]。

OS Ⅳ,186;Ⅵ,883;Ⅷ,254.

15.3.3.2 氧、氮或硫加成在一侧或两侧

15-48 二羟基化和二烷氧基化(加成氧、氧)

二羟基-加成,二烷氧基-加成

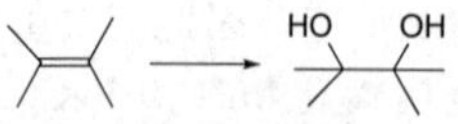

有许多试剂可以在双键上加成两个 OH 基[1789]。四氧化锇(OsO₄)[1790](由 Criegee 于 1936 年首次使用[1791])和碱性 KMnO₄[1792] 可从双键位阻较小的一面顺式加成。含取代基较少的双键被氧化的速度比含取代基较多双键的氧化速度快[1793]。高锰酸盐加成到烯烃上形成锰酸酯中间体(**118**),该中间体在碱性条件下会发生分解。已经有人采用分子力学方法研究了烯烃被高锰酸盐氧化的过渡态结构和能量[1794]。碱通过与酯的配位催化中间体 **118** 的分解。要注意的是,已有可替代的锰配合物被用于烯烃的顺式二羟基化[1795]。四氧化锇加成的速度虽然慢,但是反应几乎能定量完成反应。中间产物是环酯(**119**),可以被分离出来[1796],但是这种环酯在溶液中会与亚硫酸钠的乙醇溶液或其它反应物反应而分解[1797]。

使用 OsO₄ 的主要缺点是 OsO₄ 较贵且具有高毒性,然而,在催化量的 OsO₄ 存在下,使用 N-甲基吗啡啉-N-氧化物(NMO)[1798]、碱性溶液中的叔丁基过氧化物[1799]、H₂O₂[1800]、过氧酸[1801]、K₃Fe(CN)₆[1802] 或非血红素铁催化剂[1803],也可以达到同样的反应效果。聚合物负载的 OsO₄[1804] 和胶囊化 OsO₄ 在 NMO 的存在下反应生成二醇[1805],在离子交换树脂上的 OsO₄²⁻ 也可以发生相同的反应[1806]。也有报道在离子液体中进行二羟基化反应[1807]。其它金属也可用于催化二羟基化反应,如在 Fe[1808] 或 Ru[1809] 催化作用下与 H₂O₂ 反应。在 K₃Fe(CN)₆ 存在下,在结构有序的无机载体上的催化量 K₂OsO₄ 和金鸡纳生物碱可使反应生成顺式二醇[1810]。

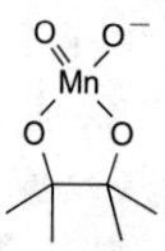

118 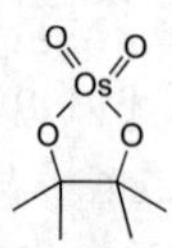　　**119**

反应的最终产物是 1,2-二醇。高锰酸钾是一种强的氧化剂,可以氧化反应中生成的二醇[1811](见反应 **19-7** 和 **19-10**)。在酸性和中性条件下的氧化反应肯定会发生此反应,因此这种条件不适合制备二醇。二醇必须在碱性的高锰酸盐中制备[1812],并且条件必须温和。即便如此,反应产率也很少能达到 50%,尽管在相转移催化剂作用下[1813]或增加搅拌可以提高产率[1814]。在超声条件下,高锰酸盐可以发生二羟基化反应,高产率地获得二醇[1815]。这个反应是 Baeyer 测试法检测是否含有双键的基础。该氧化反应对许多官能团没有影响,如三氯乙酰胺[1816]。

用 H₂O₂ 和甲酸与烯烃反应,可以得到反式羟基化产物。此时,首先发生环氧化作用(反应 **15-50**),而后是 S_N2 反应,因此总结果是反式加成:

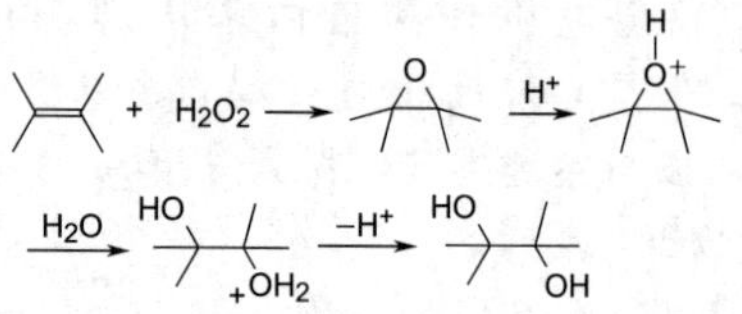

同样的结果可以由烯烃与间氯苯甲过酸及水反应一步完成[1817]。Prévost 方法也可以得到最终结果是反式的加成产物。在该方法中,烯烃与摩尔比为 1:2 的碘和苯甲酸银反应。最初的加成是反式的,产生 β-卤代苯甲酸酯如下所示。它可以被分离出来,这是加成 IOCOPh 的方法。然而在通常的反应条件下,碘原子被第二个 PhCOO 基团取代。这一步是一个亲核取代反应,经历邻基参与机理(参见 10.3 节),所以产物仍然是反式的:

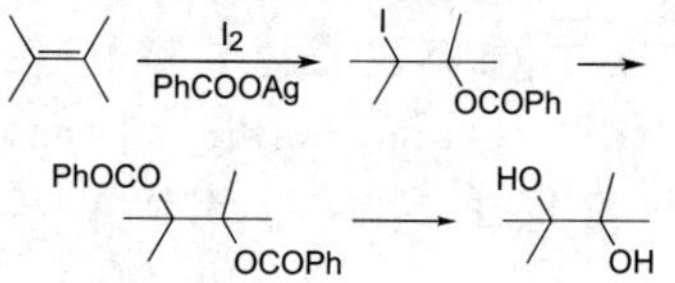

酯的水解不改变其构型。Woodward 对 Prévost 反应进行了改良,方法很类似,但是总体结果是顺式羟基化[1818]。烯烃与摩尔比为 1:1 的碘和苯甲酸银的含水乙酸溶液反应,最初的产物是反式加成的 β-卤代酯,加成是反式的,而后发生对碘原子的亲核取代。然而,在水的存在下,因为酯被溶剂化,邻基参与被抑制或大大降低,加成的机理是通常的 S_N2 过程[1819],所以单羧酸酯是顺式的,水解得到的二醇也是顺式产物。尽管 Woodward 方法得到的也是顺式加成产物,但是它与 OsO₄ 或 KMnO₄ 的产物不同,它的顺式加成是在位阻较大的一面进行的[1820]。Prévost 和 Woodward 方法中[1821]都可以用乙酸

铊（Ⅰ）或苯甲酸铊（Ⅰ）替代羧酸银，反应产率很高[1822]。值得注意的是，烯烃与 PhIO 和 SO_3·DMF 反应可以制备环状硫酸酯[1823]。在 Cu 催化下并以 PhI(OAc)$_2$ 作为氧化剂，烯烃反应可以制备二乙酸酯[1824]。Pd/Cu 催化的以 O_2 作为氧化剂的类似反应也已有报道[1825]。

可以发生二烷氧基化反应。芳基烯烃与 CH_3OH、O_2 和 Pd 催化剂反应，生成二甲氧基化合物（**120**），如果使用手性配体，则反应具有中等的对映选择性[1826]。通过手性添加剂或手性催化剂[1829]，如 **121** 或 **122**（天然奎宁和奎宁环衍生物）[1830]和 OsO_4 的共同使用，可令加成到 $RCH=CH_2$ 类型烯烃的反应具有对映选择性，加成到 $RCH=CHR'$ 类型烯烃的反应既有非对映选择性[1827]又有对映选择性[1828]。该反应被称为 Sharpless 不对称二羟基化[1831]。也使用过其它手性配体[1832]，如聚合物结合[1833]和二氧化硅结合[1834]的金鸡纳生物碱。这些胺作为手性配体与 OsO_4 原位结合，导致其发生不对称加成[1835]。加入化学计量或催化量的试剂都可以实现此类反应[1836]。催化的方法可以扩展到共轭酸[1837]和共轭二烯，共轭二烯反应可以生成非对映选择性四羟基产物[1838]。手性烯烃的非对称二羟基化也曾见报道[1839]。

配体 **121** 和 **122** 不仅导致对映选择性加成，也可以加速反应，因此它们对于不要求对映选择性加成的反应也很有用[1840]。尽管 **121** 和 **122** 不是对映体，但是它们对于烯烃对映选择性加成的作用是相反的：例如苯乙烯在 **121** 催化下形成（R）-二醇，而在 **122** 催化下形成（S）-二醇[1841]。值得注意的是，离子液体在不对称羟化反应中已被应用[1842]。

121 二氢奎尼定的9'-菲基醚
122 二氢奎宁的对氯安息香酸酯

将两种酞嗪的衍生物[1843]，$(DHQD)_2PHAL$ (**123**) 和 $(DHQ)_2PHAL$ (**124**) 与锇试剂结合起来使用，不仅方便，还能提高反应效率，目前已经分别商品化为 AD-mix-β™（含 **123**）和 AD-mix-α™（含 **124**）两种产品。催化剂 **123** 是由双氢奎尼丁（DHQD）和 1,4-二氯酞嗪（PHAL）制备得到；可以利用二氢奎宁（DHQ）和 PHAL 制得催化剂 **124**。将标示为 AD-mix-β™（含 **123**）和 AD-mix-α™（含 **124**）的氧化剂分别与锇酸钾 $[K_2OsO_2(OH)_4]$、$K_3Fe(CN)_6$（粉末状）以及粉末状 K_2CO_3 制备成混合物水溶液[1843]。一项研究表明，锇化反应并不总是倾向于发生在富电子的双键上。已有主要发生在电子较少的双键上反应的实例，这种反应的优先性可被 AD 型试剂放大，因为 AD 试剂在整个反应体系中引入了显著的空间阻碍[1844]。

这些添加剂还可以与在微胶囊中的 OsO_4[1845]联合使用，聚合物键合的 **123**[1846]也已被使用，曾有报道由离子型聚合物负载的 OsO_4 催化的不对称二羟基化反应[1847]。在该类反应中也曾使用过催化量的黄素[1848]。化合物 **123**[1849]与 **124**[1850]均能用于生成二醇，该反应具有很高的对映选择性。用 AD-mix 氧化端烯，而后再用 TEMPO/NaOCl/$NaOCl_2$ 氧化，可生成 α-羟基酸，该反应的对映选择性也很高[1851]。

采用预先生成的含有手性配体的 OsO_4 衍生物[1852]，或采用分子内含有手性基团的烯烃，均可以实现对映选择性或非对映体选择性的加成[1853]。在手性配体存在下，Rh 催化的烯烃二硼化反应而后氧化，生成相应的二醇，反应具有很好的对映选择性[1854]。

烯烃可以被金属乙酸盐氧化，如采用四醋酸铅[1855]或醋酸铊（Ⅲ）[1856]可以得到二醇的二乙酸酯[1857]。氧化剂，如苯醌、MnO_2 或 O_2 等与乙酸钯共同作用，能够将共轭二烯转化为 1,4-二酰基-2-烯(1,4-加成)[1858]。

端炔先后在 Pt 催化剂和 Pd 催化剂作用下与 HSiCl₃ 反应, 最后用 H₂O₂-KF 氧化, 也可以生成 1,2-二醇[1859]。由炔烃衍生得到乙烯基醚发生二羟基化反应可生成 α-羟基醛[1860]。已有报道在微波辐照下采用脂肪酶和过氧化氢可以实现烯烃的二羟基化[1861]。Pd 催化的二乙酰氧基化反应也已有报道[1862]。

1,2-二醇可由烯烃通过间接方法制备[1863]。

OS Ⅱ, 307; Ⅲ, 217; Ⅳ, 317; Ⅴ, 647; Ⅵ, 196, 342, 348; Ⅸ, 251, 383.

15-49 芳香环的二羟基化

二羟基-加成

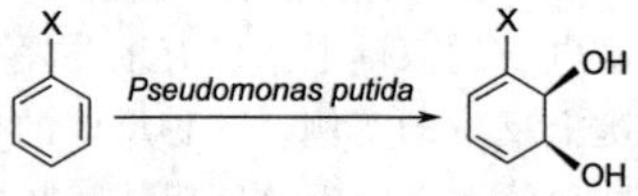

芳香环的一个 π 键与 P. putida 相关酶反应, 可以转化为环己二烯-1,2-二醇[1864]。许多取代的芳香族化合物可以被氧化, 包括溴苯、氯苯[1865]和甲苯[1866]。在后面这些情况下, 引入羟基可以产生手性分子, 因此可以作为不对称合成的模板[1867]。

OS 76, 77.

15-50 环氧化 (加成氧、氧)

环-氧-加成

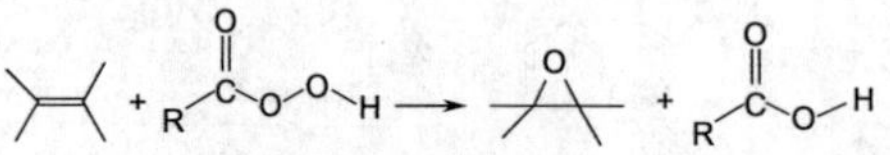

许多过酸都能将烯烃环氧化 (环氧乙烷)[1868], 其中间氯过氧苯甲酸 (mCPBA) 最常用。这一反应被称为 Prilezhaev 反应, 有广泛的应用[1869]。其它的过酸, 特别是过乙酸和过苯甲酸也被使用, 其中三氟过氧乙酸[1870]和 3,5-二硝基过氧苯甲酸[1871]的活性都很高。选用过氧酸要考虑的是是否容易购买得到, 因为在实验室制备过氧酸是相当危险的。单过氧邻苯二甲酸镁 (MMPP)[1872]能够从市场购买到, 在许多反应中已经作为间氯过氧苯甲酸的良好替代品。除了氨基会与反应物作用外, 烷基、芳基、羟基、酯基及其它一些基团都可以存在。给电子基团可以增加反应速率, 四烷基烯烃的反应速率非常快, 条件温和, 反应产率很高。过渡金属催化剂可以使烯烃的环氧化反应在低温下就能进行, 或使在其它条件下难以反应的烯烃发生反应[1873]。

下面是 Bartlett[1875] 提出的包括过渡态 125[1874] 的一步反应机理:

这一机理的证据如下[1876]: ①反应是二级的。如果离子化过程是决速步, 那么对于过氧酸来说将是一级的。②在非极性溶剂中反应速率很快, 而在此类溶剂中离子的形成是被抑制的[1877]。③底物结构对反应速率影响的研究表明反应过渡态没有碳正离子的特点[1878]。④加成具有立体专一性 (顺式烯烃得到顺式环氧化物, 反式烯烃得到反式环氧化物)[1879], 即便是存在可以稳定假想的碳正离子中间体的给电子基情况下亦如此。然而, 当在烯丙位或高烯丙位有一个羟基时, 立体选择性减弱或者消失: 顺式和反式产物的量都很多, 或者得到引入的氧和羟基在同侧的产物。这表明可能是在过渡态时过氧酸和羟基之间形成了氢键[1880]。

一般来说, 过氧化物 (HOOH[1881] 和 ROOH) 不是简单烯烃环氧化反应的良好试剂, 因为 OH 和 OR 在上述协同机理中并不是好的离去基团[1882]。过渡金属催化剂[1883]和烷基过氧化物一起被用于反应[1884], 如环氧化反应可在 Fe[1885]、Ti[1886]或 V 催化剂[1887]作用下发生。在其它特定的试剂存在下[1888], 使用过氧化物可以得到高产率的环氧化物。这些共试剂包括 DCC[1889]、铝酸镁[1890]、卟啉金属化物[1891]、微波辐照下[1893]的水化云母[1892], 以及含氟溶剂中的砷[1894]。催化剂 MeReO₃[1895]已被用于催化过氧碳酸钠和吡唑[1896], 或者过氧化氢[1897], 或者脲-H₂O₂[1898] 作用下的环氧化反应。

环氧化反应可在离子液体中采用 10% H₂O₂ 在 MnSO₄[1899] 或 Fe 催化剂[1900]作用下实现。高价碘化合物如 PhI(OAc)₂ 与 Ru 催化剂在水溶液介质中共同使用, 可将烯烃转化为环氧化物[1901]。这一试剂也可以在离子液体中与 Mn 催化剂一起使用[1902]。亚氯酸钠 (NaClO₂) 水溶液可将烯烃环氧化[1903]。微波辅助下使用过氧化氢的环氧化反应已有报道[1904]。乙烯基醚的环氧化反应已经得到研究[1905]。

人们已经开发出了多个均相和非均相的不对称环氧化方法[1906]。酶法环氧化[1907]和催化抗体作用下的环氧化反应[1908]也已有报道。有机催化剂如手性亚胺盐也曾被使用[1909]。不对称 Weitz-Scheffer 环氧化[1910] (强碱溶液中 H₂O₂ 对缺电子烯烃的环氧化反应) 是一个常见的反应。由金鸡纳生物碱衍生得到的相转移催化剂, 最初被 Wynberg 使用, 现在已经得到普遍应用[1911]。通过改变催化剂的结构以及氧化剂的类型，可以显著提高反应的对映选择性[1912]。Yb-BINOL 混合物在 t-BuOOH 的存在下，使共轭酮高度不对称地环氧化[1913]，NaOCl 和金鸡纳生物碱的混合物也有这样的功效[1914]。在手性相转移试剂作用下，通过与 NaOCl 水溶液[1915]或与烷基过氧化物[1916]反应，可得到手性的非外消旋的环氧基酮。在过渡金属如 V、Mo、Ti、La[1918]、Y[1919] 或 Co[1920] 的配合物催化作用下，烯烃与氧或烷基过氧化物[1917]反应也可以制备环氧化物。使用手性添加剂可实现对映选择性的环氧化反应[1921]，也可使用有机催化剂来实现[1922]。手性的氢过氧化物可用于对映选择性的环氧化反应[1923]。

还有其它的环氧化方法。二氧杂环丙烷[1924]（例如，二甲基二氧杂环丙烷，**126**）[1925]，无论是分离出来的还是原位生成的[1926]，都是重要的环氧化试剂。采用二甲基二氧杂环丙烷，很容易发生 C—H 插入反应[1927]。该试剂与烯烃的反应快速、温和又安全。通过采用氧化剂作为共试剂已经发展了各种各样的方法。已经有人研究了此类反应的取代基效应[1928]，以及对底物的改进[1929]。最常用的共试剂是过氧单硫酸钾（KHSO$_5$）。常用 Oxone（2KHSO$_5$·KHSO$_4$·K$_2$SO$_4$）作为 KHSO$_5$ 的来源。Oxone 与酮[1930]和碳酸氢钠共同使用，可将烯烃转化为环氧化物。在某些添加剂如 N,N-二烷基四氧嘧啶存在下，Oxone 可将烯烃转化为环氧化物[1931]。在 Oxone 与过氧化氢或类似氧化剂的共同作用下，并在手性酮[1932]或醛的存在下，烯烃可转化为手性的非外消旋的环氧化物[1933]。在此反应中可能原位生成了二氧杂环丙烷，将烯烃高对映选择性地转化为环氧化物[1934]。据报道手性的二氧杂环丙烷可生成非外消旋的环氧化物[1935]。该反应在手性糖分子的作用下进行时被称为 Shi 环氧化反应[1936]。在大多数其它的溶剂中用这些试剂进行环氧化反应时，反应的产率不高。有人提出产生二氧杂环丙烷的活性试剂是过亚胺酸 [MeC(=NH)OOH][1937]。要指出的是，苯甲醛与氯胺 M[1938] 混合使用也可将烯烃转化为环氧化物[1939]。

Oxone 将亚胺盐氧化为氧杂氮杂环丙烷盐中间体（**127**），**127** 可将氧转移到烯烃上生成环氧化物，并重新生成亚胺盐[1940]。采用手性亚胺盐前体对反应进行改进[1942]，可应用于不对称[1941]的环氧化反应。烯烃的其它不对称环氧化方法可使用手性酮和亚胺盐，并在有机催化剂作用下进行[1943]。使用氧杂氮杂环丙烷盐可进行烯烃的直接环氧化反应[1944]。

虽然环氧化物的顺反异构与本节内容并无实质关联，但在烯烃到环氧化物的转化反应中，这是一个潜在的相关问题。已有多种催化剂被用于控制环氧化物的顺反异构[1945]。

如果叁键能够被类似地环氧化为环氧乙烯，那么该反应将非常有意义。然而，环氧乙烯不是稳定的化合物[1946]。在温度极低的固态氩基质中捕获到其中两个环氧乙烯，但是当温度上升到 35 K 它们就分解了[1947]。在反应中可能生成了环氧乙烯[1948]，但是它们在被分离出来之前就发生了进一步的反应。要注意的是，环氧乙烯与环丁二烯的关系如同呋喃与苯的关系，因而可以推测环氧乙烯是反芳香性的（参见 2.2 节和 2.11.2 节）。

尽管反应速率比相应的烯烃慢，共轭二烯也可以被环氧化（1,2-加成）。但是用过酸处理 $α,β$-不饱和酮却不能形成环氧化物[1949]。$α,β$-不饱和酮在碱性 H$_2$O$_2$ 作用下的环氧化反应被称为 Weits-Scheffer 环氧化，该反应于 1921 年发现[1950]。该基本反应已经扩展到了 $α,β$-不饱和酮（包括醌）、醛和砜[1951]。这是 Michael 类型的亲核加成机理，涉及 HO$_2^-$ 的进攻反应[1952]：

这个反应是含杂原子物种发生 1,4-加成的又一个例子，在反应 **15-31** 中已有讨论。

$α,β$-不饱和化合物能够被烷基过氧化物和碱[1953]、H$_2$O$_2$ 和碱[1954]或杂多酸[1955]环氧化。该反应可以在 LiOH 和高聚物结合的季铵盐作用下进行[1956]。

共轭体系的另一个重要的不对称环氧化反应是烯烃与多聚亮氨酸[1957]、DBU 和脲-H$_2$O$_2$ 的反应，高对映选择性地生成环氧基羰基化合物[1958]。在多聚氨基酸（例如，多聚 L-丙氨酸或多聚 L-亮氨酸）存在下，氢过氧负离子对共轭羰基化合物的环氧化反应被称为 Juliá-Colonna 环氧化[1959]。共轭酮环氧化为非外消旋的环氧基酮的反应可以以金鸡纳生物碱衍生物作为催化剂在NaOCl水溶液作用下完成[1960]。三相相转移催化方法也已经研究成功[1961]。在这个反应中也可以用β-肽作为催化剂[1962]。

当分子内存在与双键不共轭的羰基时，Baeyer-Villiger 反应（**18-19**）会与其竞争。丙二烯类[1963]可以被过酸氧化成丙二烯氧化物[1964]或者螺二氧化物，这两种产物都可以在一定条件下分离出[1965]，但是多数情况下它们在反应条件下不稳定，会进一步反应生成其它产物[1966]。

烯丙基醇与分子筛中的叔丁基过氧化氢[1967]，或者过氧酸[1968]反应可以被转化为环氧醇。如果在金属催化的氢过氧化物对烯丙醇的环氧化反应中加入适当的手性配体，则可以获得很高的对映选择性。烯丙基醇的环氧化反应可以具有高度对映选择性。在 Sharpless 不对称环氧化反应中[1969]，烯丙基醇与 t-BuOOH、四异丙基过氧化钛及手性的酒石酸二乙酯反应，可被转化为具有光学活性的过氧化物，其 ee 值都大于 90%[1970]。如果反应体系中有分子筛存在，则 $Ti(OCHMe_2)_4$ 和酒石酸二乙酯可以是催化量（15%～10%mol）的[1971]，聚合物基的催化剂也曾见过报道[1972]。使用酒石酸酯-PEG 试剂（PEG_{350} 或 PEG_{750}）可以获得两个对映体的产物[1973]。由于（+）和（−）的酒石酸二乙酯原料易得，而且反应具有立体选择性，因此两种异构体产物都可以得到。这一方法已广泛应用于含一个、两个、三个或四个取代基双键的一级烯丙基醇的反应[1974]。在这个反应中，使用光学活性的催化剂来诱导产物的不对称性，这个反应是最重要的不对称合成方法之一，被广泛应用于制备手性的天然产物及其它化合物中。Sharpless 反应机理被认为是：烯烃被一种由烷氧基钛与酒石酸二乙酯反应所形成的化合物进攻[1975]生成一种复合物，这种复合物中还含有底物和 t-BuOOH[1976]。

普通烯烃（不含丙基型的羟基）用 Sharpless 方法得不到光学活性的醇，因为烯烃必须与催化剂结合才能产生对映选择性。但是，在手性二(羟基酰胺)的存在下，高烯丙基醇可被 V 催化剂催化转化为环氧化物[1977]。

普通烯烃（不含烯丙基、羟基等）可以被次氯酸钠（NaOCl，市售漂白粉）、具有光学活性的锰复合物对映选择性地环氧化[1978]。除了常用的 NaOCl 外，也可以使用脲-H_2O_2[1979]。

还可以使用带不同氧化剂的锰-双水杨醛缩乙二胺（salen）配合物[1980]进行环氧化，这种反应被称为 Jacobsen-Katsuki 反应[1981]。采用此方法，简单烯烃可以被高对映选择性地环氧化[1982]。除 Mn 配合物外，Cr-salen[1983]、Ti-salen[1984]和 Ru-salen[1985]配合物也被用于环氧化反应[1986]。要指出的是，salen 配体是基于 salen 生成的。该反应的机理已经得到研究[1987]，有人认为反应经过了自由基中间体[1988]。高聚物结合的 Mn（Ⅲ）-salen 配合物，与 NaOCl 一起也已被用于该不对称环氧化反应[1989]，锰卟啉配合物也曾被使用过[1990]，钴配合物也有类似的结果[1991]。一个相关的反应用的是铁与氧分子及异丙醇的配合物[1992]。非消旋的环氧化物可以用 Co-salen 催化剂，而后采用改进的动力学拆分的方法，从消旋的环氧化物制得[1993]。

在一个不同类型的反应中，在 Ti、V 或 Mo 复合物的存在下，烯烃光氧化（与单态氧反应，见 **14-7**）得到环氧醇（例如 **128**）。从形式上看到这个反应好像是烯丙位被羟基化，而后发生环氧化反应。例如[1994]：

$$\underset{}{\triangle\!\!\!\triangle} \xrightarrow[O_2, h\nu]{VO(acac)_2} \underset{\underset{\mathbf{128}}{(67\%)}}{\triangle\!\!\!\triangle\text{-CH}_2\text{OH}}^{O}$$

在其它的情况下，通过对该方法的改进可以进行简单环氧化[1995]。烯烃与醛和氧在硅胶上的 Pd 催化下[1996]或在 Ru 催化下[1997]反应生成环氧化物。

硫杂环丙烷可以由烯烃与特殊试剂反应直接制备[1998]。例如，硫脲和锡催化剂混合使用可以生成硫杂环丙烷[1999]。有趣的是，非端炔与 S_2Cl_2 反应被转化为 1,2-二氯硫杂环丙烷[2000]。要注意的是，环氧化物与硫氰酸铵和铈配合物反应可以被转化为硫杂环丙烷[2001]。在 Mo 催化剂作用下，可以发生反-硫杂环丙烷化反应，反应中烯烃与苯乙烯硫杂环丙烷反应生成新的硫杂环丙烷[2002]。

OS Ⅰ, 494; Ⅳ, 552, 860; Ⅴ, 191, 414, 467, 1007; Ⅵ, 39, 320, 679, 862; Ⅶ, 121, 126, 461; Ⅷ, 546; Ⅸ, 288; Ⅹ, 29; **80**, 9。

15-51 羟基亚磺酰化（加成氧、硫）

羟基-芳硫基-加成（最终转变结果）

$$\underset{}{\bowtie} + ArSSAr + CF_3COOH \xrightarrow{Pb(OAc)_4}$$

$$\underset{ArS \quad OCOCF_3}{\bowtie} \xrightarrow{水解} \underset{ArS \quad OH}{\bowtie}$$

在芳基二硫化物、四醋酸铅和三氟乙酸的存在下，双键上可以加成一个羟基和一个芳硫基[2003]。反应中还可以用四醋酸铜和四醋酸锰替代四醋酸铅[2004]。与 O_2 及硫醇（RSH）反应，可以在烯烃上加成 OH 和 RSO 基[2005]。与二硫化物 RSSR 和 BF_3-醚反应[2006]，可以在烯烃上加成两个 RS 基团，生成邻二硫醚。在分子内也可以发生这一反应[2007]。类似地，烯烃与硝酸铵铈、二苯基二硒化物在甲醇中反应，生成邻位取代的苯硒基甲醚[2008]。二甲基二硒化物在四氯化锡存在下与烯烃加成，生成邻二（甲基硒）化合物[2009]。

卤醚能够通过烯基醇与各种试剂反应而得到。例如，6-庚烯-1-醇与二可力丁基六氟化磷碘 $[(collidine)_2I]^+PF_6^-$ 反应生成 2-碘甲基-1-氧杂环庚烷[2010]。

15-52 羟胺化（加成氧、氮）

对甲苯磺酰氨基-羟基-加成

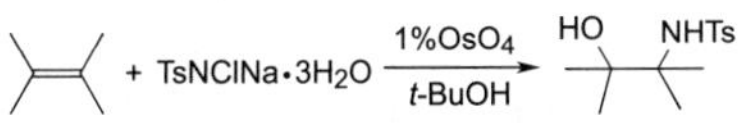

$$\text{二取代烯} + \text{TsNClNa·3H}_2\text{O} \xrightarrow[t\text{-BuOH}]{1\%\text{OsO}_4} \text{HO—C—C—NHTs}$$

N-对甲苯磺酸基-β-羟基烷基胺（易水解为 β-羟胺[2011]）可以通过烯烃与氯胺-T（N-氯-对甲苯磺酰胺钠盐）[1690]的三水合物在催化量的 OsO_4 存在下[2013]反应而制备[2012]。在有些情况下可以通过加入相转移催化剂提高反应产率[2014]。反应可以具有对映选择性[2015]。对基本反应进行改进后，烯烃可以被对映选择性地转化为氨基醇。Sharpless 不对称氨基羟基化反应（Sharpless asymmetric aminohydroxylation）使用的催化剂由金鸡纳生物碱衍生得到的配体和化学计量的氮源结合的含锇物种组成，其中氮源也起到氧化剂的作用[2016]。烯烃在 Cu 催化下与 N-磺酰基氧杂氮丙啶反应生成 1,3-氧氮杂环戊烷[2017]。N-氯磺酰基异氰酸酯可用于制备 1,2-氨基醇[2018]。曾有报道 Boc-羟胺在 Cu 催化下对烯烃的羟胺化反应[2019]。

在氨基甲酸酯、$(DHQ)_2PHAL$（124）和锇化合物，以及 NaOH 和叔丁基次氯酸酯作用下，烯烃可被转化为氨基醇非对映异构体 129 和 130 的混合物，每个异构体的生成都具有高度的对映选择性[2020]。丙烯酰胺的对映选择性氨基羟基化反应已有报道[2021]。

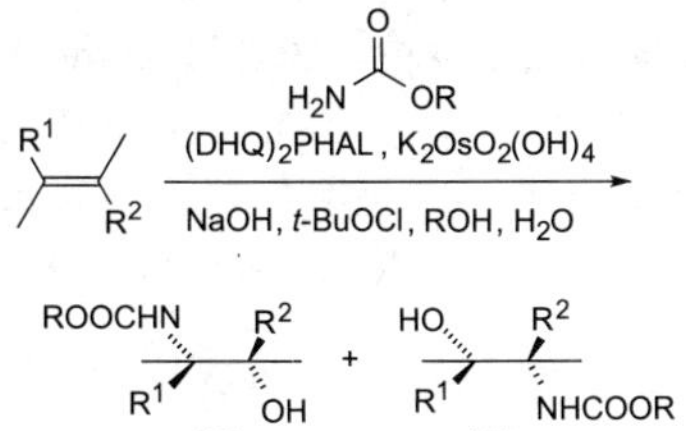

$$\underset{R^2}{\overset{R^1}{>}}= \xrightarrow[\text{NaOH, }t\text{-BuOCl, ROH, H}_2\text{O}]{\overset{\text{H}_2\text{N}}{\underset{\text{O}}{\overset{\parallel}{\text{C}}}}\text{—OR},\ (DHQ)_2PHAL,\ K_2OsO_2(OH)_4} \underset{\underset{129}{R^1\ \ OH}}{\text{ROOCHN}\ R^2} + \underset{\underset{130}{R^1\ \ NHCOOR}}{\text{HO}\ R^2}$$

一般情况下，反应的主要产物是氮加成到烯烃空间位阻较小的碳上。在催化量 $(DHQ)_2PHAL$ 和 LiOH 存在下，N-溴代酰胺可将共轭酯转化为 β-氨基-α-羟基酯，反应具有高度的对映选择性[2022]。另一个羟胺化反应将烯烃的钯配合物与二级或一级胺反应，而后再用四醋酸铅或其它氧化剂处理[2023]。

有机铑催化的烯烃羟胺化反应已有报道[2024]。采用这种方法，氨基烯烃（不是烯胺）可以环化成环胺[2025]，氨基炔烃可以环化成环亚胺[2026]。使用合成的 C-1[2027] 和 C-2 不对称[2028] 的手性有机铑配合物，可以高对映选择性地生成氨基醇。

烯烃与由 HgO 及 HBF_4 制备的试剂以及苯胺共同反应，可以得到氨基汞化合物 PhHN—C—C—$HgBF_4$（氨汞化反应，参见反应 15-8），后者水解得到氨基醇 HPhN—C—C—OH[2029]。使用醇替代水，可以得到相应的氨基醚。烯烃与 $Me_3SiOOSiMe_3$、Me_3SiN_3 和 20% $(Cl_2SnO)_n$ 反应，而后用乙酸水溶液处理，可以制备 β-叠氮醇[2030]。

OS Ⅶ, 223, 375.

15-53 二胺化（加成氮、氮）

二(烷基氨基)-加成

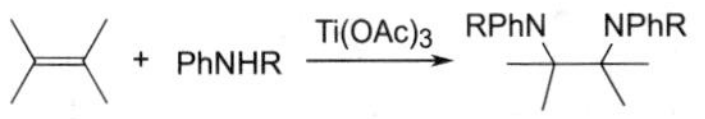

$$\underset{}{>}= \xrightarrow[]{\text{PhNHR},\ Ti(OAc)_3} \text{RPhN—C—C—NPhR}$$

一级（R=H）和二级芳胺在醋酸铊（Ⅲ）存在下与烯烃反应能高产率地得到 vic-二胺[2031]。然而这个反应并不适用于一级脂肪胺。在另一个合成途径中，烯烃通过与锇化合物 R_2NOSO_2 或 R_3NOsO（R=t-Bu）反应，能被二胺化[2032]，R_2NOSO_2 和 R_3NOsO（R=t-Bu）与前面 15-52 提到的锇化合物类似[2033]。15-52 中 Pd 促进的方法也被应用于二胺化反应[2034]。烯烃也可以通过一级或二级芳胺处理如 15-52 所示的氨基汞化合物[2036]而被间接地二胺化[2035]。烯烃与 N-芳基磺酰基二氯胺（$ArSO_2NCl_2$）反应，而后与 Na_2SO_3 水溶液反应，可生成反-邻二乙酰胺[2037]。在高价碘氧化剂存在下，糖精和 $H(NTs)_2$ 与烯烃可发生 Pd 催化的加成反应，生成一个可转化为 1,2-二胺的前体化合物[2038]。

在乙酸中，通过与叠氮化钠和亚碘酰苯反应，两个叠氮基团能被加到双键上[2039]：C=C+NaN_3+PhIO→N_3—C—C—N_3。

二烯烃与脲在 Pd 催化剂存在下反应生成噁

噁唑啉酮[2040]，与二叔丁基二氮丙啶酮在 Pd 催化下反应也得到噁唑啉酮[2041]。

炔烃与二(甲苯磺酰基)乙二胺在 CuI 催化下反应生成二氢哌嗪[2042]。

15-54 生成氮丙啶（加成氮、氮）

EPI（桥式）-芳基亚氨基-加成，等

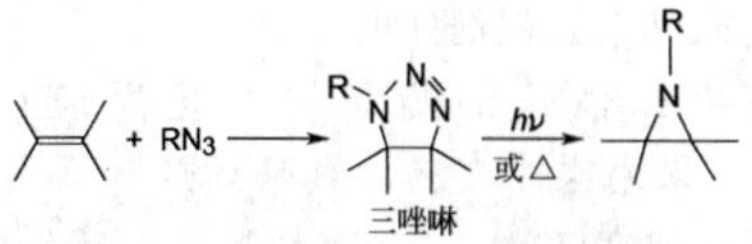

氮丙啶（aziridine）可通过光解或热解底物与叠氮的混合物而由双键化合物直接制得[2043]。R 为芳基、氰基、EtOOC 和 RSO$_2$ 及其它基团时，可发生该反应。这个反应至少能通过两种途径进行。

一种途径是叠氮基被转化为氮烯（nitrene），然后以类似碳烯加成的方式（反应 15-64）加成到双键上，在共轭羰基化合物存在下，磺酰氧基胺（例如 ArSO$_2$ONHCO$_2$Et）与 CaO 反应可生成氮丙啶[2044]。在 Cu[2045]、Co[2046] 或 Rh[2047] 配合物作用下，重氮基乙酸乙酯可加成到亚胺上生成氮丙啶。二嗪丙因（参见 5.4.2 节）与正丁基锂协同使用可将共轭酰胺转化为 α,β-氮丙啶基酰胺[2048]。氧化钙也被用于生成氮烯[2049]，包括生成连接有手性酯的氮烯前体[2050]。其它一些特殊试剂也被用于该反应[2051]。

在另一个途径中，发生 1,3-偶极加成（反应 15-58）生成一个三唑啉（可以被分离）而后失去一个 N$_2$（17-34）。当 R 为酰基时，氮烯机理的证据最令人信服。如 5.5 节所讨论的，单线态氮烯的加成具有立体专一性而三线态却不一样。氨基氮烯（R$_2$NN）已被发现能与烯烃[2052]加成生成 N-取代氮丙啶，与叁键加成生成 1-氮杂环丙烯，而 1-氮杂环丙烯是由最初形成的 2-氮杂环丙烯发生重排而形成的[2053]。N-氨基邻苯二甲酰亚胺在 Pd 催化剂存在下生成氮烯，该氮烯与缺电子的烯烃反应可得到 N-邻苯二甲酰亚胺基氮丙啶[2054]。烷基叠氮化物可在酸的存在下加成到共轭烯烃上[2055]。分子内的氮丙啶化反应已有报道，例如，N-对甲苯磺酰氧基氨基甲酸酯与烯烃在 Pd 催化下加成，生成二环氧杂氮丙啶酮[2056]。在 Rh 催化剂存在下[2057] 或在碘/PhI(OAc)$_2$ 作用下[2058]，对甲基苯磺酰胺可与烯烃反应。氨基磺酸三氯乙酯与 PhI(OAc)$_2$ 和 Rh 催化剂反应，可生成相应的 N-磺酰基氮丙啶[2059]。

与环氧乙烯类似（参见 15-50），2-氮杂环丙烯并不稳定，这可能是由于它的反芳香性。1-氮杂环丙烯可被还原成手性的氮丙啶[2060]。

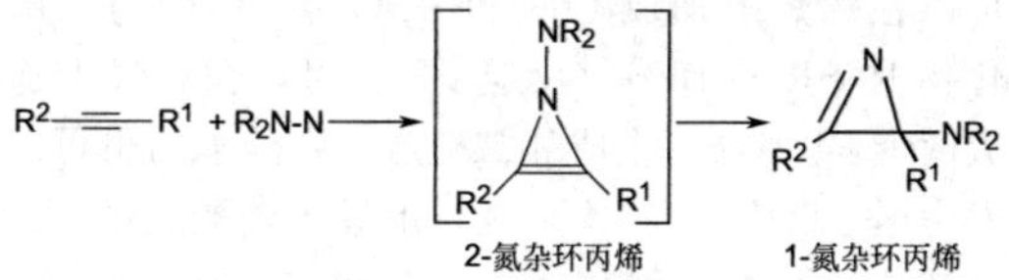

另一种合成氮丙啶的方法是烯烃与碘及氯胺-T 反应，生成相应的 N-对甲苯磺酰基氮丙啶[2061]。与氯胺-T 和 NBS 反应生成 N-对甲苯磺酰基氮丙啶[2062]，在类似的方法中也使用过溴胺 T（TsNBr$^-$Na$^+$）或 TSNIK[2063,2064]。重氮烷与亚胺反应也可以生成氮丙啶[2065]。另一个有用的试剂是 NsN=IPh，这个试剂在铑化合物[2066] 或 Cu 配合物[2067] 存在下能与烯烃反应，生成 N-Ns-氮丙啶。其它的磺酰胺试剂也曾使用过[2068]，如 PhI=NTs[2069]。在手性配体的作用下，通过这个反应可以实现对映选择性的氮丙啶化[2070]。这个试剂可在离子液体中与 Cu 催化剂一起使用[2071]。钯也可以催化此类反应[2072]，还可以使用甲基三氧化铼（MeReO$_3$）[2073]。双水杨醛缩乙二胺锰（Mn-salen）催化剂也能与这种试剂一同使用[2074]。硝化的 Mn-salen 配合物曾与二对甲苯磺酰基酸酐共同使用，将共轭二烯烃转化为烯丙基 N-对甲苯磺酰基氮丙啶[2075]。在 Au[2076] 或 Cu[2077] 催化剂作用下，芳基磺酰胺可与烯烃经过氮烯发生反应。

有机催化剂与共轭醛一同可以用于 C=C 单元的对映选择性氮丙啶化[2078]。

氮烯也能与芳香环加成，生成环扩张产物，这与 15-62 提到的产物类似[2079]。

OS Ⅵ, 56.

15-55 氨基亚磺酰基化（加成氮、硫）

芳基氨基-芳基硫基-加成

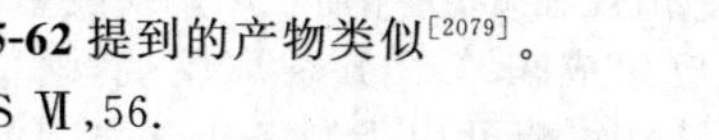

在 BF$_3$-乙醚存在下用亚磺酰苯胺（PhSNHAr）处理双键，可以在双键上加成一个氨基和一个芳硫基[2080]。反应为反式加成，反应过程中可能存在硫杂环丙烷离子[2081]。在另一个氨基亚磺酰基化过程中，底物可用 MeSSMe$_2$BF$_4^-$ 和氨或胺处理[2082]，后者在反应中作为亲核试剂。这个反应还可以使用其它的亲核试剂[2083]，如 N$_3^-$[2084]、NO$_2^-$、CN$^-$、OH$^-$ 和 OAc$^-$，生成 MeS—C—C—A，其中 A 分别为 N$_3$、NO$_2$、CN、

OH 和 OAc。一个 RS（R=烷基或芳基）和一个 NHCOMe 基团可以在一个电化学过程中被加成[2085]。

15-56 酰基酰氧基化和酰基胺化（加成氧、碳；或氮、碳）

酰基-酰氧基-加成

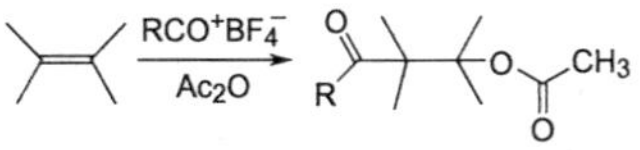

$$\text{C=C} \xrightarrow[Ac_2O]{RCO^+BF_4^-} \text{R-C(O)-C-C-O-C(O)CH}_3$$

用酰基氟硼酸盐和乙酸酐处理烯烃，能在双键上加成一个酰基和一个酰氧基[2086]。正如所预料的，该加成反应遵从 Markovnikov 规则：亲电性的 Ac^+ 加到含氢较多的碳原子上。当使用腈来代替酸酐时，可以将酰基和酰胺基加成到双键上生成 131：

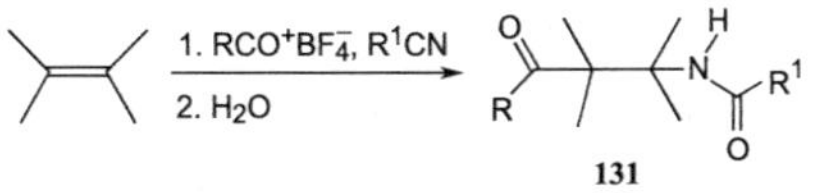

$$\text{C=C} \xrightarrow[2.\ H_2O]{1.\ RCO^+BF_4^-,\ R^1CN} \text{R-C(O)-C-C-NH-C(O)R}^1$$
131

同样的，也可以发生卤代酰氧化反应[2087]。这个反应也能发生在叁键上，生成与 131 类似的不饱和化合物（顺式加成）[2088]。

15-57 烯烃或炔烃转化为内酯（加成氧、碳）

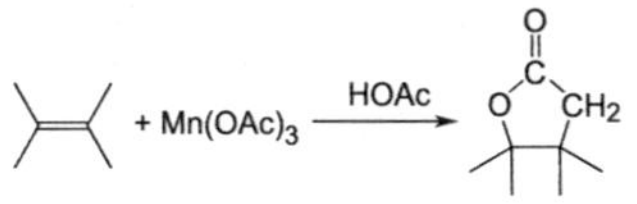

$$\text{C=C} + Mn(OAc)_3 \xrightarrow{HOAc} \text{内酯}$$

烯烃与羧酸反应很明显是生成酯和内酯（15-6），但是在锰试剂存在下的反应有所不同。烯烃与乙酸锰（Ⅲ）反应生成 γ-内酯[2089]。反应机理很可能是自由基机理，涉及 ·CH_2COOH 与双键的加成。超声波可以提高反应的效率[2090]。通过类似的反应，环己烯与 $MeO_2CCH_2CO_2K$ 和 $Mn(OAc)_3$ 反应生成 α-甲氧甲酰基双环内酯[2091]。二甲基丙二酸在超声波作用下，通过这个反应也能生成类似的产物[2092]。以过氧苯甲酰为催化剂，烯烃与 α-溴代羧酸反应可以生成内酯[2093]；烯烃与亚烷基五羰基铬 $[Cr(CO)_5]$ 配合物反应也可以生成内酯[2094]。烯烃也能通过间接的方法转化为 γ-内酯[2095]。在超声波作用下铬/卡宾的配合物可加成到烯烃上生成 β-内酯[2096]。

环二烯烃与 β-酮酯在 Ga 催化剂[2097] 及水存在下反应，生成 α-酰基双环内酯。

烯酸用次氯酸钠和 Lewis 酸处理可环化生成相应的内酯[2098]。炔酸用 PIFA [苯基碘(Ⅲ)-二(三氟乙酸盐)] 处理可环化生成 ω-酰基内酯[2099]。该反应也可采用二硒化物[2100]。用 Au 催化剂作用于炔酸可生成亚烷基内酯[2101]。

这类反应也能发生在分子内，也包括酰胺与烯烃反应生成相应的内酰胺[2102]。

OS Ⅶ, 400.

要注意的是，类似的卤内酯化反应，包括碘内酯化，在反应 15-41 中讨论。

对于醛和酮的加成反应，参见 Prins 反应（16-54），以及反应 16-95 和 16-96。

15.3.4 环加成反应

15-58 1,3-偶极加成（加成氧、氮和碳）

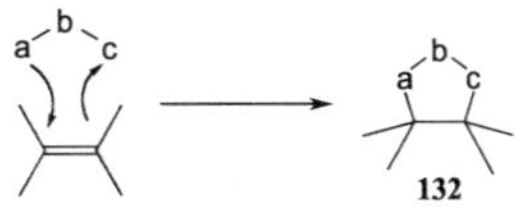

反应示意图：a-b-c 与 C=C 反应生成五元环 132

叠氮化合物与双键加成生成三唑啉。这是一个大类反应（[3+2] 环加成），其中，通过对双键的 1,3-偶极加成可以制备五元环状化合物。这类反应在生物碱的合成中非常有用[2103]，其中包括生物碱的不对称合成[2104]。偶极反应通常有这样一个三原子序列 a—b—c，在 a 原子的外层有六个电子，c 原子外层有八个电子，且至少有一个孤对电子（见表 15.3）[2105]。反应通式如上生成 132 所示，要注意的是，高锰酸钾起初发生的反应（反应 15-48）就是通过 [3+2] 环加成而生成锰酸酯 (119) 的[2106]。其它的金属氧化物也可发生 [3+2] 环加成反应[2107]。有报道腙也能发生 [3+2] 环加成反应[2108]。

表 15.3 一些常见的 1,3-偶极化合物

化合物	反应
类型 I	
叠氮化物	$R-\overset{-}{N}-\overset{+}{N}\equiv N \leftrightarrow R-N=\overset{+}{N}=\overset{-}{N}$
重氮烷[2109]	$R_2C-\overset{-}{N}=\overset{+}{N} \leftrightarrow R_2\overset{-}{C}-\overset{+}{N}\equiv N$
一氧化二氮	$\overset{-}{O}-\overset{+}{N}\equiv N \leftrightarrow O=\overset{+}{N}=\overset{-}{N}$
氰亚胺[2110]	$R-\overset{-}{N}-\overset{+}{N}=CR^1 \leftrightarrow R-N=\overset{+}{N}=\overset{-}{C}R^1$
氰内鎓盐[2111]	$R_2\overset{-}{C}-\overset{+}{N}=CR^1 \leftrightarrow R_2C=\overset{+}{N}=\overset{-}{C}R^1$
氧化腈[2112]	$\overset{-}{O}-\overset{+}{N}=CR \leftrightarrow O=\overset{+}{N}=\overset{-}{C}R$

续表

化合物	反应
类型 II	
偶氮甲碱亚胺[2113]	$R_2\overset{-}{C}-\overset{+}{N}-NR^1 \longleftrightarrow R_2C=\overset{+}{N}-\overset{-}{N}R^1$ $\qquad\quad\; \| \qquad\qquad\qquad \|$ $\qquad\quad R^2 \qquad\qquad\qquad R^2$
氧化偶氮化合物	$\overset{-}{O}-\overset{+}{N}-NR^1 \longleftrightarrow \overset{-}{O}-N=\overset{+}{N}R^1$ $\qquad \| \qquad\qquad\qquad \|$ $\qquad R \qquad\qquad\qquad R$
偶氮甲碱内鎓盐[2114]	$R_2\overset{-}{C}-\overset{+}{N}-CR^1_2 \longleftrightarrow R_2C=\overset{+}{N}-\overset{-}{C}R^1_2$ $\qquad\quad\; \| \qquad\qquad\qquad \|$ $\qquad\quad R^2 \qquad\qquad\qquad R^2$
硝酮	$\overset{-}{O}-\overset{+}{N}-CR_2 \longleftrightarrow \overset{-}{O}-N=\overset{+}{C}R_2$ $\qquad \| \qquad\qquad\qquad \|$ $\qquad R^1 \qquad\qquad\qquad R^1$
羰基氧化物[2115]	$\overset{-}{O}-\overset{+}{O}-CR_2 \longleftrightarrow \overset{-}{O}-O=\overset{+}{C}R_2$
臭氧	$\overset{-}{O}-\overset{+}{O}-\overset{-}{O} \longleftrightarrow \overset{-}{O}-\overset{+}{O}=O$
羧基内鎓盐[2116]	$H_2\overset{-}{C}-\overset{+}{O}-CR_2 \longleftrightarrow H_2C=\overset{+}{O}-\overset{-}{C}R_2$

表 15.3 中所示的 1,3-偶极化合物由于其中一个原子外层只有六个电子的化合物通常不稳定，这些化合物会发生离域，使电子重新排布，因此它们是共振稳定的。1,3-偶极化合物可以分为两种主要类型：

（1）在一种极限式中，外层只有六个电子的原子连有一根双键，而在另一个极限式中在相同的原子处有一根叁键：

$$\overset{-}{a}-b=\overset{+}{c} \longleftrightarrow a=b\equiv\overset{+}{c}$$

如果限制以上三个原子都在第 2 周期，那么 b 原子就只能是 N，c 原子可以是 N 或 C，而 a 原子可以是 C、O 或 N。因此有六种类型，其中包括前述的叠氮化合物（a＝b＝c＝N）和重氮烷。

（2）在一种极限式中，外层只有六个电子连有一根单键，而在另一个极限式中在相同的原子处连有一根双键：

$$\overset{-}{a}-\overset{+}{b}-\overset{-}{c} \longleftrightarrow a=\overset{+}{b}-\overset{-}{c}$$

在这里，b 可以是 N 或 O，a 和 c 可以是 N、O、C，但是只有 12 种类型，例如：N—N—C 是 C—N—N 的另一种形式。其它例子见表 15.3。

在这 18 类偶极化合物中，有一些是不稳定的，只能在原位产生并发生反应[2117]。尽管不是在所有情况下都与碳碳双键反应（也可以与其它双键反应[2118]），但至少有 15 类偶极化合物的反应已被完成。并非所有的烯烃都能很好地发生 1,3-偶极加成。最易发生反应的是那些在 Diels-Alder 反应中可作为很好的亲双烯体（反应 15-60）的烯烃。

加成是立体专一性的顺式加成，其机理应该是一个一步的协同过程[2119]，如前面图示[2120]反应过程主要由前线分子轨道控制[2121]。已经发现反应活性与将 1,3-偶极化合物和亲偶极的化合物扭转至过渡态所需的能量有关[2122]。平面芳香性被应用于这些偶极环加成反应[2123]。正如这一机理所要求的，溶剂对反应速率的影响不大[2124]，但在离子液体中观察到了反应速率加快[2125]。氧化腈的环加成反应可在超临界二氧化碳中进行[2126]。并没有简单的规则来概括 1,3-偶极加成反应的区域选择性。加成的区域选择性很复杂，但已经可以用 MO 解释[2127]。研究认为：形成新键的原子具有最大程度的轨道重叠时对应的是主要异构体。当 1,3-偶极化合物是硫代羰基内鎓盐（$R_2C=\overset{+}{S}-\overset{-}{C}H_2$）时，这一反应对于一些底物来说没有立体选择性（尽管这些底物与别的偶极化合物的反应具有立体选择性），表明这些情况下是非协同机理。事实上，在这种情况下已经捕获到了双离子中间体［参见反应 15-63 中（4）的机理 c］[2128]。在 1,3-偶极环加成反应［重氮甲烷和乙烯；雷酸（H—C≡N—O）和乙炔］[2129]的理论研究中，基于价键描述的计算表明许多协同的 1,3-偶极环加成反应遵循电子异裂的机理，从反应物到产物的过程中保留有完全一致的轨道对的运动[2130]。

一种抗体催化的［3＋2］环加成反应已被报道[2131]，金属协助下的偶极加成反应也已实现[2132]。在一个不同的金属催化的反应中，烯基 Fischer 卡宾配合物与炔烃在 Ni 催化剂作用下反应，生成环戊烯酮[2133]。Fischer 卡宾配合物具有 $R_2C=M(CO)_x$ 这样的形式[2134]，金属包括低氧化态的 Fe、Mo、Cr 或 W。配体包括 π-电子接受体和亚甲基上的具有 π-电子给予体性质的取代基（例如，烷氧基和氨基）。

与其它产物相比，表 15.3 中通过偶极加成得到的某些环化产物并不稳定。烷基叠氮化合物与烯烃的反应生成三唑啉（15-54），三唑啉在加热或光解条件下会放出氮气，得到氮丙啶[2135]。在过渡金属催化剂的作用下，烷基叠氮化合物与炔烃加成生成三氮唑[2136]。逆[3+2]环加成反应也已有报道[2137]。叠氮化合物与丙二烯发生环加成反应生成四氢吡咯[2138]。

分子内[3+2]环加成反应可生成双环或多环化合物[2139]。以偶氮次甲基亚胺的分子内环加成生成双环吡唑烷的反应为例[2140]。当重氮烷烃，包括重氮乙酸酯如 N_2CHCO_2Et，与烯烃在铬催化剂的作用下反应，首先生成一个五元环——吡唑[2141]。而吡唑通常不稳定，会放出 N_2 生成环丙烷[2142]。使用手性配体在 Rh 催化下进行环加成反应可高对映选择性地生成环丙烷[2143]。

有很多[3+2]环加成反应具有很高的对映选择性[2144]。在带有手性配体的 Co 催化剂作用下，重氮酯的环加成反应可以高对映选择性地生成环丙烷衍生物[2145]。硝酮与吡唑酮在 Cu 催化剂和手性配体作用下环加成反应，可以高对映选择性地生成四氢吡咯衍生物[2146]。在 Ni 催化剂和手性配体存在下，硝酮与活化的环丙烷反应，可以高对映选择性地生成四氢-1,2-噁嗪[2147]。硝酮与共轭羰基化合物在过渡金属催化剂作用下（如 Ti 配合物）反应，可以得到 1,2-噁唑啉[2148]。

共轭二烯一般大部分发生 1,2-加成，虽然 1,4-加成（一种[3+4]环加成）也有报道[2149]。

碳-碳叁键也能发生 1,3-偶极加成反应[2150]。例如，与叠氮化合物反应生成三唑 (**133**)：

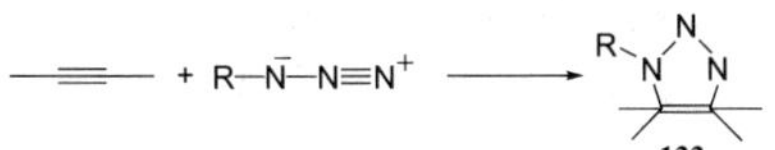

在某些反应中，1,3-偶极试剂可以由合适的三元环化合物开环原位生成。例如，氮丙啶开环得到一个两性离子（如 **134**），氮丙烷可以加成到活性的双键上生成吡咯烷。例如[2151]：

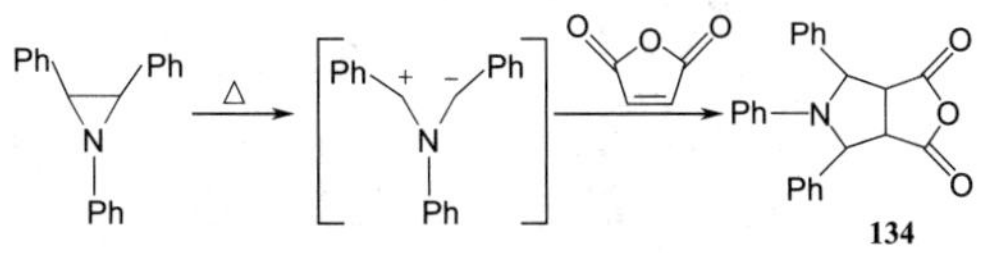

氮丙烷也可以与碳-碳叁键加成，该反应与其它不饱和键，如 C=O、C=N、C≡N 等的反应一样[2152]。在一些这类反应中，是氮丙烷的 C—N 键而不是 C—C 键被打开。

其它的[3+2]环加成反应参见 **15-59**。

OS V，957，1124；Ⅵ，592，670；Ⅷ，231。另见 OS Ⅳ，380。

反应 **15-58～15-64** 是环加成反应[2153]。

15-59 全碳原子体系的[3+2]环加成反应[2154]

已经报道了一些可以通过[3+2]环加成反应生成环戊烷的方法[2155]。共轭酮与三烷基膦共热生成一种中间体，该中间体可以与共轭炔烃加成的[2156]。其中一类反应中的反应试剂可以生成中间体 **135** 和 **136**[2157]。合成上最常用的是[2158]：利用 2-三甲基硅基甲基-2-丙烯基-1-乙酸酯（**139**），一个已经商业化的非常有用的试剂，在钯或其它过渡金属催化下生成 **135** 或 **136**，而后与双键加成，高产率地生成含外型双键的环戊烷。反应中，**139** 原位生成三亚甲基甲烷，再与烯烃反应生成亚甲基环戊烷衍生物[2159]。三亚甲基甲烷与亚胺发生相似的反应得到亚甲基吡咯烷[2160]，在 Pd 催化下与 CO_2 发生反应生成丁烯酸内酯（butenolide）[2161]。

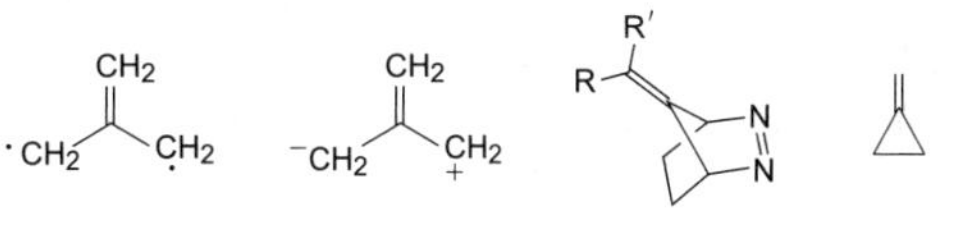

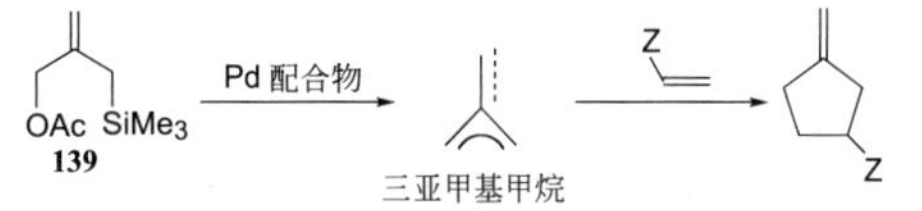

要注意的是，**136** 也可以与 N-对甲苯磺酰基氮丙啶、20% 正丁基锂以及 10% $Pd(OAc)_2$ 反应，生成亚乙烯基哌啶衍生物[2162]。从双环偶氮化合物 **137**（参见反应 **17-34**）或亚甲基环丙烷 **138**[2163] 可生成类似的或完全一样的中间体，它们也可以加成到活泼的双键上。与合适的底物发生加成反应，反应有可能具有对映选择性[2164]。

在一个不同类型的反应中，[3+2]环加成反应可以通过烯丙基负离子进行。这类反应被称为 1,3-负离子环加成反应[2165]。例如，α-甲基苯乙烯在强碱二异丙基氨基锂（LDA）作用下可与二苯乙烯加成[2166]。

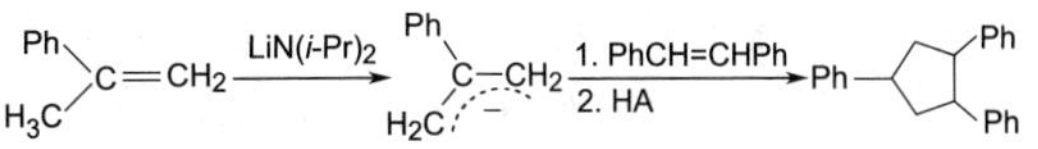

反应机理可以描述为：

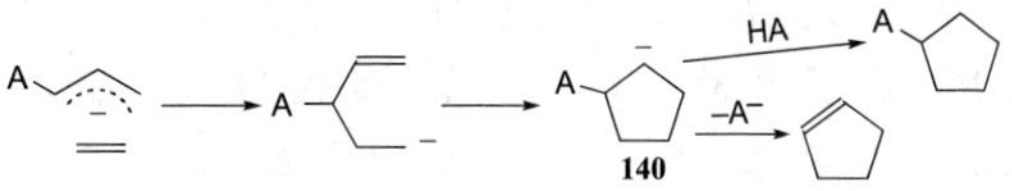

在上面的例子中，**140** 在最后一步被酸 HA 质子化。但是如果没有酸，而是存在一个合适的离核体，那么就可能发生离去反应生成环戊烯[2167]。在这些反应中，反应试剂是烯丙基负离子,类似的含有烯丙基正离子的[3+2]环加成反应已见报道[2168]。

OS Ⅷ,173,347.

15-60 Diels-Alder 反应

[4+2]环-乙烯-1/4/加成或[4+2]环-(2-丁烯-1,4-二基)-1/2/加成,等

$$\text{（二烯 + Z-烯 → 环己烯-Z）}$$

在原型 Diels-Alder 反应中,一个烯烃双键1,4-加成到共轭二烯上（[4+2]环加成)[2169],所以产物肯定是环己烯。该环加成反应不只限于烯烃或二烯烃（参见反应 15-61),但是与二烯烃反应的底物都被称为亲双烯体（dienophile）。这个反应容易发生、反应速度快,并且适用范围广泛[2170],可以根据 HOMO[2171] 和 LUMO 分析(FMO 理论)而预测双烯和亲双烯体的反应活性[2172]。除非在高温和/或高压下反应,乙烯和简单的烯烃不是好的亲双烯体。大多数的亲双烯体为—C=C—Z 或 Z—C=C—Z′的形式,其中,Z 或 Z′是吸电子基团[2173],例如,CHO、COR[2174]、COOH、COOR、COCl、COAr、CN[2175]、NO$_2$[2176]、Ar、CH$_2$OH、CH$_2$Cl、CH$_2$NH$_2$、CH$_2$CN、CH$_2$COOH、卤原子、PO(OEt)$_2$[2177] 或 C=C。在最后一种情况下,其本身就是一个二烯[2178]。

通过引入吸电子基团可以消除简单烯烃的低反应活性,从而有利于环加成反应,这在前面已有表明。吸电子基团引入后,Diels-Alder 反应变得容易进行,它可以在环加成后被去除。

例如苯基乙基砜（PhSO$_2$CH=CH$_2$)[2179],在关环反应后 PhSO$_2$ 基团能够很容易地被 Na-Hg 脱去。类似地,苯基乙烯基亚砜可以被用来作为乙炔的一种合成子[2180]。在此种情况下,PhSOH 可从产物亚砜中脱去（反应 17-12）。

二烯烃中的给电子取代基可以加速反应,而吸电子基团则不利于反应进行[2181]。对于亲双烯体,情况正好相反:给电子基团降低反应速率,而吸电子基团则提高反应速率。环加成反应要求二烯烃为 s-cis 构象（cisoid)[2182],非环状二烯的构象处于变动中,因而能够获得 s-顺式构象[2183]。环状二烯,其 s-cis 构象是内嵌在环中的,因而它通常比相应的开链化合物反应速率要快,而开链化合物只有通过旋转才能达到 s-cis 构象[2184]。二烯烃可以是开环的、环内的（例如 141）、环外的[2185]（例如 142)、跨环的（例如 143）或者环内环外的（例如 145),除非它们被冻结在反式构象 [参见 585 页（3）]。它们不需要特殊的活化基团,几乎所有的共轭二烯烃均能与适当的亲双烯体发生反应[2186]。

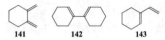

141 142 143

Diels-Alder 反应的产率通常相当高,通常不需要催化剂,但是已经发现 Lewis 酸可催化一些 Diels-Alder 反应[2187],特别是对于亲双烯体中的 Z 是 C=O 或 C=N 基团的反应[2188]。反应的化学选择性与 Lewis 酸或 Brønsted-Lowry 酸催化剂的选用有关[2189]。Lewis 酸催化剂通常增加反应的区域选择性（如上面所指出的区域选择方式）和内型加成的程度[2190],而且在对映选择性反应中提高对映选择性。铜催化剂已被用于反应[2191]。Brønsted 酸也被用来加快 Diels-Alder 反应[2192]。Diels-Alder 反应可以在离子液体（参见 9.4.3 节）中进行[2193]。已有报道 La(OTf)$_3$ 可作为可重复使用的催化剂[2194],Me$_3$SiNTf$_2$ 可作为绿色的 Lewis 酸催化剂[2195]。已经发展了离子型 Diels-Alder 催化剂,例如硼杂噁唑烷催化剂[2196]。一些 Diels-Alder 反应也可以通过加入一种稳定的阳离子自由基来催化反应[2197],例如加入三(4-溴苯基)铵六氯锑酸盐（Ar$_3$N$^{·+}$ SbCl$_6^-$)[2198]。二茂锆催化的阳离子 Diels-Alder 反应已被报道[2199]。已经发展了特定的抗体来催化 Diels-Alder 反应[2200],光化学诱导的 Diels-Alder 反应也已见报道[2201]。

相当多的用于加速 Diels-Alder 反应的其它反应已见报道[2202],包括使用微波[2203]、超声[2204]、在色谱填充物上吸附反应物进行反应[2205]、采用封装技术[2206] 以及超高速离心机的使用[2207]（在高压下进行反应的几种方法之一)[2208]。固相的 Diels-Alder 反应已有报道[2209]。最通常的方法之一是用水为溶剂或助溶剂（一种疏水效应)[2210],已经发展了水溶液中 Diels-Alder 反应的催化剂[2211],该催化剂适用于离子型的 Diels-Alder 反应[2212]。已有多个氢键加速反应的实例[2213]。反应物疏水性对反应的影响被证明[2214] 具有胶束效应[2215]。还有一种反应介质是在 Et$_2$O 溶剂中加入 5mol/L 的 LiClO$_4$[2216]。可选用在乙腈中加入三氟甲磺酸锂替代在 Et$_2$O 溶剂中加入 LiClO$_4$[2217]。在乙醇水溶液中加入 HPO$_4^-$ 也可以稍稍提高反应速率[2218],这看来是唯一一个阴离子可以导致速率增加的事例。逆

Diels-Alder 反应也能在水中完成[2219]。

要指出的是，Diels-Alder 反应可以在超临界 CO_2[2220] 或超临界水[2221] 作为溶剂时进行。在固相载体上的 Diels-Alder 反应也有报道[2222]，沸石已被用于承载催化剂[2223]，氧化铝被用于加速 Diels-Alder 反应[2224]。Diels-Alder 反应可以在离子液体中进行[2225]，其中包括不对称的 Diels-Alder 反应[2226]。要注意的是，水溶液中的 Diels-Alder 反应要比在离子液体中快[2227]。

当一个不对称二烯烃与一个不对称亲双烯体反应时，可能生成两个位置异构体（不考虑立体异构）；有些反应还会伴有重排反应[2228]。对于简单的反应，1-取代二烯烃生成 1,2-和 1,3-取代的环己烯，2-取代二烯烃生成 1,4-和 1,3-取代的环己烯。

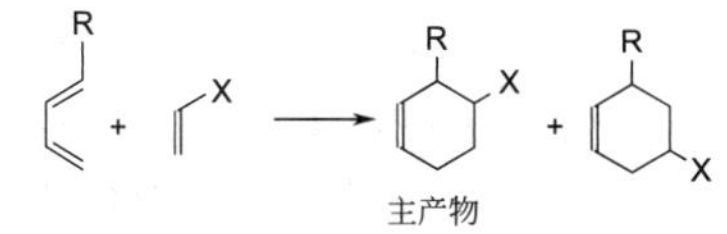

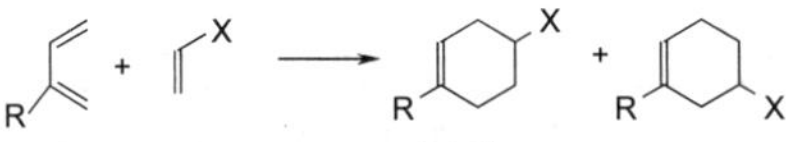

尽管常常获得混合物，但是往往其中一个是主要产物，如上所示。反应的选择性与二烯烃和烯烃上的取代基性质都有关系。这个反应具有区域选择性，其中"邻位"和"对位"产物优于"间位"产物，此现象可用分子轨道（MO）理论来解释[2229]。当 X=NO_2 时，室温下得到"邻位"和"对位"产物的区域选择性非常高，反应后可以除去 NO_2（参见反应 19-67），这两种方法结合起来，已经用于完成区域选择性的 Diels-Alder 反应[2230]。与之竞争的反应有二烯烃或亲双烯体的聚合，或者两者都发生聚合，以及 1,2-环加成反应（15-63）。

Diels-Alder 反应的立体化学可以从以下几个方面来考虑[2231]：

（1）对于亲双烯体，此反应是立体专一性的顺式反应，除了极少数例外[2232]。这意味着烯烃中互为顺式的基团在环己烯环中也是顺式的（A—B 和 C—D），并且烯烃中互为反式的基团在环己烯环中也是反式的（A—D 和 C—B）：

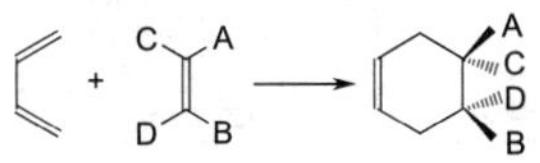

（2）对于 1,4-取代的二烯烃，尽管研究得不多，但是这个反应也是立体专一的顺式反应。因此，反,反-1,4-二苯基丁二烯反应可以得到顺-1,4-二苯基环己烯衍生物。这种反应的选择性可以通过反应过渡态中[2233]取代基的对旋运动来预测（参见反应 18-27）。

（3）二烯烃必须处于 s-cis 构象。如果它被冻结在反式构象，如 144，就不能发生反应。因此二烯烃要么必须被冻结在 s-cis 构象，要么可以在反应中成为 s-cis 构象。

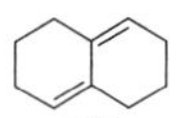

144

（4）如果二烯烃是环状的，而且亲双烯体不是对称的，那么反应可以两种方式发生；以单取代烯烃为例，亲双烯体的取代基（通常为吸电子取代基）处于环的下方（内型加成，endo-addition），或远离环的下方（外型加成，exo-addition）：

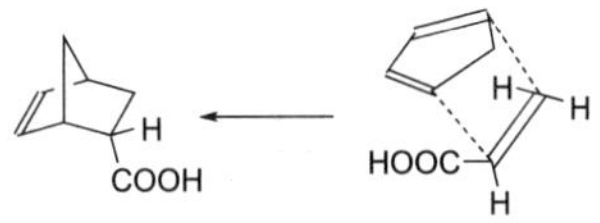

大多数情况下，加成产物以内型加成为主；也就是说，烯烃的大体积侧链处于环的下方，并且对于开链二烯烃来说可能亦如此[2234]。然而也有例外，而且在许多情况下得到的是外型和内型加成产物的混合物[2235]。共轭醛与环戊二烯在咪唑酮催化下反应生成比例为 1∶1.3 的混合物，其中外型异构体占优[2236]。次级轨道相互作用（secondary orbital interactions）[2237] 被用于解释反应结果，但这种方法受到质疑[2238]。然而，已经可以对这种相互作用进行直接评价[2239]。已有争论认为面选择性并不是由于扭转角被缓解所导致的[2240]。内型/外型产物的比率还受到溶剂的影响[2241]。

（5）正如我们所看到的，Diels-Alder 反应可以既有区域选择性又有立体选择性[2242]。在一些情况下，Diels-Alder 反应具有对映选择性[2243]。前面已有述及。溶剂效应在这类反应中非常重要[2244]。人们已经研究了反应过程中反应物极性的作用[2245]。大多数这类工作都采用一个手性亲双烯体（如 145）和一个非手性二烯来进行[2246]，反应中还使用 Lewis 酸催化剂（如下所示）。在这种情况下，从 145 的两面[2247] 加成二烯烃的反应速率不同，形成 146 和 147 的量也不同[2248]。通过与对映纯的化合物进行反应,非手性的化合物可以被转化为手性化合物。反应完成后,可以将得到的非对映异构体分离,从而获得对映纯的化合物,每个化合物都是通过目标分子与手性化合物(手性助剂)成键。常用的手性助剂包括手性羧酸、醇或内磺酰胺。如图所示的情况中,水解产物以脱去手性 R 基团,在这个反应里是使它成为一种手性助剂。在光学活性催化剂的作用下,非手性二烯和亲双烯体也可以完成不对称的 Diels-Alder 反应[2249],近来发展了很多手性催化剂[2250]。在很多情况下,不对称 Lewis 酸与亲双烯体形成一种手性复合物[2251]。手性的有机催化剂在此反应中具有越来越重要的作用[2252]。

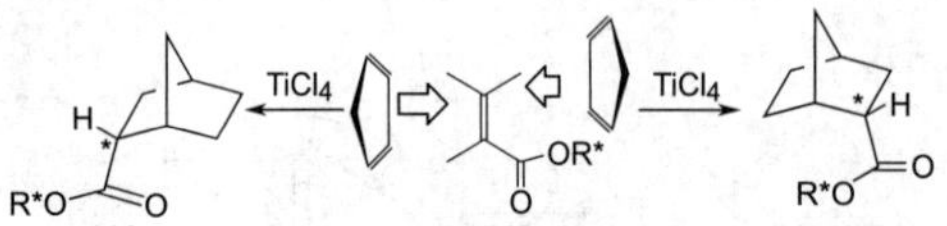

叁键化合物(—C≡C—Z 或者 Z—C≡C—Z')可以作为亲双烯体[2253],反应生成非共轭的环己二烯(**148**)。该反应可被过渡金属化合物催化[2254]。芳基炔进行环加成反应可以得到芳香环[2255]。丙二烯也可以作为亲双烯体,但是没有活化基团的丙二烯是活性很差的亲双烯体[2256]。但是乙烯酮却不发生 Diels-Alder 反应[2257]。

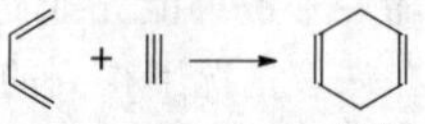

很多令人感兴趣的化合物能够通过 Diels-Alder 反应来制备[2258],并且其中一些化合物很难用其它方法获得。一些芳香族化合物也能像二烯烃那样发生反应[2259]。苯与亲双烯体的反应性非常差[2260],据报道只有非常少的亲双烯体(其中之一就是苯炔)能与苯发生 Diels-Alder 反应[2261]。苯炔(**149**)虽然不能分离出,但可以作为亲双烯体,利用二烯可以捕获苯炔[2262]。

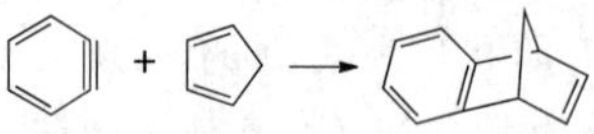

有趣的是,化合物三蝶烯(triptycene)可以通过苯炔与蒽之间发生 Diels-Alder 反应来合成[2263]。萘和菲也非常惰性,尽管萘在高压下能发生 Diels-Alder 加成[2264]。然而,蒽和其它具有至少三个线性苯环的化合物能快速地发生 Diels-Alder 反应。

无论是全碳的还是含有杂原子的体系,"双烯体"都可以是共轭的烯炔。如果这个分子的几何构型合适,那么这个双烯体甚至可以是非共轭的,例如[2265]:

最后的这个反应被称为同型 Diels-Alder 反应(homo-Diels-Alder reaction)。炔烃在 Co 配合物、ZnI_2 和硼氢化四丁基铵作用下的类似反应已有报道[2266]。

分子内 Diels-Alder 已为我们所熟知[2267],它是合成单环和多环化合物的一种有效方法[2268],此类反应有很多例子和不同的变化,例如使用 Lewis 酸催化反应[2269]。顺式/反式(cis/trans)立体选择性的形成原因已经运用密度泛函理论进行了研究[2270]。

分子内 Diels-Alder 反应可以看作通过一个链接(tether,通常为碳原子)将二烯烃和烯烃连接起来。亲双烯体的扭曲情况和取代基效应影响环加成的速率[2271]。如果用官能团替代链接,且该官能团能使分子内的环加成反应具有选择性,在反应后又能被脱除,那么就可以对反应进行大幅改进。实际上,这类链接的环加成反应正越来越普遍。环加成反应完成后,可以将链接脱除从而得到官能团化的环己烯衍生物。相对于非链接的反应,这类链接反应可提高反应的立体选择性[2272],有时还可提高反应活性,因而提供了一种提高这些性质的间接方法。所用的链接有 C—O—SiR_2—C[2273] 或 C—O—SiR_2—O—C[2274],或羟基酰胺[2275]。链接的性质对分子内反应的顺式/反式(cis/trans)立体选择性会有影响[2276]。可以使用一些暂时性的链接,如含有烯丙醇单元的二烯烃与烯丙基醇及 $AlMe_3$ 的反应得到环加成产物,反应具有好的选择性[2277]。

Diels-Alder 反应通常是可逆的,但是相比正反应,逆反应通常要在相当高的温度才发生。然而,反应确实是可逆的[2278],这一事实已经得到应用。在 Diels-Alder 反应中,丁二烯的简便替代物是 3-环丁烯砜,因为前者是气体而后者是固体,固体更易操作[2279]。丁二烯经由逆 Diels-Alder 反应原位产生(参见反应 **17-20**)。

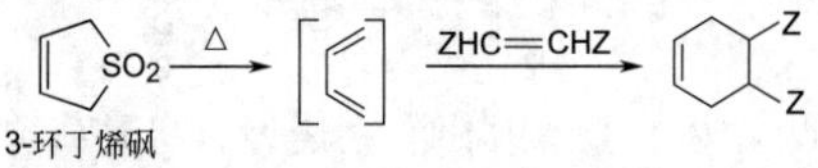

一般来说,无催化的 Diels-Alder 反应有三种可能的机理[2280]。在机理 a 中,有一个环状的

六中心过渡态，没有中间体，反应协同进行一步完成。在机理 b 中，首先是二烯的一端与亲双烯体的一端结合，产生双自由基，接着在第 2 步中另一端再相互结合[2281]。以这种方式形成的双自由基必须是单线态的，也就是说根据类似于 5.3.1 节的讨论，两个未成对电子的自旋方向必须相反。第三种机理（机理 c，未画出）与机理 b 很类似，但是初始形成的键与后来形成的键都通过电子对的移动而形成，中间体是双离子。通过分析亲电性-亲核性指数（electrophilicity - nucleophilicity indices）可以推断极性的 Diels-Alder 反应的机理[2282]。关于 Diels-Alder 反应的机理已有许多研究。大量的证据显示绝大多数的 Diels-Alder 反应是通过一步环化机理 a 完成[2283]，尽管在一些情况下也可能采取双自由基[2284]或者双离子[2285]机理。自由基正离子型的 Diels-Alder 反应也已有发现[2286]。支持机理 a 的主要证据如下：①无论对于双烯体还是亲双烯体，反应具有立体专一性，纯粹的双自由基或者双离子机理不可能导致构型保持。②一般来说，Diels-Alder 反应的速率受溶剂的影响很小。这就可以排除双离子中间体，因为极性溶剂可以分散该机理过渡态的电荷而提高反应速率。③实验显示化合物 **150** 的解离反应中，在实验误差的范围内，同位素效应 k_I/k_{II} 等于 1.00[2287]。如果 x 键比 y 键先打开，那么该反应就应该存在二级同位素效应影响。研究结果强烈支持 x 键和 y 键同时打开。这是 Diels-Alder 反应的逆反应，根据微观可逆性原理，正反应的机理中 x 键和 y 键也应该同时形成，这与类似的正反应实验研究结果是一致的[2288]。还有一些支持机理 a 的其它证据[2289]。但是，协同反应机理并不意味着反应是同步的。在同步反应的过渡态中，两根 σ 键形成的程度相同，但是在非对称反应物的 Diels-Alder 反应中，很可能是不同步的[2290]。也就是说，有可能在过渡态结构中，其中一根键形成的程度比另外的一根键形成的程度更大[2291,2292]。双自由基机理可以解释一些 Diels-Alder 反应[2293]。

机理 a

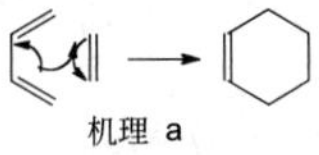

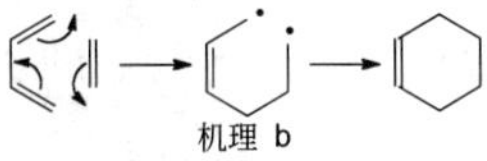

机理 b

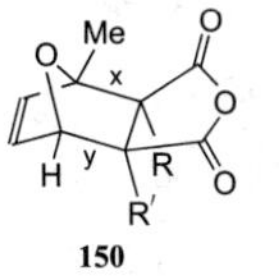

I: R=H, R'=D
II: R=D, R'=H

150

机理的另外一个现象是给电子和吸电子取代基对反应会产生影响（参见前述），这表明二烯烃表现出亲核性，亲双烯体表现出亲电性。但是有时情况也恰恰相反。全氯环戊二烯与环戊烯反应比与马来酐的反应容易，但是与四氰乙烯不反应，尽管后者在通常条件下是高反应活性的亲双烯体。很显然，这种双烯体在 Diels-Alder 反应中是亲电的[2294]。这类反应被认为经历了逆向电子需求（inverse electron demand）过程[2295]。已经发现炔基硼酸酯可以参与逆向电子需求的环化反应[2296]。

Diels-Alder 反应通常能在温和条件下快速发生。而与之相反，表面上类似的烯烃二聚生成环丁烷的反应（**15-63**）在大多数情况下产率很低，除非采用光化学诱导。Woodward 和 Hoffmann[2297]已经提出这些实验结果可以用轨道对称性守恒原理（principle of conservation of orbital symmetry）解释，这个原理可以预言哪些反应可以发生而哪些不会发生。轨道对称性原理（也被称为 Woodward-Hoffmann 规则）[2298]只能用于解释协同反应（例如机理 a），这个原理以反应过程中保持最大程度上的成键为基础。在一项独立的研究中，Fukui 运用 MO 理论解释这些反应。可以有多种方式应用轨道对称性原理解释环加成反应，其中三种方式比较常用[2299]。这里主要介绍其中的两个：前线轨道理论（FMO）和 Möbius-Hückel 方法。第三种方法被称为能级相关图法（correlation diagram method）[2300]，不如前两种方法常用。

（1）前线轨道理论[2301] 用来解释环加成反应的理论如下：一个分子中的 HOMO 和另一个分子中的 LUMO 叠加时，只有当轨道正相波瓣与正相波瓣叠加，负相波瓣与负相波瓣叠加时，反应才是允许的[2302]。前面已介绍（参见 1.4 节），单烯分子中有两个 π 分子轨道，共轭二烯具有四个 π 分子轨道（参见 2.3 节），如图 15.2 所示。两个单烯分子的协同环加成反应（[4+2] 反应）是禁阻的，因为反应中需要一个正相轨道与负相轨道叠加（图 15.3）。相反，Diels-Alder 反应（[2+4] 反应）无论从哪一个方向考虑都是允许的（图 15.4）。

光化学诱导的环化反应与此正好相反。在此反应条件下，反应前一个电子被激发到一个空轨道上。很显然，此时[2+2]反应是允许的（图 15.5），而[4+2]反应却是禁阻的。根据微观可逆性原理，逆反应也遵守相同的反应规律。事实

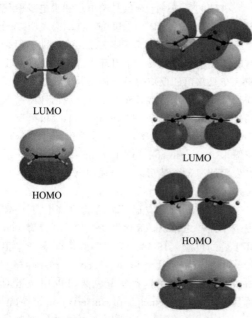

图 15.2 孤立的烯烃和共轭二烯的 π 分子轨道示意图

图 15.3 加热时[2+2]环加成反应的轨道叠加

上，Diels-Alder 加成产物在通常条件下很容易断裂，因此尽管存在环张力，生成环丁烷的反应仍需要更苛刻的条件。

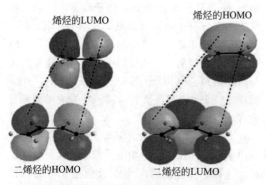

图 15.4 加热时[2+4]环加成的两种轨道叠加方式

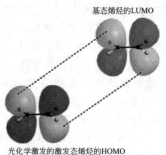

图 15.5 光化学[2+2]环加成的轨道叠加

(2) Möbius-Hückel 方法[2303] 在这个方法中，将轨道对称性规律与第 2 章讨论的 Hückel 芳香性规则相关联[2304]。Hückel 规则表明一个多电子的环体系如果含有 $4n+2$ 个电子，那么该分子具有芳香性（因此也是稳定的）。Hückel 规则当然适应用于分子的基态。当应用轨道对称性原理时，我们讨论的是过渡态而不是基态。在目前的方法中，我们不是去研究分子轨道本身，而是研究叠加形成 MO 之前的 p 轨道。这样的一组 p 轨道被称为一个基组（basis set）（图 15.6）。在研究一个协同反应的可行性时，我们将这些基组放在它们在过渡态中将要占据的位置。图 15.7 显示的是[2+2]和[4+2]环化反应。此时要观察的是符号改变（sign inversion）。在图 15.7 中，我们看到无论哪种情况都没有符号改变，也就是说，虚线相连的只有负号的波瓣。具有零或偶数次符号改变的体系被称为 Hückel 体系。由于上面两种情况中都没有符号改变，由此都是 Hückel 体系。具有奇数次符号改变的体系被称为 Möbius 体系（因为与图 15.8 所示的一种数学表面 Möbius 带相似）[2305]。这两个反应中都没有出现 Möbius 体系，但是反应 **18-28**，18.6.2.2 节给出了一个这种体系的例子。在 5,6-二叔丁基取代的十五碳烯发生的 Diels-Alder 反应的过渡态中存在双扭曲的 Möbius 带芳香性[2306]。

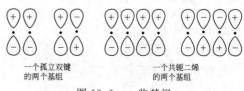

图 15.6 一些基组

这个方法可以描述如下：包含 $4n+2$ 个电子的 Hückel 体系在加热情况下可以发生周环反应，包含有 $4n$ 个电子的 Möbius 体系在加热情况下

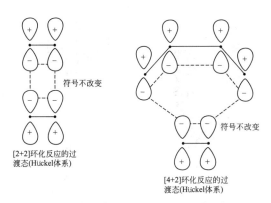

图15.7 利用Hückel-Möbius规则说明环加成的过渡态

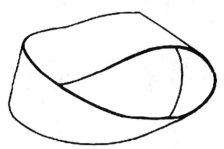

图15.8 Möbius带
通过将薄纸带扭转180°而后固定始末端，可以很容易地构建Möbius带

可以发生周环反应。而光化学反应的规律正好相反。[4+2]和[2+2]环加成体系都是Hückel体系，Möbius-Hückel方法预测[4+2]反应，含有六个电子，在加热情况下可以反应；而[2+2]的反应是不允许的。但是，[2+2]反应在光化学条件下是允许的，而[4+2]反应是光化学禁阻的。

值得注意的是，无论选择什么基组，[2+2]和[4+2]反应的过渡态都是Hückel体系。例如，图15.9给出可以选择的其它基组。无论哪种情况，都只存在零或者偶数次符号改变。

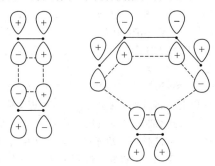

图15.9 采用其它基组的[2+2]和[2+4]环加成反应过渡态

因此，前线轨道理论和Hückel-Möbius方法（以及能级相关图法）得出的结论相同：加热的情况下可发生[4+2]环加成反应，光化学条件下可发生[2+2]环加成反应（逆反应开环反应遵从相同的规律），而光化学[4+2]和热力学[2+2]关环（开环）反应是禁阻的。

类似方法可应用于其它关环反应，结果显示[4+4]和[2+6]关环和开环反应需要光化学诱导，而[4+6]和[2+8]反应只能在加热条件下发生（参见反应15-53）。一般来说：加热时，含有$4n+2$电子的体系可发生环加成反应，而光化学选择$4n$电子的体系。

需要进一步强调的是此规律仅适用于以环状机理发生的环加成反应，也就是说两根σ键几乎同时形成或断开的反应[2307]。该规律不适用于一根键的形成（或断开）明显优先于另外一根键的反应。还需要强调的是加热条件下的Diels-Alder反应（机理a）遵从轨道对称性守恒原理，但这并不意味着所有的Diels-Alder反应都按这种机理发生。该原理只是说明某个机理是允许的，并不说明必须通过这个机理发生反应。而且，该理论说明加热时[2+2]环加成反应中分子采取面对面的方式靠近，该反应无法通过环状机理进行[2308]，因为反应的活化能太高（但是，参见下述）。正如在反应15-62所看到的，这些反应主要以两步机理发生。类似地，已经发现[2+4]环加成反应可以在光化学诱导下进行，但是事实上它们没有立体专一性，这意味着反应采取两步双自由基机理（机理b）[2309]。

在上面的所有讨论中，假设给定的分子从π体系的一侧形成两个新的σ键。这种成键方式被称为同面（suprafacial），这是最合理的和最常见的反应方式。下标s代表这种结构，一个普通的Diels-Alder反应可以称为$[_\pi 4_s+_\pi 2_s]$环加成反应（下标π表示π电子参与环加成反应）。但是，我们发现另外一种情况，即二烯烃新形成的键位于π体系的不同侧，也就是说，新键指向不同的方向。这种新形成键具有不同取向的情况被称为异面（antarafacial），这类反应被称为$[_\pi 4_a+_\pi 2_s]$-环加成反应（a代表异面）。根据前线轨道理论很容易判断，这类反应（以及逆向的开环反应）在加热的条件下是不允许的，而在光化学条件下却允许。于是如果要发生这样的$[_\pi 4_a+_\pi 2_s]$环加成反应，

正常的Diels-Alder反应　扭曲的Diels-Alder反应

烯烃的能量最高的填有电子π轨道与二烯的能量最低的空轨道只能按图15.10所示，一个正相波瓣与一个负相波瓣重叠。由于如图所示的重叠方式不能有效地叠加，因此在加热时这样的反应是不允许的。

图 15.10 加热条件下异面[2+4]环加成反应的轨道重叠方式

类似地，加热情况下 $[_\pi 4_s +_\pi 2_a]$ 和 $[_\pi 2_s +_\pi 4_a]$ 环加成反应是禁阻的，而 $[_\pi 2_a +_\pi 4_a]$ 和 $[_\pi 2_s +_\pi 2_s]$ 环加成反应是允许的；相应的光化学过程正好相反。当然，异面加成在[4+2]环化反应中是完全不可能的[2310]，但是对于比较大的关环反应来说却有可能发生，在加热条件下[2+2]环加成反应（由于$[_\pi 2_s +_\pi 2_s]$途径是禁阻的，通常加热时无法发生[2+2]环加成反应）也可能在一定的条件下发生（参见**15-63**）。因此我们看到一个环化反应是允许还是禁阻有赖于两个分子的靠近方式。

对称性守恒也被进一步用来解释加成产物以内型为主的事实[2311]。在丁二烯与丙烯醛的[4+2]环加成反应中，可以以内型或外型方式进行加成。从图15.11可以看出，无论是二烯烃的 HOMO 与丙烯醛的 LUMO 重叠或者二烯烃的 LUMO 与丙烯醛的 HOMO 重叠，内型取向可以被额外的轨道次级重叠（深色黑点区域之间的虚线）所稳定[2312]。外型方向的加成没有这种稳定环作用。至少在一些情况下，次级重叠是产物以内型为主的原因的证据是：采用同样的方式分析[4+6]环加成反应，可以推测产物以外型为主，而事实上实验结果也如此[2313]。但是，这种方法不能用于解释当亲双烯体没有额外的π轨道时产物仍以内型为主这一事实，此时还可以用一些其它方式解释[2314]。

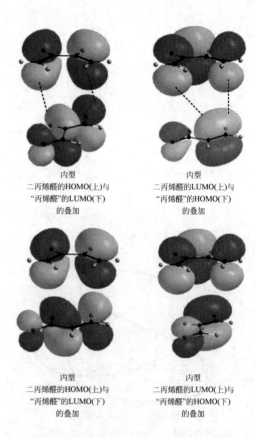

内型
二丙烯醛的HOMO(上)与"丙烯醛"的LUMO(下)的叠加

内型
二丙烯醛的LUMO(上)与"丙烯醛"的HOMO(下)的叠加

内型
二丙烯醛的HOMO(上)与"丙烯醛"的LUMO(下)的叠加

内型
二丙烯醛的LUMO(上)与"丙烯醛"的HOMO(下)的叠加

图 15.11 1,3-丁二烯与丙烯醛的 [4+2] 环加成反应的轨道叠加

OS Ⅱ,102；Ⅲ,310,807；Ⅳ 238,738,890,964；Ⅴ,414,424,604,985,1037；Ⅵ,82,196,422,427,445,454；Ⅶ,4,312,485；Ⅷ,31,38,298,353,444,597；Ⅸ,186,722；**75**,201；**81**,171。Diels-Alder反应的逆反应见 OS Ⅶ,339.

15-61 含杂原子的 Diels-Alder 反应

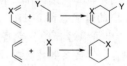

烯烃、炔烃和二烯烃并不是可以参加 Diels-Alder 反应的唯一结构单元，其它双键和叁键化合物也可以作为亲双烯体，反应生成杂环化合物[2315]。它们包括：含 N≡C—，—N=C—[2316]，亚胺盐[2317]，—N=N—，O=N—[2318]，—C=O[2319]，甚至可以是前面提到的分子氧（参见反应 **15-62**）。很多催化剂都能在该反应中使用，但是具体选择哪一种催化剂取决于烯烃或双烯中存在的杂原子的性质[2320]。双烯亚胺可发生分子内环加成，生成吡咯烷[2321]。

通常在 Lewis 酸催化剂如镧系化合物存在

时[2323]，适当官能团取代的双烯，如 Danishefsky 双烯（**151**），能与醛发生反应[2322]。醛与双烯的 Diels-Alder 反应能被许多过渡金属化合物催化，其中包括 Co[2324] 和 In 催化剂[2325]。醛与手性钛催化剂[2326] 或锆催化剂[2327] 反应生成二氢吡喃，该反应具有很好的对映选择性，Cu（Ⅰ）催化剂也曾被用于反应[2328]。值得注意的是，芳基醛和苯胺衍生物反应在原位形成的亚胺[2329] 与 Danishefsky 双烯的反应不需要 Lewis 酸[2330]。

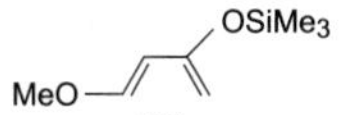

MeO—C=C—OSiMe₃
151

酮也能与适当官能团取代的双烯发生反应[2331]。三氯化铟（InCl₃）是一个很好的亚胺类 Diels-Alder 反应催化剂[2332]，含有羰基的杂原子 Diels-Alder 反应可以在水溶液中进行[2333]。可以用超声促进 1-氮杂二烯发生 Diels-Alder 反应[2334]。高聚物连接的二烯烃已被用于反应[2335]。

含杂原子的 Diels-Alder 反应可以获得很好的不对称加成反应产率[2336]，羰基化合物的不对称 Diels-Alder 反应已有报道[2337]。例如手性 1-氮杂二烯是一个很好的底物[2338]。氮杂二烯也可以与手性亲双烯体发生反应[2339]。已经发展了一些手性催化剂[2340]。

已经发现一些与 **151** 类似的二烯烃，并研究了它们的反应活性。氨基取代的二烯烃可以发生所谓的氢键催化的反应[2341]。亚胺与其它底物如丙二烯反应生成四氢吡啶衍生物，在手性配体的存在下反应时具有很好的对映选择性[2342]。在 Ag 催化剂存在下，偶氮化合物（—N＝N—）可作为亲双烯体参与反应[2343]。亚胺盐离子也可发生 Diels-Alder 环加成反应[2344]。

氮杂二烯通过 Diels-Alder 反应可以生成吡啶、二氢吡啶以及四氢吡啶衍生物[2345]。氮杂 Diels-Alder 反应可以在离子液体中进行[2346]。类似地，酰基亚胺盐 [C＝N(R)—C＝O] 可以与烯烃发生环加成反应[2347]。内酰亚胺醚也可以与一些亲双烯体发生 Diels-Alder 反应[2348]。Brønsted 酸可以催化反向电子需求（inverse electron demand）的氮杂 Diels-Alder 反应[2349]。硫酮可与二烯烃发生 Diels-Alder 环加成反应[2350]。内酰胺的羰基也可以作为亲双烯体[2351]，一些芳杂环化合物（包括呋喃环）[2352] 也可以作为 Diels-Alder 反应中的二烯烃。一些杂二烯，例如 —C＝C—C＝O，

O＝C—C＝O，N＝C—C＝N 可以作为二烯烃发生 Diels-Alder 反应[2352]。t-BuO₂C—N＝O 类型的亚硝基化合物可与二烯烃发生反应，生成相应的 2-氮杂二氢吡喃[2353]。共轭醛与乙烯基醚可在手性 Cr 试剂催化下发生反向电子需求的环加成反应，高对映选择性地生成二氢吡喃[2354]。乙烯基亚磺酰亚胺已被应用于手性 Diels-Alder 反应[2355]。

OS Ⅳ,311；Ⅴ,60,96。另见 OS Ⅶ,326.

15-62 二烯烃的光氧化（加成氧、氧）

（2+4）OC,OC-环-过氧化-1/4/加成

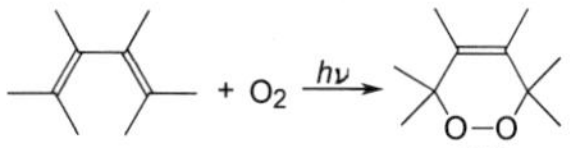

[structure + O₂ → hν → **152**]

共轭二烯烃在光的作用下与氧反应生成环状过氧化物（**152**）[2356]。这一反应主要[2357]发生于环状二烯烃[2358]。报道指出呋喃的环加成反应采用的是单线态氧[2359]。应用范围也可以延伸到一些芳香族化合物，如菲[2360]。除了二烯和芳香环能被直接光氧化外，还有一大类物质也可以在光敏剂 [7.1.6 节（5）；如曙红，一种红色呫吨染料] 的存在下反应。α-萜品烯是其中之一，它可以被转化为驱虫回萜（ascaridole）。

[structure] —光敏剂，O₂,hν→ [ascaridole]

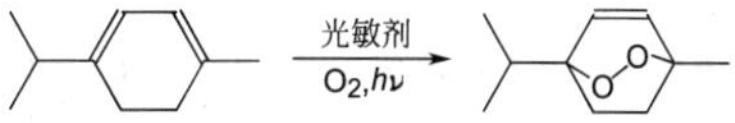

与 14-7 的反应一样，发生反应的氧不是基态氧（三线态），而是激发的单线态[2361,2362]，所以该反应实际上是以单线态氧作为亲双烯体的 Diels-Alder 反应（参见反应 15-60）[2363]。

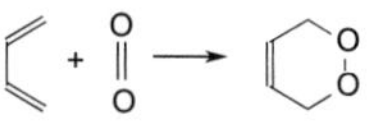

[structure + O=O → ring]

与反应 15-60 一样，这一反应是可逆的。

我们以前讨论过单线态氧与双键化合物反应生成氢过氧化物（14-7），但是单线态氧也可以以另一条途径与双键反应生成二氧杂环丁烷中间体（**153**）[2364]，它们通常会断裂生成醛或酮[2365]，这种中间体已经被分离出[2366]。六元环二氧化物 **152**[2367] 和四元环的 **153**[2368] 都可以在没有单线态氧的情况下经氧化反应形成。如果想得到 **153**，三苯基亚磷酸酯臭氧化物 [(PhO)₃PO₃]、三乙基硅氢三氧化物 [Et₃SiOOOH] 是比较好的试剂[2369]，尽管产率不高[2370]。

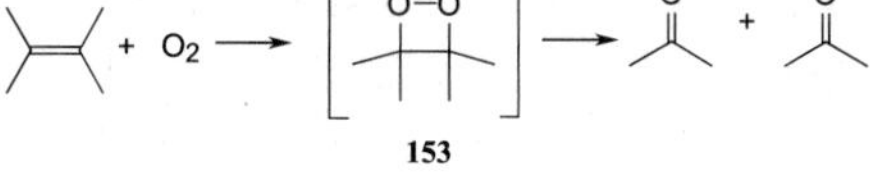

[structure + O₂ → [O—O ring] → O + O]
153

15-63 [2+2]环加成

[2+2]环-亚乙基-1/2/加成

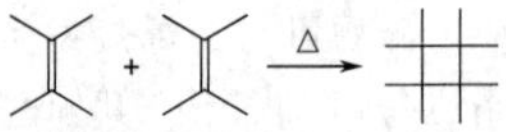

两分子相同或不同的烯烃加热时发生[2+2]环加成反应,生成环丁烷衍生物,但是对于烯烃来说,这并不是一个常见的反应[2371]。某些过渡金属配合物可以催化该环加成反应[2372]。苯炔发生环加成生成联苯烯衍生物(**154**)[2373]。活化的烯烃(例如苯乙烯、丙烯腈、丁二烯)以及某些亚甲基环丙烷也发生环加成反应[2374]。烯烃与炔烃[2375]或与活化的炔烃在 Ru 催化剂作用下反应生成环丁烯[2376]。丙二烯二聚生成二亚烷基环丁烷[2377]。取代的乙烯酮二聚生成环丁酮衍生物,但是乙烯酮自身可以通过其它方式二聚生成不饱和的 β-内酯(反应 **16-95**)[2378]。

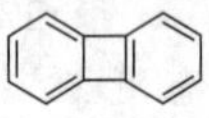

联苯烯
154

分子内的[2+2]环加成反应也很常见,二烯烃经过该反应被转化为一个四元环与另一个环稠合的二环化合物。过渡金属催化的反应已有报道,例如使用 Fe 配合物催化[2379]。加热 N-乙烯基亚胺生成 β-内酰胺,其中的乙烯基结构为硅烷基烯醇[2380]。除了用光化学方法引发此类反应外(参见下述),两个共轭酮单元的分子内环加成反应还可在 PhMeSiH$_2$ 存在下被 Co 化合物催化,反应生成含有两个羰基取代基的二环化合物[2381]。在一个改进的反应中,二炔用 Ti(Oi-Pr)$_4$/2 i-PrMgCl 处理,生成含有两个亚乙烯基单元的二环环丁烯[2382]。

乙烯酮可以与许多烯烃发生反应生成环丁酮衍生物[2383],也可以发生分子间环加成反应[2384]。一个典型的反应是二甲基乙烯酮与乙烯反应生成 2,2-二甲基环丁酮如下所示[2385]。

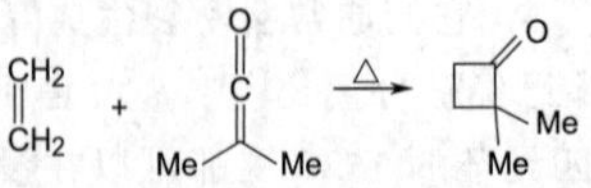

乙烯酮与亚胺通过[2+2]环加成反应生成 β-内酰胺[2386]。亚胺与共轭酯在 Et$_3$MeSiH 和 Ir 催化剂存在下反应也生成 β-内酰胺[2387]。关于生成 β-内酰胺反应的讨论参见反应 **19-66**。

不同烯烃的反应情况分类组合如下:

(1) 化合物 F$_2$C=CX$_2$(X=F 或 Cl),尤其是 F$_2$C=CF$_2$,与许多烯烃反应生成环丁烷。这类化合物甚至可以与共轭二烯反应生成四元环,而不发生常见的 Diels-Alder 反应[2388]。

(2) 丙二烯[2389]和乙烯酮[2390]可以与活化的烯烃和炔烃反应。乙烯酮发生 1,2-加成反应,即使与共轭二烯也如此[2391]。如果反应时间足够长,乙烯酮也可以与不活泼的烯烃发生反应[2392]。丙二烯和乙烯酮也可以互相加成[2393]。

(3) 烯胺[2394]与 Michael 类型的烯烃[2395]以及乙烯酮[2396]反应生成四元环。在这两种情况下,只有由醛生成的烯胺可以得到稳定的四元环。通过酰卤与三级胺反应原位生成乙烯酮,可以很便利地实现烯胺与乙烯酮的反应。

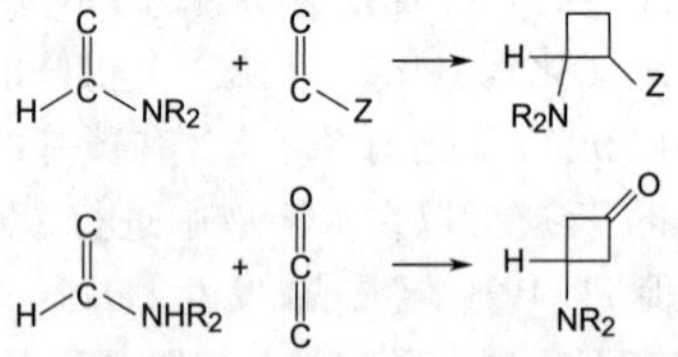

(4) 含有吸电子基的烯烃可以与含有给电子基的烯烃反应生成环丁烷[2397],上面提到的烯胺的反应就是一个例子。四氰基乙烯及类似的分子与 C=C—A 形式的烯烃反应生成取代的环丁烷,其中 A 可以是 OR[2398]、SR(烯醇和硫代烯醇醚)[2399]、环丙基[2400]以及一些特定的芳香基团[2401]。

对映选择性的[2+2]环加成反应已有报道。手性催化剂可以催化生成手性的环丁烷衍生物[2402]。

[2+2]环加成反应不一定需要溶剂。反应通常在加压和 100~225℃ 温度下进行反应,但是第 4 族(ⅣB)元素的反应可以在比较温和的条件下进行。可以通过溶剂的选择控制光化学[2+2]环加成反应产物的比例[2403]。

已经发现一些在加热时不能发生的某些[2+2]环加成反应,在催化剂存在下,不需要光化学引发也可以发生,这些催化剂通常是过渡金属化合物[2404]。通常情况下使用的催化剂是 Lewis 酸[2405]和膦-镍复合物[2406]。催化剂的作用机制并不清楚,可能在不同反应中的作用不同。一种可能性是催化剂通过与反应物的 π 键或 σ 键的配位作用使得一些禁阻反应变成可以发生的反应[2407]。在这些情况下,反应当然是一个协同的[2$_s$+2$_s$]的过程[2408]。但是,已有的证据更倾向于非协同的机理,反应过程涉及金属与碳原子的 σ 键电子形成的中间体,至少在大多数情况下是这样的[2409]。例如,在铱配合物的催化下，降冰片二烯二聚中形成的这样一个中间体已被分离出[2410]。光化学的[2411] [π2+π2]环加成反应已有报道。在 Rh 催化剂存在下可见光可介导环加成反应[2412]。一些环丁烷开环反应的逆反应也能用催化剂来诱导（反应 18-38）。

环丙烷与带有吸电子基的烯烃或炔烃[2413]在加热条件下发生环加成反应，生成四元环[2414]。这些反应是[π2+σ2]环加成反应。普通的环丙烷不会发生这样的反应，但是一些有张力的环如二环[1.1.0]丁烷[2415]和二环[2.1.0]戊烷却能起反应。例如二环[2.1.0]戊烷与顺丁烯二腈（或富马腈）反应生成 2,3-氰基降莰烷的所有三个异构体，同时还得到其它四个产物[2416]。由于反应没有立体专一性，且溶剂对反应速率没有影响，这说明反应是一个双自由基机理。

如果双烯烃参与反应，Diels-Alder 反应可能与之竞争，但是大多数烯烃与二烯烃只进行 1,2-加成或者只发生 1,4-加成。[2+2]环加成反应可能存在三种反应机理[2417]。

机理 a　　　　→ □
机理 b　　　→ 155 → □
机理 c　　　→ 156 → □

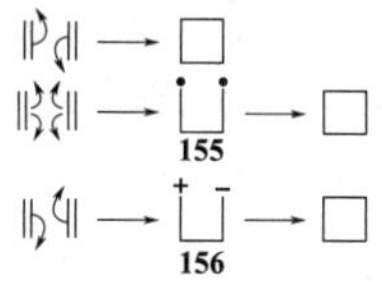

机理 a 是协同的周环反应过程，机理 b 和机理 c 是两步反应，分别经历双自由基（**155**）和双离子（**156**）中间体。根据 **15-60** 中的讨论，双自由基中间体必须是单线态的。为了寻找证实某个反应确切机理的方法，预测机理 c 应该对溶剂极性变化敏感，而机理 a 和机理 b 却不敏感，也预测机理 a 具有立体专一性，而机理 b 和机理 c 可能没有立体专一性，尽管可能第 2 步的反应过程非常快，以至于在 **155** 或 **156** 有可能围绕新形成的单键发生旋转之前就完成，由此而观测到立体专一性。考虑到熵的变化，这种快的闭环反应比[4+2]环加成反应更容易进行。

有证据表明上述三个机理均有可能，具体采取哪一个机理取决于反应物的结构。根据轨道对称性理论，对于大多数反应物来说，加热条件下的[π2s+π2s]机理可以排除，主要是采取[π2s+π2a]机理（参见前述），很多证据表明乙烯酮和一些其它特定的线型分子[2418]由于立体位阻小的原因常常采取这种机理。

在[π2s+π2a]环加成反应中，分子可能采取图 15.12（a）这样一种方式相互靠近而完成 HOMO-LUMO 重叠，这种相互靠近方式对结构的要求是一个分子的基团突出到另一个分子的平面外。

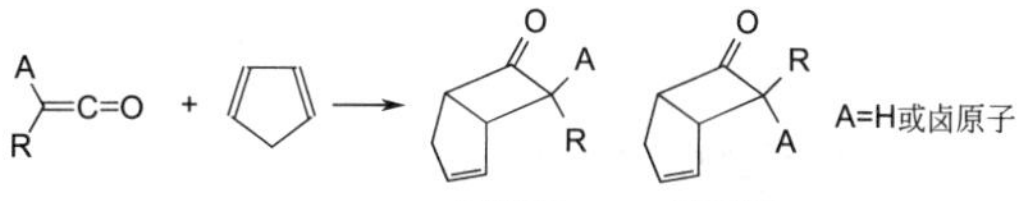

A=H 或卤原子

内型**157**　　内型**158**

普通的烯烃不会发生这样的反应[2419]，但是如果其中一个分子是烯酮［图 15.12（b）］，由于 C＝C 单元的碳上没有基团了（与烯烃对照），[π2s+π2a]机理就可以进行。支持这个机理[2421]的证据[2420]如下：① 反应具有立体专一性[2422]。② 主要形成位阻大的异构体。因此甲基乙烯酮与环戊二烯反应只生成内型产物（**157**，A＝H，R＝CH₃）[2423]。更引人注目的是卤代乙烯酮（RXC＝C＝O）与环戊二烯反应，内型与外型产物的比例（**157/158**，A＝卤原子）事实上随着取代基 R 从甲基、异丙基到叔丁基变化而增大[2424]！人们通常预测[π2s+π2s]环加成通过采取面对面靠近优先形成外型产物（**158**），但是[π2s+π2a]加成形成内型产物，这是由于烯酮分子（由于立体位阻原因，乙烯酮以小的取代基靠近烯烃，图中为甲基）为了保证正相波瓣正轨道相互叠加，必须发生如图 15.13 所示的扭转（叔丁基为较大的取代基；甲基为较小的取代基），使得较大的取代基（叔丁基）转向内型位置[2425]。实验结果显示随着取代基的尺寸增加，内型产物的比例增加，这正好与考虑到位阻因素［可以称之为压抑立体效应（masochistic steric effect）］预测的结果相反，但是这些仅仅是从[π2s+π2a]反应考虑的。③ 溶剂的极性增加只是稍稍加速反应[2426]。④ 吸电子取代基和给电子取代基对反应速率的影响很小[2427]。由于丙二烯参与的环加成反应通常具有立体专一性，因此人们认为它们可能采取 [π2s+π2a]机理[2428]，但是根据实验证据这些反应更可能是采用双自由基机理 b[2429]。

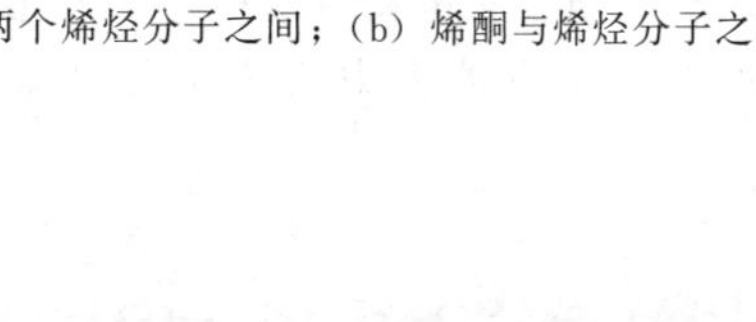

图 15.12　[π2s+π2a]环加成的空间相互作用
(a) 两个烯烃分子之间；(b) 烯酮与烯烃分子之间

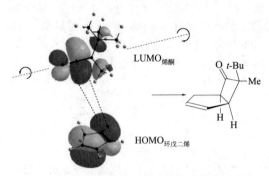

图 15.13 烯酮与环戊二烯环加成时的轨道叠加
S 和 L 分别代表小的取代基和大的取代基

氟代烯烃的环加成反应主要采用双自由基机理 b[2430]。这些反应通常没有立体专一性[2431]，而且对溶剂也不敏感。表明该反应并非经历双离子机理的进一步的证据是，当非对称的分子二聚时，它们采取头对头方式进行偶联。因此，$F_2C=CFCl$ 二聚生成 **159**，而不是 **160**。如果一对电子比另一对电子先移动，那么该分子的带正电荷的一端优先结合另一个分子带负电荷的一端[2432]。

160   **159**

有报道至少第（3）类和第（4）类[2435]中的一些反应[2434]，以及一些乙烯酮类衍生物[2436]的二聚反应主要采取双离子机理 c[2433]进行反应。例如，1,2-二(三氟甲基)-1,2-二氰基乙烯与乙基乙烯基醚的反应速率受溶剂极性的影响很大[2437]。其中一些反应没有立体专一性，而其它反应却具有立体专一性[2438]。正如前面所介绍的，在后一种情况下发生，反应中的双离子中间体可能在旋转发生之前就闭环了。这种快速闭环更容易在双离子情况下发生，而不是在双自由基情况下发生，这是由于正负电荷会相互吸引而导致快速闭环。在这类反应中采用双离子机理的另外一个证据是：反应的速率与是否存在吸电子基团和给电子基团取代基密切相关，因此有可能捕获双离子型的中间体。

一个烯烃采用双离子机理还是双自由基机理主要依赖于与其相连的基团。例如，在 **155** 和 **156** 的 α 位存在苯基和烯基取代基有利于稳定双自由基，而氧和氮等给电子取代基有利于稳定双离子（可以稳定正电荷一端）[2439]。在参考文献[2439]中 451 页的表中给出了各种烯烃发生

[2+2]环加成反应最可能采取的反应机理。

环丁烷受热断裂[2440]生成两分子烯烃[即裂环（cycloreversion）[2441]，[2+2]环加成反应的逆反应]，采取双自由基机理，没有发现[$_\sigma2_s+_\sigma2_a$]反应机理[2442]（下标 σ 表示 σ 键参与反应）。

在一些反应中，双键与叁键加成生成环丁烯，反应速率和双键的加成类似。叁键与叁键加成可以生成环丁二烯。但是目前尚未观察到这种反应，也可能它们在分离之前已发生重排（参见反应 15-65）[2443]，或者以适当的配合物形式存在。因此，环丁二烯可以复合物形式生成（参见 2.11.2 节）[2444]。

尽管加热条件下[2+2]环加成反应只有上面提到的几种情况，但是很多（并非全部）双键化合物在光化学激发[直接或依赖于光敏剂，参见 7.1.6 节（5）]条件下可发生这样的反应，甚至一些上面没有提到的化合物也会反应[2445]。简单烯烃吸收的光在远紫外区（参见 7.1.3 节），尽管有时可以使用合适的光敏剂克服这个问题，但通常在实验中很难达到。这类反应已经应用到一些简单的烯烃[2446]（尤其是具有环张力的化合物，如环丙烯和环丁烯）。最近发现更易发生反应的是共轭二烯[2447]、α,β-不饱和酮[2448]、酸及其衍生物、醌，这是由于它们是共轭的，发生反应时吸收的是较长波长的光（7.1.3 节）。二聚和混合加成很普遍，一些例子如下：

文献[2449]
Diels-Alder 产物

文献[2450]

类似的例子参见 7.1.7 节（反应 7-9）。如果分子含有两个双键而且取向合适时，可以发生分子内光化学[2+2]环加成反应[2451]。前面提到的醌的二聚环化就是一个例子。其它例子还有：

四环烷   文献[2452]

香芹酮   香芹樟脑   文献[2453]

显然，很多分子可以通过这种方式构建，而其它方法则比较困难。但是，试图环化这类分子未必

都能取得成功。在很多情况下，获得聚合或者其它副反应产物，而不是目标产物。

醛或酮的羰基与烯烃的光化学环加成被称为 Paternò-Büchi 反应[2454]。该[2+2]环加成生成氧杂环丁烷（**161**），反应被认为经历了双自由基中间体。烯醇硅醚与醛可在非光化学条件下于 25℃在 $ZnCl_2$ 作用下或于 $-78℃$ 在 $SnCl_4$ 作用下发生反应[2455]。

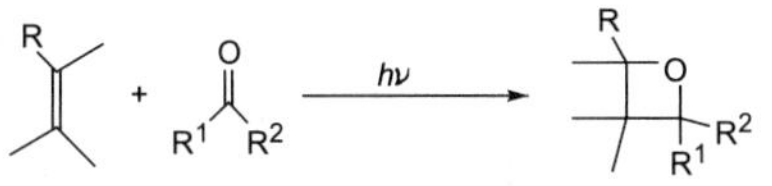

一些光化学环加成反应可能采取$[_π2_s+_π2_s]$机理，这种机理遵守轨道对称性；一旦这样发生反应，其中一个分子必须处于激发的单线态（S_1），另外一个分子处于基态[2456]。非光诱导的 cis- 和 trans-2-丁烯二聚反应具有立体专一性[2457]，表明该反应采用$[_π2_s+_π2_s]$机理。但是，在大多数情况下是三线态分子和基态分子的反应，在这种情况下采用双自由基机理（或者在一些特定条件下采取双离子机理）[2458]。在分子内的反应中，已经捕获到双自由基中间体[2459]。光诱导的$[2_π+2_π]$环加成反应基本上都是三线态参与反应，采取双自由基（或双离子）机理。

光化学的双自由基机理与加热条件下的双自由基机理并不完全相同。在受热的机理中，初始形成的双自由基必须是单线态的，而在光化学过程中，是一个激发的三线态与一个基态（当然是单线态）的加成。这样，为了保持自旋守恒[2460]，初始形成的双自由基肯定是三线态的；也就是说，两个电子的自旋方向一致。因此，机理的第 2 步，即闭环反应不能立即发生，因为自旋方向相同的两个电子不能配对成键。在反应条件下双自由基在与另一个分子碰撞而发生闭环反应之前有一个较长的存在时间，因此双自由基可以自由旋转，这就是我们曾经预测反应没有立体选择性的原因[2461]。人们认为至少一些[2+2]光化学加成反应中存在激基复合物[2462]［exciplex，激基复合物[2463]是指激发态的 EDA 复合物在基态时解离（参见 7.1.7 节）。这种情况下，一个双键是给体，另外一个是受体］，但是也有证据与此相悖[2464]。

解释了为什么有些反应能够发生而有些反应不能发生。轨道对称性原理还能解释为什么有些分子尽管含有很大的张力但是也很稳定。例如四环烷和六甲基棱柱烷[2465]在热力学上不如它们的二烯异构体降冰片二烯和六甲基二环[2.2.0]己二烯（**162**）稳定（由于环张力）[2466]。然而，前两者能在室温下稳定地存在，如果不考虑它们的轨道对称性，就很难理解为什么这些分子不发生电子转移转化为稳定的二烯异构体。原因就是这两个分子的反应都涉及环丁烷环转化为一对双键（$[_σ2+_σ2]$过程）。根据 Woodward-Hoffmann 规则，这个过程在加热条件下是禁阻的。但是在光化学条件下反应可以进行。因此就不难理解为什么上述两个化合物在光照条件下会转化为相应的二烯，即使在室温或更低的温度下也能进行这个反应[2467]。人们还会想象通过简单的键重排，六甲基棱柱烷应该可以转化为六甲基苯，因为产物六甲基苯的稳定性远高于六甲基棱柱烷或 **162**。通过计算可以得出六甲基苯的稳定性比六甲基棱柱烷至少高 90kcal/mol（380kJ/mol）。该反应的能级相关图法研究[2468]表明这个反应也是一个对称性禁阻的反应。所有三种这样的"禁阻"反应在加热条件下也有可能进行，但是在这样的条件下，反应很可能是一个双自由基机理[2468]。

四环烷　降冰片二烯　六甲基棱柱烷　**162**
（Dewar苯）

在反应 **15-60** 中，我们采用轨道对称性原理

二环[2.2.0]己二烯和棱柱烷都是苯的价异构体（valence isomer）[2469]。在 19 世纪，这些结构曾经被认为是苯的结构。其中棱柱烷结构被称为 Ladenburg 式，二环[2.2.0]己二烯结构被称为 Dewar 式。因此二环[2.2.0]己二烯通常被称为 Dewar 苯。在 2.1 节前面的段落中曾提到 Dewar 式是苯的一个极限式（但是贡献不大）。这些化合物本身就可以作为孤立的化合物存在，它们的原子核的相对位置与苯不同。

OS Ⅴ, 54, 235, 277, 297, 370, 393, 424, 459, 528; Ⅵ, 378, 571, 962, 1002, 1024, 1037; Ⅶ, 177, 256, 315; Ⅷ, 82, 116, 306, 377; Ⅸ, 28, 275; 80, 160。可逆反应参见 OS Ⅴ, 734。

15-64　卡宾和类卡宾与双键和叁键的加成

epi-亚甲基-加成

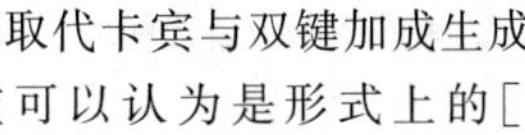

卡宾和取代卡宾与双键加成生成环丙烷衍生物，该反应可以认为是形式上的[1+2]环加

成[2470]。许多卡宾的衍生物（例如 PhCH 和 ROCH）[2471]以及 $Me_2C=C$ 和 $C(CN)_2$ 都能与双键加成，但是最常见的是 CH_2 本身、卤代或二卤代卡宾[2472]，以及烷氧羰基卡宾[2473]（从重氮基乙酸乙酯制备）。烷基卡宾（HCR）也可以与烯烃加成[2474]，但是这些卡宾通常会发生重排生成烯烃副产物［参见5.4.2节（4）］。卡宾能通过许多方法产生（参见5.4.2节）。但是，在很多情况下烯烃与卡宾"前体"反应生成环丙烷时，实际反应中并没有游离的卡宾中间体的生成。在某些情况下确实没有卡宾产生，而在另一些情况下还不能确定。正因为如此，通常用卡宾转移（carbene transfer）这一术语来描述这种由烯烃形成了环丙烷，但实际上可能并没有卡宾或类卡宾（参见5.4.2节）中间体参与的反应。

卡宾本身（:CH_2）是一个非常活泼的中间体，因此在反应中通常会发生很多副反应，特别是发生插入反应（反应12-21）时，会大大降低反应的产率。对于 Rh 催化下重氮烷烃的环丙烷化反应，也存在插入反应的竞争[2475]（参见下述）。当以制备为目的需要加入一个 CH_2 时，通常不使用游离卡宾，而是通过 Simmons-Smith 方法（参见167）或其它一些不涉及游离卡宾的方法来代替。卤代卡宾的反应活性比卡宾低，反应中没有插入反应的干扰[2476]，是一个比较理想的反应。乙烯基重氮内酯是乙烯基卡宾的前体，可用于与烯烃反应生成螺内酯[2477]。

烷氧基氯代卡宾与丁烯的选择性加成的绝对速率常数已被测定，大约是 330～10000 L·mol^{-1}·s^{-1}[2478]。熵和焓都会对一些卡宾的加成反应产生影响[2479]。在这些反应中[2480]，有一部分卤代卡宾或类卡宾的产生过程如下[2481]，大多数这种反应都包含消除过程（S_N1cB 机理的前两步，参见10.7.3节）：

$CH_2Cl_2 + RLi \longrightarrow CHCl$
$N_2CHBr \xrightarrow{h\nu} CHBr$
$CHCl_3 + OH^- \longrightarrow CCl_2$
$PhHgCCl_2Br \xrightarrow{\Delta} CCl_2$ 文献[2482]
$Me_3SnCF_3 + NaI \longrightarrow CF_2$ 文献[2483]
$Me_2CBr_2 \xrightarrow{电解} Me_2C:$ 文献[2484]

$CHCl_3$ 和 OH^- 的反应通常在相转移催化剂存在下进行[2485]。$PhCHCl_2$ 和 t-BuOK 反应产生一个类卡宾，但是当反应体系中存在冠醚时，却生成一个游离的 Ph(Cl)C:卡宾[2486]。碘仿与 $CrCl_2$ 反应的生成物与烯烃反应可得到碘代环丙烷[2487]。二卤代环丙烷是一个很有用的化合物[2488]，它可以被还原成环丙烷，与金属镁或钠作用可以生成丙二烯（反应18-3），还可以转化为许多其它化合物。

通过这个反应，各类烯烃都可以转化为环丙烷衍生物（有些底物可能因为位阻较大使反应比较难进行）[2489]。甚至像四氰基乙烯这样的很难与亲电试剂反应的烯烃，也能与卡宾反应得到环丙烷衍生物[2490]。共轭二烯与卡宾发生1,2-加成反应生成乙烯基环丙烷[2491]，与另外一分子的卡宾继续反应可以生成双环丙烷衍生物[2492]。很少发生1,4-加成，但是在某些情况下也有过报道[2493]。卡宾与乙烯酮加成生成环丙酮[2494]。丙二烯与卡宾反应得到环丙烷，同时在环外有一个不饱和键[2495]：

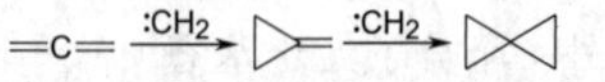

$=C= \xrightarrow{:CH_2} \triangleright \xrightarrow{:CH_2} \bowtie$

与第二分子的卡宾继续反应生成螺戊烷。实际上具有环外双键的任何大小的环状化合物都可以与卡宾反应生成螺环化合物[2496]。

通过使用过渡金属与卡宾形成的配合物 $L_nM=CRR'$（L=配体，M=金属）也能避免在反应中生成游离卡宾[2497]，配合物可将 CRR' 与双键加成[2498]，例如铁-卡宾配合物（163）的反应[2499]：

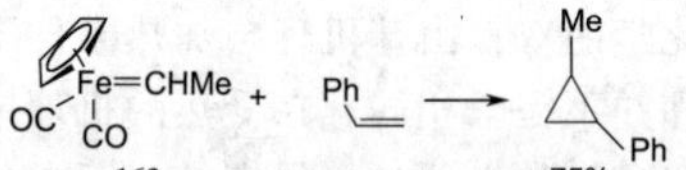

OC—Fe=CHMe + Ph— ⟶ [环丙烷结构 Me, Ph]
 CO
 163   75%

这类配合物在某些情况下可以分离得到；在其它情况下配合物由一些合适的前体原位产生后马上就发生下一步反应，重氮类化合物是一类最重要的产生卡宾的前体化合物。铬配合物已被用于烯烃的环丙烷化反应[2500]。

重氮化合物（包括重氮甲烷和其它的重氮烷烃）与金属或金属盐（最常用的是 Cu、Pd[2501]、Ag[2502]、La[2503]和 Rh[2504]）作用后生成卡宾配合物，从而将 CRR' 加成到双键上[2505]。聚合物连接的苯磺酰基叠氮化合物已经被发展成为一种安全的重氮基转移试剂[2506]。重氮酮或重氮酯与烯烃反应生成环丙烷衍生物，反应通常需要过渡金属催化剂如 Cu 配合物的作用[2507]。重氮酯与炔烃在 Ru 催化下反应生成环丙烯[2508]。Os 催化剂中间体的 X 射线结构已经得到确证[2509]。富电子的烯烃比简单烯烃反应得快[2510]。

不对称环丙烷化反应成为越来越多人感兴趣的领域[2511]。手性配合物可用于对映选择性地合成环丙烷[2512]。重氮烷烃在手性 Rh[2513]、Cu[2514]、Ir[2515]、Co[2516]、Au[2517]或 Ru[2518]配合物存在下分解生成有光学活性的环丙烷。重氮基磺酸酯可发生不对称的环丙烷化反应[2519]。金属络合物和手性添加剂或手性助剂共同使用也可实现对映选择性的环丙烷化反应[2520]。Rh$_2$(S-DOSP)$_4$ 是一个重要的手性试剂[2521], 它可使卡宾环丙烷化反应具有极高的对映选择性[2522]。手性有机催化剂已有使用[2523]。曾报道在离子液体中进行 Cu 催化的重氮酯环丙烷化反应[2524]。可在重氮化合物中引入膦酸酯[2525]。Fischer 卡宾化合物（参见反应 15-58）与烯醇盐离子反应生成环丙烷衍生物[2526]。Cr 促进的共轭酰胺的环丙烷化反应已有报道[2527]。

不对称的分子内环丙烷化反应也见报道[2528]。要注意的是, 重氮酯在手性双铑催化剂作用下反应生成 β-内酯, 反应具有中等的对映选择性[2529]。

含有叁键的化合物[2530]与卡宾反应生成环丙烯, 但是如果是乙炔的话, 最先生成的环丙烯不能通过分离得到, 因为生成了重排产物丙二烯[2531]。环丙酮（参见 2.11.1 节）可以通过水解二卤代环丙烯而得到[2532]。

大多数的卡宾都是亲电的, 与此相一致, 如果烯烃带有给电子基将会有利于反应的进行, 而吸电子基将降低反应速率[2533], 但是相对反应速率变化的幅度不大[2534]。就如 5.4.1 节所讨论的一样, 处于单线态的卡宾（最常见的状态）有很高的顺式反应立体专一性[2535], 反应机理与 15-60 和 15-63 的机理 a 相似, 很可能是一步反应机理[2536]:

卡宾以及环丙烷产物的红外光谱已经在 12～45K 的氩气基质中观察到[2537]。三线态的卡宾在反应中不具有立体专一性[2538], 反应机理很可能与 15-49 和 15-63 相似, 是双自由基机理 b:

对于 R—C—R' 类型的卡宾或类卡宾, 立体化学性质还可以通过另一方面来体现[2539]。当这些卡宾或类卡宾与所有烯烃加成时, 即使烯烃上的四个取代基的位置保持不变, 也能生成下面的两个异构体:

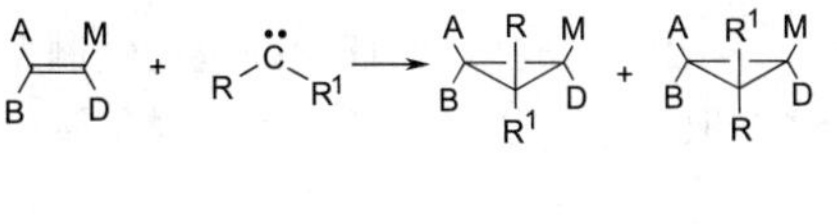

哪些异构体是主要产物取决于取代基 R 和 R' 的性质, 以及卡宾或类卡宾的产生方法。对于单取代卡宾（R'=H）的研究, 发现芳基通常加在含取代基较多的一侧（顺式加成）, 而乙氧羰基通常表现出立体选择性的反式加成。当取代基 R 是卤原子时, 游离的卤代卡宾表现很少的甚至没有立体化学选择性, 而卤代类卡宾表现的是顺式加成。除了这些之外, 很难去找一些更加简单的规则了。

卡宾的反应活性非常高, 以至于可以与芳烃的"双键"加成[2540]。反应产物通常不稳定, 通过重排得到环扩张的产物。卡宾与苯反应生成环庚三烯 (164)[2541]:

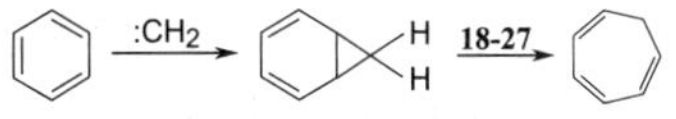

但是并非所有的卡宾都活泼到足以与苯加成。反应的中间体降蒈二烯很难分离出（发生电环化重排, 反应 18-27）[2542], 但是某些取代的降蒈二烯, 例如：C(CN)$_2$ 与苯的加成产物[2543]已被分离得到[2544]。当 :CH$_2$ 与苯反应时, 插入反应是一个影响很大的副反应, 在得到环庚三烯的同时还会得到甲苯。不使用游离的卡宾, 而可将 :CH$_2$ 加到苯环上的方法是：CH$_2$N$_2$ 在芳香族化合物溶剂中被 CuCl 或 CuBr[2545]催化分解。通过这样的方法, 生成环庚三烯的产率很高, 并且没有插入副反应的发生。皮秒光栅量热法已被用于研究重氮甲烷在苯中的光化学分解, 研究发现存在一个瞬变过程, 这可能是单线态亚甲基卡宾与苯形成一个弱的复合物[2546]。:CHCl 类型的卡宾反应活性较高, 可以与苯发生加成。但是二卤代卡宾却不与苯或甲苯反应, 只能与电子密度更大的环反应。吡咯和吲哚分别与卤代卡宾反应, 扩环生成吡啶和喹啉[2547], 对于吲哚的反应, 最初形成了加成产物 165：

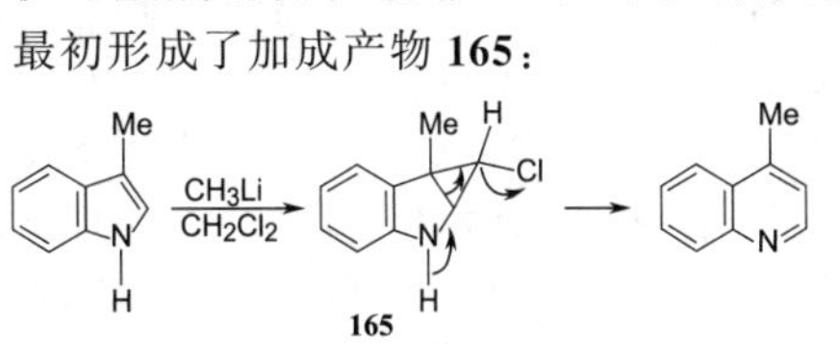

在这些情况下, 有时会发生六元环扩张的副反应。环的扩张甚至可以发生在非芳香环上, 反应的动力就是环张力的释放, 如 166 的反应[2548]:

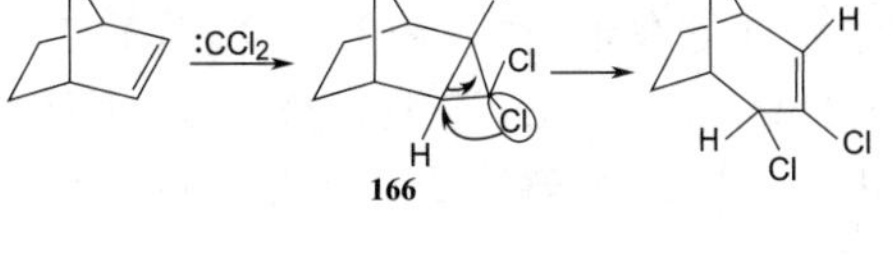

如前所述，由于会得到许多的副产物，游离的卡宾在与双键的加成中用途不大。Simmons-Smith 反应可以不产生卡宾却得到相同的结果，而且没有插入反应等产生的副产物[2549]。该反应被称为类卡宾反应。分子内的反应已有报道[2550]。反应过程中含双键的化合物与 CH_2I_2 及 Zn-Cu 偶作用，生成环丙烷衍生物，反应产率很高[2551]。Zn-Cu 偶的制备有好几种方法[2552]，其中氮气保护下，在醚中加热 Zn 粉和 CuCl 就是一种非常方便的方法[2553]。反应也能通过非活化的锌在超声波作用下完成[2554]。当 $TiCl_4$ 和 Zn 以及 CuCl 一起用于反应时，可以用便宜的 CH_2Br_2 代替 CH_2I_2[2555]。反应中实际发生反应的是一个有机锌中间体，很可能是 $(ICH_2)_2Zn \cdot ZnI_2$。这个中间体非常稳定，其溶液可以分离得到[2556]。有人用 X 射线衍射的方法报道了该中间体与一个二醚形成的配合物[2557]。加成反应具有顺式立体专一性，可能是协同反应机理[2558]。反应经历了 **167**[2559]。碘甲基锌磷酸盐也被用于环丙烷化反应[2560]。二碘甲烷通过铟催化的反应生成环丙烷[2561]。

当使用手性添加剂时，很可能产生不对称诱导[2562]。手性配合物也可以诱导对映选择性的环丙烷化反应[2563]。有机催化剂已被使用[2564]。

Simmons-Smith 反应与游离卡宾类似，与共轭二烯反应时得到 1,2-加成产物[2565]，与丙二烯反应生成亚甲基环丙烷或螺戊烷[2566]。

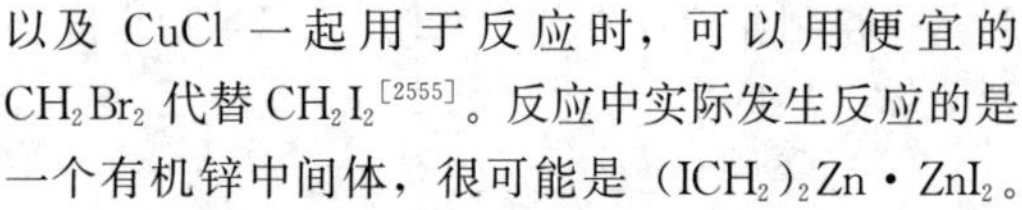

167

Simmons-Smith 反应的另外一种反应途径就是在乙醚中用 CH_2I_2 或另一种二卤代甲烷和 Et_2Zn 与底物反应[2567]。通过使用 $RCHI_2$ 或 $ArCHI_2$ 来代替二卤代甲烷，采用这种反应可以在底物中引入 RCH 和 ArCH[2568]。类卡宾配合物中含有的其它官能团不会受到反应的影响。RCO_2CH_2I 与二乙基锌和烯烃在光解条件下反应生成环丙烷[2569]。在另一种方法中，CH_2I_2 或 $MeCHI_2$ 与 R_3Al 一同使用，可在底物中引入 CH_2 或 MeCH[2570]。钛配合物可以用于类似的反应[2571]。Sm 和 CH_2I_2 可用于共轭酰胺的环丙烷化反应[2572]。CH_2I_2 与 SmI_2 一起作用可以将烯醇化合物转化为环丙醇[2573]。在异丙基氯化镁存在下，碘甲烷被用来合成环丙烷基酸烯丙基酯[2574]。

Simmons-Smith 反应通常被作为一种羰基间接甲基化方法的基础[2575]。羰基（以环己酮为例）首先被转化为烯醇醚、烯胺（反应 **16-13**）或烯醇硅醚（反应 **12-17**）[2576]，而后经过 Simmons-Smith 反应环丙烷化后再水解生成甲基化的酮。利用相似的反应，二乙基锌和二碘甲烷可以将羰基化合物的碳链延长一个碳原子[2577]。在另一个反应中在 CH_2I_2 和 Et_2Zn 的作用下，苯酚通过一步反应就可以在邻位被甲基化[2578]。

重氮酯与胺在 Rh 催化剂作用下反应生成 α-氨基酯[2579]。重氮酯也可以在 Rh 催化剂作用下与醛反应，得到 α,β-环氧基酯[2580]。重氮烷烃与醛发生类似的反应生成烯烃 [$Me_3SiCH=N_2$ + $ArCHO \rightarrow ArCH=CHOSiMe_3$][2581]。

OS V，306，855，859，874；VI，87，142，187，327，731，913，974；VII，12，200，203；VIII，124，196，321，467；IX，422；**76**，86．

15-65 炔烃的三聚和四聚

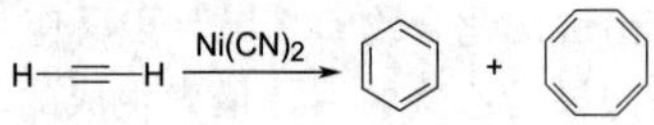

$$H-\!\!\!\equiv\!\!\!-H \xrightarrow{Ni(CN)_2} \text{benzene} + \text{cyclooctatetraene}$$

炔烃或三炔烃环化三聚可以制备芳香化合物[2582]。环化三聚反应可不用催化剂而通过加热至 450～600℃ 进行[2583]。更有趣的是，$t\text{-}BuC\equiv CF$ 在没有催化剂的作用下可以自发三聚，得到 1,2,3-三叔丁基-4,5,6-三氟苯（**169**），这是第一次将三个大的基团相邻地引入到同一个苯环上[2584]。反应过程是三分子炔烃发生头-头相连的连接，这样才形成了 **169**。分离得到了化合物 **168**（Dewar 苯），证实了上述过程[2585]。

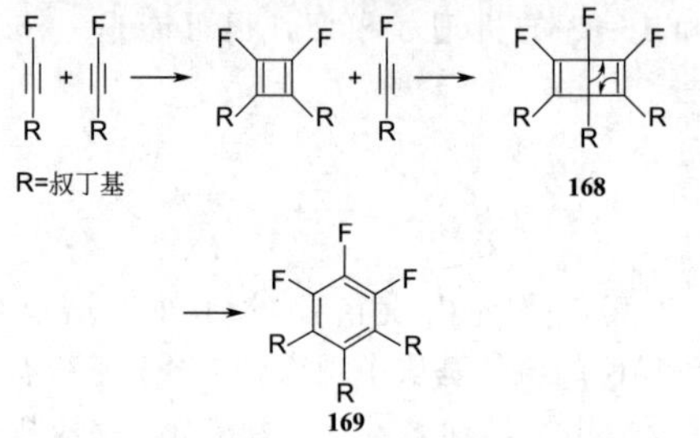

R=叔丁基　　**168**

169

乙炔与氰化镍、其它 Ni(II) 或 Ni(0) 化合物或其它相似的催化剂共热，可以生成苯和环四辛烯[2586]。选择合适的其它催化剂可以使其中一种产物的量增多。取代乙炔可以生成相应的取代苯[2587]。这个反应被用于制备非常"拥挤"的分子。二异丙基乙炔在催化剂 $Co_2(CO)_8$[2588] 或 $Hg[Co(CO)_4]_2$ 的催化下可三聚成六异丙基苯[2589]。六个异丙基不能自由旋转，但是它们都垂直于苯环平面。使用 Rh[2590]、Ni[2591]、Ti[2592]、Mo[2593]、Ru[2594]、Co[2595] 或 Pd[2596] 催化剂也已经制备得到了一些多取代苯。炔烃与丙二烯在 Ni 催化下反应生成多取代苯衍生物[2597]。共轭酮与非端炔在 Me₃Al 和 Ni 催化剂作用下反应[2598]，再经 DBU 和空气作用，生成的芳香环与环酮稠合[2599]。N-芳基氯亚胺与炔烃在 Rh 催化下反应生成喹啉[2600]。N-芳基炔基亚胺在 W 配合物作用下也得到喹啉[2601]。

已有报道在 Pd[2603]、Mo[2604]、Ni[2605]、Rh[2606]、Ir[2607]、Ag[2608]、Co[2609] 或 Ru[2610] 催化剂存在下，二炔[2602]与炔烃可发生分子内的环化三聚而缩合。三炔在 Rh 催化剂作用下发生类似的缩合反应[2611]。要注意的是，这种类型的环化属于 [2+2+2] 环加成反应，在反应 15-66 中讨论。已有报道引入硅烷氧基链接（siloxy tether）并在 Co 催化下，可进行三炔的分子内环化三聚反应[2612]。采用这种方法可以制备稠环芳香化合物。二炔和丙二烯在 Ni 催化剂作用下发生相似的反应[2613]。固相负载的环化三聚反应已有报道[2614]。烯基二炔在 Pd[2615] 或 Ru[2616] 催化剂作用下环化生成二环芳烃，炔基二烯在 Ru 催化剂作用下发生同样的反应[2617]。炔基联芳在 ICl 作用下环化生成菲衍生物[2618]。在 PhMe₂SiH、CO 和 Rh 催化剂存在下，非共轭三炔分子内反应生成三环化合物，其中的一个苯环与两个碳环稠合[2619]。芳基的邻位具有三甲基硅烷基炔取代基的芳基炔基酮发生分子内的环化三聚反应，得到与环戊酮单元稠合的四环萘衍生物[2620]。在 NaOH 水溶液中并在肼、Te、NaBH₄ 及超声波作用下，邻位具有炔单元的苯衍生物可以转化为萘衍生物[2621]。具有乙烯基和炔基取代基的苯衍生物在 Ru 催化剂作用下也生成萘衍生物[2622]。炔基硼酸酯也可发生环化三聚反应[2623]。

亚胺基和碘取代基与硅烷基炔在 Pd 催化下反应生成异喹啉[2624]。邻位具有亚胺和炔取代基的苯衍生物在碘[2625] 或 Pd[2626] 催化剂作用下，生成异喹啉。二炔烃与腈在 Ru 催化剂作用下也生成异喹啉[2627]。采用氰基氨和 Co 催化剂，通过类似的方法可以制备与羰基环稠合的吡啶[2628]。异氰酸酯（Ar—N=C=O）与二炔在 Ru 催化剂作用下反应生成二环吡啶酮[2629]。异氰化物和炔烃在膦催化剂作用下也发生反应，生成吡咯[2630]。邻位具有炔基和环氧基取代基的苯衍生物在 Ru 催化剂作用下反应，生成 β-萘酚[2631]。

腈与 2 mol 的乙炔在 Co 催化剂存在下反应，生成 2-取代吡啶[2632]。炔丙基胺与环己酮衍生物在 Au 配合物作用下反应，生成四氢喹啉[2633]。炔烃先与 Cp₂ZrEt₂ 而后与乙腈反应，最后再与又一分子的炔烃在 Ni 催化下反应，生成多取代的吡啶[2634]。该反应可分子内进行，在光化学诱导下与 Co 催化剂和对甲苯基腈（p-TolCN）反应，可将吡啶引入到大环化合物中[2635]。二炔烃与 N-杂环卡宾在 Ni 催化剂存在下反应生成吡啶[2636]。炔酯与烯氨基酯在 ZnBr₂ 催化剂作用下反应得到取代吡啶[2637]。在 Pd 和 Cu 混合催化剂作用下，卤代肟的醚与炔烃及格氏试剂反应生成嘧啶[2638]。三羰基化合物与氮气在 TiCl₄ 和金属 Li 存在下反应，生成二环吡咯衍生物[2639]。

与自发聚合不同，取代乙炔 RC≡CH 在催化剂作用下几乎不生成 1,2,3-三取代苯。主要产物通常是 1,2,4-三取代异构体[2640]，同时还有少量 1,3,5-取代的异构体，1,2,3-取代的异构体几乎没有或很少。在催化剂作用下生成苯衍生物[2641]的反应机理通常被认为是两分子的炔与金属配位得到 **170**，随后生成一个五元杂环中间体 **171**[2642]。

$$2\ R{\longequal}R^1 + M \longrightarrow \underset{\textbf{170}}{M} \longrightarrow \underset{\textbf{171}}{\begin{array}{c}R^1\\R\end{array}}$$

$$R{\longequal}R^1 \longrightarrow \underset{\textbf{172}}{\begin{array}{c}R^1\\R^1\\R^1\end{array}}$$

这些中间体（其中 M＝Rh, Ir, Zr[2643]，或者 Ni）已被分离出，当与另外一分子炔反应时可以生成苯的衍生物（**172**）[2644]。这个机理解释了反应的主要产物 1,2,4-异构体的形成过程。最后一步反应历程有两种可能，其一是 Diels-Alder 反应，另外一个是环扩张，两个历程后面紧随的都是金属的离去[2645]。

171 + ... → ... —M → **172**

171 + ... → ... → ... —M → **172**

至少在一种情况下反应机理与前述的机理不同，该机理经历一个环丁二烯与镍形成的配合物（参见 2.11.2 节），该配合物已被分离出[2646]。在 Ti 配合物作用下具有类似的反应机理[2647]。但是，在 PdCl₂ 和 CuCl₂ 混合催化下，脂肪族的炔烃可转化为 1,3,5-三烷基取代的苯衍生物[2648]。

烷氧基铬卡宾（Fischer 卡宾配合物，参见反应 15-58）与苯炔反应生成萘衍生物[2649]。这些铬卡宾与炔基硼酸酯、铈(Ⅳ)化合物反应后，再与 PhBr 和 Pd 催化剂反应生成萘醌[2650]。与二炔反应得到环化三聚的产物[2651]。要注意的是，乙烯基铬卡宾可直接与炔烃反应生成螺环化合物（螺[4.4]壬-1,3,6-三烯）[2652]。使用甲氧基卡宾可以制备苯并呋喃[2653]。氨基取代的铬卡宾与炔烃反应，而后与硅反应生成含有烷基氨基（—NR$_2$）的取代苯衍生物[2654]。亚氨基取代的铬卡宾与炔烃反应生成吡咯衍生物[2655]。Fischer 卡宾配合物与炔烃发生 Dötz 苯芳构化（Dötz benzannulation）反应[2656]，生成对烷氧基苯酚衍生物。通过对这个基本方法进行改进，可以得到八元碳环化合物（参见反应 15-66）[2657]。

苯在气相状态下被吸附到 10% 的铑-铝催化剂的表面时，会发生上述反应的逆反应得到乙炔[2658]。

在 TlCl$_3$OTf 的存在下，加热酮可以生成 1,3,5-三取代的芳烃[2659]。在 TiCl$_4$ 的作用下，加热苯乙酮可以生成 1,3,5-三苯基苯[2660]。

OS Ⅶ, 256; Ⅸ, 1; 80, 93.

15-66 其它环加成反应

环-(2-丁烯-1,4-二基)-1/4/加成，等

除了[4+2]、[3+2]或[2+2]环加成反应外，还可发生其它的环加成反应，这些反应为环状化合物的合成提供了有用的途径。在某些特定的配合物或过渡金属化合物的作用下，共轭二烯在它们的 1,4-位发生二聚或三聚（[4+4]环加成和[4+4+4]环加成）[2661]。丁二烯可以生成 1,5-环辛二烯和 1,5,9-环十二碳三烯[2662]。通过使用合适的催化剂可以控制两种产物的产率，例如催化剂 Ni∶P(OC$_6$H$_4$-o-Ph)$_3$ 主要催化生成二聚产物，而催化剂 Ni(环辛二烯)$_2$ 主要得到三聚产物。产物的生成并不是直接的 1,4-位对 1,4-位加成，而是经过几步反应，其中有烯烃与金属形成的配复物[2663]。呋喃与共轭重氮酯在 Rh 催化下发生分子内的环加成反应，得到[3+4]加成产物[2664]。

根据 Woodward-Hoffmann 规则，烯丙基正离子与二烯烃在加热条件下的同面加成（[4+3]环加成）可以进行（反应规律很可能与 Diels-Alder 反应相同）[2665]。吡咯与烯丙基重氮化合物在 Rh 催化剂存在下发生[4+3]环加成反应生成二环胺[2666]。在一个不同的[4+3]环加成反应中，二烯与亚烷基环丙烷单元在 Pd 催化剂作用下发生分子内反应，生成其中一部分为七元环的二环体系[2667]。曾报道炔烃与烯烃-亚烷基环丙烷底物在 Rh 催化剂作用下可发生[3+2+2]环加成反应[2668]。在手性 Rh 催化剂的作用下，二烯与重氮化合物反应被转化为环庚二烯[2669]。手性正离子已经被用于[4+3]-环加成反应[2670]。在 Rh 催化剂作用下，乙烯基环丙烷与烯烃发生[5+2]-环加成反应，产物为七元环[2671]。在 Cu 催化剂作用下，共轭羰基化合物与重氮酯反应生成二氢吡喃，该反应属于[4+1]环加成反应[2672]。二烯与腈在 Ti 催化下可发生[4+1]环加成反应[2673]。在含有 Co 及 Zn 化合物的复合催化剂作用下，环庚三烯与端炔发生[6+2]环加成反应生成二环三烯[2674]。

如反应 15-60 中提到的，根据 Woodward-Hoffmann 规则，如果总电子数为 $4n+2$ 时，加热时可以发生同面协同环加成反应；而如果是一个 $4n$ 电子体系，在光照下可发生该反应。而且，当一个分子可以发生异面反应，禁阻的反应就变得可以进行了。这使得一些大环化合物的合成得以实现。但是，当新形成的环是八元或更大环的时候，虽然根据轨道对称性守恒原理反应可以进行，但是由于熵因素的影响，反应却很难进行（大分子体系的两个末端要同时碰撞到一起才能反应），但是如果一个或两个分子是环状结构时情况就不一样了，因为环状结构分子的构象较少。现在已经有很多人报道了八元或更大的环状化合物的合成，有些使用加热的方法诱导，有些使用光化学方法诱导，但是很多反应都缺乏足够的证据说明反应是一个协同机理还是一个分步反应机理（除了上面提到的丁二烯的二聚和三聚，它们都不是一个直接的[4+4]或[4+4+4]环加成反应）。下面是一些例子：

苯环与烯烃能进行光化学环加成反应[2679]，主要产物通常是1,3-加成产物173（形成了三元环），有时也有1,2-加成产物(**174**)（反应**15-63**）。如果烯烃上连有吸电子基而芳环上有给电子基，或者烯烃上连有给电子基而芳环上有吸电子基时，**174**通常是主要产物。1,4-加成产物**175**极少形成。当苯环上连有烷基、卤原子、OR、CN等其它基团，而烯烃是带有各种取代基的非环状或环状结构时，反应也能进行[2680]。

[2+2+2]环加成反应已有报道[2681]（另见反应15-65），通常有二炔或烯炔的反应，或者炔烃或烯烃与炔烃的分子间反应，反应采用Ni[2682]、Ru[2683]或Co催化剂[2684]。已有该反应力学密度泛函研究（mechanistic density functional study）的报道[2685]。在Co催化剂作用下，二炔与腈发生分子内的[2+2+2]环加成反应生成二环吡啶[2686]。在Ru催化剂作用下，烯基异氰酸酯和炔烃发生[2+2+2]环加成反应，产物为二环共轭内酰胺[2687]。金属催化的[2+2+2]环加成反应也可以制备吡啶[2688]。在Ru催化剂作用下，炔烃和异氰酸酯与CO反应生成酰亚胺[2689]。同样，也有[2+2+1]环加成反应的报道[2690]。在1,3-丁二烯和二环[2.2.2]辛-2,5-二烯的[4+2+2]环加成反应中也曾使用过Co催化剂[2691]。在铑试剂的催化下，[4+2+2]环加成反应的产物是八元环[2694]，炔-二烯在Ni催化剂作用下发生[4+2+1]环加成反应[2693]。铬催化剂适用于[6+4]环加成反应[2694]。在Co和Rh催化剂存在下，烯烃-二炔发生[2+2+2+1]环加成反应，产物为七元环酮[2695]。炔烃在镍试剂催化下的[2+2+2+2]环加成反应生成八元环[2696]。

在Rh催化剂的存在下，丙二烯与乙烯基环丙烷发生[5+2]和[5+2+1]环加成反应[2697]。在Rh催化剂的[5+2]环加成反应中，还原消除步骤决定了各种底物的反应选择性[2698]。

OS Ⅵ, 512; Ⅶ, 485; Ⅹ, 1, 336.

参 考 文 献

[1] See de la Mare, P. B. D.; Bolton, R. *Electrophilic Additions to Unsaturated Systems*, 2nd ed., Elsevier, NY, **1982**. For reviews, see Schmid, G. H. in Patai, S. *Supplement A: The Chemistry of Double-bonded Functional Groups*, Vol. 2, pt. 1, Wiley, NY, **1989**, pp. 679-731; Schmid, G. H.; Garratt, D. G. in Patai, S. *Supplement A: The Chemistry of Double-bonded Functional Groups*, Vol. 1, pt. 2, Wiley, NY, **1977**, pp. 725-912; Freeman, F. *Chem. Rev.* **1975**, 75, 439.
[2] See Mayr, H.; Kempf, B.; Ofial, A. R. *Acc. Chem. Res.* **2003**, 36, 66.
[3] See Fahey, R. C. *Top. Stereochem.* **1968**, 3, 237; Bartlett, P. A. *Tetrahedron* **1980**, 36, 2, pp. 3-15.
[4] Heasley, G. E.; Bower, T. R.; Dougharty, K. W.; Easdon, J. C.; Heasley, V. L.; Arnold, S.; Carter, T. L.; Yaeger, D. B.; Gipe, B. T.; Shellhamer, D. F. *J. Org. Chem.* **1980**, 45, 5150.
[5] See Roberts, R. M. G. *J. Chem. Soc. Perkin Trans.* 2, **1976**, 1374; Pasto, D. J.; Gadberry, J. F. *J. Am. Chem. Soc.* **1978**, 100, 1469; Naab, P.; Staab, H. A. *Chem. Ber.* **1978**, 111, 2982.
[6] Slebocka-Tilk, H.; Ball, R. G.; Brown, R. S. *J. Am. Chem. Soc.* **1985**, 107, 4504.
[7] Fischer, E. *Liebigs Ann. Chem.* **1911**, 386, 374; McKenzie, A. *Proc. Chem. Soc.* **1911**, 150; *J. Chem. Soc.* **1912**, 101, 1196.
[8] Michael, A. *J. Prakt. Chem.* **1892**, 46, 209.
[9] Francis, A. W. *J. Am. Chem. Soc.* **1925**, 47, 2340.
[10] See Zefirov, N. S.; Koz'min, A. S.; Dan'kov, Yu. V.; Zhdankin, V. V.; Kirin, V. N. *J. Org. Chem. USSR* **1984**, 20, 205.
[11] Hamilton, T. P.; Schaefer, Ⅲ, H. F. *J. Am. Chem. Soc.* **1990**, 112, 8260.
[12] Ruasse, M.; Motallebi, S.; Galland, B. *J. Am. Chem. Soc.* **1991**, 113, 3440; Bellucci, G.; Bianchini, R.; Chiappe, C.; Brown, R. S.; Slebocka-Tilk, H. *J. Am. Chem. Soc.* **1991**, 113, 8012; Bennet, A. J.; Brown, R. S.; McClung, R. E. D.; Klobukowski, M.; Aarts, G. H. M.; Santarsiero, B. D.; Bellucci, G.; Bianchini, R. *J. Am. Chem. Soc.* **1991**, 113, 8532.
[13] Fahey, R. C.; Schneider, H. *J. Am. Chem. Soc.* **1968**, 90, 4429. See also, Rolston, J. H.; Yates, K. *J. Am. Chem. Soc.* **1969**, 91, 1469, 1477, 1483.
[14] Ruasse, M.; Dubois, J. E. *J. Am. Chem. Soc.* **1975**, 97, 1977; Bellucci, G.; Bianchini, R.; Chiappe, C.; Marioni, F. *J. Org. Chem.* **1990**, 55, 4094.
[15] Pincock, J. A.; Yates, K. *Can. J. Chem.* **1970**, 48, 3332.
[16] Cadogan, J. I. G.; Cameron D. K.; Gosney, I.; Highcock, R. M.; Newlands, S. F. *J. Chem. Soc., Chem. Commun.* **1985**, 1751. For a review, see Ruasse, M. *Acc. Chem. Res.* **1990**, 23, 87.
[17] See Naae, D. G. *J. Org. Chem.* **1980**, 45, 1394.
[18] Kokil, P. B.; Fry, A. *Tetrahedron Lett.* **1986**, 27, 5051.
[19] Fahey, R. C. *Top. Stereochem.* **1968**, 3, 237, pp. 273-277.
[20] Hassner, A.; Boerwinkle, F.; Levy, A. B. *J. Am. Chem. Soc.* **1970**, 92, 4879.
[21] Capozzi, G.; Modena, G. in Bernardi, F.; Csizmadia, I. G.; Mangini, A. *Organic Sulfur Chemistry*, Elsevier, NY, **1985**, pp. 246-298;

Dittmer, D. C.; Patwardhan, B. H. in Stirling, C. J. M. *The Chemistry of the Sulphonium Group*, pt. 1, Wiley, NY, **1981**, pp. 387-412; Capozzi, G.; Lucchini, V.; Modena, G.; *Rev. Chem. Intermed*. **1979**, 2, 347; Schmid, G. H. *Top. Sulfur Chem*. **1977**, 3, 102; Mueller, W. H. *Angew. Chem. Int. Ed*. **1969**, 8, 482. The specific nature of the three-membered sulfur-containing ring is in dispute; see Smit, W. A.; Zefirov, N. S.; Bodrikov, I. V.; Krimer, M. Z. *Acc. Chem. Res*. **1979**, 12, 282; Schmid, G. H.; Garratt, D. G.; Dean, C. L. *Can. J. Chem*. **1987**, 65, 1172; Schmid, G. H.; Strukelj, M.; Dalipi, S. *Can. J. Chem*. **1987**, 65, 1945.

[22] See Bellucci, G.; Bianchini, R.; Chiappe, C.; Marioni, F.; Ambrosetti, R.; Brown, R. S.; Slebocka-Tilk, H. *J. Am. Chem. Soc*. **1989**, 111, 2640.
[23] Ohta, B. K.; Hough, R. E.; Jeffrey W.; Schubert, J. W. *Org. Lett*. **2007**, 9, 2317.
[24] See Sergeev, G. B.; Smirnov, V. V.; Rostovshchikova, T. N. *Russ. Chem. Rev*. **1983**, 52, 259.
[25] Also see Hampel, M.; Just, G.; Pisanenko, D. A.; Pritzkow, W. *J. Prakt. Chem*. **1976**, 318, 930; Allen, A. D.; Tidwell, T. T. *J. Am. Chem. Soc*. **1983**, 104, 3145.
[26] Schubert, W. M.; Keeffe, J. R. *J. Am. Chem. Soc*. **1972**, 94, 559; Chiang, Y.; Kresge, A. J. *J. Am. Chem. Soc*. **1985**, 107, 6363.
[27] Schmid, G. H.; Garratt, D. G. *Can. J. Chem*. **1973**, 51, 2463.
[28] See Anantakrishnan, S. V.; Ingold, C. K. *J. Chem. Soc*. **1935**, 1396; Swern, D. in Swern, D. *Organic Peroxides*, Vol. 2, Wiley, NY, **1971**, pp. 451-454; Nowlan, V. J.; Tidwell, T. T. *Acc. Chem. Res*. **1977**, 10, 252.
[29] See Bartlett, P. D.; Sargent, G. D. *J. Am. Chem. Soc*. **1965**, 87, 1297 and are references cited therein.
[30] See Mayr, H.; Pock, R. *Chem. Ber*. **1986**, 119, 2473.
[31] See Stammann, G.; Griesbaum, K. *Chem. Ber*. **1980**, 113, 598.
[32] Hammond, G. S.; Nevitt, T. D. *J. Am. Chem. Soc*. **1954**, 76, 4121; See also, Pasto, D. J.; Meyer, G. R.; Lepeska, B. *J. Am. Chem. Soc*. **1974**, 96, 1858.
[33] Collins, C. H.; Hammond, G. S. *J. Org. Chem*. **1960**, 25, 911.
[34] See Heasley, G. E.; Bower, T. R.; Dougharty, K. W.; Easdon, J. C.; Heasley, V. L.; Arnold, S.; Carter, T. L.; Yaeger, D. B.; Gipe, B. T.; Shellhamer, D. F. *J. Org. Chem*. **1980**, 45, 5150.
[35] Becker, K. B.; Grob, C. A. *Synthesis* **1973**, 789. See also, Marcuzzi, F.; Melloni, G.; Modena, G. *Tetrahedron Lett*. **1974**, 413; Naab, P.; Staab, H. A. *Chem. Ber*. **1978**, 111, 2982.
[36] See Rappoport, Z. *React. Intermed*. (*Plenum*) **1983**, 3, 427, pp. 428-440; Stang, P. J.; Rappoport, Z.; Hanack, M.; Subramanian, L. R. *Vinyl Cations*, Academic Press, NY, **1979**, pp. 24-151; Stang, P. J. *Prog. Phys. Org. Chem*. **1973**, 10, 205; Modena, G.; Tonellato, U. *Adv. Phys. Org. Chem*. **1971**, 9, 185, pp. 187-231.
[37] See Bellucci, G.; Berti, G.; Ingrosso, G.; Mastrorilli, E. *Tetrahedron Lett*. **1973**, 3911.
[38] Patai, S.; Rappoport, Z. in Patai, S. *The Chemistry of Alkenes*, Vol. 1, Wiley, NY, **1964**, pp. 469-584.
[39] See in Patai, S.; Rappoport, Z. *The Chemistry of Enones*, pt. 1, Wiley, NY, **1989**, the articles by Boyd, G. V. pp. 281-315; Duval, D.; Géribaldi, S. pp. 355-469.
[40] See Kutyrev, A. A.; Moskva, V. V. *Russ. Chem. Rev*. **1991**, 60, 72; Finley, K. T. in Patai, S.; Rappoport, Z. *The Chemistry of the Quinonoid Compounds*, Vol. 2, pt. 1, Wiley, NY, **1988**, pp. 537-717, see pp. 539-589; Finley, K. T. in Patai, S. *The Chemistry of the Quinonoid Compounds*, pt. 2, Wiley, NY, **1974**, pp. 877-1144.
[41] See Simpkins, N. S. *Tetrahedron* **1990**, 46, 6951; Fuchs, P. L.; Braish, T. F. *Chem. Rev*. **1986**, 86, 903.
[42] See Bernasconi, C. F. *Tetrahedron* **1989**, 45, 4017.
[43] See Barbot, F.; Kadib-Elban, A.; Miginiac, P. *J. Organomet. Chem*. **1988**, 345, 239.
[44] See, however, Klumpp, G. W.; Mierop, A. J. C.; Vrielink, J. J.; Brugman, A.; Schakel, M. *J. Am. Chem. Soc*. **1985**, 107, 6740.
[45] Truce, W. E.; Levy, A. J. *J. Org. Chem*. **1963**, 28, 679.
[46] Truce, W. E.; Levy, A. J. *J. Am. Chem. Soc*. **1961**, 83, 4641; Zefirov, N. S.; Yur'ev, Yu. K.; Prikazchikova, L. P.; Bykhovskaya, M. Sh. *J. Gen. Chem. USSR* **1963**, 33, 2100.
[47] Mohrig, J. R.; Fu, S. S.; King, R. W.; Warnet, R.; Gustafson, G. *J. Am. Chem. Soc*. **1990**, 112, 3665.
[48] See Truce, W. E.; Tichenor, G. J. W. *J. Org. Chem*. **1972**, 37, 2391.
[49] Hayakawa, K.; Kamikawaji, Y.; Wakita, A.; Kanematsu, K. *J. Org. Chem*. **1984**, 49, 1985.
[50] Truce, W. E.; Brady, D. G. *J. Org. Chem*. **1966**, 31, 3543; Prilezhaeva, E. N.; Vasil'ev, G. S.; Mikhaleshvili, I. L.; Bogdanov, V. S. *Bull. Acad. Sci. USSR Div. Chem. Sci*. **1970**, 1820.
[51] Huyser, E. S. *Free-Radical Chain Reactions*, Wiley, NY, **1970**; Nonhebel, D. C.; Walton, J. C. *Free-Radicalm Chemistry* Cambridge University Press, London, **1974**; Pyor, W. A. *Free Radicals* McGraw-Hill, NY, **1965**. See Giese, B. *Rev. Chem. Intermed*. **1986**, 7, 3; *Angew. Chem. Int. Ed*. **1983**, 22, 753; Abell, P. I. in Kochi, J. K. *Free Radicals*, Vol. 2, Wiley, NY, **1973**, pp. 63-112; Minisci, F. *Acc. Chem. Res*. **1975**, 8, 165.
[52] Héberger, K.; Lopata, A. *J. Chem. Soc. Perkin Trans*. 2, **1995**, 91.
[53] RajanBabu, T. V. *Acc. Chem. Res*. **1991**, 24, 139; Beckwith, A. L. *J. Rev. Chem. Intermed*. **1986**, 7, 143; Giese, B. *Radicals in Organic Synthesis: Formation of Carbon-Carbon Bonds*, Pergamon, Elmsford, NY, **1986**, pp. 141-209; Surzur, J. *React. Intermed*. (*Plenum*) **1982**, 2, 121-295; Julia, M. *Acc. Chem. Res*. **1972**, 4, 386; *Pure Appl. Chem*. **1974**, 40, 553; Thebtaranonth, C.; Thebtaranonth, Y. *Tetrahedron* **1990**, 46, 1385.
[54] Denis, R. C.; Rancourt, J.; Ghiro, E.; Boutonnet, F.; Gravel, D. *Tetrahedron Lett*. **1993**, 34, 2091.
[55] Goering, H. L.; Abell, P. I.; Aycock, B. F. *J. Am. Chem. Soc*. **1952**, 74, 3588. See also, LeBel, N. A.; Czaja, R. F.; DeBoer, A. *J. Org. Chem*. **1969**, 34, 3112.
[56] Skell, P. S.; Allen, R. G. *J. Am. Chem. Soc*. **1958**, 80, 5997.
[57] Ogura, K.; Kayano, A.; Fujino, T.; Sumitani, N.; Fujita, M. *Tetrahedron Lett*. **1993**, 34, 8313.
[58] Goering, H. L.; Larsen, D. W. *J. Am. Chem. Soc*. **1959**, 81, 5937. Also see, Skell, P. S.; Freeman, P. K. *J. Org. Chem*. **1964**, 29, 2524.
[59] Abell, P. I.; Piette, L. H. *J. Am. Chem. Soc*. **1962**, 84, 916. See also, Leggett, T. L.; Kennerly, R. E.; Kohl, D. A. *J. Chem. Phys*. **1974**,

60, 3264.

[60] Golden, D. M.; Furuyama, S.; Benson, S. W. *Int. J. Chem. Kinet.* **1969**, 1, 57.
[61] Khristov, V. Kh.; Angelov, Kh. M.; Petrov, A. A. *Russ. Chem. Rev.* **1991**, 60, 39.
[62] Mislow, K. *J. Am. Chem. Soc.* **1953**, 75, 2512.
[63] Kharasch, M. S.; Kritchevsky, J.; Mayo, F. R. *J. Org. Chem.* **1938**, 2, 489.
[64] Nordlander, J. E.; Owuor, P. O.; Haky, J. E. *J. Am. Chem. Soc.* **1979**, 101, 1288.
[65] Afanas'ev, I. B.; Samokhvalov, G. I. *Russ. Chem. Rev.* **1969**, 38, 318.
[66] Curran, D. P.; Qi, H.; Porter, N. A.; Su, Q.; Wu, W.-X. *Tetrahedron Lett.* **1993**, 34, 4489.
[67] Giese, B.; Damm, W.; Roth, M.; Zehnder, M. *Synlett* **1992**, 441.
[68] Ferreri, C.; Ballestri, M.; Chatgilialoglu, C. *Tetrahedron Lett.* **1993**, 34, 5147.
[69] Table 15.1 is from de la Mare, P. B. D. *Q. Rev. Chem. Soc.* **1949**, 3, 126, p.145. Table 15.2 is from Dubois, J. E.; Mouvier, G. *Tetrahedron Lett.* **1963**, 1325. See also, Grosjean, D.; Mouvier, G.; Dubois, J. E. *J. Org. Chem.* **1976**, 41, 3869, 3872.
[70] Shelton, J. R.; Lee, L. *J. Org. Chem.* **1960**, 25, 428.
[71] See Chambers, R. D.; Mobbs, R. H. *Adv. Fluorine Chem.* **1965**, 4, 51.
[72] See Fatiadi, A. J. *Synthesis* **1987**, 249, 749; Dhar, D. N. *Chem. Rev.* **1967**, 67, 611.
[73] See Olah, G. A.; Mo, Y. K. *J. Org. Chem.* **1972**, 37, 1028; Belen'kii, G. G.; German, L. S. *Sov. Sci. Rev. Sect. B* **1984**, 5, 183; Dyatkin, B. L.; Mochalina, E. P.; Knunyants, I. L. *Fluorine Chem. Rev.* **1969**, 3, 45.
[74] Dickinson, C. L.; Wiley, D. W.; McKusick, B. C. *J. Am. Chem. Soc.* **1960**, 82, 6132. For another example, see Atkinson, R. C.; de la Mare, P. B. D.; Larsen, D. S. *J. Chem. Soc. Perkin Trans.* 2, **1983**, 271.
[75] Miller, Jr., W. T.; Fried, J. H.; Goldwhite, H. *J. Am. Chem. Soc.* **1960**, 82, 3091.
[76] Müllen, K.; Wolf, P. in Patai, S.; Rappoport, Z. *The Chemistry of Enones*, pt. 1, Wiley, NY, **1989**, pp.513-558.
[77] See Ring, R. N.; Tesoro, G. C.; Moore, D. R. *J. Org. Chem.* **1967**, 32, 1091.
[78] Shenhav, H.; Rappoport, Z.; Patai, S. *J. Chem. Soc. B* **1970**, 469.
[79] Curran, D. P.; Ko, S.-B. *Tetrahedron Lett.* **1998**, 39, 6629.
[80] See in Patai, S. *The Chemistry of the Carbon-Carbon Triple Bond*, Wiley, NY, **1978**, the articles by Schmid, G. H. pt. 1, pp. 275-341, and by Dickstein, J. I.; Miller, S. I. pt. 2, pp. 813-955; Miller, S. I; Winterfeldt, E. in Viehe, H. G. *Acetylenes*, Marcel Dekker, NY, **1969**, pp. 267-334. For comparisons of double and triple bond reactivity, see Melloni, G.; Modena, G.; Tonellato, U. *Acc. Chem. Res.* **1981**, 14, 227; Allen, A. D.; Chiang, Y.; Kresge, A. J.; Tidwell, T. T. *J. Org. Chem.* **1982**, 47, 775.
[81] See Strozier, R. W.; Caramella, P.; Houk, K. N. *J. Am. Chem. Soc.* **1979**, 101, 1340.
[82] Petrov, A. A. *Russ. Chem. Rev.* **1960**, 29, 489.
[83] Melloni, G.; Modena, G.; Tonellato, U. *Acc. Chem. Res.* **1981**, 14, 227, p. 228.
[84] Robertson, P. W.; Dasent, W. E.; Milburn, R. M.; Oliver, W. H. *J. Chem. Soc.* **1950**, 1628.
[85] Wolf, S. A.; Ganguly, S.; Berliner, E. *J. Am. Chem. Soc.* **1985**, 50, 1053.
[86] Walsh, A. D. *Q. Rev. Chem. Soc.* **1948**, 2, 73.
[87] Ng, L.; Jordan, K. D.; Krebs, A.; Rüger, W. *J. Am. Chem. Soc.* **1982**, 104, 7414.
[88] See Schmid, G. H.; Modro, A.; Lenz, F.; Garratt, D. G.; Yates, K. *J. Org. Chem.* **1976**, 41, 2331.
[89] See Winterfeldt, E. *Angew. Chem. Int. Ed.* **1967**, 6, 423; *Newer Methods Prep. Org. Chem.* **1971**, 6, 243.
[90] Nelson, D. J.; Cooper, P. J.; Soundararajan, R. *J. Am. Chem. Soc.* **1989**, 111, 1414.
[91] See Tedder, J. M. *Angew. Chem. Int. Ed.* **1982**, 21, 401.
[92] Giese, B.; Lachhein, S. *Angew. Chem. Int. Ed.* **1982**, 21, 768.
[93] See Volovik, S. V.; Dyadyusha, G. G.; Staninets, V. I. *J. Org. Chem. USSR* **1986**, 22, 1224.
[94] Butler, D. N.; Gupt, I.; Ng, W. W.; Nyburg, S. C. *J. Chem. Soc., Chem. Commun.* **1980**, 596.
[95] Bolze, R.; Eierdanz, H.; Schlüter, K.; Massa, W.; Grahn, W.; Berndt, A. *Angew. Chem. Int. Ed.* **1982**, 21, 924.
[96] See Isenberg, N.; Grdinic, M. *J. Chem. Educ.* **1969**, 46, 601; Grdinic, M.; Isenberg, N. *Intra-Sci. Chem. Rep.*, **1970**, 4, 145-162.
[97] Sæthre, L. J.; Thomas, T. D.; Svensson, S. *J. Chem. Soc. Perkin Trans.* 2, **1997**, 749.
[98] See Dubois, J. E.; Chrétien, J. R. *J. Am. Chem. Soc.* **1978**, 100, 3506.
[99] Myhre, P. C.; Andrews, G. D. *J. Am. Chem. Soc.* **1970**, 92, 7595, 7596. See also, Newton, T. A. *J. Chem. Educ.* **1987**, 64, 531.
[100] Suresh, C. H.; Koga, N.; Gadre, S. R. *J. Org. Chem.* **2001**, 66, 6883.
[101] Tedder, J. M.; Walton, J. C. *Tetrahedron* **1980**, 36, 701; *Acc. Chem. Res.* **1976**, 9, 183. See also, Giese, B. *Rev. Chem. Intermed.* **1986**, 7, 3; Tedder, J. M. *J. Chem. Educ.* **1984**, 61, 237.
[102] See, however, Gleicher, G. J.; Mahiou, B.; Aretakis, A. J. *J. Org. Chem.* **1989**, 54, 308.
[103] For an exception, see Wilt, J. W. *Tetrahedron* **1985**, 41, 3979.
[104] See Beckwith, A. L. J.; Schiesser, C. H. *Tetrahedron* **1985**, 41, 3925; Spellmeyer, D. C.; Houk, K. N. *J. Org. Chem.* **1987**, 52, 959.
[105] See Beckwith, A. L. J.; Easton, C. J.; Serelis, A. K. *J. Chem. Soc., Chem. Commun.* **1980**, 482.
[106] See Chuang, C.; Gallucci, J. C.; Hart, D. J.; Hoffman, C. *J. Org. Chem.* **1988**, 53, 3218.
[107] See Schuster, H. F.; Coppola, G. M. *Allenes in Organic Synthesis* Wiley, NY, **1984**; Pasto, D. J. *Tetrahedron* **1984**, 40, 2805; Smadja, W. *Chem. Rev.* **1983**, 83, 263; in Landor, S. R. *The Chemistry of Allenes*, Vol. 2, Academic Press, NY, **1982**, articles by Landor, S. R., Jacobs, T. L.; Hopf, H. pp. 351-577; Stang, P. J.; Rappoport, Z.; Hanack, M.; Subramanian, L. R. *Vinyl Cations*, Academic Press, NY, **1979**, pp.152-167; Richey, Jr., H. G.; Richey, J. M. in Olah, G. A.; Schleyer, P. v. R. *Carbonium Ions*, Vol. 2, Wiley, NY, **1970**, pp. 917-922; Taylor, D. R. *Chem. Rev.* **1967**, 67, 317, pp. 338-346; Griesbaum, K. *Angew. Chem. Int. Ed.* **1966**, 5, 933. See Ma, S. *Pure Appl. Chem.* **2006**, 78, 197.
[108] See Okuyama, T.; Izawa, K.; Fueno, T. *J. Am. Chem. Soc.* **1973**, 95, 6749.
[109] Also see Poutsma, M. L.; Ibarbia, P. A. *J. Am. Chem. Soc.* **1971**, 93, 440.

[110] Jacobs, T. L. in Landor, S. R. *The Chemistry of Allenes*, Vol. 2, Academic Press, NY, **1982**, pp. 399-415.
[111] Griesbaum, K.; Oswald, A. A.; Quiram, E. R.; Naegele, W. *J. Org. Chem.* **1963**, 28, 1952.
[112] See Pasto, D. J.; L'Hermine, G. *J. Org. Chem.* **1990**, 55, 685.
[113] See Pasto, D. J.; Warren, S. E.; Morrison, M. A. *J. Org. Chem.* **1981**, 46, 2837. See, however, Bartels, H. M.; Boldt, P. *Liebigs Ann. Chem.* **1981**, 40.
[114] Henbest, H. B.; McCullough, J. J. *Proc. Chem. Soc.* **1962**, 74.
[115] See Traylor, T. G. *Acc. Chem. Res.* **1969**, 2, 152.
[116] Koga, N.; Ozawa, T.; Morokuma, K. *J. Phys. Org. Chem.* **1990**, 3, 519.
[117] Brown, H. C.; Kawakami, J. H.; Liu, K. *J. Am. Chem. Soc.* **1973**, 95, 2209.
[118] Brown, H. C.; Liu, K. *J. Am. Chem. Soc.* **1975**, 97, 600, 2469.
[119] See Azovskaya, V. A.; Prilezhaeva, E. N. *Russ. Chem. Rev.* **1972**, 41, 516.
[120] Srivastava, S.; le Noble, W. J. *J. Am. Chem. Soc.* **1987**, 109, 5874. See also, Bodepudi, V. R.; le Noble, W. J. *J. Org. Chem.* **1991**, 56, 2001.
[121] Cieplak, A. S.; Tait, B. D.; Johnson, C. R. *J. Am. Chem. Soc.* **1989**, 111, 8447.
[122] Cieplak, A. S. *J. Am. Chem. Soc.* **1981**, 103, 4540. See also, Jorgensen, W. L. *Chemtracts: Org. Chem.* **1988**, 1, 71.
[123] Senda, Y.; Nakano, S.; Kunii, H.; Itoh, H. *J. Chem. Soc. Perkin Trans.* 2, **1993**, 1009.
[124] Coxon, J. M.; McDonald, D. Q. *Tetrahedron* **1992**, 48, 3353.
[125] Readio, P. D.; Skell, P. S. *J. Org. Chem.* **1966**, 31, 753, 759.
[126] See Anselmi, C.; Berti, G.; Catelani, G.; Lecce, L.; Monti, L. *Tetrahedron* **1977**, 33, 2771.
[127] LeBel, N. A.; Czaja, R. F.; DeBoer, A. *J. Org. Chem.* **1969**, 34, 3112
[128] See Giese, B. *Angew. Chem. Int. Ed.* **1989**, 28, 969.
[129] Charton, M. in Zabicky, J. *The Chemistry of Alkenes*, vol 2., Wiley, NY, **1970**, pp. 569-592; Reissig, H. *Top. Curr. Chem.* **1988**, 144, 73; Wong, H. N. C.; Hon, M.; Tse, C.; Yip, Y.; Tanko, J.; Hudlicky, T. *Chem. Rev.* **1989**, 89, 165.
[130] See, however, Gordon, A. J. *J. Chem. Educ.* **1967**, 44, 461.
[131] Moon, S. *J. Org. Chem.* **1964**, 39, 3456.
[132] See DePuy, C. H. *Top. Curr. Chem.* **1973**, 40, 73-101. For a list of references to pertinent mechanistic studies, see Wiberg, K. B.; Kass, S. R. *J. Am. Chem. Soc.* **1985**, 107, 988.
[133] Kramer, G. M. *J. Am. Chem. Soc.* **1970**, 92, 4344.
[134] See Hendrickson, J. B.; Boeckman, Jr., R. K. *J. Am. Chem. Soc.* **1969**, 91, 3269.
[135] See Hogeveen, H.; Roobeek, C. F.; Volger, H. C. *Tetrahedron Lett.* **1972**, 221; Battiste, M. A.; Mackiernan, J. *Tetrahedron Lett.* **1972**, 4095. See also, Coxon, J. M.; Steel, P. J.; Whittington, B. I. *J. Org. Chem.* **1990**, 55, 4136.
[136] DePuy, C. H.; Fünfschilling, P. C.; Andrist, A. H.; Olson, J. M. *J. Am. Chem. Soc.* **1977**, 99, 6297.
[137] Hendrickson, J. B.; Boeckman, Jr., R. K. *J. Am. Chem. Soc.* **1971**, 93, 4491.
[138] Collins, C. *J. Chem. Rev.* **1969**, 69, 543; Lee, C. C. *Prog. Phys. Org. Chem.* **1970**, 7, 129.
[139] Coxon, J. M.; Steel, P. J.; Whittington, B. I.; Battiste, M. A. *J. Org. Chem.* **1989**, 54, 1383; Coxon, J. M.; Steel, P. J.; Whittington, B. I. *J. Org. Chem.* **1989**, 54, 3702.
[140] Lambert, J. B.; Chelius, E. C.; Bible, Jr., R. H.; Hadju, E. *J. Am. Chem. Soc.* **1991**, 113, 1331.
[141] Koch, W.; Liu, B.; Schleyer, P. v. R. *J. Am. Chem. Soc.* **1989**, 111, 3479, and references cited therein.
[142] Wiberg, K. B.; Kass, S. R. *J. Am. Chem. Soc.* **1985**, 107, 988.
[143] Maynes, G. G.; Applequist, D. E. *J. Am. Chem. Soc.* **1973**, 95, 856; Incremona, J. H.; Shea, K. J.; Skell, P. S. *J. Am. Chem. Soc.* **1973**, 95, 6728; Upton, C. J.; Incremona, J. H. *J. Org. Chem.* **1976**, 41, 523.
[144] See Wiberg, K. B.; Waddell, S. T.; Laidig, K. *Tetrahedron Lett.* **1986**, 27, 1553.
[145] Sarel, S.; Ben-Shoshan, B. *Tetrahedron Lett.* **1965**, 1053. See also, Danishefsky, S. *Acc. Chem. Res.* **1979**, 12, 66.
[146] Arai, T.; Takahashi, O. *J. Chem. Soc., Chem. Commun.* **1995**, 1837.
[147] See Dugave, C.; Demange, L. *Chem. Rev.* **2003**, 103, 2475. See Bond, G. C.; Wells, P. B. *Adv. Catal.* **1964**, 15, 91; Anderson, J. R.; Baker, B. G. in *Chemisorption and Reactions on Metallic Films*, Vol. 2 Anderson, J. R., Ed. Academic Press, London, **1971**, p. 63; Zaera, F. *Langmuir* **1996**, 12, 88.
[148] Lee, I.; Zaera, F. *J. Am. Chem. Soc.* **2005**, 127, 12174.
[149] Kim, I. S.; Dong, G. R.; Jung, Y. H. *J. Org. Chem.* **2007**, 72, 5424.
[150] Yu, J.; Gaunt, M. J.; Spencer, J. B. *J. Org. Chem.* **2002**, 67, 4627.
[151] Royzen, M.; Yap, G. P. A.; Fox, J. M. *J. Am. Chem. Soc.* **2008**, 130, 3760.
[152] Baag, Md. M.; Kar, A.; Argade, N. P. *Tetrahedron* **2003**, 59, 6489.
[153] Wakamatsu, K.; Takahashi, Y.; Kikuchi, K.; Miyashi, T. *J. Chem. Soc. Perkin Trans.* 2, **1996**, 2105.
[154] Yasui, H.; Yorimitsu, H.; Oshima, K. *Synlett* **2006**, 1783. For a review, see Kwong, C. K.-W.; Fu, M. Y.; Lam, C. S.-L.; Toy, P. H. *Synthesis* **2008**, 2307.
[155] Lee, P. S.; Du, W.; Boger, D. L.; Jorgensen, W. L. *J. Org. Chem.* **2004**, 69, 5448.
[156] Sato, T.; Komine, N.; Hirano, M.; Komiya, S. *Chem. Lett.* **1999**, 441.
[157] Baxendale, I. R.; Lee, A.-L.; Ley, S. V. *Synlett* **2002**, 516.
[158] Alphonse, F.-A.; Yudin, A. K. *J. Am. Chem. Soc.* **2006**, 128, 11754. See Krompiec, S.; Pigulla, M.; Krompiec, M.; Baj, S.; Mrowiec-Bialon, J.; Kasperczyk, J. *Tetrahedron Lett.* **2004**, 45, 5257.
[159] Clennan, E. L.; Aebisher, D. *J. Org. Chem.* **2002**, 67, 1036.
[160] Bargiggia, F.; Piva, O. *Tetrahedron Asymmetry* **2001**, 12, 1389.
[161] Sergeyev, S.; Hesse, M. *Synlett* **2002**, 1313.

[162] Phillips, O. A.; Eby, P.; Maiti, S. N. *Synth. Commun.* **1995**, 25, 87.
[163] Carreño, M. C.; Garcia, I.; Ribagorda, M.; Merino, E.; Pieraccini, S.; Spada, G. P. *Org. Lett.* **2005**, 7, 2869.
[164] For a list of references, see Larock, R. C. *Comprehensive Organic Transformations*, 2nd ed., Wiley-VCH, NY, **1999**, pp. 633-636.
[165] See Sharts, C. M.; Sheppard, W. A. *Org. React.* **1974**, 21, 125, pp. 192-198, 212-214; Hudlicky, M. *The Chemistry of Organic Fluorine Compounds*, 2nd ed., Ellis Horwood, Chichester, **1976**, pp. 36-41.
[166] Kropp, P. J.; Daus, K. A.; Tubergen, M. W.; Kepler, K. D.; Wilson, V. P.; Craig, S. L.; Baillargeon, M. M.; Breton, G. W. *J. Am. Chem. Soc.* **1993**, 115, 3071.
[167] Olah, G. A.; Welch, J. T.; Vankar, Y. D.; Nojima, M.; Kerekes, I.; Olah, J. A. *J. Org. Chem.* **1979**, 44, 3872. For a related method, see Olah, G. A.; Li, X. *Synlett* **1990**, 267.
[168] See Sergeev, G. B.; Smirnov, V. V.; Rostovshchikova, T. N.; *Russ. Chem. Rev.* **1983**, 52, 259; Dewar, M. J. S. *Angew. Chem. Int. Ed.* **1964**, 3, 245.
[169] Boregeaud, R.; Newman, H.; Schelpe, A.; Vasco, V.; Hughes, D. E. P. *J. Chem. Soc., Perkin Trans.* 2, **2002**, 810.
[170] See Thaler, W. A. *Methods Free-Radical Chem.* **1969**, 2, 121, see pp. 182-195.
[171] Mayo, F. R. *J. Am. Chem. Soc.* **1962**, 84, 3964.
[172] Landini, D.; Rolla, F. *J. Org. Chem.* **1980**, 45, 3527.
[173] See Cousseau, J. *Synthesis* **1980**, 805; Kamiya, N.; Chikami, Y.; Ishii, Y. *Synlett* **1990**, 675.
[174] Boudjouk, P.; Kim, B.-K.; Han, B.-H. *Synth. Commun.* **1996**, 26, 3479.
[175] Tamura, M.; Shibakami, M.; Kurosawa, S.; Arimura, T.; Sekiya, A. *J. Chem. Soc., Chem. Commun.* **1995**, 1891.
[176] Su, M.; Yu, W.; Jin, Z. *Tetrahedron Lett.* **2001**, 42, 3771.
[177] Siriwardana, A. I.; Nakamura, I.; Yamamoto, Y. *Tetrahedron Lett.* **2003**, 44, 985.
[178] For an example, see Marx, J. N. *Tetrahedron* **1983**, 39, 1529.
[179] Gorton, P. J.; Walsh, R. *J. Chem. Soc., Chem. Commun.* **1972**, 782. For evidence that a pericyclic mechanism may be possible, even for an isolated double bond, see Sergeev, G. B.; Stepanov, N. F.; Leenson, I. A.; Smirnov, V. V.; Pupyshev, V. I.; Tyurina, L. A.; Mashyanov, M. N. *Tetrahedron* **1982**, 38, 2585.
[180] Tidwell, T. T. *Acc. Chem. Res.* **1990**, 23, 273; Seikaly, H. R.; Tidwell, T. T. *Tetrahedron* **1986**, 42, 2587; Satchell, D. P. N.; Satchell, R. S. *Chem. Soc. Rev.* **1975**, 4, 231.
[181] See Vinnik, M. I.; Obraztsov, P. A. *Russ. Chem. Rev.* **1990**, 59, 63; Liler, M. *Reaction Mechanisms in Sulphuric Acid* Academic Press, NY, **1971**, pp. 210-225.
[182] See Larock, R. C. *Solvation/Demercuration Reactions in Organic Synthesis*, Springer, NY, **1986**; Kitching, W. *Organomet. React.* **1972**, 3, 319; *Organomet. Chem. Rev.* **1968**, 3, 61; Oullette, R. J. in Trahanovsky, W. S. *Oxidation in Organic Chemistry* pt. B, Academic Press, NY, **1973**, pp. 140-166; House, H. O. *Modern Synthetic Reactions*, 2nd ed., W. A. Benjamin, NY, **1972**, pp. 387-396.
[183] Brown, H. C.; Geoghegan, Jr., P. J. *J. Org. Chem.* **1972**, 37, 1937; Brown, H. C.; Geoghegan Jr., P. J.; Lynch, G. J.; Kurek, J. T. *J. Org. Chem.* **1972**, 37, 1941; Barrelle, M.; Apparu, M. *Bull. Soc. Chim. Fr.* **1972**, 2016.
[184] See Butler, R. N. in Pizey, J. S. *Synthetic Reagents*, Vol. 4, Wiley, NY, **1981**, pp. 1-145.
[185] Abreu, A. R.; Costa, I.; Rosa, C.; Ferreira, L. M.; LourenSco, A.; Santos, P. P. *Tetrahedron* **2005**, 61, 11986.
[186] See the extensive tables in Larock, R. C. *Solvation/Demercuration Reactions in Organic Synthesis*, Springer, NY, **1986**, pp. 4-71.
[187] Einhorn, J.; Einhorn, C.; Luche, J. L. *J. Org. Chem.* **1989**, 54, 4479.
[188] Campelo, J. M.; Chakraborty, R.; Marinas, J. M. *Synth. Commun.* **1996**, 26, 1639.
[189] See Bernasconi, C. F.; Leonarduzzi, G. D. *J. Am. Chem. Soc.* **1982**, 104, 5133, 5143.
[190] See Noyce, D. S.; DeBruin, K. E. *J. Am. Chem. Soc.* **1968**, 90, 372.
[191] Magnus, P.; Scott, D. A.; Fielding, M. R. *Tetrahedron Lett.* **2001**, 42, 4127.
[192] Bernasconi, C. F.; Paschalis, P. *J. Am. Chem. Soc.* **1989**, 111, 5893, and other papers in this series.
[193] Baskaran, S.; Gupta, V.; Chidambaram, N.; Chandrasekaran, S. *J. Chem. Soc., Chem. Commun.* **1989**, 903.
[194] Kumar, K. S. R.; Baskaran, S.; Chandrasekaran, S. *Tetrahedron Lett.* **1993**, 34, 171.
[195] Burgess, K.; Jaspars, M. *Tetrahedron Lett.* **1993**, 34, 6813.
[196] Burgess, K.; van der Donk, W. A. *Tetrahedron Lett.* **1993**, 34, 6817.
[197] Magnus, P.; Payne, A. H.; Waring, M. J.; Scott, D. A.; Lynch, V. *Tetrahedron Lett.* **2000**, 41, 9725.
[198] Matsushita, Y.; Sugamoto, K.; Matsui, T. *Chem. Lett.* **1993**, 925.
[199] Matshshita, Y.; Sugamoto, K.; Nakama, T.; Sakamoto, T.; Matsui, T.; Nakayama, M. *Tetrahedron Lett.* **1995**, 36, 1879.
[200] See Poon, N. L.; Satchell, D. P. N. *J. Chem. Soc. Perkin Trans.* 2 **1986**, 1485; Tidwell, T. T. *Acc. Chem. Res.* **1990**, 23, 273; Seikaly, H. R.; Tidwell, T. T. *Tetrahedron* **1986**, 42, 2587; Satchell, D. P. N.; Satchell, R. S. *Chem. Soc. Rev.* **1975**, 4, 231.
[201] See Larock, R. C. *Solvation/Demercuration Reactions in Organic Synthesis*, Springer, NY, **1986**, pp. 123-148; Khan, M. M. T.; Martell, A. E. *Homogeneous Catalysis by Metal Complexes*, Vol. 2, Academic Press, NY, **1974**, pp. 91-95. For a list of reagents, with references, see Larock, R. C. *Comprehensive Organic Transformations*, 2nd ed., Wiley-VCH, NY, **1999**, pp. 1217-1219.
[202] Olah, G. A.; Meidar, D. *Synthesis* **1978**, 671.
[203] Marion, N.; Ramn, R. S.; Nolan, S. P. *J. Am. Chem. Soc.* **2009**, 131, 448; Leyva, A.; Corma, A. *J. Org. Chem.* **2009**, 74, 2067.
[204] Hirabayashi, T.; Okimoto, Y.; Saito, A.; Morita, M.; Sakaguchi, S.; Ishii, Y. *Tetrahedron* **2006**, 62, 2231.
[205] Alvarez, P.; Basetti, M.; Gimeno, J.; Mancini, G. *Tetrahedron Lett.* **2001**, 42, 8467.
[206] Zhang, Z.; Lee, S. D.; Fisher, A. S.; Widenhoefer, R. A. *Tetrahedron* **2009**, 65, 1794.
[207] Shimada, T.; Yamamoto, Y. *J. Am. Chem. Soc.* **2002**, 124, 12670.
[208] Compain, P.; Goré, J.; Vatèle, J.-M. *Tetrahedron* **1996**, 52, 10405.
[209] See Ansell, M. F.; Palmer, M. H. *Q. Rev. Chem. Soc.* **1964**, 18, 211. For a Rh(I)-catalyzed reaction in ionic liquids, see Oonishi, Y.; Ogura, J.; Sato, Y. *Tetrahedron Lett.* **2007**, 48, 7505.

[210] Wang, M.; Gao, L. X.; Mai, W. P.; Xia, A. X.; Wang, F.; Zhang, S. B. *J. Org. Chem.* **2004**, 69, 2874.
[211] Chiang, Y.; Kresge, A. J.; Capponi, M.; Wirz, J. *Helv. Chim. Acta* **1986**, 69, 1331.
[212] Tsuchimoto, T.; Joya, T.; Shirakawa, E.; Kawakami, Y. *Synlett* **2000**, 1777.
[213] Menashe, N.; Reshef, D.; Shvo, Y. *J. Org. Chem.* **1991**, 56, 2912.
[214] Vasudevan, A.; Verzas, M. K. *Synlett* **2004**, 631. An acid catalyst may be added, see Le Bras, G.; Provot, O.; Peyrat, J.-F.; Alami, M.; Brion, J.-D. *Tetrahedron Lett.* **2006**, 47, 5497.
[215] Sheng, S.; Liu, X. *Org. Prep. Proceed. Int.* **2002**, 34, 499.
[216] See Cramer, P.; Tidwell, T. T. *J. Org. Chem.* **1981**, 46, 2683.
[217] Braga, A. L.; Martins, T. L. C.; Silveira, C. C.; Rodrigues, O. E. D. *Tetrahedron* **2001**, 57, 3297. Also see Brandsma, L.; Bos, H. J. T.; Arens, J. F. in Viehe, H. G. *Acetylenes*, Marcel Dekker, NY, **1969**, pp. 751-860.
[218] Arens, J. F. *Adv. Org. Chem.* **1960**, 2, 163; Brandsma, L.; Bos, H. J. T.; Arens, J. F. in Viehe, H. G. *Acetylenes*, Marcel Dekker, NY, **1969**, pp. 774-775.
[219] Banait, N.; Hojatti, M.; Findlay, P.; Kresge, A. J. *Can. J. Chem.* **1987**, 65, 441.
[220] Noyce, D. S.; Schiavelli, M. D. *J. Org. Chem.* **1968**, 33, 845; *J. Am. Chem. Soc.* **1968**, 90, 1020, 1023.
[221] Labonne, A.; Kribber, T.; Hintermann, L. *Org. Lett.* **2006**, 8, 5853.
[222] Suzuki, T.; Tokunaga, M.; Wakatsuki, Y. *Org. Lett.* **2001**, 3, 735. Also see Grotjahn, D. B.; Lev, D. A. *J. Am. Chem. Soc.* **2004**, 126, 12232.
[223] Hua, R.; Takeda, H.; Onozawa, S.-y.; Abe, Y.; Tanaka, M. *Org. Lett.* **2007**, 9, 263.
[224] See Nakamura, H.; Ishihara, K.; Yamamoto, H. *J. Org. Chem.* **2002**, 67, 5124.
[225] Kamitanaka, T.; Hikida, T.; Hayashi, S.; Kishida, N.; Matsuda, T.; Harada, T. *Tetrahedron Lett.* **2007**, 48, 8460.
[226] Gligorich, K. M.; Schultz, M. . J.; Sigman, M. S. *J. Am. Chem. Soc.* **2006**, 128, 2794.
[227] Zhang, X.; Corma, A. *Chem. Commun.* **2007**, 3080.
[228] Yang, C.-G.; He, C. *J. Am. Chem. Soc.* **2005**, 127, 6966.
[229] Gruttadauric, M.; Aprile, C.; Riela, S.; Noto, R. *Tetrahedron Lett.* **2001**, 42, 2213.
[230] Miura, K.; Hondo, T.; Okajima, T.; Nakagawa, T.; Takahashi, T.; Hosomi, A. *J. Org. Chem.* **2002**, 67, 6082; Marotta, E.; Foresti, E.; Marcelli, T.; Peri, F.; Righi, P.; Scardovi, N.; Rosini, G. *Org. Lett.* **2002**, 4, 4451.
[231] McDonald, F. E.; Towne, T. B. *J. Org. Chem.* **1995**, 60, 5750.
[232] Lattanzi, A.; Della Sala, G. D.; Russo, M.; Screttri, A. *Synlett* **2001**, 1479.
[233] Qian, H.; Han, X.; Widenhoefer, R. A. *J. Am. Chem. Soc.* **2004**, 126, 9536.
[234] Rönn, M.; Bäckvall, J.-E.; Andersson, P. G. *Tetrahedron Lett.* **1995**, 36, 7749. See Tiecco, M.; Testaferri, L.; Santi, C. *Eur. J. Org. Chem.* **1999**, 797.
[235] Han, X.; Widenhoefer, R. A. *J. Org. Chem.* **2004**, 69, 1738.
[236] Miki, K.; Nishino, F.; Ohe, K.; Uemura, S. *J. Am. Chem. Soc.* **2002**, 124, 5260.
[237] Yang, C.-G.; Reich, N. W.; Shi, Z.; He, C. *Org. Lett.* **2005**, 7, 4553.
[238] Yu, X.; Seo, S. Y.; Marks, T. J. *J. Am. Chem. Soc.* **2007**, 129, 7244.
[239] Yao, T.; Zhang, X.; Larock, R. C. *J. Am. Chem. Soc.* **2004**, 126, 11164.
[240] Kang, S. H.; Park, C. M.; Lee, S. B.; Kim, M. *Synlett* **2004**, 1279.
[241] Hartman, J. W.; Sperry, L. *Tetrahedron Lett.* **2004**, 45, 3787.
[242] Antoniotti, S.; Genin, E.; Michelet, V.; Genêt, J.-P. *J. Am. Chem. Soc.* **2005**, 127, 9976; Santos, L. L.; Ruiz, V. R.; Sabater, M. J.; Corma, A. *Tetrahedron* **2008**, 64, 7902.
[243] Gabriele, B.; Salerno, G.; Lauria, E. *J. Org. Chem.* **1999**, 64, 7687.
[244] Qing, F. L.; Gao, W.-Z.; Ying, J. *J. Org. Chem.* **2000**, 65, 2003. See Kel'in, A. V.; Gevorgyan, V. *J. Org. Chem.* **2002**, 67, 95.
[245] Nan, Y.; Miao, H.; Yang, Z. *Org. Lett.* **2000**, 2, 297. See also, Arcadi, A.; Cacchi, S.; DiGiuseppe, S.; Fabrizi, G.; Marinelli, F. *Synlett* **2002**, 453.
[246] Davidson, M. H.; McDonald, F. E. *Org. Lett.* **2004**, 6, 1601.
[247] Pale, P.; Chuche, J. *Eur. J. Org. Chem.* **2000**, 1019.
[248] The phenyl group also added to the allene. Kang, S.-K.; Baik, T.-G.; Kulak, A. N. *Synlett* **1999**, 324.
[249] Ma, S.; Gao, W. *J. Org. Chem.* **2002**, 67, 6104.
[250] Zhang, Z.; Widenhoefer, R. A. *Angew. Chem. Int. Ed.* **2007**, 46, 283.
[251] Mukai, C.; Ohta, M.; Yamashita, H.; Kitagaki, S. *J. Org. Chem.* **2004**, 69, 6867.
[252] Back, T. G.; Moussa, Z.; Parvez, M. *J. Org. Chem.* **2002**, 67, 499.
[253] See Chambers, R. D.; Mobbs, R. H. *Adv. Fluorine Chem.* **1965**, 4, 51, pp. 53-61.
[254] See Farnsworth, M. V.; Cross, M. J.; Louie, J. *Tetrahedron Lett.* **2004**, 45, 7441.
[255] Shostakovskii, M. F.; Trofimov, B. A.; Atavin, A. S.; Lavrov, V. I. *Russ. Chem. Rev.* **1968**, 37, 907.
[256] See Kresge, A. J.; Yin, Y. *J. Phys. Org. Chem.* **1989**, 2, 43.
[257] See Bolitt, V.; Mioskowski, C.; Shin, D.; Falck, J. R. *Tetrahedron Lett.* **1988**, 29, 4583.
[258] See Johnston, R. D.; Marston, C. R.; Krieger, P. E.; Goem G. L. *Synthesis* **1988**, 393.
[259] See Wan, P.; Yates, K. *Rev. Chem. Intermed.* **1984**, 5, 157.
[260] Marshall, J. A. *Acc. Chem. Res.* **1969**, 2, 33.
[261] See Larock, R. C. *Solvation/Demercuration Reactions in Organic Synthesis*, Springer, NY, **1986**, pp. 162-345.
[262] Brown, H. C.; Rei, M. *J. Am. Chem. Soc.* **1969**, 91, 5646.
[263] Brown, H. C.; Kurek, J. T.; Rei, M.; Thompson, K. L. *J. Org. Chem.* **1984**, 49, 2551; **1985**, 50, 1171.
[264] Talybov, G. M.; Mekhtieva, V. Z.; Karaev, S. F. *Russ. J. Org. Chem.* **2001**, 37, 600.

[265] Kang, S. H.; Kim, M. *J. Am. Chem. Soc.* **2003**, 125, 4684. For an enantioselective example, see Kang, S. H.; Lee, S. B.; Park, C. M. *J. Am. Chem. Soc.* **2003**, 125, 15748.
[266] See Larock, R. C. *Solvation/Demercuration Reactions in Organic Synthesis*, Springer, NY, **1986**, pp. 346-366.
[267] Garavelas, A.; Mavropoulos, I.; Perlmutter, P.; Westman, F. *Tetrahedron Lett.* **1995**, 36, 463.
[268] Quadbeck, G. *Newer Methods Prep. Org. Chem.* **1963**, 2, 133-161. See Tidwell, T. T. *Acc. Chem. Res.* **1990**, 23, 273; Seikaly, H. R.; Tidwell, T. T. *Tetrahedron* **1986**, 42, 2587; Satchell, D. P. N.; Satchell, R. S. *Chem. Soc. Rev.* **1975**, 4, 231.
[269] Boeckman, Jr., R. K.; Pruitt, J. R. *J. Am. Chem. Soc.* **1989**, 111, 8286.
[270] Cannizzaro, C. E.; Strassner, T.; Houk, K. N. *J. Am. Chem. Soc.* **2001**, 123, 2668.
[271] See Ballantine, J. A.; Davies, M.; Purnell, H.; Rayanakorn, M.; Thomas, J. M.; Williams, K. J. *J. Chem. Soc., Chem. Commun.* **1981**, 8.
[272] See Peterson, P. E.; Tao, E. V. P. *J. Org. Chem.* **1964**, 29, 2322.
[273] See Larock, R. C. *Solvation/Demercuration Reactions in Organic Synthesis* Springer, NY, **1986**, pp. 367-442.
[274] Larock, R. C.; Hightower, T. R. *J. Org. Chem.* **1993**, 58, 5298; Annby, U.; Stenkula, M.; Andersson, C.-M. *Tetrahedron Lett.* **1993**, 34, 8545.
[275] Ferraz, H. M. C.; Ribeiro, C. M. R. *Synth. Commun.* **1992**, 22, 399.
[276] Verboom, R. C.; Persson, B. A.; Bäckvall, J.-E. *J. Org. Chem.* **2004**, 69, 3102.
[277] Goossen, L. J.; Paetzold, J.; Koley, D. *Chem. Commun.* **2003**, 706. See Hua, R.; Tian, X. *J. Org. Chem.* **2004**, 69, 5782.
[278] See Bianchini, C.; Meli, A.; Peruzzini, M.; Zanobini, F.; Bruneau, C.; Dixneuf, P. H. *Organometallics* **1990**, 9, 1155.
[279] Bassetti, M.; Floris, B. *J. Chem. Soc. Perkin Trans. 2*, **1988**, 227; Grishin, Yu. K.; Bazhenov, D. V.; Ustynyuk, Yu. A.; Zefirov, N. S.; Kartashov, V. R.; Sokolova, T. N.; Skorobogatova, E. V.; Chernov, A. N. *Tetrahedron Lett.* **1988**, 29, 4631.
[280] Mitsudo, T.; Hori, Y.; Yamakawa, Y.; Watanabe, Y. *J. Org. Chem.* **1987**, 52, 2230
[281] Mahé, R.; Sasaki, Y.; Bruneau, C.; Dixneuf, P. H. *J. Org. Chem.* **1989**, 54, 1518.
[282] See Sofia, M. J.; Katzenellenbogen, J. A. *J. Org. Chem.* **1985**, 50, 2331. For a list of other examples, see Larock, R. C. *Comprehensive Organic Transformations*, 2nd ed., Wiley-VCH, NY, **1999**, p. 1895.
[283] Liao, H.-Y.; Cheng, C.-H. *J. Org. Chem.* **1995**, 60, 3711
[284] Jiménez-Tenorio, M.; Puerta, M. C.; Valerga, P.; Moreno-Dorado, F. J.; Guerra, F. M.; Massanet, G. M. *Chem. Commun.* **2001**, 2324.
[285] Kharasch, M. S.; Fono, A. *J. Org. Chem.* **1959**, 24, 606; Kochi, J. K. *J. Am. Chem. Soc.* **1962**, 84, 1572.
[286] Ma, S.; Wu, S. *J. Org. Chem.* **1999**, 64, 9314.
[287] Ma, S.; Li, L.; Wei, Q.; Xie, H.; Wang, G.; Shi, Z.; Zhang, J. *Pure. Appl. Chem.* **2000**, 72, 1739.
[288] Uemura, K.; Shiraishi, D.; Noziri, M.; Inoue, Y. *Bull. Chem. Soc. Jpn.* **1999**, 72, 1063.
[289] See Blake, P. G.; Vayjooee, M. H. B. *J. Chem. Soc. Perkin Trans. 2*, **1976**, 1533.
[290] Braga, A. L.; Emmerich, D. J.; Silveira, C. C.; Martins, T. L. C.; Rodrigues, O. E. D. *Synlett* **2001**, 371.
[291] Steinmann, J. E.; Phillips, J. H.; Sanders, W. J.; Kiessling, L. L. *Org. Lett.* **2001**, 3, 3557.
[292] Bassindale, A. R.; Katampe, I.; Maesano, M. G.; Patel, P.; Taylor, P. G. *Tetrahedron Lett.* **1999**, 40, 7417.
[293] See Wardell, J. L. in Patai, S. *The Chemistry of the Thiol Group*, pt. 1, Wiley, NY, **1974**, pp. 169-178.
[294] Shostakovskii, M. F.; Kul'bovskaya, N. K.; Gracheva, E. P.; Laba, V. I.; Yakushina, L. M. *J. Gen. Chem. USSR* **1962**, 32, 707.
[295] Belley, M.; Zamboni, R. *J. Org. Chem.* **1989**, 54, 1230.
[296] See Voronkov, M. G.; Martynov, A. V.; Mirskova, A. N. *Sulfur Rep.*, **1986**, 6, 77; Griesbaum, K. *Angew. Chem. Int. Ed.* **1970**, 9, 273; Oswald, A. A.; Griesbaum, K. in Kharasch, N.; Meyers, C. Y. *Organic Sulfur Compounds*, Vol. 2, Pergamon, Elmsford, NY, **1966**, pp. 233-256; Stacey, F. W.; Harris, Jr., J. F. *Org. React.* **1963**, 13, 150, pp. 165-196, 247-324.
[297] Lou, F.-W.; Xu, J.-M.; Liu, B.-K.; Wu, Q.; Pan, Q.; Lin, X.-F. *Tetrahedron Lett.* **2007**, 48, 8815. For a solvent free, Ce(III)-promoted reaction, see Silveira, C. C.; Mendes, S. R.; Libero, F. M. *Synlett* **2010**, 790.
[298] Ranu, B. C.; Mandal, T. *Synlett* **2007**, 925; Ranu, B. C. *Can. J. Chem.* **2009**, 87, 1605.
[299] Kanagasabapathy, S.; Sudalai, A.; Benicewicz, B. C. *Tetrahedron Lett.* **2001**, 42, 3791.
[300] Kumar, P.; Pandey, R. K.; Hegde, V. R. *Synlett* **1999**, 1921.
[301] Janssen, M. J. in Patai, S. *The Chemistry of Carboxylic Acids and Esters*, Wiley, NY, **1969**, pp. 720-723.
[302] Haché, B.; Gareau, Y. *Tetrahedron Lett.* **1994**, 35, 1837.
[303] See Arjona, O.; Medel, R.; Rojas, J.; Costa, A. M.; Vilarrasa, J. *Tetrahedron Lett.* **2003**, 44, 6369.
[304] Kuniyasu, H.; Ogawa, A.; Sato, K.-I.; Ryu, I.; Kambe, N.; Sonoda, N. *J. Am. Chem. Soc.* **1992**, 114, 5902.
[305] Kirpichenko, S. V.; Tolstikova, L. L.; Suslova, E. N.; Voronkov, M. G. *Tetrahedron Lett.* **1993**, 34, 3889.
[306] Mukaiyama, T.; Saitoh, T.; Jona, H. *Chem. Lett.* **2001**, 638.
[307] Cui, D.-M.; Meng, Q.; Zheng, J.-Z.; Zhang, C. *Chem. Commun.* **2009**, 1577.
[308] Kondoh, A.; Takami, K.; Yorimitsu, H.; Oshima, K. *J. Org. Chem.* **2005**, 70, 6468.
[309] Cao, C.; Fraser, L. R.; Love, J. A. *J. Am. Chem. Soc.* **2005**, 127, 17614; Yang, J.; Sabarre, A.; Fraser, L. R.; Patrick, B. O.; Love, J. A. *J. Org. Chem.* **2009**, 74, 182.
[310] Yadav, J. S.; Subba Reddy, B. V.; Raju, A.; Ravindar, K.; Baishya, G. *Chem. Lett.* **2007**, 36, 1474
[311] Weiss, C. J.; Wobser, S. D.; Marks, T. J. *J. Am. Chem. Soc.* **2009**, 131, 2062.
[312] Weiss, C. J.; Marks, T. J. *J. Am. Chem. Soc.* **2010**, 132, 10533.
[313] Yamashita, F.; Kuniyasu, H.; Terao, J.; Kambe, N. *Org. Lett.* **2008**, 10, 101.
[314] Silva, M. S.; Lara, R. G.; Marczewski, J. M.; Jacob, R. G.; Lenardão, E. J.; Perin, G. *Tetrahedron Lett.* **2008**, 49, 1927.
[315] Huang, X.; Zhong, P.; Guo, W.-r. *Org. Prep. Proceed. Int.* **1999**, 31, 201.
[316] Gabriele, B.; Salerno, G.; Fazio, A. *Org. Lett.* **2000**, 2, 351.
[317] Usugi, S.; Yorimitsu, H.; Shinokubo, H.; Oshima, K. *Org. Lett.* **2004**, 6, 601.

[318] Ananikov, V. P.; Beletskaya, I. P. *Org. Biomol. Chem.* **2004**, 2, 284.

[319] See Gassman, P. G.; Gilbert, D. P.; Cole, S. M. *J. Org. Chem.* **1977**, 42, 3233.

[320] See Blake, A. J.; Friend, C. L.; Outram, R. J.; Simpkins, N. S.; Whitehead, A. J. *Tetrahedron Lett.* **2001**, 42, 2877.

[321] Kuniyasu, H.; Ogawa, A.; Sato, K.-I.; Ryu, I.; Sonoda, N. *Tetrahedron Lett.* **1992**, 33, 5525.

[322] Dabdoub, M. J.; Baroni, A. C. M.; Lenardão, E. J.; Gianeti, T. R.; Hurtado, G. R. *Tetrahedron* **2001**, 57, 4271.

[323] Kamiya, I.; Nishinaka, E.; Ogawa, A. *J. Org. Chem.* **2005**, 70, 696.

[324] Müller, T. E.; Hultzsch, K. C.; Yus, M.; Foubelo, F.; Tada, M. *Chem. Rev.* **2008**, 108, 3795.

[325] See Gasc, M. B.; Lattes, A.; Périé, J. J. *Tetrahedron* **1983**, 39, 703; Pines, H.; Stalick, W. M. *Base-Catalyzed Reactions of Hydrocarbons and Related Compounds* Academic Press, NY, **1977**, pp. 423-454; Beller, M.; Breindl, C.; Eichberger, M.; Hartung, C. G.; Seayad, J.; Thiel, O. R.; Tillack, A.; Trauthwein, H. *Synlett* **2002**, 1579. For selectivity, see Tillack, A.; Khedkar, V.; Beller, M. *Tetrahedron Lett.* **2004**, 45, 8875.

[326] Howk, B. W.; Little, E. L.; Scott, S. L.; Whitman, G. M. *J. Am. Chem. Soc.* **1954**, 76, 1899.

[327] Anderson, L. L.; Arnold, J.; Bergman, R. G. *J. Am. Chem. Soc.* **2005**, 127, 14542.

[328] For a review, see Doye, S. *Synlett* **2004**, 1653.

[329] See Gasc, M. B.; Lattes, A.; Périé, J. J. *Tetrahedron* **1983**, 39, 703; Bäckvall, J. *Adv. Met.-Org. Chem.* **1989**, 1, 135. Also see Rogers, M. M.; Kotov, V.; Chatwichien, J.; Stahl, S. S. *Org. Lett.* **2007**, 9, 4331. See also Singer, R. A.; Doré, M.; Sieser, J. E.; Berliner, M. A. *Tetrahedron Lett.* **2006**, 47, 3727.

[330] The anti-Markovkinov amine is produced: Utsonomiya, M.; Hartwig, J. F. *J. Am. Chem. Soc.* **2004**, 126, 2702; Routaboul, L.; Buch, C.; Klein, H.; Jackstell, R.; Beller, M. *Tetrahedron Lett.* **2005**, 46, 7401. For mechanistic studies, see Takaya, J.; Hartwig, J. F. *J. Am. Chem. Soc.* **2005**, 127, 5756.

[331] Huang, J.-M.; Wong, C.-M.; Xu, F.-X.; Loh, T.-P. *Tetrahedron Lett* **2007**, 48, 3375.

[332] Kaspar, L. T.; Fingerhut, B.; Ackermann, L. *Angew. Chem. Int. Ed.* **2005**, 44, 5972.

[333] Michaux, J.; Terrasson, V.; Marque, S.; Wehbe, J.; Prim, D.; Campagne, J.-M. *Eur. J. Org. Chem.* **2007**, 2601.

[334] Herzon, S. B.; Hartwig, J. F. *J. Am. Chem. Soc.* **2007**, 129, 6690.

[335] Hesp, K. D.; Stradiotto, M. *J. Am. Chem. Soc.* **2010**, 132, 18026.

[336] O'Shaughnessy, P. N.; Scott, P. *Tetrahedron Asymmetry* **2003**, 14, 1979.

[337] Srivastava, R. S.; Nicholas, K. M. *Chem. Commun.* **1996**, 2335.

[338] Hultzsch, K. C. *Org. Biomol. Chem.* **2005**, 3, 1819; Yin, P.; Loh, T.-P. *Org. Lett.* **2009**, 11, 3791. See Reznichenko, A. L.; Nguyen, H. N.; Hultzsch, K. C. *Angew. Chem. Int. Ed.* **2010**, 49, 8984.

[339] Brouwer, C.; He, C. *Angew. Chem. Int. Ed.* **2006**, 45, 1744.

[340] Nishina, N.; Yamamoto, Y. *Angew. Chem. Int. Ed.* **2006**, 45, 3314.

[341] See Hegedus, L. S.; Åkermark, B.; Zetterberg, K.; Olsson, L. F. *J. Am. Chem. Soc.* **1984**, 106, 7122.

[342] See Utsunomiya, M.; Hartwig, J. F. *J. Am. Chem. Soc.* **2003**, 125, 14286.

[343] Minami, T.; Okamoto, H.; Ikeda, S.; Tanaka, R.; Ozawa, F.; Yoshifuji, M. *Angew. Chem. Int. Ed.* **2001**, 40, 4501.

[344] Hong, S.; Marks, T. J. *J. Am. Chem. Soc.* **2002**, 124, 7886.

[345] Kovács, G.; Ujaque, G.; Lledós, A. *J. Am. Chem. Soc.* **2008**, 130, 853.

[346] Ney, J. E.; Wolfe, J. P. *J. Am. Chem. Soc.* **2005**, 127, 8644. See also, Sakai, N.; Ridder, A.; Hartwig, J. F. *J. Am. Chem. Soc.* **2006**, 128, 8134; Rogers, M. M.; Wendlandt, J. E.; Guzei, I. A.; Stahl, S. S. *Org. Lett.* **2006**, 8, 2257.

[347] Takemiya, A.; Hartwig, J. F. *J. Am. Chem. Soc.* **2006**, 128, 6042; Liu, Z.; Hartwig, J. F. *J. Am. Chem. Soc.* **2008**, 130, 1570.

[348] Kim, J. Y.; Livinghouse, T. *Org. Lett.* **2005**, 7, 4391.

[349] Quinet, C.; Ates, A.; Markó, I. E. *Tetrahedron Lett.* **2008**, 49, 5032.

[350] Müller, C.; Loos, C.; Schulenberg, N.; Doye, S. *Eur. J. Org. Chem.* **2006**, 2499.

[351] Kim, H.; Lee, P. H.; Livinghouse, T. *Chem. Commun.* **2005**, 5205; Yang, L.; Xu, L.-W.; Zhou, W.; Gao, Y.-H.; Sun, W.; Xia, C.-G. *Synlett* **2009**, 1167.

[352] Gribkov, D. V.; Hultzsch, K. C.; Hampel, F. *J. Am. Chem. Soc.* **2006**, 128, 3748.

[353] Ryu, J.-S.; Marks, T. J.; McDonald, F. E. *Org. Lett.* **2001**, 3, 3091. See Hong, S.; Tian, S.; Metz, M. V.; Marks, T. J. *J. Am. Chem. Soc.* **2003**, 125, 14768.

[354] Kim, Y. K.; Livinghouse, T.; Bercaw, J. E. *Tetrahedron Lett.* **2001**, 42, 2933.

[355] Crimmin, M. R.; Casely, I. J.; Hill, M. S. *J. Am. Chem. Soc.* **2005**, 127, 2042.

[356] Ates, A.; Quinet, C. *Eur. J. Org. Chem.* **2003**, 1623.

[357] Hartung, C. G.; Breindl, C.; Tillack, A.; Beller, M. *Tetrahedron* **2000**, 56, 5157.

[358] Fujita, H.; Tokuda, M.; Nitta, M.; Suginome, H. *Tetrahedron Lett.* **1992**, 33, 6359.

[359] Dieter, R. K.; Yu, H. *Org. Lett.* **2000**, 2, 2283.

[360] Singh, S.; Nicholas, K. M. *Synth. Commun.* **2001**, 31, 3087.

[361] Le Berre, A.; Delacroix, A. *Bull. Soc. Chim. Fr.* **1973**, 640, 647. See also, Vogel, D. E.; Büchi, G. *Org. Synth.*, 66, 29.

[362] Molander, G. A.; Pack, S. K. *J. Org. Chem.* **2003**, 68, 9214.

[363] See Chekulaeva, I. A.; Kondrat'eva, L. V. *Russ. Chem. Rev.* **1965**, 34, 669; Hartung, C. G.; Tillack, A.; Trauthwein, H.; Beller, M. *J. Org. Chem.* **2001**, 66, 6339.

[364] See Kruse, C. W.; Kleinschmidt, R. F. *J. Am. Chem. Soc.* **1961**, 83, 213, 216.

[365] Patil, N. T.; Lutete, L. M.; Wu, H.; Pahadi, N. K.; Gridnev, I. D.; Yamamoto, Y. *J. Org. Chem.* **2006**, 71, 4270.

[366] Khedkar, V.; Tillack, A.; Beller, M. *Org. Lett.* **2003**, 5, 4767; Tillack, A.; Castro, I. G.; Hartung, C. G.; Beller, M. *Angew. Chem. Int. Ed.* **2002**, 41, 2541; Bytschkov, I.; Doye, S. *Eur. J. Org. Chem.* **2001**, 4411.

[367] Anderson, L. L.; Arnold, J.; Bergman R. G. *Org. Lett.* **2004**, 6, 2519; Cao, C.; Li, Y.; Shi, Y.; Odom, A. L. *Chem. Commun.*,

2004, 2002.

[368] Shanbhag, G. V.; Kumbar, S. M.; Joseph, T.; Halligudi, S. B. *Tetrahedron Lett*. **2006**, 47, 141.
[369] Mizushima, E.; Hayashi, T.; Tanaka, M. *Org. Lett*. **2003**, 5, 3349.
[370] MülHiroya, K.; Matsumoto, S.; Sakamoto, T. *Org. Lett*. **2004**, 6, 2953; Lutete, L. M.; Kadota, I.; Yamamoto, Y. *J. Am. Chem. Soc*. **2004**, 126, 1622. See also, Karur, S.; Kotti, S. R. S. S.; Xu, X.; Cannon, J. F.; Headley, A.; Li, G. *J. Am. Chem. Soc*. **2003**, 125, 13340.
[371] Kel'in, A.; Sromek, A. W.; Gevorgyan, V. *J. Am. Chem. Soc*. **2001**, 123, 2074.
[372] Ackermann, L.; Born, R. *Tetrahedron Lett*. **2004**, 45, 9541. For a different approach using hypervalent iodine, see Barluenga, J.; Trincado, M.; Rubio, E.; González, J. M. *Angew. Chem. Int. Ed*. **2003**, 42, 2406.
[373] Huang, Q.; Hunter, J. A.; Larock, R. C *J. Org. Chem*. **2002**, 67, 3437.
[374] Schult, K. E.; Reisch, J.; Walker, H. *Chem. Ber*. **1965**, 98, 98.
[375] Zhou, L.; Bohle, D. S.; Jiang, H.-F.; Li, C.-J. *Synlett* **2009**, 937.
[376] Mak, X. Y.; Ciccolini, R. P.; Robinson, J. M.; Tester, J. W.; Danheiser, R. L. *J. Org. Chem*. **2009**, 74, 9381.
[377] Meguro, M.; Yamamoto, Y. *Tetrahedron Lett*. **1998**, 39, 5421.
[378] Geri, R.; Polizzi, C.; Lardicci, L.; Caporusso, A. M. *Gazz. Chim. Ital*., **1994**, 124, 241.
[379] Zeng, X.; Soleilhavoup, M.; Bertrand, G. *Org. Lett*. **2009**, 11, 3166.
[380] Davies, I. W.; Scopes, D. I. C.; Gallagher, T. *Synlett* **1993**, 85.
[381] Morita, N.; Krause, N. *Org. Lett*. **2004**, 6, 4121.
[382] Ackermann, L.; Bergman, R. G.; Loy, R. N. *J. Am. Chem. Soc*. **2003**, 125, 11956.
[383] See Larock, R. C. *Solvation/Demercuration Reactions in Organic Synthesis*, Springer, NY, **1986**, pp. 443-504. See also, Barluenga, J.; Perez-Prieto, J.; Asensio, G. *Tetrahedron* **1990**, 46, 2453.
[384] Arisawa, M.; Yamaguchi, M. *J. Am. Chem. Soc*. **2006**, 128, 50. See Kawaguchi, S.-i.; Nagata, S.; Nomoto, A.; Sonoda, M.; Ogawa, A. *J. Org. Chem*. **2008**, 73, 7928.
[385] Shulyupin, M. O.; Kazankova, M. A.; Beletskaya, I. P. *Org. Lett*. . **2002**, 4, 761.
[386] Hayashi, M.; Matsuura, Y.; Watanabe, Y. *Tetrahedron Lett*. **2004**, 45, 9167.
[387] Bunlaksananusorn, T.; Knochel, P. *J. Org. Chem*. **2004**, 69, 4595.
[388] Tayama, O.; Nakano, A.; Iwahama, T.; Sakaguchi, S.; Ishii, Y. *J. Org. Chem*. **2004**, 69, 5494.
[389] Depréle, S.; Montchamp, J.-L. *J. Org. Chem*. **2001**, 66, 6745.
[390] Depréle, S.; Montchamp, J.-L. *J. Am. Chem. Soc*. **2002**, 124, 9386.
[391] Han, L.-B.; Zhang, C.; Yazawa, H.; Shimada, S. *J. Am. Chem. Soc*. **2004**, 126, 5080.
[392] Takaki, K.; Koshoji, G.; Komeyama, K.; Takeda, M.; Shishido, T.; Kitani, A.; Takehira, K. *J. Org. Chem*. **2003**, 68, 6554.
[393] Kazankova, M. A.; Efimova, I. V.; Kochetkov, A. N.; Atanas'ev, V. V.; Beletskaya, I. P.; Dixneuf, P. H. *Synlett* **2001**, 497.
[394] Ohmiya, H.; Yorimitsu, H.; Oshima, K. *Angew. Chem. Int. Ed*. **2005**, 44, 2368.
[395] Han, L.-B.; Zhao, C.-Q.; Tanaka, M. *J. Org. Chem*. **2001**, 66, 5929.
[396] Mirzaei, F.; Han, L.-B.; Tanaka, M. *Tetrahedron Lett*. **2001**, 42, 297.
[397] Kazankova, M. A.; Shulyupin, M. O.; Beletskaya, I. P. *Synlett* **2003**, 2155.
[398] Miura, K.; Hondo, T.; Nakagawa, T.; Takahashi, T.; Hosomi, A. *Org. Lett*. **2000**, 2, 385.
[399] Marson, C. M.; Fallah, A. *Tetrahedron Lett*. **1994**, 35, 293.
[400] Jacobi, P. A.; Brielmann, H. L.; Hauck, S. I. *J. Org. Chem*. **1996**, 61, 5013.
[401] Scartozzi, M.; Grondin, R.; Leblanc, Y. *Tetrahedron Lett*. **1992**, 33, 5717.
[402] Schlummer, B.; Hartwig, J. F. *Org. Lett*. **2002**, 4, 1471; Haskins, C. M.; Knight, D. W. *Chem. Commun*. **2002**, 2724.
[403] Zalatan, D. N.; Du Bois, J. *J. Am. Chem. Soc*. **2008**, 130, 9220.
[404] Trost, B. M.; Maulide, N.; Livingston, R. C. *J. Am. Chem. Soc*. **2008**, 130, 16502.
[405] Bajracharya, G. B.; Huo, Z.; Yamamoto, Y. *J. Org. Chem*. **2005**, 70, 4883; Patil, N. T.; Huo, Z.; Bajracharya, G. B.; Yamamoto, Y. *J. Org. Chem*. **2006**, 71, 3612; Narsireddy, M.; Yamamoto, Y. *J. Org. Chem*. **2008**, 73, 9698.
[406] Qin, H.; Yamagiwa, N.; Matsunaga, S.; Shibasaki, M. *Chemistry: Asian J*. **2007**, 2, 150.
[407] Bacci, J. P.; Greenman, K. L.; van Vranken, D. L. *J. Org. Chem*. **2003** 68, 4955.
[408] Yudha S., S.; Kuninobu, Y.; Takai, K. *Org. Lett*. **2007**, 9, 5609.
[409] Gooén, L. J.; Salih, K. S. M.; Blanchot, M. *Angew. Chem. Int. Ed*. **2008**, 47, 8492.
[410] Ohno, H.; Toda, A.; Miwa, Y.; Taga, T.; Osawa, E.; Yamaoka, Y.; Fujii, N.; Ibuka, T. *J. Org. Chem*. **1999**, 64, 2992.
[411] Na, S.; Yu, F.; Gao, W. *J. Org. Chem*. **2003**, 68, 5943; Ma, S.; Gao, W. *Org. Lett*. **2002**, 4, 2989.
[412] Sliwnska, A.; Zwierzak, A. *Tetrahedron* **2003**, 59, 5927.
[413] Callier, A.-C.; Quiclet-Sire, B.; Zard, S. Z. *Tetrahedron Lett*. **1994**, 35, 6109.
[414] Larock, R. C.; Hightower, T. R.; Hasvold, L. A.; Peterson, K. P. *J. Org. Chem*. **1996**, 61, 3584. See also, Pinho, P.; Minnaard, A. J.; Feringa, B. L. *Org. Lett*. **2003**, 5, 259. For an electrochemical variation, see Xu, H.-C; Moeller, K. D. *J. Am. Chem. Soc*. **2008**, 130, 13542.
[415] Alexanian, E. J.; Lee, C.; Sorensen, E. J. *J. Am. Chem. Soc*. **2005**, 127, 7690; Michael, F. E.; Cochran, B. M. *J. Am. Chem. Soc*. **2006**, 128, 4246. For a related reaction, see Zabawa, T. P.; Kasi, D.; Chemler, S. R. *J. Am. Chem. Soc*. **2005**, 127, 11250.
[416] Zhang, Z.; Liu, C.; Kinder, R. E.; Han, X.; Qian, H.; Widenhoefer, R. A. *J. Am. Chem. Soc*. **2006**, 128, 9066; LaLonde, R. L.; Sherry, B. D.; Kang, E. J.; Toste, F. D. *J. Am. Chem. Soc*. **2007**, 129, 2452; Han, X.; Widenhoefer, R. A. *Angew. Chem. Int. Ed*. **2006**, 45, 1747.
[417] Donohoe, T. J.; Chughtai, M. J.; Klauber, D. J.; Griffin, D.; Campbell, A. D. *J. Am. Chem. Soc*. **2006**, 128, 2514.
[418] Yang, L.; Xu, L.-W.; Xia, C.-G. *Synthesis* **2009**, 1969.

[419] Brice, J. L.; Harang, J. E.; Timokhin, V. I.; Anastasi, N. R.; Stahl, S. S. *J. Am. Chem. Soc.* **2005**, 127, 2868; Liu, G.; Stahl, S. S. *J. Am. Chem. Soc.* **2006**, 128, 7179; Qian, H.; Widenhoefer, R. A. *Org. Lett.* **2005**, 7, 2635.

[420] Trost, B. M.; Dake, G. R. *J. Am. Chem. Soc.* **1997**, 119, 7595.

[421] Ribière, P, ; Bravo-Altamirano, K.; Antczak, M. I.; Hawkins, J. D.; Montchamp, J.-L. *J. Org. Chem.* **2005**, 70, 4064.

[422] Hirai, T.; Han, L.-B. *Org. Lett.* **2007**, 9, 53.

[423] Harvey, G. R.; Ratts, K. W. *J. Org. Chem.* **1966**, 31, 3907. See Biffin, M. E. C.; Miller, J.; Paul, D. B. in Patai, S. *The Chemistry of the Azido Group*, Wiley, NY, **1971**, pp. 120-136.

[424] Hassner, A.; Fibiger, R.; Andisik, D. *J. Org. Chem.* **1984**, 49, 4237.

[425] Heathcock, C. H. *Angew. Chem. Int. Ed.* **1969**, 8, 134. See Larock, R. C. *Solvation/Demercuration Reactions in Organic Synthesis*, Springer, NY, **1986**, pp. 522-527.

[426] Waser, J.; Nambu, H.; Carreira, E. M. *J. Am. Chem. Soc.* **2005**, 127, 8294.

[427] See Mitsui, S.; Kasahara, A. in Zabicky, J. *The Chemistry of Alkenes*, Vol. 2, Wiley, NY, **1970**, pp. 175-214. Also see, Smith, M. B. *Organic Synthesis*, 3rd ed., Wavefunction Inc./Elsevier, Irvine, CA/London, England, **2010**, pp. 422-438.

[428] See Rylander, P. N. *Hydrogenation Methods* Academic Press, NY, **1985**; *Catalytic Hydrogenation in Organic Synthesis* Academic Press, NY, **1979**; Freifelder, M. *Catalytic Hydrogenation in Organic Synthesis* Wiley, NY, **1978**; *Practical Catalytic Hydrogenation* Wiley, NY, **1971**; Augustine, R. L. *Catalytic Hydrogenation* Marcel Dekker, NY, **1965**; Parker, D. in Hartley, F. R. *The Chemistry of the Metal-Carbon Bond*, Vol. 4, Wiley, NY, **1987**, pp. 979-1047.

[429] Pizey, J. S. *Synthetic Reagents*, Vol. 2, Wiley, NY, **1974**, pp. 175-311; Pojer, P. M. *Chem. Ind.* (*London*) **1986**, 177.

[430] See Chandrasekhar, S.; Narsihmulu, Ch.; Chandrashekar, G.; Shyamsunder, T. *Tetrahedron Lett.* **2004**, 45, 2421.

[431] See Ganem, B.; Osby, J. O. *Chem. Rev.* **1986**, 86, 763.

[432] See Minachev, Kh. M.; Khodakov, Yu. S.; Nakhshunov, V. S. *Russ. Chem. Rev.* **1976**, 45, 142.

[433] James, B. R. *Homogeneous Hydrogenation* Wiley, NY, **1973**; Collman, J. P.; Hegedus, L. S.; Norton, J. R.; Finke, R. G. *Principles and Applications of Organotransition Metal Chemistry* University Science Books, Mill Valley, CA **1987**, pp. 523-564; Birch, A. J.; Williamson, D. H. *Org. React.* **1976**, 24, 1; James, B. R. *Adv. Organomet. Chem.* **1979**, 17, 319; Harmon, R. E.; Gupta, S. K.; Brown, D. J. *Chem. Rev.* **1973**, 73, 21; Rylander, P. N. *Organic Syntheses with Noble Metal Catalysts* Academic Press, NY, **1973**, pp. 60-76.

[434] See van Bekkum, H.; van Rantwijk, F.; van de Putte, T. *Tetrahedron Lett.* 1969, 1.

[435] See Jardine, F. H. *Prog. Inorg. Chem.* **1981**, 28, 63-202.

[436] Harmon, R. E.; Parsons, J. L.; Cooke, D. W.; Gupta, S. K.; Schoolenberg, J. *J. Org. Chem.* **1969**, 34, 3684. See also, Mohrig, J. R.; Dabora, S. L.; Foster, T. F.; Schultz, S. C. *J. Org. Chem.* **1984**, 49, 5179.

[437] Jardine, F. H.; Wilkinson, G. *J. Chem. Soc. C* **1967**, 270.

[438] Hattori, K.; Sajiki, H.; Hirota, K. *Tetrahedron* **2000**, 56, 8433.

[439] Tang, W.; Liu, D.; Zhang, X *Org. Lett.* **2003**, 5, 205.

[440] See Rylander, P. N. *Catalytic Hydrogenation over Platinum Metals*, Academic Press, NY, **1967**, pp. 59-120. Also see, Hudlicky, M. *Reductions in Organic Chemistry* Ellis Horwood Ltd., Chichester **1984**.

[441] Jourdant, A.; González-Zamora, E.; Zhu, J. *J. Org. Chem.* **2002**, 67, 3163.

[442] Taylor, R. A.; Santora, B. P.; Gagné, M. R. *Org. Lett.* **2000**, 2, 1781.

[443] Okamoto, K.; Akiyama, R.; Kobayashi, S. *J. Org. Chem.* **2004**, 69, 2871. See also, Bremeyer, N.; Ley, S. V.; Ramarao, C.; Shirley, I. M.; Smith, S. C. *Synlett* **2002**, 1843.

[444] Huang, J.; Jiang, T.; Han, B.; Gao, H.; Chang, Y.; Zhao, G.; Wu, W. *Chem. Commun.* **2003**, 1654.

[445] Hallman, P. S.; McGarvey, B. R.; Wilkinson, G. *J. Chem. Soc. A* **1968**, 3143; Jardine, F. H.; McQuillin, F. J. *Tetrahedron Lett.* **1968**, 5189.

[446] Birch, A. J.; Walker, K. A. M. *Tetrahedron Lett.* **1967**, 1935.

[447] Barbier, J.; Lamy-Pitara, E.; Marecot, P.; Boitiaux, J. P.; Cosyns, J.; Verna, F. *Adv. Catal.* **1990**, 37, 279-318.

[448] Cui, X.; Burgess, K. *Chem. Rev.* **2005**, 105, 3272.

[449] Roseblade, S. J.; Pfaltz, A. *Acc. Chem. Res.* **2007**, 40, 1402; Källström, K.; Andersson, P. G. *Tetrahedron Lett.* **2006**, 47, 7477; Li, X.; Kong, L.; Gao, Y.; Wang, X. *Tetrahedron Lett.* **2007**, 48, 3915; özkar, S.; Finke, R. G. *J. Am. Chem. Soc.* **2005**, 127, 4800; Schrems, M. G.; Neumann, E.; Pfaltz, A. *Angew. Chem. Int. Ed.* **2007**, 46, 8274; Källström, K.; Munslow, I.; Andersson, P. G. *Chemistry: European J.* **2006**, 12, 3194.

[450] Callis, N. M.; Thiery, E.; Le Bras, J.; Muzart, J. *Tetrahedron Lett.* **2007**, 48, 8128. See Brunel, J. M. *Tetrahedron* **2007**, 63, 3899.

[451] Troutman, M. V.; Appella, D. H.; Buchwald, S. L. *J. Am. Chem. Soc.* **1999**, 121, 4916.

[452] Imamoto, T.; Sugita, K.; Yoshida, K. *J. Am. Chem. Soc.* **2005**, 127, 11934; Hedberg, C.; Källström, K.; Brandt, P.; Hansen, L. K.; Andersson, P. G. *J. Am. Chem. Soc.* **2006**, 128, 2995. See McIntosh, A. I.; Watson, D. J.; Burton, J. W.; Lambert, R. M. *J. Am. Chem. Soc.* **2006**, 128, 7329; Diguez, M.; Mazuela, J.; Pmies, O.; Verendel, J. J.; Andersson, P. G. *J. Am. Chem. Soc.* **2008**, 130, 7208; Chen, W.; Roberts, S. M.; Whittall, J. *Tetrahedron Lett.* **2006**, 47, 4263; Tang, W.-J.; Huang, Y.-Y.; He, Y.-M.; Fan, Q.-H. *Tetrahedron Asymmetry* **2006**, 17, 536; Tang, W.; Qu, B.; Capacci, A. G.; Rodriguez, S.; Wei, X.; Haddad, N.; Narayanan, B.; Ma, S.; Grinberg, N.; Yee, N. K.; Krishnamurthy, D.; Chris H.; Senanayake, C. H. *Org. Lett.* **2010**, 12, 176; Zhang, X.; Huang, K.; Hou, G.; Cao, B.; Zhang, X. *Angew. Chem. Int. Ed.* **2010**, 49, 6421.

[453] Huang, H.; Zheng, Z.; Luo, H.; Bai, C.; Hu, X.; Chen, H. *J. Org. Chem.* **2004**, 69, 2355; Hua, Z.; Vassar, V. C.; Ojima, I. *Org. Lett.* **2003**, 5, 3831. For a review, see Jerphagnon, T.; Renaud, J.-L.; Bruneau, C. *Tetrahedron Asymmetry* **2004**, 15, 2101.

[454] Knowles, W. S.; Sabacky, M. J.; Vineyard, B. D. *Adv. Chem. Ser* **1974**, 132, 274.

[455] Brown, J. M.; Chaloner, P. A. *J. Chem. Soc., Chem. Commun.* **1980**, 344; **1978**, 321; *J. Am. Chem. Soc.* **1980**, 102, 3040.

[456] See Chan. A. S. C.; Halpern, J. *J. Am. Chem. Soc.* **1980**, 102, 838; Chua, P. S.; Roberts, N. K.; Bosnich, B.; Okrasinski, S. J.; Halpern, J. *J. Chem. Soc. Chem. Commun.* **1981**, 1278.

[457] See Tang, W.; Zhang, X. *Chem. Rev.* **2003**, 103, 3029.
[458] Faller, J. W.; Parr, J. *J. Am. Chem. Soc.* **1993**, 115, 804.
[459] Kowalak, S.; Weiss, R. C.; Balkus Jr., K. J. *J. Chem. Soc., Chem. Commun.* **1991**, 57.
[460] Sun, Y.; Landau, R. N.; Wang, J.; LeBlond, C.; Blackmond, D. G. *J. Am. Chem. Soc.* **1996**, 118, 1348.
[461] See Hutchins, R. O.; Hutchins, M. G. K. in Patai, S.; Rappoport, Z. *The Chemistry of Functional Groups*, *Supplement C* pt. 1, Wley, NY, **1983**, pp. 571-601; Marvell, E. N.; Li, T. *Synthesis* **1973**, 457; Gutmann, H.; Lindlar, H. in Viehe, H. G. *Acetylenes*, Marcel Dekker, NY, **1969**, pp. 355-363.
[462] Lindlar, H.; Dubuis, R. *Org. Synth.* **V**, 880. See also, Rajaram, J.; Narula, A. P. S.; Chawla, H. P. S.; Dev, S. *Tetrahedron* **1983**, 39, 2315; McEwen, A. B.; Guttieri, M. J.; Maier, W. F.; Laine, R. M.; Shvo, Y. *J. Org. Chem.* **1983**, 48, 4436.
[463] Cram, D. J.; Allinger, N. L. *J. Am. Chem. Soc.* **1956**, 78, 2518; Rosenmund, K. W. *Ber.* **1918**, 51, 585; Mosettig, E.; Mozingo, R. *Org. React.* **1948**, 4, 362.
[464] Chandrasekhar, S.; Narsihmulu, Ch.; Chandrashekar, G.; Shyamsunder, T. *Tetrahedron Lett.* **2004**, 45, 2421.
[465] Li, J.; Hua, R.; Liu, T. *J. Org. Chem.* **2010**, 75, 2966.
[466] Campos, K. R.; Cai, D.; Journet, M.; Kowal, J. J.; Larsen, R. D.; Reider, P. J. *J. Org. Chem.* **2001**, 66, 3634.
[467] Zhong, P.; Huang, X.; Ping-Guo, M. *Tetrahedron* **2000**, 56, 8921.
[468] Miyake, A.; Kondo, H. *Angew. Chem. Int. Ed.* **1968**, 7, 631. For other methods, with references, see Larock, R. C. *Comprehensive Organic Transformations*, 2nd ed., Wiley-VCH, NY, **1999**, pp. 403-404.
[469] See Schuster, H. F.; Coppola, G. M. *Allenes in Organoic Synthesis* Wiley, NY, **1984**, pp. 57-61.
[470] Hou, G.-H.; Xie, J.-H.; Wang, L.-X.; Zhou, Q.-L. *J. Am. Chem. Soc.* **2006**, 128, 11774.
[471] Engman, M.; Diesen, J. S.; Paptchikhine, A.; Andersson, P. G. *J. Am. Chem. Soc.* **2007**, 129, 4536.
[472] See Brown, J. M. *Angew. Chem. Int. Ed.* **1987**, 26, 190.
[473] Holme, D.; Jones, E. R. H.; Whiting, M. C. *Chem. Ind. (London)* **1956**, 928.
[474] See Burch, R. R.; Muetterties, E. L.; Teller, R. G.; Williams, J. M. *J. Am. Chem. Soc.* **1982**, 104, 4257.
[475] See Gudkov, B. S. *Russ. Chem. Rev.* **1986**, 55, 259.
[476] Turkevich, J.; Schissler, D. O.; Irsa, P. *J. Phys. Chem.* **1951**, 55, 1078.
[477] Wilson, J. N.; Otvos, J. W.; Stevenson, D. P.; Wagner, C. D. *Ind. Eng. Chem.* **1953**, 45, 1480.
[478] See Gudkov, B. S.; Balandin, A. A. *Russ. Chem. Rev.* **1966**, 35, 756. For an intramolecular exchange, see Lebrilla, C. B.; Maier, W. F. *Tetrahedron Lett.* **1983**, 24, 1119. See also, Poretti, M.; Gäumann, T. *Helv. Chim. Acta* **1985**, 68, 1160.
[479] See Webb, G. in Bamford, C. H.; Tipper, C. F. H. *Comprehensive Chemical Kinetics*, Vol. 20; Elsevier, NY, **1978**, pp. 1-121; Clarke, J. K. A.; Rooney, J. J. *Adv. Catal.* **1976**, 25, 125-183.
[480] Horiuti, I.; Polanyi, M. *Trans. Faraday Soc.* **1934**, 30, 1164.
[481] See Burwell, Jr., R. L.; Schrage, K. *J. Am. Chem. Soc.* **1965**, 87, 5234.
[482] See Bautista, F. M.; Campelo, J. M.; Garcia, A.; Guardeño, R.; Luna, D.; Marinas, J. M. *J. Chem. Soc. Perkin Trans. 2*, **1989**, 493.
[483] Krasna, A. I. *J. Am. Chem. Soc.* **1961**, 83, 289.
[484] Smith, G. V.; Burwell, Jr., R. L. *J. Am. Chem. Soc.* **1962**, 84, 925.
[485] A different mechanisms has been proposed by Zaera, F.; Somorjai, G. A. *J. Am. Chem. Soc.* **1984**, 106, 2288, but there is evidence against it: Beebe, Jr., T. P.; Yates, Jr., J. T. *J. Am. Chem. Soc.* **1986**, 108, 663. See also, Thomson, S. J.; Webb, G. *J. Chem. Soc., Chem. Commun.* **1976**, 526.
[486] See Augustine, R. L.; Yaghmaie, F.; Van Peppen, J. F. *J. Org. Chem.* **1984**, 49, 1865; Maier, W. F. *Angew. Chem. Int. Ed.* **1989**, 28, 135.
[487] See Schlögl, R.; Noack, K.; Zbinden, H.; Reller, A. *Helv. Chim. Acta* **1987**, 70, 627.
[488] Maier, W. F. *Angew. Chem. Int. Ed.* **1989**, 28, 135.
[489] Maier, W. F. in Rylander, P. N.; Greenfield, H.; Augustine, R. L. *Catalysis of Organic Reactions*, Marcel Dekker, NY, **1988**, pp 211-231, Cf. p. 220.
[490] See Crabtree, R. H. *Organometallic Chemistry of the Transition Metals*, Wiley, NY, **1988**, pp. 190-200; Jardine, F. H. in Hartley, F. R. *The Chemistry of the Metal-Carbon Bond*, Vol. 4, Wiley, NY, **1987**, pp. 1049-1071.
[491] Koga, N.; Daniel, C.; Han, J.; Fu, X. Y.; Morokuma, K. *J. Am. Chem. Soc.* **1987**, 109, 3455.
[492] Tolman, C. A.; Meakin, P. Z.; Lindner, D. L.; Jesson, J. P. *J. Am. Chem. Soc.* **1976**, 96, 2762.
[493] López-Serrano, J.; Duckett, S. B.; Lledós, A. *J. Am. Chem. Soc.* **2006**, 128, 9596.
[494] Smith, G. V.; Shuford, R. J. *Tetrahedron Lett.* **1970**, 525; Atkinson, J. G.; Luke, M. O. *Can. J. Chem.* **1970**, 48, 3580.
[495] Morandi, J. R.; Jensen, H. B. *J. Org. Chem.* **1969**, 34, 1889. See, however, Atkinson, J. G.; Luke, M. O. *Can. J. Chem.* **1970**, 48, 3580.
[496] Whitesides, G. M.; Ehmann, W. J. *J. Org. Chem.* **1970**, 35, 3565.
[497] Benkeser, R. A.; Schroll, G.; Sauve, D. M. *J. Am. Chem. Soc.* **1955**, 77, 3378.
[498] Tour, J. M.; Pendalwar, S. L. *Tetrahedron Lett.* **1990**, 31, 4719.
[499] Masuno, M. N.; Molinski, T. F. *Tetrahedron Lett.* **2001**, 42, 8263; Kursanov, D. N.; Parnes, Z. N.; Kalinkin, M. I.; Loim, N. M. *Ionic Hydrogenation and Related Reactions* Harwood Academic Publishers, Chur, Switzerland, **1985**.
[500] See Toromanoff, E. *Bull. Soc. Chim. Fr.* **1987**, 893-901; Russell, G. A. in Patai, S.; Rappoport, Z. *The Chemistry of Enones*, pt. 2, Wiley, NY, **1989**, pp. 471-512.
[501] Parnes, Z. N.; Bolestova, G. I.; Kursanov, D. N. *Bull. Acad. Sci. USSR Div. Chem. Sci.* **1972**, 21, 1927.
[502] Sweany, R. L.; Halpern, J. *J. Am. Chem. Soc.* **1977**, 99, 8335. See also, Bullock, R. M.; Samsel, E. G. *J. Am. Chem. Soc.* **1987**, 109, 6542.
[503] Luo, F.; Pan, C.; Wang, W.; Ye, Z.; Cheng, J. *Tetrahedron* **2010**, 66, 1399. See Han, J. W.; Hayashi, T. *Tetrahedron Asymm.* **2010**, 21, 2193.

[504] Dahlén, A.; Hilmersson, G. *Tetrahedron Lett*. **2003**, 44, 2661.
[505] Lee, H.-Y.; An, M. *Tetrahedron Lett*. **2003**, 44, 2775.
[506] Johnstone, R. A. W.; Wilby, A. H.; Entwistle, I. D. *Chem. Rev*. **1985**, 85, 129; Brieger, G.; Nestrick, T. J. *Chem. Rev*. **1974**, 74, 567.
[507] Alonso, F.; Riente, P.; Yus, M. *Tetrahedron* **2009**, 65, 10637.
[508] See Pasto, D. J.; Taylor, R. T. *Org. React*. **1991**, 40, 91; Hünig, S.; Müller, H. R.; Thier, W. *Angew. Chem. Int. Ed*. **1965**, 4, 271.
[509] Nelson, D. J.; Henley, R. L.; Yao, Z.; Smith, T. D. *Tetrahedron Lett*. **1993**, 34, 5835.
[510] Imada, Y.; Iida, H.; Naota, T. *J. Am. Chem. Soc*. **2005**, 127, 14544.
[511] Aylward, F.; Sawistowska, M. H. *J. Chem. Soc*. **1964**, 1435.
[512] Willis, C.; Back, R. A.; Parsons, J. A.; Purdon, J. G. *J. Am. Chem. Soc*. **1977**, 99, 4451.
[513] Corey, E. J.; Pasto, D. J.; Mock, W. L. *J. Am. Chem. Soc*. **1961**, 83, 2957.
[514] van Tamelen, E. E.; Timmons, R. J. *J. Am. Chem. Soc*. **1962**, 84, 1067.
[515] Wiberg, N.; Fischer, G.; Bachhuber, H. *Angew. Chem. Int. Ed*. **1977**, 16, 780. See also, Craig, N. C.; Kliewer, M. A.; Shih, N. C. *J. Am. Chem. Soc*. **1979**, 101, 2480.
[516] See Zweifel, G. *Intra-Sci. Chem. Rep*. **1973**, 7(2), 181-189.
[517] Brown, H. C.; Murray, K. J. *Tetrahedron* **1986**, 42, 5497; Kabalka, G. W.; Newton Jr., R. J.; Jacobus, J. *J. Org. Chem*. **1979**, 44, 4185.
[518] Weinheimer, A. J.; Marisco, W. E. *J. Org. Chem*. **1962**, 27, 1926.
[519] Pozzi, D.; Scanlan, E. M.; Renaud, P. *J. Am. Chem. Soc*. **2005**, 127, 14204.
[520] Brown, H. C.; Zweifel, G. *J. Am. Chem. Soc*. **1959**, 81, 1512.
[521] Lee, S. H.; Park, Y. J.; Yoon, C. M. *Tetrahedron Lett*. **2000**, 41, 887.
[522] Couturier, M.; Andresen, B. M.; Tucker, J. L.; Dubé, P.; Brenek, S. J.; Negri, J. J. *Tetrahedron Lett*. **2001**, 42, 2763.
[523] Yakabe, S.; Hirano, M.; Morimoto, T. *Tetrahedron Lett*. **2000**, 41, 6795.
[524] Choi, J.; Yoon, N. M. *Synthesis* **1996**, 597.
[525] See Granoth, I.; Segall, Y.; Leader, H.; Alkabets, R. *J. Org. Chem*. **1976**, 41, 3682.
[526] Gribble, G. W.; Nutaitis, C. F. *Org. Prep. Proced. Int*. **1985**, 17, 317; Nilsson, A.; Carlson, R. *Acta Chem. Scand. Sect. B* **1985**, 39, 187.
[527] See Ashby, E. C.; Lin, J. J. *J. Org. Chem*. **1978**, 43, 2567; Chung, S. *J. Org. Chem*. **1979**, 44, 1014. See also, Osby, J. O.; Heinzman, S. W.; Ganem, B. *J. Am. Chem. Soc*. **1986**, 108, 67.
[528] Zohar, E.; Marek, I. *Org. Lett*. **2004**, 6, 341.
[529] Tran, A. T.; Huynh, V. A.; Friz, E. M.; Whitney, S. K.; Cordes, D. B. *Tetrahedron Lett*. **2009**, 50, 1817.
[530] Adair, G. R. A.; Kapoor, K. K.; Scolan, A. L. B.; Williams, J. M. *J. Tetrahedron Lett*. **2006**, 47, 8943.
[531] Ren, P.-D.; Pan, S.-F.; Dong, T.-W.; Wu, S.-H. *Synth. Commun*. **1996**, 26, 763.
[532] Sato, T.; Watanabe, S.; Kiuchi, H.; Oi, S.; Inoue, Y. *Tetrahedron Lett*. **2006**, 47, 7703.
[533] There are some exceptions. Butler, D. N. *Synth. Commun*. **1977**, 7, 441, and references cited therein.
[534] See Caine, D. *Org. React*. **1976**, 23, 1-258.
[535] See Ferraboschi, P.; Reza-Elahi, S.; Verza, E.; Santaniello, E. *Tetrahedron Asymmetry* **1999**, 10, 2639. For reviews of baker's yeast, see Csuk, R.; Glänzer, B. I. *Chem. Rev*. **1991**, 91, 49; Servi, S. *Synthesis* **1990**, 1.
[536] Ulan, J. G.; Maier, W. F.; Smith, D. A. *J. Org. Chem*. **1987**, 52, 3132.
[537] Chou, W.; Clark, D. L.; White, J. B. *Tetrahedron Lett*. **1991**, 32, 299. See Kaufman, D.; Johnson, E.; Mosher, M. D. *Tetrahedron Lett*. **2005**, 46, 5613.
[538] Larock, R. C. *Comprehensive Organic Transformations*, 2nd ed., Wiley-VCH, NY, **1999**, pp. 405-410.
[539] Henne, A. L.; Greenlee, K. W. *J. Am. Chem. Soc*. **1943**, 65, 2020.
[540] Alonso, F.; Yus, M. *Tetrahedron Lett*. **1997**, 38, 149.
[541] Alonso, F.; Yus, M. *Tetrahedron Lett*. **1996**, 37, 6925.
[542] Fürstner, A.; Radkowski, K. *Chem. Commun*. **2002**, 2182.
[543] Trost, B. M.; Ball, Z. T.; Jöge, T. *J. Am. Chem. Soc*. **2002**, 124, 7922.
[544] Ranu, B. C.; Dutta, J.; Guchhait, S. K. *J. Org. Chem*. **2001**, 66, 5624.
[545] Wei, L.-L.; Wei, L.-M.; Pan, W.-B.; Leou, S.-P.; Wu, M.-J. *Tetrahedron Lett*. **2003**, 44, 1979.
[546] Vaidyanathaswamy, R.; Joshi, G. C.; Devaprabhakara, D. *Tetrahedron Lett*. **1971**, 2075.
[547] Montury, M.; Goré, J. *Tetrahedron Lett*. **1980**, 21, 51.
[548] Bhagwat, M. M.; Devaprabhakara, D. *Tetrahedron Lett*. **1972**, 1391.
[549] See Karakhanov, E. A.; Dedov, A. G.; Loktev, A. S. *Russ. Chem. Rev*. **1985**, 54, 171.
[550] See Timmer, K.; Thewissen, D. H. M. W.; Meinema, H. A.; Bulten, E. *J. Recl. Trav. Chim. Pays-Bas* **1990**, 109, 87.
[551] Muetterties, E. L.; Bleeke, J. R. *Acc. Chem. Res*. **1979**, 12, 324. See also, Tsukinoki, T.; Kanda, T.; Liu, G.-B.; Tsuzuki, H.; Tashiro, M. *Tetrahedron Lett*. **2000**, 41, 5865.
[552] Januszkiewicz, K. R.; Alper, H. *Organometallics* **1983**, 2, 1055.
[553] Dyson, P. J.; Ellis, D. J.; Parker, D. G.; Welton, T. *Chem. Commun*. **1999**, 25. Rhodium nanoparticles are used as a catalyst: Mu, X.-d.; Meng, J.-q.; Li, Z.-C.; Kou, Y. *J. Am. Chem. Soc*. **2005**, 127, 9694.
[554] Bonilla, R. J.; James, B. R.; Jessop, P. G. *Chem. Commun*. **2000**, 941.
[555] Zhong, G.; Chan, B.; Radom, L. *J. Am. Chem. Soc*. **2007**, 129, 924.
[556] For an indirect method of hydrogenating benzene to cyclohexene, see Harman, W. D.; Taube, H. *J. Am. Chem. Soc*. **1988**, 110, 7906.
[557] Higashijima, M.; Nishimura, S. *Bull. Chem. Soc. Jpn*. **1992**, 65, 824.
[558] Boxwell, C. J.; Dyson, P. J.; Ellis, D. J.; Welton, T. *J. Am. Chem. Soc*. **2002**, 124, 9334.

[559]   Zhou, Y.-G. *Acc. Chem. Res.* **2007**, 40, 1357.
[560]   Kuwano, R.; Kashiwabara, M.; Ohsumi, M.; Kusano, H. *J. Am. Chem. Soc.* **2008**, 130, 808.
[561]   Piras, L.; Genesio, E.; Ghiron, C.; Taddei, M. *Synlett* **2008**, 1125.
[562]   Wang, W.-B.; Lu, S.-M.; Yang, P.-Y.; Han, X.-W.; Zhou, Y.-G. *J. Am. Chem. Soc.* **2003**, 125, 10536.
[563]   Kuwano, R.; Kaneda, K.; Ito, T.; Sato, K.; Kurokawa, T.; Ito, Y. *Org. Lett.* **2004**, 6, 2213. See Kim, J. T.; Gevorgyan, V. *J. Org. Chem.* **2005**, 70, 2054.
[564]   See Brandsma, L.; van Soolingen, J.; Andringa, H. *Synth. Commun.* **1990**, 20, 2165. Also see, Weitz, I. S.; Rabinovitz, M. *J. Chem. Soc. Perkin Trans.* 1, **1993**, 117.
[565]   Akhrem, A. A.; Reshotova, I. G.; Titov, Yu. A. *Birch Reduction of Aromatic Compounds* Plenum, NY, **1972**; Birch, A. J. *Pure Appl. Chem.* **1996**, 68, 553; Rabideau, P. W. *Tetrahedron* **1989**, 45, 1579; Birch, A. J.; Subba Rao, G. *Adv. Org. Chem.* **1972**, 8, 1; Kaiser, E. M. *Synthesis* **1972**, 391.
[566]   Donohoe, T. J.; House, D. *J. Org. Chem.* **2002**, 67, 5015.
[567]   Kinoshita, T.; Ichinari, D.; Sinya, J. *J. Heterocyclic Chem.* **1996**, 33, 1313.
[568]   Donohoe, T. J.; McRiner, A. J.; Helliwell, M.; Sheldrake, P. *J. Chem. Soc., Perkin Trans.* 1 **2001**, 1435.
[569]   Guo, Z.; Schultz, A. G. *J. Org. Chem.* **2001**, 66, 2154.
[570]   See Zimmerman, H. E.; Wang, P. A. *J. Am. Chem. Soc.* **1990**, 112, 1280; Rabideau, P. W.; Karrick, G. L. *Tetrahedron Lett.* **1987**, 28, 2481.
[571]   Zimmerman, H. E.; Wang, P. A. *J. Am. Chem. Soc.* **1993**, 115, 2205.
[572]   For reviews of solvated electrons and related topics, see Dye, J. L. *Prog. Inorg. Chem.* **1984**, 32, 327-441; Alpatova, N. M.; Krishtalik, L. I.; Pleskov, Y. V. *Top. Curr. Chem.* **1987**, 138, 149-219.
[573]   Birch, A. J.; Nasipuri, D. *Tetrahedron* **1959**, 6, 148.
[574]   See Holy, N. L. *Chem. Rev.* **1974**, 74, 243.
[575]   See Jones, M. T. in Kaiser, E. T.; Kevan, L. *Radical Ions*, Wiley, NY, **1968**, pp. 245-274; Bowers, K. W. *Adv. Magn. Reson.*, **1965**, 1, 317; Carrington, A. *Q. Rev. Chem. Soc.* **1963**, 17, 67.
[576]   Rabideau, P. W.; Peters, N. K.; Huser, D. L. *J. Org. Chem.* **1981**, 46, 1593.
[577]   See Brandsma, L.; Nieuwenhuizen, W. F.; Zwikker, J. W.; Mäeorg, U. *Eur. J. Org. Chem.* **1999**, 775.
[578]   See Rabideau, P. W.; Huser, D. L. *J. Org. Chem.* **1983**, 48, 4266.
[579]   Hine, J. *J. Org. Chem.* **1966**, 31, 1236; Hine, J. *Adv. Phys. Org. Chem.* **1977**, 15, 1. See also, Jochum, C.; Gasteiger, J.; Ugi, I. *Angew. Chem. Int. Ed.* **1980**, 19, 495.
[580]   Bates, R. B.; Brenner, S.; Cole, C. M.; Davidson, E. W.; Forsythe, G. D.; McCombs, D. A.; Roth, A. S. *J. Am. Chem. Soc.* **1973**, 95, 926.
[581]   Benkeser, R. A.; Agnihotri, R. K.; Burrous, M. L.; Kaiser, E. M.; Mallan, J. M.; Ryan, P. W. *J. Org. Chem.* **1964**, 29, 1313; Kwart, H.; Conley, R. A. *J. Org. Chem.* **1973**, 38, 2011.
[582]   Benkeser, R. A.; Belmonte, F. G.; Kang, J. *J. Org. Chem.* **1983**, 48, 2796. See also, Benkeser, R. A.; Laugal, J. A.; Rappa, A. *Tetrahedron Lett.* **1984**, 25, 2089.
[583]   See Keay, J. G. *Adv. Heterocycl. Chem.* **1986**, 39, 1.
[584]   Blough, B. E.; Carroll, F. I. *Tetrahedron Lett.* **1993**, 34, 7239.
[585]   Moody, C. J.; Pitts, M. R. *Synlett* **1998**, 1029.
[586]   Pitts, M. R.; Harrison, J. R.; Moody, C. J. *J. Chem. Soc., Perkin Trans.* 1, **2001**, 955.
[587]   Kamochi, Y.; Kudo, T. *Heterocycles* **1993**, 36, 2383.
[588]   Kamochi, Y.; Kudo, T. *Tetrahedron Lett.* **1994**, 35, 4169.
[589]   Zacharie, B.; Moreau, N.; Dockendorff, C. *J. Org. Chem.* **2001**, 66, 5264.
[590]   Fujita, K.; Kitatsuji, C.; Furukawa, S.; Yamaguchi, R. *Tetrahedron Lett.* **2004**, 45, 3215.
[591]   See Keinan, E.; Greenspoon, N. in Patai, S.; Rappoport, Z. *The Chemistry of Enones*, pt. 2, Wiley, NY, **1989**, pp. 923-1022.; Augustine, R. L. *Adv. Catal.* **1976**, 25, 56.
[592]   See Larock, R. C. *Comprehensive Organic Transformations*, 2nd ed., Wiley-VCH, NY, **1999**, pp. 13-27.
[593]   Cabello, J. A.; Campelo, J. M.; Garcia, A.; Luna, D.; Marinas, J. M. *J. Org. Chem.* **1986**, 51, 1786.
[594]   Wang, C.-J.; Tao, H.; Zhang, X. *Tetrahedron Lett.* **2006**, 47, 1901.
[595]   Nagano, H.; Yokota, M.; Iwazaki, Y. *Tetrahedron Lett.* **2004**, 45, 3035.
[596]   Yue, T.-Y.; Nugent, W. A. *J. Am. Chem. Soc.* **2002**, 124, 13692;
[597]   Barrero, A. F.; Alvarez-Manzaneda, E. J.; Chahboun, R.; Meneses, R. *Synlett* **1999**, 1663; Wang, H.; Lian, H.; Chen, J.; Pan, Y.; Shi, Y. *Synth. Commun.* **1999**, 29, 129.
[598]   Cabrera, A.; Alper, H. *Tetrahedron Lett.* **1992**, 33, 5007. See also, Tarnopolsky, A.; Hoz, S. *J. Am. Chem. Soc.* **2007**, 129, 3402.
[599]   Evans, D. A.; Fu, G. C. *J. Org. Chem.* **1990**, 55, 5678.
[600]   Moisan, L.; Hardouin, C.; Rousseau, B.; Doris, E. *Tetrahedron Lett.* **2002**, 43, 2013.
[601]   Comins, D. L.; Brooks, C. A.; Ingalls, C. L. *J. Org. Chem.* **2001**, 66, 2181.
[602]   Arterburn, J. B.; Pannala, M.; Gonzlez, A. M.; Chamberlin, R. M. *Tetrahedron Lett.* **2000**, 41, 7847.
[603]   Kosal, A. D.; Ashfeld, B. L. *Org. Lett.* **2010**, 12, 44.
[604]   Varma, R. S.; Kabalka, G. W. *Synth. Commun.* **1985**, 15, 151.
[605]   Gupta, A.; Haque, A.; Vankar, Y. D. *Chem. Commun.* **1996**, 1653.
[606]   See Meyer, G. R. *J. Chem. Educ.* **1981**, 58, 628.
[607]   For a discussion of hydride affinity with respect to hydride reducing agents, see Zhu, X.-Q.; Zhang, M.; Liu, Q.-Y.; Wang, X.-X.; Zhang, J.-Y.; Cheng, J.-P. *Angew. Chem. Int. Ed.* **2006**, 45, 3954; Vianello, R.; Peran, N.; Maksić, Z. B. *Eur. J. Org. Chem.*

2007,5296.
[608] Brown, H. C.; Hess, H. M. *J. Org. Chem.* **1969**, 34, 2206. For other methods of reducing both double bonds, see Larock, R. C. *Comprehensive Organic Transformations*, 2nd ed., Wiley-VCH, NY, **1999**, p. 1096.
[609] Das, B.; Kashinatham, A.; Madhusudhan, P. *Tetrahedron Lett.* **1998**, 39, 677.
[610] Ren, P.-D.; Pan, S.-F.; Dong, T.-W.; Wu, S.-H. *Synth. Commun.* **1995**, 25, 3395.
[611] Ranu, B. C.; Samanta, S. *Tetrahedron Lett.* **2002**, 43, 7405.
[612] Ikeno, T.; Kimura, T.; Ohtsuka, Y.; Yamada, T. *Synlett* **1999**, 96.
[613] Ranu, B. C.; Samanta, S. *J. Org. Chem.* **2003**, 68, 7130.
[614] See Blunt, J. W.; Hartshorn, M. P.; Soong, L. T.; Munro, M. H. G. *Aust. J. Chem.* **1982**, 35, 2519; Vincens, M.; Fadel, R.; Vidal, M. *Bull. Soc. Chim. Fr.* **1987**, 462.
[615] Ouellet, S. G.; Tuttle, J. B.; MacMillan, D. W. C. *J. Am. Chem. Soc.* **2005**, 127, 32; Tuttle, J. B.; Ouellet, S. G.; MacMillan, D. W. C. *J. Am. Chem. Soc.* **2006**, 128, 12662; Adolfsson, H. *Angew. Chem. Int. Ed.* **2005**, 44, 3340.
[616] Martin, N. J. A.; List, B. *J. Am. Chem. Soc.* **2006**, 128, 13368.
[617] Martin, N. J. A.; Ozores, L.; List, B. *J. Am. Chem. Soc.* **2007**, 129, 8976.
[618] Quinn, J. F.; Razzano, D. A.; Golden, K. C.; Gregg, B. T. *Tetrahedron Lett.* **2008**, 49, 6137.
[619] Li, X.; Li, L.; Tang, Y.; Zhong, L.; Cun, L.; Zhu, J.; Liao, J.; Deng, J. *J. Org. Chem.* **2010**, 75, 2981.
[620] Naskar, S.; Bhattacharjee, M. *Tetrahedron Lett.* **2007**, 48, 465.
[621] Brunel, J. M. *Synlett* **2007**, 330.
[622] Che, J.; Lam, Y. *Synlett* **2010**, 2415.
[623] Mori, A.; Fujita, A.; Nishihara, Y.; Hiyama, R. *Chem. Commun.* **1997**, 2159; Mori, A.; Fujita, A.; Kajiro, H.; Nishihara, Y.; Hiyama, T. *Tetrahedron* **1999**, 55, 4573.
[624] Huang, S.; Voigtritter, K. R.; Unger, J. B.; Lipshutz, B. H. *Synlett* **2010**, 2041.
[625] Boudjouk, P.; Choi, S.-B.; Hauck, B. J.; Rajkumar, A. B. *Tetrahedron Lett.* **1998**, 39, 3951.
[626] Ito, H.; Ishizuka, T.; Arimoto, K.; Miura, K.; Hosomi, A. *Tetrahedron Lett.* **1997**, 38, 8887.
[627] Magnus, P.; Waring, M. J.; Scott, D. A. *Tetrahedron Lett.* **2000**, 41, 9731.
[628] Keinan, E.; Perez, D. *J. Org. Chem.* **1987**, 52, 2576.
[629] Czekelius, C.; Carreira, E. M. *Org. Lett.* **2004**, 6, 4575.
[630] See Jurkauskas, V.; Buchwald, S. L. *J. Am. Chem. Soc.* **2002**, 124, 2892; Lipshutz, B. H.; Servesko, J. M.; Taft, B. R. *J. Am. Chem. Soc.* **2004**, 126, 8352.
[631] Kim, D.; Park, B.-M.; Yun, J. *Chem. Commun.* **2005**, 1755.
[632] Hughes, G.; Kimura, M.; Buchwald, S. L. *J. Am. Chem. Soc.* **2003**, 125, 11253.
[633] Hirasawa, S.; Nagano, H.; Kameda, Y. *Tetrahedron Lett.* **2004**, 45, 2207.
[634] See Gridnev, I. D.; Imamoto, T. *Acc. Chem. Res.* **2004**, 37, 633.
[635] Ojima, I.; Clos, N.; Bastos, C. *Tetrahedron* **1989**, 45, 6901, pp. 6902-6916; Jardine, F. H. in Hartley, F. R. *The Chemistry of the Metal-Carbon Bond*, Vol. 4, Wiley, NY, **1987**, pp. 751-775; Nógrádi, M. *Stereoselective Synthesis* VCH, NY, **1986**, pp. 53-87; Knowles, W. S. *Acc. Chem. Res.* **1983**, 16, 106; Brunner, H. *Angew. Chem. Int. Ed.* **1983**, 22, 897; Caplar, V.; Comisso, G.; Sunjic, V. *Synthesis* **1981**, 85. See also, Wroblewski, A. E.; Applequist, J.; Takaya, A.; Honzatko, R.; Kim, S.; Jacobson, R. A.; Reitsma, B. H.; Yeung, E. S.; Verkade, J. G. *J. Am. Chem. Soc.* **1988**, 110, 4144; Knowles, W. S. *Angew. Chem. Int. Ed.* **2002**, 41, 1999.
[636] See Ashby, M. T.; Halpern, J. *J. Am. Chem. Soc.* **1991**, 113, 589; Heiser, B.; Broger, E. A.; Crameri, Y. *Tetrahedron: Asymmetry* **1991**, 2, 51; Burk, M. J. *J. Am. Chem. Soc.* **1991**, 113, 8518.
[637] Koenig, K. E. in Morrison, J. D. *Asymmetric Synthesis* Vol. 5, Academic Press, NY, **1985**, p. 74.
[638] Reetz, M. T.; Mehler, G. *Angew. Chem. Int. Ed.* **2000**, 39, 3889.
[639] Koenig, K. E. in Morrison, J. D. *Asymmetric Synthesis* Vol. 5, Academic Press, NY, **1985**, pp. 83-101.
[640] Larock, R. C. *Comprehensive Organic Transformations*, 2nd ed., Wiley-VCH, NY, **1999**, pp. 8-12. See Izumi, Y. *Adv. Catal.* **1983**, 32, 215; Mortreux, A.; Petit, F.; Buono, G.; Peiffer, G. *Bull. Soc. Chim. Fr.* **1987**, 631.
[641] Wu, H.-P.; Hoge, G. *Org. Lett.* **2004**, 6, 3645; Tang, W.; Wu, S.; Zhang, X. *J. Am. Chem. Soc.* **2003**, 125, 9570.
[642] Kanazawa, Y.; Tsuchiya, Y.; Kobayashi, K.; Shiomi, T.; Itoh, J.-i.; Kikuchi, M.; Yamamoto, Y.; Nishiyama, H. *Chemistry: European J.* **2006**, 12, 63.
[643] Pagenkopf, B. L. *J. Org. Chem.* **2004**, 69, 4177; Fu, Y.; Guo, X.-X.; Zhu, S.-F.; Hu, A.-G.; Xie, J.-H.; Zhou, Q.-L. *J. Org. Chem.* **2004**, 69, 4648; Yi, B.; Fan, Q.-H.; Deng, G.-J.; Li, Y.-M.; Qiu, L.-Q.; Chan, A. S. C. *Org. Lett.* **2004**, 6, 1361; Hoen, R.; van den Berg, M.; Bernsmann, H.; Minnaard, A. J.; de Vries, J. G.; Feringa, B. L. *Org. Lett.* **2004**, 6, 1433; Fu, Y.; Hou, G.-H.; Xie, J.-H.; Xing, L.; Wang, L.-X.; Zhou, Q.-L. *J. Org. Chem.* **2004**, 69, 8157; Hoge, G.; Wu, H.-P.; Kissel, W. S.; Pflum, D. A.; Greene, D. J.; Bao, J. *J. Am. Chem. Soc.* **2004**, 126, 5966; Ikeda, S.-i.; Sanuki, R.; Miyachi, H.; Miyashita, H.; Taniguchi, M.; Odashima, K. *J. Am. Chem. Soc.* **2004**, 126, 10331; Huang, H.; Liu, X.; Chen, S.; Chen, H.; Zheng, Z. *Tetrahedron Asymmetry* **2004**, 15, 2011; Hattori, G.; Hori, T.; Miyake, Y.; Nishibayashi, Y. *J. Am. Chem. Soc.* **2007**, 129, 12930.
[644] Zhu, G.; Zhang, X. *J. Org. Chem.* **1998**, 63, 9590; Burk, M. J.; Casy, G.; Johnson, N. B. *J. Org. Chem.* **1998**, 63, 6084; Burk, M. J.; Allen, J. G.; Kiesman, W. F. *J. Am. Chem. Soc.* **1998**, 120, 657.
[645] Noyori, R.; Hashiguchi, S. *Accts. Chem. Res.* **1997**, 30, 97.
[646] Li, S.; Zhu, S.-F.; Zhang, C.-M.; Song, S.; Zhou, Q.-L. *J. Am. Chem. Soc.* **2008**, 130, 8584; Lu, W.-J.; Chen, Y.-W.; Hou, X.-L. *Angew. Chem. Int. Ed.* **2008**, 47, 10133.
[647] Heller, D.; Drexler, H.-J.; Spannenberg, A.; Heller, B.; You, J.; Baumann, W. *Angew. Chem. Int. Ed.* **2002**, 41, 777.
[648] Heller, D.; Holz, J.; Drexler, H.-J.; Lang, J.; Drauz, K.; Krimmer, H.-P.; Börner, A. *J. Org. Chem.* **2001**, 66, 6816.
[649] Suárez, A.; Pizzano, A. *Tetrahedron Asymmetry* **2001**, 12, 2501. See Okano, T.; Kaji, M.; Isotani, S.; Kiji, J. *Tetrahedron Lett.* **1992**,

33,5547 for the influence of water on the regioselectivity of this reduction.

[650] Yamaguchi, M.; Nitta, A.; Reddy, R. S.; Hirama, M. *Synlett* **1997**, 117.
[651] Brown, R. A.; Pollet, P.; McKoon, E.; Eckert, C. A.; Liotta, C. L.; Jessop, P. G. *J. Am. Chem. Soc.* **2001**, 123, 1254.
[652] Kabbara, J.; Flemming, S.; Nickisch, K.; Neh, H.; Westermann, J. *Synlett* **1994**, 679.
[653] Ranu, B. C.; Sarkar, A. *Tetrahedron Lett.* **1994**, 35, 8649.
[654] Basu, B.; Bhuiyan, Md. M. H.; Das, P.; Hossain, I. *Tetrahedron Lett.* **2003**, 44, 8931.
[655] Desai, B.; Danks, T. N. *Tetrahedron Lett.* **2001**, 42, 5963.
[656] Sakaguchi, S.; Yamaga, T.; Ishii, Y. *J. Org. Chem.* **2001**, 66, 4710.
[657] Koltunov, K. Yu.; Repinskaya, I. B.; Borodkin, G. I. *Russ. J. Org. Chem.* **2001**, 37, 1534.
[658] Kawai, Y.; Inaba, Y.; Tokitoh, N. *Tetrahedron Asymmetry* **2001**, 12, 309.
[659] Filho, E. P. S.; Rodrigues, J. A. R.; Moran, P. J. S. *Tetrahedron Asymmetry* **2001**, 12, 847; Kawai, Y.; Hayashi, M.; Tokitoh, N. *Tetrahedron Asymmetry* **2001**, 12, 3007.
[660] Shimoda, K.; Kubota, N.; Hamada, H. *Tetrahedron Asymmetry* **2004**, 15, 2443.
[661] Kawai, Y.; Inaba, Y.; Hayashi, M.; Tokitoh, N. *Tetrahedron Lett.* **2001**, 42, 3367.
[662] Fryszkowska, A.; Fisher, K.; Gardiner, J. M.; Stephens, G. M. *J. Org. Chem.* **2008**, 73, 4295.
[663] See Charton, M. in Zabicky, J. *The Chemistry of Alkenes*, Vol. 2, Wiley, NY, **1970**, pp. 588-592; Newham, J. *Chem. Rev.* **1963**, 63, 123; Rylander, P. N. *Catalytic Hydrogenation over Platinum Metals* Academic Press, NY, **1967**, pp. 469-474.
[664] Bart, S. C.; Chirik, P. J. *J. Am. Chem. Soc.* **2003**, 125, 886.
[665] See Woodworth, C. W.; Buss, V.; Schleyer, P. v. R. *Chem. Commun.* **1968**, 569.
[666] See Walborsky, H. M.; Aronoff, M. S.; Schulman, M. F. *J. Org. Chem.* **1970**, 36, 1036.
[667] For a review, see Staley, S. W. *Sel. Org. Transform.* **1972**, 2, 309.
[668] Cossy, J.; Furet, N. *Tetrahedron Lett.* **1993**, 34, 8107.
[669] Karimi, S.; Tavares, P. *J. Nat. Prod.* **2003**, 66, 520.
[670] See Lane, C. F. in Pizey, J. S. *Synthetic Reagents*, Vol. 3, Wiley, NY, **1977**, pp. 1-191.
[671] See Pelter, A.; Smith, K.; Brown, H. C. *Borane Reagents*, Academic Press, NY, **1988**; Brown, H. C. *Boranes in Organic Chemistry*, Cornell University Press, Ithaca, NY, **1972**, *Organic Syntheses Via Boranes* Wiley, NY, **1975**; Cragg, G. M. L. *Organoboranes in Organic Synthesis*, Marcel Dekker, NY, **1973**; Matteson, D. S. in Hartley, F. R. *The Chemistry of the Metal-Carbon Bond*, Vol. 4, Wiley, NY, **1987**, pp. 307-409, pp. 315-337; Suzuki, A.; Dhillon, R. S. *Top. Curr. Chem.* **1986**, 130, 23.
[672] Fehlner, T. P. *J. Am. Chem. Soc.* **1971**, 93, 6366.
[673] See Hutchins, R. O.; Cistone, F. *Org. Prep. Proced. Int.* **1981**, 13, 225; Cadot, C.; Dalko, P. I.; Cossy, J. *Tetrahedron Lett.* **2001**, 42, 1661.
[674] Larock, R. C. *Comprehensive Organic Transformations*, 2nd ed., Wiley-VCH, NY, **1999**, pp. 1005-1009.
[675] Clay, J. M.; Vedejs, E. *J. Am. Chem. Soc.* **2005**, 127, 5766.
[676] Unless coordinated with a strong Lewis base, such as a tertiary amine, mono-and dialkylboranes actually exist as hydrogen-bridged dimers: Brown, H. C.; Klender, G. J. *Inorg. Chem.* **1962**, 1, 204.
[677] See Negishi, E.; Brown, H. C. *Synthesis* **1974**, 77.
[678] See Brown, H. C.; Cole, T. E.; Srebnik, M.; Kim, K. *J. Org. Chem.* **1986**, 51, 4925.
[679] Srebnik, M.; Cole, T. E.; Brown, H. C. *J. Org. Chem.* **1990**, 55, 5051.
[680] See Kulkarni, S. U.; Basavaiah, D.; Zaidlewicz, M.; Brown, H. C. *Organometallics* **1982**, 1, 212.
[681] Srebnik, M.; Cole, T. E.; Ramachandran, P. V.; Brown, H. C. *J. Org. Chem.* **1989**, 54, 6085.
[682] Cragg, G. M. L. *Organoboranes in Organic Synthesis* Marcel Dekker, NY, **1973**, pp. 63-84, 137-197; Brown, H. C.; Vara Prasad, J. V. N.; Zee, S. *J. Org. Chem.* **1986**, 51, 439.
[683] Brown, H. C.; Sharp, R. L. *J. Am. Chem. Soc.* **1966**, 88, 5851; Klein, J.; Dunkelblum, E.; Wolff, M. A. *J. Organomet. Chem.* **1967**, 7, 377. See also, Marshall, P. A.; Prager, R. H. *Aust. J. Chem.* **1979**, 32, 1251; Mo, Y.; Jiao, H.; Schleyer, P. v. R. *J. Org. Chem.* **2004**, 69, 3493.
[684] Brown, H. C.; Zweifel, G. *J. Am. Chem. Soc.* **1961**, 83, 1241.
[685] See Brown, H. C.; Chen, J. C. *J. Org. Chem.* **1981**, 46, 3978; Soderquist, J. A.; Brown, H. C. *J. Org. Chem.* **1981**, 46, 4599.
[686] Brown, H. C.; Sharp, R. L. *J. Am. Chem. Soc.* **1966**, 88, 5851; Klein, J.; Dunkelblum, E.; Wolff, M. A. *J. Organomet. Chem.* **1967**, 7, 377.
[687] Kabalka, G. W.; Newton Jr., R. J.; Jacobus, J. *J. Org. Chem.* **1978**, 43, 1567.
[688] Medina, J. R.; Cruz, G.; Cabrera, C. R.; Soderquist, J. A. *J. Org. Chem.* **2003**, 68, 4631.
[689] See Nelson, D. J.; Cooper, P. J. *Tetrahedron Lett.* **1986**, 27, 4693; Brown, H. C.; Chandrasekharan, J. *J. Org. Chem.* **1988**, 53, 4811.
[690] Narayana, C.; Periasamy, M. *J. Chem. Soc., Chem. Commun.* **1987**, 1857. See, however, Jones, P. R. *J. Org. Chem.* **1972**, 37, 1886.
[691] See Still, W. C.; Barrish, J. C. *J. Am. Chem. Soc.* **1983**, 105, 2487.
[692] See Burgess, K.; Cassidy, J.; Ohlmeyer, M. J. *J. Org. Chem.* **1991**, 56, 1020; Burgess, K.; Ohlmeyer, M. J. *J. Org. Chem.* **1991**, 56, 1027.
[693] Zhang, J.; Lou, B.; Guo, G.; Dai, L. *J. Org. Chem.* **1991**, 56, 1670.
[694] See Brown, H. C.; Kulkarni, S. U. *J. Organomet. Chem.* **1982**, 239, 23.
[695] Brown, H. C.; Ravindran, N.; Kulkarni, S. U. *J. Org. Chem.* **1979**, 44, 2417.
[696] Brown, H. C.; Racherla, U. S. *J. Org. Chem.* **1986**, 51, 895.
[697] Soundararajan, R.; Matteson, D. S. *J. Org. Chem.* **1990**, 55, 2274.
[698] Frantz, D. E.; Singleton, D. A. *Org. Lett.* **1999**, 1, 485.
[699] Parish, E. J.; Parish, S.; Honda, H. *Synth. Commun.* **1990**, 20, 3265.

[700] Brown, H. C.; Kulkarni, S. U.; Rao, C. G.; Patil, V. D. *Tetrahedron* **1986**, 42, 5515.
[701] Soderquist, J. A.; Martinez, J.; Oyola, Y.; Kock, I. *Tetrahedron Lett.* **2004**, 45, 5541.
[702] See Shapland, P.; Vedejs, E. *J. Org. Chem.* **2004**, 69, 4094.
[703] See Brown, H. C.; Unni, M. K. *J. Am. Chem. Soc.* **1968**, 90, 2902; Brown, H. C.; Gallivan, Jr., R. M. *J. Am. Chem. Soc.* **1968**, 90, 2906; Brown, H. C.; Sharp, R. L. *J. Am. Chem. Soc.* **1968**, 90, 2915.
[704] Singaram, B.; Rangaishenvi, M. V.; Brown, H. C.; Goralski, C. T.; Hasha, D. L. *J. Org. Chem.* **1991**, 56, 1543.
[705] Smith, S. M.; Thacker, N. C.; Takacs, J. M. *J. Am. Chem. Soc.* **2008**, 130, 3734.
[706] Scheideman, M.; Wang, G.; Vedejs, E. *J. Am. Chem. Soc.* **2008**, 130, 8669.
[707] Rarig, R.-A. F.; Scheideman, M.; Vedejs, E. *J. Am. Chem. Soc.* **2008**, 130, 9182.
[708] Brown, H. C.; Vara Prasad, J. V. N. *J. Am. Chem. Soc.* **1986**, 108, 2049.
[709] Brown, H. C.; Singaram, B. *Acc. Chem. Res.* **1988**, 21, 287; Srebnik, M.; Ramachandran, P. V. *Aldrichimica Acta* **1987**, 20, 9; Brown, H. C.; Jadhav, P. K. in Morrison, J. D. *Asymmetric Synthesis* Vol. 2, Academic Press, NY, **1983**, pp. 1-43. For a study of electronic effects, see Garner, C. M.; Chiang, S.; Nething, M.; Monestel, R. *Tetrahedron Lett.* **2002**, 43, 8339.
[710] Brown, H. C.; Jadhav, P. K.; Mandal, A. K. *J. Org. Chem.* **1982**, 47, 5074. See also, Brown, H. C.; Weissman, S. A.; Perumal, P. T.; Dhokte, U. P. *J. Org. Chem.* **1990**, 55, 1217. For the crystal structure of this adduct, see Soderquist, J. A.; Hwang-Lee, S.; Barnes, C. L. *Tetrahedron Lett.* **1988**, 29, 3385.
[711] Jadhav, P. K.; Kulkarni, S. U. *Heterocycles* **1982**, 18, 169.
[712] Brown, H. C.; Vara Prasad, J. V. N.; Zaidlewicz, M. *J. Org. Chem.* **1988**, 53, 2911.
[713] Kiesgen de Richter, R.; Bonato, M.; Follet, M.; Kamenka, J. *J. Org. Chem.* **1990**, 55, 2855.
[714] Jadhav, P. K.; Brown, H. C. *J. Org. Chem.* **1981**, 46, 2988.
[715] Masamune, S.; Kim, B. M.; Petersen, J. S.; Sato, T.; Veenstra, J. S.; Imai, T. *J. Am. Chem. Soc.* **1985**, 107, 4549. See Thomas, S. P.; Aggarwal, V. K. *Angew. Chem. Int. Ed.* **2009**, 48, 1896.
[716] For another enantioselective hydroboration method, see Reaction **15-16**.
[717] Demay, S.; Volant, F.; Knochel, P. *Angew. Chem. Int. Ed.* **2001**, 40, 1235.
[718] Brown, H. C.; Negishi, E. *J. Am. Chem. Soc.* **1972**, 94, 3567.
[719] Cyclic hydroboration: see Brown, H. C.; Negishi, E. *Tetrahedron* **1977**, 33, 2331. See also, Brown, H. C.; Pai, G. G.; Naik, R. G. *J. Org. Chem.* **1984**, 49, 1072.
[720] Brown, H. C.; Negishi, E.; Dickason, W. C. *J. Org. Chem.* **1985**, 50, 520.
[721] Karatjas, A. G.; Vedejs, E. *J. Org. Chem.* **2008**, 73, 9508.
[722] See Hudrlik, P. F.; Hudrlik, A. M. in Patai, S. *The Chemistry of the Carbn-Carbon Triple Bond*, pt. 1, Wiley, NY, **1978**, pp. 203-219.
[723] Brown, H. C.; Campbell, Jr., J. B. *Aldrichimica Acta* **1981**, 14, 1.
[724] Brown, H. C.; Gupta, S. K. *J. Am. Chem. Soc.* **1975**, 97, 5249. See Garrett, C. E.; Fu, G. C. *J. Org. Chem.* **1996**, 61, 3224.
[725] Brown, H. C.; Campbell Jr., J. B. *J. Org. Chem.* **1980**, 45, 389.
[726] Zweifel, G.; Arzoumanian, H. *J. Am. Chem. Soc.* **1967**, 89, 291.
[727] Brown, H. C.; Coleman, R. A. *J. Org. Chem.* **1979**, 44, 2328.
[728] Pelter, A.; Singaram, S.; Brown, H. C. *Tetrahedron Lett.* **1983**, 24, 1433.
[729] See Gautam, V. K.; Singh, J.; Dhillon, R. S. *J. Org. Chem.* **1988**, 53, 187. See also, Suzuki, A.; Dhillon, R. S. *Top. Curr. Chem.* **1986**, 130, 23.
[730] Kabalka, G. W.; Yu, S.; Li, N.-S. *Tetrahedron Lett.* **1997**, 38, 7681.
[731] Burgess, K.; van der Donk, W. A.; Westcott, S. A.; Marder, T. B.; Baker, R. T.; Calabrese, J. C. *J. Am. Chem. Soc.* **1992**, 114, 9350; Evans, D. A.; Fu, G. C.; Hoveyda, A. H. *J. Am. Chem. Soc.* **1992**, 114, 6671.
[732] Burgess, K.; Ohlmeyer, M. J. *Chem. Rev.* **1991**, 91, 1179.
[733] Evans, D. A.; Muci, A. R.; Stürmer, R. *J. Org. Chem.* **1993**, 58, 5307.
[734] Harrison, K. N.; Marks, T. J. *J. Am. Chem. Soc.* **1992**, 114, 9220.
[735] Sato, M.; Miyaura, N.; Suzuki, A. *Tetrahedron Lett.* **1990**, 31, 231; Brown, J. M.; Lloyd-Jones, G. C. *Tetrahedron: Asymmetry* **1990**, 1, 869.
[736] Goddard, J.-P.; LeGall, T.; Mioskowski, C. *Org. Lett.* **2000**, 2, 1455.
[737] Negishi, E. *Adv. Met.-Org. Chem.* **1989**, 1, 177; Eisch, J. J. *The Chemistry of Organometallic Compounds*; Macmillan, NY, **1967**, pp. 107-111; Eisch, J. J.; Fichter, K. C. *J. Organomet. Chem.* **1983**, 250, 63.
[738] See Dzhemilev, U. M.; Vostrikova, O. S.; Tolstikov, G. A. *Russ. Chem. Rev.* **1990**, 59, 1157; Maruoka, K.; Yamamoto, H. *Tetrahedron* **1988**, 44, 5001.
[739] See Negishi, E. *Organometallics in Organic Synthesis* Vol. 1, Wiley, NY, **1980**, pp. 45-48, 357-363, 406-412; Speier, J. L. *Adv. Organomet. Chem.* **1979**, 17, 407; Andrianov, K. A.; Soucek, J.; Khananashvili, L. M. *Russ. Chem. Rev.* **1979**, 48, 657.
[740] Negishi, E.; Takahashi, T. *Synthesis* **1988**, 1; Dzhemilev, U. M.; Vostrikova, O. S.; Tolstikov, G. A. *J. Organomet. Chem.* **1986**, 304, 17. Also see, Hoveyda, A. H.; Morken, J. P. *J. Org. Chem.* **1993**, 58, 4237.
[741] Doyle, M. P.; High, K. G.; Nesloney, C. L.; Clayton, Jr., T. W.; Lin, J. *Organometallics* **1991**, 10, 1225.
[742] Lipshutz, B. H.; Keil, R.; Ellsworth, E. L. *Tetrahedron Lett.* **1990**, 31, 7257.
[743] See Bogdanovic, B. *Angew. Chem. Int. Ed.* **1985**, 24, 262.
[744] See Hudrlik, P. F.; Hudrlik, A. M. in Patai, S. *The Chemistry of the Carbon-Carbon Triple Bond*, pt. 1, Wiley, NY, **1978**, pp. 219-232.
[745] Eisch, J. J.; Kaska, W. C. *J. Am. Chem. Soc.* **1966**, 88, 2213; Eisch, J. J.; Rhee, S. *Liebigs Ann. Chem.* **1975**, 565.
[746] See Shuikin, N. I.; Lebedev, B. L. *Russ. Chem. Rev.* **1966**, 35, 448; Schmerling, L. in Olah, G. A. *Friedel-Crafts and Related Reactions*, Vol. 2, Wiley, NY, **1964**, pp. 1075-1111, 1121-1122.

[747] Frey, E. J.; Hepp, H. J. *Ind. Eng. Chem.* **1936**, 28, 1439.
[748] Metzger, J. O. *Angew. Chem. Int. Ed.* **1983**, 22, 889; Hartmanns, J.; Klenke, K.; Metzger, J. O. *Chem. Ber.* **1986**, 119, 488.
[749] See Mayr, H. *Angew. Chem. Int. Ed.* **1990**, 29, 1371.
[750] Bolestova, G. I.; Parnes, Z. N.; Kursanov, D. N. *J. Org. Chem. USSR* **1983**, 19, 2175.
[751] Qiao, K.; Deng, Y. *Tetrahedron Lett.* **2003**, 44, 2191.
[752] Geraghty, N. W. A.; Hannan, J. J. *Tetrahedron Lett.* **2001**, 42, 3211.
[753] Zhang, Y.; Li, C.-J. *Tetrahedron Lett.* **2004**, 45, 7581.
[754] See Pines, H.; Stalick, W. M. *Base-Catalyzed Reactions of Hydrocarbons and Related Compounds*, Academic Press, NY, **1977**, pp. 240-422; Pines, H. *Acc. Chem. Res.* **1974**, 7, 155.
[755] Pines, H.; Wunderlich, D. *J. Am. Chem. Soc.* **1958**, 80, 6001.
[756] Eberhardt, G. G.; Peterson, H. J. *J. Org. Chem.* **1965**, 30, 82; Pines, H.; Stalick, W. M. *Tetrahedron Lett.* **1968**, 3723.
[757] Schmerling, L.; Toekelt, W. G. *J. Am. Chem. Soc.* **1962**, 84, 3694.
[758] Kakiuchi, F.; Murai, S. *Acc. Chem. Res.* **2002**, 35, 826.
[759] DeBoef, B.; Pastine, S. J.; Sames, D. *J. Am. Chem. Soc.* **2004**, 126, 6556.
[760] Buch, F.; Brettar, J.; Harder, S. *Angew. Chem. Int. Ed.* **2006**, 45, 2741.
[761] Glaser, P. B.; Tilley, T. D. *J. Am. Chem. Soc.* **2003**, 125, 13640.
[762] See Tsuchiya, Y.; Uchimura, H.; Kobayashi, K.; Nishiyama, H. *Synlett* **2004**, 2099.
[763] Motoda, D.; Shinokubo, H.; Oshima, K. *Synlett* **2002**, 1529.
[764] Zhao, W.-G.; Hua, R. *Eur. J. Org. Chem.* **2006**, 5495.
[765] Takaki, K.; Sonoda, K.; Kousaka, T.; Koshoji, G.; Shishido, T.; Takehira, K. *Tetrahedron Lett.* **2001**, 42, 9211.
[766] Molander, G. A.; Julius, M. *J. Org. Chem.* **1992**, 57, 6347.
[767] See Sabourault, N.; Mignani, G.; Wagner, A.; Mioskowski, C. *Org. Lett.* **2002**, 4, 2117.
[768] Nakamura, S.; Uchiyama, M. *J. Am. Chem. Soc.* **2007**, 129, 28; Lipshutz, B. H.; Lower, A.; Kucejko, R. J.; Noson, K. *Org. Lett.* **2006**, 8, 2969.
[769] Hou, Z.; Zhang, Y.; Tardif, O.; Wakatsuki, Y. *J. Am. Chem. Soc.* **2001**, 123, 9216.
[770] Hatanaka, Y.; Goda, K.; Yamashita, F.; Hiyama, T. *Tetrahedron Lett.* **1994**, 35, 7981.
[771] Driver, T. G.; Franz, A. K.; Woerpel, K. A. *J. Am. Chem. Soc.* **2002**, 124, 6524.
[772] Molander, G. A.; Corrette, C. P. *Tetrahedron Lett.* **1998**, 39, 5011.
[773] Muci, A. R.; Bercaw, J. E. *Tetrahedron Lett.* **2000**, 41, 7609.
[774] Murai, T.; Oda, T.; Kimura, F.; Onishi, H.; Kanda, T.; Kato, S. *J. Chem. Soc., Chem. Commun.* **1994**, 2143.
[775] Jensen, J. F.; Svendsen, B. H.; la Cour, T. V.; Pedersen, H. L.; Johannsen, M. *J. Am. Chem. Soc.* **2002**, 124, 4558.
[776] Nakamura, S.; Uchiyama, M.; Ohwada, T. *J. Am. Chem. Soc.* **2005**, 127, 13116.
[777] Rubin, M.; Schwier, T.; Gevorgyan, V. *J. Org. Chem.* **2002**, 67, 1936.
[778] Miura, K.; Oshima, K.; Utimoto, K. *Bull. Chem. Soc. Jpn.* **1993**, 66, 2356.
[779] Nakamura, S.; Uchiyama, M.; Ohwada, T. *J. Am. Chem. Soc.* **2004**, 126, 11146.
[780] Trost, B. M.; Ball, Z. T. *J. Am. Chem. Soc.* **2005**, 127, 17644; Maifeld, S. V.; Tran, M. N.; Lee, D. *Tetrahedron Lett.* **2005**, 46, 105.
[781] Hamze, A.; Provot, O.; Brion, J.-D.; Alami, M. *Synthesis* **2007**, 2025.
[782] Takahashi, T.; Bao, F.; Gao, G.; Ogasawara, M. *Org. Lett.* **2003**, 5, 3479.
[783] Miyake, Y.; Isomura, E.; Iyoda, M. *Chem. Lett.* **2006**, 35, 836.
[784] Berthon-Gelloz, G.; Schumers, J.-M.; De Bo, G.; Markó, I. E. *J. Org. Chem.* **2008**, 73, 4190.
[785] Trost, B. M.; Ball, Z. T. *J. Am. Chem. Soc.* **2001**, 123, 12726.
[786] Kawanami, Y.; Sonoda, Y.; Mori, T.; Yamamoto, K. *Org. Lett.* **2002**, 4, 2825.
[787] Sato, A.; Kinoshita, H.; Shinokubo, H.; Oshima, K. *Org. Lett.* **2004**, 6, 2217.
[788] Wu, W.; Li, C.-J. *Chem. Commun.* **2003**, 1668.
[789] Asao, N.; Shimada, T.; Shimada, T.; Yamamoto, Y. *J. Am. Chem. Soc.* **2001**, 123, 10899. See also, Sudo, T.; Asao, N.; Yamamoto, Y. *J. Org. Chem.* **2000**, 65, 8319.
[790] Kopping, B.; Chatgilialoglu, C.; Zehnder, M.; Giese, B. *J. Org. Chem.* **1992**, 57, 3994.
[791] Yus, M.; Martínez, P.; Guijarro, D. *Tetrahedron* **2001**, 57, 10119.
[792] Dang, H.-S.; Roberts, B. P. *Tetrahedron Lett.* **1995**, 36, 2875.
[793] Kakiuchi, F.; Tanaka, Y.; Sato, T.; Chatani, N.; Murai, S. *Chem. Lett.* **1995**, 679; Trost, B. M.; Imi, K.; Davies, I. W. *J. Am. Chem. Soc.* **1995**, 117, 5371.
[794] Tayama, O.; Iwahama, T.; Sakaguchi, S.; Ishii, Y. *Eur. J. Org. Chem.* **2003**, 2286.
[795] Reisser, M.; Maier, A.; Maas, G. *Synlett* **2002**, 1459.
[796] Hewitt, G. W.; Somers, J. J.; Sieburth, S. Mc. N. *Tetrahedron Lett.* **2000**, 41, 10175.
[797] Lukashev, N. V.; Kazantsev, A. V.; Borisenko, A. A.; Beletskaya, I. P. *Tetrahedron* **2001**, 57, 10309.
[798] Clark, C. T.; Lake, J. F.; Scheidt, K. A. *J. Am. Chem. Soc.* **2004**, 126, 84.
[799] Oestreich, M.; Weiner, B. *Synlett* **2004**, 2139.
[800] See Sammis, G. M.; Danjo, H.; Jacobsen, E. N. *J. Am. Chem. Soc.* **2004**, 126, 9928.
[801] See Onsager, O.; Johansen, J. E. in Hartley, F. R.; Patai, S. *The Chemistry of the Metal-Carbon Bond*, Vol. 3, Wiley, NY, **1985**, pp. 205-257.
[802] Wang, C.-C.; Lin, P.-S.; Cheng, C.-H. *Tetrahedron Lett.* **2004**, 45, 6203.
[803] Ng, S.-S.; Ho, C.-Y.; Schleicher, K. D.; Jamison, T. F. *Pure Appl. Chem.* **2008**, 80, 929.
[804] Moreau, B.; Wu, J. Y.; Ritter, T. *Org. Lett.* **2009**, 11, 337.

[805] Kisanga, P.; Goj, L. A.; Widenhoefer, R. A. *J. Org. Chem.* **2001**, 66, 635.
[806] Mori, M.; Saito, N.; Tanaka, D.; Takimoto, M.; Sato, Y. *J. Am. Chem. Soc.* **2003**, 125, 5606; Michaut, M.; Santelli, M.; Parrain, J.-L. *Tetrahedron Lett.* **2003**, 44, 2157.
[807] Molander, G. A.; Dowdy, E. D.; Schumann, H. *J. Org. Chem.* **1998**, 63, 3386.
[808] Okamoto, S.; Livinghouse, T. *J. Am. Chem. Soc.* **2000**, 122, 1223. See Hart, D. J.; Bennett, C. E. *Org. Lett.* **2003**, 5, 1499.
[809] Toyota, M.; Majo, V. J.; Ihara, M. *Tetrahedron Lett.* **2001**, 42, 1555.
[810] Kende, A. S.; Mota Nelson, C. E.; Fuchs, S. *Tetrahedron Lett.* **2005**, 46, 8149.
[811] Wender, P. A.; Dyckman, A. J. *Org. Lett.* **1999**, 1, 2089; Cao, P.; Wang, B.; Zhang, X. *J. Am. Chem. Soc.* **2000**, 122, 6490; Cao, P.; Zhang, X. *Angew. Chem. Int. Ed.* **2000**, 39, 4104.
[812] Fernández-Rivas, C.; Méndez, M.; Echavarren, A. M. *J. Am. Chem. Soc.* **2000**, 122, 1221.
[813] Chatani, N.; Inoue, H.; Morimoto, T.; Muto, T.; Murai, S. *J. Org. Chem.* **2001**, 66, 4433.
[814] Miura, K.; Funatsu, M.; Saito, H.; Ito, H.; Hosomi, A. *Tetrahedron Lett.* **1996**, 37, 9059. Also see, Maye, J. P.; Negishi, E. *Tetrahedron Lett.* **1993**, 34, 3359.
[815] See Ohno, H.; Takeoka, Y.; Kadoh, Y.; Miyamura, K.; Tanaka, T. *J. Org. Chem.* **2004**, 69, 4541.
[816] Yamaguchi, M.; Tsukagoshi, T.; Arisawa, M. *J. Am. Chem. Soc.* **1999**, 121, 4074.
[817] Stork, G.; Burgstahler, A. W. *J. Am. Chem. Soc.* **1955**, 77, 5068; Eschenmoser, A.; Ruzicka, L.; Jeger, O.; Arigoni, D. *Helv. Chim. Acta* **1955**, 38, 1890.
[818] Gnonlonfoun, N. *Bull. Soc. Chim. Fr.* **1988**, 862; Johnson, W. S. *Angew. Chem. Int. Ed.* **1976**, 15, 9; *Acc. Chem. Res.* **1968**, 1, 1; van Tamelen, E. E. *Acc. Chem. Res.* **1975**, 8, 152. See Bartlett, P. A. in Morrison, J. D. *Asymmetric Synthesis* Vol. 3, Academic Press, NY, **1985**, pp. 341-409.
[819] Guay, D.; Johnson, W. S.; Schubert, U. *J. Org. Chem.* **1989**, 54, 4731 and references cited therein.
[820] Johnson, W. S.; Gravestock, M. B.; McCarry, B. E. *J. Am. Chem. Soc.* **1971**, 93, 4332.
[821] Johnson, W. S. *Acc. Chem. Res.* **1968**, 1, 1; Kametani T.; Fukumoto, K. *Synthesis* **1972**, 657.
[822] Ishihara, K.; Nakamura, S.; Yamamoto, H. *J. Am. Chem. Soc.* **1999**, 121, 4906.
[823] Asao, N.; Shimada, T.; Yamamoto, Y. *J. Am. Chem. Soc.* **1999**, 121, 3797.
[824] Mullen, C. A.; Gagné, M. R. *J. Am. Chem. Soc.* **2007**, 129, 11880.
[825] Chen, L.; Gill, G. B.; Pattenden, G. *Tetrahedron Lett.* **1994**, 35, 2593.
[826] Fel'dblyum, V. Sh.; Obeshchalova, N. V. *Russ. Chem. Rev.* **1968**, 37, 789.
[827] For a review, see Pines, H. *Synthesis* **1974**, 309.
[828] Pillai, S. M.; Ravindranathan, M.; Sivaram, S. *Chem. Rev.* **1986**, 86, 353; Jira, R.; Freiesleben, W. *Organomet. React.* **1972**, 3, 1, p. 117; Heck, R. F. *Organotransition Metal Chemistry* Academic Press, NY, **1974**, pp. 84-94, 150-157. Also see, Kaur, G.; Manju, K.; Trehan, S. *Chem. Commun.* **1996**, 581.
[829] See Fischer, K.; Jonas, K.; Misbach, P.; Stabba, R.; Wilke, G. *Angew. Chem. Int. Ed.* **1973**, 12, 943.
[830] Takahashi, N.; Okura, I.; Keii, T. *J. Am. Chem. Soc.* **1975**, 97, 7489.
[831] Takacs, J. M.; Myoung, Y. C. *Tetrahedron Lett.* **1992**, 33, 317.
[832] Zhang, A.; RajanBabu, T. V. *J. Am. Chem. Soc.* **2006**, 128, 54.
[833] Hilt, G.; du Mesnil, F.-X.; Lüers, S. *Angew. Chem. Int. Ed.* **2001**, 40, 387. For a review see Su, A. C. L. *Adv. Organomet. Chem.* **1979**, 17, 269.
[834] See Denis, P.; Jean, A.; Croizy, J. F.; Mortreux, A.; Petit, F. *J. Am. Chem. Soc.* **1990**, 112, 1292.
[835] Takacs, J. M.; Leonov, A. P. *Org. Lett.* **2003**, 5, 4317.
[836] Takimoto, M.; Nakamura, Y.; Kimura, K.; Mori, M. *J. Am. Chem. Soc.* **2004**, 126, 5956.
[837] Nomura, N.; Jin, J.; Park, H.; RajanBabu, T. V. *J. Am. Chem. Soc.* **1998**, 120, 459.
[838] Takahashi, T.; Xi, Z.; Fischer, R.; Huo, S.; Xi, C.; Nakajima, K. *J. Am. Chem. Soc.* **1997**, 119, 4561.
[839] Kinoshita, A.; Sakakibara, N.; Mori, M. *J. Am. Chem. Soc.* **1997**, 119, 12388.
[840] Urabe, H.; Takeda, T.; Hideura, D.; Sato, F. *J. Am. Chem. Soc.* **1997**, 119, 11295.
[841] Shirakura, M.; Suginome, M. *J. Am. Chem. Soc.* **2008**, 130, 5410.
[842] Buchwald, S. L.; Nielsen, R. B. *J. Am. Chem. Soc.* **1989**, 111, 2870.
[843] Ryan, J.; Micalizio, G. C. *J. Am. Chem. Soc.* **2006**, 128, 2764; Kanno, K.-i.; Igarashi, E.; Zhou, L.; Nakajima, K.; Takahashi, T. *J. Am. Chem. Soc.* **2008**, 130, 5624.
[844] Hatakeyama, T.; Yoshimoto, Y.; Gabriel, T.; Nakamura, M. *Org. Lett.* **2008**, 10, 5341.
[845] Shibata, Y.; Hirano, M.; Tanaka, K. *Org. Lett.* **2008**, 10, 2829; Katagiri, T.; Tsurugi, H.; Satoh, T.; Miura, M. *Chem. Commun.* **2008**, 3405.
[846] Takahashi, T.; Liu, Y.; Iesato, A.; Chaki, S.; Nakajima, K.; Kanno, K.-i. *J. Am. Chem. Soc.* **2005**, 127, 11928.
[847] Trost, B. M.; Surivet, J.-P.; Toste, F. D. *J. Am. Chem. Soc.* **2001**, 123, 2897.
[848] Giessert, A. J.; Snyder, L.; Markham, J.; Diver, S. T. *Org. Lett.* **2003**, 5, 1793.
[849] Nugent, W. A.; Thorn, D. L.; Harlow, R. L. *J. Am. Chem. Soc.* **1987**, 109, 2788. See Trost, B. M.; Lee, D. C. *J. Am. Chem. Soc.* **1988**, 110, 7255; Tamao, K.; Kobayashi, K.; Ito, Y. *J. Am. Chem. Soc.* **1989**, 111, 6478.
[850] Jang, H.-Y.; Krische, M. J. *J. Am. Chem. Soc.* **2004**, 126, 7875.
[851] Varela, J. A.; Rubín, S. G.; González-Rodríguez, C.; Castedo, L.; Saá, C. *J. Am. Chem. Soc.* **2006**, 128, 9263.
[852] Zhang, C.; Cui, D.-M.; Yao, L.-Y.; Wang, B.-S.; Hu, Y.-Z.; Hayashi, T. *J. Org. Chem.* **2008**, 73, 7811.
[853] Méndez, M.; Muñoz, M. P.; Nevado, C.; Cárdenas, D. J.; Echavarren, A. M. *J. Am. Chem. Soc.* **2001**, 123, 10511; Wang, X.; Chakrapani, H.; Madine, J. W.; Keyerleber, M. A.; Widenhoefer, R. A. *J. Org. Chem.* **2002**, 67, 2778. See also, Fürstner, A.; Stelzer, F.; Szillat, H. *J. Am. Chem. Soc.* **2001**, 123, 11863.

[854] Urabe, H.; Nakajima, R.; Sato, F. *Org. Lett*. 2000, 2, 3481.
[855] Chakrapani, H.; Liu, C.; Widenhoefer, R. A. *Org. Lett*. 2003, 5, 157; Lee, P. H.; Kim, S.; Lee, K.; Seomoon, D.; Kim, H.; Lee, S.; Kim, M.; Han, M.; Noh, K.; Livinghouse, T. *Org. Lett*. 2004, 6, 4825.
[856] Yamamoto, Y.; Kuwabara, S.; Ando, Y.; Nagata, H.; Nishiyama, H.; Itoh, K. *J. Org. Chem*. 2004, 69, 6697.
[857] Hatano, M.; Mikami, K. *J. Am. Chem. Soc*. 2003, 125, 4704.
[858] Miura, T.; Shimada, M.; Murakami, M. *J. Am. Chem. Soc*. 2005, 127, 1094.
[859] Ogoshi, S.; Ueta, M.; Oka, M.-a.; Kurosawa, H. *Chem. Commun*. 2004, 2732.
[860] Rubina, M.; Gevergyan, V. *J. Am. Chem. Soc*. 2001, 123, 11107; Yang, C.; Nolan, S. P. *J. Org. Chem*. 2002, 67, 591.
[861] Nishiura, M.; Hou, Z.; Wakatsuki, Y.; Yamaki, T.; Miyamoto, T. *J. Am. Chem. Soc*. 2003, 125, 1184.
[862] Bassetti, M.; Pasquini, C.; Raneri, A.; Rosato, D. *J. Org. Chem*. 2007, 72, 4558.
[863] Bruyere, D.; Grigg, R.; Hinsley, J.; Hussain, R. K.; Korn, S.; Del Cierva, C. O.; Sridharan, V.; Wang, J. *Tetrahedron Lett*. 2003, 44, 8669.
[864] Trost, B. M.; Matusbara, S.; Carninji, J. *J. J. Am. Chem. Soc*. 1989, 111, 8745.
[865] Nishibayashi, Y.; Yamanashi, M.; Wakiji, I.; Hidai, M. *Angew. Chem. Int. Ed*. 2000, 39, 2909.
[866] Ajamian, A.; Gleason, J. L. *Org. Lett*. 2003, 5, 2409.
[867] Luzung, M. R.; Markham, J. P.; Toste, F. D. *J. Am. Chem. Soc*. 2004, 126, 10858; Zhang, L.; Kozmin, S. A. *J. Am. Chem. Soc*. 2005, 127, 6962.
[868] Kim, H.; Lee, C. *J. Am. Chem. Soc*. 2005, 127, 10180. With AgBF4, Evans, P. A.; Lai, K. W.; Sawyer, J. R. *J. Am. Chem. Soc*. 2005, 127, 12466; Kim, H.; Lee, C. *J. Am. Chem. Soc*. 2006, 128, 6336. See Denmark, S. E.; Liu, J. H.-C. *J. Am. Chem. Soc*. 2007, 129, 3737.
[869] Fürstner, A.; Martin, R.; Majima, K. *J. Am. Chem. Soc*. 2005, 127, 12236.
[870] Ma, S.; Gu, Z. *J. Am. Chem. Soc*. 2005, 127, 6182; Corkey, B. K.; Toste, F. D. *J. Am. Chem. Soc*. 2007, 129, 2764.
[871] Yamazaki, S.; Yamada, K.; Yamabe, S.; Yamamoto, K. *J. Org. Chem*. 2002, 67, 2889.
[872] Nishizawa, M.; Yadav, V. K.; Skwarczynski, M.; Takao, H.; Imagawa, H.; Sugihara, T. *Org. Lett*. 2003, 5, 1609.
[873] Chatani, N.; Inoue, H.; Kotsuma, T.; Morai, S. *J. Am. Chem. Soc*. 2002, 124, 10294.
[874] Miyanohana, Y.; Inoue, H.; Chatani, N. *J. Org. Chem*. 2004, 69, 8541.
[875] Frazén, J.; Löfstedt, J.; Dorange, I.; Bäckvall, J.-E. *J. Am. Chem. Soc*. 2002, 124, 11246.
[876] Kang, S.-K.; Ko, B.-S.; Lee, D.-M. *Tetrahedron Lett*. 2002, 43, 6693.
[877] Brummond, K. M.; Chen, H.; Sill, P.; You, L. *J. Am. Chem. Soc*. 2002, 124, 15186. See also, Candran, N.; Cariou, K.; Hervé, G.; Aubert, C.; Fensterbank, L.; Malacria, M.; Marco-Contelles, J. *J. Am. Chem. Soc*. 2004, 126, 3408.
[878] Oh, C. H.; Park, S. J. *Tetrahedron Lett*. 2003, 44, 3785.
[879] Condon-Gueugnot, S.; Linstrumelle, G. *Tetrahedron* 2000, 56, 1851.
[880] Rubin, M.; Markov, J.; Chuprakov, S.; Wink, D. J.; Gevorgyan, V. *J. Org. Chem*. 2003, 68, 6251.
[881] Shin, S.; RajanBabu, T. V. *J. Am. Chem. Soc*. 2001, 123, 8416.
[882] Tong, X.; Zhang, Z.; Zhang, X. *J. Am. Chem. Soc*. 2003, 125, 6370.
[883] Zhu, G.; Zhang, Z. *Org. Lett*. 2004, 6, 4041.
[884] Wardell, J. L.; Paterson, E. S. in Hartley, F. R.; Patai, S. *The Chemistry of the Metal-Carbon Bond*, Vol. 2, Wiley, NY, 1985, pp. 219-338, pp. 268-296.
[885] Gardner, H. C.; Kochi, J. K. *J. Am. Chem. Soc*. 1976, 98, 558.
[886] Richey Jr., H. G.; Moses, L. M.; Domalski, M. S.; Erickson, W. F.; Heyn, A. S. *J. Org. Chem*. 1981, 46, 3773.
[887] Kang, J. *Organometallics* 1984, 3, 525.
[888] Eisch, J. J.; Merkley, J. H. *J. Am. Chem. Soc*. 1979, 101, 1148; Miller, R. B.; Reichenbach, T. *Synth. Commun*. 1976, 6, 319. See also, Duboudin, J. G.; Jousseaume, B. *J. Organomet. Chem*. 1979, 168, 1; *Synth. Commun*. 1979, 9, 53.
[889] See Sato, F. *J. Organomet. Chem*. 1985, 285, 53-64.; Dzhemilev, U. M.; D'yakonov, V. A.; Khafizova, L. O.; Ibragimov, A. G. *Russ. J. Org. Chem*. 2005, 41, 352.
[890] Yorimitsu, H.; Tang, J.; Okada, K.; Shinokubo, H.; Oshima, K. *Chem. Lett*. 1998, 11.
[891] de Armas, J.; Hoveyda, A. H. *Org. Lett*. 2001, 3, 2097.
[892] Pellet-Rostaing, S.; Saluzzo, C.; Ter Halle, R.; Breuzard, J.; Vial, L.; LeGuyader, F.; Lemaire, M. *Tetrahedron Asymmetry* 2001, 12, 1983.
[893] Zhang, D.; Ready, J. M. *J. Am. Chem. Soc*. 2006, 128, 15050.
[894] Shirakawa, E.; Yamagami, T.; Kimura, T.; Yamaguchi, S.; Hayashi, T. *J. Am. Chem. Soc*. 2005, 127, 17164.
[895] Liu, X.; Fox, J. M. *J. Am. Chem. Soc*. 2006, 128, 5600.
[896] Yan, N.; Liu, X.; Fox, J. M. *J. Org. Chem*. 2008, 73, 563.
[897] Nobe, Y.; Arayama, K.; Urabe, H. *J. Am. Chem. Soc*. 2005, 127, 18006.
[898] Lehmkuhl, H.; Janssen, E. *Liebigs Ann. Chem*. 1978, 1854. This is actually a type of ene reaction, see Oppolzer, W. *Angew. Chem. Int. Ed*. 1989, 28, 38.
[899] Felkin, H.; Umpleby, J. D.; Hagaman, E.; Wenkert, E. *Tetrahedron Lett*. 1972, 2285; Hill, E. A.; Myers, M. M. *J. Organomet. Chem*. 1979, 173, 1. See also, Yang, D.; Gu, S.; Yan, Y.-L.; Zhu, N.-Y.; Cheung, K.-K. *J. Am. Chem. Soc*. 2001, 123, 8612.
[900] Cesati Ⅲ, R. R.; de Armas, J.; Hoveyda, A. H. *Org. Lett*. 2002, 4, 395.
[901] Wakabayashi, K.; Yorimitsu, H.; Oshima, K. *J. Am. Chem. Soc*. 2001, 123, 5374.
[902] Taber, D. F.; Mitten, J. V. *J. Org. Chem*. 2002, 67, 3847.
[903] Terao, J.; Oda, A.; Kambe, N. *Org. Lett*. 2004, 6, 3341.
[904] Murakami, K.; Ohmiya, H.; Yorimitsu, H.; Oshima, K. *Org. Lett*. 2007, 9, 1569.

[905] Schipper, D. J.; Hutchinson, M.; Fagnou, K. *J. Am. Chem. Soc.* **2010**, 132, 6910.
[906] The mechanism of the phosphine free Pd catalyzed reaction has been studied. See Ahlquist M.; Fabrizi, G.; Sandro Cacchi, , S.; Norrby, P.-O. *J. Am. Chem. Soc.* **2006**, 128, 12785.
[907] Cacchi, S.; Fabrizi, G.; Goggiamani, A.; Persiani, D. *Org. Lett.* **2008**, 10, 1597.
[908] Liao, L.; Sigman, M. S. *J. Am. Chem. Soc.* **2010**, 132, 10209.
[909] See Wardell, J. L. in Zuckerman, J. J. *Inorganic Reactions and Methods*, Vol. 11; VCH, NY, **1988**, pp. 129-142; Garcia, G. V.; Budelman, N. S. *Org. Prep. Proceed. Int.* **2003**, 35, 445.
[910] Bartoli, G.; Dalpozzo, R.; DeNino, A.; Procopio, A.; Sanbri, L.; Tagarelli, A. *Tetrahedron Lett.* **2001**, 42, 8823.
[911] Hojo, M.; Murakami, Y.; Aihara, H.; Sakuragi, R.; Baba, Y.; Hosomi, A. *Angew. Chem. Int. Ed.* **2001**, 40, 621.
[912] Gandon, V.; Laroche, C.; Szymoniak, J. *Tetrahedron Lett.* **2003**, 44, 4827.
[913] Coldham, I.; Hufton, R.; Rathmell, R. E. *Tetrahedron Lett.* **1997**, 38, 7617; Coldham, I.; Lang-Anderson, M. M. S.; Rathmell, R. E.; Snowden, D. J. *Tetrahedron Lett.* **1997**, 38, 7621.
[914] Norsikian, S.; Baudry, M.; Normant, J. F. *Tetrahedron Lett.* **2000**, 41, 6575.
[915] Norsikian, S.; Marek, I.; Poisson, J.-F.; Normant, J. F. *J. Org. Chem.* **1997**, 62, 4898.
[916] Wender, P. A.; White, A. W. *J. Am. Chem. Soc.* **1988**, 110, 2218; Bailey, W. F.; Nurmi, T. T.; Patricia, J. J.; Wang, W. *J. Am. Chem. Soc.* **1987**, 109, 2442.
[917] Bailey, W. F.; Khanolkar, A. D. *J. Org. Chem.* **1990**, 55, 6058 and references cited therein; Bailey, W. F.; Daskapan, T.; Rampalli, S. *J. Org. Chem.* **2003**, 68, 1334. Also see, Fretwell, P.; Grigg, R.; Sansano, J. M.; Sridharan, V.; Sukirthalingam, S.; Wilson, D.; Redpath, J. *Tetrahedron* **2000**, 56, 7525.
[918] Bailey, W. F.; Ovaska, T. V. *J. Am. Chem. Soc.* **1993**, 115, 3080, and references cited therein. See Funk, R. L.; Bolton, G. L.; Brummond, K. M.; Ellestad, K. E.; Stallman, J. B. *J. Am. Chem. Soc.* **1993**, 115, 7023.
[919] A conformational radical clock has been developed to evaluate organolithium-mediated cyclization reactions. See Rychnovsky, S. D.; Hata, T.; Kim, A. I.; Buckmelter, A. J. *Org. Lett.* **2001**, 3, 807.
[920] Bailey, W. F.; Ovaska, T. V. *Chem. Lett.* **1993**, 819.
[921] Bailey, W. F.; Khanolkar, A. D.; Gavaskar, K. V. *J. Am. Chem. Soc.* **1992**, 114, 8053.
[922] Harada, T.; Fujiwara, T.; Iwazaki, K.; Oku, A. *Org. Lett.* **2000**, 2, 1855.
[923] Wei, X.; Taylor, R. J. K. *Angew. Chem. Int. Ed.* **2000**, 39, 409.
[924] Komine, N.; Tomooka, K.; Nakai, T. *Heterocycles* **2000**, 52, 1071.
[925] See Trost, B. M.; Ball, Z. T. *Synthesis* **2005**, 853.
[926] Nakamura, I.; Mizushima, Y.; Yamamoto, Y. *J. Am. Chem. Soc.* **2005**, 127, 15022; Fürstner, A.; Davies, P. W. *J. Am. Chem. Soc.* **2005**, 127, 15024.
[927] Lin, P.-S.; Jeganmohan, M.; Cheng, C.-H. *Chemistry: European J.* **2008**, 14, 11296;
[928] Gupta, A. K.; Kim, K. S.; Oh, C. H. *Synlett* **2005**, 457.
[929] Kondakov, D. Y.; Negishi, E. *J. Am. Chem. Soc.* **1995**, 117, 10771. Also see, Shibata, K.; Aida, T.; Inoue, S. *Tetrahedron Lett.* **1993**, 33, 1077.
[930] Wipf, P.; Lim, S. *Angew. Chem. Int. Ed.* **1993**, 32, 1068.
[931] Trost, B. M.; Indolese, A. F.; Müller, T. J. J.; Treptow, B. *J. Am. Chem. Soc.* **1995**, 117, 615.
[932] Zhou, Z.; Larouche, D.; Bennett, S. M. *Tetrahedron* **1995**, 51, 11623.
[933] Fukuzawa, S.; Tsuchimoto, T. *Synlett* **1993**, 803.
[934] Pirrung, F. O. H.; Hiemstra, H.; Speckamp, W. N.; Kaptein, B.; Schoemaker, H. E. *Tetrahedron* **1994**, 50, 12415.
[935] Nishikawa, T.; Shinokubo, H.; Oshima, K. *Org. Lett.* **2003**, 5, 4623.
[936] Nakao, J.; Inoue, R.; Shinokubo, H.; Oshima, K. *J. Org. Chem.* **1997**, 62, 1910.
[937] Snider, B. B.; Merritt, J. E. *Tetrahedron* **1991**, 47, 8663.
[938] Fujiwara, N.; Yamamoto, Y. *J. Org. Chem.* **1999**, 64, 4095.
[939] Klaps, E.; Schmid, W. *J. Org. Chem.* **1999**, 64, 7537.
[940] Asao, N.; Matsukawa, Y.; Yamamoto, Y. *Chem. Commun.* **1996**, 1513.
[941] Luo, F.-T.; Fwu, S.-L.; Huang, W.-S. *Tetrahedron Lett.* **1992**, 33, 6839.
[942] Nishikawa, T.; Yorimitsu, H.; Oshima, K. *Synlett* **2004**, 1573.
[943] Zeni, G.; Nogueira, C. W.; Pena, J. M.; Pialssa, C.; Menezes, P. H.; Braga, A. L.; Rocha, J. B. T. *Synlett* **2003**, 579.
[944] Wang, X.; Pei, T.; Han, X.; Widenhoefer, R. A. *Org. Lett.* **2003**, 5, 2699.
[945] Yang, D.; Li, J.-H.; Gao, Q.; Yan, Y.-L. *Org. Lett.* **2003**, 5, 2869.
[946] Itoh, Y.; Tsuji, H.; Yamagata, K.-i.; Endo, K.; Tanaka, I.; Nakamura, M.; Nakamura, E. *J. Am. Chem. Soc.* **2008**, 130, 17161.
[947] Patil, N. T.; Yamamoto, Y. *J. Org. Chem.* **2004**, 69, 6478.
[948] Nakamura, M.; Endo, K.; Nakamura, E. *J. Am. Chem. Soc.* **2003**, 125, 13002.
[949] Leitner, A.; Larsen, J.; Steffens, C.; Hartwig, J. F. *J. Org. Chem.* **2004**, 69, 7552.
[950] Yao, X.; Li, C.-J. *J. Am. Chem. Soc.* **2004**, 126, 6884.
[951] Pei, T.; Wang, X.; Widenhoefer, R. A. *J. Am. Chem. Soc.* **2003**, 125, 648.
[952] Patil, N. T.; Khan, F. N.; Yamamoto, Y. *Tetrahedron Lett.* **2004**, 45, 8497.
[953] Rodriguez, A. L.; Bunlaksananusorn, T.; Knochel, P. *Org. Lett.* **2000**, 2, 3285.
[954] Iwasawa, N.; Miura, T.; Kiyota, K.; Kusama, H.; Lee, K.; Lee, P. H. *Org. Lett.* **2002**, 4, 4463.
[955] Black, P. J.; Harris, W.; Williams, J. M. J. *Angew. Chem. Int. Ed.* **2001**, 40, 4475.
[956] Trost, B. M.; Simas, A. B. C.; Plietker, B.; Jäkel, C.; Xie, J. *Chemistry: European J.* **2005**, 11, 7075.
[957] Denmark, S. E.; Wang, Z. *Org. Lett.* **2001**, 3, 1073.

[958] Havránek, M.; Dvorák, D. *J. Org. Chem.* **2002**, 67, 2125. See also, Lee, K.; Seomoon, D.; Lee, P. H. *Angew. Chem. Int. Ed.* **2002**, 41, 3901.
[959] Huang, Q.; Fazio, A.; Dai, G.; Campo, M. A.; Larock, R. C. *J. Am. Chem. Soc.* **2004**, 126, 7460.
[960] Inoue, H.; Chatani, N.; Murai, S. *J. Org. Chem.* **2002**, 67, 1414.
[961] Zhou, L.; Hirao, T. *J. Org. Chem.* **2003**, 68, 1633.
[962] Yanada, R.; Koh, Y.; Nishimori, N.; Matsumura, A.; Obika, S.; Mitsuya, H.; Fujii, N.; Takemoto, Y. *J. Org. Chem.* **2004**, 69, 2417; Yanada, R.; Obika, S.; Oyama, M.; Takemoto, Y. *Org. Lett.* **2004**, 6, 2825.
[963] Yanada, R.; Obika, S.; Nishimori, N.; Yamauchi, M.; Takemoto, Y. *Tetrahedron Lett.* **2004**, 45, 2331.
[964] Dahlén, A.; Petersson, A.; Hilmersson, G. *Org. Biomol. Chem.* **2003**, 1, 2423.
[965] Lail, M.; Arrowood, B. N.; Gunnoe, T. B. *J. Am. Chem. Soc.* **2003**, 125, 7506.
[966] Reetz, M. T.; Sommer, K. *Eur. J. Org. Chem.* **2003**, 3485.
[967] Thalji, R. K.; Ellman, J. A.; Bergman, R. G. *J. Am. Chem. Soc.* **2004**, 126, 7192.
[968] See Alonso, F.; Beletskaya, I. P.; Yus, M. *Chem. Rev.* **2004**, 104, 3079.
[969] Tsukada, N.; Mitsuboshi, T.; Setoguchi, H.; Inoue, Y. *J. Am. Chem. Soc.* **2003**, 125, 12102.
[970] Vo-Thanh, G.; Lahrache, H.; Loupy, A.; Kim, I.-J.; Chang, D.-H.; Jun, C.-H. *Tetrahedron* **2004**, 60, 5539.
[971] Nakamura, I.; Siriwardana, A. I.; Saito, S.; Yamamoto, Y. *J. Org. Chem.* **2002**, 67, 3445.
[972] Lautens, M.; Yoshida, M. *J. Org. Chem.* **2003**, 68, 762; Genin, E.; Michelet, V.; Genêt, J.-P. *Tetrahedron Lett.* **2004**, 45, 4157.
[973] Yoshida, M.; Gotou, T.; Ihara, M. *Chem. Commun.* **2004**, 1124.
[974] Oh, C. H.; Sung, H. R.; Park, S. J.; Ahn, K. H. *J. Org. Chem.* **2002**, 67, 7155.
[975] Matsubara, S.; Ukai, K.; Toda, N.; Utimoto, K.; Oshima, K. *Synlett* **2000**, 995.
[976] Tanaka, R.; Hirano, S.; Urabe, H.; Sato, F. *Org. Lett.* **2003**, 5, 67.
[977] Raston, C. L.; Salem, G. in Hartley, F. R. *The Chemistry of the Metal-Carbon Bond*, Vol. 4, Wiley, NY, **1987**, pp. 159-306, 233-248; Normant, J. F.; Alexakis, A. *Synthesis* **1981**, 841; Hudrlik, P. F.; Hudrlik, A. M. in Patai, S. *The Chemistry of the Carbon-Carbon Triple Bond*, pt. 1, Wiley, NY, **1978**, pp. 233-238. See Larock, R. C. *Comprehensive Organic Transformations*, 2nd ed., Wiley-VCH, NY, **1999**, pp. 452-460.
[978] See Ashby, E. C.; Goel, A. B. *J. Org. Chem.* **1983**, 48, 2125.
[979] Gardette, M.; Alexakis, A.; Normant, J. F. *Tetrahedron* **1985**, 41, 5887 and references cited therein. For an extensive list of references, see Marfat, A.; McGuirk, P. R.; Helquist, P. *J. Org. Chem.* **1979**, 44, 3888.
[980] See Rao, S. A.; Periasamy, M. *Tetrahedron Lett.* **1988**, 29, 4313.
[981] See Westmijze, H.; Kleijn, H.; Meijer, J.; Vermeer, P. *Recl. Trav. Chim. Pays-Bas* **1981**, 100, 98, and references cited therein.
[982] Furber, M.; Taylor, R. J. K.; Burford, S. C. *J. Chem. Soc. Perkin Trans. 1*, **1986**, 1809.
[983] Rao, S. A.; Knochel, P. *J. Am. Chem. Soc.* **1991**, 113, 5735.
[984] Normant, J. F.; Cahiez, G.; Chuit, C.; Villieras, J. *J. Organomet. Chem.* **1973**, 54, C53.
[985] Alexakis, A.; Cahiez, G.; Normant, J. F. *Org. Synth.* **VII**, 290.
[986] See Negishi, E. *Acc. Chem. Res.* **1987**, 20, 65; *Pure Appl. Chem.* **1981**, 53, 2333; Negishi, E.; Takahashi, T. *Aldrichimica Acta* **1985**, 18, 31.
[987] Hirashita, T.; Akutagawa, K.; Kamei, T.; Araki, S. *Chem. Commun.* **2006**, 2598.
[988] Hara, R.; Nishihara, Y.; Landré, P. D.; Takahashi, T. *Tetrahedron Lett.* **1997**, 38, 447.
[989] Takahashi, T.; Kotora, M.; Kasai, K.; Suzuki, N. *Tetrahedron Lett.* **1994**, 35, 5685.
[990] Zhou, C.; Emrich, D. E.; Larock, R. C. *Org. Lett.* **2003**, 5, 1579; Zhou, C.; Larock, R. C. *J. Org. Chem.* **2005**, 70, 3765; Zhou, C.; Larock, R. C. *Org. Lett.* **2005**, 7, 259.
[991] Carruthers, W. *Cycloaddition Reactions in Organic Synthesis* Pergamon, Elmsford, NY, **1990**; Boyd, G. V. in Patai, S. *Supplement A: The Chemistry of Double-Bonded Functional Groups*, Vol. 2, pt. 1, Wiley, NY, **1989**, pp. 477-525; Hoffmann, H. M. R. *Angew. Chem. Int. Ed.* **1969**, 8, 556. For reviews of intramolecular ene reactions see Taber, D. F. *Intramolecular Diels-Alder and Alder Ene Reactions* Springer, NY, **1984**; pp. 61-94; Oppolzer, W.; Snieckus, V. *Angew. Chem. Int. Ed.* **1978**, 17, 476-486; Conia, J. M.; Le Perchec, P. *Synthesis* **1975**, 1. See Desimoni, G.; Faita, G.; Righetti, P. P.; Sfulcini, A.; Tsyganov, D. *Tetrahedron* **1994**, 50, 1821 for solvent effects in the ene reaction.
[992] Choony, N.; Kuhnert, N.; Sammes, P. G.; Smith, G.; Ward, R. W. *J. Chem. Soc., Perkin Trans. 1* **2002**, 1999.
[993] Cossy, J.; Bouzide, A. *Tetrahedron* **1997**, 53, 5775; Oppolzer, W.; Fürstner, A. *Helv. Chim. Acta* **1993**, 76, 2329; Oppolzer, W.; Schröder, F. *Tetrahedron Lett.* **1994**, 35, 7939.
[994] Singleton, D. A.; Hang, C.; Szymanski, M. J.; Meyer, M. P.; Leach, A. G.; Kuwata, K. T.; Chen, J. S.; Greer, A.; Foote, C. S.; Houk, K. N. *J. Am. Chem. Soc.* **2003**, 125, 1319.
[995] Eto, M.; Nishimoto, M.; Kubota, S.; Matsuoka, T.; Harano, K. *Tetrahedron Lett.* **1996**, 37, 2445.
[996] Fisk, J. S.; Tepe, J. J. *J. Am. Chem. Soc.* **2007**, 129, 3058.
[997] Nahm, S. H.; Cheng, H. N. *J. Org. Chem.* **1986**, 51, 5093.
[998] See Jenner, G.; Salem, R. B.; El'yanov, B.; Gonikberg, E. M. *J. Chem. Soc. Perkin Trans. 2*, **1989**, 1671; Thomas IV, B. E.; Loncharich, R. J.; Houk, K. N. *J. Org. Chem.* **1992**, 57, 1354.
[999] Ooi, T.; Maruoka, K.; Yamamoto, H. *Tetrahedron* **1994**, 50, 6505; Thomas IV, B. E.; Houk, K. N. *J. Am. Chem. Soc.* **1993**, 115, 790; Also see, Masaya, K.; Tanino, K.; Kuwajima, I. *Tetrahedron Lett.* **1994**, 35, 7965.
[1000] See Chaloner, P. A. in Hartley, F. R. *The Chemistry of the Metal-Carbon Bond*, Vol. 4, Wiley, NY, **1987**, pp. 456-460; Snider, B. B. *Acc. Chem. Res.* **1980**, 13, 426.
[1001] Sturla, S. J.; Kablaoui, N. M.; Buchwald, S. L. *J. Am. Chem. Soc.* **1999**, 121, 1976.
[1002] Aggarwal, V. K.; Vennall, G. P.; Davey, P. N.; Newman, C. *Tetrahedron Lett.* **1998**, 39, 1997.

[1003] Davies, A. G.; Kinart, W. J. *J. Chem. Soc. Perkin Trans. 2*, **1993**, 2281.
[1004] Molander, G. A.; Corrette, C. P. *J. Org. Chem.* **1999**, 64, 9697.
[1005] Hatakeyama, S. *Pure Appl. Chem.* **2009**, 81, 217.
[1006] Corkey, B. K.; Toste, F. D. *J. Am. Chem. Soc.* **2005**, 127, 17168.
[1007] Hilt, G.; Treutwein, J. *Angew. Chem. Int. Ed.* **2007**, 46, 8500.
[1008] Michelet, V.; Galland, J.-C.; Charruault, L.; Savignac, M.; Genêt, J.-P. *Org. Lett.* **2001**, 3, 2065.
[1009] Kennedy-Smith, J. J.; Staben, S. T.; Toste, F. D. *J. Am. Chem. Soc.* **2004**, 126, 4526.
[1010] Cheng, D.; Zhu, S.; Yu, Z.; Cohen, T. *J. Am. Chem. Soc.* **2001**, 123, 30.
[1011] See Snider, B. B.; Ron E. *J. Am. Chem. Soc.* **1985**, 107, 8160.
[1012] Shibata, T.; Yamasaki, M.; Kadowaki, S.; Takagi, K. *Synlett* **2004**, 2812.
[1013] Jayanth, T. T.; Jeganmohan, M.; Cheng, M.-J.; Chu, S.-Y.; Cheng, C.-H. *J. Am. Chem. Soc.* **2006**, 128, 2232.
[1014] See Terada, M.; Machioka, K.; Sorimachi, K. *Angew. Chem. Int. Ed.* **2006**, 45, 2254.
[1015] Terada, M.; Machioka, K.; Sorimachi, K. *J. Am. Chem. Soc.* **2007**, 129, 10336.
[1016] See Pandey, M. K.; Bisai, A.; Pandey, A.; Singh, V. K. *Tetrahedron Lett.* **2005**, 46, 5039.
[1017] For a review, see Clarke, M. L.; France, M. B. *Tetrahedron* **2008**, 64, 9003.
[1018] See Achmatowicz, O.; Bialeck-Florjanczyk, E. *Tetrahedron* **1996**, 52, 8827; Marshall, J. A.; Andersen, M. W. *J. Org. Chem.* **1992**, 57, 5851 for mechanistic discussions of this reaction.
[1019] See Aggarwal, V. K.; Vennall, G. P.; Davey, P. N.; Newman, C. *Tetrahedron Lett.* **1998**, 39, 1997.
[1020] Ruck, R. T.; Jacobsen, E. N. *J. Am. Chem. Soc.* **2002**, 124, 2882.
[1021] Grachan, , M. L.; Tudge, M. T.; Jacobsen, E. N. *Angew. Chem. Int. Ed.* **2008**, 47, 1469.
[1022] Evans, D. A.; Wu, J. *J. Am. Chem. Soc.* **2005**, 127, 8006.
[1023] Zhao, J.-F.; Tsui, H.-Y.; Wu, P.-J.; Lu, J.; Loh, T.-P. *J. Am. Chem. Soc.* **2008**, 130, 16492.
[1024] Zheng, K.; Shi, J.; Liu, X.; Feng, X. *J. Am. Chem. Soc.* **2008**, 130, 15770.
[1025] Mikami, K.; Kawakami, Y.; Akiyama, K.; Aikawa, K. *J. Am. Chem. Soc.* **2007**, 129, 12950.
[1026] Dauben, W. G.; Hendricks, R. T. *Tetrahedron Lett.* **1992**, 33, 603.
[1027] Yamanaka, M.; Nishida, A.; Nakagawa, M.; *Org. Lett.* **2000**, 2, 159.
[1028] See Yu, Z.-X.; Houk, K. N. *J. Am. Chem. Soc.* **2003**, 125, 13825.
[1029] Lu, X. *Org. Lett.* **2004**, 6, 2813. See also, Leach, A. G.; Houk, K. N. *J. Am. Chem. Soc.* **2002**, 124, 14820; Adam, W.; Krebs, O. *Chem. Rev.* **2003**, 103, 4131.
[1030] Hansen, E. C.; Lee, D. *J. Am. Chem. Soc.* **2005**, 127, 3252.
[1031] See Myers, M. C.; Bharadwaj, A. R.; Milgram, B. C.; Scheidt, K. A. *J. Am. Chem. Soc.* **2005**, 127, 14675.
[1032] See Yanovskaya, L. A.; Kryshtal, G. V.; Kulganek, V. V. *Russ. Chem. Rev.* **1984**, 53, 744; Bergmann, E. D.; Ginsburg, D.; Pappo, R. *Org. React.* **1959**, 10, 179;. For a review of α-substitution versus conjugate addition, see Lewandowska, E. *Tetrahedron* **2007**, 63, 2107.
[1033] Willis, M. C.; McNally, S. J.; Beswick, P. *J. Angew. Chem. Int. Ed.* **2004**, 43, 340; Chi, Y.; Gellman, S. H. *Org. Lett.* **2005**, 7, 4253.
[1034] Andrey, O.; Alexakis, A.; Bernardinelli, G. *Org. Lett.* **2003**, 5, 2559; Harada, S.; Kumagai, N.; Kinoshita, T.; Matsunaga, S.; Shibasaki, M. *J. Am. Chem. Soc.* **2003**, 125, 2582.
[1035] Kim, S.-G.; Ahn, K. H. *Tetrahedron Lett.* **2001**, 42, 4175.
[1036] Halland, N.; Aburel, P. S.; Jørgensen, K. A. *Angew. Chem. Int. Ed.* **2003**, 42, 661.
[1037] da silva, F. M.; Gomes, A. K.; Jones Jr., *J. Can. J. Chem.* **1999**, 77, 624.
[1038] Suzuki, T.; Torii, T. *Tetrahedron Asymmetry* **2001**, 12, 1077; García-Gómez, G.; Moretó, J. M. *Eur. J. Org. Chem.* **2001**, 1359; Kobayashi, S.; Kakumoto, K.; Mori, Y.; Manabe, K. *Isr. J. Chem.* **2001**, 41, 247.
[1039] Méou, A.; Lamarque, L.; Brun, P. *Tetrahedron Lett.* **2002**, 43, 5201.
[1040] Wolckenhauer, S. A.; Rychnovsky, S. D. *Org. Lett.* **2004**, 6, 2745; Fleming, F. F.; Wang, Q. *Chem. Rev.* **2003**, 103, 2035.
[1041] Zhu, Q.; Lu, Y. *Org. Lett.* **2008**, 10, 4803.
[1042] Ooi, T.; Fujioka, S.; Maruoka, K. *J. Am. Chem. Soc.* **2004**, 126, 11790. See Strzalko, T.; Seyden-Penne, J.; Wartski, L.; Froment, F.; Corset, J. *Tetrahedron Lett.* **1994**, 35, 3935.
[1043] Taylor, M. S.; Jacobsen, E. N. *J. Am. Chem. Soc.* **2003**, 125, 11204.
[1044] Gimbert, C.; Lumbierres, M.; Marchi, C.; Moreno-Mañas, M.; Sebastián, R. M.; Vallribera, A. *Tetrahedron* **2005**, 61, 8598.
[1045] AlmaSsi, D.; Alonso, D. A.; Nájera, C. *Tetrahedron Asymmetry* **2007**, 18, 299; Vicario, J. L.; Badía, D.; Carrillo, L. *Synthesis* **2007**, 2065.
[1046] Chen, X.; She, J.; Shang, Z.; Wu, J.; Zhang, P. *Synthesis* **2008**, 3931.
[1047] Holeman, D. S.; Rasne, R. M.; Grossman, R. B. *J. Org. Chem.* **2002**, 67, 3149.
[1048] Ballini, R.; Bosica, G.; Fiorini, D. *Tetrahedron Lett.* **2001**, 42, 8471.
[1049] Bernardi, L.; López-Cantarero, J.; Niess, B.; Jørgensen, K. A. *J. Am. Chem. Soc.* **2007**, 129, 5772.
[1050] Oi, S.; Taira, A.; Honma, Y.; Sato, T.; Inoue, Y. *Tetrahedron Asymmetry* **2006**, 17, 598.
[1051] Ballini, R.; Bosica, G.; Fiorini, D.; Palmieri, A.; Petrini, M. *Chem. Rev.* **2005**, 105, 933; Vakulya, B.; Varga, S.; Soós, T. *J. Org. Chem.* **2008**, 73, 3475; Prieto, A.; Halland, N.; Jørgensen, K. A. *Org. Lett.* **2005**, 7, 3897.
[1052] See Yoshikoshi, A.; Miyashita, M. *Acc. Chem. Res.* **1985**, 18, 284; Baer, H. H.; UrBas L. in Feuer, H. *The Chemistry of the Nitro and Nitroso Groups*, pt. 2, Wiley, NY, **1970**, pp. 130-148. See Thayumanavan, R.; Tanaka, F.; Barbas Ⅲ, C. F. *Org. Lett.* **2004**, 6, 2527; Ishii, T.; Fujioka, S.; Sekiguchi, Y.; Kotsuki, H. *J. Am. Chem. Soc.* **2004**, 126, 9558; Li, H.; Wang, Y.; Tang, L.; Deng, L. *J. Am. Chem. Soc.* **2004**, 126, 9906; Watanabe, M.; Ikagawa, A.; Wang, H.; Murata, K.; Ikariya, T. *J. Am. Chem. Soc.* **2004**, 126, 11148.

[1053]　Okino, T.; Hoashi, Y.; Furukawa, T.; Xu, X.; Takemoto, Y. *J. Am. Chem. Soc.* **2005**, 127, 119.
[1054]　Evans, D. A.; Seidel, D. *J. Am. Chem. Soc.* **2005**, 127, 9958; Evans, D. A.; Mito, S.; Seidel, D. *J. Am. Chem. Soc.* **2007**, 129, 11583.
[1055]　Terada, M.; Ube, H.; Yaguchi, Y. *J. Am. Chem. Soc.* **2006**, 128, 1454; Xu, D.-Q.; Wang, B. T.; Luo, S.-P.; Yue, H.-D.; Wang, L.-P.; Xu, Z.-Y. *Tetrahedron Asymmetry* **2007**, 18, 1788; Wu, L.-Y.; Yan, Z.-Y.; Xie, Y.-X.; Niu, Y.-N.; Liang, Y.-M. *Tetrahedron Asymmetry* **2007**, 18, 2086; Luo, S.; Mi, X.; Zhang, L.; Liu, S.; Xu, H.; Cheng, J.-P. *Angew. Chem. Int. Ed.* **2006**, 45, 3093.
[1056]　See Mattson, A. E.; Zuhl, A. M.; Reynolds, T. E.; Scheidt, K. A. *J. Am. Chem. Soc.* **2006**, 128, 4932; Mase, N.; Watanabe, K.; Yoda, H.; Takabe, K.; Tanaka, F.; Barbas Ⅲ, C. F. *J. Am. Chem. Soc.* **2006**, 128, 4966; Huang, H.; Jacobsen, E. N. *J. Am. Chem. Soc.* **2006**, 128, 7170; Pansare, S. V.; Pandya, K. *J. Am. Chem. Soc.* **2006**, 128, 9624; Chi, Y.; Guo, L.; Kopf, N. A.; Gellman, S. H. *J. Am. Chem. Soc.* **2008**, 130, 5608; Wiesner, M.; Revell, J. D.; Tonazzi, S.; Wennemers, H. *J. Am. Chem. Soc.* **2008**, 130, 5610; Malerich, J. P.; Hagihara, K.; Rawal, V. H. *J. Am. Chem. Soc.* **2008**, 130, 14416.
[1057]　Zhang, Z.; Dong, Y.-W.; Wang, G.-W.; Komatsu, K. *Synlett* **2004**, 61.
[1058]　Yadav, J. S.; Geetha, V.; Reddy, B. V. S. *Synth. Commun.* **2002**, 32, 3519.
[1059]　Li, H.; Song, J.; Liu, X.; Deng, L. *J. Am. Chem. Soc.* **2005**, 127, 8948.
[1060]　See Oare, D. A.; Heathcock, C. H. *Top. Stereochem.* **1989**, 19, 227, pp. 232-236.
[1061]　See, however, Yamaguchi, M.; Yokota, N.; Minami, T. *J. Chem. Soc., Chem. Commun.* **1991**, 1088.
[1062]　See Oare, D. A.; Heathcock, C. H. *Top. Stereochem.* **1991**, 20, 87; **1989**, 19, 227.
[1063]　Kim, D. Y.; Huh, S. C. *Tetrahedron* **2001**, 57, 8933.
[1064]　Kotrusz, P.; Toma, S.; Schamlz, H.-G.; Adler, A. *Eur. J. Org. Chem.* **2004**, 1577.
[1065]　Bartoli, G.; Bosco, M.; Bellucci, M. C.; Marcantoni, E.; Sambri, L.; Torregiani, E. *Eur. J. Org. Chem.* **1999**, 617.
[1066]　Ding, R.; Katebzadeh, K.; Roman, L.; Bergquist, K.-E.; Lindström, U. M. *J. Org. Chem.* **2006**, 71, 352.
[1067]　Varala, R.; Alam, M. M.; Adapa, S. R. *Synlett* **2003**, 720.
[1068]　For a review, see Christoffers, J. *Synlett* **2001**, 723.
[1069]　For a discussion of Heck coupling versus Michael addition, see Lin, P.-S.; Jeganmohan, M.; Cheng, C.-H. *Chemistry: Asian J.* **2007**, 2, 1409.
[1070]　Iguchi, Y.; Itooka, R.; Miyaura, N. *Synlett* **2003**, 1040; Meyer, O.; Becht, J.-M.; Helmchen, G. *Synlett* **2003**, 1539. For a discussion of the mechanism, see Comelles, J.; Moreno-Mañas, M.; Pérez, E.; Roglans, A.; Sebastián, R. M.; Vallribera, A. *J. Org. Chem.* **2004**, 69, 6834.
[1071]　Kim, Y. S.; Matsunaga, S.; Das, J.; Sekine, A.; Ohshima, T.; Shibasaki, M. *J. Am. Chem. Soc.* **2000**, 122, 6506.
[1072]　Watanabe, M.; Murata, K.; Ikariya, T. *J. Am. Chem. Soc.* **2003**, 125, 7508; Wadsworth, K. J.; Wood, F. K.; Chapman, C. J.; Frost, C. G. *Synlett* **2004**, 2022; Hayashi, T.; Yamasaki, K. *Chem. Rev.* **2003**, 103, 2829.
[1073]　Mori, Y.; Kakumoto, K.; Manabe, K.; Kobayashi, S. *Tetrahedron Lett.* **2000**, 41, 3107.
[1074]　Sreekumar, R.; Rugmini, P.; Padmakumar, R. *Tetrahedron Lett.* **1997**, 38, 6557.
[1075]　Lubineau, A.; Augé, J. *Tetrahedron Lett.* **1992**, 33, 8073.
[1076]　Nahm, M. R.; Potnick, J. R.; White, P. S.; Johnson, J. S. *J. Am. Chem. Soc.* **2006**, 128, 2751.
[1077]　Vo, N. T.; Pace, R. D. M.; O'Hara, F.; Gaunt, M. J. *J. Am. Chem. Soc.* **2008**, 130, 404.
[1078]　Masson, G.; Cividino, P.; Py, S.; Vallée, Y. *Angew. Chem. Int. Ed.* **2003**, 42, 2265.
[1079]　Yang, J.; Wang, Y.; Wu, S.; Chen, F.-X. *Synlett* **2009**, 3365; Yang, J.; Shen, Y.; Chen, F.-X. *Synthesis* **2010**, 1325.
[1080]　Fonseca, M. T. H.; List, B. *Angew. Chem. Int. Ed.* **2004**, 43, 3958.
[1081]　Bremeyer, N.; Smith, S. C.; Ley, S. V.; Gaunt, M. J. *Angew. Chem. Int. Ed.* **2004**, 43, 2681.
[1082]　Nazarov, I. N.; Torgov, I. B.; Terekhova, L. N. *Izv. Akad. Nauk. SSSR otd. Khim. Nauk.* **1942**, 200; Pellissier, H. *Tetrahedron* **2005**, 61, 6479; Frontier, A. J.; Collison, C. *Tetrahedron* **2005**, 61, 7577; Tius, M. A. *Eur. J. Org. Chem.* **2005**, 2193. See Smith, D. A.; Ulmer II, C. W. *J. Org. Chem.* **1993**, 58, 4118 for a discussion of torquoselectivity and hyperconjugation in this reaction.
[1083]　Marcus, A. P.; Amy, S.; Lee, A. S.; Davis, R. L.; Tantillo, D. J.; Sarpong, R. *Angew. Chem. Int. Ed.* **2008**, 47, 6379.
[1084]　Cavalli, A.; Pacetti, A.; Recanatini, M.; Prandi, C.; Scarpi, D.; Occhiato, E. G. *Chemistry: European J.* **2008**, 14, 9292.
[1085]　Zhang, L.; Wang, S. *J. Am. Chem. Soc.* **2006**, 128, 1442.
[1086]　Walz, I.; Bertogg, A.; Togni, A. *Eur. J. Org. Chem.* **2007**, 2650.
[1087]　Kokubo, M.; Kobayashi, S. *Chemistry: Asian J.* **2009**, 4, 526.
[1088]　Douelle, F.; Tal, L.; Greaney, M. F. *Chem. Commun.* **2005**, 660.
[1089]　Banaag, A. R.; Tius, M. A. *J. Am. Chem. Soc.* **2007**, 129, 5328; Banaag, A. R.; Tius, M. A. *J. Org. Chem.* **2008**, 73, 8133.
[1090]　Rieder, C. J.; Winberg, K. J.; West, F. G. *J. Am. Chem. Soc.* **2009**, 131, 7504.
[1091]　Aggarwal, V. K.; Belfield, A. J. *Org. Lett.* **2003**, 5, 5075.
[1092]　Giese, S.; West, F. G. *Tetrahedron Lett.* **1998**, 39, 8393; Giese, S.; West, F. G. *Tetrahedron* **2000**, 56, 10221.
[1093]　Harmata, M.; Lee, D. R. *J. Am. Chem. Soc.* **2002**, 124, 14328. For a discussion of the scope and mechanism of the retro-Nazarov reaction, see Harmata, M.; Schreiner, P. R.; Lee, D. R.; Kirchhoefer, P. L. *J. Am. Chem. Soc.* **2004**, 126, 10954. For a torquoselective retro-Nazarov, see Harmata, M.; Lee, D. R.; Barnes, C. L. *Org. Lett.* **2005**, 7, 1881.
[1094]　Magomedev, N. A.; Ruggiero, P. L.; Tang, Y. *Org. Lett.* **2004**, 6, 3373.
[1095]　Dhoro, F.; Tius, M. A. *J. Am. Chem. Soc.* **2005**, 127, 12472; Dhoro, F.; Kristensen, T. E.; Stockmann, V.; Yap, G. P. A.; Tius, M. A. *J. Am. Chem. Soc.* **2007**, 129, 7256. See also, Grant, T. N.; Rieder, C. J.; West, F. G. *Chem. Commun.* **2009**, 5676.
[1096]　Huang, J.; Frontier, A. J. *J. Am. Chem. Soc.* **2007**, 129, 8060.
[1097]　See Oare, D. A.; Heathcock, C. H. *Top. Stereochem.* **1989**, 19, pp. 237.
[1098]　See Töke, L.; Fenichel, L.; Albert, M. *Tetrahedron Lett.* **1995**, 36, 5951; Enders, D.; Demir, A. S.; Rendenbach, B. E. M. *Chem. Ber.* **1987**, 120, 1731; Hawkins, J. M.; Lewis, T. A. *J. Org. Chem.* **1992**, 57, 2114.
[1099]　See Krause, N.; Hoffmann-Röder, A. *Synthesis* **2001**, 171.

[1100] Desimoni, G.; Quadrelli, P.; Righetti, P. P. *Tetrahedron* **1990**, 46, 2927.
[1101] See d'Angelo, J.; Revial, G.; Volpe, T.; Pfau, M. *Tetrahedron Lett*. **1988**, 29, 4427.
[1102] Guo, R.; Morris, R. H.; Song, D. *J. Am. Chem. Soc*. **2005**, 127, 516.
[1103] Evans, D. A.; Thomson, R. J.; Franco, F. *J. Am. Chem. Soc*. **2005**, 127, 10816.
[1104] Agostinho, M.; Kobayashi, S. *J. Am. Chem. Soc*. **2008**, 130, 2430.
[1105] Taylor, M. S.; Zalatan, D. N.; Lerchner, A. M.; Jacobsen, E. N. *J. Am. Chem. Soc*. **2005**, 127, 1313.
[1106] Hayashi, Y.; Gotoh, H.; Tamura, T.; Yamaguchi, H.; Masui, R.; Shoji, M. *J. Am. Chem. Soc*. **2005**, 127, 16028; Wang, J.; Li, H.; Zu, L.; Jiang, W.; Xie, H.; Duan, W.; Wang, W. *J. Am. Chem. Soc*. **2006**, 128, 12652; Bartoli, G.; Bosco, M.; Carlone, A.; Cavalli, A.; Locatelli, M.; Mazzanti, A.; Ricci, P.; Sambri, L.; Melchiorre, P. *Angew. Chem. Int. Ed*. **2006**, 45, 4966; Palomo, C.; Landa, A.; Mielgo, A.; Oiarbide, M.; Puente, Á.; Vera, S. *Angew. Chem. Int. Ed*. **2007**, 46, 8431.
[1107] Peelen, T. J.; Chi, Y.; Gellman, S. H. *J. Am. Chem. Soc*. **2005**, 127, 11598.
[1108] d'Angelo, J.; Desmaële, D.; Dumas, F.; Guingant, A. *Tetrahedron Asymmetry* **1992**, 3, 459.
[1109] Weinstain, R.; Lerner, R. A.; Barbas, III, C. F.; Shabat, D. *J. Am. Chem. Soc*. **2005**, 127, 13104.
[1110] Svedendahl, M.; Hult, K.; Berglund, P. *J. Am. Chem. Soc*. **2005**, 127, 17988.
[1111] Jha, S. C.; Joshi, N. N. *Tetrahedron Asymmetry* **2001**, 12, 2463.
[1112] Yamaguchi, M.; Shiraishi, T.; Hirama, M. *J. Org. Chem*. **1996**, 61, 3520.
[1113] Xu, F.; Tillyer, R. D.; Tschaen, D. M.; Grabowski, E. J. J.; Reider, P. *J. Tetrahedron Assymetry* **1998**, 9, 1651.
[1114] Mirza-Aghayan, M.; Etemad-Moghadam, G.; Zaparucha, A.; Berlan, J.; Loupy, A.; Koenig, M. *Tetrahedron Asymmetry* **1995**, 6, 2643.
[1115] See Oare, D. A.; Heathcock, C. H. *J. Org. Chem*. **1990**, 55, 157.
[1116] Holton, R. A.; Williams, A. D.; Kennedy, R. M. *J. Org. Chem*. **1986**, 51, 5480.
[1117] See Hajos, Z. G.; Parrish, D. R. *J. Org. Chem*. **1974**, 39, 1612; *Org. Synth*. **VII**, 363.
[1118] Bertrand, S.; Glapski, C.; Hoffmann, N.; Pete, J.-P. *Tetrahedron Lett*. **1999**, 40, 3169.
[1119] Sibi, M. P.; Jasperse, C. P.; Ji, J. *J. Am. Chem. Soc*. **1995**, 117, 10779. See Wu, J. H.; Radinov, R.; Porter, N. A. *J. Am. Chem. Soc*. **1995**, 117, 11029 for a related reaction.
[1120] Enholm, E. J.; Kinter, K. S. *J. Org. Chem*. **1995**, 60, 4850.
[1121] Rudorf, W.-D.; Schwarz, R. *Synlett* **1993**, 369.
[1122] Yazaki, R.; Kumagai, N.; Shibasaki, M. *J. Am. Chem. Soc*. **2010**, 132, 10275.
[1123] See Makosza, M. *Tetrahedron Lett*. **1966**, 5489.
[1124] See Larock, R. C. *Comprehensive Organic Transformations*, 2nd ed., Wiley-VCH, NY, **1999**, pp. 1576-1582; Mukaiyama, T.; Kobayashi, S. *J. Organomet. Chem*. **1990**, 382, 39.
[1125] Matsuda, I. *J. Organomet. Chem*. **1987**, 321, 307; Narasaka, K. *Org. Synth*., **65**, 12. See also, Yoshikoshi, A.; Miyashita, M. *Acc. Chem. Res*. **1985**, 18, 284.
[1126] Loh, T.-P.; Wei, L.-L. *Tetrahedron* **1998**, 54, 7615.
[1127] Tucker, J. A.; Clayton, T. L.; Mordas, D. M. *J. Org. Chem*. **1997**, 62, 4370.
[1128] Kabbara, J.; Flemming, S.; Nickisch, K.; Neh, H.; Westermann, J. *Tetrahedron* **1995**, 51, 743.
[1129] Ranu, B. C.; Saha, M.; Bhar, S. *Tetrahedron Lett*. **1993**, 34, 1989.
[1130] Yasuda, M.; Chiba, K.; Ohigashi, N.; Katoh, Y.; Baba, A. *J. Am. Chem. Soc*. **2003**, 125, 7291.
[1131] See Heathcock, C. H.; Uehling, D. E. *J. Org. Chem*. **1986**, 51, 279; Mukaiyama, T.; Tamura, M.; Kobayashi, S. *Chem. Lett*. **1986**, 1017, 1817, 1821; **1987**, 743.
[1132] Harada, T.; Adachi, S.; Wang, X. *Org. Lett*. **2004**, 6, 4877.
[1133] Anderson, R. J.; Corbin, V. L.; Cotterrell, G.; Cox, G. R.; Henrick, C. A.; Schaub, F.; Siddall, J. B. *J. Am. Chem. Soc*. **1975**, 97, 1197.
[1134] Alexakis, A.; Chuit, C.; CommerScon-Bourgain, M.; Foulon, J. P.; Jabri, N.; Mangeney, P.; Normant, J. F. *Pure Appl. Chem*. **1984**, 56, 91.
[1135] For reactions with conjugated enynes, see Miginiac, L. *J. Organomet. Chem*. **1982**, 238, 235.
[1136] See Larock, R. C. *Comprehensive Organic Transformations*, 2nd ed., Wiley-VCH, NY, **1999**, pp. 1599-1613, 1814-1824; Posner, G. H. *Org. React*. **1972**, 19, 1; House, H. O. *Acc. Chem. Res*. **1976**, 9, 59; Yamanaka, M.; Kato, S.; Nakamura, E. *J. Am. Chem. Soc*. **2004**, 126, 6287; Posner, G. H. *An Introduction to Synthesis Using Organocopper Reagents*, Wiley, NY, **1980**, pp. 10-67.
[1137] See Nagashima, H.; Ozaki, N.; Washiyama, M.; Itoh, K. *Tetrahedron Lett*. **1985**, 26, 657.
[1138] Bennabi, S.; Narkunan, K.; Rousset, L.; Bouchu, D.; Ciufolini, M. A. *Tetrahedron Lett*. **2000**, 41, 8873.
[1139] Matsuza, S.; Horiguchi, Y.; Nakamura, E.; Kuwajima, I. *Tetrahedron* **1989**, 45, 349; Horiguchi, Y.; Komatsu, M.; Kuwajima, I. *Tetrahedron Lett*. **1989**, 30, 7087; Linderman, R. J.; McKenzie, J. R. *J. Organomet. Chem*. **1989**, 361, 31; Bertz, S. H.; Smith, R. A. *J. Tetrahedron* **1990**, 46, 4091. For a list of references, see Larock, R. C. *Comprehensive Organic Transformations*, 2nd ed., Wiley-VCH, NY, **1999**, pp. 1491-1492.
[1140] Lipshutz, B. H.; Ellsworth, E. L.; Dimock, S. H.; Smith, R. A. J. *J. Am. Chem. Soc*. **1990**, 112, 4404; Lipshutz, B. H.; James, B. *Tetrahedron Lett*. **1993**, 34, 6689.
[1141] Degl'Innocenti, A.; Stucchi, E.; Capperucci, A.; Mordini, A.; Reginato, G.; Ricci, A. *Synlett* **1992**, 329, 332.
[1142] See also Yangand, J.; Dudley, G. B. *Tetrahedron Lett*. **2007**, 48, 7887.
[1143] Henze, W.; Vyater, A.; Krause, N.; Gschwind, R. M. *J. Am. Chem. Soc*. **2005**, 127, 17335.
[1144] Murphy, M. D.; Ogle, C. A.; Bertz, S. H. *Chem. Commun*. **2005**, 854.
[1145] Corey, E. J.; Floyd, D.; Lipshutz, B. H. *J. Org. Chem*. **1978**, 43, 3419.
[1146] Posner, G. H.; Whitten, C. E. *Tetrahedron Lett*. **1973**, 1815.

[1147] Posner, G. H.; Whitten, C. E.; Sterling, J. J. *J. Am. Chem. Soc.* **1973**, 95, 7788.
[1148] See Ledlie, D. B.; Miller, G. *J. Org. Chem.* **1979**, 44, 1006.
[1149] See Lipshutz, B. H. *Tetrahedron Lett.* **1983**, 24, 127.
[1150] See Lipshutz, B. H.; Wilhelm, R. S.; Kozlowski, J. A. *J. Org. Chem.* **1984**, 49, 3938.
[1151] Zinn, F. K.; Ramos, E. C.; Comasseto, J. V. *Tetrahedron Lett.* **2001**, 42, 2415.
[1152] Yamanaka, M.; Nakamura, E. *J. Am. Chem. Soc.* **2005**, 127, 4697.
[1153] See also, Kireev, A. S.; Manpadi, M.; Kornienko, A. *J. Org. Chem.* **2006**, 71, 2630.
[1154] Bertz, S. H.; Cope, S.; Murphy, M.; Ogle, C. A.; Taylor, B. J. *J. Am. Chem. Soc.* **2007**, 129, 7208. See Hu, H.; Snyder, J. P. *J. Am. Chem. Soc.* **2007**, 129, 7210.
[1155] Charonnat, J. A.; Mitchell, A. L.; Keogh, B. P. *Tetrahedron Lett.* **1990**, 31, 315.
[1156] House, H. O.; Fischer Jr., W. F. *J. Org. Chem.* **1969**, 34, 3615. See also, Daviaud, G.; Miginiac, P. *Tetrahedron Lett.* **1973**, 3345.
[1157] Dominguez, E.; Carretero, J. C. *Tetrahedron Lett.* **1993**, 34, 5803
[1158] House, H. O.; Umen, M. J. *J. Org. Chem.* **1973**, 38, 3893.
[1159] Truce, W. E.; Lusch, M. J. *J. Org. Chem.* **1974**, 39, 3174; **1978**, 43, 2252.
[1160] Larock, R. C. *Comprehensive Organic Transformations*, 2nd ed., Wiley-VCH, NY, **1999**, pp. 456-457.
[1161] Lee, P. H.; Park, J.; Lee, K.; Kim, H.-C. *Tetrahedron Lett.* **1999**, 40, 7109.
[1162] Lipshutz, B. H.; Ellsworth, E. L.; Siahaan, T. J. *J. Am. Chem. Soc.* **1988**, 110, 4834; **1989**, 111, 1351.
[1163] Alexander, C. W.; Nice, L. E. *Tetrahedron* **2000**, 56, 2767; Dieter, R. K.; Lu, K.; Velu, S. E. *J. Org. Chem.* **2000**, 65, 8715. See Dieter, R. K.; Topping, C. M.; Nice, L. E. *J. Org. Chem.* **2001**, 66, 2302.
[1164] Yamamoto, Y.; Asao, N.; Uyehara, T. *J. Am. Chem. Soc.* **1992**, 114, 5427.
[1165] Chapdelaine, M. J.; Hulce, M. *Org. React.* **1990**, 38, 225; Taylor, R. J. K. *Synthesis* 1985, 364; Larock, R. C. *Comprehensive Organic Transformations*, 2nd ed., Wiley-VCH, NY, **1999**, pp. 1609-1612, 1826.
[1166] Coates, R. M.; Sandefur, L. O. *J. Org. Chem.* **1974**, 39, 275; Posner, G. H.; Lentz, C. M. *Tetrahedron Lett.* **1977**, 3215.
[1167] Page, P. C. B.; Prodger, J. C.; Hursthouse, M. B.; Mazid, M. *J. Chem. Soc. Perkin Trans. 1*, **1990**, 167; Corey, E. J.; Hannon, F. J. *Tetrahedron Lett.* **1990**, 31, 1393.
[1168] See Posner, G. H. *Acc. Chem. Res.* **1987**, 20, 72; The articles by Tomioka, K.; Koga, K. in Morrison, J. D. *Assymmetric Synthesis* Vol. 2, Academic Press, NY, **1983**, pp. 201-224; Posner, G. pp. 225-241.
[1169] Christenson, B.; Ullenius, C.; HÅkansson, M.; Jagner, S. *Tetrahedron* **1992**, 48, 3623.
[1170] Wu, J.; Mampreian, D. M.; Hoveyda, A. H. *J. Am. Chem. Soc.* **2005**, 127, 4584; Knöpfel, T. F.; Zarotti, P.; Ichikawa, T.; Carreira, E. M. *J. Am. Chem. Soc.* **2005**, 127, 9682; Fillion, E.; Wilsily, A. *J. Am. Chem. Soc.* **2006**, 128, 2774; De Roma, A.; Ruffo, F.; Woodward, S. *Chem. Commun.* **2008**, 5384.
[1171] Kanai, M.; Koga, K.; Tomioka, K. *Tetrahedron Lett.* **1992**, 33, 7193.
[1172] Jensen, K. B.; Thorhauge, J.; Hazell, R. G.; Jørgensen, K. A. *Angew. Chem. Int. Ed.* **2001**, 40, 160.
[1173] d'Augustin, M.; Palais, L.; Alexakis, A. *Angew. Chem. Int. Ed.* **2005**, 44, 1376.
[1174] Li, K.; Alexakis, A. *Angew. Chem. Int. Ed.* **2006**, 45, 7600.
[1175] See Okamoto, M.; Yamamoto, Y.; Sakaguchi, S. *Chem. Commun.* **2009**, 7363.
[1176] Han, Y.; Hruby, V. J. *Tetrahedron Lett.* **1997**, 38, 7317.
[1177] Bongini, A.; Cardillo, G.; Mingardi, A.; Tomasini, C. *Tetrahedron Asymmetry* **1996**, 7, 1457.
[1178] Kung, L.-R.; Tu, C.-H.; Shia, K.-S.; Liu, H.-J. *Chem. Commun.* **2003**, 2490.
[1179] Fleming, F. F.; Wang, Q.; Zhang, Z.; Steward, O. W. *J. Org. Chem.* **2002**, 67, 5953.
[1180] See Negishi, E. *Organometallics in Organic Synthesis* Vol. 1, Wiley, NY, **1980**, pp. 127-133.
[1181] Posner, G. H. *Org. React.* **1972**, 19, 1; López, F.; Harutyanyan, S. R.; Minnaard, A. J.; Feringa, B. L. *J. Am. Chem. Soc.* **2004**, 126, 12784; Martin D.; Kehrli, S.; d'Augustin, M.; Clavier, H.; Mauduit, M.; Alexakis, A. *J. Am. Chem. Soc.* **2006**, 128, 8416.
[1182] Bartoli, G.; Bosco, M.; Sambri, L.; Marcantoni, E. *Tetrahedron Lett.* **1994**, 35, 8651.
[1183] See Kim, Y. M.; Kwon, T. W.; Chung, S. K.; Smith, M. B. *Synth. Commun.* **1999**, 29, 343.
[1184] Schneider, C.; Reese, O. *Synthesis* **2000**, 1689.
[1185] López, F.; Minnaard, A. J.; Feringa, B. L. *Acc. Chem. Res.* **2007**, 40, 179; Harutyunyan, S. R.; den Hartog, T.; Geurts, K.; Minnaard, A. J.; Feringa, B. L. *Chem. Rev.* **2008**, 108, 2824; Wang, S.-Y.; Ji, S.-J.; Loh, T.-P. *J. Am. Chem. Soc.* **2007**, 129, 276; Matsumoto, Y.; Yamada, K.-i.; Tomioka, K. *J. Org. Chem.* **2008**, 73, 4578.
[1186] See Hunt, D. A. *Org. Prep. Proced. Int.* **1989**, 21, 705-749.
[1187] Cohen, T.; Abraham, W. D.; Myers, M. *J. Am. Chem. Soc.* **1987**, 109, 7923.
[1188] Cooke Jr., M. P. *J. Org. Chem.* **1986**, 51, 1637.
[1189] Roux, M. C.; Wartski, L.; Seyden-Penne, J. *Tetrahedron* **1981**, 37, 1927; *Synth. Commun.* **1981**, 11, 85.
[1190] El-Bouz, M.; Wartski, L. *Tetrahedron Lett.* **1980**, 21, 2897.
[1191] Sikorski, W. H.; Reich, H. J. *J. Am. Chem. Soc.* **2001**, 123, 6527.
[1192] Lucchetti, J.; Dumont, W.; Krief, A. *Tetrahedron Lett.* **1979**, 2695; El-Bouz, M.; Wartski, L. *Tetrahedron Lett.* **1980**, 21, 2897. See also, Bürstinghaus, R.; Seebach, D. *Chem. Ber.* **1977**, 110, 841.
[1193] See Maezaki, N.; Sawamoto, H.; Yuyama, S.; Yoshigami, R.; Suzuki, T.; Izumi, M.; Ohishi, H.; Tanaka, T. *J. Org. Chem.* **2004**, 69, 6135.
[1194] Sparteine is used as a chiral additive, see Curtis, M. D.; Beak, P. *J. Org. Chem.* **1999**, 64, 2996.
[1195] Piers, E.; Harrison, C. L.; Zetina-Rocha, C. *Org. Lett.* **2001**, 3, 3245.
[1196] Kikuchi, M.; Niikura, S.; Chiba, N.; Terauchi, N.; Asaoka, M. *Chem. Lett.* **2007**, 36, 736.
[1197] Corey, E. J.; Boger, D. L. *Tetrahedron Lett.* **1978**, 9. Also see Sato, T.; Okazaki, H.; Otera, J.; Nozaki, H. *Tetrahedron Lett.* **1988**,

29, 2979.

[1198] Santos, R. P.; Lopes, R. S. C.; Lopes, C. C. *Synthesis* **2001**, 845.
[1199] Takaya, Y.; Ogasawara, M.; Hayashi, T. *Tetrahedron Lett*. **1999**, 40, 6957.
[1200] Liao, W.-W.; Li, K.; Tang, Y. *J. Am. Chem. Soc*. **2003**, 125, 13030.
[1201] See Ikeda, S.-i.; Cui, D.-M.; Sato, Y. *J. Am. Chem. Soc*. **1999**, 121, 4712.
[1202] Liang, L.; Au-Yeung, T. T.-L.; Chan, A. S. C. *Org. Lett*. **2002**, 4, 3799.
[1203] Reetz, M. T.; Gosberg, A.; Moulin, D. *Tetrahedron Lett*. **2002**, 43, 1189.
[1204] Liang, L.; Yan, M.; Li, Y.-M.; Chan, A. S. C. *Tetrahedron Asymmetry* **2004**, 15, 2575, and references cited therein; Alexakis, A.; Polet, D.; Rosset, S.; March, S. *J. Org. Chem*. **2004**, 69, 5660, and references cited therein; Duncan, A. P.; Leighton, J. L. *Org. Lett*. **2004**, 6, 4117, and references cited therein; Hajra, A.; Yoshikai, N.; Nakamura, E. *Org. Lett*. **2006**, 8, 4153; Valleix, F.; Nagai, K.; Soeta, T.; Kuriyama, M.; Yamada, K.-i.; Tomioka, K. *Tetrahedron* **2005**, 61, 7420.
[1205] Hird, A. W.; Hoveyda, A. H. *J. Am. Chem. Soc*. **2005**, 127, 14988.
[1206] Takahashi, Y.; Yamamoto, Y.; Katagiri, K.; Danjo, H.; Yamaguchi, K.; Imamoto, T. *J. Org. Chem*. **2005**, 70, 9009; Ito, K.; Eno, S.; Saito, B.; Katsuki, T. *Tetrahedron Lett*. **2005**, 46, 3981. For the use of Pd or Cu catalysts, see Marshall, J. A.; Herold, M.; Eidam, H. S.; Eidam, P. *Org. Lett*. **2006**, 8, 5505.
[1207] Malhotra, S. V.; Wang, Y. *Tetrahedron Asymmetry* **2006**, 17, 1032.
[1208] Choi, H.; Hua, Z.; Ojima, I. *Org. Lett*. **2004**, 6, 2689; Mampreian, D. M.; Hoveyda, A. H. *Org. Lett*. **2004**, 6, 2829; Duursma, A.; Minnaard, A. J.; Feringa, B. L. *J. Am. Chem. Soc*. **2003**, 125, 3700.
[1209] Hayashi, T.; Yamamoto, S.; Tokunaga, N. *Angew. Chem. Int. Ed*. **2005**, 44, 4224.
[1210] Hirao, T.; Takada, T.; Sakurai, H. *Org. Lett*. **2000**, 2, 3659; Yin, Y.; Li, X.; Lee, D.-S.; Yang, T.-K. *Tetrahedron Asymmetry* **2000**, 11, 3329; Shadakshari, U.; Nayak, S. K. *Tetrahedron* **2001**, 57, 8185.
[1211] Shitani, R.; Tokunaga, N.; Doi, H.; Hayashi, T. *J. Am. Chem. Soc*. **2004**, 126, 6240.
[1212] Sarandeses, L. A.; Mouriño, A.; Luche, J.-L. *J. Chem. Soc., Chem. Commun*. **1992**, 798. See also, Das, B.; Banerjee, J.; Mahender, G.; Majhi, A. *Org. Lett*. **2004**, 6, 3349.
[1213] Pétrier, C.; de Souza Barboza, J. C.; Dupuy, C.; Luche, J. *J. Org. Chem*. **1985**, 50, 5761.
[1214] Berger, S.; Langer, F.; Lutz, C.; Knochel, P.; Mobley, T. A.; Reddy, C. K. *Angew. Chem. Int. Ed*. **1997**, 36, 1496.
[1215] Knochel, P.; Normant, J. F. *J. Organomet. Chem*. **1986**, 309, 1.
[1216] Wang, C.-C.; Lin, P.-S.; Cheng, C.-H. *J. Am. Chem. Soc*. **2002**, 124, 9696.
[1217] Bagnell, L.; Meisters, A.; Mole, T. *Aust. J. Chem*. **1975**, 28, 817; Ashby, E. C.; Heinsohn, G. *J. Org. Chem*. **1974**, 39, 3297. See also, Kunz, H.; Pees, K. J. *J. Chem. Soc. Perkin Trans*. 1, **1989**, 1168.
[1218] Su, L.; Li, X.; Chan, W. L.; Jia, X.; Chan, A. S. C. *Tetrahedron Asymmetry* **2003**, 24, 1865.
[1219] Koltunov, K. Yu.; Walspurger, S.; Sommer, J. *Tetrahedron Lett*. **2004**, 45, 3547.
[1220] Liu, J.-Y.; Jang, Y.-J.; Lin, W.-W.; Liu, J.-T.; Yao, C.-F. *J. Org. Chem*. **2003**, 68, 4030.
[1221] In the presence of Mn, see Amatore, M.; Gosmini, C.; Périchon, J. *J. Org. Chem*. **2006**, 71, 6130.
[1222] Shen, Z.-L.; Cheong, H.-L.; Loh, T.-P. *Tetrahedron Lett*. **2009**, 50, 1051.
[1223] Nishimura, T.; Guo, X.-X.; Uchiyama, N.; Katoh, T.; Hayashi, T. *J. Am. Chem. Soc*. **2008**, 130, 1576.
[1224] Chen, L.; Li, C.-J. *Chem. Commun*. **2004**, 2362.
[1225] Herath, A.; Thompson, B. B.; Montgomery, J. *J. Am. Chem. Soc*. **2007**, 129, 8712; Herath, A.; Montgomery, J. *J. Am. Chem. Soc*. **2008**, 130, 8132.
[1226] Hayashi, T.; Tokunaga, N.; Yoshida, K.; Han, J. W. *J. Am. Chem. Soc*. **2002**, 124, 12102; Lerum, R. V.; Chisholm, J. D. *Tetrahedron Lett*. **2004**, 45, 6591.
[1227] Chen, Y.; Lee, C. *J. Am. Chem. Soc*. **2006**, 128, 15598.
[1228] Han, Y.; Huang, Y.-Z.; Fang, L.; Tao, W.-T. *Synth. Commun*. **1999**, 29, 867.
[1229] Oi, S.; Moro, M.; Ito, H.; Honma, Y.; Miyano, S.; Inoue, Y. *Tetrahedron* **2002**, 58, 91.
[1230] Ohe, T.; Uemura, S. *Tetrahedron Lett*. **2002**, 43, 1269.
[1231] Venkatraman, S.; Li, C.-J. *Tetrahedron Lett*. **2001**, 42, 781.
[1232] Nishikata, T.; Yamamoto, Y.; Miyaura, N. *Chem. Commun*. **2004**, 1822.
[1233] Williams, D. R.; Mullins, R. J.; Miller, N. A. *Chem. Commun*. **2003**, 2220.
[1234] Augé, J.; Gil, R.; Kalsey, S. *Tetrahedron Lett*. **1999**, 40, 67.
[1235] Condon, S.; Dupré, D.; Falgayrac, G.; Nédélec, J.-Y. *Eur. J. Org. Chem*. **2002**, 105.
[1236] Kakuuchi, A.; Taguchi, T.; Hanzawa, Y. *Tetrahedron* **2004**, 60, 1293.
[1237] This example is from Schmidlin, J.; Wohl, J. *Ber*. **1910**, 43, 1145; Mosher, W. A.; Huber, M. B. *J. Am. Chem. Soc*. **1953**, 75, 4604. See Fuson, R. C. *Adv. Organomet. Chem*. **1964**, 1, 221.
[1238] See Bartoli, G. *Acc. Chem. Res*. **1984**, 17, 109; Bartoli, G.; Dalpozzo, R.; Grossi, L. *J. Chem. Soc. Perkin Trans*. 2, **1989**, 573. For a study of the mechanism, see Bartoli, G.; Bosco, M.; Cantagalli, G.; Dalpozzo, R.; Ciminale, F. *J. Chem. Soc. Perkin Trans*. 2, **1985**, 773.
[1239] House, H. O.; Thompson, H. W. *J. Org. Chem*. **1963**, 28, 360; Klein, J. *Tetrahedron* 1964, 20, 465. See, however, Marets, J.; Rivière, H. *Bull. Soc. Chim. Fr*. **1970**, 4320.
[1240] Kingsbury, C. L.; Smith, R. A. J. *J. Org. Chem*. **1997**, 62, 4629. See, Bertz, S. H.; Miao, G.; Rossiter, B. E.; Snyder, J. P. *J. Am. Chem. Soc*. **1995**, 117, 11023; Snyder, J. P. *J. Am. Chem. Soc*. **1995**, 117, 11025.
[1241] See Yamamoto, Y.; Yamada, J.; Uyehara, T. *J. Am. Chem. Soc*. **1987**, 109, 5820; Ullenius, C.; Christenson, B. *Pure Appl. Chem*. **1988**, 60, 57; Christenson, B.; Olsson, T.; Ullenius, C. *Tetrahedron* **1989**, 45, 523; Krause, N. *Tetrahedron Lett*. **1989**, 30, 5219.
[1242] See Wigal, C. T.; Grunwell, J. R.; Hershberger, J. *J. Org. Chem*. **1991**, 56, 3759.

[1243] Whitesides, G. M.; Kendall, P. E. *J. Org. Chem.* **1972**, *37*, 3718.
[1244] Corey, E. J.; Hannon, F. J.; Boaz, N. W. *Tetrahedron* **1989**, *45*, 545.
[1245] Bertz, S. H.; Smith, R. A. J. *J. Am. Chem. Soc.* **1989**, *111*, 8276.
[1246] Sakurai, H.; Hosomi, A.; Hayashi, J. *Org. Synth.* **VII**, 443; Kuhnert, N.; Peverley, J.; Robertson, J. *Tetrahedron Lett.* **1998**, *39*, 3215; Fleming, I.; Dunogués, J.; Smithers, R. *Org. React.* **1989**, *37*, 57, see p. 127, 335-370; Schinzer, D. *Synthesis* **1988**, 263.
[1247] Majetich, G.; Casares, A.; Chapman, D.; Behnke, M. *J. Org. Chem.* **1986**, *51*, 1745.
[1248] See Lee, P. H.; Lee, K.; Sung, S.-y.; Chang, S. *J. Org. Chem.* **2001**, *66*, 8646.
[1249] Denmark, S. E.; Amishiro, N. *J. Org. Chem.* **2003**, *68*, 6997.
[1250] Oi, S.; Taira, A.; Honma, Y.; Inoue, Y. *Org. Lett.* **2003**, *5*, 97.
[1251] Wadamoto, M.; Yamamoto, H. *J. Am. Chem. Soc.* **2005**, *127*, 14556.
[1252] Huang, T.-S.; Li, C.-J. *Chem. Commun.* **2001**, 2348.
[1253] Koike, T.; Du, X.; Mori, A.; Osakada, K. *Synlett* **2002**, 301.
[1254] Pospišil, J.; Kumamoto, T.; Markó, I. E. *Angew. Chem. Int. Ed.* **2006**, *45*, 3357.
[1255] Köster, R.; Zimmermann, H.; Fenzl, W. *Liebigs Ann. Chem.* **1976**, 1116. See Pelter, A.; Smith, K.; Brown, H. C. *Borane Reagents*, Academic Press, NY, **1988**, pp. 301-305, 318-323; Brown, H. C. *Boranes in OrganicChemistry* Cornell University Press, Ithica, NY, **1972**, pp. 413-433.
[1256] Brown, H. C.; Kabalka, G. W. *J. Am. Chem. Soc.* **1970**, *92*, 712, 714. See also, Miyaura, N.; Kashiwagi, M.; Itoh, M.; Suzuki, A. *Chem. Lett.* **1974**, 395.
[1257] Brown, H. C.; Negishi, E. *J. Am. Chem. Soc.* **1971**, *93*, 3777.
[1258] Brown, H. C.; Bhat, N. G.; Rajagopalan, S. *Organometallics* **1986**, *5*, 816.
[1259] Satoh, Y.; Serizawa, H.; Hara, S.; Suzuki, A. *J. Am. Chem. Soc.* **1985**, *107*, 5225. See also, Hara, S.; Hyuga, S.; Aoyama, M.; Sato, M.; Suzuki, A. *Tetrahedron Lett.* **1990**, *31*, 247.
[1260] Sieber, J. D.; Liu, S.; Morken, J. P. *J. Am. Chem. Soc.* **2007**, *129*, 2214.
[1261] Hirano, K.; Yorimitsu, H.; Oshima, K. *Org. Lett.* **2007**, *9*, 1541.
[1262] Sinclair, J.; Molander, G. A.; Brown, H. C. *J. Am. Chem. Soc.* **1977**, *99*, 954. See also, Molander, G. A.; Brown, H. C. *J. Org. Chem.* **1977**, *42*, 3106.
[1263] Takaya, Y.; Ogasawara, M.; Hayashi, T. *Tetrahedron Lett.* **1998**, *39*, 8479.
[1264] Fujishima, H.; Takada, E.; Hara, S.; Suzuki, A. *Chem. Lett.* **1992**, 695.
[1265] Kabalka, G. W.; Das, B. C.; Das, S. *Tetrahedron Lett.* **2002**, *43*, 2323.
[1266] Zeng, H.; Hua, R. *J. Org. Chem.* **2008**, *73*, 558.
[1267] Wu, T. R.; Chong, J. M. *J. Am. Chem. Soc.* **2005**, *127*, 3244; Pellegrinet, S. C.; Goodman, J. M. *J. Am. Chem. Soc.* **2006**, *128*, 3116.
[1268] Chong, J. M.; Shen, L.; Taylor, N. J. *J. Am. Chem. Soc.* **2000**, *122*, 1822.
[1269] Paquin, J.-F.; Defieber, C.; Stephenson, C. R. J.; Carreira, E. M. *J. Am. Chem. Soc.* **2005**, *127*, 10850; Shintani, R.; Duan, W.-L.; Hayashi, T. *J. Am. Chem. Soc.* **2006**, *128*, 5628; Duan, W.-L.; Iwamura, H.; Shintani, R.; Hayashi, T. *J. Am. Chem. Soc.* **2007**, *129*, 2130; Mariz, R.; Luan, X.; Gatti, M.; Linden, A.; Dorta, R. *J. Am. Chem. Soc.* **2008**, *130* 2172; Otomaru, Y.; Okamoto, K.; Shintani, R.; Hayashi, T. *J. Org. Chem.* **2005**, *70*, 2503; Stemmler, R. T.; Bolm, C. *J. Org. Chem.* **2005**, *70*, 9925; Paquin, J.-F.; Stephenson, C. R. J.; Defieber, C.; Carreira, E. M. *Org. Lett.* **2005**, *7*, 3821; Martina, S. L. X.; Minnaard, A. J.; Hessen, B.; Feringa, B. L. *Tetrahedron Lett.* **2005**, *46*, 7159.
[1270] Lu, X.; Lin, S. *J. Org. Chem.* **2005**, *70*, 9651.
[1271] Sakuma, S.; Miyaura, N. *J. Org. Chem.* **2001**, *66*, 8944.
[1272] Dong, L.; Xu, Y.-J.; Gong, L.-Z.; Mi, A.-Q.; Jiang, Y.-Z. *Synthesis* **2004**, 1057.
[1273] With a chiral ligand, see Mauleón, P.; Carretero, J. C. *Org. Lett.* **2004**, *6*, 3195.
[1274] Wu, T. R.; Chong, J. M. *J. Am. Chem. Soc.* **2007**, *129*, 4908.
[1275] Nishimura, T.; Yasuhara, Y.; Hayashi, T. *Angew. Chem. Int. Ed.* **2006**, *45*, 5164.
[1276] Yamamoto, Y.; Kirai, N.; Harada, Y. *Chem. Commun.* **2008**, 2010.
[1277] Sugiura, M.; Tokudomi, M.; Nakajima, M. *Chem. Commun.* **2010**, 7799.
[1278] Duursma, A.; Boiteau, J.-G.; Lefort, L.; Boogers, J. A. F.; de Vries, A. H. M.; de Vires, J. G.; Minnaard, A. J.; Feringa, B. L. *J. Org. Chem.* **2004**, *69*, 8045.
[1279] Navarre, L.; Martinez, R.; Genet, J.-P.; Darses, S. *J. Am. Chem. Soc.* **2008**, *130*, 6159; Navarre, L.; Pucheault, M.; Darses, S.; Genêt, J.-P. *Tetrahedron Lett* **2005**, *46*, 4247.
[1280] Lalic, G.; Corey, E. J. *Tetrahedron Lett.* **2008**, *49*, 4894; Gendrineau, T.; Genet, J.-P.; Darses, S. *Org. Lett.* **2009**, *11*, 3486.
[1281] Takaya, Y.; Senda, T.; Kurushima, H.; Ogasawara, M.; Hayashi, T. *Tetrahedron Asymmetry* **1999**, *10*, 4047.
[1282] Kabalka, G. W.; Brown, H. C.; Suzuki, A.; Honma, S.; Arase, A.; Itoh, M. *J. Am. Chem. Soc.* **1970**, *92*, 710. See also, Arase, A.; Masuda, Y.; Suzuki, A. *Bull. Chem. Soc. Jpn.* **1976**, *49*, 2275.
[1283] Giese, B. *Radicals in Organic Synthesis: Formation of Carbon-Carbon Bonds*, Pergamon, Elmsford, NY, **1986**, pp. 36-68; Giese, B. *Angew. Chem. Int. Ed.* **1985**, *24*, 553; Larock, R. C. *Organomercury Compounds in Organic Synthesis*, Springer, NY, **1985**, pp. 263-273. See Larock, R. C. *Comprehensive Organic Transformations*, 2nd ed., Wiley-VCH, NY, **1999**, pp. 1809-1813.
[1284] Srikanth, G. S. C.; Castle, S. L. *Tetrahedron* **2005**, *61*, 10377.
[1285] Hayen, A.; Koch, R.; Metzger, J. O. *Angew. Chem. Int. Ed.* **2000**, *39*, 2758.
[1286] Ollivier, C.; Renaud, P. *Chem. Eur. J.* **1999**, *5*, 1468.
[1287] See Jasperse, C. P.; Curran, D. P.; Fevig, T. L. *Chem. Rev.* **1991**, *91*, 1237; Curran, D. P. *Adv. Free Radical Chem.* (*Greenwich, Conn.*) **1990**, *1*, 121; Giese, B. *Radicals in Organic Synthesis: Formation of Carbon-Carbon Bonds*, Pergamon, Elmsford, NY, **1986**, pp. 151-169. See Larock, R. C. *Comprehensive Organic Transformations*, 2nd ed., Wiley-VCH, NY, **1999**, pp. 413-418.

[1288] See Porter, N. A.; Chang, V. H. *J. Am. Chem. Soc.* **1987**, 109, 4976.
[1289] Sibi, M. P.; Petrovic, G.; Zimmerman, J. *J. Am. Chem. Soc.* **2005**, 127, 2390; Sibi, M. P.; Patil, K. *Org. Lett.* **2005**, 7, 1453; He, L.; Srikanth, G. S. C.; Castle, S. L. *J. Org. Chem.* **2005**, 70, 8140. Also see Sibi, M. P.; Zimmerman, J. *J. Am. Chem. Soc.* **2006**, 128, 13346.
[1290] Lee, S.; Lim, C. J.; Kim, S.; Subramaniam, R.; Zimmerman, J.; Sibi, M. P. *Org. Lett.* **2006**, 8, 4311.
[1291] Moran, J.; Suen, T.; Beauchemin, A. M. *J. Org. Chem.* **2006**, 71, 676.
[1292] See Smith, M. B. *Organic Synthesis*, 3rd ed., Wavefunction Inc./Elsevier, Irvine, CA/London, England, **2010**, pp. 1278-1282.
[1293] See Curran, D. P. *Synthesis* **1988**, 489 (see pp. 497-498).
[1294] Deng, L. X.; Kutateladze, A. G. *Tetrahedron Lett.* **1997**, 38, 7829.
[1295] Jang, D. O.; Cho, D. H.; Chung, C.-M. *Synlett* **2001**, 1923.
[1296] Bałczewski, P.; Mikołajczyk, M. *Synthesis* **1995**, 392.
[1297] Yorimitsu, H.; Shinokubo, H.; Matsubara, S.; Oshima, K.; Omoto, K.; Fujimoto, H. *J. Org. Chem.* **2001**, 66, 7776.
[1298] Mero, C. L.; Porter, N. A. *J. Am. Chem. Soc.* **1999**, 121, 5155.
[1299] Yorimitsu, H.; Wakabayashi, K.; Shinokubo, H.; Oshima, K. *Bull. Chem. Soc. Jpn* **2001**, 74, 1963.
[1300] Ouvry, G.; Zard, S. Z. *Chem. Commun.* **2003**, 778.
[1301] Charrier, N.; Quiclet-Sire, B.; Zard, S. Z. *J. Am. Chem. Soc.* **2008**, 130, 8898.
[1302] Hirase, K.; Iwahama, T.; Sakaguchi, S.; Ishii, Y. *J. Org. Chem.* **2002**, 67, 970.
[1303] Zytowski, T.; Fischer, H. *J. Am. Chem. Soc.* **1996** 118, 437.
[1304] Avila, D. V.; Ingold, K. U.; Lusztyk, J.; Dolbier, Jr., W. R.; Pan, H.-Q. *J. Org. Chem.* **1996**, 61, 2027.
[1305] Leach, A. G.; Wang, R.; Wohlhieter, G. E.; Khan, S. I.; Jung, M. E.; Houk, K. N. *J. Am. Chem. Soc.* **2003**, 125, 4271.
[1306] Giese, B.; Lachhein, S. *Angew. Chem. Int. Ed.* **1982**, 21, 768.
[1307] Dickstein, J. I.; Miller, G. I. in *The Chemistry of Carbon Carbon Triple Bonds*, Vol. 2, Patai, S. (Ed.), Wiley, NY **1978**.
[1308] See Smith, M. B. *Organic Synthesis*, 3rd ed., Wavefunction Inc./Elsevier, Irvine, CA/London, England, **2010**, pp. 1283-1295; Rheault, T. R.; Sibi, M. P. *Synthesis* **2003**, 803.
[1309] See Pandey, G.; Reddy, G. D.; Chakrabarti, D. *J. Chem. Soc., Perkin Trans. 1* **1996**, 219.
[1310] Chang, S.-Y.; Jiang, W.-T.; Cherng, C.-D.; Tang, K.-H.; Huang, C.-H.; Tsai, Y.-M. *J. Org. Chem.* **1997**, 62, 9089. See McCarroll, A. J.; Walton, J. C. *J. Chem. Soc., Perkin Trans. 1* **2001**, 3215.
[1311] Chatgilialoglu, C.; Ferreri, C.; Guerra, M.; Timokhin, V.; Froudakis, G.; Gimisis, Z. T. *J. Am. Chem. Soc.* **2002**, 124, 10765. See Guan, X.; Phillips, D. L.; Yang, D. *J. Org. Chem.* **2006**, 71, 1984.
[1312] See Ishibashi, H.; Sato, T.; Ikeda, M. *Synthesis* **2002**, 695.
[1313] See Ha, C.; Horner, J. H.; Newcomb, M.; Varick, T. R.; Arnold, B. R.; Lusztyk, J. *J. Org. Chem.* **1993**, 58 1194.
[1314] See Furxhi, E.; Horner, J. H.; Newcomb, M. *J. Org. Chem.* **1999**, 64, 4064; Tauh, P.; Fallis, A. G. *J. Org. Chem.* **1999**, 64, 6960.
[1315] Cook, G. R.; Hayashi, R. *Org. Lett.* **2006**, 8, 1045.
[1316] Clark, A. J.; Wilson, P. *Tetrahedron Lett.* **2008**, 49, 4848.
[1317] Smith, D. M.; Pulling, M. E.; Norton, J. R. *J. Am. Chem. Soc.* **2007**, 129, 770.
[1318] Mueller, A. M.; Chen, P. *J. Org. Chem.* **1998**, 63, 4581.
[1319] Bogen, S; Malacria, M. *J. Am. Chem. Soc.* **1996** 118, 3992.; Beckwith, A. L. J.; Ingold, K. U. in Vol. 1 of *Rearrangements in Ground States and Excited States*, de Mayo, P., Ed., Academic Press, NY **1980**, pp. 162-283. Gómez, A. M.; Company, M. D.; Uriel, C.; Valverde, S.; López, J. C. *Tetrahedron Lett.* **2002**, 43, 4997.
[1320] Mayon, P.; Chapleur, Y. *Tetrahedron Lett.* **1994**, 35, 3703; Marco-Contelles, J.; Sánchez, B. *J. Org. Chem.* **1993**, 58, 4293.
[1321] Jung, M. E.; Marquez, R.; Houk, K. N. *Tetrahedron Lett.* **1999**, 40, 2661.
[1322] Kamimura, A.; Taguchi, Y. *Tetrahedron Lett.* **2004**, 45, 2335.
[1323] Wang, Li. C. *J. Org. Chem.* **2002**, 67, 1271.
[1324] Kraus, G. A.; Wu, Y. *J. Am. Chem. Soc.* **1992** 114, 8705.
[1325] Zhang, W.; Dowd, P. *Tetrahedron Lett.* **1995**, 36, 8539.
[1326] Bailey, W. F.; Carson, M. W. *Tetrahedron Lett.* **1999**, 40, 5433.
[1327] Alabugin, I. V.; Manoharan, M. *J. Am. Chem. Soc.* **2005**, 127, 9534
[1328] Afor a polymer-bound Sn catalyst see Hernán, A. G.; Kilburn, J. D. *Tetrahedron Lett.* **2004**, 45, 831.
[1329] Clark, A. J.; Davies, D. I.; Jones, K.; Millbanks, C. *J. Chem. Soc., Chem. Commun.* **1994**, 41.
[1330] Barrero, A. F.; Oltra, J. E.; Cuerva, J. M.; Rosales, A. *J. Org. Chem.* **2002**, 67, 2566.
[1331] Molander, G. A.; St. Jean, Jr., D. J. *J. Org. Chem.* **2002**, 67, 3861.
[1332] Becattini, B.; Ollivier, C.; Renaud, P. *Synlett* **2003**, 1485.
[1333] Tamura, O.; Matsukida, H.; Toyao, A.; Takeda, Y.; Ishibashi, H. *J. Org. Chem.* **2002**, 67, 5537.
[1334] See Ikeda, M.; Shikaura, J.; Maekawa, N.; Daibuzono, K.; Teranishi, H.; Teraoka, Y.; Oda, N.; Ishibashi, H. *Heterocycles* **1999**, 50, 31.
[1335] See Ericsson, C.; Engman, L. *Org. Lett.* **2001**, 3, 3459.
[1336] Quirante, J.; Vila, X.; Escolano, C.; Bonjoch, J. *J. Org. Chem.* **2002**, 67, 2323.
[1337] Crich, D.; Ranganathan, K.; Huang, X. *Org. Lett.* **2001**, 3, 1917.
[1338] Andrukiewicz, R.; Loska, R.; Prisyahnyuk, V.; Stalinski, K. *J. Org. Chem.* **2003**, 68, 1552.
[1339] See Bouvier, J.-P.; Jung, G.; Liu, Z.; Guérin, B.; Guindon, Y. *Org. Lett.* **2001**, 3, 1391; Bailey, W. F.; Longstaff, S. C. *Org. Lett.* **2001**, 3, 2217; Stalinski, K.; Curran, D. P. *J. Org. Chem.* **2002**, 67, 2982.
[1340] See Sha, C.-K.; Shen, C.-Y.; Jean, T.-S.; Chiu, R.-T.; Tseng, W.-H. *Tetrahedron Lett.* **1993**, 34, 764; Miyabe, H.; Takemoto, Y. *Chemistry: European J.* **2007**, 13, 7280.

[1341]　Kano, S.; Yuasa, Y.; Asami, K.; Shibuya, S. *Chem. Lett.* **1986**, 735; Robertson, J.; Lam, H. W.; Abazi, S.; Roseblade, S.; Lush, R. K. *Tetrahedron* **2000**, 56, 8959.
[1342]　Petit, M.; Lapierre, A. J. B.; Curran, D. P. *J. Am. Chem. Soc.* **2005**, 127, 14994.
[1343]　Majumdar, K. C.; Basu, P. K.; Mukhopadhyay, P. P. *Tetrahedron* **2005**, 61, 10603, *Tetrahedron* **2007**, 63, 793.
[1344]　Yorimitsu, H.; Shinokubo, H.; Oshima, K. *Chem. Lett.* **2000**, 104.
[1345]　Sha, C.-K.; Zhan, Z.-P.; Wang, F.-S. *Org. Lett.* **2000**, 2, 2011.
[1346]　Wartenberg, F.-H.; Junga, H.; Blechert, S. *Tetrahedron Lett.* **1993**, 34, 5251. See Shi, J.; Zhang, M.; Fu, Y.; Liu, L.; Guo, Q.-X. *Tetrahedron* **2007**, 63, 12681.
[1347]　Gilbert, B. C.; Kalz, W.; Lindsay, C. I.; McGrail, P. T.; Parsons, A. F.; Whittaker, D. T. E. *J. Chem. Soc., Perkin Trans.* 1 **2000**, 1187. See El Bialy, S. A. A.; Ohtani, S.; Sato, T.; Ikeda, M. *Heterocycles* **2001**, 54, 1021; Liu, L.; Wang, X.; Li, C. *Org. Lett.* **2003**, 5, 361.
[1348]　Keusenkothen, P. F.; Smith, M. B. *J. Chem. Soc., Perkin Trans.* 1 **1994**, 2485.
[1349]　Padwa, A.; Rashatasakhon, P.; Ozdemir, A. D.; Willis, J. *J. Org. Chem* **2005**, 70, 519.
[1350]　Beckwith, A. L. J.; Joseph, S. P.; Mayadunne, R. T. A. *J. Org. Chem.* **1993**, 58, 4198.
[1351]　D'Annibale, A.; Nanni, D.; Trogolo, C.; Umani, F. *Org. Lett.* **2000**, 2, 401. See Lee, E.; Kim, S. K.; Kim, J. Y.; Lim, J. *Tetrahedron Lett.* **2000**, 41, 5915. For a related reaction with tin hydride, see Curran, D. P.; Guthrie, D. B.; Geib, S. J. *J. Am. Chem. Soc.* **2008**, 130, 8437. For a discussion of mechanism, see Snider, B. B. *Tetrahedron* **2009**, 65, 10738.
[1352]　Glover, S. A.; Warkentin, J. *J. Org. Chem.* **1993**, 58, 2115.
[1353]　Kitamura, M.; Narasaka, K. *Bull. Chem. Soc. Jpn.* **2008**, 81, 539.
[1354]　Gupta, V.; Besev, M.; Engman, L. *Tetrahedron Lett.* **1998**, 39, 2429.
[1355]　Ryu, I.; Nagahara, K.; Yamazaki, H.; Tsunoi, S.; Sonoda, N. *Synlett* **1994**, 643.
[1356]　Ollivier, C.; Renaud, P. *J. Am. Chem. Soc.* **2000**, 122, 6496.
[1357]　Ollivier, C.; Bark, T.; Renaud, P. *Synthesis* **2000**, 1598.
[1358]　Mikami, S.; Fujita, K.; Nakamura, T.; Yorimitsu, H.; Shinokubo, H.; Matsubara, S.; Oshima, K. *Org. Lett.* **2001**, 3, 1853.
[1359]　Villar, F.; Equey, O.; Renaud, P. *Org. Lett.* **2000**, 2, 1061.
[1360]　Fujioka, T.; Nakamura, T.; Yorimitsu, H.; Oshima, K. *Org. Lett.* **2002**, 4, 2257.
[1361]　Rainer, J. D.; Kennedy, A. R.; Chase, E. *Tetrahedron Lett.* **1999**, 40, 6325.
[1362]　Kizil, M.; Patro, B.; Callaghan, O.; Murphy, J. A.; Hursthouse, M. B.; Hobbs, D. *J. Org. Chem.* **1999**, 64, 7856.
[1363]　Sadasivam, D. V.; Antharjanam, P. K. S.; Prasad, E.; Flowers II, R. A. *J. Am. Chem. Soc.* **2008**, 130, 7228.
[1364]　See Jiaang, W.-T.; Lin, H.-C.; Tang, K.-H.; Chang, L.-B.; Tsai, Y.-M. *J. Org. Chem.* **1999**, 64, 618.
[1365]　Schiesser, C. H.; Matsubara, H.; Ritsner, I.; Wille, U. *Chem. Commun.* **2006**, 1067.
[1366]　Pattenden, G.; Roberts, L.; Blake, A. J. *J. Chem. Soc., Perkin Trans.* 1 **1998**, 863; . Also see, Pattenden, G.; Smithies, A. J.; Tapolczay, D.; Walter, D. S. *J. Chem. Soc., Perkin Trans.* 1 **1996**, 7.
[1367]　Rigby, J. H.; Danca, D. M.; Horner, J. H. *Tetrahedron Lett.* **1998**, 39, 8413.
[1368]　Devin, P.; Fensterbank, L.; Malacria, M. *Tetrahedron Lett.* **1999**, 40, 5511.
[1369]　Hays, D. S.; Fu, G. C. *Tetrahedron.* **1999**, 55, 8815.
[1370]　Naito, T.; Nakagawa, K.; Nakamura, T.; Kasei, A.; Ninomiya, I.; Kiguchi, T. *J. Org. Chem.* **1999**, 64, 2003.
[1371]　Inokuchi, T.; I.; Kawafuchi, H. *Synlett* **2001**, 421.
[1372]　Tojino, M.; Otsuka, N.; Fukuyama, T.; Matsubara, H.; Ryu, I. *J. Am. Chem. Soc.* **2006**, 128, 7712.
[1373]　See Majumdar, K. C.; Basu, P. K.; Mukhopadhyay, P. P. *Tetrahedron* **2004**, 60, 6239; Bowman, W. R.; Cloonan, M. O.; Krintel, S. L. *J. Chem. Soc., Perkin Trans.* 1 **2001**, 2885.
[1374]　Clark, A. J.; Peacock, J. L. *Tetrahedron Lett.* **1998**, 39, 6029. See Prabhakaran, E. N.; Nugent, B. M.; Williams, A. L.; Nailor, K. E.; Johnston, J. N. *Org. Lett.* **2002**, 4, 4197.
[1375]　Martinez, II, E.; Newcomb, M. *J. Org. Chem.* **2006**, 71, 557.
[1376]　Hemmerling, M.; Sjöholm, Å.; Somfai, P. *Tetrahedron Asymmetry* **1999**, 10, 4091.
[1377]　Guindon, Y.; Guérin, B.; Landry, S. R. *Org. Lett.* **2001**, 3, 2293.
[1378]　Lin, X.; Stien, D.; Weinreb, S. M. *Org. Lett.* **1999**, 1, 637.
[1379]　For a review, see Hartung, J. *Eur. J. Org. Chem.* **2001**, 619.
[1380]　Crich, D.; Huang, X.; Newcomb, M. *Org. Lett.* **1999**, 1, 225.
[1381]　See Cossu, S.; DeLucchi, O.; Durr, R. *Synth. Commun.* **1996**, 26, 4597.
[1382]　Yamagiwa, N.; Qin, H.; Matsunaga, S.; Shibasaki, M. *J. Am. Chem. Soc.* **2005**, 127, 13419. See Munro-Leighton, C.; Blue, E. D.; Gunnoe, T. B. *J. Am. Chem. Soc.* **2006**, 128, 1446.
[1383]　Loh, T.-P.; Wei, L.-L. *Synlett* **1998**, 975.
[1384]　Takasu, K.; Nishida, N.; Ihara, M. *Synlett* **2004**, 1844.
[1385]　Yadav, J. S.; Reddy, A. R.; Rao, Y. G.; Narsaiah, A. V.; Reddy, B. V. S. *Synthesis* **2007**, 3447.
[1386]　Srivastava, N.; Banik, B. K. *J. Org. Chem.* **2003**, 68, 2109.
[1387]　Xu, L.-W.; Wei, J.-W.; Xia, C.-G.; Zhou, S.-L.; Hu, X.-X. *Synlett* **2003**, 2425.
[1388]　Bartoli, G.; Bosco, M.; Marcantoni, E.; Petrini, M.; Sambri, L.; Torregiani, E. *J. Org. Chem.* **2001**, 66, 9052.
[1389]　Matsubara, S.; Yoshioka, M.; Utimoto, K. *Chem. Lett.* **1994**, 827.
[1390]　Jenner, G. *Tetrahedron Lett.* **1995**, 36, 233.
[1391]　Das, S.; Kumar, J. S. D.; Shivaramayya, K.; George, M. V. *J. Chem. Soc. Perkin Trans.* 1, **1995**, 1797.
[1392]　Moghaddam, F. M.; Mohammadi, M.; Hosseinnia, A. *Synth. Commn.* **2000**, 30, 643.
[1393]　Markó, I. E.; Chesney, A. *Synlett* **1992**, 275.

[1394] Yeom, C.-E.; Kim, M. J.; Kim, B. M. *Tetrahedron* **2007**, 63, 904.
[1395] Doi, H.; Sakai, T.; Iguchi, M.; Yamada, K.-i.; Tomioka, K. *J. Am. Chem. Soc.* **2003**, 125, 2886.
[1396] Bertz, S. H.; Ogle, C. A.; Rastogi, A. *J. Am. Chem. Soc.* **2005**, 127, 1372.
[1397] Bartoli, G.; Bartolacci, M.; Giuliani, A.; Marcantoni, E.; Massaccesi, M.; Torregiani, E. *J. Org. Chem.* **2005**, 70, 169.
[1398] Chaudhuri, M. K.; Hussain, S.; Kantam, M. L.; Neelima, B. *Tetrahedron Lett.* **2005**, 46, 8329.
[1399] Zhang, X.; Jung, Y. S.; Mariano, P. S.; Fox, M. A.; Martin, P. S.; Merkert, J. *Tetrahedron Lett.* **1993**, 34, 5239.
[1400] Sosnicki, J. G.; Jagodzinski, T. S.; Liebscher, J. *J. Heterocyclic Chem.* **1997**, 34, 643.
[1401] Vicario, J. L.; Badia, D.; Carrillo, L.; Etxebarria, J.; Reyes, E.; Ruiz, N. *Org. Prep. Proceed. Int.* 2005, 37, 513; Krishna, P. R.; Sreeshailam, A.; Srinivas, R. *Tetrahedron* **2009**, 65, 9657.
[1402] Chen, Y. K.; Yoshida, M.; MacMillan, D. W. C. *J. Am. Chem. Soc.* **2006**, 128, 9328; Sibi, M. P.; Itoh, K. *J. Am. Chem. Soc.* **2007**, 129, 8064; Vesely, J.; Ibrahem, I.; Rios, R.; Zhao, G.-L.; Xu, Y.; Córdova, A. *Tetrahedron Lett.* **2007**, 48, 2193; Lu, X.; Deng, L. *Angew. Chem. Int. Ed.* **2008**, 47, 7710; Fadini, L.; Togni, A. *Helv. Chim. Acta* **2007**, 90, 411.
[1403] Sugihara, H.; Daikai, K.; Jin, X. L.; Furuno, H.; Inanaga, J. *Tetrahedron Lett.* **2002**, 43, 2735.
[1404] Jew, S.-s.; Jeong, B. S.; Yoo, M.-S.; Huh, H.; Park, H.-g. *Chem. Commun.* **2001**, 1244.
[1405] Yamagiwa, N.; Matsunaga, S.; Shibasaki, M. *J. Am. Chem. Soc.* **2003**, 125, 16178.
[1406] Ambroise, L.; Desmaële, D.; Mahuteau, J.; d'Angelo, J. *Tetrahedron Lett.* **1994**, 35, 9705.
[1407] Palomo, C.; Oiarbide, M.; Halder, R.; Kelso, M.; Gómez-Bengoa, E.; Garcia, J. M. *J. Am. Chem. Soc.* **2004**, 126, 9188.
[1408] Ganesh, M.; Seidel, D. *J. Am. Chem. Soc.* **2008**, 130, 16464.
[1409] Dinér, P.; Nielsen, M.; Marigo, M.; Jørgensen, K. A. *Angew. Chem. Int. Ed.* **2007**, 46, 1983.
[1410] Ahn, K. H.; Lee, S. J. *Tetrahedron Lett.* **1994**, 35, 1875.
[1411] Aoyagi, K.; Nakamura, H.; Yamamoto, Y. *J. Org. Chem.* **2002**, 67, 5977.
[1412] Naidu, B. N.; Sorenson, M. E.; Connolly, J. P.; Ueda, Y. *J. Org. Chem.* **2003**, 68, 10098.
[1413] Panarina, A. E.; Dogadina, A. V.; Zakharov, V. I.; Ionin, B. I. *Tetrahedron Lett.* **2001**, 42, 4365.
[1414] O'Neil, I. A.; Cleator, E.; Southern, J. M.; Bickley, J. F.; Tapolczay, D. J. *Tetrahedron Lett.* **2001**, 42, 8251.
[1415] Cardillo, G.; Gentilucci, L.; Gianotti, M.; Kim, H.; Perciaccante, R.; Tolomelli, A. *Tetrahedron Asymmetry* **2001**, 12, 2395.
[1416] Guerin, D. J.; Horstmann, T. E.; Miller, S. J. *Org. Lett.* **1999**, 1, 1107.
[1417] Xu, L.-W.; Xia, C.-G.; Li, J.-W.; Zhou, S.-L. *Synlett* **2003**, 2246.
[1418] Sriramurthy, V.; Barcan, G. A.; Kwon, O. *J. Am. Chem. Soc.* **2007**, 129, 12928.
[1419] Kakumoto, K.; Kobayashi, S.; Sugiura, M. *Org. Lett.* **2002**, 4, 1319.
[1420] Gaunt, M. J.; Spencer, J. B. *Org. Lett.* **2001**, 3, 25.
[1421] Wabnitz, T. C.; Spencer, J. B. *Tetrahedron Lett.* **2002**, 43, 3891.
[1422] Wabnitz, T. C.; Spencer, J. B. *Org. Lett.* **2003**, 5, 2141.
[1423] Wabnitz, T. C.; Yu, J.-Q.; Spencer, J. B. *Synlett* **2003**, 1070.
[1424] Xu, L.-W.; Li, L.; Xia, C.-G.; Zhou, S.-L.; Li, J.-W.; Hu, X.-X. *Synlett* **2003**, 2337.
[1425] Rao, H. S. P.; Jothilingam, S. *Tetrahedron Lett.* **2004**, 42, 6595.
[1426] Sadow, A. D.; Haller, I.; Fadini, L.; Togni, A. *J. Am. Chem. Soc.* **2004**, 126, 14704.
[1427] Feng, J.-J.; Chen, X.-F.; Shi, M.; Duan, W.-L. *J. Am. Chem. Soc.* **2010**, 132, 5562.
[1428] Terada, M.; Ikehara, T.; Ube, H. *J. Am. Chem. Soc.* **2007**, 129, 14112.
[1429] Stewart, I. C.; Bergman, R. G.; Toste, F. D. *J. Am. Chem. Soc.* **2003**, 125, 8696.
[1430] Also called hydroalkoxylation. See Ramachary, D. B.; Mondal, R. *Tetrahedron Lett.* **2006**, 47, 7689.
[1431] Phillips, E. M.; Riedrich, M.; Scheidt, K. A. *J. Am. Chem. Soc.* **2010**, 132, 13179.
[1432] Kano, T.; Tanaka, Y.; Maruoka, K. *Tetrahedron Lett.* **2006**, 47, 3039.
[1433] Kano, T.; Tanaka, Y.; Maruoka, K. *Tetrahedron* **2007**, 63, 8658.
[1434] Baker-Glenn, C.; Hodnett, N.; Reiter, M.; Ropp, S.; Ancliff, R.; Gouverneur, V. *J. Am. Chem. Soc.* **2005**, 127, 1481.
[1435] Kamimura, A.; Kawahara, F.; Omata, Y.; Murakami, N.; Morita, R.; Otake, H.; Mitsudera, H.; Shirai, M.; Kakehi, A. *Tetrahedron Lett.* **2001**, 42, 8497.
[1436] Zeni, G.; Stracke, M. P.; Nogueira, C. W.; Braga, A. L.; Menezes, P. H.; Stefani, H. A. *Org. Lett.* **2004**, 6, 1135.
[1437] Kobayashi, S.; Ogawa, C.; Kawamura, M.; Sugiura, M. *Synlett* **2001**, 983.
[1438] Yadav, J. S.; Reddy, B. V. S.; Baishya, G. *J. Org. Chem.* **2003**, 68, 7098.
[1439] Marigo, M.; Schulte, T.; Franzén, J.; Jørgensen, K. A. *J. Am. Chem. Soc.* **2005**, 127, 15710; Kumar, A.; Akanksha *Tetrahedron* **2007**, 63, 11086.
[1440] Chu, C.-M.; Huang, W.-J.; Lu, C.; Wu, P.; Liu, J.-T.; Yao, C.-F. *Tetrahedron Lett.* **2006**, 47, 7375.
[1441] Khatik, G. L.; Kumar, R.; Chakraborti, A. K. *Org. Lett.* **2006**, 8, 2433.
[1442] Kamal, A.; Reddy, D. R.; Rajendar *Tetrahedron Lett.* **2005**, 46, 7951.
[1443] Mečiarová, M.; Toma, Š.; Kotrusz, P. *Org. Biomol. Chem.* **2006**, 4, 1420.
[1444] Chu, C.-M.; Gao, S.; Sastry, M. N. V.; Yao, C.-F. *Tetrahedron Lett.* **2005**, 46, 4971; Gao, S.; Tzeng, T.; Sastry, M. N. V.; Chu, C.-M.; Liu, J.-T.; Lin, C.; Yao, C.-F. *Tetrahedron Lett.* **2006**, 47, 1889.
[1445] Chu, C.-M.; Gao, S.; Sastry, M. N. V.; Kuo, C.-W.; Lu, C.; Liu, J.-T.; Yao, C.-F. *Tetrahedron* **2007**, 63, 1863.
[1446] Taniguchi, Y.; Maruo, M.; Takaki, K.; Fujiwara, Y. *Tetrahedron Lett.* **1994**, 35, 7789.
[1447] McDaid, P.; Chen, Y.; Deng, L. *Angew. Chem. Int. Ed.* **2002**, 41, 338.
[1448] Ranu, B. C.; Mandal, T. *Synlett* **2004**, 1239.
[1449] Nishimura, K.; Tomioka, K. *J. Org. Chem.* **2002**, 67, 431.
[1450] Azizi, N.; Aryanasab, F.; Torkiyan, L.; Ziyaei, A.; Saidi, M. R. *J. Org. Chem.* **2006**, 71, 3634.

[1451] Ruano, J. L. G.; Garcia, M. C.; Laso, N. M.; Castro, A. M. M.; Ramos, J. H. R. *Angew. Chem. Int. Ed.* **2001**, 40, 2507.
[1452] Ohno, T.; Sakai, M.; Ishino, Y.; Shibata, T.; Maekawa, H.; Nishiguchi, I. *Org. Lett.* **2001**, 3, 3439.
[1453] Kyoda, M.; Yokoyama, T.; Maekawa, H.; Ohno, T.; Nishiguchi, I. *Synlett* **2001**, 1535.
[1454] Blakskjær, P.; Høj, B.; Riber, D.; Skrydstrup, T. *J. Am. Chem. Soc.* **2003**, 125, 4030.
[1455] Mattson, A. E.; Bharadwaj, A. R.; Scheidt, K. A. *J. Am. Chem. Soc.* **2004**, 126, 2314.
[1456] Yadav, J. S.; Anuradha, K.; Reddy, B. V. S.; Eeshwaraiah, B. *Tetrahedron Lett.* **2003**, 44, 8959.
[1457] Hanzawa, Y.; Tabuchi, N.; Narita, K.; Kakuuchi, A.; Yabe, M.; Taguchi, T. *Tetrahedron* **2002**, 58, 7559.
[1458] Corey, E. J.; Hegedus, L. S. *J. Am. Chem. Soc.* **1969**, 91, 4926.
[1459] Sawa, Y.; Hashimoto, I.; Ryang, M.; Tsutsumi, S. *J. Org. Chem.* **1968**, 33, 2159.
[1460] Seyferth, D.; Hui, R. C. *J. Am. Chem. Soc.* **1985**, 107, 4551. See also, Lipshutz, B. H.; Elworthy, T. R. *Tetrahedron Lett.* **1990**, 31, 477.
[1461] Seyferth, D.; Hui, R. C. *Tetrahedron Lett.* **1986**, 27, 1473.
[1462] See Stetter, H.; Kuhlmann, H. *Org. React.* **1991**, 40, 407-496; Stetter, H.; Kuhlmann, H.; Haese, W. *Org. Synth.*, **65**, 26.
[1463] Enders, D.; Gerdes, P.; Kipphardt, H. *Angew. Chem. Int. Ed.* **1990**, 29, 179.
[1464] Herrmann, J. L.; Richman, J. E.; Schlessinger, R. H. *Tetrahedron Lett.* **1973**, 3271, 3275.
[1465] Beockman Jr., R. K.; Bruza, K. J.; Baldwin, J. E.; Lever, Jr., O. W. *J. Chem. Soc., Chem. Commun.* **1975**, 519.
[1466] Boeckman Jr., R. K; Bruza, K. J. *J. Org. Chem.* **1979**, 44, 4781.
[1467] Stork, G.; Maldonado, L. *J. Am. Chem. Soc.* **1974**, 96, 5272.
[1468] Sato, K.; Yamazoe, S.; Yamamoto, R.; Ohata, S.; Tarui, A.; Omote, M.; Kumadaki, I.; Ando, A. *Org. Lett.* **2008**, 10, 2405.
[1469] Boger, D. L.; Mathvink, R. J. *J. Org. Chem.* **1989**, 54, 1777.
[1470] See Giese, B. *Radicals in Organic Synthesis: Formation of Carbon-Carbon Bonds*, Pergamon, Elmsford, NY, **1986**, pp. 69-77; Vogel, H. *Synthesis* **1970**, 99; Dang, H.-S.; Roberts, B. P. *Chem. Commun.* **1996**, 2201.
[1471] Elad, D. *Fortschr. Chem. Forsch.* **1967**, 7, 528, see pp. 530-543.
[1472] See Hájek, M.; Málek, J. *Coll. Czech. Chem. Commun.* **1979**, 44, 3695.
[1473] de Klein, W. J. *Recl. Trav. Chim. Pays-Bas* **1975**, 94, 48.
[1474] Cadogan, J. I. G. *Pure Appl. Chem.* **1967**, 15, 153, pp. 153-158. See also, Giese, B.; Zwick, W. *Chem. Ber.* **1982**, 115, 2526; Giese, B.; Erfort, U. *Chem. Ber.* **1983**, 116, 1240.
[1475] See DiPietro, J.; Roberts, W. J. *Angew. Chem. Int. Ed.* **1966**, 5, 415.
[1476] Hua, R.; Takeda, H.; Onozawa, S.-y.; Abe, Y.; Tanaka, M. *J. Am. Chem. Soc.* **2001**, 123, 2899.
[1477] Kokubo, K.; Matsumasa, K.; Miura, M.; Nomura, M. *J. Org. Chem.* **1997**, 62, 4564.
[1478] Fairlie, D. P.; Bosnich, B. *Organometallics* **1988**, 7, 936, 946. Also see, Barnhart, R. W.; Wang, X.; Noheda, P.; Bergens, S. H.; Whelan, J.; Bosnich, B. *J. Am. Chem. Soc.* **1994**, 116, 1821.
[1479] Yamane, M.; Amemiya, T.; Narasaka, K. *Chem. Lett.* **2001**, 1210.
[1480] Fujihara, T.; Katafuchi, Y.; Iwai, T.; Terao, J.; Tsuji, Y. *J. Am. Chem. Soc.* **2010**, 132, 2094.
[1481] Willis, M. C.; Randell-Sly, H. E.; Woodward, R. L.; McNally, S. J.; Currie, G. S. *J. Org. Chem* **2006**, 71, 5291; Imai, M.; Tanaka, M.; Nagumo, S.; Kawahara, N.; Suemune, H. *J. Org. Chem.* **2007**, 72, 2543. For a discussion of the mechanism, see Roy, A. H.; Lenges, C. P.; Brookhart, M. *J. Am. Chem. Soc.* **2007**, 129, 2082.
[1482] Curini, M.; Epifano, F.; Maltese, F.; Rosati, O. *Synlett* **2003**, 552.
[1483] See Jo, E.-A.; Jun, C.-H. *Tetrahedron Lett.* **2009**, 50, 3338.
[1484] Barnhart, R. W.; McMorran, D. A.; Bosnich, B. *Chem. Commun.* **1997**, 589.
[1485] de Alaniz, J. R.; Rovis, T. *J. Am. Chem. Soc.* **2005**, 127, 6284; Liu, Q.; Rovis, T. *J. Am. Chem. Soc.* **2006**, 128, 2552; Kundu, K.; McCullagh, J. V.; Morehead, Jr., A. T. *J. Am. Chem. Soc.* **2005**, 127, 16042; Enders, D.; Han, J.; Henseler, A. *Chem. Commun.* **2008**, 3989.
[1486] Omura, S.; Fukuyama, T.; Horiguchi, J.; Murakami, Y.; Ryu, I. *J. Am. Chem. Soc.* **2008**, 130, 14094. For a related reaction, see Shibahara, F.; Bower, J. F.; Krische, M. J. *J. Am. Chem. Soc.* **2008**, 130, 14120.
[1487] Stetter, H.; Kuhlmann, H. *Org. React.* **1991**, 40, 407; Kerr, M. S.; Rovis, T. *J. Am. Chem. Soc.* **2004**, 126, 8876; Pesch, J.; Harms, K.; Bach, T. *Eur. J. Org. Chem.* **2004**, 2025; Mennen, S.; Blank, J.; Tran-Dube, M. B.; Imbriglio, J. E.; Miller, S. J. *Chem. Commun.* **2005**, 195. See also Mattson, A. E.; Bharadwaj, A. R.; Scheidt, K. A. *J. Am. Chem. Soc.* **2004**, 126, 2314.
[1488] Tanaka, K.; Fu, G. C. *J. Am. Chem. Soc.* **2002**, 124, 10296.
[1489] See Lee, E.; Tae, J. S.; Chong, Y. H.; Park, Y. C.; Yun, M.; Kim, S. *Tetrahedron Lett.* **1994**, 35, 129 for an example.
[1490] Rhee, J. U.; Krische, M. J. *Org. Lett.* **2005**, 7, 2493.
[1491] Kraus, G. A.; Liu, P. *Tetrahedron Lett.* **1994**, 35, 7723.
[1492] Yang, X.-F.; Wang, M.; Varma, R. S.; Li, C.-J. *Org. Lett.* **2003**, 5, 657.
[1493] Na, Y.; Ko, S.; Hwang, L. K.; Chang, S. *Tetrahedron Lett.* **2003**, 44, 4475.
[1494] See Lapidus, A. L.; Pirozhkov, S. D. *Russ. Chem. Rev.* **1989**, 58, 117; Anderson, G. K.; Davies, J. A. in Hartley, F. R.; Patai, S. *The Chemistry of the Metal-Carbon Bond*, Vol. 3, Wiley, NY, **1985**, pp. 335-359, 335-348; in Falbe, J. *New Syntheses with Carbon Monoxide*, Springer, NY, **1980**, the articles by Mullen, A. pp. 243-308; and Bahrmann, H. pp. 372-413; Falbe, J. *Carbon Monoxide in Organic Synthesis*, Springer: Berlin, **1970**, pp. 78-174.
[1495] Haaf, W. *Chem. Ber.* **1966**, 99, 1149; Christol, H.; Solladié, G. *Bull. Soc. Chim. Fr.* **1966**, 1307.
[1496] Sternberg, H. W.; Markby, R.; Wender, P. *J. Am. Chem. Soc.* **1960**, 82, 3638.
[1497] Tsuji, J. *Palladium Reagents and Catalysts* Wiley, NY, **1999**; Hohn, A. in *Applied Homogeneous Catalysis with Organometallic Compounds*, Vol. 1 VCH, NY, **1996**, p. 137; Beller, M.; Tafesh, A. M. in *Applied Homogeneous Catalysis with Organometallic Compounds*, Vol. 1 VCH, NY, **1996**, p. 187; Drent, E.; Jager, W. W.; Keijsper, J. J.; Niele, F. G. M. in *Applied Homogeneous Ca-*

talysis with Organometallic Compounds, Vol.1 VCH, NY, **1996**, p.1119.; Bertoux, F.; Monflier, E.; Castanet, Y.; Mortreux, A. *J. Mol. Catal. A: Chem*. **1999**, 143, 11; Beller, M.; Cornils, B.; Frohning, C. D.; Kohlpaintner, C. W. *J. Mol. Catal. A: Chem*. **1995**, 104, 17; Milstein, D. *Acc. Chem. Res*. **1988**, 21, 428; Tsuji, J. *Acc. Chem. Res*. **1969**, 2, 144; Bird, C. W. *Chem. Rev*. **1962**, 62, 283.

[1498] For a review, see Kiss, G. *Chem. Rev*. **2001**, 101, 3435.

[1499] See Heck, R. F. *Palladium Reagents in Organic Synthesis* Academic Press, NY, **1985**, pp. 381-395; Mukhopadhyay, K.; Sarkar, B. R.; Chaudhari, R. V. *J. Am. Chem. Soc*. **2002**, 124, 9692; Takaya, J.; Iwasawa, N. *J. Am. Chem. Soc*. **2008**, 130, 15254.

[1500] Xu, Q.; Fujiwara, M.; Tanaka, M.; Souma, Y. *J. Org. Chem*. **2000**, 65, 8105.

[1501] Xu, Q.; Nakatani, H.; Souma, Y. *J. Org. Chem*. **2000**, 65, 1540.

[1502] Alper, H.; Hamel, N. *J. Am. Chem. Soc*. **1990**, 112, 2803.

[1503] Brunet, J.-J.; Neibecker, D.; Srivastava, R. S. *Tetrahedron Lett*. **1993**, 34, 2759.

[1504] Senboku, H.; Komatsu, H.; Fujimura, Y.; Tokuda, M. *Synlett* **2001**, 418.

[1505] Williams, C. M.; Johnson, J. B.; Rovis, T. *J. Am. Chem. Soc*. **2008**, 130, 14936.

[1506] Duñach, E.; Dérien, S.; Périchon, J. *J. Organomet. Chem*. **1989**, 364, C33.

[1507] Periasamy, M.; Radhakrishnan, U.; Rameshkumar, C.; Brunet, J.-J. *Tetrahedron Lett*. **1997**, 38, 1623.

[1508] Takeuchi, R.; Sugiura, M. *J. Chem. Soc. Perkin Trans*. 1, **1993**, 1031.

[1509] Saito, S.; Nakagawa, S.; Koizumi, T.; Hirayama, K.; Yamamoto, Y. *J. Org. Chem*. **1999**, 64, 3975. See also, Takimoto, M.; Shimizu, K.; Mori, M. *Org. Lett*. **2001**, 3, 3345.

[1510] See Hogeveen, H. *Adv. Phys. Org. Chem*. **1973**, 10, 29.

[1511] Bird, C. W.; Cookson, R. C.; Hudec, J.; Williams, R. O. *J. Chem. Soc*. **1963**, 410.

[1512] Chen, A.; Ren, L.; Crudden, C. M.; *J. Org. Chem*. **1999**, 64, 9704.

[1513] See Fallis, A. G.; Forgione, P. *Tetrahedron* **2001**, 57, 5899.

[1514] Kishimoto, Y.; Ikariya, T. *J. Org. Chem*. **2000**, 65, 7656.

[1515] Li, J.; Jiang, H.; Feng, A.; Jia, L. *J. Org. Chem*. **1999**, 64, 5984. See also, Clarke, M. L. *Tetrahedron Lett*. **2004**, 45, 4043.

[1516] Xiao, W.-J.; Alper, H. *J. Org. Chem*. **2001**, 66, 6229.

[1517] Zhou, D.-Y.; Yoneda, E.; Onitsuka, K.; Takahashi, S. *Chem. Commun*. **2002**, 2868.

[1518] Xiao, W.-J.; Vasapollo, G.; Alper, H. *J. Org. Chem*. **1999**, 64, 2080.

[1519] Kawakami, J.-i.; Mihara, M.; Kamiya, I.; Takeba, M.; Ogawa, A.; Sonoda, N. *Tetrahedron* **2003**, 59, 3521.

[1520] Li, J.; Jiang, H.; Chen, M. *Synth. Commun*. **2001**, 31, 3131; El Ali, B.; Tijani, J.; El-Ghanam, A.; Fettouhi, M. *Tetrahedron Lett*. **2001**, 42, 1567.

[1521] Yokota, T.; Sakaguchi, S.; Ishii, Y. *J. Org. Chem*. **2002**, 67, 5005.

[1522] Dai, M.; Wang, C.; Dong, G.; Xiang, J.; Luo, J.; Liang, B.; Chen, J.; Yang, Z. *Eur. J. Org. Chem*. **2003**, 4346.

[1523] Ko, S.; Na, Y.; Chang, S. *J. Am. Chem. Soc*. **2002**, 124, 750.

[1524] Cho, S. H.; Yoo, E. J.; Bae, I.; Chang, S. *J. Am. Chem. Soc*. **2005**, 127, 16046.

[1525] Yoneda, E.; Kaneko, T.; Zhang, S.-W.; Onitsuka, K.; Takahashi, S. *Tetrahedron Lett*. **1999**, 40, 7811.

[1526] Gagnier, S. V.; Larock, R. C. *J. Am. Chem. Soc*. **2003**, 125, 4804.

[1527] Murakami, M.; Itami, K.; Ito, Y. *J. Am. Chem. Soc*. **1999**, 121, 4130.

[1528] Jeong, N.; Hwang, S. H. *Angew. Chem. Int. Ed*. **2000**, 39, 636.

[1529] Lee, S. I.; Park, J. H.; Chung, Y. K.; Lee, S.-G. *J. Am. Chem. Soc*. **2004**, 126, 2714.

[1530] Mazzola, Jr., R. D.; Giese, S.; Benson, C. L.; West, F. G. *J. Org. Chem*. **2004**, 69, 220.

[1531] Rameshkumar, C.; Periasamy, M. *Tetrahedron Lett*. **2000**, 41, 2719.

[1532] Plietker, B. *J. Org. Chem*. **2004**, 69, 8287.

[1533] See Krafft, M. E.; Hirosawa, C.; Bonaga, L. V. R. *Tetrahedron Lett*. **1999**, 40, 9177.

[1534] See Krafft, M. E.; Boñaga, L. V. R.; Hirosawa, C. *J. Org. Chem*. **2001**, 66, 3004.

[1535] Koga, Y.; Kobayashi, T.; Narasaka, K. *Chem. Lett*. **1998**, 249. An entrapped-Rh catalyst has been used: Park, K. H.; Son, S. U.; Chung, Y. K. *Tetrahedron Lett*. **2003**, 44, 2827.

[1536] Hicks, F. A.; Kablaoui, N. M.; Buchwald, S. L. *J. Am. Chem. Soc*. **1997**, 118, 9450; Hicks, F. A.; Kablaoui, N. M.; Buchwald, S. L. *J. Am. Chem. Soc*. **1999**, 121, 5881.

[1537] Adrio, J.; Carretero, J. C. *J. Am. Chem. Soc*. **2007**, 129, 778; Adrio, J.; Rivero, M. R.; Carretero, J. C. *Org. Lett*. **2005**, 7, 431.

[1538] Hoye, T. R.; Suriano, J. A. *J. Am. Chem. Soc*. **1993**, 115, 1154.

[1539] Khand, I. U.; Pauson, P. L.; Habib, M. J. *J. Chem. Res. (S)* **1978**, 348; Khand, I. U; Pauson, P. L. *J. Chem. Soc. Perkin Trans*. 1, **1976**, 30. Gibson, S. E.; Stevenazzi, A. *Angew. Chem. Int. Ed*. **2003**, 42, 1800; Gibson, S. E.; Mainolfi, N. *Angew. Chem. Int. Ed*. **2005**, 44, 3022; Lee, H.-W.; Kwong, F.-Y. *Eur. J. Org. Chem*. **2010**, 789.

[1540] See de Bruin, T. J. M.; Milet, A.; Greene, A. E.; Gimbert, Y. *J. Org. Chem*. **2004**, 69, 1075. See also, Rivero, M. R.; Adrio, J.; Carretero, J. C. *Eur. J. Org. Chem*. **2002**, 2881.

[1541] Magnus, P.; Principe, L. M. *Tetrahedron Lett*. **1985**, 26, 4851.

[1542] Itami, K.; Mitsudo, K.; Fujita, K.; Ohashi, Y.; Yoshida, J.-i. *J. Am. Chem. Soc*. **2004**, 126, 11058.

[1543] Wender, P. A.; Croatt, M. P.; Deschamps, N. M. *J. Am. Chem. Soc*. **2004**, 126, 5948.

[1544] Wender, P. A; Deschamps, N. M.; Gamber, G. G. *Angew. Chem. Int. Ed*. **2003**, 42, 1853.

[1545] Pagenkopf, B. L.; Livinghouse, T. *J. Am. Chem. Soc*. **1996**, 118, 2285.

[1546] Sugihara, T.; Yamada, M.; Ban, H.; Yamaguchi, M.; Kaneko, C. *Angew. Chem. Int. Ed*. **1997**, 36, 2801.

[1547] Krafft, M. E.; Scott, I. L.; Romero, R. H. *Tetrahedron Lett*. **1992**, 33, 3829.

[1548] Kerr, W. J.; Lindsay, D. M.; McLaughlin, M.; Pauson, P. L. *Chem. Commun*. **2000**, 1467; Brown, D. S.; Campbell, E.; Kerr, W. J.; Lindsay, D. M.; Morrison, A. J.; Pike, K. G.; Watson, S. P. *Synlett* **2000**, 1573.

[1549] Krafft, M. E.; Boñaga, L. V. R.; Wright, J. A.; Hirosawa, C. *J. Org. Chem.* **2002**, 67, 1233; Blanco-Urgoiti, J.; Casarrubios, L.; Domínguez, G.; Pérez-Castells, J. *Tetrahedron Lett.* **2002**, 43, 5763. The reaction has been done in aqueous media: Krafft, M. E.; Wright, J. A.; Boñaga, L. V. R. *Tetrahedron Lett.* **2003**, 44, 3417.

[1550] Kim, S.-W.; Son, S. U.; Lee, S. I.; Hyeon, T.; Chung, Y. K. *J. Am. Chem. Soc.* **2000**, 122, 1550.

[1551] Kim, S.-W.; Son, S. U.; Lee, S. S.; Hyeon, T.; Chung, Y. K. *Chem. Commun.* **2001**, 2212; Son, S. U.; Lee, S. I.; Chung, Y. K.; Kim, S.-W.; Hyeon, T. *Org. Lett.* **2002**, 4, 277.

[1552] Krafft, M. E.; Wright, J. A.; Llorente, V. R.; Boñaga, L. V. R. *Can. J. Chem.* **2005**, 83, 1006.

[1553] Dahan, A.; Portnoy, M. *Chem. Commun.* **2002**, 2700.

[1554] Ford, J. G.; Kerr, W. J.; Kirk, G. G.; Lindsay, D. M.; Middlemiss, D. *Synlett* **2000**, 1415.

[1555] Iqbal, M.; Vyse, N.; Dauvergne, J.; Evans, P. *Tetrahedron Lett.* **2002**, 43, 7859.

[1556] Ishizaki, M.; Iwahara, K.; Niimi, Y.; Satoh, H.; Hoshino, O. *Tetrahedron* **2001**, 57, 2729; Son, S. U.; Yoon, Y. A.; Choi, D. S.; Park, J. K.; Kim, B. M.; Chung, Y. K. *Org. Lett.* **2001**, 3, 1065.

[1557] Verdaguer, X.; Moyano, A.; Pericàs, M. A.; Riera, A.; Maestro, M. A.; Mahia, J. *J. Am. Chem. Soc.* **2000**, 122, 10242l; Konya, D.; Robert, F.; Gimbert, Y.; Greene, A. E. *Tetrahedron Lett.* **2004**, 45, 6975.

[1558] Pérez-Serrano, L.; Banco-Urgoiti, J.; Casarrubios, L.; Domínguez, G.; Pérez-Castells, J. *J. Org. Chem.* **2000**, 65, 3513. For a review, see Suh. W. H.; Choi, M.; Lee, S. I.; Chung, Y. K. *Synthesis* **2003**, 2169.

[1559] Krafft, M. E.; Boñaga, L. V. R. *Angew. Chem. Int. Ed.* **2000**, 39, 3676, and references cited therein; Jeong, N.; Sung, B. S.; Choi, Y. K. *J. Am. Chem. Soc.* **2000**, 122, 6771; Sturla, S. J.; Buchwald, S. L. *J. Org. Chem.* **2002**, 67, 3398.

[1560] Comely, A. C.; Gibson, S. E.; Stevenazzi, A.; Hales, N. J. *Tetrahedron Lett.* **2001**, 42, 1183.

[1561] Blanco-Urgoiti, J.; Casarrubios, L.; Dominguez, G.; Pérez-Castells, J. *Tetrahedron Lett.* **2001**, 42, 3315.

[1562] Mukai, C.; Kim, J. S.; Sonobe, H.; Hanaoka, M. *J. Org. Chem.* **1999**, 64, 6822.

[1563] Pérez-Serrano, L.; Domínguez, G.; Pérez-Castells, J. *J. Org. Chem.* **2004**, 69, 5413.

[1564] Brummond, K. M.; Sill, P. C.; Rickards, B.; Geib, S. J. *Tetrahedron Lett.* **2002**, 43, 3735; Reichwein, J. F.; Iacono, S. T.; Patel, U. C.; Pagenkopf, B. L. *Tetrahedron Lett.* **2002**, 43, 3739.

[1565] Brummond, K. M.; Chen, H.; Fisher, K. D.; Kerekes, A. D.; Rickards, B.; Sill, P. C.; Geib, A. D. *Org. Lett.* **2002**, 4, 1931. See Shibata, T.; Kadowaki, S.; Hirase, M.; Takagi, K. *Synlett* **2003**, 573.

[1566] Trost, B. M.; Brown, R. E.; Toste, F. D. *J. Am. Chem. Soc.* **2000**, 122, 5877.

[1567] Rausch, B. J.; Gleiter, R. *Tetrahedron Lett.* **2001**, 42, 1651.

[1568] See Shibata, T.; Toshida, N.; Takagi, K. *J. Org. Chem.* **2002**, 67, 7446; Morimoto, T.; Tsutsumi, K.; Kakiuchi, K. *Tetrahedron Lett.* **2004**, 45, 9163.

[1569] Magnus, P.; Principe, L. M. *Tetrahedron Lett.* **1985**, 26, 4851.

[1570] For a review, see Brummond, K. M.; Kent, J. L. *Tetrahedron* **2000**, 56, 3263.

[1571] Krafft, M. E. *Tetrahedron Lett.* **1988**, 29, 999.

[1572] Gimbert, Y.; Lesage, D.; Milet, A.; Fournier, F.; Greene, A. E.; Tabet, J.-C. *Org. Lett.* **2003**, 5, 4073. See Robert, F.; Milet, A.; Gimbert, Y.; Konya, D.; Greene, A. E. *J. Am. Chem. Soc.* **2001**, 123, 5396.

[1573] de Bruin, T. J. M.; Milet, A.; Greene, A. E.; Gimbert, Y. *J. Org. Chem.*, **2004** 69, 1075.

[1574] Sauthier, M.; Castanet, Y.; Mortreux, A. *Chem. Commun.* **2004** 1520.

[1575] Xi, Z.; Song, Q. *J. Org. Chem.* **2000**, 65, 9157.

[1576] Song, Q.; Chen, J.; Jin, X.; Xi, Z. *J. Am. Chem. Soc.* **2001**, 123, 10419; Song, Q.; Li, Z.; Chen, J.; Wang, C.; Xi, Z. *Org. Lett.* **2002**, 4, 4627.

[1577] Shibata, T.; Yamashita, K.; Katayama, E.; Takagi, K. *Tetrahedron* **2002**, 58, 8661.

[1578] Sugihara, T.; Wakabayashi, A.; Takao, H.; Imagawa, H.; Nishizawa, M. *Chem. Commun.* **2001**, 2456.

[1579] Dong, C.; Alper, H. *J. Org. Chem.* **2004**, 69, 5011.

[1580] See Ohshiro, Y.; Hirao, T. *Heterocycles* **1984**, 22, 859; Falbe, J. *New Syntheses with Carbon Monoxide*, Springer, NY, **1980**, pp. 147-174. See Krafft, M. E.; Wilson, L. J.; Onan, K. D. *Tetrahedron Lett.* **1989**, 30, 539.

[1581] Kablaoui, N. M.; Hicks, F. A.; Buchwald, S. L. *J. Am. Chem. Soc.* **1997**, 119, 4424.

[1582] El Ali, B.; Okuro, K.; Vasapollo, G.; Alper, H. *J. Am. Chem. Soc.* **1996**, 118, 4264. Also see, Brunner, M.; Alper, H. *J. Org. Chem.* **1997**, 62, 7565.

[1583] Kondo, T.; Kodoi, K.; Mitsudo, T.-a.; Watanabe, Y. *J. Chem. Soc., Chem. Commun.* **1994**, 755.

[1584] Yoneda, E.; Kaneko, T.; Zhang, S.-W.; Takahashi, S. *Tetrahedron Lett.* **1998**, 39, 5061.

[1585] Yoneda, E.; Kaneko, T.; Zhang, S.-W.; Onitsuka, K.; Takahashi, S. *Org. Lett.* **2000**, 2, 441.

[1586] Yoneda, E.; Zhang, S.-W.; Onitsuka, K.; Takahashi, S. *Tetrahedron Lett.* **2001**, 42, 5459.

[1587] Ma, S.; Wu, B.; Zhao, S. *Org. Lett.* **2003**, 5, 4429.

[1588] Fukuta, Y.; Matsuda, I.; Itoh, K. *Tetrahedron Lett.* **2001**, 42, 1301.

[1589] Kang, S.-K.; Kim, K.-J.; Yu, C.-M.; Hwang, J.-W.; Do, Y.-K. *Org. Lett.* **2001**, 3, 2851.

[1590] Chatani, N.; Kamitani, A.; Murai, S. *J. Org. Chem.* **2002**, 67, 7014.

[1591] Good, G. M.; Kemp, M. I.; Kerr, W. J. *Tetrahedron Lett.* **2000**, 41, 9323.

[1592] Grigg, R.; Monteith, M.; Sridharan, V.; Terrier, C. *Tetrahedron* **1998**, 54, 3885.

[1593] Matsuda, I.; Takeuchi, K.; Itoh, K. *Tetrahedron Lett.* **1999**, 40, 2553.

[1594] Okuro, K.; Kai, H.; Alper, H. *Tetrahedron Asymmetry* **1997**, 8, 2307.

[1595] Shiba, T.; Zhou, D.-Y.; Onitsuka, K.; Takahashi, S. *Tetrahedron Lett.* **2004**, 45, 3211.

[1596] Berger, D.; Imhof, W. *Tetrahedron* **2000**, 56, 2015.

[1597] See Kalck, P.; Peres, Y.; Jenck, J. *Adv. Organomet. Chem.* **1991**, 32, 121; Davies, J. A. in Hartley, F. R.; Patai, S. *The Chemistry of* the *Metal-Carbon Bond*, Vol. 3, Wiley, NY, **1985**, pp. 361-389; Collman, J. P.; Hegedus, L. S.; Norton, J. R.; Finke, R. G. *Principles and Applications of Organotransition Metal Chemistry*, University Science Books, MillValley, CA **1987**, pp. 621-632; Pino, P. *J. Organomet. Chem.* **1980**, 200, 223; Falbe, J. *CarbonMonoxide in Organic Synthesis* Springer, NY, **1980**, pp. 3-77. See Ohshiro, Y.; Hirao, T. *Heterocycles* **1984**, 22, 859.

[1598] See Amer, I.; Alper, H. *J. Am. Chem. Soc.* **1990**, 112, 3674; Jardine, F. H. in Hartley, F. R. *The Chemistry of the Metal-Carbon Bond*, Vol. 4, Wiley, NY, **1987**, pp. 733-818, pp. 778-784.

[1599] Collman, J. P.; Hegedus, L. S.; Norton, J. R.; Finke, R. G. *Principles and Applications of Organotransition Metal Chemistry*, University Science Books, Mill Valley, CA **1987**, p. 630.

[1600] Chan, A. S. C.; Pai, C.-C.; Yang, T.-K.; Chen, S. M. *J. Chem. Soc., Chem. Commun.* **1995**, 2031; Doyle, M. P.; Shanklin, M. S.; Zlokazov, M. V. *Synlett* **1994**, 615.

[1601] Breit, B.; Seiche, W. *J. Am. Chem. Soc.* **2003**, 125, 6608.

[1602] Simaan, S.; Marek, I. *J. Am. Chem. Soc.* **2010**, 132, 4066.

[1603] Johnson, J. R.; Cuny, G. D.; Buchwald, S. L. *Angew. Chem. Int. Ed.* **1995**, 34, 1760.

[1604] van der Veen, L. A.; Kamer, P. C. J.; van Leeuwen, P. W. N. M. *Angew. Chem. Int. Ed.* **1999**, 38, 336.

[1605] Fell, B.; Rupilius, W. *Tetrahedron Lett.* **1969**, 2721.

[1606] See Mullen, A. in Falbe, J. *New Syntheses with Carbon Monoxide*, Springer, NY, **1980**, pp. 414-439. See also, Eilbracht, P.; Hüttmann, G.; Deussen, R. *Chem. Ber.* **1990**, 123, 1063, and other papers in this series.

[1607] See Botteghi, C.; Salomon, C. *Tetrahedron Lett.* **1974**, 4285. For an indirect method, see Campi, E.; Fitzmaurice, N. J.; Jackson, W. R.; Perlmutter, P.; Smallridge, A. J. *Synthesis* **1987**, 1032.

[1608] van den Hoven, B. G.; Alper, H. *J. Org. Chem.* **1999**, 64, 3964.

[1609] Kuil, M.; Soltner, T.; van Leeuwen, P. W. N. M.; Reek, J. N. H. *J. Am. Chem. Soc.* **2006**, 128, 11344.

[1610] See Hu, Y.; Chen, W.; Osuna, A. M. B.; Stuart, A. M.; Hope, E. G.; Xiao, J. *Chem. Commun.* **2001**, 725.

[1611] See Haelg, P.; Consiglio, G.; Pino, P. *Helv. Chim. Acta* **1981**, 64, 1865.

[1612] Krauss, I. J.; Wang, C. C-Y.; Leighton, J. L. *J. Am. Chem. Soc.* **2001**, 123, 11514.

[1613] Ojima, I.; Hirai, K. in Morrison, J. D. *Organic Synthesis* Vol. 5, Wiley, NY, **1985**, pp. 103-145, pp. 125-139; Breit, B.; Seiche, W. *Synthesis* **2001**, 1; Clark, T. P.; Landis, C. R.; Freed, S. L.; Klosin, J.; Abboud, K. A. *J. Am. Chem. Soc.* **2005**, 127, 5040; Yan, Y.; Zhang, X. *J. Am. Chem. Soc.* **2006**, 128, 7198; Watkins, A. L.; Hashiguchi, B. G.; Landis, C. R. *Org. Lett.* **2008**, 10, 4553.

[1614] Sakai, N.; Nozaki, K.; Takaya, H. *J. Chem. Soc., Chem. Commun.* **1994**, 395. See Gladiali, S.; Bayón, J. C.; Claver, C. *Tetrahedron Asymmetry* **1995**, 6, 1453.

[1615] Klosin, J.; Landis, C. R. *Acc. Chem. Res.* **2007**, 40, 1251.

[1616] Anastasiou, D.; Campi, E. M.; Chaouk, H.; Jackson, W. R.; McCubbin, Q. J. *Tetrahedron Lett.* **1992**, 33, 2211

[1617] Mirbach, M. F. *J. Organomet. Chem.* **1984**, 265, 205. For the mechanism see Orchin, M. *Acc. Chem. Res.* **1981**, 14, 259; Versluis, L.; Ziegler, T.; Baerends, E. J.; Ravenek, W. *J. Am. Chem. Soc.* **1989**, 111, 2018.

[1618] Ungváry, F.; Markó, L. *Organometallics* **1982**, 1, 1120.

[1619] See Kovács, I.; Ungváry, F.; Markó, L. *Organometallics* **1986**, 5, 209.

[1620] Bockman, T. M.; Garst, J. F.; King, R. B.; Markó, L.; Ungváry, F. *J. Organomet. Chem.* **1985**, 279, 165.

[1621] Godard, C.; Duckett, S. B.; Polas, S.; Tooze, R.; Whitwood, A. C. *J. Am. Chem. Soc.* **2005**, 127, 4994.

[1622] Aldridge, C. L.; Jonassen, H. B. *J. Am. Chem. Soc.* **1963**, 85, 886.

[1623] See Friedrich, K. in Patai, S.; Rappoport, Z. *The Chemistry of Functional Groups, Supplement C* pt. 2, Wiley, NY, **1983**, pp. 1345-1390; Nagata, W.; Yoshioka, M. *Org. React.* **1977**, 25, 255; Brown, E. S. in Wender, I.; Pino, P. *Organic Syntheses via Metal Carbonyls*, Vol. 2, Wiley, NY, **1977**, pp. 655-672.

[1624] Arthur, Jr., P.; England, D. C.; Pratt, B. C.; Whitman, G. M. *J. Am. Chem. Soc.* **1954**, 76, 5364.

[1625] See Brown, E. S. in Wender, P.; Pino, P. *Organic Syntheses via Metal Carbonyls*, Vol. 2, Wiley, NY, **1977**, pp. 658-667; Tolman, C. A.; McKinney, R. J.; Seidel, W. C.; Druliner, J. D.; Stevens, W. R. *Adv. Catal.* **1985**, 33, 1. For studies of the mechanism see McKinney, R. J.; Roe, D. C. *J. Am. Chem. Soc.* **1986**, 108, 5167; Funabiki, T.; Tatsami, K.; Yoshida, S. *J. Organomet. Chem.* **1990**, 384, 199. See also, Bini, L.; Müller, C.; Vogt, D. *Chem. Commun.* **2010**, 8325.

[1626] Yanagisawa, A.; Nezu, T.; Mohri, S.-i. *Org. Lett.* **2009**, 11, 5286.

[1627] Jackson, W. R.; Lovel, C. G. *Aust. J. Chem.* **1983**, 36, 1975.

[1628] Jackson, W. R.; Perlmutter, P. *Chem. Br.* **1986**, 338.

[1629] Yan, M.; Xu, Q.-Y.; Chan, A. S. C. *Tetrahedron Asymmetry* **2000**, 11, 845.

[1630] See Nagata, W.; Yoshioka, M. *Org. React.* **1977**, 25, 255.

[1631] Buchwald, S. L.; LeMaire, S. J. *Tetrahedron Lett.* **1987**, 28, 295.

[1632] Ito, Y.; Kato, H.; Imai, H.; Saegusa, T. *J. Am. Chem. Soc.* **1982**, 104, 6449.

[1633] Luo, F.-T.; Ko, S.-L.; Chao, D.-Y. *Tetrahedron Lett.* **1997**, 38, 8061.

[1634] Kitano, Y.; Chiba, K.; Tada, M. *Synlett* **1999**, 288.

[1635] Mita, T.; Kazuki, K.; Kanai, M.; Shibasaki, M. *J. Am. Chem. Soc.* **2005**, 127, 514.

[1636] Larock, R. C. *Comprehensive Organic Transformations*, 2nd ed., Wiley-VCH, NY, **1999**, pp. 629-632.

[1637] de la Mare, P. B. D. *Electrophilic Halogenation* Cambridge University Press, Cambridge, **1976**; House, H. O. *Modern Synthetic Reaction*, 2nd ed., W. A. Benjamin, NY, **1972**, pp. 422-431.

[1638] McMillen, D. W.; Grutzner, J. B. *J. Org. Chem.* **1994**, 59, 4516.

[1639] Zanger, M.; Rabinowitz, J. L. *J. Org. Chem.* **1975**, 40, 248.

[1640] Ayres, R. L.; Michejda, C. J.; Rack, E. P. *J. Am. Chem. Soc.* **1971**, 93, 1389.

[1641] See Lenoir, D.; Chiappe, C. *Chem. Eur. J.* **2003**, 9, 1037. For a theoretical study of these intermediates, see Okazaki, T.; Laali, K. K.

J. Org. Chem. **2005**, 70, 9139. Also see Zabalov, M. V.; Karlov, S. S.; Lemenovskii, D. A.; Zaitseva, G. S. J. Org. Chem. **2005**, 70, 9175.

[1642] See Dessau, R. M. J. Am. Chem. Soc. **1979**, 101, 1344.
[1643] See Cais, M. in Patai, S. *The Chemistry of Alkenes*, Vol. 1, Wiley, NY, **1964**, pp. 993.
[1644] See Fuller, G.; Stacey, F. W.; Tatlow, J. C.; Thomas, C. R. Tetrahedron **1962**, 18, 123.
[1645] Rozen, S.; Brand, M. J. Org. Chem. **1986**, 51, 3607.
[1646] Hara, S.; Nakahigashi, J.; Ishi-i, K.; Sawaguchi, M.; Sakai, H.; Fukuhara, T.; Yoneda, N. Synlett **1998**, 495.
[1647] Bissell, E. R.; Fields, D. B. J. Org. Chem. **1964**, 29, 1591.
[1648] Akana, J. A.; Bhattacharyya, K. X.; Müller, P.; Sadighi, J. P. J. Am. Chem. Soc. **2007**, 129, 7736.
[1649] See Bellucci, G.; Chiappe, C. J. Org. Chem. **1993**, 58, 7120.
[1650] Zheng, C. Y.; Slebocka-Tilk, H.; Nagorski, R. W.; Alvarado, L.; Brown, R. S. J. Org. Chem. **1993**, 58, 2122.
[1651] Bellucci, G.; Chiappe, C.; Bianchini, R.; Lenoir, D.; Herges, R. J. Am. Chem. Soc. **1995**, 117, 12001.
[1652] See Kuchar, E. J. in Patai, S. *The Chemistry of Alkenes*, Vol. 1, Wiley, NY, **1964**, pp. 273-280.
[1653] Chiappe, C.; Capraro, D.; Conte, V.; Picraccini, D. Org. Lett. **2001**, 3, 1061.
[1654] Bellesia, F.; Ghelfi, F.; Pagnoni, U. M.; Pinetti, A. J. Chem. Res. (S) **1989**, 108, 360.
[1655] Markó, I. E.; Richardson, P. R.; Bailey, M.; Maguire, A. R.; Coughlan, N. Tetrahedron Lett. **1997**, 38, 2339.
[1656] Markó, I. E.; Richardson, P. F. Tetrahedron Lett. **1991**, 32, 1831.
[1657] Fieser, L. F.; Fieser, M. *Reagents for Organic Synthesis* Vol. 1, Wiley, NY, **1967**, pp. 967-970. For a discussion of the mechanism, see Bellucci, G.; Bianchini, R.; Vecchiani, S. J. Org. Chem. **1986**, 51, 4224.
[1658] Nair, V.; Panicker, S. B.; Augustine, A.; George, T. G.; Thomas, S.; Vairamani, M. Tetrahedron **2001**, 57, 7417.
[1659] Ye, C.; Shreeve, J. M. J. Org. Chem. **2004**, 69, 8561.
[1660] El-Quisairi, A. K.; Qaseer, H. A.; Katsigras, G.; Lorenzi, P.; Tribedi, U.; Tracz, S.; Hartman, A.; Miller, J. A.; Henry, P. M. Org. Lett. **2003**, 5, 439.
[1661] Uemura, S.; Okazaki, H.; Onoe, A.; Okano, M. J. Chem. Soc. Perkin Trans. 1, **1977**, 676.
[1662] Das, B.; Srinivas, Y.; Sudhakar, C.; Damodar, K.; Narender, R. Synth. Commun. **2009**, 39, 220.
[1663] See McCleland, C. W. in Pizey, J. S. *Synthetic Reagents*, Vol. 5, Wiley, NY, **1983**, pp. 85-164.
[1664] White, E. P.; Robertson, P. W. J. Chem. Soc. **1939**, 1509.
[1665] Buckles, R. E.; Forrester, J. L.; Burham, R. L.; McGee, T. W. J. Org. Chem. **1960**, 25, 24.
[1666] Negoro, T.; Ikeda, Y. Bull. Chem. Soc. Jpn. **1986**, 59, 3519.
[1667] Zefirov, N. S.; Sereda, G. A.; Sosounk, S. E.; Zyk, N. V.; Likhomanova, T. I. Synthesis **1995**, 1359.
[1668] See Sharts, C. M.; Sheppard, W. A. Org. React. **1974**, 21, 125, see pp. 137-157; Boguslavskaya. L. S. Russ. Chem. Rev. **1984**, 53, 1178.
[1669] Evans, R. D.; Schauble, J. H. Synthesis **1987**, 551; Kuroboshi, M.; Hiyama, T. Synlett **1991**, 185.
[1670] Pattison, F. L. M.; Peters, D. A. V.; Dean, F. H. Can. J. Chem. **1965**, 43, 1689. For other methods, see Shimizu, M.; Nakahara, Y.; Yoshioka, H. J. Chem. Soc., Chem. Commun. **1989**, 1881.
[1671] Nojima, M.; Kerekes, I.; Olah, J. A. J. Org. Chem. **1979**, 44, 3872. See Camps, F.; Chamorro, E.; Gasol, V.; Guerrero, A. J. Org. Chem. **1989**, 54, 4294; Ichihara, J.; Funabiki, K.; Hanafusa, T. Tetrahedron Lett. **1990**, 31, 3167.
[1672] Barluenga, J.; González, J. M.; Campos, P. J.; Asensio, G. Angew. Chem. Int. Ed. **1985**, 24, 319.
[1673] Barluenga, J.; Rodriguez, M. A.; González, J. M.; Campos, P. J.; Asensio, G. Tetrahedron Lett. **1986**, 27, 3303.
[1674] Sinn, H.; Hopperdietzel, S.; Sauermann, D. Monatsh. Chem. **1965**, 96, 1036.
[1675] Hondrogiannis, G.; Lee, L. C.; Kabalka, G. W.; Pagni, R. M. Tetrahedron Lett. **1989**, 30, 2069.
[1676] Dabdoub, M. J.; Dabdoub, V. B.; Baroni, A. C. M. J. Am. Chem. Soc. **2001**, 123, 9694.
[1677] Kabalka, G. W.; Yang, K. Synth. Commun. **1998**, 28, 3807; Kabalka, G. W.; Yang, K.; Reddy, N. K.; Narayana, A. Synth. Commun. **1998**, 28, 925.
[1678] See Jacobs, T. L. in Landor, S. R. *The Chemistry of Allenes*, Vol. 2, Acaademic Press, NY, **1982**, pp. 466-483.
[1679] Addends are listed in order of priority in the Cahn-Ingold-Prelog system (Sec. 4. E. i).
[1680] Larock, R. C. *Comprehensive Organic Transformations*, 2nd ed., Wiley-VCH, NY, **1999**, pp. 638-642.
[1681] See Boguslavskaya, L. S. Russ. Chem. Rev. **1972**, 41, 740.
[1682] Cambie, R. C.; Noall, W. I.; Potter, G. J.; Rutledge, P. S.; Woodgate, P. D. J. Chem. Soc. Perkin Trans. 1, **1977**, 266.
[1683] See Antonioletti, R.; D'Auria, M.; De Mico, A.; Piancatelli, G.; Scettri, A. Tetrahedron **1983**, 39, 1765.
[1684] Horiuchi, C. A.; Ikeda, A.; Kanamori, M.; Hosokawa, H.; Sugiyama, T.; Takahashi, T. T. J. Chem. Res. (S) **1997**, 60.
[1685] Myint, Y. Y.; Pasha, M. A. Synth. Commun. **2004**, 34, 4477.
[1686] Masuda, H.; Takase, K.; Nishio, M.; Hasegawa, A.; Nishiyama, Y.; Ishii, Y. J. Org. Chem. **1994**, 59, 5550.
[1687] See Dalton, D. R.; Dutta, V. P. J. Chem. Soc. B **1971**, 85; Sisti, A. J. J. Org. Chem. **1970**, 35, 2670.
[1688] Smietana, M.; Gouverneur, V.; Mioskowski, C. Tetrahedron Lett. **2000**, 41, 193.
[1689] Klunder, J. M.; Caron M.; Uchiyama, M.; Sharpless, K. B. J. Org. Chem. **1985**, 50, 912.
[1690] See Bremner, D. H. in Pizey, J. S. *Synthetic Reagents*, Vol. 6, Wiley, NY, **1985**, pp. 9-59; Campbell, M. M.; Johnson, G. Chem. Rev. **1978**, 78, 65.
[1691] Damin, B.; Garapon, J.; Sillion, B. Synthesis **1981**, 362.
[1692] Ohta, M.; Sakata, Y.; Takeuchi, T.; Ishii, Y. Chem. Lett. **1990**, 733.
[1693] Carrera, I.; Brovetto, M. C.; Seoane, G. A. Tetrahedron Lett. **2006**, 47, 7849.
[1694] Sakurada, I.; Yamasaki, S.; Göttlich, R.; Iida, T.; Kanai, M.; Shibasaki, M. J. Am. Chem. Soc. **2000**, 122, 1245.
[1695] DeCorso, A. R.; Panunzi, B.; Tingoli, M. Tetrahedron Lett. **2001**, 42, 7245.

[1696] Yadav, J. S.; Reddy, B. V. S.; Baishya, G.; Harshavardhan, S. J.; Chary, Ch. J.; Gupta, M. K. *Tetrahedron Lett*. **2005**, 46, 3569.
[1697] Urankar, D.; Rutar, I.; Modec, B.; Dolenc, D. *Eur. J. Org. Chem*. **2005**, 2349.
[1698] Migliorese, K. G.; Appelman, E. H.; Tsangaris, M. N. *J. Org. Chem*. **1979**, 44, 1711.
[1699] Larock, R. C. *Comprehensive Organic Transformations*, 2nd ed., Wiley-VCH, NY, **1999**, pp. 642-643.
[1700] Zefirov, N. S.; Koz'min, A. S. *Acc. Chem. Res*. **1985**, 18, 154; *Sov. Sci. Rev. Sect. B* **1985**, 7, 297.
[1701] Buss, E.; Rockstuhl, A.; Schnurpfeil, D. *J. Prakt. Chem*. **1982**, 324, 197.
[1702] Chirskaya, M. V.; Vasil'ev, A. A.; Sergovskaya, N. L.; Shovshinev, S. V.; Sviridov, S. I. *Tetrahedron Lett*. **2004**, 45, 8811.
[1703] Glover, S. A.; Goosen, A. *Tetrahedron Lett*. **1980**, 21, 2005.
[1704] Sanseverino, A. M.; de Mattos, M. C. S. *Synthesis* **1998**, 1584. See Horiuchi, C. A.; Hosokawa, H.; Kanamori, M.; Muramatsu, Y.; Ochiai, K.; Takahashi, E. *Chem. Lett*. **1995**, 13.
[1705] Iranpoor, N.; Shekarriz, M. *Tetrahedron* **2000**, 56, 5209.
[1706] Bresson, A.; Dauphin, G.; Geneste, J.; Kergomard, A.; Lacourt, A. *Bull. Soc. Chim. Fr*. **1970**, 2432; **1971**, 1080.
[1707] Weissermel, K.; Lederer, M. *Chem. Ber*. **1963**, 96, 77.
[1708] Wilson, M. A.; Woodgate, P. D. *J. Chem. Soc. Perkin Trans*. 2, **1976**, 141. See Larock, R. C. *Comprehensive Organic Transformations*, 2nd ed., Wiley-VCH, NY, **1999**, pp. 643-644.
[1709] Rozen, S.; Lerman, O.; Kol, M.; Hebel, D. *J. Org. Chem*. **1985**, 50, 4753.
[1710] See Cardillo, G.; Orena, M. *Tetrahedron* **1990**, 46, 3321; Dowle, M. D.; Davies, D. I. *Chem. Soc. Rev*. **1979**, 8, 171. For a list of reagents that accomplish this, with references, see Larock, R. C. *Comprehensive Organic Transformations*, 2nd ed., Wiley-VCH, NY, **1999**, pp. 1870-1876. Also see Bartlett, P. A. in Morrison, J. D. *Organic Synthesis* Vol. 3, Wiley, NY, **1984**, pp. 411-454, 416-425.
[1711] Corey, E. J.; Albonico, S. M.; Koelliker, V.; Schaaf, T. K.; Varma, R. K. *J. Am. Chem. Soc*. **1971**, 93, 1491.
[1712] Yaguchi, Y.; Akiba, M.; Harada, M.; Kato, T. *Heterocycles* **1996**, 43, 601.
[1713] Homsi, F.; Rousseau, G. *J. Org. Chem*. **1998**, 63, 5255.
[1714] Royer, A. C.; Mebane, R. C.; Swafford, A. M. *Synlett* **1993**, 899.
[1715] See Cambie, R. C.; Rutledge, P. S.; Somerville, R. F.; Woodgate, P. D. *Synthesis* **1988**, 1009, and references cited therein.
[1716] Genovese, S.; Epifano, F.; Pelucchini, C.; Procopio, A.; Curini, M. *Tetrahedron Lett*. **2010**, 51, 5992.
[1717] Garnier, J. M.; Robin, S.; Rousseau, G. *Eur. J. Org. Chem*. **2007**, 3281.
[1718] Inoue, T.; Kitagawa, O.; Kurumizawa, S.; Ochiai, O.; Taguchi, T. *Tetrahedron Lett*. **1995**, 36, 1479.
[1719] Haas, J.; Piguel, S.; Wirth, T. *Org. Lett*. **2002**, 4, 297.
[1720] Whitehead, D. C.; Yousefi, R.; Jaganathan, A.; Borhan, B. *J. Am. Chem. Soc*. **2010**, 132, 3298; Zhou, L.; Tan, C. K.; Jiang, X.; Chen, F.; Yeung, Y.-Y. *J. Am. Chem. Soc*. **2010**, 132, 15474; Murai, K.; Matsushita, T.; Nakamura, A.; Fukushima, S.; Shimura, M.; Fujioka, H. *Angew. Chem. Int. Ed*. **2010**, 49, 9174.
[1721] Ning, Z.; Jin, R.; Ding, J.; Gao, L. *Synlett* **2009**, 2291.
[1722] Simonot, B.; Rousseau, G. *Tetrahedron Lett*. **1993**, 34, 4527.
[1723] Knapp, S.; Rodriques, K. E. *Tetrahedron Lett*. **1985**, 26, 1803.
[1724] Tamaru, Y.; Kawamura, S.; Tanaka, K.; Yoshida, Z. *Tetrahedron Lett*. **1984**, 25, 1063.
[1725] Tseng, C. K.; Teach, E. G.; Simons, R. W. *Synth. Commun*. **1984**, 14, 1027.
[1726] When a general group(e. g., halo) is used, its priority is that of the lowest member of its group (see Ref. 1680). Thus the general name for this transformation is halo-alkylsulfonyl addition because "halo" has the same priority as "fluoro", its lowest member.
[1727] Sinnreich, J.; Asscher, M. *J. Chem. Soc. Perkin Trans*. 1, **1972**, 1543.
[1728] Quebatte, L.; Thommes, K.; Severin, K. *J. Am. Chem. Soc*. **2006**, 128, 7440.
[1729] Nair, V.; Augustine, A.; George, T. G.; Nair, L. G. *Tetrahedron Lett*. **2001**, 42, 6763.
[1730] Amiel, Y. *J. Org. Chem*. **1974**, 39, 3867; Okuyama, T.; Izawa, K.; Fueno, T. *J. Org. Chem*. **1974**, 39, 351.
[1731] See Rasteikiene, L.; Greiciute, D.; Lin'kova, M. G.; Knunyants, I. L. *Russ. Chem. Rev*. **1977**, 46, 548; Kühle, E. *Synthesis* **1971**, 563.
[1732] Bellesia, F.; Ghelfi, F.; Pagnoni, U. M.; Pinetti, A. *J. Chem. Res. (S)* **1987**, 238. See also, Liu, H.; Nyangulu, J. M. *Tetrahedron Lett*. **1988**, 29, 5467.
[1733] Woodgate, P. D.; Janssen, S. J.; Rutledge, P. S.; Woodgate, S. D.; Cambie, R. C. *Synthesis* **1984**, 1017, and references cited therein. See also, Watanabe, N.; Uemura, S.; Okano, M. *Bull. Chem. Soc. Jpn*. **1983**, 56, 2458.
[1734] Cambie, R. C.; Larsen, D. S.; Rutledge, P. S.; Woodgate, P. D. *J. Chem. Soc. Perkin Trans*. 1, **1981**, 58.
[1735] Prakash, O.; Sharma, V.; Batra, H.; Moriarty, R. M. *Tetrahedron Lett*. **2001**, 42, 553.
[1736] Yadav, J. S.; Reddy, B. V. S.; Gupta, M. K. *Synthesis* **2004**, 1983.
[1737] For a discsssion of substituent effects, see Brammer, C. N.; Nelson, D. J.; Li, R. *Tetrahedron Lett*. **2007**, 48, 3237.
[1738] Fujisawa, T.; Kobori, T. *Chem. Lett*. **1972**, 935; Capozzi, F.; Capozzi, G.; Menichetti, S. *Tetrahedron Lett*. **1988**, 29, 4177.
[1739] See Mirskova, A. N.; Drozdova, T. I.; Levkovskaya, G. G.; Voronkov, M. G. *Russ. Chem. Rev*. **1989**, 58, 250; Neale, R. S. *Synthesis* **1971**, 1.
[1740] Tuaillon, J.; Couture, Y.; Lessard, J. *Can. J. Chem*. **1987**, 65, 2194, and other papers in this series. For a review, see Labeish, N. N.; Petrov, A. A. *Russ. Chem. Rev*. **1989**, 58, 1048.
[1741] Yeung, Y.-Y.; Gao, X.; Corey, E. J. *J. Am. Chem. Soc*. **2006**, 128, 9644.
[1742] Wei, H.-X.; Ki, S. H.; Li, G. *Tetrahedron* **2001**, 57, 3869.
[1743] Minakata, S.; Yoneda, Y.; Oderaotoshi, Y.; Komatsu, M. *Org. Lett*. **2006**, 8, 967.
[1744] See Chow, Y. L.; Danen, W. C.; Nelson, S. F.; Rosenblatt, D. H. *Chem. Rev*. **1978**, 78, 243.
[1745] Besson, L.; Goré, J.; Cazes, B. *Tetrahedron Lett*. **1995**, 36, 3857.
[1746] Li, G.; Wei, H.-X.; Kim, S. H. *Tetrahedron* **2001**, 57, 8407.

[1747] Xu, X.; Kotti, S. R. S. S.; Liu, J.; Cannon, J. F.; Headley, A. D.; Li, G. *Org. Lett.* **2004**, 6, 4881.
[1748] See Kadzyauskas, P. P.; Zefirov, N. S. *Russ. Chem. Rev.* **1968**, 37, 543.
[1749] See Gowenlock, B. G.; Richter-Addo, G. B. *Chem. Rev.* **2004**, 104, 3315.
[1750] Shvekhgeimer, G. A.; Smirnyagin, V. A.; Sadykov, R. A.; Novikov, S. S. *Russ. Chem. Rev.* **1968**, 37, 351.
[1751] See Meinwald, J.; Meinwald, Y. C.; Baker, Ⅲ, T. N. *J. Am. Chem. Soc.* **1964**, 86, 4074.
[1752] Shechter, H. *Rec. Chem. Prog.*, **1964**, 25, 55-76.
[1753] Schlubach, H. H.; Braun, A. *Liebigs Ann. Chem.* **1959**, 627, 28.
[1754] Sharts, C. M.; Sheppard, W. A. *Org. React.* **1974**, 21, 125-406, see pp. 236-243.
[1755] Knunyants, I. L.; German, L. S.; Rozhkov, I. N. *Bull Acad. Sci. USSR Div. Chem. Sci.* **1963**, 1794.
[1756] Olah, G. A.; Nojima, M. *Synthesis* **1973**, 785.
[1757] Dehnicke, K. *Angew. Chem. Int. Ed.* **1979**, 18, 507; Hassner, A. *Acc. Chem. Res.* **1971**, 4, 9; Biffin, M. E. C.; Miller, J.; Paul, D. B. in Patai, S. *The Chemistry of the Azido Group*, Wiley, NY, **1971**, pp. 136-147. See Nair, V.; George, T. G.; Sheeba, V.; Augustine, A.; Balagopal, L.; Nair, L. G. *Synlett* **2000**, 1597.
[1758] Curini, M.; Epifano, F.; Marcotullio, M. C.; Rosati, O. *Tetrahedron Lett.* **2002**, 43, 1201.
[1759] See, however, Cambie, R. C.; Hayward, R. C.; Rutledge, P. S.; Smith-Palmer, T.; Swedlund, B. E.; Woodgate, P. D. *J. Chem. Soc. Perkin Trans.* 1, **1979**, 180.
[1760] Hassner, A.; Keogh, J. *J. Org. Chem.* **1986**, 51, 2767.
[1761] Olah, G. A.; Wang, Q.; Li, X.; Prakash, G. K. S. *Synlett* **1990**, 487.
[1762] Hassner, A.; Keogh, J. *Tetrahedron Lett.* **1975**, 1575.
[1763] Hassner, A.; Teeter, J. S. *J. Org. Chem.* **1971**, 36, 2176.
[1764] See Cambie, R. C.; Jurlina, J. L.; Rutledge, P. S.; Swedlund, B. E.; Woodgate, P. D. *J. Chem. Soc. Perkin Trans.* 1, **1982**, 327. Also see Hassner, A. *Intra-Sci. Chem. Rep.*, **1970**, 4, 109.
[1765] Hassner, A.; Isbister, R. J.; Friederang, A. *Tetrahedron Lett.* **1969**, 2939.
[1766] Hassner, A.; Matthews, G. J.; Fowler, F. W. *J. Am. Chem. Soc.* **1969**, 91, 5046.
[1767] Levy, A. B.; Brown, H. C. *J. Am. Chem. Soc.* **1973**, 95, 4067.
[1768] Ali, S. I.; Nikalje, M. D.; Sudalai, A. *Org. Lett.* **1999**, 1, 705.
[1769] Schmerling, L. in Olah, G. A. *Friedel-Crafts and Related Reactions*, Vol. 2, Wiley, NY, **1964**, pp. 1133-1174; Mayr, H.; Schade, C.; Rubow, M.; Schneider, R. *Angew. Chem. Int. Ed.* **1987**, 26, 1029.
[1770] See Pock, R.; Mayr, H.; Rubow, M.; Wilhelm, E. *J. Am. Chem. Soc.* **1986**, 108, 7767.
[1771] Kolyaskina, Z. N.; Petrov, A. A. *J. Gen. Chem. USSR* **1962**, 32, 1067.
[1772] See Maroni, R.; Melloni, G.; Modena, G. *J. Chem. Soc. Perkin Trans.* 1, **1973**, 2491; **1974**, 353.
[1773] See Freidlina, R. Kh.; Velichko, F. K. *Synthesis* **1977**, 145; Freidlina, R. Kh.; Chukovskaya, E. C. *Synthesis* **1974**, 477.
[1774] For other initiators, see Tsuji, J.; Sato, K.; Nagashima, H. *Tetrahedron* **1985**, 41, 393; Phelps, J. C.; Bergbreiter, D. E.; Lee, G. M.; Villani, R.; Weinreb, S. M. *Tetrahedron Lett.* **1989**, 30, 3915.
[1775] See Martin, P.; Steiner, E.; Streith, J.; Winkler, T.; Bellus, D. *Tetrahedron* **1985**, 41, 4057. Also see Mitani, M.; Nakayama, M.; Koyama, K. *Tetrahedron Lett.* **1980**, 21, 4457.
[1776] Simal, F.; Wlodarczak, L.; Demonceau, A.; Noels, A. F. *Eur. J. Org. Chem.* **2001**, 2689.
[1777] For a review with respect to fluoroalkenes, see Paleta, O. *Fluorine Chem. Rev.* **1977**, 8, 39.
[1778] Nakamura, T.; Yorimitsu, H.; Shinokubo, H.; Oshima, K. *Synlett* **1998**, 1351.
[1779] Yorimitsu, H.; Nakamura, T.; Shinokubo, H.; Oshima, K. *J. Org. Chem.* **1998**, 63, 8604.
[1780] Baciocchi, E.; Muraglia, E. *Tetrahedron Lett.* **1994**, 35, 2763.
[1781] See Groves, J. K. *Chem. Soc. Rev.* **1972**, 1, 73; Nenitzescu, C. D.; Balaban, A. T. in Olah, G. A. *Friedel-Crafts and Related Reactions*, Vol. 3, Wiley, NY, **1964**, pp. 1033-1152.
[1782] Jones, N.; Taylor, H. T.; Rudd, E. *J. Chem. Soc.* **1961**, 1342.
[1783] See Melikyan, G. G.; Babayan, E. V.; Atanesyan, K. A.; Badanyan, Sh. O. *J. Org. Chem. USSR* **1984**, 20, 1884.
[1784] Bedekar, A. V.; Nair, K. B.; Soman, R. *Synth. Commun.* **1994**, 24, 2299.
[1785] Hua, R.; Onozawa, S.-y.; Tanaka, M. *Chemistry: European J.* **2005**, 11, 3621.
[1786] See Brownstein, S.; Morrison, A.; Tan, L. K. *J. Org. Chem.* **1985**, 50, 2796.
[1787] Yen, V. Q. *Ann. Chim. (Paris)* **1962**, [13] 7, 785.
[1788] Hua, R.; Tanaka, M. *Tetrahedron Lett.* **2004**, 45, 2367.
[1789] See Hudlicky, M. *Oxidations in Organic Chemistry* American Chemical Society, Washington, **1990**, pp. 67-73; Haines, A. H. *Methods for the Oxidation of Organic Compounds* Academic Press, NY, **1985**, pp. 73-98, 278-294; Sheldon, R. A.; Kochi, J. K. *Metal-Catalyzed Oxidations of Organic Compounds* Academic Press, NY, **1981**, pp. 162-171, 294-296. For a list of reagents, with references, see Larock, R. C. *Comprehensive Organic Transformations*, 2nd ed., Wiley-VCH, NY, **1999**, pp. 996-1003.
[1790] See Schröder, M. *Chem. Rev.* **1980**, 80, 187. Also see, Norrby, P.-O.; Gable, K. P. *J. Chem. Soc. Perkin Trans.* 2, **1996**, 171; Lohray, B. B.; Bhushan, V. *Tetrahedron Lett.* **1992**, 33, 5113.
[1791] Criegee, R. *Liebigs Ann. Chem.* **1936**, 522, 75.
[1792] See Fatiadi, A. J. *Synthesis* **1987**, 85; Nelson, D. J.; Henley, R. L. *Tetrahedron Lett.* **1995**, 36, 6375.
[1793] Crispino, G. A.; Jeong, K.-S.; Kolb, H. C.; Wang, Z.-M.; Xu, D.; Sharpless, K. B. *J. Org. Chem.* **1993**, 58, 3785.
[1794] Wiberg, K. B.; Wang, Y.-g.; Sklenak, S.; Deutsch, C.; Trucks, G. *J. Am. Chem. Soc.* **2006**, 128, 11537.
[1795] de Boer, J. W.; Brinksma, J.; Browne, W. R.; Meetsma, A.; Alsters, P. L.; Hage, R.; Feringa, B. L. *J. Am. Chem. Soc.* **2005**, 127, 7990.
[1796] See Jørgensen, K. A.; Hoffmann, R. *J. Am. Chem. Soc.* **1986**, 108, 1867.

[1797] See Ogino, T.; Hasegawa, K.; Hoshino, E. *J. Org. Chem.* **1990**, 55, 2653. See, however, Freeman, F.; Kappos, J. C. *J. Org. Chem.* **1989**, 54, 2730, and other papers in this series.
[1798] Iwasawa, N.; Kato, T.; Narasaka, K. *Chem. Lett.* **1988**, 1721. See also, Ray, R.; Matteson, D. S. *Tetrahedron Lett.* **1980**, 449.
[1799] Akashi, K.; Palermo, R. E.; Sharpless, K. B. *J. Org. Chem.* **1978**, 43, 2063.
[1800] See Usui, Y.; Sato, K.; Tanaka, M. *Angew. Chem. Int. Ed.* **2003**, 42, 5623.
[1801] Bergstad, K.; Piet, J. J. N.; Bäckvall, J.-E. *J. Org. Chem.* **1999**, 64, 2545.
[1802] Torii, S.; Liu, P.; Tanaka, H. *Chem. Lett.* **1995**, 319; Soderquist, J. A.; Rane, A. M.; López, C. *J. Tetrahedron Lett.* **1993**, 34, 1893. See Corey, E. J.; Noe, M. C.; Grogan, M. *J. Tetrahedron Lett.* **1994**, 35, 6427; Imada, Y.; Saito, T.; Kawakami, T.; Murahashi, S.-I. *Tetrahedron Lett.* **1992**, 33, 5081 for oxidation using an asymmetric ligand.
[1803] Chen, K.; Costas, M.; Kim, J.; Tipton, A. K.; Que, Jr., L. *J. Am. Chem. Soc.* **2002**, 124, 3026.
[1804] Ley, S. V.; Ramarao, C.; Lee, A.-L.; Ostergaard, N.; Smith, S. C.; Shirley, I. M. *Org. Lett.* **2003**, 5, 185.
[1805] Nagayama, S.; Endo, M.; Kobayashi, S. *J. Org. Chem.* **1998**, 63, 6094.
[1806] Choudary, B. M.; Chowdari, N. S.; Jyothi, K.; Kantam, M. L. *J. Am. Chem. Soc.* **2002**, 124, 5341.
[1807] Closson, A.; Johansson, M.; Bäckvall, J.-E. *Chem. Commun.* **2004**, 1494; Branco, L. C.; Serbanovic, A.; da Ponte, M. N.; Afonso, C. A. M. *Chem. Commun.* **2005**, 107.
[1808] Oldenburg, P. D.; Shteinman, A. A.; Que, Jr., L. *J. Am. Chem. Soc.* **2005**, 127, 15672.
[1809] Yip, W.-P.; Ho, C.-M.; Zhu, N.; Lau, T.-C.; Che, C.-M. *Chemistry: Asian J.* **2008**, 3, 70.
[1810] Motorina, I.; Crudden, C. M. *Org. Lett.* **2001**, 3, 2325.
[1811] See Wolfe, S.; Ingold, C. F.; Lemieux, R. U. *J. Am. Chem. Soc.* **1981**, 103, 938; Wolfe, S.; Ingold, C. F. *J. Am. Chem. Soc.* **1981**, 103, 940. Also see, Lohray, B. B.; Bhushan, V.; Kumar, R. K. *J. Org. Chem.* **1994**, 59, 1375.
[1812] See Taylor, J. E.; Green, R. *Can. J. Chem.* **1985**, 63, 2777.
[1813] See Ogino, T.; Mochizuki, K. *Chem. Lett.* **1979**, 443.
[1814] Taylor, J. E.; Williams, D.; Edwards, K.; Otonnaa, D.; Samanich, D. *Can. J. Chem.* **1984**, 62, 11; Taylor, J. E. *Can. J. Chem.* **1984**, 62, 2641.
[1815] Varma, R. S.; Naicker, K. P. *Tetrahedron Lett.* **1998**, 39, 7463.
[1816] Donohoe, T. J.; Blades, K.; Moore, P. R.; Waring, M. J.; Winter, J. J. G.; Helliwell, M.; Newcombe, N. J.; Stemp, G. *J. Org. Chem.* **2002**, 67, 7946.
[1817] Fringuelli, F.; Germani, R.; Pizzo, F.; Savelli, G. *Synth. Commun.* **1989**, 19, 1939.
[1818] See Brimble, M. A.; Nairn, M. R. *J. Org. Chem.* **1996**, 61, 4801.
[1819] For another possible mechanism: Woodward, R. B.; Brutcher, Jr., F. V. *J. Am. Chem. Soc.* **1958**, 80, 209.
[1820] Also see Corey, E. J.; Das, J. *Tetrahedron Lett.* **1982**, 23, 4217.
[1821] See Horiuchi, C. A.; Satoh, J. Y. *Chem. Lett.* **1988**, 1209; Campi, E. M.; Deacon, G. B.; Edwards, G. L.; Fitzroy, M. D.; Giunta, N.; Jackson, W. R.; Trainor, R. *J. Chem. Soc., Chem. Commun.* **1989**, 407.
[1822] Cambie, R. C.; Hayward, R. C.; Roberts, J. L.; Rutledge, P. S. *J. Chem. Soc. Perkin Trans.* 1, **1974**, 1858, 1864; Cambie, R. C.; Rutledge, P. S. *Org. Synth.* **VI**, 348.
[1823] Robinson, R. I.; Woodward, S. *Tetrahedron Lett.* **2003**, 44, 1655.
[1824] Seayad, J.; Seayad, A. M.; Chai, C. L. L. *Org. Lett.* **2010**, 12, 1412.
[1825] Schultz, M. J.; Sigman, M. S. *J. Am. Chem. Soc.* **2006**, 128, 1460.
[1826] Zhang, Y.; Sigman, M. S. *J. Am. Chem. Soc.* **2007**, 129, 3076.
[1827] For diastereoselective, but not enantioselective, addition of OsO_4, see Vedejs, E.; McClure, C. K. *J. Am. Chem. Soc.* **1986**, 108, 1094; Evans, D. A.; Kaldor, S. W. *J. Org. Chem.* **1990**, 55, 1698.
[1828] Lohray, B. B. *Tetrahedron Asymmetry* **1992**, 3, 1317; Zaitsev, A. B.; Adolfsson, H. *Synthesis* **2006**, 1725.
[1829] McNamara, C. A.; King, F.; Bradley, M. *Tetrahedron Lett.* **2004**, 45, 8527; Jiang, R.; Kuang, Y.; Sun, X.; Zhang, S. *Tetrahedron Asymmetry* **2004**, 15, 743.
[1830] Wai, J. S. M.; Marko, I.; Svendsen, J. S.; Finn, M. G.; Jacobsen, E. N.; Sharpless, K. B. *J. Am. Chem. Soc.* **1989**, 111, 1123; Sharpless, K. B.; Amberg, W.; Beller, M.; Chens, H.; Hartung, J.; Kawanami, Y.; Lübben, D.; Manoury, E.; Ogino, Y.; Shibata, T.; Ukita, T. *J. Org. Chem.* **1991**, 56, 4585.
[1831] Kolb, H. C.; Van Nieuwenhze, M. S.; Sharpless, K. B. *Chem. Rev.* **1994**, 94, 2483. Also see, Smith, M. B. *Organic Synthesis*, 3rd ed., Wavefunction Inc./Elsevier, Irvine, CA/London, England, **2010**, pp. 294-301.
[1832] Wang, L.; Sharpless, K. B. *J. Am. Chem. Soc.* **1992**, 114, 7568; Xu, D.; Crispino, G. A.; Sharpless, K. B. *J. Am. Chem. Soc.* **1992**, 114, 7570; Rosini, C.; Tanturli, R.; Pertici, P.; Salvadori, P. *Tetrahedron Asymmetry* **1996**, 7, 2971; Sharpless, K. B.; Amberg, W.; Bennani, Y. L.; Crispino, G. A.; Hartung, J.; Jeong, K.-S.; Kwong, H.-L.; Morikawa, K.; Wang, Z.-M.; Xu, D.; Zhang, X.-L. *J. Org. Chem.* **1992**, 57, 2768.
[1833] Bolm, C.; Gerlach, A. *Eur. J. Org. Chem.* **1998**, 21. For a review, see Karjalainen, J. K.; Hormi, O. E. O.; Sherrington, D. C. *Tetrahedron Asymmetry* **1998**, 9, 1563.
[1834] Song, C. E.; Yang, J. W.; Ha, H.-J. *Tetrahedron Asymmetry* **1997**, 8, 841.
[1835] See Corey, E. J.; Noe, M. C. *J. Am. Chem. Soc.* **1996**, 118, 319; Norrby, P.-O.; Kolb, H. C.; Sharpless, K. B. *J. Am. Chem. Soc.* **1994**, 116, 8470; Wu, Y.-D.; Wang, Y.; Houk, K. N. *J. Org. Chem.* **1992**, 57, 1362. Also see Nelson, D. W.; Gypser, A.; Ho, P. T.; Kolb, H. C.; Kondo, T.; Kwong, H.-L.; McGrath, D. V.; Rubin, A. E.; Norrby, P.-O.; Gable, K. P.; Sharpless, K. B. *J. Am. Chem. Soc.* **1997**, 119, 1840.
[1836] See Annunziata, R.; Cinquini, M.; Cozzi, F.; Raimondi, L.; Stefanelli, S. *Tetrahedron Lett.* **1987**, 28, 3139; Hirama, M.; Oishi, T.; Itô, S. *J. Chem. Soc., Chem. Commun.* **1989**, 665.
[1837] Walsh, P. J.; Sharpless, K. B. *Synlett* **1993**, 605.

[1838] Park, C. Y.; Kim, B. M.; Sharpless, K. B. *Tetrahedron Lett*. **1991**, 32, 1003.
[1839] Oishi, T.; Iida, K.; Hirama, M. *Tetrahedron Lett*. **1993**, 34, 3573.
[1840] See Jacobsen, E. N.; Marko, I.; France, M. B.; Svendsen, J. S.; Sharpless, K. B. *J. Am. Chem. Soc*. **1989**, 111, 737.
[1841] Jacobsen, E. N.; Marko, I.; Mungall, W. S.; Schröder, G.; Sharpless, K. B. *J. Am. Chem. Soc*. **1988**, 110, 1968.
[1842] See Branco, L. C.; Afonso, C. A. M. *J. Org. Chem*. **2004**, 69, 4381.
[1843] Sharpless, K. B.; Amberg, W.; Bennani, Y. L.; Crispino, G. A.; Hartung, J.; Jeong, K.-S.; Kwong, H.-L.; Morikawa, K.; Wang, Z.-M.; Xu, D.; Zhang, X.-L. *J. Org. Chem*. **1992**, 57, 2768.
[1844] For a review, see Français, A.; Bedel, O.; Haudrechy, A. *Tetrahedron* **2008**, 64, 2495.
[1845] Kobayashi, S.; Ishida, T.; Akiyama, R. *Org. Lett*. **2001**, 3, 2649.
[1846] Kuang, Y.-Q.; Zhang, S.-Y.; Wei, L.-L. *Tetrahedron Lett*. **2001**, 42, 5925.
[1847] Lee, B. S.; Mahajan, S.; Janda, K. D. *Tetrahedron Lett*. **2005**, 46, 4491.
[1848] Jonsson, S. Y.; Adolfsson, H.; Bäckvall, J.-E. *Org. Lett*. **2001**, 3, 3463.
[1849] Krief, A.; Colaux-Castillo, C. *Tetrahedron Lett*. **1999**, 40, 4189.
[1850] Junttila, M. H.; Hormi, O. E. O. *J. Org. Chem*. **2004**, 69, 4816.
[1851] Aladro, F. J.; Guerra, I. M.; Moreno-Dorado, F. J.; Bustamante, J. M.; Jorge, Z. D.; Massanet, G. M. *Tetrahedron Lett*. **2000**, 41, 3209.
[1852] Kokubo, T.; Sugimoto, T.; Uchida, T.; Tanimoto, S.; Okano, M. *J. Chem. Soc., Chem. Commun*. **1983**, 769.
[1853] Hauser, F. M.; Ellenberger, S. R.; Clardy, J. C.; Bass, L. S. *J. Am. Chem. Soc*. **1984**, 106, 2458; Johnson, C. R.; Barbachyn, M. R. *J. Am. Chem. Soc*. **1984**, 106, 2459.
[1854] Trudeau, S.; Morgan, J. B.; Shrestha, M.; Morken, J. P. *J. Org. Chem*. **2005**, 70, 9538.
[1855] For a review, see Moriarty, R. M. *Sel Org. Transform*. **1972**, 2, 183-237.
[1856] See Uemura, S.; Miyoshi, H.; Tabata, A.; Okano, M. *Tetrahedron* **1981**, 37, 291; Uemura, S. in Hartley, F. R. *The Chemistry of the Metal-Carbon Bond*, Vol. 4, Wley, NY, **1987**, pp. 473-538, 497-513; Uemura, S. in Pizey, J. S. *Synthetic Reagents*, Vol. 5, Wiley, NY, **1983**, pp. 165-187.
[1857] For another method see Fristad, W. E.; Peterson, J. R. *Tetrahedron* **1984**, 40, 1469.
[1858] See Bäckvall, J. E.; Awasthi, A. K.; Renko, Z. D. *J. Am. Chem. Soc*. **1987**, 109, 4750 and references cited therein; Bäckvall, J. E. *Bull. Soc. Chim. Fr*. **1987**, 665; *New. J. Chem*. **1990**, 14, 447. For another method, see Uemura, S.; Fukuzawa, S.; Patil, S. R.; Okano, M. *J. Chem. Soc. Perkin Trans*. 1, **1985**, 499.
[1859] Shimada, T.; Mukaide, K.; Shinohara, A.; Han, J. W.; Hayashi, T. *J. Am. Chem. Soc*. **2004**, 124, 1584.
[1860] DeBergh, J. R.; Spivey, K. M.; Ready, J. M. *J. Am. Chem. Soc*. **2008**, 130, 7828.
[1861] Sarma, K.; Borthakur, N.; Goswami, A. *Tetrahedron Lett*. **2007**, 48, 6776.
[1862] Wang, A.; Jiang, H.; Chen, H. *J. Am. Chem. Soc*. **2009**, 131, 3846.
[1863] Elgemeie, G. H.; Sayed, S. H. *Synthesis* **2001**, 1747.
[1864] Gibson, D. T.; Koch, J. R.; Kallio, R. E. *Biochemistry* **1968**, 7, 2653; Brown, S. M. in Hudlicky, T. *Organic Synthesis: Theory and Practice* JAI Press, Greenwich, CT., **1993**, Vol. 2, p. 113; Carless, H. A. J. *Tetrahedron Asymmetry* **1992**, 3, 795.
[1865] Gibson, D. T.; Koch, J. R.; Schuld, C. L.; Kallio, R. E. *Biochemistry* **1968**, 7, 3795; Hudlicky, T.; Price, J. D. *Synlett*. **1990**, 159.
[1866] Gibson, D. T.; Hensley, M.; Yoshioka, H.; Mabry, T. J. *Biochemsitry*, **1970**, 9, 1626.
[1867] Hudlicky, T.; Gonzalez, D.; Gibson, D. T. *Aldrichimica Acta* **1999**, 32, 35; Ley, S. V.; Redgrave, A. J. *Synlett* **1990**, 393. Also see, Smith, M. B. *Organic Synthesis*, 3rd ed., Wavefunction Inc./Elsevier, Irvine, CA/London, England, **2010**, pp. 303-306.
[1868] For a list of reagents, including peroxyacids and others, used for epoxidation, with references, see Larock, R. C. *Comprehensive Organic Transformations*, 2nd ed., Wiley-VCH, NY, **1999**, pp. 915-927.
[1869] See Hudlicky, M. *Oxidations in Organic Chemistry* American Chemical Society, Washington, **1990**, pp. 60-64; Haines, A. H. *Methods for the Oxidation of Organic Compunds*, Academic Press, NY, **1985**, pp. 98-117, 295-303; Dryuk, V. G. *Russ. Chem. Rev*. **1985**, 54, 986; Plesnicar, B. in Trahanovsky, W. S. *Oxidation in Organic Chemistry pt. C*, Academic Press, NY, **1978**, pp. 211-252; Hiatt, R. in Augustine, R. L.; Trecker, D. J. *Oxidation*, Vol. 2; Marcel Dekker, NY, **1971**; pp. 113-140.
[1870] Emmons, W. D.; Pagano, A. S. *J. Am. Chem. Soc*. **1955**, 77, 89.
[1871] Rastetter, W. H.; Richard, T. J.; Lewis, M. D. *J. Org. Chem*. **1978**, 43, 3163.
[1872] Foti, C. J.; Fields, J. D.; Kropp, P. J. *Org. Lett*. **1999**, 1, 903.
[1873] Stack, T. D. P. *Org. Lett*. **2003**, 5, 2469; Murphy, A.; Pace, A.; Stack, T. D. P. *Org. Lett*. **2004**, 6, 3119.
[1874] See Finn, M. G.; Sharpless, K. B. in Morrison, J. D. *Asymmetric Synthesis* Vol. 5, Wiley, NY, **1985**, pp. 247-308; Bach, R. D.; Canepa, C.; Winter, J. E.; Blanchette, P. E. *J. Org. Chem*. **1997**, 62, 5191; Freccero, M.; Gandolfi, R.; Sarzi-Amadé, M.; Rastelli, A. *J. Org. Chem*. **2002**, 67, 8519.
[1875] Bartlett, P. D. *Rec. Chem. Prog*., **1957**, 18, 111. For other proposed mechanisms see Kwart, H.; Hoffman, D. M. *J. Org. Chem*. **1966**, 31, 419; Hanzlik, R. P.; Shearer, G. O. *J. Am. Chem. Soc*. **1975**, 97, 5231.
[1876] Freccero, M.; Gandolfi, R.; Sarzi-Amadé, M.; Rastelli, A. *J. Org. Chem*. **2004**, 69, 7479. See also, Vedejs, E.; Dent Ⅲ, W. H.; Kendall, J. T.; Oliver, P. A. *J. Am. Chem. Soc*. **1996**, 118, 3556.
[1877] See Gisdakis, P.; Rösch, N. *Eur. J. Org. Chem*. **2001**, 719.
[1878] Schneider, H.; Becker, N.; Philippi, K. *Chem. Ber*. **1981**, 114, 1562; Batog, A. E.; Savenko, T. V.; Batrak, T. A.; Kucher, R. V. *J. Org. Chem. USSR* **1981**, 17, 1860.
[1879] See Freccero, M.; Gandolfi, R.; Sarzi-Amade, M.; Rastelli, A. *J. Org. Chem*. **2000**, 65, 8948.
[1880] See Houk, K. N.; Liu, J.; DeMello, N. C.; Condroski, K. R. *J. Am. Chem. Soc*. **1997**, 119, 10147.
[1881] Arends, I. W. C. E. *Angew. Chem. Int. Ed*. **2006**, 45, 6250.
[1882] See Deubel, D. V.; Frenking, G.; Gisdakis, P.; Herrmann, W. A.; Rösch, N.; Sundermeyer, J. *Acc. Chem. Res*. **2004**, 37, 645.

[1883] La: Nemoto, T.; Kakei, H.; Gnanadesikan, V.; Tosaki, S.-y.; Ohshima, T.; Shibasaki, M. *J. Am. Chem. Soc.* **2002**, 124, 14544. Mn: Lane, B. S.; Vogt, M.; De Rose, V. T.; Burgess, K. *J. Am. Chem. Soc.* **2002**, 124, 11946. Ti: Lattanzi, A.; Iannece, P.; Screttri, A. *Tetrahedron Lett.* **2002**, 43, 5629. Pd: Yu, J.-Q.; Corey, E. J. *Org. Lett.* **2002**, 4, 2727. Ru: Adam, W.; Alsters, P. L.; Neumann, R.; Saha-Möller, C.; Sloboda-Rozner, D.; Zhang, R. *Synlett* **2002**, 2011. V: Sharpless, K. B.; Verhoeven, T. R. *Aldrichimica Acta* **1979**, 12, 63; Torres, G.; Torres, W.; Prieto, J. A. *Tetrahedron* **2004**, 60, 10245.

[1884] See Hiatt, R. in Augustine, R. L.; Trecker, D. J. *Oxidation*, Vol. 2, Marcel Dekker, NY, **1971**, p 124.

[1885] Anilkumar, G.; Bitterlich, B.; Gelalcha, F. G.; Tse, M. K.; Beller, M. *Chem. Commun.* **2007**, 289; Bitterlich, B.; Schröder, K.; Tse, M. K.; Beller, M. *Eur. J. Org. Chem.* **2008**, 4867.

[1886] Sawada, Y.; Matsumoto, K.; Katsuki, T. *Angew. Chem. Int. Ed.* **2007**, 46, 4559; Malkov, A. V.; Bourhani, Z.; Kočovský, P. *Org. Biomol. Chem.* **2005**, 3, 3194; Matsumoto, K.; Sawada, Y.; Katsuki, T. *Pure Appl. Chem.* **2008**, 80, 1071.

[1887] Zeng, W.; Ballard, T. E.; Melander, C. *Tetrahedron Lett.* **2006**, 47, 5923. See Malkov, A. V.; Czemerys, L.; Malyshev, D. A. *J. Org. Chem.* **2009**, 74, 3350.

[1888] See Adam, W.; Curci, R.; Edwards, J. O. *Acc. Chem. Res.* **1989**, 22, 205.

[1889] Majetich, G.; Hicks, R.; Sun, G.-r.; McGill, P. *J. Org. Chem.* **1998**, 63, 2564; Murray, R. W.; Iyanar, K. *J. Org. Chem.* **1998**, 63, 1730.

[1890] Yamaguchi, K.; Ebitani, K.; Kaneda, K. *J. Org. Chem.* **1999**, 64, 2966.

[1891] Chan, W.-K.; Liu, P.; Yu, W.-Y.; Wong, M.-K.; Che, C.-M. *Org. Lett.* **2004**, 6, 1597.

[1892] For an example without microwave irradiation, see Pillai, U. R.; Sahle-Demessie, E.; Varma, R. S. *Synth. Commun.* **2003**, 33, 2017.

[1893] Pillai, U. R.; Sahle-Demessie, E.; Varma, R. S. *Tetrahedron Lett.* **2002**, 43, 2909.

[1894] Van Vliet, M. C. A.; Arends, I. W. C. E.; Sheldon, R. A. *Tetrahedron Lett.* **1999**, 40, 5239.

[1895] Yamazaki, S. *Tetrahedron* **2008**, 64, 9253; Yamazaki, S. *Org. Biomol. Chem.* **2007**, 5, 2109-2113; Saladino, R.; Neri, V.; Pelliccia, A. R.; Caminiti, R.; Sadun, C. *J. Org. Chem.* **2002**, 67, 1323.

[1896] Vaino, A. R. *J. Org. Chem.* **2000**, 65, 4210.

[1897] See Iskra, J.; Bonnet-Delpon, D.; Bégué, J.-P. *Tetrahedron Lett.* **2002**, 43, 1001.

[1898] Owens, G. S.; Abu-Omar, M. M. *Chem. Commun.* **2000**, 1165.

[1899] Tong, K.-H.; Wong, K.-Y.; Chan, T. H. *Org. Lett.* **2003**, 5, 3423.

[1900] Srinivas, K. A.; Kumar, A.; Chauhan, S. M. S. *Chem. Commun.* **2002**, 2456.

[1901] Tse, M. K.; Bhor, S.; Klawonn, M.; Döbler, C.; Beller, M. *Tetrahedron Lett.* **2003**, 44, 7479.

[1902] Li, Z.; Xia, C.-G. *Tetrahedron Lett.* **2003**, 44, 2069.

[1903] Geng, X.-L.; Wang, Z.; Li, X.-Q.; Zhang, C. *J. Org. Chem.* **2005**, 70, 9610.

[1904] Bogdal, D.; Lukasiewicz, M.; Pielichowski, J.; Bednarz, S. *Synth. Commun.* **2005**, 35, 2973.

[1905] Orendt, A. M.; Roberts, S. W.; Rainier, J. D. *J. Org. Chem.* **2006**, 71, 5565.

[1906] Xia, Q.-H.; Ge, H.-Q.; Ye, C.-P.; Liu, Z.-M.; Su, K.-X. *Chem. Rev.* **2005**, 105, 1603.

[1907] Kubo, T.; Peters, M. W.; Meinhold, P.; Arnold, F. H. *Chemistry: European J.* **2006**, 12, 1216. For a method of electrochemical regenration of monooxygenase, see Hollmann, F.; Hofstetter, K.; Habicher, T.; Hauer, B.; Schmid, A. *J. Am. Chem. Soc.* **2005**, 127, 6540.

[1908] Chen, Y.; Reymond, J.-L. *Synthesis* **2001**, 934.

[1909] Bulman Page, P. C.; Buckley, B. R.; Rassias, G. A.; Blacker, A. J. *Eur. J. Org. Chem.* **2006**, 803.

[1910] Weitz, E.; Scheffer, A. *Chem. Ber.* **1921**, 54, 2327. See Enders, D.; Zhu, J.; Raabe, G. *Angew. Chem. Int. Ed.* **1996**, 35, 1725.

[1911] Helder, R.; Hummelen, J. C.; Laane, R. W. P. M.; Wiering, J. S.; Wynberg, H. *Tetrahedron Lett.* **1976**, 17, 1831; Wynberg, H.; Marsman, B. *J. Org. Chem.* **1980**, 45, 158; Pluim, H.; Wynberg, H. *J. Org. Chem.* **1980**, 45, 2498.

[1912] Arai, S.; Shirai, Y.; Ishida, T.; Shioiri, T. *Tetrahedron* **1999**, 55, 6375; Corey, E. J.; Zhang, F.-Y. *Org. Lett.* **1999**, 1, 1287; Lygo, B.; Wainwright, P. G. *Tetrahedron* **1999**, 55, 6289. See Adam, W.; Rao, P. B.; Degen, H.-G.; Levai, A.; Patonay, T.; Saha-Moller, C. R. *J. Org. Chem.* **2002**, 67, 259.

[1913] Watanabe, S.; Arai, T.; Sasai, H.; Bougauchi, M.; Shibasaki, M. *J. Org. Chem.* **1998**, 63, 8090.

[1914] Lygo, B.; Wainwright, P. G. *Tetrahedron Lett.* **1998**, 39, 1599.

[1915] Lygo, B.; To, D. C. M. *Tetrahedron Lett.* **2001**, 42, 1343.

[1916] Adam, W.; Rao, P. B.; Degen, H.-G.; Saha-Möller, C. R. *Tetrahedron Asymmetry* **2001**, 12, 121.

[1917] For example, see Ledon, H. J.; Durbut, P.; Varescon, F. *J. Am. Chem. Soc.* **1981**, 103, 3601; Mimoun, H.; Mignard, M.; Brechot, P.; Saussine, L. *J. Am. Chem. Soc.* **1986**, 108, 3711; Laszlo, P.; Levart, M.; Singh, G. P. *Tetrahedron Lett.* **1991**, 32, 3167.

[1918] Nemoto, T.; Ohshima, T.; Shibasaki, M. *J. Am. Chem. Soc.* **2001**, 123, 9474.

[1919] Kakei, H.; Tsuji, R.; Ohshima, T.; Shibasaki, M. *J. Am. Chem. Soc.* **2005**, 127, 8962.

[1920] See Jørgensen, K. A. *Chem. Rev.* **1989**, 89, 431.

[1921] Wang, X.; Reisinger, C. M.; List, B. *J. Am. Chem. Soc.* **2008**, 130, 6070; Lu, X.; Liu, Y.; Sun, B.; Cindric, B.; Deng, L. *J. Am. Chem. Soc.* **2008**, 130, 8134.

[1922] Lu, J.; Xu, Y.-H.; Liu, F.; Loh, T.-P. *Tetrahedron Lett.* **2008**, 49, 6007.

[1923] Kośnik, W.; Bocian, W.; Kozerski, L.; Tvaroška, I.; Chmielewski, M. *Chemistry: European J.* **2008**, 14, 6087.

[1924] Murray, R. W. *Chem. Rev.* **1989**, 89, 1187; Adam, W.; Curci, R.; Edwards, J. O. *Acc. Chem. Res.* **1989**, 22, 205; Curci, R.; Dinoi, A.; Rubino, M. E *Pure Appl. Chem.* **1995**, 67, 811; Clennan, E. L. *Trends in Organic Chemistry* **1995**, 5, 231; Denmark, S. E.; Wu, Z. *Synlett* **1999**, 847; Annese, C.; D'Accolti, L.; Dinoi, A.; Fusco, C.; Gandolfi, R.; Curci, R. *J. Am. Chem. Soc.* **2008**, 130, 1197.

[1925] Frohn, M.; Wang, Z.-X.; Shi, Y. *J. Org. Chem.* **1998**, 63, 6425. See Angelis, Y.; Zhang, X.; Organopoulos, M. *Tetrahedron Lett.* **1996**, 37, 5991 for a discussion of the mechanism of this oxidation.

[1926] See Denmark, S. E.; Wu, Z. *J. Org. Chem.* **1998**, 63, 2810 and references cited therein; Yang, D.; Yip, Y.-C.; Tang, M.-W.; Wong,

[1927] M.-K.; Cheung, K.-K. *J. Org. Chem*. **1998**, 63, 9888 and references cited therein; Masuyama, A.; Yamaguchi, T.; Abe, M.; Nojima, M. *Tetrahedron Lett*. **2005**, 46, 213.
[1927] Adam, W.; Prechtl, F.; Richter, M. J.; Smerz, A. K. *Tetrahedron Lett*. **1993**, 34, 8427.
[1928] Düfert, , A.; Werz, D. B. *J. Org. Chem*. **2008**, 73, 5514.
[1929] Nieto, N.; Munslow, I. J.; Fernández-Pérez, H.; Vidal-Ferran, A. *Synlett* **2008**, 2856.
[1930] Sartori, G.; Armstrong, A.; Maggi, R.; Mazzacani, A.; Sartorio, R.; Bigi, F.; Dominguez-Fernandez, B. *J. Org. Chem*. **2003**, 68, 3232.
[1931] Carnell, A. J.; Johnstone, R. A. W.; Parsy, C. C.; Sanderson, W. R. *Tetrahedron Lett*. **1999**, 40, 8029.
[1932] Shi, Y. *Acc. Chem. Res*. **2004**, 37, 488; Yang, D. *Acc. Chem. Res*. **2004**, 37, 497; Goeddel, D.; Shu, L.; Yuan, Y.; Wong, O. A.; Wang, B.; Shi, Y. *J. Org. Chem*. **2006**, 71, 1715; Crane, Z.; Goeddel, D.; Gan, Y.; Shi, Y. *Tetrahedron* **2005**, 61, 6409; Armstrong, A.; Tsuchiya, T. *Tetrahedron* **2006**, 62, 257; Boutureira, O.; McGouran, J. F.; Stafford, R. L.; Emmerson, D. P. G.; Davis, B. *Org. Biomol. Chem*. **2009**, 7, 4285; Armstrong, A.; Bettati, M.; White, A. J. P. *Tetrahedron* **2010**, 66, 6309.
[1933] See Tian, H.; She, X.; Yu, H.; Shu, L.; Shi, Y. *J. Org. Chem*. **2002**, 67, 2435; Denmark, S. E.; Matsuhashi, H. *J. Org. Chem*. **2002**, 67, 3479; Arsmtrong, A.; Ahmed, G.; Dominguez-Fernandez, B.; Hayter, B. R.; Wailes, J. S. *J. Org. Chem*. **2002**, 67, 8610; Wu, X.-Y.; She, X.; Shi, Y. *J. Am. Chem. Soc*. **2002**, 124, 8792; Bez, G.; Zhao, C.-G. *Tetrahedron Lett*. **2003**, 44, 7403; Chan, W.-K.; Yu, W.-y.; Che, C.-M.; Wong, M.-K. *J. Org. Chem*. **2003**, 68, 6576.
[1934] Shu, L.; Shi, Y. *Tetrahedron Lett*. **1999**, 40, 8721. DFT modeling of the ee is discussed in Schneebeli, S. T.; Hall, M. L.; Breslow, R.; Friesner, R. *J. Am. Chem. Soc*. **2009**, 131, 3965.
[1935] Burke, C. P.; Shi, Y. *Angew. Chem. Int. Ed*. **2006**, 45, 4475.
[1936] Wang, Z.-X.; Tu, Y.; Frohn, M.; Zhang, J.-R.; Shi, Y. *J. Am. Chem. Soc*. **1997**, 119, 11224; Frohn, M.; Shi, Y. *Synthesis* **2000**, 1979; Shi, Y. *Acc. Chem. Res*. **2004**, 37, 488; Hickey, M.; Goeddel, D.; Crane, Z.; Shi, Y. *Proc. Natl. Acad. Sci. USA*. **2004**, 101, 5794.
[1937] Arias, L. A.; Adkins, S.; Nagel, C. J.; Bach, R. D. *J. Org. Chem*. **1983**, 48, 888.
[1938] See Rudolph, J.; Sennhenn, P. C.; Vlaar, C. P.; Sharpless, K. B. *Angew. Chem. Int. Ed*. **1996**, 35, 2810.
[1939] Yang, D.; Zhang, C.; wang, X.-C. *J. Am. Chem. Soc*. **2000**, 122, 4039.
[1940] See Bohé, L.; Kammoun, M. *Tetrahedron Lett*. **2002**, 43, 803; Bohé, L.; Kammoun, M. *Tetrahedron Lett*. **2004**, 45, 747.
[1941] See Washington, I.; Houk, K. N. *J. Am. Chem. Soc*. **2000**, 122, 2948.
[1942] See Jacobson, E. N. in Ojima, I. *Catalytic Asymmetric Synthesis* VCH, NY, **1993**, pp. 159-203; Page, P. C. B.; Barros, D.; Buckley, B. R.; Ardakani, A.; Marples, B. A. *J. Org. Chem*. **2004**, 69, 3595; Page, P. C. B.; Buckley, B. R.; Blacker, A. J. *Org. Lett*. **2004**, 6, 1543.
[1943] Wong, O. A.; Shi, Y. *Chem. Rev*. **2008**, 108, 3958; Page, P. C. B.; Buckley, B. R.; Farah, M. M.; Blacker, A. J. *Eur. J. Org. Chem*. **2009**, 3413.
[1944] Biscoe, M. R.; Breslow, R. *J. Am. Chem. Soc*. **2005**, 127, 10812.
[1945] Lo, C.-Y.; Pal, S.; Odedra, A.; Liu, R.-S. *Tetrahedron Lett*. **2003**, 44, 3143.
[1946] See Lewars, E. G. *Chem. Rev*. **1983**, 83, 519.
[1947] Torres, M.; Bourdelande, J. L.; Clement, A.; Strausz, O. P. *J. Am. Chem. Soc*. **1983**, 105, 1698. See also, Laganis, E. D.; Janik, D. S.; Curphey, T. J.; Lemal, D. M. *J. Am. Chem. Soc*. **1983**, 105, 7457.
[1948] Ibne-Rasa, K. M.; Pater, R. H.; Ciabattoni, J.; Edwards, J. O. *J. Am. Chem. Soc*. **1973**, 95, 7894; Ogata, Y.; Sawaki, Y.; Inoue, H. *J. Org. Chem*. **1973**, 38, 1044.
[1949] Exceptions are known. See Hart, H.; Verma, M.; Wang, I. *J. Org. Chem*. **1973**, 38, 3418. For diiron-catalysis, see Marchi-Delapierre, C.; Jorge-Robin, A.; Thibon, A.; Ménage, S. *Chem. Commun*. **2007**, 1166.
[1950] Weitz, E.; Scheffer, A. *Ber. Dtsch. Chem. Ges*. **1921**, 54, 2327.
[1951] See Zwanenburg, B.; ter Wiel, J. *Tetrahedron Lett*. **1970**, 935.
[1952] Apeloig, Y.; Karni, M.; Rappoport, Z. *J. Am. Chem. Soc*. **1983**, 105, 2784. See Patai, S.; Rappoport, Z. in Patai, S. *The Chemistry of Alkenes*, pt. 1, Wiley, NY, **1964**, pp. 512-517.
[1953] Arai, S.; Tsuge, H.; Oku, M.; Miura, M.; Shioiri, T. *Tetrahedron* **2002**, 58, 1623; Bortolini, O.; Fogagnolo, M.; Fantin, G.; Maietti, S.; Medici, A. *Tetrahedron Asymmetry* **2001**, 12, 1113; Honma, T.; Nakajo, M.; Mizugaki, T.; Ebitani, K.; Kaneda, K. *Tetrahedron Lett*. **2002**, 43, 6229.
[1954] See Marigo, M.; Franzén, J.; Poulsen, T. B.; Zhuang, W.; Jørgensen, K. A. *J. Am. Chem. Soc*. **2005**, 127, 6964.
[1955] Oguchi, T.; Sakata, Y.; Takeuchi, N.; Kaneda, K.; Ishii, Y.; Ogawa, M. *Chem. Lett*. **1989**, 2053.
[1956] Anand, R. V.; Singh, V. K. *Synlett* **2000**, 807.
[1957] For a mechanistic discussion of polypeptide catalyzed epoxidation, see Mathew, S. P.; Gunathilagan, S.; Roberts, S. M.; Blackmond, D. G. *Org. Lett*. **2005**, 7, 4847.
[1958] Allen, J. V.; Drauz, K.-H.; Flood, R. W.; Roberts, S. M.; Skidmore, J. *Tetrahedron Lett*. **1999**, 40, 5417; Geller, T.; Roberts, S. M. *J. Chem. Soc., Perkin Trans*. 1, **1999**, 1397; Bentley, P. A.; Bickley, J. F.; Roberts, S. M.; Steiner, A. *Tetrahedron Lett*. **2001**, 42, 3741.
[1959] Banfi, S.; Colonna, S.; Molinari, H.; Juliá, S.; Guixer, J. *Tetrahedron*, **1984**, 40, 5207. For reviews, see Lin, P. *Tetrahedron: Asymmetry* **1998**, 9, 1457; Ebrahim, S.; Wills, M. *Tetrahedron; Asymmetry* **1997**, 8, 3163.
[1960] Lygo, B.; Wainwright, P. G. *Tetrahedron* **1999**, 55, 6289.
[1961] Geller, T.; Krüger, C. M.; Militzer, H.-C. *Tetrahedron Lett*. **2004**, 45, 5069.
[1962] Coffey, P. E.; Drauz, K.-H.; Roberts, S. M.; Skidmore, J.; Smith, J. A. *Chem. Commun*. **2001**, 2330.
[1963] See Jacobs, T. L. in Landor, S. R. *The Chemistry of Allenes* Vol. 2, Academic Press, NY, **1982**, pp. 417-510, 483-491.
[1964] For a review of allene oxides, see Chan, T. H.; Ong, B. S. *Tetrahedron* **1980**, 36, 2269.

[1965] Crandall, J. K.; Batal, D. J. *J. Org. Chem.* **1988**, 53, 1338.
[1966] See Crandall, J. K.; Rambo, E. *J. Org. Chem.* **1990**, 55, 5929.
[1967] Antonioletti, R.; Bonadies, F.; Locati, L.; Scettri, A. *Tetrahedron Lett.* **1992**, 33, 3205.
[1968] Fringuelli, F.; Germani, R.; Pizzo, F.; Santinelli, F.; Savelli, G. *J. Org. Chem.* **1992**, 57, 1198.
[1969] See Pfenninger, A. *Synthesis* **1986**, 89; Rossiter, B. E. in Morrison, J. D. *Asymmetric Synthesis* Vol. 5, Academic Press, NY, **1985**, pp. 193-246. For histories of its discovery, see Sharpless, K. B. *Chem. Br.* **1986**, 38. Also see, Smith, M. B. *Organic Synthesis*, 3rd ed., Wavefunction Inc./Elsevier, Irvine, CA/London, England, **2010**, pp. 284-290.
[1970] Sharpless, K. B.; Woodard, S. S.; Finn, M. G. *Pure Appl. Chem.* **1983**, 55, 1823 and references cited therein.
[1971] Gao, Y.; Hanson, R. M.; Klunder, J. M.; Ko, S. Y.; Masamune, H.; Sharpless, K. B. *J. Am. Chem. Soc.* **1987**, 109, 5765. See Massa, A.; D'Ambrosi, A.; Proto, A.; Screttri, A. *Tetrahedron Lett.* **2001**, 42, 1995. For another improvement, see Wang, Z.; Zhou, W. *Tetrahedron* **1987**, 43, 2935.
[1972] Canali, L.; Karjalainen, J. K.; Sherrington, D. C.; Hormi, O. *Chem. Commun.* **1997**, 123.
[1973] Reed, N. N.; Dickerson, T. J.; Boldt, G. E.; Janda, K. D. *J. Org. Chem.* **2005**, 70, 1728.
[1974] See the table in Finn, M. G.; Sharpless, K. B. in Morrison, J. D. *Asymmetric Synthesis* Vol. 5, Academic Press, NY, **1985**, pp. 249-250. See also, Schweiter, M. J.; Sharpless, K. B. *Tetrahedron Lett.* **1985**, 26, 2543.
[1975] See Williams, I. D.; Pedersen, S. F.; Sharpless, K. B.; Lippard, S. J. *J. Am. Chem. Soc.* **1984**, 106, 6430.
[1976] See Finn, M. G.; Sharpless, K. B. in Morrison, J. D. *Asymmetric Synthesis* Vol. 5, Academic Press, NY, **1985**, p. 247. Also see Corey, E. J. *J. Org. Chem.* **1990**, 55, 1693; Woodard, S. S.; Finn, M. G.; Sharpless, K. B. *J. Am. Chem. Soc.* **1991**, 113, 106; Finn, M. G.; Sharpless, K. B. *J. Am. Chem. Soc.* **1991**, 113, 113; Takano, S.; Iwebuchi, Y.; Ogasawara, K. *J. Am. Chem. Soc.* **1991**, 113, 2786; Cui, M.; Adam, W.; Shen, J. H.; Luo, X. M.; Tan, X. J.; Chen, K. X.; Ji, R. Y.; Jiang, H. L. *J. Org. Chem.* **2002**, 67, 1427.
[1977] Zhang, W.; Yamamoto, H. *J. Am. Chem. Soc.* **2007**, 129, 286.
[1978] Jacobsen, E. N.; Zhang, W.; Muci, A. R.; Ecker, J. R.; Deng, L. *J. Am. Chem. Soc.* **1991**, 113, 7063. See also, Irie, R.; Noda, K.; Ito, Y.; Katsuki, T. *Tetrahedron Lett.* **1991**, 32, 1055; Halterman, R. L.; Jan, S. *J. Org. Chem.* **1991**, 56, 5253.
[1979] Kureshy, R. I.; Khan, N. H.; Abdi, S. H. R.; Patel, S. T.; Jasra, R. V. *Tetrahedron Asymmetry* **2001**, 12, 433.
[1980] Wu, M.; Wang, B.; Wang, S.; Xia, C.; Sun, W. *Org. Lett.* **2009**, 11, 3622. See Adam, W.; Mock-Knoblauch, C.; Saha-Moller, C. R.; Herderich, M. *J. Am. Chem. Soc.* **2000**, 122, 9685.
[1981] Brandes, B. D.; Jacobsen, E. N. *Tetrahedron Lett.* **1995**, 36, 5123; Nishikori, H.; Ohta, C.; Katsuki, T. *Synlett* **2000**, 1557; Tangestaninejad, S.; Habibi, M. H.; Mirkhani, V.; Moghadam, M. *Synth. Commun.* **2002**, 32, 3331. See Fristrup, P.; Dideriksen, B. B.; Tanner, D.; Norrby, P.-O. *J. Am. Chem. Soc.* **2005**, 127, 13672. For a discussion on the origin of enantioselectivity, see Kürti, L.; Blewett, M. M.; Corey, E. J. *Org. Lett.* **2009**, 11, 4592.
[1982] See Nishida, T.; Miyafuji, A.; Ito, Y. N.; Katsuki, T. *Tetrahedron Lett.* **2000**, 41, 7053.
[1983] Daly, A. M.; Renehan, M. F.; Gilheany, D. G. *Org. Lett.* **2001**, 3, 663; O'Mahony, C. P.; McGarrigle, E. M.; Renehan, M. F.; Ryan, K. M.; Kerrigan, N. J.; Bousquet, C.; Gilheany, D. G. *Org. Lett.* **2001**, 3, 3435. See the references cited therein.
[1984] Matsumoto, K.; Oguma, T.; Katsuki, T. *Angew. Chem. Int. Ed.* **2009**, 48, 7432.
[1985] Nakata, K.; Takeda, T.; Mihara, J.; Hamada, T.; Irie, R.; Katsuki, T. *Chem. Eur. J.* **2001**, 7, 3776.
[1986] McGarrigle, E. M.; Gilheany, D. G. *Chem. Rev.* **2005**, 105, 1563.
[1987] See Linker, T. *Angew. Chem., Int. Ed.* **1997**, 36, 2060; Adam, W.; Roschmann, K. J.; Saha-Möller, C. R. *Eur. J. Org. Chem.* **2000**, 3519. Also see Cavallo, L.; Jacobsen, H. *J. Org. Chem.* **2003**, 68, 6202.
[1988] Cavallo, L.; Jacobsen, H. *Angew. Chem. Int. Ed.* **2000**, 39, 589.
[1989] Song, C. E.; Roh, E. J.; Yu, B. M.; Chi, D. Y.; Kim, S. C.; Lee, K. *J. Chem. Commun.* **2000**, 615; Ahn, K.-H.; Park, S. W.; Choi, S.; Kim, H.-J.; Moon, C. J. *Tetrahedron Lett.* **2001**, 42, 2485.
[1990] Konishi, K.; Oda, K.; Nishida, K.; Aida, T.; Inoue, S. *J. Am. Chem. Soc.* **1992**, 114, 1313.
[1991] Takai, T.; Hata, E.; Yorozu, K.; Mukaiyama, T. *Chem. Lett.* **1992**, 2077.
[1992] Saalfrank, R. W.; Reihs, S.; Hug, M. *Tetrahedron Lett.* **1993**, 34, 6033.
[1993] Savle, P. S.; Lamoreaux, M. J.; Berry, J. F.; Gandour, R. D. *Tetrahedron Asymmetry* **1998**, 9, 1843.
[1994] Adam, W.; Braun, M.; Griesbeck, A.; Lucchini, V.; Staab, E.; Will, B. *J. Am. Chem. Soc.* **1989**, 111, 203.
[1995] See Iwahama, T.; Hatta, G.; Sakaguchi, S.; Ishii, Y. *Chem. Commun.* **2000**, 163.
[1996] Ragagnin, G.; Knochel, P. *Synlett* **2004**, 951.
[1997] Srikanth, A.; Nagendrappa, G.; Chandrasekaran, S. *Tetrahedron* **2003**, 59, 7761; Qi, J. Y.; Qiu, L. Q.; Lam, K. H.; Yip, C. W.; Zhou, Z. Y.; Chan, A. S. C. *Chem. Commun.* **2003**, 1058.
[1998] Adam, W.; Bargon, R. M. *Eur. J. Org. Chem.* **2001**, 1959; See Sugihara, Y.; Onda, K.; Sato, M.; Suzu, T. *Tetrahedron Lett.* **2010**, 51, 4110.
[1999] Tangestaninejad, S.; Mirkhani, V. *Synth. Commun.* **1999**, 29, 2079.
[2000] Nakayama, J.; Takahashi, K.; Watanabe, T.; Sugihara, Y.; Ishii, A. *Tetrahedron Lett.* **2000**, 41, 8349.
[2001] Iranpoor, N.; Tamami, B.; Shekarriz, M. *Synth. Commun.* **1999**, 29, 3313.
[2002] Adam, W.; Bargon, R. M.; Schenk, W. A. *J. Am. Chem. Soc.* **2003**, 125, 3871.
[2003] Trost, B. M.; Ochiai, M.; McDougal, P. G. *J. Am. Chem. Soc.* **1978**, 100, 7103; See Zefirov, N. S.; Zyk, N. V.; Kutateladze, A. G.; Kolbasenko, S. I.; Lapin, Yu. A. *J. Org. Chem. USSR* **1986**, 22, 190.
[2004] Bewick, A.; Mellor, J. M.; Owton, W. M. *J. Chem. Soc. Perkin Trans. 1*, **1985**, 1039; Bewick, A.; Mellor, J. M.; Milano, D.; Owton, W. M. *J. Chem. Soc. Perkin Trans. 1*, **1985**, 1045; Samii, Z. K. M. A. E.; Ashmawy, M. I. A.; Mellor, J. M. *Tetrahedron Lett.* **1986**, 27, 5289.
[2005] Chung, M.; D'Souza, V. T.; Szmant, H. H. *J. Org. Chem.* **1987**, 52, 1741, and other papers in this series.
[2006] Inoue, H.; Murata, S. *Heterocycles* **1997**, 45, 847.

[2007] Tuladhar, S. M.; Fallis, A. G. *Tetrahedron Lett*. **1987**, 28, 523. See Larock, R. C. *Comprehensive Organic Transformations*, 2nd ed., Wiley-VCH, NY, **1999**, pp. 905-908.
[2008] Bosman, C.; D'Annibale, A.; Resta, S.; Trogolo, C. *Tetrahedron Lett*. **1994**, 35, 6525. See Ogawa, A.; Tanaka, H.; Yokoyama, H.; Obayashi, R.; Yokoyama, K.; Sonoda, N. *J. Org. Chem*. **1992**, 57, 111.
[2009] Hermans, B.; Colard, N.; Hevesi, L. *Tetrahedron Lett*. **1992**, 33, 4629.
[2010] Brunel, Y.; Rousseau, G. *Synlett* **1995**, 323.
[2011] See Bäckvall, J. E.; Oshima, K.; Palermo, R. E.; Sharpless, K. B. *J. Org. Chem*. **1979**, 44, 1953.
[2012] Sharpless, K. B.; Chong, A. O.; Oshima, K. *J. Org. Chem*. **1976**, 41, 177. See Rudolph, J.; Sennhenn, P. C.; Vlaar, C. P.; Sharpless, K. B. *Angew. Chem. Int. Ed*. **1996**, 35, 2810.
[2013] See Fokin, V. V.; Sharpless, K. B. *Angew. Chem. Int. Ed*. **2001**, 40, 3455.
[2014] Herranz, E.; Sharpless, K. B. *J. Org. Chem*. **1978**, 43, 2544.
[2015] Hassine, B. B.; Gorsane, M.; Pecher, J.; Martin, R. H. *Bull. Soc. Chim. Belg*. **1985**, 94, 759.
[2016] For a review, see Bodkin, J. A.; McLeod, M. D. *J. Chem. Soc., Perkin Trans*. 1 **2002**, 2733.
[2017] Michaelis, D. J.; Shaffer, C. J.; Yoon, T. P. *J. Am. Chem. Soc*. **2007**, 129, 1866.
[2018] Kim, J. D.; Kim, I. S.; Hua, J. C.; Zee, O. P.; Jung, Y. H. *Tetrahedron Lett*. **2005**, 46, 1079.
[2019] Kalita, B.; Nicholas, K. M. *Tetrahedron Lett*. **2005**, 46, 1451.
[2020] Li, G.; Chang, H.-T.; Sharpless, K. B. *Angew. Chem., Int. Ed*. **1996**, 35, 451.
[2021] Streuff, J.; Osterath, B.; Nieger, M.; Muñiz, K. *Tetrahedron Asymmetry* **2005**, 16, 3492.
[2022] Demko, Z. P.; Bartsch, M.; Sharpless, K. B. *Org. Lett*. **2000**, 2, 2221.
[2023] Bäckvall, J. E.; Björkman, E. E. *Acta Chem. Scand. Ser. B* **1984**, 38, 91; Bäckvall, J. E.; Bystrom, S. E. *J. Org. Chem*. **1982**, 47, 1126.
[2024] Ryu, J.-S.; Li, G. Y.; Marks, T. J. *J. Am. Chem. Soc*. **2003**, 125, 12584. For a review, see Hong, S.; Marks, T. J. *Acc. Chem. Res*. **2004**, 37, 673.
[2025] Gagné, M. R.; Stern, C. L.; Marks, T. J. *J. Am Chem Soc*. **1992**, 114, 275.
[2026] Li, Y.; Marks, T. J. *J. Am. Chem. Soc*. **1998**, 120, 1757.
[2027] Douglass, M. R.; Ogasawara, M.; Hong, S.; Metz, M. V.; Marks, T. J. *Organometallics* **2002**, 21, 283; Giardello, M. A.; Conticello, V. P.; Brard, L.; Gagné, M. R.; Marks, T. J. *J. Am. Chem. Soc*. **1994**, 116, 10241; Giardello, M. A.; Conticello, V. P.; Brard, L.; Sabat, M.; Rheingold, A. L.; Stern, C. L.; Marks, T. J. *J. Am. Chem. Soc*. **1994**, 116, 10212.
[2028] Hong, S.; Tian, S.; Metz, M. V.; Marks, T. J. *J. Am. Chem. Soc*. **2003**, 125, 14768.
[2029] Barluenga, J.; Alonso-Cires, L.; Asensio, G. *Synthesis* **1981**, 376.
[2030] Sakurada, I.; Yamasaki, S.; Kanai, M.; Shibasaki, M. *Tetrahedron Lett*. **2000**, 41, 2415.
[2031] Gómez Aranda, V.; Barluenga, J.; Aznar, F. *Synthesis* **1974**, 504.
[2032] Chong, A. O.; Oshima, K.; Sharpless, K. B. *J. Am. Chem. Soc*. **1977**, 99, 3420. See also, Sharpless, K. B.; Singer, S. P. *J. Org. Chem*. **1976**, 41, 2504.
[2033] For a X-ray structure of the osmium intermediate, see Muñiz, K.; Iesato, A.; Nieger, M. *Chem. Eur. J*. **2003**, 9, 5581.
[2034] Bäckvall, J. *Tetrahedron Lett*. **1978**, 163.
[2035] See Osowska-Pacewicka, K.; Zwierzak, A. *Synthesis* **1990**, 505.
[2036] Barluenga, J.; Alonso-Cires, L.; Asensio, G. *Synthesis* **1979**, 962.
[2037] Li, G.; Kim, S. H.; Wei, H.-X. *Tetrahedron Lett*. **2000**, 41, 8699.
[2038] Iglesias, Á.; Pérez, E. G.; Muñiz, K. *Angew. Chem. Int. Ed*. **2010**, 49, 8109.
[2039] Moriarty, R. M.; Khosrowshahi, J. S. *Tetrahedron Lett*. **1986**, 27, 2809. See Fristad, W. E.; Brandvold, T. A.; Peterson, J. R.; Thompson, S. R. *J. Org. Chem*. **1985**, 50, 3647.
[2040] Bar, G. L. J.; Lloyd-Jones, G. C.; Booker-Milburn, K. I. *J. Am. Chem. Soc*. **2005**, 127, 7308.
[2041] Du, H.; Zhao, B.; Shi, Y. *J. Am. Chem. Soc*. **2007**, 129, 762; Du, H.; Yuan, W.; Zhao, B.; Shi, Y. *J. Am. Chem. Soc*. **2007**, 129, 7496; Du, H.; Yuan, W.; Zhao, B.; Shi, Y. *J. Am. Chem. Soc*. **2007**, 129, 11688.
[2042] Fukudome, Y.; Naito, H.; Hata, T.; Urabe, H. *J. Am. Chem. Soc*. **2008**, 130, 1820.
[2043] See Dermer, O. C.; Ham, G. E. *Ethylenimine and Other Aziridines* Academic Press, NY, **1969**, pp. 68-79; Muller, L. L.; Hamer, J. *1, 2-Cycloaddition Reactions*, Wiley, NY, **1967**. See Singh, G. S.; D'hooghe, M.; De Kimpe, N. *Chem. Rev*. **2007**, 107, 2080.
[2044] Fioravanti, S.; Morreale, A.; Pellacani, L.; Tardella, P. A. *Synthesis* **2001**, 1975. For an enantioselective version, see Fioravanti, S.; Morreale, A.; Pellacani, L.; Tardella, P. A. *J. Org. Chem*. **2002**, 67, 4972.
[2045] Sanders, C. J.; Gillespie, K. M.; Scott, P. *Tetrahedron Asymmetry* **2001**, 12, 1055; Ma, J.-A.; Wang, L.-X; Zhang, W.; Zhou, W.; Zhou, Q.-L. *Tetrahedron Asymmetry* **2001**, 12, 2801.
[2046] Ikeno, T.; Nishizuka, A.; Sato, M.; Yamada, T. *Synlett* **2001**, 406.
[2047] Mohan, J. M.; Uphade, T. S. S.; Choudhary, V. R.; Ravindranathan, T.; Sudalai, A. *Chem. Commun*. **1997**, 1429; Moran, M.; Bernardinelli, G.; Müller, P. *Helv. Chim. Acta* **1995**, 78, 2048.
[2048] Ishihara, H.; Ito, Y. N.; Katsuki, T. *Chem. Lett*. **2001**, 984.
[2049] Carducci, M.; Fioravanti, S.; Loreta, M. A.; Pellacani, L.; Tardella, P. A. *Tetrahedron Lett*. **1996**, 37, 3777.
[2050] Fioravanti, S.; Morreale, A.; Pellacani, L.; Tardella, P. A. *Tetrahedron Lett*. **2003**, 44, 3031.
[2051] Aires-de-Sousa, J.; Labo, A. M.; Prabhakar, S. *Tetrahedron Lett*. **1996**, 37, 3183.
[2052] Siu, T.; Yudin, A. K. *J. Am. Chem. Soc*. **2002**, 124, 530.
[2053] Anderson, D. J.; Gilchrist, T. L.; Rees, C. W. *Chem. Commun*. **1969**, 147.
[2054] Siu, T.; Picard, C. J.; Yudin, A. K. *J. Org. Chem*. **2005**, 70, 932.
[2055] Mahoney, J. M.; Smith, C. R.; Johnston, J. N. *J. Am. Chem. Soc*. **2005**, 127, 1354.

[2056] Lebel, H.; Huard, K.; Lectard, S. *J. Am. Chem. Soc.* **2005**, 127, 14198.
[2057] Catino, A. J.; Nichols, J. M.; Forslund, R. E.; Doyle, M. P. *Org. Lett.* **2005**, 7, 2787.
[2058] Fan, R.; Pu, D.; Gan, J.; Wang, B. *Tetrahedron Lett.* **2008**, 49, 4925.
[2059] Espino, C. G.; Wehn, P. M.; Chow, J.; Du Bois, J. *J. Am. Chem. Soc.* **2001**, 123, 6935; Wehn, P. M.; Lee, J.; Du Bois, J. *Org. Lett.* **2003**, 5, 4823; Espino, C. G.; Fiori, K. W.; Kim, M.; Du Bois, J. *J. Am. Chem. Soc.* **2004**, 126, 15378; Guthikonda, K.; Du Bois, J. *J. Am. Chem. Soc.* **2002**, 124, 13672; Keaney, G. F.; Wood, J. L. *Tetrahedron Lett.* **2005**, 46, 4031; Guthikonda, K.; Wehn, P. M.; Caliando, B. J.; Du Bois, J. *Tetrahedron* **2006**, 62, 11331.
[2060] Roth, P.; Andersson, P. G.; Somfai, P. *Chem. Commun.* **2002**, 1752.
[2061] Wu, H.; Xu, L.-W.; Xia, C.-G.; Ge, J.; Yang, L. *Synth. Commun.* **2005**, 35, 1413; Karabal, P. U.; Chouthaiwale, P. V.; Shaikh, T. M.; Suryavanshi, G.; Sudalai, A. *Tetrahedron Lett.* **2010**, 51, 6460. Also see Chen, D.; Timmons, C.; Guo, L.; Xu, X.; Li, G. *Synthesis* **2004**, 2479.
[2062] Thakur, V. V.; Sudalai, A. *Tetrahedron Lett.* **2003**, 44, 989.
[2063] Vyas, R.; Chanda, B. M.; Bedekar, A. V. *Tetrahedron Lett.* **1998**, 39, 4715; Hayer, M. F.; Hossain, M. M. *J. Org. Chem.* **1998**, 63, 6839. See Antunes, A. M. M.; Bonifácio, V. D. B.; Nascimento, S. C. C.; Lobo, A. M.; Branco, P. S.; Prabhakar, S. *Tetrahedron* **2007**, 63, 7009.
[2064] Jain, S. L.; Sain, B. *Tetrahedron Lett.* **2003**, 44, 575.
[2065] Casarrubios, L.; Pérez, J. A.; Brookhart, M.; Templeton, J. L. *J. Org. Chem.* **1996**, 61, 8358.
[2066] Müller, P.; Baud, C.; Jacquier, Y. *Tetrahedron* **1996**, 52, 1543. Also see, Södergren, M. J.; Alonso, D. A.; Bedekar, A. V.; Andersson, P. G. *Tetrahedron Lett.* **1997**, 38, 6897.
[2067] Knight, J. G.; Muldowney, M. P. *Synlett* **1995**, 949. See also, Mohr, F.; Binfield, S. A.; Fettinger, J. C.; Vedernikov, A. N. *J. Org. Chem.* **2005**, 70, 4833.
[2068] See GuthiKonda, K.; Du Bois, J. *J. Am. Chem. Soc.* **2002**, 124, 13672. See also, Dichenna, P. H.; Robert-Peillard, F.; Dauban, P.; Dodd, R. H. *Org. Lett.* **2004**, 6, 4503; Kwong, H.-L.; Liu, D.; Chan, K.-Y.; Lee, C.-S.; Huang, K.-H.; Che, C.-M. *Tetrahedron Lett.* **2004**, 45, 3965.
[2069] Vedernikov, A. N.; Caulton, K. G. *Org. Lett.* **2003**, 5, 2591; Cui, Y.; He, C. *J. Am. Chem. Soc.* **2003**, 125, 16202. See Nishimura, M.; Minakata, S.; Takahashi, T.; Oderaotoshi, Y.; Komatsu, M. *J. Org. Chem.* **2002**, 67, 2101.
[2070] See Gillespie, K. M.; Sanders, C. J.; O'Shaughnessy, P.; Westmoreland, I.; Thickitt, C. P.; Cott, P. *J. Org. Chem.* **2002**, 67, 3450.
[2071] Kantam, M. L.; Neeraja, V.; Kavita, B.; Haritha, Y. *Synlett* **2004**, 525.
[2072] Antunes, A. M. M.; Marto, S. J. L.; Branco, P. S.; Prabhakar, S.; Lobo, A. M. *Chem. Commun.* **2001**, 405.
[2073] Jean, H.-J.; Nguyen, S. B. T. *Chem. Commun.* **2001**, 235.
[2074] Nishikori, H.; Katsuki, T. *Tetrahedron Lett.* **1996**, 37, 9245.
[2075] Nishimura, M.; Minakata, S.; Thonchant, S.; Ryu, I.; Komatsu, M. *Tetrahedron Lett.* **2000**, 41, 7089.
[2076] Li, Z.; Ding, X.; He, C. *J. Org. Chem.* **2006**, 71, 5876.
[2077] Jain, S. L.; Sharma, V. B.; Sain, B. *Synth. Commun.* **2005**, 35, 9.
[2078] Vesely, J.; Ibrahem, I.; Zhao, G.-L.; Rios, R.; Córdova, A. *Angew. Chem. Int. Ed.* **2007**, 46, 778.
[2079] See Lwowski, W.; Johnson, R. L. *Tetrahedron Lett.* **1967**, 891.
[2080] Benati, L.; Montavecchi, P. C.; Spagnolo, P. *Tetrahedron Lett.* **1984**, 25, 2039. See also, Brownbridge, P. *Tetrahedron Lett.* **1984**, 25, 3759.
[2081] See Ref. 21.
[2082] Trost, B. M.; Shibata, T. *J. Am. Chem. Soc.* **1982**, 104, 3225; Caserio, M. C.; Kim, J. K. *J. Am. Chem. Soc.* **1982**, 104, 3231.
[2083] Trost, B. M.; Shibata, T.; Martin, S. J. *J. Am. Chem. Soc.* **1982**, 104, 3228; Trost, B. M.; Shibata, T. *J. Am. Chem. Soc.* **1982**, 104, 3225. For an extension that allows A to be C≡CR, see Trost, B. M.; Martin, S. J. *J. Am. Chem. Soc.* **1984**, 106, 4263.
[2084] Sreekumar, R.; Padmakumar, R.; Rugmini, P. *Chem. Commun.* **1997**, 1133.
[2085] Bewick, A.; Coe, D. E.; Mellor, J. M.; Owton, M. W. *J. Chem. Soc. Perkin Trans.* 1, **1985**, 1033.
[2086] Shastin, A. V.; Balenkova, E. S. *J. Org. Chem. USSR* **1984**, 20, 870.
[2087] Hashem, Md. A.; Jung, A.; Ries, M.; Kirschning, A. *Synlett* **1998**, 195.
[2088] Gridnev, I. D.; Balenkova, E. S. *J. Org. Chem. USSR* **1988**, 24, 1447.
[2089] Shundo, R.; Nishiguchi, I.; Matsubara, Y.; Hirashima, T. *Tetrahedron* **1991**, 47, 831. See also, Corey, E. J.; Gross, A. W. *Tetrahedron Lett.* **1985**, 26, 4291.
[2090] D'Annibale, A.; Trogolo, C. *Tetrahdron Lett.* **1994**, 35, 2083.
[2091] Lamarque, L.; Méou, A.; Brun, P. *Tetrahedron* **1998**, 54, 6497.
[2092] Allegretti, M.; D'Annibale, A.; Trogolo, C. *Tetrahedron* **1993**, 49, 10705.
[2093] Nakano, T.; Kayama, M.; Nagai, Y. *Bull. Chem. Soc. Jpn.* **1987**, 60, 1049. See also, Kraus, G. A.; Landgrebe, K. *Tetrahedron Lett.* **1984**, 25, 3939.
[2094] Wang, S. L. B.; Su, J.; Wulff, W. D. *J. Am. Chem. Soc.* **1992**, 114, 10665.
[2095] See Bäuml, E.; Tscheschlok, K.; Pock, R.; Mayr, H. *Tetrahedron Lett.* **1988**, 29, 6925.
[2096] Caldwell, J. J.; Harrity, J. P. A.; Heron, N. M.; Kerr, W. J.; McKendry, S.; Middlemiss, D. *Tetrahedron Lett.* **1999**, 40, 3481; Caldwell, J. J.; Kerr, W. J.; McKendry, S. *Tetrahedron Lett.* **1999**, 40, 3485.
[2097] Nguyen, R. V.; Li, C.-J. *J. Am. Chem. Soc.* **2005**, 127, 17184.
[2098] López-López, J. A.; Guerra, F. M.; Moreno-Dorado, F. J.; Jorge, Z. D.; Massanet, G. M. *Tetrahedron Lett.* **2007**, 48, 1749.
[2099] Tellitu, I.; Serna, S.; Herrero, M. T.; Moreno, I.; Dominguez, E.; SanMartin, R. *J. Org. Chem.* **2007**, 72, 1526;
[2100] Browne, D. M.; Niyomura, O.; Wirth, T. *Org. Lett.* **2007**, 9, 3169.
[2101] Harkat, H.; Weibel, J.-M.; Pale, P. *Tetrahedron Lett.* **2006**, 47, 6273.

[2102] Davies, D. T.; Kapur, N.; Parsons, A. F. *Tetrahedron Lett.* **1998**, 39, 4397.

[2103] See Broggini, G.; Zecchi, G. *Synthesis* **1999**, 905.

[2104] Karlsson, S.; Högberg, H.-E. *Org. Prep. Proceed. Int.* **2001**, 33, 103.

[2105] See Carruthers, W. *Cycloaddition Reactions in Organic Synthesis* Pergamon, Elmsford, NY, **1990**; Huisgen, R. *Helv. Chim. Acta* **1967**, 50, 2421; *Angew. Chem. Int. Ed.* **1963**, 2, 565, 633; Torssell, K. B. G. *Nitrile Oxides, Nitrones, and Nitronates in Organic Synthesis* VCH, NY, **1988**; Scriven, E. F. V. *Azides and Nitrenes* Academic Press, NY, **1984**; Stanovnik, B. *Tetrahedron* **1991**, 47, 2925 (diazoalkanes); Kanemasa, S.; Tsuge, O. *Heterocycles* **1990**, 30, 719 (nitrile oxides); Paton, R. M. *Chem. Soc. Rev.* **1989**, 18, 33 (nitrile sulfides); Terao, Y.; Aono, M.; Achiwa, K. *Heterocycles* **1988**, 27, 981; Coldham, I.; Hufton, R. *Chem. Rev.* **2005**, 105, 2765 (azomethine ylids); Vedejs, E. *Adv. Cycloaddit.* **1988**, 1, 33 (azomethine ylids); DeShong, P.; Lander, Jr., S. W.; Leginus, J. M.; Dicken, C. M. *Adv. Cycloaddit.* **1988**, 1, 87 (nitrones); Balasubramanian, N. *Org. Prep. Proced. Int.* **1985**, 17, 23 (nitrones); Confalone, P. N.; Huie, E. M. *Org. React.* **1988**, 36, 1 (nitrones); Padwa, A. in Horspool, W. M. *Synthetic Organic Photochemistry*, Plenum, NY, **1984**, pp. 313-374 (nitrile ylids); Bianchi, G.; Gandolfi, R.; Grünanger, P. in Patai, S.; Rappoport, Z. *The Chemistry of Functional Groups*, *Supplement C* pt. 1, Wiley, NY, **1983**, pp. 752-784 (nitrileoxides); Stuckwisch, C. G. *Synthesis* **1973**, 469 (azomethine ylids, azomethine imines). For reviews of intramolecular 1,3-dipolar additions see Padwa, A. in Padwa, A. treatise cited above, Vol. 2, pp. 277-406; Padwa, A.; Schoffstall, A. M. *Adv. Cycloaddit.* **1990**, 2, 1; Tsuge, O.; Hatta, T.; Hisano, T. in Patai, S. *Supplement A: The Chemistry of Double-bonded Functional Groups*, Vol. 2, pt. 1, Wiley, NY, **1989**, pp. 345-475; Padwa, A. *Angew. Chem. Int. Ed.* **1976**, 15, 123. For a review of azomethine ylids, see Tsuge, O.; Kanemasa, S. *Adv. Heterocycl. Chem.* **1989**, 45, 231. For reviews of 1,3-dipolar cycloreversions, see Bianchi, G.; De Micheli, C.; Gandolfi, R. *Angew. Chem. Int. Ed.* **1979**, 18, 721. For the use of this reaction to synthesize natural products, see papers in *Tetrahedron* **1985**, 41, 3447.

[2106] Houk, K. N.; Strassner, T. *J. Org. Chem.* **1999**, 64, 800.

[2107] See Gisdakis, P.; Rösch, N. *J. Am. Chem. Soc.* **2001**, 123, 697.

[2108] Kobayashi, S.; Hirabayashi, R.; Shimizu, H.; Ishitani, H.; Yamashita, Y. *Tetrahedron Lett.* **2003**, 44, 3351.

[2109] See Baskaran, S.; Vasu, J.; Prasad, R.; Kodukulla, K.; Trivedi, G. K. *Tetrahedron* **1996**, 52, 4515.

[2110] Sibi, M. P.; Stanley, L. M.; Jasperse, C. P. *J. Am. Chem. Soc.* **2005**, 127, 8276.

[2111] Raposo, C.; Wilcox, C. S. *Tetrahedron Lett.* **1999**, 40, 1285.

[2112] See Nishiwaki, N.; Uehara, T.; Asaka, N.; Tohda, Y.; Ariga, M.; Kanemasa, S. *Tetrahedron Lett.* **1998**, 39, 4851; Jung, M. E.; Vu, B. T. *Tetrahedron Lett.* **1996**, 37, 451. See Muri, D.; Bode, J. W.; Carreira, E. M. *Org. Lett.* **2000**, 2, 539; Gissot, A.; Wagner, A.; Mioskowski, C. *Tetrahedron Lett.* **2000**, 41, 1191. For a discussion of transition structures, see Luft, J. A. R.; Meleson, K.; Houk, K. N. *Org. Lett.* **2007**, 9, 555.

[2113] For a reaction using a chiral Si Lewis acid, see Shirakawa, S.; Lombardi, P. J.; Leighton, J. L. *J. Am. Chem. Soc.* **2005**, 127, 9974.

[2114] See Cabrera, S.; Arrayás, R. G.; Carretero, J. C. *J. Am. Chem. Soc.* **2005**, 127, 16394; Wang, C.-J.; Liang, G.; Xue, Z.-Y.; Gao, F. *J. Am. Chem. Soc.* **2008**, 130, 17250; Nájera, C.; Sansano, J. M. *Angew. Chem. Int. Ed.* **2005**, 44, 6272.

[2115] See Iesce, M. R.; Cermola, F.; Giordano, F.; Scarpati, R.; Graziano, M. L. *J. Chem. Soc. PerkinTrans.* 1, **1994**, 3295; MuCullough, K. J.; Sugimoto, T.; Tanaka, S.; Kusabayashi, S.; Nojima, M. *J. Chem. Soc. Perkin Trans.* 1, **1994**, 643.

[2116] Kusama, H.; Funami, H.; Shido, M.; Hara, Y.; Takaya, J.; Iwasawa, N. *J. Am. Chem. Soc.* **2005**, 127, 2709; Diev, V. V.; Kostikov, R. R.; Gleiter, R.; Molchanov, A. P. *J. Org. Chem.* **2006**, 71, 4066.

[2117] For a review of some aspects of this, see Grigg, R. *Chem. Soc. Rev.* **1987**, 16, 89.

[2118] See Bianchi, G.; De Micheli, C.; Gandolfi, R. in Patai, S. *Supplement A: The Chemistry of Double-Bonded Functional Groups*, pt. 1, Wiley, NY, **1977**, pp. 369-532. Also see Dunn, A. D.; Rudorf, W. *Carbon Disulfide in Organic Chemistry*, Wiley, NY, **1989**, pp. 97-119.

[2119] Di Valentin, C.; Freccero, M.; Gandolfi, R.; Rastelli, A. *J. Org. Chem.* **2000**, 65, 6112. For a theoretical study of transition states, see Lu, X.; Xu, X.; Wang, N.; Zhang, Q. *J. Org. Chem.* **2002**, 67, 515; DiValentin, C.; Freccero, M.; Gandolfi, R.; Rastelli, A. *J. Org. Chem.* **2000**, 65, 6112. For a discussion of loss of concertedness in reactions of azomethine ylids, see Vivanco, S.; Lecea, B.; Arrieta, A.; Prieto, P.; Morao, I.; Linden, A.; Cossio, F. P. *J. Am. Chem. Soc.* **2000**, 122, 6078. See Ess, D. H.; Houk, K. N. *J. Am. Chem. Soc.* **2007**, 129, 10646.

[2120] For Huisgen, R. *Adv. Cycloaddit.* **1988**, 1, 1; Al-Sader, B. H.; Kadri, M. *Tetrahedron Lett.* **1985**, 26, 4661; Houk, K. N.; Firestone, R. A.; Munchausen, L. L.; Mueller, P. H.; Arison, B. H.; Garcia, L. A. *J. Am. Chem. Soc.* **1985**, 107, 7227; Majchrzak, M. W.; Warkentin, J. *J. Phys. Org. Chem.* **1990**, 3, 339.

[2121] Caramella, P.; Gandour, R. W.; Hall, J. A.; Deville, C. G.; Houk, K. N. *J. Am. Chem. Soc.* **1977**, 99, 385 and references cited therein.

[2122] Engels, B.; Christl, M. *Angew. Chem. Int. Ed.* **2009**, 48, 7968.

[2123] Cossio, F. P.; Marao, I.; Jiao, H.; Schleyer, P. v. R. *J. Am. Chem. Soc.* **1999**, 121, 6737.

[2124] For a review of the role of solvents in this reaction, see Kadaba, P. K. *Synthesis* **1973**, 71.

[2125] Dubreuil, J. F.; Bazureau, J. P. *Tetrahedron Lett.* **2000**, 41, 7351.

[2126] Lee, C. K. Y; Holmes, A. B.; Al-Duri, B.; Leeke, G. A.; Santos, R. C. D.; Seville, J. P. K. *Chem. Commun.* **2004**, 2622.

[2127] See Houk, K. N.; Yamaguchi, K. in Padwa, A. *1,3-Dipolar Cycloaddition Chemistry* Vol. 2, Wiley, NY, **1984**, pp. 407-450. See also, Burdisso, M.; Gandolfi, R.; Quartieri, S.; Rastelli, A. *Tetrahedron* **1987**, 43, 159.

[2128] Mloston, G.; Langhals, E.; Huisgen, R. *Tetrahedron Lett.* **1989**, 30, 5373; Huisgen, R.; Mloston, G. *Tetrahedron Lett.* **1989**, 30, 7041.

[2129] Karadakov, P. B.; Cooper, D. L.; Gerratt, J. *Theor. Chem. Acc.* **1998**, 100, 222.

[2130] Blavins, J. J.; Karadakov, P. B.; Cooper, D. L. *J. Org. Chem.* **2001**, 66, 4285.

[2131] Toker, J. D.; Wentworth, Jr., P.; Hu, Y.; Houk, K. N.; Janda, K. D. *J. Am. Chem. Soc.* **2000**, 122, 3244.

[2132] Kanemasa, S. *Synlett* **2002**, 1371.

[2133]   Barluenga, J.; Barrio, P.; Riesgo, L.; López, L. A.; Tomás, M. *J. Am. Chem. Soc.* **2007**, 129, 14422.
[2134]   See Fischer, H. *Chem. Ber.* **1980**, 113, 193.
[2135]   For a discussion of reactivity and regioselectivity with strained alkenes and alkynes, see Schoenebeck, F.; Ess, D. H.; Jones, G. O.; Houk, K. N. *J. Am. Chem. Soc.* **2009**, 131, 8121.
[2136]   Zhang, L.; Chen, X.; Xue, P.; Sun, H. H. Y.; Williams, I. D.; Sharpless, K. B.; Fokin, V. V.; Jia, G. *J. Am. Chem. Soc.* **2005**, 127, 15998; Kamata, K.; Nakagawa, Y.; Yamaguchi, K.; Mizuno, N. *J. Am. Chem. Soc.* **2008**, 130, 15304.
[2137]   da Silva, G.; Bozzelli, J. W. *J. Org. Chem.* **2008**, 73, 1343.
[2138]   Feldman, K. S.; Iyer, M. R. *J. Am. Chem. Soc.* **2005**, 127, 4590.
[2139]   See Padwa, A. *Angew. Chem. Int. Ed.* **1976**, 15, 123; Oppolzer, W. *Angew. Chem. Int. Ed.* **1977**, 16, 10 (see pp. 18-22).
[2140]   Dolle, R. E.; Barden, M. C.; Brennan, P. E.; Ahmed, G.; Tran, V.; Ho, D. M. *Tetrahedron Lett.* **1999**, 40, 2907.
[2141]   For an enantioselective reaction, see Kano, T.; Hashimoto, T.; Maruoka, K. *J. Am. Chem. Soc.* **2006**, 128, 2174.
[2142]   Jan, D.; Simal, F.; Demonceau, A.; Noels, A. F.; Rufanov, K. A.; Ustynyuk, N. A.; Gourevitch, D. N. *Tetrahedron Lett.* **1999**, 40, 5695.
[2143]   For a discussion of the mechansim and origin of enantioselectivity, see Nowlan, III, D. T.; Singleton, D. A. *J. Am. Chem. Soc.* **2005**, 127, 6190. Also see Jiao, L.; Ye, S.; Yu, Z.-X. *J. Am. Chem. Soc.* **2008**, 130, 7178.
[2144]   Stanley, L. M.; Sibi, M. P. *Chem. Rev.* **2008**, 108, 2887. See Bǎdoiu, A.; Brinkmann, Y.; Viton, F.; Kündig, E. P. *Pure Appl. Chem.* **2008**, 80, 1013.
[2145]   Niimi, T.; Uchida, T.; Irie, R.; Katsuki, T. *Tetrahedron Lett.* **2000**, 41, 3647.
[2146]   Sibi, M. P.; Ma, Z.; Jasperse, C. P. *J. Am. Chem. Soc.* **2004**, 126, 718.
[2147]   Sibi, M. P.; Ma, Z.; Jasperse, C. P. *J. Am. Chem. Soc.* **2005**, 127, 5764.
[2148]   Kano, T.; Hashimoto, T.; Maruoka, K. *J. Am. Chem. Soc.* **2005**, 127, 11926.
[2149]   Baran, J.; Mayr, H. *J. Am. Chem. Soc.* **1987**, 109, 6519.
[2150]   See Bastide, J.; Hamelin, J.; Texier, F.; Quang, Y. V. *Bull. Soc. Chim. Fr.* **1973**, 2555; 2871; Fuks, R.; Viehe, H. G. in Viehe, H. G. *Acetylenes* Marcel Dekker, NY, **1969**, p. 460-477.
[2151]   Lown, J. W. in Padwa, A. 1, *3-Dipolar Cycloaddition Chemistry*, vol 1. Wley, NY, **1984**, pp. 683-732.
[2152]   See Lown, J. W. *Rec. Chem. Prog.* **1971**, 32, 51; Gladysheva, F. N.; Sineokov, A. P.; Etlis, V. S. *Russ. Chem. Rev.* **1970**, 39, 118.
[2153]   For a system of classification of cycloaddition reactions, see Huisgen, R. *Angew. Chem. Int. Ed.* **1968**, 7, 321. See Posner, G. H. *Chem. Rev.* **1986**, 86, 831. See also, the series *Advances in Cycloaddition*.
[2154]   See Smith, M. B. *Organic Synthesis*, 3rd ed., Wavefunction Inc./Elsevier, Irvine, CA/London, England, **2010**, pp. 1101-1116.
[2155]   See Trost, B. M.; Seoane, P.; Mignani, S.; Acemoglu, M. *J. Am. Chem. Soc.* **1989**, 111, 7487.
[2156]   Wang, J.-C.; Ng, S.-S.; Krische, M. J. *J. Am. Chem. Soc.* **2003**, 125, 3682.
[2157]   See Trost, B. M. *Pure Appl. Chem.* **1988**, 60, 1615; *Angew. Chem. Int. Ed.* **1986**, 25, 1.
[2158]   See Trost, B. M.; Lynch, J.; Renaut, P.; Steinman, D. H. *J. Am. Chem. Soc.* **1986**, 108, 284.
[2159]   Trost, B. M.; MacPherson, D. T. *J. Am. Chem. Soc.* **1987**, 109, 3483; Trost, B. M. *Angew. Chem. Int. Ed.* **1986**, 25, 1; Trost, B. M.; Stambuli, J. P.; Silverman, S. M.; Schwörer, U. *J. Am. Chem. Soc.* **2006**, 128, 13328; Trost, B. M.; Cramer, N.; Silverman, S. M. *J. Am. Chem. Soc.* **2007**, 129, 12396.
[2160]   Trost, B. M.; Silverman, S. M.; Stambuli, J. P. *J. Am. Chem. Soc.* **2007**, 129, 12398.
[2161]   Greco, G. E.; Gleason, B. L.; Lowery, T. A.; Kier, M. J.; Hollander, L. B.; Gibbs, S. A.; Worthy, A. D. *Org. Lett.* **2007**, 9, 3817.
[2162]   Hedley, S. J.; Moran, W. J.; Price, D. A.; Harrity, J. P. A. *J. Org. Chem.* **2003**, 68, 4286.
[2163]   See Yamago, S.; Nakamura, E. *J. Am. Chem. Soc.* **1989**, 111, 7285.
[2164]   See Chaigne, F.; Gotteland, J.; Malacria, M. *Tetrahedron Lett.* **1989**, 30, 1803.
[2165]   Kauffmann, T. *Top. Curr. Chem.* **1980**, 92, 109, pp. 111-116; *Angew. Chem. Int. Ed.* **1974**, 13, 627.
[2166]   Eidenschink, R.; Kauffmann, T. *Angew. Chem. Int. Ed.* **1972**, 11, 292.
[2167]   See Beak, P.; Burg, D. A. *J. Org. Chem.* **1989**, 54, 1647.
[2168]   See Noyori, R.; Hayakawa, Y. *Tetrahedron* **1985**, 41, 5879.
[2169]   Wasserman, A. *Diels-Alder Reactions* Elsevier, NY, 1965; Roush, W. R. *Adv. Cycloaddit.* **1990**, 2, 91; Carruthers, W. *Cycloaddition Reactions in Organic Synthesis*, Pergamon, Elmsford, NY, **1990**; Brieger, G.; Bennett, J. N. *Chem. Rev.* **1980**, 80, 63; Oppolzer, W. *Angew. Chem. Int. Ed.* **1977**, 16, 10; Sauer, J. *Angew. Chem. Int. Ed.* **1966**, 5, 211; **1967**, 6, 16; Taber, D. F. *Intramolecular Diels-Alder and Alder Ene Reactions*, Springer, NY, **1984**; Deslongchamps, P. *Aldrichimica Acta* **1991**, 24, 43; Craig, D. *Chem. Soc. Rev.* **1987**, 16, 187. For a long list of references to various aspects of the Diels-Alder reaction, see Larock, R. C. *Comprehensive Organic Transformations*, 2nd ed., Wiley-VCH, NY, **1999**, pp. 523-544.
[2170]   See Konovalov, A. I. *Russ. Chem. Rev.* **1983**, 52, 1064.
[2171]   See Nelson, D. J.; Li, R.; Brammer, C. *J. Org. Chem.* **2001**, 66, 2422.
[2172]   Spino, C.; Rezaei, H.; Dory, Y. L. *J. Org. Chem.* **2004**, 69, 757. For tables of HOMOs and LUMOs for dienes and dienophiles, see Smith, M. B. *Organic Synthesis*, 3rd ed., Wavefunction Inc./Elsevier, Irvine, CA/London, England, **2010**, pp. 999-1032, especially pp. 1003-1004 and 1008-1009.
[2173]   See Domingo, L. R. *Eur. J. Org. Chem.* **2004**, 4788.
[2174]   Fringuelli, F.; Taticchi, A.; Wenkert, E. *Org. Prep. Proced. Int.* **1990**, 22, 131.
[2175]   See Butskus, P. F. *Russ. Chem. Rev.* **1962**, 31, 283; Also see Ciganek, E.; Linn, W. J.; Webster, O. W. in Rappoport, Z. *The Chemistry of the Cyano Group*, Wiley, NY, **1970**, pp. 449-453.
[2176]   See Novikov, S. S.; Shuekhgeimer, G. A.; Dudinskaya, A. A. *Russ. Chem. Rev.* **1960**, 29, 79.
[2177]   McClure, C. K.; Herzog, K. J.; Bruch, M. D. *Tetrahedron Lett.* **1996**, 37, 2153.
[2178]   Johnstone, R. A. W.; Quan, P. M. *J. Chem. Soc.* **1963**, 935.

[2179] Carr, R. V. C.; Williams, R. V.; Paquette, L. A. *J. Org. Chem.* **1983**, 48, 4976; Kinney, W. A.; Crouse, G. D.; Paquette, L. A. *J. Org. Chem.* **1983**, 48, 4986.

[2180] De Lucchi, O.; Lucchini, V.; Pasquato, L.; Modena, G. *J. Org. Chem.* **1984**, 49, 596; Hermeling, D.; Schäfer, H. *J. Angew. Chem. Int. Ed.* **1984**, 23, 233; De Lucchi, O.; Pasquato, L. *Tetrahedron* **1988**, 44, 6755.

[2181] See Domingo, L. R.; Aurell, M. J.; Pérez, P.; Contreras, R. *Tetrahedron* **2002**, 58, 4417.

[2182] For ground state conformations, see Bur, S. K.; Lynch, S. M.; Padwa, A. *Org. Lett.* **2002**, 4, 473.

[2183] For a discussion of conformational thermodynamic and kinetic parameters of methyl 1,3-butadienes, see Squillacote, M. E.; Liang, F. *J. Org. Chem.* **2005**, 70, 6564.

[2184] Sauer, J.; Lang, D.; Mielert, A. *Angew. Chem. Int. Ed.* **1962**, 1, 268; Sauer, J.; Wiest, H. *Angew. Chem. Int. Ed.* **1962**, 1, 269. See, however, Scharf, H.; Plum, H.; Fleischhauer, J.; Schleker, W. *Chem. Ber.* **1979**, 112, 862.

[2185] See Charlton, J. L.; Alauddin, M. M. *Tetrahedron* 1987, 43, 2873; Oppolzer, W. *Synthesis* **1978**, 793.

[2186] For a monograph on dienes, with tables showing > 800 types, see Fringuelli, F.; Taticchi, A. *Dienes in the Diels-Alder Reaction*, Wiley, NY, **1990**. See Danishefsky, S. *Chemtracts: Org. Chem.* **1989**, 2, 273; Petrzilka, M.; Grayson, J. I. *Synthesis* **1981**, 753; Smith, M. B. *Org. Prep. Proced. Int.* **1990**, 22, 315; Robiette, R.; Cheboub-Benchaba, K.; Peeters, D.; Marchand-Brynaert, J. *J. Org. Chem.* **2003**, 68, 9809; Huang, Y.; Iwama, T.; Rawal, V. H. *J. Am. Chem. Soc.* **2002**, 122, 5950.

[2187] Avalos, M.; Babiano, R.; Bravo, J. L.; Cintas, P.; Jiménez, J. L.; Palacios, J. C.; Silva, M. A. *J. Org. Chem.* **2000**, 65, 6613; Kiselev, V. D.; Konovalov, A. I. *Russ. Chem. Rev.* **1989**, 58, 230; Zheng, M.; Zhang, M.-H.; Shao, J.-G.; Zhong, Q. *Org. Prep. Proceed. Int.* **1996**, 28, 117; Yamabe, S.; Minato, T. *J. Org. Chem.* **2000**, 65, 1830; Mathieu, B.; de Fays, L.; Ghosez, L. *Tetrahedron Lett.* **2000**, 41, 9561.

[2188] For a discussion of the effect of Lewis acids, see Celebi-Olcum, N.; Ess, D. H.; Aviyente, V.; Houk, K. N. *J. Org. Chem.* **2008**, 73, 7472.

[2189] Nakashima, D.; Yamamoto, H. *Org. Lett.* **2005**, 7, 1251; Shen, J.; Tan. C.-H. *Org. Biomol. Chem.* **2008**, 6, 3229.

[2190] See Alston, P. V.; Ottenbrite, R. M. *J. Org. Chem.* **1975**, 40, 1111.

[2191] Reymond, S.; Cossy, J. *Chem. Rev.* **2008**, 108, 5359.

[2192] Ishihara, K.; Kurihara, H.; Yamamoto, H. *J. Am. Chem. Soc.*, **1996**, 118, 3049.

[2193] For a study of the influence of Lewis acids in ionic liquids, see Silvero, G.; Arévalo, M. J.; Bravo, J. L.; Ávalos, M.; Jiménez, J. L.; López, I. *Tetrahedron* **2005**, 61, 7105. See López, I.; Silvero, G.; Arévalo, M. J.; Babiano, R.; Palacios, J. C.; Bravo, J. L. *Tetrahedron* **2007**, 63, 2901.

[2194] Kobayashi, S.; Hachiya, I.; Takahori, T.; Araki, M.; Ishitani, H. *Tetrahedron Lett.* **1992**, 33, 6815.

[2195] Mathieu, B.; Ghosez, L. *Tetrahedron* **2002**, 58, 8219.

[2196] See Sprott, K. T.; Corey, E. J. *Org. Lett.* **2003**, 5, 2465; Corey, E. J.; Shibata, T.; Lee, T. W. *J. Am. Chem. Soc.* **2002**, 124, 3808; Ryu, D. H.; Lee, T. W.; Corey, E. J. *J. Am. Chem. Soc.* **2002**, 124, 9992.

[2197] Gao, D.; Bauld, N. L. *J. Org. Chem.* **2000**, 65, 6276. See Saettel, N. J.; Oxgaard, J.; Wiest, O. *Eur. J. Org. Chem.* **2001**, 1429.

[2198] For a review, see Bauld, N. L. *Tetrahedron* **1989**, 45, 5307.

[2199] Wipf, P.; Xu, W. *Tetrahedron* **1995**, 51, 4551.

[2200] Zhang, X.; Deng, Q.; Yoo, S. H.; Houk, K. N. *J. Org. Chem.* **2002**, 67, 9043.

[2201] Pandey, B.; Dalvi, P. V. *Angew. Chem. Int. Ed.* **1993**, 32, 1612.

[2202] See Smith, M. B. *Organic Synthesis*, 3rd ed., Wavefunction Inc./Elsevier, Irvine, CA/London, England, **2010**, pp. 1037-1049.

[2203] Jankowski, C. K.; LeClair, G.; Bélanger, J. M. R.; Paré, J. R. J.; Van Calsteren, M.-R. *Can. J. Chem.* **2001**, 79, 1906. For a review, see de la Hoz, A.; Diaz-Ortis, A.; Moreno, A.; Langa, F. *Eur. J. Org. Chem.* **2000**, 3659; Kaval, N.; Dehaen, W.; Kappe, C. O.; van der Eycken, E. *Org. Biomol. Chem.* **2004**, 2, 154.

[2204] Raj. C. P.; Dhas, N. A.; Cherkinski, M.; Gedanken, A.; Braverman, S. *Tetrahedron Lett.* **1998**, 39, 5413.

[2205] Veselovsky, V. V.; Gybin, A. S.; Lozanova, A. V.; Moiseenkov, A. M.; Smit, W. A.; Caple, R. *Tetrahedron Lett.* **1988**, 29, 175.

[2206] Kang, J.; Hilmersson, G.; Sartamaria, J.; Rebek Jr., J. *J. Am. Chem. Soc.* **1998**, 120, 3650; Diego-Castro, M. J.; Hailes, H. C. *Tetrahedron Lett.* **1998**, 39, 2211.

[2207] Dolata, D. P.; Bergman, R. *Tetrahedron Lett.* **1987**, 28, 707.

[2208] For reviews, see Isaacs, N. S.; George, A. V. *Chem. Br.* **1987**, 47-54; Asano, T.; le Noble, W. J. *Chem. Rev.* **1978**, 78, 407. See also, Firestone, R. A.; Smith, G. M. *Chem. Ber.* **1989**, 122, 1089.

[2209] Kim, J. H.; Hubig, S. M.; Lindeman, S. V.; Kochi, J. K. *J. Am. Chem. Soc.* **2001**, 123, 87.

[2210] Breslow, R. *Acc. Chem. Res.* **1991**, 24, 159; Breslow, R.; Rizzo, C. J. *J. Am. Chem. Soc.* **1991**, 113, 4340; Engberts, J. B. F. N. *Pure Appl. Chem.* **1995**, 67, 823; Pindur, U.; Lutz, G.; Otto, C. *Chem. Rev.* **1993**, 93, 741; Otto, S.; Blokzijl, W.; Otto, S.; Egberts, J. B. F. N. *Pure. Appl. Chem.* **2000**, 72, 1365; Deshpande, S. S.; Kumar, A. *Tetrahedron* **2005**, 61, 8025; Hayashi, Y.; Takeda, M.; Shoji, M.; Morita, M. *Chem. Lett.* **2007**, 36, 68.

[2211] See Fringuelli, F.; Piermatti, O.; Pizzo, F.; Vaccaro, L. *Eur. J. Org. Chem.* **2001**, 439; Otto, S.; Engberts, J. B. F. N. *Tetrahedron Lett.* **1995**, 36, 2645

[2212] Chavan, S. P.; Sharma, P.; Krishna, G. R.; Thakkar, M. *Tetrahedron Lett.* **2003**, 44, 3001.

[2213] Pearson, R. J.; Kassianidis, E.; Philip, D. *Tetrahedron Lett.* **2004**, 45, 4777.

[2214] Meijer, A.; Otto, S.; Engberts, J. B. F. N. *J. Org. Chem.* **1998**, 63, 8989.

[2215] Jaeger, D. A.; Wang, J. *Tetrahedron Lett.* **1992**, 33, 6415.

[2216] Grieco, P. A.; Handy, S. T.; Beck, J. P. *Tetrahedron Lett.* **1994**, 35, 2663. See Handy, S. T.; Grieco, P. A.; Mineur, C.; Ghosez, L. *Synlett* **1995**, 565.

[2217] Augé, J.; Gil, R.; Kalsey, S.; Lubin-Germain, N. *Synlett* **2000**, 877.

[2218] Pai, C. K.; Smith, M. B. *J. Org. Chem.* **1995**, 60, 3731.

[2219] Wijnen, J. W.; Engberts, J. B. F. N. *J. Org. Chem.* **1997**, 62, 2039.
[2220] Oakes, R. S.; Heppenstall, T. J.; Shezad, N.; Clifford, A. A.; Rayner, C. M. *Chem. Commun.* **1999**, 1459. For an asymmetric cycloaddition, see Fukuzawa, S.-i.; Metoki, K.; Esumi, S.-i. *Tetrahedron* **2003**, 59, 10445.
[2221] Harano, Y.; Sato, H.; Hirata, F. *J. Am. Chem. Soc.* **2000**, 122, 2289.
[2222] Yli-Kauhaluoma, J. *Tetrahedron* **2001**, 57, 7053.
[2223] Eklund, L.; Axelsson, A.-K.; Nordahl, Å.; Carlson, R. *Acta Chem. Scand.* **1993**, 47, 581.
[2224] Pagni, R. M.; Kabalka, G. W.; Hondrogiannis, G.; Bains, S.; Anosike, P.; Kurt, R. *Tetrahedron* **1993**, 49, 6743.
[2225] Bini, R.; Chiappe, C.; Mestre, V. L.; Pomelli, C. S.; Welton, T. *Org. Biomol. Chem.* **2008**, 6, 2522. For reactions in low-melting sugar-urea-salt mixtures, see Imperato, G.; Eibler, E.; Niedermaier, J.; König, B. *Chem. Commun.* **2005**, 1170.
[2226] Meracz, I.; Oh, T. *Tetrahedron Lett.* **2003**, 44, 6465.
[2227] Tiwari, S.; Kumar, A. *Angew. Chem. Int. Ed.* **2006**, 45, 4824.
[2228] Murali, R.; Scheeren, H. W. *Tetrahedron Lett.* **1999**, 40, 3029.
[2229] Alston, P. V.; Gordon, M. D.; Ottenbrite, R. M.; Cohen, T. *J. Org. Chem.* **1983**, 48, 5051; Kahn, S. D.; Pau, C. F.; Overman, L. E.; Hehre, W. J. *J. Am. Chem. Soc.* **1986**, 108, 7381.
[2230] Ono, N.; Miyake, H.; Kamimura, A.; Kaji, A. *J. Chem. Soc. Perkin Trans. 1*, **1987**, 1929. For another method of controlling regioselectivity, see Kraus, G. A.; Liras, S. *Tetrahedron Lett.* **1989**, 30, 1907.
[2231] See Smith, M. B. *Organic Synthesis*, 3rd ed., Wavefunction Inc./Elsevier, Irvine, CA/London, England, **2010**, pp. 1023-1032, 1066-1075; Bakalova, S. M.; Santos, A. G. *J. Org. Chem.* **2004**, 69, 8475.
[2232] For an exception, see Meier, H.; Eckes, H.; Niedermann, H.; Kolshorn, H. *Angew. Chem. Int. Ed.* **1987**, 26, 1046.
[2233] Robiette, R.; Marchand-Brynaert, J.; Peeters, D. *J. Org. Chem.* **2002**, 67, 6823.
[2234] See Baldwin, J. E.; Reddy, V. P. *J. Org. Chem.* **1989**, 54, 5264. For a theoretical study for endo selectivity, see Imade, M.; Hirao, H.; Omoto, K.; Fujimoto, H. *J. Org. Chem.* **1999**, 64, 6697.
[2235] See Mülle, P.; Bernardinelli, G.; Rodriguez, D.; Pfyffer, J.; Schaller, J. *Chimia* **1987**, 41, 244.
[2236] Ahrendt, K. A.; Borths, C. J.; MacMillan, D. W. C. *J. Am. Chem. Soc.* **2000**, 122, 4243.
[2237] Hoffmann, R.; Woodward, R. B. *J. Am. Chem. Soc.* **1965**, 87, 4388, 4389.
[2238] Garcia, J. I.; Mayoral, J. A.; Salvatella, L. *Acc. Chem. Res.* **2000**, 33, 658; Garcia, J.-I.; Mayoral, J. A.; Salvatella, L. *Eur. J. Org. Chem.* **2005**, 85.
[2239] Arrieta, A.; Cossio, F. P.; Lecea, B. *J. Org. Chem.* **2001**, 66, 6178.
[2240] Hickey, E. R.; Paquette, L. A. *Tetrahedron Lett.* **1994**, 35, 2309, 2313.
[2241] Cainelli, G.; Galletti, P.; Giacomini, D.; Quintavalla, A. *Tetrahedron Lett.* **2003**, 44, 93.
[2242] Domingo, L. R.; Picher, M. T.; Andrés, J.; Safont, V. S. *J. Org. Chem.* **1997**, 62, 1775. Also see, Smith, M. B. *Organic Synthesis*, 3rd ed., Wavefunction Inc./Elsevier, Irvine, CA/London, England, **2010**, pp. 1023-1032, 1066-1075; Mörschel, P.; Janikowski, J.; Hilt, G.; Frenking, G. *J. Am. Chem. Soc.* **2008**, 130, 8952.
[2243] See Corey, E. J.; Sarshar, S.; Lee, D.-H. *J. Am. Chem. Soc.* **1994**, 116, 12089; Taschner, M. J. *Org. Synth: Theory Appl.* **1989**, 1, 1; Helmchen, G.; Karge, R.; Weetman, J. *Mod. Synth. Methods* **1986**, 4, 261; Oppolzer, W. *Angew. Chem. Int. Ed.* **1984**, 23, 876. See also Macaulay, J. B.; Fallis, A. G. *J. Am. Chem. Soc.* **1990**, 112, 1136.
[2244] Ruiz-López, M. F.; Assfeld, X.; Garcia, J. I.; Mayoral, J. A.; Salvatella, L. *J. Am. Chem. Soc.* **1993**, 115, 8780.
[2245] Sustmann, R.; Sicking, W. *J. Am. Chem. Soc.* **1996**, 118, 12562.
[2246] For the use of chiral dienes, see Tripathy, R.; Carroll, P. J.; Thornton, E. R. *J. Am. Chem. Soc.* **1990**, 112, 6743; **1991**, 113, 7630; Rieger, R.; Breitmaier, E. *Synthesis* **1990**, 697.
[2247] See Xidos, J. D.; Poirier, R. A.; Pye, C. C.; Burnell, D. J. *J. Org. Chem.* **1998**, 63, 105.
[2248] Tomioka, K.; Hamada, N.; Suenaga, T.; Koga, K. *J. Chem. Soc. Perkin Trans. 1*, **1990**, 426; Cativiela, C.; López, P.; Mayoral, J. A. *Tetrahedron: Asymmetry* **1990**, 1, 61.
[2249] Narasaka, K. *Synthesis* **1991**, 1; Corey, E. J.; Imai, N.; Zhang, H. *J. Am. Chem. Soc.* **1991**, 113, 728; Narasaka, K.; Tanaka, H.; Kanai, F. *Bull. Chem. Soc. Jpn.* **1991**, 64, 387; Hawkins, J. M.; Loren, S. *J. Am. Chem. Soc.* **1991**, 113, 7794; Evans, D. A.; Barnes, D. M.; Johnson, J. S.; Lectka, T.; von Matt, P.; Miller, S. J.; Murry, J. A.; Norcross, R. D.; Shaughnessy, E. A.; Campos, K. R. *J. Am. Chem. Soc.* **1999**, 121, 7582.
[2250] See Corey, E. J. *Angew. Chem. Int. Ed.* **2002**, 41, 1651; Doyle, M. P.; Phillips, I. M.; Hu, W. *J. Am. Chem. Soc.* **2001**, 123, 5366; Owens, T. D.; Hollander, F. J.; Oliver A. G.; Ellman, J. A. *J. Am. Chem. Soc.* **2001**, 123, 1539; Faller, J. W.; Grimmond, B. J.; D'Alliessi, D. G. *J. Am. Chem. Soc.* **2001**, 123, 2525; Bolm, C.; Simic, O. *J. Am. Chem. Soc.* **2001**, 123, 3830; Fukuzawa, S.; Komuro, Y.; Nakano, N.; Obara, S. *Tetrahedron Lett.* **2003**, 44, 3671.
[2251] Hawkins, J. M.; Loren, S.; Nambu, M. *J. Am. Chem Soc.* **1994**, 116, 1657. See Sibi, M. P.; Venkatraman, L.; Liu, M.; Jaspersé, C. P. *J. Am. Chem. Soc.* **2001**, 123, 8444.
[2252] Ishihara, K.; Nakano, K. *J. Am. Chem. Soc.* **2005**, 127, 10504; Liu, D.; Canales, E.; Corey, E. J. *J. Am. Chem. Soc.* **2007**, 129, 1498; Wang, Y.; Li, H.; Wang, Y.-Q.; Liu, Y.; Foxman, B. M.; Deng, L. *J. Am. Chem. Soc.* **2007**, 129, 6364; Payette, J. N.; Yamamoto, H. *J. Am. Chem. Soc.* **2007**, 129, 9536; Singh, R. P.; Bartelson, K.; Wang, Y.; Su, H.; Lu, X.; Deng, L. *J. Am. Chem. Soc.* **2008**, 130, 2422; Futatsugi, K.; Yamamoto, H. *Angew. Chem. Int. Ed.* **2005**, 44, 1484; Paddon-Row, M. N.; Kwan, L. C. H.; Willis, A. C.; Sherburn, M. S. *Angew. Chem. Int. Ed.* **2008**, 47, 7013.
[2253] See Bastide, J.; Henri-Rousseau, O. in Patai, S. *The Chemistry of the Carbon-Carbon Triple Bond*, pt. 1, Wiley, NY, **1978**, pp. 447-522, Fuks, R.; Viehe, H. G. in Viehe, H. G. *Acetylenes*, Marcel Dekker, NY, **1969**, pp. 477-508.
[2254] See Paik, S.-J.; Son, S. U.; Chung, Y. K. *Org. Lett.* **1999**, 1, 2045.
[2255] This type of Diels-Alder reaction has been called the Dehydro-Diels-Alder. See Wessig, P.; Gunnar Müller, G. *Chem. Rev.* **2008**, 108, 2051; Dunetz, J. R.; Danheiser, R. L. *J. Am. Chem. Soc.* **2005**, 127, 5776; Dai, M.; Sarlah, D.; Yu, M.; Danishefsky, S. J.; Jones, G.

[2256] O.; Houk, K. N. *J. Am. Chem. Soc.* **2007**, 129, 645.
See Hopf, H. in Landor, S. R. *The Chemistry of Allenes*, Vol. 2, Academic Press, NY, **1982**, pp. 563-577. See Nendel, M.; Tolbert, L. M.; Herring, L. E.; Islam, Md. N.; Houk, K. N. *J. Org. Chem.* **1999**, 64, 976.
[2257] Ketenes react with conjugated dienes to give 1, 2-addition (see Reaction **15-49**).
[2258] See Nicolaou, K. C.; Snyder, S. A.; Montagnon, T.; Vassilikogiannakis, G. *Angew. Chem. Int. Ed.* **2002**, 41, 1669.
[2259] For a review, see Wagner-Jauregg, T. *Synthesis* **1980**, 165, 769. See also, Balaban, A. T.; Biermann, D.; Schmidt, W. *Nouv. J. Chim.* **1985**, 9, 443.
[2260] However, see Chordia, M. D.; Smith, P. L.; Meiere, S. H.; Sabat, M.; Harman, W. D. *J. Am. Chem. Soc.* **2001**, 123, 10756.
[2261] Friedman, L. *J. Am. Chem. Soc.* **1967**, 89, 3071; Liu, R. S. H.; Krespan, C. G. *J. Org. Chem.* **1969**, 34, 1271.
[2262] See Hoffmann, R. W. *Dehydrobenzene and Cycloalkynes*; Academic Press, NY, **1967**, pp. 200-239; Bryce, M. R.; Vernon, J. M. *Adv. Heterocycl. Chem.* **1981**, 28, 183-229. Also see Liu, W.; You, F.; Mocella, C. J.; Harman, W. D. *J. Am. Chem. Soc.* **2006**, 128, 1426.
[2263] Wittig, G.; Niethammer, K. *Chem. Ber.* **1960**, 93, 944; Wittig, G.; Härle, H.; Knauss, E.; Niethammer, K. *Chem. Ber.* **1960**, 93, 951.
[2264] Plieninger, H.; Wild, D.; Westphal, J. *Tetrahedron* **1969**, 25, 5561.
[2265] See Paquette, L. A.; Kesselmayer, M. A.; Künzer, H. *J. Org. Chem.* **1988**, 53, 5183.
[2266] Hilt, G.; du Mesnil, F.-X. *Tetrahedron Lett.* **2000**, 41, 6757.
[2267] For a review of natural product syntheses using Diels-Alder reactions, see Takao, K.-i.; Munakata, R.; Tadano, K.-i. *Chem. Rev.* **2005**, 105, 4779.
[2268] Oppolzer, W. *Angew. Chem. Int. Ed.* **1977**, 16, 1; Brieger, G.; Bennett, J. N. *Chem. Rev.* **1980**, 80, 63 (see p. 67); Fallis, A. G. *Can. J. Chem.* **1984**, 62, 183; Smith, M. B. *Org. Prep. Proceed. Int.* **1990**, 22, 315.
[2269] Au catalyst: Nieto-Oberhuber, C.; López, S.; Echavarren, A. M. *J. Am. Chem. Soc.* **2005**, 127, 6178.
[2270] Paddon-Row, M. N.; Moran, D.; Jones, G. A.; Sherburn, M. S. *J. Org. Chem.* **2005**, 70, 10841.
[2271] Khuong, K. S.; Beaudry, C. M.; Trauner, D.; Houk, K. N. *J. Am. Chem. Soc.* **2005**, 127, 3688.
[2272] See Tantillo, D. J.; Houk, K. N.; Jung, M. E. *J. Org. Chem.* **2001**, 66, 1938.
[2273] Stork, G.; Chan, T. Y.; Breault, G. A. *J. Am. Chem. Soc.* **1992**, 114, 7578.
[2274] Craig, D.; Reader, J. C. *Tetrahedron Lett.* **1992**, 33, 6165.
[2275] Ishikawa, T.; Senzaki, M.; Kadoya, R.; Morimoto, T.; Miyake, N.; Izawa, M.; Saito, S.; Kobayashi, H. *J. Am. Chem. Soc.* **2001**, 123, 4607.
[2276] Paddon-Row, M. N.; Longshaw, A. I.; Willis, A. C.; Sherburn, M. S. *Chemistry: Asian J.* **2009**, 4, 126.
[2277] Bertozzi, F.; Olsson, R.; Frejd, T. *Org. Lett.* **2000**, 2, 1283.
[2278] See Ichihara, A. *Synthesis* **1987**, 207; Lasne, M.; Ripoll, J. L. *Synthesis* **1985**, 121; Kwart, H.; King, K. *Chem. Rev.* **1968**, 68, 415.
[2279] Sample, Jr., T. E.; Hatch, L. F. *Org. Synth.* **VI**, 454. For a review, see Chou, T.; Tso, H. *Org. Prep. Proced. Int.* **1989**, 21, 257.
[2280] See Sauer, J.; Sustmann, R. *Angew. Chem. Int. Ed.* **1980**, 19, 779; Houk, K. N. *Top. Curr. Chem.* **1979**, 79, 1; Babichev, S. S.; Kovtunenko, V. A.; Voitenko, Z. V.; Tyltin, A. K. *Russ. Chem. Rev.* **1988**, 57, 397. For a discussion of synchronous versus nonsynchronous mechanisms see Beno, B. R.; Houk, K. N.; Singleton, D. A. *J. Am. Chem. Soc.* **1996**, 118, 9984; Singleton, D. A.; Schulmeier, B. E.; Hang, C.; Thomas, A. A.; Leung, S.-W.; Merrigan, S. R. *Tetrahedron* **2001**, 57, 5149. Also see, Li, Y.; Houk, K. N. *J. Am. Chem. Soc.* **1993**, 115, 7478.
[2281] See Orlova, G.; Goddard, J. D. *J. Org. Chem.* **2001**, 66, 4026.
[2282] Domingo, L. R.; Sáez, J. A. *Org. Biomol. Chem.* **2009**, 7, 3576. See also, Soto-Delgado, J.; Domingo, L. R.; Contreras, R. *Org. Biomol. Chem.* **2010**, 8, 3678.
[2283] For a contrary view, see Dewar, M. J. S.; Olivella, S.; Stewart, J. J. P. *J. Am. Chem. Soc.* **1986**, 108, 5771. For arguments against this view, see Houk, K. N.; Lin, Y.; Brown, F. K. *J. Am. Chem. Soc.* **1986**, 108, 554; Gajewski, J. J.; Peterson, K. B.; Kagel, J. R.; Huang, Y. C. J. *J. Am. Chem. Soc.* **1989**, 111, 9078.
[2284] See Van Mele, B.; Huybrechts, G. *Int. J. Chem. Kinet.* **1987**, 19, 363; **1989**, 21, 967.
[2285] See Gassman, P. G.; Gorman, D. B. *J. Am. Chem. Soc.* **1990**, 112, 8624.
[2286] Haberl, U.; Wiest, O.; Steckhan, E. *J. Am. Chem. Soc.* **1999**, 121, 6730.
[2287] Seltzer, S. *J. Am. Chem. Soc.* **1965**, 87, 1534; Gajewski, J. J. *Isot. Org. Chem.* **1987**, 7, 115-176.
[2288] Van Sickle, D. E.; Rodin, J. O. *J. Am. Chem. Soc.* **1964**, 86, 3091.
[2289] See Rücker, C.; Lang, D.; Sauer, J.; Friege, H.; Sustmann, R. *Chem. Ber.* **1980**, 113, 1663; Tolbert, L. M.; Ali, M. B. *J. Am. Chem. Soc.* **1981**, 103, 2104.
[2290] For an example of a study of a reaction that is concerted but asynchronous, see Avalos, M.; Babiano, R.; Clemente, F. R.; Cintas, P.; Gordillo, R.; Jiménez, J. L.; Palacios, J. C. *J. Org. Chem.* **2000**, 65, 8251
[2291] Houk, K. N.; Loncharich, R. J.; Blake, J. F.; Jorgensen, W. L. *J. Am. Chem. Soc.* **1989**, 111, 9172; Lehd, M.; Jensen, F. *J. Org. Chem.* **1990**, 55, 1034.
[2292] See Domingo, L. R.; Aurell, M. J.; Pérez, P.; Contreras, R. *J. Org. Chem.* **2003**, 68, 3884.
[2293] de Echagüen, C. O.; Ortuño, R. M. *Tetrahedron Lett.* **1995**, 36, 749. See Li, Y.; Padias, A. B.; Hall, Jr., H. K. *J. Org. Chem.* **1993**, 58, 7049 for a discussion of diradicals in concerted Diels-Alder reactions.
[2294] Sauer, J.; Wiest, H. *Angew. Chem. Int. Ed.* **1962**, 1, 269.
[2295] Boger, D. L.; Patel, M. *Prog. Heterocycl. Chem.* **1989**, 1, 30. Also see, Pugnaud, S.; Masure, D.; Hallé, J.-C.; Chaquin, P. *J. Org. Chem.*, **1997**, 62, 8687; Wan, Z.-K.; Snyder, J. K. *Tetrahedron Lett.* **1998**, 39, 2487.
[2296] For a mechanistic study, see Gomez-Bengoa, E.; Helm, M. D.; Plant, A.; Harrity, J. P. A. *J. Am. Chem. Soc.* **2007**, 129, 2691.
[2297] Fleming, I. *Pericyclic Reactions* Oxford University Press, Oxford, **1999**, pp. 31-56; Gilchrist, T. L.; Storr, R. C. *Organic Reactions*

and *Orbital Symmetry* 2nd ed., Cambridge University Press, Cambridge, **1979**; Fleming, I. *Frontier Orbitals and Organic Chemical Reactions*, Wiley, NY, **1976**; Woodward, R. B.; Hoffmann, R. *The Conservation of Orbital Symmetry*, Academic Press, NY, **1970** [the text of this book also appears in *Angew. Chem. Int. Ed.* **1969**, 8, 781]; Simonetta, M. *Top. Curr. Chem.* **1973**, 42, 1; Houk, K. N. *Surv. Prog. Chem.* **1973**, 6, 113; Gill, G. B. *Q. Rev. Chem. Soc.* **1968**, 22, 338; Miller, S. I. *Adv. Phys. Org. Chem.* **1968**, 6, 185; Miller, S. I. *Bull. Soc. Chim. Fr.* **1966**, 4031.

[2298]   Chattaraj, P. K.; Fuentealba, P.; Gómez, B.; Contreras, R. *J. Am. Chem. Soc.* **2000**, 122, 348.

[2299]   See Epiotis, N. D. *Theory of Organic Reactions*, Springer, NY, **1978**; Ponec, R. *Collect. Czech. Chem. Commun.* **1984**, 49, 455; **1985**, 50, 1121; Hua-ming, Z.; De-xiang, W. *Tetrahedron* **1986**, 42, 515; Bernardi, F.; Olivucci, M.; Robb, M. A. *Res. Chem. Intermed.* **1989**, 12, 217; *Acc. Chem. Res.* **1990**, 23, 405.

[2300]   See Woodward, R. B.; Hoffmann, R. *The Conservation of Orbital Symmetry*, Academic Press, NY, **1970**; *Angew. Chem. Int. Ed.* **1969**, 8, 781; Jones, R. A. Y. *Physical and Mechanistic Organic Chemistry*, 2nd ed., Cambridge University Press, Cambridge, **1984**, pp. 352-366; Klumpp, G. W. *Reactivity in Organic Chemistry*, Wiley, NY, **1982**, pp. 378-389; Yates, K. *Hückel Molecular Orbital Theory*, Academic Press, NY, **1978**, pp. 263-276.

[2301]   Fukui, K.; Fujimoto, H. *Bull. Chem. Soc. Jpn.* **1967**, 40, 2018; **1969**, 42, 3399; Fukui, K. *Acc. Chem. Res.* **1971**, 4, 57; Houk, K. N. *Acc. Chem. Res.* **1975**, 8, 361. See Chu, S. *Tetrahedron* **1978**, 34, 645; Fleming, I. *Pericyclic Reactions*, Oxford University Press, Oxford, **1999**; Fukui, K. *Angew. Chem. Int. Ed.* **1982**, 21, 801.

[2302]   For a discussion of molecules with small HOMO-LUMO gaps, see Perepichka, D. F.; Bryce, M. R. *Angew. Chem. Int. Ed.* **2005**, 44, 5370.

[2303]   Zimmerman, H. E. in Marchand, A. P.; Lehr, R. E. *Pericyclic Reactions*, Vol. 2, Academic Press, NY, **1977**, pp. 53-107; *Acc. Chem. Res.* **1971**, 4, 272; Dewar, M. J. S. *Angew. Chem. Int. Ed.* **1971**, 10, 761; Jefford, C. W.; Burger, U. *Chimia*, **1971**, 25, 297; Herndon, W. C. *J. Chem. Educ.* **1981**, 58, 371.

[2304]   See Morao, I.; Cossio, F. P. *J. Org. Chem.* **1999**, 64, 1868.

[2305]   See Hennigar, K. H. R.; Langler, R. F. *Austr. J. Chem.* **2010**, 63, 490.

[2306]   Rzepa, H. S. *Chem. Commun.* **2005**, 5220.

[2307]   See Lehr, R. E.; Marchand, A. P. in Marchand, A. P.; Lehr, R. E. *Pericyclic Reactions*, Vol. 1, Academic Press, NY, **1977**, pp. 1-51.

[2308]   See Baldwin, J. E.; Andrist, A. H.; Pinschmidt, Jr., R. K. *Acc. Chem. Res.* **1972**, 5, 402; Berson, J. A. *Acc. Chem. Res.* **1972**, 5, 406; Baldwin, J. E. in Marchand, A. P.; Lehr, R. E. *Pericyclic Reactions*, Vol. 2, Academic Press, NY, **1977**, pp. 273-302.

[2309]   See Sieber, W.; Heimgartner, H.; Hansen, H.; Schmid, H. *Helv. Chim. Acta* **1972**, 55, 3005; Bartlett, P. D.; Helgeson, R.; Wersel, O. A. *Pure Appl. Chem.* **1968**, 16, 187; Seeley, D. A. *J. Am. Chem. Soc.* **1972**, 94, 4378; Kaupp, G. *Angew. Chem. Int. Ed.* **1972**, 11, 313, 718.

[2310]   A possible photochemical [2+4] cycloaddition has been reported: Hart, H.; Miyashi, T.; Buchanan, D. N.; Sasson, S. *J. Am. Chem. Soc.* **1974**, 96, 4857.

[2311]   Hoffmann, R.; Woodward, R. B. *J. Am. Chem. Soc.* **1965**, 87, 4388.

[2312]   See Ginsburg, D. *Tetrahedron* **1983**, 39, 2095; Gleiter, R.; Paquette, L. A. *Acc. Chem. Res.* **1983**, 16, 328. See Singleton, D. A. *J. Am. Chem. Soc.* **1992**, 114, 6563.

[2313]   See Apeloig, Y.; Matzner, E. *J. Am. Chem. Soc.* **1995**, 117, 5375.

[2314]   See Fox, M. A.; Cardona, R.; Kiwiet, N. J. *J. Org. Chem.* **1987**, 52, 1469.

[2315]   See McCarrick, M. A.; Wu, Y.-D.; Houk, K. N. *J. Org. Chem.* **1993**, 58, 3330.

[2316]   Anniyappan, M.; Muralidharan, D.; Perumal, P. T. *Tetrahedron Lett.* **2003**, 44, 3653. For a review see Buonora, P.; Olsen, J.-C.; Oh, T. *Tetrahedron* **2001**, 57, 6099.

[2317]   Domingo, L. R. *J. Org. Chem.* **2001**, 66, 3211; Chou, S.-S. P.; Hung, C.-C. *Synth. Commun.* **2001**, 31, 1097.

[2318]   Martin, S. F.; Hartmann, M.; Josey, J. A. *Tetrahedron Lett.* **1992**, 33, 3583.

[2319]   Boger, D. L.; Weinreb, S. M. *Hetero Diels-Alder Methodology in Organic Synthesis*; Academic Press, NY, **1987**; Weinreb, S. M.; Scola, P. M. *Chem. Rev.* **1989**, 89, 1525; Kametani, T.; Hibino, S. *Adv. Heterocycl. Chem.* **1987**, 42, 245; Boger, D. L. *Tetrahedron* **1983**, 39, 2869; Weinreb, S. M.; Staib, R. R. *Tetrahedron* **1982**, 38, 3087; Desimoni, G.; Tacconi, G. *Chem. Rev.* **1975**, 75, 651; Katritzky, A. R.; Dennis, N. *Chem. Rev.* **1989**, 89, 827; Schmidt, R. R. *Acc. Chem. Res.* **1986**, 19, 250; Boger, D. L. *Chem. Rev.* **1986**, 86, 781.

[2320]   See Molander, G. A.; Rzasa, R. M. *J. Org. Chem.* **2000**, 65, 1215.

[2321]   Amos, D. T.; Renslo, A. R.; Danhesier, R. L. *J. Am. Chem. Soc.* **2003**, 125, 4970.

[2322]   See Danishefsky, S.; Schuda, P. F.; Kitahara, T. Etheredge, S. J. *J. Am. Chem. Soc.* **1977**, 99, 6066. Also see Sudo, Y.; Shirasaki, D.; Harada, S.; Nishida, A. *J. Am. Chem. Soc.* **2008**, 130, 12588.

[2323]   See Zhang, X.; Du, H.; Wang, Z.; Wu, Y.-D.; Ding, K. *J. Org. Chem.* **2006**, 71, 2862.

[2324]   Kezuka, S.; Mita, T.; Ohtsuki, N.; Ikeno, T.; Yamada, T. *Bull. Chem. Soc. Jpn.* **2001**, 74, 1333.

[2325]   Ali, T.; Chauhan, K. K.; Frost, C. G. *Tetrahedron Lett.* **1999**, 40, 5621.

[2326]   Wang, B.; Feng, X.; Huang, Y.; Liu, H.; Cui, X.; Jiang, Y. *J. Org. Chem.* **2002**, 67, 2175.

[2327]   Yamashita, Y.; Saito, S.; Ishitani, H.; Kobayashi, S. *J. Am. Chem. Soc.* **2003**, 125, 3793.

[2328]   Chen, I.-H.; Oisaki, K.; Kanai, M.; Shibasaki, M. *Org. Lett.* **2008**, 10, 5151.

[2329]   In an ionic liquid, see Pēgot, B.; Vo-Thanh, G. *Synlett* **2005**, 1409/

[2330]   Yuan, Y.; Li, X.; Ding, K. *Org. Lett.* **2002**, 4, 3309.

[2331]   See Jørgensen, K. A. *Eur. J. Org. Chem.* **2004**, 2093.

[2332]   Babu, G.; Perumal, P. T. *Tetrahedron* **1998**, 54, 1627.

[2333]   Lubineau, A.; Augé, J.; Grand, E.; Lubin, N. *Tetrahedron* **1994**, 50, 10265.

[2334]   Villacampa, M.; Pérez, J. M.; Avendaño, C.; Menéndez, J. C. *Tetrahedron* **1994**, 50, 10047.

[2335]　Pierres, C.; George, P.; van Hijfte, L.; Ducep, J.-B.; Hibert, M.; Mann, A. *Tetrahedron Lett.* **2003**, 44, 3645.
[2336]　Yao, S.; Johannsen, M.; Audrain, H.; Hazell, R. G.; Jørgensen, K. A. *J. Am. Chem. Soc.* **1998**, 120, 8599.
[2337]　Pellissier, H. *Tetrahedron* **2009**, 65, 2839.
[2338]　Beaudegnies, R.; Ghosez, L. *Tetrahedron Asymmetry* **1994**, 5, 557.
[2339]　Wurz, R. P.; Fu, G. C. *J. Am. Chem. Soc.* **2005**, 127, 12234.
[2340]　See He, M.; Struble, J. R.; Bode, J. W. *J. Am. Chem. Soc.* **2006**, 128, 8418.
[2341]　Jensen, K. H.; Sigman, M. S. *Angew. Chem. Int. Ed.* **2008**, 47, 4748.
[2342]　Wurz, R. P.; Fu, G. C. *J. Am. Chem. Soc.* **2005**, 127, 12234.
[2343]　Kawasaki, M.; Yamamoto, H. *J. Am. Chem. Soc.* **2006**, 128, 16482.
[2344]　See Sarkar, N.; Banerjee, A.; Nelson, S. G. *J. Am. Chem. Soc.* **2008**, 130, 9222.
[2345]　Jayakumar, S.; Ishar, M. P. S.; Mahajan, M. P. *Tetrahedron* **2002**, 58, 379.
[2346]　Yadav, J. S.; Reddy, B. V. S.; Reddy, J. S. S.; Rao, R. S. *Tetrahedron* **2003**, 59, 1599.
[2347]　Suga, S.; Nagaki, A.; Tsutsui, Y.; Yoshida, J.-i. *Org. Lett.* **2003**, 5, 945.
[2348]　Sheu, J.; Smith, M. B.; Matsumoto, K. *Synth. Commun*, **1993**, 23, 253.
[2349]　Akiyama, T.; Morita, H.; Fuchibe, K. *J. Am. Chem. Soc.* **2006**, 128, 13070; Esquivias, J.; Arrayás, R. G.; Carretero, J. C. *J. Am. Chem. Soc.* **2007**, 129, 1480.
[2350]　Schatz, J.; Sauer, J. *Tetrahedron Lett.* **1994**, 35, 4767.
[2351]　Degnan, A. P.; Kim, C. S.; Stout, C. W.; Kalivretenos, A. G. *J. Org. Chem.* **1995**, 60, 7724.
[2352]　Katritzky, A. R.; Dennis, N. *Chem. Rev.* **1989**, 89, 827; Schmidt, R. R. *Acc. Chem. Res.* **1986**, 19, 250; Boger, D. L. *Chem. Rev.* **1986**, 86, 781. See Hayashi, Y.; Nakamura, M.; Nakao, S.; Inoue, T.; Shoji, M. *Angew. Chem. Int. Ed.* **2002**, 41, 4079.
[2353]　Bach, P.; Bols, M. *Tetrahedron Lett.* **1999**, 40, 3461.
[2354]　Gademann, K.; Chavez, D. E.; Jacobsen, E. N. *Angew. Chem. Int. Ed.* **2002**, 41, 3059.
[2355]　Ruano, J. L. G.; Clemente, F. R.; Gutiérrez, L. G.; Gordillo, R.; Castro, A. M. M.; Ramos, J. H. R. *J. Org. Chem.* **2002**, 67, 2926.
[2356]　See Clennan, E. L. *Tetrahedron* **1991**, 47, 1343; *Adv. Oxygenated Processes* **1988**, 1, 85; Wasserman, H. H.; Ives, J. L. *Tetrahedron* **1981**, 37, 1825; Denny, R. W.; Nickon, A. *Org. React.* **1973**, 20, 133; Schönberg, A. *Preparative Organic Photochemistry*, Springer, NY, **1968**, pp. 382-397; Gollnick, K.; Schenck, G. O. in Hamer, J. 1, 4-*Cycloaddition Reactions*, Academic Press, NY, **1967**, pp. 255-344.
[2357]　Matsumoto, M.; Dobashi, S.; Kuroda, K.; Kondo, K. *Tetrahedron* **1985**, 41, 2147.
[2358]　See Saito, I.; Nittala, S. S. in Patai, S. *The Chemistry of Peroxides*, Wiley, NY, **1983**, pp. 311-374; Balci, M. *Chem. Rev.* **1981**, 81, 91; Adam, W.; Bloodworth, A. J. *Top. Curr. Chem.* **1981**, 97, 121.
[2359]　Onitsuka, S.; Nishino, H.; Kurosawa, K. *Tetrahedron* **2001**, 57, 6003.
[2360]　See in Wasserman, H. H.; Murray, R. W. *Singlet Oxygen*, Academic Press, NY, **1979**, the articles by Wasserman, H. H.; Lipshutz, B. H. pp. 429-509; Saito, I.; Matsuura, T. pp. 511-574; Rigaudy, J. *Pure Appl. Chem.* **1968**, 16, 169.
[2361]　Frimer, A. A. *Singlet O_2*, 4 Vols., CRC Press, Boca Raton, FL, **1985**; Wasserman, H. H.; Murray, R. W. *Singlet Oxygen*, Academic Press, NY, **1979**. See Frimer, A. A. in Patai, S. *The Chemistry of Peroxides*, Wiley, NY, **1983**, pp. 201-234; Gorman, A. A.; Rodgers, M. A. J. *Chem. Soc. Rev.* **1981**, 10, 205; Ohloff, G. *Pure Appl. Chem.* 1975, 43, 481; Kearns, D. R. *Chem. Rev.* **1971**, 71, 395; Wayne, R. P. *Adv. Photochem.* **1969**, 7, 311.
[2362]　Turro, N. J.; Ramamurthy, V. in de Mayo, P. *Rearrangements in Ground and Excited States*, Vol. 3, Academic Press, NY, **1980**, pp. 1-23; Murray, R. W. in Wasserman, H. H.; Murray, R. W. *Singlet Oxygen*, Academic Press, NY, **1979**, pp. 59-114; Adam, W.; Cilento, G. *Chemical and Biological Generation of Excited States*, Academic Press, NY, **1982**.
[2363]　Monroe, B. M. *J. Am. Chem. Soc.* **1981**, 103, 7253. See also, Hathaway, S. J.; Paquette, L. A. *Tetrahedron Lett.* **1985**, 41, 2037; O' Shea, K. E.; Foote, C. S. *J. Am. Chem. Soc.* **1988**, 110, 7167.
[2364]　Adam, W.; Cilento, G. *Angew. Chem. Int. Ed.* **1983**, 22, 529; Schaap, A.; Zaklika, K. A. in Wasserman, H. H.; Murray, R. W. *Singlet Oxygen* Academic Press, NY, **1979**, pp. 173-242; Bartlett, P. D. *Chem. Soc. Rev.* **1976**, 5, 149. For discussions of the mechanisms see Frimer, A. A. *Chem. Rev.* **1979**, 79, 359; Clennan, E. L.; Nagraba, K. *J. Am. Chem. Soc.* **1988**, 110, 4312.
[2365]　Kearns, D. R. *Chem. Rev.* **1971**, 71, 395, pp. 422-424; Foote, C. S. *Pure Appl. Chem.* **1971**, 27, 635.
[2366]　Adam, W. in Patai, S. *The Chemistry of Peroxides*, Wiley, NY, **1983**, pp. 829-920; Bartlett, P. D.; Landis, M. E. in Wasserman, H. H.; Murray, R. W. *Singlet Oxygen*, Academic Press, NY, **1979**, pp. 243-286; Adam, W. *Adv. Heterocycl. Chem.* **1977**, 21, 437. See also, Adam, W.; Encarnación, L. A. A. *Chem. Ber.* **1982**, 115, 2592; Adam, W.; Baader, W. J. *Angew. Chem. Int. Ed.* **1984**, 23, 166.
[2367]　See Nelson, S. F.; Teasley, M. F.; Kapp, D. L. *J. Am. Chem. Soc.* **1986**, 108, 5503.
[2368]　See Nelson, S. F. *Acc. Chem. Res.* **1987**, 20, 269.
[2369]　See Curci, R.; Lopez, L.; Troisi, L.; Rashid, S. M. K.; Schaap, A. P. *Tetrahedron Lett.* **1987**, 28, 5319.
[2370]　Posner, G. H.; Weitzberg, M.; Nelson, W. M.; Murr, B. L.; Seliger, H. H. *J. Am. Chem. Soc.* **1987**, 109, 278.
[2371]　Carruthers, W. *Cycloaddition Reactions in Organic Synthesis* Pergamon, Elmsford, NY, **1990**; Reinhoudt, D. N. *Adv. Heterocycl. Chem.* **1977**, 21, 253; Roberts, J. D.; Sharts, C. M. *Org. React.* 1962, 12, 1; Gilchrist, T. L.; Storr, R. C. *Organic Reactions and Orbital Symmetry*, 2nd ed., Cambridge University Press, Cambridge, **1979**, pp. 173-212; Dilling, W. L. *Chem. Rev.* **1983**, 83, 1. For a list of references, see Larock, R. C. *Comprehensive Organic Transformations*, 2nd ed., Wiley-VCH, NY, **1999**, pp. 546-647, 1341-1344.
[2372]　See Takasu, K.; Ueno, M.; Inanaga, K.; Ihara, M. *J. Org. Chem.* **2004**, 69, 517.
[2373]　See Mariet, N.; Ibrahim-Ouali, M.; Santelli, M. *Tetrahedron Lett.* **2002**, 43, 5789.
[2374]　Dolbier, Jr., W. R.; Lomas, D.; Garza, T.; Harmon, C.; Tarrant, P. *Tetrahedron* **1972**, 28, 3185.
[2375]　López-Carrillo, V.; Echavarren, A. M. *J. Am. Chem. Soc.* **2010**, 132, 9292.
[2376]　Jordan, R. W.; Tam, W. *Org. Lett.* **2000**, 2, 3031.

[2377] Saito, S.; Hirayama, K.; Kabuto, C.; Yamamoto, Y. *J. Am. Chem. Soc.* **2000**, 122, 10776.
[2378] Dehmlow, E. V.; Pickardt, J.; Slopianka, M.; Fastabend, U.; Drechsler, K.; Soufi, J. *Liebigs Ann. Chem.* **1987**, 377.
[2379] Bouwkamp, M. W.; Bowman, A. C.; Lobkovsky, E.; Chirik, P. J. *J. Am. Chem. Soc.* **2006**, 128, 13340.
[2380] Bandin, E.; Favi, G.; Martelli, G.; Panunzio, M.; Piersanti, G. *Org. Lett.* **2000**, 2, 1077.
[2381] Baik, T.-G.; Luis, A. L.; Wang, L.-C.; Krische, M. J. *J. Am. Chem. Soc.* **2001**, 123, 6716.
[2382] Delas, C.; Urabe, H.; Sato, F. *Tetrahedron Lett.* **2001**, 42, 4147.
[2383] See de Faria, A. R.; Matos, C. R.; Correia, C. R. D. *Tetrahedron Lett.* **1993**, 34, 27.
[2384] Martin, P.; Greuter, H.; Bellus, D. *Helv. Chim. Acta.*, **1984**, 64, 64.
[2385] Sustmann, R.; Ansmann, A.; Vahrenholt, F. *J. Am. Chem. Soc.* **1972**, 94, 8099; Desimoni, G.; Tacconi, G.; Barco, A.; Pollini, G. P. *Natural Product Synthesis Through Pericyclic Reactions*, American Chemical Society Washington, DC, **1983**, pp. 119-254, p. 39.
[2386] Brown, M. J. *Heterocycles* **1989**, 29, 2225; Isaacs, N. S. *Chem. Soc. Rev.* **1976**, 5, 181; Mukerjee, A. K.; Srivastava, R. C. *Synthesis* **1973**, 327; Sandhu, J. S.; Sain, B. *Heterocycles* **1987**, 26, 777.; Wack, H.; France, S.; Hafez, A. M.; Drury, III, W. J.; Weatherwax, A.; Lectka, T. *J. Org. Chem.* **2004**, 69, 4531.
[2387] Townes, J. A.; Evans, M. A.; Queffelec, J.; Taylor, S. J.; Morken, J. P. *Org. Lett.* **2002**, 4, 2537.
[2388] De Cock, C.; Piettre. S.; Lahousse, F.; Janousek, Z.; Merényi, R.; Viehe, H. G. *Tetrahedron* **1985**, 41, 4183.
[2389] Schuster, H. F.; Coppola, G. M. *Allenes in Organic Synthesis* Wley, NY, **1984**, pp. 286-317; Hopf, H. in Landor, S. R. *The Chemistry of Allenes*, Vol. 2, Academic Press, NY, **1982**, pp. 525-562; Ghosez, L.; O'Donnell, M. J. in Marchand, A. P.; Lehr, R. E. *Pericyclic Reactions* Vol. 2, Academic Press, NY, **1977**, pp. 79-140; Luzung, M. R.; Mauleón, P.; Toste, F. D. *J. Am. Chem. Soc.* **2007**, 129, 12402.
[2390] Ghosez, L.; O'Donnell, M. J. in Marchand, A. P.; Lehr, R. E. *Pericyclic Reaction*, Vol. 2, Academic Press, NY, **1977**; Brady, W. T. *Synthesis* **1971**, 415; Snider, B. B. *Chem. Rev.* **1988**, 88, 793. See Ussing, B. R.; Hang, C.; Singleton, D. A. *J. Am. Chem. Soc.* **2006**, 128, 7594.
[2391] See Huisgen, R.; Feiler, L. A.; Otto, P. *Tetrahedron Lett.* **1968**, 4491; *Chem. Ber.* **1969**, 102, 3475; Corey, E. J.; Ravindranathan, T.; Terashima, S. *J. Am. Chem. Soc.* **1971**, 93, 4326. For a review of ketene equivalents, see Ranganathan, S.; Ranganathan, D.; Mehrotra, A. K. *Synthesis* **1977**, 289.
[2392] Bak, D. A.; Brady, W. T. *J. Org. Chem.* **1979**, 44, 107.
[2393] Gras, J.; Bertrand, M. *Nouv. J. Chim.* **1981**, 5, 521.
[2394] Cook, A. G. in Cook, A. G. *Enamines*, 2nd ed.; Marcel Dekker, NY, **1988**, pp. 347-440.
[2395] Brannock, K. C.; Bell, A.; Goodlett, V. W.; Thweatt, J. G. *J. Org. Chem.* **1964**, 29, 813.
[2396] Hasek, R. H.; Gott, P. G.; Martin, J. C. *J. Org. Chem.* **1966**, 31, 1931.
[2397] See Inanaga, K.; Takasu, K.; Ihara, M. *J. Am. Chem. Soc.* **2005**, 127, 3668.
[2398] Scheeren, J. W. *Recl. Trav. Chim. Pays-Bas* **1986**, 105, 71-84.
[2399] Williams, J. K., Wiley, D. W.; McKusick, B. C. *J. Am. Chem. Soc.* **1962**, 84, 2210.
[2400] Nishida, S.; Moritani, I.; Teraji, T. *J. Org. Chem.* **1973**, 38, 1878.
[2401] Nagata, J.; Shirota, Y.; Nogami, T.; Mikawa, H. *Chem. Lett.* **1973**, 1087; Shirota, Y.; Yoshida, K.; Nogami, T.; Mikawa, H. *Chem. Lett.* **1973**, 1271.
[2402] Canales, E.; Corey, E. J. *J. Am. Chem. Soc.* **2007**, 129, 12686; Butenschön, H. *Angew. Chem. Int. Ed.* **2008**, 47, 3492; Ishihara, K.; Fushimi, M. *J. Am. Chem. Soc.* **2008**, 130, 7532.
[2403] Ng, S. M.; Bader, S. J.; Snapper, M. L. *J. Am. Chem. Soc.* **2006**, 128, 7315.
[2404] Treutwein, J.; Hilt, G. *Angew. Chem. Int. Ed.* **2008**, 47, 6811.
[2405] Yamazaki, S.; Fujitsuka, H.; Yamabe, S.; Tamura, H. *J. Org. Chem.* **1992**, 57, 5610.
[2406] Yoshikawa, S.; Aoki, K.; Kiji, J.; Furukawa, J. *Tetrahedron* **1974**, 30, 405.
[2407] See Mango, F. D. *Top. Curr. Chem.* **1974**, 45, 39; *Tetrahedron Lett.* **1973**, 1509.
[2408] See Bachrach, S. M.; Gilbert, J. C. *J. Org. Chem.* **2004**, 69, 6357; Ozkan, I.; Kinal, A. *J. Org. Chem.* **2004**, 69, 5390.
[2409] See Grubbs, R. H.; Miyashita, A.; Liu, M. M.; Burk, P. L. *J. Am. Chem. Soc.* **1977**, 99, 3863.
[2410] Fraser, A. R.; Bird, P. H.; Bezman, S. A.; Shapley, J. R.; White, R.; Osborn, J. A. *J. Am. Chem. Soc.* **1973**, 95, 597.
[2411] See Prinzbach, H.; Sedelmeier, G.; Martin, H. *Angew. Chem. Int. Ed.* **1977**, 16, 103.
[2412] Ischay, M. A.; Anzovino, M. E.; Du, J.; Yoon, T. P. *J. Am. Chem. Soc.* **2008**, 130, 12886.
[2413] Gassman, P. G.; Mansfield, K. T. *J. Am. Chem. Soc.* **1968**, 90, 1517, 1524.
[2414] For a review, see Gassman, P. G. *Acc. Chem. Res.* **1971**, 4, 128.
[2415] Cairncross, A.; Blanchard, E. P. *J. Am. Chem. Soc.* **1966**, 88, 496.
[2416] Gassman, P. G.; Mansfield, K. T.; Murphy, T. J. *J. Am. Chem. Soc.* **1969**, 91, 1684.
[2417] For a review, see Bartlett, P. D. *Q. Rev. Chem. Soc.* **1970**, 24, 473. See Check, C. E.; Gilbert, T. M. *J. Org. Chem.* **2005**, 70, 9828.
[2418] See Gilbert, J. C.; Baze, M. E. *J. Am. Chem. Soc.* **1984**, 106, 1885.
[2419] See Bartlett, P. D.; Cohen, G. M.; Elliott, S. P.; Hummel, K.; Minns, R. A.; Sharts, C. M.; Fukunaga, J. Y. *J. Am. Chem. Soc.* **1972**, 94, 2899.
[2420] Also see Gheorghiu, M. D.; Pârvulescu, L.; Drâghici, C.; Elian, M. *Tetrahedron* **1981**, 37 *Suppl.*, 143. See, however, Holder, R. W.; Graf, N. A.; Duesler, E.; Moss, J. C. *J. Am. Chem. Soc.* **1983**, 105, 2929.
[2421] See, however, Wang, X.; Houk, K. N. *J. Am. Chem. Soc.* **1990**, 112, 1754; Bernardi, F.; Bottoni, A.; Robb, M. A.; Venturini, A. *J. Am. Chem. Soc.* **1990**, 112, 2106; Valenti, E.; Pericàs, M. A.; Moyano, A. *J. Org. Chem.* **1990**, 55, 3582.
[2422] Bertrand, M.; Gras, J. L.; Goré, J. *Tetrahedron* **1975**, 31, 857; Marchand-Brynaert, J.; Ghosez, L. *J. Am. Chem. Soc.* **1972**, 94, 2870; Huisgen, R.; Mayr, H. *Tetrahedron Lett.* **1975**, 2965, 2969.
[2423] Rey, M.; Roberts, S.; Dieffenbacher, A.; Dreiding, A. S. *Helv. Chim. Acta* **1970**, 53, 417. See Rey, M.; Roberts, S. M.; Dreiding, A.

S.; Roussel, A.; Vanlierde, H.; Toppet, S.; Ghosez, L. *Helv. Chim. Acta* **1982**, *65*, 703.
[2424] Brady, W. T.; Roe Jr., R. *J. Am. Chem. Soc.* **1970**, *92*, 4618.
[2425] Brook, P. R.; Harrison, J. M.; Duke, A. *J. Chem. Commun.* **1970**, 589.
[2426] Brady, W. T.; O'Neal, H. R. *J. Org. Chem.* **1967**, *32*, 612; Huisgen, R.; Feiler, L. A.; Otto, P. *Tetrahedron Lett.* **1968**, 4485, *Chem. Ber.* **1969**, *102*, 3444; Sterk, H. Z. *NaturForsch. Teil B* **1972**, *27*, 143.
[2427] Isaacs, N. S.; Stanbury, P. *J. Chem. Soc. Perkin Trans. 2*, **1973**, 166.
[2428] See Baldwin, J. E.; Roy, U. V. *Chem. Commun.* **1969**, 1225; Moore, W. R.; Bach, R. D.; Ozretich, T. M. *J. Am. Chem. Soc.* **1969**, *91*, 5918.
[2429] Pasto, D. J.; Yang, S. H. *J. Org. Chem.* **1986**, *51*, 1676; Dolbier, D. W.; Seabury, M. *J. Am. Chem. Soc.* **1987**, *109*, 4393; Dolbier, Jr., W. R.; Weaver, S. L. *J. Org. Chem.* **1990**, *55*, 711; Becker, D.; Denekamp, C.; Haddad, N. *Tetrahedron Lett.* **1992**, *33*, 827.
[2430] See, however, Roberts, D. W. *Tetrahedron* **1985**, *41*, 5529.
[2431] Bartlett, P. D.; Hummel, K.; Elliott, S. P.; Minns, R. A. *J. Am. Chem. Soc.* **1972**, *94*, 2898.
[2432] See De Cock, C.; Piettre. S.; Lahousse, F.; Janousek, Z.; Merényi, R.; Viehe, H. G. *Tetrahedron* **1985**, *41*, 4183; Doering, W. von E.; Guyton, C. A. *J. Am. Chem. Soc.* **1978**, *100*, 3229.
[2433] See Huisgen, R. *Acc. Chem. Res.* **1977**, *10*, 117, 199; Huisgen, R.; Schug, R.; Steiner, G. *Bull. Soc. Chim. Fr.* **1976**, 1813.
[2434] See Gompper, R. *Angew. Chem. Int. Ed.* **1969**, *8*, 312.
[2435] The reactions of ketenes with enamines are apparently not concerted but take place by the diionic mechanism: Otto, P.; Feiler, L. A.; Huisgen, R. *Angew. Chem. Int. Ed.* **1968**, *7*, 737.
[2436] See Moore, H. W.; Wilbur, D. S. *J. Am. Chem. Soc.* **1978**, *100*, 6523.
[2437] Proskow, S.; Simmons, H. E.; Cairns, T. L. *J. Am. Chem. Soc.* **1966**, *88*, 5254. See also, Huisgen, R. *Pure Appl. Chem.* **1980**, *52*, 2283.
[2438] Huisgen, R.; Steiner, G. *J. Am. Chem. Soc.* **1973**, *95*, 5054, 5055.
[2439] Hall Jr., H. K. *Angew. Chem. Int. Ed.* **1983**, *22*, 440.
[2440] See Frey, H. M. *Adv. Phys. Org. Chem.* **1966**, *4*, 147, see pp. 170-175, 180-183.
[2441] See Schaumann, E.; Ketcham, R. *Angew. Chem. Int. Ed.* **1982**, *21*, 225. See also, Reddy, G. D.; Wiest, O.; Hudlicky, T.; Schapiro, V.; Gonzalez, D. *J. Org. Chem.* **1999**, *64*, 2860.
[2442] See Paquette, L. A.; Carmody, M. J. *J. Am. Chem. Soc.* **1976**, *98*, 8175. See however Doering, W. von E.; Roth, W. R.; Breuckmann, R.; Figge, L.; Lennartz, H.; Fessner, W.; Prinzbach, H. *Chem. Ber.* **1988**, *121*, 1.
[2443] See Fuks, R.; Viehe, H. G. in Viehe, H. G. *Acetylenes*, Marcel Dekker, NY, **1969**, pp. 435-442.
[2444] D'Angelo, J.; Ficini, J.; Martinon, S.; Riche, C.; Sevin, A. *J. Organomet. Chem.* **1979**, *177*, 265. See Hogeveen, H.; Kok, D. M. in Patai, S.; Rappoport, Z. *The Chemistry of Functional Groups*, *Supplement C* pt. 2, Wiley, NY, **1983**, pp. 981-1013.
[2445] Demuth, M.; Mikhail, G. *Synthesis* **1989**, 145; Ninomiya, I.; Naito, T. *Photochemical Synthesis*, Academic Press, NY, **1989**, pp. 58-109; Ramamurthy, V.; Venkatesan, K. *Chem. Rev.* **1987**, *87*, 433; Wender, P. A. in Coyle, J. D. *Photochemistry in Organic Synthesis*, Royal Society of Chemistry, London, **1986**, pp. 163-188; Schreiber, S. L. *Science* **1985**, *227*, 857; Baldwin, S. W. *Org. Photochem.* **1981**, *5*, 123; Kricka, L. J.; Ledwith, A. *Synthesis* **1974**, 539; Herndon, W. C. *Top. Curr. Chem.* **1974**, *46*, 141; Turro, N. J.; Dalton, J. C.; Weiss, D. S. *Org. Photochem.* **1969**, *2*, 1; Trecker, D. J. *Org. Photochem.* **1969**, *2*, 63.
[2446] See Arnold, D. R.; Abraitys, V. Y. *Chem. Commun.* **1967**, 1053; Yamazaki, H.; Cvetanovic, R. J. *J. Am. Chem. Soc.* **1969**, *91*, 520.
[2447] See Dilling, W. L. *Chem. Rev.* **1969**, *69*, 845.
[2448] Schuster, D. I.; Lem, G.; Kaprinidis, N. A. *Chem. Rev.* **1993**, *93*, 3; Cossy, J.; Carrupt, P.; Vogel, P. in Patai, S. *Supplement A: The Chemistry of Double-Bonded Functional Groups*, Vol. 2, pt. 2, Wiley, NY, **1989**, pp. 1369-1565; Weedon, A. C. in Horspool, W. M. *Synthetic Organic Photochemistry* Plenum, NY, **1984**, pp. 61-143; Bauslaugh, P. G. *Synthesis* **1970**, 287; Eaton, P. E. *Acc. Chem. Res.* **1968**, *1*, 50; Erickson, J. A.; Kahn, S. D. *Tetrahedron* **1993**, *49*, 9699.
[2449] Liu, R. S. H.; Turro, N. J.; Hammond, G. S. *J. Am. Chem. Soc.* **1965**, *87*, 3406; Cundall, R. B.; Griffiths, P. A. *Trans. Faraday Soc.* **1965**, *61*, 1968; DeBoer, C. D.; Turro, N. J.; Hammond, G. S. *Org. Synth. V*, 528.
[2450] Pappas, S. P.; Pappas, B. C. *Tetrahedron Lett.* **1967**, 1597.
[2451] See Becker, D.; Haddad, N. *Org. Photochem.* **1989**, *10*, 1-162; Crimmins, M. T. *Chem. Rev.* **1988**, *88*, 1453; Oppolzer, W. *Acc. Chem. Res.* **1982**, *15*, 135; Prinzbach, H. *Pure Appl. Chem.* **1968**, *16*, 17.
[2452] Hammond, G. S.; Turro, N. J.; Fischer, A. *J. Am. Chem. Soc.* **1961**, *83*, 4674; Dauben, W. G.; Cargill, R. L. *Tetrahedron* **1961**, *15*, 197. See also, Cristol, S. J.; Snell, R. L. *J. Am. Chem. Soc.* **1958**, *80*, 1950.
[2453] Ciamician, G.; Silber, P. *Ber.* **1908**, *41*, 1928; Büchi, G.; Goldman, I. M. *J. Am. Chem. Soc.* **1957**, *79*, 4741.
[2454] Paternò, E.; Chieffi, C. *Gazz. Chim. Ital.* **1909**, *39*, 341; Büchi, G.; Inman, C. G.; Lipinsky, E. S. *J. Am. Chem. Soc.* **1954**, *76*, 4327. See García-Expósito, E.; Bearpark, M. J.; Ortuño, R. M.; Robb, M. A.; Branchadell, V. *J. Org. Chem.* **2002**, *67*, 6070.
[2455] Wang, Y.; Zhao, C.; Romo, D. *Org. Lett.* **1999**, *1*, 1197.
[2456] Reactions between two excited molecules are extremely rare.
[2457] Yamazaki, H.; Cvetanovic, R. J.; Irwin, R. S. *J. Am. Chem. Soc.* **1976**, *98*, 2198; Lewis, F. D.; Kojima, M. *J. Am. Chem. Soc.* **1988**, *110*, 8660.
[2458] Maradyn, D. J.; Weedon, A. C. *Tetrahedron Lett.* **1994**, *35*, 8107.
[2459] Becker, D.; Haddad, N.; Sahali, Y. *Tetrahedron Lett.* **1989**, *30*, 2661.
[2460] This is an example of the Wigner spin conservation rule (Sec. 7.A.vi, category 5). Note that spin conservation is something entirely different from symmetry conservation.
[2461] See, for example, Kramer, B. D.; Bartlett, P. D. *J. Am. Chem. Soc.* **1972**, *94*, 3934.
[2462] See Caldwell, R. A.; Creed, D. *Acc. Chem. Res.* **1980**, *13*, 45; Mattes, S. L.; Farid, S. *Acc. Chem. Res.* **1982**, *15*, 80; Swapna, G. V. T.; Lakshmi, A. B.; Rao, J. M.; Kunwar, A. C. *Tetrahedron* **1989**, *45*, 1777.

[2463] For a review of exciplexes, see Davidson, R. S. *Adv. Phys. Org. Chem.* **1983**, 19, 1-130.
[2464] Schuster, D. I.; Heibel, G. E.; Brown, P. B.; Turro, N. J.; Kumar, C. V. *J. Am. Chem. Soc.* **1988**, 110, 8261.
[2465] See Schäfer, W.; Criegee, R.; Askani, R.; Grüner, H. *Angew. Chem. Int. Ed.* **1967**, 6, 78.
[2466] See Schäfer, W.; Hellmann, H. *Angew. Chem. Int. Ed.* **1967**, 6, 518.
[2467] With transition metal catalysts: Landis, M. E.; Gremaud, D.; Patrick, T. B. *Tetrahedron Lett.* **1982**, 23, 375; Maruyama, K.; Tamiaki, H. *Chem. Lett.* **1987**, 683.
[2468] See Oth, J. F. M. *Recl. Trav. Chim. Pays-Bas* **1968**, 87, 1185.
[2469] Kobayashi, Y.; Kumadaki, I. *Adv. Heterocycl. Chem.* **1982**, 31, 169; *Acc. Chem. Res.* **1981**, 14, 76; van Tamelen, E. E. *Acc. Chem. Res.* **1972**, 5, 186; *Angew. Chem. Int. Ed.* **1965**, 4, 738; Schäfer, W.; Hellmann, H. *Angew. Chem. Int. Ed.* **1967**, 6, 518.
[2470] See Rappoport, Z. *The Chemistry of the Cyclopropyl Group*, Wiley, NY, **1987**, the reviews by Tsuji, T.; Nishida, S. pt. 1, pp. 307-373; Verhé, R.; De Kimpe, N. pt. 1, pp. 445-564; Marchand, A. P. in Patai, S. *Supplement A: The Chemistry of Double-Bonded Functional Groups*, pt. 1, Wiley, NY, **1977**, pp. 534-607, 625-635; ; Kirmse, W. *Carbene Chemistry* 2nd ed.; Academic Press, NY, **1971**, pp. 85-122, 267-406. For a reviewof certain intramolecular additions, see Burke, S. D.; Grieco, P. A. *Org. React.* **1979**, 26, 361. For a list of reagents, with references, see Larock, R. C. *Comprehensive Organic Transformations*, 2nd ed., Wiley-VCH, NY, **1999**, pp. 135-153.
[2471] See Schöllkopf, U. *Angew. Chem. Int. Ed.* **1968**, 7, 588.
[2472] See Parham, W. E.; Schweizer, E. E. *Org. React.* **1963**, 13, 55.
[2473] See Dave, V.; Warnhoff, E. W. *Org. React.* **1970**, 18, 217.
[2474] See Frey, H. M. *J. Chem. Soc.* **1962**, 2293.
[2475] Doyle, M. P.; Phillips, I. M. *Tetrahedron Lett.* **2001**, 42, 3155. For a review, see Merlic, C. A.; Zechman, A. L. *Synthesis* **2003**, 1137.
[2476] Moss, R. A. *Acc. Chem. Res.* **1989**, 22, 15; Kostikov, R. R.; Molchanov, A. P.; Khlebnikov, A. F. *Russ. Chem. Rev.* **1989**, 58, 654.
[2477] Bykowski, D.; Wu, K.-H.; Doyle, M. P. *J. Am. Chem. Soc.* **2006**, 128, 16038.
[2478] Moss, R. A.; Ge, C.-S.; Wlostowska, J.; Jang, E. G.; Jefferson, E. A.; Fan, H. *Tetrahedron Lett.* **1995**, 36, 3083.
[2479] Moss, R. A.; Wang, L.; Zhang, M.; Skalit, C.; Krogh-Jespersen, K. *J. Am. Chem. Soc.* **2008**, 130, 5634.
[2480] Seyferth, D.; Haas, C. K.; Dagani, D. *J. Organomet. Chem.* **1976**, 104, 9.
[2481] See also Kirmse, W. *Carbene Chemistry Carbene Chemistry* 2nd ed., Academic Press, NY, **1971**, pp. 313-319; Larock, R. C. *Comprehensive Organic Transformations*, 2nd ed., Wiley-VCH, NY, **1999**, pp. 135-143.
[2482] See Seyferth, D. *Acc. Chem. Res.* **1972**, 5, 65; Larock, R. C. *Organomercurcury Compounds in Organic Synthesis* Springer, NY, **1985**, pp. 341-380.
[2483] Seyferth, D. in Moss, R. A.; Jones, Jr., M. *Carbenes*, Vol. 2, Wiley, NY, **1975**, pp. 101-158; Sheppard, W. A.; Sharts, C. M. *Organic Fluorine Chemistry*, W. A. Benjamin, NY, **1969**, pp. 237-270.
[2484] Léonel, E.; Paugam, J. P.; Condon-Gueugnot, S.; Nédélec, Y.-Y. *Tetrahedron* **1998**, 54, 3207.
[2485] See Starks, C. M.; Liotta, C. *Phase Transfer Catalysis* Academic Press, NY, **1978**, pp. 224-268; Weber, W. P.; Gokel, G. W. *Phase Transfer Catalysis in Organic Synthesis*, Springer, NY, **1977**, pp. 18-43, 58-62. For a discussion of the mechanism, see Gol'dberg, Yu. Sh.; Shimanskaya, M. V. *J. Org. Chem. USSR* **1984**, 20, 1212.
[2486] Moss, R. A.; Lawrynowicz, W. *J. Org. Chem.* **1984**, 49, 3828.
[2487] Takai, K.; Toshikawa, S.; Inoue, A.; Kokumai, R. *J. Am. Chem. Soc.* **2003**, 125, 12990.
[2488] Banwell, M. G.; Reum, M. E. *Adv. Strain Org. Chem.* **1991**, 1, 19-64; Kostikov, R. R.; Molchanov, A. P.; Hopf, H. *Top. Curr. Chem.* **1990**, 155, 41-80.
[2489] Dehmlow, E. V.; Eulenberger, A. *Liebigs Ann. Chem.* **1979**, 1112.
[2490] Cairns, T. L.; McKusick, B. C. *Angew. Chem.* **1961**, 73, 520.
[2491] Woodworth, R. C.; Skell, P. S. *J. Am. Chem. Soc.* **1957**, 79, 2542.
[2492] See Skattebøl, L. *J. Org. Chem.* **1964**, 29, 2951.
[2493] See Hudlicky, T.; Seoane, G.; Price, J. D.; Gadamasetti, K. G. *Synlett* **1990**, 433; Lambert, J. B.; Ziemnicka-Merchant, B. T. *J. Org. Chem.* **1990**, 55, 3460.
[2494] Rothgery, E. F.; Holt, R. J.; McGee Jr., H. A. *J. Am. Chem. Soc.* **1975**, 97, 4971; Wasserman, H. H.; Berdahl, D. R.; Lu, T. in Rappoport, Z. *The Chemistry of the Cyclopropyl Group*, Wiley, NY, **1987**, pt. 2, pp. 1455-1532.
[2495] Landor, S. R. in Landor, S. R. *The Chemistry of Allenes*, Vol. 2, Acaademic Press, NY, **1982**, pp. 351-360; Binger, P.; Büch, H. M. *Top. Curr. Chem.* **1987**, 135, 77.
[2496] See Krapcho, A. P. *Synthesis* **1978**, 77-126.
[2497] Doyle, M. P.; McKervey, M. A.; Ye, T. *Modern Catalytic Methods for Organic Synthesis with Diazo Compounds*, Wiley, NY, **1998**.
[2498] See Helquist, P. *Adv. Met.-Org. Chem.* **1991**, 2, 143; Brookhart, M.; Studabaker, W. B. *Chem. Rev.* 1987, 87, 411; Syatkovskii, A. I.; Babitskii, B. D. *Russ. Chem. Rev.* **1984**, 53, 672.
[2499] Brookhart, M.; Tucker, J. R.; Husk, G. R. *J. Am. Chem. Soc.* **1983**, 105, 258.
[2500] Barluenga, J.; Aznar, F.; Gutiérrez, I.; García-Granda, S.; Llorca-Baragaño, M. A. *Org. Lett.* **2002**, 4, 4233.
[2501] Beaufort, L.; Demonceau, A.; Noels, A. F. *Tetrahedron* **2005**, 61, 9025. Also see Rodríguez-García, C.; Oliva, A.; Ortuño, R. M.; Branchadell, V. *J. Am. Chem. Soc.* **2001**, 123, 6157.
[2502] Thompson, J. L.; Davies, H. M. L. *J. Am. Chem. Soc.* **2007**, 129, 6090.
[2503] Nishiyama, Y.; Tanimizu, H.; Tomita, T. *Tetrahedron Lett.* **2007**, 48, 6405,
[2504] See Panne, P.; DeAngelis, A.; Fox, J. M. *Org. Lett.* **2008**, 10, 2987.
[2505] See Adams, J.; Spero, D. M. *Tetrahedron* **1991**, 47, 1765; Maas, G. *Top. Curr. Chem.* **1987**, 137, 75; Doyle, M. P. *Chem. Rev.* **1986**, 86, 919; *Acc. Chem. Res.* **1986**, 19, 348; Heck, R. F. *Palladium Reagents in Organic Synthesis* Academic Press, NY, **1985**, pp. 401-407; Wulfman, D. S.; Poling, B. *React. Intermed. (Plenum)* **1980**, 1, 321; Müller, E.; Kessler, H.; Zeeh, B. *Fortschr. Chem. Forsch.*

1966, 7, 128.

[2506] Green, G. M.; Peet, N. P.; Metz, W. A. *J. Org. Chem.* **2001**, 66, 2509.
[2507] Díaz-Requejo, M. M.; Belderrain, T. R.; Trofimenko, S.; Pérez, P. J. *J. Am. Chem. Soc.* **2001**, 123, 3167. See Bühl, M.; Terstegen, F.; Löffler, F.; Meynhardt, B.; Kierse, S.; Müller, M.; Näther, C.; Lüning, U. *Eur. J. Org. Chem.* **2001**, 2151.
[2508] See Panne, P.; Fox, J. M. *J. Am. Chem. Soc.* **2007**, 129, 22.
[2509] Li, Y.; Huang, J.-S.; Zhou, Z.-Y.; Che, C.-M. *J. Am. Chem. Soc.* **2001**, 123, 4843.
[2510] See Davies, H. M. L.; Xiang, B.; Kong, N.; Stafford, D. G. *J. Am. Chem. Soc.* **2001**, 123, 7461.
[2511] Pellissier, H. *Tetrahedron* **2008**, 64, 7041.
[2512] Singh, V. K.; DattaGupta, A.; Sekar, G. *Synthesis* **1997**, 137; Davies, H. M. L.; Bruzinski, P. R.; Fall, M. J. *Tetrahedron Lett.* **1996**, 37, 4133.
[2513] Davies, H. M. L.; Rusiniak, L. *Tetrahedron Lett.* **1998**, 39, 8811; Haddad, N.; Galili, N. *Tetrahedron Asymmetry* **1997**, 8, 3367; Ichiyanagi, T.; Shimizu, M.; Fujisawa, T. *Tetrahedron* **1997**, 53, 9599; Fukuda, T.; Katsuki, T. *Tetrahedron* **1997**, 53, 7201.
[2514] Bayardon, J.; Holczknecht, O.; Pozzi, G.; Sinou, D. *Tetrahedron Asymmetry* **2006**, 17, 1568.
[2515] Suematsu, H.; Kanchiku, S.; Uchida, T.; Katsuki, T. *J. Am. Chem. Soc.* **2008**, 130, 10327.
[2516] Chen, Y.; Ruppel, J. V.; Zhang, X. P. *J. Am. Chem. Soc.* **2007**, 129, 12074; Doyle, M. P. *Angew. Chem. Int. Ed.* **2009**, 48, 850.
[2517] Prieto, A.; Fructos, M. R.; Díaz-Requejo, M. M.; Pérez, P. J.; Pérez-Galán, P.; Delpont, N.; Echavarren, A. M. *Tetrahedron* **2009**, 65, 1790.
[2518] Iwasa, S.; Takezawa, F.; Tuchiya, Y.; Nishiyama, H. *Chem. Commun.* **2001**, 59. For a discussion of the mechanism, see Oxgaard, J.; Goddard Ⅲ, W. A. *J. Am. Chem. Soc.* **2004**, 126, 442.
[2519] Ye, T.; Zhou, C. *New J. Chem.* **2005**, 29, 1159.
[2520] Ferreira, V. F.; Leão, R. A. C.; da Silva, F. de C.; Pinheiro, S.; Lhoste, P.; Sinou, D. *Tetrahedron Asymmetry* **2007**, 18, 1217; Miller, J. A.; Gross, B. A.; Zhuravel, M. A.; Jin, W.; Nguyen, S. B. T. *Angew. Chem. Int. Ed.* **2005**, 44, 3885.
[2521] Doyle, M. P. *Pure Appl. Chem.* **1998**, 70 1123; Davies, H. M. L.; Hansen, T.; Churchill, M. R. *J. Am. Chem. Soc.* **2000**, 122, 3063. See also, Davies, H. M. L.; Lee, G. H. *Org. Lett.* **2004**, 6, 2117.
[2522] Davies, H. M. L.; Townsend, R. J. *J. Org. Chem.* **2001**, 66, 6595.
[2523] Johansson, C. C. C.; Bremeyer, N.; Ley, S. V.; Owen, D. R.; Smith, S. C.; Gaunt, M. J. *Angew. Chem. Int. Ed.* **2006**, 45, 6024.
[2524] Fraile, J. M.; García, J. I.; Herrerías, C. I.; Mayoral, J. A.; Carrié, D.; Vaultier, M. *Tetrahedron Asymmetry* **2001**, 12, 1891.
[2525] Ferrand, Y.; Le Maux, P.; Simonneaux, G. *Org. Lett.* **2004**, 6, 3211.
[2526] Barluenga, J.; Suero, M. G.; Pérez-Sánchez, I.; Flórez, J. *J. Am. Chem. Soc.* **2008**, 130, 2708.
[2527] Concellón, J. M.; Rodríguez-Solla, H.; Méjica, C.; Blanco, E. G.; García-Granda, S.; Díaz, M. R. *Org. Lett.* **2008**, 10, 349.
[2528] See Honma, M.; Sawada, T.; Fujisawa, Y.; Utsugi, M.; Watanabe, H.; Umino, A.; Matsumura, T.; Hagihara, T.; Takano, M.; Nakada, M. *J. Am. Chem. Soc.* **2003**, 125, 2860.
[2529] Doyle, M. P.; May, E. J. *Synlett* **2001**, 967.
[2530] See Fuks, R.; Viehe, H. G. in Viehe, H. G. *Acetylenes*, Marcel Dekker, NY, **1969**, pp. 427-434; Closs, G. L. *Adv. Alicyclic Chem.* **1966**, 1, 53-127, see pp. 58-65.
[2531] Frey, H. M. *Chem. Ind. (London)* **1960**, 1266.
[2532] Vol'pin, M. E.; Koreshkov, Yu. D.; Kursanov, D. N. *Bull. Acad. Sci. USSR Div. Chem. Sci.* **1959**, 535.
[2533] Mitsch, R. A.; Rodgers, A. S. *Int. J. Chem. Kinet.* **1969**, 1, 439.
[2534] Moss, R. A. in Jones Jr., M.; Moss, R. A. *Carbenes*, Vol. 1, Wiley, NY, **1973**, pp. 153-304. See also, Cox, D. P.; Gould, I. R.; Hacker, N. P.; Moss, R. A.; Turro, N. J. *Tetrahedron Lett.* **1983**, 24, 5313.
[2535] Ando, W.; Hendrick, M. E.; Kulczycki, Jr., A.; Howley, P. M.; Hummel, K. F.; Malament, D. S. *J. Am. Chem. Soc.* **1972**, 94, 7469.
[2536] See Giese, B.; Lee, W.; Neumann, C. *Angew. Chem. Int. Ed.* **1982**, 21, 310.
[2537] Nefedov, O. M.; Zuev, P. S.; Maltsev, A. K.; Tomilov, Y. V. *Tetrahedron Lett.* **1989**, 30, 763.
[2538] Skell, P. S.; Klebe, J. *J. Am. Chem. Soc.* **1960**, 82, 247. See also, Jones, Jr., M.; Tortorelli, V. J.; Gaspar, P. P.; Lambert, J. B. *Tetrahedron Lett.* **1978**, 4257.
[2539] Moss, R. A. *Sel. Org. Transform.*, **1970**, 1, 35-88; Closs, G. L. *Top Stereochem.* **1968**, 3, 193-235. For a discussion of enantioselectivity in this reaction, see Nakamura, A. *Pure Appl. Chem.* **1978**, 50, 37.
[2540] See Giese, C. M.; Hadad, C. M. *J. Org. Chem.* **2002**, 67, 2532.
[2541] Doering, W. von E.; Knox, L. H. *J. Am. Chem. Soc.* **1951**, 75, 297.
[2542] It has been detected by UV spectroscopy: Rubin, M. B. *J. Am. Chem. Soc.* **1981**, 103, 7791.
[2543] Ciganek, E. *J. Am. Chem. Soc.* **1967**, 89, 1454.
[2544] See Kawase, T.; Iyoda, M.; Oda, M. *Angew. Chem. Int. Ed.* **1987**, 26, 559.
[2545] Wittig, G.; Schwarzenbach, K. *Liebigs Ann. Chem.* **1961**, 650, 1; Müller, E.; Fricke, H. *Liebigs Ann. Chem.* **1963**, 661, 38; Müller, E.; Kessler, H.; Fricke, H.; Kiedaisch, W. *Liebigs Ann. Chem.* **1961**, 675, 63.
[2546] Khan, M. I.; Goodman, J. L. *J. Am. Chem. Soc.* **1995**, 117, 6635.
[2547] See Rees, C. W.; Smithen, C. E. *Adv. Heterocycl. Chem.* **1964**, 3, 57-78.
[2548] Jefford, C. W.; Gunsher, J.; Hill, D. T.; Brun, P.; Le Gras, J.; Waegell, B. *Org. Synth.* **VI**, 142. For a review of the addition of halocarbenes to bridged bicyclic alkenes see Jefford, C. W. *Chimia*, **1970**, 24, 357-363.
[2549] See Simmons, H. E.; Cairns, T. L.; Vladuchick, S. A.; Hoiness, C. M. *Org. React.* **1973**, 20, 1-131; Furukawa, J.; Kawabata, N. *Adv. Organomet. Chem.* **1974**, 12, 83-134, see pp. 84-103.
[2550] Bull, J. A.; Charette, A. B. *J. Am. Chem. Soc.* **2010**, 132, 1895.
[2551] Simmons, H. E.; Smith, R. D. *J. Am. Chem. Soc.* **1959**, 81, 4256.
[2552] LeGoff, E. *J. Org. Chem.* **1964**, 29, 2048; Denis, J. M.; Girard, C.; Conia, J. M. *Synthesis* **1972**, 549.

[2553] Rawson, R. J.; Harrison, I. T. *J. Org. Chem.* **1970**, 35, 2057.
[2554] Repic, O.; Lee, P. G.; Giger, U. *Org. Prep. Proced. Int.* **1984**, 16, 25.
[2555] Friedrich, E. C.; Lunetta, S. E.; Lewis, E. J. *J. Org. Chem.* **1989**, 54, 2388.
[2556] Blanchard, E. P.; Simmons, H. E. *J. Am. Chem. Soc.* **1964**, 86, 1337. For an analysis of the reaction by density functional theory, see Fang, W.-H.; Phillips, D. L.; Wang, D.-q.; Li, Y.-L. *J. Org. Chem.* **2002**, 67, 154.
[2557] Denmark, S. E.; Edwards, J. P.; Wilson, S. R. *J. Am. Chem. Soc.* **1991**, 113, 723.
[2558] Dargel, T. K.; Koch, W. *J. Chem. Soc. Perkin Trans.* 2, **1996**, 877.
[2559] Simmons, H. E.; Blanchard, E. P.; Smith, R. D. *J. Am. Chem. Soc.* **1964**, 86, 1347. For the transition state and intermediate see Bernardi, F.; Bottoni, A.; Miscione, G. P. *J. Am. Chem. Soc.* **1997**, 119, 12300.
[2560] Lacasse, M.-C.; Poulard, C.; Charette, A. B. *J. Am. Chem. Soc.* **2005**, 127, 12440.
[2561] Virender; Jain, S. L.; Sain, B. *Tetrahedron Lett.* **2005**, 46, 37.
[2562] Balsells, J.; Walsh, P. J. *J. Org. Chem.* **2000**, 65, 5005; Du, H.; Long, J.; Shi, Y. *Org. Lett.* **2006**, 8, 2827; Long, J.; Du, H.; Li, K.; Shi, Y. *Tetrahedron Lett.* **2005**, 46, 2737.
[2563] Song, Z.; Lu, T.; Hsung, R. P.; Al-Rashid, Z. F.; Ko, C.; Tang, Y. *Angew. Chem. Int. Ed.* **2007**, 46, 4069; Shitama, H.; Katsuki, T. *Angew. Chem. Int. Ed.* **2008**, 47, 2450; Zimmer, L. E.; Charette, A. B. *J. Am. Chem. Soc.* **2009**, 131, 15624.
[2564] Long, J.; Xu, L.; Du, H.; Li, K.; Shi, Y. *Org. Lett.* **2009**, 11, 5226.
[2565] Overberger, C. G.; Halek, G. W. *J. Org. Chem.* **1963**, 28, 867.
[2566] Charette, A. B.; Jolicoeur, E.; Bydlinski, G. A. S. *Org. Lett.* **2001**, 3, 3293.
[2567] See Zhao, C.; Wang, D.; Phillips, D. L. *J. Am. Chem. Soc.* **2002**, 124, 12903.
[2568] Friedrich, E. C.; Biresaw, G. *J. Org. Chem.* **1982**, 47, 1615.
[2569] Charette, A. B.; Beauchemin, A.; Fraancoeur, S. *J. Am. Chem. Soc.* **2001**, 123, 8139.
[2570] Maruoka, K.; Fukutani, Y.; Yamamoto, H. *J. Org. Chem.* **1985**, 50, 4412; *Org. Synth.* **67**, 176.
[2571] Charette, A. B.; Molinaro, C.; Brochu, C. *J. Am. Chem. Soc.* **2001**, 123, 12168.
[2572] Concellón, J. M.; Rodríguez-Solla, H.; Gómez, C. *Angew. Chem. Int. Ed.* **2002**, 41, 1917.
[2573] Imamoto, T.; Takiyama, N. *Tetrahedron Lett.* **1987**, 28, 1307. See also, Molander, G. A.; Harring, L. S. *J. Org. Chem.* **1989**, 54, 3525.
[2574] Bolm, C.; Pupowicz, D. *Tetrahedron Lett.* **197**, 38, 7349.
[2575] See Wenkert, E.; Mueller, R. A.; Reardon, Jr., E. J.; Sathe, S. S.; Scharf, D. J.; Tosi, G. *J. Am. Chem. Soc.* **1970**, 92, 7428 for the enol ether procedure; Kuehne, M. E.; King, J. C. *J. Org. Chem.* **1973**, 38, 304 for the enamine procedure; Conia, J. M. *Pure Appl. Chem.* **1975**, 43, 317-326 for the silyl ether procedure.
[2576] See Ito, Y.; Fujii, S.; Saegusa, T. *J. Org. Chem.* **1976**, 41, 2073; *Org. Synth.* **VI**, 327.
[2577] Brogan, J. B.; Zercher, C. K. *J. Org. Chem.* **1997**, 62, 6444.
[2578] Lehnert, E. K.; Sawyer, J. S.; Macdonald, T. L. *Tetrahedron Lett.* **1989**, 30, 5215.
[2579] Yang, M.; Wang, X.; Li, H.; Livant, P. *J. Org. Chem.* **2001**, 66, 6729.
[2580] Doyle, M. P.; Hu, W.; Timmons, D. J. *Org. Lett.* **2001**, 3, 933.
[2581] Dias, E. L.; Brookhart, M.; White, P. S. *J. Am. Chem. Soc.* **2001**, 123, 2442.
[2582] For a review, see Rubin, M.; Sromek, A. W.; Gevorgyan, V. *Synlett* **2003**, 2265.
[2583] Kociolek, M. G.; Johnson, R. P. *Tetrahedron Lett.* **1999**, 40, 4141.
[2584] Viehe, H. G.; Merényi, R.; Oth, J. F. M.; Valange, P. *Angew. Chem. Int. Ed.* **1964**, 3, 746; Viehe, H. G.; Merényi, R.; Oth, J. F. M.; Senders, J. R.; Valange, P. *Angew. Chem. Int. Ed.* **1964**, 3, 755.
[2585] See also, Wingert, H.; Regitz, M. *Chem. Ber.* **1986**, 119, 244.
[2586] See Winter, M. J. in Hartley, F. R.; Patai, S. *The Chemistry of the Metal-Carbon Bond*, Vol. 3, Wiley, NY, **1985**, pp. 259-294; Vollhardt, K. P. C. *Angew. Chem. Int. Ed.* **1984**, 23, 539; *Acc. Chem. Res.* **1977**, 10, 1; Maitlis, P. M. *J. Organomet. Chem.* **1980**, 200, 161; Reppe, W.; Kutepow, N. V.; Magin, A. *Angew. Chem. Int. Ed.* **1969**, 8, 727; Schore, N. E. *Chem. Rev.* **1988**, 88, 1081. For a list of reagents, with references, see Larock, R. C. *Comprehensive Organic Transformations*, 2nd ed., Wiley-VCH, NY, **1999**, pp. 198-201.
[2587] Sigman, M. S.; Fatland, A. W.; Eaton, B. E. *J. Am. Chem. Soc.* **1998**, 120, 5130; Larock, R. C.; Tian, Q. *J. Org. Chem.* **1998**, 63, 2002.
[2588] Yong, L.; Butenschön, H. *Chem. Commun.* **2002**, 2852; Marchueta, I.; Olivella, S.; Solá, L.; Moyano, A.; Pericàs, M. A.; Riera, A. *Org. Lett.* **2001**, 3, 3197. See also, Agenet, N.; Gandon, V.; Vollhardt, K. P. C.; Malacria, M.; Aubert, C. *J. Am. Chem. Soc.* **2007**, 129, 8860.
[2589] See Hopff, H.; Gati, A. *Helv. Chim. Acta* **1965**, 48, 509.
[2590] See Yoshida, K.; Morimoto, I.; Mitsudo, K.; Tanaka, H. *Chem. Lett.* **2007**, 36, 998.
[2591] Mori, N.; Ikeda, S.-i.; Odashima, K. *Chem. Commun.* **2001**, 181.
[2592] Tanaka, R.; Nakano, Y.; Suzuki, D.; Urabe, H.; Sato, F. *J. Am. Chem. Soc.* **2002**, 124, 9682.
[2593] Nishida, M.; Shiga, H.; Mori, M. *J. Org. Chem.* **1998**, 63, 8606.
[2594] Yamamoto, Y.; Ishii, J.-i.; Nishiyama, H.; Itoh, K. *J. Am. Chem. Soc.* **2004**, 126, 3712.
[2595] Sugihara, T.; Wakabayashi, A.; Nagai, Y.; Takao, H.; Imagawa, H.; Nishizawa, M. *Chem. Commun.* **2002**, 576.
[2596] Gevorgyan, V.; Quan, L. G.; Yamamoto, Y. *J. Org. Chem.* **2000**, 65, 568. Also see Kawasaki, S.; Satoh, T.; Miura, M.; Nomura, M. *J. Org. Chem.* **2003**, 68, 6836; Li, J.-H.; Xie, Y.-X. *Synth. Commun.* **2004**, 34, 1737.
[2597] Shanmugasundaram, M.; Wu, M.-S.; Cheng, C.-H. *Org. Lett.* **2001**, 3, 4233.
[2598] Ikeda, S.; Kondo, H.; Arii, T.; Odashima, K. *Chem. Commun.* **2002**, 2422.
[2599] Mori, N.; Ikeda, S.-i.; Sato, Y. *J. Am. Chem. Soc.* **1999**, 121, 2722.

[2600]　Amii, H.; Kishikawa, Y.; Uneyama, K. *Org. Lett.* **2001**, 3, 1109.
[2601]　Sangu, K.; Fuchibe, K.; Akiyama, T. *Org. Lett.* **2004**, 6, 353.
[2602]　See Kawathar, S. P.; Schreiner, P. R. *Org. Lett.* **2002**, 4, 3643.
[2603]　Gevorgyan, V.; Radhakrishnan, U.; Takeda, A.; Rubina, M.; Rubin, M.; Yamamoto, Y. *J. Org. Chem.* **2001**, 66, 2835. See also, Tsukada, N.; Sugawara, S.; Nakaoka, K.; Inoue, Y. *J. Org. Chem.* **2003**, 68, 5961.
[2604]　Hara, R.; Guo, Q.; Takahashi, T. *Chem. Lett.* **2000**, 140.
[2605]　Jeevanandam, A.; Korivi, R. P.; Huang, I.-w.; Cheng, C.-H. *Org. Lett.* **2002**, 4, 807.
[2606]　Witulski, B.; Zimmermann, A. *Synlett* **2002**, 1855.
[2607]　Shibata, T.; Fujimoto, T.; Yokota, K.; Takagi, K. *J. Am. Chem. Soc.* **2004**, 126, 8382.
[2608]　Zhao, J.; Hughes, C. O.; Toste, F. D. *J. Am. Chem. Soc.* **2006**, 128, 7436.
[2609]　Hilt, G.; Vogler, T.; Hess, W.; Galbiati, F. *Chem. Commun.* **2005**, 1474.
[2610]　Yamamoto, Y.; Hattori, K.; Nishiyama, H. *J. Am. Chem. Soc.* **2006**, 128, 8336.
[2611]　Kinoshita, H.; Shinokubo, H.; Oshima, K. *J. Am. Chem. Soc.* **2003**, 125, 7784.
[2612]　Chouraqui, G.; Petit, M.; Aubert, C.; Malacria, M. *Org. Lett.* **2004**, 6, 1519.
[2613]　Shanmugasundaram, M.; Wu, M.-S.; Jeganmohan, M.; Huang, C.-W.; Cheng, C.-H. *J. Org. Chem.* **2002**, 67, 7724.
[2614]　Young, D. D.; Senaiar, R. S.; Deiters, A. *Chemistry: European J.* **2006**, 12, 5563.
[2615]　Kawasaki, T.; Saito, S.; Yamamoto, Y. *J. Org. Chem.* **2002**, 67, 2653.
[2616]　Odedra, A.; Wu, C.-J.; Pratap, T. B.; Huang, C.-W.; Ran, Y.-F.; Liu, R.-S. *J. Am. Chem. Soc.* **2005**, 127, 3406.
[2617]　Lian, J.-J.; Odedra, A.; Wu, C.-J.; Liu, R.-S. *J. Am. Chem. Soc.* **2005**, 127, 4186.
[2618]　Yao, T.; Campo, M. A.; Larock, R. C. *J. Org. Chem.* **2005**, 70, 3511.
[2619]　Ojima, I.; Vu, A. T.; McCullagh, J. V.; Kinoshita, A. *J. Am. Chem. Soc.* **1999**, 121, 3230.
[2620]　Atienza, C.; Mateo, C.; de Frutos, Ó.; Echavarren, A. M. *Org. Lett.* **2001**, 3, 153.
[2621]　Landis, C. A.; Payne, M. M.; Eaton, D. L.; Anthony, J. E. *J. Am. Chem. Soc.* **2004**, 126, 1338.
[2622]　Klumpp, D. A.; Beauchamp, P. S.; Sanchez, Jr., G. V.; Aguirre, S.; de Leon, S. *Tetrahedron Lett.* **2001**, 42, 5821.
[2623]　Gandon, V.; Leca, D.; Aechtner, T.; Vollhardt, K. P. C.; Malacria, M.; Aubert, C. *Org. Lett.* **2004**, 6, 3405.
[2624]　Roesch, K. R.; Larock, R. C. *J. Org. Chem.* **2002**, 67, 86.
[2625]　Huang, Q.; Hunter, J. A.; Larock, R. C. *Org. Lett.* **2001**, 3, 2973.
[2626]　Dai, G.; Larock, R. C. *J. Org. Chem.* **2003**, 68, 920; Dai, G.; Larock, R. C. *Org. Lett.* **2002**, 4, 193.
[2627]　Varela, J. A.; Castedo, L.; Saá, C. *J. Org. Chem.* **2003**, 68, 8595.
[2628]　Boñaga, L. V. R.; Zhang, H.-C.; Maryanoff, B. E. *Chem. Commun.* **2004**, 2394.
[2629]　Yamamoto, Y.; Takagishi, H.; Itoh, K. *Org. Lett.* **2001**, 3, 2117.
[2630]　Kamijo, S.; Kanazawa, C.; Yamamoto, Y. *Tetrahedron Lett.* **2005**, 46, 2563.
[2631]　Madhusaw, R. J.; Lin, M.-Y.; Shoel, S. Md. A.; Liu, R.-S. *J. Am. Chem. Soc.* **2004**, 126, 6895.
[2632]　Heller, B.; Oehme, G. *J. Chem. Soc., Chem. Commun.* **1995**, 179.
[2633]　Abbiati, G.; Arcadi, A.; Bianchi, G.; Di Giuseppe, S.; Marinelli, F.; Rossi, E. *J. Org. Chem.* **2003**, 68, 6959.
[2634]　Takahashi, T.; Tsai, F. Y.; Kotora, M. *J. Am. Chem. Soc.* **2000**, 122, 4994.
[2635]　Moretto, A. F.; Zhang, H.-C.; Maryanoff, B. E. *J. Am. Chem. Soc.* **2001**, 123, 3157.
[2636]　McCormick, M. M.; Duong, H. A.; Zuo, G.; Louie, J. *J. Am. Chem. Soc.* **2005**, 127, 5030.
[2637]　Bagley, M. C.; Dale, J. W.; Hughes, D. D.; Ohnesorge, M.; Philips, N. G.; Bower, J. *Synlett* **2001**, 1523.
[2638]　Kikiya, H.; Yagi, K.; Shinokubo, H.; Oshima, K. *J. Am. Chem. Soc.* **2002**, 124, 9032.
[2639]　Mori, M.; Hori, M.; Sato, Y. *J. Org. Chem.* **1998**, 63, 4832; Mori, M.; Hori, K.; Akashi, M.; Hori, M.; Sato, Y.; Nishida, M. *Angew. Chem. Int. Ed.* **1998**, 37, 636.
[2640]　See Saito, S.; Kawasaki, T.; Tsuboya, N.; Yamamoto, Y. *J. Org. Chem.* **2001**, 66, 796.
[2641]　See Colborn, R. E.; Vollhardt, K. P. C. *J. Am. Chem. Soc.* **1986**, 108, 5470; Lawrie, C. J.; Gable, K. P.; Carpenter, B. K. *Organometallics* **1989**, 8, 2274.
[2642]　Colborn, R. E.; Vollhardt, K. P. C. *J. Am. Chem. Soc.* **1981**, 103, 6259; Kochi, J. K. *Organometallic Mechanisms and Catalysis* Academic Press, NY, **1978**, pp. 428-432; Collman, J. P.; Hegedus, L. S.; Norton, J. R.; Finke, R. G. *Principles and Applications of Organotransition Metal Chemistry* University Science Books, Mill Valley, CA **1987**, pp. 870-877; Eisch, J. J.; Sexsmith, S. R. *Res. Chem. Intermed.* **1990**, 13, 149-192.
[2643]　Takahahsi, T.; Ishikawa, M.; Huo, S. *J. Am. Chem. Soc.* **2002**, 124, 388.
[2644]　See Eisch, J. J.; Galle, J. E. *J. Organomet. Chem.* **1975**, 96, C23; McAlister, D. R.; Bercaw, J. E.; Bergman, R. G. *J. Am. Chem. Soc.* **1977**, 99, 1666.
[2645]　See, however, Bianchini, C.; Caulton, K. G.; Chardon, C.; Eisenstein, O.; Folting, K.; Johnson, T. J.; Meli, A.; Peruzzini, M.; Raucher, D. J.; Streib, W. E.; Vizza, F. *J. Am. Chem. Soc.* **1991**, 113, 5127.
[2646]　Mauret, P.; Alphonse, P. *J. Organomet. Chem.* **1984**, 276, 249. See also, Pepermans, H.; Willem, R.; Gielen, M.; Hoogzand, C. *Bull. Soc. Chim. Belg.* **1988**, 97, 115.
[2647]　Suzuki, D.; Urabe, H.; Sato, F. *J. Am. Chem. Soc.* **2001**, 123, 7925.
[2648]　Li, J.; Jiang, H.; Chen, M. *J. Org. Chem.* **2001**, 66, 3627.
[2649]　Jackson, T. J.; Herndon, J. W. *Tetrahedron* **2001**, 57, 3859.
[2650]　Davies, M. W.; Johnson, C. N.; Harrity, J. P. A. *J. Org. Chem.* **2001**, 66, 3525.
[2651]　Jiang, M. X.-W.; Rawat, M.; Wulff, W. D. *J. Am. Chem. Soc.* **2004**, 126, 5970.
[2652]　Schirmer, H.; Flynn, B. L.; de Meijere, A. *Tetrahedron* **2000**, 56, 4977.
[2653]　Herndon, J. W.; Zhang, Y.; Wang, H.; Wang, K. *Tetrahedron Lett.* **2000**, 41, 8687.

[2654] Barluenga, J.; López, L. A.; Martínez, S.; Tomás, M. *Tetrahedron* **2000**, 56, 4967.
[2655] Campos, P. J.; Sampedro, D.; Rodríquez, M. A. *J. Org. Chem.* **2003**, 68, 4674.
[2656] Dötz, K. H. *Angew. Chem. Int. Ed.* **1975**, 14, 644.
[2657] Barluenga, J.; Aznar, F.; Palomero, M. A. *Angew. Chem. Int. Ed.* **2000**, 39, 4346.
[2658] Parker, W. L.; Hexter, R. M.; Siedle, A. R. *J. Am. Chem. Soc.* **1985**, 107, 4584.
[2659] Iranpoor, N.; Zeynizaded, B. *Synlett* **1998**, 1079.
[2660] Li, Z.; Sun, W.-H.; Jin, X.; Shao, C. *Synlett* **2001**, 1947.
[2661] Wilke, G. *Angew. Chem. Int. Ed.* **1988**, 27, 186; Heimbach, P.; Schenkluhn, H. *Top Curr. Chem.* **1980**, 92, 45; Baker, R. *Chem. Rev.* **1973**, 73, 487, see pp. 489-512; Semmelhack, M. F. *Org. React.* **1972**, 19, 115, pp. 128-143; Khan, M. M. T.; Martell, A. E. *Homogeneous Catalysis by Metal Complexes*, Vol. 2 Academic Press, NY, **1974**, pp. 159-163; Heck, R. F. *Organotransition Metal Chemistry* Academic Press, NY, **1974**, pp. 157-164.
[2662] See Rona, P. *Intra-Sci. Chem. Rep.* **1971**, 5, 105.
[2663] See Graham, G. R.; Stephenson, L. M. *J. Am. Chem. Soc.* **1977**, 99, 7098.
[2664] Davies, H. M. L.; Calvo, R. L.; Townsend, R.-J.; Ren, P.; Churchill, R. M. *J. Org. Chem.* **2000**, 65, 4261. For reviews of [3+4] cycloadditions see Mann, J. *Tetrahedron* **1986**, 42, 4611; Hoffmann, H. M. R. *Angew. Chem. Int. Ed.* **1984**, 23, 1; **1973**, 12, 819; Noyori, R. *Acc. Chem. Res.* **1979**, 12, 61.
[2665] Garst, M. E.; Roberts, V. A.; Houk, K. N.; Rondan, N. G. *J. Am. Chem. Soc.* **1984**, 106, 3882.
[2666] Reddy, R. P.; Davies, H. M. L. *J. Am. Chem. Soc.* **2007**, 129, 10312.
[2667] Gulías, M.; Durán, J.; López, F.; Castedo, L.; Mascareñas, J. L. *J. Am. Chem. Soc.* **2007**, 129, 11026.
[2668] Evans, P. A.; Inglesby, P. A. *J. Am. Chem. Soc.* **2008**, 130, 12838.
[2669] Deng, L.; Giessert, A. J.; Gerlitz, O. O.; Dai, X.; Diver, S. T.; Davies, H. M. L. *J. Am. Chem. Soc.* **2005**, 127, 1342.
[2670] Huang, J.; Hsung, R. P. *J. Am. Chem. Soc.* **2005**, 127, 50. See Harmata, M. *Chem. Commun.* **2010**, 8886, 8904.
[2671] Wender, P. A.; Haustedt, L. O.; Lim, J.; Love, J. A.; Williams, T. J.; Yoon, J.-Y. *J. Am. Chem. Soc.* **2006**, 128, 6302.
[2672] Son, S.; Fu, G. C. *J. Am. Chem. Soc.* **2007**, 129, 1046.
[2673] Laroche, C.; Bertus, P.; Szymoniak, J. *Chem. Commun.* **2005**, 3030.
[2674] Achard, M.; Tenaglia, A.; Buono, G. *Org. Lett.* **2005**, 7, 2353.
[2675] Shönberg, A. *Preparative Organic Photochemistry* Springer, NY, **1968**, pp. 97-99. Also see Zhu, M.; Qiu, Z.; Hiel, G. P.; Sieburth, S. Mc. N. *J. Org. Chem.* **2002**, 67, 3487.
[2676] Wender, P. A.; Gamber, G. G.; Scanio, M. J. C. *Angew. Chem. Int. Ed.* **2001**, 40, 3895; Wender, P. A.; Pedersen, T. M.; Scanio, M. J. C. *J. Am. Chem. Soc.* **2002**, 124, 15154; Wender, P. A.; Love, J. A.; Williams, T. J. *Synlett* **2003**, 1295.
[2677] Rigby, J. H.; Mann, L. W.; Myers, B. J. *Tetrahedron Lett.* **2001**, 42, 8773. See Rigby, J. H.; Ateeq, H. S.; Charles, N. R.; Henshilwood, J. A.; Short, K. M.; Sugathapala, P. M. *Tetrahedron* **1993**, 49, 5495.
[2678] Farrant, G. C.; Feldmann, R. *Tetrahedron Lett.* **1970**, 4979.
[2679] See Wender, P. A.; Ternansky, R.; deLong, M.; Singh, S.; Olivero, A.; Rice, K. *Pure Appl. Chem.* **1990**, 62, 1597; Gilbert, A. in Horspool, W. M. *Synthetic Organic Photochemistry*, Plenum, NY, **1984**, pp. 1-60. For a review of this and related reactions, see McCullough, J. J. *Chem. Rev.* **1987**, 87, 811.
[2680] See the table in Wender, P. A.; Siggel, L.; Nuss, J. M. *Org. Photochem.* **1989**, 10, 357, pp. 384-415.
[2681] For a review, see Kotha, S.; Brahmachary, E.; Lahiri, K. *Eur. J. Org. Chem.* **2005**, 4741.
[2682] Louie, J.; Gibby, J. E.; Farnsworth, M. V.; Tekavec, T. N. *J. Am. Chem. Soc.* **2002**, 124, 15188.
[2683] Cadierno, V.; Garcia-Garrido, S. E.; Gimeno, J. *J. Am. Chem. Soc.* **2006**, 128, 15094; Tanaka, D.; Sato, Y.; Mori, M. *J. Am. Chem. Soc.* **2007**, 129, 7730; Mallagaray, Á.; Medina, S.; Domínguez, G.; Pérez-Castells, J. *Synlett* **2010**, 2114.
[2684] Hilt, G.; Paul, A.; Harms, K. *J. Org. Chem.* **2008**, 73, 5187.
[2685] Varela, J. A.; Rubín, S. G.; Castedo, L.; Saá, C. *J. Org. Chem.* **2008**, 73, 1320.
[2686] Boñaga, L. V. R.; Zhang, H.-C.; Moretto, A. F.; Ye, H.; Gauthier, D. A.; Li, J.; Leo, G. C.; Maryanoff, B. E. *J. Am. Chem. Soc.* **2005**, 127, 3473.
[2687] Yu, R. T.; Rovis, T. *J. Am. Chem. Soc.* **2006**, 128, 2782; Yu, R. T.; Rovis, T. *J. Am. Chem. Soc.* **2006**, 128, 12370.
[2688] Varela, J. A.; Saá, C. *Synlett* **2008**, 2571.
[2689] Kondo, T.; Nomura, M.; Ura, Y.; Wada, K.; Mitsudo, T.-a. *J. Am. Chem. Soc.* **2006**, 128, 14816.
[2690] Knölker, H.-J.; Braier, A.; Bröcher, D. J.; Jones, P. G.; Piotrowski, H. *Tetrahedron Lett.* **1999**, 40, 8075; Chatani, N.; Tobisu, M.; Asaumi, T.; Fukumoto, Y.; Murai, S. *J. Am. Chem. Soc.* **1999**, 121, 7160.
[2691] Kiattansakul, R.; Snyder, J. K. *Tetrahedron Lett.* **1999**, 40, 1079.
[2692] Gilbertson, S. R.; DeBoef, B. *J. Am. Chem. Soc.* **2002**, 124, 8784; Wender, P. A.; Christy, J. P. *J. Am. Chem. Soc.* **2006**, 128, 5354. For a computational study, see Baik, M.-H.; Baum, E. W.; Burland, M. C.; Evans, P. A. *J. Am. Chem. Soc.* **2005**, 127, 1602.
[2693] Ni, Y.; Montgomery, J. *J. Am. Chem. Soc.* **2006**, 128, 2609.
[2694] Kündig, E. P.; Robvieux, F.; Kondratenko, M. *Synthesis* **2002**, 2053.
[2695] Bennacer, B.; Fujiwara, M.; Lee, S.-Y.; Ojima, I. *J. Am. Chem. Soc.* **2005**, 127, 17756.
[2696] Wender, P. A.; Christy, J. P. *J. Am. Chem. Soc.* **2007**, 129, 13402.
[2697] Wegner, H. A.; de Meijere, A.; Wender, P. A. *J. Am. Chem. Soc.* **2005**, 127, 6530; Wang, Y.; Wang, J.; Su, J.; Huang, F.; Jiao, L.; Liang, Y.; Yang, D.; Zhang, S.; Wender, P. A.; Yu, Z.-X. *J. Am. Chem. Soc.* **2007**, 129, 10060.
[2698] Yu, Z. X.; Cheong, P. h.-Y.; Liu, P.; Legault, C. Y.; Wender, P. A.; Houk, K. N. *J. Am. Chem. Soc.* **2008**, 130, 2378.

第 16 章
与碳-杂原子多重键的加成

16.1 机理和反应性

本章讨论的反应包括与碳-氧、碳-氮和碳-硫双键以及碳-氮叁键的加成。这些反应的机理研究比第 15 章讨论的碳-碳多重键的加成要简单得多[1]。因而大多数我们关心的问题要么在这里没有出现,要么可以简单地加以回答。因为 C=O、C=N、C≡N 键具有很强的极性,碳端总是带正电荷(除了异氰根,参见 16.2.4 节),因此关于与这些键的非对称加成的方向性从来不会有任何疑义。亲核试剂进攻总是发生在碳上,而亲电试剂总是连接到氧或氮上。C=S 键的加成不常见[2],但是在这些情况下加成可能发生在另一个方向(在硫上的反应称为亲硫加成,而在碳上的反应称为亲碳加成)[3]。例如,硫代二苯甲酮(Ph$_2$C=S)与苯基锂反应,水解后得到二苯甲基苯基硫化物(Ph$_2$CHSPh)[4]。YH 与酮通常发生酰基加成(acyl addition)生成烷氧基负离子,水解后得到 **1**。

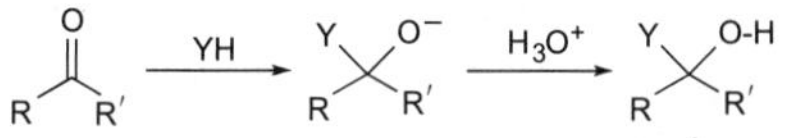

要注意的是,反应产物有一个手性碳原子,但是除非 R 或 R′或 YH 是光学活性的,否则产物一定是一个外消旋混合物,因为 Y 对羰基的加成没有面的选择性。对于 C=N 和 C=S 键也同样。

单个 YH 加成到碳-氮叁键上的立体化学能够被研究,因为产物存在 E 和 Z 构型(参见 4.11.1 节),但这些反应一般生成亚胺,该产物会发生进一步反应。当然,如果 R 或 R′是手性的,反应后将形成非对映异构体的混合物,在这种情况下可以进行加成反应的立体化学的研究。根据 Cram 规则或 Felkin-Anh 模型(参见 4.8 节)能够预测许多情况下 Y 进攻的方向[5]。然而,Y 和 H 进攻的相对方向并不确定,只能确定 Y 相对于底物分子其余部分进攻方向。

在 15.2.3 节提到,电子效应在决定进攻碳-碳双键哪一面中起到一定作用。这也同样适用于对羰基基团的加成。例如,5-取代的金刚烷酮 (**2**),吸电子(−I)基团 W 导致进攻基团从同面进攻,而给电子基团导致进攻基团从异面进攻[6]。对于 5,6-二取代的降冰片-2-烯-7-酮体系,羰基好像背对着 π 键翘起,使还原发生在位阻更大的面[7]。人们对 4-叔丁基环己酮的亲核加成进行了从头算研究,试图预测这个系统中 π 面的选择性[8]。

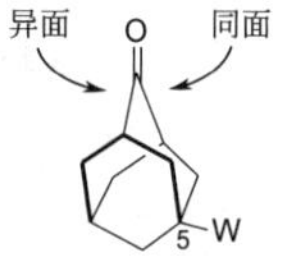

基于碳-杂原子双键很少发生自由基加成的事实(但是,参见反应 16-31),进一步简化了机理类型[9]。在大多数情况下是亲核试剂先与碳形成新键,这些反应被称为亲核加成,表示如下:

第 1 步

第 2 步

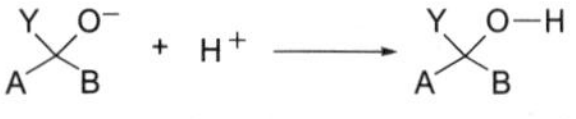

第 2 步中的亲电试剂是质子。本章中几乎所有的反应中亲电进攻的原子不是氢就是碳。要指出的是,该反应第 1 步与羰基碳上亲核取代的四面体机理中的第 1 步是完全一样的(参见 16.1.1 节),但是由于含碳基团(A、B = H、烷基或芳基等)是很差的离去基团,因而取代反应不会与加成反应竞争。对于羧酸及其衍生物,分子中具有较好的离去基团(B = Cl、OR、NH$_2$ 等),因而主要发生酰基取代反应(参见 16.1.1)。因此是 A 和 B 的性质决定在碳-杂原子多重键上亲核进攻后是发生取代反应还是加成反应。

许多这些反应都既被酸催化,又被碱催化[10]。碱通过将反应物从 YH 形式转化成亲核能力更强的 Y$^-$ 而催化反应(参见 10.7.2 节)。酸可在反应的第 1 步将底物转化成被杂原子稳定的正离子(由 C=O 变成的氧代碳正离子 **3**),此时碳上正电荷大大增加,更容易被亲核进攻,从而催化反应。同样具有相似作用的催化剂是金属离子,如 Ag^+,在这里起 Lewis 酸的作用[11]。

第1步
$$A\overset{O}{\underset{}{\|}}\!\!\diagup\!\!{B} + H^+ \xrightarrow{\text{快}} A\overset{O-H}{\underset{}{\|}}\!\!\diagup\!\!{}_{3}^{+}$$

第2步
$$A\overset{O-H}{\underset{}{\|}}\!\!\diagup\!\!{}_{}^{+} + Y \xrightarrow{\text{慢}} \overset{Y}{\underset{}{\|}}\!\!\diagup\!\!{}\overset{OH}{}$$

在酸催化机理的第 1 步,羰基作为一个碱与质子反应生成 3,3 被称为氧代碳正离子(oxocarbenium ion)。在 5.1.2 节中已经指出,氧代碳正离子是相对稳定的碳正离子,因为正电荷由于共振而离域到了氧上[12]。在第 2 步中,中间体 3 与亲核试剂反应生成酰基加成产物。决速步通常是亲核进攻的步骤。如果像 3 一样有一个杂原子(如氧)稳定了相邻的碳正离子,那么第二个杂原子(X)的存在将使碳正离子($-X-C^+-X-$)更加稳定[13]。

影响碳-杂原子多重键加成反应活性的因素与亲核取代四面体机理的影响因素相似[14]。如果 A 和/或 B 是给电子基团(如烷基),反应速率降低。吸电子取代基使反应速率增大,这意味着醛比酮的反应活性高。与烷基相比较,芳基在一定程度上降低反应性,这是因为可稳定底物分子的共振作用在变成中间体后失去了。与碳-杂原子多重键共轭的双键的加成速率也会降低,原因类似,但更重要的是,它存在与 1,4-加成的竞争(参见 15.1.2 节)。立体因素也十分重要,与醛相比,酮的立体位阻大,因此反应性降低。具有大立体位阻的酮,如六甲基丙酮和二新戊基酮,都不能进行这些反应或需要更剧烈的条件。

16.1.1 三角形脂肪碳上的亲核取代:四面体机理

到目前为止,所有讨论的机理都发生在饱和碳原子上。发生在三角形(sp^2 杂化)碳上的亲核取代反应也很重要,尤其是碳原子与氧、硫或氮形成双键的时候。一个羰基(或者相应的含硫、氮的类似化合物)上的亲核取代反应通常按二级反应机理进行,本书中称为四面体[15]机理[16]。

此机理的 IUPAC 命名为 $A_N + D_N$。涉及碳正离子的 S_N1 机理有时也能在这类底物中发现,这主要是那些离子型的底物,例如 $RCO^+BF_4^-$;有证据表明在某些情况下可发生简单的 S_N2 机理,尤其是含有诸如 Cl^- 之类的好的离去基团时[17]。此外,SET 机理也有报道[18]。不过到目前为止,四面体机理是最常见的。虽然这一机理在动力学上表现出是二级的,但是它与 10.1.1 节讨论过的 S_N2 机理有所不同:首先 Y 进攻得到同时带有 X 和 Y 的中间体 4,而后 X 离去。这一过程在饱和碳原子上不可能发生,而在不饱和碳原子上却是可行的,因为中心碳原子能将一对电子转移给氧原子从而保持八隅体结构:

第1步
$$R\overset{O}{\underset{}{\|}}\!\!\diagup\!\!{X} + Y \longrightarrow R\overset{O^-}{\underset{}{\underset{Y}{\overset{X}{\|}}}}\!\!{}_{4}$$

第2步
$$R\overset{O^-}{\underset{}{\underset{Y}{\overset{X}{\|}}}} \longrightarrow R\overset{O}{\underset{}{\|}}\!\!\diagup\!\!{Y} + X^-$$

当反应在酸性溶液中进行时,还可能分别有一个初始和结束步骤:

初始步
$$R\overset{O}{\underset{}{\|}}\!\!\diagup\!\!{X} + H^+ \longrightarrow \left[R\overset{^+OH}{\underset{}{\|}}\!\!\diagup\!\!{X} \longleftrightarrow R\overset{OH}{\underset{}{\|}}\!\!\diagup\!\!{+X}\right]$$

第1步
$$R\overset{OH}{\underset{}{\underset{+}{\overset{}{\|}}}}\!\!{X} + Y \longrightarrow R\overset{Y}{\underset{}{\underset{X}{\overset{OH}{\|}}}}$$

第2步
$$R\overset{Y}{\underset{}{\underset{X}{\overset{OH}{\|}}}} \longrightarrow \left[R\overset{^+OH}{\underset{}{\|}}\!\!\diagup\!\!{Y} \longleftrightarrow R\overset{OH}{\underset{}{\|}}\!\!\diagup\!\!{Y}\right] + X^-$$

结束步
$$R\overset{OH}{\underset{}{\underset{+}{\overset{}{\|}}}}\!\!{Y} \longrightarrow R\overset{O}{\underset{}{\|}}\!\!\diagup\!\!{Y} + H^+$$

氢离子是催化剂。反应速率之所以增大是因为羰基的中心碳上电子密度减小有利于亲核试剂的进攻[19]。

四面体机理的存在证据如下[20]:

(1) 反应对于亲核试剂和底物都是一级反应,与此机理相符。

(2) 此外还有其它与四面体中间体机理一致的动力学证据。例如,乙酰胺和羟胺之间的反应"速率常数"并非定值,而是随着羟胺浓度的增大而减小[21]。这种减小不是平滑的,而是在曲线上有一个突然的转折。在羟胺浓度低时是一条直线,浓度高时是另一条直线。这说明决速步的性质改变了。显然,如果反应只有一个基元步,这种情况是不可能发生的。反应一定是存在两步,所以有一个中间体。在其它例子中也发现了类似的动力学行为[22]。值得一提的是,速率对 pH 作图一般是钟形的。

(3) 利用在羧酸酯的羰基氧上标记了 ^{18}O 的化合物进行碱性水解反应[23]。如果反应以通常的 S_N2 机理进行,^{18}O 应该仍然保留在羰基上,即使其中一部分产物羧酸又通过平衡过程返回到起始原料,情况也应该如此:

$$HO^- + R\overset{^{18}O}{\underset{}{\|}}\!\!\diagup\!\!{OR'} \rightleftharpoons R\overset{^{18}O}{\underset{}{\|}}\!\!\diagup\!\!{OH} + R'O^- \rightleftharpoons R\overset{^{18}O}{\underset{}{\|}}\!\!\diagup\!\!{O^-} + R'OH$$

反之,如果按照四面体机理发生反应,中间体 5 得到一个质子,转化成为对称的中间体 6。在这个中间体中,两个 OH 基团是等价的,丢失一个质子的能力是相同的(忽略 $^{18}O/^{16}O$ 的细微影响):

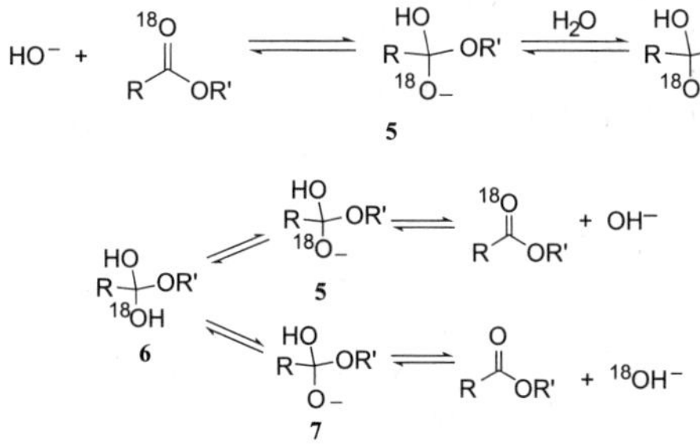

$$HO^- + R-C(=O)OR' \rightleftharpoons R-C(OH)(^{18}O^-)OR' \rightleftharpoons R-C(OH)(^{18}OH)OR'$$
$$\quad\quad\quad\quad\quad\quad\quad\quad\quad\quad\quad\quad\quad 5$$

$$\rightleftharpoons R-C(^{18}O^-)(OR')(OH) \rightleftharpoons R-C(=O)OR' + {}^{18}OH^-$$
$$\quad\quad\quad\quad 6$$

$$\rightleftharpoons R-C(OH)(^{18}OH)(OR') \rightleftharpoons R-C(=O)OR' + {}^{18}OH^-$$
$$\quad\quad\quad\quad 7$$

中间体 5 和 7 此时均能失去 OR' 生成酸(没有在上图中表示出),或者失去 OH 再次生成羧酸酯。如果 5 发生逆反应回到原料,酯仍然是同位素标记过的;但如果是 7 逆回到酯,^{18}O 就丢失了。检验这两种机理的方法是在反应完成前终止反应,分析回收的酯中的 ^{18}O。Bender[24] 完成了这一工作,他发现碱催化水解苯甲酸甲酯、乙酯、异丙酯,其中的酯都丢失了 ^{18}O。类似地,酸催化苯甲酸乙酯的水解也有 ^{18}O 丢失现象。但是,碱催化水解苯甲酸苄酯没有观察到 ^{18}O 丢失[24]。这一结果并不能证明此例中一定不涉及四面体机理。如果 5 和 7 没有转化成酯,而是全部变成酸,那么即便反应通过四面体机理也不会有 ^{18}O 的丢失。在苯甲酸苄酯的例子中,上述情况很可能发生,因为此时生成的酸能缓解空间拥挤。另一种可能性是 5 在质子化成 6 之前就失去了 OR'[25]。其实观察到 ^{18}O 丢失的实验也不能证实四面体中间体的存在,因为 ^{18}O 可能通过某种独立的、并不导致酯水解的过程失去。为证实这一可能性,Bender 和 Heck[26] 测量了 ^{18}O-三氟乙酸乙硫酯的水解反应中 ^{18}O 的丢失速率:

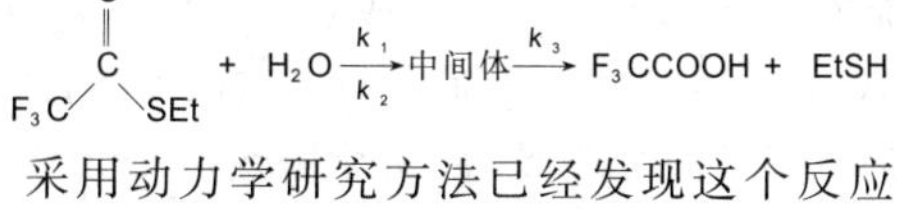

$$F_3C-C(=^{18}O)-SEt + H_2O \underset{k_2}{\overset{k_1}{\rightleftharpoons}} \text{中间体} \overset{k_3}{\rightarrow} F_3CCOOH + EtSH$$

采用动力学研究方法已经发现这个反应含有中间体[27]。Bender 和 Heck[26] 指出,^{18}O 丢失的速率以及氧交换技术所确定的分配系数 k_2/k_3 与前面的动力学方法确定的值完全吻合。于是,最初的 ^{18}O 实验表明存在四面体反应物种,但是这种物种不一定存在于反应路径中;动力学研究表明存在某种中间体,但是不一定是四面体。Bender 和 Heck[26] 的结果显示四面体中间体产物是存在的,并且存在

于反应路径中。

(4) 在一些情况下,四面体中间体已经被分离[28] 或被光谱检测到[29]。

人们还对亲核试剂接近的方向性作了一些研究[30]。Menger[30] 曾假设对于一般的反应,尤其是对那些通过四面体机理进行的反应,不存在单一的明确优势过渡态,而是反应位点附近存在一定的"锥形"反应活性区域。所有从这个锥形空间接近的亲核试剂都能以可观的速率反应;只有从锥形空间的外面接近,反应速率才骤降。

第 2 步反应的方向性也被研究过。一旦形成了四面体中间体（4）,它既能失去 Y(得到产物)又能失去 X(返回起始化合物)。Deslongchamps 认为影响上述选择的一个因素是中间体的构象;尤其是孤对电子的位置。根据这一观点,只有中心碳上另外两个原子存在与 C—X 或 C—Y 键反式共平面的轨道时,离去基团 X 或 Y 才能够离去。例如,考虑 OR 进攻底物 R'COX 所形成的中间体 8。从构象 A 出发能发生 C—X 键的断裂,X 的离去。因为两个标以星号（*）的孤对电子轨道与 C—X 是反式共平面的;但是在构象 B 中,只有 O^- 才有这样的轨道。如果中间体的构象为 B,则离去的是 OR（如果 X 在适合位置有孤对电子轨道）而不是 X。这一因素被称为立体电子控制（stereoelectronic control）[31]。当然,对非环状中间体而言,自由旋转使大量的构象都可能,但有一些是优势的,且断键的反应可能比旋转过程快,因此立体电子控制在某些情况下也能成为一个影响因素。这一概念得到大量证据的支持[32]。更通用的术语"空间电子效应"（stereoelectronic effects）指任何因轨道位置的要求影响到反应进程的情况。S_N2 机理的背面进攻就是立体电子效应一例。

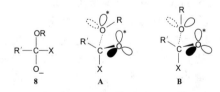

一些羰基碳上的亲核取代受亲核试剂的催化[33]。这是通过两步四面体机理发生的反应:

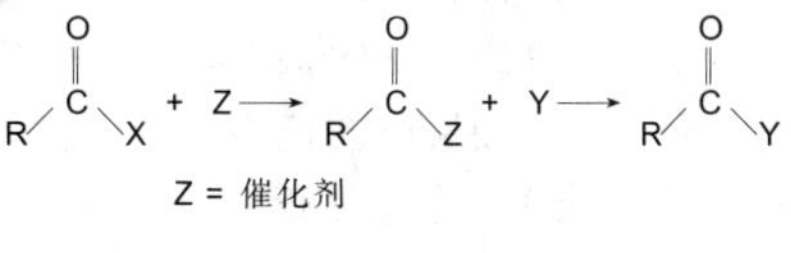

$$R-C(=O)-X + Z \rightarrow R-C(=O)-Z + Y \rightarrow R-C(=O)-Y$$
$$\quad\quad\quad\quad Z = \text{催化剂}$$

(例子见反应 16-58)。当此催化发生在分子内时,

我们称这是发生在羰基上的邻基参与机理[34]。例如，邻甲酰胺苯甲酸（**9**）的水解过程如下进行：

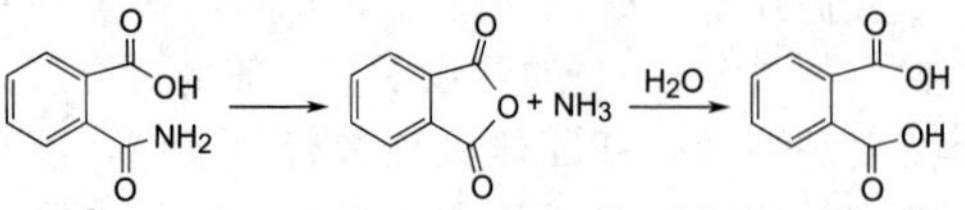

证据来自于对相对速率的研究[35]。在氢离子浓度相等的情况下，**9** 的水解速率大约是苯甲酰胺（$PhCONH_2$）水解速率的 10^5 倍。速率增大并不是由羧基（吸电子基团）的共振或场效应引起的。这个结论通过邻硝基苯甲酰胺和对氨甲酰苯甲酸（**9** 的对位异构体）的水解速率慢于苯甲酰胺水解速率的事实得出。许多邻基参与羰基碳反应的例子已被报道[36]。很有可能酶催化的酯水解反应包含了亲核催化。

亲核试剂在羰基碳上的进攻可能导致取代或者加成两种反应，是发生取代还是加成反应与羰基碳上的取代基有关，尽管两种反应的第 1 步相同。决定最终发生哪一种反应的最主要因素是 RCOX 中基团 X 的性质。当 X 为烷基或者氢时，通常发生加成反应；当 X 是卤素、OCOR、NH_2 等时，通常发生取代反应；当 X 是 OH 时，通常需要使其质子化成 OH_2^+，而后该基团才能离去。

在 S_N1 和 S_N2 反应中，离去基团的离去发生在决速步，因此它会直接影响反应速率。在羰基碳四面体机理的慢速步中，底物和离去基团仍有键相连。尽管如此，离去基团的性质仍从两个方面影响着反应：（1）通过影响羰基碳上的电子云密度影响反应速率。X 基团吸电子能力越强，羰基碳上的正电性越大，亲核试剂进攻也越快。（2）离去基团的性质影响反应平衡位置。中间体 **4** 中的 X 和 Y 基团通过竞争决定谁先离去。如果 Y 比 X 更容易离去，那么 Y 就会离去，**4** 会返回到初始反应物。因此，上述两个因素决定了 **4** 到底是生成产物（X 离去）还是回到初始反应物（Y 离去）。这两个因素共同作用导致的反应顺序是：$RCOCl > RCOOCOR' > RCOOAr > RCOOR' > RCONH_2 > RCONR'_2 > RCOO^-$ [37]。注意，这个排序大体就是离去阴离子基团稳定性降低的顺序。如果离去基团很大，立体效应发挥的作用明显，会减慢反应的速率。

表 16.1 列出了一些以四面体机理进行的重要反应，可以看出大多数反应都是四面体机理。

表 16.1 一些以四面体机理进行的重要合成反应①

16-57	$RCOX + H_2O \longrightarrow RCOOH$
16-58	$RCOOCOR' + H_2O \longrightarrow RCOOH + R'COOH$
16-59	$RCOOR' + H_2O \longrightarrow RCOOH + R'OH$
16-59	$RCONR'_2 + H_2O \longrightarrow RCOOH + R'_2NH$ (R'=H, 烷基, 芳基)
16-61	$RCOX + R'OH \longrightarrow RCO_2R'$
16-62	$RCOOCOR + R'OH \longrightarrow RCO_2R'$
16-63	$RCOOH + R'OH \longrightarrow RCO_2R'$
16-64	$RCO_2R' + R''OH \longrightarrow RCO_2R'' + R'OH$
16-66	$RCOX + R'COO^- \longrightarrow RCOOCOR'$
10-21	$RCOX + H_2O_2 \longrightarrow RCO_3H$
16-69	$RCOX + R'SH \longrightarrow RCOSR'$
16-72	$RCOX + NHR'_2 \longrightarrow RCONR'_2$ (R'=H, 烷基, 芳基)
16-73	$RCOOCOR + NHR'_2 \longrightarrow RCONR'_2$ (R'=H, 烷基, 芳基)
16-74	$RCOOH + NHR'_2 \xrightarrow{\text{偶合试剂}} RCONR'_2$ (R'=H, 烷基, 芳基)
16-75	$RCO_2R' + NHR'_2 \longrightarrow RCONR'_2$ (R'=H, 烷基, 芳基)
16-79	$RCOOH + SOCl_2 \longrightarrow RCOCl$
19-39	$RCOX + LiAlH(O-t-Bu)_3 \longrightarrow RCHO$
19-41	$RCONR'_2 + LiAlH_4 \longrightarrow RCHO$
16-81	$RCOX + R_2CuLi \longrightarrow RCOR'$
16-85	$2 RCH_2CO_2R' \longrightarrow RCH_2COCHRCO_2R'$

① 未标出催化剂。

16.2 反应

本章的许多反应都是简单的对碳-杂原子多重键的加成，当两个基团都加上时反应就完成了。但在许多其它情况下也有后续反应发生。通常分为两类：

类型 A

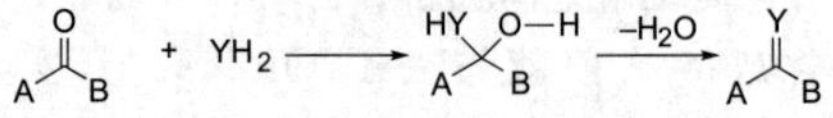

类型 B

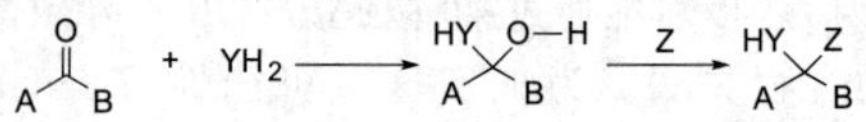

在类型 A 中，加成产物失去水（如果加成到 C=NH 上，则失去氨，依此类推），反应净结果是 C=Y 取代 C=O（或 C=NH 等）。在类型 B 中，有一个快速的取代，OH（或 NH_2 等）被另一个基团 Z 取代，Z 常常是另一个 YH。这个取代反应多数是亲核取代，因为 Y 通常有一对未共用电子对，这种化合物很容易发生 S_N1 反应[参见 10.7.1 节（2）]，即使结构中含有差的离去基团，如 OH 或 NH_2。在这一章，我们将根据什么反应物种先加成到碳-杂原子多重键来分类反应，即使后续反应很快以至于不可分离出起始加成物。

本章讨论的大多数反应都是可逆的。许多情

况下，我们将在同一部分中讨论正向和逆向反应。有些其它反应的逆反应在其它章里讨论。还有一些情况是，在这章的某个反应是另一个反应的逆反应（如反应 **16-2** 和 **16-13**）。对于可逆反应，可以应用微观可逆性原理（参见 6.8 节）。

我们将首先讨论氢或金属离子（或磷或硫）加成到杂原子上的反应，然后讨论碳加成到杂原子上的反应。对每一个基团，反应根据亲核试剂的性质来分类。对异氰的加成具有不同的特点，我们接着对此种反应进行讨论。酰基取代反应按照四面体机理进行，大多涉及羧酸衍生物的反应，将在最后讨论。

16.2.1 氢或金属离子加成到杂原子上的反应

16.2.1.1 OH 的进攻（加成 H_2O）

16-1 水加成到醛和酮上：形成水合物

O-氢-C-羟基-加成

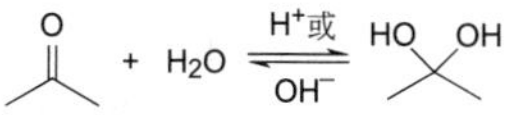

水加成到醛或酮上形成的加成物称为水合物或偕二醇[38]。这些化合物通常只在水溶液中稳定，蒸馏时发生分解；这是因为平衡朝羰基化合物方向发生了移动，通常通过形成烯醇而异构化成羰基化合物。平衡的位置主要取决于水合物的结构。因此，在 20℃ 时甲醛在水中 99.99% 以水合物形式存在，乙醛为 58%，而丙酮水合物浓度可以忽略[39]。^{18}O 交换实验发现，在酸或碱的催化下，水与丙酮的反应十分迅速，但平衡却偏向丙酮和水[40]。由于甲基是一个给电子（+I）基团，它抑制水合物的形成，可以预料吸电子基团具有相反的效应。事实确实如此。三氯乙醛的水合物[41]是一个稳定的晶体物质。为了使水合物转化为三氯乙醛，必须除去 ^-OH 或 H_2O，但是由于 Cl_3C 基团的吸电子性质，以及由于 α-碳上没脱水形成烯醇所需的 α-氢，除水过程很难进行。有些其它[42]多氯代和多氟代的醛、酮[43]和 α-酮醛也会形成稳定的水合物，环丙酮也如此[44]。在最后的例子中[45]，形成水合物减缓了母体酮的 I 张力（参见 9.2 节）。

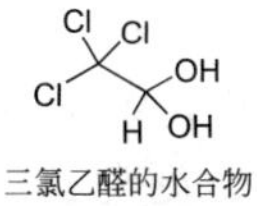

三氯乙醛的水合物  水合环丙酮

反应都受一般酸和一般碱的催化。下面分别给出了碱（B）和酸（BH）催化的机理[46]：

机理（a）

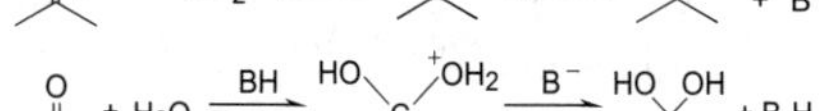

机理（b）

在机理（a）中，当 H_2O 进攻时，碱夺取了一个质子，净结果是加成了 ^-OH。因为在进攻前碱就已经以氢键形式连接到 H_2O 分子上了，所以这一步能发生。在机理（b）中，由于 HB 已经以氢键形式连接到羰基氧上，当水进攻时它就给羰基氧一个质子。通过这种方式，B 和 HB 均可加速反应，这种促进效果的影响甚至超过它们与水反应形成 ^-OH 或 H_3O^+ 所产生的影响。催化剂在一个反应方向给亲电试剂（通常是醛或酮）一个质子，在另一反应方向将之除去，这样的反应称为 e 类反应。催化剂以同样的方式作用于亲核试剂反应称为 n 类反应[47]。因此，酸催化过程是 e 类反应，而碱催化过程是 n 类反应。

酮与 H_2O_2 的反应，参见反应 **17-37**。

对于可逆反应，OS 上没有相关内容，但可以参考 OS Ⅷ，597.

16-2 碳-氮双键的水解[48]

氧-去-烷亚氨基-二取代，等

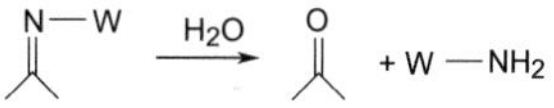

含有碳-氮双键的化合物能水解成相应的醛或酮[49]。亚胺（W＝R 或 H）容易水解，反应在水中进行。当 W＝H 时，相应的亚胺通常不稳定，无法分离，水解反应通常原位进行，不需要分离，席夫碱（W＝Ar）的水解比较困难，需要酸或碱催化。肟（W＝OH）、芳基腙（W＝NHAr）以及缩氨基脲（W＝$NHCONH_2$）也能水解，其中缩氨基脲最容易分解。反应中通常是活泼的醛（如甲醛）与自由的胺加成结合。

许多其它试剂[50]也用于断裂 C＝N 键，特别是那些用酸或碱催化不容易水解的双键，或在这些条件下含有其它可被进攻基团的双键。

肟在一些试剂作用下可被转化为相应的醛或酮[51]，这些试剂有：没有有机溶剂共存的磷酸水溶液[52]，高碘酸[53]，DABCO-Br_2[54]，NBS 水溶液[55]，氯胺 T[56]，吸附在硅胶上的 HCO_2H 并用微波辐射[57]，以及溶有 20% 碘并含有十二烷基磺酸钠（SDS）的水溶液[58]，或溶有 20% 碘的吸附在硅胶上的离子液体[59]。过渡金属化合物可用于该反应，其中包括 Sb[60]、Co[61]、Hg[62]、Bi[63]、Cu[64] 或 Zn[65] 的化合物。氧化剂对于该反应十分有效，例如吸附在 Al_2O_3 上的 $KMnO_4$[66]，四烷基高锰酸铵[67]和重铬酸喹啉盐[68]。碱性 H_2O_2 也可用于该反应[69]。

苯腙在过硫酸氢钾（Oxone）和 $KHCO_3$[70]，聚合物连接的碘鎓盐[71]或含有 $KMnO_4$ 的湿硅胺[72]作用下可被转化为酮。二甲基腙在 $FeSO_4 \cdot 7H_2O$ 的氯仿溶液中[73]，或在含 1% 水的 $Me_3SiCl/NaIBiCl_3$ 的乙腈溶液中[74]，可被转化成相应的酮。一些腙如 RAMP 或 SAMP〔反应 10-68 中的 (4)〕可被 $CuCl_2$ 水溶液水解[75]。对甲苯磺酰基腙可丙酮水溶液和 $BF_3 \cdot OEt_2$[76]，以及其它试剂水解成相应的酮[77]。

缩氨基脲在吸附在氧化铝上的氯铬酸铵[78]、$(Bu_4N)_2S_2O_8$[79]、在湿硅胶上的 $Mg(HSO_4)_2$[80] 或 $SbCl_3$ 用微波辐射[81]可发生裂解反应。

碳-氮双键的水解包括起始水的加成和含氮部分的消除：

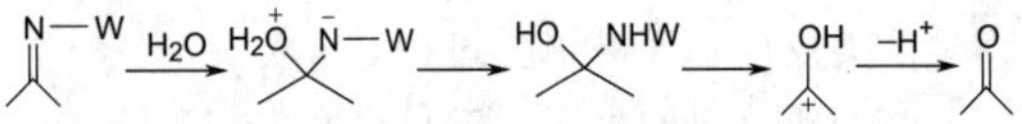

因此这是类型 A 反应（参见前述）的一个例子。显示的反应顺序是普遍适用的[82]，但是在特殊情况下反应的顺序会有所变化，这取决于酸或碱催化或其它条件[83]。哪一步是决速步也取决于酸性、W 基团的性质以及连接在羰基上基团的性质[84]。

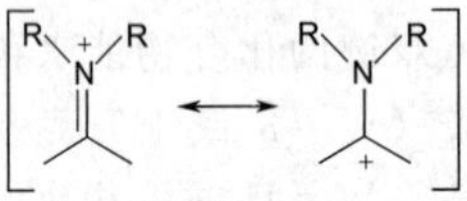

由于碳上带正电荷极限式所作的贡献，亚胺离子 (**10**)[85]估计很容易发生水解。实际上也如此，它们与水在室温下即能反应[86]。烯胺酸催化水解（Stork 反应的最后一步，10-69）涉及亚胺离子的转化[87]。

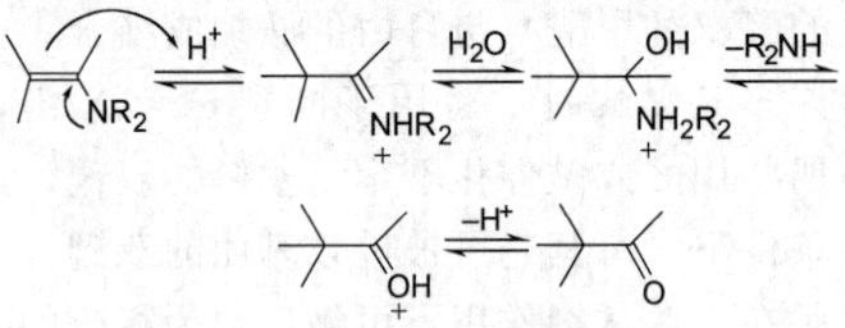

烯胺水解的机理与乙烯基乙醚的水解机理相似（反应 10-6）。

OS I,217,298,318,381；II,49,223,234,284,310,333,395,519,522；III,20,172,626,818；IV,120；V,139,277,736,758；VI,1,358,640,751,901,932；VII,8；**65**,108,183；**67**,33；**76**,23.

OS II,24；IV,819；V,273；VI,910.
OS II,24；IV,819；V,273；VI,910.

16-3 脂肪族硝基化合物的水解
氧-去-氢,硝基-二取代

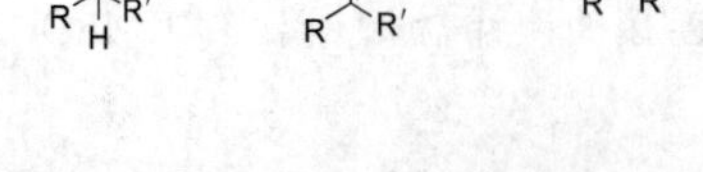

用硫醇处理一级或二级脂肪族硝基化合物的共轭碱，可分别将其水解成为醛或酮。这个反应被称为 Nef 反应[88]。三级脂肪族硝基化合物不发生此反应，因为它们不能转化为相应的共轭碱。如反应 16-2，这个反应包含了 C=N 双键的水解。可能的机理为首先形成硝基化合物的酸式 (**11**)[89]：

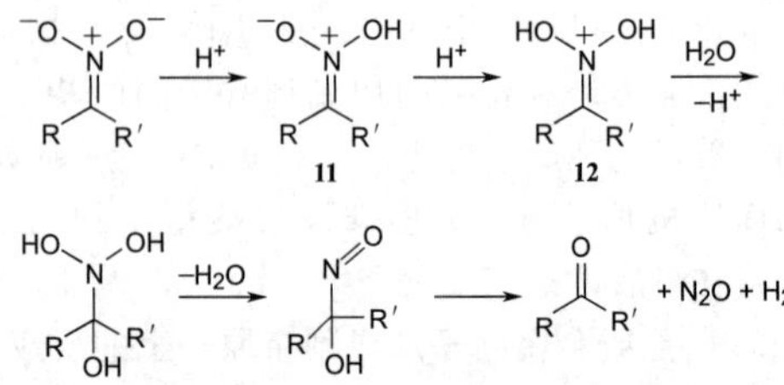

在有些情况下已经分离得到了中间体 **12**[90]。

通过一些改进的方法，使得硝基化合物转化为醛或酮的产率更高，副反应更少[91]。这些方法有：用离子液体中的碱性 H_2O_2[92]、30% H_2O_2-K_2CO_3[93]、DBU 的乙腈溶液[94]或 CAN[95]处理硝基化合物。

当一级硝基化合物未先转化为共轭碱而直接用硫酸处理时，它们将生成羧酸。异羟肟酸是反应中间体，可以分离出来，所以这也是一个制备它们的方法[96]。无论是 Nef 反应还是羟胺酸过程都存在酸形式，产物的不同是由于酸性的改变，例如，硫酸的浓度从 2mol/L 变化到 15.5mol/L 时，相应的产物随之从醛变到异羟肟酸[97]。异羟肟酸反应的机理还不很明确，但是由于反应需要高的酸性，可能是硝基化合物质子化的酸形式进一步被质子化了。

OS VI,648；VII,414；另见 OS IV,573.

16-4 腈的水解
N,N-二氢-C-氧-双加成

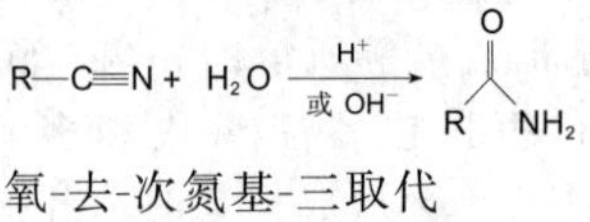

羟基,氧-去-次氮基-三取代

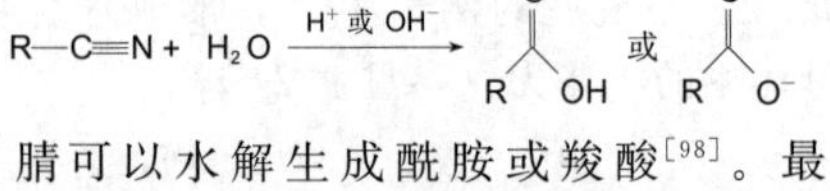

腈可以水解生成酰胺或羧酸[98]。最初形成的是酰胺，但由于酰胺在酸或碱作用下也会发生水解，因此羧酸是更常见的产物。如果需要得到酸[99]，应选择含有约 6%～12% H_2O_2 的 NaOH 水溶液，但是也经常使用酸催化水解，腈与 TFA-乙酸-硫酸反应，而后用水处理可生成相应的酰胺[100]。腈在异丙醇水溶液中用 Rh 催化水解也生成酰胺[101]。有人报道过腈的"干"水解[102]。腈在腈水解酶（Zm-NIT2）的催化下水解生成酰胺的反应已有报道[103]。通过使用四氯或四氟邻苯二甲酸，可以将腈水解成羧酸，而分子中同时存在的羧酸酯可不受影响[104]。

腈醇［RCH(OH)CN］的水解通常在酸性条件下进行，因为碱性溶液会使腈醇转化为醛和CN^-，这是一个不希望发生的竞争反应。然而，在碱性条件下使用硼砂或碱性硼酸盐，腈醇也发生水解[105]。

有许多办法可将反应终止在酰胺阶段[106]，如：使用浓硫酸；使用 2 倍量的三甲基氯硅烷而后用水处理[107]；使用混有 PEG-400 的 NaOH 溶液并用微波辐照[108]；吸附在中性氧化铝上加热[109]；以及用干燥的 HCl 处理而后加水。利用水和某些金属离子或配合物[110]（包括 In[111]、Au[112]或 Ru 催化剂[113]）也得到同样的结果。还可以使用其它试剂，如 MnO_2/SiO_2 并用微波辐照[114]，或乙酸中 $Hg(OAc)_2$[115]。硝酸铁与胺反应生成酰胺[116]。

在微波辐照下，腈在甲醇中与硫化铵［$(NH_4)_2S$］反应可被转化为硫代酰胺［ArC(=S)NH_2］[117]。用五硫化磷与腈反应也可以制备硫代酰胺[118]。

硫氰酸酯也可以用相似的反应转化为硫代氨基甲酸酯[119]：$RS-C\equiv N + H_2O \rightarrow RS-CO-NH_2$。氨腈（cyanamide）水解生成胺，胺是由不稳定的氨基甲酸中间体分解产生的：$R_2NCN \rightarrow [R_2NCOOH] \rightarrow R_2NH$。

OS Ⅰ,21,131,201,289,298,321,336,406,436,451；Ⅱ,29,44,292,376,512,586（也可以参见 Ⅴ,1054），588；Ⅲ,34,66,84,88,114,221,557,560,615,851；Ⅳ,58,93,496,506,664,760,790；Ⅴ,239；Ⅵ,932；**76**,169；另见 OS Ⅲ,609；Ⅳ,359,502；**66**；142。

16.2.1.2 OR 的进攻（加成 ROH）
16-5 醇和硫醇加成到醛和酮上
二烷氧基-去-氧-双取代
二烷硫基-去-氧-双取代

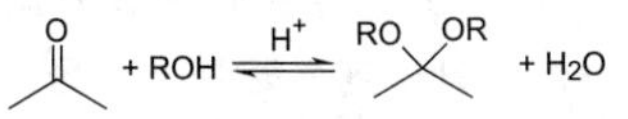

$$\text{C=O} + ROH \underset{}{\overset{H^+}{\rightleftharpoons}} RO-C-OR + H_2O$$

在酸催化下，醛和酮与醇作用分别生成缩醛和缩酮[120]。Lewis 酸如 Ti[121]、Cu[122]、In[123]、Ru[124]或 Co[125]的化合物，可以与醇结合使用。有机催化剂可在无酸催化时催化该反应[126]。这个反应是可逆的，缩醛和缩酮在酸的作用下发生水解[127]。对于小的无支链的醛，反应平衡偏向右侧。如果想制备缩酮或较大分子的缩醛，必须使平衡发生移动，通常采用除水的方法。可以通过共沸蒸馏、普通蒸馏或利用诸如 Al_2O_3 或分子筛等干燥剂完成除水[128]。碱既不催化正向反应，也不催化逆向反应，因此大多数缩醛和缩酮对碱十分稳定，但是很容易被酸水解。因此这个反应是保护醛或酮不受碱进攻的一个有用的方法。这个反应的范围很广。

大多数醛可以容易地转化为缩醛[129]。对于酮，这个过程要困难些，可能是由于立体的原因，反应经常失败，但是很多缩酮，特别是从环酮的缩酮，还是可以用这种方式制备[130]。反应物中的许多官能团不受反应影响。1,2-和1,3-二醇形成环状缩醛和环状缩酮（分别是1,3-二氧戊环[131]和1,3-二氧六环[132]），这些醇常被用于保护醛和酮。手性的二氧环烷可以使用手性二醇制备[133]。二氧环烷也可从酮在离子液体中制备[134]。在甲醇中 NaBr 的作用下，通过电解可将酮转化为二甲基缩酮[135]。分子内反应也能发生，含有酮、二醇或醛、二醇的分子通过该反应生成二环缩酮或缩醛。

许多试剂如酸性水溶液可将缩醛或缩酮转化为醛或酮。在微波辐射下与水共热可将缩醛转化为相应的羰基化合物[136]。Bi[137]的过渡金属化合物也可催化这个反应。

生成缩醛或缩酮的反应机理中最初形成半缩醛[138]，这个反应是缩醛水解的逆过程：

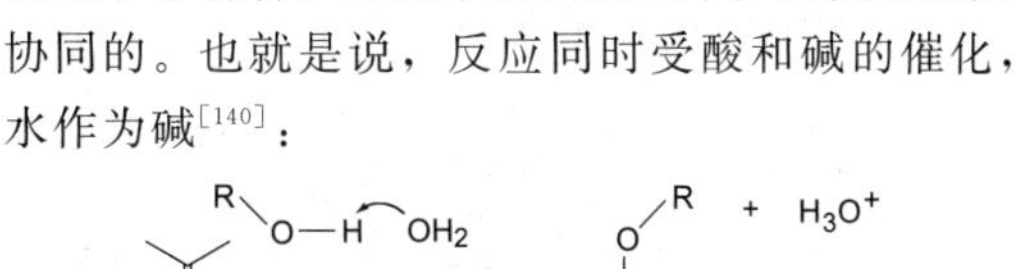

$$\text{R-CO-R} \underset{}{\overset{H^+}{\rightleftharpoons}} \text{OH} \underset{}{\overset{ROH}{\rightleftharpoons}} \text{HO-C-OR} \underset{}{\overset{-H^+}{\rightleftharpoons}} \text{HO-C-OR} \underset{}{\overset{-H^+}{\rightleftharpoons}} \text{半缩醛}$$

$$\text{H}_2\overset{+}{\text{O}}\text{-C-OR} \underset{}{\overset{-H_2O}{\rightleftharpoons}} \overset{+}{\text{C-OR}} \underset{}{\overset{ROH}{\rightleftharpoons}} \text{RHO-C-OR} \underset{}{\overset{-H^+}{\rightleftharpoons}} \text{RO-C-OR}$$

在一项酸催化半缩醛形成的研究中，Grunwald[139]的研究结果表明，实验数据与这样一种机理非常吻合，即图中所示的三个步骤实际上是协同的。也就是说，反应同时受酸和碱的催化，水作为碱[140]：

半缩醛本身并不比相应的水合物（16-1）稳定。如果原料的醛或酮有一个 α-氢，水可以以这种方式脱离出来，因此可以采用该方法制备烯醇醚：

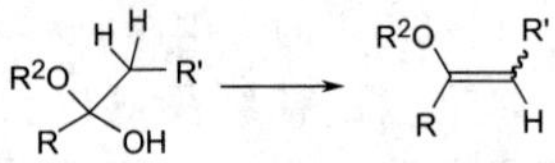

类似地，与酸酐和催化剂作用，也能得到烯醇酯（参见 **16-6**）[141]。与水合物一样，环丙酮的半缩酮[142]、多氯代和多氟代醛和酮的半缩醛和半缩酮十分稳定。

当用分子量更大的醇处理缩醛或缩酮时，可能发生缩醛交换反应（transacetalation）（参见 **10-13**）。另一种类型的缩醛交换反应是，在酸催化剂存在下用缩醛、缩酮或用原酸酯处理醛或酮，能将这些醛或酮转化为另一种缩醛或缩酮[143]。以原酸酯为例，反应如下：

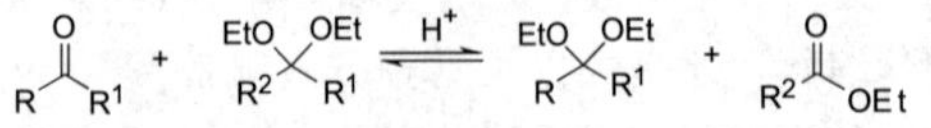

这个方法对于将酮转化成缩酮特别有用，因为酮与醇直接反应的结果通常不好。另一种方法是，底物在三甲基硅基三氟甲磺酸酯存在下与烷氧基硅烷（ROSiMe$_3$）发生反应[144]。

1,4-二酮与酸反应得到呋喃。这实际上是分子内醇与酮的加成，因为发生加成时起作用的是烯醇。甲酸与醇反应得到原甲酸酯。

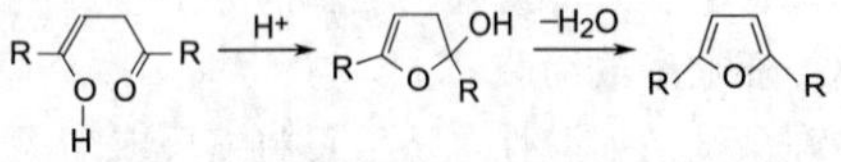

类似地，1,5-二酮反应得到吡喃，共轭 1,4-二酮（例如 1,4-二苯基-2-丁烯-1,4-二酮）在微波辐射下与甲酸、5% Pd-C、PEG 200 及硫酸催化剂反应，可转化为 2,5-二苯基呋喃[145]。要注意的是，炔酮在乙酸钯（Ⅱ）作用下可转化为呋喃[146]。

OS Ⅰ,1,298,364,381；Ⅱ,137；Ⅲ,123,387,502,536,644,731,800；Ⅳ,21,479,679；Ⅴ,5,292,303,450,539；Ⅵ,567,666,954；Ⅶ,59,149,168,177,241,271,297；Ⅷ,357；另见 OS Ⅳ,558,588；Ⅴ,25；Ⅷ,415.

16-6 醛和酮的酰化

O-酰基-*C*-酰氧基-加成

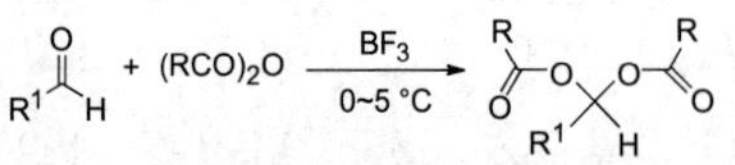

醛在质子酸[147]、NBS[148]、硝酸铈铵[149]、BF$_3$、LiBF$_4$[150]，以及 Fe[151]、In[152]、Cu[153]、Bi[154]、W[155] 或 Zr[156] 的 Lewis 酸化合物存在下与酸酐作用可转化为缩羰基酯（acyal）。*N*-氯代琥珀酰亚胺与硫脲一同使用是该反应非常有效的催化剂[157]。负载于硅胶上的高氯酸对于缩羰基酯的制备也非常有用[158]。共轭醛与乙酸酐在 FeCl$_3$ 催化下反应可转化为相应的缩羰基酯[159]。这个反应通常不适用于酮，但是据报道，当试剂为三氯乙酸酐时，无催化剂条件下用酮反应得到了缩羰基酯，这是一个例外[160]。

OS Ⅳ,489.

16-7 醇的还原烷基化

C-氢-*O*-烷基-加成

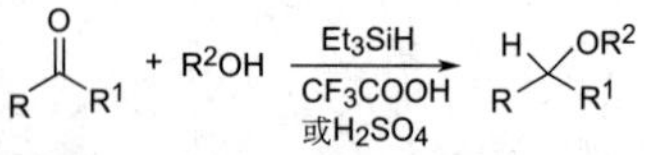

在强酸存在下与醇、三乙基硅烷反应[161]，或在 Pt 催化剂存在下在醇酸中氢化[162]，可将醛和酮转化为醚。这个过程可以认为是醇加成得到半缩醛 RR^{1}C(OH)OR^2，然后将 OH 还原。在这方面，这个反应与 **16-17** 相似。缩醛与醛在 Fe 催化下[163]，或在离子液体中[164]反应得到高烯丙基醚。醛与烯丙基三乙氧基硅烷在 In 催化下反应生成相应的醚[165]。

两分子醛或酮还原二聚也可以得到醚（如环己酮变为二环己基醚），底物与三烷基硅烷和催化剂作用即可完成这个反应[166]。

16-8 醇加成到异氰酸酯

N-氢-*C*-烷氧基-加成

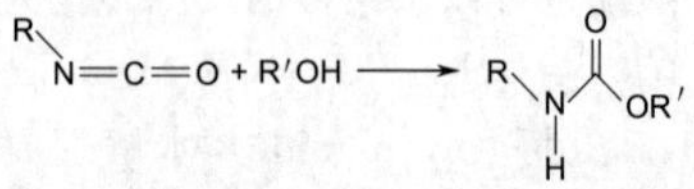

异氰酸酯与醇反应，得到氨基甲酸酯（取代的脲烷，即取代的氨基甲酸乙酯）。这是一个很好的反应，反应范围十分广泛，产率很高。异氰酸（HNCO）发生该反应可以得到未取代的氨基甲酸酯。再加成另外 1 mol 的 HNCO 得到脲基甲酸酯（allophanates）。

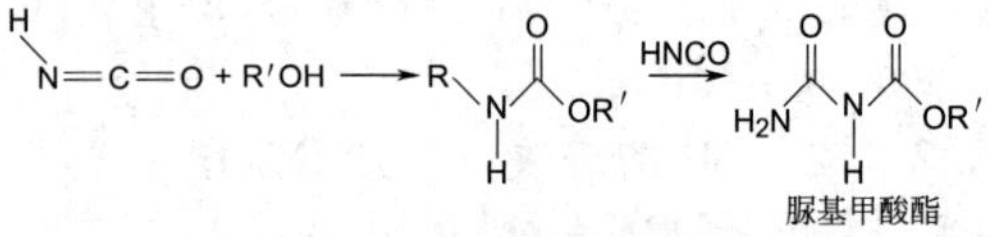

脲基甲酸酯

异氰酸酯可由胺与草酰氯反应原位生成，其与 HCl 反应后再与醇反应生成氨基甲酸酯[167]。将含有两个 NCO 基的化合物与含有两个羟基的化合物反应，可以得到多聚脲烷。异氰酸酯与氧杂环丁烷在 Pd 催化剂存在下反应，可生成环状氨基甲酸酯，如 1,3-噁嗪-2-酮[168]。异硫氰酸酯发生类似反应，得到硫代氨基甲酸酯（RNHC-SOR′）[169]，但是它们的反应比相应的异氰酸酯慢。异氰酸酯与 LiAlHSeH 反应，而后与碘甲烷反应，生成相应的硒代氨基甲酸酯（RNH-COSeMe）[170]。

人们并不清楚反应机理的细节[171]，但是醇的氧原子确实进攻异氰酸酯的碳。氢键的存在增加了动力学性质的复杂性[172]。ROH 与异氰酸酯的加成[173]在光照下可被金属化合物催化[174]，对于叔醇来说，则可被烷氧基锂[175]或正丁基锂[176]催化。

OS I, 140; V, 162; VI, 95, 226, 788, 795.

16-9 腈的醇解

烷氧基，氧-去-次氮基-三取代

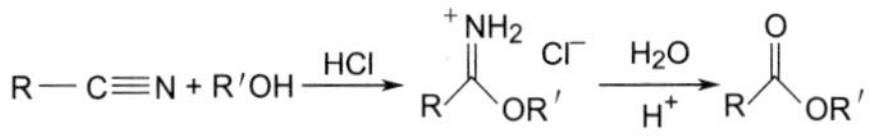

$$R-C\equiv N + R'OH \xrightarrow{HCl} \underset{OR'}{\overset{+NH_2}{R-C}} Cl^- \xrightarrow[H^+]{H_2O} \underset{OR'}{\overset{O}{R-C}}$$

在无水条件下将干燥的 HCl 通入腈和醇的混合物中，可生成亚胺酯（imino ester，或 imidate，或 imino ether）的盐酸盐。这个反应被称为 Pinner 合成[177]。用弱碱如碳酸氢钠处理这种盐酸盐，可将其转化成游离的亚胺酯，也可以在水和酸催化下水解成相应的羧酸酯。如果想要得到羧酸酯，在反应的初期就必须有水，可以用 HCl 水溶液，而无需用 HCl 气体。用碱催化也可以从腈制备亚胺酯[178]。

这个反应的适用面非常广，脂肪族、芳香族和含杂环 R 基以及带有含氧官能团的腈都可以反应。以含有一个羧基的腈为底物的反应是合成二羧酸单酯的好方法，这种方法可以将某个基团酯化，而不生成二酯或二酸。

氯化氰与醇在酸（如干燥的 HCl 或 AlCl$_3$）催化下反应，得到氨基甲酸酯[179]：

$$ClCN + 2ROH \xrightarrow[\text{或 AlCl}_3]{HCl} ROCONH_2 + RCl$$

醇 ROH 也可以以其它方式加成到腈上（反应 **16-91**）。

OS I, 5, 270; II, 284, 310; IV, 645; VI, 507; VIII, 415.

16-10 碳酸酯和黄原酸盐的生成

二-C-烷氧基-加成；S-金属-C-烷氧基-加成

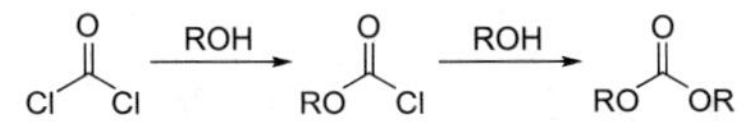

$$\underset{Cl}{\overset{O}{Cl}} \xrightarrow{ROH} \underset{Cl}{\overset{O}{RO}} \xrightarrow{ROH} \underset{OR}{\overset{O}{RO}}$$

光气与醇反应生成氯甲酸酯，再与另一分子醇反应生成碳酸酯。这个反应与 16-98 中酰卤的酰基加成反应很类似。一个重要的例子是从光气和苄醇反应制备苄氧羰基氯（PhCH$_2$OCOCl；CbzCl）。CbzCl 与胺反应的产物是氨基甲酸苄酯（N-Cbz），N-Cbz 在多肽合成中被广泛用于氨基的保护。在 Cs$_2$CO$_3$ 和四丁基碘化铵存在下，醇与某些烷基卤化物（如苄基氯）和 CO$_2$ 反应生成混合碳酸酯[180]。

在碱的存在下，醇可以加成到二硫化碳上生成黄原酸盐[181]。碱通常为 HO$^-$，但有些时候使用二甲亚砜负离子（MeSOCH$_2^-$）会得到更好的结果[182]。如果存在卤代烷 RX，则能直接形成黄原酸酯（ROCSSR'）。类似地，烷氧基离子加成到 CO$_2$ 上得到碳酸酯盐（ROCOO$^-$）。

OS V, 439; VI, 207, 418; VII, 139.

16.2.1.3 硫亲核试剂

16-11 H$_2$S 和硫醇加成到羰基化合物上

O-氢-C-巯基-加成，硫-去-氧-二取代，二巯基-去-氧-二取代，及羰基-三噻烷转化

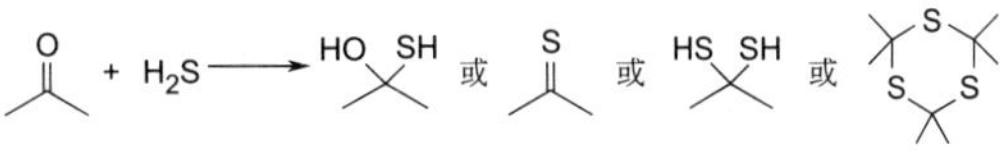

$$\underset{}{\overset{O}{\diagup\diagdown}} + H_2S \longrightarrow \underset{13}{\overset{HO\;SH}{\diagup\diagdown}} \text{ 或 } \underset{14}{\overset{S}{\diagup\diagdown}} \text{ 或 } \underset{15}{\overset{HS\;SH}{\diagup\diagdown}} \text{ 或 } \underset{16}{\overset{S\diagdown\diagup S}{\underset{S}{\diagdown\diagup}}}$$

H$_2$S 加成到醛或酮上可生成各种产物。最常见的产物是三噻烷（**16**）[183]。偕二硫醇（**15**）比相应的水合物或 α-羟基硫醇要稳定得多[184]，它们可由酮与 H$_2$S 加压反应[185]或在温和的条件下以 HCl 为催化剂反应[186]制备。该反应的更大用途是通过硫醇与醛或酮的加成得到半缩硫醛 [CH(OH)SR] 和缩硫醛 [CH(SR)$_2$]（反应 **16-5**）。但该反应不是制备硫酮（**14**）的良好方法。α-羟基硫醇（**13**）可以从多氯代和多氟代醛和酮制备得到[187]。显然，偕羟基硫醇（如 **13**）相当不稳定，很难制备。

硫醇与醛或酮加成起初生成半缩硫醛和缩硫醛。半缩硫醛一般不稳定[188]，但是却比相应的半缩醛稳定，在某些情况下可以分离出来[189]。分离得到的反应产物最常见的是缩硫醛，该物质和与醇反应得到的缩醛一样，在碱中稳定。但是，足够强的碱可以夺取其硫原子间碳原子上的氢（−S−CHR−S−）[190]而生成相应的碳负离子（参见反应 **10-71**）。这种氢的 pK_a 通常为 31～37[191]，需要很强碱的作用，而且去质子化十分缓慢。醛或酮与硫醇反应常用 Lewis 酸作催化剂，如三氟化硼-乙醚（BF$_3$·OEt$_2$）[192]，反应生成缩硫醛[193]或缩硫酮。缩硫醛还可以用醛或酮与硫醇在 TiCl$_4$[194]、SiCl$_4$[195]、LiBF$_4$[196]、Al(OTf)$_3$[197]或在二氯甲烷中与硅胶混合的对甲苯磺酸[198]的存在下反应制备，或通过草酸促进的反应[199]制备。类似地，采用 1,2-乙二硫醇或 1,3-丙二硫醇反应可以得到 1,3-二硫代戊烷（**17**）[200]或 1,3-二硫代己烷[201]。3-(1,3-二硫代-2-烯)戊烷-2,4-二酮 [3-(1,3-dithian-2-ylidene) pentane-2,4-dione]可用作在水中进行反应的硫代缩醛化试剂[202]。

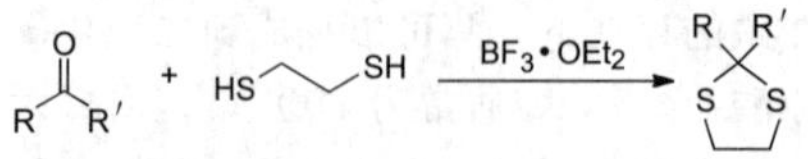

$$RCOR' + HSCH_2CH_2SH \xrightarrow{BF_3 \cdot OEt_2} \underset{17}{\text{(dithiolane)}}$$

缩硫醛和缩硫酮可用作醛和酮的保护基，经过在R或R'基团上的反应后，脱保护可生成羰基[203]。将硫保护的羰基转化为羰基的最常用方法是简单的水解，但也可以使用多种试剂完成这个转化[204]。Lewis酸如氯化铝（AlCl$_3$）和汞盐是最常用的试剂（Corey-Seebach方法）[205]。其它的试剂包括含有氧化汞HgO的BF$_3$·OEt$_2$的THF水溶液[206]、硝酸铈铵［Ce（NH$_4$）$_2$-(NO$_3$)$_6$］[207]、氯三甲基硅烷和H$_2$O$_2$[208]、PhI(OAc)$_2$的丙酮水溶液[209]，以及Cu盐[210]。当醛或酮与硫醇-醇反应时，得到的是混合缩醛或缩酮。

混在SiO$_2$上的Caro酸（H$_2$SO$_5$）可使硫代酰胺转化为酰胺[211]。例如，采用2-巯基乙醇（HSCH$_2$CH$_2$OH）反应可得到氧硫杂环戊烷[212]，采用3-巯基丙醇（HSCH$_2$CH$_2$CH$_2$OH）反应可得到氧硫杂环己烷。此外，缩硫醛可以用Raney镍脱硫（14-27），最终结果是将C＝O转化为CH$_2$（19-70）。

硫酮（14）可以从某些酮制备得到，如二芳基酮与H$_2$S和酸催化剂（通常为HCl）反应。它们通常不稳定，易三聚（生成16）或与空气反应。硫醛[213]不如硫酮稳定，结构也更简单[214]，还从未被分离得到过。但是在溶液中制备出了t-BuCHS，它在20℃能存在数小时[215]。若要高产率地合成硫酮，可以用非环酮[216]与2,4-双(4-甲氧基苯基)-1,3,2,4-二硫二磷-2,4-二硫化物[217]（18，即Lawesson试剂）[218]，硫酮也可以用酮与P$_4$S$_{10}^{[219]}$、P$_4$S$_{10}$和六甲基二硅氧烷[220]、吸附在氧化铝上的P$_4$S$_{10}^{[221]}$反应制备，还可以从肟或各种腙制备（总的转化为C＝N→C＝S）[222]。化合物18可以将酰胺和羧酸酯[223]的C＝O基团转化为C＝S基团[224]。类似地，内酯与18在六甲基二硅氧烷存在下通过微波辐射，可反应生成硫代内酯[225]。

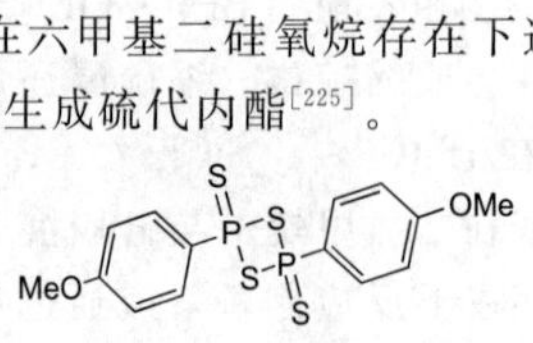

<chemical structure: 4-MeO-C6H4 group connected to P=S/S-P=S/S ring with another 4-MeO-C6H4 group, labeled 18>

也可用其它试剂完成这个转化，如采用POCl$_3$，然后用S(TMS)$_2$处理，可将内酰胺转化为硫代内酰胺[226]；用三氟酸酐处理然后再与H$_2$S[227]或与S(NH$_4$)$_2$水溶液[228]反应，可将酰胺转化为硫代酰胺。无溶剂条件下与PSCl$_2$/H$_2$O/Et$_3$N进行微波辅助的反应也得到同样的结果[229]。利用P$_4$S$_{10}$和一级醇R'OH[231]，可以将羧酸（RCOOH）以中等的产率直接转化为二硫代羧酸酯（RCSSR'）[230]。

如果醛或酮具有α-氢，那么在TiCl$_4$存在下与硫醇作用，可以转化为相应的烯醇硫醚（19）[232]。醛或酮与硫醇和吡啶-硼烷作用，通过类似于16-7的还原烷基化反应转化为硫化物：RCOR^1 + R^{2}SH → RR^{1}CHSR^2 [233]。

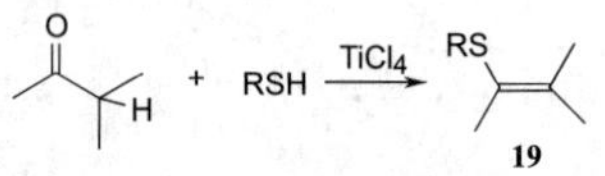

$$\underset{H}{\overset{O}{\|}}{\overset{}{C}}\text{—} + RSH \xrightarrow{TiCl_4} \underset{19}{\overset{RS}{\underset{}{\diagup}}{\overset{}{C}}=}$$

OS Ⅱ，610；Ⅳ，927；Ⅵ，109；Ⅶ，124，372；另见OS Ⅲ，332；Ⅳ，967；Ⅴ，780；Ⅵ，556；Ⅷ，302。

16-12 亚硫酸根加成产物的形成

O-氢-C-亚硫酸-加成

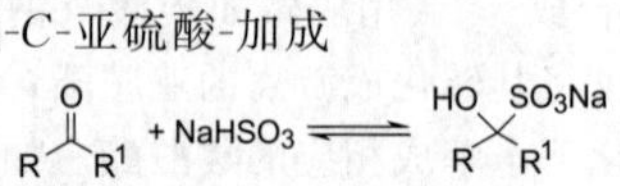

$$\underset{R}{\overset{O}{\|}}{\overset{}{C}}{-}R^1 + NaHSO_3 \rightleftharpoons \underset{R}{\overset{HO}{\underset{}{\diagup}}}{\overset{SO_3Na}{\underset{}{\diagdown}}}{-}R^1$$

亚硫酸根加成产物由醛、甲基酮、环酮（通常是七元环或更小的环酮）、α-酮酯以及异氰酸根与亚硫酸氢钠反应得到。多数其它酮不能发生这个反应，这可能是由于位阻的影响。这个反应是可逆的（加成产物用酸或碱处理即可发生逆向反应）[234]。该反应在纯化起始化合物时很有用，因为加成产物能溶于水而许多杂质却不溶于水[235]。

OS Ⅰ，241，336；Ⅲ，438；Ⅳ，903；Ⅴ，437。

16.2.1.4 被NH$_2$、NHR或NR$_2$进攻（NH$_3$、RNH$_2$或R$_2$NH的加成）

16-13 胺与醛、酮的加成

烷基氨基-去-氧-双取代

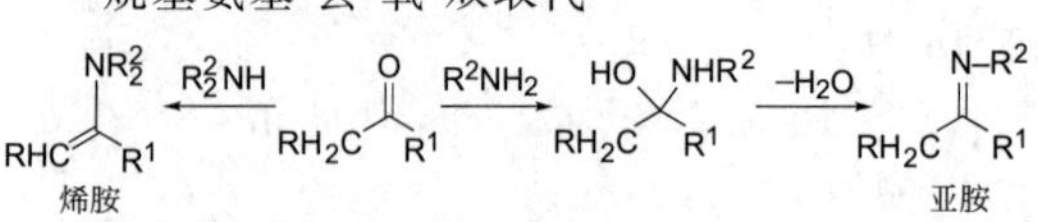

$$\underset{烯胺}{\underset{RHC}{\overset{NR_2^2}{\|}}{\overset{}{C}}{-}R^1} \xleftarrow{R^2NH} \underset{RH_2C}{\overset{O}{\|}}{\overset{}{C}}{-}R^1 \xrightarrow{R^2NH_2} \underset{RH_2C}{\overset{HO}{\underset{}{\diagup}}}{\overset{NHR^2}{\underset{}{\diagdown}}}{-}R^1 \xrightarrow{-H_2O} \underset{亚胺}{\underset{RH_2C}{\overset{N-R^2}{\|}}{\overset{}{C}}{-}R^1}$$

氨与醛或酮的加成[236]通常得不到有用的产物。根据类似亲核试剂的反应模式，反应最初的产物应该是半缩醛胺（hemiaminals）[237]，但这些化合物一般不稳定。大多数在氮原子上带一个氢的亚胺会自动聚合[238]。

与氨相反，伯、仲、叔胺可以与醛[239]和酮加成，生成不同类型的产物，伯胺反应得到亚胺[240]，而仲胺反应得到烯胺（参见10-69）。这些亚胺很稳定，可以被分离出。然而在有些情况下，特别是带有简单的R基团时，它们很快分解或聚合，除非氮原子或碳原子上至少有一个芳基。当分子中有一个芳基时，这种化合物十分稳定。它们通常被称为席夫（Schiff）碱。这个反应是制备席夫碱的最好方法[241]。反应直接，产率高，甚至可以制备有立体位阻的亚胺[242]。最初形成的 N-取代半缩醛胺[243]脱水得到稳定的席夫碱。

一般来说，酮的反应比醛慢，常常需要更高的温度和更长的反应时间[244]。此外，通常需要通过共沸蒸馏，利用干燥剂如 $TiCl_4$[245] 或用分子筛除去水，使平衡发生移动[246]。醛和胺可以在离子液体中反应生成亚胺[247]。

这个反应常常用于闭环反应[248]。Friedländer 喹啉合成法[249]就是一个例子：邻烯基苯胺衍生物通过这个反应生成喹啉（**20**）[250]。烯烃衍生物可由醛与相应的官能团化的叶立德原位生成[251]。吡喃鎓离子与氨或伯胺反应得到吡啶离子（参见反应 **10-57**）[252]。伯胺与 1,4-二酮可在微波辐照下反应，生成 N-取代吡咯[253]。据报道，在蒙脱石 KSF 存在下[254]或通过反应物与对甲苯磺酸简单共热[255]可发生类似的反应。

仲胺与酮反应生成烯胺（参见 **10-69**）[256]。当将仲胺加到醛或酮中时，最初形成的 N,N-二取代的半缩醛胺（**21**）不能以与伯胺相同的方式失去水，这是由于形成的亚胺离子中间体的氮原子上没有氢，因而可以将它们分离出来[257]。然而，它们通常不稳定，在反应条件下通常会进一步反应。如果结构中没有 α-氢，**21** 转化为更稳定的缩醛胺（aminal）（**22**）[258]。但是，如果有 α-氢，**21** 将失去水而 **22** 将失去 RNH_2，形成烯胺 **24**[259]。

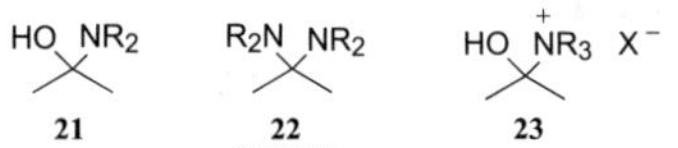

这是制备烯胺的最常用方法[260]，通常将含有 α-氢的醛或酮用仲胺处理[261]，即可获得所需的产物。通常用共沸或干燥剂除去水[262]，也可以用分子筛[263]。硅烷基氨基甲酸酯（如 $Me_2NCO_2SiMe_3$）可用于将酮转化为烯胺[264]。已经制备了稳定的一级烯胺[265]。在水中使用低分子量的胺[266]或在硅胶上用微波辐射[267]条件下，二酮与仲胺反应制得了烯胺酮。在 AgI 存在下 100℃ 加热[268]，或在含 AgI 的离子液体中[269]，或在 CuI 存在下用微波辐射[270]，或在 Au 催化剂存在下[271]，醛、仲胺和端炔反应可以制得烯胺。

叔胺的反应只能得到盐（**23**）。

OS I，80，355，381；Ⅱ，31，49，65，202，231，422；Ⅲ，95，328，329，332，358，374，513，753，827；Ⅳ，210，605，638，824；Ⅴ，191，277，533，567，627，703，716，736，758，808，941，1070；Ⅵ，5，448，474，496，520，526，592，601，818，901，1014；Ⅶ，8，135，144，473；Ⅷ，31，132，403，451，456，493，586，597；另见 OS Ⅳ，283，464；Ⅶ，197；Ⅷ，104，112，241。

16-14 肼衍生物与羰基化合物的加成

亚肼基-去-氧-双取代

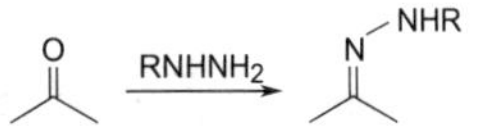

肼与醛或酮缩合的产物被称为腙（hydrazone）。肼只有与芳基酮反应才得到腙。与其它的醛和酮反应，则不能分离得到有用的产物，或者余下的 NH_2 基团会与另一摩尔的羰基化合物缩合得到吖嗪（azine）。这种产物对芳香醛而言特别重要：

ArCH=N—NH_2 + ArCHO ⟶ ArCH=N—N=CHAr
　　　　　　　　　　　　　　　　　吖嗪

然而在有些情况下，用过量肼和 NaOH 处理吖嗪，可将其转化为腙[272]。经常使用芳基肼，特别是苯基、对硝基苯基和 2,4-二硝基苯基[273]，它们能与多数醛和酮反应得到相应的腙[274]。由于这些腙通常是固体，能形成很好的衍生物，在现代光谱学方法发展之前，一般用于衍生物制备的目的。环腙已被报道[275]，此外还有共轭腙[276]。叠氮化合物与 N,N-二甲基肼和氯化铁反应生成 N,N-二甲基腙[277]。烯烃与 CO/H_2、苯肼在二膦催化剂作用下反应，得到苯腙的区域异构体（regiomeric）混合物，其中主要为"反 Markovnikov"加成的产物[278]。与水和肼在乙醇中回流反应，肟可被转化为腙[279]。

α-羟基醛、酮以及 α-二羰基化合物反应得到脎（osazone）。在脎的结构中，两个相邻的碳都含有碳-氮双键：

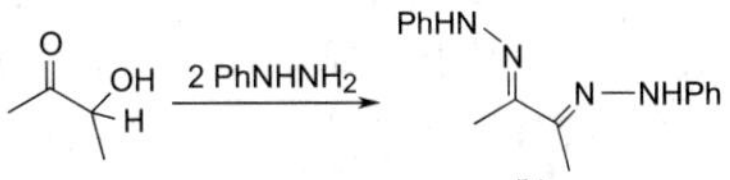

脎在糖化学中特别重要。用苯肼进行脎试

验[280]可用于检验具有相邻手性碳的糖的存在。与之相反，β-二酮和β-酮酯反应分别得到吡唑及吡唑啉酮（以β-酮酯为例），在这种情况下不形成吖嗪。

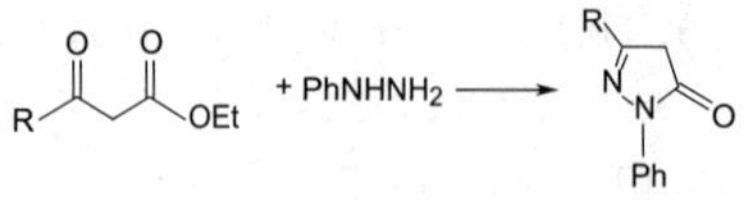

$$\underset{R}{\overset{O\ \ \ O}{\|\ \ \ \|}}\underset{OEt}{\diagdown} + PhNHNH_2 \longrightarrow \underset{\underset{Ph}{N}}{\overset{R}{\diagdown}}\text{吡唑啉酮}$$

另一类经常用于制备相应腙的肼衍生物是氨基脲（semicarbazide，$NH_2NHCONH_2$），这种情况下得到的腙被称为缩氨脲（semicarbazone），其它肼衍生物还有Girard试剂T和P，用这两种试剂制备的腙溶于水，因为结构中有离子化的基团。Girard试剂常常用于纯化羰基化合物[281]。

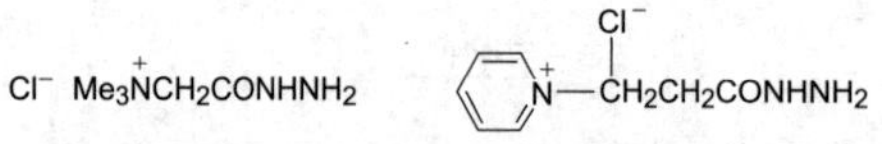

$$Cl^- \ Me_3\overset{+}{N}CH_2CONHNH_2 \qquad \underset{\text{Girard试剂P}}{\overset{+}{\underset{}{N}}-CH_2CONHNH_2 \ Cl^-}$$
Girard试剂T

N上无取代的简单腙可以通过交换反应获得。首先制得N,N-二甲基腙，然后与肼反应[282]：

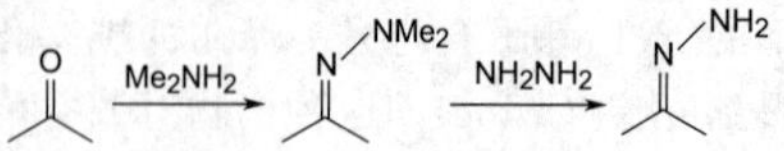

$$\overset{O}{\|} \xrightarrow{Me_2NH_2} \overset{NMe_2}{\|} \xrightarrow{NH_2NH_2} \overset{NH_2}{\|}$$

OS Ⅱ, 395; Ⅲ, 96, 351; Ⅳ, 351, 377, 536, 884; Ⅴ, 27, 258, 747, 929; Ⅵ, 10, 12, 62, 242, 293, 679, 791; Ⅶ, 77, 438; 另见 OS Ⅲ, 708; Ⅵ, 161; Ⅷ, 597.

16-15 肟的形成

羟亚氨基-去-氧-双取代

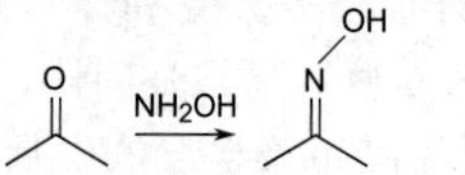

$$\overset{O}{\|} \xrightarrow{NH_2OH} \overset{NOH}{\|}$$

肟可以通过与16-14类似的反应，利用羟胺与醛或酮的加成来制备。也可以使用羟胺的衍生物，如：H_2NOSO_3H 和 $HON(SO_3Na)_2$。对于位阻较大的酮，如 2,2,4,4-四甲基-3-戊酮，反应时需要高压（如10000atm，1013250kPa）[283]。羟胺与非对称的醛或酮反应得到的是(E)-和(Z)-异构体的混合物。对于芳香醛，与K_2CO_3共热得到(E)-异构体，而与$CuSO_4$共热则得到(Z)-羟胺[284]。羟胺与酮的反应可以在离子液体中[285]或在硅胶上[286]进行。

有研究表明[287]，肟形成的速率在某个pH值时达到最大值，具体pH值取决于底物，但通常约为4。pH值大于4或小于4时，反应速率都减慢。在16.1.1节中已经提到，像这样的钟形曲线常常是由决速步的变化引起的。在这类反应中，低pH值时，步骤2是快速的（因为这是酸催化的），步骤1是慢的（是决速步）。这是因为在酸性条件下，大多数NH_2OH分子转化为其共轭离子NH_3OH^+，该离子不能进攻底物。

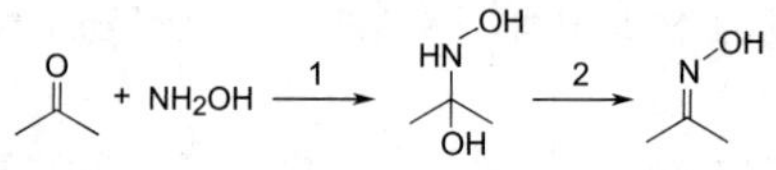

$$\overset{O}{\|} + NH_2OH \xrightarrow{1} \overset{HO\ \ \ NH}{\underset{}{\diagdown\ \ /}} \xrightarrow{2} \overset{NOH}{\|}$$
$$\quad\quad\quad\quad\quad\quad\quad\quad\quad 25$$

随着pH值的缓慢升高，自由NH_2OH的含量增加，反应速率也随之增大，直到pH约为4时反应速率达到最大。由于pH增大会导致步骤1速率的增加，同时又导致酸催化的步骤2速率的降低，但是由于此时步骤2的反应速率仍然比步骤1快，因此在此阶段步骤2速率的减慢并不影响总的反应速率。然而，当pH的值到达约4时，步骤2成为决速步骤，尽管步骤1的速率还在不断增大（直到所有的NH_2OH都被去质子化），但是此阶段步骤2决定反应速率，而此时步骤2由于酸浓度的降低而减慢了。因此，整个反应速率在pH超过4后就随着pH的增大而减慢了。醛及酮与胺、肼和其它含氮亲核试剂的反应也有类似的情况[288]。有证据表明当亲核试剂为2-甲基硫代氨基脲时，决速步有第二次改变：pH超过约10时，碱催化增加了步骤2的反应速率，达到了一个pH值后，步骤1又成为决速步[289]。在pH约为1时，还发现了决速步的第三次变化。这表明，至少在某些情况下，步骤1实际由两步组成：如上所示的两性离子的形成（如$HO\overset{+}{H_2}N{-}C{-}O^-$），以及两性离子转化为25[290]。在$NH_2OH$与乙醛的反应中，已经用NMR检测到中间体25[291]。

OS Ⅰ, 318, 327; Ⅱ 70, 204, 313, 622; Ⅲ, 690; Ⅳ, 229; Ⅴ, 139, 1031; Ⅶ, 149; 另见 OS Ⅵ, 670.

16-16 醛转化为腈

次氮基-去-氢，氧-三取代

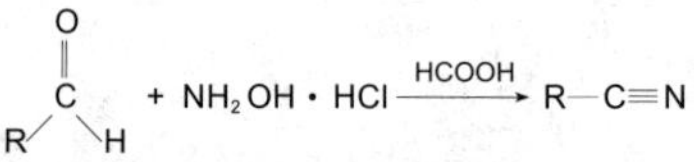

$$\underset{R}{\overset{O}{\underset{H}{\diagdown\ //}}}C \quad + NH_2OH·HCl \xrightarrow{HCOOH} R{-}C{\equiv}N$$

醛可以用羟胺盐酸盐和甲酸[292]、KF-Al$_2$O$_3$[293]或NaHSO$_4$·SiO$_2$并用微波辐照[294]处理，一步转化为腈。芳基醛在N-甲基吡咯烷酮（NMP）中加热反应[295]以及脂肪族醛在干氧化铝上加热反应[296]也都很高效。反应是16-15和17-29的组合。用某些NH_2OH的衍生物，特别是NH_2SO_2OH，也能直接形成腈[297]。通过与羟胺和NaI反应[298]或与某些碳酸酯反应[299]也可将醛转化为腈。另一种方法是用叠氮酸处理醛，但是此时Schmidt反应可能与之竞争（反应 18-16）[300]。反应可采用微波辐射，并使用 $NH_2OH \cdot HCl$ 和其它的试剂，如邻苯二甲酸酐[301]或 H-Y 沸石[302]。醛与羟胺反应，而后与二乙基氯磷酸酯（$EtOPOCl_2$）反应可生成腈[303]。可以使用在 DMSO 中与羟胺一起加热的方法[304]，以及使用羟胺和草酰氯进行反应[305]。叔丁基亚磺酰亚胺也可用于醛到腈的转化[306]。还可使用其它的试剂，如三甲基硅基叠氮化物[307]、羟胺盐酸盐/Mg_2SO_4/TsOH[308]、或 I_2 的氨水溶液[309]。共轭醛与氨、CuCl 及 50% H_2O_2 反应生成共轭腈[310]。醛与邻碘酰苯甲酸（IBX，o-iodoxybenzoic acid）和液氨反应生成腈[311]。也可以使用氨水溶液中的四丁基三溴化铵[312]。在 0℃、二氯甲烷中，三氯异氰尿酸和催化量的 TEMPO（参见 5.3.1 节）可将醛转化为腈[313]。在封管中，通过与 2.2 倍量的 $NaN(SiMe_3)_2$ 在 1,3-二甲基咪唑啉-2-酮中反应，芳香醛可转化为腈[314]。参与反应的醛可以含有羟基取代基。

在一个相关的反应中，伯醇与碘在氨水中反应生成相应的腈[315]。采用 2 倍量的二甲基氨基铝（Me_2AlNH_2）可将羧酸酯转化为腈：$RCO-OR' \rightarrow RCN$[316]。这个过程很像是反应 **16-75** 和 **17-30** 的结合。另见反应 **19-5**。

OS V，656.

16-17 氨或胺的还原烷基化

氢,二烷基氨基-去-氧-双取代

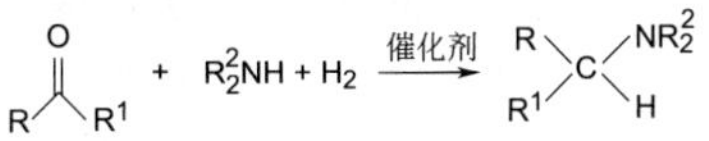

在氢气和氢化催化剂（如 Rh 或 Ir；非均相或均相的）[317]存在下，醛或酮与氨（伯胺或仲胺）反应，发生氨或胺的还原烷基化反应（或羰基化合物的还原胺化）[318]。反应被认为按以下方式进行（这里只列出伯胺的情况，真实的反应过程也可能如此）[319]：

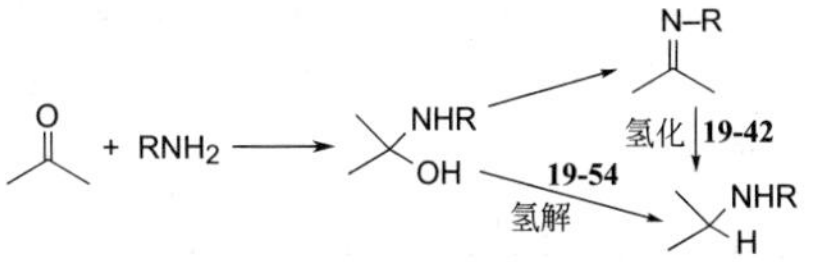

由此可见，醛与胺反应生成亚胺盐（**16-31**），而后可使用 $NaBH_4$ 或多种其它的试剂进行下一步的 C=N 单位的还原（反应 **19-42**）[320]。

许多含有至少五个碳的醛和许多酮用氨和还原剂处理，可以制备得到伯胺。较小的醛常常过于活泼而不能分离出伯胺。

仲胺可以由两种可能的方法制备：2mol 氨与 1mol 醛或酮反应，或者 1mol 伯胺与 1mol 羰基化合物反应，后一方法对芳香醛之外的所有醛的反应效果较好。

叔胺可以通过三种途径制备，通常由伯胺或仲胺制备[321]，但很少采用 3mol 氨与 1mol 羰基化合物反应的方法。

当试剂为氨时，最初生成的产物会再次反应，形成的产物又再次反应，因此仲胺和叔胺常常是副产物。类似地，可由伯胺得到叔胺、还有仲胺。为了减少这种可能性，可用过量的氨或伯胺处理醛或酮（当然除非想得到更高级的胺）。

对于氨和伯胺，有两条可能的途径，但对于仲胺的反应，只可能经过氢解的途径。该反应适用于氨基酸，得到 N-烷基化的氨基酸[322]。其它还原剂[323]可用于替代氢气和催化剂，它们有：硼烷[324]，$PhSiH_3$ 与 2% 的 Bu_2SnCl_2[325]，三乙基硅烷与 Ir 催化剂[326]，或三乙基硅烷与 In 催化剂[327]，Zn 与 HCl 或 Zn（与甲醛发生还原甲基化）[328]，以及聚甲基氢硅氧烷[329]。还可以使用一些负氢离子还原剂，如：$NaBH_4$[330]，$NaBH_4$ 与 $Ti(OiPr)_4$[331]或 $NaBH_4$ 与 $NiCl_2$[332]，$NaBH_4/H_3BO_3$[333]，BER[334]，聚合物固定的三乙基铵乙酰氧基硼氢化物[335]，$LiBH_4$[336]，$ZnBH_4$-N-甲基哌啶[337]，$ZrBH_4$[338]，$NaBH_3CN$[339]，或三乙酰氧基硼氢化钠[340]。醛及伯胺与烯丙基卤化物在 Zn 粉存在下反应，生成高烯丙基（homoallylic）仲胺[341]。Hantzsch 二氢吡啶与 Sc 催化剂一同可以用于反应[342]。使用 Hantzsch 酯的还原胺化有时被称为氢键催化的反应[343]。在纳米 Ni 存在下，醛与胺在异丙醇中通过氢转移而发生还原胺化反应[344]。

甲酸是还原胺化的有效试剂[345]，该过程被称为 Wallach 反应。仲胺与甲酸及 NaH_2PO_4 反应，产物为 N-甲基化的叔胺[346]，微波辐射也可用于该反应[347]。共轭醛与胺/硅胶反应，然后用硼氢化锌还原，可转化为烯胺[348]。在一个特殊的反应中伯胺或仲胺被甲醛和甲酸还原甲基化，这个方法被称为 Eschweiler-Clarke 反应，与多聚甲醛和草酰氯共热发生同样的反应[349]。也可以用氨（或胺）的甲酸盐[350]，或甲酰胺作为 Wallach 反应的替代反应条件，这个方法被称为 Leuckart 反应[351]，在这种条件下，得到的产物常常是胺的 N-甲酰化衍生物，而不是游离的胺。Rh 催化的反应已有报道[352]。

烯丙基硅烷与醛和氨基甲酸酯在 Bi 催化

剂[353]或 $BF_3 \cdot OEt_2$[354]作用下反应,可生成相应的烯丙基 N-氨基甲酰衍生物。在乙烯基醚和 Cu 配合物存在下,芳香胺也可以发生反应,生成 β-氨基酮[355]。芳香胺与邻位含有共轭酮取代基的芳香醛进行还原胺化反应得到胺,该胺可与 α,β-不饱和酮发生 1,4-加成(反应 15-24)生成二环胺[356]。已经发展了一些其它的还原烷基化方法。原位生成的亚胺的烷基化也可以发生[357]。

对映选择性的还原胺化反应已有报道,反应可得到手性胺。在有机催化剂和催化量的手性膦酸存在下,酮与苯胺反应生成手性胺[358]。醛与手性胺的反应可以引发生成手性伯胺的反应[359]。在 Yb 催化下与酮的反应可生成手性仲胺[360]。醛与 N-二苯基膦酰亚胺和 Et_2Zn 在手性 Cu 预催化剂 (precatalyst) 作用下反应,可生成手性胺[361]。生物催化的不对称还原胺化反应已有报道[362]。曾有人使用 Hantzsch 酯介导的反应进行不对称还原胺化[363]。

还原烷基化也可以将硝基、亚硝基、偶氮以及其它化合物原位还原成伯胺或仲胺。偶氮化合物与醛在脯氨酸存在下反应,然后用 $NaBH_4$ 还原,可得到手性的肼衍生物[364]。

OS Ⅰ,347,528,531;Ⅱ,503;Ⅲ,328,501,717,723;Ⅳ,603;Ⅴ,552;Ⅵ,499;Ⅶ,27。

16-18 酰胺与醛加成

烷基酰氨基-去-氧-双取代

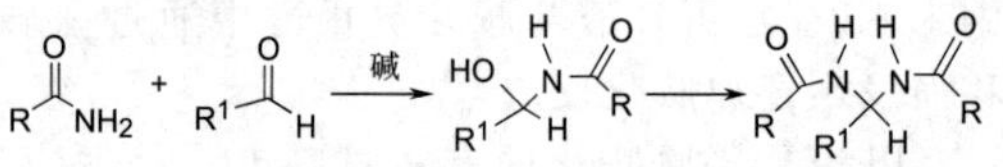

在碱(亲核试剂实际为 $RCONH^-$)或酸的存在下,酰胺(在碱存在时亲核试剂实际为 $RCONH^-$)与醛加成得到酰基化的氨基醇,后者常常进一步反应,形成亚烷基或亚芳基二酰胺[365]。如果 R^1 基团含有 α-氢,则会失去水。

磺酰胺与醛加成生成 N-磺酰基亚胺。苯甲醛与 $TsNH_2$(例如,与三氟乙酸酐,TFAA)在二氯甲烷中回流[366]或与 $TiCl_4$ 在二氯乙烷中回流[367],得到 N-对甲苯磺酰基亚胺(Ts—N=CHPh)。$TolSO_2Na + PhSO_2Na$ 与醛在甲酸水溶液中发生类似的反应,生成 N-苯磺酰基亚胺[368]。醛与 $Ph_3P=NTs$ 在 Ru 催化剂作用下反应,生成 N-对甲苯磺酰基亚胺[369]。

伯胺和仲胺与烯酮加成,分别生成 N-取代的和 N-二取代的酰胺[370],与烯亚胺反应生成脒 26[371]。

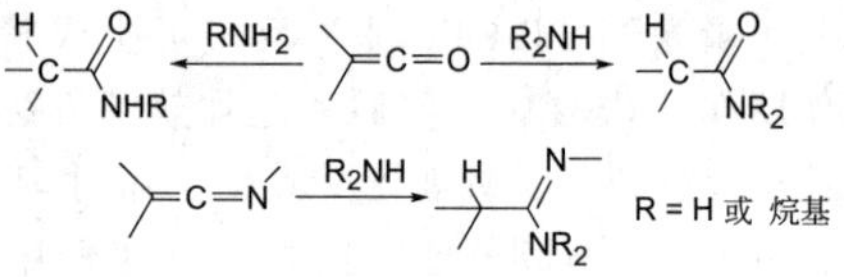

16-19 Mannich 反应

酰基,氨基-去-氧-双取代,等

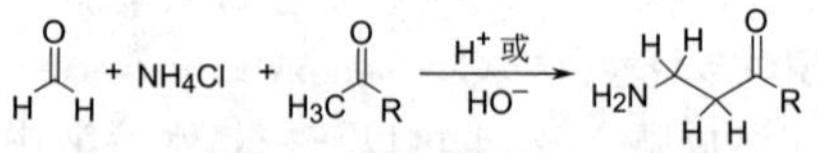

Mannich 反应是甲醛(有时为其它醛)与氨(以盐的形式)以及一个含活泼氢化合物的缩合反应[372]。该反应可以在形式上认为是氨的加成得到 H_2NCH_2OH,然后发生亲核取代反应。除了氨,伯胺或仲胺的盐也可以发生该反应[373],酰胺能发生该反应[374],此时的产物是 N 上分别被 R^1、R^2 和 RCO 取代的产物。反应产物被称为 Mannich 碱。亚胺可以原位形成,因而酮、甲醛及二乙胺在微波辐射下反应生成 Mannich 产物,β-氨基酮[375]。许多含活泼氢化合物可参与这个反应:酮、醛、酯、硝基烷烃[376]和腈,以及苯酚的邻位碳原子、端炔的碳原子、醇的氧原子和硫醇的硫原子[377]。芳香胺通常不发生这个反应。但是肼可以发生这个反应[378]。插烯型的 Mannich 反应已有报道[379](关于插烯作用参见 6.2 节)。

Mannich 碱可以三种方式进一步反应。如果是伯胺或仲胺,它可以与另外一个或两个醛分子以及活泼化合物反应。例如:

$$H_2NCH_2CH_2COR \xrightarrow[CH_3COR]{HCHO} HN(CH_2CH_2COR)_2$$

$$\xrightarrow[CH_3COR]{HCHO} N(CH_2CH_2COR)_3$$

如果含活泼氢的化合物具有两个或三个活泼氢,Mannich 碱则可以与另外一个或两个醛分子和氨或胺反应。例如:

$$H_2NCH_2CH_2COR \xrightarrow[NH_3]{HCHO} (H_2NCH_2)_2CHCOR$$

$$\xrightarrow[NH_3]{HCHO} (H_2NCH_2)_3CCOR$$

另外一个进一步的反应是 Mannich 碱与过量甲醛的缩合:

$$H_2NCH_2CH_2COR + HCHO \longrightarrow H_2C=NCH_2CH_2COR$$

有时,这些进一步缩合反应的产物可能为主要反应产物,而有时它们是副产物。

当 Mannich 碱在其羰基的 β 位含有一个氨

基时（通常如此），氨很容易被消除。这是制备 α,β-不饱和醛、酮、酯和其它化合物的一种方法。

通过对反应动力学的研究，人们对 Mannich 反应机理提出了以下建议[380]。

碱催化反应：

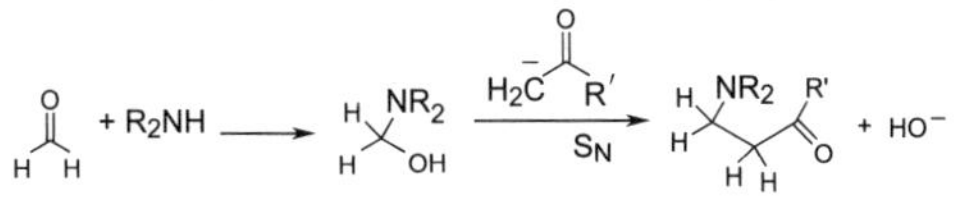

酸催化反应：

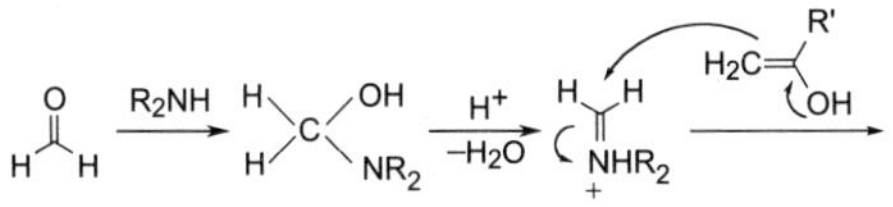

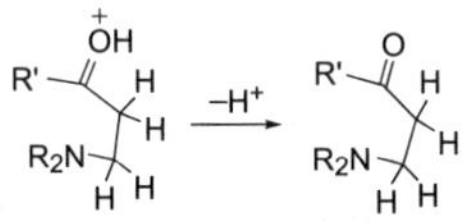

根据这个机理，是游离的胺而不是其盐参与反应，即使在酸性溶液中也是如此。当有可能形成烯醇时，含活泼氢的化合物（在酸催化过程中）以烯醇形式反应，后一步过程与 12-4 发生的反应相似。已经有关于亚胺盐离子中间体（**27**）的动力学证据[381]。

当不对称酮作为含活泼氢化合物时，可以得到两个产物。酮与预先形成的亚胺离子反应，可以使反应具有区域选择性[382]。在三氟乙酸中使用 $Me_2N^+=CH_2CF_3COO^-$，可使取代反应发生在较多取代的位置，而用 $(i\text{-}Pr)_2N^+=CH_2ClO_4^-$，反应发生在较少取代的位置[383]。预先制成的二甲基（亚甲基）碘化铵（$CH_2=N^+Me_2I^-$），被称为 Eschenmoser 盐[384]，也可用于 Mannich 反应[385]。类似的氯化物盐也可与胺发生缩合反应，经水解后生成 β,β'-二甲胺基酮[386]。

另外一种预形成的试剂（**29**）已用于进行非对映选择性的 Mannich 反应。锂盐（**28**）用 $TiCl_4$ 处理，得到 **29**，**29** 而后与酮的烯醇盐反应[387]。Pd 催化的烯醇醚与亚胺的 Mannich 反应也已有报道[388]。烯醇硅醚与亚胺的反应[389]可在甲醇水溶液中 HBF_4 的催化下进行[390]。类似地，烯醇硅醚与醛和苯胺在 $InCl_3$ 存在下反应，得到 β-氨基酮[391]。

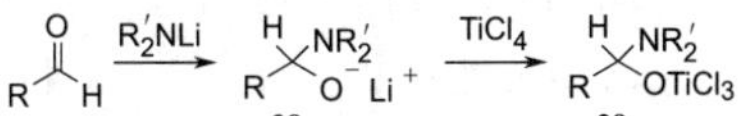

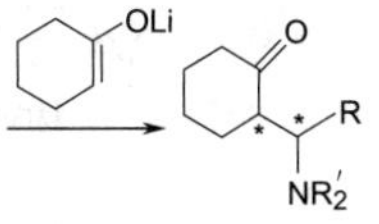

对映选择性的 Mannich 反应已有报道[392]。通常使用手性催化剂[393]，如：脯氨酸[394]，脯氨酸的衍生物或脯氨酸类似物[395]，Pybox-La 催化剂[396]，手性氨基磺酰胺[397]，金鸡纳生物碱[398]以及其它的手性胺[399]。手性的 Brønsted 酸[400]以及手性的铵盐[401]也可以用作催化剂。手性的二胺[402]或膦-亚胺配体[403]，以及手性的双核锌化合物[404]在反应中已有使用。可以在羰基结构中使用手性助剂[405]。以手性腙的形式存在的手性亚胺与 Sc 催化剂可以用于与烯醇硅醚的反应[406]。手性胺与醛、烯醇硅醚及 $InCl_3$ 催化剂在离子液体中反应，可以高对映选择性地生成 Mannich 产物[407]。手性硫脲催化剂已经被用于插烯型的 Mannich 反应[408]（关于插烯作用参见 6.2 节）。

硝基烷烃与胺的反应通常在金属催化剂如 CuBr 的存在下进行[409]，该反应被称为硝基-Mannich 反应[410]。使用 Cu-Sm 催化剂[411]、Cu 催化剂[412]或手性硫脲催化剂[413]可以进行不对称的硝基-Mannich 反应。

另见 **11-22**。

OS Ⅲ, 305; Ⅳ, 281, 515, 816; Ⅵ, 474, 981, 987; Ⅶ, 34; 另见 OS Ⅷ, 358.

16-20 胺与异氰酸酯的加成

N-氢-C-烷基氨基-加成

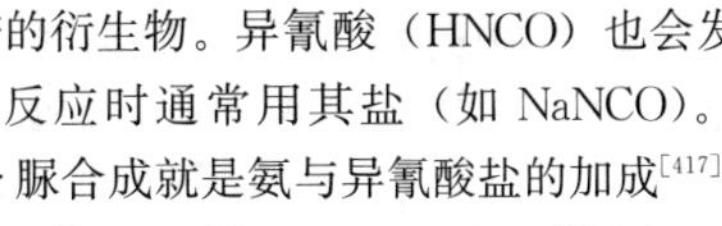

氨、伯胺和仲胺可以与异氰酸酯加成[414]生成取代脲[415]。与异硫氰酸酯反应得到硫脲[416]。这是制备脲和硫脲的好方法，这些化合物通常作为伯胺和仲胺的衍生物。异氰酸（HNCO）也会发生这个反应，反应时通常用其盐（如 NaNCO）。著名的 Wöhler 脲合成就是氨与异氰酸盐的加成[417]。

OS Ⅱ, 79; Ⅲ, 76, 617, 735; Ⅳ, 49, 180, 213, 515, 700; Ⅴ, 555, 801, 802, 967; Ⅵ, 936, 951; Ⅷ, 26.

16-21 氨或胺与腈的加成

N-氢-C-氨基-加成

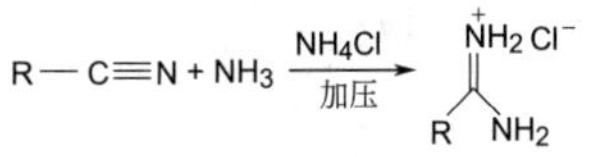

无取代的脒（以其盐的形式）可以通过氨与腈的加成来制备[418]。用这个方法已经制备出许多脒。适当链长的二腈与氨反应得到二亚氨酰基亚胺（imidine）[419]：

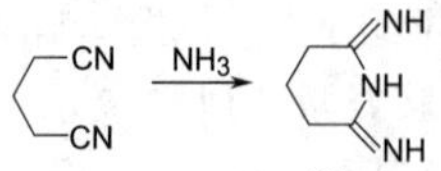

$$\text{NC-(CH}_2)_3\text{-CN} \xrightarrow{NH_3} \underset{30}{\text{环状亚胺}}$$

伯胺和仲胺可替代氨用于该反应，得到取代的脒，但仅仅限于含有吸电子基团的腈，例如Cl_3CCN能反应，普通的腈并不反应。实际上，乙腈常常用作这个反应的溶剂[420]。然而，普通的腈用烷基氨基氯化铝$MeAl(Cl)NR_2$（$R=H$或Me）处理，可被转化为脒[421]。氨与氰基胺（NH_2CN）的加成得到胍（$NH_2)_2C=NH$。胍也可以由胺制备[422]。

如果反应体系中存在水，并且使用Rh[423]或Pt催化剂[424]，伯胺或仲胺与腈的加成则得到酰胺：$RCN + R^1NHR^2 + H_2O \rightarrow RCONR^1R^2 + NH_3$（$R^2$可以是$H$）。当苯甲腈与$H_3PO_2Se^-$在甲醇水溶液中反应，而后用碳酸钾水溶液处理，可得到硒代酰胺$Ph(C=Se)NH_2$[425]。

OS I，302（另见 OS V，589）；IV，245，247，515，566，769；另见 OS V，39。

16-22 胺与二硫化碳和二氧化碳的加成

S-金属-C-烷基氨基-加成

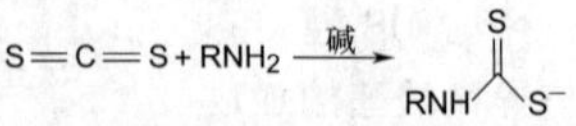

$$S=C=S + RNH_2 \xrightarrow{\text{碱}} \text{RNH-C(=S)-S}^-$$

二硫代氨基甲酸盐可以通过伯胺或仲胺与二硫化碳的加成来制备[426]。这个反应与 16-10 类似。可以从产物直接或间接地消去硫化氢，得到异硫氰酸酯（RNCS）。在 DCC 存在下，异硫氰酸酯可以直接从伯胺与CS_2在吡啶中的反应得到[427]。对甲苯磺酰氯可以介导异硫氰酸酯的制备[428]。苯胺衍生物与CS_2和 NaOH 反应，然后与氯甲酸乙酯反应，得到芳基异硫氰酸酯[429]。在亚磷酸二苯酯和吡啶存在下，伯胺与CO_2或CS_2加成，分别得到对称取代的脲和硫脲[430]：

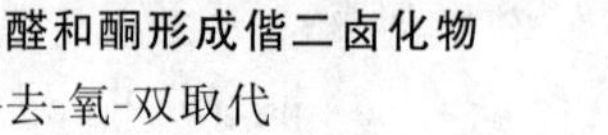

$$RNH_2 + CO_2 \xrightarrow[HPO(OPh)_2]{\text{吡啶}} RHN-C(=O)-NHR$$

也可以制备异硒脲$R_2NC(=NR^1)SeR^2$[431]。

OS I，447；III，360，394，599，763；V，223。

16.2.1.5 卤素亲核试剂

16-23 从醛和酮形成偕二卤化物

二卤-去-氧-双取代

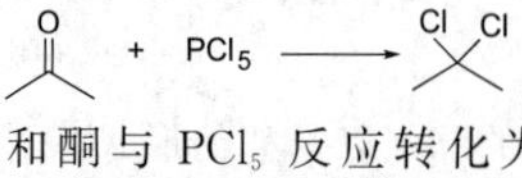

$$\text{R}_2\text{C=O} + PCl_5 \rightarrow \text{R}_2\text{CCl}_2$$

脂肪醛和酮与PCl_5反应转化为偕二卤化物[432]。过卤化的酮不会发生此反应[433]。如果醛或酮含有α-氢，反应后会继续失去 HCl，生成

乙烯基氯是常见的副产物[434]：

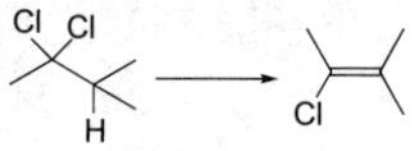

$$\text{CH}_3\text{-CHCl-CCl}_2\text{-CH}_3 \rightarrow \text{CH}_3\text{-CCl=CCl-CH}_3$$

甚至还可能是主要产物[435]。五溴化磷并不能高产率地得到偕二溴化物[436]，但偕二溴化物可以通过醛与溴和三苯基膦反应而获得[437]。醛与$BiCl_3$反应可以制备偕二氯化物[438]。

偕二氯化物形成的机理包括：存在于PCl_5^+固体中的PCl_4^+先进攻羰基氧，而后Cl^-加成到碳上[439]。氯离子可能来自PCl_6^-（PCl_6^-也存在于PCl_5固体中）。因此这是两步S_N1过程。31 也可以经过S_Ni过程转化为产物而不经过含氯碳正离子。

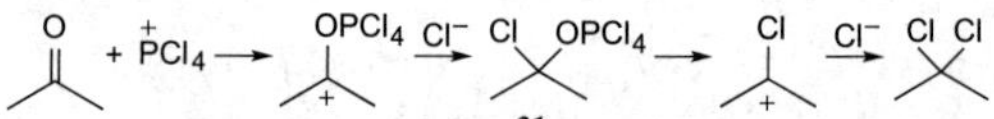

$$\text{R}_2\text{C=O} + PCl_4^+ \rightarrow \text{R}_2\text{C}^+-OPCl_4 \rightarrow \text{R}_2\text{C(OPCl}_4)\text{Cl} \xrightarrow{Cl^-} \underset{31}{\text{R}_2\text{CCl}_2}$$

羧酸酯有时也会发生这个反应，虽然这些化合物很少发生与 C=O 键的任何加成反应。$F_3CCOOPh$转化为F_3CCCl_2OPh就是一个例子[440]。然而，甲酸酯一般会发生这个反应。

许多醛和酮可被四氟化硫（SF_4）转化为偕二氟化合物[441]，这也包括醌，它形成 1,1,4,4-四氟环己二烯衍生物。对于酮，加入无水 HF 可以提高产率、降低反应温度[442]。羧酸、酰氯和酰胺与SF_4反应生成 1,1,1-三氟化物。在这些反应中，先生成的产物是酰氟，然后经历偕二氟化反应：

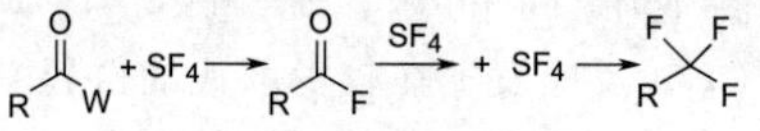

$$\text{RCOW} + SF_4 \rightarrow \text{RCOF} \xrightarrow{SF_4} \text{RCF}_3$$

W = OH, Cl, NH$_2$, NHR

酰氟可被分离出来。羧酸酯反应也得到三氟化物，但是需要更剧烈的条件。此时酯的羰基首先被进攻，生成的RCF_2OR'可从$RCOOR'$中分离出[443]，偕二氟化物而后转化为三氟化物。酸酐可以任一种方式反应，两种中间体在适当的条件下都可以分离出来。四氟化硫甚至能将CO_2转化为CF_4。SF_4反应的缺点是需要衬有不锈钢的高压容器。四氟化硒（SeF_4）可以发生相似的反应，而且只需要常压和普通玻璃仪器[444]。另一个经常用于将醛和酮转化为偕二氟化物的试剂是市售含有锌的 DAST（Et_2NSF_3）和CF_2Br_2[445]。

如果不考虑特殊细节，SF_4反应的机理总体上与PCl_5可能很相似。有些二噻烷在乙腈中与氟和碘的混合物反应可转化为偕二氟化物[446]。肟与$NO^+BF_4^-$和多聚氟化物吡啶盐反应得到偕二氟化物[447]。

醛酮与肼反应生成腙，然后用 $CuBr_2/t$-BuOLi 处理可生成偕二溴化物[448]。肟与氯气和 $BF_3 \cdot OEt_2$ 反应，然后用 HCl 处理，可以得到偕二氯化物[449]。

在一个相关的反应中，醛、酮与醇和 HX 反应可以制备 α-卤代醚。这个反应适用于脂肪族醛、酮以及伯醇和仲醇。HX 与醛和酮加成生成 α-卤代醇，虽然有一些例外，但是 α-卤代醇通常不稳定，尤其是含有过氟代和过氯代结构的化合物[450]。

OS II, 549；V, 365, 396, 1082；VI, 505, 845；VIII, 247；另见 OS I, 506。对于 α-卤代醚，参见 OS I, 377；IV, 101（另见 OS V, 218），748；VI, 101。

16.2.1.6 碳被金属有机化合物进攻[451]
16-24　格氏试剂和有机锂试剂与醛和酮的加成
O-氢-C-烷基-加成

有机镁化合物，即通常所称的格氏试剂（RMgX），可以通过烷基、乙烯基或芳基卤化物与金属镁反应得到，反应通常在醚溶剂如乙醚或 THF 中进行（反应 12-38）。通过芳基卤化物与活泼的脂肪族格氏试剂的卤素-Mg 交换，可以得到新的格氏试剂[452]。微波辐射可以促进芳基卤化物生成格氏试剂，否则芳基卤化物的反应很慢[453]。

格氏试剂与醛和酮的加成反应[454]即为格氏反应[455]。格氏试剂与羰基反应首先生成烷氧基镁，需要经过水解反应才会得到最终产物醇。甲醛反应得到伯醇，其它的醛反应得到仲醇，酮反应得到叔醇。这个反应应用范围非常广泛。在许多情况下，水解步骤通常采用稀 HCl 或 H_2SO_4 来完成，但这对至少有一个 R 基为烷基的叔醇却不适用，因为这样的醇在酸性条件下很容易脱水（反应 17-1）。在这种情况下（对其它醇常常也是这样），可用氯化铵水溶液代替强酸。格氏试剂可应用于固相合成[456]。离子液体也适用于 Grignard 反应[457]。

过渡金属催化剂可以催化格氏试剂对酮的 1,2-加成反应。例如，催化量的 Zn(II) 化合物可以催化该反应[458]。在催化量的 $InCl_3$ 作用下，格氏试剂反应得到 1,2-加成和 1,4-加成产物的混合物，以 1,4-加成产物为主，但是与无催化剂的反应相比，其 1,2-加成产物还是增多了[459]。

采用非手性试剂和手性底物[461]可以实现非对映选择性加成[460]，这与反应 19-36 所显示的还原过程类似[462]。但是由于在这个反应中进攻的原子是碳原子，而不是氢原子，所以也有可能采用非手性底物和光学活性试剂发生非对映加成反应[463]。在多数通常情况下，利用合适的反应物，可以形成两个新的手性中心，因此产物为两对对映异构体：

非对映异构体

即使金属有机化合物是外消旋的，仍然有可能发生非对映选择性反应。也就是说，形成其中一对对映异构体的量比另一对多[464]。

在某些情况下可以实现不对称的 Grignard 反应[465]。使用手性配体与手性 Cu 催化剂[466]或使用手性配体与手性 Ti 配合物[467]，可以高对映选择性地得到醇。在一个有趣的方法中，使用烷基卤化镁、二丁基镁和手性二胺与醛进行反应，得到由丁基加成到酰镁上而形成的醇，反应具有很好的对映选择性[468]。N-杂环卡宾可用作不对称 Grignard 反应的有机催化剂[469]。芳基碘化物经 PhMgCl 预处理可发生卤素-镁交换，而后与醛反应得到醇[470]。

在早期的研究中，醛或酮与烷基及芳基格氏试剂的反应并不是采用预先形成的 RMgX，而是将 RX、羰基化合物和金属镁在醚溶剂中混合而进行反应。该方法比 Grignard 的研究工作出现得早，现在被称为 Barbier 反应[471]。用有机锂进行的类似过程也已有报道[472]。反应产率一般很好。R 基团中的羧酸酯、腈和亚胺基团并不受反应的影响[473]。现在的 Barbier 反应使用其它金属和/或反应条件，将在反应 16-25 中讨论。但是，Mg-Barbier 反应可被其它金属如 Cu 的配合物催化[474]。一些过渡金属化合物对水稳定，因而一些 Grignard-Barbier 反应可在水中进行[475]。逆-Barbier 反应已有报道，这个反应是用过量的溴和碳酸钾处理环叔醇，可由 1-甲基环戊醇得到 6-溴-2-环己酮[476]。

α,β-不饱和醛或酮与 RMgX 或 RLi 既能发生 1,4-加成，也能发生正常的 1,2-加成（参见 15-24 Michael 加成）[477]。一般来说，烷基锂试剂比相应的格氏试剂产生更少的 1,4-加成产物[478]。在同时含有醛基和酮基的化合物中，RMgX 有可能化学选择性地与醛加成，而对酮基不会有太大的影响（参见 16-24）[479]。研究发现格氏试剂可以与一些含有 α,β-OTf 基团的共轭环酮发生 1,2-加成，而后通过消除生成炔酮[480]。

有些情况下，Grignard 反应能在分子内发生[481]。例如，在 THF 中用镁和少量氯化汞与 5-溴-2-戊酮反应，会产生 60% 的 1-甲基-1-环丁醇[482]。通过这个反应也可以制备其它四元环或五元环化合物。采用从四苯基卟啉镍所衍生的双阴离子处理 δ- 或 ε-卤代羰基化合物可发生相似的关环反应，生成五元环或六元环化合物（参见反应 **16-25**），此过程中不使用金属[483]。

$$BrCH_2CH_2CH_2CH_2CH_2Br \xrightarrow{Mg} BrMg\sim\sim\sim MgBr + \overset{O}{\underset{\|}{C}} \longrightarrow$$
$$BrMg\sim\sim\sim OMgBr \longrightarrow H_2C=C\overset{}{\underset{}{\diagup}}$$

从 CH_2Br_2 或 CH_2I_2（反应 **12-38**）制备的偕二取代镁化合物与醛或酮反应，可以得到中等到较高产率的烯烃[484]。Wittig 型的反应也得到烯烃，在反应 **16-44** 中讨论。这个反应不能扩展到其它偕二卤化物。采用从除镁之外的其它金属制备的偕二金属化合物进行反应，也可产生烯烃[485]。

从烷基卤化物与金属 Li 反应或通过烷基卤化物与活泼有机锂试剂的交换反应（**12-38**）而制备的有机锂试剂（RLi），可以与醛或酮发生酰基加成，经水解后生成醇[486]。有机锂试剂的碱性比相应的格氏试剂强，这在有些时候会导致去质子化的问题。但是，有机锂试剂的亲核性通常却比类似的格氏试剂强，因而能够相对容易地与具有空间位阻的酮加成[487]。这些试剂容易形成聚集体，从而影响加成反应的反应性和选择性[488]。有人研究了氨基锂和丁基锂混合聚集体的加成反应[489]。

烷基、乙烯基[490]或芳基有机锂试剂都可以被制备出来并发生酰基加成反应。也可以对试剂结构进行改变，使其能够发生对映选择性的 1,2-加成[491]。已经制得 1-溴-1-乙烯基锂，该试剂与醛反应生成带有乙烯基溴单元的烯丙醇[492]。有人对有机锂试剂基本的酰基加成反应进行了一个有趣的改进，用氨基酰基锂 LiC(=O)N(Me)CH_2Me 处理醛，得到 α-羟基酰胺的衍生物[493]。

如同醛和酮的还原（**19-36**），金属有机化合物与这些底物的加成可能具有对映选择性和非对映选择性[494]。在光学活性氨基醇作为配体的条件下，格氏试剂及有机锂化合物与芳香醛加成，可以得到高 ee 值的手性仲醇[495]。

有趣的是甲基锂和 CH_2I_2 与脂肪族醛可以发生反应生成环氧化物[496]。仲丁基锂与环氧化物在鹰爪豆碱存在下反应[497]或正丁基锂/TMEDA 与环氧化物反应[498]形成环氧基锂，环氧基锂进一步与醛反应生成环氧基醇。亚烷基氧杂环丁烷与锂反应，而后与醛反应生成共轭酮[499]。偕二卤化物与羰基化合物及 Li 或 BuLi 反应生成环氧化物[500]（另见反应 **16-46**）。

$$R^2 \underset{Br}{\overset{Br}{\diagup}} R^1 \xrightarrow[\text{或}]{\text{Li(12-38)}} R^2 \underset{Br}{\overset{Li}{\diagup}} R^1 + \overset{O}{\underset{\|}{C}} R^4$$
$$R^3 \underset{R^4}{\overset{O^-}{\diagup}} \underset{R^1}{\overset{R^1}{\diagup}} \longrightarrow R^3 \underset{R^4}{\overset{O}{\triangle}} \underset{R^2}{\overset{R^1}{\diagup}}$$

偕二卤化物还有其它用途，当醛和酮在 SmI_2 存在下[501]与 CH_2I_2 反应，可在醛和酮分子中加成上 CH_2I 基团：$R_2CO \to R_2C(OH)CH_2I$；利用二卤代甲烷和二环己基氨基锂在低温下反应，可在醛和酮分子中加成上 CHX_2 基团[502]。

$$H\underset{H}{\overset{X}{\diagup}} + \overset{O}{\underset{\|}{C}} \xrightarrow[\text{2. }H_2O]{\text{1. LiN}(C_6H_{11})_2, -78°C} \overset{CHX_2}{\underset{OH}{\diagup}} \quad X = Cl, Br, I$$

有可能将酰基加成到酮上，水解后得到 α-羟基酮[503]。通过在 $-110°C$ 下将 RLi 和 CO 加到酮上即可实现该过程[504]。

$$R-Li + \overset{O}{\underset{\|}{C}} \xrightarrow[+ CO]{-110°C} \overset{R}{\underset{OLi}{\diagup}} \xrightarrow{H_3O^+} \overset{R}{\underset{OH}{\diagup}}$$

当采用羧酸酯（R^1COOR^2）进行同样的反应时，将得到 α-二酮（$RCOCOR^1$）[503]。

虽然大多数醛和酮与大多数格氏试剂反应效果很好，但也有一些潜在的副反应[505]，主要体现在有位阻的酮和有位阻的格氏试剂发生反应时。两个最重要的副反应是烯醇化和还原。前者要求醛或酮有 α-氢，后者要求格氏试剂有 β-氢：

烯醇化：

$$RMgX + \overset{H}{\underset{}{\diagup}}\overset{R^1}{\underset{O}{\diagup}} \longrightarrow R-H + \overset{R^1}{\underset{O}{\diagup}} \xrightarrow{\text{水解}}$$
$$\overset{R^1}{\underset{OH}{\diagup}} \rightleftharpoons \overset{R^1}{\underset{O}{\diagup}}$$

还原：

$$\overset{H}{\underset{MgX}{\diagup}} + \overset{O}{\underset{\|}{C}} \longrightarrow \overset{}{\underset{}{\diagup}} + \overset{}{\underset{OMgX}{\diagup}} \xrightarrow{\text{水解}} \overset{H}{\underset{OH}{\diagup}}$$

烯醇化是一个酸碱反应（**12-24**），其中质子从 α-碳原子上被具有强碱性的转移到格氏试剂上。羰基化合物转化为它的烯醇离子形式，烯醇离子发生水解后得到原始的酮或醛。烯醇化反应不仅发生在有位阻的酮的反应中，也会发生在那些有相当高烯醇式含量的酮（如 β-酮酯）的反应中。还原反应中，羰基化合物被格氏试剂还原为醇（反应 16-24），格氏试剂自身发生消除反应得到烯烃。格氏试剂必须具有 β-氢。

此外，两个副反应是缩合反应（烯醇离子和过量酮之间）和 Wurtz 型偶联反应（10-64）。如三异丙基甲醇、三叔丁基甲醇以及二异丙基新戊基甲醇这样的高位阻的叔醇就不能（或仅以极低的产率）通过格氏试剂与酮的加成来制备，因为此时还原和/或烯醇化反应成为主要反应[506]。然而，这些叔醇可以使用烷基锂试剂在 $-80℃$ 下[507]制备，在这样的条件下，烯醇化和还原反应发生得很少[508]。其它提高加成程度而降低还原程度的方法是：将格氏试剂与 $LiClO_4$ 或 $Bu_4N^+Br^-$ 配位[509]，或用苯或甲苯代替醚作为溶剂[510]。在格氏试剂中加入 $CeCl_3$ 也可以避免还原和烯醇化副反应[511]。

关于格氏试剂与醛或酮加成的机理有很多争论[512]。该反应很难研究，因为有各种性质的反应物种存在于格氏试剂中（参见 5.2.2 节），而且镁中存在的少量杂质似乎也对反应动力学有很大的影响，这使得实验难以重复[513]。通常认为有两个基本的机理，取决于反应物和反应条件。一个机理是：R 基团携带着一对电子转移到羰基碳上。研究发现这个反应按两种途径进行，一是对 MeMgBr 的一级反应，另一个是对 Me_2Mg 的一级反应[515]，Ashby 等人提出了这种类型的详细机理[514]。根据这个提法，MeMgBr 和 Me_2Mg 都加成到羰基碳上，但是 MeMgBr 或 Me_2Mg 与底物反应的真正本质并不确定。一个可能性是四元环过渡态[516]：

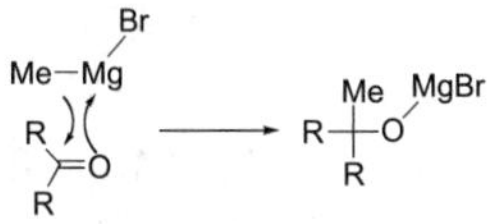

另一类型的机理是 SET 过程[517]，以金属羰游离基（ketyl）为中间体[518]：

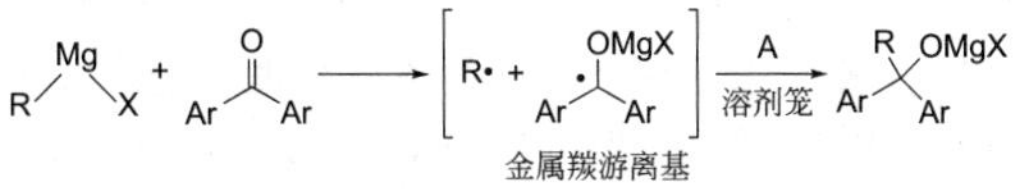

通常采用二芳基酮研究这个机理，因此该机理更适用于芳香或共轭醛和酮，而不太适用于脂肪族醛酮。SET 机理的证据[519]是 ESR 谱[520]和反应中 $Ar_2C(OH)C(OH)Ar_2$ 为副产物的事实（羰游离基的二聚；参见 19-76 频哪醇偶联反应）[521]。在 RMgX 与偶苯酰（PhCOCOPh）的加成中，观察到了两个不同的羰游离基自由基的 ESR 谱，据报道它们在室温下都十分稳定[522]。

要注意的是，通过一项独立的研究，没有观察到格氏试剂形成中存在游离的自由基[523]。$Ph^{14}COPh$ 的碳同位素效应研究表明，大多数格氏试剂反应的决速步是碳-碳键形成的步骤（标记为 A），但是对于烯丙基溴化镁，最初的电子转移步骤则是决定步骤[524]。在溴环丙烷形成格氏试剂的过程中，已经发现了可自由扩散的环丙基自由基[525]。对于手性格氏试剂的反应，协同机理或分步机理都已有发现[526]。

值得注意的是，$S_{RN}1$ 机理（参见 13.1.4 节）与格氏机理的反应性类似[527]。实验研究的证据表明反应按线性（linear）机理而非链式机理进行。

有机锂试剂加成的机理研究得很少[528]。加入可与 Li^+ 结合的穴状配体会抑制有机锂试剂正常的加成反应，这表明锂对反应的发生是必需的[529]。

普遍认为还原的机理[530]如下：

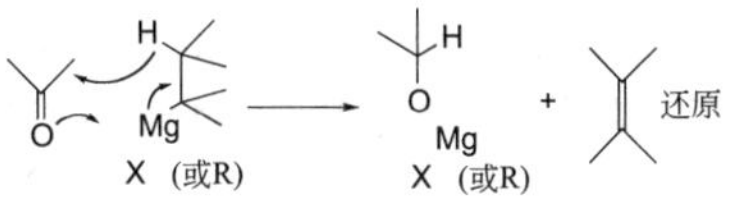

有证据表明导致烯醇化的机理也是环状的，但是首先发生的是与镁的配位[531]：

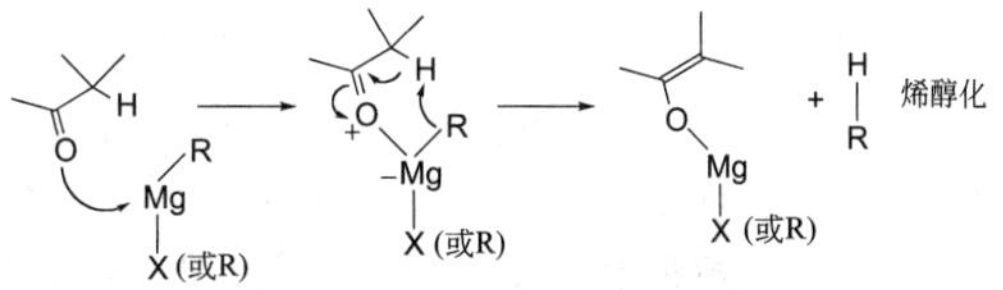

芳香醛和酮用烷基或芳基锂处理，而后与锂和氨反应，最后用氯化铵处理，结果是在一个反应容器中可发生烷基化和还原反应[532]。

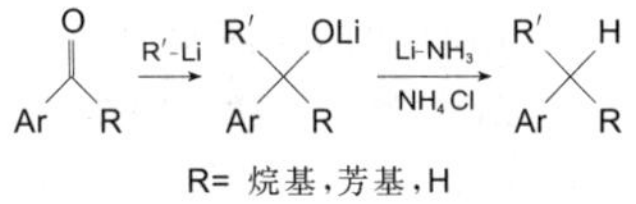

$$Ar\underset{R}{\overset{O}{C}} \xrightarrow{R'-Li} Ar\underset{R}{\overset{R'}{\underset{|}{C}}}OLi \xrightarrow[NH_4Cl]{Li-NH_3} Ar\underset{R}{\overset{R'}{\underset{|}{C}}}H$$

R= 烷基,芳基,H

N,N-二取代的酰胺也可发生类似的反应：$RCONR_2^1 \rightarrow RR^2CHNR_2^{1\,[533]}$。

OS I,188；II,406,606；III,200,696,729,757；IV,771,792；V,46,452,608,1058；VI,478,537,542,606,737,991,1033；VII,177,271,447；VIII,179,226,315,343,386,495,507,556；IX,9,103,139,234,306,391,472；**75**,12；**76**,214；X,200。

16-25 其它有机金属与醛和酮的加成

O-氢-C-烷基-加成

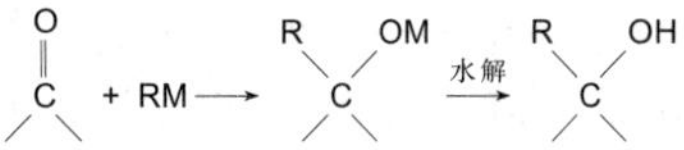

除了 RMgX 和 RLi，许多其它有机金属试

剂也可以与醛或酮加成。一个简单的例子是，先形成炔负离子的 Na 或 K 盐，如 RC≡C—M（反应 **16-38**），而后炔负离子与醛或酮发生酰基加成生成炔丙基醇[534]。对于端炔的反应[535]，炔化钠是最常用的试剂，当使用炔化钠时，发生炔基的加成，当选用烯基铝烷（制备见反应 **15-17**）时，发生烯基的加成[536]。试剂 $Me_3Al/^-C≡CHNa^+$ 可与醛加成得到乙炔醇[537]，将酮、端炔和叔丁醇钾混合进行的无溶剂反应已有报道[538]。该反应常被称为 Nef 反应，但是也可以使用 Li[539]、Mg 和其它金属的炔化物。一个非常简便的试剂是炔化锂-乙二胺配合物[540]，它是一种稳定且流动性好的粉末，可以购买到。另外，也可以选择在碱的存在下用炔与底物反应，其中的炔基负离子会原位形成。该反应被称为 Favorskii 反应，注意不要与 Favorskii 重排（反应 **18-7**）混淆[541]。氯化锌(Ⅱ)可促进端炔与醛加成生成炔丙基醇[542]。三氟甲磺酸锌也能用来促进炔与醛的加成反应[543]，并且当存在手性配体时，这个反应能得到具有良好对映选择性的炔丙醇产物[544]。

试剂 Et_3Al、Et_2Zn 及端炔与酮在金鸡纳生物碱存在下反应，得到具有中等 ee 值的炔醇[545]。使用多种催化剂进行的其它对映选择性的炔基化反应已有报道[546]。端炔在 $InBr_3$ 和 NEt_3[547]、SmI_2[548] 或 Me_2Zn[549] 存在下可以与芳醛进行加成反应。在 Zn 介导下碘炔进行的反应已有报道[550]，催化形成的炔化锌可加成到醛上[551]。使用催化量的 BINOL 并在 In 催化下进行炔烃对醛的加成，可以高对映选择性地生成炔醇[552]。端炔发生的其它对映选择性加成反应也已有报道[553]。In 催化的反应对分子中存在的很多其它官能团如磷酸酯[554]和炔丙基硫化物[555]都没有影响。

已经报道了许多可用于烯丙基加成的有机金属试剂[556]，而且反应具有对映选择性[557]。最常见的方法之一是通过反应 **16-24** 中指出的 Barbier 反应，该反应使用除 Mg 或 Li 之外的其它金属及金属化合物，但是这个方法并不只用于烯丙基化合物的加成。常用的试剂是烯丙基 In 化合物[558]，该化合物可在各种溶剂中与醛或酮发生加成[559]。In 介导的对映选择性的 Barbier 反应已有报道[560]。铟与烯丙基溴及酮可在水中[561]或在含水介质中发生反应。炔丙基卤、In 和醛可在 THF 水溶液中反应，生成烯丙醇[562]。烯丙基碘与 In 和 TMSCl 的混合物可与共轭酮发生 1,4-加成，但在 10% CuI 的存在下，主要得到 1,2-加成产物[563]。烯丙基溴与 Mn/TMSCl 和 In 催化剂可在水中与醛反应生成高烯丙醇[564]。金属铟可用于烯丙基卤化物对多种醛和酮，如脂肪族醛[565]、芳基醛[566]和 α-酮酯[567]的酰基加成。有些时候，伴随着加成还会发生高烯丙醇消除生成共轭二烯的反应[568]。

烯丙基溴与酮及 Sm[569] 或 SmI_2[570] 反应生成高烯丙醇。其它金属也可用于烯丙基卤化物与醛或酮反应生成高烯丙醇[571]，这些金属包括：Zn[572]、La[573] 或 $Mg-Cd$[574]，以及 Ti[575]、Mn[576]、Fe[577]、Ga[578]、Ge[579]、Zr[580]、Nb[581]、Cd[582]、Sb[583]、Te[584]、Ba[585]、Ce[586]、Nd[587]、Hg[588]、Bi[589]、In[590] 和 Pb[591] 的化合物。此外，可以使用 $BiCl_3/NaBH_4$[592]，$Mg-BiCl_3$[593] 和 $CrCl_2/NiCl_2$[594]。烯丙醇被二乙基锌和 Pd 催化剂[595]或二乙基锌和 Ru 催化剂[596]转化为有机金属试剂，该试剂与醛反应可得到高烯丙醇。烯丙基乙酸酯在 Ru 催化剂作用下可与醛加成[597]。

对映选择性的反应已有报道[598]。Cu 催化的反应具有很好的对映选择性[599]。烯丙基溴化锌可在无溶剂条件下加成到醛上[600]。手性的 Cr-Mn 配合物可与三甲基氯硅烷联合应用于烯丙基溴的反应[601]。R-Yb 型的试剂可由 RMgX 制备[602]。在手性的过渡金属配合物存在下，三烷基铝化合物（如 $AlEt_3$）的烷基可以对映选择性地加成到醛上[603]。除此之外，有机钛试剂在酮存在下，可以对醛进行化学选择性加成[604]。有机锰化合物也具有这种化学选择性[605]。在一个相关的反应中，由氯化铈（$CeCl_3$ 与格氏试剂或有机锂试剂）生成的有机铈试剂，可以作为一种能够化学选择性加成的有机金属试剂[606]。含有酮侧链的芳卤能在 Pd 催化剂作用下对酰基加成，得到环化产物[607]。

在反应 **16-24** 中已经指出，烯醇化和还原使得一些格氏反应变得复杂。为避免这种复杂性，其中一种方法是在格氏试剂或有机锂试剂中加入 $(RO)_3TiCl$、$TiCl_4$[608]、$(RO)_3ZrCl$ 或 $(R_2N)_3TiX$。这样会产生有机钛或有机锆试剂，这些试剂的选择性比格氏试剂或有机锂试剂要高得多[609]。这些试剂还有一个重要的优点是，它们不与底物中可能存在的 NO_2 或 CN 官能团反应，但是格氏试剂或有机锂试剂却会与之反应。例如，β-酮酰胺与 $TiCl_4$ 反应生成一个配合物，这个配合物使得 $MeMgCl-CeCl_3$ 选择性地与酮单元进行反应，得到相应的醇[610]。将烯丙基格氏试剂和 $ScCl_3$

预先混合，而后与醛反应，主要得到直接在羰基上加成的产物，而不会发生烯丙基重排，产物中反式烯烃占优势[611]。

烯丙基锡化合物很容易与醛酮发生加成反应[612]。马来酸能够促使反应在含水介质中进行[613]。烯丙基溴与Sn反应原位生成金属有机化合物，而后该化合物与醛加成[614]。在双锡化合物（如：$Me_3Sn-SnMe_3$和Pd催化剂）存在下，烯丙基氯可以与醛反应[615]。在$BF_3 \cdot OEt_2$[617]，或Cu[618]、Ce[619]、Bi[620]、Pb[621]、Ag[622]、Cd[623]、Cr[624]、Pd[625]、Re[626]、Gd[627]、Ti[628]、Rh[629]、Zr[630]、Co[631]或La[632]金属化合物的存在下，烯丙基三烷基锡化合物和四烯丙基锡可与醛或酮反应。炔丙基锡化合物与醛加成得到良好反式选择性的醇[633]。在甲醇中回流，四烯丙基锡可与共轭酮发生1,2-加成反应[634]。四烯丙基锡与醛可在离子液体中[635]或在湿的硅胶上[636]反应。另外，在离子液体中$InCl_3$的作用下，烯丙基三丁基锡可以与醛加成[637]。在手性Ti配合物[638]或手性In配合物[639]存在下，四烯丙基锡与醛或酮加成得到具有良好对映选择性的高烯丙醇。在$Sn(OTf)_2$[640]、$In/InCl_3$[641]或Rh催化剂[642]存在下，烯丙醇和高烯丙醇可以与醛加成。

锡化合物可以用α-碘代酮与醛和Bu_2SnI_2-LiI原位制得[643]。在水中$(CH_2=CH-CH_2-)_2SnBr_2$可发生类似的加成[644]。不对称诱导效应已见报道[645]。在手性Rh[646]或Ti[647]催化剂作用下，烯丙基三丁基锡与醛可发生对映选择性的加成。烯丙基三丁基锡与醛在$SiCl_4$和手性磷酰胺的存在下反应，得到中等对映选择性的高烯丙醇[648]。在In催化剂存在下，四乙烯基锡可加成到酮上[649]。在$BF_3 \cdot OEt_2$存在下，丙二烯基锡化合物$(CH_2=C=CHSnBu_3)$也可与醛反应，生成2-二烯炔醇（2-dienyl alcohol）[650]。Selectfluor可用来诱导烯丙基三丁基锡的烯丙基对共轭醛的1,2-加成[651]。

有机铝试剂和有机钛试剂也都被用于这类反应中。铝催化剂如二(4-溴-2,6-二叔丁基苯氧)甲基铝[methylaluminum bis(4-bromo-2,6-di-tert-butylphenoxide)，MABR]可以促进烯丙基三丁基锡与醛的加成[652]。在Ti催化剂存在下，三苯基铝可以与芳基醛发生反应[653]。三甲基铝[654]和二甲基二氯化钛[655]可以使酮完全甲基化，得到偕二甲基化合物（参见反应10-63）[656]：

$$\underset{R}{\overset{O}{\underset{\|}{C}}}R' \xrightarrow[\text{或}]{Me_3Al \atop Me_2TiCl_2} \underset{R}{\overset{Me \quad Me}{\underset{|}{C}}}R'$$

钛试剂也可以二甲基化芳香醛[657]。然而，三乙基铝与醛的反应却得到含单乙基的醇，并且在手性诱导剂存在下，反应具有很好的不对称选择性[658]。复合物$Me_3Ti \cdot MeLi$在非共轭酮存在下可对共轭酮进行选择性的1,2-加成[659]。

手性酰胺在$TiCl_4$存在下与醛反应，得到顺式加成产物[660]，相应的钛催化对映选择性加成也已见报道[661]。采用有机金属化合物也获得了高的ee值[662]，这些有机金属化合物包括含一个光活性配体的有机钛化合物（甲基、芳基、烯丙基）[663]、烯丙基硼化合物和有机锌化合物。手性的树枝状Ti催化剂可使反应具有中等的对映选择性[664]。

有机锌化合物可以与醛酮加成，例如烷基氯化锌（RZnCl）反应得到相应的醇[665]。当使用手性催化剂[666]或使用手性配体[667]时，二烷基锌可以与羰基发生对映选择性的反应[668]。有人对二苯基锌反应和二乙基锌反应的立体选择性进行了比较[669]。在手性Ti配合物[670]、Zn配合物[671]、Al配合物[672]、Cr配合物[673]、手性席夫碱[674]或手性二磺酰胺[675]，以及其它手性配合物[676]存在下，二烷基锌与醛或酮反应得到良好对映选择性的相应醇[677]。通过使用少量各种催化剂，R_2Zn试剂（R=烷基）[678]与芳香醛[679]的反应具有很高的对映选择性[680]。添加剂（如LiCl）会影响反应的对映选择性[681]。二烷基锌试剂可以与固定在硅胶上的手性配体[682]一同使用，还可以使用高聚物负载的配体[683]。

在Et_2Zn和Pd催化剂作用下，乙酸丙炔酯对乙醛的加成具有良好的反式选择性[684]。对于其它金属有机化合物，活性金属如烷基锌试剂[685]也是有效的，而有些化合物如烷基汞却不反应。

二甲基锌和二乙基锌可能是最常用的试剂。分子内反应可以通过烯-醛与二甲基锌的反应完成。卤代芳烃与Zn-Ni配合物反应，发生了芳基对醛的羰基加成[686]。烯丙基卤化物与Zn[687]或$Zn/TMSCl$[688]的反应中发生了对醛羰基的加成。

有机铬化合物可以与醛或酮加成[689]。有机铬试剂与醛或酮的反应被称为Nozaki-Hiyama反应。最初的反应中，Cr(Ⅱ)溶液是用$LiAlH_4$还原氯化铬而制备的，所得的产物而后与醛和烯丙基卤化物反应[690]。在手性Cr催化剂及手性配体的作用下，烯丙基卤化物与醛或酮偶联得到的产物具有良好的对映选择性[691]。Cr化合物催化的对映选择性偶联反应正日益受到人们的关注[692]。

有机铬试剂可从乙烯基卤化物、三氟甲磺酸酯或芳基衍生物制备[693]。

其它金属也可以促进某些基团对醛的加成，如在 Ni 催化剂作用下烯烃和醛的偶联反应[694]。乙烯基溴化物与 $NiBr_2/CrCl_3/TMSCl$ 反应生成的试剂可以与醛加成，得到烯丙醇[695]。由炔和 SmI_2 生成的乙烯基配合物可在分子内发生加成，用这种方式可以得到八元环[696]。乙烯基试剂可由有机锆化合物与 Me_2Zn、Ti 化合物和端炔原位生成[697]。

二甲基铜锂（Me_2CuLi）可以与醛[698]或某些酮[699]反应，生成所需的醇。在 $BF_3 \cdot OEt_2$ 的存在下，RCu(CN)ZnI 试剂也可以与醛反应生成仲醇。乙烯基碲化合物与 $BF_3 \cdot OEt_2$ 和氰基铜酸盐[R(2-噻吩基)$CuCNLi_2$]反应生成的试剂可以与共轭酮的羰基发生 1,2-加成[700]。乙烯基碲化合物也可以与正丁基锂反应，生成的试剂可以与非共轭酮加成[701]。与 $BeCl_2$ 联合使用时，有机锂试剂可以与共轭酮加成，在 THF 中得到 1,4-加成产物，而在乙醚中则得到 1,2-加成产物[702]。

烯烃和炔烃通过 π 键转化为活性有机金属化合物而与醛或酮发生加成。烯烃在 BEt_3 作用下可能发生自由基型加成。在 BEt_3 和 Ni 催化剂存在下，炔与醛可在分子内发生加成，得到环烯丙醇[703]。在 Me_3SiOTf 作用下，烯醛发生类似的反应[704]。在 Ni 催化剂存在下，二烯烃[705]或炔[706]与醛也可以以类似的方式发生反应。在 Ni 催化剂和手性咪唑啉卡宾配体作用下，丙二烯可以与醛加成，通过加入 Et_3SiI 捕获产物，得到三乙基硅醚[707]。在 $SiCl_4$ 和非手性配体存在下，烯酮亚胺可以与醛反应，生成具有良好对映选择性的 β-氰基醇[708]。在含有联吡啶、四丁基四氟硼酸铵和 $FeBr_2$ 的电化学条件下，乙酸烯丙酯可与酮反应生成高烯丙醇[709]。端炔与 Zr 配合物和 Me_2Zn 反应生成烯丙基叔醇[710]。在 BEt_3 和 Ni 催化剂存在下，非端炔反应也生成烯丙醇[711]。含有共轭二烯单元的醛与二乙基锌在 Ni 催化剂作用下反应，得到侧链为烯丙基单元的环醇[712]。利用 Cu 催化的类似反应也已有报道[713]。在 Ph-SiH_3 和 Co 催化剂的作用下，烯烃对醛发生分子内加成生成饱和的环醇[714]。

卤代芳烃在电解状态下与镍配合物反应，可将芳基加成到醛中[715]。在钯催化下，吲哚的 3 位可与醛发生加成反应[716]。采用 CF_3I 和 $(M_2N)_2C=C(NMe_2)_2$，在光化学条件下实现了三氟甲基对醛的加成[717]。α-碘代膦酸酯与醛、SmI_2 反应，生成 β-羟基膦酸酯[718]。在催化剂镍[719]或 $CeCl_3$[720]存在下，对丙二烯进行加成，而后将金属有机物中间体与醛进行加成，得到环状产物。

共轭酯在分子内加成（通过 β-碳）到醛上生成一个环酮[721]。这类偶联反应被称为 Stetter 反应[722]，该反应实质上是在弱碱存在并在催化量噻唑盐的作用下醛与活泼双键的加成（反应 **15-34**）。在 $Me_3SiSnBu_3$ 存在并在 Pd 配合物的催化作用下，丙二烯结构与醛发生分子内加成[723]。高度对映选择性的及非对映选择性的分子内 Stetter 反应已见报道[724]。炔醛与硅烷（Et_3SiH）在 Ni 催化剂作用下反应，生成具有硅醚结构和环外亚乙烯基单元的环状化合物[725]。在电化学条件下并加入相转移催化剂，烯醛可通过分子内 C=C 单元对羰基的加成得到环醇[726]。采用 $SnCl_2$ 的类似环化反应已见报道[727]。亚乙烯基环烷烃与醛在 Pd 催化剂作用下反应生成高烯丙醇，该加成反应发生在环外双键的碳上[728]。丙二烯与苯甲醛可在 $HCl-SnCl_2$ 和 Pd 催化剂作用下反应[729]。在手性 Sc 催化剂作用下，硅烷基丙二烯与醛反应得到具有良好对映选择性的高炔丙醇[730]。在 PhI 和 Pd 催化剂作用下，丙二烯与醛可通过苯基的加成而发生分子内加成[731]。在 SmI_2 和 HMPA 存在下，丙二烯加成到酮上生成高烯丙醇[732]。在 $BF_3 \cdot OEt_2$ 存在下，含有烯丙基甲基的烯烃可与甲醛反应，得到高烯丙醇[733]。在 $Ni(acac)_2$ 和 Et_2Zn 存在下，共轭二烯烃可与醛发生二烯烃末端碳对酰基的加成[734]。

虽然有机硼一般不与醛和酮加成[735]，但是烯丙基硼却是例外[736]。当它们进行加成时，通常会发生烯丙基重排。其它试剂进行反应时，有时也发生烯丙基重排。使用手性催化剂可实现手性诱导[737]，已经制得了手性的烯丙基硼烷[738]。在 Ni 配合物催化下三烷基硼烷可加成到醛上[739]。要指出的是，氯硼烷（R_2BCl）与醛发生烷基对酰基的加成，反应经水处理后得到相应的醇[740]。用儿茶酚硼烷处理共轭酮可对共轭酮进行加成，生成的金属有机化合物而后在非共轭酮上发生环化，再经甲醇处理后得到侧链为酮单元的环醇[741]。在 Ru[742]、Cu[743]、Ni[744]或 Pd[745]配合物存在下，$RB(OH)_2$ 和芳基硼酸[$ArB(OH)_2$，参见反应 **12-28**]与醛加成得到相应的醇。在手性配体存在下，芳基硼酸加成到醛上得到具有良好对映选择性的醇[746]。在 Pd 催化剂作用下，芳基硼酸可与侧链的酮结构片段发生对映选择性的分子内反应[747]。在 Rh 催化剂作用下，高聚物连接的芳基硼酸酯可将芳基加成到醛上[748]。苯基硼酸诱导的分子内反应已有报道，该反应是在手性 Rh 催化剂的作用下，含有酮和共轭酮单元的分子被转化为环醇[749]。烯丙基硼酸酯可加成到醛上[750]，一些反应具有对映选择性[751]。

许多光学活性的烯丙基硼化合物已被使用，包括[752] B-烯丙基-双（2-异蒈基）硼（**32**）[753]、(E)-和 (Z)-丁烯基-(R,R)-2,5-二甲基硼戊环（**33**）[754] 和冰片衍生物 **34**[755]，所有这些化合物都可将烯丙基加成到醛上，具有良好的对映选择性。可循环使用的 10-TMS-9-硼二环[3.3.2]癸烷已被用于烯丙基和丁烯基对醛的不对称加成[756]。当底物含有芳香基或叁键时，利用金属与底物羰基的配合物能提高对映异构选择性[757]。

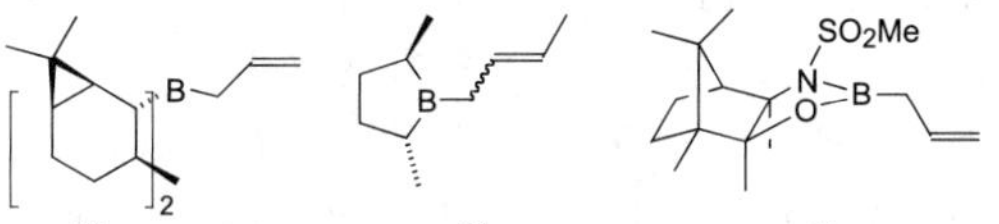

炔基三氟硼酸钾（反应 **12-28**）与醛及仲胺在离子液体中反应，得到炔丙胺[758]。烯丙基三氟硼酸酯（反应 **12-28**）与醛反应生成高烯丙醇。芳基醛与 $PhBF_3K$ 在 Pd 催化下反应生成二芳基醇[759]。在 Ru 催化下芳基三氟硼酸酯的反应可得到具有空间位阻的二芳基酮[760]。在 $BF_3 \cdot OEt_2$ 存在下，脂肪醛与该试剂反应生成高烯丙醇，反应发生了烯丙基重排，主要得到顺式异构体[761]。芳基醛也可以发生这个反应[762]。

16-26 三烷基烯丙基硅烷与醛和酮的加成

O-氢-C-烷基-加成

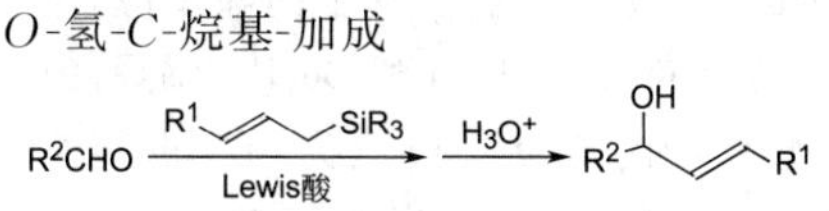

在 Lewis 酸[763]（如 $TaCl_5$[764] 和 $YbCl_3$[765]）、氟离子[766]、四氮杂磷酰二环烷（proazaphosphatrane）[767] 或催化量碘[768] 的存在下，烯丙基三烷基、三烷氧基及三卤硅烷与醛加成，得到高烯丙醇。Ru 催化剂已被应用于芳基硅烷和醛的反应[769]。在 CdF_2 催化剂[770] 或手性 AgF 配合物[771] 作用下，烯丙基三甲氧基硅烷可将烯丙基加成到醛上。烯丙基三氯硅烷也被用于与醛的加成反应[772]。Hünig 碱（i-Pr_2Net）及亚砜可用来促进烯丙基三氯硅烷的烯丙基与醛的加成[773]。

这个反应的机理已被研究[774]。

在某些添加剂存在下，烯丙基三氯硅烷与醛加成得到相应的醇[775]，通过加入手性添加剂，可使该反应具有良好的对映选择性[776]。其它手性添加物已被使用过[777]。此外，手性催化剂[778] 以及手性的烯丙基硅烷配合物[779] 也有使用。在 Cu 催化剂和手性配体作用下，烯丙基三甲氧基硅烷与醛反应得到手性醇[780]。手性烯丙基硅烷基衍生物与醛加成生成手性高烯丙醇[781]。

烯丙基硅烷与偕二乙酸酯在 $InCl_3$ 存在下反应生成高烯丙基乙酸酯[782]，或与二甲基缩醛及 TMSOTf 在离子液体中反应生成高烯丙基甲基醚[783]。烯丙醇用 TMS−Cl 和 NaI 处理，而后用 Bi 处理生成有机金属试剂，该试剂可与醛加成[784]。

16-27 共轭烯烃与醛的加成：Baylis-Hillman 反应[785]

O-氢-C-烯基-加成

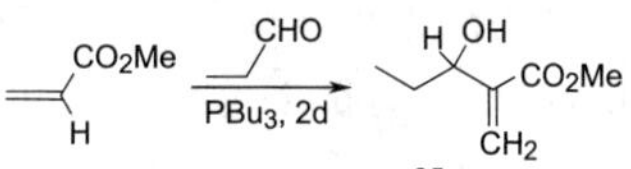

在碱（1,4-二氮杂二环[2.2.2]辛烷，DABCO）[786] 或三烷基膦的存在下，共轭羰基化合物，如酮、酯、内酯[787]、硫酯[788] 和酰胺[789]，可通过其 α-碳加成到醛上，得到 α-烯基-β-羟基酯或酰胺。这个反应被称为 Baylis-Hillman 反应（或 Morita-Baylis-Hillman 反应）[790]，一个简单的例子是生成 **35** 的反应[791]。关于该反应机理的研究已有报道[792]。甲基乙烯基酮在 Baylis-Hillman 反应中生成其它产物，而共轭酯的反应却不会生成其它产物[793]。已经发展了一些用于 Baylis-Hillman 反应的碱催化方法[794]。微波辐射[795] 和超声[796] 作用都可用于诱导该反应[797]。Baylis-Hillman 反应也可在酸性水溶液中进行[798]。蛋白质催化的反应已见报道[799]。在一定反应条件下，观察到了速率加快[800]。该反应还可在离子液体[801]、PEG[802] 或环丁砜[803] 中，以及在没有有机溶剂的条件下[804] 完成。在 DABCO 促进的反应中，运用二芳基硫脲可以加快反应速率[805]。过渡金属化合物可以促进 Baylis-Hillman 反应[806]，$BF_3 \cdot OEt_2$ 也被用于促进该反应[807]。含硅的反应已有报道，如乙烯基硅烷与醛的反应[808]。含氮的 Baylis-Hillman 反应在 **16-31** 中讨论。

炔醛在 Rh 催化剂作用下可进行分子内的

Baylis-Hillman 反应，生成环戊烯酮衍生物[809]。其它分子内环化反应也已有报道[810]。共轭酯在 DABCO 作用下可发生环化反应，含有"醇"基团的醛单元（羟醛衍生物）通过环化生成内酯，该内酯含有一个相对于羰基处于 C-3 位的羟基和一个亚乙烯基[811]。

通过酰胺[813]或酯[814]，使用手性助剂可实现对映选择性的 Baylis-Hillman 反应[812]。有机催化剂可使反应产物具有良好的对映选择性[815]。糖被用作酯的助剂，与芳基醛和 20% DABCO 反应，得到具有中等对映选择性的烯丙醇[816]。

另外一种反应是 Rauhut-Currier 环化反应[817]，在这个反应中，共轭羰基与另一个共轭体系的烯丙位反应。后面这种方法的分子内反应已有发现[818]。在三氟化硼的诱导下，醛与共轭酮反应生成具有良好反式选择性的饱和 β-羟基酮[819]。在 $TiCl_4$[820]、二烷基卤化铝[821]或（聚甲基）氢硅氧烷和 Cu 催化剂[822]的作用下，醛与共轭酮可发生偶联。在 DABCO 和 La 催化剂作用下，共轭酯可与醛发生偶联[823]。在手性奎宁定（quinuclidine）催化剂和 Ti 催化剂作用下，以及在甲苯磺酰胺的存在下，醛可与共轭酯发生偶联，最终产物是具有中等对映选择性的烯丙基 N-甲苯磺酰胺[824]。

卤代烷与共轭羰基发生偶联反应生成烷基化衍生物，该反应被称为 Morita-Baylis-Hillman 烷基化[825]。α-溴甲基酯与共轭酮和 DABCO 反应，得到偶联产物 36[826]。据报道在 DBU 作用下，α-溴甲基酯与共轭硝基化合物可发生类似的反应[827]。

该反应经改进可得到另外的产物，如同邻羟基苯甲醛与甲基乙烯基酮在 DABCO 作用下的反应，在这个反应中，通过酚的氧共轭加成到共轭酮上（15-31），最初的 Baylis-Hillman 产物发生了环化[828]。醛和共轭酯还可与磺酰胺发生偶联，得到烯丙胺[829]。

参见 OS 2010, 87, 201.

16-28 Reformatsky 反应

O-羟基-C-α-乙氧基羰基-加成

Reformatsky 反应与 16-24 很相似[830]。醛或酮与锌和卤化物反应，卤化物通常是 α-卤代酯或 α-卤代酯的烯类似物（参见 6.2 节，如 RCH-BrCH=CHCOOEt），有时也使用 α-卤代腈[831]、α-卤代酮[832]和 α-卤代的 N,N-二取代酰胺。用活化的锌[833]或者锌和超声波[834]，可以获得特别高的反应活性。在碘和超声波作用下，该反应可被 Zn 催化[835]。还可以用其它金属替代锌，如 In[836]、Mn[837]、低价的 Ti[838]、Ti[839]、Sn[840]、Sm[841]或 Sc[842]的金属化合物。使用添加剂（如 Ge[843]或 Me_2Zn[844]）可以实现高选择性反应[845]。Zn 和 α-溴代酯的混合物可与 $BF_3·OEt_2$ 联合使用，而后与过氧化二苯甲酰反应[846]。醛或酮可以是脂肪族的、芳香族的或杂环的，或含各种官能团。常用的溶剂是醚，包括乙醚、THF 和 1,4-二氧六环，而采用过氧化二苯甲酰和 $MgClO_4$，反应也可以在水中[847]进行。

用手性助剂[848]或手性添加剂[849]，也可以得到好的对映选择性[850]。

二烷基锌化合物可替代 Reformatsky 反应中的锌源。在 THF 中，α-溴代酯、醛和二乙基锌用 Rh 催化反应，生成 β-羟基酯[851]。

形式上，这个反应似乎与 Grignard 反应（16-24）类似，具有类似于 RMgX 的中间体 $EtO_2C-C-ZnBr$ (37)[852]。从锌和酯的反应中确实得到了一个中间体，通过对由 t-BuO-COCH$_2$Br 与锌反应得到的固体中间体的 X 射线晶体结构研究，显示其结构为 38[853]。可以看出，它具有 37 的一些特征。

水解后的产物是醇，但有些时候（特别是对于芳香醛），会继续直接发生消除反应，产物为烯烃。通过同时使用 Zn 和 Bu_3P，烯烃能成为主要产物[854]，使这个反应成为 Wittig 反应（16-44）的一个替代反应。当使用 $K_2CO_3/NaHCO_3$ 并在 2% PEG-碲化物作用下，产物也为烯烃[855]。由于从 α-卤代酯不能制备格氏试剂，因此这个方法十分有用，但是由于存在竞争反应使得有时产率很低。对于腈可采用类似的反应（称为 Blaise 反应）[856]：

羧酸酯也可用作底物，但是可以预测（参见 16.1 节），反应的结果是取代而不是加成：

$$\underset{R}{\overset{O}{\|}}C-OR^1 + \underset{Br}{\overset{CO_2Et}{\underset{|}{\times}}} \xrightarrow{Zn} \underset{R}{\overset{O}{\|}}C-\underset{}{\overset{CO_2Et}{\underset{|}{C}}}$$

此时的产物与采用相应腈得到的产物是一样的，但是反应途径却不同。该反应对胺取代基没有影响，α-(N,N-二苄基)氨基醛可用于制备 β-羟基-γ-(N,N-二苄基氨基)酯，反应具有好的反式选择性[857]。

关于可用于烯醇酯的替换反应参见 **16-36**。
OS Ⅲ,408;Ⅳ,120,444;6,598;Ⅸ,275.

16-29 有机金属化合物将羧酸盐转化为酮
烷基-去-氧-取代

$$\underset{R}{\overset{O}{\|}}C-OLi + R^1-Li \longrightarrow \underset{R}{\overset{OLi}{\underset{|}{C}}}-R^1 \xrightarrow{H_2O} \underset{R}{\overset{O}{\|}}C-R^1$$

羧酸的锂盐与烷基锂试剂反应，然后水解，常常可以高产率地获得酮[858]。羧酸盐可通过羧酸与 1mol R^1Li 反应得到。R^1 基团可以是芳基或伯、仲及叔烷基。R 基团可以是烷基或芳基。MeLi 和 PhLi 使用得最多。叔醇是副产物。乙酸锂可用于该反应，但反应产率一般很低。利用 R(PrNH)Mg 试剂，羧酸盐的反应得到酮[859]。

在 1-氯丁烷存在下，酸与萘基锂的反应是该反应的一个变化形式，产物是酮[860]。一个相关的反应将羧酸锂与金属锂和卤代烷反应，在超声波作用下得到酮[861]。在 Pd 催化剂和二琥珀酰基碳酸酯存在下，苯基硼酸（反应 **12-28**）与芳基羧酸反应生成二芳基酮[862]。

OS Ⅴ,775.

16-30 有机金属化合物与 CO_2 和 CS_2 的加成
C-烷基-O-卤镁-加成

$$O=C=O + RMgX \longrightarrow \underset{R}{\overset{O}{\|}}C-OMgX$$

格氏试剂与 CO_2 的一个 C=O 的加成过程和它们与醛或酮的加成完全一样[863]。当然，此时的产物是羧酸盐。反应时通常将格氏试剂加入到干冰中。以这种方式制备了许多羧酸。此反应构成了将碳链增长一个单位的重要方法。由于标记的 CO_2 可以购得，因此这是一个制备标记羧基的羧酸的好方法。也可以用过其它有机金属化合物（RLi[864]、RNa、RCaX、RBa[865]等），但却并不常用。CO_2 加入到反应混合物中后形成了羧酸盐，这可以证明在反应混合物中存在碳负离子或活性有机金属中间体（参见反应 **16-42**）。

在 Ru 催化剂作用下，芳基有机硼酸酯与 CO_2 反应，得到相应的芳基羧酸[866]。在 Cu 催化剂作用下，芳基硼酸酯及炔基硼酸酯可被羧化[867]。在离子液体中，Pd 催化剂作用下，乙烯基卤化物与 CO 和水反应，得到共轭羧酸[868]。有机锌化合物可被 CO_2 和 Ni 催化剂羧化[869]。有机锌试剂也可发生没有金属的羧化反应[870]。在 CO_2 和有机催化剂存在下，芳香醛可转化为相应的羧酸[871]。采用 CO_2 和 Pd 催化剂可将芳基溴化物直接羧化[872]。在 Et_2Zn 存在下，利用 CO_2 可将丙二烯转化为 β,γ-不饱和酸[873]。

当在有机金属锂试剂的起始反应中加入手性添加剂，如（−）-鹰爪豆碱，而后用 CO_2 终止反应，可生成引入手性的羧酸[874]。

在一个很相似的反应中，格氏试剂与 CS_2 加成得到二硫代羧酸盐[875]。可用胺捕获这些盐，形成硫代酰胺[876]。另外，还有两个其它反应值得一提：①二烷基铜锂试剂与二硫代羧酸酯反应，可以得到叔硫醇[877]；②硫代内酯可以转化为环醚[878]，例如：

$$\underset{}{\overset{S}{\|}}\bigcirc \xrightarrow{n\text{-BuLi}} \underset{S^-}{\overset{Bu}{\underset{|}{\bigcirc}}} \xrightarrow[10\text{-}26]{MeI} \underset{SMe}{\overset{Bu}{\underset{|}{\bigcirc}}} \xrightarrow{14\text{-}27} \underset{O}{\overset{Bu}{\bigcirc}}$$

这是一个很有用的操作，因为中等的和大的环醚不容易制备，而相应的硫代内酯可以由易得的环酮（参见如反应 **16-63**）经反应 **16-11** 制备得到。

端炔在电解条件下可转化为负离子，在 CO_2 存在下反应生成炔丙酸（R−C≡C−CO_2H）[879]。

OS Ⅰ,361,524;Ⅱ,425;Ⅲ,413,553,555;Ⅴ,809,1043;Ⅵ,845;Ⅸ,317.

16-31 有机金属化合物与含 C=N 键化合物的加成
N-氢-C-烷基-加成

$$\underset{R}{\overset{R^1}{\underset{\|}{N}}}\!\!=\!\!CH + R^2MgX \longrightarrow \underset{R}{\overset{XMg}{\underset{|}{N}}}\!\!-\!\!\underset{R^2}{\overset{R^1}{\underset{|}{CH}}} \xrightarrow{水解} \underset{R}{\overset{H}{\underset{|}{N}}}\!\!-\!\!\underset{R^2}{\overset{R^1}{\underset{|}{CH}}}$$

醛亚胺与格氏试剂反应可转化为仲胺[880]。酮亚胺一般发生还原反应而不是加成反应。然而，有机锂化合物与醛亚胺和酮亚胺反应都得到正常的加成产物[881]。溶剂和有机锂的聚集状态会对加成反应产生影响[882]。对于有机金属化合物与亚胺发生加成生成伯胺的反应，RCH=NR′ 中的 R′ 基必须为 H，这种化合物很少是稳定的。然而，通过使用掩蔽试剂（ArCH=N)$_2$$SO_2$ [从醛 RCHO 和磺酰胺（NH_2)$_2$$SO_2$ 反应制备]，对于 R 为芳基的情况，可以完成转化反应。

R^2MgX 或 R^2Li 与这些化合物加成,水解后得到 $ArCHR^2NH_2$[883]。有机锂试剂的分子内加成反应已有报道,通过该反应可以得到2-苯基四氢吡咯烷[884]。在多种过渡金属催化剂如 $Sc(OTf)_3$[885] 或 Cp_2ZrCl_2[886] 的存在下,格氏试剂可以与亚胺加成。炔加成到亚胺上生成炔丙胺[887]。

当手性添加剂与有机金属锂试剂一起使用时,产物是手性胺[888],反应中较好地引入了手性[889]。手性助剂已用于金属有机化合物对亚胺[890]和对腙衍生物的加成中[891]。使用 Cu 的金属化合物可以实现过渡金属对亚胺的非对称烷基化[892]。使用手性催化剂可以实现炔对亚胺的对映选择性加成得到胺[893]。手性 N-亚磺酰亚胺与硅烷化锂反应,得到 α-硅烷基亚磺酰胺[894]。

金属锌与烯丙基溴反应形成烯丙基锌配合物,该配合物与亚胺反应得到高烯丙胺[895]。此反应可被 TMSCl 催化[896]。二烷基锌试剂加成到官能团化的亚胺上,得到官能团化的胺,反应通常要在过渡金属催化剂如 Ni 化合物作用下进行[897]。二烷基锌试剂加成到 N-甲苯磺酰亚胺上生成烷基化的甲苯磺酰胺[898]。在手性配体作用下,金属催化的反应具有好的对映选择性[899]。采用 Cu 催化剂和手性配体,可以得到具有良好对映选择性的产物[900]。Ar 为手性苄基型取代基的亚胺(如 $ArN=CHCO_2Et$)与 $ZnBr_2$ 反应,而后与 $R'ZnBr$ 反应,可得到手性的 α-氨基酯[901]。在 $ZnCl_2$ 和 TMSCl 作用下,端炔可加成到亚胺上,当氮上连接有手性配体时,反应具有一定的对映选择性[902]。二甲基锌可用于促进端炔对 N-甲苯磺酰亚胺的加成[903]。

其它有机金属化合物,也可以与醛亚胺加成[904],包括 Sn[905]、Sm[906]、Ge[907]、Zr[908]、金属 Ga 并使用超声波[909]、Yb 与 Me_3SiCl[910]或 In[911]。催化量的金属化合物可用于烯丙基锡烷的反应[912]。这些有机金属化合物进行的催化对映选择性加成已有较多报道[913],包括在离子液体中的反应[914]。在 Rh 催化剂和超声波作用下,芳基三烷基锡可将芳基加成到 N-甲苯磺酰亚胺上[915]。烯丙基卤化物在金属 In[916]或 $InCl_3$[917]的存在下,与亚胺反应生成高烯丙基胺,与 N-磺酰亚胺反应生成高烯丙基磺酰胺[918]。对于后一反应,在水中进行时具有反式选择性[919]。在 Rh 催化剂作用下,芳基碘化物可与 N-芳基亚胺加成[920]。采用 Rh 催化剂可使 N-对甲苯磺酰酮亚胺的芳基化具有好的对映选择性[921]。在 THF 水溶液中金属 In 的作用下,炔丙基卤化物可加成到亚胺上[922]。

端炔与芳香醛和芳香胺在没有催化剂的条件下反应生成炔丙胺[923]。此外,在 Ir[924]或 Cu 催化剂[925]作用下,同样可以得到炔丙胺[926]。在手性 Cu 配合物作用下,端炔加成到 N-取代亚胺上,得到具有良好对映选择性的炔丙胺[927]。炔化锂负离子与手性 N-亚磺酰亚胺在 Me_3Al 存在下加成,得到手性的炔丙基化合物[928]。在手性 Rh 催化剂作用下,二炔烃与 N-亚磺酰亚胺加成,生成相应的烯丙基亚磺酰胺[929]。烯烃与 N-磺酰亚胺在手性 Rh 催化剂作用下加成,生成烷基化的磺酰胺[930]。

在 Eu 催化剂存在下,三乙基铝可将乙基加成到亚胺上。通过在 Rh 催化剂作用下与 $PhSnMe_3$ 和 N-甲苯磺酰亚胺反应,可实现苯基在 C=N 键碳上的加成[931]。其它的 N-亚磺酰亚胺可通过类似的反应生成相应的磺酰胺,在手性配体的存在下反应具有良好的对映选择性[932]。N-甲苯磺酰亚胺也可与二烷基锌试剂反应,得到中等对映选择性的磺酰胺[933]。N-亚磺酰亚胺 $[R_2CH=NS(=O)R']$[934] 与格氏试剂在碳上反应生成相应的 N-亚磺酰胺[935]。在手性磷酸催化剂的作用下,呋喃衍生物可通过其 C-2 进行具有良好对映选择性的加成[936]。在 Yb 催化剂作用下,烯烃可加成到 N-甲苯磺酰亚胺上[937]。在 V 催化剂作用下,丙二烯可加成到 N-氨基甲酰亚胺上[938]。在碘催化剂存在下,原位形成的 N-氨基甲酰亚胺可与烯丙基硅烷反应[939]。采用 DBU 和 Ru 催化剂,N-氨基甲酰亚胺可与乙腈(在碳上)加成[940]。

在 Rh 催化剂存在下,芳基硼酸酯(反应 12-28)与 N-磺酰亚胺加成生成相应的磺酰胺[941]。手性 Cu 配合物可用于酮亚胺的有效烯丙基化[942]。在 Rh[943]或 Pd[944]催化剂作用下,芳基硼酸(反应 12-28)可将芳基加成到 N-甲苯磺酰亚胺上。在手性 Rh[945]或 Ir[946]催化剂作用下,芳基硼酸可发生类似的反应,得到手性的亚磺酰胺或磺酰胺。烯丙基硼酸酯也可以加成到醛上,用氨进一步处理后得到高烯丙胺[947]。在 Me_2Zn 存在下,乙烯基硼酸酯可与硝酮加成,将乙烯基转移到 C=N 单元中[948]。在 Pd 催化剂作用下,烯丙基三氟硼酸钾可与 N-甲苯磺酰亚胺发生反应[949]。

在 Pd 催化剂作用下,烯丙基硅烷(如烯丙基三甲基硅烷)与 N-取代亚胺加成得到高烯丙胺[950]。在催化量的四丁基氟化铵作用下,烯丙基硅烷与亚胺发生类似的反应[951]。烯丙基三氯硅烷与腙加成得到高烯丙基腙衍生物,反应具有很好的反式选择性[952];当在手性配体作用下反应时,可获得好的对映选择性[953]。已经研制出手性的烯丙基硅烷衍生物,其与腙的加成具有良好的对映选择性[954]。

已经发现含氮的 Balyis-Hillman 反应,该反应可将亚胺和共轭羰基衍生物转化为 α-氨基共轭衍生物[955]。可以用 N-甲苯磺酰亚胺替代醛,亚胺、共轭酯和 DABCO 反应得到烯丙基 N-甲苯磺酰基胺[956]。采用 N-甲苯磺酰亚胺和共轭酮进行的"双 Baylis-Hillman"反应也已见报道[957]。使用手性催化剂可以得到对映选择性的产物[958]。在手性反应介质中进行的对映选择性含氮 Baylis-Hillman 反应[959]已有报道[960]。在脯氨酸作用下,醛通过其 α-碳上的加成得到 β-氨基醛,发生对映选择性的加成得到手性的 β-氨基醛[961]。

在 ZnF$_2$ 和手性配体作用下,烯醇硅醚与腙加成得到手性的 β-腙基酮[962]。采用烯酮硅烷基缩醛(ketene silyl acetals)和 Amberlyst-15,可以使亚胺衍生物发生类似的加成[963]。也可以采用另一种方法,即亚胺先与 Zn(OTf)$_2$ 反应,而后与烯酮硅烷基缩醛反应[964]。

在手性二胺催化剂作用下,硝基化合物可与 N-氨基甲酰亚胺加成,反应具有一定的对映选择性[965]。在 Cu 催化剂作用下,硝基化合物可通过碳发生加成,当使用手性配体时,反应具有好的对映选择性[966]。硝基化合物的共轭碱(将硝基化合物与 BuLi 反应)在 ClCH=NMe$_2^+$Cl$^-$ 存在下与格氏试剂反应,生成肟[967]:

RCH=N(O)OLi + R'MgX → RR'C=NOH

亚胺盐[968]直接生成叔胺,反应中发生了对 C=N 单元的 1,2-加成。氯化亚胺盐 ClCH=NR$_2'$Cl$^-$(从酰胺 HCONR$_2'$ 与光气 COCl$_2$ 原位反应生成)与 2mol 格氏试剂 RMgX 反应,1mol 格氏试剂加成到 C=N 键上,另 1mol 取代 Cl,得到三级胺 R$_2$CHR$_2'$[969]。

许多其它的 C=N 体系(苯腙、肟醚等)与格氏试剂发生 1,2-加成反应,有些含 C=N 的化合物发生还原反应,有些含 C=N 的化合物发生混杂的反应。有机铈试剂可与腙加成[970]。金属 In 可促进烷基碘化物对腙的加成反应[971]。腙可由醛与肼的衍生物反应原位形成。在四烯丙基锡和 Sc 催化剂存在下,可以制得高烯丙基肼的衍生物[972]。在光化学条件及 InCl$_3$ 和 Mn$_2$(CO)$_{10}$ 存在下,腙的衍生物可与碘代烯烃反应,生成肼的衍生物[973]。使用手性 Zr 催化剂,烯酮的二硫代缩醛与腙加成得到吡唑烷[974]。肟与 2mol 烷基锂试剂反应,然后用甲醇处理,可转化为羟胺(**39**)[975]。

肟醚与烯丙基溴和金属 In 在水中反应,可加成上一个烯丙基[976]。硝酮 R$_2$C=N$^+$(R')O$^-$ 与烯丙基溴和 Sm 反应生成高烯丙基肟[977],与端炔和 Zn 催化剂反应生成炔丙基肟[978]。格氏试剂也可加成到硝酮上[979]。硝酮与 CH$_2$=CHCH$_2$InBr 在 DMF 水溶液中反应生成高烯丙基肟[980],与烯酮硅烷基缩醛在手性 Ti 催化剂存在下发生具有良好对映选择性的加成反应[981]。

烯丙醇在 Pd 催化剂作用下与亚胺加成得到高烯丙基胺[982]。

OS Ⅳ,605;Ⅵ,64。另见 OS Ⅲ,329.

16-32 卡宾和重氮烷与含 C=N 键化合物的加成

在金属催化剂,如 Yb(OTf)$_3$ 存在下,重氮烷与亚胺加成生成吖丙啶[983]。反应对顺式异构体具有一定的选择性。反应中使用手性添加剂时,可使产物吖丙啶具有对映选择性[984]。醛与胺反应得到亚胺,然后与 Me$_3$SiI 和丁基锂反应生成吖丙啶[985]。N-甲苯磺酰亚胺与重氮烯烃反应生成 N-甲苯磺酰吖丙啶,反应具有良好的顺式选择性[986];当手性 Cu 催化剂存在时,反应具有中等的对映选择性[987];而当使用手性 Rh 催化剂[988]或有机催化剂[989]时,反应具有很好的对映选择性。值得注意的是,烯烃与 PhI=NTs 和 Cu 催化剂反应得到 N-甲苯磺酰吖丙啶[990]。N-酰基亚胺与重氮酯在 Pt 催化剂作用下发生 C—H 插入反应[991]。烯烃与重氮化合物的反应在 **15-53** 中讨论。

16-33 格氏试剂与腈和异氰酸酯的加成

烷基,氧-去-次氮基-三取代(总的转化)

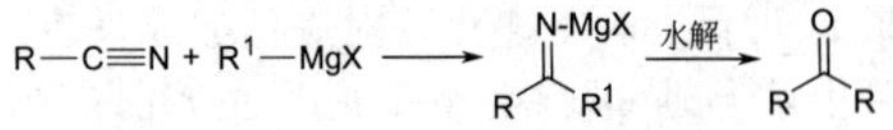

$$R-C\equiv N + R^1-MgX \longrightarrow \underset{R^1}{\overset{R}{\underset{|}{C}}}=N-MgX \xrightarrow{水解} \underset{R}{\overset{O}{\underset{\|}{C}}}-R$$

N-氢-C-烷基-加成

$$R-N=C=O + R^1-MgX \longrightarrow \underset{R^1}{\overset{R-N}{\underset{|}{C}}}-OMgX$$

$$\xrightarrow{水解} R-NH-\underset{\|}{\overset{O}{C}}-R^1$$

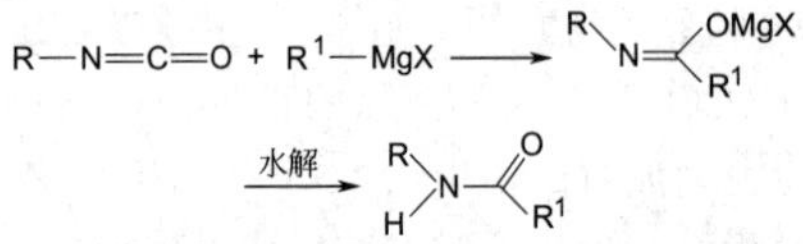

格氏试剂与腈加成，然后水解起初生成的亚胺盐，可以制备得到酮。用这种方式制备了许多酮，但是当两个 R 基团都为烷基时，产率并不高[992]。通过使用 Cu(Ⅰ)盐[993]，或使用含有一摩尔倍量醚的苯而不是只用醚作为溶剂[994]，可以提高产率。酮亚胺盐一般不与格氏试剂反应，因此，叔醇或叔烷胺不是常见的副产物[995]。对其盐进行小心的水解，有时能分离出酮亚胺 RR′C=NH[996]，尤其是当 R 和 R′为芳基时，该过程更容易进行。格氏试剂与 C≡N 的加成通常比与 C=O 的加成慢，含有 CN 基团的醛与格氏试剂加成时并不影响 CN 基团[997]。有机锂试剂在 LiBr 作用下可与腈加成，生成 N-乙酰基烯胺[998]。还可以使用其它金属化合物，包括含有烯丙基卤化物的 Sm[999] 和有机铈化合物如 MeCeCl₂[1000]。烯丙基卤化物和过量金属锌在 40% AlCl₃ 存在下与腈反应，经水解处理后得到高烯丙基酮[1001]。

格氏试剂和有机锂试剂[1002]与 ω-卤代腈[1003] 加成，生成 2-取代的环亚胺。由 α-溴代酯与金属锌得到的有机锌试剂与腈发生 Blaise 反应，生成相应的 β-酮酯[1004]。人们认为甲基格氏试剂与苯甲腈的反应机理为[1005]：

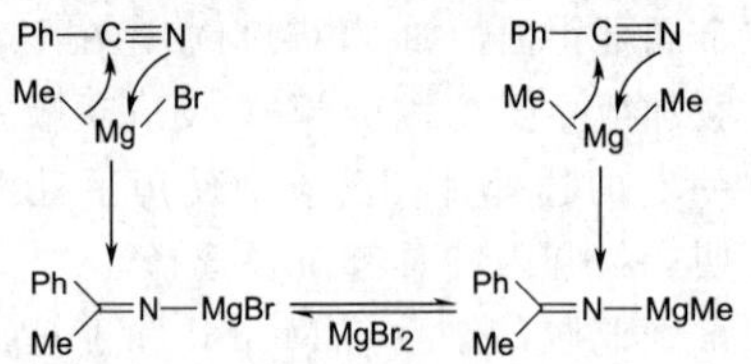

Ph—C≡N, Me, Mg, Br → Ph, Me, N—MgBr ⇌(MgBr₂) Ph, Me, N—MgMe ← Ph—C≡N, Me, Me, Mg

芳基硼酸在 Pd 催化剂存在下可与腈发生加成反应[1006]。在 Pd[1007] 或 Rh 催化剂[1008] 存在下，芳基或烯基硼酸也可加成到异氰酸酯上。在 DMSO/三氟乙酸中 Pd 催化剂作用下，芳烃可加成到腈上生成二芳基酮[1009]。

格氏试剂与异氰酸酯加成，经水解后生成 N-取代酰胺[1010]。这是一个很好的反应，可用于制备烷基卤和芳基卤的衍生物。这个反应也可以采用烷基锂化合物进行[1011]。异硫氰酸酯反应生成 N-取代硫代酰胺。其它有机金属化合物也可与异氰酸酯加成，如与烯基锡试剂反应可生成共轭酰胺[1012]。

要注意的是，在铀配合物的存在下，端炔可加成到异腈的碳上生成炔丙基亚胺[1013]。

OS Ⅲ, 26, 526；V, 120, 520.

16.2.1.7 碳被含活性氢化合物进攻

反应 16-34～16-50 是碱催化的缩合反应（其中有些反应也可以是酸催化的）[1014]。在反应 16-34～16-44 中，碱除去 C—H 的质子使其成为碳负离子，碳负离子而后与 C=O 加成。氧获得一个质子，生成的醇脱水或不脱水取决于是否存在 α-氢，以及新生成的双键是否与已经存在的双键共轭。

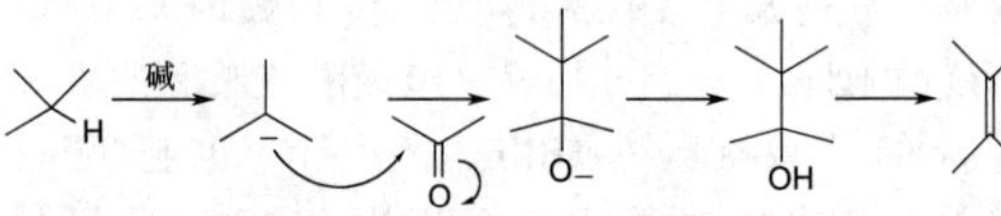

不同的含活泼氢的化合物与不同的羰基化合物反应，其结果可能不同。表 16.2 列出了这些差别，反应 16-50 是与 C≡N 加成的类似反应。

表 16.2 碱催化下含活泼氢化合物与羰基化合物的反应

反应	含活泼氢的化合物	羰基化合物	后续反应
16-34 羟醛缩合	CHO	H, R, O	可能脱水
16-36	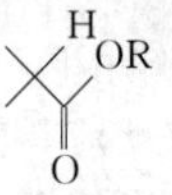 H, OR, O	醛、酮（通常不含 α-氢）	可能脱水
16-38 Knoevenagel 反应	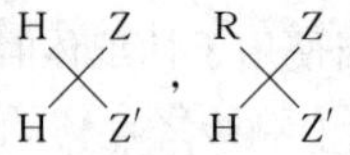 H, Z, H, Z′ 及相似的分子	R, Z, H, Z′	通常脱水
16-41 Peterson 反应	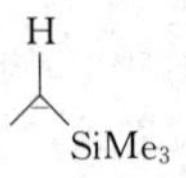 H, SiMe₃	醛、酮	可能脱水
16-42	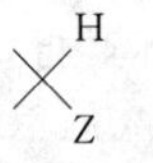 H, Z (Z=COR, COOR, NO₂)	CO_2, CS_2	
16-39 Perkin 反应	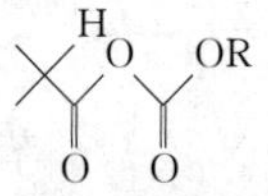 H, O, OR	芳香醛	通常脱水

续表

反 应	含活泼氢的化合物	羰基化合物	后续反应
16-40 Darzen's 反应	 (结构式：X, OR, H, O)	醛、酮	环氧化（发生 S_N 反应）
16-43 Tollen's 反应	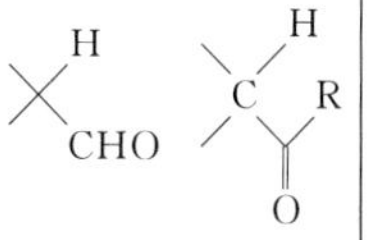 (结构式：H, CHO, C, R)	甲醛	交叉 Cannizzaro 反应
16-44 Wittig 反应	磷叶立德 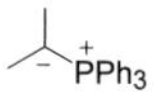 PPh₃	醛、酮	总是发生脱水
16-50 Thorpe 反应	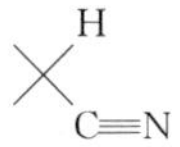 (结构式：H, C≡N)	腈	

16-34 羟醛缩合反应[1015]

O-氢-C-(α-酰烷基)-加成
α-酰烷基-去-氧-双取代

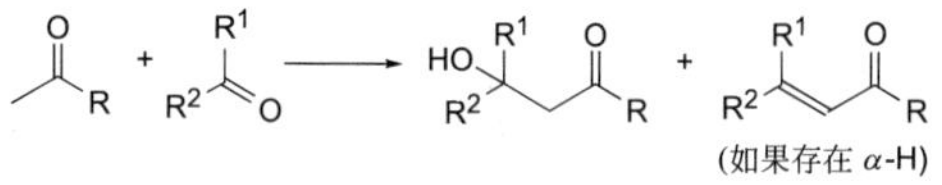

(反应式)
(如果存在 α-H)

在羟醛缩合反应（aldol reaction）中[1016]，一个醛或酮分子的 α-碳加成到另一个醛或酮的羰基碳上[1017]。虽然存在酸催化的羟醛缩合[1018]，但最常见的是碱催化的反应。有证据表明当底物为芳香酮时，可能采取 SET 机理[1019]。最常用的碱是 HO^-，有时也用更强的碱，如烷氧基（RO^-）或氨基（R_2N^-）。胺也可用于催化羟醛缩合反应[1020]。氢氧根负离子的碱性不太强，不能充分地将所有的醛或酮分子转化为其相应的烯醇离子，也就是说，对醛和酮而言，平衡都主要偏向左侧。

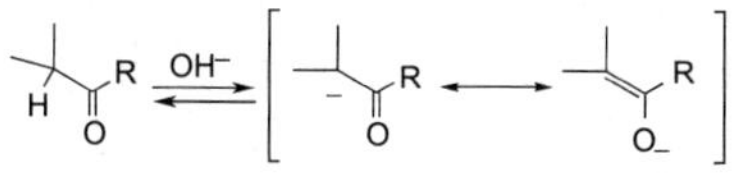

(反应式)

尽管如此，还是存在足够的烯醇离子使反应按以下方式进行：

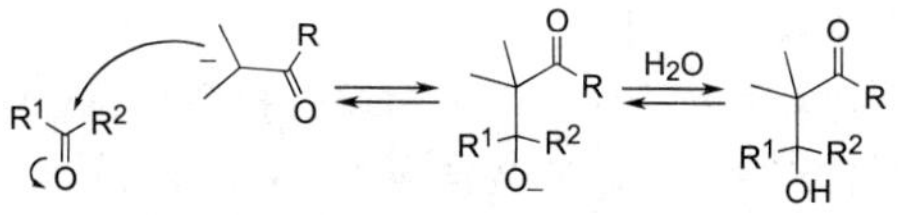

(反应式)

与氢氧根离子相比，烷氧基负离子的作用使平衡进一步向右侧移动，但仍然主要偏向左侧。与氢氧根离子或烷氧基负离子相比，在氨基碱的作用下，特别是在非质子性溶剂中，平衡又大大向右侧发生了移动。质子性溶剂（如水或醇）具有足够的酸性与烯醇负离子反应，从而使平衡移向左侧。需要指出的是，在非质子性溶剂（如醚或 THF）中，在强碱性的氨基碱［如 LDA，参见 8.6 节(7)］作用下，平衡偏向右侧[1021]。有很多种氨基碱可用于酮或醛的去质子化，对于非对称的酮，酸性较强的质子被夺取，得到动力学意义上的烯醇负离子[1022]。值得注意的是，高聚物固定的氨基碱已有使用[1023]，固相的手性氨基锂也已有报道[1024]。连接在高聚物上的磷酰胺已被用作羟醛缩合反应的催化剂[1025]。

羟醛缩合反应的产物是 β-羟基醛（称为羟醛，aldol）或 β-羟基酮，它们有时在反应过程中发生脱水。除非底物为芳香醛或酮，当采用温和的操作在非质子性溶剂中完成反应时，很容易分离出羟醛。羟醛缩合反应可在离子液体中进行[1026]。即使脱水并不是自发的，但该过程通常也很容易发生，因为新生成的双键可与 C=O 键共轭。因此这是制备 α,β-不饱和醛酮以及 β-羟基醛酮的一个方法。一锅操作得到共轭产物的方法已见报道[1027]。整个反应（包括脱水步骤）是一个平衡，α,β-不饱和醛酮和 β-羟基醛酮可以在 ^-OH 作用下断裂（逆羟醛缩合反应），逆羟醛缩合反应已被开发用作交叉羟醛缩合反应[1028]。插烯型（参见 6.2 节）的羟醛缩合反应已被发现[1029]，得到"双"羟醛[1030]。两分子醛（包括甲醛）在酶催化下的羟醛缩合反应已有报道[1031]。

根据插烯原理（参见 6.2 节），活性氢可以位于 α,β-不饱和羰基化合物的 γ 位：

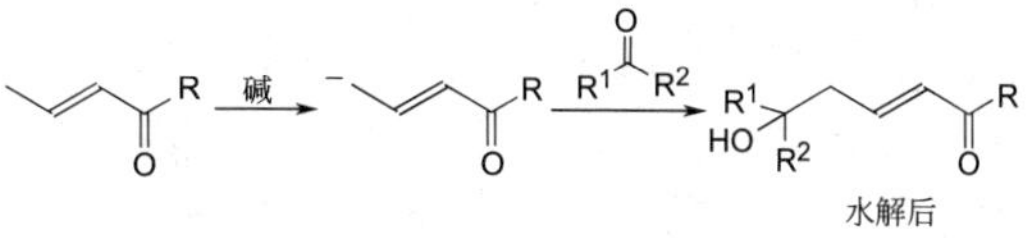

(反应式)
水解后

羟醛缩合反应的范围主要为以下五个方面：

（1）两个相同的醛分子之间的反应 属于同偶联（homo-coupling）。在质子性溶剂中使用氢氧根离子或烷氧基负离子[1032]，反应很容易发生。现在更常见的是在非质子性溶剂（如醚或 THF）中使用二烷基氨基碱。许多醛以这种方式转化为羟醛或其脱水产物，最有效的催化剂是碱性离子交换树脂。当然，醛必须含有 α-氢。

（2）两个相同的酮分子之间的反应 属于同偶联。在质子性溶剂中使用氢氧根或烷氧基碱，这种情况下，平衡主要偏向左边[1033]，只有平衡发生移动，这个反应才是可行的。与醛的反应一样，更常见的是在非质子性溶剂（如醚或 THF）

中使用二烷基氨基碱［如 LDA 或六甲基二硅烷基氨基锂，参见 8.6 节（7）］。通过在索氏提取器中进行反应，通常可以达到这个目的（例如，参见 OS Ⅰ，199）。对于非对称酮的反应，当在非质子性溶剂中使用二烷基氨基碱时，在具有较多氢的一侧缩合，但是当在醇溶剂中使用烷氧基负离子碱时，在具有较少氢的一侧缩合。

（3）两个不同的醛之间反应 属于交叉偶联（cross-coupling）。这个反应在质子性溶剂中、烷氧基碱的作用下进行，产生四个产物的混合物（如果算上烯烃，就是八个产物）。然而，如果有一个醛没有 α-氢，那么只可能生成两个羟醛，并且在许多情况下交叉产物是主要的。交叉的羟醛缩合通常称为 Claisen-Schmidt 反应[1034]。在非质子性溶剂中、氨基碱的作用下，交叉羟醛缩合反应很容易进行。例如，在 $-78℃$ THF 中，第一个醛用 LDA 处理形成烯醇负离子，而后与第二个醛反应，得到交叉羟醛产物。两个醛的交叉羟醛缩合还可在叔丁醇钾和 Ti(OBu)$_4$ 作用下实现[1035]。

（4）两个不同的酮之间的反应 属于交叉偶联。由于和醛的反应情况相似，这个反应很少在质子性溶剂中、氢氧根或烷氧基碱的作用下进行，而通常在非质子性溶剂中、氨基碱的作用下完成，但是反应比醛要困难些。

（5）一个醛和一个酮之间的反应 这个反应在质子性溶剂中、氢氧根或烷氧基碱的作用下通常是可行的，特别是当醛没有 α-氢时，因为这样就不会出现自身缩合和酮反应的竞争了[1036]。这也被称为 Claisen-Schmidt 反应。即使醛存在 α-氢时，也是酮的 α-碳加成到醛的羰基上，而不是反过来反应。但是反应通常得到混合物。如果醛或酮与氨基碱在非质子性溶剂中反应，而后加入第二个醛或酮，则可以得到羟醛离子，反应具有高度的区域选择性。通过先独立制备酮的烯醇衍生物[1037]，然后加到醛（或酮）中，也可以实现反应的区域选择性。其它类型的可与醛和酮反应的其它类型预制备衍生物是烯胺（用 Lewis 酸为催化剂）[1038]和烯醇硼酸酯（R^{1}CH═CR^2—OBR$_2$）[1039]，烯醇硼酸酯可以通过反应 15-27 合成或直接从醛或酮制备得到[1040]，也可以使用预制备的金属烯醇盐。例如，烯醇锂（通过反应 12-23 制备）[1041]在 ZnCl$_2$ 存在下与底物反应[1042]，这种情况下，羟醛产物由于分子中两个氧原子与锌离子的螯合而稳定[1043]。其它烯醇金属盐也可用于羟醛缩合，它们可以预先制备，或者在催化量金属化合物的作用下原位生成。可用于此反应目的的烯醇金属盐有 Mg[1044]、Ti[1045]、Zr[1046]、Pd[1047]、In[1048]、Sn[1049]、La[1050] 和 Sm[1051] 的配合物，所有这些盐反应生成的产物都有中等或很好的非对映选择性[1052]和区域选择性。α-烷氧基酮与烯醇锂的反应特别快[1053]。烷氧基酮和醛在 SmI$_2$ 作用下的双羟醛缩合反应已有报道[1054]。

关于羟醛缩合反应的过渡态已有讨论。实验证据表明，甲基酮的烯醇锂进行羟醛缩合反应具有类似于椅式的过渡态[1055]。计算研究得到了气相中烯醇锂发生羟醛缩合型反应的活化能[1056]。纯水中羟醛缩合反应的机理的计算研究已有开展[1057]。

用预制备的烯醇衍生物的反应提供了一种控制羟醛缩合立体选择性的途径[1058]。与 Michael 反应（15-24）一样，羟醛缩合反应产生两个新的手性中心，最通常的情况是四个羟醛立体异构体（两对外消旋异构体），可以表示为顺式和反式异构体，如下所示：

R^1
顺式（或赤式）(±)异构体对 　　反式（或苏式）(±)异构体对

但是，如果一个异构体比其它异构体占优势，那么反应就是非对映选择性的。

在预制备的烯醇中，可用于非对映选择性羟醛缩合反应的衍生物有 Li[1059]、Mg[1060]、Sn[1061]的烯醇盐，烯醇硅醚[1062]；烯醇硼烷[1063]和烯醇硼酸酯［R^{1}CH═CR^2—OB(OR)$_2$][1064]。烯醇硅醚的亲核性已经得到了检测[1065]，这些化合物的反应在 16-35 中讨论。

碱作用下生成的烯醇负离子通常是 E 型和 Z 型异构体的混合物，最常用的碱是二烷基氨基碱。反应的（E/Z）-选择性与二烷基氨基锂的结构有关，在 THF 中使用 LiTMP-丁基锂混合聚集体可以获得最高的（E/Z）比[1066]；而使用 LiHMDS，所得的（E/Z）-选择性正好反过来。一般来说，Z 型烯醇金属盐生成顺式（或赤式）异构体对，这个反应对非对映选择性合成这些产物非常有用[1067]。E 型异构体反应一般是非立体选择性的。然而，在 $-78℃$ 时采用烯醇钛[1068]、烯醇镁[1069]、某些烯醇硼烷[1070]或者烯醇锂[1071]进行反应，很多情况下可获得反式（或苏式）立体选择性的产物[1072]。烯醇化可以解释为什么得到顺-反异构的羟醛。在另一个反应中，β-酮基

Weinreb 酰胺（参见反应 16-82）与 TiCl₄ 及 Hünig 碱（iPr_2NEt）反应，而后再与醛反应，得到 β-羟基酮[1073]。

通过使用[1076]手性烯醇衍生物[1077]、手性醛或酮[1078]，或同时使用两者[1079]，这些反应也可以实现对映异构选择性[1074]（此时四个异构体中只有一个是主要的）[1075]。也可以使用手性碱[1080]，如脯氨酸[1081]、脯氨酸衍生物[1082]，或者同时使用有机碱和手性添加剂[1083]。实际上，手性的有机催化剂正日益受到重视[1084]，其中包括能够在水溶液介质中使用的有机催化剂[1085]。已经发展了一些可用于羟醛缩合反应的手性助剂[1086]、手性过渡金属配合物[1087]以及催化反应的手性配体[1088]。使用手性的 Zn 催化剂，甲基乙烯基酮与醛可以进行对映选择性的缩合反应[1089]。醛或酮中其它的结构不会受到许多对映选择性缩合反应的影响，也不会影响反应的进行。α-羟基酮与醛在手性 Zn 催化剂作用下缩合反应生成羟醛（α,β-二羟基酮），反应具有良好的顺式选择性和对映选择性[1090]。手性的插烯型羟醛缩合反应（参见 6.2 节）已有报道[1091]。手性的酰胺形成烯醇镁而后再与醛加成，得到对映选择性的醇[1092]。二胺质子酸可用于催化不对称的羟醛缩合反应[1093]。

在手性硼烷[1094]或其它添加物[1095]存在下，烯醇硅醚与醛反应生成羟醛，反应具有很好的不对称诱导性（参见 Mukaiyama 羟醛缩合反应，16-35）。手性的烯醇硼已有使用[1096]。由于对映选择地同时形成两个手性中心，此类过程被称为双不对称合成（double asymmetric synthesis）[1097]。当烯醇衍生物和底物都是非手性时，在光学活性的硼化合物[1098]或二胺配位的锡化合物[1099]存在下反应，也可以以很好的对映选择性得到四个立体异构体中的某一个羟醛产物。三氟甲磺酸硼酯（R_2BOTf）衍生物已被用于缩醛与酮缩合生成 β-烷氧基酮的反应[1100]。

用亚胺代替醛，且用 $LiN(i$-$Pr)_2$ 作为碱，有可能使醛的 α-碳加成到酮的羰基碳上，形成 α-锂化亚胺（40）[1101]：

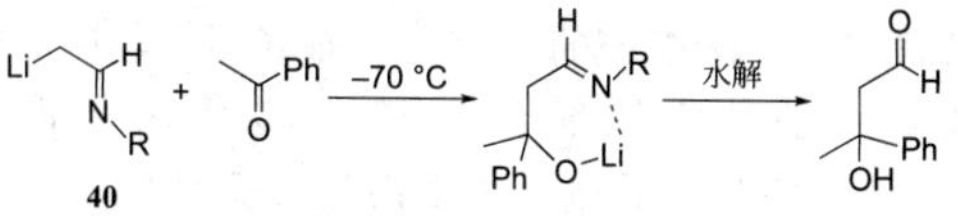

这就是定向羟醛缩合反应（directed aldol reaction）。用醛或酮的二甲基腙 α-锂盐[1102]或醛肟的 α-锂盐也可以发生相似的反应[1103]。

上面提到，羟醛缩合也可以用酸作为催化剂，这种情况下常常伴随脱水反应。此时，羰基先发生质子化，而后进攻另一分子烯醇式的α-碳[1104]：

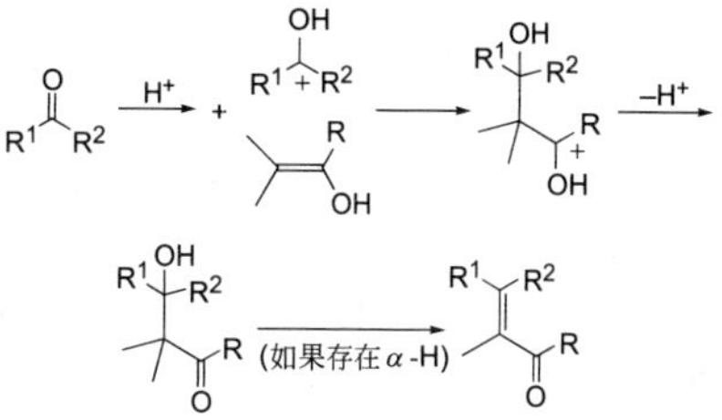

对于烯醇，反应机理与卤化反应（12-4）相似。有时进一步缩合是令人讨厌的副反应，因为羟醛缩合产物仍然是醛或酮。使用四氢吡咯烷和苯甲酸的混合物也可以实现醛的羟醛缩合反应[1105]。

分子内的羟醛缩合已为人熟知，经常用于形成五元和六元环。由于熵有利（参见 6.4 节），当在质子性溶剂中使用氢氧根或烷氧基碱时，这种闭环反应一般容易发生[1106]。在非质子性溶剂中氨基碱的作用下，酸性较强的一侧被夺去质子而形成烯醇盐离子，该离子再与另一个羰基发生环化反应。酸催化的分子内羟醛缩合已有报道，其机理也得到了研究[1107]。脯氨酸催化的立体选择性的分子内羟醛缩合可以得到很好对映选择性的环化产物[1108]。同时使用 Cu 的过渡金属化合物和手性配体，可以实现不对称的分子内羟醛缩合反应[1109]。手性胺也可以催化不对称的分子内羟醛缩合反应[1110]。不饱和 1,5-二酮发生分子内羟醛缩合反应的区域选择性与是否存在三烷基膦有很大关系[1111]。

分子内羟醛缩合反应的一个重要扩展是 Robinson 环化反应（Robinson annulation reaction）[1112]，该反应常常用于甾体和萜烯的合成。在这个反应最初是在质子性溶剂中使用氢氧根或烷氧基碱的平衡条件下进行的，一个环酮被转化为另一个环酮，产物增加了一个含有双键的六元环。反应也可在非质子性溶剂中使用氨基碱分步完成。在醇或水溶剂中以氢氧根或烷氧基作为碱，反应时底物用甲基乙烯基酮（或甲基乙烯基酮的简单衍生物）和一个碱处理[1113]。底物的烯醇离子与甲基乙烯基酮经过 Michael 反应（15-24）形成二酮，二酮发生分子内的羟醛缩合，而后脱水得到产物[1114]。Robinson 环化可与烷基化反应结合起来使用[1115]。已经发展了对映选择性的 Robinson 环化技术，如脯氨酸催化的反应[1116]。Robinson 环化可以在离子液体中进行[1117]，也可在无溶剂条件下进行[1118]。

$$\text{环己酮} \xrightarrow{\text{碱}} \text{烯醇} + \text{MVK} \xrightarrow[\text{15-24}]{\text{Michael反应}} \text{产物} \xrightarrow[\text{2. 脱水}]{\text{1. 羟基缩合}} \text{十氢萘酮}$$

由于甲基乙烯基酮具有聚合的趋向，因此常常用其替代物（即在碱作用下可产生甲基乙烯基酮的化合物）来代替。一个常见的例子是 $MeCOCH_2CH_2N^+Et_2Me\ I^-$（参见反应 17-9），该化合物很容易由 $MeCOCH_2CH_2NEt_2$ 季铵化制备得到，$MeCOCH_2CH_2NEt_2$ 本身又可从丙酮、甲醛和二乙胺的 Mannich 反应（16-19）制备。α-三甲基硅化的乙烯酮 $RCOC(SiMe_3)=CH_2$ 也成功地用于环化反应[1119]，$SiMe_3$ 很容易除去。当 1,5-二酮的环化被 (S)-脯氨酸催化时，产物具有高 ee 值的光学活性[1120]。Stryker 试剂[1121] $[(Ph_3P)CuH]_6$ 可用于分子内羟醛反应，反应中酮的烯醇负离子加成到共轭酮上，生成侧链为酮单元的环醇[1122]。

OS I, 77, 78, 81, 199, 283, 341; II, 167, 214; III, 317, 353, 367, 747, 806, 829; V, 486, 869; VI, 496, 666, 692, 781, 901; VII, 185, 190, 332, 363, 368, 473; VIII, 87, 208, 241, 323, 339, 620; IX, 432, 610; X, 339.

16-35 Mukaiyama 羟醛反应及相关反应[1123]

O-氢-*C*-(α-酰烷基)-加成

一个与羟醛缩合相关的反应是将醛或酮与三甲基硅烯酮缩醛 $R_2C=C(OSiMe_3)OR'$ [1124]或烯醇硅醚在 $TiCl_4$ 存在下反应[1125]得到 **41**。该反应被称为 Mukaiyama 羟醛反应，或简称为 Mukaiyama 反应。三甲基硅烯酮缩醛可以认为是预形成的烯醇，当在水溶液中在 $TiCl_4$（Mukaiyama 试剂）存在下或没有催化剂存在下，可与醛或酮反应生成羟醛产物[1126]。

$$\underset{Me_3SiO}{\overset{R^1\ R^2}{\diagdown}}\!\!=\!\!\underset{H}{\diagup} + R^3R^4C=O \xrightarrow[\text{2. }H_2O]{\text{1. }TiCl_4} \underset{O}{\overset{R^1\ H}{\underset{R^2}{\diagdown}}}\!\!-\!\!\underset{OH}{\overset{R^3}{\underset{R^4}{\diagup}}}$$
41

$TiCl_4$ 和 *N*-甲苯磺酰亚胺混合使用也可以促进 Mukaiyama 羟醛反应[1127]。在饱和羰基化合物羰基上的反应比对不饱和羰基化合物的 1,2-加成要快得多[1128]。

人们已经研究了该反应机理[1129]。另外还有其它催化剂也可用于该反应，包括 $InCl_3$[1130]、SmI_3[1131]、HgI_2[1132]、$Yb(OTf)_3$[1133]、$Cu(OTf)_2$[1134]、$LiClO_4$[1135]、$VOCl_3$[1136]、Fe 催化剂[1137]和 Bi(OTf)$_3$[1138]。5mol/L 的高氯酸锂乙腈溶液可用于醛与烯醇硅醚的反应[1139]。使用 Sc 催化剂[1140]或在蒙脱土 K-10 黏土上[1141]反应时，反应可在水中进行。烯醇硅醚与甲醛水溶液在 TBAF 存在下反应得到羟醛产物[1142]。催化量的 Me_3SiCl 可以促进 Ti 催化的反应[1143]。磺酰胺（如 $HNTf_2$）[1144]、吡啶 *N*-氧化物[1145]以及 *N*-甲基咪唑[1146]都可用作催化剂。非催化的 Mukaiyama 羟醛反应的从头算研究表明，烯醇硅醚的亲核性和醛的亲电性对提高反应性都有重要作用[1147]。这个反应也可以用醛或酮的缩醛 $R^3R^4C(OR^5)_2$ 形成进行，此时的产物是醚 $R^1COCHR^2CR^3R^4OR^5$，而不是 **41**[1148]。插烯型（参见 6.2 节）的三甲基硅烯酮缩醛在 Ti[1149]、Cu[1150]、In[1151]、Fe[1152]或 Zn[1153]催化剂作用下，或在有机催化剂作用下[1154]反应，得到的产物具有好的对映选择性。

由酯（三甲基硅烯酮缩醛）衍生得到的烯醇硅醚[1155]与醛在多种催化剂存在下反应，得到 β-羟基酯。水可以加速醛与三甲基硅烯酮缩醛的反应而无需其它添加剂[1156]。反应可被三苯基膦催化[1157]，也可被 $SiCl_4$ 和手性二磷酰胺催化剂的组合催化[1158]。反应可在离子液体中进行而无需催化剂[1159]。插烯型的反应（参见 6.2 节）得到 δ-羟基-α,β-不饱和酯[1160]。有趣的是，先进行分子间的 Mukaiyama 羟醛反应，而后进行分子内反应（"多米诺"Mukaiyama 羟醛反应），得到环状共轭酮产物[1161]。在不同的条件下，共轭酯的三甲基硅酮缩醛与醛反应生成共轭内酯[1162]。亚胺与三甲基硅烯酮缩醛在 SmI_3 存在下反应得到 β-氨基酯[1163]。亚胺与烯醇硅醚在 $BF_3·OEt_2$ 存在下反应得到 β-氨基酮[1164]。三甲基硅烯酮缩醛也可与共轭酮发生共轭加成[1165]。炔丙基醛与烯醇硅醚在 Sc 催化剂作用下反应生成 β-烷氧基酮[1166]。α-三甲基硅烯醇硅醚 [$RCH=CH(OTMS)SiMe_3$] 与缩醛在 $SnCl_4$ 存在下反应，得到 β-烷氧基三甲基硅酮[1167]。硼烷衍生物如 $C=C-OB(NMe_2)_2$ 与醛反应生成 β-氨基酮[1168]。

不对称的 Mukaiyama 羟醛缩合反应，以及三甲基硅烯酮缩醛的反应已有报道[1169]，反应时通常用手性添加剂[1170]，有时也使用手性助剂[1171]。手性催化剂（通常由过渡金属配合物与手性配体组成）也十分有效[1172]，而且手性有机催化剂[1173]正日益发挥重要的作用。

烯醇的乙酸酯和烯醇醚与缩醛和 $TiCl_4$ 或相似催化剂的反应也可以得到这个产物[1174]。在另一个反应中，烯醇的乙酸酯与醛在 Et_2AlOEt 存在下缩合生成羟醛产物[1175]。

16-36 羧酸衍生物与醛或酮之间的类羟醛缩合反应

O-氢-C-(α-烷氧基烷基)-加成；
α-烷氧基酰基次烷基-去-氧-双取代

在强碱存在下，羧酸酯或其它羧酸衍生物的 α-碳上失去一个质子得到烯醇负离子，烯醇离子与醛或酮的羰基碳发生缩合，生成 β-羟基酯[1176]、β-羟基酰胺等，这些产物可能脱水生成 α,β-不饱和衍生物，也可能不发生脱水。这个反应有时被称为 Claisen 反应[1177]，但是这个名称并不好，因为它更常用于反应 16-85，所以称为 Claisen 缩合更合适。早期的一些反应在水或醇溶剂中使用氢氧根或烷氧基作为碱，主要得到自身缩合的产物。在这些条件下反应，通常选用没有 α-氢的醛或酮。在非质子性溶剂（如：醚或 THF）中使用二烷基氨基碱，可以较好地控制反应。一个现代的例子可以表明反应如何应用，在 $-78°C$ 己烷中，或更常见的是在 THF 中，乙酸叔丁酯与 LDA[1178]反应，生成乙酸叔丁酯的锂盐（12-23，但是有时存在自身缩合的问题）[1179]，这是一个烯醇负离子。添加剂在 LDA 介导的酯的烯醇化过程中具有重要作用[1180]。接下来与酮发生反应，该反应可成为 Reformatsky 反应（16-28）的简单替代反应，作为制备 β-羟基叔丁酯的方法，也有可能将醛或酮的 α-碳加到羧酸酯的羰基碳上，但这是一个不同的反应（16-86），是亲核取代而不是与 C=O 键的加成。然而，如果醛或酮含有 α-氢，这可以是一个副反应。

酯与醛在过渡金属介导下的缩合反应已有报道。例如，硫酯与芳香醛在 $TiCl_4$-NBu_3 作用下反应得到 β-羟基硫酯，反应具有好的顺式选择性[1181]。硒代酰胺 [$RCH_2C(=Se)NR_2'$] 与 LDA 反应，而后与醛反应，生成 β-羟基硒代酰胺[1182]。α,β-不饱和酯与苯甲醛在手性 Rh 催化剂作用下反应生成 β-羟基酯，反应具有好的非对映选择性及好的对映选择性[1183]。除了普通的酯（含有 α-氢），内酯也可以发生此反应，而且如在 16-34 中，用 α,β-不饱和酯的 γ 位也可以反应（插烯原理；参见 6.2 节）。酰胺的烯醇负离子可以与醛缩合[1184]。硫酯可以

发生羟醛型缩合反应[1185]。

对多数酯来说，需要比羟醛缩合强得多的碱，如：$(i-Pr)_2NLi$[LDA，参见 8.6 节 (7)]，Ph_3CNa 和 $LiNH_2$ 是常用的碱。然而，丙二酸酯和琥珀酸酯很容易反应，并不需要那么强的碱：例如，琥珀酸二乙酯及其衍生物在像 NaOEt、NaH 或 $KOCMe_3$ 这样的碱存在下就可以与醛和酮发生缩合。这个反应被称为 Stobbe 缩合[1186]。在反应过程中，其中一个酯基（有时两个都发生）水解。下列机理可解释：①琥珀酸酯反应性比其它酯好得多；②总是除去一个酯基；和③产物不是醇而是烯等事实。另外，中间体内酯（42）已经从混合物中分离出来[1187]。

Stobbe 缩合已经扩展到戊二酸二叔丁基酯[1188]。硼介导的反应已有报道[1189]。

醛-羧酸在三乙胺和吡啶盐存在下发生分子内反应，可以实现关环缩合，进一步反应得到内酯[1190]。

酰胺也可以参与缩合反应，与醛在 Ba 催化剂存在下反应生成 β-羟基酰胺的衍生物[1191]。酰胺与 LDA 在酰胺硅烷存在下反应，而后与卤代烷反应，得到 β-碳上还含有烷基的 β-羟基酰胺[1192]。

将手性添加剂（如二氮硼啉，diazaborolidines）加入到酯中，再用碱进行处理，而后与醛反应，可得到手性的 β-羟基酯[1193]。大量的手性酰胺或噁唑啉酮衍生物可用于与羧酸衍生物形成酰胺键。在与醛、酮的烷基化反应和酰基取代反应中，这些手性助剂实现了从其衍生物的烯醇负离子的手性转移。这些被称为 Evans 助剂（43~45），经常被用于反应，且获得了好的对映选择性[1194]。另一种方法是手性 N-酰基噻唑啉硫代酮（46）在卤化镁催化下的反式羟醛反应[1195]。在 $TiCl_4$ 和鹰爪豆碱存在下使用手性 N-酰基噻唑啉硫代酮，可使酰基加成具有好的选择性[1196]。手性二氮硼衍生物也可用于促进 α-苯基硫酯与醛的缩合反应[1197]。

酯的烯醇式与酮的缩合[1198]可以作为类似 Robinson 环化反应的一部分（参见反应 16-34）。

OS Ⅰ，252；Ⅲ，132；Ⅴ，80，564；**70**，256；**75**，215；Ⅹ，437；81，157；另见 OS Ⅳ，278，478；Ⅴ，251.

16-37 Henry 反应[1199]

$$CH_3NO_2 + HCHO \xrightarrow{-OH} HOCH_2CH_2NO_2$$

脂肪族硝基化合物与醛或酮的缩合反应通常被称为 Henry 反应[1200]或 Kamlet 反应，其实质是硝基羟醛反应。已经报道了各种各样的反应条件，例如使用可回收利用的高聚物催化剂[1201]、硅催化剂[1202]、四烷基氢氧化铵[1203]、四氮杂磷酰二环烷（proazaphosphatrane）[1204]，以及在水溶液中[1205]或在离子液体中[1206]进行的反应。曾有报道硝基烷烃与醛可在 KOH 粉末存在下进行无溶剂的 Henry 反应[1207]。微波辅助下的无溶剂反应也已有报道[1208]。磷酸钾可用于硝基甲烷与芳香醛的反应[1209]。采用 $ZnEt_2$ 和 20% 乙醇胺也可进行 Henry 反应[1210]。凝胶夹裹的碱可用于催化此反应[1211]。生物催化剂也已有使用[1212]。

催化发生的对映选择性 Henry 反应已有报道[1213]，例如，使用手性的 Cu[1214]、Zn[1215]、Nd[1216] 或 Ti 催化剂[1217]。硝基甲烷与手性醛在高压条件下发生 Henry 反应，得到具有很好对映选择性的 β-硝基醇[1218]。在有机催化剂（如金鸡纳生物碱[1219]或其它有机催化剂[1220]）作用下，也可发生对映选择性的硝基-羟醛反应。

这个反应还可采用另一种形式：将硝基化合物转化为氮酸酯 $[RCH=N^+(OTMS)-O^-]$，而后与醛在 Cu 催化剂存在下反应生成 β-硝基醇[1221]。硝基烯烃与亚胺衍生物发生氮杂-Henry 反应，生成氨基硝基化合物，在有机催化剂[1222]或 Brønsted 酸作用下[1223]反应时具有好的对映选择性。胺与活泼的不饱和化合物反应也可以得到氮杂-Henry 产物[1224]。

16-38 Knoevenagel 反应

双（乙氧羰基）亚甲基-去-氧-双取代，等

$$\underset{R}{\overset{O}{\|}}\underset{R^1}{C} + \underset{Z'}{\overset{H\ H}{\underset{|\ |}{C}}}Z \xrightarrow{\text{碱}} \underset{Z'}{\overset{R}{\underset{Z}{C=C}}}\underset{Z}{\overset{R^1}{}}$$

通常将不含有 α-氢的醛或酮，与形式为 Z—CH_2—Z' 或 Z—CHR—Z' 的化合物的缩合反应，称为 Knoevenagel 反应[1225]。Z 和 Z' 可以是 CHO、COR、CO_2H、CO_2R、CN、NO_2、SOR、SO_2R、SO_2OR 或类似的基团。两个吸电子基团使得 α-氢具有较强的酸性（参见 8.1.1 节

中表 8.1），这样的化合物的烯醇式含量显著较高[1226]。当 Z 为 COOH 时，产物常常发生原位脱羧[1227]。如以下例子所示，在 0℃ β-酮酯与醛在二乙胺促进下反应生成 **47**。另外，硝基烷烃[1199]、β-酮亚砜[1228]也可发生此反应。

$$PhCHO + \underset{COOEt}{\overset{O}{\|}} \xrightarrow[0\ ℃]{Et_2NH} \underset{Ph}{\overset{H}{\underset{}{C=C}}}\underset{O}{\overset{COOEt}{}}$$
47

与 **16-34** 一样，这些反应有时也可以酸催化进行[1229]。离子液体溶剂可用于反应[1230]，在无溶剂情况下与季铵盐共热可进行 Knoevenagel 反应[1231]。其它的无溶剂反应也有报道[1232]。超声可用于促进反应[1233]，而且反应还可以利用微波辐射完成[1234]，或在硅胶上利用微波辐射完成[1235]。另一个固态的反应是在潮湿的 LiBr 上进行[1236]，与碳酸钠及 4A 分子筛共热可促进反应[1237]，沸石也可用于促进这个反应[1238]。高压条件也有使用过[1239]。过渡金属化合物，如 Pd[1240]、Sm[1241]、Ce[1242]、Ti[1243] 或 Bi[1244]的化合物，也已用于促进 Knoevenagel 反应。

对于多数试剂，如果在醇的适当位置有一个氢，那么就无法分离出醇（只得到烯）[1245]。然而，通过仔细地操作，醇可以成为主要产物。采用合适的反应物，像羟醛缩合反应（16-34）一样，Knoevenagel 反应也可以具有非对映选择性[1246]和对映选择性[1247]。当反应物为 ZCH_2Z' 形式时，醛比酮的反应性好得多，很少有酮反应成功的报道。然而，如果在 THF 中，并且在 $TiCl_4$ 和吡啶存在下，丙二酸二乙酯与酮以及醛的缩合反应，可能得到很好产率的烯烃[1248]。与 ZCH_2Z' 的反应，最常用的催化剂是仲胺（哌啶是最普遍的，但参见 **47** 的形成），但是也可以使用许多其它催化剂。醇盐也是常用的催化剂。当催化剂为吡啶时（其中可加入或不加入哌啶），这个反应就是著名的 Knoevenagel 反应的 Doebner 改进。反应产物通常为共轭酸（**48**）。微波促进的 Doebner 缩合反应已有报道[1249]。

$$PrCHO + \underset{COOH}{\overset{COOH}{\underset{}{C}}} \xrightarrow[\text{哌啶}]{\text{吡啶}} PrHC\underset{}{\overset{H}{\underset{}{=C}}}COOH$$
48

下面列举了 Knoevenagel 反应的许多特殊应用：

(1) N-甲基亚磺酰基对甲苯胺（**49**）[1250]的双锂衍生物与醛和酮加成，水解后得到羟基亚磺酰胺（**50**），亚磺酰胺经加热，发生立体专一地顺式消除，得到烯烃[1251]。因此这个反应是实现 $RR'CO \rightarrow RR'C=CH_2$ 转化的一个方法，可作为 Wittig 反应的替换方法[1252]。要注意的是，α

位为酰胺基的砜［$ArSO_2CH(R)N(R)C=O$］与酮在 SmI_2 存在下发生酰基加成反应[1253]。

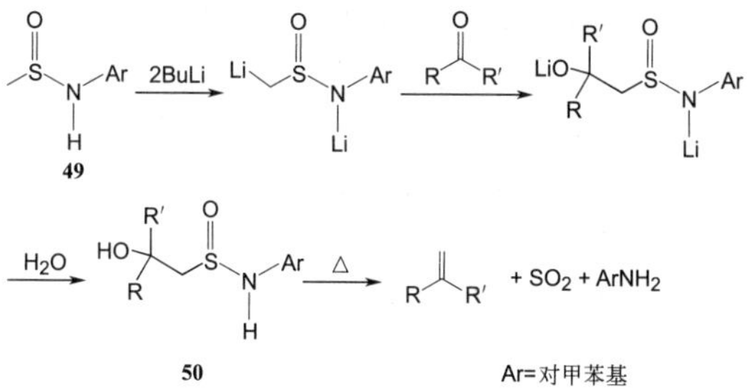

（2）酮与对甲苯磺酰甲基异腈（**51**）反应得到不同的产物[1254]，反应结果取决于反应条件。当反应在 $-5\,℃$ 的 THF 中与叔丁醇钾反应时，除了异氰基水解反应（16-97）外[1255]，（水解后）得到正常的 Knoevenagel 产物（**52**）。用同样的碱，但以 1,2-二甲氧基乙烷（DME）为溶剂，产物为腈（**53**）[1256]。当酮与 **51** 以及乙氧基铊（I）于室温在绝对乙醇与 DME 为 4∶1 比例的混合物中反应时，产物是 4-乙氧基-2-噁唑啉（**54**）[1257]。由于 **53** 可以水解成羧酸[1198]，**54** 可以水解成 α-羟基醛[1257]，因此这个通用反应提供了实现 RCOR′ 向 RCHR′CO_2H、RCHR′CN 或者 RCR′(OH)CHO 转化的方法。采用某些醛（R′=H）也可以将其转化为 RCHR′COOH 和 RCHR′CN[1258]。

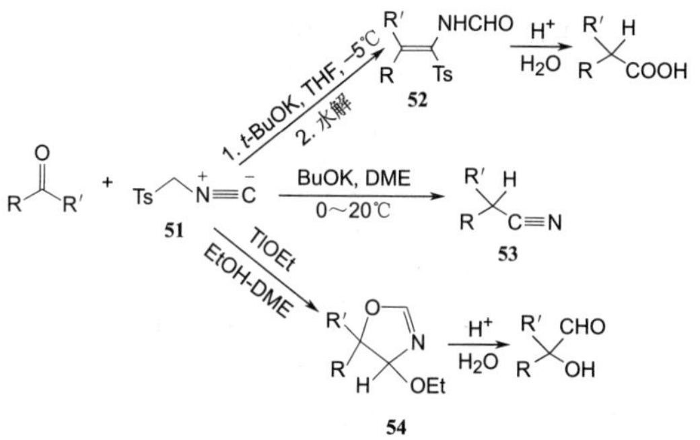

（3）醛和酮 RCOR′ 与 $CH_2=C(Li)OMe$ 反应，生成羟基烯醇醚 RR′C(OH)C(OMe)=CH_2，后者很容易水解成酮醇 RR′C(OH)COMe[1259]。在这个反应中，$CH_2=C(Li)OMe$ 是无法获得的 $H_3C-\overset{-}{C}=O$ 的合成子[1260]，被称为酰基负离子等价体。这个试剂也可与酯 RCOOR′ 反应，生成 RC(OH)(COMe=CH_2)$_2$。Ph—$\overset{-}{C}$=O 离子的一个合成子是 PhC(CN)OSiMe$_3$，它与醛和酮 RCOR′ 加成，水解后得到 α-羟基酮 RR′C(OH)COPh[1261]。

（4）烯丙基氨基甲酸酯锂盐（**55**，制备方法如下所示）与醛或酮（R^6COR^7）反应，同时伴随烯丙基重排反应，水解后得到 γ-羟基醛或酮[1262]。这个反应被称为高羟醛缩合反应（homo-aldol reaction），因为其产物是反应 16-34 产物的同系物。这个反应已经实现对映选择性[1263]。

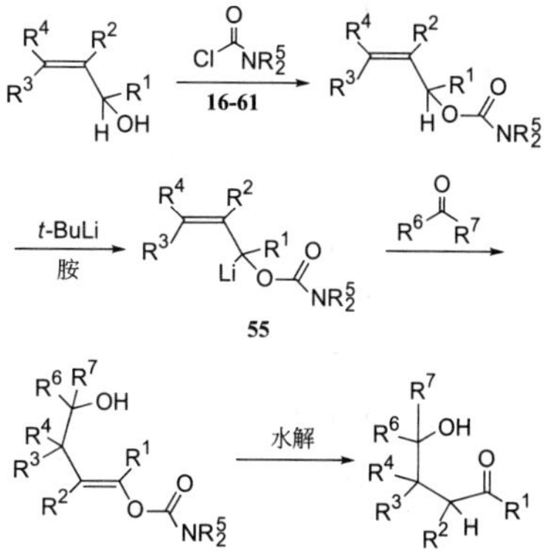

（5）活泼氢化合物的锂盐与醛的对甲苯磺酰腙锂盐发生加成反应生成产物 **56**。如果 X=CN、SPh 或 SO_2R，**56** 可自发失去 N_2 和 LiX，生成烯烃 **57**。整个反应在一个反应容器中完成：活泼氢化合物与对甲苯磺酰腙混合，混合物与 $(i\text{-}Pr)_2NLi$ 反应立即形成两种锂盐[1264]。这个反应是用于形成双键的 Wittig 反应的另一种替代方法。

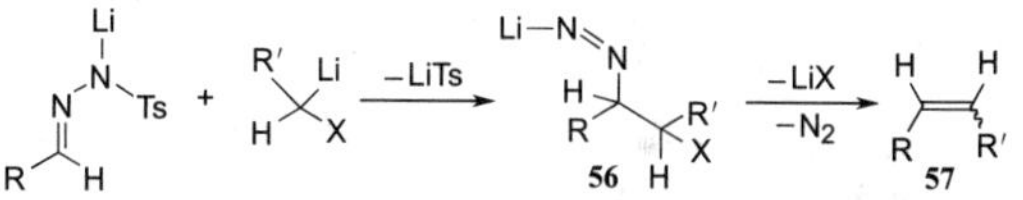

OS I, 181, 290, 413; II, 202; III, 39, 165, 317, 320, 377, 385, 399, 416, 425, 456, 479, 513, 586, 591, 597, 715, 783; IV, 93, 210, 221, 234, 293, 327, 387, 392, 408, 441, 463, 471, 549, 573, 730, 731, 777; V, 130, 381, 572, 585, 627, 833, 1088, 1128; VI, 41, 95, 442, 598, 683; VII, 50, 108, 142, 276, 381, 386, 456; VIII, 258, 265, 309, 353, 391, 420; X, 271; 另见 OS III, 395; V, 450.

16-39 Perkin 反应

α-羧基亚烷基-去-氧-双取代

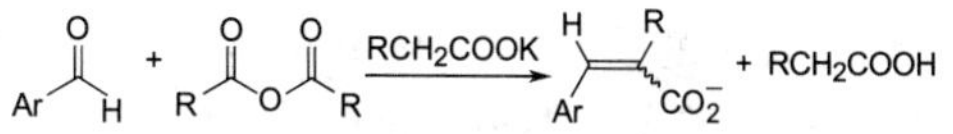

芳香醛与酸酐的缩合反应被称为 Perkin 反应[1265]。当酸酐含有两个 α-氢时（如图所示），总是发生脱水，这种情况下根本无法分离出 β-羟基酸。在有些情况下，使用形式为 $(R_2CHCO)_2O$ 的酸酐，由于不会发生脱水，产物则总是羟基化合物。Perkin 反应中所用的碱几乎总是酸酐对应的酸的盐。尽管最常使用的是钠盐和钾盐，但是据报道铯盐具有更高的产率和更短的反应时间[1266]。除了芳香醛外，它们的烯烃类似物 ArCH=CHCHO 也会发生这个反应（参见 6.2）。但是该反应不适用于脂肪醛[1267]。

OS Ⅰ, 398; Ⅱ, 61, 229; Ⅲ, 426.

16-40 Darzen's 缩水甘油酸酯缩合

(2+1)OC,CC-环-α-烷氧基羰基亚甲基-加成

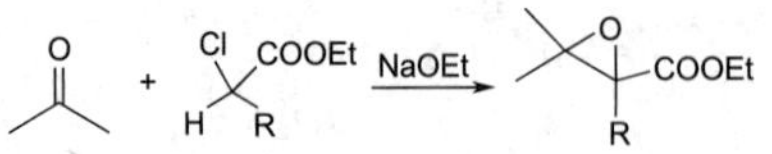

$$\text{Me}_2\text{CO} + \text{ClCHRCOOEt} \xrightarrow{\text{NaOEt}} \text{环氧 COOEt}$$

醛和酮与 α-卤代酯在碱存在下缩合生成 α,β-环氧酯，即缩水甘油酸酯（glyciclic esters）。这个反应被称为 Darzen's 缩合反应（Darzen's condensation）[1268]。这个反应由起始的 Knoevenagel 型反应（16-38）以及随后的分子内 S_N2 反应（10-9）组成[1269]:

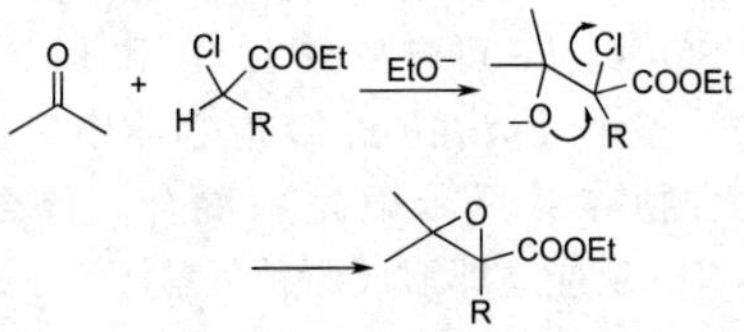

虽然中间体卤代烷氧基负离子一般无法分离出来[1270]，但是如果采用 α-氟代酯（由于氟在亲核取代反应中是非常差的离去基团）和 α-氯代酯，都分离出了中间体[1271]。这仅仅是排除卡宾为中间体的几类证据中的一个[1272]。乙醇钠常常用作碱，但是有时也使用其它碱，如氨基钠。芳香醛和酮反应产率高，脂肪醛反应性较差。然而，如果在 -78℃ 的 THF 中将酯与碱双（三甲基硅）氨基锂 [LiN(SiMe₃)₂] 反应（形成酯的共轭碱），然后将醛或酮加到这个溶液中，那么采用脂肪醛与采用芳香醛和酮一样，反应获得了高产率（约 80%）[1273]。如果用预形成的 α-卤代羧酸双负离子 Cl⁻CRCO₂⁻ 进行反应，那么直接生成 α,β-环氧酸[1274]。用 α-卤代酮、α-卤代腈[1275]、α-卤代亚砜[1276] 和砜[1277]、α-卤代-N,N-二取代酰胺[1278]、α-卤代酮亚胺[1279]，甚至用烯丙基[1280]和苄基卤，也可以进行 Darzen's 反应。还可以使用相转移催化剂[1281]。要指出的是，β-溴-α-氧代酯与格氏试剂反应生成缩水甘油酸酯[1282]。酸催化的 Darzen's 反应也已有报道[1283]（另见反应 16-46）。

非对映选择性的 Darzen's 缩合反应已被实现[1284]。Darzen's 反应还可以以好的对映选择性发生[1285]，手性添加剂对此十分有效[1286]。手性相转移催化剂可用于生成中等对映选择性的环氧酮[1287]。

缩水甘油酸酯能容易地转化为醛（反应 12-40）。将亚胺与 α-卤代酯或 α-卤代 N,N-二取代酰胺以及叔丁醇钾在溶剂 1,2-二甲氧基乙烷中反应，这个反应被扩展到用于生成氮丙啶类似物[1288]。然而，该反应产率并不高。

OS Ⅲ, 727; Ⅳ, 459, 649.

16-41 Peterson 烯化反应

烯基-去-氧-双取代

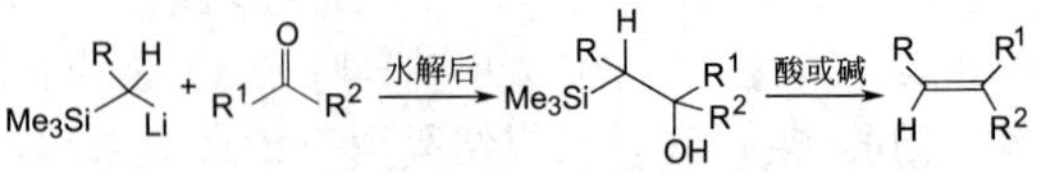

$$\text{Me}_3\text{Si-CHR-Li} + \text{R}^1\text{COR}^2 \xrightarrow{\text{水解后}} \text{Me}_3\text{Si-CR(OH)-CR}^1\text{R}^2 \xrightarrow{\text{酸或碱}} \text{R}_2\text{C=CR}^1\text{R}^2$$

Peterson 烯化反应[1289]是三烷基硅烷的锂（有时为镁）衍生物与醛或酮加成生成 β-羟基硅烷，它自发脱水，或在酸或碱作用下脱水，生成烯烃。这个反应也是 Wittig 反应（16-44）的另一个替代方法，有时被称为硅基 Wittig 反应[1290]。R 基团也可以是 COOR，这种情况下得到的产物是 α,β-不饱和酯[1291]; R 基团也可以是 SO_2Ph 基团，这种情况下的产物是乙烯基砜[1292]。产物的立体化学常常通过用酸或碱消除来控制。Si—O 相互作用所起的作用也已经得到确定[1293]。用碱一般发生顺式消除（Ei 机理，参见 17.3.1 节），而酸通常导致反式消除（E_2 机理，参见 17.1.1 节）[1294]。HMPA 中的碘化钐（Ⅱ）也可用于羟基砜的消除[1295]。

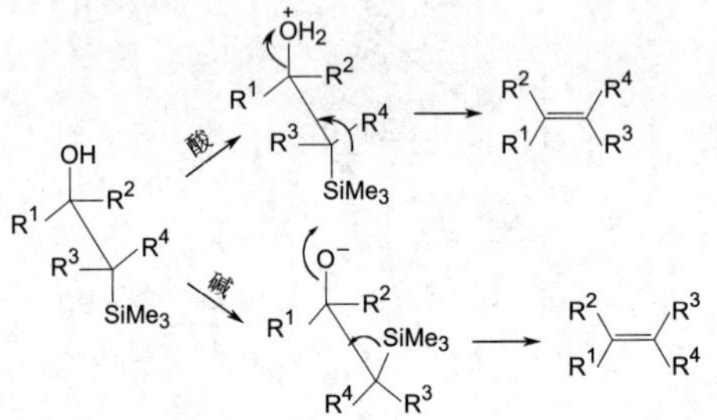

当醛或酮与 58 形式的试剂反应时，产物是环氧乙烷基硅烷（反应 16-46），它能水解为甲基酮[1296]。对于醛来说，这是一种将 RCHO 转化为甲基酮（RCH_2COMe）的方法。

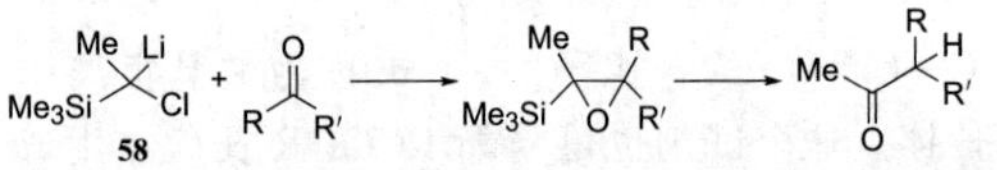

$$\text{Me}_3\text{Si-CMeLi-Cl} + \text{RCOR}' \longrightarrow \text{环氧} \longrightarrow \text{MeCHR-COR}'$$
58

试剂 $Me_3SiCHRM$（M=Li 或 Mg）常常从 $Me_3SiCHRCl$ 制得[1297]（通过反应 12-38 或 12-39），但也可以通过反应 12-22 或其它方法制备[1298]。烯基硅烷的锂化物也可以发生这个反应[1299]。

这个反应有新的发展，即在 DMSO 中

Me$_3$SiCH$_2$CO$_2$Et 与醛以及催化量的 CsF 反应[1300]。硒基-酰胺衍生物也可发生类似的反应[1301]。

此部分的内容在《有机合成》（OS）中没有相应的参考文献，相关的反应参见 OS Ⅷ，602。

16-42 活泼氢化合物与 CO$_2$ 和 CS$_2$ 的加成

α-酰基烷基-去-甲氧基-取代（总反应）

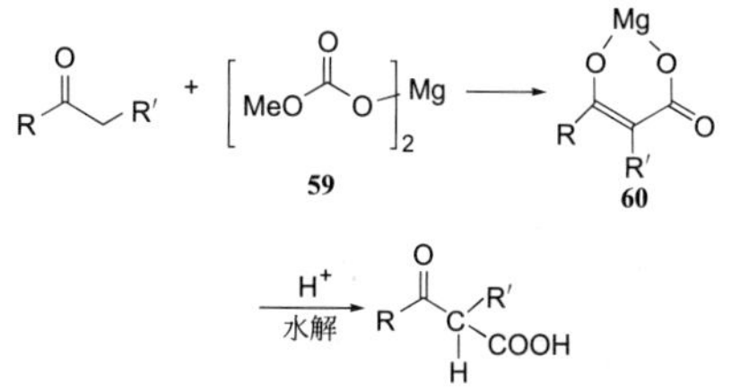

RCOCH$_3$ 和 RCOCH$_2$R′ 类型的酮与碳酸甲酯镁（**59**）反应可以间接地羧基化[1302]。因为形成螯合物（**60**）为反应提供了驱动力，因此羧基化不会发生在二取代的 α 位。CH$_3$NO$_2$ 和形式为 RCH$_2$NO$_2$ 的化合物也可以发生这个反应[1303]，某些内酯也会发生该反应[1304]。许多直接羧基化的例子也曾报道过，酮在 α 位羧基化得到 β-酮酸[1305]。这里所用的碱是 4-甲基-2,6-二叔丁基酚氧基锂。

酮（RCOCH$_2$R^1）以及其它活泼氢化合物发生碱催化的与 CS$_2$ 的加成[1306]，得到双负离子中间体 RCOCR^{1}CSS^{2-}，它与卤代烷 R^{2}X 发生二烷基化，生成 α-二硫亚甲基酮［RCOCR^1═C(SR^2)$_2$］[1307]。ZCH$_2$Z′ 类型的化合物也可与碱和 CS$_2$ 反应生成类似的双负离子[1308]。

虽然与 N═O 衍生物的反应从形式上看不属于这类反应，但是还是有些相关。亚硝基化合物与活泼的腈可在 LiBr 存在和微波辐照下反应，生成氰基亚胺 ArN═C(CN)Ar[1309]。这个转化被称为 Ehrlich-Sachs 反应[1310]。

OS Ⅶ,476；另见 OS Ⅷ,578.

16-43 Tollen's 反应

O-氢-C-(β-羧烷基)-加成

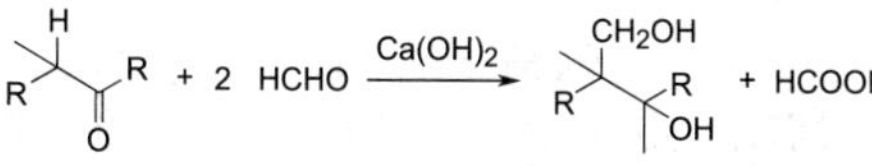

Tollen's 反应是含有 α-氢的醛或酮与甲醛在 Ca(OH)$_2$ 或类似碱存在下的反应。该反应的第一步是一个混合的羟醛缩合（反应 16-34）。

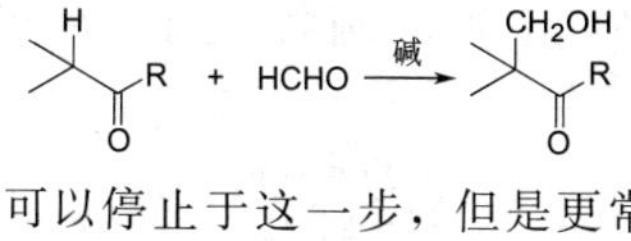

反应可以停止于这一步，但是更常见的是，通过一个交叉的 Cannizzaro 反应（19-81），另一摩尔的甲醛将新生成的羟醛还原为 1,3-二醇。如果醛或酮含有多个 α-氢，那么它们都可以被取代。这个反应的一个重要用途是从乙醛制备季戊四醇。

$$CH_3CHO + 4HCHO \longrightarrow C(CH_2OH)_4 + HCOOH$$

OS Ⅰ,425；Ⅳ,907；Ⅴ,833.

16-44 Wittig 反应

亚烷基-去-氧-双取代

Wittig 反应是醛或酮与磷叶立德（也称为磷烷）反应生成烯烃[1311]。羰基化合物被磷叶立德转化为烯烃的反应称为 Wittig 反应。磷叶立德通常通过鏻盐与碱的反应制备[1312]，而鏻盐（**61**）通常从三芳基膦和卤代烷反应制备（反应 10-31）：

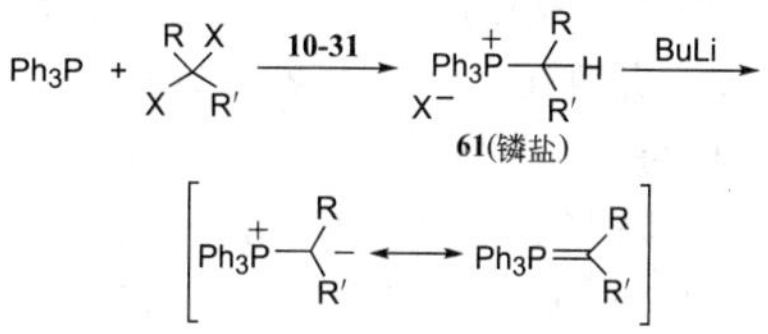

内鎓盐（叶立德）

微波辐射可以促进三苯基膦与卤代烷的反应[1313]。实际上，Wittig 反应本身也可以被微波辐射促进[1314]。鏻盐也可以通过将膦加成到 Michael 烯烃（反应 15-8）或采用其它方法制备。

鏻盐常常与强碱如丁基锂、氨基钠[1315]、氢化钠或醇钠反应转化为叶立德，但是如果盐的酸性足够强，也可以使用较弱的碱。在有些情况下，使用过量的氟离子就具有足够强的碱性[1316]。例如对于（Ph$_3$P$^+$）CH$_2$，碳酸钠就是足够强的碱[1317]。当所用的碱不含有锂时，由于不存在卤化锂（此卤素平衡离子来自鏻盐），人们通常称该叶立德是在"无盐"条件下制备的[1318]。在表面活性剂的存在下，Wittig 反应可以在水溶液介质中进行[1319]。

磷叶立德与醛或酮反应生成烯烃，同时生成氧化膦。例如，当使用三苯基膦时，得到 Ph$_3$P═CRR′，其反应的副产物是三苯基氧化膦（Ph$_3$PO），该物质有时很难从其它反应产物中分离出来。其它的三芳基膦[1320]或三烷基膦[1321]也有使用过。不能使用含有 α-氢的膦，这样才能使膦与卤代烷反应所得的鏻盐（**61**）在所需的位置具有 α-氢。这种限制对于从卤代烷前体制备的特定叶立德很有必要。用聚合物负载的叶立德也可进行 Wittig 反应[1322]。反应也可以在硅胶上完成[1323]。聚合物负载的芳基二苯基膦化合物[1324]可以与卤代烷反应,从而完成Wittig反应。

如果把卤代烷看作反应起始原料(卤代烷膦盐→磷叶立德→烯烃),那么卤代烷中连接卤原子的碳必须至少含有一个氢原子,如 **62** 所示(用于膦盐的去质子化):

$$CH_3COCH_3 + \underset{Br}{\overset{HR}{|}}\underset{}{\overset{|}{C}}R^1 \longrightarrow \longrightarrow \underset{}{\overset{R}{C}=\underset{}{\overset{}{C}}R^1}$$
62

这个反应是非常普遍的[1325]。醛或酮可以是脂肪族的、成环的或芳香族的(包括二芳基酮);在Wittig反应中,叶立德和/或羰基底物也可以含有双键或叁键;可以含有各种各样的官能团,如 OH、OR、NR$_2$、芳香硝基或卤原子、缩醛、酰胺[1326],甚至酯基[1327]。然而,已有报道指出,酯的羰基通过Wittig反应可转化为乙烯基醚[1328]。Wittig反应的一个重要优点是新生成双键的位置总是确定的,这与大多数碱催化的缩合反应(**16-34~16-43**)的结果不同。然而,已经表明叶立德与内酯反应,生成的是 ω-烯基醇[1329]。β-内酰胺可用磷叶立德转化为烯基氮杂环丁烷衍生物[1330]。与羰基共轭的双键或叁键也不干扰叶立德对 C=O 的进攻。羰基部分可以在叶立德的存在下原位生成,因而醇与氧化剂和叶立德的混合物反应得到烯烃。可用于这个反应的氧化剂包括 BaMnO$_4$[1331]、MnO$_2$[1332] 和 PhI(OAc)$_2$[1333]。Weinreb 酰胺(**16-82**)可通过Wittig反应转化为相应的醛[1334]。

前面已经指出,磷叶立德也可以含有双键或叁键以及某些官能团。简单的叶立德(R, R′=氢或烷基)反应活性很高,易与氧、水、氢卤酸和醇,以及羰基化合物和羧酸酯反应,因此反应必须在没有这些物质的条件下进行。当在α位有一个吸电子基(如 COR、CN、CO$_2$R、CHO)时,叶立德稳定得多,因为碳上电荷通过共振而分散了,如 **63** 所示。

$$\begin{bmatrix}\underset{Ph}{\overset{Ph}{|}}\underset{|}{\overset{|}{P^+}}\underset{H}{\overset{}{-}}\underset{}{\overset{O}{C}}R \longleftrightarrow \underset{Ph}{\overset{Ph}{|}}\underset{|}{\overset{|}{P}}\underset{H}{\overset{}{=}}\underset{}{\overset{O^-}{C}}R\end{bmatrix}$$
63

$$\underset{}{\overset{}{\bigcirc}}\text{—}\overset{+}{P}Ph_3$$
64

这些叶立德很容易与醛反应,但是与酮反应比较慢,或根本不反应[1335]。极端的例子(如 **64**,其碳负离子作为芳香性的环戊二烯负离子的一部分),该叶立德既不与酮反应也不与

醛反应。

除了上述那些基团之外,叶立德可以含有一个或两个卤原子[1336],或一个 α-OR 或 OAr 基团。在后一种情况下,产物是烯醇醚,它可以水解生成醛(反应 **10-6**)[1337],因而这个反应是实现 RCOR′→RR′CHCHO 转化的方法[1338]。

$$R^2OCH_2Cl \xrightarrow{Ph_3P} R^2OCH_2\overset{+}{P}Ph_3 \xrightarrow[2.\,RCOR']{1.\,\text{碱}} R^2OHC=\underset{R}{\overset{R'}{C}}$$

$$\xrightarrow{\text{水解}} R'\underset{}{\overset{H}{-}}\underset{}{\overset{}{C}}HO$$

然而,叶立德也可以不含有 α-硝基。如果膦盐的 β 位包含一个潜在的离去基团,如 Br 或 OMe,那么与碱作用将会发生消除,而不是生成叶立德:

$$Ph_3P^+CH_2CH_2Br \xrightarrow{\text{碱}} Ph_3\overset{-}{P}CH=CH_2$$

但是可以存在 β-COO$^-$ 基团,此时产物是 β,γ-不饱和酸[1339]。这是制备这些化合物的唯一简便方法,因为通过任何其它方法进行消除,得到的都是热力学更稳定的 α,β-不饱和异构体。这是Wittig方法能在特定位置形成双键的特异定位用途的例子。另一个例子是将环己酮转化为含有环外双键烯烃,例如[1340]:

$$\underset{}{\overset{}{\bigcirc}}=O + Ph_3\overset{+}{P}\text{—}\overset{-}{C}H_2 \longrightarrow \underset{}{\overset{}{\bigcirc}}=CH_2$$

还有一个例子是容易生成反式 Bredt 双环烯酮(参见 4.17.3 节)[1341]。如上面指出的,α,α′-二卤代膦烷可用于制备 1,1-二卤代烯烃。制备这类化合物[1342]的另一个途径是将羰基化合物与 CX$_4$(X=Cl, Br 或 I)和三苯基膦混合物作用,反应中可加入或不加锌粉(锌粉可使 Ph$_3$P 用量减少)[1343]。芳香醛与这些二卤代膦烷反应,而后用叔丁醇钾处理生成的乙烯基卤化物,得到芳基炔[1344]。

Wittig反应关键步骤的机理[1345]如下[1346]:

$$\underset{Ph_3P-\overset{|}{C}-R'}{\overset{O=\overset{|}{C}R}{}}\longrightarrow \underset{Ph_3P\text{—}\overset{|}{C}R'}{\overset{O-\overset{|}{C}R}{}}\longrightarrow \underset{Ph}{\overset{Ph}{\underset{|}{P}}}\underset{Ph}{\overset{|}{=}}O + \underset{}{\overset{R}{C}}=\underset{}{\overset{R'}{C}}$$
氧膦烷内膦盐

人们已经研究了叶立德形成的能量和它们在溶液中的反应[1347]。许多年来,人们认为,被称为内鏻盐(betaine)的一种双离子化合物,是从起始化合物到氧膦烷过程中的中间体。事实上也可能确实如此,但是支持它的证据很少[1348]。

$$\begin{bmatrix}\underset{Ph_3\overset{+}{P}\text{—}\overset{|}{C}R'}{\overset{\overset{-}{O}-\overset{|}{C}R}{}}\end{bmatrix}$$
内鏻盐

在某些 Wittig 反应中，已经分离出"内鳞"沉淀[1349]，但是事实上所分离出来的是内鳞-卤化锂的加合物，该中间体与其说是从内鳞盐形成的，还不如说是从氧鳞烷形成的[1350]。然而，有一个报道说在一个 Wittig 反应过程中观察到了内鳞盐的锂盐[1351]。硫-Wittig 反应中的间扭式（gauche）构象内鳞盐的 X 射线晶体结构已经得到确证[1352]。相反，却有很多证据支持存在氧鳞烷中间体，至少对于不稳定的叶立德来说是如此。例如，在低温下[1353]，反应混合物的 ^{31}P NMR 谱图，与能存在一段时间的氧鳞烷的结果一致，而与四配位磷的图谱不一致。由于内鎓盐、叶立德和氧化鳞都含有四配位的磷，这些物种都不会产生谱图，因此得出了溶液中存在氧鳞烷中间体的结论。在某些情况下，氧鳞烷已经被分离出[1354]。用 NMR 谱甚至可以检测出中间体氧鳞烷的顺式和反式异构体[1355]。根据这个机理，光学活性的鏻盐 $RR^1R^2P^+CHR^2$ 在整个反应过程中应该保持构型，而且该构型应该保留在氧化鳞（RR^1R^2PO）中。研究已发现确实如此[1356]。

假设的内鳞盐中间体可以以一种完全不同的方式，即通过鳞对环氧化物的亲核取代（反应 10-35）来形成：

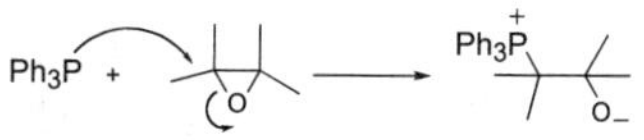

这样形成的内鳞盐可以转化为烯烃，这就是为什么人们长期认为 Wittig 反应中存在内鳞盐的一个原因。值得注意的是，通过芳香醛、鳞及炔丙基酯的反应，可以得到稳定的鏻盐烯醇离子两性离子[1357]。

不仅仅只有磷元素能生成有用的叶立德。还可以使用三苯基胂[1358]。从 α-卤代酯和 BrTeBu$_2$OTeBu$_2$Br 可以原位制备碲叶立德，该叶立德与醛反应得到共轭酯[1359]。

Wittig 反应也可用除鳞烷以外的磷叶立德完成，最重要的是从鳞酸酯制备的叶立德（如 **65**）[1360]：

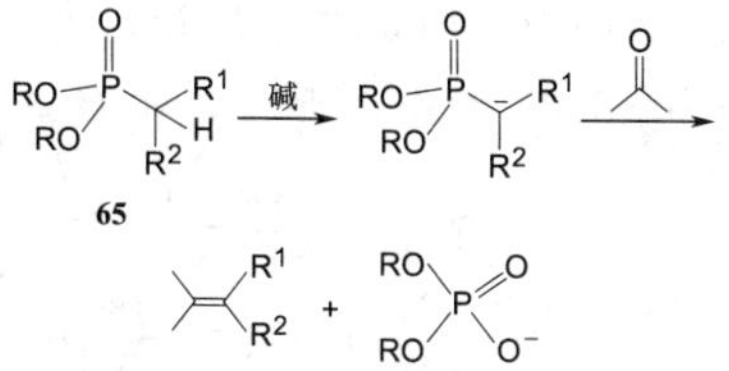

这个方法有时称为 Horner-Emmons 反应，Wadsworth-Emmons 反应，Wittig-Horner 反应或 Horner-Wadsworth-Emmons 反应[1361]。比起使用鳞烷这个方法有好几个优点，包括反应的选择性[1362]。这些叶立德比相应的鳞烷叶立德反应性更高，当 R^1 或 R^2 为吸电子基团时，这些化合物常常与酮反应，可是从鳞烷制备的叶立德却不与酮反应。高压可以促进这个反应[1363]。此外，含磷产物是磷酸酯，能溶于水，不像 Ph_3PO 那样不溶于水，这使之易与烯烃产物分离。鳞酸酯也比鳞盐便宜，很容易由 Arbuzov 反应制得[1364]：

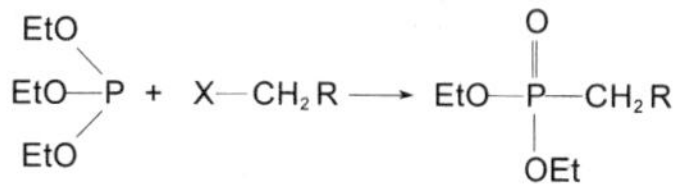

$$EtO\underset{EtO}{\overset{EtO}{P}} + X-CH_2R \longrightarrow EtO\underset{OEt}{\overset{O}{P}}-CH_2R$$

鳞酸酯也可由醇、$(ArO)_2P(=O)Cl$、NEt_3 及 $TiCl_4$ 催化剂制备[1365]。$(RO)_2P(=O)H$ 与芳基碘化物在 CuI 催化剂作用下反应生成芳基鳞酸酯[1366]。聚合物负载的鳞酸酯可用于烯化反应[1367]。烯丙基鳞酸酯与醛反应得到二烯[1368]。已测定了磷酰基稳定的碳负离子的亲核性参数[1369]。Zn 可促进双质子鳞酸酯的反应[1370]。稳定磷叶立德的 Wittig 反应也可以在水中进行[1371]。

使用手性添加剂[1372]或助剂[1373]，实现了立体选择性的烯基化反应。从氧化鳞 $Ar_2P(=O)CHRR'$、鳞酸二酰胺 $[(R_2^2N)_2POCHRR^1]$[1374] 和硫代鳞酸烷基酯 $[(MeO)_2PSCHRR']$[1375] 制备的叶立德，也具有一些这样的优点。鳞酸酯（$Ph_2POCH_2NR_2$）与醛或酮（R^2COR^3）反应，得到高产率的烯胺（$R^2R^3C=CHNR$）[1376]。还有 (Z)-选择性试剂[1377]，如使用二(2,2,2-三氟乙氧基)鳞酸酯与 KHMDS 及 18-冠-6[1378]。通过一个有趣的分子内 Horner-Emmons 反应可以得到炔烃[1379]。带官能团的醛（RCHO）与 $(MeO)_2POCHN_2$ 反应，生成炔烃（$R-C\equiv CH$）[1380]。

有些 Wittig 反应生成 (Z)-烯烃，有些生成 (E)-烯烃，有些产生两者的混合物，人们对哪些因素决定立体选择性的问题进行了很多研究[1381]。通常发现含有稳定化基团或从三烷基鳞制备的叶立德反应生成 (E)-烯烃。无盐而稳定的叶立德产生 (E)-选择性可能与偶极-偶极相互作用有关[1382]。消除反应过渡态的能量也是产生选择性必须考虑的因素[1383]。而从三芳基鳞制备的和不含稳定化基团的叶立德反应后常常得到 (Z)-烯烃或 (Z)-烯烃和 (E)-烯烃的混合物[1384]。对这个现象的一个解释是[1356]，叶立德与羰基化合物的反应是[2+2]环加成反应,为了协同,它必须采取[π2$_s$+π2$_a$]途径。正如反应 **15-63** 中讨论的,这种途径导致形成更拥挤的产物,即(Z)-烯烃。如果这个解释正确的话,那么就无法解释从稳定的叶立德主要形成(E)-产物的事实。但是(E)-异构体在热力学上显然一般比(Z)-异构体要稳定,立体化学似乎取决于多个因素。

产物的(E/Z)比例常常因改变溶剂或加入盐而改变[1385]。控制产物立体化学的另一个途径是使用前面提到的膦酸二酰胺。在这种情况下确实形成了内鏻盐(**66**),当与水作用时得到β-羟基膦酸二酰胺(**67**),它能结晶出来,然后在硅胶存在下在苯或甲苯中回流,断裂成为 $R^1R^2C=CR^3R^4$[1374]。β-羟基产物 **67** 一般形成非对映异构体的混合物,这些混合物可能通过重结晶拆分开。两个非对映体断裂生成两个异构的烯烃。光学活性的膦酸二酰胺已用于制备光学活性的烯烃[1386]。有人报道了另一种从氧化膦(Ph_2POCH_2R)开始控制烯烃立体化学[只获得(Z)-或(E)-异构体]的方法[1387]。

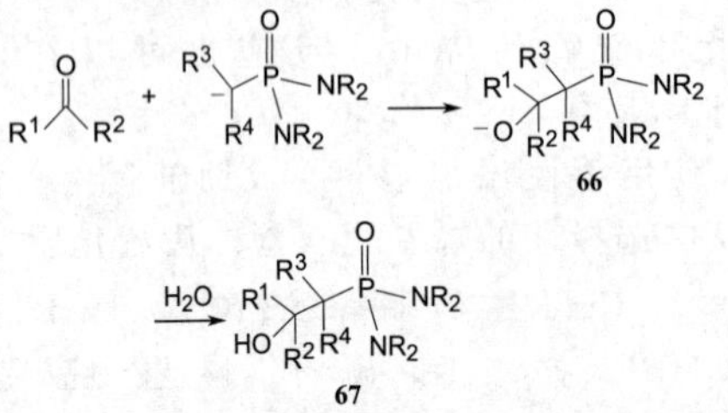

在存在内鏻盐-卤化锂中间体的反应中,如果在磷的α位含有一个氢,那么有可能将碳链进一步延长。例如,在-78℃亚乙基三苯基膦烷与庚醛反应得到 **68**,**68** 与丁基锂反应生成叶立德 **69**。将 **69** 与醛($R'CHO$)作用得到中间体 **70**,**70** 经处理后立体选择性地得到 **71**[1388]。化合物 **69** 也可与其它亲电试剂反应。例如,**69** 与 NCS 或 $PhICl_2$ 作用,立体选择性地得到乙烯基氯 $RCH=CMeCl$;与 NCS 反应得到顺式异构体,与 $PhICl_2$ 反应得到反式异构体[1389]。与 Br_2 和 $FClO_3$(这个试剂具有爆炸性[1390])反应分别得到相应的溴化物或氟化物[1391]。**69** 与亲电试剂的反应被称为 Scoopy 反应(经由β-氧化磷叶立德的α取代加上羰基烯基化)[1392]。

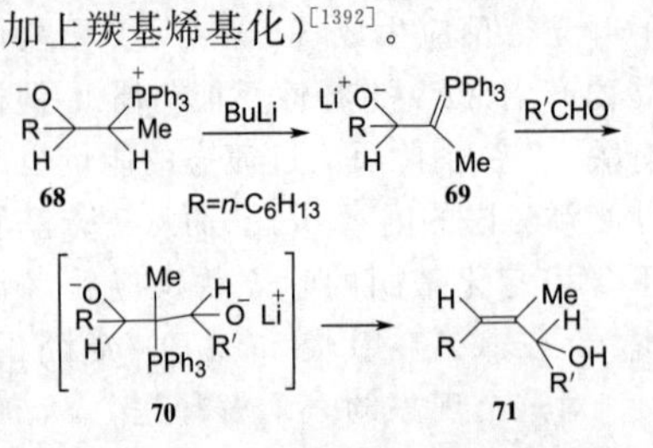

膦酸酯、DBU、NaI 及 HMPA 与醛反应,得到具有很好(Z)-选择性的共轭酯[1393]。已有报道表明,三氟乙基膦酸酯与醛和叔丁醇钾可发生(Z)-选择性的反应[1394]。

Wittig 反应也可以分子内进行,用于制备含有 5~16 个碳原子的环[1395],反应既可以通过单环闭合生成烯烃(如 **72**),也可以通过双环闭合,如 **73a** 转化为 **73b** 的反应[1396]:

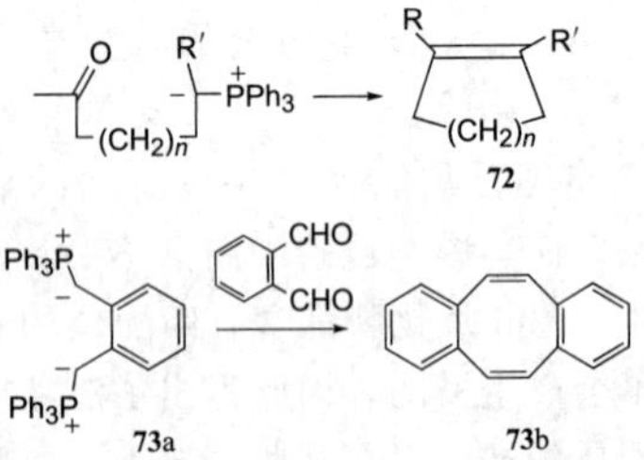

已经证实,Wittig 反应在合成天然产物中非常有用,而有些天然产物用其它方法却很难制备[1397]。

磷叶立德也可以相似的方式与烯酮[1398]、异氰酸酯[1399]和某些酸酐[1400]、内酯[1401]和酰亚胺[1402]的 C=O 键,亚硝基的 N=O 键以及亚胺的 C=N 键反应[1403],如以下综合反应所示:

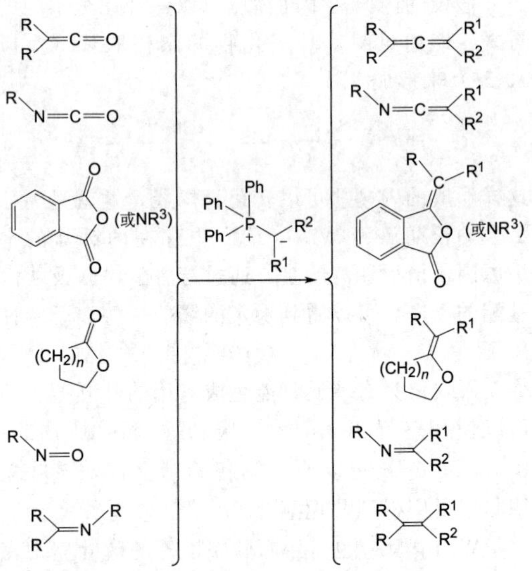

磷叶立德与二氧化碳反应生成可分离的盐 **74**[1404],**74** 可以水解生成羧酸 **75**(因此实现了 $RR'CHX \rightarrow RR'CHCOOH$ 的转化)或(如果 R 和 R'都不是氢原子)二聚成丙二烯 **76**。

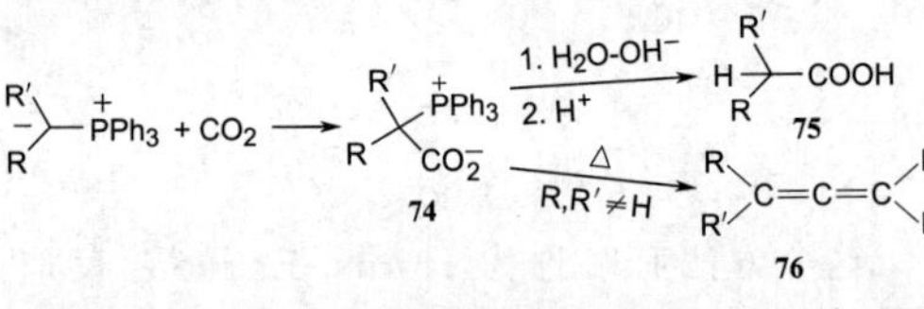

虽然磷叶立德最常用于烯基化反应,但是偶

尔也可以使用氮叶立德。一个例子是 N-苄基-N-苯基溴化吡啶与碱反应生成 N-叶立德,它与苯甲醛反应生成苯乙烯[1405]。氮杂-Wittig 反应中间体的结构已经得到鉴定[1406]。氮杂-Wittig 反应[1407]可用于制备四氢吡咯烷和四氢吡啶[1408]。

OS V,361,390,499,509,547,751,949,985;Ⅵ,358;Ⅶ,164,232;Ⅷ,265,451;**75**,139;OS Ⅸ,39,230.

16-45 Tebbe、Petasis 和交替的烯烃化

亚甲基-去-氧-双取代

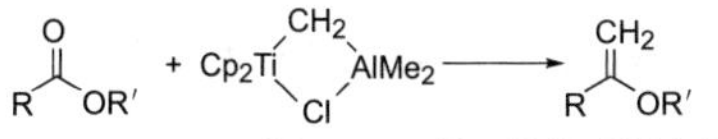

$$R-C(=O)-OR' + Cp_2Ti\begin{matrix}CH_2\\ \\Cl\end{matrix}AlMe_2 \longrightarrow R-C(=CH_2)-OR'$$
$$\qquad\qquad\qquad\qquad 77$$
$$\qquad\qquad\qquad (Cp=环戊二烯基负离子)$$

磷叶立德一个有用的替代试剂是钛试剂,如 **77**,可从二环戊二烯二氯化钛和三甲基铝制得[1409]。在含有少量吡啶的甲苯-THF 中,羰基化合物与环戊二烯钛配合物 **77**(Tebbe 试剂)反应[1410]生成烯烃。二甲基二茂钛,即 Petasis 试剂,可替代 **77** 使用[1411]。Petasis 烯烃化的机理已有研究[1412]。Tebbe 试剂和 Petasis 试剂与酮反应都得到很好的结果[1413]。这些新试剂的一个重要特点是,都能以很高的产率将羧酸酯和内酯[1414]转化为相应的烯醇醚。烯醇醚可以水解为酮(10-6),因此,这也是完成 RCOOR′→RCOCH$_3$ 转化的一个间接方法(参见 16-82)。共轭酯与这个试剂反应转化为烷氧基-二烯[1415]。内酰胺,包括 β-内酰胺,可被转化为亚烷基环胺(从 β-内酰胺得到亚烷基氮杂环丁烷(azetidine),该化合物很容易水解成 β-氨基酮)[1416]。

除了稳定性和容易制备外,Petasis 试剂的另一个优点是可以制备结构类似物,包括 Cp$_2$Ti(C$_3$H$_5$)$_2$[1417](C$_3$H$_5$ = 环丙基)、Cp$_2$Ti(CH$_2$SiMe$_3$)$_2$[1418] 以及 Cp$_2$TiMe(CH=CH$_2$)[1419]。另外一种改进是在 1,1-二苯基硫代环丁烷存在下,两倍量的 Cp$_2$Ti[P(OEt)$_3$]$_2$ 与酮反应,生成烯基环丁烷衍生物[1420]。由 TiCl$_4$、金属 Mg 和二氯甲烷可制备另一个 Ti 试剂,该试剂与酮[1421]和酯[1422]都能反应,分别得到烯烃和乙烯基醚。在催化量 Cp$_2$Ti[P(OEt)$_3$]$_2$ 存在下,从酮和碘代烷可以得到烯烃[1423]。

羧酸酯在 N,N,N′,N′-四甲基乙二胺存在下与 RCHBr$_2$、Zn[1424] 和 TiCl$_4$ 作用,可以完成 C=O→C=CHR 的转化(R=伯烷基或仲烷基)[1425]。金属卡宾配合物[1426] R$_2$C=ML$_n$(L 为配体;M 是过渡金属如 Zr、W 或 Ta),也可用于将羧酸酯和内酯的 C=O 转化为 CR$_2$[1427]。配合物 Cp$_2$Ti=CH$_2$ 有可能是 Tebbe 试剂在反应中的中间体。实际上,Ti 的卡宾类似物可用于将羰基转化为相应的烯烃[1428]。

有好几种将醛或酮转化为烯烃的其它方法[1429]。羰基化合物与二(碘锌)甲烷反应生成烯烃[1430]。例如,当酮与 CH$_3$CHBr$_2$/Sm/SmI$_2$ 及催化量的 CrCl$_3$ 作用时,可以形成烯烃[1431]。α-卤代酯也可与 CrCl$_2$ 在酮的存在下反应,得到乙烯基卤化物[1432]。在 Lewis 酸存在下,有机锌试剂可将羰基化合物转化为烯烃[1433]。α-重氮酯与酮在铁催化剂存在下反应,生成相应的烯烃[1434]。α-重氮硅烷基烷烃在 Rh 催化剂存在下可发生类似的反应[1435]。酮可被甲基三氧化铼烯烃化[1436]。α-卤代砜与醛在 LiHMDS 和 MgBr$_2$·OEt$_2$ 存在下反应生成乙烯基氯[1437]。

OS Ⅷ,512;Ⅸ,404;Ⅹ,355.

16-46 从醛和酮形成环氧化物

(1+2)OC,CC-环-亚甲基-加成

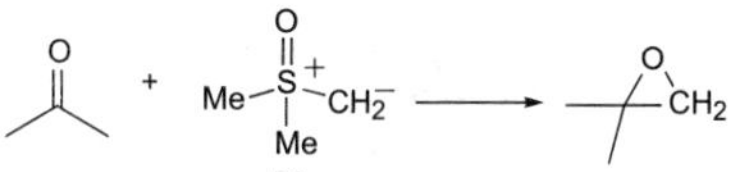

$$\text{Me-C(=O)-Me} + \text{Me}_2\overset{+}{\text{S}}-\overset{-}{\text{CH}}_2 \longrightarrow \text{epoxide}$$
$$\qquad\qquad\qquad\quad\mathbf{78}$$

醛和酮与硫叶立德[1439]二甲基氧代亚甲基锍(**78**)[1440]和二甲基亚甲基锍(**79**)[1441]反应,以高的产率转化为环氧化物[1438]。通常选择 **78** 为试剂,因为 **79** 不太稳定,通常必须一生成就使用,而 **78** 在室温能保存数天。当可以形成非对映异构的环氧化物时,**79** 通常从位阻大的一侧进攻,**78** 通常从位阻小的一侧进攻。因此,4-叔丁基环己酮与 **78** 作用全部得到 **80**,而与 **79** 作用则大部分得到 **81**[1442]。这两个试剂另一个不同的表现是,与 α,β-不饱和酮反应时,**78** 只得到环丙烷(反应 15-64),而 **79** 得到环氧烷。以类似的方式使用其它硫叶立德,可在底物分子上引入 CHR 或 CR$_2$[1443]。其它的硫叶立德可将醛转化为环氧化物[1444]。在相转移条件下,使用固定在不溶高聚物上的砜叶立德,获得了高产率[1445]。用粉状的叔丁醇钾和 Me$_3$S$^+$I$^-$[1446],可以在无溶剂条件下进行这个反应。需要指出的是,环氧化物与两倍量的 Me$_2$S=CH$_2$ 作用生成烯丙基醇[1447]。

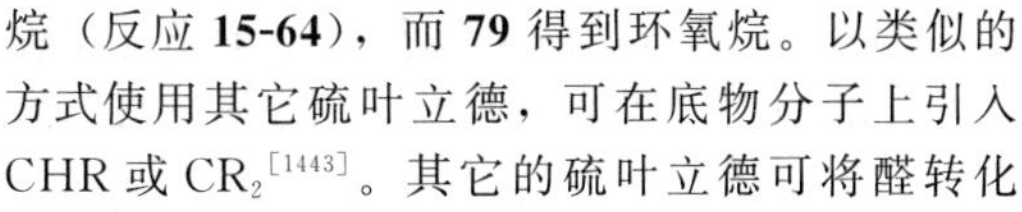

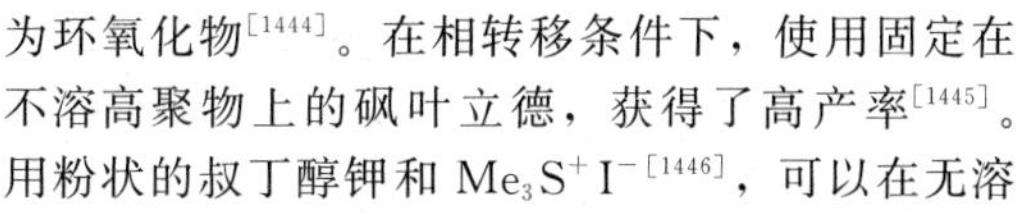

$$\left[\text{Me}_2\overset{+}{\text{S}}-\overset{-}{\text{CH}}_2 \longleftrightarrow \text{Me}_2\overset{+}{\text{S}}=\text{CH}_2\right] \quad \left[\text{Me}_2\text{S}=\text{CH}_2 \longleftrightarrow \text{Me}_2\overset{+}{\text{S}}-\overset{-}{\text{CH}}_2\right]$$
$$\qquad\qquad\mathbf{78} \qquad\qquad\qquad\qquad\qquad\mathbf{79}$$

新键是直立的 ← **79** ← (4-叔丁基环己酮) → **78** → 新键是平伏的
81 **80**

已经制得手性硫叶立德[1448]，反应得到的环氧化物具有好的不对称诱导性[1449]。手性添加剂也有被使用[1450]。手性硒叶立德可发生类似的反应[1451]。

普遍被人接受的硫叶立德与醛或酮的反应机理是：形成82，进而烷氧基负离子取代了离去基团 Me_2S[1452]。该机理与硫叶立德与 C═C 键反应（**15-64**）的机理类似[1453]。**78** 和 **79** 立体化学行为的差别是由于形成的内鎓盐 **82** 的性质不同，**78** 形成内鎓盐 **82** 的过程是可逆的，而较不稳定的 **79** 形成内鎓盐 **82** 的过程却是不可逆的，因而立体位阻较大的产物是动力学控制的结果，立体位阻较小的产物是热力学控制的结果[1454]。

磷叶立德不发生这个反应，而是发生 **16-44** 反应。

醛和酮与重氮烷反应[1455]，最常见的是与重氮甲烷反应，也可以被转化为环氧化物，但是有一个重要的副反应，即形成了比起始化合物多一个碳的醛或酮（反应 **18-9**）。许多醛、酮和醌都可以发生这个反应。通常在 Rh 催化剂作用下进行[1456]。解释这两个产物的机理是：

其中，化合物 **83** 或其含氮衍生物已被分离出来。

还有一个途径可使酮转化为环氧化物，即使用 α-氯砜和叔丁醇钾，此时得到 α,β-环氧砜[1457]。据报道，采用 KOH 和 10% 的手性相转移催化剂可进行类似的反应，得到中等对映选择性的环氧砜产物[1458]。

二卤卡宾和类卡宾，它们很容易与 C═C 键加成（**15-64**），但它们一般不与普通醛和酮的 C═O 键加成[1459]。另见 **16-91**。

有张力的氮杂环丁烷叶立德（azetidinium ylid）已有报道，该叶立德可用于环氧化反应[1460]。

OS V,358,755.

16-47 从亚胺形成氮丙啶

(1+2)NC, CC-环-亚甲基-加成

就像硫叶立德（如 **78**）与醛或酮的羰基反应生成环氧化物，碲叶立德与亚胺反应生成氮丙啶。烯丙基碲盐（$RCH=CHCH_2Te^+Bu_2\ Br^-$）与六甲基二硅烷氨基锂在 HMPA/甲苯中反应，失去质子得到碲叶立德。在亚胺的存在下，叶立德加成到亚胺上，而后发生 Bu_2Te 的取代，生成侧链为乙烯基的氮丙啶[1461]。有报道指出，使用肼叶立德可进行甲苯磺酰基亚胺的催化氮丙啶化[1462]。

16-48 环硫化物和环砜的形成[1463]

环氧化物与 NH_4SCN 和硝酸铈铵作用可直接转化为环硫化物[1464]。重氮烷与硫作用得到环硫化物[1465]。$R_2C=S$ 有可能是中间体，它经过与 **16-46** 类似的过程，被另一分子的重氮烷进攻。硫代酮与重氮烷反应得到环硫化物[1466]。硫代酮与硫叶立德反应也可转化为环硫化物[1442]。卡宾（如从 $CHCl_3$ 得到的二氯卡宾）和碱与硫代酮反应生成 α,α-二氯环硫化物[1467]。烷基磺酰氯在碱（通常是叔胺）的存在下与重氮甲烷作用生成环砜（**85**）[1468]。碱将 HCl 从磺酰卤中除去，生成高活性的磺烯（**84**，见反应 **17-14**），后者再与 CH_2 加成。环砜加热放出 SO_2（反应 **17-20**），整个过程成为完成 $RCH_2SO_2Cl \rightarrow RCH=CH_2$ 转化的方法[1469]。

$$RCH_2SO_2Cl \xrightarrow{R_3N} RHC=SO_2 \xrightarrow{CH_2N_2}$$
84

85 $\xrightarrow{\Delta} RHC=CH_2$

OS V,231,877.

16-49 共轭羰基化合物的环丙烷化

能够发生 Michael 反应（**15-24**）的双键化合物可用硫叶立德转化为环丙烷衍生物[1470]。最常用的试剂是二甲基氧代亚甲基锍（**78**）[1471]，

该试剂广泛用于在活泼双键上引入 CH_2。其它的硫叶立德也有使用。在离子液体中 DMSO 和 KOH 的混合物可将共轭酮转化为 α,β-环丙基酮[1472]。利用特定的含氮化合物通过类似的方式也可进行 CHR 和 CR_2 的加成。例如，叶立德 **86**[1473]可将各种基团加到活泼双键上[1474]。硫叶

立德与烯丙醇在 MnO_2 和 4A 分子筛存在下反应得到环丙基醛[1475]。磷叶立德[1476]、吡啶盐叶立德[1477]以及化合物(PhS)$_3$CLi 和 Me_3Si-(PhS)$_2$CLi[1478]都可发生类似的反应。与这些叶立德的反应显然是亲核酰基加成。在某些有机催化剂[1479]或手性金属催化剂[1480]的作用下,可以实现对映选择性的环丙烷化。

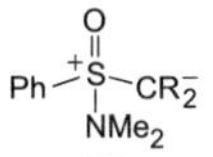

86

其它的试剂也可将醛或酮转化为环丙烷衍生物。碲叶立德与共轭亚胺反应,生成的亚胺经水解后得到环丙基醛[1481]。共轭酮与 $Cp_2Zr(CH_2=CH_2)$ 和 PMe_3 反应,经 H_2SO_4 水溶液处理后得到乙烯基环丙烷衍生物[1482]。

16-50 Thorpe 反应

N-氢-C-(α-氰烷基)-加成

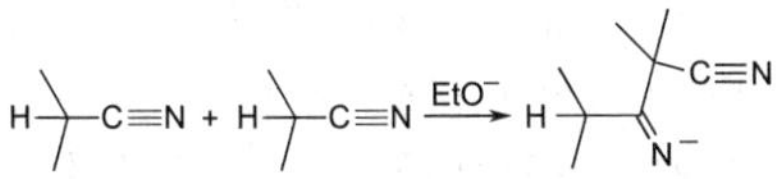

Thorpe 反应是一个腈分子的 α-碳加成到另一个腈分子的 CN 碳上,因此这个反应类似于羟醛缩合(反应 16-34)。当然,C=NH 键是可水解的(16-2),因此用这种方式可以制备 β-酮腈。Thorpe 反应可以分子内进行,此时该反应被称为 Thorpe-Ziegler 反应[1483]。与其它关环反应一样,如果应用高度稀释技术,对 5~8 元环,反应产率高,而对于 9~13 元环,产率下降到 0;但是对 14 元环和更大的环,反应产率又开始升高。Thorpe-Ziegler 反应的产物不是亚胺,而是互变异构体烯胺(例如 **87**);如果需要的话,则可以水解成 α-氰基酮(反应 16-2),而后它也可以依次又被水解并脱羧(反应 16-4 和 12-40)。其它活泼氢化合物也可以与腈加成[1484]。

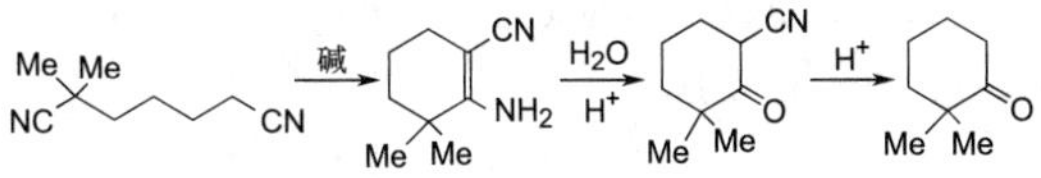

87

OS Ⅵ,932.

16.2.1.8 其它碳亲核试剂

16-51 硅烷的加成

O-氢-C-烷基-加成

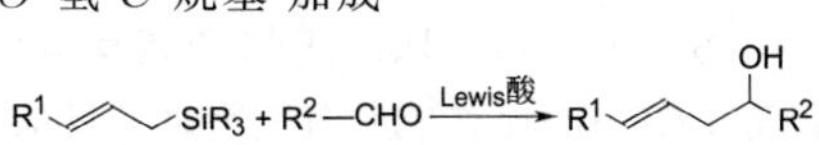

烯丙基硅烷在 Lewis 酸存在下与醛反应,生成高烯丙醇[1485]。对于苄基硅烷,这个加成反应在光化学条件下用 $Mg(ClO_4)_2$ 诱导[1486]。环丙基甲基硅烷与缩醛在 TMSOTf 存在下加成得到高烯丙醇[1487]。在环脲和 AgOTf 存在下,烯丙基三氯硅烷可将烯丙基加到醛上[1488]。在一个相关反应中,烯丙基硅烷与酰卤反应产生相应的羰基衍生物。例如,氯甲酸苯酯、三甲基烯丙基硅烷和 $AlCl_3$ 反应,得到 3-丁烯酸苯酯[1489]。加入手性添加剂可使产物醇产生很好的不对称诱导[1490]。

在 $TiCl_4$ 存在下,烯丙基硅烷也可与亚胺加成生成胺[1491]。在烷基锡化合物作用下,硅烷也可与亚胺盐加成[1492]。

16-52 氰醇的生成

O-氢-C-氰基-加成

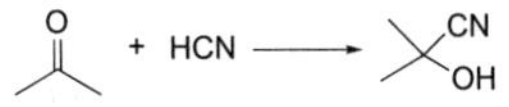

HCN 与醛或酮加成生成氰醇[1493],这是一个平衡反应。对于醛和脂肪族酮,平衡位于右侧,因此,除了有立体位阻的酮如二异丙基酮外,这个反应是非常实用的。然而,酮(ArCOR)反应的产率很低,用 ArCOAr 就不能发生反应,因为平衡远远偏向于左侧。使用芳香醛时,安息香缩合反应(16-55)会与这个反应竞争。使用α,β-不饱和醛和酮进行反应时,1,4-加成(反应 15-38)会与之竞争。

低反应性的酮,如 ArCOR,与二乙基氰基铝(Et_2AlCN;见 OSⅦ,307)作用,可以转化为氰醇,或在 Lewis 酸或碱存在下[1495],与氰基三甲基硅烷(Me_3SiCN)作用[1494],而后水解得到的 O-三甲基硅基氰醇(**88**),间接地转化为氰醇。使用手性催化剂[1496],包括手性的有机催化剂[1497],或使用手性添加剂[1498],可使直接生成氰醇的反应(氢氰化)和生成氰基-O-硅醚的反应具有对映选择性。可以使用生物催化剂进行反应[1499]。在裂解酶的作用下,氰化氢以好的对映选择性加成到醛上[1500]。在离子液体中使用裂解酶也可以得到氰醇[1501]。

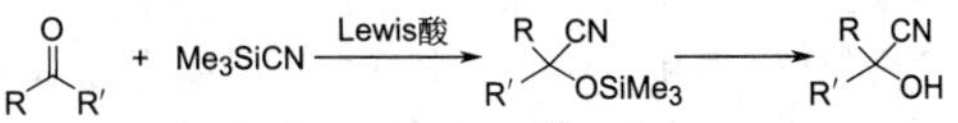

88

已有报道采用 TMSCN、醛和碳酸钾可进行无溶剂条件下的反应[1502]。胺的 N-氧化物可催化反应[1503],四丁基氰化铵也可以催化反应[1504]。醚中的高氯酸锂促进这个反应[1505],LiCl 可催化与 Me_3SiCN 的反应[1506]。N-杂环卡宾可催化反应[1507],某些离子液体也可以催化反应[1508]。以 $MgBr_2$ 作为催化剂,反应可以得到很好的顺式选择性[1509]。其它有用的催化剂包括 Pt[1510]、Au[1511] 或 Ti[1512] 的化合物，以及 InBr$_3$[1513]。使用手性添加剂，可使氰醇产物具有很好的手性诱导[1514]。手性过渡金属催化剂可用于生成具有好的对映选择性的 O-三烷基硅基氰醇[1515]。可在离子液体中使用 venedium 催化剂进行反应[1516]。需要指出的是，醛与 TMSCN 在苯胺和 BiCl$_3$ 催化剂存在下反应，得到 α-氰胺[1517]。氰化钾和乙酸酐与醛在手性 Ti 催化剂存在下反应，生成 α-乙酰氧基腈[1518]。

除了直接与醛或酮反应，经常使用的是亚硫酸氢盐加成产物与 CN$^-$ 作用。加成反应是亲核的，实际的亲核试剂是 CN$^-$，因此反应速率随着碱的加入而提高[1519]。1903 年 Lapworth 证实了这一点，结果这成为人们最先知道的有机机理之一[1520]。这个方法对芳香醛特别有用，因为这避免了来自安息香缩合的竞争。如果需要的话，有可能在原位水解氰醇生成相应的 α-羟基酸。这个反应在延长糖碳链的 Kiliani-Fischer 方法中很重要。

对这个反应一个特别有用的改进是使用氰基负离子而不是 HCN。通过醛或酮与 NaCN 和 NH$_4$Cl 作用，可以一步制备 α-氨基腈[1521]。这就是 Strecker 合成[1522]，是 Mannich 反应（16-19）的一个特例。由于 CN 容易水解成酸，因此这是制备 α-氨基酸的一个简便方法，这个反应可以通过与 NH$_3$ + HCN 反应或与 NH$_4$CN 反应进行。伯胺和仲胺的盐可以代替 NH$_4^+$ 使用，得到的是 N-取代和 N,N-二取代的 α-氨基腈。也可以使用 Brønsted 酸[1523]。不像反应 16-52，Strecker 合成对芳香族和脂肪族酮都可用。在反应 16-52 中，使用了 Me$_3$SiCN 方法，76 用氨或胺转化为产物[1524]。有人研究了 Strecker 合成中的压力效应[1525]。没有催化剂作用的多组分 Strecker 反应已有报道[1526]。也可进行水溶液中 In 促进的 Strecker 反应[1527]。使用手性铵盐[1528] 和其它有机催化剂[1529]、手性酸[1530] 或手性金属配合物[1531]，可以实现对映选择性的 Strecker 合成。自由基型的 Strecker 合成已有发现[1532]。

OS Ⅰ,336；Ⅱ,7,29,387；Ⅲ,436；Ⅳ,58,506；Ⅵ,307；Ⅶ,20,381,517,521。

对于逆向反应,参见 OS Ⅲ,101。

对于 Strecker 合成反应,参见 OS Ⅰ,21,355；Ⅲ,66,84,88,275；Ⅳ,274；Ⅴ,437；Ⅵ,334。

16-53 HCN 与 C═N 和 C≡N 键的加成

N-氢-C-氰基-加成

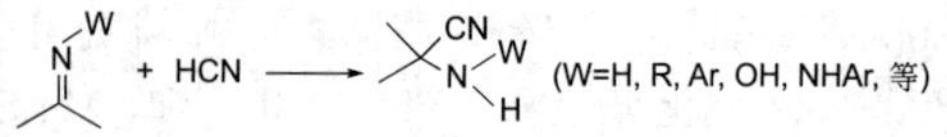

HCN 可与亚胺、席夫碱、腙、肟和类似化合物加成。$^-$CN 可以与亚胺离子加成，生成 α-氰基胺（**89**）:

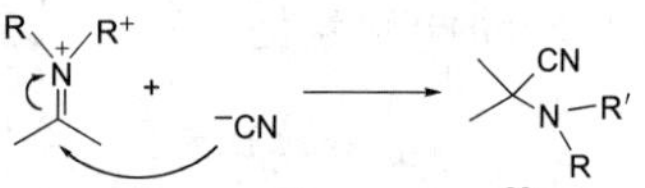

如同反应 16-50，与亚胺的加成可以具有对映选择性[1533]。手性铵盐可与 HCN 一同使用[1534]。三甲基硅基氰（TMSCN）与 N-甲苯磺酰基亚胺在 BF$_3$·OEt$_2$ 存在下反应，得到 α-氰基-N-甲苯磺酰基胺[1535]。Bu$_3$SnCN 与亚胺在手性 Zr[1536] 或 Al 催化剂[1537] 存在下反应，对映选择性地生成 α-氰基胺。亚胺可由醛或酮与胺在 TMSCN 和适当的促进剂存在下原位生成[1538]。在手性 Sc 催化剂作用下，亚胺与 TMSCN 反应得到好的对映选择性的氰基胺[1539]。钛催化剂可用于手性席夫碱存在下的反应[1540]。

KCN 与三异丙基苯苯磺酰腙（**90**）反应提供了实现 RR'CO→RR'CHCN 转化的一个间接方法[1541]。这个反应成功应用于脂肪族醛和酮的腙。

RR'C═NNHSO$_2$Ar + KCN $\xrightarrow{\text{MeOH}}$ RR'CHCN
90 (Ar = 2,4,6-(i-Pr)$_3$C$_6$H$_2$)

HCN 也可以与 C≡N 加成，生成亚氨基腈或 α-氨基丙二腈[1542]。

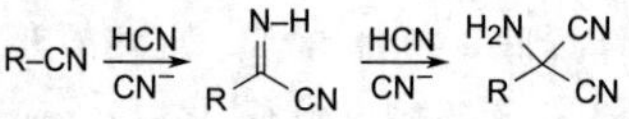

R—CN $\xrightarrow[\text{CN}^-]{\text{HCN}}$ $\underset{\text{CN}}{\overset{\text{N-H}}{\diagup\!\!\!\diagdown}}$ $\xrightarrow{\text{HCN}}$ $\underset{\text{CN}}{\overset{\text{H}_2\text{N CN}}{\diagup\!\!\!\diagdown}}$

亚胺的酰基氰化反应已有报道，采用合适的催化剂可以获得对映选择性[1543]。

OS Ⅴ,344；另见 OS Ⅴ,269。

16-54 Prins 反应

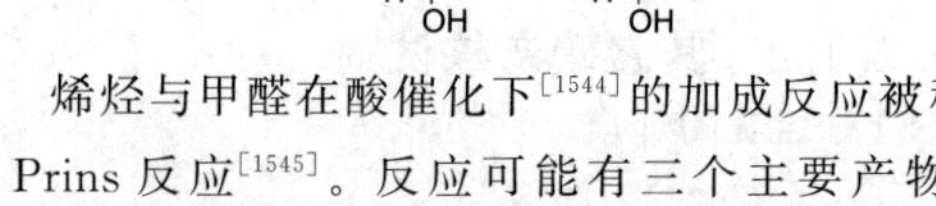

烯烃与甲醛在酸催化下[1544] 的加成反应被称为 Prins 反应[1545]。反应可能有三个主要产物，哪一个产物是主产物则取决于烯烃和反应条件。当产物是 1,3-二醇或二氧六环[1546] 时，反应包含了对 C═C 以及对 C═O 的加成。反应机理是对两个双键的亲电进攻。酸首先使 C═O 质子化，生成的碳正离子进攻 C═C 得到 **91**:

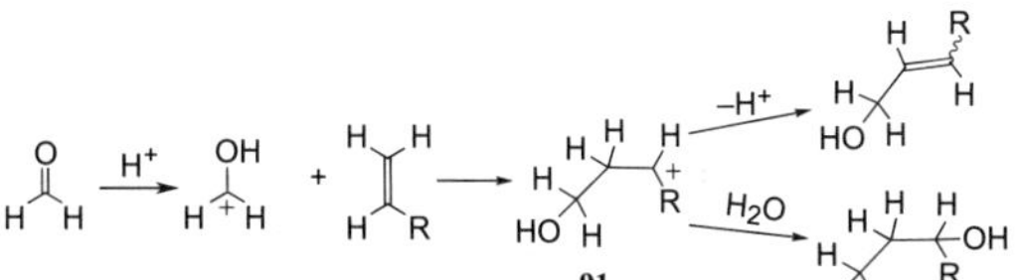

正离子 91 可以失去 H⁺ 生成烯烃，或与水加成生成二醇[1547]。有人提出，91 可受邻位基团吸引而稳定，氧[1548]或者碳[1549]分别可以稳定 92 和 93 的电荷。这种稳定性的提出可以解释与 2-丁烯[1550]和环己烯的加成产物是反式的事实。H_2O 从三元或四元环的背面进攻，导致生成产物的反应，还得到其它产物，这也可以根据 92 或 93 来解释[1548,1549]。支持 92 为中间体的另一个证据是发现了氧杂环丁烷（94）在反应条件下（可能使 94 质子化生成 92）生成与相应烯烃完全相同比例的产物[1551]。反对 92 和 93 为中间体的论据：并不是所有烯烃的反应都具有上述的反式立体化学性质。事实上，立体化学的结果常常是十分复杂的，有报道顺式、反式和非立体选择的加成，反应的立体化学性质取决于反应物的性质和反应条件[1552]。由于对 C=C 键的加成是亲电的，所以烯烃的反应活性随着烷基取代基数目的增加而提高，并且遵循 Markovnikov 规则。二氧六环产物可能是由 1,3-二醇与甲醛[1553]（反应 16-5）或 92 与甲醛之间的反应产生的。通过 (Z)-氧代碳正离子中间体的 2-氧桥-Cope 重排（见反应 18-32），Prins 环化反应可能发生外消旋化[1554]。

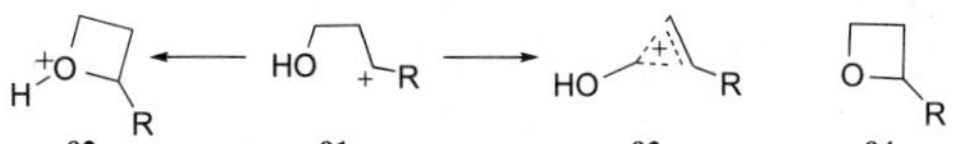

碘可以促进 Prins 反应[1555]。Lewis 酸，如 $SnCl_4$ 也催化这个反应，此时与烯烃加成的反应物种是 $H_2C^+-O^--SnCl_3$[1556]。这个反应也可以用过氧化物催化，此时的机理可能是自由基机理。其它过渡金属配合物可用于形成烯丙基醇。一个典型的例子是亚甲基环己烷与芳香醛反应生成 95[1557]，碘化亚钐可促进这个加成反应[1558]。

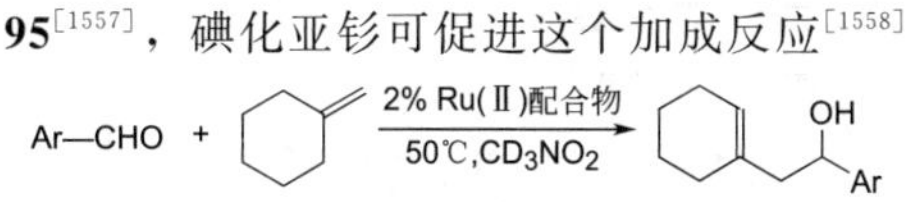

一个相关的反应是，简单烯烃单元与酯在钠和液氨条件下加成，生成醇[1559]。二烯烃与醇在过渡金属配合物存在下反应，生成烯醇[1560]。丙二烯也可与醛加成[1561]。炔在 Au 催化剂作用下发生 Prins 环化反应[1562]。

烯烃的结构不同，所得产物不同。高烯丙醇与醛在蒙脱土-KSF 黏土存在下反应生成 4-羟基四氢吡喃[1563]。对反应进行改进后，在 $InCl_3$ 存在下，可将芳香醛和高烯丙醇转化为 4-氯四氢吡喃[1564]。用—O(CHMeOAc) 保护的高烯丙醇，与 $BF_3 \cdot OEt_2$ 和乙酸反应生成 4-乙酰氧四氢吡喃，或与 $SnBr_4$ 反应生成 4-溴四氢吡喃[1565]。具有乙烯基硅烷结构的高烯丙醇与 $InCl_3$ 和醛反应生成二氢吡喃[1566]。

用活泼的醛或酮（如：三氯乙醛和乙酰乙酸乙酯），不用催化剂而只是加热也可以发生非常相似的反应[1567]。这里用的是活泼的醛酮，如三氯乙醛和乙酰乙酸乙酯，在这些情况下产物是 β-羟基烯烃，其机理是周环机理[1568]：

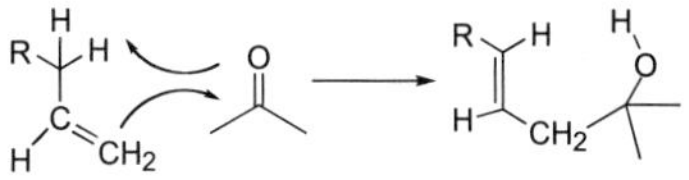

这个反应是可逆的，适当的 β-羟基烯烃在加热下可以发生断裂（反应 17-32）。有证据表明，断裂反应是通过环状机理发生的（参见反应 17-32），根据微观可逆性原理，加成反应的机理也应该为环状机理[1569]。需指出的是，这个反应是单烯合成（反应 15-23）的氧类似反应。如果使用像二甲基氯化铝（Me_2AlCl）或乙基二氯化铝（$EtAlCl_2$）这样的 Lewis 酸催化剂[1572]，不活泼的醛[1570]或酮[1571]也可以发生这个反应。Lewis 酸催化剂也加速活泼醛的反应速率[1573]，使用光学活性的催化剂得到高对映体过量的光学活性产物[1574]。

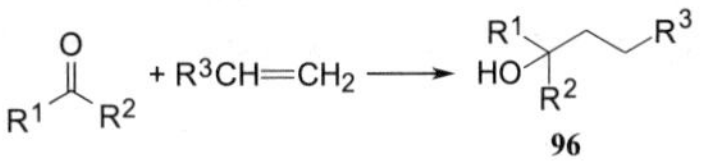

在一个相关的反应中，烯烃可以与醛和酮加成得到还原的醇 96。该过程已经用好几种方法完成[1575]，包括与 SmI_2[1576]或 Zn 和 Me_3SiCl 作用[1577]，用电化学[1578]和光化学[1579]的方法等。这些方法大多用于分子内加成，多数或所有都含有自由基中间体。

还有氮杂 Prins 反应，该反应可用 TiI_4 和 I_2 促进[1580]。

OS Ⅳ, 786；另见 OS Ⅶ, 102。

16-55 安息香缩合

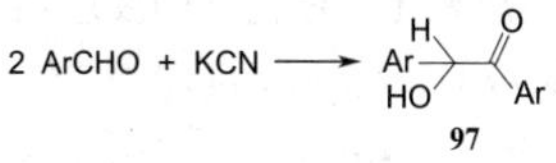

$$2\ ArCHO + KCN \longrightarrow \underset{97}{Ar-\underset{HO}{\overset{O}{C}}-Ar}$$

当某些醛与氰基负离子作用时，产生安息香（benzoin，二苯乙醇酮），该反应称为安息香缩合（benzoin condensation）。这个缩合反应可以认为是一分子醛与另一分子醛的 C=O 基加成。

只有芳醛[1581]和乙二醛（RCOCHO）可发生此反应，并不是所有的芳香醛都会反应，两个醛分子明显具有不同的作用。其中在产物中不再含有 C—H 键的醛称为给体（donor），因为它将氢原子提供给了另一个醛分子受体（acceptor）的氧。有些醛只能起其中一个作用，因而不能发生自身缩合，但是它们常常能够与另一个不同的醛缩合。例如，对二甲氨基苯甲醛就不是一个受体而只是一个给体。这样一来，它就不能自身缩合，但是它能与苯甲醛缩合；苯甲醛可以起两种作用，但是作为受体比作为给体好。N-烷基-3-甲基咪唑盐[1582]，以及基于咪唑的固相负载催化剂[1583]可催化这个反应。

下面是被人们接受的反应机理[1584]，它最初于 1903 年由 Lapworth 提出[1585]：

$$\underset{\text{给体}}{\text{Ar}\overset{\text{H}}{\underset{\text{O}}{\text{C}}}} + \text{CN}^- \rightleftharpoons \text{Ar}\overset{\text{CN}}{\underset{\text{HO}^-}{\text{C}}} \rightleftharpoons \text{Ar}\overset{\text{CN}}{\underset{\text{OH}}{\text{C}}} + \underset{\text{受体}}{\text{H}\overset{\text{O}}{\underset{}{\text{C}}}\text{Ar}'}$$

$$\rightleftharpoons \underset{\text{HO}^-}{\text{Ar}\overset{\text{HO CN}}{\underset{}{\text{C}}}\text{Ar}'} \rightleftharpoons \underset{\text{OH}}{\text{Ar}\overset{\text{O CN}}{\underset{}{\text{C}}}\text{Ar}'} \xrightarrow{-\text{CN}^-} \underset{\text{OH}}{\text{Ar}\overset{\text{O}}{\underset{}{\text{C}}}\overset{\text{H}}{\underset{}{\text{C}}}\text{Ar}'}$$

由于受 CN 基团的吸电子作用，醛 C—H 键的酸性增加，所以关键的步骤——失去醛质子反应能发生。因此，CN⁻ 是这个反应高度特异的催化剂，因为它几乎是独特地起三个作用：①亲核试剂的作用；②吸电子能力使醛质子可失去；③完成上述步骤后，它起到离去基团作用。某些噻唑盐也能催化这个反应[1586]。在这种情况下，也可以使用脂肪醛[1587]【产物被称为偶姻（acyloin）】，脂肪醛和芳香醛的混合物反应得到混合的 α-羟基酮[1588]。不用氰基，而用苯甲酰化的氰醇作为相转移催化过程中的组分之一，也可以发生反应。通过这个途径，可以从通常不能自身缩合的醛得到产物[1589]。使用苯甲酰甲酸酯脱羧酶可使缩合反应具有很好的对映选择性[1590]。有人研究了对映纯的三唑啉盐作为催化剂在对映选择性安息香缩合中的效果[1591]。N-杂环卡宾催化剂可用于该反应的不对称诱导[1592]。

芳基硅基酮 ArC(=O)SiMe₂Ph 与醛在 La 催化剂作用下进行的是"混合"安息香缩合[1593]。酰基硅烷与醛在金属氰化物催化下的反应被称为硅基安息香反应（silyl-benzoin reaction）[1594]。

OS I，94；Ⅶ，95。

16-56 自由基与 C=O、C=S、C=N 化合物的加成

$$\underset{}{\overset{}{\text{CHO}}} \longrightarrow \underset{}{\overset{}{\text{O}^\bullet}}$$

自由基环化反应并不局限于自由基进攻 C=C 单元（反应见 15-29 和 15-30），自由基也可以与 C=N 和 C=O 基团反应。例如，Me-ON=CH(CH₂)₃CHO 与 Bu₃SnH 和 AIBN 反应，高产率地生成反式 2-(甲氧基氨基)环戊醇[1595]。在自由基条件下（2mol Bu₃SnH 和 0.1mol CuCl），共轭酮通过 β-碳与醛加成生成 β-羟基酮[1596]。

在一个相关的反应中，重氮化合物与烯酮加成得到丙二烯[1597]。

自由基与 R—C=N—SPh[1598] 或 R—C=N—OBz[1599] 的 C=N 单元加成生成环亚胺。自由基与简单亚胺的加成生成氨基环烯烃[1600]。自由基还可与苯基硫代酯的羰基单元加成，生成环酮[1601]。以碳为中心的自由基可以与亚胺加成[1602]。例如，在甲醇水溶液中使用 BEt₃ 进行卤代烷与亚胺的反应，得到亚胺加成产物即烷基化的胺[1603]。

在 BEt₃ 和 AIBN 存在下，仲烷基碘化物可与 O-烷基肟加成。该方法可用于将 MeO₂C—CH=NOBn 转化为 MeO₂C—CH(R)NOBn[1604]。苄基卤化物可在光化学条件下在 1-苄基-1,4-二氢尼古丁酰胺的存在下与亚胺加成[1605]，或在甲醇水溶液中 BEt₃ 的作用下加成[1606]。叔烷基碘化物可在 BF₃·OEt₂ 作用下且在 BEt₃/O₂ 存在下与肟醚加成[1607]。5-碘代和 6-碘代醛的 O-三苯甲基肟可发生自由基环化反应生成肟[1608]（参见反应 15-30）。使用手性铵盐可以完成对 N-苯甲酰基腙的对映选择性的自由基加成反应[1609]。烯丙基碘化物与手性 N-酰基腙在 Mn 催化下反应，生成手性肼衍生物[1610]。

N,N-二甲基苯胺与醛在光化学条件下反应时，通过其中一个甲基的碳原子发生酰基加成[1611]。例如，PhNMe₂ 与苯甲醛通过光解生成 PhN(Me)CH₂CH(OH)Ph。

16.2.2 酰基取代反应
16.2.2.1 O、N 和 S 亲核试剂
16-57 酰卤的水解

羟基-去-卤代

$$\text{RCOCl} + \text{H}_2\text{O} \longrightarrow \text{RCOOH}$$

酰卤非常活泼，极易水解[1612]。事实上，大部分简单酰卤都必须在无水条件下储存，否则会与空气中的水反应。因此，此反应中水是足够强的亲核试剂，但是对于不活泼的体系还需要氢氧根离子。这一反应在合成上几乎没有价值，因为酰卤通常是由酸制得的。酰卤反应活性的顺序是 F<Cl<Br<I[1613]。如果羧酸作为亲核试剂，会发生交换反应（参见反应 16-79）。水解的机

理[1613]可以是 S_N1 或者四面体机理,前者在高极性溶剂且没有强亲核试剂的情况下发生[1614]。也有证据表明一些反应是 S_N2 机理[1615]。

酰卤的水解一般不用酸催化,但是酰氟例外,此时用酸可通过氢键作用促进 F 的离去[1616]。还可以用一些其它方法水解酰氟[1617]。

OS Ⅱ,74.

16-58 酸酐的水解

羟基-去-酰氧基-取代

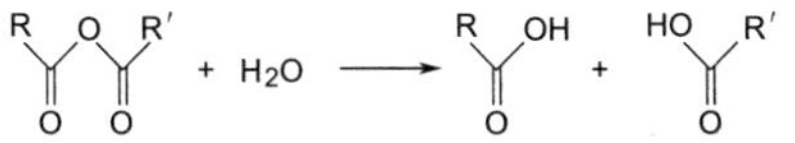

$$\text{RCOOCOR'} + H_2O \longrightarrow \text{RCOOH} + \text{HOCOR'}$$

酸酐比酰卤难水解,但是水依然是足够强的亲核试剂。反应通常是四面体机理[1618]。只有在极少数酸催化的情况下,才会发生 S_N1 机理[1619]。酸酐的水解亦能被碱催化。当然,HO^- 比水更容易进攻,不过其它的碱也能催化反应。这种现象被称为亲核催化[参见 16.1.1 节(4)],是两个连续的四面体机理的结果。例如,吡啶催化的乙酸酐水解就是这样的过程[1620]。

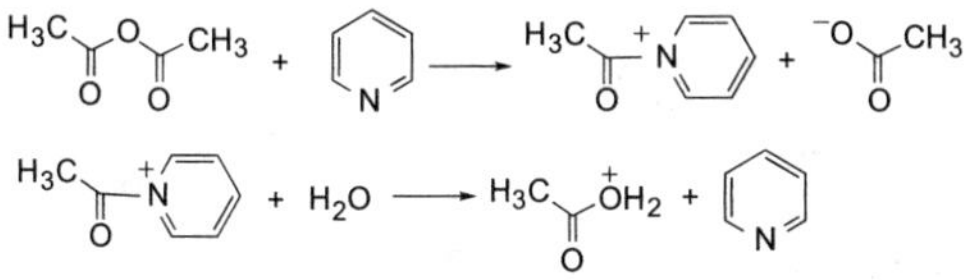

$$H_3C-CO-O-CO-CH_3 + \text{吡啶} \longrightarrow H_3C-CO-N^+(\text{吡啶}) + {}^-O-CO-CH_3$$

$$H_3C-CO-N^+(\text{吡啶}) + H_2O \longrightarrow H_3C-CO-OH + \text{吡啶}$$

其它亲核试剂也能类似地催化反应的进行。

OS Ⅰ,408;Ⅱ,140,368,382;Ⅳ,766;Ⅴ,8,813.

16-59 羧酸酯的水解

羟基-去-烷氧基

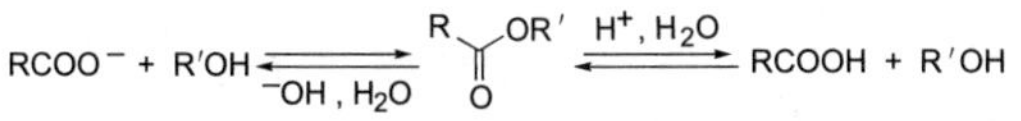

$$\text{RCOOR'} + H_2O \underset{-OH,H_2O}{\overset{H^+,H_2O}{\rightleftharpoons}} \text{RCOOH} + \text{R'OH}$$

酯的水解通常在酸和碱中进行。由于 OR 的离去能力比卤原子和 OCOR 差得多,所以只有水的时候大部分酯不能被水解。当碱催化时,进攻的是亲核性较强的 HO^-,生成这种酸的盐。此反应被称为皂化反应(saponification)。酸催化反应使得羰基碳电性更正,从而更容易受到亲核试剂进攻。这两个反应都是平衡过程,只有使平衡向右移动时水解反应才能比较实用。而生成盐刚好起到了此种作用,故一般用于制备目的的水解反应都是在碱溶液中进行的,除非其中有对碱敏感的化合物。即使是 98 的情况中,选择性地在碱性条件下水解掉乙基酯生成酸-二甲醚(99)的反应产率为 80%[1621]。

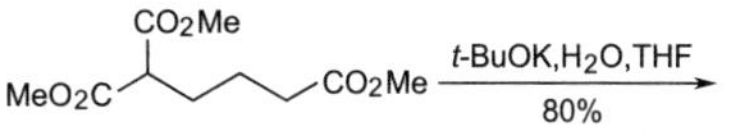

$$\underset{98}{\text{MeO}_2\text{C-CH(CO}_2\text{Me)-CH}_2\text{-CH}_2\text{-CO}_2\text{Me}} \xrightarrow[80\%]{t\text{-BuOK,H}_2\text{O,THF}}$$

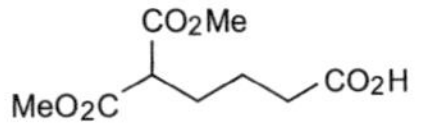

$$\underset{99}{\text{MeO}_2\text{C-CH(CO}_2\text{Me)-CH}_2\text{-CH}_2\text{-CO}_2\text{H}}$$

酯水解反应[1622]也能被金属离子、环糊精[1623]、酶[1624]以及亲核试剂[1621]所催化。用于催化酯水解的其它化合物有 Dowex-50[1625]、Me_3SiI[1626] 和在湿硅胶中的 $InCl_3$ 并使用微波辐照[1627]。苯酚酯的断裂通常比脂肪酸衍生得到的羧酸酯快。也可使用 −78°C 的 Sm/I_2 试剂[1628]、甲醇水溶液中的乙酸铵[1629]或甲醇中的 Amberlyst 15[1630]。在微波辐射及氧化铝催化下,即使存在烷基酯,苯酚酯也能够选择性地被水解[1631]。烯丙基酯可被 $DMSO-I_2$ 断裂[1632]。在 NMP 中使用苯硫酚和 K_2CO_3,可定量地将苯甲酸甲酯转化为苯甲酸[1633]。烯丙基酯可被 2% Me_3SiOTf 的二氯甲烷溶液[1634]、$CeCl_3 \cdot 7H_2O$-NaI[1635] 或 $NaHSO_4 \cdot$ 硅胶断裂[1636]。内酯能发生同样的反应[1637](如果是五元或六元内酯,则生成的羟基酸通常会自发地再形成内酯),硫醇酯(RCOSR')能生成 R'SH。可用于后一转化的典型试剂有甲醇中的 NaSMe[1638],硼氢化物交换树脂-Pd(OAc)$_2$ 可用于将硫酯还原断裂成硫醇[1639],$TiCl_4$/Zn 可用于将乙酸苯硫酯转化为苯硫酚[1640]。空间位阻大的酯很难水解(参见 10.7.1 节),不过可以通过与 2mol t-BuOK 和 1mol H_2O 反应来实现[1641]。位阻大的酯也能通过先后用溴化锌和水处理[1642]、与硅胶在甲苯中回流[1643]和微波辐照下的氧化铝[1644]所分解。对于不溶于水的酯,超声波能大大提高其两相皂化反应的速率[1645]。也可使用相转移技术水解这一类酯[1646]。

研究表明,酯酶催化二酯水解生成羟基酯[1647]。用 NaOH 水溶液/THF 可实现琥珀酸二甲酯选择性地水解为其单甲酯[1648]。乙烯基酯水解生成酮,C-取代的乙烯基乙酸酯用来自 Marchantia polymorpha 的酯酶水解,得到高对映选择性的取代酮[1649]。已经表明三氟甲磺酸铱可将 α-乙酰氧基酮水解为 α-羟基酮[1650]。

Ingold[1651]将酸催化和碱催化的酯水解(以及酯的形成,因为水解反应是可逆的,因此具有相同的机理)归纳成八种可能的机理(见表 16.3)[1651,1652],其标准如下:①酸催化还是碱催化;②单分子过程还是双分子过程;③酰基断裂

表 16.3　酯水解和生成的八种机理的分类

Ingold 命名法	IUPAC 命名法[1652]	类型
$A_{AC}1$	$A_h+D_N+A_N+D_h$	S_N1
$A_{AC}2$	$A_h+A_N+A_hD_h+D_h$	四面体
$A_{AL}1$	$A_h+D_N+A_N+D_h$	S_N1
$A_{AL}2$	$A_h+A_ND_N+D_h$	S_N2
$B_{AC}1$	$D_N+A_N+A_{xh}D_h$	S_N1
$B_{AC}2$	$A_N+D_N+A_{xh}D_h$	四面体
$B_{AL}1$	$D_N+A_N+A_{xh}D_h$	S_N1
$B_{AL}2$	A_ND_N	S_N2

还是烷基断裂[1653]。这八种机理都属于 S_N1、S_N2 或四面体机理。酸催化机理用可逆箭头表示。这些反应机理不仅是可逆的，还是对称的。就是说酯的形成与水解的机理完全相同，只是用 H 替换 R。分子内的质子传递，如 B 和 C 中所示，可能并非直接发生，而是通过溶剂进行的。有大量证据证明最初的质子化发生在羰基上而不是在烷氧基上（第 8 章，文献 [17]）。不过我们已经指出，在 $A_{AC}1$ 机理中，水解是通过将醚质子化的中间体 A 进行的，因为此处我们很难将 OR′ 想象成离去基团。当然对于一个反应，即使中间体的浓度极小，还是有可能经过这一中间体发生反应。$A_{AC}1$ 等都是 Ingold 所命名的符号。$A_{AC}2$ 和 $A_{AC}1$ 又可分别称为 A2 和 A1。值得注意的是，在这种类型的底物上，$A_{AC}1$ 实际上与 S_N1cA 相同，而 $A_{AL}2$ 与 S_N2cA 类似。一些作者用 A1 和 A2 表示离去基团先获得质子的所有各类亲核取代反应。碱催化的反应不使用可逆箭头，因为它们只在理论上有可逆的可能，实际上不能发生。中性条件下发生的水解归为 B 机理。分子动力学研究表明："甲酸甲酯在纯水中的水解速率符合水自电离生成的氢氧根和水合氢离子对反应进行协同催化的机理，该过程具有 23.8 kcal/mol（99.6kJ/mol）的活化能。"[1654]

上述八种机理,实际上在羧酸酯水解反应中已经观察到了七种,尚未观察到的是 $B_{AC}1$ 机理[1655]。最常见的碱催化机理是 $B_{AC}2$,最常见的酸催化机理是 $A_{AC}2$[1656]。亦即两种四面体机理均为酰氧键断裂。证据如下:① 用 $H_2^{18}O$ 水解,^{18}O 出现于酸中而非醇中[1657];② 具有手性 R′基的酯生成的醇保持构型[1658];③ 烯丙基 R′不发生烯丙基重排[1659];④ 新戊基 R′不发生重排[1660]。上述事实都表明 O—R′键没有断裂。根据机理,$A_{AC}2$ 机理的反应中需要两分子的水。

$$\underset{R}{\overset{OR'}{\underset{OH_2}{|}}}\overset{+}{\cdots}\overset{H}{\underset{H}{\overset{|}{O}}}\cdots\overset{H}{\underset{H}{\overset{|}{O}}} \longrightarrow \underset{R}{\overset{HO}{\underset{OH}{|}}}OR' + H_3O^+$$

如果是这样的话,由于 ω 值约为 5(参见 8.3 节),**B** 和 **C** 的质子化衍生物根本不会出现。这说明水既是质子给体,又是亲核试剂[1661]。三分子的反应很少见,但是在此情况下两分子水之间已有氢键相连接(有一种被称为 $B_{AC}3$ 的相似机理也涉及两分子水,该机理存在于一些酯的无催化剂的水解中[1662]。这些酯的 R 上往往带有卤原子)。

另外一个包含酰氧断裂的是 $A_{AC}1$ 机理。此机理也很少见,仅见于 R 非常庞大以至于双分子进攻受到阻碍的情况下,而且只出现于离子化溶剂的情况下。此机理在 2,4,6-三甲基苯甲酸酯的反应中有所体现。这种酸能使硫酸的凝固点降低,其数值比通过分子量推测出的值大 4 倍,可见存在以下平衡:

$$ArCOOH + 2H_2SO_4 \rightleftharpoons Ar\overset{+}{C}O + H_3O^+ + 2 HSO_4^-$$

对比含苯甲酸的溶液,凝固点下降仅为预测值的两倍,这意味着此时只有通常的酸碱反应。将 2,4,6-三甲基苯甲酸甲酯的硫酸溶液倒入水中,能生成 2,4,6-三甲基苯甲酸,而类似的苯甲酸甲酯溶液同样处理却无此结果[1663]。$A_{AC}1$ 机理亦可发生于苯酚或一级醇的乙酸酯在浓硫酸(90%以上的)中水解(稀酸条件下反应的机理通常是常见的 $A_{AC}2$)[1664]。

涉及烷氧断裂的机理就是普通的 S_N1 或 S_N2 机理,此时 OCOR 或其共轭酸作为离去基团。这三种机理中的两种,$B_{AL}1$ 及 $A_{AL}1$ 机理,一般在 R′能以稳定碳正离子形式离去的时候容易发生,也就是 R′是三级烷基、烯丙基或苯甲基等的时候。对于酸催化的反应,大部分含此类烷基(尤其是三级烷基)的酯都依本机理发生断裂。不过即使对于这些底物,$B_{AL}1$ 机理也只能在中性或弱碱性溶液中发生。因为这时 ^-OH 的进攻速率已经很低,以至于本来较慢(相比较而言)的单分子断裂能够进行。这两种机理是建立在动力学、^{18}O 标记、R′的异构化等研究证据的基础上提出的[1665]。在稀 H_2SO_4 溶液中,二级醇的酯和苯甲酯均依 $A_{AC}2$ 机理水解,而在浓溶液中,则通过 $A_{AL}1$ 机理水解[1665]。$B_{AL}1$ 机理事实上是无须催化的,故略显名不副实(未知的 $B_{AC}1$ 机理亦如此)。

其余的两种机理,$B_{AL}2$ 和 $A_{AL}2$,极其少见。$B_{AL}2$ 要求 ^-OH 在羰基存在下而进攻烷基[1666],$A_{AL}2$ 则要求水在 S_N2 过程中充当亲核试剂。尽管如此,这两种机理还是被观察到了。$B_{AL}2$ 见于 β-内酯在中性条件下水解(因为 C—O 断裂形成的中间体打开了四元环,释放了张力)[1667],亦见于 2,4,6-三叔丁基苯甲酸丁酯的碱性水解[1668]和如下的反常反应[1669]:

$$ArCOOMe + RO^- \longrightarrow ArCOO^- + ROMe$$

一旦发生 $B_{AL}2$ 反应,则很容易检测到,因为它是唯一一个导致 R′基团构型翻转的碱催化机理。但是上例中,反应机理的证据来自产物的结构信息,其它途径不可能生成这种醚。据报道 $A_{AL}2$ 机理见于酸催化断裂 γ-内酯的反应[1670]。

现在总结一下酸催化机理。$A_{AC}2$ 和 $A_{AL}1$ 是常见的机理,后者在 R′能给出稳定碳正离子时发生,其余的情况都归于前者。$A_{AC}1$ 机理比较少见,几乎仅见于强酸存在下且 R 有空间位阻的情况。$A_{AL}2$ 机理更少见。对于碱催化机理,$B_{AC}2$ 是最普遍的;$B_{AL}1$ 仅在在中性或弱碱性溶液中且 R′能生成稳定碳正离子的情况下出现;$B_{AL}2$ 十分罕见,而 $B_{AC}1$ 从未被观察到。

上述结论只适用于溶液中的反应。气相反应[1671]可能出现不同的结果:如羧酸酯与 MeO^- 的反应,在气相中,此反应仅依 $B_{AL}2$ 机理进行[1672],即使芳香酯亦如此[1673],这说明芳香底物发生了 S_N2 机理。但是如果改变芳香酯与 MeO^- 的气相反应的条件,使这两种化合物分别与一分子 MeOH 或 H_2O 发生溶剂化作用,则机理就变为 $B_{AC}2$[1672]。

N-取代的氨基甲酸酯在碱水解时有一种特殊情况,这是另一种机理[1674],机理包含加成-消除过程[1675]:

$$\underset{R}{\overset{H}{\underset{|}{N}}}\overset{}{\underset{\overset{||}{O}}{C}}OAr \overset{OH^-}{\rightleftharpoons} \underset{R}{\overset{-}{\underset{|}{N}}}\overset{}{\underset{\overset{||}{O}}{C}}OAr \longrightarrow R-N=C=O + OAr^-$$

$$\overset{H_2O}{\longrightarrow} \left[\underset{R}{\overset{H}{\underset{|}{N}}}\overset{}{\underset{\overset{||}{O}}{C}}OH \right] \longrightarrow CO_2 + RNH_2$$

这一机理不适用于无 N-取代或者 N,N-二取代的氨基甲酸芳基酯，这两类化合物仍然按照一般的机理水解。在 α 位上有吸电子基（如 CN 或 COOEt）的羧酸酯亦通过类似机理水解，中间体为烯酮[1676]。此类加成-消除机理通常被称为 ElcB 机理，此为本机理中消除部分的名字（参见 17.1.3 节）。

酸催化烯醇酯（$RCOOCR'=CR$）的水解既能依一般的 $A_{AC}2$ 机理进行，也能通过先对双键的质子化机理来完成，这与 **10-6** 中烯醇醚的水解类似[1677]，具体过程取决于反应条件[1678]。无论何种情况，产物都是羧酸（RCOOH）和醛或酮（$R-CHCOR'$）。

OS Ⅰ, 351, 360, 366, 379, 391, 418, 523; Ⅱ, 1, 5, 53, 93, 194, 214, 258, 299, 416, 422, 474, 531, 549; Ⅲ, 3, 33, 101, 209, 213, 234, 267, 272, 281, 300, 495, 510, 526, 531, 615, 637, 652, 705, 737, 774, 785, 809（见 OS Ⅴ, 1050）, 833, 835; Ⅳ, 15, 55, 169, 317, 417, 444, 532, 549, 555, 582, 590, 608, 616, 628, 630, 633, 635, 804; Ⅴ, 8, 445, 509, 687, 762, 887, 985, 1031; Ⅵ, 75, 121, 560, 690, 824, 913, 1024; Ⅶ, 4, 190, 210, 297, 319, 323, 356, 411; Ⅷ, 43, 141, 219, 247, 258, 263, 298, 486, 516, 527。伴随脱羧的羧酸酯水解见反应 **12-40**。

16-60 酰胺的水解
羟基-去-胺化

$$NH_3 + R\overset{O}{\underset{}{-}}O^- \xrightleftharpoons[H_2O]{-OH} R\overset{O}{\underset{}{-}}NH_2 \xrightarrow[H_2O]{H^+} R\overset{O}{\underset{}{-}}OH + \overset{+}{NH_4}$$

无取代的酰胺（$RCONH_2$）能在酸或碱催化条件下水解，产物分别是游离的酸和铵根离子或羧酸盐和氨。N-取代（$RCONHR^1$）和 N,N-二取代酰胺（$RCONR_2^2$）也能类似地水解，得到的不是氨而是一级或二级胺（或它们的盐）。酰胺键发生扭曲的情况下，其水促进的水解反应会得到加速[1679]。内酰胺、酰亚胺、环酰亚胺和肼等都能进行反应。

仅仅用水难以水解绝大多数酰胺[1680]，这是因为 NH_2 比 OR 更难离去[1681]。即使是在酸或碱催化的条件下[1682]也需要持续加热。一级酰胺与邻苯二甲酸酐在 $250 °C$、$4atm$（$4.05 \times 10^5 Pa$）下反应，生成酸酐和邻苯二甲酰亚胺[1683]。氨基甲酸酯（$RNHCO_2R$）水解成相应的胺也属于这类反应。虽然反应产物是胺和羧基单元，但是该反应还是一种形式的酰胺水解。通常在反应中使用强酸，如三氟乙酸（在二氯甲烷中）[1684]。N-Boc 衍生物（$RNHCO_2t$-Bu）与 $AlCl_3$[1685] 或叔丁醇钠水溶液[1686]反应生成胺，这个反应的副产物主要是二氧化碳和异丁烯。

水解困难时可使用亚硝酸、NOCl、N_2O_4[1687] 或类似化合物（只可用于无取代酰胺）[1688]。

$$R\overset{O}{\underset{}{-}}NH_2 + HONO \longrightarrow R\overset{O}{\underset{}{-}}OH + N_2$$

反应中涉及重氮离子（参见反应 **13-19**），而且比一般的水解快得多。例如，对于苯甲酰胺和亚硝酸的反应，其速率比通常的水解快 2.5×10^7 倍[1689]。另一种处理水解困难体系的方法是使用过氧化钠水溶液[1690]。还有一种方法是在室温下用水和 t-BuOK 处理反应体系[1691]。N-三氟乙酰苯胺衍生物的碱催化水解的动力学研究业已完成[1692]。酰胺的水解亦能被亲核试剂所催化[参见 16.1.1 节 (4)]。

$$R\overset{O}{\underset{}{-}}NR_2' + {}^-OH \underset{k_{-1}}{\overset{k_1}{\rightleftharpoons}} R\overset{OH}{\underset{NR_2'}{-}}\overset{}{} \xrightarrow{k_2} R\overset{O}{\underset{}{-}}OH$$
$$\mathbf{100}$$

$$+ NR_2' \longrightarrow R\overset{O}{\underset{}{-}}O^- + R_2'NH$$

反应 **16-59** 中讨论酯水解时提出的八个可能的机理框架也能应用于酰胺水解[1693]。无论是酸催化还是碱催化基本上都是不可逆的，因为两类过程都生成了盐。对于碱催化[1694]，其机理是 $B_{AC}2$。与酯水解的讨论类似，这一机理的证据很充分。对酰胺水解机理进行 MO 研究表明，反应正是存在四面体过渡态[1695]。在某些例子中，动力学研究指出反应对 ^-OH 是二级，这表明 **100** 能失去一个质子生成 **101**[1696]。随着 R' 性质的不同，**101** 可以直接分解成两个负离子（路径 a），或者在分解之前或分解过程中被 N 质子化（路径 b），此时直接得到产物，不再需要质子转移[1697]。人们观察了 $CH_3CONHAr$ 上芳环带有不同取代基的一系列化合物，研究了取代基对水解速率及对 k_{-1}/k_2 的影响，最后得到的结论是，当芳环上有吸电子取代基时，反应沿路径 a 进行；当芳环上有给电子取代基时，反应沿路径 b 进行[1698]。吸电子取代基有助于稳定 N 上的负电荷，有利于 NR_2' 作为离去基团（路径 a）。另一种情况是，C—N 键直至氮被质子化（在断裂之前或在断裂过程中）后才断裂，故离去基团并非 NR_2' 而是与之共轭的 NHR_2'（路径 b），即使是在碱催化的反应中亦如此。我们曾经指出，在

$B_{AC}2$ 机理中 **100** 的形成是决速步,但这只是在碱的浓度较高时。碱的浓度较低时,**100** 或 **101** 的分解却是决速步骤[1699]。

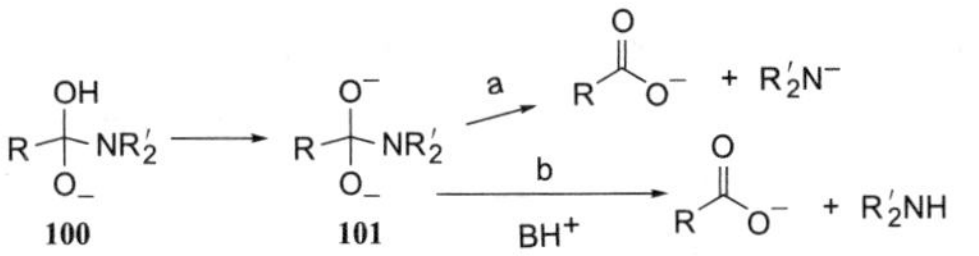

对于酸催化,情况就不那么清楚了。反应一般是二级的,且酰胺首先在氧原子上质子化。基于上述事实,通常人们认为大部分酸催化的酰胺水解是通过 $A_{AC}2$ 机理进行的。

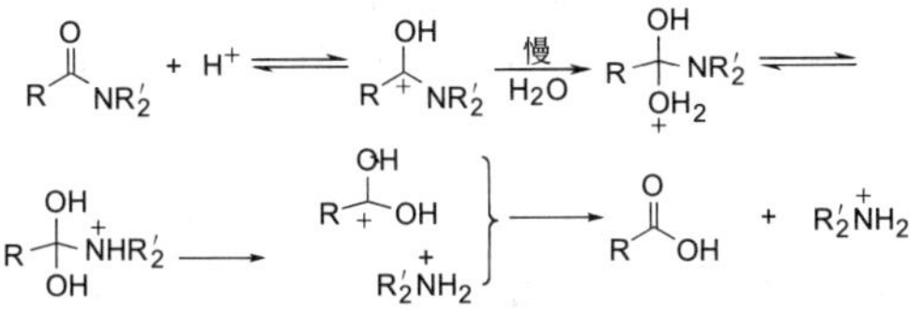

该机理进一步的证据在于,在苯甲酰胺的酸催化水解中,有尽管很少量但却可检测到的 ^{18}O 交换存在[参见 16.1.1 节(3)][1700](在碱催化水解的过程中亦检测到了 ^{18}O 交换[1701],这与 $B_{CA}2$ 机理一致)。动力学数据显示,决速步中有三分子水参与[1702],这表明与酯水解的 $A_{AC}2$ 机理(反应 16-59)一样,水解中有如下的额外的水分子参与过程:

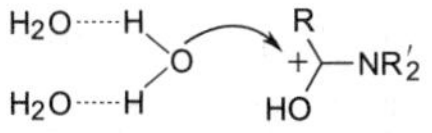

含有烷基-N 断裂(AL 机理)的四种机理不适用于本反应。这些机理在无取代酰胺中不可能发生,原因是唯一的 N—C 键是连接在酰基上的。而 N-取代或 N,N-二取代的酰胺可能发生这种机理,但是生成完全不同的产物,根本不是酰胺的水解。

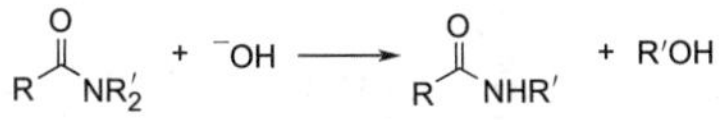

上面所示的反应是碱进攻 N-烷基生成醇。这一反应虽然少见,但在一些 N-叔丁基酰胺在 98% 的硫酸中的反应中已经观察到了。此时的机理是 $A_{AL}1$[1703],而对于某些含有重氮基的酰胺,据推断是 $B_{AL}1$ 机理[1704]。对于两种一级的酰基断裂机理,只在浓硫酸溶液中观察到了 $A_{AC}1$ 机理[1705]。当然,无取代酰胺的重氮化反应可能遵循这一机理,此推断已经被一些证据证实[1689]。

OS I, 14, 111, 194, 201, 286; II, 19, 25, 28, 49, 76, 208, 330, 374, 384, 457, 462, 491, 503, 519, 612; III, 66, 88, 154, 256, 410, 456, 586, 591, 661, 735, 768, 813; IV, 39, 42, 55, 58, 420, 441, 496, 664; V, 27, 96, 341, 471, 612, 627; VI, 56, 252, 507, 951, 967; VII, 4, 287; VIII, 26, 204, 241, 339, 451。

醛氧化成羧酸的反应能通过亲核机理进行,但不常见。这一类反应在 **19-23** 中讨论。β-羰基酯的碱催化断裂以及卤仿反应本应在此讨论,然而因其亦为亲电取代,故在第 12 章(**12-43**,**12-44**)讲解。

16.2.2.2 OR 进攻酰基碳
16-61 酰卤的醇解
烷氧基-去-卤代

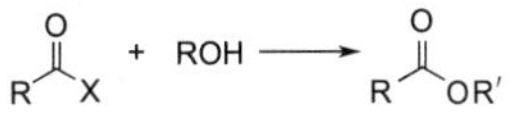

酰卤和醇或酚的反应是制备羧酸酯最常用最好的方法。人们认为反应是通过 S_N2 机理进行的[1706]。同反应 **16-57** 一样,机理也可能为 S_N1 或四面体机理[1613]。Lewis 酸如高氯酸锂可用于反应[1707]。此反应范围很广,很多官能团都不影响反应。通常加碱来中和生成的 HX。若使用碱的水溶液,该反应则称 Schotten-Baumann 过程,但反应中也经常使用吡啶。实际上,吡啶能采取亲核催化路线(见反应 **16-58**)催化此反应。R 和 R' 可以是一级、二级、三级的烷基或芳基。采用这种方法也可以制备烯醇酯,但是 C-酰基化反应会与之竞争。在较难进行反应的情况下,尤其是酸的位阻大或三级的 R' 时,可用烷氧基负离子代替醇[1708]。对于三级 R',亦可使用活化的氧化铝作催化剂[1709]。酚的铊盐制备酚酯的产率很高[1710]。BiOCl 对于制备乙酸苯酚酯十分有效[1711]。对于位阻大的酚的反应可使用相转移催化剂[1712]。锌已被用于酰氯和醇的反应[1713]。Zr 化合物也有使用[1714]。催化量的 $Cu(acac)_2$ 和苯甲酰氯可用于制备单苯甲酸乙二醇酯[1715]。在某些情况下还可以实现选择性酰化[1716]。

在锌的存在下,酰卤与硫醇反应能生成相应的硫酯[1717]。酰氯或酰酐(反应 **16-62**)与二苯基二硒化物在 $Sm/CoCl_2$[1718] 或 $Sm/CrCl_3$[1719] 存在下反应,生成相应的硒酯 PhSeCOMe。如下面的反应所示,在某些催化剂如氯化钴(II)存在下,如果用醚代替醇在 MeCN 中反应,酰卤能转化成羧酸酯[1720]。有报道指出使用乙酸酐可对反应进行改进(另见反应 **16-62**)[1721]。

这是断裂醚的一种方法(另见反应 **10-49**)。

OS I, 12; III, 142, 144, 167, 187, 623, 714; IV, 84, 263, 478, 479, 608, 616, 788; V, 1, 166, 168, 171; VI, 199, 259, 312, 824; VII, 190; VIII, 257, 516.

16-62 酸酐的醇解

烷氧基-去-酰氧基-取代

$$R-C(O)-O-C(O)-R^2 + R'OH \longrightarrow R-C(O)-OR' + HO-C(O)-R^2$$

此反应的范围与 16-61 类似。虽然酸酐的反应活性略逊于酰卤，但是亦常被用于制备羧酸酯。酸[1722]、Lewis 酸[1723]和碱（如吡啶）都用于催化该反应[1724]。乙酸酐和 $NiCl_2$ 在微波辐照下可将苄醇转化为相应的乙酸酯[1725]。使用 $CeCl_3$ 作催化剂可以制得 1,2-二醇的单乙酸酯[1726]。吡啶催化的反应一般是亲核型的（参见反应 16-58）。4-(N,N-二甲基氨基)吡啶（DMAP）是比吡啶更好的催化剂，可在吡啶不起作用时使用[1727]。非芳香性的脒衍生物可用于催化乙酸酐的反应[1728]。甲酸酐不稳定，但是能通过醇[1729]或酚[1730]与甲酸乙酸酐的反应制备甲酸酯。环酸酐反应给出单酯化的二酸，例如 102[1731]：

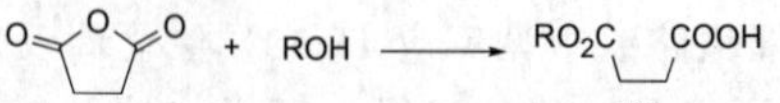

$$\text{(环酸酐)} + ROH \longrightarrow RO_2C-COOH \quad \textbf{102}$$

曾有人综述了环酸酐的不对称醇解[1732]。醇也能被无机-有机混合酸酐酰化，如乙酸磷酸酐 [MeCOOPO(OH)$_2$，见反应 16-68][1733]。ArS(C=O)Me 型的硫酯可通过硫醇与酸酐在碳酸钾存在下的简单反应[1734]，或通过二苯基二硫化物与 PBu$_3$ 反应后再用乙酸酐处理而制备[1735]。

OS I, 285, 418; II, 69, 124; III, 11, 127, 141, 169, 237, 281, 428, 432, 690, 833; IV, 15, 242, 304; V, 8, 459, 591, 887; VI, 121, 245, 560, 692, 486; VIII, 141, 258.

16-63 羧酸的酯化

烷氧基-去-羟基化

$$RCOOH + R'OH \xrightarrow{H^+} RCOOR' + H_2O$$

酸和醇的酸催化酯化反应[1736]是反应 16-60 的逆过程，只有通过某种手段使平衡向右移动时反应才有意义[1737]。可采用的方法很多，包括：①加入过量的一种反应物，通常是醇；②蒸去生成的水或者酯；③通过共沸蒸馏法蒸出水；④加入吸水剂除去水，如硅胶[1738]或分子筛。当 R' 是甲基时，则移动平衡最常用的方法就是加过量的甲醇；当 R' 是乙基或更大基团时，则最好共沸蒸馏法蒸出水[1739]。常用的催化剂是 H_2SO_4 和 TsOH，不过一些活泼的酸（例如甲酸[1740]、三氟乙酸[1741]）则不需催化。铵盐可用于引发酯化反应[1742]，硼酸可用于使 α-羟基酸酯化[1743]。除了甲基和乙基，R' 还可以是一级或二级烷基，但是三级醇通常生成碳正离子，从而发生消除。苯酚有的时候可用来制酚酯，但产率一般很低。即使存在芳香族羧酸，脂肪族羧酸可被 $NaHSO_4 \cdot SiO_2$ 和甲醇选择性地酯化[1744]。三氟甲磺酸二苯基铵盐对于羧酸与长链脂肪醇的直接酯化反应非常有用[1745]。研究显示，羧酸与 CBr_4[1746] 或 CCl_4[1747] 在甲醇中用光照生成甲酯，在 CBr_4 的反应中，对非共轭酸具有高度的选择性。酯化反应可在离子液体中完成[1748]。在 P_2O_5/SiO_2 上的固相酯化反应已有报道[1749]。二醇与乙酸在沸石存在下共热可转化为其单乙酸酯[1750]。乙酸乙烯基酯和碘可用于醇的乙酰化[1751]。

O-烷基异脲与共轭羧酸在微波辐照下反应，生成相应的酯[1752]，高聚物连接的 O-烷基脲也可发生同样的反应[1753]。Ti[1754] 或 Co[1755] 的过渡金属化合物可催化酯化反应。烯丙基锍（sulfonium）盐与羧酸在 CuBr 存在下反应，生成烯丙基酯[1756]。三苯基膦的二溴化物是一个有用的酯化试剂[1757]。酰胺的缩醛可使苯酚酯化[1758]。羧酸与醇在三苯基膦和 DEAD 存在下反应生成相应的酯，该反应被称为 Mitsunobu 反应（10-17）。对该酯化反应的改进可采用偶氮吡啶促进酯的生成[1759]。

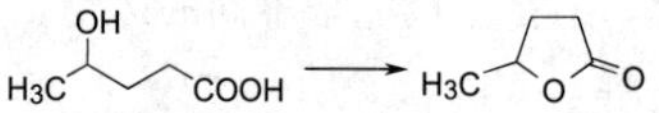

$$H_3C-CH(OH)-CH_2-CH_2-COOH \longrightarrow H_3C-\text{(γ-丁内酯)}$$
103

γ-和 δ-羟基酸（如 103）在酸的作用下很容易内酯化，有时放置过程中即可形成内酯，但是更大的或更小的内酯环却难以生成，因为此时更容易形成聚酯[1760]。通常羧基的 γ 位和 δ 位上的基团如羰基或卤素被转化成羟基时，反应的结果是直接生成内酯，这是因为环化反应非常快，从而无法分离出含羟基的产物。在吡啶中、0～5℃下用苯磺酰氯处理 β-取代的 β-羟基酸，能生成 β-内酯[1761]。ϵ-内酯（七元环）已经通过在极稀的溶液中环化 ϵ-羟基酸而制得[1762]。大环内酯[1763]可间接制得：先将羟基酸转化成 2-吡啶硫酯，然后在二甲苯中回流，反应产率很高[1764]。

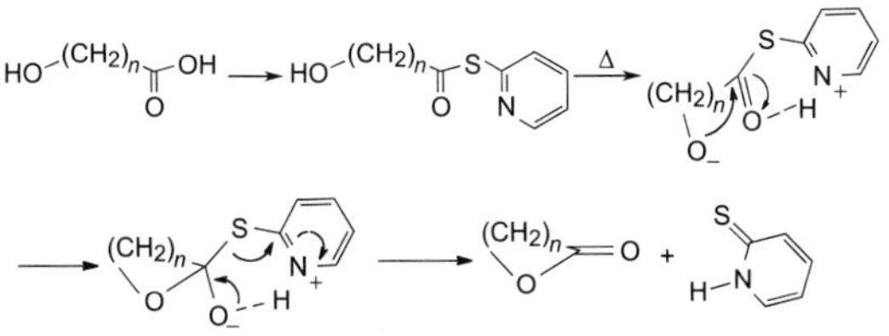

另一种与此非常相近的方法得到大环内酯的产率更高，此方法用 1-甲基-或 1-苯基-2-卤代吡啶鎓盐，特别是用 1-甲基-2-氯吡啶碘化盐（Mukaiyama 试剂）来处理羟基酸[1765]。基于形成混合酸酐的反应已经发展了大环内酯化的方法。Yamaguchi 方法[1766]采用拟酸（seco acid，大环内酯的羟基酸前体）与 2,4,6-三氯苯甲酰氯反应，生成的混合酸酐在甲苯中与 DMAP 共热。

酸催化（非碱）的酯化反应按照反应 **16-59** 中表 16.3 讨论的路线进行[1653]。机理通常是 $A_{AC}2$，但也发现有 $A_{AC}1$ 和 $A_{AL}1$[1767]。某些酸，如 2,6-二邻取代苯甲酸，因立体位阻的缘故，不能通过 $A_{AC}2$ 机理酯化［参见 10.7.1 节（1）］。此时，酯化反应可通过下面方法实现：把酸溶解在 100% 的 H_2SO_4 中（形成 RCO^+），然后把此溶液倒入醇中（$A_{AC}1$ 机理）。位阻大的酸不能发生通常的 $A_{AC}2$ 机理，这一性质有时具有其优势，如一个分子中有两个羧基，只有位阻小的羟基能被酯化。无位阻的羧酸上不能发生 $A_{AC}1$ 机理。

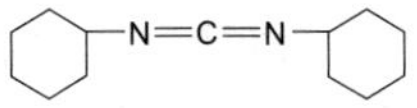

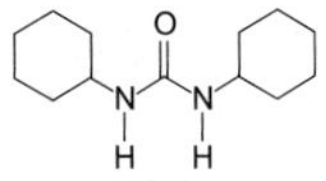

另一种酯化羧酸的方法是在醇中加入脱水试剂[1738]。一种脱水剂是 DCC，在反应过程中转化成二环己基脲（DHU）。此机理[1768]大致与亲核催化的机理相同，酸转化成一种带更好离去基团的化合物。但是，此转化不是通过四面体机理（如同在亲核催化中）进行的，因为 C—O 键在反应过程中始终存在：

第 1 步

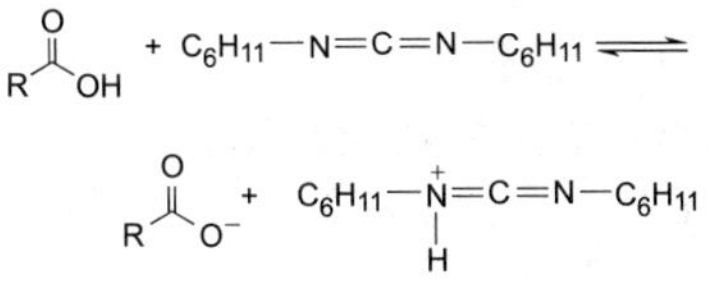

第 2 步

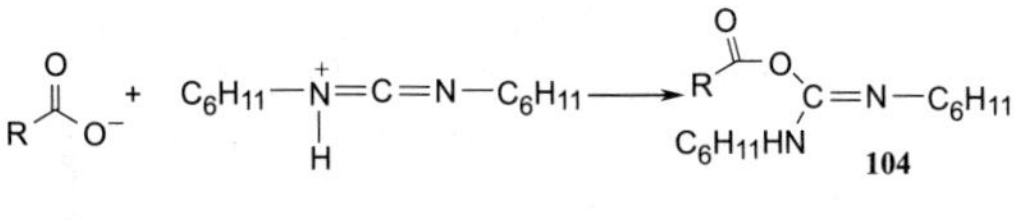

第 3 步

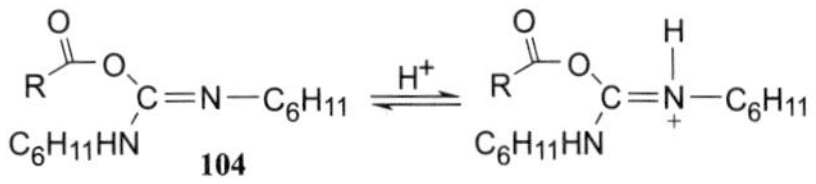

第 4 步

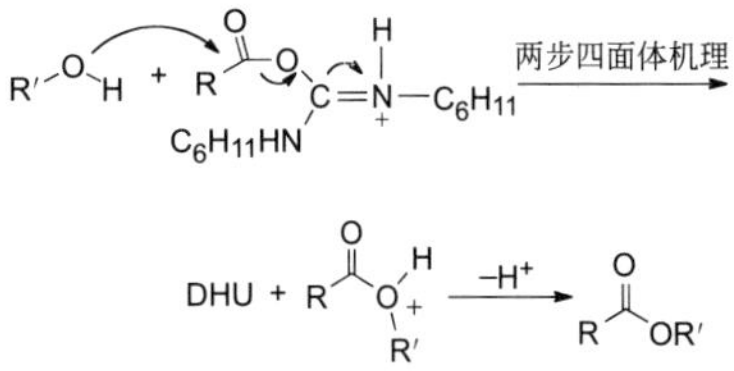

支持此机理的证据有：制备了与 **104** 类似的化合物 O-酰基脲；发现在酸催化下它们能与醇反应生成酯[1769]。有位阻的叔醇可通过 DCC 偶合生成有位阻的酯[1770]。聚合物固定的碳二亚胺可用于制备大环内酯[1771]。至少有一种情况是：$HOOCCH_2CN$ 与 DCC 和叔丁醇经过烯酮中间体生成叔丁酯[1772]。

但是，使用 DCC 有其局限性：产率不稳定，且有副产物 N-酰基脲。亦可使用其它的脱水剂[1773]，如 DCC 与氨基吡啶的混合物[1774]、氯硅烷[1775]和 N,N'-羰基二咪唑（**105**）[1776]。在最后一种情况中，咪唑（**106**）作为中间体与醇反应。

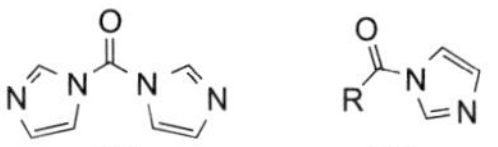

Lewis 酸三氟化硼能将酸转化成 $RCO^+ BF_3OH^-$，可促进酯化反应，此时酯化反应的机理是 $A_{AC}1$ 型。三氟化硼-乙醚的使用很方便，产率也很高[1777]。也可使用其它的 Lewis 酸[1778]。

羧酸酯也能通过羧酸与叔丁基酯醚在酸的催化下反应制得[1779]。

$RCOOH + t\text{-Bu}—OR' \longrightarrow RCOOR' + H_2C=CMe_2 + H_2O$

羧酸酯还可由羧酸根负离子与适当的烷基化试剂反应得到（**10-26**）。RSC(=S)R' 型的硫酯（二硫代羧酸酯）和 RSC(=O)R' 型的硫酯（硫代羧酸酯）可通过羧酸与硫醇反应得到。例如，联合使用五硫化磷与硫醇可以得到二硫代羧酸酯[1780]或硫代羧酸酯[1781]。硫代羧酸酯也可由硫醇与三氟甲磺酸制备[1782]。

OS Ⅰ，42，138，237，241，246，254，261，451；Ⅱ，260，264，276，292，365，414，526；Ⅲ，46，203，237，381，413，526，531，610；Ⅳ，169，178，302，329，390，398，427，506，532，635，677；Ⅴ，80，762，946；Ⅵ，471，797；Ⅶ，93，99，210，319，356，386，470；Ⅷ，141，251，597；Ⅸ，24，58；75，116；75，129；另见 OS Ⅲ，536，742.

16-64 羧酸酯的醇解：酯交换反应

烷氧基-去-烷氧基化

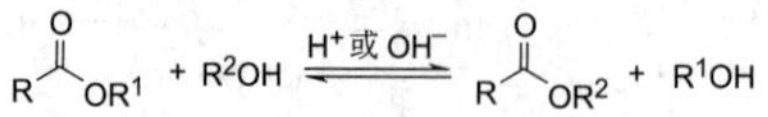

$$RCOOR^1 + R^2OH \underset{H^+ 或 OH^-}{\rightleftharpoons} RCOOR^2 + R^1OH$$

酯交换反应[1783]的催化剂[1784]可以是酸[1785]或碱[1786]，亦可在中性条件下进行[1787]。这是一个平衡反应，所以需使其向需要的方向移动[1788]。在很多情况下，低沸点的酯能转化成高沸点的酯，只需在过程中把新生成的低沸点的醇立刻蒸出。能催化酯交换反应的试剂[1789]包括各种Lewis酸[1790]。两性离子盐可作为有机催化剂催化这个反应[1791]。高聚物固载的硅氧烷可用于诱导酯交换反应[1792]。乙酸乙烯酯可发生酯交换反应，通常在共试剂或金属促进剂的作用下进行[1793]。此反应用于在存在二级醇的条件下选择性地酰基化一级醇[1794]。酶（脂肪酶）作催化剂也能实现区域选择性[1795]。内酯（如 **107**）与醇反应[1796]很容易开环，生成开链羟基酯：

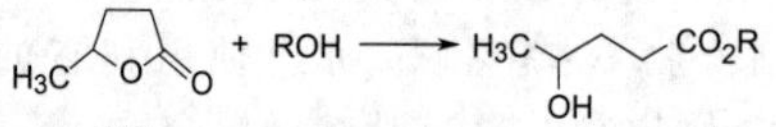

$$\text{107} + ROH \longrightarrow H_3C\underset{OH}{\overset{}{-}}CH_2CH_2CO_2R$$

酯交换反应可在相转移催化存在下进行，不需再加溶剂[1797]。P(RNCH$_2$CH$_2$)$_3$N 型的非离子的超碱（参见8.1.1节）可在25℃催化酯交换反应[1798]。硅烷基酯（R'CO$_2$SiR$_3$）与卤代烷和四丁基氟化铵反应可转化为烷基酯（R'CO$_2$R）[1799]。硫代酯先后与三光气-吡啶及苯酚反应，可转化为苯酚酯[1800]。

酯交换反应的机理[1801]与酯的水解机理相同——只是用ROH替代HOH，也就是说酰氧断裂机理。若发生了烷氧断裂，产物就成了酸和醚：

$$RCOOR^1 + R^2OH \longrightarrow RCOOH + ROR^2$$

因此，若R^{1}是三级烷基，酯交换反应往往无法进行，因为此类底物一般发生烷氧断裂。此时，反应属于OCOR作为离去基团的Williamson型反应（见反应 10-10）。

对于烯醇酯（如 **108**），它与一个醇反应后得到另一个酯和酮的烯醇，烯醇很容易互变异构成酮，如下所示：

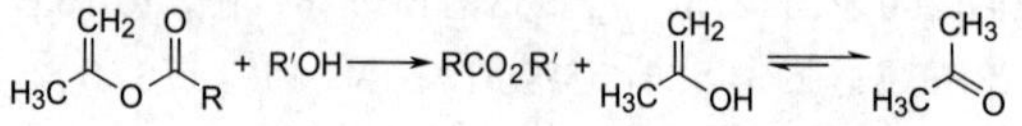

$$\text{108} + R'OH \longrightarrow RCO_2R' + CH_2=C(OH)CH_3 \rightleftharpoons CH_3COCH_3$$

因此，烯醇酯是醇的好的酰基化试剂[1802]。这个酯交换反应可在离子液体中进行[1803]，也可在PdCl$_2$/CuCl$_2$作用下进行[1804]。乙酸异丙烯酯也能通过交换反应将其它的酮转化成相应的乙酸烯醇酯[1805]：

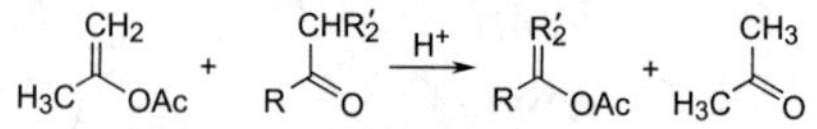

$$CH_2=C(OAc)CH_3 + CHR_2COR' \xrightarrow{H^+} CH_2=C(OAc)R' + CH_3COCH_3$$

烯醇酯也可以通过交换反应的反向反应制备，反应需要乙酸汞[1806]或氯化钯（Ⅱ）催化[1807]，例如：

$$RCOOH + R'COOCH=CH_2 \underset{H_2SO_4}{\overset{Hg(OAc)_2}{\rightleftharpoons}} RCOOCH=CH_2 + R'COOH$$

与之关系密切的一个反应是二酸和其二酯生成单酯的平衡。研究发现，羧酸与乙酸乙酯在NaHSO$_4$·SiO$_2$存在下反应生成相应的乙酯[1808]。碘可催化 β-酮酯的酯交换反应[1809]。

OS Ⅱ，5，122，360；Ⅲ，123，146，165，231，281，581，605；Ⅳ，10，549，630，977；Ⅴ，155，545，863；Ⅵ，278；Ⅶ，4，164，411；Ⅷ，155，201，235，263，350，444，528；另见OS Ⅶ，87；Ⅷ，71。

16-65 酰胺的醇解

烷氧基-去-胺化

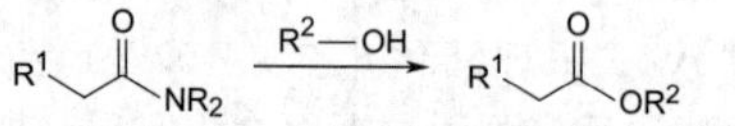

$$R^1CONR_2 \xrightarrow{R^2-OH} R^1CO_2R^2$$

酰胺可被醇解[1810]，但反应通常较困难。咪唑型的酰胺（形如 **100**）最常发生此反应。对于其它的酰胺，有必要使用活化试剂来协助醇取代 NR$_2$。但是，在 2,4,6-三氯-1,3,5-吡嗪（氰尿酸）存在下，N,N-二甲基甲酰胺与伯醇反应生成相应的甲酸酯[1811]。在吡啶的存在下用三氟甲磺酸酐（CF$_3$SO$_2$OSO$_2$CF$_3$）处理酰胺，然后再用过量的醇反应可能得到酯[1812]；而用 Me$_2$NCH(OMe)$_2$ 处理后再加醇，也能达到相同效果[1813]。四氟化硼三甲基氧鎓可将一级酰胺转化成甲酯[1814]。乙酰苯胺衍生物与亚硝酸钠在乙酸酐-乙酸存在下，得到乙酸苯酚酯[1815]。酰肼（RCONHNH$_2$）能与醇及各种试剂反应生成酯[1816]，而甲氧基酰胺（RCONHOMe）能被TiCl$_4$/ROH转化成酯[1817]。噁唑酮酰胺（**109**）与甲醇和10% MgBr$_2$反应生成相应的甲酯[1818]。

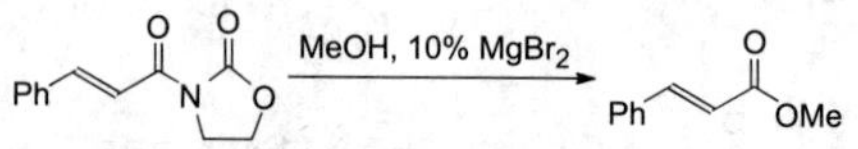

$$\text{Ph-CH=CH-CO-N(oxazolidinone)} \xrightarrow{MeOH, 10\% MgBr_2} \text{Ph-CH=CH-CO-OMe}$$

109

16.2.2.3 OCOR 进攻酰基碳

16-66 用酰卤酰基化羧酸

酰氧基-去-卤代

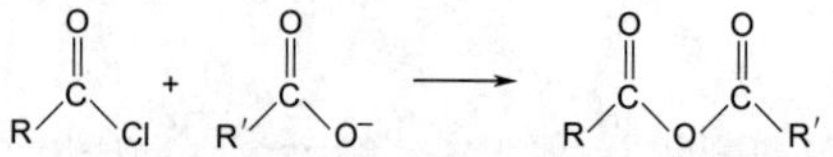

$$RCOCl + R'CO_2^- \longrightarrow RCO-O-COR'$$

对称和不对称的酸酐通常都是由酰卤与羧酸

盐的反应制得。如用金属盐，则常见的正离子是 Na^+、K^+ 或 Ag^+，但更常用的方法是将吡啶或其它三级胺加到游离的酸中，生成的盐再与酰卤反应。锌-DMF 可用于介导从酰氯合成对称的酸酐[1819]。化合物 $CoCl_2$ 通常用作催化剂[1820]。甲酸的混合酸酐就是通过使用固态的吡啶-1-氧化物共聚物，由甲酸钠与酰卤反应制得的[1821]。对称的酸酐可由酰卤与 NaOH 或 $NaHCO_3$ 在相转移条件下反应得到[1822]，或酰卤与碳酸氢钠在超声作用下反应制得[1823]。

OS Ⅲ, 28, 422, 488; Ⅳ, 285; Ⅵ, 8, 910; Ⅷ, 132; 另见 OS Ⅵ, 418.

16-67 用羧酸酰基化羧酸

酰氧基-去-羟基化

$$2RCOOH \xrightarrow{P_2O_5} (RCO)_2O + H_2O$$

两分子普通的羧酸只有在脱水剂的存在下才能形成酸酐，因为此时平衡才会向右移动。常用的脱水剂[1824]有乙酸酐、三氟乙酸酐、DCC[1825] 和 P_2O_5。三苯基膦/CCl_3CN 与三乙胺也可用于苯甲酸衍生物的反应[1826]。此方法不能用于制备混合酸酐，因为混合酸酐受热时通常倾向于歧化成两种简单的酸酐。如果可以形成五元、六元或七元环，那么简单加热二羧酸能生成环酐，例如：

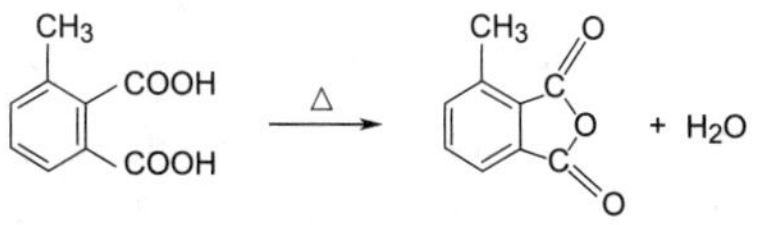

丙二酸及其衍生物，加热本应能生成四元环酐，但事实并非如此，而是发生脱羧反应（**12-40**）。

羧酸能与酰胺和酯发生交换反应，因此若能将平衡移动，这些反应有时也可用于制酸酐。烯醇酯很适合于此反应，因为生成的酮能使平衡向右移动。

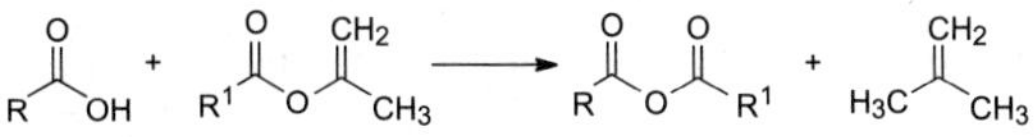

KF 与 2-酰氧基丙烯的组合在微波辐照的条件下很有效[1827]。羧酸也能与酸酐发生交换，事实上，这正是乙酸酐在反应中能作脱水剂的原因。

某些羧酸的盐也能形成酸酐，例如，用光气处理羧酸的三乙基铵盐[1828]：

$$2RCOO^- N^+HEt_3 \xrightarrow{COCl_2} RCOOCOR + 2N^+HEt_3 Cl^- + CO_2$$

或用氯化亚砜处理羧酸的铊(Ⅰ)盐[1710]，以及用 CCl_4 在 CuCl 或 $FeCl_3$ 的催化下处理羧酸钠[1829]。

OS Ⅰ, 91, 410; Ⅱ, 194, 368, 560; Ⅲ, 164, 449; Ⅳ, 242, 630, 790; Ⅴ, 8, 822; Ⅸ, 151; 另见 OS Ⅵ, 757; Ⅶ, 506.

16-68 有机无机混合酸酐的制备

硝酰氧基-去-酰氧基-取代

$$(RCO)_2 + HONO_2 \longrightarrow RCOONO_2$$

有机无机混合酸酐通常是无机酸衍生物催化下酰基化反应的中间体，但很少能分离得到。硫酸、高氯酸、磷酸及其它酸能形成简单的酸酐，但是这些酸酐大多不稳定，反应平衡倾向于另一个方向，因此难以分离得到。这些中间体可从酰胺、羧酸、酯以及酸酐形成。磷酸的有机酸酐最稳定，例如，$RCOOPO(OH)_2$ 能以其盐的形式制得[1830]。羧酸与磺酸的混合酸酐可由磺酸与酰卤或酸酐（不常用）反应得到，产率很高[1831]。

OS Ⅰ, 495; Ⅵ, 207; Ⅶ, 81.

16-69 SH 或 SR 进攻酰基碳[1832]

巯基-去-卤代

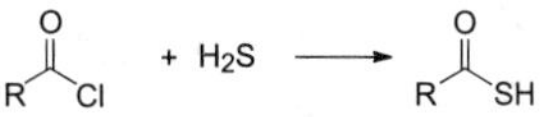

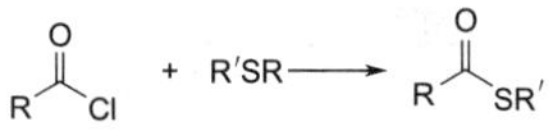

硫羟酸和硫羟酸酯[1833]可以由类似于 **16-57** 和 **16-64** 的方法制备。酸酐[1834] 和芳基酯（$RCOOAr$）[1835]也可以用作底物，但进攻试剂通常为 HS^- 和 RS^-。硫羟酸酯也可通过羧酸与 P_4S_{10}—Ph_3SbO 反应制备[1836]，或与硫醇（RSH）和多聚磷酸酯和苯基二氯磷酸酯（PhOPOCl$_2$）[1837] 两者之一反应而制得。羧酸用 Lawesson 试剂（反应 **16-11** 中的结构 **18**）可转化为硫羟酸[1838]。酯（$RCOOR^1$）与三甲基硅基硫醚（Me_3SiSR^2）和 $AlCl_3$ 反应，可转化为硫羟酸酯（$RCOSR^1$）[1839]。

醇与硫羟酸和碘化锌反应，生成硫羟酸酯（$R'COSR$）[1840]。

OS Ⅲ, 116, 599; Ⅳ, 924, 928; Ⅶ, 81; Ⅷ, 71.

16-70 转酰胺反应

烷基氨基-去-酰胺化

有时需要将一个酰胺基替换为另一个酰胺基，尤其是当连在 N 上的基团用作保护基时[1841]。N-苄基酰胺与烯丙基胺和 Ti 催化剂反应可转化为相应的 N-烯丙基酰胺[1842]。例如，N-Boc-2-苯乙胺（Boc 是叔丁氧基羰基）与 $Ti(Oi-Pr)_4$ 和苄醇反应，生成的是 N-Cbz(Cbz 是苄氧羰基）衍生物[1843]。N-氨基甲酰胺与乙酐、Bu_3SnH 和 Pd 催化剂反应，可被转化为 N-乙酰胺[1844]。三乙基铝可将氨基甲酸甲酯转化成相应的丙酰胺[1845]。

在与此相关的反应中，乙酰胺与胺和氯化铝反应，生成 N-乙酰胺[1846]。在另一个相关的反应中，通过 Sm 催化下与 O-苄基羟胺反应，酰亚胺可转化为 O-苄氧酰胺[1847]。

硫代酰胺可通过酰胺与适当的硫试剂的反应制备。N,N-二甲基乙酰胺与高聚物固定的试剂 **110** 在微波辐照下反应生成 **111**[1848]。硫代酰胺与 $Bi(NO_3)_3 \cdot 5H_2O$ 反应又重新生成酰胺[1849]。还有其它的方法可将硫代酰胺转化为酰胺[1850]。硒代酰胺也可以从酰胺制备[1851]。

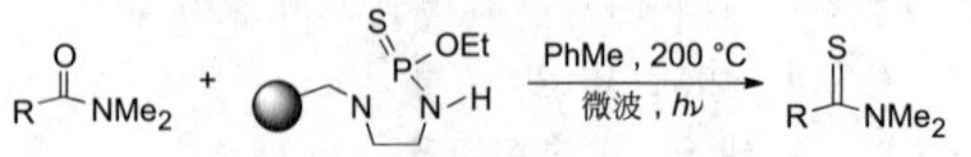

$$\underset{R}{\overset{O}{\parallel}}{C}{-NMe_2} + \underset{110}{\overset{S}{\underset{\parallel}{\text{聚}}-CH_2-N-P-OEt}{H}} \xrightarrow[\text{微波},h\nu]{PhMe, 200\ °C} \underset{111}{\overset{S}{\parallel}}{R-C-NMe_2}$$

(其中 ● 是高聚物骨架)

16.2.2.4 被卤素进攻

16-71 羧酸转化为卤化物

卤素-去-氧，羰基-三取代

$$RCOOH \longrightarrow R-X$$

在某些情况下，羧基可被卤素取代。例如，丙烯酸衍生物（$ArCH=CHCOOH$）与 3mol Oxone 在 NaBr 存在下反应，生成乙烯基溴化物（$ArCH=CHBr$）[1852]。四碘化二磷/四丁基溴化铵（TEAB）很容易将共轭酸转化为乙烯基溴化物[1853]。在其它的反应中，共轭酸（如 **112**）通过与 NBS（反应 **14-3**）和 LiOAc 反应而被转化为溴化物[1854]。

<chemical structure: 112 (pyranone with COOH) + NBS, LiOAc / MeCN → brominated pyranone>

16.2.2.5 酰基碳被氮进攻[1855]

16-72 酰卤对胺的酰基化

氨基-去-卤代

$$RCOX + NH_3 \longrightarrow RCONH_2 + HX$$

酰卤与氨或胺的反应是制备酰胺的一种非常常用的方法[1856]。该反应放热剧烈，必须小心控制，一般是通过冷却或稀释来完成。氨反应生成无取代的酰胺，伯胺反应生成 N-取代的酰胺[1857]，而仲胺反应生成 N,N-二取代的酰胺。芳胺可类似地酰化。羟肟酸可通过这个方法制备[1858]。有时加入碱溶液去结合释放出的 HCl。与反应 **16-61** 中一样，这个过程被称为 Schotten-Baumann 方法。当使用的是有位阻的胺和/或酰氯时，活化的锌可以加快酰胺的形成[1859]。使用 DABCO 和甲醇进行的无溶剂反应已有报道[1860]。金属 $In^{[1861]}$、$Sm^{[1862]}$ 介导的反应，或 BiOCl 介导的反应[1863]也已有报道。用 DMF 和酰卤对基本反应进行改进，得到 N,N-二甲基酰胺[1864]。甲酸及碘与胺反应生成甲酰胺[1865]。

肼和羟胺也可与酰卤反应，分别生成酰肼（$RCONHNH_2$）[1866]和羟肟酸（$RCONHOH$）[1867]，这些化合物通常就是由这种方法制备的。当酰卤是光气时，脂肪和芳香的伯胺都生成氯甲酰胺（$ClCONHR$），它能失去 HCl 生成异氰酸酯（RNCO）[1868]。

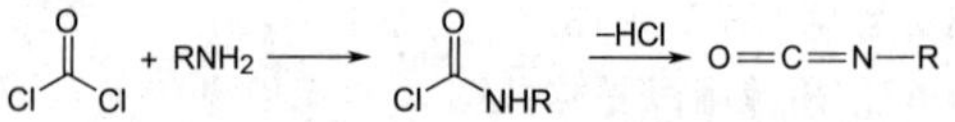

$$\underset{Cl}{\overset{O}{\parallel}}{C}{Cl} + RNH_2 \longrightarrow \underset{Cl}{\overset{O}{\parallel}}{C}{NHR} \xrightarrow{-HCl} O=C=N-R$$

这是制备异氰酸酯最常用的方法之一[1869]。硫光气[1870]也可类似地反应，生成异硫氰酸酯。这个反应中可用更安全的三氯甲基氯甲酸酯（CCl_3OCOCl）来替代光气[1871]。氯甲酸酯（ROCOCl）与伯胺反应，得到的是氨基甲酸酯（$ROCONHR'$）[1872]。这种反应的一个例子是用苄基氯甲酸酯保护氨基酸和肽的氨基：

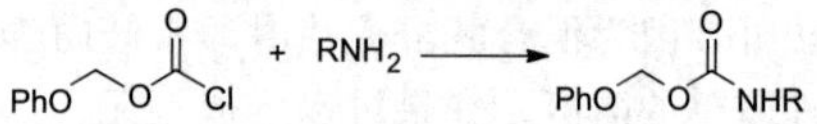

$$PhO\overset{O}{\underset{\parallel}{C}}Cl + RNH_2 \longrightarrow \underset{113}{PhO\overset{O}{\underset{\parallel}{C}}NHR}$$

113 中的 $PhCH_2OCO$ 被称为苄氧羰基[1873]，常简写为 Cbz 或 Z。**113** 其实是氨基甲酸苄酯。还有一个有类似作用的重要基团是叔丁氧基羰基（Me_3COCO），可简写为 Boc。它的氯化物 $Me_3COCOCl$ 是不稳定的，可以使用酸酐 $(Me_3COCO)_2O$ 替代它，例如 **16-73** 中的一个反应。氨基通常通过转化为酰胺而得到保护[1874]。该反应通过四面体机理进行[1875]。

这个反应的一个有趣的改进是使用氨基甲酰氯与有机铜酸盐反应生成相应的酰胺[1876]。

OS Ⅰ,99,165；Ⅱ,76,208,278,328,453；Ⅲ,167,375,415,488,490,613；Ⅳ,339,411,521,620,780；Ⅴ,201,336；Ⅵ,382,715；Ⅶ,56,287,307；Ⅷ,16,339；Ⅸ,559；**81**,252；另见 OS Ⅶ,302。

16-73 酐对胺的酰基化

氨基-去-酰氧基-取代

$$R\overset{O}{\underset{\parallel}{C}}O\overset{O}{\underset{\parallel}{C}}R' + NH_3 \longrightarrow R\overset{O}{\underset{\parallel}{C}}NH_2 + R'COOH$$

这个反应的应用范围和反应机理[1877]与 **16-72** 类似，氨或伯胺、仲胺都能发生该反应[1878]。需要注意的是，有报道指出叔胺（N-烷基吡咯烷）与乙酸酐在 120 ℃、$BF_3 \cdot Et_2O$ 催化剂存在下反应，生成 N-乙酰基吡咯烷（发生了酰化去烷基化反应）[1879]。氨基酸用乙酸酐在超声下反应，可被 N-酰基化[1880]。然而，氨和伯胺也能生成酰亚胺，其中的两个酰基连在同一个 N 原子上。环酐尤其容易发生这样的反应，生成环酰亚胺[1881]。有时为了生成酰亚胺，需要提高反应温度[1882]。甲酰胺与环酐在微波辐射下反应生成环酰亚胺[1883]。环酰亚胺也可在离子液体中制得[1884]，也可通过高聚物固定的邻苯二甲酸酐先与胺反应，然后再用微波辐照而得到[1885]。

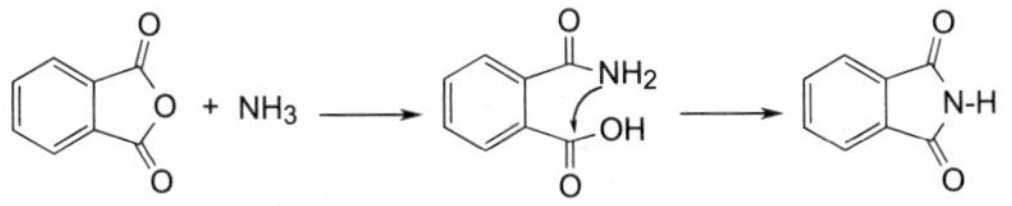

该反应的第 2 步是酰胺氮进攻羧酸碳，要比第 1 步慢得多。有人使用无取代的酰胺和 N-取代的酰胺来代替氨，也能发生反应。由于该反应的另一个产物是 RCOOH，这是一种在无水条件下"水解"酰胺的方法[1886]。

尽管甲酸酐不是稳定的化合物（参见 **11-17**），胺也可以用甲酸和乙酸的混酐 HCOOCOMe[1887] 或甲酸和乙酸酐的混合物甲酰化。用这些试剂不会生成乙酰胺。在仲胺和伯胺的混合物中，也可以只酰基化仲胺，这需要将它们转化为相应的盐，还须添加 18-冠-6[1888]。冠醚络合伯胺的盐，使其不能被酰基化，而仲铵盐不容易进入冠醚的空腔中，很容易就被酰基化了。使用碳酸二甲酯通过类似的方法可以制备氨基甲酸甲酯[1889]。乙酸酐与伯磺酰胺在蒙脱土 K-10/FeO[1890] 或硫酸[1891] 的催化下反应，可以制得 N-乙酰基磺酰胺。

当然，除了酸酐，还有其它的酰化试剂。与酰卤的反应在 **16-72** 中讨论。还有一些特殊的试剂。使用 (1S,2S)-N-乙酰基-1,2-二(三氟甲磺酰胺基)环己烷可以实现外消旋胺的动力学拆分[1892]。

OS Ⅰ,457；Ⅱ,11；Ⅲ,151,456,661,813；Ⅳ,5,42,106,657；Ⅴ,27,373,650,944,973；Ⅵ,1；Ⅶ,4,70；Ⅷ,132；76,123.

16-74 羧酸对胺的酰基化

氨基-去-羟基化

RCOOH + NH₃ ⟶ RCOO⁻ NH₄⁺ —热裂解→ RCONH₂

羧酸与氨或胺反应得到的是盐。氨、伯胺或仲胺的盐可高温分解为酰胺[1893]，但这种方法不如反应 **16-72**、**16-73** 和 **16-75** 方便，几乎没有合成价值[1894]。在碱如六甲基二硅烷基偶氮的存在下加热可使酰胺的生成更有效[1895]。硼酸可催化羧酸和胺直接转化成酰胺[1896]。高聚物固载的试剂也可发生反应[1897]。三苯基膦/三氯异氰尿酸可将羧酸和酰胺转化为另一个酰胺[1898]。Burgess 试剂（Et₃N⁺⁻SO₂N—CO₂Me；参见 **17-29**）可活化羧酸从而有利于酰胺的生成[1899]。羧酸与咪唑在微波辐照下反应生成酰胺[1900]。仲胺、甲酸和 2-氯-4,6-二甲氧基[1,3,5]三嗪以及催化量的 DMAP 在微波辐照下，得到甲酰胺[1901]。在微波辐照下碳酸氢铵和甲酰胺可将羧酸转化为酰胺[1902]。甲酸和氰基负离子在 ZnO 存在下反应得到甲酰胺[1903]。

内酰胺很容易由 γ- 或 δ-氨基酸制备[1904]，例如：

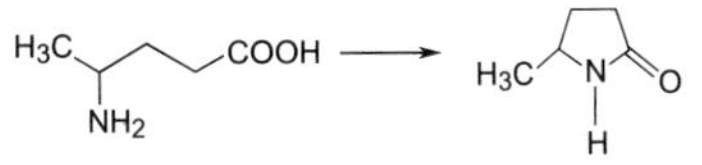

H₃C—CH(NH₂)—CH₂—CH₂—COOH ⟶ [5元环内酰胺，N-H]

这种内酰胺化的过程可被胰脂肪酶催化[1905]。还原 ω-叠氮基羧酸可生成大环内酰胺[1906]。

尽管羧酸与胺反应并不直接生成酰胺，但在体系中加入偶联试剂能使反应在室温或稍高于室温的条件下进行得到酰胺[1907]，反应产率很好，偶联试剂中最重要的是 DCC。这种反应应用起来非常方便[1908]，在多肽合成中大量使用[1909]。高聚物负载的碳二亚胺已有使用[1910]。该反应的机理可能与 **16-63** 一样，形成了 **114**。该中间体而后被另一分子 RCOO⁻ 进攻，生成酸酐 (RCO)₂O，酸酐是与胺反应的实际物种：

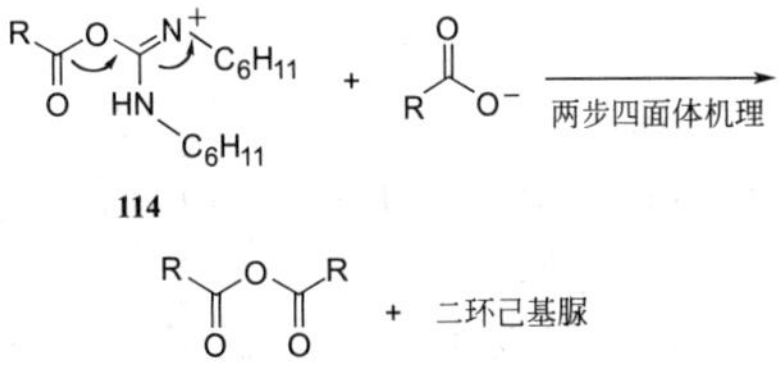

[结构 **114**] + R—C(=O)—O⁻ ⟶ 两步四面体机理

⟶ (RCO)₂O + 二环己基脲

已从反应混合物中分离出了酸酐，分离出来后还可用于酰基化胺[1911]。

在合成上具有重要用途的 Weinreb 酰胺 RCON(Me)OMe（参见反应 **16-82**）可由羧酸和 MeO(Me)NH·HCl 在三丁基膦和 2-吡啶-N-氧化物的二硫化物存在下制备[1912]。二(2-吡啶基)碳酸酯可在相关的反应中用于直接生成酰胺[1913]。其它的促进剂[1914] 还有 ArB(OH)₂ 试剂[1915]、N,N'-羰基二咪唑（**115**，参见反应 **16-63**）[1916]、POCl₃[1917]、TiCl₄[1918]、分子筛[1919]、Lawesson 试剂（参见 **16-11**）[1920] 和 (MeO)₂POCl[1921]。某些二羧酸与芳香伯胺很容易反应，生成酰胺。该反应中，中间体是环酐，胺实际上进攻的就是环酐[1922]。

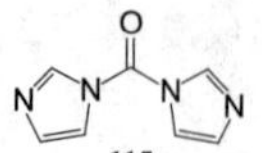

羧酸能够与羧酸的酰胺（交换反应）[1923]、磺酸酰胺或磷酸的酰胺反应，也可生成酰胺。例如[1924]：

RCOOH + Ph₂PONH₂ ⟶ RCONH₂ + Ph₂POOH

或者与三（烷基氨基）硼烷［B(NHR′)₃］或三（二烷基氨基）硼烷［B(NR′₂)₃］反应[1925]，或者与二（二有机氨基）镁试剂［(R₂N)₂Mg］反应[1926]，亦可生成酰胺。

RCOOH + B(NR′₂)₃ ⟶ RCONR′₂

硫代羧酸与叠氮化物在三苯基膦存在下反应，生成相应的酰胺[1927]。

Merrifield[1928]发现了一项重要的，且之后用于多种多肽合成的技术[1929]，这种技术称为固相合成或聚合物载体合成（polymer-supported synthesis）[1930]。采用的反应与普通的反应是一样的，但其中一种反应物是固定于固相聚合物上的。例如，要偶联两个氨基酸（生成二肽），可选用带 CH₂Cl 侧链的聚苯乙烯作为固相载体。其中一种氨基酸先用 Boc 保护，然后可以连到固相载体的侧链上。不一定所有的侧链，而是随机选择的一些侧链发生了转化。然后在 CH₂Cl₂ 中用三氟乙酸将 Boc 基团水解掉，第二种氨基酸就能在 DCC 或其它偶联试剂的作用下连到第一个氨基酸上。除掉第二个 Boc 基团后，得到的就是固定在聚合物上的二肽。如果这种二肽就是所需的产物，则可以使用多种方法将它从聚合物上切下来[1931]，其中一种方法是与 HF 反应。如果需要得到更长的肽链，通过重复前面所述的必需步骤，可连接其它氨基酸。

聚合物载体技术的基本优势在于聚合物（包括连在上面的所有链）很容易从其它试剂中分离出来，这是因为聚合物不溶于所使用的溶剂。过量的试剂、其它反应产物（如 DHU）、副产物和溶剂本身很快就能被洗掉。聚合物的纯化很快，也很完全。这个过程甚至可以自动完成[1932]，在一天中可将六个或更多氨基酸连到肽链上。目前已经可买到商业化的多肽自动合成仪[1933]。

虽然固相合成技术最初是用来合成肽链的，目前大多也应用于此，但它也能用于多糖和聚核苷酸的合成；对于后者，固相合成也几乎完全取代了液相合成[1934]。这种技术较少用于仅将两个分子连到一起的反应（非重复性的合成），但也

有一些这方面的报道[1935]。组合化学从某些意义上可看作是 Merrifield 合成的扩展应用，特别是在多肽合成中的应用，这已成为现代有机化学的一个重要组成部分[1936]。

OS Ⅰ,3,82,111,172,327；Ⅱ,65,562；Ⅲ,95,328,475,590,646,656,768；Ⅳ,6,62,513；Ⅴ,670,1070；Ⅷ,241；81,262；另见 OS Ⅲ,360；Ⅵ,263；Ⅷ,68.

16-75 羧酸酯对胺的酰基化

氨基-去-烷氧基化

RCOOR′ + NH₃ ⟶ RCONH₂ + R′OH

将羧酸酯转化为酰胺的反应非常有用，使用适当的胺[1937]或氨[1938]，可制得无取代的、N-取代的或 N,N-二取代的酰胺。R 和 R′ 可以是烷基或芳基。对硝基苯基是非常好的离去基团。三氟乙酸乙酯可选择性地与伯胺反应，生成相应的三氟乙酰胺[1939]。许多简单酯（R = Me、Et 等）的反应活性不高，需要使用强碱性的催化剂[1940]，但也有使用氰根离子[1941]、MgBr₂[1942]、InI₃[1943]催化及通过高压加快反应[1944]的报道。甲酯[1945]和乙酯[1946]在微波辐照下可转化成相应的酰胺。氨基锂也用于将酯转化为酰胺[1947]。β-酮酯尤其容易发生该反应[1948]。苯胺用正丁基锂处理生成氨基锂，该氨基锂与酯反应得到酰胺[1949]。使用氨基环化酶Ⅰ的酶催化酰胺化已有报道[1950]。碳酸二甲酯与胺的反应是制备氨基甲酸甲酯非常有效的方法[1951]。

内酯与氨或伯胺反应生成内酰胺。内酰胺也可由 γ- 和 δ-氨基酯分子内反应产生。内酰胺化可在离子液体中进行[1952]。

与反应 **16-72** 中一样，酰肼和异羟肟酸可分别由羧酸酯与肼和羟胺反应制备[1953]。肼和羟胺的反应都要比氨和伯胺快得多（α-效应，参见 10.7.2 节）。亚氨酸酯 RC(＝NH)OR′ 生成脒 RC(＝NH)NH₂；甲酸异丙烯酯是伯胺和仲胺甲酰化反应中非常重要的化合物[1954]。

R₂NH + HCOOCMe＝CH₂
⟶ R₂NCHO + CH₂＝CMeOH ⇌ MeCOMe

尽管相对于其它试剂，用羧酸酯将胺酰基化的机理研究得更多，但反应的详细机理仍不完全清楚[1955]。大致上讲，机理本质上似乎是 B_{AC}2[1956]。在一般的碱性条件下，反应通常是碱催化的[1957]，研究表明质子在决速步被夺去，反应涉及两分子的胺[1958]。

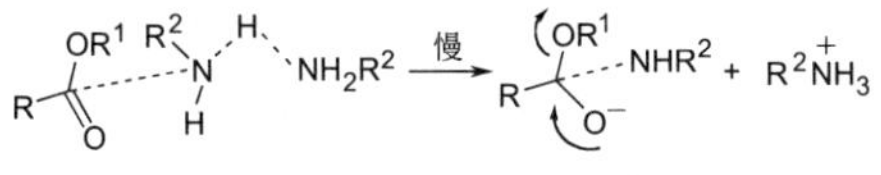

$$\underset{R}{\overset{OR^1}{\underset{O}{\rightleftarrows}}}\overset{R^2}{\underset{H}{\overset{|}{N}}}\cdots H\cdots NH_2R^2 \xrightarrow{\text{慢}} \underset{R}{\overset{OR^1}{\underset{O^-}{\rightleftarrows}}}NHR^2 + R^2NH_3^+$$

$$\longrightarrow \underset{R}{\overset{}{\underset{O}{\rightleftarrows}}}NHR^2 + R^1O^- \xrightarrow{R^2NH_3^+} R^1OH + R^2NH_2$$

116

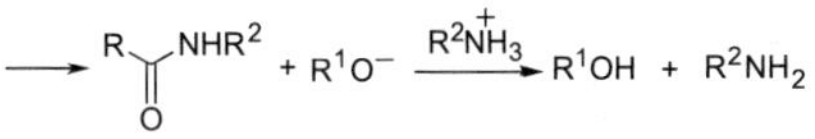

其它的碱，如 H_2O 或 HO^- 可替代第二分子的胺。对于某些底物以及某些条件下，尤其是 pH 值较低时，**115** 的分解成了决速步[1959]。该反应也能在酸性条件下进行，此时反应就是酸催化的，因此 **116** 的分解是决速步骤，反应过程如下[1960]：

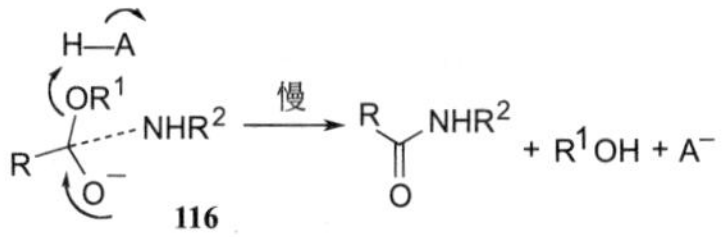

$$\underset{R}{\overset{H\cdots A}{\underset{O^-}{\rightleftarrows}}}NHR^2 \xrightarrow{\text{慢}} \underset{R}{\overset{}{\underset{O}{\rightleftarrows}}}NHR^2 + R^1OH + A^-$$

116

HA 可以是 $R^3NH_3^+$ 或其它酸。化合物 **116** 上的 N 可以也可不进一步质子化。即使是在碱性条件下，也需要质子给体帮助离去基团离去。关于这一点的证据是，在液氨中与 NR_2^- 的反应速率要比在水中与 NHR_2 的反应速率小，显然这是因为在液氨中缺乏能将离去的氧原子质子化的酸[1961]。

对于 β-内酯类的特殊例子，分子中的小角张力是很重要的因素，可以检测到烷-氧断裂的产物（$B_{AL}2$ 机理，与 β-内酯水解的情况类似，**16-59**），最终产物不是酰胺，而是 β-氨基酸（β-丙氨酸）：

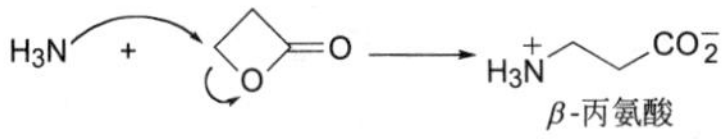

$$H_3\overset{+}{N} + \underset{}{\square}=O \longrightarrow H_3\overset{+}{N}\diagdown\diagup CO_2^-\quad \text{β-丙氨酸}$$

某些有空间位阻的酯也会得到类似的结果[1962]。这类反应与 **10-31** 类似，其中 OCOR 作为离去基团。其它内酯与 Dibal-H：苄胺反应发生开环，得到 ω-羟基酰胺[1963]。

OS I, 153, 179; II, 67, 85; III, 10, 96, 108, 404, 440, 516, 536, 751, 765; IV, 80, 357, 441, 486, 532, 566, 819; V, 168, 301, 645; VI, 203, 492, 620, 936; VII, 4, 30, 41, 411; VIII, 26, 204, 528; 另见 OS I, 5; V, 582; VII, 75.

16-76 用酰胺酰基化胺

烷氨基-去-氨化

$$RCONH_2 + R'NH_3 \longrightarrow RCONHR' + NH_3$$

这是一个交换反应，通常用铵盐进行反应[1964]。离去基团一般是 NH_2 而不是 NHR 或 NR_2，故一级胺（以其盐的形式）是最常用的试剂。加入三氟化硼使之与离去的铵离子配位。有时中性的胺也能发生反应，生成新的酰胺[1965]。该反应可被 Al(III) 催化[1966]。此反应经常用于将尿素转化成取代的尿素：$NH_2CONH_2 + RNH_3^+ \to NH_2CONHR + NH_4^+$ [1967]。尿素与胺在高压反应釜中共热，其 N-芳基可被 N,N-二烷基取代[1968]。将 N-R 取代的酰胺转化成 N-R' 取代的酰胺路线如下：首先与 N_2O_4 反应得到 N-亚硝基化合物，然后再与伯胺 $R'NH_2$ 反应[1969]。若在 N 上有一个含氨基的侧链，则内酰胺能扩环成较大的内酰胺（如 **117**）。强碱能将 NH_2 转化成 NH^-，后者作为亲核试剂进攻，通过酰胺交换扩环[1970]。此反应的发现者称该反应为 zip 反应，因其行为与拉链（zipper）类似[1971]。

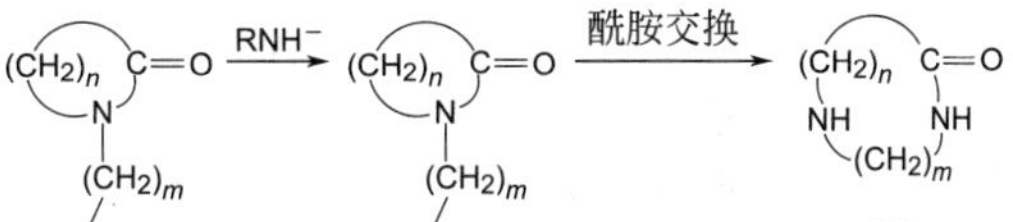

$$\underset{\underset{H_2N}{\overset{|}{(CH_2)_m}}}{\overset{(CH_2)_n}{\underset{}{\rightleftarrows}}}\overset{C=O}{\underset{N}{|}}\xrightarrow{RNH^-}\underset{\underset{^-NH}{\overset{|}{(CH_2)_m}}}{\overset{(CH_2)_n}{\underset{}{\rightleftarrows}}}\overset{C=O}{\underset{N}{|}}\xrightarrow{\text{酰胺交换}}\underset{\underset{(CH_2)_m}{\overset{}{\underset{}{}}}}{\overset{(CH_2)_n}{\underset{}{\rightleftarrows}}}\overset{C=O}{\underset{NH}{|}}$$

117

在 10kbar 的压力下，内酰胺能与胺反应生成 ω-氨基酰胺[1972]。

OS I, 302 (但还要参见 V, 589), 450, 453; II, 461; III, 151, 404; IV, 52, 361; 另见 OS VIII, 573.

16-77 用其它羧酸衍生物酰基化胺

酰氨基-去-卤代或去烷氧基化

$$RCOCl + H_2NCOR' \longrightarrow RCONHCOR'$$

包括硫代羧酸（RCOSH）、硫代羧酸酯（RCOSR）[1973]、酰氧基硼酸酯 [$RCOB(OR')_2$][1974]、α-羰基腈、酰基重氮化物和非烯醇化的酮（见 Haller-Bauer 反应，**12-34**）在内的羧酸衍生物都能转化成酰胺。N-酰基磺酰胺与伯胺反应生成酰胺 AcNHR[1975]。可以用羰基化反应制备酰胺及相关化合物。伯胺、卤代烷与 CO_2 在 Cs_2CO_3/Bu_4NI 存在下反应，得到相应的氨基甲酸酯[1976]。

OS III, 394; IV, 6, 569; V, 160, 166; VI, 1004.

酰亚胺可通过酰胺或其盐进攻酰卤、酸酐和羧酸或羧酸酯而制得[1977]。制备非环酰亚胺最好的方法是酰胺在 H_2SO_4 的催化下与酸酐在 100℃ 下反应[1978]。在低温及吡啶的存在下，酰氯与酰胺以 2:1 的摩尔比混合，产物是 N,N-二酰基酰胺 [$(RCO)_3N$][1979]。

本反应经常用于制备尿素的衍生物，一个重要的例子是巴比妥酸（**118**）的制备[1980]：

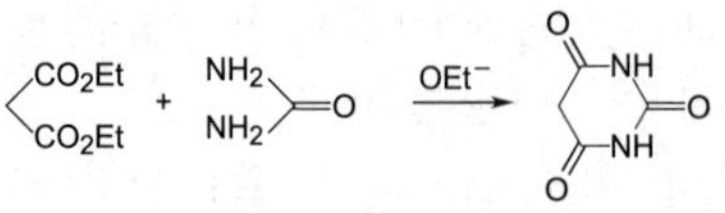

当底物是草酰氯而另一种试剂是无取代的酰胺时,则能生成酰基异氰酸酯。"正常"的产物(RCONHCOCOCl)却没有出现,或者一旦形成就迅速脱去 CO 和 HCl[1981]。

OS Ⅱ, 60, 79, 422; Ⅲ, 763; Ⅳ, 245, 247, 496, 566, 638, 662, 744; Ⅴ, 204, 944.

16-78 叠氮化物的酰基化

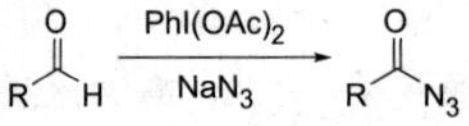

醛与叠氮化钠及 Et$_4^+$I(OAc)$_2$ 或与聚合物固载的 PhI(OAc)$_2$ 反应,生成酰基叠氮[1982]。酰基叠氮也可由醛在叔丁基次氯酸酯作用下直接制得[1983]。

16.2.2.6 卤素进攻酰基碳

16-79 由羧酸形成酰卤

卤素-去-羟基化

RCOOH + 卤代试剂 ⟶ RCOCl

卤代试剂= SOCl$_2$, SOBr$_2$, PCl$_3$, POCl$_3$, PBr$_3$ 等

能将醇转化成卤代烷(反应 10-48)的无机酸卤化物亦能将羧酸转化成酰卤[1984]。这一反应是制备酰氯的最好也是最常用的方法。溴化物和碘化物[1985]也能由此方法制得,但不常见。酰溴可用 BBr$_3$ 于氧化铝上制得[1986],或用三溴乙酸乙酯/PPh$_3$[1987] 制得。氯化亚砜[1988]是最好的氯化试剂,因为生成的另一种产物是气体,所以酰氯很容易分离,不过 PX$_3$ 和 PX$_5$(X=Cl 或 Br)也较常用[1989]。卤化氢不能发生此反应。有一种非常温和的过程与 10-48 类似:酸与 Ph$_3$P 在 CCl$_4$ 中反应得到酰氯,此时没有酸性副产物生成[1990]。

草酰氯(**119**)和草酰溴是温和、优良的试剂,这是因为草酸可分解成 CO 和 CO$_2$,平衡则向生成另一种酰卤的方向移动[1991]。人们通常会选用这些试剂,特别是当分子中存在敏感官能团的时候。

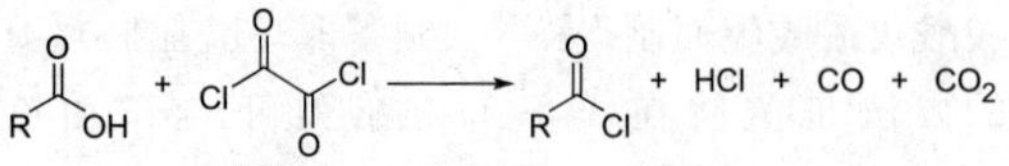

酰氟可以由羧酸与氰尿酸酰氟反应制得[1992]。C,N-螯合的氟化二正丁基锡(Ⅳ)可用于制备酰氟[1993]。有时羧酸盐也能用作底物。酰卤也能参与交换反应:

RCOOH + R'COCl ⇌ RCOCl + R'COOH

反应中间体可能是酸酐。这是一个平衡反应,必须使其向所需的方向移动。

OS Ⅰ, 12, 147, 394; Ⅱ, 74, 156, 169, 569; Ⅲ, 169, 490, 547, 555, 613, 623, 712, 714; Ⅳ, 34, 88, 154, 263, 339, 348, 554, 608, 616, 620, 715, 739, 900; Ⅴ, 171, 258, 887; Ⅵ, 95, 190, 549, 715; Ⅶ, 467; Ⅷ, 441, 486, 498.

16-80 由羧酸衍生物生成酰卤

卤素-去-酰氧基-取代

(RCO)$_2$O + HF ⟶ RCOF

卤素-去-卤代

RCOCl + HF ⟶ RCOF

这些反应是制备酰氟的最重要的反应[1994]。与多氢氟酸-吡啶溶液[1995]或 −10℃ 的液态 HF 反应[1996],能使酰氯和酸酐转化成酰氟。甲酰氟是一种稳定的化合物,就是通过后一种过程用甲酸和乙酸的混合酸酐制得的[1997]。酰氯在乙酸中与 KF 反应[1998]或与二乙氨基硫三氟化物(DAST)反应[1999]也能得到酰氟。酯和酸酐能与反应 **16-79** 中提到的无机酸卤化物反应生成酰卤,但这一反应对酰氟不适用。Ph$_3$PX$_2$(X=Cl 或 Br)也能发生这一反应[2000],但是很少用。卤素交换能以类似的方式进行。酰卤的卤素交换反应中,总是使用酰氯制备酰溴和酰碘,因为酰氯比后两者更容易得到[2001]。

OS Ⅱ, 528; Ⅲ, 422; Ⅴ, 66, 1103; Ⅸ, 13; 另见 OS Ⅳ, 307.

16.2.2.7 碳进攻酰基碳[2002]

16-81 金属有机化合物将酰卤转化为酮[2003]

烷基-去-卤代

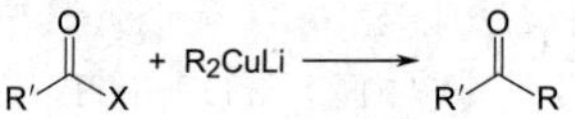

R-COX + R$_2$CuLi ⟶ R-CO-R'

酰卤与二烷基铜锂[2004](参见反应 **10-58**)的反应完全,条件温和,产物酮的收率很高[2005]。R' 基可以是伯、仲、叔烷基或芳基,也可含有碘、酮、酯、硝基或氰基等基团。易于发生反应的 R 基有甲基、伯烷基和乙烯基。仲、叔烷基的引入可通过用 PHS(R)CuLi 代替 R$_2$CuLi[2006],或使用混合的铜酸盐 (R'SO$_2$CH$_2$CuR)$^-$Li$^+$[2007],或使用二烷基铜镁试剂"RMeCuMgX"[2008]。仲烷基也可通过铜锌试剂 RCu(CN)ZnI 引入[2009]。R 也可是炔基,这时反应试剂是炔化亚铜(R^{2}C≡CCu)[2010]。由高活性的含有氰基、氯和酯这样官能团的铜原位产生的有机铜试剂,与酰卤反应生成酮[2011]。

当金属有机化合物是格氏试剂时[2012]，一般得不到酮，因为一旦生成酮，就与第二分子RMgX反应，产生叔醇盐（反应 **16-82**）。用这种方法也可以制备酮，但需要低温、改变加料方式（例如：将格氏试剂加到酰卤中，而不是往格氏试剂中加酰卤）、酰卤过量等，但产率通常很低，只有在 $-78°C$ 的 THF 的反应中报道过高产率[2013]。先用三烷基膦预处理，再与格氏试剂反应，可用于酮的制备[2014]。用格氏试剂和 CuBr[2015] 或镍催化剂[2016] 也可制备酮。有些酮由于位阻或其它原因与格氏试剂不发生反应；这些酮可以用这种方法制备[2017]。还有其它方法，如在 Me_3SiCl 存在下反应[2018]，它会与最初生成的加合物以四面体机理反应（参见 16.1.1 节）；格氏试剂-二乙基氨基锂联合试剂也可用于该反应[2019]。此外，某些金属卤化物，特别是卤化铁和卤化铜，是以叔醇为代价提高酮产率的催化剂[2020]。对这些催化剂的反应，既有自由基机理，又有离子机理[2021]。

格氏试剂与乙基氯甲酸酯反应生成羧酸酯，$EtOCOCl + RMgX \longrightarrow EtOCOR$。

酰卤与芳基硼酸[2022] 或烯基硼酸[2023] 在 Pd 催化下反应生成酮。表面活性剂可促进芳基硼酸的偶联反应[2024]。芳基硼酸酯与氨基甲酰卤在 Pd 催化剂存在下加成，得到相应的苯甲酰胺[2025]。在 Pd 催化剂存在下，芳基硼酸也可与酸酐反应生成酮[2026]。酰氯、$NaBPh_4$、KF 在 Pd 催化下可发生类似的反应，生成芳酮[2027]。

其它可与酰卤反应得到高产率酮的有机金属试剂[2028] 是 R_2CuLi 或 R_2Cd，因为这些化合物一般不与生成的酮反应。特别有用的一类有机金属试剂是有机镉试剂 R_2Cd（由格氏试剂制得，参见反应 **12-22**）。这里，R 可以是芳基或伯烷基。仲、叔烷基镉试剂通常不适合这类反应[2029]。酯基可以存在于 $R'COX$ 或 R_2Cd 中。直接将酰氯与卤代烷、金属镉反应，有时会生成酮[2030]。有机锌试剂性质类似于二烷基镉试剂，但不常用[2031]。如果存在 Pd 配合物，有机锡试剂 R_4Sn 与酰卤反应，生成酮的产率很高[2032]。有机铅试剂 R_4Pb 可发生类似的反应[2033]。烯丙基卤化物及金属铟与酰氯反应生成酮[2034]。在酰卤分子中可以存在许多基团，如氰基、酯基和醛基，它们不会影响反应。其它试剂还有有机锰化合物[2035]（R 可以是伯、仲、叔烷基、乙烯基、炔基或芳基）、有机锌[2036]、有机铋[2037]、有机铊化合物[2038]（R 可为伯烷基或芳基）。α-卤代酮与酰氯在 SmI_2 催化下反应，生成 β-二酮[2039]。

炔化锑（如 $Ph_2Sb-C\equiv C-Ph$）与酰氯在 Pd 催化下反应，生成共轭炔酮[2040]。这样的共轭酮还可以通过酰卤、端炔在 CuI[2041]、Pd[2042] 或 Fe 催化剂[2043]、或金属 In[2044] 作用下反应制备。端炔与氯甲酸酯在 Pd 催化剂作用下反应，生成相应的炔丙基酯[2045]。在微波辐照下，炔与酰氯及 Pd-Cu[2046] 或 CuI 催化剂[2047] 可发生类似的反应，生成炔酮。

酰卤也可以先与 $Na_2Fe(CO)_4$ 反应，然后与 R'X 反应，结果生成酮（反应 **10-76**）。

OS Ⅱ, 198; Ⅲ, 601; Ⅳ, 708; Ⅵ, 248, 991; Ⅶ, 226, 334; Ⅷ, 268, 274, 371, 441, 486.

16-82 有机金属化合物将酸酐、羧酸酯或酰胺转化为酮[2048]

二烷基,羟基-去-烷氧基,羰基-三取代;
烷基-去-酰氧基或-去-酰氧基-取代

羧酸酯与格氏试剂发生羰基加成反应（**16-24**）生成酮。在反应条件下，原先生成的酮通常发生酰基上 R^2 对 OR^1 的取代（反应 **16-81**），因而得到的是具有两个相同 R 基的叔醇。在有些情况下，可能得到酮为主要产物并分离出来，特别是当反应在低温进行时[2049]，以及在原先形成的酮羰基中存在很大的空间位阻时。酯 RCO_2Me 与 $Zn(BH_4)_2/EtMgBr$ 反应生成醇 $RCH(OH)Et$[2050]。甲酸酯生成仲醇，碳酸酯生成三个 R 基均相同的叔醇：$(EtO)_2C=O + RMgX \rightarrow R_3COMgX$。酰卤和酸酐发生类似的反应，但这些底物都不常用[2051]。可能发生许多的副反应，尤其是当羧酸衍生物或格氏试剂存在支链时，存在烯醇化、还原（酯不发生还原，而酰卤发生还原）、缩合和断裂反应，但最重要的是简单取代（**16-81**），甚至在某些情况下简单取代可以成为主要反应。当使用 1,4-二镁化合物时，羧酸酯可被转化为环戊醇[2052]。当使用 1,5-二镁化合物时，羧酸酯可被转化为环己醇，但产率不高[2053]。

这是酰卤（反应 **16-81**）、酸酐和羧酸酯与格氏试剂反应生成叔醇（反应 **16-82**）的例子。低温[2054]、使用溶剂 HMPA[2055] 和改变加料顺序，这些措施都被用来提高酮的产率[2056]。酰胺在室温下生成酮的收率较好,但也不很高[2057]。酸酐可与芳基卤化镁在低温下反应,当(−)-鹰爪豆碱存在时,生成具有好的对映选择性的酮酸[2058]。有机镉试剂与这些底物不如与酰卤的反应(16-81)成功。甲酸酯、二烷基甲酰胺和甲酸锂或甲酸钠与格氏试剂反应[2059],生成醛的产率很好。

$$RC(=O)W + R'M \longrightarrow RC(=O)R' \quad W=OCOR^2, OR^2, NR_2^2$$

有机锂化合物已用于从羧酸酯制备酮。该反应必须在高沸点的溶剂,如甲苯中进行,这是因为在低温下该反应生成叔醇[2060]。烷基锂试剂与 N,N-二取代酰胺反应,生成羰基化合物的收率也很好[2061]。二烷基甲酰胺反应生成醛,其它二取代酰胺反应生成酮。其它羧酸衍生物也曾用于此反应[2062]。

酮也可以通过羧酸的锂盐与有机锂试剂反应(反应 16-29)制得。将羧酸酯转化为酮的间接方法,见反应 16-82。

具有位阻的芳基羧酸发生的类似反应已有报道[2063]。羧酸与 2-氯-4,6-二甲氧基[1,3,5]三嗪及 RMgX/CuI 反应生成酮[2064]。

二取代甲酰胺能与 2mol 格氏试剂发生加成反应,该反应(被称为 Bouveault 反应)的产物是醛和叔胺[2065]。

$$RC(=O)NR_2 + 3\ R'-MgX \longrightarrow R'_2C(NR_2)R' + R'CHO$$

使用甲酰胺之外的其它酰胺反应,得到的是酮而不是醛,但产率一般较低。但是,2mol 苯基锂与氨基甲酸酯加成,可生成高产率的酮[2066]。

N-(3-溴丙基)内酰胺与叔丁基锂发生环化反应生成二环氨基醇,氨基醇进一步用 $LiAlH_4$(反应 19-64)还原得到二环胺[2067]。酮也可以通过硫酰胺与有机锂化合物(烷基或芳基)反应制得[2068]。铈试剂如 $MeCeCl_2$ 也可将两个 R 基团加成到酰胺上[2069]。更普遍的做法是,使有机锂试剂与 $CeCl_3$ 反应原位形成有机铈试剂[2070]。已经证实通过先后加入两个格氏试剂可以实现引入两个不同的 R 基团[2071]。与草酸的二咪唑衍生物的反应可以得到二酮[2072]。当分子中其它部位含有偕二溴环丙基单元的酰胺用甲基锂处理时,发生分子内的对酰胺羰基的酰基加成,并伴随 Li-Br 交换,结果生成二环氨基醇[2073]。

N-甲氧基-N-甲基酰胺,如 120,被称为 Weinreb 酰胺[2074]。Weinreb 酰胺与格氏试剂或有机锂试剂反应的产物为酮[2075]。典型的例子如:121(TBDPSO=叔丁基二苯基硅烷基)与 3-丁烯基溴化镁反应生成酮 122[2076]。

<chemical structure>
TBDPSO—CH(Me)—C(=O)—N(OMe)(Me) →[BrMg-CH_2CH_2CH=CH_2 / THF] TBDPSO—CH(Me)—C(=O)—CH_2CH_2CH_2CH=CH_2
121   122
</chemical structure>

含有 Weinreb 酰胺单元的芳氧基氨基甲酸酯 $ArO_2C-NMe(OMe)$ 先与 RMgBr 反应,然后与 R'Li 反应,得到非对称的酮 $RC(=O)R'$[2077]。有机锂试剂(从碘化物前体原位生成)在分子内对 Weinreb 酰胺的取代生成环酮[2078]。与乙烯溴化镁反应生成 β-N-甲氧基-N-甲基氨基酮,这可能是先生成了共轭酮,而后该共轭酮被反应释放出来的胺 Michael 加成(反应 15-24)而形成的[2079]。通过使用化合物 N-甲氧基-N,N',N'-三甲基脲,可以像 RLi 一样将两个相同或不同的 R 基团加到 CO 基团上[2080]。在另一种形式的反应中,用有机铈试剂与 (Z)-α,β-不饱和的 Weinreb 酰胺反应,生成 (Z)-α,β-不饱和酮[2081]。

N,N-二取代酰胺与炔基硼烷反应生成炔基酮:$RCONR''_2 + (R'C\equiv C)_3B \longrightarrow RCOC\equiv CR'$[2082]。内酰胺与三烯丙基硼烷反应后,先后用甲醇和氢氧根溶液处理,得到的产物为环状 2,2-二烯丙基胺[2083]。然而,三烯丙基硼烷与内酰胺的羰基反应后,先后用甲醇和氢氧化钠溶液处理,得到的产物却是偕二烯丙基胺:2-吡咯烷酮→2,2-二烯丙基吡咯烷[2084]。N,N-二取代氨基甲酸酯(X=OR″)与氨基甲酰氯(X=Cl)及 2mol 烷基或芳基锂或格氏试剂反应,生成对称的酮,这个酮中的两个 R 基都来自金属有机化合物:$R'_2NCOX + 2RMgX \longrightarrow R_2CO$[2085]。$N,N$-二取代酰胺与烷基铈三氟甲磺酸酯 $[RLa(OTf)_2]$ 反应生成酮,反应产率高[2086]。

其它金属有机试剂发生酰基取代反应。萘基钠与酯反应生成萘基酮[2087]。三甲基铝可以使酮完全甲基化(反应 16-24),同样也可以使羧酸完全甲基化而生成叔丁基化合物[2088](另见反应 10-63)。三甲基铝在 N,N'-二甲基亚乙基二胺中与酯反应生成酮[2089]。三烷基硼烷可将硫酯转化为酮[2090]。硫酯 RCOSR' 与芳基硼酸在 Pd 催化剂存在下反应,生成相应的酮[2091]。酯与芳基硼酸在 Pd 催化剂作用下[2092]或与芳基硼酸酯在 Ru 催化剂作用下[2093]可发生类似的反应。芳基硼酸也可以与二烷基酸酐在 Rh[2094]或 Pd 催化剂[2095]

作用下反应生成酮。有机铟化合物可将硫酯转化成酮[2096]。硫酯与二烷基铜锂试剂，R″$_2$CuLi（R″＝伯、仲烷基或芳基）反应，生成酮的产率很好[2097]。有机锌试剂可将硫酯转化为酮[2098]。二芳基锌或二烷基锌试剂与酸酐在 Pd[2099] 或 Ni 催化剂[2100]作用下反应生成酮。烷基卤化锌与硫酯在 1.5% Pd-C 存在下反应生成酮[2101]，该反应被称为 Fukuyama 偶联[2102]。需要指出的是，在 SmI$_2$ 催化剂和 2mol 烯丙基溴存在下，内酯可转化二烯丙基二醇[2103]。芳基碘化物与乙酸酐在 Pd 催化剂作用下反应，生成甲基芳基酮[2104]。

羧酸酯先与 Br$_2$CHLi 反应，然后在 $-90℃$ 下用 BuLi 处理，可生成它的同系物（RCOOEt→RCH$_2$COOEt）。炔醇盐 RC≡COLi 是反应中间体[2105]。如果炔醇盐与 1,3-环己二烯反应，而后用 NaBH$_4$ 还原，最终产物是醇 RCH$_2$CH$_2$OH[2106]。

需要注意的是，酰基苯并三唑与 β-酮酯发生酰基取代反应生成二酮[2107]。酰基氰化物 RC(=O)CN 与烯丙基溴和金属 In 反应，产物是相应的酮[2108]。在 SmI$_2$ 作用下，酰基苯并三唑可偶合成 1,2-二酮[2109]。α-氰基酮（酰基腈）在 YbI$_2$ 作用下可发生类似的偶合反应[2110]。

乙烯基金属有机试剂也可以加到酰基衍生物上。炔与 Cp$_2$ZrEt$_2$ 反应生成乙烯基锆试剂，该试剂与氯甲酸乙酯反应得到 α,β-不饱和酯[2111]。

OS Ⅰ,226；Ⅱ,179,602；Ⅲ,237,831,839；Ⅳ,601；Ⅵ,240,278；Ⅷ,474,505.

OS Ⅱ,282；72,32；Ⅲ,353；Ⅳ,285；Ⅵ,611；Ⅶ,323,451；81,14.

16-83 酰卤的偶联
去-卤代-偶联

$$2\ RCOCl \xrightarrow{发火铅} RCOCOR$$

酰卤与发火铅发生 Wurtz 型反应，会偶联生成对称的 α-二酮[2112]。R=Me 和 Ph 的反应已经实现。碘化钐（SmI$_2$）[2113] 会导致同样的反应。酰碘在光化学条件下偶联生成 α-二酮[2114]。将苯甲酰氯在超声环境下与锂丝反应，会偶联为苯偶酰：2 PhCOCl+Li → PhCOCOPh[2115]。

不对称的 α-二酮 RCOCOR′ 可以通过酰卤 RCOCl 与酰基锡试剂 R′COSnBu$_3$ 反应制得，该反应用 Pd 配合物作为催化剂[2116]。

16-84 含有活泼氢碳的酰化
二(乙氧基羰基)甲基-去-卤代，等

$$\underset{\text{O}}{\overset{\text{O}}{\underset{\|}{R-C}}}-Cl + \underset{Z'}{\overset{H}{\underset{|}{C}}}-H \longrightarrow \underset{Z'}{\overset{\text{O}}{\underset{|}{Z}}}\underset{H}{\overset{}{\underset{|}{C}}}-\underset{}{\overset{}{R}}$$

该反应与 10-67 类似，但报道的实例不多[2117]。Z 和 Z′ 都可以是 10-67 列出的任何一个吸电子基团（CO$_2$R、COR、CN 等）[2118]。酸酐的反应类似，但不常用。由于 RCO 是一个 Z 类基团，因此产物中就含有 3 个 Z 基团。它们中的一或两个可被脱去（反应 12-40、12-43）。这样，化合物 ZCH$_2$Z^1 就转化为 ZCH$_2$Z^2，或酰氯 RCOCl 转化为甲基酮 RCOCH$_3$。O-酰化有时是副反应[2119]。如果使用 ZCH$_2$Z^1 的铊（Ⅰ）盐，有可能实现 C 位或 O 位的区域选择性酰化。例如，将 MeCOCH$_2$COMe 的铊（Ⅰ）盐与乙酰氯在 $-78℃$ 反应，90% 以上是 O-酰基化产物；而与乙酰氟在室温下反应，95% 以上是 C-酰基化产物[2120]。使用烷基氯甲酸酯可得到三酯[2121]。

将该反应用于简单的酮时（与 10-68 类似），需要强碱[2122]，如 NaNH$_2$ 或 Ph$_3$CNa，而且反应通常由于 O-酰化而变得复杂。由于一般 O 位发生酰化较快，它在许多情况时是反应的主要方式。通过在低温下加入过量的（2～3 倍量）烯醇离子（将烯醇盐加到底物中，而不是相反）；或者使用相对无极性的溶剂和金属离子（如 Mg^{2+}），金属离子会与烯醇氧紧密结合；或者使用酰卤而不是酸酐[2123]；或者在低温下反应[2124]，这些办法可能能提高 C-酰化产物的比例。使用过量的烯醇可实现 C-酰化，这是因为先发生 O-酰化，生成的 O-酰化产物（烯醇酯）然后被 C-酰化。简单酮的酰基化也可通过它们的烯醇硅醚与酰氯在 ZnCl$_2$ 或 SbCl$_3$ 催化下实现[2125]。酮可在 BF$_3$ 催化下被酸酐酰化，得到 β-二酮[2126]。简单的酯 RCH$_2$COOEt 可以在 α-C 上发生酰化（$-78℃$），但需要像 N-异丙基环己氨基锂这样的强碱来脱除质子[2127]。

烯醇硅醚与乙酸酐在手性 Fe 配合物存在下反应，生成手性 β-酮酯[2128]。

OS Ⅱ,266,268,594,596；Ⅲ,16,390,637；Ⅳ,285,415,708；Ⅴ,384,937；Ⅵ,245；Ⅶ,213,359；Ⅷ,71,326,467；另见 OS Ⅵ,620.

16-85 由羧酸酯酰化羧酸酯：Claisen 和 Dieckmann 缩合
烷氧基羰基烷基-去-烷氧基-取代

$$2\ R\underset{\underset{\text{O}}{\|}}{\overset{}{C}}\text{—OR'} \underset{}{\overset{OEt^-}{\rightleftharpoons}} \xrightarrow{H_3O^+} R\underset{\underset{\text{O}}{\|}}{\overset{R}{C}}\underset{\underset{\text{O}}{\|}}{\overset{}{C}}\text{—OR'}$$

当含有一个 α-H 的羧酸酯与强碱如乙醇钠反应时,就会通过酯的烯醇盐发生缩合反应,生成 β-酮酯[2129]。这个反应被称为 Claisen 缩合反应。如果是两种不同的酯发生缩合,而且每种酯都含有 α-H(这个反应被称为混合 Claisen 缩合反应或交叉 Claisen 缩合反应),那么通常会得到四种产物的混合物,这种反应几乎没有合成价值[2130]。但是,如果只有一种酯含 α-H,该交叉反应还是有用的。这里使用的没有 α-H 的酯(因此用作底物)包括芳香羧酸的酯、碳酸乙酯和草酸乙酯。酯的烯醇盐与碳酸乙酯发生这一反应,生成的是丙二酸酯。与甲酸乙酯反应引入甲酰基。苯酯与 ZrCl$_4$ 及二异丙基乙胺(Hünigs 碱)发生 Claisen 缩合反应,得到相应的酮酯[2131]。Ti 化合物可催化交叉 Claisen 缩合反应[2132]。硼(Ⅲ)化合物也能催化酯缩合反应[2133]。

与酮的烯醇盐的反应一样(参见反应 16-34),在动力学条件下使用氨基碱(共轭酸为弱酸的强碱,非质子性溶剂,低温),混合 Claisen 缩合反应可较好地进行。当以 LDA 为碱时,存在烯醇锂与母体酯发生自身缩合反应的问题[2134],但使用 LICA 可尽可能减小这个问题[2135]。要注意的是,无溶剂的 Claisen 缩合反应已有报道[2136]。在铟催化下可发生逆 Claisen 缩合反应[2137]。

当发生缩合的两个酯基在同一个分子中,产物就是环 β-酮酯 (**122**),相应反应被称为 Dieckmann 缩合[2138]。

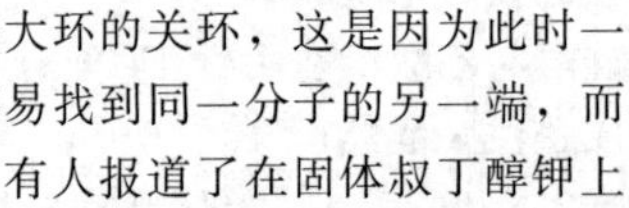

122

Dieckmann 缩合最适用于合成 5～7 元环。合成 9～12 元环的产率非常低,甚至根本不反应;大环可以通过高度稀释的技术关环。高度稀释有助于大环的关环,这是因为此时一个分子的一端更容易找到同一分子的另一端,而不是另一个分子。有人报道了在固体叔丁醇钾上的无溶剂 Dieckmann 缩合反应[2139]。非对称底物的 Dieckmann 缩合在固相负载上可以实现区域选择性(单向性的)反应[2140]。Dieckmann 缩合也可用 TiCl$_3$/NBu$_3$ 反应,这时 TMSOTf 是催化剂[2141]。曾有报道类 Dieckmann 缩合(Dieckmann-like condensation),在这个反应中,α,ω-二羧酸在石墨上用微波辐照并加热至 450℃,结果生成环酮[2142]。

Claisen 和 Dieckmann 反应机理(第 1～3 步)一般是四面体机理[2143],一分子酯在碱的作用下变为亲核试剂,另一分子酯作为底物。

第 1 步

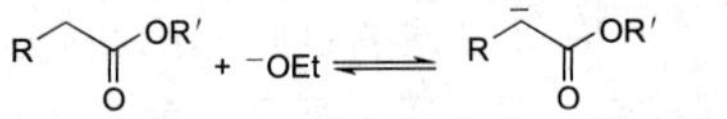

第 2 步

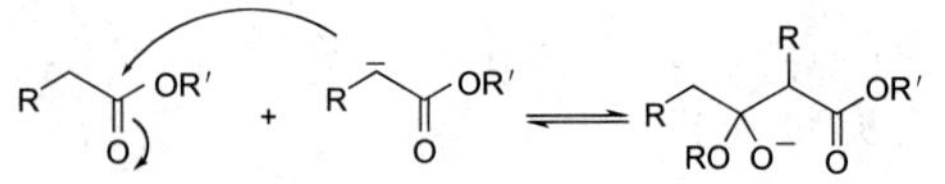

第 3 步

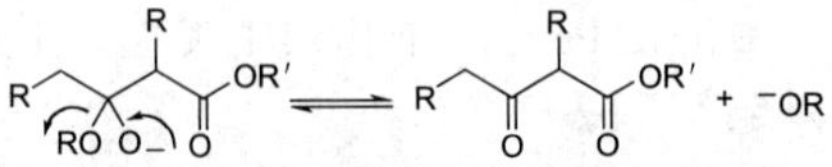

这个反应详细说明了羧酸酯和醛酮反应行为的显著区别。当碳负离子如烯醇离子加成到醛或酮的羰基上时(反应 16-38),H 或 R 并不离去,因为它们相对于 OR 而言,是差的离去基团。它会在类似于 **123** 的中间体的 O 上加上一个质子,最后生成羟基化合物。

与反应 10-67 不同,一般酯的反应也很好。也就是说,两个 Z 基团不是必需的。酸性稍低也可以得到令人满意的结果,这是因为没必要将进攻的酯全都变成离子。第 1 步是很偏向于左边的平衡,但生成的少量烯醇离子已经足够进攻容易已经靠近的底物酯。所有的步骤都是平衡反应。但由于体系中的碱将产物变成它的共轭碱,因此反应得以进行(就是说,β-酮酯的酸性比醇强):

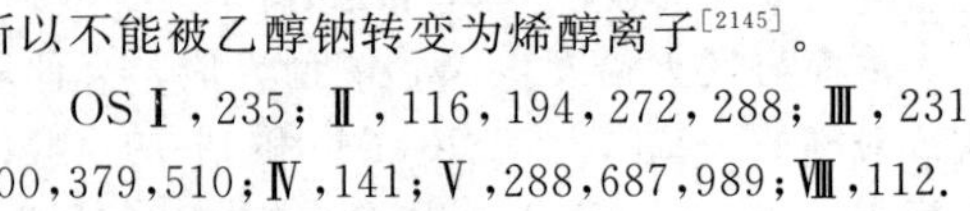

使用更强的碱,如 NaNH$_2$、NaH 或 KH[2144],通常可提高产率。对于某些酯,乙醇钠无效,必须使用更强的碱。这些酯包括 R$_2$CHCOOEt 类的酯,它的产物(R$_2$CHCOCR$_2$COOEt)没有酸性的 H,所以不能被乙醇钠转变为烯醇离子[2145]。

OS Ⅰ,235;Ⅱ,116,194,272,288;Ⅲ,231,300,379,510;Ⅳ,141;Ⅴ,288,687,989;Ⅷ,112。

16-86 羧酸酯酰化酮和腈

α-酰基烷基-去-烷氧基-取代

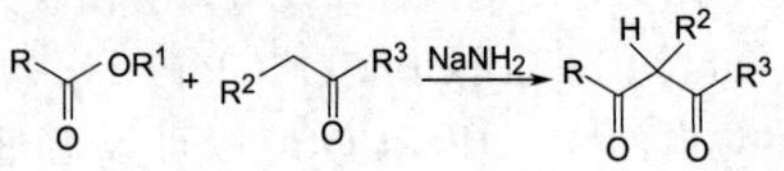

羧酸酯与酮反应生成 β-二酮,这个反应与 16-85 如此相似,有时它也被称作 Claisen 缩合反应,尽管这种叫法不太合适。该反应需要相当强的碱,如氨基钠、氢化钠。加入冠醚催化能提高产率[2146]。甲酸酯（R＝H）反应生成β-酮醛。碳酸乙酯反应生成β-酮酯。β-酮酯也可以通过酮的烯醇锂与氰基甲酸甲酯 MeOCOCN 反应制得（这里 CN 作为离去基团）[2147]，或者酮与 KH 和二碳酸二乙酯（EtOCO)$_2$O 反应制得[2148]。这个反应也被用来成环，尤其是制备五、六元环。酮有时也可以用腈来代替，产物就是β-酮腈。

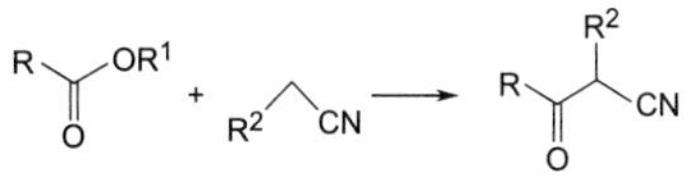

$$R-C(=O)-OR^1 + R^2CH_2CN \longrightarrow R-C(=O)-CH(R^2)-CN$$

其它碳负离子基团，如乙炔负离子、α-甲基吡啶衍生的离子，也可用作亲核试剂。甲亚磺酰基碳负离子（$CH_3SOCH_2^-$）[2149]，DMSO 的共轭碱，是一种特别有用的亲核试剂，因为生成的β-酮亚砜很容易被还原为甲基酮（参见反应 **10-67**）。二甲砜基碳负离子（$CH_3SO_2CH_2^-$），二甲基砜的共轭碱，可发生类似反应，产物也可以被类似地还原[2150]。某些羧酸酯、酰卤和 DMF 可酰化 1,3-二噻烷（见反应 **10-71**）[2151]，产物用 NBS 或 NCS 氧化水解，可生成 α-酮醛或 α-二酮[2152]。

与反应 **10-67** 一样，如果使用 2mol 的碱，酮的酸性最强的质子先被去除，而后酸性第二强的质子被去除，得到双负离子 **124**。这样，β-二酮就转化为 1,3,5-三酮[2153]。

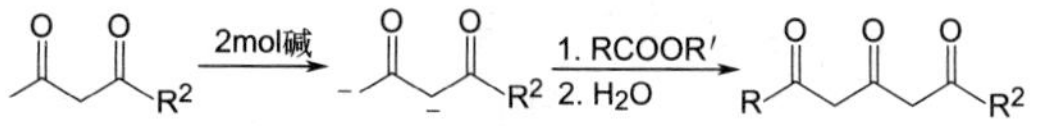

$$\text{结构式: } R^2\text{-CO-CH}_2\text{-CO-R} \xrightarrow{2mol碱} \text{双负离子 } \mathbf{124} \xrightarrow[2.\ H_2O]{1.\ RCOOR'} R\text{-CO-CH}_2\text{-CO-CH}_2\text{-CO-R}^2$$

副反应是酮的自身缩合（反应 **16-34**）、酯的自身缩合以及酮与提供 α 位的酯的反应（**16-36**）。此反应机理与反应 **16-85** 一样[2154]。

OS I, 238; II, 126, 200, 287, 487, 531; III, 17, 251, 291, 387, 829; IV, 174, 210, 461, 536; V, 187, 198, 439, 567, 718, 747; VI, 774; VII, 351.

16-87 羧酸盐的酰化

α-羧基烷基-去-烷氧基-取代

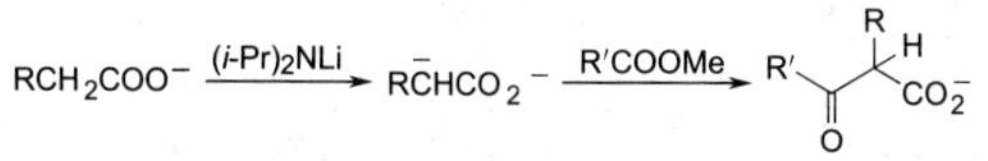

$$RCH_2COO^- \xrightarrow{(i-Pr)_2NLi} R\bar{C}HCO_2^- \xrightarrow{R'COOMe} R'C(=O)CHR\text{-}CO_2^-$$

我们前面见过（反应 **10-70**）羧酸的双负离子可以在 α 位烷基化。这些离子也可以通过与羧酸酯反应[2155]而酰基化，生成 β-酮酸盐。与反应 **10-70** 一样，羧酸可以是 RCH_2COOH 或 $RR^2CHCOOH$。由于 β-酮酸很容易转化为酮（反应 **12-40**），因此这也是制备酮 R^1COCH_2R 和 $R^1COCHRR^1$ 的方法，这里 R^1 可以是伯、仲、

叔烷基或芳基。如果酯是甲酸乙酯，那么形成的是 α-甲酰基羧酸盐（R^1＝H），它酸化后会自发脱羧生成醛[2156]。这是一个将羧酸转化为醛的方法 $RCH_2COOH \rightarrow RCH_2CHO$，它是 **19-39** 的还原反应的替代方法之一。当羧酸为 $RR^2CHCOOH$ 时，用酰卤酰化的产率要比酯高[2157]。

16-88 酰基腈的制备

氰基-去-卤代

$$RCOX + CuCN \longrightarrow RCOCN$$

酰基腈[2158]可通过酰卤与氰化铜反应制得。反应机理可能是自由基或亲核取代反应。这类反应也能通过与氰化铊(I)[2159]、与 Me_3SiCN 和 $SnCl_4$ 催化剂[2160]以及与 Bu_3SnCN[2161] 反应实现，但只适用于 R 为芳基或叔烷基时。在超声[2162]下使用氰化钾或者相转移催化剂配合 NaCN，这些方法也都很有效[2163]。

OS III, 119.

16-89 重氮酮的制备

重氮甲基-去-卤代

$$RCOX + CH_2N_2 \longrightarrow RCOCHN_2$$

酰卤和重氮甲烷的反应应用面很广，是制备重氮酮的最好方法[2164]。反应中重氮甲烷必须过量，否则产生的 HX 会与重氮酮反应（**10-52**）。该反应是 Arndt-Eistert 合成的第 1 步（**18-8**）。重氮酮也可直接由羧酸与重氮甲烷或重氮乙烷在 DCC 存在下反应生成[2165]。

OS III, 119; VI, 386, 613; VIII, 196.

16-90 脱羧成酮反应[2166]

烷基-去-羟基化

$$2RCOOH \xrightarrow[ThO_2]{400\sim500℃} RCOR + CO_2$$

羧酸在氧化钍催化下高温裂解，会生成对称的酮。在混合酸的反应中，甲酸与其它酸在氧化钍中共热会得到醛。烷基芳基混酮可通过与亚铁盐混合加热制得[2167]。当 R 较大时，可由其甲酯而不是用羧酸在氧化钍中脱羧甲氧基，得到对称的酮。

该反应已应用于二酸，可得到环酮：

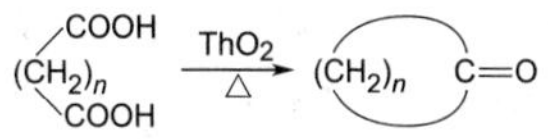

$$(CH_2)_n\begin{Bmatrix}COOH\\COOH\end{Bmatrix} \xrightarrow[\Delta]{ThO_2} (CH_2)_n\,C=O$$

这个过程被称为 Ruzicka 环化反应，是合成六、七元环的好方法，制备 $C_8 \sim C_{10}$ 到 C_{30} 环酮的产率较低[2168]。

该反应机理方面的研究很少。但有人通过对副产物的深入研究，提出了自由基机理[2169]。

OS I, 192; II, 389; IV, 854; V, 589; 另见 OS IV, 55, 560.

16.2.3 碳加成到杂原子上的反应
16.2.3.1 氧加成到碳上
16-91 Ritter 反应

N-氢,N-烷基-C-氧-双加成

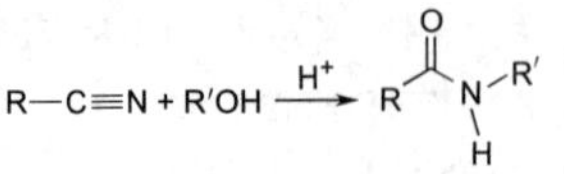

$$R-C\equiv N + R'OH \xrightarrow{H^+} R-C(=O)-NHR'$$

醇可以以一种完全不同于反应 **16-9** 的方式与腈加成。在这个反应中，醇被强酸转化为碳正离子，后者加到负电性的氮上生成 **125**，而后水加到亲电性的碳上生成烯醇式的酰胺（见 **126**），然后 **126** 异构化（参见 2.14.1 节）成 N-烷基酰胺。

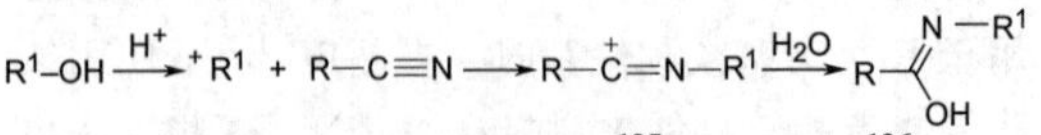

$$R^1-OH \xrightarrow{H^+} {}^+R^1 + R-C\equiv N \longrightarrow R-C=N-R^1 \xrightarrow{H_2O} R-C(OH)=N-R^1$$
$$\qquad\qquad\qquad\qquad\qquad\qquad\quad \mathbf{125} \qquad\qquad\qquad \mathbf{126}$$

只有能产生相对稳定碳正离子的醇（如仲醇、叔醇、苄醇等）才能反应；伯醇不发生这个反应。碳正离子不一定从醇产生，也可以从烯烃的质子化或其它途径产生。无论是哪种情况，这个反应都称为 Ritter 反应[2170]。Lewis 酸如 $Mg(HSO_4)_2$ 可用于促进反应[2171]。具有高度空间位阻的腈与甲醇及硫酸共热可转化为 N-甲基酰胺[2172]。氢氰酸也能发生这个反应，产物是甲酰胺。也可用三甲基氰基硅[2173]。

由于酰胺（尤其是甲酰胺）很容易水解成胺，因此 Ritter 反应提供了完成 $R'OH \rightarrow R'NH_2$（见反应 **10-32**）和烯烃$\rightarrow R'NH_2$（见反应 **15-8**）转化的方法，其中要求 R' 能形成相对稳定的碳正离子。这个反应对于制备烷基叔胺特别有用，因为很少有制备这些化合物的替代方法。在腈存在下，通过与三氟乙酸酐[2174]或 $Ph_2CCl^+ SbCl_6^-$ 或类似的盐[2175]作用，这个反应也可以扩展到伯醇。P_2O_5 和硅胶的混合物可用于催化 Ritter 反应[2176]。还有 Nafion 催化且微波辅助的反应[2177]，以及 $FeCl_3$ 催化[2178]和碘催化[2179]的反应。

形式为 $RCH=CHR'$ 和 $RR'C=CH_2$ 的烯烃在硝酸汞存在下与腈加成，然后 $Na-BH_4$ 作用，得到与 Ritter 反应相同的酰胺[2180]。这个方法的优点是避免使用强酸。

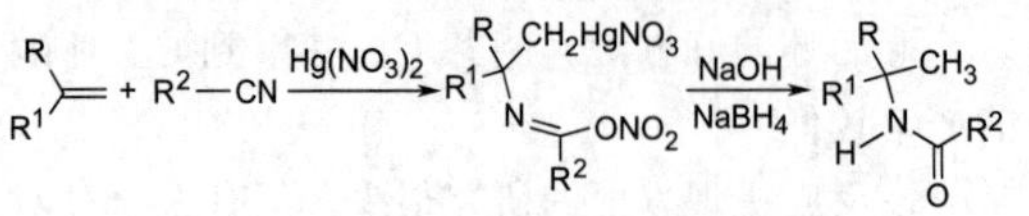

$$R^1R=CH_2 + R^2-CN \xrightarrow{Hg(NO_3)_2} R^1R-C(CH_2HgNO_3)-ONO_2 \xrightarrow[NaBH_4]{NaOH} R^1R-C(CH_3)-NH-C(=O)-R^2$$

苄基型化合物（如乙苯）与烷基腈、硝酸铈铵以及催化量的 N-羟基琥珀酰亚胺反应，生成 Ritter 产物，即酰胺[2181]。

Ritter 反应可以应用于氰基胺（RNHCN），反应得到脲（RNHCONHR'）[2182]。
OS V,73,471.

16-92 醛与醛的加成

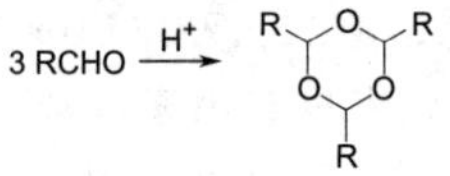

$$3 RCHO \xrightarrow{H^+} \text{（环状三聚体）}$$

在酸催化下，低分子量的醛相互加成得到环缩醛，最常见的产物是三聚体[2183]。甲醛的环状三聚体被称为三噁烷（trioxiane）[2184]，乙醛的环状三聚体被称为三聚乙醛（paraldehyde）。在某些条件下，也有可能得到四聚体[2185]或二聚体。醛也可以聚合成线型聚合物，但是在链的末端形成半缩醛基需要少量水。甲醛形成的线型聚合物称为低聚甲醛（paraformaldehyde）。由于醛的三聚体和多聚体是缩醛，因此它们对碱稳定，但能被酸水解。由于甲醛和乙醛沸点比较低，因此以它们的三聚体或多聚体的形式使用通常较为方便。

一个有点类似的反应是腈在各种酸、碱或其它催化剂作用下三聚成三嗪（参见 OS Ⅲ,71）[2186]。最常用的是 HCl，另外多数具有 α-氢的腈不发生这个反应。

16.2.3.2 氮加成到碳上
16-93 异氰酸酯与异氰酸酯的加成（形成碳二亚胺）

烷基亚氨基-去-氧-双取代

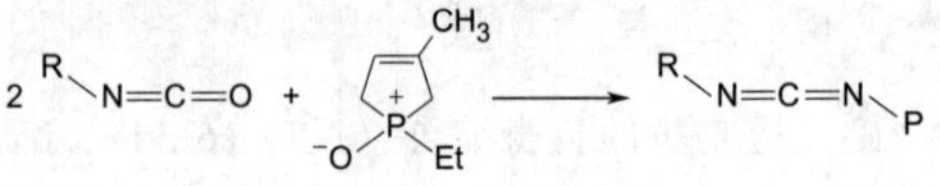

$$2 R-N=C=O + \text{（127）} \longrightarrow R-N=C=N-R + \text{P}$$

异氰酸酯与 3-甲基-1-乙基-3-磷烯-1-氧化物（**127**）作用，是高产率合成碳二亚胺（carbodiimides）[2187]的一个有用方法[2188]。该反应机理并不是简单的一分子异氰酸酯与另一分子异氰酸酯的加成，因为反应动力学对异氰酸酯是一级的，对催化剂也是一级的。人们提出了如下的机理（催化剂以 $R_3P^+-O^-$ 为例）[2189]：

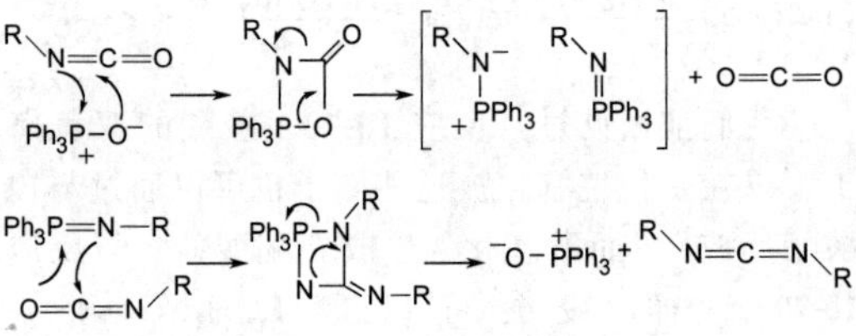

$$R-N=C=O + Ph_3P-O^- \longrightarrow R-N-C(=O)-O-PPh_3 \longrightarrow [R-N=C-O-PPh_3 \leftrightarrow R-N-C=O-PPh_3] + O=C=O$$

$$Ph_3P=N-R + O=C=N-R \longrightarrow Ph_3P-N-R-C(=N-R)-O \longrightarrow {}^-O-PPh_3^+ + R-N=C=N-R$$

根据这个机理，一分子的异氰酸酯与 C=O 加成，另一分子与异氰酸酯 C=N 加成。证据来自 ^{18}O 标记实验。这个实验表明，产生的每分

子 CO_2 中的氧原子，一个来自异氰酸酯，另一个来自 **127**[2190]，与从这个机理预测的完全相同。当然，还有一些其它催化剂也是有效的[2191]。人们已经制得高负载的可溶性的低聚碳二亚胺[2192]。

OS V, 501.

16-94 羧酸盐转化为腈

次氮基-去-氧,氧-三取代

$$RCOO^- + BrCN \xrightarrow{250\sim300℃} RCN + CO_2$$

脂肪族或芳香族羧酸盐与 BrCN 或 ClCN 加热可转化成相应的腈。与乙腈在硫酸中共热也可得到腈[2193]。尽管表面上像，但实际上这不是取代反应。当使用 $R^{14}COO^-$ 时，标记物出现在腈中，而不是在 CO_2 中[2194]，而且 R 的光学活性是保持的[2195]。从反应混合物中能分离出酰化的异氰酸酯 RCON=C=O；因此提出了如下机理[2194]：

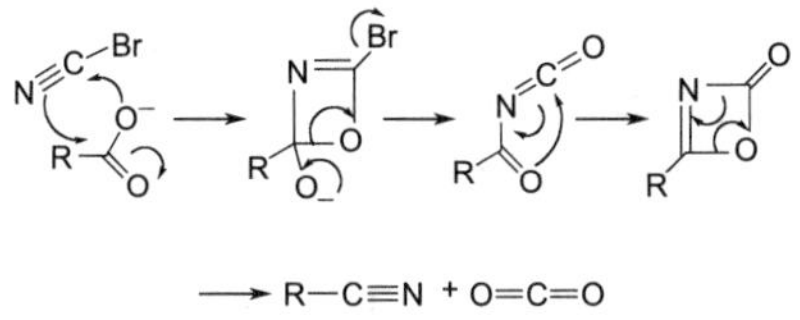

$$\longrightarrow R-C\equiv N + O=C=O$$

16.2.3.3 碳加成到碳上

该组反应（16-61～16-64）是环加成。

16-95 β-内酯和环氧烷的形成

(2+2)OC,CC-环-氧代乙烯-1/2/加成

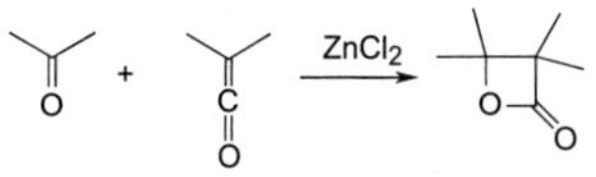

醛、酮和醌与烯酮反应生成 β-内酯[2196]，二苯基烯酮最常用于该反应[2197]。这个反应受 Lewis 酸催化，若没有 Lewis 酸，大多数烯酮不能形成加合物，因为没有催化剂时必须在高温下反应，而加合物在高温下却易分解。当烯酮与三氯乙醛（Cl_3CCHO）加成时，在手性催化剂（+)-奎尼定作用下，生成具有很好对映选择性的 β-内酯单一异构体[2198]。使用手性噁唑硼烷（oxazaborolidine）可以实现对映选择性地生成 β-内酯[2199]。使用手性 Al 催化剂也可以得到具有好的顺式选择性和好的对映选择性的 β-内酯[2200]。其它二卤代和三卤代醛和酮也可以对映异构选择地反应，只是 ee 值略低[2201]。烯酮与另一分子相同的烯酮加成：

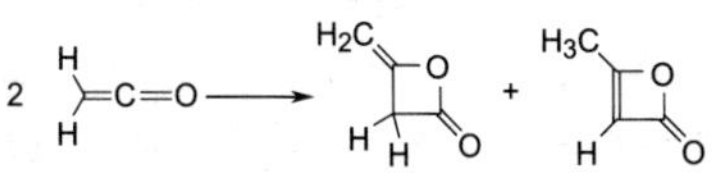

乙烯酮二聚反应很快，以至于无法与醛或酮形成 β-内酯，而只有在低温下才能形成 β-内酯，其它烯酮二聚较慢。在这些情况下，主要的二聚产物不是 β-内酯，而是环丁二酮（参见反应 **15-63**）。然而，通过加入催化剂如三乙胺或三乙基膦，可以提高二聚成 β-内酯的比例[2202]。烯酮缩醛 $R_2C=C(OR')_2$ 在 $ZnCl_2$ 存在下与醛和酮加成生成相应的氧杂环烷[2203]。

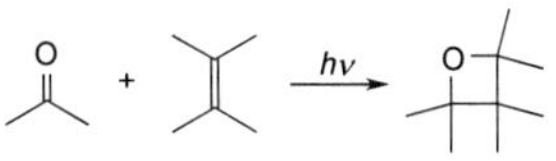

普通醛和酮在紫外光照射下能与烯烃加成，生成氧杂环烷。醌也可以发生类似反应生成螺环氧杂环烷[2204]。这个反应被称为 Paterno-Buchi 反应[2205]，它与反应 **15-63** 中讨论的烯烃光化学二聚相似。一般来说，反应机理是激发态的羰基化合物与基态的烯烃加成。研究表明，单线态（S_1）[2206]氧和 n,π^* 三线态氧[2207]都能与烯烃加成生成氧杂环烷。用光谱方法[2209]检测到了双自由基中间体 $\cdot O-C-C-C\cdot$ [2208]。Paterno-Buchi 反应的产率变化比较大，从很低到非常高（90%）。反应可以是高度非对映选择的[2210]。研究显示，烯丙醇与醛反应生成氧杂环烷，反应具有顺式选择性[2211]。反应有好几种副反应。当反应通过三线态进行时，只有当烯烃拥有与羰基化合物相当或更高的三线态能量时，反应通常才能成功；否则将发生能量从激发态的羰基向基态烯烃的转移（三线态-三线态光敏化，参见 7.1.6 节)[2212]。在多数情况下，醌与烯烃正常反应，生成氧杂环烷产物，但是其它的 α,β-不饱和酮通常优先形成环丁烷（反应 **15-63**）。醛和酮也可以与烯烃发生光化学加成，生成相应的外型亚烷基氧杂环烷（alkylidneoxetane）和二氧螺环化合物[2213]：

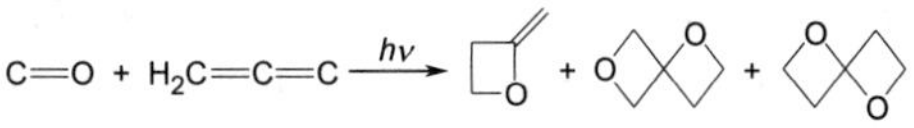

醛可以与烯醇硅醚加成[2214]。酮在固相时通过光解发生分子内反应，得到二环氧杂环烷[2215]。

OS Ⅲ, 508; Ⅴ, 456.

对于逆向反应,参见 OS Ⅴ, 679.

16-96 β-内酰胺的形成

(2+2)NC,CC-环-[氧代亚乙基]-1/2/加成

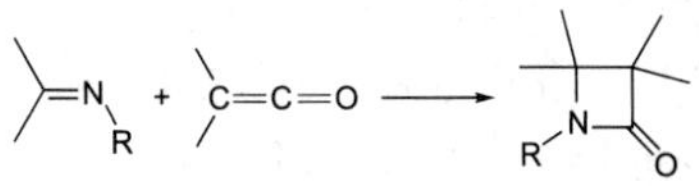

烯酮与亚胺加成生成 β-内酰胺[2216]。反应一

般在形如 $R_2C=C=O$ 的烯酮上进行。而形如 $RCH=C=O$ 的烯酮不发生此反应，除了在亚胺存在下，由重氮酮原位分解产生（Wolff 重排，反应 **18-8**）的 $RCH=C=O$。这个反应还没能成功应用于 $RCH=C=O$。用烯酮完成了这个反应，但是更通常的途径是与底物的烯胺互变异构体的加成。硫代烯酮（$R_2C=C=S$）[2217]生成 β-硫代内酰胺[2218]。亚胺与①锌（或其它金属[2219]）和 α-溴代酯（Reformatsky 条件，反应 **16-28**）[2220]，或②铬卡宾配合物 $(CO)_5Cr=C(Me)OMe$ 作用也生成 β-内酰胺[2221]。后一种方法可用于制备光学活性的 β-内酰胺[2222]。烯酮也可与某些腙（如 $PhCH=NNMe_2$）加成生成 N-氨基-β-内酰胺[2223]。高聚物固载的吡啶盐可促进羧酸与亚胺形成 β-内酰胺[2224]。α-氯亚胺可用作该反应的手性诱导物[2225]。

N-甲苯磺酰基亚胺可与烯酮反应。质子海绵和手性胺可使生成 N-甲苯磺酰基-β-内酰胺的反应具有好的对映选择性[2226]。使用手性二茂铁催化剂也可以获得好的对映选择性[2227]。手性铵盐[2228]或手性金鸡纳生物碱[2229]也可用作催化剂。使用催化量的苯甲酰奎宁可以得到具有好的对映选择性的 β-内酰胺[2230]。

烯酮-亚胺的分子内反应已有报道[2231]。

与烯酮和烯烃环加成反应（**15-63**）相似，大多数这些反应很可能通过双离子机理 c（参见 **15-63**）[2232]。β-内酰胺也可以用相反的方式来制备：将烯胺加成到异氰酸酯中[2233]。

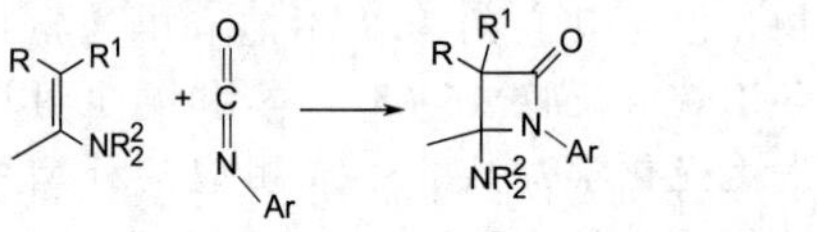

活泼化合物氯磺酰异氰酸酯（$ClSO_2NCO$）[2234]，甚至可以与不活泼的烯烃[2235]形成 β-内酰胺，还可以与亚胺[2236]、丙二烯[2237]、共轭二烯[2238]和环丙烯[2239]形成 β-内酰胺。在微波辐射下，烷基异氰酸酯也可以反应[2240]。

α-重氮酮与亚胺在微波辐照下反应生成 β-内酰胺[2241]。在 Pd 催化剂作用下，烯丙基膦酸酯与亚胺反应生成 β-内酰胺[2242]。炔试剂，如 $BuC≡CO^-Li^+$，与亚胺反应形成 β-内酰胺[2243]。亚胺与苄基卤在 CO 及 Pd 催化剂存在下反应生成 β-内酰胺[2244]。共轭酰胺与 NBS 和 20% 乙酸钠反应生成 α-溴-β-内酰胺[2245]。采用一种不同的方法也可以得到 β-内酰胺，即氮丙啶与 CO 在 Co 催化剂作用下共热[2246]。氮丙啶与 CO 也可在树枝状催化剂作用下反应得到 β-内酰胺[2247]。

β-硫代内酰胺可由芳基异硫氰酸酯制得[2248]。

OS Ⅴ, 673; Ⅷ, 3, 216.

16.2.4 与异腈的加成[2249]

与 $R-\overset{+}{N}≡\overset{-}{C}$ 的加成并不是带电子对的反应物种加到一个原子上，不带电子对的反应物种加到另一个原子上，与异腈的加成与本章及第 15 章中所讨论的其它类型双键和叁键的加成不同。对异腈的加成是亲电试剂和亲核试剂都加到碳上。然而，没有反应物种加到氮上，反应中氮获得叁键的一对未共用电子对，从而失去正电荷，生成 **128**：

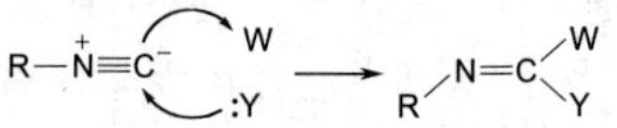

下面讨论的大多数反应中，**128** 发生进一步反应，因此产物为 $R-NH-CR_3$ 的形式。

16-97 水与异腈的加成

1/N,2/C-二氢-2/C-氧-加成

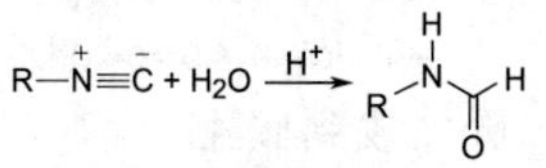

甲酰胺可以通过酸催化的水与异氰根的加成而制备。反应机理可能为[2250]：

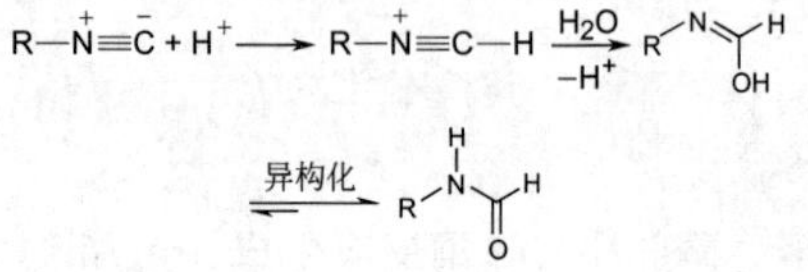

反应也可在碱性条件下进行，采用 HO^- 的二氧六环水溶液反应[2251]。此时的机理是 HO^- 对碳原子的亲核进攻。邻炔基苯基异腈在甲醇中加热时，发生分子内的炔基对异腈中碳的加成，生成喹啉衍生物[2252]。

16-98 Passerini 和 Ugi 反应[2253]

1/N-氢-2/C-(α-酰氧基烷基)-2/C-氧-双加成

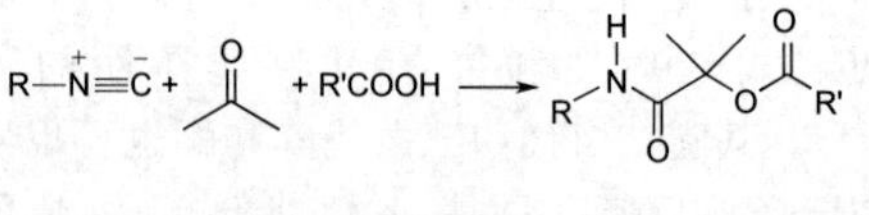

当异腈与羧酸和醛或酮反应时，得到 α-酰氧基酰胺。这个反应被称为 Passerini 反应。在手性二磷酰胺存在下，$SiCl_4$ 介导的反应能以好的对映选择性生成 α-羟基酰胺[2254]。可以进行无溶剂的 Passerini 反应[2255]，也可以在离子液体中反应[2256]。人们对基本反应提出了如下反应机理[2257]：

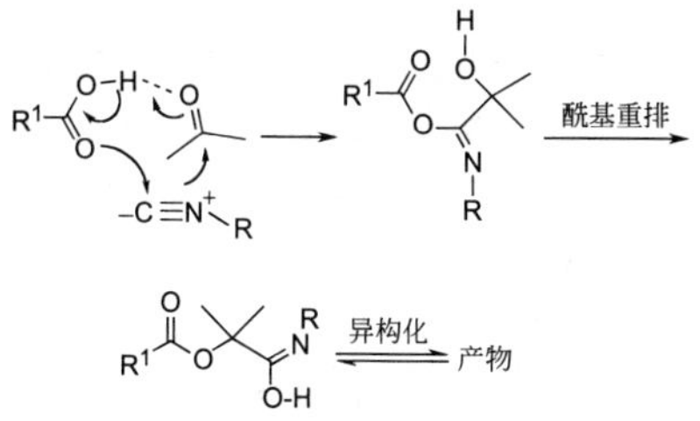

如果反应混合物中还存在氨或胺（这种情况的反应称为 Ugi 反应，或 Ugi 四组分缩合反应，缩写为 4CC），产物是相应的双酰胺 $R^1(C=O)$ NH−C−(C=O)NHR（与 NH_3 反应）或 $R^1(C=O)NR^2$−C−(C=O)NHR（与伯胺 R^2NH_2 反应）。可以进行催化的三组分 Ugi 反应[2258]。重复的 Ugi 反应已有报道[2259]。这个产物可能是由羧酸、异腈和由醛或酮与氨或伯胺形成的亚胺之间的反应产生的。用卤代烷/AgCN 及 KCN 原位形成异氰根离子可以进行"无异氰根"的 Ugi 反应[2260]。用 N-氨基酸[2261]或多肽作为羧酸部分和/或用含有 C-保护羧基的异腈的反应可用于多肽合成[2262]。三氟甲磺酸的稀土金属盐可催化此反应[2263]。

16-99 金属醛亚胺的形成

1/1/锂-烷基-加成

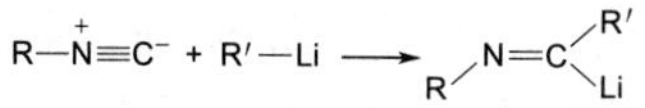

$$R-N\equiv C^+ + R'-Li \longrightarrow \begin{array}{c} R' \\ N=C \\ R \quad Li \end{array}$$

不含有 α-氢的异腈与烷基锂化合物[2264]，或与格氏试剂反应，生成锂（或镁）醛亚胺[2265]。这些金属醛亚胺是具有多种用途的亲核试剂，可以与如下所示的各种底物反应：

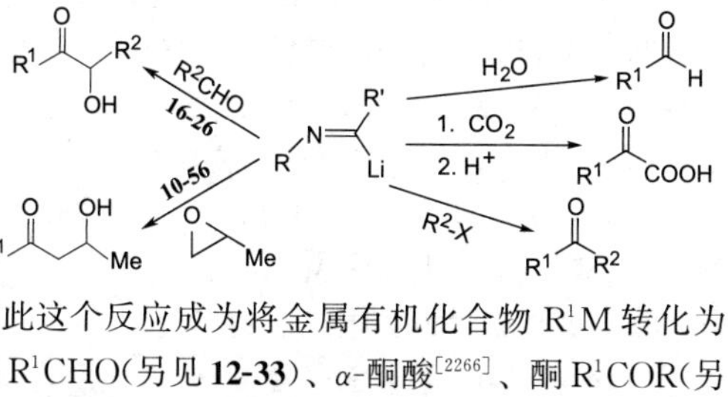

因此这个反应成为将金属有机化合物 R^1M 转化为醛 R^1CHO（另见 12-33）、α-酮酸[2266]、酮 R^1COR（另见 12-33）、α-羟基酮或 β-羟基酮的方法。在上述各情况下 C=N 键都水解成 C=O 键（16-2）。

一个相关的反应，是异腈与铁配合物作用，然后在苯溶液中用射线照射，可被转化为芳香醛亚胺：$RNC+C_6H_6 \longrightarrow PhCH=NR$[2267]。

OS Ⅵ,751.

16.2.5 对磺酰基硫原子的亲核取代[2268]

RSO_2X 上的亲核取代与 $RCOX$ 的类似。尽管磺酰卤的反应活性要比羧酸的卤化物差，但它们的许多反应本质上是一样的[2269]。它们的反应机理[2270]不一样，在这里，"四面体"中间体（**129**）的中心原子上会有五个基团。尽管有可能存在这种结构（由于硫原子的价层可容纳 12 个电子），但反应机理更像 S_N2 机理，过渡态为三角双锥结构（**130**）。两个主要的实验结果可得出这个结论：

129　　**130**

（1）该反应的立体选择性要比饱和碳上的亲核取代难确定得多，饱和碳的手性化合物相对容易合成；但我们知道［参见 4.3 节（2）］，对于 RSO_2X 形式的化合物，如果一个氧原子为 ^{16}O，另一个为 ^{18}O，它也会有光学活性。当有这种手性的磺酸酯与格氏试剂反应（**16-105**）生成砜，它会发生构型翻转[2271]。这与由 **129** 这样的中间体得出的结论不一致，但与从背面进攻的 S_N2 机理相当符合。

（2）更直接的不利于 **129** 的证据（虽然尚未最后确定）是芳基磺酸芳酯的酸性和碱性水解实验，该水解反应在用 ^{18}O 标记了的水中进行。由于在反应结束前终止反应，发现生成的酯中不含有 ^{18}O，这表明如 **129** 那样的中间体没有可逆地生成[2272]。

其它的支持类 S_N2 机理的证据来自动力学和取代效应[2273]。然而，支持 **129** 的证据是改变离去基团而反应速率并没有太大变化[2274]；以及 ρ 值很大，表明过渡态中形成负电荷[2275]。

在某些底物含有 α-H 的例子中，有强有力的证据[2276]表明至少其中的部分反应遵循消除-加成机理（E1cB，类似于反应 **16-69**），经过亚磺酰烯（sulfene）中间体[2277]。例如，甲磺酰氯与苯胺的反应：

$$CH_3-SO_2Cl \xrightarrow{碱} CH_2=SO_2 \xrightarrow{PhNH_2} CH_3-SO_2-NHPh$$
亚磺酰烯

在一些磺酸酯（RSO_2OR'）的亲核取代的特例中（这里的 R' 是烷基），R'−O 要比 S−O 键更容易断裂，因为 OSO_2R 是个非常好的离去基团（另见 10.7.3 节）[2278]。许多这样的反应都在前面讨论过了（如反应 **10-4** 或 **10-10**），此时亲核取代发生在烷基碳原子上，而不是在硫原子上。然而，当 R′ 是芳基时，由于芳基作为底物发生亲核取代的倾向很小，因此 S—O 键就更容易断裂[2279]。

据报道，对磺酰基硫的亲核性顺序为：$HO^->RNH_2>N_3^->F^->AcO^->Cl^->H_2O>I^-$ [2280]。这个顺序与羰基碳上的类似（参见 10.7.2 节）。与较软的饱和碳相比，这些底物都可认为是相对硬的酸，有不同的亲核性顺序（参见 10.7.2 节）。

16-100 被 OH 进攻：磺酸衍生物的水解

S-羟基-去-氯代，等

$$RSO_2X \xrightarrow[\text{或 }H_2O+H^+]{H_2O} RSO_2OH \quad (X = Cl, OR', NR'_2)$$

磺酰氯及磺酸的酯、酰胺可水解为相应的酸。磺酰氯可在无酸或无碱的情况下在水或醇中水解。也可以使用碱性催化剂，但产物就是盐。酯在水或稀酸中很容易水解。这一反应与 **10-4** 一样，通常是 R′—O 断裂（除了 R′ 是芳基的情况）。但有时烷基 R′ 的构型也会保持，表明此时发生了 S—O 断裂[2281]。磺酰胺不会被碱水解，甚至是热的浓碱。但酸却能水解之，尽管要比水解磺酰卤和磺酸酯困难一些。当然，氨或胺是以盐的形式出现。然而，如果溶剂是 HMPA，磺酰胺也能被碱水解[2282]。

甲醇中的镁已用于将磺酸酯转化为醇[2283]。类似地，在乙腈中 $CeCl_3 \cdot 7H_2O$-NaI 可将芳基甲苯磺酸酯转化为苯酚衍生物[2284]。

OS I, 14; II, 471; III, 262; IV, 34; V, 406; VI, 652, 727; 另见 OS V, 673; VI, 1016.

16-101 被 OR 进攻：磺酸酯的形成

S-烷氧基-去-氯代，等

$$RSO_2Cl + R^1OH \xrightarrow{\text{碱}} RSO_2OR^1$$

$$RSO_2NR_2^2 + R^1OH \xrightarrow{\text{碱}} RSO_2OR^1 + NHR_2^2$$

磺酸酯最常见的制备方法是由相应的卤化物在碱催化下与醇反应[2285]。这个方法常用于将醇转化为甲苯磺酸酯、溴苯磺酸酯和类似的磺酸酯。R 和 R¹ 都可以是烷基或芳基。碱一般是吡啶或其它的胺，它作为亲核催化剂[2286]，与在羧酸酰卤的醇解反应（**16-61**）中的作用类似。伯醇反应最快，这使得可以在分子中存在其它仲、叔羟基时选择性地磺化一个伯羟基。磺酰胺的反应不常用，而且用到的仅限于 N,N-二取代磺酰胺；就是说，R² 不能是 H。然而，尽管有许多局限，它是个有用的反应。反应的亲核试剂实际上是 R¹O⁻。然而，如果亲核试剂是苯酚，R² 也可以是 H（或烷基），产物就是 RSO_2OAr。这时也可使用酸性催化剂[2287]。磺酸与三甲基或三乙基原碳酸酯 [HC(OR)₃] 反应，可直接生成磺酸酯，反应不需要催化剂或溶剂[2288]；也可与亚磷酸三烷酯 [P(OR)₃] 反应[2289]。

1,2-二醇与甲苯磺酰氯及三乙胺在锡氧化物催化下反应，可以实现其单甲苯磺酰化[2290]。

OS I, 145; III, 366; IV, 753; VI, 56, 482, 587, 652; VII, 117; 66, 1; 68, 188; 另见 OS IV, 529; VI, 324, 757; VII, 495; VIII, 568.

16-102 被氮进攻：磺胺的形成

S-氨基-去-氯代

$$RSO_2Cl + NH_3 \longrightarrow RSO_2NH_2$$

在微波辅助下，磺酸可转化为 2,4,6-三氯[1,3,5]三嗪衍生物，而后可以得到磺酰胺[2291]。用磺酰氯与氨或胺反应，是制备磺酰胺的常用方法[2292]。伯胺反应生成 N-烷基磺酰胺，仲胺反应生成 N,N-二烷基磺酰胺。这个反应是 Hinsberg 法区分伯、仲、叔胺的基础。N-烷基磺酰胺有一个酸性的 H，因此在碱中可溶；而 N,N-二烷基磺酰胺却不溶于碱。同时叔胺通常不发生反应，伯、仲、叔胺就以这种方式得以区分。然而，由于至少有两个原因，这种测试是有局限的[2293]：①许多含有 6 个及 6 个以上碳的烷基的 N-烷基磺酰胺，尽管有酸性的 H，它还是不溶于碱[2294]，结果伯胺看起来像是仲胺；②如果反应条件不仔细控制，叔胺可能无法按原形回收[2289]。

伯胺或仲胺可通过与苯甲酰甲基磺酰氯（PhCOCH₂SO₂Cl）反应生成磺酰胺（RNHSO₂CH₂COPh 或 R₂NSO₂CH₂COPh）而在反应中得到保护[2295]。需要时，保护基可用锌和乙酸脱去。磺酰氯与叠氮离子反应生成磺酰叠氮（RSO₂N）₃[2296]。氯硫代甲酸酯 [ROC(=S)Cl] 与三乙胺反应生成 N,N-二乙基硫代酰胺[2297]。

一种完全不同的合成磺酰胺的方法是，烯丙基三丁基锡与 PhI=NTs 在三氟甲酸铜(II) 存在下反应[2298]。另一种方法是，烯醇硅醚与三氧化硫反应，然后与仲胺反应生成 β-磺酰胺基酯[2299]。

OS IV, 34, 943; V, 39, 179, 1055; VI, 78, 652; VII, 501; VIII, 104; 另见 OS VI, 788.

16-103 被卤素进攻：磺酰卤的形成

S-卤-去-羟基化

$$RSO_2OH + SOCl_2 \longrightarrow RSO_2Cl$$

这个反应与 **16-79** 类似，是制备磺酰卤的标准方法。可用 PCl₃ 和 SOCl₂，底物也可以是磺酸盐。氰尿酸（2,4,6-三氯[1,3,5]三嗪）也可用作氯化试剂[2300]。磺酰溴和磺酰碘可通过磺酰肼（ArSO₂NHNH₂，由反应 **16-102** 制备）与溴和碘反应制备[2301]。磺酰氟一般由磺酰氯通过卤素交换反应制备[2302]。

OS I, 84; IV, 571, 693, 846, 937; V, 196; 另见 VII, 495.

16-104 被氢进攻：磺酰氯的还原

S-氢-去-氯代或 S-去-氯代

$$2\ RSO_2Cl + Zn \longrightarrow (RSO_2)_2Zn \xrightarrow{H^+} 2\ RSO_2H$$

亚磺酸可由磺酰氯还原制备。虽然主要是芳基磺酰氯的反应，但这个反应也用于烷基化合物。除了锌，亚硫酸钠、肼、硫化钠以及其它还原剂也可用于此反应。将磺酰氯还原为硫醇的反应，参见反应 **19-78**。

OS I, 7, 492; IV, 674.

16-105 被碳进攻：砜的制备

S-芳基-去-氯代

$$ArSO_2Cl\ +\ Ar'MgX \longrightarrow ArSO_2Ar'$$

格氏试剂可将芳基磺酰氯或芳基磺酸酯转化为砜。有机锂试剂与磺酰氟在 −78℃反应，生成相应的砜[2303]。芳香磺酸酯可以与有机锂化合物[2304]反应，或与芳基锡化合物[2305]反应，或在 Fe 催化剂作用下反应[2306]，或与卤代烷及金属锌反应，均可生成砜[2307]。乙烯基和烯丙基砜可通过磺酰氯与乙烯基或烯丙基锡烷及钯配合物催化反应制得[2308]。炔基砜可由磺酰氯与三甲基硅基炔在 $AlCl_3$ 催化下反应制得[2309]。要指出的是，通过与甲基溴化镁反应，三氟甲基砜可转化为甲基砜[2310]。

芳基硼酸（反应 **12-28**）与磺酰氯在 $PdCl_2$ 存在下反应生成相应的砜[2311]。芳基硼酸也可与亚磺酸盐（RSO_2Na）在 $Cu(OAc)_2$ 存在下反应生成砜[2312]。

OS VIII, 281.

参 考 文 献

[1] See Jencks, W. P. *Prog. Phys. Org. Chem.* **1964**, 2, 63
[2] See Schaumann, E. in Patai, S. *Supplement A: The Chemistry of Double-Bonded Functional Groups*, Vol. 2, pt. 2, Wiley, NY, **1989**, pp. 1269-1367; Ohno, A. in Oae. S. *Organic Chemistry of Sulfur*, Plenum, NY, **1977**, pp. 189-229; Mayer, R. in Janssen, M. J. *Organosulfur Chemistry*, Wiley, NY, **1967**, pp. 219-240; Campaigne, E. in Patai, S. *The Chemistry of the Carbonyl Group*, pt. 1, Wiley, NY, **1966**, pp. 917-959.
[3] See Wardell, J. L.; Paterson, E. S. in Hartley, F. R.; Patai, S. *The Chemistry of the Metal-Carbon Bond*, Vol. 2, Wiley, NY, **1985**, pp. 219-338, pp. 261-267.
[4] See Metzner, P.; Vialle, J.; Vibet, A. *Tetrahedron* **1978**, 34, 2289.
[5] See Eliel, E. L. *The Stereochemistry of Carbon Compounds*, McGraw-Hill, NY, **1962**, pp. 68-74. Also see Bartlett, P. A. *Tetrahedron* **1980**, 36, 2, 22; Ashby, E. C.; Laemmle, J. T. *Chem. Rev.* **1975**, 75, 521.
[6] See Laube, T.; Stilz, H. U. *J. Am. Chem. Soc.* **1987**, 109, 5876.
[7] Kumar, V. A.; Venkatesan, K.; Ganguly, B.; Chandrasekhar, J.; Khan, F. A.; Mehta, G. *Tetrahedron Lett.* **1992**, 33, 3069.
[8] Yadav, V. K.; Jeyaraj, D. A. *J. Org. Chem.* **1998**, 63, 3474. For a discussion of models, see Priyakumar, U. D.; Sastry, G. N.; Mehta, G. *Tetrahedron* **2004**, 60, 3465.
[9] See Beckwith, A. L. J.; Hay, B. P. *J. Am. Chem. Soc.* **1989**, 111, 2674; Clerici, A.; Porta, O. *J. Org. Chem.* **1989**, 54, 3872; Cossy, J.; Pete, J. P.; Portella, C. *Tetrahedron Lett.* **1989**, 30, 7361.
[10] See Jencks, W. P.; Gilbert, H. F. *Pure Appl. Chem.* **1977**, 49, 1021.
[11] Toromanoff, E. *Bull. Soc. Chim. Fr.* **1962**, 1190.
[12] See Brada, B.; Bundhoo, D.; Engels, B.; Hiberty, P. C. *Org. Lett.* **2008**, 10, 1951.
[13] Chamberland, S.; Ziller, J. W.; Woerpel, K. A. *J. Am. Chem. Soc.* **2005**, 127, 5322.
[14] For a review of the reactivity of nitriles, see Schaefer, F. C. in Rappoport, Z. *The Chemistry of the Cyano Group*, Wiley, NY, **1970**, pp. 239-305.
[15] This mechanism has also been called the "addition-elimination mechanism".
[16] See Talbot, R. J. E. in Bamford, C. H.; Tipper, C. F. H. *Comprehensive Chemical Kinetics*, Vol. 10, Elsevier, NY, **1972**, pp. 209-223; Jencks, W. P. *Catalysis in Chemistry and Enzymology*, McGraw-Hill, NY, **1969**, pp. 463-554; Satchell, D. P. N.; Satchell, R. S. in Patai, S. *The Chemistry of Carboxylic Acids and Esters*, Wiley, NY, **1969**, pp. 375-452; Johnson, S. L. *Adv. Phys. Org. Chem.* **1967**, 5, 237.
[17] Williams, A. *Acc. Chem. Res.* **1989**, 22, 387. See Bentley, T. W.; Koo, I. S. *J. Chem. Soc. Perkin Trans.* 2 **1989**, 1385. See, however, Buncel, E.; Um, I. H.; Hoz, S. *J. Am. Chem. Soc.* **1989**, 111, 971.
[18] Bacaloglu, R.; Blaskó, A.; Bunton, C. A.; Ortega, F. *J. Am. Chem. Soc.* **1990**, 112, 9336.
[19] See Jencks, W. P. *Acc. Chem. Res.* **1976**, 9, 425; *Chem. Rev.* **1972**, 72, 705.
[20] Also see Guthrie, J. P. *J. Am. Chem. Soc.* **1978**, 100, 5892; Kluger, R.; Chin, J. *J. Am. Chem. Soc.* **1978**, 100, 7382; O'Leary, M. H.; Marlier, J. F. *J. Am. Chem. Soc.* **1979**, 101, 3300.
[21] Jencks, W. P.; Gilchrist, M. *J. Am. Chem. Soc.* **1964**, 86, 5616.
[22] Kevill, D. N.; Johnson, S. L. *J. Am. Chem. Soc.* **1965**, 87, 928; Leinhard, G. E.; Jencks, W. P. *J. Am. Chem. Soc.* **1965**, 87, 3855; Schowen, R. L.; Jayaraman, H.; Kershner, L. D. *J. Am. Chem. Soc.* **1966**, 88, 3373.
[23] Bender, M. L.; Thomas, R. J. *J. Am. Chem. Soc.* **1961**, 83, 4183, 4189.

[24] Bender, M. L. ; Matsui, H. ; Thomas, R. J. ; Tobey, S. W. *J. Am. Chem. Soc.* **1961**, 83, 4193. See also, Shain, S. A. ; Kirsch, J. F. *J. Am. Chem. Soc.* **1968**, 90, 5848.
[25] For evidence for this possibility, see McClelland, R. A. *J. Am. Chem. Soc.* **1984**, 106, 7579.
[26] Bender, M. L. ; Heck, H. d'A. *J. Am. Chem. Soc.* **1967**, 89, 1211.
[27] Fedor, L. R. ; Bruice, T. C. *J. Am. Chem. Soc.* **1965**, 87, 4138.
[28] See Khouri, F. F. ; Kaloustian, M. K. *J. Am. Chem. Soc.* **1986**, 108, 6683.
[29] See Capon, B. ; Dosunmu, M. I. ; Sanchez, M. deN de M. *Adv. Phys. Org. Chem.* **1985**, 21, 37; McClelland, R. A. ; Santry, L. J. *Acc. Chem. Res.* **1983**, 16, 394; Capon, B. ; Ghosh, A. K. ; Grieve, D. M. A. *Acc. Chem. Res.* **1981**, 14, 306. See also, van der Wel, H. ; Nibbering, N. M. M. *Recl. Trav. Chim. Pays-Bas* **1988**, 107, 479, 491.
[30] See Menger, F. M. *Tetrahedron* **1983**, 39, 1013; Liotta, C. L. ; Burgess, E. M. ; Eberhardt, W. H. *J. Am. Chem. Soc.* **1984**, 106, 4849.
[31] It has also been called the "antiperiplanar lone-pair hypothesis (ALPH)". For a reinterpretation of this factor in terms of the principle of least nuclear motion (see Reaction **15-10**), see Hosie, L. ; Marshall, P. J. ; Sinnott, M. L. *J. Chem. Soc. Perkin Trans. 2* **1984**, 1121; Sinnott, M. L. *Adv. Phys. Org. Chem.* **1988**, 24, 113.
[32] Kirby, A. J. *The Anomeric Effect and Related Stereoelectronic Effects at Oxygen*, Springer, NY, **1983**; Deslongchamps, P. *Stereoelectronic Effects in Organic Chemistry*, Pergamon, NY, **1983**. See Sinnott, M. L. *Adv. Phys. Org. Chem.* **1988**, 24, 113; Gorenstein, D. G. *Chem. Rev.* **1987**, 87, 1047; Deslongchamps, P. *Heterocycles* **1977**, 7, 1271. Also see Ndibwami, A. ; Deslongchamps, P. *Can. J. Chem.* **1986**, 64, 1788; Hegarty, A. F. ; Mullane, M. *J. Chem. Soc. Perkin Trans. 2* **1986**, 995. For evidence against the theory, see Perrin, C. L. ; Nuñez, O. *J. Am. Chem. Soc.* **1986**, 108, 5997; **1987**, 109, 522.
[33] See Bender, M. L. *Mechanisms of Homogeneous Catalysis from Protons to Proteins*, Wiley, NY, **1971**, pp. 147-179; Johnson, S. L. *Adv. Phys. Org. Chem.* **1967**, 5, 271. For a review where Z= a tertiary amine, see Cherkasova, E. M. ; Bogatkov, S. V. ; Golovina, Z. P. *Russ. Chem. Rev.* **1977**, 46, 246.
[34] Kirby, A. J. ; Fersht, A. R. *Prog. Bioorg. Chem.* **1971**, 1, 1; Capon, B. *Essays Chem.* **1972**, 3, 127.
[35] Bender, M. L. ; Chow, Y. ; Chloupek, F. J. *J. Am. Chem. Soc.* **1958**, 80, 5380.
[36] See Page, M. I. ; Render, D. ; Bernáth, G. *J. Chem. Soc. Perkin Trans. 2* **1986**, 867.
[37] The compound RCOOH would belong in this sequence just after RCOOAr, but it fails to undergo many reactions for a special reason. Many nucleophiles, instead of attacking the C=O group, are basic enough to take a proton from the acid, converting it to the unreactive RCOO⁻.
[38] See Bell, R. P. *The Proton in Chemistry*, 2nd ed. , Cornell University Press, Ithaca, NY, **1973**, pp. 183-187; *Adv. Phys. Org. Chem.* **1966**, 4, 1; Le Hénaff, P. *Bull. Soc. Chim. Fr.* **1968**, 4687.
[39] Bell, R. P. ; Clunie, J. C. *Trans. Faraday Soc.* **1952**, 48, 439. See also, Bell, R. P. ; McDougall, A. O. *Trans. Faraday Soc.* **1960**, 56, 1281.
[40] Cohn, M. ; Urey, H. C. *J. Am. Chem. Soc.* **1938**, 60, 679.
[41] For a review of chloral, see Luknitskii, F. I. *Chem. Rev.* **1975**, 75, 259.
[42] Schulman, E. M. ; Bonner, O. D. ; Schulman, D. R. ; Laskovics, F. M. *J. Am. Chem. Soc.* **1976**, 98, 3793.
[43] For a review of addition to fluorinated ketones, see Gambaryan, N. P. ; Rokhlin, E. M. ; Zeifman, Yu. V. ; Ching-Yun, C. ; Knunyants, I. L. *Angew. Chem. Int. Ed.* **1966**, 5, 947.
[44] See Krois, D. ; Lehner, H. *Monatsh. Chem.* **1982**, 113, 1019.
[45] Turro, N. J. ; Hammond, W. B. *J. Am. Chem. Soc.* **1967**, 89, 1028. For a review of cyclopropanone chemistry, see Wasserman, H. H. ; Clark, G. M. ; Turley, P. C. *Top. Curr. Chem.* **1974**, 47, 73.
[46] Sörensen, P. E. ; Jencks, W. P. *J. Am. Chem. Soc.* **1987**, 109, 4675; Lowry, T. H. ; Richardson, K. S. *Mechanism and Theory in Organic Chemistry*, 3rd ed. , Harper and Row, NY, **1987**, pp. 662-680. A theoretical treatment is in Wolfe, S. ; Kim, C. -K. ; Yang, K. ; Weinberg, N. ; Shi, Z. *J. Am. Chem. Soc.* **1995**, 117, 4240.
[47] Jencks, W. P. *Acc. Chem. Res.* **1976**, 9, 425.
[48] For a review, see Khoee, S. ; Ruoho, A. E. *Org. Prep. Proceed. Int.* **2003**, 35, 527.
[49] For proton affinities of imines, see Hammerum, S. ; Sölling, T. I. *J. Am. Chem. Soc.* **1999**, 121, 6002.
[50] For a list of reagents, with references, see Ranu, B. C. ; Sarkar, D. C. *J. Org. Chem.* **1988**, 53, 878.
[51] For a review, see Corsaro, A. ; Chiacchio, U. ; Pistarà, V. *Synthesis* **2001**, 1903.
[52] Bhar, S. ; Guha, S. *Synth. Commun.* **2005**, 35, 1183.
[53] Li, Z. ; Ding, R. -B. ; Xing, Y. -L. ; Shi, S. -Y. *Synth. Commun.* **2005**, 35, 2515.
[54] Heravi, M. M. ; Derikvand, F. ; Ghassemzadeh, M. *Synth. Commun.* **2006**, 36, 581.
[55] Bandgar, B. P. ; Makone, S. S. *Org. Prep. Proceed. Int.* **2000**, 32, 391.
[56] Padmavathi, V. ; Reddy, K. V. ; Padmaja, A. ; Venugopalan, P. *J. Org. Chem.* **2003**, 68, 1567.
[57] A solvent-free reaction. See Zhou, J. -F. ; Tu, S. -J. ; Feng, J. -C. *Synth. Commun.* **2002**, 32, 959.
[58] Gogoi, P. ; Hazarika, P. ; Konwar, D. *J. Org. Chem.* **2005**, 70, 1934.
[59] Li, D. ; Shi, F. ; Guo, S. ; Deng, Y. *Tetrahedron Lett.* **2004**, 45, 265; Li, D. ; Shi, F. ; Deng, Y. *Tetrahedron Lett.* **2004**, 45, 6791.
[60] Narsaiah, A. V. ; Nagaiah, K. *Synthesis* **2003**, 1881.
[61] Mukai, C. ; Nomura, I. ; Kataoka, O. ; Hanaoka, M. *Synthesis* **1999**, 1872.
[62] De, S. K. *Synth. Commun.* **2004**, 34, 2289.
[63] See Arnold, J. N. ; Hayes, P. D. ; Kohaus, R. L. ; Mohan, R. S. *Tetrahedron Lett.* **2003**, 44, 9173.
[64] Hashemi, M. M. ; Beni, Y. A. *Synth. Commun.* **2001**, 31, 295; Tamami, B. ; Kiasat, A. R. *Synth. Commun.* **2000**, 30, 4129.
[65] Tamami, B. ; Kiasat, A. R. *Synth. Commun.* **2000**, 30, 4129.

[66] See Imanzadeh, G. H. ; Hajipour, A. R. ; Mallakpour, S. E. *Synth. Commun.* **2003**, 33, 735.
[67] Hajipour, A. R. ; Mallakpour, S. E. ; Khoee, E. *Synth. Commun.* **2002**, 32, 9.
[68] Sadeghi, M. M. ; Mohammadpoor-Baltork, I. ; Azarm, M. ; Mazidi, M. R. *Synth. Commun.* **2001**, 31, 435. See also, Zhang, G.-S. ; Yang, D.-H. ; Chen. M.-F. *Org. Prep. Proceed. Int.* **1998**, 30, 713.
[69] Ho, T. *Synth. Commun.* **1980**, 10, 465.
[70] Hajipour, A. R. ; Mahboubghah, N. *Org. Prep Proceed. Int.* **1999**, 31, 112.
[71] Chen, D.-J. ; Cheng, D.-P. ; Chen, Z.-C. *Synth. Commun.* **2001**, 31, 3847.
[72] Hajipour, A. R. ; Adibi, H. ; Ruoho, A. E. *J. Org. Chem.* **2003**, 68, 4553.
[73] Nasreen, A. ; Adapa, S. R. *Org. Prep. Proceed. Int.* **1999**, 31, 573.
[74] Kamal, A. ; Ramana, K. V. ; Arifuddin, M. *Chem. Lett.* **1999**, 827.
[75] Enders, D. ; Hundertmark, T. ; Lazny, R. *Synth. Commun.* **1999**, 29, 27.
[76] Sacks, C. E. ; Fuchs, P. L. *Synthesis* **1976**, 456.
[77] See Chandrasekhar, S. ; Reddy, Ch. R. ; Reddy, M. V. *Chem. Lett.* **2000**, 430; Jiricny, J. ; Orere, D. M. ; Reese, C. B. *Synthesis* **1970**, 919.
[78] Zhang, G.-S. ; Gong, H. ; Yang, D.-H. ; Chen, M.-F. *Synth. Commun.* **1999**, 29, 1165; Gong, H. ; Zhang, G.-S. *Synth. Commun.* **1999**, 29, 2591.
[79] Chen, F.-E. ; Liu, J.-P. ; Fu, H. ; Peng, Z.-Z. ; Shao, L.-Y. *Synth. Commun.* **2000**, 30, 2295.
[80] Shirini, F. ; Zolfigol, M. A. ; Mallakpour, B. ; Mallakpour, S. E. ; Hajipour, A. R. ; Baltork, I. M. *Tetrahedron Lett.* **2002**, 43, 1555.
[81] Mitra, A. K. ; De, A. ; Karchaudhuri, N. *Synth. Commun.* **2000**, 30, 1651.
[82] For reviews of the mechanism, see Bruylants, A. ; Feytmants-de Medicis, E. in Patai, S. *The Chemistry of the Carbon-Nitrogen Double Bond*, Wiley, NY, **1970**, pp. 465-504; Salomaa, P. in Patai, S. *The Chemistry of the Carbonyl Group* pt. 1, Wiley, NY, **1966**, pp. 199-205.
[83] See Sayer, J. M. ; Conlon, E. H. *J. Am. Chem. Soc.* **1980**, 102, 3592.
[84] Cordes, E. H. ; Jencks, W. P. *J. Am. Chem. Soc.* **1963**, 85, 2843.
[85] For a review of iminium ions, see Böhme, H. ; Haake, M. *Adv. Org. Chem.* **1976**, 9, pt. 1, 107.
[86] Hauser, C. R. ; Lednicer, D. *J. Org. Chem.* **1959**, 24, 46. For a study of the mechanism, see Gopalakrishnan, G. ; Hogg, J. L. *J. Org. Chem.* **1989**, 54, 768.
[87] Sollenberger, P. Y. ; Martin, R. B. *J. Am. Chem. Soc.* **1970**, 92, 4261. For a review of enamine hydrolysis see Stamhuis, E. J. ; Cook, A. G. in Cook, A. G. *Enamines*, 2nd ed. , Marcel Dekker, NY, **1988**, pp. 165-180.
[88] See Pinnick, H. W. *Org. React.* **1990**, 38, 655; Haines, A. H. *Methods for the Oxidation of Organic Compounds*, Academic Press, NY, **1988**, pp. 220-231, 416-419.
[89] Hawthorne, M. F. *J. Am. Chem. Soc.* **1957**, 79, 2510. Also see van Tamelen, E. E. ; Thiede, R. J. *J. Am. Chem. Soc.* **1952**, 74, 2615; Sun, S. F. ; Folliard, J. T. *Tetrahedron* **1971**, 27, 323.
[90] Feuer, H. ; Spinicelli, L. F. *J. Org. Chem.* **1977**, 42, 2091.
[91] For a review, see Ballini, R. ; Petrini, M. *Tetrahedron* **2004**, 60, 1017.
[92] Bortolini, O. ; De Nino, A. ; Garofalo, A. ; Maiuolo, L. ; Russo, B. *Synth. Commun.* **2010**, 40, 2483.
[93] Olah, G. A. ; Arvanaghi, M. ; Vankar, Y. D. ; Prakash, G. K. S. *Synthesis* **1980**, 662.
[94] Ballini, R. ; Bosica, G. ; Fiorini, D. ; Petrini, M. *Tetrahedron Lett.* **2002**, 43, 5233.
[95] Olah, G. A. ; Gupta, B. G. B. *Synthesis* **1980**, 44.
[96] See Sosnovsky, G. ; Krogh, J. A. *Synthesis* **1980**, 654.
[97] Kornblum, N. ; Brown, R. A. *J. Am. Chem. Soc.* **1965**, 87, 1742. See also, Edward, J. T. ; Tremaine, P. H. *Can J. Chem.* **1971**, 49, 3483, 3489, 3493.
[98] See Zil'berman, E. N. *Russ. Chem. Rev.* **1984**, 53, 900; Compagnon, P. L. ; Miocque, M. *Ann. Chim. (Paris)* **1970**, [14] 5, 11, 23.
[99] For a list of reagents, with references, see Larock, R. C. *Comprehensive Organic Transformations*, 2nd ed. , Wiley-VCH, NY, **1999**, pp. 1986-1987.
[100] Moorthy, J. N. ; Singhal, N. *J. Org. Chem.* **2005**, 70, 1926.
[101] Goto, A. ; Endo, K. ; Saito, S. *Angew. Chem. Int. Ed.* **2008**, 47, 3607.
[102] Chemat, F. ; Poux, M. ; Berlan, J. *J. Chem. Soc. Perkin Trans.* 2 **1996**, 1781; **1994**, 2597.
[103] Mukherjee, C. ; Zhu, D. ; Biehl, E. R. ; Parmar, R. R. ; Hua, L. *Tetrahedron* **2006**, 62, 6150. Also see Black, G. W. ; Gregson, T. ; McPake, C. B. ; Perry, J. J. ; Zhang, M. *Tetrahedron Lett.* **2010**, 51, 1639.
[104] Rounds, W. D. ; Eaton, J. T. ; Urbanowicz, J. H. ; Gribble, G. W. *Tetrahedron Lett.* **1988**, 29, 6557.
[105] Jammot, J. ; Pascal, R. ; Commeyras, A. *Tetrahedron Lett.* **1989**, 30, 563.
[106] See Beckwith, A. L. J. in Zabicky, J. *The Chemistry of Amides*, Wiley, NY, **1970**, pp. 119-125. For a list of reagents, with references, see Larock, R. C. *Comprehensive Organic Transformations*, 2nd ed. , Wiley-VCH, NY, **1999**, pp. 1988-1990.
[107] Basu, M. K. ; Luo, F.-T. *Tetrahedron Lett.* **1998**, 39, 3005.
[108] Bendale, P. M. ; Khadilkar, B. M. *Synth. Commun.* **2000**, 30, 1713.
[109] Wligus, C. P. ; Downing, S. ; Molitor, E. ; Bains, S. ; Pagni, R. M. ; Kabalka, G. W. *Tetrahedron Lett.* **1995**, 36, 3469.
[110] See McKenzie, C. J. ; Robson, R. *J. Chem. Soc. , Chem. Commun.* **1988**, 112.
[111] Kim, E. S. ; Lee, H. S. ; Kim, S. H. ; Kim, J. N. *Tetrahedron Lett.* **2010**, 51, 1589.
[112] Ramón, R. S. ; Marion, N. ; Nolan, S. P. *Chemistry: Eur. J.* **2009**, 15, 8695.
[113] See Polshettiwar, V. ; Varma, R. S. *Chemistry: Eur. J.* **2009**, 15, 1582.

[114] For a solvent-free reaction. See Khadilkar, B. M. ; Madyar, V. R. *Synth. Commun.* **2002**, 32, 1731.
[115] Plummer, B. F. ; Menendez, M. ; Songster, M. *J. Org. Chem.* **1989**, 54, 718.
[116] Allen, C. L. ; Lapkin, A. A. ; Williams, J. M. J. *Tetrahedron Lett.* **2009**, 50, 4262.
[117] Bagley, M. C. ; Chapaneri, K. ; Glover, C. ; Merritt, E. A. *Synlett* **2004** 2615.
[118] Kaboudin, B. ; Elhamifar, D. *Synthesis* **2006**, 224.
[119] Zil'berman, E. N. ; Lazaris, A. Ya. *J. Gen. Chem. USSR* **1963**, 33, 1012.
[120] For reviews, see Meskens, F. A. J. *Synthesis* **1981**, 501; Schmitz, E. ; Eichhorn, I. in Patai, S. *The Chemistry of the Ether Linkage*, Wiley, NY, **1967**, pp. 309-351.
[121] Clerici, A. ; Pastori, N. ; Porta, O. *Tetrahedron* **2001**, 57, 217.
[122] Kumar, R. ; Chakraborti, A. K. *Tetrahedron Lett.* **2005**, 46, 8319.
[123] Gregg, B. T. ; Golden, K. C. ; Quin, J. F. *Tetrahedron* **2008**, 64, 3287.
[124] De, S. K. ; Gibbs, R. A. *Tetrahedron Lett.* **2004**, 45, 8141.
[125] Velusamy, S. ; Punniyamurthy, T. *Tetrahedron Lett.* **2004**, 45, 4917.
[126] Kotke, M. ; Schreiner, P. R. *Tetrahedron* **2006**, 62, 434.
[127] See Heravi, M. M. ; Tajbakhsh, M. ; Habibzadeh, S. ; Ghassemzadeh, M. *Monat. Chem.* **2001**, 132, 985.
[128] For many examples of each of these methods, see Meskens, F. A. J. *Synthesis* **1981**, 501, pp. 502-505.
[129] For other methods, see Ott, J. ; Tombo, G. M. R. ; Schmid, B. ; Venanzi, L. M. ; Wang, G. ; Ward, T. R. *Tetrahedron Lett.* **1989**, 30, 6151, Liao, Y. ; Huang, Y. ; Zhu, F. *J. Chem. Soc., Chem. Commun.* **1990**, 493.
[130] High pressure has been used to improve the results with ketones: Dauben, W. G. ; Gerdes, J. M. ; Look, G. C. *J. Org. Chem.* **1986**, 51, 4964. For other methods, see Otera, J. ; Mizutani, T. ; Nozaki, H. *Organometallics* **1989**, 8, 2063; Thurkauf, A. ; Jacobson, A. E. ; Rice, K. C. *Synthesis* **1988**, 233.
[131] See Gopinath, R. ; Haque, Sk. J. ; Patel, B. K. *J. Org. Chem.* **2002**, 67, 5842.
[132] Wu, H.-H. ; Yang, F. ; Cui, P. ; Tang, J. ; He, M.-Y. *Tetrahedron Lett.* **2004**, 45, 4963; Ishihara, K. ; Hasegawa, A. ; Yamamoto, H. *Synlett* **2002**, 1296.
[133] Kurihara, M. ; Hakamata, W. *J. Org. Chem.* **2003**, 68, 3413.
[134] See Li, D. ; Shi, F. ; Peng, J. ; Guo, S. ; Deng, Y. *J. Org. Chem.* **2004**, 69, 3582.
[135] Elinson, M. N. ; Feducovich, S. K. ; Dmitriev, D. E. ; Dorofeev, A. S. ; Vereshchagin, A. N. ; Nikishin, G. I. *Tetrahedron Lett.* **2001**, 42, 5557.
[136] Procopio, A. ; Gaspari, M. ; Nardi, M. ; Oliverio, M. ; Tagarelli, A. ; Sindona, G. *Tetrahedron Lett.* **2007**, 48, 8623.
[137] Bailey, A. D. ; Baru, A. R. ; Tasche, K. K. ; Mohan, R. S. *Tetrahedron Lett.* **2008**, 49, 691.
[138] For a review of hemiacetals, see Hurd, C. D. *J. Chem. Educ.* **1966**, 43, 527.
[139] Grunwald, E. *J. Am. Chem. Soc.* **1985**, 107, 4715.
[140] See Grunwald, E. *J. Am. Chem. Soc.* **1985**, 107, 4710; Leussing, D. L. *J. Org. Chem.* **1990**, 55, 666.
[141] For a list of catalysts, with references, see Larock, R. C. *Comprehensive Organic Transformations*, 2nd ed., Wiley-VCH, NY, **1999**, pp. 1484-1485.
[142] See Salaun, J. *Chem. Rev.* **1983**, 83, 619.
[143] See DeWolfe, R. H. *Carboxylic Ortho Ester Derivatives*, Academic Press, NY, **1970**, pp. 154-164. See Karimi, B. ; Ebrahimian, G. R. ; Seradj, H. *Org. Lett.* **1999**, 1, 1737; Leonard, N. M. ; Oswald, M. C. ; Freiberg, D. A. ; Nattier, B. A. ; Smith, R. C. ; Mohan, R. S. *J. Org. Chem.* **2002**, 67, 5202.
[144] Kato, J. ; Iwasawa, N. ; Mukaiyama, T. *Chem. Lett.* **1985**, 743. See also, Torii, S. ; Takagishi, S. ; Inokuchi, T. ; Okumoto, H. *Bull. Chem. Soc. Jpn.* **1987**, 60, 775.
[145] Rao, H. S. P. ; Jothilingam, S. *J. Org. Chem.* **2003**, 68, 5392.
[146] Jeevanandam, A. ; Narkunan, K. ; Ling, Y.-C. *J. Org. Chem.* **2001**, 66, 6014. See Arcadi, A. ; Cerichelli, G. ; Chiarini, M. ; Di Giuseppe, S. ; Marinelli, F. *Tetrahedron Lett.* **2000**, 41, 9195.
[147] See Olah, G. A. ; Mehrotra, A. K. *Synthesis* **1982**, 962.
[148] Karimi, B. ; Seradj, H. ; Ebrahimian, G. R. *Synlett* **2000**, 623
[149] Roy, S. C. ; Banerjee, B. *Synlett* **2002**, 1677.
[150] Yadav, J. S. ; Reddy, B. V. S. ; Venugapal, C. ; Ramalingam, V. T. *Synlett* **2002**, 604.
[151] Trost, B. M. ; Lee, C. B. *J. Am. Chem. Soc.* **2001**, 123, 3671;Wang, C. ; Li, M. *Synth. Commun.* **2002**, 32, 3469.
[152] Smith, B. M. ; Graham, A. E. *Tetrahedron Lett.* **2006**, 47, 9317.
[153] Chandra, K. L. ; Saravanan, P. ; Singh, V. K. *Synlett* **2000**, 359.
[154] Aggen, D. H. ; Arnold, J. N. ; Hayes, P. D. ; Smoter, N. J. ; Mohan, R. S. *Tetrahedron* **2004**, 60, 3675.
[155] A solvent-free reaction. See Karimi, B. ; Ebrahimian, G.-R. ; Seradj, H. *Synth. Commun.* **2002**, 32, 669.
[156] Smitha, G. ; Reddy, Ch. S. *Tetrahedron* **2003**, 59, 9571.
[157] Mei, Y. ; Bentley, P. A. ; Du, J. *Tetrahedron Lett.* **2009**, 50, 4199.
[158] Kamble, V. T. ; Jamode, V. S. ; Joshi, N. S. ; Biradar, A. V. ; Deshmukh, R. Y. *Tetrahedron Lett.* **2006**, 47, 5573.
[159] Trost, B. M. ; Lee, C. B. *J. Am. Chem. Soc.* **2001**, 123, 3671.
[160] Libman, J. ; Sprecher, M. ; Mazur, Y. *Tetrahedron* **1969**, 25, 1679.
[161] Doyle, M. P. ; DeBruyn, D. J. ; Kooistra, D. A. *J. Am. Chem. Soc.* **1972**, 94, 3659.
[162] Gooßen, L. J. ; Linder, C. *Synlett* **2006**, 3489. For another method, see Loim, L. M. ; Parnes, Z. N. ; Vasil'eva, S. P. ; Kursanov, D. N. *J. Org. Chem. USSR* **1972**, 8, 902.
[163] Spafford, M. J. ; Anderson, E. D. ; Lacey, J. R. ; Palma, A. C. ; Mohan, R. S. *Tetrahedron Lett.* **2007**, 48, 8665.
[164] Anzalone, P. W. ; Mohan, R. S. *Synthesis* **2005**, 2661.

[165] Yang, M.-S.; Xu, L.-W.; Qiu, H.-Y.; Lai, G.-Q.; Jiang, J.-X. *Tetrahedron Lett.* **2008**, 49, 253.
[166] Sassaman, M. B.; Kotian, K. D.; Prakash, G. K. S.; Olah, G. A. *J. Org. Chem.* **1987**, 52, 4314. See also, Kikugawa, Y. *Chem. Lett.* **1979**, 415.
[167] Oh, L. M.; Spoors, P. G.; Goodman, R. M. *Tetrahedron Lett.* **2004**, 45, 4769.
[168] Larksarp, C.; Alper, H. *J. Org. Chem.* **1999**, 64, 4152.
[169] See Walter, W.; Bode, K. *Angew. Chem. Int. Ed.* **1967**, 6, 281. See also, Wynne, J. H.; Jensen, S. D.; Snow, A. W. *J. Org. Chem.* **2003**, 68, 3733.
[170] Koketsu, M.; Ishida, M.; Takakura, N.; Ishihara, H. *J. Org. Chem.* **2002**, 67, 486.
[171] See Satchell, D. P. N.; Satchell, R. S. *Chem. Soc. Rev.* **1975**, 4, 231.
[172] See Donohoe, G.; Satchell, D. P. N.; Satchell, R. S. *J. Chem. Soc. Perkin Trans.* 2 **1990**, 1671 and references cited therein. See also, Sivakamasundari, S.; Ganesan, R. *J. Org. Chem.* **1984**, 49, 720.
[173] See Kim, Y. H.; Park, H. S. *Synlett* 1998, 261; Duggan, M. E.; Imagire, J. S. *Synthesis* **1989**, 131.
[174] McManus, S. P.; Bruner, H. S.; Coble, H. D.; Ortiz, M. *J. Org. Chem.* **1977**, 42, 1428.
[175] Bailey, W. J.; Griffith, J. R. *J. Org. Chem.* **1978**, 43, 2690.
[176] Nikoforov, A.; Jirovetz, L.; Buchbauer, G. *Liebigs Ann. Chem.* **1989**, 489.
[177] See Compagnon, P. L.; Miocque, M. *Ann. Chim. (Paris)* **1970**, [14] 5, 23, see pp. 24-26. *Imino esters*: see Neilson, D. G. in Patai, S. *The Chemistry of Amidines and Imidates*, Wiley, NY, **1975**, pp. 385-489.
[178] Schaefer, F. C.; Peters, G. A. *J. Org. Chem.* **1961**, 26, 412.
[179] See Fuks, R.; Hartemink, M. A. *Bull. Soc. Chim. Belg.* **1973**, 82, 23.
[180] Kim, S. i.; Chu, F.; Dueno, E. E.; Jung, K. W. *J. Org. Chem.* **1999**, 64, 4578.
[181] See Dunn, A. D.; Rudorf, W. *Carbon Disulphide in Organic Chemistry*, Ellis Horwood, Chichester, **1989**, pp. 316-367.
[182] Meurling, P.; Sjöberg, B.; Sjöberg, K. *Acta Chem. Scand.* **1972**, 26, 279.
[183] Campaigne, E.; Edwards, B. E. *J. Org. Chem.* **1962**, 27, 3760.
[184] For 15, see Mayer, R.; Hiller, G.; Nitzschke, M.; Jentzsch, J. *Angew. Chem. Int. Ed.* **1963**, 2, 370.
[185] Cairns, T. L.; Evans, G. L.; Larchar, A. W.; McKusick, B. C. *J. Am. Chem. Soc.* **1952**, 74, 3982.
[186] Campaigne, E.; Edwards, B. E. *J. Org. Chem.* **1962**, 27, 3760; Demuynck, M.; Vialle, J. *Bull. Soc. Chim. Fr.* **1967**, 1213.
[187] Harris Jr., J. F. *J. Org. Chem.* **1960**, 25, 2259.
[188] See, for example, Fournier, L.; Lamaty, G.; Nata, A.; Roque, J. P. *Tetrahedron* **1975**, 31, 809.
[189] For example, see Field, L.; Sweetman, B. J. *J. Org. Chem.* **1969**, 34, 1799.
[190] Truce, W. E.; Roberts, F. E. *J. Org. Chem.* **1963**, 28, 961.
[191] Streitwieser Jr., A.; Caldwell, R. A.; Granger, M. R. *J. Am. Chem. Soc.* **1964**, 86, 3578; Streitwieser, Jr., A.; Maskornick, M. J.; Ziegler, G. R. *Tetrahedron Lett.* **1971**, 3927; Ward, H. R.; Lawler, R. G. *J. Am. Chem. Soc.* **1967**, 89, 5517.
[192] Fujita, E.; Nagao, Y.; Kaneko, K. *Chem. Pharm. Bull.* **1978**, 26, 3743; Corey, E. J.; Bock, M. G. *Tetrahedron Lett.* **1975**, 2643.
[193] See Samajdar, S.; Basu, M. K.; Becker, F. F.; Banik, N. K. *Tetrahedron Lett.* **2001**, 42, 4425.
[194] Kumar, V.; Dev, S. *Tetrahedron Lett.* **1983**, 24, 1289.
[195] Ku, B.; Oh, D. Y. *Synth. Commun.* **1989**, 433.
[196] This reaction is done neat, see Kazaraya, K.; Tsuji, S.; Sato, T. *Synlett* **2004**, 1640.
[197] A solvent-free reaction. Firouzabadi, H.; Iranpoor, N.; Kohmarch, G. *Synth. Commun.* **2003**, 33, 167.
[198] Ali, M. H.; Goretti Gomes, M. *Synthesis* **2005**, 1326.
[199] Miyake, H.; Nakao, Y.; Sasaki, M. *Chem. Lett.* **2007**, 36, 104.
[200] See Kamal, A.; Chouhan, G. *Synlett* **2002**, 474. For a review, see Olsen, R. K.; Currie, Jr., J. O. in Patai, S. *The Chemistry of the Thiol Group*, pt. 2, Wiley, NY, **1974**, pp. 521-532.
[201] See Laskar, D. D.; De, S. K. *Tetrahedron Lett.* **2004**, 45, 1035, 2339.
[202] Dong, D.; Ouyang, Y.; Yu, H.; Liu, Q.; Liu, J.; Wang, M.; Zhu, J. *J. Org. Chem.* **2005**, 70, 4535.
[203] See Ganguly, N. C.; Datta, M. *Synlett* **2004**, 659.
[204] Corsaro, A.; Pistarà, V. *Tetrahedron* **1998**, 54, 15027.
[205] Seebach, D.; Corey, E. J. *J. Org. Chem.* **1975**, 40, 231; Seebach, D. *Synthesis* **1969**, 17.
[206] Vedejs, E.; Fuchs, P. L. *J. Org. Chem.* **1971**, 36, 366.
[207] Ho, T.-L.; Ho, H. C.; Wong, C. M. *J. Chem. Soc., Chem. Commun.* **1972**, 791a.
[208] Bahrami, K.; Khodaei, M. M.; Tajik, M. *Synthesis* **2010**, 4282.
[209] Shi, X.-X.; Wu, Q.-Q. *Synth. Commun.* **2000**, 30, 4081.
[210] Besra, R. C.; Rudrawar, S.; Chakraborti, A. K. *Tetrahedron Lett.* **2005**, 46, 6213; Oksdath-Mansilla, G.; Peñéñory, A. B. *Tetrahedron Lett.* **2007**, 48, 6150.
[211] Movassagh, B.; Lakouraj, M. M.; Ghodrati, K. *Synth. Commun.* **2000**, 30, 2353.
[212] See Ballini, R.; Bosica, G.; Maggi, R.; Mazzacani, A.; Righi, P.; Sartori, G. *Synthesis* **2001**, 1826; Mondal, E.; Sahu, P. R.; Khan, A. T. *Synlett* **2002**, 463.
[213] See Usov, V. A.; Timokhina, L. V.; Voronkov, M. G. *Russ. Chem. Rev.* **1990**, 59, 378.
[214] See Muraoka, M.; Yamamoto, T.; Enomoto, K.; Takeshima, T. *J. Chem. Soc. Perkin Trans.* 1 **1989**, 1241, and references cited in these papers.
[215] Vedejs, E.; Perry, D. A. *J. Am. Chem. Soc.* **1983**, 105, 1683. See also, Baldwin, J. E.; Lopez, R. C. G. *J. Chem. Soc., Chem. Commun.* **1982**, 1029.
[216] Cyclopentanone and cyclohexanone gave different products: Scheibye, S.; Shabana, R.; Lawesson, S.; Rømming, C. *Tetrahedron*

1982, *38*, 993.

[217] See Thomsen, I.; Clausen, K.; Scheibye, S.; Lawesson, S. *Org. Synth.* **VII**, 372.
[218] See Jesberger, M.; Davis, T. P.; Barner, L. *Synthesis* **2003**, 1929. For a study of the mechanism, see Rauchfuss, T. B.; Zank, G. A. *Tetrahedron Lett.* **1986**, *27*, 3445. See Ozturk, T.; Ertas, E.; Mert, O. *Chem. Rev.* **2007**, *107*, 5210. For reactions with fluorous Lawesson's reagent, see Kaleta, Z.; Makowski, B. T.; Soós, T.; Dembinski, R. *Org. Lett.* **2006**, *8*, 1625.
[219] See Scheeren, J. W.; Ooms, P. H. J.; Nivard, R. J. F. *Synthesis* **1973**, 149.
[220] Curphey, T. J. *J. Org. Chem.* **2002**, *67*, 6461.
[221] Polshettiwar, V.; Kaushik, M. P. *Tetrahedron Lett.* **2004**, *45*, 6255.
[222] See Okazaki, R.; Inoue, K.; Inamoto, N. *Tetrahedron Lett.* **1979**, 3673.
[223] For a review of thiono esters RC(=S)OR', see Jones, B. A.; Bradshaw, J. S. *Chem. Rev.* **1984**, *84*, 17.
[224] Yde, B.; Yousif, N. M.; Pedersen, U. S.; Thomsen, I.; Lawesson, S.-O. *Tetrahedron* **1984**, *40*, 2047; Thomsen, I.; Clausen, K.; Scheibye, S.; Lawesson, S. *Org. Synth.* **VII**, 372.
[225] Filippi, J.-J.; Fernandez, X.; Lizzani-Cuvelier, L.; Loiseau, A.-M. *Tetrahedron Lett.* **2003**, *44*, 6647.
[226] Smith, D. C.; Lee, S. W.; Fuchs, P. L. *J. Org. Chem.* **1994**, *59*, 348.
[227] Charette, A. B.; Chua, P. *Tetrahedron Lett.* **1998**, *39*, 245.
[228] Charette, A. B.; Grenon, M. *J. Org. Chem.* **2003**, *68*, 5792.
[229] Pathak, U.; Pandey, L. K.; Tank, R. *J. Org. Chem.* **2008**, *73*, 2890.
[230] For a review of dithiocarboxylic esters, see Kato, S.; Ishida, M. *Sulfur Rep.*, **1988**, *8*, 155.
[231] Davy, H.; Metzner, P. *Chem. Ind. (London)* **1985**, 824.
[232] Mukaiyama, T.; Saigo, K. *Chem. Lett.* **1973**, 479.
[233] Kikugawa, Y. *Chem. Lett.* **1981**, 1157.
[234] For cleavage with ion-exchange resins, see Khusid, A. Kh.; Chizhova, N. V. *J. Org. Chem. USSR* **1985**, *21*, 37. For a discussion of the mechanism, see Young, P. R.; Jencks, W. P. *J. Am. Chem. Soc.* **1978**, *100*, 1228.
[235] The reaction has also been used to protect an aldehyde group in the presence of a keto group: Chihara, T.; Wakabayashi, T.; Taya, K. *Chem. Lett.* **1981**, 1657.
[236] For a review of this reagent in organic synthesis, see Jeyaraman, R. in Pizey, J. S. *Synthetic Reagents*, Vol. 5, Wiley, NY, **1983**, pp. 9-83.
[237] These compounds have been detected by ^{13}C NMR: Chudek, J. A.; Foster, R.; Young, D. *J. Chem. Soc. Perkin Trans.* 2 **1985**, 1285.
[238] Methanimine $CH_2=NH$ is stable in solution for several hours at -95℃, but rapidly decomposes at -80℃: Braillon, B.; Lasne, M. C.; Ripoll, J. L.; Denis, J. M. *Nouv. J. Chim.*, **1982**, *6*, 121. See also, Bock, H.; Dammel, R. *Chem. Ber.* **1987**, *120*, 1961.
[239] For a review of the reactions between amines and formaldehyde, see Farrar, W. V. *Rec. Chem. Prog.*, **1968**, *29*, 85. For a synthesis of imines, see Kwon, M. S.; Kim, S.; Park, S.; Bosco, W.; Chidrala, R. K.; Park, J. *J. Org. Chem.* **2009**, *74*, 2877; Kim, J. W.; He, J.; Yamaguchi, K.; Mizuno, N. *Chem. Lett.* **2009**, *38*, 920.
[240] See Dayagi, S.; Degani, Y. in Patai, S. *The Chemistry of the Carbon-Nitrogen Double Bond*, Wiley, NY, **1970**, pp. 64-83; Reeves, R. L. in Patai, S. *The Chemistry of the Carbonyl Group*, pt. 1, Wiley, NY, **1966**, pp. 600-614. Also see Ku, Y.-Y.; Grieme, T.; Pu, Y.-M.; Bhatia, A. V.; King, S. A. *Tetrahedron Lett.* **2005**, *46*, 1471; Guzen, K. P.; Guarezemini, A. S.; Órfño, A. T. G.; Cella, R.; Pereira, C. M. P.; Stefani, H. A. *Tetrahedron Lett.* **2007**, *48*, 1845.
[241] See Lai, J. T. *Tetrahedron Lett.* **2002**, *43*, 1965.
[242] Love, B. E.; Ren, J. *J. Org. Chem.* **1993**, *58*, 5556.
[243] See Forlani, L.; Marianucci, E.; Todesco, P. E. *J. Chem. Res. (S)* **1984**, 126.
[244] See Eisch, J. J.; Sanchez, R. *J. Org. Chem.* **1986**, *51*, 1848.
[245] Weingarten, H.; Chupp, J. P.; White, W. A. *J. Org. Chem.* **1967**, *32*, 3246.
[246] See Roelofsen, D. P.; van Bekkum, H. *Recl. Trav. Chim. Pays-Bas* **1972**, *91*, 605.
[247] Andrade, C. K. Z.; Takada, S. C. S.; Alves, L. M.; Rodrigues, J. P.; Suarez, P. A. Z.; Branda, R. F.; Soares, V. C. D. *Synlett* **2004**, 2135.
[248] For a review, see Katritzky, A. R.; Ostercamp, D. L.; Yousaf, T. I. *Tetrahedron* **1987**, *43*, 5171.
[249] See Cheng, C.; Yan, S. *Org. React.* **1982**, *28*, 37.
[250] See Yadav, J. S.; Reddy, B. V. S.; Premalatha, K. *Synlett* **2004**, 963.
[251] Hsiao, Y.; Rivera, N. R.; Yasuda, N.; Hughes, D. L.; Reider, P. J. *Org. Lett.* **2001**, *3*, 1101.
[252] See Zvezdina, E. A.; Zhadonva, M. P.; Dorofeenko, G. N. *Russ. Chem. Rev.* **1982**, *51*, 469.
[253] Danks, T. N. *Tetrahedron Lett.* **1999**, *40*, 3957.
[254] Banik, B. K.; Samajdar, S.; Banik, I. *J. Org. Chem.* **2004**, *69*, 213.
[255] Klappa, J. J.; Rich, A. E.; McNeill, K. *Org. Lett.* **2002**, *4*, 435.
[256] See Hodgson, D. M.; Bray, C. D.; Kindon, N. D.; Reynolds, N. J.; Coote, S. J.; Um, J. M.; Houk, K. N. *J. Org. Chem.* **2009**, *74*, 1019.
[257] See Duhamel, P.; Cantacuzène, J. *Bull. Soc. Chim. Fr.* **1962**, 1843.
[258] Duhamel, P. in Patai, S. *The Chemistry of Functional Groups*, *Supplement F*, pt. 2, Wiley, NY, **1982**, pp. 849-907.
[259] See Haynes, L. W.; Cook, A. G. in Cook, A. G. *Enamines*, 2nd. ed., Marcel Dekker, NY, **1988**, pp. 103-163; Pitacco, G.; Valentin, E. in Patai, S. *The Chemistry of Functional Groups*, *Supplement F*, pt. 1, Wiley, NY, **1982**, pp. 623-714.
[260] For another method, see Katritzky, A. R.; Long, Q.; Lue, P.; Jozwiak, A. *Tetrahedron* **1990**, *46*, 8153.
[261] Bélanger, G.; Doré, M.; Ménard, F.; Darsigny, V. *J. Org. Chem.* **2006**, *71*, 7481.

[262] See Nilsson, A. ; Carlson, R. *Acta Chem. Scand. Ser. B* **1984**, 38, 523.
[263] See Carlson, R. ; Nilsson, A. ; Strömqvist, M. *Acta Chem. Scand. Ser. B* **1983**, 37, 7.
[264] Kardon, F. ; Mörtl, M. ; Knausz, D. *Tetrahedron Lett.* **2000**, 41, 8937.
[265] Erker, G. ; Riedel, M. ; Koch, S. ; Jödicke, T. ; Würthwein, E.-U. *J. Org. Chem.* **1995**, 60, 5284.
[266] Stefani, H. A. ; Costa, I. M. ; Silva, D. de O. *Synthesis* **2000**, 1526.
[267] Rechsteiner, B. ; Texier-Boullet, F. ; Hamelin, J. *Tetrahedron Lett.* **1993**, 34, 5071.
[268] Wei, C. ; Li, Z. ; Li, C.-J. *Org. Lett.* **2003**, 5, 4473.
[269] Li, Z. ; Wei, C. ; Chen, L. ; Varma, R. S. ; Li, C.-J. *Tetrahedron Lett.* **2004**, 45, 2443.
[270] Shi, L. ; Tu, Y.-Q. ; Wang, M. ; Zhang, F.-M. ; Fan, C.-A. *Org. Lett.* **2004**, 6, 1001.
[271] Wei, C. ; Li, C.-J. *J. Am. Chem. Soc.* **2003**, 125, 9584.
[272] See Day, A. C. ; Whiting, M. C. *Org. Synth.* **VI**, 10.
[273] See Behforouz, M. ; Bolan, J. L. ; Flynt, M. S. *J. Org. Chem.* **1985**, 50, 1186.
[274] For a review of arylhydrazones, see Buckingham, J. *Q. Rev. Chem. Soc.* **1969**, 23, 37.
[275] Nakamura, E. ; Sakata, G. ; Kubota, K. *Tetrahedron Lett.* **1998**, 39, 2157.
[276] Palacios, F. ; Aparicio, D. ; de los Santos, J. M. *Tetrahedron Lett.* **1993**, 34, 3481.
[277] Barrett, I. C. ; Langille, J. D. ; Kerr, M. A. *J. Org. Chem.* **2000**, 65, 6268.
[278] Ahmed, M. ; Jackstell, R. ; Seayad, A. M. ; Klein, H. ; Beller, M. *Tetrahedron Lett.* **2004**, 45, 869.
[279] Pasha, M. A. ; Nanjundaswamy, H. M. *Synth. Commun.* **2004**, 34, 3827.
[280] See Mester, L. ; El Khadem, H. ; Horton, D. *J. Chem. Soc.*, C **1970**, 2567.
[281] See Stachissini, A. S. ; do Amaral, L. *J. Org. Chem.* **1991**, 56, 1419.
[282] Newkome, G. R. ; Fishel, D. L. *J. Org. Chem.* **1966**, 31, 677.
[283] Jones, W. H. ; Tristram, E. W. ; Benning, W. F. *J. Am. Chem. Soc.* **1959**, 81, 2151.
[284] Sharghi, H. ; Sarvari, M. H. *Synlett* **2001**, 99.
[285] Ren, R. X. ; Ou, W. *Tetrahedron Lett.* **2001**, 42, 8445.
[286] Hajipour, A. R. ; Mohammadpoor-Baltork, I. ; Nikbaghat, K. ; Imanzadeh, G. *Synth. Commun.* **1999**, 29, 1697.
[287] Jencks, W. P. *J. Am. Chem. Soc.* **1959**, 81, 475; *Prog. Phys. Org. Chem.* **1964**, 2, 63.
[288] See Cockerill, A. F. ; Harrison, R. G. in Patai, S. *The Chemistry of Functional Groups*, Supplement A, pt. 1, Wiley, NY, **1977**, pp. 288-299; Sollenberger, P. Y. ; Martin, R. B. in Patai, S. *The Chemistry of the Amino Group*, Wiley, NY, **1968**, pp. 367-392. For isotope effect studies, see Rossi, M. H. ; Stachissini, A. S. ; do Amaral, L. *J. Org. Chem.* **1990**, 55, 1300.
[289] Sayer, J. M. ; Jencks, W. P. *J. Am. Chem. Soc.* **1972**, 94, 3262.
[290] Sayer, J. M. ; Edman, C. *J. Am. Chem. Soc.* **1979**, 101, 3010.
[291] Cocivera, M. ; Effio, A. *J. Am. Chem. Soc.* **1976**, 98, 7371.
[292] Olah, G. A. ; Keumi, T. *Synthesis* **1979**, 112.
[293] Movassagh, B. ; Shokri, S. *Tetrahedron Lett.* **2005**, 46, 6923.
[294] Das, B. ; Ramesh, C. ; Madhusudhan, P. *Synlett* **2000**, 1599.
[295] Kumar, H. M. S. ; Reddy, B. V. S. ; Reddy, P. T. ; Yadav, J. S. *Synthesis* **1999**, 586; Chakraborti, A. K. ; Kaur, G. *Tetrahedron* **1999**, 55, 13265.
[296] Sharghi, H. ; Sarvari, M. H. *Tetrahedron* **2002**, 58, 10323.
[297] Streith, J. ; Fizet, C. ; Fritz, H. *Helv. Chim. Acta* **1976**, 59, 2786.
[298] Ballini, R. ; Fiorini, D. ; Palmieri, A. *Synlett* **2003**, 1841.
[299] Bose, D. S. ; Goud, P. R. *Synth. Commun.* **2002**, 32, 3621.
[300] See Neunhoeffer, H. ; Diehl, W. ; Karafiat, U. *Liebigs Ann. Chem.* **1989**, 105.
[301] Veverková, E. ; Toma, Š. *Synth. Commun.* **2000**, 30, 3109.
[302] Srinivas, K. V. N. S. ; Reddy, E. B. ; Das, B. *Synlett* **2002**, 625.
[303] Zhu, J.-L. ; Lee, F.-Y. ; Wu, J.-D. ; Kuo, C.-W. ; Shia, K.-S. *Synlett* **2007**, 1317.
[304] Chill, S. T. ; Mebane, R. C. *Synth. Commun.* **2009**, 39, 3601.
[305] Movassagh, B. ; Fazeli, A. *Synth. Commun.* **2007**, 37, 625.
[306] Tanuwidjaja, J. ; Peltier, H. M. ; Lewis, J. C. ; Schenkel, L. B. ; Ellman, J. A. *Synthesis* **2007**, 3385.
[307] Nishiyama, K. ; Oba, M. ; Watanabe, A. *Tetrahedron* **1987**, 43, 693.
[308] Ganboa, I. ; Palomo, C. *Synth. Commun.* **1983**, 13, 219.
[309] Talukdar, S. ; Hsu, J.-L. ; Chou, T.-C. ; Fang, J.-M. *Tetrahedron Lett.* **2001**, 42, 1103.
[310] Erman, M. B. ; Snow, J. W. ; Williams, M. J. *Tetrahedron Lett.* **2000**, 41, 6749.
[311] Arote, N. D. ; Bhalerao, D. S. ; Akamanchi, K. G. *Tetrahedron Lett.* **2007**, 48, 3651. Also see Zhu, C. ; Ji, L. ; Wei, Y. *Synthesis* **2010**, 3121.
[312] Zhu, Y.-Z. ; Cai, C. *Monat. Chemie* **2010**, 141, 637.
[313] Chen, F.-E. ; Kuang, Y.-Y. ; Dai, H.-F. ; Lu, L. ; Huo, M. *Synthesis* **2003**, 2629.
[314] Hwu, J. R. ; Wong, F. F. *Eur. J. Org. Chem.* **2006**, 2513.
[315] Mori, N. ; Togo, H. *Synlett* **2005**, 1456. Also see Reddy, K. R. ; Maheswari, C. U. ; Venkateshwar, M. ; Prashanthi, S. ; Kantam, M. L. *Tetrahedron Lett.* **2009**, 50, 2050.
[316] Wood, J. L. ; Khatri, N. A. ; Weinreb, S. M. *Tetrahedron Lett.* **1979**, 4907.
[317] See Kadyrov, R. ; Riermeier, T. H. ; Dingerdissen, U. ; Tararov, V. ; Börner, A. *J. Org. Chem.* **2003**, 68, 4067; Chi, Y. ; Zhou, Y.-G. ; Zhang, X. *J. Org. Chem.* **2003**, 68, 4120.
[318] See Rylander, P. N. *Hydrogenation Methods* Academic Press, NY, **1985**, pp. 82-93; Klyuev, M. V. ; Khidekel, M. L. *Russ.*

[319] See Le Bris, A. ; Lefebvre, G. ; Coussemant, F. *Bull. Soc. Chim. Fr.* **1964**, 1366, 1374, 1584, 1594.
[320] See Bhattacharyya, S. *Synth. Commun.* **2000**, 30, 2001.
[321] Spialter, L. ; Pappalardo, J. A. *The Acyclic Aliphatic Tertiary Amines* Macmillan, NY, **1965**, pp. 44-52.
[322] Song, Y. ; Sercel, A. D. ; Johnson, D. R. ; Colbry, N. L. ; Sun, K. -L. ; Roth, B. D. *Tetrahedron Lett.* **2000**, 41, 8225.
[323] For a list of many of these, with references, see Larock, R. C. *Comprehensive Organic Transformations*, 2nd ed. , Wiley-VCH, NY, **1999**, pp. 835-840.
[324] Nugent, T. C. ; El-Shazly, M. ; Wakchaure, V. N. *J. Org. Chem.* **2008**, 73, 1297. For a reaction using ammoniaborane, see Ramachandran, P. V. ; Gagare, P. D. ; Sakavuyi, K. ; Clark. P. *Tetrahedron Lett.* **2010**, 51, 3167. 1,2,3-Triazole-boranes have also been used: Liao, W. ; Chen, Y. ; Liu, Y. ; Duan, H. ; Petersen, J. L. ; Shi, X. *Chem. Commun.* **2009**, 6436.
[325] Apodaca, R. ; Xiao, W. *Org. Lett.* **2001**, 3, 1745. For a Mo-catalzyed reaction see Smith, C. A. ; Cross, L. E. ; Hughes, K. ; Davis, R. E. ; Judd, D. B. ; Merritt, A. T. *Tetrahedron Lett.* **2009**, 50, 4906.
[326] Mizuta, T. ; Sakaguchi, S. ; Ishii, Y. *J. Org. Chem.* **2005**, 70, 2195; Lee, O. -Y. ; Law, K. -L. ; Ho, C. -Y; Yang, D. *J. Org. Chem.* **2008**, 73, 8829.
[327] Lee, O. -Y. ; Law, K. -L. ; Yang, D. *Org. Lett.* **2009**, 11, 3302.
[328] da Silva, R. A. ; Estevam, I. H. S. ; Bieber, L. W. *Tetrahedron Lett.* **2007**, 48, 7680.
[329] Chandrasekhar, S. ; Reddy, Ch. R. ; Ahmed, M. *Synlett* **2000**, 1655.
[330] Gribble, G. W. ; Nutaitis, C. F. *Synthesis* **1987**, 709. For the use of an ionic liquid-water system, see Nagaiah, K. ; Kumar, V. N. ; Rao, R. S. ; Reddy, B. V. S. ; Narsaiah, A. V. ; Yadav, J. S. *Synth. Commun.* **2006**, 36, 3345.
[331] Neidigh, K. A. ; Avery, M. A. ; Williamson, J. S. ; Bhattacharyya, S. *J. Chem. Soc. Perkin Trans.* 1 **1998**, 2527; Bhattacharyya, S. *J. Org. Chem.* **1995**, 60, 4928.
[332] Saxena, I. ; Borah, R. ; Sarma, J. C. *J. Chem. Soc., Perkin Trans.* 1 **2000**, 503.
[333] This is a solvent-free reaction. See Cho, B. T. ; Kang, S. K. *Synlett* **2004**, 1484.
[334] Yoon, N. M. ; Kim, E. G. ; Son, H. S. ; Choi, J. *Synth. Commun.* **1993**, 23, 1595.
[335] Bhattacharyya, S. ; Rana, S. ; Gooding, O. W. ; Labadie, J. *Tetrahedron Lett.* **2003**, 44, 4957.
[336] Cabral, S. ; Hulin, B. ; Kawai, M. *Tetrahedron Lett.* **2007**, 48, 7134.
[337] Alinezhad, H. ; Tajbakhsh, M. ; Zamani, R. *Synlett* **2006**, 431.
[338] Heydari, A. ; Khaksar, S. ; Esfandyari, M. ; Tajbakhsh, M. *Tetrahedron* **2007**, 63, 3363.
[339] Mattson, R. J. ; Pham, K. M. ; Leuck, D. J. ; Cowen, K. A. *J. Org. Chem.* **1990**, 55, 2552. See also, Barney, C. L. ; Huber, E. W. ; McCarthy, J. R. *Tetrahedron Lett.* **1990**, 31, 5547. See Hutchins, R. O. ; Natale, N. R. *Org. Prep. Proced. Int.* **1979**, 11, 201; Lane, C. F. *Synthesis* **1975**, 135. See also, Grenga, P. N. ; Sumbler, B. L. ; Beland, F. ; Priefer, R. *Tetrahedron Lett.* **2009**, 50, 6658.
[340] Abdel-Magid, A. F. ; Carson, K. G. ; Harris, B. D. ; Maryanoff, C. A. ; Shah, R. D. *J. Org. Chem.* **1996**, 61, 3849.
[341] Fan, R. ; Pu, D. ; Qin, L. ; Wen, F. ; Yao, G. ; Wu, J. *J. Org. Chem.* **2007**, 72, 3149.
[342] Itoh, T. ; Nagata, K. ; Miyazaki, M. ; Ishikawa, H. ; Kurihara, A. ; Ohsawa, A. *Tetrahedron* **2004**, 60, 6649.
[343] Menche, D. ; Hassfeld, J. ; Li, J. ; Menche, G. ; Ritter, A. ; Rudolph, S. *Org. Lett.* **2006**, 8, 741.
[344] Alonso, F. ; Riente, P. ; Yus, M. *Synlett* **2008**, 1289.
[345] For a microwave induced reaction see Torchy, S. ; Barbry, D. *J. Chem. Res.* (S) **2001**, 292.
[346] Davis, B. A. ; Durden, D. A. *Synth. Commun.* **2000**, 30, 3353.
[347] Barbry, D. ; Torchy, S. *Synth. Commun.* **1996**, 26, 3919.
[348] Ranu, B. C. ; Majee, A. ; Sarkar, A. *J. Org. Chem.* **1998**, 63, 370.
[349] Rosenau, T. ; Potthast, A. ; Röhrling, J. ; Hofinger, A. ; Sixxa, H. ; Kosma, P. *Synth. Commun.* **2002**, 32, 457.
[350] For a review of ammonium formate in organic synthesis, see Ram, S. ; Ehrenkaufer, R. E. *Synthesis* **1988**, 91. See Byun, E. ; Hong, B. ; De Castro, K. A. ; Lim, M. ; Rhee, H. *J. Org. Chem.* **2007**, 72, 9815.
[351] Moore, M. L. *Org. React.* **1949**, 5, 301; Awachie, P. I. ; Agwada, V. C. *Tetrahedron* **1990**, 46, 1899 and references cited therein; Loupy, A. ; Monteux, D. ; Petit, A. ; Aizpurua, J. M. ; Dominguez, E. ; Palomo, C. *Tetrahedron Lett.* **1996**, 37, 8177; Lejon, T. ; Helland, I. *Acta Chem. Scand.* **1999**, 53, 76.
[352] Kitamura, M. ; Lee, D. ; Hayashi, S. ; Tanaka, S. ; Yoshimura, M. *J. Org. Chem.* **2002**, 67, 8685. See Riermeier, T. H. ; Dingerdissen, U. ; Börner, A. *Org. Prep. Proceed. Int.* **2004**, 36, 99.
[353] Ollevier, T. ; Ba, T. *Tetrahedron Lett.* **2003**, 44, 9003.
[354] Billet, M. ; Klotz, P. ; Mann, A. *Tetrahedron lett.* **2001**, 42, 631.
[355] Kobayashi, S. ; Ueno, M. ; Suzuki, R. ; Ishitani, H. ; Kim, H. -S. ; Wataya, Y. *J. Org. Chem.* **1999**, 64, 6833.
[356] Suwa, T. ; Shibata, I. ; Nishino, K. ; Baba, A. *Org. Lett.* **1999**, 1, 1579.
[357] See Choudary, B. M. ; Jyothi, K. ; Madhi, S. ; Kantam, M. L. *Synlett* **2004**, 231; Yadav, J. S. ; Reddy, B. V. S. ; Raju, A. K. *Synthesis* **2003**, 883.
[358] Storer, R. I. ; Carrera, D. E. ; Ni, Y. ; MacMillan, D. W. C. *J. Am. Chem. Soc.* **2006**, 128, 84. See Hoffmann, S. ; Nicoletti, M. ; List, B. *J. Am. Chem. Soc.* **2006**, 128, 13074.
[359] Sugiura, M. ; Mori, C. ; Kobayashi, S. *J. Am. Chem. Soc.* **2006**, 128, 11038.
[360] Nugent, T. C. ; El-Shazly, M. ; Wakchaure, V. N. *J. Org. Chem.* **2008**, 73, 1297.
[361] Côté, A. ; Charette, A. B. *J. Org. Chem.* **2005**, 70, 10864.
[362] Koszelewski, D. ; Lavandera, I. ; Clay, D. ; Guebitz, G. M. ; Rozzell, D. ; Kroutil, W. *Angew. Chem. Int. Ed.* **2008**, 47, 9337.
[363] Wakchaure, V. N. ; Nicoletti, M. ; Ratjen, L. ; List, B. *Synlett* **2010**, 2708.

[364] List, B. *J. Am. Chem. Soc.* **2002**, 124, 5656; Kumaragurubaran, N.; Juhl, K.; Zhuang, W.; Bøgevig, A.; Jørgensen, K. A. *J. Am. Chem. Soc.* **2002**, 124, 6254.

[365] Challis, B. C.; Challis, J. A. in Zabicky, J. *The Chemistry of Amides*, Wiley, NY, **1970**, pp. 754-759; Zaugg, H. E.; Martin, W. B. *Org. React.* **1965**, 14, 52, pp. 91-95, 104-112; Gilbert, E. E. *Synthesis* **1972**, 30.

[366] Lee, K. Y.; Lee, C. G.; Kim, J. N. *Tetrahedron Lett.* **2003**, 44, 1231.

[367] Ram, R. N.; Khan, A. A. *Synth. Commun.* **2001**, 31, 841.

[368] Chemla, F.; Hebbe, V.; Normant, J.-F. *Synthesis* **2000**, 75.

[369] Jain, S. L.; Sharma, V. B.; Sain, B. *Tetrahedron Lett.* **2004**, 45, 4341.

[370] Tidwell, T. T. *Acc. Chem. Res.* **1990**, 23, 273; Satchell, D. P. N.; Satchell, R. S. *Chem. Soc. Rev.* **1975**, 4, 231. For an enantioselective reaction, see Hodous, B. L.; Fu, G. C. *J. Am. Chem. Soc.* **2002**, 124, 10006.

[371] Stevens, C. L.; Freeman, R. C.; Noll, K. *J. Org. Chem.* **1965**, 30, 3718.

[372] Tramontini, M.; Angiolini, L. *Tetrahedron* **1990**, 46, 1791; Gevorgyan, G. A.; Tramontini, M. *Synthesis* **1973**, 703; House, H. O. *Modern Synthetic Reactions*, 2nd ed.; W. A. Benjamin, NY, **1972**, pp. 654-660; Gevorgyan, G. A.; Agababyan, A. G.; Mndzhoyan, O. L. *Russ. Chem. Rev.* **1985**, 54, 495.

[373] Agababyan, A. G.; Gevorgyan, G. A.; Mndzhoyan, O. L. *Russ. Chem. Rev.* **1982**, 51, 387.

[374] Hellmann, H. *Angew. Chem.* 1957, 69, 463; *Newer Methods Prep. Org. Chem.* **1963**, 2, 277.

[375] Gadhwal, S.; Baruah, M.; Prajapati, D.; Sandhu, J. S. *Synlett* **2000**, 341.

[376] Qian, C.; Gao, F.; Chen, R. *Tetrahedron Lett.* **2001**, 42, 4673. See Baer, H. H.; Urbas, L., in Feuer, H. *The Chemistry of the Nitro and Nitroso Groups*, Wiley, NY, **1970**, pp. 117-130.

[377] see Massy, D. J. R. *Synthesis* **1987**, 589; Dronov, V. I.; Nikitin, Yu. E. *Russ. Chem. Rev.* **1985**, 54, 554.

[378] El Kaim, L.; Grimaud, L.; Perroux, Y.; Tirla, C. *J. Org. Chem.* **2003**, 68, 8733.

[379] Bur, S.; Martin, S. F. *Tetrahedron* **2001**, 57, 3221; Martin, S. F. *Acc. Chem. Res.* **2002**, 35, 895.

[380] Cummings, T. F.; Shelton, J. R. *J. Org. Chem.* **1960**, 25, 419.

[381] Benkovic, S. J.; Benkovic, P. A.; Comfort, D. R. *J. Am. Chem. Soc.* **1969**, 91, 1860.

[382] See Schreiber, J.; Maag, H.; Hashimoto, N.; Eschenmoser, A. *Angew. Chem. Int. Ed.* **1971**, 10, 330.

[383] Jasor, Y.; Luche, M.; Gaudry, M.; Marquet, A. *J. Chem. Soc., Chem. Commun.* **1974**, 253; Gaudry, M.; Jasor, Y.; Khac, T. B. *Org. Synth.* **VI**, 474.

[384] Schreiber, J.; Maag, H.; Hashimoto, N.; Eschenmoser, A. *Angew. Chem. Int. Ed.* **1971**, 10, 330.

[385] See Bryson, T. A.; Bonitz, G. H.; Reichel, C. J.; Dardis, R. E. *J. Org. Chem.* **1980**, 45, 524, and references cited therein.

[386] Arend, M.; Risch, N. *Tetrahedron Lett.* **1999**, 40, 6205.

[387] Seebach, D.; Schiess, M.; Schweizer, W. B. *Chimia* **1985**, 39, 272. See also, Katritzky, A. R.; Harris, P. A. *Tetrahedron* **1990**, 46, 987.

[388] See Fujii, A.; Hagiwara, E.; Sodeoka, M. *J. Am. Chem. Soc.* **1999**, 121, 5450.

[389] See Fujisawa, H.; Takahashi, E.; Mukaiyama, T. *Chemistry: European J.* **2006**, 12, 5082.

[390] Akiyama, T.; Takaya, J.; Kagoshima, H. *Tetrahedron Lett.* **2001**, 42, 4025.

[391] Loh, T.-P.; Wei, L. L. *Tetrahedron Lett.* **1998**, 39, 323.

[392] See Córdova, A. *Acc. Chem. Res.* **2004**, 37, 102; Marques, M. M. B. *Angew. Chem. Int. Ed.* **2006**, 45, 348; Ibrahem, I.; Córdova, A. *Chem. Commun.* **2006**, 1760; Amedjkouh, M.; Brandberg, M. *Chem. Commun.* **2008**, 3043.

[393] See Rodriguez, B.; Bolm, C. *J. Org. Chem.* **2006**, 71, 2888.

[394] List, B.; Pojarliev, P.; Biller, W. T.; Martin, H. J. *J. Am. Chem. Soc.* **2004**, 124, 827; Ibrahem, I.; Casas, J.; Córdova, A. *Angew. Chem. Int. Ed.* **2004**, 43, 6528; Yang, J. W.; Stadler, M.; List, B. *Angew. Chem. Int. Ed.* **2007**, 46, 609.

[395] Mitsumori, S.; Zhang, H.; Cheong, P. H.-Y.; Houk, K. N.; Tanaka, F.; Barbas, III, C. F. *J. Am. Chem. Soc.* **2006**, 128, 1040; Zhang, H.; Mifsud, M.; Tanaka, F.; Barbas, III, C. F. *J. Am. Chem. Soc.* **2006**, 128, 9630. See also, Hayashi, Y.; Aratake, S.; Imai, Y.; Hibino, K.; Chen, Q.-Y.; Yamaguchi, J.; Uchimaru, T. *Chemistry: Asian J.* **2008**, 3, 225.

[396] Morimoto, H.; Lu, G.; Aoyama, N.; Matsunaga, S.; Shibasaki, M. *J. Am. Chem. Soc.* **2007**, 129, 9588; Cutting, G. A.; Stainforth, N. E.; John, M. P.; Kociok-Köhn, G.; Willis, M. C. *J. Am. Chem. Soc.* **2007**, 129, 10632.

[397] Kano, T.; Yamaguchi, Y.; Tokuda, O.; Maruoka, K. *J. Am. Chem. Soc.* **2005**, 127, 16408; Kano, T.; Hato, Y.; Yamamoto, A.; Maruoka, K. *Tetrahedron* **2008**, 64, 1197.

[398] Lou, S.; Taoka, B. M.; Ting, A.; Schaus, S. E. *J. Am. Chem. Soc.* **2005**, 127, 11256; Song, J.; Wang, Y.; Deng, L. *J. Am. Chem. Soc.* **2006**, 128, 6048.

[399] Haurena, C.; LeGall, E.; Sengmany, S.; Martens, T. *Tetrahedron* **2010**, 66, 9902.

[400] Guo, Q.-X.; Liu, H.; Guo, C.; Luo, S.-W.; Gu, Y.; Gong, L.-Z. *J. Am. Chem. Soc.* **2007**, 129, 3790; Yamanaka, M.; Itoh, J.; Fuchibe, K.; Akiyama, T. *J. Am. Chem. Soc.* **2007**, 129, 6756; Rueping, M.; Sugiono, E.; Schoepke, F. R. *Synlett* **2007**, 1441.

[401] Uraguchi, D.; Koshimoto, K.; Ooi, T. *J. Am. Chem. Soc.* **2008**, 130, 10878.

[402] Kobayashi, S.; Hamada, T.; Manabe, K. *J. Am. Chem. Soc.* **2002**, 124, 5640; Trost, B. M.; Terrell, C. R. *J. Am. Chem. Soc.* **2003**, 125, 338.

[403] Suto, Y.; Kanai, M.; Shibasaki, M. *J. Am. Chem. Soc.* **2007**, 129, 500.

[404] Trost, B. M.; Jaratjaroonphong, J.; Reutrakul, V. *J. Am. Chem. Soc.* **2006**, 128, 2778.

[405] Hata, S.; Iguchi, M.; Iwasaki, T.; Yamada, K.-i.; Tomioka, K. *Org. Lett.* **2004**, 6, 1721.

[406] Jacobsen, M. F.; Ionita, L.; Skrydstrup, T. *J. Org. Chem.* **2004**, 69, 4792.

[407] Sun, W.; Xia, C.-G.; Wang, H.-W. *Tetrahedron Lett.* **2003**, 44, 2409.

[408] Liu, T.-Y.; Cui, J.-L.; Long, J.; Li, B.-J.; Wu, Y.; Ding, L.-S.; Chen, Y.-C. *J. Am. Chem. Soc.* **2007**, 129, 1878.

[409] Li, Z. ; Li, C.-J. *J. Am. Chem. Soc.* **2005**, 127, 3672.
[410] Anderson, J. C. ; Blake, A. J. ; Howell, G. P. ; Wilson, C. *J. Org. Chem.* **2005**, 70, 549.
[411] Handa, S. ; Gnanadesikan, V. ; Matsunaga, S. ; Shibasaki, M. *J. Am. Chem. Soc.* **2007**, 129, 4900.
[412] Anderson, J. C. ; Howell, G. P. ; Lawrence, R. M. ; Wilson, C. *J. Org. Chem.* **2005**, 70, 5665.
[413] Wang, C.-J. ; Dong, X.-Q. ; Zhang, Z.-H. ; Xue, Z.-Y. ; Teng, H.-L. *J. Am. Chem. Soc.* **2008**, 130, 8606.
[414] For a review of the mechanism, see Satchell, D. P. N. ; Satchell, R. S. *Chem. Soc. Rev.* **1975**, 4, 231.
[415] See Vishnyakova, T. P. ; Golubeva, I. A. ; Glebova, E. V. *Russ. Chem. Rev.* **1985**, 54, 249.
[416] Herr, R. J. ; Kuhler, J. L. ; Meckler, H. ; Opalka, C. J. *Synthesis* **2000**, 1569.
[417] See Shorter, J. *Chem. Soc. Rev.* **1978**, 7, 1. See also, Williams, A. ; Jencks, W. P. *J. Chem. Soc. Perkin Trans.* 2 **1974**, 1753, 1760; Hall, K. J. ; Watts, D. W. *Aust. J. Chem.* **1977**, 30, 781, 903.
[418] For reviews of amidines, see Granik, V. G. *Russ. Chem. Rev.* **1983**, 52, 377; Gautier, J. ; Miocque, M. ; Farnoux, C. C. in Patai, S. *The Chemistry of Amidines and Imidates*, Wiley, NY, **1975**, pp. 283-348.
[419] Elvidge, J. A. ; Linstead, R. P. ; Salaman, A. M. *J. Chem. Soc.* **1959**, 208.
[420] Grivas, J. C. ; Taurins, A. *Can. J. Chem.* **1961**, 39, 761.
[421] Garigipati, R. S. *Tetrahedron Lett.* **1990**, 31, 1969.
[422] Dräger, G. ; Solodenko, W. ; Messinger, J. ; Schön, U. ; Kirschning, A. *Tetrahedron Lett.* **2002**, 43, 1401.
[423] Murahashi, S. ; Naota, T. ; Saito, E. *J. Am. Chem. Soc.* **1986**, 108, 7846.
[424] Cobley, C. J. ; van den Heuvel, M. ; Abbadi, A. ; de Vries, J. G. *Tetrahedron Lett.* **2000**, 41, 2467.
[425] Kamiński, R. ; Glass, R. S. ; Skowrońska, A. *Synthesis* **2001**, 1308.
[426] Dunn, A. D. ; Rudorf, W. *Carbon Disuphide in Organic Chemistry*, Ellis Horwood, Chichester, **1989**, pp. 226-315; Katritzky, A. R. ; Faid-Allah, H. ; Marson, C. M. *Heterocycles* **1987**, 26, 1657; Yokoyama, M. ; Imamoto, T. *Synthesis* **1984**, 797, see pp. 804-812; Katritzky, A. R. ; Marson, C. M. ; Faid-Allah, H. *Heterocycles* **1987**, 26, 1333.
[427] Jochims, J. C. *Chem. Ber.* **1968**, 101, 1746; Molina, P. ; Alajarin, M. ; Arques, A. *Synthesis* **1982**, 596.
[428] Wong, R. ; Dolman, S. J. *J. Org. Chem.* **2007**, 72, 3969.
[429] Li, Z. ; Qian, X. ; Liu, Z. ; Li, Z. ; Song, G. *Org. Prep. Proceed. Int.* **2000**, 32, 571.
[430] Fournier, J. ; Bruneau, C. ; Dixneuf, P. H. ; Lécolier, S. *J. Org. Chem.* **1991**, 56, 4456. See Chiarotto, I. ; Feroci, M. *J. Org. Chem.* **2003**, 68, 7137; Lemoucheux, L. ; Rouden, J. ; Ibazizene, M. ; Sobrio, F. ; Lasne, M.-C. *J. Org. Chem.* **2003**, 68, 7289.
[431] Asanuma, Y. ; Fujiwara, S.-i. ; Shi-ike, T. ; Kambe, N. *J. Org. Chem.* **2004**, 69, 4845.
[432] For a list of reagents, with references, see Larock, R. C. *Comprehensive Organic Transformations*, 2nd ed., Wiley-VCH, NY, **1999**, pp. 719-722.
[433] Farah, B. S. ; Gilbert, E. E. *J. Org. Chem.* **1965**, 30, 1241.
[434] See Nikolenko, L. N. ; Popov, S. I. *J. Gen. Chem. USSR* **1962**, 32, 29.
[435] See Newman, M. S. ; Fraenkel, G. ; Kirn, W. N. *J. Org. Chem.* **1963**, 28, 1851.
[436] See Napolitano, E. ; Fiaschi, R. ; Mastrorilli, E. *Synthesis* **1986**, 122.
[437] Hoffmann, R. W. ; Bovicelli, P. *Synthesis* **1990**, 657. See also, Lansinger, J. M. ; Ronald, R. C. *Synth. Commun.* **1979**, 9, 341.
[438] Kabalka, G. W. ; Wu, Z. *Tetrahedron Lett.* **2000**, 41, 579.
[439] Newman, M. S. *J. Org. Chem.* **1969**, 34, 741.
[440] Clark, R. F. ; Simons, J. H. *J. Org. Chem.* **1961**, 26, 5197.
[441] Wang, C. *J. Org. React.* **1985**, 34, 319; Boswell, Jr. , G. A. ; Ripka, W. C. ; Scribner, R. M. ; Tullock, C. W. *Org. React.* **1974**, 21, 1.
[442] Muratov, N. N. ; Mohamed, N. M. ; Kunshenko, B. V. ; Burmakov, A. I. ; Alekseeva, L. A. ; Yagupol'skii, L. M. *J. Org. Chem. USSR* **1985**, 21, 1292.
[443] See Bunnelle, W. H. ; McKinnis, B. R. ; Narayanan, B. A. *J. Org. Chem.* **1990**, 55, 768.
[444] Olah, G. A. ; Nojima, M. ; Kerekes, I. *J. Am. Chem. Soc.* **1974**, 96, 925.
[445] Hu, C.-M. ; Qing, F.-L. ; Shen, C.-X. *J. Chem. Soc. Perkin Trans.* 1 **1993**, 335.
[446] Chambers, R. D. ; Sandford, G. ; Atherton, M. *J. Chem. Soc., Chem. Commun.* **1995**, 177.
[447] York, C. ; Prakash, G. K. S. ; Wang, Q. ; Olah, G. A. *Synlett* **1994**, 425.
[448] Takeda, T. ; Sasaki, R. ; Nakamura, A. ; Yamauchi, S. ; Fujiwara, T. *Synlett* **1996**, 273.
[449] Tordeux, M. ; Boumizane, K. ; Wakselman, C. *J. Org. Chem.* **1993**, 58, 1939.
[450] For example, see Clark, D. R. ; Emsley, J. ; Hibbert, F. *J. Chem. Soc. Perkin Trans.* 2 **1988**, 1107.
[451] See Hartley, F. R. ; Patai, S. *The Chemistry of the Metal-Carbon Bond*, Vols. 2-4, Wiley, NY, **1985-1987**.
[452] Song, J. J. ; Yee, N. K. ; Tan, Z. ; Xu, J. ; Kapadia, S. R. ; Senanayake, C. H. *Org. Lett.* **2004**, 6, 4905.
[453] Gold, H. ; Larhed, M. ; Nilsson, P. *Synlett* **2005**, 1596.
[454] See Leung, S. S.-W. ; Streitwieser, A. *J. Org. Chem.* **1999**, 64, 3390.
[455] See Eicher, T. in Patai, S. *The Chemistry of the Carbonyl Group*, pt. 1, Wiley, NY, **1966**, pp. 621-693; Kharasch, M. S. ; Reinmuth, O. *Grignard Reactions of Nonmetallic Substances*, Prentice-Hall, Englewood Cliffs, NJ, **1954**, pp. 138-528; Stowell, J. C. *Chem. Rev.* **1984**, 84, 409. For a computational study of this reaction, see Yamazaki, S. ; Yamabe, S. *J. Org. Chem.* **2002**, 67, 9346.
[456] Franzén, R. G. *Tetrahedron* **2000**, 56, 685.
[457] Handy, S. T. *J. Org. Chem.* **2006**, 71, 4659.
[458] Hatano, M. ; Suzuki, S. ; Ishihara, K. *J. Am. Chem. Soc.* **2006**, 128, 9998; Hatano, M. ; Ito, O. ; Suzuki, S. ; Ishihara, K. *J. Org. Chem.* **2010**, 75, 5008; Hatano, M. ; Ito, O. ; Suzuki, S. ; Ishihara, K. *Chem. Commun.* **2010**, 2674.

[459] Kelly, B. G.; Gilheany, D. G. *Tetrahedron Lett.* **2002**, 43, 887.
[460] Yamamoto, Y.; Maruyama, K. *Heterocycles* **1982**, 18, 357. Also see Tomoda, S.; Senju, T. *Tetrahedron* **1999**, 55, 3871. See Schulze, V.; Nell, P. G.; Burton, A.; Hoffmann, R. W. *J. Org. Chem.* **2003**, 68, 4546.
[461] See Reetz, M. T. *Angew. Chem. Int. Ed.* **1984**, 23, 556. See also, Keck, G. E.; Castellino, S. *J. Am. Chem. Soc.* **1986**, 108, 3847.
[462] See Soai, K.; Niwa, S.; Hatanaka, T. *Bull. Chem. Soc. Jpn.* **1990**, 63, 2129. Also see Hoffmann, R. W.; Dresely, S.; Hildebrandt, B. *Chem. Ber.* **1988**, 121, 2225; Paquette, L. A.; Learn, K. S.; Romine, J. L.; Lin, H. *J. Am. Chem. Soc.* **1988**, 110, 879; Brown, H. C.; Bhat, K. S.; Randad, R. S. *J. Org. Chem.* **1989**, 54, 1570.
[463] See Denmark, S. E.; Weber, E. J. *J. Am. Chem. Soc.* **1984**, 106, 7970. See Greeves, N.; Pease, J. E. *Tetrahedron Lett.* **1996**, 37, 5821; Zweifel, G.; Shoup, T. M. *J. Am. Chem. Soc.* **1988**, 110, 5578.
[464] See Masuyama, Y.; Takahara, J. P.; Kurusu, Y. *Tetrahedron Lett.* **1989**, 30, 3437.
[465] Luderer, M. R.; Bailey, W. F.; Luderer, M. R.; Fair, J. D.; Dancer, R. J.; Sommer, M. B. *Tetrahedron Asymm.* **2009**, 20, 981.
[466] Cotton, H. K.; Norinder, J.; Bäckvall, J.-E. *Tetrahedron* **2006**, 62, 5632; Yorimitsu, H.; Oshima, K. *Angew. Chem. Int. Ed.* **2005**, 44, 4285; López, F.; van Zijl, A. W.; Minnaard, A. J.; Feringa, B. L. *Chem. Commun.* **2006**, 409.
[467] Muramatsu, Y.; Harada, T. *Angew. Chem. Int. Ed.* **2008**, 47, 1088.
[468] Yong, K. H.; Taylor, N. J.; Chong, J. M. *Org. Lett.* **2002**, 4, 3553.
[469] Xiao, K.-J.; Luo, J.-M.; Ye, K.-Y.; Wang, Y.; Huang, P.-Q. *Angew. Chem. Int. Ed.* **2010**, 49, 3037.
[470] Sapountzis, I.; Dube, H.; Lewis, R.; Gommermann, N.; Knochel, P. *J. Org. Chem.* **2005**, 70, 2445.
[471] Barbier, P. *Compt. Rend.* **1899**, 128, 110. See Blomberg, C.; Hartog, F. A. *Synthesis* **1977**, 18; Molle, G.; Bauer, P. *J. Am. Chem. Soc.* **1982**, 104, 3481. For a list of Barbier-type reactions, with references, see Larock, R. C. *Comprehensive Organic Transformations*, 2nd ed., Wiley-VCH, NY, **1999**, pp. 1125-1134.
[472] Guijarro, A.; Yus, M. *Tetrahedron Lett.* **1993**, 34, 3487; de Souza-Barboza, J. D.; Pétrier, C.; Luche, J. *J. Org. Chem.* **1988**, 53, 1212.
[473] Yeh, M. C. P.; Knochel, P.; Santa, L. E. *Tetrahedron Lett.* **1988**, 29, 3887.
[474] Erdik, E.; Koçoğlu, M. *Tetrahedron Lett.* **2007**, 48, 4211.
[475] Li, C.-J. *Tetrahedron* **1996**, 52, 5643.
[476] Zhang, W.-C.; Li, C.-J. *J. Org. Chem.* **2000**, 65, 5831.
[477] For a discussion of the mechanism of this reaction, see Holm, T. *Acta Chem. Scand.* **1992**, 46, 985.
[478] An example was given in Reaction **15-25**.
[479] Vaskan, R. N.; Kovalev, B. G. *J. Org. Chem. USSR* **1973**, 9, 501.
[480] Kamijo, S.; Dudley, G. B. *J. Am. Chem. Soc.* **2005**, 127, 5028.
[481] For a list of reagents, with references, see Larock, R. C. *Comprehensive Organic Transformations*, 2nd ed., Wiley-VCH, NY, **1999**, pp. 1134-1135.
[482] Leroux, Y. *Bull. Soc. Chim. Fr.* **1968**, 359.
[483] Corey, E. J.; Kuwajima, I. *J. Am. Chem. Soc.* **1970**, 92, 395. For another method, see Molander, G. A.; McKie, J. A. *J. Org. Chem.* **1991**, 56, 4112, and references cited therein.
[484] Bertini, F.; Grasselli, P.; Zubiani, G.; Cainelli, G. *Tetrahedron* **1970**, 26, 1281.
[485] See Piotrowski, A. M.; Malpass, D. B.; Boleslawski, M. P.; Eisch, J. J. *J. Org. Chem.* **1988**, 53, 2829; Tour, J. M.; Bedworth, P. V.; Wu, R. *Tetrahedron Lett.* **1989**, 30, 3927; Lombardo, L. *Org. Synth.* **65**, 81.
[486] For a study of Hammett ρ values, see Maclin, K. M.; Richey, Jr., H. G. *J. Org. Chem.* **2002**, 67, 4370.
[487] Lecomte, V.; Stéphan, E.; Le Bideau, F.; Jaouen, G. *Tetrahedron* **2003**, 59, 2169.
[488] See Granander, J.; Sott, R.; Hilmersson, G. *Tetrahedron* **2002**, 58, 4717.
[489] Liu, J.; Li, D.; Sun, C.; Williard, P. G. *J. Org. Chem.* **2008**, 73, 4045.
[490] For a discussion of selectivity, see Spino, C.; Granger, M.-C.; Tremblay, M.-C. *Org. Lett.* **2002**, 4, 4735.
[491] Granander, J.; Eriksson, J.; Hilmersson, G. *Tetrahedron Asymmetry* **2006**, 17, 2021.
[492] Novikov, Y. Y.; Sampson, P. *J. Org. Chem.* **2005**, 70, 10247.
[493] Cunico, R. F. *Tetrahedron Lett.* **2002**, 43, 355.
[494] See Solladié, G. in Morrison, J. D. *Asymmetric Synthesis*, Vol. 2, Academic Press, NY, **1983**, pp. 157-199, 158-183; Nógrádi, M. *Stereoselective Synthesis* VCH, NY, **1986**, pp. 160-193; Noyori, R.; Kitamura, M. *Angew. Chem. Int. Ed.* **1991**, 30, 49.
[495] Schön, M.; Naef, R. *Tetrahedron Asymmetry* **1999**, 10, 169; Arvidsson, P. I.; Davidsson, Ö.; Hilmersson, G. *Tetrahedron Asymmetry* **1999**, 10, 527.
[496] Concellón, J. M.; Cuervo, H.; Fernández-Fano, R. *Tetrahedron* **2001**, 57, 8983.
[497] Hodgson, D. M.; Reynolds, N. J.; Coote, S. J. *Org. Lett.* **2004**, 6, 4187.
[498] Florio, S.; Aggarwal, V.; Salomone, A. *Org. Lett.* **2004**, 6, 4191.
[499] Hashemsadeh, M.; Howell, A. R. *Tetrahedron Lett.* **2000**, 41, 1855, 1859.
[500] Cainelli, G.; Tangari, N.; Umani-Ronchi, A. *Tetrahedron* **1972**, 28, 3009, and references cited therein.
[501] Imamoto, T.; Takeyama, T.; Koto, H. *Tetrahedron Lett.* **1986**, 27, 3243.
[502] Taguchi, H.; Yamamoto, H.; Nozaki, H. *Bull. Chem. Soc. Jpn.* **1977**, 50, 1588.
[503] See Seyferth, D.; Weinstein, R. M.; Wang, W.; Hui, R. C.; Archer, C. M. *Isr. J. Chem.* **1984**, 24, 167.
[504] Seyferth, D.; Weinstein, R. M.; Wang, W. *J. Org. Chem.* **1983**, 48, 1144; Seyferth, D.; Weinstein, R. M.; Wang, W.; Hui, R. C. *Tetrahedron Lett.* **1983**, 24, 4907.
[505] Lajis, N. Hj.; Khan, M. N.; Hassan, H. A. *Tetrahedron* **1993**, 49, 3405.

[506]　Whitmore, F. C. ; George, R. S. *J. Am. Chem. Soc.* **1942**, 64, 1239.
[507]　Bartlett P. D. ; Tidwell, T. T. *J. Am. Chem. Soc.* **1968**, 90, 4421. See also, Lomas, J. S. *Nouv. J. Chim.*, **1984**, 8, 365; Molle, G. ; Briand, S. ; Bauer, P. ; Dubois, J. E. *Tetrahedron* **1984**, 40, 5113.
[508]　Buhler, J. D. *J. Org. Chem.* **1973**, 38, 904.
[509]　Chastrette, M. ; Amouroux, R. *Chem. Commun.* **1970**, 470; *Bull. Soc. Chim. Fr.* **1970**, 4348. See also, Richey, Jr., H. G. ; DeStephano, J. P. *J. Org. Chem.* **1990**, 55, 3281.
[510]　Canonne, P. ; Foscolos, G. ; Caron H. ; Lemay, G. *Tetrahedron* **1982**, 38, 3563.
[511]　Imamoto, T. ; Takiyama, N. ; Nakamura, K. ; Hatajima, T. ; Kamiya, Y. *J. Am. Chem. Soc.* **1989**, 111, 4392.
[512]　See Holm, T. *Acta Chem. Scand. Ser. B* **1983**, 37, 567; Ashby, E. C. *Pure Appl. Chem.* **1980**, 52, 545; Ashby, E. C. ; Laemmle, J. ; Neumann, H. M. *Acc. Chem. Res.* **1974**, 7, 272. Also see Ashby, E. C. ; Laemmle, J. *Chem. Rev.* **1975**, 75, 521; Solv'yanov, A. A. ; Beletskaya, I. P. *Russ. Chem. Rev.* **1987**, 56, 465.
[513]　See, for example, Ashby, E. C. ; Neumann, H. M. ; Walker, F. W. ; Laemmle, J. ; Chao, L. *J. Am. Chem. Soc.* **1973**, 95, 3330.
[514]　Ashby, E. C. ; Laemmle, J. ; Neumann, H. M. *J. Am. Chem. Soc.* **1972**, 94, 5421.
[515]　Ashby, E. C. ; Laemmle, J. ; Neumann, H. M. *J. Am. Chem. Soc.* **1971**, 93, 4601; Laemmle, J. ; Ashby, E. C. ; Neumann, H. M. *J. Am. Chem. Soc.* **1971**, 93, 5120.
[516]　Ashby, E. C. ; Yu, S. H. ; Roling, P. V. *J. Org. Chem.* **1972**, 37, 1918. See also, Lasperas, M. ; Perez-Rubalcaba, A. ; Quiroga-Feijoo, M. L. *Tetrahedron* **1980**, 36, 3403.
[517]　For a review, see Dagonneau, M. *Bull. Soc. Chim. Fr.* **1982**, II-269.
[518]　See Walling, C. *J. Am. Chem. Soc.* **1988**, 110, 6846.
[519]　Also see Holm, T. *Acta Chem. Scand. Ser. B* **1988**, 42, 685; Liotta, D. ; Saindane, M. ; Waykole, L. *J. Am. Chem. Soc.* **1983**, 105, 2922; Yamataka, H. ; Miyano, N. ; Hanafusa, T. *J. Org. Chem.* **1991**, 56, 2573.
[520]　Maruyama, K. ; Katagiri, T. *Chem. Lett.* **1987**, 731, 735; *J. Phys. Org. Chem.* **1988**, 1, 21.
[521]　See Holm, T. ; Crossland, I. *Acta Chem. Scand.* **1971**, 25, 59.
[522]　Maruyama, K. ; Katagiri, T. *J. Am. Chem. Soc.* **1986**, 108, 6263; *J. Phys. Org. Chem.* **1989**, 2, 205. See also, Maruyama, K. ; Katagiri, T. *J. Phys. Org. Chem.* **1991**, 4, 158.
[523]　Walter, R. I. *J. Org. Chem.* **2000**, 65, 5014.
[524]　Yamataka, H. ; Matsuyama, T. ; Hanafusa, T. *J. Am. Chem. Soc.* **1989**, 111, 4912.
[525]　Garst, J. F. ; Ungváry, F. *Org. Lett.* **2001**, 3, 605.
[526]　Hoffmann, R. W. ; Hölzer, B. *Chem. Commun.* **2001**, 491.
[527]　Bodineau, N. ; Mattalia, J.-M. ; Hazimeh, H. ; Handoo, K. L. ; Timokhin, V. ; Négrel, J.-C. ; Chanon, M. *Eur. J. Org. Chem.* **2010**, 2476.
[528]　See Yamataka, H. ; Kawafuji, Y. ; Nagareda, K. ; Miyano, N. ; Hanafusa, T. *J. Org. Chem.* **1989**, 54, 4706.
[529]　Perraud, R. ; Handel, H. ; Pierre, J. *Bull. Soc. Chim. Fr.* **1980**, II-283.
[530]　See Cabaret, D. ; Welvart, Z. *J. Organomet. Chem.* **1974**, 80, 199; Holm, T. *Acta Chem. Scand.* **1973**, 27, 1552; Morrison, J. D. ; Tomaszewski, J. E. ; Mosher, H. S. ; Dale, J. ; Miller, D. ; Elsenbaumer, R. L. *J. Am. Chem. Soc.* **1977**, 99, 3167; Okuhara, K. *J. Am. Chem. Soc.* **1980**, 102, 244.
[531]　Pinkus, A. G. ; Sabesan, A. *J. Chem. Soc. Perkin Trans.* 2 **1981**, 273.
[532]　Lipsky, S. D. ; Hall, S. S. *Org. Synth.* VI, 537; McEnroe, F. J. ; Sha, C. ; Hall, S. S. *J. Org. Chem.* **1976**, 41, 3465.
[533]　Hwang, Y. C. ; Chu, M. ; Fowler, F. W. *J. Org. Chem.* **1985**, 50, 3885.
[534]　See Guillarme, S. ; Plé, K. ; Banchet, A. ; Liard, A. ; Haudrechy, A. *Chem. Rev.* **2006**, 106, 2355.
[535]　Ziegenbein, W. in Viehe, H. G. *Acetylenes*, Marcel Dekker, NY, **1969**, pp. 207-241; Ried, W. *Newer Methods Prep. Org. Chem.* **1968**, 4, 95.
[536]　Newman, H. *Tetrahedron Lett.* **1971**, 4571. See Jacob, III, P. ; Brown, H. C. *J. Org. Chem.* **1977**, 42, 579.
[537]　Joung, M. J. ; Ahn, J. H. ; Yoon, N. M. *J. Org. Chem.* **1996**, 61, 4472.
[538]　Miyamoto, H. ; Yasaka, S. ; Tanaka, K. *Bull. Chem. Soc. Jpn.* **2001**, 74, 185.
[539]　See Midland, M. M. *J. Org. Chem.* **1975**, 40, 2250, for the use of amine-free monolithium acetylide.
[540]　Beumel Jr., O. F. ; Harris, R. F. *J. Org. Chem.* **1963**, 28, 2775.
[541]　See Kondrat'eva, L. A. ; Potapova, I. M. ; Grigina, I. N. ; Glazunova, E. M. ; Nikitin, V. I. *J. Org. Chem. USSR* **1976**, 12, 948.
[542]　Jiang, B. ; Si, Y.-G. *Tetrahedron Lett.* **2002**, 43, 8323.
[543]　Frantz, D. E. ; Fässler, R. ; Carreira, E. M. *J. Am. Chem. Soc.* **2000**, 122, 1806.
[544]　Boyall, D. ; Frantz, D. E. ; Carreira, E. M. *Org. Lett.* **2002**, 4, 2605; Xu, Z. ; Chen, C. ; Xu, J. ; Miao, M. ; Yan, W. ; Wang, R. *Org. Lett.* **2004**, 6, 1193; Jiang, B. ; Chen, Z. ; Xiong, W. *Chem. Commun.* **2002**, 1524. For an example using zinc(II) diflate, see Chen, Z. ; Xiong, W. ; Jiang, B. *Chem. Commun.* **2002**, 2098.
[545]　Liu, L. ; Wang, R. ; Kang, Y.-F. ; Chen, C. ; Xu, Z.-Q. ; Zhou, Y.-F. ; Ni, M. ; Cai, H.-Q. ; Gong, M.-Z. *J. Org. Chem.* **2005**, 70, 1084.
[546]　See Li, H. ; Huang, Y. ; Jin, W. ; Xue, F. ; Wan, B. *Tetrahedron Lett.* **2008**, 49, 1686; Mao, J. ; Bao, Z. ; Guo, J. ; Ji, S. *Tetrahedron* **2008**, 64, 9901; Yang, X.-F. ; Hirose, T. ; Zhang, G.-Y. *Tetrahedron Asymmetry* **2007**, 18, 2668.
[547]　Sakai, N. ; Hirasawa, M. ; Konakahara, T. *Tetrahedron Lett.* **2003**, 44, 4171.
[548]　Kwon, D. W. ; Cho, M. S. ; Kim, Y. H. *Synlett* **2001**, 627.
[549]　Wolf, C. ; Liu, S. *J. Am. Chem. Soc.* **2006**, 128, 10996; Cozzi, P. G. ; Rudolph, J. ; Bolm, C. ; Norrby, P.-O. ; Tomasini, C. *J. Org. Chem.* **2005**, 70, 5733.

[550] Srihari, P. ; Singh, V. K. ; Bhunia, D. C. ; Yadav, J. S. *Tetrahedron Lett.* **2008**, 49, 7132.
[551] Downey, C. W. ; Mahoney, B. D. ; Lipari, V. R. *J. Org. Chem.* **2009**, 74, 2904.
[552] Takita, R. ; Yakura, K. ; Ohshima, T. ; Shibasaki, M. *J. Am. Chem. Soc.* **2005**, 127, 13760.
[553] Ekström, J. ; Zaitsev, S. B. ; Adolfsson, H. *Synlett* **2006**, 885.
[554] Ranu, B. C. ; Samanta, S. ; Hajra, A. *J. Org. Chem.* **2001**, 66, 7519.
[555] Mitzel, T. M. ; Palomo, C. ; Jendza, K. *J. Org. Chem.* **2002**, 67, 136.
[556] For a list of reagents and references, see Larock, R. C. *Comprehensive Organic Transformations*, 2nd ed., Wiley-VCH, NY, **1999**, pp. 1156-1170. Also see Gajewski, J. J. ; Bocian, W. ; Brichford, N. L. ; Henderson, J. L. *J. Org. Chem.* **2002**, 67, 4236.
[557] See Denmark, S. E. ; Fu, J. *Chem. Rev.* **2003**, 103, 2763.
[558] For a review, see Cintas, P. *Synlett* **1995**, 1087.
[559] Yi, X.-H. ; Haberman, J. X. ; Li, C.-J. *Synth. Commun.* **1998**, 28, 2999; Lloyd-Jones, G. C. ; Russell, T. *Synlett* **1998**, 903; Li, C.-J. ; Lu, Y.-Q. *Tetrahedron Lett.* **1995**, 36, 2721.
[560] Hirayama, L. C. ; Gamsey, S. ; Knueppel, D. ; Steiner, D. ; DeLaTorre, K. ; Singaram, B. *Tetrahedron Lett.* **2005**, 46, 2315; Haddad, T. D. ; Hirayama, L. C. ; Taynton, P. ; Singaram, B. *Tetrahedron Lett.* **2008**, 49, 508; Preite, M. D. ; Pérez-Carvajal, A. *Synlett* **2006**, 3337. For an example in ionic liquids, see Teo, Y.-C. ; Goh, E.-L. ; Loh, T.-P. *Tetrahedron Lett.* **2005**, 46, 4573. For an example with propargylic halides, see Lacie, C. Hirayama, L. C. ; Dunham, K. K. ; Singaram, B. *Tetrahedron Lett.* **2006**, 47, 5173.
[561] Chan, T. H. ; Yang, Y. *J. Am. Chem. Soc.* **1999**, 121, 3228; Paquette, L. A. ; Bennett, G. D. ; Isaac, M. B. ; Chhatriwalla, A. *J. Org. Chem.* **1998**, 63, 1836; Li, X.-R. ; Loh, T.-P. *Tetrahedron Asymmetry* **1996**, 7, 1535.
[562] Lin, M.-J. ; Loh, T.-P. *J. Am. Chem. Soc.* **2003**, 125, 13042.
[563] Lee, P. H. ; Ahn, H. ; Lee. K. ; Sung, S.-y. ; Kim, S. *Tetrahedron Lett.* **2001**, 42, 37.
[564] Augé, J. ; Lubin-Germain, N. ; Thiaw-Woaye, A. *Tetrahedron Lett.* **1999**, 40, 9245.
[565] Loh, T.-P. ; Tan, K.-T. ; Yang, J.-Y. ; Xiang, C.-L. *Tetrahedron Lett.* **2001**, 42, 8701.
[566] Khan, F. A. ; Prabhudas, B. *Tetrahedron* **2000**, 56, 7595.
[567] Kumar, S. ; Kaur, P. ; Chimni, S. S. *Synlett* **2002**, 573.
[568] Kumar, V. ; Chimni, S. ; Kumar, S. *Tetrahedron Lett.* **2004**, 45, 3409.
[569] Basu, M. K. ; Banik, B. K. *Tetrahedron Lett.* **2001**, 42, 187.
[570] Hélion, F. ; Namy, J.-L. *J. Org. Chem.* **1999**, 64, 2944.
[571] See Knochel, P. ; Rao, S. A. *J. Am. Chem. Soc.* **1990**, 112, 6146; Wada, M. ; Ohki, H. ; Akiba, K. *Bull. Chem. Soc. Jpn.* **1990**, 63, 1738; Marton, D. ; Tagliavini, G. ; Zordan, M. ; Wardell, J. L. *J. Organomet. Chem.* **1990**, 390, 127; Wang, W. ; Shi, L. ; Xu, R. ; Huang, Y. *J. Chem. Soc. Perkin Trans.* 1 **1990**, 424.
[572] Wang, J.-x. ; Jia, X. ; Meng, T. ; Xin, L. *Synthesis* **2005**, 2838.
[573] In water: Bian, Y.-J. ; Zhang, J.-Q. ; Xia, J.-P. ; Li, J.-T. *Synth. Commun.* **2006**, 36, 2475.
[574] Narsaiah, A. V. ; Reddy, A. R. ; Rao, Y. G. ; Kumar, E. V. ; Prakasham, R. S. ; Reddy, B. V. S. ; Yadav, J. S. *Synthesis* **2008**, 3461.
[575] See Bareille, L. ; Le Gendre, P. ; Moïse, C. *Chem. Commun.* **2005**, 775; Estévez, R. E. ; Justicia, J. ; Bazdi, B. ; Fuentes, N. ; Paradas, M. ; Choquesillo-Lazarte, D. ; Garcia-Ruiz, J. M. ; Robles, R. ; Gansäuer, A. ; Cuerva, J. M. ; Oltra, J. E. *Chemistry: Eur. J.* **2009**, 15, 2774.
[576] Kakiya, H. ; Nishimae, S. ; Shinokubo, H. ; Oshima, K. *Tetrahedron* **2001**, 57, 8807; Berkessel, A. ; Menche, D. ; Sklorz, C. A. ; Schröder, M. ; Paterson, I. *Angew. Chem. Int. Ed.* **2003**, 42, 1032.
[577] Chan, T. C. ; Lau, C. P. ; Chan, T. H. *Tetrahedron Lett.* **2004**, 45, 4189.
[578] Wang, Z. ; Yuan, S. ; Li, C.-J. *Tetrahedron Lett.* **2002**, 43, 5097.
[579] Hashimoto, Y. ; Kagoshima, H. ; Saigo, K. *Tetrahedron Lett.* **1994**, 35, 4805.
[580] Hanzawa, Y. ; Tabuchi, N. ; Saito, K. ; Noguchi, S. ; Taguchi, T. *Angew. Chem. Int. Ed.* **1999**, 38, 2395.
[581] Andrade, C. K. Z. ; Azevedo, N. R. ; Oliveira, G. R. *Synthesis* **2002**, 928.
[582] Zheng, Y. ; Bao, W. ; Zhang, Y. *Synth. Commun.* **2000**, 30, 3517.
[583] Li, L.-H. ; Chan, T. H. *Can. J. Chem.* **2001**, 79, 1536.
[584] See Avilov, D. V. ; Malasare, M. G. ; Arslancan, E. ; Dittmer, D. L. *Org. Lett.* **2004**, 6, 2225.
[585] Yanagisawa, A. ; Habaue, S. ; Yasue, K. ; Yamamoto, H. *J. Am. Chem. Soc.* **1994**, 116, 6130.
[586] Loh, T.-P. ; Zhou, J.-R. *Tetrahedron Lett.* **1999**, 40, 9115.
[587] Evans, W. J. ; Workman, P. S. ; Allen, N. T. *Org. Lett.* **2003**, 5, 2041.
[588] Chan, T. H. ; Yang, Y. *Tetrahedron Lett.* **1999**, 40, 3863.
[589] Smith, K. ; Lock, S. ; El-Hiti, G. A. ; Wada, M. ; Miyoshi, N. *Org. Biomol. Chem.* **2004**, 2, 935; Xu, X. ; Zha, Z. ; Miao, Q. ; Wang, Z. *Synlett* **2004**, 1171.
[590] Lu, J. ; Hong, M.-L. ; Ji, S.-J. ; Loh, T.-P. *Chem. Commun.* **2005**, 1010; Teo, Y.-C. ; Tan, K.-T. ; Loh, T.-P. *Chem. Commun.* **2005**, 1318; Lu, J. ; Hong, M.-L. ; Ji, S.-J. ; Teo, Y.-C. ; Loh, T.-P. *Chem. Commun.* **2005**, 4217; Masuyama, Y. ; Chiyo, T. ; Kurusu, Y. *Synlett* **2005**, 2251.
[591] Zhou, J.-Y. ; Jia, Y. ; Sun, G.-F. ; Wu, S.-H. *Synth. Commun.* **1997**, 27, 1899.
[592] Ren, P.-D. ; Shao, D. ; Dong, T.-W. *Synth. Commun.* **1997**, 27, 2569.
[593] Wada, M. ; Fukuma, T. ; Morioka, M. ; Takahashi, T. ; Miyoshi, N. *Tetrahedron Lett.* **1997**, 38, 8045.
[594] Taylor, R. E. ; Ciavarri, J. P. *Org. Lett.* **1999**, 1, 467.
[595] Kimura, M. ; Shimizu, M. ; Shibata, K. ; Tazoe, M. ; Tamaru, Y. *Angew. Chem. Int. Ed.* **2003**, 42, 3392.
[596] Wang, M. ; Yang, X.-F. ; Li, C.-J. *Eur. J. Org. Chem.* **2003**, 998.

[597] Denmark, S. E. ; Nguyen, S. T. *Org. Lett.* **2009**, 11, 781.
[598] Appelt, H. R. ; Limberger, J. B. ; Weber, M. ; Rodrigues, O. E. D. ; Oliveira, J. S. ; Lüdtke, D. S. ; Braga, A. L. *Tetrahedron Lett.* **2008**, 49, 4956.
[599] Fandrick, D. R. ; Fandrick, K. R. ; Reeves, J. T. ; Tan, Z. ; Tang, W. ; Capacci, A. G. ; Rodriguez, S. ; Song, J. J. ; Lee, H. ; Yee, N. K. ; Senanayake, C. H. *J. Am. Chem. Soc.* **2010**, 132, 7600.
[600] Zhang, Y. ; Jia, X. ; Wang, J.-X. *Eur. J. Org. Chem.* **2009**, 2983.
[601] Inoue, M. ; Suzuki, T. ; Nakada, M. *J. Am. Chem. Soc.* **2003**, 125, 1140.
[602] Matsubara, S. ; Ikeda, T. ; Oshima, K. ; Otimoto, K. *Chem. Lett.* **2001**, 1226.
[603] Lu, J.-F. ; You, J.-S. ; Gau, H.-M. *Tetrahedron Asymmetry* **2000**, 11, 2531.
[604] Reetz, M. T. *Organotitanium Reagents in Organic Synthesis*, Springer, NY, **1986** (monograph), pp. 75-86. See also, Kim, S.-H. ; Rieke, R. D. *Tetrahedron Lett.* **1999**, 40, 4931.
[605] Cahiez, G. ; Figadere, B. *Tetrahedron Lett.* **1986**, 27, 4445. See Soai, K. ; Watanabe, M. ; Koyano, M. *Bull. Chem. Soc. Jpn.* **1989**, 62, 2124.
[606] Bartoli, G. ; Marcantoni, E. ; Petrini, M. *Angew. Chem. Int. Ed.* **1993**, 32, 1061; Dimitrov, V. ; Bratovanov, S. ; Simova, S. ; Kostova, K. *Tetrahedron Lett.* **1994**, 35, 6713.
[607] Quan, L. G. ; Lamrani, M. ; Yamamoto, Y. *J. Am. Chem. Soc.* **2000**, 122, 4827.
[608] See Reetz, M. T. ; Kyung, S. H. ; Hüllmann, M. *Tetrahedron* **1986**, 42, 2931.
[609] Reetz, M. T. *Organotitanium Reagents in Organic Synthesis*, Springer, NY, **1986**. See Weidmann, B. ; Seebach, D. *Angew. Chem. Int. Ed.* **1983**, 22, 31; Reetz, M. T. *Top. Curr. Chem.* **1982**, 106, 1.
[610] Bartoli, G. ; Bosco, M. ; Marcantoni, E. ; Massaccesi, M. ; Rinaldi, S. ; Sambri, L. *Tetrahedron Lett.* **2001**, 42, 6093.
[611] Matsukawa, S. ; Funabashi, Y. ; Imamoto, T. *Tetrahedron Lett.* **2003**, 44, 1007.
[612] Marshall, J. A. ; Palovich, M. R. *J. Org. Chem.* **1998**, 63, 4381; Zha, Z. ; Qiao, S. ; Jiang, J. ; Wang, Y. ; Miao, Q. ; Wang, Z. *Tetrahedron* **2005**, 61, 2521. See Yasuda, M. ; Hirata, K. ; Nishino, M. ; Yamamoto, A. ; Baba, A. *J. Am. Chem. Soc.* **2002**, 124, 13442; Masuyama, Y. ; Ito, T. ; Tachi, K. ; Ito, A. ; Kurusu, Y. *Chem. Commun.* **1999**, 1261. Also see Li, G.-l. ; Zhao, G. *J. Org. Chem.* **2005**, 70, 4272.
[613] Li, G.-l. ; Zhao, G. *Synlett* **2005**, 2540.
[614] Tan, K.-T. ; Chng, S.-S. ; Cheng, H.-S. ; Loh, T.-P. *J. Am. Chem. Soc.* **2003**, 125, 2958; Andres, P. C. ; Peatt, A. C. ; Raston, C. L. *Tetraheron Lett.* **2002**, 43, 7541.
[615] Wallner, O. A. ; Szabó, K. J. *J. Org. Chem.* **2003**, 68, 2934.
[616] See Issacs, N. S. ; Maksimovic, L. ; Rintoul, G. B. ; Young, D. J. *J. Chem. Soc., Chem. Commun.* **1992**, 1749; Isaacs, N. S. ; Marshall, R. L. ; Young, D. J. *Tetrahedron Lett.* **1992**, 33, 3023.
[617] Naruta, Y. ; Ushida, S. ; Maruyama, K. *Chem. Lett.* **1979**, 919. For a review, see Yamamoto, Y. *Aldrichimica Acta* **1987**, 20, 45.
[618] Kalita, H. R. ; Borah, A. J. ; Phukan, P. *Tetrahedron Lett.* **2007**, 48, 5047.
[619] Yadav, J. S. ; Reddy, B. V. S. ; Kondaji, G. ; Reddy, J. S. S. *Tetrahedron* **2005**, 61, 879.
[620] Choudary, B. M. ; Chidara, S. ; Sekhar, Ch. V. R. *Synlett* **2002**, 1694.
[621] Shibata, I. ; Yoshimura, N. ; Yabu, M. ; Baba, A. *Eur. J. Org. Chem.* **2001**, 3207.
[622] Yanagisawa, A. ; Nakashima, H. ; Nakatsuka, Y. ; Ishiba, A. ; Yamamoto, H. *Bull. Chem. Soc. Jpn.* **2001**, 74, 1129.
[623] Kobayashi, S. ; Aoyama, N. ; Manabe, K. *Synlett* **2002**, 483.
[624] Kwiatkowski, P. ; Chaładaj, W. ; Jurczak, J. *Tetrahedron* **2006**, 62, 5116.
[625] Zhang, T. ; Shi, M. ; Zhao, M. *Tetrahedron* **2008**, 64, 2412.
[626] Nishiyama, Y. ; Kakushou, F. ; Sonoda, N. *Tetrahedron Lett.* **2005**, 46, 787.
[627] Lingaiah, B. V. ; Ezikiel, G. ; Yakaiah, T. ; Reddy, G. V. ; Rao, P. S. *Tetrahedron Lett.* **2006**, 47, 4315.
[628] Kii, S. ; Maruoka, K. *Tetrahedron Lett.* **2001**, 42, 1935.
[629] Andrade, C. K. Z. ; Azevedo, N. R. *Tetrahedron Lett.* **2001**, 42, 6473.
[630] Kurosa, M. ; Lorca, M. *Tetrahedron Lett.* **2002**, 43, 1765.
[631] Chaudhuri, M. K. ; Dehury, S. K. ; Hussain, S. *Tetrahedron Lett.* **2005**, 46, 6247. Also see Tang, L. ; Ding, L. ; Chang, W.-X. ; Li, J. *Tetrahedron Lett.* **2006**, 47, 303.
[632] Aspinall, H. C. ; Bissett, J. S. ; Greeves, N. ; Levin, D. *Tetrahedron Lett.* **2002**, 43, 319.
[633] Savall, B. M. ; Powell, N. A. ; Roush, W. R. *Org. Lett.* **2001**, 3, 3057.
[634] Khan, A. T. ; Mondal, E. *Synlett* **2003**, 694.
[635] Gordon, C. M. ; McCluskey, A. *Chem. Commun.* **1999**, 1431.
[636] Jin, Y. Z. ; Yasuda, N. ; Furuno, H. ; Inanaga, J. *Tetrahedron Lett.* **2003**, 44, 8765.
[637] Lu, J. ; Ji, S.-J. ; Qian, R. ; Chen, J.-P. ; Liu, Y. ; Loh, T.-P. *Synlett* **2004**, 534.
[638] Kim, J. G. ; Waltz, K. M. ; Garcia, I. F. ; Kwiatkowski, D. ; Walsh, P. J. *J. Am. Chem. Soc.* **2004**, 126, 12580.
[639] Lu, J. ; Ji, S.-J. ; Teo, Y.-C. ; Loh, T.-P. *Org. Lett.* **2005**, 7, 159; Teo, Y.-C. ; Goh, J.-D. ; Loh, T.-P. *Org. Lett.* **2005**, 7, 2743.
[640] Nokami, J. ; Yoshizane, K. ; Matsuura, H. ; Sumida, S.-i. *J. Am. Chem. Soc.* **1998**, 120, 6609.
[641] Jang, T.-S. ; Keum, G. ; Kang, S. B. ; Chung, B. Y. ; Kim, Y. *Synthesis* **2003**, 775.
[642] Masuyama, Y. ; Kaneko, Y. ; Kurusu, Y. *Tetrahedron Lett.* **2004**, 45, 8969.
[643] Shibata, I. ; Suwa, T. ; Sakakibara, H. ; Baba, A. *Org. Lett.* **2002**, 4, 301.
[644] Chan, T. H. ; Yang, Y. ; Li, C. J. *J. Org. Chem.* **1999**, 64, 4452.
[645] Yanagisawa, A. ; Nakashima, H. ; Ishiba, A. ; Yamamoto, H. *J. Am. Chem. Soc.* **1996**, 118, 4723; Motoyama, Y. ; Nishiya-

ma, H. *Synlett* **2003**, 1883; Xia, G.; Shibatomi, K.; Yamamoto, H. *Synlett* **2004**, 2437; Jennequin, T.; Wencel-Delord, J.; Rix, D.; Daubignard, J.; Crévisy, C.; Mauduit, M. *Synlett* **2010**, 1661.

[646] Moloyama, Y.; Narusawa, H.; Nishiyama, H. *Chem. Commun.* **1999**, 131.
[647] Doucet, H.; Santelli, M. *Tetrahedron Asymmetry* **2000**, 11, 4163.
[648] Denmark, S. E.; Wynn, T. *J. Am. Chem. Soc.* **2001**, 123, 6199.
[649] Zhang, X.; Chen, D.; Liu, X.; Feng, X. *J. Org. Chem.* **2007**, 72, 5227.
[650] Luo, M.; Iwabuchi, Y.; Hatakeyama, S. *Chem. Commun.* **1999**, 267; Yu, C.-M.; Lee, S.-J.; Jeon, M. *J. Chem. Soc., Perkin Trans. 1* **1999**, 3557.
[651] Liu, J.; Wong, C.-H. *Tetrahedron Lett.* **2002**, 43, 3915.
[652] Marx, A.; Yamamoto, H. *Synlett* **1999**, 584.
[653] Wu, K.-H.; Gau, H.-M. *J. Am. Chem. Soc.* **2006**, 128, 14808.
[654] Meisters, A.; Mole, T. *Aust. J. Chem.* **1974**, 27, 1655. See also, Jeffery, E. A.; Meisters, A.; Mole, T. *Aust. J. Chem.* **1974**, 27, 2569. For discussions of the mechanism of this reaction, see Ashby, E. C.; Smith, R. S. *J. Organomet. Chem.* **1982**, 225, 71. See Maruoka, H.; Yamamoto, H. *Tetrahedron* **1988**, 44, 5001.
[655] Reetz, M. T.; Westermann, J.; Kyung, S. *Chem. Ber.* **1985**, 118, 1050.
[656] See Araki, S.; Katsumura, N.; Ito, H.; Butsugan, Y. *Tetrahedron Lett.* **1989**, 30, 1581.
[657] Reetz, M. T.; Kyung, S. *Chem. Ber.* **1987**, 120, 123.
[658] Chan, A. S. C.; Zhang, F.-Y.; Yip, C.-W. *J. Am. Chem. Soc.* **1997**, 119, 4080.
[659] Markó, I. E.; Leung, C. W. *J. Am. Chem. Soc.* **1994**, 116, 371.
[660] Crimmins, M. T.; Chaudhary, K. *Org. Lett.* **2000** 2, 775.
[661] Walsh, P. J. *Acc. Chem. Res.* **2003**, 36, 739.
[662] See Takai, Y.; Kataoka, Y.; Utimoto, K. *J. Org. Chem.* **1990**, 55, 1707.
[663] Wang, J.; Fan, X.; Feng, X.; Quian, Y. *Synthesis* **1989**, 291; Riediker, M.; Duthaler, R. O. *Angew. Chem. Int. Ed.* **1989**, 28, 494; Riediker, M.; Hafner, A.; Piantini, U.; Rihs, G.; Togni, A. *Angew. Chem. Int. Ed.* **1989**, 30, 499.
[664] Fan, O.-H.; Liu, G.-H.; Chen, X.-M.; Deng, G.-J.; Chan, A. S. C. *Tetrahedron Asymmetry* **2001**, 12, 1559.
[665] Ren, H.; Dunet, G.; Mayer, P.; Knochel, P. *J. Am. Chem. Soc.* **2007**, 129, 5376.
[666] Costa, A. M.; García, C.; Carroll, P. J.; Walsh, P. J. *Tetrahedron* **2005**, 61, 6442; Roudeau, R.; Pardo, D. G.; Cossy, J. *Tetrahedron* **2006**, 62, 2388; Parrott, II, R. W.; Dore, D. D.; Chandrashekar, S. P.; Bentley, J. T.; Morgan, B. S.; Hitchcock, S. R. *Tetrahedron Asymmetry* **2008**, 19, 607; Hatano, M.; Miyamoto, T.; Ishihara, K. *Synlett* **2006**, 1762. See Ianni, J. C.; Annamalai, V.; Phuan, P.-W.; Panda, M.; Kozlowski, M. C. *Angew. Chem. Int. Ed.* **2006**, 45, 5502. For organocatalysts, seeKang, Y.-F.; Liu,L.; Wang, R.; Ni, M.; Han, Z.-j. *Synth. Commun.* **2005**, 35, 1819; Hui, A.; Zhang, J.; Wang, Z. *Synth. Commun.* **2008**, 38, 2374; Godoi, M.; Alberto, E. E.; Paixão, M. W.; Soares, L. A.; Schneider, P. H.; Braga, A. L. *Tetrahedron* **2010**, 66, 1341; Wu, Z.-L.; Wu, H.-L.; Wu, P.-Y.; Uang, B.-J. *Tetrahedron Asymm.* **2009**, 20, 1556; Banerjee, S.; Ferrence, G. M.; Hitchcock, S. R. *Tetrahedron Asymm.* **2010**, 21, 837.
[667] Zhu, H. J.; Jiang, J. X.; Saebo, S.; Pittman, Jr., C. U. *J. Org. Chem.* **2005**, 70, 261; Bisai, A.; Singh, P. K.; Singh, V. K. *Tetrahedron* **2007**, 63, 598; Burguete, M. I.; Escorihuela, J.; Luis, S. V.; Lledós, A.; Ujaque, G. *Tetrahedron* **2008**, 64, 9717; Bulut, A.; Aslan, A.; Izgü, E. Ç.; Dogan, Ö *Tetrahedron Asymmetry* **2007**, 18, 1013; Qin, Y.-C.; Pu, L. *Angew. Chem. Int. Ed.* **2005**, 45, 273; Park, J. K.; Lee, H. G.; Bolm, C.; Kim, B. M. *Chemistry: European J.* **2005**, 11, 945.
[668] See Dean, M. A.; Hitchcock, S. R. *Tetrahedron Asymmetry* **2008**, 19, 2563.
[669] Rudolph, J.; Bolm, C.; Norrby, P.-O. *J. Am. Chem. Soc.* **2005**, 127, 1548.
[670] For a review, see Pu, L. *Tetrahedron* **2003**, 59, 9873. See Li, Z.-B.; Pu, L. *Org. Lett.* **2004**, 6, 1065; Dahmen, S. *Org. Lett.* **2004**, 6, 2113; Kang, Y.-F.; Liu, L.; Wang, R.; Yan, W.-J.; Zhou, Y.-F. *Tetrahedron Asymmetry* **2004**, 15, 3155; Lu, G.; Li, X.; Jia, X.; Chan, W. L.; Chan, A. S. C. *Angew. Chem. Int. Ed.* **2003**, 42, 5057; Xu, Z.; Wang, R.; Xu, J.; Da, C.-S.; Yan, W.-j.; Chen, C. *Angew. Chem. Int. Ed.* **2003**, 42, 5747.
[671] Hatano, M.; Miyamoto, T.; Ishihara, K. *Org. Lett.* **2007**, 9, 4535.
[672] Wieland, L. C.; Deng, H.; Snapper, M. L.; Hoveyda, A. H. *J. Am. Chem. Soc.* **2005**, 127, 1545. Alse see Friel, D. K.; Snapper, M. L.; Hoveyda, A. H. *J. Am. Chem. Soc.* **2008**, 130, 9942.
[673] Cozzi P. G.; Kotrusz, P. *J. Am. Chem. Soc.* **2006**, 128, 4940.
[674] Tanaka, T.; Yasuda, Y; Hayashi, M. *J. Org. Chem.* **2006**, 71, 7091.
[675] With Ti(OiPr)$_4$, see Jeon, S.-J.; Li, H.; Walsh, P. J. *J. Am. Chem. Soc.* **2005**, 127, 16416; Jeon, S.-J.; Li, H.; Garcia, C.; LaRochelle, L. K.; Walsh, P. J. *J. Org. Chem.* **2005**, 70, 448. See Huang, Z.; Lai, H.; Qin, Y. *J. Org. Chem.* **2007**, 72, 1373.
[676] Milburn, R. R.; Hussain, S. M. S.; Prien, O.; Ahmed, Z.; Snieckus, V. *Org. Lett.* **2007**, 9, 4403.
[677] See Braga, A. L.; Paixão, M. W.; Westermann, B.; Schneider, P. H.; Wessjohann, L. A. *J. Org. Chem.* **2008**, 73, 2879.
[678] See Rasmussen, T.; Norrby, P.-O. *J. Am. Chem. Soc.* **2001**, 123, 2464.
[679] See Soai, K.; Yokoyam, S.; Hayasaka, T. *J. Org. Chem.* **1991**, 56, 4264.
[680] Pu, L.; Yu, H.-B. *Chem. Rev.* **2001**, 101, 757. See also, Danilova, T. I.; Rozenberg, V. I.; Starikova, Z. A.; Bräse, S. *Tetrahedron Asymmetry* **2004**, 15, 223; Scarpi, D.; Lo Galbo, F.; Occhiato, E. G.; Guarna, A. *Tetrahedron Asymmetry* **2004**, 15, 1319; Sibi, M. P.; Stanley, L. M. *Tetrahedron Asymmetry* **2004**, 15, 3353; Tseng, S.-L.; Yang, T.-K. *Tetrahedron Asymmetry* **2004**, 15, 3375; Harada, T.; Kanda, K.; Hiraoka, Y.; Marutani, Y.; Nakatsugawa, M. *Tetrahedron Asymmetry* **2004**, 15, 3879.
[681] Sosa-Rivadeneyra, M.; Muñoz-Muñiz, O.; de Parrodi, C. A.; Quintero, L.; Juaristi, E. *J. Org. Chem.* **2003**, 68, 2369; García, C.; La Rochelle, L. K.; Walsh, P. J. *J. Am. Chem. Soc.* **2002**, 124, 10770.

[682] Fraile, J. M. ; Mayoral, J. A. ; Servano, J. ; Pericàs, M. A. ; Solà, L. ; Castellnou, D. *Org. Lett.* **2003**, 5, 4333.
[683] See Lipshutz, B. H. ; Shin, Y. -J. *Tetrahedron Lett.* **2000**, 41, 9515.
[684] Marshall, J. A. ; Adams, N. D. *J. Org. Chem.* **1999**, 64, 5201.
[685] See Furukawa, J. ; Kawabata, N. *Adv. Organomet. Chem.* **1974**, 12, 103. See Sjöholm, R. ; Rairama, R. ; Ahonen, M. *J. Chem. Soc. , Chem. Commun.* **1994**, 1217; Jones, P. R. ; Desio, P. J. *Chem. Rev.* **1978**, 78, 491.
[686] Majumdar, K. K. ; Cheng, C. -H. *Org. Lett.* **2000**, 2, 2295.
[687] See Felpin, F. -X. ; Bertrand, M. -J. ; Lebreton, J. *Tetrahedron* **2002**, 58, 7381.
[688] Ito, T. ; Ishino, Y. ; Mizuno, T. ; Ishikawa, A. ; Kobyashi, J. -i. *Synlett* **2002**, 2116.
[689] For a reaction of aliphatic halides, mediated by Cr(II), see Wessjohann, L. A. ; Schmidt, G. ; Schrekker, H. S. *Tetrahedron* **2008**, 64, 2134.
[690] Okude, Y. ; Hirano, S. ; Hiyama, T. ; Nozaki, H. *J. Am. Chem. Soc.* **1977**, 99, 3179. See Takai, K. *Org. React.* **2004**, 64, 253.
[691] Miller, J. J. ; Sigman, M. S. *J. Am. Chem. Soc.* **2007**, 129, 2752; Hargaden, G. C. ; O'Sullivan, T. P, ; Guiry, P. J. *Org. Biomol. Chem.* **2008**, 6, 562; Huang, X. -R. ; Chen, C. *Tetrahedron Asymm.* **2010**, 21, 2999.
[692] Xia, G. ; Yamamoto, H. *J. Am. Chem. Soc.* **2006**, 128, 2554; Shimada, Y. ; Katsuki, T. *Chem. Lett.* **2005**, 34, 786.
[693] Takai, K. ; Kimura, K. ; Kuroda, T. ; Hiyama, T. ; Nozaki, H. *Tetrahedron Lett.* **1983**, 24, 5281.
[694] Ng, S. -S. ; Ho, C. -Y. ; Jamison, T. F. *J. Am. Chem. Soc.* **2006**, 128, 11513.
[695] Kuroboshi, M. ; Tanaka, M. ; Kishimoto, S. ; Goto, K. ; Mochizuki, M. ; Tanaka, H. *Tetrahedron Lett.* **2000**, 41, 81.
[696] Hölemann, A. ; Reissig, H. -U. *Synlett* **2004**, 2732.
[697] Li, H. ; Walsh, P. J. *J. Am. Chem. Soc.* **2005**, 127, 8355.
[698] See Reetz, M. T. ; Rölfing, K. ; Griebenow, N. *Tetrahedron Lett.* **1994**, 35, 1969.
[699] See Matsuzawa, S. ; Isaka, M. ; Nakamura, E. ; Kuwajima, I. *Tetrahedron Lett.* **1989**, 30, 1975.
[700] Araújo, M. A. ; Barrientos-Astigarraga, R. E. ; Ellensohn, R. M. ; Comasseto, J. V. *Tetrahedron Lett.* **1999**, 40, 5115.
[701] Dabdoub, M. J. ; Jacob, R. G. ; Ferreira, J. T. B. ; Dabdoub, V. B. ; Marques, F. de. A. *Tetrahedron Lett.* **1999**, 40, 7159.
[702] Krief, A. ; de Vos, M. J. ; De Lombart, S. ; Bosret, J. ; Couty, F. *Tetrahedron Lett.* **1997**, 38, 6295.
[703] Miller, K. M. ; Luanphaisarnnont, T. ; Molinaro, C. ; Jamison, T. F. *J. Am. Chem. Soc.* **2004**, 126, 4130.
[704] Suginome, M. ; Iwanami, T. ; Yamamoto, A. ; Ito, Y. *Synlett* **2001**, 1042. For a reaction using a Ni catalyst, see Ng, S. -S. ; Jamison, T. F. *J. Am. Chem. Soc.* **2005**, 127, 14194.
[705] Sawaki, R. ; Sato, Y. ; Mori, M. *Org. Lett.* **2004**, 6, 1131.
[706] Chaulagain, M. R. ; Sormunen, G. J. ; Montgomery, J. *J. Am. Chem. Soc.* **2007**, 129, 9568; Yang, Y. ; Zhu, S. -F. ; Zhou, C. -Y. ; Zhou, Q. -L. *J. Am. Chem. Soc.* **2008**, 130, 14052.
[707] Ng, S. -S. ; Jamison, T. F. *J. Am. Chem. Soc.* **2005**, 127, 7320.
[708] Denmark, S. E. ; Wilson, T. W. ; Burk, M. T. ; Heemstra, Jr. , J. R. *J. Am. Chem. Soc.* **2007**, 129, 14864.
[709] Durandetti, M. ; Meignein, C. ; Périchon, J. *J. Org. Chem.* **2003**, 68, 3121.
[710] Li, H. ; Walsh, P. J. *J. Am. Chem. Soc.* **2004**, 126, 6538.
[711] Miller, K. M. ; Jamison, T. F. *J. Am. Chem. Soc.* **2004**, 126, 15342.
[712] Shibata, K. ; Kimura, M. ; Shimizu, M. ; Tamaru, Y. *Org. Lett.* **2001**, 3, 2181.
[713] Agapiou, K. ; Cauble, D. F. ; Krische, M. J. *J. Am. Chem. Soc.* **2004**, 126, 4528.
[714] Baik, T. -G. ; Luis, A. L. ; Wang, L. -C. ; Krische, M. J. *J. Am. Chem. Soc.* **2001**, 123, 5112.
[715] Durandetti, M. ; Nédélec, J. -Y. ; Périchon, J. *Org. Lett.* **2001**, 3, 2073.
[716] Hao, J. ; Taktak, S. ; Aikawa, K. ; Yusa, Y. ; Hatano, M. ; Mikami, K. *Synlett* **2001**, 1443.
[717] Aït-Mohand, S. ; Takechi, N. ; Médebielle, M. ; Dolbier, Jr. , W. R. *Org. Lett.* **2001**, 3, 4271.
[718] Orsini, F. ; Caselli, A. *Tetrahedron Lett.* **2002**, 43, 7255.
[719] Montgomery, J. ; Song, M. *Org. Lett.* **2002**, 4, 4009.
[720] Fischer, S. ; Groth, U. ; Jeske, M. ; Schütz, T. *Synlett* **2002**, 1922.
[721] Kerr, M. S. ; Rovis, T. *J. Am. Chem. Soc.* **2004**, 126, 8876.
[722] Stetter, H. ; Schreckenberg, M. *Angew. Chem. , Int. Ed* **1973**, 12, 81; Stetter, H. ; Kuhlmann, H. *Org. React.* **1991**, 40, 407; Kerr, M. S. ; Rovis, T. *J. Am. Chem. Soc.* **2004**, 126, 8876; Pesch, J. ; Harms, K. ; Bach, T. *Eur. J. Org. Chem.* **2004**, 2025; Mennen, S. ; Blank, J. ; Tran-Dube, M. B. ; Imbriglio, J. E. ; Miller, S. J. *Chem. Commun.* **2005**, 195. See Mattson, A. E. ; Bharadwaj, A. R. ; Scheidt, K. A. *J. Am. Chem. Soc.* **2004**, 126, 2314.
[723] Kang, S. -K. ; Ha, Y. -H. ; Ko, B. -S. ; Lim, Y. ; Jung, J. *Angew. Chem. Int. Ed.* **2002**, 41, 343.
[724] Read de Alaniz, J. ; Rovis, T. *J. Am. Chem. Soc.* **2005**, 127, 6284.
[725] Tang, X. -Q. ; Montgomery, J. *J. Am. Chem. Soc.* **1999**, 121, 6098.
[726] Locher, C. ; Peerzada, N. *J. Chem. Soc. , Perkin Trans.* 1 **1999**, 179.
[727] Alcaide, B. ; Pardo, C. ; Rodriguez-Ranera, C. ; Rodriguez-Vicente, A. *Org. Lett.* **2001**, 3, 4205.
[728] Hao, J. ; Hatano, M. ; Mikami, K. *Org. Lett.* **2000**, 2, 4059.
[729] Chang, H. -M. ; Cheng, C. -H. *Org. Lett.* **2000**, 2, 3439.
[730] Evans, D. A. ; Sweeney, Z. K. ; Rovis, T. ; Tedrow, J. S. *J. Am. Chem. Soc.* **2001**, 123, 12095.
[731] Kang, S. -K. ; Lee, S. -W. ; Jung, J. ; Lim, Y. *J. Org. Chem.* **2002**, 67, 4376.
[732] Hölemann, A. ; Reißig, H. -U. *Chem. Eur. J.* **2004**, 10, 5493.
[733] Okachi, T. ; Fujimoto, K. ; Onaka, M. *Org. Lett.* **2002**, 4, 1667.
[734] Loh, T. -P. ; Song, H. -Y. ; Zhou, Y. *Org. Lett.* **2002**, 4, 2715.
[735] See Satoh, Y. ; Tayano, T. ; Hara, S. ; Suzuki, A. *Tetrahedron Lett.* **1989**, 30, 5153.

[736] See Hoffmann, R. W.; Niel, G.; Schlapbach, A. *Pure Appl. Chem.* **1990**, 62, 1993; Pelter, A.; Smith, K.; Brown, H. C. *Borane Reagents* Academic Press, NY, **1988**, pp. 310-318; Bubnov, Yu. N. *Pure Appl. Chem.* **1987**, 21, 895; Buynak, J. D.; Geng, B.; Uang, S.; Strickland, J. B. *Tetrahedron Lett.* **1994**, 35, 985.

[737] Wada, R.; Oisaki, K.; Kanai, M.; Shibasaki, M. *J. Am. Chem. Soc.* **2004**, 126, 8910. For an enantioselective reaction with an alkoxyboranes, see Lou, S.; Moquist, P. N.; Schaus, S. E. *J. Am. Chem. Soc.* **2006**, 128, 12660.

[738] See Schneider, U.; Ueno. M.; Kobayashi, S. *J. Am. Chem. Soc.* **2008**, 130, 13824.

[739] Hirano, K.; Yorimitsu, H.; Oshima, K. *Org. Lett.* **2005**, 7, 4689.

[740] Kabalka, G. W.; Wu, Z.; Ju, Y. *Tetrahedron* **2002**, 58, 3243.

[741] Huddleston, R. R.; Cauble, D. F.; Krische, M. J. *J. Org. Chem.* **2003**, 68, 11.

[742] Ueda, M.; Miyaura, N. *J. Org. Chem.* **2000**, 65, 4450 and references cited therein; Duan, H.-F.; Xie, J.-H.; Shi, W.-J.; Zhang, Q.; Zhou, Q.-L. *Org. Lett.* **2006**, 8, 1479. See Son, S. U.; Kim, S. B.; Reingold, J. A.; Carpenter, G. B.; Sweigart, D. A. *J. Am. Chem. Soc.* **2005**, 127, 12238.

[743] Zheng, H.; Zhang, Q.; Chen, J.; Liu, M.; Cheng, S.; Ding, J.; Wu, H.; Su, W. *J. Org. Chem.* **2009**, 74, 943.

[744] Zhou, L.; Du, X.; He, R.; Ci, Z.; Bao, M. *Tetrahedron Lett.* **2009**, 50, 406.

[745] Yamamoto, T.; Ohta, T.; Ito, Y. *Org. Lett.* **2005**, 7, 4153.

[746] Ji, J.-X.; Wu, J.; Au-Yeung, T. T.-L.; Yip, C.-W.; Haynes, R. K.; Chan, A. S. C. *J. Org. Chem.* **2005**, 70, 1093; Wu, P.-Y.; Wu, H.-L.; Uang, B.-J. *J. Org. Chem.* **2006**, 71, 833; Duan, H.-F.; Xie, J.-H.; Qiao, X.-C.; Wang, L.-X.; Zhou, Q.-L. *Angew. Chem. Int. Ed.* **2008**, 47, 4351; Braga, A. L.; Lüdtke, D. S.; Vargas, F.; Paixão, M. W. *Chem. Commun.* **2005**, 2512; Schmidt, F.; Rudolph, J.; Bolm, C. *Synthesis* **2006**, 3625; Jagt, R. B. C.; Toullec, P. Y.; de Vries, J. G.; Feringa, B. L.; Minnaard, A. J. *Org. Biomol. Chem.* **2006**, 4, 773; Jumde, V. R.; Facchetti, S.; Iuliano, A. *Tetrahedron Asymm.* **2010**, 21, 2775.

[747] Liu, G.; Lu, X. *J. Am. Chem. Soc.* **2006**, 128, 6504.

[748] See Rudolph, J.; Schmidt, F.; Bolm, C. *Synthesis* **2005**, 840.

[749] Cauble, D. F.; Gipson, J. D.; Krische, M. J. *J. Am. Chem. Soc.* **2003**, 125, 1110.

[750] See Gravel, M.; Lachance, H.; Lu, X.; Hall, D. G. *Synthesis* **2004**, 1290; Bouffard, J.; Itami, K. *Org. Lett.* **2009**, 11, 4410.

[751] Chai, Z.; Liu, X.-Y.; Zhang, J.-K.; Zhao, G. *Tetrahedron Asymmetry* **2007**, 18, 724; Schneider, U.; Kobayashi, S. *Angew. Chem. Int. Ed.* **2007**, 46, 5909; Hall, D. G. *Synlett* **2007**, 1644. See Barnett, D. S.; Moquist, P. N.; Schaus, S. E. *Angew. Chem. Int. Ed.* **2009**, 48, 8679.

[752] See Roush, W. R.; Ando, K.; Powers, D. B.; Palkowitz, A. D.; Halterman, R. L. *J. Am. Chem. Soc.* **1990**, 112, 6339; Brown, H. C.; Randad, R. S. *Tetrahedron Lett.* **1990**, 31, 455; Stürmer, R.; Hoffmann, R. W. *Synlett* **1990**, 759.

[753] Racherla, U. S.; Brown, H. C. *J. Org. Chem.* **1991**, 56, 401, and references cited therein.

[754] Garcia, J.; Kim, B. M.; Masamune, S. *J. Org. Chem.* **1987**, 52, 4831.

[755] Reetz, M. T.; Zierke, T. *Chem. Ind. (London)* **1988**, 663.

[756] Burgos, C. H.; Canales, E.; Matos, K.; Soderquist, J. A. *J. Am. Chem. Soc.* **2005**, 127, 8044.

[757] Roush, W. R.; Park, J. C. *J. Org. Chem.* **1990**, 55, 1143.

[758] Kabalka, G. W.; Venkataiah, B.; Dong, G. *Tetrahedron Lett.* **2004**, 45, 729.

[759] Kuriyama, M.; Shimazawa, R.; Enomoto, T.; Shirai, R. *J. Org. Chem.* **2008**, 73, 6939.

[760] Chuzel, O.; Roesch, A.; Genet, J.-P.; Darses, S. *J. Org. Chem.* **2008**, 73, 7800.

[761] Batey, R. A.; Thadani, A. N.; Smil, D. V. *Tetrahedron Lett.* **1999**, 40, 4289.

[762] Batey, R. A.; Thadani, A. N.; Smil, D. V.; Lough, A. J. *Synthesis* **2000**, 990.

[763] Fleming, I.; Dunoguès, J.; Smithers, R. *Org. React.* **1989**, 37, 57, pp. 113-125, 290-328; Parnes, Z. N.; Bolestova, G. I. *Synthesis* **1984**, 991, see pp. 997-1000. See Aggarwal, V. K.; Vennall, G. P. *Tetrahedron Lett.* **1996**, 37, 3745.

[764] Chandrasekhar, S.; Mohanty, P. K.; Raza, A. *Synth. Commun.* **1999**, 29, 257.

[765] Fang, X.; Watkin, J. G.; Warner, B. P. *Tetrahedron Lett.* **2000**, 41, 447.

[766] See Cossy, J.; Lutz, F.; Alauze, V.; Meyer, C. *Synlett* **2002**, 45.

[767] Wang, Z.; Kisanga, P.; Verkade, J. G. *J. Org. Chem.* **1999**, 64, 6459.

[768] Yadav, J. S.; Chand, P. K.; Anjaneyulu, S. *Tetrahedron Lett.* **2002**, 43, 3783.

[769] Fujii, T.; Koike, T.; Mori, A.; Osakada, K. *Synlett* **2002**, 298.

[770] Aoyama, N.; Hamada, T.; Manabe, K.; Kobayashi, S. *Chem. Commun.* **2003**, 676.

[771] Yanagisawa, A.; Kageyama, H.; Nakatsuka, Y.; Asakawa, K.; Matsumoto, Y.; Yamamoto, H. *Angew. Chem. Int. Ed.* **1999**, 38, 3701.

[772] Kobayashi, S.; Nishio, K. *J. Org. Chem.* **1994**, 59, 6620.

[773] Massa, A.; Malkov, A. V.; Kocovský, P.; Scettri, A. *Tetrahedron Lett.* **2003**, 44, 7179.

[774] Bottoni, A.; Costa, A. L.; Di Tommaso, D.; Rossi, I.; Tagliavini, E. *J. Am. Chem. Soc.* **1997**, 119, 12131; Denmark, S. E.; Weber, E. J.; Wilson, T.; Willson, T. M. *Tetrahedron* **1989**, 45, 1053; Keck, G. E.; Andrus, M. B.; Castellino, S. *J. Am. Chem. Soc.* **1989**, 111, 8136.

[775] Malkov, A. V.; Bell, M.; Orsini, M.; Pernazza, D.; Massa, A.; Herrmann, P.; Meghani, P.; Kocovský, P. *J. Org. Chem.* **2003**, 68, 9659.

[776] Malkov, A. V.; Ramírez-López, P.; Biedermannová (née Bendová), L.; Rulíšek, L.; Dufková, L.; Kotora, M.; Zhu, F.; Kocovský, P. *J. Am. Chem. Soc.* **2008**, 130, 5341; Pignataro, L.; Benaglia, M.; Annunziata, R.; Cinquini, M.; Cozzi, F. *J. Org. Chem.* **2006**, 71, 1458; Denmark, S. E.; Fu, J.; Coe, D. M.; Su, X.; Pratt, N. E.; Griedel, B. D. *J. Org. Chem.* **2006**, 71, 1513; Denmark, S. E.; Fu, J.; Lawler, M. J. *J. Org. Chem.* **2006**, 71, 1523; Traverse, J. F.; Zhao, Y.; Hoveyda, A. H.; Snapper, M. L. *Org. Lett.* **2005**, 7, 3151; Malkov, A. V.; Bell, M.; Castelluzzo, F.; Kocovský, P. *Org. Lett.* **2005**, 7, 3219;

Chai, Q. ; Song, C. ; Sun, Z. ; Ma, Y. ; Ma, C. ; Dai, Y. ; Andrus, M. B. *Tetrahedron Lett.* **2006**, 47, 8611; De Sio, V. ; Massa, A. ; Scettri, A. *Org. Biomol. Chem.* **2010**, 8, 3055; Oh, Y. S. ; Kotani, S. ; Sugiura, M. ; Nakajima, M. *Tetrahedron Asymm.* **2010**, 21, 1833.

[777] Angell, R. M. ; Barrett, A. G. M. ; Braddock, D. C. ; Swallow, S. ; Vickery, B. D. *Chem. Commun.* **1997**, 919.

[778] Malkov, A. V. ; Dufková, L. ; Farrugia, L. ; Kocovsky, P. *Angew. Chem Int. Ed.* **2003**, 42, 3802.

[779] Iseki, K. ; Mizuno, S. ; Kuroki, Y. ; Kobayashi, Y. *Tetrahedron* **1999**, 55, 977

[780] Tomita, D. ; Wada, R. ; Kanai, M. ; Shibasaki, M *J. Am. Chem. Soc.* **2005**, 127, 4138; Yamamoto, H. ; Wadamoto, M. *Chemistry : Asian J.* **2007**, 2, 692.

[781] Kubota, K. ; Leighton, J. L. *Angew. Chem. Int. Ed.* **2003**, 42, 946; Hackman, B. M. ; Lombardi, P. J. ; Leighton, J. L. *Org. Lett.* **2004**, 6, 4375.

[782] Yadav, J. S. ; Reddy, B. V. S. ; Madhuri, Ch. ; Sabitha, G. *Chem. Lett.* **2001**, 18.

[783] Zerth, H. M. ; Leonard, N. M. ; Mohan, R. S. *Org. Lett.* **2003**, 5, 55.

[784] Miyoshi, N. ; Nishio, M. ; Murakami, S. ; Fukuma, T. ; Wada, M. *Bull. Chem. Soc. Jpn.* **2000**, 73, 689.

[785] See Basavaiah, D. ; Rao, A. J. ; Satyanarayana, T. *Chem. Rev.* **2003**, 103, 811.

[786] See Luo, S. ; Mi, X. ; Xu, H. ; Wang, P. G. ; Cheng, J.-P. *J. Org. Chem.* **2004**, 69, 8413.

[787] See Karur, S. ; Hardin, J. ; Headley, A. ; Li, G. *Tetrahedron Lett.* **2003**, 44, 2991.

[788] See Tarsis, E. ; Gromova, A. ; Lim, D. ; Zhou, G. ; Coltart, D. M. *Org. Lett.* **2008**, 10, 4819.

[789] See Faltin, C. ; Fleming, E. M. ; Connon, S. J. *J. Org. Chem.* **2004**, 69, 6496.

[790] Baylis, A. B. ; Hillman, M. E. D. Ger. Offen. 2,155,133 *Chem. Abstr.*, **1972**, 77, 34174q [U. S. Patent 3,743,668]; Drewes, S. E. ; Roos, G. H. P. *Tetrahedron* **1988**, 44, 4653. For a review, see Basavaiah, D. ; Rao, P. D. ; Hyma, R. S. *Tetrahedron* **1996**, 52, 8001.

[791] Rafel, S. ; Leahy, J. W. *J. Org. Chem.* **1997**, 62, 1521. Also see, Drewes, S. E. ; Rohwer, M. B. *Synth. Commun.* **1997**, 27, 415.

[792] Robiette, R. ; Aggarwal, V. K. ; Jeremy N; Harvey, J. N. *J. Am. Chem. Soc.* **2007**, 129, 15513 (computational); Roy, D. ; Sunoj, R. B. *Org. Lett.* **2007**, 9, 4873 (computational). Price, K. E. ; Broadwater, S. J. ; Walker, B. J. ; McQuade, D. T. *J. Org. Chem.* **2005**, 70, 3980.

[793] Shi, M. ; Li, C.-Q. ; Jiang, J.-K. *Chem. Commun.* **2001**, 833.

[794] Pereira, S. I. ; Adrio, J. ; Silva, A. M. S. ; Carretero, J. C. *J. Org. Chem.* **2005**, 70, 10175; Lin, Y.-S. ; Liu, C.-W. ; Tsai, T. Y.-R. *Tetrahedron Lett.* **2005**, 46, 1859; Zhao, S.-H. ; Chen, Z.-B. *Synth. Commun.* **2005**, 35, 3045. For an ionic-liquid immobilizied base, see Mi, X. ; Luo, S. ; Cheng, J.-P. *J. Org. Chem.* **2005**, 70, 2338. See Aggarwal, V. K. ; Emme, I. ; Fulford, S. Y. *J. Org. Chem.* **2003**, 68, 692.

[795] Kundu, M. K. ; Mukherjee, S. B. ; Balu, N. ; Padmakumar, R. ; Bhat, S. V. *Synlett* **1994**, 444.

[796] Coelho, F. ; Almeida, W. P. ; Veronese, D. ; Mateus, C. R. ; Lopes, E. C. S. ; Rossi, R. C. ; Silveira, G. P. C. ; Pavam, C. H. *Tetrahedron* **2002**, 58, 7437.

[797] For improved procedures: Zhao, S.-H. ; Bie, H.-Y. ; Chen, Z.-B. *Org. Prep. Proceed. Int.* **2005**, 37, 231.

[798] Caumul, P. ; Hailes, H. C. *Tetrahedron Lett.* **2005**, 46, 8125.

[799] Reetz, M. T. ; Mondière, R. ; Carballeira, J. D. *Tetrahedron Lett.* **2007**, 48, 1679.

[800] See Rafel, S. ; Leahy, J. W. *J. Org. Chem.* **1997**, 62, 1521; Luo, S. ; Wang, P. G. ; Cheng, J.-P. *J. Org. Chem.* **2004**, 69, 555; Cai, J. ; Park, K. S. ; Kim, J. ; Choo, H. ; Chong, Y. *Synlett* **2007**, 395. For a discussion of salt effects, see Kumar, A. ; Pawar, S. S. *Tetrahedron* **2003**, 59, 5019.

[801] Rosa, J. N. ; Afonso, C. A. M. ; Santos, A. G. *Tetrahedron* **2001**, 57, 4189. For an example in a chiral ionic liquid, see Pégot, B. ; Vo-Thanh, G. ; Gori, D. ; Loupy, A. *Tetrahedron Lett.* **2004**, 45, 6425.

[802] Chandrasekhar, S. ; Narsihmulu, Ch. ; Saritha, B. ; Sultana, S. S. *Tetrahedron Lett.* **2004**, 45, 5865.

[803] Krishna, P. R. ; Manjuvani, A. ; Kannan, V. ; Sharma, G. V. M. *Tetrahedron Lett.* **2004**, 45, 1183.

[804] Asano, K. ; Matsubara, S. *Synthesis* **2009**, 3219.

[805] Maher, D. J. ; Connon, S. J. *Tetrahedron Lett.* **2004**, 45, 1301.

[806] See Nemoto, T. ; Fukuyama, T. ; Yamamoto, E. ; Tamura, S. ; Fukuda, T. ; Matsumoto, T. ; Akimoto, Y. ; Hamada, Y. *Org. Lett.* **2007**, 9, 927.

[807] Walsh, L. M. ; Winn, C. L. ; Goodman, J. M. *Tetrahedron Lett.* **2002**, 43, 8219.

[808] Chuprakov, S. ; Malyshev, D. A. ; Trofimov, A. ; Gevorgyan, V. *J. Am. Chem. Soc.* **2007**, 129, 14868.

[809] Tanaka, K. ; Fu, G. C. *J. Am. Chem. Soc.* **2001**, 123, 11492.

[810] Keck, G. E. ; Welch, D. S. *Org. Lett.* **2000**, 4, 3687.

[811] Krishna, P. R. ; Kannan, V. ; Sharma, G. V. M. *J. Org. Chem.* **2004**, 69, 6467.

[812] See Masson, G. ; Housseman, C. ; Zhu, J. *Angew. Chem. Int. Ed.* **2007**, 46, 4614; Also see, Markó, I. E. ; Giles, P. R. ; Hindley, N. J. *Tetrahedron* **1997**, 53, 1015.

[813] Brzezinski, L. J. ; Rafel, S. ; Leahy, J. W. *J. Am. Chem. Soc.* **1997**, 119, 4317.

[814] See Wei, H.-X. ; Chen, D. ; Xu, X. ; Li, G. ; Paré, P. W. *Tetrahedron Asymmetry* **2003**, 14, 971.

[815] Imbriglio, J. E. ; Vasbinder, M. M. ; Miller, S. J. *Org. Lett.* **2003**, 5, 3741. See also, Wang, J. ; Li, H. ; Yu, X. ; Zu, L. ; Wang, W. *Org. Lett.* **2005**, 7, 4293; Berkessel, A. ; Roland, K. ; Neudörfl, J. M. *Org. Lett.* **2006**, 8, 4195; Lattanzi, A. *Synlett* **2007**, 2106.

[816] Filho, E. P. S. ; Rodrigues, J. A. R. ; Moran, P. J. S. *Tetrahedron Asymmetry* **2001**, 12, 847.

[817] Rauhut, M. M. ; Currier, H. *U. S. Patent* 307499919630122, American Cyanamid Co., **1963**.

[818] Aroyan, C. E. ; Miller, S. J. *J. Am. Chem. Soc.* **2007**, 129, 256.

[819] Chandrasekhar, S. ; Narsihmulu, Ch. ; Reddy, N. R. ; Reddy, M. S. *Tetrahedron Lett.* **2003**, 44, 2583.
[820] Li, G. ; Wei, H.-X. ; Gao, J. J. ; Caputo, T. D. *Tetrahedron Lett.* **2000**, 41, 1; Shi, M. ; Jiang, J.-K. ; Feng, Y.-S. *Org. Lett.* **2000**, 2, 2397.
[821] Pei, W. ; Wei, H. X. ; Li, G. *Chem. Commun.* **2002**, 2412.
[822] Arnold, L. A. ; Imbos, R. ; Mandoli, A. ; de Vries, A. H. M. ; Naasz, R. ; Feringa, B. L. *Tetrahedron* **2000**, 56, 2865.
[823] Yang, K.-S. ; Lee, W.-D. ; Pan, J.-F. ; Chen, K. *J. Org. Chem.* **2003**, 68, 915.
[824] Balan, D. ; Adolfsson, H. *Tetrahedron Lett.* **2003**, 44, 2521.
[825] Krafft, M. E. ; Haxell, T. F. M. ; Seibert, K. A. ; Abboud, K. A. *J. Am. Chem. Soc.* **2006**, 128, 4174; Krafft, M. E. ; Haxell, T. F. N. *J. Am. Chem. Soc.* **2005**, 127, 10168; Krafft, M. E. ; Seibert, K. A. ; Haxell, T. F. N. ; Hirosawa, C. *Chem. Commun.* **2005**, 5772.
[826] Basavaiah, D. ; Sharada, D. S. ; Kumaragurubaran, N. ; Reddy, R. M. *J. Org. Chem.* **2002**, 67, 7135.
[827] Ballini, R. ; Barboni, L. ; Bosica, G. ; Fiorini, D. ; Mignini, E. ; Palmieri, A. *Tetrahedron* **2004**, 60, 4995.
[828] Kaye, P. T. ; Nocanda, X. W. *J. Chem. Soc., Perkin Trans.* 1 **2000**, 1331.
[829] Balan, D. ; Adolfsson, H. *J. Org. Chem.* **2002**, 67, 2329.
[830] See Fürstner, A. *Synthesis* **1989**, 571; Rathke, M. W. *Org. React.* **1975**, 22, 423; Gaudemar, M. *Organomet. Chem. Rev. Sect. A* **1972**, 8, 183; Ocampo, R. ; Dolbier Jr. , W. R. *Tetrahedron* **2004**, 60, 9325.
[831] Palomo, C. ; Aizpurua, J. M. ; López, M. C. ; Aurrekoetxea, N. *Tetrahedron Lett.* **1990**, 31, 2205; Zheng, J. ; Yu, Y. ; Shen, Y. *Synth. Commun.* **1990**, 20, 3277.
[832] See Huang, Y. ; Chen, C. ; Shen, Y. *J. Chem. Soc. Perkin Trans.* 1 **1988**, 2855.
[833] Rieke, R. D. ; Uhm, S. J. *Synthesis* **1975**, 452; Bouhlel, E. ; Rathke, M. W. *Synth. Commun.* **1991**, 21, 133.
[834] Han, B. ; Boudjouk, P. *J. Org. Chem.* **1982**, 47, 5030.
[835] Ross, N. A. ; Bartsch, R. A. *J. Org. Chem.* **2003**, 68, 360.
[836] Araki, S. ; Yamada, M. ; Butsugan, Y. *Bull. Chem. Soc. Jpn.* **1994**, 67, 1126.
[837] Suh, Y. S. ; Rieke, R. D. *Tetrahedron Lett.* **2004**, 45, 1807.
[838] Aoyagi, Y. ; Tanaka, W. ; Ohta, A. *J. Chem. Soc., Chem. Commun.* **1994**, 1225.
[839] See Parrish, J. D. ; SheHon, D. R. ; Little, R. D. *Org. Lett.* **2003**, 5, 3615.
[840] Shibata, I. ; Kawasaki, M. ; Yasuda, M. ; Baba, A. *Chem. Lett.* **1999**, 689.
[841] Utimoto, K. ; Matsui, T. ; Takai, T. ; Matsubara, S. *Chem. Lett.* **1995**, 197; Arime, T. ; Takahashi, H. ; Kobayashi, S. ; Yamaguchi, S. ; Mori, N. *Synth. Commun.* **1995**, 25, 389; Park, H. S. ; Lee, I. S. ; Kim, Y. H. *Tetrahedron Lett.* **1995**, 36, 1673; Molander, G. A. ; Etter, J. B. *J. Am. Chem. Soc.* **1987**, 109, 6556.
[842] Kagoshima, H. ; Hashimoto, Y. ; Saigo, K. *Tetrahedron Lett.* **1998**, 39, 8465.
[843] Kagoshima, H. ; Hashimoto, Y. ; Oguro, D. ; Saigo, K. *J. Org. Chem.* **1998**, 63, 691.
[844] Cozzi, P. G. *Angew. Chem. Int. Ed.* **2006**, 45, 2951.
[845] Cozzi, P. G. *Angew. Chem. Int. Ed.* **2007**, 46, 2568.
[846] Chattopadhyay, A. ; Salaskar, A. *Synthesis* **2000**, 561.
[847] Bieber, L. W. ; Malvestiti, I. ; Storch, E. C. *J. Org. Chem.* **1997**, 62, 9061.
[848] See Orsini, F. ; Sello, G. ; Manzo, A. M. ; Lucci, E. M. *Tetrahedron Asymmetry* **2005**, 16, 1913.
[849] Kloetzing, R. J. ; Thaler, T. ; Knochel, P. *Org. Lett.* **2006**, 8, 1125; Shin, E.-k. ; Kim, H. J. ; Kim, Y. ; Kim, Y. ; Park, Y. S. *Tetrahedron Lett.* **2006**, 47, 1933; Emmerson, D. P. G. ; Hems, W. P. ; Davis, B. G. *Tetrahedron Asymmetry* **2005**, 16, 213; Fernández-Ibáñez, M. A. ; Maciá, B. ; Minnaard, A. J. ; Feringa, B. L. *Angew. Chem. Int. Ed.* **2008**, 47, 1317; *Chem. Commun.* **2008**, 2571; Cozzi, P. G. ; Mignogna, A. ; Zoli, L. *Pure Appl. Chem.* **2008**, 80, 891.
[850] See Ribeiro, C. M. R. ; de S. Santos, E. ; de O. Jardim, A. H. ; Maia, M. P. ; da Silva, F. C. ; Moreira, A. P. D. ; Ferreira, V. F. *Tetrahedron Asymmetry* **2002**, 13, 1703.
[851] Kanai, K. ; Wakabayashi, H. ; Honda, T. *Org. Lett.* **2000**, 2, 2549.
[852] See Maiz, J. ; Arrieta, A. ; Lopez, X. ; Ugalde, J. M. ; Cossio, F. P. ; Fakultatea, K. ; Unibertsitatea, E. H. ; Lecea, B. *Tetrahedron Lett.* **1993**, 34, 6111.
[853] Dekker, J. ; Budzelaar, P. H. M. ; Boersma, J. ; van der Kerk, G. J. M. ; Spek, A. L. *Organometallics* **1984**, 3, 1403.
[854] Shen, Y. ; Xin, Y. ; Zhao, J. *Tetrahedron Lett.* **1988**, 29, 6119. For another method, see Huang, Y. ; Shi, L. ; Li, S. ; Wen, X. *J. Chem. Soc. Perkin Trans.* 1 **1989**, 2397.
[855] Huang, Z.-Z. ; Ye, S. ; Xia, W. ; Yu, Y.-H. ; Tang, Y. *J. Org. Chem.* **2002**, 67, 3096.
[856] See Hannick, S. M. ; Kishi, Y. *J. Org. Chem.* **1983**, 48, 3833.
[857] Andrés, J. M. ; Pedrosa, R. ; Pérez, A. ; Pérez-Encabo, A. *Tetrahedron* **2001**, 57, 8521.
[858] See Jorgenson, M. J. *Org. React.* **1970**, 18, 1; Rubottom, G. M. ; Kim, C. *J. Org. Chem.* **1983**, 48, 1550.
[859] Ohki, M. ; Asaoka, M. *Chem. Lett.* **2009**, 38, 856.
[860] Alonso, F. ; Lorenzo, E. ; Yus, M. *J. Org. Chem.*, **1996**, 61, 6058.
[861] Aurell, M. J. ; Danhui, Y. ; Einhorn, J. ; Einhorn, C. ; Luche, J. L. *Synlett* **1995**, 459. Also see, Aurell, M. J. ; Einhorn, C. ; Einhorn, J. ; Luche, J. L. *J. Org. Chem.* **1995**, 60, 8.
[862] Gooßen, L. J. ; Ghosh, K. *Chem. Commun.* **2001**, 2084.
[863] See Volpin, M. E. ; Kolomnikov, I. S. *Organomet. React.* **1975**, 5, 313; Sneeden, R. P. A. in Patai, S. *The Chemistry of Carboxylic Acids and Esters*, Wiley, NY, **1969**, pp. 137-173; Kharasch, M. S. ; Reinmuth, O. *Grignard Reactions of Nonmetallic Substances*, Prentice-Hall, Englewood Cliffs, NJ, **1954**, pp. 913-948. For a more general review, see Lapidus, A. L. ; Ping, Y. Y. *Russ. Chem. Rev.* **1981**, 50, 63.
[864] For a kinetic study, see Nudelman, N. S. ; Doctorovich, F. *J. Chem. Soc. Perkin Trans.* 2 **1994**, 1233.

[865]　Yanagisawa, A. ; Yasue, K. ; Yamamoto, H.　*Synlett* **1992**, 593.
[866]　Ukai, K. ; Aoki, M. ; Takaya, J. ; Iwasawa, N.　*J. Am. Chem. Soc.* **2006**, 128, 8706.
[867]　Takaya, J. ; Tadami, S. ; Ukai, K. ; Iwasawa, N.　*Org. Lett.* **2008**, 10, 2697.
[868]　Zhao, X. ; Alper, H. ; Yu, Z.　*J. Org. Chem.* **2006**, 71, 3988.
[869]　Ochiai, H. ; Jang, M. ; Hirano, K. ; Yorimitsu, H. ; Oshima, K.　*Org. Lett.* **2008**, 10, 2681.
[870]　Kobayashi, K. ; Kondo, Y.　*Org. Lett.* **2009**, 11, 2035.
[871]　Nair, V. ; Varghese, V. ; Paul, R. P. ; Jose, A. ; Sinu, C. R. ; Menon, R. S.　*Org. Lett.* **2010**, 12, 2653.
[872]　Correa, A. ; Martín, R.　*J. Am. Chem. Soc.* **2009**, 131, 15974.
[873]　North, M.　*Angew. Chem. Int. Ed.* **2009**, 48, 4104.
[874]　Park, Y. S. ; Beak, P.　*J. Org. Chem.* **1997**, 62, 1574.
[875]　See Ramadas, S. R. ; Srinivasan, P. S. ; Ramachandran, J. ; Sastry, V. V. S. K.　*Synthesis* **1983**, 605.
[876]　Katritzky, A. R. ; Moutou, J.-L. ; Yang, Z.　*Synlett* **1995**, 99.
[877]　Bertz, S. H. ; Dabbagh, G. ; Williams, L. M.　*J. Org. Chem.* **1985**, 50, 4414.
[878]　Nicolaou, K. C. ; McGarry, D. G. ; Somers, P. K. ; Veale, C. A. ; Furst, G. T.　*J. Am. Chem. Soc.* **1987**, 109, 2504.
[879]　Köster, F. ; Dinjus, E. ; Duñach, E.　*Eur. J. Org. Chem.* **2001**, 2507.
[880]　See Harada, K. in Patai, S.　*The Chemistry of the Carbon-Nitrogen Double Bond*, Wiley, NY, **1970**, pp. 266-272; Kharasch, M. S. ; Reinmuth, O.　*Grignard Reactions of Nonmetallic Substances*, Prentice-Hall, Englewood Cliffs, NJ, **1954**, pp. 1204-1227; Wang, D.-K. ; Dai, L.-X. ; Hou, X.-L. ; Zhang, Y.　*Tetrahedron Lett.* **1996**, 37, 4187; Bambridge, K. ; Begley, M. J. ; Simpkins, N. S.　*Tetrahedron Lett.* **1994**, 35, 3391.
[881]　Huet, J.　*Bull. Soc. Chim. Fr.* **1964**, 952, 960, 967, 973.
[882]　Qu, B. ; Collum, D. B.　*J. Am. Chem. Soc.* **2005**, 127, 10820; *J. Am. Chem. Soc.* **2006**, 128, 9355.
[883]　Davis, F. A. ; Giangiordano, M. A. ; Starner, W. E.　*Tetrahedron Lett.* **1986**, 27, 3957.
[884]　Yus, M. ; Soler, T. ; Foubelo, F.　*J. Org. Chem.* **2001**, 66, 6207.
[885]　Saito, S. ; Hatanaka, K. ; Yamamoto, H.　*Synlett* **2001**, 1859.
[886]　Gandon, V. ; Bertus, P. ; Szymoniak, J.　*Eur. J. Org. Chem.* **2001**, 3677.
[887]　Zani, L. ; Bolm, C.　*Chem. Commun.* **2006**, 4263.
[888]　For a review see Enders, D. ; Reinhold, U.　*Tetrahedron Asymmetry*, **1997**, 8, 1895.
[889]　Denmark, S. E. ; Stiff, C. M.　*J. Org. Chem.* **2000**, 65, 5875; Chrzanowska, M. ; Sokołowska, J.　*Tetrahedron Asymmetry* **2001**, 12, 1435.
[890]　See Friestad, G. K. ; Mathies, A. K.　*Tetrahedron* **2007**, 63, 2541; Ferraris, D.　*Tetrahedron* **2007**, 63, 9581.
[891]　Dieter, R. K. ; Datar, R.　*Can. J. Chem.* **1993**, 71, 814.
[892]　Yamada, K.-i. ; Tomioka, K.　*Chem. Rev.* **2008**, 108, 2874.
[893]　Hatano, M. ; Asai, T. ; Ishihara, K.　*Tetrahedron Lett.* **2008**, 49, 379; Liu, J. ; Liu, B. ; Jia, X. ; Li, X. ; Chan, A. S. C.　*Tetrahedron Asymmetry* **2007**, 18, 396; Liu, B. ; Huang, L. ; Liu, J. ; Zhong, Y. ; Li, X. ; Chan, A. S. C.　*Tetrahedron Asymmetry* **2007**, 18, 2901; Zani, L. ; Eichhorn, T. ; Bolm, C.　*Chem. : Eur. J.* **2007**, 13, 2587; Ding, H. ; Friestad, G. K.　*Synthesis* **2005**, 2815; Zhou, C.-Y. ; Zhu, S.-F. ; Wang, L.-X. ; Zhou, Q.-L.　*J. Am. Chem. Soc.* **2010**, 132, 10955.
[894]　Ballweg, D. M. ; Miller, R. C. ; Gray, D. L. ; Scheidt, K. A.　*Org. Lett.* **2005**, 7, 1403.
[895]　Lee, C.-L. K. ; Ling, H.-Y. ; Loh, T.-P.　*J. Org. Chem.* **2004**, 69, 7787. See van der Sluis, M. ; Dalmolen, J. ; de Lange, B. ; Kaptein, B. ; Kellogg, R. M. ; Broxterman, Q. B.　*Org. Lett.* **2001**, 3, 3943.
[896]　Legros, J. ; Meyer, F. ; Colibœuf, M. ; Crousse, B. ; Bonnet-Delpon, D. ; Bégué, J.-P.　*J. Org. Chem.* **2003**, 68, 6444.
[897]　Xiao, X. ; Wang, H. ; Huang, Z. ; Yang, J. ; Bian, X. ; Qin, Y.　*Org. Lett.* **2006**, 8, 139; Almansa, R. ; Guijarro, D. ; Yus, M.　*Tetrahedron* **2007**, 63, 1167.
[898]　See Dickstein, J. S. ; Fennie, M. W. ; Norman, A. L. ; Paulose, B. J. ; Kozlowski, M. C.　*J. Am. Chem. Soc.* **2008**, 130, 15794; Gao, F. ; Deng, M. ; Qian, C.　*Tetrahedron* **2005**, 61, 12238.
[899]　See Fu, P. ; Snapper, M. L. ; Hoveyda, A. H.　*J. Am. Chem. Soc.* **2008**, 130, 5530; Nishimura, T. ; Yasuhara, Y. ; Hayashi, T.　*Org. Lett.* **2006**, 8, 979; Basra, S. ; Fennie, M. W. ; Kozlowski, M. C.　*Org. Lett.* **2006**, 8, 2659; Charette, A. B. ; Boezio, A. A. ; Côté, A. ; Moreau, E. ; Pytkowicz, J. ; Desrosiers, J.-N. ; Legault, C.　*Pure Appl. Chem.* **2005**, 77, 1259.
[900]　Fujihara, H. ; Nagai, K. ; Yomioka, K.　*J. Am. Chem. Soc.* **2000**, 122, 12055. See Wang, C.-J. ; Shi, M.　*J. Org. Chem.* **2003**, 68, 6229.
[901]　Chiev, K. P. ; Roland, S. ; Mangeney, P.　*Tetrahedron Asymmetry* **2001**, 13, 2205.
[902]　Jiang, B. ; Si, Y.-G.　*Tetrahedron Lett.* **2003**, 44, 6767.
[903]　Zani, L. ; Alesi, S. ; Cozzi, P. G. ; Bolm, C.　*J. Org. Chem.* **2006**, 71, 1558.
[904]　For a list of reagents, with references, see Larock, R. C.　*Comprehensive Organic Transformations*, 2nd ed., Wiley-VCH, NY, **1999**, pp. 847-863.
[905]　Nakamura, H. ; Nakamura, K. ; Yamamoto, Y.　*J. Am. Chem. Soc.* **1998**, 120, 4242; Kobayashi, S. ; Iwamoto, S. ; Nagayama, S.　*Synlett* **1997**, 1099.
[906]　See Kim, B. ; Han, R. ; Park, R. ; Bai, K. ; Jun, Y. ; Baik, W.　*Synth. Commun.* **2001**, 31, 2297.
[907]　Akiyama, T. ; Iwai, J. ; Onuma, Y. ; Kagoshima, H.　*Chem. Commun.* **1999**, 2191.
[908]　With a Cu catalyst, see Sato, A. ; Ito, H. ; Okada, M. ; Nakamura, Y. ; Taguchi, T.　*Tetrahedron Lett.* **2005**, 46, 8381.
[909]　Andrews, P. C. ; Peatt, A. C. ; Raston, C. L.　*Tetrahedron Lett.* **2004**, 45, 243.
[910]　Su, W. ; Li, J. ; Zhang, Y.　*Synth. Commun.* **2001**, 31, 273.
[911]　Kargbo, R. ; Takahashi, Y. ; Bhor, S. ; Cook, G. R. ; Lloyd-Jones, G. C. ; Shepperson, I. R.　*J. Am. Chem. Soc.* **2007**, 129, 3846. With a Cu catalyst, see Black, D. A. ; Arndtsen, B. A.　*Org. Lett.* **2006**, 8, 1991.

[912] Al: Niwa, Y.; Shimizu, M. *J. Am. Chem. Soc.* **2003**, 125, 3720. La: Aspinall, H. C.; Bissett, J. S.; Greeves, N.; Levin, D. *Tetrahedron Lett.* **2002**, 43, 323. Nb: Andrade, C. K. Z.; Oliveira, G. R. *Tetrahedron Lett.* **2002**, 43, 1935; Akiyama, T.; Onuma, Y. *J. Chem. Soc., Perkin Trans.* 1 **2002**, 1157. Pd: Fernandes, R. A.; Yamamoto, Y. *J. Org. Chem.* **2004**, 69, 3562. Ta: Shibata, I.; Nose, K.; Sakamoto, K.; Yasuda, M.; Baba, A. *J. Org. Chem.* **2004**, 69, 2185. Zr: Gastner, T.; Ishitani, H.; Akiyama, R.; Kobayashi, S. *Angew. Chem. Int. Ed.* **2001**, 40, 1896.

[913] See Kobayashi, Sh.; Ishitani, H. *Chem. Rev.* **1999**, 99, 1069.

[914] Chowdari, N. S.; Ramachary, D. B.; Barbas, III, C. F. *Synlett* **2003**, 1906.

[915] Ding, R.; Zhao, C. H.; Chen, Y. J.; Lu, L.; Wang, D.; Li, C. J. *Tetrahedron Lett.* **2004**, 45, 2995.

[916] Choucair, B.; Léon, H.; Miré, M.-A.; Lebreton, C.; Mosset, P. *Org. Lett.* **2000**, 2, 1851. See Hirashita, T.; Hayashi, Y.; Mitsui, K.; Araki, S. *J. Org. Chem.* **2003**, 68, 1309.

[917] Under electrolysis conditions, see Hilt, G.; Smolko, K. I.; Waloch, C. *Tetrahedron Lett.* **2002**, 43, 1437.

[918] Lu, W.; Chan, T. H. *J. Org. Chem.* **2000**, 65, 8589.

[919] Lu, W.; Chan, T. H. *J. Org. Chem.* **2001**, 66, 3467.

[920] Ishiyama, T.; Hartwig, J. *J. Am. Chem. Soc.* **2000**, 122, 12043.

[921] Shintani, R.; Takeda, M.; Tsuji, T.; Hayashi, T. *J. Am. Chem. Soc.* **2010**, 132, 13168.

[922] Prajapati, D.; Laskar, D. D.; Gogoi, B. J.; Devi, G. *Tetrahedron Lett.* **2003**, 44, 6755.

[923] Li, C.-J.; Wei, C. *Chem. Commun.* **2002**, 268.

[924] Fischer, C.; Carreira, E. M. *Synthesis* **2004**, 1497.

[925] Koradin, C.; Gommermann, N.; Polborn, K.; Knochel, P. *Chem. Eur. J.* **2003**, 9, 2797.

[926] Wei, C.; Li, C.-J. *J. Am. Chem. Soc.* **2002**, 124, 5638.

[927] See Colombo, F.; Benaglia, M.; Orlandi, S.; Usuelli, F.; Celentano, G. *J. Org. Chem.* **2006**, 71, 2064.

[928] Patterson, A. W.; Ellman, J. A. *J. Org. Chem.* **2006**, 71, 7110.

[929] Kong, J.-R.; Cho, C.-W.; Krische, M. J. *J. Am. Chem. Soc.* **2005**, 127, 11269.

[930] Komanduri, V.; Grant, C. D.; Krische, M. J. *J. Am. Chem. Soc.* **2008**, 130, 12592.

[931] Oi, S.; Moro, M.; Fukuhara, H.; Kawanishi, T.; Inoue, Y. *Tetrahedron Lett.* **1999**, 40, 9259.

[932] Hayashi, T.; Ishigedani, M. *J. Am. Chem. Soc.* **2000**, 122, 976.

[933] Soeta, T.; Nagai, K.; Fujihara, H.; Kuriyama, M.; Tomioka, K. *J. Org. Chem.* **2003**, 68, 9723.

[934] See Ellman, J. A.; Owens, T. D.; Tang, T. P. *Acc. Chem. Res.* **2002**, 35, 984.

[935] Tang, T. P.; Volkman, S. K.; Ellman, J. A. *J. Org. Chem.* **2001**, 66, 8772.

[936] Uraguchi, D.; Sorimachi, K.; Terada, M. *J. Am. Chem. Soc.* **2004**, 126, 11804. See also, Spanedda, M. V.; Ourévitch, M.; Crouse, B.; Bégué, J.-P.; Bonnet-Delpon, D. *Tetrahedron Lett.* **2004**, 45, 5023.

[937] Yamanaka, M.; Nishida, A.; Nakagawa, M. *J. Org. Chem.* **2003**, 68, 3112.

[938] Trost, B. M.; Jonasson, C. *Angew. Chem. Int. Ed.* **2003**, 42, 2063.

[939] Phukan, P. *J. Org. Chem.* **2004**, 69, 4005.

[940] Kumagai, N.; Matsunaga, S.; Shibasaki, M. *J. Am. Chem. Soc.* **2004**, 126, 13632.

[941] Ueda, M.; Saito, A.; Miyaura, N. *Synlett* **2000**, 1637.

[942] Wada, R.; Shibuguchi, T.; Makino, S.; Oisaki, M.; Kanai, M.; Shibasaki, M. *J. Am. Chem. Soc.* **2006**, 128, 7687.

[943] Duan, H.-F.; Jia, Y.-X.; Wang, L.-X.; Zhou, Q.-L. *Org. Lett.* **2006**, 8, 2567; Trincado, M.; Ellman, J. A. *Angew. Chem. Int. Ed.* **2008**, 47, 5623; Marelli, C.; Monti, C.; Gennari, C.; Piarulli, U. *Synlett* **2007**, 2213.

[944] Zhang, Q.; Chen, J.; Liu, M.; Wu, H.; Cheng, J.; Qin, C.; Su, W.; Ding, J. *Synlett* **2008**, 935.

[945] Weix, D. J.; Shi, Y.; Ellman, J. A. *J. Am. Chem. Soc.* **2005**, 127, 1092; Beenen, M. A.; Weix, D. J.; Ellman, J. A. *J. Am. Chem. Soc.* **2006**, 128, 6304; Wang, Z.-Q.; Feng, C.-G.; Xu, M.-H.; Lin, G.-Q. *J. Am. Chem. Soc.* **2007**, 129, 5336.

[946] Ngai, M.-Y.; Barchuk, A.; Krische, M. J. *J. Am. Chem. Soc.* **2007**, 129, 12644.

[947] Sugiura, M.; Hirano, K.; Kobayashi, S. *J. Am. Chem. Soc.* **2004**, 126, 7182.

[948] Pandya, A.; Pinet, S. U.; Chavant, P. Y.; Vallée, Y. *Eur. J. Org. Chem.* **2003**, 3621.

[949] Solin, N.; Wallner, O. A.; Szabó, K. J. *Org. Lett.* **2005**, 7, 689.

[950] Nakamura, K.; Nakamura, H.; Yamamoto, Y. *J. Org. Chem.* **1999**, 64, 2614.

[951] See Fernandes, R. A.; Yamamoto, Y. *J. Org. Chem.* **2004**, 69, 735.

[952] Hirabayashi, R.; Ogawa, C.; Sugiura, M.; Kobayashi, S. *J. Am. Chem. Soc.* **2001**, 123, 9493.

[953] Kobayashi, S.; Ogawa, C.; Konishi, H.; Sugiura, M. *J. Am. Chem. Soc.* **2003**, 125, 6610.

[954] Berger, R.; Duff, K.; Leighton, J. L. *J. Am. Chem. Soc.* **2004**, 126, 5686.

[955] Declerck, V.; Martinez, J.; Lamaty, F. *Chem. Rev.* **2009**, 109, 1. See Matsui, K.; Takizawa, S.; Sasai, H. *J. Am. Chem. Soc.* **2005**, 127, 3680; Shi, M.; Chen, L.-H.; Li, C.-Q. *J. Am. Chem. Soc.* **2005**, 127, 3790; Gajda, A.; Gajda, T. *J. Org. Chem.* **2008**, 73, 8643.

[956] Xu, Y.-M.; Shi, M. *J. Org. Chem.* **2004**, 69, 417.

[957] Shi, M.; Xu, Y.-M. *J. Org. Chem.* **2003**, 68, 4784.

[958] Qi, M.-J.; Ai, T.; Shi, M.; Li, G. *Tetrahedron* **2008**, 64, 1181; Utsumi, N.; Zhang, H.; Tanaka, F.; Barbas III, C. F. *Angew. Chem. Int. Ed.* **2007**, 46, 1878.

[959] See Masson, G.; Housseman, C.; Zhu, J. *Angew. Chem. Int. Ed.* **2007**, 46, 4614.

[960] Gausepohl, R.; Buskens, P.; Kleinen, J.; Bruckmann, A.; Lehmann, C. W.; Klankermayer, J.; Leitner, W. *Angew. Chem. Int. Ed.* **2006**, 45, 3689.

[961] Notz, W.; Tanaka, F.; Watanabe, S.; Chowdari, N. S.; Turner, J. M.; Thayumanavan, R.; Barbas, III, C. F. *J. Org. Chem.* **2003**, 68, 9624; Chowdari, N. S.; Suri, J. T.; Barbas, III, C. F. *Org. Lett.* **2004**, 6, 2507.

[962] Hamada, T. ; Manabe, K. ; Kobayashi, S. *J. Am. Chem. Soc.* **2004**, 126, 7768. For a similar reaction using a Bi catalyst, see Ollevier, T. ; Nadeau, E. *J. Org. Chem.* **2004**, 69, 9292.
[963] Shimizu, M. ; Itohara, S. ; Hase, E. *Chem. Commun.* **2001**, 2318.
[964] Ishimaru, K. ; Kojima, T. *J. Org. Chem.* **2003**, 68, 4959.
[965] Nugent, B. M. ; Yoder, R. A. ; Johnston, J. N. *J. Am. Chem. Soc.* **2004**, 126, 3418.
[966] Nishiwaki, N. ; Knudson, K. R. ; Gothelf, K. V. ; Jørgensen, K. A. *Angew. Chem. Int. Ed.* **2001**, 40, 2992.
[967] Fujisawa, T. ; Kurita, Y. ; Sato, T. *Chem. Lett.* **1983**, 1537.
[968] Paukstelis, J. V. ; Cook, A. G. in Cook, A. G. *Enamines*, 2nd ed. , Marcel Dekker, NY, **1988**, pp. 275-356.
[969] Wieland, G. ; Simchen, G. *Liebigs Ann. Chem.* **1985**, 2178.
[970] Denmark, S. E. ; Edwards, J. P. ; Nicaise, O. *J. Org. Chem.* **1993**, 58, 569.
[971] Miyabe, H. ; Ueda, M. ; Nishimura, A. ; Naito, T. *Tetrahedron* **2004**, 60, 4227.
[972] Kobayashi, S. ; Hamada, T. ; Manabe, K. *Synlett* **2001**, 1140.
[973] Friedstad, G. K. ; Qin, J. *J. Am. Chem. Soc.* **2001**, 123, 9922.
[974] Yamshita, Y. ; Kobayashi, S. *J. Am. Chem. Soc.* **2004**, 126, 11279.
[975] Richey Jr. , H. G. ; McLane, R. C. ; Phillips, C. J. *Tetrahedron Lett.* **1976**, 233.
[976] Bernardi, L. ; Cerè, V. ; Femoni, C. ; Pollicino, S. ; Ricci, A. *J. Org. Chem.* **2003**, 68, 3348.
[977] Laskar, D. D. ; Prajapati, D. ; Sandu, J. S. *Tetrahedron Lett.* **2001**, 42, 7883.
[978] Frantz, D. E. ; Fässler, R. ; Carreira, E. M. *J. Am. Chem. Soc.* **1999**, 121, 11245. See Pinet, S. ; Pandya, S. U. ; Chavant, P. Y. ; Ayling, A. ; Vallee, Y. *Org. Lett.* **2002**, 4, 1463.
[979] See Merino, P. ; Tejero, T. *Tetrahedron* **2001**, 57, 8125.
[980] Kumar, H. M. S. ; Anjaneyulu, S. ; Reddy, E. J. ; Yadav, J. S. *Tetrahedron Lett.* **2000**, 41, 9311.
[981] Murahashi, S.-I. ; Imada, Y. ; Kawakami, T. ; Harada, K. ; Yonemushi, Y. ; Tomita, N. *J. Am. Chem. Soc.* **2002**, 124, 2888.
[982] Shimizu, M. ; Kimura, M. ; Watanabe, T. ; Tamaru, Y. *Org. Lett.* **2005**, 7, 637.
[983] See Nagayama, S. ; Kobayashi, S. *Chem Lett.* **1998**, 685. Also see, Rasmussen, K. G. ; Jørgensen, K. A. *J. Chem. Soc. , Chem. Commun.* **1995**, 1401.
[984] See Janardanan, D. ; Sunoj, R. B. *J. Org. Chem.* **2008**, 73, 8163.
[985] Reetz, M. T. ; Lee, W. K. *Org. Lett.* **2001**, 3, 3119.
[986] Krumper, J. R. ; Gerisch, M. ; Suh, J. M. ; Bergman, R. G. ; Tilley, T. D. *J. Org. Chem.* **2003**, 68, 9705; Williams, A. L. ; Johnston, J. N. *J. Am. Chem. Soc.* **2004**, 126, 1612.
[987] Juhl, K. ; Hazell, R. G. ; Jørgensen, K. A. *J. Chem. Soc. , Perkin Trans.* 1 **1999**, 2293.
[988] Aggarwal, V. K. ; Alonso, E. ; Fang, G. ; Ferrara, M. ; Hynd, G. ; Porcelloni, M. *Angew. Chem. Int. Ed.* **2001**, 40, 1433.
[989] Lu, Z. ; Zhang, Y. ;Wulff, W. D. *J. Am. Chem. Soc.* **2007**, 129, 7185. Also see Branco, P. S. ; Raje, V. P. ; Dourado, J. ; Gordo, J. *Org. Biomol. Chem.* **2010**, 8, 2968.
[990] Handy, S. T. ; Czopp, M. *Org. Lett.* **2001**, 3, 1423.
[991] Uraguchi, D. ; Sorimachi, K. ; Terada, M. *J. Am. Chem. Soc.* **2005**, 127, 9360.
[992] See Kharasch, M. S. ; Reinmuth, O. *Grignard Reactions of Nonmetallic Substances*, Prentice-Hall, Englewood Cliffs, NJ, **1954**, pp. 767-845.
[993] Weiberth, F. J. ; Hall, S. S. *J. Org. Chem.* **1987**, 52, 3901.
[994] Canonne, P. ; Foscolos, G. B. ; Lemay, G. *Tetrahedron Lett.* **1980**, 155.
[995] See Gauthier, R. ; Axiotis, G. P. ; Chastrette, M. *J. Organomet. Chem.* **1977**, 140, 245.
[996] Pickard, P. L. ; Toblert, T. L. *J. Org. Chem.* **1961**, 26, 4886.
[997] Cason, J. ; Kraus, K. W. ; McLeod, Jr. , W. D. *J. Org. Chem.* **1959**, 24, 392.
[998] Savarin, C. G. ; Boice, G. N. ; Murry, J. A. ; Corley, E. ; DiMichele, L. ; Hughes, D. *Org. Lett.* **2006**, 8, 3903.
[999] Yu, M. ; Zhang, Y. ; Guo, H. *Synth. Commun.* **1997**, 27, 1495.
[1000] Ciganek, E. *J. Org. Chem.* **1992**, 57, 4521.
[1001] Lee, A. S.-Y. ; Lin, L.-S. *Tetrahedron Lett.* **2000**, 41, 8803.
[1002] Fry, D. F. ; Fowler, C. B. ; Dieter, R. K. *Synlett* **1994**, 836.
[1003] Gallulo, V. ; Dimas, L. ; Zezza, C. A. ; Smith, M. B. *Org. Prep. Proceed. Int.* **1989**, 21, 297.
[1004] Blaise, E. E. *Compt. Rend.* **1901**, 132, 478; Rao, H. S. P. R. ; Rafi, S. ; Padmavathy, K. *Tetrahedron* **2008**, 64, 8037.
[1005] Ashby, E. C. ; Chao, L. ; Neumann, H. M. *J. Am. Chem. Soc.* **1973**, 95, 4896, 5186.
[1006] Zhao, B. ; Lu, X. *Tetrahedron Lett.* **2006**, 47, 6765.
[1007] Kianmehr, E. ; Rajabi, A. ; Ghanbari, M. *Tetrahedron Lett.* **2009**, 50, 1687.
[1008] Miura, T. ; Takahashi, Y. ; Murakami, M. *Chem. Commun.* **2007**, 3577.
[1009] Zhou, C. ; Larock, R. C. *J. Am. Chem. Soc.* **2004**, 126, 2302.
[1010] See Screttas, C. G. ; Steele, B. R. *Org. Prep. Proced. Int.* **1990**, 22, 271.
[1011] Cooke, Jr. , M. P. ; Pollock, C. M. *J. Org. Chem.* **1993**, 58, 7474. For another method, see Einhorn, J. ; Luche, J. L. *Tetrahedron Lett.* **1986**, 27, 501.
[1012] Niestroj, M. ; Neumann, W. P. ; Thies, O. *Chem. Ber.* **1994**, 127, 1131.
[1013] Barnea, E. ; Andrea, T. ; Kapon, M. ; Berthet, J.-C. ; Ephritikhine, M. ; Eisen, M. S. *J. Am. Chem. Soc.* **2004**, 126, 10860.
[1014] See House, H. O. *Modern Synthetic Reactions*, 2nd ed. , W. A. Benjamin, NY, **1972**, , pp. 629-682; Reeves, R. L. in Patai, S. *The Chemistry of the Carbonyl Group*, pt. 1, Wiley, NY, **1966**, pp. 567-619. See also, Stowell, J. C. *Carbanions in Organic Synthesis*, Wiley, NY, **1979**.

[1015] See Mahrwald, R. *Modern AldolReactions*, 2 Volume Set, Wiley, NJ, **2004**; Smith, M. B. *Organic Synthesis*, 3rd ed., Wavefunction Inc./Elsevier, Irvine, CA/London, England, **2010**, pp. 816-823. For a treatise that discloses Aleksandr Borodin as the discoverer of the aldol condensation, see Podlech, J. *Angew. Chem. Int. Ed.* **2010**, 49, 6490.

[1016] This reaction is also called the aldol condensation, although, strictly speaking, this term applies to the formation only of the α,β-unsaturated product, and not the aldol.

[1017] See Thebtaranonth, C.; Thebtaranonth, Y. in Patai, S.; Rappoport, Z. *The Chemistry of Enones*, pt. 1, Wiley, NY, **1989**, pp. 199-280, 99-212; Hajos, Z. G. in Augustine, R. L. *Carbon-Carbon Bond Formation*, Vol. 1; Marcel Dekker, NY, **1979**; pp. 1-84; Nielsen, A. T.; Houlihan, W. J. *Org. React.* **1968**, 16, 1.

[1018] See Mahrwald, R.; Gündogan, B. *J. Am. Chem. Soc.* **1998**, 120, 413.

[1019] Ashby, E. C.; Argyropoulos, J. N. *J. Org. Chem.* **1986**, 51, 472.

[1020] Markert, M.; Mulzer, M.; Schetter, B.; Mahrwald, R. *J. Am. Chem. Soc.* **2007**, 129, 7258. See Erkkilä, A.; Pihko, P. M. *J. Org. Chem.* **2006**, 71, 2538.

[1021] See Cainelli, G.; Galletti, P.; Giacomini, D.; Orioli, P. *Tetrahedron Lett.* **2001**, 42, 7383.

[1022] See Zhao, P.; Lucht, B. L.; Kenkre, S. L.; Collum, D. B. *J. Org. Chem.* **2004**, 69, 242; Zhao, P.; Condo, A.; Keresztes, I.; Collum, D. B. *J. Am. Chem. Soc.* **2004**, 126, 3113.

[1023] Seki, A.; Ishiwata, F.; Takizawa, Y.; Asami, M. *Tetrahedron* **2004**, 60, 5001.

[1024] Johansson, A.; Abrahamsson, P.; Davidsson, Ö. *Tetrahedron Asymmetry* **2003**, 14, 1261.

[1025] Flowers, II, R. A.; Xu, X.; Timmons, C.; Li, G. *Eur. J. Org. Chem.* **2004**, 2988.

[1026] Zheng, X.; Zhang, Y. *Synth. Commun.* **2003**, 161.

[1027] Kourouli, T.; Kefalas, P.; Ragoussis, N.; Ragoussis, V. *J. Org. Chem.* **2002**, 67, 4615.

[1028] See Simpura, I.; Nevalainen, V. *Angew. Chem. Int. Ed.* **2000**, 39, 3422.

[1029] See Casiraghi, G.; Zanardi, F.; Appendino, G.; Rassu, G. *Chem. Rev.* **2000**, 100, 1929; Casiraghi, G.; Zanardi, E.; Rassu, G. *Pure Appl. Chem.* **2000**, 72, 1645; Denmark, S. E.; Heemstra, Jr., J. R.; Beutner, G. L. *Angew. Chem. Int. Ed.* **2005**, 44, 4782.

[1030] See Abiko, A.; Inoue, T.; Masamune, S. *J. Am. Chem. Soc.* **2002**, 124, 10759.

[1031] Demir, A. S.; Ayhan, P.; Igdir, A. C.; Duygu, A. N. *Tetrahedron* **2004**, 60, 6509.

[1032] For discussions of equilibrium constants in aldol reactions, see Guthrie, J. P.; Wang, X. *Can. J. Chem.* **1991**, 69, 339; Guthrie, J. P. *J. Am. Chem. Soc.* **1991**, 113, 7249, and references cited therein.

[1033] The equilibrium concentration of the product from acetone in pure acetone was determined to be 0.01%: Maple, S. R.; Allerhand, A. *J. Am. Chem. Soc.* **1987**, 109, 6609.

[1034] For an aqueous version, see Buonora, P. T.; Rosauer, K. G.; Dai, L. *Tetrahedron Lett.* **1995**, 36, 4009.

[1035] Han, Z.; Yorimitsu, H.; Shinokubo, H.; Oshima, K. *Tetraehdron Lett.* **2000**, 41, 4415.

[1036] See Kad, G. L.; Kaur, K. P.; Singh, V.; Singh, J. *Synth. Commun.* **1999**, 29, 2583.

[1037] See Mukaiyama, T. *Isr. J. Chem.* **1984**, 24, 162; Caine, D. in Augustine, R. L. *Carbon-Carbon Bond Formation*, Vol. 1, Marcel Dekker, NY, **1979**, pp. 264-276.

[1038] Takazawa, O.; Kogami, K.; Hayashi, K. *Bull. Chem. Soc. Jpn.* **1985**, 58, 2427.

[1039] See Hooz, J.; Oudenes, J.; Roberts, J. L.; Benderly, A. *J. Org. Chem.* **1987**, 52, 1347; Nozaki, K.; Oshima, K.; Utimoto, K. *Tetrahedron Lett.* **1988**, 29, 1041. For a review, see Pelter, A.; Smith, K.; Brown, H. C. *Borane Reagents*, Academic Press, NY, **1988**, pp. 324-333. For an ab initio study see Murga, J.; Falomir, E.; Carda, M.; Marco, J. A. *Tetrahedron* **2001**, 57, 6239.

[1040] See Brown, H. C.; Ganesan, K. *Tetrahedron Lett.* **1992**, 33, 3421.

[1041] See Arnett, E. M.; Fisher, F. J.; Nichols, M. A.; Ribeiro, A. A. *J. Am. Chem. Soc.* **1990**, 112, 801.

[1042] House, H. O.; Crumrine, D. S.; Teranishi, A. Y.; Olmstead, H. D. *J. Am. Chem. Soc.* **1973**, 95, 3310.

[1043] It has been contended that such stabilization is not required: Mulzer, J.; Brüntrup, G.; Finke, J.; Zippel, M. *J. Am. Chem. Soc.* **1979**, 101, 7723.

[1044] Wei, H.-X.; Jasoni, R. L.; Shao, H.; Hu, J.; Paré, P. W. *Tetrahedron* **2004**, 60, 11829.

[1045] See Mahrwald, R.; Costisella, B.; Gündogan, B. *Synthesis* **1998**, 262.

[1046] Evans, D. A.; McGee, L. R. *Tetrahedron Lett.* **1980**, 21, 3975; *J. Am. Chem. Soc.* **1981**, 103, 2876.

[1047] Nokami, J.; Mandai, T.; Watanabe, H.; Ohyama, H.; Tsuji, J. *J. Am. Chem. Soc.* **1989**, 111, 4126.

[1048] See Loh, T.-P.; Feng, L.-C.; Wei, L.-L. *Tetrahedron* **2001**, 57, 4231.

[1049] Yanagisawa, A.; Kimura, K.; Nakatsuka, Y.; Yamamoto, H. *Synlett* **1998**, 958.

[1050] Kobayashi, S.; Hachiya, I.; Takahori, T. *Synthesis* **1993**, 371.

[1051] Yokoyama, Y.; Mochida, K. *Synlett* **1996**, 445; Sasai, H.; Arai, S.; Shibasaki, M. *J. Org. Chem.* **1994**, 59, 2661. Also see, Bao, W.; Zhang, Y.; Wang, J. *Synth. Commun.* **1996**, 26, 3025.

[1052] For a review, see Mahrwald, R. *Chem. Rev.* **1999**, 99, 1095.

[1053] Das, G.; Thornton, E. R. *J. Am. Chem. Soc.* **1990**, 112, 5360.

[1054] Mukaiyama, T.; Arai, H.; Shiina, I. *Chem. Lett.* **2000**, 580.

[1055] Liu, C. M.; Smith, III, W. J.; Gustin, D. J.; Roush, W. R. *J. Am. Chem. Soc.* **2005**, 127, 5770.

[1056] Pratt, L. M.; Nguên, N. V.; Ramachandran, B. *J. Org. Chem.* **2005**, 70, 4279.

[1057] Zhang, X.; Houk, K. N. *J. Org. Chem.* **2005**, 70, 9712.

[1058] Heathcock, C. H. *Aldrichimica Acta* **1990**, 23, 99; *Science* **1981**, 214, 395; Nógrádi, M. *Stereoselective Synthesis*, VCH, NY, **1986**, pp. 193-220; Heathcock, C. H. in Morrison, J. D. *Asymmetric Synthesis*, Vol. 3, Acaademic Press, NY, **1984**, pp. 111-212; Heathcock, C. H. in Buncel, E.; Durst, T. *Comprehensive Carbanion Chemistry*, pt. B, Elsevier, NY, **1984**, pp. 177-237;

Evans, D. A. ; Nelson, J. V. ; Taber, T. R. *Top. Stereochem.* **1982**, 13, 1; Evans, D. A. *Aldrichimica Acta* **1982**, 15, 23; Braun, M. ; Sacha, H. ; Galle, D. ; Baskaran, S. *Pure Appl. Chem.* **1996**, 68, 561; Kitamura, M. ; Nakano, K. ; Miki, T. ; Okada, M. ; Noyori, R. *J. Am. Chem. Soc.* **2001**, 123, 8939.

[1059] Ertas, M. ; Seebach, D. *Helv. Chim. Acta* **1985**, 68, 961.

[1060] Schetter, B. ; Ziemer, B. ; Schnakenburg, G. ; Mahrwald, R. *J. Org. Chem.* **2008**, 73, 813; Mahrwald, R. ; Schetter, B. *Org. Lett.* **2006**, 8, 281.

[1061] Labadie, S. S. ; Stille, J. K. *Tetrahedron* **1984**, 40, 2329; Yura, T. ; Iwasawa, N. ; Mukaiyama, T. *Chem. Lett.* **1986**, 187. See also, Nakamura, E. ; Kuwajima, I. *Tetrahedron Lett.* **1983**, 24, 3347.

[1062] Yamamoto, Y. ; Maruyama, K. ; Matsumoto, K. *J. Am. Chem. Soc.* **1983**, 105, 6963; Sakurai, H. ; Sasaki, K. ; Hosomi, A. *Bull. Chem. Soc. Jpn.* **1983**, 56, 3195; Hagiwara, H. ; Kimura, K. ; Uda, H. *J. Chem. Soc., Chem. Commun.* **1986**, 860.

[1063] Walker, M. A. ; Heathcock, C. H. *J. Org. Chem.* **1991**, 56, 5747. For reviews, see Paterson, I. *Chem. Ind. (London)* **1988**, 390; Pelter, A. ; Smith, K. ; Brown, H. C. *Borane Reagents*, Academic Press, NY, **1988**, p. 324.

[1064] Hoffmann, R. W. ; Ditrich, K. ; Fröch, S. *Liebigs Ann. Chem.* **1987**, 977.

[1065] Patz, M. ; Mayr, H. *Tetrahedron Lett.* **1993**, 34, 3393.

[1066] Pratt, L. M. ; Newman, A. ; Cyr, J. S. ; Johnson, H. ; Miles, B. ; Lattier, A. ; Austin, E. ; Henderson, S. ; Hershey, B. ; Lin, M. ; Balamraju, Y. ; Sammonds, L. ; Cheramie, J. ; Karnes, J. ; Hymel, E. ; Woodford, B. ; Carter, C. *J. Org. Chem.* **2003**, 68, 6387.

[1067] See Paddon-Row, M. N. ; Houk, K. N. *J. Org. Chem.* **1990**, 55, 481; Denmark, S. E. ; Henke, B. R. *J. Am. Chem. Soc.* **1991**, 113, 2177.

[1068] See Nerz-Stormes, M. ; Thornton, E. R. *J. Org. Chem.* **1991**, 56, 2489.

[1069] Swiss, K. A. ; Choi, W. ; Liotta, D. ; Abdel-Magid, A. F. ; Maryanoff, C. A. *J. Org. Chem.* **1991**, 56, 5978.

[1070] Danda, H. ; Hansen, M. M. ; Heathcock, C. H. *J. Org. Chem.* **1990**, 55, 173. See also, Corey, E. J. ; Kim, S. S. *Tetrahedron Lett.* **1990**, 31, 3715.

[1071] Hirama, M. ; Noda, T. ; Takeishi, S. ; Itô, S. *Bull. Chem. Soc. Jpn.* **1988**, 61, 2645; Majewski, M. ; Gleave, D. M. *Tetrahedron Lett.* **1989**, 30, 5681.

[1072] Ward, D. E. ; Sales, M. ; Sasmal, P. K. *J. Org. Chem.* **2004**, 69, 4808.

[1073] Calter, M. A. ; Guo, X. ; Liao, W. *Org. Lett.* **2001**, 3, 1499.

[1074] Allemann, C. ; Gordillo, R. ; Clemente, F. R. ; Cheong, P. H.-Y. ; Houk, K. N. *Acc. Chem. Res.* **2004**, 37, 558; Saito, S. ; Yamamoto, H. *Acc. Chem. res.* **2004**, 37, 570; Geary, L. M. ; Hultin. P. G. *Tetrahedron Asymm.* **2009**, 20, 131. For a discussion of chelation versus nonchelation control, see Yan, T.-H. ; Tan, C.-W. ; Lee, H.-C. ; Lo, H.-C. ; Huang, T.-Y. *J. Am. Chem. Soc.* **1993**, 115, 2613. See Majewski, M. ; Lazny, R. ; Nowak, P. *Tetrahedron Lett.* **1995**, 36, 5465; Smith, M. B. *Organic Synthesis*, 3rd ed., Wavefunction Inc./Elsevier, Irvine, CA/London, England, **2010**, pp. 861-873. For a model for acyclic stereocontrol, see Evans, D. A. ; Cee, V. J. ; Siska, S. J. *J. Am. Chem. Soc.* **2006**, 128, 9433.

[1075] For antiselective aldol reactions see Oppolzer, W. ; Lienard, P. *Tetrahedron Lett.* **1993**, 34, 4321. For a "non-Evans" syn-aldol, see Yan, T.-H. ; Lee, H.-C. ; Tan, C.-W. *Tetrahedron Lett.* **1993**, 34, 3559.

[1076] Klein, J. in Patai, S. *Supplement A: The Chemistry of Double-Bonded Functional Groups*, Vol. 2, pt. 1, Wiley, NY, **1989**, pp. 567-677; Braun, M. *Angew. Chem. Int. Ed.* **1987**, 26, 24.

[1077] Paterson, I. ; Goodman, J. M. *Tetrahedron Lett.* **1989**, 30, 997; Siegel, C. ; Thornton, E. R. *J. Am. Chem. Soc.* **1989**, 111, 5722; Faunce, J. A. ; Grisso, B. A. ; Mackenzie, P. B. *J. Am. Chem. Soc.* **1991**, 113, 3418.

[1078] See Reetz, M. T. ; Kesseler, K. ; Jung, A. *Tetrahedron* **1984**, 40, 4327.

[1079] See Short, R. P. ; Masamune, S. *Tetrahedron Lett.* **1987**, 28, 2841.

[1080] Notz, W. ; Tanaka, F. ; Barbas III, C. F. *Acc. Chem. Res.* **2004**, 37, 580.

[1081] See Northrup, A. B. ; MacMillan, D. W. C. *J. Am. Chem. Soc.* **2002**, 124, 6798. See Suri, J. T. ; Mitsumori, S. ; Albertshofer, K. ; Tanaka, F. ; Barbas III, C. F. *J. Org. Chem.* **2006**, 71, 3822; Guizzetti, S. ; Benaglia, M. ; Pignataro, L. ; Puglisi, A. *Tetrahedron Asymmetry* **2006**, 17, 2754. See Chimni, S. S. ; Mahajan, D. *Tetrahedron* **2005**, 61, 5019.

[1082] Tang, Z. ; Jiang, F. ; Yu, L.-T. ; Cui, X. ; Gong, L.-Z. ; Mi, A.-Q. ; Jiang, Y.-Z. ; Wu, Y.-D. *J. Am. Chem. Soc.* **2003**, 125, 5262; Zhong, G. ; Fan, J. ; Barbas, III, C. F. *Tetrahedron Lett.* **2004**, 45, 5681.

[1083] See Mahrwald, R. *Org. Lett.* **2000**, 2, 4011; Zhou, Y. ; Shan, Z. *J. Org. Chem.* **2006**, 71, 9510.

[1084] For a review, see Guillena, G. ; Nájera, C. ; Ramón, D. J. *Tetrahedron Asymmetry* **2007**, 18, 2249. Tang, Z. ; Yang, Z.-H. ; Chen, X.-H. ; Cun, L.-F. ; Mi, A.-Q. ; Jiang, Y.-Z. ; Gong, L.-Z. *J. Am. Chem. Soc.* **2005**, 127, 9285; Samanta, S. ; Zhao, C.-G. *J. Am. Chem. Soc.* **2006**, 128, 7442; Luo, S. ; Xu, H. ; Li, J. ; Zhang, L. ; Cheng, J. P. *J. Am. Chem. Soc.* **2007**, 129, 3074; Liu, J. ; Yang, Z. ; Wang, Z. ; Wang, F. ; Chen, X. ; Liu, X. ; Feng, X. ; Su, Z. ; Hu, C. *J. Am. Chem. Soc.* **2008**, 130, 5654; Denmark, S. E. ; Bui, T. *J. Org. Chem.* **2005**, 70, 10393; Guillena, G. ; Hita, M. d. C. ; Nájera, C. ; Viózquez, S. F. *J. Org. Chem.* **2008**, 73, 5933; Wang, W. ; Mei, Y. ; Li, H. ; Wang, J. *Org. Lett.* **2005**, 7, 601; Krattiger, P. ; Kovasy, R. ; Revell, J. D. ; Ivan, S. ; Wennemers, H. *Org. Lett.* **2005**, 7, 1101; Samanta, S. ; Liu, J. ; Dodda, R. ; Zhao, C.-G. *Org. Lett.* **2005**, 7, 5321; Revell, J. D. ; Wennemers, H. *Tetrahedron* **2007**, 63, 8420; Lombardo, M. ; Easwar, S. ; Pasi, F. ; Trombini, C. ; Dhavale, D. D. *Tetrahedron* **2008**, 64, 9203; Guillena, G. ; Hita, M. d. C. ; Nájera, C. *Tetrahedron Asymmetry* **2006**, 17, 1493; Tang, X. ; Liégault, B. ; Renaud, J.-L. ; Bruneau, C. *Tetrahedron Asymmetry* **2006**, 17, 2187; Rodriguez, B. ; Bruckmann, A. ; Bolm, C. *Chemistry: European J.* **2007**, 13, 4710; Córdova, A. ; Zou, W. ; Ibrahem, I. ; Reyes, E. ; Engqvist, M. ; Liao, W.-W. *Chem. Commun.* **2005**, 3586; Sun, G. ; Fan, J. ; Wang, Z. ; Li, Y. *Synlett* **2008**, 2491; Rambo, R. S. ; Schneider, P. H. *Tetrahedron Asymm.* **2010**, 21, 2254.

[1085] See Mase, N. ; Nakai, Y. ; Ohara, N. ; Yoda, H. ; Takabe, K. ; Tanaka, F. ; Barbas III, C. F. *J. Am. Chem. Soc.* **2006**, 128, 734; Chi, Y. ; Scroggins, S. T. ; Boz, E. ; Fréchet, J. M. J. *J. Am. Chem. Soc.* **2008**, 130, 17287; Guizzetti, S. ; Benaglia,

M. ; Raimondi, L. ; Celentano, G. *Org. Lett.* **2007**, 9, 1247; Maya, V. ; Raj, M. ; Singh, V. K. *Org. Lett.* **2007**, 9, 2593; Chimni, S. S. ; Mahajan, D. ; Suresh Babu, V. V. *Tetrahedron Lett.* **2005**, 46, 5797; Akagawa, K. ; Sakamoto, S. ; Kudo, K. *Tetrahedron Lett.* **2005**, 46, 8185; Lei, L. ; Shi, L. ; Li, G. ; Chen, S. ; Weihai, W. ; Ge, Z. ; Cheng, T. ; Li, R. *Tetrahedron* **2007**, 63, 7892; Amedjkouh, M. *Tetrahedron Asymmetry* **2005**, 16, 1411; Chimni, S. S. ; Mahajan, D. *Tetrahedron Asymmetry* **2006**, 17, 2108; Hayashi, Y. ; Sumiya, T. ; Takahashi, J. ; Gotoh, H. ; Urushima, T. ; Shoji, M. *Angew. Chem. Int. Ed.* **2006**, 45, 958; Jiang, Z. ; Liang, Z. ; Wu, X. ; Lu, Y. *Chem. Commun.* **2006**, 2801.

[1086] Hein, J. E. ; Hultin, P. G. *Synlett* **2003**, 635.
[1087] See Kantam, M. L. ; Ramani, T. ; Chakrapani, L. ; Kumar, K. V. *Tetrahedron Lett.* **2008**, 49, 1498; Inoue, H. ; Kikuchi, M. ; Ito, J. -I. ; Nishiyama, H. *Tetrahedron* **2008**, 64, 493.
[1088] Trost, B. M. ; Ito, H. *J. Am. Chem. Soc.* **2000**, 122, 12003.
[1089] Trost, B. M. ; Shin, S. ; Sclafani, J. A. *J. Am. Chem. Soc.* **2005**, 127, 8602.
[1090] Yoshikawa, N. ; Kumagai, N. ; Matsunaga, S. ; Moll, G. ; Ohshma, T. ; Suzuki, T. ; Shibasaki, M. *J. Am. Chem. Soc.* **2001**, 123, 2466; Trost, B. M. ; Ito, H. ; Silcoff, E. R. *J. Am. Chem. Soc.* **2001**, 123, 3367.
[1091] Takikawa, H. ; Ishihara, K. ; Saito, S. ; Yamamoto, H. *Synlett* **2004**, 732; Denmark, S. E. ; Heemstra Jr. , J. R. *Synlett* **2004**, 2411.
[1092] Evans, D. A. ; Tedrow, J. S. ; Shaw, J. T. ; Downey, C. W. *J. Am. Chem. Soc.* **2002**, 124, 392.
[1093] Trost, B. M. ; Fettes, A. ; Shireman, B. T. *J. Am. Chem. Soc.* **2004**, 126, 2660.
[1094] Ishihara, K. ; Maruyama, T. ; Mouri, M. ; Gao, Q. ; Furuta, K. ; Yamamoto, H. *Bull. Chem. Soc. Jpn.* **1993**, 66, 3483.
[1095] Corey, E. J. ; Cywin, C. L. ; Roper, T. D. *Tetrahedron Lett.* **1992**, 33, 6907.
[1096] See Yoshida, K. ; Ogasawara, M. ; Hayashi, T. *J. Org. Chem.* **2003**, 68, 1901.
[1097] For a review, see Masamune, S. ; Choy, W. ; Petersen, J. S. ; Sita, L. R. *Angew. Chem. Int. Ed.* **1985**, 24, 1.
[1098] Furuta, K. ; Maruyama, T. ; Yamamoto, H. *J. Am. Chem. Soc.* **1991**, 113, 1041; Kiyooka, S. ; Kaneko, Y. ; Komura, M. ; Matsuo, H. ; Nakano, M. *J. Org. Chem.* **1991**, 56, 2276. For a review, see Bernardi, A. ; Gennari, C. ; Goodman, J. M. ; Paterson, I. *Tetrahedron Asymmetry* **1995**, 6, 2613.
[1099] Mukaiyama, T. ; Uchiro, H. ; Kobayashi, S. *Chem. Lett.* **1990**, 1147.
[1100] Li, L. -S. ; Das, S. ; Sinha, S. C. *Org. Lett.* **2004**, 6, 127.
[1101] Wittig, G. ; Frommeld, H. D. ; Suchanek, P. *Angew. Chem. Int. Ed.* **1963**, 2, 683. For reviews, see Mukaiyama, T. *Org. React.* **1982**, 28, 203; Wittig, G. *Top. Curr. Chem.* **1976**, 67, 1; Wittig, G. ; Reiff, H. *Angew. Chem. Int. Ed.* **1968**, 7, 7; Reiff, H. *Newer Methods Prep. Org. Chem.* **1971**, 6, 48.
[1102] Corey, E. J. ; Enders, D. *Tetrahedron Lett.* **1976**, 11. See also, Sugasawa, T. ; Toyoda, T. ; Sasakura, K. *Synth. Commun.* **1979**, 9, 515; Depezay, J. ; Le Merrer, Y. *Bull. Soc. Chim. Fr.* **1981**, II-306.
[1103] Hassner, A. ; Näumann, F. *Chem. Ber.* **1988**, 121, 1823.
[1104] See Baigrie, L. M. ; Cox, R. A. ; Slebocka-Tilk, H. ; Tencer, M. ; Tidwell, T. T. *J. Am. Chem. Soc.* **1985**, 107, 3640.
[1105] Ishikawa, T. ; Uedo, E. ; Okada, S. ; Saito, S. *Synlett* **1999**, 450.
[1106] See Guthrie, J. P. ; Guo, J. *J. Am. Chem. Soc.* **1996**, 118, 11472; Eberle, M. K. *J. Org. Chem.* **1996**, 61, 3844.
[1107] Bouillon, J. -P. ; Portella, C. ; Bouquant, J. ; Humbel, S. *J. Org. Chem.* **2000**, 65, 5823.
[1108] Pidathala, C. ; Hoang, L. ; Vignola, N. ; List, B. *Angew. Chem. Int. Ed.* **2003**, 42, 2785.
[1109] Lipshutz, B. H. ; Amorelli, B. ; Unger, J. B. *J. Am. Chem. Soc.* **2008**, 130, 14378.
[1110] Zhou, J. ; Wakchaure, V. ; Kraft, P. ; List, B. *Angew. Chem. Int. Ed.* **2008**, 47, 7656.
[1111] Thalji, R. K. ; Roush, W. R. *J. Am. Chem. Soc.* **2005**, 127, 16778.
[1112] Gawley, R. E. *Synthesis* **1976**, 777; Jung, M. E. *Tetrahedron* **1976**, 32, 1; Mundy, B. P. *J. Chem. Educ.* **1973**, 50, 110. For a list of references, see Larock, R. C. *Comprehensive Organic Transformations*, 2nd ed. , Wiley-VCH, NY, **1999**, pp. 1356-1358.
[1113] See Heathcock, C. H. ; Ellis, J. E. ; McMurry, J. E. ; Coppolino, A. *Tetrahedron Lett.* **1971**, 4995.
[1114] For improved procedures, see Sato, T. ; Wakahara, Y. ; Otera, J. ; Nozaki, H. *Tetrahedron Lett.* **1990**, 31, 1581, and references cited therein.
[1115] Tai, C. -L. ; Ly, T. W. ; Wu, J. -D. ; Shia, K. -S. ; Liu, H. -J. *Synlett* **2001**, 214.
[1116] Rajagopal, D. ; Narayanan, R. ; Swaminathan, S. *Tetrahedron Lett.* **2001**, 42, 4887.
[1117] Morrison, D. W. ; Forbes, D. C. ; Davis Jr. , J. H. *Tetrahedron Lett.* **2001**, 42, 6053.
[1118] Miyamoto, H. ; Kanetaka, S. ; Tanaka, K. ; Yoshizawa, K. ; Toyota, S. ; Toda, F. *Chem. Lett.* **2000**, 888.
[1119] Stork, G. ; Singh, J. *J. Am. Chem. Soc.* **1974**, 96, 6181; Boeckman, Jr. , R. K. *J. Am. Chem. Soc.* **1974**, 96, 6179.
[1120] Eder, U. ; Sauer, G. ; Wiechert, R. *Angew. Chem. Int. Ed.* **1971**, 10, 496; Hajos, Z. G. ; Parrish, D. R. *J. Org. Chem.* **1974**, 39, 1615. See Agami, C. *Bull. Soc. Chim. Fr.* **1988**, 499.
[1121] Mahoney, W. S. ; Brestensky, D. M. ; Stryker, J. M. *J. Am. Chem. Soc.* **1988**, 110, 291; Brestensky, D. M. ; Stryker, J. M. *Tetrahedron Lett.* **1989**, 30, 5677.
[1122] Chiu, P. ; Szeto, C. -P. ; Geng, Z. ; Cheng, K. -F. *Org. Lett.* **2001**, 3, 1901.
[1123] See Smith, M. B. *Organic Synthesis*, 3rd ed. , Wavefunction Inc. /Elsevier, Irvine, CA/London, England, **2010**, pp. 837-841.
[1124] For a list of references, see Larock, R. C. *Comprehensive Organic Transformations*, 2nd ed. , Wiley-VCH, NY, **1999**, pp. 1745-1752. Also see Revis, A. ; Hilty, T. K. *Tetrahedron Lett.* **1987**, 28, 4809, and references cited therein.
[1125] Mukaiyama, T. *Pure Appl. Chem.* **1983**, 55, 1749; Kohler, B. A. B. *Synth. Commun.* **1985**, 15, 39; Mukaiyama, T. ; Narasaka, K. *Org. Synth.*, **65**, 6. See Gennari, C. ; Colombo, L. ; Bertolini, G. ; Schimperna, G. *J. Org. Chem.* **1987**, 52, 2754; Mukaiyama, T. *Angew. Chem. Int. Ed.* **1977**, 16, 817. See also, Reetz, M. T. *Organotitanium Reagents in Organic Synthesis*, Spinger, NY, **1986**.

[1126] Miura, K. ; Sato, H. ; Tamaki, K. ; Ito, H. ; Hosomi, A. *Tetrahedron Lett.* **1998**, 39, 2585. For a high pressure, uncatalyzed reaction, see Bellassoued, M. ; Reboul, E. ; Dumas, F. *Tetrahedron Lett.* **1997**, 38, 5631.

[1127] Miura, K. ; Nakagawa, T. ; Hosomi, A. *J. Am. Chem. Soc.* **2002**, 124, 536.

[1128] Shirakawa, S. ; Maruoka, K. *Tetrahedron Lett.* **2002**, 43, 1469.

[1129] Hollis, T. K. ; Bosnich, B. *J. Am. Chem. Soc.* **1995**, 117, 4570. For the transition state geometry, see Denmark, S. E. ; Lee, W. *J. Org. Chem.* **1994**, 59, 707.

[1130] Muñoz-Muñiz, O. ; Quintanar-Audelo, M. ; Juaristi, E. *J. Org. Chem.* **2003**, 68, 1622.

[1131] Van de Weghe, P. ; Collin, J. *Tetrahedron Lett.* **1993**, 34, 3881.

[1132] Dicker, I. B. *J. Org. Chem.* **1993**, 58, 2324.

[1133] This catalyst is tolerated in water. See Kobayashi, S. ; Hachiya, I. *J. Org. Chem.* **1994**, 59, 3590.

[1134] Kobayashi, S. ; Nagayama, S. ; Busujima, T. *Chem. Lett.* **1997**, 959.

[1135] Reetz, M. T. ; Fox, D. N. A. *Tetrahedron Lett.* **1993**, 34, 1119.

[1136] Kurihara, M. ; Hayshi, T. ; Miyata, N. *Chem. Lett.* **2001**, 1324.

[1137] Bach, T. ; Fox, D. N. A. ; Reetz, M. T. *J. Chem. Soc., Chem. Commun.* **1992**, 1634.

[1138] Ollevier, T. ; Desyroy, V. ; Debailleul, B. ; Vaur, S. *Eur. J. Org. Chem.* **2005**, 4971; **2006**, 1061; Ollevier, T. ; Li, Z. *Eur. J. Org. Chem.* **2007**, 5665.

[1139] Sudha, R. ; Sankararaman, S. *J. Chem. Soc., Perkin Trans.* 1 **1999**, 383.

[1140] Manabe, K. ; Kobayashi, S. *Tetrahedron Lett.* **1999**, 40, 3773. See Tian, H.-Y. ; Chen, Y.-J. ; Wang, D. ; Bu, Y.-P. ; Li, C.-J. *Tetrahedron Lett.* **2001**, 42, 1803; Komoto, I. ; Kobayashi, S. *J. Org. Chem.* **2004**, 69, 680

[1141] Loh, T.-P. ; Li, X.-R. *Tetrahedron* **1999**, 55, 10789.

[1142] Ozasa, N. ; Wadamoto, M. ; Ishihara, K. ; Yamamoto, H. *Synlett* **2003**, 2219.

[1143] Yoshida, Y. ; Matsumoto, N. ; Hamasaki, R. ; Tanabe, Y. *Tetrahedron Lett* **1999**, 40, 4227.

[1144] Ishihara, K. ; Hiraiwa, Y. ; Yamamoto, H. *Synlett* **2001**, 1851.

[1145] Denmark, S. E. ; Fan, Y. *J. Am. Chem. Soc.* **2002**, 124, 4233.

[1146] Hagiwara, H. ; Inoguchi, H. ; Fukushima, M. ; Hoshi, T. ; Suzuki, T. *Tetrahedron Lett.* **2006**, 47, 5371.

[1147] Wong, C. T. ; Wong, M. W. *J. Org. Chem.* **2005**, 70, 124.

[1148] Murata, S. ; Suzuki, M. ; Noyori, R. *Tetrahedron* **1988**, 44, 4259. For a review of cross-coupling reactions of acetals, see Mukaiyama, T. ; Murakami, M. *Synthesis* **1987**, 1043.

[1149] Shirokawa, S.-i. ; Kamiyama, M. ; Nakamura, T. ; Okada, M. ; Nakazaki, A. ; Hosokawa, S. ; Kobayashi, S. *J. Am. Chem. Soc.* **2004**, 126, 13604.

[1150] Moreau, X. ; Bazán-Tejeda, B. ; Campagne, J.-M. *J. Am. Chem. Soc.* **2005**, 127, 7288; Oisaki, K. ; Zhao, D. ; Kanai, M. ; Shibasaki, M. *J. Am. Chem. Soc.* **2006**, 128, 7164.

[1151] Fu, F. ; Teo, Y.-C. ; Loh, T.-P. *Tetrahedron Lett.* **2006**, 47, 4267.

[1152] Jankowska, J. ; Paradowski, J. ; Mlynarski, J. *Tetrahedron Lett.* **2006**, 47, 5281.

[1153] Jankowska, J. ; Mlynarski, J. *J. Org. Chem.* **2006**, 71, 1317.

[1154] Denmark, S. E. ; Heemstra, Jr., J. R. *J. Am. Chem. Soc.* **2006**, 128, 1038; Jang, H.-Y. ; Hong, J.-B. ; MacMillan, D. W. C. *J. Am. Chem. Soc.* **2007**, 129, 7004.

[1155] See Carswell, E. L. ; Hayes, D. ; Henderson, K. W. ; Kerr, W. J. ; Russell, C. J. *Synlett* **2003**, 1017.

[1156] Loh, T.-P. ; Feng, L.-C. ; Wei, L.-L. *Tetrahedron* **2000**, 56, 7309.

[1157] Matsukawa, S. ; Okano, N. ; Imamoto, T. *Tetrahedron Lett.* **2000**, 41, 103.

[1158] Denmark, S. E. ; Heemstra, Jr., J. R. *Org. Lett.* **2003**, 5, 2303; Denmark, S. E. ; Wynn, T. ; Beutner, G. L. *J. Am. Chem. Soc.* **2002**, 124, 13405.

[1159] Chen, S.-L. ; Ji, S.-J. ; Loh, T.-P. *Tetrahedron Lett.* **2004**, 45, 375.

[1160] Bluet, G. ; Campagne, J.-M. *J. Org. Chem.* **2001**, 66, 4293; Christmann, M. ; Kalesse, M. *Tetrahedron Lett.* **2001**, 42, 1269.

[1161] Langer, P. ; Köhler, V. *Org. Lett.* **2000**, 2, 1597.

[1162] Bluet, G. ; Bazán-Tejeda, B. ; Campagne, J.-M. *Org. Lett.* **2001**, 3, 3807.

[1163] Hayakawa, R. ; Shimizu, M. *Chem. Lett.* **1999**, 591.

[1164] Akiyama, T. ; Takaya, J. ; Kagoshima, H. *Chem. Lett.* **1999**, 947.

[1165] Harada, T. ; Iwai, H. ; Takatsuki, H. ; Fujita, K. ; Kubu, M. ; Oku, A. *Org. Lett.* **2001**, 3, 2101.

[1166] Yoshimatsu, M. ; Kuribayashi, M. ; Koike, T. *Synlett* **2001**, 1799.

[1167] Honda, M. ; Oguchi, W. ; Segi, M. ; Nakajima, T. *Tetrahedron* **2002**, 58, 6815.

[1168] Suginome, M. ; Uehlin, L. ; Yamamoto, A. ; Murakami, M. *Org. Lett.* **2004**, 6, 1167.

[1169] Bach, T. *Angew. Chem. Int. Ed.* **1994**, 33, 417. For a discussion of stereocontrol, see Annunziata, R. ; Cinquini, M. ; Cozzi, F. ; Cozzi, P. G. ; Consolandi, E. *J. Org. Chem.* **1992**, 57, 456.

[1170] See Mikami, K. ; Matsukawa, S. *J. Am. Chem. Soc.* **1994**, 116, 4077; Kaneko, Y. ; Matsuo, T. ; Kiyooka, S. *Tetrahedron Lett.* **1994**, 35, 4107; Kiyooka, S. ; Kido, Y. ; Kaneko, Y. *Tetrahedron Lett.* **1994**, 35, 5243.

[1171] See Vasconcellos, M. L. ; Desmaële, D. ; Costa, P. R. R. ; d'Angelo, J. *Tetrahedron Lett.* **1992**, 33, 4921.

[1172] Ag: Wadamoto, M. ; Ozasa, N. ; Yanigisawa, A. ; Yamamoto, H. *J. Org. Chem.* **2003**, 68, 5593. Ce: Kobayashi, S. ; Hamada, T. ; Nagayama, S. ; Manabe, K. *Org. Lett.* **2001**, 3, 165. Cu: Kobayashi, S. ; Nagayama, S. ; Busujima, T. *Tetrahedron* **1999**, 55, 8739. Pb: Nagayama, S. ; Kobayashi, S. *J. Am. Chem. Soc* **2000**, 122, 11531. Sc: Ishikawa, S. ; Hamada, T. ; Manabe, K. ; Kobayashi, S. *J. Am. Chem. Soc.* **2004**, 126, 12236. Ti: Imashiro, R. ; Kuroda, T. *J. Org. Chem.* **2003**, 68, 974. Zr: Kobayashi, S. ; Ishitani, H. ; Yamashita, Y. ; Ueno, M. ; Shimizu, H. *Tetrahedron* **2001**, 57, 861.

[1173] Denmark, S. E. ; Beutner, G. L. ;Wynn, T. ; Eastgate, M. D. *J. Am. Chem. Soc.* **2005**, 127, 3774 ; Denmark, S. E. ; Bui, T. *J. Org. Chem.* **2005**, 70, 10190 ; Adachi, S. ; Harada, T. *Org. Lett.* **2008**, 10, 4999 ; Senapati, B. K. ; Gao, L. ; Lee, S. I. ; Hwang, G. -S. ; Ryu, D. H. *Org. Lett.* **2010**, 12, 5088.

[1174] Kitazawa, E. ; Imamura, T. ; Saigo, K. ; Mukaiyama, T. *Chem. Lett.* **1975**, 569.

[1175] Mukaiyama, T. ; Shibata, J. ; Shimamura, T. ; Shiina, I. *Chem. Lett.* **1999**, 951.

[1176] See Solladié, G. *Chimia* **1984**, 38, 233.

[1177] Because it was discovered by Claisen, L. *Ber.* **1890**, 23, 977.

[1178] Huerta, F. F. ; Bäckvall, J. -E. *Org. Lett.* **2001**, 3, 1209.

[1179] Rathke, M. W. ; Sullivan, D. F. *J. Am. Chem. Soc.* **1973**, 95, 3050.

[1180] Ramirez, A. ; Sun, X. ; Collum, D. B. *J. Am. Chem. Soc.* **2006**, 128, 10326.

[1181] Tanabe, Y. ; Matsumoto, N. ; Funakoshi, S. ; Manta, N. *Synlett* **2001**, 1959.

[1182] Murai, T. ; Suzuki, A. ; Kato, S. *J. Chem. Soc. , Perkin Trans.* 1 **2001**, 2711.

[1183] Nishiyama, H. ; Shiomi, T. ; Tsuchiya, Y. ; Matsuda, I. *J. Am. Chem. Soc.* **2005**, 127, 6972.

[1184] See Shang, X. ; Liu, H-. J. *Synth. Commun.* **1994**, 24, 2485.

[1185] Yost, J. M. ; Zhou, G. ; Coltart, D. M. *Org. Lett.* **2006**, 8, 1503.

[1186] See Johnson, W. S. ; Daub, G. H. *Org. React.* **1951**, 6, 1.

[1187] Robinson, R. ; Seijo, E. *J. Chem. Soc.* **1941**, 582.

[1188] Puterbaugh, W. H. *J. Org. Chem.* **1962**, 27, 4010. See also, El-Newaihy, M. F. ; Salem, M. R. ; Enayat, E. I. ; El-Bassiouny, F. A. *J. Prakt. Chem.* **1982**, 324, 379.

[1189] See Abiko, A. *Acc. Chem. Res.* **2004**, 37, 387.

[1190] Oh, S. H. ; Cortez, G. S. ; Romo, D. *J. Org. Chem.* **2005**, 70, 2835.

[1191] Saito, S. ; Kobayashi, S. *J. Am. Chem. Soc.* **2006**, 128, 8704.

[1192] Lettan, II, R. B. ; Reynolds, T. E. ; Galliford, C. V. ; Scheidt, K. A. *J. Am. Chem. Soc.* **2006**, 128, 15566.

[1193] Corey, E. J. ; Choi, S. *Tetrahedron Lett.* **2000**, 41, 2769.

[1194] See Evans, D. A. ; Chapman, K. T. ; Bisaha, J. *Tetrahedron Lett.* **1984**, 25, 4071.

[1195] Evans, D. A. ; Downey, C. W. ; Shaw, J. T. ; Tedrow, J. S. *Org. Lett.* **2002**, 4, 1127.

[1196] Crimmins, M. T. ; McDougall, P. J. *Org. Lett.* **2003**, 5, 591.

[1197] Corey, E. J. ; Choi, S. *Tetrahedron Lett.* **2000**, 41, 2769.

[1198] Posner, G. H. ; Lu, S. ; Asirvatham, E. ; Silversmith, E. F. ; Shulman, E. M. *J. Am. Chem. Soc.* **1986**, 108, 511 ; Posner, G. H. ; Webb, K. S. ; Asirvatham, E. ; Jew, S. ; Degl' Innocenti, A. *J. Am. Chem. Soc.* **1988**, 110, 4754.

[1199] Baer, H. H. ; Urbas, L. in Feuer, H. *The Chemistry of the Nitro and Nitroso Groups*, Wiley, NY, **1970**, pp. 76-117. See also, Rosini, G. ; Ballini, R. ; Sorrenti, P. *Synthesis* **1983**, 1014 ; Matsumoto, K. *Angew. Chem. Int. Ed.* **1984**, 23, 617 ; Eyer, M. ; Seebach, D. *J. Am. Chem. Soc.* **1985**, 107, 3601. For reviews of the nitroalkenes that are the products of this reaction, see Barrett, A. G. M. ; Graboski, G. G. *Chem. Rev.* **1986**, 86, 751 ; Kabalka, G. W. ; Varma, R. S. *Org. Prep. Proced. Int.* **1987**, 19, 283.

[1200] Henry, L. *Compt. Rend.* **1895**, 120, 1265 ; Kamlet, J. *U. S. Patent* 2,151,171 1939 [*Chem. Abstr.* , 33: 5003^9 **1939**] ; Hass, H. B. ; Riley, E. F. *Chem. Rev.* **1943**, 32, 373 (see p. 406) ; Lichtenthaler, F. W. *Angew. Chem. Int. Ed.* **1964**, 3, 211. For a review, see Luzzio, F. A. *Tetrahedron* **2001**, 57, 915.

[1201] Yan, S. ; Gao, Y. ; Xing, R. ; Shen, Y. ; Liu, Y. ; Wu, P. ; Wu, H. *Tetrahedron* **2008**, 64, 6294.

[1202] Demicheli, G. ; Maggi, R. ; Mazzacani, A. ; Righi, P. ; Sartori, G. ; Bigi, F. *Tetrahedron Lett.* **2001**, 42, 2401 ; Hagiwara, H. ; Sekifuji, M. ; Tsubokawa, N. ; Hoshi, T. ; Suzuki, T. *Chem. Lett.* **2009**, 38, 790.

[1203] Bulbule, V. J. ; Jnaneshwara, G. K. ; Deshmukh, R. R. ; Borate, H. B. ; Deshpande, V. H. *Synth. Commun.* **2001**, 31, 3623.

[1204] Kisanga, P. B. ; Verkade, J. G. *J. Org. Chem.* **1999**, 64, 4298.

[1205] Phukan, M. ; Borah, K. J. ; Borah, R. *Synth. Commun.* **2008**, 38, 3068.

[1206] Jiang, T. ; Gao, H. ; Han, B. ; Zhao, G. ; Chang, Y. ; Wu, W. ; Gao, L. ; Yang, G. *Tetrahedron Lett.* **2004**, 45, 2699.

[1207] Ballini, R. ; Bosica, G. ; Parrini, M. *Chem. Lett.* **1999**, 1105.

[1208] Gan, C. ; Chen, X. ; Lai, G. ; Wang, Z. *Synlett* **2006**, 387.

[1209] Desai, U. V. ; Pore, D. M. ; Mane, R. B. ; Solabannavar, S. B. ; Wadgaonkar, P. P. *Synth. Commun.* **2004**, 34, 19.

[1210] Klein, G. ; Pandiaraju, S. ; Reiser, O. *Tetrahedron Lett.* **2002**, 43, 7503.

[1211] Bandgar, B. P. ; Uppalla, L. S. *Synth. Commun.* **2000**, 30, 2071.

[1212] Purkarthofer, T. ; Gruber, K. ; Gruber-Khadjawi, M. ; Waich, K. ; Skranc, W. ; Mink, D. ; Griengl, H *Angew. Chem. Int. Ed.* **2006**, 45, 3454.

[1213] Christensen, C. ; Juhl, K. ; Hazell, R. G. ; Jørgensen, K. A. *J. Org. Chem.* **2002**, 67, 4875. For reviews, see Boruwa, J. ; Gogoi, N. ; Saikia, P. P. ; Barua, N. C. *Tetrahedron Asymmetry* **2006**, 17, 3315 ; Palomo, C. ; Oiarbide, M. ; Laso, A. *Eur. J. Org. Chem.* **2007**, 2561.

[1214] Jammi, S. ; Saha, P. ; Sanyashi, S. ; Sakthivel, S. ; Punniyamurthy, T. *Tetrahedron* **2008**, 64, 11724.

[1215] Bulut, A. ; Aslan, A. ; Dogan, Ö. *J. Org. Chem.* **2008**, 73, 7373.

[1216] Nitabaru, T. ; Kumagai, N. ; Shibasaki, M. *Tetrahedron Lett.* **2008**, 49, 272.

[1217] Tur, F. ; Saá, J. M. *Org. Lett.* **2007**, 9, 5079.

[1218] Misumi, Y. ; Matsumoto, K. *Angew. Chem. Int. Ed.* **2002**, 41, 1031.

[1219] Li, H. ; Wang, B. ; Deng, L. *J. Am. Chem. Soc.* **2006**, 128, 732.

[1220] Uraguchi, D. ; Sakaki, S. ; Ooi, T. *J. Am. Chem. Soc.* **2007**, 129, 12392 ; Mandal, T. ; Samanta, S. ; Zhao, C. -G. *Org. Lett.* **2007**, 9, 943 ; Arai, T. ; Watanabe, M. ; Yanagisawa, A. *Org. Lett.* **2007**, 9, 3595 ; Liu, S. ; Wolf, C. *Org. Lett.* **2008**,

[1220] 10, 1831; Marcelli, T.; van der Haas, R. N. S.; van Maarseveen, J. H.; Hiemstra, H. *Angew. Chem. Int. Ed.* **2006**, 45, 929; Toussaint, A.; Pfaltz, A. *Eur. J. Org. Chem.* **2008**, 4591.
[1221] Risgaard, T.; Gothelf, K. V.; Jørgensen, K. A. *Org. Biomol. Chem.* **2003**, 1, 153.
[1222] Robak, M. T.; Trincado, M.; Ellman, J. A. *J. Am. Chem. Soc.* **2007**, 129, 15110; Singh, A.; Johnston, J. N. *J. Am. Chem. Soc.* **2008**, 130, 5866.
[1223] Rueping, M.; Antonchick, A. P. *Org. Lett.* **2008**, 10, 1731.
[1224] Ziyaei-Halimehjani, A.; Saidi, M. R. *Tetrahedron Lett.* **2008**, 49, 1244.
[1225] For reviews, see Jones, G. *Org. React.* **1967**, 15, 204; Wilk, B. K. *Tetrahedron* **1997**, 53, 7097.
[1226] Rochlin, E.; Rappoport, Z. *J. Org. Chem.* **2003**, 68, 1715.
[1227] See Tanaka, M.; Oota, O.; Hiramatsu, H.; Fujiwara, K. *Bull. Chem. Soc. Jpn.* **1988**, 61, 2473.
[1228] Kuwajima, I.; Iwasawa, H. *Tetrahedron Lett.* **1974**, 107. See also, Huckin, S. N.; Weiler, L. *Can. J. Chem.* **1974**, 52, 2157.
[1229] See Bartoli, G.; Beleggia, R.; Giuli, S.; Giuliani, A.; Marcantoni, E.; Massaccesi, M.; Paoletti, M. *Tetrahedron Lett.* **2006**, 47, 6501.
[1230] Harjani, J. R.; Nara, S. J.; Salunkhe, M. M. *Tetrahedron Lett.* **2002**, 43, 1127. See Su, C.; Chen, Z.-C.; Zheng, Q. G. *Synthesis* **2003**, 555.
[1231] Bose, D. S.; Narsaiah, A. V. *J. Chem. Res. (S)* **2001**, 36.
[1232] See Pillai, M. K.; Singh, S.; Jonnalagadda, S. B. *Synth. Commun.* **2010**, 40, 3710.
[1233] Li, J.-T.; Zang, H.-J.; Feng, Y.-Y.; Li, L.-J.; Li, T.-S. *Synth. Commun.* **2001**, 31, 653.
[1234] Yadav, J. S.; Reddy, B. V. S.; Basak, A. K.; Visali, B.; Narsaiah, A. V.; Nagaiah, K. *Eur. J. Org. Chem.* **2004**, 546.
[1235] Kumar, H. M. S.; Reddy, B. V. S.; Reddy, P. T.; Srinivas, D.; Yadav, J. S. *Org. Prep. Proceed. Int.* **2000**, 32, 81; Peng, Y.; Song, G.; Qian, X. *J. Chem. Res. (S)* **2001**, 188.
[1236] Prajapati, D.; Lekhok, K. C.; Sandhu, J. S.; Ghosh, A. C. *J. Chem. Soc. Perkin Trans. 1* **1996**, 959.
[1237] Siebenhaar, B.; Casagrande, B.; Studer, M.; Blaser, H.-U. *Can. J. Chem.* **2001**, 79, 566.
[1238] Reddy, T. I.; Varma, R. S. *Tetrahedron Lett.* **1997**, 38, 1721.
[1239] Jenner, G. *Tetrahedron Lett.* **2001**, 42, 243.
[1240] You, J.; Verkade, J. G. *J. Org. Chem.* **2003**, 68, 8003.
[1241] Chandrasekhar, S.; Yu, J.; Falck, J. R.; Mioskowski, C. *Tetrahedron Lett.* **1994**, 35, 5441.
[1242] Bartoli, G.; Beleggia, R.; Giuli, S.; Giuliani, A.; Marcantoni, E.; Massaccesi, M.; Paoletti, M. *Tetrahedron Lett.* **2006**, 47, 6501.
[1243] Yamashita, K.; Tanaka, T.; Haya, M. *Tetrahedron* **2005**, 61, 7981.
[1244] A solvent free reaction. See Prajapati, D.; Sandhu, J. S. *Chem. Lett.* **1992**, 1945.
[1245] For lists of reagents (with references) see Larock, R. C. *Comprehensive Organic Transformations*, 2nd ed., Wiley-VCH, NY, **1999**, pp. 317-325, 341-350. For those that give the alcohol product, see Larock, R. C. *Comprehensive Organic Transformations*, 2nd ed., Wiley-VCH, NY, **1999**, pp. 1178-1179, 1540-1541, 1717-1724, 1727, 1732-1736, 1778-1780, 1801-1805.
[1246] See Barrett, A. G. M.; Robyr, C.; Spilling, C. D. *J. Org. Chem.* **1989**, 54, 1233; Pyne, S. G.; Boche, G. *J. Org. Chem.* **1989**, 54, 2663.
[1247] See Togni, A.; Pastor, S. D. *J. Org. Chem.* **1990**, 55, 1649; Sakuraba, H.; Ushiki, S. *Tetrahedron Lett.* **1990**, 31, 5349; Niwa, S.; Soai, K. *J. Chem. Soc. Perkin Trans. 1* **1990**, 937.
[1248] Lehnert, W. *Tetrahedron* **1973**, 29, 635; *Synthesis* **1974**, 667 and references cited therein.
[1249] Pellón, R. F.; Mamposo, T.; González, E.; Calderón, O. *Synth. Commun.* **2000**, 30, 3769.
[1250] For a method of preparing 49, see Bowlus, S. B.; Katzenellenbogen, J. A. *Synth. Commun.* **1974**, 4, 137.
[1251] Corey, E. J.; Durst, T. *J. Am. Chem. Soc.* **1968**, 90, 5548, 5553.
[1252] See Yamamoto, K.; Tomo, Y.; Suzuki, S. *Tetrahedron Lett.* **1980**, 21, 2861; Martin, S. F.; Phillips, G. W.; Puckette, T. A.; Colapret, J. A. *J. Am. Chem. Soc.* **1980**, 102, 5866; Arenz, T.; Vostell, M.; Frauenrath, H. *Synlett* **1991**, 23.
[1253] Yoda, H.; Ujihara, Y.; Takabe, K. *Tetrahedron Lett.* **2001**, 42, 9225.
[1254] See Schöllkopf, U. *Pure Appl. Chem.* **1979**, 51, 1347; *Angew. Chem. Int. Ed.* **1977**, 16, 339; Hoppe, D. *Angew. Chem. Int. Ed.* **1974**, 13, 789.
[1255] Schöllkopf, U.; Schröder, U.; Blume, E. *Liebigs Ann. Chem.* **1972**, 766, 130; Schöllkopf, U.; Schröder, U. *Angew. Chem. Int. Ed.* **1972**, 11, 311.
[1256] Oldenziel, O. H.; van Leusen, D.; van Leusen, A. M. *J. Org. Chem.* **1977**, 42, 3114.
[1257] Oldenziel, O. H.; van Leusen, A. M. *Tetrahedron Lett.* **1974**, 163, 167. See, Moskal, J.; van Leusen, A. M. *Tetrahedron Lett.* **1984**, 25, 2585; van Leusen, A. M.; Oosterwijk, R.; van Echten, E.; van Leusen, D. *Recl. Trav. Chim. Pays-Bas* **1985**, 104, 50.
[1258] van Leusen, A. M.; Oomkes, P. G. *Synth. Commun.* **1980**, 10, 399.
[1259] Baldwin, J. E.; Höfle, G. A.; Lever, Jr., O. W. *J. Am. Chem. Soc.* **1974**, 96, 7125. For a similar reaction, see Tanaka, K.; Nakai, T.; Ishikawa, N. *Tetrahedron Lett.* **1978**, 4809.
[1260] Also see Reetz, M. T.; Heimbach, H.; Schwellnus, K. *Tetrahedron Lett.* **1984**, 25, 511.
[1261] Hünig, S.; Wehner, G. *Synthesis* **1975**, 391.
[1262] For a review, see Hoppe, D. *Angew. Chem. Int. Ed.* **1984**, 23, 932.
[1263] Krämer, T.; Hoppe, D. *Tetrahedron Lett.* **1987**, 28, 5149.
[1264] Vedejs, E.; Dolphin, J. M.; Stolle, W. T. *J. Am. Chem. Soc.* **1979**, 101, 249.
[1265] See Johnson, J. R. *Org. React.* **1942**, 1, 210.

[1266]　Koepp, E. ; Vögtle, F. *Synthesis* **1987**, 177.
[1267]　Crawford, M. ; Little, W. T. *J. Chem. Soc.* **1959**, 722.
[1268]　See Berti, G. *Top. Stereochem.* **1973**, 7, 93, pp. 210-218. Also see, Bakó, P. ; Szöllösy, Á; Bombicz, P. ; Töke, L. *Synlett* **1997**, 291.
[1269]　See Bansal, R. K. ; Sethi, K. *Bull. Chem. Soc. Jpn.* **1980**, 53, 1197.
[1270]　See Yliniemelä, A. ; Brunow, G. ; Flügge, J. ; Teleman, O. *J. Org. Chem.* **1996**, 61, 6723.
[1271]　Ballester, M. ; Pérez-Blanco, D. *J. Org. Chem.* **1958**, 23, 652; Elkik, E. ; Francesch, C. *Bull. Soc. Chim. Fr.* **1973**, 1277, 1281.
[1272]　See also, Zimmerman, H. E. ; Ahramjian, L. *J. Am. Chem. Soc.* **1960**, 82, 5459.
[1273]　Borch, R. F. *Tetrahedron Lett.* **1972**, 3761.
[1274]　Johnson, C. R. ; Bade, T. R. *J. Org. Chem.* **1982**, 47, 1205.
[1275]　See White, D. R. ; Wu, D. K. *J. Chem. Soc., Chem. Commun.* **1974**, 988.
[1276]　Satoh, T. ; Sugimoto, A. ; Itoh, M. ; Yamakawa, K. *Tetrahedron Lett.* **1989**, 30, 1083.
[1277]　Arai, S. ; Ishida, T. ; Shioiri, T. *Tetrahedron Lett.* **1998**, 39, 8299.
[1278]　Tung, C. C. ; Speziale, A. J. ; Frazier, H. W. *J. Org. Chem.* **1963**, 28, 1514.
[1279]　Mauzé, B. *J. Organomet. Chem.* **1979**, 170, 265.
[1280]　Sulmon, P. ; De Kimpe, N. ; Schamp, N. ; Declercq, J. ; Tinant, B. *J. Org. Chem.* **1988**, 53, 4457.
[1281]　See Arai, S. ; Suzuki, Y. ; Tokumaru, K. ; Shioiri, T. *Tetrahedron Lett.* **2002**, 43, 833. See Starks, C. M. ; Liotta, C. *Phase Transfer Catalysis* Academic Press, NY, **1978**, pp. 197-198.
[1282]　Jung, M. E. ; Mengel, W. ; Newton, T. W. *Synth. Commun.* **1999**, 29, 3659.
[1283]　Sipos, G. ; Schöbel, G. ; Sirokmán, F. *J. Chem. Soc. Perkin Trans.* 2 **1975**, 805.
[1284]　Achard, T. J. R. ; Belokon', Y. N. ; Hunt, J. ; North, M. ; Pizzato, F. *Tetrahedron Lett.* **2007**, 48, 2961.
[1285]　Achard, T. J. R. ; Belokon, Y. N. ; Ilyin, M. ; Moskalenko, M. ; North, M. ; Pizzato, F. *Tetrahedron Lett.* **2007**, 48, 2965. For a review, see Ohkata, K. ; Kimura, J. ; Shinohara, Y. ; Takagi, R. ; Hiraga, Y. *Chem. Commun.* **1996**, 2411.
[1286]　Aggarwal, V. K. ; Hynd, G. ; Picoul, W. ; Vasse, J.-L. *J. Am. Chem. Soc.* **2002**, 124, 9964.
[1287]　Arai, S. ; Shirai, Y. ; Ishida, T. ; Shioiri, T. *Tetrahedron* **1999**, 55, 6375.
[1288]　Deyrup, J. A. *J. Org. Chem.* **1969**, 34, 2724.
[1289]　Peterson, D. J. *J. Org. Chem.* **1968**, 33, 780. See Ager, D. J. *Org. React.* **1990**, 38, 1; *Synthesis* **1984**, 384; Colvin, E. W. *Silicon Reagents in Organic Synthesis*, Academic Press, NY, **1988**, pp. 63-75; Weber, W. P. *Silicon Reagents for Organic Synthesis*, Springer, NY, **1983**, pp. 58-78; Magnus, P. *Aldrichimica Acta* **1980**, 13, 43; Chan, T. *Acc. Chem. Res.* **1977**, 10, 442. For a list of references, see Larock, R. C. *Comprehensive Organic Transformations*, 2nd ed., Wiley-VCH, NY, **1999**, pp. 337-341.
[1290]　See Hudrlik, P. F. ; Agwaramgbo, E. L. O. ; Hudrlik, A. M. *J. Org. Chem.* **1989**, 54, 5613.
[1291]　See Strekowski, L. ; Visnick, M. ; Battiste, M. A. *Tetrahedron Lett.* **1984**, 25, 5603.
[1292]　Craig, D. ; Ley, S. V. ; Simpkins, N. S. ; Whitham, G. H. ; Prior, M. J. *J. Chem. Soc. Perkin Trans.* 1 **1985**, 1949.
[1293]　Bassindale, A. R. ; Ellis, R. J. ; Taylor, P. G. *J. Chem. Res. (S)* **1996**, 34.
[1294]　See Colvin, E. W. *Silicon Reagents in Organic Synthesis*, Academic Press, NY, **1988**, pp. 65-69.
[1295]　Markò, I. E. ; Murphy, F. ; Kumps, L. ; Ates, A. ; Touillaux, R. ; Craig, D. ; Carballares, S. ; Dolan, S. *Tetrahedron* **2001**, 57, 2609.
[1296]　Cooke, F. ; Roy, G. ; Magnus, P. *Organometallics* **1982**, 1, 893.
[1297]　For a review of these reagents, see Anderson, R. *Synthesis* **1985**, 717.
[1298]　See Barrett, A. G. M. ; Flygare, J. A. *J. Org. Chem.* **1991**, 56, 638.
[1299]　Tsubouchi, A. ; Kira, T. ; Takeda, T. *Synlett* **2006**, 2577.
[1300]　Bellassoued, M. ; Ozanne, N. *J. Org. Chem.* **1995**, 60, 6582.
[1301]　Murai, T. ; Fujishima, A. ; Iwamoto, C. ; Kato, S. *J. Org. Chem.* **2003**, 68, 7979.
[1302]　Stiles, M. *J. Am. Chem. Soc.* **1959**, 81, 2598; *Ann. N.Y. Acad. Sci.* **1960**, 88, 332; Crombie, L. ; Hemesley, P. ; Pattenden, G. *Tetrahedron Lett.* **1968**, 3021.
[1303]　Finkbeiner, H. L. ; Stiles, M. *J. Am. Chem. Soc.* **1963**, 85, 616; Finkbeiner, H. L. ; Wagner, G. W. *J. Org. Chem.* **1963**, 28, 215.
[1304]　Martin, J. ; Watts, P. C. ; Johnson, F. *Chem. Commun.* **1970**, 27.
[1305]　Tirpak, R. E. ; Olsen, R. S. ; Rathke, M. W. *J. Org. Chem.* **1985**, 50, 4877. For an enantioselective version, see Hogeveen, H. ; Menge, W. M. P. B. *Tetrahedron Lett.* **1986**, 27, 2767.
[1306]　See Dunn, A. D. ; Rudorf, W. *Carbon Disulphide in Organic Chemistry*, Ellis Horwood, Chichester, **1989**, pp. 120-225; Yokoyama, M. ; Imamoto, T. *Synthesis* **1984**, 797, pp. 797-804.
[1307]　See Corey, E. J. ; Chen, R. H. K. *Tetrahedron Lett.* **1973**, 3817.
[1308]　See Konen, D. A. ; Pfeffer, P. E. ; Silbert, L. S. *Tetrahedron* **1976**, 32, 2507, and references cited therein.
[1309]　Laskar, D. D. ; Prajapati, D. ; Sandhu, J. S. *Synth. Commun.* **2001**, 31, 1427.
[1310]　Ehrlich, P. ; Sachs, F. *Chem. Ber.* **1899**, 32, 2341.
[1311]　See Cadogan, J. I. G. *Organophosphorus Reagents in Organic Synthesis*, Academic Press, NY, **1979**; Johnson, A. W. *Ylid Chemistry*, Academic Press, NY, **1966**. For reviews, see Maryanoff, B. E. ; Reitz, A. B. *Chem. Rev.* **1989**, 89, 863; Bestmann, H. J. ; Vostrowsky, O. *Top. Curr. Chem.* **1983**, 109, 85; Pommer, H. ; Thieme, P. C. *Top. Curr. Chem.* **1983**, 109, 165; Pommer, H. *Angew. Chem. Int. Ed.* **1977**, 16, 423; Maercker, A. *Org. React.* **1965**, 14, 270; House, H. O. *Modern Synthetic Reactions*, 2nd ed., W. A. Benjamin, NY, **1972**, pp. 682-709. For related reviews, see Zbiral, E. *Synthesis* **1974**, 775;

Bestmann, H. J. *Angew. Chem. Int. Ed.* **1965**, 4, 583, 645-660, 830-838; *Newer Methods Prep. Org. Chem.* **1968**, 5, 1; Horner, L. *Fortschr. Chem. Forsch.*, **1966**, 7, 1. For a historical background, seeWittig, G. *Pure Appl. Chem.* **1964**, 9, 245. For a list of reagents and references for theWittig and related reactions, see Larock, R. C. *Comprehensive Organic Transformations*, 2nd ed., Wiley-VCH, NY, **1999**, pp. 327-337.

[1312] When phosphonium fluorides are used, no base is necessary, as these react directly with the substrate to give the alkene: Schiemenz, G. P.; Becker, J.; Stöckigt, J. *Chem. Ber.* **1970**, 103, 2077.
[1313] Kiddle, J. J. *Tetrahedron Lett.* **2000**, 41, 1339.
[1314] Wu, J.; Wu, H.; Wei, S.; Dai, W.-M. *Tetrahedron Lett.* **2004**, 45, 4401.
[1315] See Schlosser, M.; Schaub, B. *Chimia* **1982**, 36, 396.
[1316] Kobayashi, T.; Eda, T.; Tamura, O.; Ishibashi, H. *J. Org. Chem.* **2002**, 67, 3156.
[1317] Ramirez, F.; Pilot, J. F.; Desai, N. B.; Smith, C. P.; Hansen, B.; McKelvie, N. *J. Am. Chem. Soc.* **1967**, 89, 6273.
[1318] Bestmann, H. J. *Angew. Chem. Int. Ed.* **1965**, 4, 586.
[1319] Orsini, F.; Sello, G.; Fumagalli, T. *Synlett* **2006**, 1717.
[1320] Schiemenz, G. P.; Thobe, J. *Chem. Ber.* **1966**, 99, 2663.
[1321] See Bestmann, H. J.; Kratzer, O. *Chem. Ber.* **1962**, 95, 1894.
[1322] Bernard, M.; Ford, W. T.; Nelson, E. C. *J. Org. Chem.* **1983**, 48, 3164.
[1323] Patil, V. J.; Mövers, U. *Tetrahedron Lett.* **1996**, 37, 1281.
[1324] Betancort, J. M.; Barbas, III, C. F. *Org. Lett.* **2001**, 3, 3737.
[1325] See Dunne, E. C.; Coyne, É. J.; Crowley, P. B.; Gilheany, D. G. *Tetrahedron Lett.* **2002**, 43, 2449.
[1326] Smith, M. B.; Kwon, T. W. *Synth. Commun.* **1992**, 22, 2865. Also see Matsunaga, S.; Kinoshita, T.; Okada, S.; Harada, S.; Shibasaki, M. *J. Am. Chem. Soc.* **2004**, 126, 7559.
[1327] See Harcken, C.; Martin, S. F. *Org. Lett.* **2001**, 3, 3591; Yu, X.; Huang, X. *Synlett* **2002**, 1895. Also see Greenwald, R.; Chaykovsky, M.; Corey, E. J. *J. Org. Chem.* **1963**, 28, 1128.
[1328] Tsunoda, T.; Takagi, H.; Takaba, D.; Kaku, H.; Itô, S. *Tetrahedron Lett.* **2000**, 41, 235.
[1329] Brunel, Y.; Rousseau, G. *Tetrahedron Lett.* **1996**, 37, 3853.
[1330] Baldwin, J. E.; Edwards, A. J.; Farthing, C. N.; Russell, A. T. *Synlett* **1993**, 49.
[1331] Shuto, S.; Niizuma, S.; Matsuda, A. *J. Org. Chem.* **1998**, 63, 4489.
[1332] Reid, M.; Roman, E.; Taylor, R. J. K. *Synlett* **2004**, 819.
[1333] Zhang, P.-F.; Chen, Z.-C. *Synth. Commun.* **2001**, 31, 1619.
[1334] Hisler, K.; Tripoli, R.; Murphy, J. A. *Tetrahedron Lett.* **2006**, 47, 6293.
[1335] See Isaacs, N. S.; El-Din, G. N. *Tetrahedron Lett.* **1987**, 28, 2191. See also, Dauben, W. G.; Takasugi, J. J. *Tetrahedron Lett.* **1987**, 28, 4377.
[1336] Smithers, R. H. *J. Org. Chem.* **1978**, 43, 2833; Miyano, S.; Izumi, Y.; Fujii, K.; Ohno, Y.; Hashimoto, H. *Bull. Chem. Soc. Jpn.* **1979**, 52, 1197; Stork, G.; Zhao, K. *Tetrahedron Lett.* **1989**, 30, 2173.
[1337] See Larock, R. C. *Comprehensive Organic Transformations*, 2nd ed., Wiley-VCH, NY, **1999**, pp. 1441-1444, 1457-1458.
[1338] See Ceruti, M.; Degani, I.; Fochi, R. *Synthesis* **1987**, 79; Moskal, J.; van Leusen, A. M. *Recl. Trav. Chim. Pays-Bas* **1987**, 106, 137; Doad, G. J. S. *J. Chem. Res. (S)* **1987**, 370.
[1339] Corey, E. J.; McCormick, J. R. D.; Swensen, W. E. *J. Am. Chem. Soc.* **1964**, 86, 1884.
[1340] Wittig, G.; Schöllkopf, U. *Chem. Ber.* **1954**, 87, 1318.
[1341] Bestmann, H. J.; Schade, G. *Tetrahedron Lett.* **1982**, 23, 3543.
[1342] For a list of references to the preparation of haloalkenes byWittig reactions, with references, see Larock, R. C. *Comprehensive Organic Transformations*, 2nd ed., Wiley-VCH, NY, **1999**, pp. 725-727.
[1343] See Li, P.; Alper, H. *J. Org. Chem.* **1986**, 51, 4354.
[1344] Michel, P.; Gennet, D.; Rassat, A. *Tetrahedron Lett.* **1999**, 40, 8575. See Michael, P.; Rassat, A. *Tetrahedron Lett.* **1999**, 40, 8579.
[1345] See Cockerill, A. F.; Harrison, R. G. in Patai, S. *The Chemistry of Functional Groups: Supplement A*, pt. 1, Wiley, NY, **1977**, pp. 232-240; Vedejs, E.; Marth, C. F. *J. Am. Chem. Soc.* **1988**, 110, 3948.
[1346] It has been contended that another mechanism, involving single electron transfer, may be taking place in some cases: Olah, G. A.; Krishnamurthy, V. V. *J. Am. Chem. Soc.* **1982**, 104, 3987; Yamataka, H.; Nagareda, K.; Hanafusa, T.; Nagase, S. *Tetrahedron Lett.* **1989**, 30, 7187. A diradical mechanism has also been proposed for certain cases: Ward, Jr., W. J.; McEwen, W. E. *J. Org. Chem.* **1990**, 55, 493.
[1347] Arnett, E. M.; Wernett, P. C. *J. Org. Chem.* **1993**, 58, 301.
[1348] See Vedejs, E.; Marth, C. F. *J. Am. Chem. Soc.* **1990**, 112, 3905.
[1349] See Schlosser, M.; Christmann, K. F. *Liebigs Ann. Chem.* **1967**, 708, 1.
[1350] Maryanoff, B. E.; Reitz, A. B. *Chem. Rev.* **1989**, 89, 863, see p. 865.
[1351] Neumann, R. A.; Berger, S. *Eur. J. Org. Chem.* **1998**, 1085.
[1352] Puke, C.; Erker, G.; Wibbeling, B.; Fröhlich, R. *Eur. J. Org. Chem.* **1999**, 1831.
[1353] Vedejs, E.; Meier, G. P.; Snoble, K. A. J. *J. Am. Chem. Soc.* **1981**, 103, 2823. See also, Nesmayanov, N. A.; Binshtok, E. V.; Reutov, O. A. *Doklad. Chem.* **1973**, 210, 499.
[1354] Mazhar-Ul-Haque; Caughlan, C. N.; Ramirez, F.; Pilot, J. F.; Smith, C. P. *J. Am. Chem. Soc.* **1971**, 93, 5229.
[1355] Maryanoff, B. E.; Reitz, A. B.; Mutter, M. S.; Inners, R. R.; Almond Jr., H. R.; Whittle, R. R.; Olofson, R. A. *J. Am. Chem. Soc.* **1986**, 108, 7664. See also, Piskala, A.; Rehan, A. H.; Schlosser, M. *Coll. Czech. Chem. Commun.* **1983**, 48, 3539.

[1356] McEwen, W. E.; Kumli, K. F.; Bladé-Font, A.; Zanger, M.; VanderWerf, C. A. *J. Am. Chem. Soc.* **1964**, 86, 2378.
[1357] Zhu, X.-F.; Henry, C. E.; Kwon, O. *J. Am. Chem. Soc.* **2007**, 129, 6722.
[1358] For a catalytic version, see Shi, L.; Wang, W.; Wang, Y.; Huang, Y. *J. Org. Chem.* **1989**, 54, 2027; Huang, Z.-Z.; Huang, X.; Huang, Y.-Z. *Tetrahedron Lett.* **1995**, 36, 425.
[1359] Huang, Z.-Z.; Tang, Y. *J. Org. Chem.* **2002**, 67, 5320.
[1360] Horner, L.; Hoffmann, H.; Wippel, H. G.; Klahre, G. *Chem. Ber.* **1959**, 92, 2499; Wadsworth, Jr., W. S.; Emmons, W. D. *J. Am. Chem. Soc.* **1961**, 83, 1733.
[1361] Wadsworth, Jr., W. S. *Org. React.* **1977**, 25, 73; Stec, W. J. *Acc. Chem. Res.* **1983**, 16, 411; Walker, B. J. in Cadogan, J. I. G. *Organophosphorous Reagents in Organic Synthesis*, Academic Press, NY, **1979**, pp. 156-205; Boutagy, J.; Thomas, R. *Chem. Rev.* **1974**, 74, 87; Seguineau, P.; Villieras, J. *Tetrahedron Lett.* **1988**, 29, 477, and other papers in this series.
[1362] Motoyoshiya, J.; Kasaura, T.; Kokin, K.; Yokoya, S.-i.; Takaguchi, Y.; Narita, S.; Aoyama, H. *Tetrahedron* **2001**, 57, 1715.
[1363] Has-Becker, S.; Bodmann, K.; Kreuder, R.; Santoni, G.; Rein, T.; Reiser, O. *Synlett* **2001**, 1395.
[1364] Also known as the Michaelis-Arbuzov rearrangement. For reviews, see Petrov, A. A.; Dogadina, A. V.; Ionin, B. I.; Garibina, V. A.; Leonov, A. A. *Russ. Chem. Rev.* **1983**, 52, 1030; Bhattacharya, A. K.; Thyagarajan, G. *Chem. Rev.* **1981**, 81, 415. See also Shokol, V. A.; Kozhushko, B. N. *Russ. Chem. Rev.* **1985**, 53, 98; Brill, T. B.; Landon, S. J. *Chem. Rev.* **1984**, 84, 577; Lherbet, C.; Castonguay, R.; Keillor, J. W. *Tetrahedron Lett.* **2005**, 46, 3565; Huang, C.; Tang, X.; Fu, H.; Jiang, Y.; Zhao, Y. *J. Org. Chem.* **2006**, 71, 5020.
[1365] Jones, S.; Selitsianos, D. *Org. Lett.* **2002**, 4, 3671.
[1366] Gelman, D.; Jiang, L.; Buchwald, S. L. *Org. Lett.* **2003**, 5, 2315.
[1367] Barrett, A. G. M.; Cramp, S. M.; Roberts, R. S.; Zecri, F. J. *Org. Lett.* **1999**, 1, 579.
[1368] Wang, Y.; West, F. G. *Synthesis* **2002**, 99.
[1369] Appel, R.; Loos, R.; Mayr, H. *J. Am. Chem. Soc.* **2009**, 131, 704.
[1370] Schauer, D. J.; Helquist, P. *Synthesis* **2006**, 3654.
[1371] Wu, J.; Zhang, D.; Wei. S. *Synth. Commun.* **2005**, 35, 1213; Wu, J.; Li, D.; Zhang, D. *Synth. Commun.* **2005**, 35, 2543. See also McNulty, J.; Das, P. *Tetrahedron Lett.* **2009**, 50, 5737; McNulty, J.; Das, P.; McLeod, D. *Chemistry: Eur. J.* **2010**, 16, 6756.
[1372] Mizuno, M.; Fujii, K.; Tomioka, K. *Angew. Chem. Int. Ed.* **1998**, 37, 515. Also see, Arai, S.; Hamaguchi, S.; Shioiri, T. *Tetrahedron Lett.* **1998**, 39, 2997. For a review of asymmetric Wittig-type reactions see Rein, T.; Pedersen, T. M. *Synthesis* **2002**, 579.
[1373] Abiko, A.; Masamune, S. *Tetrahedron Lett.* **1996**, 37, 1077.
[1374] Corey, E. J.; Cane, D. E. *J. Org. Chem.* **1969**, 34, 3053. For a chiral derivative, see Hanessian, S.; Beaudoin, S. *Tetrahedron Lett.* **1992**, 33, 7655, 7659.
[1375] Corey, E. J.; Kwiatkowski, G. T. *J. Am. Chem. Soc.* **1966**, 88, 5654.
[1376] Broekhof, N. L. J. M.; van der Gen, A. *Recl. Trav. Chim. Pays-Bas* **1984**, 103, 305; Broekhof, N. L. J. M.; van Elburg, P.; Hoff, D. J.; van der Gen, A. *Recl. Trav. Chim. Pays-Bas* **1984**, 103, 317.
[1377] Ando, K. *Tetrahedron Lett.* **1995**, 36, 4105.
[1378] Yu, W.; Su, M.; Jin, Z. *Tetrahedron Lett.* **1999**, 40, 6725.
[1379] Nangia, A.; Prasuna, G.; Rao, P. B. *Tetrahedron Lett.* **1994**, 35, 3755; Couture, A.; Deniau, E.; Gimbert, Y.; Grandclaudon, P. *J. Chem. Soc. Perkin Trans. 1* **1993**, 2463.
[1380] Hauske, J. R.; Dorff, P.; Julin, S.; Martinelli, G.; Bussolari, J. *Tetrahedron Lett.* **1992**, 33, 3715.
[1381] See Maryanoff, B. E.; Reitz, A. B. *Chem. Rev.* **1989**, 89, 863; Gosney, I.; Rowley, A. G. in Cadogan, J. I. G. *Organophosphorous Reagents in Organic Synthesis*, Academic Press, NY, **1979**, pp. 17-153; Reucroft, J.; Sammes, P. G. *Q. Rev. Chem. Soc.* **1971**, 25, 135, see pp. 137-148, 169; Schlosser, M. *Top. Stereochem.* **1970**, 5, 1. Also see, Takeuchi, K.; Paschal, J. W.; Loncharich, R. J. *J. Org. Chem.* **1995**, 60, 156.
[1382] Robiette, R.; Richardson, J.; Aggarwal, V. K.; Harvey, J. N. *J. Am. Chem. Soc.* **2005**, 127, 13468.
[1383] Robiette, R.; Richardson, J.; Aggarwal, V. K.; Harvey, J. N. *J. Am. Chem. Soc.* **2006**, 128, 2394.
[1384] See Maryanoff, B. E.; Reitz, A. B.; Duhl-Emswiler, B. A. *J. Am. Chem. Soc.* **1985**, 107, 217; Le Bigot, Y.; El Gharbi, R.; Delmas, M.; Gaset, A. *Tetrahedron* **1986**, 42, 3813. Also see Schlosser, M.; Schaub, B.; de Oliveira-Neto, J.; Jeganathan, S. *Chimia* **1986**, 40, 244.
[1385] See Reitz, A. B.; Nortey, S. O.; Jordan, Jr., A. D.; Mutter, M. S.; Maryanoff, B. E. *J. Org. Chem.* **1986**, 51, 3302.
[1386] See Rein, T.; Reiser, O. *Acta Chem. Scand. B*, **1996**, 50, 369. For a review of asymmetric ylid reactions, see Li, A.-H.; Dai, L.-X.; Aggarwal, V. K. *Chem. Rev.* **1997**, 97, 2341.
[1387] Ayrey, P. M.; Warren, S. *Tetrahedron Lett.* **1989**, 30, 4581.
[1388] See Schlosser, M.; Tuong, H. B.; Respondek, J.; Schaub, B. *Chimia* **1983**, 37, 10.
[1389] See Corey, E. J.; Shulman, J. I.; Yamamoto, H. *Tetrahedron Lett.* **1970**, 447.
[1390] Peet, J. H. J.; Rockett, B. W. *J. Organomet. Chem.* **1974**, 82, C57; Adcock, W.; Khor, T. *J. Organomet. Chem.* **1975**, 91, C20.
[1391] Schlosser, M.; Christmann, K.-F. *Synthesis* **1969**, 38.
[1392] Schlosser, M. *Top. Stereochem.* **1970**, 5, 1, p. 22.
[1393] Ando, K.; Oishi, T.; Hirama, M.; Ohno, H.; Ibuka, T. *J. Org. Chem.* **2000**, 65, 4745.
[1394] Touchard, F. P. *Tetrahedron Lett.* **2004**, 45, 5519.
[1395] For a review, see Becker, K. B. *Tetrahedron* **1980**, 36, 1717.

[1396] For a review of these double ring closures, see Vollhardt, K. P. C. *Synthesis* **1975**, 765.
[1397] See Bestmann, H. J. ; Vostrowsky, O. *Top. Curr. Chem.* **1983**, 109, 85.
[1398] See Aksnes, G. ; Frøyen, P. *Acta Chem. Scand.* **1968**, 22, 2347.
[1399] See Frøyen, P. *Acta Chem. Scand. Ser. B* **1974**, 28, 586.
[1400] See Kayser, M. M. ; Breau, L. *Can. J. Chem.* **1989**, 67, 1401. For a study of the mechanism, see Abell, A. D. ; Clark, B. M. ; Robinson, W. T. *Aust. J. Chem.* **1988**, 41, 1243.
[1401] With microwave irradiation, see Sabitha, G. ; Reddy, M. M. ; Srinivas, D. ; Yadov, J. S. *Tetrahedron Lett.* **1999**, 40, 165.
[1402] Murphy, P. J. ; Brennan, J. *Chem. Soc. Rev.* **1988**, 17, 1; Flitsch, W. ; Schindler, S. R. *Synthesis* **1975**, 685.
[1403] Bestmann, H. J. ; Seng, F. *Tetrahedron* **1965**, 21, 1373.
[1404] Bestmann, H. J. ; Denzel, T. ; Salbaum, H. *Tetrahedron Lett.* **1974**, 1275.
[1405] Lawrence, N. J. ; Beynek, H. *Synlett* **1998**, 497.
[1406] Kano, N. ; Hua, X. J. ; Kawa, S. ; Kawashima, T. *Tetrahedron Lett.* **2000**, 41, 5237.
[1407] For a review, see Palacios, F. ; Alonso, C. ; Aparicio, D. ; Rubiales, G. ; de los Santos, J. M. *Tetrahedron* **2007**, 63, 523.
[1408] Singh, P. N. D. ; Klima, R. F. ; Muthukrishnan, S. ; Murthy, R. S. ; Sankaranarayanan, J. ; Stahlecker, H. M. ; Patel, B. ; Gudmundsdóttir, A. D. *Tetrahedron Lett.* **2005**, 46, 4213.
[1409] For in situ generation of this reagent, see Cannizzo, L. F. ; Grubbs, R. H. *J. Org. Chem.* **1985**, 50, 2386.
[1410] Tebbe, F. N. ; Parshall, G. W. ; Reddy, G. S. *J. Am. Chem. Soc.* **1978**, 100, 3611; Pine, S. H. ; Pettit, R. J. ; Geib, G. D. ; Cruz, S. G. ; Gallego, C. H. ; Tijerina, T. ; Pine, R. D. *J. Org. Chem.* **1985**, 50, 1212. See also, Clawson, L. ; Buchwald, S. L. ; Grubbs, R. H. *Tetrahedron Lett.* **1984**, 25, 5733; Clift, S. M. ; Schwartz, J. *J. Am. Chem. Soc.* **1984**, 106, 8300.
[1411] Petasis, N. A. ; Bzowej, E. I. *J. Am. Chem. Soc.* **1990**, 112, 6392.
[1412] Meurer, E. C. ; Santos, L. S. ; Pilli, R. A. ; Eberlin, M. N. *Org. Lett.* **2003**, 5, 1391.
[1413] Pine, S. H. ; Shen, G. S. ; Hoang, H. *Synthesis* **1991**, 165.
[1414] Martínez, I. ; Andrews, A. E. ; Emch, J. D. ; Ndakala, A. J. ; Wang, J. ; Howell, A. R. *Org. Lett.* **2003**, 5, 399.
[1415] Petasis, N. A. ; Lu, S. -P. *Tetrahedron Lett.* **1995**, 36, 2393.
[1416] Tehrani, K. A. ; De Kimpe, N. *Tetrahedron Lett.* **2000**, 41, 1975. See Martinez, I. ; Howell, A. R. *Tetrahedron Lett.* **2000**, 41, 5607.
[1417] Petasis, N. A. ; Browej, E. I. *Tetrahedron Lett.* **1993**, 34, 943.
[1418] Petasis, N. A. ; Akritopoulou, I. *Synlett* **1992**, 665.
[1419] Petasis, N. A. ; Hu, Y. -H. *J. Org. Chem,.* **1997**, 62, 782. Also see, Petasis, N. A. ; Browej, E. I. *J. Org. Chem.* **1992**, 57, 1327.
[1420] Fujiwara, T. ; Iwasaki, N. ; Takeda, T. *Chem. Lett.* **1998**, 741. For an example using a gem-dichloride, see Takeda, T. ; Sasaki, R. ; Fujiwara, T. *J. Org. Chem.* **1998**, 63, 7286.
[1421] Yan, T. H. ; Tsai, C. -C. ; Chien, C. -T. ; Cho, C. -C. ; Huang, P. -C. *Org. Lett.* **2004**, 6, 4961.
[1422] Yan, T. -H. ; Chien, C. -T. ; Tsai, C. -C. ; Lin, K. -W. ; Wu, Y. -H. *Org. Lett.* **2004**, 6, 4965.
[1423] Takeda, T. ; Shimane, K. ; Ito, K. ; Saeki, N. ; Tsubouchi, A. *Chem. Commun.* **2002**, 1974.
[1424] Ishino, Y. ; Mihara, M. ; Nishihama, S. ; Nishiguchi, I. *Bull. Chem. Soc. Jpn.* **1998**, 71, 2669.
[1425] Okazoe, T. ; Takai, K. ; Oshima, K. ; Utimoto, K. *J. Org. Chem.* **1987**, 52, 4410; Matsubra, S. ; Ukai, K. ; Mizuno, T. ; Utimoto, K. *Chem. Lett.* **1999**, 825; Takai, K. ; Kataoka, Y. ; Okazoe, T. ; Utimoto, K. *Tetrahedron Lett.* **1988**, 29, 1065.
[1426] For a review, see Aguero, A. ; Osborn, J. A. *New J. Chem.* **1988**, 12, 111.
[1427] See Hartner Jr. , F. W. ; Schwartz, J. ; Clift, S. M. *J. Am. Chem. Soc.* **1990**, 105, 640.
[1428] Hartley, R. C. ; Li, J. ; Main, C. A. ; McKiernan, G. J. *Tetrahedron* **2007**, 63, 4825.
[1429] See List, B. ; Doehring, A. ; Fonseca, M. T. H. ; Job, A. ; Torres, R. R. *Tetrahedron* **2006**, 62, 476.
[1430] Sada, M. ; Komagawa, S. ; Uchiyama, M. ; Kobata, M. ; Mizuno, T. ; Utimoto, K. ; Oshima, K. ; Matsubara, S. *J. Am. Chem. Soc.* **2010**, 132, 17452.
[1431] Matsubara, S. ; Horiuchi, M. ; Takai, K. ; Utimoto, K. *Chem. Lett.* **1995**, 259. See also, Concellón, J. M. ; Concellón, C. *J. Org. Chem.* **2006**, 71, 1728.
[1432] Barma, D. K. ; Kundu, A. ; Zhang, H. ; Mioskowski, C. ; Falck, J. R. *J. Am. Chem. Soc.* **2003**, 125, 3218.
[1433] Peng, Z. -Y. ; Ma, F. -F. ; Zhu, L. -F. ; Xie, X. -M. ; Zhang, Z. *J. Org. Chem.* **2009**, 74, 6855.
[1434] Chen, Y. ; Huang, L. ; Zhang, X. P. *Org. Lett.* **2003**, 5, 2493; Aggarwal, V. K. ; Fulton, J. R. ; Sheldon, C. G. ; de Vincente, J. *J. Am. Chem. Soc.* **2003**, 125, 6034.
[1435] Lebel, H. ; Guay, D. ; Paquet, V. ; Huard, K. *Org. Lett.* **2004**, 6, 3047. For a synthesis of dienes from conjugated aldehydes, see Lebel, H. ; Paquet, V. *J. Am. Chem. Soc.* **2004**, 126, 320.
[1436] Pedro, F. M. ; Hirner, S. ; Kühn, F. E. *Tetrahedron Lett.* **2005**, 46, 7777.
[1437] Lebrun, M. -E. ; Le Marquand, P. ; Berthelette, C. *J. Org. Chem.* **2006**, 71, 2009.
[1438] See Block, E. *Reactions of Organosulfur Compounds* Academic Press, NY, **1978**, pp. 101-105; Berti, G. *Top. Stereochem.* **1973**, 7, 93, pp. 218-232. For a list of reagents, with references, see Larock, R. C. *Comprehensive Organic Transformations*, 2nd ed. , Wiley-VCH, NY, **1999**, pp. 944-951.
[1439] The bond enthalpies for S and Se ylids has been determined. See Stoffregen, S. A. ; McCulla, R. D. ; Wilson, R. ; Cercone, S. ; Miller, J. ; Jenks, W. S. *J. Org. Chem.* **2007**, 72, 8235.
[1440] See Paxton, R. J. ; Taylor, R. J. K. *Synlett* **2007**, 633.
[1441] See Kavanagh, S. A. ; Piccinini, A. ; Fleming, E. M. ; Connon, S. J. *Org. Biomol. Chem.* **2008**, 6, 1339. For reviews, see House, H. O. *Modern Synthetic Reactions*, 2nd ed. , W. A. Benjamin, NY, **1972**, , pp. 709-733; Durst, T. *Adv. Org. Chem.* **1969**, 6, 285, see pp. 321-330. For a monograph on sulfur ylids, see Trost, B. M. ; Melvin, Jr. , L. S. *Sulfur Ylids*, Academic

[1442] Corey, E. J. ; Chaykovsky, M. *J. Am. Chem. Soc.* **1965**, 87, 1353.
[1443] Adams, J. ; Hoffman, Jr. , L. ; Trost, B. M. *J. Org. Chem.* **1970**, 35, 1600; Braun, H. ; Huber, G. ; Kresze, G. *Tetrahedron Lett.* **1973**, 4033; Corey, E. J. ; Jautelat, M. ; Oppolzer, W. *Tetrahedron Lett.* **1967**, 2325.
[1444] See Forbes, D. C. ; Amin, S. R. ; Bean, C. J. ; Standen, M. C. *J. Org. Chem.* **2006**, 71, 8287.
[1445] Farrall, M. J. ; Durst, T. ; Fréchet, J. M. J. *Tetrahedron Lett.* **1979**, 203.
[1446] Toda, F. ; Kanemoto, K. *Heterocycles* **1997**, 46, 185.
[1447] Alcaraz, L. ; Harnett, J. J. ; Mioskowski, C. ; Martel, J. P. ; Le Gall, T. ; Shin, D. -S. ; Falck, J. R. *Tetrahedron Lett.* **1994**, 35, 5449. Also see, Alcaraz, L. ; Harnett, J. J. ; Mioskowski, C. ; Martel, J. P. ; Le Gall, T. ; Shin, D. -S. ; Falck, J. R. *Tetrahedron Lett.* **1994**, 35, 5453.
[1448] See Aggarwal, V. K. ; Angelaud, R. ; Bihan, D. ; Blackburn, P. ; Fieldhouse, R. ; Fonguerna, S. J. ; Ford, G. D. ; Hynd, G. ; Jones, E. ; Jones, R. V. H. ; Jubault, P. ; Palmer, M. J. ; Ratcliffe, P. D. ; Adams, H. *J. Chem. Soc. , Perkin Trans.* 1 **2001**, 2604.
[1449] See Sone, T. ; Yamaguchi, A. ; Matsunaga, S. ; Shibasaki, M. *J. Am. Chem. Soc.* **2008**, 130, 10078.
[1450] Hansch, M. ; Illa, O. ; McGarrigle, E. M. ; Aggarwal, V. K. *Chemistry: Asian J.* **2008**, 3, 1657.
[1451] See Takada, H. ; Metzner, P. ; Philouze, C. *Chem. Commun.* **2001**, 2350.
[1452] See Aggarwal, V. K. ; Harvey, J. N. ; Richardson, J. *J. Am. Chem. Soc.* **2002**, 124, 5747.
[1453] See Johnson, C. R. ; Schroeck, C. W. ; Shanklin, J. R. *J. Am. Chem. Soc.* **1973**, 95, 7424.
[1454] Johnson, C. R. ; Schroeck, C. W. ; Shanklin, J. R. *J. Am. Chem. Soc.* **1973**, 95, 7424.
[1455] See Gutsche, C. D. *Org. React.* **1954**, 8, 364.
[1456] See Davies, H. M. L. ; De Meese, J. *Tetrahedron Lett.* **2001**, 42, 6803.
[1457] Ma̧kosza, M. ; Urbańska, N. ; Chesnokov, A. A. *Tetrahedron Lett.* **2003**, 44, 1473.
[1458] Arai, S. ; Shioiri, T. *Tetrahedron* **2002**, 58, 1407.
[1459] For exceptions, see Sadhu, K. M. ; Matteson, D. S. *Tetrahedron Lett.* **1986**, 27, 795; Araki, S. ; Butsugan, Y. *J. Chem. Soc. , Chem. Commun.* **1989**, 1286.
[1460] Alex, A. ; Larmanjat, B. ; Marrot, J. ; Couty, F. ; David, O. *Chem. Commun.* **2007**, 2500.
[1461] Liao, W. -W. ; Deng, X. -M. ; Tang, Y. *Chem. Commun.* **2004**, 1516.
[1462] Zhu, S. ; Liao, Y. ; Zhu, S. *Synlett* **2005**, 1429.
[1463] For a review, see Muller, L. L. ; Hamer, J. *1,2-Cycloaddition Reactions*, Wiley, NY, **1967**, pp. 57-86.
[1464] Iranpoor, N. ; Kazemi, F. *Synthesis* **1996**, 821.
[1465] Schönberg, A. ; Frese, E. *Chem. Ber.* **1962**, 95, 2810.
[1466] For example, see Beiner, J. M. ; Lecadet, D. ; Paquer, D. ; Thuillier, A. *Bull. Soc. Chim. Fr.* **1973**, 1983.
[1467] Mlostoń, G. ; Romański, J. ; Swiatek, A. ; Heimgartner, H. *Helv. Chim. Acta* **1999**, 82, 946.
[1468] Opitz, G. ; Fischer, K. *Angew. Chem. Int. Ed.* **1965**, 4, 70.
[1469] For a review of this process, see Fischer, N. S. *Synthesis* **1970**, 393.
[1470] Trost, B. M. ; Melvin, Jr. , L. S. *Sulfur Ylids*, Academic Press, NY, **1975**. For reviews, see Fava, A. in Bernardi, F. ; Csizmadia, I. G. ; Mangini, A. *Organic Sulfur Chemistry*, Elsevier, NY, **1985**, pp. 299-354; Belkin, Yu. V. ; Polezhaeva, N. A. *Russ. Chem. Rev.* **1981**, 50, 481; Block, E. in Stirling, C. J. M. *The Chemistry of the Sulphonium Group*, part 2, Wiley, NY, **1981**, pp. 680-702; Block, E. *Reactions of Organosulfur Compounds*, Academic Press, NY, **1978**, pp. 91-127.
[1471] See Gololobov, Yu. G. ; Nesmeyanov, A. N. ; Lysenko, V. P. ; Boldeskul, I. E. *Tetrahedron* **1987**, 43, 2609.
[1472] Chandrasekhar, S. ; Jagadeshwar, N. V. ; Reddy, K. V. *Tetrahedron Lett.* **2003**, 44, 3629.
[1473] See Kennewell, P. D. ; Taylor, J. B. *Chem. Soc. Rev.* **1980**, 9, 477.
[1474] Johnson, C. R. *Aldrichimica Acta* **1985**, 18, 1; *Acc. Chem. Res.* **1973**, 6, 341; Kennewell, P. D. ; Taylor, J. B. *Chem. Soc. Rev.* **1975**, 4, 189; Trost, B. M. *Acc. Chem. Res.* **1974**, 7, 85.
[1475] Oswald, M. F. ; Raw, S. A. ; Taylor, R. J. K. *Org. Lett.* **2004**, 6, 3997.
[1476] Bestmann, H. J. ; Seng, F. *Angew. Chem. Int. Ed.* **1962**, 1, 116; Grieco, P. A. ; Finkelhor, R. S. *Tetrahedron Lett.* **1972**, 3781.
[1477] Shestopalov, A. M. ; Sharanin, Yu. A. ; Litvinov, V. P. ; Nefedov, O. M. *J. Org. Chem. USSR* **1989**, 25, 1000.
[1478] Cohen, T. ; Myers, M. *J. Org. Chem.* **1988**, 53, 457.
[1479] Kunz, R. K. ; MacMillan, D. W. C. *J. Am. Chem. Soc.* **2005**, 127, 3240.
[1480] Kakei, H. ; Sone, T. ; Sohtome, Y. ; Matsunaga, S. ; Shibasaki, M. *J. Am. Chem. Soc.* **2007**, 129, 13410.
[1481] Zheng, J. -C. ; Liao, W. -W. ; Tang, Y. ; Sun, X. -L. ; Daim L. -X. *J. Am. Chem. Soc.* **2005**, 127, 12222.
[1482] Bertus, P. ; Gandon, V. ; Szymoniak, J. *Chem. Commun.* **2000**, 171.
[1483] Taylor, E. C. ; McKillop, A. *The Chemistry of Cyclic Enaminonitriles and ortho-Amino Nitriles*, Wiley, NY, **1970**; Schaefer, J. P. ; Bloomfield, J. J. *Org. React.* **1967**, 15, 1.
[1484] See Page, P. C. B. ; van Niel, M. B. ; Westwood, D. *J. Chem. Soc. Perkin Trans.* 1 **1988**, 269.
[1485] Panek, J. S. ; Liu, P. *Tetrahedron Lett.* **1997**, 38, 5127.
[1486] Fukuzumi, S. ; Okamoto, T. ; Otera, J. *J. Am. Chem. Soc.* **1994**, 116, 5503.
[1487] Braddock, D. C. ; Badine, D. M. ; Gottschalk, T. *Synlett* **2001**, 1909.
[1488] Chataigner, I. ; Piarulli, U. ; Gennari, C. *Tetrahedron Lett.* **1999**, 40, 3633.
[1489] Mayr, H. ; Gabriel, A. O. ; Schumacher, R. *Liebigs Ann. Chem.* **1995**, 1583.
[1490] Ishihara, K. ; Mouri, M. ; Gao, Q. ; Maruyama, T. ; Furuta, K. ; Yamamoto, H. *J. Am. Chem. Soc.* **1993**, 115, 11490. See Malkov, A. V. ; Liddon, A. J. P. S. ; Ramírez-López, P. ; Bendová, L. ; Haigh, D. ; Kočovský, P. *Angew. Chem. Int. Ed.*

2006, 45, 1432.

[1491] Kercher, T. ; Livinghouse, T. *J. Am. Chem. Soc.* **1996**, 118, 4200.
[1492] Maruyama, T. ; Mizuno, Y. ; Shimizu, I. ; Suga, S. ; Yoshida, J. *J. Am. Chem. Soc.* **2007**, 129, 1902.
[1493] Friedrich, K. in Patai, S. ; Rappoport, Z. *The Chemistry of Functional Groups*, *Supplement C*, pt. 2, Wiley, NY, **1983**, pp. 1345-1390; Friedrich, K. ; Wallenfels, K. in Rappoport, Z. *The Chemistry of the Cyano Group*, Wiley, NY, **1970**, pp. 72-77.
[1494] Rasmussen, J. K. ; Heilmann, S. M. ; Krepski, L. *Adv. Silicon Chem.* **1991**, 1, 65; Yoneda, R. ; Santo, K. ; Harusawa, S. ; Kurihara, T. *Synthesis* **1986**, 1054; Sukata, K. *Bull. Chem. Soc. Jpn.* **1987**, 60, 3820.
[1495] See Kanai, M. ; Hamashima, Y. ; Shibasaki, M. *Tetrahedron Lett.* **2000**, 41, 2405. The reaction works in some cases without a Lewis acid, see Manju, K. ; Trehan, S. *J. Chem. Soc. Perkin Trans.* 1 **1995**, 2383.
[1496] See Gröger, H. ; Capan, E. ; Barthuber, A. ; Vorlop, K.-D. *Org. Lett.* **2001**, 3, 1969, and references cited therein; Lundgren, S. ; Wingstrand, E. ; Penhoat, M. ; Moberg, C. *J. Am. Chem. Soc.* **2005**, 127, 11592; Kim, S. S. ; Kwak, J. M. *Tetrahedron* **2006**, 62, 48; Shen, K. ; Liu, X. ; Li, Q. ; Feng, X. *Tetrahedron* **2008**, 64, 147; Kim, S. S. ; Song, D. H. *Eur. J. Org. Chem.* **2005**, 1777. See also, North, M. ; Omedes-Pujol, M. ; Williamson, C. *Chemistry: Eur. J.* **2010**, 16, 11367. See Bruneh, J. -M. ; Holmes, I. P. *Angew. Chem. Int. Ed.* **2004**, 43, 2752.
[1497] Ryu, D. H. ; Corey, E. J. *J. Am. Chem. Soc.* **2005**, 127, 5384; Douglas E. ; Fuerst, D. E. ; Jacobsen, E. N. *J. Am. Chem. Soc.* **2005**, 127, 8964; Liu, X. ; Qin, B. ; Zhou, X. ; He, B. ; Feng, X. *J. Am. Chem. Soc.* **2005**, 127, 12224; Wen, Y. ; Huang, X. ; Huang, J. ; Xiong, Y. ; Qin, B. ; Feng, X. *Synlett* **2005**, 2445.
[1498] Lv, C. ; Wu, M. ; Wang, S. ; Xia, C. ; Sun, W. *Tetrahedron Asymm.* **2010**, 21, 1869.
[1499] van Langen, L. M. ; Selassa, R. P. ; van Rantwijk, F. ; Sheldon, R. A. *Org. Lett.* **2005**, 7, 327.
[1500] Gerrits, P. J. ; Marcus, J. ; Birikaki, L. ; van der Gen, A. *Tetrahedron Asymmetry* **2001**, 12, 971.
[1501] Gaisberger, R. P. ; Fechter, M. H. ; Griengl, H. *Tetrahedron Asymmetry* **2004**, 15, 2959.
[1502] He, B. ; Li, Y. ; Feng, X. ; Zhang, G. *Synlett* **2004**, 1776.
[1503] Shen, Y. ; Feng, X. ; Li, Y. ; Zhang, G. ; Jiang, Y. *Tetrahedron* **2003**, 59, 5667. See Shen, Y. ; Feng, X. ; Li, Y. ; Zhang, G. ; Jiang, Y. *Eur. J. Org. Chem.* **2004**, 129.
[1504] Amurrio, I. ; Córdoba, R. ; Csáky, A. G. ; Plumet, J. *Tetrahedron* **2004**, 60, 10521.
[1505] Jenner, G. *Tetrahedron Lett.* **1999**, 40, 491.
[1506] Kurono, N. ; Yamaguchi, M. ; Suzuki, K. ; Ohkuma, T. *J. Org. Chem.* **2005**, 70, 6930.
[1507] Song, J. J. ; Gallou, F. ; Reeves, J. T. ; Tan, Z. ; Yee, N. K. ; Senanayake, C. H. *J. Org. Chem.* **2006**, 71, 1273; Suzuki, Y. ; Abu Bakar M. D. ; Muramatsu, K. ; Sato, M. *Tetrahedron* **2006**, 62, 4227.
[1508] Shen, Z.-L. ; Ji, S.-J. ; Loh, T.-P. *Tetrahedron Lett.* **2005**, 46, 3137.
[1509] Ward, D. E. ; Hrapchak, M. J. ; Sales, M. *Org. Lett.* **2000**, 2, 57.
[1510] Fossey, J. S. ; Richards, C. J. *Tetrahedron Lett.* **2003**, 44, 8773.
[1511] Cho, W. K. ; Kang, S. M. ; Medda, A. K. ; Lee, J. K. ; Choi, I. S. ; Lee, H.-S. *Synthesis* **2008**, 50.
[1512] Huang, W. ; Song, Y. ; Bai, C. ; Cao, G. ; Zheng, Z. *Tetrahedron Lett.* **2004**, 45, 4763; He, B. ; Chen, F.-X. ; Li, Y. ; Feng, X. ; Zhang, G. *Tetrahedron Lett.* **2004**, 45, 5465.
[1513] Bandini, M. ; Cozzi, P. G. ; Melchiorre, P. ; Umani-Ronchi, A. *Tetrahedron Lett.* **2001**, 42, 3041.
[1514] See Ryu, D. H. ; Corey, E. J. *J. Am. Chem. Soc.* **2004**, 126, 8106.
[1515] See He, B. ; Qin, B. ; Feng, X. ; Zhang, G. *J. Org. Chem.* **2004**, 69, 7910; Chen, F.-X. ; Qin, B. ; Feng, X. ; Zhang, G. ; Jiang, Y. *Tetrahedron* **2004**, 60, 10449; Uang, B.-J. ; Fu, I.-P. ; Hwang, C.-D. ; Chang, C.-W. ; Yang, C.-T. ; Hwang, D.-R. *Tetrahedron* **2004**, 60, 10479. Also see Aspinall, H. C. ; Greeves, N. ; Smith, P. M. *Tetrahedron Lett.* **1999**, 40, 1763; Deng, H. ; Isler, M. P. ; Snapper, M. L. ; Hoveyda, A. H. *Angew. Chem. Int. Ed.* **2002**, 41, 1009; Karimi, B. ; Ma'Mani, L. *Org. Lett.* **2004**, 6, 4813.
[1516] Baleizão, C. ; Gigante, B. ; Garcia, H. ; Corma, A. *Tetrahedron Lett.* **2003**, 44, 6813.
[1517] De, S. K. ; Gibbs, R. A. *Tetrahedron Lett.* **2004**, 45, 7407.
[1518] Belokon, Y. N. ; Gutnov, A. V. ; Moskalenko, M. A. ; Yashkina, L. V. ; Lesovoy, D. E. ; Ikonnikov, N. S. ; Larichev, V. S. ; North, M. *Chem. Commun.* **2002**, 244; Kawasaki, Y. ; Fujii, A. ; Nakano, Y. ; Sakaguchi, S. ; Ishii, Y. *J. Org. Chem.* **1999**, 64, 4214.
[1519] Ogata, Y. ; Kawasaki, A. in Zabicky, J. *The Chemistry of the Carbonyl Group*, Vol. 2, Wiley, NY, **1970**, pp. 21-32. See also, Ching, W. ; Kallen, R. G. *J. Am. Chem. Soc.* **1978**, 100, 6119.
[1520] Lapworth, A. *J. Chem. Soc.* **1903**, 83, 998.
[1521] See Shafran, Yu. M. ; Bakulev, V. A. ; Mokrushin, V. S. *Russ. Chem. Rev.* **1989**, 58, 148.
[1522] See Williams, R. M. *Synthesis of Optically Active α-Amino Acids* Pergamon, Elmsford, NY, **1989**, pp. 208-229; Yet, L. *Angew. Chem. Int. Ed.* **2001**, 40, 875; Gröger, H. *Chem. Rev.* **2003**, 103, 2795.
[1523] See Zhang, G.-W. ; Zheng, D.-H. ; Nie, J. ; Wang, T. ; Ma, J.-A. *Org. Biomol. Chem.* **2010**, 8, 1399. See also, Yazaki, R. ; Kumagai, N. ; Shibasaki, M. *J. Am. Chem. Soc.* **2010**, 132, 5522.
[1524] See Mai, K. ; Patil, G. *Tetrahedron Lett.* **1984**, 25, 4583; *Synth. Commun.* **1985**, 15, 157.
[1525] Jenner, G. ; Salem, R. B. ; Kim, J. C. ; Matsumoto, K. *Tetrahedron Lett.* **2003**, 44, 447.
[1526] Martínez, R. ; Ramòn, D. J. ; Yus, M. *Tetrahedron Lett.* **2005**, 46, 8471.
[1527] Shen, Z.-L. ; Ji, S.-J. ; Loh, T.-P. *Tetrahedron* **2008**, 64, 8159.
[1528] Ooi, T. ; Uematsu, Y. ; Maruoka, K. *J. Am. Chem. Soc.* **2006**, 128, 2548.
[1529] Hou, Z. ; Wang, J. ; Liu, X. ; Feng, X. *Chemistry: European J.* **2008**, 14, 4484.
[1530] Rueping, M. ; Sugiono, E. ; Azap, C. *Angew. Chem. Int. Ed.* **2006**, 45, 2617.
[1531] Blacker, J. ; Clutterbuck, L. A. ; Crampton, M. R. ; Grosjean, C. ; North, M. *Tetrahedron Asymmetry* **2006**, 17, 1449.

[1532] Cannella, R. ; Clerici, A. ; Panzeri, W. ; Pastori, N. ; Punta, C. ; Porta, O. *J. Am. Chem. Soc.* **2006**, 128, 5358.
[1533] Saito, K. ; Harada, K. *Tetrahedron Lett.* **1989**, 30, 4535.
[1534] Huang, J. ; Corey, E. J. *Org. Lett.* **2004**, 6, 5027.
[1535] Prasad, B. A. B. ; Bisai, A. ; Singh, V. K. *Tetrahedron Lett.* **2004**, 45, 9565.
[1536] Ishitani, H. ; Komiyama, S. ; Hasegawa, Y. ; Kobayashi, S. *J. Am. Chem. Soc.* **2000**, 122, 762.
[1537] Nakamura, S. ; Sato, N. ; Sugimoto, M. ; Toru, T. *Tetrahedron Asymmetry* **2004**, 15, 1513.
[1538] Royer, L. ; De, S. K. ; Gibbs, R. A. *Tetrahedron Lett.* **2005**, 46, 4595.
[1539] Chavarot, M. ; Byrne, J. J. ; Chavant, P. Y. ; Vallée, Y. *Tetrahedron Asymmetry* **2001**, 12, 1147.
[1540] Krueger, C. A. ; Kuntz, K. W. ; Dzierba, C. D. ; Wirschun, W. G. ; Gleason, J. D. ; Snapper, M. L. ; Hoveyda, A. H. *J. Am. Chem. Soc.* **1999**, 121, 4284.
[1541] Jiricny, J. ; Orere, D. M. ; Reese, C. B. *J. Chem. Soc. Perkin Trans.* 1 **1980**, 1487. Also see Okimoto, M. ; Chiba, T. *J. Org. Chem.* **1990**, 55, 1070.
[1542] See Ferris, J. P. ; Sanchez, R. A. *Org. Synth.* **V**, 344.
[1543] Pan, S. C. ; Zhou, J. ; List, B. *Angew. Chem. Int. Ed.* **2007**, 46, 612.
[1544] With basic catalysts: Griengl, H. ; Sieber, W. *Monatsh. Chem.* **1973**, 104, 1008, 1027.
[1545] See Adams, D. R. ; Bhatnagar, S. P. *Synthesis* **1977**, 661; Isagulyants, V. I. ; Khaimova, T. G. ; Melikyan, V. R. ; Pokrovskaya, S. V. *Russ. Chem. Rev.* **1968**, 37, 17. For a list of references, see Larock, R. C. *Comprehensive Organic Transformations*, 2nd ed., Wiley-VCH, NY, **1999**, p. 248.
[1546] See Safarov, M. G. ; Nigmatullin, N. G. ; Ibatullin, U. G. ; Rafikov, S. R. *Doklad. Chem.* **1977**, 236, 507.
[1547] Hellin, M. ; Davidson, M. ; Coussemant, F. *Bull. Soc. Chim. Fr.* **1966**, 1890, 3217.
[1548] Blomquist, A. T. ;Wolinsky, J. *J. Am. Chem. Soc.* **1957**, 79, 6025; Schowen, K. B. ; Smissman, E. E. ; Schowen, R. L. *J. Org. Chem.* **1968**, 33, 1873.
[1549] See Safarov, M. G. ; Isagulyants, V. I. ; Nigmatullin, N. G. *J. Org. Chem. USSR* **1974**, 10, 1378.
[1550] Fremaux, B. ; Davidson, M. ; Hellin, M. ; Coussemant, F. *Bull. Soc. Chim. Fr.* **1967**, 4250.
[1551] Meresz, O. ; Leung, K. P. ; Denes, A. S. *Tetrahedron Lett.* **1972**, 2797.
[1552] See Wilkins, C. L. ; Marianelli, R. S. *Tetrahedron* **1970**, 26, 4131; Karpaty, M. ; Hellin, M. ; Davidson, M. ; Coussemant, F. *Bull. Soc. Chim. Fr.* **1971**, 1736; Coryn, M. ; Anteunis, M. *Bull. Soc. Chim. Belg.* **1974**, 83, 83.
[1553] See Isagulyants, V. I. ; Isagulyants, G. V. ; Khairudinov, I. R. ; Rakhmankulov, D. L. *Bull. Acad. Sci. USSR. Div. Chem. Sci.*, **1973**, 22, 1810; Sharf, V. Z. ; Kheifets, V. I. ; Freidlin, V. I. *Bull. Acad. Sci. USSR Div. Chem. Sci.*, **1974**, 23, 1681.
[1554] Jasti, R. ; Rychnovsky, S. D. *J. Am. Chem. Soc.* **2006**, 128, 13640.
[1555] Yadav, J. S. ; Subba Reddy, B. V. ; Hara Gopal, A. V. ; Narayana Kumar, G. G. K. S. ; Madavi, C. ; Kunwar, A. C. *Tetrahedron Lett.* **2008**, 49, 4420; Reddy, S. ; Krishna, V. H. ; Swamy, T. ; Narayana Kumar, G. G. K. S. *Can. J. Chem.* **2007**, 85, 412.
[1556] Yang, D. H. ; Yang, N. C. ; Ross, C. B. *J. Am. Chem. Soc.* **1959**, 81, 133.
[1557] Ellis, W. W. ; Odenkirk, W. ; Bosnich, B. *Chem. Commun.* **1998**, 1311.
[1558] Sarkar, T. K. ; Nandy, S. K. *Tetrahedron Lett.* **1996**, 37, 5195.
[1559] Cossy, J. ; Gille, B. ; Bellosta, V. *J. Org. Chem.* **1998**, 63, 3141.
[1560] Kimura, M. ; Ezoe, A. ; Mori, M. ; Iwata, K. ; Tamaru, Y. *J. Am. Chem. Soc.* **2006**, 128, 8559; Cho, H. Y. ; Morken, J. P. *J. Am. Chem. Soc.* **2008**, 130, 16140. See Yang, Y. ; Zhu, S.-F. ; Duan, H.-F. ; Zhou, C.-Y. ;Wang, L.-X. ; Zhou, Q.-L. *J. Am. Chem. Soc.* **2007**, 129, 2248.
[1561] Song, M. ; Montgomery, J. *Tetrahedron* **2005**, 61, 11440.
[1562] Jiménez-Núñez, E. ; Claverie, C. K. ; Nieto-Oberhuber, C. ; Echavarren, A. M. *Angew. Chem. Int. Ed.* **2006**, 45, 5452.
[1563] Yadav, J. S. ; Reddy, B. V. S. ; Kumar, G. M. ; Murthy, Ch. V. S. R. *Tetrahedron Lett.* **2001**, 42, 89.
[1564] Yang, J. ; Viswanathan, G. S. ; Li, C.-J. *Tetrahedron Lett.* **1999**, 40, 1627.
[1565] Jaber, J. J. ; Mitsui, K. ; Rychnovsky, S. D. *J. Org. Chem.* **2001**, 66, 4679.
[1566] Dobbs, A. P. ; Martinović, S. *Tetrahedron Lett.* **2002**, 43, 7055.
[1567] Arnold, R. T. ; Veeravagu, P. *J. Am. Chem. Soc.* **1960**, 82, 5411; Klimova, E. I. ; Abramov, A. I. ; Antonova, N. D. ; Arbuzov, Yu. A. *J. Org. Chem. USSR* **1969**, 5, 1308; Klimova, E. I. ; Antonova, N. D. ; Arbuzov, Yu. A. *J. Org. Chem. USSR* **1969**, 5, 1312, 1315.
[1568] See Ben Salem, R. ; Jenner, G. *Tetrahedron Lett.* **1986**, 27, 1575. There is evidence that the mechanism is somewhat more complicated than shown here: Kwart, H. ; Brechbiel, M. *J. Org. Chem.* **1982**, 47, 3353.
[1569] Also see Achmatowicz, Jr., O. ; Szymoniak, J. *J. Org. Chem.* **1980**, 45, 1228; Ben Salem, R. ; Jenner, G. *Tetrahedron Lett.* **1986**, 27, 1575; Papadopoulos, M. ; Jenner, G. *Tetrahedron Lett.* **1981**, 22, 2773.
[1570] See Cartaya-Marin, C. P. ; Jackson, A. C. ; Snider, B. B. *J. Org. Chem.* **1984**, 49, 2443.
[1571] Jackson, A. C. ; Goldman, B. E. ; Snider, B. B. *J. Org. Chem.* **1984**, 49, 3988.
[1572] See Song, Z. ; Beak, P. *J. Org. Chem.* **1990**, 112, 8126.
[1573] Benner, J. P. ; Gill, G. B. ; Parrott, S. J. ; Wallace, B. *J. Chem. Soc. Perkin Trans.* 1 **1984**, 291, 315, 331.
[1574] Mikami, K. ; Terada, M. ; Nakai, T. *J. Am. Chem. Soc.* **1990**, 112, 3949.
[1575] See Ujikawa, O. ; Inanaga, J. ; Yamaguchi, M. *Tetrahedron Lett.* **1989**, 30, 2837; Larock, R. C. *Comprehensive Organic Transformations*, 2nd ed., Wiley-VCH, NY, **1999**, pp. 1178-1179.
[1576] Ujikawa, O. ; Inanaga, J. ; Yamaguchi, M. *Tetrahedron Lett.* **1989**, 30, 2837.
[1577] Corey, E. J. ; Pyne, S. G. *Tetrahedron Lett.* **1983**, 24, 2821.
[1578] See Shono, T. ; Kashimura, S. ; Mori, Y. ; Hayashi, T. ; Soejima, T. ; Yamaguchi, Y. *J. Org. Chem.* **1989**, 54, 6001.

[1579] See Belotti, D. ; Cossy, J. ; Pete, J. P. ; Portella, C. *J. Org. Chem.* **1986**, 51, 4196.
[1580] Shimizu, M. ; Baba, T. ; Toudou, S. ; Hachiya, I. *Chem. Lett.* **2007**, 36, 12.
[1581] For a review, see Ide, W. S. ; Buck, J. S. *Org. React.* **1948**, 4, 269.
[1582] Xu, L.-W. ; Gao, Y. ; Yin, J.-J. ; Li, L. ; Xia, C.-G. *Tetrahedron Lett.* **2005**, 46, 5317. See also, Iwamoto, K. ; Kimura, H. ; Oike, M. ; Sato, M. *Org. Biomol. Chem.* **2008**, 6, 912; Iwamoto, K. ; Hamaya, M. ; Hashimoto, N. ; Kimura, H. ; Suzuki, Y. ; Sato, M. *Tetrahedron Lett.* **2006**, 47, 7175;
[1583] Storey, J. M. D. ; Williamson, C. *Tetrahedron Lett.* **2005**, 46, 7337.
[1584] See Kuebrich, J. P. ; Schowen, R. L. ; Wang, M. ; Lupes, M. E. *J. Am. Chem. Soc.* **1971**, 93, 1214.
[1585] Lapworth, A. *J. Chem. Soc.* **1903**, 83, 995; **1904**, 85, 1206.
[1586] See Diederich, F. ; Lutter, H. *J. Am. Chem. Soc.* **1989**, 111, 8438. Also see Lappert, M. F. ; Maskell, R. K. *J. Chem. Soc. , Chem. Commun.* **1982**, 580.
[1587] Kuhlmann, H. *Org. Synth.* **VII**, 95; Matsumoto, T. ; Ohishi, M. ; Inoue, S. *J. Org. Chem.* **1985**, 50, 603.
[1588] Stetter, H. ; Dämbkes, G. *Synthesis* **1977**, 403.
[1589] Rozwadowska, M. D. *Tetrahedron* **1985**, 41, 3135.
[1590] Demir, A. S. ; Dünnwald, T. ; Iding, H. ; Pohl, M. ; Müller, M. *Tetrahedron Asymmetry* **1999**, 10, 4769.
[1591] Enders, D. ; Han, J. *Tetrahedron Asymmetry* **2008**, 19, 1367; O'Toole, S. E. ; Connon, S. J. *Org. Biomol. Chem.* **2009**, 7, 3584; Baragwanath, L. ; Rose, C. A. ; Zeitler, K. ; Connon, S. J. *J. Org. Chem.* **2009**, 74, 9214.
[1592] Enders, D. ; Niemeier, O. ; Balensiefer, T. *Angew. Chem. Int. Ed.* **2006**, 45, 1463. See also, Mavis, M. E. ; Yolacan, C. ; Aydoga, F. *Tetrahedron Lett.* **2010**, 51, 4509.
[1593] Bausch, C. C. ; Johnson, J. S. *J. Org. Chem.* **2004**, 69, 4283.
[1594] Linghu, X. ; Bausch, C. C. ; Jeffrey S. ; Johnson, J. S. *J. Am. Chem. Soc.* **2005**, 127, 1833.
[1595] Tormo, J. ; Hays, D. S. ; Fu, G. C. *J. Org. Chem.* **1998**, 63, 201.
[1596] Ooi, T. ; Doda, K. ; Sakai, D. ; Maruoka, K. *Tetrahedron Lett.* **1999**, 40, 2133.
[1597] Li, C.-Y. ; Wang, X.-B. ; Sun, X.-L. ; Tang, Y. ; Zheng, J.-C. ; Xu, Z.-H. ; Zhou, Y.-G. ; Dai, L.-X. *J. Am. Chem. Soc.* **2007**, 129, 1494.
[1598] Boivin, J. ; Fouquet, E. ; Zard, S. Z. *Tetrahedron* **1994**, 50, 1745.
[1599] Boivin, J. ; Schiano, A.-M. ; Zard, S. Z. *Tetrahedron Lett.* **1994**, 35, 249.
[1600] Bowman, W. R. ; Stephenson, P. T. ; Terrett, N. K. ; Young, A. R. *Tetrahedron Lett.* **1994**, 35, 6369.
[1601] Kim, S. ; Jon, S. Y. *Chem. Commun.* **1996**, 1335.
[1602] For a review, see Friestad, G. K. *Tetrahedron* **2001**, 57, 5461.
[1603] Miyabe, H. ; Ueda, M. ; Naito, T. *J. Org. Chem.* **2000**, 65, 5043.
[1604] Miyabe, H. ; Ueda, M. ; Yoshioka, N. ; Yamakawa, K. ; Naito, T. *Tetrahedron* **2000**, 56, 2413.
[1605] Jin, M. ; Zhang, D. ; Yang, L. ; Liu, Y. ; Liu, Z. *Tetrahedron Lett.* **2000**, 41, 7357.
[1606] McNabb, S. B. ; Ueda, M. ; Naito, T. *Org. Lett.* **2004**, 6, 1911.
[1607] Halland, N. ; Jørgensen, K. A. *J. Chem. Soc. , Perkin Trans.* 1 **2001**, 1290.
[1608] Clive, D. L. J. ; Pham, M. P. ; Subedi, R. *J. Am. Chem. Soc.* **2007**, 129, 2713.
[1609] Jang, D. O. ; Kim, S. Y. *J. Am. Chem. Soc.* **2008**, 130, 16152.
[1610] Friestad, G. K. ; Marié, J.-C. ; Suh, Y. S. ; Qin, J. *J. Org. Chem.* **2006**, 71, 7016.
[1611] Kim, S. S. ; Mah, Y. J. ; Kim, A. R. *Tetrahedron Lett.* **2001**, 42, 8315.
[1612] See Bentley, T. W. ; Shim, C. S. *J. Chem. Soc. Perkin Trans.* 2 **1993**, 1659.
[1613] Talbot, R. J. E. in Bamford, C. H. ; Tipper, C. F. H. *Comprehensive Chemical Kinetics*, Vol. 10; Elsevier, NY, **1972**, pp. 226-257. See Kivinen, A. in Patai, S. *The Chemistry of Acyl Halides*, Wiley, NY, **1972**, pp. 177-230.
[1614] Bender, M. L. ; Chen, M. C. *J. Am. Chem. Soc.* **1963**, 85, 30. See also, Song, B. D. ; Jencks, W. P. *J. Am. Chem. Soc.* **1989**, 111, 8470; Bentley, T. W. ; Koo, I. S. ; Norman, S. J. *J. Org. Chem.* **1991**, 56, 1604.
[1615] Guthrie, J. P. ; Pike, D. C. *Can. J. Chem.* **1987**, 65, 1951. See also, Lee, I. ; Sung, D. D. ; Uhm, T. S. ; Ryu, Z. H. *J. Chem. Soc. Perkin Trans.* 2 **1989**, 1697.
[1616] Bevan, C. W. L. ; Hudson, R. F. *J. Chem. Soc.* **1953**, 2187; Satchell, D. P. N. *J. Chem. Soc.* **1963**, 555.
[1617] Motie, R. E. ; Satchell, D. P. N. ; Wassef, W. N. *J. Chem. Soc. Perkin Trans.* 2 **1992**, 859; **1993**, 1087.
[1618] See Satchell, D. P. N. ; Wassef, W. N. ; Bhatti, Z. A. *J. Chem. Soc. Perkin Trans.* 2 **1993**, 2373.
[1619] Satchell, D. P. N. *Q. Rev. Chem. Soc.* **1963**, 17, 160, see pp. 172-173. See Talbot, R. J. E. in Bamford, C. H. ; Tipper, C. F. H. *Comprehensive Chemical Kinetics*, Vol. 10, Elsevier, NY, **1972**, pp. 280-287.
[1620] See Deady, L. W. ; Finlayson, W. L. *Aust. J. Chem.* **1983**, 36, 1951.
[1621] Wilk, B. K. *Synth. Commun.* **1996**, 26, 3859.
[1622] For a list of catalysts and reagents, with references, see Larock, R. C. *Comprehensive Organic Transformations*, 2nd ed. , Wiley-VCH, NY, **1999**, pp. 1959-1968
[1623] See Bender, M. L. ; Komiyama, M. *Cyclodextrin Chemistry*; Springer, NY, **1978**, pp. 34-41. The mechanism is shown in Saenger, W. *Angew. Chem. Int. Ed.* **1980**, 19, 344.
[1624] For reviews of ester hydrolysis catalyzed by pig liver esterase, see Zhu, L. ; Tedford, M. C. *Tetrahedron* **1990**, 46, 6587; Ohno, M. ; Otsuka, M. *Org. React.* **1989**, 37, 1. See Wong, C. *Science* **1989**, 244, 1145; Whitesides, G. M. ; Wong, C. *Angew. Chem. Int. Ed.* **1985**, 24, 617; Barbayianni, E. ; Fotakopoulou, I. ; Schmidt, M. ; Constantinou-Kokotou, V. ; Bornscheuer, U. T. ; Kokotos, G. *J. Org. Chem.* **2005**, 70, 8730; Fotakopoulou, I. ; Barbayianni, E. ; Constantinou-Kokotou, V. ; Bornscheuer, U. T. ; Kokotos, G. *J. Org. Chem.* **2007**, 72, 782.
[1625] Basu, M. K. ; Sarkar, D. C. ; Ranu, B. C. *Synth. Commun.* **1989**, 19, 627.

[1626]　See Olah, G. A. ; Husain, A. ; Singh, B. P. ; Mehrotra, A. K. *J. Org. Chem.* **1983**, 48, 3667.
[1627]　Ranu, B. C. ; Dutta, P. ; Sarkar, A. *Synth. Commun.* **2000**, 30, 4167.
[1628]　Yanada, R. ; Negoro, N. ; Bessho, K. ; Yanada, K. *Synlett* **1995**, 1261.
[1629]　Ramesh, C. ; Mahender, G. ; Ravindranath, N. ; Das, B. *Tetrahedron* **2003**, 59, 1049.
[1630]　Das, B. ; Banerjee, J. ; Ramu, R. ; Pal, R. ; Ravindranath, N. ; Ramesh, C. *Tetrahedron Lett.* **2003**, 44, 5465.
[1631]　Varma, R. S. ; Varma, M. ; Chatterjee, A. K. *J. Chem. Soc. Perkin Trans.* 1 **1993**, 999.
[1632]　Taksande, K. N. ; Sakate, S. S. ; Lokhande, P. D. *Tetrahedron Lett.* **2006**, 47, 643.
[1633]　Sharma, L. ; Nayak, M. K. ; Chakraborti, A. K. *Tetrahedron* **1999**, 55, 9595.
[1634]　Nishizawa, M. ; Yamamoto, H. ; Seo, K. ; Imagawa, H. ; Sugihara, T. *Org. Lett.* **2002**, 4, 1947.
[1635]　Yadav, J. S. ; Reddy, B. V. S. ; Rao, C. V. ; Chand, P. K. ; Prasad, A. R. *Synlett* **2002**, 137.
[1636]　Ramesh, C. ; Mahender, G. ; Ravindranath, N. ; Das, B. *Tetrahedron Lett.* **2003**, 44, 1465.
[1637]　See Kaiser, E. T. ; Kézdy, F. J. *Prog. Bioorg. Chem.* **1976**, 4, 239, pp. 254-265.
[1638]　Wallace, O. B. ; Springer, D. M. *Tetrahedron Lett.* **1998**, 39, 2693.
[1639]　Choi, J. ; Yoon, N. M. *Synth. Commun.* **1995**, 25, 2655.
[1640]　Jin, C. K. ; Jeong, H. J. ; Kim, M. K. ; Kim, J. Y. ; Yoon, Y.-J. ; Lee, S.-G. *Synlett* **2001**, 1956,
[1641]　Gassman, P. G. ; Schenk, W. N. *J. Org. Chem.* **1977**, 42, 918.
[1642]　Wu, Y.-g. ; Limburg, D. C. ; Wilkinson, D. E. ; Vaal, M. J. ; Hamilton, G. S. *Tetrahedron Lett.* **2000**, 41, 2847.
[1643]　Jackson, R. W. *Tetrahedron Lett.* **2001**, 42, 5163.
[1644]　Ley, S. V. ; Mynett, D. M. *Synlett* **1993**, 793.
[1645]　Moon, S. ; Duchin, L. ; Cooney, J. V. *Tetrahedron Lett.* **1979**, 3917.
[1646]　Loupy, A. ; Pedoussaut, M. ; Sansoulet, J. *J. Org. Chem.* **1986**, 51, 740.
[1647]　See Nair, R. V. ; Shukla, M. R. ; Patil, P. N. ; Salunkhe, M. M. *Synth. Commun.* **1999**, 29, 1671.
[1648]　Niwayama, S. *J. Org. Chem.* **2000**, 65, 5834.
[1649]　Hirata, T. ; Shimoda, K. ; Kawano, T. *Tetrahedron Asymmetry* **2000**, 11, 1063.
[1650]　Kajiro, H. ; Mitamura, S. ; Mori, A. ; Hiyama, T. *Bull. Chem. Soc. Jpn.* **1999**, 72, 1553.
[1651]　Ingold, C. K. *Structure and Mechanism in Organic Chemistry*, 2d ed., Cornell University Press, Ithaca, NY, **1969**, pp. 1129-1131.
[1652]　As given here, the IUPAC designations for $B_{AC}1$ and $B_{AL}1$ are the same, but Rule A. 2 adds further symbols so that they can be distinguished: Su-AL for $B_{AL}1$ and Su-AC for $B_{AC}1$. See the IUPAC rules: Guthrie, R. D. *Pure Appl. Chem.* **1989**, 61, 23, see p. 49.
[1653]　Kirby, A. J. in Bamford, C. H. ; Tipper, C. F. H. *Comprehensive Chemical Kinetics*, Vol. 10, **1972**, pp. 57-207; Euranto, E. K. in Patai, S. *The Chemistry of Carboxylic Acids and Esters*, Wiley, NY, **1969**, pp. 505-588.
[1654]　Gunaydin, H. ; Houk, K. N. *J. Am. Chem. Soc.* **2008**, 130, 15232.
[1655]　This is an S_N1 mechanism with OR' as leaving group, which does not happen.
[1656]　See Zimmermann, H. ; Rudolph, J. *Angew. Chem. Int. Ed.* **1965**, 4, 40.
[1657]　See Polanyi, M. ; Szabo, A. L. *Trans. Faraday Soc.* **1934**, 30, 508.
[1658]　Holmberg, B. *Ber.* **1912**, 45, 2997.
[1659]　Ingold, C. K. ; Ingold, E. H. *J. Chem. Soc.* **1932**, 758.
[1660]　Norton, H. M. ; Quayle, O. R. *J. Am. Chem. Soc.* **1940**, 62, 1170.
[1661]　Martin, R. B. *J. Am. Chem. Soc.* **1962**, 84, 4130. See also Yates, K. *Acc. Chem. Res.* **1971**, 6, 136; Huskey, W. P. ; Warren, C. T. ; Hogg, J. L. *J. Org. Chem.* **1981**, 46, 59.
[1662]　See Euranto, E. K. ; Kanerva, L. T. *Acta Chem. Scand. Ser. B* **1988**, 42 717.
[1663]　Treffers, H. P. ; Hammett, L. P. *J. Am. Chem. Soc.* **1937**, 59, 1708. For other evidence for this mechanism, see Bender, M. L. ; Chen, M. C. *J. Am. Chem. Soc.* **1963**, 85, 37.
[1664]　Yates, K. *Acc. Chem. Res.* **1971**, 6, 136; Al-Shalchi, W. ; Selwood, T. ; Tillett J. G. *J. Chem. Res. (S)* **1985**, 10.
[1665]　For discussions, see Kirby, A. J. in Bamford, C. H. ; Tipper, C. F. H. *Comprehensive Chemical Kinetics*, Vol. 9, Elsevier, NY, **1973**, pp. 86-101; Ingold, C. K. *Structure and Mechanism in Organic Chemistry*, 2nd ed., Cornell University Press, Ithica, NY, **1969**, pp. 1137-1142, 1157-1163.
[1666]　Douglas, J. E. ; Campbell, G. ; Wigfield, D. C. *Can. J. Chem.* **1993**, 71, 1841.
[1667]　Cowdrey, W. A. ; Hughes, E. D. ; Ingold, C. K. ; Masterman, S. ; Scott, A. D. *J. Chem. Soc.* **1937**, 1264; Long, F. A. ; Purchase, M. *J. Am. Chem. Soc.* **1950**, 73, 3267.
[1668]　Barclay, L. R. C. ; Hall, N. D. ; Cooke, G. A. *Can. J. Chem.* **1962**, 40, 1981.
[1669]　Sneen, R. A. ; Rosenberg, A. M. *J. Org. Chem.* **1961**, 26, 2099. See also, Müller, P. ; Siegfried, B. *Helv. Chim. Acta* **1974**, 57, 987.
[1670]　Moore, J. A. ; Schwab, J. W. *Tetrahedron Lett.* **1991**, 32, 2331.
[1671]　Takashima, K. ; José, S. M. ; do Amaral, A. T. ; Riveros, J. M. *J. Chem. Soc., Chem. Commun.* **1983**, 1255.
[1672]　Comisarow, M. *Can. J. Chem.* **1977**, 55, 171.
[1673]　Fukuda, E. K. ; McIver, Jr., R. T. *J. Am. Chem. Soc.* **1979**, 101, 2498.
[1674]　See Williams, A. ; Douglas, K. T. *Chem. Rev.* **1975**, 75, 627.
[1675]　See Broxton, T. J. ; Chung, R. P. *J. Org. Chem.* **1986**, 51, 3112.
[1676]　Inoue, T. C. ; Bruice, T. C. *J. Org. Chem.* **1986**, 51, 959; Isaacs, N. S. ; Najem, T. S. *Can. J. Chem.* **1986**, 64, 1140; *J. Chem. Soc. Perkin Trans.* 2 **1988**, 557.
[1677]　Allen, A. D. ; Kitamura, T. ; Roberts, K. A. ; Stang, P. J. ; Tidwell, T. T. *J. Am. Chem. Soc.* **1988**, 110, 622.

[1678] See Euranto, E. K. *Pure Appl. Chem.* **1977**, 49, 1009.
[1679] Mujika, J. I. ; Mercero, J. M. ; Lopez, X. *J. Am. Chem. Soc.* **2005**, 127, 4445.
[1680] See Zahn, D. *Eur. J. Org. Chem.* **2004**, 4020.
[1681] See Kahne, D. ; Still, W. C. *J. Am. Chem. Soc.* **1988**, 110, 7529.
[1682] For a list of catalysts and, with references, see Larock, R. C. *Comprehensive Organic Transformatinos*, 2nd ed. , Wiley-VCH, NY, **1999**, pp. 1976-1977. Also see, Bagno, A. ; Lovato, G. ; Scorrano, G. *J. Chem. Soc. Perkin Trans.* 2 **1993**, 1091.
[1683] Chemat, F. *Tetrahedron Lett.* **2000**, 41, 3855.
[1684] Schwyzer, R. ; Costopanagiotis, A. ; Sieber, P. *Helv. Chim. Acta* **1963**, 46, 870.
[1685] Bose, D. S. ; Lakshminarayana, V. *Synthesis* **1999**, 66.
[1686] Tom, N. J. ; Simon, W. M. ; Frost, H. N. ; Ewing, M. *Tetrahedron Lett.* **2004**, 45, 905.
[1687] Kim, Y. H. ; Kim, K. ; Park, Y. J. *Tetrahedron Lett.* **1990**, 31, 3893.
[1688] See Flynn, D. L. ; Zelle, R. E. ; Grieco, P. A. *J. Org. Chem.* **1983**, 48, 2424.
[1689] Ladenheim, H. ; Bender, M. L. *J. Am. Chem. Soc.* **1960**, 82, 1895.
[1690] Vaughan, H. L. ; Robbins, M. D. *J. Org. Chem.* **1975**, 40, 1187.
[1691] Gassman, P. G. ; Hodgson, P. K. G. ; Balchunis, R. J. *J. Am. Chem. Soc.* **1976**, 98, 1275.
[1692] Hibbert, F. ; Malana, M. A. *J. Chem. Soc. Perkin Trans.* 2 **1992**, 755.
[1693] O'Connor, C. *Q. Rev. Chem. Soc.* **1970**, 24, 553; Talbot, R. J. E. in Bamford, C. H. ; Tipper, C. F. H. *Comprehensive Chemical Kinetics*, Vol. 9, Elsevier, NY, **1973**, pp. 257-280; Challis, B. C. ; Challis, J. C. in Zabicky, J. *The Chemistry of Amides*, Wiley, NY, **1970**, pp. 731-857.
[1694] See DeWolfe, R. H. ; Newcomb, R. C. *J. Org. Chem.* **1971**, 36, 3870.
[1695] Hori, K. ; Kamimura, A. ; Ando, K. ; Mizumura, M. ; Ihara, Y. *Tetrahedron* **1997**, 53, 4317. See Marlier, J. F. ; Campbell, E. ; Lai, C. ; Weber, M. ; Reinhardt, L. A. ; Cleland, W. W. *J. Org. Chem.* **2006**, 71, 3829.
[1696] Khan, M. N. ; Olagbemiro, T. O. *J. Org. Chem.* **1982**, 47, 3695.
[1697] Eriksson, S. O. *Acta Chem. Scand.* 1968, 22, 892; *Acta Pharm. Suec.*, **1969**, 6, 139.
[1698] Menger, F. M. ; Donohue, J. A. *J. Am. Chem. Soc.* **1973**, 95, 432; Pollack, R. M. ; Dumsha, T. C. *J. Am. Chem. Soc.* **1973**, 95, 4463; Kijima, A. ; Sekiguchi, S. *J. Chem. Soc. Perkin Trans.* 2 **1987**, 1203.
[1699] Schowen, R. L. ; Jayaraman, H. ; Kershner, L. *J. Am. Chem. Soc.* **1966**, 88, 3373. See also, Bowden, K. ; Bromley, K. *J. Chem. Soc. Perkin Trans.* 2 **1990**, 2103.
[1700] Bennet, A. J. ; Slebocka-Tilk, H. ; Brown, R. S. ; Guthrie, J. P. ; Jodhan, A. *J. Am. Chem. Soc.* **1990**, 112, 8497.
[1701] See Slebocka-Tilk, H. ; Bennet, A. J. ; Hogg, H. J. ; Brown, R. S. *J. Am. Chem. Soc.* **1991**, 113, 1288; Bennet, A. J. ; Slebocka-Tilk, H. ; Brown, R. S. ; Guthrie, J. P. ; Jodhan, A. *J. Am. Chem. Soc.* **1990**, 112, 8497.
[1702] See Yates, K. ; Stevens, J. B. *Can. J. Chem.* **1965**, 43, 529; Yates, K. ; Riordan, J. C. *Can. J. Chem.* **1965**, 43, 2328.
[1703] Lacey, R. N. *J. Chem. Soc.* **1960**, 1633; Druet, L. M. ; Yates, K. *Can. J. Chem.* **1984**, 62, 2401.
[1704] Stodola, F. H. *J. Org. Chem.* **1972**, 37, 178.
[1705] See Barnett, J. W. ; O'Connor, C. J. *J. Chem. Soc., Chem. Commun.* **1972**, 525; *J. Chem. Soc. Perkin Trans.* 2 **1972**, 2378.
[1706] Bentley, T. W. ; Llewellyn, G. ; McAlister, J. A. *J. Org. Chem.* **1996**, 61, 7927.
[1707] Bandgar, B. P. ; Kamble, V. T. ; Sadavarte, V. S. ; Uppalla, L. S. *Synlett* **2002**, 735.
[1708] See Kaiser, E. M. ; Woodruff, R. A. *J. Org. Chem.* **1970**, 35, 1198.
[1709] Nagasawa, K. ; Yoshitake, S. ; Amiya, T. ; Ito, K. *Synth. Commun.* **1990**, 20, 2033.
[1710] Taylor, E. C. ; McLay, G. W. ; McKillop, A. *J. Am. Chem. Soc.* **1968**, 90, 2422.
[1711] Ghosh, R. ; Maiti, S. ; Chakraborty, A. *Tetrahedron Lett.* **2004**, 45, 6775.
[1712] Illi, V. O. *Tetrahedron Lett.* **1979**, 2431. For another method, see Nekhoroshev, M. V. ; Ivakhnenko, E. P. ; Okhlobystin, O. Yu. *J. Org. Chem. USSR* **1977**, 13, 608.
[1713] Yadav, J. S. ; Reddy, G. S. ; Svinivas, D. ; Himabindu, K. *Synth. Commun.* **1998**, 28, 2337.
[1714] Ghosh, R. ; Maiti, S. ; Chakraborty, A. *Tetrahedron Lett.* **2005**, 46, 147.
[1715] Sirkecioglu, O. ; Karliga, B. ; Talinli, N. *Tetrahedron Lett.* **2003**, 44, 8483.
[1716] Srivastava, V. ; Tandon, A. ; Ray, S. *Synth. Commun.* **1992**, 22, 2703.
[1717] Meshram, H. M. ; Reddy, G. S. ; Bindu, K. H. ; Yadav, J. S. *Synlett* **1998**, 877.
[1718] Chen, R. ; Zhang, Y. *Synth. Commun.* **2000**, 30, 1331.
[1719] Liu, Y. ; Zhang, Y. *Synth. Commun.* **1999**, 29, 4043.
[1720] See Ahmad, S. ; Iqbal, J. *Chem. Lett.* **1987**, 953, and references cited therein.
[1721] Lakouraj, M. ; Movassagh, B. ; Fasihi, J. *J. Chem. Res.* (S) **2001**, 378.
[1722] Nafion-H has been used: Kumareswaran, R. ; Pachamuthu, K. ; Vankar, Y. D. *Synlett* **2000**, 1652.
[1723] Ce: Dalpozzo, R. ; DeNino, A. ; Maiuolo, L. ; Procopio, A. ; Nardi, M. ; Bartoli, G. ; Romeo, R. *Tetrahedron Lett.* **2003**, 44, 5621. Cu: Saravanan, P. ; Singh, V. K. *Tetrahedron Lett.* **1999**, 40, 2611. In: Chakraborti, A. K. ; Gulhane, R. *Tetrahedron Lett.* **2003**, 44, 6749. Li: Nakae, Y. ; Kusaki, I. ; Sato, T. *Synlett* **2001**, 1584. Mg: Bartoli, G. ; Bosco, M. ; Dalpozzo, R. ; Marcantoni, E. ; Massaccesi, M. ; Sambri, L. *Eur. J. Org. Chem.* **2003**, 4611. Ru: De, S. K. *Tetrahedron Lett.* **2004**, 45, 2919. Ti: Chandrasekhar, S. ; Ramachandar, T. ; Reddy, M. V. ; Takhi, M. *J. Org. Chem.* **2000**, 65, 4729. Yb: Dumeunier, R. ; Markó, I. E. *Tetrahedron Lett.* **2004**, 45, 825.
[1724] For a list of catalysts, with references, see Larock, R. C. *Comprehensive Organic Transformations*, 2nd ed. , Wiley-VCH, NY, **1999**, pp. 1955-1957.
[1725] Constantinou-Kokotou, V. ; Peristeraki, A. *Synth. Commun.* **2004**, 34, 4227. Also see Bandgar, B. P. ; Kasture, S. P. ; Kamble, V. T. *Synth. Commun.* **2001**, 31, 2255.

[1726] Clarke, P. A. ; Kayaleh, N. E. ; Smith, M. A. ; Baker, J. R. ; Bird, S. J. ; Chan, C. *J. Org. Chem.* **2002**, 67, 5226; Clarke, P. A. *Tetrahedron Lett.* **2002**, 43, 4761.
[1727] Sakakura, A. ; Kawajiri, K. ; Ohkubo, T. ; Kosugi, Y. ; Ishihara, K. *J. Am. Chem. Soc.* **2007**, 129, 14775. See Scriven, E. F. V. *Chem. Soc. Rev.* **1983**, 12, 129; Höfle, G. ; Steglich, W. ; Vorbrüggen, H. *Angew. Chem. Int. Ed.* **1978**, 17, 569.
[1728] Birman, V. B. ; Li, X. ; Han, Z. *Org. Lett.* **2007**, 9, 37.
[1729] See van Es, A. ; Stevens, W. *Recl. Trav. Chim. Pays-Bas* **1965**, 84, 704.
[1730] See Sofuku, S. ; Muramatsu, I. ; Hagitani, A. *Bull. Chem. Soc. Jpn.* **1967**, 40, 2942.
[1731] See Chen, Y. ; Tian, S.-K. ; Deng, L. *J. Am. Chem. Soc.* **2000**, 122, 9542.
[1732] Chen, Y. ; McDaid, P. ; Deng, L. *Chem. Rev.* **2003**, 103, 2965.
[1733] Fatiadi, A. J. *Carbohydr. Res.* **1968**, 6, 237.
[1734] Temperini, A. ; Annesi, D. ; Testaferri, L. ; Tiecco, M. *Tetrahedron Lett.* **2010**, 51, 5368.
[1735] Ayers, J. T. ; Anderson, S. R. *Synth. Commun* **1999**, 29, 351. See Movassagh, B. ; Lakouraj, M. M. ; Fadaei, Z. *J. Chem. Res. (S)* **2001**, 22.
[1736] For a review of some methods, see Haslam, E. *Tetrahedron* **1980**, 36, 2409.
[1737] For a list of reagents, with references, see Larock, R. C. *Comprehensive Organic Transformations*, 2nd ed., Wiley-VCH, NY, **1999**, pp. 1932-1941.
[1738] Nascimento, M. de G. ; Zanotto, S. P. ; Scremin, M. ; Rezende, M. C. *Synth. Commun.* **1996**, 26, 2715.
[1739] Newman, M. S. *An Advanced Organic Laboratory Course*, Macmillan, NY, **1972**, pp. 8-10.
[1740] See Werner, W. *J. Chem. Res. (S)* **1980**, 196; Hill, D. R. ; Hsiao, C.-N. ; Kurukulasuriya, R. ; Wittenberger, S. J. *Org. Lett.* **2002**, 4, 111.
[1741] Johnston, B. H. ; Knipe, A. C. ; Watts, W. E. *Tetrahedron Lett.* **1979**, 4225.
[1742] See Ishihara, K. ; Nakagawa, S. ; Sakakura, A. *J. Am. Chem. Soc.* **2005**, 127, 4168.
[1743] Houston, T. A. ; Wilkinson, B. L. ; Blanchfield, J. T. *Org. Lett.* **2004**, 6, 679.
[1744] Das, B. ; Venkataiah, B. ; Madhsudhan, P. *Synlett* **2000**, 59.
[1745] Wakasugi, K. ; Misaki, T. ; Yamada, K. ; Tanabe, Y. *Tetrahedron Lett.* **2000**, 41, 5249.
[1746] Lee, A. S.-Y. ; Yang, H.-C. ; Su, F.-Y. *Tetrahedron Lett.* **2001** 42, 301.
[1747] Hwu, J. R. ; Hsu, C.-Y. ; Jain, M. L. *Tetrahedron Lett.* **2004** 45, 5151.
[1748] McNulty, J. ; Cheekoori, S. ; Nair, J. J. ; Larichev, V. ; Capretta, A. ; Robertson, A. J. *Tetrahedron Lett.* **2005**, 46, 3641; Yoshino, T. ; Imori, S. ; Togo, H. *Tetrahedron* **2006**, 62, 1309.
[1749] Eshghi, H. ; Rafei, M. ; Karimi, M. H. *Synth. Commun.* **2001**, 31, 771.
[1750] Srinivas, K. V. N. S. ; Mahender, I. ; Das, B. *Synlett* **2003**, 2419.
[1751] Bosco, J. W. J. ; Agrahari, A. ; Saikia, A. K. *Tetrahedron Lett.* **2006**, 47, 4065.
[1752] Crosignani, S. ; White, P. D. ; Linclau, B. *Org. Lett.* **2002**, 4, 2961.
[1753] See Crosignani, S. ; White, P. D. ; Linclau, B. *J. Org. Chem.* **2004**, 69, 5897.
[1754] Chen, C.-T. ; Munot, Y. S. *J. Org. Chem.* **2005**, 70, 8625.
[1755] Velusamy, S. ; Borpuzari, S. ; Punniyamurthy, T. *Tetrahedron* **2005**, 61, 2011.
[1756] Sedighi, M. ; CS alimsiz, S. ; Lipton, M. A. *J. Org. Chem.* **2006**, 71, 9517.
[1757] Salomé, C. ; Kohn, H. *Tetrahedron* **2009**, 65, 456.
[1758] Vorbrüggen, H. *Synlett* **2008**, 1603.
[1759] Iranpoor, N. ; Firouzabadi, H. ; Khalili, D. ; Motevalli, S. *J. Org. Chem.* **2008**, 73, 4882.
[1760] Wolfe, J. F. ; Ogliaruso, M. A. in Patai, S. *The Chemistry of Acid Derivatives*, pt. 2, Wiley, NY, **1979**, pp. 1062-1330. For a list of methods for converting hydroxy acids to lactones, with references, see Larock, R. C. *Comprehensive Organic Transformations*, 2nd ed., Wiley-VCH, NY, **1989**, pp. 1861-1867.
[1761] Adam, W. ; Baeza, J. ; Liu, J. *J. Am. Chem. Soc.* **1972**, 94, 2000. Also see Merger, F. *Chem. Ber.* **1968**, 101, 2413; Blume, R. C. *Tetrahedron Lett.* **1969**, 1047.
[1762] Lardelli, G. ; Lamberti, V. ; Weller, W. T. ; de Jonge, A. P. *Recl. Trav. Chim. Pays-Bas* **1967**, 86, 481.
[1763] See Parenty, A. ; Moreau, X. ; Campagne, J.-M. *Chem. Rev.* **2006**, 106, 911.
[1764] Wollenberg, R. H. ; Nimitz, J. S. ; Gokcek, D. Y. *Tetrahedron Lett.* **1980**, 21, 2791; Thalmann, A. ; Oertle, K. ; Gerlach, H. *Org. Synth.* **VII**, 470. See also, Schmidt, U. ; Heermann, D. *Angew. Chem. Int. Ed.* **1979**, 18, 308; Trost, B. M. ; Chisholm, J. D. *Org. Lett.* **2002**, 4, 3743.
[1765] See Mukaiyama, T. *Angew. Chem. Int. Ed.* **1979**, 18, 707; Convers, E. ; Tye, H. ; Whittaker, M. *Tetrahedron Lett.* **2004**, 45, 3401. For a microwave-assisted reaction, see Donati, D. ; Morelli, C. ; Taddei, M. *Tetrahedron Lett.* **2005**, 46, 2817.
[1766] Inanaga, J. ; Hirata, K. ; Saeki, H. ; Katsuki, T. ; Yamaguchi, M. *Bull. Chem. Soc. Jpn.* **1979**, 52, 1989; Mundy, B. P. ; Ellerd, M. G. ; Favaloro, Jr., F. G. *Name Reactions and Reagents in Organic Synthesis*, 2nd ed., Wiley-Interscience, New Jersey, **2005**, pp. 710-711. For a discussion of the mechanism, see Dhimitruka, I. ; SantaLucia, Jr., J. *Org. Lett.* **2006**, 8, 47.
[1767] See Salomaa, P. ; Kankaanperö, A. ; Pihlaja, K. in Patai, S. *The Chemistry of the Hydroxyl Group*, pt. 1, Wiley, NY, **1971**, pp. 466-481.
[1768] Balcom, B. J. ; Petersen, N. O. *J. Org. Chem.* **1989**, 54, 1922.
[1769] Doleschall, G. ; Lempert, K. *Tetrahedron Lett.* **1963**, 1195.
[1770] Shimizu, T. ; Hiramoto, K. ; Nakata, T. *Synthesis* **2001**, 1027.
[1771] Keck, G. E. ; Sanchez, C. ; Wager, C. A. *Tetrahedron Lett.* **2000**, 41, 8673.
[1772] Nahmany, M. ; Melman, A. *Org. Lett.* **2001**, 3, 3733.
[1773] See Arrieta, A. ; Garcia, T. ; Lago, J. M. ; Palomo, C. *Synth. Commun.* **1983**, 13, 471.

[1774] Boden, E. P. ; Keck, G. E. *J. Org. Chem.* **1985**, 50, 2394.
[1775] Brook, M. A. ; Chan, T. H. *Synthesis* **1983**, 201.
[1776] See Staab, H. A. ; Rohr, W. *Newer Methods Prep. Org. Chem.* **1968**, 5, 61. See also, Morton, R. C. ; Mangroo, D. ; Gerber, G. E. *Can. J. Chem.* **1988**, 66, 1701.
[1777] See Kadaba, P. K. *Synth. Commun.* **1974**, 4, 167.
[1778] Bi: Carrigan, D. ; Freiberg, D. A. ; Smith, R. C. ; Zerth, H. M. ; Mohan, R. S. *Synthesis* **2001**, 2091; Mohammadpoor-Baltork, I. ; Khosropour, A. R. ; Aliyan, H. *J. Chem. Res.* **2001**, 280. Ce: Pan, W. -B. ; Chang, F. -R. ; Wei, L. -M. ; Wu, M. J. ; Wu, Y. -C. *Tetrahedron Lett.* **2003**, 44, 331. Fe: Sharma, G. V. M. ; Mahalingam, A. K. ; Nagarajan, M. ; Ilangovan, P. ; Radhakrishna, P. *Synlett* **1999**, 1200; Zhang, G. -S. *Synth. Commun.* **1999**, 29, 607. Hf: Ishihara, K. ; Nakayama, M. ; Ohara, S. ; Yamamoto, H. *Tetrahedron* **2002**, 58, 8179;
[1779] Derevitskaya, V. A. ; Klimov, E. M. ; Kochetkov, N. K. *Tetrahedron Lett.* **1970**, 4269. See also, Mohacsi, E. *Synth. Commun.* **1982**, 12, 453.
[1780] Sudalai, A. ; Kanagasabapathy, S. ; Benicewicz, B. C. *Org. Lett.* **2000**, 2, 3213.
[1781] Curphey, T. J. *Tetrahedron Lett.* **2002**, 43, 371.
[1782] Iimura, S. ; Manabe, K. ; Kobayashi, S. *Chem. Commun.* **2002**, 94.
[1783] Otera, J. *Chem. Rev.* **1993**, 93, 1449.
[1784] For a list of catalysts, with references, see Larock, R. C. *Comprehensive Organic Transformations*, 2nd ed. , Wiley-VCH, NY, **1999**, pp. 1969-1973.
[1785] See Chavan, S. P. ; Subbarao, Y. T. ; Dantale, S. W. ; Sivappa, R. *Synth. Commun.* **2001**, 31, 289.
[1786] Stanton, M. G. ; Gagné, M. R. *J. Org. Chem.* **1997**, 62, 8240; Vasin, V. A. ; Razin, V. V. *Synlett* **2001**, 658.
[1787] See Imwinkelried, R. ; Schiess, M. ; Seebach, D. *Org. Synth.*, **65**, 230; Bandgar, B. P. ; Uppalla, L. S. ; Sadavarte, V. S. *Synlett* **2001**, 1715.
[1788] See Bose, D. S. ; Satyender, A. ; Rudra Das, A. P. ; Mereyala, H. B. *Synthesis* **2006**, 2392.
[1789] For a review see Grasa, G. A. ; Singh, R. ; Nolan, S. P. *Synthesis* **2004**, 971.
[1790] Bandgar, B. P. ; Sadavarte, V. S. ; Uppalla, L. S. *Synlett* **2001**, 1338; Bandgar, B. P. ; Sadavarte, V. S. ; Uppalla, L. S. *Synth. Commun.* **2001**, 31, 2063; Štefane, B. ; Kočevar, M. ; Polanc, S. *Synth. Commun.* **2002**, 32, 1703.
[1791] Ishihara, K. ; Niwa, M. ; Kosugi, Y. *Org. Lett.* **2008**, 10, 2187.
[1792] Hagiwara, H. ; Koseki, A. ; Isobe, K. ; Shimizu, K. -i. ; Hoshi, T. ; Suzuki, T. *Synlett* **2004**, 2188.
[1793] See Shirae, Y. ; Mino, T. ; Hasegawa, T. ; Sakamoto, M. ; Fujita, T. *Tetrahedron Lett.* **2005**, 46, 5877.
[1794] Yamada, S. *Tetrahedron Lett.* **1992**, 33, 2171. See also, Costa, A. ; Riego, J. M. *Can. J. Chem.* **1987**, 65, 2327.
[1795] Wong, C. H. ; Whitesides, G. M. in Baldwin, J. E. *Enzymes in Synthetic Organic Chemistry*, Tetrahedron Organic Chemistry Series Vol. 12, Pergamon Press, NY, **1994**; Faber, K. *Biotransformations in Organic Chemistry. A Textbook*, 2nd ed, Springer-Verlag, NY, **1995**; Córdova, A. ; Janda, K. D. *J. Org. Chem.* **2001**, 66, 1906; Ciuffreda, P. ; Casati, S. ; Santaniello, E. *Tetrahedron Lett.* **2003**, 44, 3663.
[1796] Anand, R. C. ; Sevlapalam, N. *Synth. Commun.* **1994**, 24, 2743.
[1797] Barry, J. ; Bram, G. ; Petit, A. *Tetrahedron Lett.* **1988**, 29, 4567. See also, Nishiguchi, T. ; Taya, H. *J. Chem. Soc. Perkin Trans.* 1 **1990**, 172.
[1798] Ilankumaran, P. ; Verkade, J. G. *J. Org. Chem.* **1999**, 64, 3086.
[1799] Ooi, T. ; Sugimoto, H. ; Maruoka, K. *Heterocycles* **2001**, 54, 593.
[1800] Joshi, U. M. ; Patkar, L. N. ; Rajappa, S. *Synth. Commun.* **2004**, 34, 33.
[1801] See Koskikallio, E. A. in Patai, S. *The Chemistry of Carboxylic Acids and Esters*, Wiley, NY, **1969**, pp. 103-136.
[1802] Ilankumaran, P. ; Verkade, J. G. *J. Org. Chem.* **1999**, 64, 9063.
[1803] Grasa, G. A. ; Kissling, R. M. ; Nolan, S. P. *Org. Lett.* **2002**, 4, 3583.
[1804] Bosco, J. W. J. ; Saikia, A. K. *Chem. Commun.* **2004**, 1116.
[1805] See House, H. O. ; Trost, B. M. *J. Org. Chem.* **1965**, 30, 2502.
[1806] See Mondal, M. A. S. ; van der Meer, R. ; German, A. L. ; Heikens, D. *Tetrahedron* **1974**, 30, 4205.
[1807] Henry, P. M. *J. Am. Chem. Soc.* **1971**, 93, 3853; *Acc. Chem. Res.* **1973**, 6, 16.
[1808] Das, B. ; Venkataiah, B. *Synthesis* **2000**, 1671.
[1809] Chavan, S. P. ; Kale, R. R. ; Shivasankar, K. ; Chandake, S. I. ; Benjamin, S. B. *Synthesis* **2003**, 2695.
[1810] For example, see Czarnik, A. W. *Tetrahedron Lett.* **1984**, 25, 4875. For a list of references, see Larock, R. C. *Comprehensive Organic Transformations*, 2nd ed. , Wiley-VCH, NY, **1999**, pp. 197-1978.
[1811] DeLuca, L. ; Giacomelli, G. ; Porcheddu, A. *J. Org. Chem.* **2002**, 67, 5152.
[1812] Charette, A. B. ; Chua, P. *Synlett* **1998**, 163.
[1813] Anelli, P. L. ; Brocchetta, M. ; Palano, D. ; Visigalli, M. *Tetrahedron Lett.* **1997**, 38, 2367.
[1814] Kiessling, A. J. ; McClure, C. K. *Synth. Commun.* **1997**, 27, 923.
[1815] Glatzhofer, D. T. ; Roy, R. R. ; Cossey, K. N. *Org. Lett.* **2002**, 4, 2349. See Naik, R. ; Pasha, M. A. *Synth. Commun.* **2005**, 35, 2823.
[1816] See Yamaguchi, J. -i. ; Aoyagi, T. ; Fujikura, R. ; Suyama, T. *Chem. Lett.* **2001**, 466.
[1817] Fisher, L. E. ; Caroon, J. M. ; Stabler, S. R. ; Lundberg, S. ; Zaidi, S. ; Sorensen, C. M. ; Sparacino, M. L. ; Muchowski, J. M. *Can. J. Chem.* **1994**, 72, 142.
[1818] Orita, A. ; Nagano, Y. ; Hirano, J. ; Otera, J. *Synlett* **2001**, 637.
[1819] Serieys, A. ; Botuha, C. ; Chemla, F. ; Ferreira, F. ; Pérez-Luna, A. *Tetrahedron Lett.* **2008**, 49, 5322.
[1820] Srivastava, R. R. ; Kabalka, G. W. *Tetrahedron Lett.* **1992**, 33, 593.

[1821] Fife, W. K.; Zhang, Z. *J. Org. Chem.* **1986**, 51, 3744. For a review of acetic formic anhydride see Strazzolini, P.; Giumanini, A. G.; Cauci, S. *Tetrahedron* **1990**, 46 1081.
[1822] Plusquellec, D.; Roulleau, F.; Lefeuvre, M.; Brown, E. *Tetrahedron* **1988**, 44, 2471; Wang, J.; Hu, Y.; Cui, W. *J. Chem. Res.* (S) **1990**, 84.
[1823] Hu, Y.; Wang, J.-X.; Li, S. *Synth. Commun.* **1997**, 27, 243.
[1824] For lists of other dehydrating agents with references, see Larock, R. C. *Comprehensive Organic Transformations*, 2nd ed., Wiley-VCH, NY, **1999**, pp. 1930-1932; Ogliaruso, M. A.; Wolfe, J. F. in Patai, S. *The Chemistry of Acid Derivatives*, pt. 1, Wiley, NY, **1979**, pp. 437-438.
[1825] See Rammler, D. H.; Khorana, H. G. *J. Am. Chem. Soc.* **1963**, 85, 1997. See also, Hata, T.; Tajima, K.; Mukaiyama, T. *Bull. Chem. Soc. Jpn.* **1968**, 41, 2746.
[1826] Kim, J.; Jang, D. O. *Synth. Commun.* **2001**, 31, 395.
[1827] Villemin, D.; Labiad, B.; Loupy, A. *Synth. Commun.* **1993**, 23, 419.
[1828] Rinderknecht, H.; Ma, V. *Helv. Chim. Acta* **1964**, 47, 152. See also, Nangia, A.; Chandrasekaran, S. *J. Chem. Res.* (S) **1984**, 100.
[1829] Weiss, J.; Havelka, F.; Nefedov, B. K. *Bull. Acad. Sci. USSR Div. Chem. Sci.* **1978**, 27, 193.
[1830] Avison, A. W. D. *J. Chem. Soc.* **1955**, 732.
[1831] Karger, M. H.; Mazur, Y. *J. Org. Chem.* **1971**, 36, 528.
[1832] See Satchell, D. P. N. *Q. Rev. Chem. Soc.* **1963**, 17, 160, pp. 182-184.
[1833] See Scheithauer, S.; Mayer, R. *Top. Sulfur Chem.* **1979**, 4, 1.
[1834] Ahmad, S.; Iqbal, J. *Tetrahedron Lett.* **1986**, 27, 3791.
[1835] Hirabayashi, Y.; Mizuta, M.; Mazume, T. *Bull. Chem. Soc. Jpn.* **1965**, 38, 320.
[1836] Nomura, R.; Miyazaki, S.; Nakano, T.; Matsuda, H. *Chem. Ber.* **1990**, 123, 2081.
[1837] Imamoto, T.; Kodera, M.; Yokoyama, M. *Synthesis* **1982**, 134. See also, Dellaria, Jr., F. F.; Nordeen, C.; Swett, L. R. *Synth. Commun.* **1986**, 16, 1043.
[1838] Rao, Y.; Li, X.; Nagorny, P.; Hayashida, J.; Danishefsky, S. J. *Tetrahedron Lett.* **2009**, 50, 6684.
[1839] Mukaiyama, T.; Takeda, T.; Atsumi, K. *Chem. Lett.* **1974**, 187. See also, Hatch, R. P.; Weinreb, S. M. *J. Org. Chem.* **1977**, 42, 3960; Cohen, T.; Gapinski, R. E. *Tetrahedron Lett.* **1978**, 4319.
[1840] Gauthier, J. Y.; Bourdon, F.; Young, R. N. *Tetrahedron Lett.* **1986**, 27, 15.
[1841] See Knipe, A. C. *J. Chem. Soc. Perkin Trans.* 2 **1973**, 589.
[1842] Eldred, S. E.; Stone, D. A.; Gellman, S. H.; Stahl, S. S. *J. Am. Chem. Soc.* **2003**, 125, 3422.
[1843] Shapiro, G.; Marzi, M. *J. Org. Chem.* **1997**, 62, 7096.
[1844] Roos, E. C.; Bernabé, P.; Hiemstra, H.; Speckamp, W. N.; Kaptein, B.; Boesten, W. H. J. *J. Org. Chem.* **1995**, 60, 1733.
[1845] El Kaim, L.; Grimaud, L.; Lee, A.; Perroux, Y.; Tiria, C. *Org. Lett.* **2004**, 6, 381.
[1846] Bon, E.; Bigg, D. C. H.; Bertrand, G. *J. Org. Chem.* **1994**, 59, 4035.
[1847] Sibi, M. P.; Hasegawa, H.; Ghorpade, S. R. *Org. Lett.* **2002**, 4, 3343.
[1848] Ley, S. V.; Leach, A. G.; Storer, R. I. *J. Chem. Soc. Perkin Trans.* 1 **2001**, 358.
[1849] Mohammadpoor-Baltork, I.; Khodaei, M. M.; Nikoofar, K. *Tetrahedron Lett.* **2003**, 44, 591.
[1850] Inamoto, K.; Shiraishi, M.; Hiroya, K.; Doi, T. *Synthesis* **2010**, 3087.
[1851] Saravanan, V.; Mukherjee, C.; Das, S.; Chandrasekaran, S. *Tetrahedron Lett.* **2004**, 45, 681.
[1852] You, H.-W.; Lee, K.-J. *Synlett* **2001**, 105.
[1853] Telvekar, V. N.; Chettiar, S. N. *Tetrahedron Lett.* **2007**, 48, 4529.
[1854] Cho, C.-G.; Park, J.-S.; Jung, I.-H.; Lee, H. *Tetrahedron Lett.* **2001**, 42, 1065.
[1855] See Challis, M. S.; Butler, A. R. in Patai, S. *The Chemistry of the Amino Group*, Wiley, NY, **1968**, pp. 279-290.
[1856] See Beckwith, A. L. J. in Zabicky, J. *The Chemistry of Amides*, Wiley, NY, **1970**, pp. 73-185; Jedrzejczak, M.; Motie, R. E.; Satchell, D. P. N. *J. Chem. Soc. Perkin Trans.* 2 **1993**, 599.
[1857] See Bhattacharyya, S.; Gooding, O. W.; Labadie, J. *Tetrahedron Lett.* **2003**, 44, 6099.
[1858] Reddy, A. S.; Kumar, M. S.; Reddy, G. R. *Tetrahedron Lett.* **2000**, 41, 6285.
[1859] Meshram, H. M.; Reddy, G. S.; Reddy, M. M.; Yadav, J. S. *Tetrahedron Lett.* **1998**, 39, 4103.
[1860] Hajipour, A. R.; Mazloumi, Gh. *Synth. Commun.* **2002**, 32, 23.
[1861] Cho, D. H.; Jang, D. O. *Tetrahedron Lett.* **2004**, 45, 2285.
[1862] Shi, F.; Li, J.; Li, C.; Jia, X. *Tetrahedron Lett.* **2010**, 51, 6049.
[1863] Ghosh, R.; Maiti, S.; Chakraborty, A. *Tetrahedron Lett.* **2004**, 45, 6775.
[1864] Lee, W. S.; Park, K. H.; Yoon, Y.-J. *Synth. Commun.* **2000**, 30, 4241.
[1865] Kim, J.-G.; Jang, D. O. *Synlett* **2010**, 2093. For other formylation reactions, see Shekhar, A. C.; Kumar, A. R.; Sathaiah, G.; Paul, V. L.; Sridhar, M.; Rao, P. S. *Tetrahedron Lett.* **2009**, 50, 7099; Brahmachari, G.; Laskar, S. *Tetrahedron Lett.* **2010**, 51, 2319; Rahman, M.; Kundu, D.; Hajra, A.; Majee, A. *Tetrahedron Lett.* **2010**, 51, 2896; Deutsch, J.; Eckelt, R.; Köckritz, A.; Martin, A. *Tetrahedron* **2009**, 65, 10365.
[1866] See Paulsen, H.; Stoye, D. in Zabicky, J. *The Chemistry of Amides*, Wiley, NY, **1970**, pp. 515-600.
[1867] For an improved method, see Ando, W.; Tsumaki, H. *Synth. Commun.* **1983**, 13, 1053.
[1868] Richter, R.; Ulrich, H. pp. 619-818, and Drobnica, L.; Kristián, P.; Augustín, J. pp. 1003-1221, in Patai, S. *The Chemistry of Cyanates and Their Thio Derivatives*, pt. 2, Wiley, NY, **1977**.
[1869] See Ozaki, S. *Chem. Rev.* **1972**, 72, 457, see pp. 457-460. For a review of the industrial preparation of isocyanates by this reaction, see Twitchett, H. J. *Chem. Soc. Rev.* **1974**, 3, 209.

[1870] For a review of thiophosgene, see Sharma, S. *Sulfur Rep.* **1986**, 5, 1.
[1871] Kurita, K. ; Iwakura, Y. *Org. Synth.* **VI**, 715.
[1872] Heydari, A. ; Shiroodi, R. K. ; Hamadi, H. ; Esfandyari, M. ; Pourayoubi, M. *Tetrahedron Lett.* **2007**, 48, 5865; Upadhyaya, D. J. ; Barge, A. ; Stefania, R. ; Cravotto, G. *Tetrahedron Lett.* **2007**, 48, 8318; Shrikhande, J. J. ; Gawande, M. B. ; Jayaram, R. V. *Tetrahedron Lett.* **2008**, 49, 4799. See Vilaivan, T. *Tetrahedron Lett.* **2006**, 47, 6739.
[1873] See Yasuhara, T. ; Nagaoka, Y. ; Tomioka, K. *J. Chem. Soc. Perkin Trans.* 1 **1999**, 2233.
[1874] Greene, T. W. *Protective Groups in Organic Synthesis* Wiley, NY, **1980**, pp 222-248, 324-326; Wuts, P. G. M. ; Greene, T. W. *Protective Groups in Organic Synthesis*, 2nd ed. , Wiley, NY, **1991**, pp 327-330; Wuts, P. G. M. ; Greene, T. W. *Protective Groups in Organic Synthesis*, 3rd ed. , Wiley, NY, **1999**, pp 518-525; 737-739.
[1875] Kivinen, A. in Patai, S. *The Chemistry of Acyl Halides*, Wiley, NY, **1972**; Bender, M. L. ; Jones, M. J. *J. Org. Chem.* **1962**, 27, 3771. See also, Song, B. D. ; Jencks, W. P. *J. Am. Chem. Soc.* **1989**, 111, 8479.
[1876] Lemoucheux, L. ; Seitz, T. ; Rouden, J. ; Lasne, M. -C. *Org. Lett.* **2004**, 6, 3703.
[1877] For a discussion of the mechanism, see Kluger, R. ; Hunt, J. C. *J. Am. Chem. Soc.* **1989**, 111, 3325.
[1878] See Beckwith, A. L. J. in Zabicky, J. *The Chemistry of Amides*, Wiley, NY, **1970**, pp. 86-96. See also, Naik, S. ; Bhattacharjya, G. ; Talukdar, B. ; Patel, B. K. *Eur. J. Org. Chem.* **2004**, 1254.
[1879] Dave, P. R. ; Kumar, K. A. ; Duddu, R. ; Axenrod, T. ; Dai, R. ; Das, K. K. ; Guan, X. -P. ; Sun, J. ; Trivedi, N. J. ; Gilardi, R. D. *J. Org. Chem.* **2000**, 65, 1207.
[1880] Anuradha, M. V. ; Ravindranath, B. *Tetrahedron* **1997**, 53, 1123.
[1881] See Wheeler, O. H. ; Rosado, O. in Zabicky, J. *The Chemistry of Amides*, Wiley, NY, **1970**, pp. 335-381; Hargreaves, M. K. ; Pritchard, J. G. ; Dave, H. R. *Chem. Rev.* **1970**, 70, 439 (cyclic imides).
[1882] Tsubouchi, H. ; Tsuji, K. ; Ishikawa, H. *Synlett* **1994**, 63.
[1883] Kacprzak, K. *Synth. Commun.* **2003**, 33, 1499.
[1884] Le, Z. -G. ; Chen, Z. -C. ; Hu, Y. ; Zheng, Q. -G. *Synthesis* **2004**, 995.
[1885] Martin, B. ; Sekljic, H. ; Chassaing, C. *Org. Lett.* **2003**, 5, 1851.
[1886] Eaton, J. T. ; Rounds, W. D. ; Urbanowicz, J. H. ; Gribble, G. W. *Tetrahedron Lett.* **1988**, 29, 6553.
[1887] Vlietstra, E. J. ; Zwikker, J. W. ; Nolte, R. J. M. ; Drenth, W. *Recl. Trav. Chim. Pays-Bas* **1982**, 101, 460.
[1888] Barrett, A. G. M. ; Lana, J. C. A. *J. Chem. Soc. , Chem. Commun.* **1978**, 471.
[1889] Vauthey, I. ; Valot, F. ; Gozzi, C. ; Fache, F. ; Lemaire, M. *Tetrahedron Lett.* **2000**, 41, 6347.
[1890] Singh, D. U. ; Singh, P. R. ; Samant, S. D. *Tetrahedron Lett.* **2004**, 45, 4805.
[1891] Martin, M. T. ; Roschangar, F. ; Eaddy, J. F. *Tetrahedron Lett.* **2003**, 44, 5461.
[1892] Arseniyadis, S. ; Subhash, P. V. ; Valleix, A. ; Mathew, S. P. ; Blackmond, D. G. ; Wagner, A. ; Mioskowski, C. *J. Am. Chem. Soc.* **2005**, 127, 6138.
[1893] See Gooßen, L. J. ; Ohlmann, D. M. ; Lange, P. P. *Synthesis* **2009**, 160.
[1894] See Beckwith, A. L. J. in Zabicky, J. *The Chemistry of Amides*, Wiley, NY, **1970**, pp. 105-109.
[1895] Chou, W. -C. ; Chou, M. -C. ; Lu, Y. -Y. ; Chen, S. -F. *Tetrahedron Lett.* **1999**, 40, 3419. Also see White, J. M. ; Tunoori, A. R. ; Turunen, B. J. ; Georg, G. I *J. Org. Chem.* **2004**, 69, 2573.
[1896] Ishihara, K. ; Kondo, S. ; Yamamoto, H. *Synlett* **2001**, 1371.
[1897] Crosignani, S. ; Gonzalez, J. ; Swinnen, D. *Org. Lett.* **2004**, 6, 4579; Chichilla, R. ; Dodsworth, D. J. ; Nájera, C. ; Soriano, J. M. *Tetrahedron Lett.* **2003**, 44, 463.
[1898] da C. Rodrigues, R. ; Barros, I. M. A. ; Lima, E. L. S. *Tetrahedron Lett.* **2005**, 46, 5945.
[1899] Wodka, D. ; Robbins, M. ; Lan, P. ; Martinez, R. L. ; Athanasopoulos, J. ; Makara, G. M. *Tetrahedron Lett.* **2006**, 47, 1825.
[1900] Khalafi-Nezhad, A. ; Mokhtari, B. ; Rad, M. N. S. *Tetrahedron Lett.* **2003**, 44, 7325; Perreux, L. ; Loupy, A. ; Volatron, F. *Tetrahedron* **2002**, 58, 2155. See also, Bose, A. K. ; Ganguly, S. N. ; Manhas, M. S. ; Guha, A. ; Pombo-Villars, E. *Tetrahedron Lett.* **2006**, 47, 4605.
[1901] De Luca, L. ; Giacomelli, G. ; Porcheddu, A. ; Salaris, M. *Synlett* **2004**, 2570.
[1902] Peng, Y. ; Song, G. *Org. Prep. Proceed. Int.* **2002**, 34, 95.
[1903] Hosseini-Sarvari, M. ; Sharghi, H. *J. Org. Chem.* **2006**, 71, 6652.
[1904] See Bladé-Font, A. *Tetrahedron Lett.* **1980**, 21, 2443. Also see Wei, Z. -Y. ; Knaus, E. E. *Tetrahedron Lett.* **1993**, 34, 4439 for a variation of this reaction.
[1905] Gutman, A. L. ; Meyer, E. ; Yue, X. ; Abell, C. *Tetrahedron Lett.* **1992**, 33, 3943.
[1906] Bosch, I. ; Romea, P. ; Urpi, F. ; Vilarrasa, J. *Tetrahedron Lett.* **1993**, 34, 4671. See Bai, D. ; Shi, Y. *Tetrahedron Lett.* **1992**, 33, 943 for the preparation of lactam units in p-cyclophanes.
[1907] See Klausner, Y. S. ; Bodansky, M. *Synthesis* **1972**, 453.
[1908] It was first used this way by Sheehan, J. C. ; Hess, G. P. *J. Am. Chem. Soc.* **1955**, 77, 1067.
[1909] See Gross, E. ; Meienhofer, J. *The Peptides*, 3 Vols. , Academic Press, NY, **1979-1981**. See Bodanszky, M. ; Bodanszky, A. *The Practice of Peptide Synthesis*, Springer, NY, **1984**.
[1910] Feuerstein, M. ; Doucet, H. ; Santelli, M. *Tetrahedron Lett.* **2001**, 42, 6667.
[1911] See Rebek, J. ; Feitler, D. *J. Am. Chem. Soc.* **1974**, 96, 1606. Also see Rebek, J. ; Feitler, D. *J. Am. Chem. Soc.* **1973**, 95, 4052.
[1912] Banwell, M. ; Smith, J. *Synth. Commun.* **2001**, 31, 2011. For another procedure, see Kim, M. ; Lee, H. ; Han, K. -J. ; Kay, K. -Y. *Synth. Commun.* **2003**, 33, 4013.
[1913] Shiina, I. ; Suenaga, Y. ; Nakano, M. ; Mukaiyama, T. *Bull. Chem. Soc. Jpn.* **2000**, 73, 2811.
[1914] For a list of reagents, with references, see Larock, R. C. *Comprehensive Organic Transformations*, 2nd ed. , Wiley-VCH, NY,

1999, pp. 1941-1949.
[1915] Ishihara, K.; Ohara, S.; Yamamoto, H. *J. Org. Chem.* **1996**, 61, 4196.
[1916] See Vaidyanathan, R.; Kalthod, V. G.; Ngo, D.; Manley, J. M.; Lapekas, S. P. *J. Org. Chem.* **2004**, 69, 2565. Also see Grzyb, J. A.; Batey, R. A. *Tetrahedron Lett.* **2003**, 44, 7485.
[1917] Klosa, J. *J. Prakt. Chem.* **1963**, [4] 19, 45.
[1918] Wilson, J. D.; Weingarten, H. *Can. J. Chem.* **1970**, 48, 983.
[1919] Cossy, J.; Pale-Grosdemange, C. *Tetrahedron Lett.* **1989**, 30, 2771.
[1920] Thorsen, M.; Andersen, T. P.; Pedersen, U.; Yde, B.; Lawesson, S. *Tetrahedron* **1985**, 41, 5633.
[1921] Jászay, Z. M.; Petneházy, I.; Töke, L. *Synth. Commun.* **1998**, 28, 2761.
[1922] Higuchi, T.; Miki, T.; Shah, A. C.; Herd, A. K. *J. Am. Chem. Soc.* **1963**, 85, 3655.
[1923] For example, see Schindbauer, H. *Monatsh. Chem.* **1968**, 99, 1799.
[1924] Zhmurova, I. N.; Voitsekhovskaya, I. Yu.; Kirsanov, A. V. *J. Gen. Chem. USSR* **1959**, 29, 2052. See also, Liu, H.; Chan, W. H.; Lee, S. P. *Synth. Commun.* **1979**, 9, 31.
[1925] Pelter, A.; Levitt, T. E.; Nelson, P. *Tetrahedron* **1970**, 26, 1539; Pelter, A.; Levitt, T. E. *Tetrahedron* **1970**, 26, 1545, 1899.
[1926] Sanchez, R.; Vest, G.; Despres, L. *Synth. Commun.* **1989**, 19, 2909.
[1927] Park, S.-D.; Oh, J.-H.; Lim, D. *Tetrahedron Lett.* **2002**, 43, 6309.
[1928] Merrifield, R. B. *J. Am. Chem. Soc.* **1963**, 85, 2149.
[1929] Birr, C. *Aspects of the Merrifield Peptide Synthesis*, Springer, NY, **1978**. For reviews, see Bayer, E. *Angew. Chem. Int. Ed.* **1991**, 30, 113; Kaiser, E. T. *Acc. Chem. Res.* **1989**, 22, 47; Jacquier, R. *Bull. Soc. Chim. Fr.* **1989**, 220; Barany, G.; Kneib-Cordonier, N.; Mullen, D. G. *Int. J. Pept. Protein Res.* **1987**, 30, 705; Andreev, S. M.; Samoilova, N. A.; Davidovich, Yu. A.; Rogozhin, S. V. *Russ. Chem. Rev.* **1987**, 56, 366; Gross, E.; Meienhofer, J. *The Peptides*, Vol. 2, Academic Press, NY, **1980**, the articles by Barany, G.; Merrifield, R. B. pp. 1-184; Fridkin, M. pp. 333-363; Erickson, B. W.; Merrifield, R. B. in Neurath, H.; Hill, R. L.; Boeder, C.-L. *The Proteins*, 3rd ed., Vol. 2, Academic Press, NY, **1976**, pp. 255-527. For R. B. Merrifield's Nobel Prize lecture, see Merrifield, R. B. *Angew. Chem. Int. Ed.* **1985**, 24, 799.
[1930] Laszlo, P. *Preparative Organic Chemistry Using Supported Reagents*, Academic Press, NY, **1987**; Mathur, N. K.; Narang, C. K.; Williams, R. E. *Polymers as Aids in Organic Chemistry*, Academic Press, NY **1980**; Hodge, P.; Sherrington, D. C. *Polymer-Supported Reactions in Organic Synthesis*, Wiley, NY, **1980**. For reviews, see Pillai, V. N. R.; Mutter, M. *Top. Curr. Chem.* **1982**, 106, 119; Akelah, A.; Sherrington, D. C. *Chem. Rev.* **1981**, 81, 557; Akelah, A. *Synthesis* **1981**, 413; Rebek, J. *Tetrahedron* **1979**, 35, 723; McKillop, A.; Young, D. W. *Synthesis* **1979**, 401, 481; Crowley, J. I.; Rapoport, H. *Acc. Chem. Res.* **1976**, 9, 135; Patchornik, A.; Kraus, M. A. *Pure Appl. Chem.* **1975**, 43, 503.
[1931] See Whitney, D. B.; Tam, J. P.; Merrifield, R. B. *Tetrahedron* **1984**, 40, 4237.
[1932] Merrifield, R. B.; Stewart, J. M.; Jernberg, N. *Anal. Chem.* **1966**, 38, 1905.
[1933] See Schnorrenberg, G.; Gerhardt, H. *Tetrahedron* **1989**, 45, 7759.
[1934] For a review, see Bannwarth, W. *Chimia* **1987**, 41, 302.
[1935] Fréchet, J. M. J. *Tetrahedron* **1981**, 37, 663; Fréchet, J. M. J. in Hodge, P.; Sherrington, D. C. *Polymer-Supported Reactions in Organic Synthesis*, Wiley, NY, **1980**, pp. 293-342, Leznoff, C. C. *Acc. Chem. Res.* **1978**, 11, 327; *Chem. Soc. Rev.* **1974**, 3, 64.
[1936] Czarnik, A. W.; DeWitt, S. H. *A Practical Guide to Combinatorial Chemistry*, American Chemical Society, Washington, D. C., **1997**; Chaiken, I. N.; Janda, K. D. *Molecular Diversity and Combinatorial Chemistry: Libraries and Drug Discovery*, American Chemical Society, Washington, D. C; **1996**; Balkenhol, F.; von dem Bussche-Hünnefeld, C.; Lansky, A.; Zechel, C. *Angew. Chem. Int. Ed.* **1996**, 35, 2289; Thompson, L. A.; Ellman, J. A. *Chem. Rev.* **1996**, 96, 555; Crowley, J. I.; Rapoport, H. *Acc. Chem. Res.* **1976**, 9, 135; Leznoff, C. C. *Acc. Chem. Res.* **1978**, 11, 327.
[1937] Beckwith, A. L. J. in Zabicky, J. *The Chemistry of Amides*, Wiley, NY, **1970**, pp. 96-105. For a list of reagents, with references, see Larock, R. C. *Comprehensive Organic Transformations*, 2nd ed., Wiley-VCH, NY, **1999**, pp. 1973-1976. See Sabot, C.; Kumar, K. A.; Meunier, S.; Mioskowski, C. *Tetrahedron Lett.* **2007**, 48, 3863.
[1938] See Mizuhara, T.; Hioki, K.; Yamada, M.; Sasaki, H.; Morisaki, D.; Kunishima, M. *Chem. Lett.* **2008**, 37, 1190. Magnesium nitride is a useful source of ammonia in this reaction. See Veitch, G. E.; Bridgwood, K. L.; Ley, S. V. *Org. Lett.* **2008**, 10, 3623.
[1939] Xu, D.; Prasad, K.; Repic, O.; Blacklock, T. J. *Tetrahedron Lett.* **1995**, 36, 7357.
[1940] See Matsumoto, K.; Hashimoto, S.; Uchida, T.; Okamoto, T.; Otani, S. *Chem. Ber.* **1989**, 122, 1357.
[1941] Högberg, T.; Ström, P.; Ebner, M.; Rämsby, S. *J. Org. Chem.* **1987**, 52, 2033.
[1942] Guo, Z.; Dowdy, E. D.; Li, W.-S.; Polniaszek, R.; Delaney, E. *Tetrahedron Lett.* **2001**, 42, 1843.
[1943] Ranu, B. C.; Dutta, P. *Synth. Commun.* **2003**, 33, 297.
[1944] Matsumoto, K.; Hashimoto, S.; Uchida, T.; Okamoto, T.; Otani, S. *Chem. Ber.* **1989**, 122, 1357.
[1945] Varma, R. S.; Naicker, K. P. *Tetrahedron Lett.* **1999**, 40, 6177.
[1946] Zradni, F.-Z.; Hamelin, J.; Derdour, A. *Synth. Commun.* **2002**, 32, 3525.
[1947] See Wang, J.; Rosingana, M.; Discordia, R. P.; Soundararajan, N.; Polniaszek, R. *Synlett* **2001**, 1485.
[1948] Labelle, M.; Gravel, D. *J. Chem. Soc., Chem. Commun.* **1985**, 105.
[1949] Ooi, T.; Tayama, E.; Yamada, M.; Maruoka, K. *Synlett* **1999**, 729.
[1950] Youshko, M. I.; van Rantwijk, F.; Sheldon, R. A. *Tetrahedron Asymmetry* **2001**, 12, 3267.
[1951] Distaso, M.; Quaranta, E. *Tetrahedron* **2004**, 60, 1531.
[1952] Orrling, K. M.; Wu, X.; Russo, F.; Larhed, M. *J. Org. Chem.* **2008**, 73, 8627.

[1953] Ho, C. Y. ; Strobel, E. ; Ralbovsky, J. ; Galemmo, Jr. , R. A. *J. Org. Chem.* **2005**, 70, 4873.
[1954] van Melick, J. E. W. ; Wolters, E. T. M. *Synth. Commun.* **1972**, 2, 83.
[1955] Satchell, D. P. N. ; Satchell, R. S. in Patai, S. *The Chemistry of Carboxylic Acids and Esters*, Wiley, NY, **1969**, pp. 410-431; Ilieva, S. ; Galabov, B. ; Musaev, D. G. ; Morokuma, K. ; Schaefer, III, H. F. *J. Org. Chem.* **2003**, 68, 1496.
[1956] Bruice, T. C. ; Donzel, A. ; Huffman, R. W. ; Butler, A. R. *J. Am. Chem. Soc.* **1967**, 89, 2106.
[1957] Bunnett, J. F. ; Davis, G. T. *J. Am. Chem. Soc.* **1960**, 82, 665, Jencks, W. P. ; Carriuolo, J. *J. Am. Chem. Soc.* **1960**, 82, 675; Bruice, T. C. ; Mayahi, M. F. *J. Am. Chem. Soc.* **1960**, 82, 3067.
[1958] Bruice, T. C. ; Felton, S. M. *J. Am. Chem. Soc.* **1969**, 91, 2799; Felton, S. M. ; Bruice, T. C. *J. Am. Chem. Soc.* **1969**, 91, 6721; Nagy, O. B. ; Reuliaux, V. ; Bertrand, N. ; Van Der Mensbrugghe, A. ; Leseul, J. ; Nagy, J. B. *Bull. Soc. Chim. Belg.* **1985**, 94, 1055.
[1959] Gresser, M. J. ; Jencks, W. P. *J. Am. Chem. Soc.* **1977**, 99, 6963, 6970. See also, Um, I. -H. ; Lee, J. -Y. ; Lee, H. W. ; Nagano, Y. ; Fujio, M. ; Tsuno, Y. *J. Org. Chem.* **2005**, 70, 4980.
[1960] Blackburn, G. M. ; Jencks, W. P. *J. Am. Chem. Soc.* **1968**, 90, 2638.
[1961] Bunnett, J. F. ; Davis, G. T. *J. Am. Chem. Soc.* **1960**, 82, 665.
[1962] Zaugg, H. E. ; Helgren, P. F. ; Schaefer, A. D. *J. Org. Chem.* **1963**, 28, 2617. See also, Weintraub, L. ; Terrell, R. *J. Org. Chem.* **1965**, 30, 2470; Harada, R. ; Kinoshita, Y. *Bull. Chem. Soc. Jpn.* **1967**, 40, 2706.
[1963] Huang, P. -Q. ; Zheng, X. ; Deng, X. -M. *Tetrahedron Lett.* **2001**, 42, 9039. See also, Taylor, S. K. ; Ide, N. D. ; Silver, M. E. ; Stephan, M. *Synth. Commun.* **2001**, 31, 2391.
[1964] For a list of procedures, with references, see Larock, R. C. *Comprehensive Organic Transformations*, 2nd ed. , Wiley-VCH, NY, **1999**, pp. 1978-1982.
[1965] Murakami, Y. ; Kondo, K. ; Miki, K. ; Akiyama, Y. ; Watanabe, T. ; Yokoyama, Y. *Tetrahedron Lett.* **1997**, 38, 3751.
[1966] Hoerter, J. M. ; Otte, K. M. ; Gellman, S. H. ; Stahl, S. S. *J. Am. Chem. Soc.* **2006**, 128, 5177.
[1967] See Chimishkyan, A. L. ; Snagovskii, Yu. S. ; Gulyaev, N. D. ; Leonova, T. V. ; Kusakin, M. S. *J. Org. Chem. USSR* **1985**, 21, 1955.
[1968] Yang, Y. ; Lu, S. *Org. Prep. Proceed. Int.* **1999**, 31, 559.
[1969] Garcia, J. ; Vilarrasa, J. *Tetrahedron Lett.* **1982**, 23, 1127.
[1970] Askitoglu, E. ; Guggisberg, A. ; Hesse, M. *Helv. Chim. Acta* **1985**, 68, 750 and references cited therein. For a carbon analog, see Süsse, M. ; Hájicek, J. ; Hesse, M. *Helv. Chim. Acta* **1985**, 68, 1986.
[1971] See Stach, H. ; Hesse, M. *Tetrahedron* **1988**, 44, 1573.
[1972] Kotsuki, H. ; Iwasaki, M. ; Nishizawa, H. *Tetrahedron Lett.* **1992**, 33, 4945.
[1973] See Douglas, K. T. *Acc. Chem. Res.* **1986**, 19, 186.
[1974] See Collum, D. B. ; Chen, S. ; Ganem, B. *J. Org. Chem.* **1978**, 43, 4393.
[1975] Coniglio, S. ; Aramini, A. ; Cesta, M. C. ; Colagioia, S. ; Curti, R. ; D'Alessandro, F. ; D'anniballe, G. ; D'Elia, V. ; Nano, G. ; Orlando, V. ; Allegretti, M. *Tetrahedron Lett.* **2004**, 45, 5375.
[1976] Salvatore, R. N. ; Shin, S. I. ; Nagle, A. S. ; Jung, K. W. *J. Org. Chem.* **2001**, 66, 1035.
[1977] For a review, see Challis, B. C. ; Challis, J. A. in Zabicky, J. *The Chemistry of Amides*, Wiley, NY, **1970**, pp. 759-773.
[1978] Baburao, K. ; Costello, A. M. ; Petterson, R. C. ; Sander, G. E. *J. Chem. Soc. C* **1968**, 2779; Davidson, D. ; Skovronek, H. *J. Am. Chem. Soc.* **1958**, 80, 376.
[1979] See LaLonde, R. T. ; Davis, C. B. *J. Org. Chem.* **1970**, 35, 771.
[1980] See Bojarski, J. T. ; Mokrosz, J. L. ; Barton, H. J. ; Paluchowska, M. H. *Adv. Heterocycl. Chem.* **1985**, 38, 229.
[1981] Speziale, A. J. ; Smith, L. R. ; Fedder, J. E. *J. Org. Chem.* **1965**, 30, 4306.
[1982] Marinescu, L. G. ; Pedersen, C. M. ; Bols, M. *Tetrahedron* **2005**, 61, 123. See Marinescu, L. ; Thinggaard, J. ; Thomsen, I. B. ; Bols, M. *J. Org. Chem.* **2003**, 68, 9453; Hünig, S. ; Schaller, R. *Angew. Chem. Int. Ed.* **1982**, 21, 36.
[1983] Arote, N. D. ; Akamanchi, K. G. *Tetrahedron Lett.* **2007**, 48, 5661.
[1984] See Ansell, M. F. in Patai, S. *The Chemistry of Acyl Halides*, Wiley, NY, **1972**, pp. 35-68.
[1985] See Keinan, E. ; Sahai, M. *J. Org. Chem.* **1990**, 55, 3922.
[1986] Bains, S. ; Green, J. ; Tan, L. C. ; Pagni, R. M. ; Kabalka, G. W. *Tetrahedron Lett.* **1992**, 33, 7475.
[1987] Kang, D. H. ; Joo, T. Y. ; Lee, E. H. ; Chaysripongkul, S. ; Chavasiri, W. ; Jang, D. O. *Tetrahedron Lett.* **2006**, 47, 5693.
[1988] See Pizey, J. S. *Synthetic Reaagents*, Vol. 1, Wiley, NY, **1974**, pp. 321-357. See Mohanazadeh, F. ; Momeni, A. R. *Org. Prep. Proceed. Int.* **1996**, 28, 492.
[1989] For a list of reagents, with references, see Larock, R. C. *Comprehensive Organic Transformations*, 2nd ed. , Wiley-VCH, NY, **1999**, pp. 1929-1930.
[1990] Lee, J. B. *J. Am. Chem. Soc.* **1966**, 88, 3440. See Venkataraman, K. ; Wagle, D. R. *Tetrahedron Lett.* **1979**, 3037; Devos, A. ; Remion, J. ; Frisque-Hesbain, A. ; Colens, A. ; Ghosez, L. *J. Chem. Soc. , Chem. Commun.* **1979**, 1180.
[1991] Adams, R. ; Ulich, L. H. *J. Am. Chem. Soc.* **1920**, 42, 599; Wood, T. R. ; Jackson, F. L. ; Baldwin, A. R. ; Longenecker, H. E. *J. Am. Chem. Soc.* **1944**, 66, 287; Zhang, A. ; Nie, J. *J. Agric. Food Chem.* **2005**, 53, 2451.
[1992] Olah, G. A. ; Nojima, M. ; Kerekes, I. *Synthesis* **1973**, 487. For other methods of preparing acyl fluorides, see Mukaiyama, T. ; Tanaka, T. *Chem. Lett.* **1976**, 303; Ishikawa, N. ; Sasaki, S. *Chem. Lett.* **1976**, 1407.
[1993] Švec, P. ; Eisner, A. ; Kolárová, L. ; Weidlich, T. ; Pejchal, V. ; Ružička, A. *Tetrahedron Lett.* **2008**, 49, 6320.
[1994] For lists of reagents converting acid derivatives to acyl halides, see Larock, R. C. *Comprehensive Organic Transformations*, 2nd ed. , Wiley-VCH, NY, **1999**, pp. 1950-1951, 1955, 1968.
[1995] Olah, G. A. ; Welch, J. ; Vankar, Y. D. ; Nojima, M. ; Kerekes, I. ; Olah, J. A. *J. Org. Chem.* **1979**, 44, 3872. See also, Yin, J. ; Zarkowsky, D. S. ; Thomas, D. W. ; Zhao, M. W. ; Huffman, M. A. *Org. Lett.* **2004**, 6, 1465.

[1996] Olah, G. A. ; Kuhn, S. J. *J. Org. Chem.* **1961**, 26, 237.
[1997] Olah, G. A. ; Kuhn, S. J. *J. Am. Chem. Soc.* **1960**, 82, 2380.
[1998] Emsley, J. ; Gold, V. ; Hibbert, F. ; Szeto, W. T. A. *J. Chem. Soc. Perkin Trans.* 2 **1988**, 923.
[1999] Markovski, L. N. ; Pashinnik, V. E. *Synthesis* **1975**, 801.
[2000] Burton, D. J. ; Koppes, W. M. *J. Chem. Soc., Chem. Commun.* **1973**, 425; *J. Org. Chem.* **1975**, 40, 3026; Anderson Jr., A. G. ; Kono, D. H. *Tetrahedron Lett.* **1973**, 5121.
[2001] See Schmidt, A. H. ; Russ, M. ; Grosse, D. *Synthesis* **1981**, 216; Hoffmann, H. M. R. ; Haase, K. *Synthesis* **1981**, 715.
[2002] House, H. O. *Modern Synthetic Reactions*, 2nd ed., W. A. Benjamin, NY, **1972**, pp. 691-694, 734-765.
[2003] For a review, see Cais, M. ; Mandelbaum, A. in Patai, S. *The Chemistry of the Carbonyl Group*, Vol. 1, Wiley, NY, **1966**, Vol. 1, pp. 303-330.
[2004] See Posner, G. H. *An Introduction to Synthesis Using Organocopper Reagents*, Wiley, NY, **1980**, pp. 81-85. Ryu, I. ; Ikebe, M. ; Sonoda, N. ; Yamamoto, S.-Y. ; Yamamura, G.-h. ; Komatsu, M. *Tetrahedron Lett.* **2002**, 43, 1257.
[2005] Posner, G. H. ; Whitten, C. E. ; McFarland, P. E. *J. Am. Chem. Soc.* **1972**, 94, 5106; Luong-Thi, N. ; Rivière, H. *J. Organomet. Chem.* **1974**, 77, C52.
[2006] See Bennett, G. B. ; Nadelson, J. ; Alden, L. ; Jani, A. *Org. Prep. Proced. Int.* **1976**, 8, 13.
[2007] Johnson, C. R. ; Dhanoa, D. S. *J. Org. Chem.* **1987**, 52, 1885.
[2008] Bergbreiter, D. E. ; Killough, J. M. *J. Org. Chem.* **1976**, 41, 2750.
[2009] Knochel, P. ; Yeh, M. C. P. ; Berk, S. C. ; Talbert, J. *J. Org. Chem.* **1988**, 53, 2390.
[2010] Castro, C. E. ; Havlin, R. ; Honwad, V. K. ; Malte, A. ; Mojé, S. *J. Am. Chem. Soc.* **1969**, 91, 6464. See Verkruijsse, H. D. ; Heus-Kloos, Y. A. ; Brandsma, L. *J. Organomet. Chem.* **1988**, 338, 289.
[2011] Stack, D. E. ; Dawson, B. T. ; Rieke, R. D. *J. Am. Chem. Soc.* **1992**, 114, 5110.
[2012] See Kharasch, M. S. ; Reinmuth, O. *Grignard Reactions of Nonmetallic Substances*, Prentice-Hall, Englewood, NJ, **1954**, pp. 712-724. See Wang, X.-j. ; Zhang, L. ; Sun, X. ; Xu, Y. ; Krishnamurthy, D. ; Senanayake, C. H. *Org. Lett.* **2005**, 7, 5593.
[2013] Föhlisch, B. ; Flogaus, R. *Synthesis* **1984**, 734.
[2014] Maeda, H. ; Okamoto, J. ; Ohmori, H. *Tetrahedron Lett.* **1996**, 37, 5381.
[2015] Babudri, F. ; Fiandanese, V. ; Marchese, G. ; Punzi, A. *Tetrahedron* **1996**, 52, 13513.
[2016] Malanga, C. ; Aronica, L. A. ; Lardicci, L. *Tetrahedron Lett.* **1995**, 36, 9185. See Lemoucheux, L. ; Rouden, J. ; Lasne, M.-C. *Tetrahedron Lett.* **2000**, 41, 9997.
[2017] See Dubois, J. E. ; Lion, C. ; Arouisse, A. *Bull. Soc. Chim. Belg.* **1984**, 93, 1083.
[2018] Cooke, Jr., M. P. *J. Org. Chem.* **1986**, 51, 951.
[2019] Fehr, C. ; Galindo, J. ; Perret, R. *Helv. Chim. Acta* **1987**, 70, 1745.
[2020] See Fujisawa, T. ; Sato, T. *Org. Synth.* **66**, 116; Babudri, F. ; D'Ettole, A. ; Fiandanese, V. ; Marchese, G. ; Naso, F. *J. Organomet. Chem.* **1991**, 405, 53.
[2021] See MacPhee, J. A. ; Boussu, M. ; Dubois, J. E. *J. Chem. Soc. Perkin Trans.* 2 **1974**, 1525.
[2022] Bandgar, B. P. ; Patil, A. V. *Tetrahedron Lett.* **2005**, 46, 7627; Ekoue-Kovi, K. ; Xu, H. ; Wolf, C. *Tetrahedron Lett.* **2008**, 49, 5773. For a Cu-mediated reaction, see Nishihara, Y. ; Inoue, Y. ; Fujisawa, M. ; Takagi, K. *Synlett* **2005**, 2309.
[2023] Thimmaiah, M. ; Zhang, X. ; Fang, S. *Tetrahedron Lett.* **2008**, 49, 5605.
[2024] Xin, B. ; Zhang, Y. ; Cheng, K. *Synthesis* **2007**, 1970.
[2025] Lysén, M. ; Kelleher, S. ; Begtrup, M. ; Kristensen, J. L. *J. Org. Chem.* **2005**, 70, 5342.
[2026] Xin, B. ; Zhang, Y. ; Cheng, K. *J. Org. Chem.* **2006**, 71, 5725.
[2027] Wang, J.-X. ; Wei, B. ; Hu, Y. ; Liu, Z. ; Yang, Y. *Synth. Commun.* **2001**, 31, 3885.
[2028] For a list of reagents, with references, see Larock, R. C. *Comprehensive Organic Transformations*, 2nd ed., Wiley-VCH, NY, **1999**, pp. 1389-1400.
[2029] Cason, J. ; Fessenden, R. *J. Org. Chem.* **1960**, 25, 477.
[2030] Baruah, B. ; Boruah, A. ; Prajapati, D. ; Sandhu, J. S. *Tetrahedron Lett.* **1996**, 37, 9087.
[2031] See Grey, R. A. *J. Org. Chem.* **1984**, 49, 2288; Tamaru, Y. ; Ochiai, H. ; Nakamura, T. ; Yoshida, Z. *Org. Synth.* **67**, 98.
[2032] Labadie, J. W. ; Stille, J. K. *J. Am. Chem. Soc.* **1983**, 105, 669, 6129; Labadie, J. W. ; Tueting, D. ; Stille, J. K. *J. Org. Chem.* **1983**, 48, 4634. See Inoue, K. ; Shimizu, Y. ; Shibata, I. ; Baba, A. *Synlett* **2001**, 1659.
[2033] Yamada, J. ; Yamamoto, Y. *J. Chem. Soc., Chem. Commun.* **1987**, 1302.
[2034] Yadav, J. S. ; Srinivas, D. ; Reddy, G. S. ; Bindu, K. H. *Tetrahedron Lett.* **1997**, 38, 8745. Also see, Bryan, V. J. ; Chan, T.-H. *Tetrahedron Lett.* **1997**, 38, 6493 for a similar reaction with an acyl imidazole.
[2035] Kim, S.-H. ; Rieke, R. D. *J. Org. Chem.* **1998**, 63, 6566; Cahiez, G. ; Martin, A. ; Delacroix, T. *Tetrahedron Lett.* **1999**, 40, 6407.
[2036] Filon, H. ; Gosmini, C. ; Périchon, J. *Tetrahedron* **2003**, 59, 8199.
[2037] Rao, M. L. N. ; Venkatesh, V. ; Banerjee, D. *Tetrahedron* **2007**, 63, 12917.
[2038] Markó, I. E. ; Southern, J. M. *J. Org. Chem.* **1990**, 55, 3368.
[2039] Ying, T. ; Bao, W. ; Zhang, Y. ; Xu, W. *Tetrahedron Lett.* **1996**, 37, 3885.
[2040] Kakusawa, N. ; Yamaguchi, K. ; Kurita, J. ; Tsuchiya, T. *Tetraehdron Lett.* **2000**, 41, 4143.
[2041] Chowdhury, C. ; Kundu, N. G. *Tetrahedron* **1999**, 55, 7011; Wang, J.-X. ; Wei, B. ; Hu, Y. ; Liua, Z. ; Kang, L. *J. Chem. Res. (S)* **2001**, 146.
[2042] Karpov, A. S. ; Müller, T. J. J. *Org. Lett.* **2003**, 5, 3451.
[2043] Wang, B. ; Wang, S. ; Li, P. ; Wang, L. *Chem. Commun.* **2010**, 5891.
[2044] Iwai, T. ; Fujihara, T. ; Terao, J. ; Tsuji, Y. *J. Am. Chem. Soc.* **2009**, 131, 6668.

[2045] Böttcher, A. ; Becker, H. ; Brunner, M. ; Preiss, T. ; Henkelmann, J. ; De Bakker, C. ; Gleiter, R. *J. Chem. Soc. , Perkin Trans.* 1 **1999**, 3555.
[2046] Wang, J.-x. ; Wei, B. ; Huang, D. ; Hu, Y. ; Bai, L. *Synth. Commun.* **2001**, 31, 3337.
[2047] Wang, J.-X. ; Wei, B. ; Hu, Y. ; Liu, Z. ; Fu, Y. *Synth. Commun.* **2001**, 31, 3527.
[2048] See Kharasch, M. S. ; Reinmuth, O. *Grignard Reactions of Nonmetallic Substances*, Prentice-Hall, Englewood, NJ, **1954**, pp. 561-562, 846-908.
[2049] Deskus, J. ; Fan, D. ; Smith, M. B. *Synth. Commun.* **1998**, 28, 1649.
[2050] Hallouis, S. ; Saluzzo, C. ; Amouroux, R. *Synth. Commun.* **2000**, 30, 313.
[2051] See Kharasch, M. S. ; Reinmuth, O. *Grignard Reactions of Nonmetallic Substances*, Prentice-Hall, Englewood Cliffs, NJ, **1954**, pp. 549-766, 846-869.
[2052] Canonne, P. ; Bernatchez, M. *J. Org. Chem.* **1986**, 51, 2147; **1987**, 52, 4025.
[2053] Kresge, A. J. ; Weeks, D. P. *J. Am. Chem. Soc.* **1984**, 106, 7140. See also, Amyes, T. L. ; Jencks, W. P. *J. Am. Chem. Soc.* **1989**, 111, 7888, 7900.
[2054] See Newman, M. S. ; Smith, A. S. *J. Org. Chem.* **1948**, 13, 592; Edwards, Jr. , W. R. ; Kammann, Jr. , K. P. *J. Org. Chem.* **1964**, 29, 913; Araki, M. ; Sakat, S. ; Takei, H. ; Mukaiyama, T. *Chem. Lett.* **1974**, 687.
[2055] Huet, F. ; Pellet, M. ; Conia, J. M. *Tetrahedron Lett.* **1976**, 3579.
[2056] For a list of reactions with references, see Larock, R. C. *Comprehensive Organic Transformations*, 2nd ed. , Wiley-VCH, NY, **1999**, pp. 1386-1389, 1400-1419.
[2057] See Olah, G. S. ; Prakash, G. K. S. ; Arvanaghi, M. *Synthesis* **1984**, 228; Martin, R. ; Romea, P. ; Tey, C. ; Urpi, F. ; Vilarrasa, J. *Synlett* **1997**, 1414. Also see Kashima, C. ; Kita, I. ; Takahashi, K. ; Hosomi, A. *J. Heterocyclic Chem.* **1995**, 32, 25 for a related reaction.
[2058] Shintani, R. ; Fu, G. C. *Angew. Chem. Int. Ed.* **2002**, 41, 1057.
[2059] Bogavac, M. ; Arsenijevic, L. ; Pavlov, S. ; Arsenijevic, V. *Tetrahedron Lett.* **1984**, 25, 1843.
[2060] Petrov, A. D. ; Kaplan, E. P. ; Tsir, Ya. *J. Gen. Chem. USSR* **1962**, 32, 691.
[2061] Evans, E. A. *J. Chem. Soc.* **1956**, 4691. See Clark, C. T. ; Milgram, B. C. ; Scheidt, K. A. *Org. Lett.* **2004**, 6, 3977. See Wakefield, B. J. *Organolithium Methods*; Academic Press, NY, **1988**, pp. 82-88.
[2062] Mueller-Westerhoff, U. T. ; Zhou, M. *Synlett* **1994**, 975.
[2063] Zhang, P. ; Terefenko, E. A. ; Slavin, J. *Tetrahedron Lett.* **2001**, 42, 2097.
[2064] DeLuca, L. ; Giacomelli, G. ; Porcheddu, A. *Org. Lett.* **2001**, 3, 1519.
[2065] Spialtr, L. ; Pappalardo, J. A. *The Acyclic Aliphatic Tertiary Amines*, Macmillan, NY, **1965**, pp. 59-63.
[2066] Prakash, G. K. S. ; York, C. ; Liao, Q. ; Kotian, K. ; Olah, G. A. *Heterocycles* **1995**, 40, 79.
[2067] Jones, K. ; Storey, J. M. D. *J. Chem. Soc. , Perkin Trans.* 1 **2000**, 769.
[2068] Tominaga, Y. ; Kohra, S. ; Hosomi, A. *Tetrahedron Lett.* **1987**, 28, 1529.
[2069] Calderwood, D. J. ; Davies, R. V. ; Rafferty, P. ; Twigger, H. L. ; Whelan, H. M. *Tetrahedron Lett.* **1997**, 38, 1241.
[2070] Ahn, Y. ; Cohen, T. *Tetrahedron Lett.* **1994**, 35, 203.
[2071] Comins, D. L. ; Dernell, W. *Tetrahedron Lett.* **1981**, 22, 1085.
[2072] Mitchell, R. H. ; Iyer, V. S. *Tetrahedron Lett.* **1993**, 34, 3683. Also see, Sibi, M. P. ; Sharma, R. ; Paulson, K. L. *Tetrahedron Lett.* **1992**, 33, 1941.
[2073] Baird, M. S. ; Huber, F. A. M. ; Tverezovsky, V. V. ; Bolesov, I. G. *Tetrahedron* **2001**, 57, 1593.
[2074] Nahm, S. ; Weinreb, S. M. *Tetrahedron Lett.* **1981**, 22, 3815. For a review, see Balasubramaniam, S. ; Aidhen, I. S. *Synthesis* **2008**, 3707.
[2075] See Tallier, C. ; Bellosta, V. ; Meyer, C. ; Cossy, J. *Org. Lett.* **2004**, 6, 2145.
[2076] Xie, W. ; Zou, B. ; Pei, D. ; Ma, D. *Org. Lett.* **2005**, 7, 2775. For other exmaples see Andrés, J. M. ; Pedrosa, R. ; Pérez-Encabo, A. *Tetrahedron* **2000**, 56, 1217.
[2077] Lee, N. R. ; Lee, J. I. *Synth. Commun.* **1999**, 29, 1249.
[2078] Ruiz, J. ; Sotomayor, N. ; Lete, E. *Org. Lett.* **2003**, 5, 1115.
[2079] See Hansford, K. A. ; Dettwiler, J. E. ; Lubell, W. D. *Org. Lett.* **2003**, 5, 4887.
[2080] Hlasta, D. J. ; Court, J. J. *Tetrahedron Lett.* **1989**, 30, 1773. See also, Nahm, S. ; Weinreb, S. M. *Tetrahedron Lett.* **1981**, 22, 3815.
[2081] Kojima, S. ; Hidaka, T. ; Yamakaw, A. *Chem. Lett.* **2005**, 34, 470.
[2082] Yamaguchi, M. ; Waseda, T. ; Hirao, I. *Chem. Lett.* **1983**, 35.
[2083] Bubnov, Y. N. ; Pastukhov, F. V. ; Yampolsky, I. V. ; Ignatenko, A. V. *Eur. J. Org. Chem.* **2000**, 1503; Li, Z. ; Zhang, Y. *Tetrahedron Lett.* **2001**, 42, 8507.
[2084] Bubnov, Yu. N. ; Klimkina, E. V. ; Zhun', I. V. ; Pastukhov, F. V. ; Yampolsky, I. V. *Pure Appl. Chem.* **2000**, 72, 1641.
[2085] Michael, U. ; Hörnfeldt, A. *Tetrahedron Lett.* **1970**, 5219; Scilly, N. F. *Synthesis* **1973**, 160.
[2086] Collins, S. ; Hong, Y. *Tetrahedron Lett.* **1987**, 28, 4391.
[2087] Periasamy, M. ; Reddy, M. R. ; Bharathi, P. *Synth. Commun.* **1999**, 29, 677.
[2088] Meisters, A. ; Mole, T. *Aust. J. Chem.* **1974**, 27, 1665.
[2089] Chung, E.-A. ; Cho, C.-W. ; Ahn, K. H. *J. Org. Chem.* **1998**, 63, 7590.
[2090] Yu, Y. ; Liebeskind, L. S. *J. Org. Chem.* **2004**, 69, 3554.
[2091] Wittenberg, R. ; Srogl, J. ; Egi, M. ; Liebeskind, L. S. *Org. Lett.* **2003**, 5, 3033.
[2092] Tatamidani, H. ; Kakiuchi, F. ; Chatani, N. *Org. Lett.* **2004**, 6, 3597.
[2093] Tatamidani, H. ; Yokota, K. ; Kakiuchi, F. ; Chatani, N. *J. Org. Chem.* **2004**, 69, 5615.

[2094] Frost, C. G. ; Wadsworth, K. J. *Chem. Commun.* **2001**, 2316.
[2095] Gooßen, L. J. ; Ghosh, K. *Eur. J. Org. Chem.* **2002**, 3254.
[2096] Fausett, B. W. ; Liebeskind, L. S. *J. Org. Chem.* **2005**, 70, 4851.
[2097] Anderson, R. J. ; Henrick, C. A. ; Rosenblum, L. D. *J. Am. Chem. Soc.* **1974**, 96, 3654. See also, Kim, S. ; Lee, J. I. *J. Org. Chem.* **1983**, 48, 2608.
[2098] Shimizu, T. ; Seki, M. *Tetrahedron Lett.* **2002**, 43, 1039.
[2099] Bercot, E. A. ; Rovis, T. *J. Am. Chem. Soc.* **2004**, 126, 10248.
[2100] O'Brien, E. M. ; Bercot, E. A. ; Rovis, T. *J. Am. Chem. Soc.* **2003**, 125, 10498.
[2101] Shimizu, T. ; Seki, M. *Tetrahedron Lett.* **2001**, 42, 429.
[2102] See Mori, Y. ; Seki, M. *Tetrahedron Lett.* **2004**, 45, 7343. For a different but related cross-coupling, see Zhang, Y. ; Rovis, T. *J. Am. Chem. Soc.* **2004**, 126, 15964.
[2103] Lannou, M. -I. ; Hélion, F. ; Namy, J. -L. *Tetrahedron Lett.* **2002**, 43, 8007.
[2104] Cacchi, S. ; Fabrizi, G. ; Gavazza, F. ; Goggiamani, A. *Org. Lett.* **2003**, 5, 289.
[2105] Kowalski, C. J. ; Haque, M. S. ; Fields, K. W. *J. Am. Chem. Soc.* **1985**, 107, 1429; Kowalski, C. J. ; Haque, M. S. *J. Org. Chem.* **1985**, 50, 5140.
[2106] Kowalski, C. J. ; Haque, M. S. *J. Am. Chem. Soc.* **1986**, 108, 1325.
[2107] Katritzky, A. R. ; Wang, Z. ; Wang, M. ; Wilkerson, C. R. ; Hall, C. D. ; Akhmedov, N. G. *J. Org. Chem.* **2004**, 69, 6617.
[2108] Yoo, B. W. ; Choi, K. H. ; Lee, S. J. ; Nam, G. S. ; Chang, K. Y. ; Kim, S. H. ; Kim, J. H. *Synth. Commun.* **2002**, 32, 839.
[2109] Wang, X. ; Zhang, Y. *Tetrahedron Lett.* **2002**, 43, 5431.
[2110] Saikia, P. ; Laskar, D. D. ; Prajapati, D. ; Sandhu, J. S. *Tetrahedron Lett.* **2002**, 43, 7525.
[2111] Takahashi, T. ; Xi, C. ; Ura, Y. ; Nakajima, K. *J. Am. Chem. Soc.* **2000**, 122, 3228.
[2112] Mészáros, L. *Tetrahedron Lett.* **1967**, 4951.
[2113] Souppe, J. ; Namy, J. ; Kagan, H. B. *Tetrahedron Lett.* **1984**, 25, 2869. See also, Collin, J. ; Namy, J. ; Dallemer, F. ; Kagan, H. B. *J. Org. Chem.* **1991**, 56, 3118.
[2114] Voronkov, M. G. ; Belousova, L. I. ; Vlasov, A. V. ; Vlasova, N. N. *Russ. J. Org. Chem* **2008**, 44, 929.
[2115] Han, B. H. ; Boudjouk, P. *Tetrahedron Lett.* **1981**, 22, 2757.
[2116] Verlhac, J. ; Chanson, E. ; Jousseaume, B. ; Quintard, J. *Tetrahedron Lett.* **1985**, 26, 6075. For another procedure, see Olah, G. A. ; Wu, A. *J. Org. Chem.* **1991**, 56, 902.
[2117] For examples of reactions in this section, with references, see Larock, R. C. *Comprehensive Organic Transformations*, 2nd ed. , Wiley-VCH, NY, **1999**, pp. 1484-1485, 1522-1527.
[2118] For an improved procedure, see Rathke, M. W. ; Cowan, P. J. *J. Org. Chem.* **1985**, 50, 2622.
[2119] When phase-transfer catalysts are used, O-acylation becomes the main reaction: Jones, R. A. ; Nokkeo, S. ; Singh, S. *Synth. Commun.* **1977**, 7, 195.
[2120] Taylor, E. C. ; Hawks, Ⅲ, G. H. ; McKillop, A. *J. Am. Chem. Soc.* **1968**, 90, 2421.
[2121] See Skarzewski, J. *Tetrahedron* **1989**, 45, 4593; Newkome, G. R. ; Baker, G. R. *Org. Prep. Proced. Int.* **1986**, 19, 117.
[2122] Hegedus, L. S. ; Williams, R. E. ; McGuire, M. A. ; Hayashi, T. *J. Am. Chem. Soc.* **1980**, 102, 4973.
[2123] See House, H. O. *Modern Synthetic Reactions*, 2nd ed. , W. A. Benjamin, NY, **1972**, pp. 762-765; House, H. O. ; Auerbach, R. A. ; Gall, M. ; Peet, N. P. *J. Org. Chem.* **1973**, 38, 514.
[2124] Seebach, D. ; Weller, T. ; Protschuk, G. ; Beck, A. K. ; Hoekstra, M. S. *Helv. Chim. Acta* **1981**, 64, 716.
[2125] Tirpak, R. E. ; Rathke, M. W. *J. Org. Chem.* **1982**, 47, 5099.
[2126] See Hauser, C. R. ; Swamer, F. W. ; Adams, J. T. *Org. React.* **1954**, 8, 59, pp. 98-106.
[2127] See Hayden, W. ; Pucher, R. ; Griengl, H. *Monatsh. Chem.* **1987**, 118, 415.
[2128] Mermerian, A. H. ; Fu, G. C. *J. Am. Chem. Soc.* **2005**, 127, 5604.
[2129] See Rablen, P. R. ; Bentrup, KL. H. *J. Am. Chem. Soc.* **2003**, 125, 2142.
[2130] See Tanabe, Y. *Bull. Chem. Soc. Jpn.* **1989**, 62, 1917.
[2131] Tanabe, Y. ; Hamasaki, R. ; Funakoshi, S. *Chem. Commun.* **2001**, 1674.
[2132] Misaki, T. ; Nagase, R. ; Matsumoto, K. ; Tanabe, Y. *J. Am. Chem. Soc.* **2005**, 127, 2854.
[2133] Maki, T. ; Ishihara, K. ; Yamamoto, H. *Tetrahedron* **2007**, 63, 8645.
[2134] Sullivan, D. F. ; Woodbury, R. P. ; Rathke, M. W. *J. Org. Chem.* **1977**, 42, 2038.
[2135] Rathke, M. W. ; Lindert, A. *J. Am. Chem. Soc.* **1971**, 93, 2318.
[2136] Yoshizawa, K. ; Toyota, S. ; Toda, F. *Tetrahedron Lett.* **2001**, 42, 7983.
[2137] Kawata, A. ; Takata, K. ; Kuninobu, Y. ; Takai, K. *Angew. Chem. Int. Ed.* **2007**, 46, 7793.
[2138] See Schaefer, J. P. ; Bloomfield, J. J. *Org. React.* **1967**, 15, 1.
[2139] Toda, F. ; Suzuki, T. ; Higa, S. *J. Chem. Soc. Perkin Trans.* 1 **1998**, 3521.
[2140] Crowley, J. I. ; Rapoport, H. *J. Org. Chem.* **1980**, 45, 3215. For another method, see Yamada, Y. ; Ishii, T. ; Kimura, M. ; Hosaka, K. *Tetrahedron Lett.* **1981**, 22, 1353.
[2141] Yoshida, Y. ; Hayashi, R. ; Sumihara, H. ; Tanabe, Y. *Tetrahedron Lett.* **1997**, 38, 8727.
[2142] Marquié, J. ; Laporterie, A. ; Dubac, J. ; Roques, N. *Synlett* **2001**, 493.
[2143] In some cases, an SET mechanismmay be involved: Ashby, E. C. ; Park, W. *Tetrahedron Lett.* **1983**, 1667. See Nishimura, T. ; Sunagawa, M. ; Okajima, T. ; Fukazawa, Y. *Tetrahedron Lett.* **1997**, 38, 7063.
[2144] Brown, C. A. *Synthesis* **1975**, 326.
[2145] See Garst, J. F. *J. Chem. Educ.* **1979**, 56, 721.
[2146] Popik, V. V. ; Nikolaev, V. A. *J. Org. Chem. USSR* **1989**, 25, 1636.

[2147] Mander, L. N. ; Sethi, P. *Tetrahedron Lett.* **1983**, 24, 5425.
[2148] Hellou, J. ; Kingston, J. F. ; Fallis, A. G. *Synthesis* **1984**, 1014.
[2149] See Durst, T. *Adv. Org. Chem.* **1969**, 6, 285, pp. 296-301.
[2150] Schank, K. ; Hasenfratz, H. ; Weber, A. *Chem. Ber.* **1973**, 106, 1107, House, H. O. ; Larson, J. K. *J. Org. Chem.* **1968**, 33, 61.
[2151] Corey, E. J. ; Seebach, D. *J. Org. Chem.* **1975**, 40, 231
[2152] See Corey, E. J. ; Erickson, B. W. *J. Org. Chem.* **1971**, 36, 3553.
[2153] Miles, M. L. ; Harris, T. M. ; Hauser, C. R. *J. Org. Chem.* **1965**, 30, 1007.
[2154] Hill, D. G. ; Burkus, T. ; Hauser, C. R. *J. Am. Chem. Soc.* **1959**, 81, 602.
[2155] Kuo, Y. ; Yahner, J. A. ; Ainsworth, C. *J. Am. Chem. Soc.* **1971**, 93, 6321; Angelo, B. *C. R. Seances Acad. Sci. Ser. C* **1973**, 276, 293.
[2156] Koch, G. K. ; Kop, J. M. M. *Tetrahedron Lett.* **1974**, 603.
[2157] Krapcho, A. P. ; Kashdan, D. S. ; Jahngen, Jr. , E. G. E. ; Lovey, A. J. *J. Org. Chem.* **1977**, 42, 1189; Lion, C. ; Dubois, J. E. *J. Chem. Res. (S)* **1980**, 44.
[2158] See Hünig, S. ; Schaller, R. *Angew. Chem. Int. Ed.* **1982**, 21, 36.
[2159] Taylor, E. C. ; Andrade, J. G. ; John, K. C. ; McKillop, A. *J. Org. Chem.* **1978**, 43, 2280.
[2160] Olah, G. A. ; Arvanaghi, M. ; Prakash, G. K. S. *Synthesis* **1983**, 636.
[2161] Tanaka, M. *Tetrahedron Lett.* **1980**, 21, 2959. See also, Tanaka, M. ; Koyanagi, M. *Synthesis* **1981**, 973.
[2162] Ando, T. ; Kawate, T. ; Yamawaki, J. ; Hanafusa, T. *Synthesis* **1983**, 637.
[2163] Koenig, K. E. ;Weber, W. P. *Tetrahedron Lett.* **1974**, 2275. See also, Sukata, K. *Bull. Chem. Soc. Jpn.* **1987**, 60, 1085.
[2164] See Fridman, A. L. ; Ismagilova, G. S. ; Zalesov, V. S. ; Novikov, S. S. *Russ. Chem. Rev.* **1972**, 41, 371; Ried, W. ; Mengler, H. *Fortshr. Chem. Forsch.* , **1965**, 5, 1.
[2165] Hodson, D. ; Holt, G. ; Wall, D. K. *J. Chem. Soc. C* **1970**, 971.
[2166] SeeKwart, H. ; King, K. in Patai, S. *The Chemistry of Carboxylic Acids and Esters*, Wiley, NY, **1969**, pp. 362-370.
[2167] Granito, C. ; Schultz, H. P. *J. Org. Chem.* **1963**, 28, 879.
[2168] See Ruzicka, L. ; Stoll, M. ; Schinz, H. *Helv. Chim. Acta* **1926**, 9, 249; **1928**, 11, 1174; Ruzicka, L. ; Brugger, W. ; Seidel, C. F. ; Schinz, H. *Helv. Chim. Acta* **1928**, 11, 496.
[2169] Hites, R. A. ; Biemann, K. *J. Am. Chem. Soc.* **1972**, 94, 5772. See also, Bouchoule, C. ; Blanchard, M. ; Thomassin, R. *Bull. Soc. Chim. Fr.* **1973**, 1773.
[2170] Ritter, J. J. ; Minieri, P. P. *J. Am. Chem. Soc.* **1948**, 70, 4045. See Krimen, L. I. ; Cota, D. J. *Org. React.* **1969**, 17, 213; Johnson, F. ; Madroñero, R. *Adv. Heterocycl. Chem.* **1966**, 6, 95; Tongco, E. C. ; Prakash, G. K. S. ; Olah, G. A. *Synlett* **1997**, 1193.
[2171] Salehi, P. ; Khodaei, M. M. ; Zolfigol, M. A. ; Keyvan, A. *Synth. Commun.* **2001**, 31, 1947.
[2172] Lebedev, M. Y. ; Erman, M. B. *Tetrahedron Lett.* **2002**, 43, 1397.
[2173] Chen, H. G. ; Goel, O. P. ; Kesten, S. ; Knobelsdorf, J. *Tetrahedron Lett.* **1996**, 37, 8129.
[2174] Martinez, A. G. ; Alvarez, R. M. ; Vilar, E. T. ; Fraile, A. G. ; Hanack, M. ; Subramanian, L. R. *Tetrahedron Lett.* **1989**, 30, 581.
[2175] Barton, D. H. R. ; Magnus, P. D. ; Garbarino, J. A. ; Young, R. N. *J. Chem. Soc. Perkin Trans.* 1 **1974**, 2101. See also, Top, S. ; Jaouen, G. *J. Org. Chem.* **1981**, 46, 78.
[2176] Tamaddon, F. ; Khoobi, M. ; Keshavarz, E. *Tetrahedron Lett.* **2007**, 48, 3643.
[2177] Polshettiwar, V. ; Varma, R. S. *Tetrahedron Lett.* **2008**, 49, 2661.
[2178] Anxionnat, B. ; Guérinot, A. ; Reymond, S. ; Cossy, J. *Tetrahedron Lett.* **2009**, 50, 3470.
[2179] Theerthagiri, P. ; Lalitha, A. ; Arunachalam, P. N. *Tetrahedron Lett.* **2010**, 51, 2813.
[2180] See Fry, A. J. ; Simon, J. A. *J. Org. Chem.* **1982**, 47, 5032.
[2181] Sakaguchi, S. ; Hirabayashi, T. ; Ishii, Y. *Chem. Commun.* **2002**, 516.
[2182] Anatol, J. ; Berecoechea, J. *Bull. Soc. Chim. Fr.* **1975**, 395; *Synthesis* **1975**, 111.
[2183] See Bevington, J. C. *Q. Rev. Chem. Soc.* **1952**, 6, 141.
[2184] See Camarena, R. ; Cano, A. C. ; Delgado, F. ; Zúñiga, N. ; Alvarez, C. *Tetrahedron Lett.* **1993**, 34, 6857.
[2185] Barón, M. ; de Manderola, O. B. ; Westerkamp, J. F. *Can. J. Chem.* **1963**, 41, 1893.
[2186] See Martin, D. ; Bauer, M. ; Pankratov, V. A. *Russ. Chem. Rev.* **1978**, 47, 975. See Pankratov, V. A. ; Chesnokova, A. E. *Russ. Chem. Rev.* **1989**, 58, 879.
[2187] Williams, A. ; Ibrahim, I. T. *Chem. Rev.* **1981**, 81, 589; Mikolajczyk, M. ; Kielbasinski, P. *Tetrahedron* **1981**, 37, 233; Kurzer, F. ; Douraghi-Zadeh, K. *Chem. Rev.* **1967**, 67, 107.
[2188] Campbell, T. W. ; Monagle, J. J. ; Foldi, V. S. *J. Am. Chem. Soc.* **1962**, 84, 3673.
[2189] Monagle, J. J. ; Campbell, T. W. ; McShane Jr. , H. F. *J. Am. Chem. Soc.* **1962**, 84, 4288.
[2190] Monagle, J. J. ; Mengenhauser, J. V. *J. Org. Chem.* **1966**, 31, 2321.
[2191] See Ostrogovich, G. ; Kerek, F. ; Buzás, A. ; Doca, N. *Tetrahedron* **1969**, 25, 1875.
[2192] Zhang, M. ; Vedantham, P. ; Flynn, D. L. ; Hanson, P. R. *J. Org. Chem.* **2004**, 69, 8340.
[2193] Mlinarić-Majerski, K. ; Margeta, R. ; Veljković, *Synlett* **2005**, 2089.
[2194] Douglas, D. E. ; Burditt, A. M. *Can. J. Chem.* **1958**, 36, 1256.
[2195] Barltrop, J. A. ; Day, A. C. ; Bigley, D. B. *J. Chem. Soc.* **1961**, 3185.
[2196] See Calter, M. A. ; Tretyak, O. A. ; Flaschenriem, C. *Org. Lett.* **2005**, 7, 1809.
[2197] Muller, L. L. ; Hamer, J. *1,2-Cycloaddition Reactions*, Wiley, NY, **1967**, pp. 139-168; Ulrich, H. *Cycloaddition Reactions of*

Heterocumulenes, Academic Press, NY, **1967**, pp. 39-45, 64-74.
[2198] Wynberg, H. ; Staring, E. G. J. *J. Am. Chem. Soc.* **1982**, 104, 166; *J. Chem. Soc. , Chem. Commun.* **1984**, 1181.
[2199] Gnanadesikan, V. ; Corey, E. J. *Org. Lett.* **2006**, 8, 4943.
[2200] Nelson, S. G. ; Zhu, C. ; Shen, X. *J. Am. Chem. Soc.* **2004**, 126, 14.
[2201] Wynberg, H. ; Staring, E. G. J. *J. Org. Chem.* **1985**, 50, 1977.
[2202] Elam, E. U. *J. Org. Chem.* **1967**, 32, 215.
[2203] Aben, R. W. ; Hofstraat, R. ; Scheeren, J. W. *Recl. Trav. Chim. Pays-Bas* **1981**, 100, 355. For a discussion of oxetane cycloreversion, see Miranda, M. A. ; Izquierdo, M. A. ; Galindo, F. *Org. Lett.* **2001**, 3, 1965.
[2204] Ciufolini, M. A. ; Rivera-Fortin, M. A. ; Byrne, N. E. *Tetrahedron Lett.* **1993**, 34, 3505.
[2205] Ninomiya, I. ; Naito, T. *Photochemical Synthesis*, Academic Press, NY, **1989**, pp. 138-152; Carless, H. A. J. in Coyle, J. D. *Photochemistry in Organic Synthesis*, Royal Society of Chemistry, London, **1986**, pp. 95-117; Carless, H. A. J. in Horspool, W. M. *Synthetic Organic Photochemistry*, Plenum, NY, **1984**, pp. 425-487; Jones II, M. *Org. Photochem.* **1981**, 5, 1; Arnold, D. R. *Adv. PhotoChem.* **1968**, 6, 301-423; Chapman, O. L. ; Lenz, G. *Org. Photochem.* **1967**, 1, 283, pp. 283-294; Muller, L. L. ; Hamer, J. *1, 2-Cycloaddition Reactions*, Wiley, NY, **1967**, pp. 111-139. Also see, Bosch, E. ; Hubig, S. M. ; Kochi, J. K. *J. Am. Chem. Soc.* **1998**, 120, 386.
[2206] Turro, N. J. *Pure Appl. Chem.* **1971**, 27, 679; Yang, N. C. ; Kimura, M. ; Eisenhardt, W. *J. Am. Chem. Soc.* **1973**, 95, 5058; Barltrop, J. A. ; Carless, H. A. J. *J. Am. Chem. Soc.* **1972**, 94, 1951, 8761.
[2207] Arnold, D. R. ; Hinman, R. L. ; Glick, A. H. *Tetrahedron Lett.* **1964**, 1425; Yang, N. C. ; Nussim, M. ; Jorgenson, M. J. ; Murov, S. *Tetrahedron Lett.* **1964**, 3657.
[2208] See references cited in Griesbeck, A. G. ; Stadmüller, S. *J. Am. Chem. Soc.* **1990**, 112, 1281. See also, Kutateladze, A. G. *J. Am. Chem. Soc.* **2001**, 123, 9279.
[2209] Freilich, S. C. ; Peters, K. S. *J. Am. Chem. Soc.* **1985**, 107, 3819; Griesbeck, A. G. ; Mauder, H. ; Stadmüller, S. *Accts. Chem. Res.* **1994**, 27, 70.
[2210] Adam, W. ; Stegmann, V. R. *J. Am. Chem. Soc.* **2002**, 124, 3600. See Ciufolini, M. A. ; Rivera-Fortin, M. A. ; Zuzukin, V. ; Whitmire, K. H. *J. Am. Chem. Soc.* **1994**, 116, 1272.
[2211] Greisbeck, A. G. ; Bondock, S. *J. Am. Chem. Soc.* **2001**, 123, 6191. See also, Adam, W. ; Stegmann, V. R. *Synthesis* **2001**, 1203.
[2212] For a spin-directed reaction, see Griesbeck, A. G. ; Fiege, M. ; Bondock, S. ; Gudipati, M. S. *Org. Lett.* **2000**, 2, 3623.
[2213] Howell, A. R. ; Fan, R. ; Truong, A. *Tetrahedron Lett.* **1996**, 37, 8651. See Schuster, H. F. ; Coppola, G. M. *Allenes in Organic Synthesis*, Wiley, NY, **1984**, pp. 317-326.
[2214] Abe, M. ; Tachibana, K. ; Fujimoto, K. ; Nojima, M. *Synthesis* **2001**, 1243.
[2215] Kang, T. ; Scheffer, J. R. *Org. Lett.* **2001**, 3, 3361.
[2216] For a list of references, see Larock, R. C. *Comprehensive Organic Transformations*, 2nd ed. , Wiley-VCH, NY, **1999**, pp. 1919-1921. See Fu, N. ; Tidwell, T. T. *Tetrahedron* **2008**, 64, 10465; Brown, M. J. *Heterocycles* **1989**, 29, 2225; Isaacs, N. S. *Chem. Soc. Rev.* **1976**, 5, 181; Mukerjee, A. K. ; Srivastava, R. C. *Synthesis* **1973**, 327; Muller, L. L. ; Hamer, J. *1, 2-Cycloaddition Reactions*, Wiley, NY, **1967**, pp. 173-206; Anselme, J. in Patai, S. *The Chemistry of the Carbon-Nitrogen Double Bond*, Wiley, NY, **1970**, pp. 305-309; Sandhu, J. S. ; Sain, B. *Heterocycles* **1987**, 26, 777.
[2217] See Schaumann, E. *Tetrahedron* **1988**, 44, 1827.
[2218] Schaumann, E. *Chem. Ber.* **1976**, 109, 906.
[2219] With indium: Banik, B. K. ; Ghatak, A. ; Becker, F. F. *J. Chem. Soc. , Perkin Trans. 1* **2000**, 2179.
[2220] For a review, see Hart, D. J. ; Ha, D. *Chem. Rev.* **1989**, 89, 1447.
[2221] Hegedus, L. S. ; McGuire, M. A. ; Schultze, L. M. ; Yijun, C. ; Anderson, O. P. *J. Am. Chem. Soc.* **1984**, 106, 2680; Hegedus, L. S. ; McGuire, M. A. ; Schultze, L. M. *Org. Synth.* **65**, 140.
[2222] Hegedus, L. S. ; Imwinkelried, R. ; Alarid-Sargent, M. ; Dvorak, D. ; Satoh, Y. *J. Am. Chem. Soc.* **1990**, 112, 1109.
[2223] Sharma, S. D. ; Pandhi, S. B. *J. Org. Chem.* **1990**, 55, 2196.
[2224] Donati, D. ; Morelli, C. ; Porcheddu, A. ; Taddei, M. *J. Org. Chem.* **2004**, 69, 9316.
[2225] D'hooghe, M. ; Brabandt, W. V. ; Dekeukeleire, S. ; Dejaegher, Y. ; De Kimpe, N. *Chemistry : European J.* **2008**, 14, 6336.
[2226] Taggi, A. E. ; Hafez, A. M. ; Wack, H. ; Young, B. ; Drury Ⅲ , W. J. ; Lectka, T. *J. Am. Chem. Soc.* **2000**, 122, 7831.
[2227] Hodous, B. L. ; Fu, G. C. *J. Am. Chem. Soc.* **2002**, 124, 1578.
[2228] Taggi, A. E. ; Hafez, A. M. ; Wack, H. ; Young, B. ; Ferraris, D. ; Lectka, T. *J. Am. Chem. Soc.* **2002**, 124, 6626.
[2229] France, S. ; Shah, M. H. ; Weatherwax, A. ; Wack, H. ; Roth, J. P. ; Lectka, T. *J. Am. Chem. Soc.* **2005**, 127, 1206.
[2230] Shah, M. H. ; France, S. ; Lectka, T. *Synlett* **2003**, 1937.
[2231] Clark, A. J. ; Battle, G. M. ; Bridge, A. *Tetrahedron Lett.* **2001**, 42, 4409.
[2232] See Brady, W. T. ; Shieh, C. H. *J. Org. Chem.* **1983**, 48, 2499.
[2233] See Opitz, G. ; Koch, J. *Angew. Chem. Int. Ed.* **1963**, 2, 152.
[2234] Kamal, A. ; Sattur, P. B. *Heterocycles* **1987**, 26, 1051; Szabo, W. A. *Aldrichimica Acta* **1977**, 10, 23; Rasmussen, J. K. ; Hassner, A. *Chem. Rev.* **1976**, 76, 389; Graf, R. *Angew. Chem. Int. Ed.* **1968**, 7, 172.
[2235] Bestian, H. *Pure Appl. Chem.* **1971**, 27, 611. See also, Barrett, A. G. M. ; Betts, M. J. ; Fenwick, A. *J. Org. Chem.* **1985**, 50, 169.
[2236] See McAllister, M. A. ; Tidwell, T. T. *J. Chem. Soc. Perkin Trans. 2* **1994**, 2239.
[2237] Moriconi, E. J. ; Kelly, J. F. *J. Org. Chem.* **1968**, 33, 3036. See also, Martin, J. C. ; Carter, P. L. ; Chitwood, J. L. *J. Org. Chem.* **1971**, 36, 2225.
[2238] Malpass, J. R. ; Tweddle, N. J. *J. Chem. Soc. Perkin Trans. 1* **1977**, 874.

[2239] Moriconi, E. J. ; Kelly, J. F. ; Salomone, R. A. *J. Org. Chem.* **1968**, 33, 3448.
[2240] Taguchi, Y. ; Tsuchiya, T. ; Oishi, A. ; Shibuya, I. *Bull. Chem. Soc. Jpn.* **1996**, 69, 1667.
[2241] Linder, M. R. ; Podlech, J. *Org. Lett.* **2001**, 3, 1849.
[2242] Torii, S. ; Okumoto, H. ; Sadakane, M. ; Hai, A. K. M. A. ; Tanaka, H. *Tetrahedron Lett.* **1993**, 34, 6553.
[2243] Shindo, M. ; Oya, S. ; Sato, Y. ; Shishido, K. *Heterocycles* **1998**, 49, 113.
[2244] Cho, C. S. ; Jiang, L. H. ; Shim, S. C. *Synth. Commun.* **1999**, 29, 2695.
[2245] Naskar, D. ; Roy, S. *J. Chem. Soc., Perkin Trans.* 1 **1999**, 2435.
[2246] See Davoli, P. ; Forni, A. ; Moretti, I. ; Prati, F. ; Torre, G. *Tetrahedron* **2001**, 57, 1801.
[2247] Lu, S. -M. ; Alper, H. *J. Org. Chem.* **2004**, 69, 3558.
[2248] Awasthi, C. ; Yadav, L. D. S. *Synlett* **2010**, 1783.
[2249] Ugi, I. *Isonitrile Chemistry*, Academic Press, NY, **1971**; Walborsky, H. M. ; Periasamy, M. P. in Patai, S. ; Rappoport, Z. *The Chemistry of Functional Groups, Supplement C*, pt. 2, Wiley, NY, **1983**, pp. 835-887; Hoffmann, P. ; Marquarding, D. ; Kliimann, H. ; Ugi, I. in Rappoport, Z. *The Chemistry of the Cyano Group*, Wiley, NY, **1970**, pp. 853-883.
[2250] Lim, Y. Y. ; Stein, A. R. *Can. J. Chem.* **1971**, 49, 2455.
[2251] Cunningham, I. D. ; Buist, G. J. ; Arkle, S. R. *J. Chem. Soc. Perkin Trans.* 2 **1991**, 589.
[2252] Suginome, M. ; Fukuda, T. ; Ito, Y. *Org. Lett.* **1999**, 1, 1977.
[2253] Ugi, I. *Angew. Chem. Int. Ed.* **1982**, 21, 810; Marquarding, D. ; Gokel, G. W. ; Hoffmann, P. ; Ugi, I. in Ugi, I. *Isonitrile Chemistry*, Academic Press, NY, **1971**, pp. 133-143, Gokel, G. W. ; Lüdke, G. ; Ugi, I. in Ugi, I. Ref. 936, pp. 145-199, 252-254.
[2254] Denmark, S. E. ; Fan, Y. *J. Org. Chem.* **2005**, 70, 9667.
[2255] Koszelewski, D. ; Szymanski, W. ; Krysiak, J. ; Ostaszewski, R. *Synth. Commun.* **2008**, 38, 1120.
[2256] Fan, X. ; Li, Y. ; Zhang, X. ; Qu, G. ; Wang, J. *Can. J. Chem.* **2006**, 84, 794.
[2257] See Jenner, G. *Tetrahedron Lett.* **2000**, 43, 1235.
[2258] Pan, S. C. ; List, B. *Angew. Chem. Int. Ed.* **2008**, 47, 3622.
[2259] Constabel, F. ; Ugi, I. *Tetrahedron* **2001**, 57, 5785.
[2260] El Kaïm, L. ; Grimaud, L. ; Schiltz, A. *Org. Biomol. Chem.* **2009**, 7, 3024.
[2261] Godet, T. ; Bovin, Y. ; Vincent, G. ; Merle, D. ; Thozet, A. ; Ciufolini, M. A. *Org. Lett.* **2004**, 6, 3281.
[2262] Ugi, I. in Gross, E. ; Meienhofer, J. *The Peptides*, Vol. 2, Academic Press, NY, **1980**, pp. 365-381, *Intra-Sci. Chem. Rep.* **1971**, 5, 229; Gokel, G. W. ; Hoffmann, P. ; Kleimann, H. ; Klusacek, H. ; Lüdke, G. ; Marquarding, D. ; Ugi, I. in Ugi, I. *Isonitrile Chemistry*, Academic Press, NY, **1971**, pp. 201-215. See also, Kunz, H. ; Pfrengle, W. *J. Am. Chem. Soc.* **1988**, 110, 651.
[2263] Okandeji, B. O. ; Gordon, J. R. ; Sello, J. K. *J. Org. Chem.* **2008**, 73, 5595.
[2264] See Ito, Y. ; Murakami, M. *Synlett* **1990**, 245.
[2265] Walborsky, H. M. *J. Org. Chem.* **1981**, 46, 5405; **1982**, 47, 52. See also, Murakami, H. ; Ito, H. ; Ito, Y. *J. Org. Chem.* **1988**, 53, 4158.
[2266] See Cooper, A. J. L. ; Ginos, J. Z. ; Meister, A. *Chem. Rev.* **1983**, 83, 321.
[2267] Jones, W. D. ; Foster, G. P. ; Putinas, J. M. *J. Am. Chem. Soc.* **1987**, 109, 5047.
[2268] See Ciuffarin, E. ; Fava, A. *Prog. Phys. Org. Chem.* **1968**, 6, 81.
[2269] For a comparative reactivity study, see Hirata, R. ; Kiyan, N. Z. ; Miller, J. *Bull. Soc. Chim. Fr.* **1988**, 694.
[2270] See Gordon, I. M. ; Maskill, H. ; Ruasse, M. *Chem. Soc. Rev.* **1989**, 18, 123.
[2271] Sabol, M. A. ; Andersen, K. K. *J. Am. Chem. Soc.* **1969**, 91, 3603. See also, Jones, M. R. ; Cram, D. J. *J. Am. Chem. Soc.* **1974**, 96, 2183.
[2272] Kaiser, E. T. ; Zaborsky, O. R. *J. Am. Chem. Soc.* **1968**, 90, 4626.
[2273] Lee, I. ; Kang, H. K. ; Lee, H. W. *J. Am. Chem. Soc.* **1987**, 109, 7472; Arcoria, A. ; Ballistreri, F. P. ; Spina, E. ; Tomaselli, G. A. ; Maccarone, E. *J. Chem. Soc. Perkin Trans.* 2 **1988**, 1793; Gnedin, B. G. ; Ivanov, S. N. ; Shchukina, M. V. *J. Org. Chem. USSR* **1988**, 24, 731.
[2274] Ciuffarin, E. ; Senatore, L. ; Isola, M. *J. Chem. Soc. Perkin Trans.* 2 **1972**, 468.
[2275] Ciuffarin, E. ; Senatore, L. *Tetrahedron Lett.* **1974**, 1635.
[2276] Opitz, G. *Angew. Chem. Int. Ed.* **1967**, 6, 107. See Thea, S. ; Guanti, G. ; Hopkins, A. ; Williams, A. *J. Org. Chem.* **1985**, 50, 5592; Skonieczny, S. *Tetrahedron Lett.* **1987**, 28, 5001; Pregel, M. J. ; Buncel, E. *J. Chem. Soc. Perkin Trans.* 2 **1991**, 307.
[2277] King, J. F. *Acc. Chem. Res.* **1975**, 8, 10; Nagai, T. ; Tokura, N. *Int. J. Sulfur Chem. Part B* **1972**, 207; Opitz, G. *Angew. Chem. Int. Ed.* **1967**, 6, 107; Wallace, T. J. *Q. Rev. Chem. Soc.* **1966**, 20, 67.
[2278] See Netscher, T. ; Prinzbach, H. *Synthesis* **1987**, 683.
[2279] See Tagaki, W. ; Kurusu, T. ; Oae, S. *Bull. Chem. Soc. Jpn.* **1969**, 42, 2894.
[2280] Kice, J. L. ; Legan, E. *J. Am. Chem. Soc.* **1973**, 95, 3912.
[2281] Chang, F. C. *Tetrahedron Lett.* **1964**, 305.
[2282] Cuvigny, T. ; Larchevêque, M. *J. Organomet. Chem.* **1974**, 64, 315.
[2283] Sridhar, M. ; Kumar, B. A. ; Narender, R. *Tetrahedron Lett.* **1998**, 39, 2847.
[2284] Reddy, G. S. ; Mohan, G. H. ; Iyengar, D. S. *Synth. Commun.* **2000**, 30, 3829.
[2285] See Simpson, L. S. ; Widlanski, T. S. *J. Am. Chem. Soc.* **2006**, 128, 1605.
[2286] Rogne, O. *J. Chem. Soc. B* **1971**, 1334. See also, Litvinenko, M. ; Shatskaya, V. A. ; Savelova, V. A. *Doklad. Chem.* **1982**, 265, 199.

[2287]　Klamann, D. ; Fabienke, E. *Chem. Ber.* **1960**, 93, 252.
[2288]　Padmapriya, A. A. ; Just, G. ; Lewis, N. G. *Synth. Commun.* **1985**, 15, 1057.
[2289]　Karaman, R. ; Leader, H. ; Goldblum, A. ; Breuer, E. *Chem. Ind.* (*London*) **1987**, 857.
[2290]　Martinelli, M. J. ; Vaidyanathan, R. ; Khau, V. V. *Tetrahedron Lett.* **2000**, 41, 3773; Bucher, B. ; Curran, D. P. *Tetrahedron Lett.* **2000**, 41, 9617.
[2291]　De Luca, L. ; Giacomelli, G. *J. Org. Chem.* **2008**, 73, 3967.
[2292]　See Kamal, A. ; Reddy, J. S. ; Bharathi, E. V. ; Dastagiri, D. *Tetrahedron Lett.* **2008**, 49, 348.
[2293]　See Gambill, C. R. ; Roberts, T. D. ; Shechter, H. *J. Chem. Educ.* **1972**, 49, 287.
[2294]　Fanta, P. E. ; Wang, C. S. *J. Chem. Educ.* **1964**, 41, 280.
[2295]　Hendrickson, J. B. ; Bergeron, R. *Tetrahedron Lett.* **1970**, 345.
[2296]　For an example, see Regitz, M. ; Hocker, J. ; Liedhegener, A. *Org. Synth.* **V**, 179.
[2297]　Milan, D. S. ; Prager, R. H. *Aust. J. Chem.* **1999**, 52, 841.
[2298]　Kim, D. Y. ; Kim. H. S. ; Choi, Y. J. ; Mang, J. Y. ; Lee, K. *Synth. Commun.* **2001**, 31, 2463.
[2299]　Bouchez, L. C. ; Dubbaka, S. R. ; Urks, M. ; Vogel, P. *J. Org. Chem.* **2004**, 69, 6413.
[2300]　Blotny, G. *Tetrahedron Lett.* **2003**, 44, 1499.
[2301]　Poshkus, A. C. ; Herweh, J. E. ; Magnotta, F. A. *J. Org. Chem.* **1963**, 28, 2766; Litvinenko, L. M. ; Dadali, V. A. ; Savelova, V. A. ; Krichevtsova, T. I. *J. Gen. Chem. USSR* **1964**, 34, 3780.
[2302]　See Bianchi, T. A. ; Cate, L. A. *J. Org. Chem.* **1977**, 42, 2031, and references cited therein.
[2303]　Frye, L. L. ; Sullivan, E. L. ; Cusack, K. P. ; Funaro, J. M. *J. Org. Chem*, **1992**, 57, 697.
[2304]　Baarschers, W. H. *Can. J. Chem.* **1976**, 54, 3056.
[2305]　Neumann, W. P. ; Wicenec, C. *Chem. Ber.* **1993**, 126, 763.
[2306]　Volla, C. M. R. ; Vogel, P. *Angew. Chem. Int. Ed.* **2008**, 47, 1305.
[2307]　Sun, X. ; Wang, L. ; Zhang, Y. *Synth. Commun.* **1998**, 28, 1785.
[2308]　Labadie, S. S. *J. Org. Chem.* **1989**, 54, 2496.
[2309]　See Waykole, L. ; Paquette, L. A. *Org. Synth.* **67**, 149.
[2310]　Steensma, R. W. ; Galabi, S. ; Tagat, J. R. ; McCombie, S. W. *Tetrahedron Lett.* **2001**, 42, 2281.
[2311]　Bandgar, B. P. ; Bettigeri, S. V. ; Phopase, J. *Org. Lett.* **2004**, 6, 2105.
[2312]　Beaulieu, C. ; Guay, D. ; Wang, Z. ; Evans, D. A. *Tetrahedron Lett.* **2004**, 45, 3233.

第 17 章
消除反应

β-消除反应指从相邻两原子上失去两个基团形成新的双键[1]（或叁键），其中一个带有离去基团的原子称为 α 位原子，另一个原子称为 β 位原子。

α-消除反应是指从同一原子上失去两个基团形成卡宾（或氮烯）的反应。

γ-消除反应生成三元环化合物。

其中部分内容已经在第 10 章讨论过了。挤出反应（extrusion reactions）是指从链状或环状化合物中排挤出分子片段（X—Y—Z→X—Z+Y），是另一类消除反应。本章重点讨论 β-消除反应和挤出反应（参见 2.6.6 节）。当 X 和 W 两者都是氢原子时，此时的 β-消除反应是氧化反应，将放在第 19 章论述。

17.1 机理和消除方向

β-消除反应可以分为两类：一类反应主要在溶液中进行，而另一类反应（热解消除）主要在气相中进行。对溶液中的反应，一个基团带着其电子对离去，此基团称作离去基团或者离核体，而另一基团离去时则不带电子对，此基团最常见的是氢。热解消除反应有两种主要的机理：一种是周环反应机理，另一种是自由基反应机理。虽然有一些光消除的实例（最重要的是 Norrish II 型酮裂解，参见 7.1.7 节），但是这类反应一般在合成上没有多大价值[2]，因此不再进一步阐述。对大多数 β-消除反应来说，消除所生成的新键是 C=C 或者 C≡C，所以我们对机理阐述大部分局限于这些实例[3]。

我们首先讨论在溶液中反应的机理（E2,E1）[4]和 E1cB。可用标准的方法研究消除反应，新的技术如离子速度成像技术（the velocity map ion imaging technique）也被用于研究超快消除反应[5]。

17.1.1 E2 机理

对于 E2 机理（双分子消除机理）来说，两个基团同时离去，其中质子在碱的作用下脱去。

反应一步完成，在动力学上表现二级反应特征：反应速率对底物和碱都是一级的。已经利用从头算法为 E2 消除的过渡态几何结构创建了一个模型[6]。IUPAC 将此反应机理命名为 $A_{xH}D_HD_N$，或者更一般的命名（包括亲电体不是氢的情况）为 $A_nD_ED_N$，E2 消除反应通常与 S_N2 反应（参见 10.1.1 节）之竞争。从底物的角度来说，两种反应的机理区别在于，带有未共用电子对的反应物种是进攻碳原子（起亲核试剂作用）还是进攻氢原子（起碱的作用）。在 S_N2 反应中，离去基团可以是带正电荷的离子或者中性分子，碱可以是带负电荷的离子或者中性分子。

支持 E2 机理存在的证据有：①反应表现出相应的二级动力学；②在二级动力学的消除反应中，当氢被氘取代时，将会表现出 3～8 的同位素效应，这与决速步时该键断裂的机理相符[7]。但是这些证据与其它机理（如 17.1.3 节的 E1cB）并不矛盾，所以单独的某一结果不能证明 E2 机理。最令人信服的证据来自对 E2 机理的立体化学研究[8]。如下例所示的 E2 机理是立体专一的。例如：过渡态所涉及的五个原子（包括碱）必须位于同一平面。有两种方式可以满足这个要求：H 和 X 互为反式（**A**），二面角为 180°；或者互为顺式（**B**），二面角为 0°[9]。**A** 构象又称反式共平面（*anti*-periplanar），在消除反应中 H 和 X 从相反的方向离去，故又称反式消除。

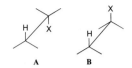

B 构象又称顺式共平面（*syn*-periplanar），在消除反应中 H 和 X 从相同的方向离去，故又称顺式消除。两种消除方式均被发现过。除非缺少特殊效应（下面论述），否则反式消除比顺式消除更易发生。这或许是因为 **A** 标示为交叉式构象（参见 4.15.1 节），与重叠式过渡态构象（**B**）相比，达到交叉式过渡态构象需要更少的能量。溶剂效应对采取何种优势构象具有重要作用。下面主要论述一些主要的或唯一的反式消除的例子。

（1）内消旋的 1,2-二溴-1,2-苯基乙烷消除 HBr，得到顺-2-溴芪，但（+）或（−）的异构体都得到反式的烯烃。该立体专一性的结果是在 1904 年得到的[10]，此结果阐明在这种情况下的消除是反式的。

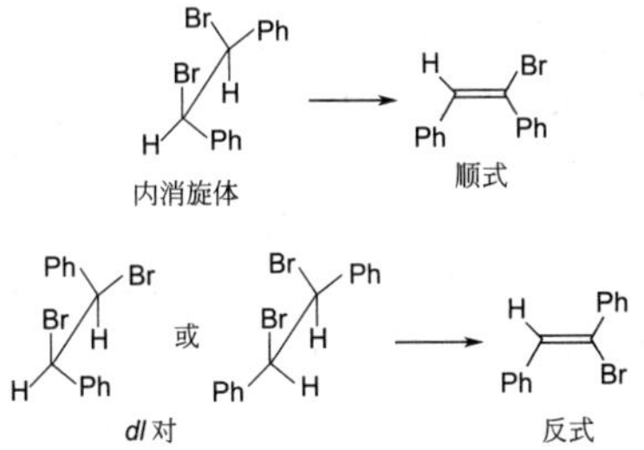

自此以后，又发现了许多相类似的例子。显然，该类反应并不限于有内消旋形式的化合物。反式消除中，赤式 *dl* 对（或两者中的一个异构体）得到顺式的烯烃，苏式 *dl* 对（或两者中的一个异构体）得到反式的烯烃，这一点已被多次验证。反式消除也出现在一些离电体不是氢的情况下。

在碘离子存在下的 2,3-二溴丁烷的反应中，两个溴被消除（反应 **17-22**）。像这样用碘离子作为碱的反应至今都不常见，在下面的几类反应如 **17-13** 中所讨论的是通常的碱。在这种情况下，内消旋化合物产生反式烯烃，而 *dl* 对得到顺式的产物[11]：

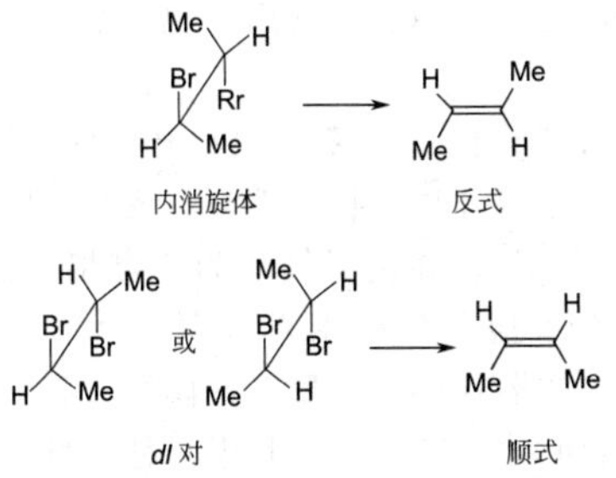

（2）在开链化合物中，C—C 键旋转可使分子采取 H 和 X 为反式共平面的构象。然而，在环状化合物中，情况并不总是这样。1,2,3,4,5,6-六氯环己烷有九个立体异构体；七个内消旋体和一对 *dl* 对（参见 4.7 节）。有四个内消旋体和那个 *dl* 对可以被碱消除。只有 **1** 无法令氯与氢成反式。在其它的同分异构体中，最快的消除速率是最慢的 3 倍，但是 **1** 的消除速率比其它同分异构体中最慢的还要慢 7000 倍[12]。这一结果阐明了这些化合物更容易发生反式消除而不是顺式消除。尽管 **1** 会发生顺式消除，但是却很慢。

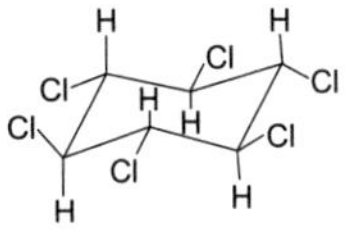

（3）先前的结果表明，在六元环中，当 H 和 X 互成反式时消除 HX 的过程进行得最好。连在六元环上的相邻反式基团可能处于直立键或者平伏键（参见 4.15.2 节），分子通常可以自由地采取其中的某一种构象，尽管一种构象可能会比另一种构象的能量高。离去基团和相邻碳上氢的反式共平面性要求它们都处于直立键，即使这样的构象有更高的能量。根据这种说法可以很容易地解释薄荷基和新薄荷基氯化物的消除行为。薄荷基氯化物有两种椅式构象 **2** 和 **3**。构象 **3** 的三个取代基都处于平伏键，因此更稳定，但反应活性较差。新薄荷基氯化物较稳定的椅式构象是 **4**，该构象中氯处于直立键；在 C-2 和 C-4 上均有处于直立键的氢。结果如下：此类新薄荷基氯化物发生 E2 消除的速度很快并且产物烯烃以 **6** 为主（**6/5** 的比例约为 3∶1），这与 Zaitsev 法则（参见 17.2 节反应 **12-2**）一致。因为在氯原子的两边都有处于直立键的氢，因此这一因素并不控制消除的方向，因此 Zaitsev 法则可以适用。然而，对于薄荷基氯化物而言，消除反应却慢得多，产物全部是反 Zaitsev 烯烃 **5**。反应慢的原因是在消除发生前必须先将构象转变为不占优势的构象 **2**，产物是 **5** 的原因是只有在该侧有处于直立键的氢[13]。

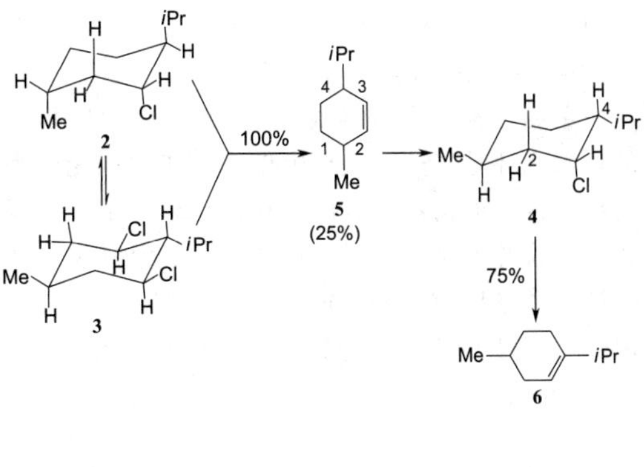

(4) 顺式和反式 HOOC—CH═CCl—COOH 的反式消除通常形成叁键。两种底物消除的产物都是 HOOCC≡CCOOH，但是反式异构体的反应比顺式的反应要快 50 倍[14]。

一些顺式消除的例子已在许多 H 和 X 无法达到反式共平面构象的分子中被发现。

(1) 氘代的降冰片溴化物（**7**，X＝Br）消除得到 94％不含氘的产物[15]。用其它离去基团和二环[2.2.2]化合物也得到相似结果[16]。在这种情况中，由于分子的刚性结构，外型的 X 基团和内型的 β-H 不能达到 180°的二面角。这里的二面角近似于 120°。相对于发生二面角近似于 120°的反式消除来说，这些离去基团更易发生二面角近似于 0°的顺式消除。

(2) 分子 **8** 是一个尤其可以体现出平面过渡态重要性的例子。在 **8** 中，每一个 Cl 都有一个与其相邻的反式氢，如果不要求离去基团的共平面性，反式消除应该可以发生。然而，分子的其它部分拥挤的状况迫使这两个基团的二面角近似于 120°，从 **8** 上消除 HCl 比从相应的非桥环化合物上的消除要慢得多[17]（需要注意的是，从 **8** 上的顺式消除比反式消除更不可能发生）。顺式消除能从 **8** 的反式同分异构体（二面角约为 0°）上发生，该同分异构体的反应比 **8** 快大约 8 倍[17]。

目前为止给出的例子说明了两点：①反式消除要求二面角为 180°。当这样的二面角无法达到时，反式消除会大大减慢甚至完全被阻碍。②对于目前为止讨论到的简单的体系，发现顺式消除很难进行，除非反式消除因为无法达到 180°的二面角而被大大削弱。

在 6.2 节和反应 **10-68** 的（4）提出了插烯原理。根据这一原理，当带有酸性氢的碳和离去基团之间引入 π 键时，例如，X—C—C═C—C，X—C—C═C—C═C—C 或 X—C—C≡C—C，1,2-消除可以扩展至 1,x-消除[18]。

正如在第 4 章（参见 4.17.2 节）中所提到的，六元环是 4～13 元环中仅有的能达到无张力的反式共平面构象。因此，在六元环中很少有顺式消除就并不足为奇了。将环烷基三甲基氢氧化铵进行消除反应（**17-7**），发现顺式反应的百分数随环大小的变化情况如下：四元环为 90％；五元环为 46％；六元环为 4％；七元环为 31％～37％[19]。必须注意到 NMe$_3^+$ 基团比其它常见的离去基团如 OTs、Cl 和 Br 有更强的顺式消除的趋势。

顺式消除的其它例子也在中间环化合物中被发现，这些化合物中，顺式和反式烯烃都有可能生成（参见 4.11.1 节）。以 1,1,4,4-四甲基-7-环癸烷基三甲基氯化铵（**9**）的消除反应为例[20]，反应得到的大多为反式，但也有一些顺式的四甲基环癸烯产物（注意反式环癸烯尽管稳定，但不如顺式的异构体稳定）。

为了研究反应的立体化学，他们用氘代的底物重复了消除反应。结果发现当 **9** 在反式的位置被氘代时（H$_t$＝D），在形成顺式和反式的烯烃中都有明显的同位素效应；但当 **9** 在顺式位置被氘代化时（H$_c$＝D），在形成任何一种烯烃时都没有同位素效应。由于同位素效应能用来判断 E2 机制[21]，这些结果表明无论产物是顺式还是反式异构体，反应中都只消除了反式氢（H$_t$）[22]。这一点反过来说明了顺式异构体必须由反式消除形成，而反式异构体必须由顺式来形成。反式消除能在类似上面给出的构象上发生。但若要进行顺式消除，分子必须扭转成 C—H$_t$ 和 C—NMe$_3$ 键成顺式共平面。这一著名的结果被称为同-对两分现象（syn-anti elichotomy），其它类型的证据也证实存在这种现象[23]。这种情况中顺式消除优先于反式消除（正如所指出的，形成的反式异构体在数量上远多于顺式），这一事实可用构象因素来解释[24]。同-对两分现象在其它中等环体系中（8～12 元环）也曾发现[25]，但该效应对于 10 元环最强。对于离去基团，与空间效应一致，离去容易程度按照 NMe$_3^+$＞OTs＞Br＞Cl 的顺序依次减弱[26]。当离去基团不带电时，强碱和弱的离子化溶剂有利于顺式消除[27]。

顺式消除和同-对双分也在开链体系中发现，但却少于中等环化合物。例如，用仲丁醇钾将 3-己基-4-d-三甲基铵离子转变为 3-己烯的过程中，约 67％的反应存在同-对双分现象[28]。通常，开链系统中的顺式消除，只有在体系具有某些立体化学因素时才比较明显。其中一种这种类型的化合物是，在 β′ 和 γ 碳上都有取代基（没有带撇的字母标注的是发生消除反应的支链）。导致这些结果的因素还不完全清楚,但是下面的构象效应也许可以在一定程度上解释这一结果[29]。下图所示的是一个季铵盐的两个反式和两个顺式共平面构象:

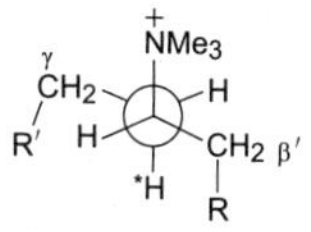

性地从 $t\text{-BuO}^- \text{K}^+$ 离子对中移走 K^+,这样就留下 $t\text{-BuO}^-$ 自由离子)时,顺式/反式的比例下降到 0.12。加入冠醚后顺式/反式的比例大大下降,这一现象也在用相应的甲苯磺酸盐在非极性溶剂中的反应中发现[33]。然而,带有正电的离去基团的反应会有相反的效应。这里,离子对的形成可以增加反式消除的量[34]。在这种情况下,一个相对游离的碱(例如 PhO^-)能被吸引到离去基团上(见 **11**),使其到达有利于攻击顺式的 $\beta\text{-H}$ 的位置上,而离子对的形成会降低这种吸引。

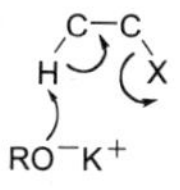

C 对→反   **D** 对→顺
E 同→反   **F** 同→顺 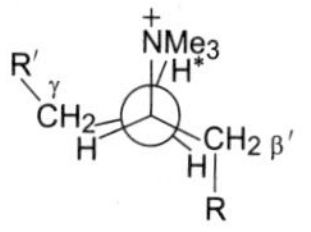

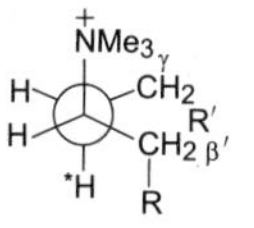

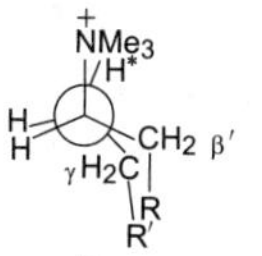

为使 E2 机理发生,必须有碱进攻标有 * 的氢质子。在 **C** 中,这个质子被两边的 R 和 R′ 遮盖住。在 **D** 中,只被遮盖了一侧。因此,当反式消除在这类系统中发生时,相对于反式产物来说,会得到更多的顺式产物。同样,当普通的反式消除路径被充分阻碍,造成顺式消除的竞争,反式消除→反式构象的路线被削弱的程度大于反式消除→顺式构象的路线。当开始出现顺式消除时,**E** 比 **F** 受到遮盖程度更小,很明显的是更有利的路径,因此顺式消除通常得到反式异构体。

通常,同-对双分效应在偏离反式消除一边要大于偏离顺式消除的一边。这样,反式烯烃部分或主要由顺式消除得到,而顺式烯烃则完全由反式消除得到。在 $\text{R}^1\text{R}^2\text{CHCHDNMe}_3^+$ 型化合物中,且 R^1 和 R^2 都是大基团的情况下,也发现顺式消除占优势[30]。在这一化合物中,导致顺式消除的构象(**H**)的张力小于 **G** 的,而 **G** 进行反式消除。构象 **G** 有三个庞大的基团(包括 NMe_3^+)互相处于邻位交叉的位置。

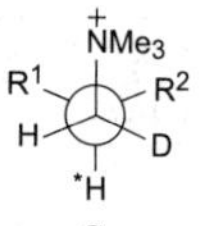

G 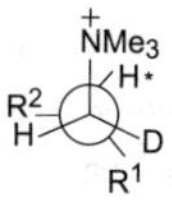   **H**

上面曾提到当离去基团不带电荷时,弱离子化溶剂能促进顺式消除。这很有可能是由于形成离子对所引起的,这在非极性溶剂中最突出[31]。离子对能通过过渡 **10** 导致一个不带电荷的离去基团离去,从而发生顺式消除。这一效应可以由 1,1,4,4-四甲基-7-环癸烷溴消除的图解来说明[32]。当化合物在非极性的苯中与 $t\text{-BuOK}$ 反应时,顺式消除与反式消除的比值为 55.0。但当加入冠醚双环己烷-18-冠-6(该化合物选择

10 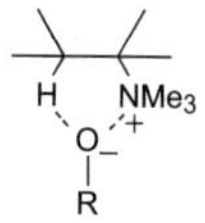   **11**

由此我们能够总结反式消除通常发生于 E2 机理,但有时空间的(无法形成反式共平面过渡态)、构象的、离子对和其它因素会引起顺式消除介入(有时甚至占主导地位)。

17.1.2 E1 的机理

E1 的机理为两步过程,其中决速步为底物离子化形成碳正离子,该碳正离子随后迅速被碱夺去 β-质子,作为碱的通常是溶剂:

第 1 步

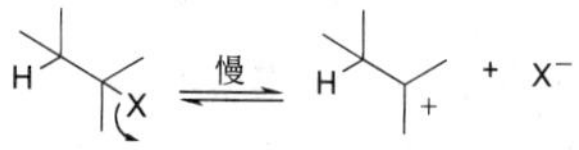

第 2 步

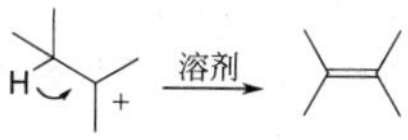

按照 IUPAC 命名法,这一机理应该写成 $D_N + D_E$(或 $D_N + D_H$)。这一机理中通常不需要外加的碱。正如 E2 机理与 $S_N 2$ 竞争一样[35],E1 机理也与 $S_N 1$ 竞争。实际上,E1 的第 1 步和 $S_N 1$ 的第 1 步完全相同。第 2 步不同之处在于,E1 机理中溶剂从碳正离子的 β 碳上夺取一个质子,而 $S_N 1$ 的相应步骤中却是溶剂攻击带正电荷的碳。在纯粹的 E1 反应中(也就是说没有离子对),产物应是完全没有立体专一性的,因为碳正离子在失去质子前,能自由地成为其最稳定的构象。

下面是一些 E1 机理的证据:

(1)如预料的那样,反应在动力学上为底物的一级反应。即便溶剂参与决速步,溶剂也不出现在速率方程中(参见 6.10.6 节),通过加小量溶剂的共轭碱就可以很方便地检验这一点。通常发现,这样不能增大反应的速率。如果更强的共轭碱都不能参与到决速步中,溶剂显然也不能。另外,决速步为第 2 步(质子转移)的 E1 机理

反应也有报道[36]。

(2) 如反应在两个分子上分别发生，而这两个分子仅离去基团不同（例如 t-BuCl 和 t-BuSMe$_2^+$），那么速率应明显不同，因为反应速率取决于分子的离子化能力。但是，碳正离子一旦形成，如果溶剂和反应温度都相同，那么上述两种化合物形成的碳正离子的反应性也应该是一样的，因为离去基团的性质不会影响到第 2 步。这就意味着消除与取代的比例应该是相同的。例子中提到的两种化合物在 65.3℃ 的 80% 乙醇溶液中溶剂解，得到如下结果[37]：

$$t\text{-BuCl} \xrightarrow[63.7\%]{36.3\%} \begin{array}{c} H_3C \\ H_3C \end{array}\!\!C=CH_2 \xleftarrow[64.3\%]{35.7\%} t\text{-BuSMe}_2^+$$
$$\quad\quad\quad\quad\quad\quad t\text{-BuOH}$$

尽管反应速率有很大不同（正如从这些不同的离去基团可预料的那样），但是产物的比例是差不多的，相差在 1% 之内。如果按二级反应的机理进行，亲核试剂在前一个分子中进攻 β-氢与进攻中性氯的选择性百分比，与在后一个分子中进攻 β-氢与带正电的 SMe$_2$ 基团的选择性百分比显然应该是不同的。

(3) 许多反应在一级反应条件下进行时，尽管原底物易发生反式共平面的消除反应，生成烯烃，但是反应中 cis-氢必须脱除，有时 cis-氢比 trans-氢更容易脱去。例如，薄荷基氯（**2**），按照 E2 机理反应只得到 **5**；按照 E1 机理反应得到 68% 的 **6** 和 32% 的 **5**，因为氢的空间性质在此不再起作用，更稳定的烯烃（根据 Zaitsev 法则，参见反应 **12-2**）产物占据优势。

(4) 如果碳正离子是中间体，我们预计适当的底物会发生重排。这一现象常在 E1 条件下的消除反应中发现。

E1 消除可能涉及离子对，正如 S_N1 反应一样（参见 10.1.3 节）[38]。这一现象通常对非解离型溶剂起很大作用：在水中影响最小，在乙醇中较大，在乙酸中更大。同时，离子对机理 [参见 10.1.3 节 (1)] 也能影响该消除反应，且 S_N1、S_N2、E1、E2 机理至少偶然也会得到共同的离子对中间体[39]。

17.1.3　E1cB 机理[40]

在 E1 消除机理中，X 首先离去，然后是 H 的离去。在 E2 机理中，两个基团同时离去。也会有第三种可能：H 先离去，生成 **12**，然后是 X。这是一个两步的反应历程，被称为 E1cB 机理[41]，或碳负离子机理，因为中间体是碳负离子（**12**）：

第 1 步
$$H-\overset{|}{\underset{|}{C}}-\overset{|}{\underset{|}{C}}-X \xrightleftharpoons{碱} {}^-\overset{|}{\underset{|}{C}}-\overset{|}{\underset{|}{C}}-X$$
$$\quad\quad\quad\quad\quad\quad\quad \mathbf{12}$$

第 2 步
$${}^-\overset{|}{\underset{|}{C}}\!\!\curvearrowright\!\!\overset{|}{\underset{X}{C}}\longrightarrow \!\!\!\!>\!\!C\!=\!\!C\!\!<$$

这一机理被称为 E1cB 是因为离去基团从底物的共轭碱上离开 [参见 10.7.3 节 (1)，S_N1cB 机理]。该机理的 IUPAC 命名为 $A_nD_E + D_N$ 或 $A_{xh}D_H + D_N$（参见 9.6 节）。主要有三种情况：(1) 碳负离子转变为原料的速度快于生成产物的速度：第 1 步是可逆的；第 2 步很慢。(2) 第 1 步是慢步骤，形成产物要比碳负离子反应生成起始物来得快。这种情况下，第 1 步是不可逆的。(3) 第 1 步很迅速，且碳负离子慢慢形成产物。这种情况只有产生的是非常稳定的碳负离子时才发生。这里，同样第 1 步是不可逆的。这些情况分别称为：(1)(E1cB)$_R$；(2) (E1cB)$_I$（或 E1cB$_{irr}$）；(3) (E1)阴离子。它们的特征列于表 17.1[42]。

表 17.1　碱诱导的 β-消除反应的动力学预测[42]

$$B:\ +\ (D)H\!\!-\!\!\underset{\beta}{C}\!\!-\!\!\underset{\alpha}{C}\!\!-\!\!X \longrightarrow B\!\!-\!\!H\ +\ >\!\!C\!=\!\!C\!\!<\ +\ X^-$$

机理	动力学级数①	β-H 交换是否比消除快	通用的或特殊的碱催化	k_H/k_D
(E1)阴离子	1	是	一般③	1.0
(E1cB)$_R$	2	是	特殊	1.0
(E1cB)$_{ip}$	2	否	一般④	1.0→1.2
(E1cB)$_I$	2	否	一般	2→8
E2⑤	2	否	一般	2→8

机理	在 C_β 上的吸电子效应②	在 C_α 上的给电子效应②	离去基团的同位素效应或元素效应
(E1)阴离子	速率降低	速率增加	实质上的
(E1cB)$_R$	速率稍有增加	速率稍有增加	实质上的
(E1cB)$_{ip}$	速率稍有增加	速率稍有增加	速率稍有增加
(E1cB)$_I$	速率增加	几乎无影响	小到可忽略
E2⑤	速率增加	速率稍有增加	小

① 所有机理对底物而言都是一级的。
② 对反应速率的影响是基于反应机理并未改变这一假设。没有考虑 C_α 取代时的立体效应影响大于 C_β 取代的影响这一因素。反应速率降低与取代基效应一致，正如 β- 和 α-芳基取代对 Hammett 反应常数的影响。
③ 如果底物离子化程度降低，则可能需要特殊碱催化。
④ 依赖于哪一个离子协助离去基团离去。
⑤ 只有过渡态具有明显碳负离子特征的情况才列于本表中。

研究反应级数通常并不十分有用（除了第3种情况，反应是一级的），因为第1、第2种情况都是二级反应，因此很难或不可能通过测反应级数来与 E2 机理相区别[43]。可以推断，具有（a）弱的离核体和（b）一个酸性氢的底物更容易发生 E1cB 反应，大多数的研究也都与这样的底物有关。下面是一些支持 E1cB 机理的证据：

(1) (E1cB)$_R$ 机理的第1步涉及底物和碱之间质子的可逆交换。在这种情况下，如果在碱中有氘存在，则重新生成的起始物应含有氘。用 NaOD 与 $Cl_2C=CHCl$ 反应，生成 $ClC≡CCl$ 时，观察到这种情况。完成之前停止反应，在分离出的烯中发现含有氘[44]。五卤乙烷有类似结果[45]。这些底物具有相当的酸性。两个体系中都有吸电子的卤素可以增强氢的酸性。在三氯乙烯的情况中，还有一个附加的因素：sp^2 碳上的氢比 sp^3 碳上的氢酸性更强[参见 8.6 节 (7)]。因此，在产生叁键的消除反应中比产生双键的消除反应中，更可能发现 E1cB 机理。发生 E1cB 机理另一可能的地方是在像 $PhCH_2CH_2Br$ 这种底物的反应中，因为生成的碳正离子由于与苯基共振而稳定。尽管如此，此处没有发现氘交换[46]。如果把这类证据作为一种标志，可以推断 (E1cB)$_R$ 机理是相当少的，至少对常见的离去基团为 Br、Cl 或 OTs 的生成 C=C 键的消除是这样。

(2) 当下面的反应在含有乙酰羟胺的缓冲溶液中，从反应速率随缓冲液浓度变化的曲线可发现速率在高浓度缓冲液中反应速率趋于稳定，这说明决速步发生了变化[47]。这一点排除了只有一步反应的 E2 机理[48]。当用 D_2O 代替 H_2O 作溶剂时，有初始值为 7.7 的反溶剂同位素效应（是目前报道的最高的反溶剂效应）。也就是说，反应在 D_2O 中比在 H_2O 中进行得快。这一点只与 E1cB 机理相符，因为在这一机理中，质子转移步骤并不完全是决速步。同位素效应来自于碳负离子中间体（**12**）。这一中间体可能反应生成产物，或逆过来反应生成起始物，后者要求从溶剂中得到一个质子。在 D_2O 中，后一个过程较慢（因为 D_2O 的 O—D 键比 H_2O 的 O—H 键难断裂），减慢了 **12** 逆回到起始物的速率。由于逆反应竞争力稍差，所以 **12** 转变成产物的速率就增加了。

$$p\text{-}NO_2C_6H_4-CH_2-CH_2-\overset{+}{N}R_3 + B^- \longrightarrow$$
$$p\text{-}NO_2C_6H_4-CH=CH_2 + BH + NR_3$$

(3) 我们已经预言，含有酸性氢和差离去基团的底物最有可能以 E1cB 机理发生反应。

ZCH_2CH_2OPh 型化合物就属于这一范畴，式中 Z 是吸电子基（例如 NO_2、SMe_2^+、$ArSO_2$、CN 和 COOR 等），因为 OPh 是一个非常差的离去基团[参见 10.1.3 节 (1)]，因此也属于这一类型。有证据表明，它的机理的确是 E1cB[49]。在 NaOD 的 D_2O 溶液中，$MeSOCD_2CH_2OPh$ 和 $Me_2S^+CD_2CH_2OPh$ 的同位素效应约为 0.7。这符合 (E1cB)$_R$ 机理，但不符合 E2 机理，因为按 E2 机理同位素效应通常是 5（当然，由于 OPh 的离核能力极差，因此 E1 机理被排除了）。k_H/k_D 之所以小于预期值 1，是受溶剂和次级同位素效应影响。在这个体系中，支持 E1cB 机理的又一证据是，改变 Z 的性质可使相对反应速率发生非常显著的改变：NO_2 和 COO^- 相差达 10^{11} 倍。应该指出，在 $RCOCH_2CH_2Y$ 型底物中，消除反应是 C=C 键上发生 Michael 型加成的逆反应。我们已经看到（参见 15.1.2 节），这种加成包括最初亲核试剂 Y 的进攻和随后质子的进攻。因此，从这类底物上起初失去质子（即 E1cB 机理）符合微观可逆性原理[50]。可以想到，苯炔也可能是按照这种过程形成的（参见 13.1.2 节）。有人建议，凡是由碱引起的消除反应，且在这些反应中质子由强吸电子基致活的，都是 E1cB 反应[51]。但是也有证据证明不完全是这样，当有好的离核体时，即使有强吸电子基时[52]仍为 E2 机理。另一方面，Cl^- 已被发现在 E1cB 反应中可以扮演一个离去基团的角色[53]。

在讨论 E1cB 机理的三种情况中，最难以与 E2 区分的是 (E1cB)$_I$。区分它们的一种方法是研究离去基改变的影响。在三个范烯（**13**）的情况中尝试了这一方法，研究发现：①三个反应速率很相似，最大的只是最小的 4 倍；②对化合物 **13c** (X=Cl, Y=F)，唯一的产物中只含有 Cl 而没有 F，也就是说，Cl 留下，而较差的离核体 F 却离开了[54]。结果①排除了 (E1cB)$_I$ 外所有的 E1cB 机理，因为其它的机理需要有很强的离去基效应（表 17.1）。普通的 E2 机理也应有强的离去基效应，但是 E2 机理却可能没有明显碳负离子特征（见 17.1.4 节）。然而，E2 机理不能解释结果②。结果②可以解释为 Cl 比 F 在稳定同平面的碳负离子有更强的作用，该碳负离子是在质子失去后留下的。这样（在某些程度上与芳环的亲核试剂取代相类似，参见 13.2.2 节），当 X^- 在第 2 步离开时，具体哪个基团离开并不取决于哪个是较好的离核体，而是取决于哪个基团已经移去了它的 β-H[55]。存在 (E1cB)$_I$ 机理的附加证据是，在 N-(2-氰乙基)吡啶鎓离子（**14**）与碱的反应中，当 X 改变时，观察到了消除反应决速步的改变[56]。再一次强调，这一反应涉及两步的事实排除了一步的 E2 机理的可能。要指出的是，吡啶基体系是一种两可的情况，并不是很确定反应是碳负离子中间体过程（E1cb，$A_{xh}D_H + D_N$），还是在碱的作用下协同失去质子和卤素的过程（E2，$A_N D_E D_N$）[57]。

$$\begin{array}{c|ccc} \text{化合物} & X & Y \\ \hline a & Br & Cl \\ b & Cl & Cl \\ c & Cl & F \end{array}$$

（4）发现（E1）阴离子的一个例子是：底物 **15** 用甲氧基负离子处理时，发生消除生成 **17**。**17** 在反应条件下不稳定而发生重排[58]。动力学和同位素效应的研究结果，以及 **16** 的光谱检测[59]，都支持这个机理。

（5）在形成 C═O 和 C≡N 键的许多消除中，开始的步骤都是从氧或氮上失去一个带正电荷的基团（通常是质子）。这些也许也能被看作是 E1cB 过程。

有证据表明，某些 E1cB 机理中可能有碳负离子对，例如[60]：

这一情况被命名为（E1cB）$_{ip}$；其特点见表 17.1。

17.1.4 E1-E2-E1cB 系列

上面所讨论的三种机理相似点多于不同点。在每种机理中，都有一个带着电子对离开的离去基团和不带电子对离开的另一个基团（通常是氢）。唯一的不同是步骤的顺序。目前人们公认，从一个极端（在这种情况下离去基在质子之前先完全离去，即纯 E1），到另一个极端（在这种情况下质子先离去，过一段时间离去基再离去，即纯 E1cB）之间，存在一个机理渐变的过程。纯粹的 E2 居于中间某处，此时两个基团同时离去。可是，大多数 E2 反应不在正中间，而是偏向这边或是偏向那边。例如，离核试剂可能刚好在质子之前离去。可以把这种情况说成是带有部分 E1 特性的 E2 反应。这一概念可以用提问方式来表示：在过渡态中哪根键（C—H 或 C—X）断裂的程度更大一些[61]？

要注意的是，E1 和 E2 反应都需要用碱去除氢原子，都是酸碱反应。E2 需要较强的碱，E1 需要较弱的碱。另外，E1 反应必须在有利于碳正离子离子化的溶剂（如水溶液介质）中进行，而 E2 反应通常在质子性溶剂如醇中进行。

决定某一给定反应在 E1-E2-E1cB 系列上的位置的一种方法，是研究同位素效应。同位素效应能够说明过渡态时键的性质[62]。例如，$CH_3CH_2NMe_3^+$ 显示氮同位素效应（k^{14}/k^{15}）是 1.017，而 $PhCH_2CH_2NMe_3^+$ 的相应值是 1.009[63]。人们可能会推测，苯基可使反应向该系列的 E1cB 一边移动，这就是说，这个化合物的 C—N 键在过渡态时断裂的程度低于未取代化合物中的 C—N 键。同位素效应证实了这一点，氮的质量对于苯取代化合物反应速率的影响，小于未取代化合物的影响。以 SR_2^+ 作为离去基（通过用 $^{32}S/^{34}S$ 同位素效应[64]）和以 Cl 作为离去基（$^{35}Cl/^{37}Cl$）都获得了类似结果[65]。这些反应在反应系列中的位置也可从另一方面进行研究，即通过 H/D 和 H/T 同位素效应研究形成的双键[66]，但是这些实验结果的解释会因为一些事实而变得复杂，这些事实包括：β-氢同位素效应应随着 β-氢从 β 碳向碱移动距离的增大，而经历从小到大再到小的平稳变化[67]（使人想起，在过渡态中质子转移一半路径时同位素效应最大，参见 6.2 节）；次级同位素效应的可能性（例如，β-氘或氚的存在可以使离去基团离去得更慢）；以及隧道效应[68]。其它同位素效应研究包括标记 α 或 β 碳、标记 α-氢或标记碱[58]。

研究一个给定反应在机理系列中位置的，另一种方法是 β-芳基取代。既然 Hammet 正 ρ 值表示过渡态带负电荷，那么取代 β-芳基后的 ρ 值应随反应沿着该系列从似 E1 到似 E1cB 而增大。在许多研究中，已被证明符合这一情况[69]。例如，$ArCH_2CH_2X$ 的 ρ 值随 X 离去基离去能力的减小而增大。一组典型的 ρ 值是：X = I，2.07；Br，2.14；Cl，2.61；SMe_2^+，2.75；F，3.12[70]。正如我们已经知道的，离去基团离去能力的减小和 E1cB 特性的增大相关联。

另外的方法是测量活化体积（activation volume）[71]。活化体积对 E2 机理为负，对 E1cB 机理为正。活化体积的测量可提供判断反应在系列上位置的连续尺度。

17.1.5 E2C 机理[72]

某些卤代烷和对甲苯磺酸酯，用弱碱如在极性非质子溶剂中的 Cl⁻ 或 PhS⁻ 处理时，发生 E2 消除反应的速率比在用 ROH 中的 RO⁻ 这样的强碱处理进行的一般 E2 消除要快些[73]。为了解释这些结果，有人[74]提出：存在着 E2 过渡态的系列[75]，在 E2 过渡态中，碱可以与 α 碳以及与 β-氢作用。在这个系列的一端是一种机理（被称为 E2C），在该机理的过渡态中，碱主要和碳相互作用。E2C 机理的特征是弱碱性的强亲核试剂。另一个极端是通常的 E2 机理，这里被称为 E2H 以便区别于 E2C，其特征是与强碱反应。18 代表这两个极端之间的过渡态。关于 E2C 机理的另外一些证据[76]，有 Brønsted 方程的计算（参见 8.4 节）、底物效应、同位素效应以及溶剂对速率的影响。

然而，E2C 机理受到了批评，人们认为所有这些实验结果都可用通常的 E2 机理来说明[77]。McLennan 认为过渡态应如 19 所示[78]。还有人提出了离子对机理[79]。虽然所谈到的实际机理可能还充满争议，但是毫无疑问，存在一类以弱碱进攻的二级反应为其特征的消除反应[80]。这些反应还有下面一些通性[81]：①好的离去基有利于反应；②极性非质子溶剂有利于反应；③反应性顺序是：叔＞仲＞伯，与正常的 E2 顺序相反（参见 17.4.1）；④消除总是反式的（没有发现顺式消除）。但在环己基体系中，双平伏键的反式消除与双直立键的反式消除一样有利［与通常的 E2 反应不同，参见 17.1.1 节 (2) 和 (3)］；⑤反应遵循 Zaitsev 规则（见下），这与反式消除的要求并不矛盾。

17.2 双键的定位（消除方向）

只在一个碳上有 β-氢时，底物生成哪种（重排除外）产物是确定的。例如 $PhCH_2CH_2Br$ 只能生成 $PhCH=CH_2$。然而，在许多其它情况下可能有两种或三种烯烃产物。其中最简单的例子是仲丁基化合物，可以生成 1-丁烯或 2-丁烯。我们可以利用一些规则进行预测，在多数情况下某类产物将优先形成[82]。

(1) 不论什么机理，双键不能在桥头碳上形成，除非该环足够大（Bredt 规则，参见 4.16.3 节）。例如，**20** 只产生 **21**，而不产生 **22**（事实上 **22** 也尚未被发现），**23** 不发生消除反应。

(2) 不论什么机理，假若分子中已有双键（C=C 或 C=O）或芳环，且可能与新的双键发生共轭，那么共轭的产物通常是主要的，甚至立体化学不利的情况下也会生成这样的产物（例外情况见 17.3 节）。

(3) 按 E1 机理，离去基断裂之后才作出选择，决定新双键在哪个方向形成。所以，产物几乎完全由两（或三）个可能的烯烃的相对稳定性决定。在这些情况下，Zaitsev 规则[83]起作用。这个规则认为，双键主要在最多取代的碳上形成。即仲丁基化合物产生的 2-丁烯多于 1-丁烯，而 3-溴-2,3-二甲基戊烷产生的 2,3-二甲基-2-戊烯多于 3,4-二甲基-2-戊烯或 2-乙基-3-甲基-1-丁烯。所以，Zaitsev 规则认为主要形成的是在 C=C 双碳上带有最大数目烷基的烯烃，大多数事实符合这个规则。从燃烧热数据（参见 1.12 节）可以知道，烯烃的稳定性随烷基取代基数目增大而增大，但是其原因现在还众说纷纭。最常见的解释是用超共轭效应。E1 消除的定位由 Zaitsev 规则确定，无论离去基团是中性的还是带正电的。因为前面已经提到，在离去基失去之后才作出消除方向的选择。但是这种处理法不适合于 E2 消除。应该指出，与 E2 消除相反，$Me_2CHCHMeSMe_2^+$ 的 E1 消除生成 91% 的 Zaitsev 烯烃和 9% 的另一个烯烃[84]。可是，有时在 E1 消除中离去基团影响双键的方向[85]。这可能是由于离子对的影响；就是说，当氢脱离时离去基并未完全离开。若由于立体效应的关系使非 Zaitsev 产物较稳定，则反应不遵守 Zaitsev 规则。例如据报道，1,2-二苯基-2-X-丙烷（$PhMeCXCH_2Ph$）的 E1 或类似 E1 的消除能生成约 50% $CH_2=CPhCH_2Ph$，尽管 Zaitsev 产物（$PhMeC=CHPh$）的双键与两个苯环共轭[86]。

(4) 反式 E2 机理要求有一个反式 β-质子；

假如只在一个方向上有这种质子,则在这个方向形成双键。由于无环体系可以自由转动(除了空间阻碍很大的以外),所以这一影响因素只存在于环系中。如果环系中可能在两个或三个碳上有反式 β-氢时,则有两种消除的可能,取决于底物的结构和离去基的性质。某些产物遵循 Zaitsev 规则,主要形成最多取代的烯烃,但另有些产物遵循 Hofmann 规则:双键主要在最少取代的碳上形成。尽管有许多例外,但可以得出如下普遍的结论:在大多数情况下,无论底物是什么结构,含有不带电荷的离核体(离去基离去时以阴离子形式)的化合物反应遵循 Zaitsev 规则,这与 E1 消除一样。但是,从含带电荷离核体(例如 NR_3^+、SR_2^+ 离去基团以中性分子形式离去)的化合物上消除时,如果底物是非环的化合物,则遵循 Hofmann 规则[87],但若离去基连在六元环上,则遵循 Zaitsev 规则[88]。

许多工作都致力于研究定位不同的原因。Zaitsev 定位几乎总是产生热力学较稳定的异构体,那么就需要解释为什么在某些情况下还主要形成不大稳定的 Hofmann 产物。在无环体系中,关于随着不带电荷的离核试剂到带电荷的离核试剂的改变而改变生成双键的位置已提出了三种解释。第一种解释认为[89],Hofmann 定位是由于给电子烷基导致 β-氢酸性减小引起的。例如,在 E2 条件下 $Me_2CHCHMeSMe_2^+$ 生成比较多的

Hofmann 产物;而被碱夺去的是酸性较强的氢。当然,即使出现中性的离去基,CH_3 的氢的酸性仍比 Me_2CH 上氢的酸性强,但是 Hughes 和 Ingold 的这一解释只适用于带电荷的酸性物质,而不适用于中性离去基。因为带电荷基团有强吸电子效应,引起酸性的差异比吸电子效应较小的中性基团更明显些[85,90]。根据这种观点,改变成带正电的离去基团会使机理移向系列的 E1cB 一端,这时 C—H 键在决速步中断裂的程度更大些,因此酸性显得更重要。按照这种看法,当存在一个中性离去基时,机理就更像 E1,C—X 键断裂显得更重要,并且烯烃的稳定性决定新双键的方向。

第三种解释完全不同。根据这一解释,场效应并不重要,其定位的差异大都是由于带电荷基团的立体效应常大于中性基团的。CH_3 基比 CH_2R 基容易被进攻,而 CHR_2 基更不容易被进攻。当然,当离去基团为中性时,也能类似考虑。但是根据这个观点,中性基团在这里显得并不重要,因为中性基团比较小,对氢进攻的阻碍程度不那么大。实验结果表明,随着离去基团体积的增大,Hofmann 规则消除的比例则增加。所以,从 $CH_3CH_2CH_2CHXCH_3$ 得到 1-烯烃的比例如下(X 以体积增大的顺序排列):Br,31%;I,30%;OTs,48%;SMe_2^+,87%;SO_2Me,89%;NMe_3^+,98%[91]。Hofmann 消除也随着底物体积的增大而增多[92]。对于足够大的化合物,甚至卤化物也能发生 Hofmann 消除(例如,叔戊基溴可生成 89% 的 Hofmann 产物)。甚至那些坚信可用酸性来解释双键定位的人,也承认这些空间因素在极端情况下能起作用[93]。

有一些结果用空间因素解释是矛盾的:四种 2-卤戊烷 E2 消除生成 1-戊烯的比例如下:F,83%;Cl,37%;Br,25%;I,20%[94]。四种 2-卤己烷也有同样的顺序[95]。虽然对于 Br、Cl 和 I 的相对空间效应有些疑问,但毫无疑问 F 是卤素中最小的,而且假若空间因素是唯一有效的因素,那么氟代烷就不会主要生成 Hofmann 产物。另一个对空间因素学提出质疑的事实是碱性质的影响。一个使碱的有效体积保持不变而增大其碱性的实验(应用一系列 $XC_6H_4O^-$ 离子作为碱),表明 Hofmann 消除的比例随碱性增大而增大,而此时碱的体积并未改变[96]。这些结果符合前面的解释,因为碱强度的增大使 E2 反应更接近于该系列的 E1cB 一端。在进一步的实验中,发现许多不同种类的碱,在碱性和 Hofmann 消除的比例之间遵守线性自由能关系[97]。但是一些体积很大的碱(例如 2,6-二叔丁基苯酚负离子)并不遵守这一关系,在这些情况下立体效应成为主要的。碱的体积需要多大才能观察到立体效应,这取决于底物中烷基取代的形式,而不取决于离核体[98]。应该注意到的进一步结果是:在气相中,用 Me_3N 作为碱消除 H 和 BrH^+ 或 H 和 ClH^+ 主要遵循 Hofmann 法则[99],尽管 BrH^+ 和 ClH^+ 体积并不很大。

(5) 关于顺式 E2 消除的定位,只研究过几种,但这些结果表明,Hofmann 消除比 Zaitsev 消除有利得多[100]。

(6) 在 E1cB 机理中,很少有定位的问题,因为这种机理一般只是在 β 位上有吸电子基时才能发生,而且双键也在此 β 位上产生。

(7) 如前已提到的,E2C 机理显示出 Zaitsev 定位有很强的优势[101],有时这种优势具有

制备用途。例如，在通常的 E2 反应条件下（t-BuOK/t-BuOH），化合物 PhCH$_2$CHOTsCHMe$_2$ 生成大约 98% 的 PhCH=CHCHMe$_2$。在这种情况下，双键是在含氢较多的一侧形成，因为双键在这一侧能与苯环共轭。然而在丙酮中用弱碱 Bu$_4$N$^+$Br$^-$ 时，则 Zaitsev 产物 PhCH$_2$CH=CMe$_2$ 的产率为 90%[102]。

17.3 双键的空间定位

当形如 CH$_3$—CABX 或 CHAB—CGGX 的化合物发生消除反应时，新生成的烯没有顺反异构现象；但是形如 CHEG—CABX（E 和 G 均不是 H）(**24**) 和 CH$_2$E—CABX(**25**) 的化合物，发生消除时可能生成顺、反式烯烃异构体。当发生

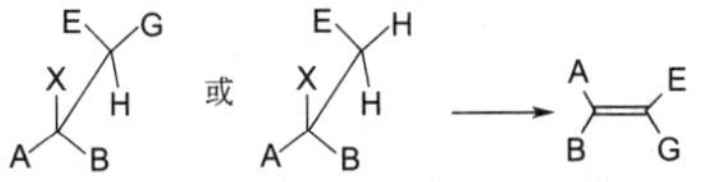

反式 E2 机理时，**24** 生成的烯是 X 和 H 以反式定位消除的异构体。正如我们前面所见到的（参见 17.1.1 节），赤式化合物产生顺式烯烃，而苏式化合物产生反式烯烃。对于 **25**，过渡态可能有两种构象，这些不同的构象导致不同的异构体，实际上也常常得到两种烯烃。可是，主要得到哪种烯烃往往由重叠效应（eclipsing effect）决定[103]。例如，2-溴戊烷能以下方式发生 Zaitsev 消除：

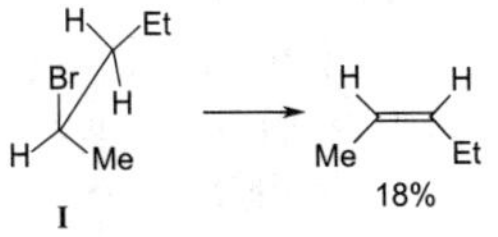

构象 I 中，乙基位于 Br 和 Me 之间，而构象 J 中的乙基是在 Br 和 H 之间。这意味着，J 比较稳定，因此大多数的消除应按这种构象发生。事实的确如此：生成 51% 的反式异构体（用 KOEt），而只生成 18% 的顺式异构体（其余是 Hofmann 产物）[104]。这些效应随 A、B 和 E 体积的增加而增强。

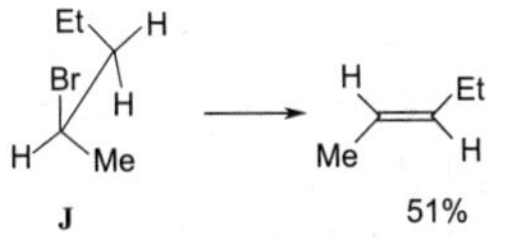

然而重叠效应不是影响反式 E2 消除产物顺/反比例的唯一因素。其它因素有离去基团、碱、溶剂和底物的性质。并非所有的这些影响规律都完全清楚[105]。

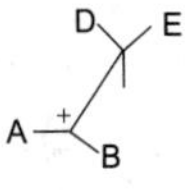

对于 E1 消除，若存在自由的碳正离子 (**25**)，那么无论原化合物的几何形状如何，它都可以发生自由旋转。比较稳定的情况是，D/E 对中较大的基团处在 A/B 对中较小基团的对面，在此构象下生成相应的烯烃。若该碳正离子不是完全自由的，结果一定程度上形成 E2 型产物。相似的考虑因素也能运用在 E1cB 消除中[106]。

17.4 反应性

在这一部分，我们要研究改变底物、碱、离去基和介质对下列三方面的影响：（1）总反应性；（2）E1、E2、E1cB 三种机理的选择[107]；（3）消除和取代的竞争。

17.4.1 底物结构的影响

(1) 对反应性的影响 我们把连有离去基 (X) 的碳叫做 α 碳，把失去带正电的物种（通常是质子）的碳叫做 β 碳。与 α 碳或 β 碳相连的基团至少有四种作用：

① 它们能使新生成的双键稳定或不稳定（α 碳或 β 碳上的取代基都可能有这种作用）。

② 它们能使新生成的碳负离子稳定或不稳定，影响质子的酸性（只有 β-取代基有影响）。

③ 它们能使新生成的碳正离子稳定或不稳定（只有 α-取代基有影响）。

④ 它们可能有立体效应作用（例如重叠效应）（α-取代基和 β-取代基两者都有影响）。效应①和④可适用于所有三种机理，虽然立体效应以 E2 机理最大，②不适用于 E1 机理，③不适用于 E1cB 机理。像 Ar 和 C=C 这样的基团，无论它们是在 α 位还是 β 位（效应①），在任何机理中都能使速率增大，除了 C=C 键的形成可能不是决速步的情况。吸电子基处于 β 位时可增大酸性，但在 α 位上影响却不大，除非它们也与双键共轭。因此，β 位上的 Br、Cl、Ts、NO$_2$、CN 和 SR 都能加快 E2 消除的速率。

(2) 对 E1、E2 及 E1cB 的影响 α-烷基和 α-芳基能稳定过渡态的碳正离子特点，使反应机理偏向 E1 一边。β-烷基也使机理偏向 E1，因为它们使氢的酸性减小。然而，β-芳基通过稳定碳负离子使机理改变成另一种方式（偏向 E1cB）。的确，如我们已经看到的一样（参见 17.1.3 节），β 位上的所有吸电子基都使机理向 E1cB 转变[108]。采用弱碱时 α-烷基还可以提高消除程度（E2C 反应）。

(3) 对消除及取代的影响 在二级反应条件下，α-支链使消除增多，三级底物很少发生 S$_N$2

反应,这正如我们在第10章讲过的那样。例如,表17.2列出了一些简单溴代烷反应的结果。用SMe_2^+作为离去基可以得到类似的结果[111]。这种倾向可以用两个原因来解释:一个是统计学上的,随着 α-支链增多,通常有更多的氢供碱进攻;另一个原因是 α-支链使碱对碳的进攻受到空间阻碍。在一级反应条件下,增多 α-支链也增大消除的数量($E1$ 与 S_N1 竞争),但消除产物并不很多,通常主要是取代产物。例如,叔丁基溴的溶剂解过程中只发生19%的消除(参见表17.2)[112]。对于 S_N2 取代,β-支链增加 E2 消除的比例(表17.2),这不是因为消除反应加快了,而是因为 S_N2 反应被大大减慢了(参见10.7.1节)。在一级反应条件下,β-支链使得消除反应增多,而取代反应减少,这可能也是由于立体原因[113]。可是,带电荷离去基的化合物由于 β-支链而使 E2 消除反应减慢。这与 Hofmann 规则有关〔参见17.2节(4)〕。β 位上有吸电子基团不仅增加了 E2 消除的速率,使机理向系列的 E1cB 一端转变,并且与取代相反,也增大消除的程度。

表 17.2 α-支链和 β-支链对 E2 消除的速率和所形成烯烃的含量的影响

底 物	温度/℃	烯烃/%	E2反应的速率/$\times 10^5$	参考文献
CH_3CH_2Br	55	0.9	1.6	109
$(CH_3)_2CHBr$	24	80.3	0.237	110
$(CH_3)_3CBr$	25	97	4.17	111
$CH_3CH_2CH_2Br$	55	8.9	5.3	109
$(CH_3)_2CHCH_2Br$	55	59.5	8.5	109

注:这是溴代烷和 EtO^- 间的反应。如考虑到温度的不同,溴代异丙烷的反应速率实际上大于溴乙烷的。新戊基溴,β-支链系列中的第二个化合物,不能被比较,因为它没有 β-氢,不能产生没有重排的消除产物。

比较 E2 和 S_N2 反应的另一种方法称为活化张力模型。该模型认为:活化能=活化张力+过渡态相互作用,与 Lewis 酸碱的强度直接相关。碱性较强的亲核试剂或碱具有较高能量的 HOMO,而酸性较强的底物具有较低能量的 LUMO,它们之间的相互作用较强[114]。活化张力与要断裂键的强度有关:C—离去基之间的键越强,活化张力越大,活化能垒越高。根据这一模型,由于 E2 反应要断裂两根键,因而 E2 反应的活化张力比 S_N2 反应大;在弱碱的作用下,由于 S_N2 反应具有较低的活化张力,因而 S_N2 反应比 E2 反应占优势[115];在强碱的作用下,由于其更容易与

E2 反应酸性强的过渡态相互作用,因而主要发生 E2 反应。

17.4.2 进攻碱的影响

(1) 对 E1、E2 及 E1cB 的影响 在 E1 机理中,一般不需要外加的碱:溶剂可以起到碱的作用。因此,当另外加入碱时,会使机理向 E2 方向转变。较强的碱和较高的碱浓度使机理移向 E1—E2—E1cB 系列的 E1cB 端[116]。可是,在极性非质子溶剂中,弱碱也能影响某些底物的消除反应(E2C 反应)。用下面的碱已实现了常见的 E2 消除[117]: H_2O、NR_3、^-OH、^-OAc、^-OR、^-OAr、$^-NH_2$、CO_3^{2-}、$LiAlH_4$、I^-、CN^- 以及有机碱。然而,在常见的 E2 反应中,有制备意义的碱只有 ^-OH、^-OR 和 $^-NH_2$,通常用它们的共轭酸作为溶剂,某些胺也有合成价值。对 E2C 反应有效的弱碱是 Cl^-、Br^-、F^-、^-OAc 和 RS^-。这些弱碱往往以它们的 R_4N^+ 盐形式被使用。

(2) 对消除与取代竞争的影响 强碱不仅使 E2 比 E1 有利,还使消除比取代有利。在非离子化溶剂中用高浓度的强碱,有利于双分子机理,并且 E2 比 S_N2 占优势;在离子化溶剂中,使用低浓度的碱或完全不用碱,有利于单分子机理,并且 S_N1 机理比 E1 机理占优势。在第10章曾经指出,某些物种是强亲核试剂,但同时却是弱碱(参见10.7.2节)。使用强亲核试剂显然对取代有利,除了我们所看到过的,如果使用极性非质子溶剂,那么消除是主要的。书中曾经指出,碱 CN^- 在极性非质子溶剂中,如果受离子对中平衡离子的影响越小(即该碱越自由),则越有利于取代而不利于消除[118]。

17.4.3 离去基的影响

(1) 对反应性的影响 离去基在消除反应中的影响与在亲核取代中的影响类似。下面的基团都曾被用于进行 E2 消除: $^+NR_3$、$^+PR_3$、$^+SR_2$、^+OHR、SO_2R、OSO_2R、$OCOR$、OOH、OOR、NO_2[119]、F、Cl、Br、I 和 CN(但是没有 $^+OH_2$)。曾用下面的基团进行 E1 消除: $^+NR_3$、$^+SR_2$、$^+OH_2$、^+OHR、OSO_2R、$OCOR$、Cl、Br、I 和 N_2[120]。但是,可用于制备用途的主要离去基只有 $^+OH_2$(通常为 E1 机理)和 Cl、Br、I 及 $^+NR_3$(通常为 E2 机理)。

(2) 对 E1、E2 及 E1cB 的影响 好的离去基团使机理移向系列的 E1 一端,因为它们使得离子化变得容易。已经用多种方法研究了这种影

响。一种方法就是曾经讨论过的 ρ 值的研究（参见 17.1.4 节）。弱离去基和带正电荷的离去基，因为有强吸电子场效应使 β-氢的酸性增大，所以使机理移向系列的 E1cB 一端[121]。较好的离去基有利于 E2C 反应。

(3) 对消除与取代竞争的影响　如同我们已经知道的（参见 17.1.2 节），对于一级反应来说，离去基不会对消除和取代之间的竞争产生影响，因为离去基脱离之后才决定采用哪条途径进行下一步反应。然而，当有离子对存在时，情况却不是如此，研究发现离去基的性质影响产物[122]。在二级反应中，虽然消除按 I>Br>Cl 的顺序稍有增加，但总的来说消除/取代比值依赖于卤化物离去基的程度不大。当离去基是 OTs 时，通常取代较多。例如，n-$C_{18}H_{37}$Br 与 t-BuOK 作用发生 85% 消除，而在同样条件下，n-$C_{18}H_{37}$OTs 却发生 99% 取代[123]。另一方面，带正电荷的离去基使消除的数量增加。

17.4.4 介质的影响

(1) 溶剂对 E1、E2 及 E1cB 的影响　对任何反应来说，一个极性较大的环境会使含有离子中间体机理的速率增大。若是中性离去基，增大溶剂的极性和增大离子强度将对 E1 和 E1cB 有利。对于某些底物来说，在极性非质子溶剂中将促进弱碱的消除反应（E2C 反应）。

(2) 溶剂对消除与取代竞争的影响　增大溶剂的极性使 E2 反应减少而使 S_N2 反应比例增大。举个经典例子来说，采用醇-KOH 时会发生消除，而用极性较大的 KOH 水溶液则取代占优势。与 10.7.4 所述相似[124]，电荷分散的讨论只部分地解释了这一现象。在大多数溶剂中，S_N1 反应比 E1 有利。但是在亲核性弱的极性溶剂中，特别是在偶极非质子溶剂中，有利于 E1 反应的竞争[125]。在无溶剂的气相中进行的研究表明，当 1-溴丙烷与 MeO^- 反应时，只发生消除而不发生取代，甚至对于一级的底物亦如此[126]。

(3) 温度的影响　升高温度使消除比取代有利，不管机理是一级还是二级[127]。原因是消除反应的活化能比取代的要高（因为消除对成键有更大影响）。

17.5　热消除的机理和消除方向

17.5.1　机理[128]

许多类型的化合物在没有其它试剂存在下经加热发生消除反应。这类反应常在气相中进行。该反应机理显然与前面所讨论的不同，因为那些反应在反应步骤中都有一步需要碱（溶剂可以充当碱），而在热消除（pyrolytic elimination）中不需要碱或溶剂。已知有两种机理。其中一种经过四元、五元或六元的环状过渡态。各环状过渡态举例如下：

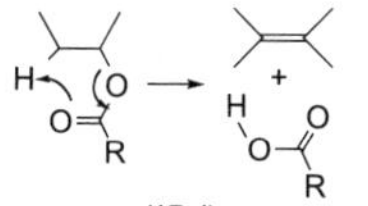

(17-4) 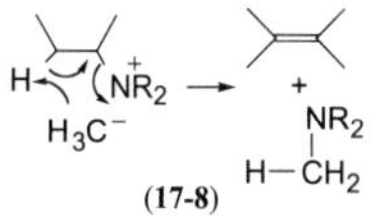　　(17-8)

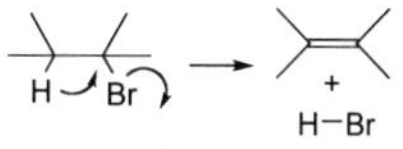

(17-13)

在这种机理中，两个基团几乎同时断裂，并相互成键。这种机理被 Ingold 命名为 Ei 机理，而 IUPAC 命名为环状 $D_ED_NA_n$。消除必须是顺式的，而对于四、五元环的过渡态来说，构成环的四、五个原子必须共平面。而六元环过渡态并不要求共平面，因为离去的原子成交叉式时，外侧的原子可有空间。

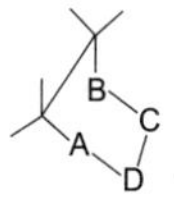

与 E2 机理中的情况一样，并不要求 C—H 键和 C—X 键在过渡态中同时断裂。事实上，这里也存在一个机理系列，从 C—X 键比 C—H 键优先断裂的机理到这两根键实际上同时断裂的机理。Ei 机理存在的证据是：

(1) 动力学是一级，所以反应中只涉及一个底物分子（就是说，如果底物的一个分子进攻另一个分子，则动力学必然为对底物的二级反应）[129]。

(2) 自由基抑制剂并不减慢反应，因此不是自由基机理[130]。

(3) 这种机理预期顺式消除是唯一产物，并且这种性质在许多例子中都已发现[131]。这个证据与反式 E2 机理相反，一般包括下面一些事实：①赤式异构体反应生成反式烯烃，而苏式异构体反应生成顺式烯烃；②只有存在顺式 β-氢时才发生反应；③在环状化合物中，如果只在一侧有顺式氢则消除反应就在这个方向发生。另一个例子为一对甾体分子。3β-乙酰氧-(R)-5α-甲亚磺酰胆甾烷（**27** 表示出了这个化合物的 A 环和 B 环）和 3β-乙酰氧基-(S)-5α-甲基亚磺酰胆甾烷（**28** 为其 A 环和 B 环）两个化合物之间唯一的不同是，与硫相连的氧和甲基的构型不同。因而，**27** 的热解只是在 4 位上消除氢（得到

86%的4-烯），而 **28** 的热解主要是在 6 位上消除（得到 65% 的 5-烯和 20% 的 4-烯）[132]。模型显示，由于 1-氢和 9-氢有干扰，使硫上的两个取代基在环前面（相对于环），而不是后面。因为硫是手性的，这就意味着 **27** 中的氧接近 4-氢，而 **28** 中的氢接近 6-氢。两个实验都与只发生顺式消除所得出的结论一致[133]。

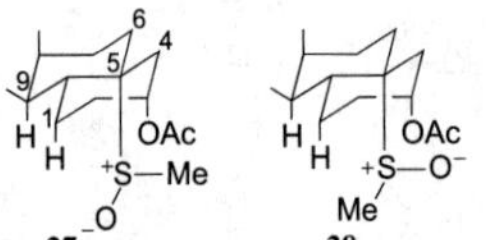

      27   **28**   (17-12)

（4）Cope 消除反应（**17-9**）的 ^{14}C 同位素效应表明 C—H 和 C—N 键在过渡态中彻底断裂[134]。

（5）一些反应中表现出负的活化熵，表明这些分子过渡态的几何形状比它们在起始化合物中要受到更多的限制。

热消除反应的确切机理看来主要依赖于离去基。当离去基是卤素时，所有的证据都表明在过渡态中 C—X 键断裂程度比 C—H 键大得多。也就是说，过渡态显示出大量碳正离子的特性。这一点与非共面四元环过渡态不遵守 Woodward-Hoffmann 规则的事实相吻合（见反应 **15-63** 的类似讨论）。当卤离子是离去基时，关于过渡态的类碳正离子特性的证据是，相对反应速率顺序为：I>Br>Cl[135]（参见 10.7.3 节），以及取代基对反应速率的影响与这种过渡态相符合[136]。在 320℃ 时，某些溴代烷热解的相对速率为：溴乙烷，1；溴代异丙烷，280；溴代叔丁烷，78000。同样，α-苯乙基溴和溴代叔丁烷也有与溴代叔丁烷大致相同的反应速率。另一方面，β-苯乙基溴只比溴乙烷稍快一些[137]。这表明，在过渡态中 C—Br 键断裂比 C—H 键断裂重要得多，因为新生成的碳正离子被 α-烷基和 α-芳基稳定，而 β-芳基取代不能稳定新生成的碳负离子。这些取代基以及其它基团的影响，非常类似于它们在 S_N1 机理中的影响，因此，很好地符合类碳正离子过渡态。

羧酸酯速率的比值更小[138]，但顺序还是一样的。虽然过渡态还有某些碳正离子的特性，但这些反应更接近纯 Ei 机理。关于羧酸酯的 C—O 键初期断裂程度较大的其它证据是：一系列的乙酸 1-芳基乙酯遵循 σ^+，而不遵循 σ，表明在 1 位上有碳正离子特性[139]。在过渡态，酯型化合物的 E1 特性程度增加的顺序为：乙酸酯<苯乙酸酯<苯甲酸酯<氨基甲酸酯<碳酸酯[140]。黄原

酸酯的断裂（反应 **17-5**）、亚砜的断裂（反应 **17-12**）、Cope 反应（反应 **17-9**）以及反应 **17-8**，可能都很接近 Ei 反应机理[141]。

热分解机理的第二种类型完全不同，反应涉及自由基。反应由热解均裂引发。其余的步骤可能有所不同，其中几步反应可表示如下：

引发： $R_2CHCH_2X \longrightarrow R_2CHCH_2\cdot + X\cdot$

增长： $R_2CHCH_2X + X\cdot \longrightarrow R_2\dot{C}CH_2X + HX$

               $R_2\dot{C}CH_2X \longrightarrow R_2C=CH_2 + X\cdot$

终止（歧化）：$2R_2\dot{C}CH_2X \longrightarrow R_2C=CH_2 + R_2CXCH_2X$

多卤化物和伯单卤化物热解时，大多数是自由基机理[142]，某些羧酸酯热解时也被认为是自由基机理[143]。也可发生甲苯磺酰基自由基的 β-消除[144]。由于对这些机理知道得还比较少，所以我们将不进一步讨论。在溶液中也有自由基消除，但是很少[145]。

17.5.2 热消除的定位（消除方向）

正如在 E1-E2-E1cB 系列中一样，Bredt 规则也适用于热消除。假若体系中存在双键，如果空间上允许的话，则将优先形成共轭体系。除了这些考虑外，对 Ei 消除还可作下面的一些说明：

（1）在不考虑下面所说的情况下，消除的方向遵从统计规律，由有效的 β-氢数目来确定（因此遵循 Hofmann 规则）。例如，仲丁基乙酸酯产生 55%～62% 1-丁烯和 38%～45% 2-丁烯[146]，这些数值接近于由有效氢的数目所推测的 3:2 的比例[147]。

（2）反应需要顺式 β-氢。因为在环系中，如果只在一侧有顺式氢，则在此方向形成双键。然而，当出现六元环过渡态时，则未必意味着离去基必须互相成顺式，因为六元环过渡态不要求完全共平面。假若离去基处于直立键，则氢原子显然处于平伏键（因此与离去基成顺式），因为两个基团都处于直立键的那种过渡态不会实现。但若离去基是平伏的，则它能与位于直立的 β-氢（顺式）或平伏的 β-氢（反式）形成过渡态。例如，**29** 中的离去基是直立的，即使形成的双键是共轭的，也不能沿着乙酯基的方向形成双键，因为在那一侧没有平伏氢，因此 100% 生成 **30**[148]。另一方面，化合物 **31** 有一个平伏的离去基团，产生的每一种烯烃大约为 50%。甚至为了消除得到 1-烯烃，该离去基必须与反式氢一同离去[149]。

(3) 在某些情况下，尤其是环状化合物，可形成比较稳定的烯烃，遵守 Zaitsev 规则。例如，乙酸薄荷酯反应生成 35% 的 Hofmann 产物和 65% 的 Zaitsev 产物，虽然两边都有顺式 β-氢，而产物的比例都与统计计算值不同。薄荷基氯的热解反应中也发现有类似结果[150]。

(4) 也存在立体效应。在一些情况中，消除的方向是由在过渡时需要将立体干扰缩小到最小或在基态减少立体干扰来决定的。

17.5.3 1,4-共轭消除[151]

下列类型的 1,4-消除比共轭加成（第 15 章）少很多，但已知一些例子[152]。

$$H-C-C=C-C-X \longrightarrow C=C-C=C$$

其中一个例子是 **32** 转化为 **33** 的反应[153]

17.6 反应

我们首先考虑形成 C═C 或 C≡C 键的反应。从合成观点来看，形成双键的最重要反应是 **17-1**（通常通过 E1 机理）、**17-7**、**17-13** 和 **17-22**（通常通过 E2 机理）、**17-4**、**17-5** 和 **17-9**（通常通过 Ei 机理）。关于叁键的形成，其重要的合成方法只有反应 **17-13**[154]。接下来，我们要论述形成 C═N 键和 C≡N 键的反应，然后论述生成 C═O 键和重氮烷的消除反应。最后，我们讨论挤出反应。

17.6.1 形成 C═C 和 C≡C 键的反应

17.6.1.1 从一侧移去氢的反应

反应 **17-1**～**17-5** 的其它离去原子是氧。反应 **17-7**～**17-11** 中其它离去原子是氮。对于从两侧消除氢的反应参见反应 **19-1**～**19-6**。

17-1 醇的脱水

氢-羟基-消除

醇可以用好几种方法脱水。H_2SO_4 和 H_3PO_4 是常用的试剂，但这些酸会使醇生成碳正离子中间体，从而导致重排产物和醚的形成（反应 **10-12**）。如果醇能够气化，则在 Al_2O_3 作用下的气相消除是一种非常好的方法，因为它使副反应显著减少。这种方法甚至已经用于十二烷基醇这种高分子量的醇[155]。还可使用其它金属氧化物（例如：Cr_2O_3、TiO_2、WO_3）、硫化物、其它金属盐和沸石。吸电子基团的存在通常促进水的消除，正如在羟醛缩合反应中（**16-34**）。类似地，2-硝基醇（Henry 反应的产物，见反应 **16-37**）与 Y—Y 型沸石共热后，生成共轭的硝基化合物[156]。用 DMAP（N,N-二甲基氨基吡啶）和 Boc 酐与 4-羟基内酰胺反应，可生成共轭的内酰胺[157]。由丝氨酸衍生物的消除得到 α-亚烷基氨基酸衍生物，反应中使用 $(EtO)_2POCl$[158]。避免副反应的另一个方法是将醇转变成酯，再进行热解（反应 **17-4**～**17-6**）。脱水的容易程度随 α-支链化而增大，叔醇很容易脱水，甚至用微量酸就能发生反应，有时研究工作者拟进行其它反应，但却发生脱水反应。还可能使人回想起，许多碱催化缩合的初期产物醇经酸处理后会自动脱水（第 16 章），因为新形成的双键能与已有的双键发生共轭。有时还可使用其它脱水剂[159]：P_2O_5、I_2、PPh_3-I_2[160]、BF_3-OEt_2、DMSO、SiO_2-Cl/Me_3SiCl[161]、$KHSO_4$、无水 $CuSO_4$ 和邻苯二甲酸酐等。仲醇和叔醇在六甲基磷酰胺（HMPT）中回流，就可以只脱水而不重排[162]。对于几乎所有的试剂，脱水都遵循 Zaitsev 规则。在 350～450℃时，将醇蒸气通过氧化钍是一个例外，在这种情况下遵循 Hofmann 规则[163]，可能机理不同。

过渡金属可以诱导某些醇的脱水。β-羟基酮与 $CeCl_3$ 和 NaI 反应可转化为共轭酮[164]。在 Pd 配合物存在下，烷基环丙醇发生脱水反应生成共轭酮[165]。δ-羟基-α,β-不饱和醛在 Hf 催化剂作用下可转化为二烯醛[166]。β-羟基酯与 2mol SmI_2 反应可转化为共轭酯[167]。β-羟基腈与 $MeMgCl$[168]或 MgO[169]反应得到共轭腈。在另一个脱水反应中，邻溴醇在 In、$InCl_3$ 及 Pd 催化剂作用下可转化为烯烃[170]。氯醇先后用 Sm 和二碘甲烷处理可发生类似的反应[171]。

羧酸可热解脱水，产物是烯酮：

$$RCH_2CO_2H \longrightarrow RCH=C=O$$

工业上就是这样制备烯酮的。羧酸用某些试剂处理，如：$TsCl$[172]、DCC[173] 和 1-甲基-2-氯吡啶鎓碘化物（Mukaiyama 试剂）[174]，也可转化为烯酮。类似的，酰胺也可用 P_2O_5、吡啶和 Al_2O_3 脱水，生成烯酮亚胺[175]：

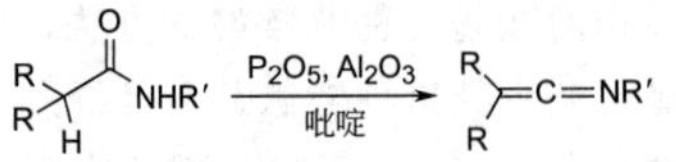

$$\underset{R}{\overset{R}{>}}CH-\overset{O}{\overset{\|}{C}}-NHR' \xrightarrow[\text{吡啶}]{P_2O_5, Al_2O_3} \underset{R}{\overset{R}{>}}C=C=NR'$$

无法用醇脱水来制备叁键：偕二醇和乙烯醇通常是不稳定的化合物，而邻二醇[176]脱水生成共轭二烯或者只失去 1mol 水生成醛或酮。而双炔可用三苯基膦和炔基醇共热而制备[177]。

当用质子酸催化醇脱水时，机理为 E1[178]。主要过程包括 ROH 转变为 ROH_2^+ 和后者裂解生成 R^+ 和 H_2O。可是用某些酸时第二个过程可能包括醇转变为无机酸酯和无机酸酯的离子化（以 H_2SO_4 为例说明）：

$$ROH \xrightarrow{H_2SO_4} ROSO_2OH \longrightarrow R^+ + HSO_4^-$$

注意这些机理是酸催化双键水合（反应 15-3）的逆过程，符合微观可逆性原理。用酸酐（如 P_2O_5 或邻苯二甲酸酐），以及用其它试剂如 HMPA[179]，可能形成酯，而离去基团是相应酸的共轭碱。在这些情况下，机理可能是 E1 或 E2。人们曾广泛研究了 Al_2O_3 和其它固体催化剂的机理，但弄清楚的却很少[180]。

在 195～340℃ 下热分解醇镁盐（通过 $ROH + Me_2Mg \longrightarrow ROMgMe$ 而制备）生成烯烃、CH_4 和 MgO[181]。发现反应是顺式消除，且有可能是 Ei 机理。也完成了醇铝和醇锌的相似分解反应[182]。

OS Ⅰ,15,183,226,280,345,430,473,475; Ⅱ,12,368,408,606; Ⅲ,22,204,237,312,313, 353,560,729,786; Ⅳ,130,444,771; Ⅴ,294; Ⅵ, 307,901; Ⅶ,201,241,363,368,396; Ⅷ,210,444; 另见 OS Ⅶ,63; Ⅷ,306,474。未列出脱水形成烯烃时伴随缩合或重排的情况。

17-2 醚的裂解生成烯

氢-烷氧基-消除

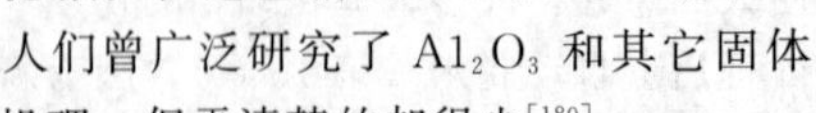

$$\underset{H}{\overset{}{>}}\underset{OR}{\overset{}{>}}C-C \xrightarrow{R'Na} \overset{}{>}C=C\overset{}{<} + RONa + R'-H$$

将醚与很强的碱作用，例如与烷基钠、烷基锂[183]、氨基钠[184]或 LDA[185]作用可以形成烯烃，虽然通常也有副反应发生。当底物的 β 位上有吸电子基时反应可被加速，例如，只加热而不用任何碱就能将 $EtOCH_2CH(COOEt)_2$ 转变成 $H_2C=C(COOEt)_2$[186]。叔丁醚比其它醚更容易裂解。这种消除可能有几种机理。在许多情况下机理或许是 E1cB，或者在机理系列的 E1cB—

端[187]，因为需要的碱太强了。不过已经证明（利用 $PhCD_2OEt$），$PhCH_2OEt$ 以五元环 Ei 机理进行反应[188]。炔丙基苄基醚与 Ru 催化剂共热得到共轭二烯烃[189]。将醚蒸气通过热的 P_2O_5 或 Al_2O_3（这个反应类似于反应 17-1），可使其转变成烯和醇，但这不是一个通用的反应。

环醚（例如 THF）与有机锂试剂缓慢反应并裂解得到 C=C 单元[190]。2,5-二氢呋喃与乙基镁的氯化物以及手性的锆催化剂反应，裂解得到一个手性的高烯丙醇[191]。此外，用这种方法可以将缩醛转变成烯醇醚（34）：

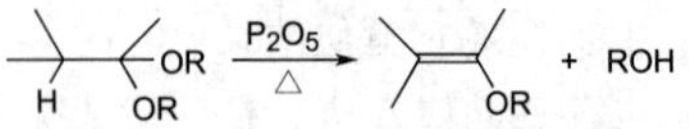

$$\underset{H}{\overset{}{>}}\underset{OR}{\overset{OR}{>}}CH \xrightarrow[\triangle]{P_2O_5} \overset{}{>}C=C\underset{OR}{\overset{}{<}} + ROH$$
$$\mathbf{34}$$

缩醛与 2mol 三异丁基铝反应生成乙烯基醚[192]。该反应也能在室温下，与三氟甲磺酸三甲基硅酯和叔胺反应[193]，或在六甲基二硅氮烷（hexamethylchisilazane）存在下与 Me_3SiI 反应完成[194]。

羰基化合物先转化为烯醇的磷酸酯[195]或三氟甲磺酸酯[196]，使得可以进行后续的消除反应而得到烯烃。醛先转化为乙烯基的九氟丁磺酸酯（nonafluorobutane-1-sulfonyl），而后与磷腈碱（phosphazene base）反应得到炔烃[197]。

烯醇醚热解可以生成烯和醛，反应类似于17-4：

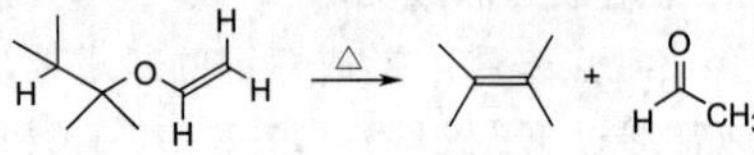

$$\underset{}{\overset{}{>}}\!\!\!\underset{}{\overset{}{<}}O-CH=CH_2 \xrightarrow{\triangle} \overset{}{>}C=C\overset{}{<} + \underset{H}{\overset{O}{>}}\!\!\!\underset{}{\overset{\|}{C}}-CH_3$$

$R-O-CH=CH_2$ 的反应速率按 Et < i-Pr < t-Bu 的顺序递增[198]。反应机理也与反应 17-4 的机理类似。

OS Ⅳ, 298, 404; Ⅴ, 25, 642, 859, 1145; Ⅵ, 491, 564, 584, 606, 683, 948; Ⅷ, 444.

17-3 环氧化物和环硫化物转变为烯烃

epi-氧-消除

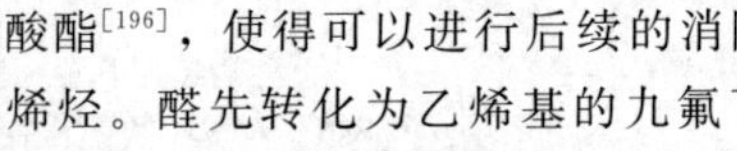

$$\underset{O}{\overset{}{\triangle}} + Ph_3P \longrightarrow \overset{}{>}C=C\overset{}{<} + Ph_3P=O$$

用三苯基膦[200]或亚磷酸三乙酯［$P(OEt)_3$］处理环氧化物[201]，可将其转变成烯烃[199]。该反应的第 1 步是亲核取代（反应 10-35），然后以四中心方式消除。由于转化过程中有取代反应，所以总的来说消除是反式的，就是说，假若该环氧化物中的两个取代基 A 和 C 为顺式，那么在烯烃中 A 和 C 就会成为反式：

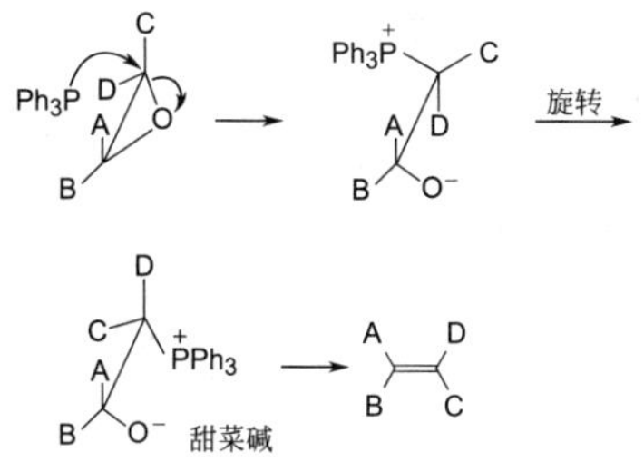

此外，还可以用二苯基磷化锂 Ph_2PLi 与环氧化物作用，再用碘甲烷使产物季甲基化[202]。环氧化物与下列化合物反应也可制得烯烃[203]：THF中的锂[204]，三甲基硅基碘化物[205]，F_3COOH-NaI[206]，Sm[207]、Mo 或 In[208] 的化合物，以及在反应 **17-18** 中提到的钨试剂。其中一些方法为顺式消除。环辛烯氧化物与 Ph_3POPPh_3 及 NEt_3 反应生成环辛二烯[209]。钠汞齐和 Co-salen 配合物可将环氧化物转化为烯烃[210]。

环氧化物通过和许多试剂反应都能转变成烯丙醇[211]，这些试剂包括仲丁基锂[212] 和 i-Pr_2NLi-t-$BuOK$（LIDAKOR 试剂）[213]。这些碱从邻位碳上夺取质子，促使 C=C 单元的形成以及环氧化物的开环生成醇氧盐。苯基锂与环氧化物在 LTMP 存在下反应生成反式烯烃[214]。硫叶立德（如 $Me_2S=CH_2$）也可将环氧化物转化为烯丙醇[215]。溴甲基环氧化物与 $InCl_3/NaBH_4$ 反应生成烯丙醇[216]，或与 $Me_3S^+Br^-$ 和丁基锂反应生成二烯醇[217]。α,β-环氧酮与 NaI 在丙酮中 Amberlyst 15 存在下反应[218]，或与 2.5mol SmI_2 反应[219]，转化为共轭酮。

当使用光活性试剂时，可从非手性的环氧化物制得光活性的烯丙醇[220]。鹰爪豆碱和仲丁基锂作用得到的手性碱可用于生成手性烯丙醇[221]。手性二胺与有机锂试剂反应生成的手性碱可将环氧化物转化为烯丙醇，反应具有很好的对映选择性[222]。手性二胺与 LDA 和 DBU（反应 **15-32** 和 **17-13**）的混合物能得到类似的结果[223]。

环硫化物[224]能转变成烯烃[225]。然而，此时消除为顺式消除，因此其机理和环氧化物转变的机理不一样。亚磷酸酯并不进攻碳，而是进攻硫。使环硫化物转变成烯烃的其它试剂有：某些铑配合物[226]，$LiAlH_4$[227]（这个化合物和环氧化物的反应完全不同，见反应 **10-85**）以及碘甲烷[228]。只用加热的方法，可以将环亚砜转变成烯和一氧化硫[229]。

17-4 羧酸和羧酸酯的热解

氢-酰氧基-消除

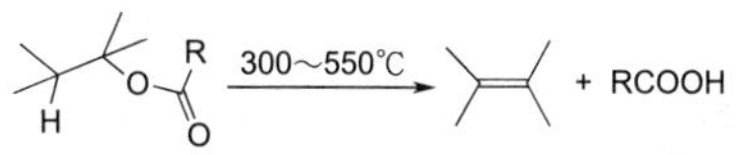

羧酸直接消除得到烯是通过在 Pd 催化剂存在下加热完成的[230]。烷基上有 β-氢的羧酸酯可被热解，该反应主要在气相进行，生成相应的酸和烯烃[231]。反应不需要溶剂。由于很少有重排和其它副反应，所以这个反应在合成上十分有用，常被作为实现反应 **17-1** 的一种间接方法。反应产率非常高而且操作容易。许多烯烃已用这种方法制得。制备较高级烯（大约 C_{10} 以上）的比较好的方法是在乙酸酐的存在下热解醇[232]。

这种反应机理是 Ei（参见 17.5.1 节）。只要可以形成 Ei 反应需要的六元环过渡态，内酯就能热解生成不饱和酸（该反应得不到五元和六元环的内酯，而较大的环则能得到[233]）。酰胺也有类似反应，不过需要较高的温度。

当烯丙基乙酸酯和某种 Pd[234] 或 Mo 的[235] 化合物共热时，也能得到二烯。

OS Ⅲ,30；Ⅳ,746；Ⅴ,235；Ⅸ,293.

17-5 Chugaev 反应

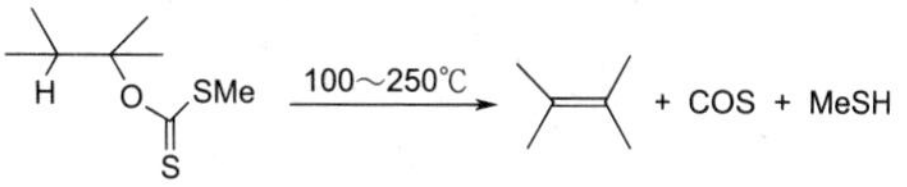

用 $NaOH$ 和 CS_2 与醇作用可以制备甲基黄原酸酯，反应先生成 $RO-C(=S)-SNa$，随后将它与碘甲烷作用即可[236]。黄原酸酯经热解生成烯烃、COS 和硫醇的反应被称为 Chugaev 反应[237]，这个反应和 **17-4** 相似，是完成反应 **17-2** 的一种间接方法。黄原酸酯反应所需的温度低于普通酯，它的优点是使生成的烯的异构化减小到最小。机理是 Ei，类似于 **17-4** 的机理。有一个时期曾疑惑过究竟是哪个硫原子形成环，但是现在发现很多证据，包括 ^{34}S 和 ^{13}C 同位素效应的研究，表明形成环的是 C=S 上的硫（见 **35**）[238]：

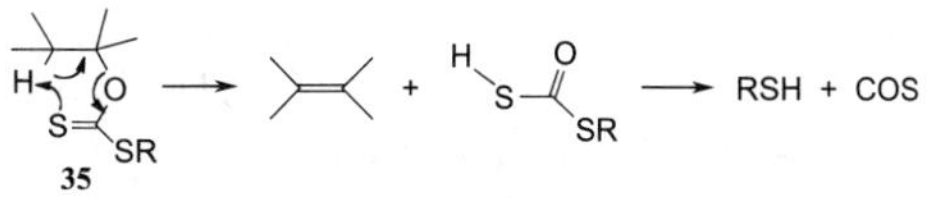

改变反应结构后进行反应，加热炔丙基黄原酸酯和 2,4,6-三甲基吡啶鎓三氟甲基磺酸盐生成烯烃[239]。因此这种机理恰好与反应 **17-5** 的机理类似。

OS Ⅶ,139.

17-6 其它酯的分解

氢-甲基苯磺酰氧基-消除

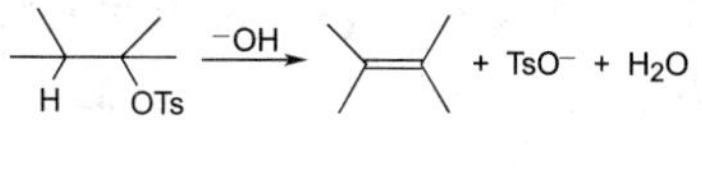

几类无机酸酯与碱作用能生成烯烃：硫酸、亚硫酸和其它酸的酯。与对甲苯磺酸酯和其它磺酸酯一样，它们在溶液中按照 E1 或 E2 机理发生消除反应[240]。已经证实，双（四正丁铵）草酸盐 [$(Bu_4N^+)_2(COO^-)_2$] 是促使对甲苯磺酸酯发生消除而不发生取代的一种非常好的试剂[241]。芳基磺酸酯不需要碱就能裂解。2-吡啶磺酸和 8-喹啉磺酸的酯只需简单地通过加热就能得到烯烃，且反应产率很高，不需要溶剂[242]。膦酸酯经过 Lawesson 试剂（参见反应 16-11）处理后可裂解生成烯烃[243]。

OS Ⅵ,837; Ⅶ,117.

17-7 季铵碱的裂解

氢-三烷基氨基-消除

$$\underset{H\ \ NR_3^+OH^-}{\diagdown\diagup} \xrightarrow{\triangle} \diagdown\diagup + NR_3 + H_2O$$

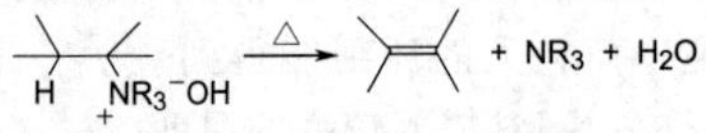

季铵碱的裂解是 Hofmann 彻底甲基化，或 Hofmann 降解，或就称为 Hofmann 消除的最后一步[244]。反应的第 1 步是伯、仲或叔胺与足量的碘甲烷作用，转变成碘化季铵盐（反应 10-31）。第 2 步是将该碘化物用氧化银处理转变成氢氧化物。在裂解步骤里，常在减压下蒸馏这种氢氧化物的水溶液或醇溶液。分解反应一般是在 100~200℃ 之间发生。或者，可以将该溶液通过蒸馏或冷冻干燥浓缩成浆状物[245]。当浆状物在低压下加热时发生裂解。反应所需的温度低于在平常溶液中反应所需要的温度，这可能是碱（OH^- 或 RO^-）被较少溶剂化的缘故[260]。该反应并不是重要的合成方法，但常被应用于未知胺的结构测定，尤其是在生物碱领域。在许多生物碱化合物中，氮在环上或在环的连接处，在这种情况下生成的烯仍含有氮。所以需要重复这一过程直至使氮完全除去，例如：2-甲基哌啶经过两轮彻底甲基化，而后再热解方可以转变成 1,5-己二烯。

一般随着正常消除反应[247]有副反应亲核取代，生成醇（$R_4N^+OH^-\longrightarrow ROH+R_3N$），不过一般很少带来麻烦。然而，当氮上的四个烷基中都没有 β-氢时，取代就是唯一可能的反应。在水中加热 $Me_4N^+OH^-$ 时得到甲醇，若不用溶剂则产物不是甲醇而是二甲醚[248]。

反应机理通常是质子溶剂中的 E2，无环体系一般服从 Hofmann 规则，而环己基底物则遵从 Zaitsev 规则 [参见 17.2 节（4）]。有一些情况下，分子位阻很大，或在无溶剂下加热，反应机理则为五元环 Ei 机理，发生类似 17-8 的反应。这就是说，这些情况下的 ^-OH 并不与 β-氢作用，而是除去甲基上的一个氢（见 36），36 中的碳负离子夺取较少取代的 β 碳上的氢，脱去胺，并得到较少取代的烯烃。

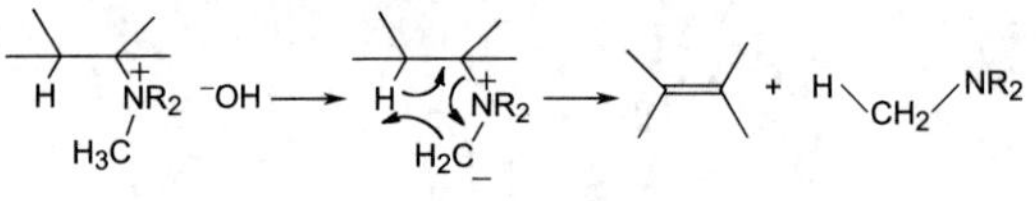

$$\underset{H_3C\ \ NR_2\ \ ^-OH}{\overset{H}{\diagdown\diagup}} \longrightarrow \underset{H_2C\ \ NR_2}{\overset{H}{\diagdown\diagup}} \longrightarrow \diagdown\diagup + H\diagdown CH_2\diagup NR_2$$

36

也有可能，^-OH（而不是 N-叶立德）通过一个重叠旋转体夺取 β-氢，在重叠旋转体中 $-OH$ 与铵离子单元连接在一起，这种顺式过渡态的能量较低。

区分这种机理和正常 E2 机理的明显方法是利用氚标记。例如，假如反应是在 β-碳上氚代的氢氧化季铵碱（$R_2CDCH_2NMe_3^+OH^-$）上发生的，则氚的去向可表明反应机理。若是发生 E2 机理，则生成的三甲胺不含有氚（只在水中发现氚）。但若机理是 Ei，则胺中含有氚。例如位阻大的化合物（$Me_3C)_2CDCH_2NMe_3^+OH^-$ 反应时，氚的确出现在胺中，证明此时反应是 Ei 机理[249]。然而，较简单化合物的反应机理是 E2，实验证明这时胺中没有氚[250]。

当氮上存在多个含 β-氢的取代基时，哪个取代基断裂呢？Hofmann 规则预示从含取代基最少的 β-碳原子上脱去氢。这个规则还适用于判断哪个取代基断裂：例如乙基有三个 β-氢，因此比任何含有两个 β-氢的较长正烷基都更容易断裂。"甲基上的 β-氢更容易消除，其次是 RCH_2 上的，而最不容易消除的是 R_2CH 上的氢"[251]。事实上 1851 年首次提出的 Hofmann 规则[252] 只适用于判断哪个取代基断裂，而不适用于判断在一个基团内的定位；这种定位在 1851 年是判断不了的，因为直到 1857~1860 年才明确提出有机化合物的结构理论。当然，可能存在的共轭效应会替代 Hofmann 规则（适用于判断取代基的断裂，或基团内的定位）。例如，$PhCH_2CH_2NMe_2Et^+OH^-$ 主要生成苯乙烯而不是乙烯。

通过 1,2-双盐的热解可以制备叁键[253]。

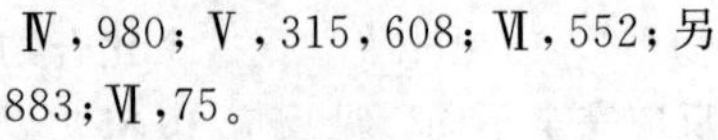

$$HO^-R_3N^+\diagdown\diagup N^+R_3\ OH^- \longrightarrow -C\equiv C-$$

OS Ⅳ,980; Ⅴ,315,608; Ⅵ,552; 另见 OS Ⅴ,621,883; Ⅵ,75。

17-8 用强碱使季铵盐裂解

氢-三烷基氨基-消除

$$\underset{H\ \ +NR_2-CH_2R'}{\overset{}{\diagdown\diagup}}\ \underset{-Cl}{\overset{PhLi}{\longrightarrow}} \diagdown\diagup + Ph-H + R_2N-CH_2R' + LiCl$$

当季铵盐卤化物与强碱（例如：PhLi、液氨中的 KNH_2）[254]作用时，可能发生消除，产物与反应 **17-7** 类似，但机理不同。这是 **17-7** 的一种替代反应，可使用季铵盐卤化物直接反应，没有必要将季铵盐卤化物转变成氢氧化物。反应机理是 Ei：

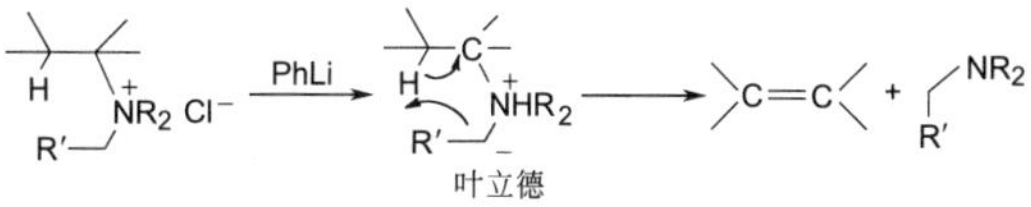

显然为了能形成内鎓盐，$α'$-氢是必需的，因为 $β$-氢是被 $α'$-碳原子消除的，所以这类机理被称为 $α',β$-消除。通过类似于在反应 **17-7** 中所说的标记实验[255]，以及通过分离出中间体内鎓盐[256]，证实了这一机理。这个反应和 **17-7** 的大多数例子在合成上的重要差别在于：本反应为顺式消除，而 **17-7** 为反式消除，所以当烯可以有顺-反异构体现象时，两种反应形成相反构型的产物。

避免使用非常强的碱的另一个可供选择的方法是：将盐和聚乙二醇单甲醚中的 KOH 共热[257]。

在消除反应中，苯并三唑是很好的离去基团。烯丙基苯并三唑（3-苯并三唑-4-三甲基硅基-1-丁烯）与正丁基锂发生反应，而后再与卤代烷共热，就可以得到烷基化的 1,3-二烯[258]。

17-9 氧化胺的裂解

氢-二烷基氧化氨基-消除

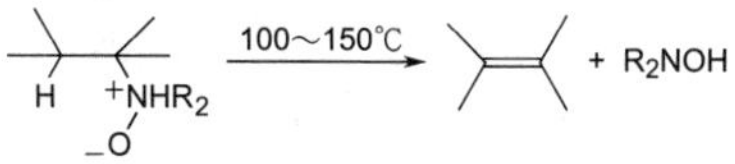

氧化胺裂解生成烯和羟胺的反应被称为 Cope 反应或 Cope 消除（不要与 Cope 重排混淆，**18-32**）。它是 **17-7** 和 **17-8** 的替代反应[259]。通常用胺和氧化剂的混合物进行反应（见 **19-29**），反应中不必把氧化胺分离出来。因为在这种温和的条件下副反应很少，并且烯烃也通常不会发生重排。所以对于许多烯的制备来说，这个反应很有用。一个限制是，这个反应并不能使含氮原子的六元环开环，但是却能使五元、七元到十元环开环[260]。反应的速率随 $α$ 和 $β$ 取代基体积的增大而增大[261]。在室温下，在干燥 Me_2SO 或 THF 中就可以发生反应[262]。有人研究了溶剂效应对反应的影响[263]。消除是具有立体选择性的顺式过程[264]，按五元环 Ei 机理进行。

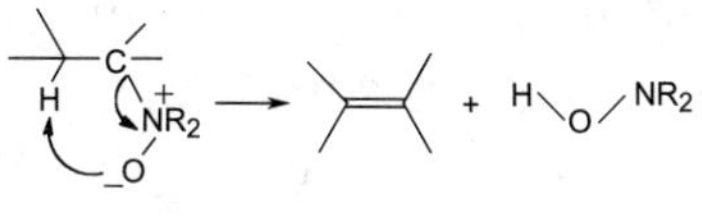

几乎所有的证据都表明过渡态必须是平面的。像 17-4 那样非平面的反应是不存在的，这的确也是六元氮杂环化合物不发生反应的原因。这个反应具有立体选择性和产物不发生重排等优点，因此在反式环烯（八元环及以上的环）的合成中非常有用。高聚物固定的 Cope 消除反应已有报道[265]。

OS Ⅳ,612.

17-10 酮-内鎓盐的热解

氢-氧代磷酰基-消除

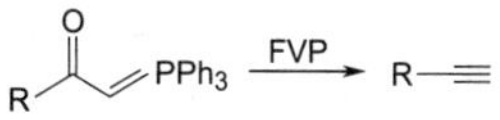

磷的内鎓盐很常见（反应 **16-44**），酮-磷内鎓盐（$RCOCH = PPh_3$）也已存在。当这些化合物加热（快速真空热解，FVP）到 500℃ 以上时，就会形成炔烃。除了简单的炔烃[266]，也能生成酮炔[267]和烯炔[268]。由叔胺和 $α$-重氮酮衍生得到的内鎓盐也可以发生重排反应[269]。

17-11 对甲苯磺酰腙的分解

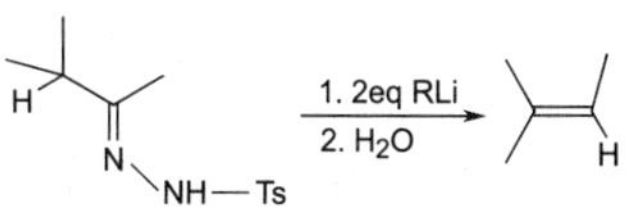

醛或酮的甲基苯磺酰腙与强碱作用可生成烯烃，从形式上看该反应是消除过程，伴随着氢的迁移[270]。该反应（被称为 Shapiro 反应）已被用于许多醛和酮的甲基苯磺酰腙[271]。合成上最有用的方法是在乙醚、己烷或四甲基二胺中，用至少两倍量有机锂化合物[272]（通常为 MeLi）与底物反应[273]。这种方法生成烯烃的产率好，没有副反应，反应有选择性，主要生成取代较少的烯烃。$α,β$-不饱酮的甲基苯磺酰腙反应生成共轭二烯[274]。反应机理[275]表示如下：

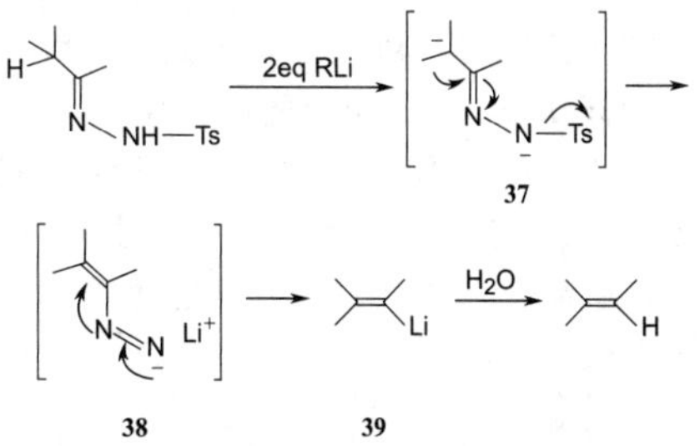

支持这种机理的证据是：①需要两倍量的 RLi；②如同由氘标记显示的那样[276]，产物中的氢来自水，而不是来自相邻的碳；③中间体 37~39 已被捕获[277]。当该反应在四亚甲基二胺中进行时，是一个合成上很有用的方法[278]，能生成乙烯基锂化合物（**39**），乙烯基锂化合物能

被不同的亲电试剂捕获[279]，例如 D$_2$O（生成氘代烯烃）、CO$_2$（生成 α,β-不饱和羧酸，**16-30**）、或 DMF（生成 α,β-不饱和醛，反应 **16-82**）。用 LDA 处理 N-氮丙啶腙能生成具有高顺式选择性的烯烃[280]。

用其它碱（例如 NaH、LiH[281]、Na-乙二醇、NaNH$_2$）或用较小量的 RLi，也能发生反应，但在这些情况下，副反应很常见，而且双键的定位是沿另一方向（生成取代较多的烯烃）。在乙二醇中与 Na 的反应被称为 Bamford-Stevens 反应[282]。这些反应可能有两种机理，即类卡宾机理和碳正离子机理[283]。从所发现的副反应来看，都是卡宾和碳正离子的反应。一般来说，碳正离子机理主要发生在质子溶剂中，而类卡宾机理主要发生在非质子溶剂中。两种机理都形成重氮化合物（**40**），有些重氮化合物中间体已分离出来。

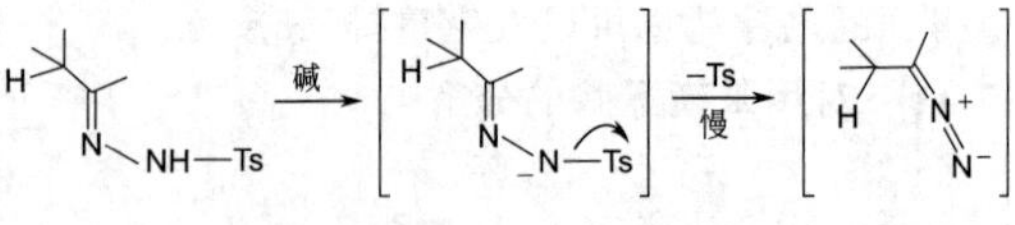

事实上，这个反应已经作为一种合成方法被应用于制备重氮化合物[284]。若没有质子溶剂，**40** 则失去 N$_2$ 并发生氢迁移，生成产物烯烃。氢的迁移可能在 N$_2$ 离去后立即进行，或与失去 N$_2$ 同时进行。

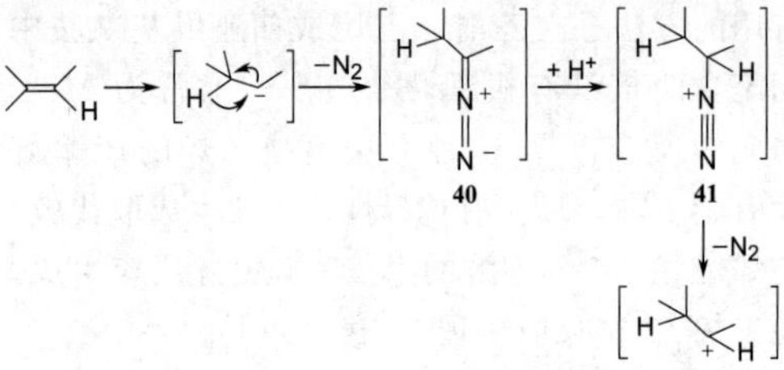

在质子溶剂中，**40** 质子化生成重氮离子 **41**，该重氮离子失 N$_2$ 生成相应的碳正离子，碳正离子可能接着发生消除或发生具有碳正离子特征的其它反应。用 N-亚硝基酰胺和铑（Ⅱ）催化剂反应形成烯烃的过程中，重氮化合物是中间体[285]。

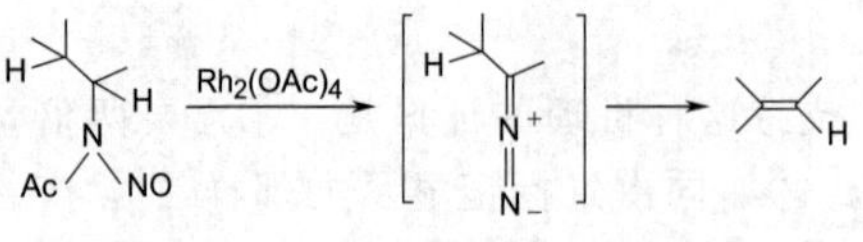

OS Ⅵ,172；Ⅶ,77；Ⅸ,147. 重氮化合物的制备见 OS Ⅶ,438.

17-12 亚砜、硒亚砜和砜的裂解

氢-烷基亚砜基-消除

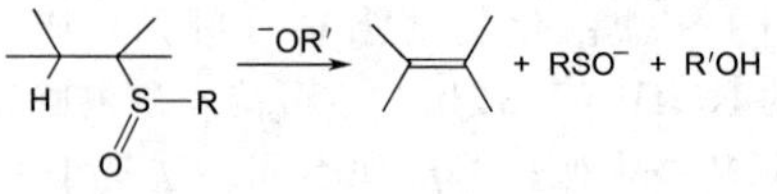

氢-烷基砜基-消除

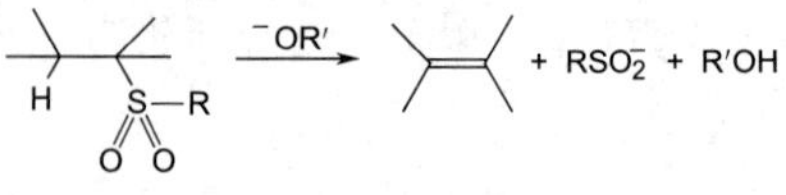

就反应范围和反应机理而言，锍化物（—C—$^+$SR$_2$）的消除反应和铵的类似物的消除反应（**17-7** 和 **17-8**）相似，但该反应在合成上没有很大重要性。这些顺式消除反应与 Cope 消除（**17-9**）和 Hofmann 消除（**17-7**）有关[286]。

另一方面，带有 β-氢的砜[287]和亚砜与醇盐作用，或对砜[288]来说甚至与 HO$^-$ 作用[289]，即可发生消除。砜在有机锂试剂和 Pd 催化剂存在下也能发生消除反应[290]。就机理而言，这些反应属于 E1-E2-E1cB 系列[291]。虽然离去基不带电荷，但消除的方向遵循 Hofmann 规则，而不遵循 Zaitsev 规则。亚砜（但不是砜）在大约 80℃热解也发生消除，反应类似于 **17-9** 的机理，是五元环 Ei 机理和顺式消除[292]。硒亚砜[293]和亚磺酸酯 R$_2$CH—CHR—SO—OMe[294] 也以 Ei 机理发生消除。硒亚砜在室温发生反应。和硒亚砜的反应也被拓宽到形成叁键上[295]。

α-酮基硒亚砜[296]和亚砜[297]的反应已被用于将酮、醛和羧酸酯转变成它们的 α,β-不饱和衍生物。烯丙基亚砜发生 1,4-消除得到双烯[298]。

亚砜可发生自由基消除反应生成烯烃。例如，2-溴苯基烷基亚砜与 Bu$_3$SnH 和 AIBN 反应（参见 14.1.1 节关于标准自由基条件的讨论）生成烯烃[299]。

OS Ⅵ,23,737；Ⅷ,543；Ⅸ,63.

17-13 卤代烷的脱卤化氢

氢-卤-消除

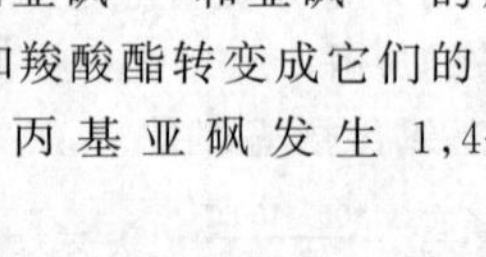

从卤代烷上消除 HX 是一个非常常规的反应，用氯代烷、氟代烷、溴代烷和碘代烷都能发生反应[300]。热醇-KOH 是最常用的碱，在条件许可的情况下有时用较强的碱（$^-$OR、$^-$NH$_2$ 等）[301]或较弱的碱（例如胺）[302]。二环脒 1,5-二氮杂二环[3.4.0]壬-5-烯（DBN）[303]和 DBU[304] 是解决消除困难的好试剂[305]。HMPA 的溶剂化能促进 LDA 作用下的脱溴化氢反应[306]。

与非离子碱（Me$_2$N）$_3$P=N—P(NMe$_2$)$_2$=

NMe 的脱卤化氢反应甚至更快[307]。使用 Co 催化剂和二甲基苯基硅基甲基氯化镁,可由二级溴代烷得到端烯[308]。相转移催化剂可以与碱和 ⁻OH 一同使用[309]。如前所述(参见 17.1.5 节),在极性非质子溶剂中,某些弱碱是脱卤化氢反应的有效试剂。在合成方面最常使用的试剂是 LiCl 或在 DMF 中的 LiBr-LiCO₃[310]。卤代烷在 HMPA 中加热,不需要其它试剂,也可以发生脱卤化氢反应[311]。正如在亲核取代中一样(参见 10.7.3 节),离去基的反应活性是 I>Br>Cl>F[312]。

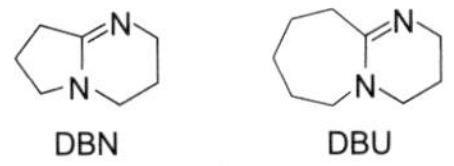

DBN   DBU

叔卤代烷最容易发生消除。氯代烷、溴代烷和碘代烷的消除遵循 Zaitsev 规则,因为立体效应显得重要的少数情况〔例子见 17.2 节(4)〕除外。氟代烷的消除遵循 Hofmann 规则〔参见 17.2 节(4)〕。

这个反应是目前将叁键引入分子的最重要方法[313]。以下这些类型的底物能够完成此反应[314]:

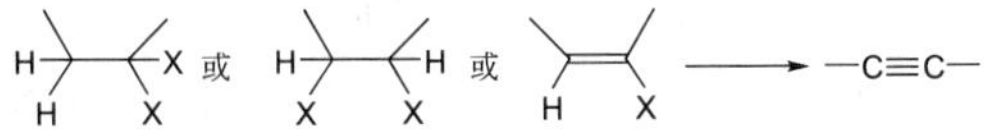

H-C-C-X 或 H-C-C-X 或 H-C=C-X → -C≡C-

当碱是 NaNH₂ 时,1-炔烃产物(有可能的话)为主,因为这种碱足够强,能形成炔盐,使 1-炔和 2-炔之间的平衡向 1-炔烃方向移动。当所用的碱是 ⁻OH 或 ⁻OR 时,平衡趋向于向非端炔移动,得到热力学更稳定的产物。若另一个氢位置适当时(例如:—CRH—CX₂—CH₂—),虽然炔通常更稳定,但可能出现生成丙二烯的竞争反应。

四丁基氟化铵可以介导乙烯基溴化物脱溴化氢生成端炔[315]。1,1-二溴-1-烯烃用 Pd 催化剂处理,而后与四丁基氢氧化铵反应,可得到非端炔[316]。

1,1-二溴烯烃在正丁基锂作用下可转化为炔烃[317]。该反应是 Fritsch-Buttenberg-Wiechell 重排的改进,通过这个反应,1,1-二芳基乙烯基溴(42)在碱的作用下生成二芳基炔[318]。在双键上含有一个离去基(如氯)的乙烯基亚砜与叔丁基锂反应生成炔化锂,炔化锂经水解得到最终产物炔。

Ar₂C=CAr(X) —碱→ Ar-C≡C-Ar
42

脱卤化氢一般在溶液中、在碱作用下进行,其机理通常是 E2,在某些情况下是 E1 机理。然而,将卤代烷热解也可能发生 HX 的消除,在这种情况下反应机理是 Ei 机理(参见 17.5.1 节)或在某些例子中为自由基机理(参见 17.5.1 节)。通常热解约在 400℃ 进行,不需要催化剂。热解反应由于它的可逆性,一般不用在合成上。关于用催化热解[319](常用金属氧化物或盐)的研究更少,不过在这里机理基本是 E1 或 E2。

在前手性羧酸(43)的特殊情况中,用有光学活性的胺化锂脱卤化氢,可生成一个具有光学活性的产物,其 ee 值高达 82%[320]。

R-CH(X)-CH₂COOH → R-CH=CHCOOH
43

OS Ⅰ,191,205,209,438;Ⅱ,10,17,515;Ⅲ,125,209,270,350,506,623,731,785;Ⅳ,128,162,398,404,555,608,616,683,711,727,748,755,763,851,969;Ⅴ,285,467,514;Ⅵ,87,210,327,361,368,427,462,505,564,862,883,893,954,991,1037;Ⅶ,126,319,453,491;Ⅷ,161,173,212,254;Ⅸ,191,656,662;另见 OS Ⅵ,968.

17-14 酰卤和磺酰卤的脱卤化氢

氢-卤-消除

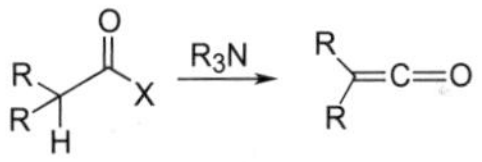

RR'CH-C(O)-X —R₃N→ RR'C=C=O

酰卤与叔胺[321]或与 NaH 和冠醚[322]作用可以制备烯酮。该反应范围很广,大多数含有 α-氢的酰卤都能发生反应。但是如果至少有一个 R 是氢,那么只能分离出烯酮二聚体,而不是烯酮。然而如果需要使用活泼的烯酮与给定的化合物发生反应,则可在这种化合物存在的条件下,用原位生成的烯酮与之反应[323]。

RCH₂SO₂Cl —R₃N→ [RCH=SO₂] → RCH=CHR + 其它产物
                    磺烯

叔胺和含有 α-氢的磺酰卤的反应与上述反应十分相似。在这种情况起始生成的产物是很活泼的磺烯,它不能够分离出来,但可进一步反应生成各种产物,其中一种产物是烯烃,烯烃可能是 RCH 的二聚物[324]。亚烷基砜原位发生的反应也很常见(例如参见反应 16-48)。

OS Ⅳ,560;Ⅴ,294,877;Ⅵ,549,1037;Ⅶ,232;Ⅷ,82.

17-15 硼烷的消除

氢-三硼烷基-消除

(R₂CH—CH₂)₃B + 3 (1-癸烯) ⇌ 3 R₂C=CH₂ + [CH₃(CH₂)₈CH₂]₃B

三烷基硼烷由烯和 BH_3 反应形成（**15-16**）。当所产生的硼烷与另一种烯作用，便发生交换反应[325]。这是一个平衡过程，使用过量的烯烃可使平衡移动。使用异常活泼的烯烃，或应用比取代烯沸点高的烯烃，通过蒸馏使后者除去等方法也能使平衡移动。应用这种反应可使双键移动的方向与常用的平常异构化产生的结果（反应 **12-2**）相反。仅仅用烯烃与硼烷作用，是不能发生双键的移动的，因为在这个反应中消除遵循 Zaitsev 规则：双键移动是朝着生成最稳定烯烃的方向移动。然而，加热硼烷（**44**）使其生成 **45**（反应 **18-11**），然后使 **45** 和较高沸点的烯烃（例如 1-癸烯）共热，可发生交换反应得到 **46**。这些异构化反应基本上不重排。该机理可能是硼氢化反应（**15-16**）的逆反应。

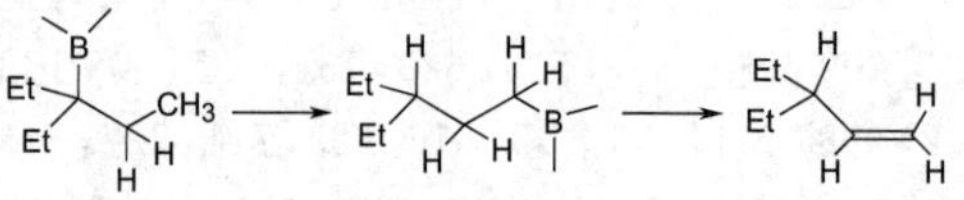

炔烃也有类似反应，但反应不可逆[326]：

$(R_2CH—CH_2)_3B + R'C\equiv CR' \longrightarrow 3 R_2C=CH_2 + (R'CH=CR')_3B$

17-16　从烯烃到炔烃的转变

氢-甲基-消除

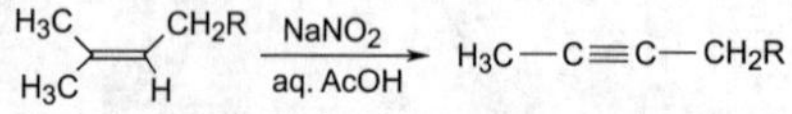

当在乙酸水溶液中与亚硝基钠反应时，上述反应式中所示的烯烃可失去甲烷，得到中等至高产率的炔烃[327]。R 可以含另外的不饱和基团以及 OH、OR、OAc、C=O 等基团，但是底物中要求有 $Me_2C=CHCH_2$ 结构单元，这对发生反应是必要条件。反应机理很复杂，从硝化开始，同时伴随着烯丙基的重排（$Me_2C=CHCH_2R \longrightarrow H_2C=CMeCH(NO_2)CH_2R$），此外还涉及几个中间体[328]。从底物上失去的 CH_3 以 CO_2 形式出现，这一点已捕获到这种气体而被证实[328]。

17-17　酰卤的脱羰

氢-氯甲酰基-消除

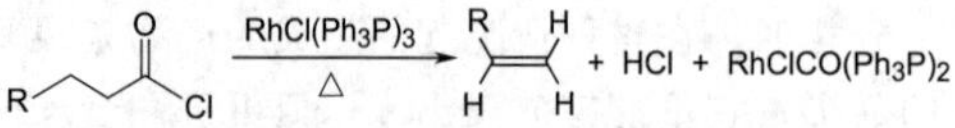

含有 α-氢的酰卤与三（三苯基膦）氯化铑、金属铂或一些其它催化剂共热[329]可失去 HCl 和 CO，顺利地转变成为烯烃。反应机理可能是 RCH_2CH_2COCl 转变成 $RCH_2CH_2RhCO(Ph_3P)_2Cl_2$，而后协调地顺式消除 Rh 和 H[330]。另见反应 **14-32** 和 **19-12**。

醛在 Ir 催化剂和三苯基膦的作用下可发生脱羰基反应，生成相应的烃。

17.6.1.2　非氢原子离去基的反应

17-18　邻二醇的脱羟基

双羟基-消除

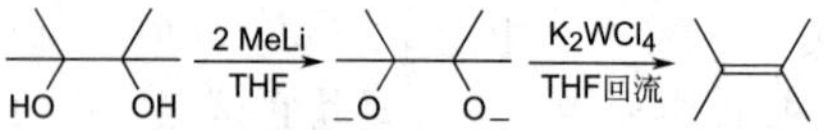

二烷氧基二锂与卤钨酸盐 K_2WCl_6 或一些其它钨试剂在四氢呋喃中回流，可发生邻二醇的脱氧反应[331]。四取代的邻二醇反应最迅速。大部分反应是顺式消除，但也有例外。另几种被报道过的方法是[332]：邻二醇直接脱羟基，而不需要转化成二烷基氧化物。这些可通过与金属钛[333]、与 TsOH-NaI[334]、以及与 $CpReO_3$（Cp 为环戊二烯基）[335]共热而实现。

邻二醇通过磺酸酯衍生物中间体，也能间接发生脱氧作用。例如，邻二甲磺酸酯和邻二甲苯磺酸酯，分别与萘-钠[336]和 DMF 中的 NaI 作用[337]生成烯烃。另一个方法是，先将邻二醇转变为双（二硫代碳酸酯）[双（黄原酸酯）]，而后在苯或甲苯中与三正丁基锡烷进行消除反应（可能是自由基机理）[338]。邻二醇也可以通过环状衍生物进行脱氧作用（反应 **17-19**）。

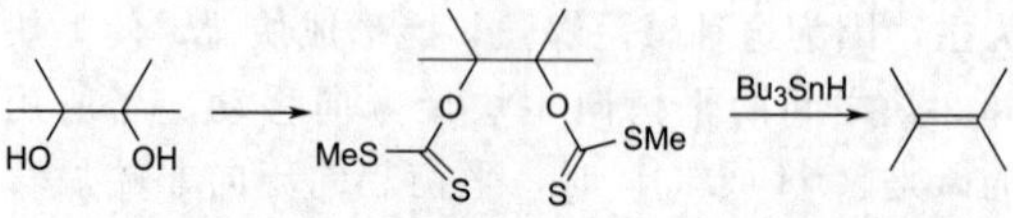

17-19　环硫代碳酸酯的裂解

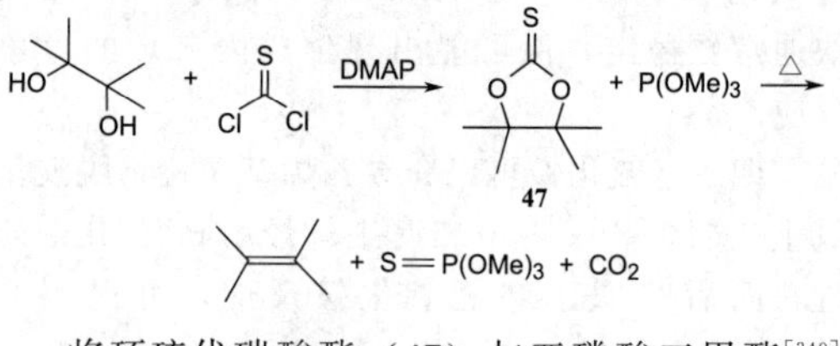

将环硫代碳酸酯（**47**）与亚磷酸三甲酯[340]或其它三价磷化合物[341]共热，或与双(1,5-环辛二烯)镍作用[342]，能裂解生成烯烃（Corey-Winter 反应）[339]。硫代碳酸酯（如 **47**）可以通过硫代碳酰氯和 4-二甲基氨基吡啶（DMAP）与 1,2-二醇反应制得[343]。

这种消除当然是顺式的，所以产物受空间因素控制。当所得烯烃空间因素不利时，应用这种方法产率很高（例如顺式 $PhCH_2CH=CHCH_2Ph$）[344]。某些其它 1,2-二醇的五元环状衍生物也能转变为烯烃[345]。

17-20 Ramberg-Bäcklund 反应

$$\text{RCH}_2\text{SO}_2\text{CHClR} \xrightarrow{^-\text{OH}} \text{RHC}=\text{CHR}$$

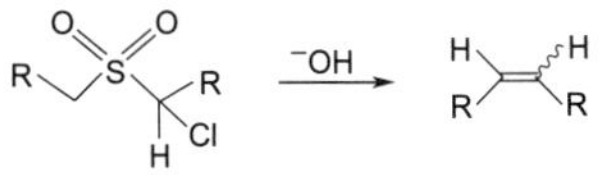

α-卤代砜和碱反应生成烯烃的反应被称为 Ramberg-Bäcklund 反应[346]。对带有 α'-氢的 α-卤代砜来说,该反应相当普遍,尽管 α-卤代砜在正常 S_N2 反应中是不活泼的 [参见 10.7.1 节 (6)]。卤素反应性的顺序为 I>Br≫Cl。相转移催化剂已被使用[347]。一般来说,得到顺式和反式异构体的混合物,但通常是不大稳定的顺式异构体反而占优势。反应机理包含环砜的形成,然后是 SO_2 的消除。有许多证据支持这个机理[348],包括环砜中间体的分离[349];用其它方法制备环砜并在相同条件下反应证明了环砜生成烯烃的速率比相应的 α-卤代砜快[350]。用其它方法合成的环砜(例如反应 16-48)是相当稳定的化合物,但当加热或用碱处理时都会消除 SO_2 生成烯烃。

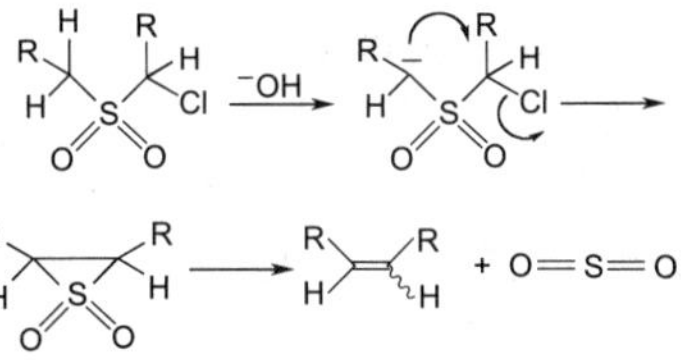

如果反应发生在不饱和的溴砜($\text{RCH}_2\text{CH}=\text{CHSO}_2\text{CH}_2\text{Br}$,通过 $\text{BrCH}_2\text{SO}_2\text{Br}$ 与 $\text{RCH}_2\text{CH}=\text{CH}_2$ 反应,再与 Et_3N 反应而制备)上,二烯 ($\text{RCH}=\text{CHCH}=\text{CH}_2$) 的产率为中到高[351]。化合物 $\text{CF}_3\text{SO}_2\text{CH}_2\text{SO}_2\text{CH}_3$ 可以作为四价离子 $^{2-}\text{C}=\text{C}^{2-}$ 的合成子来使用。下一步的烷基化(反应 10-67)可将它转变成 $\text{CF}_3\text{SO}_2\text{CR}^1\text{R}^2\text{SO}_2\text{CHR}^3\text{R}^4$(可以在分子的任意位置放 1~4 个烷基),后者与碱反应得到 $\text{R}^1\text{R}^2\text{C}=\text{CR}^3\text{R}^4$[352]。这里的离核体是 CF_3SO_2^- 离子。Michael 加成诱导的 Ramberg-Bäcklund 反应的例子已有报道[353]。

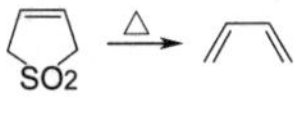

48 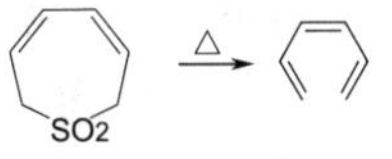 **49**

2,5-二氢噻吩-1,1-二氧化物(**48**)和 2,7-二氢硫䓬-1,1-二氧化物(**49**)分别发生类似的 1,4-消除和 1,6-消除(另见反应 17-36)。这些反应是协同反应,按照轨道对称性原则(参见反应 15-50)推测,前者[354]是同面过程,而后者是[355]异面过程。该规则还预测从 1,2-环砜消除 SO_2 的反应不能以协同机理发生(除非异面消除,而异面消除对这种小环是不可能的),而事实也证明这个反应是以非协同途径发生的[356]。从 **48** 和 **49** 中消除 SO_2 是螯键反应(cheletropic reactions)的例子[357],螯键反应就是连接在同一个原子(此处为硫原子)上的两根 σ 键协同形成或断裂的反应[358]。

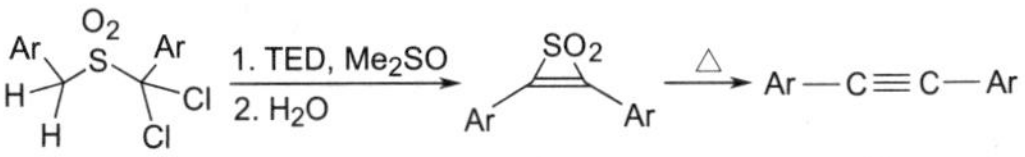

50 **51** **52**

在二甲亚砜(DMSO)中,α,α-二氯苄基砜(**50**)与过量碱三亚乙基二胺(TED)在室温下反应,生成 2,3-二芳硫杂环丙烯-1,1-二氧化物(**51**),该化合物可被分离出来[359]。**51** 热分解生成炔 **52**[360]。

α-卤代硫醚 $\text{ArCHClSCH}_2\text{Ar}$ 也可以发生 Ramberg-Bäcklund 类型的反应,该醚与 t-BuOk 和 PPh_3 在 THF(四氢呋喃)中回流,反应生成烯烃 $\text{ArCH}=\text{CHAr}$[361]。环硫醚先在 CCl_4 中用 NCS 处理,而后用间氯过氧苯甲酸氧化,可生成环缩小的环烯[362]。

可以将 Ramberg-Bäcklund 反应视为一种挤出反应(参见 17.6.6 节)。

OS V,877;Ⅵ,454,555;Ⅷ,212。

17-21 氮丙啶转变成烯烃

epi-亚氨基-消除

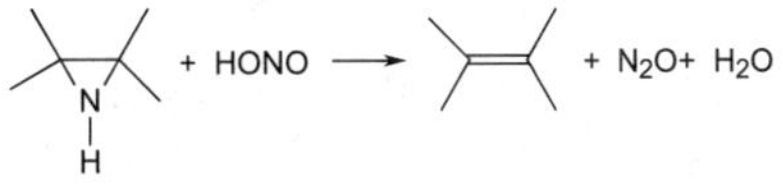

$$\text{(氮丙啶)} + \text{HONO} \longrightarrow \text{(烯烃)} + \text{N}_2\text{O} + \text{H}_2\text{O}$$

氮原子上无取代基的氮丙啶和亚硝酸反应生成烯[363]。N-亚硝基化合物是反应中间体(反应 12-50),生成这类中间体的其它试剂也能生成烯。该反应是立体专一的:顺式氮丙啶反应生成顺式烯烃,反式氮丙啶反应生成反式烯烃[364]。含有 N-烷基取代基的氮丙啶与碘化亚铁[365]或间氯苯甲过酸[366]反应,也可以转变成烯。若用后一种试剂,反应中可能有 N-氧化物中间体(反应 19-29)。N-甲苯磺酰基氮丙啶在丁基锂作用下可生成烯丙基磺酰胺[367]。N-甲苯磺酰基氮丙啶在三氟化硼存在下可转变为 N-甲基磺酰基亚胺[368]。2-对甲基苯磺酰甲基-N-甲苯磺酰基氮丙啶在 Adogen 464(甲基三烷基氯化铵)存在下,与 Te^{2+}❶ 发生反应,生成烯丙基-N-甲苯磺酰胺[369]。2-卤甲基-N-甲基苯磺酰基氮丙啶在甲醇中与金属铟发生反应,生成 N-甲苯磺酰基烯丙基胺[370]。

---

❶ 原著为 Te^{2-},疑有误。——编辑注

17-22 邻二卤化物的脱卤反应

二卤-消除

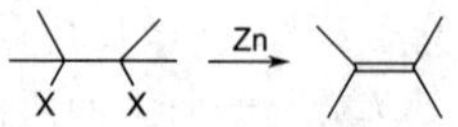

$$\underset{X}{\overset{X}{>\!\!\!<}} \xrightarrow{Zn} >\!\!=\!\!<$$

许多试剂可用于脱卤反应，最常见的试剂是锌、镁和碘离子[371]。在 HMPA 中加热通常就足以使邻二溴化物转化为烯烃[372]。不大常用的试剂有：苯基锂、苯肼、$CrCl_2$、DMF 中的 Na_2S[373]和 $LiAlH_4$[374]。也可使用电化学诱导还原[375]。与金属 In[376] 或 Sm[377] 在甲醇中反应，与 $InCl_3/NaBH_4$ 反应[378]，与乙酸中的 Zn 共热[379]，或与格氏试剂和 $Ni(dppe)Cl_2$ 反应[380]，也能生成烯烃。当试剂是锌时，发现反应有时是反式立体专一的[381]，但有时却不是[382]。邻二溴化物在离子液体中用微波辐照生成烯烃[383]。邻二溴化物与三乙胺和 DMF 在微波辐照下反应生成乙烯基溴化物[384]。α,β-二溴代酰胺在甲醇中光解可转化为共轭酰胺[385]。

该反应的一个可被利用的特征是形成双键的位置很明确，因此利用这个反应可以在所要求的位置形成双键。例如，可以从 X—C—CX_2—C—X 或 X—C—CX=C—体系来制备丙二烯[386]，而丙二烯用其它方法是难以制备的。采用 1,4-消除已经制备了累积烯烃（cumulene）：

$BrCH_2$—C≡C—CH_2Br + Zn ⟶ H_2C=C=C=CH_2

累积烯烃也可通过炔基环氧化物和三氟化硼反应而制得[387]。BrC—C≡C—CBr 的 1,4-消除也被用来制备共轭二烯（C=C—C=C）[388]。炔丙醇与芳基硼酸（反应 12-28）及 Pd 催化剂共热可得到丙二烯[389]。炔丙胺用 CuI 及 Pd 催化剂作用也生成丙二烯[390]。另外，还可以从溴代环丙基锂（lithium bromocyclopropylidenoids）制得丙二烯[391]。

除了氟以外，任何卤素组合的邻二卤化物都能发生这种反应。反应机理往往很复杂，并与试剂和反应条件有关[392]。对不同的试剂，已经提出的机理有碳正离子、碳负离子和自由基机理，此外还有协同机理。

OS Ⅲ,526,531;Ⅳ,195,268;Ⅴ,22,255,393,901;Ⅵ,310;Ⅶ,241;另见 OS Ⅳ,877,914,964.

17-23 α-卤代酰卤的脱卤反应

二卤-消除

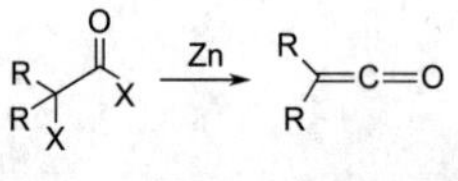

$$\underset{R}{\overset{O}{\underset{X}{>\!\!\!\!<}}}\!\!R' \xrightarrow{Zn} \underset{R}{\overset{R'}{>}}\!\!C\!\!=\!\!O$$

α-卤代酰卤与锌或与三苯基膦反应脱卤[393]

可以制备烯酮。当两个 R 是芳基或烷基时，反应结果一般很好，但是当一个 R 为氢时结果却不好[394]。

OS Ⅳ,348;Ⅷ,377.

17-24 卤素和含杂原子基团的消除

烷氧基-卤素-消除

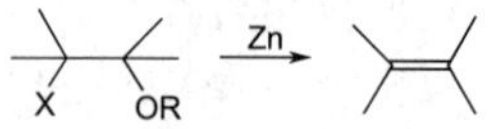

$$\underset{X\quad OR}{>\!\!\!<} \xrightarrow{Zn} >\!\!=\!\!<$$

从 β-卤代醚中消除 OR 和卤素的反应被称为 Boord 反应。它可以应用锌、镁、钠或其它一些试剂来完成[395]，反应产率高，并且反应范围广泛。β-卤代缩醛可反应生成乙烯醚：X—C—C(OR)$_2$→C=C—OR，与 2mol SmI_2 在 HMPA 中反应是有效的方法[396]。除了 β-卤代醚，也可以使形如 X—C—C—Z 的化合物发生反应，式中 X 是卤素，而 Z 是 OCOR、OTs[397]、NR_2[398] 或 SR[399]。当 X=Cl 且 Z=OAc 时，与过量 SmI_2 在 THF 中共热，而后用稀 HCl 溶液处理，可得到烯烃[400]。当 X=I 且 Z 为噁唑酮（氨基甲酸酯单元）的氧时，与金属 In 在甲醇中共热，可生成烯丙基胺[401]。Z 也可以是 OH，不过这时 X 只限于 Br 和 I[402]。与反应 17-22 一样，这个方法能保证新双键在特定位置上形成。在这些反应中，镁可引起消除反应实际上限制了从这些化合物来制备格氏试剂。已经证明，β-卤代醚和酯用锌处理，可发生非立体专一性的消除[403]，说明机理不是 E2。人们认为它的机理是 E1cB，因为离去基 OR 和 OCOR 的离去能力很差。溴代醇用 $LiAlH_4$-$TiCl_3$ 处理，被高产率地转变成烯烃（消除 Br 和 OH）[404]。

OS Ⅲ,698;Ⅳ,748;Ⅵ,675.

17.6.2 断链反应

在消除反应中，如果离去基（离电体）是碳，那么该类反应被称为断链反应（fragmentation）[405]。这些过程可发生在 W—C—C—X 类型的底物上，式中 X 是普通的离核体（例如卤素、OH_2^+、OTs、NR_3^+ 等），而 W 是电正性含碳离电体。在大多数情况下，W 是 HO—C—或 R_2N—C—，碳原子上的正电荷可被氧或氮原子上的未共用电子对稳定，例如：

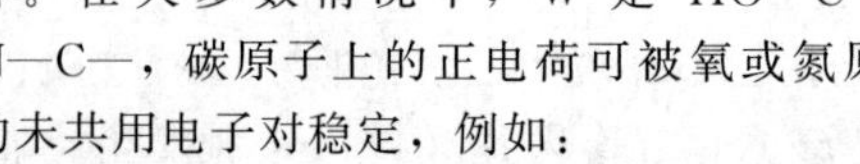

$$\underset{X}{\overset{H}{\underset{|}{\overset{|}{>\!\!\!\!<}}}}\!\!\overset{\curvearrowleft}{O}\!\!H \longrightarrow \overset{H}{\underset{}{>}}\!\!\overset{+}{O}\!\!=\!\!< + >\!\!=\!\!< + X^-$$

反应机理主要是 E1 或 E2。存在许多断链反应，而它们的大多数却很少被研究，所以我们将只讨论其中的几个。反应 **17-25**~**17-28** 和 **17-30** 可认为是断链反应。另见反应 **19-12** 和 **19-13**。

17-25 γ-氨基卤化物，γ-羟基卤化物及 1,3-二醇的 1,3-断链反应

二烷基氨基烷基-卤素-消除，等
羟烷基-羟基-消除

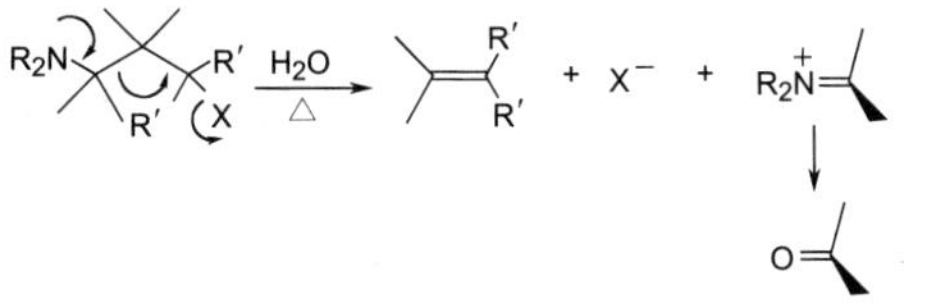

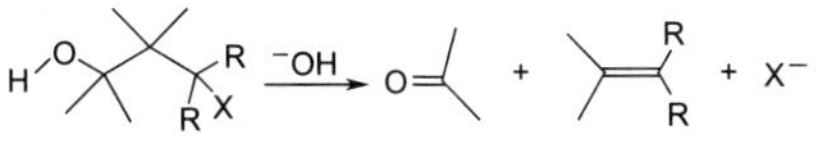

γ-二烷基氨基卤化物与水共热时发生断链反应，生成烯烃和亚胺鎓盐，亚胺鎓盐在反应条件下水解生成醛或酮（反应 16-2）[406]。γ-羟基卤化物和γ-羟基对甲苯磺酸酯与碱作用发生断链反应。在这个例子中，碱的作用与它在消除反应中的作用不同，而是移去羟基中的质子，这使得碳离去基更容易离去：

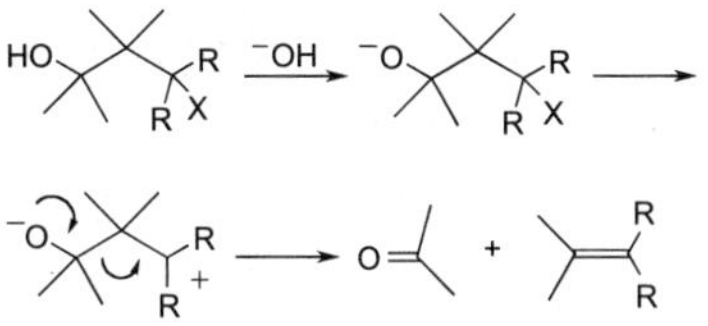

Prelog 和 Zalán[407]在通过 1,3-消除的开环反应确定奎宁和其它金鸡纳生物碱结构的研究工作中，首次发现了这种类型的断链反应。后来，Grob[408]阐明了反应的机理，因而此类 1,3-消除常常被称作 Grob 断链反应（Grob fragmentation）[409]。

这些反应的机理往往是 E1。然而在某些情况中却是 E2 机理[410]。已经证明，如果环状 γ-氨基卤化物和环状 γ-氨基对甲苯磺酸酯的某一立体异构体，能令两个离去基因处于反式共平面的构象，则以 E2 机理反应；而两个离去基不能采取上述构象的异构体，则可能以 E1 机理反应或根本不发生断链反应，但这两种情况下都产生具有碳正离子特征的副产物[411]。Grob 断链反应的一个实例是 **53** 生成 **54** 的反应[412]：

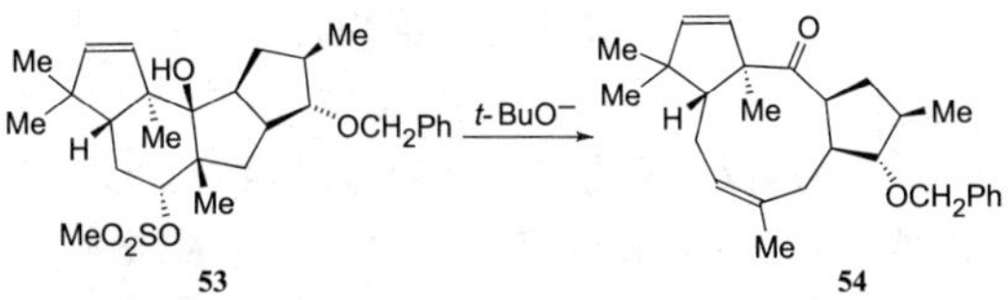

γ-二烷基氨基醇不发生断链反应，这是因为羟基离解时必须转变成 OH_2^+，而此时也会将 NR_2 转变成 NR_2H^+，NR_2H^+ 没有反应所需的与碳形成双键的未共用电子对[413]。

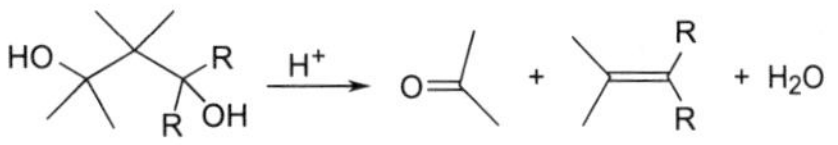

至少有一个羟基是在叔碳上，或是在带有芳基取代基的碳上的 1,3-二醇，经酸处理可以断链[414]。当至少有一个羟基在环上时，反应在合成上最有用[415]。

17-26 β-羟基酸和 β-内酯的脱羧

羧基-羟基-消除

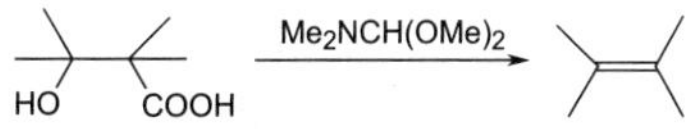

将 β-羟基酸和过量的 DMF 二甲缩醛回流，可以消除 β-羟基酸的 OH 和 COOH[416]。应用这种方法已经制得一、二、三和四取代的烯烃，反应产率很好[417]。有证据表明，机理包括从两性离子中间体 $-O_2C-C-C-O-C=N^+Me_2$ 的 E1 或 E2 消除[418]。反应也能在极其温和的条件（0℃，几秒钟）下与 PPh_3 及二乙基偶氮二羧酸酯（EtOOC—N=N—COOEt）[420]反应完成[419]。在一个相关的反应中，β-内酯进行热解脱羧反应得到烯烃，产率很高。反应是立体专一的顺式消除[421]。已经证明反应也涉及两性离子中间体[422]。

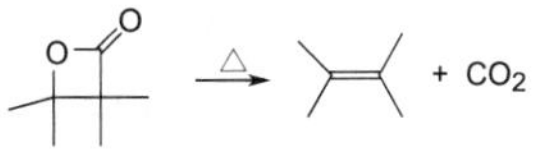

该反应没有 OS 文献，但相关反应可参阅 OS Ⅶ,172。

17-27 α,β-环氧腙的开环反应

Eschenmoser-Tanaber 开环反应

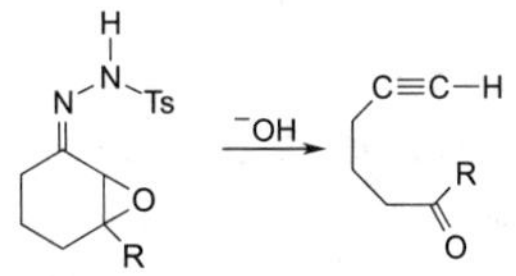

用碱处理环状 α,β-不饱和酮[423]的对甲苯磺酰腙环氧化合物衍生物，可以裂解生成炔酮[424]。该反应被称为 Eschenmoser-Tanabe 开环反应。利用相应的 2,4-二硝基甲苯磺酰腙衍生物[425]，可以将此反应用于炔醛（R＝H）的制备。从环氧酮和环取代的 N-氨基氮丙啶制得的腙（例如 **55**），加热时也发生类似的开环反应[426]。

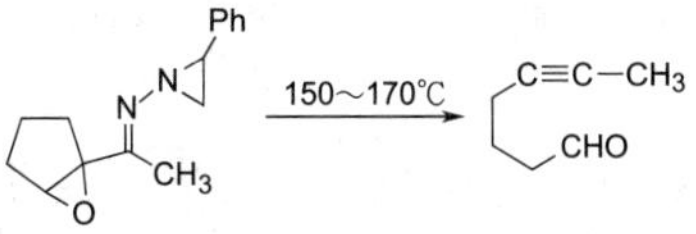

OS Ⅵ,679.

17-28 从桥二环化合物中消除 CO 和 CO_2
仲-羰基-1/4/消除

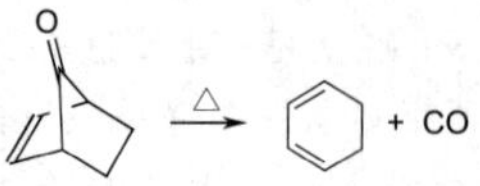

双环[2.2.1]庚-2,3-烯-7-酮（**56**）受热时，通常失去 CO 生成环己二烯[427]，反应属于 Diels-Alder 的逆反应类型。二环[2.2.1]庚二烯酮（**57**）很容易发生此反应（因为产生的苯环很稳定），以致它们一般无法分离得到。母体（**57**）可在 10~15K 的 Ar 基质中得到，已研究了它的谱图[428]。通过环戊二烯酮与炔或烯的 Diels-Alder 反应，可以制备 **56** 和 **57**，因此这个反应成为制备特殊取代的苯环和环己二烯的一种很有用的方法[429]。

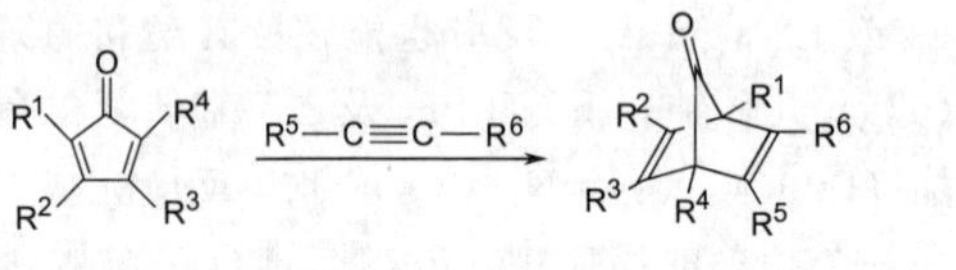

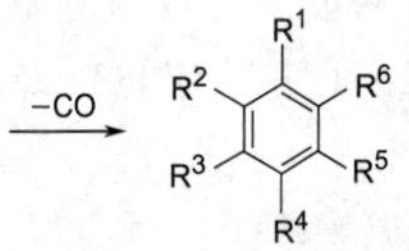

类似于 **58** 的不饱和二环内酯也能发生这个反应，失去 CO_2。参见反应 17-35。

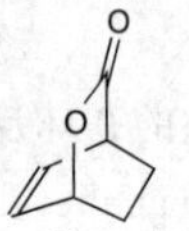

OS Ⅲ, 807; Ⅴ, 604, 1037.

Diels-Alder 的逆反应可被视为开环断链反应。参见反应 15-50。

17.6.3 形成 C≡N 或 C=N 键的反应

17-29 醛肟及类似化合物的脱水
C-氢-N-羟基-消除；C-酰基-N-羟基-消除

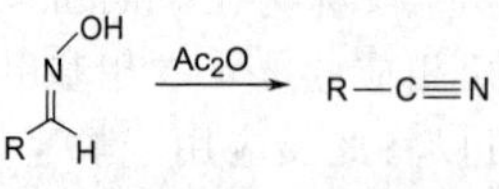

许多脱水剂能使醛肟脱水生成腈[430]。其中最常见的脱水剂是乙酸酐。在温和条件（室温）下[431]有效的试剂是：Ph_3P-CCl_4[432]、Ph_3P-I_2[433]、回流乙腈中的 $Pd(OAc)_2/PPh_3$[434]、硫酸亚铁[435]、超声作用下的 Cu(Ⅱ)[436]，以及无溶剂条件下的 ZnO/CH_3COCl[437]。N,N-二甲基甲酰胺可催化醛肟的热脱水反应[438]。在 Ru 催化剂催化下，加热肟得到腈[439]。在 PEG 中与 Burgess 试剂（$Et_3N^+\!-\!SO_2N\text{-}CO_2Me$）共热有利于这个反应的发生[440]。在硫酸灌注的硅胶上[441]反应可以得到腈。在三氧化二铝上对肟和四氯吡啶进行微波辐射也可以得到腈[442]。醛可以原位转变为肟；而后在氧化铝上进行微波辐射[443]或与乙酸铵[444]反应也可以得到腈。无溶剂的反应已有报道[445]。当 H 和 OH 互为反式时，反应是最成功的。醛肟的不同烷基和酰基衍生物，例如，RCH=NOR[446]、RCH=NOCOR、$RCH\!=\!NOSO_2Ar$ 等，也能反应得到腈，与氯化亚胺 RCH=NCl（后者用碱处理）类似[447]。伯胺的 N,N-二氯衍生物经过热解可以得到腈：$RCH_2NCl_2 \rightarrow RCN$[448]。

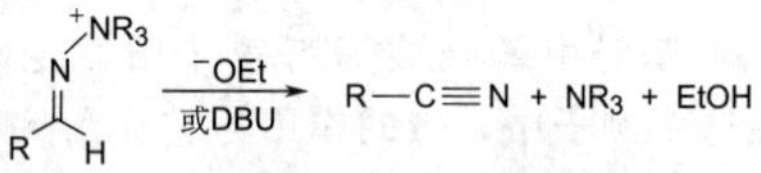

季脒鎓盐（由醛产生）用 $^-$OEt[449]或 DBU 处理（参见反应 17-13）[450]可生成腈；正如二甲基腙 $RCH\!=\!NNMe_2$ 和 Et_2NLi 及 HMPA 的反应[451]。所有这些反应都是使醛衍生物转变成腈的方法。使醛直接转变成腈而不分离中间体的方法参见反应 16-16。

含有 α-氢的羟胺与 Mn-salen 配合物反应可转化为硝酮[452]。

某些酮肟在质子酸或 Lewis 酸的作用下可以转变成腈[453]。在这些酮肟中，有 α-二酮肟（如上所示）、α-酮酸、α-二烷基氨基酮、α-羟基酮、β-酮醚及类似化合物[454]。这些酮肟发生的碎裂反应，类似于反应 17-25。例如，α-二烷基氨基酮肟除了生成腈以外，也生成胺和醛或酮[455]：

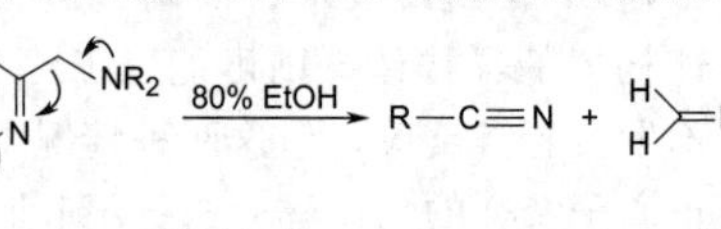

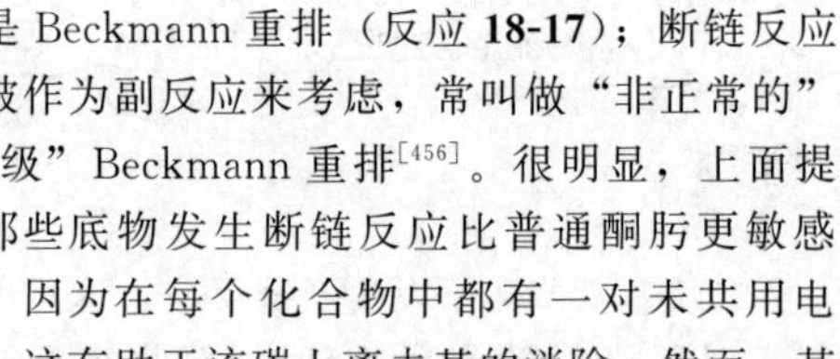

用 Lewis 酸或质子酸处理酮肟时，通常发生的是 Beckmann 重排（反应 18-17）；断链反应通常被作为副反应来考虑，常叫做"非正常的"或"二级"Beckmann 重排[456]。很明显，上面提到的那些底物发生断链反应比普通酮肟更敏感一些，因为在每个化合物中都有一对未共用电子对，这有助于该碳上离去基的消除。然而，甚至用普通酮肟所发生的断链反应也是一种副反应[457]，但是如果可以分裂出一个特别稳定的碳

正离子,断链反应则可能变成主反应[458]:

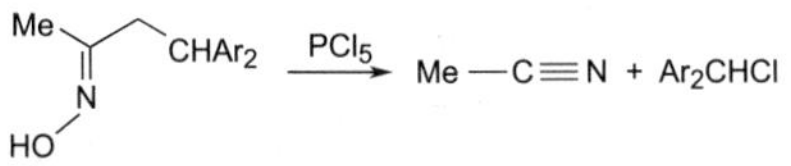

$$\underset{HO}{\overset{Me}{\text{N}}}\text{CHAr}_2 \xrightarrow{PCl_5} Me-C\equiv N + Ar_2CHCl$$

有证据表明至少在某些情况下,反应机理先是发生重排,然后是断裂。研究发现许多对甲苯磺酸肟酯 RC(=NOTs)Me 的断链反应和 Beckmann 重排产物的比例与溶剂解速率无关,而与 R^+ 的稳定性有关(用相应 RCl 的溶剂解速率来确定),这表明断链反应不是在决速步发生的[459]。可以认为,断链反应和重排的第 1 步相同,这一步是决速步。产物在第 2 步确定:

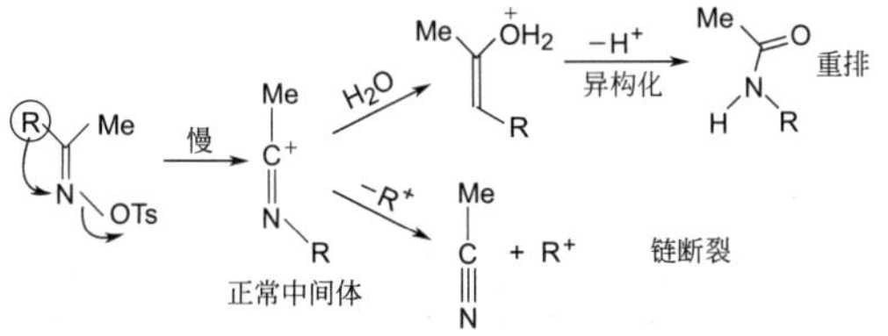

然而,在另一种情况下反应按简单的 E1 和 E2 机理进行[460]。

OS V, 266; IX, 281; OS II, 622; III, 690.

17-30 无取代酰胺的脱水

N,N-二氢-C-氧-双消除

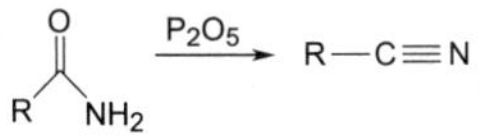

$$\underset{R}{\overset{O}{\underset{NH_2}{\parallel}}} \xrightarrow{P_2O_5} R-C\equiv N$$

无取代酰胺能脱水生成腈[461]。五氧化二磷是这个反应最常用的脱水剂,不过也使用过许多其它脱水剂,如:POCl$_3$、PCl$_5$、CCl$_4$-Ph$_3$P[462]、HMPA[463]、LiCl 与 Zr 催化剂[464]、MeOOCNSO$_2$NEt$_3$(Burgess 试剂)[465]、Me$_2$N=CHCl$^+$Cl$^-$[466]、AlCl$_3$/KI/H$_2$O[467]、PPh$_3$/NCS[468]、草酰氯/DMSO/$-78°C$[469](Swern 条件,见反应 19-3)、邻亚碘酰苯甲酸/Et$_4$NBr[470]、水溶液介质中的 PdCl$_2$[471]、TBAF 与氢硅烷[472]、Fe 配合物[473] 以及 SOCl$_2$[474]。将酰胺和聚甲醛及甲酸共热,可反应生成腈[475]。通过将一种酸的铵盐与脱水剂一起加热[476]或用其它方法[477]能使酸转变成腈,而不需要分离出中间体酰胺。当 N,N-二取代脲与 CHCl$_3$-NaOH 在相转移条件下脱水时,能生成胺腈,即:R$_2$N—CO—NH$_2 \rightarrow$ R$_2$N—CN[478]。酰胺用 NaOH 溶液和超声作用下,可生成腈[479]。

N-烷基取代的酰胺用 PCl$_5$ 处理,可以使其转变成腈和氯代烷。这个反应被称为 von Braun 反应(不要和另一个 von Braun 反应,即 **10-54**,混淆)。

$$R'CONHR + PCl_5 \longrightarrow R'CN + RCl$$

OS I, 428; II, 379; III, 493, 535, 584, 646, 768; IV, 62, 144, 166, 172, 436, 486, 706; VI, 304, 465.

17-31 N-烷基甲酰胺转变为异腈

CN-二氢-C-氧-双消除

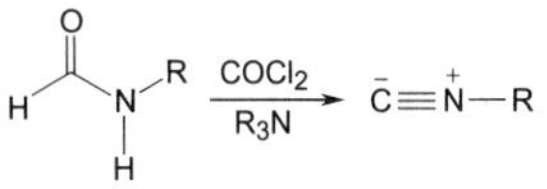

$$\underset{H}{\overset{O}{\underset{H}{\parallel}}}\text{N}-R \xrightarrow[R_3N]{COCl_2} \overset{+}{C}=\overset{-}{N}-R$$

使用光气和叔胺可使 N-烷基甲酰胺[480]脱除水来制备异腈[481]。其它使用过的试剂有:TsCl-喹啉、POCl$_3$-叔胺[482]、三氟甲基磺酸酐-(i-Pr)$_2$NEt[483]、2,4,6-三氯[1,3,5]三嗪(氰尿酰氯,TCT)与微波辐照[484],以及 Ph$_3$P-CCl$_4$-Et$_3$N[485]。甲酰胺与亚硫酰氯(两步反应)反应生成一个中间体,该中间体在 DMF 中 LiClO$_4$ 作用下电解生成异腈[486]。

另一种改进的方法是使用碳二亚胺[487]。N,N'-二取代脲可用各种脱水剂[488]脱水,制备碳二亚胺,这些脱水剂是:TsCl-吡啶、POCl$_3$、PCl$_5$、P$_2$O$_5$-吡啶以及 TsCl(和相转移催化剂)[489]。相应的硫脲,用 HgO、NaOCl、或偶氮二羧酸二乙酯-三苯基膦[490]处理,可以脱除 H$_2$S。

OS V, 300, 772; VI, 620, 751, 987; 另见 OS VII, 27。对于碳二亚胺/硫脲脱水,参见 OS V, 555; VI, 951。

17.6.4 形成 C=O 键的反应

许多形成 C=O 的消除反应以及比它们更重要的逆反应已在第 16 章中讨论过。参见反应 **12-40** 和 **12-41**。

17-32 β-羟基烯烃的热解

O-氢-C-烯丙基-消除

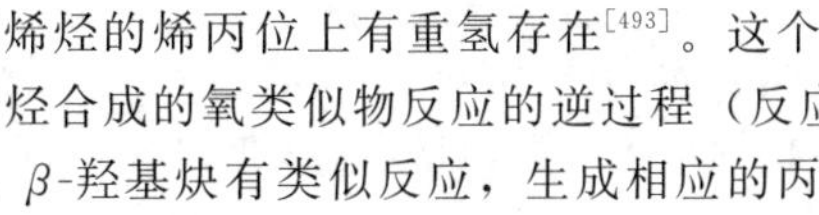

当 β-羟基烯热解时,可发生断裂生成烯烃和醛或酮[491]。用这种方法产生的烯烃相当纯,因为没有副反应。机理为周环反应,因为通过观察该反应为一级动力学过程[492],ROD 实验显示在新烯烃的烯丙位上有重氢存在[493]。这个机理是烯烃合成的氧类似物反应的逆过程(反应 **16-54**)。β-羟基炔有类似反应,生成相应的丙二烯和羰基化合物[494]。尽管叁键结构为线型,但机理却是一样的。

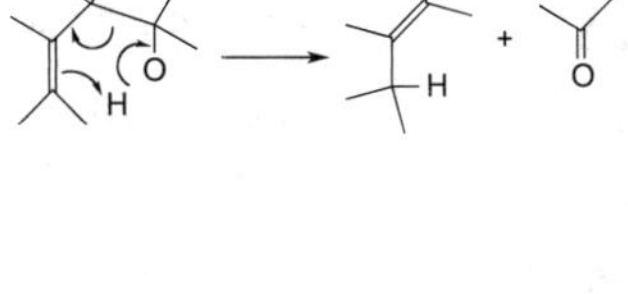

在一个相关的反应中，含有至少一个 α-氢的烯丙醚热解生成烯烃和醛或酮。机理也是周环过程[495]。

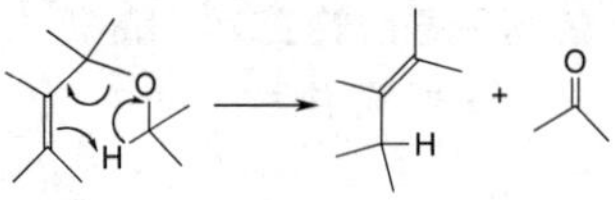

17.6.5 形成 N═N 键的反应

17-33 消除生成重氮烷

N-亚硝基氨基-重氮烷基转化

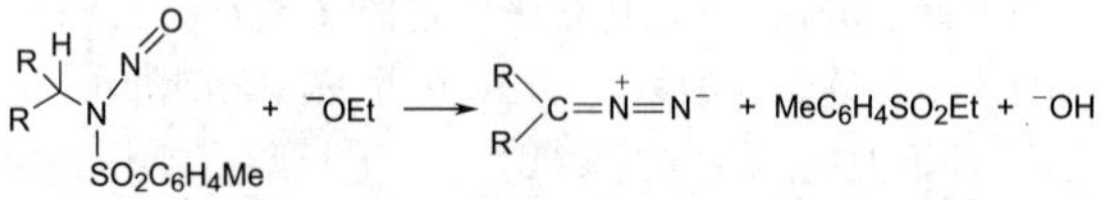

$$R_2CH-N(NO)SO_2C_6H_4Me + {}^-OEt \longrightarrow R_2C=N_2^+ + MeC_6H_4SO_2Et + {}^-OH$$

各种不同的 *N*-亚硝基-*N*-烷基化合物发生消除反应，可生成重氮烷[496]。对于制备重氮甲烷来说，最方便的一种方法是碱与 *N*-亚硝基-*N*-甲基对甲苯磺酰胺（上面举出的例子，其中 R=H）作用[497]。然而，通常还用其它化合物（所有情况下都需要碱处理），如：

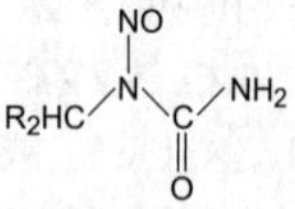

N-亚硝基-*N*-烷基脲
N-亚硝基-*N*-烷基氨基甲酸酯 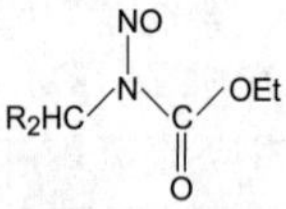
N-亚硝基-*N*-烷基酰胺 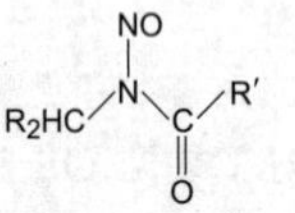
N-亚硝基-*N*-烷基-4-氨基-4-甲基-2-戊酮 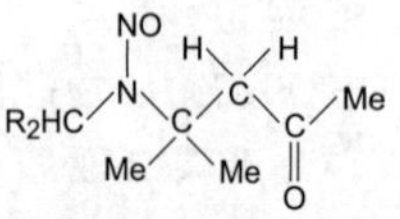

所有这些化合物都可被用来制备重氮甲烷，其中磺酰胺（可购买得到）是最令人满意的。*N*-亚硝基-*N*-甲基氨基甲酸酯和 *N*-亚硝基-*N*-甲基脲的产率也很高，但却是一种强刺激物和致癌物质[498]。对较高级重氮烷来说，优先选择的底物是亚硝基烷基氨基甲酸酯。

这些反应的大多数，可能从氮到氧的 1,3-迁移重排开始，随后是消除（以氨基甲酸酯为例说明）：

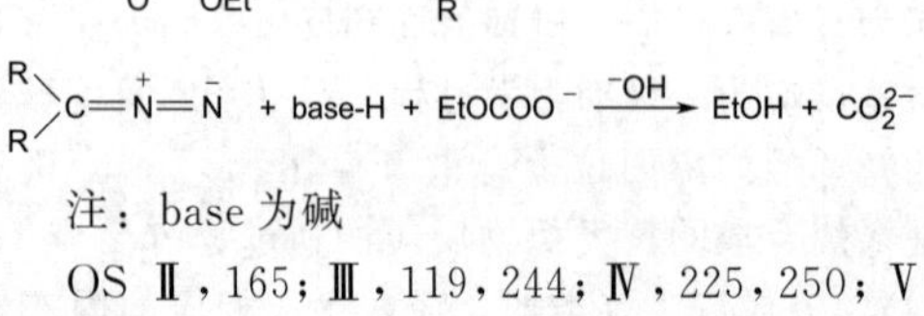

$$R_2C={}^+N={}^-N + \text{base-H} + \text{EtOCOO}^- \xrightarrow{{}^-OH} \text{EtOH} + CO_2^{2-}$$

注：base 为碱

OS Ⅱ, 165; Ⅲ, 119, 244; Ⅳ, 225, 250; Ⅴ, 351; Ⅵ, 981.

17.6.6 挤出反应

所谓挤出反应（extrusion reaction）[499]，就是与 X 和 Y 这两个原子相连的原子或基团 Y 在反应过程中从分子中失去，导致生成 X 与 Z 直接键合的产物。

$$X-Y-Z \longrightarrow X-Z + Y$$

反应 14-32 和 17-20 符合这个定义。反应 17-28 不符合这个定义，但往往也归类于挤出反应。人们研究了基团或原子被挤出的能力大小，常见的 Y 基团被挤出的难易程度[500]是：

—N═N— > —COO— > —SO₂— > —CO—

17-34 从吡唑啉、吡唑和三唑啉中挤出 N₂

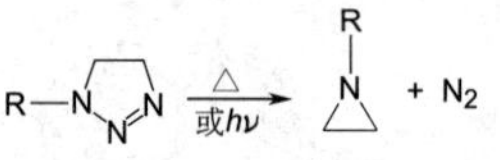

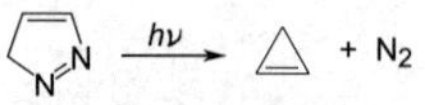

偶氮-挤出

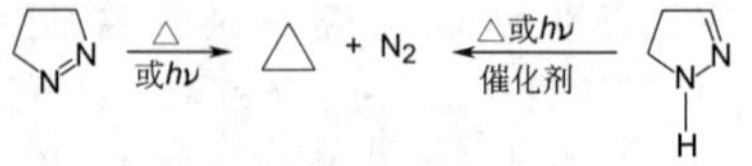

将 1-吡唑啉（**59**）光解[501]或热解[502]，可以生成环丙烷和 N₂。互变异构体 2-吡唑啉（**60**）比 **59** 稳定，也可以发生这种反应。不过在这种情况下需要酸或碱催化，催化剂的作用是将 **60** 转变成 **59**[503]。若不用这种催化剂，**60** 就不起反应[504]。按照类似的方法也可使三唑啉 **61** 转变成氮丙啶[505]。**59** 和 **61** 的反应常常伴有副反应，有些底物根本不发生反应。然而，在许多情况下，证明该反应在合成上还是有用的。总之，**59** 和 **61** 的光解比热解得到的产率高，副反应也较少。3*H*-吡唑[506]（**62**）对热是稳定的，但在某些情况下光解能使其转变成环丙烯[507]，但是在另外一些情况下可能得到其它类型的产物。

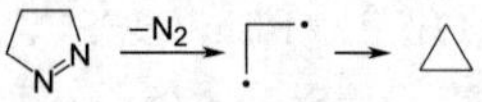

有许多证据表明，1-吡唑啉反应的机理[508]一般涉及双自由基，但是这些自由基的形成方式和详细结构（例如单线态或三线态）可能随底物和反应条件的改变而改变。人们认为 3*H*-吡唑的反应经过重氮化合物，然后重氮化合物失去 N₂ 而生成乙烯基卡宾[509]。

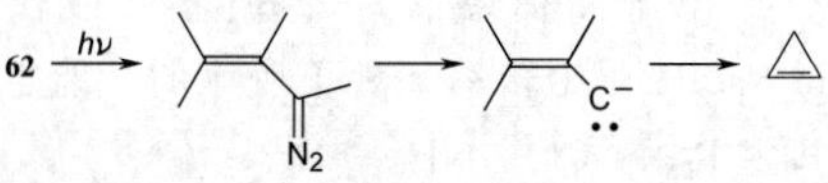

OS Ⅴ, 96, 929; 另见 OS Ⅷ, 597.

17-35 CO 或 CO₂ 的挤出

羰基-挤出

63 → **64** + 顺式环丙烷 + 烯烃

虽然该反应并不普遍，但某些环酮能被光解生成环缩小的产物[510]。在上面的例子中，环丁酮(**63**)光解得到(**64**)[511]，其中 Bz 是苯甲酰基。该反应已用来合成 4-叔丁基四面体烷(**65**)[512]。

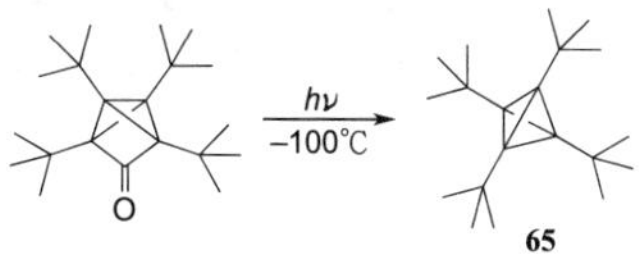

机理可能涉及 Norrish I 型断裂（参见 7.1.7 节），从产生的自由基中失去 CO，余下的自由基碎片重新结合：

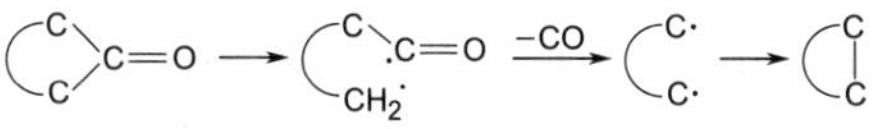

某些内酯在加热或光照时挤出 CO_2，例如热解 **66**[513]：

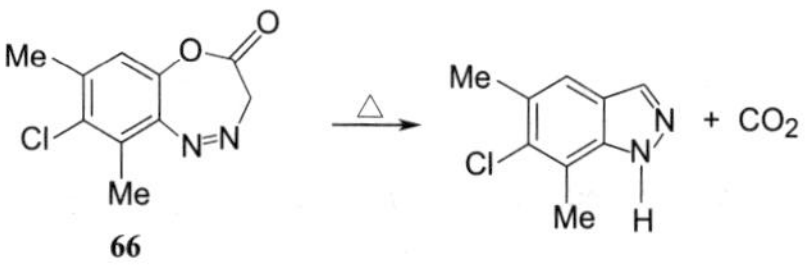

β-内酯的脱羧（反应 **17-26**）可以被视为这个反应的一个退化的例子。不对称的二酰基过氧化物 RCO—OO—COR′在固态时光解失去两分子 CO_2，得到产物 RR′[514]。也可以用电解法，但是产率较低。这是 Kolbe 反应(**11-34**)的一个替代方法。另见反应 **17-28** 和 **17-38**。

此反应没有相应的 OS 文献，相关的反应可参见 OS Ⅵ, 418。

17-36　SO_2 的挤出

磺酰基-挤出

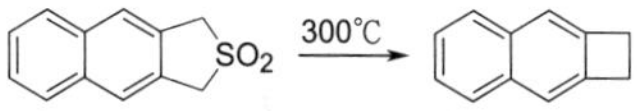

在一个与 **17-35** 相似的反应中，某些环状或非环状的砜[515]，经过加热或光解会挤出 SO_2 得到环缩小产物[516]。例如，上式所示的萘并[b]环丁烯的制备[517]。在一个不同类型的反应中，五元环砜通过与丁基锂反应，再与 $LiAlH_4$ 反应，转变成环丁烯[518]，例如：

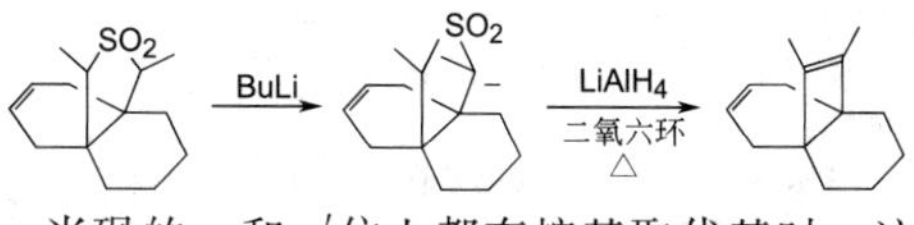

当砜的 α 和 α' 位上都有烷基取代基时，这个方法是最成功的。参考反应 **17-20**。用 $SnCl_2$ 和四元环的内酰胺反应，通过失去 SO_2 可得到吖丙啶产物[519]。

OS Ⅵ, 482.

17-37　Story 合成

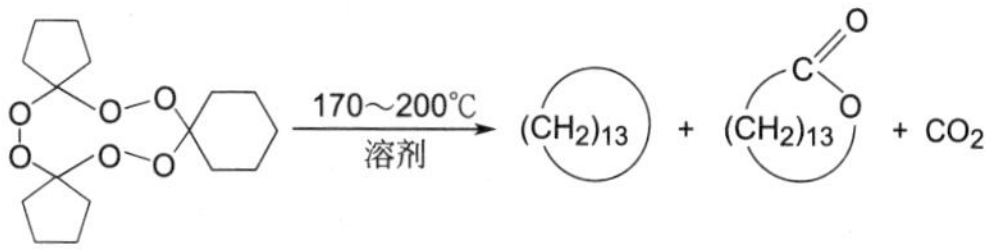

在一种惰性溶剂（例如癸烷）中，加热环亚烷基过氧化物（例如 **67**），可发生 CO_2 的挤出，产物是比起始过氧化物少三个碳原子的环烷烃和比起始过氧化物少两个碳原子的内酯[520]（Story 合成）[521]。形成的这两种产物的产率差不多，通常各为大约 15%～25%。虽然产率不高，但因制备大环的方法不多，所以这个反应还是有用的。反应有多种用途，已被用来制备从 8～33 元各种大小的环。

在酸性溶液中[522]，用 H_2O_2 处理相应的环酮，可以合成二聚和三聚环亚烷基过氧化物[523]。首先形成三聚过氧化物，随后转变成二聚体[524]。

17-38　通过 Twofold 挤出反应合成烯

二氧化碳，硫-挤出

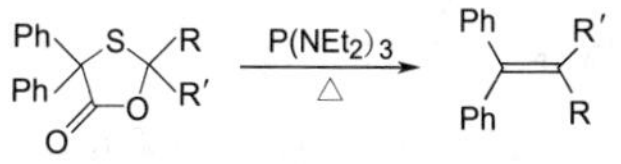

4,4-二苯基-3-硫氧杂环戊烷-5-酮(**68**)和三(乙基氨基)膦一起加热时，可高产率生成相应的烯烃[525]。这个反应是一类反应中的一例：将 **68** 类型分子中的 X 和 Y 双重挤出合成烯[526]。另外的例子是：光照 1,4-二酮[527]（例如 **69**）或乙酰氧基砜 [$RCH(OAc)CH_2SO_2Ph$]，与 Mg/EtOH 和催化量的 $HgCl_2$ 反应[528]。化合物 **68** 能通过将巯基二苯乙酸 [$Ph_2C(SH)COOH$] 与醛或酮缩合来制备。

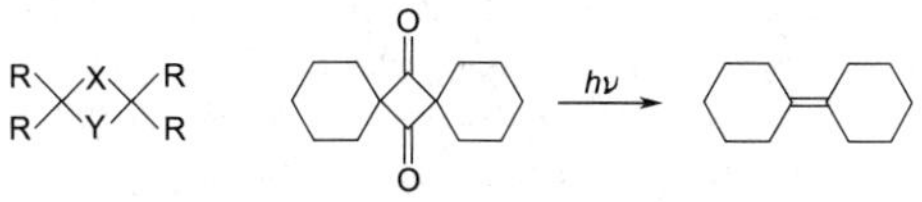

OS Ⅴ, 297.

参 考 文 献

[1] See Williams, J. M. J. *Preparation of Alkenes, A Practical Approach*, Oxford Univ. Press, Oxford, **1996**.

[2] See Neckers, D. C.; Kellogg, R. M.; Prins, W. L.; Schoustra, B. *J. Org. Chem.* **1971**, 36, 1838.

[3] Saunders, Jr., W. H.; Cockerill, A. F. *Mechanisms of Elimination Reactions*, Wiley, NY, **1973**. For reviews, see Gandler, J. R. in

Patai, S. *Supplement A: The Chemistry of Double-bonded Functional Groups*, Vol. 2, pt. 1, Wiley, NY, *1989*, pp. 733-797; Cockerill, A. F.; Harrison, R. G. in Patai, S. *The Chemistry of Functional Groups*, *Supplement A* pt. 1, Wiley, NY, *1977*, pp. 153-221; More O'Ferrall, R. A. in Patai, S. *The Chemistry of the Carbon-Halogen Bond*, pt. 2, Wiley, NY, *1973*, pp. 609-675; Cockerill, A. F. in Bamford, C. H.; Tipper, C. F. H. *Comprehensive Chemical Kinetics*, Vol. 9; Elsevier, NY, *1973*, pp. 163-372; Saunders, Jr., W. H. *Acc. Chem. Res.* *1976*, 9, 19; Bordwell, F. G. *Acc. Chem. Res.* *1972*, 5, 374; Fry, A. *Chem. Soc. Rev.* *1972*, 1, 163; LeBel, N. A. *Adv. Alicyclic Chem.* *1971*, 3, 195; Bunnett, J. F. *Surv. Prog. Chem.* *1969*, 5, 53; in Patai, S. *The Chemistry of Alkenes*, Vol. 1, Wiley, NY, *1964*, the articles by Saunders, Jr., W. H. pp. 149-201 (eliminations in solution); and by Maccoll, A. pp. 203-240 (pyrolytic eliminations); Köbrich, G. *Angew. Chem. Int. Ed.* *1965*, 4, 49, pp. 59-63 (for the formation of triple bonds).

[4] Thibblin, A. *Chem. Soc. Rev.* *1993*, 22, 427.

[5] Roeterdink, W. G.; Rijs, A. M.; Janssen, M. H. M. *J. Am. Chem. Soc.* *2006*, 128, 576.

[6] Schrøder, S.; Jensen, F. *J. Org. Chem.* *1997*, 62, 253. See Wu, W.; Shaik, S.; Saunders, Jr., W. H. *J. Org. Chem.* *2010*, 75, 3722.

[7] See Shiner, Jr., V. J.; Smith, M. L. *J. Am. Chem. Soc.* *1961*, 83, 593. For a review of isotope effects, see Fry, A. *Chem. Soc. Rev.* *1972*, 1, 163.

[8] Bartsch, R. A.; Závada, J. *Chem. Rev.* *1980*, 80, 453; Sicher, J. *Angew. Chem. Int. Ed.* *1972*, 11, 200; *Pure Appl. Chem.* *1971*, 25, 655; Saunders, Jr., W. H.; Cockerill, A. F. *Mechanisms of Elimination Reactions*, Wiley, NY, *1973*, pp. 105-163; Cockerill, A. F. in Bamford, C. H.; Tipper, C. F. H. *Comprehensive Chemical Kinetics*, Vol. 9, Elsevier, NY, *1973*, pp. 217-235; More O'Ferrall, R. A. in Patai, S. *The Chemistry of the Carbon-Halogen Bond*, pt. 2, Wiley, NY, *1973*, pp. 630-640.

[9] DePuy, C. H.; Morris, G. F.; Smith, J. S.; Smat, R. J. *J. Am. Chem. Soc.* *1965*, 87, 2421.

[10] Pfeiffer, P. Z. *Phys. Chem.* *1904*, 48, 40.

[11] Winstein, S.; Pressman, D.; Young, W. G. *J. Am. Chem. Soc.* *1939*, 61, 1645.

[12] Cristol, S. J.; Hause, N. L.; Meek, J. S. *J. Am. Chem. Soc.* *1951*, 73, 674.

[13] Hughes, E. D.; Ingold, C. K.; Rose, J. B. *J. Chem. Soc.* *1953*, 3839.

[14] Michael, A. *J. Prakt. Chem.* *1895*, 52, 308. See also, Marchese, G.; Naso, F.; Modena, G. *J. Chem. Soc. B* *1968*, 958.

[15] Kwart, H.; Takeshita, T.; Nyce, J. L. *J. Am. Chem. Soc.* *1964*, 86, 2606.

[16] See Sicher, J.; Pánková, M.; Závada, J.; Kniezo, L.; Orahovats, A. *Collect. Czech. Chem. Commun.* *1971*, 36, 3128; Bartsch, R. A.; Lee, J. G. *J. Org. Chem.* *1991*, 56, 212, 2579.

[17] Cristol, S. J.; Hause, N. L. *J. Am. Chem. Soc.* *1952*, 74, 2193.

[18] See Werner, C.; Hopf, H.; Dix, I.; Bubenitschek, P.; Jone, P. G. *Chemistry: European J.* *2007*, 13, 9462.

[19] Cooke, Jr., M. P.; Coke, J. L. *J. Am. Chem. Soc.* *1968*, 90, 5556. See also, Coke, J. L.; Smith, G. D.; Britton, Jr., G. H. *J. Am. Chem. Soc.* *1975*, 97, 4323.

[20] Závada, J.; Svoboda, M.; Sicher, J. *Collect. Czech. Chem. Commun.* *1968*, 33, 4027.

[21] Other possible mechanisms [e. g., E1cB, Sec. 17. A. iii or α', β-elimination (Reaction *17-8*)], were ruled out in all these cases by other evidence.

[22] This conclusion has been challenged by Coke, J. L. *Sel. Org. Transform* *1972*, 2, 269.

[23] Sicher, J.; Závada, J. *Collect. Czech. Chem. Commun.* *1967*, 32, 2122; Závada, J.; Sicher, J. *Collect. Czech. Chem. Commun.* *1967*, 32, 3701. For a review, see Bartsch, R. A.; Závada, J. *Chem. Rev.* *1980*, 80, 453.

[24] Bartsch, R. A.; Závada, J. *Chem. Rev.* *1980*, 80, 453; Coke, J. L. *Sel. Org. Transform.* *1972*, 2, 269; Sicher, J. *Angew. Chem. Int. Ed.* *1972*, 11, 200; *Pure Appl. Chem.* *1971*, 25, 655.

[25] See Coke, J. L.; Mourning, M. C. *J. Am. Chem. Soc.* *1968*, 90, 5561.

[26] See Sicher, J.; Jan, G.; Schlosser, M. *Angew. Chem. Int. Ed.* *1971*, 10, 926; Závada, J.; Pánková, M. *Collect. Czech. Chem. Commun.* *1980*, 45, 2171 and references cited therein.

[27] See Sicher, J.; Závada, J. *Collect. Czech. Chem. Commun.* *1968*, 33, 1278.

[28] Bailey, D. S.; Saunders, Jr., W. H. *J. Am. Chem. Soc.* *1970*, 92, 6904. See Schlosser, M.; An, T. D. *Helv. Chim. Acta* *1979*, 62, 1194; Pánková, M.; Kocián, O.; Krupicka, J.; Závada, J. *Collect. Czech. Chem. Commun.* *1983*, 48, 2944.

[29] Chiao, W.; Saunders, Jr., W. H. *J. Am. Chem. Soc.* *1977*, 99, 6699.

[30] Dohner, B. R.; Saunders, Jr., W. H. *J. Am. Chem. Soc.* *1986*, 108, 245.

[31] Bartsch, R. A.; Závada, J. *Chem. Rev.* *1980*, 80, 453; Bartsch, R. A. *Acc. Chem. Res.* *1975*, 8, 239.

[32] Svoboda, M.; Hapala, J.; Závada, J. *Tetrahedron Lett.* *1972*, 265.

[33] See Baciocchi, E.; Ruzziconi, R.; Sebastiani, G. V. *J. Org. Chem.* *1979*, 44, 3718; Croft, A. P.; Bartsch, R. A. *Tetrahedron Lett.* *1983*, 24, 2737; Kwart, H.; Gaffney, A. H.; Wilk, K. A. *J. Chem. Soc. Perkin Trans. 2* *1984*, 565.

[34] Borchardt, J. K.; Saunders, Jr., W. H. *J. Am. Chem. Soc.* *1974*, 96, 3912.

[35] See Villano, S. M.; Eyet, N.; Lineberger, W. C.; Bierbaum, V. M. *J. Am. Chem. Soc.* *2009*, 131, 8227.

[36] Baciocchi, E.; Clementi, S.; Sebastiani, G. V.; Ruzziconi, R. *J. Org. Chem.* *1979*, 44, 32.

[37] Cooper, K. A.; Hughes, E. D.; Ingold, C. K.; MacNulty, B. J. *J. Chem. Soc.* *1948*, 2038.

[38] See Thibblin, A. *J. Am. Chem. Soc.* *1987*, 109, 2071; *J. Phys. Org. Chem.* *1989*, 2, 15.

[39] Sneen, R. A. *Acc. Chem. Res.* *1973*, 6, 46; Thibblin, A.; Sidhu, H. *J. Chem. Soc. Perkin Trans. 2* *1994*, 1423. See, however, McLennan, D. J. *J. Chem. Soc. Perkin Trans. 2* *1972*, 1577.

[40] Cockerill, A. F.; Harrison, R. G. in Bamford, C. H.; Tipper, C. F. H. *Comprehensive Chemical Kinetics*, Vol. 9, Elsevier, NY, *1973*, pp. 158-178; Hunter, D. H. *Intra-Sci. Chem. Rep.* *1973*, 7(3), 19; McLennan, D. J. *Q. Rev. Chem. Soc.* *1967*, 21, 490. For a general discussion, see Koch, H. F. *Acc. Chem. Res.* *1984*, 17, 137.

[41] See Ryberg, P.; Matsson, O. *J. Org. Chem.* *2002*, 67, 811.

[42]   This table, which appears in Cockerill, A. F. ; Harrison, R. G. in Bamford, C. H. ; Tipper, C. F. H. *Comprehensive Chemical Kinetics*, Vol. 9, Elsevier, NY, *1973*, p. 161, was adapted from a longer one in Bordwell, F. G. *Acc. Chem. Res. 1972*, 5, 374, see p. 375.

[43]   The (E1cB)$_1$ mechanism cannot be distinguished from E2 by this means, because it has the identical rate law: Rate $= k$ [substrate] [B$^-$]. The rate law for (E1cB)$_R$ is different: Rate $= k$ [substrate][B$^-$]/[BH], but this is often not useful because the only difference is that the rate is also dependent (inversely) on the concentration of the conjugate acid of the base, and this is usually the solvent, so that changes in its concentration cannot be measured.

[44]   Houser, J. J. ; Bernstein, R. B. ; Miekka, R. G. ; Angus, J. C. *J. Am. Chem. Soc. 1955*, 77, 6201.

[45]   Hine, J. ; Wiesboeck, R. ; Ghirardelli, R. G. *J. Am. Chem. Soc. 1961*, 83, 1219; Hine, J. ; Wiesboeck, R. ; Ramsay, O. B. *J. Am. Chem. Soc. 1961*, 83, 1222.

[46]   Skell, P. S. ; Hauser, C. R. *J. Am. Chem. Soc. 1945*, 67, 1661.

[47]   Keeffe, J. R. ; Jencks, W. P. *J. Am. Chem. Soc. 1983*, 105, 265.

[48]   For a borderline E1cB-E2 mechanism, see Jia, Z. S. ; Rudzinsci, J. ; Paneth, P. ; Thibblin, A. *J. Org. Chem. 2002*, 67, 177.

[49]   Cann, P. F. ; Stirling, C. J. M. *J. Chem. Soc. Perkin Trans. 2 1974*, 820. For other examples; see Kurzawa, J. ; Leffek, K. T. *Can. J. Chem. 1977*, 55, 1696.

[50]   Patai, S. ; Weinstein, S. ; Rappoport, Z. *J. Chem. Soc. 1962*, 1741. See also, Hilbert, J. M. ; Fedor, L. R. *J. Org. Chem. 1978*, 43, 452.

[51]   Bordwell, F. G. *Acc. Chem. Res. 1972*, 5, 374.

[52]   Banait, N. S. ; Jencks, W. P. *J. Am. Chem. Soc. 1990*, 112, 6950.

[53]   Ölwegård, M. ; McEwen, I. ; Thibblin, A. ; Ahlberg, P. *J. Am. Chem. Soc. 1985*, 107, 7494.

[54]   Baciocchi, E. ; Ruzziconi, R. ; Sebastiani, G. V. *J. Org. Chem. 1982*, 47, 3237.

[55]   See Gula, M. J. ; Vitale, D. E. ; Dostal, J. M. ; Trometer, J. D. ; Spencer, T. A. *J. Am. Chem. Soc. 1988*, 110, 4400; Garay, R. O. ; Cabaleiro, M. C. *J. Chem. Res. (S) 1988*, 388; Gandler, J. R. ; Storer, J. W. ; Ohlberg, D. A. A. *J. Am. Chem. Soc. 1990*, 112, 7756.

[56]   Bunting, J. W. ; Toth, A. ; Heo, C. K. M. ; Moors, R. G. *J. Am. Chem. Soc. 1990*, 112, 8878. See also, Bunting, J. W. ; Kanter, J. P. *J. Am. Chem. Soc. 1991*, 113, 6950.

[57]   Alunni, S. ; De Angelis, F. ; Ottavi, L. ; Papavasileiou, M. ; Tarantelli, F. *J. Am. Chem. Soc. 2005*, 127, 15151. See also, Mosconi, E. ; De Angelis, F. ; Belpassi, L. ; Tarantelli, F. ; Alunni, S. *Eur. J. Org. Chem. 2009*, 5501.

[58]   Bordwell, F. G. ; Yee, K. C. ; Knipe, A. C. *J. Am. Chem. Soc. 1970*, 92, 5945.

[59]   See Berndt, A. *Angew. Chem. Int. Ed. 1969*, 8, 613; Albeck, M. ; Hoz, S. ; Rappoport, Z. *J. Chem. Soc. Perkin Trans. 2 1972*, 1248; *1975*, 628.

[60]   Kwok, W. K. ; Lee, W. G. ; Miller, S. I. *J. Am. Chem. Soc. 1969*, 91, 468. See also, Petrillo, G. ; Novi, M. ; Garbarino, G. ; Dell'Erba, C. ; Mugnoli, A. *J. Chem. Soc. Perkin Trans. 2 1985*, 1291.

[61]   See Cockerill, A. F. ; Harrison, R. G. in Bamford, C. H. ; Tipper, C. F. H. *Comprehensive Chemical Kinetics*, Vol. 9, Elsevier, NY, *1973*, pp. 178-189; Saunders, Jr. , W. H. *Acc. Chem. Res. 1976*, 9, 19; Bunnett, J. F. *Surv. Prog. Chem. 1969*, 5, 53; Saunders, Jr. , W. H. ; Cockerill, A. F. *Mechanisms of Elimination Reactions*, Wiley, NY, *1973*, pp. 47-104; Bordwell, F. G. *Acc. Chem. Res. 1972*, 5, 374.

[62]   Fry, A. *Chem. Soc. Rev. 1972*, 1, 163. See also, Hasan, T. ; Sims, L. B. ; Fry, A. *J. Am. Chem. Soc. 1983*, 105, 3967; Pulay, A. ; Fry, A. *Tetrahedron Lett. 1986*, 27, 5055.

[63]   Ayrey, G. ; Bourns, A. N. ; Vyas, V. A. *Can. J. Chem. 1963*, 41, 1759. Also see, Simon, H. ; Müllhofer, G. *Pure Appl. Chem. 1964*, 8, 379, 536; Smith, P. J. ; Bourns, A. N. *Can. J. Chem. 1970*, 48, 125.

[64]   Wu, S. ; Hargreaves, R. T. ; Saunders, Jr. , W. H. *J. Org. Chem. 1985*, 50, 2392 and references cited therein.

[65]   Grout, A. ; McLennan, D. J. ; Spackman, I. H. *J. Chem. Soc. Perkin Trans. 2 1977*, 1758.

[66]   See Thibblin, A. *J. Am. Chem. Soc. 1988*, 110, 4582; Smith, P. J. ; Amin, M. *Can. J. Chem. 1989*, 67, 1457.

[67]   However, see Blackwell, L. F. *J. Chem. Soc. Perkin Trans. 2 1976*, 488.

[68]   See Miller, D. J. ; Saunders, Jr. , W. H. *J. Org. Chem. 1981*, 46, 4247 and previous papers in this series. See also, Amin, M. ; Price, R. C. ; Saunders, Jr. , W. H. *J. Am. Chem. Soc. 1990*, 112, 4467.

[69]   Blackwell, L. F. ; Buckley, P. D. ; Jolley, K. W. ; MacGibbon, A. K. H. *J. Chem. Soc. Perkin Trans. 2 1973*, 169; Smith, P. J. ; Tsui, S. K. *J. Am. Chem. Soc. 1973*, 95, 4760; *Can. J. Chem. 1974*, 52, 749.

[70]   DePuy, C. H. ; Bishop, C. A. *J. Am. Chem. Soc. 1960*, 82, 2532, 2535.

[71]   Brower, K. R. ; Muhsin, M. ; Brower, H. E. *J. Am. Chem. Soc. 1976*, 98, 779. For a review, see van Eldik, R. ; Asano, T. ; le Noble, W. J. *Chem. Rev. 1989*, 89, 549.

[72]   McLennan, D. J. *Tetrahedron 1975*, 31, 2999; Ford, W. T. *Acc. Chem. Res. 1973*, 6, 410.

[73]   See Hayami, J. ; Ono, N. ; Kaji, A. *Bull. Chem. Soc. Jpn. 1971*, 44, 1628.

[74]   Parker, A. J. ; Ruane, M. ; Biale, G. ; Winstein, S. *Tetrahedron Lett. 1968*, 2113.

[75]   This is apart from the E1-E2-E1cB spectrum.

[76]   See Kwart, H. ; Wilk, K. A. *J. Org. Chem. 1985*, 50, 3038.

[77]   See Bunnett, J. F. ; Migdal, C. A. *J. Org. Chem. 1989*, 54, 3037, 3041 and references cited therein.

[78]   McLennan, D. J. ; Lim, G. *Aust. J. Chem. 1983*, 36, 1821. For an opposing view, see Kwart, H. ; Gaffney, A. *J. Org. Chem. 1983*, 48, 4502.

[79]   Ford, W. T. *Acc. Chem. Res. 1973*, 6, 410.

[80]   For convenience, these are called E2C reactions, although the actual mechanism is in dispute.

[81]   Beltrame, P. ; Biale, G. ; Lloyd, D. J. ; Parker, A. J. ; Ruane, M. ; Winstein, S. *J. Am. Chem. Soc. 1972*, 94, 2240; Beltrame,

[82] P. ; Ceccon, A. ; Winstein, S. *J. Am. Chem. Soc.* **1972**, 94, 2315.
[82] See Hückel, W. ; Hanack, M. *Angew. Chem. Int. Ed.* **1967**, 6, 534.
[83] Often given the German spelling: Saytzeff, or Saytseff, or Saytzev.
[84] de la Mare, P. B. D. *Prog. StereoChem.* **1954**, 1, 112.
[85] See Cram, D. J. ; Sahyun, M. R. V. *J. Am. Chem. Soc.* **1963**, 85, 1257.
[86] Ho, I. ; Smith, J. G. *Tetrahedron* **1970**, 26, 4277.
[87] See Feit, I. N. ; Saunders, Jr. , W. H. *J. Am. Chem. Soc.* **1970**, 92, 5615.
[88] See Booth, H. ; Franklin, N. C. ; Gidley, G. C. *J. Chem. Soc. C* **1968**, 1891; Saunders, Jr. , W. H. ; Cockerill, A. F. *Mechanisms of Elimination Reactions*, Wiley, NY, **1973**, pp. 192-193.
[89] See Ingold, C. K. *Proc. Chem. Soc.* **1962**, 265.
[90] Bunnett, J. F. *Surv. Prog. Chem.* **1969**, 5, 53.
[91] Brown, H. C. ; Wheeler, O. H. *J. Am. Chem. Soc.* **1956**, 78, 2199.
[92] See Bartsch, R. A. *J. Org. Chem.* **1970**, 35, 1334; Charton, M. *J. Am. Chem. Soc.* **1975**, 97, 6159.
[93] See Banthorpe, D. V. ; Hughes, E. D. ; Ingold, C. K. *J. Chem. Soc.* **1960**, 4054.
[94] Saunders, Jr. , W. H. ; Fahrenholtz, S. R. ; Caress, E. A. ; Lowe, J. P. ; Schreiber, M. R. *J. Am. Chem. Soc.* **1965**, 87, 3401; Brown, H. C. ; Klimisch, R. L. *J. Am. Chem. Soc.* **1966**, 88, 1425.
[95] Bartsch, R. A. ; Bunnett, J. F. *J. Am. Chem. Soc.* **1968**, 90, 408.
[96] Froemsdorf, D. H. ; Robbins, M. D. *J. Am. Chem. Soc.* **1967**, 89, 1737. See also, Feit, I. N. ; Breger, I. K. ; Capobianco, A. M. ; Cooke, T. W. ; Gitlin, L. F. *J. Am. Chem. Soc.* **1975**, 97, 2477.
[97] Bartsch, R. A. ; Roberts, D. K. ; Cho, B. R. *J. Org. Chem.* **1979**, 44, 4105.
[98] Bartsch, R. A. ; Read, R. A. ; Larsen, D. T. ; Roberts, D. K. ; Scott, K. J. ; Cho, B. R. *J. Am. Chem. Soc.* **1979**, 101, 1176.
[99] Angelini, G. ; Lilla, G. ; Speranza, M. *J. Am. Chem. Soc.* **1989**, 111, 7393.
[100] Sicher, J. ; Svoboda, M. ; Pánková, M. ; Závada, J. *Collect. Czech. Chem. Commun.* **1971**, 36, 3633; Bailey, D. S. ; Saunders, Jr. , W. H. *J. Am. Chem. Soc.* **1970**, 92, 6904.
[101] Muir, D. M. ; Parker, A. J. *J. Org. Chem.* **1976**, 41, 3201.
[102] Lloyd, D. J. ; Muir, D. M. ; Parker, A. J. *Tetrahedron Lett.* **1971**, 3015.
[103] See Cram, D. J. ; Greene, F. D. ; DePuy, C. H. *J. Am. Chem. Soc.* **1956**, 78, 790; Cram, D. G. in Newman, M. S. *Steric Effects in Organic Chemistry*, Wiley, NY, **1956**, pp. 338-345.
[104] Brown, H. C. ; Wheeler, O. H. *J. Am. Chem. Soc.* **1956**, 78, 2199.
[105] Alunni, S. ; Baciocchi, E. *J. Chem. Soc. Perkin Trans.* 2 **1976**, 877; Saunders, Jr. , W. H. ; Cockerill, A. F. *Mechanisms of Elimination Reactions*, Wiley, NY, **1973**, pp. 165-193.
[106] See Redman, R. P. ; Thomas, P. J. ; Stirling, C. J. M. *J. Chem. Soc. , Chem. Commun.* **1978**, 43.
[107] See Cockerill, A. F. ; Harrison, R. G. in Patai, S. *The Chemistry of Functional Groups*, *Supplement A*, pt. 1, Wiley, NY, **1977**, pp. 178-189.
[108] See Butskus, P. F. ; Denis, G. I. *Russ. Chem. Rev.* **1966**, 35, 839.
[109] Hughes, E. D. ; Ingold, C. K. ; Maw, G. A. *J. Chem. Soc.* **1948**, 2072; Hughes, E. D. ; Ingold, C. K. ; Woolf, L. I. *J. Chem. Soc.* **1948**, 2084.
[110] Brown, H. C. ; Berneis, H. L. *J. Am. Chem. Soc.* **1953**, 75, 10.
[111] Dhar, M. L. ; Hughes, E. D. ; Ingold, C. K. ; Masterman, S. *J. Chem. Soc.* **1948**, 2055.
[112] Dhar, M. L. ; Hughes, E. D. ; Ingold, C. K. *J. Chem. Soc.* **1948**, 2058.
[113] Hughes, M. L. ; Ingold, C. K. ; Maw, G. A. *J. Chem. Soc.* **1948**, 2065.
[114] See van Zeist, W. -J. ; Bickelhaupt, F. M. *Org. Biomol. Chem.* **2010**, 8, 3118; de Jong, G. Th. ; Bickelhaupt, F. M. *ChemPhysChem* **2007**, 8, 1170.
[115] See Bickelhaupt, F. M. *J. Comput. Chem.* **1999**, 20, 114. Prof. F. M. Bickelhaupt, Vrije Universiteit Amsterdam, personal communication.
[116] Baciocchi, E. *Acc. Chem. Res.* **1979**, 12, 430. See also, Baciocchi, E. ; Ruzziconi, R. ; Sebastiani, G. V. *J. Org. Chem.* **1980**, 45, 827.
[117] This list is from Banthorpe, D. V. *Elimination Reactions*, Elsevier, NY, **1963**, p. 4.
[118] Loupy, A. ; Seyden-Penne, J. *Bull. Soc. Chim. Fr.* **1971**, 2306.
[119] See Ono, N. in Feuer, H. ; Nielsen, A. T. *Nitro Compounds*; *Recent Advances in Synthesis and Chemistry*, VCH, NY, **1990**, pp. 1-135, pp. 86-126.
[120] These lists are from Banthorpe, D. V. *Elimination Reactions*, Elsevier, NY, **1963**, pp. 4, 7.
[121] See Stirling, C. J. M. *Acc. Chem. Res.* **1979**, 12, 198. See also, Varma, M. ; Stirling, C. J. M. *J. Chem. Soc. , Chem. Commun.* **1981**, 553.
[122] See Wright, D. G. *J. Chem. Soc. , Chem. Commun.* **1975**, 776. See, however, Cavazza, M. *Tetrahedron Lett.* **1975**, 1031.
[123] Veeravagu, P. ; Arnold, R. T. ; Eigenmann, E. W. *J. Am. Chem. Soc.* **1964**, 86, 3072.
[124] Cooper, K. A. ; Dhar, M. L. ; Hughes, E. D. ; Ingold, C. K. ; MacNulty, B. J. ; Woolf, L. I. *J. Chem. Soc.* **1948**, 2043.
[125] Aksnes, G. ; Stensland, P. *Acta Chem. Scand.* , **1989**, 43, 893, and references cited therein.
[126] Jones, M. E. ; Ellison, G. B. *J. Am. Chem. Soc.* **1989**, 111, 1645. For a different result with other reactants, see Lum, R. C. ; Grabowski, J. J. *J. Am. Chem. Soc.* **1988**, 110, 8568.
[127] Cooper, K. A. ; Hughes, E. D. ; Ingold, C. K. ; Maw, G. A. ; MacNulty, B. J. *J. Chem. Soc.* **1948**, 2049.
[128] Taylor, R. in Patai, S. *The Chemistry of Functional Groups*, *Supplement B* pt. 2, Wiley, NY, **1979**, pp. 860-914; Smith, G. G. ; Kelly, F. W. *Prog. Phys. Org. Chem.* **1971**, 8, 75, pp. 76-143, 207-234; in Bamford, C. H. ; Tipper, C. F. H. *Compre-*

hensive Chemical Kinetics, Vol. 5, Elsevier, NY, **1972**, the articles by Swinbourne, E. S. pp. 149-233 (pp. 158-188), and by Richardson, W. H.; O'Neal, H. E. pp. 381-565 (pp. 381-446); Maccoll, A. *Adv. Phys. Org. Chem.* **1965**, 3, 91. See Egger, K. W.; Cocks, A. T. in Patai, S. *The Chemistry of the Carbon-Halogen Bond*, pt. 2, Wiley, NY, **1973**, pp. 677-745; Maccoll, A. *Chem. Rev.* **1969**, 69, 33.

[129] O'Connor, G. L.; Nace, H. R. *J. Am. Chem. Soc.* **1953**, 75, 2118.

[130] Barton, D. H. R.; Head, A. J.; Williams, R. J. *J. Chem. Soc.* **1953**, 1715.

[131] See, however, Briggs, W. S.; Djerassi, C. *J. Org. Chem.* **1968**, 33, 1625; Smissman, E. E.; Li, J. P.; Creese, M. W. *J. Org. Chem.* **1970**, 35, 1352.

[132] Jones, D. N.; Saeed, M. A. *Proc. Chem. Soc.* **1964**, 81. See also, Goldberg, S. I.; Sahli, M. S. *J. Org. Chem.* **1967**, 32, 2059.

[133] See Bailey, W. J.; Bird, C. N. *J. Org. Chem.* **1977**, 42, 3895.

[134] Wright, D. R.; Sims, L. B.; Fry, A. *J. Am. Chem. Soc.* **1983**, 105, 3714.

[135] Maccoll, A., in Patai, S. *The Chemistry of Alkenes*, Vol. 1, Wiley, NY, **1964**, pp. 215-216.

[136] For reviews of such studies, see Maccoll, A. *Chem. Rev.* **1969**, 69, 33.

[137] See Chuchani, G.; Rotinov, A.; Dominguez, R. M.; Martin, I. *Int. J. Chem. Kinet.* **1987**, 19, 781.

[138] Scheer, J. C.; Kooyman, E. C.; Sixma, F. L. *J. Recl. Trav. Chim. Pays-Bas* **1963**, 82, 1123. See also, Louw, R.; Vermeeren, H. P. W.; Vogelzang, M. W. *J. Chem. Soc. Perkin Trans. 2* **1983**, 1875.

[139] Taylor, R. *J. Chem. Soc. Perkin Trans. 2* **1978**, 1255. See also, August, R.; McEwen, I.; Taylor, R. *J. Chem. Soc. Perkin Trans. 2* **1987**, 1683, and other papers in this series; Al-Awadi, N. A. *J. Chem. Soc. Perkin Trans. 2* **1990**, 2187.

[140] Taylor, R. *J. Chem. Soc. Perkin Trans. 2* **1975**, 1025.

[141] For a review of the mechanisms of Reaction 17-12 and 17-9, and the pyrolysis of sulfilimines, see Oae, S.; Furukawa, N. *Tetrahedron* **1977**, 33, 2359.

[142] See Barton, D. H. R.; Howlett, K. E. *J. Chem. Soc.* **1949**, 155, 165.

[143] See Louw, R.; Kooyman, E. C. *Recl. Trav. Chim. Pays-Bas* **1965**, 84, 1511.

[144] Timokhin, V. I.; Gastaldi, S.; Bertrand, M. P.; Chatgilialoglu, C. *J. Org. Chem.* **2003**, 68, 3532.

[145] Boothe, T. E.; Greene, Jr., J. L.; Shevlin, P. B. *J. Org. Chem.* **1980**, 45, 794; Stark, T. J.; Nelson, N. T.; Jensen, F. R. *J. Org. Chem.* **1980**, 45, 420; Kochi, J. K. *Organic Mechanisms and Catalysis*, Academic Press, NY, **1978**, pp. 346-349; Kamimura, A.; Ono, N. *J. Chem. Soc., Chem. Commun.* **1988**, 1278.

[146] Froemsdorf, D. H.; Collins, C. H.; Hammond, G. S.; DePuy, C. H. *J. Am. Chem. Soc.* **1959**, 81, 643; Haag, W. O.; Pines, H. *J. Org. Chem.* **1959**, 24, 877.

[147] DePuy, C. H.; King, R. W. *Chem. Rev.* **1960**, 60, 431, with tables showing product distributions.

[148] Bailey, W. J.; Baylouny, R. A. *J. Am. Chem. Soc.* **1959**, 81, 2126.

[149] Botteron D. G.; Shulman, G. P. *J. Org. Chem.* **1962**, 27, 2007.

[150] See Bamkole, T.; Maccoll, A. *J. Chem. Soc. B* **1970**, 1159.

[151] Taylor, R. in Patai, S. *The Chemistry of Functional Groups*, Supplement B, pt. 2, Wiley, NY, **1979**, pp. 885-890; Smith, G. G.; Mutter, L.; Todd, G. P. *J. Org. Chem.* **1977**, 42, 44; Chuchani, G.; Dominguez, R. M. *Int. J. Chem. Kinet.* **1981**, 13, 577; Hernández, A.; Chuchani, G. *Int. J. Chem. Kinet.* **1983**, 15, 205.

[152] See Wakselman, M. *Nouv. J. Chem.* **1983**, 7, 439.

[153] Ölwegård, M.; Ahlberg, P. *Acta Chem. Scand.*, **1990**, 44, 642. See also, Ölwegård, M.; Ahlberg, P. *J. Chem. Soc., Chem. Commun.* **1989**, 1279.

[154] Friedrich, K. in Patai, S.; Rappoport, Z. *The Chemistry of Functional Groups*, Supplement C pt. 2, Wiley, NY, **1983**; pp. 1376-1384; Ben-Efraim, D. A. in Patai, S. *The Chemistry of the Carbon-Carbon Triple Bond*, pt. 2, Wiley, NY, **1978**, pp. 755-790. For a comparative study of various methods, see Mesnard, D.; Bernadou, F.; Miginiac, L. *J. Chem. Res. (S)* **1981**, 270, and referrences cited therein.

[155] Spitzin, V. I.; Michailenko, I. E.; Pirogowa, G. N. *J. Prakt. Chem.* **1964**, [4] 25, 160; Bertsch, H.; Greiner, A.; Kretzschmar, G.; Falk, F. *J. Prakt. Chem.* **1964**, [4] 25, 184.

[156] Anbazhagan, M.; Kumaran, G.; Sasidharan, M. *J. Chem. Res. (S)* **1997**, 336.

[157] Mattern, R.-H. *Tetrahedron Lett.* **1996**, 37, 291.

[158] Berti, F.; Ebert, C.; Gardossi, L. *Tetrahedron Lett.* **1992**, 33, 8145.

[159] For a list of reagents, with references, see Larock, R. C. *Comprehensive Organic Transformations*, 2nd ed., Wiley-VCH, NY, **1999**, pp. 291-294.

[160] Alvarez-Manzaneda, E. J.; Chahboun, R.; Torres, E. C.; Alvarez, E.; Alvarez-Manzaneda, R.; Haidour, A.; Ramos, J. *Tetrahedron Lett.* **2004**, 45, 4453.

[161] Firouzabadi, H.; Iranpoor, N.; Hazarkhani, H.; Karimi, B. *Synth. Commun.* **2003**, 33, 3653.

[162] Monson, R. S.; Priest, D. N. *J. Org. Chem.* **1971**, 36, 3826; Lomas, J. S.; Sagatys, D. S.; Dubois, J. E. *Tetrahedron Lett.* **1972**, 165.

[163] Lundeen, A. J.; Van Hoozer, R. *J. Org. Chem.* **1967**, 32, 3386. See also, Davis, B. H. *J. Org. Chem.* **1982**, 47, 900; Iimori, T.; Ohtsuka, Y.; Oishi, T. *Tetrahedron Lett.* **1991**, 32, 1209.

[164] Bartoli, G.; Bellucci, M. C.; Petrini, M.; Marcantoni, E.; Sambri, L.; Torregiani, E. *Org. Lett.* **2000**, 2, 1791.

[165] Okumoto, H.; Jinnai, T.; Shimizu, H.; Harada, Y.; Mishima, H.; Suzuki, A. *Synlett* **2000**, 629.

[166] Saito, S.; Nagahara, T.; Yamamoto, H. *Synlett* **2001**, 1690.

[167] Concellón, J. M.; Pérez-Andrés, J. A.; Rodriguez-Solla, H. *Angew. Chem. Int. Ed.* **2000**, 39, 2773.

[168] Fleming, F. F.; Shook, B. C. *Tetrahedron Lett.* **2000**, 41, 8847.

[169] Fleming, F. F. ; Shook, B. C. *J. Org. Chem.* **2002**, 67, 3668.
[170] Cho, S. ; Kang, S. ; Keum, G. ; Kang, S. B. ; Han, S. -Y. ; Kim, Y. *J. Org. Chem.* **2003**, 68, 180.
[171] Concellón, J. M. ; Rodríguez-Solla, H. ; Huerta, M. . ; Pérez-Andrés, J. A. *Eur. J. Org. Chem.* **2002**, 1839.
[172] Brady, W. T. ; Marchand, A. P. ; Giang, Y. F. ; Wu, A. *Synthesis* **1987**, 395; *J. Org. Chem.* **1987**, 52, 3457.
[173] Olah, G. A. ; Wu, A. ; Farooq, O. *Synthesis* **1989**, 568.
[174] Brady, W. T. ; Marchand, A. P. ; Giang, Y. F. ; Wu, A. *J. Org. Chem.* **1987**, 52, 3457; Funk, R. L. ; Abelman, M. M. ; Jellison, K. M. *Synlett* **1989**, 36.
[175] Stevens, C. L. ; Singhal, G. H. *J. Org. Chem.* **1964**, 29, 34.
[176] See Bartók, M. ; Molnár, A. in Patai, S. *The Chemistry of Functional Groups*, Supplement E, pt. 2, Wiley, NY, **1980**, pp. 721-760.
[177] Guo, C. ; Lu, X. *J. Chem. Soc., Chem. Commun.* **1993**, 394.
[178] Vinnik, M. I. ; Obraztsov, P. A. *Russ. Chem. Rev.* **1990**, 59, 63; Saunders, Jr. , W. H. ; Cockerill, A. F. *Mechanisms of Elimination Reactions*, Wiley, NY, **1973**, pp. 221-274, 317-331; Knözinger, H. in Patai, S. *The Chemistry of the Hydroxyl Group*, pt. 2, Wiley, NY, **1971**, pp. 641-718.
[179] See Kawanisi, M. ; Arimatsu, S. ; Yamaguchi, R. ; Kimoto, K. *Chem. Lett.* **1972**, 881.
[180] Beránek, L. ; Kraus, M. in Bamford, C. H. ; Tipper, C. F. H. *Comprehensive Chemical Kinetics*, Vol. 20, Elsevier, NY, **1978**, pp. 274-295; Noller, H. ; Andréu, P. ; Hunger, M. *Angew. Chem. Int. Ed.* **1971**, 10, 172; Berteau, P. ; Ruwet, M. ; Delmon, B. *Bull. Soc. Chim. Belg.* **1985**, 94, 859.
[181] Ashby, E. C. ; Willard, G. F. ; Goel, A. B. *J. Org. Chem.* **1979**, 44, 1221.
[182] Brieger, G. ; Watson, S. W. ; Barar, D. G. ; Shene, A. L. *J. Org. Chem.* **1979**, 44, 1340.
[183] Tayama, E. ; Sugai, S. *Synlett* **2006**, 849.
[184] For a review, see Maercker, A. *Angew. Chem. Int. Ed.* **1987**, 26, 972.
[185] Fleming, F. F. ; Wang, Q. ; Steward, O. W. *J. Org. Chem.* **2001**, 66, 2171.
[186] Feely, W. ; Boekelheide, V. *Org Synth. IV*, 298.
[187] For a gas phase investigation, see DePuy, C. H. ; Bierbaum, V. M. *J. Am. Chem. Soc.* **1981**, 103, 5034.
[188] Letsinger, R. L. ; Pollart, D. F. *J. Am. Chem. Soc.* **1956**, 78, 6079.
[189] Yeh, K. -L. ; Liu, B. ; Lo, C. -Y. ; Huang, H. -L. ; Liu, R. -S. *J. Am. Chem. Soc.* **2002**, 124, 6510.
[190] See Cohen, T. ; Stokes, S. *Tetrahedron Lett.* **1993**, 34, 8023.
[191] Morken, J. P. ; Didiuk, M. T. ; Hoveyda, A. H. *J. Am. Chem. Soc.* **1993**, 115, 6997.
[192] Cabrera, G. ; Fiaschi, R. ; Napolitano, E. *Tetrahedron Lett.* **2001**, 42, 5867.
[193] Gassman, P. G. ; Burns, S. J. *J. Org. Chem.* **1988**, 53, 5574.
[194] Miller, R. D. ; McKean, D. R. *Tetrahedron Lett.* **1982**, 23, 323. For another method, see Marsi, M. ; Gladysz, J. A. *Organometallics* **1982**, 1, 1467.
[195] Negishi, E. ; King, A. O. ; Klima, W. L. ; Patterson, W. ; Silveira, A. *J. Org. Chem.* **1980**, 45, 2526.
[196] Clasby, M. C. ; Craig, D. *Synlett* **1992**, 825.
[197] Lyapkalo, I. M. ; Vogel, M. A. K. ; Boltukhina, E. V. ; Vaviïk, J. *Synlett* **2009**, 55.
[198] McEwen, I. ; Taylor, R. *J. Chem. Soc. Perkin Trans.* 2 **1982**, 1179. See also, Taylor, R. *J. Chem. Soc. Perkin Trans.* 2 **1988**, 737.
[199] For reviews, see Wong, H. N. C. ; Fok, C. C. M. ; Wong, T. *Heterocycles* **1987**, 26, 1345; Sonnet, P. E. *Tetrahedron* **1980**, 36, 557, p. 576.
[200] Wittig, G. ; Haag, W. *Chem. Ber.* **1955**, 88, 1654.
[201] Scott, C. B. *J. Org. Chem.* **1957**, 22, 1118.
[202] Vedejs, E. ; Fuchs, P. L. *J. Am. Chem. Soc.* **1971**, 93, 4070; **1973**, 95, 822.
[203] For a list of reagents, with references, see Larock, R. C. *Comprehensive Organic Transformations*, 2nd ed. , Wiley-VCH, NY, **1999**, pp. 272-277.
[204] Gurudutt, K. N. ; Ravindranath, B. *Tetrahedron Lett.* **1980**, 21, 1173.
[205] Denis, J. N. ; Magnane, R. ; Van Eenoo, M. ; Krief, A. *Nouv. J. Chim.* **1979**, 3, 705. See Caputo, R. ; Mangoni, L. ; Neri, O. ; Palumbo, G. *Tetrahedron Lett.* **1981**, 22, 3551.
[206] Sarma, D. N. ; Sharma, R. P. *Chem. Ind. (London)* **1984**, 712.
[207] Matsukawa, M. ; Tabuchi, T. ; Inanaga, J. ; Yamaguchi, M. *Chem. Lett.* **1987**, 2101.
[208] Mahesh, M. ; Murphy, J. A. ; Wessel, H. P. *J. Org. Chem.* **2005**, 70, 4118.
[209] Hendrickson, J. B. ; Walker, M. A. ; Varvak, A. ; Hussoin, Md. S. *Synlett* **1996**, 661.
[210] Isobe, H. ; Branchaud, B. P. *Tetrahedron Lett.* **1999**, 40, 8747.
[211] Smith, J. G. *Synthesis* **1984**, 629, pp. 637-642; Crandall, J. K. ; Apparu, M. *Org. React.* **1983**, 29, 345. For a list of reagents, with references, see Larock, R. C. *Comprehensive Organic Transformations*, 2nd ed. , Wiley-VCH, NY, **1999**, pp. 231-233. See also, Okovytyy, S. ; Gorb, L. ; Leszczynski, J. *Tetrahedron* **2001**, 57, 1509.
[212] Doris, E. ; Dechoux, L. ; Mioskowski, C. *Tetrahedron Lett.* **1994**, 35, 7943.
[213] Thurner, A. ; Faigl, F. ; Töke, L. ; Mordini, A. ; Valacchi, M. ; Reginato, G. ; Czira, G. *Tetrahedron* **2001**, 57, 8173.
[214] Hodgson, D. M. ; Fleming, M. J. ; Stanway, S. J. *J. Org. Chem.* **2007**, 72, 4763.
[215] Alcaraz, L. ; Cridland, A. ; Kinchin, E. *Org. Lett.* **2001**, 3, 4051.
[216] Ranu, B. C. ; Banerjee, S. ; Das, A. *Tetrahedron Lett.* **2004**, 45, 8579.
[217] Alcaraz, L. ; Cox, K. ; Cridland, A. P. ; Kinchin, E. ; Morris, J. ; Thompson, S. P. *Org. Lett.* **2005**, 7, 1399.
[218] Righi, G. ; Bovicelli, P. ; Sperandio, A. *Tetrahedron* **2000**, 56, 1733.

[219] Concellón, J. M. ; Bardales, E. *J. Org. Chem.* **2003**, 68, 9492. In a similar manner, epoxy amides are converted to conjugated amides, see Concellón, J. M. ; Bardales, E. *Eur. J. Org. Chem.* **2004**, 1523.
[220] Su, H. ; Walder, L. ; Zhang, Z. ; Scheffold, R. *Helv. Chim. Acta* **1988**, 71, 1073, and references cited therein. Also see, Brookes, P. C. ; Milne, D. J. ; Murphy, P. J. ; Spolaore, B. *Tetrahedron* **2002**, 58, 4675.
[221] Alexakis, A. ; Vrancken, E. ; Mangeney, P. *J. Chem. Soc. Perkin Trans.* 1 **2000**, 3354.
[222] Equey, O. ; ALexakis, A. *Tetrahedron Asymmetry* **2004**, 15, 1069.
[223] Bertilsson, S. K. ; Sødergren, M. J. ; Andersson, P. G. *J. Org. Chem.* **2002**, 67, 1567; Bertilsson, S. K. ; Andersson, P. G. *Tetrahedron* **2002**, 58, 4665.
[224] See Sonnet, P. E. *Tetrahedron* **1980**, 36, 557, see p. 587; Goodman, L. ; Reist, E. J. in Kharasch, N. ; Meyers, C. Y. *The Chemistry of Organic Sulfur Compounds*, Vol. 2, Pergamon, Elmsford, NY, **1966**, pp. 93-113.
[225] Neureiter, N. P. ; Bordwell, F. G. *J. Am. Chem. Soc.* **1959**, 81, 578.
[226] Calet, S. ; Alper, H. *Tetrahedron Lett.* **1986**, 27, 3573.
[227] See Latif, N. ; Mishriky, N. ; Zeid, I. *J. Prakt. Chem.* **1970**, 312, 421.
[228] See Helmkamp, G. K. ; Pettitt, D. J. *J. Org. Chem.* **1964**, 29, 3258.
[229] Aalbersberg, W. G. L. ; Vollhardt, K. P. C. *J. Am. Chem. Soc.* **1977**, 99, 2792.
[230] Gooßen, L. J. ; Rodriguez, N. *Chem. Commun.* **2004**, 724.
[231] See DePuy, C. H. ; King, R. W. *Chem. Rev.* **1960**, 60, 431, p. 432; Jenneskens, L. W. ; Hoefs, C. A. M. ; Wiersum, U. E. *J. Org. Chem.* **1989**, 54, 5811, and references cited therein.
[232] Aubrey, D. W. ; Barnatt, A. ; Gerrard, W. *Chem. Ind. (London)* **1965**, 681.
[233] See Bailey, W. J. ; Bird, C. N. *J. Org. Chem.* **1977**, 42, 3895.
[234] Heck, R. F. *Palladium Reagents in Organic Synthesis*, Academic Press, NY, **1985**, pp. 172-178. See Cheng, H.-Y. ; Sun, C.-S. ; Hou, D.-R. *J. Org. Chem.* **2007**, 72, 2674.
[235] Trost, B. M. ; Lautens, M. ; Peterson, B. *Tetrahedron Lett.* **1983**, 24, 4525.
[236] See Nagle, A. S. ; Salvataore, R. N. ; Cross, R. M. ; Kapxhiu, E. A. ; Sahab, S. ; Yoon, C. H. ; Jung, K. W. *Tetrahedron Lett.* **2003**, 44, 5695.
[237] DePuy, C. H. ; King, R. W. *Chem. Rev.* **1960**, 60, 431, see p. 444; Nace, H. R. *Org. React.* **1962**, 12, 57.
[238] Bader, R. F. W. ; Bourns, A. N. *Can. J. Chem.* **1961**, 39, 348.
[239] Fauré-Tromeur, M. ; Zard, S. Z. *Tetrahedron Lett.* **1999**, 40, 1305.
[240] For a list of reagents used for sulfonate cleavages, with references, see Larock, R. C. *Comprehensive Organic Transformations*, 2nd ed. , Wiley-VCH, NY, **1999**, pp. 294-295.
[241] Corey, E. J. ; Terashima, S. *Tetrahedron Lett.* **1972**, 111.
[242] Corey, E. J. ; Posner, G. H. ; Atkinson, R. F. ; Wingard, A. K. ; Halloran, D. J. ; Radzik, D. M. ; Nash, J. J. *J. Org. Chem.* **1989**, 54, 389.
[243] Shimagaki, M. ; Fujieda, Y. ; Kimura, T. ; Nakata, T. *Tetrahedron Lett.* **1995**, 36, 719.
[244] Bentley, K. W. in Bentley, K. W. ; Kirby, G. W. *Elucidation of Organic Structures by Physical and Chemical Methods*, 2nd ed. (Vol. 4 of Weissberger, A. *Techniques of Chemistry*), pt. 2, Wiley, NY, **1973**, pp. 255-289; White, E. H. ; Woodcock, D. J. in Patai, S. *The Chemistry of the Amino Group*, Wiley, NY, **1968**, pp. 409-416; Cope, A. C. ; Trumbull, E. R. *Org. React.* **1960**, 11, 317.
[245] Archer, D. A. *J. Chem. Soc. C* **1971**, 1327.
[246] Saunders, Jr. , W. H. ; Cockerill, A. F. *Mechanisms of Elimination Reactions*, Wiley, NY, **1973**, pp. 4-5.
[247] Baumgarten, R. J. *J. Chem. Educ.* **1968**, 45, 122.
[248] See Musker, W. K. ; Stevens, R. R. *J. Am. Chem. Soc.* **1968**, 90, 3515.
[249] Cope, A. C. ; Mehta, A. S. *J. Am. Chem. Soc.* **1963**, 85, 1949. See also, Baldwin, M. A. ; Banthorpe, D. V. ; Loudon, A. G. ; Waller, F. D. *J. Chem. Soc. B* **1967**, 509.
[250] Cope, A. C. ; LeBel, N. A. ; Moore, P. T. ; Moore, W. R. *J. Am. Chem. Soc.* **1961**, 83, 3861.
[251] Cope, A. C. ; Trumbull, E. R. *Org. React.* **1960**, 11, 317, see p. 348.
[252] Hofmann, A. W. *Liebigs Ann. Chem.* **1851**, 78, 253.
[253] See Franke, W. ; Ziegenbein, W. ; Meister, H. *Angew. Chem.* **1960**, 72, 391, see pp. 397-398.
[254] Bach, R. D. ; Bair, K. W. ; Andrzejewski, D. *J. Am. Chem. Soc.* **1972**, 94, 8608; *J. Chem. Soc. , Chem. Commun.* **1974**, 819.
[255] Bach, R. D. ; Knight, J. W. *Tetrahedron Lett.* **1979**, 3815.
[256] Wittig, G. ; Burger, T. F. *Liebigs Ann. Chem.* **1960**, 632, 85.
[257] Hünig, S. ; Öller, M. ; Wehner, G. *Liebigs Ann. Chem.* **1979**, 1925.
[258] Katritzky, A. R. ; Serdyuk, L. ; Toader, D. ; Wang, X. *J. Org. Chem.* **1999**, 64, 1888.
[259] See Cope, A. C. ; Trumbull, E. R. *Org. React.* **1960**, 11, 317, see p. 361; DePuy, C. H. ; King, R. W. *Chem. Rev.* **1960**, 60, 431, see pp. 448-451.
[260] Cope, A. C. ; LeBel, N. A. *J. Am. Chem. Soc.* **1960**, 82, 4656; Cope, A. C. ; Ciganek, E. ; Howell, C. F. ; Schweizer, E. E. *J. Am. Chem. Soc.* **1960**, 82, 4663.
[261] Závada, J. ; Pánková, M. ; Svoboda, M. *Collect. Czech. Chem. Commun.* **1973**, 38, 2102.
[262] Cram, D. J. ; Sahyun, M. R. V. ; Knox, G. R. *J. Am. Chem. Soc.* **1962**, 84, 1734.
[263] Acevedo, O. ; Jorgensen, W. L. *J. Am. Chem. Soc.* **2006**, 128, 6141.
[264] See, for example, Bach, R. D. ; Andrzejewski, D. ; Dusold, L. R. *J. Org. Chem.* **1973**, 38, 1742.
[265] Sammelson, R. E. ; Kurth, M. J. *Tetrahedron Lett.* **2001**, 42, 3419.

[266] Aitken, R. A. ; Atherton, J. I. *J. Chem. Soc. Perkin Trans.* 1 **1994**, 1281.
[267] Aitken, R. A. ; Hérion, H. ; Janosi, A. ; Karodia, N. ; Raut, S. V. ; Seth, S. ; Shannon, I. J. ; Smith, F. C. *J. Chem. Soc. Perkin Trans.* 1 **1994**, 2467.
[268] Aitken, R. A. ; Boeters, C. ; Morrison, J. J. *J. Chem. Soc. Perkin Trans.* 1 **1994**, 2473.
[269] DelZotto, A. ; Baratta, W. ; Miani, F. ; Verardo, G. ; Rigo, P. *Eur. J. Org. Chem.* **2000**, 3731.
[270] See Adlington, R. M. ; Barrett, A. G. M. *Acc. Chem. Res.* **1983**, 16, 55; Shapiro, R. H. *Org. React.* **1976**, 23, 405.
[271] See Barluenga, J. ; Moriel, P. ; Valdés, C. ; Aznar, F. *Angew. Chem. Int. Ed.* **2007**, 46, 5587.
[272] Shapiro, R. H. *Tetrahedron Lett.* **1968**, 345; Meinwald, J. ; Uno, F. *J. Am. Chem. Soc.* **1968**, 90, 800.
[273] Stemke, J. E. ; Bond, F. T. *Tetrahedron Lett.* **1975**, 1815.
[274] See Dauben, W. G. ; Rivers, G. T. ; Zimmerman, W. T. *J. Am. Chem. Soc.* **1977**, 99, 3414.
[275] For a review of the mechanism, see Casanova, J. ; Waegell, B. *Bull. Soc. Chim. Fr.* **1975**, 922.
[276] See Ref. 272; Shapiro, R. H. ; Hornaman, E. C. *J. Org. Chem.* **1974**, 39, 2302.
[277] Lipton, M. F. ; Shapiro, R. H. *J. Org. Chem.* **1978**, 43, 1409.
[278] See Traas, P. C. ; Boelens, H. ; Takken, H. J. *Tetrahedron Lett.* **1976**, 2287; Stemke, J. E. ; Chamberlin, A. R. ; Bond, F. T. *Tetrahedron Lett.* **1976**, 2947.
[279] For a review, see Chamberlin, A. R. ; Bloom, S. H. *Org. React.* **1990**, 39, 1.
[280] Maruoka, K. ; Oishi, M. ; Yamamoto, H. *J. Am. Chem. Soc.* **1996**, 118, 2289.
[281] Biellmann, J. F. ; Pète, J. *Bull. Soc. Chim. Fr.* **1967**, 675.
[282] Bamford, W. R. ; Stevens, R. R. *J. Chem. Soc.* **1952**, 4735. For a tandem Bamford-Stevens-Claisen rearrangement, see May, J. A. ; Stoltz, B. M. *J. Am. Chem. Soc.* **2002**, 124, 12426.
[283] See Nickon, A. ; Werstiuk, N. H. *J. Am. Chem. Soc.* **1972**, 94, 7081.
[284] See Regitz, M. ; Maas, G. *Diazo Compounds*, Academic Press, NY, **1986**, pp. 257-295. For an improved procedure, see Wulfman, D. S. ; Yousefian, S. ; White, J. M. *Synth. Commun.* **1988**, 18, 2349.
[285] Godfrey, A. G. ; Ganem, B. *J. Am. Chem. Soc.* **1990**, 112, 3717.
[286] See Smith, M. B. *Organic Synthesis*, 3rd ed. , Wavefunction Inc./Elsevier, Irvine, CA/London, England, **2010**, pp. 161-171.
[287] See Cubbage, J. W. ; Guo, Y. ; McCulla, R. D. ; Jenks, W. S. *J. Org. Chem.* **2001**, 66, 8722.
[288] See Yoshida, T. ; Saito, S. *Chem. Lett.* **1982**, 165.
[289] Hofmann, J. E. ; Wallace, T. J. ; Argabright, P. A. ; Schriesheim, A. *Chem. Ind. (London)* **1963**, 1234.
[290] Gai, Y. ; Jin, L. ; Julia, M. ; Verpeaux, J.-N. *J. Chem. Soc. , Chem. Commun.* **1993**, 1625.
[291] Hofmann, J. E. ; Wallace, T. L. ; Schriesheim, A. *J. Am. Chem. Soc.* **1964**, 86, 1561.
[292] Schmitz, C. ; Harvey, J. N. ; Viehe, H. G. *Bull. Soc. Chim. Belg.* **1994**, 103, 105.
[293] Back, T. G. in Patai, S. *The Chemistry of Organic Selenium and TelluriumCompounds*, Vol. 2, Wiley, NY, **1987**, pp. 91-213, pp. 95-109; Paulmier, C. *Selenium Reagents and Intermediates in Organic Synthesis*, Pergamon, Elmsford, NY, **1986**, pp. 132-143; Reich, H. J. *Acc. Chem. Res.* **1979**, 12, 22, in Trahanovsky, W. S. *Oxidation in Organic Chemistry*, pt. C, Academic Press, NY, **1978**, pp. 15-101; Sharpless, K. B. ; Gordon, K. M. ; Lauer, R. F. ; Patrick, D. W. ; Singer, S. P. ; Young, M. W. *Chem. Scr.* **1975**, 8A; 9. See Liotta, D. *Organoselenium Chemistry*, Wiley, NY, **1987**.
[294] Jones, D. N. ; Higgins, W. *J. Chem. Soc. C* **1970**, 81.
[295] Reich, H. J. ; Willis Jr. , W. W. *J. Am. Chem. Soc.* **1980**, 102, 5967.
[296] Reich, H. J. ; Renga, J. M. ; Reich, I. L. *J. Am. Chem. Soc.* **1975**, 97, 5434 and references cited therein; Crich, D. ; Barba, G. R. *Org. Lett.* **2000**, 2, 989. For lists of reagents, with references, see Larock, R. C. *Comprehensive Organic Transformations*, 2nd ed. , Wiley-VCH, NY, **1999**, pp. 287-290.
[297] Trost, B. M. ; Salzmann, T. N. ; Hiroi, K. *J. Am. Chem. Soc.* **1976**, 98, 4887. For a review of this and related methods, see Trost, B. M. *Acc. Chem. Res.* **1978**, 11, 453.
[298] de Groot, A. ; Jansen, B. J. M. ; Reuvers, J. T. A. ; Tedjo, E. M. *Tetrahedron Lett.* **1981**, 22, 4137.
[299] Imboden, C. ; Villar, F. ; Renaud, P. *Org. Lett.* **1999**, 1, 873.
[300] See Baciocchi, E. in Patai, S. ; Rappoport, Z. *The Chemistry of Functional Groups*, Supplement D, pt. 2, Wiley, NY, **1983**, pp. 1173-1227.
[301] See Anton, D. R. ; Crabtree, R. H. *Tetrahedron Lett.* **1983**, 24, 2449.
[302] For a list of reagents, with references, see Larock, R. C. *Comprehensive Organic Transformations*, 2nd ed. , Wiley-VCH, NY, **1999**, pp. 256-258.
[303] Vogel, E. ; Klärner, F. *Angew. Chem. Int. Ed.* **1968**, 7, 374.
[304] Oediger, H. ; Möller, F. *Angew. Chem. Int. Ed.* **1967**, 6, 76; Wolkoff, P. *J. Org. Chem.* **1982**, 47, 1944.
[305] See Oediger, H. ; Möller, F. ; Eiter, K. *Synthesis* **1972**, 591.
[306] Clayden, J. *Organolithiums: Selectivity for Synthesis*, Pergamon, New York, **2002**. ; For a mechanistic evaluation and an analysis of the influence of HMPA, see Ma, Y. ; Ramirez, A. ; Singh, K. J. ; Keresztes, I. ; Collum, D. B. *J. Am. Chem. Soc.* **2006**, 128, 15399.
[307] Schwesinger, R. ; Schlemper, H. *Angew. Chem. Int. Ed.* **1987**, 26, 1167.
[308] Kobayashi, T. ; Ohmiya, H. ; Yorimitsu, H. ; Oshima, K. *J. Am. Chem. Soc.* **2008**, 130, 11276.
[309] Halpern, M. ; Zahalka, H. A. ; Sasson, Y. ; Rabinovitz, M. *J. Org. Chem.* **1985**, 50, 5088. See also, Barry, J. ; Bram, G. ; Decodts, G. ; Loupy, A. ; Pigeon, P. ; Sansoulet, J. *J. Org. Chem.* **1984**, 49, 1138.
[310] See Fieser, L. F. ; Fieser, M. *Reagents for Organic Syntheses*, Vol. 1, Wiley, NY, **1967**, pp. 606-609; Yakobson, G. G. ; Akhmetova, N. E. *Synthesis* **1983**, 169, see pp. 170-173.
[311] See Hoye, T. R. ; van Deidhuizen, J. J. ; Vos, T. J. ; Zhao, P. *Synth. Commun.* **2001**, 31, 1367.

[312] Matsubara, S.; Matsuda, H.; Hamatani, T.; Schlosser, M. *Tetrahedron* **1988**, *44*, 2855.
[313] Ben-Efraim, D. A. in Patai, S. *The Chemistry of the Carbon-Carbon Triple Bond*, pt. 2, Wiley, NY, **1978**, p. 755; Köbrich, G.; Buck, P. in Viehe, H. G. *Acetylenes*, Marcel Dekker, NY, **1969**, pp. 100-134; Köbrich, G. *Angew. Chem. Int. Ed.* **1965**, *4*, 49, see pp. 50-53.
[314] For a list of reagents, with references, see Larock, R. C. *Comprehensive Organic Transformations*, 2nd ed., Wiley-VCH, NY, **1999**, pp. 569-571.
[315] Okutani, M.; Mori, Y. *Tetrahedron Lett.* **2007**, *48*, 6856; Okutani, M.; Mori, Y. *J. Org. Chem.* **2009**, *74*, 442.
[316] Chelucci, G.; Capitta, F.; Baldino, S. *Tetrahedron* **2008**, *64*, 10250.
[317] Chernick, E. T.; Eisler, S.; Tykwinski, R. R. *Tetrahedron Lett.* **2001**, *42*, 8575.
[318] Fritsch, P. *Ann.* **1894**, *279*, 319; Buttenberg, W. P. *Ann.*, **1894**, *279*, 324; Wiechell, H. *Ann.* **1894**, *279*, 337. For a review, see Stang, P. J. *Chem. Rev.* **1978**, *78*, 383. See Jahnke, E.; Tykwinski, R. R. *Chem. Commun.* **2010**, 3235; Pratt, L. M.; Nguyen, N. V.; Kwon, O. *Chem. Lett.* **2009**, *38*, 574.
[319] For a review, see Noller, H.; Andréu, P.; Hunger, M. *Angew. Chem. Int. Ed.* **1971**, *10*, 172.
[320] Duhamel, L.; Ravard, A.; Plaquevent, J. C.; Plé, G.; Davoust, D. *Bull. Soc. Chim. Fr.* **1990**, 787.
[321] See Tidwell, T. T. *Ketenes*, Wiley, NY, **1995**.
[322] Taggi, A. E.; Wack, H.; Hafez, A. M.; France, S.; Lectka, T. *Org. Lett.* **2002**, *4*, 627.
[323] See Luknitskii, F. I.; Vovsi, B. A. *Russ. Chem. Rev.* **1969**, *38*, 487.
[324] See King, J. F. *Acc. Chem. Res.* **1975**, *8*, 10; Nagai, T.; Tokura, N. *Int. J. Sulfur Chem. Part B* **1972**, 207; Truce, W. E.; Liu, L. K. *Mech. React. Sulfur Compd.* 1969, 4, 145; Opitz, G. *Angew. Chem. Int. Ed.* 1967, 6, 107; Wallace, T. J. *Q. Rev. Chem. Soc.* **1966**, *20*, 67.
[325] Brown, H. C.; Bhatt, M. V.; Munekata, T.; Zweifel, G. *J. Am. Chem. Soc.* **1967**, *89*, 567; Taniguchi, H. *Bull. Chem. Soc. Jpn.* **1979**, *52*, 2942.
[326] Hubert, A. J. *J. Chem. Soc.* **1965**, 6669.
[327] Abidi, S. L. *Tetrahedron Lett.* **1986**, *27*, 267; *J. Org. Chem.* **1986**, *51*, 2687.
[328] Corey, E. J.; Seibel, W. L.; Kappos, J. C. *Tetrahedron Lett.* **1987**, *28*, 4921.
[329] For a review, see Tsuji, J.; Ohno, K. *Synthesis* **1969**, 157. For extensions to certain other acid derivatives, see Minami, I.; Nisar, M.; Yuhara, M.; Shimizu, I.; Tsuji, J. *Synthesis* **1987**, 992.
[330] Lau, K. S. Y.; Becker, Y.; Huang, F.; Baenziger, N.; Stille, J. K. *J. Am. Chem. Soc.* **1977**, *99*, 5664.
[331] Sharpless, K. B.; Umbreit, M. A.; Nieh, T.; Flood, T. C. *J. Am. Chem. Soc.* **1972**, *94*, 6538.
[332] For a list of reagents, with references, see Larock, R. C. *Comprehensive Organic Transformations*, 2nd ed., Wiley-VCH, NY, **1999**, pp. 297-299.
[333] McMurry, J. E. *Acc. Chem. Res.* **1983**, *16*, 405 and references cited therein.
[334] Sarma, J. C.; Sharma, R. P. *Chem. Ind. (London)* **1987**, 96.
[335] Cook, G. K.; Andrews, M. A. *J. Am. Chem. Soc.* **1996**, *118*, 9448.
[336] Carnahan, Jr., J. C.; Closson, W. D. *Tetrahedron Lett.* **1972**, 3447.
[337] Dafaye, J. *Bull. Soc. Chim. Fr.* **1968**, 2099.
[338] Barrett, A. G. M.; Barton, D. H. R.; Bielski, R. *J. Chem. Soc. Perkin Trans. 1* **1979**, 2378.
[339] See Block, E. *Org. React.* **1984**, *30*, 457; Sonnet, P. E. *Tetrahedron* **1980**, *36*, 557, pp. 593-598; Mackie, R. K. in Cadogan, J. I. G. *Organophosphorus Reagents in Organic Synthesis*, Academic Press, NY, **1979**, pp. 354-359.
[340] Corey, E. J.; Winter, R. A. E. *J. Am. Chem. Soc.* **1963**, *85*, 2677.
[341] Corey, E. J. *Pure Appl. Chem.* **1967**, *14*, 19, see pp. 32-33.
[342] Semmelhack, M. F.; Stauffer, R. D. *Tetrahedron Lett.* **1973**, 2667. For another method, see Vedejs, E.; Wu, E. S. C. *J. Org. Chem.* **1974**, *39*, 3641.
[343] Corey, E. J.; Hopkins, P. B. *Tetrahedron Lett.* **1982**, *23*, 1979.
[344] Corey, E. J.; Carey, F. A.; Winter, R. A. E. *J. Am. Chem. Soc.* **1965**, *87*, 934.
[345] See Beels, C. M. D.; Coleman, M. J.; Taylor, R. J. K. *Synlett* **1990**, 479.
[346] Paquette, L. A. *Org. React.* **1977**, *25*, 1; *Mech. Mol. Migr.* **1968**, *1*, 121; *Acc. Chem. Res.* **1968**, *1*, 209; Meyers, C. Y.; Matthews, W. S.; Ho, L. L.; Kolb, V. M.; Parady, T. E. in Smith, G. V. *Catalysis in Organic Synthesis*, Academic Press, NY, **1977**, pp. 197-278; Rappe, C. in Patai, S. *The Chemistry of the Carbon-Halogen Bond*, pt. 2, Wiley, NY, **1973**, pp. 1105-1110; Bordwell, F. G. *Acc. Chem. Res.* **1970**, *3*, 281.
[347] Hartman, G. D.; Hartman, R. D. *Synthesis* **1982**, 504.
[348] See Bordwell, F. G.; Wolfinger, M. D. *J. Org. Chem.* **1974**, *39*, 2521; Bordwell, F. G.; Doomes, E. *J. Org. Chem.* **1974**, *39*, 2526, 2531.
[349] Sutherland, A. G.; Taylor, R. J. K. *Tetrahedron Lett.* **1989**, *30*, 3267.
[350] Bordwell, F. G.; Williams, Jr., J. M.; Hoyt, Jr., E. B.; Jarvis, B. B. *J. Am. Chem. Soc.* **1968**, *90*, 429; Bordwell, F. G.; Williams, Jr., J. M. *J. Am. Chem. Soc.* **1968**, *90*, 435.
[351] Block, E.; Aslam, M.; Eswarakrishnan, V.; Gebreyes, K.; Hutchinson, J.; Iyer, R.; Laffitte, J.; Wall, A. *J. Am. Chem. Soc.* **1986**, *108*, 4568.
[352] Hendrickson, J. B.; Boudreaux, G. J.; Palumbo, P. S. *J. Am. Chem. Soc.* **1986**, *108*, 2358.
[353] Vasin, V. A.; Bolusheva, I. Yu.; Razin, V. V. *Russ. J. Org. Chem.* **2010**, *46*, 758.
[354] Mock, W. L. *J. Am. Chem. Soc.* **1966**, *88*, 2857; McGregor, S. D.; Lemal, D. M. *J. Am. Chem. Soc.* **1966**, *88*, 2858.
[355] Mock, W. L. *J. Am. Chem. Soc.* **1969**, *91*, 5682.
[356] Bordwell, F. G.; Williams, Jr., J. M.; Hoyt, Jr., E. B.; Jarvis, B. B. *J. Am. Chem. Soc.* **1968**, *90*, 429; Bordwell, F. G.;

Williams, Jr. , J. M. *J. Am. Chem. Soc.* **1968**, 90, 435. See also, Vilsmaier, E. ; Tropitzsch, R. ; Vostrowsky, O. *Tetrahedron Lett.* **1974**, 3987.

[357] See Mock, W. L. in Marchand, A. P. ; Lehr, R. E. *Pericyclic Reactions*, Vol. 2, Academic Press, NY, **1977**, pp. 141-179.
[358] Woodward, R. B. ; Hoffmann, R. *The Conservation of Orbital Symmetry*, Academic Press, NY, **1970**, pp. 152-163.
[359] Philips, J. C. ; Swisher, J. V. ; Haidukewych, D. ; Morales, O. *Chem. Commun.* **1971**, 22.
[360] Philips, J. C. ; Morales, O. *J. Chem. Soc. , Chem. Commun.* **1977**, 713.
[361] Mitchell, R. H. *Tetrahedron Lett.* **1973**, 4395. For a similar reaction without base treatment, see Pommelet, J. ; Nyns, C. ; Lahousse, F. ; Merényi, R. ; Viehe, H. G. *Angew. Chem. Int. Ed.* **1981**, 20, 585.
[362] MacGee, D. I. ; Beck, E. J. *J. Org. Chem.* **2000**, 65, 8367.
[363] See Sonnet, P. E. *Tetrahedron* **1980**, 36, 557, see p. 591; Dermer, O. C. ; Ham, G. E. *Ethylenimine and other Aziridines*, Academic Press, NY, **1969**, pp. 293-295.
[364] See Carlson, R. M. ; Lee, S. Y. *Tetrahedron Lett.* **1969**, 4001.
[365] Imamoto, T. ; Yukawa, Y. *Chem. Lett.* **1974**, 165.
[366] Heine, H. W. ; Myers, J. D. ; Peltzer, III, E. T. *Angew. Chem. Int. Ed.* **1970**, 9, 374.
[367] Hodgson, D. M. ; Štefane, B. ; Miles, T. J. ; Witherington, J. *J. Org. Chem.* **2006**, 71, 8510.
[368] Sugihara, Y. ; Iimura, S. ; Nakayama, J. *Chem. Commun.* **2002**, 134.
[369] Chao, B. ; Dittmer, D. C. *Tetrahedron Lett.* **2001**, 42, 5789.
[370] Yadav, J. S. ; Bandyapadhyay, A. ; Reddy, B. V. S. *Synlett* **2001**, 1608.
[371] Baciocchi, E. in Patai, S. ; Rappoport, Z. *The Chemistry of Functional Groups*, Supplement D, pt. 1, Wiley, NY, **1983**, pp. 161-201. Also see, Bosser, G. ; Paris, J. *J. Chem. Soc. Perkin Trans.* 2 **1992**, 2057.
[372] Khurana, J. M. ; Bansal, G. ; Chauhan, S. *Bull. Chem. Soc. Jpn.* **2001**, 74, 1089.
[373] Fukunaga, K. ; Yamaguchi, H. *Synthesis* **1981**, 879. See also, Nakayama, J. ; Machida, H. ; Hoshino, M. *Tetrahedron Lett.* **1983**, 24 3001; Landini, D. ; Milesi, L. ; Quadri, M. L. ; Rolla, F. *J. Org. Chem.* **1984**, 49, 152.
[374] For a lists of reagents, with references, see Larock, R. C. *Comprehensive Organic Transformations*, 2nd ed. , Wiley-VCH, NY, **1999**, pp. 259-263.
[375] See Shono, T. *Electroorganic Chemistry as a New Tool in Organic Synthesis*, Springer, NY, **1984**, pp. 145-147; Fry, A. J. *Synthetic Organic Electrochemistry*, 2nd ed. , Wiley, NY, **1989**, pp. 151-154.
[376] Ranu, B. C. ; Guchhait, S. K. ; Sarkar, A. *Chem. Commun.* **1998**, 2113.
[377] Yanada, R. ; Negoro, N. ; Yanada, K. ; Fujita, T. *Tetrahedron Lett.* **1996**, 37, 9313.
[378] Ranu, B. C. ; Das, A. ; Hajra, A. *Synthesis* **2003**, 1012.
[379] Gaenzler, F. C. ; Smith, M. B. *Synlett* **2007**, 1299.
[380] Malanga, C. ; Aronica, L. A. ; Lardicci, L. *Tetrahedron Lett.* **1995**, 36, 9189.
[381] See Gordon, M. ; Hay, J. V. *J. Org. Chem.* **1968**, 33, 427.
[382] See Sicher, J. ; Havel, M. ; Svoboda, M. *Tetrahedron Lett.* **1968**, 4269.
[383] Ranu, B. C. ; Jana, R. *J. Org. Chem.* **2005**, 70, 8621.
[384] Kuang, C. ; Senboku, H. ; Tokuda, M. *Tetrahedron Lett.* **2001**, 42, 3893.
[385] Aruna, S. ; Kalyanakumar, R. ; Ramakrishnan, V. T. *Synth. Commun.* **2001**, 31, 3125.
[386] See Schuster, H. F. ; Coppola, G. M. *Allenes in Organic Synthesis*, Wiley, NY, **1984**, pp. 9-56; Landor, P. D. In Landor, S. R. *The Chemistry of the Allenes*, Vol. 1, Academic Press, NY, **1982**; pp. 19-233; Taylor, D. R. *Chem. Rev.* **1967**, 67, 317.
[387] Wang, X. ; Ramos, B. ; Rodriguez, A. *Tetrahedron Lett.* **1994**, 35, 6977.
[388] Engman, L. ; Byström, S. E. *J. Org. Chem.* **1985**, 50, 3170.
[389] Yoshida, M. ; Gotou, T. ; Ihara, M. *Tetrahedron Lett.* **2004**, 45, 5573.
[390] Nakmura, H. ; Kamakura, T. ; Ishikura, M. ; Biellmann, J.-F. *J. Am. Chem. Soc.* **2004**, 126, 5958.
[391] Azizoglu, A. ; Balci, M. ; Mieusset, J.-L. ; Brinker, U. H. *J. Org. Chem.* **2008**, 73, 8182.
[392] See Saunders, Jr. , W. H. ; Cockerill, A. F. *Mechanisms of Elimination Reactions*, Wiley, NY, **1973**, pp. 332-368; Baciocchi, W. in Patai, S. ; Rappoport, Z. *The Chemistry of Functional Groups*, Supplement D, pt. 2, Wiley, NY, **1983**, p. 161.
[393] Darling, S. D. ; Kidwell, R. L. *J. Org. Chem.* **1968**, 33, 3974.
[394] See McCarney, C. C. ;Ward, R. S. *J. Chem. Soc. Perkin Trans.* 1 **1975**, 1600. See also, Masters, A. P. ; Sorensen, T. S. ; Ziegler, T. *J. Org. Chem.* **1986**, 51, 3558.
[395] See Larock, R. C. *Comprehensive Organic Transformations*, 2nd ed. ,Wiley-VCH, NY, **1999**, pp. 263-267, for reagents that produce olefins from β-halo ethers and esters, and from halohydrins.
[396] Park, H. S. ; Kim, S. H. ; Park, M. Y. ; Kim, Y. H. *Tetrahedron Lett.* **2001**, 42, 3729.
[397] Reeve, W. ; Brown, R. ; Steckel, T. F. *J. Am. Chem. Soc.* **1971**, 93, 4607.
[398] Gurien, H. *J. Org. Chem.* **1963**, 28, 878.
[399] Amstutz, E. D. *J. Org. Chem.* **1944**, 9, 310.
[400] Concellón, J. M. ; Bernad, P. L. ; Bardales, E. *Org. Lett.* **2001**, 3, 937.
[401] Yadav, J. S. ; Bandyopadhyay, A. ; Reddy, B. V. S. *Tetrahedron Lett.* **2001**, 42, 6385.
[402] Concellón, J. M. ; Pérez-Andrés, J. A. ; Rodriguez-Solla, H. *Chem. Eur. J.* **2001**, 7, 3062.
[403] House, H. O. ; Ro, R. S. *J. Am. Chem. Soc.* **1965**, 87, 838.
[404] McMurry, J. E. ; Hoz, T. *J. Org. Chem.* **1975**, 40, 3797.
[405] Becker, K. B. ; Grob, C. A. in Patai, S. *The Chemistry of Functional Groups*, Supplement A, pt. 2, Wiley, NY, **1977**, pp. 653-723; Grob, C. A. *Angew. Chem. Int. Ed.* **1969**, 8, 535; Grob, C. A. ; Schiess, P. W. *Angew. Chem. Int. Ed.* **1967**, 6, 1.
[406] Grob, C. A. ; Ostermayer, F. ; Raudenbusch, W. *Helv. Chim. Acta* **1962**, 45, 1672.

[407] Prelog, V. ; Zalán, E. *Helv. Chim. Acta* **1944**, 27, 535; Prelog, V. ; Häfliger, O. *Helv. Chim. Acta* **1950**, 33, 2021.
[408] Grob, C. A. *Angew. Chem. Int. Ed.* **1969**, 8, 535 and references cited therein; Grob, C. A. ; Kiefer, H. R. ; Lutz, H. J. ; Wilkens, H. J. *Helv. Chim. Acta* **1967**, 50, 416.
[409] See Prantz, K. ; Mulzer, J. *Chem. Rev.* **2010**, 110, 3741.
[410] Fischer, W. ; Grob, C. A. *Helv. Chim. Acta* **1978**, 61, 2336 and references cited therein.
[411] Geisel, M. ; Grob, C. A. ; Wohl, R. A. *Helv. Chim. Acta* **1969**, 52, 2206 and references cited therein.
[412] Chass, D. A. ; Buddhsukh, D. ; Magnus, P. D. *J. Org. Chem.* **1978**, 43, 1750.
[413] Grob, C. A. ; Hoegerle, R. M. ; Ohta, M. *Helv. Chim. Acta* **1962**, 45, 1823.
[414] Zimmerman, H. E. ; English Jr. , J. *J. Am. Chem. Soc.* **1954**, 76, 2285, 2291, 2294.
[415] For a review, see Caine, D. *Org. Prep. Proced. Int.* **1988**, 20, 1.
[416] Hara, S. ; Taguchi, H. ; Yamamoto, H. ; Nozaki, H. *Tetrahedron Lett.* **1975**, 1545.
[417] See Rüttimann, A. ; Wick, A. ; Eschenmoser, A. *Helv. Chim. Acta* **1975**, 58, 1450.
[418] Mulzer, J. ; Brüntrup, G. *Tetrahedron Lett.* **1979**, 1909.
[419] For another method, see Tanzawa, T. ; Schwartz, J. *Organometallics* **1990**, 9, 3026.
[420] Mulzer, J. ; Lammer, O. *Angew. Chem. Int. Ed.* **1983**, 22, 628.
[421] See Adam, W. ; Martinez, G. ; Thompson, J. ; Yany, F. *J. Org. Chem.* **1981**, 46, 3359.
[422] Mulzer, J. ; Zippel, M. ; Brüntrup, G. *Angew. Chem. Int. Ed.* **1980**, 19, 465; Mulzer, J. ; Zippel, M. *Tetrahedron Lett.* **1980**, 21, 751. See also, Moyano, A. ; Pericàs, M. A. ; Valenti, E. *J. Org. Chem.* **1989**, 573.
[423] See MacAlpine, G. A. ; Warkentin, J. *Can. J. Chem.* **1978**, 56, 308, and references cited therein.
[424] Eschenmoser, A. ; Felix, D. ; Ohloff, G. *Helv. Chim. Acta* **1967**, 50, 708; Tanabe, M. ; Crowe, D. F. ; Dehn, R. L. ; Detre, G. *Tetrahedron Lett.* **1967**, 3739; Tanabe, M. ; Crowe, D. F. ; Dehn, R. L. *Tetrahedron Lett.* **1967**, 3943.
[425] Corey, E. J. ; Sachdev, H. S. *J. Org. Chem.* **1975**, 40, 579.
[426] Felix, D. ; Müller, R. K. ; Horn, U. ; Joos, R. ; Schreiber, J. ; Eschenmoser, A. *Helv. Chim. Acta* **1972**, 55, 1276.
[427] See Stark, B. P. ; Duke, A. J. *Extrusion Reactions*, Pergamon, Elmsford, NY, **1967**, pp. 16-46.
[428] Birney, D. M. ; Wiberg, K. B. ; Berson, J. A. *J. Am. Chem. Soc.* **1988**, 110, 6631.
[429] See Ogliaruso, M. A. ; Romanelli, M. G. ; Becker, E. I. *Chem. Rev.* **1965**, 65, 261, pp. 300-348. For references to this and related reactions, see Larock, R. C. *Comprehensive Organic Transformations*, 2nd ed. , Wiley-VCH, NY, **1999**, pp. 207-213.
[430] Friedrich, K. in Patai, S. ; Rappoport, Z. *The Chemistry of the Carbon-Carbon Triple Bond*, pt. 2, Wiley, NY, **1978**, pp. 1345-1390; Friedrich, K. ; Wallenfels, K. in Rappoport, Z. *The Chemistry of the Cyano Group*, Wiley, NY, **1970**, pp. 92-96; Fatiadi, K. in Friedrich, K. in Patai, S. ; Rappoport, Z. *The Chemistry of the Carbon-Carbon Triple Bond*, pt. 2, Wiley, NY, **1978**, pp. 1057-1303.
[431] Attanasi, O. ; Palma, P. ; Serra-Zanetti, F. *Synthesis* **1983**, 741; Jursic, B. *Synth. Commun.* **1989**, 19, 689.
[432] Kim, J. N. ; Chung, K. H. ; Ryu, E. K. *Synth. Commun.* **1990**, 20, 2785.
[433] Narsaiah, A. V. ; Sreenu, D. ; Nagaiah, K. *Synth. Commun.* **2006**, 36, 137.
[434] Kim, H. S. ; Kim, S. H. ; Kim, J. N. *Tetrahedron Lett.* **2009**, 50, 1717.
[435] Desai, D. G. ; Swami, S. S. ; Mahale, G. D. *Synth. Commun.* **2000**, 30, 1623.
[436] Jiang, N. ; Ragauskas, A. J. *Tetrahedron Lett.* **2010**, 51, 4479.
[437] Hosseini Sarvari, M. *Synthesis* **2005**, 787.
[438] Supsana, P. ; Liaskopoulos, T. ; Tsoungas, P. G. ; Varvounis, G. *Synlett* **2007**, 267.
[439] Yang, S. H. ; Chang, S. *Org. Lett.* **2001**, 3, 4209.
[440] Miller, C. P. ; Kaufman, D. H. *Synlett* **2000**, 1169.
[441] Sarvari, M. H. *Synthesis* **2005**, 787.
[442] Lingaiah, N. ; Narender, R. *Synth. Commun.* **2002**, 32, 2391.
[443] Bose, D. S. ; Narsaiah, A. V. *Tetrahedron Lett.* **1998**, 39, 6533.
[444] Das, B. ; Ramesh, C. ; Madhusudhan, P. *Synlett* **2000**, 1599.
[445] See Sharghi, H. ; Sarvari, M. H. *Synthesis* **2003**, 243.
[446] Anand, N. ; Owston, N. A. ; Parker, A. J. ; Slatford, P. A. ; Willia, J. M. *J. Tetrahedron Lett.* **2007**, 48, 7761.
[447] Hauser, C. R. ; Le Maistre, J. W. ; Rainsford, A. E. *J. Am. Chem. Soc.* **1935**, 57, 1056; Pyun, S. Y. ; Lee, D. C. ; Seung, Y. J. ; Cho, B. R. *J. Org. Chem.* **2005**, 70, 5327.
[448] Roberts, J. T. ; Rittberg, B. R. ; Kovacic, P. *J. Org. Chem.* **1981**, 46, 4111.
[449] See Ioffe, B. V. ; Zelenina, N. L. *J. Org. Chem. USSR*, **1968**, 4, 1496.
[450] Moore, J. S. ; Stupp, S. I. *J. Org. Chem.* **1990**, 55, 3374.
[451] Cuvigny, T. ; Le Borgne, J. F. ; Larchevêque, M. ; Normant, H. *Synthesis* **1976**, 237.
[452] Cicchi, S. ; Cardona, F. ; Brandi, A. ; Corsi, M. ; Goti, A. *Tetrahedron Lett.* **1999**, 40, 1989.
[453] Gawley, R. E. *Org. React.* **1988**, 35, 1; McCarty, C. G. in Patai, S. *The Chemistry of the Carbon-Nitrogen Double Bond*, Wiley, NY, **1970**, pp. 416-439; Casanova, J. in Rappoport, Z. *The Chemistry of the Cyano Group*, Wiley, NY, **1970**, pp. 915-932.
[454] See Olah, G. A. ; Vankar, Y. D. ; Berrier, A. L. *Synthesis* **1980**, 45; Conley, R. T. ; Ghosh, S. *Mech. Mol. Migr.* **1971**, 4, 197.
[455] Fischer, H. P. ; Grob, C. A. *Helv. Chim. Acta* **1963**, 46, 936.
[456] See Ferris, A. F. *J. Org. Chem.* **1960**, 25, 12.
[457] See Hill, R. K. ; Conley, R. T. *J. Am. Chem. Soc.* **1960**, 82, 645.
[458] Hassner, A. ; Nash, E. G. *Tetrahedron Lett.* **1965**, 525.

[459] Grob, C. A. ; Fischer, H. P. ; Raudenbusch, W. ; Zergenyi, J. *Helv. Chim. Acta* ***1964***, 47, 1003.
[460] Grob, C. A. ; Sieber, A. *Helv. Chim. Acta* ***1967***, 50, 2520; Green, M. ; Pearson, S. C. *J. Chem. Soc. B* ***1969***, 593.
[461] Bieron J. F. ; Dinan, F. J. in Zabicky, J. *The Chemistry of Amides*, Wiley, NY, ***1970***, pp. 274-283; Friedrich, K. ; Wallenfels, K. in Rappoport, Z. *The Chemistry of the Cyano Group*, Wiley, NY, ***1970***, pp. 96-103; Friedrich, K. In Patai, S. ; Rapoport, Z. *The Chemistry of Functional Groups, Supplement C*, pt. 2, Wiley, NY, ***1978***, p. 1345.
[462] Harrison, C. R. ; Hodge, P. ; Rogers, W. J. *Synthesis* ***1977***, 41.
[463] Monson, R. S. ; Priest, D. N. *Can. J. Chem.* ***1971***, 49, 2897.
[464] Ruck, R. T. ; Bergman, R. G. *Angew. Chem. Int. Ed.* ***2004***, 43, 5375.
[465] Claremon, D. A. ; Phillips, B. T. *Tetrahedron Lett.* ***1988***, 29, 2155.
[466] Barger, T. M. ; Riley, C. M. *Synth. Commun.* ***1980***, 10, 479.
[467] Boruah, M. ; Konwar, D. *J. Org. Chem.* ***2002***, 67, 7138.
[468] Iranpoor, N. ; Firouzabadi, H. ; Aghapoor, G. *Synth. Commun.* ***2002***, 32, 2535.
[469] Nakajima, N. ; Ubukata, M. *Tetrahedron Lett.* ***1997***, 38, 2099.
[470] Bhalerao, D. S. ; Mahajan, U. S. ; Chaudhari, K. H. ; Akamanchi, K. G. *J. Org. Chem.* ***2007***, 72, 662.
[471] Maffioli, S. I. ; Marzorati, E. ; Marazzi, A. *Org. Lett.* ***2005***, 7, 5237.
[472] Zhou, S. ; Junge, K. ; Addis, D. ; Das, S. ; Beller, M. *Org. Lett.* ***2009***, 11, 2461.
[473] Zhou, S. ; Addis, D. ; Das, S. ; Junge, K. ; Beller, M. *Chem. Commun.* ***2009***, 4883.
[474] For a list of reagents, with references, see Larock, R. C. *Comprehensive Organic Transformations*, 2nd ed., Wiley-VCH, NY, ***1999***, pp. 1983-1985.
[475] Heck, M. -P. ; Wagner, A. ; Mioskowski, C. *J. Org. Chem.* ***1996***, 61, 6486.
[476] See Imamoto, T. ; Takaoka, T. ; Yokoyama, M. *Synthesis* ***1983***, 142.
[477] For a list of methods, with references, see Larock, R. C. *Comprehensive Organic Transformations*, 2nd ed., Wiley-VCH, NY, ***1999***, pp. 1949-1950.
[478] Schroth, W. ; Kluge, H. ; Frach, R. ; Hodek, W. ; Schädler, H. D. *J. Prakt. Chem.* ***1983***, 325, 787.
[479] Sivakumar, M. ; Senthilkumar, P. ; Pandit, A. B. *Synth. Commun.* ***2001***, 31, 2583.
[480] See Creedon, S. M. ; Crowley, H. K. ; McCarthy, D. G. *J. Chem. Soc. Perkin Trans.* 1 ***1998***, 1015.
[481] Hoffmann, P. ; Gokel, G. W. ; Marquarding, D. ; Ugi, I. in Ugi, I. *Isonitrile Chemistry*, Academic Press, NY, ***1971***, pp. 10-17; Ugi, I. ; Fetzer, U. ; Eholzer, U. ; Knupfer, H. ; Offermann, K. *Angew. Chem. Int. Ed.* ***1965***, 4, 472; *Newer Methods Prep. Org. Chem.* ***1968***, 4, 37.
[482] See Obrecht, R. ; Herrmann, R. ; Ugi, I. *Synthesis* ***1985***, 400.
[483] Baldwin, J. E. ; O'Neil, I. A. *Synlett* ***1991***, 603.
[484] Porcheddu, A. ; Giacomelli, G. ; Salaris, M. *J. Org. Chem.* ***2005***, 70, 2361.
[485] Appel, R. ; Kleinstück, R. ; Ziehn, K. *Angew. Chem. Int. Ed.* ***1971***, 10, 132.
[486] Guirado, A. ; Zapata, A. ; Gómez, J. L. ; Trebalón, L. ; Gálvez, J. *Tetrahedron* ***1999***, 55, 9631.
[487] Bocharov, B. V. *Russ. Chem. Rev.* ***1965***, 34, 212; Williams, A. ; Ibrahim, I. T. *Chem. Rev.* ***1981***, 81, 589.
[488] Also see Kim, S. ; Yi, K. Y. *J. Org. Chem.* 1986, 51, 2613, *Tetrahedron Lett.* ***1986***, 27, 1925.
[489] Jászay, Z. M. ; Petneházy, I. ; Töke, L. ; Szajáni, B. *Synthesis* ***1987***, 520.
[490] Mitsunobu, O. ; Kato, K. ; Tomari, M. *Tetrahedron* ***1970***, 26, 5731.
[491] Arnold, R. T. ; Smolinsky, G. *J. Am. Chem. Soc.* ***1959***, 81, 6643. For a review, see Marvell, E. N. ; Whalley, W. In Patai, S. *The Chemistry of the Hydroxyl Group*, pt. 2, Wiley, NY, ***1971***, pp. 729-734.
[492] Voorhees, K. J. ; Smith, G. G. *J. Org. Chem.* ***1971***, 36, 1755.
[493] Arnold, R. T. ; Smolinsky, G. *J. Org. Chem.* ***1960***, 25, 128; Smith, G. G. ; Taylor, R. *Chem. Ind. (London)* ***1961***, 949.
[494] Viola, A. ; Proverb, R. J. ; Yates, B. L. ; Larrahondo, J. *J. Am. Chem. Soc.* ***1973***, 95, 3609.
[495] Kwart, H. ; Slutsky, J. ; Sarner, S. F. *J. Am. Chem. Soc.* ***1973***, 95, 5242; Egger, K. W. ; Vitins, P. *Int. J. Chem. Kinet.* ***1974***, 6, 429.
[496] Regitz, M. ; Maas, G. *Diazo Compounds*; Academic Press, NY, ***1986***, pp. 296-325; Black, T. H. *Aldrichimica Acta* ***1983***, 16, 3. See Cowell, G. W. ; Ledwith, A. *Q. Rev. Chem. Soc.* ***1970***, 24, 119, pp. 126-131; Smith, P. A. S. *Open-chain Nitrogen Compounds*, W. A. Benjamin, NY, ***1966***, pp. 257-258, 474-475, in Vol. 2.
[497] de Boer, T. J. ; Backer, H. J. *Org. Synth.* IV, 225, 250; Hudlicky, M. *J. Org. Chem.* ***1980***, 45, 5377.
[498] Searle, C. E. *Chem. Br.* ***1970***, 6, 5.
[499] Stark, B. P. ; Duke, A. J. *Extrusion Reactions*, Pergamon, Elmsford, NY, ***1967***. For a review of extrusions that are photochemically induced, see Givens, R. S. *Org. Photochem.* ***1981***, 5, 227.
[500] Paine, A. J. ; Warkentin, J. *Can. J. Chem.* ***1981***, 59, 491.
[501] Van Auken, T. V. ; Rinehart, Jr., K. L. *J. Am. Chem. Soc.* ***1962***, 84, 3736.
[502] Adam, W. ; De Lucchi, O. *Angew. Chem. Int. Ed.* ***1980***, 19, 762; Stark, B. P. ; Duke, A. J. *Extrusion Reactions*, Pergamon, Elmsford, NY, ***1967***, pp. 116-151. See Mackenzie, K. in Patai, S. *The Chemistry of the Hydrazo, Azo, and Azoxy Groups*, pt. 1, Wiley, NY, ***1975***, pp. 329-442.
[503] See Jones, W. M. ; Sanderfer, P. O. ; Baarda, D. G. *J. Chem.* ***1967***, 32, 1367.
[504] McGreer, D. E. ; Wai, W. ; Carmichael, G. *Can. J. Chem.* ***1960***, 38, 2410; Kocsis K. ; Ferrini, P. G. ; Arigoni, D. ; Jeger, O. *Helv. Chim. Acta* ***1960***, 43, 2178.
[505] For a review, see Scheiner, P. *Sel. Org. Transform.* ***1970***, 1, 327.
[506] See Sammes, M. P. ; Katritzky, A. R. *Adv. Heterocycl. Chem.* ***1983***, 34, 2.
[507] See Pincock, J. A. ; Morchat, R. ; Arnold, D. R. *J. Am. Chem. Soc.* ***1973***, 95, 7536.

[508] Engel, P. S. *Chem. Rev.* **1980**, 80, 99; Engel, P. S. ; Nalepa, C. J. *Pure Appl. Chem.* **1980**, 52, 2621; Reedich, D. E. ; Sheridan, R. S. *J. Am. Chem. Soc.* **1988**, 110, 3697.
[509] Pincock, J. A. ; Morchat, R. ; Arnold, D. R. *J. Am. Chem. Soc.* **1973**, 95, 7536.
[510] See Redmore, D. ; Gutsche, C. D. *Adv. Alicyclic Chem.* **1971**, 3, 1, see pp. 91-107; Stark, B. P. ; Duke, A. J. *Extrusion Reactions*, Pergamon, Elmsford, NY, **1967**, pp. 47-71.
[511] Ramnauth, J. ; Lee-Ruff, E. *Can. J. Chem.* **1997**, 75, 518. See also, Ramnauth, J. ; Lee-Ruff, E. *Can. J. Chem.* **2001**, 79, 114.
[512] Maier, G. ; Pfriem, S. ; Schäfer, U. ; Matusch, R. *Angew. Chem. Int. Ed.* **1978**, 17, 520.
[513] Ried, W. ; Wagner, K. *Liebigs Ann. Chem.* **1965**, 681, 45.
[514] Lomölder, R. ; Schäfer, H. J. *Angew. Chem. Int. Ed.* **1987**, 26, 1253.
[515] Gould, I. R. ; Tung, C. ; Turro, N. J. ; Givens, R. S. ; Matuszewski, B. *J. Am. Chem. Soc.* **1984**, 106, 1789.
[516] Vögtle, F. ; Rossa, L. *Angew. Chem. Int. Ed.* **1979**, 18, 515; Stark, B. P. ; Duke, A. J. *Extrusion Reactions*, Pergamon, Elmsford, NY, **1967**, pp. 72-90; Kice, J. L. in Kharasch, N. ; Meyers, C. Y. *The Chemisry of Organic Sulfur Compounds*, Vol. 2, Pergamon, Elmsford, NY, **1966**, pp. 115-136. For a review of extrusion reactions of S, Se, and Te compounds, see Guziec, Jr. , F. S. ; SanFilippo, L. J. *Tetrahedron* **1988**, 44, 6241.
[517] Cava, M. P. ; Shirley, R. L. *J. Am. Chem. Soc.* **1960**, 82, 654.
[518] Photis, J. M. ; Paquette, L. A. *J. Am. Chem. Soc.* **1974**, 96, 4715.
[519] Kataoka, T. ; Iwama, T. *Tetrahedron Lett.* **1995**, 36, 5559.
[520] Sanderson, J. R. ; Story, P. R. ; Paul, K. *J. Org. Chem.* **1975**, 40, 691; Sanderson, J. R. ; Paul, K. ; Story, P. R. *Synthesis* **1975**, 275.
[521] See Story, P. R. ; Busch, P. *Adv. Org. Chem.* **1972**, 8, 67, see pp. 79-94.
[522] See Paul, K. ; Story, P. R. ; Busch, P. ; Sanderson, J. R. *J. Org. Chem.* **1976**, 41, 1283.
[523] Kharasch, M. S. ; Sosnovsky, G. *J. Org. Chem.* **1958**, 23, 1322; Ledaal, T. *Acta Chem. Scand.*, **1967**, 21, 1656. For another method, see Sanderson, J. R. ; Zeiler, A. G. *Synthesis* **1975**, 125.
[524] Story, P. R. ; Lee, B. ; Bishop, C. E. ; Denson, D. D. ; Busch, P. *J. Org. Chem.* **1970**, 35, 3059. See also, Sanderson, J. R. ; Wilterdink, R. J. ; Zeiler, A. G. *Synthesis* **1976**, 479.
[525] Barton, D. H. R. ; Willis, B. J. *J. Chem. Soc. Perkin Trans.* 1 **1972**, 305.
[526] See Guziec, Jr. , F. S. ; SanFilippo, L. J. *Tetrahedron* **1988**, 44, 6241.
[527] Turro, N. J. ; Leermakers, P. A. ; Wilson, H. R. ; Neckers, D. C. ; Byers, G. W. ; Vesley, G. F. *J. Am. Chem. Soc.* **1965**, 87, 2613.
[528] Lee, G. H. ; Lee, H. K. ; Choi, E. B. ; Kim, B. T. ; Pak, C. S. *Tetrahedron Lett.* **1995**, 36, 5607.

第 18 章
重排反应

在重排反应中，基团会从分子中的一个原子迁移到另一个原子上[1]。大多数情况只是迁移到相邻原子（称为 1,2-迁移），但在某些情况下也会出现远距离的迁移。迁移基团 W 可以携带它

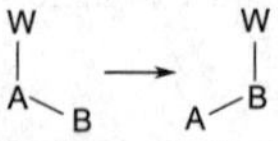

$$\underset{A-B}{\overset{W}{\diagup}} \longrightarrow \underset{A-B}{\overset{W}{\diagdown}}$$

的电子对迁移［称之为亲核重排（nucleophilic rearrangement）或阴离子迁移重排（anionotropic rearrangement）；迁移基团可以认为是亲核试剂］，也可以不携带电子对迁移［称之为亲电重排（electrophilic rearrangement）或阳离子迁移重排（cationotropic rearrangement）；例如氢正离子迁移的重排］，或者只携带一个电子迁移（自由基重排）。A 原子称为迁移起点（migration origin），B 原子称为迁移终点（migration terminus）。然而，有些重排并不能这样清楚地归类。形成环状过渡态的重排就是其中一例（反应 18-27～18-36）。

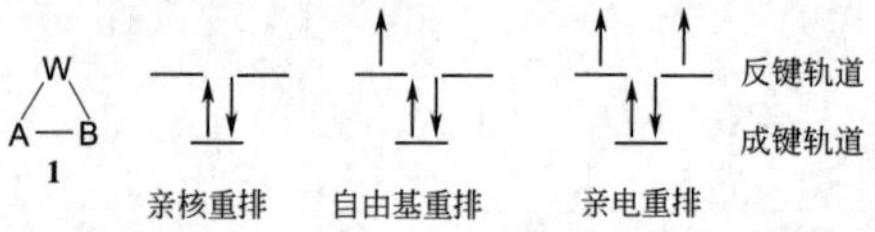

$$\underset{A-B}{\overset{W}{\diagup\!\!\!\diagdown}} \quad \underset{\text{亲核重排}}{\downarrow\!\uparrow} \quad \underset{\text{自由基重排}}{\uparrow\!\uparrow} \quad \underset{\text{亲电重排}}{\uparrow\!\uparrow} \quad \begin{array}{l}\text{反键轨道}\\ \text{成键轨道}\end{array}$$
$\quad\quad\mathbf{1}$

可以看到，亲核的 1,2-迁移比相应的亲电或自由基 1,2-迁移常见。可以通过考虑迁移过程中涉及的过渡态（有时是中间体），找到相关的原因。我们给出了 **1** 的全部三种过渡态或中间体，其中含有两个电子的 A—W 键与 B 原子上的轨道发生重叠。在亲核、自由基和亲电重排中，B 原子的该轨道分别带有 0、1 和 2 个电子。这些轨道重叠产生了三个新轨道，它们的能量与 2.11.1 节给出的类似（一个成键轨道和两个简并的反键轨道）。亲核迁移只涉及两个电子，它们都可以进入成键轨道，因此 **1** 是一个低能量的过渡态；但自由基或亲电迁移必须分别涉及三个或四个电子，所以反键轨道也必须被占据。因此，当发生亲电或者自由基迁移时，迁移的 W 基团通常是芳基或其它能够供给一个或两个额外电子的基团，这样就能有效地越过三元的过渡态或中间体（参见 **41**）。

对任何的重排反应，理论上都可以划分为两种可能的反应模型：一、W 基团可能完全从 A 原子上脱离而最终迁移到另一个分子的 B 原子上（分子间迁移）；二、W 基团在同一分子中的 A 原子迁移到 B 原子（分子内迁移），这种情况要求必须存在不间断的束缚力将 W 维持在 AB 体系，使之不能完全脱离。严格来讲，只有分子内迁移才满足我们对重排的定义，但是一般情况下，在本章中所包含的无论是分子内的还是分子间的迁移，都将它认为是重排。一般不难区分一个给定的重排是分子内的还是分子间的。所用到的最常见的方法就是交叉实验。在这类实验中，重排在 W—A—B 和 V′—A—C 的混合物中进行，其中 V′ 和 W 基团很相近（如甲基和乙基），B 和 C 之间也是如此。分子内反应的产物，只有 A—B—W 和 A—C—V′。但是如果反应发生在分子间，那么除了上述两种产物，应该还有 A—B—V′ 和 A—C—W。

18.1 机理

18.1.1 亲核重排[2]

笼统地说，这类重排包括三个步骤，其中真正发生迁移的是第 2 步：

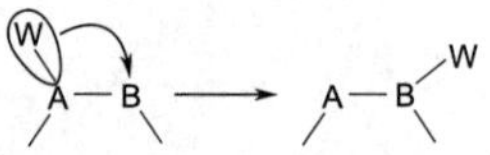

$$\underset{A-B}{\overset{\overset{\curvearrowleft}{W}}{\diagup}} \longrightarrow \underset{A-B}{\overset{W}{\diagdown}}$$

这种过程有时候被称为 Whitmore 1,2-迁移[3]。由于迁移基团是带着电子对一起迁移的，因此迁移终点原子 B 必须是一个外层只有六个电子的原子（开放的六电子体系）。因此，第 1 步是建立一个开放的六电子体系。这种体系可以通过多种途径形成，其中最重要的两种如下：

（1）形成碳正离子 这可以通过很多种途径来形成（参见 5.1.3 节），其中最常见的方法是用酸与醇反应，经过一个氧鎓离子中间体生成

2，像 2 这样的碳正离子会发生重排，生成更稳定的碳正离子：

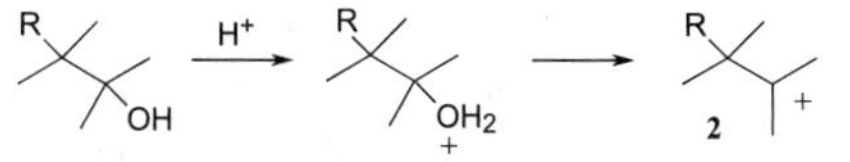

这两步显然与醇 S_N1cA 和 E1 反应的前两步完全一样。

（2）形成氮烯　酰基重氮化合物的分解是为数不多的几种形成酰基氮烯（3）的方法之一（参见 5.5 节）。迁移发生后，位于迁移起点（A）的原子必须形成一个开放的六电子体系。第 3 步，该原子接受电子形成八电子体系。在碳正离子情况下，通常第 3 步是与一个亲核试剂结合（重排伴随取代）或失去 H^+（重排伴随消除）。

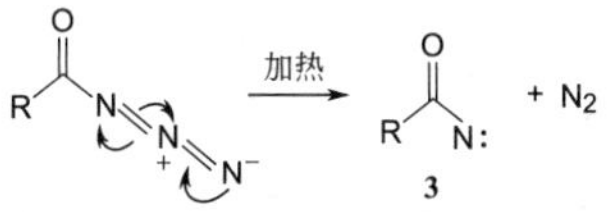

尽管我们将这个反应机理用三步表示，而且很多反应也确实是如此，但是在很多情况下，其中的两步或所有三步却是同时进行的。例如，前面给出的氮烯的例子，在 R 迁移的同时，来自氮的一对电子移向 C—N 键，得到一个稳定的异氰酸酯（4）：

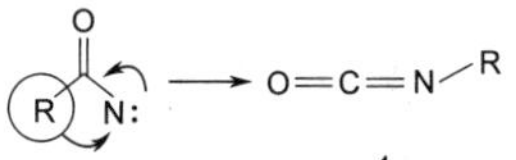

这个例子中，第 2 步和第 3 步同时进行，甚至当第 3 步不只是简单的电子对移动时，这两步也可能同时发生。类似地，在很多反应中，前两步是同时进行的。也就是说，在反应中并没有形成 2 和 3。鉴于这样的情况，可以说 R 起到了协助离去基团离去的作用，R 的迁移和离去基团的离去同时发生。为了确定在各种反应中，到底是确实形成了像 2 和 3 这样的中间体，还是两步同时进行（参见反应 16-54 和 18.1.2 节的讨论），科学家们做了大量的研究工作，但是这两种可能性之间的区别是非常微小的，很多时候这个问题并不是轻易能得到答案的[4]。

这种机理的证据是，这类重排反应在我们前面遇到过的形成碳正离子的条件下出现：S_N1 条件，Friedel-Crafts 烷基化反应等。溴代新戊烷的溶剂解反应会生成重排产物，其比例随着溶剂离子强度的增大而增大，但不受碱浓度的影响[5]，所以第 1 步是碳正离子的形成。同样的化合物在 S_N2 条件下尽管反应很慢，但不会产生重排，仅仅是一般的取代反应。对溴代新戊烷来说，形成的碳正离子只会导致发生重排。碳正离子通常会重排成更稳定的碳正离子。因此重排的趋势通常是伯碳正离子→仲碳正离子→叔碳正离子。新戊烷基（Me_3CCH_2），新苯丁基（neophyl，$PhCMe_2CH_2$）和降冰片基（norbornyl）（例如 5）类体系特别倾向于发生碳正离子重排。已经证实，迁移率随着迁移终点缺电子程度的增加而增加[6]。

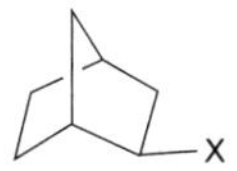

前面提到过（参见 5.1.2 节），在溶液中，温度非常低的情况下，可以得到稳定的三级碳正离子。NMR 研究显示，当溶液温度升高时，迅速发生氢和烷基的迁移，最终得到不同结构的平衡混合物[7]。例如，叔戊烷基正离子（6）的平衡[8]如下：

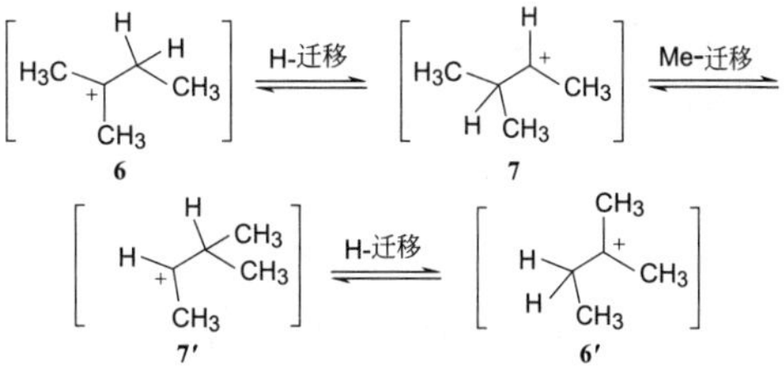

碳正离子重排得到的一些相同结构的产物（例如 6↔6′，7↔7′）被称为简并碳正离子（degenerate carbocation）。这样的重排就是简并重排（degenerate rearrangement）。已经发现了很多这样的例子[9]。

18.1.2　迁移的本质

大多数的亲核 1,2-迁移发生在分子内。W 基团没有游离出来，而始终以某种方式和底物相连。除交叉实验得到的证据以外，最有说服力的证据就是当 W 为手性基团时，产物中其构型保持不变。例如，(+)-PhCHMeCOOH 通过 Curtius 反应（18-14）、Hofmann 反应（18-13）、Lossen 反应（18-15）和 Schmidt 反应（18-16）[10] 都转变成 (−)-PhCHMeNH$_2$。在这些反应中，构型保持程度达 95.8%～99.6%。后来又多次证实了迁移基团构型不变性[11]。另一个证实构型不变的实验是 8 和 9 之间的简单转变[11]。桥头碳既不发生构型翻转，也不发生消旋。在简单的例子 W—A—B 中，还有很多的证据证实 W 基团经常是保持构型，而决不会翻转[12]。然而，这并不代表 A 和 B 上的情况。当然，许多反应中，W—A—B 的空间结构特点是，其产物的 A

或 B 或两者都只有一种立体可能性。

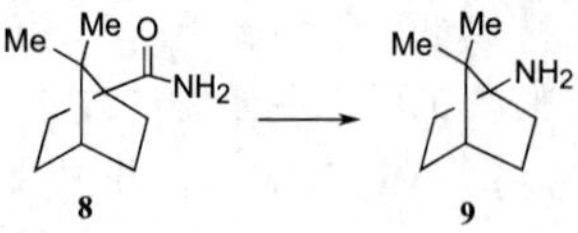

因此在大多数这样的情况下，我们并不能获悉什么。但是 A 或 B 的空间特性研究结果表明产物是混合物。已经证实在 A 或 B 处可以发生翻转或外消旋化。例如 **10**，这个转变过程在 B 处发生了翻转[13]：

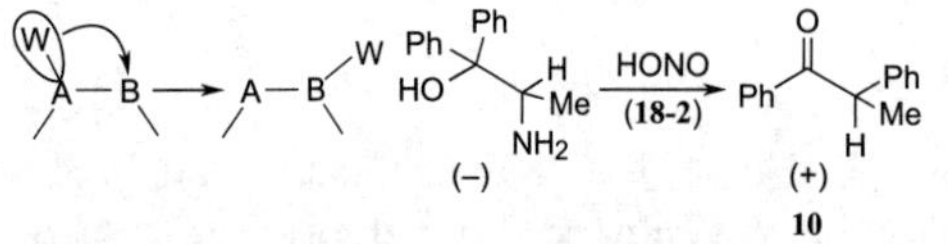

而 A 处的翻转在其它例子中可以看到[14]。然而，在很多其它情况下，在 A 或 B 或两处都能发生消旋化[15]。为了研究 A 或 B 位的立体化学，并不总是需要产物有两种空间可能性。这样，在大多数的 Beckmann 重排（反应 18-17）中，只有处于羟基对位（通常被叫做反位）的基团发生迁移，表现出 B 位的构型翻转，如 **11** 的形成。

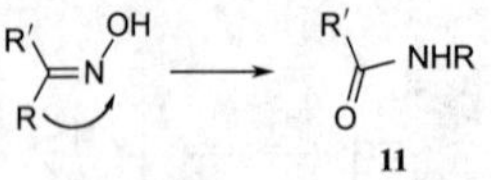

这个信息告诉我们重排中三步的协同作用程度。首先考虑 R—A—B—X 中迁移终点 B。如果在 B 位发生了外消旋化，那么第 1 步可能在第 2 步之前发生，这样在 B 位就会出现一个带正电荷的碳（或其它的六电子原子）：

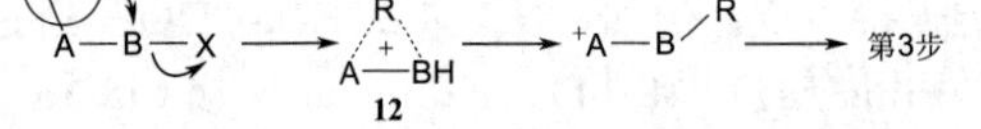

就 B 而言，这就是一个 S_N1 型的过程；如果在 B 位发生构型翻转，则可能前面两步是同时进行的，这样碳正离子就不再是中间体了，并且这个过程像 S_N2 过程：

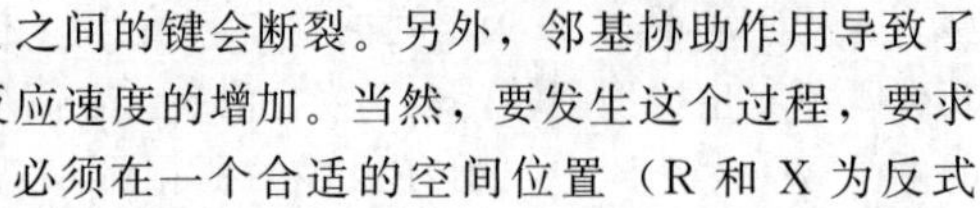

这种情况类似于邻基 R 参与协助 X 基团的离去（参见 10.3 节）。确实，R 在这里就是邻近基团。唯一不同的是，在亲核取代的邻基参与机理情况下，R 不会与 A 分离，而在重排反应中，R 和 A 之间的键会断裂。另外，邻基协助作用导致了反应速度的增加。当然，要发生这个过程，要求 R 必须在一个合适的空间位置（R 和 X 为反式共平面）。化合物 **12** 可能是一个真正的中间产物，或只是一个过渡态，这要由迁移的基团来决定。在 S_N1 类过程的某些情况下，由于碳正离子的构型的影响，可能会发生在迁移终点处构型完全保持的迁移[16]。

我们可以总结出如下几点结论：

（1）S_N1 型过程最有可能发生在 B 是一个叔碳原子或者有一个芳基，并且至少有另外一个烷基或芳基的结构中。在其它情况下，S_N2 型过程更有可能发生。新戊基底物的构型翻转（说明是 S_N2 型过程）已经通过对手性的新戊烷-1-d-醇的研究证实[17]。另外一方面，还有其它的证据证实新戊烷基系统按碳正离子（S_N1 型）机理发生重排反应[18]。

（2）关于 **12** 到底是一个中间体还只是一个过渡态的问题，已经有很多争议。当 R 是芳基或乙烯基时，**12** 可能是一个中间体并且迁移基团提供邻位协助[19] ［参见 10.3.1 节（3）和（4），因为当 R 是芳基时可共振稳定该中间体］。当 R 是烷基时，**12** 是一个质子化的环丙烷（边-或角-质子化；参见 15.2.4 节）。有大量证据表明，在简单的甲基迁移中，主要的产物并不是通过质子化环丙烷中间体形成的。这种说法的证据已经有人给出［参见 10.3.1 节（4）③］。进一步的证据来自同位素标记实验。

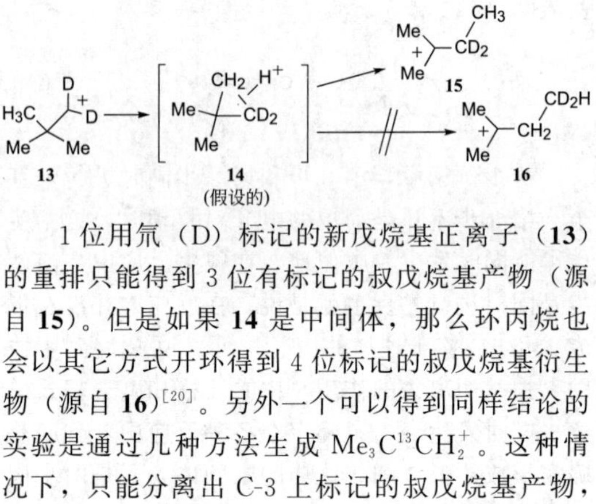

1 位用氘（D）标记的新戊烷基正离子（**13**）的重排只能得到 3 位有标记的叔戊烷基产物（源自 **15**）。但是如果 **14** 是中间体，那么环丙烷也会以其它方式开环得到 4 位标记的叔戊烷基衍生物（源自 **16**）[20]。另外一个可以得到同样结论的实验是通过几种方法生成 $Me_3C^{13}CH_2^+$。这种情况下，只能分离出 C-3 上标记的叔戊烷基产物，即 $Me_2C^+—^{13}CH_2CH_3$ 的衍生物；没有发现 $Me_2C^+—CH_2^{13}CH_3$ 的衍生物[21]。

虽然主要产物不是通过质子化的环丙烷中间体形成的，但是有相当多的证据表明，至少在 1-丙基体系中，有一小部分产物确实能通过这个中间体得到[22]。这些证据包括分离出 10%～15% 环丙烷［10.3.1 节（4）③］。另外的证据来自同位素标记的胺通过重氮化生成丙基正离子（$CH_3CH_2CD_2^+$，$CH_3CD_2CH_2^+$，$CH_3^{14}CH_2CH_2^+$）的实验，产物中同位素的分布表明，少量的产物（约 5%）是通过质子化的环丙烷中间体生成的，例如[23]：

CH₃CH₂CD₂NH₂ $\xrightarrow{HONO}$ C₂H₄D—CHD—OH （约 1%）

CH₃CD₂CH₂NH₂ $\xrightarrow{HONO}$ C₂H₄D—CHD—OH （约 1%）

CH₃¹⁴CH₂CH₂NH₂ $\xrightarrow{HONO}$

¹⁴CH₃CH₂CH₂OH + ¹⁴CH₃CH₂CH₂OH
（约 2%）　　（约 2%）

1-丙基-1-¹⁴C-高氯酸汞的三氟乙酸解反应的情况则更加复杂[24]。同位素标记的异丁胺重氮化反应[25]和同位素标记的 1-丙基甲苯磺酸酯甲醛解反应得到的产物中只有不到 1% 的产物源自质子化环丙烷中间体[26]。

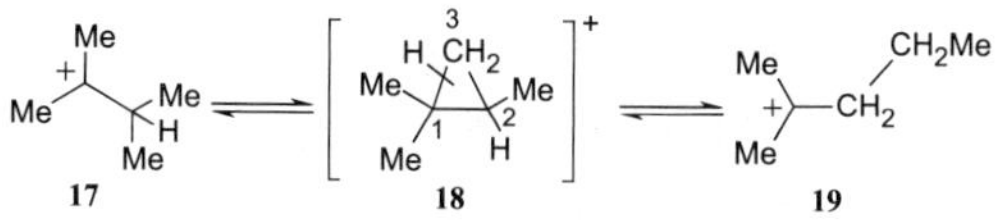

质子化环丙烷过渡态或中间体也有可能在一些非 1,2-重排中出现。例如，在超酸溶液中，离子 **17** 和 **19** 处于平衡状态。对它们来说，不可能完全通过 1,2-烷基或氢的迁移转变，除非以伯碳正离子（这是不大可能的）作为中间体。然而，这个反应可以通过一定的假设来作出解释[27]，即中间体或过渡态 **15** 的 1,2-键要比 2,3-键更容易断开。并且如果这个反应是个正常的甲基 1,2-迁移反应，那么 1,2-键应该是唯一能断开的键。在这种情况下，打开 1,2-键生成三级碳正离子，而当断开 2,3-键时得到的却是二级碳正离子（在 **19 → 17** 的反应中，断开的显然应该是 1,3-键）。

（3）关于氢作为迁移基团，已经有了广泛的讨论。还没有找到 **10** 在这种情况下是否是真的中间体的有力证据，尽管两种观点都讨论过［参见 10.3.1 节（4）③］。

迁移起始点 A 的立体化学很少提及，因为在多数情况下，它最终不会是一个四面体构型的原子；但是当发生构型翻转时，迁移起点发生的则是一个 S_N2 过程。这可能是也可能不是伴随着迁移终点 B 的 S_N2 过程而发生的：

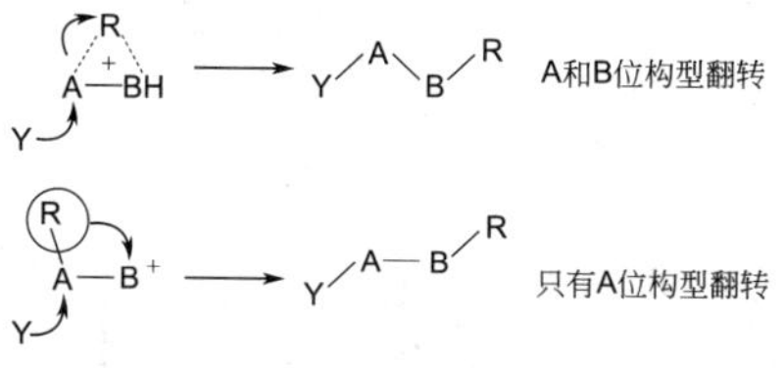

A 和 B 位构型翻转

只有 A 位构型翻转

在某些情况下，发现当 H 作为迁移基团时，A 处的构型可能会保持[28]。

有证据表明，甚至在迁移发生前很久离去基团就已经离去的情况下，分子的构型也是影响反应的非常重要的因素。例如，1-金刚烷基正离子（**20**）分子内是不平衡的，甚至在 130℃ 的高温下也是如此[29]，而开链（例如 **6 ⟷ 6′**）和环状三级碳正离子在 0℃ 甚至更低的温度下就已经达到这种平衡了。基于这个和其它的一些证据，可以得出结论：对氢和甲基的 1,2-迁移反应要进行得尽可能平稳，承载正电荷的碳的空 p 轨道和携带迁移基团的 sp^3 轨道必须共平面[29]，这对 **20** 来说是不可能的。

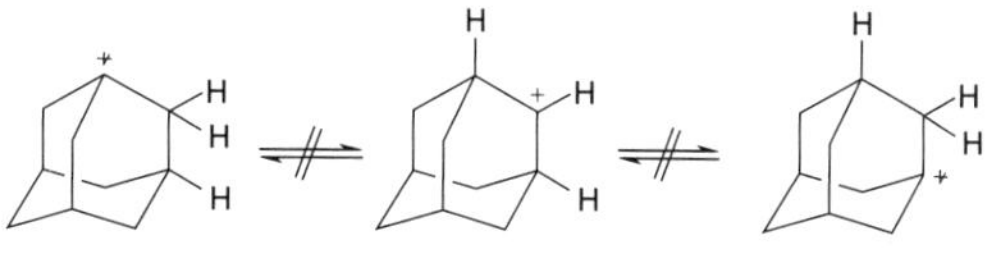

20　　**20**　　**20′**

18.1.3　迁移能力[30]

在很多反应中，很容易正确判断哪个基团发生迁移。例如，在 Hofmann 反应、Curtius 反应和其它类似的反应中，每个分子只有一个可能迁移的基团，只要分别比较不同化合物的重排速率，就能推测出相应的迁移能力。在其它例子中，可能存在两个或者更多的可迁移基团，具体哪个基团迁移则由分子的几何结构确定。Beckmann 重排（**18-17**）是一个例子。像我们在 **11** 的形成时看到的一样，只有处于 OH 对位的基团才能发生迁移。有些化合物的结构并不能像这样严格限定，这时重叠效应（参见 17.3 节）起作用，发生迁移的就是处于分子最稳定构象时合适位置的基团[31]。然而，在一些反应，特别是 Wagner-Meerwein 重排（**18-1**）和频哪醇重排反应（**18-2**）中，分子中可能含有几个，至少在几何结构上有着迁移概率几乎相等的基团。这样的反应经常用来研究各基团相对迁移能力大小的顺序。在频哪醇重排反应中，还存在这样一个问题：哪一个 OH 基团会离去，哪一个不会离去。因为只有一个碳原子上的 OH 基团离去以后，另外一个碳原子上的基团才能发生迁移。

我们首先处理第二个问题。为了有效研究这个问题，最好的底物形式是这样的：$R_2C(OH)—C(OH)R'_2$，因为这时唯一决定迁移能力的就是哪个 OH 基团会离去。只要 OH 基团一离去，那么迁移基团也就确定了。像预期的那样，离去的是导致生成更稳定碳正离子的 OH 基团。于是 1,1-二苯基乙二醇（**21**）重排后生成的是二苯基乙醛（**22**），而不是苯基苯乙酮（**23**）。显然，在这里苯基的迁移倾向比余下的氢强还是弱是无所谓的。只有氢可能迁移，因为不会形成 **24**。像我们知道的一样，碳正离子的稳定性可以被键连的基团来提高，其顺序是：芳基

>烷基>氢，并且这个顺序一般也决定了哪一边会失去 OH 基团。然而，也发现有例外的情况，有时候哪个 OH 离去与反应条件有关（例如，参见化合物 **59** 的反应）。

要解决基团迁移能力的问题，显然应该采用的底物（在频哪醇重排反应中）结构是 $R'RC(OH)—C(OH)RR'$，因为无论哪个 OH 基团离去都会产生相同的碳正离子，这样就可以直接比较 R 和 R' 迁移能力的大小。在进一步的研究中，我们发现有几个因素在起作用。抛开前面已经提到过的可能存在的构象效应的问题，到底是基团 R 还是 R' 迁移不仅仅由它们相对内在迁移能力决定，还与不迁移的基团能否更好稳定迁移起点所产生的正电有关[32]。在这里，R 迁移就会生成正离子 $R'C^+(OH)CR_2R'$，而 R' 迁移则生成正离子 $RC^+(OH)CRR'_2$，这两个正离子稳定性是不一样的。在一些例子中，可能会发现其中 R 基团迁移量要少于 R' 基团，这不是因为 R 的内在迁移能力比较差，而是因为它能更好地稳定正电荷。除了这个因素外，基团的迁移能力也与它对离核体施加邻位协助的能力有关。这个效应的一个例子是：研究发现在甲苯磺酸酯 **25** 的分解中，只有苯基迁移，而相应的烯（**26**）用酸处理，则发现甲基和苯基会竞争迁移（在这个反应中必须用 ^{14}C 标记来确定是哪个基团迁移）[33]。化合物 **25** 和 **26** 得到相同的碳正离子；不同的实验结果只能是由于这样的原因：在 **25** 中苯基能够协助离去基团离去，而在 **26** 中没有这样的过程。这个例子清楚地显示了相对自由的迁移和在邻位协助作用的迁移之间的不同[34]。

因此，想明确地得到相对迁移能力是不大可能的。通常基团的迁移趋势是芳基>烷基，但也有例外，而且氢在这个序列中的位置难以预测。在某些情况下，氢比芳基更容易迁移；而在另一些情况下，烷基却比氢更容易迁移。这类反应得到的通常是混合物，而具体以哪种异构体为主则由反应条件决定。例如，关于甲基和乙基迁移能力的对比已经在各种不同体系中进行了多次研究，在一些情况下以甲基发生迁移为主，而在另外的一些情况下则以乙基迁移为主[35]。然而，可以确定的是在各种芳基迁移基团中，如果间位和对位有给电子取代基，它的迁移能力会增强，而如果在邻位有同样的取代基，它的迁移能力却会降低。吸电子取代基无论在什么位置都会降低基团的迁移能力。如下是几种芳基的相对迁移能力[36]：对甲氧基苯基，500；对甲苯基，15.7；间甲苯基，1.95；苯基，1.00；对氯苯基，0.7；邻甲氧基苯基，0.3。邻甲氧基苯基特别低的迁移能力可能是由空间位阻引起的，而对其它基团来说，迁移能力与芳香亲电取代的活性或惰性的关系是一致的，这是因为迁移与苯环有关。有文献报道，至少在某些体系中，酰基的迁移能力要大于烷基[37]。

18.1.4 记忆效应[38]

内型二环化合物（**27**）（X = ONs，参见 10.7.3 节，或 Br）溶剂解得到的产物中，最多的是二环烯丙基醇（**30**），伴随产生少量的三环醇（**34**）；而外型异构体溶剂解得到的产物主要是 **31** 和少量的 **34**[39]。

要注意的是，这里的内型和外型指的是 XCH_2 基团分别处于 C═C 单元的上面和 C═C 单元的背面。这两种异构体溶剂解得到完全不同比例的产物，尽管开始形成的碳正离子（**28** 或 **32**）对彼此来说基本上是一样的。在 **28** 的情况下，接下来是第 2 个重排（1,7-键的迁移），生成 **29**，而对 **32** 来说，接下来的是分子内碳正离子对双键的加成，生成 **33**。这就好像 **28** 和 **32** 记住了在进行第 2 步之前它们是如何形成的。这样的效应被称为记忆效应（memory effect）。此外还发现了其它一些这样的例子[40]。尽管有很多相关的讨论，但是引起记忆效应的原因还没有完全弄清楚。一个可能原因是表面看来一样的离子 **28** 和 **32**，溶剂化时却不同。另外的可能性是：① 两种离子的几何结构向相反的方向扭曲（例如，**32** 扭曲后可能使其所带的正电荷比扭曲的 **28** 更靠近双键）；② 与离子配对有关[41]；③ 涉及非典型的碳正离子[42]。步骤 **27**→**28**→**29**

扭曲的 **32**   扭曲的 **28**

和 **31**→**32**→**33** 是协同的可能性已经被排除，所以 **28** 和 **32** 根本不存在。好几种证据证明这种可能性是可以排除的，如：**27** 反应不仅得到 **30**，也得到少量 **34**；**31** 反应伴随着得到 **34** 也得到了一些 **30**。这意味着一些 **28** 和 **32** 离子之间可以相互转化，这是一种类似"泄漏"的现象。

18.2 长程亲核重排

关于一个基团能否携带它的电子对在 W—A—B—C 中从 A 迁移到 C，或者发生更长距离的迁移的问题，已经有很多的争论。尽管已经有人声称烷基可以通过这种方式迁移，即使它确实发生，关于这种迁移的证据也是非常少的。能够证明这种迁移的一个实验是 3,3-二甲基-1-丁基正离子（$Me_3CCH_2CH_2^+$）的生成。如果 1,3-甲基迁移是可能的，那么这个正离子将似乎是非常合适的底物，因为这种迁移可将一个一级碳正离子转变为三级的 2-甲基-2-戊基正离子（$Me_2C^+CH_2CH_2CH_3$）。而如果只能发生 [1,2] 氢迁移，将只能得到二级正离子。但是事实上，没有发现由 2-甲基-2-戊基正离子形成的产物，唯一的重排产物是通过 1,2-氢迁移得到的[43]。溴的 [1,3] 迁移已有报道[44]。

然而，大多数关于 [1,3] 迁移的讨论不是集中在甲基或溴上，而是集中在 [1,3] 氢迁移上[45]。毫无疑问，形式上的 [1,3] 迁移发生了（已经找到了很多相关的例子），但问题是它们是否真的就是氢的直接迁移，或者有可能是按其它机理发生的。至少可以通过两种方式发生间接的 [1,3] 氢迁移：① 通过连续的 [1,2] 迁移，或 ② 通过质子化环丙烷［参见 18.1.2 节（2）］。直接的 [1,3] 迁移将会出现过渡态 **A**，而涉及质子化环丙烷中间体的 [1,3] 迁移的过渡态类似

于 **B**。大多数报道过的 [1,3] 氢迁移事实上是连续的 [1,2] 迁移[46]，但是在某些情况下有少量产物却无法认为是用这种方式生成的。例如，2-甲基-1-丁醇与 KOH、溴仿反应得到烯烃的混合物。几乎所有的产物都是通过简单的消除、[1,2] 氢或烷基迁移得到的，然而却有 1.2% 的产物结构是 **35**[47]。

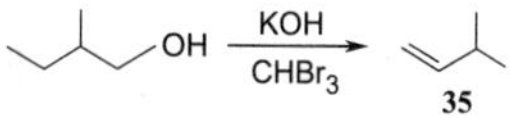

假设 **35** 可以通过 1,3-迁移（直接的或通过质子化环丙烷）或连续的 1,2-迁移得到：

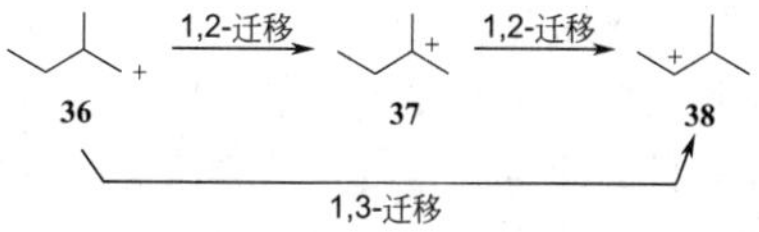

然而，2-甲基-2-丁醇发生同样的反应却不能得到 **35**，这说明 **38** 不是通过 **37** 形成的。因此结论就是：**38** 直接通过 **36** 形成。这个实验没有解决 **38** 是通过直接的迁移还是经由质子化环丙烷得到的问题，但是通过其它证据来看[48]，表面上的 [1,3] 迁移如果确实不是通过连续的 [1,2] 迁移得到的话，那么通常就是通过质子化环丙烷中间体形成的［这就像我们在 18.1.2 节（2）中看到的一样，在任何情况下，这种产物百分比都是很小的］。然而，有证据表明经由 **A**（见前述）的直接 [1,3] 氢迁移在超强酸溶液中可能发生[49]。

尽管距离大于两个相邻原子的长程直接亲核重排是很少见的（或者可能不存在），但当迁移的原子或基团必须沿着长链移动时，跨越 8～11 元环的迁移并不少见。已经发现很多这样的跨环重排[50]（参见 4.17.2 节）。以下是 **39** 转化为 **40** 的反应机理[51]：

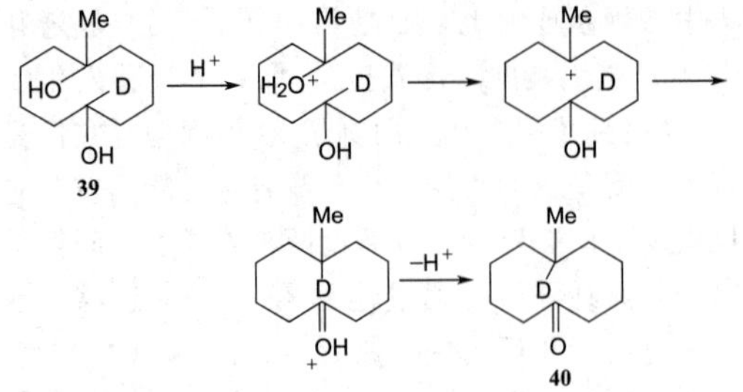

值得注意的是，在这个体系中甲基没有发生迁移。通常烷基是不能发生此类跨环迁移的[52]。在大多数情况下是氢发生了这种类型的迁移，当然也发现了少量苯基的迁移[53]。

18.3 自由基重排[54]

前面已经提到过，[1,2] 自由基重排要比亲核重排少见得多，具体原因已经在 18.1 节提到过。当它发生时，通常模式都是相似的。必须首先生成自由基，然后在实际的迁移过程中，迁移基团携带一个电子迁移：

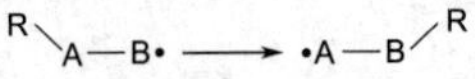

$$R\text{-}A\text{-}B\cdot \longrightarrow \cdot A\text{-}B\text{-}R$$

最后，这个新的自由基将通过进一步的反应生成中性分子。通过自由基的稳定性顺序在这里我们可以进行预测，就像在碳正离子重排中，迁移应该按一级碳（伯）→二级碳（仲）→三级碳（叔）的顺序进行。因此寻找它们最合适的地方应该是新戊基和新苯丁基体系。最常用的以检测自由基重排为目的的生成自由基的方法是醛的脱羰反应（**14-32**）。通过这种方式可以发现，新苯丁基自由基确实发生了重排[55]。$PhCMe_2CH_2CHO$ 用二叔丁基过氧化物处理，可以得到几乎等量的正常产物 $PhCMe_2CH_3$ 和由苯基迁移生成的产物[56]：

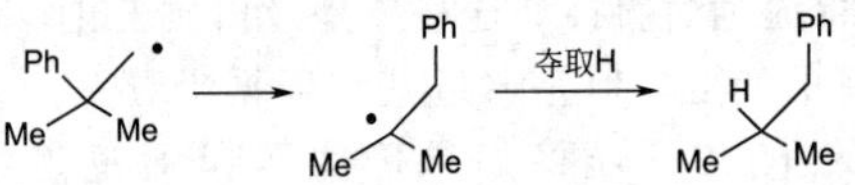

还发现了很多芳基自由基迁移的其它实例[57]。分子内的自由基重排已有报道[58]。α-侧柏酮和 β-侧柏酮的 C-4 自由基发生两种完全不同的重排反应，因此人们提出，这些化合物可以作为同时但独立的自由基时钟[59]。

在 β-碳上连有 OCOR 基团的自由基上观察到了 [1,2] 迁移。这里含氧基团发生了示意图上所示的迁移，导致 **41** 和 **42** 之间的转化。该过程由 ^{18}O 同位素标记实验[60]和其它相关机理探索得到证实[61]。同样的重排也可以在像 **43** 这样的磷酸酯基烷基上观测到[62]。在芳基自由基上观察到了氢原子的 [1,2] 迁移[63]。

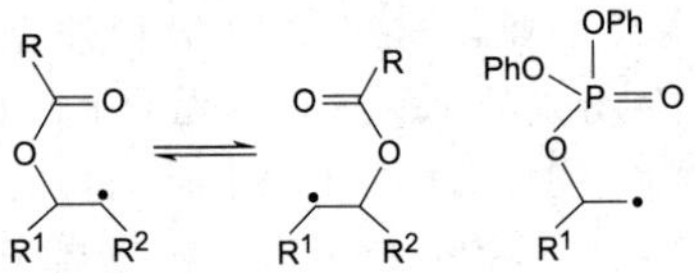

值得注意的是，这种迁移的程度要比相应的碳正离子小很多：在给出的例子中，只有约 50% 发生迁移，但是碳正离子却有更多发生了迁移。同样值得注意的是自由基重排中也没有甲基迁移。一般可以说，常温下不会发生烷基的自由基迁移。以常用的新戊烷基和冰片烷基为底物，人们做了很多的尝试，试图检测到这种迁移。然而，还是没有观测到烷基的迁移，甚至在相应的碳正离子很容易发生重排的底物上也是如此[64]。另一种对碳正离子来说非常常见，但是在自由基上没有观测到的迁移是氢的 [1,2] 迁移。下面我们只讨论几个没有烷基和氢迁移的例子：

(1) 3,3-二甲基戊醛（$EtCMe_2CH_2CHO$）发生脱羰反应时不会得到重排产物[65]。

(2) 将 RSH 加成到降冰片烯上，虽然 **44** 是一个中间体，但却只能得到外型降冰片基硫化物。如果不发生重排，是不能形成相应的碳正离子的[66]。

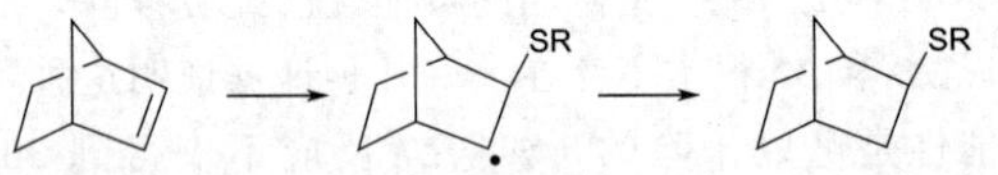

(3) 立方烷基甲基自由基不会重排成 1-高立方烷基自由基，尽管这样做能够明显地降低张力[67]。

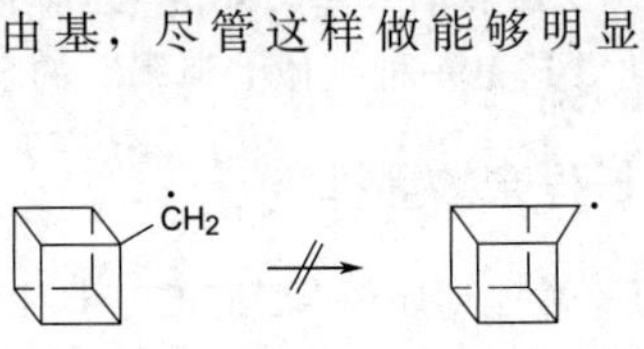

立方烷基甲基自由基　　1-高立方烷基自由基

(4) 已经证实[68]，异丁烷的氯化反应中异丁基不会发生重排生成叔丁基（这可以通过氢迁移形成，所得到的是更稳定的自由基）。

然而，烷基的 [1,2] 迁移已经证实在某些双自由基中会发生[69]。例如，下面的重排反应已经通过同位素氚标记实验所确定[70]。

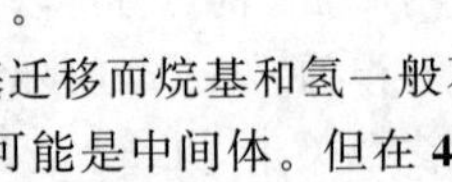

在这种情况下，甲基基团的迁移直接得到一个所有电子都成对的化合物，这无疑是该反应得以进行的动力。

根据芳基迁移而烷基和氢一般不迁移这个事实，推测 **45** 可能是中间体。但在 **45** 中，不成对电子并不在三元环上。对于这个观点有很多不同的看法，但是很多的证据表明 **45** 是一个过渡态，而不是中间体[71]。其中一个证据是：不能通过ESR[72]或 CIDNP[73] 观测到 **45**。而这两种技术都能检测到寿命非常短的自由基（参见 5.3.1 节）[74]。

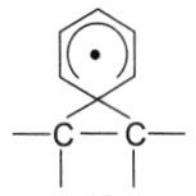

除了芳基，乙烯基[75]和酰氧基[76]也会迁移。烯丙基通过形成环丙烷基甲基自由基中间体（**46**）的方式进行迁移[77]，而酰氧基的迁移可能涉及一个如下所示的电荷分离结构[78]：

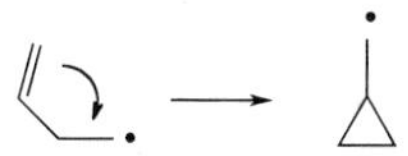

1-(3-丁烯基) 环丙烷在 415℃ 下可发生热异构化，生成二环[2.2.1]庚烷[79]。另外还观测到氯的迁移（以及很少量的溴迁移的实例）。例如，过氧化物影响下的 $Cl_3CCH=CH_2$ 和溴的反应，得到的产物是 47% 的 $Cl_3CCHBrCH_2Br$（正常的加成的产物），另外 53% 是 $BrCCl_2CHClCH_2Br$，这是通过重排产生的：

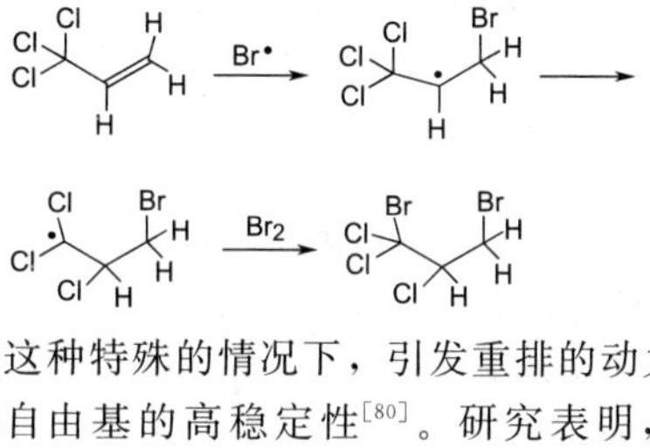

在这种特殊的情况下，引发重排的动力是二氯烷基自由基的高稳定性[80]。研究表明，如果迁移起始点是三级原子而迁移终点是一级原子，就确实会有 Cl 的 [1,2] 迁移发生[81]。Cl 和 Br 的迁移可以通过一个过渡态发生，在这个过渡态中孤电子分布在卤素的一个空 d 轨道上。

利用 $RCMe_2\dot{C}H_2 \rightarrow Me_2\dot{C}CH_2R$ 体系，测定了苯基、乙烯基及另外三种基团迁移能力的大小。发现其顺序如下：$R = H_2C=CH_2 > Me_3CC=O > Ph > Me_3CC≡C > CN$[82]。

总之，[1,2] 自由基迁移远不及相应的碳正离子迁移普遍，而只对芳基、乙烯基、酰氧基和卤素迁移基团来说是重要的。迁移的方向通常是生成更稳定的自由基，但也发现了一些"错误"重排[83]。

尽管氢原子事实上不会发生 [1,2] 迁移，但却发现了氢的长程自由基迁移[84]。其中最常见的是 [1,5] 迁移，但是也发现了 [1,6] 迁移，甚至更远距离的迁移（参见反应 18-29）。对于 [1,3] 氢迁移的可能性，人们进行了广泛的研究，但还是不能确定是否确实存在。即便有，那也应该是非常少的。这是因为最合理的过渡态 C—H—C 的几何构型应该是线型的，而这个几何构型在 [1,3] 氢迁移中是不能达到的。[1,4] 氢迁移是已知确实存在的，但不是很常见。这种长程迁移更多的被认为是分子内氢吸引的结果（参见反应 14-6 和 18-40）：

此外还观察到了氢原子的跨环迁移[85]。

18.4 卡宾（碳烯）重排[86]

在很多情况下，碳烯可以重排生成烯烃[87]。生成烯烃的 [1,2] 氢迁移，经常要与插入反应竞争[88]。苄基氯碳烯（**47**）可以通过一个 [1,2] 氢迁移得到烯烃[89]。类似地，在碳烯 **48** 重排生成烯烃 **49** 的反应中，将 α-碳上的 H 换成 D，可以观测到约 5 倍的氘同位素效应[90]。亚乙烯基碳烯（$H_2C=C:$）重排生成乙炔[91]。亚烷基碳烯（**50**）发生重排预计会生成非常不稳定的环戊炔（**51**）。它不能分离出来，但是如果在一个简单烯烃存在下却可以得到 [2+2] 加成的产物[92]。螺碳烯也可发生重排反应[93]。

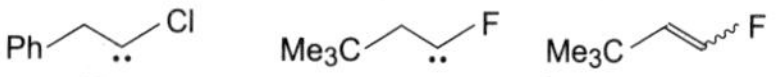

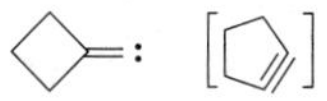

18.5 亲电重排[94]

基团不携带成键电子迁移的重排比前面讨论的两种要少得多，但基本的原理都是一样的。首先要生成一个碳负离子（或其它负离子），真正的重排步骤是一个基团不携带电子的迁移：

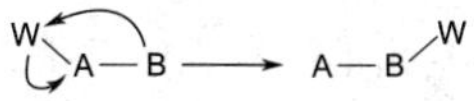

重排的产物可能是稳定的，也可能发生进一步的反应，具体发生哪一种过程有赖于它本身的性质（同样参见反应 18-2）。一个从头算研究预言，炔基负离子上的 [1,2] 烷基迁移很容易发生[95]。

18.6 反应

本章中的反应主要可以分成三大类。第一类是 [1,2] 迁移（重排）。在这类反应中，又可以根据①底物原子 A 和 B 的特性以及②迁移基团 W 的性质来进行分类；第二类是环重排反应；第三类是无法归入第一类或第二类的重排反应。

迁移终点在芳香环上的反应都视为芳香取代反应。这些内容在反应 11-27 ~ 11-32、11-36、13-30 ~ 13-32 以及部分地在 11-33、11-38 和 11-39 中进行了讨论。双键的迁移也同样放到了其它的章节里，尽管它可以认为是重排反应（参见 8.1 节及反应 12-2 和 12-4）。其它的反应，像 Pummerer 反应（19-83）和 Willgerodt 反应（19-84）也可以认为是重排。

18.6.1 1,2-重排

18.6.1.1 R、H 和 Ar 的碳-碳迁移

18-1 Wagner-Meerwein 及相关反应

1/氢,1/羟基-(2/→1/烷基)-迁移-消除，等

Wagner-Meerwein 重排反应最早是在双环萜烯上发现的，早期关于这个反应的研究和发展主要也是基于这类化合物[96]。一个例子是异冰片转化为莰烯：

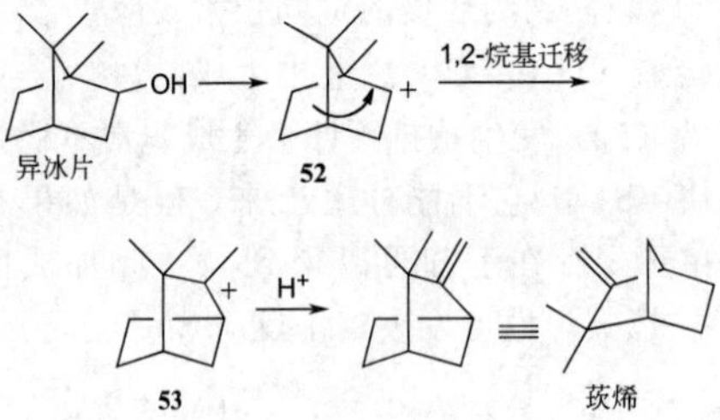

此例从根本上说是中间体碳正离子的 1,2-烷基迁移（例如：52→53）。用酸处理醇，得到的产物中简单取代（例如反应 10-48）和消除反应（17-1）产物经常占到了大部分甚至全部。但是在很多情况下，特别是 β-碳上有两个或三个烷基或者芳基时，一部分或全部产物都是由重排产生的。这种重排被称为 Wagner-Meerwein 重排反应。但是这个名称当今被用于专指相对特殊的转化反应，如：异冰片转化为莰烯及相关反应。就像前面曾经指出的一样，由重排直接生成的碳正离子必须通过反应来稳定自己。通常，它们都是通过失去 β 位上的氢来做到这点的，因此这种重排的产物经常是烯烃[97]。如果有多个质子可以失去，像我们所预料的一样，可以通过 Zaitsev 规则 [参见 17.1.1 节（3）] 进行判断。有时

失去的是另外一个带正电荷的基团，而不是质子。有时新生成的碳正离子也会通过结合一个亲核试剂来使自己稳定，而不会失去质子。这个亲核试剂可能是原来离去的水，这样产物就是一个重排的醇，亲核试剂也可以是另外存在的一些物种（溶剂、加入的亲核试剂等）。

重排反应通常在新戊烷基和新苯丁基类底物中占主导地位，在这类底物中一般的亲核取代反应很难发生（正常的消除反应当然是不可能的）。这是因为在 S_N2 条件下，取代反应进行得特别慢[98]；在 S_N1 条件下，碳正离子一旦生成就快速进行重排。然而，不伴随重排的自由基取代可以在新戊烷基体系中进行，就像我们前面（参见 18.3 节）看到的一样，新苯丁基体系既可以发生重排也可以发生取代反应。

在更简单的体系中也发现了碳正离子重排，例如：新戊基氯（例 a），甚至是 1-溴丙烷（例 b）。

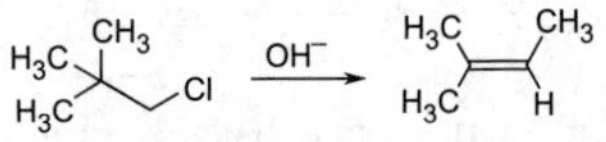

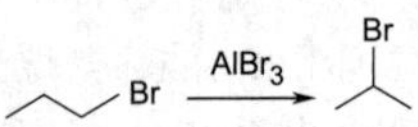

这些例子显示出如下几点：

（1）氢负离子可以迁移。在例 b 中，迁移的是氢而不是溴：

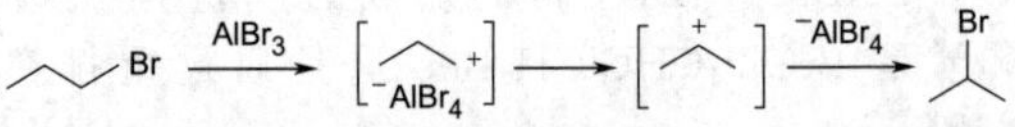

（2）离去基团不一定必须是水，而可以是任何离去后能生成碳正离子的物质。包括从脂肪族重氮化合物离子上脱去的 N_2[99] [见亲核取代中离去基团部分，10.1.2 节（1）]。此外，质子或其它带正电荷的物质加成到双键上产生的碳正离子也可以进行重排反应。

（3）例 b 显示最后一步可以是取代，而不是消除。

（4）例 a 表明新形成双键的位置是由 Zaitsev 规则确定的。

2-降冰片烷基正离子（见 52），除了发生前面所说的经 CH_2 基团 [1,2] 迁移实现异冰片→莰烯的转化外，还倾向于发生氢从 3 位到 2 位的快速迁移（即 [3,2] 迁移）。这种 [3,2] 迁移通常从外侧进行[100]；也就是说，3-外型氢迁移到 2-外型位置[101]。这种立体选择性与我们前面提到的降冰片烷基体系中的行为很类似，即亲核试剂从外侧进攻降冰片烷基正离子 [参见 10.3.1 节（4）]，并且降冰片烯的加成反应通常也是从外侧

第 18 章 反应 829

进行的（参见 5.2.3 节）。

对于烷基碳正离子的重排，重排的方向通常是导致生成最稳定的碳正离子（或自由基），而碳正离子的稳定性顺序是：三级＞二级＞一级。但是也发现了向其它方向的重排反应[102]，并且重排的产物通常也是相应各种正离子的平衡混合物。

已经发现了二级碳正离子到二级碳正离子的 Wagner-Meerwein 重排，这引起了人们的一些争论。Winstein[103] 用共振结构描述了降冰片烷基正离子，表示为非经典碳正离子 **54**[104]。这一观点受到了 Brown 等人的质疑[105]。Brown 指出，降冰片烷基正离子之所以容易进行重排，是由于可以发生一系列快速的 1,3-Wagner-Meerwein 迁移[106]。然而，大量的证据却表明，降冰片烷基正离子是通过 σ 参与而发生重排的[107]，NMR 证据强烈表明，在低温下的超酸中存在非经典碳正离子[108]。

54

如前面所指出的，"Wagner-Meerwein 重排反应"这个术语并不是非常严格的。有时候用它来指所有这一节及 **18-2** 中的所有重排反应，但有时候又仅仅指醇转变为重排烯烃的反应，或仅仅指涉及非经典碳正离子的重排。研究萜烯的化学家将甲基迁移的反应称为 Nametkin 重排。"逆频哪醇重排"这个术语经常用来指某些或所有的这类反应。值得庆幸的是，这种命名上的不同并没有引起太多的混乱。已经发现了催化作用下的不对称 Wagner-Meerwein 迁移[109]。丙二烯醇在 Pd 催化下的不对称 Wagner-Meerwein 迁移已见报道[110]。

有时几个重排可以发生在一个分子上，可以几个重排同时发生或快速地连续发生。在三萜（烯）类化合物中发现了这样一个非常有意思的例子。软木三萜酮（friedelin）是一种在软木中发现的三萜酮类化合物，还原后得到 3β-软木三萜醇（**55**）。当用酸处理这种化合物，就会得到 13(18)-齐敦果烯（**56**）[111]。在这种情况下，一个分子中发生了 7 次 [1,2] 迁移。在 3 位脱去

一分子 H_2O 并留下一个正电荷时，发生了如下位置的迁移：H 从 4 到 3；甲基从 5 到 4；氢从 10 到 5；甲基从 9 到 10；氢从 8 到 9；甲基从 14 到 8；甲基从 13 到 14。这样就在 13 位留下了一个正电荷，然后通过在 18 位失去一个质子来使它稳定并得到 **56**。所有的这些迁移都是立体专一的，基团总是在它所处环体系的一侧迁移；也就是说，如果一个基团处于环体系"平面"的上方（在 **55** 中用实线表示），那么该基团就在平面上方移动，而处于平面下方（虚线表示）的基团就在下方移动。有可能这 7 次迁移并不都是协同的，尽管它们中有些可能确实是协同的，因为可以分离出中间产物来[112]。就像第 (2) 点（参见前述）所显示的那样，有人认为，由 **55** 脱水得到的软木三萜烯，用酸处理也可以得到 **56**[113]。

某些烷烃用 Lewis 酸处理并加入少量的引发剂，也可以发生 Wagner-Meerwein 重排反应。这个反应的一个非常有趣的应用是将三环分子转变成金刚烷及其衍生物[114]。已经发现，所有的含有 10 个碳原子的三环烷烃用像 $AlCl_3$ 这样的 Lewis 酸处理都可以得到金刚烷。如果反应物多于 10 个碳，就会生成烷基取代的金刚烷产物。这种反应的 IUPAC 名称是 Schleyer 金刚烷化反应（Scheleyer adamantization）。这里给出两个例子：**57** 和 **58** 在 $AlCl_3$ 作用下的反应。

如果反应物中存在 14 个或更多的碳原子，就可能会得到金刚烷（diamantane）或取代的金刚烷[115]。这些反应能够成功地发生，主要是因为金刚烷、金刚烷和类似金刚石结构分子的高度热力学稳定性。当反应达到平衡时，最终的产物应该是 C_nH_m 最稳定的异构体［被称为稳定体（stabilomer）][116]。这个反应使用"淤渣"催化

剂[117]（例如，AlX_3 和叔丁基溴化物或仲丁基溴的混合物）催化可以得到最高的产率[118]。尽管可以确定这个形成金刚烷的反应是以亲核1,2-迁移方式进行的，但是由于反应太复杂，至今仍无法知道准确的形成步骤[119]。用 $AlCl_3$ 处理金刚烷-2-^{14}C，结果发现标记的碳按统计规律不规则地分布在产物中[120]。

就像前面已经指出的那样，Wagner-Meerwein 重排反应的机理通常是亲核迁移。也发现自由基重排（参见18.1节），但事实上只有芳基才会发生。也有人发现了碳负离子机理（亲电）[94]。用钠处理 Ph_3CCH_2Cl，仅得到不重排的产物和 Ph_2CHCH_2Ph[121]。这个反应被称为 Grovenstein-Zimmerman 重排反应。中间体是 $Ph_3CCH_2^-$，并且苯基迁移时不携带它的电子对。只有芳基和乙烯基[122]通过亲电机理迁移，烷基不发生亲电机理（参见18.1节）。过渡态和中间体很可能类似于 **41** 或 **42**[123]。

OS Ⅴ,16,194；Ⅵ,378,845。

18-2 频哪醇重排

1/O-氢,3/羟基-(2/→3/烷基)-迁移-消除

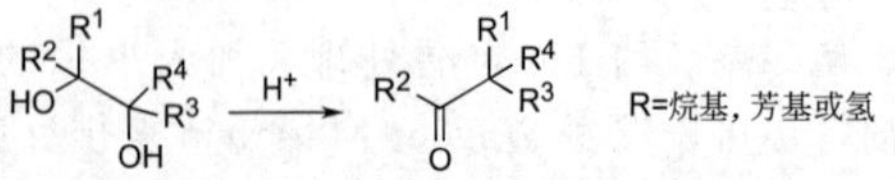

<chemical structure>

1,2-二醇（邻二醇；乙二醇衍生物）用酸处理[124]可以发生重排得到醛或酮，当然同时也会发生消除而不重排的反应。这种反应被称为频哪醇重排（pinacol rearrangement）；这个反应的名字源自一种典型的化合物频哪醇（$Me_2COHCOHMe_2$），它可以发生重排反应生成频哪酮（Me_3CCOCH_3）[125]。这类反应中，还原反应会与重排反应发生竞争[126]。采用烷基、芳基、氢甚至乙氧羰基（$COOEt$）[127]作为迁移基团，多次实现了这个反应。在大多数情况下，每个碳原子上至少连有一个烷基或芳基，而这个反应也最容易在三取代或四取代的乙二醇衍生物上进行。就像前面指出的那样，当碳原子上连着四个不同 R 基团时，可以得到不止一种产物，具体得到什么产物与迁移的基团有关（参见18.1.3节关于迁移倾向的讨论）。在超临界水中可以进行无需催化的反应[128]。这个反应可能有立体差异性[129]。当用 TMSOTf 引发这个反应时，它会表现出很高的区域选择性[130]。该反应得到的通常是混合物，哪个基团更容易发生迁移与反应条件以及反应物的性质都有关系。例如，**59** 在冷的浓硫酸中发生反应主要生成酮（**60**）

（甲基迁移），而用乙酸和痕量硫酸的混合物处理 **59** 时，得到的主要是 **61**（苯基迁移）[131]。

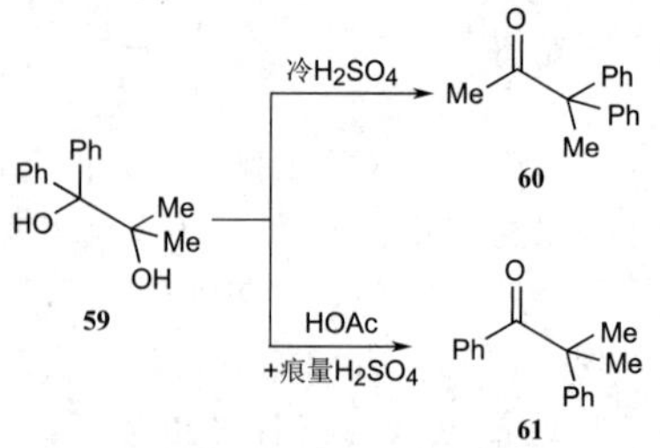

<chemical scheme showing 59 reacting with 冷H_2SO_4 to give 60 (Me, Ph, Ph, Me ketone) and with HOAc + 痕量H_2SO_4 to give 61 (Ph, Me, Me, Ph ketone)>

如果至少有一个 R 是氢，得到的产物中就会既有酮又有醛。一般来说，在比较温和的反应条件下（较低的温度，较弱的酸）更容易形成醛，因为在较激烈的反应条件下醛可能转变为酮（反应18-4）。当用 HCl 气体或有机固体酸处理固态的反应物时，在固态的情况下也能发生该反应[132]。其机理涉及一个简单的1,2-迁移。

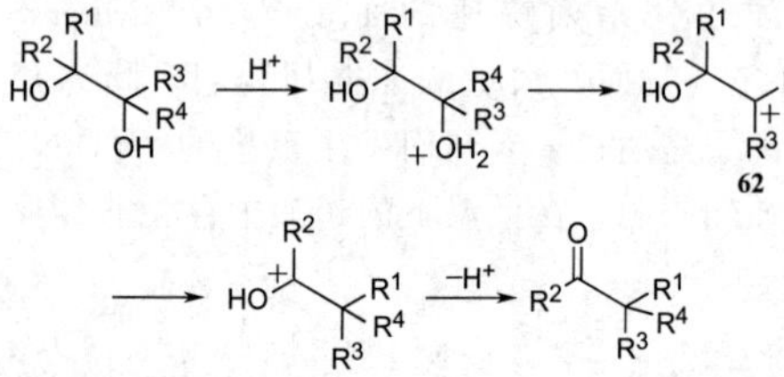

<chemical mechanism scheme showing pinacol rearrangement with intermediate 62>

已经有人通过加入四氢噻吩捕获到了中间体离子（**62**，其中四个 R 基团都是 Me）[133]。迁移发生在三级碳位置上，因为被氧原子所稳定的碳正离子比三级碳正离子（参见5.1.2节）更稳定。另外，新产生的碳正离子在失去一个质子后能马上稳定自己。

很明显，那些 OH 基的 α 位有正电荷的化合物也可以发生这类重排反应。事实证明：对 β-氨基乙醇衍生物，当用亚硝酸处理时可以发生重排[被称为半频哪醇重排（semipinacol rearrangement）]；对碘醇，它的试剂是氧化汞或硝酸银，对 β-羟基烷基硒化物［$R^1R^2C(OH)C(SeR^5)R^3R^4$］[134]以及烯醇醚[135]，用强酸处理可以使其双键质子化从而发生重排。一个相关的重排是：溴醇在 Et_2Zn 作用下发生重排生成酮[136]。

环氧化物用酸性试剂，如 BF_3-Et_2O 或 $MgBr_2$-Et_2O、5mol/L 的 $LiClO_4$ 乙醚溶液[137]、$InCl_3$[138]、$Bi(OTf)_3$[139] 进行处理或有时只需加热[140]也会发生类似的重排反应。环氧化合物用特定的金属催化剂催化时，也可以重排得到醛或酮[141]。催化剂如用铁配合物[142]、$IrCl_3$[143] 或 $BiOClO_4$[144]。碱诱导的重排反应也已有报道，但产物通常不同[145]。

Meinwald重排可以将环氧化物转化为羰基化合物[146]。多种试剂可以介导这个转化反应,例如Cu化合物[147]。乙烯基环氧化物在Ga化合物作用下可发生一个相关的反应,生成烯酮[148]。已经证明环氧化物是某些乙二醇类化合物发生频哪醇重排的中间体[149]。现在得到的相关机理的证据是,$Me_2COHCHOMe_2$、$Me_2COHCNH_2Me_2$和$Me_2COHCClMe_2$以不同的速率发生反应(预料中),但却得到相同的两种产物(频哪醇和频哪酮)的混合物,表明反应经历了一个相同的中间体[150]。

一个很好的制备β-二酮的方法就是将α,β-环氧酮与少量的$(Ph_3P)_4Pd$和1,2-双(二苯基膦)乙烷(dppe)在甲苯中80～140℃下加热[151]。环氧化物与Bi、DMSO、O_2和催化量的$Cu(OTf)_2$在100℃下反应可转化为1,2-二酮[152]。α,β-环氧酮在Ru催化剂[153]或Fe催化剂[154]作用下也可以转化为1,2-二酮。含有α-羟烷基取代基的环氧化物在催化剂$ZnBr_2$[155]或$Tb(OTf)_3$[156]作用下可发生频哪醇重排,得到γ-羟基酮。

氧杂氮丙啶在光化学条件下可转化为环扩大的内酰胺[157]。含有α-羟烷基取代基的N-甲苯磺酰基氮丙啶在Lewis酸如SmI_2作用下可发生频哪醇重排,得到酮-N-甲苯磺酰基酰胺[158]。

β-羟基酮化合物可以通过用$TiCl_4$与α,β-环氧乙醇的甲硅基醚(**63**)反应制备[159]。

OS Ⅰ,462;Ⅱ,73,408;Ⅲ,312;Ⅳ,375,957;Ⅴ,326,647;Ⅵ,39,320;Ⅶ,129;另见 OS Ⅷ,456。

18-3 扩环和缩环反应

DEMYANOV缩环;DEMYANOV扩环

当脂环族的碳原子得到一个正电荷形成正离子时,就会经历烷基的迁移从而发生缩环反应,得到比原来的环少一个碳原子的环的产物。如环丁烷基正离子与环丙烷基甲基正离子(**64**)之间的相互转化。

需要注意的是这个反应涉及一个从二级碳正离子到一级碳正离子的转变。类似地,当与脂环族的环相连的α-碳原子上带有一个正电荷时,就会发生扩环反应[160]。新产生的和原来的碳正离子都可以通过与亲核试剂连接(例如,前面给出的醇类化合物)或消除而得到产物,因此这个反应是18-1的一个特例。通常,既可以得到重排产物也可得到非重排产物,因此,例如像前面给出的那样,用亚硝酸与环丁烷基胺或环丙烷基甲基胺反应会得到类似的两种醇类的混合物(也会得到少量的3-丁烯-1-醇)。如果反应中的碳正离子是通过胺的重氮化反应得到的,这个反应就被称作Demyanov重排反应[161]。当然通过其它方式生成的碳正离子,也能得到类似的产物。从C_3～C_8的环都可以发生这种扩环反应[162],但是小环反应产率更好,因为可以释放出较多的小环张力来驱动反应的进行。缩环反应主要应用于四元环和C_6～C_8的环,但是要将环戊烷基正离子缩环生成环丁基甲基体系一般是不可行的,因为涉及环张力的增大。在环丁烷基—环丙烷甲基的相互转化中,环张力的影响是比较弱的(关于这个相互转化的讨论,参见10.3.1节)。有人还研究了取代基对这类重排反应的影响[163]。要注意的是,在环丙烷基甲基正离子中发现了[1,2]-σ氢迁移(另见反应**18-29**)和双电子电环化开环的共存,可用共存重排(hiscotropic rearrangement)表示[164]。缩环反应主要应用于四元环和C_6～C_8的环,但是要将环戊烷基正离子缩环生成环丁基甲基体系,一般是不可行,因为涉及环张力的增长。

环丙烷基炔丙醇在Ag和Au催化剂[165]或Ru和In催化剂[166]作用下,可发生一个相关的重排反应生成亚烷基环丁酮。环丙烷基甲重排可在无溶剂条件下被离子液体催化进行[167]。在Cu催化剂介导下、在1atm(101325Pa)CO及Pt催化剂[168]或Pd催化剂存在下,亚甲基环丙烷可重排为环丁烯[169]。芳基亚乙烯基环丙烷在Lewis酸作用下可重排为二环体系[170]。

某些羟胺(如**65**)的扩环反应与半频哪醇重排反应(**18-2**)类似。这种反应被称为Tiffeneau-Demyanov扩环反应。它可以在C_4～C_8的环上实现,并且产率比一般的Demyanov扩环反应好。

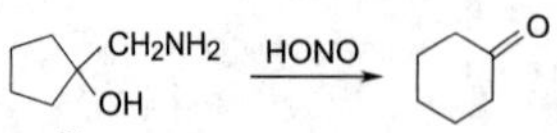

[图: 65 环戊基甲胺醇 + HONO → 环己酮]

一个类似的反应用来扩张五元至八元环[171]。在这种情况下，一个结构为 66 的环状溴醇与作为碱的格氏试剂反应，失去 OH 上的质子，得到醇盐 67。回流 67，可以使得环扩大。在 66 中当至少有一个 R 基团为苯基或甲基时[172]，可以发生这个反应，但是当两个 R 都是氢时，就不能进行这个反应[173]。

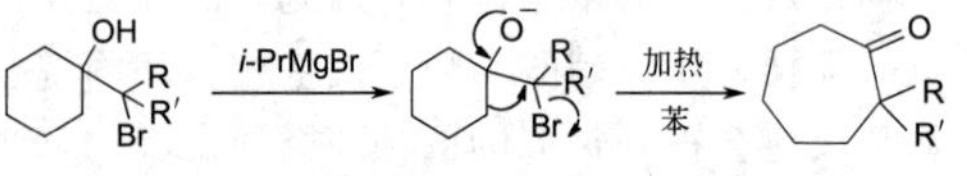

[图: 66 → 67 → 扩环产物]

三元环上产生一个正电荷时，就可以发生"收缩"反应得到烯丙基正离子[174]。

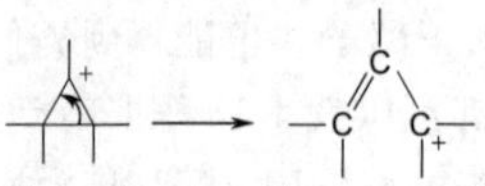

[图: 环丙基正离子 → 烯丙基正离子]

在前面［参见 10.7.1 节 (7)］我们已经看到，这就是环丙烷基底物不能发生亲核取代的原因。这个反应通常用来将环丙烷基卤化物和甲苯磺酸酯转变成烯丙基化合物，特别是在需要扩环的反应中。一个例子如 68 转化为 69[175]：

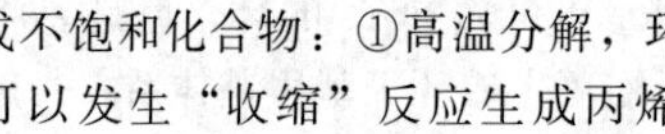

[图: 68 + AgNO₃水溶液 → 69]

环丙基开环的立体化学由轨道对称守恒原则（相关讨论参见反应 **18-27**，Möbius-Hückel 方法）确定。

三元环化合物也可以通过至少另外两条途径开环形成不饱和化合物：①高温分解，环丙烷类化合物可以发生"收缩"反应生成丙烯类化合物[176]。最简单的例子，将环丙烷加热到 400～500℃时就可以得到丙烯。这个机理一般认为[177]涉及一个双自由基中间体[178]（双自由基可以发生自由基 1-2 迁移，参见 18.3 节）。②在三元环中

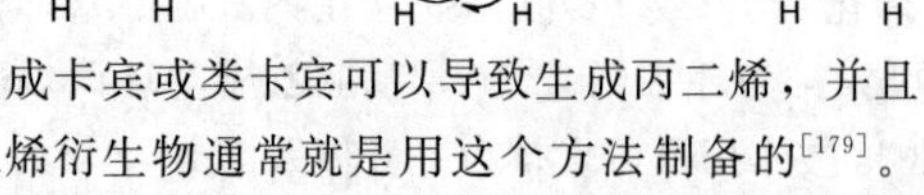

[图: 环丙烷双自由基机理]

生成卡宾或类卡宾可以导致生成丙二烯，并且丙二烯衍生物通常就是用这个方法制备的[179]。对 1-氯环丙烯进行真空电加热，就会重排生成氯丙二烯[180]。另一种生成此类反应物种的方法是用 1,1-二卤环丙烷与烷基锂化合物反应（**12-**

[图: 二溴环丙烷 + R'Li → 环丙基卡宾 → 丙二烯]

39)[181]。相反，在环丙烷基甲基碳上生成卡宾或类卡宾则会发生环的扩张[182]。

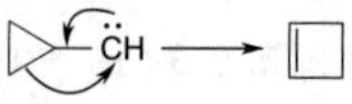

[图: 环丙基甲基卡宾 → 环丁烯]

也发现了一些自由基扩环反应，例如[183]：

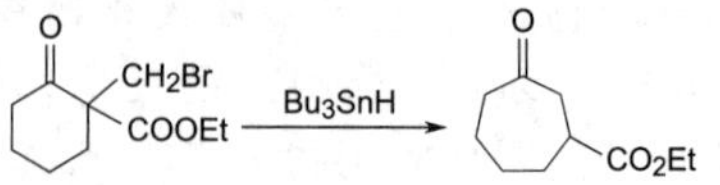

[图: 环己酮-CH₂Br,COOEt + Bu₃SnH → 环庚酮-CO₂Et]

这个反应用来制备 6、7、8 和 13 元环。一个可能的机理是：

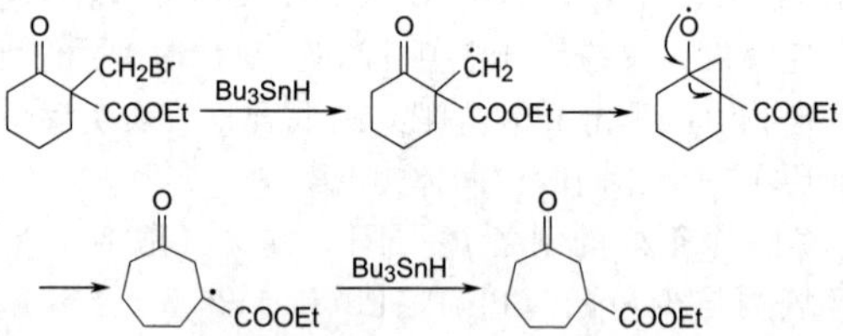

[图: 自由基扩环机理三步]

这个反应已经扩展应用到将环扩大 3 个至 4 个碳原子的反应中。反应中采用包含 $(CH_2)_nX$ (n = 3, 4) 的底物替代包含 CH_2Br 的底物即可[184]。通过这种方法，5～7 元环可以扩大到 8～11 元环。β-酮酯（例如，2-乙氧羰基环己酮）与 $CF_3CO_2ZnCH_2I$ 反应可转化为 3-乙氧羰基环庚酮[185]。

OS Ⅲ，276；Ⅳ，221，957；Ⅴ，306，320；Ⅵ，142，187；Ⅶ，12，114，117，129，135；Ⅷ，179，467，556，578。

18-4 醛和酮的酸催化重排反应

1/烷基,2/烷基-交换，等

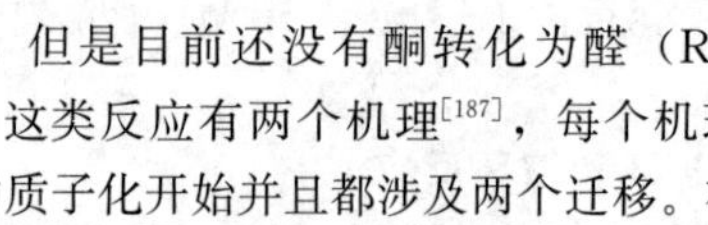

[图: R²R³R⁴C-C(O)R¹ + H⁺ → 重排产物]

在这个重排反应中，如果基团的迁移能力较强，羰基α位的基团会"改变位置"[186]。其中 R^2、R^3 和 R^4 可以是烷基或氢。一些醛可以转化为酮，而酮可以转化为其它酮（尽管后者需要更激烈的反应条件），但是目前还没有酮转化为醛（R^1 = H）的报道。这类反应有两个机理[187]，每个机理都以氧原子的质子化开始并且都涉及两个迁移。在一条路径中，两个迁移按相反的方向进行[188]：

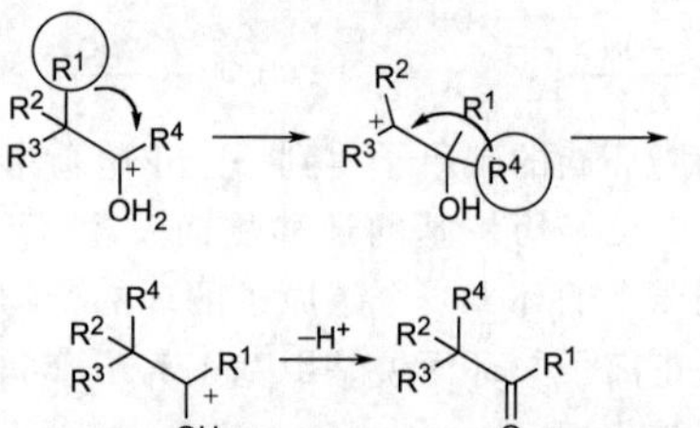

[图: 机理示意图]

在另一条路径中，两个迁移的方向相同。这种路径的真实机理还不确定，但有可能存在一个环氧化（质子化）[189]的中间体[190]：

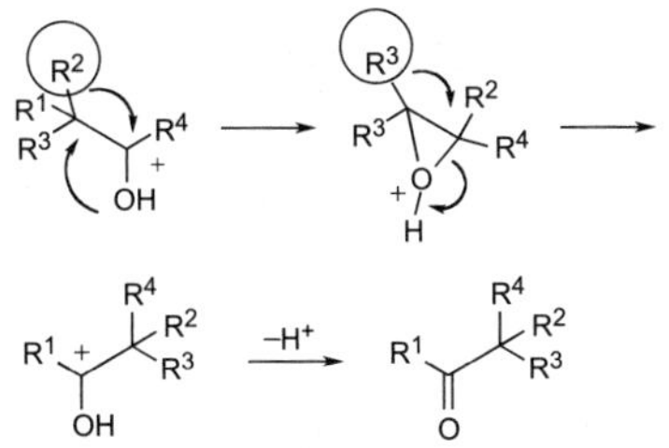

如果用 ^{14}C 标记羰基的酮进行这个反应，按第1条路径预测得到的产物中所有的 ^{14}C 都应该在 C=O 碳上；而按第2条路径标记的碳应该出现在 α-碳的位置上（证明氧的迁移）。这个反应的结果[191]显示，在某些情况下只有 C=O 基团的碳上有标记，而在另一些情况下只有 α-碳上有标记，还有一种情况下也会发现两种碳上都有标记。最后一种情况表明，此时两条路径都起作用。对 α-羟基醛和酮来说，一个基团迁移后这个过程就可能会停止（这被称为 α-酮醇重排）。

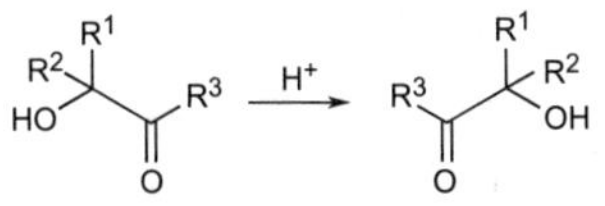

α-酮醇重排也可以在碱催化下进行，但必须要求其中的醇是三级醇，因为如果 R^1 或 R^2 = H，这样的反应物更容易发生烯醇化反应而不是发生重排。

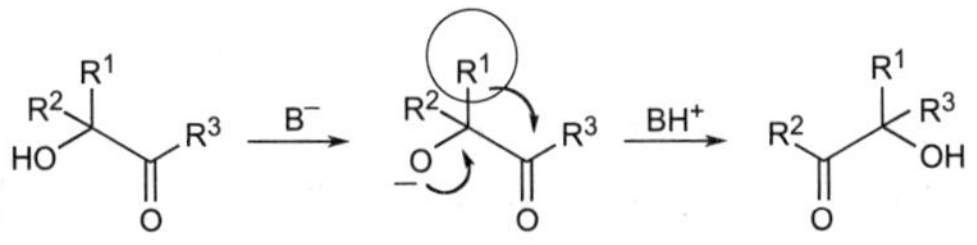

18-5 二烯酮-苯酚重排

$2/C→5/O$-氢,$1/C→2/C$-烷基-双-迁移

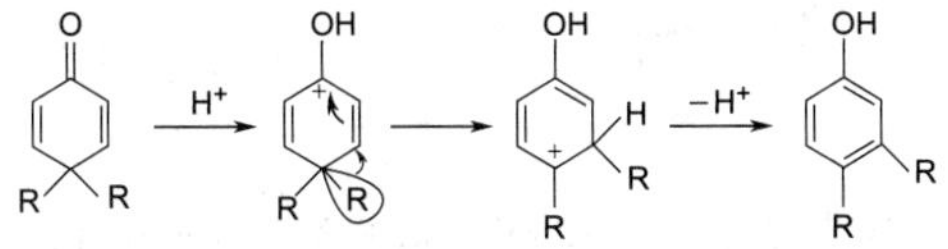

4位上有两个烷基的环己二烯酮化合物与酸反应时[192]，**70** 中4位上的其中一个基团就会发生 [1,2] 迁移从而生成苯酚。要注意的是，已经发现在光化学条件下进行的此类反应[193]。

整个反应（二烯酮-苯酚重排，dienone-phenol rearrangement）的驱动力是由于生成了一个芳香体系[194]。可能会注意到 **70** 和 **71** 是苯鎓离子（参见5.1.2节），与那些通过亲电试剂进攻苯酚生成的苯鎓离子一样[195]。有时，在苯酚与亲电试剂的反应中，会发生一种逆向的重排（被称为苯酚-二烯酮重排），而实际上没有真正的迁移[196]。例如：

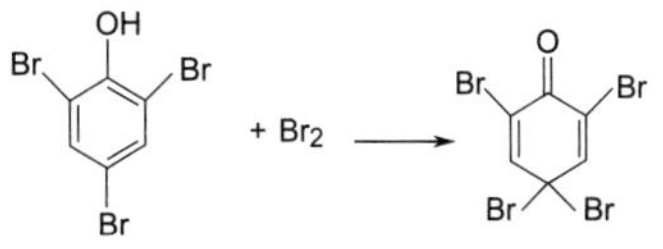

18-6 偶苯酰-二苯乙醇酸重排

$1/O$-氢,$3/O$-$(1/→2/$芳基$)$-迁移-加成

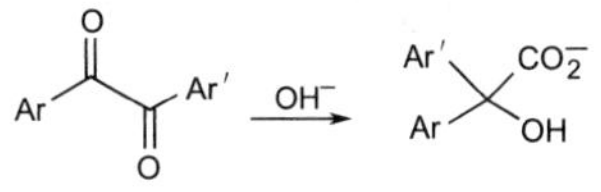

α-二酮与碱反应，可以得到 α-羟基酸盐，这个反应被称为偶苯酰-二苯乙醇酸重排（benzyl-benzilic acid rearrangement）（偶苯酰是 PhCO-COPh；二苯乙醇酸是 $Ph_2COHCOOH$）[197]。也有铑催化此类反应的报道[198]。尽管这个反应主要在芳基上发生，但也可以应用于脂肪族的二酮[199]或 α-酮醛。用烷氧负离子代替 ^-OH 就可以直接得到相应的酯[200]，但不能使用易被氧化的烷氧（醇盐）离子（像 ^-OEt 或 $^-OCHMe_2$），因为它们会将偶苯酰还原成安息香苯偶姻。该反应机理和反应 18-1~18-4 的重排机理相似，但是还是存在差异：迁移基团不是迁移到碳正离子上。碳原子通过将 C=O 键上的一对 π 电子释放给氧原子，从而为迁移基团留出空间。第1步是碱进攻羰基，这与亲核取代（参见16.1.1节）以及许多对 C=O 键的加成反应（参见第16章）的四面体机理的第1步是一样的：

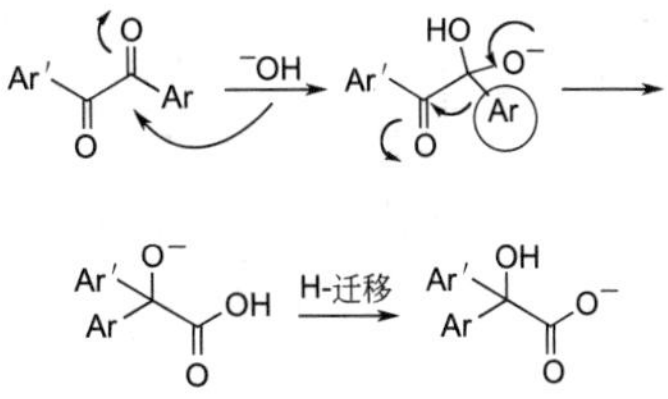

该机理已经得到深入的研究[188]，也发现了很多支持它的证据[201]。这个反应是不可逆的。

OS I, 89.

18-7 Favorskii 重排

$2/$烷氧基-去-氯$(2/→1/$烷基$)$-迁移-取代

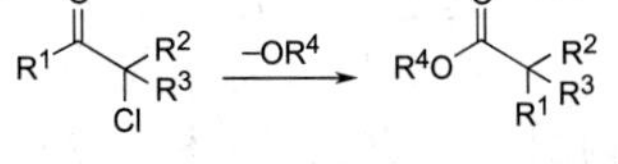

α-卤代酮（氯、溴或碘代）与烷氧基负离子

反应[202]得到重排的酯。这个反应被称为Favorskii重排[203]。采用氢氧根负离子或胺作为碱，则分别生成游离的羧酸（盐）或酰胺。环 α-卤代酮会发生缩环反应，就像 **72** 转化为 **73**。

$$\underset{\textbf{72}}{\text{环己酮-2-Cl}} + \text{OR}^- \longrightarrow \underset{\textbf{73}}{\text{环戊基-COOR}}$$

α-羟基酮化合物也可以发生这个反应[204]。甚至 α,β-环氧酮也可以发生这个反应，得到 β-羟基酸[205]。环氧化合物能发生与卤化物类似的反应，这说明氧和卤原子在亲核取代步骤中都是离去基团。

$$\underset{\textbf{74}}{\text{PhCH}_2\text{COCHClH}} \longrightarrow \underset{\textbf{75}}{\text{PhCH}_2\text{CH(H)COOH}} \longleftarrow \underset{\textbf{76}}{\text{PhCHClCOCH}_3}$$

通过对Favorskii重排反应机理的研究[206]，至少目前已经提出了五种不同的机理。然而，发现[207] **74** 和 **75** 都可以得到 **76**（这个表现是很典型的），这说明任何认为卤原子离去而 R^1 基团占据其位置的机理都是有问题的。因为在这样的情况下，**74** 应该生成 **76**（PhCH$_2$ 迁移），而 **75** 应该生成 PhCHMeCOOH（CH$_3$ 迁移）。也就是说，在 **75** 的情况下，是 PhCH 而不是甲基迁移。另外一个重要的结论是通过放射性同位素标记测出的。将氯代酮 **72** 中的 C-1 和 C-2 等量地用 ^{14}C 标记，标记后的 **72** 转化为 **73**。发现产物中 50% 的标记位于羰基碳上，25% 在 C-1 上，25% 在 C-2 上[208]。现在我们分析一下羰基碳，它开始就携带一半的放射性，而反应后也是这么多，所以这个重排反应并不会直接影响羰基。然而，如果 C-6 碳原子迁移到了 C-2，另外的一半放射性就会只在产物的 C-1 碳上：

$$\underset{\textbf{72}}{\text{6-5-4-1*(Cl)-2*-3（O）}} \longrightarrow \text{4-3-2-1*-5*(O)}$$

另外一方面，如果迁移以另外一种方式进行，即 C-2 碳原子迁移到了 C-6，那么另外的一半放射性就会只在产物的 C-2 位上。C-1 和 C-2 上有等量的放射性标记的事实证明两种迁移都会发生，并且是等量发生的。由于 **72** 的 C-2 和 C-6 是不等价的，这意味着必须存在一个对称的中间体[209]。这种情况下，最合适的一类中间体应该是环丙酮[210]，并且相关机理（一般情况下的）可被表述为（用我们前面提到的符号 CHR^{5}R^6 替代 R^1，因为很明显按这个机理，在羰基非卤代的一侧要求有一个 α-氢）：

$$\underset{\textbf{77}}{\text{R}^5\text{R}^6\text{C(H)-CO-CR}^2\text{R}^3\text{Cl}} \xrightarrow{1, -\text{OR}^4} \text{R}^5\text{R}^6\text{C-CO-CR}^2\text{R}^3\text{Cl} \xrightarrow{2} \underset{\textbf{78}}{\text{环丙酮}}$$

$$\xrightarrow{3, -\text{OR}^4} \text{环氧} \xrightarrow{4} \text{R}^5\text{R}^6\text{C(H)-CR}^2\text{R}^3\text{-COOR}^4 \xrightarrow{5, \text{R}^4\text{OH}} \text{产物}$$

在 **72** 的情况下，与 **78** 对应的中间体是一个对称的中间体，这个三元环可以在羰基的两侧以同样的概率开环，与 ^{14}C 标记反应的结果相符。一般情况下，**78** 是不对称的，开环后会在更稳定碳负离子的一侧开环[211]。这与 **74** 和 **75** 得到同样产物的事实相符。两种情况下的中间体都是 **77**，它通常开环得到可被共振稳定的碳负离子。在 $R^2 = R^5 = t$-Bu 和 $R^3 = R^6 = H$ 的情况下，环丙酮中间体（**64**）已被分离出来[212]，并且它也可以被捕获[213]。采用其它方法合成的环丙酮化合物在与 NaOMe 或其它碱性试剂反应时也得到 Favorskii 重排的产物[214]。

当卤代酮在羰基的另一侧有一个 α-氢时，我们讨论的机理与所有的事实都相符。然而，在该位置没有 α-氢的酮也可以发生重排，得到相同类型的产物。这种反应通常被称为准-Favorskii 重排（quasi-Favorskii rearrangment），这种准-Favorskii 重排反应显然不能按环丙酮机理进行。被广泛接受的机理（被称为半偶苯酰机理，semi-benzilic mechanism[215]）是碱催化频哪醇重排类机理，与 18-6 的机理很类似。这个机理要求在迁移终点构型翻转，这也在实验中发现了[216]。已经证实，甚至在有合适的氢的情况下，也可能发生半偶苯酰机理[217]。

$$\text{R}^1\text{-CO-CR}^2\text{R}^3\text{Cl} \xrightarrow{-\text{OR}^4} \text{R}^4\text{O-C(O}^-\text{)(R}^1\text{)-CR}^2\text{R}^3\text{-Cl} \longrightarrow \text{R}^4\text{OOC-CR}^2\text{R}^3\text{-R}^1$$

还发现了一个很有意思的类似 Favorskii 重排的反应：用没有 α-卤原子的酮，如叔丁基环己基酮与 Tl(NO$_3$)$_3$ 反应，可以得到 3-叔丁基环戊基-1-羧酸[218]。

OS Ⅳ, 594；Ⅵ, 368, 711.

18-8 Arndt-Eistert 合成反应

$$\text{RCOCl} \xrightarrow{\text{CH}_2\text{N}_2} \text{RCOCHN}_2 \xrightarrow{\text{H}_2\text{O}, \text{Ag}_2\text{O}} \text{RCH}_2\text{COOH}$$

在 Arndt-Eistert 合成反应中，酰卤被转化为多一个碳原子的羧酸[219]。这个过程的第 1 步是反应 16-89。真正的重排发生在第 2 步，这一步是重氮酮与水和氧化银或安息香酸银和三乙胺反应。这个重排被称为 Wolff 重排[220]。这是给羧酸的碳链增加一个碳原子的最好方法（参见反应 10-75 和 16-30）。如果用醇 R′OH 替代反应体系中的水，就可以直接分离得到酯 RCH_2COOR'[221]。同样的，如果采用氨，就可以得到酰胺。有时候会用到其它催化剂（例如，胶体铂和铜），但在某些情况下，却不需要任何催化剂，如重氮酮只需要在超声作用下简单的加热或光照，就可以与水、醇和氨发生反应[222]。光解法[223]得到的反应结果通常要比银催化法好。当然，采用其它方法得到的重氮酮也可以发生这个重排反应[224]。这个反应应用范围广。R 基团可以是烷基或芳基并且可以含多种官能团，包括不饱和键，但是不能含有酸性强到可以与 CH_2N_2 或重氮酮反应的官能团（例如反应 10-5 和 10-19）。有时候这个反应可以在一些其它重氮烷基化合物（就是 R′CHN₂）上实现，得到产物 RCHR′COOH。这个反应也被应用于环重氮酮的缩环反应[225]，例如 79[226]。

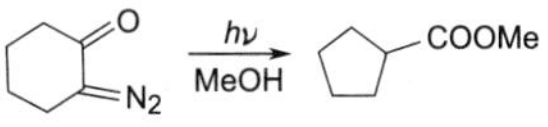

使用氮杂二茂铁催化剂可将酮以不对称方式转化为酯[227]。

这个反应的机理通常认为涉及卡宾的形成[228]。这就形成了一个开放六电子体系的二价碳原子，向它迁移的基团带有电子对：

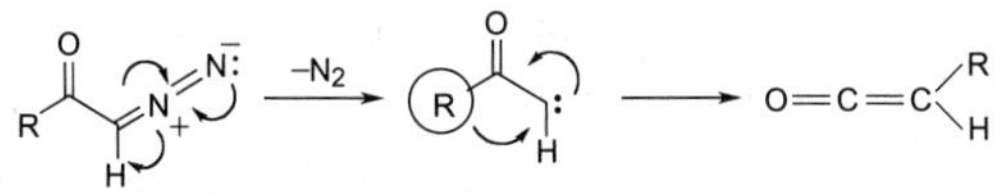

该反应的真正产物就是这个烯酮，烯酮然后再与水（15-3）、醇（15-5）、氨或胺（15-8）反应。特别稳定的烯酮[229]（例如，$Ph_2C=C=O$）已经被分离出来，其它的烯酮也采用别的方法捕获到（例如，像 β-内酰胺[230]，反应 16-96）。至于催化剂在反应中是如何起作用的，这个目前还没有弄清楚，尽管有很多人提出了很多不同的看法。这个反应的机理与 Curtius 重排反应（18-14）的机理非常类似。尽管上面给出的机理涉及一个游离的卡宾，并且也有很多证据支持它[231]，但至少在某些情况下可能两步是协同发生的，而并不存在游离的卡宾。

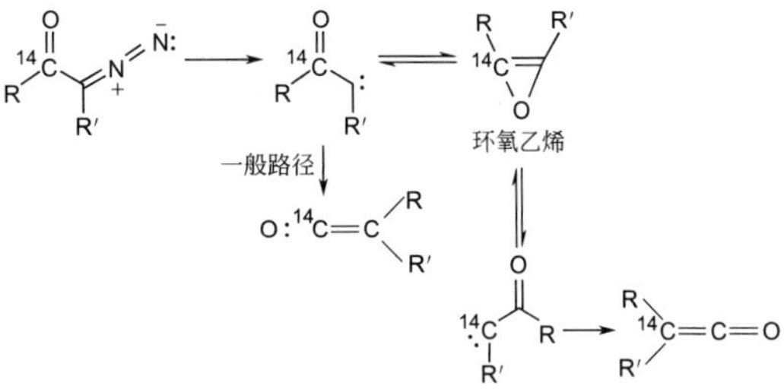

当 Wolff 重排在光化学条件下进行时，其机理基本上与原来的一样[223]，但有其它的路径介入。新形成的酮卡宾可以通过一个环氧乙烯中间体进行卡宾-卡宾重排[232]。这已经被 ^{14}C 标记实验证明：当重氮酮的羰基被标记时，得到的烯酮的 C=C 的两个碳原子都带有标记元素[233]。一般地，当 R′=H 时，反应的不规律程度最低（采用环氧乙烯路径）。被认为是中间体的环氧乙烯，已经被激光光谱仪检测到[234]。在热解 Wolff 重排中没有发现环氧乙烯路径。可能是因为如果环氧乙烯路径介入，则需要卡宾以单线态激发态形式存在[235]。光化学过程中，三线态的酮卡宾中间体，在 10～15K 的 Ar 基质中被分离出来，并被紫外-可见、红外和 ESR 光谱检测证实[236]。这些中间体然后通过正常的路径继续进行重排，没有环氧乙烯中间体存在的证据。

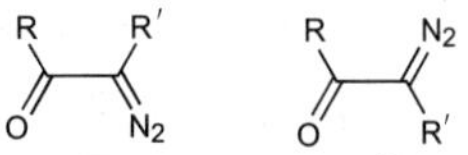

重氮酮可以以两种不同的构象存在，分别称为 s-(E) 和 s-(Z)。研究表明 Wolff 重排优先在 s-(Z) 构象上发生[237]。

OS Ⅲ, 356; Ⅵ, 613, 840.

18-9 醛和酮的升级

亚甲基-插入

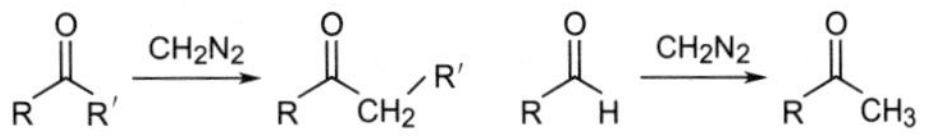

醛和酮[238]可以与重氮甲烷反应得到它们的同系物[239]。其它几种试剂[240]也是有效的，包括 Me_3SiI 以及硅胶[241]。与重氮甲烷生成环氧化物的反应（16-46）是这个反应的一个副反应。虽然这个反应表面上可以简单地认为好像是在 C—H 键之间插入了一个碳烯，即反应 12-21（IUPAC 将它命名为插入反应），但实际的机理却完全不同。这是一个真正的重排，并且反应中并没有游离的卡宾。第 1 步是对 C=O 键的加成：

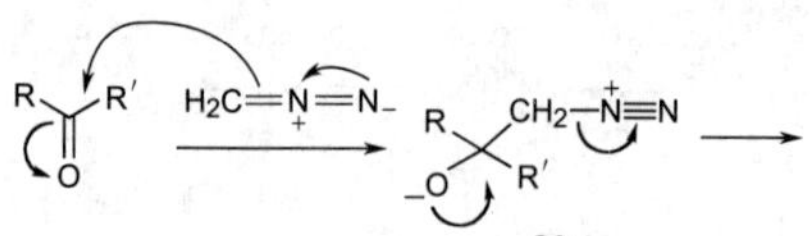

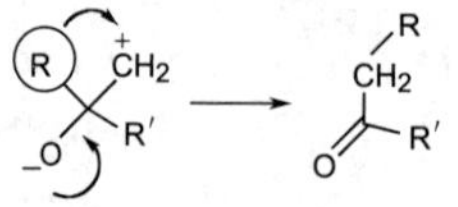

甜菜碱（**80**）有时候可以分离出来。像反应 **16-46** 所示的那样，**80** 也可以进一步反应得到环氧化合物。关于这个反应机理的证据，Gutsche 在综述中进行了很好的总结[239]。注意，这个反应本质上与在酮中"插入"氧原子（**18-19**）和氮原子（**18-16**）的机理是一样的。

1,3-二酮与 $CF_3CO_2ZnCH_2I$ 反应可转化为 1,4-二酮[242]。在一个相关的反应中，烯烃在 Rh 催化剂作用下可插入到醛中生成相应的酮[243]。

醛发生这个反应可以得到产率很高的甲基酮；也就是说，氢优先于烷基迁移。最多的副产物不是醛的同系物，而是环氧化物。然而，可以通过加入甲醇，在提高甲基酮产率的同时提高醛的产率。如果醛含有吸电子基团，环氧化物的产率就会增加，形成的酮就会减少。酮生成酮的同系物的产率较低。特别是当一个或两个 R 基团含有吸电子基时，主要产物通常就是环氧化合物。酮的产率也会随着碳链的增长而降低。而利用 Lewis 酸则可以提高酮的产率[244]。三元[246]或更大环的环酮[245]可以很好地进行这个反应，产率很高地得到环增加一个碳原子的酮[247]。脂肪族的重氮化合物（$RCHN_2$ 和 R_2CN_2）有时可以用来替代重氮甲烷，反应后可以得到所需的结果[248]。重氮乙酸乙酯也可以类似地应用，在 Lewis 酸或三乙基氧鎓基四氟化硼存在下，也发生该类反应[249]，生成 β-酮酯（例如 **81**）：

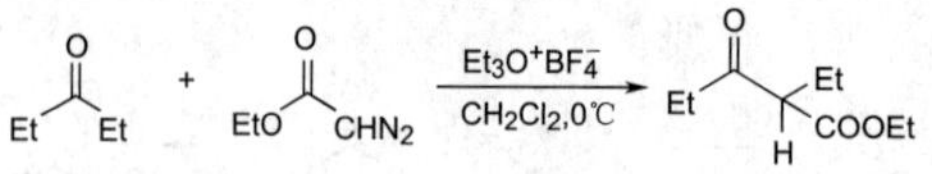

当该反应中使用的是不对称酮时（用 BF_3 作催化剂），则取代程度低的碳更容易迁移[250]。将这个方法应用于 α-卤代酮时，反应会有区域选择性，这种情况下只有另一个碳可以迁移[251]。重氮乙酸乙酯的反应也被用于制备 α,β-不饱和醛和酮的缩醛和缩酮[252]。

在某些试剂存在时，二环的酮可以扩张形成单环的酮。二环[4.1.0]己-4-酮的衍生物与 SmI_2 反应可以得到环己酮[253]。SmI_2 化合物也可以将 α-卤甲基环酮转变成多一个碳原子的环酮[254]，并且可以在 CH_2I_2 存在下将环酮转变成多一个碳原子的环酮[255]。

在另一个升级反应中，可先将醛转化为其甲苯磺酰基腙，然后与醛和 NaOEt/EtOH 反应生成酮[256]。醛与乙酸乙烯基酯及 $Ba(OH)_2$ 反应生成同系化的共轭醛[257]。

OS Ⅳ, 225, 780。对于羧酸衍生物的升级，参见 OS Ⅸ, 426。

18.6.1.2 其它基团的碳-碳迁移
18-10 卤素、羟基、氨基等的迁移
羟基-去-溴-移位-取代，等

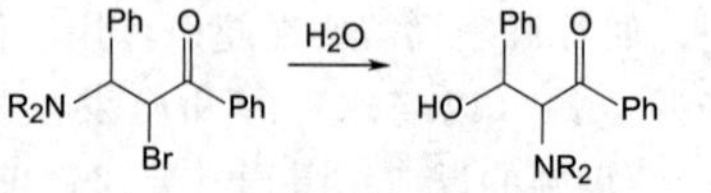

相邻碳上连有邻基的底物发生亲核取代反应时（参见 10.3 节），如果环状中间体在相反的方向开环，结果就会导致邻位基团的迁移。像上面给出的例子（NR_2 = 4-吗啉基）中[258]，反应经过氮丙啶鎓盐（**82**）生成 α-氨基-β-羟基酮：

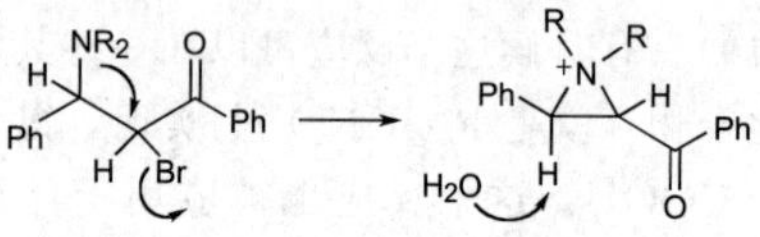

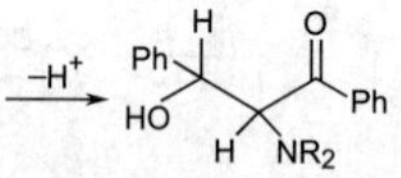

磺酸酯和卤化物在这个反应中也能迁移[259]。α-卤代和 α-酰氧基的环氧化物可以迅速地发生重排反应，分别得到相应的 α-卤代和 α-酰氧基酮[260]。这些底物很容易发生重排，并且重排通常不需要催化剂，但有些情况下，却需要酸作为催化剂。这个反应本质上和 18-2 给出的环氧化合物的重排反应一样，只是在这个反应中卤素原子和酰氧基是迁移基团（像上面显示的；然而，也可能是 R 基团中的一个：烷基、芳基或氢，代替它们进行迁移，因此有时得到的是混合物）。在 $MgBr_2$ 存在下，α-溴代氮丙啶可通过一个类似的反应重排成异构化的 α-溴代氮丙啶[261]。

在 Cu 催化剂作用下，烯基环氧化物（乙烯基环氧乙烷）可重排成 2,5-二氢呋喃[262]。烯基环硫乙烷在 Cu 催化剂作用下可类似地转化为 2,5-二氢噻吩[263]。

烯丙醇在 Re 催化剂存在下可重排成新的烯丙醇，例如 **83** 转化为 **84**[264]。也可以使用 Rh[265]或 Ir 催化剂[266]，甲基磺酸也可催化这种异构化

反应[267]。在 Ru 催化剂存在下，烯丙醇可异构化为脂肪族酮[268]。烯丙基乙酸酯可发生类似的金催化的异构化反应[269]。

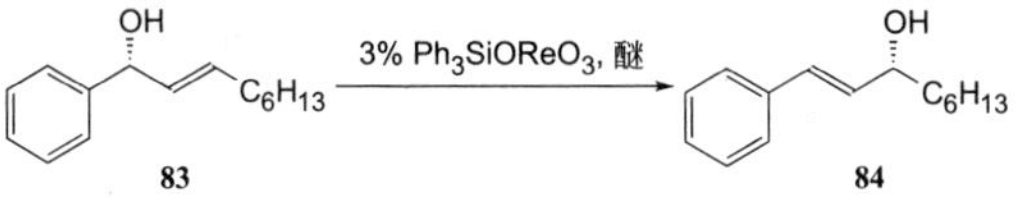

酸催化下炔丙醇重排为共轭羰基化合物的反应称为 Meyer-Schuster 重排[270]。正离子的 Rh-双膦烷配合物也可催化该重排[271]。乙氧基炔基甲醇在 Au 催化下可重排生成 α,β-不饱和酯[272]。炔丙醇在碱诱导下可异构化为共轭酮[273]。Mo-Au 组合使用可使炔丙醇发生快速的 1,3-重排[274]。炔丙基酯在 Au-Ag 催化下反应生成 2-O-新戊酰共轭醛[275]。1-乙氧基炔丙基酯在 Pt 催化剂作用下可发生类似的反应，转化为 2-乙氧基共轭酮[276]。丙二烯基甲醇的酯也可发生 Au 催化的异构化反应[277]。

18-11 硼的迁移

氢，二烷基硼-相互转化，等

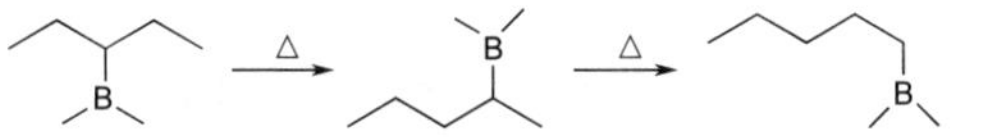

BH_3（或 B_2H_6）或烷基硼烷与烯烃反应得到硼烷。当一个非端位的硼烷在 100～200℃下加热时，硼就会向链的末端移动[278]。这个反应用少量的硼烷或其它含有 B—H 键的化合物催化。硼原子还可以越过一个支链进行移动，例如：

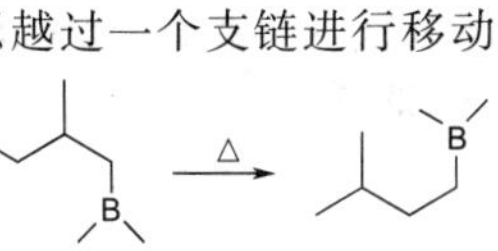

但是不能越过双支链进行迁移，例如：

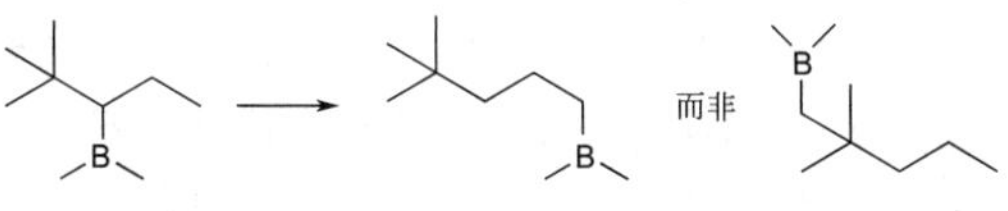

这个反应是一个平衡反应：**85**、**86** 和 **87** 的混合物，包括大约 40% **85**、1% **86** 和 59% **87**。这个迁移可以通过一段很长的链，甚至迁移经过 11 个碳原子[279]。如果硼原子连在环上，它可以绕着环移动；如果环上还有其它烷基链，硼原子可以从环上移动到链上，并在链的末端终止[280]。这个反应在双键的受控迁移中很有用（见反应 **12-2**）。这个反应的机理可能涉及一个 π 配合物，至少部分涉及[281]。

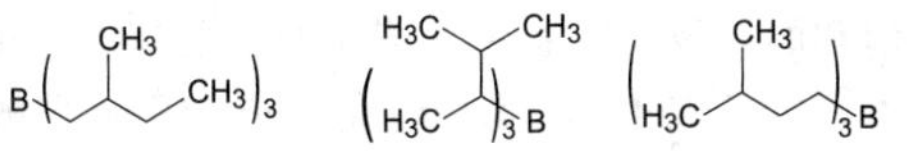

18-12 Neber 重排

Neber 肟甲苯磺酰-胺酮重排

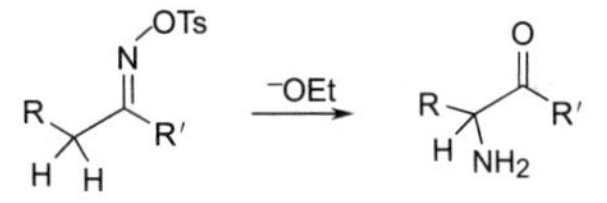

α-氨基酮化合物可以通过甲苯磺酰酮肟与碱，如乙醇基离子或吡啶等反应得到[282]。这个反应称为 Neber 重排反应。这里的 R 基团通常是芳基，但是在 R 基团为烷基或氢时，这个反应也是可以进行的。R' 基团可以是芳基或烷基，但不能是氢。Beckmann 重排（反应 18-17）和非正常 Beckmann 反应（消除生成腈，反应 17-30）可能是该反应的副反应，尽管它们主要是在酸介质的条件下出现。N,N-二氯氨基取代的这类 $RCH_2CH(NCl_2)R'$ 可以发生一个类似的重排，得到的产物也是 $RCH(NH_2)COR'$[283]。Neber 重排反应的机理涉及 1-氮杂环丙烯中间体（**88**）[284]。这个机理最好的证据是，中间产物 1-氮杂环丙烯已被分离出来[285]。与 Beckmann 重排反应不同的是，这个反应没有空间选择性[286]：顺式和反式的酮肟都可以得到一样的产物。

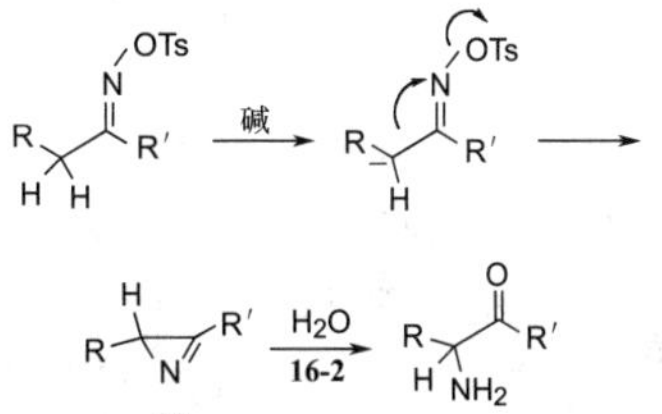

上面显示的机理包括三个步骤。然而，前面两步有可能是协同发生的，并且也有可能上面给出的第 2 步实际上分两步进行：失去 OTs 生成一个氮烯，然后形成 1-氮杂环丙烯。在二氯胺的情况下，首先失去 HCl 得到 $RCH_2(=NCl)R'$，后面的反应类似[287]。用其它方法制备的 N-氯代亚胺也可以发生这个反应[288]。吲哚可以通过 Neber 重排制备[289]。

OS V, 909；Ⅶ, 149.

18.6.1.3 R 和 Ar 的碳-氮迁移

这类反应是从碳到氮原子的亲核迁移。在各种情况下，或者氮原子在外壳层有六个电子（这就要求迁移基团携带一对电子）或者在迁移的同时失去一个离核体（参见 18.1.1 节）。反应 **18-13**～**18-16** 可以用来从羧酸衍生物制备胺。**18-16** 及 **18-17** 可以用来从酮制备胺。**18-13**～**18-16**（用羧酸）的反应机理非常相似，并且遵循如下两个模式中的一个：

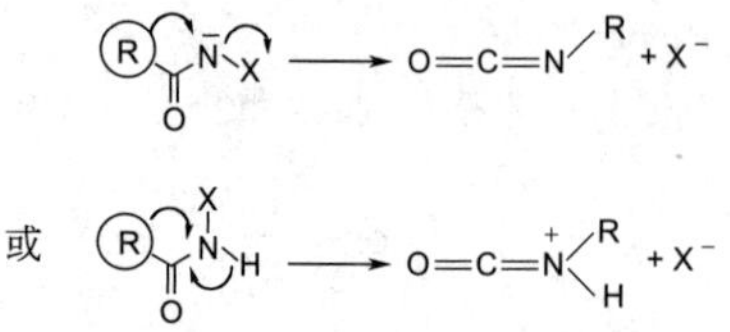

$$\underset{O}{\overset{R}{\underset{\|}{C}}}\overset{N}{\underset{X}{\overset{\frown}{\diagdown}}} \longrightarrow O=C=N{-}R + X^-$$

或

$$\underset{O}{\overset{R}{\underset{\|}{C}}}\overset{N}{\underset{H}{\overset{X}{\diagdown}}} \longrightarrow O=C=\overset{+}{N}\underset{H}{\diagdown}R + X^-$$

有关这个机理的一些证据[290]是：①R 的构型保持（参见 18.1.2 节）；②其动力学反应级数是一级的；③通过同位素标记证明是分子内重排反应；④在迁移基团内部没有出现重排反应（例如，原料迁移起始碳上的新戊基迁移到产物的氮原子上后仍然是新戊基）。

在很多情况下，很难确定是离核体 X 最先失去，生成一个中间体氮烯[291]或氮烯离子，还是迁移和离核体离去同时进行，就像前面给出的那样[292]。好像两种可能性都可以存在，到底如何反应取决于反应物和反应条件。

18-13 Hofmann 重排

二氢-(2/→1/N-烷基)-迁移-脱离 （异氰酸酯的形成）

$$RCONH_2 + NaOBr \longrightarrow R{-}N{=}C{=}O \xrightarrow[16\text{-}2]{\text{水解}} RNH_2$$

在 Hofmann 重排中，无取代的酰胺与次溴酸钠（或氢氧化钠和溴，它们本质上是一样的）反应生成异氰酸酯，但是这个产物很难分离出来[293]，因为在反应条件下它通常会水解。因此分离得到的最终产物是比原来的酰胺少一个碳的一级胺[294]。这里的 R 基团可以是烷基或芳基，但是如果是一个多于 6 个或 7 个碳原子的烷基，除非用 Br_2 和 NaOMe 代替 Br 和 NaOH[295]，否则产率就会较低。另外的一个改进是采用 NBS/NaOMe[296]。在这些反应条件下，异氰酸酯加成的产物是氨基甲酸酯 RNHCOOMe（反应 16-8），它可以很容易分离出来或者水解成胺[297]。在甲醇中与 NBS 和 DBU（参见反应 17-13）的混合物反应得到氨基甲酸酯[298]，在甲醇中电解也得到同样的产物[299]。

当碱是 NaOH 时，副反应主要是通过 RNH_2 和 $RCONH_2$ 与 RNCO 加成生成相应的脲（RNHCONHR）和酰基脲（RCONHCONHR）（反应 16-20）。如果希望得到酰基脲化合物，可以通过只加入一半量的 Br_2 和 NaOH 来使它成为主要产物。另外一个副产物，主要只来自一级的 R，是 RNH_2 氧化得到的腈（反应 19-5）。

酰亚胺反应得到氨基酸（例如，邻苯二甲酰亚胺反应得到 o-氨基苯甲酸）。α-羟基或 α-卤代酰胺反应后，由于得到的 α-羟基或 α-卤代胺不稳定，会进一步反应得到醛或酮。然而，α-卤代酰胺的一个副产物是偕二卤代物。脲也会类似地反应得到肼。

这个反应的机理遵循 18-13 给出的要点。

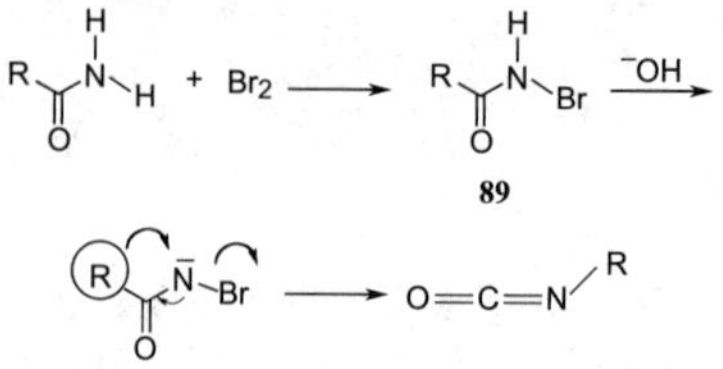

$$\underset{O}{\overset{R}{\underset{\|}{C}}}\overset{H}{\underset{H}{\diagdown N\diagdown}} + Br_2 \longrightarrow \underset{O}{\overset{R}{\underset{\|}{C}}}\overset{N}{\underset{Br}{\diagdown}} \xrightarrow{{^-}OH}$$

89

$$\underset{O}{\overset{R}{\underset{\|}{C}}}\overset{N}{\underset{Br}{\overset{\frown}{\diagdown}}} \longrightarrow O=C=N{-}R$$

第 1 步是 **12-52** 的一个例子，中间体 N-卤代酰胺（**89**）已经被分离出来。化合物 **89** 具有酸性，因为氮上有两个吸电子基团（酰基和卤素）。在第 2 步中，**89** 失去一个质子给碱。第 3 步实际上可能是两步：失去溴形成一个氮烯，接下来是实际的迁移，但是大多数发现的证据都支持这两步反应是协同进行的[300]。用酰胺和四乙酸铅可以发生类似的反应[301]。曾用于将 $RCONH_2$ 转化为 RNH_2（R＝烷基，但不是芳基）的试剂是苯基亚碘酸-双（三氟乙酸酯）[$PhI(OCOCF_3)_2$][302]和羟基（甲苯磺酸基）碘代苯[$PhI(OH)OTs$][303]。

β-羟基酰胺在乙腈水溶液中与 $PhI(O_2CCF_3)_3$ 也可发生 Hofmann 重排，经过—CON—I 生成异氰酸酯。—CON—I 在分子内与羟基反应得到环氨基甲酸酯[304]。要指出的是，氨基甲酸酯与蒙脱土 K-10 共热可转化为异氰酸酯[305]。

OS Ⅱ, 19, 44, 462; Ⅳ, 45; Ⅷ, 26, 132.

18-14 Curtius 重排

二氮-(2/→1/N-烷基)-迁移-离去

$$RCON_3 \xrightarrow{\triangle} R{-}N{=}C{=}O$$

Curtius 重排反应涉及酰基叠氮化合物的热分解，得到产物异氰酸酯[306]。这个反应可以得到很好产率的异氰酸酯，因为反应体系中不存在可将其水解成胺的水。但它们随后也可以发生水解，而且这个反应实际上可以在水中或醇中发生，这时得到的产物是胺、氨基甲酸酯或酰基脲，如同反应 18-13 中给出的一样[307]。这是一个非常常见的反应，几乎可以应用于所有的羧酸：脂肪族的、芳香族的、环烷基的、杂环的、不饱和的以及带有各种官能团的。酰基重氮化合物可以像反应 10-43 那样制备，或者用亚硝酸与酰肼反应得到（类似于反应 12-49）。Curtius 重排可用 Lewis 酸或质子酸催化，但这通常不是获得好结果的必要条件。

这个反应的机理与 18-13 类似，生成异氰酸酯：

应该注意的是,这个反应与 **18-8** 之间具有高度的相似性。然而,在这个反应中,没有证据证明存在游离的氮烯,有可能这两步是协同进行的[308]。

烷基叠氮化合物可以发生类似的反应,热分解得到亚胺[309]:

$$R_3CN_3 \xrightarrow{\triangle} R_2C=NR$$

这里的 R 基团可以是烷基、芳基或氢,但是如果是氢迁移,得到的产物 $R_2C=NH$ 是不稳定的。这个反应机理本质上和 Curtus 重排是一样的。然而,热分解三级烷基叠氮化合物时,有证据表明存在游离的烷基氮烯中间产物[310]。这个反应也可以在酸催化下发生,并且用酸催化时可以使用较低的温度,但是酸可能会水解亚胺(反应 **16-2**)。环烷基叠氮化合物会发生环扩张反应[311]。

芳香族叠氮化合物在加热时也可以发生环扩张,例如[312]:

OS Ⅲ,846;Ⅳ,819;Ⅴ,273;Ⅵ,95,910;另见 OS Ⅶ,210。

18-15 Lossen 重排

氢,乙酰基-(2/→1/N-烷基)-迁移-脱离

异羟肟酸的 O-酰基衍生物[313]与碱反应,甚至有时只是加热就会反应得到异氰酸酯。这个反应就是通常说的 Lossen 重排反应[314]。该反应的机理与 **18-13** 和 **18-14** 的机理很相像。

在类似的反应中,芳香族酰卤与羟胺-O-磺酸反应,通过一步实验室步骤转变为胺[315]。

已经发现手性的 Lossen 重排反应[316]。

18-16 Schmidt 反应

$$RCOOH + HN_3 \xrightarrow{H^+} R-N=C=O \xrightarrow{H_2O} RNH_2$$

实际上有三个反应被称为 Schmidt 反应,包括叠氮酸与羧酸、醛和酮以及与醇和烯烃的加成[317]。最常见的是上面给出的与羧酸的反应[318]。磺酸是最常见的催化剂,但也有使用 Lewis 酸的。当 R 是脂肪族烷基,特别是长链脂肪族烷基时,可以得到很好的反应结果。当 R 是芳基时,产率变化很大,其中空间位阻大的化合物像三甲基苯甲酸就可以得到很好的产率。这个反应相对 **18-13** 和 **18-14** 来说有其优势,因为它只要通过一个实验步骤就可以实现酸到胺的转变,但是反应条件很激烈[319]。在使用酸的条件下,异氰酸酯事实上从来没有分离出来过。

酮与叠氮酸之间的反应是在羰基和 R 基团之间"插入" NH 的方法,可将酮转变成酰胺[320]。

两个 R 基团中的一个或两个可以是芳基。一般来说,二烷基酮和环酮发生该反应的速率要比烷基芳基酮快,而烷基芳基酮又都比二芳基酮快。后者要求磺酸催化,而在浓 HCl 中不会发生反应。而对二烷基酮来说,浓 HCl 已经足够强,可以使其反应了。二烷基酮和环酮反应的速率要比二芳基、芳基烷基酮或羧酸以及醇快很多,因此这些官能团出现在同一个分子中时,不会干扰环酮转化为内酰胺[321]。

对烷基芳基酮来说,通常是芳基迁移到氮原子上,但当烷基的体积非常大的时候情况可能会相反[322]。这个反应也被用于一些醛,但是很少见。用醛进行反应得到的产物通常是腈(反应 **16-16**)。即使用酮反应,转化成腈也是常见的副反应,特别是与反应 **17-30** 给出的那种类型的酮反应时更是如此。Schmidt 反应一个非常有用的变化是用环酮和烷基叠氮化合物[323]在 $TiCl_4$ 存在下反应,生成内酰胺[324]。分子内的 Schmidt 反应生成双环胺[325]。另一个变化是用环酮的甲硅基烯醇醚与 $TMSN_3$ 反应,得到的产物用紫外光光解得到内酰胺[326]。α-叠氮基环酮在自由基条件下($Bu_3SnH/AIBN$)可重排成内酰胺[327]。

醇和烯烃与 HN_3 反应得到烷基叠氮化合物[328],反应过程中发生的重排与 **18-14** 中讨论

的是一样的[309]。Mitsunobu 反应（**10-17**）可以用来将醇转变成烷基叠氮化合物。一个可供选择的叠氮化试剂是（PhO）$_2$PON$_3$。目前已用于 Mitsunobu 反应[329]。在 Au 催化剂存在下，乙炔基叠氮化合物可转化为吡咯衍生物[330]。在 MeAlCl$_2$ 作用下可发生分子内 Schmidt 反应，生成双环酰胺[331]。

有证据证明与羧酸反应的机理[320]和反应 **18-14** 的机理很相似，除非本反应中有一个质子化的叠氮酸，这样就会发生重排[332]：

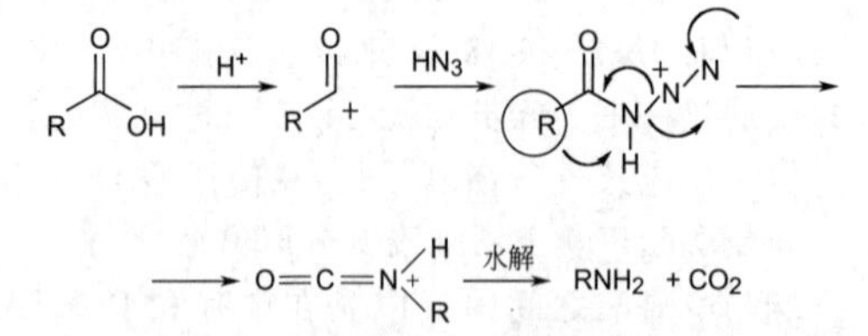

$$R-COOH \xrightarrow{H^+} R-C(=O)^+ \xrightarrow{HN_3} \text{[酰基叠氮中间体]} \longrightarrow$$

$$\longrightarrow O=C=N^+-H \xrightarrow{\text{水解}} RNH_2 + CO_2$$

第 1 步与 A$_{AC}$1 机理（**16-59**）的第 1 步是一样的，它解释了为什么空间位阻大的底物反应时能得到更好的结果。与酮反应的机理包含腈鎓离子（**91**）的形成，该离子而后与水反应：

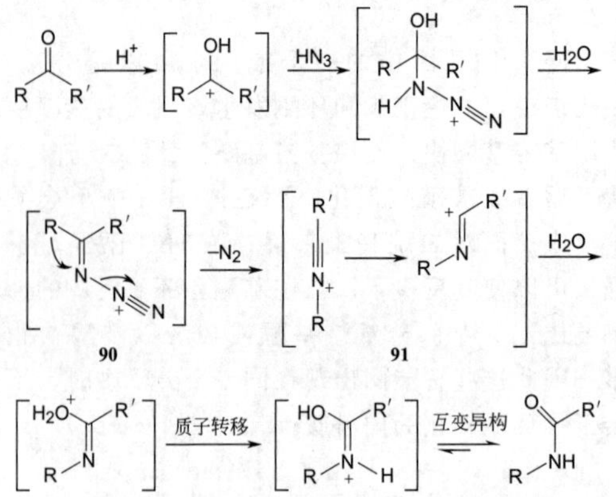

$$R-C(=O)-R' \xrightarrow{H^+} R-C(OH)-R' \xrightarrow{HN_3} \text{[R-C(OH)(R')-N_3H^+]} \xrightarrow{-H_2O}$$

90　　　　　**91**

$$\xrightarrow{-N_2} [R-N^+=C-R'] \xrightarrow{H_2O} \text{[H}_2\text{O}^+\text{-中间体]} \xrightarrow{\text{质子转移}} \text{[HO-C(R')-NH-R]} \xrightarrow{\text{互变异构}} \text{R'-C(=O)-NH-R}$$

中间产物 **90** 已经在水溶液中独立生成[333]。注意这个机理与"插入"CH$_2$（反应 **18-9**）和插入 O（反应 **18-19**）的反应机理很类似。这三个反应无论在产物还是机理方面都很相似[334,320]。也应该注意到这个机理的后半部分与 Beckmann 重排反应（**18-17**）机理的后半部分很类似。

OS V，408；Ⅵ，368；Ⅶ，254；Ⅹ，207；另见 OS V，623。

18-17　Beckmann 重排

Beckmann 肟-酰胺重排

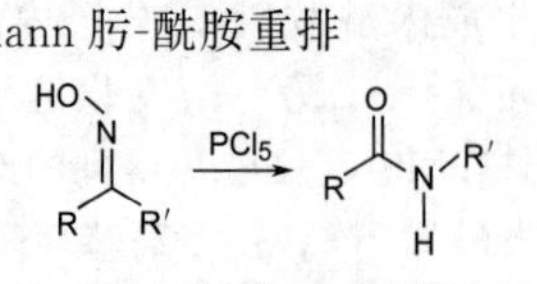

$$R-C(=NOH)-R' \xrightarrow{PCl_5} R-C(=O)-NH-R'$$

肟与 PCl$_5$ 或许多其它试剂发生反应，都可以重排生成取代的酰胺。这个反应被称为 Beckmann 重排反应[335]。曾用过的其它试剂是：浓硫酸（H$_2$SO$_4$），甲酸，液态 SO$_2$，硅胶[336]，RuCl$_3$[337]，Y（OTf）$_3$[338]，I$_2$[339]，HgCl$_2$[340]，三磷腈（triphosphazene）[341]，溴二甲基锍溴化物-ZnCl$_2$[342]，FeCl$_3$[343]，氰脲酸[344]以及多聚磷酸[345]。只需对二苯甲酮肟进行简单加热就可以完全得到 N-苯基苯甲酰胺[346]。此反应可以在超临界水[347]和离子液体[348]中进行。聚合物固载的 Beckman 重排已被报道[349]。可以进行微波辅助的 Beckmann 重排反应[350]。要注意亚胺与 BF$_3$-OEt$_2$ 和间氯过氧苯甲酸反应生成甲酰胺[351]。

由环酮生成的肟会发生扩环反应生成内酰胺[352]，从环己酮肟可生成己内酰胺（参见反应 **18-16**）。可以进行无溶剂的反应[353]。环酮与 NH$_2$OSO$_2$OH 和甲酸反应，通过一步实验反应就能直接转变为内酰胺（首先发生反应 **16-19**，然后发生 Beckmann 重排）[354]。

在 Beckmann 重排中，连接在 C=N 单元碳上的基团中，迁移的基团通常是处于羟基对位的基团，这也是经常用于检验肟构型的方法。但是它并不是非常的清楚准确。已经知道某些肟反应时是顺位的基团发生迁移，而有些肟，特别是在 R 和 R'都是烷基时，反应得到的通常是两种酰胺的混合物。但是这并不意味着，处于顺位的基团确实发生了迁移。在大多数情况下，肟会在实验条件下先发生异构化转变成它的异构体，然后再发生基团迁移[355]。这个反应的应用很广。R 和 R'可以是烷基、芳基或氢。但是氢很少发生迁移，所以这个反应一般不用来将醛肟转化成非取代的酰胺（RCONH$_2$）。但是这种转换可以通过醛肟与醋酸镍在中性条件下反应[356]，或将醛肟吸附在硅胶上然后在 100℃下加热 60h 来实现[357]。就像 Schmidt 重排一样，如果肟是通过烷基芳基酮得到的，那么在转变过程中，一般芳基更容易迁移[358]。

不仅肟会发生 Beckmann 重排反应，肟的酯也会在很多酸存在下发生 Beckmann 重排，包括无机酸和有机酸。很多底物在反应时会发生一个副反应，那就是腈的形成（非正常 Beckmann 重排，**17-30**）。亚胺的 O-碳酸酯（例如，Ph$_2$C=N—OCO$_2$Et）与 BF$_3$-OEt$_2$ 反应生成相应的酰胺，此例中生成的是 N-苯基苯甲酰胺[359]。

在这个反应机理的第 1 步，加入的试剂将 OH 基团转变为更容易离去的基团（例如，质子酸将它转变成 OH$_2^+$）。后面的机理[360]与酮的 Schmidt 反应（**18-16**）的机理类似[361]，从腈鎓离子 92 开始：

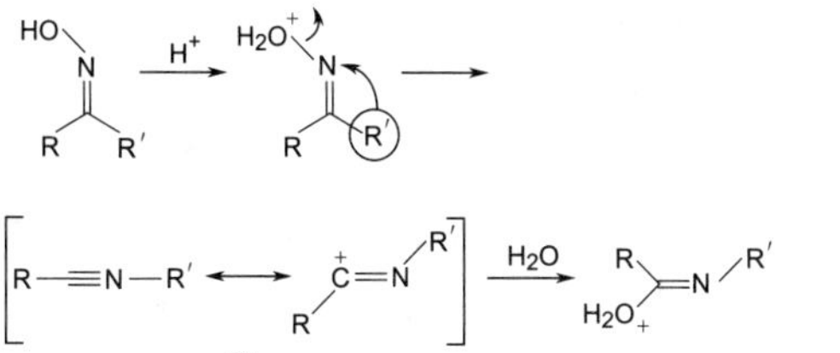

$$R(R')C=NOH \xrightarrow{H^+} R(R')C=N^+(OH_2) \longrightarrow$$

$$[R—\equiv N—R' \longleftrightarrow \underset{R}{C}^+=N—R'] \xrightarrow{H_2O} \underset{H_2O^+}{R}C=NR'$$
                                    92

$$\xrightarrow{\text{质子转移}} HO\underset{H}{R}C=N^+R' \rightleftharpoons \text{互变异构} \underset{O}{R}C—NR'H$$

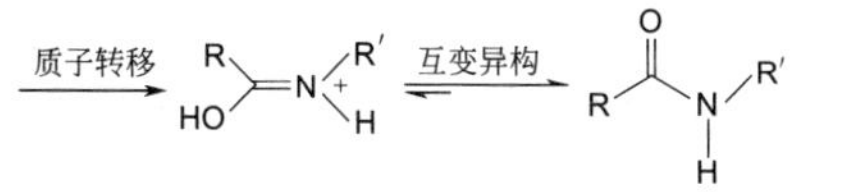

可以采用其它的方式反应。例如，用 PCl_5 诱导反应生成 $N—O—PCl_4$，$N—O—PCl_4$ 而后生成 92。这种形式的中间产物，已经被 NMR 和 UV 光谱检测到[362]。还发现重排可以通过另外的机理进行，其中涉及一个通过断裂形成腈的过程，形成的腈然后通过 Ritter 反应进行加成 (16-91)[363]。Beckmann 重排也可以在光化学条件下进行[364]。通过计算研究对 Beckmann 重排的协同与分步机理进行了比较，发现底物和溶剂分子之间的质子传递控制反应的进行，且基团迁移和 N—O 键断裂是同时发生的[365]。

如果肟的磺酸酯在有机铝试剂的诱导下发生重排反应[366]，腈鎓离子中间体 (92) 可以被原先连在 Al 上的亲核试剂所捕获。通过这个方法，可以将肟转化成亚胺、亚氨基硫醚（R—N=C—SR）或亚氨基腈（R—C=N—CN）[367]。最后一种情况下，亲核试剂来自加入的三甲基硅基氰化物。在 LiI 存在下，2-苄氧基吡啶可转化为 N-苄基-2-吡啶酮[368]。

相关的反应有：用螺环的氧杂氮丙啶与 MnCl(tpp) 反应 (tpp = 三苯基膦，配体)[369]，或者光解[370] 得到内酰胺。

OS II，76，371；VIII，568.

18-18 Stieglitz 重排及相关的重排

甲氧基-去-N-氯-(2/→1/N-烷基)-迁移-取代，等

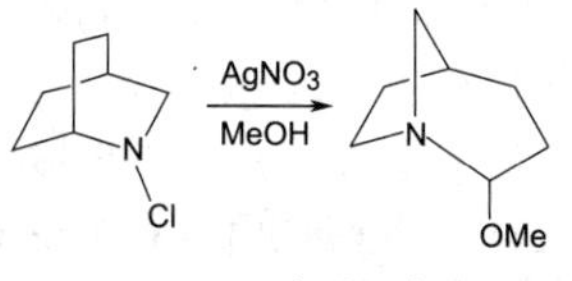

$$\text{N-氯双环化合物} \xrightarrow[\text{MeOH}]{AgNO_3} \text{带 OMe 的产物}$$

除了 18-13～18-17 中所讨论的反应外，还有很多其它重排反应中会发生一个烷基从 C 到 N 的迁移。一些双环的 N-卤代胺，例如 N-氯-2-氮杂二环[2.2.2]辛烷（如上所示），在硝酸银存在下进行溶剂解就会发生这样的重排反应[371]。这个反应与 Wagner-Meerwein 重排反应 (**18-1**)

类似，反应以银催化剂催化失去氯离子开始[372]。类似的反应被用来进行环扩张或收缩，这与 18-3 中所讨论的反应类似[373]。其中一个例子是将 1-(N-氯氨基) 环丙醇转变为 β-内酰胺的反应[374]。脯氨酸甲酯在 SmI_2 及新戊酸-四氢呋喃作用下可转化为 2-哌啶酮[375]。

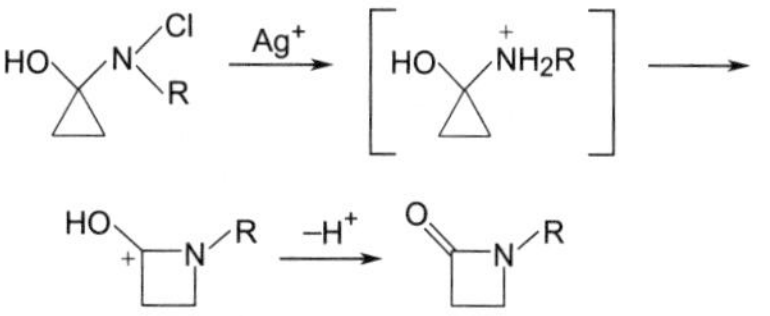

$$\text{HO}\underset{R}{\overset{Cl}{N}}\text{(cyclopropane)} \xrightarrow{Ag^+} \text{HO}\underset{R}{\overset{+}{N}H_2R}\text{(cyclopropane)} \longrightarrow$$

$$\text{HO}\underset{R}{N}\text{(azetidine)} \xrightarrow{-H^+} \text{O=}\underset{R}{N}\text{(azetidinone)}$$

Stieglitz 重排反应这个名称一般用来指三苯甲基 N-卤代胺以及羟基胺的重排反应。

$$Ar_3CNHX \xrightarrow{\text{碱}} Ar_2C=NAr$$

$$Ar_3CNHOH \xrightarrow{PCl_5} Ar_2C=NAr$$

这些反应与烷基叠氮化合物的重排反应 (**18-14**) 很相似，并且 Stieglitz 重排反应这个名称也用来指三苯甲基叠氮化物的重排。另外一个类似的反应是用三苯甲基胺与四乙酸铅发生的重排反应[376]：

$$Ar_3CNH_2 \xrightarrow{Pb(OAc)_4} Ar_2C=NAr$$

18.6.1.4 R 和 Ar 的碳-氧迁移

18-19 Baeyer-Villiger 重排[377]

氧-插入

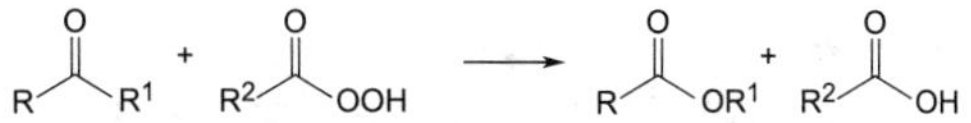

$$\underset{R}{\overset{O}{\|}}\underset{R^1}{C} + R^2C(O)OOH \longrightarrow \underset{R}{\overset{O}{\|}}\underset{OR^1}{C} + R^2C(O)OH$$

酮与过氧酸（如过氧苯甲酸或过氧乙酸）反应，或者与其它过氧化物在酸催化下反应，可以通过烷基和氧原子的迁移得到羧酸酯[378]，副产物是过氧酸的母体酸。也就是说，发生了 C→O 的重排。这个反应被称为 Baeyer-Villiger 重排反应[379]。对这个反应来说，一个特别好的试剂是三氟过乙酸。酮与这个试剂反应速度快，产物单一，产率高，但反应中通常必须要加入像 Na_2HPO_4 这样的缓冲剂来阻止产物与三氟乙酸的酯交换作用，三氟乙酸也是在反应过程中生成的。这个反应经常应用于环酮，使之反应得到内酯[380]。在催化量 $MeReO_3$[381] 或二硒化物催化剂[382] 作用下，过氧化氢可将环酮转化为内酯。非均相催化剂可用于催化 Baeyer-Villiger 反应[383]。过渡金属催化剂与过氧酸一同使用可促进此反应[384]。高聚物负载的过氧酸已被使用过[385]，并且可以进行无溶剂的 Baeyer-Villiger 反应[386]。负载在硅胶上的过氧单硫酸钾也可用于此反应[387]。

利用这个反应，采用酶作为催化剂[389]，可

以从非手性的环酮合成手性的内酯，反应具有很好的立体选择性[388]。还发现了另外一些不对称合成反应[390]。手性 Pd 配合物可使环酮高对映选择性地生成手性内酯[391]。其它手性催化剂包括一些 Al 基催化剂[392]。手性底物与间氯过氧苯甲酸（mcpba）发生 Baeyer-Villiger 氧化也生成手性的内酯[393]。

对非环状化合物来说，R′通常要求必须是二级、三级的烷基或乙烯基，但是 R′为一级的酮也可以与过氧三氟乙酸[394]、I_2-H_2O_2[395]、BF_3-H_2O_2[396] 以及与 $K_2S_2O_8$-H_2SO_4[397] 发生重排反应。在不对称的酮中，基团迁移的大致顺序是：三级烷基＞二级烷基、芳基＞一级烷基＞甲基。因为甲基的迁移能力很低，这个反应提供了一个将甲基酮（R′COMe）分解得到醇或苯酚（R′OH）的方法［通过水解酯（R′OCOMe）］。芳基的迁移能力随着其取代基给电子能力的增加而增加，随着取代基吸电子能力的增加而降低[398]。反式迁移优先于邻位交叉的迁移[399]。

可烯醇化的 β-二酮不发生这个反应。α-二酮可以转化为酸酐[400]。醛会发生氢迁移得到羧酸，这是实现 19-23 反应的一个方法。醛中其它基团发生迁移就会得到甲酸酯，但是这很少发生。芳醛与 H_2O_2 和硒化物反应就会转变成甲酸酯[401]（参见 19-11 的 Dakin 反应）。

这个反应的机理[402]和与叠氮酸（18-16，与酮反应）、与重氮甲烷（18-8）发生的类似反应的机理几乎一样：

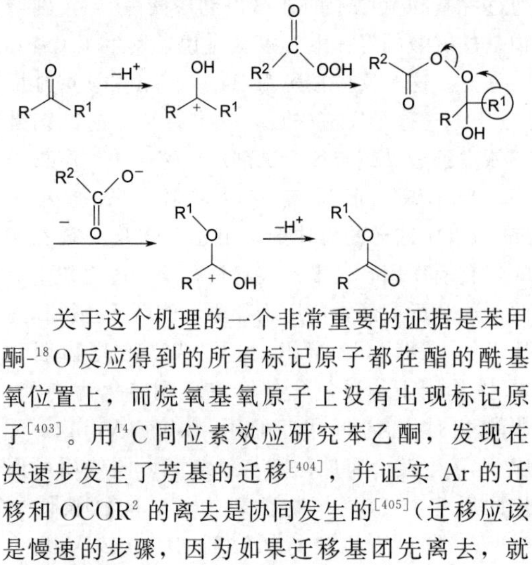

关于这个机理的一个非常重要的证据是苯甲酮-^{18}O 反应得到的所有标记原子都在酯的酰基氧位置上，而烷氧基氧原子上没有出现标记原子[403]。用 ^{14}C 同位素效应研究苯乙酮，发现在决速步发生了芳基的迁移[404]，并证实 Ar 的迁移和 $OCOR^2$ 的离去是协同发生的[405]（迁移应该是慢速的步骤，因为如果迁移基团先离去，就会得到氧原子上带有正电荷的离子，这种离子是非常不稳定的，所以反应分两步进行几乎是不可能的）。

18-20 氢过氧化物的重排
C-烷基-*O*-羟基-消除

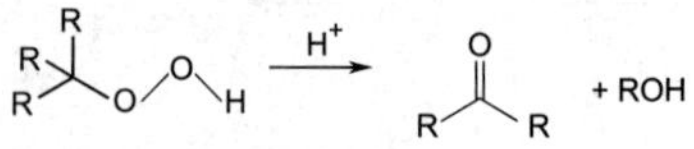

氢过氧化物（R＝烷基、芳基或氢）可以在一个以重排为主要反应步骤的反应中被质子酸或 Lewis 酸裂解[406]。这个反应也可以应用于过酸酯，但是不如前面的反应常见。当同时存在烷基和芳基时，芳基的迁移通常占主导地位。在反应中没有必要真正地制备和分离出氢过氧化物。醇与 H_2O_2 以及酸就可以发生这个反应。反应中一级氢过氧化物的烷基发生迁移就提供了一个将醇转化成少一个碳原子的同系醇的方法（$RCH_2OOH \rightarrow CH_2=O + ROH$）。

这个反应的机理如下所示[407]：

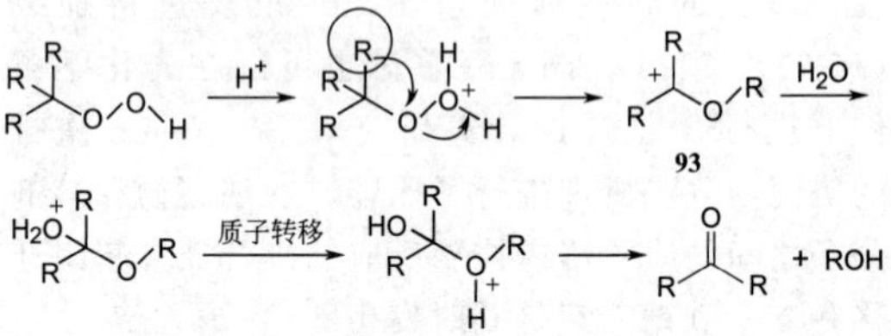

最后一步是不稳定的半缩醛的水解。烷氧基碳正离子中间体（93，R＝烷基）已经在低温超强酸溶液[408]中被分离出来，它的结构已经被 NMR 证实[409]。质子化的氢过氧化物无法在这种溶液中观察到，显然一生成就马上反应消耗了。

OS Ⅴ, 818.

18.6.1.5 氮-碳，氧-碳和硫-碳迁移
18-21 Steven 重排
氢-(2/N→1/烷基)-迁移-脱离

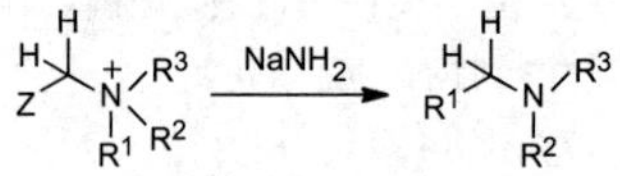

在 Steven 重排中[410]，与氮原子相连的一个碳原子上含有吸电子基 Z 的季铵盐，与强碱（如 NaOR 或 $NaNH_2$）反应就会发生重排得到一个三级胺。这里的 Z 基团可以是 RCO、ROOC、苯基等[411]。最常见的迁移基团是烯丙基、苯甲基、二苯甲基、3-苯基炔丙基和苯甲酰甲基，但是甲基也可以迁移到一个足够缺电子的中心。芳基的迁移很少见，但也有报道[412]。烯丙基迁移时，可能会、也可能不会发生迁移基团内部的烯丙基重排（见反应 18-35），具体是否发生则取决于反应物和反应条件。这个反应被用于环的扩大[413]，例如 94 的重排反应：

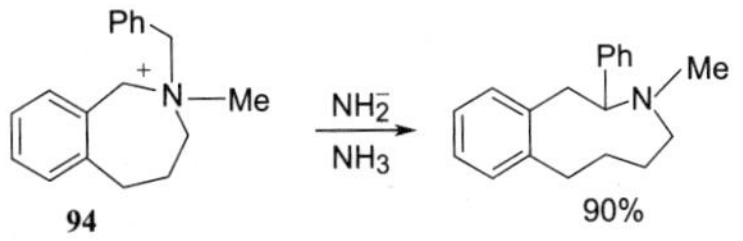

该反应的机理已经成为很多研究的主题[414]。已经通过交叉实验、^{14}C 标记实验[415] 以及发现 R^1 的构型不变的事实[416]证明这个反应是一个分子内的重排反应。反应的第 1 步是失去酸性的质子得到内鎓盐（叶立德）（95），这个内鎓盐已经被分离出来[417]。在许多例子中都能获得[418] CIDNP 谱[419]，该发现表明产物是直接通过一个自由基前体形成的。有人提出了如下的自由基对机理[420]。

机理 a：

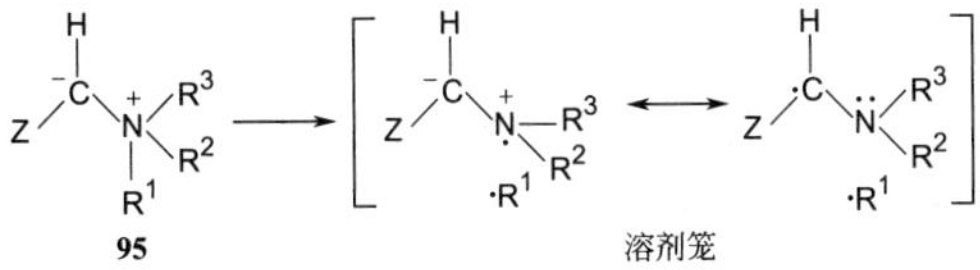

自由基不会飘移分开，因为它们被溶剂笼固定在一起。根据这个机理，为了与 R^1 基团不发生外消旋化的事实相符，要求自由基必须快速地重新结合。另外一个支持机理 a 的证据是：在一些情况下可以分离出少量的偶联产物（R^1-R^1）[421]。如果一些 ·R^1 从溶剂笼里面泄漏出来，就会形成这种偶联产物。但是并不是所有的证据都与机理 a 相符[422]。可能在某些情况下，类似于机理 a 的机理 b 在起作用，这种机理在溶剂笼里面会产生离子对，而不是自由基对。

机理 b：

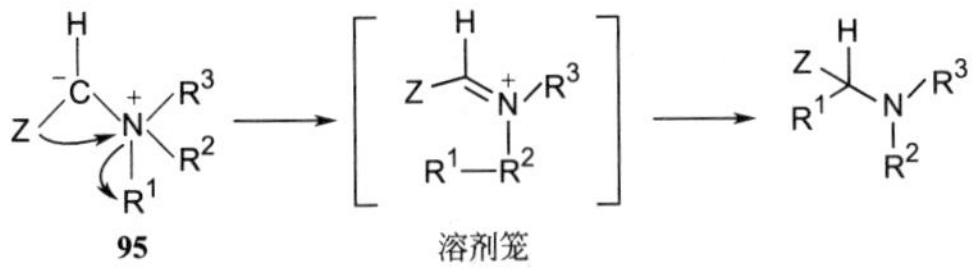

第三种可能的机理是一个协同的 1,2-迁移[423]，但是根据轨道对称原理，该过程发生时 R^1 构型会发生翻转[424]（参见反应 18-30 和 [1,5] 迁移）。由于实际上发生迁移时是构型保持的，因此这个反应不可能是一个协同迁移机理。然而，在迁移基团是烯丙基的情况下，可能发生协同机理（反应 18-35）。一个与所有三种机理都相符的发现是：一个光学活性的碘化烯丙基苄基甲基苯基铵 [不对称的氮，参见 4.3 节 (3)] 反应得到一个光学活性的产物[425]：

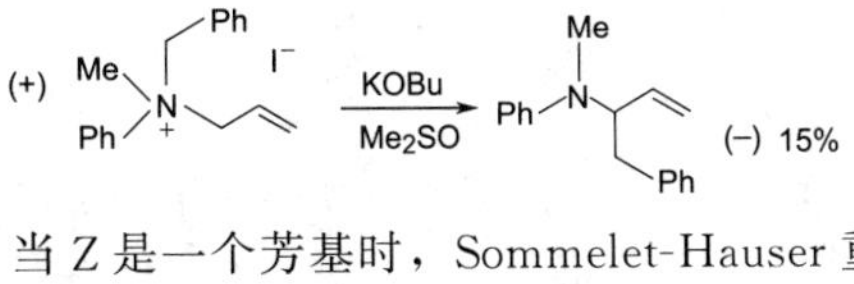

当 Z 是一个芳基时，Sommelet-Hauser 重排（见反应 13-31）就会与这个反应竞争。而当一个 R 基团上含有 β-氢原子时，Hofmann 消除反应就会与之竞争（反应 17-7 和 17-8）。

含一个吸电子 Z 基团的硫内鎓盐（硫叶立德）也会发生类似的重排反应，这也被称为 Steven 重排[426]。在这样的情况下，还是有很多证据（包括 CIDNP）证明溶剂笼内自由基对机理在起作用[427]。但是迁移基团是烯丙基的情况例外，这时可能是另外的不同机理（见 18-35）。

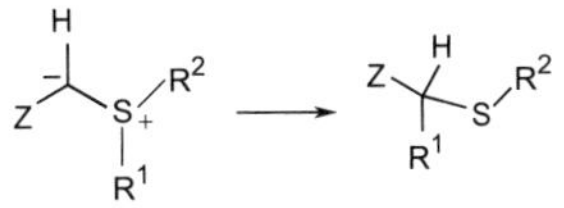

另一个具有类似机理的反应[428]是 Meisenheimer 重排[429]，在这种反应中，某些三级氧化胺受热发生重排，得到取代的羟基胺[430]。而迁移基团 R^1 几乎总是烯丙基或苯甲基[431]。基团 R^2 和 R^3 可以是烷基或芳基，但是如果其中一个 R 基团含有 β-氢，Cope 消除反应（17-9）经常会与之竞争。在一个相关的反应中，当 2-甲基吡啶-N-氧化物与三氟乙酸酐反应，就会经 Boekelheide 反应得到 2-羟基甲基吡啶[432]。

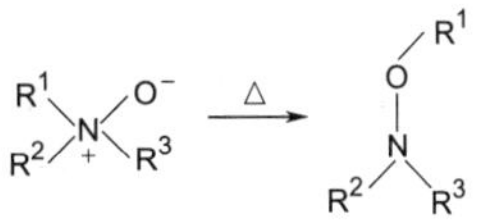

某些三级苯甲基胺与 BuLi 反应，会发生与 Wittig 重排（18-22）类似的重排反应（例如，$PhCH_2NPh_2 \rightarrow Ph_2CHNHPh$）[433]，在这个反应中只有芳基迁移。

异腈在气相或非极性溶剂中加热，可发生 1,2-分子内重排得到腈（$RNC \rightarrow RCN$）[434]。而在极性溶剂中的反应机理不一样[435]。

18-22 Wittig 重排[436]

氢-(2/O→1/烷基)-迁移-脱离

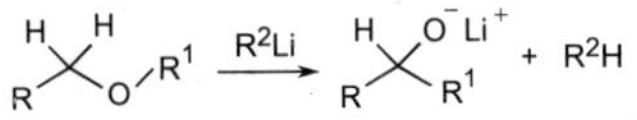

醚与烷基锂试剂发生的重排反应被称为 Wittig 重排 [不要与 Wittig 反应（16-44）混淆]，这个重排与 18-21 重排很类似[411]。但是这个反应需要强碱（例如，苯基锂或氨基钠）。R 和 R^1 基团可以是烷基[437]、芳基和乙烯基[438]。其中的一个氢也可以被置换成烷基或芳基，这种情况下得到的产物是一个三级的醇盐。这里迁移

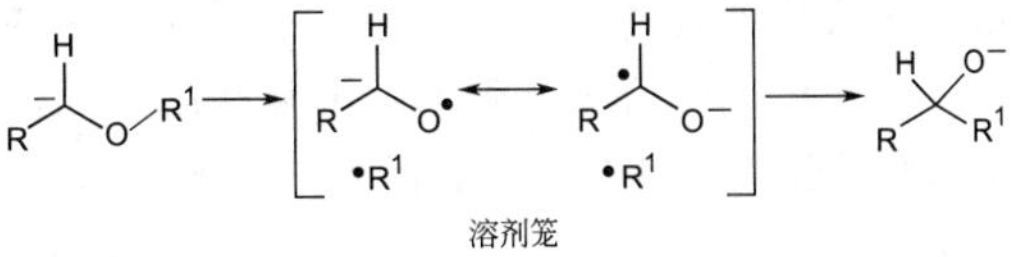

能力的顺序是：烯丙基，苯甲基＞乙基＞甲基＞苯基[439]。关于 1,2-Wittig 重排的立体专一性已经有很多的讨论[440]。通过碱的作用脱去质子，而后很有可能是自由基对机理[441]（与反应 18-21 的机理 a 类似）。自由基对中的一个自由基是羰游离基。这个机理的一些证据是：①这个重排主要是分子内的重排；②迁移能力与自由基稳定性顺序一样，而不是与碳负离子的稳定性顺序一致[442]（它排除了与反应 18-21 的机理 b 类似的离子对机理的可能性）；③副反应会得到醛[443]；④观察到 R′ 基团部分消旋化[444]（剩余的产物保持构型）；⑤检测到交叉产物[445]；⑥当来自不同前体的羰游离基和 R′ 基碰到一起时，会得到类似的产物[446]。然而，有证据表明，至少在某些情况下，由自由基对机理生成的产物只占全部产物的一部分，此外还存在某种协同机理的反应[447]。上述大多数的研究都是基于 R¹ 为烷基的体系进行的，但是在 R¹ 为芳基的体系中，也可能存在自由基对机理[448]。当 R¹ 为烯丙基时，反应的机理将是一个协同机理（反应 18-35）。

当 R 是乙烯基时，通过与烷基锂和 t-BuOK 混合物的反应，R¹ 基团会迁移到 γ-碳上（也可以迁移到 α-碳上），这样就得到了一个烯醇化物，水解后得到产物醛[449]：

$$CH_2=CH-CH_2-OR' \longrightarrow R'CH_2-CH=CH-OLi$$
$$\longrightarrow R'CH_2CH_2CHO$$

还发现了一个氮杂-Wittig 重排反应[450]。其它 2,3-重排反应在 18-35 中讨论。

OS 中没有相应的参考文献，但是有关反应可参见 OS Ⅷ，501。

18.6.1.6　硼-碳迁移[451]

其它涉及硼-碳迁移的反应见 10-73。

18-23　硼烷转变为醇

$$R_3B \xrightarrow[NaOH]{H_2O_2} R-OH + B(OH)_3$$

三烷基硼烷（参见 15-16）可用 NaOH 和 H_2O_2（它们反应生成氢过氧根负离子 HOO⁻）进行氧化。有机硼烷与碱性 H_2O_2（通过 HOO⁻）反应生成酯配合物（ate-complex），而后硼上的烷基通过 B→O 重排而迁移到过氧的氧上，并排挤出氢氧根离子生成硼酸酯，硼酸酯水解后最终得到醇。人们提出的机理[452]如下所示：

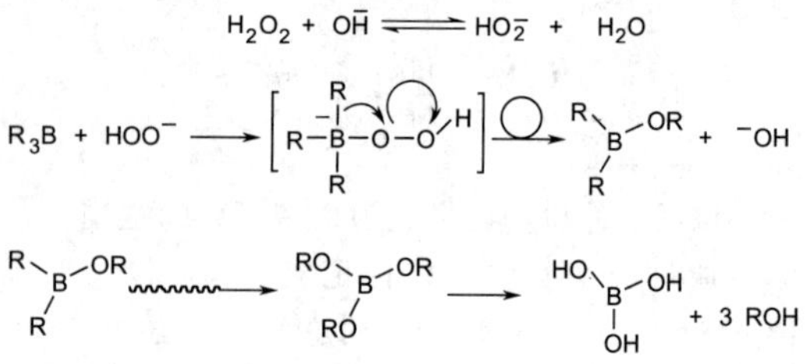

$$H_2O_2 + OH^- \rightleftharpoons HO_2^- + H_2O$$

根据这个机理，1mol 三烷基硼烷可转化为 3mol 醇，同时生成硼酸。

采用 15-16 的硼氢化反应可将烯烃转化为反 Markovnikov 规则的硼烷，该硼烷氧化后得到反 Markovnikov 规则的醇。例如，甲基环戊烯转化为反-2-甲基环戊醇[453]。有机硼烷的形成是通过 B—H 的顺式加成进行的，这使得硼与甲基互成反式，因而经过立体选择性的氧化以及 B→O 重排后，醇的构型得以保留，如下所示：

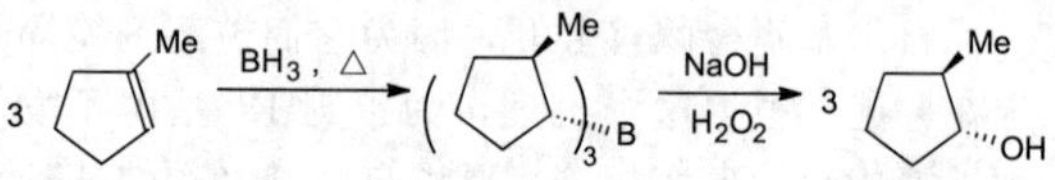

三烷基硼烷可由烯烃通过反应 15-16 制得。三烷基硼烷与一氧化碳[454]在乙二醇存在的条件下，于 100～125℃下发生反应，得到 2-硼-1,3-二氧桥（**96**），这种新得到的化合物很容易被氧化（反应 12-26）生成三级醇[455]。这里的 R 基团可以是一级的、二级的或三级的，并且可以相同也可以不同[456]。这个反应的产率很高并且非常有用，特别是在制备空间位阻大的醇时，例如下面所示的难以用反应 16-24 制备的二并环己基醇（**97**）和三-2-降冰片基甲醇（tri-2-norbornyl-carbinol，**98**）。环上含有硼原子的杂环化合物也可类似反应（除了要求高压 CO 气体），通过这种反应物可以得到环醇[457]。这种硼杂环化合物的制备在 15-16 中已讨论过。二烯烃或三烯烃到环醇的转变已经被 Brown 描述为用硼"缝合"以及用碳"铆结"。

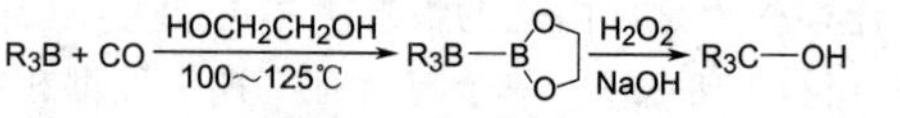

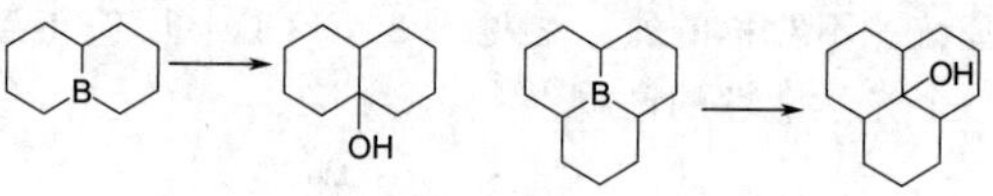

这个反应的机理已经证实是一个分子内的重排，因为用硼烷混合物进行反应时不能得到交叉

产物[458]。已经有人提出了下面这个涉及三次硼→碳迁移的机理，反应过程中生成了 **99**，然后生成 **100**：

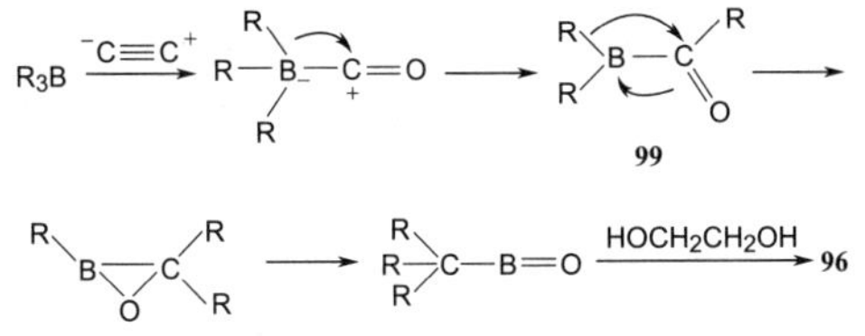

$$R_3B \; ^-C\equiv C^+ \; \underset{R}{\overset{R}{R-B-C=O}} \longrightarrow \underset{99}{\overset{R}{R}\underset{R}{\overset{}{B}}\overset{R}{C}} \longrightarrow$$

$$\underset{O}{\overset{R}{R}\overset{}{B}\overset{R}{C}R} \longrightarrow \overset{R}{\underset{R}{R}}C-B=O \xrightarrow{HOCH_2CH_2OH} 96$$
100

加入乙二醇的目的是截获中间产生的硼酸酐 (**100**)，否则这种化合物可能会形成很难氧化的聚合体。就像我们将在反应 **18-23** 和 **18-24** 中看到的那样，这个反应有可能在只发生一次或两次迁移后就被终止。

方法 1 $R_3B + CHCl_2OMe \xrightarrow[2.\ H_2O_2-NaOH]{1.\ LiOCEt_3-THF} R_3COH$

方法 2 $R_3B + CN^- \xrightarrow{THF} R_3\bar{B}-CN \xrightarrow[2.\ NaOH-H_2O_2]{1.\ 过量的(CF_3CO)_2O} R_3COH$
 101

还有另外两种方法可以实现 $R_3B \rightarrow R_3COH$ 的转变，它们经常可以得到更好的结果：① 与 α,α-二氯甲基甲基醚以及碱三乙基甲氧基锂反应[459]；② 与氰化钠的 THF 悬浊液反应后得到的三烷基氰基硼化物 **101** 与过量的（>2mol）三氟乙酸酐反应[460]。上述所有的迁移发生时，迁移基团构型保持不变[461]。

此外，还有几种将硼烷转变为三级醇的方法[462]。

如果三烷基硼烷和一氧化碳之间的反应在有水的条件下进行，随后再加入 NaOH，那么得到的产物就是二级醇。如果 H_2O_2 随着 NaOH 一起加入，那么将会而得到相应的酮[463]。各种官能团（例如，OAc、COOR、CN）可以出现在 R 基团上而不对反应产生影响[464]，但是如果它们出现在硼原子的 α,β 位时，会给反应带来困难。使用等量的三氟乙酸酐将会得到酮而不是三级醇[465]。

$R_3\bar{B}-CN \xrightarrow[2.\ NaOH-H_2O_2]{1.\ (CF_3CO)_2O} RCOR$
101

通过这个反应，1,1-二甲基丁基硼烷 RR^1R^2B（R^2=1,1-二甲基丁基）可以转化为非对称的酮 $RCOR^1$[466]。许多这样的方法已被用于制备具有光学活性的醇[467]。

其它三烷基硼烷到酮的转变参见 **18-26**[468]。
OS Ⅶ,427；另见 OS Ⅵ,137.

18-24 硼烷转变为一级醇、醛或羧酸

$R_3B + CO \xrightarrow[2.\ H_2O_2-OH^-]{1.\ LiBH_4} RCH_2OH$

$R_3B + CO \xrightarrow[2.\ H_2O_2-NaH_2PO_4-Na_2HPO_4]{1.\ LiAlH(OMe)_3} RCHO$

当三烷基硼烷和一氧化碳之间的反应（**18-23**）在还原剂如硼氢化锂或三异丙氧基硼氢化锂存在的条件下进行时，还原剂就会截获中间体 **99**，所以这时只发生一次硼→碳迁移，生成的产物可以水解得到一元醇或氧化得到醛[469]。这个过程浪费了三个 R 基团中的两个，但是这个问题可以通过采用 B-烷基-9-BBN 衍生物（参见反应 15-16）来避免。因为只有 9-烷基迁移，这个方法可以保证将烯烃以很高的产率转变为多一个原子的一元醇或醛[470]。当 B-烷基-9-BBN 衍生物与 CO 以及三叔丁醇氢化锂铝反应时[471]，其它的官能团（例如，CN 基和酯基）可以存在于烷基上而不会被还原[472]。硼烷可以通过与苯氧基乙酸双阴离子反应，直接转变为羧酸[473]。

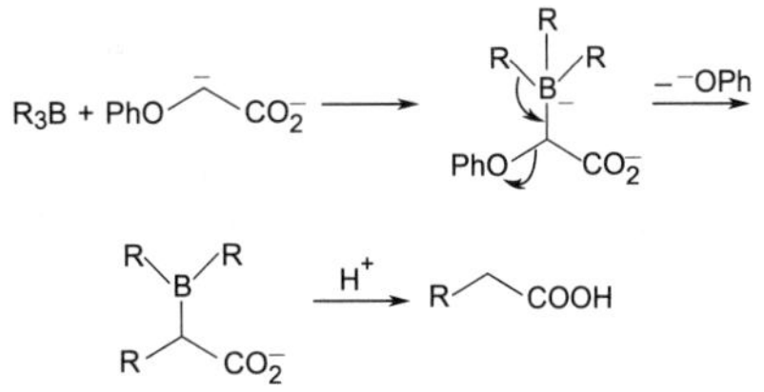

$R_3B + PhO \overset{-}{\underset{}{C}}CO_2^- \longrightarrow \underset{PhO}{\overset{R}{\underset{}{R-B-R}}} \overset{}{\underset{CO_2^-}{}} \xrightarrow{-\ ^-OPh}$

$\underset{R}{\overset{R}{R-B}}-\underset{CO_2^-}{\overset{R}{C}} \xrightarrow{H^+} R-COOH$

硼酸酯 [$RB(OR')_2$] 与甲氧基(苯硫基)甲基锂 [$LiCH(MeO)SPh$] 反应，得到的盐再与 $HgCl_2$ 反应，然后再与 H_2O_2 反应可以最终得到醛[474]。使用光学纯的硼酸酯反应，可使该反应具有立体选择性，得到的产物的 ee 值很高（>99%）[475]，例如：

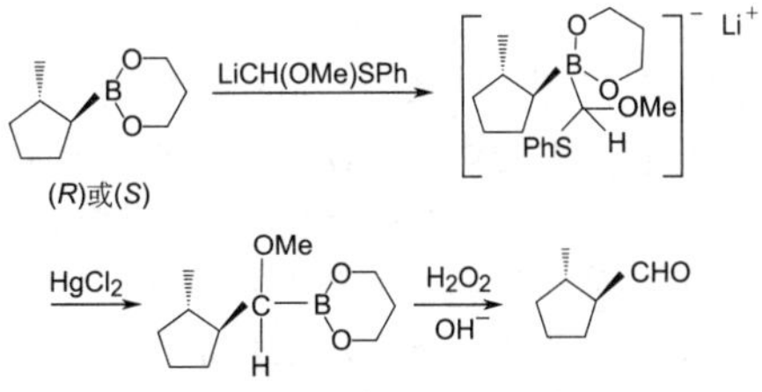

$\underset{(R)或(S)}{\overset{}{\text{环戊基-B(OCH_2CH_2CH_2O)}}} \xrightarrow{LiCH(OMe)SPh} \left[\underset{PhS\ H}{\overset{}{\text{环戊基-B(O-)(OMe)CH(OMe)}}} \right]^- Li^+$

$\xrightarrow{HgCl_2} \underset{H}{\overset{OMe}{\text{环戊基-C-B}}} \xrightarrow[OH^-]{H_2O_2} \text{环戊基-CHO}$

18-25 乙烯基硼烷转变为烯烃

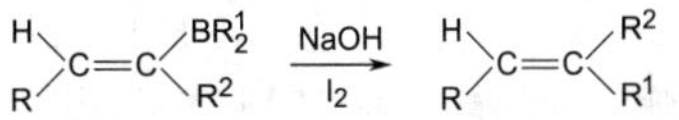

$\underset{R^2}{\overset{H}{C}}=\underset{R^2}{\overset{BR^1_2}{C}} \xrightarrow[I_2]{NaOH} \underset{R^1}{\overset{H}{C}}=\underset{R^1}{\overset{R^2}{C}}$

三烷基硼烷与碘反应得到碘代烷的反应在 **12-31** 中已经提到。当反应物中含有乙烯基时，这个反应将会按另外一个过程发生[476]，其中一个 R^1 基团会迁移到碳原子上，得到烯烃[477]。这种反应从两方面来说是立体专一的：① 如果基团

R 和 R² 在起始化合物中处于顺式，那么它们在产物中将会处于反式；②迁移基团 R¹ 内部的构型保持[478]。因为乙烯基硼烷可以用炔烃制备（反应 15-16），这个反应是将 R¹ 和 H 加成到叁键上的一个方法。如果 R² = H，反应的产物是 Z-烯烃。人们认为反应的机理涉及碘鎓离子中间体（如 102）上的硼被 I⁻ 的进攻。当 R¹ 是乙烯基时，反应的产物将是共轭二烯[479]。

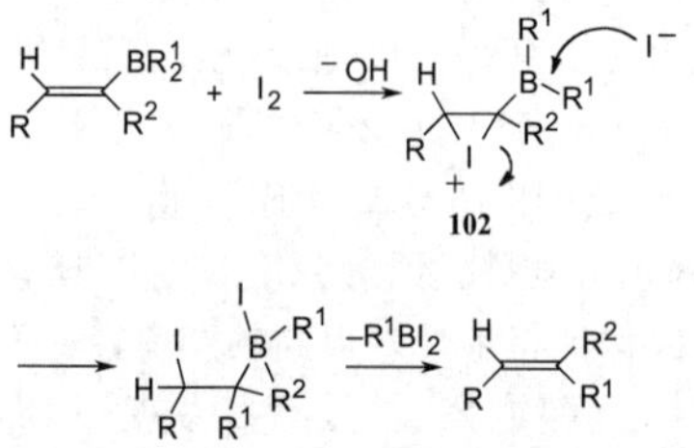

在另一个过程中，将二烷基硼烷加成到 1-卤代炔，会生成 α-卤代乙烯基硼烷（103）[480]。将这个产物与 NaOMe 反应发生如下所示的重排，重排产物质子解后得到 E-烯烃[478]。如果 R 是一个乙烯基，就会得到 1,3-二烯[481]。如果其中的一个基团是 1,1-二甲基丁基，就会发生其它迁移[482]。将上面描述的两个过程相结合，就可以得到制备三取代烯烃的方法[483]。

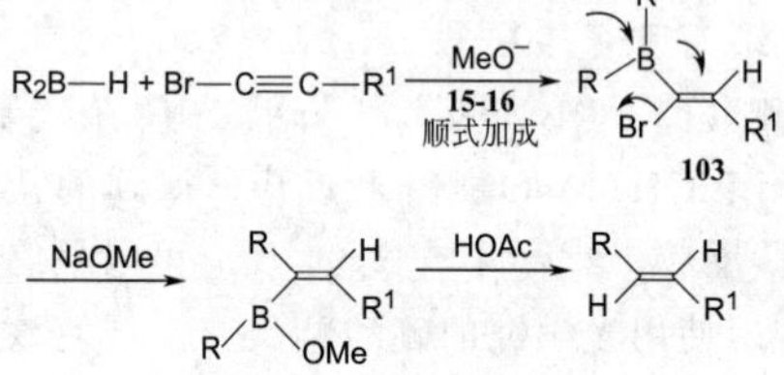

18-26 从硼烷和炔化物合成炔烃、烯烃和酮

用炔化锂与三烷基硼烷或三芳基硼烷反应，然后再将新产生的炔基三烷基硼化锂（104）与碘反应，就可以将与叁键碳原子直接相连的氢原子置换为烷基或芳基，反应产率很高[484]。R¹ 基团可以是一级或二级的烷基，也可以是芳基，所以这个反应的应用范围要比原先的反应 10-74 更广[485]。这里的 R 基团可以是烷基、芳基或氢，但是在最后一种条件下，只用在以炔化锂-乙二胺作为起始化合物时才能得到满意的产率[486]。

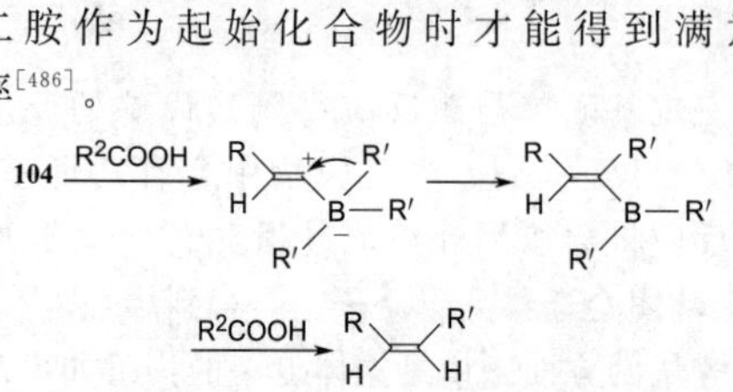

使用具有光学活性的 1,1-二甲基丁基硼酸酯，如 RR²BOR¹(R² = 1,1-二甲基丁基，其中 R 是手性的)，与 LiC≡CSiMe₃ 反应可以制备光学活性的炔烃[487]。让 104 与亲电试剂如丙酸[489]或氯化三丁基锡[490]反应，就可以用来制备烯烃[488]。与 Bu₃SnCl 可以立体选择性地反应得到 Z-烯烃。

用 104 与亲电试剂，如硫酸甲酯、烯丙基溴或三乙氧鎓基氟化硼反应，然后再氧化生成的乙烯基硼烷就会得到酮（以硫酸甲酯为例）[491]：

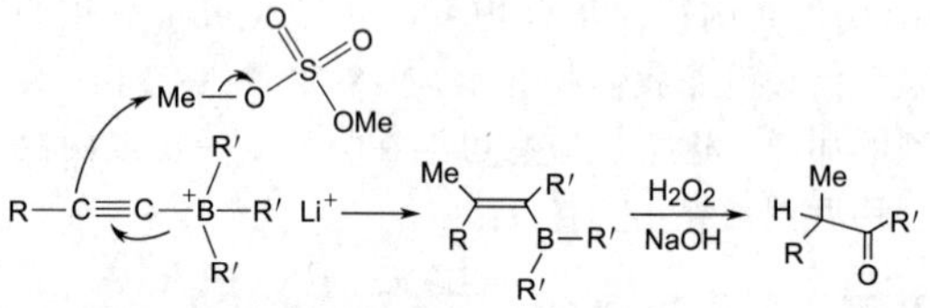

要注意的是，还有涉及 N→O 重排的反应，其中包括用硅介导的反应[492]。

18.6.2 非-1,2-重排

18.6.2.1 电环化重排

18-27 环丁烯和 1,3-环己二烯的电环化重排

(4)断-1/4/脱离；(4)环-1/4/连接
(6)断-1/6 脱离；(6)环-1/6 连接

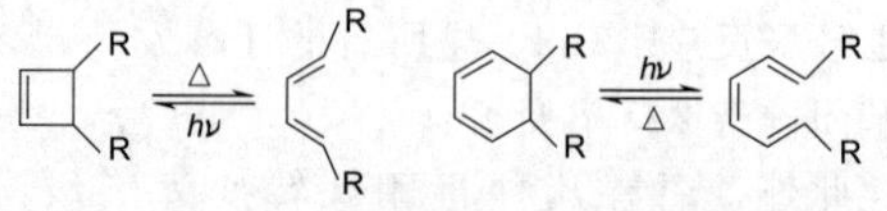

环丁烯和 1,3-二烯在紫外光照射下或加热时可以相互转化[493]。这些反应是 4π-电环化反应。热反应通常是不可逆的（但也有例外[494]）。许多环丁烯衍生物在 100～200℃ 的温度下加热即可转化为 1,3-二烯衍生物[495]。苯并环丁烯[496]以及苯并环丁酮[497]也可以发生电环化开环。光化学转变理论上可以向两个方向进行，但是大多数情况下 1,3-二烯化合物更倾向于形成环丁烯，而不容易发生逆反应，这是因为二烯烃更容易吸收所用波长的光[498]。在一个类似的反应中，1,3-己二烯可以与 1,3,5-三烯相互转变，但是在这种情况下，关环过程一般更容易在加热时发生，而开环过程更容易在光化学条件下进行，当然在两个方向上都发现了例外的情况[499]。取代基效应可以加速电环化过程[500]。有人研究了环丁烯开环反应的转矩选择性（torquoselectivity）[501]。

一些例子如下：

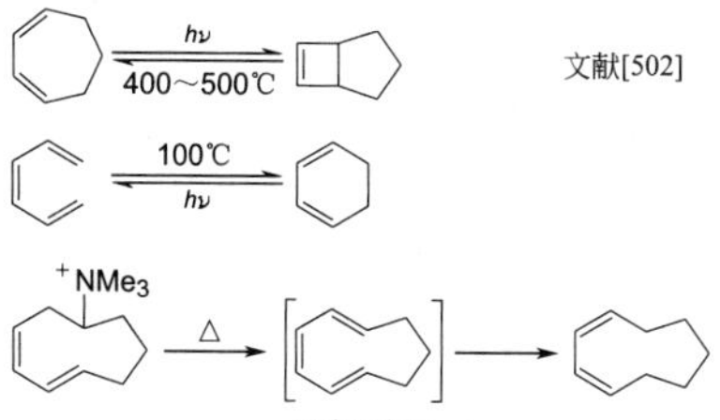

在1,3-环己二烯→1,3,5-三烯转换的一个有意思的例子是降（䓬）二烯转变为环庚三烯的反应[503]。这是一个6π-电环化反应，可用Lewis酸催化[504]。降䓬二烯非常容易发生这个反应（因为它们是顺-1,2-二乙烯基环丙烷类化合物，参见反应18-32），以至于一般不能被分离出来。但是也发现了一些例外的情况（参见反应15-64）[505]。

这类反应被称为电环化重排反应（electrocyclic rearrangement）[506]，它们按周环机理发生。来自立体化学研究的事实显示这类反应具有非常好的立体专一性。反应产物的立体取向取决于该反应是由热引发的还是光引发的。例如，发生热反应时，顺-3,4-二甲基环丁烯只能得到顺,反-2,4-己二烯，而反式的异构体只能反应得到反,反-二烯[507]：

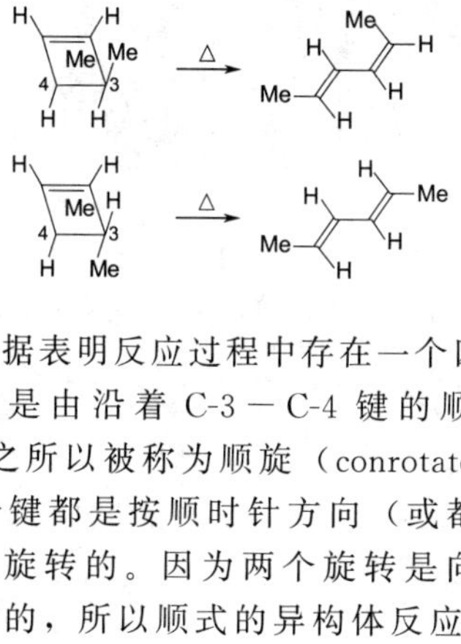

有证据表明反应过程中存在一个四元环过渡态，它是由沿着C-3—C-4键的顺旋产生的[508]。之所以被称为顺旋（conrotatory），是因为两个键都是按顺时针方向（或都是逆时针方向）旋转的。因为两个旋转是向同一个方向进行的，所以顺式的异构体反应得到顺,反-二烯[509]：

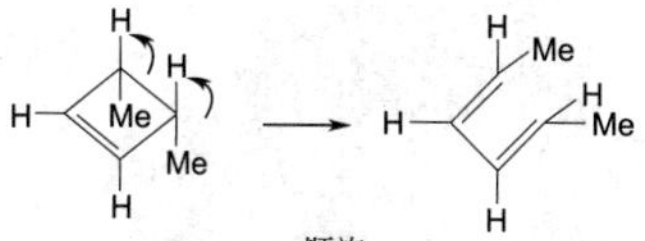

另外一个可能性是对旋（disrotatory），是其中一个按顺时针方向运动、而另一个按逆时针方向运动；这样顺式的异构体反应将得到顺,顺-二烯或反,反-二烯：

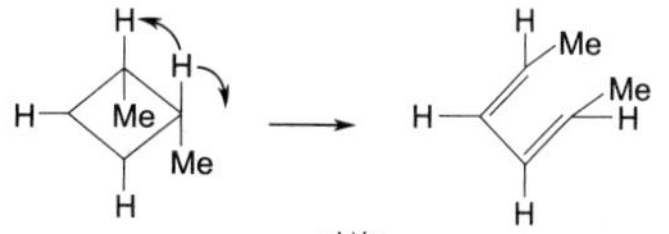

如果这个运动是对旋，这将仍然是环机理的证据。如果这个反应的机理是一个双自由基或其它非环过程，可能就不会有我们观察到的两种立体专一性。逆反应也是顺旋的。与之相反，环丁烯↔1,3-二烯之间的光化学相互转变在两个反应方向上都是对旋[510]。另一方面，环己二烯↔1,3,5-三烯之间的相互转变也精确地表现出相反的行为。热反应过程是对旋，那么光反应过程是顺旋（两个反应方向都是如此）。这个结果是由15-60 前线轨道理论（FOM）里面中提到过的对称性法则所得出的[511]。在环加成的情况下，我们将会用FOM和Möbius-Hückel规则进行处理[512]。

（1）前线轨道方法（FOM）[513]

就像在上述这些反应中的应用一样，前线轨道法可以表述为：一个σ键打开时，由此产生的p轨道应该具有与产物的最高占有π轨道一样的对称性。在环丁烯的情况下，在热反应时产物的HOMO是X_2轨道（图18.1）。因此在热反应过程中，环丁烯在开环时必须使得在一边的正号波瓣处于环平面的上方，而在另一边的正号波瓣处于环平面的下方。这样取代基就被强迫发生顺旋运动（图18.2）。

图18.1 共轭二烯的χ_2和χ_3^*轨道的对称性

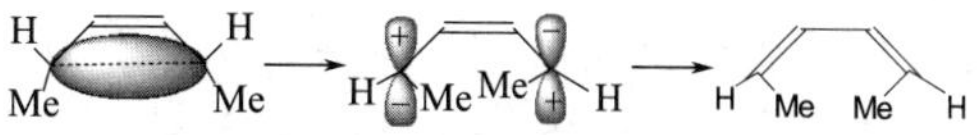

图18.2 1,2-二甲基环丁烯的热开环
两个氢原子和两个甲基通过顺旋使得产生的p轨道对称性与二烯烃的最高占据轨道的对称性一致

另一方面，在光化学反应过程中产物的HOMO是χ_3轨道（图18.1），为了使产生的p轨道具有这样的对称性（两边的正号波瓣都处于环平面的同一侧），取代基就必须发生对旋

运动。

我们可以从相反的方向来看这个反应（关环）。对于这个反应方向，其规则是：发生重叠轨道（在 HOMO 中）的符号必须是一样的。就丁二烯的热环化反应来说，它要求发生顺旋（图 18.3）。在光化学过程中，HOMO 是 χ_3 轨道，为了让具有相同符号的轨道发生重叠，就要求发生对旋。

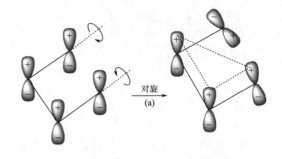

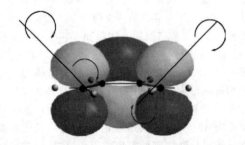

图 18.3　1,3-二烯的热闭环
为了让两个带 "+" 的波瓣重叠，必须发生顺旋

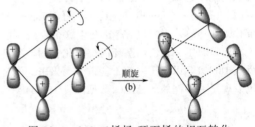

图 18.4　1,3-二烯烃-环丁烯的相互转化
所示的不是分子轨道，而是一组 p 原子轨道。我们也可以选择其它轨道基组来讨论（例如：另一组轨道基组可能有两个正号的波瓣位于平面的上方，而另两个位于平面的下方）。不同基组会导致符号改变情况的变化，但是无论选择哪一组轨道，对旋方式通常导致偶数次符号改变，而顺旋方式则导致奇数次符号改变

（2）Möbius-Hückel 法

就像我们在 **15-60** 见到的那样，在这个方法中，我们选择一个基组的 p 轨道，然后在过渡态中寻找符号改变的情况。图 18.4 给出的是 1,3-二烯的一个基组。可以看到，（a）对旋关环时只有带正号的波瓣发生重叠；而（b）顺旋关环时，存在一个正号波瓣和负号波瓣的重叠。在第一种情况下只有零次符号改变，而在第二种情况下有一次符号改变。有零次（或偶数次）符号改变的情况，对旋过渡态是 Hückel 体系，那么只有总电子数满足 $4n+2$ 时才能发生热反应过程（参见反应 **15-60**，Möbius-Hückel 法）。如果此时的总电子数是 4，那么热反应过程中对旋是禁阻的。另一方面，顺旋过程有一次符号改变，是 Mobius 体系，因此对于总电子数是 $4n$ 的化合物来说，热反应过程是允许的。因此总电子数为 $4n$ 的化合物发生热反应时，发生的是顺旋。而对光化学反应来说，这个规则正好相反：$4n$ 电子体系的反应要求 Hückel 体系，所以只允许发生对旋过程。

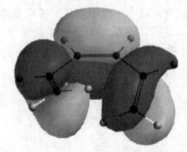

在热裂解环己二烯时，符号为正的波瓣必须处于平面的同一侧，这就要求发生对旋：

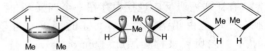

在逆反应中，为了让重叠的轨道有相同的符号，也必须发生对旋：

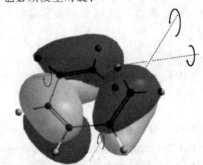

前线轨道法和 Möbius-Hückel 法都可以应用于环己二烯和 1,3,5-三烯相互转化的反应中[514]。用两种方法预测的结果都是：在热反应过程中只能发生对旋，而在光反应过程中只能发生顺旋。例如，1,3,5-三烯的 HOMO 的对称性是：

所有的这些旋转在光化学反应过程中都正好相反，因为这时最高占有轨道的对称性与原来的正好相反。

在 Möbius-Hückel 方法中，可以画出这种情况下与图 18.4 类似的示意图。这里也一样，对旋路径是 Hückel 体系，而顺旋路径是 Möbius 体系，但是因为涉及六个电子，所以热反应遵循 Hückel 途径，而光化学反应遵循 Möbius 途径。

在大多数的一般情况下，从给定的环丁烯或环己二烯反应，通常可以得到四种可能的产物：两种来自顺旋途径，另外两种来自对旋途径。例如，

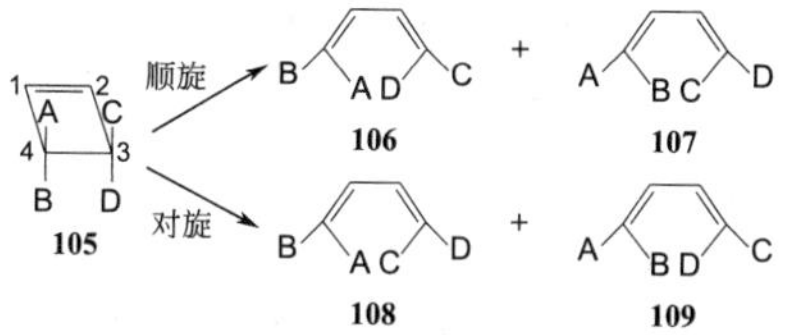

105 顺旋开环可以得到 106 或 107，而对旋开环可以得到 108 或 109。轨道对称性法则可以告诉我们一个给定的反应什么时候要按顺旋的模式进行，什么时候要按对旋的模式进行，但是不能告诉我们反应将遵循顺旋或对旋的两种可能路径中的哪一种。但是通常可以根据空间位阻情况给出预测。例如，105 通过对旋途径开环时，如果基团 A 和 C 相对着向内旋（绕 C-4 顺时针运动，绕 C-3 逆时针运动）就会生成 108；而如果基团 B 和 D 向内旋，A 和 C 向外旋（绕 C-3 顺时针运动，绕 C-4 逆时针运动）就会生成 109。我们因此预测，当基团 A 和 C 比基团 B 和 D 大时，占主导地位的或唯一的产物就是 109，而不是 108。这种预测已经被大量的事实证明是有效的[515]。但是也有证据表明空间效应[516]并不是唯一的影响因素，电子效应也起了很重要的作用，并且有时候起的作用可能比空间效应更大[517]。向外旋转时，给电子基团能够稳定过渡态，因为它可以与 LUMO 相互作用；而如果是内旋，给电子基团就会与 HOMO 相互作用，使得过渡态不稳定[518]。化合物 3-甲酰基环丁烯提供了一个尝试。空间效应会导致 CHO（吸电子基团）向外旋转；电子效应则会导致它向内旋转。实验结果显示是向内旋转[519]。

环己二烯当然是 1,3-二烯类化合物，在一定的条件下它有可能转变成环丁烯类化合物而不是 1,3,5-三烯化合物[520]。在焦钙化醇上发现了一个非常有意思的例子。光解顺式异构体 110（或其它没有画出的顺式异构体）可以得到相应的环丁烯化合物[521]，而光解反式异构体（其中一个是 111）得到的却是开环的 1,3,5-三烯（112）。

这种反应行为上的差异乍看起来是不平常的，但是采用轨道对称原则却很容易解释。开环得到 1,3,5-三烯的光化学反应必须是顺旋的。如果 110 按这个路径发生反应，得到的产物将是三烯 112。但是这个产物将会含有一个反式环己烯环（甲基或氢中的一个将必须直接插入到这个环中）。另一方面，转化为环丁烯结构的光化学过程必须是对旋的。但是如果 111 发生这个反应，得到的产物将会是一个含有反式稠合环的化合物，这种环连接化合物是已知的（参见 4.11.3 节），但是张力很大，扭曲得厉害。也已发现了稳定的反式环己烯（参见 4.17.3 节）。因此，110 和 111 得到不同的产物，这是轨道对称法则和空间效应共同作用的结果。

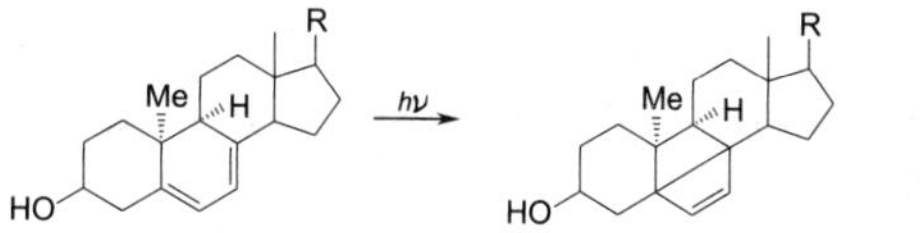

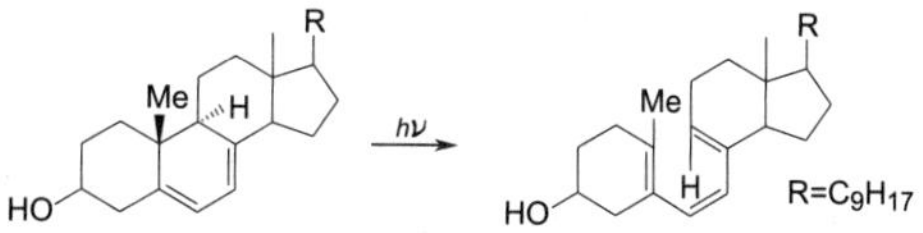

这个过程的一种变化就是 Bergman 环化反应[522]。在这个反应中，一个烯-二炔先环化成为双自由基（113），然后形成芳香体系，例如：

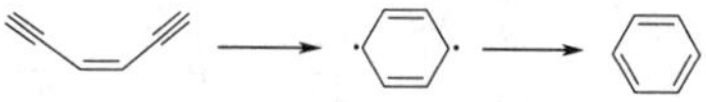

这意味着只要加热烯-二炔，通常就会通过这个途径导致芳香化[523]。通过 Bergman 环化可以得到醌[524]，Bergman 环化还有其它的合成应用[525]。有人研究了乙烯基取代基对该反应的影响[526]。氮杂 Bergman 环化反应已有报道[527]。

1,3-二烯↔环丁烯之间的相互转变甚至还可以用于苯环。例如[528]，1,2,4-三叔丁基苯（114）光解得到 1,2,5-三叔丁基[2.2.0]己二烯（115，Dewar 苯）[529]。这个反应之所以能顺利发生得益于一个事实：115 一旦形成，在所用的条件下，不管是加热还是光化学途径都不能发生逆反应回到 114。轨道对称性原则禁阻了 115 向 114 通过周环机理的热反应转变。因为环丁烯向 1,3-二烯的热转变要求必须是顺旋，而 115 的顺旋反应会导致产生含一个反式双键的 1,3,5-环三烯（116），而这个三烯由于张力太大当然是不存在的。化合物 115 也不能通过光化学途径转变为 114，因为用来激发 114 的那种频率的光不能

被 115 吸收。因此这也是另外一个分子由于轨道对称原则使自己稳定的例子（参见反应 15-63）。115 高温分解确实可以得到 114，这可能是通过一个双自由基机理来实现的[530]。

在 117 和 118 的情况中，Dewar 苯事实上要比苯更稳定。在 120℃下，化合物 117 重排转变为 118 的产率是 90%[531]。在这种情况下，苯热解得到 Dewar 苯（比逆反应更易进行），因为环上四个相邻的叔丁基基团所产生的张力太大了。

很多其它体系也可以发生电环化反应。例如，1,3,5,7-辛四烯（119）到环辛三烯的（120）转变[532]。这些反应的立体化学取向也可用相同的方法进行预测。

这些预测的结果可以根据在环化过程中涉及的电子数是 $4n$ 还是 $4n+2$（这里 n 为包括零在内）进行总结归类。

电子数	热反应	光化学反应
$4n$	顺旋	对旋
$4n+2$	对旋	顺旋

尽管轨道对称原则几乎可以预测各种情况下的立体化学结果，还是有必要重申（参见 15-60，Möbius-Hückel 法）。它只是说什么是允许的，什么是禁阻的。但是事实上一个反应是允许的并不是说这个反应一定会发生，而且一个允许的反应确实发生了，也不是说它必须遵循相应的反应路径，因为可能存在能量更低的其它路径[533]。此外，如果可以找到一个能达到它所需的较高的活化能的方法，一个"禁阻"的反应也是可以发生的。事实上，利用红外激光进行环丁烯↔丁二烯相互转换（顺-3,4-二氯环丁烯在得到允许的顺,反-1,4-二氯-1,3-丁二烯的同时也可以得到禁阻的反,反-和顺,顺-1,4-二氯-1,3-丁二烯即可发生这样的过程[534]。这是一个热反应。激光将分子激发到更高的振动能级（参见 7.1.1 节），但不是能量最高的电子状态。

作为[2+2]环加成（反应 15-63）的一种情况，通过使用金属催化剂可以使某些禁阻的电环化反应顺利发生[535]。一个例子是银离子催化的三环[4.2.0.0²,⁵]辛-3,7-二烯向环辛四烯的转变[536]:

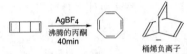

这个转化在加热时反应相当慢（没有催化剂时），因为这个反应必须通过一个对旋的路径才能发生，而这在热反应中是不允许的[537]。在另一个例子中，桶烯负离子热反应的主要产物是环丙基对旋裂解所形成的重排烯丙基负离子，而环丙基的对旋裂解从形式上看是 Woodward-Hoffmann 禁阻的过程[538]。

环丙基正离子[参见 10.7.1 节（7）和反应 18-3]的开环反应是一个电环化反应，也由轨道对称法则控制[539]。因此我们调用这个规则，那么 σ 键断开所产生的 p 轨道与产物的最高占有轨道有着一样的对称性，这样就生成了一个烯丙基正离子。我们应该重申烯丙基体系有三个分子轨道[参见 2.3 节（3）]，由于这个正离子只有两个电子，因此最高占有轨道就是能量最低的轨道（HOMO）之一。这样环丙基正离子为了维持对称性必须发生对旋开环。注意：与此不同的是，

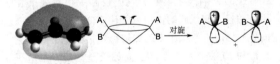

开环必须发生顺旋[540]，因为在这种情况下，最高占有轨道是烯丙基体系的第二个轨道，它具有与前面轨道相反的对称性[541]。

然而，要形成游离的环丙基正离子是很困难的[参见 10.7.1 节（7）]，在大多数的情况下，σ 键的断开与离去基团从原来的环丙基底物上离去是协同的。这意味着σ键对离去基团的离去提供了邻位协助作用（一个 S_N2 型的过程），我们可以预计这样的协助来自后方。这对开环的方向有非常重要的影响。轨道对称性原则要求开环是对旋的，但是，由前述可见，存在两个对旋的方式，而轨道对称原则并没有告诉我们反应更倾向

于按哪个方式进行。但是由于σ轨道从后面提供了协助作用，这就意味着处于离去基团反式的两个取代基必须向外运动，而不是向内运动[542]。因此所遵循的对旋方式如 **B** 所示，而不是如 **B′** 所示，因为前者将σ键的电子置于离去基团的反面[543]。

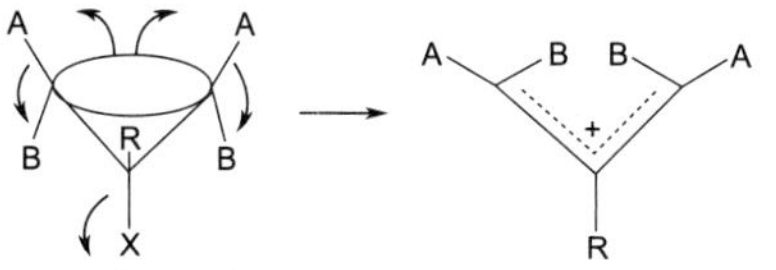

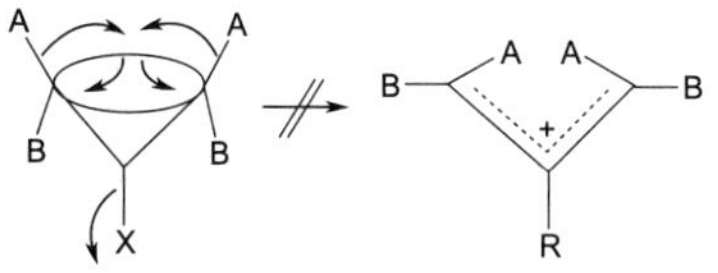

证明这种模式[544]的强有力的证据是内型（**121**）-和外型（**122**）-二环[3.1.0]己-6-甲苯磺酸酯的乙酸解。处于苯甲磺酰基反位的基团必须向外运动。对于 **121** 这意味着两个氢原子可以旋转到六元环框架的外面，而对于 **122** 来说它们就必须移向环里面。因此，得到溶剂解速率比为 **121**：**122**＞$2.5×10^6$，并且在150℃下 **122** 根本不会发生溶剂解，这也就不会令人感到惊讶了[545]。这个证据是属于动力学证据。与环丁烯↔1,3-二烯和环己二烯↔1,3,5-三烯相互转变的情况不一样，这里直接的产物是一个正离子，它不稳定，会与亲核试剂反应并在这个过程中失去一些空间完整性信号。所以很多相关的事实都是动力学方面的，而不是来自于对产物立体化学研究。然而，在超酸中（参见 5.1.2 节，在超酸中可能将离子完整地保存下来，并通过 NMR 来研究其结构）的研究显示，在所有研究过的情况中，实际上都形成了用那些规则预测出的离子[546]。

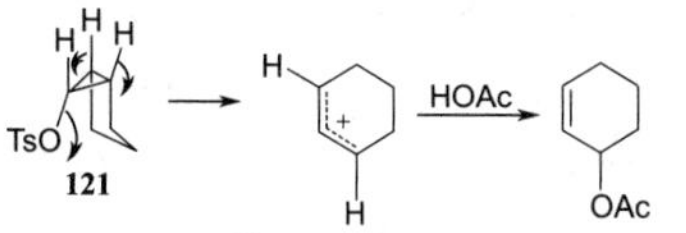

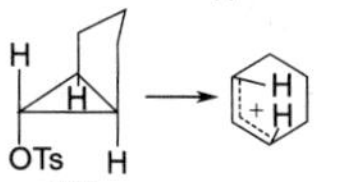

OS Ⅴ，235，277，467；Ⅵ，39，145，196，422，427，862；Ⅸ，180。

18-28　一个芳香化合物转变成另一个芳香化合物

（6）环-去-氢-偶联（总的转化）

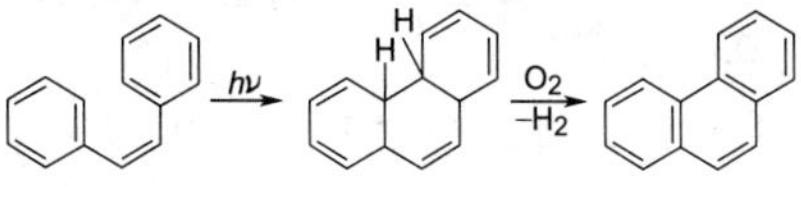

均二苯代乙烯在氧化剂，如解离的分子氧、$FeCl_3$ 或碘[548]存在的情况下，用紫外光[547]照射就可以转化成菲。这个反应是一个光化学允许的 1,3,5-己三烯向环己二烯的顺旋转变[549]，而后被氧化剂除去两个氢生成菲。中间产物二氢菲已被分离出来[550]。使用含有杂原子的反应物（如 PhN＝NPh）就可以得到杂环化合物。实际的反应物种必须是顺-均二苯代乙烯，但是反-均二苯代乙烯也经常被使用，因为它们可以在反应条件下异构得到顺式异构体。这个反应可以推广用于制备很多的稠环芳香体系，例如[551]：

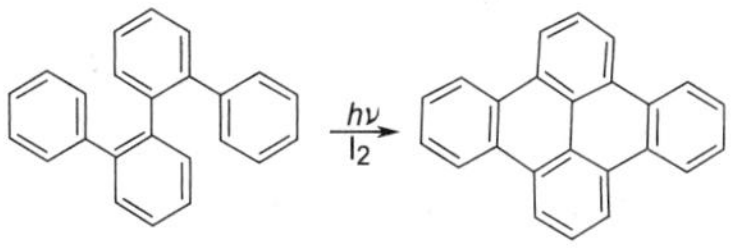

但不是所有的这种体系都能发生该反应[552]。使用含有杂原子的反应物（如 PhN＝NPh）就可以得到杂环化合物。

联苯烯异构化得到苯并[a]并环戊二烯[553]是非常有名的苯环收缩重排反应[554]，它是通过释放四元环的张力来驱动的。与此过程相关的是交替多环芳香碳氢化合物苯并[b]联苯烯在1100℃下的闪式真空热解（FVP）。1100℃气相中反应的主要产物是非交替多环芳香碳氢化合物荧蒽[555]。反应机理可以解释为异构过程中包括 2-苯基萘的双自由基的平衡。它通过苯基的净迁移发生重排，达到1-苯基萘的双自由基之间的平衡。而后，其中一种双自由基异构体环化得到荧蒽。

另外一种芳香化合物之间的转变是对环戊二烯并萘（pyracyclene，**123**）的 Stone-Wales 重排[556]，它是一种键转换反应。联二亚芴基（**124**）重排生成二苯并[g,p]䓛（**125**）的反应可在 400℃这样的温度下发生。体系中如果有正在分解的碘甲烷，则可以加速反应，这是因为碘甲烷是甲基自由基的便利来源[557]。这个结果提示该反应是自由基重排。这个重排被认为是通过自由基促进机理发生的，它包含了一系列高烯丙基-环丙基甲基重排的步骤[558]。

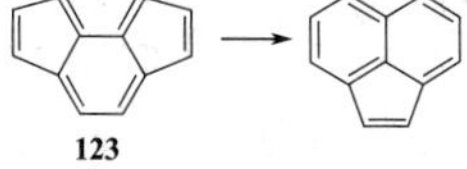

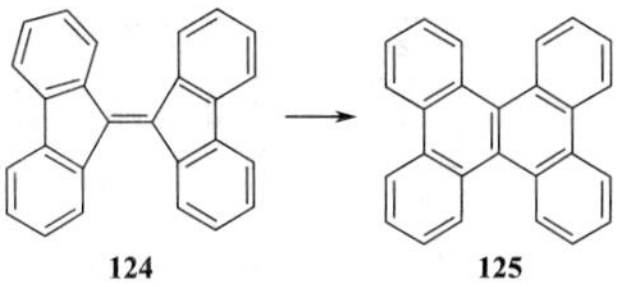

18.6.2.2 σ迁移重排

σ迁移重排被定义为[559]在一个非催化体系中，与一个或多个π体系相连的σ键的分子内迁移过程，迁移完成后，σ键移动到一个新的位置而π体系也在这个过程中进行了重组。例如：

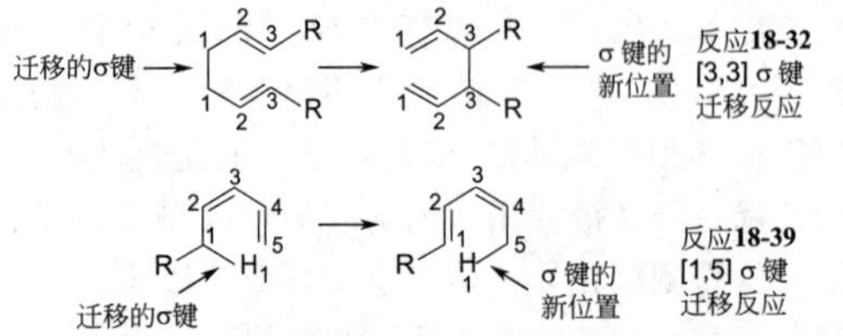

σ迁移重排可用置于中括号中的两个数字来表示：[i,j]。这些数字可以通过计算每个迁移σ尾端所移过的原子数来确定。每个迁移起点都标为1。因此在前面给出的第一个例子中，σ键的每个终点原子从C-1迁移到了C-3，所以表示为[3,3]。在第二个例子中，碳原子终点从C-1移动到了C-5，但是氢原子终点根本没有移动，所以表示为[1,5]。

18-29 氢[1,j]σ迁移

1/→3/氢-迁移；1/→5/氢-迁移

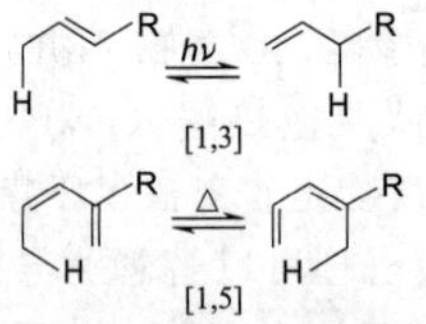

已有报道表明在很多热反应或光化学反应重排中，氢原子从π键体系的一端移动到另一端[560]，但是这个反应受几何学条件控制。同位素效应在σ迁移重排中起到了重要作用，已经发现了硅同位素效应的动力学证据[561]。反应是周环反应的机理[562]，并且在过渡态中，氢原子必须始终同时与链的两端相连。这意味着，对[1,5]或者更长程的重排来说，分子必须能够采用顺式构象。此外，σ迁移可以通过两种几何路径发生重排。对此我们举一个[1,5]σ迁移重排的例子来说明[563]，反应由具有 **126** 构型的底物开始，这里迁移的起始点是一个不对称碳原子，并且U≠V。两条途径中的一条中，即氢原子沿着π体系向顶部或底部迁移，这被称为同面迁移（suprafacial migration）。在另外一个途径中，氢原子跨过π体系迁移，从顶部到底部，或从底部到顶部，这就是异面迁移（antarafacial migration）。总而言之，像 **126**（不同的旋转异构体）这样的单一异构体可能反应得到四种异构体。在同面迁移中，H可以越过π体系的顶部（如图所示）得到（R,Z）异构体，或者它可以旋转180°越过π体系的底端迁移得到（S,E）异构体[564]。异面迁移也可以类似的得到两种非对映异构体，即（S,Z）和（R,E）异构体。

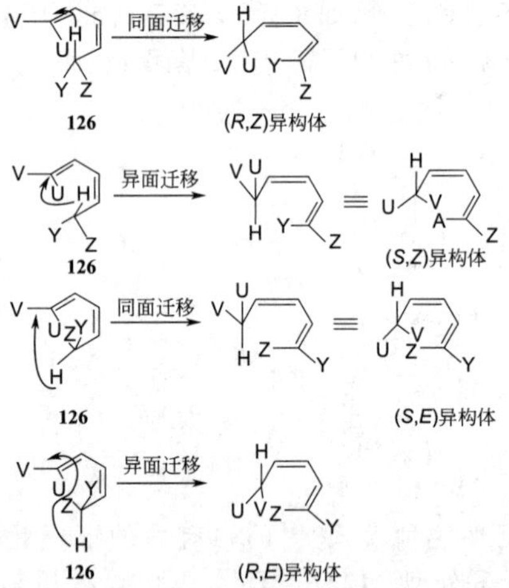

在任何给定的σ迁移重排中，根据轨道对称性原则只有两个路径中的一个可以发生，另外一个是禁阻的。分析这种情况，我们开始采用修正的前线轨道法[565]。我想象一下，在过渡态 **C** 中，迁移的 H 原子从体系中断裂开，这样我们可以将它当成一个自由基来处理。

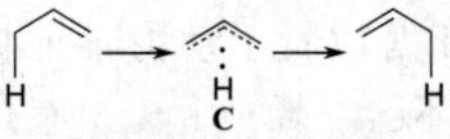

[1,3]σ重排反应过渡态

需要注意的是，这并不是实际发生的；我们只是为了能够更好地分析过程才这样假设。在[1,3]σ迁移重排中，这个假想的过渡态包括一个氢原子和一个烯丙基自由基，后者[参见 2.3 节（3）]有三个π轨道，但是这里我们只关心一个，那就是 HOMO，它在热反应重排中是 **D**。氢原子的电子当然是在 1s 轨道上，而该轨道只有一种符号。轨道对称性原则掌控着氢原子的σ迁移重排：H 必须从 HOMO 正号波瓣移向正号波瓣，或者从负号波瓣移向负号波瓣；不能移向符号相反的波瓣[566]。显然，在热反应[1,3]σ迁移重排中唯一能发生的方式是异面迁移。

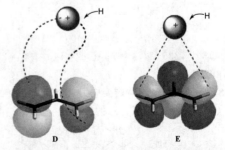

因此，根据原则可以预测异面热[1,3]σ迁移重

排是允许的，而同面路径是禁阻的。而在光化学反应中，电子的激发使得 E 成了 HOMO；此时，同面路径是允许的而异面的路径则是禁阻的。

对[1,5]σ迁移重排类似的分析显示，在这种情况下热反应必须是同面的而光化学反应必须是异面的。一般情况下，j 是奇数。可以说[1,j]σ迁移时，如果 j 满足 $4n+1$，那么在热反应条件下同面迁移是允许的；而当 j 满足 $4n-1$ 时，那么在光化学反应条件下的同面迁移是允许的，异面迁移发生的情况与此正好相反。

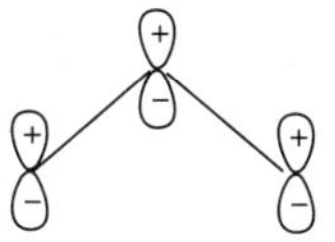

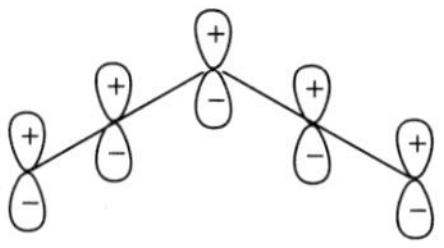

像我们所预料的那样，Möbius-Hückel 法得到的结果是一样的。这里我们着眼于分别显示[1,3]和[1,5]重排的轨道 F 和 G。[1,3]迁移涉及四个电子，所以允许的热周环反应必须是一个 Möbius 体系（参见反应 15-60，Möbius-Hückel 法），其中有一个或奇数个符号改变。正如我们在 G 中看到的那样，只有异面迁移能够达到要求。涉及六个电子的[1,5]迁移，它是 Hückel 体系，有零个或偶数个符号改变，只能发生热反应，因此发生同面迁移[567]。

有关实验事实的报道证实了这个分析。热反应[1,3]迁移只能发生异面的迁移，但是这种反应过渡态张力太大，因此氢的热反应[1,3]σ迁移重排目前还没有发现[568]。另一方面，光化学反应路径允许同面[1,3]迁移，目前已经发现了几个这样的反应，其中一个例子是 127 光化学重排成 128[569]。取代基会影响[1,3]氢迁移反应的效能[570]。

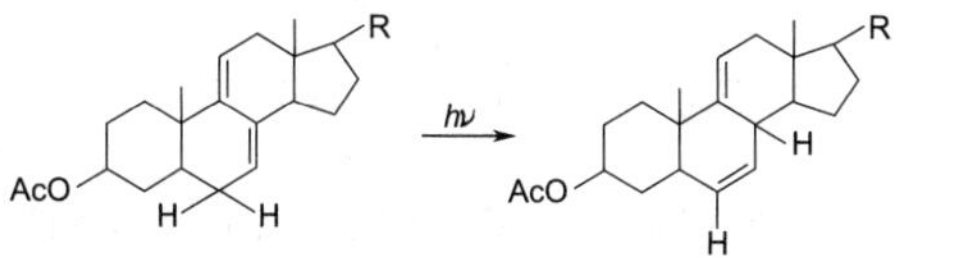

[1,5]氢迁移的情况正好与此相反。在这种情况下，同面的热反应重排是非常常见的，而同面的光化学反应重排则很少见[571]。两个热反应的例子如下：

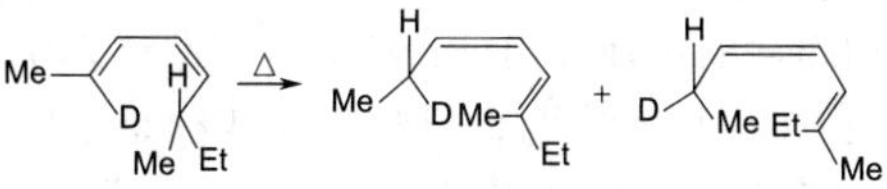

注意，第一个例子证实了前面所做的关于立体化学结构的预测：只形成了图中显示的两种异构体。在第二个例子中，迁移基团可以沿着环连续迁移。这种迁移被称为环绕重排（circumambulatory rearrangement）[574]。此类迁移在环戊二烯[575]、吡咯和 1-磷杂-2,4-环戊二烯衍生物[576]中都曾发现。在环戊二烯中发现了偕位键的参与效应[577]，也有人研究了苯基取代基的效应[578]，[1,5]氢迁移的动力学和活化参数都已得到测定[579]。[1,5]氢迁移在乙烯基吖丙啶中也已发现[580]。烯-1-炔在 Ru 催化下可发生环异构化生成环二烯[581]。

稀有的[1,4]氢迁移在自由基环化过程中已观测到[582]。对于[1,7]氢迁移，相关规则预测热反应将是异面的[583]。与[1,3]迁移不同，此时过渡态的张力不是很大，129 和 130 的生成是[1,7]氢迁移重排的例子[584]。

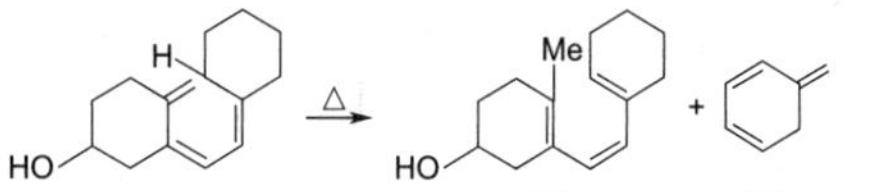

光化学[1,7]迁移是同面的，这并不奇怪，已观测到很多这样的反应[585]。

轨道对称性原则也帮我们解释了某些化合物出乎意料的稳定性问题（参见反应 15-63、15-64 和 18-27，Möbius-Hückel 法）。130 可以通过热反应[1,3]σ迁移重排，很容易地转变为甲苯。甲苯是非常稳定的，因为它具有六电子的芳香体系。130 已经被制备出来，它只能在干冰温度下的稀溶液中稳定存在[586]。

也观察到了与 σ迁移重排类似的一种反应，其中环丙烷环代替一个双键，例如[587]：

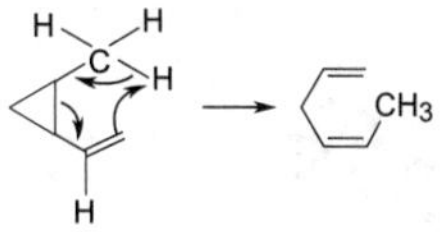

高二烯基[1,5]迁移

逆向的反应也有报道[588]。2-乙烯基环醇[589]可以发生一个类似的反应，环丙基酮亦如此（关于这个反应，参见 18-33 和 18-34）。

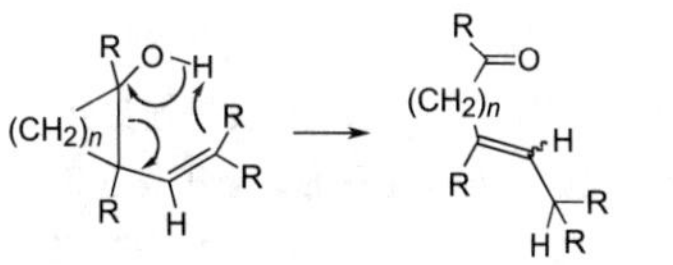

18-30 碳[1,j]σ迁移

烷基[1,3]迁移[590]

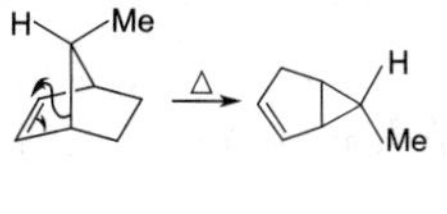

苯基[1,5]迁移[591]

烷基或芳基的σ迁移重排[592]不如相应的氢迁移常见[593]。当它们确实发生时，与前面所说的氢迁移反应还是有很大的不同。氢原子的电子位于1s轨道，只有一个波瓣，碳自由基的未成对电子位于p轨道上，p轨道含有不同符号的两个波瓣。因此，如果我们画这种情况的假想过渡态（参见前述），就可以看到在热反应同面[1,5]迁移过程中（图18.5），只有当迁移的碳原子以某种方式迁移时，才能保持对称性。这种迁移方式要求原来与π体系相连的波瓣始终与π体系相连。而只有迁移基团的构型保持不变这种情况才会发生。另一方面，如果迁移的碳原子改变轨道瓣就能发生热反应同面[1,3]迁移（图18.6）。例如：如果迁移碳原子原来是通过带负号的波瓣联结的，那么现在就必须用它带正号的波瓣形成新的C—C键。这样迁移基团中的构型就要发生翻转。

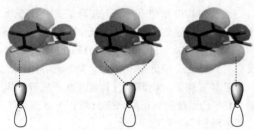

图18.5　碳[1,5]σ迁移的假设轨道运动
从一个"—"号波瓣迁移到另一个"—"号波瓣时，迁移的碳原子只用原来的波瓣，构型保持

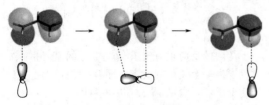

图18.6　碳[1,3]σ迁移的假设轨道运动
迁移的碳原子从一个"+"号波瓣迁移到另一个"+"号波瓣，要求迁移的碳原子将成键波瓣从"—"号变为"+"号，构型翻转

基于这个考虑，我们认为碳原子作为迁移基团的同面[1,j]σ迁移重排，无论是热反应还是光化学反应都是允许的。但是热反应的[1,3]迁移[594]其迁移基团的构型会发生翻转，而热反应[1,5]迁移时，其迁移基团的构型保持不变。更一般地来说：在$j=4n-1$体系中，碳同面[1,j]迁移在热反应中会发生构型翻转，而光化学反应中会发生构型保持；而在$j=4n+1$的体系中表现出相反的行为。在发生异面迁移时，所有的预测相反。

对这个预测的第一个实验检测是含重氢的内型-二环[3.2.0]庚-2-烯-6-乙酸酯（**131**）的高温分解，得到外型-氘代-外型-降冰片基乙酸酯（**132**）[595]。因此，正如轨道对称原则所预测的那样，这个热反应同面[1,3]σ迁移反应发生时，C-7的构型会完全翻转。在很多其它情况下也得到了类似的结论[596]。然而，对**131**的母体烷烃（在C-6和C-7用D标记）类似的高温分解研究表明：当大多数产物的C-7发生构型翻转时，仍有一部分（11%～29%）产物是构型保持的[597]。发现过其它构型没有完全翻转的现象[598]。一个双自由基机理被用来解释这种现象[599]。对一些[1,3]σ迁移重排反应，有强有力的证据证明是自由基机理[600]。碳的光化学同面[1,3]迁移已经证实构型保持，这与预测的一样[601]。

虽然烯丙基乙烯基醚一般发生[3,3]σ迁移重排（反应**18-33**），但也可以发生[1,3]重排得到醛。例如，与$LiClO_4$的乙醚溶液反应[602]。在这种情况下，C—O键发生了从O到乙烯基末端碳原子的[1,3]迁移。当乙烯基醚为$ROCR'=CH_2$类型时，反应会形成酮RCH_2COR'。有证据表明[1,3]σ迁移重排不是一个协同过程，而是涉及底物解离成离子的过程[602]。

已经发现碳的热反应同面[1,5]迁移构型保持[603]，但是也有构型翻转[604]。对后一种情况，人们提出了双自由基机理[604]。

简单的亲核、亲电和自由基[1,2]迁移也可以视为是σ迁移重排（这种情况，表示为[1,2]重排）。我们已经（参见18.1节之前概述部分的讨论）用相似的机理应用于这些重排，结果表明亲核[1,2]迁移是允许的，但是另外两种是禁阻的，除非迁移基团能使额外的电子或电子对离域。禁阻的[3s,5s]σ迁移机理已经得到了研究[605]。

18-31 乙烯基环丙烷转变为环戊烯

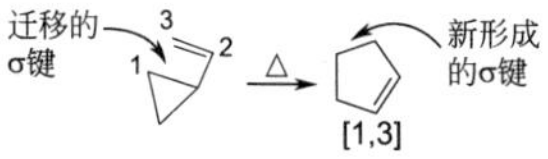

乙烯基环丙烷热反应扩环[606]生成环戊烯是碳[1,3]σ迁移重排的一种特例,虽然它也可以被看成是分子内[$_\pi$2+$_\sigma$2]环加成反应(见**15-63**)。这个反应通常被称为乙烯基环丙烷重排反应[607]。这个反应可以在多种乙烯基环丙烷衍生物上进行,环上[608]或者乙烯基上可以连有各种取代基。并且该反应已经被扩展应用于1,1-二环丙烷基乙烯[609]和(热反应[610]和光化学反应[611])乙烯基环丙烯类化合物。

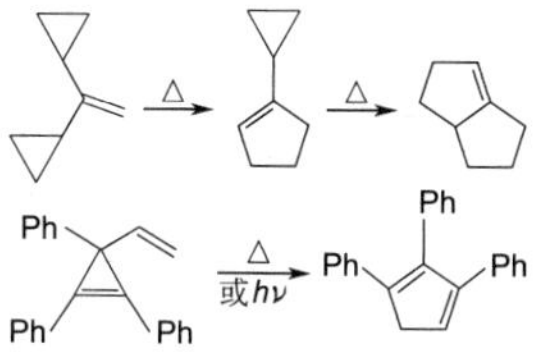

该反应可以用铑和银化合物催化,并且已被用于成环[612]。高二烯基[1,5]迁移(如果具有一个合适的 H,见 **18-29**)和环丙烷简单开环(这种情况通常得到二烯,见 **18-3**)是两个竞争的反应。

环丙基甲醇的三甲基硅基醚经过快速真空热裂解(flash vacuum pyrolysis,FVP)转变成环扩张的酮[613]。各种杂环化合物[614]的类似反应也有发现,例如氮丙啶基酰胺(**133**)的重排[615]。环丙基酮与甲苯磺酰胺及 Zr 催化剂反应,可将反应原位生成的亚胺转化为四氢吡咯[616]。N-环丙基亚胺在光化学条件下发生重排反应生成环亚胺(四氢吡咯)[617]。P-乙烯基磷杂环丙烷(环上具有 P 的环丙烷的 P 类似物)可发生类似的重排反应,其反应机理已被研究过[618]。

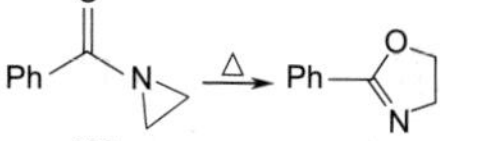

乙烯基环丁烷类化合物可以很容易地转变为环己烯[619],但是更大的环类化合物一般不会发生这个反应[620]。三环[4.1.0.0^{2,5}]庚烷重排产生非共轭环庚二烯[621]。二环[2.1.0]戊烷衍生物也可发生此类反应。

通过加入单电子的氧化剂三(4-溴苯基)胺六氟化锑盐 Ar$_3$N·$^+$SbF$_6^-$(Ar=p-溴苯基)[622],可以将反应物转变为正离子自由基,生成的自由基可以很快发生环扩张,这样就可以大大加快反应速率[623]。

这个环扩张反应的机理目前还不确定。协同[624]和双自由基[625]路径都有报道[626],可能在不同的体系中采取不同的路径。

关于将乙烯基环丙烷转变为环戊烯的其它方法,参见 OS **68**,220。

18-32 Cope 重排

(3/4/)→(1/6/)-σ-迁移

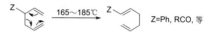

1,5-二烯加热会发生重排,这个属于[3,3]σ迁移的重排被称为 Cope 重排(不要与 Cope 消除反应混淆,**17-9**)[627],其产物是异构化的1,5-二烯。当这个二烯关于3,4-键几何对称时,通常这个反应得到的产物与初始化合物是一样[628]的:

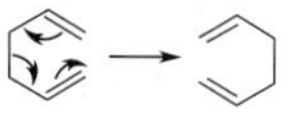

因此,Cope 重排只有在这个二烯不是关于3,4-键对称时,才能检测到反应的发生。任何1,5-二烯都会发生这个重排;例如,3-甲基-1,5-己二烯加热到 300℃ 会生成 1,5-庚二烯[629]。然而,当在 3 位或 4 位碳原子连有可以与新的双键发生共轭的基团时,这个反应更容易发生(所需的反应温度更低)。显然,这个反应是可逆的[630],产物是两种1,5-二烯的平衡混合物,其中热力学更稳定的那种异构体的含量更高一些。但是这个反应

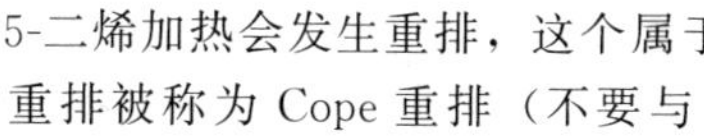

对 3-羟基-1,5-二烯来说通常不可逆[631],因为产物会互变异构为酮或醛:这个反应被称为羟基-Cope 重排(oxy-Cope rearrangement)[632],这个反应在合成上有很高的利用价值[633]。如果使用醇盐代替相应的醇(负离子羟基-Cope 重

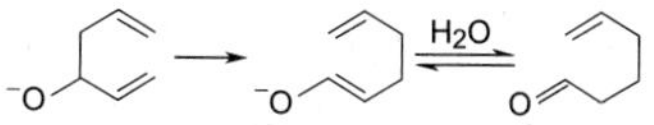

排)[634],可以使得羟基-Cope 重排反应速度大大提高(10^{10}~10^{17} 倍)。这种情况下,直接的产物是烯醇离子,它可以很快水解生成酮。使用磷腈而无金属参与的反应已有报道[635]。已经证实硅氧-Cope 重排非常有用[636]。已经发现抗体催化的羟基-Cope 重排[637],并研究了该反应的机理及催化作用的缘由[638]。硫取代基也可以使羟基-Cope 重排的速率提高[639]。要注意的是,2-氧桥-Cope 重排(2-oxonia-Cope)已经在 Prins 环

化反应（**16-54**）中作了介绍[640]。在手性醛作用下，手性共轭酯可发生高度非对映选择性的氧桥-Cope 重排反应[641]。

氮-Cope 重排也已见报道[642]。可以进行对映选择性的氮-Cope 重排[643]。还可以进行 1,2-氧氮-Cope 重排，该重排包含了酯和烷基腈的反应[644]。溶剂对氨基-Cope 重排的区域选择性具有重要影响[645]。有人提出后一反应并不是仅仅通过协同的[3,3]σ 迁移重排进行的[646]。

1,5-二烯系统可以处于一个环内或者是丙二烯体系的一部分[647]。下面这个例子同时显示了这两种情况[648]：

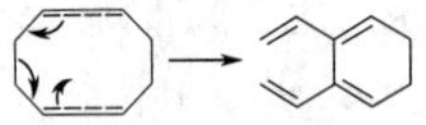

但是当其中一个双键是芳香体系的一部分时（例如，4-苯基-1-丁烯），就不会发生这个反应[649]。当两个乙烯基的双键分别处于环上相邻的两个位置上时，得到的产物是比反应物的环多四个碳原子的环。这个反应已被应用于二乙烯基环丙烷类化合物和二乙烯基环丁烷类化合物[650]：

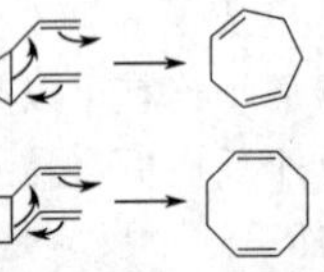

的确，顺-1,2-二乙烯基环丙烷类化合物能很快地发生这个重排，以至于在室温下一般不能将它分离出来[651]，但是也有例外的情况[652]。要指出的是，二乙烯基环氧乙烷、二乙烯基环磷乙烷和二乙烯基环硫乙烷也发生类似的重排[653]。1,5-二炔在加热时会转化为 3,4-二亚甲基环丁烯（**134**）[654]。首先发生决速的 Cope 重排，而后是一个反应速度非常快的电环化反应（**18-27**）。1,3,5-三烯和环己二烯之间的相互转化（**18-27**）与 Cope 重排反应非常类似。虽然在反应 **18-27** 中，3,4-键是从一根双键变为一根单键而不是从单键变为无键。

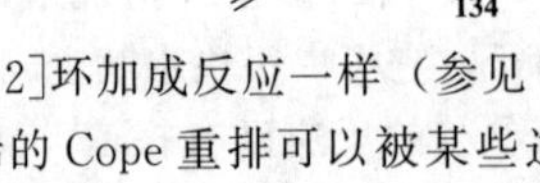

134

与[2+2]环加成反应一样（参见 **15-63**），简单 1,5-二烯的 Cope 重排可以被某些过渡金属化合物催化。例如，加入 Pd 催化剂可以让反应在室温下进行[655]。

就像我们用箭头指出的那样，非催化 Cope 重排的机理是简单的六中心周环过程[656]。这个机理是如此的简单，因此我们有可能研究其中几个非常微妙的问题，例如关于六元环过渡态是船式的还是椅式构象的问题[657]。对 3,4-二甲基-1,5-己二烯的研究最终表明，这个过渡态是椅式构象。这也通过该反应的立体专一性得到证实：内消旋异构体反应得到顺,反-产物，而（±）-化合物得到反,反-二烯[658]。如果该反应的过渡态采取椅式构象（例如，内消旋异构体），一个甲基应该是"直立"的，另外一个应该是"平伏"的，则产物应该是顺,反-烯烃：

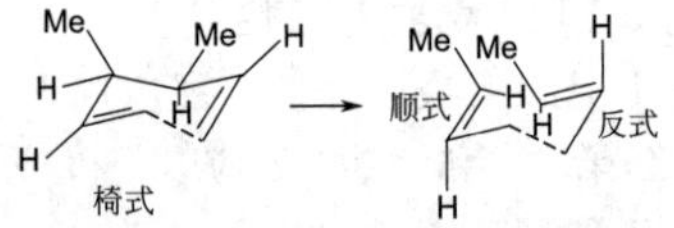

内消旋异构体的过渡态存在两种可能的船式构象。一个导致形成反,反-构型的产物；另外一个则产生顺,顺-构型的烯烃。

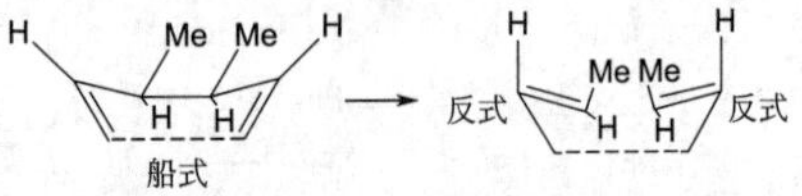

对（±）-化合物的预测正好相反：只存在一种船式构象，它会生成顺,反-构型的烯烃，而一个椅式构象（"二直立"甲基）导致产生顺,顺-构型的产物，另外一个（"二平伏"甲基）预测产生反,反-产物。因此产物包含的信息可以表明过渡态是椅式而不是船式构象[659]。然而，3,4-二甲基-1,5-己二烯的过渡态可以自由地采取椅式的或是船式的构象（更倾向于椅式），但是其它化合物就不这么自由。因而，1,2-二乙烯基环丙烷（参见前述）只能以船式构象反应，这证明这样的反应不是不可能的[660]。

根据在周环反应机理中过渡态[661]的特性，C-3 或 C-4 为手性碳原子的光学活性反应物可以将它们的手性特性传递给产物（参见反应 **18-33**，一个在机理上与 Claisen 重排类似的例子）[662]。已经发现许多不对称[3,3]σ 迁移重排的例子[663]。

并不是所有的 Cope 重排都是通过环状六中心机理[664]发生的，因此由于几何构型合适，顺-1,2-二乙烯基环丁烷（参见前述）平稳地重排生成 1,5-环辛二烯。反式异构体也得到这样的产物，但是主产物是 4-乙烯基环己烯（发生 **18-31** 反应的结果）。这个反应可以用双自由基机理进行合理地解释（见 **135**）[665]。有可能，至少部分环辛二烯产生于前面的反-二乙烯基环丁烷到顺-二乙烯基环丁烷的差向异构化，而后发生后者的 Cope 重排[666]。

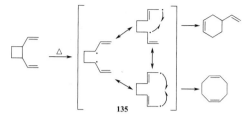

有人认为另一种双自由基两步机理可能更适合于某些反应物[667]。确实,非协同的 Cope 重排已有报道[668]。在这种路径中[669],1,6-键在 3,4-键断裂前就已形成:

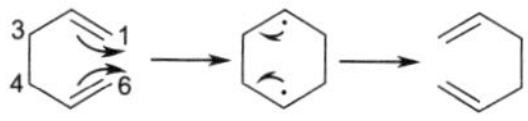

这与 18-27 介绍过的 Bergman 环化反应类似。

前面已经指出,对称的 1,5-己二烯发生 Cope 反应生成 1,5-己二烯。这是一个简并的 Cope 重排(参见 18.1.2 节)。二环[5.1.0]辛二烯(**136**)发生类似的重排反应[670]。在室温下,这个化合物的 NMR 谱图显示与左边结构相一致。在 180℃它通过 Cope 反应转变为一个与自己一样的化合物。有趣的是,在 180℃,NMR 谱图中显示存在两种不同结构的平衡混合物。也就是说,在这个温度下,分子在两个结构之间快速地(快于每秒 10^3 次)来回变动。这被称为价互变异构(valence tautomerism),尽管只有电子迁移,但它与共振完全不同[671](参见 2.14 节关于其它类型的互变异构)。在这两个结构中,原子核的位置并不一样。像 136 这样表现出价互变异构的分子(在 180℃ 的情况下)被称为有循变结构(fluxional structure)的分子。需要重申的是,在室温下是不存在顺-1,2-二乙烯基环丙烷的,因为它会快速地重排成 1,4-环庚二烯(参见前述),但是在 136 中顺-1,2-二乙烯基环丙烷结构被冻结在这两种结构中了。还发现了另外几个拥有这种结构特征的化合物。其中,瞬烯(bullvalene)(**137**)特别令人关注。

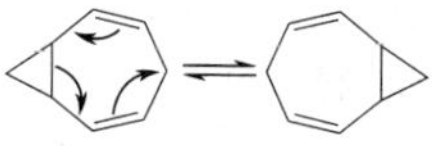

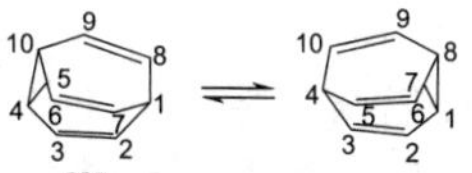

137 的 Cope 重排显示:环丙烷的环结构从 4,5,10 迁移到 1,7,8。但是这个分子也可以发生重排,把环改变到 1,2,8 或 1,2,7。于是这些结构中的任何一个都可以发生几种 Cope 重排。总的来说,存在 10!/3 种,或者说多于 1.2×10^6 个互变结构。环丙烷的环可以处于任何相邻的三个碳原子之间。因为任何一个互变异构体都与其它异构体完全等同,这种重排反应被称为无限简并的 Cope 重排。瞬烯已经被合成出,并通过 ^{1}H NMR 谱图确定[672]。在 -25℃ 谱图中存在两个峰,峰面积比为 6:4。这与单一的非互变结构一致。6 是乙烯基质子而 4 是烯丙基的质子。但是在 100℃ 时这个化合物只能显示一个 NMR 峰,表明此时确实有一个不寻常的情况:该化合物快速地在它的 1.2×10^6 个互变结构间转变[673]。瞬烯的 ^{13}C NMR 谱在 100℃ 下也只显示出一个峰[674]。

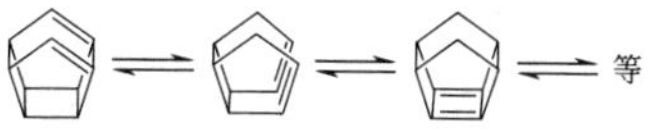

另外一个由于发生简并 Cope 重排而使所有的碳原子等价的化合物是转烯(hypostrophene)(**138**)[675]。在化合物 barbaralane(**139**,瞬烯的一个 CH=CH 被置换成 CH_2)的情况下[676],只有两个等价的互变异构体[677]。然而,NMR 谱图显示甚至在室温,也存在两个互变异构体之间的快速转变,但是到大约 -100℃ 时,转变速度已经慢到可以指认出与单一结构对应的谱峰了。在半瞬烯(semibullvalene)(**140**)(少了 CH_2 of barbaralane)的情况下,不仅在室温时存在互变异构体之间的快速相互转变,甚至在 -110℃ 时也如此[678]。140 是已知的能够发生 Cope 重排的化合物中能垒最低的一个[679]。

参加价互变异构的分子不需要一定是等价的。因此 NMR 谱指出,在室温下,环庚三烯 **141** 和降蒈二烯(**142**)之间实际存在价互变异构[680]。在这种情况下,一个异构体(**142**)有顺-1,2-二乙烯基环丙烷结构,而另外一个没有。在一个类似的相互转变中,氧化苯[681]和氧杂䓬(oxepin)于室温下存在一个互变平衡[682]。

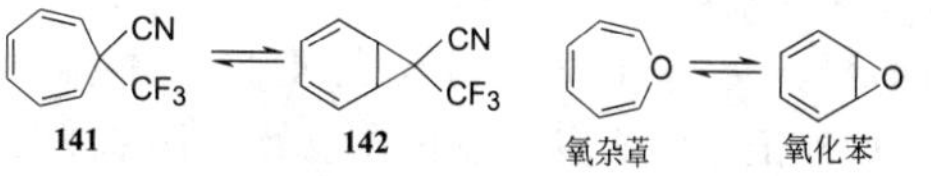

瞬烯和转烯都属于分子式能用符号 $(CH)_{10}$ 表示的一类化合物[683]。此外还有很多属于这类的化合物。类似的 $(CH)_n$ 化合物也是存在的,这里的 "n" 是其它的偶数[685]。例如存在 20 个可能的 $(CH)_8$[684] 化合物[685],5 个可能的 $(CH)_6$ 化合物[686],这些化合物中已知的有:

苯、棱烷（prismane）（参见4.17.1节）、Dewar苯（参见反应18-27，Möbius-Hückel法）、二环丙烯基[687]和盆苯（benzvalene）[688]。

一个价互变异构的有趣例子是1,2,3-三叔丁基环丁二烯（参见2.11.2节）。该化合物存在两个异构体，都是长方形的，^{13}C NMR谱显示它们处于动态平衡中，甚至在-185℃下也如此[689]。

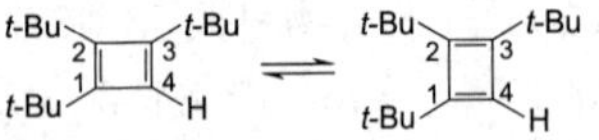

18-33 Claisen重排[690]

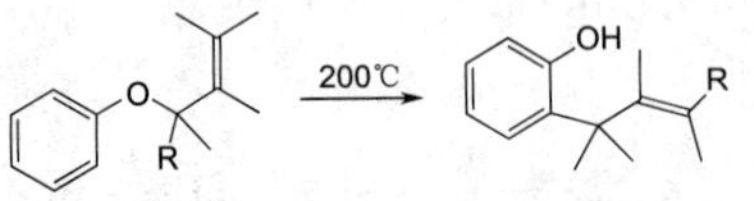

烯丙基芳基醚加热时可以重排生成 O-烯丙基苯酚，这个反应被称为Claisen重排[691]。如果两个邻位都被占据，烯丙基就会迁移到对位（通常称为对位Claisen重排）[692]。但是如果邻位和对位都已经被占据，那么这个反应就不能发生了。迁移到间位的重排目前还没有观测到。在邻位迁移中，烯丙基总是发生烯丙基重排。也就是说，如上所示，原来氧上的α-取代基，现在变成环上的γ-取代基了（反之亦然）。另一方面，在对位迁移中，不存在烯丙基重排：发现烯丙基与原来醚中的完全一样。具有炔丙基类基团（例如，在适当位置存在一个叁键的基团）的化合物一般不会得到相应的产物。

这个反应的机理是协同的周环[3,3]σ迁移重排[693]，这个机理与所有的事实都相符。对于邻位重排：

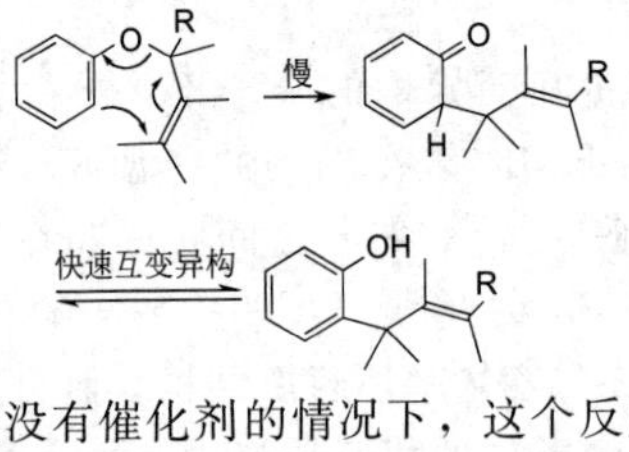

证据是在没有催化剂的情况下，这个反应对醚是一级的。混合加热时，没有交叉产物出现，并且存在烯丙基重排，这都是这个机理所要求的。邻位的烯丙基（而没有对位的重排）重排已经用^{14}C标记反应证实，甚至在没有取代基的时候也如此。对过渡态几何结构的研究证实，与Cope重排一样，Claisen重排通常更倾向于通过一个椅式的过渡态[694]。逆-Claisen重排也已发现，并且已研究了它的机理[695]。

当邻位没有氢的时候，就会接着发生第二个[3,3]σ迁移重排（一个Cope重排）：

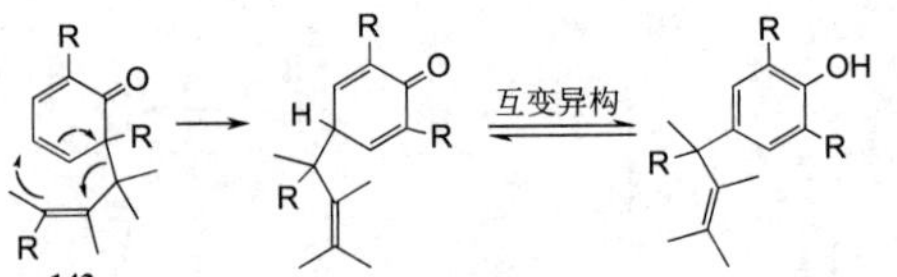

并且迁移基团还原成原来的初始结构。结构143的中间产物已经采用Diels-Alder反应（15-60）捕获[696]。热乙酸中的Ag-KI[697]以及水中的AlMe$_3$[698]可促进芳基烯丙基醚的重排反应。高聚物固载的反应物在微波辐照下可发生固相的Claisen重排反应[699]。

烯醇的烯丙基醚（烯丙基乙烯醚，144）也可以发生Claisen重排反应[700]；事实上，首先发现的是这个化合物的反应[701]：

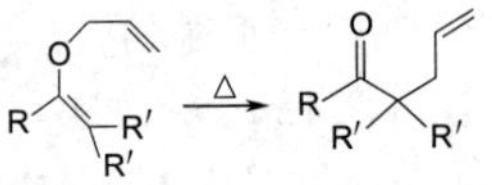

当然，在这种情况下，不会发生最后的互变异构，甚至在R′=H时也如此，因为不存在需要恢复的芳香性，并且酮式要比烯醇式稳定得多[702]。烯丙基烯醇醚的催化Claisen重排已广为人知[703]。用水作溶剂能加速这个反应[704]。反应可在微波辐照下在硅胶中[705]或在离子液体中[706]进行。反应机理与烯丙基芳基醚的机理类似[707]。在手性Cu配合物存在下，Claisen重排具有很好的对映选择性[708]。N-杂环卡宾可催化对映选择性的Claisen重排[709]。手性的氢键供体可用于对映选择性的Claisen重排[710]。手性的烯丙基醚在Ir催化剂作用下发生对映选择性的Claisen重排[711]。

因为Claisen重排机理不涉及离子，因此这个反应应该不会在很大程度上依赖于环上是否存在取代基[712]。但是事实上，给电子基团加快反应速度，而吸电子基团降低反应速度。但是这些影响都是比较小的，例如p-氨基化合物仅比p-硝基化合物反应速度快约10～20倍[713]。然而，溶剂效应[714]的影响却更大：反应在17种不同溶剂中进行时，不同速度的差值可以超过300倍[715]。一个特别好的溶剂是三氟乙酸，在这个溶剂中反应可以在室温下进行[716]。大多数Claisen重排可以在没有催化剂的情况下进行，但有时候也用AlCl$_3$或BF$_3$作催化剂[717]。在这种情况下，它可能变成了一个Friedel-Crafts反应，已经不再是环状机理了[718]，并且邻位、间位和对位的产物都可以得到。

烯丙基丙二烯基醚在DMF中加热时发生

Claisen 重排，生成所预期的具有一个共轭醛单元的二烯烃[719]。具有 β-烯丙基醚单元的丁烯酸内酯可发生 Claisen 重排-Conia 反应联合反应[720]，生成具有 β-酮基内酯结构的氧杂螺庚烷，其中的内酯为五元环[721]。β-酮酸的烯丙基酯发生的 Claisen 重排被称为 Carroll 重排[722]（也称为 Kimel-Cope 重排[723]），该反应可被 Ru 配合物催化[724]。手性 Pd 配合物可催化不对称的 Carroll 重排[725]。

烯丙醇与 N,N-二甲基乙酰胺二甲基缩醛共热生成一个短暂的中间体，该中间体进一步发生 Claisen 重排生成酰胺，这个连续过程被称为 Eschenmoser 反应或 Eschenmoser-Claisen 重排[726]，也可称为 Meerwein-Eschenmoser Claisen 重排[727]。在手性 Pd 配合物作用下的对映选择性反应已有报道[728]。

烯丙基酯的烯醇盐 (**145**)[用酯与异丙基环己基氨基锂（LICA）反应形成] 重排得到 γ,δ-不饱和酸[729]。

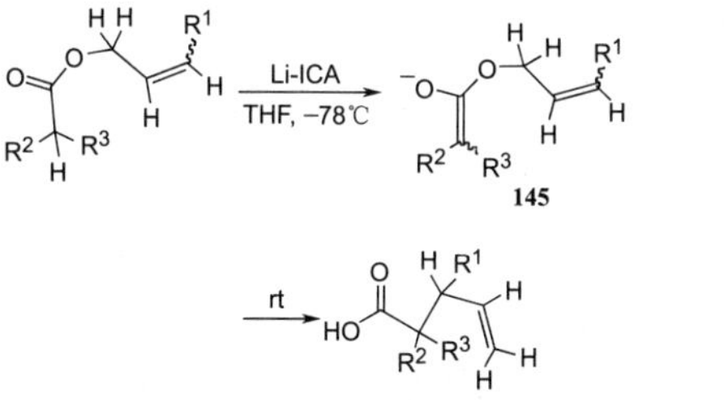

作为一个选择，硅基烯酮缩醛 [$R^3R^2C=C(OSiR_3)OCH_2CH=CHR^1$] 经常用来代替 **145**[730]。这个重排也可以在室温下进行。采用两个过程中的任何一个，所发生的反应被称为 Ireland-Claisen 重排[731]。需要注意的是，**145** 分子结构中存在负电荷。与羟基-Cope 重排（**18-34**）一样，负电荷通常可以加速 Claisen 反应[732]，但是加速的程度取决于带正电荷的平衡离子的特性[733]。这个反应在很多例子中具有好的顺式（syn）选择性[734]。通过将 **145** 转变为烯醇硼化物（其中硼与手性基团相连）就可以使 Ireland-Claisen 重排反应具有对映选择性[735]。酰胺的衍生物也可以发生 Ireland-Claisen 重排反应[736]。

正如刚才指出的，不对称的 Claisen 重排反应也已广为人知[737]，为了达到这个目的设计了手性 Lewis 酸[738]。一般来说，不对称[3,3]σ迁移重排比较常见[739]。

很多类似的 Claisen 重排已被发现，例如，$ArNHCH_2CH=CH_2$[740]、N-烯丙基烯胺 $R_2C=CRNRCR_2CR=CR_2$[741]、烯丙基亚胺基酯 $RC(OCH_2CH=CH_2)=NR$[742]（它们通常在过渡金属化合物的催化下重排[743]）以及 $RCH=NRCHRCH_2CH=CH_2$ 的重排。这些含氮化合物的重排反应可以称为氮-Claisen 重排[744]，但通常称为氮-Cope 重排[745]，就像 **18-32** 中描述的那样。Pd 催化的氮-Claisen 重排已有报道[746]。该反应的一个重要用途是：前手性(Z)-2-烯-1-醇的三氯乙酰亚胺酸衍生物重排成手性烯丙酯[747]，反应通常用 Pd 催化剂催化。已经发现催化的对映选择性氮-Cope 重排[748]。有人报道，在 $BF_3 \cdot OEt_2$ 存在下加热 N-烯丙基吲哚化合物，就会发生一个所谓的氨基-Claisen 重排反应[749]。氮-Cope 重排：$CH_2=CHCR_2^1CR_2^2N=NAr \rightarrow R_2^1C=CH CH_2NArN=CR_2^2$ 已见报道[750]。在一个相关的反应中，烯丙基磷酰亚胺酸酯发生[3,3]σ迁移重排[751]。

烯丙基芳基硫醚（$ArSCH_2CH=CH_2$）向 o-烯丙基硫酚转变是不可行的，因为后者不稳定[752]，但是反应可以得到双环的化合物[753]。然而，很多烯丙基乙烯基硫化物确实会发生这个重排（硫-Claisen 重排）[754]。烯丙基乙烯基砜（例如，$H_2C=CRCH_2—SO_2—CH=CH_2$）在乙醇和吡啶的存在下加热，就会重排得到不饱和的磺酸盐（$CH_2=CRCH_2CH_2CH_2SO_3^-$），这是由不稳定的硫烯中间产物 $CH_2=CRCH_2CH_2CH=SO_2$ 与加入的试剂反应得到的[755]。烯丙基乙烯基亚砜可以在室温或更低的温度下迅速发生重排反应[756]。手性乙烯基亚砜的 Claisen 重排具有很好的对映选择性[757]。

在 γ 位有一个烷基的醚（$ArO—C—C=C—R$ 体系）有时候会得到非正常的产物，其中 β-碳连接到了环上[758]：

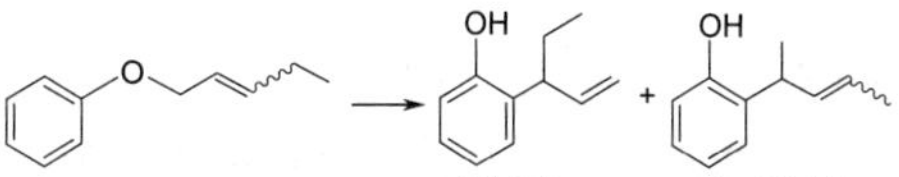

估计这些非正常的产物不是直接通过起始的醚反应得到的，而是正常产物的进一步重排得到的[759]：

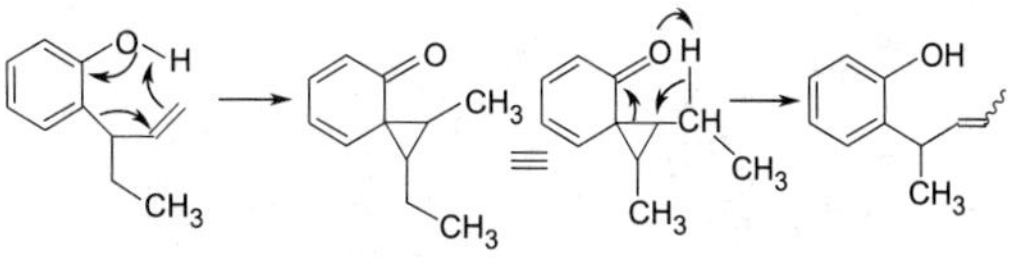

这个被称为烯醇烯重排（enolene rearrangement）的反应，是一个高二烯基[1,5]σ氢迁移（见 **18-29**），并且是一个[1,5]高σ迁移重排，其中涉及三个电子对跨过七个原子的迁移。研究发现，这个

"非正常"Claisen 重排很普遍,可以通过环丙烷结构的中间体(**148**)使得 **146** 和 **147** 类体系的烯醇式相互转变[760]。

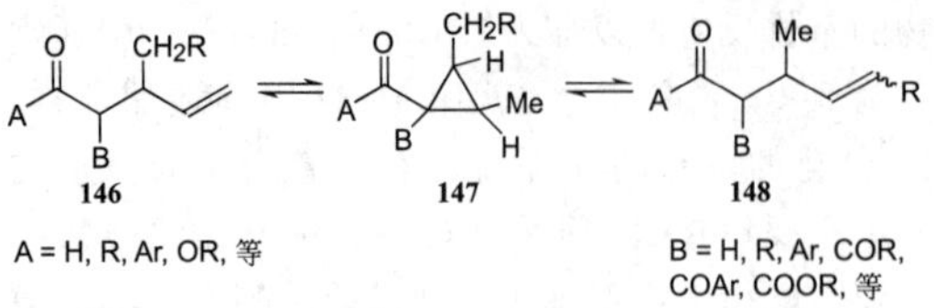

146 A = H, R, Ar, OR, 等
147
148 B = H, R, Ar, COR, COAr, COOR, 等

OS Ⅲ, 418; V, 25; Ⅵ, 298, 491, 507, 584, 606; Ⅶ, 177; Ⅷ, 251, 536.

18-34 Fischer 吲哚合成

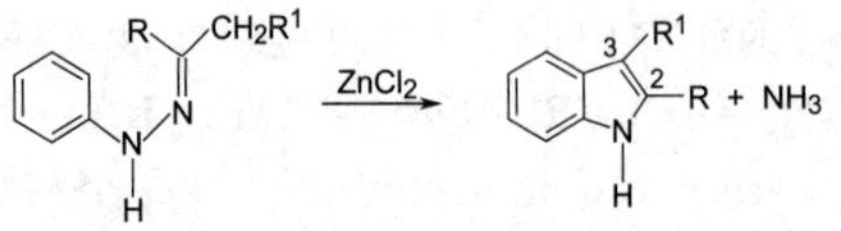

在 Fischer 吲哚合成中,由醛或酮制得的芳基腙化合物在催化剂的作用下,发生消除氨的反应,形成了吲哚[761]。氯化锌是最常用的催化剂,但其它的催化剂也被使用,包括其它金属卤化物、质子和 Lewis 酸,以及某些过渡金属。也有人使用微波照射[762]、$AlCl_3$ 复合物作为离子液体[763]、或固相反应[764]来实现 Fischer 吲哚合成反应。苯胺衍生物在铑催化剂作用下与 α-重氮酮反应,也能得到吲哚[765]。芳基腙很容易制备,用醛或酮与苯肼反应(**16-2**)或者用脂肪族重氮盐(反应 **12-7**)的偶联都能制备出芳基腙。然而,反应中没有必要分离出芳基腙。醛或酮可以与苯肼和催化剂的混合物反应,这在实践中已经很常用了。为了得到吲哚,所用的醛或酮必须具有 $RCOCH_2R^1$ (R = 烷基,芳基或氢)结构。乙烯基醚(例如,二氢呋喃)作为醛的替代品与苯肼和催化量的 H_2SO_4 溶液反应时,生成 3-取代的吲哚[766]。

乍看这个反应似乎不像重排反应,然而,机理中的关键步骤[767]是一个[3,3]σ迁移重排[768]:

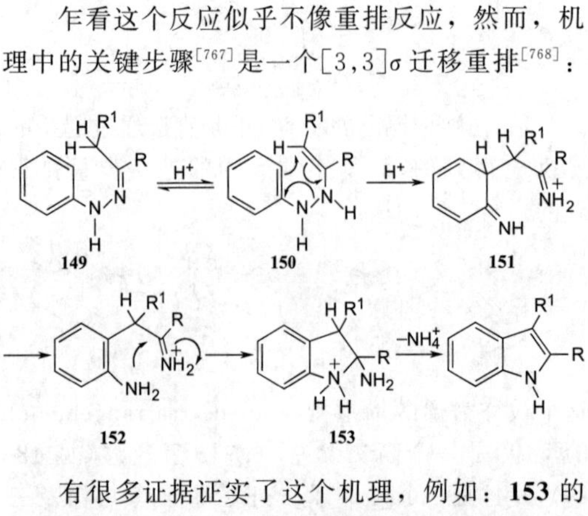

149   **150**   **151**

⟶ **152** ⟶ **153** $\xrightarrow{-NH_4^+}$

有很多证据证实了这个机理,例如: **153** 的分离[769]; **152** 的 ^{13}C NMR 和 ^{15}N NMR 谱图[770];

分离出只能来自 **151** 的反应副产物[771]; ^{15}N 标记实验证实是远离环的氮生成氨消除[772]。这里催化剂的主要作用似乎是加速 **149**→**150** 的转变。在没有催化剂的情况下这个反应也可以发生。

OS Ⅲ, 725; Ⅳ, 884; 另见 OS Ⅳ, 657.

18-35 [2,3]σ迁移重排

$(2/S-3/)\to(1/5/)-\sigma$ 迁移

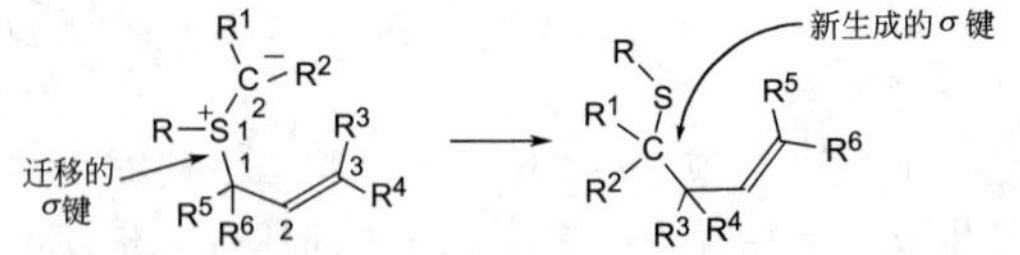

连有烯丙基的硫叶立德在加热时可以转变为不饱和的硫化物[773]。这是一个协同的[2,3]σ迁移重排[774],并且与氮叶立德[775]以及烯丙基醚共轭碱的反应类似(最后一种情况被称为[2,3]Wittig 重排)[776]。关于进行[2,3]Wittig 反应要求分子严重变形的问题已经有讨论[777]。化合物 SmI_2 被用来诱导[2,3]Wittig 重排[778]。这个反应也被扩展用于其它特定体系[779],甚至是全碳体系[780]。

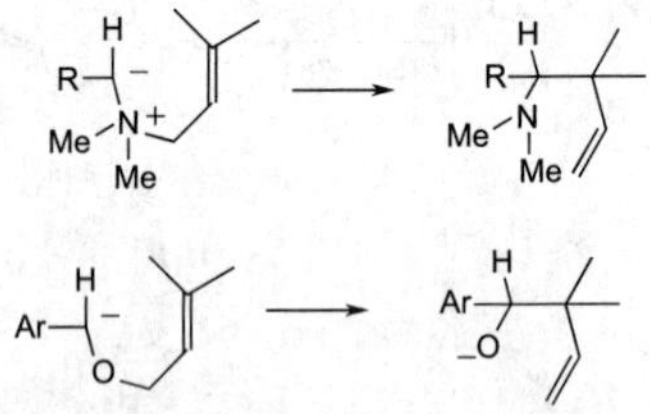

α-(N-烯丙基氨基)酮与 NaH 可发生[2,3]重排生成 2-烯丙基-α-氨基酮[781]。如果 N 原子上存在手性配体[781]或加入手性添加剂[782],则反应可以实现好的不对称诱导。乙烯基氮丙啶可以发生[2,3]σ迁移重排[783]。

这个反应涉及烯丙基从硫、氮或氧原子到带有负电荷的相邻碳原子的迁移,所以它是 Stevens 重排或 Wittig 重排(反应 **18-21** 和 **18-22**)的特例。然而,在这种情况下,迁移基团必须是烯丙基(在 **18-21** 和 **18-22** 中其它基团也可以迁移)。因此,当迁移基团是烯丙基时,存在两种可能的反应路径:①自由基-离子或离子对机理(**18-21** 和 **18-22**)或②协同的周环[2,3]σ迁移重排。很容易区分这两种机理,因为后者总是涉及一个烯丙基迁移(就像 Claisen 重排中一样),而前者不会。

在这些反应中,[2,3]Wittig 重排特别用来作为一种转移手性的方法。这个反应的产物在 C-3 和 C-4 位置具有潜在的手性中心(如果 $R^5 \neq R^6$),并且如果起始反应物醚由于在 C-1 是手性

中心而具有光学活性,那么得到的产物同样也具有光学活性。已经发现了很多这样的例子:具有光学活性的醚反应后转化得到的产物也是光学活性的,因为C-3、C-4中的一个或者两个位置上具有手性(如果$R^5 \neq R^6$)[784]。如果R^1中存在一个合适的手性中心(或者R^1中的一个官能团可以转化成这样),那么就可以实现对三个相连的手性中心立体控制。新形成的双键的立体控制(E或Z)也可以实现。

如果带负电荷的碳原子上连有OR或SR基团,这个反应就可以成为一个制备β,γ-不饱和醛的方法,因为反应得到的产物很容易水解[785]。

其它的[2,3]σ迁移重排反应可以将烯丙基亚砜转变成烯丙型重排的醇,参加反应的试剂是亲硫试剂,如三甲基亚磷酸酯等[786]。这个反应通常被称为Mislow-Evans重排。这种情况下,迁移基团从硫迁移到氧原子上。[2,3]氧-硫迁移也已被发现[787]。Sommelet-Hauser重排(13-31)也是一个[2,3]σ迁移重排。

OS Ⅷ,427.

18-36 联苯胺重排

氢化偶氮苯与酸反应,重排得到约为70%的4,4'-二氨基联苯(**154**,联苯胺)和约30%的2,4'-二氨基联苯。这个反应称为联苯胺重排(benzidine rearrangement),一般N,N'-二芳基肼容易发生这个反应[788]。通常,该反应的主产物是4,4'-二氨基联苯,但是也有可能生成其它四种产物。它们是已经提到过的2,4'-二氨基联二芳基化合物以及2,2'-二氨基联二芳基化合物、邻芳基氨基苯胺和对芳基氨基苯胺(被称为半联胺,semidines)。2,2'-二氨基联二芳基化合物和对芳基氨基苯胺一般很少形成,相对于另外两种副产物来说形成的量也很少。通常4,4'-二氨基联二芳基化合物占主导地位,除非其中的一个或两个对位被占据时。然而4,4'-二胺甚至在对位被占据的情况下也会生成。如果SO_3H、COOH或Cl(但不是R,Ar或NR_2)处于对位,它们在反应中可能被挤走。二萘肼发生这个反应时,得到的主要产物不是4,4'-二氨基联萘,而是2,2'-二氨基联萘。另外的副反应是歧化得到$ArNH_2$和ArN=NAr。例如,$p,p'\text{-}PhC_6H_4NHNHC_6H_4Ph$在25℃反应得到88%的歧化产物[789]。

这个反应机理已经研究得很透彻,并且提出了好几种机理[790]。人们曾认为NHAr能从ArNHNHAr上脱离出来,而后连接到对位得到半联胺,半联胺又进一步反应得到产物。能够分离出半联胺的事实支持了这个观点,该反应与第11章(反应11-28~11-32)所讨论的重排反应很类似这一事实也同样支持这个观点。但是,当发现半联胺在反应条件下不能转化为联苯胺时,这个理论就走到了绝路。分离成两个独立的部分(离子或自由基)的机理已经被各种交叉实验排除,这些交叉实验总是显示,起始反应物中的两个环总是同时出现在产物分子中。也就是说,ArNHNHA'不会反应得到包含两个Ar或两个Ar'基团的产物(五种产物中的任意一种),并且将ArNHNHAr和Ar'NHNHAr'混合后进行反应,也不会获得既包含Ar又包含Ar'的产物分子。一个非常重要的发现是,尽管这个反应对反应物来说总是一级的,但对H^+既可以是一级的[791]也可以是二级的[792]。对于某些反应物,反应对H^+是完全一级的,而对另外的一些反应物,该反应对H^+又完全是二级的,而且与酸性没有关系。还有另外的一些反应物,它们在低酸度的时候对H^+是一级的,而在高酸度的时候对H^+是二级的。对于最后一类反应物,经常可以观测到小数的反应级数[793],因为在中等酸度的时候,两个过程同时发生。动力学结果似乎说明实际的反应物可能既有单质子化的底物$ArNHNH_2Ar$也有双质子化的$ArNH_2NH_2Ar$。

大多数提出的机理[794]都试图解释五种产物是怎么通过各种单一的途径形成的。一个重要的突破是发现两种主要的产物是通过完全不同的途径形成的,这个结论来自同位素效应的研究[795]。当用两个氮原子都用^{15}N标记的氢化偶氮苯发生这个反应时,形成**154**的同位素效应是1.022,而形成2,4'-二氨基联苯的同位素效应是1.063。这表明在两种情况下,N—N的断裂发生在决速步中，但是两个步骤本身是明显不同的。当用对位碳被^{14}C标记的氢化偶氮苯发生这个反应时，形成**154**的同位素效应为1.028，但是形成2,4′-二氨基联苯基本上没有同位素效应（1.001）。这只能解释为：在形成**122**时，新C—C键的形成以及N—N键的断裂都在决速步发生；换句话说，这个反应的机理是协同的。接下来的［5,5］σ迁移重排也被认为是这样的[796]：

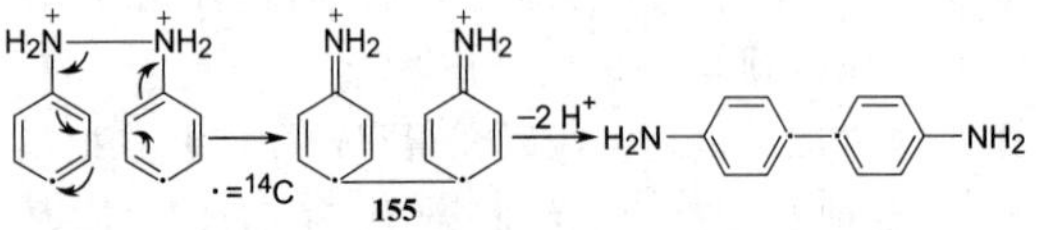

155

用氢化偶氮苯与$FSO_3H-SO_2(SO_2ClF)$反应，可以于−78℃的超酸溶液中得到稳定的双离子（**155**）[797]。虽然刚才给出的结果是用氢化偶氮苯通过双质子化途径得到的，但也发现了单质子化底物是通过同样的[5,5]σ迁移重排机理来反应[798]。这一节中很多其它的反应也都是σ迁移重排[799]，对半联胺通过[1,5]σ迁移重排生成，2,2′-氢化偶氮萘转化为2,2′-二氨基-1,1′-联萘也是通过［3,3］σ迁移重排反应完成的[800]。

2,4′-二氨基联苯是通过一个完全不同的机理形成的，但是细节还不清楚。N—N键的断裂是决速步，但是新的C—C键却没有在这一步形成[801]。邻半联胺的形成同样经过一个非协同的路径[802]。在某些条件下，发现联苯胺重排是通过自由基离子进行的[803]。

18.6.2.3 其它环状重排

18-37 烯烃复分解反应[804]

烯烃-复分解

$$CH_3CH{=}CHCH_2CH_3 \xrightarrow[WCl_6\text{-}EtOH]{EtAlCl_2} CH_3CH{=}CHCH_3 + CH_3CH_2CH{=}CHCH_2CH_3$$

烯烃在某些催化剂的作用下，可以转变为其它烯烃。在这个反应中，亚烷基（$R^1R^2C=$）通过下面的平衡反应与另外的亚烷基（$R^3R^4C=$）发生相互交换，其过程描述如下：

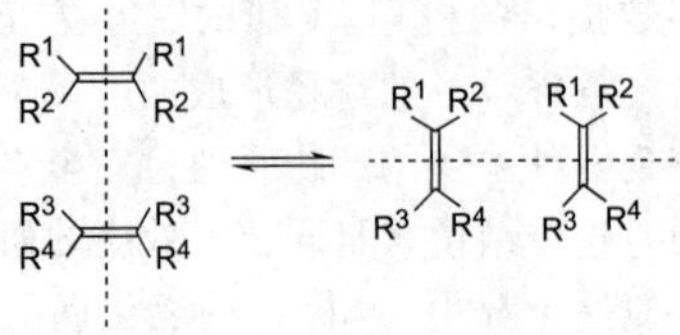

在上面所示的一个早期例子中，2-戊烯（顺式,反式或顺-反式混合物）可以转变为三种烯烃的混合物，其中约50%的2-戊烯、25%的2-丁烯、25%的3-己烯。如今出现的一些优良催化剂及实验方法，使得这个反应具有了合成上的价值（见后面）。这是一个平衡反应[805]，烯烃原料和产物之间存在平衡，因而用等摩尔的2-丁烯和3-己烯混合物作为起始反应物，就可以得到一样的平衡混合物[806]。这个反应被称为烯烃复分解反应（metathesis of alkenes或alkene metathesis或olefin metathesis）[807]。一般来说，这个反应可以应用于单一的不对称烯烃，得到它自己和两种新烯烃的混合物，或者两种烯烃的混合物。这种情况下，得到的混合物中不同产物的比例取决于反应物的对称性。就像上面的情况一样，$R^1R^2C{=}CR^1R^2$和$R^3R^4C{=}CR^3R^4$混合发生这个反应后，只能得到一种新的烯烃（$R^1R^2C{=}CR^3R^4$）。而在最一般的情况下，$R^1R^2C{=}CR^3R^4$和$R^5R^6C{=}CR^7R^8$的混合物反应后可以得到十种烯烃的混合物：两种原来的加八种新的。早期研究中使用的是W、Mo[808]和Re的配合物，对于简单的烯烃，反应得到的混合物中各产物的比例通常遵循统计规律[809]，这限制了这个反应在合成中的应用，因为任何一种产物的产率都会比较低。然而，在某些情况下，某种烯烃的热力学稳定性可能比其它的烯烃高或者低，这样各产物的比例就不再遵循统计规律了。此外，还可能使该平衡移动从而有利于某些产物的生成。例如，2-甲基-1-丁烯反应生成乙烯和3,4-二甲基-3-己烯，通过让气态的乙烯逸出，3,4-二甲基-3-己烯的产率可以提高到95%[810]。该例子表明：对含有两个端烯的底物进行剪切可以得到乙烯，乙烯从反应体系中逸出，促使平衡向着产物方向移动。

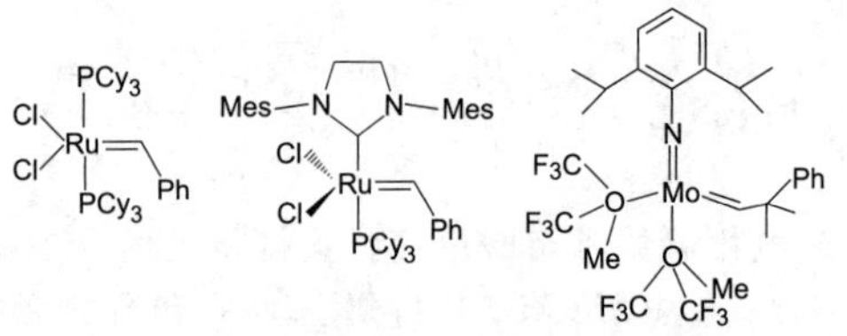

156 **157** **158**

新型催化剂的发展使这个反应发生了革命性的变化[811]，使它成为最重要的合成方法之一。许多催化剂，包括均相的[812]和非均相的[813]，都已经应用于这个反应。已经有许多均相催化剂，其中最常用的是Ru配合物[814]，重要的非均相催化剂沉积在铝土或硅胶中的Mo、W和Re的氧化物[815]。催化剂发展的主要突破在于它在空气中的相对稳定性。三种最常用的催化剂分别是卡宾复合物 156[816]、157[817]（分别称为 Grubbs 催化剂 I 和 II，Mes = 1,3,5-三甲基苯基）和 158[818]（Shrock 催化剂）。催化剂 157 可由在空气中稳定的前体原位生成[819]。

通过选用合适的催化剂，这个反应已经用于合成端烯和非端烯，以及直链和支链的烯烃。

由于关环和开环的烯烃复分解反应在合成上具有重要作用[820]，这在一定程度上促进了新型催化剂的发展[821]。催化剂已经有了发展，可以与水和甲醇都兼容[822]。在存在其它基团[823]，像其它烯烃单元[824]、羰基单元[825]、共轭酯[826]、丁烯内酯[827]和其它内酯[828]的烯烃单元、氨基[829]、酰胺[830]、砜[831]、氧化膦[832]、磺酸酯[833]以及磺酰胺[834]（如 149）[835]等时，这个反应也可以顺利进行。含醚基团[836]，其中包括乙烯基醚[837]，乙烯基卤化物[838]，乙烯基硅烷[839]，乙烯基砜[840]，烯丙基醚[841]和硫醚[842]也都是兼容的。

不对称的关环复分解反应已有报道[843]，并且手性的复分解催化剂不断得以发展[844]。使用手性 Mo 催化剂，可以由二烯基内酰胺对映选择性地合成二环内酰胺[845]。不对称的开环复分解反应也已有报道[846]。

已经发展了可循环使用的催化剂[847]。反应可在离子液体[848]、超临界 CO_2[849]（参见 9.4.2 节）以及水溶液介质[850]中进行。微波诱导的关环复分解反应[851]以及交叉复分解反应[852]都已有报道。高聚物固定的 Ru 催化剂[853]和 Mo 催化剂[854]都已使用，催化剂 157 可以被固定化在 PEG 上[855]。已经发展了一些去除复分解反应中 Ru 副产物的有效方法，这些方法包括使用清除剂树脂[856]，以及使用水溶液萃取[857]。

取代基对反应难易的影响程度是 $CH_2 = > RCH_2CH = > R_2CHCH = > R_2C =$[858]。要注意的是，复分解反应之后可能发生 C=C 单元的异构化[859]，但是已经发展了阻止异构化发生的方法，例如加入 2,6-二氯苯乙醌[860]。可以通过交叉复分解反应[861]（或对称的同复分解反应[862]）得到新的烯烃。单取代烯烃的反应比双取代烯烃快[863]。二烯烃与共轭醛的双重复分解反应（也称为多米诺[864]或串联复分解反应[865]）已有报道[866]。具有两个二氢吡喃取代基的二氢吡喃的三重复分解反应也已有报道[867]。乙烯基环丙烷发生交叉复分解反应生成具有两个环丙基取代基的烯烃[868]。乙烯基环丙烷-炔烃的复分解反应已有报道[869]。环烯烃在复分解催化剂作用下可以发生开环，通常会伴随聚合反应。环烯烃的开环复分解反应生成二烯烃[870]。丙二烯发生复分解反应生成对称的丙二烯[871]。一个有趣的反应是 α,ω-二烯与环烯烃的反应。开环复分解反应与关环复分解反应联合应用可以实现环扩张，得到大环非共轭二烯[872]。要注意的是，已经发现烷烃的复分解反应[873]。

二炔可以在分子内或分子间反应[874]。分子内反应通常可以生成环状的烯烃或二烯烃。其中包括小环化合物[875]。烯烃复分解反应可以用来生成非常大的环，包括 21 元环内酯[876]。二炔既可以发生交叉复分解反应，又可以发生关环复分解反应[877]。二炔也可以发生分子内反应生成大环炔[878]。乙烯基-环丙基-炔烃的复分解反应也被发现，该反应可以得到一个扩环产物（见 159）[879]。此外，乙烯基卤化物也可以发生复分解反应[880]。

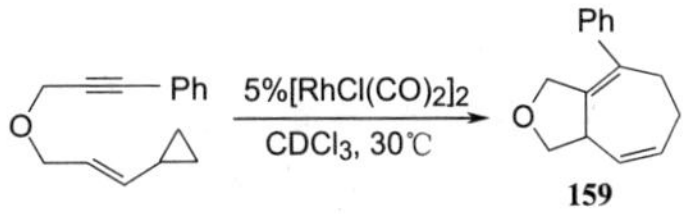

$$\text{O} \diagup\!\!\!=\!\!\!\diagdown\text{Ph} \xrightarrow[\text{CDCl}_3, 30°C]{5\%[RhCl(CO)_2]_2} \quad \mathbf{159}$$

两个环烯烃反应得到二聚的二烯烃[881]，例如：

然而，在许多催化剂作用下，得到的产物又会进一步与另外的单体或其它的产物反应，所以通常会得到聚合体，这就导致环二烯的产率很低。环烯烃和线型烯烃之间的反应可以得到开环的二烯[882]：

这个反应也被应用于内部叁键[883]：

$$2\ RC \equiv CR' \rightleftharpoons RC \equiv CR + R'C \equiv CR'$$

末端叁键的反应已经取得一些成功[884]。就像上面指出的那样，具有末端烯烃和末端炔烃的分子反应进行得很好（烯-炔复分解反应）[885]。双键和叁键的分子内反应也已发现[886]，并且通过使用多（炔-二烯烃）已经成功制备出四环四烯[887]。末端烯烃与末端炔烃（烯-炔）[888]交叉复分解生成二烯的反应也已有报道[889]。烯炔复分解反应生成 1,3-二烯[890]。

对于这个反应，目前被普遍接受接受的机理是一个链式机理[891]，涉及一个金属-碳烯配合物（160 和 161）[892]和一个包含一个金属原子的四元环[893]（162~165）[894]。

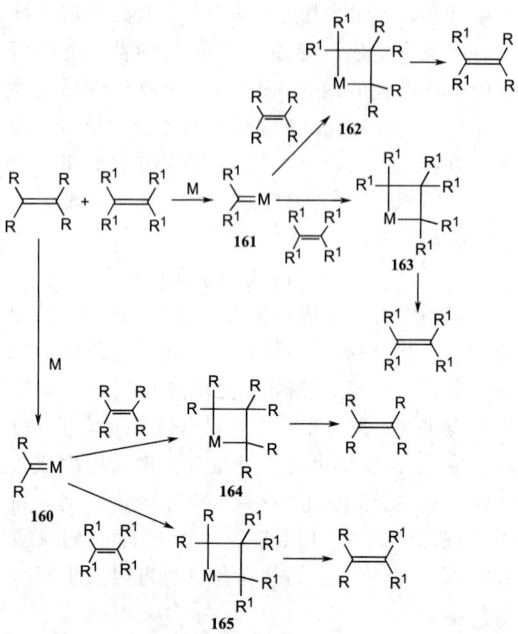

以上面所示的交叉复分解反应为例：$R_2C=CR_2$ 与 $R^1_2C=CR^1_2$ 在金属催化剂（M）存在下反应。起初与催化剂的反应生成两个金属-碳烯配合物（**160** 和 **161**）。金属-碳烯配合物（**161**）与两个烯烃都反应生成包含金属的环丁烷 **162** 和 **163**。这样的每个中间体失去金属后得到烯烃，即复分解产物（$R_2C=CR^1_2$）和其中一个起始烯烃。按照同样的方式，**160** 也与两个烯烃反应生成包含金属的环丁烷 **164** 和 **165**，它们分解得到 $R_2C=CR_2$ 和复分解产物。研究表明含膦的亚甲基配合物分解生成甲基鏻盐[895]。

OS **80**，85；**81**，1。

18-38 金属离子催化的σ键重排

166　　立方烷　　楔烷

许多张力大的笼状分子在 Ag^+、Rh(Ⅰ) 或 Pd(Ⅱ) 等金属离子催化下，可以发生重排反应[896]。键的重排可以形式上分为两种类型：①环丁烷的[2+2]开环；②二环[2.2.0]体系向二环丙烷体系的转变。立方烷分子为两种途径都

提供了例子（见上）。以 Rh(Ⅰ) 配合物为催化剂，立方烷可转变为三环[4.2.0.0^{2,5}]辛-3,7-二烯（**166**）[897]，这是类型 1 的例子；而以 Ag^+ 或 Pd(Ⅱ) 为催化剂时，引发第二种类型的反应，生成楔烷（cuneane）[898]。其它的例子如下：

类型 1

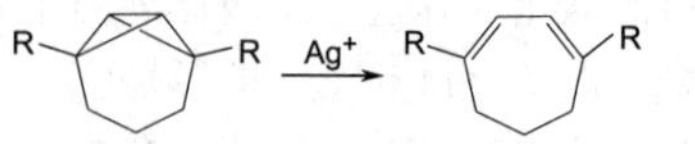

167　　**168**　　文献 [899]

类型 2[900]

169　　文献 [901]

化合物 **169** 是猪鼻烷（即五环[$3.3.2.0^{2,4}.0^{3,7}.0^{6,8}$]十烷）的 9,10-二羧甲基衍生物。

这些反应的机理还没有完全弄清楚，但是张力的释放无疑提供了驱动力。根据轨道对称原则，这个反应是热禁阻的，催化剂的作用是提供低能量的路径使得这个反应能进行。类型 1 的反应是在 **15-63** 中讨论过的催化[2+2]关环反应的逆反应。接下来的机理中，Ag^+ 进攻边沿的一根键，这个过程已经被建议用来解释 **167** 向 **168** 的转化[902]。

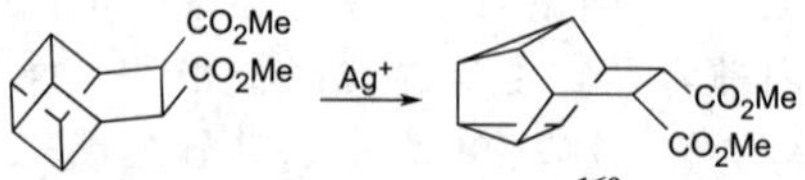

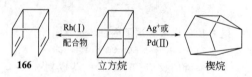

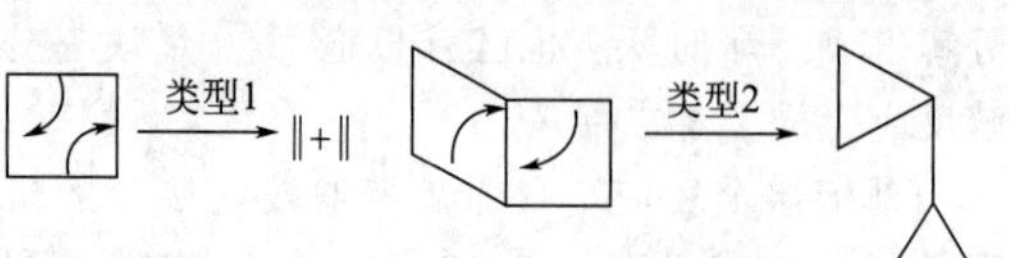

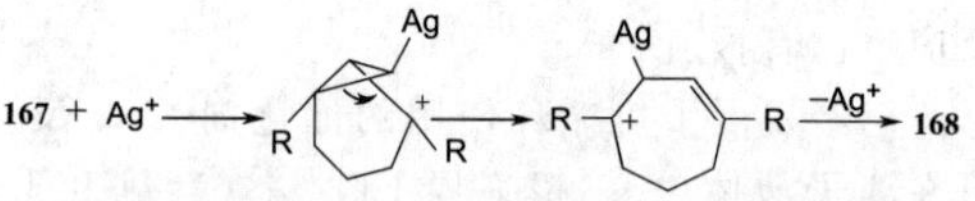

更简单的二环丁烷也同样可以被转变为二烯，但这种产物通常是由中间键和一个边沿键断裂产生的[903]。例如，用 **170** 与 $AgBF_4$[904] 或 [（π-烯丙基）PdCl]$_2$[905] 反应得到如上所示的两种二烯的混合物，这是 C_1-C_2 和 C_1-C_3 键形式上断裂的结果（注意发生了氢迁移）。二烯也可以在光化学条件下被转化为二环丁烷[906]。

170

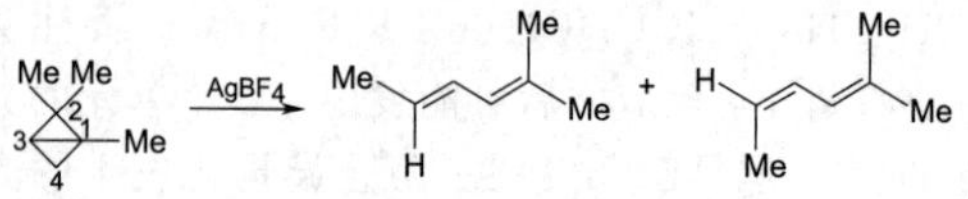

18-39 二-π-甲烷和相关的重排

二-π-甲烷重排

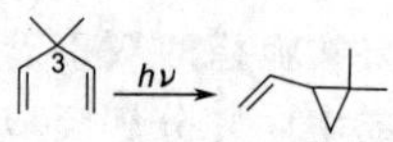

在 C-3 上有烷基或芳基取代的 1,4-二烯[907]，可以通过光化学途径重排得到乙烯基环丙烷。这类反应被称为二-π-甲烷重排（di-π-methane rearrangement）[908]。一个例子是 **171** 向 **172** 的转变[909]。对大多数 1,4-二烯，只有激发单线态可

以发生这个反应；三线态一般按另外的路径发生其它反应[910]。对于不对称的二烯，这个反应具有区域选择性。例如，**173** 反应得到 **174**，而不是 **175**[911]：

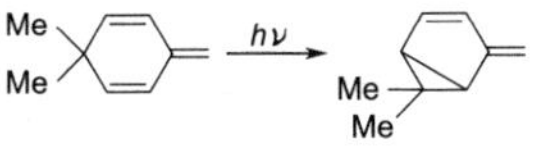

171 **172**

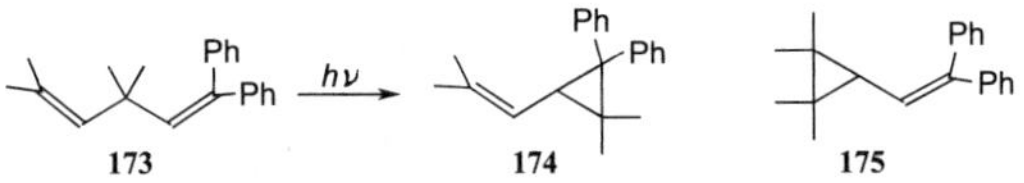

173 **174** **175**
不形成

这个反应的机理可以用双自由基路径来描述[912]（C-3 取代基起到稳定自由基的作用），尽管所示的这个物种并不是必要的中间体，但可能是过渡态。已经证实，在某些特定取代基的情况下，C-1 和 C-5 位构型保持，而 C-3 位构型翻转[913]。

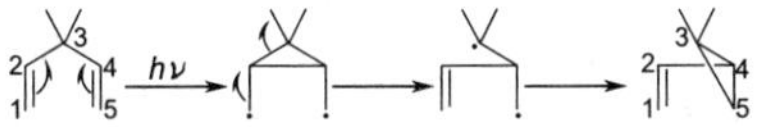

这个反应被扩展用于烯丙基苯（在这种情况下，不要求 C-3 位有取代基）[914]、β,γ-不饱和酮[915]（后面的反应，被称为氧-二-π-甲烷重排[916]，通常只有在三线态下发生）、β,γ-不饱和亚胺[917]以及叁键体系[198]。

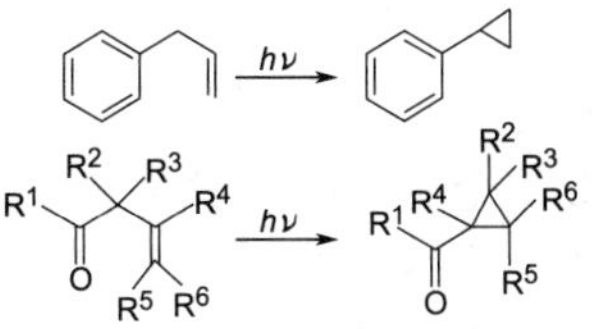

光解时，2,5-环己二烯酮可以发生很多不同反应，其中的一个在形式上与二-π-甲烷重排一样[919]。在这个反应中，反应物 **176** 光解得到二环[3.1.0]己烯酮（**181**）。虽然这个反应在形式上是一样的（注意上面的 **171** 向 **172** 的转变），但机理却与二-π-甲烷重排不同。因为酮被照射时可以引起一个 n→π* 跃迁，这在没有羰基的二烯中当然是不可能的。这种情况的机理[920]被认为通过 **178** 和 **179** 激发三线态的过程。在第 1 步中，分子发生一个 n→π* 跃迁，得到一个单线态的物种 **177**，它转变成三线态的 **178**。第 3 步是一个从一个激发态到另外一个激发态的重排。第 4 步是一个 π*→n 电子降级［一个 $T_1 \rightarrow S_0$ 的系间窜越，参见 7.1.6 节（4）］。**180** 到 **181** 的转变包含两次 1,2-烷基迁移（一个一步过程，应该是烷基向碳正离子中心的 1,3-迁移）：原来的 C_6—C_5 键变成新的 C_6—C_4 键，原来的 C_6—C_1 键变成了新的 C_6—C_5 键[921]。

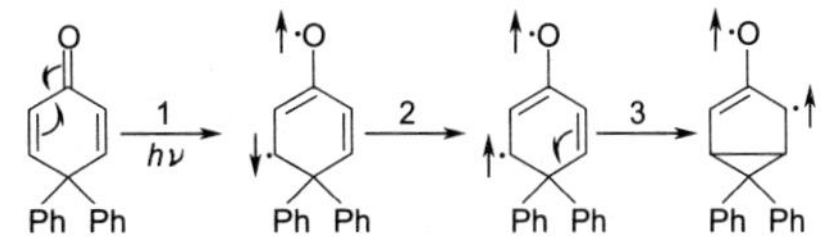

176 **177** **178** **179**
单线态 三线态 三线态

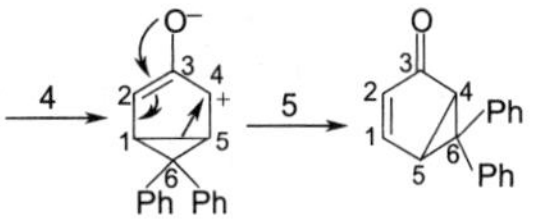

180 **181**

2,4-环己二烯酮也可以发生光化学重排，但是产物却不一样，通常涉及开环[922]。

18-40 Hofmann-Löffler 反应以及相关反应

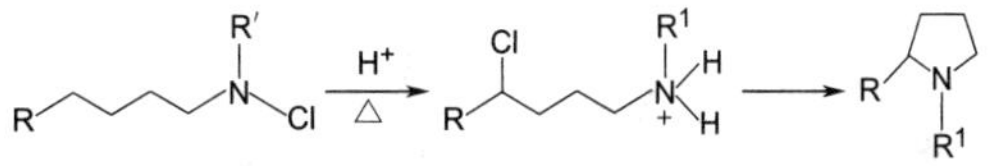

这一节中讨论的反应的一个共同特点[923]是它们可以将官能团迁移到离它们原来位置很远的位置。正因为这样，它们在很多化合物的合成中起到了非常重要的作用，特别是在类固醇合成领域（参见反应 **19-2** 和 **19-17**）。当一个烷基的 4 位或 5 位有氢原子的 *N*-卤代胺与硫酸一同加热时，就会形成四氢吡咯或哌啶化合物。发生的这个反应被称为 Hofmann-Löffler 反应（也被称为 Hofmann-Löffler-Freytag 反应）[924]。R′通常是烷基，但是这个反应也可以扩展到 R′=H 的情况，这时需要用浓硫酸溶液和铁盐[925]。这个反应的第 1 步是重排，卤原子从氮上迁移到烷基的 4 位或 5 位上。有可能分离得到卤铵盐，但是通常不这么做，而是直接发生第 2 步闭环反应（**10-31**）。虽然这个反应通常是通过加热来诱发，但这不是必须的，照射和化学引发剂（例如过氧化物）可以用来替代加热。这个反应的机理是自由基类型，其主要步骤涉及一个内部氢的夺取[926]。

引发

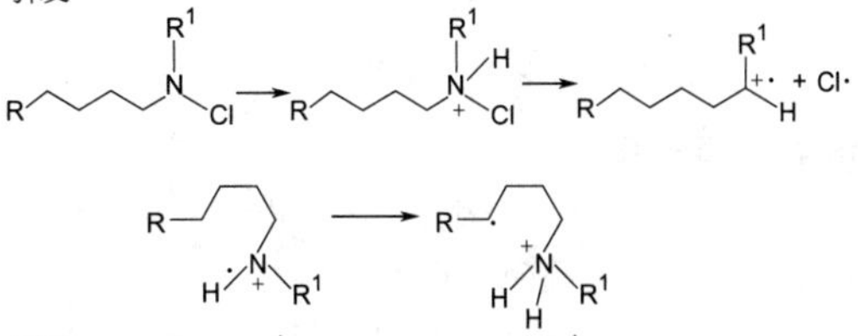

增长

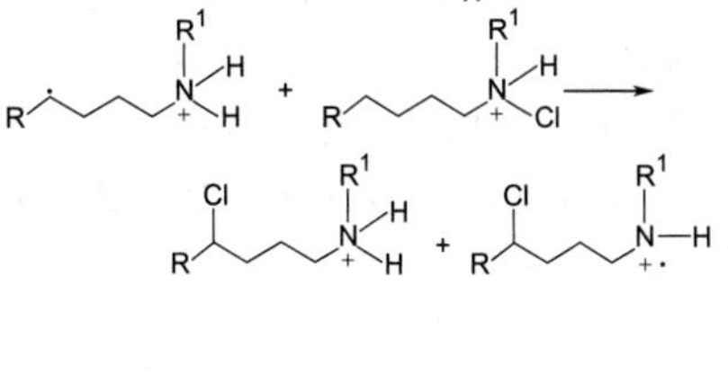

等

一个类似的反应可以在 N-卤代酰胺上发生，得到 γ-内酯[927]：

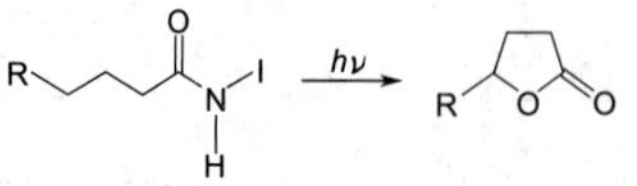

另一个相关的反应是 Barton 反应[928]，通过这个反应，位于 OH 基团 δ 位的甲基可以被氧化成 CHO 基团。反应中醇先转变为亚硝酸酯。亚硝酸酯的光解导致亚硝基转变为 OH 基，而甲基被亚硝基化。在这个反应中，生成了自由基，由于在合适的位置上具有甲基，它们经过六中心过渡态发生氢原子转移，从而转变成亚硝基化合物。水解互变异构体肟得到醛，例如[929]：

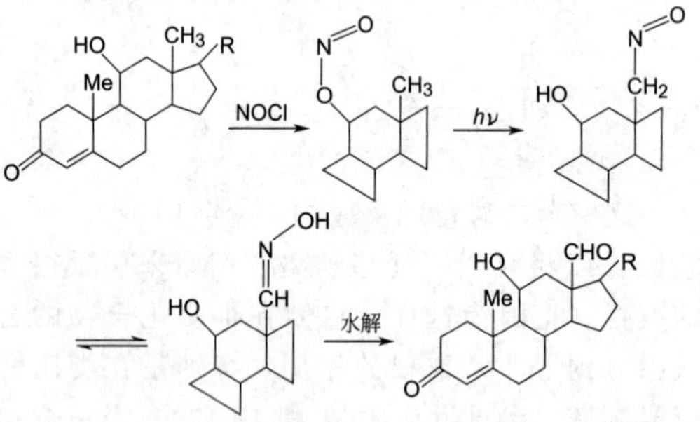

这个反应只有当甲基处在合适的空间位置时才能发生[930]。反应机理与 Hofmann-Löffler 反应类似[931]。

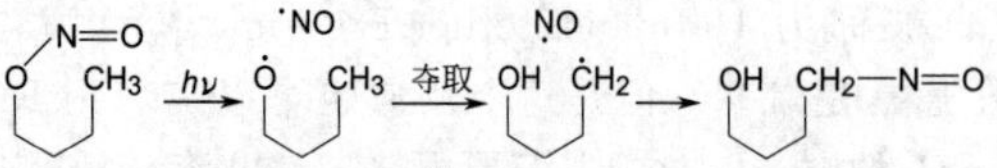

这是已知的很少几种影响角甲基的方法之一。并不是只有 CH_3 基团，形如 RCH_2 和 R_2CH 的烷基基团，只要体系的几何结构合适，都能发生 Barton 反应。RCH_2 基团可转化为肟 R(C=NOH)（它可水解得到酮）或亚硝基的二聚体，而 R_2CH 反应得到亚硝基化合物 R_2C(NO)。只有很少的例外，一般变成亚硝酸化合物的碳只是处于原来 OH 基团 δ 位的碳，这表明在氢夺取过程中，六元环过渡态是必要的[932]。

OS Ⅲ，159.

18.6.2.4 非环重排

18-41 氢迁移

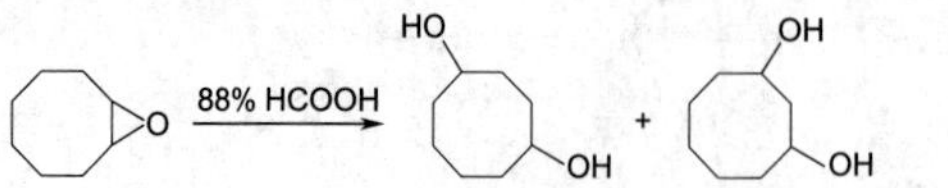

上面给出的是一个典型的跨环氢迁移例子。1,2-二醇通过一般的环氧化物水解（10-7）形成[933]。关于 [1,3]-氢迁移和更长程的氢迁移的讨论参见 18.2 节。

18-42 Chapman 重排

$1/O \rightarrow 3/N$-芳基-迁移

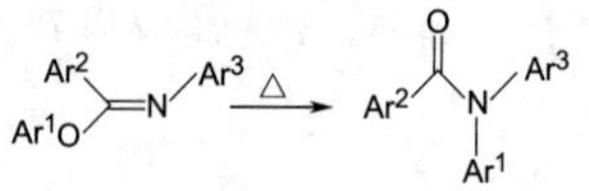

在 Chapman 重排中，加热芳基亚氨基酯时，形成了 N,N-二芳基酰胺[934]。尽管这个反应在没有任何溶剂的情况下也可以发生，但在四缩乙二醇二甲醚（tetraglyme）中回流时[935]，可以得到最高的产率。环上可以存在很多基团，例如，烷基、卤素、OR、CN、COOR。当芳基上带有吸电子基团时最容易迁移。

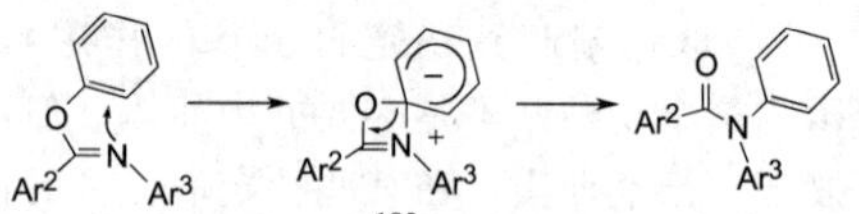

另一方面，Ar^2 或 Ar^3 上的吸电子取代基会降低反应活性。产物可以水解得到二芳基胺，这也是制备这种化合物的一个方法。该反应的机理可能涉及一个分子内[936]芳香亲核取代，生成中间产物 **182**，在 **182** 中发生 1,3-氧-氮迁移。芳基亚氨基酯可以通过 N-芳基酰胺与 PCl_5 反应，然后用得到的亚氨基氯（**183**）与芳氧离子反应制备[937]。

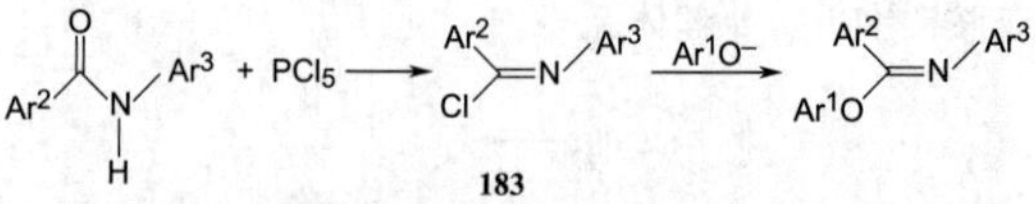

任意几个或全部三个基团都是烷基的亚氨基酯也可以发生重排，但是这种情况下要求以 H_2SO_4 或痕量的碘甲烷或硫酸甲酯作为催化剂[938]。并且这时候机理是不一样的，涉及一个分子间的过程[939]。这个反应对甲酰胺的衍生物（Ar^2 = H）也是可行的。

18-43 Wallach 重排

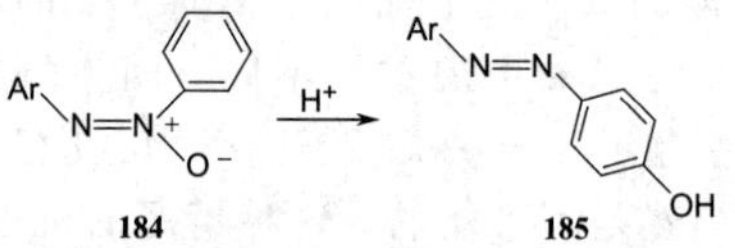

氧化偶氮化合物（**184**）在酸性条件下转变为对羟基偶氮化合物（**185**，或者有时候是邻羟基异构体[940]）的反应被称为 Wallach 重排[941]。当两个对位都被占据时，就可能得到邻羟基的产物，但是在其中一个对位的本位取代也是可能的[942]。以下已知的事实支持人们提出的机理[943]：①对位重排是分子间的[944]。②当用 N—O 被 ^{15}N 标记的氧化偶氮化合物发生这个反应时，产物中的两个氮等量带有标记[945]，这表明氧原子没有迁移到远的或近的环上的特殊倾向。这证明存在一个对称的中间体。③动力学研究表明这个反应通常需要两个质子[946]。下述机理[947]，涉及对称的中间体 **187**，已经用来解释这些事实了[948]。

184 ⇌ Ar—N=N—Ar / OH / A—H (**186**) → Ar—N⁺=N⁺—Ar (**187**) —H₂O 或H₂SO₄→ **185**

已经证实有可能在超酸溶液中获得稳定的 **186** 和 **187**[797]。另外的机理，其中涉及的中间体只带一个正电荷，已经用于解释某些反应物在低酸度条件下的反应[949]。

光化学的 Wallach 重排[950] 也已发现：产物是邻羟基偶氮化合物，OH 基团发现在较远的环上，并且这个重排是分子内的[951]。

18-44 双位移重排
1/C-三烷基硅基，2/O-三烷基硅基-交换

$$R^1R^2C(SiR_3^3)(OSiR_3^4) \rightleftharpoons R^1R^2C(SiR_3^4)(OSiR_3^3)$$

双位移重排（dyotrpic rearrangement）[952] 是一个非催化过程，其中两个 σ 键同时发生分子内迁移[953]。这个反应存在两种情况。上面给出的是第一类的一个例子，它是两个 σ 键相互交换位置的反应。在第二类反应中，两个 σ 键并不相互交换位置。一个例子如下：

[1,5-二羟基萘醌 ⇌ 互变异构体]

一些其它的例子如下：

类型 1   R—C≡N→O ⇌ O—C≡N—R   文献 [954]
         氧化腈   异氰酸酯

H₃CH₂C—(β-内酯) + MgBr₂ → H₃C—(γ-丁内酯)   文献 [955]

类型 2   [环状双烯] —Δ→ [重排产物]   文献 [956]

类型 1 的相关例子是 Brook 重排[957]。Brook 重排是(α-羟基苯基)三烷硅烷 (**188**) 分子在催化量碱的作用下，硅从碳原子向氧原子的分子内立体专一性迁移[958]。重排生成了 Si—O 键，而不是 Si—C 键，并且认为反应经过中间体 **189**。反应结果碳原子构型翻转，硅原子构型保持[959]。目前已发现逆向 Brook 重排[960]。这个反应可以被拓展到其它体系。高-Brook 重排也已经见报道[961]。另外一种 Brook 重排的变化是 α-硅基烯丙基胺的氮-Brook 重排[962]。Brook 重排已经被用于硅烷基二噻烷等化合物的合成[963]。Brook 重排介导的 [6+2] 成环反应已被用于构建八元碳环[964]。

Ar—C(D)(OH)(SiMe₃) (**188**) —催化量的碱→ [Ar—C(D)(O⁻)(SiMe₃)] (**189**) → Ar—C(D)(H)(OSiMe₃) (Me₃SiO—)

Brook 重排已经被应用于两类重要的合成：它引发了包括前面提到的硅基二噻烷在内的多组分偶合反应；阴离子接替化学（anion relay chemistry，ARC）中也包含了 Brook 重排。前一种应用的例子是 2-硅基二噻烷 **190** 在叔丁基锂作用下转变为阴离子，然后发生环氧化物开环，得到 **191**[965]。在 HMPA 引发剂作用下，发生溶剂控制的 Brook 重排反应，得到新的二噻烷阴离子 **192**。**192** 与另一种环氧化合物反应得到最终产物 **193**。阴离子接替化学中 Brook 重排的例子是，二噻烷 **194** 与正丁基锂反应，而后与 **195** 反应得到 **196**[966]。**196** 在 HMPA 中与各种亲电试剂，如烯丙基溴发生 Brook 重排，得到 **197**，最后烷基化二噻烷阴离子。这个反应可被除二噻烷阴离子之外的亲核试剂引发。

190 (SiMe₂t-Bu-二噻烷) 1.t-BuLi,醚 2.环氧化物 → **191** → HMPA-醚 Brook重排

t-BuMe₂SiO-**192**-Li + 环氧化物 → **193** (t-BuMe₂SiO...OH)

194 (Me-二噻烷-SiMe₂t-Bu) 1.n-BuLi 2.THF-醚 + **195** (环氧) → **196** (OLi, SiMe₂t-Bu)

196 —HMPA / 烯丙基溴 / Brook重排→ **197** (OR=OSiMe₂t-Bu)

参 考 文 献

[1] de Mayo, P. *Rearrangements in Ground and Excited States*, 3 Vols., Academic Press, NY, **1980**; Stevens, T. S.; Watts, W. E. *Selected Molecular Rearrangements*, Van Nostrand-Reinhold, Princeton, **1973**; Collins, C. J.; Eastham, J. F. in Patai, S. *The Chemistry of the Carbonyl Group*, Vol. 1, Wiley, NY, **1966**, pp. 761-821. Seealso, the series *Mechanisms of Molecular Migrations*.

[2] Vogel, P. *Carbocation Chemistry*; Elsevier, NY, **1985**, pp. 323-372; Shubin, V. G. *Top. Curr. Chem.* **1984**, 116/117, 267; Saunders, M. ; Chandrasekhar, J. ; Schleyer, P. v. R. in de Mayo, P. *Rearrangements in Ground and Excited States*, Vol. 1, Academic Press, NY, **1980**, pp. 1-53; Kirmse, W. *Top. Curr. Chem.* **1979**, 80, 89. For reviews of rearrangements in vinylic cations, see Shchegolev, A. A. ; Kanishchev, M. I. *Russ. Chem. Rev.* **1981**, 50, 553; Lee, C. C. *Isot. Org. Chem.* **1980**, 5, 1.

[3] It was first postulated by Whitmore, F. C. *J. Am. Chem. Soc.* **1932**, 54, 3274.

[4] The IUPAC designations depend on the nature of the steps. For the rules, see Guthrie, R. D. *Pure Appl. Chem.* **1989**, 61, 23, pp. 44-45.

[5] Dostrovsky, I. ; Hughes, E. D. *J. Chem. Soc.* **1946**, 166.

[6] Borodkin, G. I. ; Shakirov, M. M. ; Shubin, V. G. ; Koptyug, V. A. *J. Org. Chem. USSR* **1978**, 14, 290, 924.

[7] Brouwer, D. M. ; Hogeveen, H. *Prog. Phys. Org. Chem.* **1972**, 9, 179, see pp. 203-237; Olah, G. A. ; Olah, J. A. in Olah, G. A. ; Schleyer, P. v. R. *Carbonium Ions*, Vol. 2, Wiley, NY, **1970**, pp. 751-760, 766-778. For a discussion of the rates of these reactions, see Sorensen, T. S. *Acc. Chem. Res.* **1976**, 9, 257.

[8] Brouwer, D. M. *Recl. Trav. Chim. Pays-Bas* **1968**, 87, 210; Saunders, M. ; Hagen, E. L. *J. Am. Chem. Soc.* **1968**, 90, 2436.

[9] Ahlberg, P. ; Jonsäll, G. ; Engdahl, C. *Adv. Phys. Org. Chem.* **1983**, 19, 223; Leone, R. E. ; Barborak, J. C. ; Schleyer, P. v. R. in Olah, G. A. ; Schleyer, P. v. R. *Carbonium Ions*, Vol. 4, Wiley, NY, **1970**, pp. 1837-1939; Leone, R. E. ; Schleyer, P. v. R. *Angew. Chem. Int. Ed.* **1970**, 9, 860.

[10] Campbell, A. ; Kenyon, J. *J. Chem. Soc.* **1946**, 25, and references cited therein.

[11] See Kirmse, W. ; Gruber, W. ; Knist, J. *Chem. Ber.* **1973**, 106, 1376; Borodkin, G. I. ; Panova, Y. B. ; Shakirov, M. M. ; Shubin, V. G. *J. Org. Chem. USSR* **1983**, 19, 103.

[12] See Cram, D. J. in Newman, M. S. *Steric Effects in Organic Chemistry*, Wiley, NY, **1956**; pp. 251-254; Wheland, G. W. *Advanced Organic Chemistry*, 3rd ed. , Wiley, NY, **1960**, pp. 597-604.

[13] Bernstein, H. I. ; Whitmore, F. C. *J. Am. Chem. Soc.* **1939**, 61, 1324. For other examples, see Tsuchihashi, G. ; Tomooka, K. ; Suzuki, K. *Tetrahedron Lett.* **1984**, 25, 4253.

[14] See Meerwein, H. ; van Emster, K. *Ber.* **1920**, 53, 1815; **1922**, 55, 2500; Meerwein, H. ; Gérard, L. *Liebigs Ann. Chem.* **1923**, 435, 174.

[15] See Winstein, S. ; Morse, B. K. *J. Am. Chem. Soc.* **1952**, 74, 1133.

[16] Collins, C. J. ; Benjamin, B. M. *J. Org. Chem.* **1972**, 37, 4358, and references cited therein.

[17] Mosher, H. S. *Tetrahedron* **1974**, 30, 1733. See also, Guthrie, R. D. *J. Am. Chem. Soc.* **1967**, 89, 6718.

[18] Shiner, Jr. , V. J. ; Imhoff, M. A. *J. Am. Chem. Soc.* **1985**, 107, 2121.

[19] Rachoń, J. ; Goedken, V. ; Walborsky, H. M. *J. Org. Chem.* **1989**, 54, 1006. An opposing view: Kirmse, W. ; Feyen, P. *Chem. Ber.* **1975**, 108, 71; Kirmse, W. ; Plath, P. ; Schaffrodt, H. *Chem. Ber.* **1975**, 108, 79.

[20] Skell, P. S. ; Starer, I. ; Krapcho, A. P. *J. Am. Chem. Soc.* **1960**, 82, 5257.

[21] Karabatsos, G. J. ; Orzech, Jr. , C. E. ; Meyerson, S. *J. Am. Chem. Soc.* **1964**, 86, 1994.

[22] Saunders, M. ; Vogel, P. ; Hagen, E. L. ; Rosenfeld, J. *Acc. Chem. Res.* **1973**, 6, 53; Lee, C. C. *Prog. Phys. Org. Chem.* **1970**, 7, 129; Collins, C. J. *Chem. Rev.* **1969**, 69, 543. See also, Cooper, C. N. ; Jenner, P. J. ; Perry, N. B. ; Russell-King, J. ; Storesund, H. J. ; Whiting, M. C. *J. Chem. Soc. Perkin Trans. 2* **1982**, 605.

[23] Karabatsos, G. J. ; Orzech, Jr. , C. E. ; Fry, J. L. ; Meyerson, S. *J. Am. Chem. Soc.* **1970**, 92, 606.

[24] Lee, C. C. ; Cessna, A. J. ; Ko, E. C. F. ; Vassie, S. *J. Am. Chem. Soc.* **1973**, 95, 5688. See also, Lee, C. C. ; Reichle, R. *J. Org. Chem.* **1977**, 42, 2058 and references cited therein.

[25] Karabatsos, G. J. ; Hsi, N. ; Meyerson, S. *J. Am. Chem. Soc.* **1970**, 92, 621. See also, Karabatsos, G. J. ; Anand, M. ; Rickter, D. O. ; Meyerson, S. *J. Am. Chem. Soc.* **1970**, 92, 1254.

[26] Karabatsos, G. J. ; Fry, J. L. ; Meyerson, S. *J. Am. Chem. Soc.* **1970**, 92, 614. See also, Lee, C. C. ; Zohdi, H. F. *Can. J. Chem.* **1983**, 61, 2092.

[27] Saunders, M. ; Jaffe, M. H. ; Vogel, P. *J. Am. Chem. Soc.* **1971**, 93, 2558; Saunders, M. ; Vogel, P. *J. Am. Chem. Soc.* **1971**, 93, 2559, 2561; Kirmse, W. ; Loosen, K. ; Prolingheuer, E. *Chem. Ber.* **1980**, 113, 129.

[28] Kirmse, W. ; Ratajczak, H. ; Rauleder, G. *Chem. Ber.* **1977**, 110, 2290.

[29] Brouwer, D. M. ; Hogeveen, H. *Recl. Trav. Chim. Pays-Bas* **1970**, 89, 211; Majerski, Z. ; Schleyer, P. v. R. ; Wolf, A. P. *J. Am. Chem. Soc.* **1970**, 92, 5731.

[30] See Koptyug, V. A. ; Shubin, V. G. *J. Org. Chem. USSR* **1980**, 16, 1685; Wheland, G. W. *Advanced Organic Chemistry*, 3rd ed. , Wiley, NY, **1960**, pp. 573-597.

[31] See Cram, D. J. in Newman, M. S. *Steric Effects in Organic Chemistry*, Wiley, NY, **1956**, pp. 270-276. For an interesting example, see Nickon, A. ; Weglein, R. C. *J. Am. Chem. Soc.* **1975**, 97, 1271.

[32] See McCall, M. J. ; Townsend, J. M. ; Bonner, W. A. *J. Am. Chem. Soc.* **1975**, 97, 2743; Brownbridge, P. ; Hodgson, P. K. G. ; Shepherd, R. ; Warren, S. *J. Chem. Soc. Perkin Trans. 1* **1976**, 2024.

[33] Grimaud, J. ; Laurent, A. *Bull. Soc. Chim. Fr.* **1967**, 3599.

[34] See Fischer, A. ; Henderson, G. N. *J. Chem. Soc. , Chem. Commun.* **1979**, 279, and references cited therein. See also, Marx, J. N. ; Hahn, Y. P. *J. Org. Chem.* **1988**, 53, 2866.

[35] See Pilkington, J. W. ; Waring, A. J. *J. Chem. Soc. Perkin Trans. 2* **1976**, 1349; Korchagina, D. V. ; Derendyaev, B. G. ; Shubin, V. G. ; Koptyug, V. A. *J. Org. Chem. USSR* **1976**, 12, 378; Wistuba, E. ; Rüchardt, C. *Tetrahedron Lett.* **1981**, 22, 4069; Jost, R. ; Laali, K. ; Sommer, J. *Nouv. J. Chim.* **1983**, 7, 79.

[36] Bachmann, W. E. ; Ferguson, J. W. *J. Am. Chem. Soc.* **1934**, 56, 2081.

[37] Le Drian, C. ; Vogel, P. *Helv. Chim. Acta* **1987**, 70, 1703; *Tetrahedron Lett.* **1987**, 28, 1523.

[38] For a review, see Berson, J. A. *Angew. Chem. Int. Ed.* **1968**, 7, 779.

[39] Berson, J. A. ; Poonian, M. S. ; Libbey, W. J. *J. Am. Chem. Soc.* **1969**, 91, 5567; Berson, J. A. ; Donald, D. S. ;Libbey, W. J. *J. Am. Chem. Soc.* **1969**, 91, 5580; Berson, J. A. ; Wege, D. ; Clarke, G. M. ; Bergman, R. G. *J. Am.Chem. Soc.* **1969**, 91, 5594, 5601.

[40] See Collins, C. J. *Acc. Chem. Res.* **1971**, 4, 315; Collins, J. A. ; Glover, I. T. ; Eckart, M. D. ; Raaen, V. F. ; Benjamin,B. M. ; Benjaminov, B. S. *J. Am. Chem. Soc.* **1972**, 94, 899; Svensson, T. *Chem. Scr.* **1974**, 6, 22.

[41] See Collins, C. J. *Chem. Soc. Rev.* **1975**, 4, 251.

[42] See Kirmse, W. ; Günther, B. *J. Am. Chem. Soc.* **1978**, 100, 3619.

[43] Skell, P. S. ; Reichenbacher, P. H. *J. Am. Chem. Soc.* **1968**, 90, 2309.

[44] Reineke, C. E. ; McCarthy, Jr. , J. R. *J. Am. Chem. Soc.* **1970**, 92, 6376; Smolina, T. A. ; Gopius, E. D. ; Gruzdneva,V. N. ; Reutov, O. A. *Doklad. Chem.* **1973**, 209, 280.

[45] See Fry, J. L. ; Karabatsos, G. J. in Olah, G. A. ; Schleyer, P. v. R. *Carbonium Ions*, Vol. 2, Wiley, NY, **1970**, p. 527.

[46] See Kirmse, W. ; Knist, J. ; Ratajczak, H. *Chem. Ber.* **1976**, 109, 2296.

[47] Skell, P. S. ; Maxwell, R. J. *J. Am. Chem. Soc.* **1962**, 84, 3963. See also, Skell, P. S. ; Starer, I. *J. Am. Chem. Soc.***1962**, 84, 3962.

[48] Hudson, H. R. ; Koplick, A. J. ; Poulton, D. J. *Tetrahedron Lett.* **1975**, 1449; Fry, J. L. ; Karabatsos, G. J. in Olah, G. A. ; Schleyer, P. v. R. *Carbonium Ions*, Vol. 2, Wiley, NY, **1970**, p. 527.

[49] Saunders, M. ; Stofko, Jr. , J. J. *J. Am. Chem. Soc.* **1973**, 95, 252.

[50] See Cope, A. C. ; Martin, M. M. ; McKervey, M. A. *Q. Rev. Chem. Soc.* **1966**, 20, 119.

[51] Prelog, V. ; Küng, W. *Helv. Chim. Acta* **1956**, 39, 1394.

[52] For an apparent exception, see Farcasiu, D. ; Seppo, E. ; Kizirian, M. ; Ledlie, D. B. ; Sevin, A. *J. Am. Chem. Soc.***1989**, 111, 8466.

[53] Cope, A. C. ; Burton, P. E. ; Caspar, M. L. *J. Am. Chem. Soc.* **1962**, 84, 4855.

[54] Beckwith, A. L. J. ; Ingold, K. U. in de Mayo, P. *Rearrangements in Ground and Excited States*, Vol. 1, AcademicPress, NY, **1980**, pp. 161-310; Wilt, J. W. in Kochi, J. K. *Free Radicals*, Vol. 1, Wiley, NY, **1973**, pp. 333-501;Stepukhovich, A. D. ; Babayan, V. I. *Russ. Chem. Rev.* **1972**, 41, 750; Nonhebel, D. C. ; Walton, J. C. *Free-RadicalChemistry*, Cambridge University Press, London, **1974**, pp. 498-552; Huyser, E. S. *Free-Radical Chain Reactions*, Wiley, NY, **1970**, pp. 235-255; Freidlina, R. Kh. *Adv. Free-Radical Chem.* **1965**, 1, 211-278; Pryor, W. A. *FreeRadicals*, McGraw-Hill, NY, **1966**, pp. 266-284.

[55] Antunes, C. S. A. ; Bietti, M. ; Ercolani, G. ; Lanzalunga, O. ; Salamone, M. *J. Org. Chem.* **2005**, 70, 3884.

[56] Seubold Jr. , F. H. *J. Am. Chem. Soc.* **1953**, 75, 2532. For the observation of this rearrangement by ESR, seeHamilton, Jr. , E. J. ; Fischer, H. *Helv. Chim. Acta* **1973**, 56, 795.

[57] See Walter, D. W. ; McBride, J. M. *J. Am. Chem. Soc.* **1981**, 103, 7069, 7074. For a review, see Studer, A. ; Bossart, M. *Tetrahedron* **2001**, 57, 9649.

[58] Prévost, N. ; Shipman, M. *Org. Lett.* **2001**, 3, 2383.

[59] He, X. ; Ortiz de Montellano, P. R. *J. Org. Chem.* **2004**, 69, 5684.

[60] Crich, D. ; Filzen, G. F. *J. Org. Chem.* **1995**, 60, 4834.

[61] Beckwith, A. L. J. ; Duggan, P. J. *J. Chem. Soc. Perkin Trans.* 2 **1992**, 1777; **1993**, 1673.

[62] Crich, D. ; Yao, Q. *Tetrahedron Lett.* **1993**, 34, 5677. See Ganapathy, S. ; Cambron R. T. ; Dockery, K. P. ; Wu, Y.-W. ; Harris, J. M. ; Bentrude, W. G. *Tetrahedron Lett.* **1993**, 34, 5987.

[63] Brooks, M. A. ; Scott, L. T. *J. Am. Chem. Soc.* **1999**, 121, 5444.

[64] Several unsuccessful attempts: Slaugh, L. H. ; Magoon, E. F. ; Guinn, V. P. *J. Org. Chem.* **1963**, 28, 2643.

[65] Seubold Jr. , F. H. *J. Am. Chem. Soc.* **1954**, 76, 3732.

[66] Cristol, S. J. ; Brindell, G. D. *J. Am. Chem. Soc.* **1954**, 76, 5699.

[67] Eaton, P. E. ; Yip, Y. *J. Am. Chem. Soc.* **1991**, 113, 7692.

[68] Brown, H. C. ; Russel, G. A. *J. Am. Chem. Soc.* **1952**, 74, 3995. See also, Desai, V. R. ; Nechvatal, A. ; Tedder, J. M. *J. Chem. Soc. B* **1970**, 386.

[69] See Freidlina, R. Kh. ; Terent'ev, A. B. *Russ. Chem. Rev.* **1974**, 43, 129.

[70] McKnight, C. ; Rowland, F. S. *J. Am. Chem. Soc.* **1966**, 88, 3179. See Gajewski, J. J. ; Burka, L. T. *J. Am. Chem. Soc.* **1972**, 94, 8857, 8860, 8865; Adam, W. ; Aponte, G. S. *J. Am. Chem. Soc.* **1971**, 93, 4300.

[71] For MO calcualtions indicating that 45 is an intermediate, see Yamabe, S. *Chem. Lett.* **1989**, 1523.

[72] Edge, D. J. ; Kochi, J. K. *J. Am. Chem. Soc.* **1972**, 94, 7695.

[73] Olah, G. A. ; Krishnamurthy, V. V. ; Singh, B. P. ; Iyer, P. S. *J. Org. Chem.* **1983**, 48, 955. 45 has been detected as anintemediate in a different reaction: Effio, A. ; Griller, D. ; Ingold, K. U. ; Scaiano, J. C. ; Sheng, S. J. *J. Am. Chem. Soc.* **1980**, 102, 6063; Leardini, R. ; Nanni, D. ; Pedulli, G. F. ; Tundo, A. ; Zanardi, G. ; Foresti, E. ; Palmieri, P. *J. Am. Chem. Soc.* **1989**, 111, 7723.

[74] See Martin, M. M. *J. Am. Chem. Soc.* **1962**, 84, 1986; Rüchardt, C. ; Hecht, R. *Chem. Ber.* **1965**, 98, 2460, 2471;Rüchardt, C. ; Trautwein, H. *Chem. Ber.* **1965**, 98, 2478.

[75] See Newcomb, M. ; Glenn, A. G. ; Williams, W. G. *J. Org. Chem.* **1989**, 54, 2675.

[76] See Lewis, S. N. ; Miller, J. J. ; Winstein, S. *J. Org. Chem.* **1972**, 37, 1478.

[77] See Montgomery, L. K. ; Matt, J. W. *J. Am. Chem. Soc.* **1967**, 89, 934, 6556; Giese, B. ; Heinrich, N. ; Horler, H. ; Koch, W. ; Schwarz, H. *Chem. Ber.* **1986**, 119, 3528.

[78] Barclay, L. R. C. ; Lusztyk, J. ; Ingold, K. U. *J. Am. Chem. Soc.* **1984**, 106, 1793.

[79] Baldwin, J. E. ; Burrell, R. C. ; Shukla, R. *Org. Lett.* **2002**, 4, 3305.

[80] See Freidlina, R. Kh. ; Terent'ev, A. B. *Russ. Chem. Rev.* **1979**, 48, 828; Freidlina, R. Kh. *Adv. Free-RadicalChem.* **1965**, 1,

211, pp. 231-249.
[81] See Chen, K. S.; Tang, D. Y. H.; Montgomery, L. K.; Kochi, J. K. *J. Am. Chem. Soc.* **1974**, 96, 2201.
[82] Lindsay, D. A.; Lusztyk, J. L.; Ingold, K. U. *J. Am. Chem. Soc.* **1984**, 106, 7087.
[83] See Dannenberg, J. J.; Dill, K. *Tetrahedron Lett.* **1972**, 1571.
[84] See Freidlina, R. Kh.; Terent'ev, A. B. *Acc. Chem. Res.* **1977**, 10, 9.
[85] Traynham, J. G.; Couvillon, T. M. *J. Am. Chem. Soc.* **1967**, 89, 3205.
[86] See Baird, M. S. *Chem. Rev.* **2003**, 103, 1271.
[87] de Meijere, A.; Kozhushkov, S. I.; Faber, D.; Bagutskii, V.; Boese, R.; Haumann, T.; Walsh, R. *Eur. J. Org. Chem.* **2001**, 3607.
[88] Nickon, A.; Stern, A. G.; Ilao, M. C. *Tetrahedron Lett.* **1993**, 34, 1391.
[89] Merrer, D. C.; Moss, R. A.; Liu, M. T. H.; Banks, J.-T.; Ingold, K. U. *J. Org. Chem.* **1998**, 63, 3010.
[90] Moss, R. A.; Ho, C.-J.; Liu, W.; Sierakowski, C. *Tetrahedron Lett.* **1992**, 33, 4287.
[91] Hayes, R. L.; Fattal, E.; Govind, N.; Carter, E. A. *J. Am. Chem. Soc.* **2001**, 123, 641.
[92] Gilbert, J. C.; Kirschner, S. *Tetrahedron Lett.* **1993**, 34, 599, 603.
[93] Moss, R. A.; Zheng, F.; Krough-Jespersen, K. *Org. Lett.* **2001**, 3, 1439.
[94] See Hunter, D. H.; Stothers, J. B.; Warnhoff, E. W. in de Mayo, P. *Rearrangments in Ground and Excited States*, Vol. 1, Academic Press, NY, **1980**, pp. 391-470; Grovenstein Jr., E. *Angew. Chem. Int. Ed.* **1978**, 17, 313; Jensen, F. R.; Rickborn, B. *Electrophilic Substitution of Organomercurials*, McGraw-Hill, NY, **1968**, pp. 21-30; Cram, D. J. *Fundamentals of Carbanion Chemistry*, Academic Press, NY, **1965**, pp. 223-243.
[95] Borosky, G. L. *J. Org. Chem.* **1998**, 63, 3337.
[96] See Hogeveen, H.; van Kruchten, E. M. G. A. *Top. Curr. Chem.* **1979**, 80, 89; Arbuzov, B. A.; Isaeva, Z. G. *Russ. Chem. Rev.* **1976**, 45, 673; Banthorpe, D. V.; Whittaker, D. *Q. Rev. Chem. Soc.* **1966**, 20, 373.
[97] See Kaupp, G. *Top. Curr. Chem.* **1988**, 146, 57.
[98] See, however, Lewis, R. G.; Gustafson, D. H.; Erman, W. F. *Tetrahedron Lett.* **1967**, 401; Paquette, L. A.; Philips, J. C. *Tetrahedron Lett.* **1967**, 4645; Anderson, P. H.; Stephenson, B.; Mosher, H. S. *J. Am. Chem. Soc.* **1974**, 96, 3171.
[99] See, in Patai, S. *The Chemistry of the Amino Group*, Wiley, NY, **1968**, the articles by White, E. H.; Woodcock, D. J. pp. 407-497 (473-483) and by Banthorpe, D. V. pp. 585-667 (pp. 586-612).
[100] See Berson, J. A.; Hammons, J. H.; McRowe, A. W.; Bergman, R. G.; Remanick, A.; Houston, D. *J. Am. Chem. Soc.* **1967**, 89, 2590.
[101] For an example of a 3,2-endo shift, see Wilder, Jr., P.; Hsieh, W. *J. Org. Chem.* **1971**, 36, 2552.
[102] See Cooper, C. N.; Jenner, P. J.; Perry, N. B.; Russell-King, J.; Storesund, H. J.; Whiting, M. C. *J. Chem. Soc. Perkin Trans. 2* **1982**, 605.
[103] See Winstein, S. *Quart. Rev. Chem. Soc.* **1969**, 23, 141.
[104] Berson, J. A. in de Mayo, P. *Molecular Rearrangements*, Vol. 1, Academic Press, NY, **1980**, p. 111; Sargent, G. D. *Quart. Rev. Chem. Soc.* **1966**, 20, 301; Olah, G. A. *Acc. Chem. Res.* **1976**, 9, 41; Scheppele, S. E. *Chem. Rev.* **1972**, 72, 511.
[105] Brown, H. C. *The Non-Classical Ion Problem*, Plenum, New York, **1977**.; Brown, H. C. *Tetrahedron* **1976**, 32, 179; Brown, H. C.; Kawakami, J. H. *J. Am. Chem. Soc.* **1970**, 92, 1990. See also, Story, R. R.; Clark, B. C. in Olah, G. A.; Schleyer, P. v. R. *Carbonium Ions*, Vol. 3, Wiley, New York, **1972**, p. *1007*.
[106] Brown, H. C.; Ravindranathan, M. *J. Am. Chem. Soc.* **1978**, 100, 1865.
[107] Coates, R. M.; Fretz, E. R. *J. Am. Chem. Soc.* **1977**, 99, 297; Brown, H. C.; Ravindranathan, M. *J. Am. Chem. Soc.* **1977**, 99, 299.
[108] Olah, G. A. *Carbocations and Electrophilic Reactions*, Verlag Chemie/Wiley, New York, **1974**, pp. 80-89; Olah, G. A.; White, A. M.; DeMember, J. R.; Commeyras, A.; Lui, C. Y. *J. Am. Chem. Soc.* **1970**, 92, 4627.
[109] Trost, B. M.; Yasukata, T. *J. Am. Chem. Soc.* **2001**, 123, 7162.
[110] Trost, B. M.; Xie, J. *J. Am. Chem. Soc.* **2006**, 128, 6044.
[111] Corey, E. J.; Ursprung, J. J. *J. Am. Chem. Soc.* **1956**, 78, 5041.
[112] See Whitlock Jr., H. W.; Olson, A. H. *J. Am. Chem. Soc.* **1970**, 92, 5383.
[113] Dutler, H.; Jeger, O.; Ruzicka, L. *Helv. Chim. Acta* **1955**, 38, 1268; Brownlie, G.; Spring, F. S.; Stevenson, R.; Strachan, W. S. *J. Chem. Soc.* **1956**, 2419; Coates, R. M. *Tetrahedron Lett.* **1967**, 4143.
[114] See McKervey, M. A.; Rooney, J. J. in Olah, G. A. *Cage Hydrocarbons*, Wiley, NY, **1990**, pp. 39-64; McKervey, M. A. *Tetrahedron* **1980**, 36, 971; *Chem. Soc. Rev.* **1974**, 3, 479; Greenberg, A.; Liebman, J. F. *Strained Organic Molecules*, Academic Press, NY, **1978**, pp. 178-202; Bingham, R. C.; Schleyer, P. v. R. *Fortschr. Chem. Forsch.* **1971**, 18, 1, pp. 3-23.
[115] See Gund, T. M.; Osawa, E.; Williams, Jr., V. Z.; Schleyer, P. v. R. *J. Org. Chem.* **1974**, 39, 2979.
[116] See Godleski, S. A.; Schleyer, P. v. R.; Osawa, E.; Wipke, W. T. *Prog. Phys. Org. Chem.* **1981**, 13, 63.
[117] Schneider, A.; Warren, R. W.; Janoski, E. J. *J. Org. Chem.* **1966**, 31, 1617; Williams, Jr., V. Z.; Schleyer, P. v. R.; Gleicher, G. J.; Rodewald, L. B. *J. Am. Chem. Soc.* **1966**, 88, 3862; Robinson, M. J. T.; Tarratt, H. J. F. *Tetrahedron Lett.* **1968**, 5.
[118] See Olah, G. A.; Wu, A.; Farooq, O.; Prakash, G. K. S. *J. Org. Chem.* **1989**, 54, 1450.
[119] See Klester, A. M.; Ganter, C. *Helv. Chim. Acta* **1985**, 68, 734.
[120] Majerski, Z.; Liggero, S. H.; Schleyer, P. v. R.; Wolf, A. P. *Chem. Commun.* **1970**, 1596.
[121] Grovenstein, Jr., E.; Williams Jr., L. P. *J. Am. Chem. Soc.* **1961**, 83, 412; Zimmerman, H. E.; Zweig, A. *J. Am. Chem. Soc.* **1961**, 83, 1196. See also, Grovenstein, Jr., E.; Cheng, Y. *J. Am. Chem. Soc.* **1972**, 94, 4971.
[122] See Grovenstein, Jr., E.; Black, K. W.; Goel, S. C.; Hughes, R. L.; Northrop, J. H.; Streeter, D. L.; VanDerveer, D. *J. Org. Chem.* **1989**, 54, 1671, and references cited therein.

[123] Bertrand, J. A. ; Grovenstein, Jr. , E. ; Lu, P. ; VanDerveer, D. *J. Am. Chem. Soc.* **1976**, 98, 7835.
[124] See Lopez, L. ; Mele, G. ; Mazzeo, C. *J. Chem. Soc. Perkin Trans.* 1 **1994**, 779; de Sanabia, J. A. ; Carrión, A. E. *Tetrahedron Lett.* **1993**, 34, 7837; Harada, T. ; Mukaiyama, T. *Chem. Lett.* **1992**, 81.
[125] Bartók, M. ; Molnár, A. in Patai, S. *The Chemistry of Functional Groups, Supplement E*, Wiley, NY, **1980**, pp. 722-732; Collins, C. J. ; Eastham, J. F. in Patai, S. *The Chemistry of the Carbonyl Group*, Vol. 1, Wiley, NY, **1966**, pp. 762-771.
[126] Grant, A. A. ; Allukian, M. ; Fry, A. J. *Tetrahedron Lett.* **2002**, 43, 4391.
[127] Kagan, J. ; Agdeppa Jr. , D. A. ; Mayers, D. A. ; Singh, S. P. ; Walters, M. J. ; Wintermute, R. D. *J. Org. Chem.* **1976**, 41, 2355. Also see Berner, D. ; Cox, D. P. ; Dahn, H. *J. Am. Chem. Soc.* **1982**, 104, 2631.
[128] Ikushima, Y. ; Hatakeda, K. ; Sato, O. ; Yokoyama, T. ; Arai, M. *J. Am. Chem. Soc.* 2000, **122**, 1908.
[129] Paquette, L. A. ; Lanter, J. C. ; Johnston, J. N. *J. Org. Chem.* **1997**, 62, 1702.
[130] Kudo, K. ; Saigo, K. ; Hashimoto, Y. ; Saito, K. ; Hasegawa, M. *Chem. Lett.* **1992**, 1449.
[131] Ramart-Lucas, P. ; Salmon-Legagneur, F. *C. R. Acad. Sci.* **1928**, 188, 1301.
[132] Toda, F. ; Shigemasa, T. *J. Chem. Soc. Perkin Trans.* 1 **1989**, 209.
[133] Bosshard, H. ; Baumann, M. E. ; Schetty, G. *Helv. Chim. Acta* **1970**, 53, 1271.
[134] For a review, see Krief, A. ; Laboureur, J. L. ; Dumont, W. ; Labar, D. *Bull. Soc. Chim. Fr.* **1990**, 681.
[135] See Wang, B. M. ; Song, Z. L. ; Fan, C. A. ; Tu, Y. Q. ; Chen, W. M. *Synlett* **2003**, 1497; Hurley, P. B. ; Dake, G. R. *Synlett* **2003**, 2131.
[136] Li, L. ; Cai, P. ; Guo, Q. ; Xue, S. *J. Org. Chem.* **2008**, 73, 3516.
[137] Sankararaman, S. ; Nesakumar, J. E. *J. Chem. Soc., Perkin Trans.* 1 **1999**, 3173.
[138] Ranu, B. C. ; Jana, U. *J. Org. Chem.* **1998**, 63, 8212.
[139] Bhatia, K. A. ; Eash, K. J. ; Leonard, N. M. ; Oswald, M. C. ; Mohan, R. S. *Tetrahedron Lett.* **2001**, 42, 8129.
[140] For a list of reagents with references, see Larock, R. C. *Comprehensive Organic Transformations*, 2nd ed. , Wiley-VCH, NY, **1999**, pp. 1277-1280.
[141] See Prandi, J. ; Namy, J. L. ; Menoret, G. ; Kagan, H. B. *J. Organomet. Chem.* **1985**, 285, 449; Miyashita, A. ; Shimada, T. ; Sugawara, A. ; Nohira, H. *Chem. Lett.* **1986**, 1323; Maruoka, K. ; Nagahara, S. ; Ooi, T. ; Yamamoto, H. *Tetrahedron Lett.* **1989**, 30, 5607.
[142] Suda, K. ; Baba, K. ; Nakajima, S. -I. ; Takanami, T. *Tetrahedron Lett.* **1999**, 40, 7243.
[143] Karamé, I. ; Tommasino, M. L. ; LeMaire, M. *Tetrahedron Lett.* **2003**, 44, 7687.
[144] Anderson, A. M. ; Blazek, J. M. ; Garg, P. ; Payne, B. J. ; Mohan, R. S. *Tetrahedron Lett.* **2000**, 41, 1527.
[145] See Yandovskii, V. N. ; Ershov, B. A. *Russ. Chem. Rev.* **1972**, 41, 403, 410. Also see Hodgson, D. M. ; Robinson, L. A. ; Jones, M. L. *Tetrahedron Lett.* **1999**, 40, 8637.
[146] See Meinwald, J. ; Labana, S. S. ; Chadha, M. S. *J. Am. Chem. Soc.* **1963**, 85, 582.
[147] Robinson, M. W. C. ; Pillinger, K. S. ; Graham, A. E. *Tetrahedron Lett.* **2006**, 47, 5919; Robinson, M. W. C. ; Pillinger, K. S. ; Mabbett, I. ; Timms, D. A. ; Graham, A. E. *Tetrahedron* **2010**, 66, 8377.
[148] Deng, X. -M. ; Sun, X. -L. ; Tang, Y. *J. Org. Chem.* **2005**, 70, 6537.
[149] See Pocker, Y. ; Ronald, B. P. *J. Am. Chem. Soc.* **1970**, 92, 3385; *J. Org. Chem.* **1970**, 35, 3362; Tamura, K. ; Moriyoshi, T. *Bull. Chem. Soc. Jpn.* **1974**, 47, 2942.
[150] Pocker, Y. *Chem. Ind. (London)*, 1959, 332. See also, Herlihy, K. P. *Aust. J. Chem.* **1981**, 34, 107.
[151] Suzuki, M. ; Watanabe, A. ; Noyori, R. *J. Am. Chem. Soc.* **1980**, 102, 2095.
[152] Antoniotti, S. ; Duñach, E. *Chem. Commun.* **2001**, 2566.
[153] Chang, C. -L. ; Kumar, M. P. ; Liu, R. -S. *J. Org. Chem.* **2004**, 69, 2793.
[154] Suda, K. ; Baba, K. ; Nakajima, S. ; Takanami, T. *Chem. Commun.* **2002**, 2570.
[155] Tu, Y. Q. ; Fan, C. A. ; Ren, S. K. ; Chan, A. S. C. *J. Chem. Soc., Perkin Trans.* 1 **2000**, 3791.
[156] Bickley, J. F. ; Hauer, B. ; Pena, P. C. A. ; Roberts, S. M. ; Skidmore, J. *J. Chem. Soc., Perkin Trans.* 1 **2001**, 1253.
[157] Bourguet, E. ; Baneres, J. -L. ; Girard, J. -P. ; Parello, J. ; Vidal, J. -P. ; Lusinchi, X. ; Declerzq, J. -P. *Org. Lett.* **2001**, 3, 3067.
[158] Wang, B. M. ; Song, Z. L. ; Fan, C. A. ; Tu, Y. Q. ; Shi, Y. *Org. Lett.* **2002**, 4, 363.
[159] Maruoka, K. ; Hasegawa, M. ; Yamamoto, H. ; Suzuki, K. ; Shimazaki, M. ; Tsuchihashi, G. *J. Am. Chem. Soc.* **1986**, 108, 3827.
[160] See Hesse, M. *Ring Enlargement in Organic Chemistry*, VCH, NY, **1991**; Gutsche, C. D. ; Redmore, D. *Carbocyclic Ring Expansion Reactions*, Academic Press, NY, **1968**; Baldwin, J. E. ; Adlington, R. M. ; Robertson, J. *Tetrahedron* **1989**, 45, 909; Salaün, J. in Rappoport, Z. *The Chemistry of the Cyclopropyl Group*, pt. 2, Wiley, NY, **1987**, pp. 809-878; Conia, J. M. ; Robson, M. J. *Angew. Chem. Int. Ed.* **1975**, 14, 473. For a list of ring expansions and contractions, with references, see Larock, R. C. *Comprehensive Organic Transformations*, 2nd ed. , Wiley-VCH, NY, **1999**, pp. 1283-1302.
[161] See Smith, P. A. S. ; Baer, D. R. *Org. React.* **1960**, 11, 157. See also, Chow, L. ; McClure, M. ; White, J. *Org. Biomol. Chem.* **2004**, 2, 648.
[162] See Wong, H. N. C. ; Hon, M. ; Tse, C. ; Yip, Y. ; Tanko, J. ; Hudlicky, T. *Chem. Rev.* **1989**, 89, 165, see pp. 182-186; Breslow, R. in Mayo, P. *Molecular Rearrangements*, Vol. 1, Wiley, NY, **1963**, pp. 233-294.
[163] Wiberg, K. B. ; Shobe, D. ; Nelson, G. C. *J. Am. Chem. Soc.* **1993**, 115, 10645.
[164] Nouri, D. H. ; Tantillo, D. J. *J. Org. Chem.* **2006**, 71, 3686.
[165] Markham, J. P. ; Staben, S. T. ; Toste, F. D. *J. Am. Chem. Soc.* **2005**, 127, 9708.
[166] Trost, B. M. ; Xie, J. ; Maulide, N. *J. Am. Chem. Soc.* **2008**, 130, 17258.
[167] Ranu, B. C. ; Banerjee, S. ; Das, A. *Tetrahedron Lett.* **2006**, 47, 881.

[168] Fürstner, A.; Aïssa, C. *J. Am. Chem. Soc.* **2006**, 128, 6306.
[169] Shi, M.; Liu, L.-P.; Tang, J. *J. Am. Chem. Soc.* **2006**, 128, 7430.
[170] Xu, G.-C.; Liu, L.-P.; Lu, J.-M.; Shi, M. *J. Am. Chem. Soc.* **2005**, 127, 14552.
[171] Sisti, A. J. *J. Org. Chem.* **1968**, 33, 453. See also, Sisti, A. J.; Vitale, A. C. *J. Org. Chem.* **1972**, 37, 4090.
[172] Sisti, A. J.; Rusch, G. M. *J. Org. Chem.* **1974**, 39, 1182.
[173] Sisti, A. J. *J. Org. Chem.* **1968**, 33, 3953.
[174] Marvell, E. N. *Thermal Electrocylic Reactions*, Academic Press, NY, **1980**, pp. 23-53; Sorensen, T. S.; Rauk, A. in Marchand, A. P.; Lehr, R. E. *Pericyclic Reactions*, Vol. 2, Academic Press, NY, **1977**, pp. 1-78.
[175] Skell, P. S.; Sandler, S. R. *J. Am. Chem. Soc.* **1958**, 80, 2024.
[176] See Berson, J. A. in de Mayo, P. *Rearrangaements in Ground and Excited States*, Vol. 1, Academic Press, NY, **1980**, pp. 324-352; *Ann. Rev. Phys. Chem.* **1977**, 28, 111; Bergman, R. G. in Kochi, J. K. *Free Radicals*, Vol. 1, Wiley, NY, **1973**, pp. 191-237; Frey, H. M. *Adv. Phys. Org. Chem.* **1966**, 4, 147, see pp. 148-170. Also see Baldwin, J. E.; Day, L. S.; Singer, S. R. *J. Am. Chem. Soc.* **2005**, 127, 9370.
[177] See Baldwin, J. E.; Grayston, M. W. *J. Am. Chem. Soc.* **1974**, 96, 1629, 1630.
[178] See Bergman, R. G.; Carter, W. L. *J. Am. Chem. Soc.* **1969**, 91, 7411.
[179] See Schuster, H. F.; Coppola, G. M. *Allenes in Organic Synthesis*, Wiley, NY, **1984**, pp. 20-23; Kirmse, W. *Carbene Chemistry*, 2nd ed., Academic Press, NY, **1971**, pp. 462-467.
[180] Billups, W. E.; Bachman, R. E. *Tetrahedron Lett.* **1992**, 33, 1825.
[181] See Baird, M. S.; Baxter, A. G. W. *J. Chem. Soc. Perkin Trans. 1* **1979**, 2317, and references cited therein.
[182] See Gutsche, C. D.; Redmore, D. *Carbocyclic Ring Expansion Reactions*, Academic Press, NY, **1968**, pp. 111-117.
[183] Dowd, P.; Choi, S. *Tetrahedron* **1991**, 47, 4847. For a related ring expansion, see Baldwin, J. E.; Adlington, R. M.; Robertson, J. *J. Chem. Soc., Chem. Commun.* **1988**, 1404.
[184] Dowd, P.; Choi, S. *J. Am. Chem. Soc.* **1987**, 109, 6548; *Tetrahedron Lett.* **1991**, 32, 565.
[185] Xue, S.; Liu, Y.-K.; Li, L.-Z.; Guo, Q.-X. *J. Org. Chem.* **2005**, 70, 8245.
[186] See Fry, A. *Mech. Mol. Migr.* **1971**, 4, 113; Collins, C. J.; Eastham, J. F. in Patai, S. *The Chemistry of theCarbonyl Group*, Vol. 1, Wiley, NY, **1966**, pp. 771-790.
[187] Favorskii, A.; Chilingaren, A. *C. R. Acad. Sci.* **1926**, 182, 221.
[188] Collins, C. J.; Bowman, N. S. *J. Am. Chem. Soc.* **1959**, 81, 3614.
[189] Zook, H. D.; Smith, W. E.; Greene, J. L. *J. Am. Chem. Soc.* **1957**, 79, 4436.
[190] Some such pathway is necessary to account for the migration of oxygen that is found. It may involve aprotonated epoxide, a 1,2-diol, or simply a 1,2-shift of an OH group.
[191] See Fry, A.; Oka, M. *J. Am. Chem. Soc.* **1979**, 101, 6353.
[192] See Chalais, S.; Laszlo, P.; Mathy, A. *Tetrahedron Lett.* **1986**, 27, 2627.
[193] Guo, Z.; Schultz, A. G. *Org. Lett.* **2001**, 3, 1177.
[194] Perkins, M. J.; Ward, P. *Mech. Mol. Migr.* **1971**, 4, 55, pp. 90-103; Miller, B. *Mech. Mol. Migr.* **1968**, 1, 247; Shine, H. J. *Aromatic Rearrangements*; Elsevier, NY, **1967**, pp. 55-68; Waring, A. J. *Adv. Alicyclic Chem.* **1966**, 1, 129, pp. 207-223. See Miller, B. *Acc. Chem. Res.* **1975**, 8, 245.
[195] See Vitullo, V. P.; Grossman, N. *J. Am. Chem. Soc.* **1972**, 94, 3844; Planas, A.; Tomás, J.; Bonet, J. *TetrahedronLett.* **1987**, 28, 471.
[196] See Ershov, V. V.; Volod'kin, A. A.; Bogdanov, G. N. *Russ. Chem. Rev.* **1963**, 32, 75.
[197] See Selman, S.; Eastham, J. F. *Q. Rev. Chem. Soc.* **1960**, 14, 221.
[198] Shimizu, I.; Tekawa, M.; Maruyama, Y.; Yamamoto, A. *Chem. Lett.* **1992**, 1365.
[199] For an example, see Schaltegger, A.; Bigler, P. *Helv. Chim. Acta* **1986**, 69, 1666.
[200] Doering, W. von E.; Urban, R. S. *J. Am. Chem. Soc.* **1956**, 78, 5938.
[201] However, see Screttas, C. G.; Micha-Screttas, M.; Cazianis, C. T. *Tetrahedron Lett.* **1983**, 24, 3287.
[202] See Giordano, C.; Castaldi, G.; Casagrande, F.; Abis, L. *Tetrahedron Lett.* **1982**, 23, 1385.
[203] Boyer, L. E.; Brazzillo, J.; Forman, M. A.; Zanoni, B. *J. Org. Chem.* **1996**, 61, 7611; Hunter, D. H.; Stothers, J. B.; Warnhoff, E. W. in de Mayo, P. *Rearrangements in Ground and Excited States*, Vol. 1, Academic Press, NY, **1980**, pp. 437-461; Rappe, C. in Patai, S. *The Chemistry of the Carbon-Halogen Bond*, pt. 2, Wiley, NY, **1973**, pp. 1084-1101; Redmore, D.; Gutsche, C. D. *Carbocylcic Ring Expansion Reactions*, Academic Press, NY, **1968**, pp. 46-69; Satoh, T.; Motohashi, S.; Kimura, S.; Tokutake, N.; Yamakawa, K. *Tetrahedron Lett.* **1993**, 34, 4823.
[204] Craig, J. C.; Dinner, A.; Mulligan, P. J. *J. Org. Chem.* **1972**, 37, 3539.
[205] See Mouk, R. W.; Patel, K. M.; Reusch, W. *Tetrahedron* **1975**, 31, 13.
[206] See Baretta, A.; Waegell, B. *React. Intermed. (Plenum)* **1982**, 2, 527. For a theoretical study, see Hamblin, G. D.; Jimenez, R. P.; Sorensen, T. S. *J. Org. Chem.* **2007**, 72, 8033.
[207] Bordwell, F. G.; Scamehorn, R. G.; Springer, W. R. *J. Am. Chem. Soc.* **1969**, 91, 2087.
[208] Loftfield, R. B. *J. Am. Chem. Soc.* **1951**, 73, 4707.
[209] A preliminary migration of the chlorine from C-2 to C-6 was ruled out by the fact that recovered 72 had thesame isotopic distribution as the starting 72.
[210] See Wasserman, H. H.; Clark, G. M.; Turley, P. C. *Top. Curr. Chem.* **1974**, 47, 73; Turro, N. J. *Acc. Chem. Res.* **1969**, 2, 25.
[211] See Rappe, C.; Knutsson, L.; Turro, N. J.; Gagosian, R. B. *J. Am. Chem. Soc.* **1970**, 92, 2032.
[212] Pazos, J. F.; Pacifici, J. G.; Pierson, G. O.; Sclove, D. B.; Greene, F. D. *J. Org. Chem.* **1974**, 39, 1990.

[213] See Baldwin, J. E. ; Cardellina, J. H. I. *Chem. Commun.* **1968**, 558.
[214] Wharton, P. S. ; Fritzberg, A. R. *J. Org. Chem.* **1972**, 37, 1899.
[215] Tchoubar, B. ; Sackur, O. *C. R. Acad. Sci.* **1939**, 208, 1020.
[216] Baudry, D. ; Bégué, J. ; Charpentier-Morize, M. *Bull. Soc. Chim. Fr.* **1971**, 1416.
[217] See Salaun, J. R. ; Garnier, B. ; Conia, J. M. *Tetrahedron* **1973**, 29, 2895.
[218] Ferraz, H. M. ; Silva, Jr. , J. F. *Tetrahedron Lett.* **1997**, 38, 1899.
[219] Meier, H. ; Zeller, K. *Angew. Chem. Int. Ed.* **1975**, 14, 32; Kirmse, W. *Carbene Chemistry*, 2nd ed. , AcademicPress, NY, **1971**, pp. 475-493; Whittaker, D. in Patai, S. *The Chemistry of Diazonium and Diazo Compounds*, pt. 2, Wiley, NY, **1978**, pp. 593-644.
[220] Kirmse, W. *Eur. J. Org. Chem.* **2002**, 2193. See Sudrik, S. G. ; Sharma, J. ; Chavan, V. B. ; Chaki, N. K. ;Sonawane, H. R. ; Vijayamohanan, K. P. *Org. Lett.* **2006**, 8, 1089.
[221] Winum, J.-Y. ; Kamal, M. ; Leydet, A. ; Roque, J.-P. ; Montero, J.-L. *Tetrahedron Lett.* **1996**, 37, 1781.
[222] For a list of methods, with references, see Larock, R. C. *Comprehensive Organic Transformations*, 2nd ed. , Wiley-VCH, NY, **1999**, pp. 1850-1851.
[223] See Regitz, M. ; Maas, G. *Diazo Compounds*, Academic Press, NY, **1986**, pp. 185-195; Ando, W. in Patai, S. *The Chemistry of the Carbonyl Group*, Vol. 1, Wiley, NY, **1966**,78, pp. 458-475.
[224] See Aoyama, T. ; Shioiri, T. *Tetrahedron Lett.* **1980**, 21, 4461.
[225] Redmore, D. ; Gutsche, C. D. *Carbocyclic Ring Expansion Reactions*, Academic Press, NY, **1968**, pp. 125-136.
[226] Korobitsyna, I. K. ; Rodina, L. L. ; Sushko, T. P. *J. Org. Chem. USSR* **1968**, 4, 165; Jones, Jr. , M. ; Ando, W. *J. Am. Chem. Soc.* **1968**, 90, 2200. See Lee, Y. R. ; Suk, J. Y. ; Kim, B. S. *Tetrahedron Lett.* **1999**, 40, 8219.
[227] Wiskur, S. L. ; Fu, G. C. *J. Am. Chem. Soc.* **2005**, 127, 6176.
[228] See Scott, A. P. ; Platz, M. S. ; Radom, L. *J. Am. Chem. Soc.* **2001**, 123, 6069.
[229] See Farlow, R. A. ; Thamatloor, D. A. ; Sunoj, R. B. ; Hadad, C. M. *J. Org. Chem.* **2002**, 67, 3257.
[230] Kirmse, W. ; Horner, L. *Chem. Ber.* **1956**, 89, 2759. Also see, Horner, L. ; Spietschka, E. *Chem. Ber.* **1956**, 89, 2765.
[231] See Kirmse, W. *Carbene Chemistry*, 2nd ed. , Academic Press, NY, **1971**, pp. 476-480. See also, Torres, M. ;Ribo, J. ; Clement, A. ; Strausz, O. P. *Can. J. Chem.* **1983**, 61, 996; Tomoika, H. ; Hayashi, N. ; Asano, T. ; Izawa, Y. *Bull. Chem. Soc. Jpn.* **1983**, 56, 758.
[232] See Lewars, Y. *Chem. Rev.* **1983**, 83, 519.
[233] Fenwick, J. ; Frater, G. ; Ogi, K. ; Strausz, O. P. *J. Am. Chem. Soc.* **1973**, 95, 124; Zeller, K. *Chem. Ber.* **1978**,112, 678. See also, Majerski, Z. ; Redvanly, C. S. *J. Chem. Soc. , Chem. Commun.* **1972**, 694.
[234] Tanigaki, K. ; Ebbesen, T. W. *J. Am. Chem. Soc.* **1987**, 109, 5883. See also, Bachmann, C. ; N'Guessan, T. Y. ; Debû, F. ; Monnier, M. ; Pourcin, J. ; Aycard, J. ; Bodot, H. *J. Am. Chem. Soc.* **1990**, 112, 7488.
[235] Csizmadia, I. G. ; Gunning, H. E. ; Gosavi, R. K. ; Strausz, O. P. *J. Am. Chem. Soc.* **1973**, 95, 133.
[236] McMahon, R. J. ; Chapman, O. L. ; Hayes, R. A. ; Hess, T. C. ; Krimmer, H. *J. Am. Chem. Soc.* **1985**, 107, 7597.
[237] Tomioka, H. ; Okuno, H. ; Izawa, Y. *J. Org. Chem.* **1980**, 45, 5278.
[238] See Yamamoto, M. ; Nakazawa, M. ; Kishikawa, K. ; Kohmoto, S. *Chem. Commun.* **1996**, 2353.
[239] See Gutsche, C. D. *Org. React.* **1954**, 8, 364.
[240] See Aoyama, T. ; Shioiri, T. *Synthesis* **1988**, 228.
[241] Lemini, C. ; Ordoñez, M. ; Pérez-Flores, J. ; Cruz-Almanza, R. *Synth. Commun.* **1995**, 25, 2695.
[242] Xue, S. ; Li, L.-Z. ; Liu, Y.-K. ; Guo, Q.-X. *J. Org. Chem.* **2006**, 71, 215.
[243] Aïssa, C. ; Fürstner, A. *J. Am. Chem. Soc.* **2007**, 129, 14836.
[244] See Müller, E. ; Kessler, H. ; Zeeh, B. *Fortschr. Chem. Forsch.* **1966**, 7, 128, see pp. 137-150.
[245] See Krief, A. ; Laboureur, J. L. *Tetrahedron Lett.* **1987**, 28, 1545; Krief, A. ; Laboureur, J. L. ; Dumont, W. *Tetrahedron Lett.* **1987**, 28, 1549; Abraham, W. D. ; Bhupathy, M. ; Cohen, T. *Tetrahedron Lett.* **1987**, 28, 2203; Trost, B. M. ; Mikhail, G. K. *J. Am. Chem. Soc.* **1987**, 109, 4124.
[246] See Turro, N. J. ; Gagosian, R. B. *J. Am. Chem. Soc.* **1970**, 92, 2036.
[247] See Gutsche, C. D. ; Redmore, D. *Carbocyclic Ring Expansion Reactions*, Academic Press, NY, **1968**, pp. 81-98. For a review pertaining to bridged bicyclic ketones, see Krow, G. R. *Tetrahedron* **1987**, 43, 3.
[248] See Loeschorn, C. A.; Nakajima, M. ; Anselme, J. *Bull. Soc. Chim. Belg.* **1981**, 90, 985.
[249] Mock, W. L. ; Hartman, M. E. *J. Org. Chem.* **1977**, 42, 459, 466; Baldwin, S. W. ; Landmesser, N. G. *Synth. Commun.* **1978**, 8, 413.
[250] Liu, H. J. ; Majumdar, S. P. *Synth. Commun.* **1975**, 5, 125.
[251] Dave, V. ; Warnhoff, E. W. *J. Org. Chem.* **1983**, 48, 2590.
[252] Doyle, M. P. ; Trudell, M. L. ; Terpstra, J. W. *J. Org. Chem.* **1983**, 48, 5146.
[253] Lee, P. H. ; Lee, J. *Tetrahedron Lett.* **1998**, 39, 7889.
[254] Hasegawa, E. ; Kitazume, T. ; Suzuki, K. ; Tosaka, E. *Tetrahedron Lett.* **1998**, 39, 4059.
[255] Fukuzawa, S. ; Tsuchimoto, T. *Tetrahedron Lett.* **1995**, 36, 5937.
[256] Angle, S. R. ; Neitzel, M. L. *J. Org. Chem.* **2000**, 65, 6458.
[257] Mahata, P. K. ; Barun, O. ; Ila, H. ; Junjappa, H. *Synlett* **2000**, 1345.
[258] Southwick, P. L. ; Walsh, W. L. *J. Am. Chem. Soc.* **1955**, 77, 405. See also, Kiss, L. ; Mangelinckx, S. ; Fülöp, F. ; De Kimpe, N. *Org. Lett.* **2007**, 9, 4399.
[259] See Peterson, P. E. *Acc. Chem. Res.* **1971**, 4, 407. See also, Brusova, G. P. ; Gopius, E. D. ; Smolina, T. A. ; Reutov, O. A. *Doklad. Chem.* **1980**, 253, 334; Kobrina, L. S. ; Kovtonyuk, V. N. *Russ. Chem. Rev.* **1988**, 57, 62; Warren, S. *Acc. Chem.*

[260] *Res.* **1978**, 11, 403. See also, Aggarwal, V. K. ; Warren, S. *J. Chem. Soc. Perkin Trans.* 1 **1987**, 2579.
[261] For a review, see McDonald, R. N. *Mech. Mol. Migr.* **1971**, 3, 67.
[262] Karikomi, M. ; Takayama, T. ; Haga, K. ; Hiratani, K. *Tetrahedron Lett.* **2005**, 46, 6541.
[263] Batory, L. A. ; McInnis, C. E. ; Njardarson, J. T. *J. Am. Chem. Soc.* **2006**, 128, 16054.
[264] Rogers, E. ; Araki, H. ; Batory, L. A. ; McInnis, C. E. ; Njardarson, J. T. *J. Am. Chem. Soc.* **2007**, 129, 2768.
[265] Morrill, C. ; Grubbs, R. H. *J. Am. Chem. Soc.* **2005**, 127, 2842; Morrill, C. ; Beutner, G. L. ; Grubbs, R. H. *J. Org. Chem.* **2006**, 71, 7813.
[266] Boeda, F. ; Mosset, P. ; Crévisy, C. *Tetrahedron Lett.* **2006**, 47, 5021.
[267] Mantilli, L. ; Gérard, D. ; Torche, S. ; Besnard, C. ; Mazet, C. *Pure Appl. Chem.* **2010**, 82, 1461.
[268] Leleti, R. R. ; Hu, B. ; Prashad, M. ; Repic, O. *Tetrahedron Lett.* **2007**, 48, 8505.
[269] Ito, M. ; Kitahara, S. ; Ikariya, T. *J. Am. Chem. Soc.* **2005**, 127, 6172.
[270] Marion, N. ; Gealageas, R. ; Nolan, S. P. *Org. Lett.* **2007**, 9, 2653.
[271] Meyer, K. H. ; Schuster, K. *Ber.* **1922**, 55, 819; Swaminathan, S. ; Narayan, K. V. *Chem. Rev.* **1971**, 71, 429.
[272] Tanaka, K. ; Shoji, T. ; Hirano, M. *Eur. J. Org. Chem.* **2007**, 2687.
[273] Lopez, S. S. ; Engel, D. A. ; Dudley, G. B. *Synlett* **2007**, 949.
[274] Sonye, J. P. ; Koide, K. *J. Org. Chem.* **2007**, 72, 1846.
[275] Egi, M. ; Yamaguchi, Y. ; Fujiwara, N. ; Akai, S. *Org. Lett.* **2008**, 10, 1867.
[276] Witham, C. A. ; Mauleón, P. ; Shapiro, N. D. ; Sherry, B. D. ; Toste, F. D. *J. Am. Chem. Soc.* **2007**, 129, 5838.
[277] Barluenga, J. ; Riesgo, L. ; Vicente, R. ; López, L. A. ; Tomás, M. *J. Am. Chem. Soc.* **2007**, 129, 7772.
[278] Buzas, A. K. ; Istrate, F. M. ; Gagosz, F. *Org. Lett.* **2007**, 9, 985.
[279] Brown, H. C. *Hydroboration*, W. A. Benjamin, NY, **1962**, pp. 136-149, Brown, H. C. ; Zweifel, G. *J. Am. Chem. Soc.* **1966**, 88, 1433. See also, Brown, H. C. ; Racherla, U. S. *J. Organomet. Chem.* **1982**, 241, C37.
[280] Logan, T. J. *J. Org. Chem.* **1961**, 26, 3657.
[281] Brown, H. C. ; Zweifel, G. *J. Am. Chem. Soc.* **1967**, 89, 561.
[282] See Wood, S. E. ; Rickborn, B. *J. Org. Chem.* **1983**, 48, 555; Field, L. D. ; Gallagher, S. P. *Tetrahedron Lett.* **1985**, 26, 6125.
[283] For a review, see Conley, R. T. ; Ghosh, S. *Mech. Mol. Migr.* **1971**, 4, 197, pp. 289-304.
[284] Baumgarten, H. E. ; Petersen, H. E. *J. Am. Chem. Soc.* **1960**, 82, 459, and references cited therein.
[285] Cram, D. J. ; Hatch, M. J. *J. Am. Chem. Soc.* **1953**, 75, 33; Hatch, M. J. ; Cram, D. J. *J. Am. Chem. Soc.* **1953**, 75, 38.
[286] Neber, P. W. ; Burgard, A. *Liebigs Ann. Chem.* **1932**, 493, 281; Parcell, R. F. *Chem. Ind. (London)* **1963**, 1396. Also see Ref. 284.
[287] House, H. O. ; Berkowitz, W. F. *J. Org. Chem.* **1963**, 28, 2271.
[288] See Nakai, M. ; Furukawa, N. ; Oae, S. *Bull. Chem. Soc. Jpn.* **1969**, 42, 2917.
[289] Baumgarten, H. E. ; Petersen, J. M. ; Wolf, D. C. *J. Org. Chem.* **1963**, 28, 2369.
[290] Taber, D. F. ; Tian, W. *J. Am. Chem. Soc.* **2006**, 128, 1058.
[291] Smith, P. A. S. in de Mayo, P. *Molecular Rearrangements*, Vol. 1, Wiley, NY, **1963**, Vol. 1, pp. 258-550.
[292] See Boyer, J. H. *Mech. Mol. Migr.* **1969**, 2, 267.
[293] The question is discussed by Lwowski, W. in Lwowski, W. *Nitrenes*, Wiley, NY, **1970**, pp. 217-221.
[294] See Sy, A. O. ; Raksis, J. W. *Tetrahedron Lett.* **1980**, 21, 2223.
[295] See Wallis, E. S. ; Lane, J. F. *Org. React.* **1946**, 3, 267.
[296] See Radlick, P. ; Brown, L. R. *Synthesis* **1974**, 290.
[297] Huang, X. ; Keillor, J. W. *Tetrahedron Lett.* **1997**, 38, 313.
[298] See Gogoi, P. ; Konwar, D. *Tetrahedron Lett.* **2007**, 48, 531.
[299] Huang, X. ; Seid, M. ; Keillor, J. W. *J. Org. Chem.* **1997**, 62, 7495.
[300] Matsumura, Y. ; Maki, T. ; Satoh, Y. *Tetrahedron Lett.* **1997**, 38, 8879.
[301] Imamoto, T. ; Tsuno, Y. ; Yukawa, Y. *Bull. Chem. Soc. Jpn.* **1971**, 44, 1632, 1639, 1644; Imamoto, T. ; Kim, S. ; Tsuno, Y. ; Yukawa, Y. *Bull. Chem. Soc. Jpn.* **1971**, 44, 2776.
[302] Baumgarten, H. E. ; Smith, H. L. ; Staklis, A. *J. Org. Chem.* **1975**, 40, 3554.
[303] Loudon, G. M. ; Radhakrishna, A. S. ; Almond, M. R. ; Blodgett, J. K. ; Boutin, R. H. *J. Org. Chem.* **1984**, 49, 4272; Boutin, R. H. ; Loudon, G. M. *J. Org. Chem.* **1984**, 49, 4277; Pavlides, V. H. ; Chan, E. D. ; Pennington, L. ; McParland, M. ; Whitehead, M. ; Coutts, I. G. C. *Synth. Commun.* **1988**, 18, 1615.
[304] Vasudevan, A. ; Koser, G. F. *J. Org. Chem.* **1988**, 53, 5158.
[305] Yu, C. ; Jiang, Y. ; Liu, B. ; Hu, L. *Tetrahedron Lett.* **2001**, 42, 1449.
[306] Uriz, P. ; Serra, M. ; Salagre, P. ; Castillon, S. ; Claver, C. ; Fernandez, E. *Tetrahedron Lett.* **2002**, 43, 1673.
[307] See Banthorpe, D. V. in Patai, S. *The Chemistry of the Azido Group*, Wiley, NY, **1971**, pp. 397-405.
[308] See Pfister, J. R. ; Wyman, W. E. *Synthesis* **1983**, 38. See also, Lebel, H. ; Leogane, O. *Org. Lett.* **2005**, 7, 4107. See also, Ma, B. ; Lee, W. -C. *Tetrahedron Lett.* **2010**, 51, 385.
[309] See, Smalley, R. K. ; Bingham, T. E. *J. Chem. Soc. C* **1969**, 2481.
[310] See Scriven, E. F. V. *Azides and Nitrenes*, Academic Press, NY, **1984**; Stevens, T. S. ; Watts, W. E. *Selected Molecular Rearrnagements*, Van Nostrand-Reinhold, Princeton, **1973**, pp. 45-52; in Lwowski, W. *Nitrenes*, Wiley, NY, **1970**, the chapters by Lewis, F. D. ; Saunders Jr. , W. H. pp. 47-97, pp. 47-78 and by Smith, P. A. S. pp. 99-162.
[311] Montgomery, F. C. ; Saunders, Jr. , W. H. *J. Org. Chem.* **1976**, 41, 2368.
[312] Smith, P. A. S. ; Lakritz, J. cited in Smith, P. A. S. in de Mayo, P. *Molecular Rearrangments*, Vol. 1, Wiley, NY, **1963**, p. 474.
[313] Huisgen, R. ; Vossius, D. ; Appl, M. *Chem. Ber.* **1958**, 91, 1, 12.

[313] See Bauer, L.; Exner, O. *Angew. Chem. Int. Ed.* **1974**, 13, 376.
[314] See Salomon, C. J.; Breuer, E. *J. Org. Chem*, **1997**, 62, 3858.
[315] Wallace, R. G.; Barker, J. M.; Wood, M. L. *Synthesis* **1990**, 1143.
[316] Chandrasekhar, S.; Sridhar, M. *Tetrahedron Asymmetry* **2000**, 11, 3467.
[317] See Banthorpe, D. V. in Patai, S. *The Chemistry of the Azido Group*, Wiley, NY, **1971**, pp. 405-434.
[318] See Koldobskii, G. I.; Ostrovskii, V. A.; Gidaspov, B. V. *Russ. Chem. Rev.* **1978**, 47, 1084.
[319] See Smith, P. A. S. *Org. React.* **1946**, 3, 337, pp. 363-366.
[320] See Koldobskii, G. I.; Tereschenko, G. F.; Gerasimova, E. S.; Bagal, L. I. *Russ. Chem. Rev.* **1971**, 40, 835; Beckwith, A. L. J. in Zabicky, J. *The Chemistry of Amides*, Wiley, NY, **1970**, pp. 137-145.
[321] See Krow, G. R. *Tetrahedron* **1981**, 37, 1283.
[322] Exceptions to this statement are found in Bhalerao, U. T.; Thyagarajan, G. *Can. J. Chem.* **1968**, 46, 3367; Tomita, M.; Minami, S.; Uyeo, S. *J. Chem. Soc. C* **1969**, 183.
[323] See Furness, K.; Aubé, J. *Org. Lett.* **1999**, 1, 495.
[324] Sahasrabudhe, K.; Gracias, V.; Furness, K.; Smith, B. T.; Katz, C. E.; Reddy, D. S.; Aubé, J. *J. Am. Chem. Soc.* **2003**, 125, 7914. See Mossman, C. J.; Aubé, J. *Tetrahedron*, **1996**, 52, 3403.
[325] Pearson, W. H.; Hutta, D. A.; Fang, W.-k. *J. Org. Chem.* **2000**, 65, 8326. See also, Wrobleski, A.; Aubé, J. *J. Org. Chem.* **2001**, 66, 886.
[326] Evans, P. A.; Modi, D. P. *J. Org. Chem.* **1995**, 60, 6662.
[327] Benati, L.; Nanni, D.; Sangiorgi, C.; Spagnolo, P. *J. Org. Chem.* **1999**, 64, 7836.
[328] See Kumar, H. M. S.; Reddy, B. V. S.; Anjaneyulu, S.; Yadav, J. S. *Tetrahedron Lett.* **1998**, 39, 7385. Also see, Saito, A.; Saito, K.; Tanaka, A.; Oritani, T. *Tetrahedron Lett.* **1997**, 38, 3955.
[329] Thompson, A. S.; Humphrey, G. R.; DeMarco, A. M.; Mathre, D. J.; Grabowski, E. J. J. *J. Org. Chem.* **1993**, 58, 5886.
[330] Gorin, D. J.; Davis, N. R.; Toste, F. D. *J. Am. Chem. Soc.* **2005**, 127, 11260.
[331] Yao, L.; Aubé, J. *J. Am. Chem. Soc.* **2007**, 129, 2766.
[332] This mechanism has been controversial, see Vogler, E. A.; Hayes, J. M. *J. Org. Chem.* **1979**, 44, 3682.
[333] Amyes, T. L.; Richard, J. P. *J. Am. Chem. Soc.* **1991**, 113, 1867.
[334] See Ostrovskii, V. A.; Koshtaleva, T. M.; Shirokova, N. P.; Koldobskii, G. I.; Gidaspov, B. V. *J. Org. Chem. USSR* **1974**, 10, 2365 and references cited therein.
[335] Gawley, R. E. *Org. React.* **1988**, 35, 1; McCarty, C. G. in Patai, S. *The Chemistry of the Carbon-Nitrogen Double Bond*, Wiley, NY, **1970**, pp. 408-439. Also see, Nguyen, M. T.; Raspoet, G.; Vanquickenborne, L. G. *J. Am. Chem. Soc.* **1997**, 119, 2552.
[336] Costa, A.; Mestres, R.; Riego, J. M. *Synth. Commun.* **1982**, 12, 1003.
[337] De, S. K. *Synth. Commun.* **2004**, 34, 3431.
[338] De, S. K. *Org. Prep. Proceed. Int.* **2004**, 36, 383.
[339] Ganguly, N. C.; Mondal, P. *Synthesis* **2010**, 3705.
[340] Ramalingan, C.; Park, Y.-T. *J. Org. Chem.* **2007**, 72, 4536.
[341] Hashimoto, M.; Obora, Y.; Sakaguchi, S.; Ishii, Y. *J. Org. Chem.* **2008**, 73, 2894.
[342] Yadav, L. D. S.; Patel, R.; Srivastava, V. P. *Synthesis* **2010**, 1771. See also Yadav, L. D. S.; Garima, Srivastava, V. P. *Tetrahedron Lett.* **2010**, 51, 739.
[343] Khodaei, M. M.; Meybodi, F. A.; Rezai, N.; Salehi, P. *Synth. Commun.* **2001**, 31, 2047.
[344] Furuya, Y.; Ishihara, K.; Yamamoto, H. *J. Am. Chem. Soc.* **2005**, 127, 11240. In ionic liquids, see Betti, C.; Landini, D.; Maia, A.; Pasi, M. *Synlett* **2008**, 908.
[345] See Beckwith, A. L. J. in Zabicky, J. *The Chemistry of Amides*, Wiley, NY, **1970**, pp. 131-137.
[346] Chandrasekhar, S.; Gopalaiah, K. *Tetrahedron Lett.* **2001**, 42, 8123.
[347] Boero, M.; Ikeshoji, T.; Liew, C. C.; Terakura, K.; Parrinello, M. *J. Am. Chem. Soc.* **2004**, 126, 6280.
[348] Peng, J.; Deng, Y. *Tetrahedron Lett.* **2001**, 42, 403; Ren, R. X.; Zueva, L. D.; Ou, X. *Tetrahedron Lett.* **2001**, 42, 8441.
[349] His, S.; Meyer, C.; Cossy, J.; Emeric, G.; Greiner, A. *Tetrahedron Lett.* **2003**, 44, 8581.
[350] Thakur, A. J.; Boruah, A.; Prajapati, D.; Sandhu, J. S. *Synth. Commun.* **2000**, 30, 2105; On silica with microwave irradiation, see Loupy, A.; Régnier, S. *Tetrahedron Lett.* **1999**, 40, 6221.
[351] An, G.-i.; Kim, M.; Kim, J. Y.; Rhee, H. *Tetrahedron Lett.* **2003**, 44, 2183.
[352] Vinnik, M. I.; Zarakhani, N. G. *Russ. Chem. Rev.* **1967**, 36, 51; Krow, G. R. *Tetrahedron* **1981**, 37, 1283.
[353] Sharghi, H.; Hosseini, M. *Synthesis* **2002**, 1057; Eshghi, H.; Gordi, Z. *Synth. Commun.* **2003**, 33, 2971; Moghaddam, F. M.; Rad, A. A. R.; Zali-Boinee, H. *Synth. Commun.* **2004**, 34, 2071.
[354] Olah, G. A.; Fung, A. P. *Synthesis* **1979**, 537. See also, Novoselov, E. F.; Isaev, S. D.; Yurchenko, A. G.; Vodichka, L.; Trshiska, Ya. *J. Org. Chem. USSR* **1981**, 17, 2284.
[355] See Lansbury, P. T.; Mancuso, N. R. *Tetrahedron Lett.* **1965**, 2445.
[356] Field, L.; Hughmark, P. B.; Shumaker, S. H.; Marshall, W. S. *J. Am. Chem. Soc.* **1961**, 83, 1983. See also, Leusink, A. J.; Meerbeek, T. G.; Noltes, J. G. *Recl. Trav. Chim. Pays-Bas* **1976**, 95, 123; **1977**, 96, 142.
[357] Chattopadhyaya, J. B.; Rama Rao, A. V. *Tetrahedron* **1974**, 30, 2899.
[358] See Arisawa, M.; Yamaguchi, M. *Org. Lett.* **2001**, 3, 311.
[359] Anilkumar, R.; Chandrasekhar, S. *Tetrahedron Lett.* **2000**, 41, 5427.
[360] See Nguyen, M. T.; Vanquickenborne, L. G. *J. Chem. Soc. Perkin Trans. 2* **1993**, 1969.
[361] Donaruma, L. G.; Heldt, W. Z. *Org. React.* **1960**, 11, 1, pp. 5-14; Smith, P. A. S. in de Mayo, P. *Molecular Rearrangments*,

Vol. 1, Wiley, NY, *1963*, 483-507, pp. 488-493.

[362] Gregory, B. J. ; Moodie, R. B. ; Schofield, K. *J. Chem. Soc. B* **1970**, 338.

[363] Palmere, R. M. ; Conley, R. T. ; Rabinowitz, J. L. *J. Org. Chem.* **1972**, 37, 4095.

[364] See, Suginome, H. ; Yagihashi, F. *J. Chem. Soc. Perkin Trans.* 1 **1977**, 2488.

[365] Yamabe, S. ; Tsuchida, N. ; Yamazaki, S. *J. Org. Chem.* **2005**, 70, 10638.

[366] For a review, see Maruoka, K. ; Yamamoto, H. *Angew. Chem. Int. Ed.* **1985**, 24, 668.

[367] Maruoka, K. ; Miyazaki, T. ; Ando, M. ; Matsumura, Y. ; Sakane, S. ; Hattori, K. ; Yamamoto, H. *J. Am. Chem. Soc.* **1983**, 105, 2831; Maruoka, K. ; Nakai, S. ; Yamamoto, H. *Org. Synth.* **66**, 185.

[368] Lanni, E. L. ; Bosscher, M. A. ; Ooms, B. ; Shandro, C. A. ; Ellsworth, B. A. ; Anderson, C. E. *J. Org. Chem.* **2008**, 73, 6425.

[369] Suda, K. ; Sashima, M. ; Izutsu, M. ; Hino, F. *J. Chem. Soc. , Chem. Commun.* **1994**, 949.

[370] Post, A. J. ; Nwaukwa, S. ; Morrison, H. *J. Am. Chem. Soc.* **1994**, 116, 6439.

[371] Gassman, P. G. ; Fox, B. L. *J. Am. Chem. Soc.* **1967**, 89, 338. See also, Davies, J. W. ; Malpass, J. R. ; Walker, M. P. *J. Chem. Soc. , Chem. Commun.* **1985**, 686; Hoffman, R. V. ; Kumar, A. ; Buntain, G. A. *J. Am. Chem. Soc.* **1985**, 107, 4731.

[372] See Kovacic, P. ; Lowery, M. K. ; Roskos, P. D. *Tetrahedron* **1970**, 26, 529.

[373] Hoffman, R. V. ; Buntain, G. A. *J. Org. Chem.* **1988**, 53, 3316.

[374] Wasserman, H. H. ; Glazer, E. A. ; Hearn, M. J. *Tetrahedron Lett.* **1973**, 4855.

[375] Honda, T. ; Ishikawa, F. *Chem. Commun.* **1999**, 1065.

[376] Sisti, A. J. ; Milstein, S. R. *J. Org. Chem.* **1974**, 39, 3932.

[377] For a review, see Renz, M. ; Meunier, B. *Eur. J. Org. Chem.* **1999**, 737. For a review of green procedures, seeten Brink, G. -J. ; Arends, I. W. C. E. ; Sheldon, R. A. *Chem. Rev.* **2004**, 104, 4105.

[378] For a list of reagents, with references, see Larock, R. C. *Comprehensive Organic Transformations*, 2nd ed. , Wiley-VCH, NY, **1999**, pp. 1665-1667.

[379] Hudlicky, M. *Oxidations in Organic Chemistry*, American Chemical Society, Washington, **1990**, pp. 186-195; Plesnicar, B. in Trahanovsky, W. S. *Oxidation in Organic Chemistry*, pt. C, Academic Press, NY, **1978**, pp. 254-267; House, H. O. *Modern Synthetic Reactions*, 2nd ed. ; W. A. Benjamin, NY, **1972**, pp. 321-329; Lewis, S. N. InAugustine, R. L. *Oxidation*, Vol. 1, Marcel Dekker, NY, **1969**, pp. 237-244. Also see, Carlqvist, P. ; Eklund, R. ; Brinck, T. *J. Org. Chem.* **2001**, 66, 1193.

[380] See Krow, G. R. *Tetrahedron* **1981**, 37, 2697.

[381] Phillips, A. M. F. ; Romão, C. *Eur. J. Org. Chem.* **1999**, 1767. In an ionic liquid, see Bernini, R. ; Coratti, A. ; Fabrizi, G. ; Goggiamani, A. *Tetrahedron Lett.* **2003**, 44, 8991.

[382] ten Brink, G. -J. ; Vis, J. -M. ; Arends, I. W. C. E. ; Sheldon, R. A. *J. Org. Chem.* **2001**, 66, 2429.

[383] For a review, see Jiménez-Sanchidrián, C. ; Ruiz, J. R. *Tetrahedron* **2008**, 64, 2011.

[384] Alam, M. M. ; Varala, R. ; Adapa, S. R. *Synth. Commun.* **2003**, 33, 3035.

[385] Lambert, A. ; Elings, J. A. ; Macquarrie, D. J. ; Carr, G. ; Clark, J. H. *Synlett* **2000**, 1052. See Hagiwara, H. ; Nagatomo, H. ; Yoshii, F. ; Hoshi, T. ; Suzuki, T. ; Ando, M. *J. Chem. Soc. , Perkin Trans.* 1 **2000**, 2645.

[386] Yakura, T. ; Kitano, T. ; Ikeda, M. ; Uenishi, J. *Tetrahedron Lett.* **2002**, 43, 6925.

[387] González-Núñez, M. E. ; Mello, R. ; Olmos, A. ; Asensio, G. *J. Org. Chem.* **2005**, 70, 10879. In suspercriticalCO_2, see González-Núñez, M. E. ; Mello, R. ; Olmos, A. ; Asensio, G. *J. Org. Chem.* **2006**, 71, 6432.

[388] See Bolm, C. ; Frison, J. -C. ; Zhang, Y. ; Wulff, W. D. *Synlett* **2004**, 1619.

[389] See Mihovilovic, M. D. ; Müller, B. ; Kayser, M. M. ; Stewart, J. D. ; Stanetty, P. *Synlett* **2002**, 703. See Clouthier, C. M. ; Kayser, M. M. ; Reetz, M. T. *J. Org. Chem.* **2006**, 71, 8431; Pazmiño, D. E. T. ; Snajdrova, R. ; Baas, B. -J. ; Ghobrial, M. ; Mihovilovic, M. D. ; Fraaije, M. W. *Angew. Chem. Int. Ed.* **2008**, 47, 2275.

[390] SeeWatanabe, A. ; Uchida, T. ; Ito, K. ; Katsuki, T. *Tetrahedron Lett.* **2002**, 43, 4481; Murhashi, S. -I. ; Ono, S. ; Imada, Y. *Angew. Chem. Int. Ed.* **2002**, 41, 2366.

[391] Malkov, A. V. ; Friscourt, F. ; Bell, M. ; Swarbrick, M. E. ; Koovský, P. *J. Org. Chem.* **2008**, 73, 3996

[392] Frison, J. -C. ; Palazzi, C. ; Bolm, C. *Tetrahedron* **2006**, 62, 6700.

[393] Hunt, K. W. ; Grieco, P. A. *Org. Lett.* **2000**, 2, 1717.

[394] Emmons, W. D. ; Lucas, G. B. *J. Am. Chem. Soc.* **1955**, 77, 2287.

[395] Gaikwad, D. D. ; Dake, S. A. ; Kulkarni, R. S. ; Jadhav, W. N. ; Kakde, S. B. ; Pawar, R. P. *Synth. Commun.* **2007**, 37, 4093.

[396] McClure, J. D. ; Williams, P. H. *J. Org. Chem.* **1962**, 27, 24.

[397] Deno, N. C. ; Billups, W. E. ; Kramer, K. E. ; Lastomirsky, R. R. *J. Org. Chem.* **1970**, 35, 3080. See Chrobok, A. *Tetrahedron* **2010**, 66, 6212.

[398] See Noyori, R. ; Sato, T. ; Kobayashi, H. *Bull. Chem. Soc. Jpn.* **1983**, 56, 2661.

[399] Snowden, M. ; Bermudez, A. ; Kelly, D. R. ; Radkiewicz-Poutsma, J. L. *J. Org. Chem.* **2004**, 69, 7148.

[400] See Cullis, P. M. ; Arnold, J. R. P. ; Clarke, M. ; Howell, R. ; DeMira, M. ; Naylor, M. ; Nicholls, D. *J. Chem. Soc. , Chem. Commun.* **1987**, 1088.

[401] Syper, L. *Synthesis* **1989**, 167. See also, Godfrey, I. M. ; Sargent, M. V. ; Elix, J. A. *J. Chem. Soc. Perkin Trans.* 1 **1974**, 1353.

[402] Proposed by Criegee, R. *Liebigs Ann. Chem.* **1948**, 560, 127.

[403] Doering, W. von E. ; Dorfman, E. *J. Am. Chem. Soc.* **1953**, 75, 5595. Also see Smith, P. A. S. in de Mayo, P. *Molecular Rearrangements* Vol. 1, Wiley, NY, **1963**, pp. 578-584.

[404] Palmer, B. W. ; Fry, A. *J. Am. Chem. Soc.* **1970**, 92, 2580. See Mitsuhashi, T. ; Miyadera, H. ; Simamura, O. *Chem. Commun.* **1970**, 1301; Winnik, M. A. ; Stoute, V. ; Fitzgerald, P. *J. Am. Chem. Soc.* **1974**, 96, 1977.

[405] Also see Ogata, Y. ; Sawaki, Y. *J. Org. Chem.* **1972**, 37, 2953.

[406] Yablokov, V. A. *Russ. Chem. Rev.* **1980**, 49, 833; Lee, J. B. ; Uff, B. C. *Q. Rev. Chem. Soc.* **1967**, 21, 429, 445-449.
[407] See Wistuba, E. ; Rüchardt, C. *Tetrahedron Lett.* **1981**, 22, 3389.
[408] See Olah, G. A. ; Parker, D. G. ; Yoneda, N. *Angew. Chem. Int. Ed.* **1978**, 17, 909.
[409] Sheldon, R. A. ; van Doorn, J. A. *Tetrahedron Lett.* **1973**, 1021.
[410] For syntheses, see Vanecko, J. A. ; Wan, H. ; West, F. G. *Tetrahedron* **2006**, 62, 1043.
[411] Lepley, A. R. ; Giumanini, A. G. *Mech. Mol. Migr.* **1971**, 3, 297; Pine, S. H. *Org. React.* **1970**, 18, 403; Stevens, T. S. ; Watts, W. E. *Selected Molecular Rearrangements*, Van Nostrand-Reinhold, Princeton, NJ, **1973**, pp. 81-116; Wilt, J. W. in Kochi, J. K. *Free Radicals*, Vol. 1, Wiley, NY, **1973**, pp. 448-458; Iwai, I. *Mech. Mol. Migr.* **1969**, 2, 73, see pp. 105-113; Stevens, T. S. *Prog. Org. Chem.* **1968**, 7, 48.
[412] Heaney, H. ; Ward, T. J. *Chem. Commun.* **1969**, 810; Truce, W. E. ; Heuring, D. L. *Chem. Commun.* **1969**, 1499.
[413] Elmasmodi, A. ; Cotelle, P. ; Barbry, D. ; Hasiak, B. ; Couturier, D. *Synthesis* **1989**, 327.
[414] See Heard, G. L. ; Yates, B. F. *Aust. J. Chem.* **1994**, 47, 1685.
[415] Stevens, T. S. *J. Chem. Soc.* **1930**, 2107; Johnstone, R. A. W. ; Stevens, T. S. *J. Chem. Soc.* **1955**, 4487.
[416] Brewster, J. H. ; Kline, M. W. *J. Am. Chem. Soc.* **1952**, 74, 5179; Schöllkopf, U. ; Ludwig, U. ; Ostermann, G. ; Patsch, M. *Tetrahedron Lett.* **1969**, 3415.
[417] Jemison, R. W. ; Mageswaran, S. ; Ollis, W. D. ; Potter, S. E. ; Pretty, A. J. ; Sutherland, I. O. ; Thebtaranonth, Y. *Chem. Commun.* **1970**, 1201.
[418] See Lepley, A. R. ; Becker, R. H. ; Giumanini, A. G. *J. Org. Chem.* **1971**, 36, 1222.
[419] For a review of the application of CIDNP to rearrangement reactions, see Lepley, A. R. in Lepley, A. R. ; Closs, G. L. *Chemically Induced Magnetic Polarization*, Wiley, NY, **1973**, pp. 323-384.
[420] Ollis, W. D. ; Rey, M. ; Sutherland, I. O. *J. Chem. Soc. Perkin Trans. 1* **1983**, 1009, 1049.
[421] Hennion, G. F. ; Shoemaker, M. J. *J. Am. Chem. Soc.* **1970**, 92, 1769.
[422] See, for example, Pine, S. H. ; Catto, B. A. ; Yamagishi, F. G. *J. Org. Chem.* **1970**, 35, 3663.
[423] For evidence against this mechanism, see Jenny, E. F. ; Druey, J. *Angew. Chem. Int. Ed.* **1962**, 1, 155.
[424] Woodward, R. B. ; Hoffmann, R. *The Conservation of Orbital Symmetry*, Academic Press, NY, **1970**, p. 131.
[425] Hill, R. K. ; Chan, T. *J. Am. Chem. Soc.* **1966**, 88, 866.
[426] Olsen, R. K. ; Currie, Jr. , J. O. in Patai, S. *The Chemistry of The Thiol Group*, pt. 2, Wiley, NY, **1974**, pp. 561-566. See Okazaki, Y. ; Asai, T. ; Ando, F. ; Koketsu, J. *Chem. Lett.* **2006**, 35, 98.
[427] See Iwamura, H. I. ; Iwamura, M. ; Nishida, T. ; Yoshida, M. ; Nakayama, T. *Tetrahedron Lett.* **1971**, 63.
[428] See Ostermann, G. ; Schöllkopf, U. *Liebigs Ann. Chem.* **1970**, 737, 170; Lorand, J. P. ; Grant, R. W. ; Samuel, P. A. ; O'Connell, E. ; Zaro, J. *Tetrahedron Lett.* **1969**, 4087.
[429] Johnstone, R. A. W. *Mech. Mol. Migr.* **1969**, 2, 249. See Buston, J. E. H. ; Coldham, I. ; Mulholland, K. R. *J. Chem. Soc. , Perkin Trans. 1* **1999**, 2327.
[430] See Buston, J. E. H. ; Coldham, I. ; Mulholland, K. R. *Tetrahedron Asymmetry*, **1998**, 9, 1995.
[431] See Khuthier, A. ; Al-Mallah, K. Y. ; Hanna, S. Y. ; Abdulla, N. I. *J. Org. Chem.* **1987**, 52, 1710, and references cited therein.
[432] Fontenas, C. ; Bejan, E. ; Haddon, H. A. ; Balavoine, G. G. A. *Synth. Commun.* **1995**, 25, 629.
[433] Eisch, J. J. ; Kovacs, C. A. ; Chobe, P. *J. Org. Chem.* **1989**, 54, 1275.
[434] See Pakusch, J. ; Rüchardt, C. *Chem. Ber.* **1991**, 124, 971 and references cited therein.
[435] Meier, M. ; Rüchardt, C. *Chimia* **1986**, 40, 238.
[436] See Hiersemann, M. ; Abraham, L. ; Pollex, A. *Synlett* **2003**, 1088.
[437] See Bailey, W. F. ; England, M. D. ; Mealy, M. J. ; Thongsornkleeb, C. ; Teng, L. *Org. Lett.* **2000**, 2, 489.
[438] For migration of vinyl, see Rautenstrauch, V. ; Büchi, G. ; Wüest, H. *J. Am. Chem. Soc.* **1974**, 96, 2576. For rearrangment of an α-trimethylsilyl allyl ether see Maleczka, Jr. , R. E. ; Geng, F. *Org. Lett.* **1999**, 1, 1115.
[439] Wittig, G. *Angew. Chem.* **1954**, 66, 10; Solov'yanov, A. A. ; Ahmed, E. A. A. ; Beletskaya, I. P. ; Reutov, O. A. *J. Chem. Soc. , Chem. Commun.* **1987**, 23, 1232.
[440] Maleczka Jr. , R. E. ; Geng, F. *J. Am. Chem. Soc.* **1998**, 120, 8551.
[441] See Schöllkopf, U. *Angew. Chem. Int. Ed.* **1970**, 9, 763.
[442] See Schäfer, H. ; Schöllkopf, U. ; Walter, D. *Tetrahedron Lett.* **1968**, 2809.
[443] See Cast, J. ; Stevens, T. S. ; Holmes, J. *J. Chem. Soc.* **1960**, 3521.
[444] Hebert, E. ; Welvart, Z. *J. Chem. Soc. , Chem. Commun.* **1980**, 1035; *Nouv. J. Chim.* **1981**, 5, 327.
[445] Lansbury, P. T. ; Pattison, V. A. *J. Org. Chem.* **1962**, 27, 1933; *J. Am. Chem. Soc.* **1962**, 84, 4295.
[446] Garst, J. F. ; Smith, C. D. *J. Am. Chem. Soc.* **1973**, 95, 6870.
[447] Garst, J. F. ; Smith, C. D. *J. Am. Chem. Soc.* **1976**, 98, 1526. For evidence against this, see Hebert, E. ; Welvart, Z. ; Ghelfenstein, M. ; Szwarc, H. *Tetrahedron Lett.* **1983**, 24, 1381.
[448] Eisch, J. J. ; Kovacs, C. A. ; Rhee, S. *J. Organomet. Chem.* **1974**, 65, 289.
[449] Schlosser, M. ; Strunk, S. *Tetrahedron* **1989**, 45, 2649.
[450] Anderson, J. C. ; Siddons, D. C. ; Smith, S. C. ; Swarbrick, M. E. *J. Chem. Soc. , Chem. Commun.* **1995**, 1835; Ahman, J. ; Somfai, P. *J. Am. Chem. Soc.* **1994**, 116, 9781.
[451] Matteson, D. S. in Hartley, F. R. *The Chemistry of the Metal-Carbon Bond*, Vol. 4, Wiley, NY, **1984**, pp. 307-409, pp. 346-387; Pelter, A. ; Smith, K. ; Brown, H. C. *Borane Reagents*, Academic Press, NY, **1988**, pp. 256-301; Negishi, E. ; Idacavage, M. J. *Org. React.* **1985**, 33, 1; Suzuki, A. *Top. Curr. Chem.* **1983**, 112, 67; Pelter, A. *Chem. Soc. Rev.* **1982**, 11, 191; Cragg, G. M. L. ; Koch, K. R. *Chem. Soc. Rev.* **1977**, 6, 393; Weill-Raynal, J. *Synthesis* **1976**, 633; Cragg, G. M. L. *Organoboranes in Organic Synthesis*, Marcel Dekker, NY, **1973**, pp. 249-300; Paetzold, P. I. ; Grundke, H. *Synthesis* **1973**, 635.

[452] Brown, H. C. *Hydroboration*, W. A. Benjamin, New York, **1962**. See Kuivila, H. G. *J. Am. Chem. Soc.* **1954**, 76, 870; **1955**, 77, 4014; Kuivila, H. G.; Wiles, R. A. *J. Am. Chem. Soc.* **1955**, 77, 4830; Kuivila, H. G.; Armour, A. G. *J. Am. Chem. Soc.* **1957**, 79, 5659; Wechter, W. J. *Chem. & Ind. (London)* **1959**, 294.

[453] Zweifel, G.; Brown, H. C. *Org. React.* **1964**, 13, 1.

[454] See Negishi, E. *Intra-Sci. Chem. Rep.* **1973**, 7(1), 81; Brown, H. C. *Boranes in Organic Chemistry*, CornellUniversity Press, Ithica, NY, **1972**, pp. 343-371; *Acc. Chem. Res.* **1969**, 2, 65.

[455] See Brown, H. C.; Cole, T. E.; Srebnik, M.; Kim, K. *J. Org. Chem.* **1986**, 51, 4925.

[456] Negishi, E.; Brown, H. C. *Synthesis* **1972**, 197.

[457] Brown, H. C.; Negishi, E.; Dickason, W. C. *J. Org. Chem.* **1985**, 50, 520, and references cited therein.

[458] Brown, H. C.; Rathke, M. W. *J. Am. Chem. Soc.* **1967**, 89, 4528.

[459] Brown, H. C.; Carlson, B. A. *J. Org. Chem.* **1973**, 38, 2422; Brown, H. C.; Katz, J.; Carlson, B. A. *J. Org. Chem.* **1973**, 38, 3968.

[460] Pelter, A.; Hutchings, M. G.; Smith, K.; Williams, D. J. *J. Chem. Soc. Perkin Trans. 1* **1975**, 145, and referencescited therein.

[461] See, however, Pelter, A.; Maddocks, P. J.; Smith, K. *J. Chem. Soc., Chem. Commun.* **1978**, 805.

[462] See Pelter, A.; Rao, J. M. *J. Organomet. Chem.* **1985**, 285, 65; Junchai, B.; Hongxun, D. *J. Chem. Soc., Chem. Commun.* **1990**, 323.

[463] Brown, H. C.; Rathke, M. W. *J. Am. Chem. Soc.* **1967**, 89, 2738.

[464] Brown, H. C.; Kabalka, G. W.; Rathke, M. W. *J. Am. Chem. Soc.* **1967**, 89, 4530.

[465] Pelter, A.; Smith, K.; Hutchings, M. G.; Rowe, K. *J. Chem. Soc. Perkin Trans. 1* **1975**, 129; See also, Mallison, P. R.; White, D. N. J.; Pelter, A.; Rowe, K.; Smith, K. *J. Chem. Res. (S)*, **1978**, 234. See also, Ref. 460.

[466] See Brown, H. C.; Bakshi, R. K.; Singaram, B. *J. Am. Chem. Soc.* **1988**, 110, 1529.

[467] See Matteson, D. S. *Mol. Struct. Energ.* **1988**, 5, 343; *Acc. Chem. Res.* **1988**, 21, 294; *Synthesis* **1986**, 973, pp. 980-983.

[468] See Pelter, A.; Rao, J. M. *J. Organomet. Chem.* **1985**, 285, 65; Brown. H. C.; Bhat, N. G.; Basavaiah, D. *Synthesis* **1983**, 885; Narayana, C.; Periasamy, M. *Tetrahedron Lett.* **1985**, 26, 6361.

[469] Brown, H. C.; Hubbard, J. L.; Smith, K. *Synthesis* **1979**, 701, and references cited therein. See Hubbard, J. L.; Smith, K. *J. Organomet. Chem.* **1984**, 276, C41.

[470] Brown, H. C.; Knights, E. F.; Coleman, R. A. *J. Am. Chem. Soc.* **1969**, 91, 2144.

[471] Brown, H. C.; Coleman, R. A. *J. Am. Chem. Soc.* **1969**, 91, 4606.

[472] See Negishi, E.; Yoshida, T.; Silveira, Jr., A.; Chiou, B. L. *J. Org. Chem.* **1975**, 40, 814.

[473] Hara, S.; Kishimura, K.; Suzuki, A.; Dhillon, R. S. *J. Org. Chem.* **1990**, 55, 6356. See also, Brown, H. C.; Imai, T. *J. Org. Chem.* **1984**, 49, 892.

[474] Brown, H. C.; Imai, T. *J. Am. Chem. Soc.* **1983**, 105, 6285. For a related method that produces primaryalcohols, see Brown, H. C.; Imai, T.; Perumal, P. T.; Singaram, B. *J. Org. Chem.* **1985**, 50, 4032.

[475] Brown, H. C.; Imai, T.; Desai, M. C.; Singaram, B. *J. Am. Chem. Soc.* **1985**, 107, 4980.

[476] Basavaiah, D.; Kulkarni, S. U.; Bhat, N. G.; Vara Prasad, J. V. N. *J. Org. Chem.* **1988**, 53, 239.

[477] For a list of methods of preparing alkenes using boron reagents, with references, see Larock, R. C. *Comprehensive Organic Transformations*; 2nd ed., Wiley-VCH, NY, **1999**, pp. 421-427.

[478] Zweifel, G.; Fisher, R. P.; Snow, J. T.; Whitney, C. C. *J. Am. Chem. Soc.* **1971**, 93, 6309.

[479] Hyuga, S.; Takinami, S.; Hara, S.; Suzuki, A. *Tetrahedron Lett.* **1986**, 27, 977.

[480] For improvements in this method, see Brown, H. C.; Basavaiah, D.; Kulkarni, S. U.; Lee, H. D.; Negishi, E.; Katz, J. *J. Org. Chem.* **1986**, 51, 5270.

[481] Negishi, E.; Yoshida, T. *J. Chem. Soc. Chem. Commun.* **1973**, 606; See also, Negishi, E.; Yoshida, T.; Abramovitch, A.; Lew, G.; Williams, R. H. *Tetrahedron* **1991**, 47, 343.

[482] Corey, E. J.; Ravindranathan, T. *J. Am. Chem. Soc.* **1972**, 94, 4013; Negishi, E.; Katz, J.; Brown, H. C. *Synthesis* **1972**, 555.

[483] Zweifel, G.; Fisher, R. P. *Synthesis* **1972**, 557.

[484] Suzuki, A.; Miyaura, N.; Abiko, S.; Itoh, M.; Brown, H. C.; Sinclair, J. A.; Midland, M. M. *J. Org. Chem.* **1986**, 51, 4507; Sikorski, J. A.; Bhat, N. G.; Cole, T. E.; Wang, K. K.; Brown, H. C. *J. Org. Chem.* **1986**, 51, 4521. For areview of reactions of organoborates, see Suzuki, A. *Acc. Chem. Res.* **1982**, 15, 178.

[485] For a study of the relative migratory aptitudes of R', see Slayden, S. W. *J. Org. Chem.* **1981**, 46, 2311.

[486] Midland, M. M.; Sinclair, J. A.; Brown, H. C. *J. Org. Chem.* **1974**, 39, 731.

[487] Brown, H. C.; Mahindroo, V. K.; Bhat, N. G.; Singaram, B. *J. Org. Chem.* **1991**, 56, 1500.

[488] See Larock, R. C. *Comprehensive Organic Transformations*; 2nd ed., Wiley-VCH, NY, **1999**, pp. 218-222.

[489] Pelter, A.; Gould, K. J.; Harrison, C. R. *Tetrahedron Lett.* **1975**, 3327.

[490] Wang, K. K.; Chu, K. *J. Org. Chem.* **1984**, 49, 5175.

[491] Pelter, A.; Drake, R. A. *Tetrahedron Lett.* **1988**, 29, 4181.

[492] Talami, S.; Stirling, C. J. M. *Can. J. Chem.* **1999**, 77, 1105.

[493] See Dolbier, Jr., W. R.; Koroniak, H.; Houk, K. N.; Sheu, C. *Acc. Chem. Res.* **1996**, 29, 471; Niwayama, S.; Kallel, E. A.; Spellmeyer, D. C.; Sheu, C.; Houk, K. N. *J. Org. Chem.* **1996**, 61, 2813. The effect of pressure on thisreaction has been discussed, see Jenner, G. *Tetrahedron* **1998**, 54, 2771.

[494] See Steiner, R. P.; Michl, J. *J. Am. Chem. Soc.* **1978**, 100, 6413 and references cited therein.

[495] See Um, J. M.; Xu, H.; Houk, K. N.; Tang, W. *J. Am. Chem. Soc.* **2009**, 131, 6664.

[496]　Matsuya, Y. ; Ohsawa, N. ; Nemoto, H. *J. Am. Chem. Soc.* **2006**, 128, 412.
[497]　Matsuya, Y. ; Ohsawa, N. ; Nemoto, H. *J. Am. Chem. Soc.* **2006**, 128, 13072.
[498]　See Dauben, W. G. ; Haubrich, J. E. *J. Org. Chem.* **1988**, 53, 600.
[499]　See Dauben, W. G. ; McInnis, E. L. ; Michno, D. M. in de Mayo, P. *Rearrangements in Ground and ExcitedStates*, Vol. 3, Academic Press, NY, **1980**, pp. 91-129. For an ab initio study see Rodriguez-Otero, J. *J. Org. Chem.* **1999**, 64, 6842.
[500]　Tanaka, K. ; Mori, H. ; Yamamoto, M. ; Katsumura, S. *J. Org. Chem.* **2001**, 66, 3099. See Beaudry, C. M. ; Malerich, J. P. ; Trauner, D. *Chem. Rev.* **2005**, 105, 4757.
[501]　Yasui, M. ; Naruse, Y. ; Inagaki, S. *J. Org. Chem.* **2004**, 69, 7246.
[502]　Chapman, O. L. ; Pasto, D. J. ; Borden, G. W. ; Griswold, A. A. *J. Am. Chem. Soc.* **1962**, 84, 1220.
[503]　See Maier, G. *Angew. Chem. Int. Ed.* 1967, 6, 402; Vogel, E. *Pure Appl. Chem.* **1969**, 20, 237.
[504]　Bishop, L. M. ; Barbarow, J. E. ; Bergman, R. G. ; Trauner, D. *Angew. Chem. Int. Ed.* **2008**, 47, 8100.
[505]　See Ciganek, E. *J. Am. Chem. Soc.* **1967**, 89, 1454; Iyoda, M. ; Oda, M. *Angew. Chem. Int. Ed.* **1987**, 26, 559.
[506]　See Gajewski, J. J. *Hydrocarbon Thermal Isomerizations*, Academic Press, NY, **1981**; Marvell, E. N. *ThermalElectrocyclic Reactions*, Academic Press, NY, **1980**; Laarhoven, W. H. *Org. Photochem.* **1987**, 9, 129; George, M. V. ; Mitra, A. ; Sukumaran, K. B. *Angew. Chem. Int. Ed.* **1980**, 19, 973; Jutz, J. C. *Top. Curr. Chem.* **1978**, 73, 125; Gilchrist, T. L. ; Storr, R. C. *Organic Reactions and Orbital Symmetry*, Cambridge University Press, Cambridge, **1972**, pp. 48-72; Criegee, R. *Angew. Chem. Int. Ed.* **1968**, 7, 559. See Schultz, A. G. ; Motyka, L. *Org. Photochem.* **1983**, 6, 1.
[507]　Winter, R. E. K. *Tetrahedron Lett.* **1965**, 1207; Criegee, R. ; Noll, K. *Liebigs Ann. Chem.* **1959**, 627, 1.
[508]　Baldwin, J. E. ; Gallagher, S. S. ; Leber, P. A. ; Raghavan, A. S. ; Shukla, R. *J. Org. Chem.* **2004**, 69, 7212.
[509]　See Woodward, R. B. ; Hoffmann, R. *J. Am. Chem. Soc.* **1965**, 87, 395.
[510]　See Leigh, W. J. ; Zheng, K. *J. Am. Chem. Soc.* **1991**, 113, 4019; Leigh, W. J. ; Zheng, K. ; Nguyen, N. ; Werstiuk, N. H. ; Ma, J. *J. Am. Chem. Soc.* **1991**, 113, 4993, and references cited therein.
[511]　Woodward, R. B. ; Hoffmann, R. *J. Am. Chem. Soc.* **1965**, 87, 395. Also see, Longuet-Higgins, H. C. ; Abrahamson, E. W. *J. Am. Chem. Soc.* **1965**, 87, 2045; Fukui, K. *Tetrahedron Lett.* **1965**, 2009.
[512]　See Jones, R. A. Y. *Physical and Mechanistic Organic Chemistry*, 2nd ed. , Cambridge University Press, Cambridge, **1984**, pp. 352-359; Yates, K. *Hückel Molecular Orbital Theory*, Academic Press, NY, **1978**, pp. 250-263. Also see, Zimmerman, H. E. in Marchand, A. P. ; Lehr, R. E. *Pericyclic Reactions*, Vol. 2, Academic Press, NY, **1977**, pp. 53-107; *Acc. Chem. Res.* **1971**, 4, 272; Dewar, M. J. S. *Angew. Chem. Int. Ed.* **1971**, 10, 761; Jefford, C. W. ; Burger, U. *Chimia* **1971**, 25, 297; Herndon, W. C. *J. Chem. Educ.* **1981**, 58, 371.
[513]　Fukui, K. *Fortschr. Acc. Chem. Res.* **1971**, 4, 57; Houk, K. N. *Acc. Chem. Res.* **1975**, 8, 361. See also, Chu, S. *Tetrahedron* **1978**, 34, 645; Fleming, I. *Pericyclic Reactions*, Oxford Univ. Press, Oxford, **1999**; Fukui, K. *Angew. Chem. Int. Ed.* **1982**, 21, 801; Houk, K. N. , in Marchand, A. P. ; Lehr, R. E. *Pericyclic Reactions*, Vol. 2, Academic Press, NY, **1977**, pp. 181-271.
[514]　For a discussion of the transition structures and energy, see Zora, M. *J. Org. Chem.* **2004**, 69, 1940.
[515]　See Gesche, P. ; Klinger, F. ; Riesen, A. ; Tschamber, T. ; Zehnder, M. ; Streith, J. *Helv. Chim. Acta* **1987**, 70, 2087.
[516]　Leigh, W. J. ; Postigo, J. A. *J. Am. Chem. Soc.* **1995**, 117, 1688.
[517]　Dolbier Jr. , W. R. ; Gray, T. A. ; Keaffaber, J. J. ; Celewicz, L. ; Koroniak, H. *J. Am. Chem. Soc.* **1990**, 112, 363; Hayes, R. ; Ingham, S. ; Saengchantara, S. T. ; Wallace, T. W. *Tetrahedron Lett.* **1991**, 32, 2953.
[518]　See Kallel, E. A. ; Wang, Y. ; Spellmeyer, D. C. ; Houk, K. N. *J. Am. Chem. Soc.* **1990**, 112, 6759.
[519]　Piers, E. ; Lu, Y.-F. *J. Org. Chem.* **1989**, 54, 2267.
[520]　See Dauben, W. G. ; Kellogg, M. S. ; Seeman, J. I. ; Vietmeyer, N. D. ; Wendschuh, P. H. *Pure Appl. Chem.* **1973**, 33, 197.
[521]　Dauben, W. G. ; Fonken, G. J. *J. Am. Chem. Soc.* **1959**, 81, 4060.
[522]　Bergman, R. G. *Accts. Chem. Res.* **1973**, 6, 25; Adam, W. ; Krebs, O. *Chem. Rev.* **2003**, 103, 4131. See Lewis, K. D. ; Matzger, A. J. *J. Am. Chem. Soc.* **2005**, 127, 9968; Zeidan, T. A; Manoharan, M. ; Alabugin, I. V. *J. Org. Chem.* **2006**, 71, 954; Zeidan, T. A. ; Kovalenko, S. V. ; Manoharan, M. ; Alabugin, I. V. *J. Org. Chem* **2006**, 71, 962.
[523]　See Tanaka, H. ; Yamada, H. ; Matsuda, A. ; Takahashi, T. *Synlett* **1997**, 381.
[524]　Jones, G. B. ; Warner, P. M. *J. Org. Chem.* **2001**, 66, 8669.
[525]　Bowles, D. M. ; Palmer, G. J. ; Landis, C. A. ; Scott, J. L. ; Anthony, J. E. *Tetrahedron* **2001**, 57, 3753.
[526]　Jones, G. B. ; Warner, P. M. *J. Am. Chem. Soc.* **2001**, 123, 2134.
[527]　Feng, L. ; Kumar, D. ; Kerwin, S. M. *J. Org. Chem.* **2003**, 68, 2234.
[528]　See Ward, H. R. ; Wishnok, J. S. *J. Am. Chem. Soc.* **1968**, 90, 1085; Bryce-Smith, D. ; Gilbert, A. ; Robinson, D. A. *Angew. Chem. Int. Ed.* **1971**, 10, 745. Also see Barlow, M. G. ; Haszeldine, R. N. ; Hubbard, R. *Chem. Commun.* **1969**, 202; Lemal, D. M. ; Staros, J. V. ; Austel, V. *J. Am. Chem. Soc.* **1969**, 91, 3373.
[529]　van Tamelen, E. E. *Acc. Chem. Res.* **1972**, 5, 186. See Schäfer, W. ; Criegee, R. ; Askani, R. ; Grüner, H. *Angew. Chem. Int. Ed.* **1967**, 6, 78), Dewar benzenes can be photolyzed further to give prismanes.
[530]　See Wingert, H. ; Irngartinger, H. ; Kallfass, D. ; Regitz, M. *Chem. Ber.* **1987**, 120, 825.
[531]　Maier, G. ; Schneider, K. *Angew. Chem. Int. Ed.* **1980**, 19, 1022. See also, Wingert, H. ; Maas, G. ; Regitz, M. *Tetrahedron* **1986**, 42, 5341.
[532]　Marvell, E. N. ; Seubert, J. *J. Am. Chem. Soc.* **1967**, 89, 3377; Huisgen, R. ; Dahmen, A. ; Huber, H. *TetrahedronLett.* **1969**, 1461; Dahmen, A. ; Huber, H. *Tetrahedron Lett.* **1969**, 1465.
[533]　See Baldwin, J. E. ; Andrist, A. H. ; Pinschmidt Jr. , R. K. *Acc. Chem. Res.* **1972**, 5, 402.
[534]　Mao, C. ; Presser, N. ; John, L. ; Moriarty, R. M. ; Gordon, R. J. *J. Am. Chem. Soc.* **1981**, 103, 2105.
[535]　Pettit, R. ; Sugahara, H. ; Wristers, J. ; Merk, W. *Discuss. Faraday Soc.* **1969**, 47, 71. See also, Labunskaya, V. I. ; Shebal-

dova, A. D. ; Khidekel, M. L. *Russ. Chem. Rev.* **1974**, 43, 1; Mango, F. D. *Top. Curr. Chem.* **1974**, 45, 39; Mango, F. D. ; Schachtschneider, J. H. *J. Am. Chem. Soc.* **1971**, 93, 1123.

[536] Merk, W. ; Pettit, R. *J. Am. Chem. Soc.* **1967**, 89, 4788.

[537] See Pinhas, A. R. ; Carpenter, B. K. *J. Chem. Soc., Chem. Commun.* **1980**, 15.

[538] Leivers, M. ; Tam, I. ; Groves, K. ; Leung, D. ; Xie, Y. ; Breslow, R. *Org. Lett.* **2003**, 5, 3407.

[539] See DePuy, C. H. *Acc. Chem. Res.* **1968**, 1, 33; Schöllkopf, U. *Angew. Chem. Int. Ed.* **1968**, 7, 588.

[540] See Boche, G. *Top. Curr. Chem.* **1988**, 146, 1.

[541] See Coates, R. M. ; Last, L. A. *J. Am. Chem. Soc.* **1983**, 105, 7322. For a review of the analogous ring opening ofepoxides, see Huisgen, R. *Angew. Chem. Int. Ed.* **1977**, 16, 572.

[542] DePuy, C. H. ; Schnack, L. G. ; Hausser, J. W. ; Wiedemann, W. *J. Am. Chem. Soc.* **1965**, 87, 4006.

[543] It has been suggested that the pathway shown in C is possible in certain cases: Hausser, J. W. ; Grubber, M. J. *J. Org. Chem.* **1972**, 37, 2648; Hausser, J. W. ; Uchic, J. T. *J. Org. Chem.* **1972**, 37, 4087.

[544] Also see Reese, C. B. ; Shaw, A. *J. Am. Chem. Soc.* **1970**, 92, 2566; Dolbier, Jr. , W. R. ; Phanstiel, O. *Tetrahedron Lett.* **1988**, 29, 53, and references cited therein.

[545] Schöllkopf, U. ; Fellenberger, K. ; Patsch, M. ; Schleyer, P. v. R. ; Su, T. M. ; Van Dine, G. W. *Tetrahedron Lett.* **1967**, 3639.

[546] Schleyer, P. v. R. ; Su, T. M. ; Saunders, M. ; Rosenfeld, J. C. *J. Am. Chem. Soc.* **1969**, 91, 5174.

[547] Mallory, F. B. ; Mallory, C. W. *Org. React.* **1984**, 30, 1; Blackburn, E. V. ; Timmons, C. J. *Q. Rev. Chem. Soc.* **1969**, 23, 482. See Laarhoven, W. H. *Org. Photochem.* **1989**, 10, 163.

[548] See Liu, L. ; Yang, B. ; Katz, T. J. ; Poindexter, M. K. *J. Org. Chem.* **1991**, 56, 3769.

[549] Cuppen, T. J. H. M. ; Laarhoven, W. H. *J. Am. Chem. Soc.* **1972**, 94, 5914.

[550] Doyle, T. D. ; Benson, W. R. ; Filipescu, N. *J. Am. Chem. Soc.* **1976**, 98, 3262.

[551] Sato, T. ; Shimada, S. ; Hata, K. *Bull. Chem. Soc. Jpn.* **1971**, 44, 2484.

[552] See Laarhoven, W. H. *Recl. Trav. Chim. Pays-Bas* **1983**, 102, 185, pp. 185-204.

[553] Wiersum, U. E. ; Jenneskens, L. W. *Tetrahedron Lett.* **1993**, 34, 6615; Brown, R. F. C. ; Choi, N. ; Coulston, K. J. ; Eastwood, F. W. ; Wiersum, U. E. ; Jenneskens, L. W. *Tetrahedron Lett.* **1994**, 35, 4405.

[554] See Brown, R F. C. ; Eastwood, F. W. ; Wong, N. R. *Tetrahedron Lett.* **1993**, 34, 3607.

[555] Preda, D. V. ; Scott, L. T. *Org. Lett.* **2000**, 2, 1489.

[556] Stone, A. J. ; Wales, D. J. *Chem. Phys. Lett.* **1986**, 128, 501.

[557] Alder, R. W. ; Whittaker, G. *J. Chem. Soc., Perkin Trans. 2* **1975**, 712.

[558] Alder, R. W. ; Harvey, J. N. *J. Am. Chem. Soc.* **2004**, 126, 2490.

[559] Woodward, R. B. ; Hoffmann, R. *The Conservation of Orbital Symmetry*, Academic Press, NY, **1970**, p. 114.

[560] Gajewski, J. J. *Hydrocarbon Thermal Isomerizations*, Academic Press, NY, **1981**; Mironov, V. A. ; Fedorovich, A. D. ; Akhrem, A. A. *Russ. Chem. Rev.* **1981**, 50, 666; Spangler, C. W. *Chem. Rev.* **1976**, 76, 187.

[561] Lin, Y. -L. ; Turos, E. *J. Am. Chem. Soc.* **1999**, 121, 856.

[562] Moss, S. ; King, B. T. ; de Meijere, A. ; Kozhushkov, S. I. ; Eaton, P. E. ; Michl, J. *Org. Lett.* **2001**, 3, 2375.

[563] Note that a [1,5]-sigmatropic rearrangement of hydrogen is also an internal ene synthesis (Reaction **15-20**).

[564] The designations U, V, Y, and Z are arbitrary, so which isomer is (R,Z) and which is (S,E) is arbitrary.

[565] See Woodward, R. B. ; Hoffmann, R. *The Conservation of Orbital Symmetry*, Academic Press, NY, **1970**, pp. 114-140.

[566] This follows from the principle that bonds are formed only by overlap of orbitals of the same sign. Since this isa concerted reaction, the hydrogen orbital in the transition state must overlap simultaneously with one lobe fromthe migration origin and one from the terminus. It is obvious that both of these lobes must have the same sign.

[567] See Kless, A. ; Nendel, M. ; Wilsey, S. ; Houk, K. N. *J. Am. Chem. Soc.* **1999**, 121, 4524.

[568] See, however, Yeh, M. ; Linder, L. ; Hoffman, D. K. ; Barton, T. J. *J. Am. Chem. Soc.* **1986**, 108, 7849. See also, Pasto, D. J. ; Brophy, J. E. *J. Org. Chem.* **1991**, 56, 4554.

[569] Dauben, W. G. ; Wipke, W. T. *Pure Appl. Chem.* **1964**, 9, 539, p. 546. See Kropp, P. J. ; Fravel, Jr. , H. G. ; Fields, T. R. *J. Am. Chem. Soc.* **1976**, 98, 840.

[570] Hudson, C. E. ; McAdoo, D. J. *J. Org. Chem.* **2003**, 68, 2735.

[571] See Kiefer, E. F. ; Tanna, C. H. *J. Am. Chem. Soc.* **1969**, 91, 4478; Dauben, W. G. ; Poulter, C. D. ; Suter, C. *J. Am. Chem. Soc.* **1970**, 92, 7408.

[572] Roth, W. R. ; König, J. ; Stein, K. *Chem. Ber.* **1970**, 103, 426.

[573] See Klärner, F. *Top. Stereochem.* **1984**, 15, 1; Hess, Jr. , B. A. ; Baldwin, J. E. *J. Org. Chem.* **2002**, 67, 6025.

[574] Childs, R. F. *Tetrahedron* **1982**, 38, 567. See also, Minkin, V. I. ; Mikhailov, I. E. ; Dushenko, G. A. ; Yudilevich, J. A. ; Minyaev, R. M. ; Zschunke, A. ; Mügge, K. *J. Phys. Org. Chem.* **1991**, 4, 31. For a study of [1,5]-sigmatropicshiftamers, see Tantillo, D. J. ; Hoffmann, R. *Acc. Chem. Res.* **2006**, 39, 477.

[575] Shelton, G. R. ; Hrovat, D. A. ; Borden, W. T. *J. Am. Chem. Soc.* **2007**, 129, 164.

[576] Bachrach, S. M. *J. Org. Chem.* **1993**, 58, 5414.

[577] Ikeda, H. ; Ushioda, N. ; Inagaki, S. *Chem. Lett.* **2001**, 166.

[578] Hayase, S. ; Hrovat, D. A. ; Borden, W. T. *J. Am. Chem. Soc.* **2004**, 126, 10028.

[579] Baldwin, J. E. ; Raghavan, A. S. ; Hess, Jr. , B. A. ; Smentek, L. *J. Am. Chem. Soc.* **2006**, 128, 14854; Baldwin, J. E. ; Chapman, B. R. *J. Org. Chem.* **2005**, 70, 377. See also von E. Doering, W. ; Keliher, E. J. *J. Am. Chem. Soc.* **2007**, 129, 2488; Peles, D. N. ; Thoburn, J. D. *J. Org. Chem.* **2008**, 73, 3135.

[580] Somfai, P. ; Åhman, J. *Tetrahedron Lett.* **1995**, 36, 1953.

[581] Datta, S. ; Odedra, A. ; Liu, R. -S. *J. Am. Chem. Soc.* **2005**, 127, 11606.

[582] Journet, M. ; Malacria, M. *Tetrahedron Lett.* **1992**, 33, 1893.
[583] See Hess Jr. , B. A. *J. Org. Chem.* **2001**, 66, 5897.
[584] Gurskii, M. E. ; Gridnev, I. D. ; Il'ichev, Y. V. ; Ignatenko, A. V. ; Bubnov, Y. N. *Angew. Chem. Int. Ed.* **1992**, 31, 781; Baldwin, J. E. ; Reddy, V. P. *J. Am. Chem. Soc.* **1988**, 110, 8223.
[585] See ter Borg, A. P. ; Kloosterziel, H. *Recl. Trav. Chim. Pays-Bas* **1969**, 88, 266; Tezuka, T. ; Kimura, M. ; Sato, A. ; Mukai, T. *Bull. Chem. Soc. Jpn.* **1970**, 43, 1120.
[586] Bailey, W. J. ; Baylouny, R. A. *J. Org. Chem.* **1962**, 27, 3476.
[587] See Parziale, P. A. ; Berson, J. A. *J. Am. Chem. Soc.* **1990**, 112, 1650; Pegg, G. G. ; Meehan, G. V. *Aust. J. Chem.* **1990**, 43, 1009, 1071.
[588] Roth, W. R. ; König, J. *Liebigs Ann. Chem.* **1965**, 688, 28. See, Grimme, W. *Chem. Ber.* **1965**, 98, 756.
[589] Arnold, R. T. ; Smolinsky, G. *J. Am. Chem. Soc.* **1960**, 82, 4918; Leriverend, P. ; Conia, J. M. *Tetrahedron Lett.* **1969**, 2681; Conia, J. M. ; Barnier, J. P. *Tetrahedron Lett.* **1969**, 2679.
[590] Roth, W. R. ; Friedrich, A. *Tetrahedron Lett.* **1969**, 2607.
[591] Youssef, A. K. ; Ogliaruso, M. A. *J. Org. Chem.* **1972**, 37, 2601.
[592] See Mironov, V. A. ; Fedorovich, A. D. ; Akhrem, A. A. *Russ. Chem. Rev.* **1981**, 50, 666; Spangler, C. W. *Chem. Rev.* **1976**, 76, 187.
[593] See Shen, K. ; McEwen, W. E. ; Wolf, A. P. *Tetrahedron Lett.* **1969**, 827; Miller, L. L. ; Greisinger, R. ; Boyer, R. F. *J. Am. Chem. Soc.* **1969**, 91, 1578.
[594] See Baldwin, J. E. ; Leber, P. A. *Org. Biomol. Chem.* **2008**, 6, 35.
[595] Berson, J. A. *Acc. Chem. Res.* **1968**, 1, 152.
[596] See Berson, J. A. *Acc. Chem. Res.* **1972**, 5, 406; Klärner, F. ; Adamsky, F. *Angew. Chem. Int. Ed.* **1979**, 18, 674.
[597] Baldwin, J. E. ; Belfield, K. D. *J. Am. Chem. Soc.* **1988**, 110, 296; Klärner, F. ; Drewes, R. ; Hasselmann, D. *J. Am. Chem. Soc.* **1988**, 110, 297.
[598] See Pikulin, S. ; Berson, J. A. *J. Am. Chem. Soc.* **1988**, 110, 8500.
[599] See Pikulin, S. ; Berson, J. A. *J. Am. Chem. Soc.* **1988**, 110, 8500. See also, Berson, J. A. *Chemtracts: Org. Chem.* **1989**, 2, 213.
[600] See Dolbier, W. B. ; Phanstiel IV, O. *J. Am. Chem. Soc.* **1989**, 111, 4907.
[601] Cookson, R. C. ; Hudec, J. ; Sharma, M. *Chem. Commun.* **1971**, 107, 108.
[602] Grieco, P. A. ; Clark, J. D. ; Jagoe, C. T. *J. Am. Chem. Soc.* **1991**, 113, 5488; Palani, N. ; Balasubramanian, K. K. *Tetrahedron Lett.* **1995**, 36, 9527.
[603] Boersma, M. A. M. ; de Haan, J. W. ; Kloosterziel, H. ; van de Ven, L. J. M. *Chem. Commun.* **1970**, 1168.
[604] See Gajewski, J. J. ; Gortva, A. M. ; Borden, J. E. *J. Am. Chem. Soc.* **1986**, 108, 1083; Baldwin, J. E. ; Broline, B. M. *J. Am. Chem. Soc.* **1982**, 104, 2857.
[605] Leach, A. G. ; Catak, S. ; Houk, K. N. *Chem. Eur. J.* **2002**, 8, 1290.
[606] See Baldwin, J. E. *Chem. Rev.* **2003**, 103, 1197; Wong, H. N. C. ; Hon, M. ; Tse, C. ; Yip, Y. ; Tanko, J. ; Hudlicky, T. *Chem. Rev.* **1989**, 89, 165, pp. 169-172; Hudlicky, T. ; Kutchan, T. M. ; Naqvi, S. M. *Org. React.* **1985**, 33, 247; Hudlicky, T. ; Reed, J. W. *Angew. Chem. Int. Ed.* **2010**, 49, 4864. See Tanko, J. M. ; Li, X. ; Chahma, M. ; Jackson, W. F. ; Spencer, J. N. *J. Am. Chem. Soc.* **2007**, 129, 4181.
[607] See Armesto, D. ; Ramos, A. ; Mayoral, E. P. ; Ortiz, M. J. ; Agarrabeitia, A. R. *Org. Lett.* **2000**, 2, 183.
[608] For a study of substituent effects, see McGaffin, G. ; Grimm, B. ; Heinecke, U. ; Michaelsen, H. ; de Meijere, A. ; Walsh, R. *Eur. J. Org. Chem.* **2001**, 3559.
[609] Ketley, A. D. *Tetrahedron Lett.* **1964**, 1687; Branton, G. R. ; Frey, H. M. *J. Chem. Soc. A* **1966**, 1342.
[610] Small, A. ; Breslow, R. cited in Breslow, R. in de Mayo, P. *Molecular Rearrangments*, Vol. 1, Wiley, NY, **1963**, p. 236.
[611] Zimmerman, H. E. ; Kreil, D. J. *J. Org. Chem.* **1982**, 47, 2060.
[612] Wender, P. A. ; Husfeld, C. O. ; Langkopf, E. ; Love, J. A. *J. Am. Chem. Soc.* **1998**, 120, 1940.
[613] Rüedi, G. ; Nagel, M. ; Hansen, H.-J. *Org. Lett.* **2004**, 6, 2989.
[614] See Boeckman Jr. , R. K. ; Walters, M. A. *Adv. Heterocycl. Nat. Prod. Synth.* **1990**, 1, 1.
[615] Heine, H. W. *Mech. Mol. Migr.* **1971**, 3, 145; Dermer, O. C. ; Ham, G. E. *Ethylenimine and Other Aziridines*, Academic Press, NY, **1969**, pp. 282-290. See also, Wong, H. N. C. ; Hon, M. ; Tse, C. ; Yip, Y. ; Tanko, J. ; Hudlicky, T. *Chem. Rev.* **1989**, 89, 165, pp. 190-192.
[616] Shi, M. ; Yang, Y.-H. ; Xu, B. *Synlett* **2004**, 1622.
[617] Campos, P. J. ; Soldevilla, A. ; Sampedro, D. ; Rodrguez, M. A. *Org. Lett.* **2001**, 3, 4087.
[618] Mátrai, J. ; Dransfeld, A. ; Veszprém, T. ; Nguyen, M. T. *J. Org. Chem.* **2001**, 66, 5671.
[619] See Baldwin, J. E. ; Fedé, J.-M. *J. Am. Chem. Soc.* **2006**, 128, 5608; Northrop, B. H. ; Houk, K. N. *J. Org. Chem.* **2006**, 71, 3; Leber, P. A. ; Baldwin, J. E. *Acc. Chem. Res.* **2002**, 35, 279.
[620] See Thies, R. W. *J. Am. Chem. Soc.* **1972**, 94, 7074.
[621] Deak, H. L. ; Stokes, S. S. ; Snapper, M. L. *J. Am. Chem. Soc.* **2001**, 123, 5152.
[622] Dinnocenzo, J. P. ; Conlan, D. A. *J. Am. Chem. Soc.* **1988**, 110, 2324.
[623] See Bauld, N. L. *Tetrahedron* **1989**, 45, 5307. For a rearrangement of a housane cation radical, see Gerken, J. B. ; Wang, S. C. ; Preciado, A. B. ; Park, Y. S. ; Nishiguchi, G. ; Tantillo, D. J. ; Little, R. D. *J. Org. Chem.* **2005**, 70, 4598.
[624] See Gajewski, J. J. ; Olson, L. P. *J. Am. Chem. Soc.* **1991**, 113, 7432.
[625] See Zimmerman, H. E. ; Fleming, S. A. *J. Am. Chem. Soc.* **1983**, 105, 622; Klumpp, G. W. ; Schakel, M. *Tetrahedron Lett.* **1983**, 24, 4595; McGaffin, G. ; de Meijere, A. ; Walsh, R. *Chem. Ber.* **1991**, 124, 939. See Roth, W. R. ; Lennartz, H. ; Doe-

[625] ring, W. von E. ; Birladeanu, L. ; Guyton, C. A. ; Kitagawa, T. *J. Am. Chem. Soc.* **1990**, 112, 1722 and references cited therein.

[626] See Gajewski, J. J. ; Olson, L. P. ; Willcott III, M. R. *J. Am. Chem. Soc.* **1996**, 118, 299. For a discussion of the mechanism of this reaction, see Su, M. -D. *Tetrahedron* **1995**, 51, 5871.

[627] Bartlett, P. A. *Tetrahedron* **1980**, 36, 2, pp. 28-39 ; Rhoads, S. J. ; Raulins, N. R. *Org. React.* **1975**, 22, 1 ; Smith, G. G. ; Kelly, F. W. *Prog. Phys. Org. Chem.* **1971**, 8, 75, pp. 153-201 ; DeWolfe, R. H. , in Bamford, C. H. ; Tipper, C. F. H. *Comprehensive Chemical Kinetics*, Vol. 9, Elsevier, NY, **1973**, pp. 455-461.

[628] Note that the same holds true for [1, j]-sigmatropic reactions of symmetrical substrates (*18-28* and *18-29*).

[629] Levy, H. ; Cope, A. C. *J. Am. Chem. Soc.* **1944**, 66, 1684.

[630] See Cooper, N. J. ; Knight, D. W. *Tetrahedron* **2004**, 60, 243.

[631] See Elmore, S. W. ; Paquette, L. A. *Tetrahedron Lett.* **1991**, 32, 319.

[632] Paquette, L. A. *Angew. Chem. Int. Ed.* **1990**, 29, 609 ; Marvell, E. N. ; Whalley, W. in Patai, S. *The Chemistry of the Hydroxyl Group*, pt. 2, Wiley, NY, **1971**, pp. 738-743 ; Warrington, J. M. ; Yap, G. P. A. ; Barriault, L. *Org. Lett.* **2000**, 2, 663 ; Ovaska, T. V. ; Roses, J. B. *Org. Lett.* **2000**, 2, 2361 ; Jung, M. E. ; Nishimura, N. ; Novack, A. R. *J. Am. Chem. Soc.* **2005**, 127, 11206.

[633] For a list of references, see Larock, R. C. *Comprehensive Organic Transformations*; 2nd ed., Wiley-VCH, NY, **1999**, pp. 1306-1307.

[634] See Gajewski, J. J. ; Gee, K. R. *J. Am. Chem. Soc.* **1991**, 113, 967. See also, Wender, P. A. ; Ternansky, R. J. ; Sieburth, S. M. *Tetrahedron Lett.* **1985**, 26, 4319. Also see Schulze, S. M. ; Santella, N. ; Grabowski, J. J. ; Lee, J. K. *J. Org. Chem.* **2001**, 66, 7247.

[635] Mamdani, H. T. ; Hartley, R. C. *Tetrahedron Lett.* **2000**, 41, 747.

[636] For a review, see Schneider, C. *Synlett* **2001**, 1079.

[637] Braisted, A. C. ; Schultz, P. G. *J. Am. Chem. Soc.* **1994**, 116, 2211.

[638] Black, K. A. ; Leach, A. G. ; Kalani, Y. S. ; Houk, K. N. *J. Am. Chem. Soc.* **2004**, 126, 9695.

[639] Paquette, L. A. ; Reddy, Y. R. ; Vayner, G. ; Houk, K. N. *J. Am. Chem. Soc.* **2000**, 122, 10788.

[640] See Jasti, R. ; Anderson, C. D. ; Rychnovsky, S. D. *J. Am. Chem. Soc.* **2005**, 127, 9939.

[641] Chen, Y. -H. ; McDonald, F. E. *J. Am. Chem. Soc.* **2006**, 128, 4568.

[642] Beholz, L. G. ; Stille, J. R. *J. Org. Chem.* **1993**, 58, 5095 ; Sprules, T. J. ; Galpin, J. D. ; Macdonald, D. *Tetrahedron Lett.* **1993**, 34, 247 ; Yadav, J. S. ; Reddy, B. V. S. ; Rasheed, M. A. ; Kumar, H. M. S. *Synlett* **2000**, 487.

[643] Rueping, M. ; Antonchick, A. P. *Angew. Chem. Int. Ed.* **2008**, 47, 10090.

[644] Zakarian, A. ; Lu, C. -D. *J. Am. Chem. Soc.* **2006**, 128, 5356.

[645] Dobson, H. K. ; LeBlanc, R. ; Perrier, H. ; Stephenson, C. ; Welch, T. R. ; Macdonald, D. *Tetrahedron Lett.* **1999**, 40, 3119.

[646] Allin, S. M. ; Button, M. A. C. *Tetrahedron Lett.* **1999**, 40, 3801.

[647] Duncan, J. A. ; Azar, J. K. ; Beatle, J. C. ; Kennedy, S. R. ; Wulf, C. M. *J. Am. Chem. Soc.* **1999**, 121, 12029.

[648] Harris, Jr. , J. F. *Tetrahedron Lett.* **1965**, 1359.

[649] See Newcomb, M. ; Vieta, R. S. *J. Org. Chem.* **1980**, 45, 4793. Also see Jung, M. E. ; Hudspeth, J. P. *J. Am. Chem. Soc.* **1978**, 100, 4309 ; Yasuda, M. ; Harano, K. ; Kanematsu, K. *J. Org. Chem.* **1980**, 45, 2368.

[650] Wong, H. N. C. ; Hon, M. ; Tse, C. ; Yip, Y. ; Tanko, J. ; Hudlicky, T. *Chem. Rev.* **1989**, 89, 165, see pp. 172-174 ; Mil'vitskaya, E. M; Tarakanova, A. V. ; Plate, A. F. *Russ. Chem. Rev.* **1976**, 45, 469, see pp. 475-476.

[651] See Schneider, M. P. ; Rebell, J. *J. Chem. Soc. , Chem. Commun.* **1975**, 283.

[652] See Schneider, M. P. ; Rau, A. *J. Am. Chem. Soc.* **1979**, 101, 4426.

[653] Zora, M. *J. Org. Chem.* **2005**, 70, 6018.

[654] Viola, A. ; Collins, J. J. ; Filipp, N. *Tetrahedron* **1981**, 37, 3765 ; Théron F. ; Verny, M. ; Vessière, R. in Patai, S. *The Chemistry of the Carbon-Carbon Triple Bond*, pt. 1, Wiley, NY, **1978**, pp. 381-445, pp. 428-430 ; Huntsman, W. D. *Intra-Sci. Chem. Rep.*, **1972**, 6, 151.

[655] Siebert, M. R. ; Tantillo, D. J. *J. Am. Chem. Soc.* **2007**, 129, 8686. Overman, L. E. *Angew. Chem. Int. Ed.* **1984**, 23, 579 ; Lutz, R. P. *Chem. Rev.* **1984**, 84, 205. See Overman, L. E. ; Renaldo, A. F. *J. Am. Chem. Soc.* **1990**, 112, 3945.

[656] See Poupko, R. ; Zimmermann, H. ; Müller, K. ; Luz, Z. *J. Am. Chem. Soc.* **1996**, 118, 7995.

[657] See Shea, K. J. ; Stoddard, G. J. ; England, W. P. ; Haffner, C. D. *J. Am. Chem. Soc*, **1992**, 114, 2635. See also, Tantillo, D. J. ; Hoffmann, R. *J. Org. Chem.* **2002**, 67, 1419.

[658] Doering, W. von E. ; Roth, W. R. *Tetrahedron* **1962**, 18, 67. See also, Gajewski, J. J. ; Benner, C. W. ; Hawkins, C. M. *J. Org. Chem.* **1987**, 52, 5198 ; Paquette, L. A. ; DeRussy, D. T. ; Cottrell, C. E. *J. Am. Chem. Soc.* **1988**, 110, 890.

[659] See Hoffmann, R. ; Woodward, R. B. *J. Am. Chem. Soc.* **1965**, 87, 4389 ; Fukui, K. ; Fujimoto, H. *Tetrahedron Lett.* **1966**, 251.

[660] See Gajewski, J. J. ; Jimenez, J. L. *J. Am. Chem. Soc.* **1986**, 108, 468.

[661] See Özkan, I. ; Zora, M. *J. Org. Chem.* **2003**, 68, 9635.

[662] See Hill, R. K. in Morrison, J. D. *Asymmetric Synthesis*, Vol. 3, Academic Press, NY, **1984**, pp. 503-572, 503-545.

[663] For a review, see Nubbemeyer, U. *Synthesis* **2003**, 961.

[664] See Navarro-Vázquez, A. ; Prall, M. ; Schreiner, P. R. *Org. Lett.* **2004**, 6, 2981.

[665] Hammond, G. S. ; De Boer, C. D. *J. Am. Chem. Soc.* **1964**, 86, 899 ; Trecker, D. J. ; Henry, J. P. *J. Am. Chem. Soc.* **1964**, 86, 902. Also see, Kessler, H. ; Ott, W. *J. Am. Chem. Soc.* **1976**, 98, 5014. Also see Berson, J. A. in de Mayo, P. *Rearrangements in Ground and Excited States*, Academic Press, NY, **1980**, pp. 358-372.

[666] See Baldwin, J. E. ; Gilbert, K. E. *J. Am. Chem. Soc.* **1976**, 98, 8283. For a similar result in the 1, 2-divinylcyclopropane series,

see Baldwin, J. E. ; Ullenius, C. *J. Am. Chem. Soc.* **1984**, 96, 1542.

[667] Kaufmann, D. ; de Meijere, A. *Chem. Ber.* **1984**, 117, 1128; Dewar, M. J. S. ; Jie, C. *J. Am. Chem. Soc.* **1987**, 109, 5893; *J. Chem. Soc., Chem. Commun.* **1989**, 98. For evidence against this view, see Halevi, E. A. ; Rom, R. *Isr. J. Chem.* **1989**, 29, 311; Owens, K. A. ; Berson, J. A. *J. Am. Chem. Soc.* **1990**, 112, 5973.

[668] Roth, W. R. ; Gleiter, R. ; Paschmann, V. ; Hackler, U. E. ; Fritzsche, G. ; Lange, H. *Eur. J. Org. Chem.* **1998**, 961; Roth, W. R. ; Schaffers, T. ; Heiber, M. *Chem. Ber.* **1992**, 125, 739.

[669] For a report of still another mechanism, see Gompper, R. ; Ulrich, W. *Angew. Chem. Int. Ed.* **1976**, 15, 299. See McGuire, M. J. ; Piecuch, P. *J. Am. Chem. Soc.* **2005**, 127, 2608.

[670] Doering, W. von E. ; Roth, W. R. *Tetrahedron* **1963**, 19, 715.

[671] See Decock-Le Révérend, B. ; Goudmand, P. *Bull. Soc. Chim. Fr.* **1973**, 389; Gajewski, J. J. *Mech. Mol. Migr.* **1971**, 4, 1, see pp. 32-49; Paquette, L. A. *Angew. Chem. Int. Ed.* **1971**, 10, 11; Schrøder, G. ; Oth, J. F. M. ; Merényi, R. *Angew. Chem. Int. Ed.* **1965**, 4, 752.

[672] Schrøder, G. *Chem. Ber.* **1964**, 97, 3140; Merényi, R. ; Oth, J. F. M. ; Schrøder, G. *Chem. Ber.* **1964**, 97, 3150. For a review of bullvalenes, see Schrøder, G. ; Oth, J. F. M. *Angew. Chem. Int. Ed.* **1967**, 6, 414.

[673] See Paquette, L. A. ; Malpass, J. R. ; Krow, G. R. ; Barton, T. J. *J. Am. Chem. Soc.* **1969**, 91, 5296.

[674] Oth, J. F. M. ; Müllen, K. ; Gilles, J. ; Schrøder, G. *Helv. Chim. Acta* **1974**, 57, 1415; Nakanishi, H. ; Yamamoto, O. *Tetrahedron Lett.* **1974**, 1803; Günther, H. ; Ulmen, J. *Tetrahedron* **1974**, 30, 3781. See Luger, P. ; Buschmann, J. ; McMullan, R. K. ; Ruble, J. R. ; Matias, P. ; Jeffrey, G. A. *J. Am. Chem. Soc.* **1986**, 108, 7825.

[675] McKennis, J. S. ; Brener, L. ; Ward, J. S. ; Pettit, R. *J. Am. Chem. Soc.* **1971**, 93, 4957; Paquette, L. A. ; Davis, R. F. ; James, D. R. *Tetrahedron Lett.* **1974**, 1615.

[676] For a study of sigmatropic shiftamers in extended barbaralanes, see Tantillo, D. J. ; Hoffmann, R. ; Houk, K. N. ; Warner, P. M. ; Brown, E. C. ; Henze, D. K. *J. Am. Chem. Soc.* **2004**, 126, 4256.

[677] Biethan, U. ; Klusacek, H. ; Musso, H. *Angew. Chem. Int. Ed.* **1967**, 6, 176; Doering, W. von E. ; Ferrier, B. M. ; Fossel, E. T. ; Hartenstein, J. H. ; Jones, Jr., M. ; Klumpp, G. W. ; Rubin, R. M. ; Saunders, M. *Tetrahedron* **1967**, 23, 3943; Henkel, J. G. ; Hane, J. T. *J. Org. Chem.* **1983**, 48, 3858.

[678] Meinwald, J. ; Schmidt, D. *J. Am. Chem. Soc.* **1969**, 91, 5877; Zimmerman, H. E. ; Binkley, R. W. ; Givens, R. S. ; Grunewald, G. L. ; Sherwin, M. A. *J. Am. Chem. Soc.* **1969**, 91, 3316. See Seefelder, M. ; Heubes, M. ; Quast, H. ; Edwards, W. D. ; Armantrout, J. R. ; Williams, R. V. ; Cramer, C. J. ; Goren, A. C. ; Hrovat, D. A. ; Borden, W. T. *J. Org. Chem.* **2005**, 70, 3437.

[679] Moskau, D. ; Aydin, R. ; Leber, W. ; Günther, H. ; Quast, H. ; Martin, H.-D. ; Hassenrück, K. ; Miller, L. S. ; Grohmann, K. *Chem. Ber.* **1989**, 122, 925. Are semibullvalenes homoaromatic? See Williams, R. V. ; Gadgil, V. R. ; Chauhan, K. ; Jackman, L. M. ; Fernandes, E. *J. Org. Chem.* **1998**, 63, 3302.

[680] Ciganek, E. *J. Am. Chem. Soc.* **1965**, 87, 1149. See Neidlein, R. ; Radke, C. M. *Helv. Chim. Acta* **1983**, 66, 2626; Takeuchi, K. ; Kitagawa, T. ; Ueda, A. ; Senzaki, Y. ; Okamoto, K. *Tetrahedron* **1985**, 41, 5455.

[681] See Shirwaiker, G. S. ; Bhatt, M. V. *Adv. Heterocycl. Chem.* **1984**, 37, 67.

[682] Vogel, E. *Pure Appl. Chem.* **1969**, 20, 237. See also, Boyd, D. R. ; Stubbs, M. E. *J. Am. Chem. Soc.* **1983**, 105, 2554.

[683] See Balaban, A. T. ; Banciu, M. *J. Chem. Educ.* **1984**, 61, 766; Greenberg, A. ; Liebman, J. F. *Strained Organic Molecules*, Academic Press, NY, **1978**, pp. 203-215; Scott, L. T. ; Jones, Jr., M. *Chem. Rev.* **1972**, 72, 181. See also, Maier, G. ; Wiegand, N. H. ; Baum, S. ; Wüllner, R. *Chem. Ber.* **1989**, 122, 781.

[684] See Hassenrück, K. ; Martin, H. ; Walsh, R. *Chem. Rev.* **1989**, 89, 1125.

[685] See Balaban, A. T; Banziu, M. *J. Chem. Educ.* **1984**, 61, 766; Banciu, M. ; Popa, C. ; Balaban, A. T. *Chem. Scr.*, **1984**, 24, 28.

[686] Kobayashi, Y. ; Kumadaki, I. *Top. Curr. Chem.* **1984**, 123, 103; Bickelhaupt, F. ; de Wolf, W. H. *Recl. Trav. Chim. Pays-Bas* **1988**, 107, 459.

[687] See Davis, J. H. ; Shea, K. J. ; Bergman, R. G. *J. Am. Chem. Soc.* **1977**, 99, 1499.

[688] See Christl, M. *Angew. Chem. Int. Ed.* **1981**, 20, 529; Burger, U. *Chimia*, **1979**, 147.

[689] Maier, G. ; Kalinowski, H. ; Euler, K. *Angew. Chem. Int. Ed.* **1982**, 21, 693.

[690] Castro, A. M. M. *Chem. Rev.* **2004**, 104, 2939; Hiersemann, M. ; Nubbemeyer, U. *The Claisen Rearrangement: Methods and Applications*. Wiley-VCH, **2007**.

[691] Fleming, I. *Pericyclic Reactions*, Oxford University Press, Oxford, **1999**, pp. 71-83; Moody, C. J. *Adv. Heterocycl. Chem.* **1987**, 42, 203; Bartlett, P. A. *Tetrahedron* **1980**, 36, 2, see pp. 28-39; Ziegler, F. E. *Acc. Chem. Res.* **1977**, 10, 227; Bennett, G. B. *Synthesis* **1977**, 589; Rhoads, S. J. ; Raulins, N. R. *Org. React.* **1975**, 22, 1; Shine, H. J. *Aromatic Rearrangements*, Elsevier, NY, **1969**, pp. 89-120; Smith, G. G. ; Kelly, F. W. *Prog. Phys. Org. Chem.* **1971**, 8, 75, pp. 153-201; Hansen, H. ; Schmid, H. *Chimia*, **1970**, 24, 89; Jefferson, A. ; Scheinmann, F. *Q. Rev. Chem. Soc.* **1968**, 22, 391.

[692] See Gozzo, F. C. ; Fernandes, S. A. ; Rodrigues, D. C. ; Eberlin, M. N. ; Marsaioli, A. J. *J. Org. Chem.* **2003**, 68, 5493.

[693] See Kupczyk-Subotkowska, L. ; Saunders, Jr., W. H. ; Shine, H. J. *J. Am. Chem. Soc.* **1988**, 110, 7153.

[694] Copley, S. D. ; Knowles, J. R. *J. Am. Chem. Soc.* **1985**, 107, 5306. Also see, Yoo, H. Y. ; Houk, K. N. *J. Am. Chem. Soc.* **1994**, 116, 12047.

[695] Boeckman, Jr., R. K. ; Shair, M. D. ; Vargas, J. R. ; Stolz, L. A. *J. Org. Chem.* **1993**, 58, 1295.

[696] Conroy, H. ; Firestone, R. A. *J. Am. Chem. Soc.* **1956**, 78, 2290.

[697] Sharghi, H. ; Aghapour, G. *J. Org. Chem.* **2000**, 65, 2813.

[698] Wipf, P. ; Ribe, S. *Org. Lett.* **2001**, 3, 1503.

[699] Kumar, H. M. S. ; Anjaneyulu, S. ; Reddy, B. V. S. ; Yadav, J. C. *Synlett* **2000**, 1129.

[700] See Ziegler, F. E. *Chem. Rev.* **1988**, 88, 1423.
[701] Claisen, L. *Ber.* **1912**, 45, 3157.
[702] See Boeckman, Jr., R. K.; Flann, C. J.; Poss, K. M. *J. Am. Chem. Soc.* **1985**, 107, 4359.
[703] For reviews, see Hiersemann, M.; Abraham, L. *Eur. J. Org. Chem.* **2002**, 1461; Majumdar, K. C.; Alam, S.; Chattopadhyay, B. *Tetrahedron* **2008**, 64, 597.
[704] Grieco, P. A.; Brandes, E. B.; McCann, S.; Clark, J. D. *J. Org. Chem.* **1989**, 54, 5849. See Guest, J. M.; Craw, J. S.; Vincent, M. A.; Hillier, I. H. *J. Chem. Soc. Perkin Trans. 2* **1997**, 71; Sehgal, A.; Shao, L.; Gao, J. *J. Am. Chem. Soc.* **1995**, 117, 11337.
[705] Kotha, S.; Mandal, K.; Deb, A. C.; Banerjee, S. *Tetrahedron Lett.* **2004**, 45, 9603.
[706] Lin, Y.-L.; Cheng, J.-Y.; Chu, Y.-H. *Tetrahedron* **2007**, 63, 10949.
[707] See Dewar, M. J. S.; Jie, C. *J. Am. Chem. Soc.* **1989**, 111, 511.
[708] Balta, B.; Öztürk, C.; Aviyente, V.; Vincent, M. A.; Hillier, I. H. *J. Org. Chem.* **2008**, 73, 4800.
[709] Kaeobamrung, J.; Mahatthananchai, J.; Zheng, P.; Bode, J. W. *J. Am. Chem. Soc.* **2010**, 132, 8810.
[710] Uyeda, C.; Jacobsen, E. N. *J. Am. Chem. Soc.* **2008**, 130, 9228.
[711] Nelson, S. G.; Kan Wang, K. *J. Am. Chem. Soc.* **2006**, 128, 4232.
[712] There are substituent effects, see Aviyente, V.; Yoo, H. Y.; Houk, K. N. *J. Org. Chem.* **1997**, 62, 6121.
[713] White, W. N.; Slater, C. D. *J. Org. Chem.* **1962**, 27, 2908; Zahl, G.; Kosbahn, W.; Kresze, G. *Liebigs Ann. Chem.* **1975**, 1733. See also, Desimoni, G.; Faita, G.; Gamba, A.; Righetti, P. P.; Tacconi, G.; Toma, L. *Tetrahedron* **1990**, 46, 2165; Gajewski, J. J.; Gee, K. R.; Jurayj, J. *J. Org. Chem.* **1990**, 55, 1813.
[714] See Gajewski, J. J. *Accts. Chem. Res.* **1997**, 30, 219.
[715] White, W. N.; Wolfarth, E. F. *J. Org. Chem.* **1970**, 35, 2196. See also, Brandes, E.; Greico, P. A.; Gajewski, J. J. *J. Org. Chem.* **1989**, 54, 515.
[716] Svanholm, U.; Parker, V. D. *J. Chem. Soc. Perkin Trans. 2* **1974**, 169.
[717] See Lutz, R. P. *Chem. Rev.* **1984**, 84, 205.
[718] See Yagodin, V. G.; Bunina-Krivorukova, L. I.; Bal'yan, Kh. V. *J. Org. Chem. USSR* **1971**, 7, 1491.
[719] Parsons, P. J.; Thomson, P.; Taylor, A.; Sparks, T. *Org. Lett.* **2000**, 2, 571.
[720] For a review of the Conia-ene reaction, see Conia, J. M.; Le Perchec, P. *Synthesis* **1975**, 1.
[721] Schobert, R.; Siegfried, S.; Gordon, G.; Nieuwenhuyzen, M.; Allenmark, S. *Eur. J. Org. Chem.* **2001**, 1951.
[722] Carroll, M. F. *J. Chem. Soc.* **1941**, 507; Ziegler, F. E. *Chem. Rev.* **1988**, 88, 1423.
[723] Kimel, W.; Cope, A. C. *J. Am. Chem. Soc.* **1943**, 65, 1992.
[724] Burger, E. C.; Tunge, J. A. *Org. Lett.* **2004**, 6, 2603.
[725] Kuwano, R.; Ishida, N.; Murakami, M. *Chem. Commun.* **2005**, 3951.
[726] Felix, D.; Gschwend-Steen, K.; Wick, A. E.; Eschenmoser, A. *Helv. Chim. Acta* **1969**, 52, 1030.
[727] Gradl, S. N.; Trauner, D. in *The Meerwein-Eschenmoser-Claisen Rearrangement*. In *The ClaisenRearrangement*, Hiersemann, M.; Nubbemeyer, U., Eds., Wiley-VCH, Weinheim, **2007**, pp 367-396.
[728] Linton, E. C.; Kozlowski, M. C. *J. Am. Chem. Soc.* **2008**, 130, 16162.
[729] Gajewski, J. J.; Emrani, J. *J. Am. Chem. Soc.* **1984**, 106, 5733; Cameron A. G.; Knight, D. W. *J. Chem. Soc. Perkin Trans. 1* **1986**, 161. See Wilcox, C. S.; Babston, R. E. *J. Am. Chem. Soc.* **1986**, 108, 6636.
[730] Ireland, R. E.; Wipf, P.; Armstrong, III, J. D. *J. Org. Chem.* **1991**, 56, 650. See also Ref. 714.
[731] See Chai, Y.; Hong, S.-p.; Lindsay, H. A.; McFarland, C.; McIntosh, M. C. *Tetrahedron* **2002**, 58, 2905.
[732] See Denmark, S. E.; Harmata, M. A.; White, K. S. *J. Am. Chem. Soc.* **1989**, 111, 8878.
[733] Koreeda, M.; Luengo, J. I. *J. Am. Chem. Soc.* **1985**, 107, 5572; Kirchner, J. J.; Pratt, D. V.; Hopkins, P. B. *Tetrahedron Lett.* **1988**, 29, 4229.
[734] Mohamed, M.; Brook, M. A. *Tetrahedron Lett.* **2001**, 42, 191. See Khaledy, M. M.; Kalani, M. Y. S.; Khuong, K. S.; Houk, K. N.; Aviyente, V.; Neier, R.; Soldermann, N.; Velker, J. *J. Org. Chem.* **2003**, 68, 572.
[735] Corey, E. J.; Lee, D. *J. Am. Chem. Soc.* **1991**, 113, 4026.
[736] Tsunoda, T.; Tatsuki, S.; Shiraishi, Y.; Akasaka, M.; Itô, S. *Tetrahedron Lett.* **1993**, 34, 3297; Walters, M. A.; Hoem, A. B.; Arcand, H. R.; Hegeman, A. D.; McDonough, C. S. *Tetrahedron Lett.* **1993**, 34, 1453.
[737] See Zumpe, F. L.; Kazmaier, U. *Synlett* **1998**, 434; Ito, H.; Sato, A.; Taguchi, T. *Tetrahedron Lett.* **1997**, 38, 4815; Kazmaier, U.; Krebs, A. *Angew. Chem. Int. Ed.* **1995**, 34, 2012. For asymmetric induction in the thio-Claisen rearrangement, see Reddy, K. V.; Rajappa, S. *Tetrahedron Lett.* **1992**, 33, 7957.
[738] Maruoka, K.; Saito, S.; Yamamoto, J. *J. Am. Chem. Soc.* **1995**, 117, 1165. See Hiersemann, M.; Abraham, L. *Org. Lett.* **2001**, 3, 49; Miller, S. P.; Morken, J. P. *Org. Lett.* **2002**, 4, 2743.
[739] For a review, see Enders, D.; Knopp, M.; Schiffers, R. *Tetrahedron Asymmetry*, **1996**, 7, 1847.
[740] Jolidon, S.; Hansen, H. *Helv. Chim. Acta* **1977**, 60, 978.
[741] Anderson, J. C.; Flaherty, A.; Swarbrick, M. E. *J. Org. Chem.* **2000**, 65, 9152. SeeWu, P.; Fowler, F. W. *J. Org. Chem.* **1988**, 53, 5998.
[742] See Metz, P.; Mues, C. *Tetrahedron* **1988**, 44, 6841. Also see Gradl, S. N.; Kennedy-Smith, J. J.; Kim, J.; Trauner, D. *Synlett* **2002**, 411.
[743] See Schenck, T. G.; Bosnich, B. *J. Am. Chem. Soc.* **1985**, 107, 2058, and references cited therein; Anderson, C. E.; Overman, L. E. *J. Am. Chem. Soc.* **2003**, 125, 12412.
[744] See Kirsch, S. F.; Overman, L. F.; Watson, M. P. *J. Org. Chem.* **2004**, 69, 8101. For a review, see Majumdar, K. C.; Bhattacharyya, T.; Chattopadhyay, B.; Sinha, B. *Synthesis* **2009**, 2117. See also, Forte, L.; Lafortune, M. C.; Bierzynski, I. R.;

[745] Duncan, J. A. *J. Am. Chem. Soc.* **2010**, 132, 2196.
[745] Blechert, S. *Synthesis* **1989**, 71; Heimgartner, H.; Hansen, H.; Schmid, H. *Adv. Org. Chem.* **1979**, 9, pt. 2, 655.
[746] Uozumi, Y.; Kato, K.; Hayashi, T. *Tetrahedron Asymmetry*, **1998**, 9, 1065. See Gilbert, J. C.; Cousins, K. R. *Tetrahedron* **1994**, 50, 10671.
[747] Kirsch, S. F.; Overman, L. E. *J. Am. Chem. Soc.* **2005**, 127, 2866; Watson, M. P.; Overman, L. E.; Bergman, R. G. *J. Am. Chem. Soc.* **2007**, 129, 5031.
[748] Rueping, M.; Antonchick, A. P. *Angew. Chem. Int. Ed.* **2008**, 47, 10090.
[749] Anderson, W. K.; Lai, G. *Synthesis* **1995**, 1287.
[750] Mitsuhashi, T. *J. Am. Chem. Soc.* **1986**, 108, 2400.
[751] Chen, B.; Mapp, A. K. *J. Am. Chem. Soc.* **2005**, 127, 6712.
[752] They have been trapped: See, for example, Mortensen, J. Z.; Hedegaard, B.; Lawesson, S. *Tetrahedron* **1971**, 27, 3831; Kwart, H.; Schwartz, J. L. *J. Org. Chem.* **1974**, 39, 1575.
[753] Kwart, H.; Cohen, M. H. *J. Org. Chem.* **1967**, 32, 3135; *Chem. Commun.* **1968**, 319; Makisumi, Y.; Murabayashi, A. *Tetrahedron Lett.* **1969**, 1971, 2449.
[754] For a review, see Majumdar, K. C.; Ghosh, S.; Ghosh, M. *Tetrahedron* **2003**, 59, 7251.
[755] King, J. F.; Harding, D. R. K. *J. Am. Chem. Soc.* **1976**, 98, 3312.
[756] Block, E.; Ahmad, S. *J. Am. Chem. Soc.* **1985**, 107, 6731.
[757] de la Pradilla, R. F.; Montero, C.; Tortosa, M.; Viso, A. *Chemistry: Eur. J.* **2009**, 15, 697.
[758] For abnormal Claisen rearrangements, see Hansen, H. *Mech. Mol. Migr.* **1971**, 3, 177; Marvell, E. N.; Whalley, W. in Patai, S. *The Chemistry of the Hydroxyl Group*, pt. 2, Wiley, NY, **1971**, pp. 743-750.
[759] Lauer, W. M.; Johnson, T. A. *J. Org. Chem.* **1963**, 28, 2913; Fráter, G.; Schmid, H. *Helv. Chim. Acta* **1966**, 49, 1957; Marvell, E. N.; Schatz, B. *Tetrahedron Lett.* **1967**, 67.
[760] Watson, J. M.; Irvine, J. L.; Roberts, R. M. *J. Am. Chem. Soc.* **1973**, 95, 3348.
[761] Robinson, B. *The Fischer Indole Synthesis*, Wiley, NY, **1983**; Grandberg, I. I.; Sorokin, V. I. *Russ. Chem. Rev.* **1974**, 43, 115; Shine, H. J. *Aromatic Rearrangements*, Elsevier, NY, **1969**, pp. 190-207; Sundberg, R. J. *The Chemistry of Indoles*, Academic Press, NY, **1970**, pp. 142-163; Robinson, B. *Chem. Rev.* **1969**, 69, 227. For reviews of so-called abnormal Fischer indole syntheses, see Ishii, H. *Acc. Chem. Res.* **1981**, 14, 275; Fusco, R.; Sannicolo, F. *Tetrahedron* **1980**, 36, 161.
[762] Lipinska, T.; Guibé-Jampel, E.; Petit, A.; Loupy, A. *Synth. Commun.* **1999**, 29, 1349.
[763] Rebeiro, G. LO.; Khadilkar, B. M. *Synthesis* **2001**, 370.
[764] Rosenbaum, C.; Katzka, C.; Marzinzik, A.; Waldmann, H. *Chem. Commun.* **2003**, 1822.
[765] Moody, C. J.; Swann, E. *Synlett* **1998**, 135.
[766] Campos, K. R.; Woo, J. C. S.; Lee, S.; Tillyer, R. D. *Org. Lett.* **2004**, 6, 79.
[767] For a mechanistic study, see Hughes, D. L.; Zhao, D. *J. Org. Chem.* **1993**, 58, 228.
[768] This mechanism was proposed by Robinson, G. M.; Robinson, R. *J. Chem. Soc.* **1918**, 113, 639.
[769] See Forrest, T. P.; Chen, F. M. F. *J. Chem. Soc., Chem. Commun.* **1972**, 1067.
[770] Douglas, A. W. *J. Am. Chem. Soc.* **1978**, 100, 6463; **1979**, 101, 5676.
[771] Bajwa, G. S.; Brown, R. K. *Can. J. Chem.* **1969**, 47, 785; **1970**, 48, 2293 and references cited therein.
[772] Clausius, K.; Weisser, H. R. *Helv. Chim. Acta* **1952**, 35, 400.
[773] See Ma, M.; Peng, L.; Li, C.; Zhang, X.; Wang, J. *Am. Chem. Soc.* **2005**, 127, 15106. For a review as applied to ring expansions, see Vedejs, E. *Acc. Chem. Res.* **1984**, 17, 358.
[774] See Hoffmann, R. W. *Angew. Chem. Int. Ed.* **1979**, 18, 563.
[775] See Mander, L. N.; Turner, J. V. *J. Org. Chem.* **1973**, 38, 2915; Honda, K.; Inoue, S.; Sato, K. *J. Am. Chem. Soc.* **1990**, 112, 1999.
[776] Nakai, T.; Mikami, K. *Chem. Rev.* **1986**, 86, 885. See Schöllkopf, U.; Fellenberger, K.; Rizk, M. *Liebigs Ann. Chem.* **1970**, 734, 106; Rautenstrauch, V. *Chem. Commun.* **1970**, 4. For a list of references, see Larock, R. C. *Comprehensive Organic Transformations*, 2nd ed., Wiley-VCH, NY, **1999**, pp. 1063-1067.
[777] You, Z.; Koreeda, M. *Tetrahedron Lett.* **1993**, 34, 2597.
[778] Kunishima, M.; Hioki, K.; Kono, K.; Kato, A.; Tani, S. *J. Org. Chem.* **1997**, 62, 7542. Also see, Hioki, K.; Kono, K.; Tani, S.; Kunishima, M. *Tetrahedron Lett.* **1998**, 39, 5229. For an enantioselective [2,3]-Wittig rearrangement, see Fujimoto, K.; Nakai, T. *Tetrahedron Lett.* **1994**, 35, 5019.
[779] See Murata, Y.; Nakai, T. *Chem. Lett.* **1990**, 2069. Also see Reich, H. J. in Liotta, D. C. *Organoselenium Chemistry*, Wiley, NY, **1987**, pp. 365-393; Reich, H. J. in Trahanovsky, W. S. *Oxidation in Organic Chemistry*, pt. C, Academic Press, NY, **1978**, pp. 102-111.
[780] Baldwin, J. E.; Urban, F. J. *Chem. Commun.* **1970**, 165.
[781] Workman, J. A.; Garrido, N. P.; Sançon, J.; Roberts, E.; Wessel, H. P.; Sweeney, J. B. *J. Am. Chem. Soc.* **2005**, 127, 1066.
[782] Blid, J.; Panknin, O.; Somfai, P. *J. Am. Chem. Soc.* **2005**, 127, 9352.
[783] Somfai, P.; Panknin, O. *Synlett* **2007**, 1190.
[784] Mikami, K.; Nakai, T. *Synthesis* **1991**, 594; Nakai, T.; Mikami, K. *Chem. Rev.* **1986**, 86, 885, pp. 888-895. See also, Scheuplein, S. W.; Kusche, A.; Brückner, R.; Harms, K. *Chem. Ber.* **1990**, 123, 917; Wu, Y.; Houk, K. N.; Marshall, J. A. *J. Org. Chem.* **1990**, 55, 1421; Marshall, J. A.; Wang, X. J. *Org. Chem.* **1990**, 55, 2995.
[785] Huynh, C.; Julia, S.; Lorne, R.; Michelot, D. *Bull. Soc. Chim. Fr.* **1972**, 4057.
[786] Evans, D. A.; Andrews, G. C. *Acc. Chem. Res.* **1974**, 7, 147; Hoffmann, R. W. *Angew. Chemie. Int. Ed., Engl.*, **1979**, 18, 563; Sato, T.; Otera, J.; Nozaki, H. *J. Org. Chem.* **1989**, 54, 2779.

[787]　See Tamaru, Y.; Nagao, K.; Bando, T.; Yoshida, Z. *J. Org. Chem.* **1990**, 55, 1823.
[788]　Patai, S. *The Chemistry of the Hydrazo, Azo, and Azoxy Groups*, pt. 2, Wiley, NY, **1975**, the reviews by Cox, R. A.; Buncel, E. pp. 775-807; Koga, G.; Koga, N.; Anselme, J. pp. 914-921; Williams, D. L. H. in Bamford, C. H.; Tipper, C. F. H. *Comprehensive Chemical Kinetics*, Vol. 9, Elsevier, NY, **1973**, Vol. 13, 1972, pp. 437-448; Shine, H. J. *Mech. Mol. Migr.* **1969**, 2, 191; Banthorpe, D. V. *Top. Carbocyclic Chem.* **1969**, 1, 1.
[789]　Shine, H. J.; Stanley, J. P. *J. Org. Chem.* **1967**, 32, 905. For investigations of the mechanism of the disproportionation reactions, see Rhee, E. S.; Shine, H. J. *J. Am. Chem. Soc.* **1986**, 108, 1000; **1987**, 109, 5052.
[790]　For a history, see Shine, H. J. *J. Phys. Org. Chem.* **1989**, 2, 491.
[791]　Shine, H. J.; Chamness, J. T. *J. Org. Chem.* **1963**, 28, 1232; Banthorpe, D. V.; O'Sullivan, M. *J. Chem. Soc. B* **1968**, 627.
[792]　Banthorpe, D. V.; Cooper, A.; O'Sullivan, M. *J. Chem. Soc. B* **1971**, 2054.
[793]　Banthorpe, D. V.; Ingold, C. K.; Roy, J. *J. Chem. Soc. B* **1968**, 64; Banthorpe, D. V.; Ingold, C. K.; O'Sullivan, M. *J. Chem. Soc. B* **1968**, 624.
[794]　Banthorpe, D. V.; Hughes, E. D.; Ingold, C. K. *J. Chem. Soc.* **1964**, 2864; Dewar, M. J. S. in de Mayo, P. *Molecular Rearrangments*, Vol. 1, Wiley, NY, **1963**, pp. 323-344.
[795]　Shine, H. J.; Zmuda, H.; Park, K. H.; Kwart, H.; Horgan, A. J.; Brechbiel, M. *J. Am. Chem. Soc.* **1982**, 104, 2501.
[796]　This step was also part of the "polar-transition-state mechanism". See also Ref. 793.
[797]　Olah, G. A.; Dunne, K.; Kelly, D. P.; Mo, Y. K. *J. Am. Chem. Soc.* **1972**, 94, 7438.
[798]　Shine, H. J.; Park, K. H.; Brownawell, M. L.; San Filippo, Jr., J. *J. Am. Chem. Soc.* **1984**, 106, 7077.
[799]　See Shine, H. J.; Zmuda, H.; Kwart, H.; Horgan, A. G.; Brechbiel, M. *J. Am. Chem. Soc.* **1982**, 104, 5181.
[800]　Shine, H. J.; Gruszecka, E.; Subotkowski, W.; Brownawell, M.; San Filippo, Jr., J. *J. Am. Chem. Soc.* **1985**, 107, 3218.
[801]　See Rhee, E. S.; Shine, H. J. *J. Am. Chem. Soc.* **1986**, 108, 1000; **1987**, 109, 5052.
[802]　Rhee, E. S.; Shine, H. J. *J. Org. Chem.* **1987**, 52, 5633.
[803]　See Nojima, M.; Ando, T.; Tokura, N. *J. Chem. Soc. Perkin Trans. 1* **1976**, 1504.
[804]　Grubbs, R. H. *Tetrahedron* **2004**, 60, 7117; Wakamatsu, H.; Blechert, S. *Angew. Chem. Int. Ed.* **2002**, 41, 2403; Schrock, R. R.; Hoveyda, A. H. *Angew. Chem. Int. Ed.* **2003**, 42, 4592. See Astruc, D. *New J. Chem.* **2005**, 29, 42; Chauvin, Y. *Angew. Chem. Int. Ed.* **2006**, 45, 3740; Schrock, R. R. *Angew. Chem. Int. Ed.* **2006**, 45, 3748; Grubbs, R. H. *Angew. Chem. Int. Ed.* **2006**, 45, 3760.
[805]　Smith, III, A. B.; Adams, C. M.; Kozmin, S. A. *J. Am. Chem. Soc.* **2001**, 123, 990.
[806]　See Wang, J.; Menapace, H. R. *J. Org. Chem.* **1968**, 33, 3794; Hughes, W. B. *J. Am. Chem. Soc.* **1970**, 92, 532.
[807]　Dragutn, V.; Balaban, A. T.; Dimonie, M. *Olefin Metathesis and Ring-Opening Polymerization of Cyclo-Olefins*, Wiley, NY, **1985**; Ivin, K. J. *Olefin Metathesis*, Academic Press, NY, **1983**; Feast, W. J.; Gibson, V. C. in Hartley, F. R. *The Chemistry of the Metal-Carbon Bond*, Vol. 5, Wiley, NY, **1989**, pp. 199-228; Schrock, R. R. *J. Organomet. Chem.* **1986**, 300, 249; Grubbs, R. H. in Wilkinson, G *Comprehensive Organometallic Chemistry*, Vol. 8, Pergamon, Elmsford, NY, **1982**, pp. 499-551; Basset, J. M.; Leconte, M. *CHEMTECH 1980*, 762; Banks, R. L. *Fortschr. Chem. Forsch.* **1972**, 25, 39; Calderon N.; Lawrence, J. P.; Ofstead, E. A. *Adv. Organomet. Chem.* **1979**, 17, 449; Grubbs, R. H. *Prog. Inorg. Chem.* **1978**, 24, 1; Calderon N. in Patai, S. *The Chemistry of Functional Groups: Supplement A* pt. 2, Wiley, NY, **1977**, pp. 913-964; *Acc. Chem. Res.* **1972**, 5, 127; Katz, T. J. *Adv. Organomet. Chem.* **1977**, 16, 283; Haines, R. J.; Leigh, G. J. *Chem. Soc. Rev.* **1975**, 4, 155.
[808]　See Crowe, W. E.; Zhang, Z. J. *J. Am. Chem. Soc.* **1993**, 115, 10998; Fu, G. C.; Grubbs, R. H. *J. Am. Chem. Soc.* **1993**, 115, 3800.
[809]　Calderon N.; Ofstead, E. A.; Ward, J. P.; Judy, W. A.; Scott, K. W. *J. Am. Chem. Soc.* **1968**, 90, 4133.
[810]　Knoche, H. Ger. Pat. (Offen.) 2024835, 1970 [*Chem. Abstr.*, **1971**, 74, 44118b]. See also, Ichikawa, K.; Fukuzumi, K. *J. Org. Chem.* **1976**, 41, 2633; Baker, R.; Crimmin, M. J. *Tetrahedron Lett.* **1977**, 441.
[811]　See Conrad, J. C.; Parnas, H. H.; Snelgrove, J. L.; Fogg, D. E. *J. Am. Chem. Soc.* **2005**, 127, 11882.
[812]　Calderon N.; Chen, H. Y.; Scott, K. W. *Tetrahedron Lett.* **1967**, 3327. See Hughes, W. B. *Organomet. Chem. Synth.* **1972**, 1, 341, see pp. 362-368; Toreki, R.; Schrock, R. R. *J. Am. Chem. Soc.* **1990**, 112, 2448.
[813]　Banks, R. L.; Bailey, G. C. *Ind. Eng. Chem. Prod. Res. Dev.*, **1964**, 3, 170. See also, Banks, R. L. *CHEMTECH 1986*, 112.
[814]　Gilbertson, S. R.; Hoge, G. S.; Genov, D. G. *J. Org. Chem.* **1998**, 63, 10077; Maier, M. E.; Bugl, M. *Synlett* **1998**, 1390; Stefinovic, M.; Snieckus, V. *J. Org. Chem.* **1998**, 63, 2808.
[815]　See Banks, R. L. *Fortschr. Chem. Forsch.* **1972**, 25, 39, pp. 41-46.
[816]　Schwab, P.; Grubbs, R. H.; Ziller, J. W. *J. Am. Chem. Soc.* **1996**, 118, 100.
[817]　Scholl, M.; Ding, S.; Lee, C. W.; Grubbs, R. H. *Org. Lett.* **1999**, 1, 953.
[818]　Bazan, G. C.; Oskam, J. H.; Cho, H.-N.; Park, L. Y.; Schrock, R. R. *J. Am. Chem. Soc.* **1991**, 113, 6899, and references cited therein.
[819]　Louie, J.; Grubbs, R. H. *Angew. Chem. Int. Ed.* **2001**, 40, 247.
[820]　See Nicolaou, K. C.; Bulger, P. G.; Sarlah, D. *Angew. Chem. Int. Ed.* **2005**, 44, 4490; Donohoe, T. J.; Fishlock, L. P.; Procopiou, P. A. *Chemistry: European J.* **2008**, 14, 5716; Gradillas, A.; Pérez-Castells, J. *Angew. Chem. Int. Ed.* **2006**, 45, 6086.
[821]　Schrock, R. R.; Hoveyda, A. H. *Angew. Chem. Int. Ed.* **2003**, 42, 4592; Grela, K.; Kim, M. *Eur. J. Org. Chem.* **2003**, 963; Zhang, W.; Kraft, S.; Moore, J. S. *J. Am. Chem. Soc.* **2004**, 126, 329; Iyer, K.; Rainier, J. D. *J. Am. Chem. Soc.* **2007**, 129, 12604; Vougioukalakis, G. C.; Grubbs, R. H. *J. Am. Chem. Soc.* **2008**, 130, 2234; Matsugi, M.; Curran, D. P. *J. Org. Chem.* **2005**, 70, 1636; Rix, D.; Caijo, F.; Laurent, I.; Boeda, F.; Clavier, H.; Nolan, S. P.; Mauduit, M. *J. Org. Chem.* **2008**, 73, 4225; Katz, T. J. *Angew. Chem. Int. Ed.* **2005**, 44, 3010.

[822] Kirkland, T. A. ; Lynn, D. M. ; Grubbs, R. H. *J. Org. Chem.* **1998**, 63, 9904.
[823] See Deiter, S. A. ; Martin, S. F. *Chem. Rev.* **2004**, 104, 2199.
[824] Takahashi, T. ; Kotora, M. ; Kasai, K. *J. Chem. Soc. , Chem. Commun.* **1994**, 2693.
[825] Schneider, M. F. ; Junga, H. ; Blechert, S. *Tetrahedron* **1995**, 51, 13003.
[826] Lee, C. W. ; Grubbs, R. H. *J. Org. Chem.* **2001**, 66, 7155.
[827] Paquette, L. A. ; Méndez-Andino, J. *Tetrahedron Lett.* **1999**, 40, 4301.
[828] Brimble, M. A. ; Trzoss, M. *Tetrahedron* **2004**, 60, 5613.
[829] See Dolman, S. J. ; Sattely, E. S. ; Hoveyda, A. H. ; Schrock, R. R. *J. Am. Chem. Soc.* **2002**, 124, 6991.
[830] See Ma, S. ; Ni, B. ; Liang, Z. *J. Org. Chem.* **2004**, 69, 6305.
[831] Yao, Q. *Org. Lett.* **2002**, 4, 427.
[832] Demchuk, O. M. ; Pietrusiewicz, K. M. ; Michrowska, A. ; Grela, K. *Org. Lett.* **2003**, 5, 3217.
[833] LeFlohic, A. ; Meyer, C. ; Cossy, J. ; Desmurs, J.-R. ; Galland, J.-C. *Synlett* **2003**, 667.
[834] See Kinderman, S. S. ; Van Maarseveen, J. H. ; Schoemaker, H. E. ; Hiemstra, H. ; Rutjes, F. P. J. T. *Org. Lett.* **2001**, 3, 2045.
[835] Fürstner, A. ; Picquet, M. ; Bruneau, C. ; Dixneuf, P. H. *Chem. Commun.* **1998**, 1315; Maier, M. E. ; Lapeva, T. *Synlett* **1998**, 891; Mori, M. ; Sakakibara, N. ; Kinoshita, A. *J. Org. Chem.* **1998**, 63, 6082; O'Mahony, D. J. R. ;Belanger, D. B. ; Livinghouse, T. *Synlett* **1998**, 443.
[836] Edwards, S. D. ; Lewis, T. ; Taylor, R. J. K. *Tetrahedron Lett.* **1999**, 40, 4267.
[837] See Rainier, J. D. ; Cox, J. M. ; Allwein, S. P. *Tetrahedron Lett.* **2001**, 42, 179.
[838] Chao, W. ; Weinreb, S. M. *Org. Lett.* **2003**, 5, 2505.
[839] Schuman, M. ; Gouverneur, V. *Tetrahedron Lett.* **2002**, 43, 3513.
[840] Kim, S. ; Lim, C. J. *Angew. Chem. Int. Ed.* **2002**, 41, 3265.
[841] Delgado, M. ; Martin, J. D. *Tetrahedron Lett.* **1997**, 38, 6299; Miller, S. J. ; Kim, S.-H. ; Chen, Z.-R. ; Grubbs, R. H. *J. Am. Chem. Soc.* **1995**, 117, 2108.
[842] Leconte, M. ; Pagano, S. ; Mutch, A. ; Lefebvre, F. ; Basset, J. M. *Bull. Soc. Chim. Fr.* **1995**, 132, 1069.
[843] Cefalo, D. R. ; Kiely, A. F. ; Wuchrer, M. ; Jamieson, J. Y. ; Schrock, R. R. ; Hoveyda, A. H. *J. Am. Chem. Soc.* **2001**, 123, 3139.
[844] See Funk, T. W. ; Berlin, J. M. ; Grubbs, R. H. *J. Am. Chem. Soc.* **2006**, 128, 1840.
[845] Sattely, E. S. ; Cortez, G. A. ; Moebius, D. C. ; Schrock, R. R. ; Hoveyda, A. H. *J. Am. Chem. Soc.* **2005**, 127, 8526.
[846] Gillingham, D. G. ; Kataoka, O. ; Garber, S. B. ; Hoveyda, A. H. *J. Am. Chem. Soc.* **2004**, 126, 12288.
[847] Kingsbury, J. S. ; Harrity, J. P. A. ; Bonitatebus, Jr. , P. J. ; Hoveyda, A. H. *J. Am. Chem. Soc.* **1999**, 121, 791.
[848] Buijsman, R. C. ; van Vuuren, E. ; Sterrenburg, J. G. *Org. Lett.* **2001**, 3, 3785. See Clavier, H. ; Audic, N. ; Mauduit, M. ; Guillemin, J.-C. *Chem. Commun.* **2004**, 2282.
[849] Fürstner, A. ; Ackermann, L. ; Beck, K. ; Hori, H. ; Koch, D. ; Langemann, K. ; Liebl, M. ; Six, C. ; Leitner, W. *J. Am. Chem. Soc.* **2001**, 123, 9000.
[850] Binder, J. B. ; Blank, J. J. ; Raines, R. T. *Org. Lett.* **2007**, 9, 4885; Zaman, S. ; Curnow, O. J. ; Abell, A. D. *Austr. J. Chem.* **2009**, 62, 91; Burtscher, D. ; Grela, K. *Angew. Chem. Int. Ed.* **2009**, 48, 442.
[851] See Coquerel, Y. ; Rodriguez, J. *Eur. J. Org. Chem.* **2008**, 1125. For a solvent-free microwave-inducedreaction, see Thanh, G. V. ; Loupy, A. *Tetrahedron Lett.* **2003**, 44, 9091.
[852] Bargiggia, F. C. ; Murray, W. V. *J. Org. Chem.* **2005**, 70, 9636.
[853] Yao, Q. *Angew. Chem. Int. Ed.* **2000**, 39, 3896; Schürer, S. C. ; Gessler, S. ; Buschmann, N. ; Blechert, S. *Angew. Chem. Int. Ed.* **2000**, 39, 3898.
[854] Hultzsch, K. C. ; Jernelius, J. A. ; Hoveyda, A. H. ; Schrock, R. R. *Angew. Chem. Int. Ed.* **2002**, 41, 589.
[855] A recyclable catalyst, see Yao, Q. ; Motta, A. R. *Tetrahedron Lett.* **2004**, 45, 2447.
[856] Ahn, Y. M. ; Yang, K. ; Georg, G. I. *Org. Lett.* **2001**, 3, 1411; Cho, J. H. ; Kim, B. M. *Org. Lett.* **2003**, 5, 531. SeeWesthus, M. ; Gonthier, E. ; Brohm, D. ; Breinbauer, R. *Tetrahedron Lett.* **2004**, 45, 3141.
[857] Hong, S. H. ; Grubbs, R. H. *Org. Lett.* **2007**, 9, 1955.
[858] See Chatterjee, A. K. ; Choi, T.-L. ; Sanders, D. P. ; Grubbs, R. H. *J. Am. Chem. Soc.* **2003**, 125, 11360.
[859] See Schmidt, B. *J. Org. Chem.* **2004**, 69, 7672; Sutton, A. E. ; Seigal, B. A. ; Finnegan, D. F. ; Snapper, M. L. *J. Am. Chem. Soc.* **2002**, 124, 13390.
[860] Hong, S. H. ; Sanders, D. P. ; Lee, C. W. ; Grubbs, R. H. *J. Am. Chem. Soc.* **2005**, 127, 17160.
[861] See Stewart, I. C. ; Douglas, C. J. ; Grubbs, R. H. *Org. Lett.* **2008**, 10, 441; Lipshutz, B. H. ; Aguinaldo, G. T. ; Ghorai, S. ; Voigtritter, K. *Org. Lett.* **2008**, 10, 1325.
[862] Blanco, O. M. ; Castedo, L. *Synlett* **1999**, 557.
[863] See Lautens, M. ; Maddess, M. L. *Org. Lett.* **2004**, 6, 1883.
[864] Rückert, A. ; Eisele, D. ; Blechert, S. *Tetrahedron Lett.* **2001**, 42, 5245.
[865] Choi, T.-L. ; Grubbs, R. H. *Chem. Commun.* **2001**, 2648.
[866] BouzBouz, S. ; Cossy, J. *Org. Lett.* **2001**, 3, 1451; van Otterlo, W. A. L. ; Ngidi, E. L. ; de Koning, C. D. ; Fernandes, M. A. *Tetrahedron Lett.* **2004**, 45, 659.
[867] Sundararajan, G. ; Prabagaran, N. ; Varghese, B. *Org. Lett.* **2001**, 3, 1973.
[868] Verbicky, C. A. ; Zercher, C. K. *Tetrahedron Lett.* **2000**, 41, 8723.
[869] López, F. ; Delgado, A. ; Rodriguez, J. R. ; Castedo, L. ; Mascareñas, J. L. *J. Am. Chem. Soc.* **2004**, 126, 10262.
[870] See Randl, S. ; Connon, S. J. ; Blechert, S. *Chem. Commun.* **2001**, 1796; Morgan, J. P. ; Morrill, C. ; Grubbs, R. H. *Org. Lett.*

2002, 4, 67.

[871] Ahmed, M. ; Arnauld, T. ; Barrett, A. G. M. ; Braddock, D. C. ; Flack, K. ; Procopiou, P. A. *Org. Lett.* **2000**, 2, 551.
[872] Lee, C. W. ; Choi, T.-L. ; Grubbs, R. H. *J. Am. Chem. Soc.* **2002**, 124, 3224.
[873] Basset, J.-M. ; Copret, C. ; Soulivong, D. ; Taoufik, M. ; Cazat, J. T. *Acc. Chem. Res.* **2010**, 43, 323; Basset, J.-M. ; Copéret, C. ; Lefort, L. ; Maunders, B. M. ; Maury, O. ; Le Roux, E. ; Saggio, G. ; Soignier, S. ; Soulivong, D. ; Sunley, G. J. ; Taoufik, M. ; Thivolle-Cazat, J. *J. Am. Chem. Soc.* **2005**, 127, 8604; Basset, J.-M. ; Copéret, C. ; Soulivong, D. ; Taoufik, M. ; Thivolle-Cazat, J. *Angew. Chem. Int. Ed.* **2006**, 45, 6082.
[874] See Grubbs, R. H. ; Miller, S. J. ; Fu, G. C. *Accts. Chem. Res.* **1995**, 28, 446.
[875] Grela, K. *Angew. Chem. Int. Ed.* **2008**, 47, 5504.
[876] Fürstner, A. ; Langemann, K. *J. Org. Chem.* **1996**, 61, 3942. Also see, Goldring, W. P. D. ; Hodder, A. S. ; Weiler, L. *Tetrahedron Lett.* **1998**, 39, 4955; Ghosh, A. K. ; Hussain, K. A. *Tetrahedron Lett.* **1998**, 39, 1881.
[877] See Kim, M. ; Miller, R. L. ; Lee, D. *J. Am. Chem. Soc.* **2005**, 127, 12818.
[878] Chen, F.-E. ; Kuang, Y.-Y. ; Dai, H.-F. ; Lu, L. ; Huo, M. *Synthesis* **2003**, 2629.
[879] Wender, P. A. ; Sperandio, D. *J. Org. Chem.* **1998**, 63, 4164.
[880] Macnaughtan, M. L. ; Johnson, M. J. A. ; Kampf, J. W. *J. Am. Chem. Soc.* **2007**, 129, 7708.
[881] Calderon N. ; Ofstead, E. A. ; Judy, W. A. *J. Polym. Sci. Part A-1* **1967**, 5, 2209; Wasserman, E. ; Ben-Efraim, D. A. ; Wolovsky, R. *J. Am. Chem. Soc.* **1968**, 90, 3286; Wolovsky, R. ; Nir, Z. *Synthesis* **1972**, 134.
[882] Rossi, R. ; Diversi, P. ; Lucherini, A. ; Porri, L. *Tetrahedron Lett.* **1974**, 879; Lal, J. ; Smith, R. R. *J. Org. Chem.* **1975**, 40, 775.
[883] See Weissman, H. ; Plunkett, K. N. ; Moore, J. S. *Angew. Chem. Int. Ed.* **2006**, 45, 585. For reviews, see Tamao, K. ; Kobayashi, K. ; Ito, Y. *Synlett* **1992**, 539; Fürstner, A. ; Davies, P. W. *Chem. Commun.* **2005**, 2307.
[884] Couteliera, O. ; Mortreux, A. *Adv. Synth. Catal.* **2006**, 348, 2038; Mortreux, A. ; Petit, F. ; Petit, M. ; Szymanska-Buza, T. *J. Mol. Catal. A: Chemical* **1995**, 96, 95. However, see McCullough, L. G. ; Listemann, M. L. ; Schrock, R. R. ; Churchill, M. R. ; Ziller, J. W. *J. Am. Chem. Soc.* **1983**, 105, 6729.
[885] See Mori, M. ; Kitamura, T. ; Sakakibara, N. ; Sato, Y. *Org. Lett.* **2000**, 2, 543; Kitamura, T. ; Mori, M. *Org. Lett.* **2001**, 3, 1161.
[886] See Gilbertson, S. R. ; Hoge, G. S. *Tetrahedron Lett.* **1998**, 39, 2075.
[887] Zuercher, W. J. ; Scholl, M. ; Grubbs, R. H. *J. Org. Chem.* **1998**, 63, 4291.
[888] See Kang, B. ; Lee, J. M. ; Kwak, J. ; Lee, Y. S. ; Chang, S. *J. Org. Chem.* **2004**, 69, 7661. See Diver, S. T. ; Giessert, A. J. *Chem. Rev.* **2004**, 104, 1317.
[889] Poulsen, C. S. ; Madsen, R. *Synthesis* **2003**, 1. See Lee, H.-Y. ; Kim, B. G. ; Snapper, M. L. *Org. Lett.* **2003**, 5, 1855; Giessert, A. J. ; Brazis, N. J. ; Diver, S. T. *Org. Lett.* **2003**, 5, 3819; Kim, M. ; Park, S. ; Maifeld, S. V. ; Lee, D. *J. Am. Chem. Soc.* **2004**, 126, 10242. See also, Kang, B. ; Kim, D.-h. ; Do, Y. ; Chang, S. *Org. Lett.* **2003**, 5, 3041.
[890] Hansen, E. C. ; Lee, D. *Acc. Chem. Res.* **2006**, 39, 509; Debleds, O. ; Campagne, J.-M. *J. Am. Chem. Soc.* **2008**, 130, 1562; Giessert, A. J. ; Diver, S. T. *J. Org. Chem.* **2005**, 70, 1046. For a mechanistic study, see Galan, B. R. ; Giessert, A. J. ; Keister, J. B. ; Diver, S. T. *J. Am. Chem. Soc.* **2005**, 127, 5762.
[891] See Sanford, M. S. ; Ulman, M. ; Grubbs, R. H. *J. Am. Chem. Soc.* **2001**, 123, 749; Sanford, M. S. ; Love, J. A. ; Grubbs, R. H. *J. Am. Chem. Soc.* **2001**, 123, 6543; Cavallo, L. *J. Am. Chem. Soc.* **2002**, 124, 8965; Adlhart, C. ; Chen, P. *J. Am. Chem. Soc.* **2004**, 126, 3496.
[892] See Crabtree, R. H. *The Organometallic Chemistry of the Transition Metals*, Wiley, NY, **1988**, pp. 244-267; Kingsbury, J. S. ; Hoveyda, A. H. *J. Am. Chem. Soc.* **2005**, 127, 4510; Poater, A. ; Solans-Monfort, X. ; Clot, E. ; Copéret, C. ; Eisenstein, O. *J. Am. Chem. Soc.* **2007**, 129, 8207; Vyboishchikov, S. F. ; Thiel, W. *Chemistry: European J.* **2005**, 11, 3921.
[893] See Collman, J. C. ; Hegedus, L. S. ; Norton, J. R. ; Finke, R. G. *Principles and Applications of OrganotransitionMetal Chemistry*, 2nd ed. , University Science Books, Mill Valley, CA, **1987**, pp. 459-520; Lindner, E. *Adv. Heterocycl. Chem.* **1986**, 39, 237. See Romero, P. E. ; Piers, W. E. *J. Am. Chem. Soc.* **2005**, 127, 5032; Romero, P. E. ; Piers, W. E. *J. Am. Chem. Soc.* **2007**, 129, 1698.
[894] See Grubbs, R. H. *Prog. Inorg. Chem.* **1978**, 24, 1; Katz, T. J. *Adv. Organomet. Chem.* **1977**, 16, 283; Calderon, N. ; Ofstead, E. A. ; Judy, W. A. *Angew. Chem. Int. Ed.* **1976**, 15, 401. See also, Kress, J. ; Osborn, J. A. ; Greene, R. M. E. ; Ivin, K. J. ; Rooney, J. J. *J. Am. Chem. Soc.* **1987**, 109, 899; Feldman, J. ; Davis, W. M. ; Schrock, R. R. *Organometallics* **1989**, 8, 2266.
[895] Hong, S. H. ; Wenzel, A. G. ; Salguero, T. T. ; Day, M. W. ; Grubbs, R. H. *J. Am. Chem. Soc.* **2007**, 129, 7961.
[896] Halpern, J. in Wender, I. ; Pino, P. *Organic Syntheses via Metal Carbonyls*, Vol. 2, Wiley, NY, **1977**, pp. 705-721; Bishop, III, K. C. *Chem. Rev.* **1976**, 76, 461; Cardin, D. J. ; Cetinkaya, B. ; Doyle, M. J. ; Lappert, M. F. *Chem. Soc. Rev.* **1973**, 2, 99, pp. 132-139; Paquette, L. A. *Synthesis* **1975**, 347; *Acc. Chem. Res.* **1971**, 4, 280.
[897] Eaton, P. E. ; Chakraborty, U. R. *J. Am. Chem. Soc.* **1978**, 100, 3634.
[898] Cassar, L. ; Eaton, P. E. ; Halpern, J. *J. Am. Chem. Soc.* **1970**, 92, 6336.
[899] Sakai, M. ; Westberg, H. H. ; Yamaguchi, H. ; Masamune, S. *J. Am. Chem. Soc.* **1972**, 93, 4611; Paquette, L. A. ; Wilson, S. E. ; Henzel, R. P. *J. Am. Chem. Soc.* **1972**, 94, 7771.
[900] The starting compound here is a derivative of basketane, or 1,8-bishomocubane. For a review of homo-, bishomo-, and trishomocubanes, see Marchand, A. P. *Chem. Rev.* **1989**, 89, 1011.
[901] See Paquette, L. A. ; Beckley, R. S. ; Farnham, W. B. *J. Am. Chem. Soc.* **1975**, 97, 1089.
[902] See Sakai, M. ; Westberg, H. H. ; Yamaguchi, H. ; Masamune, S. *J. Am. Chem. Soc.* **1972**, 93, 4611.
[903] See Paquette, L. A. ; Zon, G. *J. Am. Chem. Soc.* **1974**, 96, 203, 224.

[904] Paquette, L. A. ; Henzel, R. P. ; Wilson, S. E. *J. Am. Chem. Soc.* **1971**, 93, 2335.
[905] Gassman, P. G. ; Meyer, R. G. ; Williams, F. J. *Chem. Commun.* **1971**, 842.
[906] Garavelli, M. ; Frabboni, B. ; Fato, M. ; Celani, P. ; Bernardi, F. ; Robb, M. A. ; Olivucci, M. *J. Am. Chem. Soc.* **1999**, 121, 1537.
[907] Zimmerman, H. E. ; Pincock, J. A. *J. Am. Chem. Soc.* **1973**, 95, 2957.
[908] Zimmerman, H. E. *Org. Photochem.* **1991**, 11, 1; Zimmerman, H. E. in de Mayo, P. *Rearrangements in Ground and Excited States*, Vol. 3, Academic Press, NY, **1980**, pp. 131-166; Hixson, S. S. ; Mariano, P. S. ; Zimmerman, H. E. *Chem. Rev.* **1973**, 73, 531. See also, Roth, W. R. ; Wildt, H. ; Schlemenat, A. *Eur. J. Org. Chem.* **2001**, 4081.
[909] Zimmerman, H. E. ; Hackett, P. ; Juers, D. F. ; McCall, J. M. ; Schrøder, B. *J. Am. Chem. Soc.* **1971**, 93, 3653.
[910] However, some substrates, generally rigid bicyclic molecules, (e. g. , barrelene, which is converted to semibullvalene) give the di-π-methane rearrangement only from triplet states.
[911] Zimmerman, H. E. ; Baum, A. A. *J. Am. Chem. Soc.* **1971**, 93, 3646. See also, Paquette, L. A. ; Bay, E. ; Ku, A. Y. ; Rondan, N. G. ; Houk, K. N. *J. Org. Chem.* **1982**, 47, 422.
[912] See Zimmerman, H. E. ; Boettcher, R. J. ; Buehler, N. E. ; Keck, G. E. *J. Am. Chem. Soc.* **1975**, 97, 5635. However, see Adam, W. ; De Lucchi, O. ; Dörr, M. *J. Am. Chem. Soc.* **1989**, 111, 5209.
[913] Zimmerman, H. E. ; Robbins, J. D. ; McKelvey, R. D. ; Samuel, C. J. ; Sousa, L. R. *J. Am. Chem. Soc.* **1989**, 111, 5209.
[914] See Paquette, L. A. ; Bay, E. *J. Am. Chem. Soc.* **1984**, 106, 6693; Zimmerman, H. E. ; Swafford, R. L. *J. Org. Chem.* **1984**, 49, 3069.
[915] See Schuster, D. I. in de Mayo, P. *Rearrangements in Ground and Excited States*, Vol. 3, Academic Press, NY, **1980**, pp. 167-279; Houk, K. N. *Chem. Rev.* **1976**, 76, 1; Schaffner, K. *Tetrahedron* **1976**, 32, 641; Dauben, W. G. ; Lodder, G. ; Ipaktschi, J. *Top. Curr. Chem.* **1975**, 54, 73.
[916] For a review, see Demuth, M. *Org. Photochem.* **1991**, 11, 37.
[917] See Armesto, D. ; Horspool, W. M. ; Langa, F. ; Ramos, A. *J. Chem. Soc. Perkin Trans. 1* **1991**, 223.
[918] See Griffin, G. W. ; Chihal, D. M. ; Perreten, J. ; Bhacca, N. S. *J. Org. Chem.* **1976**, 41, 3931.
[919] See Schaffner, K. ; Demuth, M. in de Mayo, P. *Rearrangements in Ground and Excited States*, Vol. 3, Academic Press, NY, **1980**, pp. 281-348; Zimmerman, H. E. *Angew. Chem. Int. Ed.* **1969**, 8, 1; Kropp, P. J. *Org. Photochem.* **1967**, 1, 1; Schaffner, K. *Adv. Photochem.* **1966**, 4, 81; Schultz, A. G. ; Lavieri, F. P. ; Macielag, M. ; Plummer, M. *J. Am. Chem. Soc.* **1987**, 109, 3991, and references cited therein.
[920] Schuster, D. I. *Acc. Chem. Res.* **1978**, 11, 65; Zimmerman, H. E. ; Pasteris, R. J. *J. Org. Chem.* **1980**, 45, 4864, 4876; Schuster, D. I. ; Liu, K. *Tetrahedron* **1981**, 37, 3329.
[921] Zimmerman, H. E. ; Crumine, D. S. ; Döpp, D. ; Huyffer, P. S. *J. Am. Chem. Soc.* **1969**, 91, 434.
[922] Schaffner, K. ; Demuth, M. in de Mayo, P. *Rearrangements in Ground and Excited States*, Vol. 3, Academic Press, NY, **1980**, p. 281; Quinkert, G. *Angew. Chem. Int. Ed.* **1972**, 11, 1072; Kropp, P. J. *Org. Photochem.* **1967**, 1, 1.
[923] See Carruthers, W. *Some Modern Methods of Organic Synthesis* 3rd ed. , Cambridge University Press, Cambridge, **1986**, pp. 263-279.
[924] See Stella, L. *Angew. Chem. Int. Ed.* **1983**, 22, 337; Sosnovsky, G. ; Rawlinson, D. J. *Adv. Free Radical Chem.* **1972**, 4, 203, see pp. 249-259; Deno, N. C. *Methods Free-Radical Chem.* **1972**, 3, 135, see pp. 136-143.
[925] Schmitz, E. ; Murawski, D. *Chem. Ber.* **1966**, 99, 1493.
[926] Wawzonek, S. ; Thelan, P. J. *J. Am. Chem. Soc.* **1950**, 72, 2118.
[927] Barton, D. H. R. ; Beckwith, A. L. J. ; Goosen, A. *J. Chem. Soc.* **1965**, 181; Neale, R. S. ; Marcus, N. L. ; Schepers, R. G. *J. Am. Chem. Soc.* **1966**, 88, 3051. See Neale, R. S. *Synthesis* **1971**, 1.
[928] See Hesse, R. H. *Adv. Free-Radical Chem.* **1969**, 3, 83; Barton, D. H. R. *Pure Appl. Chem.* **1968**, 16, 1; Saraiva, M. F. ; Couri, M. R. C. ; Le Hyaric, M. ; de Almeida, M. V. *Tetrahedron* **2009**, 65, 3563.
[929] Barton, D. H. R. ; Beaton, J. M. *J. Am. Chem. Soc.* **1961**, 83, 4083. Also see, Barton, D. H. R. ; Beaton, J. M. ; Geller, L. E. ; Pechet, M. M. *J. Am. Chem. Soc.* **1960**, 82, 2640.
[930] See Burke, S. D. ; Silks III, L. A. ; Strickland, S. M. S. *Tetrahedron Lett.* **1988**, 29, 2761.
[931] See Green, M. M. ; Boyle, B. A. ; Vairamani, M. ; Mukhopadhyay, T. ; Saunders Jr. , W. H. ; Bowen, P. ; Allinger, N. L. *J. Am. Chem. Soc.* **1986**, 108, 2381; Grossi, L. *Chemistry: European J.* **2005**, 11, 5419.
[932] See Nickon, A. ; Ferguson, R. ; Bosch, A. ; Iwadare, T. *J. Am. Chem. Soc.* **1977**, 99, 4518.
[933] Cope, A. C. ; Fournier, Jr. , A. ; Simmons Jr. , H. E. *J. Am. Chem. Soc.* **1957**, 79, 3905.
[934] Schulenberg, J. W. ; Archer, S. *Org. React.* **1965**, 14, 1; McCarty, C. G. in Patai, S. *The Chemistry of the Carbon-Nitrogen Double Bond*, Wiley, NY, **1970**, pp. 439-447; McCarty, C. G. ; Garner, L. A. in Patai, S. *The Chemistry of Amidines and Imidates*, Wiley, NY, **1975**, pp. 189-240. For a review of 1,3-migrations of R in general, see Landis, P. S. *Mech. Mol. Migr.* **1969**, 2, 43.
[935] Wheeler, O. H. ; Roman, F. ; Santiago, M. V. ; Quiles, F. *Can. J. Chem.* **1969**, 47, 503.
[936] See Wheeler, O. H. ; Roman, F. ; Rosado, O. *J. Org. Chem.* **1969**, 34, 966; Kimura, M. *J. Chem. Soc. Perkin Trans. 2* **1987**, 205.
[937] See Bonnett, R. in Patai, S. *The Chemistry of the Carbon-Nitrogen Double Bond*, Wiley, NY, **1970**, pp. 597-662.
[938] Landis, P. S. *Mech. Mol. Migr.* **1969**, 2, 43.
[939] See Challis, B. C. ; Frenkel, A. D. *J. Chem. Soc. Perkin Trans. 2* **1978**, 192.
[940] See Yamamoto, J. ; Nishigaki, Y. ; Umezu, M. ; Matsuura, T. *Tetrahedron* **1980**, 36, 3177.
[941] See Buncel, E. *Mech. Mol. Migr.* **1968**, 1, 61; Shine, H. J. *Aromatic Rearrangements*, Elsevier, NY, **1969**, pp. 272-284, 357-359; Cox, R. A. ; Buncel, E. in Patai, S. *The Chemistry of the Hydrazo, Azo, and Azoxy Groups*, pt. 2, Wiley, NY, **1975**,

pp. 808-837.
[942] See Shimao, I.; Oae, S. *Bull. Chem. Soc. Jpn.* **1983**, 56, 643.
[943] Furin, G. G. *Russ. Chem. Rev.* **1987**, 56, 532; Williams, D. L. H.; Buncel, E. *Isot. Org. Chem.* **1980**, 5, 184; Buncel, E. *Acc. Chem. Res.* **1975**, 8, 132.
[944] See Oae, S.; Fukumoto, T.; Yamagami, M. *Bull. Chem. Soc. Jpn.* **1963**, 36, 601.
[945] Shemyakin, M. M.; Maimind, V. I.; Vaichunaite, B. K. *Chem. Ind. (London)* **1958**, 755; *Bull. Acad. Sci. USSR Div. Chem. Sci.* **1960**, 808. Also see, Behr, L. C.; Hendley, E. C. *J. Org. Chem.* **1966**, 31, 2715.
[946] See Cox, R. A. *J. Am. Chem. Soc.* **1974**, 96, 1059.
[947] See Buncel, E.; Keum, S. *J. Chem. Soc., Chem. Commun.* **1983**, 578.
[948] Also see Shemyakin, M. M.; Agadzhanyan, Ts. E.; Maimind, V. I.; Kudryavtsev, R. V. *Bull. Acad. Sci. USSR Div. Chem. Sci.* **1963**, 1216; Hendley, E. C.; Duffey, D. *J. Org. Chem.* **1970**, 35, 3579.
[949] Cox, R. A.; Dolenko, A.; Buncel, E. *J. Chem. Soc. Perkin Trans. 2* **1975**, 471; Cox, R. A.; Buncel, E. *J. Am. Chem. Soc.* **1975**, 97, 1871.
[950] See Shimao, I.; Hashidzume, H. *Bull. Chem. Soc. Jpn.* **1976**, 49, 754.
[951] See Shine, H. J.; Subotkowski, W.; Gruszecka, E. *Can. J. Chem.* **1986**, 64, 1108.
[952] See Davis, R. L.; Tantillo, D. J. *J. Org. Chem.* **2010**, 75, 1693.
[953] Minkin, V. I.; Olekhnovich, L. P.; Zhdanov, Yu. A. *Molecular Design of Tautomeric Compounds*, D. Reidel Publishing Co., Dordrecht, **1988**, pp. 221-246; Minkin, V. I. *Sov. Sci. Rev. Sect. B* **1985**, 7, 51; Reetz, M. T. *Adv. Organomet. Chem.* **1977**, 16, 33. Also see, Mackenzie, K.; Gravaatt, E. C.; Gregory, R. J.; Howard, J. A. K.; Maher, J. P. *Tetrahedron Lett.* **1992**, 33, 5629.
[954] See Taylor, G. A. *J. Chem. Soc. Perkin Trans. 1* **1985**, 1181.
[955] See Black, T. H.; Hall, J. A.; Sheu, R. G. *J. Org. Chem.* **1988**, 53, 2371; Black, T. H.; Fields, J. D. *Synth. Commun.* **1988**, 18, 125.
[956] See Mackenzie, K.; Proctor, G.; Woodnutt, D. J. *Tetrahedron* **1987**, 43, 5981, and cited references.
[957] For a review, see Moser, W. H. *Tetrahedron* **2001**, 57, 2065.
[958] Brook, A. G. *Acc. Chem. Res.* **1974**, 7, 77; Brook, A. G.; Bassendale, A. R. in de Mayo, P. *Rearrangements in Ground and Excited States*, Vol. 2, Academic Press, NY, **1980**, pp. 149-227.
[959] Brook, A. G.; Pascoe, J. D. *J. Am. Chem. Soc.* **1971** 93, 6224.
[960] See Linderman, J. J.; Ghannam, A. *J. Am. Chem. Soc.* **1990**, 112, 2392.
[961] Wilson, S. R.; Georgiadis, G. M. *J. Org. Chem.* **1983**, 48, 4143.
[962] Honda, T.; Mori, M. *J. Org. Chem.* **1996**, 61, 1196.
[963] See Smith, III, A. B.; Adams, C. M. *Acc. Chem. Res.* **2004**, 37, 365; Smith, III, A. B.; Kim, D.-S. *Org. Lett.* **2005**, 7, 3247.
[964] Sawada, Y.; Sasaki, M.; Takeda, K. *Org. Lett.* **2004**, 6, 2277.
[965] Smith, III, A. B.; Pitram, S. M.; Boldi, A. M.; Gaunt, M. J.; Sfouggatakis, C.; Moser, W. H. *J. Am. Chem. Soc.* **2003**, 125, 14435. See Smith, III, A. B.; Xian, M. *J. Am. Chem. Soc.* **2006**, 128, 66.
[966] Smith, III, A. B.; Xian, M. *J. Am. Chem. Soc.* **2006**, 128, 66.

第 19 章
氧化还原反应

首先我们必须说明氧化和还原在有机化学中的具体含义。无机化学家用两种方式来定义氧化：失去电子和氧化数增大。在有机化学中，虽然这些定义从技术上来说还是正确的，但却不易运用。虽然在某些有机氧化还原反应中直接发生电子转移，有键的形成与断裂，然而大多数的有机氧化还原反应的机理中并不涉及电子的直接转移；用氧化数定义氧化还原反应，在某些情况下容易应用，例如 CH_4 中碳的氧化数是 -4。但大多数情况下，运用这一概念时则会得到分数值，甚至导致明显的不合理，例如丙烷中碳的氧化数是 -2.67，而丁烷中碳的氧化数是 -2.5，但是有机化学家很少认为这两种化合物中碳的氧化态有所不同。通过对分子中碳原子成键方式不同来确定氧化态，可以改进氧化数的概念（例如：乙酸中两个碳原子的氧化态明显不同），但这样做就需要一整套合理的假设，因为分子中某原子的氧化数是根据与该原子相连的原子的氧化数来确定的。采用这种方法的收效似乎不大。实际上，有机化学家根据碳原子氧化态的不同，将有机官能团固定地分为几类，然后把氧化反应定义为分子中的官能团从较低一类转化成较高一类，即发生了氧化反应。还原反应则相反。表 19.1 中列举了一系列简单的官能团[1]。应当注意的是，这种分类法只适用于单个碳原子或两个相连的碳原子。例如：1,3-二氯丙烷的氧化态和氯甲烷的一样，但 1,2-二氯丙烷的氧化态就较高。这些区分显然有些随意，如果我们试图过分延伸此种分类法，我们会发现自己已陷入困境。尽管如此，这种基本思想可以让我们更好地理解有机化学中的氧化还原。应当注意的是，属于同一类型的任何一种化合物转变成另一化合物时，既不是氧化反应也不是还原反应。有机化学中的大多数氧化反应都涉及获得氧原子和/或失去氢原子（Lavoisier 最初对氧化的定义）。相反的过程就是还原。

表 19.1 根据氧化态排列的简单官能团分类

		近似氧化数		
-4	-2	0	$+2$	$+4$
RH	C=C	—C≡C—	RCOOH	CO_2
	ROH	R(C=O)R	R(C=O)NH$_2$	CCl_4
	RCl	CHCl$_2$	CCl$_3$	
	RNH$_2$			
		CCl$_2$(C)		
		C(OH)$_2$		
等	等	等		

当然，氧化和还原同时发生。然而，我们把反应分成氧化或还原，取决于有机化合物被氧化还是被还原。在某些情况下，氧化剂和还原剂都是有机物。那些反应我们在本章的结尾另作介绍。

19.1 机理

必须注意，我们对氧化的定义与机理无关。例如：溴甲烷与 KOH 反应转变成甲醇（反应 10-1）和溴甲烷与 LiAlH$_4$ 反应转变成甲烷（反应 19-53），具有相同的 S_N2 机理；但一个是还原反应（按照我们的定义），而另一个则不是。与我们在第 10～18 章中研究的那些反应不同[2]，在本章中，在广泛的范畴内研究氧化和还原反应的机理是不现实的。主要原因是机理多种多样，机理多样的原因在于键的变化大不相同。例如在第 15 章中，所有反应都涉及下面键的变化（相对于底物）：C=C→W—C—C—Y。较少的几种机理就包括了所有的反应。但是在氧化和还原反应中，键的变化更加具有多样性。另一个原因是，给定的氧化或还原反应的机理，会随使用的氧化剂或还原剂的不同而差别极大。所以，往往只是对许多可能使用的试剂中的一种或几种深入研究,以了解其机理。

虽然不能像介绍其它反应机理那样来介绍氧化和还原机理,但我们仍能列出几种广泛的机理分类。这样做时,我们要遵循 Wiberg[3] 方案。

(1) 电子直接转移[4]　我们已经见到过在一些反应中,还原是直接获得电子而氧化是直接失去电子。一个例子是 Birch 还原(**15-13**),钠把电子直接转移给芳环。本章中的一个例子是酮的双分子还原(**19-76**),在该反应中供给电子的也是金属。这种机理主要存在于三类反应中[5]:(a) 自由基的氧化或还原(氧化成正离子或还原成负离子);(b) 将负离子氧化或将正离子还原成相对稳定的自由基;(c) 电解氧化或将还原(例如 Kolbe 反应,**14-29**)。(b) 类的一个重要例子是酚盐离子的氧化;因为所生成的自由基相对较稳定,所以这些反应容易发生[6]。SET 是一类重要的机理,本书中已出现了数次(参见 10.2 节)。

(2) 负氢离子转移[7]　在某些反应中,负氢离子向底物转移,或从底物中转移出。用 $LiAlH_4$ 还原环氧化物就是一例(**19-35**)。另一个例子是 Cannizzaro 反应(**19-81**)。碳正离子夺取负氢离子的反应也属于这一类[8]:

$$R^+ + R'H \longrightarrow RH + R'^+$$

(3) 氢原子转移　许多氧化和还原反应是自由基取代反应,涉及氢原子的转移。例如反应 **14-1** 中两个主要增长步骤之一就涉及氢原子的夺取:

$$RH + Cl\cdot \longrightarrow R\cdot + HCl$$

第 14 章的许多反应属于这种情况。

(4) 形成酯中间体　许多氧化反应涉及酯中间体(通常是无机酸酯)的形成以及随后发生的中间体裂解:

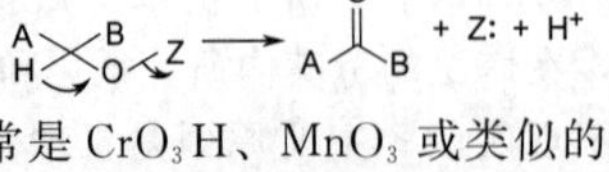

Z 通常是 CrO_3H、MnO_3 或类似的无机酸部分。反应 **19-23** 就是这种机理的一个例子,该反应中 A 是烷基或芳基,B 是 OH 基,而 Z 是 CrO_3H。另一个例子是仲醇氧化成酮(**19-3**),其中 A 和 B 是烷基或芳基,Z 也是 CrO_3H。用四乙酸铅氧化乙二醇(反应 **19-7**)的机理也遵循这种模式,不过离去的阳离子是碳而不是氢。应当注意的是,所示的裂解是 E2 消除。

(5) 置换机理　在这些反应中,有机底物利用它的电子在亲电的氧化剂上发生置换。一个例子是溴对烯烃的加成(反应 **15-39**)。

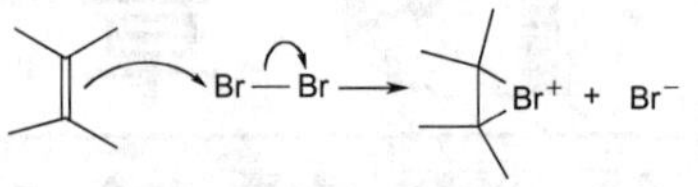

本章的另一个例子是反应 **19-29**:

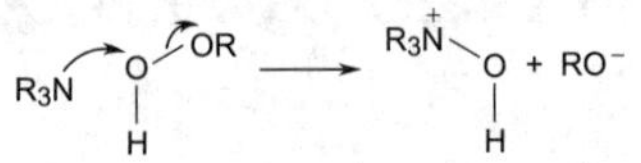

(6) 加成-消除机理　在 α,β-不饱和酮与碱性过氧化物反应时(**15-50**),氧化剂与底物加成,然后氧化剂的一部分发生离去:

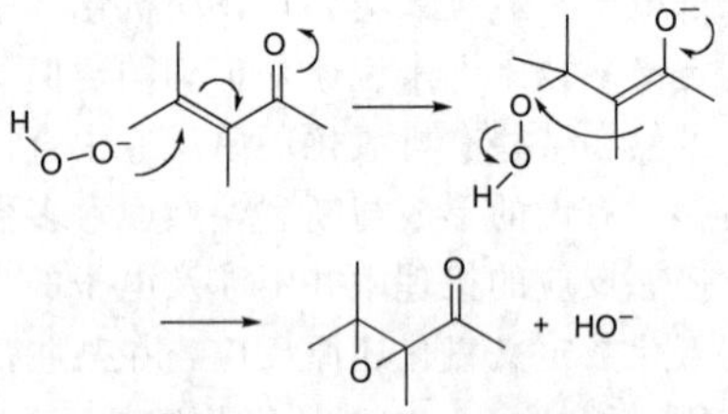

在这里,氧化剂中氧的氧化态是 -1。而 HO^- 中氧的氧化态为 -2,所以氧化剂被还原而该底物被氧化。有几种反应遵循下面的模式:氧化剂通常以不同氧化态加成和部分消除。另一个例子是酮用 SeO_2 氧化(反应 **19-17**),这个反应也是第 4 类的例子,因为它涉及酯的形成和 E2 裂解。这个例子表明,上面所说的六种机理不是互相排斥的。

19.2　反应

与我们在其它各章中的做法一样,本章中的这些反应系按有机底物的键的变化类型分类[9]。这就意味着关于个别氧化剂或还原剂(例如酸性重铬酸盐、$LiAlH_4$ 等)的使用,不放在一处讨论(但对还原剂选择性的讨论例外,参见 19.2.2.1 节)。某些氧化剂或还原剂反应时是相当特殊的,只进攻一类或几类底物。另外,像酸性重铬酸盐、高锰酸盐、$LiAlH_4$ 和催化氢化等的试剂和方法,则是多性能的,能与多种类型底物反应[10,11]。

19.2.1　氧化[11]

某些氧化反应放在其它的章节中讨论。例如,烯烃氧化成二醇(**15-48**)、芳香化合物氧化成二醇(**15-49**)或氧化成环氧化物(**15-50**)的反应放在第 15 章中论述,这样做是为了与 π 键加成的概念保持一致。同理,烯烃的二氨化(**15-53**)和氮丙啶的形成(**15-54**)反应也放在第 15 章中讨论。大多数其它的氧化反应在本章中讨论。这部分反应按照所涉及键的变化类型分类为：①氢的消除；②导致碳-碳键断裂的反应；③氢被氧置换的反应；④氧与底物加成的反应；⑤氧化偶联反应。

19.2.1.1 氢的消除
19-1 六元环的芳构化

六氢-消除

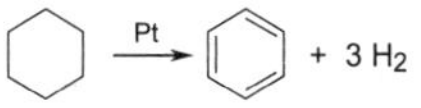

通过许多方法可使六元脂肪环芳构化[12]。若该环上已有一个或两个双键，或该环与芳环稠合，则很容易实现芳构化。芳构化反应也能应用于五元杂环和六元杂环。许多取代基团可以处于环上，而对反应无干扰，甚至偕二烷基取代通常也不会妨碍此反应的进行。在这些情况下，一个烷基往往迁移或消除。但是，这种反应常需要较强烈的条件。有时也会从环上失去 OH 或 COOH 基。用芳构化反应能使环酮转变成苯酚。七元及七元以上的大环常被异构成六元芳环，但是部分氢化的甘菊环系（自然界中可经常发现甘菊环系）不是这种情况；这些甘菊环系化合物被转换成甘菊环。

最常用于实现芳构化的试剂有三类：

（1）氢化催化剂[13] 如铂、钯[14]、镍等三氟乙酸钯也能催化环己烯的氧化芳构化[15]。这种情况下发生的反应是双键氢化（反应 **15-11** 和 **15-14**）的逆反应，虽然对其机理知道得并不多[16]。但可以推定该反应是双键氢化机理的逆过程。在铂的作用下，环己烯是环己烷转化为苯的中间体[17]。反应需要将底物和催化剂一起加热到约 300～350℃。如果反应体系中存在着像顺-丁烯二酸、环己烯或苯这样可以除去瞬时生成的氢的氢受体，则反应常常可以在温和的条件下完成，氢受体被还原成饱和化合物。也可使用其它过渡金属[18]。据报道：1-甲基环己烯-1-^{13}C 用氧化铝催化剂脱氢生成甲苯，产物中同位素标记的碳原子分散在整个芳环上[19]。对于多环体系，与氧气在活性炭上加热生成芳香化合物，如二氢蒽转化为蒽[20]。

（2）单质硫和硒 它们与释放的氢结合分别产生 H_2S 和 H_2Se。这类反应的机理所知甚少[21]。

（3）醌[22] 它被还原成相应的氢醌。常用于芳构化的两种重要的醌是氯醌（2,3,5,6-四氯-1,4-苯醌）和 DDQ（2,3-二氯-5,6-二氰基-1,4-苯醌）[23]。后者比较活泼，可以用于难以脱氢的底物。反应机理涉及负氢离子向醌的氧上转移，然后是质子向酚盐离子的转移[24]。

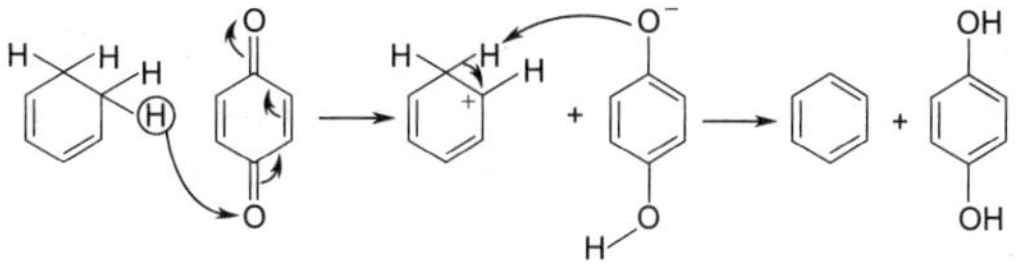

其它用来芳构化六元环的试剂[25]有：空气中的氧、MnO_2[26]、SeO_2、H_2SO_4 和钌催化剂[27]。最后一种试剂也可使环戊烷脱氢转变成环戊二烯。在有些情况下，氢不以 H_2 形式释放，也不转移到外部氧化剂上，而是还原另一个底物分子。这是一种歧化反应，可以用环己烯转变成环己烷和苯为例说明。

杂环化合物，如喹啉衍生物，能够从氨基酮与羟基(甲苯磺酰基)碘苯及高氯酸反应制备[28]，或从氨基酮与 $NaHSO_4$-$Na_2Cr_2O_7$ 在湿的硅胶上反应[29] 制备。在 $NaNO_2$-草酸与湿硅胶[30]、$BaMnO_4$[31]、$FeCl_3$-乙酸[32]或 SeO_2[33]的作用下，二氢吡啶可转化为吡啶。Hantzsch 1,4-二氢吡啶（参见反应 **15-14** 和 **16-17**）与高氯酸铁在乙酸中反应可被芳构化[34]。在 NCS 和过量甲醇钠存在下，环亚胺能转变成吡啶衍生物[35]。烯胺可用 Sn 或 Sb 化合物芳构化[36]。

要注意的是，己烷被氢气在 Ir 催化剂作用下氢解生成正己烷[37]。

OS Ⅱ，214，423；Ⅲ，310，358，729，807；Ⅳ，536；Ⅵ，731；另见 OS Ⅲ，329.

19-2 脱氢产生碳-碳双键

双氢-消除

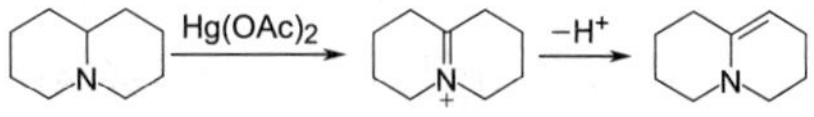

虽然工业上用这种方法从烷烃混合物（通常与催化剂铬-铝共热）得到烯烃混合物，但脂肪族化合物在特定位置上的脱氢产生双键通常很难发生。然而，也存在某些例外，例如，环辛烷与 Ir 催化剂共热生成环辛烯[38]；具有烯丙氢的烯烃与 $CrCl_2$ 反应生成丙二烯[39]。这并不奇怪，因为这些情况一般涉及新双键能与已经存在的双键或者孤对电子共轭[40]。一个例子是由 Leonard 及其同事发现三级胺在乙酸汞的作用下[41]形成烯胺（反应 **10-69**）的合成反应[42]（见上面的例子）。此时反应首先生成的是亚胺鎓离子（**1**），然后它失去一个质子形成烯胺。其它过渡金属催化剂如 Co 化合物也可将胺转化为烯胺[43]。Hünig 碱（二异丙基乙胺）与 Ir 催化剂共热被转化为烯胺（N,N-二异丙基-N-乙烯基胺）[44]。

氧化剂 SeO_2 在某些条件下能使羰基化合物失去一分子 H_2 而形成 α,β-不饱和羰基化合物（但是这种试剂往往容易发生反应 **19-17**）[45]。这个反应往往用于合成甾类化合物。例如由 **2** 生成 **3**[46]：

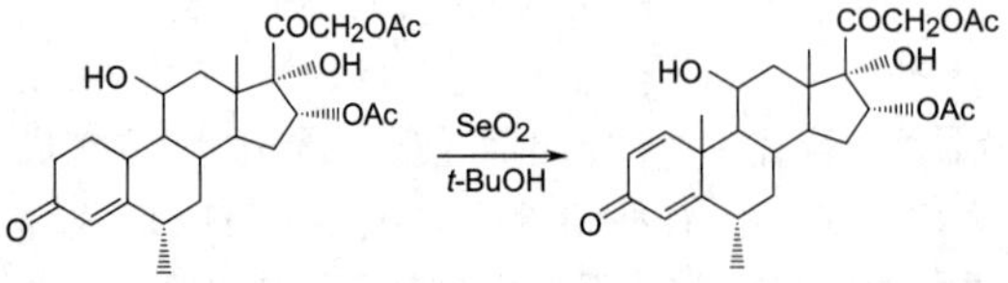

类似地，SeO_2 可以使 1,4-二酮（$RCOCH_2CH_2COR$ → $RCOCH=CHCOR$）[47] 和 1,2-二芳基烷（$ArCH_2CH_2Ar$ → $ArCH=CHAr$）发生脱氢反应。这些转变也能在某些醌中完成，最明显的例子是 DDQ（见反应 **19-1**）[24]。分子氧在 Pd 催化剂存在下可将环酮转化为共轭酮[48]。

简单的醛和酮也可在 $PdCl_2$[49] 或 $FeCl_3$[50] 或苯亚硒酸酐（此试剂也可通过类似途径使内酯脱氢）[51] 以及其它反应物的作用下脱氢（如：环戊酮→环戊烯酮）。完成这种转化的一个间接途径是用 DDQ[52] 或三苯基甲基阳离子[53] 处理一个简单酮的甲硅基烯醇醚（另一种间接的途径见反应 **17-12**）。甲硅基烯醇醚在硝酸铈铵的 DMF[54] 溶液或 $Pd(OAc)_2/NaOAc/O_2$[55] 的作用下也会生成共轭酮。

简单的直链烷烃经过某些过渡金属化合物的处理可转变成为烯烃[56]。

Breslow[57] 和 Baldwin[58] 报道了一种与以往途径完全不同的特殊脱氢方法（远程官能团化）。例如，可以用这个方法使 3α-胆甾烷醇（**4**）转变成为 5α-胆甾-14-烯-3α-醇（**5**），这样就在远离其它任何官能团的特殊位置引入了双键[59]。

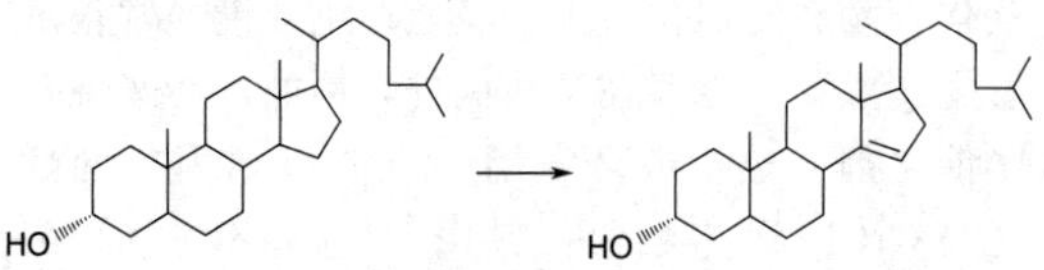

某些 1,2-二芳基烯烃（$ArCH=CHAr$）在 t-BuOK 的 DMF 溶液[60] 中可以转变为相应的芳炔（$ArC\equiv CAr'$）。二氢吲哚在 N,N',N''-三氯-1,3,5-三嗪-2,4,6-三酮和 DBU 的作用下可以转化为吲哚[61]。

另一种不同的脱氢方法已应用于 Paquette 合成十二面烷反应的最后一步[62]：

十二面烷

OS Ⅴ, 428; Ⅶ, 4, 473.

19-3 醇氧化或脱氢生成醛和酮
C,O-双氢-消除

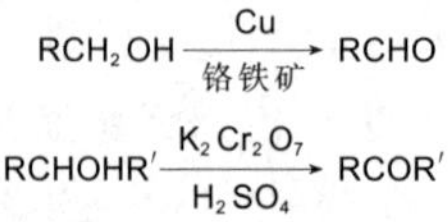

$$RCH_2OH \xrightarrow[\text{铬铁矿}]{Cu} RCHO$$

$$RCHOHR' \xrightarrow[H_2SO_4]{K_2Cr_2O_7} RCOR'$$

一级醇转化为醛，二级醇转化为酮的方法主要有以下几种[63]：

（1）铬试剂[64] 二级醇在室温或略高于室温的条件下很容易被酸性重铬酸盐[65] 氧化成酮。铬酸和硫酸溶液的混合液被称为 Jones 试剂[66]。二级醇能很快被氧化为酮，且产率高，不会破坏分子中的双键或叁键（见 **19-10**），分子中的手性中心也不会被破坏[67]。重铬酸钠与醇混合振摇即可使醇氧化，而无需加入溶剂，这提供了一种氧化醇的方法[68]。CrO_3[69] 可用于在无溶剂条件下氧化伯醇。在超临界 CO_2 中，附着于硅胶上的 CrO_3 可使醇氧化成相应的羰基化合物[70]。对于酸敏感化合物，可使用三甲基硅基铬酸酯来氧化[71]。CrO_3 加上叔丁基过氧化氢在微波辐照下可氧化苄醇[72]。使用相转移催化剂非常有效[73]，特别当反应底物不溶于水时（参见 10.7.5 节）。催化量的 $Cr(acac)_3$ 和 H_5IO_6 联合使用可使苄醇氧化成醛[74]。

Jones 试剂也可以将一级的烯丙醇氧化成为相应的醛[75]，但是存在进一步氧化成羧酸的问题[76]。研究发现，伯醇在 3A 分子筛存在下发生氧化断裂[77]。一种防止醛进一步氧化的方法是在醛生成的时候将其蒸馏出来，但这种方法有时并不有效。为了克服这些问题，可采用其它的氧化条件，至少可以将某些伯醇氧化成醛[78]。三种最常用于氧化烯丙醇的 Cr(Ⅵ) 试剂[79] 是二吡啶合三氧化铬（Collins 试剂）[80]，氯铬酸吡啶盐（PCC）[81] 以及重铬酸吡啶盐（PDC）[82]。PCC 有一定的酸性，可能发生酸催化的重排[83]。

在 PCC 和 PDC 中可使用吡啶的类似物，多种胺和二胺已被转化为四烷基铵氯铬酸盐或四烷基铵重铬酸盐，例如，N-苄基-1,4-二氮杂二环[2.2.2]辛烷铵重铬酸盐并辅以微波辐照[84]，γ-甲基吡啶氯铬酸盐[85]，以及喹啉氟铬酸盐[86]。苄基三苯基鏻氯铬酸盐具有类似的作用[87]。氧化剂可以附着于高聚物载体中使用[88]，铬酸[89]和聚[乙烯基（吡啶氟铬酸盐）][90]都是这样使用的。三苯基甲基鏻氯铬酸盐对于苄醇的选择性氧化十分有效[91]。

酸性重铬酸盐的氧化机理已经被深入地研究过了[92]，目前普遍认可的机理由 Westheimer 提出[93]。前两步是属于 19.1 节 (4) 的一个例子。

$$R_2CHOH + HCrO_4^- + H^+ \rightleftharpoons R_2CHOCrO_3H$$

$$R_2CHOCrO_3H \xrightarrow{碱} R_2C=O + HCrO_3^- [Cr(IV)] + 碱-H^+$$

$$R_2CHOH + Cr(IV) \longrightarrow R_2\dot{C}OH + Cr(III)$$

$$R_2\dot{C}OH + Cr(VI) \longrightarrow R_2C=O + Cr(V)$$

$$R_2CHOH + Cr(IV) \longrightarrow R_2C=O + Cr(III)$$

第 2 步的碱可以是水，某些情况下可能没有外来的碱[94]，质子直接转移到 CrO_3H 中的一个氧上，使得 Cr(IV) 变为 H_2CrO_3。

$$R_2C(H)OCr(=O)_2OH \longrightarrow R_2C=O + H_2CrO_3$$

支持这一机理的部分证据是，在使用 MeCDOHMe 时，同位素效应约为 6，表明 α-氢在决速步离去[95]。值得注意的是，如反应 **19-23**，反应物是被三种不同氧化态的铬氧化的[96]。

其它氧化剂的机理尚不清楚[97]，有些氧化剂似乎是通过负氢离子转移机理进行的[98]，例如利用三苯基甲基正离子的脱氢反应[99]及 Oppenauer 氧化法；另一些氧化剂则可能通过自由基机理进行反应，如用 $S_2O_8^{2-}$[100] 和用 VO_2^+[101] 氧化。Littler 对许多可能的氧化机理作了总结[102]。

（2）锰及其它金属氧化剂　高锰酸钾（$KMnO_4$）可用于醇的氧化[103]。$KMnO_4$ 在相转移的条件下可以选择性地将苄醇和烯丙醇氧化成醛，而不氧化饱和醇[104]。相转移催化剂也被用来与铬酸[105]或四氧化钌[106]一起使用。另外，超声也被用在了 $KMnO_4$ 的氧化反应中[107]。高锰酸盐可以附着于高聚物载体中使用[108]。

高锰酸盐[109]是选择性氧化苄基伯醇及苄醇的重要试剂，优先氧化脂肪族底物[110]。它的改进形式 $MnO_2/AlCl_3$ 也可氧化醇[111]。

可用 Me_3NO 替代 MnO_2，Me_3NO 在 CHD-Fe(CO)$_3$ 存在下可氧化苄醇和烯丙醇[112]。使用 $NaBrO_3$ 的乙腈水溶液[113]或附着于黏土上的 K_2FeO_4[114]可发生类似的氧化反应。用 AuCl 及阴离子配体可将伯醇氧化成醛[115]。Grubbs 催化剂 [$PhCH=Ru(PCy_3)_2Cl_2$，其中 Cy = 环己基（cyclohetyl），参见反应 **18-37** 中的 **156**] 在 KOH 存在下也可氧化醇[116]。

四丙基铵钌酸盐（即 $Pr_4N^+RuO_4^-$，缩写为 TPAP；Ley 试剂）[117]是一种重要的氧化剂，它不会影响分子中存在的其它官能团[118]。在分子氧的存在下，TPAP 可催化醇的氧化[119]。该试剂也可固定在高聚物上使用[120]。已经发展了催化剂回收和 TPAP 重复利用的方法[121]。

还可以使用许多其它的氧化剂，例如，四氧化钌[122]、$MeReO_3$[123]、HNO_3 与 $Yb(OTf)_3$ 催化剂[124]、$FeBr_3-H_2O_2$[125]、离子液体中的硝酸铈铵[126]、Bi 催化剂[127]、O_2 与过渡金属催化剂[128]，以及 RuO_2 与沸石催化剂[129]。曾有报道指出，使用负载于沸石上的硝酸铁可进行微波促进的苄醇氧化[130]。

可以在伯羟基存在下选择性地氧化仲羟基[131]的试剂有 H_2O_2-钼酸铵[132]、脲-H_2O_2 与 $MgBr_2$[133]；而 $RuCl_2(PPh_3)_3$-苯[134]、四氧化锇[135]和 $Br_2-Ni(OBz)_2$[136]则可以在仲羟基的存在下选择性地氧化伯羟基[137]。某些锆配合物能够选择性地只氧化二醇中的一个羟基，即使两个都是伯羟基[138]。α-羟基酮可被 $Bi(NO_3)_3$ 与催化剂 $Cu(OAc)_2$[139]、氯化铁（固体）[140]或 O_2 与 V 催化剂[141]氧化成 1,2-二酮。1,2-二醇可被 NBS 及手性 Cu 催化剂氧化成手性 α-羟基酮[142]。

（3）Oppenauer 氧化　在醇铝存在下，酮作为氧化剂（本身被还原为二级醇）的反应即为 Oppenauer 氧化[143]。此反应是 Meerwein-Ponndorf-Verley 反应（**19-36**）的逆反应，其机理也是该反应机理的逆过程。常用的酮为丙酮、丁酮和环己酮。常用的碱是叔丁醇铝。此反应最大的优点是具有高度选择性。以前此反应最常用来制备酮，但现在也可以用它来制备醛。已经研制成 Oppenauer 氧化的 Ir 催化剂[144]，以及可溶于水的 Ir 催化剂[145]。水溶性的配合物可均相催化该反应[146]。在超临界条件下进行的无催化的反应已有报道[147]。

（4）基于 DMSO 的试剂　低温下使用草酰氯及 DMSO 的反应被称为 Swern 氧化[148]，该反应具有广泛的用途。反应时原位生成了锍盐，锍盐与醇反应得到氧化反应所需的关键中间体[149]。这个反应必须在低温下进行，因为原位生成的试剂在大大低于室温时就会发生分解。值得注意的是，同时具有醇和二硫键结构的分子进行 Swern 氧化时，得到的是酮，而硫却不发生氧化[150]。除 DMSO 外，其它的亚砜也可以与草酰氯一起使用，用于醇的氧化[151]，例如氟代亚砜[152]和高聚物固载的亚砜[153]。

由以下试剂代替 DCC[154]，也可以与 DMSO 一同作为试剂，发生类似的氧化反应：醋酸酐[155]，SO_3-吡啶-三乙基胺[156]，三氟乙酸酐[157]，新戊酰氯[158]，甲苯磺酰氯[159]，$Ph_3P^+Br^-$ [160]，三甲基胺 N-氧化物[161]，Mo 催化剂与 O_2 [162]以及甲基磺酸酐[517]等。与48% HBr 混合的 DMSO 可将苄醇氧化成芳醛[163]。醇与 DMSO、DCC[164]和无水磷酸[165]的反应被称为 Moffatt 氧化反应。在这种条件下，一级醇可以被氧化为醛而没有酸生成。

强酸性条件有时会引起一些麻烦，造成二环己基脲副产物难以完全除去。

(5) TEMPO 及类似试剂 硝酰自由基 TEMPO (**6**) 可与一些共试剂一同用于氧化反应，这些试剂包括：mcpba[166]，O_2 与过渡金属催化剂[167]，O_2 与 HBr 及叔丁基亚硝酸酯[168]，$CuBr_2$(bpy)-空气 (bpy = 2,2'-二吡啶基)[169]，全氟溶剂中的 $CuBr \cdot SMe_2$ [170]，溴代乙内酰脲 (bromohydantoins)[171]，酶[172]，卡宾[173]，$NaNO_2$-HCl[174]，$NaIO_4$ [175]以及 H_5IO_6 [176]。可以使用硅胶负载的 TEMPO[177]、高聚物固定的 TEMPO[178]或 PEG-TEMPO[179]。由 TEMPO 衍生得到的离子液体[180]或离子液体负载的 TEMPO[181]可用于醇的氧化。TEMPO 化合物也可以与高聚物固载的高价碘试剂一同使用[182]。在 5% TEMPO 和 5% CuCl 催化下，苄醇与 O_2 在离子液体中发生氧化反应，生成相应的醛[183]。用离子负载的 TEMPO 可以在水中进行氧化反应[184]。

另外一些硝酰自由基氧化剂也能用于该反应[185]。一个类似的氧化剂是氧化铵盐 **7** (Bobbitt 试剂)，稳定且不吸湿，能够在二氯甲烷中将一级醇和二级醇氧化[186]。已经有人研究了 **7** 的氧化机理[187]。

<chemical structures 6 and 7>

(6) 高价碘试剂[188] 2-碘苯甲酸与 $KBrO_3$ 在硫酸中反应后，将得到的产物与醋酸酐和醋酸一起加热至 100℃[189]就得到了高价碘试剂 (**8**)，该试剂也被称为 Dess-Martin 高碘烷 (Dess-Martin periodinane)[190]。将此试剂与醇在室温下反应能得到相应的醛或酮[191]，加水能加速此反应[192]。已经制得溶于水的高碘烷 [邻碘酰苯甲酸 (**9**)，IBX][193]，该试剂可将烯丙醇氧化成共轭醛[194]。2-甲基-2-丙醇可用作此反应的溶剂[195]。此试剂在密封的容器里可以长期稳定存在，但长时间暴露于潮湿的空气中后会发生水解。需注意：Dess Martin 氧化剂在某些条件下对震动敏感，且在约 200℃ 会发生爆炸[196]！

<chemical scheme showing compound 8 synthesis and compound 9 reaction>

碘可用作共催化剂[197]。此外，还有一些高价碘氧化剂[198]，如：$PhI(OAc)_2$/TEMPO[199]，$PhI(OAc)_2$-Cr(salen)[200]，在微波辐照下附着于氧化铝基质上的 $PhI(OAc)_2$ [201]，以及离子负载的高价碘 (Ⅲ) 试剂[202]。苄醇在微波辐照下被 PhI(OH)OTs 氧化成相应的醛[203]。高价碘化合物可在离子液体中使用[204]。苄醇与邻碘酰苯甲酸在无溶剂条件下共热生成醛[205]。2-碘苯磺酸是一种是非常活泼的催化剂，可用于 Oxone 氧化醇的反应[206]。

(7) 催化脱氢方法 在一级醇转变为醛的反应中，催化脱氢优于使用强氧化剂，因为它消除了化合物被进一步氧化为羧酸的可能性。铜-铬铁矿是最常用的试剂。除此之外，其它催化剂 (例如：银和铜) 也可应用于此反应。许多酮就是这样制备的。催化脱氢方法在工业生产中比在实验室中更为常用。然而，使用铜 (Ⅱ) 配合物[207]、铑配合物[208]、钌配合物[209]、Naney 镍[210]和钯配合物[211] (在相转移条件下)[212]的反应都已经被报道过。烯丙醇[213]在铑催化剂催化下被氧化成相应的饱和醛或酮，苄醇在铑催化剂作用下转变成醛[214]。炔丙醇在加热条件下可被钒催化剂氧化[215]。二级醇可被高岭土上的 $Bi(NO_3)_3$ 氧化[216]。另外，通过氢转移可以进行生物氧化[217]。

(8) 混合试剂[218] 二氯甲烷中的硝酸可氧化苄醇，得到相应的酮[219]。溴是很好的氧化剂，碘在光化学条件下也被使用过[220]。1,2-二醇在四氯化碳中与 NBS 共热,得到 1,2-二酮[221]。

碘常与 DMSO 和肼一同使用[222]。酶氧化反应也被报道[223]。用 I_2O_5 可在水中对醇进行氧化[224]。二甲基环双氧乙烷[225]可将苄醇氧化为相应的醛[226]。环双氧乙烷非常温和,在三氟甲基环双氧乙烷作用下,α,β-环氧醇被氧化成相应的酮,而环氧化合物却没有受到影响[227]。在甲酸中,过氧化氢与尿素的化合物可以氧化芳醛[228]。叔丁基过氧化氢,在 Cu 催化剂作用下的可以在离子液体中发生氧化反应[229]。单过氧硫酸钾在手性酮存在下可以将 1,2-二醇对映选择性地氧化成 α-羟基酮[230]。单过氧硫酸钾在氧气存在下也能氧化二级醇[231]。在一种沸石的存在下,空气可以氧化苄醇[232]。高碘酸在 PCC 催化剂存在下可氧化醛或酮[233]。在乙酸中[234]或在水中与 β-环糊精一同使用[235]的次氯酸钠是良好的氧化剂。湿氧化铝中的次氯酸钙通过微波照射,可以用来氧化苄醇[236]。H_2O_2 水溶液与溴化氢一同使用,可将仲醇氧化成酮[237]。当 1,2-二醇中含有苄基型或烯丙型羟基时,DDQ 可在超声波作用下选择性地氧化这样的羟基[238]。在催化量 NBS 存在下,醇可发生光氧化反应[239]。I_2-KI-K_2CO_3-H_2O 的混合物可在无氧条件下将醇氧化成醛或酮[240]。类似地,$KBrO_3/ZrClO_2 \cdot 8H_2O$ 也可氧化醇[241]。Oxone 在 $AlCl_3$ 催化下可氧化醇[242]。

四丁基铵高碘酸盐[243]和苄基三苯基鏻高碘酸盐[244]可将伯醇氧化成醛。另外,Fremy 盐(见反应 **19-4**)能够选择性地氧化苄醇而不氧化烯丙基醇或饱和醇[245]。

与醇的氧化反应相似,也可以将醚氧化成醛。三甲基硅基醚被 O_2、催化量的 N-羟基邻二甲酰亚胺及 Co 催化剂氧化,生成醛[246]。$BiCl_2$ 在微波辐照下可将苄基 TMS 醚氧化成醛[247]。也可使用沸石负载的硝酸铁在微波辐照下进行氧化反应[248]。O-四氢吡喃基醚(O-THP)被沸石负载的硝酸铁氧化成醛[249],烯丙基醚在 Pd 催化下被氧化成共轭酮[250]。N-溴代琥珀酰亚胺与 β-环糊精可在水中氧化四氢吡喃基醚[251]。

OS Ⅰ,87,211,241,340;Ⅱ,139,541;Ⅲ,37,207;Ⅳ,189,192,195,467,813,838;Ⅴ,242,310,324,692,852,866;Ⅵ,218,220,373,644,1033;Ⅶ,102,112,114,177,258,297;Ⅷ,43,367,386;Ⅸ,132,432;另见 OS Ⅳ,283;Ⅷ,363,501。

19-4 苯酚和芳胺被氧化成醌

1/O,6/O-双氢-消除

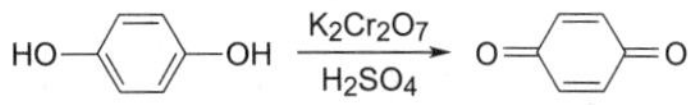

$$HO-\text{C}_6H_4-OH \xrightarrow[H_2SO_4]{K_2Cr_2O_7} O=\text{C}_6H_4=O$$

邻苯二酚和对苯二酚很容易被氧化成邻苯醌和对苯醌[252]。将两个羟基中的一个或两个都换成 NH_2 也可以得到同样的产物,但从邻苯醌的制备上来说,通常只有羟基是令人满意的。当羟基或氨基的对位存在其它基团,如卤素、OR、Me、叔丁基、甚至 H 时,反应也可以成功进行,但对位是 H 时产率很低。很多氧化剂都可以实现氧化,如:酸性重铬酸盐[253]、氧化银、碳酸银、四乙酸铅、HIO_4、NBS-H_2O-H_2SO_4[254],二甲基环双氧乙烷[255]以及空气中的氧[256]等。采用 O_2 和四苯基卟吩可进行光化学氧化反应[257]。$(KSO_3)_2N-O \cdot$(亚硝基二磺酸二钾,Fremy 盐)是一种稳定的自由基[258],它是能氧化只有一个羟基或氨基的芳环的特效试剂。4-碘苯氧基乙酸和 Oxone 的混合物是对烷氧基苯酚氧化成对苯醌的有效催化剂[259]。负载后的铁酞菁可促进苯酚的芳香氧化[260]。

与反应 **19-3** 简单醇的氧化相比,此反应的机理更不明确。但是在此类反应中,反应的机理似乎随着氧化剂的不同而改变。当在 $H_2^{18}O$ 中用 $NaIO_4$ 氧化邻苯二酚时,发现反应生成无标记的苯醌[261],所以该反应的机理可能是[262]:

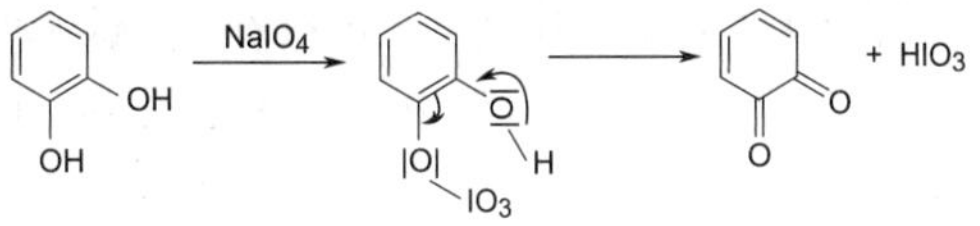

$$\text{邻苯二酚} \xrightarrow{NaIO_4} \text{中间体} \longrightarrow \text{邻苯醌} + HIO_3$$

当邻苯二酚用 MnO_4^- 在非质子溶剂中氧化时,则生成了一个半醌形式的自由基离子中间体[263]。而自动氧化[264](即利用空气中的氧气)时则为自由基机理[265]。

OS Ⅰ,383,482,511;Ⅱ,175,254,430,553;Ⅲ,663,753;Ⅳ,148;Ⅵ,412,480,1010。

19-5 胺的脱氢反应

1/1/N,2/2/C-四氢-消除

$$RCH_2NH_2 \longrightarrow RCN$$

一级胺可以在其伯碳上使其脱氢从而生成腈。此反应可以用多种试剂实现:I_2 的氨水溶液[266]、IBX[参见反应 **19-3** 中(6)][267],NaOCl[268]、Me_3N-O/OsO_4[269]、$Ru/Al_2O_3/O_2$[270] 以及 $CuCl/O_2$/吡啶[271]。碘及 1,3-二碘-5,5-二甲基乙内酰脲的氨水溶液可将胺和醇都转化为腈[272]。胺的脱氢反应可在胶束水溶液中进行[273]。

已有报道，二级胺也可以通过多种方法脱氢生成亚胺[274]，主要使用以下三种试剂[275]：①单独或在钌的复合物中使用 PhIO[276]；②Me_2SO 和草酰氯[277]；③t-BuOOH 和 Rh 催化剂[278]。N-甲苯磺酰基氮丙啶与 Pd 催化剂共热可转化为 N-甲苯磺酰基亚胺[279]。在一个有趣的反应中，四氢吡咯烷与碘苯及 Rh 催化剂反应生成 2-苯基四氢吡咯烷[280]。

一级胺和二级胺[281]在钯黑的催化下[282]先脱氢生成亚胺，然后继续反应。起初由脱氢形成的亚胺可与另一相同或不同的胺形成缩醛胺，随后缩醛胺脱去一分子 NH_3 或 RNH_2 形成二级或三级胺。此类反应的一个例子是 N-甲基苄基胺与丁基甲基胺反应，以 95% 的产率生成 N-甲基-N-丁基苄基胺。

$$\text{Ph-CH(Me)-NH-H} \xrightarrow{\text{Pd黑}} [\text{Ph-C(Me)=N-H}] \xrightarrow{\text{BuNHMe}}$$

$$[\text{Ph-CH(NHMe)-N(Me)Bu}] \xrightarrow{\text{Pd, [H}_2\text{]}, -\text{MeNH}_2} \text{Ph-CH}_2\text{-N(Me)Bu}$$

在一个相关的反应中，烷基叠氮与 BrF_3 反应生成相应的腈[283]。

19-6 肼、腙和羟胺的氧化
1/N,2/N-双氢-消除

$$\text{Ar—NH—NH—Ar} \xrightarrow{\text{NaOBr}} \text{Ar—N=N—Ar}$$

N,N'-二芳基肼（联氨基化合物）能被某些氧化剂氧化成偶氮化合物，这些氧化物如：NaOBr，相转移条件下的 $K_3Fe(CN)_6$[284]，$FeCl_3$[285]，MnO_2（产物为顺式偶氮苯）[286]，$CuCl_2$，以及空气和 NaOH[287]。此反应也可用于 N,N'-二烷基肼和 N,N'-二酰基肼。单侧取代的肼（烷基和芳基）也能被氧化成偶氮化合物[288]，但这些化合物不稳定，分解成氮气和烃：

$$\text{Ar—NH—NH}_2 \longrightarrow [\text{Ar—N=NH}] \longrightarrow \text{ArH} + \text{N}_2$$

苯胺衍生物与十六烷基三甲基重铬酸铵在氯仿中共热可转化为偶氮化合物[289]。腙用 HgO、Ag_2O、MnO_2、PbO_4 或其它一些氧化剂氧化时，则生成重氮化合物[290]：

$$R_2C=N-NH_2 \xrightarrow{\text{HgO}} R_2C=N^+=N^-$$

而 $ArCH=NNH_2$ 形式的腙在二甘醇二甲醚或乙醇中被 HgO 氧化时，会生成腈（ArCN）[291]。用单过氧邻苯二甲酸镁（MMPP）[292]或用二甲基环双氧乙烷[293]可以将二甲基腙 R—C=N—NMe_2 氧化成为相应的腈（RCN）。在微波辐照下，湿氧化铝中的 Oxone 也可将腙转化为腈[294]。芳香族醛的肟在 $InCl_3$ 作用下转化为芳香腈[295]（酮肟发生 Beckmann 重排，反应 18-17）。

相关地，许多氧化剂可以将一级芳香胺氧化成为偶氮化合物，氧化剂可以是 MnO_2、四乙酸铅、O_2 和碱、$BaMnO_4$[296]、过硼酸钠的乙酸溶液。此外，叔丁基过氧化物可以将某些一级胺氧化成氧化偶氮化合物[297]。

N-羟基二级胺被 5% NaOCl 水溶液氧化生成硝酮[$C=N^+(R)-O^-$][298]。二级胺（如二苄基胺）与过氧化异丙苯在钛催化剂存在下加热，可转化为相应的硝酮[299]。

OS II, 496; III, 351, 356, 375, 668; IV, 66, 411; V, 96, 160, 897; VI, 78, 161, 334, 392, 803, 936; VII, 56; 另见 OS V, 258。一级胺的氧化，见 OS V, 341。

19.2.1.2 导致 C—C 键断裂的氧化[300]
19-7 邻二醇及相关化合物的氧化裂解
2/O-脱氢-断裂

$$\text{HO-C(OH)} \xrightarrow{\text{HIO}_4 \text{ 或 Pb(OAc)}_4} \text{=O} + \text{O=}$$

1,2-邻二醇容易被高碘酸和四乙酸铅在温和的条件下氧化，反应产率很高[301]。根据两个碳所连接的基团，反应产物可以是 2mol 醛、2mol 酮、或 1mol 醛和 1mol 酮。由于此反应的产率很高，所以常常先把烯氧化成邻二醇（反应 15-48），然后再用 HIO_4 或 $Pb(OAc)_4$ 使其裂解，而不是直接用臭氧（反应 19-9）或重铬酸盐或高锰酸盐氧化（反应 19-10）。邻二醇可从烯烃原位生成并原位裂解成羰基化合物[302]。许多其它的氧化物与邻二醇反应也可以得到相同的产物[303]，如：NaClO[304]、活化的 MnO_2[305]、O_2 和 Ru 催化剂[306]或 PCC[307]。而高锰酸盐、重铬酸盐和其它一些氧化剂[308]也能使邻二醇发生裂解，但反应生成酸而不是醛，而且这些试剂在合成中很少使用。

高碘酸和四乙酸铅这两种氧化剂是互补的，高碘酸用在水溶液中效果最好而四乙酸铅则是在有机溶剂中效果最好。已经制得手性的羧酸铅，可用于 1,2-邻二醇的氧化裂解[309]。当有三个或更多的羟基连在相邻的碳上时，中间的一个或几个羟基碳反应后转变为甲酸。

另外一些相邻碳上有氧或氮的化合物也会发生类似的裂解：

第19章　反应　899

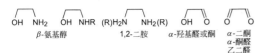

1,2-环二胺可以被二甲基环双氧乙烷氧化裂解生成二酮[310]；α-二酮和α-羟基酮可以被碱性 H_2O_2 氧化裂解[311]。HIO_4 则可以将环氧化物裂解为醛[312]，例如：

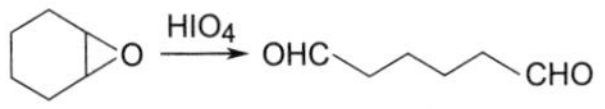

α-羟基酸和α-酮酸不会被 HIO_4 氧化裂解，但是可以被冠醚存在下的 $NaIO_4$ 的甲醇溶液[313]、$Pb(OAc)_4$、碱性 H_2O_2 以及其它一些试剂氧化裂解。这些裂解是脱羧反应。α-羟基酸变成醛或酮，而α-酮酸生成酸。参见反应 **19-12** 和 **19-13**。

邻二醇被 $Pb(OAc)_4$ 氧化的反应机理是由 Criegee 提出来的[314]：

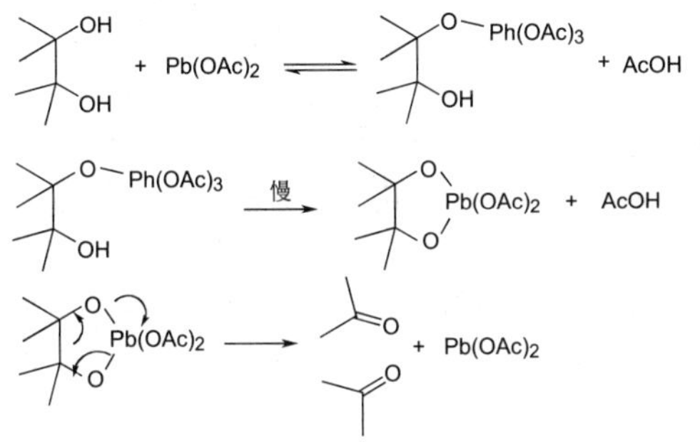

以下事实支持此机理：①反应在动力学上是二级的（对每个反应物都是一级）；②加入乙酸会阻止反应（使平衡向左移）；③顺式邻二醇反应速度比反式邻二醇要快得多[315]。高碘酸的机理与此类似，中间体为 **10**[316]：

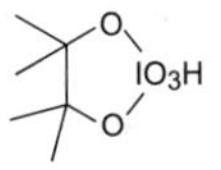

10

但是此环状中间体机理并不能解释所有邻二醇的氧化，因为某些不能形成此类酯的邻二醇（如 **11**）仍然可以被四乙酸铅氧化（但是也有一些不能形成环酯的邻二醇用这两种试剂都不发生氧化裂解[317]）：

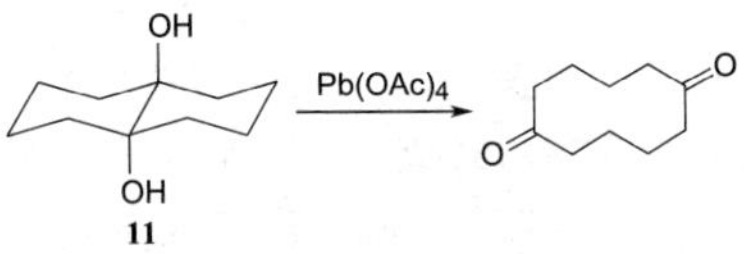

11

为了解释类似于 **11** 的情况，人们提出了一种环状过渡态[315]。

OS **IV**, 124；**VII**, 185；**VIII**, 369.

19-8　酮、醛和醇的氧化裂解
环酮的氧化开环

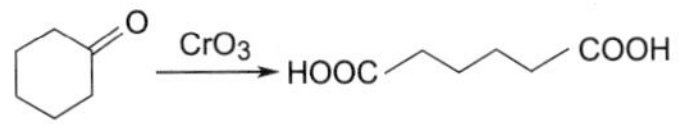

开链酮或醇的氧化裂解[318]一般很少用作制备途径，不是因为它们不能被氧化（除了二芳基酮之外，它们都能被氧化），而是因为它们被氧化后常常得到一些不期望的混合物。但是，芳基甲基酮（如：苯乙酮）很容易被 Re_2O_7 和 70%的叔丁基过氧化氢水溶液氧化成为芳基羧酸[319]。氧气与 Mn 及 Co 催化剂的混合物[320]，以及高价碘化合物[321]可进行类似的氧化裂解。醛（如：$PhCH_2CHO$）与重铬酸磷盐在乙腈中回流可被裂解为苯甲醛[322]。1,3-二酮（如：1,3-二苯基-1,3-丙二酮）可被 Oxone 水溶液氧化裂解为苯甲酸[323]。α-氯环酮用四水合硫酸铈（IV）及 O_2 处理，可裂解为 α,ω-官能团化的化合物（缩醛-酯）[324]。

但是此反应对于环酮和相应的二级醇来说却很有用，它们氧化后能得到很好产率的二酸。环己酮氧化成己二酸（如上式所示）是一种重要的工业过程。酸性重铬酸盐和高锰酸盐是最常用的氧化剂，碱性条件下的自动氧化（利用空气中的氧氧化）[325]和在相转移条件下的超氧化钾氧化[326]也可以用来实现反应。甲硅基酮可在乙醇溶液中用电解法氧化裂解成酯[327]。

1,3-环二酮主要以单烯醇式的形式存在，它可以被高碘酸钠裂解，失去一个碳，例如[328]：

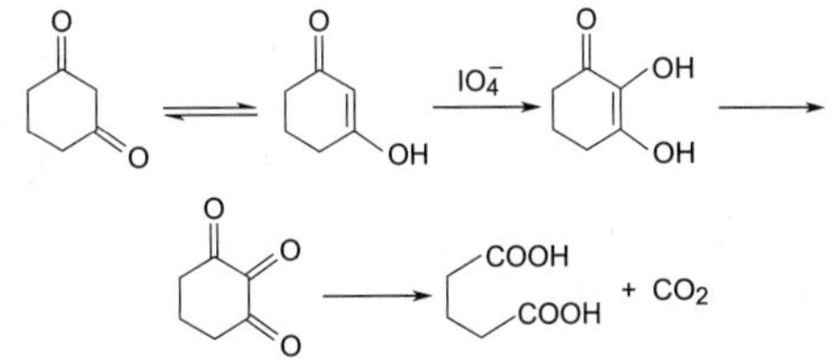

此类反应实际上发生裂解的是三酮，所以这是反应 **19-7** 的一个例子。1,3-环二酮可在甲醇中被过量的 $KHSO_5$ 转化为 α,ω-二酯[329]。

OS **I**, 18；**IV**, 19；**VI**, 690；另见 OS **VI**, 1024.

19-9　臭氧化
氧化-断裂

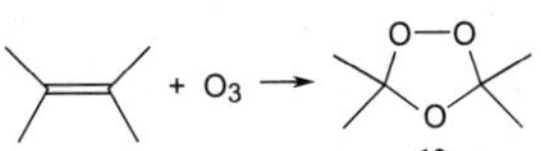

12

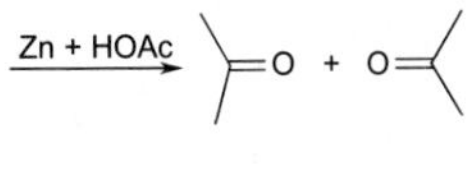

含有双键的化合物在低温下用臭氧处理时,首先生成 1,2,3-三氧桥化合物(1,2,3-trioxolane),然后形成 1,2,4-三氧桥化合物,即臭氧化物(ozonide, **12**)。这些化合物可被分离出来,但是因为它们有些是爆炸物,所以通常用锌和乙酸或者催化氢化将它们分解,最常见的是用 DMS 分解[330],得到 2mol 醛或 2mol 酮或醛和酮各 1mol,具体产物取决于连在该双键上的基团[331]。化合物 **12** 的分解还可以由三乙胺[332]或还原剂实现,如:三甲基亚磷酸[333]或硫脲[334]。但是,臭氧化物也可以被氧、过酸或 H_2O_2 氧化成酮和/或酸;要注意的是,当 C═C 单元上存在氢原子(C═C—H)时,**12** 发生氧化或还原反应的结果是不同的。这样的结构氧化生成酸,而还原则生成醛。化合物 **12** 也可被 $LiAlH_4$、$NaBH_4$ 或 BH_3 还原,或者被过量的 H_2 催化氢化生成 2mol 醇[335]。臭氧化物也可以用氨、氢气和催化剂处理得到相应的胺[336];或者用醇和干燥的 HCl 处理得到相应的羧酸酯[337]。所以,臭氧化是合成中的一个很重要的反应[338]。臭氧化可在溶剂-水混合体系中进行[339]。

各种烯烃(包括环烯)都能发生臭氧化反应,它们可生成双官能团化合物(α,ω-双官能团分子)。双键上连有给电子基的烯烃反应速率要比双键上连有吸电子基的烯烃要快得多[340]。含有多个双键的化合物发生臭氧化反应,此反应也经常在有多个双键的化合物中发生,通常所有的双键都会断裂。在某些情况下,特别是烯烃中有大基团存在的情况下,反应物转变成环氧化物成为一个重要的副反应(**15-50**),有时也成为主反应[341]。有些情况下还可能发生重排反应[342]。叁键的臭氧化[343]则较少见,并且反应也更为困难,因为臭氧是一个亲电子试剂[344],它更容易和双键反应而不是与叁键反应(参见 15.2.1 节)。含有叁键化合物的反应通常会生成酸,但有时候臭氧也会把它们氧化成 α-二酮(反应 **19-26**)。

芳香族化合物比烯烃更难被进攻,不过它们往往也能发生裂解。芳香族化合物的裂解,看起来好像 Kekule 式的双键真的在那儿一样。这样,苯裂解后得到 3mol 乙二醛(HCOCHO),邻二甲苯得到摩尔比为 3:2:1 的乙二醛/MeCOCHO/MeCOCOMe,这表明断裂是按照统计规律进行的。当用多环芳香族化合物进行反应时,则进攻的位置是由分子结构和溶剂性质决定[345]。

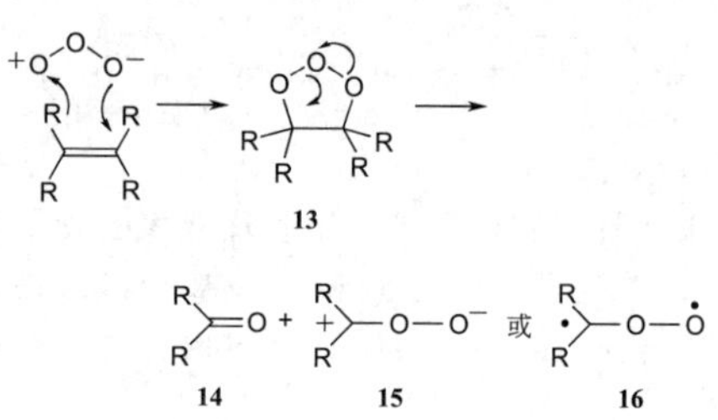

虽然已有很多关于臭氧化裂解机理的研究(**12** 的形成),但并不是所有的细节都十分清楚。要指出的是,已经捕获到了初级臭氧化物[346]。基本的机理是由 Criegee 提出的[347],Criegee 机理的第 1 步[348]是臭氧与反应物的 1,3-偶极加成(反应 **15-58**),产生"原始的"或"初级的"臭氧化物。它的结构被微波和其它谱学方法证实是 1,2,3-三氧桥化合物(**13**)[349]。但是,**13** 非常不稳定,裂解成醛或酮(**14**)以及一个中间产物[350]。Criegee 认为此中间产物是一个两性离子(**15**),但也可能是一个双自由基(**16**)。此化合物常被称为羰基氧化物[351]。此羰基氧化物(以 **15** 表示)可以发生很多种变化,其中有三种可以生成正常的产物。第一种是重新与 **14** 反应,生成臭氧化物 **12**;第二种是二聚生成双过氧化物(**17**);第三种则是二聚生成 **18**[352]。如果发生第一种途径(通常只有当 **14** 是醛的时候才发生此途径,大多数酮则不会发生[353,354]),则产物是臭氧化物(1,2,4-三氧桥化合物,**12**)[355],此臭氧化物水解得到正常的产物;如果形成 **17**,则水解得到产物之一,当然另一产物是 **14**,并且不会继续再反应;若形成 **18**,则它会发生如图所示的直接分解形成正常的产物和氧气。

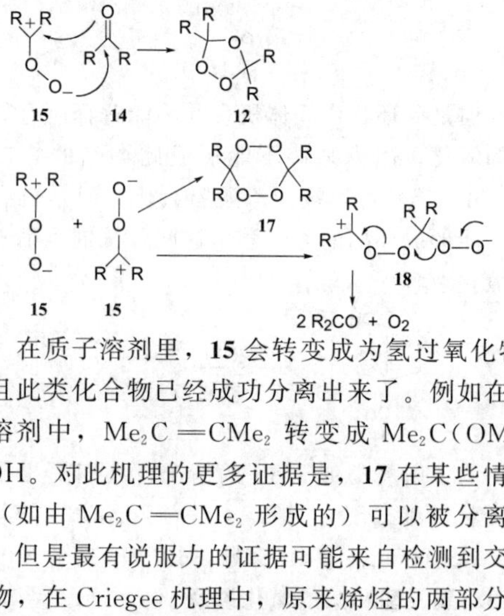

在质子溶剂里,**15** 会转变成为氢过氧化物,并且此类化合物已经成功分离出来了。例如在甲醇溶剂中,$Me_2C═CMe_2$ 转变成 $Me_2C(OMe)OOH$。对此机理的更多证据是,**17** 在某些情况下(如由 $Me_2C═CMe_2$ 形成的)可以被分离出来。但是最有说服力的证据可能来自检测到交叉产物,在 Criegee 机理中,原来烯烃的两部分先分开,然后再结合成为臭氧化物,若如此不对称烯（RCH═CHR'）就会形成三种臭氧化物：

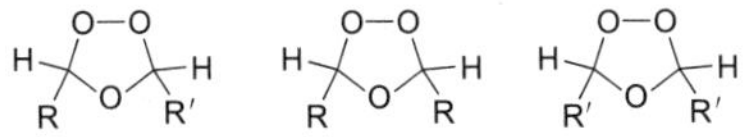

既然有两种不同的醛（**14**）和两个不同形式的 **15**，那它们就可以以不同结合方式形成如上图所示的三种产物。实际上油酸甲酯的六种臭氧化物[356]（上述三种化合物相应的顺式和反式构型）已经被分离并检测了。对于较小的烯烃也已经报道有相似的结果（如：2-戊烯、4-壬烯，甚至 2-甲基-2-戊烯）[357]。最后提到的烯烃很有趣，因为这个烯烃似乎只能按照一种方式裂解，所以只会得到一个臭氧化物（以顺式和反式形式）。但实际上，我们也发现了三种臭氧化物。而端烯则很少或不产生交叉的臭氧化物[358]。一般来说，烯中含有较少烷基的一端倾向于生成 **14** 而另外一端倾向于生成 **15**。支持 Criegee 机理的另外一些证据[359]是：① 当 Me$_2$C═CMe$_2$ 在 HCHO 存在的条件下被臭氧化时，臭氧化物（**19**）能被分离得到[354]；② 用完全不同的方法制备得到的 **15**（重氮化物的光氧化）与醛反应能够得到臭氧化物[360]；③ 顺式和反式的烯烃如果先进行裂解，则会得到相同的臭氧化物[361]。但是 Me$_3$CCH═CHCMe$_3$ 则是个例外，它的顺式烯烃主要产生顺式的臭氧化物，而反式的则主要产生反式的臭氧化物[362]，这种结果与 Criegee 机理不一致。另外还有不符合 Criegee 机理的是发生从顺-和反-4-甲基-2-戊烯得到的对称（交叉）臭氧化物的顺/反比例不一样[363]：

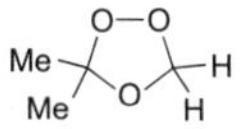

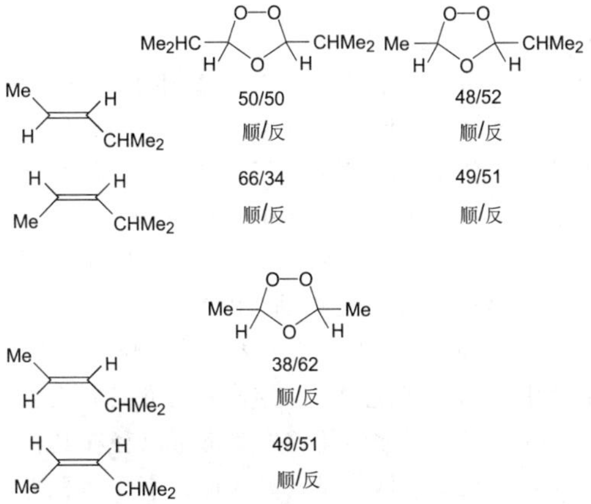

如果如上所示的变化是 Criegee 机理在起作用，那对顺式和反式的烯烃来说，两种交叉臭氧化物的顺/反比应该是一样的，因为在这个机理里面它们是完全断裂的。

以上立体化学的结果在 Criegee 机理做了如下修正[364]后得到解释：① **13** 的形成是立体专一的，与设想的 1,3-偶极环加成一样。② 它们一旦形成，**15** 和 **14** 仍然相互吸引，就像离子对一样。③ 化合物 **15** 以顺式和反式两种形式存在，且至少有一段时间里顺式和反式的数量是不同的，并能保持其形状。考虑到 C═O 极限式对 **15** 结构的贡献，则这种推测是合理的。④ **15** 和 **14** 的结合也是一个 1,3-偶极环加成，所以这一步构型也保持不变[365]。

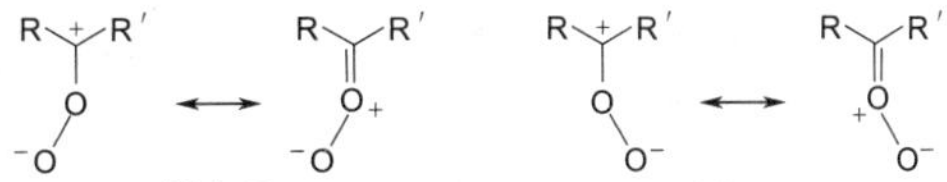

在这些情况下碱性 Criegee 机理起作用的证据来自 ^{18}O 的同位素标记实验，如前所述的一个实验事实是，在加入外来醛的时候可以被分离得到混合臭氧化物（如 **15**）。原本的和修正过的 Criegee 机理都指出如果把 ^{18}O 标记的醛加入到臭氧化的混合物中，则标记的氧会出现在醚氧中（见 **15** 和 **14** 之间的反应），而我们确实在此位置找到了它[366]！有证据表明反式的 **15** 比顺式的 **15** 更易反应[367]。

液相中（无溶剂）乙烯的臭氧化反应[368]是按照 Criegee 机理进行的[369]。此反应被用于研究中间体 **15** 和 **16** 的结构。环双氧乙烷（dioxirane，**20**）在低温条件下已经从反应混合物中被检测到[370]，并且其有可能是与双自由基 **16**（R═H）处于平衡状态。二氧杂环氧烷已经在溶液中被制备，但是它具有强氧化性，能够通过自由基链式机理将双烷基醚（如 Et—O—Et）裂解[371]，所以溶剂的选择是至关重要的。

气相的臭氧化分解反应在实验室里不常用，但是反应却很重要，因为大气中的臭氧化反应会造成空气污染[372]。虽然由于其它反应的干扰，反应产物更为复杂，但是有很多证据证明，Criegee 机理也适用于气相臭氧化反应[373]。

OS Ⅴ, 489, 493; Ⅵ, 976; Ⅶ, 168; Ⅸ, 314; 另见 OS Ⅳ, 554。臭氧的制备见 OS Ⅲ, 673。

19-10 双键及芳环的氧化裂解

氧-去-亚烷基-二取代，等

$$R_2C═CHR \xrightarrow{CrO_3} R_2C═O + RCOOH$$

双键能被很多氧化剂裂解[374]，最常用的是中性或酸性的高锰酸盐和酸性重铬酸盐。根据连接在双键上的基团不同，产物通常是 2mol 酮、或 2mol 酸、或酮和酸各 1mol。在普通高锰酸盐和重铬酸盐溶液中，氧化产率一般不高，所以在合成中不常用；但是用含有冠醚二环己烯-18-冠-6 的 $KMnO_4$ 苯溶液（参见 3.3.2 节）[375]进行氧化时，则可以得到很高的产率，冠醚与 K^+ 配位，使 $KMnO_4$ 可以溶在苯中。另一个常用于合成目的的试剂是 Lemieux-von Rudloff 试剂：含有微量 MnO_4^- 的 HIO_4[376]。MnO_4^- 是实际上的氧化剂，它被还原到锰酸盐阶段后又被 HIO_4 氧化成 MnO_4^-。另一种类似的试剂是 $NaIO_4$-四氧化钌[377]。烯烃可在 Ru 催化下被 $IO(OH)_5$ 氧化裂解[378]。环烯烃被裂解为 $α,ω$-二酮、酮酸或二羧酸。环烯烃在二氯甲烷中被 $KMnO_4·CuSO_4$ 裂解为二醛[379]。$RuCl_3/HIO_5$ 的组合可将环烯烃氧化裂解为二羧酸[380]。

Barbier-Wieland 法可以使链长减少一个碳原子，反应中使用到酸性重铬酸盐（也可以用 $NaIO_4$-RuO_4）进行裂解，反应发生的是 1,1-二苯基烯（**21**）的裂解，通常可以得到很好的产率：

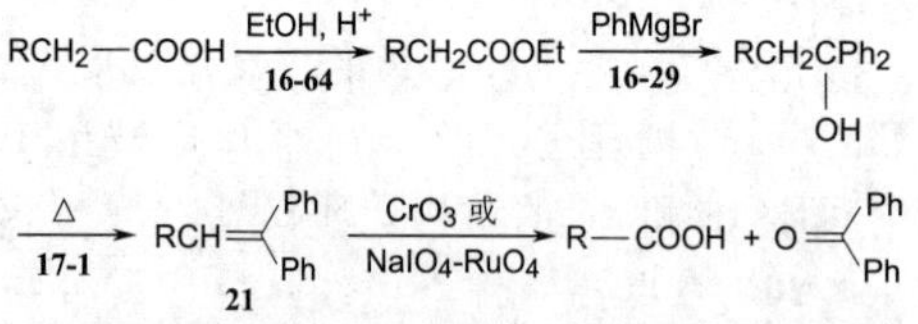

RCH₂—COOH $\xrightarrow[16-64]{EtOH, H^+}$ RCH₂COOEt $\xrightarrow[16-29]{PhMgBr}$ RCH₂CPh₂
                                                                |
                                                                OH

$\xrightarrow[17-1]{\Delta}$ RCH=CPh₂ $\xrightarrow[NaIO_4-RuO_4]{CrO_3 或}$ R—COOH + O=CPh₂
              21

在 Jones 试剂（**19-3**）中加入催化量的 OsO_4，可以使简单的烯烃以很高的产率断裂生成羧酸[381]。在 DMF 中 Oxone 和 OsO_4 的组合可将烯烃裂解为羧酸[382]。叁键的氧化裂解通常很难，但非端炔在 Ru 催化剂作用下与过量 Oxone 反应，生成脂肪族羧酸[383]。

使用某些试剂，则可以使氧化停留在醛阶段，这时氧化的产物将与臭氧化方法得到的产物相同。这些试剂可以是叔丁基碘酰苯[384]、THF-H_2O 中的 $KMnO_4$[385]、$NaIO_4$-OsO_4[386]。烯醇醚 $RC(OR')=CH_2$ 则可以被空气中的氧气氧化成羧酸酯 $RC(OR')=O$[387]。Mn-卟吩配合物可催化烯烃的氧化裂解[388]。

大多数情况下的氧化机理可能是烯先被氧化成二醇（**15-29**）或环酯[389]，然后再进一步按照 **19-7** 的方式氧化[390]。与亲电试剂进攻烯烃一样，叁键的氧化要比双键难，但端炔能被硝酸铊（Ⅲ）[391]或（双三氟乙酰氧基碘代）五氟苯即 $C_6F_5I(OCOCF_3)_2$[392]等试剂氧化成羧酸（RC≡CH→RCOOH）。

芳环在足够强的氧化剂的作用下可以被氧化裂解，一个重要的实验室试剂是 RuO_4，与像 $NaIO_4$ 和 NaOCl（也可作家用漂白剂）之类的助氧化剂一起使用。四氧化钌非常昂贵，但通过使用便宜的助氧化剂（如 NaOCl）可以大大降低成本，因为助氧化剂能将 RuO_2 氧化从而重新生成 RuO_4。例如[393]使萘氧化成邻苯二甲酸[394]，以及更明显的，使环己基苯氧化成环己基羧酸[395]（注意，和 **19-11** 相反）。后一种转化也可以由臭氧完成[396]。氧化芳环的另一个试剂是 V_2O_5 催化的空气，利用此试剂将萘氧化成邻苯二甲酸酐和将苯氧化成马来酸酐都是重要的工业过程[397]。邻二氨基化合物可以被过氧化镍、或四乙酸铅[398]或 CuCl 催化下的 O_2 氧化[399]：

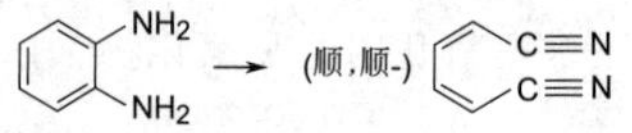

    NH₂   C≡N
[benzene] ⟶ (顺,顺-)
    NH₂   C≡N

CuCl 催化下的 O_2 也可以在 MeOH 存在下将邻苯二酚氧化裂解成二酸的单甲酯（HO_2C—C=C—C=C—CO_2Me）[400]。

OS Ⅱ, 53, 523; Ⅲ, 39, 234, 449; Ⅳ, 136, 484, 824; Ⅴ, 393; Ⅵ, 662, 690; Ⅶ, 397; Ⅷ, 377, 490; Ⅸ, 530; 另见 OS Ⅱ, 551.

19-11 芳基侧链的氧化

氧,羟基-脱除-双氢,甲基-三取代

$$ArR \xrightarrow{KMnO_4} ArCOOH$$

芳环上的烃基侧链能被很多氧化剂氧化成 CO_2H，如高锰酸盐、硝酸和酸性重铬酸盐[401]，此法常用于氧化甲基（$CH_3 \to CO_2H$），长的侧链也可以被氧化。但是，叔丁基却很难被氧化，一旦它们被氧化时，芳环通常也会发生裂解[402]。稠芳环上的 R 基，如果不将环断开或者氧化成醌的话（反应 **19-19**），将很难被氧化。但是，用 $Na_2Cr_2O_7$[403]的水溶液却可以完成此反应（例如将 2-甲基萘转变成了 2-萘甲酸）。在乙腈中与 NaClO 反应[404]，或在光化学条件下与 NaOH 水溶液中的 NBS 反应[405]，芳香甲基可被氧化成芳香 CO_2H。侧链上的任意位置都可以存在其它官能团，并且如果取代基在 $α$ 位时，氧化将变得更加容易。但是 $α$-苯基却是例外，此时氧化停留在二芳酮阶段。分子中不同的碳带有芳基时，氧化将使每个环各得到一个碳，如二氢菲 9,10-键的裂解（**22a→22b**）：

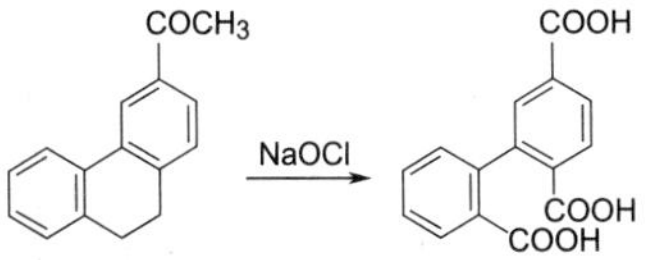

对于含有多个取代基的芳环，可以做到只氧化一个侧链。对于大多数试剂来说，反应活性的顺序[406]是：$CH_2Ar > CHR_2 > CH_2R > CH_3$[407]。环上对氧化敏感的基团（如 OH、NHR、NH_2 等）则必须加以保护。氧化反应可以用氧气实现，此时是自动氧化，机理与反应 **14-7** 相似，产生一个氢过氧化物中间体[408]。用这种方法可以从 $ArCH_2R$ 的反应中分离出酮，并且经常就是这么做的[409]。

已经研究了与此密切相关反应的机理：$Ar_2CH_2 + CrO_3 \rightarrow Ar_2C=O$[410]。反应的氘同位素效应为 6.4，表明决速步不是 $Ar_2CH_2 \rightarrow Ar_2CH \cdot$ 就是 $Ar_2CH_2 \rightarrow Ar_2CH^+$。两种机理都说明了为什么叔丁基不会转变成 CO_2H 以及为什么基团的反应活性顺序为：$CHR_2 > CH_2R > CH_3$。自由基和碳正离子都存在此稳定性顺序（参见第 5 章）。这两种可能性是 19.1 节第（2）类和第（3）类的例子。自由基或离子转变成产物的过程尚不清楚。

当存在可被氧化成 CO_2H 的烷基（反应 **19-11**）时，此时用铜盐作氧化剂，则发现 OH 出现在原来烷基的邻位[411]。工业上利用此反应用甲苯制备苯酚。

在另一类反应中，芳醛（ArCHO）或芳酮（ArCOR）在碱性 H_2O_2 作用下生成苯酚（ArOH）[412]，但前提是有一个 OH 或 NH_2 基团在邻位或对位。此反应被称为 Dakin 反应[413]。反应的机理可能与 Baeyer-Villiger 反应相似（**18-19**）[414]：

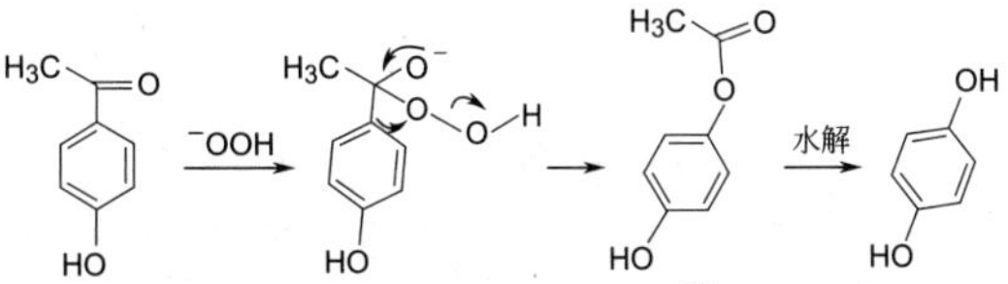

中间物 **23** 已被分离得到[415]。芳环上没有 OH 或 NH_2 取代基而有烷氧基取代基的芳醛也能发生此反应，此时用的是酸性 H_2O_2[416]。Dakin 反应可以在离子液体中进行[417]。

OS I, 159, 385, 392, 543; II, 135, 428; III, 334, 420, 740, 791, 820, 822; V, 617, 810; 另见 OS I, 149; III, 759.

19-12 氧化脱羧

酰氧基-去-羰基-取代

$$RCOOH \xrightarrow{Pb(OAc)_4} ROAc$$

氢-羧基-消除

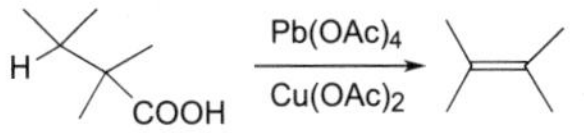

羧酸可在四乙酸铅作用下脱羧[418]，生成一系列产物，如酯 ROAc（COOH 被乙酰氧基取代）、烷烃 RH（见 **12-40**），或者，如果有 α,β-H 的话，则会与 COOH 发生消除生成烯烃，以及由于重排、分子内环化[419]与溶剂分子反应而生成的许多种产物。当 R 是三级烷基时，主产物通常是烯烃，并且产率很高。当 R 是一级或二级烷基时，也能得到较高的产率，此时用的氧化剂是 $Cu(OAc)_2$ 和 $Pb(OAc)_4$[420]。在没有 $Cu(OAc)_2$ 时，一级酸通常被氧化成烷烃（产率一般很低），而二级酸则会被氧化成酯或烯烃。某些二级酸、β,γ-不饱和酸以及 R 是苄基的酸，能够以很好的产率被氧化成酯。另一些氧化剂[421]，如 Co(III)、Ag(II)、Mn(III) 和 Ce(IV)，也能很有效地实现氧化脱羧反应[422]。

四乙酸铅氧化的机理一般认为是自由基机理[423]。第 1 步发生的是酯交换反应：

$$Pb(OAc)_4 + RCOOH \longrightarrow \underset{24}{Pb(OAc)_3OCOR} + \underset{25}{Pb(OAc)_2(OCOR)_2}$$

然后是进行自由基链式反应（以 **24** 和 **25** 为例表示，其它含铅酯的情况类似）：

引发
$$\underset{24}{Pb(OAc)_3OCOR} \longrightarrow \cdot Pb(OAc)_3 + R \cdot + CO_2$$

$$R \cdot + Pb(OAc)_3OCOR \longrightarrow R^+ + \cdot Pb(OAc)_2OCOR + {}^-OAc$$

增长 $\cdot Pb(OAc)_2OCOR \longrightarrow Pb(OAc)_2 + R \cdot + CO_2$

产物可以从 $R \cdot$ 或 R^+ 生成。一级的 $R \cdot$ 可以从溶剂中夺取 H 变成 RH。R^+ 能失去一个 H^+ 变成烯烃，或与 HOAc 反应生成羧酸酯，或与溶剂分子或同一分子的另一官能团反应，或者发生重排，这样就解释了为什么能生成很多产物了。$R \cdot$ 也可以发生二聚生成 RR。Cu^{2+} 的作用[424]是将自由基氧化成烯烃，这样就能从一级和二级的底物中高产率得到烯烃。Cu^{2+} 对三级自由基不起作用，因为这些自由基能被四乙酸铅很有效地氧化成烯烃。

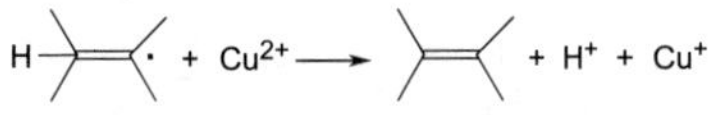

另一种类型的氧化脱羧是：在四丁基铵高碘酸盐作用下，芳基乙酸能被氧化成少一个碳

原子的醛（ArCH$_2$COOH→ArCHO）[425]。简单的脂肪酸在三氟乙酸酐和含 NaNO$_2$ 的 F$_3$CCOOH 的作用下，可被氧化成少一个碳的腈（RCH$_2$COOH→RC≡N）[426]。

参见反应 14-37。

19-13 双脱羧反应

双羧基-消除

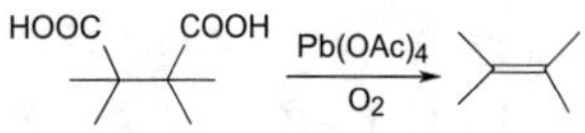

$$\text{HOOC}\diagdown\text{COOH} \xrightarrow[O_2]{Pb(OAc)_4} \diagdown=\diagup$$

相邻碳上都含有羧基的化合物（丁二酸衍生物）与四乙酸铅在有氧气的条件下可以发生双脱羧反应[417]。反应的范围很广泛。消除反应具有立体选择性，但没有立体专一性（内消旋-和外消旋-2,3-二苯基丁二酸都生成反-1,2-二苯乙烯）[427]，因而不可能是协同机理。以下的机理与事实不相违背：

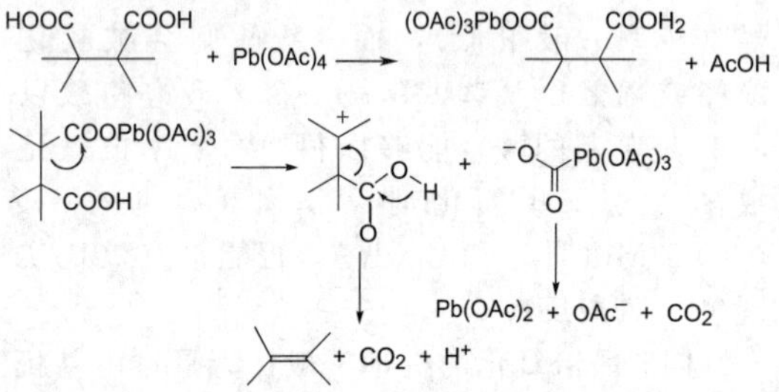

$$\text{HOOC}\diagdown\text{COOH} + Pb(OAc)_4 \rightarrow (OAc)_3PbOOC\diagdown\text{COOH} + AcOH$$

$$\rightarrow \diagdown\text{COOPb(OAc)}_3 \rightarrow \diagdown C\diagdown O + \diagdown{-}Pb(OAc)_3$$

$$\rightarrow \diagup=\diagdown + CO_2 + H^+ + Pb(OAc)_2 + OAc^- + CO_2$$

不过在某些情况下自由基机理似乎也在起作用。丁二酸衍生物双脱羧生成烯烃的反应[428]也可以用其它方法来实现[429]。

含有偕二羧基的化合物（二元取代的丙二酸衍生物）用四乙酸铅处理也可以发生双脱羧反应[430]，产生偕二乙酸酯（酰基缩醛），然后很容易水解得到酮[431]：

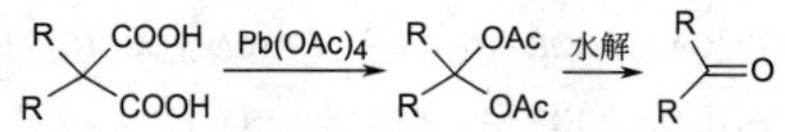

$$R\diagdown\text{COOH}\diagup R\diagdown\text{COOH} \xrightarrow{Pb(OAc)_4} R\diagdown OAc\diagup R\diagdown OAc \xrightarrow{水解} R\diagdown=O\diagup R$$

在一个相关的反应中，α-取代的芳基腈含有一个酸性足够强的 α-氢，可被空气在相转移的条件下氧化成酮[432]。腈被加到 NaOH 的苯溶液或含有催化量的三乙基苄基氯化铵（TEBA）的 DMSO 中[433]，此反应也可以应用到脂肪族的腈中，但是实现此转变的间接方法在反应 19-60 中提到。

19.2.1.3 氢被杂原子置换的反应

19-14 脂肪碳上羟基化

羟基化或羟基-去-氢化

$$R_3CH \xrightarrow[\text{硅胶}]{O_3} R_3COH$$

包含敏感 C—H 键的化合物可被氧化为醇[434]。被氧化的 C—H 键几乎总是叔碳位的，所以产物通常是叔醇。其部分原因是叔 C—H 键比伯和仲 C—H 键对自由基的进攻更敏感，另一部分原因是所用的试剂会进一步氧化伯醇和仲醇。最好的方法是将底物吸附在硅胶上，用臭氧来氧化[435]，这个方法的产率可以高达 99%。其它试剂有铬酸[436]、四氧化钌（RuO$_4$）[437]、醋酸铊[438]、亚氯酸钠（NaClO$_2$）和金属卟啉催化剂[439]、OsO$_4$[440]，以及某些过氧苯甲酸[441]。在 30% H$_2$O$_2$ 和三氟乙酸中，烷烃和环烷烃可在仲碳位上被氧化，得到醇和三氟乙酸酯的混合物[442]。这些试剂没有将醇进一步氧化，因此产物中未发现酮。在使用 N-卤代胺和硫酸（见 14-1）的氯代过程中，ω-1 位是最有利的。另一个氧化仲碳位的试剂[443]是亚碘酰苯，同时用 Fe(Ⅲ)-卟啉作催化剂[444]。用有旋光性的 Fe(Ⅲ)-卟啉可以得到对映选择性的氧化产物，对映体过量百分比中等[445]。

当使用铬酸时，反应机理可能为：Cr^{6+} 夺取氢产生的 R$_3$C· 被保存在靠近新生成的 Cr^{5+} 的溶剂笼里。于是，这两种反应物种结合产生 R$_3$COCr^{4+}，后者被水解成醇。这个机理预示反应结果将构型保持，事实上已大量观察到构型保持的现象[446]。高锰酸盐的氧化也是以获得构型保持的产物为主，反应也有类似的机理[447]。

用二氧化硒处理含双键的化合物，可将 OH 基团引入烯丙位（另见反应 19-17）[448]。在某些情况下，这个反应也会生成共轭醛[449]。烯丙基重排是一种普遍现象。有证据表明，该机理不涉及自由基，而是包括两个环化步骤（a 和 b）[450]：

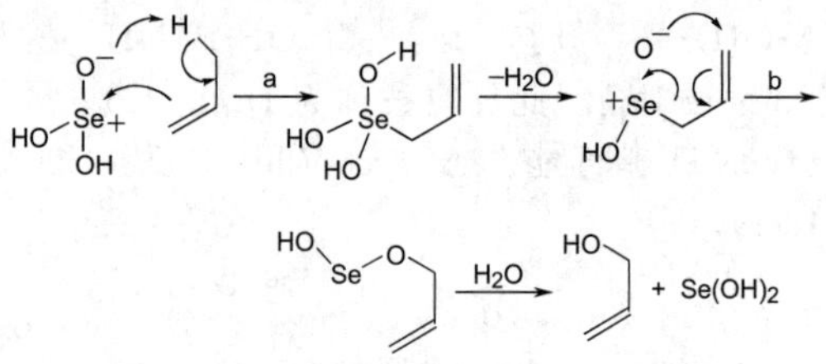

$$\text{HO-Se}^+\text{-OH} \cdots \xrightarrow{a} \text{HO-Se-} \xrightarrow{-H_2O} ^+\text{Se} \xrightarrow{b}$$

$$\text{HO-Se-} \xrightarrow{H_2O} + Se(OH)_2$$

步骤 a 类似于烯的合成（反应 15-23）；步骤 b 是 [2,3]-σ 重排（见反应 18-35）。如果存在催化量的 SeO$_2$，叔丁基过氧化氢也能发生这个反应（Sharpless 法）[451]。SeO$_2$ 是实际参与反应的物种；过氧化物再氧化 Se(OH)$_2$[452]。这个方法操作更简单，不过有一定量的环内双键副产物[453]。炔通常得到 α,α'-二羟基化合物[454]。用二氧化硒使烯丙位羟基化常常得到醛[455]；但在乙酸酐和氧气存在时，SeO$_2$ 可将烯烃转化为高烯丙基乙酸酯 C═C—C—C→

C═C—C—C—OAc，此时高烯丙基乙酸酯是反应的主要产物[456]。

采用氧杂氮丙啶介导的有机催化反应可以实现不活泼 sp³ 杂化键的羟基化[457]。四氧化钌可氧化烷烃[458]。氧化钴的纳米晶是烷烃氧化的另一个催化剂[459]。H_2O_2-$NaVO_3$-H_2SO_4 体系可以促进乙腈水溶液中烷烃的氧化[460]。

与简单的烷烃相比，苄基中的亚甲基更容易被氧化，生成苄醇。典型的氧化剂有 salen 锰和 PhIO[461] 或过氧化物[462]。在乙酸中用 PhI(OAc)₂ 并在 Pd 催化剂作用下[463]，或在 DMSO 水溶液中用 PhI(OH)OTs[464]，可以实现乙酰氧基苄基衍生物的氧化。在尽可能少的水存在下，三氟甲基磺酸铈（Ⅳ）可将苄基芳烃转化为苄醇，但是当含水量大于 15% 时，反应的主要产物则是酮[465]。

当烯烃用 t-BuOOCOPh 和 Cu-Na 沸石[466] 或 Cu 催化剂[467] 处理时，其烯丙位发生苄氧基化，若采用手性 Cu 催化剂，则可以获得中等的对映选择性[468]。在三氟甲基磺酸铜作用下，烯丙基中的亚甲基可以类似的方式转化为酯的衍生物（—CH—OCOR）[469]。乙酸铜[470] 以及 Cu₂O[471] 也可用于这个反应。手性 Lewis 酸可用于将烯丙基 CH 对映选择性地氧化为烯丙基酰基衍生物[472]。烯丙基烯烃的 α-乙酰氧基化伴随着烯丙基重排[473]。

使用酶体系可以实现羟基化。在 Bacillus megaterium 和氧气作用下，环己烷可转化为环己醇[474]。用 Gossypium hirsutum 的培养细胞可以实现烯丙位氧化，得到烯丙醇[475]。苄基芳烃用 B. megaterium 酶处理，可转化为相应的 α-羟基化合物，反应具有中等对映选择性[476]。正十四酸在分子氧存在下，可被豌豆（Pisum sativum）中的 α-氧化酶高度立体专一性地氧化成 2(R)-羟基正十四酸[477]。

简单的烷烃可以被二烷基环双氧乙烷氧化成酯。环烷烃可以被二甲基二氧杂环丙烷氧化成醇[478]。环己烷则会被二（三氟甲基）二氧杂环丙烷和三氟乙酸酐[479] 或 $RuCl_3$/$MeCO_3H$/CF_3CO_2H[480] 氧化为三氟乙酸环己酯。二甲基二氧杂环丙烷在某些情况下也可将烷烃氧化成醇[481]。金刚烷在 DDQ [参见反应 **19-1** 中第 (3) 点] 及三氟甲磺酸作用下可转化为金刚烷基醇[482]。氧插入烷烃的机理已有研究[483]。

在没有任何官能团的情况下，也可将烷烃中的 CH₂ 转变成 C═O，尽管这种反应在分子中所有的 CH₂ 都等价时（如未被取代的环烷烃）效果最好。过氧化氢和三氟乙酸也可用于烷烃的氧化[484]。一种方法是使用 H_2O_2 和二吡啶甲酸铁（Ⅱ）。用这种方法可以使环己烷以 72% 的产率生成 95% 的环己酮和 5% 的环己醇[485]。相同类型的转变也可以用 Gif 系统完成[486]，但是产率比较低（20%～30%）。此 Gif 系统有很多种组合，其中的一种是吡啶-乙酸体系，以 H_2O_2 作氧化剂，以三吡啶甲酸铁（Ⅲ）作催化剂[487]。另一些 Gif 系统用 O₂ 作氧化剂，用锌作还原剂[488]。Gif 系统对烷基碳的选择性顺序为：CH₂＞CH≥CH₃，此顺序很不寻常，说明氧化过程中并不是简单的自由基机理（参见 14.1.4 节）[489]。另一个能氧化烷烃的 CH₂ 基团的试剂是甲基（三氟甲基）环双氧乙烷，但它的氧化产物中，CH—OH 比 C═O 多（参见反应 **19-14** 和 **19-15**）[490]。环烷烃在离子液体中与 PhI(OAc)₂ 及锰配合物反应生成醇和酮的混合物[491]。环烷烃在 Ru 催化剂作用下可被氧化成环酮[492]。

OS Ⅳ, 23; Ⅵ, 43, 946; Ⅶ, 263, 277, 282。

19-15 亚甲基氧化成 OH、O₂CR 或 OR

羟基（或烷氧基）-去-二氢-双取代

$$\underset{R}{\overset{O}{\|}}{\overset{}{C}}-CH_2-R' \longrightarrow \underset{R}{\overset{O}{\|}}{\overset{}{C}}-\underset{OH}{\overset{}{C}H}-R'$$

羰基 α 位的甲基或亚甲基可以被氧化为 α-羟基酮、醛或羧酸衍生物。采用高价的碘试剂[493] 如 o-亚碘酰苯甲酸[494]，可以高产率地将酮 α-羟基化，而不需要将其转换成烯醇盐。如果反应的位点是叔碳位，O₂ 和一个手性相转移催化剂可以得到对映选择性的产物[495]。二甲基二氧杂环丙烷对 1,3-二羰基化合物的羟基化很有效[496]。O₂ 与 Mn 催化剂一同使用也可用于羟基化[497]。O₂ 与 Ce 催化剂一同使用可使 β-酮酯发生 α-羟基化[498]。在 Pd-C 催化下 O₂ 可使 1,3-二羰基化合物发生 α-氧化[499]。基因工程得到的细胞色素 P450 BM-3 对苄基酸酯的对映选择性 α-羟基化十分有效[500]。酮与 Ti(OiPr)₄、酒石酸二乙酯及叔丁基过氧化氢反应生成 α-羟基酮，反应具有好的对映选择性，但产率很低[501]。有报道表明，以 12-钨磷酸-十六烷基氯化吡啶盐为催化剂，用 H_2O_2 可使酮发生 α-羟基化[502]。高价碘（Ⅲ）磺酸盐可用于芳香酮的 α-羟基化[503]。

酮和羰基酯也能 α-羟基化，即通过在 -70℃ 的四氢呋喃-己烷中，用过氧化钼试剂（MoO₅-吡啶-HMPA；称为 MoOPH）处理它们的烯醇盐（将酮或酯加到 LDA 中制备）即可完成反应[504]。酰胺和酯的烯醇盐[505]以及酮的烯胺衍生物[506]可以通过与分子氧的反应将它们转变为其 α-羟基衍生物。MoO_5 法也能应用于某些腈[507]。

将酮转变为 α-羟基酮的另一个方法是用 2-磺酰基氧杂氮丙啶（例如 **25**）与烯醇盐反应[508]。该反应不是一个自由基过程，可能的机理如下：

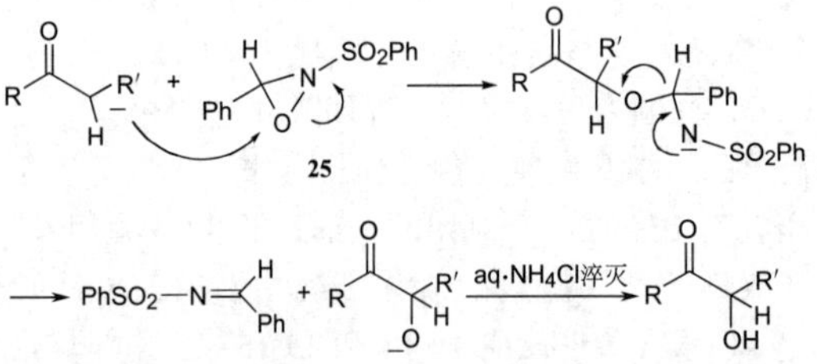

$$R\overset{O}{\underset{R'}{\|}}\overset{H}{\underset{\ominus}{}} + Ph\overset{H}{\underset{O-N}{\diagdown}}\overset{SO_2Ph}{\diagup} \longrightarrow R\overset{O}{\underset{\|}{}}\overset{R'}{\underset{H}{}}\overset{H}{\underset{O}{\diagdown}}\overset{Ph}{\underset{N-SO_2Ph}{\diagup}}$$

$$\longrightarrow PhSO_2-N\overset{H}{\underset{Ph}{\diagdown}} + R\overset{O}{\underset{\|}{}}\overset{R'}{\underset{\ominus}{}}\overset{H}{\underset{O}{\diagdown}} \xrightarrow{aq.NH_4Cl淬灭} R\overset{O}{\underset{\|}{}}\overset{R'}{\underset{H}{}}\overset{H}{\underset{OH}{\diagdown}}$$

这个方法被成功地用于酯[509]和 N,N-二取代胺[510]，并且通过使用手性的氧杂氮丙啶可以实现对映选择性反应[511]。二甲基二氧杂环丙烷可以将酮（通过它们的烯醇式）氧化为 α-羟基酮[512]。用叔丁基过氧化氢[513]或二甲基二氧杂环丙烷[514]氧化烯醇钛盐，而后用氟化铵水溶液水解，可以得到 α-羟基酮。采用 PhN=O 与 L-脯氨酸[515]或 (S)-脯氨酸[516]，酮可被转化为具有很好对映选择性的 α-氧氨基衍生物（O=C—CH_2→O=C—CHONHPh）。醛可以发生类似的氧化反应[517]。采用 Me_3SiOOt-Bu 已将 α-砜基锂羟基化[518]。

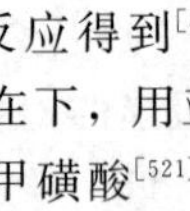

$$\overset{O}{\underset{\diagdown\diagup}{}}\overset{Me}{\underset{Me}{\diagdown}}$$

二甲基二氧杂环丙烷

通过用间氯代过氧苯甲酸[166]或某些特定的氧化剂[519]处理酮的相应硅醚，可将酮 α-羟基化。α-羟基酮能够由三硅基烯醇醚与催化量的 $MeReO_3$ 和 H_2O_2 反应得到[520]。在三甲基硅基三氟甲磺酸盐存在下，用亚碘酰苯处理硅醚，可得到 α-氧代三氟甲磺酸[521]。甲硅基烯酮醚可被 H_2O_2 和 $MeReO_3$ 转化为 α-羟基酯[522]。α,β-不饱和酮的 α'-位可以被选择性地氧化[523]。N-酰基胺可被 PhIO 和 salen-锰催化剂转化为 α-羟基衍生物[524]。要注意的是，当 α,α-二甲基肟醚在乙酸/乙酸酐中用 $PhI(OAc)_2$ 和 Pd 催化剂处理时，发生高烯丙基型氧化，其中一个甲基被转化为乙酰氧基甲基[525]。

酮与 $Mn(OAc)_3$ 在苯中反应时，可同时发生 α-乙酰氧基化和 α-芳基化[526]。酮也可在类似的条件下只发生 α-乙酰氧基化而不发生 α-芳基化[527]。α-甲基酮在同样的条件下可被转化为 α-乙酰氧基衍生物[528]。碘苯与 30% H_2O_2 水溶液及乙酸酐反应生成 α-乙酰氧基酮[529]。三氟甲基磺酸铊（Ⅲ）可将苯乙酮转化为 α-甲酰氧基苯乙酮[530]。甲基磺酸和 CuO 能将酮氧化为 α-甲磺酰氧基（MsO—）酮[531]，$PhI(OH)OTs$ 则能将酮氧化为 α-甲基苯磺酰氧基（—OTs）酮[532]。能使酮和醛直接 α-甲基苯磺酰氧基化的另一种试剂是 N-甲基-O-甲苯磺酰基羟胺[533]。在乙酸存在下原位生成高价碘物种也能完成酮的 α-乙酰氧基化[534]。

OSCV **7**,277; OSCV **7**,263; OSCV **6**,43.

19-16 亚甲基氧化成除氧或羰基之外的杂原子官能团

氨基（或酰胺基）-去-二氢-双取代

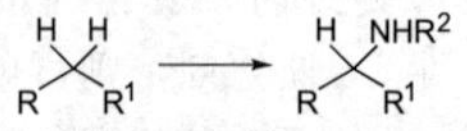

$$\overset{H}{\underset{R^1}{}}\overset{H}{\underset{}{}} \longrightarrow \overset{H}{\underset{R^1}{}}\overset{NHR^2}{\underset{}{}}$$

在有些情况下，CH 单元可以发生 α-氨基化或酰胺基化。环烷烃与 PhI=NTs 和 Cu 配合物反应生成 N-烷基-N-甲苯磺酰胺[535]。在 $TsNH_2$ 和氟化锰卟啉存在下，苄基型 CH (如乙苯中的 CH) 可被 $PhI(OAc)_2$ 氧化成相应的 N-甲苯磺酰胺 [PhCHMe(NHTs)][536]。具有烯丙基型 CH 的烯烃与 PhI=NTs 及 Ru 催化剂反应，生成烯丙基 N-甲苯磺酰胺[537]。α-酮酯与 DEAD 及手性 Cu 配合物反应，得到中等对映选择性的 α-氨基甲酸酯 $RCH(NHCO_2Et)C(=O)CO_2Et$[538]。

环胺与 *Pseudomonas oleovorans* GPo1 反应生成羟胺；N-苄基四氢吡咯烷的反应生成 3-羟基-N-苄基四氢吡咯烷[539]。*Sphingomonas sp.* HXN-200 可用于类似的反应[540]，使内酰胺转化为相应的 3-羟基内酰胺[541]。在相同的条件下，N-苄基哌啶可被转化为 4-羟基衍生物[542]。N-苄基邻苯二甲酰亚胺与 NBS、NaOAc 及乙酸反应，生成 N-(α-乙酰氧基苄基) 邻苯二甲酰亚胺[543]。

四氢呋喃通过在水中的电解可转化为半缩醛 2-羟基四氢呋喃，所得产物在反应条件下比较稳定[544]。醚与 SO_2/O_2 及 V 催化剂反应得到 α-羟基醚[545]。

在有些情况下，通过类似的反应可以得到含硫化合物。

硫-去-二氢-双取代

$$\underset{R}{\overset{R^1}{\underset{|}{\text{CH}}}} \longrightarrow \underset{R}{\overset{R^1}{\underset{|}{\text{C}}}}\text{—SO}_3\text{H}$$

环烷烃与 SO_2/O_2 及 V 催化剂反应生成相应的烷基磺酸[546]。

19-17 亚甲基被氧化成羰基

氧-去-二氢-双取代

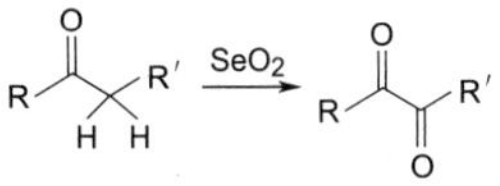

$$\underset{R}{\overset{R'}{\underset{|}{\text{CH}}}} \xrightarrow{\text{SeO}_2} \underset{R}{\overset{R'}{\underset{\|}{\text{C}}}}\text{—CO—R'}$$ (错写，但原文如此)

羰基 α-位的甲基或亚甲基可以被 SeO_2 氧化，分别生成 α-酮醛 (见反应 **19-18**) 和 α-二酮[547]。此反应也可在芳基或双键的 α 位发生，但在后者的情况下，更普遍的结果是羟基化（见反应 **19-14**）。SeO_2 是最常用的氧化剂，用 N_2O_3 或其它氧化剂也可实现此反应[548]，其中包括高价碘化合物[549]。亚硝酸钠/HCl 可将环酮氧化成二酮[550]。CH_2 上含有两个芳基的底物最易被氧化，许多氧化剂都可以氧化这些底物（见反应 **19-11**）。芳烃的苄基位可以被以下氧化剂氧化成烷基芳基酮：Jones 试剂[551]，硅胶中的 CrO_3[552]，PCC[553]，DDQ[554]，与 MnO_2 混合的 $KMnO_4$[555]，仅用 $KMnO_4/CuSO_4$[556] 或在超声作用下的 $KMnO_4/CuSO_4$[557]，salen 锰/PhIO (salen=1,2-双[亚水杨基氨基]乙烯(2-))[558]，叔丁基过氧化氢和 Ru 催化剂[559]，或 H_2O_2 和 Cu 催化剂[560]。O_2 和 mcpba 组合使用可使苄基芳烃氧化为芳香酮[561]。HBr 和 H_2O_2 组合使用可用于类似的氧化反应[562]。甲基酮可通过两步反应氧化为 α-酮酯：先与氟化硒酸及碘酰苯反应，而后用 $Na_2S_2O_5$ 处理[563]。

C=C—CH_2 形式的烯烃（烯丙位）[564] 可以被溶于 $HOAc$-Ac_2O 的重铬酸钠、或被 t-BuOOH 和铬的化合物[565]、或 t-BuOOH 和 Pd 催化剂[566] 或 Rh 催化剂[567] 氧化成 α,β-不饱和酮。在乙醇水溶液中硝酸铊（III）可将烯丙基烯烃转化为相应的饱和酮，即使分子中存在伯醇，也不会受到该反应的影响[568]。非端炔的炔丙位可被铁催化剂[569]、水中的双铑催化剂[570]、或者在 Cu 催化剂存在下的 O_2/t-BuOOH[571] 氧化成炔丙基酮。氯胺 T（见反应 **15-54**）、O_2 及 Fe 催化剂可将烃选择性地氧化成酮[572]。

环胺可被 $RuCl_3$ 和 $NaIO_4$ 的混合物氧化为内酰胺[573]。采用 $KMnO_4$ 与苄基三乙基氯化铵也可以得到内酰胺[574]。利用碱性溶液中的 Hg(II)-EDTA（EDTA=乙二胺四乙酸）配合物进行氧化[576]，可以将三级胺转变成酰胺[575]，将环三级胺转变成内酰胺。对内酰胺，则不需要 N-取代，即能被氢过氧化物或过氧酸和 Mn(II) 或 Mn(III) 盐氧化成环酰亚胺[577]。在 N-羟基琥珀酰亚胺的存在下，内酰胺可被氧气与 $Co(OAc)_2$ 氧化为环酰亚胺[578]。

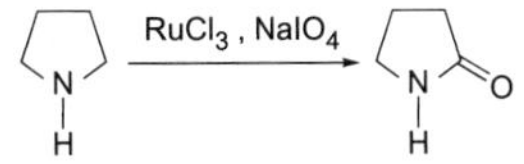

$$\underset{\underset{H}{|}}{\text{pyrrolidine}} \xrightarrow{RuCl_3,\ NaIO_4} \underset{\underset{H}{|}}{\text{2-pyrrolidinone}}$$

至少有一个伯烷基的醚能被四氧化钌[579] 氧化成相应的羧酸酯，反应产率相当高。分子氧与二价铜的双核配合物[580] 或 $PdCl_2/CuCl_2/CO$[581] 也能将醚转变成酯。环醚则转变为内酯[582]。环醚可被 CrO_3/Me_3SiONO_2 氧化成内酯[583]。环醚与 $NaBrO_3$-$KHSO_4$ 在水中反应也得到内酯[584]。此反应是 **19-14** 的特殊情况，用 CrO_3 和硫酸[585]，以及苄基三乙基铵的高锰酸盐也能完成此反应[586]。

人们对用 SeO_2 的反应提出了两种机理，其中的一种机理认为生成了硒酸烯醇酯中间体[587]：

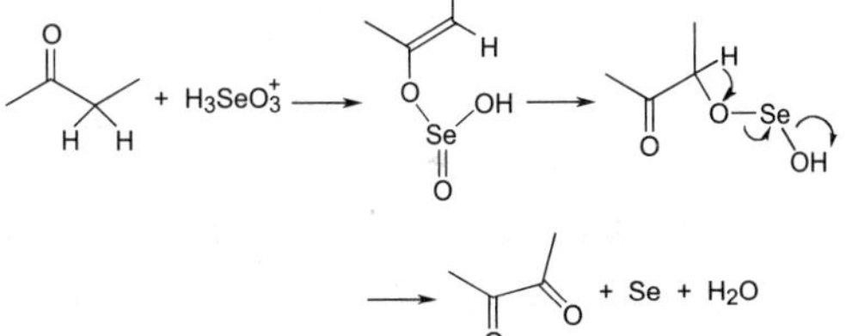

(反应机理示意图)

另一种机理认为[588]，主要的中间体是 β-羰基硒酸($O=C-CH-SeO_2H$)，而不是硒酸酯。

即使 CH_2 附近没有任何官能团，通过 Breslow[57] 的远位氧化法（见反应 **19-2**），也有可能间接地将 CH_2 转化为 C=O。例如，丁二酸单十六酯 $[CH_3(CH_2)_{14}CH_2OCOCH_2CH_2COOH]$ 在 CCl_4 中可以与二苯甲酮-4-羧酸（p-PhCOC$_6$H$_4$COOH）发生上述反应，将其中的一个 CH_2 氧化成 C=O[589]。

另外一些远距离氧化反应也有报道[590]，例如在氧化剂 $K_2Cr_2O_7$ 或 $KMnO_4$ 的存在下[591]，用光辐射使芳酮 $[ArCO(CH_2)_3R]$ 转变成 1,4-二酮 $[ArCO(CH_2)_2COR]$；用 $Na_2S_2O_8$ 和 $FeSO_4$[592] 将脂肪酮 $[RCO(CH_2)_3R']$ 转变成 1,3-二酮或 1,4-二酮；在 CO 气氛中用四乙酸铅将 2-辛醇氧化成 2-丙基-5-甲基-γ-丁内酯[593]。

OS I, 266; II, 509; III, 1, 420, 438; IV, 189, 229, 579; VI, 48; IX, 396; 另见 OS IV, 23.

19-18 芳基甲烷氧化成醛
氧-去-二氢-双取代

$$ArCH_3 \xrightarrow{CrO_2Cl_2} ArCHO$$

芳基上的甲基能被几种氧化剂氧化到醛的阶段，此反应是 19-17 的一种特殊情况。当氧化剂是铬酰氯（CrO_2Cl_2）时，该反应被称为 Etard 反应[594]，并且产率很高[595]。另一种氧化剂是 CrO_3 和 Ac_2O 的混合物，此时反应会停留在醛阶段，因为反应起始产物是 $ArCH(OAc)_2$（酰基缩醛），它阻止了进一步的氧化。酰基缩醛水解则生成醛。

能将 $ArCH_3$ 转变成 ArCHO 的其它氧化剂[596]还有：硝酸铈铵[597]、PCC[598]、高价亚碘酰化合物（见反应 19-3）[599]、Bi-t-BuOOH[600] 以及微波辐照下的脲-H_2O_2[601]。采用两个非均相催化剂将苄基位氧化成相应羰基的反应已有报道[602]。将 $ArCH_3$ 转化为羧酸的反应在 19-11 中讨论。

将 $ArCH_3$ 转变为 ArCHO 的过程也可以用间接的方式实现：通过溴化产生 $ArCHBr_2$（反应 14-1），然后再水解（反应 10-2）。

Étard 反应的机理了解得并不完全[603]，加入试剂时形成了一种不溶性的配合物，它水解生成醛。此配合物可能是一种酰基缩醛，但是它的结构并没有被完全测定。关于它的结构以及是如何水解的，人们提出了很多假设。但是已知 $ArCH_2Cl$ 不是中间体（见反应 19-20），因为它与铬酰氯的反应速度很慢。磁感应测量[604]指出甲苯反应的配合物是 26，此结构最早被 Étard 提出。

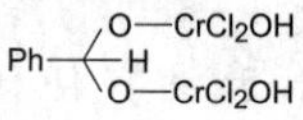

$$\underset{26}{Ph\overset{O-CrCl_2OH}{\underset{O-CrCl_2OH}{\overset{|}{\underset{|}{C}}H}}}$$

根据此假设，由于 26 的不溶性，反应在两个氢被取代之后就停止了。假设配合物具有这种结构，但是关于 26 如何形成还存在分歧，人们提出了离子过程[605]和自由基过程[606]。Nenitzescu 及其同事[607]则提出了此配合物的另外一种结构，通过 ESR 的研究，他们认为此配合物是 $PhCH_2OCrCl_2OCrOCl_2OH$，它是 26 的一种异构体。但是这个观点遭到 Wiberg 和 Eisenthal 的反对[606]，他们认为 ESR 的结果正好与 26 相符。另一种观点认为配合物是由苯甲醛和还原的铬酰氯配位形成的[608]。

OS II, 441; III, 641; IV, 31, 713.

19-19 芳烃氧化为醌
芳烃-醌-转变

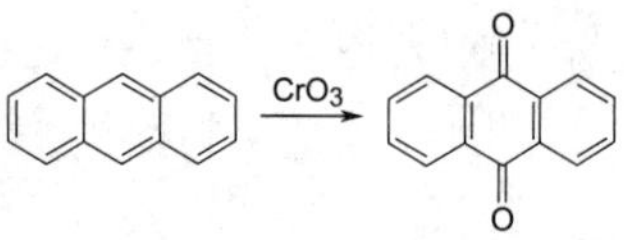

稠环芳烃（包括萘）可以被多种氧化剂直接氧化成醌[609]，产率通常不高，但据报道，用硫酸铈铵盐可以达到高产率[610]。苯不能被强氧化剂这样氧化，但可以通过电解氧化成为苯醌[611]。然而，萘衍生物则可被 H_5IO_6 和 CrO_3 氧化成萘醌[612]。在水-二氧六环中二甲氧基芳香化合物可被过量的 CoF_3 氧化成对苯醌[613]。

OS IV, 698, 757; 另见 OS II, 554.

19-20 伯卤代烷和伯醇的酯被氧化成醛[614]
氧-去-氢, 卤素-双取代

$$RCH_2Cl \xrightarrow{Me_2SO} RCHO$$

伯卤代烷（氯代、溴代或碘代）很容易被 DMSO 氧化成为醛，产率很高[615]。该反应被称为 Kornblum 反应。在 Kornblum 初期的研究工作中，α-卤代酮与 DMSO 在高温下反应，得到高产率的相应乙二醛（α-酮醛）[616]。如果将反应中生成的乙二醛从反应体系中蒸馏出来，则反应可以高效进行。然而许多情况下，很难将高沸点的乙二醛与 DMSO 分离开来。伯烷基和仲烷基碘代物[617]或甲基磺酸酯[618]可被转化为醛或酮，但是它们的反应活性比 α-卤代酮差得多。伯氯代烷与 DMSO、NaBr 和 ZnO 加热至 140℃生成相应的醛[619]。苄基卤化物在 MnO_2[620] 或 $NaIO_4$-LiBr[621]作用下被氧化成芳醛。过氧化氢的乙醇溶液可将有机卤化物氧化为羰基化合物[622]。吡啶 N-氧化物在氧化银存在下可氧化苄基卤化物和烯丙基卤化物[623]。

用 DMSO 氧化的可能机理与 27 和 28 有关，如下所示[624]：

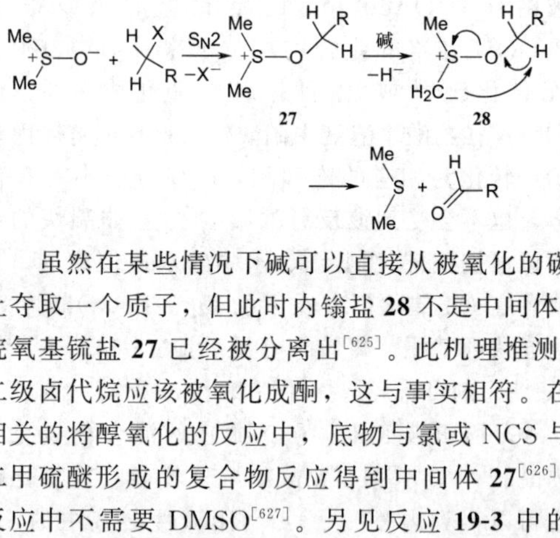

虽然在某些情况下碱可以直接从被氧化的碳上夺取一个质子，但此时内鎓盐 28 不是中间体。烷氧基锍盐 27 已经被分离出来[625]。此机理推测，二级卤代烷应该被氧化成酮，这与事实相符。在相关的将醇氧化的反应中，底物与氯或 NCS 与二甲硫醚形成的复合物反应得到中间体 27[626]，反应中不需要 DMSO[627]。另见反应 19-3 中的

Swern 氧化。

将一级卤代烷氧化成醛的另一种方法是先与六亚甲基四胺反应,然后再用水处理,这个反应被称为 Sommelet 反应[628]。但是此反应只限于苄卤,如果 RCH_2Cl 中的 R 是烷基,则很少能发生该反应。反应的第一部分是生成胺 $ArCH_2NH_2$,该胺可以被分离出。胺被过量的六亚甲基四胺还原生成醛。实际上 Sommelet 反应正是这最后一步,整个过程可以在不分离出中间体的情况下进行。一旦形成胺,它就与试剂中释放出的甲醛反应生成亚胺($ArCH_2N=CH_2$)。然后是关键步:另一摩尔芳胺上的氢转移到亚胺上。最后形成的亚胺水解即生成醛。此外,苄胺可直接将氢转移到六亚甲基四胺上。

将苄卤转变为醛的另一种方法是先用吡啶,而后用对亚硝基二甲苯胺,再用水处理。此反应被称为 Kröhnke 反应。一级卤化物和对甲苯磺酸伯醇酯可以被三甲基胺 N-氧化物[629]或吡啶 N-氧化物在微波辐射的条件下[630]氧化成醛。

环氧化物[631]被用于反应生成 α-羟基酮或醛[632]。

OS II, 336; III, 811; IV, 690, 918, 932; V, 242, 668, 825, 852, 872;另见 OS V, 689; VI, 218.

19-21 胺或硝基化合物氧化成醛、酮或二卤化物

氧-去-氢,氨基-双取代(总的转化)

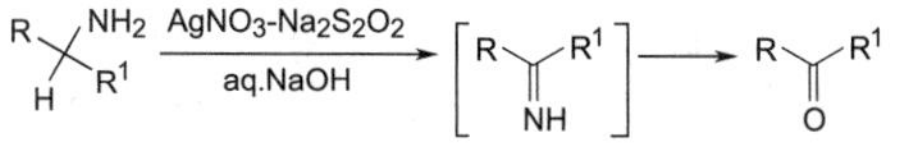

$$\underset{R'}{\overset{R}{>}}\!\!\!\underset{H}{\overset{NH_2}{<}} \xrightarrow[aq.NaOH]{AgNO_3\text{-}Na_2S_2O_8} \left[\underset{R'}{\overset{R}{>}}\!\!\!\underset{NH}{\overset{R^1}{<}}\right] \longrightarrow \underset{R'}{\overset{R}{>}}\!\!\!\underset{O}{\overset{R^1}{<}}$$

一级脂肪胺可以被氧化成醛或酮。如上面所示的被银化合物氧化[633]。常用的氧化剂[634]有:N-溴代乙酰胺[635](用于苄胺)或在相转移条件下的 NaOCl 水溶液[636]。完成 $RR'CHNH_2 \rightarrow RR'C=O$(R′=烷基,芳基或 H)转化的一些间接的方法也已见报道[637]。

使用溴水[638]或中性高锰酸钾[639]可以将一级、二级或三级的脂肪胺裂解成醛、酮或羧酸。此反应的另一个产物是少一个烷基的胺。一级胺与过氧化苯甲酰/Cs_2CO_3 反应,而后加热生成羟胺产物,最终得到酮[640]。在另一类反应中,伯烷基的一级胺在烷基亚硝酸酯和无水卤化铜(I)[641]的作用下,可转变为偕二卤化物:$RCH_2NH_2 \longrightarrow RCHX_2$(X=Br, Cl)。

一级或二级的脂肪族硝基化合物能被相转移条件下的亚氯酸钠[642]、TPAP[643]或其它氧化剂[644]氧化成相应的醛或酮($RR^1CHNO_2 \longrightarrow RR^1C=O$)。

19-22 伯醇氧化成羧酸或羧酸酯

氧-去-二氢-双取代

$$RCH_2OH \xrightarrow{CrO_3} RCOOH$$

伯醇能被很多强氧化剂(包括铬酸、高锰酸盐[645]、硝酸[646]和 H_5IO_6/CrO_3[647])氧化成羧酸。反应可以被看作是 19-3 和 19-23 的结合。脂肪族伯醇在 30% H_2O_2 水溶液、四丁基硫酸氢铵及 W 催化剂作用并微波辐照下可转化为羧酸[648]。苄醇先后与 TEMPO[649](参见 5.3.1 节)和 $NaClO_2$ 反应被氧化成苯甲酸衍生物[650]。伯醇可被 5% NaOCl 水溶液及 Ni 催化剂氧化为相应的酸[651]。使用乙腈水溶液中的 $NaIO_4/RuCl_3$[652]或使用 30% H_2O_2 水溶液及 Co-salen 催化剂[653],可发生类似的氧化反应得到酸。氧化铵盐及 $NaClO_2$ 可将醇氧化成羧酸[654]。

酸性条件下反应时得到大量的酯 $RCOOCH_2R$,该酯可能不是由酸和未反应的醇得到的,而是通过中间体醛与未反应的醇结合,产生一种缩醛或半缩醛,然后再被氧化成酯[655]。Oxone 和 NaCl 的混合物可将醇转化为对称的酯[656]。脂肪醇可在无溶剂条件下被附着于氧化铝上的 PCC 氧化成对称的酯($RCH_2OH \rightarrow RCOOCH_2R$)[657]。氢气与 Ru-CO 配合物可将伯醇 ROH 转化为酯 RCO_2R[658]。碘也可将醇氧化为酯[659]。通过 Ru 催化剂作用下的氢转移可以将伯醇转化为甲酯[660]。甲醇水溶液中的 Oxone 也可将芳醛转化成相应的酯[661]。烯丙醇在甲醇-乙酸中被 MnO_2 和 NaCN 氧化为共轭酯[662]。伯醇可在甲醇中被三氯异氰尿酸氧化为甲酯[663]。该试剂还可将二醇氧化为内酯。至少含有一个伯羟基的二醇可以被氧化成内酯[664],加入手性添加试剂,如金雀花碱,可以高选择不对称地合成内酯[665]。

伯醇 RCH_2OH 可被氟氧硫酸铯(cesium fluoroxysulfate)直接氧化为酰氟 RCOF[666]。2-(3-羟基丙基)苯在 Rh 催化剂作用下加热,被氧化成酰基衍生物,该衍生物环化得到内酰胺[667]。

OS I, 138, 168; IV, 499, 677; V, 580; VII, 406; IX, 462; 81, 195;另见 OS III, 745.

19-23 醛被氧化为羧酸、羧酸酯及相关化合物

羟基化或羟基-去-氢化

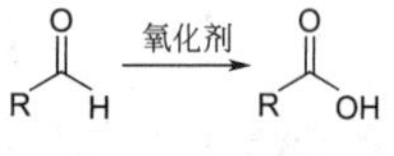

$$\underset{R}{\overset{O}{\parallel}}\!\!\!\underset{H}{\overset{}{}} \xrightarrow{\text{氧化剂}} \underset{R}{\overset{O}{\parallel}}\!\!\!\underset{OH}{\overset{}{}}$$

醛氧化为羧酸是有机化学中最常见的氧化反

应之一[668]，许多氧化剂均可用于该反应，这些氧化剂包括酸性、碱性或中性溶液中的高锰酸钾[669]、铬酸[670]、溴以及Oxone®（过硫酸氢钾制剂）[671]。氧化银是一种针对醛的相当特殊的氧化剂，它不会进攻其它基团。Benedict溶液和Fehling溶液只氧化醛[672]，而且可以根据这些反应来鉴别醛，但是这个方法很少用于制备。这两种试剂与芳醛反应的产率都很低。α,β-不饱和醛可被亚氯酸钠氧化，反应不影响双键[673]。醛可被空气中的氧氧化生成羧酸，但在这种情况下实际的直接氧化产物是过酸RCO_3H[674]，过酸与另一分子醛发生歧化反应生成两分子酸（见14-7）[675]。在Pd/C-NaBH$_4$和KOH混合物的作用下，空气可将醛氧化成羧酸[676]。醛与30% H_2O_2及甲基三辛基硫酸氢铵在90℃反应可生成羧酸[677]。H_2O_2和SeO_2的混合物可使芳醛发生类似的氧化[678]。高聚物负载的高价碘及TEMPO可将醛氧化成酸[679]。H_2O_2在$AgNO_3$催化剂[680]或Pd催化剂作用[681]下可将醛氧化成羧酸。

芳香醛与H_2O_2及V_2O_5催化剂[682]，或与钛硅酸盐[683]在乙醇溶剂中反应，可生成相应的芳基羧酸酯。醛与醇在Ir催化剂作用下可发生酯化反应[684]。醛与乙醇水溶液在碘及$NaNO_2$存在下反应得到酯[685]。有机硼酸和分子氧在Pd催化剂作用下可将醛转化为酯[686]。N-杂环卡宾可以催化氧化醛生成相应的酯[687]。在醇的存在下，醛RCHO可以被Br_2直接转化为羧酸酯RCOOR'[688]。

醛与胺在La催化剂催化下反应生成酰胺[689]。

醛氧化[690]的机理还没有完全确定，但至少有两个主要的类型：自由基机理和离子型机理。在自由基过程中，醛的氢被夺取后余下酰基自由基，该自由基从氧化剂获得OH。而在离子过程中，第1步是离子⁻OZ与羰基加成，在碱性溶液中得到**29**，在酸性或中性溶液中得到**30**；而后**29**或**30**的醛上的氢作为质子失去而与碱结合，Z带着一对电子离去。

采用酸性重铬酸盐进行氧化，其反应过程似乎相当复杂，反应机理中含有两种类型的许多过程[691]：

第1步 $RCHO + H_2CrO_4 \rightleftharpoons RCH(OH)(O-CrO_3H)$

第2步 $RCH(OH)(O-CrO_3H) + B^- \longrightarrow RCOOH + B-H + Cr(IV)$

第3步 $RCHO + Cr(VI) \longrightarrow RC\cdot O + Cr(V)$

第4步 $RCH(OH)_2 + Cr(IV) \longrightarrow RC\cdot O + Cr(III) + H_2O$

第5步 $RC\cdot O + H_2CrO_4 \longrightarrow RCOOH + Cr(V)$

第6步 $RCHO + Cr(V) \rightleftharpoons RCH(OH)(O-Cr(V))$

第7步 $RCH(OH)(O-Cr(V)) + B^- \longrightarrow RCOOH + B-H + Cr(III)$

第1步和第2步是描述以离子途径被Cr(VI)氧化，第6步和第7步是类似的Cr(V)氧化过程，其中Cr(V)是通过电子转移过程产生的。Cr(VI)（第3步）或Cr(IV)（第4步）[Cr(IV)由第2步产生]都可以夺取氢，产生的酰基自由基在第5步被转化成羧酸。于是，铬以三种氧化态作为氧化醛的媒介。此外还有人提出了铬酸酯分解的又一可能过程[692]：

$\longrightarrow RCOOH + Cr(OH)_2O$

对高锰酸盐的氧化机理知道得并不多，但是一般认为中性和酸性条件下高锰酸盐氧化反应采用离子型机理[693]，类似于重铬酸盐反应的第1步和第2步：

$RCHO + HMnO_4 \longrightarrow RCH(OH)(O-MnO_3) \xrightarrow{B^-} RCOOH + B-H + MnO_3^-$

对碱性条件下高锰酸盐的反应，人们提出了如下机理[694]：

$RCHO + OH^- \rightleftharpoons RCH(OH)(O^-) \xrightarrow{MnO_4^- \ 慢} RCOO^- + HMnO_4^{2-}$

$\longrightarrow RCOO^- + H_2O + MnO_3^-$

$Mn(V) + Mn(VII) \longrightarrow 2Mn(VI)$

OS I, 166; II, 302, 315, 538; III, 745; IV, 302, 493, 499, 919, 972, 974.

硫代酮转化为亚磺烯（sulfine，$R_2C=S=O$）的反应很难归类到现有的内容中，我们将其放在醛酮的氧化后作介绍。硫代酮与 H_2O_2 及催化量的 MTO（甲基三氧化铼）反应生成亚磺烯[695]。

19-24 羧酸氧化成过酸

过氧-去-羟基-取代

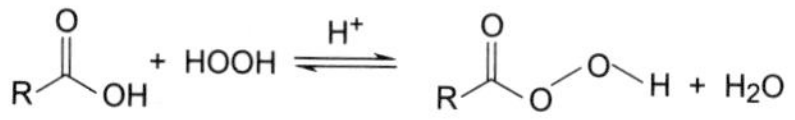

$$RCOOH + HOOH \xrightleftharpoons{H^+} RCOOOH + H_2O$$

用 H_2O_2 和一个酸催化剂氧化羧酸[696]是制备过酸的最好方法。$Me_2C(OMe)OOH$ 与 DCC 的混合物也可以实现此反应[697]。对于脂肪族 R 来说，最常用的催化剂是浓硫酸。这是一个平衡反应，依靠除水或加入过量的反应物使平衡向右移动。对芳香族 R 来说，最好的催化剂是甲基磺酸，同时它也作为溶剂。

19.2.1.4 氧与底物加成的反应

19-25 烯烃氧化成醛或酮

1/氧-(1/→2/氢)-迁移-连接

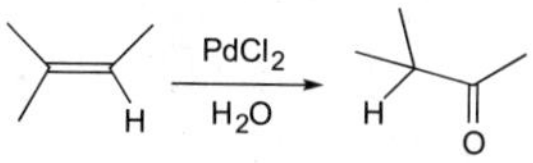

$$\text{R}_2\text{C}=\text{CHR} \xrightarrow[H_2O]{PdCl_2} \text{RCOCH}_2\text{R}$$

单取代和 1,2-二取代的烯烃能被 $PdCl_2$ 和类似的贵金属盐氧化成醛或酮，而 $PdCl_2$ 被还原成 Pd[698]，1,1-二取代烯烃的反应通常产率较低。工业上利用此反应从乙烯制备乙醛（Wacker 过程）[699]，但此反应也适合于实验室制备。由于试剂昂贵，所以通常会用助氧化剂，一般是 $CuCl_2$。$CuCl_2$ 的功能是将 Pd 重新氧化成 Pd(II)，$CuCl_2$ 则被还原成 Cu(I)，Cu(I) 随后被空气再氧化成 Cu(II)，所以只有空气中的氧气才是真正被消耗的氧化剂。其它的助氧化剂如 O_3、Fe^{3+} 和 PbO_2 也被使用过。端烯被 O_2 和 Pd 催化剂氧化成甲基酮[700]。只有从乙烯反应得到的产物是醛，其它的烯烃遵循 Markovnikov 规则形成酮。

公认的机理涉及钯的 π 配合物[701]：

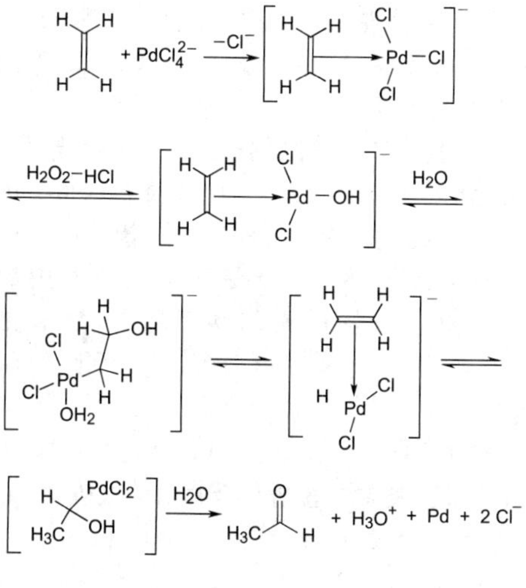

$$CH_2=CH_2 + PdCl_4^{2-} \xrightarrow{-Cl^-} [CH_2=CH_2 \cdot PdCl_3]^-$$

$$\xrightleftharpoons{H_2O_2-HCl} [CH_2=CH_2 \cdot Pd(OH)Cl_2]^- \xrightleftharpoons{H_2O}$$

$$\begin{bmatrix} Cl_2Pd(H_2O)CH_2CH_2OH \end{bmatrix}^- \rightleftharpoons [CH_2=CHOH \cdot PdCl_3]^-$$

$$\rightleftharpoons H_3C-CH(OH)-PdCl_2 \xrightarrow{H_2O} CH_3CHO + H_3O^+ + Pd + 2Cl^-$$

此机理解释了用重氢标记的实验结果：乙醛的四个氢全部来自原来的烯而不是来自于溶剂分子。

用其它氧化剂也可发生类似的反应，例如用三氟过乙酸氧化 $Me_2C=CMe_2$ 时产生 Me_3COMe（频哪酮）[702]，这是一个烷基迁移而不是氢迁移的过程。此反应包括了环氧化作用（反应 15-50）以及环氧化物的频哪醇重排（反应 18-2）。类似的迁移也发生在 $ArCH=CHCH_3$ 被 I_2-Ag_2O 的水-二氧六环溶液氧化成 $ArCH(CH_3)CHO$ 的过程中[703]。

其它氧化剂有：$Pb(OAc)_4$-F_3CCOOH[704]（如：$PhCH=CH_2 \rightarrow PhCH_2CHO$）、$H_2O_2$ 及 Pd 催化剂[705]、H_2O-$PdCl_2$-聚乙二醇[706]。端烯与硝酸铈铵在甲醇中反应生成 α-甲氧基酮[707]。

烯烃也可以转变成更深度氧化的产物，例如：①用含乙酸的 $KMnO_4$ 的水-丙酮溶液氧化，可以得到 α-羟基酮[708]；②在丙酮中，铬酰氯可将 1,2-二取代和三取代烯烃氧化成 α-氯代酮[709]，$RCH=CR^1R^2 \rightarrow RCOCClR^1R^2$；③用双($s$-可力丁)碘(I)的四氟化硼盐处理烯烃，可以得到 α-碘代酮[710]；④ $KMnO_4$ 和乙酸酐将大环环烯氧化成 1,2-二酮[711]。

烯醇醚可被 PCC[712] 氧化成羧酸酯（$RCH=CHOR^1 \rightarrow RCH_2COOR^1$），烯胺则被 N-磺酸基氧杂吖丙啶[713]氧化成 α-氨基酮。像 $R^1R^4C=CR^2NR_3^2$ ($R^4 \neq H$) 类型的烯胺氧化不会得到上述产物，而是脱去氨基形成 α-羟基酮 R^1R^4C-(OH)COR^2[713]。将端炔先转变成相应的苯硫醚（$RC\equiv CSPh$），然后用 $HgSO_4$ 的 $HOAc$-H_2SO_4 溶液处理，可以得到羧酸（$RC\equiv CH \rightarrow RCH_2COOH$）[714]。氮杂 Wacker 反应已有报道[715]。

OS VI, 1028; VII, 137; VIII, 208.

19-26 炔烃氧化成 α-二酮

二氧-双加成

$$R-\!\!\!\equiv\!\!\!-R^1 \xrightarrow{\text{四氧化钌}} R-CO-CO-R^1$$

非端炔可以被氧化[716]成 α-二酮[717]，氧化剂为：中性 $KMnO_4$[718]、二(三氟乙酸基)碘代苯[719]、$NaIO_4$-RuO_2[720]、$MeReO_3/H_2O_2$[721] 以及氧和 Pd 与 Cu 的混合催化剂[722]。Ru 配合物和少量的三氟乙酸可将非端炔转化为 α-酮[723]。臭氧通常将叁键氧化成羧酸（反应 19-9），但有时也可以得到 α-二酮[724]。SeO_2 和少量的 H_2SO_4 可将烷基炔氧化成 α-二酮，也可以将芳

基乙炔氧化成 α-酮酸（ArC≡CH → ArCO-COOH）[725]。甲酸、甲基磺酸及 DMSO 的混合物和 HBr 催化剂可将炔烃转化为 α-二酮[726]。

19-27 胺氧化成亚硝基化合物和羟胺

N-氧-去-二氢-双取代

$$ArNH_2 \xrightarrow{H_2SO_5} Ar\text{—}N\text{=}O$$

一级芳香胺可以被氧化成亚硝基化合物[727]，实现此转化常用的是 Caro 酸（H_2SO_5）或 H_2O_2-HOAc[728]。实现此反应的试剂还有过硼酸钠[729]、H_2O_2 和 Ti 配合物[730]、原位生成的 HOF[731]，以及 Na_2WO_4/H_2O_2[732]。大多数情况下羟胺可能是反应的中间体，并且有些情况下可以被分离出，但在反应条件下，它通常被氧化成亚硝基化合物。脂肪族一级胺也可以按照此方式被氧化。但是没有 α-氢的亚硝基化合物才是稳定的，如果存在 α-氢，则这些化合物自动互变异构成肟[733]。用 H_2SO_5 氧化的机理被认为是第（5）类[734]（参见 9.1 节）的一个例子：

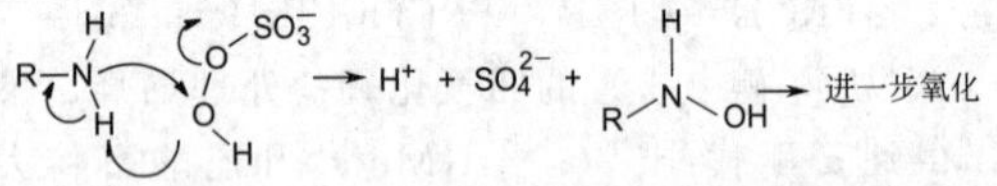

$$R\text{—}\overset{H}{\underset{H}{N}}\curvearrowright\overset{SO_3^-}{\underset{OH}{\overset{|}{O}}} \longrightarrow H^+ + SO_4^{2-} + R\text{—}\overset{H}{\underset{OH}{N}} \longrightarrow 进一步氧化$$

二级胺（R_2NH）可以被二甲基环双氧乙烷[735]或过氧苯甲酰和 Na_2HPO_4[736] 氧化成羟胺（R_2NHOH），羟胺不会被进一步氧化。

另外，吸附在硅胶上的 Oxone 可将二级醇氧化成羟胺[737]。二级胺与环己酮单加氧酶反应得到羟胺[738]。氨基甲酸酯（例如，N-Boc 胺）可被二(三氟甲基)二氧杂环丙烷氧化成 N-羟基化合物[739]。二烷基胺可被多聚（乙烯基四氢吡咯烷酮）上的 N_2O_2 氧化成 N-亚硝基化合物[740]。

OS Ⅲ, 334; Ⅷ, 93; **80**, 207.

19-28 一级胺、肟、叠氮化物、异氰酸酯及亚硝基化合物氧化成硝基化合物

$$R_3CNH_2 \xrightarrow{KMnO_4} R_3CNO_2$$
$$R_2C\text{=}NOH \xrightarrow{F_3CCO_3H} R_2CHNO_2$$

叔碳上带氨基的一级胺能被 $KMnO_4$ 氧化成硝基化合物，反应产率非常高[741]。此类硝基化合物用其它方法很难合成。其它的一级胺（包括一级、二级、三级烷基及芳基的）都能够被二甲基二氧杂环丙烷以很高的产率氧化成硝基化合物[742]。其它能将伯胺氧化成硝基化合物的氧化剂有：干燥的臭氧[743]、各种过酸[744]、$MeReO_3/H_2O_2$[745]、过硫酸氢钾制剂（Oxone®）[746]、在某些钼和钒化合物存在下的叔丁基氢过氧化物[747]、过硼酸钠[748]。氟水溶液可将氨基酯氧化成 α-硝基酯[749]。

二甲基二氧杂环丙烷在湿丙酮中可将异氰酸酯氧化成硝基化合物（$RNCO \rightarrow RNO_2$）[750]。肟则可以被三氟过乙酸或过硼酸钠[751] 等氧化剂[741]氧化成硝基化合物。二级羟胺可在二氯甲烷中被 MnO_2 氧化成硝酮[752]。一级和二级叠氮化合物先用 Ph_3P 处理后再与臭氧反应，可以得到硝基化合物[753]。氟水溶液也可将叠氮化合物氧化成相应的硝基化合物[754]。芳香族亚硝基化合物可以很容易地被多种氧化剂氧化成硝基化合物[755]。

OS Ⅲ, 334; Ⅴ, 367, 845; Ⅵ, 803; **81**, 204.

19-29 三级胺氧化成氧化胺

N-氧-连接

$$R_3N \xrightarrow{H_2O_2} R_3N^+\text{—}O^-$$

叔胺能被氧化成氧化胺，常用的氧化剂是过氧化氢，此外过酸也是实现此反应的重要试剂。吡啶及其衍生物只被过酸氧化[756]，而不被过氧化氢氧化。但要注意的是，甲酸中的脲-H_2O_2 却可以氧化吡啶[757]。用 Caro 酸作氧化剂的机理如下所示[758]：

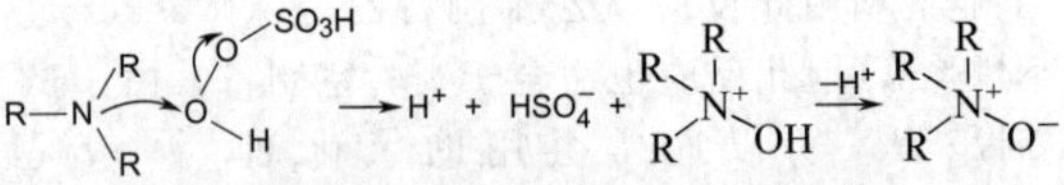

$$R\text{—}\overset{R}{\underset{R}{N}}\curvearrowright\overset{SO_3H}{\underset{OH}{\overset{|}{O}}} \longrightarrow H^+ + HSO_4^- + \overset{R}{\underset{OH}{\overset{|}{N^+}}}\overset{R}{\underset{R}{}} \xrightarrow{-H^+} \overset{R}{\underset{O^-}{\overset{|}{N^+}}}\overset{R}{\underset{R}{}}$$

此机理与 **19-27** 的相同，产物不同是因为氧化叔胺不能再被氧化。用其它过酸氧化的机理可能相同。人们用 Mg-Al 复合物和 H_2O_2 水溶液建立了叔胺氧化的绿色方法[759]。采用球磨法（ball-mill）可以制得硝酮[760]。

另外，使用 O_2 和 $RuCl_3$ 催化剂进行氧化，可将吡啶转化为吡啶 N-氧化物[761]。乙腈水溶液中的溴胺-T 和 $RuCl_3$ 也可将吡啶转化为吡啶 N-氧化物[762]。在脂肪族醛的存在下，叔胺可被 O_2 和 Fe_2O_3 氧化为 N-氧化物[763]。氧和 Co-席夫碱配合物也可氧化叔胺，其中包括吡啶[764]。

与叔胺的氧化类似，叔膦可被氧化成膦氧化物（$R_3P\text{=}O$）。例如，三苯基膦在 100℃ 可被 N_2O 氧化成三苯基膦氧化物。三苯基膦也可被蒙脱土 K-10 中的 PhIO 氧化成三苯基膦氧化物[765]。叔丁基氢过氧化物可将 Ph_3P 氧化成 $Ph_3P\text{=}O$[766]。已经制得磷原子为手性的膦氧化物[767]。

OS Ⅳ, 612, 704, 828; Ⅵ, 342, 501; Ⅷ, 87.

19-30 硫醇及其它含硫化合物氧化成磺酸

硫醇-磺酸氧化

$$RSH \xrightarrow{HNO_3} RSO_3H$$

硫醇、亚砜、砜、二硫化物[768]及其它含硫化合物能被多种氧化剂氧化成磺酸,在合成中最重要的是硫醇的氧化[769]。氧化剂有沸腾的硝酸、高锰酸钡和二甲基二氧杂环丙烷[770]。在碱性溶液中也可以完成自动氧化过程(被空气中的氧气氧化)[771]。用氯水氧化硫醇则直接得到磺酰氯[772]。硫醇也可以被氧化成二硫化物(反应 19-34)。

OS Ⅱ,471;Ⅲ,226;另见 OS Ⅴ,1070.

19-31 硫醚氧化成亚砜和砜

S-氧-连接

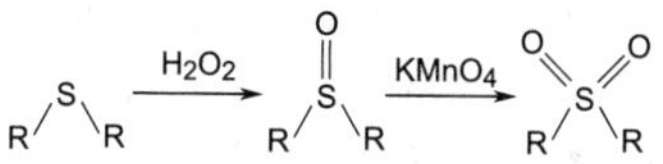

$$R{-}S{-}R \xrightarrow{H_2O_2} R{-}\underset{O}{\overset{O}{S}}{-}R \xrightarrow{KMnO_4} R{-}\underset{O}{\overset{O}{\underset{\|}{S}}}{-}R$$

用 1mol 30% 的 H_2O_2 或其它氧化剂[773],如 $NaIO_4$[774]、H_2O_2 和 $Sc(OTf)_3$ 催化剂[775]、HIO_3/湿硅胶[776]、二氧杂环丙烷[777]、$MeReO_3$/H_2O_2[778]、O_2 和硝酸铈铵催化剂[779]、KO_2/Me_3SiCl[780]、六亚甲基三胺-Br_2 和 $CHCl_3$-H_2O[781]、H_5IO_6/$FeCl_3$[782]、高价碘化合物[783]、过氧酸[784],可以将硫醚氧化成亚砜。再用另外 1mol H_2O_2、$KMnO_4$、过硼酸钠或其它氧化剂可以将亚砜继续氧化成砜。如果有足够的氧化剂,不分离亚砜就可以直接将硫醚氧化成砜[785]。硫醚可以被 TPAP[786]、H_2O_2[787] 和 Fe 催化剂[788]、Zr 催化剂[789]、Ta 催化剂[790]、V 催化剂[791]、Au 催化剂[792]、Mo 催化剂[793]、或黄素-离子液体催化剂[794]、脲-H_2O_2[795]、过氧单硫酸酯和 Mn 催化剂[796],或硅胶中的硝酸和 P_2O_5[797] 直接氧化成砜。这些反应产率都很高,并且其它官能团不受影响[798]。

与叔胺的反应(19-29)类似,外消旋硫醚可以被具有光学活性的氧化剂氧化成亚砜,实现动力学拆分,并且经常也是这样做的[799]。另外,在氧化剂中加入手性添加剂,可以生成非外消旋的亚砜,反应具有好至极好的不对称诱导性[800]。用细菌单氧化酶可以实现不对称氧化[801],例如,使用辣根过氧化物酶可以获得中等的对映选择性[802]。也可以使用手性硫试剂[803]。在醇存在下,使用 MnO_2/HCl[804] 也可以将硫醚氧化成亚砜。还可以使用 N-磺酰基氧杂氮丙啶将硫醚氧化成亚砜[805]。硒醚(R_2Se)也可以被氧化成硒亚砜和硒砜[806]。使用 H_2O_2 水溶液、催化量的 V 催化剂及手性席夫碱配体,可以使烷基二硫化物发生一个硫的氧化,得到具有很好对映选择性的化合物 RS—S(=O)R[807]。

使用过酸氧化成亚砜[808]的机理类似于反应 19-29[809]:

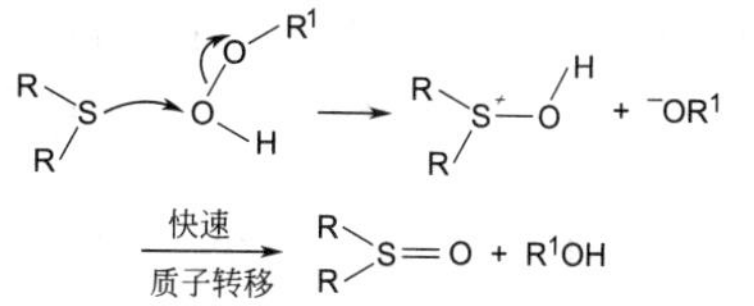

机理示意图

第 2 步氧化的速率通常比第 1 步慢(因而亚砜容易被分离),在中性或酸性溶液中第 2 步反应具有相同的机理,但是在碱性溶液中,过氧化物的共轭碱(R^1OO^-)也作为亲核试剂进攻 SO 基团[810]:

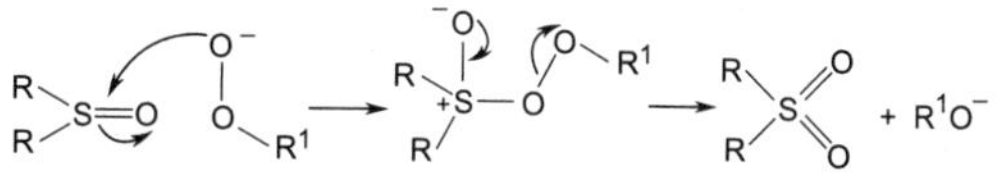

机理示意图

还有一些氧化剂如 $NaMnO_4$ 对亚砜的氧化比对硫醚更容易[811]。

OS Ⅴ,791;Ⅵ,403,404,482;Ⅶ,453,491;Ⅷ,464,543;Ⅸ,63;**80**,190;另见 OS Ⅴ,723;Ⅵ,23.

19.2.1.5 氧化偶联反应

19-32 涉及碳负离子的偶联

去-氢,氯-偶联

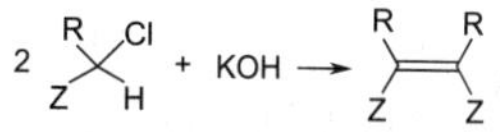

$$2\underset{H}{\overset{R}{\underset{|}{C}}}Cl + KOH \longrightarrow \underset{Z}{\overset{R}{C}}={\overset{R}{\underset{Z}{C}}}$$

与卤素相连的碳上有吸电子基团的卤代烷能在碱的作用下二聚成烯。Z 基团可以是硝基、芳基等。大多数情况下反应的机理[812]是先亲核取代,然后再消除[813](以苄氯为例):

$$PhCH_2Cl \xrightarrow{\text{碱}} Ph\bar{C}HCl \xrightarrow[S_N]{PhCH_2Cl} PhCHClCH_2Ph \xrightarrow{-HCl} PhCH=CHPh$$

α,α-二溴甲苯($ArCHBr_2$)经过中间体 $ArCBr=CBrAr$[814] 的脱溴反应生成二苯乙炔($ArC\equiv CAr$)。相关的反应是二芳基二卤甲烷(Ar_2CX_2)在铜[815]和二水合草酸铁(Ⅱ)[816]的作用下二聚成四芳基烯($Ar_2C=CAr_2$)。

当 β-酮酯的盐、芳基乙腈($ArCH_2CN$)和其它一些具有 ZCH_2Z' 形式的化合物被碘[817]或铜(Ⅱ)[818]氧化时,发生的是一种与上述类型不同的偶联反应。芳甲基磺酰氯($ArCH_2SO_2Cl$)用 Et_3N 处理[819]可以得到 ArCH=CHAr。

OS Ⅱ,273;Ⅳ,372,869,914;Ⅷ,298;另见 OS Ⅰ,46;Ⅳ,877.

19-33 甲硅基烯醇醚或烯醇锂的二聚

3/O-去-三甲基硅基-1/C-偶联

甲硅基烯醇醚在 DMSO 或其它极性非质子溶剂[820]中用 Ag$_2$O 处理,会生成对称的 1,4-二酮。R^2,R^3 是氢或烷基时反应即可实现,而当 R^2=R^3=H 时产率最高。在某些情况下,用两种不同的甲硅基烯醇醚的混合物可以得到不对称的 1,4-二酮。另一些能够得到对称或交叉偶联产物的试剂是亚碘酰苯-BF$_3$-Et$_2$O[821]、硝酸铈铵[822]和四乙酸铅[823]。如果 R^1=OR(此时反应底物是酮硅缩醛),则使用 TiCl$_4$ 二聚时得到的产物是二烃基琥珀酸酯(31,R^1=OR)[824]。

类似地,烯醇锂 RC(OLi)=CH$_2$ 在非质子溶剂中用 CuCl$_2$、FeCl$_3$ 或三氟甲磺酸铜(Ⅱ)处理得到 1,4-二酮 RCOCH$_2$CH$_2$COR[825]。

OS Ⅷ,467。

19-34 硫醇氧化成二硫化物

S-脱-氢-偶联

$$2RSH \xrightarrow{H_2O_2} RSSR$$

硫醇容易被氧化成二硫化物[826],其中过氧化氢是最常用的氧化剂[827],但其它很多氧化剂也能完成此反应,如:湿硅胶中的 Br$_2$[828]、过硼酸钠[829]、SmI$_2$[830]、PPh$_3$ 和 Rh 催化剂[831]、十六烷基三甲基铵重铬酸盐[832]以及 NO。在六氟-2-丙醇中过氧化氢(30%)可将硫醇氧化成二硫化物[833]。使用 MnO$_2$[834]、PCC(反应 19-3,第 1 类)[835]或 SO$_2$Cl$_2$[836]可以进行无溶剂条件下的反应。磷酸钾催化剂可以催化硫醇氧化偶联成二硫化物[837]。但是用强氧化剂可导致发生反应 19-26。在少量碱存在的条件下,甚至空气中的氧气也能将硫醇氧化。反应是可逆的(19-75),半胱氨酸和胱氨酸之间的互变是生物化学中很重要的一个反应。

研究了几种氧化剂的反应机理,发现机理随试剂而改变[838]。用氧气氧化的机理为[839]:

$$RSH + B^- \rightleftharpoons RS^- + BH$$
$$RS^- + O_2 \longrightarrow RS \cdot + \cdot O_2^-$$
$$RS^- + \cdot O_2^- \longrightarrow RS \cdot + O_2^{2-}$$
$$2O_2^{2-} + 2BH \longrightarrow 2OH^- + 2B^- + O_2$$

对于硫来说,此机理与 14-16 的机理类似,它先失去了一个质子氧化生成自由基,然后自由基相互偶联。

用偶氮二羧酸二乙酯(EtOOCN=NCO-OEt)先与硫醇 RSH 反应产生一个加合物,然后与另一分子硫醇加成,生成 RSSR'[841],用这种方法可以制备不对称二硫化物[840]。

OS Ⅲ,86,116.

19.2.2 还原

除了极个别例外,大多数还原反应归到本章中讨论。反应 15-11 和 15-12 中烯烃和炔烃的催化氢化,15-13 中芳香环的氢化,15-15 中环丙烷的还原裂解,以及 15-16 中烷基硼烷的光解反应放在第 15 章中讨论,这是为了保持与加成反应的一致性,也为了体现整体性。一般来说,官能团的还原包括各种类型的反应。在这一节中,反应根据还原反应所涉及的键的变化进行划分。这些反应包括:①进攻碳(C—O 和 C=O);②进攻非羰基多重键的杂原子;③杂原子从底物中去除的反应;④裂解还原;⑤还原偶联;以及⑥有机底物既被氧化又被还原的反应。本节反应使用的大多数试剂是金属氢化物、金属和酸或质子性溶剂、氢气和催化剂等。其它还原剂也可以用于反应,将在合适的部分进行介绍。要注意的是,植物(plants)可用作还原剂[842]。

19.2.2.1 还原:选择性[843]

反应中经常需要将分子中的一个基团还原而不影响另一个能被还原的基团(这被称为化学选择性)。通常能找到这样的还原剂。其中最普通的广谱还原剂是金属氢化物[844]和氢(与催化剂一起使用)[845],为使一个给定基团被化学选择性地还原,已经发展出了许多金属氢化物体系和氢化催化剂。各种不同官能团被催化氢化还原的容易程度(见表 19.2)顺序为[846]:酰卤>烷基硝基化合物>炔烃>醛>烯烃>酮>苄醚>腈>酯>酰胺。表 19.3 和表 19.4 分别列出了各种基团对 LiAlH$_4$ 和 BH$_3$ 的反应性[846],表 19.5 列出了能被催化氢化和各种不同金属氢化物还原的基团[847]。当然,这些表不可能是精确的,因为 R 的性质和反应条件显然会影响反应性。但是,无论怎样,这些表还是很好地说明了哪些还原剂能还原哪些基团[848]。氢化铝锂是一种很强且无选择性的还原剂[849],因此,当有化学选择性要求时,一般使用其它金属氢化物。正如反应 19-36 中所说的,我们通过用烷氧基取代 LiAlH$_4$ 中的某些氢(使 LiAlH$_4$ 与 ROH 反应)[850]可以制备一些活性不大(即选择性高)的试剂。多数金属氢化物是亲核试剂,进攻碳-杂原子单键或重键中的碳原子,但是 BH$_3$[857,858]和 AlH$_3$[859]是亲电试剂(Lewis 酸),进攻杂原子。这就是那些表中所显示的选择性有不同模式的原因。

表 19.2 各种不同官能团对于催化氢化还原的难易程度[846]

反应	反应物	产物	备注
19-39	RCOCl	RCHO	最容易
19-45	RNO$_2$	RNH$_2$	
15-11	RC≡CR	RCH=CHR	
19-36	RCHO	RCH$_2$OH	
15-11	RCH=CHR	RCH$_2$CH$_2$R	
19-36	RCOR	RCHOHR	
19-56	ArCH$_2$OR	ArCH$_3$+ROH	
19-43	RC≡N	RCH$_2$NH$_2$	
15-14	(萘)	(四氢萘)	
19-38	RCOOR′	RCH$_2$OH+R′OH	
19-64	RCONHR′	RCH$_2$NHR′	
15-13	(苯)	(环己烷)	最困难
19-37	RCOO$^-$		不反应

注：基团按照大致的还原难易程度顺序排列。

表 19.3 各种不同官能团被 LiAlH$_4$-乙醚还原的难易程度[846]

反应	反应物①	产物	备注
19-36	RCHO	RCH$_2$OH	最容易
19-36	RCOR	RCHOHR	
19-63	RCOCl	RCH$_2$OH	
19-38	内酯	二醇	
19-35	环氧化物 (H-C-C-H, R-O-R)	RCH$_2$CHOHR	
19-38	RCOOR′	RCH$_2$OH+R′OH	
19-37	RCOOH	RCH$_2$OH	
19-37	RCOO$^-$	RCH$_2$OH	
19-64	RCONR$_2'$	RCH$_2$NR$_2'$	
19-43	RC≡N	RCH$_2$NH$_2$	
19-45	RNO$_2$	RNH$_2$	
19-80	ArNO$_2$	ArN=NAr	最困难
15-11	RCH=CHR′		不反应

① LiAlH$_4$ 是一种强还原剂，与其它金属氢化物相比，它的选择性要差很多。

表 19.4 各种不同官能团用硼烷还原的难易程度[846]

反应	反应物①	产物	备注
19-37	RCOOH	RCH$_2$OH	最容易
15-16	RCH=CHR	(RCH$_2$CHR)$_3$B	
19-36	RCOR	RCHOHR	
19-43	RCN	RCH$_2$NH$_2$	
19-35	环氧化物 (H-C-C-H, R-O-R)	RCH$_2$CHOHR	
19-38	RCOOR′	RCH$_2$OH—R′OH	
19-39, 19-63	RCOCl		最困难 不反应

① 显然该试剂与 LiAlH$_4$（表 19.3）是互补的。

表 19.5 各种不同官能团被某些金属氢化物和催化氢化还原的反应性[847]

反应		A	B	C	D①	E②	F③	G	H	I	J④	K⑤	L	M	N
19-36	RCHO→RCH$_2$OH	+	+	+	+	+	+	+	+	+	+	+	+	+	+
19-36	RCOR→RCHOHR	+	+	+	+	+	+	+	+	+	+	+	+	+	+
19-39, 19-63	RCOCl → RCHO, RCH$_2$OH	+⑥	+	+	−	−	+	+	+	+	+	+	+	+	+
19-63	内酯→二醇	−	+	+	+	+	+	+	+	±	+	+	+	+	+
19-35	环氧化物→醇	−	+	+	+	+	+	+	+	±	+	+	+	+	+
19-38	RCOOR′→RCH$_2$OH+R′OH	−	−	+	±	+	+	+	+	+	+	±	+	+	+
19-37	RCOOH→RCH$_2$OH	−	−	+	+	+	+	+	+	±	+	+	+	+	±
19-37	RCOO$^-$→RCH$_2$OH	−	−	−	−	−	−	+	+	+	+	+	+	+	−
19-64, 19-41	RCONR$_2'$ → RCH$_2$NR$_2'$, RCHO	−	−	−	+	+	−	+	+	+	+	+	−	+	+
19-43, 19-45	RC≡N → RCH$_2$NR$_2'$	−	−	±	+	+	±	+	+	+	+	+⑦	+	+	+
19-80	RCONR$_2$ → RCH$_2$NR$_2'$, RCHO	−	−	−	−	−	−	−	−	−	−	+⑦	+	+	+
15-11	RCH=CHR→RCH$_2$CH$_2$R	−	−	−	+	+	+	+	+	+	−	+	−	−	+
19-53	RX + LiAlH$_4$ → RH														
19-57	R—OSO$_2$R′ + LiAlH$_4$ → RH														
19-35	环氧化物 + LiAlH$_4$ → 醇														

相关文献：①[844]；②[851]；③[852]；④[853]；⑤[854]；⑥[855]；⑦[856]。

注：± 表示边界情况。A=NaBH$_4$ 乙醇溶液；B=NaBH$_4$+LiCl 二甘醇二甲醚溶液；C=NaBH$_4$+AlCl$_3$ 二甘醇二甲醚溶液；D=BH$_3$-THF；E=双-3-甲基-2-丁基硼烷的 THF 溶液；F=9-BBN；G=LiAlH(Ot-Bu)$_3$ 的 THF 溶液；H=LiAlH(OMe)$_3$ 的 THF 溶液；I=LiAlH$_4$ 的乙醚溶液；J=AlH$_3$ 的 THF 溶液；K=LiBEt$_3$；L=(i-Bu)$_2$AlH (DIBALH)；M=NaAl(OCH$_2$CH$_2$OMe)$_2$H$_2$；N=催化氢化。

19.2.2.2 进攻 C—O 和 C=O 碳的反应

19-35 环氧化物的还原

(3) OC-二级-氢-去-烷氧基化

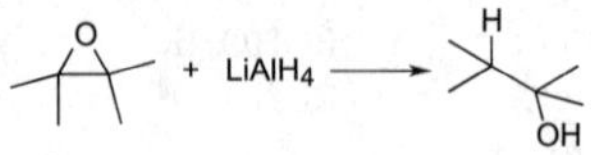

$$\text{环氧化物} + \text{LiAlH}_4 \longrightarrow \text{醇}$$

环氧化物的还原是 **19-56** 的特例，很容易进行[860]。最常用的试剂是 LiAlH$_4$[861]。反应是 S$_N$2 过程，构型翻转。在一个取代的环己烷上的环氧化物的开环方向是：倾向于得到处于直立键的醇。据 S$_N$2 机理推断，氢原子通常连接到取代少的碳上。在其它试剂作用或条件下反应也能进行，如采用乙醇中的钠汞齐、乙烯二胺中的 Li[862] 以及催化氢解[863]。化学选择和区域选择性的开环（如：烯丙基环氧化物，以及酮或酯的环氧化物）已经由 SmI$_2$[864]、HCOOH-NEt$_3$ 和 Pd 催化剂[865]、二(2-甲氧基乙氧基)氢化铝钠（Red-Al，也称为 Vitride）[866]。位阻大的环氧化物可被三乙基硼氢化锂（也称为 super hydride）方便地还原，而且不会发生重排[867]。但是对于一些底物，在 NaBH$_4$-ZrCl$_4$[868]、Pd-C 和 HCOONH$_4$[869] 或 THF 中的 BH$_3$[870] 的还原下，能以另外的方式开环。

环氧酮在 THF/MeOH 中，在萘基锂[871] 或 Cp$_2$TiCl[872] 的作用下，可被选择性地还原成 β-羟基酮。其它的还原方法则得到环氧醇。环氧酰胺可被甲醇中的 SmI$_2$ 还原成 α-羟基酰胺[873]。

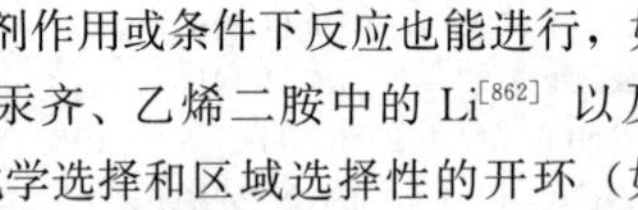

$$\text{环氧化物} \xrightarrow{(C_5H_5)_2TiCl_2} \text{烷烃}$$

环硫化物在 BEt$_3$ 的存在下，被 Bu$_3$SnH 还原得到烯[874]。

环氧化物还原的通常产物是醇，但是在二氯钛茂烯（titanocene）[875] 以及 Et$_3$SiH-BH$_3$[876] 的作用下，则完全还原成烷烃。

19-36 醛和酮被还原为醇[877]

C,O-二氢-加成

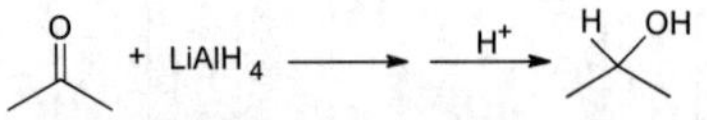

$$\text{酮} + \text{LiAlH}_4 \longrightarrow \text{醇}$$

许多还原剂可以将醛还原为伯醇、将酮还原为仲醇[878]，最常用的还原剂是 LiAlH$_4$、NaBH$_4$ 以及其它金属氢化物[879]。与许多其它还原剂相比，这些还原剂有两个主要优点：它们不还原碳-碳双键或叁键（炔丙醇除外）[880]；在 LiAlH$_4$ 中，四个氢理论上都可用于还原。已经有方法可对氢化物试剂进行滴定定量[881]。这些试剂对酮的应用范围与醛类似，氢化铝锂甚至能还原具有立体位阻的酮。

该反应的适用面很广。氢化铝锂可以还原含有双键或叁键以及非还原性基团如 NR$_3$、OH、OR、F 等的脂肪族、芳香族、非环的和杂环的醛或酮。如果分子中含有可被 LiAlH$_4$ 还原的基团，如 NO$_2$、CN、COOR，那么这些基团也将被还原。氢化铝锂很容易与水和醇反应，因此应避免与这些化合物接触，常用的溶剂是醚和 THF，但在这些溶剂中溶解性不好。

硼氢化钠 NaBH$_4$ 具有与氢化铝锂差不多的应用范围，但反应活性较差，因而选择性更高，可用于还原含有 NO$_2$、Cl、CN、COOR 等基团的分子。硼氢化钠的另一个优点是它可以在水或醇溶剂中使用，因此可用于还原像糖这样的不溶于醚的化合物[882]。对硼氢化物做一些修饰后还可使用其它溶剂。例如，丁基三苯基鏻硼氢化物可在二氯甲烷中将醛还原成醇[883]。使用固体酸活化的 NaBH$_4$ 进行的还原反应已有报道[884]。也可使用水-THF 中的 NaBH$_4$ 在高聚物负载的相转移物质作用下进行还原反应[885]。在微波辐射下，氧化铝上的硼氢化钠也是一个有效的试剂[886]。硼氢化钠还可在硅胶中使用[887]。

1967 年 Vit 制备了 Red-Al[888]，Red-Al 的还原能力与 LiAlH$_4$ 相近。另外，Red-Al 对干燥空气稳定（甚至在湿空气或氧气中也不会引燃），在高达 200℃ 时也能稳定。Red-Al 最大的使用优势是它在芳香烃和醚类溶剂中具有良好的溶解性，这就便于将该试剂应用于氢化物需要反向加入的反应中。Red-Al 的反应基本上与 LiAlH$_4$ 一样，可将醛、酮[889] 和酸的衍生物还原成醇[890]。共轭羰基化合物主要发生 1,2-还原，得到烯丙醇[891]。其它的官能团也可以被还原[892]。

一般来说，孤立或者共轭的双键不受金属氢化物的影响，但是与 C=O 基团共轭的双键在有些情况下可被还原，而在另一些情况下却不被还原，这取决于底物、还原剂和反应条件[893]。只还原 α,β-不饱和醛酮的 C=O 键的一些试剂有：AlH$_3$[894]、NaBH$_4$ 或在镧盐存在下的 Li-AlH$_4$[895]、Co 配合物[896]、NaBH$_4$-LiClO$_4$[897]、Ni 化合物[898]、NaBH$_3$(OAc)[899]、Y 型沸石中的 Zn(BH$_4$)$_2$[900] 以及 Et$_3$SiH[902]。此外，虽然有些情况下[903]（参见反应 **15-14**）产物中发现了一定量完全饱和的醇,但是在多数情况下,LiAlH₄[903]和NaBH₄[904]都主要只还原C═C—C═O体系中的C═O键。只还原共轭醛酮中C═C键的试剂见反应15-11。InCl₃和NaBH₄的混合物可使共轭酮中的C═O键和C═C键都发生还原[905]。

在其它官能团存在的情况下,某个官能团被选择性地进攻,这样的反应被称为具有化学选择性(chemoselective)[906]。许多试剂还原醛比还酮快得多。这些试剂有[907]:三乙酰氧基硼氢化钠[908]、NaBH₄-HCOOH[909]、THF中的硼氢化锌[910]、LiAlH₄和N-甲基-2-吡咯啉酮的配合物(该试剂在空气中和受热时均稳定,因此特别受关注)[911]和Raney镍[912]。

此外,在−15℃下,含有三氯化铈(CeCl₃)的乙醇溶液中,硼氢化钠能化学选择性地还原酮,分子中同时存在的醛基却不受影响[913]。(n-二氢吡啶基)氢化铝锂还原二芳基酮的效果比还原二烷基或烷基芳基酮的效果要好得多[914]。而大多数其它氢化物还原二芳基酮比还原其它类型的酮要慢。在−78℃[915]下,50% MeOH-CH₂Cl₂中利用NaBH₄和硼氢化锌,即使存在α,β-不饱和酮,饱和酮也能被还原[916]。

一般来说,硼氢化钠还原羰基化合物的顺序为:醛>α,β-不饱和醛>酮>α,β-不饱和酮。在反应性不高的羰基存在下,NaBH₄可以选择性地还原活性较高的羰基[917]。许多试剂优先还原立体位阻较小的羰基,但是在Lewis酸二(4-甲基-2,6-二叔丁基酚氧基)甲基铝存在下,用DIBAL-H有可能选择性地还原立体位阻较大的羰基[918]。显然,这些试剂常被用于在一类羰基的存在下还原另一类羰基[919]。关于还原反应选择性的讨论见19.2.2.1节。使用(i-PrO)₂TiBH₄可以实现β-羟基酮的顺式选择性还原[920]。醌可被LiAlH₄、SnCl₂-HCl或硫代硫酸钠(Na₂S₂O₄)以及其它还原剂还原为氢醌。

LiBH(s-Bu)₃(L-Selectride)能以很高的立体选择性还原环酮和双环酮[921]。例如,2-甲基环己酮还原得到cis-2-甲基环己醇,异构体纯度>99%。L-Selectride和钾盐(K-Selectride)都能以很高的非对映选择性还原环状分子及非环状分子中的羰基[922]。一些比较常用的试剂(如NaBH₄或LiAlH₄),还原相对位阻较小的环酮时,反应的立体选择性很小或者没有立体选择性[923],一般主要形成较稳定的异构体(轴向进攻)[924]。采用位阻较大的LiAlH(CEt₂CMe₃)₃还原环己酮衍生物,主要得到顺式醇[925]。羰基附近有大位阻基团的环己酮,通常主要形成较不稳定的醇,即便使用LiAlH₄和NaBH₄也如此。

其它可将醛和酮还原为醇[926]的试剂如下:

(1) 氢和催化剂[927] 还原羰基的常见非均相催化剂是Pt和Ru[928],但也可使用均相催化剂[929],特别是进行不对称氢化时(见后面的19.2.2.3节)。在金属氢化物发现之前,这是常用的有效方法之一。但是在这种还原条件下,C═C、C≡C、C═N和C≡N键比C═O键更易被进攻[930]。对于芳香醛和酮,还原成烃(反应19-61)只是一个副反应,它是最初产物醇氢解(反应19-54)的结果。醛酮催化氢化的机理可能与反应15-11类似[931]。

(2) 乙醇中的钠[932] 这被称为Bouveault-Blanc方法,在发现LiAlH₄之前,该反应更多用于羧酸酯的还原(19-38),而不是醛或酮的还原。

用乙醇中的钠进行还原反应的机理[933]被认为是[934]:

$$\text{O} \xrightarrow{+ \text{Na}\cdot} \text{羰游离基} \xrightarrow{} \text{O}^- \xrightarrow{\text{ROH}} \text{OH} \xrightarrow{\text{Na}\cdot} \text{OH}^- \xrightarrow{\text{ROH}} \text{H} \quad \text{OH}$$

羰游离基(ketyl)中间体可被分离出来[935]。锂是碱金属还原常用的优良金属[936]。

(3) 其它金属 在苄基三乙基氯化铵存在下,通过与DMF水溶液中的Zn粉共热[937]或与甲醇中的Zn共热[938],α-二酮只发生一个羰基的还原,得到α-羟基酮。甲醇-水中的铝和NaOH可使酮发生还原[939]。在水中使用过量SmI₂,可使β-羟基酮以很好的反式选择性发生还原[940],其它的酮或醛也可被THF-水中[942]或醇中[943]的SmI₂[941]还原。也可使用其它的金属,如DMF溶液中的FeCl₃/Zn[944],或者醇中的Mg[945]。

1,2-二酮在乙腈中与TiI₄反应,而后水解,被还原成α-羟基酮[946]。甲醇中的氨和TiCl₃水溶液可将酮还原[947]。

(4) 异丙醇和异丙醇铝 这被称为Meerwein Ponndorf-Verley还原[948]。这是可逆的反应,逆反应是被称为Oppenauer氧化(参见反应19-3):

$$\underset{R}{\overset{O}{\|}}\!\!-\!\!R' + H_3C\underset{CH_3}{\overset{H\ OH}{|}}\!\!-\!\!CH_3 \xrightleftharpoons{Al(OCHMe_2)_3} \underset{R}{\overset{H\ OH}{|}}\!\!-\!\!R' + H_3C\underset{CH_3}{\overset{O}{\|}}\!\!-\!\!CH_3$$

通过蒸馏除去丙酮，平衡可发生移动。有报道显示，苯甲醛与 2-丙醇在 225℃ 共热一天，可还原成苄醇[949]。反应在非常温和的条件下进行，对醛和酮具有高度的专一性，分子中的 C═C 键（包括与 C═O 键共轭的 C═C 键）以及许多其它官能团都不被还原[950]。缩醛也不会被还原，因此如果将分子中的一个羰基先转化为缩醛，另一个羰基就可以专一地被还原。β-酮酯、β-二酮以及其它烯醇式结构含量较高的酮和醛，不发生这个反应。沸石可用作该还原反应的介质[951]。该还原反应可在催化下进行[952]，已经研制出无铝的 Zr-沸石催化剂[953]。酮与 2-丙醇、KOH 及活性氧化铝在微波辐照下反应，生成高产率的醇[954]。当羰基底物含有一个手性中心时，反应具有很好的非对映选择性[955]。使用手性金属配合物可以实现手性的氢转移[956]。2-丙醇与 BINOL 和 AlMe₃ 混合使用，可使 α-氯代酮还原成氯醇，反应具有好的对映选择性[957]。

Meerwein-Ponndorf-Verley 还原反应通常[958]经历一个环状过渡态[959]：

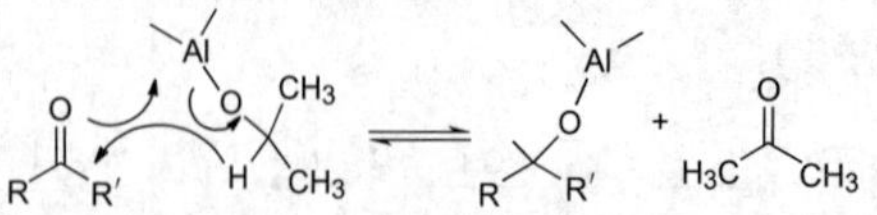

但在有些情况下，需要 2mol 异丙醇铝参与反应，反应中一分子醇铝进攻碳，另一分子醇铝进攻氧，这个结论是基于发现在这些情况下反应对异丙醇铝是 1.5 级的事实而得出的[960]。醇溶剂在此反应中作为氢供体[961]。为简化起见，我们将醇铝示意为单体，但实际上，它是以三聚体和四聚体形式存在的，正是这些聚集体参与了反应[962]。要注意的是，超临界 2-丙醇已被用于酮的还原，此时反应无需催化剂[963]。

（5）硼烷 硼烷（BH_3）和取代硼烷还原醛和酮的方式与它们同 C═C 键（反应 15-16）[964]加成的方式相似。即硼加到氧上而氢加到碳上[965]：

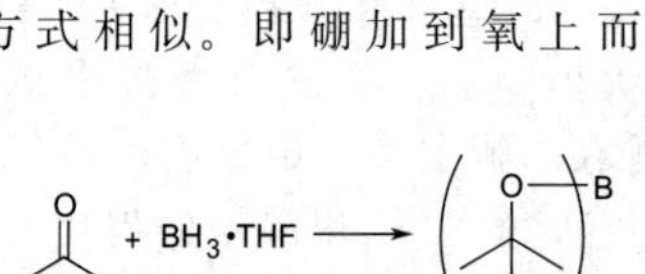

生成的硼酸酯再水解为醇。很多烷基硼烷可用于还原反应[966]。9-BBN[967]（参见反应 15-16）和 BH_3-Me_2S[968]只还原共轭醛和酮中的 C═O[969]。在离子溶剂中三丁基硼氢可将醛还原成醇[970]。用硼烷进行对映选择性的还原得到手性醇[971]。螺硼酸酯可用于对映选择性还原[972]，也可使用手性硼酸酯[973]。

也可使用氢化铝（AlH_3）衍生物，如二异丁基氢化铝[974]。

（6）氢化锡 在甲醇中进行简单的加热，三丁基氢化锡可将醛还原成伯醇[975]。在二氯甲烷中 Bu_3SnH 和苯基硼酸（反应 12-28）的混合物可使醛发生还原[976]。酮可被 Bu_2SnH_2 和 Pd 催化剂还原[977]。使用三芳基氢化锡（其中芳基为 2,6-二苯基苄基）及 $BF_3·OEt_2$，可以实现在共轭醛的存在下对脂肪醛的选择性还原[978]。三(三甲基硅基)甲烷可用作自由基还原剂而不需要使用锡[979]。

（7）Cannizzaro 反应 该反应（19-81）是将没有 α-氢的醛还原成醇。

（8）硅烷 在碱的存在下，一些硅烷能选择性地还原羰基[980]。过渡金属配合物也可以催化酮的羟硅烷化反应[981]。控制温度和溶剂，可以得到不同比例的顺式和反式产物[982]。在 $BF_3·OEt_2$ 存在下[983]，硅烷可还原酮。在吡咯烷甲醛存在下[984]，或在光化学条件下[985]，酮可被 Cl_3SiH 还原。聚甲基氢硅氧烷与四丁基氟化铵一同使用可将 α-氨基酮还原成顺式氨基醇[986]。

（9）甲酸铵 甲酸钠和三烷基铵甲酸盐可将醛酮还原成相应的醇。例如，以 N-甲基-2-吡咯烷酮为溶剂，正癸醛可被甲酸钠还原为正癸醇[987]。甲酸和乙基溴化镁的混合物可将正癸醛还原为正癸醇，产率 70%[988]。在水中使用甲酸-三乙胺及 Ru 催化剂[989]也可以进行转移氢化反应[990]。

（10）酶法还原 使用源自生物的还原剂[991]（如发面酵母[992]）、源自其它生物的酶[993]或其它生物催化剂[994]，已经成功实现不对称还原（参见 19.2.2.3 节）。酶法还原可以使用离子液体[995]，酶法还原也可以在超临界 CO_2 中进行[996]。

对大多数试剂，最初是 H^- 或其携带者进攻羰基的碳原子，但是对于 BH_3[997]，首先被进攻的却是氧原子。大多数反应的详细机理还不为人所知[998]。对于 $LiAlH_4$ 或 $NaBH_4$，进攻物种是 AlH_4^-（或者是 BH_4^-）离子，它能有效地将 H^- 转移到碳上。下面是人们提出的 $LiAlH_4$ 的反应机理[999]：

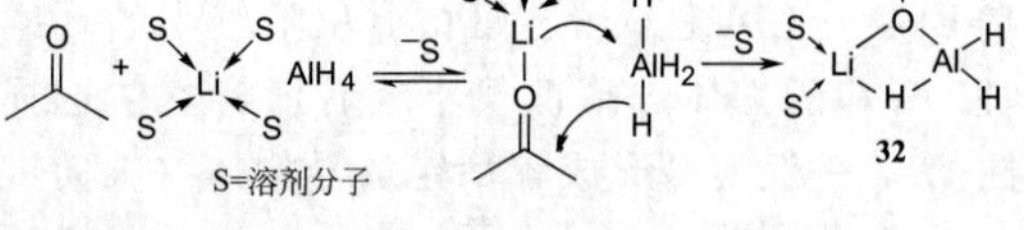

S=溶剂分子

32

在有些情况下，阳离子起到了很重要的作用。证据是当 Li^+ 被有效地从试剂中（加入冠醚）除去后，就不发生还原反应[1000]。配合物 **32** 必须水解生成醇。对 $NaBH_4$ 而言，钠离子好像不参与过渡态，但是动力学证据表明，来自溶剂的 OR 基团参与了反应，并与硼保持连接[1001]：

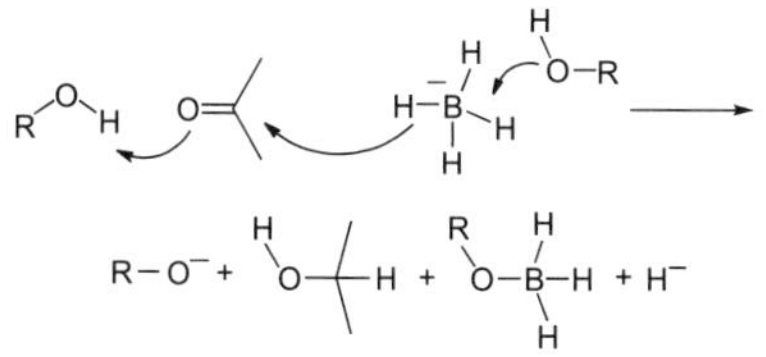

在大多数采用硼和锂的氢化物的还原反应中，游离的 H^- 不可能是进攻实体，因为这些反应经常对 MH_4^-［或 $MR_mH_n^-$ 或 $M(OR)_mH_n^-$，等］的分子大小很敏感。

$LiAlH_4$ 最初的配合物（**32**，或 H—C—OAl^-H_3 = **33**）能否还原另一个羰基得到（H—C—O)$_2Al^-H_2$ 等结构，引发了很多争议。已有研究表明[1002]，很可能并非如此。而更大的可能是，**33** 歧化成 (H—C—O)$_4Al^-$ 和 AlH_4^-，后者才是唯一的进攻试剂。在 $NaBH_4$ 的反应中也发现了歧化过程[1003]。

化合物 **33** 实际上是 $LiAlH_4$ 中一个氢原子被烷氧基取代了（即得到 $LiAlH_3OR$）。**33** 和 $LiAlH_4$ 的其它烷氧基衍生物比 $LiAlH_4$ 的反应活性小，因此可以将这些化合物作为比 $LiAlH_4$ 活性更小而选择性更好的还原剂来使用[1004]。我们已经见过一些这样的化合物，例如，LiAlH-$(O\text{-}t\text{-}Bu)_3$（反应 **19-39**～**19-41**；参见表 19.5）。作为具有化学选择性反应的例子，经常提到利用 $LiAlH(O\text{-}t\text{-}Bu)_3$ 只还原同时含有酮基和羧酸酯基分子中的酮基[1005]。然而由于上面提到的歧化反应，使用这样的试剂有时也会很复杂，因为即使所用的试剂是醇氧基衍生物，但是由于发生了歧化反应，可能会导致 $LiAlH_4$ 成为活性反应物种。另外一个具有高度选择性的试剂（只还原醛和酮，但不还原其它官能团）是三异丙氧基硼氢化钾，该试剂不发生歧化反应[1006]。

醛和酮的其它还原反应参见 **19-61**、**19-76** 和 **19-81**。

19.2.2.3 不对称还原

不对称酮具有潜手性（参见 4.13 节），还原后产生一个新的手性中心：

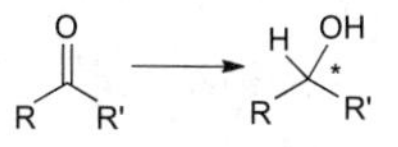

各种还原剂还原八类酮的相对活性已得到了确定[1007]，这八类酮包括杂环酮、芳代脂烷基酮（aralkyl）、β-酮酸酯和 β-酮酸[1008] 等[991]。人们已经做了很多工作来寻找具有光学活性的还原剂，这些还原剂能对映选择地产生醇的一个对映异构体[1009]。这些试剂对某种类型的酮比对其它类型的更有效[1010]。在通常情况下，采用合适的试剂可以得到很好的对映选择性[1011]。远离羰基的取代基在还原反应的面选择性中会起到一定的作用[1012]。使用生物试剂［如酶，参见前述的第 (10) 点］已经成功实现不对称还原。

非手性还原剂和光学活性催化剂共同作用可以成功实现高 ee 值的不对称还原[1013]。通过均相催化不对称氢化可以使底物发生高对映选择性的还原[1014]。例如，一个典型的手性配体是 BI-NAP (**34**)，与金属催化剂如 $Ru(OAc)_2$ 配合使用[1015]，可使 β-酮酯发生对映选择性的还原[1016]。各种不同的手性添加剂和/或配体已经被用于催化氢化反应，它们对许多官能团不会产生影响[1017]。不对称催化氢化可在离子液体中进行[1018]。

另一种方法是用 BF_3-THF 或儿茶酚硼烷为还原剂[1019]，以噁唑硼烷 (oxazaborolidine) (**35**；R = H, Me 或 n-Bu；Ar = Ph 或 β-萘基)[1020] 或其它手性化合物[1021] 作为催化剂。聚合物固定的噁唑硼烷[1022] 和树枝状的手性催化剂都可与硼烷一同使用[1023]。另外，其它一些手性添加剂也可与硼烷一同使用[1024]。手性磺酰胺可用作添加剂[1025]。

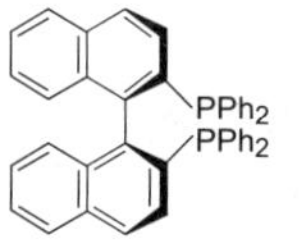

34
(R)-(+)-BINAP

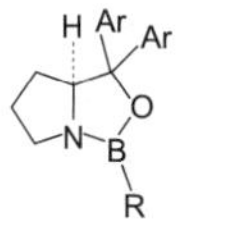

35

$LiAlH_4$ 与手性二醇[1026] 或其它手性配体[1027] 共同作用可以实现对映选择性还原，该反应常常需要加入过渡金属配合物[1028]。手性添加剂也可与 $NaBH_4$ 一同使用[1029]，例如，$LiBH_4/NiCl_2$ 与手性氨基醇[1030]、$NaBH_4$ 与手性 Lewis 酸配合物[1031] 或者 $NaBH_4/Me_3SiCl$ 与手性配体[1032]。$NaBH_4$ 和 Me_3SiCl 的混合物与催化量手性的聚合物固定磺酰胺共同作用可以实现不对称还原[1033]。

采用前面提到的其它一些方法也可以进行对映选择性还原。过渡金属催化的不对称转移氢化反应用于手性醇的制备非常有效[1034]。

用硅烷和过渡金属催化剂如钌化合物也是非常有效的[1035]。手性 Ru 催化剂与甲酸三乙铵盐一同可用于对映选择性还原[1036]。在合适的手性配体存在下,过渡金属催化的酮的羟硅烷化得到手性醇[1037]。使用 PhSiH$_3$ 和 Cu 化合物与手性配体[1038]、Ru 催化剂和 Ag 催化剂的混合物[1039] 或者 Mn(dpm)$_3$ 和氧(dpm = 二苯基亚甲基)[1040],也可以进行对映选择性还原。使用手性有机催化剂可能进行对映选择性的羟硅烷化[1041]。手性 Sm 配合物可与 2-丙醇共同使用[1042]。手性硫醇也被用于不对称还原[1043]。

醛不可能进行对映选择的还原[1044],因为其产物是伯醇,被还原的碳不是手性的。但是氘代醛 RCDO 被还原后得到手性产物,这些氘代醛可被硼-(3-蒎基)-9-硼杂双环[3.3.1]壬烷(Alpine-Borane)对映选择性地还原,获得几乎完全光学纯的产物[1045]。其它的手性硼烷也可用于还原醛或酮[1046]。

在上面的例子中,光学活性的还原剂或催化剂与潜手性底物相互作用。如果酮与光学活性的过渡金属 Lewis 酸配位,那么用非手性的还原剂也可以进行酮的不对称还原[1047]。

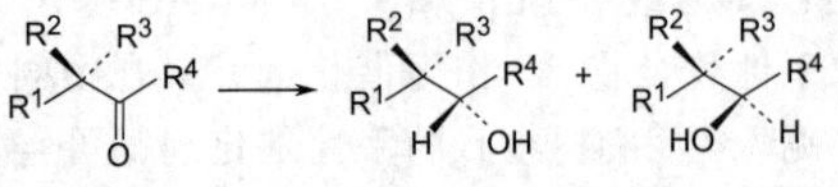

$$\underset{O}{\overset{R^2\ R^3}{\underset{R^1}{\bigg|}}}\!\!\!\!\!\!\!\!\!\!\!\!\!\!\!\!\!\!C\!\!-\!\!R^4 \longrightarrow \underset{OH}{\overset{R^2\ R^3}{\underset{R^1}{\bigg|}}}\!\!\!\!\!\!\!\!\!\!\!\!\!\!\!\!\!\!C\!\!-\!\!R^4 + \underset{HO}{\overset{R^2\ R^3}{\underset{R^1}{\bigg|}}}\!\!\!\!\!\!\!\!\!\!\!\!\!\!\!\!\!\!C\!\!-\!\!H$$

非对映异构体

醛和酮的还原还有其它立体化学因素。如果羰基的 α 位有一个手性中心[1048],那么甚至非手性还原剂都能将该羰基还原得到其中一个非对映异构体的量多于另一个异构体的产物混合物。这样的非对映选择性还原已经取得了相当的成功[1049]。大多数这样的情况都遵循 Cram 规则[参见 4.8 节(1)],但也有例外[1050]。

OS I, 90, 304, 554;II, 317, 545, 598;III, 286;IV, 15, 25, 216, 660;V, 175, 294, 595, 692;VI, 215, 769, 887;VII, 129, 215, 241, 402, 417;VIII, 302, 312, 326, 527;IX, 58, 362, 676.

19-37 羧酸还原成醇

二氢-去-氧-双取代

$$RCOOH \xrightarrow{LiAlH_4} RCH_2OH$$

羧酸很易被 LiAlH$_4$ 还原成一级醇[1051]。此反应的条件非常温和,在室温下进行得非常顺利。另外一些氢化物也可以实现反应[1052],但是 NaBH$_4$ 不行(见表 19.5)[1053]。NaBH$_4$ 和芳基硼酸(反应 12-28)共同作用也非常有效[1054]。NaBH$_4$、Me$_2$SO$_4$ 和 B(OMe)$_3$ 的混合物对羟基取代芳香羧酸的还原十分有效[1055]。二氯甲烷中的苄基三乙基铵硼氢化物可将羧酸还原成醇[1056]。此外催化氢化一般也是无效的[1057]。

硼烷是还原羧基的很好试剂(表 19.4),能在其它许多官能团存在下选择性地还原羧基(但在醚溶剂中以差不多的速率与双键进行反应)[1058]。

多年来,硼烷被选作此还原反应的试剂。硼烷也可以还原羧酸盐[1059]。氢化铝可以使 COOH 还原而不影响分子中的碳-卤键。反应也可以由 SmI$_2$ 在碱性介质[1060] 或 H$_3$PO$_2$ 水溶液[1061] 或直接在水溶液中[1062] 完成。NaBH$_4$ 和 I$_2$ 的混合物则可以将氨基酸还原成氨基醇[1063]。

OS III, 60;VII, 221, 530;VIII, 26, 434, 528.

19-38 羧酸酯还原成醇

二氢,羟基-去-氧,烷氧基-三取代

$$RCOOR' \xrightarrow{LiAlH_4} RCH_2OH + R'OH$$

酯可被氢化锂铝还原,生成两个不同的醇,如上所示[1064]。此反应的应用范围很广,可用于许多酯的还原。令人感兴趣的是得到了另一个产物 R'OH,它类似于"水解"酯的方法。内酯反应生成二醇[1065]。可以用于此还原反应的试剂有[1066]:DIBAL-H、三乙基硼氢化锂、LiAlH(Ot-Bu)$_3$[1067] 以及回流条件下的 BH$_3$-SMe$_2$ 的 THF 溶液[1068] 也可以得到相同的产物。NaBH$_4$ 能还原酚酯,特别是那些带吸电子基的酚酯[1069],但是与其它酯的反应通常很慢,以致那些反应很少能应用(但也有例外[1070]),一般来说,有可能只还原醛或酮,而不还原同一分子中的酯基。但是在某些化合物存在的条件下,NaBH$_4$ 也能还原酯(参见表 19.5)[1071]。还要指出的是,DMF-MeOH 中的 NaBH$_4$ 可将芳基羧酸酯还原成苄醇[1072],NaBH$_4$-LiCl 在微波辐照下也可将酯还原成一级醇[1073]。

在高温高压下,利用铜铬铁作催化剂[1074] 则可用氢化的方法将酯还原成醇。一般在低压情况下,酯基不能通过催化氢化还原。但均相催化氢化方法已被应用于此反应[1075]。在 LiAlH$_4$ 被发现之前,完成此反应的最普遍的方法是用钠和乙醇,此法被称为 Bouveault-Blanc 法[1076]。当需要选择性还原时,此法仍然常常被使用。可参考反应 19-62、19-65 和 10-59。

硅烷如 Ph_2SiH_2 与催化量的三苯基膦及 Rh 催化剂共同作用可将酯还原为一级醇[1077]。脂肪族硅烷如 $EtMe_2SiH$ 在 Ru 催化剂作用下也可以还原酯[1078]。

OS Ⅱ，154，325，372，468；Ⅲ，671；Ⅳ，834；Ⅵ，781；Ⅶ，356；Ⅷ，155；Ⅸ，251。

19-39 酰卤的还原

氢-去-卤化或去卤化

$$RCOCl \xrightarrow[-78℃]{LiAlH(Ot-Bu)_3} RCHO$$

酰卤与三叔丁氧基氢化铝锂于-78℃在二甘醇二甲醚中反应[1080]，可被还原为醛[1079]。R 基团可以是烷基和芳基，并且可以含多种取代基，包括 NO_2、CN 和 EtOOC。由于在这些反应条件下，空间位阻会阻碍进一步的还原，因此反应停留在生成醛的这一步。酰卤可以被氢解为醛，催化剂是沉积在硫酸钡上的 Pd 催化剂，该反应被称之为 Rosenmund 还原[1081]。一种更为方便的氢解过程是用 Pd-C 作为催化剂，释放出的 HCl 被乙基二异丙基胺吸收，反应中丙酮作为溶剂[1082]。酰卤也可以被以下试剂还原为醛[1083]：Bu_3SnH[1084]、$InCl_3$ 催化下使用 Bu_3SnH[1085]、DMF 与 THF 混合溶剂中的 $NaBH_4$[1086]、Sm-PBu$_3$[1087]以及甲酸/NH_4OH[1088]。聚甲基氢硅氧烷（PMHS）在 Pd 催化剂的存在下可将酰氯还原成醛[1089]。在一些例子中，反应是自由基机理。

有多种将酰卤间接转化为醛的方法，这些方法中大部分都要先将酰卤转化为某种酰胺（参见反应 **19-41**）。还有一种方法可将 COOH 替换为一个完全不同的 CHO（反应 **16-87**）。

OS Ⅲ，551，627；Ⅵ，529，1007；另见 OS Ⅲ，818；Ⅵ，312。

19-40 将羧酸、酯和酐还原为醛[1090]

氢-去-羟基化或去羟基化（总过程）

$$RCOOH \longrightarrow RCHO \longrightarrow RCOOR'$$

$$RCOOH \xrightarrow[MeNH_2]{Li} RHC=N-Me \xrightarrow{H_2O} RCHO$$

大部分还原试剂通常将羧酸还原为伯醇（**19-37**），通常无法分离出醛。但是简单的直链羧酸可被还原为醛[1091]，使用的方法有底物与 Li 在 $MeNH_2$ 或 NH_3 中反应，再将生成的亚胺水解[1092]；或与（1,1-二甲基丁基）氯（或溴）硼烷-Me_2S（1,1-二甲基丁基，又称 thexyl 基，见 **15-16**）反应[1093]；与吡啶中的 $Me_2N=CHCl^+Cl^-$反应[1094]或与氢化二氨基铝反应[1095]。苯甲酸衍生物与 NaH_2PO_2、二酰基过氧化物及 Pd 催化剂

反应，可被还原为苯甲醛[1096]。己酸和异戊酸与 DIBAL-H（i-Bu_2AlH）于-75℃到-70℃反应[1097]，被还原为醛的产率等于或大于50%。

羧酸酯可在下列条件下还原为醛：与 DIBAL-H 在-70℃反应；与氢化二氨基铝反应[1098]；（对酚酯）与 $LiAlH(Oi-Bu)_3$ 在 0℃反应[1099]。先用 Me_3SiCl 预处理酸，而后用 DIBAL-H 还原，同样也可生成醛[1100]。乙硫酯 RCOSEt 被 Et_3SiH 及 Pd-C 催化剂还原，也可以生成醛[1101]。硫酯与金属锂在-78℃的 THF 中反应，而后用甲醇终止反应，同样也被还原成了醛[1102]。

脂肪族和芳香族的酸酐以及羧酸和碳酸的混酐可被四羰基合铁二钠 $Na_2Fe(CO)_4$ 还原为醛，反应产率中等[1103]。将羧酸加热可以形成酐，而后被 Na/EtOH 还原生成醛[1104]。

酰氯可被 Bu_3SnH 和 Ni 催化剂还原为醛[1105]。

另见反应 **19-62** 和 **19-38**。

OS Ⅵ，312；Ⅷ，241，498。

19-41 将酰胺还原为醛

氢-去-二烷基氨基-取代

$$RCONR'_2 + LiAlH_4 \longrightarrow RCHO + NHR'_2$$

N,N-二取代酰胺可被 $LiAlH_4$ 还原为胺（参见 **19-64**），但它也能被还原为醛[1106]。保持酰胺过量即可使产物是醛而不是胺。有时不能阻止进一步的还原，得到的产物则是伯醇。其它用于将酰胺还原成醛且产率很好的试剂有[1107]：DIBAL-H[1108]、$LiAlH(Ot-Bu)_3$、氢化二氨基铝[1109]、1,2-二甲基丙基硼烷（1,2-二甲基丙基又称 disiamyl 基，参见 **15-16**）[1110]和 $Cp_2Zr(H)Cl$[1111]。

羧酸或酰卤先转化为某种易还原的酰胺，然后就可以还原生成醛。下面是一些例子[1112]：

（1）Reissert 化合物[1113]（**36**） 由酰卤与喹啉和氰离子反应而成。将 **36** 与硫酸反应可得到相应的醛。

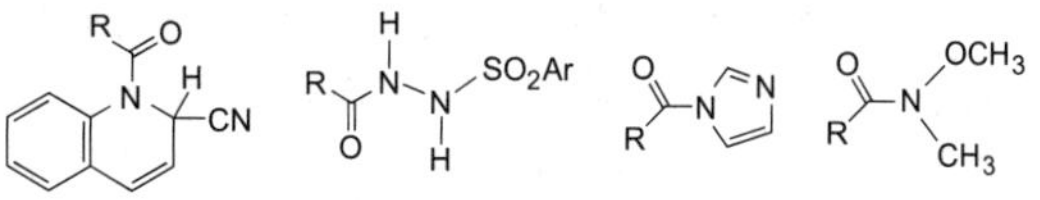

（2）酰基砜基肼（**37**） 可被碱裂解为醛。这个反应被称为 McFadyen-Stevens 还原，只能用于芳醛或没有 α-H 的脂肪醛[1114]。RCON=NH（参见反应 **19-67**）被认为是该反应的中间体[1115]。

（3）酰基咪唑（**38**）[1116] 可被 $LiAlH_4$ 还原为醛。

（4）Weinreb 酰胺 N-甲氧基-N-甲基酰胺（如 **39**）被称为 Weinreb 酰胺[1117]。该酰胺用过

量的 LiAlH₄ 或 Dibal-H 还原，得到相应的醛，与 Cp₂ZrHCl 的反应结果相同[1118]。

（5）另见 Sonn-Müller 方法（反应 **19-44**）。

OS Ⅷ, 68。Reissert 化合物的制备见 OS Ⅳ, 641；Ⅵ, 115。

19.2.2.4 进攻非羰基多重键的杂原子

19-42 碳-氮双键的还原

C,N-二氢-加成

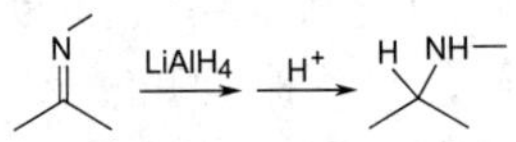

$$\underset{}{\overset{N}{\underset{}{\diagup\hspace{-0.3em}\diagdown}}} \xrightarrow{\text{LiAlH}_4} \xrightarrow{\text{H}^+} \underset{}{\overset{H\;NH-}{\underset{}{\diagup\hspace{-0.3em}\diagdown}}}$$

亚胺、席夫碱[1119]、腙[1120]和其它含 C＝N 键的化合物可以用 LiAlH₄、NaBH₄[1121]、Na-EtOH、氢/催化剂以及其它还原剂还原[1122]。

没有金属参与的催化氢化已有报道[1123]。亚胺发生转移氢化反应得到胺[1124]。Sm/I₂ 混合物[1125]或 In/NH₄Cl 混合物[1126]也可以还原亚胺。研究表明，在 HMPA 中 Bu₂SnClH 的还原反应对亚胺具有化学选择性[1127]。亚胺盐也可被 LiAlH₄ 还原，产物为相应的胺，尽管反应中并没有对氮的"加成"[1128]。硅烷[1129]在三芳基硼烷催化剂作用下可将 N-磺酰基亚胺还原[1130]，TiI₄ 同样也可将 N-磺酰基亚胺还原[1131]。亚胺可被以下试剂还原：HMPA 中的 SmBr₂[1132]、2-丙醇和 Ru 催化剂[1133]以及在微波辐照下的三乙铵甲酸盐[1134]。腙可用氢气和催化量的 48% HBr 还原[1135]。

腙通常被还原成胺（反应 **19-44**）[1136]，但是只还原成羟胺时可以用硼烷[1137]或氰基硼氢化钠完成[1138]。腙 O-醚可被 Bu₃SnH 和 BF₃·OEt₂ 还原[1139]。偶氮化合物 ArN＝NAr 在甲醇中与 Zn 及甲酸铵反应，被还原裂解为苯胺衍生物[1140]。

对亚胺的对映异构选择还原已经取得成功[1141]。用手性的 Ir[1143]、Re[1144]、Rh[1145]或 Pd[1146]催化剂催化氢化[1142]是实现此反应的有效方法。亚胺盐用手性 Ru 催化剂催化氢化生成胺[1147]。使用 *Escherichia coli* 全细胞和 H₃N·BH₃ 的混合物可以实现亚胺的对映选择性还原[1148]。亚胺酯在手性磷酸衍生物存在下通过 Hantzsch 酯（参见反应 **15-14** 和 **16-17**）还原，生成手性氨基酯[1149]。在一个相关的反应中，烯胺在手性 Rh 催化剂作用下被氢化还原[1150]。

腙用 Pd-C 和 Ni 配合物氢化生成亚胺，当存在脂肪酶和乙酸乙酯时，反应的最终产物则是乙酰胺，所得产物具有高度的对映选择性[1151]。亚胺在手性催化剂催化下转移氢化生成手性胺[1152]。在 LiF 和 PhSnMe₃ 存在下使用手性 Rh 催化剂，共轭的 N-磺酰基亚胺可被还原为具有好的对映选择性的共轭磺酰胺[1153]。膦酰亚胺 R₂C＝N—P(＝O)Ar₂ 在手性 Cu 催化剂作用下可被高度对映选择性地还原[1154]。硅烷如 Ph-SiH₃ 可用于亚胺的还原，若存在手性 Ti 催化剂，则生成的胺具有非常好的对映选择性[1155]。使用三氯硅烷可以使芳香亚胺发生对映选择性还原[1156]。亚胺用酶法还原生成手性胺[1157]。

肟醚可被硼烷及手性的螺硼酸酯催化剂还原[1158]。

异氰酸酯可被催化氢化生成 N-取代的甲酰胺：RNCO→R—NH—CHO[1159]。在 SmI₂ 存在下，异硫氰酸酯在 HMPA/t-BuOH 中被还原成硫代甲酰胺[1160]。

OS Ⅲ, 328, 827；Ⅵ, 905；Ⅷ, 110, 568；另见 OS Ⅳ, 283。

19-43 腈还原成胺

CC,NN-四氢-双加成

$$R—C≡N + \text{LiAlH}_4 \longrightarrow R—CH_2—NH_2$$

许多还原剂可将腈还原成伯胺[1161]，如 LiAlH₄ 和 BH₃·Me₂S[1162]。NaBH₄ 一般并不还原腈，但在醇溶剂中加入 CoCl₂ 催化剂[1163]，或加入 NiCl₂ 催化剂[1164]，或在 Raney 镍存在下[1165]，NaBH₄ 也能还原腈。二甲氨基硼氢化锂（LiBH₃NMe₂）可将芳基腈还原成相应的苄胺[1166]。

这个反应应用范围很广，已经应用于许多腈。当采用催化氢化反应时，腈被转化为伯胺[1167]，但仲胺 (RCH₂)₂NH 常常是副产物[1168]。通过加入化合物，如乙酸酐，即可避免这些副反应，这些化合物在伯胺刚形成时就将其从反应体系中移走[1169]，也可以使用过量的氨使平衡逆向移动[1170]。海绵状的镍[1171]或硅胶中的镍[1172]可用于将芳基腈转化为胺的催化氢化反应。

通过只加入 1mol 氢并不能将腈的还原反应终止在亚胺，除非亚胺随后被水解掉（**19-44**）。

N-烷基腈离子可被 NaBH₄ 还原为仲胺[1173]。

$$RCN \xrightarrow{R'_3O^+\;BF_4^-} R—\overset{+}{C}=N—R' \xrightarrow[\text{二甘醇二甲醚}]{\text{NaBH}_4} RCH_2—NH—R'$$

由于腈盐可以通过腈与三烷氧基盐反应得到（反应 **16-8**），因而这是一个将腈转化为仲胺的方法。

应指出的是，相关的化合物——异腈（R—$^+$N≡C$^-$，也被称为异氰化物）可被 LiAlH$_4$ 以及其它还原剂还原为 N-甲基胺。

OS Ⅲ，229，358，720；Ⅵ，223.

19-44 腈还原成醛

氢,氧-去-次氮基-三取代

$$R-C≡N \xrightarrow[\text{2. 水解}]{\text{1. HCl, SnCl}_2} RCH=O$$

常用的将腈还原成醛的方法有两个[1174]。其中一个是著名的 Stephen 还原，用 HCl 处理腈生成亚胺盐 **40**。

$$RCCl=\overset{+}{N}H_2Cl^-$$
40

用无水 SnCl$_2$ 还原该中间产物成 RCH=NH，后者又与 SnCl$_4$ 配位而沉淀，然后水解（反应 **16-2**）得到醛。当 R 为芳基时，Stephen 还原最成功，当 R 基团为大约六个以上碳原子的脂肪族基团时也能发生还原反应[1175]。也能通过其它方式制备 **40**，如用 PCl$_5$ 处理 ArCONHPh，而后转化为醛，这就是 Sonn-Müeller 方法。先与甲酸水溶液在 PtO$_2$ 作用下反应，而后用酸性水溶液处理，芳基腈可被转化为芳香醛[1176]。

另一个将腈还原成醛的方法是利用金属氢化物还原剂，加上 1mol 氢，并原位水解得到的亚胺（与金属配位）。已经用 LiAlH$_4$、LiAl(OEt)$_3$[1177]、LiAl(NR$_2$)$_3$[1178] 和 DIBAL-H 完成了这个反应[1179]。金属氢化物方法对脂肪族和芳香族腈都适用。

OS Ⅲ，626，818；Ⅵ，631.

19-45 硝基化合物还原成胺

$$RNO_2 \xrightarrow[\text{HCl}]{\text{Zn}} RNH_2$$

脂肪族[1180]和芳香族的硝基化合物都能被还原成胺，不过由于芳香族的硝基化合物比较好制备，此反应经常应用于芳香族硝基化合物。许多还原剂可以还原芳香族硝基化合物，最常见的有：Zn、Sn 或 Fe（有时也用其它金属）和酸或催化氢化[1181]。硝基化合物可以进行化学选择性的催化氢化[1182]。通过转移氢化可以还原硝基化合物[1183]。乙醇水溶液中的金属铟和氯化铵[1184]或和水-THF[1185]也可以将芳香族硝基化合物还原成相应的苯胺衍生物。甲醇中的金属铟与乙酸酐和乙酸可以将芳香族硝基化合物转化为乙酰苯胺[1186]。甲醇中的金属钐在超声作用下[1187]或 SmI$_2$-水和胺的混合物[1188]都可以还原硝基化合物。还有一些还原方法可以使用超声辐射下 Al(Hg) 的 THF 溶液[1189]或离子液体中的氯化亚锡[1190]。其它的一些还原剂[1191]有：Et$_3$SiHRhCl(PPh$_3$)$_3$[1192]、AlH$_3$-AlCl$_3$、甲酸和 Pd-C[1193] 以及及甲醇中的甲酸和 Raney 镍[1194]。与硫化物或多硫化物的反应被称为 Zinin 还原[1195]。当芳香族或脂肪族的硝基化合物与 HCOONH$_4$-Pd-C 反应时，产物也总是胺[1196]，许多其它官能团（如：COOH、COOR、CN、酰胺）则会在反应中保留（但是酮会被还原，见反应 **19-33**），对于含有光学活性的烷基取代基的硝基化合物，用此方法时构型保持[1197]。

LiAlH$_4$ 可以将脂肪族硝基化合物还原成胺，但当它作用于芳香族硝基化合物时，得到的则是偶氮化合物（反应 **19-80**）。大多数金属氢化物，包括 NaBH$_4$ 和 BH$_3$，并不还原硝基，但当有 NiCl$_2$ 或 CoCl$_2$[1198] 及 ZrCl$_4$[1199] 等催化剂存在时，NaBH$_4$ 则可以将脂肪族和芳香族硝基化合物还原成胺。在 Ni(OAc)$_2$ 存在下，用硼氢化物交换树脂（BER）反应也能得到胺[1200]。单独用 NaBH$_4$ 与芳香族硝基化合物反应时，只将芳环还原成环己烷环，而硝基保留[1201]，或者将硝基从环中裂解出来[1202]。用 (NH$_4$)$_2$S 或其它硫化物或多硫化物还原时，有可能只还原分子中一个或两个不同芳环上的两个或三个硝基中的一个[1203]。面包酵母也可将芳香族硝基化合物还原成苯胺衍生物[1204]。NaH$_2$PO$_2$/FeSO$_4$ 在微波辐照下可将芳香族硝基化合物还原成苯胺衍生物[1205]。氧化铝中的肼在 FeCl$_3$ 的作用及微波辐照下也可实现这个还原反应[1206]。甲醇中的肼-甲酸在 Raney 镍作用下可以还原芳香族硝基化合物[1207]。芳香族硝基化合物与 57% HI 共热可将其硝基还原为氨基[1208]。

用某些还原剂，特别是对于芳香族硝基化合物的还原，还原反应可以停留在中间阶段，用这种方法可以制备羟胺（反应 **19-46**）、二苯肼、偶氮苯（反应 **19-80**）和氧化偶氮苯（反应 **19-79**）。然而，亚硝基化合物通常被认为是中间体，但即使它真的是中间体，也因为太活泼而不能被分离。用金属和无机酸还原的反应不能停下来，因而产物总是胺。

关于这些还原反应的机理研究得很少，通常认为亚硝基化合物和羟胺是中间体，至少对于某些反应是这样的。在大多数这些还原剂的作用下，两种类型的化合物都生成胺（反应 **19-47**），而产生的羟胺可以被分离出（反应 **19-46**）。人们认为用金属和酸还原时的途径如下[1209]：

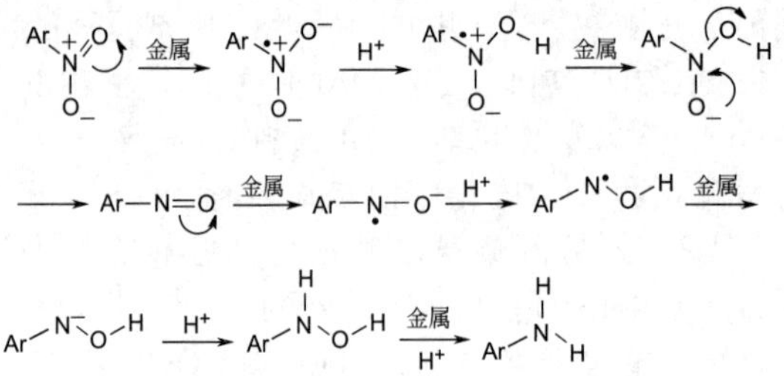

$$Ar-\overset{+}{N}\begin{matrix}O\\O^-\end{matrix} \xrightarrow{\text{金属}} Ar-\overset{+}{N}\begin{matrix}O\\O^-\end{matrix} \xrightarrow{H^+} Ar-\overset{+}{N}\begin{matrix}OH\\O^-\end{matrix} \xrightarrow{\text{金属}} Ar-\overset{\cdot}{N}\begin{matrix}OH\\O^-\end{matrix}$$

$$\longrightarrow Ar-N=O \xrightarrow{\text{金属}} Ar-\overset{\cdot}{N}-O^- \xrightarrow{H^+} Ar-\overset{\cdot}{N}-OH \xrightarrow{\text{金属}}$$

$$Ar-\overset{H}{N}-\overset{H}{\underset{\cdot}{O}H} \xrightarrow{H^+} Ar-\overset{H}{N}-OH_2 \xrightarrow{\text{金属}} Ar-\overset{H}{N}H$$

用紫外光照射溶于 0.1mol/L KCN 水溶液的某些芳香族硝基化合物，可以得到相当高产率的相应芳香族亚硝基化合物（Ar—NO）[1210]。通过电解也可以完成此反应[1211]。当硝基化合物与其它大多数还原剂反应时，亚硝基化合物或者没有形成，或者在反应条件下发生进一步反应而分离不出来。

芳香族硝基化合物可以进行还原烷基化。硝基苯与烯丙基卤或苄基卤在过量金属锡的存在下在甲醇中反应，得到 N,N-二烯丙基或二苄基苯胺[1212]。硝基苯、烯丙基溴及金属 In 在乙腈溶液中发生类似的反应[1213]。

OS Ⅰ,52,240,455,485; Ⅱ,130,160,175, 254,447,471,501,617; Ⅲ,56,59,63,69,73,82, 86,239,242,453; Ⅳ,31,357; Ⅴ,30,346,552, 567,829,1067,1130; **81**,188.

19-46 硝基化合物还原成羟胺

$$ArNO_2 \xrightarrow[H_2O]{Zn} ArNHOH$$

在中性条件下用锌和水处理芳香族硝基化合物，可生成羟胺[1214]。其它能完成此反应的试剂有：SmI_2[1215]、N_2H_4-Rh-C[1216] 以及 $KBH_4/BiCl_3$[1217]。THF 溶液中的硼烷可以将脂肪族硝基化合物（以其盐的形式）还原成羟胺[1218]：

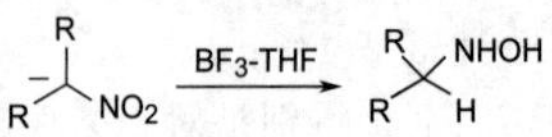

$$\underset{R}{\overset{R}{\diagdown}}CH-NO_2 \xrightarrow{BF_3\text{-THF}} \underset{R}{\overset{R}{\diagdown}}CH-NHOH$$

用电解法也可以将硝基化合物还原成羟胺及其它产物[1219]。

OS Ⅰ,445; Ⅲ,668; Ⅳ,148; Ⅵ,803; Ⅷ,16.

19-47 亚硝基化合物和羟胺还原成胺

N-二氢-去-氧-双取代

$$RON \xrightarrow[HCl]{Zn} RNH_2$$

N-氢-去-羟基化或 N-去羟基化

$$RNHOH \xrightarrow[HCl]{Zn} RNH_2$$

亚硝基化合物和羟胺也可以被还原硝基化合物时所用的相同试剂（**19-45**）还原成胺。与 CuCl 反应，然后与苯基硼酸（**12-28**）反应，可将亚硝基化合物还原成胺[1220]。羟胺可被乙腈中的 CS_2 还原成胺[1221]。EtOH/NH_4Cl 水溶液中的金属铟可将羟胺还原成胺[1222]。N-亚硝基化合物也会被类似地还原成肼[1223]：

$$R_2N-NO \longrightarrow R_2N-NH_2$$

OS Ⅰ,511; Ⅱ,33,202,211,418; Ⅲ,91; Ⅳ,247; 另见 OS Ⅷ,93.

19-48 肟还原成一级胺或氮丙啶

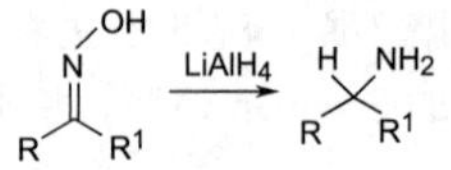

$$\underset{R}{\overset{N-OH}{\underset{\|}{C}}}\underset{R^1}{} \xrightarrow{LiAlH_4} \underset{R}{\overset{H\ NH_2}{\underset{|}{C}}}\underset{R^1}{}$$

醛肟和酮肟都可以被 $LiAlH_4$ 还原成一级胺。此反应比酮的还原反应慢，例如将 $RCOCH=NOH$ 还原成 $RCHOHCH=NOH$ 时，产率只有 34%[1224]。其它能完成此反应的还原剂[1225] 有：锌和乙酸、BH_3[1226]、$NaBH_3CN$-$TiCl_3$[1227]、PMHS 和 Pd-C[1228]、钠和醇[1229]。催化氢化也可以实现此反应[1230]。在乙酸酐/乙酸-酸酸酐中用金属 In 还原肟，得到的产物是乙酰胺[1231]。

使用面包酵母[1232] 或 Ph_2SiH_2 和一个光学活性的铑配合物催化剂[1233] 时，反应将具有立体选择性。使用手性硼化合物可将肟 O-醚还原成胺，反应具有中等的对映选择性[1234]。

当还原剂为 DIBAL-H 时，产物为一个经过重排的二级胺[1235]：

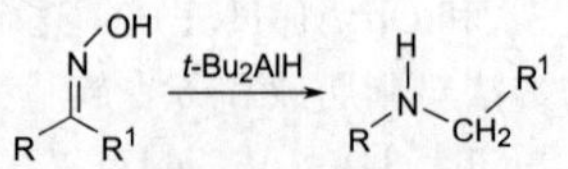

$$\underset{R}{\overset{N-OH}{\underset{\|}{C}}}\underset{R^1}{} \xrightarrow{t\text{-}Bu_2AlH} \underset{R}{\overset{H}{\underset{|}{N}}}-\underset{CH_2}{\overset{}{\underset{|}{}}}R^1$$

某些肟（如：$ArCH_2CR=NOH$ 类型）用 $LiAlH_4$ 处理时，得到的是氮丙啶[1236]，例如：

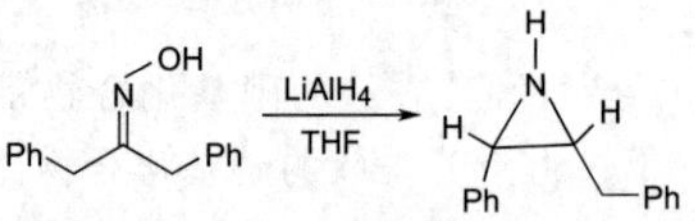

$$\underset{Ph}{\overset{N-OH}{\underset{\|}{C}}}\underset{Ph}{\overset{}{\underset{}{}}} \xrightarrow[THF]{LiAlH_4} \underset{Ph}{\overset{H\ N\ H}{\underset{}{}}}\underset{Ph}{\overset{}{}}$$

腙、芳腙和缩氨脲也能被各种还原剂（如 Zn-HCl 或 H_2 和 Raney 镍）还原得到胺。

肟可以通过另一种方式还原，得到亚胺（$RR'C=NOH \rightarrow RR'C=NH$）。亚胺通常不稳定，可被捕获得到有用的产物。完成此反应的试剂有 Bu_3P-SPh_2[1237] 和 $Ru_3(CO)_{12}$[1238]。

肟也可以被还原得到羟胺（反应 **19-42**）。硝酮先后与 $AlCl_3 \cdot 6H_2O/KI$ 和 $Na_2S_2O_3$-H_2O 反应可被还原为亚胺[1239]。

OS Ⅱ,318; Ⅲ,513; Ⅴ,32,83,373,376.

19-49 脂肪族硝基化合物还原成肟或腈

$$RCH_2NO_2 \xrightarrow{Zn}{HOAc} RCH=NOH$$

含 α-氢的硝基化合物用锌粉和 HOAc[1240] 或其它试剂，如 CS_2-Et_3N[1241]、$CrCl_2$[1242] 或 $NaNO_2$（用于 α-硝基砜）[1243] 还原可得肟。α-硝基烯可被次磷酸钠、NH_4Cl/MeOH 溶液中的 In[1244]、Pb-HOAc-DMF 或其它一些试剂还原成肟[1245]（—C=C—NO_2→—CH—C=NOH）。

脂肪族伯硝基化合物可被 t-BuN≡C/BuN=C=O[1246] 还原成腈。二级硝基化合物则通常得到酮（例如：硝基环己烷还原得到 45% 的环己酮，30% 的环己酮肟和 19% 的 N-环己基羟胺）。三级脂肪族硝基化合物则不和这个试剂反应。参见 **19-45**。

$$RCH_2NO_2 \xrightarrow{NaBH_2S_3} RC≡N$$

OS Ⅳ, 932.

19-50 叠氮化物还原成一级胺
N-二氢-去-二氮-双取代

$$RN_3 \xrightarrow{LiAlH_4} RNH_2$$

叠氮化物很容易被 $LiAlH_4$ 还原成一级胺，与其它一些试剂类似[1247]，如：$NaBH_4$、$NaBH_4$/LiCl[1248]、$NaBH_4$/$CoCl_2$/H_2O[1249]、$NaBH_4$/$ZrCl_4$[1250]、H_2 和催化剂、甲醇中的 Mg 或 Ca[1251]、Sm/NiCl$_2$[1252]、Sm/I_2[1253]、$CeCl_3$[1254]、Zn/NH_4Cl/EtOH 溶液[1255]、面包酵母[1256] 以及乙醇中的金属 In[1257]。可以使用三乙基硅烷通过自由基还原将叠氮化物转化为胺[1258]。

与 PPh_3 反应生成膦化叠氮（phosphazide，$Ph_3P=N—N=N—R$），膦化叠氮会脱去氮气，该过程被称为 Staudinger 反应[1259]。这是一种制备磷氮化合物的方法，但在这个反应中是发生了还原。可以进行烷基化反应，烷基叠氮首先与 PMe_3 反应，而后与过量的碘甲烷反应，得到 N-甲基化的胺[1260]。此反应可以非对映选择性地进行[1261]。手性的 N-杂环卡宾可催化烯酮与亚胺的 Staudinger 反应，得到 β-内酰胺衍生物[1262]。此反应与反应 RX→RN_3（反应 10-43）联用，已成为从卤代烷 RX 制备一级胺 RNH_2 的重要反应，在实验室中常常把两步反应合在一起进行[1263]。磺酰叠氮化合物（RSO_2N_3）在异丙醇中被辐照[1264] 或与 NaH 反应[1265]，可以被还原成磺酰胺（RSO_2NH_2）。

OS Ⅴ, 586; Ⅶ, 433.

19-51 各种含氮化合物的还原
异氰酸酯-甲基胺的转变

$$R—N=C=O \xrightarrow{LiAlH_4} R—NH—CH_3$$

异硫氰酸酯-甲基胺的转变

$$R—N=C=S \xrightarrow{LiAlH_4} R—NH—CH_3$$

N,N-二氢加成

$$Ar—N=N—Ar \xrightarrow[催化剂]{H_2} Ar—NH—NH—Ar$$

重氮盐-芳肼还原

$$ArN_2^+ Cl^- \xrightarrow{Na_2SO_3} ArNHNH_2$$

N-氢-去-亚硝基-取代

$$R_2N—NO \xrightarrow[Ni]{H_2} R_2NH$$

异氰酸酯和异硫氰酸酯能被 $LiAlH_4$ 还原成甲基胺。但四氢铝锂通常不还原偶氮化合物[1266]（这些化合物实际上由 $LiAlH_4$ 还原相应的硝基化合物产生，见反应 **19-80**），但用催化氢化的方法或用二酰亚胺化合物[1267] 可将偶氮化合物还原成氢化偶氮化合物（反应 **15-11**）。重氮盐可被亚硫酸钠还原成肼，此还原反应可能具有亲核机理[1268]。此机理的最初产物是肼基磺酸盐，该盐在酸的作用下转变成产物肼。重氮盐还可以被还原成芳烃（反应 **19-69**）。N-亚硝基胺可在一系列还原剂，包括 H_2 和催化剂[1269]、$NaHCO_3$-BF_3-THF[1270]、$NaBH_4$-$TiCl_4$[1271] 或者水解[1272] 的作用下脱亚硝基生成二级胺。

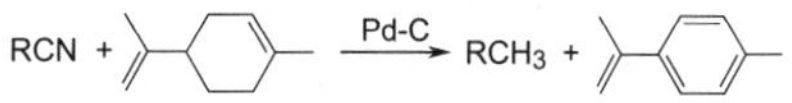

$$RCN + \text{(环己烯)} \xrightarrow{Pd-C} RCH_3 + \text{(苯)}$$

氰基在钯-活性炭存在下，可以被像苧烯（作为还原剂）这样的萜烯还原成甲基[1273]。H_2 也是有效的还原剂[1274]，但它需要较高的温度。R 基可以是烷基或芳基。

芳香族硝基化合物可在甲醇中被 Al-KOH 还原成二芳基肼[1275]。

OS Ⅰ, 442; Ⅲ, 475; 另见 OS Ⅴ, 43.

19.2.2.5 杂原子从底物中脱除的反应
19-52 硅烷还原成亚甲基化合物
硅-氢-解偶联

$$R—SiR_3' \longrightarrow R—H$$

在有些情况下，硅烷的 C—Si 键可转化为 C—H 键。例如，α-硅基酯可用乙酸汞和四丁基氟化铵还原为酯[1276]。

19-53 卤代烷的还原
氢-去-卤素化 或 脱卤化

$$RX \longrightarrow RH$$

这种反应的还原剂很多[1277]，最常用的是氢化铝锂（$LiAlH_4$）[1278]。这种试剂能将几乎所有的卤代烷还原，包括乙烯基的、桥头碳上的和环丙基的[1279]。使用氘化铝锂还原，能在有机化合物中引入氘。另一种更强的还原剂，据报道是已

知最强的 S_N2 亲核试剂,是三乙基硼氢化锂 ($LiEt_3BH$)。此试剂能很快地还原一级、二级、烯丙基、苯甲基以及新戊基的卤化物,但不能还原三级(发生消除反应)和芳基卤代物[1280]。另一种强还原剂是三甲氧基氢化铝锂,[$LiAlH-(OMe)_3$] 和 CuI 的混合物,它能还原一级、二级、三级、烯丙基、乙烯基、芳基及新戊基卤代物[1281]。$NaBH_4$ 是一种温和的还原剂,它在极性非质子溶剂,如 Me_2SO、DMF 或环丁砜中使用[1283],在室温或更高的温度下,它能还原一级、二级及部分三级[1282]卤代烷,产率较高,且不影响分子中的其它基团,如 COOH、COOR、CN 等[1284],而这些基团都能被 $LiAlH_4$ 还原。$NaBH_4$ 和 $InCl_3$ 的混合物可以高效地还原二级溴代烃[1285]。在金属催化剂如 $Ni(OAc)_2$ 存在下,硼氢交换树脂也是一种有效的还原剂[1286]。其它的还原剂[1287]包括:锌(与酸或碱共同作用);$SnCl_2$;$AlCl_3$ 存在下的 Et_3SiH[1288];以及 Ir[1289] 或 In 催化剂[1290]。磷酸二乙酯-Et_3N[1291]、三(二甲基氨基)膦[$(Me_2N)_3P$][1292]、或有机锡的氢化物 R_nSnH_{4-n}[1293](主要是 Bu_3SnH)通常与自由基引发剂 AIBN[1294] 或过渡金属盐如 $InCl_3$[1295] 一起使用。已经研制成水溶性的有机锡氢化物 ($MeOCH_2CH_2OCH_2CH_2)_3SnH$,该有机锡氢化物能还原卤代烷[1296]。在内酯结构的存在下,2-丙醇中的 Raney 镍可以还原伯碘化物[1297]。铝汞齐可以高效地将碘代醇还原成醇[1298]。

卤代物的还原,尤其是溴化物和碘化物的还原,也能通过催化氢化实现[1299]。单独使用 Raney 镍也能还原卤代烷[1300]。均相的手性过渡金属配合物可用于卤代物的不对称氢化反应[1301]。

溶解于 t-BuOH 或 THF 的碱金属锂[1302]或钠[1303]是一种能从多卤物(包括乙烯基、烯丙基、偕卤代物以至于桥头位的卤原子)上去掉全部卤原子的优良试剂。在微波辐照下,醇中的锌和氯化铵可以进行脱卤反应[1304]。硼化镍可以进行脱溴反应[1305]。炔丙基卤化物的还原通常伴随烯丙基重排,得到累积双烯[1306]。

还原剂的选择性通常有赖于底物中存在着何种其它基团。每种还原剂都能还原特定的官能团,而不影响其它官能团。这种选择性被称为化学选择性 (chemoselectivity)。具有化学选择性的试剂与一个官能团(如卤素)反应而不和另外一个(如 C=O)反应。例如,有些试剂仅还原 $α$-卤代酮的卤原子,而羰基却完好无损[1307]。这些试剂包括癸硼烷和 10% Pd-C[1308]、THF 水溶液中的 Bi[1309]、水中的金属 In[1310] 以及 $SnCl_2$-i-Bu_2AlH[1311]。离子液体可以促进 $α$-溴代酮的选择性脱溴[1312]。羧酸中的金属铟也可以诱导脱溴反应[1313]。$α$-卤代亚胺的卤原子可以发生类似的化学选择性反应,被 $SnCl_2$/MeOH 还原,而 C=N 不发生还原[1314]。

$NaBH_3CN$-$SnCl_2$[1315] 能还原三级烷基、苯甲基和烯丙基卤代物,但是不与一级、二级烷基以及芳基卤代物反应。另一种对一级和二级碘和溴具有高选择性的试剂是 HMPA 中的氰基硼氢化钠 ($NaBH_3CN$)[1316]。上面提及的大多数还原剂都能还原氯化物、溴化物和碘化物,有机锡氢化物亦能还原氟化物[1317]。还原反应的选择性见 19.2.2.1 节的讨论。

卤代烷,包括氟化物和多卤化物,能被镁和二级或三级醇(通常用 2-丙醇)还原[1318]。实际上这是下面系列反应一步完成的实例:

$$RX \xrightarrow{} RMgX \xrightarrow{H^+} RH$$

更常见的是分别进行这两步反应(**12-36** 和 **12-22**)。

在有些情况下,乙烯基卤化物可被还原成相应的烯烃[1319]。例如,乙烯基二溴化物(如 $RCH=CBr_2$)与 $(MeO)_2P(=O)H$ 和三乙胺反应,得到乙烯基溴化物 ($RCH=HBr$)[1320]。乙醇中的金属铟也能实现同样的转化[1321]。乙烯基二碘化物与 Zn-Cu 在乙酸中发生类似的还原反应[1322]。

对于 $LiAlH_4$ 及其它金属氢化物,机理通常是简单的亲核取代,进攻的是完全自由或非完全自由的氢负离子。因为发现一级卤代烷的反应性要好于二级和三级(三级卤代烷一般生成烯烃或者根本不反应),并且观察到了 Walden 翻转,可以判断机理是 S_N2 而不是 S_N1。但是在用 $LiAlH_4$ 还原二环甲基苯磺酸酯时发现了重排,这表明 S_N1 机理也可能发生[1323]。有证据表明 $LiAlH_4$ 和其它金属氢化物也能以 SET 机理[1324]还原卤代烷,特别是那些如乙烯基[1325]、环丙基[1326]和桥头位的卤代物,这些卤代物一般难以发生亲核取代反应。$NaBH_4$ 在 80% 的二甘醇二甲醚溶液中[1327],或 BH_3 在硝基甲烷中[1328]能通过 S_N1 机理还原卤代烷。硼氢化钠在环丁砜中还原三级卤代烷的反应是一个涉及 $β$-H 的其它还原剂的反应机理不一定都是亲核取代。例如，有机锡氢化物的还原反应[1330]一般通过自由基机理[1331]，Fe(CO)$_5$亦如此。

OS I , 357, 358, 548; II, 320, 393; V, 424; VI, 142, 376, 731; VIII, 82; 另见 OS VIII, 583.

19-54 醇的还原[1332]

氢-去-羟基化或去羟基化

$$ROH + H_2 \xrightarrow{催化剂} RH$$

大部分醇的羟基都难以经催化氢化而脱去，所以醇通常作为其它化合物催化氢化的溶剂。但是苯甲型的醇却能发生此反应，一般容易被还原[1333]。类似的，二芳基和三芳基甲醇亦容易被还原，可通过与 LiAlH$_4$-AlCl$_3$ 体系作用[1334]、与 NaBH$_4$ 在 F$_3$CCOOH 中反应[1335] 以及与碘、水和红磷（OS I, 224）的反应来实现。也可用一些其它的试剂[1336]，包括：Me$_3$SiCl-NaI[1337]、Et$_3$SiH-BF$_3$[1338]、SmI$_2$-THF-HMPA[1339]、锡和 HCl 混合物等。二级醇的还原可使用 Ph$_2$SiClH 和 InCl$_3$ 来实现[1340]。1,3-二醇特别容易被氢解。三级醇能在 Raney 镍的催化下被氢解还原[1341]。烯丙醇（以及醚和酯）能被锌汞齐和 HCl 还原（常伴有烯丙基重排）而氢解，此反应也能在某些其它试剂作用下发生[1342]。能还原 α-羟基酮的 OH 而不影响 C=O 基的试剂有：红磷-碘[1343]、Me$_3$SiI[1344]。

醇也能被间接还原，先转化成磺酸酯，而后再将所得到的酯还原（反应 19-57）。这两个反应能连续进行，无须分离出磺酸酯，先在 THF 中用吡啶-SO$_3$处理醇，然后加入 LiAlH$_4$[1345]。另一种间接还原的方法能一步完成，即用 NaI、Zn 和 Me$_3$SiCl 处理醇（一级、二级或苯甲醇）[1346]。在此过程中，醇首先转化成碘化物，而后被还原。此外反应 19-59 亦为间接还原 OH 的方法。

大部分还原醇反应的机理都不很清楚[1347]。苯甲醇的氢解既能给出构型保持的产物又能给出构型翻转的产物，具体产物取决于催化剂[1348]。烯丙醇在酸性水溶液介质中的电解还原机理已被测定出来[1349]。

OS I, 224; IV, 25, 218, 482; V, 339; VI, 769.

19-55 苯酚和其它芳香羟基化合物的还原

氢-去-羟基化反应或去羟基化，等

$$ArOH \xrightarrow{Zn} ArH$$

含氧化合物（例如，苯酚、苯酚酯和苯酚醚）可以被还原[1350]。苯酚的还原可通过在锌粉存在下回流实现，也可以与 HI 和红磷反应而还原。但是这些方法产率都很低，基本上不可行。催化氢化也已试过，但是会产生副产物环己醇（参见 15-13）[1351]。

先将苯酚转化为酯或者醚，然后再进行还原，能得到较好的结果。

$$ArOSO_2CF_3 \xrightarrow[Pd(OAc)_2, Ph_3P]{HCOOH, Et_3N} ArH \quad 文献[1352]$$

$$ArOTs + NaBH_4/NiCl_2 \longrightarrow ArH \quad 文献[1353]$$

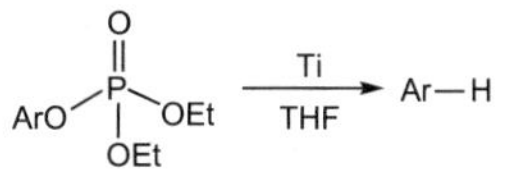

$$ArO-P(=O)(OEt)_2 \xrightarrow[THF]{Ti} Ar-H \quad 文献[1354]$$

在 Pd-C 催化及乙酸铵存在下，苯酚衍生物可以用 Mg 和 MeO 脱氧化[1355]。Pd-C 也可以在二乙胺存在下催化苯酚衍生物的脱氧化[1356]。

OS VI, 150; 另见 OS VII, 476.

19-56 氢取代烷氧基

氢-去-烷氧基反应或脱烷氧基化

$$R-O-R' \longrightarrow R-H + R'-H$$

R,R'= 烯丙基、苄基、乙烯基、芳基

简单的醚在还原剂作用下难以裂解，不过亦有相关报道[1357] [如 THF 在 LiAlH$_4$-AlCl$_3$[1358] 或 LiAlH(Ot-Bu)$_3$ 和 Et$_3$B[1359] 作用下得到 1-丁醇；后一种试剂还能还原甲基烷基醚][1360]。某些典型的醚很容易被还原试剂裂解[1361]，其中包括烯丙基芳基醚[1362]、烯基芳基醚[1363]、苯甲基醚[1333,1364]和茴香醚（对于环氧化物，见反应 19-35)[1365]。7-氧二环[2.2.1]庚烷能被 DIBAL 和镍催化剂还原裂解[1366]。α-甲氧基酮能被 SmI$_2$ 脱去甲氧基（O=C—COMe→O=C—CH）[1367]。

缩醛和缩酮对 LiAlH$_4$ 及类似氢化物很稳定，所以保护羰基时一般将其转化成缩醛或缩酮（反应 16-5）。但是 LiAlH$_4$ 和 AlCl$_3$[1368] 的复合物能还原缩醛或缩酮，脱去其中一个基团，方程式如下所示[1369]：

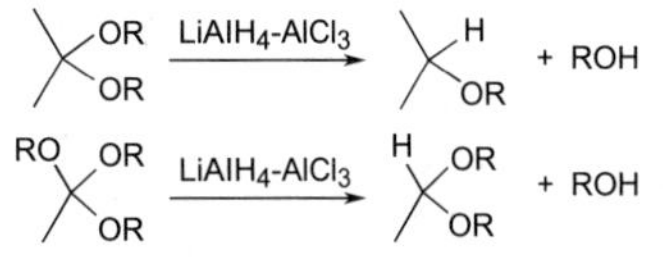

$$\begin{array}{c} R_2C(OR)_2 \xrightarrow{LiAlH_4-AlCl_3} R_2CH(OR) + ROH \\ RR'C(OR)_2 \xrightarrow{LiAlH_4-AlCl_3} RR'CH(OR) + ROH \end{array}$$

此例中的实际还原剂主要是氯氢化铝（AlH$_2$Cl）和二氯氢化铝（AlHCl$_2$），它们由反应试剂生成[1370]。上述转化也能通过 DIBAL-H[1371] 以及其它试剂实现[1372]。原酸酯很容易被 LiAlH$_4$ 单独还原成缩醛，简单地将生成的缩醛水解（反应 **10-6**），就提供了一条转化成醛的路线。混合缩酮［R(OMe)OR′］在 AIBN 的存在下，能被 $Bn_3SnCl/NaCHBH_3$ 去甲氧基化（生成RHOR′）[1373]。

OSⅢ，693；Ⅳ，798；Ⅴ，303；另见 OSⅢ，742；Ⅶ，386.

19-57 甲苯磺酸酯及类似化合物的还原

氢-去-磺酰基-取代

$$RCH_2OTs + LiAlH_4 \longrightarrow RCH_3$$

甲苯磺酸酯及其它的磺酸酯可被还原[1374]，还原剂可为 $LiAlH_4$[1375]、极性质子溶剂中的 $NaBH_4$[1376]、$LiEt_3BH$、$i-Bu_2AIH$（DIBAL-H，二异丁基氢化铝）[1377] 或 $Bu_3SnH-NaI$[1378]。在硼氢化物的存在下，芳基甲苯磺酸酯可被 Ni 催化还原[1379]。反应的大致范围与 **19-53** 类似。用 $LiAlH_4$ 还原时，若溶剂是 Et_2O，甲苯磺酸酯的反应比碘化物和溴化物快，而若溶剂是二甘醇二甲醚时，反应速度顺序则相反[1380]。由于反应性相差很大，以至于在卤原子的存在下，可以只还原甲苯磺酰基，反之亦然。

OSⅥ，376，762；Ⅷ，126；另见 OSⅦ，66.

19-58 酯的氢解（Barton-McCombie 反应）

氢-去-硫代乙酰氧基反应

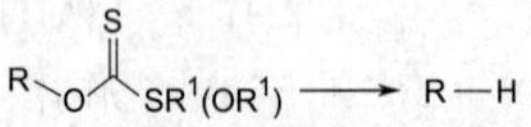

$$R-O-\overset{S}{\underset{}{C}}-SR^1(OR^1) \longrightarrow R-H$$

醇可容易地被转化成碳酸酯或硫代碳酸酯衍生物。在自由基反应条件下[1381]，碳酸酯和硫代碳酸酯都能被偶氮二异丁腈（AIBN，见 14.1.1 节）和 Bu_3SnH 还原，酯基被氢取代。总的过程是 ROH 被还原成为 RH，此反应被称为 Barton-McCombie 反应[1382]。$PhSiH_3/AIBN$[1383] 和 $PhSiH_2-BEt_3·O_2$ 均可使用[1384]。这一反应能由 Bu_3SnH 催化[1385]。该反应的改进包括使用 Ph_3SiH/BEt_3 还原 ROC-SNHPh 的衍生物[1386]。另外一个改进是使用 BMe_3 并以水作为氢的来源[1387]。还可以使用四丁基铵过二硫酸盐和甲酸根离子[1388]。

19-59 羧酸酯的还原裂解

氢-去-酰氧基化或脱酰氧基化

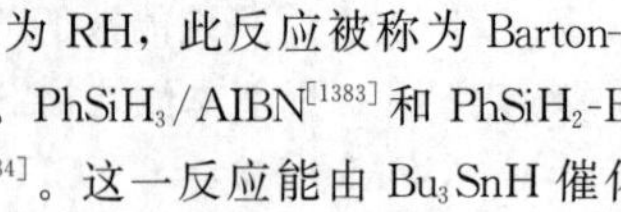

$$\underset{}{\overset{O}{\underset{}{R-O-\overset{}{C}-R'}}} \xrightarrow[EtNH_2]{Li} R-H + \underset{}{\overset{O}{\underset{}{{}^-O-\overset{}{C}-R'}}}$$

某些羧酸酯的烷基（R）能被转化成 RH[1389]，这一过程需在乙胺中用锂来还原[1390]。R 是三级烷基或者位阻大的二级烷基时，反应顺利进行。此反应可能是自由基反应[1391]。据报道，HMPA-t-BuOH 也能以自由基机理进行相似的还原[1392]。后者中，三级 R 生成 RH 的产率很高，但是一级和二级 R 则转化成 RH 和 ROH 的混合物。这两种方法都提供了间接实现三级 R 的 **19-54** 反应的方法[1393]。一级和二级 R 的反应可通过用三正丙基硅烷在叔丁基过氧化物的存在下[1394] 处理氯甲酸烷基酯，或用 Ph_2SiH_2[1395] 或 Ph_3SiH[1396] 以及自由基引发剂处理硫代酯 ［ROC(=S)W，其中 W 可为 OAr 或其它基团］来实现。乙酸烯丙基酯能被 $NaBH_4$ 和 Pd 催化剂[1397]，或 $SmI_2-Pd(0)$ 还原[1398]。关于其它羧酸酯的还原参见反应 **19-38**、**19-62** 和 **19-65**。

需要指出的是，酰氯能用（Me_3Si）$_3SiH$/AIBN 还原（R—COCl→R—H）[1399]。

OSⅦ，139.

19-60 氢过氧化物和过氧化物的还原

$$R-O-O-H \xrightarrow{LiAlH_4} ROH$$

氢过氧化物能被 $LiAlH_4$、或 Ph_3P[1400]、或催化氢化的方法还原成醇。此官能团对催化氢化很敏感，事实表明，处于同一分子中的双键并不被还原[1401]。

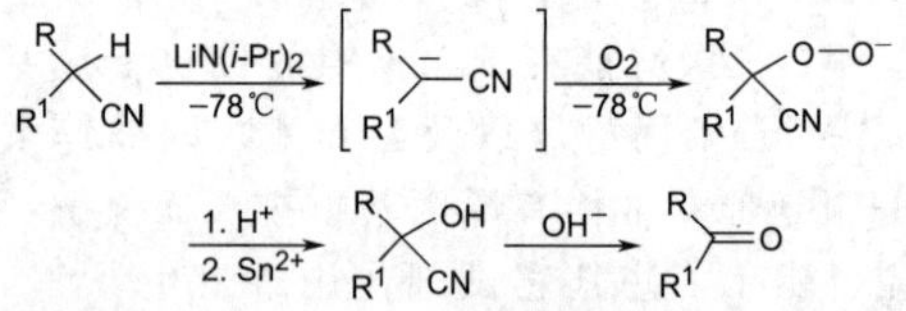

$$\underset{CN}{\overset{H}{\underset{}{R\overset{|}{\underset{|}{C}}R^1}}} \xrightarrow[-78℃]{LiN(i-Pr)_2} \left[\underset{CN}{\overset{}{\underset{}{R\overset{|}{\underset{|}{C}}R^1}}}\right] \xrightarrow[-78℃]{O_2} \underset{CN}{\overset{O-O^-}{\underset{}{R\overset{|}{\underset{|}{C}}R^1}}}$$

$$\xrightarrow[2. Sn^{2+}]{1. H^+} \underset{CN}{\overset{OH}{\underset{}{R\overset{|}{\underset{|}{C}}R^1}}} \xrightarrow{OH^-} \underset{R^1}{\overset{O}{\underset{}{R\overset{\|}{\underset{}{C}}}}}$$

此反应是含有 α-氢的腈氧化脱氰反应中的重要一步[1402]。在 -78℃ 的条件下，腈与碱反应后与 O_2 作用，首先生成 α-氢过氧腈。然后此氢过氧腈被还原成氰醇，氰醇裂解（反应 **16-52** 的逆过程）生成相应的酮。但此法不能用于制备醛（R′=H）。

过氧化物可被 $LiAlH_4$、Mg/MeOH[1403] 或催化氢化裂解得到 2mol 醇。它也可被 $P(OEt)_3$ 还原成醚[1404]。在类似的反应中，二硫化物（RSSR′）用三（二乙基氨基）膦（Et_2N）$_3P$ 还原可得到硫醚（RSR′）[1405]。

OSⅥ，130.

19-61 醛和酮的羰基被还原成亚甲基

二氢-去-氧-双取代

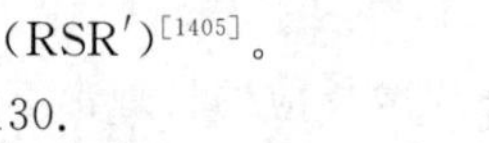

$$\underset{R^1}{\overset{O}{\underset{}{R\overset{\|}{\underset{}{C}}}}} \xrightarrow[HCl]{Zn-Hg} \underset{R^1}{\overset{H}{\underset{}{R\overset{|}{\underset{|}{C}}H}}}$$

有许多种方法能将醛或酮的羰基还原成亚甲基[1406]，两种最早的、现在也很常用的方法是 Clemmensen 还原法[1407] 和 Wolff-Kishner 还原法。Clemmensen 还原法[1407] 是将醛或酮与锌汞齐和 HCl 水溶液共热[1408]，该反应用于酮的还原多于醛的还原。Wolff-Kishner 还原法[1409]则是将醛和酮与水合肼和碱共热（通常用的碱是 NaOH 或 KOH）。黄鸣龙改进的 Wolff-Kishner 反应[1410]完全改变了原来的操作，使反应在二甘醇中回流。微波辅助的黄鸣龙反应已有报道[1411]。在较温和的条件下（室温），用叔丁醇钾作为碱在 DMSO 中也能完成此反应[1412]。该还原反应现在有了新的改进：将酮与肼在甲苯中用微波辐照，而后与 KOH 在微波辐照下反应，从而实现 Wolff-Kishner 还原[1413]。

Wolff-Kishner 还原法也可用于醛或酮的缩氨脲。Clemmensen 还原通常比较容易实现，但对酸敏感和大分子量的底物不能发生反应，在这些情况下，Wolff-Kishner 还原法则非常有用。对于大分子量的底物，可以用改进的 Clemmensen 还原法，在乙醚或乙酸酐类的有机溶剂中，使用活化了的锌和 HCl 气体[1414]。Clemmensen 还原法和 Wolff-Kishner 还原法是互补的，前者使用酸性条件，而后者则在碱性条件下反应。

两种方法对醛和酮都是很专一的，在其它许多官能团存在下也能进行反应。但是，有些醛或酮并不给出正常的产物，在 Clemmensen 条件下[1415]，α-羟基酮产生的是酮（OH 的氢解，见反应 **19-54**）或烯，而 1,3-二酮则发生重排（如 MeCOCH$_2$COMe → MeCOCHMe$_2$）[1416]。两种方法都不适用于 α,β-不饱和酮的还原，在 Wolff-Kishner 条件下，α,β-不饱和酮反应生成吡唑啉[1417]；而在 Clemmensen 条件下，这种化合物或两个基团都被还原，若只还原一个基团，则被还原的是 C═C 键[1418]。空间位阻大的酮既不被 Clemmensen 方法还原，也不被黄鸣龙方法还原，但是用无水肼的剧烈作用可以使其还原[1419]。在用 Clemmensen 还原时，频哪醇（反应 **19-76**）则常常是副产物。

另外还有一些可以将醛或酮中的 C═O 还原成 CH$_2$ 的方法[1420]，如：Me$_3$SiCl，而后用 Et$_3$SiH/TiCl$_4$ 处理[1421]；硼氢化物交换树脂上的 Ni(OAc)$_2$[1422]；在吡啶多氟化氢盐（缩写为 PPHF）上的 Et$_3$SiH[1423]。对于芳酮（ArCOR 或 ArCOAr）则可以用：THF-aq HCl 溶液中的 NaBH$_3$CN[1424]；H$_2$O 中的 Ni-Al[1425]；HCOONH$_4$-Pd-C[1426]；或在 F$_3$CCOOH 中的三烷基硅烷[1427]。也可以使用非均相的 Cu 相硅催化剂氢化[1428]。硅烷（如 Et$_3$SiH）和三芳基硼烷催化剂可以将脂肪族醛基还原成甲基（—CHO → —CH$_3$）[1429]。也可以使用氧化锌/三乙基硅烷[1430]以及二氯二茂钛 [(C$_5$H$_5$)$_2$TiCl$_2$][1431]。大多数这些试剂也能将芳醛（ArCHO）还原成 ArCH$_3$[1432]。1,2-二酮中的一个羰基能被 H$_2$S 和胺催化剂还原[1433]或在回流的乙酸中被 HI 选择性地还原[1434]。醌（**41**）中的一个羰基则可以被铜和硫酸或锡和 HCl 还原[1435]：

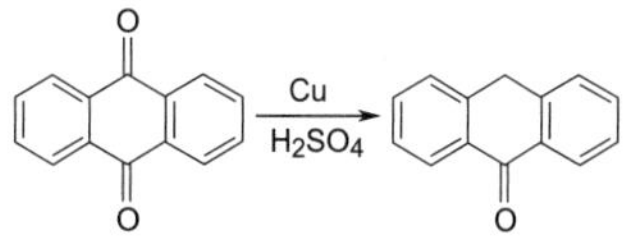

$$\text{蒽醌} \xrightarrow[\text{H}_2\text{SO}_4]{\text{Cu}} \text{蒽酮}$$

41

1,3-二酮中的一个羰基则可以选择地被催化氢化[1436]。在超临界 2-丙醇中简单加热可将酮还原成亚甲基化合物[1437]。

实现此反应的一种间接途径是用 NaBH$_4$、BH$_3$、邻苯二酚硼烷、双苯氧基硼烷或 NaBH$_3$CN 还原苯磺酰腙（R$_2$C═N—NHTs），生成 R$_2$CH$_2$。α,β-不饱和苯磺酰腙用 NaBH$_3$CN 或 NaBH$_4$-HOAc 或邻苯二酚硼烷进行还原，会使双键迁移到原来被羰基占据的位置，即使双键迁移可能会导致失去与芳环的共轭[1438]。例如：

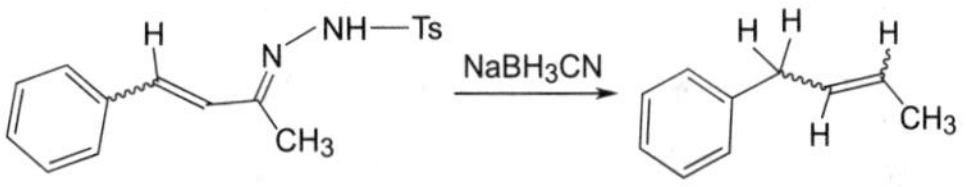

此过程显然包括了一个环状机理：

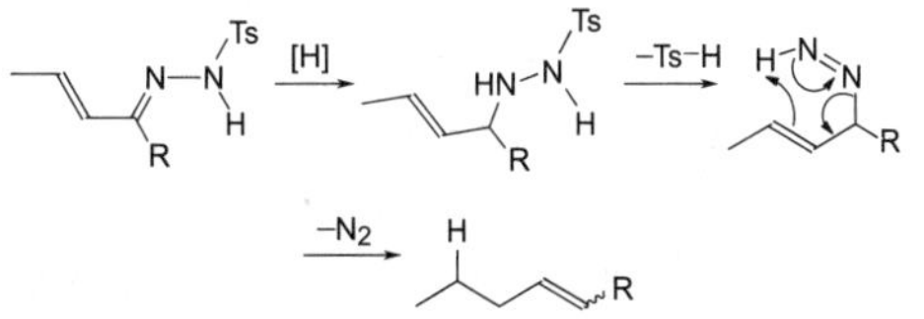

另一种间接的方法是先将醛或酮转变成二硫代缩醛或缩酮，然后用 Raney 镍或其它试剂将它们脱硫（反应 **14-27**）。

Wolff-Kishner 反应机理[1439]的第 1 步是腙的形成（反应 **16-14**），腙在碱的存在下发生还原反应。最可能的还原方式是：

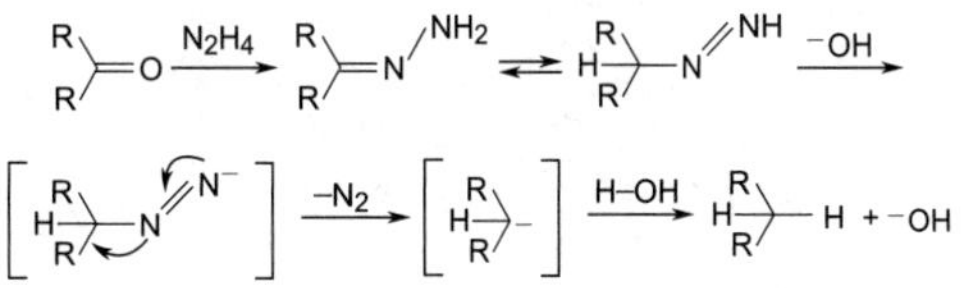

对于 Clemmensen 还原的机理则知之甚少，曾经提出过一些可能的机理[1440]，包括以锌-卡宾为中间体的机理[1441]。有一个可以肯定的是，

相应的醇不是还原的中间产物，因为用其它方法制备得到的醇不发生此反应。值得注意的是，醇也不是 Wolff-Kishner 反应的中间体。

有趣的是，胺可被低价钛（$TiCl_3/Li/THF$）去氨基化成相应的亚甲基化合物[1442]。

OS Ⅰ, 60; Ⅱ, 62, 499; Ⅲ, 410, 444, 513, 786; Ⅳ, 203, 510; Ⅴ, 533, 747; Ⅵ, 62, 293, 919; Ⅶ, 393; 另见 OS Ⅳ, 218; Ⅶ, 18.

19-62　羧酸酯还原成醚

二氢-去-氧-双取代

$$RCOOR' \xrightarrow[LiAlH_4]{BF_3\text{-}Et_2O} RCH_2OR'$$

羧酸酯或内酯能被还原成醚，然而更常见过程是生成 2mol 醇（反应 **19-38**）。使用 $BF_3 \cdot OEt_2$ 配合物及 $LiAlH_4$、$LiBH_4$ 或 $NaBH_4$ 中的任一种形成的试剂[1443]，或用二氯代硅烷和紫外光辐照[1444]，或采取催化氢化的办法，可以实现将酯还原成醚。与 BF_3 反应时，二级 R′反应效果比较好，而一级 R′效果却不好。这是因为如果用一级 R′，则会发生 **19-38** 的反应。酰氧基在过量 Ph_2SiH_2 和二叔丁基过氧化物作用下可发生 C—C=O 键的断裂而被还原 [R(Ar)COO—C→C—H][1445]。酯可被 Et_3SiH 和 $TiCl_4$[1446]、BF_3[1447]、In(Ⅲ)化合物[1448]或 $FeCl_3$[1449]还原成醚。内酯用 Cp_2TiCl_2 处理后再与大孔树脂 15®（Amberlyst 15）上的 Et_3SiH 反应[1451]可以得到环醚[1450]。

硫代酯（$RCSOR'$）则可以被 Raney 镍还原成醚 RCH_2OR'（反应 **14-27**）[1452]。硫代酯 [例如，C—OC(=S)Ph] 与 Ph_2SiH_2 及 Ph_3SnH 和 BEt_3 反应后再用 AIBN（参见 14.1.1 节）处理，会发生 C=S 单元的还原而生成醚[1453]。因为硫代酯可以从羧酸酯制备（反应 **16-11**），所以这个反应提供了一种从羧酸酯制备醚的间接方法。硫醇酯（$RCOSR'$）则可以被还原成硫醚（RCH_2SR'）[1454]。

见反应 **19-65**、**19-59**。

19-63　环酐还原成内酯，羧酸衍生物还原成醇

二氢-去-氧-双取代

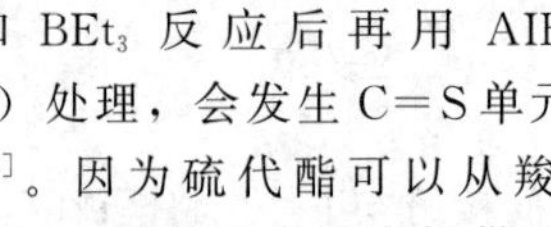

环酐可被 Zn-HOAc、氢和铂或 $RuCl_2$-$(Ph_3P)_3$[1455]、$NaBH_4$[1456]还原成内酯。环酐与 $LiAlH_4$ 的反应可通过控制生成二醇或内酯[1457]，但得到的往往是二醇。使用 BINOL-$LiAlH_4$-EtOH 复合物可以使还原过程平稳地进行，得到内酯[1458]。而使用某些试剂则可以实现区域选择性的反应，例如：使不对称酸酐的两个 C=O 中的某个被还原[1459]。开链酸酐则不被还原（例如：用 $LiAlH_4$ 或 $NaBH_4$）或是生成 2mol 醇。将甲醇和 THF 中的 $NaBH_4$ 逐滴滴入反应体系，可以将开链酸酐还原成 1mol 醇和 1mol 羧酸[1460]。

酰卤可被 $LiAlH_4$、$NaBH_4$ 或其它金属氢化物还原成醇[1461]（见表 19.4），但是却不能被硼烷还原。

通常情况下，将酰胺还原成醇非常困难，一般都是将酰胺还原成胺。一个例外是用 LiH_2NBH_3 可以将其还原成醇[1462]。用丙醇中的金属钠还原，也可以得到醇[1463]。用 $NaBH_4$ 的盐酸溶液还原酰基咪唑也能得到相应的醇[1464]。

有机合成（OS）中没有相应的参考资料，但可以在 OS Ⅱ, 526 中见到相关的还原反应；在 OS Ⅵ, 482 中见到与还原成醇相关的资料；在 OS Ⅳ, 271 中见到与还原酰卤相关的资料。

19-64　酰胺还原成胺

二氢-去-氧-双取代

$$RCONH_2 \xrightarrow{LiAlH_4} RCH_2NH_2$$

酰胺还原的有效试剂是 $LiAlH_4$，但是酰胺的还原要比其它官能团困难。其它官能团被还原时，通常不会影响到酰胺官能团。$NaBH_4$ 本身不能还原酰胺，但在某些其它试剂[1465]，如碘[1466]存在的情况下，它也能还原酰胺。硼氢化锂可以还原乙酰胺[1467]。三乙基取代酰胺可被这些反应性很强的试剂还原，其中二级酰胺被还原成二级胺，三级酰胺被还原成三级胺。硼烷[1468]和在 1-丙醇中的金属钠[1469]对于这三类酰胺来说都是很好的还原剂。三乙基硼氢化锂能够将大多数 N,N-二取代的酰胺还原成醇，而不与无取代的或 N-取代的酰胺反应[1470]。二甲氨基硼氢化钠能还原无取代和双取代的酰胺，但是不能还原单取代的酰胺[1471]。

酰胺可用催化氢化[1473]还原成胺[1472]，但通常要在高温高压下进行。另一种可以将双取代酰胺还原为胺的试剂是三氯硅烷[1474]。在 Re[1475]、Pt[1476]、In[1477]、Zn[1478]或 Ru[1479]催化剂存在下，其它硅烷如 Et_3SiH 也可以将酰胺还原成胺。氨基甲酸酯可以电解还原成胺[1480]。

Hantzsch 酯（参见反应 **15-14** 和 **16-17**）可

用于酰胺在无金属条件下还原成胺的反应[1481]。

对于某些 $RCONR'_2$ 来说，$LiAlH_4$ 会引起裂解，生成醛（反应 **10-41**）或醇。$LiAlH_4$ 可将内酰胺高产率地还原成环胺，但有时也会使内酰胺裂解。$LiBHEt_3/Et_3SiH$ 也是一种很有效的还原剂[1482]。内酰胺也可被 9-BBN[1483]（反应 **15-16**）或 $LiBH_3NMe_2$[1484]还原成环胺。

酰亚胺一般两侧都被还原[1485]，但有时也可以通过控制条件使其只有一侧被还原。环状的和非环状的酰亚胺都按这种方式进行反应，但非环酰亚胺则经常发生断裂[1486]。

要注意的是，酰亚胺用其它试剂如 $NaBH_4$ 还原时，却得到羟基内酰胺[1487]。

OS Ⅳ，339，354，564；Ⅵ，382；Ⅶ，41。

19-65 羧酸或羧酸酯还原成烷烃

三氢-去-烷氧基，氧-三取代，等

$$RCOOR' \xrightarrow{(C_5H_5)_2TiCl_2} RCH_3 + R'OH$$

用试剂二氯二茂钛还原酯的反应方式不同于反应 **19-59**、**19-62** 或 **19-38**，它得到的产物是烷烃 RCH_3 和醇 $R'OH$。反应机理可能涉及烯烃中间体。芳香酸（如苯甲酸）与三氯硅烷先在 MeCN 中回流，然后加入三丙胺，最后（在除去 MeCN 后）用 KOH 和 MeOH 处理[1488]，则可得到甲苯。反应过程如下[1488]：

$$ArCOOH \xrightarrow{SiHCl_3} (ArCO)_2O \xrightarrow[R_3N]{SiHCl_3} ArCH_2SiCl_3 \xrightarrow[MeOH]{KOH} ArCH_3$$

芳香酸的酯不能按此方法还原，所以可以在 $COOR'$ 存在下还原一个芳香族的 COOH[1489]。但是，芳香酯还可以被另一种改进的三氯硅烷方法还原[1490]。使用氢化双(2-甲氧基乙氧基)铝钠 $[NaAlH_2(OC_2H_4OMe)_2$，Red-Al] 可以将邻对位的羟基苯甲酸及其酯还原成甲基苯酚 $(HOC_6H_4CH_3)$[1491]。2-吡啶基苄基酯与甲酸铵及 Ru 催化剂共热，可使 CH_3COO 单元还原成烷烃[1492]。

通过相应的对甲苯磺酰肼 $(RCONHNH_2)$ 与 $LiAlH_4$ 或硼烷[1494]反应，可以将羧酸间接还原成相应的烷烃[1493]。

OS Ⅵ，747。

19-66 腈的氢解

氢-去-氰基化

$$R-CN \longrightarrow R-H$$

此反应不常见，但是在有机化学的范畴内使得腈得以改变，故有潜在的应用。在汞化合物的作用下，三级腈能被氰基硼氢化钠还原成碳氢化合物[1495]。偕二腈能被 SmI_2 还原成相应的单腈[1496]。在 Rh 催化剂存在下，氢硅烷可促进腈的还原裂解[1497]。

19-67 C—N 键的还原

氢-去-氨基化或去氨基化

$$RNH_2 \longrightarrow RH$$

苄胺非常容易通过催化氢化[1498]或用溶解的金属来还原[1499]而发生氢解。要注意的是，**19-61** 中的 Wolff-Kishner 还原包含了腙的形成和用碱去质子化过程，最后导致失去氮而发生还原。研究显示乙腈水溶液中的硝酸铈铵也可以还原裂解 N-苄基[1500]。伯胺 RNH_2 与羟胺-O-磺酸及 NaOH 水溶液反应，可被还原为烃 RH，还生成氮气和硫酸根负离子[1501]。推测 R—N=N—H 是分解成碳正离子的中间体。将伯胺转化为磺酰胺 $(RNHSO_2R')$（见反应 **16-102**），而后与 NH_2OSO_2OH[1502]或 NaOH 反应，再与 NH_4Cl 反应，这是一种间接的将伯胺变为烃 RH 的方法[1503]。由端烯衍生得到的甲苯磺酰基吖丙啶可被聚甲基氢硅氧烷/Pd-C 还原成相应的一级甲苯磺酰胺[1504]。吖丙啶可以按环氧化物一样的方法（反应 **19-35**）被还原。

其它间接的转变方法有：N,N-二甲基苯磺酰胺（参见 10.7.3 节）于 HMPA 中被 $NaBH_4$ 还原[1505]；改进的 Katritzky 吡喃慃-吡啶盐方法[1506]。烯丙基和苄基胺[1333]可由催化氢化还原。吖丙啶可被 SmI_2[1507]或 Bu_3SnH 和 AIBN[1508]还原开环。烯胺的 C—N 键可被铝烷 (AlH_3) 裂解生成烯烃[1509]，例如：

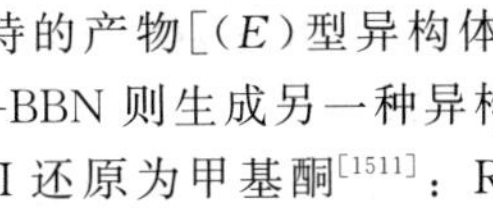

烯胺与 9-BBN（参见反应 **15-16**）或硫化甲基硼烷（BMS）反应，也会类似地裂解[1510]。由于烯胺可由酮制备（反应 **16-13**），因此这是一种将酮转化为烯烃的方法。在后一种情况中，BMS 生成构型保持的产物[(E)型异构体生成(E)型产物]，而 9-BBN 则生成另一种异构体[1510]。重氮酮可用 HI 还原为甲基酮[1511]：$RCOCHN_2 + HI \rightarrow RCOCH_3$。

季铵盐可被 $LiAlH_4$ 裂解，季鏻盐 R_4P^+ 亦如此。

$$R_4N^+ + LiAlH_4 \longrightarrow R_3N + RH$$

也可以使用其它还原剂，如三乙基硼氢化锂（它倾向于使甲基脱去）[1512]以及 Na 的液氨溶液。季盐被钠汞齐在水中还原，这个反应被称为 Emde 还原。但是这个试剂不能用于含有四个饱和烷基的季铵盐的裂解。

硝基化合物（RNO$_2$）与甲硫醇钠（CH$_3$SNa）在非质子溶剂中反应[1514]，或与 Bu$_3$SnH 反应[1515]，可被还原为 RH[1513]。两个反应都是自由基机理[1516]。三级硝基化合物可被 NaHTe 还原为 RH[1517]。芳香硝基化合物的硝基可被硼氢化钠脱除[1518]。芳香胺的 C—N 键被 THF 中的金属 Li 还原得到芳香化合物[1519]。EtOH/水/乙酸中的亚硝酸钠、亚硫酸氢钠可进行类似的还原反应[1520]。将苯胺衍生物转化为甲磺酰胺，然后将甲磺酰胺与 NaH 和 NH$_2$Cl 反应，可获得同样的结果[1521]。化合物 Bu$_3$SnH 也可以将异腈（RNC，可由 RNH$_2$ 的甲酰化，而后发生反应 17-31 制备）还原为 RH[1522]，这个反应也可以通过与 Li 或 Na 的液氨溶液反应实现[1523]，或与 K 和冠醚于甲苯中反应实现[1524]。α-硝基酮与 Na$_2$S$_2$O$_4$-Et$_3$SiH 于 HMPA-H$_2$O 中反应，可被还原为酮[1525]。

OS Ⅲ,148；Ⅳ,508；Ⅷ,152.

19-68 氧化胺和氧化偶氮化合物的还原

N-氧-脱除

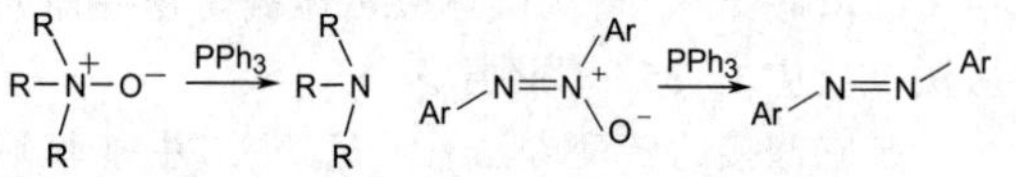

氧化胺[1526]和氧化偶氮化合物（烷基的和芳基的）[1527]能被三苯基膦[1528]定量地还原。其它一些还原剂，如：LiAlH$_4$、NaBH$_4$/LiCl[1529]、H$_2$-Ni、PCl$_3$、Ca/H$_2$O[1530] 或 In/TiCl$_4$[1531]，也被用于此反应。甲醇中的金属铟和氯化铵水溶液可使吡啶 N-氧化物高产率地转化为吡啶[1532]。使用甲酸铵和 Raney 镍[1533] 或甲酸铵和锌[1534]，可进行类似的反应。乙醇中的钠在封管中可将吡啶 N-氧化物还原成吡啶[1535]。用 Mo(CO)$_6$ 的乙醇溶液可以进行类似的还原[1536]。氯化铟(Ⅲ)可用于喹啉 N-氧化物还原为喹啉的反应[1537]。氧化腈（RC≡N$^+$—O$^-$）[1538] 能被三烷基膦还原成腈[1539]；异氰酸酯（RNCO）可被 Cl$_3$SiH-Et$_3$N 还原成异腈（RNC）[1540]。

与氨基 N-氧化物的反应类似，氧化膦（R$_3$P=O）可以被还原成膦（R$_3$P）。氧化膦与 MeOTf 反应，而后用 LiAlH$_4$[1541] 或 DIBAL-H[1542] 还原生成膦。手性氧化膦可被 PPh$_3$ 和 Cl$_3$SiH 还原成膦，反应具有很好的对映选择性[1543]。

OS Ⅳ,166；另见 OS Ⅷ,57.

19-69 重氮基被氢置换

去重氮化或氢化-去-重氮化

ArN$_2^+$ + H$_3$PO$_2$ ⟶ ArH

重氮基的还原（去重氮化）是除去芳香环上氨基的间接方法[1544]。完成这个反应的最好而又最常用的方法是使用次磷酸（H$_3$PO$_2$），也曾用过许多其它还原剂[1545]，如 HMPA[1546]、硫酚[1547] 和亚锡酸钠。乙醇是最早使用的试剂，通常能得到满意的产率，但醚 ArOEt 常是副产物。当使用 H$_3$PO$_2$ 时，每摩尔底物需用 5～15mol 这种试剂。可以使用几种方法在无水介质中还原重氮盐，如在醚或 MeCN 中用 Bu$_3$SnH 或 Et$_3$SiH 处理[1548]，或者分离出 BF$_4^-$ 盐，再在 DMF 中用 NaBH$_4$ 还原这个盐[1549]。在实验室中，通过 DMF[1550] 或沸腾的 THF 中[1551] 用烷基亚硝酸酯处理，可以将芳胺脱氨（ArNH$_2$ → ArH）。相应的重氮盐是中间体。

对这个反应的机理研究得还不是很多。一般认为重氮盐与乙醇产生醚的反应是以离子型（S$_N$1）机理发生的，而还原成 ArH 是以自由基过程进行的[1552]。人们也认为用 H$_3$PO$_2$ 还原的反应是自由基机理[1553]。在用 NaBH$_4$ 还原中，已经证实存在芳基氮烯中间体（ArN=NH）[1554]，它产生于 BH$_4^-$ 对 β-氮的亲核进攻。可以在溶液中获得这种中等稳定性的（半衰期几小时）氮烯[1555]。究竟芳基氮烯如何分解尚不完全清楚的，但有迹象表明，存在芳基自由基 Ar· 或相应的负离子 Ar$^-$[1556]。

脱重氮基反应的重要用途是芳香环的官能团化，可以在氨基作为定位基将一个或多个其它基团引入氨基的邻对位之后，将其除去。例如，化合物1,3,5-三溴苯不能用苯的直接溴化来制备，因为溴是邻对位定位基；但是，依照下面的步骤容易制备该化合物：

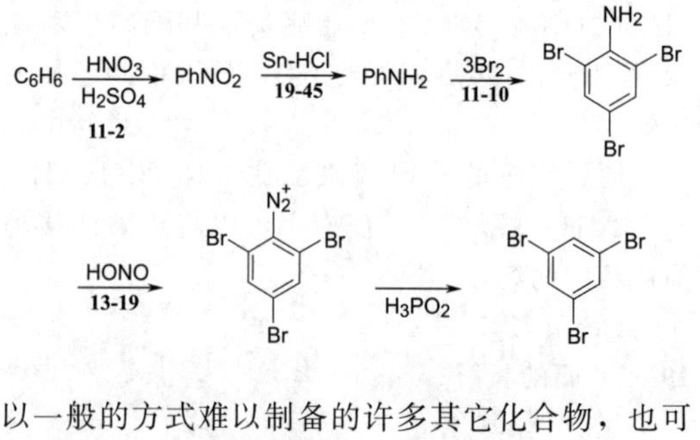

C$_6$H$_6$ $\xrightarrow[\text{H}_2\text{SO}_4]{\text{HNO}_3}$ PhNO$_2$ $\xrightarrow[\text{19-45}]{\text{Sn-HCl}}$ PhNH$_2$ $\xrightarrow[\text{11-10}]{\text{3Br}_2}$ 2,4,6-三溴苯胺

$\xrightarrow[\text{13-19}]{\text{HONO}}$ 重氮盐 $\xrightarrow{\text{H}_3\text{PO}_2}$ 1,3,5-三溴苯

以一般的方式难以制备的许多其它化合物，也可以容易地借助脱重氮基反应而合成。

不期望的脱重氮基反应可以通过使用六磺化杯[6]芳烃来抑制（参见3.3.2节）[1557]。

OS Ⅰ,133,415；Ⅱ,353,592；Ⅲ,295；Ⅳ,947；Ⅵ,334.

19-70 脱硫反应

氢-去-硫-取代，等

$$RSH \longrightarrow RH$$
$$RSR' \longrightarrow RH + R'H$$
$$RS(O)_nR' \longrightarrow RH + R'H$$

烷基和芳基的硫醇[1558]、硫醚可以用 Raney 镍氢解脱硫[1559]。由于 Raney 镍上已经含有足够的氢，反应中不需要再外加氢。其它含硫化合物也可类似地脱硫，这些硫化物包括二硫化物、硫代酯[1560]、硫代酰胺、亚砜和缩硫醛[1561]。缩硫醛的还原是一种间接地将羰基还原为亚甲基的方法（见反应 **19-61**），如果存在 α-H，还可生成烯烃[1562]。在给出的大部分例子中，R 也可以是芳基。也可以使用其它试剂[1563]完成这一反应[1564]。使用有机碱如双咪唑基烯 [bis(imidazolylidenes)] 可使砜和磺酰胺发生还原裂解[1565]。

氢化铝锂通过使 C—S 键断裂，可将包括硫醇在内的大部分含硫化合物还原[1566]。硫酯可被 Ni_2B（来自 $NiBr_2/NaBH_4$）还原[1567]。β-酮砜可被 $TiCl_4$-Zn[1568]、$TiCl_4$-Sm[1569]还原。

一个重要的 RSR 还原的特例是噻吩衍生物的脱硫。这个反应伴随着双键的还原。许多化合物就是通过先烷基化噻吩生成 **42**、再还原生成烷烃而制备的：

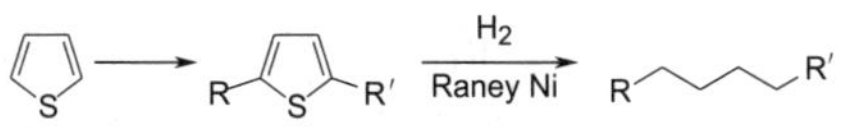

噻吩也可以脱硫成烯烃（由 **42** 得到 $RCH_2CH=CHCH_2R'$），反应的催化剂是由氯化镍（Ⅱ）和 $NaBH_4$ 在甲醇中生成的硼化镍[1570]。缩二硫醛与硼烷-吡啶在三氟乙酸或含有 $AlCl_3$ 的 CH_2Cl_2 中反应，可以只还原一个 SR 基[1571]。苯基硒醚（RSePh）与 Ph_3SnH[1572]或者硼化镍反应都可被还原为 RH[1573]。用 SmI_2 也可以使 C—Se 键断裂[1574]。

Raney 镍反应的确切机理目前仍然不很清楚，只能大概知道是自由基类型的[1575]。有证据表明噻吩的还原过程中经过丁二烯和丁烯中间体，没有经过 1-丁硫醇或其它含硫化合物中间体，就是说，在双键被还原前硫就脱去了。这一点已经被分离出的烯烃及未分离出任何可能的含硫中间体的实验所证明[1576]。

OS Ⅳ,638；Ⅴ,419；Ⅵ,109,581,601；另见 OS Ⅶ,124,476.

19-71 磺酰卤和磺酸还原成硫醇或二硫化物

$$RSO_2Cl \xrightarrow{LiAlH_4} RSH$$

硫醇可以用 $LiAlH_4$ 还原磺酰卤制得[1577]。通常反应在芳香族磺酰卤上发生。用锌和乙酸或 HI 也能发生此反应。磺酸则可以被三苯基膦和 I_2 或二芳基二硫化物的混合物还原成硫醇[1578]。将磺酰氯还原成亚磺酸的反应见 **16-104**。反应也可能生成二硫化物（RSSR）[1579]。其它磺酸衍生物可转化为二硫化物。酯（如 PhSAc）在 Clayan 和微波辐照作用下可转化为二硫化物（PhS—SPh）[1580]。硫代苯甲酸酯衍生物（PhSBz）可被 SmI_2 类似地转化为 PhS—SPh[1581]。$RS—SO_3Na$ 与金属 Sm 在水中共热，可以类似的方式转化为 RS—SR[1582]。

OS Ⅰ,504；Ⅳ,695；Ⅴ,843.

19-72 亚砜和砜的还原

S-氧的脱除

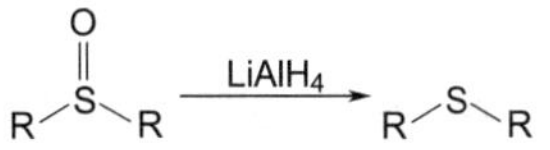

亚砜可被许多试剂还原成硫化物[1583]，如：$LiAlH_4$、HI、Bu_3SnH[1584]、H_2/Pd-C[1585]、$NaBH_4$-$NiCl_2$[1586]、$NaBH_4/I_2$[1587]、儿茶酚硼烷[1588]、BH_3 和 Mo 催化剂[1589]、Mo/In 体系[1590]、Ti 化合物[1591]以及超声作用下的 Sm/甲醇中的 NH_4Cl[1592]。亚砜可在 2,4-二苯基-1,3-二硒二膦烷-2,4-二硒化物的作用下发生脱氧反应[1593]。然而，砜通常比较难发生还原，但它可以被 DIBAL-H $[(i$-Bu$)_2$AlH$]$ 还原成硫化物[1594]。一个不太常用的试剂是 $LiAlH_4$，它能将某些砜被还原为硫化物，而有些砜却不被还原[1595]。砜和亚砜都可以用与硫共热（硫被氧化成 SO_2）的方法来还原，不过亚砜在较低的温度下就能反应。通过用 ^{35}S 标记底物的反应可知，亚砜只是简单地将氧转移给硫，但砜的反应就比较复杂，因为原料砜的放射性失去了约 75%[1596]，这表明产物硫化物中的硫大部分来自还原剂。我们不能直接把砜还原成亚砜，但可通过间接的方法实现此还原[1597]。硒亚砜可以被一系列还原剂还原成硒醚[1598]。

OS Ⅸ,446.

19.2.2.6 裂解还原
19-73 胺和酰胺的去烷基化

$$R_2'N—R \longrightarrow R_2'N—H$$

某些胺在还原条件下能脱烷基，N-烯丙基胺（$R_2N—CH_2CH=CH_2$）在 DIBAL-H-$NiCl_2$-dppp[1599]或者 Pd(dba)$_2$dppb[1600]作用下生成相应的胺（$R_2N—H$），这里的 DIBAL=二异丁基铝，dppp=1,3-双(二苯基亚膦基)丙烷，dppb=1,4-双

(二苯基亚膦基)丁烷。TiCl$_3$ 和 Li 的混合物可将 N-苄胺转变成胺（R$_2$NCH$_2$Ph → R$_2$NH）[1601]。RuCl$_3$ 和 H$_2$O$_2$ 则可使 N,N-二甲基胺脱甲基形成胺（ArNMe$_2$ → ArNHMe）[1602]。

三苄基胺在乙腈水溶液中与硝酸铈铵可发生脱苄基反应生成二苄基胺[1603]。N-苄基吲哚可被 O$_2$、DMSO/KOt-Bu[1604] 或被四丁基氟化铵[1605] 裂解成吲哚。曾有报道采用 Fe 介导的两步反应可以进行生物碱的 N-脱甲基化[1606]。胺在硅胶上的碱金属作用下可发生 N-脱烯丙基化及 N-脱苄基化反应[1607]。

此过程不仅限于胺，酰胺也同样可以脱烷基。N-苄基酰胺在 NBS 或 AIBN 的作用下会发生脱苄基反应[1608]。三氟甲磺酸铯可将酰胺中的 N-叔丁基脱除[1609]。

N-烷基磺酰胺在超声作用下与 PhI(OAc)$_2$ 和 I$_2$ 反应生成一级磺酰胺[1610]。使用 H$_5$IO$_6$ 和 Cr 催化剂可进行类似的反应[1611]。N-叔丁基磺酰胺可被 BCl$_3$ 裂解成一级磺酰胺[1612]。

19-74 偶氮、氧化偶氮和氢化偶氮化合物还原成胺

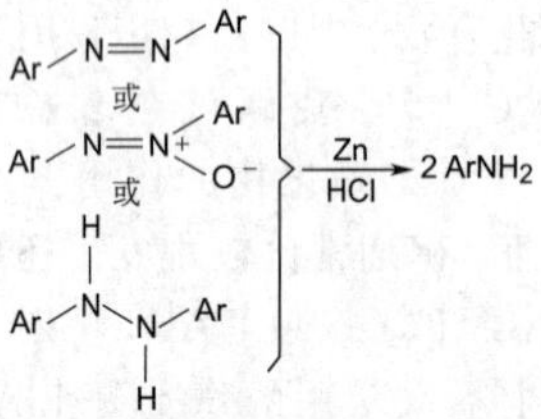

偶氮、氧化偶氮和氢化偶氮化合物都可被还原成胺[1613]。金属（尤其是锌）和酸，以及 Na$_2$S$_2$O$_4$ 是常用的还原剂。Bu$_3$SnH 和 Cu 催化剂也可用于此反应[1614]。硼烷虽然不能还原硝基化合物[1615]，但它能将偶氮化合物还原成胺。四氢铝锂不能还原氢化偶氮化合物或偶氮化合物，但是当与偶氮化合物反应时，有时可以分离得到氢化偶氮化合物。LiAlH$_4$ 还原氧化偶氮化合物时只得到偶氮化合物（反应 **19-68**）。要指出的是，偶氮化合物可被乙醇中的水合肼[1616] 或被氯化铵溶液中的铁粉[1617] 还原成肼。

OS Ⅰ, 49；Ⅱ, 35, 39；Ⅲ, 360；另见 OS Ⅱ, 290.

19-75 二硫化物还原成硫醇
S-氢-去偶联

$$RSSR \xrightarrow[H^+]{Zn} 2\ RSH$$

二硫化物可以被温和的还原剂[1618]，例如锌和稀酸、In 和 NH$_4$Cl/EtOH[1619]、或 Ph$_3$P 和 H$_2$O[1620]，还原成硫醇。反应也可以简单地将二硫化物和碱共热完成[1621]。其它还原剂有：LiAlH$_4$、NaBH$_4$/ZrCl$_4$[1622]、Mg/MeOH[1623]、肼或取代肼[1624]。

芳基二硒化物先后与 Cp$_2$TiH 和 Ph$_2$I$^+$X$^-$ 反应可被类似地裂解为硒醇（ArSeH）[1625]。

OS Ⅱ, 580；另见 OS Ⅳ, 295.

19.2.2.7 还原偶联

19-76 醛和酮双分子还原成 1,2-二醇及亚胺还原成 1,2-二胺
2/O-氢-偶联及 2/N-氢-偶联

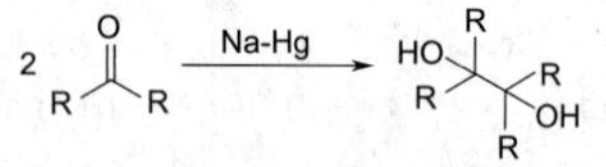

1,2-二醇（频哪醇）可由醛或酮被活泼金属如钠、镁或铝[1626] 还原制得。芳酮比脂肪酮的产率高。利用 Mg-MgI$_2$ 混合物进行的反应被称为 Gomberg-Bachmann 频哪醇合成法[1627]。在包括钠参与的许多反应中，有直接的电子转移，将酮或醛转变为羰游基，然后发生二聚：

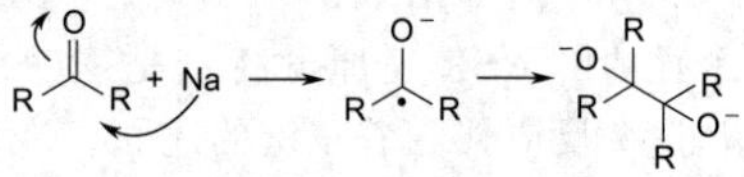

其它一些还原剂也被用于此反应[1628]，包括 Sm[1629]、SmI$_2$[1630]、Pr[1631]、Yb[1632]、In 和超声作用[1633]、InCl$_3$ 催化剂和 Mg[1634]、水中的 InCl$_3$/Al[1635]、Al/TiCl$_3$[1636]、水中的 VCl$_3$/Zn[1637]、活化的 Mn[1638]、Zn[1639] 以及低价态的钛试剂[1640]（见反应 **19-76**）。两种不同酮之间的不对称偶联可在 TiCl$_3$ 水溶液中完成[1641]，而两种不同醛之间的不对称偶联则需要使用 V 配合物[1642]。两种醛的偶联也可以由镁和水完成[1643]。偶联生成了顺式和反式二醇的混合物，具有"顺式选择性"的还原剂是 Cp$_2$TiCl$_2$/Mn[1644]、TiCl$_4$/Bu$_4$[1645]、TiI[1646] 和 NbCl$_3$[1647]。也可发生"反式选择性"的偶联反应，试剂有：Ti-salen[1648]、Mg 和 NiCl$_2$ 催化剂[1649] 以及 Sm/SmCl$_3$[1650]。使用 Mn、Me$_3$SiCl 和 Cp$_2$TiCl$_2$ 反应，芳香醛可偶联成二(三甲基硅基)醚[1651]。

立体选择性的频哪醇偶联已广为人知[1652]。在手性添加剂的作用下，频哪醇偶联可以得到中等或好的对映选择性的二醇[1653]。曾有报道使用 Et$_2$Zn 和 BINOL 催化剂可进行交叉频哪醇偶联，而且反应具有很好的对映选择性[1654]。另据报道，使用手性 salen-Mo 配合物也可以进行对映选择性的偶联反应[1655]。Mg 和 Me$_3$SiCl 混合使

用也可以得到交叉频哪醇[1656]。手性金属配合物与金属一同使用时，可以得到具有很好对映选择性的二醇[1657]。

可以进行分子内的频哪醇偶联，得到环1,2-二醇[1658]。二醛可以通过此反应被 TiCl$_3$ 环化，以很高的产率生成环 1,2-二醇[1659]。

在一个改进的频哪醇偶联反应中，酰基腈与金属 In 在超声作用下生成 1,2-二酮[1660]；在另一个改进中，缩醛偶联生成 1,2-二酮[1661]。

酮二聚生成 1,2-二醇的过程也可以用光化学的方法实现，实际上，这是最常见的光化学反应之一[1662]。底物通常是二芳基酮或烷基芳基酮，在异丙醇、甲苯或胺等氢给体存在下用紫外光辐照即可反应[1663]。如果是二苯甲酮在异丙醇存在下进行辐照，酮最初发生的是 n → π* 激发，生成的单线态产物以很高的效率跃迁到 T$_1$ 态。

$$R\overset{O}{\underset{R}{\|}} \xrightarrow{h\nu} \left[R\overset{O}{\underset{R}{\|}}\right]^1 \longrightarrow \left[R\overset{O}{\underset{R}{\|}}\right]^3$$
单线态　　　　三线态

$$\xrightarrow{i\text{-PrOH}} R\overset{OH}{\underset{R}{\cdot}} \longrightarrow \underset{\mathbf{42}}{\overset{HO}{\underset{R}{\bigg|}}\overset{R}{\underset{OH}{\bigg|}}}$$

T$_1$ 态的产物从醇中夺取氢［参见 7.1.7 节(4)］，然后发生二聚。反应过程中形成的 i-PrO· 自由基将 H· 提供给另一分子的基态二苯甲酮，结果产生了丙酮和另一分子自由基 **42**。此机理[1664]预测二苯甲酮消失的量子产率应当是 2，因为每 1mol 光量子使 2mol 二苯甲酮转变成了 **42**。在有利的实验条件下，观察到的反应的量子产率接近 2。二苯甲酮以很高的效率夺取氢。其它芳酮二聚的量子产率很低，有些（如：对氨基二苯甲酮、邻甲基苯乙酮）则根本不能在异丙醇中二聚（但是对氨基二苯甲酮可以在环己烷中二聚[1665]）。此反应也可以用电化学方法完成[1666]。

在一个类似的过程中，亚胺可以与许多试剂反应二聚成 1,2-二胺。这些试剂包括 TiCl$_4$-Mg[1667]、In/EtOH 水溶液[1668]、Zn/NaOH 水溶液[1669]或 SmI$_2$[1670]。

$$2\ R\overset{}{\underset{NR'}{\|}}H \xrightarrow[Mg]{TiCl_4} \underset{R'HN}{\overset{R}{\bigg|}}\underset{NHR'}{\overset{R}{\bigg|}}$$

当用电化学还原时，有可能将酮和 O-甲基肟偶联得到交叉偶联的产物[1671]：

$$R^1\overset{O}{\underset{R^2}{\|}} + R^3\overset{N-OMe}{\underset{R^4}{\|}} \xrightarrow{\text{电化学还原}} \underset{R^1}{\overset{HO}{\bigg|}}\underset{R^3}{\overset{R^2}{\underset{NHOMe}{\bigg|}}}R^4$$

$$\xrightarrow[\text{催化剂}]{H_2} \underset{R^1}{\overset{HO}{\bigg|}}\underset{NH_2}{\overset{R^2}{\bigg|}}R^4$$

O-甲基肟醚在 Zn 和 TiCl$_4$ 的作用下可偶联成 1,2-二胺[1672]。醛在醚中与 TMS$_2$NH、NaH 和 5mol/L LiClO$_4$ 中的金属 Li 在超声作用下反应，可转化为 1,2-二胺[1673]。醛与 N-亚磺酰基亚胺可在 SmI$_2$ 存在下偶联，生成 N-亚磺酰基氨基醇[1674]。半氨基缩醛（hemiaminals）可在 TiI$_4$/Zn 作用下偶联成 1,2-二胺[1675]。酰胺可被 Cp$_2$TiF$_2$ 和 PhMeSiH$_2$ 转化为 1,2-二胺[1676]。碘化钐（Ⅱ）可以使亚胺盐偶联成 1,2-二胺[1677]。酮可通过先与 Yb 而后与亚胺反应生成氨基醇[1678]。

N-甲氧基氨基醇可以被还原成氨基醇[1671]。光化学条件下的偶联反应也已有报道[1679]。此反应的一种改进形式是：亚胺先与 Yb 的 THF/HMPA 溶液反应，而后与醛反应生成 1,2-二亚胺[1680]。

OS Ⅰ,459；Ⅱ,71；Ⅹ,312；**81**,26.

19-77 醛或酮双分子还原成烯
去-氧-偶联

$$R\overset{O}{\underset{R^1}{\|}} \xrightarrow[Zn-Cu]{TiCl_3} \underset{R^1}{\overset{R}{\diagdown}}C=C\underset{R^1}{\overset{R}{\diagup}}$$

脂肪族和芳香族的醛和酮（包括环酮），可以被低价钛试剂[1681]（由 TiCl$_3$ 和锌-铜合金制备）以很高的产率转变成二聚的烯烃[1682]。此过程被称为 McMurry 反应[1683]。反应中所用的还原剂被称为低价钛试剂，此反应也可以由用其它方法制备的低价钛试剂完成[1684]，如：Mg 和 TiCl$_3$-THF 配合物[1685]、TiCl$_4$ 和 Zn 或 Mg[1686]、TiCl$_3$ 和 LiAlH$_4$[1687]、TiCl$_3$ 和 K 或 Li[1688] 以及从 WCl$_6$ 和 Li、或 LiI、或 LiAlH$_4$ 或烷基锂制备的某些化合物（见反应 **17-18**）[1689]。微波辐照可以促进该偶联反应[1690]。反应也可使二醛或二酮转变成为环烯[1691]。3～16 元和 22 元环可以照此种方式关环，如[1692]：

$$\underset{Me}{\overset{O}{Ph\|}}\underset{Me}{\overset{O}{\|Ph}} \xrightarrow[LiAlH_4]{TiCl_3} \underset{Me\ Me}{\overset{Ph\ \ Ph}{\triangle}}$$
46%

在羰基酯上发生的相同反应得到环酮[1693]：

$$R\overset{O}{\underset{}{\|}}(CH_2)_n COOEt \xrightarrow[2.\ H^+]{1.\ TiCl_3-LiAlH_4} \underset{(CH_2)_n}{\overset{R}{\bigcirc}}$$

吲哚可以用 O-酰基酰胺与 Ti 粉和 Me₃SiCl[1694]或 TiCl₃-C₈K[1695]反应制得；苯并呋喃也可由非常类似的反应制得[1696]。

不对称烯烃可以由两种不同酮的混合物制备，但其中的一种必须过量[1697]。例如，醛与酮在 Yb(OTf)₃ 作用下可发生交叉偶联[1698]。反应机理包括了两种自由基最初的偶联生成 1,2-二氧化合物（频哪醇钛盐），然后再脱氧形成产物[1699]。

OS Ⅶ,1.

19-78 酮醇缩合

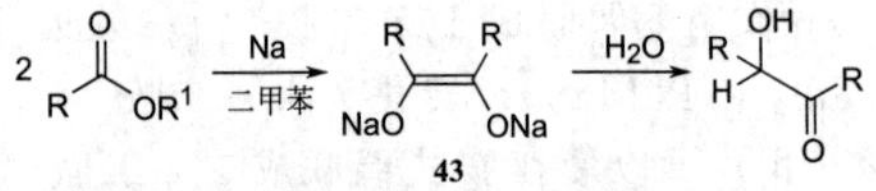

$$2\ \underset{OR^1}{\overset{R}{\underset{\|}{C}}} \xrightarrow[\text{二甲苯}]{Na} \underset{NaO\quad ONa}{\overset{R\quad R}{C=C}} \xrightarrow{H_2O} \underset{H\quad O}{\overset{R\ OH\ R}{C-C}}$$
$$\quad\quad\quad\quad\quad\quad\quad\quad\quad\quad 43$$

当羧酸酯和钠在回流的乙醚或苯中共热时，会发生双分子还原，产物为 α-羟基酮（被称为酮醇，acyloin）[1700]。该反应被称为酮醇酯缩合（acyloin ester condensation）或就称为酮醇缩合（acyloin condensation）[1701]。当 R 是烷基时，反应进行得非常成功。长链的酮醇可用此法制备，例如 R=C₁₇H₃₅。大分子量的酯则需要用甲苯或二甲苯作溶剂。有人报道了对此反应的改进，如在醚中进行超声促进的酮醇缩合[1702]，提高了 4～6 元环产物的产率；以及 Olah 方法，该方法也在醚中进行反应[1703]。

在沸腾的二甲苯中，用酮醇缩合的方法从二酯制备环酮醇的反应非常成功[1704]。制备 6、7 元环的产率是 50%～60%；制备 8、9 元环的产率是 30%～40%；制备 10～20 元环的产率是 60%～95%。更大的环也可以此方式闭环，所以此法是制备 10 元或 10 元以上环的最好方法。尽管往往不成功，但该反应也已经被用来制备 4 元环[1705]。双键或叁键的存在对制备大环的反应没有影响[1706]。甚至苯环也可以存在，已经用这种方法合成了许多 n=9 或以上的对环芳衍生物（**44**）[1707]。

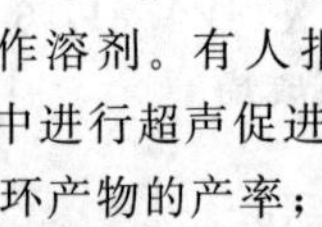

```
         44                    45
```

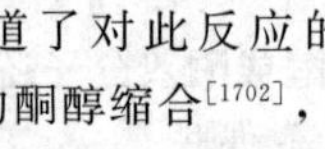

反应在三甲基氯硅烷（Me₃SiCl）存在下进行时，可以提高酮醇缩合的产率，此时双负离子 **43** 可转变成为双三甲硅基烯醇醚（**45**），**45** 可以被分离出来，然后再用酸的水溶液将 **45** 水解成酮醇[1708]。这是目前酮醇缩合的标准方法。这个方法可以抑制 Dieckmann 缩合[1709]（**16-85**），否则在形成 5、6 或 7 元环时，Dieckmann 缩合将与酮醇缩合竞争（注意，同一底物成环时，通过 Dieckmann 缩合的环总是比酮醇缩合的环少一个碳原子）。Me₃SiCl 法对生成 4 元环反应的作用特别令人满意[1710]。

该反应机理通常认为二酮 RCOCOR 是中间体[1711]，因为少量的二酮通常作为副产物被分离出来，且当它不能被还原时［如 (t-BuCO)₂］，它就是主产物。反应的可能过程是（类似于反应 **19-76**）：

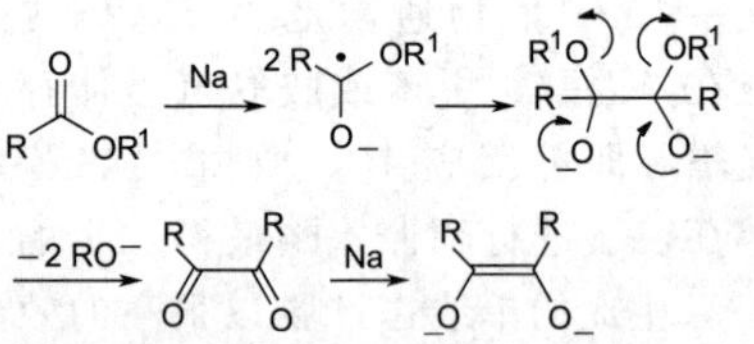

$$\underset{OR^1}{\overset{R}{\underset{\|}{C}}} \xrightarrow{Na} 2\ \underset{O^-}{\overset{R\ \ OR^1}{C\cdot}} \longrightarrow \underset{O^-\ O^-}{\overset{R^1O\ \ OR^1}{\underset{R\quad R}{C-C}}}$$

$$\xrightarrow{-2\ RO^-} \underset{O\ O}{\overset{R\ R}{C-C}} \xrightarrow{Na} \underset{O^-\ O^-}{\overset{R\ R}{C=C}}$$

这个偶联反应要获得好的结果，通常要求 Na 具有很大的表面积，这符合表面反应特征。为了解释大环容易生成的原因，即链的两端必须互相接近，即使这对长链来说在构象上是不利的，但可以假定发生反应的两端在钠的表面某处相互靠近[1712]。反应不一定要使用高度稀释技术，但是通常要求进行有效的搅拌（使用 2000～2500r/min 的高速转子）以便形成"钠沙"。高纯 Na 的反应结果较差，这是因为钠中含有少量的 K 对反应至关重要。含有高达 50%钾的钠（1:1 的 Na/K）[1713]已被用于酮醇缩合。

在一个相关的反应中，芳香族羧酸在超声作用下，在干燥的 THF 中与过量 Li 反应能转变成 α-二酮（2 ArCOOH→ArCOCOAr）[1714]。

酮醇缩合法以巧妙的方式合成了第一个报道的索烃（参见 3.4 节）[1715]。但是此索烃的合成产率很低，而且烃链在闭环前能否穿过已经形成的环完全依靠概率。

OS Ⅱ,114；Ⅳ,840；Ⅵ,167.

19-79 硝基化合物还原成氧化偶氮化合物

硝基-氧化偶氮基的还原转换

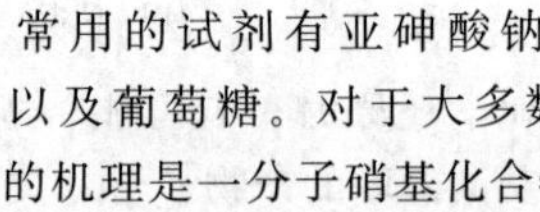

$$2\ ArNO_2 \xrightarrow{Na_3AsO_3} \underset{Ar}{\overset{Ar}{\underset{\|}{N^+}}}=N \overset{O^-}{}$$

氧化偶氮化合物能从硝基化合物与某些试剂反应得到，常用的试剂有亚砷酸钠、乙醇钠、NaTeH[1716]以及葡萄糖。对于大多数还原剂来说，最可能的机理是一分子硝基化合物被还原成亚硝基化合物，而另一分子硝基化合物被还原成羟胺（反应 19-46），然后二者结合（反应 12-51）。结合步骤快于还原过程[1717]。亚硝基化合物能被亚磷酸三乙酯或三苯基膦[1718]或醇的碱性水溶液还原为氧化偶氮化合物[1719]。

OS Ⅱ, 57.

19-80 硝基化合物还原成偶氮化合物

N-去-双氧-偶联

$$2\ ArNO_2 \xrightarrow{LiAlH_4} Ar-N=N-Ar$$

硝基化合物能被许多试剂还原成偶氮化合物，其中最常用的是 $LiAlH_4$ 或锌与碱。三乙基铵甲酸盐与铅在甲醇中一同使用也可用于此反应[1720]。对于许多试剂来说，反应条件稍有不同，就可能导致生成偶氮或氧化偶氮化合物（反应 19-79）。与 19-79 类似，反应可以被看成是 $ArN=O$ 和 $ArNH_2$ 的偶联（反应 13-24）。但当还原剂是 $NaBH_4$ 时[1721]，反应的中间体是氧化偶氮化合物。用 $LiAlH_4$ 可以将亚硝基化合物还原成偶氮化合物。用二碳硼烷（dicarborane）与催化量的乙酸可将芳香硝基化合物还原成胺[1722]。

用锌和氢氧化钠、或水合肼和 Raney 镍[1723]、或 $LiAlH_4$ 和 $TiCl_4$ 或 VCl_3 之类的金属氯化物的混合物[1724]，可以将硝基化合物继续还原成氢化偶氮化合物。反应也可以电解完成。

OS Ⅲ, 103.

19.2.2.8 有机底物既被氧化又被还原

属于这一类型的某些反应已经在前几章讨论过，其中有：Tollens 缩合（16-43）、偶苯酰-二苯乙醇酸重排（18-6）和 Wallach 重排（18-43）。

19-81 Cannizzaro 反应

Cannizzaro 醛歧化反应

$$2\ ArCHO \xrightarrow{NaOH} ArCH_2OH + ArCOO^-$$

芳醛或没有 α-氢的脂肪醛用 NaOH 或其它强碱处理时发生 Cannizzaro 反应[1725]。用三乙胺和 $MgBr_2$ 可发生室温 Cannizzaro 反应[1726]。反应可以用有机碱介导[1727]。反应中，一分子醛将另一分子醛氧化成羧酸而自身则被还原成一级醇。有 α-氢的醛不发生此反应，因为当它们与碱作用时，更容易发生羟醛反应（16-34）[1728]。通常酸或醇的最好产率为各占 50%，但这在某些情况下可以被改变。可以进行无溶剂的反应[1729]。另一方面，在甲醛存在下，几乎与任何醛反应时都能获得较高产率的醇[1730]。此时甲醛将醛还原成醇而自身被氧化成甲酸。像这类作为氧化剂的醛和作为还原剂的醛不同的反应被称为交叉的 Cannizzaro 反应[1731]。Tollens 缩合（反应 16-43）中交叉的 Cannizzaro 反应就是它的最后一步。在铑催化剂存在下，1,4-二醛发生 Cannizzaro 反应（注意此处存在 α-氢）得到闭环产物，如[1732]：

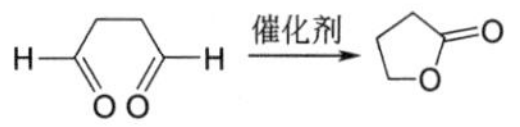

反应产物是得自正常 Cannizzaro 反应生成的羟基酸的内酯。反应中可以使用手性添加剂，但使用双噁唑烷衍生物时反应的对映选择性很差[1733]。

α-羰基醛可发生分子内的 Cannizzaro 反应[1734]：

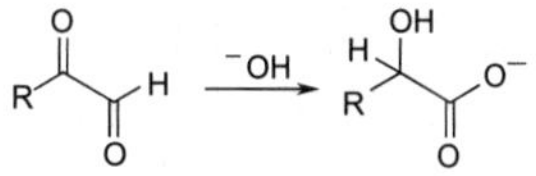

通过 $RCOCHX_2$ 类化合物的碱性水解，也能获得此产物。α-羰基缩醛[1735]和 γ-酮醛也能发生类似的反应。

Cannizzaro 反应[1737]的机理[1736]涉及了负氢离子的转移（第 2 类反应机理的一个例子，参见 19.1 节）。首先 HO^- 加到 C=O 上得到 **46**，**46** 在碱性溶液中失去一个质子得到双负离子 **47**：

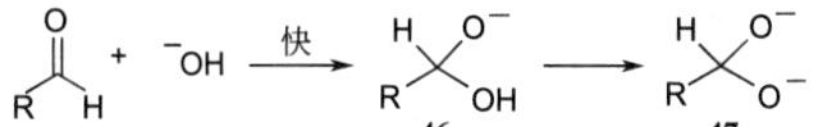

O^- 强给电子的特性使醛上的氢带着它的电子对离去能力大大增强，这种作用在 **49** 中更强了。负氢离子离去后，它就进攻另一分子醛，该负氢离子可来自于 **48** 或 **49**：

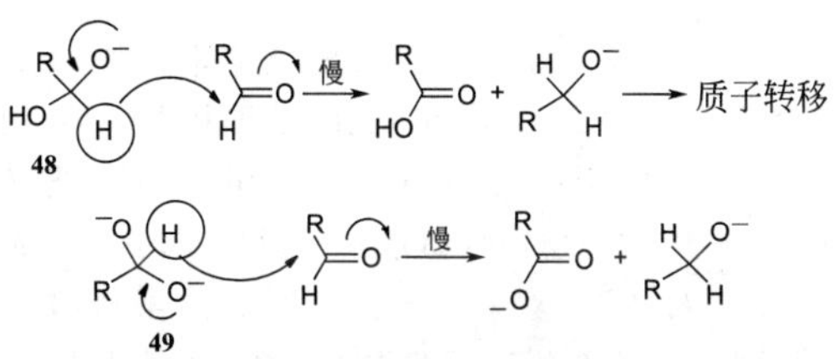

若负氢离子来自 **48**，那么最后一步就是质子的快速转移。另一种情况下，直接形成羧酸盐，烷氧基从溶剂中获得质子。此机理的证据是：①反应对碱是一级的，对底物则是二级（通过 **48** 进行），或在较高的碱浓度下，对于底物和碱都是二级的(通过 **49** 进行);②当反应在 D_2O 中进行时,还原得到的醇不含 α-氘[1738],说明氢来自另一分子醛而非介质[1739]。

OS Ⅰ,276;Ⅱ,590;Ⅲ,538;Ⅳ,110。

19-82 Tishchenko 反应

Tishchenko 醛-酯-歧化

$$2\ ArCHO \xrightarrow{Al(OEt)_3} ArCOOCH_2Ar$$

含有或不含有 α-氢的醛用乙醇铝处理时,一分子醛被氧化,另一分子被还原,该反应与 **19-81** 类似,但此反应中它们形成的是酯。此过程被称为 Tishchenko 反应[1740]。也可以发生交叉的 Tishchenko 反应。在碱性更强的烷氧化物,如烷氧基镁或烷氧基钠的作用下,带有 α-氢的醛则发生羟醛缩合反应。二醛,如邻苯二甲醛,与 CaO 反应可生成内酯[1741]。类似于反应 **19-81**,此反应的机理涉及负氢离子的转移[1742]。Tishchenko 反应也可以被下列物质催化[1743]:Ru 配合物[1744]、有机铜[1745]、碱土金属氨基化合物[1746]或 Cp_2ZrH_2[1747]。对于芳香醛,还可以用四羰基铁二钠 $[Na_2Fe(CO)_4]$ 催化[1748]。CaO 和 SrO 都可用作此反应的催化剂[1749]。二(苯亚甲基二氧)二铝催化剂已被用于将脂肪族醛转化为相应的酯[1750]。儿茶酚的双 $Al(Oi-Pr)_2$ 衍生物也已被用作该反应的催化剂[1751]。

据报道,β-羟基酮与醛在 $AlMe_3$ 催化下可发生 Tishchenko-羟醛缩合转换反应(Tishchenko-aldol transfer reaction),生成单酰基二醇[1752]。

OS Ⅰ,104。

19-83 Pummerer 重排[1753]

Pummerer 甲基亚砜重排

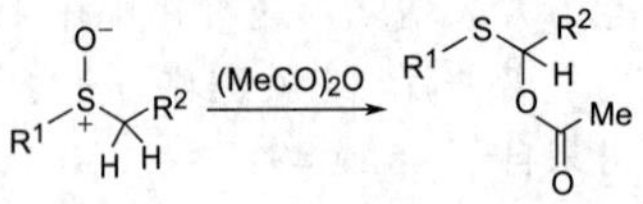

带有 α-氢的亚砜与乙酸酐反应,产物为 α-酰氧基硫化物。此为 Pummerer 重排的一个例子[1754],反应中硫被还原,同时相邻的碳被氧化[1755]。反应产物很容易水解(反应 **10-6**)生成醛 R_2CHO[1756]。除了乙酸酐,其它酸酐或酰卤也得到相似的产物。无机酸如 HCl 也能完成此反应,此时 $RSOCH_2R'$ 转变为 $RSCHClR'$。亚砜也可以被其它试剂转变成 α-卤代硫化物[1757],这些试剂包括磺酰氯、NBS 和 NCS。对映选择性的 Pummerer 重排反应也已实现[1758]。无催化剂的热重排也已有报道[1759]。

在 DMSO 中用乙酸酐反应的可能机理[1760]由以下四步反应组成:

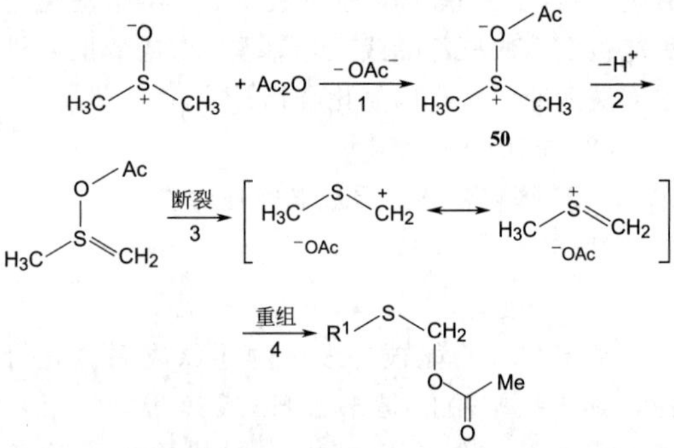

对 DMSO 和乙酸酐,步骤 4 是分子间反应,用 ^{18}O 同位素标记可得到证明[1761]。但对于其它底物,步骤 4 可以是分子内或分子间的,具体哪一种反应方式取决于亚砜的结构[1762]。根据底物和反应试剂的不同,前三步的任意一步都可能是决速步。对于 Me_2SO 与 $(F_3CCO)_2O$ 反应的情况,相应的中间体 **50**[1763]可以在室温下分离出,然后加热,可以得到期望的产物[1764]。关于此机理,还有其它许多证据[1765]。

硅 Pummerer 重排反应(sila-Pummerer rearrangement)已有报道[1766]。

19-84 Willgerodt 反应

Willgerodt 羰基转换

$$ArCOCH_3 \xrightarrow{(NH_4)_2S_x} ArCH_2CONH_2 + ArCH_2COO^- NH_4^+$$

在 Willgerodt 反应中,直链或支链的芳基烷基酮在与多硫化铵共热的条件下转变成酰胺和/或羧酸的铵盐[1767]。产物的羰基总是在链端。于是 $ArCOCH_2CH_3$ 反应生成酰胺和 $ArCH_2CH_2COOH$ 的盐;$ArCOCH_2CH_3$ 产生 $ArCH_2CH_2CH_2COOH$ 的衍生物。然而,产率随着链的增长而急剧下降。在乙烯基和乙炔基芳香化合物以及脂肪酮上也可发生反应,但产率通常较低。与反应 **19-83** 不同的是,Pummerer 重排包含了氧从硫到碳的转移,Willgerodt 反应涉及氧的迁移以及有机化合物的氧化。用硫和一种干燥的一级或二级胺(或氨)作为试剂的反应被称为 Kindler 改进的 Willgerodt 反应[1768]。这种情况下反应的产物是 $Ar(CH_2)_nCSNR_2$[1769],它能水解成酸。当用吗啉作为胺时,可以得到非常满意的结果。对挥发性的胺可以用其盐酸盐代替,与 NaOAc 在 DMF 中于 100℃ 下反应[1770]。二甲基胺也常常以二甲基氨基甲酸二甲基铵盐（$Me_2NCOOMe_2NH_2^+$）的形式来使用[1771]。Kindler 改进的方法也可用于脂肪族酮[1772]。由酮通过碱催化的反应可以制备硫代酰胺[1773]。

烷基芳基酮可以通过完全不同的途径转变为芳乙酸衍生物。反应用硝酸银和 I_2 或 Br_2[1774] 处理底物。

$$Ar-CO-R \xrightarrow[I_2或Br_2]{AgNO_3} H-C(R)(Ar)-COOMe \quad R=H,Me,Et$$

Willgerodt 反应的机理还不完全清楚，但一些假设的机理可被事实排除。例如，有一种假设是烷基与苯环完全分开，然后烷基用另一端进攻苯环。这种假设被以下实验事实所否定：如异丁基苯基酮（**51**）发生 Willgerodt 反应时，产物是 **52** 而不是 **53**。如果是酮的末端碳连在环上，则便会产生 **53**[1775]：

$$Ph-CH_2-CH(CH_3)-CONH_2 \; (52) \;\leftarrow\; Ph-CO-CH_2-CH_3 \; (51) \;\not\to\; Ph-CH(CH_3)-CH_2-CONH_2 \; (53)$$

此事实也排除了一种与 Claisen 重排（反应 **18-33**）类似的环状中间体机理。另一个重要的事实是，反应对含一个支链的化合物（如 **52**）来说是很成功的。但对含两个支链的化合物却不行，如 $PhCOCMe_3$[1775]。还有一个证据是，沿着该链发生氧化的那些化合物产生相同的产物，例如：$PhCOCH_2CH_3$、$PhCH_2COCH_3$ 和 $PhCH_2CH_2CHO$ 反应都得到 $PhCH_2CH_2CONH_2$[1776]。所有这些事实都指出，反应机理包括沿着该链进行连续不断的氧化和还原，但是还不能肯定这些过程是怎么发生的。最初还原成烃的假设也可以被排除，因为烷基苯不发生反应。在某些情况下，可从一级和二级胺中分别分离出亚胺[1777] 和烯胺[1778]，而且已经知道它们给出正常的产物，因此可以认为它们可能是反应的中间体。

参 考 文 献

[1] For more extensive tables, see Soloveichik, S.; Krakauer, H. *J. Chem. Educ.* **1966**, 43, 532.

[2] See Bamford, C. H.; Tipper, C. F. H. *Comprehensive Chemical Kinetics*, Vol. 16, Elsevier, NY, **1980**; *Oxidation in Organic Chemistry*, Academic Press, NY, pt. A [Wiberg, K. B.], **1965**, pts. B, C, and D [Trahanovsky, W. S.], **1973**, **1978**, **1982**; Waters, W. A. *Mechanisms of Oxidation of Organic Compounds*, Wiley, NY, **1964**; Stewart, R. *Oxidation Mechanisms*; W. A. Benjamin, NY, **1964**. For a review, see Stewart, R. *Isot. Org. Chem.* **1976**, 2, 271.

[3] Wiberg, K. B. *Surv. Prog. Chem.* **1963**, 1, 211.

[4] See Eberson, L. *Electron Transfer Reactions in Organic Chemistry*; Springer, NY, **1987**; Eberson, L. *Adv. Phys. Org. Chem.* **1982**, 18, 79; Deuchert, K.; Hünig, S. *Angew. Chem. Int. Ed.* **1978**, 17, 875.

[5] Littler, J. S.; Sayce, I. G. *J. Chem. Soc.* **1964**, 2545.

[6] See Mihailovic, M. Lj.; Cekovic, Z. in Patai, S. *The Chemistry of the Hydroxyl Group*, pt. 1, Wiley, NY, **1971**, pp. 505-592.

[7] For a review, see Watt, C. I. F. *Adv. Phys. Org. Chem.* **1988**, 24, 57.

[8] See Nenitzescu, C. D. in Olah, G. A.; Schleyer, P. v. R. *Carbonium Ions*, Vol. 2, Wiley, NY, **1970**, pp. 463-520.

[9] See Hudlicky, M. *J. Chem. Educ.* **1977**, 54, 100.

[10] See Mijs, W. J.; de Jonge, C. R. J. I. *Organic Synthesis by Oxidation with Metal Compounds*, Plenum, NY, **1986**; Cainelli, G.; Cardillo, G. *Chromium Oxidations in Organic Chemistry*, Springer, NY, **1984**; Arndt, D. *Manganese Compounds as Oxidizing Agents in Organic Chemistry*, Open Court Publishing Company, La Salle, IL, **1981**; Lee, D. G. *The Oxidation of Organic Compounds by Permanganate Ion and Hexavalent Chromium*; Open Court Publishing Company: La Salle, IL, **1980**. For some reviews, see Curci, R. *Adv. Oxygenated Processes* **1990**, 2, 1(dioxiranes); Adam, W.; Curci, R.; Edwards, J. O. *Acc. Chem. Res.* **1989**, 22, 205 (dioxiranes); Murray, R. W. *Chem. Rev.* **1989**, 89, 1187(dioxiranes); Ley, S. V. in Liotta, D. C. *Organoselenium Chemistry*, Wiley, NY, **1987**, pp. 163-206 (seleninic anhydrides and acids); Fatiadi, A. J. *Synthesis* **1987**, 85 ($KMnO_4$); Rubottom, G. M. in Trahanovsky, W. S. *Oxidation in Organic Chemistry*, pt. D, Academic Press, NY, **1982**, pp. 1-145 (lead tetraacetate); Fatiadi, A. J. in Pizey, J. S. *Synthetic Reagents*, Vol. 4, Wiley, NY, **1981**, pp. 147-335; *Synthesis* **1974**, 229 (HIO_4); Fatiadi, A. J. *Synthesis* **1976**, 65, 133 (MnO_2); Pizey, J. S. *Synthetic Reagents*, Vol. 2, Wiley, NY, **1974**, pp. 143-174 (MnO_2); George, M. V.; Balachandran, K. S. *Chem. Rev.* **1975**, 75, 491 (nickel peroxide); Courtney, J. L.; Swansborough, K. F. *Rev. Pure Appl. Chem.* **1972**, 22, 47 (ruthenium tetroxide); Ho, T. L. *Synthesis* **1973**, 347 (ceric ion); Aylward, J. B. *Q. Rev. Chem. Soc.* **1971**, 25, 407 (lead tetraacetate); Sklarz, B. *Q. Rev. Chem. Soc.* **1967**, 21, 3 (HIO_4); Korshunov, S. P.; Vereshchagin, L. I. *Russ. Chem. Rev.* **1966**, 35, 942 (MnO_2);. For reviews of the behavior of certain reducing agents, see Keefer, L. K.; Lunn, G. *Chem. Rev.* **1989**, 89, 459 (Ni-Al alloy); Málek, J. *Org. React.* **1988**, 36, 249; **1985**, 34, 1-317 (metal alkoxyaluminum hydrides); Caubère, P. *Angew. Chem. Int. Ed.* **1983**, 22, 599 (modified sodium hydride); Nagai, Y. *Org. Prep. Proced. Int.* **1980**, 12, 13 (hydrosilanes); Pizey, J. S. *Synthetic Reagents*, Vol. 1, Wiley, NY, **1974**, pp. 101-294 ($LiAlH_4$); Winterfeldt, E. *Synthesis* **1975**, 617 (diisobutylaluminum hydride and triisobutylaluminum); Hückel, W. *Fortschr. Chem. Forsch.* **1966**, 6, 197 (metals in ammonia or amines). See also Ref. 9.

[11] For books on oxidation reactions, see Hudlicky, M. *Oxidations in Organic Chemistry*, American Chemical Society, Washington,

1990; Haines, A. H. *Methods for the Oxidation of Organic Compounds*, 2 vols., AcademicPress, NY, ***1985***, ***1988*** [The first volume pertains to hydrocarbon substrates; the second mostly to oxygen- andnitrogen-containing substrates]; Chinn, L. J. *Selection of Oxidants in Synthesis*, Marcel Dekker, NY, ***1971***; Augustine, R. L.; Trecker, D. J. *Oxidation*, 2 Vols., Marcel Dekker, NY, ***1969***, 1971.

[12] See Haines, A. H. *Methods for the Oxidation of Organic Compounds*, Academic Press, NY, ***1985***, pp. 16-22,217-222; Fu, P. P.; Harvey, R. G. *Chem. Rev.* ***1978***, 78, 317; Valenta, Z. in Bentley, K. W.; Kirby, G. W. *Elucidationof Chemical Structures by Physical and Chemical Methods* (Vol. 4 of Weissberger, A. *Techniques of Chemistry*), 2nd ed., pt. 2, Wiley, NY, ***1973***, pp. 1-76; House, H. O. *Modern Synthetic Reactions*, 2nd ed., W. A. Benjamin, NY, ***1972***, pp. 34-44.

[13] See Rylander, P. N. *Organic Synthesis with Noble Metal Catalysts*, Academic Press, NY, ***1973***, pp. 1-59.

[14] See Cossy, J.; Belotti, D. *Org. Lett.* ***2002***, 4, 2557. See Cho, C. S.; Patel, D. B.; Shim, S. C. *Tetrahedron* ***2005***, 61,9490.

[15] Bercaw, J. E.; Hazari, N.; Labinger, J. A. *J. Org. Chem.* ***2008***, 73, 8654.

[16] See Tsai, M.; Friend, C. M.; Muetterties, E. L. *J. Am. Chem. Soc.* ***1982***, 104, 2539. See also, Augustine, R. L.; Thompson, M. M. *J. Org. Chem.* ***1987***, 52, 1911.

[17] Land, D. P.; Pettiette-Hall, C. L.; McIver Jr., R. T.; Hemminger, J. C. *J. Am. Chem. Soc.* ***1989***, 111, 5970.

[18] Srinivas, G.; Periasamy, M. *Tetrahedron Lett.* ***2002***, 43, 2785.

[19] Marshall, J. L.; Miiller, D. E.; Ihrig, A. M. *Tetrahedron Lett.* ***1973***, 3491.

[20] Nakamichi, N.; Kawabata, H.; Hiyashi, M. *J. Org. Chem.* ***2003***, 68, 8272.

[21] Silverwood, H. A.; Orchin, M. *J. Org. Chem.* ***1962***, 27, 3401.

[22] Becker, H.; Turner, A. B. in Patai, S.; Rappoport, Z. *The Chemistry of the Quinonoid Compounds*, Vol. 2, pt. 2, Wiley, NY, ***1988***, pp. 1351-1384; Becker, H. in Patai, S. *The Chemistry of the Quinonoid Compounds*, Vol. 1, pt. 1, Wiley, NY, ***1974***, pp. 335-423.

[23] See Turner, A. B. in Pizey, J. S. *Synthetic Reagents*, Vol. 3, Wiley, NY, ***1977***, pp. 193-225; Walker, D.; Hiebert, J. D. *Chem. Rev.* ***1967***, 67, 153.

[24] Trost, B. M. *J. Am. Chem. Soc.* ***1967***, 89, 1847. See also, Radtke, R.; Hintze, H.; Rösler, K.; Heesing, A. *Chem. Ber.* ***1990***, 123, 627; Höfler, C.; Rüchardt, C. *Liebigs Ann. Chem.* ***1996***, 183. See also Ref. 22.

[25] For a list of reagents, with references, see Larock, R. C. *Comprehensive Organic Transformations*, 2nd ed., Wiley-VCH, NY, ***1999***, pp. 187-191.

[26] See Leffingwell, J. C.; Bluhm, H. J. *Chem. Commun.* ***1969***, 1151.

[27] Tanaka, H.; Ikeno, T.; Yamada, T. *Synlett* ***2003***, 576.

[28] Varma, R. S.; Kumar, D. *Tetrahedron Lett.* ***1998***, 39, 9113.

[29] Damavandi, J. A.; Zolfigol, M. A.; Karami, B. *Synth. Commun.* ***2001***, 31, 3183.

[30] Zolfigol, M. A.; Kiany-Borazjani, M.; Sadeghi, M. M.; Mohammadpoor-Baltork, I.; Memarian, H. R. *Synth. Comm.* ***2000***, 30, 551.

[31] Memarian, H. R.; Sadeghi, M. M.; Momeni, A. R. *Synth. Commun.* ***2001***, 31, 2241.

[32] Lu, J.; Bai, Y.; Wang, Z.; Yang, B. Q.; Li, W. *Synth. Commun.* ***2001***, 31, 2625.

[33] Cai, X.-h.; Yang, H.-j.; Zhang, G.-l. *Can. J. Chem.* ***2005***, 83, 273.

[34] Heravi, M. M.; Behbahani, F. K.; Oskooie, H. A.; Shoar, R. H. *Tetrahedron Lett.* ***2005***, 46, 2775.

[35] DeKimpe, N.; Keppens, M.; Fonck, G. *Chem. Commun.* ***1996***, 635.

[36] Bigdeli, M. A.; Rahmati, A.; Abbasi-Ghadim, H.; Mahdavinia, G. H. *Tetrahedron Lett.* ***2007***, 48, 4575.

[37] Locatelli, F.; Candy, J.-P.; Didillon, B.; Niccolai, G. P.; Uzio, D.; Basset, J.-M. *J. Am. Chem. Soc.* ***2001***, 123, 1658.

[38] Göttker-Schnetmann, I.; White, P.; Brookhart, M. *J. Am. Chem. Soc.* ***2004***, 126, 1804.

[39] Takai, K.; Kokumai, R.; Toshikawa, S. *Synlett* ***2002***, 1164.

[40] See Haines, A. J. *Methods for the Oxidation of Organic Compounds*, Vol. 1, Academic Press, NY, ***1985***, pp. 6-16, 206-216. For lists of examples, with references, see Larock, R. C. *Comprehensive Organic Transformations*, 2nd ed., Wiley-VCH, NY, ***1999***, pp. 251-256.

[41] See Leonard, N. J.; Musker, W. K. *J. Am. Chem. Soc.* ***1959***, 81, 5631; ***1960***, 82, 5148.

[42] See Haynes, L. W.; Cook, A. G. in Cook, A. G. *Enamines*, 2nd ed. Marcel Dekker, NY, ***1988***, pp. 103-163; Lee, D. G. in Augustine, R. L.; Trecker, D. J. *Oxidation*, Vol. 1, Marcel Dekker, NY, ***1969***, pp. 102-107.

[43] Bolig, A. D.; Brookhart, M. *J. Am. Chem. Soc.* ***2007***, 129, 14544.

[44] Zhang, X.; Fried, A.; Knapp, S.; Goldman, A. S. *Chem. Commun.* ***2003***, 2060.

[45] See Back, T. G. in Patai, S. *The Chemistry of Organic Selenium and Tellurium Compounds*, pt. 2, Wiley, NY, ***1987***, pp. 91-213, 110-114; Jerussi, R. A. *Sel. Org. Transform.* ***1970***, 1, 301, see pp. 315-321.

[46] Bernstein, S.; Littell, R. *J. Am. Chem. Soc.* ***1960***, 82, 1235.

[47] See Barnes, C. S.; Barton, D. H. R. *J. Chem. Soc.* ***1953***, 1419.

[48] Tokunaga, M.; Harada, S.; Iwasawa, T.; Obora, Y.; Tsuji, Y. *Tetrahedron Lett.* ***2007***, 48, 6860. For a review, seeMuzart, J. *Eur. J. Org. Chem.* ***2010***, 3779.

[49] See Mukaiyama, T.; Ohshima, M.; Nakatsuka, T. *Chem. Lett.* ***1983***, 1207. See also, Heck, R. F. *PalladiumReagents in Organic Synthesis*, Academic Press, NY, ***1985***, pp. 103-110.

[50] Cardinale, G.; Laan, J. A. M.; Russell, S. W.; Ward, J. P. *Recl. Trav. Chim. Pays-Bas* ***1982***, 101, 199.

[51] Barton, D. H. R.; Hui, R. A. H. F.; Ley, S. V.; Williams, D. J. *J. Chem. Soc. Perkin Trans. 1* ***1982***, 1919; Barton, D. H. R.; Godfrey, C. R. A.; Morzycki, J. W.; Motherwell, W. B.; Ley, S. V. *J. Chem. Soc. Perkin Trans. 1* ***1982***, 1947.

[52] Jung, M. E.; Pan, Y.; Rathke, M. W.; Sullivan, D. F.; Woodbury, R. P. *J. Org. Chem.* ***1977***, 42, 3961.

[53] Ryu, I.; Murai, S.; Hatayama, Y.; Sonoda, N. *Tetrahedron Lett.* ***1978***, 3455. Also see Tsuji, J.; Minami, I.; Shimizu, I. *Tet-*

rahedron Lett. **1983**, 24, 5635, 5639.

[54] Evans, P. A.; Longmire, J. M.; Modi, D. P. *Tetrahedron Lett.* **1995**, 36, 3985.

[55] Larock, R. C.; Hightower, T. R.; Kraus, G. A.; Hahn, P.; Zheng, O. *Tetrahedron Lett.* **1995**, 36, 2423.

[56] See Maguire, J. A.; Boese, W. T.; Goldman, A. S. *J. Am. Chem. Soc.* **1989**, 111, 7088; Sakakura, T.; Ishida, K.; Tanaka, M. *Chem. Lett.* **1990**, 585, and references cited therein.

[57] See Breslow, R. *Chemtracts: Org. Chem.* **1988**, 1, 333; *Acc. Chem. Res.* **1980**, 13, 170; *Isr. J. Chem.* **1979**, 18, 187; *Chem. Soc. Rev.* **1972**, 1, 553.

[58] Baldwin, J. E.; Bhatnagar, A. K.; Harper, R. W. *Chem. Commun.* **1970**, 659.

[59] See Czekay, G.; Drewello, T.; Schwarz, H. *J. Am. Chem. Soc.* **1989**, 111, 4561. See also, Bégué, J. *J. Org. Chem.* **1982**, 47, 4268; Nagata, R.; Saito, I. *Synlett* **1990**, 291; Breslow, R.; Brandl, M.; Hunger, J.; Adams, A. D. *J. Am. Chem. Soc.* **1987**, 109, 3799; Batr, R.; Breslow, R. *Tetrahedron Lett.* **1989**, 30, 535; Orito, K.; Ohto, M.; Suginome, H. *J. Chem. Soc. Chem. Commun.* **1990**, 1076.

[60] Akiyama, S.; Nakatsuji, S.; Nomura, K.; Matsuda, K.; Nakashima, K. *J. Chem. Soc. Chem. Commun.* **1991**, 948.

[61] Tilstam, U.; Harre, M.; Heckrodt, T.; Weinmann, H. *Tetrahedron Lett.* **2001**, 42, 5385.

[62] Paquette, L. A.; Doherty, A. M. *Polyquinane Chemistry*, Springer, NY, **1987**. See in Olah, G. A. *Cage Hydrocarbons*, Wiley, NY, **1990**, the reviews by Paquette, L. A. pp. 313-352, and by Fessner, W.; Prinzbach, H. pp. 353-405; Paquette, L. A. *Chem. Rev.* **1989**, 89, 1051; in Lindberg, T. *Strategies and Tactics in Organic Synthesis*, Academic Press, NY, **1984**, pp. 175-200.

[63] Hudlicky, M. *Oxidations in Organic Chemistry*, American Chemical Society, Washington, DC, **1990**, pp. 114-126, 132-149; Haines, A. M. *Methods for the Oxidation of Organic Compounds*, Vol. 2, Academic Press, NY, **1988**, pp. 5-148, 326-390; Müller, P. in Patai, S. *The Chemistry of Functional Groups*, *Supplement E*, Wiley, NY, **1980**, pp. 469-538. For a list of reagents, with references, see Larock, R. C. *Comprehensive Organic Transformations*, 2nd ed., Wiley-VCH, NY, **1999**, pp. 1234-1250.

[64] See Lee, D. G. in Augustine, R. L.; Trecker, D. J. *Oxidation*, Vol. 2, Marcel Dekker, NY, **1971**, pp. 56-81; House, H. O. *Modern Synthetic Reactions*, 2nd ed., W. A. Benjamin, NY, **1972**, pp. 257-273.

[65] See Cainelli, G.; Cardillo, G. *Chromium Oxidations in Organic Chemistry*, Open Court Pub. Co., La Salle, IL, **1981**, pp. 118-216; Fieser, L. F.; Fieser, M. *Reagents for Organic Synthesis* Vol. 1, Wiley, NY, **1967**, pp. 142-147, 1059-1064, and subsequent volumes in this series.

[66] Bowers, A.; Halsall, T. G.; Jones, E. R. H.; Lemin, A. J. *J. Chem. Soc.* **1953**, 2548. Also see, Ali, M. H.; Wiggin, C. J. *Synth. Commun.* **2001**, 31, 1389; Ali, M. H.; Wiggin, C. J. *Synth. Commun.* **2001**, 31, 3383.

[67] See Djerassi, C.; Hart, P. A.; Warawa, E. J. *J. Am. Chem. Soc.* **1964**, 86, 78.

[68] Lou, J.-D.; Gao, C.-L.; Ma, Y.-C.; Huang, L.-H.; Li, L. *Tetrahedron Lett.* **2006**, 47, 311.

[69] Lou, J.-D.; Xu, Z.-N. *Tetrahedron Lett.* **2002**, 43, 6095.

[70] González-Núñez, M. E.; Mello, R.; Olmos, A.; Acerete, R.; Asensio, G. *J. Org. Chem.* **2006**, 71, 1039.

[71] Moiseenkov, A. M.; Cheskis, B. A.; Veselovskii, A. B.; Veselovskii, V. V.; Romanovich, A. Ya.; Chizhov, B. A. *J. Org. Chem. USSR* **1987**, 23, 1646.

[72] Singh, J.; Sharma, M.; Chhibber, M.; Kaur, J.; Kad, G. L. *Synth. Commun.* **2000**, 30, 3941. Also see Heravi, M. M.; Ajami, D.; Tabar-Hydar, K. *Synth. Commun.* **1999**, 29, 163; Mirza-Ayhayan, M.; Heravi, M. M. *Synth. Commun.* **1999**, 29, 785

[73] For a review, see Patel, S.; Mishra, B. K. *Tetrahedron* **2007**, 63, 4367.

[74] Xu, L.; Trudell, M. L. *Tetrahedron Lett.* **2003**, 44, 2553.

[75] Harding, K. E.; May, L. M.; Dick, K. F. *J. Org. Chem.* **1975**, 40, 1664.

[76] Though ketones are much less susceptible to further oxidation than aldehydes, such oxidation is possible (*19-8*), and care must be taken to avoid it, usually by controlling the temperature and/or the oxidizing agent.

[77] Fernandes, R. A.; Kumar, P. *Tetrahedron Lett.* **2003**, 44, 1275.

[78] Also see Nishiguchi, T.; Asano, F. *J. Org. Chem.* **1989**, 54, 1531; Larock, R. C. *Comprehensive Organic Transformations*, 2nd ed., Wiley-VCH, NY, **1999**, pp. 1234-1250.

[79] See Warrener, R. N.; Lee, T. S.; Russell, R. A.; Paddon-Row, M. N. *Aust. J. Chem.* **1978**, 31, 1113.

[80] Collins, J. C.; Hess, W. W. *Org. Synth.* VI, 644; Sharpless, K. B.; Akashi, K. *J. Am. Chem. Soc.* **1975**, 97, 5927.

[81] Corey, E. J.; Suggs, J. W. *Tetrahedron Lett.* **1975**, 2647. See Luzzio, F. A.; Guziec, Jr., F. S. *Org. Prep. Proced. Int.* **1988**, 20, 533; Piancatelli, G.; Scettri, A.; D'Auria, M. *Synthesis* **1982**, 245; Agarwal, S.; Tiwari, H. P.; Sharma, J. P. *Tetrahedron* **1990**, 46, 4417; Salehi, P.; Firouzabadi, H.; Farrokhi, A.; Gholizadeh, M. *Synthesis* **2001**, 2273.

[82] See Czernecki, S.; Georgoulis, C.; Stevens, C. L.; Vijayakumaran, K. *Tetrahedron Lett.* **1985**, 26, 1699.

[83] See Ren, S.-K.; Wang, F.; Dou, H.-N.; Fan, C.-A.; He, L.; Song, Z.-L.; Xia, W.-J.; Li, D-R.; Jia, Y.-X.; Li, X.; Tu, Y.-Q. *Synthesis* **2001**, 2384.

[84] Hajipour, A. R.; Mallakpour, S. E.; Khoee, S. *Synlett* **2000**, 740.

[85] Khodaei, M. M.; Salehi, P.; Goodarzi, M. *Synth. Commun.* **2001**, 31, 1253.

[86] Rajkumar, G. A.; Arabindoo, B.; Murugesan, V. *Synth. Commun.* **1999**, 29, 2105.

[87] Hajipour, A. R.; Mallakpour, S. E.; Backnejad, H. *Synth. Commun.* **2000**, 30, 3855.

[88] For a review, see McKillop, A.; Young, D. W. *Synthesis* **1979**, 401. See also, Shirini, F.; Dabiri, M.; Dezyani, S.; Jalili, F. *Russ. J. Org. Chem.* **2005**, 41, 390.

[89] Cainelli, G.; Cardillo, G.; Orena, M.; Sandri, S. *J. Am. Chem. Soc.* **1976**, 98, 6737; Santaniello, E.; Ponti, F.; Manzocchi, A. *Synthesis* **1978**, 534. See also, San Filippo, Jr., J.; Chern, C. *J. Org. Chem.* **1977**, 42, 2182.

[90] Srinivasan, R.; Balasubramanian, K. *Synth. Commun.* **2000**, 30, 4397.

[91] Hajipour, A. R.; Safaei, S.; Ruoho, A. E. *Synth. Commun.* **2009**, 39, 3687.

[92] See Müller, P. *Chimia* **1977**, 31, 209; Wiberg, K. B. in Wiberg, K. B. *Oxidation in Organic Chemistry*, pt. A, Academic Press, NY, **1965**, pp. 142-170; Waters, W. A. *Mechanisms of Oxidation of Organic Compounds*, Wiley, NY, **1964**, pp. 49-71; Stewart, R. *Oxidation Mechanisms*, W. A. Benjamin, NY, **1964**, pp. 37-48; Sengupta, K. K.; Samanta, T.; Basu, S. N. *Tetrahedron* **1985**, 41, 205.

[93] Westheimer, F. H. *Chem. Rev.* **1949**, 45, 419, see p. 434; Holloway, F.; Cohen, M.; Westheimer, F. H. *J. Am. Chem. Soc.* **1951**, 73, 65.

[94] Kwart, H.; Nickle, J. H. *J. Am. Chem. Soc.* **1979**, 98, 2881 and cited rererences; Sengupta, K. K.; Samanta, T.; Basu, S. N. *Tetrahedron* **1986**, 42, 681. See also, Agarwal, S.; Tiwari, H. P.; Sharma, J. P. *Tetrahedron* **1990**, 46, 1963.

[95] Westheimer, F. H.; Nicolaides, N. *J. Am. Chem. Soc.* **1949**, 71, 25. Also see Wiberg, K. B.; Schäfer, H. *J. Am. Chem. Soc.* **1969**, 91, 927, 933; Lee, D. G.; Raptis, M. *Tetrahedron* **1973**, 29, 1481.

[96] Doyle, M. P.; Swedo, R. J.; Rocek, J. *J. Am. Chem. Soc.* **1973**, 95, 8352; Wiberg, K. B.; Mukherjee, S. K. *J. Am. Chem. Soc.* **1974**, 96, 1884, 6647.

[97] See Cockerill, A. F.; Harrison, R. G. in Patai, S. *The Chemistry of Functional Groups*, Supplement A pt. 1, Wiley, NY, **1977**, pp. 264-277.

[98] Barter, R. M.; Littler, J. S. *J. Chem. Soc. B* **1967**, 205. See Moodie, R. B.; Richards, S. N. *J. Chem. Soc. Perkin Trans. 2* **1986**, 1833; Ross, D. S.; Gu, C.; Hum, G. P.; Malhotra, R. *Int. J. Chem. Kinet.* **1986**, 18, 1277.

[99] Bonthrone, W.; Reid, D. H. *J. Chem. Soc.* **1959**, 2773.

[100] Walling, C.; Camaioni, D. M. *J. Org. Chem.* **1978**, 43, 3266; Clerici, A.; Minisci, F.; Ogawa, K.; Surzur, J. *Tetrahedron Lett.* **1978**, 1149; Beylerian, N. M.; Khachatrian, A. G. *J. Chem. Soc. Perkin Trans. 2* **1984**, 1937.

[101] Littler, J. S.; Waters, W. A. *J. Chem. Soc.* **1959**, 4046.

[102] Littler, J. S. *J. Chem. Soc.* **1962**, 2190.

[103] See Takemoto, T.; Yasuda, K.; Ley, S. V. *Synlett* **2001**, 1555. For oxidation in an ionic liquid, see Kumar, A.; Jain, N.; Chauhan, S. M. S. *Synth. Commun.* **2004**, 34, 2835.

[104] Kim, K. S.; Chung, S.; Cho, I. H.; Hahn, C. S. *Tetrahedron Lett.* **1989**, 30, 2559. See Lee, D. G. in Trahanovsky, W. S. *Oxidation in Organic Chemistry*, pt. D Academic Press, NY, **1982**, pp. 147-206.

[105] See Landini, D.; Montanari, F.; Rolla, F. *Synthesis* **1979**, 134; Pletcher, D.; Tait, S. J. D. *J. Chem. Soc. Perkin Trans. 2* **1979**, 788.

[106] Morris Jr., P. E.; Kiely, D. E. *J. Org. Chem.* **1987**, 52, 1149.

[107] Yamawaki, J.; Sumi, S.; Ando, T.; Hanfusa, T. *Chem. Lett.* **1983**, 379.

[108] See Noureldin, N. A.; Lee, D. G. *Tetrahedron Lett.* **1981**, 22, 4889. See also, Menger, F. M.; Lee, C. *J. Org. Chem.* **1979**, 44, 3446.

[109] Lou, J. D.; Xu, Z.-N. *Tetrahedron Lett.* **2002**, 43, 6149.

[110] Taylor, R. J. K.; Reid, M.; Foot, J.; Raw, S. A. *Acc. Chem. Res.* **2005**, 38 851. See Varma, R. S.; Saini, R. K.; Dahiya, R. *Tetrahedron Lett.* **1997**, 38, 7823.

[111] Firouzabadi, H.; Etemadi, S.; Karimi, B.; Jarrahpour, A. A. *Synth. Commun.* **1999**, 29, 4333.

[112] Pearson, A. J.; Kwak, Y. *Tetrahedron Lett.* **2005**, 46, 5417.

[113] Shaabani, A.; Karimi, A.-R. *Synth. Commun.* **2001**, 31, 759.

[114] Tajbakhsh, M.; Heravi, M. M.; Habibzadeh, S.; Ghassemzadeh, M. *J. Chem. Res. (S)* **2001**, 39.

[115] Guan, B.; Xing, D.; Cai, G.; Wan, X.; Yu, N.; Fang, Z.; Yang, L.; Shi, Z. *J. Am. Chem. Soc.* **2005**, 127, 18004.

[116] Adair, G. R. A.; Williams, J. M. J. *Tetrahedron Lett.* **2005**, 46, 8233.

[117] Griffith, W. P.; Ley, S. V. *Aldrichimica Acta* **1990**, 23, 13; Chandler, W. D.; Wang, Z.; Lee, D. G. *Can. J. Chem.* **2005**, 83, 1212.

[118] With organotrifluoroborates: Molander, G. A.; Petrillo, D. E. *J. Am. Chem. Soc.* **2006**, 128, 9634.

[119] Lenz, R.; Ley, S. V. *J. Chem. Soc. Perkin Trans. 1* **1997**, 3291.

[120] Hinzen, B.; Lenz, R.; Ley, S. V. *Synthesis* **1998**, 977. Also see Brown, D. S.; Kerr, W. J.; Lindsay, D. M.; Pike, K. G.; Ratcliffe, P. D. *Synlett* **2001**, 1257.

[121] Ley, S. V.; Ramarao, C.; Smith, M. D. *Chem. Commun.* **2001**, 2278.

[122] See Lee, D. G.; van den Engh, M. in Trahanovsky, W. S. *Oxidation in Organic Chemistry*, pt. B Academic Press, NY, **1973**, pp. 197-222.

[123] Divalentin, C.; Gandolfi, R.; Gisdakis, P.; Rösch, N. *J. Am. Chem. Soc.* **2001**, 123, 2365; Jain, S. L.; Sharma, V. B.; Sain, B. *Tetrahedron Lett.* **2004**, 45, 1233.

[124] Barrett, A. G. M.; Braddock, D. C.; McKinnell, R. M.; Waller, F. J. *Synlett* **1999**, 1489.

[125] Martin, S. E.; Garrone, A. *Tetrahedron Lett.* **2003**, 44, 549.

[126] Mehdi, H.; Bodor, A.; Lantos, D.; Horváth, I. T.; De Vos, D. E.; Binnemans, K. *J. Org. Chem.* **2007**, 72, 517.

[127] Matano, Y.; Nomura, H. *J. Am. Chem. Soc.* **2001**, 123, 6443. With tert-butylhydroperoxide, see Malik, P.; Chakraborty, D. *Synthesis* **2010**, 3736.

[128] See Schultz, M. J.; Sigman, M. S. *Tetrahedron* **2006**, 62, 8227; Lenoir, D. *Angew. Chem. Int. Ed.* **2006**, 45, 3206; Zhan, B.-Z.; Thompson, A. *Tetrahedron* **2004**, 60, 2917; Mallat, T.; Baiker, A. *Chem. Rev.* **2004**, 104, 3037; Uma, R.; Crévisy, C.; Grée, R. *Chem. Rev.* **2003**, 103, 27. Catalysts of Au: Abad, A.; Almela, C.; Corma, A.; García, H. *Tetrahedron* **2006**, 62, 6666; Li, H.; Guan, B.; Wang, W.; Xing, D.; Fang, Z.; Wan, X.; Yang, L.; Shi, Z. *Tetrahedron* **2007**, 63, 8430; Miyamura, H.; Matsubara, R.; Miyazaki, Y.; Kobayashi, S. *Angew. Chem. Int. Ed.* **2007**, 46, 4151; Abad, A.; Almela, C.; Corma, A.; García, H. *Chem. Commun.* **2006**, 3178; Kim, S.; Bae, S. W.; Lee, J. S.; Park, J. *Tetrahedron* **2009**, 65, 1461. Cu: Lipshutz, B. H.; Shimizu, H. *Angew. Chem. Int. Ed.* **2004**, 43, 2228; Jiang, N.; Ragauskas, A. J. *Org. Lett.* **2005**, 7, 3689.

Co: Jiang, N.; Ragauskas, A. J. *J. Org. Chem.* **2006**, 71, 7087. Mo: Velusamy, S.; Ahamed, M.; Punniyamurthy, T. *Org. Lett.* **2004**, 6, 4821. Pd: Nielsen, R. J.; Goddard III, W. A. *J. Am. Chem. Soc.* **2006**, 128, 9651; Steinhoff, B. A.; King, A. E.; Stahl, S. S. *J. Org. Chem.* **2006**, 71, 1861; Batt, F.; Bourcet, E.; Kassab, Y.; Fache, F. *Synlett* **2007**, 1869. Ru: Yamaguchi, K.; Mizuno, N. *Angew. Chem. Int. Ed.* **2002**, 41, 4538. V: Jiang, N.; Ragauskas, A. J. *Tetrahedron Lett.* **2007**, 48, 273.

[129] Zhan, B.-Z.; White, M. A.; Sham, T.-K.; Pincock, J. A.; Doucet, R. J.; Rao, K. V. R.; Robertson, K. N.; Cameron, T. S. *J. Am. Chem. Soc.* **2003**, 125, 2195.

[130] Heravi, M. M.; Ajami, D.; Aghapoor, K.; Ghassemzadeh, M. *Chem. Commun.* **1999**, 833.

[131] For a review, see Arterburn, J. B. *Tetrahedron* **2001**, 57, 9765.

[132] See Sakata, Y.; Ishii, Y. *J. Org. Chem.* **1991**, 56, 6233.

[133] Park, H. J.; Lee, J. C. *Synlett* **2009**, 79.

[134] Tomioka, H.; Takai, K.; Oshima, K.; Nozaki, H. *Tetrahedron Lett.* **1981**, 22, 1605.

[135] Maione, A. M.; Romeo, A. *Synthesis* **1984**, 955.

[136] Doyle, M. P.; Dow, R. L.; Bagheri, V.; Patrie, W. J. *J. Org. Chem.* **1983**, 48, 476.

[137] For a list of references, see Kulkarni, M. G.; Mathew T. S. *Tetrahedron Lett.* **1990**, 31, 4497.

[138] Nakano, T.; Terada, T.; Ishii, Y.; Ogawa, M. *Synthesis* **1986**, 774.

[139] Tymonko, S. A; Nattier, B. A.; Mohan, R. S. *Tetrahedron Lett.* **1999**, 40, 7657.

[140] Zhou, Y.-M.; Ye, X.-R.; Xin, X.-Q. *Synth. Commun.* **1999**, 29, 2229.

[141] Kirahara, M.; Ochiai, Y.; Takizawa, S.; Takahata, H.; Nemoto, H. *Chem. Commun.* **1999**, 1387. See also, Sigman, M. S.; Jensen, D. R. *Acc. Chem. Res.* **2006**, 39, 221.

[142] Onomura, O.; Arimoto, H.; Matsumura, Y.; Demizu, Y. *Tetrahedron Lett.* **2007**, 48, 8668.

[143] See Djerassi, C. *Org. React.* **1951**, 6, 207. See Ooi, T.; Miura, T.; Itagaki, Y.; Ichikawa, H.; Maruoka, K. *Synthesis* **2002**, 279; Graves, C. R.; Zeng, B.-S.; Nguyen, S. T. *J. Am. Chem. Soc.* **2006**, 128, 12596.

[144] Suzuki, T.; Morita, K.; Tsuchida, M.; Hiroi, K. *J. Org. Chem.* **2003**, 68, 1601.

[145] Ajjou, A. N. *Tetrahedron Lett.* **2001**, 42, 13.

[146] Ajjou, A. N.; Pinet, J.-L. *Can. J. Chem.* **2005**, 83, 702.

[147] Sominsky, L.; Rozental, E.; Gottlieb, H.; Gedanken, A.; Hoz, S. *J. Org. Chem.* **2004**, 69, 1492.

[148] Omura, K.; Swern, D. *Tetrahedron* **1978**, 34, 1651. See Ohsugi, S.-i.; Nishida, K.; Oono, K.; Okuyama, K.; Fudesaka, M.; Kodama, S.; Node, M. *Tetrahedron* **2003**, 59, 8393.

[149] For a mechanism study, see Giagou T.; Meyer, M. P. *J. Org. Chem.* **2010**, 75, 8088.

[150] Fang, X.; Bandarage, U. K.; Wang, T.; Schroeder, J. D.; Garvey, D. S. *J. Org. Chem.* **2001**, 66, 4019.

[151] Nishida, K.; Ohsugi, S.-i.; Fudesaka, M.; Kodama, S.; Node, M. *Tetrahedron Lett.* **2002**, 43, 5177.

[152] Crich, D.; Neelamkavil, S. *Tetrahedron* **2002**, 58, 3865.

[153] Choi, M. K. W. C.; Toy, P. H. *Tetrahedron* **2003**, 59, 7171.

[154] For a review, see Mancuso, A. J.; Swern, D. *Synthesis* **1981**, 165.

[155] Albright, J. D.; Goldman, L. *J. Am. Chem. Soc.* **1967**, 89, 2416.

[156] Parikh, J. R.; Doering, W. von E. *J. Am. Chem. Soc.* **1967**, 89, 5507.

[157] Huang, S. L.; Omura, K.; Swern, D. *Synthesis* **1978**, 297.

[158] Dubey. A.; Kandula, S. R. V.; Kumar, P. *Synth. Commun.* **2008**, 38, 746.

[159] Albright, J. D. *J. Org. Chem.* **1974**, 39, 1977.

[160] Bisai, A.; Chandrasekhar, M.; Singh, V. K. *Tetrahedron Lett.* **2002**, 43, 8355.

[161] Godfrey, A. G.; Ganem, B. *Tetrahedron Lett.* **1990**, 31, 4825.

[162] Khenkin, A. M.; Neumann, R. *J. Org. Chem.* **2002**, 67, 7075.

[163] Li, C.; Xu, Y.; Lu, M.; Zhao, Z.; Liu, L.; Zhao, Z.; Cui, Y.; Zheng, P.; Ji, X.; Gao, G. *Synlett* **2002**, 2041.

[164] The DCC is converted to dicyclohexylurea, which in some cases is difficult to separate from the product. One way to avoid this problem is to use a carbodiimide linked to an insoluble polymer: Weinshenker, N. M.; Shen, C. *Tetrahedron Lett.* **1972**, 3285.

[165] Fenselau, A. H.; Moffatt, J. G. *J. Am. Chem. Soc.* **1966**, 88, 1762; Albright, J. D.; Goldman, L. *J. Org. Chem.* **1965**, 30, 1107.

[166] Rychnovsky, S. D.; Vaidyanathan, R. *J. Org. Chem.* **1999**, 64, 310.

[167] Mn/Co: Cecchetto, A.; Fontana, F.; Minisci, F.; Recupero, F. *Tetrahedron Lett.* **2001**, 42, 6651. Mo: Ben-Daniel, R.; Alssteers, P.; Neumann, R. *J. Org. Chem.* **2001**, 66, 8650. Ru: Dijksman, A.; Marino-González, A.; Payeras, A. M.; Arends, I. W. C. E.; Sheldon, R. A. *J. Am. Chem. Soc.* **2001**, 123, 6826.

[168] Xie, Y.; Mo, W.; Xu, D.; Shen, Z.; Sun, N.; Hu, B.; Hu, X. *J. Org. Chem.* **2007**, 72, 4288.

[169] Gamez, P.; Arends, I. W. C. E.; Reedijk, J.; Sheldon, R. A. *Chem. Commun.* **2003**, 2414.

[170] Betzemeier, B.; Cavazzini, M.; Quici, S.; Knochel, P. *Tetrahedron Lett.* **2000**, 41, 4343.

[171] Liu, R.; Dong, C.; Liang, X.; Wang, X.; Hu, X. *J. Org. Chem.* **2005**, 70, 729.

[172] Fabbrini, M.; Galli, C.; Gentili, P.; Macchitella, D. *Tetrahedron Lett.* **2001**, 42, 7551.

[173] Guin, J.; Sarkar, S. D.; Grimme, S.; Studer, A. *Angew. Chem. Int. Ed.* **2008**, 47, 8727.

[174] Wang, X.; Liu, R.; Jin, Y.; Liang, X. *Chemistry: European J.* **2008**, 14, 2679. For an Fe-TEMPO system, see Wang, N.; Liu, R.; Chen, J.; Liang, X. *Chem. Commun.* **2005**, 5322.

[175] Lei, M.; Hu, R.-J.; Wang, Y.-G. *Tetrahedron* **2006**, 62, 8928.

[176] Kim, S. S.; Nehru, K. *Synlett* **2002**, 616.

[177] Bolm, C.; Fey, T. *Chem. Commun.* **1999**, 1795.

[178] Fey, T.; Fischer, H.; Bachmann, S.; Albert, K.; Bolm, C. *J. Org. Chem.* **2002**, 66, 8154.
[179] Benaglia, M.; Puglisi, A.; Holczknecht, O.; Quici, S.; Pozzi, G. *Tetrahedron* **2005**, 61, 12058. See Miao, C.-X.; He, L.-N.; Wang, J.-Q.; Gao, J. *Synlett* **2009**, 3291.
[180] Wu, X.-E.; Ma, L.; Ding, M.-X.; Gao, L.-X. *Synlett* **2005**, 607.
[181] Fall, A.; Sene, M.; Gaye, M.; Gómez, G.; Fall, Y. *Tetrahedron Lett.* **2010**, 51, 4501.
[182] Sakuratani, K.; Togo, H. *Synthesis* **2003**, 21.
[183] Ansar, I. A.; Gree, R. *Org. Lett.* **2002**, 4, 1507.
[184] Qian, W.; Jin, E.; Bao, W.; Zhang, Y. *Tetrahedron* **2006**, 62, 556.
[185] de Nooy, A. E. J.; Besemer, A. C.; van Bekkum, H. *Synthesis* **1996**, 1153; Gilhespy, M.; Lok, M.; Baucherel, X. *Chem. Commun.* **2005**, 1085.
[186] See Merbouh, N.; Bobbitt, J. M.; Brückner, C. *Org. Prep. Proceed. Int.* **2004**, 36, 1.
[187] Bailey, W. F.; Bobbitt, J. M.; Wiberg, K. B. *J. Org. Chem.* **2007**, 72, 4504.
[188] See Su, J. T.; Goddard, III, W. A. *J. Am. Chem. Soc.* **2005**, 127, 14146; Wirth, T. *Angew. Chem. Int. Ed.* **2005**, 44, 3656. See Duschek, A.; Kirsch, S. F. *Chemistry: Eur. J.* **2009**, 15, 10713.
[189] See Lin, C.-K.; Lu, T.-J. *Tetrahedron* **2010**, 66, 9688.
[190] Dess, D. B.; Martin, J. C. *J. Am. Chem. Soc.* **1991**, 113, 7277. See Frigerio, M.; Santagostino, M.; Sputore, S. *J. Org. Chem.* **1999**, 64, 4537.
[191] See Frigerio, M.; Santagostino, M. *Tetrahedron Lett.* **1994**, 35, 8019.
[192] Meyer, S. D.; Schreiber, S. L. *J. Org. Chem.* **1994**, 59, 7549. In aqueous β-cyclodextrin-acetone solution, see Surendra, K.; Krishnaveni, N. S.; Reddy, M. A.; Nageswar, Y. V. D.; Rao, K. R. *J. Org. Chem.* **2003**, 68, 2058.
[193] Gallen, M. J.; Goumont, R.; Clark, T.; Terrier, F.; Williams, C. M. *Angew. Chem. Int. Ed.* **2006**, 45, 2929.
[194] Thottumkara, A. P.; Vinod, T. K. *Tetrahedron Lett.* **2001**, 43, 569.
[195] Van Arman, S. A. *Tetrahedron Lett.* **2009**, 50, 4693.
[196] Plumb, J. B.; Harper, D. J. *Chem. Eng. News*, **1990**, July 16, p. 3. For an improved procedure, see Ireland, R. E.; Liu, L. *J. Org. Chem.* **1993**, 58, 2899.
[197] Karade, N. N.; Tiwari, G. B.; Huple, D. B. *Synlett* **2005**, 2039.
[198] Moriarty, R. M.; Prakash, O. *Accts. Chem. Res.* **1986**, 19, 244; Dohi, T.; Takenaga, N.; Fukushima, K.-i.; Uchiyama, T.; Kato, D.; Motoo, S.; Fujioka, H.; Kita, Y. *Chem. Commun.* **2010**, 7697.
[199] DeMico, A.; Margarita, R.; Parlanti, L.; Vescovi, A.; Piancatelli, G. *J. Org. Chem.* **1997**, 62, 6974.
[200] Adam, W.; Hajra, S.; Herderich, M.; Saha-Möller, C. R. *Org. Lett.* **2000**, 2, 2773.
[201] Varma, R. S.; Saini, R. K.; Dahiya, R. *J. Chem. Res. (S)* **1998**, 120.
[202] Qian, W.; Jin, E.; Bao, W.; Zhang, Y. *Angew. Chem. Int. Ed.* **2005**, 44, 952.
[203] Lee, J. C.; Lee, J. Y.; Lee, S. J. *Tetrahedron Lett.* **2004**, 45, 4939.
[204] Liu, Z.; Chen, Z.-C.; Zheng, Q.-C. *Org. Lett.* **2003**, 5, 3321; Karthikeyan, G.; Perumal, P. T. *Synlett* **2003**, 2249.
[205] Moorthy, J. N.; Singhal, N.; Venkatakrishnan, P. *Tetrahedron Lett.* **2004**, 45, 5419.
[206] Uyanik, M.; Akakura, M.; Ishihara, K. *J. Am. Chem. Soc.* **2009**, 131, 251.
[207] Muldoon, J.; Brown, S. N. *Org. Lett.* **2002**, 4, 1043.
[208] Takahashi, M.; Oshima, K.; Matsubara, S. *Tetrahedron Lett.* **2003**, 44, 9201.
[209] Meijer, R. H.; Ligthart, G. B. W. L.; Meuldijk, J.; Vekemans, J. A. J. M.; Hulshof, L. A.; Mills, A. M.; Kooijman, H.; Spek, A. L. *Tetrahedron* **2004**, 60, 1065.
[210] Krafft, M. E.; Zorc, B. *J. Org. Chem.* **1986**, 51, 5482.
[211] See Mandal, S. K.; Jensen, D. R.; Pugsley, J. S.; Sigman, M. S. *J. Org. Chem.* **2003**, 68, 4600. See also, Mandal, S. K.; Sigman, M. S. *J. Org. Chem.* **2003**, 68, 7535; Guram, A. S.; Bei, X.; Turner, H. W. *Org. Lett.* **2003**, 5, 2485. For a review, see Muzart, J. *Tetrahedron* **2003**, 59, 5789.
[212] Choudary, B. M.; Reddy, N. P.; Kantam, M. L.; Jamil, Z. *Tetrahedron Lett.* **1985**, 26, 6257.
[213] Tanaka, K.; Fu, G. C. *J. Org. Chem.* **2001**, 66, 8177.
[214] Miyata, A.; Murakami, M.; Irie, R.; Katsuki, T. *Tetrahedron Lett.* **2001**, 42, 7067; Csjernyik, G.; Ell, A. H.; Fadini, L.; Pugin, B.; Bäckvall, J.-E. *J. Org. Chem.* **2002**, 67, 1657.
[215] Maeda, Y.; Kakiuchi, N.; Matsumura, S.; Nishimura, T.; Uemura, S. *Tetrahedron Lett.* **2001**, 42, 8877.
[216] Samajdar, S.; Becker, F. F.; Banik, B. K. *Synth. Commun.* **2001**, 31, 2691.
[217] See Orbegozo, T.; de Vries, J. G.; Kroutil, W. *Eur. J. Org. Chem.* **2010**, 3445; Orbegozo, T.; Lavandera, I.; Fabian, W. M. F.; Mautner, B.; de Vries, J. G.; Kroutil, W. *Tetrahedron* **2009**, 65, 6805.
[218] See Sheldon, R. A.; Arends, I. W. C. E.; ten Brink, G.-J.; Dijksman, A. *Acc. Chem. Res.* **2002**, 35, 774.
[219] Strazzolini, P.; Runcio, A. *Eur. J. Org. Chem.* **2003**, 526.
[220] Itoh, A.; Kodama, T.; Masaki, Y. *Chem. Lett.* **2001**, 686.
[221] Khurana, J. M.; Kandpal, B. M. *Tetrahedron Lett.* **2003**, 44, 4909.
[222] Gogoi, P.; Sarmah, G. K.; Konwar, D. *J. Org. Chem.* **2004**, 69, 5153.
[223] Bacilus stearothermophilus: Fantin, G.; Fogagnolo, M.; Giovannini, P. P.; Medici, A.; Pedrini, P.; Poli, S. *Tetrahedron Lett.* **1995**, 36, 441. Chloroperoxidase: Hu, S.; Dordick, J. S. *J. Org. Chem.* **2002**, 67, 314. Gluconobaccter oxydans DSM 2343: Villa, R.; Romano, A.; Gandolfi, R.; Gargo, J. V. S.; Molinari, F. *Tetrahedron Lett.* **2002**, 43, 6059.
[224] Liu, Z.-Q.; Zhao, Y.; Luo, H.; Chai, L.; Sheng, Q. *Tetrahedron Lett.* **2007**, 48, 3017.
[225] See Deubel, D. V. *J. Org. Chem.* **2001**, 66, 3790.
[226] Baumstark, A. L.; Kovac, F.; Vasquez, P. C. *Can. J. Chem.* **1999**, 77, 308. See Angelis, Y. S.; Hatzakis, N. S.; Smonou,

I. ; Orfanopoulos, M. *Tetrahedron Lett.* **2001**, 42, 3753.
[227] D'Accolti, L. ; Fusco, C. ; Annese, C. ; Rella, M. R. ; Turteltaub, J. S. ; Williard, P. G. ; Curci, R. *J. Org. Chem.* **2004**, 69, 8510.
[228] Balicki, R. *Synth. Commun.* **2001**, 31, 2195.
[229] Liu, C. ; Han, J. ; Wang, J. *Synlett* **2007**, 643.
[230] Adam, W. ; Saha-Möller, C. R. ; Zhao, C.-G. *J. Org. Chem.* **1999**, 64, 7492.
[231] Döbler, C. ; Mehltretter, G. M. ; Sundermeier, U. ; Eckert, M. ; Militzer, H.-C. ; Beller, M. *Tetrahedron Lett.* **2001**, 42, 8447.
[232] Son, Y.-C. ; Makwana, V. D. ; Howell, A. R. ; Suib, S. L. *Angew. Chem. Int. Ed.* **2001**, 40, 4280.
[233] Hunsen, M. *Tetrahedron Lett.* **2005**, 46, 1651. See also, Zhang, S. ; Xu, L. ; Trudell, M. L. *Synthesis* **2005**, 1757.
[234] Stevens, R. V. ; Chapman, K. T. ; Weller, H. N. *J. Org. Chem.* **1980**, 45, 2030. See also, Mohrig, J. R. ; Nienhuis, D. M. ; Linck, C. F. ; van Zoeren, C. ; Fox, B. G. ; Mahaffy, P. G. *J. Chem. Educ.* **1985**, 62, 519; Xie, H. ; Zhang, S. ; Duan, H. *Tetrahedron Lett.* **2004**, 45, 2013.
[235] Ji, H.-B. ; Shi, D.-P. ; Shao, M. ; Li, Z. ; Wang, L.-F. *Tetrahedron Lett.* **2005**, 46, 2517.
[236] Mojtahedi, M. M. ; Saidi, M. R. ; Bolourtchian, M. ; Shirzi, J. S. *Monat. Chem.* **2001**, 132, 655.
[237] Sharma, V. B. ; Jain, S. L. ; Sain, B. *Synlett* **2005**, 173.
[238] Peng, K. ; Chen, F. ; She, X. ; Yang, C. ; Cui, Y. ; Pan, X. *Tetrahedron Lett.* **2005**, 46, 1217.
[239] Kuwabara, K. ; Itoh, A. *Synthesis* **2006**, 1949.
[240] Gogoi, P. ; Konwar, D. *Org. Biomol. Chem.* **2005**, 3, 3473.
[241] Shirini, F. ; Zolfigol, M. A. ; Mollarazi, E. *Synth. Commun.* **2005**, 35, 1541.
[242] Wu, S. ; Ma, H. ; Le, Z. *Tetrahedron* **2010**, 66, 8641.
[243] Friedrich, H. B. ; Khan, F. ; Singh, N. ; van Staden, M. *Synlett* **2001**, 869.
[244] Hajipour, A. R. ; Mallakpour, S. E. ; Samimi, H. A. *Synlett* **2001**, 1735.
[245] Morey, J. ; Dzielenziak, A. ; Saá, J. M. *Chem. Lett.* **1985**, 263.
[246] Karimi, B. ; Rajabi, J. *Org. Lett.* **2004**, 6, 2841.
[247] Hajipour, A. R. ; Mallakpour, S. E. ; Baltork, I. M. ; Adibi, H. *Synth. Commun.* **2001**, 31, 1625.
[248] Heravi, M. M. ; Ajami, D. ; Ghassemzadeh, M. ; Tabar-Hydar, K. *Synth. Commun.* **2001**, 31, 2097.
[249] Mohajerani, B. ; Heravi, M. M. ; Ajami, D. *Monat. Chem.* **2001**, 132, 871.
[250] Trost, B. M. ; Richardson, J. ; Yong, K. *J. Am. Chem. Soc.* **2006**, 128, 2540.
[251] Narender, M. ; Reddy, M. S. ; Rao, K. R. *Synthesis* **2004**, 1741. See Reddy, M. S. ; Narender, M. ; Nageswar, Y. V. D. ; Rao, K. R. *Synthesis* **2005**, 714.
[252] See Haines, A. H. *Methods for the Oxidation of Organic Compounds*, Vol. 2, Academic Press, NY, **1988**, pp. 305-323, 438-447; Naruta, Y. ; Maruyama, K. in Patai, S. ; Rappoport, Z. *The Chemistry of the Quinoid Compounds*, Vol. 2, pt. 1, Wiley, NY, **1988**, pp. 247-276; Thomson, R. H. in Patai, S. *The Chemistry of the Quinoiid Compounds*, Vol. 1, pt. 1, Wiley, NY, **1974**, pp. 112-132.
[253] See Cainelli, G. ; Cardillo, G. *Chromium Oxiations in Organic Chemistry*, Open Court Pub. Co. , La Salle, IL, **1981**, pp. 92-117.
[254] Kim, D. W. ; Choi, H. Y. ; Lee, K. Y. ; Chi, D. Y. *Org. Lett.* **2001**, 3, 445.
[255] Adam, W. ; Schönberger, A. *Tetrahedron Lett.* **1992**, 33, 53.
[256] See Hashemi, M. M. ; Beni, Y. A. *J. Chem. Res. (S)* **1998**, 138.
[257] Cossy, J. ; Belotti, S. *Tetrahedron Lett.* **2001**, 42, 4329.
[258] See Zimmer, H. ; Lankin, D. C. ; Horgan, S. W. *Chem. Rev.* **1971**, 71, 229.
[259] Yakura, T. ; Konishi, T. *Synlett* **2007**, 765.
[260] Zalomaeva, O. V. ; Sorokin, A. B. *New J. Chem.* **2006**, 30, 1768.
[261] Adler, E. ; Falkehag, I. ; Smith, B. *Acta Chem. Scand.* **1962**, 16, 529.
[262] This mechanism is an example of category 4 (Sec. 19.A).
[263] Bock, H. ; Jaculi, D. *Angew. Chem. Int. Ed.* **1984**, 23, 305.
[264] For an example, see Rathore, R. ; Bosch, E. ; Kochi, J. K. *Tetrahedron Lett.* **1994**, 35, 1335.
[265] Sheldon, R. A. ; Kochi, J. K. *Metal-Catalyzed Oxidations of Organic Compounds*, Academic Press, NY, **1981**, pp. 368-381; Walling, C. *Free Radicals in Solution*, Wiley, NY, **1957**, pp. 457-461.
[266] Iida, S. ; Togo, H. *Synlett* **2006**, 2633.
[267] Chiampanichayakul, S. ; Pohmakotr, M. ; Reutrakul, V. ; Jaipetch, T. ; Kuhakarn, C. *Synthesis* **2008**, 2045.
[268] Yamazaki, S. *Synth. Commun.* **1997**, 27, 3559; Jursic, B. *J. Chem. Res. (S)* **1988**, 168.
[269] Gao, S. ; Herzig, D. ; Wang, B. *Synthesis* **2001**, 544.
[270] Yamaguchi, K. ; Mizuno, N. *Angew. Chem. Int. Ed.* **2003**, 42, 1480.
[271] Capdevielle, P. ; Lavigne, A. ; Maumy, M. *Tetrahedron* **1990**, 2835; Capdevielle, P. ; Lavigne, A. ; Sparfel, D. ; Baranne-Lafont, J. ; Cuong, N. K. ; Maumy, M. *Tetrahedron Lett.* **1990**, 31, 3305.
[272] Iida, S. ; Togo, H. *Tetrahedron* **2007**, 63, 8274.
[273] Biondini, D. ; Brinchi, L. ; Germani, R. ; Goracci, L. ; Savelli, G. *Eur. J. Org. Chem.* **2005**, 3060.
[274] See Dayagi, S. ; Degani, Y. in Patai, S. *The Chemistry of the Carbon-Nitrogen Double Bond*, Wiley, NY, **1970**, pp. 117-124.
[275] See Cornejo, J. J. ; Larson, K. D. ; Mendenhall, G. D. *J. Org. Chem.* **1985**, 50, 5382; Nishinaga, A. ; Yamazaki, S. ; Matsuura, T. *Tetrahedron Lett.* **1988**, 29, 4115.
[276] Müller, P. ; Gilabert, D. M. *Tetrahedron* **1988**, 44, 7171.
[277] Keirs, D. ; Overton, K. *J. Chem. Soc. Chem. Commun.* **1987**, 1660.
[278] Murahashi, S. ; Naot, T. ; Taki, H. *J. Chem. Soc. Chem. Commun.* **1985**, 613.

[279] Wolfe, J. P. ; Ney, J. E. *Org. Lett.* **2003**, 5, 4607.
[280] Sezen, B. ; Sames, D. *J. Am. Chem. Soc.* **2004**, 126, 13244.
[281] See Larsen, J. ; Jørgensen, K. A. *J. Chem. Soc. Perkin Trans.* 2 **1992**, 1213. Also see, Yamaguchi, J. ; Takeda, T. *Chem. Lett.* **1992**, 1933; Yamazaki, S. *Chem. Lett.* **1992**, 823.
[282] Murahashi, S. ; Yoshimura, N. ; Tsumiyama, T. ; Kojima, T. *J. Am. Chem. Soc.* **1983**, 105, 5002. See also, Wilson, Jr. , R. B. ; Laine, R. M. *J. Am. Chem. Soc.* **1985**, 107, 361.
[283] Sasson, R. ; Rozen, S. *Org. Lett.* **2005**, 7, 2177.
[284] Dimroth, K. ; Tüncher, W. *Synthesis* **1977**, 339.
[285] Wang, C. -L. ; Wang, X. -X. ; Wang, X. -Y. ; Xiao, J. -P. ; Wang, Y. -L. *Synth. Commun.* **1999**, 29, 3435.
[286] Hyatt, J. A. *Tetrahedron Lett.* **1977**, 141.
[287] See Newbold, B. T. in Patai, S. *The Chemistry of the Hydrazo, Azo, and Azoxy Groups*, pt. 1, Wiley, NY, **1975**, pp. 543-557, 564-573.
[288] See Mannen, S. ; Itano, H. A. *Tetrahedron* **1973**, 29, 3497.
[289] Patel, S. ; Mishra, B. K. *Tetrahedron Lett.* **2004**, 45, 1371.
[290] For a review, see Regitz, M. ; Maas, G. *Diazo Compounds*, Academic Press, NY, **1986**, pp. 233-256.
[291] Mobbs, D. B. ; Suschitzky, H. *Tetrahedron Lett.* **1971**, 361.
[292] Fernández, R. ; Gasch, C. ; Lassaletta, J. -M. ; Llera, J. -M. ; Vázquez, J. *Tetrahedron Lett.* **1993**, 34, 141.
[293] Altamura, A. ; D'Accolti, L. ; Detomaso, A. ; Dinoi, A. ; Fiorentino, M. ; Fusco, C. ; Curci, R. *Tetrahedron Lett.* **1998**, 39, 2009.
[294] Ramalingam, T. ; Reddy, B. V. S. ; Srinivas, R. ; Yadav, J. S. *Synth. Commun.* **2000**, 30, 4507.
[295] Barman, D. C. ; Thakur, A. J. ; Prajapati, D. ; Sandhu, J. S. *Chem. Lett.* **2000**, 1196.
[296] Firouzabadi, H. ; Mostafavipoor, Z. *Bull. Chem. Soc. Jpn.* **1983**, 56, 914.
[297] Kosswig, K. *Liebigs Ann. Chem.* **1971**, 749, 206.
[298] Cicchi, S. ; Corsi, M. ; Goti, A. *J. Org. Chem.* **1999**, 64, 7243.
[299] Forcato, M. ; Nugent, W. A. ; Licini, G. *Tetrahedron Lett.* **2003**, 44, 49.
[300] See Bentley, K. W. in Bentley, K. W. ; Kirby, G. W. *Elucidation of Chemical Structures by Physical and Chemical Methods* (Vol. 4 of Weissberger, A. *Techniques of Chemistry*), 2nd ed. , pt. 2, Wiley, NY, **1973**, pp. 137-254.
[301] See Haines, A. H. *Methods for the Oxidation of Organic Compounds*, Vol. 2, Academic Press, NY, **1988**, pp. 277-301, 432-437; House, H. O. *Modern Synthetic Reactions*, 2nd ed. , W. A. Benjamin, NY, **1972**, pp. 3353-363; Perlin, A. S. in Augustine, R. L. *Oxidation*, Vol. 1, Marcel Dekker, NY, **1969**, pp. 189-212; Bunton, C. A. in Wiberg, K. B. in Wiberg, K. B. *Oxidation in Organic Chemistry*, pt. A, Academic Press, NY, **1965**, pp. 367-407. Also see Rubottom, G. M. in Trahanovsky, W. S. *Oxidation in Organic Chemistry*, pt. D Academic Press, NY, **1982**, p. 1; Aylward, J. B. *Q. Rev. Chem. Soc.* **1971**, 25, 407; Fatiadi, A. J. *Synthesis* **1976**, 65,133.
[302] Yu, W. ; Mei, Y. ; Kang, Y. ; Hua, Z. ; Jin, Z. *Org. Lett.* **2004**, 6, 3217.
[303] For a list of reagents, with references, see Larock, R. C. *Comprehensive Organic Transformations*, 2nd ed. , Wiley-VCH, NY, **1999**, pp. 1250-1255.
[304] Khurana, J. M. ; Sharma, P. ; Gogia, A. ; Kandpal, B. M. *Org. Prep. Proceed. Int.* **2007**, 39, 185.
[305] See Ohloff, G. ; Giersch, W. *Angew. Chem. Int. Ed.* **1973**, 12, 401.
[306] Takezawa, E. ; Sakaguchi, S. ; Ishii, Y. *Org. Lett.* **1999**, 1, 713.
[307] Cisneros, A. ; Fernández, S. ; Hernández, J. E. *Synth. Commun.* **1982**, 12, 833.
[308] For a list of reagents, with references, see Larock, R. C. *Comprehensive Organic Transformations*, 2nd ed. , Wiley-VCH, NY, **1999**, pp. 1650-1652.
[309] Lena, J. I. C. ; Sesenoglu, Ö. ; Birlirakis, N. ; Arseniyadis, S. *Tetrahedron Lett.* **2001**, 42, 21.
[310] Gagnon, J. L. ; Zajac Jr. , W. W. *Tetrahedron Lett.* **1995**, 36, 1803.
[311] See Ogata, Y. ; Sawaki, Y. ; Shiroyama, M. *J. Org. Chem.* **1977**, 42, 4061.
[312] Nagarkatti, J. P. ; Ashley, K. R. *Tetrahedron Lett.* **1973**, 4599.
[313] Kore, A. R. ; Sagar, A. D. ; Salunkhe, M. M. *Org. Prep. Proceed. Int.* **1995**, 27, 373.
[314] Criegee, R. ; Kraft, L. ; Rank, B. *Liebigs Ann. Chem.* **1933**, 507, 159. For reviews, see Waters, W. A. *Mechanisms of Oxidation of Organic Compounds*, Wiley, NY, **1964**, pp. 72-81; Stewart, R. *Oxidation Mechanisms*, W. A. Benjamin, NY, **1964**, pp. 97-106.
[315] See Criegee, R. ; Höger, E. ; Huber, G. ; Kruck, P. ; Marktscheffel, F. ; Schellenberger, H. *Liebigs Ann. Chem.* **1956**, 599, 81.
[316] Buist, G. J. ; Bunton, C. A. ; Hipperson, W. C. P. *J. Chem. Soc. B* **1971**, 2128.
[317] Angyal, S. J. ; Young, R. J. *J. Am. Chem. Soc.* **1959**, 81, 5251.
[318] See Trahanovsky, W. S. *Methods Free-Radical Chem.* **1973**, 4, 133-169; Verter, H. S. in Zabicky, J. *The Chemistry of the Carbonyl Group*, pt. 2, Wiley, NY, **1970**, pp. 71-156.
[319] Gurunath, S. ; Sudalai, A. *Synlett* **1999**, 559.
[320] Minisci, F. ; Recupero, F. ; Fontana, F. ; Bjørsvik, H. -R. ; Liguori, L. *Synlett* **2002**, 610.
[321] Lee, J. C. ; Choi, J. -H. ; Lee, Y. C. *Synlett* **2001**, 1563.
[322] Hajipour, A. R. ; Mohammadpoor-Baltork, I. ; Niknam, K. *Org. Prep. Proceed. Int.* **1999**, 31, 335.
[323] Ashford, S. W. ; Grega, K. C. *J. Org. Chem.* **2001**, 66, 1523.
[324] He, L. ; Horiuchi, C. A. *Bull. Chem. Soc. Jpn.* **1999**, 72, 2515.
[325] Bjørsvik, H. -R. ; Liguori, L. ; González, R. R. ; Merinero, J. A. V. *Tetrahedron Lett.* **2002**, 43, 4985. See also, Osowska-

[325] Pacewicka, K. ; Alper, H. *J. Org. Chem.* **1988**, 53, 808.
[326] Sotiriou, C. ; Lee, W. ; Giese, R. W. *J. Org. Chem.* **1990**, 55, 2159.
[327] Yoshida, J. ; Itoh, M. ; Matsunaga, S. ; Isoe, S. *J. Org. Chem.* **1992**, 57, 4877.
[328] Wolfrom, M. L. ; Bobbitt, J. M. *J. Am. Chem. Soc.* **1956**, 78, 2489.
[329] Yan, J. ; Travis, B. R. ; Borhan, B. *J. Org. Chem.* **2004**, 69, 9299.
[330] Pappas, J. J. ; Keaveney, W. P. ; Gancher, E. ; Berger, M. *Tetrahedron Lett.* **1966**, 4273.
[331] See Razumovskii, S. D. ; Zaikov, G. E. *Ozone and its Reactions with Organic Compounds*; Elsevier, NY, **1984**; Bailey, P. S. *Ozonation in Organic Chemistry*, 2 Vols. , Academic Press, NY, **1978**, 1982. For reviews, see Odinokov, V. N. ; Tolstikov, G. A. *Russ. Chem. Rev.* **1981**, 50, 636; Belew, J. S. in Augustine, R. L. ; Trecker, D. J. *Oxidation*, Vol. 1, Marcel Dekker, NY, **1969**, pp. 259-335; Menyailo, A. T. ; Pospelov, M. V. *Russ. Chem. Rev.* **1967**, 36, 284.
[332] Hon, Y.-S. ; Lin, S.-W. ; Chen, Y.-J. *Synth. Commun.* **1993**, 23, 1543.
[333] Knowles, W. S. ; Thompson, Q. E. *J. Org. Chem.* **1960**, 25, 1031.
[334] Gupta, D. ; Soman, R. ; Dev, S. *Tetrahedron* **1982**, 38, 3013.
[335] See Flippin, L. A. ; Gallagher, D. W. ; Jalali-Araghi, K. *J. Org. Chem.* **1989**, 54, 1430.
[336] See White, R. W. ; King, S. W. ; O'Brien, J. L. *Tetrahedron Lett.* **1971**, 3591.
[337] Neumeister, J. ; Keul, H. ; Saxena, M. P. ; Griesbaum, K. *Angew. Chem. Int. Ed.* **1978**, 17, 939. See also, Cardinale, G. ; Grimmelikhuysen, J. C. ; Laan, J. A. M. ; Ward, J. P. *Tetrahedron* **1984**, 40, 1881.
[338] Drug synthesis: see Van Ornum, S. G. ; Champeau, R. M. ; Pariza, R. *Chem. Rev.* **2006**, 106, 2990.
[339] Schiaffo, C. E. ; Dussault, P. H. *J. Org. Chem.* **2008**, 73, 4688.
[340] Pryor, W. A. ; Giamalva, D. ; Church, D. F. *J. Am. Chem. Soc.* **1985**, 107, 2793. See Kuczkowski, R. L. *Adv. Oxygenated Processes* **1991**, 3, 1; Gillies, C. W. ; Kuczkowski, R. L. *Isr. J. Chem.* **1983**, 23, 446.
[341] See Bailey, P. S. ; Hwang, H. H. ; Chiang, C. *J. Org. Chem.* **1985**, 50, 231.
[342] Barrero, A. F. ; Alvarez-Manzaneda, E. J. ; Chahboun, R. ; Cuerva, J. M. ; Segovia, A. *Synlett.* **2000**, 1269.
[343] See Pryor, W. A. ; Govindan, C. K. ; Church, D. F. *J. Am. Chem. Soc.* **1982**, 104, 7563.
[344] See Williamson, D. G. ; Cvetanovic, R. J. *J. Am. Chem. Soc.* **1968**, 90, 4248; Razumovskii, S. D. ; Zaikov, G. E. *J. Org. Chem. USSR* **1972**, 8, 468, 473; Klutsch, G. ; Fliszár, S. *Can. J. Chem.* **1972**, 50, 2841.
[345] See O'Murchu, C. *Synthesis* **1989**, 880.
[346] Jung, M. E. ; Davidov, P. *Org. Lett.* **2001**, 3, 627.
[347] See Kuczkowski, R. L. *Acc. Chem. Res.* **1983**, 16, 42; Criegee, R. *Angew. Chem. Int. Ed.* **1975**, 14, 745; Murray, R. W. *Acc. Chem. Res.* **1968**, 1, 313.
[348] Also see Ponec, R. ; Yuzhakov, G. ; Haas, Y. ; Samuni, U. *J. Org. Chem.* **1997**, 62, 2757.
[349] Gillies, J. Z. ; Gillies, C. W. ; Suenram, R. D. ; Lovas, F. J. *J. Am. Chem. Soc.* **1988**, 110, 7991. See also, Kohlmiller, C. K. ; Andrews, L. *J. Am. Chem. Soc.* **1981**, 103, 2578; McGarrity, J. F. ; Prodolliet, J. *J. Org. Chem.* **1984**, 49, 4465.
[350] See Fajgar, R. ; Vitek, J. ; Haas, Y. ; Pola, J. *Tetrahedron Lett.* **1996**, 37, 3391.
[351] See Sander, W. *Angew. Chem. Int. Ed.* **1990**, 29, 344; Brunelle, W. H. *Chem. Rev.* **1991**, 91, 335.
[352] Fliszár, S. ; Chylinska, J. B. *Can. J. Chem.* **1967**, 45, 29; **1968**, 46, 783.
[353] See Griesbaum, K. ; Volpp, W. ; Greinert, R. ; Greunig, H. ; Schmid, J. ; Henke, H. *J. Org. Chem.* **1989**, 54, 383.
[354] See Criegee, R. ; Korber, H. *Chem. Ber.* **1971**, 104, 1812.
[355] Kamata, M. ; Komatsu, K. i. ; Akaba, R. *Tetrahedron Lett.* **2001**, 42, 9203. For a report of an isolable ozonide, see dos Santos, C. ; de Rosso, C. R. S. ; Imamura, P. M. *Synth. Commun.* **1999**, 29, 1903.
[356] Riezebos, G. ; Grimmelikhuysen, J. C. ; van Dorp, D. A. *Recl. Trav. Chim. Pays-Bas* **1963**, 82, 1234; Privett, O. S. ; Nickell, E. C. *J. Am. Oil Chem. Soc.* **1964**, 41, 72.
[357] Loan, L. D. ; Murray, R. W. ; Story, P. R. *J. Am. Chem. Soc.* **1965**, 87, 737; Lorenz, O. ; Parks, C. R. *J. Org. Chem.* **1965**, 30, 1976.
[358] Murray, R. W. ; Williams, G. J. *J. Org. Chem.* **1969**, 34, 1891.
[359] See Wojciechowski, B. J. ; Chiang, C. ; Kuczkowski, R. L. *J. Org. Chem.* **1990**, 55, 1120; Paryzek, Z. ; Martynow, J. ; Swoboda, W. *J. Chem. Soc. Perkin Trans. 1* **1990**, 1220; Murray, R. W. ; Morgan, M. M. *J. Org. Chem.* **1991**, 56, 684, 6123.
[360] Higley, D. P. ; Murray, R. W. *J. Am. Chem. Soc.* **1974**, 96, 3330.
[361] See Murray, R. W. ; Williams, G. J. *J. Org. Chem.* **1969**, 34, 1896.
[362] See Kolsaker, P. *Acta Chem. Scand. Ser. B* **1978**, 32, 557.
[363] Murray, R. W. ; Youssefyeh, R. D. ; Story, P. R. *J. Am. Chem. Soc.* **1966**, 88, 3143, 3655; Story, P. R. ; Murray, R. W. ; Youssefyeh, R. D. *J. Am. Chem. Soc.* **1966**, 88, 3144. Also see, Choe, J. ; Srinivasan, M. ; Kuczkowski, R. L. *J. Am. Chem. Soc.* **1983**, 105, 4703.
[364] Keul, H. ; Kuczkowski, R. L. *J. Am. Chem. Soc.* **1985**, 50, 3371.
[365] See Choe, J. ; Painter, M. K. ; Kuczkowski, R. L. *J. Am. Chem. Soc.* **1984**, 106, 2891.
[366] See Mazur, U. ; Kuczkowski, R. L. *J. Org. Chem.* **1979**, 44, 3185.
[367] Mile, B. ; Morris, G. M. *J. Chem. Soc. Chem. Commun.* **1978**, 263.
[368] See Samuni, U. ; Fraenkel, R. ; Haas, Y. ; Fajgar, R. ; Pola, J. *J. Am. Chem. Soc.* **1996**, 118, 3687.
[369] Fong, G. D. ; Kuczkowski, R. L. *J. Am. Chem. Soc.* **1980**, 102, 4763.
[370] Suenram, R. D. ; Lovas, F. J. *J. Am. Chem. Soc.* **1978**, 100, 5117. See, however Ishiguro, K. ; Hirano, Y. ; Sawaki, Y. *J. Org. Chem.* **1988**, 53, 5397.
[371] Ferrer, M. ; Sánchez-Baeza, F. ; Casas, J. ; Messeguer, A. *Tetrahedron Lett.* **1994**, 35, 2981.
[372] See Atkinson, R. ; Carter, W. P. L. *Chem. Rev.* **1984**, 84, 437.

[373] See Atkinson, R.; Carter, W. P. L. *Chem. Rev.* **1984**, 84, 437, pp. 452-454; Martinez, R. I.; Herron J. T. *J. Phys. Chem.* **1988**, 92, 4644.

[374] See Henry, P. M.; Lange, G. L. in Patai, S. *The Chemistry of Functional Groups*, *Supplement A* pt. 1, Wiley, NY, **1977**, pp. 965-1098; Hudlicky, M. *Oxidations in Organic Chemistry*, American Chemical Society, Washington, D. C., **1990**, pp. 77-84, 96-98; Badanyan, Sh. O.; Minasyan, T. T.; Vardapetyan, S. K. *Russ. Chem. Rev.* **1987**, 56, 740; Cainelli, G.; Cardillo, G. *Chromium Oxiations in Organic Chemistry*, Open Court Pub. Co., La Salle, IL, **1981**, pp. 59-92. For a list of reagents, with references, see Larock, R. C. *Comprehensive Organic Transformations*, 2nd ed., Wiley-VCH, NY, **1999**, p. 1634.

[375] Sam, D. J.; Simmons, H. E. *J. Am. Chem. Soc.* **1972**, 94, 4024. See also, Lee, D. G.; Chang, V. S. *J. Org. Chem.* **1978**, 43, 1532.

[376] von Rudloff, E. *Can. J. Chem.* **1955**, 33, 1714; **1956**, 34, 1413; **1965**, 43, 1784.

[377] Lee, D. G.; van den Engh, M. in Trahanovsky, W. S. *Oxidation in Organic Chemistry*, pt. B Academic Press, NY, **1973**, pp. 186-192. See Cainelli, G.; Contento, M.; Manescalchi, F.; Plessi, L. *Synthesis* **1989**, 47.

[378] Shoair, A. G. F.; Mohamed, R. H. *Synth. Commun.* **2006**, 36, 59.

[379] Göksu, S.; Altundas, R.; Sütbeyaz, Y. *Synth. Commun.* **2000**, 30, 1615.

[380] Griffith, W. P.; Shoair, A. G.; Suriaatmaja, M. *Synth. Commun.* **2000**, 30, 3091.

[381] Henry, J. R.; Weinreb, S. M. *J. Org. Chem.* **1993**, 58, 4745.

[382] Travis, B. R.; Narayan, R. S.; Borhan, B. *J. Am. Chem. Soc.* **2002**, 124, 3824. See also, Whitehead, D. C.; Travis, B. R.; Borhan, B. *Tetrahedron Lett.* **2006**, 47, 3797.

[383] Yang, D.; Chen, F.; Dong, Z.-M.; Zhang, D.-W. *J. Org. Chem.* **2004**, 69, 2221.

[384] Ranganathan, S.; Ranganathan, D.; Singh, S. K. *Tetrahedron Lett.* **1985**, 26, 4955.

[385] Viski, P.; Szeverényi, Z.; Simándi, L. I. *J. Org. Chem.* **1986**, 51, 3213.

[386] Pappo, R.; Allen, Jr., D. S.; Lemieux, R. U.; Johnson, W. S. *J. Org. Chem.* **1956**, 21, 478.

[387] Taylor, R. *J. Chem. Res. (S)* **1987**, 178. See Torii, S.; Inokuchi, T.; Kondo, K. *J. Org. Chem.* **1985**, 50, 4980.

[388] Liu, S.-T.; Reddy, K. V.; Lai, R.-Y. *Tetrahedron* **2007**, 63, 1821.

[389] See Lee, D. G.; Spitzer, U. A. *J. Org. Chem.* **1976**, 41, 3644; Lee, D. G.; Chang, V. S.; Helliwell, S. *J. Org. Chem.* **1976**, 41, 3644, 3646.

[390] There is evidence for an epoxide intermediate: Rocek, J.; Drozd, J. C. *J. Am. Chem. Soc.* **1970**, 92, 6668.

[391] McKillop, A.; Oldenziel, O. H.; Swann, B. P.; Taylor, E. C.; Robey, R. L. *J. Am. Chem. Soc.* **1973**, 95, 1296.

[392] Moriarty, R. M.; Penmasta, R.; Awasthi, A. K.; Prakash, I. *J. Org. Chem.* **1988**, 53, 6124.

[393] See Nuñez, M. T.; Martin, V. S. *J. Org. Chem.* **1990**, 55, 1928.

[394] Spitzer, U. A.; Lee, D. G. *J. Org. Chem.* **1974**, 39, 2468.

[395] Caputo, J. A.; Fuchs, R. *Tetrahedron Lett.* **1967**, 4729.

[396] Klein, H.; Steinmetz, A. *Tetrahedron Lett.* **1975**, 4249. See Liotta, R.; Hoff, W. S. *J. Org. Chem.* **1980**, 45, 2887; Chakraborti, A. K.; Ghatak, U. R. *J. Chem. Soc. Perkin Trans. 1* **1985**, 2605.

[397] See Pyatnitskii, Yu. I. *Russ. Chem. Rev.* **1976**, 45, 762.

[398] Nakagawa, K.; Onoue, H. *Tetrahedron Lett.* **1965**, 1433; *Chem. Commun.* **1966**, 396.

[399] Kajimoto, T.; Takahashi, H.; Tsuji, J. *J. Org. Chem.* **1976**, 41, 1389.

[400] Tsuji, J.; Takayanag, H. i *Tetrahedron* **1978**, 34, 641; Bankston, D. *Org. Synth.* **66**, 180.

[401] Hudlicky, M. *Oxidations in Organic Chemistry*, American Chemical Society, Washington, DC, **1990**, pp. 105-109; Lee, D. G. *The Oxidation of Organic Compounds by Permanganate Ion and Hexavalent Chromium*, Open-Court Publishing Co., La Salle, IL, **1980**, pp. 43-64. See Cainelli, G.; Cardillo, G. *Chromium Oxidations in Organic Chemistry*, Open Court Pub. Co., La Salle, IL, **1981**, pp. 23-33.

[402] Brandenberger, S. G.; Maas, L. W.; Dvoretzky, I. *J. Am. Chem. Soc.* **1961**, 83, 2146.

[403] Friedman, L.; Fishel, D. L.; Shechter, H. *J. Org. Chem.* **1965**, 30, 1453.

[404] Yamazaki, S. *Synth. Commun.* **1999**, 29, 2211.

[405] Itoh, A.; Kodama, T.; Hashimoto, S.; Masaki, Y. *Synthesis* **2003**, 2289.

[406] Onopchenko, A.; Schulz, J. G. D.; Seekircher, R. *J. Org. Chem.* **1972**, 37, 1414.

[407] See Foster, G.; Hickinbottom, W. J. *J. Chem. Soc.* **1960**, 680; Ferguson, L. N.; Wims, A. I. *J. Org. Chem.* **1960**, 25, 668.

[408] Hermans, I.; Peeters, J.; Jacobs, P. A. *J. Org. Chem.* **2007**, 72, 3057.

[409] Pines, H.; Stalick, W. M. *Base-Catalyzed Reactions of Hydrocarbons and Related Compounds*, Academic Press, NY, **1977**, pp. 508-543.

[410] Wiberg, K. B.; Evans, R. J. *Tetrahedron* **1960**, 8, 313.

[411] Kaeding, W. W. *J. Org. Chem.* **1961**, 26, 3144. See Lee, D. G.; van den Engh, M. in Trahanovsky, W. S. *Oxidation in Organic Chemistry*, pt. B Academic Press, NY, **1973**, pp. 91-94.

[412] For a convenient procedure, see Hocking, M. B. *Can. J. Chem.* **1973**, 51, 2384.

[413] See Schubert, W. M.; Kintner, R. R. in Patai, S. *The Chemistry of the Carbonyl Group*, Vol. 1, Wiley, NY, **1966**, pp. 749-752.

[414] See Hocking, M. B.; Bhandari, K.; Shell, B.; Smyth, T. A. *J. Org. Chem.* **1982**, 47, 4208.

[415] Hocking, M. B.; Ko, M.; Smyth, T. A. *Can. J. Chem.* **1978**, 56, 2646.

[416] Matsumoto, M.; Kobayashi, H.; Hotta, Y. *J. Org. Chem.* **1984**, 49, 4740.

[417] Zambrano, J. L.; Dorta, R. *Synlett* **2003**, 1545.

[418] See Serguchev, Y. A.; Beletskaya, I. P. *Russ. Chem. Rev.* **1980**, 49, 1119; Sheldon, R. A.; Kochi, J. K. *Org. React.* **1972**, 19, 279.

[419] See Davies, D. I.; Waring, C. *J. Chem. Soc. C* **1968**, 1865, 2337.

[420] Ogibin, Y. N. ; Katzin, M. I. ; Nikishin, G. I. *Synthesis* **1974**, 889.
[421] See Trahanovsky, W. S. ; Cramer, J. ; Brixius, D. W. *J. Am. Chem. Soc.* **1974**, 96, 1077; Kochi, J. K. *Organometallic Mechanisms and Catalysis*, Academic Press, NY, **1978**, pp. 99-106. See also,; Fristad, W. E. ; Fry, M. A. ; Klang, J. A. *J. Org. Chem.* **1983**, 48, 3575; Barton, D. H. R. ; Crich, D. ; Motherwell, W. B. *J. Chem. Soc. Chem. Commun.* **1984**, 242.
[422] For another method, see Barton, D. H. R. ; Bridon, D. ; Zard, S. Z. *Tetrahedron* **1989**, 45, 2615.
[423] See Cantello, B. C. C. ; Mellor, J. M. ; Scholes, G. *J. Chem. Soc. Perkin Trans. 2* **1974**, 348; Beckwith, A. L. J. ; Cross, R. T. ; Gream, G. E. *Aust. J. Chem.* **1974**, 27, 1673, 1693.
[424] Kochi, J. K. ; Bacha, J. D. *J. Org. Chem.* **1968**, 33, 2746; Torssell, K. *Ark. Kemi*, **1970**, 31, 401.
[425] Santaniello, E. ; Ponti, F. ; Manzocchi, A. *Tetrahedron Lett.* **1980**, 21, 2655. Also see Doleschall, G. ; Tóth, G. *Tetrahedron* **1980**, 36, 1649.
[426] Smushkevich, Y. I. ; Usorov, M. I. ; Suvorov, N. N. *J. Org. Chem. USSR* **1975**, 11, 653.
[427] Corey, E. J. ; Casanova, J. *J. Am. Chem. Soc.* **1963**, 85, 165.
[428] For a review, see De Lucchi, O. ; Modena, G. *Tetrahedron* **1984**, 40, 2585, pp. 2591-2608.
[429] Radlick, P. ; Klem, R. ; Spurlock, S. ; Sims, J. J. ; van Tamelen, E. E. ; Whitesides, T. *Tetrahedron Lett.* **1968**, 5117; Westberg, H. H. ; Dauben Jr., H. J. *Tetrahedron Lett.* **1968**, 5123. For additional references, see Fry, A. J. *Synthetic Organic Electrochemistry*, 2nd ed. , Wiley, NY, **1989**, pp. 253-254.
[430] See Salomon, R. G. ; Roy, S. ; Salomon, R. G. *Tetrahedron Lett.* **1988**, 29, 769.
[431] Tufariello, J. J. ; Kissel, W. J. *Tetrahedron Lett.* **1966**, 6145.
[432] For other methods of achieving this conversion, with references, see Larock, R. C. *Comprehensive Organic Transformations*, 2nd ed. , Wiley-VCH, NY, **1999**, p. 1260.
[433] See Kulp, S. S. ; McGee, M. J. *J. Org. Chem.* **1983**, 48, 4097.
[434] Chinn, L. J. *Selection of Oxidants in Synthesis*, Marcel Dekker, NY, **1971**, pp. 7-11; Lee, D. G. in Augustine, R. L. *Oxidation*, Vol. 1, Marcel Dekker, NY, **1969**, pp. 2-6; Hill, C. L. *Activation and Functionalization of Alkanes*, Wiley, NY, **1989**.
[435] Cohen, Z. ; Keinan, E. ; Mazur, Y. ; Varkony, T. H. *J. Org. Chem.* **1975**, 40, 2141; Keinan, E. ; Mazur, Y. *Synthesis* **1976**, 523; McKillop, A. ; Young, D. W. *Synthesis* **1979**, 401, see pp. 418-419.
[436] Cainelli, G. ; Cardillo, G. *Chromium Oxidations in Organic Chemistry*, Springer, NY, **1984**, pp. 8-23.
[437] Bakke, J. M. ; Braenden, J. E. *Acta Chem. Scand.* **1991**, 45, 418.
[438] Lee, J. C. ; Park, C. ; Choi, Y. *Synth. Commun.* **1997**, 27, 4079.
[439] Collman, J. P. ; Tanaka, H. ; Hembre, R. T. ; Brauman, J. I. *J. Am. Chem. Soc.* **1990**, 112, 3689.
[440] Bales, B. C. ; Brown, P. ; Dehestani, A. ; Mayer, J. M. *J. Am. Chem. Soc.* **2005**, 127, 2832.
[441] Schneider, H. ; Müller, W. *J. Org. Chem.* **1985**, 50, 4609; Tori, M. ; Sono, M. ; Asakawa, Y. *Bull. Chem. Soc. Jpn.* **1985**, 58, 2669. See also, Querci, C. ; Ricci, M. *Tetrahedron Lett.* **1990**, 31, 1779.
[442] Deno, N. C. ; Jedziniak, E. J. ; Messer, L. A. ; Meyer, M. D. ; Stroud, S. G. ; Tomezsko, E. S. *Tetrahedron* **1977**, 33, 2503.
[443] For other procedures, see Sharma, S. N. ; Sonawane, H. R. ; Dev, S. *Tetrahedron* **1985**, 41, 2483; Nam, W. ; Valentine, J. S. *New J. Chem.* **1989**, 13, 677.
[444] See Groves, J. T. ; Nemo, T. E. *J. Am. Chem. Soc.* **1983**, 105, 6243.
[445] Groves, J. T. ; Viski, P. *J. Org. Chem.* **1990**, 55, 3628.
[446] Wiberg, K. B. ; Eisenthal, R. *Tetrahedron* **1964**, 20, 1151.
[447] Stewart, R. ; Spitzer, U. A. *Can. J. Chem.* **1978**, 56, 1273.
[448] See Rabjohn, N. *Org. React.* **1976**, 24, 261; Jerussi, R. A. *Sel. Org. Transform.* **1970**, 1, 301; Trachtenberg, E. N. in Augustine, R. L. *Oxidation*, Vol. 1, Marcel Dekker, NY, **1969**, pp. 123-153.
[449] Singh, J. ; Sharma, M. ; Kad, G. L. ; Chhabra, B. R. *J. Chem. Res. (S)* **1997**, 264.
[450] Arigoni, D. ; Vasella, A. ; Sharpless, K. B. ; Jensen, H. P. *J. Am. Chem. Soc.* **1973**, 95, 7917; Woggon, W. ; Ruther, F. ; Egli, H. *J. Chem. Soc. Chem. Commun.* **1980**, 706. Also see Stephenson, L. M. ; Speth, D. R. *J. Org. Chem.* **1979**, 44, 4683.
[451] Umbreit, M. A. ; Sharpless, K. B. *J. Am. Chem. Soc.* **1977**, 99, 5526. See also Singh, J. ; Sabharwal, A. ; Sayal, P. K. ; Chhabra, B. R. *Chem. Ind. (London)* **1989**, 533.
[452] See Sabol, M. R. ; Wiglesworth, C. ; Watt, D. S. *Synth. Commun.* **1988**, 18, 1.
[453] Warpehoski, M. A. ; Chabaud, B. ; Sharpless, K. B. *J. Org. Chem.* **1982**, 47, 2897.
[454] Chabaud, B. ; Sharpless, K. B. *J. Org. Chem.* **1979**, 44, 4202.
[455] For a review, see Andrus, M. B. ; Lashley, J. C. *Tetrahedron* **2002**, 58, 845.
[456] Koltun, E. S. ; Kass, S. R. *Synthesis* **2000**, 1366.
[457] Brodsky, B. H. ; Du Bois, J. *J. Am. Chem. Soc.* **2005**, 127, 15391.
[458] Drees, M. ; Strassner, T. *J. Org. Chem.* **2006**, 71, 1755.
[459] Davies, T. E. ; Garcia, T. ; Solsona, B. ; Taylor, S. H. *Chem. Commun.* **2006**, 3417.
[460] Shul'pina, L. S. ; Kirillova, M. V. ; Pombeiro, A. J. L. ; Shul'pin, G. B. *Tetrahedron* **2009**, 65, 2424.
[461] Hamada, T. ; Irie, R. ; Mihara, J. ; Hamachi, K. ; Katsuki, T. *Tetrahedron* **1998**, 54, 10017.
[462] Kawasaki, K. ; Tsumura, S. ; Katsuki, T. *Synlett* **1995**, 1245.
[463] Dick, A. R. ; Hull, K. L. ; Sanford, M. S. *J. Am. Chem. Soc.* **2004**, 126, 2300.
[464] Xie, Y.-Y. ; Chen, Z.-C. *Synth. Commun.* **2002**, 32, 1875.
[465] Laali, K. K. ; Herbert, M. ; Cushnyr, B. ; Bhatt, A. ; Terrano, D. *J. Chem. Soc., Perkin Trans. 1* **2001**, 578.
[466] Carloni, S. ; Frullanti, B. ; Maggi, R. ; Mazzacani, A. ; Bigi, F. ; Sartori, G. *Tetrahedron Lett.* **2000**, 41, 8947.
[467] LeBras, J. ; Muzart, J. *Tetrahedron Asymmetry* **2003**, 14, 1911; Fache, F. ; Piva, O. *Synlett* **2002**, 2035.
[468] Lee, W.-S. ; Kwong, H.-L. ; Chan, H.-L. ; Choi, W.-W. ; Ng, L.-Y. *Tetrahedron Asymmetry* **2001**, 12, 1007.

[469]　Sekar, G. ; Datta Gupta, A. ; Singh, V. K. *J. Org. Chem.* **1998**, 63, 2961; Kohmura, Y. ; Katsuki, T. *Tetrahedron Lett.* **2000**, 41, 3941.

[470]　Sødergren, M. J. ; Andersson, P. G. *Tetrahedron Lett.* **1996**, 37, 7577; Rispens, M. T. ; Zondervan, C. ; Feringa, B. L. *Tetrahedron Asymmetry*, **1995**, 6, 661.

[471]　Levina, A. ; Muzart, J. *Tetrahedron Asymmetry*, **1995**, 6, 147.

[472]　Covell, D. J. ; White, M. C. *Angew. Chem. Int. Ed.* **2008**, 47, 6448.

[473]　Chen, M. S. ; White, M. C. *J. Am. Chem. Soc.* **2004**, 126, 1346.

[474]　Adam, W. ; Lukacs, Z. ; Saha-Möller, C. R. ; Weckerle, B. ; Schreier, P. *Eur. J. Org. Chem.* **2000**, 2923.

[475]　Hamada, H. ; Tanaka, T. ; Furuya, T. ; Takahata, H. ; Nemoto, H. *Tetrahedron Lett.* **2001**, 42, 909.

[476]　Adam, W. ; Lukacs, Z. ; Harmsen, D. ; Saha-Möller, C. R. ; Schreier, P. *J. Org. Chem.* **2000**, 65, 878.

[477]　Adam, W. ; Boland, W. ; Hartmann-Schreier, J. ; Humpf, H.-U. ; Lazarus, M. ; Saffert, A. ; Saha-Möller, C. R. ; Schreier, P. *J. Am. Chem. Soc.* **1998**, 120, 11044.

[478]　Curci, R. ; D'Accolti, L. ; Fusco, C. *Tetrahedron Lett.* **2001**, 42, 7087.

[479]　Asensio, G. ; Mello, R. ; González-Nuñez, M. E. ; Castellano, G. ; Corral, J. *Angew. Chem. Int. Ed.* **1996**, 35, 217.

[480]　Komiya, N. ; Noji, S. ; Murahashi, S.-I. *Chem. Commun.* **2001**, 65.

[481]　Murray, R. W. ; Gu, D. *J. Chem. Soc. Perkin Trans. 2* **1994**, 451.

[482]　Tanemura, K. ; Suzuki, T. ; Nishida, Y. ; Satsumabayashi, K. ; Horaguchi, T. *J. Chem. Soc., Perkin Trans. 1* **2001**, 3230.

[483]　Freccero, M. ; Gandolfi, R. ; Sarzi-Amadé, M. ; Rastelli, A. *Tetrahedron* **2001**, 57, 9843.

[484]　Camaioni, D. M. ; Bays, J. T. ; Shaw, W. J. ; Linehan, J. C. ; Birnbaum, J. C. *J. Org. Chem.* **2001**, 66, 789.

[485]　Sheu, C. ; Richert, S. A. ; Cofré, P. ; Ross Jr., B. ; Sobkowiak, A. ; Sawyer, D. T. ; Kanofsky, J. R. *J. Am. Chem. Soc.* **1990**, 112, 1936. See also, Sheu, C. ; Sobkowiak, A. ; Jeon, S. ; Sawyer, D. T. *J. Am. Chem. Soc.* **1990**, 112, 879; Tung, H. ; Sawyer, D. T. *J. Am. Chem. Soc.* **1990**, 112, 8214.

[486]　Named for Gif-sur-Yvette, France, where it was discovered. See Schuchardt, U. ; Jannini, M. J. D. M. ; Richens, D. T. ; Guerreiro, M. C. ; Spinacé, E. V. *Tetrahedron* **2001**, 57, 2685.

[487]　About-Jaudet, E. ; Barton, D. H. R. ; Csuhai, E. ; Ozbalik, N. *Tetrahedron Lett.* **1990**, 31, 1657. For a review of the mechanism, see Barton, D. H. R. *Chem. Soc. Rev.* **1996**, 25, 237.

[488]　See Barton, D. H. R. ; Csuhai, E. ; Ozbalik, N. *Tetrahedron* **1990**, 46, 3743 and references cited therein.

[489]　Barton, D. H. R. ; Csuhai, E. ; Doller, D. ; Ozbalik, N. ; Senglet, N. *Tetrahedron Lett.* **1990**, 31, 3097. For mechanistic studies, see Barton, D. H. R. ; Doller, D. ; Geletii, Y. V. *Tetrahedron Lett.* **1991**, 32, 3911 and references cited therein; Knight, C. ; Perkins, M. J. *J. Chem. Soc. Chem. Commun.* **1991**, 925. Also see, Minisci, F. ; Fontana, F. *Tetrahedron Lett.* **1994**, 35, 1427; Barton, D. H. R. ; Hill, D. R. *Tetrahedron Lett.* **1994**, 35, 1431.

[490]　D'Accolti, L. ; Dinoi, A. ; Fusco, C. ; Russo, A. ; Curci, R. *J. Org. Chem.* **2003**, 68, 7806.

[491]　Li, Z. ; Xiu, C.-G. ; Xu, C.-Z. *Tetrahedron Lett.* **2003**, 44, 9229.

[492]　Che, C.-M. ; Cheng, K.-W. ; Chan, M. C. W. ; Lau, T.-C. ; Mak, C.-K. *J. Org. Chem.* **2000**, 65, 7996.

[493]　See Moriarty, R. M. ; Prakash, O. *Acc. Chem. Res.* **1986**, 19, 244. Also see, Reddy, D. R. ; Thornton, E. R. *J. Chem. Soc. Chem. Commun.* **1992**, 172.

[494]　Moriarty, R. M. ; Hou, K. ; Prakash, O. ; Arora, S. K. *Org. Synth. VII*, 263.

[495]　Masui, M. ; Ando, A. ; Shioiri, T. *Tetrahedron Lett.* **1988**, 29, 2835.

[496]　Curci, R. ; D'Accolti, L. ; Fusco, C. *Acc. Chem. Res.* **2006**, 39, 1.

[497]　Christoffers, J. *J. Org. Chem.* **1999**, 64, 7668.

[498]　Christoffers, J. ; Werner, T. *Synlett* **2002**, 119.

[499]　Monguchi, Y. ; Takahashi, T. ; Iida, Y. ; Fujiwara, Y. ; Inagaki, Y. ; Maegawa, T. ; Sajiki, H. *Synlett* **2008**, 2291.

[500]　Landwehr, M. ; Hochrein, L. ; Otey, C. R. ; Kasrayan, A. ; Bäckvall, J.-E. ; Arnold, F. H. *J. Am. Chem. Soc.* **2006**, 128, 6058.

[501]　Paju, A. ; Kanger, T. ; Pehk, T. ; Lopp, M. *Tetrahedron* **2002**, 58, 7321.

[502]　Zhang, Y. ; Shen, Z. ; Tang, J. ; Zhang, Y. ; Kong, L. ; Zhang, Y. *Org. Biomol. Chem.* **2006**, 4, 1478.

[503]　Huang, H.-Y. ; Hou, R.-S. ; Wang, H.-M. ; Chen, L.-C. *Org. Prep. Proceed. Int.* **2006**, 38, 473.

[504]　Vedejs, E. ; Larsen, S. *Org. Synth. VII*, 277; Gamboni, R. ; Tamm, C. *Tetrahedron Lett.* **1986**, 27, 3999; *Helv. Chim. Acta* **1986**, 69, 615. See also, Hara, O. ; Takizawa, J.-i. ; Yamatake, T. ; Makino, K. ; Hamada, Y. *Tetrahedron Lett.* **1999**, 40, 7787.

[505]　Wasserman, H. H. ; Lipshutz, B. H. *Tetrahedron Lett.* **1975**, 1731. For another method, see Pohmakotr, M. ; Winotai, C. *Synth. Commun.* **1988**, 18, 2141.

[506]　Cuvigny, T. ; Valette, G. ; Larcheveque, M. ; Normant, H. *J. Organomet. Chem.* **1978**, 155, 147.

[507]　Rubottom, G. M. ; Gruber, J. M. ; Juve, Jr., H. D. ; Charleson, D. A. *Org. Synth. VII*, 282. See also, Horiguchi, Y. ; Nakamura, E. ; Kuwajima, I. *Tetrahedron Lett.* **1989**, 30, 3323.

[508]　Davis, F. A. ; Vishwakarma, L. C. ; Billmers, J. M. ; Finn, J. *J. Org. Chem.* **1984**, 49, 3241.

[509]　For formation of α-benzyloxy lactones, see Brodsky, B. H. ; DuBois, J. *Org. Lett.* **2004**, 6, 2619.

[510]　Davis, F. A. ; Vishwakarma, L. C. *Tetrahedron Lett.* **1985**, 26, 3539.

[511]　Davis, F. A. ; Sheppard, A. C. ; Chen, B. ; Haque, M. S. *J. Am. Chem. Soc.* **1990**, 112, 6679; Davis, F. A. ; Weismiller, M. C. *J. Org. Chem.* **1990**, 55, 3715.

[512]　Guertin, K. R. ; Chan, T. H. *Tetrahedron Lett.* **1991**, 32, 715.

[513]　Schulz, M. ; Kluge, R. ; Schüßler, M. ; Hoffmann, F. *Tetrahedron* **1995**, 51, 3175.

[514]　Adam, W. ; Müller, M. ; Prechtl, F. *J. Org. Chem.* **1994**, 59, 2358.

[515] Hayashi, Y. ; Yamaguchi, J. ; Sumiya, T. ; Hibino, K. ; Shoji, M. *J. Org. Chem.* **2004**, 69, 5966; Hayashi, Y. ; Yamaguchi, J. ; Sumiya, T. ; Shoji, M. *Angew. Chem. Int. Ed.* **2004**, 43, 1112.
[516] Bøgevig, A. ; Sundén, H. ; Córdova, A. *Angew. Chem. Int. Ed.* **2004**, 43, 1109.
[517] Hayashi, Y. ; Yamaguchi, J. ; Hibino, K. ; Shoji, M. *Tetrahedron Lett.* **2003**, 44, 8293.
[518] Chemla, F. ; Julia, M. ; Uguen, D. *Bull. Soc. Chim. Fr.* **1993**, 130, 547; **1994**, 131, 639.
[519] See Davis, F. A. ; Sheppard, A. C. *J. Org. Chem.* **1987**, 52, 954; Takai, T. ; Yamada, T. ; Rhode, O. ; Mukaiyama, T. *Chem. Lett.* **1991**, 281.
[520] Stankovic, S. ; Espenson, J. H. *J. Org. Chem.* **1998**, 63, 4129.
[521] Moriarty, R. M. ; Epa, W. R. ; Penmasta, R. ; Awasthi, A. K. *Tetrahedron Lett.* **1989**, 30, 667.
[522] Stankovic, S. ; Espenson, J. H. *J. Org. Chem.* **2000**, 65, 5528.
[523] Demir, A. S. ; Jeganathan, A. *Synthesis* **1992**, 235.
[524] Punniyamurthy, T. ; Katsuki, T. *Tetrahedron* **1999**, 55, 9439.
[525] Desai, L. ; Hull, K. L. ; Sanford, M. S. *J. Am. Chem. Soc.* **2004**, 126, 9542.
[526] Tanyeli, C. ; Özdemirhan, D. ; Sezen, B. *Tetrahedron* **2002**, 58, 9983.
[527] Demir, A. S. ; Reis, Ö. ; Igdir, A. C. *Tetrahedron* **2004**, 60, 3427.
[528] Tanyeli, C. ; Iyigün, C. *Tetrahedron* **2003**, 59, 7135.
[529] Sheng, J. ; Li, X. ; Tang, M. ; Gao, B. ; Huang, G. *Synthesis* **2007**, 1165.
[530] Lee, J. C. ; Jin, Y. S. ; Choi, J.-H. *Chem. Commun.* **2001**, 956.
[531] Lee, J. C. ; Choi, Y. *Tetrahedron Lett.* **1998**, 39, 3171.
[532] Nabana, T. ; Togo, H. *J. Org. Chem.* **2002**, 67, 4362. See Yamamoto, Y. ; Togo, H. *Synlett* **2006**, 708; Richardson, R. D. ; Page, T. K. ; Altermann, S. ; Paradine, S. M. ; French, A. N. ; Wirth, T. *Synlett* **2007**, 538; Akiike, J. ; Yamamoto, Y. ; Togo, H. *Synlett* **2007**, 2168.
[533] John, O. R. S. ; Killeen, N. M. ; Knowles, D. A. ; Yau, S. C. ; Bagley, M. C. ; Tomkinson, N. C. O. *Org. Lett.* **2007**, 9, 4009.
[534] Ochiai, M. ; Takeuchi, Y. ; Katayama, T. ; Sueda, T. ; Miyamoto, K. *J. Am. Chem. Soc.* **2005**, 127, 12244.
[535] Díaz-Requejo, M. M. ; Belderrain, T. R. ; Nicasio, M. C. ; Trofimenko, S. ; Pérez, P. J. *J. Am. Chem. Soc.* **2003**, 125, 12078.
[536] Yu, X.-Q. ; Huang, J.-S. ; Zhou, X.-G. ; Che, C.-M. *Org. Lett.* **2000**, 2, 2233.
[537] Au, S.-M. ; Huang, J.-S. ; Che, C.-M. ; Yu, W.-Y. *J. Org. Chem.* **2000**, 65, 7858.
[538] Juhl, K. ; Jørgensen, K. A. *J. Am. Chem. Soc.* **2002**, 124, 2420.
[539] Li, Z. ; Feiten, H.-J. ; van Beilen, J. B. ; Duetz, W. ; Witholt, B. *Tetrahedron Asymmetry* **1999**, 10, 1323.
[540] Li, Z. ; Feiten, H.-J. ; Chang, D. ; Duetz, W. A. ; Beilen, J. B. ; Witholt, B. *J. Org. Chem.* **2001**, 66, 8424.
[541] Chang, D. ; Witholt, B. ; Li, Z. *Org. Lett.* **2000**, 2, 3949.
[542] Chang, D. ; Feiten, H.-J. ; Engesser, K.-H. ; van Beilen, J. ; Witholt, B. ; Li, Z. *Org. Lett.* **2002**, 4, 1859.
[543] Cho, S.-D. ; Kim, H.-J. ; Ahn, C. ; Falck, J. R. ; Shin, D.-S. *Tetrahedron Lett.* **1999**, 40, 8215.
[544] Wermeckes, B. ; Beck, F. ; Schulz, H. *Tetrahedron* **1987**, 43, 577.
[545] Miyafuji, A. ; Katsuki, T. *Synlett* **1997**, 836.
[546] Ishii, Y. ; Matsunaka, K. ; Sakaguchi, S. *J. Am. Chem. Soc.* **2000**, 122, 7390.
[547] See Krief, A. ; Hevesi, L. *Organoselenium Chemistry I*, Springer, NY, **1988**, pp. 115-180; Krongauz, E. S. *Russ. Chem. Rev.* **1977**, 46, 59; Rabjohn, N. *Org. React.* **1976**, 24, 261; Trachtenberg, E. N. in Augustine, R. L. ; Trecker, D. J. *Oxidation*, Marcel Dekker, NY, pp. 119-187.
[548] See Wasserman, H. H. ; Ives, J. L. *J. Org. Chem.* **1985**, 50, 3573.
[549] Lee, J. C. ; Park, H.-J. ; Park, J. Y. *Tetrahedron Lett.* **2002**, 43, 5661.
[550] Rüedi, G. ; Oberli, M. A. ; Nagel, M. ; Weymuth, C. ; Hansen, H.-J. *Synlett* **2004**, 2315.
[551] Rangarajan, R. ; Eisenbraun, E. J. *J. Org. Chem.* **1985**, 50, 2435.
[552] Borkar, S. D. ; Khadilkar, B. M. *Synth. Commun.* **1999**, 29, 4295.
[553] Rathore, R. ; Saxena, N. ; Chandrasekaran, S. *Synth. Commun.* **1986**, 16, 1493.
[554] Lee, H. ; Harvey, R. G. *J. Org. Chem.* **1988**, 53, 4587.
[555] Wei, H.-X. ; Jasoni, R. L. ; Shao, H. ; Hu, J. ; Paré, P. W. *Tetrahedron* **2004**, 60, 11829.
[556] Shaabani, A. ; Lee, D. G. *Tetrahedron Lett.* **2001**, 42, 5833.
[557] Meciarova, M. ; Toma, S. ; Heribanová, A. *Tetrahedron* **2000**, 56, 8561.
[558] Komiya, N. ; Noji, S. ; Murahashi, S.-I. *Tetrahedron Lett.* **1998**, 39, 7921; Lee, N. H. ; Lee, C.-S. ; Jung, D.-S. *Tetrahedron Lett.* **1998**, 39, 1385.
[559] Murahashi, S.-I. ; Komiya, N. ; Oda, Y. ; Kuwabara, T. ; Naota, T. *J. Org. Chem.* **2000**, 65, 9186.
[560] Velusamy, S. ; Punniyamurthy, T. *Tetrahedron Lett.* **2003**, 44, 8955.
[561] Ma, D. ; Xia, C. ; Tian, H. *Tetrahedron Lett.* **1999**, 40, 8915.
[562] Khan, A. T. ; Parvin, T. ; Choudhury, L. H. ; Ghosh, S. *Tetrahedron Lett.* **2007**, 48, 2271.
[563] Crich, D. ; Zou, Y. *J. Org. Chem.* **2005**, 70, 3309.
[564] See Muzart, J. *Bull. Soc. Chim. Fr.* **1986**, 65. For a list of reagents, with references, see Larock, R. C. *Comprehensive Organic Transformations*, 2nd ed. , Wiley-VCH, NY, **1999**, pp. 1207-1210.
[565] Muzart, J. *Tetrahedron Lett.* **1987**, 28, 2131; Chidambaram, N. ; Chandrasekaran, S. *J. Org. Chem.* **1987**, 52, 5048.
[566] Yu, J.-Q. ; Corey, E. J. *J. Am. Chem. Soc.* **2003**, 125, 3232.
[567] Catino, A. J. ; Forslund, R. E. ; Doyle, M. P. *J. Am. Chem. Soc.* **2004**, 126, 13622.
[568] Ferraz, H. M. C. ; Longo, Jr. , L. S. ; Zukerman-Schpector, J. *J. Org. Chem.* **2002**, 67, 3518.
[569] Pérollier, C. ; Sorokin, A. B. *Chem. Commun.* **2002**, 1548.

[570] McLaughlin, E. C.; Doyle, M. P. *J. Org. Chem.* **2008**, 73, 4317.
[571] Ajjou, A. N.; Ferguson, G. *Tetrahedron Lett.* **2006**, 47, 3719.
[572] Li, S.-J.; Wan, Y.-G. *Tetrahedron Lett.* **2005**, 46, 8013.
[573] Sharma, N. K.; Ganesh, K. N. *Tetrahedron Lett.* **2004**, 45, 1403.
[574] Markgraf, J. H.; Stickney, C. A. *J. Heterocyclic Chem.* **2000**, 37, 109.
[575] Markgraf, J. H.; Sangani, P. K.; Finkelstein, M. *Synth. Commun.* **1995**, 27, 1285.
[576] Wenkert, E.; Angell, E. C. *Synth. Commun.* **1988**, 18, 1331.
[577] Doumaux Jr., A. R.; Trecker, D. J. *J. Org. Chem.* **1970**, 35, 2121.
[578] Minisci, F.; Punta, C.; Recupero, F.; Fontana, F.; Pedulli, G. F. *J. Org. Chem.* **2002**, 67, 2671.
[579] Bakke, J. M.; Frøhaug, Az. *Acta Chem. Scand. B* **1995**, 49, 615; Lee, D. G.; van den Engh, M. in Trahanovsky, W. S. *Oxidation in Organic Chemistry*, pt. B, Academic Press, NY, **1973**, pp. 222-225; Carlsen, P. H. J.; Katsuki, T.; Martin, V. S.; Sharpless, K. B. *J. Org. Chem.* **1981**, 46, 3936.
[580] Minakata, S.; Imai, E.; Ohshima, Y.; Inaki, K.; Ryu, I.; Komatsu, M.; Ohshiro, Y. *Chem. Lett.* **1996**, 19.
[581] Miyamoto, M.; Minami, Y.; Ukaji, Y.; Kinoshita, H.; Inomata, K. *Chem. Lett.* **1994**, 1149.
[582] See Ferraz, H. M. C.; Longo, Jr., L. S. *Org. Lett.* **2003**, 5, 1337.
[583] Shahi, S. P.; Gupta, A.; Pitre, S. V.; Reddy, M. V. R.; Kumareswaran, R.; Vankar, Y. D. *J. Org. Chem.* **1999**, 64, 4509.
[584] Metsger, L.; Bittner, S. *Tetrahedron* **2000**, 56, 1905.
[585] Harrison, I. T.; Harrison, S. *Chem. Commun.* **1966**, 752.
[586] Schmidt, H.; Schäfer, H. J. *Angew. Chem. Int. Ed.* **1979**, 18, 69.
[587] Corey, E. J.; Schaefer, J. P. *J. Am. Chem. Soc.* **1960**, 82, 918.
[588] Sharpless, K. B.; Gordon, K. M. *J. Am. Chem. Soc.* **1976**, 98, 300.
[589] Breslow, R.; Scholl, P. C. *J. Am. Chem. Soc.* **1971**, 93, 2331. See also, Breslow, R.; Heyer, D. *Tetrahedron Lett.* **1983**, 24, 5039.
[590] See also, Beckwith, A. L. J.; Duong, T. *J. Chem. Soc. Chem. Commun.* **1978**, 413.
[591] Mitani, M.; Tamada, M.; Uehara, S.; Koyama, K. *Tetrahedron Lett.* **1984**, 25, 2805. For an alternative photochemical procedure, see Negele, S.; Wieser, K.; Severin, T. *J. Org. Chem.* **1998**, 63, 1138.
[592] Nikishin, G. I.; Troyansky, E. I.; Lazareva, M. I. *Tetrahedron Lett.* **1984**, 25, 4987.
[593] Tsunoi, S.; Ryu, I.; Okuda, T.; Tanaka, M.; Komatsu, M.; Sonoda, N. *J. Am. Chem. Soc.* **1998**, 120, 8692. Also see, Tsunoi, S.; Ryu, I.; Sonoda, N. *J. Am. Chem. Soc.* **1994**, 116, 5473.
[594] The name *Étard reaction* is often applied to any oxidation with chromyl chloride, for example, oxidation of glycols (*19-7*), alkenes (*19-10*), and so on.
[595] See Hartford, W. H.; Darrin, M. *Chem. Rev.* **1958**, 58, 1, see pp. 25-53.
[596] See Steckhan, E. *Top. Curr. Chem.* **1987**, 142, 1; pp. 12-17.
[597] Trahanovsky, W. S.; Young, L. B. *J. Org. Chem.* **1966**, 31, 2033; Syper, L. *Tetrahedron Lett.* **1967**, 4193. See Ganin, E.; Amer, I. *Synth. Commun.* **1995**, 25, 3149.
[598] Hosseinzadeh, R.; Tajbakhsh, M.; Vahedi, H. *Synlett* **2005**, 2769.
[599] Nicolaou, K. C.; Baran, P. S.; Zhong, Y.-L. *J. Am. Chem. Soc.* **2001**, 123, 3183.
[600] Bonvin, Y.; Callens, E.; Larrosa, I.; Henderson, D. A.; Oldham, J.; Burton, A. J.; Barrett, A. G. M. *Org. Lett.* **2005**, 7, 4549.
[601] Paul, S.; Nanda, P.; Gupta, R. *Synlett* **2004**, 531.
[602] Rajabi, F.; Clark, J. H.; Karimi, B.; Macquarrie, D. J. *Org. Biomol. Chem.* **2005**, 3, 725.
[603] For a review, see Nenitzescu, C. D. *Bull. Soc. Chim. Fr.* **1968**, 1349.
[604] Wheeler, O. H. *Can. J. Chem.* **1960**, 38, 2137. See also, Makhija, R. C.; Stairs, R. A. *Can. J. Chem.* **1968**, 46, 1255.
[605] Stairs, R. A. *Can. J. Chem.* **1964**, 42, 550.
[606] Wiberg, K. B.; Eisenthal, R. *Tetrahedron* **1964**, 20, 1151. See also, Gragerov, I. P.; Ponomarchuk, M. P. *J. Org. Chem. USSR* **1969**, 6, 1125.
[607] Necsoiu, I.; Przemetchi, V.; Ghenciulescu, A.; Rentea, C. N.; Nenitzescu, C. D. *Tetrahedron* **1966**, 22, 3037.
[608] Duffin, H. C.; Tucker, R. B. *Chem. Ind. (London)* **1966**, 1262; *Tetrahedron* **1968**, 24, 6999.
[609] Naruta, Y.; Maruyama, K. in Patai, S.; Rappoport, Z. *The Chemistry of the Quinoid Compounds*, Vol. 2, pt. 1, Wiley, NY, **1988**, pp. 242-247; Hudlicky, M. *Oxidations in Organic Chemistry*, American Chemical Society, Washington, DC, **1990**, pp. 94-96; Haines, A. H. *Methods for the Oxidation of Organic Compounds*, Vol. 1, Academic Press, NY, **1985**, pp. 182-185, 358-360; Thomson, R. H. in Patai, S. *The Chemistry of the Quinoid Compounds*, Vol. 1, pt. 1, Wiley, NY, **1974**, pp. 132-134.
[610] Periasamy, M.; Bhatt, M. V. *Synthesis* **1977**, 330; Balanikas, G.; Hussain, N.; Amin, S.; Hecht, S. S. *J. Org. Chem.* **1988**, 53, 1007.
[611] See Ito, S.; Katayama, R.; Kunai, A.; Sasaki, K. *Tetrahedron Lett.* **1989**, 30, 205.
[612] Yamazaki, S. *Tetrahedron Lett.* **2001**, 42, 3355.
[613] Tomatsu, A.; Takemura, S.; Hashimoto, K.; Nakata, M. *Synlett* **1999**, 1474.
[614] For reviews, see Tidwell, T. T. *Org. React.* **1990**, 39, 297; *Synthesis* **1990**, 857; Haines, A. H. *Methods for the Oxidation of Organic Compounds*, Vol. 2, Academic Press, NY, **1988**, pp. 171-181, 402-406; Durst, T. *Adv. Org. Chem.* **1969**, 6, 285, pp. 343-356; Epstein, W. W.; Sweat, F. W. *Chem. Rev.* **1967**, 67, 247; Moffatt, J. G. in Augustine, R. L.; Trecker, D. J. *Oxidation*, Vol. 2, Marcel Dekker, NY, **1971**, pp. 1-64. For a list of reagents, with references, see Larock, R. C. *Comprehensive Organic Transformations*, 2nd ed., Wiley-VCH, NY, **1999**, pp. 1222-1225.
[615] Nace, H. R.; Monagle, J. J. *J. Org. Chem.* **1959**, 24, 1792; Kornblum, N.; Jones, W. J.; Anderson, G. J. *J. Am. Chem.*

[616] *Soc.* ***1959***, 81, 4113. Also see Villemin, D.; Hammadi, M. *Synth. Commun.* ***1995***, 25, 3141.
[616] Kornblum, N.; Powers, J. W.; Anderson, G. J.; Jones, W. J.; Larson, H. O.; Levand, O.; Weaver, W. M. *J. Am. Chem. Soc.* ***1957***, 79, 6562. Mg—Al hydrotalcites have been used as heterogeneous basic catalysts: see Kshirsagar, S. W.; Patil, N. R.; Samant, S. D. *Tetrahedron Lett.* ***2008***, 49, 1160.
[617] Baizer, M. M. *J. Org. Chem.*, ***1960***, 25, 670.
[618] Kornblum, N.; Jones, W. J.; Anderson, G. J. *J. Am. Chem. Soc.* ***1959***, 81, 4113.
[619] Guo, Z.; Sawyer, R.; Prakash, I. *Synth. Commun.* ***2001***, 31, 667; Guo, Z.; Sawyer, R.; Prakash, I. *Synth. Commun.* ***2001***, 31, 3395.
[620] Goswami, S.; Jana, S.; Dey, S.; Adak, A. K. *Chem. Lett.* ***2005***, 34, 194.
[621] Ali Shaikh, T. M.; Emmanuvel, L.; Sudalai, A. *Synth. Commun.* ***2007***, 37, 2641.
[622] Tang, J.; Zhu, J.; Shen, Z.; Zhang, Y. *Tetrahedron Lett.* ***2007***, 48, 1919.
[623] Chen, D. X.; Ho, C. M.; Wu, Q. Y. R.; Wu, P. R.; Wong, F. M.; Wu, W. *Tetrahedron Lett.* ***2008***, 49, 4147.
[624] See Johnson, C. R.; Phillips, W. G. *J. Org. Chem.* ***1967***, 32, 1926; Torssell, K. *Acta Chem. Scand.* ***1967***, 21, 1.
[625] Khuddus, M. A.; Swern, D. *J. Am. Chem. Soc.* ***1973***, 95, 8393.
[626] For an alternateive, see Moffatt, J. G. *J. Org. Chem.* ***1971***, 36, 1909 and references cited therein.
[627] See Katayama, S.; Fukuda, K.; Watanabe, T.; Yamauchi, M. *Synthesis* ***1988***, 178.
[628] See Angyal, S. J. *Org. React.* ***1954***, 8, 197.
[629] Franzen, V.; Otto, S. *Chem. Ber.* ***1961***, 94, 1360. For the use of other amine oxides, see Suzuki, S.; Onishi, T.; Fujita, Y.; Misawa, H.; Otera, J. *Bull. Chem. Soc. Jpn.* ***1986***, 59, 3287.
[630] Barbry, D.; Champagne, P. *Tetrahedron Lett.* ***1996***, 37, 7725.
[631] See Olah, G. A.; Vankar, Y. D.; Arvanaghi, M. *Tetrahedron Lett.* ***1979***, 3653.
[632] Santosusso, T. M.; Swern, D. *J. Org. Chem.* ***1975***, 40, 2764.
[633] See Haines, A. H. *Methods for the Oxidation of Organic Compounds*, Vol. 2, Academic Press, NY, ***1988***, pp. 200-220, 411-415.
[634] For lists of reagents, with references, see Larock, R. C. *Comprehensive Organic Transformations*, 2nd ed., Wiley-VCH, NY, ***1999***, pp. 1225-1227; Hudlicky, M. *Oxidations in Organic Chemistry*, American Chemical Society, Washington, DC, ***1990***, p. 240.
[635] Banerji, K. K. *Bull. Chem. Soc. Jpn.* ***1988***, 61, 3717.
[636] Lee, G. A.; Freedman, H. H. *Tetrahedron Lett.* ***1976***, 1641.
[637] See Babler, J. H.; Invergo, B. J. *J. Org. Chem.* ***1981***, 46, 1937.
[638] Deno, N. C.; Fruit Jr., R. E. *J. Am. Chem. Soc.* ***1968***, 90, 3502.
[639] Rawalay, S. S.; Shechter, H. *J. Org. Chem.* ***1967***, 32, 3129. For another procedure, see Monkovic, I.; Wong, H.; Bachand, C. *Synthesis* ***1985***, 770.
[640] Knowles, D. A.; Mathews, C. J.; Tomkinson, N. C. O. *Synlett* ***2008***, 2769.
[641] Doyle, M. P.; Siegfried, B. *J. Chem. Soc. Chem. Commun.* ***1976***, 433.
[642] Ballini, R.; Petrini, M. *Tetrahedron Lett.* ***1989***, 30, 5329.
[643] Tokunaga, Y.; Ihara, M.; Fukumoto, K. *J. Chem. Soc. Perkin Trans. 1* ***1997***, 207.
[644] For a list of reagents, with references, see Larock, R. C. *Comprehensive Organic Transformations*, 2nd ed., Wiley-VCH, NY, ***1999***, pp. 1227-1228.
[645] See Rankin, K. N.; Liu, Q.; Hendry, J.; Yee, H.; Noureldin, N. A.; Lee, D. G. *Tetrahedron Lett.* ***1998***, 39, 1095.
[646] See Hudlicky, M. *Oxidations in Organic Chemistry*, American Chemical Society, Washington, DC, ***1990***, pp. 127-132; Haines, A. H. *Methods for the Oxidation of Organic Compounds*, Vol. 2, Academic Press, NY, ***1988***, 148-165, 391-401. For a list of reagents, with references, see Larock, R. C. *Comprehensive Organic Transformations*, 2nd ed., Wiley-VCH, NY, ***1999***, pp. 1646-1650.
[647] Zhao, M.; Li, J.; Song, Z.; Desmond, R.; Tschaen, D. M.; Grabowski, E. J. J.; Reider, P. J. *Tetrahedron Lett.* ***1998***, 39, 5323.
[648] Bogdal, D.; Lukasiewicz, M. *Synlett* ***2000***, 143.
[649] See DeLuca, L.; Giacomelli, G.; Masala, S.; Porcheddu, A. *J. Org. Chem.* ***2003***, 68, 4999.
[650] Zhao, M.; Li, J.; Mano, E.; Song, Z.; Tschaen, D. M.; Grabowski, E. J. J.; Reider, P. J. *J. Org. Chem.* ***1999***, 64, 2564.
[651] Grill, J. M.; Ogle, J. W.; Miller, S. A. *J. Org. Chem.* ***2006***, 71, 9291.
[652] Prashad, M.; Lu, Y.; Kim, H.-Y.; Hu, B.; Repic, O.; Blacklock, T. J. *Synth. Commun.* ***1999***, 29, 2937.
[653] Das, S.; Punniyamurthy, T. *Tetrahedron Lett.* ***2003***, 44, 6033.
[654] Shibuya, M.; Sato, T.; Tomizawa, M.; Iwabuchi, Y. *Chem. Commun.* ***2009***, 1739.
[655] Craig, J. C.; Horning, E. C. *J. Org. Chem.* ***1960***, 25, 2098. See also, Nwaukwa, S. O.; Keehn, P. M. *Tetrahedron Lett.* ***1982***, 23, 35.
[656] Schulze, A.; Pagona, G.; Giannis, A. *Synth. Commun.* ***2006***, 36, 1147.
[657] Bhar, S.; Chaudjuri, S. K. *Tetrahedron* ***2003***, 59, 3493.
[658] Zhang, J.; Leitus, G.; Ben-David, Y.; Milstein, D. *J. Am. Chem. Soc.* ***2005***, 127, 10840.
[659] Mori, N.; Togo, H. *Tetrahedron* ***2005***, 61, 5915.
[660] Owston, N. A.; Parker, A. J.; Williams, J. M. *J. Chem. Commun.* ***2008***, 624.
[661] Koo, B.-S.; Kim, E.-H.; Lee, K.-J. *Synth. Commun.* ***2002***, 32, 2275.
[662] Foot, J. S.; Kanno, H.; Giblin, G. M. P.; Taylor, R. J. K. *Synlett* ***2002***, 1293.
[663] Hiegel, G. A.; Gilley, C. B. *Synth. Commun.* ***2003***, 33, 2003.

[664] See Ito, M. ; Osaku, A. ; Shiibashi, A. ; Ikariya, T. *Org. Lett.* **2007**, 9, 1821. For a list of reagents used to effect this conversion, with references, see Larock, R. C. *Comprehensive Organic Transformations*, 2nd ed. , Wiley-VCH, NY, **1999**, pp. 1650-1652.
[665] Yanagisawa, Y. ; Kashiwagi, Y. ; Kurashima, F. ; Anzai, J. ; Osa, T. ; Bobbitt, J. M. *Chem. Lett.* **1996**, 1043.
[666] Stavber, S. ; Planinsek, Z. ; Zupan, M. *Tetrahedron Lett.* **1989**, 30, 6095.
[667] Fujita, K. -i. ; Takahashi, Y. ; Owaki, M. ; Yamamoto, K. ; Yamaguchi, R. *Org. Lett.* **2004**, 6, 2785.
[668] See Haines, A. H. *Methods for the Oxidation of Organic Compounds*, Academic Press, NY, **1988**, pp. 241-263, 423-428; Chinn, L. J. *Selection of Oxidants in Synthesis*, Marcel Dekker, NY, **1971**, pp. 63-70; Lee, D. G. in Augustine, R. L. *Oxidation*, Vol. 1, Marcel Dekker, NY, **1969**, pp. 81-86.
[669] See Hudlicky, M. *Oxidations in Organic Chemistry*, American Chemical Society, Washington, DC, **1990**, pp. 174-180; Larock, R. C. *Comprehensive Organic Transformations*, 2nd ed. , Wiley-VCH, NY, **1999**, pp. 1653-1661; Srivastava, R. G. ; Venkataramani, P. S. *Synth. Commun.* **1988**, 18, 2193. See also, Haines, A. H. *Methods for the Oxidation of Organic Compounds*, Academic Press, NY, **1988**.
[670] See Cainelli, G. ; Cardillo, G. *Chromium Oxidations in Organic Chemistry*, Springer, NY, **1984**, pp. 217-225.
[671] See Travis, B. R. ; Sivakumar, M. ; Hollist, G. O. ; Borhan, B. *Org. Lett.* **2003**, 5, 1031.
[672] See Nigh, W. G. in Trahanovsky, W. S. *Oxidation in Organic Chemistry*, pt. B, Academic Press, NY, **1973**, pp. 31-34.
[673] Dalcanale, E. ; Montanari, F. *J. Org. Chem.* **1986**, 51, 567. See also, Bayle, J. P. ; Perez, F. ; Courtieu, J. *Bull. Soc. Chim. Fr.* **1990**, 565.
[674] See Swern, D. in Swern, D. *Organic Peroxides*, Vol. 1, Wiley, NY, **1970**, pp. 313-516.
[675] For reviews of the autoxidation of aldehydes, see Vardanyan, I. A. ; Nalbandyan, A. B. *Russ. Chem. Rev.* **1985**, 54, 532 (gas phase); Sajus, L. ; Sérée de Roch, I. in Bamford, C. H. ; Tipper, C. F. H. *Comprehensive Chemical Kinetics*, Vol. 16, Elsevier, NY, **1980**, pp. 89-124 (liquid phase); Maslov, S. A. ; Blyumberg, E. A. *Russ. Chem. Rev.* **1976**, 45, 155 (liquid phase). See Niclause, M. ; Lemaire, J. ; Letort, M. *Adv. Photochem.* **1966**, 4, 25. See Larkin, D. R. *J. Org. Chem.* **1990**, 55, 1563.
[676] Lim, M. ; Yoon, C. M. ; An, G. ; Rhee, H. *Tetrahedron Lett.* **2007**, 48, 3835.
[677] Sato, K. ; Hyodo, M. ; Takagi, J. ; Aoki, M. ; Noyori, R. *Tetrahedron Lett.* **2000**, 41, 1439.
[678] Wójtowicz, H. ; Brzaszcz, M. ; Kloc, K. ; Mlochowski, J. *Tetrahedron* **2001**, 57, 9743.
[679] Tashino, Y. ; Togo, H. *Synlett* **2004**, 2010.
[680] Chakraborty, D. ; Gowda, R. R. ; Malik, P. *Tetrahedron Lett.* **2009**, 50, 6553.
[681] Kon, Y. ; Imao, D. ; Nakashima, T. ; Sato, K. *Chem. Lett.* **2009**, 38, 430.
[682] Gopinath, R. ; Patel, B. K. *Org. Lett.* **2000**, 2, 577.
[683] Chavan, S. P. ; Dantale, S. W. ; Govande, C. A. ; Venkatraman, M. S. ; Praveen, C. *Synlett* **2002**, 267.
[684] Kiyooka, S. -i. ; Wada, Y. ; Ueno, M. ; Yokoyama, T. ; Yokoyama, R. *Tetrahedron* **2007**, 63, 12695.
[685] Kiran, Y. B. ; Ikeda, R. ; Sakai, N. ; Konakahara, T. *Synthesis* **2010**, 276.
[686] Qin, C. ; Wu, H. ; Chen, J. ; Liu, M. ; Cheng, J. ; Su, W. ; Ding, J. *Org. Lett.* **2008**, 10, 1537.
[687] Maki, B. E. ; Scheidt, K. A. *Org. Lett.* **2008**, 10, 4331. Using boronic acdis: see Rosa, J. N. ; Reddy, R. S. ; Candeias, N. R. ; Cal, P. M. S. D. ; Gois, P. M. P. *Org. Lett.* **2010**, 12, 2686.
[688] Al Neirabeyeh, M. ; Pujol, M. D. *Tetrahedron Lett.* **1990**, 31, 2273; Kennedy, K. ; Kirkpatrick, E. ; Leathers, T. ; Vanemon, P. *J. Org. Chem.* **1989**, 54, 1212. For a list of reagents, with references, see Larock, R. C. *Comprehensive Organic Transformations*, 2nd ed. , Wiley-VCH, NY, **1999**, pp. 1661-1669.
[689] Seo, S. Y. ; Marks, T. J. *Org. Lett.* **2008**, 10, 317.
[690] See Rocek, J. , in Patai, S. *The Chemistry of the Carbonyl Group*, Vol. 1, Wiley, NY, **1966**, pp. 461-505.
[691] Wiberg, K. B. ; Szeimies, G. *J. Am. Chem. Soc.* **1974**, 96, 1889. See also, Sen Gupta, S. ; Dey, S. ; Sen Gupta, K. K. *Tetrahedron* **1990**, 46, 2431.
[692] See Rocek, J. ; Ng, C. *J. Org. Chem.* **1973**, 38, 3348.
[693] See Freeman, F. ; Lin, D. K. ; Moore, G. R. *J. Org. Chem.* **1982**, 47, 56; Jain, A. L. ; Banerji, K. K. *J. Chem. Res. (S)* **1983**, 60.
[694] Freeman, F. ; Brant, J. B. ; Hester, N. B. ; Kamego, A. A. ; Kasner, M. L. ; McLaughlin, T. G. ; Paul, E. W. *J. Org. Chem.* **1970**, 35, 982.
[695] Huang, R. ; Espenson, J. H. *J. Org. Chem.* **1999**, 64, 6935.
[696] See Swern, D. in Swern, D. *Organic Peroxides*, Vol. 1, Wiley, NY, **1970**, pp. 313-516.
[697] Dussault, P. ; Sahli, A. *J. Org. Chem.* **1992**, 57, 1009.
[698] See Henry, P. M. *Palladium Catalyzed Oxidation of Hydrocarbons*, D. Reidel Publishing Co. , Dordrecht, **1980**; Tsuji, J. *Organic Synthesis with Palladium Compounds*, Springer, NY, **1980**, pp. 6-12; *Synthesis* **1990**, 739; Heck, R. F. *Palladium Reagents in Organic Syntheses*, Academic Press, NY, **1985**, pp. 59-80; Sheldon, R. A. ; Kochi, J. K. *Metal-Catalyzed Oxidations of Organic Compounds*, Academic Press, NY, **1981**, pp. 189-193, 299-303; Jira, R. ; Freiesleben, W. *Organomet. React.* **1972**, 3, 1, pp. 1-44; Khan, M. M. T. ; Martell, A. E. *Homogeneous Catalysis by Metal Complexes*, Vol. 2, Academic Press, NY, **1974**, pp. 77-91; Hüttel, R. *Synthesis* **1970**, 225, see pp. 225-236; Bird, C. W. *Transition Metal Intermediates in Organic Synthesis*, Academic Press, NY, **1967**, pp. 88-111.
[699] Smidt, J. ; Hafner, W. ; Jira, R. ; Sieber, R. ; Sedlmeier, J. ; Sabel, A. *Angew. Chem. Int. Ed.* **1962**, 1, 80; Jira, R. ; Freiesleben, W. *Organomet. React.* **1972**, 3, 1; *The Merck Index*, 14th ed. , Merck&Co. , Inc. , Whitehouse Station, New Jersey, **2006**, p ONR-98; Mundy, B. P. ; Ellerd, M. G. ; Favaloro, Jr. , F. G. *Name Reactions and Reagents in Organic Synthesis*, 2nd ed. , Wiley-Interscience, New Jersey, **2005**, pp. 676-677. See Muzart, J. *Tetrahedron* **2007**, 63, 7505.
[700] See Cornell, C. N. ; Sigman, M. S. *Org. Lett.* **2006**, 8, 4117.

[701] See Cornell, C. N. ; Sigman, M. S. *J. Am. Chem. Soc.* **2005**, 127, 2796; Keith, J. A. ; Nielsen, R. J. ; Oxgaard, J. ; Goddard III, W. A. *J. Am. Chem. Soc.* **2007**, 129, 12342.
[702] Hart, H. ; Lerner, L. R. *J. Org. Chem.* **1967**, 32, 2669.
[703] Kikuchi, H. ; Kogure, K. ; Toyoda, M. *Chem. Lett.* **1984**, 341.
[704] Lethbridge, A. ; Norman, R. O. C. ; Thomas, C. B. *J. Chem. Soc. Perkin Trans. 1* **1973**, 35.
[705] Roussel, M. ; Mimoun, H. *J. Org. Chem.* **1980**, 45, 5387.
[706] Alper, H. ; Januszkiewicz, K. ; Smith, D. J. H. *Tetrahedron Lett.* **1985**, 26, 2263.
[707] Nair, V. ; Nair, L. G. ; Panicker, S. B. ; Sheeba, V. ; Augustine, A. *Chem. Lett.* **2000**, 584.
[708] Srinivasan, N. S. ; Lee, D. G. *Synthesis* **1979**, 520. See also, Baskaran, S. ; Das, J. ; Chandrasekaran, S. *J. Org. Chem.* **1989**, 54, 5182.
[709] Sharpless, K. B. ; Teranishi, A. Y. *J. Org. Chem.* **1973**, 38, 185. See also, Kageyama, T. ; Tobito, Y. ; Katoh, A. ; Ueno, Y. ; Okawara, M. *Chem. Lett.* **1983**, 1481; Lee, J. G. ; Ha, D. S. *Tetrahedron Lett.* **1989**, 30, 193.
[710] Evans, R. D. ; Schauble, J. H. *Synthesis* **1986**, 727.
[711] Jensen, H. P. ; Sharpless, K. B. *J. Org. Chem.* **1974**, 39, 2314.
[712] Piancatelli, G. ; Scettri, A. ; D'Auria, M. *Tetrahedron Lett.* **1977**, 3483. See Baskaran, S. ; Islam, I. ; Raghavan, M. ; Chandrasekaran, S. *Chem. Lett.* **1987**, 1175.
[713] Davis, F. A. ; Sheppard, A. C. *Tetrahedron Lett.* **1988**, 29, 4365.
[714] Abrams. S. R. *Can. J. Chem.* **1983**, 61, 2423.
[715] Liu, G. ; Stahl, S. S. *J. Am. Chem. Soc.* **2007**, 129, 6328; Zhang, Z. ; Tan, J. ;Wang, Z. *Org. Lett.* **2008**, 10, 173.
[716] See Haines, A. H. *Methods for the Oxidation of Organic Compounds*, Vol. 1, Academic Press, NY, **1985**, pp. 153-162, 332-338; Simándi, L. I. in Patai, S. ; Rappoport, Z. *The Chemistry of Functional Groups*, Supplement C pt. 1, Wiley, NY, **1983**, pp. 513-570.
[717] See Hudlicky, M. *Oxidations in Organic Chemistry*, American Chemical Society, Washington, DC, **1990**, p. 92.
[718] See Tatlock, J. H. *J. Org. Chem.* **1995**, 60, 6221.
[719] Vasil'eva, V. P. ; Khalfina, I. L. ; Karpitskaya, L. G. ; Merkushev, E. B. *J. Org. Chem. USSR* **1987**, 23, 1967.
[720] See Al-Rashid, Z. F. ; Johnson, W. L. ; Hsung, R. P. ; Wei, Y. ; Yao, P.-Y. ; Liu, R. ; Zhao, K. *J. Org. Chem.* **2008**, 73, 8780.
[721] Zhu, Z. ; Espenson, J. H. *J. Org. Chem.* **1995**, 60, 7728.
[722] Ren, W. ; Xia, Y. ; Ji, S.-J. ; Zhang, Y. ; Wan, X. ; Zhao, J. *Org. Lett.* **2009**, 11, 1841.
[723] Che, C.-M. ; Yu, W.-Y. ; Chan, P.-M. ; Cheng, W.-C. ; Peng, S.-M. ; Lau, K.-C. ; Li, W.-K. *J. Am. Chem. Soc.* **2000**, 122, 11380.
[724] Chu, J. H. ; Chen, Y.-J. ; Wu, M.-J. *Synthesis* **2009**, 2115.
[725] Sonoda, N. ; Yamamoto, Y. ; Murai, S. ; Tsutsumi, S. *Chem. Lett.* **1972**, 229.
[726] Wan, Z. ; Jones, C. D. ; Mitchell, D. ; Pu, J. Y. ; Zhang, T. Y. *J. Org. Chem.* **2006**, 71, 826.
[727] Rosenblatt, D. H. ; Burrows, E. P. in Patai, S. *The Chemistry of Functional Groups*, Supplement F, pt. 2, Wiley, NY, **1982**, pp. 1085-1149; Challis, B. C. ; Butler, A. R. in Patai, S. *The Chemistry of the Amino Group*, Wiley, NY, **1968**, pp. 320-338; Hedayatullah, M. *Bull. Soc. Chim. Fr.* **1972**, 2957.
[728] Holmes, R. R. ; Bayer, R. P. *J. Am. Chem. Soc.* **1960**, 82, 3454.
[729] Zajac, Jr. , W. W. ; Darcy, M. G. ; Subong, A. P. ; Buzby, J. H. *Tetrahedron Lett.* **1989**, 30, 6495.
[730] Dewkar, G. K. ; Nikalje, M. D. ; Ali, I. S. ; Paraskar, A. S. ; Jagtap, H. S. ; Sadalai, A. *Angew. Chem. Int. Ed.* **2001**, 40, 405.
[731] Dirk, S. M. ; Mickelson, E. T. ; Henderson, J. C. ; Tour, J. M. *Org. Lett.* **2002**, 2, 3405.
[732] Corey, E. J. ; Gross, A. W. *Org. Synth.* **65**, 166.
[733] See Kahr, K. ; Berther, C. *Chem. Ber.* **1960**, 93, 132.
[734] Gragerov, I. P. ; Levit, A. F. *J. Gen Chem. USSR* **1960**, 30, 3690.
[735] Murray, R. W. ; Singh, M. *Synth. Commun.* **1989**, 19, 3509. This reagent also oxidizes primary amines to hydroxylamines: Wittman, M. D. ; Halcomb, R. L. ; Danishefsky, S. J. *J. Org. Chem.* **1990**, 55, 1981.
[736] Biloski, A. J. ; Ganem, B. *Synthesis* **1983**, 537.
[737] Fields, J. D. ; Kropp, P. J. *J. Org. Chem.* **2000**, 65, 5937.
[738] Colonna, S. ; Pironti, V. ; Carrea, G. ; Pasta, P. ; Zambianchi, F. *Tetrahedron* **2004**, 60, 569.
[739] Detomaso, A. ; Curci, R. *Tetrahedron Lett.* **2001**, 42, 755.
[740] Iranpoor, N. ; Firouzabadi, H. ; Pourali, A. R. *Synthesis* **2003**, 1591.
[741] Larson, H. O. in Feuer, H. *The Chemistry of the Nitro and Nitroso Groups*, Vol. 1, Wiley, NY, **1969**, pp. 306-310. See also, Barnes, M. W. ; Patterson, J. M. *J. Org. Chem.* **1976**, 41, 733. For reviews of oxidations of nitrogen compounds, see Butler, R. N. *Chem. Rev.* **1984**, 84, 249; Boyer, J. H. *Chem. Rev.* **1980**, 80, 495.
[742] Murray, R. W. ; Rajadhyaksha, S. N. ; Mohan, L. *J. Org. Chem.* **1989**, 54, 5783. See also, Zabrowski, D. L. ; Moorman, A. E. ; Beck, Jr. , K. R. *Tetrahedron Lett.* **1988**, 29, 4501.
[743] See Keinan, E. ; Mazur, Y. *J. Org. Chem.* **1977**, 42 844
[744] See Gilbert, K. E. ; Borden, W. T. *J. Org. Chem.* **1979**, 44, 659.
[745] See Cardona, F. ; Soldaini, G. ; Goti, A. *Synlett* **2004**, 1553.
[746] Webb, K. S. ; Seneviratne, V. *Tetrahedron Lett.* **1995**, 36, 2377.
[747] Howe, G. R. ; Hiatt, R. R. *J. Org. Chem.* **1970**, 35, 4007. See also, Nielsen, A. T. ; Atkins, R. L. ; Norris, W. P. ; Coon, C. L. ; Sitzmann, M. E. *J. Org. Chem.* **1980**, 45, 2341.

[748] McKillop, A. ; Tarbin, J. A. *Tetrahedron* **1987**, 43, 1753.
[749] Harel, T. ; Rozen, S. *J. Org. Chem.* **2007**, 72, 6500.
[750] Eaton, P. E. ; Wicks, G. E. *J. Org. Chem.* **1988**, 53, 5353.
[751] Olah, G. A. ; Ramaiah, P. ; Lee, G. K. ; Prakash, G. K. S. *Synlett* **1992**, 337.
[752] Cicchi, S. ; Marradi, M. ; Goti, A. ; Brandi, A. *Tetrahedron Lett.* **2001**, 42, 6503.
[753] Corey, E. J. ; Samuelsson, B. ; Luzzio, F. A. *J. Am. Chem. Soc.* **1984**, 106, 3682.
[754] Carmeli, M. ; Rozen, S. *J. Org. Chem.* **2006**, 71, 4585.
[755] See Boyer, J. H. in Feuer, H. *The Chemistry of the Nitro and Nitroso Groups*, Vol. 1, Wiley, NY, **1969**, pp. 264-265.
[756] Albini, A. ; Pietra, S. *Heterocyclic N-Oxides*, CRC Press, Boca Raton, FL, **1991**, pp. 31-41; Katritzky, A. R. ; Lagowski, J. M. *Chemistry of the Heterocyclic N-Oxides*, Academic Press, NY, **1971**, pp. 21-72, 539-542.
[757] Balicki, R. ; Golinski, J. *Synth. Commun.* **2000**, 30, 1529.
[758] Ogata, Y. ; Tabushi, I. *Bull. Chem. Soc. Jpn.* **1958**, 31, 969.
[759] Choudary, B. M. ; Bharathi, B. ; Reddy, Ch. V. ; Kantam, M. L. ; Raghavan, K. V. *Chem. Commun.* **2001**, 1736.
[760] Colacino, E. ; Nun, P. ; Maria Colacino, F. ; Martinez, J. ; Lamaty, F. *Tetrahedron* **2008**, 64, 5569.
[761] Jain, S. L. ; Sain, B. *Chem. Commun.* **2002**, 1040.
[762] Sharma, V. B. ; Jain, S. L. ; Sain, B. *Tetrahedron Lett.* **2004**, 45, 4281.
[763] Wang, F. ; Zhang, H. ; Song, G. ; Lu, X. *Synth. Commun.* **1999**, 29, 11.
[764] Jain, S. L. ; Sain, B. *Angew. Chem. Int. Ed.* **2003**, 42, 1265.
[765] Mielniczak, G. ; Lopusinski, A. *Synlett* **2001**, 505.
[766] Uziel, J. ; Darcel, C. ; Moulin, D. ; Bauduin, C. ; Juge, S. *Tetrahedron Asymmetry* **2001**, 12, 1441.
[767] Bergin, E. ; O'Connor, C. T. ; Robinson, S. B. ; McGarrigle, E. M. ; O'Mahony, C. P. ; Gilheany, D. G. *J. Am. Chem. Soc.* **2007**, 129, 9566.
[768] See Savige, W. E. ; Maclaren, J. A. in Kharasch, N. ; Meyers, C. Y. *Organic Sulfur Compounds*, Vol. 2; pp. 367-402, Pergamon, NY, **1966**.
[769] See Capozzi, G. ; Modena, G. in Patai, S. *The Chemistry of the Thiol Group*, pt. 2, Wiley, NY, **1974**, pp. 785-839; Gilbert, E. E. *Sulfonation and Related Reactions*, Wiley, NY, **1965**, pp. 217-239.
[770] Gu, D. ; Harpp, D. N. *Tetrahedron Lett.* **1993**, 34, 67. See Ballistreri, F. P. ; Tomaselli, G. A. ; Toscano, R. M. *Tetrahedron Lett.* **2008**, 49, 3291.
[771] Wallace, T. J. ; Schriesheim, A. *Tetrahedron* **1965**, 21, 2271.
[772] See Gilbert, E. E. *Sulfonation and Related Reactions*, Wiley, NY, **1965**, pp. 202-214.
[773] See Hudlicky, M. *Oxidations in Organic Chemistry*, American Chemical Society, Washington, DC, **1990**, pp. 252-263; Drabowicz, J. ; Kielbasinski, P. ; Mikolajczyk, M. in Patai, S. ; Rappoport, Z. ; Stirling, C. *The Chemistry of Sulphones and Sulphoxides*, Wiley, NY, **1988**, pp. 233-378, pp. 235-255; Madesclaire, M. *Tetrahedron* **1986**, 42, 5459; Drabowicz, J. ; Mikolajczyk, M. *Org. Prep. Proced. Int.* **1982**, 14, 45; Oae, S. in Oae, S. *The Organic Chemistry of Sulfur*, Plenum, NY, **1977**, pp. 385-390; Holland, H. L. *Chem. Rev.* **1988**, 88, 473.
[774] Hiskey, R. G. ; Harpold, M. A. *J. Org. Chem.* **1967**, 32, 3191; Varma, R. S. ; Saini, R. K. ; Meshram, H. M. *Tetrahedron Lett.* **1997**, 38, 6525.
[775] Matteucci, M. ; Bhalay, G. ; Bradley, M. *Org. Lett.* **2003**, 5, 235.
[776] Lakouraj, M. M. ; Tajbakhsh, M. ; Shirini, F. ; Asady Tamami, M. V. *Synth. Commun.* **2005**, 35, 775.
[777] Colonna, S. ; Gaggero, N. *Tetrahedron Lett.* **1989**, 30, 6233. For a discussion of the mechanism, see González-Núñez, M. E. ; Mello, R. ; Royo, J. ; Rios, J. V. ; Asensio, G. *J. Am. Chem. Soc.* **2002**, 124, 9154.
[778] See Choi, S. ; Yang, J.-D. ; Ji, M. ; Choi, H. ; Kee, M. ; Ahn, K.-H. ; Byeon, S.-H. ; Baik, W. ; Koo, S. *J. Org. Chem.* **2001**, 66, 8192.
[779] See Ali, M. H. ; Kriedelbaugh, D. ; Wencewicz, T. *Synthesis* **2007**, 3507.
[780] Chen, Y.-J. ; Huang, Y.-P. *Tetrahedron Lett.* **2000**, 41, 5233.
[781] Shaabani, A. ; Teimouri, M. B. ; Safaei, H. R. *Synth. Commun.* **2000**, 30, 265. See Kowalski, P. ; Mitka, K. ; Ossowska, K. ; Kolarska, Z. *Tetrahedron* **2005**, 61, 1933.
[782] Kim, S. S. ; Nehru, K. ; Kim, S. S. ; Kim, D. W. ; Jung, H. C. *Synthesis* **2002**, 2484.
[783] See Koposov, A. Y. ; Zhdankin, V. V. *Synthesis* **2005**, 22.
[784] See Block, E. *Reactions of Organosulfur Compounds*, Academic Press, NY, **1978**, p. 16.
[785] See Schank, K. in Patai, S. ; Rappoport, Z. ; Stirling, C. *The Chemistry of Sulphones and Sulphoxides*, Wiley, NY, **1988**, pp. 165-231, pp. 205-213.
[786] Guertin, K. R. ; Kende, A. S. *Tetrahedron Lett.* **1993**, 34, 5369.
[787] Kaczorowska, K. ; Kolarska, Z. ; Mitka, K. ; Kowalski, P. *Tetrahedron* **2005**, 61, 8315. See Velusamy, S. ; Kumar, A. V. ; Saini, R. ; Punniyamurthy, T. *Tetrahedron Lett.* **2005**, 46, 3819.
[788] Margues, A. ; Marin, M. ; Ruasse, M.-F. *J. Org. Chem.* **2001**, 66, 7588.
[789] Bahrami, K. *Tetrahedron Lett.* **2006**, 47, 2009.
[790] Kirihara, M. ; Yamamoto, J. ; Noguchi, T. ; Hirai, Y. *Tetrahedron Lett.* **2009**, 50, 1180.
[791] Trivedi, R. ; Lalitha, P. *Synth. Commun.* **2006**, 36, 3777.
[792] Yuan, Y. ; Bian, Y. *Tetrahedron Lett.* **2007**, 48, 8518.
[793] Jeyakumar, K. ; Chand, D. K. *Tetrahedron Lett.* **2006**, 47, 4573; Gamelas, C. A; Lourenço, T. ; da Costa, A. P. ; Simplicio, A. L. ; Royo, B. ; Romão, C. C. *Tetrahedron Lett.* **2008**, 49, 4708.
[794] Lindén, A. A. ; Johansson, M. ; Hermanns, N. ; Bäckvall, J-E. *J. Org. Chem.* **2006**, 71, 3849.

[795] Balicki, R. *Synth. Commun.* **1999**, 29, 2235.
[796] Iranpoor, N.; Mohajer, D.; Rezaeifard, A.-R. *Tetrahedron Lett.* **2004**, 45, 3811.
[797] Hajipour, A. R.; Kooshki, B.; Ruoho, A. E. *Tetrahedron Lett.* **2005**, 46, 2643.
[798] SeeVenier, C. G.; Barager, III, H. J. *Org. Prep. Proced. Int.* **1974**, 6, 77, pp. 85-86.
[799] For reviews, see Kagan, H. B.; Rebiere, F. *Synlett* **1990**, 643; Drabowicz, J.; Kielbasinski, P.; Mikolajczyk, M. *Org. Prep. Proceed. Int.* **1982**, 14, 45, see p. 288.
[800] See Shibata, N.; Matsunaga, M.; Nakagawa, M.; Fukuzumi, T.; Nakamura, S.; Toru, T. *J. Am. Chem. Soc.* **2005**, 127, 1374; Egami, H.; Katsuki, T. *J. Am. Chem. Soc.* **2007**, 129, 8940; del Rio, R. E.; Wang, B.; Achab, S.; Bohé, L. *Org. Lett.* **2007**, 9, 2265; Gao, J.; Guo, H.; Liu, S.; Wang, M. *Tetrahedron Lett.* **2007**, 48, 8453; Yamaguchi, T.; Matsumoto, K.; Saito, B.; Katsuki, T. *Angew. Chem. Int. Ed.* **2007**, 46, 4729; Matsumoto, K.; Yamaguchi, T.; Katsuki, T. *Chem. Commun.* **2008**, 1704; Kelly, P.; Lawrence, S. E.; Maguire, A. R. *Synlett* **2007**, 1501; Jurok, R.; Cibulka, R.; Dvoráková, H.; Hampl, F.; Hodačová, J. *Eur. J. Org. Chem.* **2010**, 5217; Dieva, S. A.; Eliseenkova, R. M.; Efremov, Yu. Ya.; Sharafutdinova, D. R.; Bredikhin, A. A. *Russ. J. Org. Chem.* **2006**, 42, 12.
[801] Colonna, S.; Gaggero, N.; Pasta, P.; Ottolina, G. *Chem. Commun.* **1996**, 2303; Pasta, P.; Carrea, G.; Holland, H. L.; Dallavalle, S. *Tetrahedron Asymmetry*, **1995**, 6, 933.
[802] Ozaki, S.-i.; Watanabe, S.; Hayasaka, S.; Konuma, M. *Chem. Commun.* **2001**, 1654.
[803] Mikolajczyk, M.; Drabowicz, J.; Kielbasinski, P. *Chiral Sulfur Reagents*, CRC Press, Boca Raton, FL, **1997**.
[804] Gabbi, C.; Ghelfi, F.; Grandi, R. *Synth. Commun.* **1997**, 27, 2857.
[805] See Jennings, W. B.; O'Shea, J. H.; Schweppe, A. *Tetrahedron Lett.* **2001**, 42, 101.
[806] See Reich, H. J. in Trahanovsky, W. S. *Oxidations in Organic Chemistry*, pt. C, Academic Press, NY, **1978**, pp. 7-13; Kobayashi, M.; Ohkubo, H.; Shimizu, T. *Bull. Chem. Soc. Jpn.* **1986**, 59, 503.
[807] Blum, S. A.; Bergman, R. G.; Ellman, J. A. *J. Org. Chem.* **2003**, 68, 150.
[808] See Agarwal, A.; Bhatt, P.; Banerji, K. K. *J. Phys. Org. Chem.* **1990**, 3, 174; Lee, D. G.; Chen, T. *J. Org. Chem.* **1991**, 56, 5346.
[809] Modena, G.; Todesco, P. E. *J. Chem. Soc.* **1962**, 4920, and references cited therein.
[810] Curci, R.; Di Furia, F.; Modena, G. *J. Chem. Soc. Perkin Trans. 2* **1978**, 603 and references cited therein. See also, Akasaka, T.; Ando, W. *J. Chem. Soc. Chem. Commun.* **1983**, 1203.
[811] See Henbest, H. B.; Khan, S. A. *Chem. Commun.* **1968**, 1036.
[812] See Saunders Jr., W. H.; Cockerill, A. F. *Mechanisms of Elimination Reactions*, Wiley, NY, **1973**, pp. 548-554.
[813] See Reisdorf, D.; Normant, H. *Organomet. Chem. Synth.* **1972**, 1, 375; Hanna, S. B.; Wideman, L. G. *Chem. Ind. (London)* **1968**, 486. Also see Bethell, D.; Bird, R. *J. Chem. Soc. Perkin Trans. 2* **1977**, 1856.
[814] Vernigor, E. M.; Shalaev, V. K.; Luk'yanets, E. A. *J. Org. Chem. USSR* **1981**, 17, 317.
[815] Buckles, R. E.; Matlack, G. M. *Org. Synth.* IV, 914.
[816] Khurana, J. M.; Maikap, G. C.; Mehta, S. *Synthesis* **1990**, 731.
[817] See Aurell, M. J.; Gil, S.; Tortajada, A.; Mestres, R. *Synthesis* **1990**, 317.
[818] Rathke, M. W.; Lindert, A. *J. Am. Chem. Soc.* **1971**, 93, 4605; Baudin, J.; Julia, M.; Rolando, C.; Verpeaux, J. *Bull. Soc. Chim. Fr.* **1987**, 493.
[819] Nakayama, J.; Tanuma, M.; Honda, Y.; Hoshino, M. *Tetrahedron Lett.* **1984**, 25, 4553.
[820] Ito, Y.; Konoike, T.; Saegusa, T. *J. Am. Chem. Soc.* **1975**, 97, 649.
[821] Moriarty, R.; Prakash, O.; Duncan, M. P. *J. Chem. Soc. Perkin Trans. 1* **1987**, 559.
[822] Baciocchi, E.; Casu, A.; Ruzziconi, R. *Tetrahedron Lett.* **1989**, 30, 3707.
[823] Moriarty, R. M.; Penmasta, R.; Prakash, I. *Tetrahedron Lett.* **1987**, 28, 873.
[824] Inaba, S.; Ojima, I. *Tetrahedron Lett.* **1977**, 2009. See also, Totten, G. E.; Wenke, G.; Rhodes, Y. E. *Synth. Commun.* **1985**, 15, 291, 301.
[825] Frazier, Jr., R. H.; Harlow, R. L. *J. Org. Chem.* **1980**, 45, 5408.
[826] See Capozzi, G.; Modena, G. in Patai, S. *The Chemistry of the Thiol Group*, pt. 2, Wiley, NY, **1974**, pp. 785-839; Block, E. *Reactions of Organosulfur Compounds*, Academic Press, NY, **1978**.
[827] See, however, Evans, B. J.; Doi, J. T.; Musker, W. K. *J. Org. Chem.* **1990**, 55, 2337.
[828] Ali, M. H.; McDermott, M. *Tetrahedron Lett.* **2002**, 43, 6271.
[829] McKillop, A.; KoyunScu, D. *Tetrahedron Lett.* **1990**, 31, 5007.
[830] Zhan, Z.-P.; Lang, K.; Liu, F.; Hu, L.-m. *Synth. Commun.* **2004**, 34, 3203.
[831] Tanaka, K.; Ajiki, K. *Tetrahedron Lett.* **2004**, 45, 25.
[832] Patel, S.; Mishra, B. K. *Tetrahedron Lett.* **2004**, 45, 1371. See also, Tajbakhsh, M.; Hosseinzadeh, R.; Shakoori, A. *Tetrahedron Lett.* **2004**, 45, 1889.
[833] Kesavan, V.; Bonnet-Delpon, D.; Bégué, J.-P. *Synthesis* **2000**, 223.
[834] Firouzabadi, H.; Abbassi, M.; Karimi, B. *Synth. Commun.* **1999**, 129, 2527.
[835] Salehi, P.; Farrokhi, A.; Gholizadeh, M. *Synth. Commun.* **2001**, 31, 2777.
[836] Leino, R.; Lönnqvist, J.-E. *Tetrahedron Lett.* **2004**, 45, 8489.
[837] Joshi, A. V.; Bhusare, S.; Baidossi, M.; Qafisheh, N.; Sasson, Y. *Tetrahedron Lett.* **2005**, 46, 3583.
[838] Tarbell, D. S. in Kharasch, N. *Organic Sulfur Compounds*, Pergamon, Elmsford, NY, **1961**, pp. 97-102.
[839] Wallace, T. J.; Schriesheim, A.; Bartok, W. *J. Org. Chem.* **1963**, 28, 1311.
[840] Mukaiyama, T.; Takahashi, K. *Tetrahedron Lett.* **1968**, 5907.
[841] Also see Boustany, K. S.; Sullivan, A. B. *Tetrahedron Lett.* **1970**, 3547; Oae, S.; Fukushima, D.; Kim, Y. H. *J. Chem. Soc.*

[842] Bruni, R.; Fantin, G.; Medici, A.; Pedrini, P.; Sacchetti, G. *Tetrahedron Lett.* **2002**, 43, 3377.

[843] See Hudlicky, M. *Reductions in Organic Chemistry*, Wiley, NY, **1984**; Augustine, R. L. *Reduction*, Marcel Dekker, NY, **1968**; Candlin, J. P.; Rennie, R. A. C. in Bentley, K. W.; Kirby, G. W. *Elucidation of Chemical Structures by Physical and Chemical Methods* (Vol. 4 of Weissberger, A. *Techniques of Chemistry*), 2nd ed., pt. 2, Wiley, NY, **1973**, pp. 77-135.

[844] See Brown, H. C.; Krishnamurthy, S. *Tetrahedron* **1979**, 35, 567; Walker, E. R. H. *Chem. Soc. Rev.* **1976**, 5, 23; Brown, H. C. *Boranes in Organic Chemistry*, Cornell University Press, Ithaca, NY, **1972**, pp. 209-251; Rerick, M. N. in Augustine, R. L. *Reduction*, Marcel Dekker, NY, **1968**.

[845] See Rylander, P. N. *Aldrichimica Acta* **1979**, 12, 53. See also, Rylander, P. N. *Hydrogenation Methods*, Academic Press, NY, **1985**.

[846] Table 19.2 is from House, H. O. *Modern Synthetic Reactions*, 2nd ed., W. A. Benjamin, NY, **1972**, p. 9. Tables 19.3 and 19.4 are from Brown, H. C. *Boranes in Organic Chemistry*, Cornell University Press, Ithaca, NY, **1972**, pp. 213 and 232, respectively.

[847] The first 10 columns are from Brown, H. C.; Krishnamurthy, S. *Tetrahedron* **1979**, 35, 567, p. 604. The column on $(i\text{-Bu})_2$AlH is from Yoon, N. M.; Gyoung, Y. S. *J. Org. Chem.* **1985**, 50, 2443; the one on $NaAlEt_2H_2$ from Stinson, S. R. *Chem. Eng. News*, Nov. 3, **1980**, 58, No. 44, 19; and the one on $LiBEt_3H$ from Brown, H. C.; Kim, S. C.; Krishnamurthy, S. *J. Org. Chem.* **1980**, 45, 1. Also see Pelter, A.; Smith, K.; Brown, H. C. *Borane Reagents*, Academic Press, NY, **1988**, p. 129; Hajós, A. *Complex Hydrides*, Elsevier, NY, **1979**, pp. 16-17; Hudlicky, M. *Reductions in Organic Chemistry*, Wiley, NY, **1984**, pp. 177-200.

[848] See also, the table in Hudlicky, M. *J. Chem. Educ.* **1977**, 54, 100.

[849] See Pizey, J. S. *Synthetic Reagents*, Vol. 1, Wiley, NY, **1974**, pp. 101-194.

[850] See Málek, J. *J. Org. Chem.* **1988**, 36, 249; **1985**, 34, 1; Málek, J.; Cerny, M. *Synthesis* **1972**, 217.

[851] Brown, H. C.; Bigley, D. B.; Arora, S. K.; Yoon, N. M. *J. Am. Chem. Soc.* **1970**, 92, 7161. For reductions with thexylborane, see Brown, H. C.; Heim, P.; Yoon, N. M. *J. Org. Chem.* **1972**, 37, 2942.

[852] Brown, H. C.; Krishnamurthy, S.; Yoon, N. M. *J. Org. Chem.* **1976**, 41, 1778.

[853] See Yoon, N. M.; Brown, H. C. *J. Am. Chem. Soc.* **1968**, 90, 2927.

[854] Brown, H. C.; Kim, S. C.; Krishnamurthy, S. *J. Org. Chem.* **1980**, 45, 1. See Brown, H. C.; Singaram, B.; Singaram, S. *J. Organomet. Chem.* **1982**, 239, 43.

[855] See Brown, H. C.; Heim, P.; Yoon, N. M. *J. Am. Chem. Soc.* **1970**, 92, 1637; Cragg, G. M. L. *Organoboranes in Organic Synthesis*, Marcel Dekker, NY, **1973**, pp. 319-371. Also see Wade, R. C. *J. Mol. Catal.*, **1983**, 18, 273; Lane, C. F. *Chem. Rev.* **1976**, 76, 773; *Aldrichimica Acta* **1977**, 10, 41; Brown, H. C.; Krishnamurthy, S. *Aldrichimica Acta* **1979**, 12, 3; Pelter, A.; Smith, K.; Brown, H. C. *Borane Reagents*, Academic Press, NY, **1988**, pp. 125-164; Pelter, A. *Chem. Ind.* (*London*) **1976**, 888.

[856] Reduced to a hydroxylamine (Reaction *19-46*).

[857] See Brown, H. C.; Heim, P.; Yoon, N. M. *J. Am. Chem. Soc.* **1970**, 92, 1637; Cragg, G. M. L. *Organoboranes in Organic Synthesis*, Marcel Dekker, NY, **1973**, pp. 319-371. For reviews of reductions with BH_3, see Wade, R. C. *J. Mol. Catal.* **1983**, 18, 273 (BH_3 and a catalyst); Lane, C. F. *Chem. Rev.* **1976**, 76, 773; *Aldrichimica Acta* **1977**, 10, 41; Brown, H. C.; Krishnamurthy, S. *Aldrichimica Acta* **1979**, 12, 3. For reviews of reduction with borane derivatives, see Pelter, A.; Smith, K.; Brown, H. C. *Borane Reagents*, Academic Press, NY, **1988**, pp. 125-164; Pelter, A. *Chem. Ind.* (*London*) **1976**, 888.

[858] Reacts with solvent, reduced in aprotic solvents.

[859] Reduced to an aldehyde (Reaction *19-44*).

[860] For a list of reagents, with references, see Larock, R. C. *Comprehensive Organic Transformations*, 2nd ed., Wiley-VCH, NY, **1999**, pp. 1019-1027.

[861] See Healy, E. F.; Lewis, J. D.; Minniear, A. B. *Tetrahedron Lett.* **1994**, 35, 6647.

[862] Brown, H. C.; Ikegami, S.; Kawakami, J. H. *J. Org. Chem.* **1970**, 35, 3243.

[863] See Rylander, P. N. *Catalytic Hydrogenation over Platinum Metals*, Academic Press, NY, **1967**, pp. 478-485; Oshima, M.; Yamazaki, H.; Shimizu, I.; Nizar, M.; Tsuji, J. *J. Am. Chem. Soc.* **1989**, 111, 6280.

[864] Molander, G. A.; La Belle, B. E.; Hahn, G. *J. Org. Chem.* **1986**, 51, 5259; Otsubo, K.; Inanaga, J.; Yamaguchi, M. *Tetrahedron Lett.* **1987**, 28, 4437. See also, Miyashita, M.; Hoshino, M.; Suzuki, T.; Yoshikoshi, A. *Chem. Lett.* **1988**, 507.

[865] Noguchi, Y.; Yamada, T.; Uchiro, H.; Kobayashi, S. *Tetrahedron Lett.* **2000**, 41, 7493, 7499.

[866] Gao, Y.; Sharpless, K. B. *J. Org. Chem.* **1988**, 53, 4081.

[867] Krishnamurthy, S.; Schubert, R. M.; Brown, H. C. *J. Am. Chem. Soc.* **1973**, 95, 8486.

[868] Laxmi, Y. R. S.; Iyengar, D. S. *Synth. Commun.* **1997**, 27, 1731.

[869] Ley, S. V.; Mitchell, C.; Pears, D.; Ramarao, C.; Yu, J. Q.; Zhou, W. *Org. Lett.* **2003**, 5, 4665.

[870] See Cragg, G. M. L. *Organoboranes in Organic Synthesis*, Marcel Dekker, NY, **1973**, pp. 345-348. See also, Yamamoto, Y.; Toi, H.; Sonoda, A.; Murahashi, S. *J. Chem. Soc. Chem. Commun.* **1976**, 672.

[871] Jankowska, R.; Liu, H.-J.; Mhehe, G. L. *Chem. Commun.* **1999**, 1581.

[872] Hardouin, C.; Chevallier, F.; Rousseau, B.; Doris, E. *J. Org. Chem.* **2001**, 66, 1046.

[873] Concellón, J. M.; Bardales, E. *Org. Lett.* **2003**, 5, 4783.

[874] Uenishi, J.; Kubo, Y. *Tetrahedron Lett.* **1994**, 35, 6697.

[875] van Tamelen, E. E.; Gladys, J. A. *J. Am. Chem. Soc.* **1974**, 96, 5290.

[876] Fry, J. L.; Mraz, T. J. *Tetrahedron Lett.* **1979**, 849.

[877] See Smith, M. B. *Organic Synthesis*, 3rd ed., Wavefunction Inc./Elsevier, Irvine, CA/London, England, **2010**, pp. 347-422.

[878] See Hudlicky, M. *Reductions in Organic Chemistry*, Ellis Horwood, Chichester, **1984**, pp. 96-129. For a list of reagents, with references, see Larock, R. C. *Comprehensive Organic Transformations*, 2nd ed., Wiley-VCH, NY, **1999**, pp. 1075-1113.
[879] See Abdel-Magid, A. F. (Ed.) *Reductions in Organic Synthesis* American Chemical Society Washington, **1996**; Seyden-Penne, J. *Reductions by the Alumino- and Borohydrides*, VCH, NY, **1991**; Hajos, A. *Complex Hydrides*, Elsevier, NY, **1979**; House, H. O. *Modern Synthetic Reactions*, 2nd ed., W. A. Benjamin, NY, **1972**, pp. 49-71; Wheeler, O. H. in Patai, S. *The Chemistry of the Carbonyl Group*, pt. 1, Wiley, NY, **1966**, pp. 507-566.
[880] See Meta, C. T.; Koide, K. *Org. Lett.* **2004**, 6, 1785.
[881] Hoye, T. R.; Aspaas, A. W.; Eklov, B. M.; Ryba, T. D. *Org. Lett.* **2005**, 7, 2205.
[882] See Toda, F.; Kiyoshige, K.; Yagi, M. *Angew. Chem. Int. Ed.* **1989**, 28, 320.
[883] Hajipour, A. R.; Mallakpour, S. E. *Synth. Commun.* **2001**, 31, 1177.
[884] Cho, B. T.; Kang, S. K.; Kim, M. S.; Ryu, S. R.; An, D. K. *Tetrahedron* **2006**, 62, 8164.
[885] Tamami, B.; Mahdavi, H. *Tetrahedron* **2003**, 59, 821.
[886] Varma, R. S.; Saini, R. K. *Tetrahedron Lett.* **1997**, 38, 4337.
[887] Liu, W.-y.; Xu, Q.-h.; Ma, Y.-x. *Org. Prep. Proceed. Int.* **2000**, 32, 596.
[888] Fieser, L. F.; Fieser, M. *Reagents for Organic Synthesis* Vol. 2, Wiley, New York, **1969**, p. 382; Fieser, L. F.; Fieser, M. *Reagents for Organic Synthesis* Vol. 3, Wiley, New York, **1972**, p. 260; Vit, J.; Cásensky, B.; Machácek, J. Fr. Pa., 1,515, 582 1968 [*Chem. Abstr.* 70: 115009x, **1967**].
[889] Capka, M.; Chvalovsky, V.; Kochloefl, K.; Kraus, M. *Collect. Czech. Chem. Commun.* **1969**, 34, 118; Stotter, P. L.; Friedman, M. D.; Minter, D. E. *J. Org. Chem.* **1985**, 50, 29.
[890] Zurflüh, R.; Dunham. L. L.; Spain, V. L.; Siddall, J. B. *J. Am. Chem. Soc.* **1970**, 92, 425.
[891] Markezich, R. L.; Willy, W. E.; McCarry, B. E.; Johnson, W. S. *J. Am. Chem. Soc.* **1973**, 95, 4414; McCarry, B. E.; Markezich, R. L.; Johnson, W. S *J. Am. Chem. Soc.* **1973**, 95, 4416.
[892] See Kesenheimer, C.; Groth, U. *Org. Lett.* **2006**, 8, 2507; White, J. D.; Choi, Y. *Org. Lett.* **2000**, 2, 2373; Gao, Y.; Sharpless, K. B. *J. Org. Chem.* **1988**, 53, 4081. Maloney, D. J.; Hecht, S. M. *Org. Lett.* **2005**, 7, 4297
[893] See Keinan, E.; Greenspoon, N. in Patai, S.; Rappoport, Z. *The Chemistry of Enones*, pt. 2, Wiley, NY, **1989**, pp. 923-1022.
[894] Dilling, W. L.; Plepys, R. A. *J. Org. Chem.* **1970**, 35, 2971.
[895] See Fukuzawa, S.; Fujinami, T.; Yamauchi, S.; Sakai, S. *J. Chem. Soc. Perkin Trans. 1* **1986**, 1929. See also, Chênevert, R.; Ampleman, G. *Chem. Lett.* **1985**, 1489; Varma, R. S.; Kabalka, G. W. *Synth. Commun.* **1985**, 15, 985.
[896] Ohtsuka, Y.; Koyasu, K.; Ikeno, T.; Yamada, T. *Org. Lett.* **2001**, 3, 2543.
[897] Halimjani, A. Z.; Saidi, M. R. *Synth. Commun.* **2005**, 35, 2271.
[898] Khurana, J. M.; Chauhan, S. *Synth. Commun.* **2001**, 31, 3485.
[899] Nutaitis, C. F.; Bernardo, J. E. *J. Org. Chem.* **1989**, 54, 5629.
[900] For a review of the reactivity of this reagent, see Ranu, B. *Synlett* **1993**, 885.
[901] Sreekumar, R.; Padmakumar, R.; Rugmini, P. *Tetrahedron Lett.* **1998**, 39, 5151.
[902] Ojima, I.; Kogure, T. *Organometallics* **1982**, 1, 1390.
[903] Johnson, M. R.; Rickborn, B. *J. Org. Chem.* **1970**, 35, 1041.
[904] Chaikin, S. W.; Brown, W. G. *J. Am. Chem. Soc.* **1949**, 71, 122.
[905] Ranu, B. C.; Samanta, S. *Tetrahedron* **2003**, 59, 7901.
[906] See Luibrand, R. T.; Taigounov, I. R.; Taigounov, A. A. *J. Org. Chem.* **2001**, 66, 7254.
[907] See Borbaruah, M.; Barua, N. C.; Sharma, R. P. *Tetrahedron Lett.* **1987**, 28, 5741.
[908] Gribble, G. W.; Ferguson, D. C. *J. Chem. Soc. Chem. Commun.* **1975**, 535. See also, Nutaitis, C. F.; Gribble, G. W. *Tetrahedron Lett.* **1983**, 24, 4287.
[909] Blanton, J. R. *Synth. Commun.* **1997**, 27, 2093.
[910] Ranu, B. C.; Chakraborty, R. *Tetrahedron Lett.* **1990**, 31, 7663; See Ranu, B. *Synlett* **1993**, 885.
[911] Fuller, J. C.; Stangeland, E. L.; Jackson, T. C.; Singaram, B. *Tetrahedron Lett.* **1994**, 35, 1515. See also, Mogali, S.; Darville, K.; Pratt, L. M. *J. Org. Chem.* **2001**, 66, 2368.
[912] Barrero, A. F.; Alvarez-Manzaneda, E. J.; Chahboun, R.; Meneses, R. *Synlett* **2000**, 197.
[913] See Li, K.; Hamann, L. G.; Koreeda, M. *Tetrahedron Lett.* **1992**, 33, 6569.
[914] Lansbury, P. T.; Peterson, J. O. *J. Am. Chem. Soc.* **1962**, 84, 1756.
[915] Ward, D. E.; Rhee, C. K.; Zoghaib, W. M. *Tetrahedron Lett.* **1988**, 29, 517.
[916] Sarkar, D. C.; Das, A. R.; Ranu, B. C. *J. Org. Chem.* **1990**, 55, 5799.
[917] Ward, D. E.; Rhee, C. K. *Can. J. Chem.* **1989**, 67, 1206.
[918] Maruoka, K.; Araki, Y.; Yamamoto, H. *J. Am. Chem. Soc.* **1988**, 110, 2650.
[919] For lists, with references, see Larock, R. C. *Comprehensive Organic Transformations*, 2nd ed., Wiley-VCH, NY, **1999**, pp. 1089-1092, and references given in Ward, D. E.; Rhee, C. K. *Can. J. Chem.* **1989**, 67, 1206.
[920] Ravikumar, K. S.; Sinha, S.; Chandrasekaran, S. *J. Org. Chem.* **1999**, 64, 5841.
[921] Krishnamurthy, S.; Brown, H. C. *J. Am. Chem. Soc.* **1976**, 98, 3383.
[922] K-Selectride: Lawson, E. C.; Zhang, H.-C.; Maryanoff, B. E. *Tetrahedron Lett.* **1999**, 40, 593.
[923] Caro, B.; Boyer, B.; Lamaty, G.; Jaouen, G. *Bull. Soc. Chim. Fr.* **1983**, II-281; Boone, J. R.; Ashby, E. C. *Top. Stereochem.* **1979**, 11, 53; Wigfield, D. C. *Tetrahedron* **1979**, 35, 449; Tramontini, M. *Synthesis* **1982**, 605.
[924] See Mukherjee, D.; Wu, Y.; Fronczek, F. R.; Houk, K. N. *J. Am. Chem. Soc.* **1988**, 110, 3328.
[925] Boireau, G.; Deberly, A.; Toneva, R. *Synlett* **1993**, 585
[926] See Feoktistov, L. G.; Lund, H. in Baizer, M. M.; Lund, H. *Organic Electrochemistry*, Marcel Dekker, NY, **1983**, pp. 315-358,

315-326. See also, Coche, L. ; Moutet, J. *J. Am. Chem. Soc.* **1987**, 109, 6887.

[927] Abdel-Magid, A. F. , Ed. , *Reductions in Organic Synthesis* American Chemical Society, Washington, DC, **1996**, pp. 31-50; Parker, D. in Hartley, F. R. *The Chemistry of the Metal-Carbon Bond*, Vol. 4, Wiley, NY, **1987**, pp. 979-1047; Tanaka, K. in Cerveny, L. *Catalytic Hydrogenation*, Elsevier, NY, **1986**, pp. 79-104; Rylander, P. N. *Hydrogenation Methods*, Academic Press, NY, **1985**, pp. 66-77; Rylander, P. N. *Catalytic Hydrogenation over Platinum Metals*, Academic Press, NY. , **1967**, pp. 238-290.

[928] Hedberg, C. ; Källström, K. ; Arvidsson, P. I. ; Brandt, P. ; Andersson, P. G. *J. Am. Chem. Soc.* **2005**, 127, 15083.

[929] See Heck, R. F. *Organotransition Metal Chemistry*, Academic Press, NY, **1974**, pp. 65-70; Enthaler, S. ; Hagemann, B. ; Erre, G. ; Junge, K. ; Beller, M. *Chemistry: Asian J.* **2006**, 1, 598.

[930] See Narasimhan, C. S. ; Deshpande, V. M. ; Ramnarayan, K. *J. Chem. Soc. Chem. Commun.* **1988**, 99.

[931] See, however, Pavlenko, N. V. *Russ. Chem. Rev.* **1989**, 58, 453.

[932] See House, H. O. *Modern Synthetic Reactions*, 2nd ed. , W. A. Benjamin, NY, **1972**, pp. 152-160.

[933] Pradhan, S. K. *Tetrahedron* **1986**, 42, 6351; Huffman, J. W. *Acc. Chem. Res.* **1983**, 16, 399. See Rautenstrauch, V. *Tetrahedron* **1988**, 44, 1613; Song, W. M. ; Dewald, R. R. *J. Chem. Soc. Perkin Trans. 2*, **1989**, 269; Rassat, A. *Pure Appl. Chem.* **1977**, 49, 1049.

[934] House, H. O. *Modern Synthetic Reactions*, 2nd ed. , W. A. Benjamin, NY, **1972**, p. 151. See, however, Giordano, C. ; Perdoncin, G. ; Castaldi, G. *Angew. Chem. Int. Ed.* **1985**, 24, 499.

[935] See Rautenstrauch, V. ; Geoffroy, M. *J. Am. Chem. Soc.* **1976**, 98, 5035; **1977**, 99, 6280.

[936] Rees, N. V. ; Baron, R. ; Kershaw, N. M. ; Donohoe, T. J. ; Compton, R. G. *J. Am. Chem. Soc.* **2008**, 130, 12256.

[937] Kreiser, W. *Liebigs Ann. Chem.* **1971**, 745, 164.

[938] Kardile, G. B. ; Desai, D. G. ; Swami, S. S. *Synth. Commun.* **1999**, 29, 2129.

[939] Bhar, S. ; Guha, S. *Tetrahedron Lett.* **2004**, 45, 3775.

[940] Keck, G. E. ; Wager, C. A. ; Sell, T. ; Wager, T. T. *J. Org. Chem.* **1999**, 64, 2172.

[941] See Prasad, E. ; Flowers II, R. A. *J. Am. Chem. Soc.* **2002**, 124, 6895.

[942] Dahlén, A. ; Hilmersson, G. *Tetrahedron Lett.* **2002**, 43, 7197.

[943] Fukuzawa, S. -i. ; Nakano, N. ; Saitoh, T. *Eur. J. Org. Chem.* **2004**, 2863.

[944] Sadavarte, V. S. ; Swami, S. S. ; Desai, D. G. *Synth. Commun.* **1998**, 28, 1139.

[945] Kim, J. Y. ; Kim, H. D. ; Seo, M. J. ; Kim, H. R. ; No, Z. ; Ha, D. -C. ; Lee, G. H. *Tetrahedron Lett.* **2006**, 47, 9; Chopade, P. R. ; Davis, T. A. ; Prasad, E. ; Flowers, II, R. A. *Org. Lett.* **2004**, 6, 2685.

[946] Hayakawa, R. ; Sahara, T. ; Shimizu, M. *Tetrahedron Lett.* **2000**, 41, 7939.

[947] Clerici, A. ; Pastori, N. ; Porta, O. *Eur. J. Org. Chem.* **2001**, 2235.

[948] See Maruoka, K. ; Saito, S. ; Concepcion, A. B. ; Yamamoto, H. *J. Am. Chem. Soc.* **1993**, 115, 1183. For a microwave-induced version of this reaction, see Barbry, D. ; Torchy, S. *Tetrahedron Lett.* **1997**, 38, 2959.

[949] Bagnell, L. ; Strauss, C. R. *Chem. Commun.* **1999**, 287.

[950] See Hutton, J. *Synth. Commun.* **1979**, 9, 483; Namy, J. L. ; Souppe, J. ; Collin, J. ; Kagan, H. B. *J. Org. Chem.* **1984**, 49, 2045; Okano, T. ; Matsuoka, M. ; Konishi, H. ; Kiji, J. *Chem. Lett.* **1987**, 181.

[951] Corma, A. ; Domine, M. E. ; Nemeth, L. ; Valencia, S. *J. Am. Chem. Soc.* **2002**, 124, 3194.

[952] Campbell, E. J. ; Zhou, H. ; Nguyen, S. T. *Org. Lett.* **2001**, 3, 2391. See Albrecht, M. ; Crabtree, R. H. ; Mata, J. ; Peris, E. *Chem. Commun.* **2002**, 32.

[953] Zhu, Y. ; Chuah, G. ; Jaenicke, S. *Chem. Commun.* **2003**, 2734.

[954] Kazemi, F. ; Kiasat, A. R. *Synth. Commun.* **2002**, 32, 2255.

[955] Yin, J. ; Huffman, M. A. ; Conrad, K. M. ; Armstrong, III, J. D. *J. Org. Chem.* **2006**, 71, 840.

[956] Dong, Z. -R. ; Li, Y. -Y. ; Chen, J. -S. ; Li, B. -Z. ; Xing, Y. ; Gao, J. -X. *Org. Lett.* **2005**, 7, 1043; Onodera, G. ; Nishibayashi, Y. ; Uemura, S. *Angew. Chem. Int. Ed.* **2006**, 45, 3819.

[957] Campbell, E. J. ; Zhou, H. ; Nguyen, S. T. *Angew. Chem. Int. Ed.* **2002**, 41, 1020.

[958] See, however, Ashby, E. C. ; Argyropoulos, J. N. *J. Org. Chem.* **1986**, 51, 3593; Yamataka, H. ; Hanafusa, T. *Chem. Lett.* **1987**, 643.

[959] See Warnhoff, E. W. ; Reynolds-Warnhoff, P. ; Wong, M. Y. H. *J. Am. Chem. Soc.* **1980**, 102, 5956.

[960] Moulton, W. N. ; Van Atta, R. E. ; Ruch, R. R. *J. Org. Chem.* **1961**, 26, 290.

[961] Galian, R. E. ; Litwinienko, G. ; Péerez-Prieto, J. ; Ingold, K. U. *J. Am. Chem. Soc.* **2007**, 129, 9280.

[962] Shiner, Jr. , V. J. ; Whittaker, D. *J. Am. Chem. Soc.* **1969**, 91, 394.

[963] Kamitanaka, T. ; Matsuda, T. ; Harada, T. *Tetrahedron* **2007**, 63, 1429.

[964] See Cragg, G. M. L. *Organoboranes in Organic Synthesis*, Marcel Dekker, NY, **1973**, pp. 324-335. See Cha, J. S. ; Moon, S. J. ; Park, J. H. *J. Org. Chem.* **2001**, 66, 7514.

[965] Brown, H. C. ; Subba Rao, B. C. *J. Am. Chem. Soc.* **1960**, 82, 681; Brown, H. C. ;Korytnyk, W. *J. Am. Chem. Soc.* **1960**, 82, 3866.

[966] See Bae, J. W. ; Lee, S. H. ; Jung, Y. J. ; Yoon, C. -O. M. ; Yoon, C. M. *Tetrahedron Lett.* **2001**, 42, 2137.

[967] Krishnamurthy, S. ; Brown, H. C. *J. Org. Chem.* **1975**, 40, 1864; Lane, C. F. *Aldrichimica Acta* **1976**, 9, 31.

[968] Mincione, E. *J. Org. Chem.* **1978**, 43, 1829.

[969] Bartoli, G. ; Bosco, M. ; Bellucci, M. C. ; Daplozzo, R. ; Marcantoni, E. ; Sambri, L. *Org. Lett.* **2000**, 2, 45.

[970] Kabalka, G. W. ; Malladi, R. R. *Chem. Commun.* **2000**, 2191.

[971] Du, D. -M. ; Fang, T. ; Xu, J. ; Zhang, S. -W. *Org. Lett.* **2006**, 8, 1327; Krzemiński, M. P. ; Wojtczak, A. *Tetrahedron Lett.* **2005**, 46, 8299.

[972] Stepanenko, V. ; De Jesús, M. ; Correa, W. ; Guzmán, I. ; Vázquez, C. ; de la Cruz, W. ; Ortiz-Marciales, M. ; Barnes, C. L. *Tetrahedron Lett.* **2007**, 48, 5799.
[973] Eagon, S. ; Kim, J. ; Yan, K. ; Haddenham, D. ; Singaram, B. *Tetrahedron Lett.* **2007**, 48, 9025.
[974] Nakamura, S. ; Kuroyanagi, M. ; Watanabe, Y. ; Toru, T. *J. Chem. Soc. Perkin Trans.* 1 **2000**, 3143.
[975] Kamiura, K. ; Wada, M. *Tetrahedron Lett.* **1999**, 40, 9059; Adams, C. M. ; Schemenaur, J. E. *Synth. Commun.* **1990**, 20, 2359. For a review, see Kuivila, H. G. *Synthesis* **1970**, 499.
[976] Yu, H. ; Wang, B. *Synth. Commun.* **2001**, 31, 2719.
[977] Kamiya, I. ; Ogawa, A. *Tetrahedron Lett.* **2002**, 43, 1701.
[978] Sasaki, K. ; Komatsu, N. ; Shivakawa, S. ; Maruoka, K. *Synlett* **2002**, 575.
[979] Perchyonok, V. T. *Tetrahedron Lett.* **2006**, 47, 5163.
[980] Ison, E. A. ; Trivedi, E. R. ; Corbin, R. A. ; Abu-Omar, M. M. *J. Am. Chem. Soc.* **2005**, 127, 15374.
[981] For a review, see Díez-González, S. ; Nolan, S. P. *Org. Prep. Proceed. Int.* **2007**, 39, 523. See Chen, T. ; Liu, X. -G. ; Shi, M. *Tetrahedron* **2007**, 63, 4874; Fernandes, A. C. ; Fernandes, R. ; Romão, C. R. ; Royo, B. *Chem. Commun.* **2005**, 213; Comte, V. ; Balan, C. ; Le Gendre, P. ; Moïse, C. *Chem. Commun.* **2007**, 713; Nishiyama, H. ; Furuta, A. *Chem. Commun.* **2007**, 760.
[982] See Yamamoto, Y. ; Matsuoka, K. ; Nemoto, H. *J. Am. Chem. Soc.* **1988**, 110, 4475.
[983] Smonou, I. *Tetrahedron Lett.* **1994**, 35, 2071.
[984] Iwasaki, F. ; Onomura, O. ; Mishima, K. ; Maki, T. ; Matsumura, Y. *Tetrahedron Lett.* **1999**, 40, 7507.
[985] Enholm, E. J. ; Schulte II, J. P. *J. Org. Chem.* **1999**, 64, 2610.
[986] Nadkarni, D. ; Hallissey, J. ; Mojica, C. *J. Org. Chem.* **2003**, 68, 594.
[987] Babler, J. H. ; Sarussi, S. J. *J. Org. Chem.* **1981**, 46, 3367.
[988] Babler, J. H. ; Invergo, B. J. *Tetrahedron Lett.* **1981**, 22, 621.
[989] Morris, D. J. ; Hayes, A. M. ; Wills, M. *J. Org. Chem.* **2006**, 71, 7035.
[990] Wu, X. ; Li, X. ; King, F. ; Xiao, J. *Angew. Chem. Int. Ed.* **2005**, 44, 3407.
[991] For a review, see Sih, C. J. ; Chen, C. *Angew. Chem. Int. Ed.* **1984**, 23, 570.
[992] See Wolfson, A. ; Dlugy, C. ; Tavor, D. ; Blumenfeld, J. ; Shotland, Y. *Tetrahedron Asymmetry* **2006**, 17, 2043; Yadav, J. S. ; Reddy, G. S. K. K. ; Sabitha, G. ; Krishna, A. D. ; Prasad, A. R. ; Rahaman, H. U. R. ; Rao, K. V. ; Rao, A. B. *Tetrahedron Asymmetry* **2007**, 18, 717.
[993] See Moore, J. C. ; Pollard, D. J. ; Kosjek, B. ; Devine, P. N. *Acc. Chem. Res.* **2007**, 40, 1412; Ema, T. ; Yagasaki, H. ; Okita, N. ; Takeda, M. ; Sakai, T. *Tetrahedron* **2006**, 62, 6143; Hoyos, P. ; Sansottera, G. ; Fernández, M. ; Molinari, F. ; Sinisterra, J. V. ; Alcántara, A. R. *Tetrahedron* **2008**, 64, 7929; Utsukihara, T. ; Misumi, O. ; Kato, N. ; Kuroiwa, T. ; Horiuchi, C. A. *Tetrahedron Asymmetry* **2006**, 17, 1179; Zhu, D. ; Malik, H. T. ; Hua, L. *Tetrahedron Asymmetry* **2006**, 17, 3010; Lavandera, I. ; Höller, B. ; Kern, A. ; Ellmer, U. ; Glieder, A. ; deWildeman, S. ; Kroutil, W. *Tetrahedron Asymmetry* **2008**, 19, 1954. For enzymatic reduction of thio ketones, see Nielsen, J. K. ; Madsen, J. Ø. *Tetrahedron Asymmetry*, **1994**, 5, 403.
[994] See Nakamura, K. ; Yamanaka, R. ; Matsuda, T. ; Harada, T. *Tetrahedron Asymmetry* **2003**, 14, 2659.
[995] Matsuda, T. ; Yamagishi, Y. ; Koguchi, S. ; Iwai, N. ; Kitazume, T. *Tetrahedron Lett.* **2006**, 47, 4619; Bräutigam, S. ; Bringer-Meyer, S. ; Weuster-Botz, D. *Tetrahedron Asymmetry* **2007**, 18, 1883.
[996] Matsuda, T. ; Marukado, R. ; Mukouyama, M. ; Harada, T. ; Nakamura, K. *Tetrahedron Asymmetry* **2008**, 19, 2272.
[997] See Brown, H. C. ; Wang, K. K. ; Chandrasekharan, J. *J. Am. Chem. Soc.* **1983**, 105, 2340.
[998] See Caro, B. ; Boyer, B. ; Lamaty, G. ; Jaouen, G. *Bull. Soc. Chim. Fr.* **1983**, II-281; Boone, J. R. ; Ashby, E. C. *Top. Stereochem.* **1979**, 11, 53; Wigfield, D. C. *Tetrahedron* **1979**, 35, 449.
[999] Ashby, E. C. ; Boone, J. R. *J. Am. Chem. Soc.* **1976**, 98, 5524.
[1000] Pierre, J. ; Handel, H. *Tetrahedron Lett.* **1974**, 2317. See also, Loupy, A. ; Seyden-Penne, J. ; Tchoubar, B. *Tetrahedron Lett.* **1976**, 1677; Ashby, E. C. ; Boone, J. R. *J. Am. Chem. Soc.* **1976**, 98, 5524.
[1001] Wigfield, D. C. ; Gowland, F. W. *J. Org. Chem.* **1977**, 42, 1108. See, however, Adams, C. ; Gold, V. ; Reuben, D. M. E. *J. Chem. Soc. Perkin Trans.* 2 **1977**, 1466, 1472; Kayser, M. M. ; Eliev, S. ; Eisenstein, O. *Tetrahedron Lett.* **1983**, 24, 1015.
[1002] Haubenstock, H. ; Eliel, E. L. *J. Am. Chem. Soc.* **1962**, 84, 2363; Malmvik, A. ; Obenius, U. ; Henriksson, U. *J. Chem. Soc. Perkin Trans.* 2 **1986**, 1899, 1905.
[1003] Malmvik, A. ; Obenius, U. ; Henriksson, U. *J. Org. Chem.* **1988**, 53, 221.
[1004] For reviews of reductions with alkoxyaluminum hydrides, see Málek, J. *Org. React.* **1988**, 36, 249; **1985**, 34, 1; Málek, J. ; Cerny, M. *Synthesis* **1972**, 217.
[1005] Levine, S. G. ; Eudy, N. H. *J. Org. Chem.* 1970, 35, 549; Heusler, K. ; Wieland, P. ; Meystre, C. *Org. Synth.* V, 692.
[1006] Brown, C. A. ; Krishnamurthy, S. ; Kim, S. C. *J. Chem. Soc. Chem. Commun.* **1973**, 391.
[1007] Brown, H. C. ; Park, W. S. ; Cho, B. T. ; Ramachandran, P. V. *J. Org. Chem.* **1987**, 52, 5406.
[1008] Wang, Z. ; La, B. ; Fortunak, J. M. ; Meng, X. -J. ; Kabalka, G. W. *Tetrahedron Lett.* **1998**, 39, 5501.
[1009] See Singh, V. K. *Synthesis* **1992**, 605; Midland, M. M. *Chem. Rev.* **1989**, 89, 1553; Nógrádi, M. *Stereoselective Synthesis*, VCH, NY, **1986**, pp. 105-130; in Morrison, J. D. *Asymmetric Synthesis*, Academic Press, NY, **1983**, the articles by Midland, M. M. Vol. 2, pp. 45-69, and Grandbois, E. R. ; Howard, S. I. ; Morrison, J. D. Vol. 2, pp. 71-90; Haubenstock, H. *Top. Stereochem.* **1983**, 14, 231.
[1010] For a list of many of these reducing agents, with references, see Larock, R. C. *Comprehensive Organic Transformations*, 2nd ed., Wiley-VCH, NY, **1999**, pp. 1097-1111.
[1011] See Midland, M. M. ; Kazubski, A. ; Woodling, R. E. *J. Org. Chem.* **1991**, 56, 1068.
[1012] Kaselj, M. ; Gonikberg, E. M. ; le Noble, W. J. *J. Org. Chem.* **1998**, 63, 3218.

[1013] See Smith, M. B. *Organic Synthesis*, 3rd ed. , Wavefunction Inc. /Elsevier, Irvine, CA/London, England, **2010**, pp. 391-411.

[1014] See Liang, Y. ; Jing, Q. ; Li, X. ; Shi, L. ; Ding, K. *J. Am. Chem. Soc.* **2005**, 127, 7694; Ohkuma, T. ; Sandoval, C. A. ; Srinivasan, R. ; Lin, Q. ; Wei, Y. ; Muñiz, K. ; Noyori, R. *J. Am. Chem. Soc.* **2005**, 127, 8288; Huang, H. ; Okuno, T. ; Tsuda, K. ; Yoshimura, M. ; Kitamura, M. *J. Am. Chem. Soc.* **2006**, 128, 8716; Xie, J.-H. ; Zhou, Z.-T. ; Kong, W.-L. ; Zhou, Q.-L. *J. Am. Chem. Soc.* **2007**, 129, 1868; Xie, J.-H. ; Liu, S. ; Huo, X.-H. ; Cheng, X. ; Duan, H.-F. ; Fan, B.-M. ; Wang, L.-X. ; Zhou, Q.-L. *J. Org. Chem.* **2005**, 70, 2867; Truppo, M. D. ; Pollard, D. ; Devine, P. *Org. Lett.* **2007**, 9, 335; Ngo, H. L. ; Hu, A. ; Lin, W. *Tetrahedron Lett.* **2005**, 46, 595; Lu, S.-M. ; Bolm, C. *Angew. Chem. Int. Ed.* **2008**, 47, 8920; Jiang, H.-y. ; Yang, C.-f. ; Li, C. ; Fu, H.-y. ; Chen, H. ; Li, R.-x. ; Li, X.-j. *Angew. Chem. Int. Ed.* **2008**, 47, 9240; Burk, S. ; Franciò, G. ; Leitner, W. *Chem. Commun.* **2005**, 3460; Li, W. ; Sun, X. ; Zhou, L. ; Hou, G. ; Shichao Yu, S. ; Zhang, X. *J. Org. Chem.* **2009**, 74, 1397; Martins, J. , E, D, ; Wills, M. *Tetrahedron* **2009**, 65, 5782; Li, W. ; Hou, G. ; Wang, C. ; Jiang, Y. ; Zhang, X. *Chem. Commun.* **2010**, 3979.

[1015] See Noyori, R. *Science* **1990**, 248, 1194; Noyori, R. ; Takaya, H. *Acc. Chem. Res.* **1990**, 23, 345; Takaya, H. ; Akutagawa, S. ; Noyori, R. *Org. Synth.* **67**, 20.

[1016] Taber, D. F. ; Silverberg, L. J. *Tetrahedron Lett.* **1991**, 32, 4227. See also, Kitamura, M. ; Ohkuma, T. ; Inoue, S. ; Sayo, N. ; Kumobayashi, H. ; Akutagawa, S. ; Ohta, T. ; Takaya, H. ; Noyori, R. *J. Am. Chem. Soc.* **1988**, 110, 629.

[1017] See Sun, L. ; Tang, M. ; Wang, H. ; Wei, D. ; Liu, L. *Tetrahedron Asymmetry* **2008**, 19, 779; Ohkuma, T. ; Hattori, T. ; Ooka, H. ; Inoue, T. ; Noyori, R. *Org. Lett.* **2004**, 6, 2681; Lei, A. ; Wu, S. ; He, M. ; Zhang, X. *J. Am. Chem. Soc.* **2004**, 126, 1626; Sun, Y. ; Wan, X. ; Guo, M. ; Wang, D. ; Dong, X. ; Pan, Y. ; Zhang, Z. *Tetrahedron Asymmetry* **2004**, 15, 2185. Also see Sandoval, C. A. ; Ohkuma, T. ; Muñiz, K. ; Noyori, R. *J. Am. Chem. Soc.* **2003**, 125, 13490.

[1018] Ngo, H. L. ; Hu, A. ; Lin, W. *Chem. Commun.* **2003**, 1912.

[1019] See Ford, A. ; Woodward, S. *Angew. Chem. Int. Ed.* **1999**, 38, 335.

[1020] See Santhi, V. ; Rao, J. M. *Tetrahedron Asymmetry* **2000**, 11, 3553; Jones, S. ; Atherton, J. C. C. *Tetrahedron Asymmetry* **2000**, 11, 4543; Cho, B. T. ; Kim, D. J. *Tetrahedron Asymmetry* **2001**, 12, 2043; Jiang, B. ; Feng, Y. ; Hang, J.-F. *Tetrahedron Asymmetry* **2001**, 12, 2323; Gilmore, N. J. ; Jones, S. ; Muldowney, M. P. *Org. Lett.* **2004**, 6, 2805; Huertas, R. E. ; Corella, J. A. ; Soderquist, J. A. *Tetrahedron Lett.* **2003**, 44, 4435.

[1021] See Brunel, J. M. ; Legrand, O. ; Buono, G. *Eur. J. Org. Chem.* **2000**, 3313; Kawanami, Y. ; Murao, S. ; Ohga, T. ; Kobayashi, N. *Tetrahedron* **2003**, 59, 8411; Basavaiah, D. ; Reddy, G. J. ; Chandrashekar, V. *Tetrahedron Asymmetry* **2004**, 15, 47; Zhang, Y.-X. ; Du, D.-M. ; Chen, X. ; Lü, S.-F. ; Hua, W.-T. *Tetrahedron Asymmetry* **2004**, 15, 177; Lindsay. D. M. ; McArthur, D. *Chem. Commun.* **2010**, 2474.

[1022] Price, M. D. ; Sui, J. K. ; Kurth, M. J. ; Schore, N. E. *J. Org. Chem.* **2002**, 67, 8086.

[1023] Bolm, C. ; Derrien, N. ; Seger, A. *Chem. Commun.* **1999**, 2087.

[1024] Hu, J.-b. ; Zhao, G. ; Yang, G.-s. ; Ding, Z.-d. *J. Org. Chem.* **2001**, 66, 303; Zhou, H. ; Lü, S. ; Xie, R. ; Chan, A. S. C. ; Yang, T.-K. *Tetrahedron Lett.* **2001**, 42, 1107; Basavaiah, D. ; Reddy, G. J. ; Chandrashekar, V. *Tetrahedron Asymmetry* **2001**, 12, 685.

[1025] Li, G.-Q. ; Yan, Z.-Y. ; Niu, Y.-N. ; Wu, L.-Y. ; Wei, H.-L. ; Liang, Y.-M. *Tetrahedron Asymmetry* **2008**, 19, 816.

[1026] Ren, Y. ; Tian, X. ; Sun, K. ; Xu, J. ; Xu, X. ; Lu, S. *Tetrahedron Lett.* **2006**, 47, 463.

[1027] Lange, D. A. ; Neudörfl, J.-M. ; Goldfuss, B. *Tetrahedron* **2006**, 62, 3704. In an ionic liquid: see Xiao, Y. ; Malhotra, S. V. *Tetrahedron Asymmetry* **2006**, 17, 1062.

[1028] For a review, see Daverio, P. ; Zanda, M. *Tetrahedron Asymmetry* **2001**, 12, 2225.

[1029] Kim, J. ; Singaram, B. *Tetrahedron Lett.* **2006**, 47, 3901.

[1030] Molvinger, K. ; Lopez, M. ; Court, J. *Tetrahedron Lett.* **1999**, 40, 8375.

[1031] Nozaki, K. ; Kobori, K. ; Uemura, T. ; Tsutsumi, T. ; Takaya, H. ; Hiyama, T. *Bull. Chem. Soc. Jpn.* **1999**, 72, 1109.

[1032] Jiang, B. ; Feng, Y. ; Zheng, J. *Tetrahedron Lett.* **2000**, 41, 10281.

[1033] Zhao, G. ; Hu, J.-b. ; Qian, Z.-s. ; Yin, X.-x. *Tetrahedron Asymmetry* **2002**, 13, 2095.

[1034] Wu, X. ; Li, X. ; Zanotti-Gerosa, A. ; Pettman, A. ; Liu, J. ; Mills, A. J. ; Xiao, J. *Chemistry: European J.* **2008**, 14, 2209; Kawasaki, I. ; Tsunoda, K. ; Tsuji, T. ; Yamaguchi, T. ; Shibuta, H. ; Uchida, N. ; Yamashita, M. ; Ohta, S. *Chem. Commun.* **2005**, 2134; Li, X. ; Blacker, J. ; Houson, I. ; Wu, X. ; Xiao, J. *Synlett* **2006**, 1155; Ito, M. ; Shibata, Y. ; Watanabe, A. ; Ikariya, T. *Synlett* **2009** 1621; Zani, L. ; Eriksson, L. ; Adolfsson, H. *Eur. J. Org. Chem.* **2008**, 4655.

[1035] Hayashi, T. ; Hayashi, C. ; Uozumi, Y. *Tetrahedron Asymmetry*, **1995**, 6, 2503.

[1036] Liu, P. N. ; Gu, P. M. ; Wang, F. ; Tu, Y. Q. *Org. Lett.* **2004**, 6, 169; Wu, X. ; Li, X. ; Hems, W. ; King, F. ; Xiao, J. *Org. Biomol. Chem.* **2004**, 2, 1818; Schlatter, A. ; Kundu, M. K. ; Woggon, W.-D. *Angew. Chem. Int. Ed.* **2004**, 43, 6731.

[1037] Shaikh, N. S. ; Enthaler, S. ; Junge, K. ; Beller, M. *Angew. Chem. Int. Ed.* **2008**, 47, 2497; Inagaki, T. ; Yamada, Y. ; Phong, L. T. ; Furuta, A. ; Ito, J.-i. ; Nishiyama, H. *Synlett* **2009**, 253; Ghoshal, A. ; Sarkar, A. R. ; Manickam, G. ; Kumaran, R. S. ; Jayashankaran, J. *Synlett* **2010**, 1459.

[1038] Lipshutz, B. H. ; Noson, K. ; Chrisman, W. ; Lower, A. *J. Am. Chem. Soc.* **2003**, 125, 8779.

[1039] Gade, L. H. ; César, V. ; Bellemin-Laponnaz, S. *Angew. Chem. Int. Ed.* **2004**, 43, 1014.

[1040] Cecchetto, A. ; Fontana, F. ; Minisci, F. ; Recupero, F. *Tetrahedron Lett.* **2001**, 42, 6651.

[1041] Zhou, L. ; Wang, Z. ; Wei, S. ; Sun, J. *Chem. Commun.* **2007**, 2977.

[1042] Ohno, K. ; Kataoka, Y. ; Mashima, K. *Org. Lett.* **2004**, 6, 4695.

[1043] Yang, T.-K. ; Lee, D.-S. *Tetrahedron Asymmetry* **1999**, 10, 405.

[1044] See, however, Li, X. ; List, B. *Chem. Commun.* **2007**, 1739. See also, Giacomini, D. ; Galletti, P. ; Quintavalla, A. ; Gucciardo, G. ; Paradisi, F. *Chem. Commun.* **2007**, 4038.

[1045] Midland, M. M.; Greer, S.; Tramontano, A.; Zderic, S. A. *J. Am. Chem. Soc.* **1979**, 101, 2352. See also, Midland, M. M.; Zderic, S. A. *J. Am. Chem. Soc.* **1982**, 104, 525.
[1046] Ramachandran, P. V.; Pitre, S.; Brown, H. C. *J. Org. Chem.* **2002**, 67, 5315. For a discussion of the sources of stereoselectivity, see Xu, J.; Wei, T.; Zhang, Q. *J. Org. Chem.* **2004**, 69, 6860.
[1047] Dalton, D. M.; Gladysz, J. A. *J. Organomet. Chem.* **1989**, 370, C17.
[1048] See Bloch, R.; Gilbert, L.; Girard, C. *Tetrahedron Lett.* **1988**, 53, 1021; Evans, D. A.; Chapman, K. T.; Carreira, E. M. *J. Am. Chem. Soc.* **1988**, 110, 3560.
[1049] See Nógrádi, M. *Stereoselective Synthesis* VCH, NY, **1986**, pp. 131-148; Oishi, T.; Nakata, T. *Acc. Chem. Res.* **1984**, 17, 338.
[1050] See Yamamoto, Y.; Matsuoka, K.; Nemoto, H. *J. Am. Chem. Soc.* **1988**, 110, 4475.
[1051] See Gaylord, N. G. *Reduction with Complex Metal Hydrides*, Wiley, NY, **1956**, pp. 322-373.
[1052] For a list of reagents, with references, see Larock, R. C. *Comprehensive Organic Transformations*, 2nd ed., Wiley-VCH, NY, **1999**, pp. 1114-1116. Zinc borohydride has also been used; see Narashimhan, S.; Madhavan, S.; Prasad, K. G. *J. Org. Chem.* **1995**, 60, 5314.
[1053] See, however, Fujisawa, T.; Mori, T.; Sato, T. *Chem. Lett.* **1983**, 835.
[1054] Tale, R. H.; Patil, K. M.; Dapurkar, S. E. *Tetrahedron Lett.* **2003**, 44, 3427.
[1055] Zhou, Y.; Gao, G.; Li, H.; Qu, J. *Tetrahedron Lett.* **2008**, 49, 3260.
[1056] Narashimhan, S.; Swarnalakshmi, S.; Balakumar, R. *Synth. Commun.* **2000**, 30, 941.
[1057] See Rylander, P. N. *Hydrogenation Methods*, Academic Press, NY, **1985**, pp. 78-79.
[1058] Brown, H. C.; Stocky, T. P. *J. Am. Chem. Soc.* **1977**, 99, 8218; Chen, M. H.; Kiesten, E. I. S.; Magano, J.; Rodriguez, D.; Sexton, K. E.; Zhang, J.; Lee, H. T. *Org. Prep. Proceed. Int.* **2002**, 34, 665.
[1059] Yoon, N. M.; Cho, B. T. *Tetrahedron Lett.* **1982**, 23, 2475.
[1060] Kamochi, Y.; Kudo, T. *Bull. Chem. Soc. Jpn.* **1992**, 65, 3049.
[1061] Kamochi, Y.; Kudo, T. *Tetrahedron* **1992**, 48, 4301.
[1062] Kamochi, Y.; Kudo, T. *Chem. Lett.* **1993**, 1495.
[1063] McKennon, M. J.; Meyers, A. I.; Drauz, K.; Schwarm, M. *J. Org. Chem.* **1993**, 58, 3568.
[1064] For a review, see Gaylord, N. G. *Reduction with Complex Metal Hydrides*, Wiley, NY, **1956**, pp. 391-531.
[1065] For a ring size-selective reduction using SmI_2-H_2O, see Duffy, L. A.; Matsubara, H.; Procter, D. J. *J. Am. Chem. Soc.* **2008**, 130, 1136.
[1066] For a list of reagents, with references, see Larock, R. C. *Comprehensive Organic Transformations*, 2nd ed., Wiley-VCH, NY, **1999**, pp. 1116-1120.
[1067] Ayers, T. A. *Tetrahedron Lett.* **1999**, 40, 5467.
[1068] Brown, H. C.; Choi, Y. M. *Synthesis* **1981**, 439; Brown, H. C.; Choi, Y. M.; Narasimhan, S. *J. Org. Chem.* **1982**, 47, 3153.
[1069] Takahashi, S.; Cohen, L. A. *J. Org. Chem.* **1970**, 35, 1505.
[1070] For example, see Brown, M. S.; Rapoport, H. *J. Org. Chem.* **1963**, 28, 3261; Boechat, N.; da Costa, J. C. S.; Mendonca, J. de S.; de Oliveira, P. S. M.; DeSouza, M. V. N. *Tetrahedron Lett.* **2004**, 45, 6021.
[1071] See also, Soai, K.; Oyamada, H.; Takase, M.; Ookawa, A. *Bull. Chem. Soc. Jpn.* **1984**, 57, 1948; Guida, W. C.; Entreken, E. E.; Guida, W. C. *J. Org. Chem.* **1984**, 49, 3024.
[1072] Zanka, A.; Ohmori, H.; Okamoto, T. *Synlett* **1999**, 1636.
[1073] Feng, J.-C.; Liu, B.; Dai, L.; Yang, X.-L.; Tu, S.-J. *Synth. Commun.* **2001**, 31, 1875.
[1074] For a review, see Adkins, H. *Org. React.* **1954**, 8, 1.
[1075] Zhang, J.; Leitus, G.; Ben-David, Y.; Milstein, D. *Angew. Chem. Int. Ed.* **2006**, 45, 1113.
[1076] Chablay, E. *Compt. Rend* **1913**, 156, 1020; Bouveault, L.; Blanc, G. *Bull. Soc. Chim. Fr.* **1904**, 31, 666; Bouveault, L.; Blanc, G. *Compt. Rend.* **1903**, 136, 1676. See Bodnar, B. S.; Vogt, P. F. *J. Org. Chem.* **2009**, 74, 2598.
[1077] Ohta, T.; Kamiya, M.; Kusui, K.; Michibata, T.; Nobutomo, M.; Furukawa, I. *Tetrahedron Lett.* **1999**, 40, 6963.
[1078] Matsubara, K.; Iura, T.; Maki, T.; Nagashima, H. *J. Org. Chem.* **2002**, 67, 4985.
[1079] See Fuson, R. C. in Patai, S. *The Chemistry of the Carbonyl Group*, Vol. 1, Wiley, NY, **1966**, pp. 211-232; Wheeler, O. H. in Patai, S. *The Chemistry of Acyl Halides*, Wiley, NY, **1972**, pp. 231-251.
[1080] Cha, J. S.; Brown, H. C. *J. Org. Chem.* **1993**, 58, 4732 and references cited therein.
[1081] See Rylander, P. N. *Catalytic Hydrogenation Over Platinum Metals*, Academic Press, NY, **1967**, pp. 398-404; Maier, W. F.; Chettle, S. J.; Rai, R. S.; Thomas, G. *J. Am. Chem. Soc.* **1986**, 108, 2608.
[1082] Peters, J. A.; van Bekkum, H. *Recl. Trav. Chim. Pays-Bas* **1981**, 100, 21. See also, Burgstahler, A. W.; Weigel, L. O.; Shaefer, C. G. *Synthesis* **1976**, 767.
[1083] See Leblanc, J. C.; Moise, C.; Tirouflet, J. *J. Organomet. Chem.* **1985**, 292, 225; Corriu, R. J. P.; Lanneau, G. F.; Perrot, M. *Tetrahedron Lett.* **1988**, 29, 1271. For a list of reagents, with references, see Larock, R. C. *Comprehensive Organic Transformations*, 2nd ed., Wiley-VCH, NY, **1999**, pp. 1265-1266.
[1084] See Lusztyk, J.; Lusztyk, E.; Maillard, B.; Ingold, K. U. *J. Am. Chem. Soc.* **1984**, 106, 2923.
[1085] Inoue, K.; Yasuda, M.; Shibata, I.; Baba, A. *Tetrahedron Lett.* **2000**, 41, 113.
[1086] Babler, J. H. *Synth. Commun.* **1982**, 12, 839. See Entwistle, I. D.; Boehm, P.; Johnstone, R. A. W.; Telford, R. P. *J. Chem. Soc. Perkin Trans. 1* **1980**, 27.
[1087] Jia, X.; Liu, X.; Li, J.; Zhao, P.; Zhang, Y. *Tetrahedron Lett.* **2007**, 48, 971.
[1088] Shamsuddin, K. M.; Zubairi, Md. O.; Musharraf, M. A. *Tetrahedron Lett.* **1998**, 39, 8153.

[1089]　Lee, K. ; Maleczka Jr. , R. E. *Org. Lett.* **2006**, 8, 1887.
[1090]　For a review, see Cha, J. S. *Org. Prep. Proced. Int.* **1989**, 21, 451.
[1091]　See Lanneau, G. F. ; Perrot, M. *Tetrahedron Lett.* **1987**, 28, 3941; Cha, J. S. ; Kim, J. E. ; Yoon, M. S. ; Kim, Y. S. *Tetrahedron Lett.* **1987**, 28, 6231. See also, the lists, in Larock, R. C. *Comprehensive Organic Transformations*, 2nd ed. , Wiley-VCH, NY, **1999**, pp. 1265-1268.
[1092]　Bedenbaugh, A. O. ; Bedenbaugh, J. H. ; Bergin, W. A. ; Adkins, J. D. *J. Am. Chem. Soc.* **1970**, 92, 5774.
[1093]　Chloro - see Brown, H. C. ; Cha, J. S. ; Yoon, N. M. ; Nazer, B. *J. Org. Chem.* **1987**, 52, 5400; Bromo, see Cha, J. S. ; Kim, J. E. ; Lee, K. W. *J. Org. Chem.* **1987**, 52, 5030.
[1094]　Fujisawa, T. ; Mori, T. ; Tsuge, S. ; Sato, T. *Tetrahedron Lett.* **1983**, 24, 1543.
[1095]　Cha, J. S. ; Kim, J. M. ; Jeoung, M. K. ; Kwon, O. O. ; Kim, E. J. *Org. Prep. Proceed. Int.* **1995**, 27, 95.
[1096]　Gooßen, L. J. ; Ghosh, K. *Chem. Commun.* **2002**, 836.
[1097]　Zakharkin, L. I. ; Sorokina, L. P. *J. Gen. Chem. USSR* **1967**, 37, 525. See Song, J. I. ; An, D. K. *Chem. Lett.* **2007**, 36, 886.
[1098]　Cha, J. S. ; Kim, J. M. ; Jeoung, M. K. ; Kwon, O. O. ; Kim, E. J. *Org. Prep. Proceed. Int.* **1995**, 27, 95.
[1099]　Zakharkin, L. I. ; Gavrilenko, V. V. ; Maslin, D. N. *Bull. Acad. Sci. USSR Div. Chem. Sci.* **1964**, 867; Weissman, P. M. ; Brown, H. C. *J. Org. Chem.* **1966**, 31, 283.
[1100]　Chandrasekhar, S. ; Kumar, M. S. ; Muralidhar, B. *Tetrahedron Lett.* **1998**, 39, 909.
[1101]　Fukuyama, T. ; Lin, S. ; Li, L. *J. Am. Chem. Soc.* **1990**, 112, 7050.
[1102]　Penn, J. H. ; Owens, W. H. *Tetrahedron Lett.* **1992**, 33, 3737.
[1103]　Watanabe, Y. ; Yamashita, M. ; Mitsudo, T. ; Igami, M. ; Takegami, Y. *Bull. Chem. Soc. Jpn.* **1975**, 48, 2490; Watanabe, Y. ; Yamashita, M. ; Mitsudo, T. ; Igami, M. ; Tomi, K. ; Takegami, Y. *Tetrahedron Lett.* **1975**, 1063.
[1104]　Shi, Z. ; Gu, H. *Synth. Commun.* **1997**, 27, 2701.
[1105]　Malanga, C. ; Mannucci, S. ; Lardicci, L. *Tetrahedron Lett.* **1997**, 38, 8093.
[1106]　Fuson, R. C. in Patai, S. *The Chemistry of the Carbonyl Group*, Vol. 1, Wiley, NY, **1966**, pp. 220-225.
[1107]　For a list of reagents, with references, see Larock, R. C. *Comprehensive Organic Transformations*, 2nd ed. , Wiley-VCH, NY, **1999**, pp. 1269-1271.
[1108]　Zakharkin, L. I. ; Khorlina, I. M. *Bull. Acad. Sci. USSR Div. Chem. Sci.* **1959**, 2046.
[1109]　Muraki, M. ; Mukaiyama, T. *Chem. Lett.* **1975**, 875.
[1110]　Godjoian, G. ; Singaram, B. *Tetrahedron Lett.* **1997**, 38, 1717.
[1111]　White, J. M. ; Tunoori, A. R. ; Georg, G. I. *J. Am. Chem. Soc.* **2000**, 122, 11995.
[1112]　See Craig, J. C. ; Ekwurieb, N. N. ; Fu, C. C. ; Walker, K. A. M. *Synthesis* **1981**, 303.
[1113]　See Popp, F. D. ; Uff, B. C. *Heterocycles* **1985**, 23, 731; Popp, F. D. *Bull. Soc. Chim. Belg.* **1981**, 90, 609; *Adv. Heterocycl. Chem.* **1979**, 24, 187; **1968**, 9, 1. See Bridge, A. W. ; Hursthouse, M. B. ; Lehmann, C. W. ; Lythgoe, D. J. ; Newton, C. G. *J. Chem. Soc. Perkin Trans.* 1 **1993**, 1839 for isoquinoline Reissert salts.
[1114]　Dudman, C. C. ; Grice, P. ; Reese, C. B. *Tetrahedron Lett.* **1980**, 21, 4645.
[1115]　See Cacchi, S. ; Paolucci, G. *Gazz. Chem. Ital.* **1974**, 104, 221; Matin, S. B. ; Craig, J. C. ; Chan, R. P. K. *J. Org. Chem.* **1974**, 39, 2285.
[1116]　For a review, see Staab, H. A. ; Rohr, W. *Newer Methods Prep. Org. Chem.* **1968**, 5, 61.
[1117]　Nahm, S. ; Weinreb, S. M. *Tetrahedron Lett.* **1981**, 22, 3815; Mundy, B. P. ; Ellerd, M. G. ; Favaloro Jr. , F. G. *Name Reactions and Reagents in Organic Synthesis*, 2nd Ed. Wiley-Interscience, New Jersey, **2005**, p. 866. See Sibi, M. P. *Org. Prep. Proceed. Int.* **1993**, 25, 15; Mentzel, M. ; Hoffmann, H. M. R. *J. Prakt. Chem.* **1997**, 339, 517.
[1118]　Spletstoser, J. T. ; White, J. M. ; Tunoori, A. R. ; Georg, G. I. *J. Am. Chem. Soc.* **2007**, 129, 3408; White, J. M. ; Tunoori, A. R. ; Georg, G. I. *J. Am. Chem. Soc.* **2000**, 122, 11995; Wang, J. ; Xu, H. ; Gao, H. ; Su, C. -Y. ; Phillips, D. L. *Organometallics* **2010**, 29, 42; Gondi, V. B. ; Hagihara, K. ; Rawal, V. H. *Chem. Commun.* **2010**, 46, 904.
[1119]　See Verdaguer, X. ; Lange, U. E. W. ; Buchwald, S. L. *Angew. Chem. Int. Ed.* **1998**, 37, 1103.
[1120]　See Burk, M. J. ; Feaster, J. E. *J. Am. Chem. Soc.* **1992**, 114, 6266.
[1121]　Bhattacharyya, S. ; Neidigh, K. A. ; Avery, M. A. ; Williamson, J. S. *Synlett* **1999**, 1781.
[1122]　See Harada, K. in Patai, S. *The Chemistry of the Carbon-Nitrogen Double Bond*, Wiley, NY, **1970**, pp. 276-293; Rylander, P. N. *Catalytic Hydrogenation over Platinum Metals*, Academic Press, NY, **1967**, pp. 123-138.
[1123]　Chase, P. A. ; Welch, G. C. ; Jurca, T. ; Stephan, D. W. *Angew. Chem. Int. Ed.* **2007**, 46, 8050.
[1124]　Zhang, Z. ; Schreiner, P. R. *Synlett* **2007**, 1455.
[1125]　Banik, B. K. ; Zegrocka, O. ; Banik, I. ; Hackfeld, L. ; Becker, F. F. *Tetrahedron Lett.* **1999**, 40, 6731.
[1126]　Banik, B. K. ; Hackfeld, L. ; Becker, F. F. *Synth. Commun.* **2001**, 31, 1581.
[1127]　Shibata, I. ; Moriuchi-Kawakami, T. ; Tanizawa, D. ; Suwa, T. ; Sugiyama, E. ; Matsuda, H. ; Baba, A. *J. Org. Chem.* **1998**, 63, 383.
[1128]　Paukstelis, J. V. ; Cook, A. G. in Cook, A. G. *Enamines*, 2nd ed. , Marcel Dekker, NY, **1988**, pp. 275-356.
[1129]　See Malkov, A. V. ; Mariani, A. ; MacDougall, K. N. ; Kocovsky, P. *Org. Lett.* **2004**, 6, 2253.
[1130]　Blackwell, J. M. ; Sonmor, E. R. ; Scoccitti, T. ; Piers, W. E. *Org. Lett.* **2000**, 2, 3921.
[1131]　Shimizu, M. ; Sahara, T. ; Hayakawa, R. *Chem. Lett.* **2001**, 792.
[1132]　Knettle, B. W. ; Flowers II, R. A. *Org. Lett.* **2001**, 3, 2321.
[1133]　Samec, J. S. M. ; Bäckvall, J. -E. *Chem. Eur. J.* **2002**, 8, 2955.
[1134]　Moghaddam, F. M. ; Khakshoor, O. ; Ghaffarzadeh, M. *J. Chem. Res. (S)* **2001**, 525.
[1135]　Davies, I. W. ; Taylor, M. ; Marcoux, J. -F. ; Matty, L. ; Wu, J. ; Hughes, D. ; Reider, P. J. *Tetrahedron Lett.* **2000**, 41, 8021.

[1136] See Bolm, C. ; Felder, M. *Synlett* **1994**, 655; Williams, D. R. ; Osterhout, M. H. ; Reddy, J. P. *Tetrahedron Lett.* **1993**, 34, 3271.
[1137] Kawase, M. ; Kikugawa, Y. *J. Chem. Soc. Perkin Trans.* 1 **1979**, 643.
[1138] See Hutchins, R. O. ; Natale, N. R. *Org. Prep. Proced. Int.* **1979**, 11, 201; Lane, C. F. *Synthesis* **1975**, 135.
[1139] Ueda, M. ; Miyabe, H. ; Namba, M. ; Nakabayashi, T. ; Naito, T. *Tetrahedron Lett.* **2002**, 43, 4369.
[1140] Gowda, S. ; Abiraj, K. ; Gowda, D. C. *Tetrahedron Lett.* **2002**, 43, 1329.
[1141] See Denmark, S. E. ; Nakajima, N. ; Nicaise, O. J. -C. *J. Am. Chem. Soc.* **1994**, 116, 8797; Fuller, J. C. ; Belisle, C. M. ; Goralski, C. T. ; Singaram, B. *Tetrahedron Lett.* **1994**, 35, 5389. For a review of asymmetric reductions involving the C=N unit, see Zhu, Q. -C. ; Hutchins, R. O. *Org. Prep. Proceed. Int.* **1994**, 26, 193.
[1142] Hou, G. ; Gosselin, F. ; Li, W. ; McWilliams, J. C. ; Sun, Y. ; Weisel, M. ; O'Shea, P. D. ; Chen, C. -y. ; Davies, I. W. ; Zhang, X. *J. Am. Chem. Soc.* **2009**, 131, 9882.
[1143] See Li, C. ; Wang, C. ; Villa-Marcos, B. ; Xiao, J. *J. Am. Chem. Soc.* **2008**, 130, 14450; Vargas, S. ; Rubio, M. ; Suárez, A. ; Pizzano, A. *Tetrahedron Lett.* **2005**, 46, 2049.
[1144] Nolin, K. A. ; Ahn, R. W. ; Toste, F. D. *J. Am. Chem. Soc.* **2005**, 127, 12462.
[1145] Li, C. ; Xiao, J. *J. Am. Chem. Soc.* **2008**, 130, 13208.
[1146] Abe, H. ; Amii, H. ; Uneyama, K. *Org. Lett.* **2001**, 3, 313.
[1147] Magee, M. P. ; Norton, J. R. *J. Am. Chem. Soc.* **2001**, 123, 1778.
[1148] Dunsmore, C. J. ; Carr, R. ; Fleming, T. ; Turner, N. J. *J. Am. Chem. Soc.* **2006**, 128, 2224.
[1149] Li, G. ; Liang, Y. ; Antilla, J. C. *J. Am. Chem. Soc.* **2007**, 129, 5830.
[1150] Tararov, V. I. ; Kadyrov, R. ; Riermeier, T. H. ; Holz, J. ; Börner, A. *Tetrahedron Lett.* **2000**, 41, 2351.
[1151] Choi, Y. K. ; Kim, M. J. ; Ahn, Y. ; Kim, M. -J. *Org. Lett.* **2001**, 3, 4099.
[1152] Rueping, M. ; Sugiono, E. ; Azap, C. ; Theissmann, T. ; Bolte, M. *Org. Lett.* **2005**, 7, 3781.
[1153] Hayashi, T. ; Ishigedani, M. *Tetrahedron* **2001**, 57, 2589.
[1154] Lipshutz, B. H. ; Shimizu, H. *Angew. Chem. Int. Ed.* **2004**, 43, 2228.
[1155] Hansen, M. C. ; Buchwald, S. L. *Org. Lett.* **2000**, 2, 713.
[1156] For a review, see Guizzetti, S. ; Benaglia, M. *Eur. J. Org. Chem.* **2010**, 5529. See Onomura, O. ; Kouchi, Y. ; Iwasaki, F. ; Matsumura, Y. *Tetrahedron Lett.* **2006**, 47, 3751; Malkov, A. V. ; Stončius, S. ; MacDougall, K. N. ; Mariani, A. ; McGeoch, G. D. ; Kočovský, P. *Tetrahedron* **2006**, 62, 264; Wang, C. ; Wu, X. ; Zhou, L. ; Sun, J. *Chemistry: European J.* **2008**, 14, 8789; Malkov, A. V. ; Figlus, M. ; Cooke, G. ; Caldwell, S. T. ; Rabani, G. ; Prestly, M. R. ; Kočovský, P. *Org. Biomol. Chem.* **2009**, 7, 1878; Malkov, A. V. ; Vranková, K. ; Sigerson, R. C. ; Stončius, S. ; Kočovský, P. *Tetrahedron* **2009**, 65, 9481.
[1157] Vaijayanthi, T. ; Chadha, A. *Tetrahedron Asymmetry* **2008**, 19, 93.
[1158] Chu, Y. ; Shan, Z. ; Liu, D. ; Sun, N. *J. Org. Chem.* **2006**, 71, 3998; Huang, K. ; Merced, F. G. ; Ortiz-Marciales, M. ; Meléndez, H. J. ; Correa, W. ; De Jesús, M. *J. Org. Chem.* **2008**, 73, 4017.
[1159] Howell, H. G. *Synth. Commun.* **1983**, 13, 635.
[1160] Park, H. S. ; Lee, I. S. ; Kim, Y. H. *Chem. Commun.* **1996**, 1805.
[1161] See Rabinovitz, M. in Rappoport, Z. *The Chemistry of the Cyano Group*, Wiley, NY, **1970**, pp. 307-340; Enthaler, S. ; Addis, D. ; Junge, K. ; Erre, G. ; Beller, M. *Chemistry: European J.* **2008**, 14, 9491. For a list of reagents, with references, see Larock, R. C. *Comprehensive Organic Transformations*, 2nd ed. , Wiley-VCH, NY, **1999**, pp. 875-878.
[1162] See Brown, H. C. ; Choi, Y. M. ; Narasimhan, S. *Synthesis* **1981**, 605.
[1163] Satoh, T. ; Suzuki, S. *Tetrahedron Lett.* **1969**, 4555. For a discussion of the mechanism, see Heinzman, S. W. ; Ganem, B. *J. Am. Chem. Soc.* **1982**, 104, 6801.
[1164] Khurana, J. M. ; Kukreja, G. *Synth. Commun.* **2002**, 32, 1265.
[1165] Egli, R. A. *Helv. Chim. Acta* **1970**, 53, 47.
[1166] Thomas, S. ; Collins, C. J. ; Cuzens, J. R. ; Spieciarich, D. ; Goralski, C. T. ; Singaram, B. *J. Org. Chem.* **2001**, 66, 1999.
[1167] See Reguillo, R. ; Grellier, M. ; Vautravers, N. ; Vendier, L. ; Sabo-Etienne, S. *J. Am. Chem. Soc.* **2010**, 132, 7854.
[1168] See Galán, A. ; de Mendoza, J. ; Prados, P. ; Rojo, J. ; Echavarren, A. M. *J. Org. Chem.* **1991**, 56, 452.
[1169] See Gould, F. E. ; Johnson, G. S. ; Ferris, A. F. *J. Org. Chem.* **1960**, 25, 1658.
[1170] For example, see Freifelder, M. *J. Am. Chem. Soc.* **1960**, 82, 2386.
[1171] Tanaka, K. ; Nagasawa, M. ; Kasuga, Y. ; Sakamura, H. ; Takuma, Y. ; Iwatani, K. *Tetrahedron Lett.* **1999**, 40, 5885.
[1172] Takamizawa, S. ; Wakasa, N. ; Fuchikami, T. *Synlett* **2001**, 1623.
[1173] Borch, R. F. *Chem. Commun.* **1968**, 442.
[1174] Rabinovitz, M. in Rappoport, Z. *The Chemistry of the Cyano Group*, Wiley, NY, **1970**, p. 307. For a list of reagents, with references, see Larock, R. C. *Comprehensive Organic Transformations*, 2nd ed. , Wiley-VCH, NY, **1999**, pp. 1271-1272.
[1175] Zil'berman, E. N. ; Pyryalova, P. S. *J. Gen. Chem. USSR* **1963**, 33, 3348.
[1176] Xi, F. ; Kamal, F. ; Schenerman, M. A. *Tetrahedron Lett.* **2002**, 43, 1395.
[1177] Brown, H. C. ; Shoaf, C. J. *J. Am. Chem. Soc.* **1964**, 86, 1079. For a review of reductions with this and related reagents, see Málek, J. *Org. React.* **1988**, 36, 249, see pp. 287-289, 438-448.
[1178] Cha, J. S. ; Lee, S. E. ; Lee, H. S. *Org. Prep. Proceed. Int.* **1992**, 24, 331. Also see, Cha, J. S. ; Jeoung, M. K. ; Kim, J. M. ; Kwon, O. O. ; Lee, J. C. *Org. Prep. Proceed. Int.* **1994**, 26, 583.
[1179] Marshall, J. A. ; Andersen, N. H. ; Schlicher, J. W. *J. Org. Chem.* **1970**, 35, 858.
[1180] See Ioffe, S. L. ; Tartakovskii, V. A. ; Novikov, S. S. *Russ. Chem. Rev.* **1966**, 35, 19.
[1181] For reviews, see Rylander, P. N. *Hydrogenation Methods*, Academic Press, NY, **1985**, pp. 104-116, *Catalytic Hydrogenation*

over *Platinum Metals*, Academic Press, NY, **1967**, pp. 168-202. See Deshpande, R. M. ; Mahajan, A. N. ; Diwakar, M. M. ; Ozarde, P. S. ; Chaudhari, R. V. *J. Org. Chem.* **2004**, 69, 4835.

[1182] Takasaki, M. ; Motoyama, Y. ; Higashi, K. ; Yoon, S.-H. ; Mochida, I. ; Nagashima, H. *Org. Lett.* **2008**, 10, 1601. See also Gelder, E. A. ; Jackson, S. D. ; Lok, C. M. *Chem. Commun.* **2005**, 522 ; Chen, Y. ; Wang, C. ; Liu, H. ; Qiu, J. ; Bao, X. *Chem. Commun.* **2005**, 5298.
[1183] Soltani, O. ; Ariger, M. A. ; Carreira, E. M. *Org. Lett.* **2009**, 11, 4196.
[1184] Banik, B. K. ; Suhendra, M. ; Banik, I. ; Becker, F. F. *Synth. Commun.* **2000**, 30, 3745.
[1185] Lee, J. G. ; Choi, K. I. ; Koh, H. Y. ; Kim, Y. ; Kang, Y. ; Cho, Y. S. *Synthesis* **2001**, 81.
[1186] Kim, B. H. ; Han, R. ; Piao, F. ; Jun, Y. M. ; Baik, W. ; Lee, B. M. *Tetrahedron Lett.* **2003**, 44, 77.
[1187] Basu, M. K. ; Becker, F. F. ; Banik, B. K. *Tetrahedron Lett.* **2000**, 41, 5603.
[1188] Ankner, T. ; Hilmersson, G. *Tetrahedron Lett.* **2007**, 48, 5707.
[1189] Fitch, R. W. ; Luzzio, F. A. *Tetrahedron Lett.* **1994**, 35, 6013.
[1190] Rai, G. ; Jeong, J. M. ; Lee, Y.-S. ; Kim, H. W. ; Lee, D. S. ; Chung, J.-K. ; Lee, M. C. *Tetrahedron Lett.* **2005**, 46, 3987.
[1191] For a list of reagents, with references, see Larock, R. C. *Comprehensive Organic Transformations*, 2nd ed., Wiley-VCH, NY, **1999**, pp. 821-828.
[1192] Brinkman, H. R. *Synth. Commun.* **1996**, 26, 973.
[1193] Entwistle, I. D. ; Jackson, A. E. ; Johnstone, R. A. W. ; Telford, R. P. *J. Chem. Soc. Perkin Trans.* 1 **1977**, 443. See also, Terpko, M. O. ; Heck, R. F. *J. Org. Chem.* **1980**, 45, 4992; Babler, J. H. ; Sarussi, S. J. *Synth. Commun.* **1981**, 11, 925.
[1194] Gowda, D. C. ; Gowda, A. S. P. ; Baba, A. R. ; Gowda, S. *Synth. Commun.* **2000**, 30, 2889.
[1195] For a review of the Zinin reduction, see Porter, H. K. *Org. React.* **1973**, 20, 455.
[1196] Ram, S. ; Ehrenkaufer, R. E. *Tetrahedron Lett.* **1984**, 25, 3415; Abiraj, K. ; Srinivasa, G. R. ; Gowda, D. C. *Synth. Commun.* **2005**, 35, 223.
[1197] Barrett, A. G. M. ; Spilling, C. D. *Tetrahedron Lett.* **1988**, 29, 5733.
[1198] See He, Y. ; Zhao, H. ; Pan, X. ; Wang, S. *Synth. Commun.* **1989**, 19, 3047 and references cited therein.
[1199] Chary, K. P. ; Ram, S. R. ; Iyengar, D. S. *Synlett* **2000**, 683.
[1200] Yoon, N. M. ; Choi, J. *Synlett* **1993**, 135.
[1201] Severin, T. ; Schmitz, R. *Chem. Ber.* **1962**, 95, 1417; Severin, T. ; Adam, M. *Chem. Ber.* **1963**, 96, 448.
[1202] Kaplan, L. A. *J. Am. Chem. Soc.* **1964**, 86, 740. See also, Swanwick, M. G. ; Waters, W. A. *Chem. Commun.* **1970**, 63.
[1203] See Ono, A. ; Terasaki, S. ; Tsuruoka, Y. *Chem. Ind. (London)* **1983**, 477; Ayyangar, N. R. ; Kalkote, U. R. ; Lugad, A. G. ; Nikrad, P. V. ; Sharma, V. K. *Bull. Chem. Soc. Jpn.* **1983**, 56, 3159.
[1204] Baik, W. ; Han, J. L. ; Lee, K. C. ; Lee, N. H. ; Kim, B. H. ; Hahn, J.-T. *Tetrahedron Lett.* **1994**, 35, 3965.
[1205] Meshram, H. M. ; Ganesh, Y. S. S. ; Sekhar, K. C. ; Yadav, J. S. *Synlett* **2000**, 993.
[1206] Vass, A. ; Dudás, J. ; Tóth, J. ; Varma, R. S. *Tetrahedron Lett.* **2001**, 42, 5347.
[1207] Gowda, S. ; Gowda, D. C. *Tetrahedron* **2002**, 58, 2211.
[1208] Kumar, J. S. D. ; Ho, M. M. ; Toyokuni, T. *Tetrahedron Lett.* **2001**, 42, 5601.
[1209] House, H. O. *Modern Synthetic Reactions*, 2nd ed., W. A. Benjamin, NY, **1972**, p. 211.
[1210] Petersen, W. C. ; Letsinger, R. L. *Tetrahedron Lett.* **1971**, 2197; Vink, J. A. J. ; Cornelisse, J. ; Havinga, E. *Recl. Trav. Chim. Pays-Bas* **1971**, 90, 1333.
[1211] Lamoureux, C. ; Moinet, C. *Bull. Soc. Chim. Fr.* **1988**, 59.
[1212] Bieber, L. W. ; da Costa, R. C. ; da Silva, M. F. *Tetrahedron Lett.* **2000**, 41, 4827.
[1213] Kang, K. H. ; Choi, K. I. ; Koh, H. Y. ; Kim, Y. ; Chung, B. Y. ; Cho, Y. S. *Synth. Commun.* **2001**, 31, 2277.
[1214] See Entwistle, I. D. ; Gilkerson, T. ; Johnstone, R. A. W. ; Telford, R. P. *Tetrahedron* **1978**, 34, 213.
[1215] Kende, A. S. ; Mendoza, J. S. *Tetrahedron Lett.* **1991**, 32, 1699.
[1216] Oxley, P. W. ; Adger, B. M. ; Sasse, M. J. ; Forth, M. A. *Org. Synth.* **67**, 187.
[1217] Ren, P. D-D. ; Pan, X.-W. ; Jin, Q.-H. ; Yao, Z.-P. *Synth. Commun.* **1997**, 27, 3497.
[1218] Feuer, H. ; Bartlett, R. S. ; Vincent, Jr., B. F. ; Anderson, R. S. *J. Org. Chem.* **1965**, 31, 2880.
[1219] See Fry, A. J. *Synthetic Organic Electrochemistry*, 2nd ed., Wiley, NY, **1989**, pp. 188-198; Lund, H. in Baizer, M. M. ; Lund, H. *Organic Electrochemistry*, Marcel Dekker, NY, **1983**, pp. 285-313.
[1220] Yu, Y. ; Srogl, J. ; Liebeskind, L. S. *Org. Lett.* **2004**, 6, 2631.
[1221] Schwartz, M. A. ; Gu, J. ; Hu, X. *Tetrahedron Lett.* **1992**, 33, 1687.
[1222] Cicchi, S. ; Bonanni, M. ; Cardona, F. ; Revuelta, J. ; Goti, A. *Org. Lett.* **2003**, 5, 1773.
[1223] See Lunn, G. ; Sansone, E. B. ; Keefer, L. K. *J. Org. Chem.* **1984**, 49, 3470.
[1224] Felkin, H. *C. R. Acad. Sci.* **1950**, 230, 304.
[1225] For a list of reagents, with references, see Larock, R. C. *Comprehensive Organic Transformations*, 2nd ed., Wiley-VCH, NY, **1999**, pp. 845-846.
[1226] Feuer, H. ; Braunstein, D. M. *J. Org. Chem.* **1969**, 34, 1817.
[1227] Leeds, J. P. ; Kirst, H. A. *Synth. Commun.* **1988**, 18, 777.
[1228] Chandrasekhar, S. ; Reddy, M. V. ; Chandraiah, L. *Synlett* **2000**, 1351.
[1229] See Sugden, J. K. ; Patel, J. J. B. *Chem. Ind. (London)* **1972**, 683.
[1230] See Rylander, P. N. *Catalytic Hydrogenation over Platinum Metals*, Academic Press, NY, **1967**, pp. 139-159.
[1231] Harrison, J. R. ; Moody, C. J. ; Pitts, M. R. *Synlett* **2000**, 1601.
[1232] Gibbs, D. E. ; Barnes, D. *Tetrahedron Lett.* **1990**, 31, 5555.
[1233] Brunner, H. ; Becker, R. ; Gauder, S. *Organometallics* **1986**, 5, 739; Takei, I. ; Nishibayashi, Y. ; Ishii, Y. ; Mizobe, Y. ; Ue-

mura, S. ; Hidai, M. *Chem. Commun.* **2001**, 2360.

[1234] Fontaine, E. ; Namane, C. ; Meneyrol, J. ; Geslin, M. ; Serva, L. ; Russey, E. ; Tissandié, S. ; Maftouh, M. ; Roger, P. *Tetrahedron Asymmetry* **2001**, 12, 2185; Huang, X. ; Ortiz-Marciales, M. ; Huang, K. ; Stepanenko, V. ; Merced, F. G. ; Ayala, A. M. ; Correa, W. ; De Jesús, M. *Org. Lett.* **2007**, 9, 1793.
[1235] Sasatani, S. ; Miyazaki, T. ; Maruoka, K. ; Yamamoto, H. *Tetrahedron Lett.* **1983**, 24, 4711.
[1236] For a review, see Kotera, K. ; Kitahonoki, K. *Org. Prep. Proced.* **1969**, 1, 305. See Tatchell, A. R. *J. Chem. Soc. Perkin Trans. 1* **1974**, 1294; Ferrero, L. ; Rouillard, M. ; Decouzon, M. ; Azzaro, M. *Tetrahedron Lett.* **1974**, 131; Diab, Y. ; Laurent, A. ; Mison, P. *Tetrahedron Lett.* **1974**, 1605.
[1237] Barton, D. H. R. ; Motherwell, W. B. ; Simon, E. S. ; Zard, S. Z. *J. Chem. Soc. Chem. Commun.* **1984**, 337.
[1238] Akazome, M. ; Tsuji, Y. ; Watanabe, Y. *Chem. Lett.* **1990**, 635.
[1239] Boruah, M. ; Konwar, D. *Synlett* **2001**, 795.
[1240] Johnson, K. ; Degering, E. F. *J. Am. Chem. Soc.* **1939**, 61, 3194.
[1241] Albanese, D. ; Landini, D. ; Penso, M. *Synthesis* **1990**, 333.
[1242] Hanson, J. R. *Synthesis* **1974**, 1, pp. 7-8.
[1243] Zeilstra, J. J. ; Engberts, J. B. F. N. *Synthesis* **1974**, 49.
[1244] Yadav, J. S. ; Subba Reddy, B. V. ; Srinivas, R. ; Ramalingam, T. *Synlett* **2000**, 1447.
[1245] See Kabalka, G. W. ; Pace, E. D. ; Wadgaonkar, P. P. *Synth. Commun.* **1990**, 20, 2453; Sera, A. ; Yamauchi, H. ; Yamada, H. ; Itoh, K. *Synlett* **1990**, 477.
[1246] El Kaim, L. ; Gacon, A. *Tetrahedron Lett.* **1997**, 38, 3591.
[1247] For a review, see Scriven, E. F. V. ; Turnbull, K. *Chem. Rev.* **1988**, 88, 297, see pp. 321-327. For lists of reagents, with references, see Larock, R. C. *Comprehensive Organic Transformations*, 2nd ed., Wiley-VCH, NY, **1999**, pp. 815-820; Rolla, F. *J. Org. Chem.* **1982**, 47, 4327.
[1248] Ram, S. R. ; Chary, K. P. ; Iyengar, D. S. *Synth. Commun.* **2000**, 30, 4495.
[1249] Fringuelli, F. ; Pizzo, F. ; Vaccaro, L. *Synthesis* **2000**, 646.
[1250] Chary, K. P. ; Ram, S. R. ; Salahuddin, S. ; Iyengar, D. S. *Synth. Commun.* **2000**, 30, 3559.
[1251] Maiti, S. N. ; Spevak, P. ; Narender Reddy, A. V. *Synth. Commun.* **1988**, 18, 1201.
[1252] Wu, H. ; Chen, R. ; Zhang, Y. *Synth. Commun.* **2002**, 32, 189.
[1253] Huang, Y. ; Zhang, Y. ; Wang, Y. *Tetrahedron Lett.* **1997**, 38, 1065.
[1254] Bartoli, G. ; Di Antonio, G. ; Giovannini, R. ; Giuli, S. ; Lanari, S. ; Paoletti, M. ; Marcantoni, E. *J. Org. Chem.* **2008**, 73, 1919.
[1255] Lin, W. ; Zhang, X. ; He, Z. ; Jin, Y. ; Gong, L. ; Mi, A. *Synth. Commun.* **2002**, 32, 3279.
[1256] Kamal, A. ; Damayanthi, Y. ; Reddy, B. S. N. ; Lakminarayana, B. ; Reddy, B. S. P. *Chem. Commun.* **1997**, 1015; Baruah, M. ; Boruah, A. ; Prajapati, D. ; Sandhu, J. S. *Synlett* **1996**, 1193.
[1257] Reddy, G. V. ; Rao, G. V. ; Iyengar, D. S. *Tetrahedron Lett.* **1999**, 40, 3937.
[1258] Benati, L. ; Bencivenni, G. ; Leardini, R. ; Minozzi, M. ; Nanni, D. ; Scialpi, R. ; Spagnolo, P. ; Zanardi, G. *J. Org. Chem.* **2006**, 71, 5822.
[1259] Staudinger, H. ; Meyer, J. *Helv. Chim. Acta* **1919**, 2, 635. See Golobov, Y. G. ; Zhmurova, I. N. ; Kasukhin, L. F. *Tetrahedron* **1981**, 37, 437; Tian, W. Q. ; Wang, Y. A. *J. Org. Chem.* **2004**, 69, 4299; Lin, F. L. ; Hoyt, H. M. ; van Halbeek, H. ; Bergman, R. G. ; Bertozzi, C. R. *J. Am. Chem. Soc.* **2005**, 127, 2686. For a modification that leads to β-lactams, see Jiao, L. ; Liang, Y. ; Xu, J. *J. Am. Chem. Soc.* **2006**, 128, 6060.
[1260] Kato, H. ; Ohmori, K. ; Suzuki, K. *Synlett* **2001**, 1003.
[1261] Hu, L. ; Wang, Y. ; Li, B. ; Du, D.-M. ; Xu, J. *Tetrahedron* **2007**, 63, 9387.
[1262] Zhang, Y.-R. ; He, L. ; Wu, X. ; Shao, P.-L. ; Ye, S. *Org. Lett.* **2008**, 10, 277.
[1263] See Koziara, A. ; Osowska-Pacewicka, K. ; Zawadzki, S. ; Zwierzak, A. **1987**, 487. The Reactions **10-48**, **10-43**, and **19-50** have also been accomplished in one laboratory step: Koziara, A. *J. Chem. Res. (S)* **1989**, 296.
[1264] Reagen, M. T. ; Nickon, A. *J. Am. Chem. Soc.* **1968**, 90, 4096.
[1265] Lee, Y. ; Closson, W. D. *Tetrahedron Lett.* **1974**, 381.
[1266] See Newbold, B. T. in Patai, S. *The Chemistry of the Hydrazo, Azo, and Azoxy Groups*, pt. 2, Wiley, NY, **1975**, pp. 601, 604-614.
[1267] See Ioffe, B. V. ; Sergeeva, Z. I. ; Dumpis, Yu. Ya. *J. Org. Chem. USSR* **1969**, 5, 1683.
[1268] Huisgen, R. ; Lux, R. *Chem. Ber.* **1960**, 93, 540.
[1269] Enders, D. ; Hassel, T. ; Pieter, R. ; Renger, B. ; Seebach, D. *Synthesis* **1976**, 548.
[1270] Jeyaraman, R. ; Ravindran, T. *Tetrahedron Lett.* **1990**, 31, 2787.
[1271] Kano, S. ; Tanaka, Y. ; Sugino, E. ; Shibuya, S. ; Hibino, S. *Synthesis* **1980**, 741.
[1272] Fridman, A. L. ; Mukhametshin, F. M. ; Novikov, S. S. *Russ. Chem. Rev.* **1971**, 40, 34, pp. 41-42.
[1273] Kindler, K. ; Lührs, K. *Chem. Ber.* **1966**, 99, 227; *Liebigs Ann. Chem.* **1967**, 707, 26.
[1274] See also, Brown, G. R. ; Foubister, A. J. *Synthesis* **1982**, 1036.
[1275] Khurana, J. M. ; Singh, S. *J. Chem. Soc., Perkin Trans. 1* **1999**, 1893.
[1276] Poliskie, G. M. ; Mader, M. M. ; van Well, R. *Tetrahedron Lett.* **1999**, 40, 589.
[1277] See Hudlicky, M. *Reductions in Organic Chemistry*, Ellis Horwood, Chichester, **1984**, pp. 62-67, 181; Pinder, A. R. *Synthesis* **1980**, 425. For a list of reagents, see Larock, R. C. *Comprehensive Organic Transformations*, 2nd ed., Wiley-VCH, NY, **1999**, pp. 29-39.
[1278] See Pizey, J. S. *Synthetic reagents*, Vol. 1, Wiley, NY, **1974**, pp. 101-294; Seyden-Penne, J. *Reductions by the Alumino- and*

Borohydrides, VCH, NY, **1991**; Hajós, A. *Complex Hydrides*, Elsevier, NY, **1979**.

[1279] Krishnamurthy, S. ; Brown, H. C. *J. Org. Chem.* **1982**, 47, 276.

[1280] Krishnamurthy, S. ; Brown, H. C. *J. Org. Chem.* **1980**, 45, 849; **1983**, 48, 3085.

[1281] Masamune, S. ; Bates, G. S. ; Georghiou, P. E. *J. Am. Chem. Soc.* **1974**, 96, 3686.

[1282] Hutchins, R. O. ; Bertsch, R. J. ; Hoke, D. *J. Org. Chem.* **1971**, 36, 1568.

[1283] Hutchins, R. O. ; Kandasamy, D. ; Dux III, F. ; Maryanoff, C. A. ; Rotstein, D. ; Goldsmith, B. ; Burgoyne, W. ; Cistone, F. ; Dalessandro, J. ; Puglis, J. *J. Org. Chem.* **1978**, 43, 2259.

[1284] See Bergbreiter, D. E. ; Blanton, J. R. *J. Org. Chem.* **1987**, 52, 472.

[1285] Inoue, K. ; Sawada, A. ; Shibata, I. ; Baba, A. *J. Am. Chem. Soc.* **2002**, 124, 906.

[1286] Yoon, N. M. ; Lee, H. J. ; Ahn, J. H. ; Choi, J. *J. Org. Chem.* **1994**, 59, 4687.

[1287] See Kirwan, J. N. ; Roberts, B. P. ; Willis, C. R. *J. Chem. Soc. Perkin Trans. 1* **1991**, 103; Hudlicky, M. *Reductions in Organic Chemistry*, Ellis Horwood, Chichester, **1984**, pp. 62-67, 181; Pinder, A. R. *Synthesis* **1980**, 425. For a list of reagents, see Larock, R. C. *Comprehensive Organic Transformations*, 2nd ed., Wiley-VCH, NY, **1999**, pp. 29-39.

[1288] Doyle, M. P. ; McOsker, C. C. ; West, C. T. *J. Org. Chem.* **1976**, 41, 1393; Parnes, Z. N. ; Romanova, V. S. ; Vol'pin, M. E. *J. Org. Chem. USSR* **1988**, 24, 254.

[1289] Yang, J. ; Brookhart, M. *J. Am. Chem. Soc.* **2007**, 129, 12656.

[1290] Miura, K. ; Tomita, M. ; Yamada, Y. ; Hosomi, A. *J. Org. Chem.* **2007**, 72, 787.

[1291] Hirao, T. ; Kohno, S. ; Ohshiro, Y. ; Agawa, T. *Bull. Chem. Soc. Jpn.* **1983**, 56, 1881.

[1292] Downie, I. M. ; Lee, J. B. *Tetrahedron Lett.* **1968**, 4951.

[1293] Seyferth, D. ; Yamazaki, H. ; Alleston, D. L. *J. Org. Chem.* **1963**, 28, 703. For a novel trialkyltin hydride, see Gastaldi, S. ; Stein, D. *Tetrahedron Lett.* **2002**, 43, 4309.

[1294] See Neumann, W. P. *Synthesis* **1987**, 665; Kuivila, H. G. *Synthesis* **1970**, 499; *Acc. Chem. Res.* **1968**, 1, 299; Uenishi, J. ; Kawahama, R. ; Shiga, Y. ; Yonemitsu, O. ; Tsuji, J. *Tetrahedron Lett.* **1996**, 37, 6759.

[1295] Hayashi, N. ; Shibata, I. ; Baba, A. *Org. Lett.* **2004**, 6, 4981.

[1296] Light, J. ; Breslow, R. *Tetrahedron Lett.* **1990**, 31, 2957.

[1297] Mebane, R. C. ; Grimes, K. D. ; Jenkins, S. R. ; Deardorff, J. D. ; Gross, B. H. *Synth. Commun.* **2002**, 32, 2049.

[1298] Wang, Y.-C. ; Yan, T.-H. *Chem. Commun.* **2000**, 545.

[1299] Rylander, P. N. *Hydrogenation Methods*, Academic Press, NY, **1985**; Kantam, M. L. ; Rahman, A. ; Bandyopadhyay, T. ; Haritha, Y. *Synth. Commun.* **1999**, 29, 691. See Ye, P. ; Gellman, A. J. *J. Am. Chem. Soc.* **2008**, 130, 8518.

[1300] See Marquié, J. ; Laporterie, A. ; Dubac, J. ; Roques, N. *Synlett* **2001**, 493.

[1301] Ohkuma, T. ; Tsutsumi, K. ; Utsumi, N. ; Arai, N. ; Noyori, R. ; Murata, K. *Org. Lett.* **2007**, 9, 255.

[1302] See Fieser, L. F. ; Sachs, D. H. *J. Org. Chem.* 1964, 29, 1113; Berkowitz, D. B. *Synthesis* **1990**, 649.

[1303] See Gassman, P. G. ; Aue, D. H. ; Patton, D. S. *J. Am. Chem. Soc.* **1968**, 90, 7271; Gassman, P. G. ; Marshall, J. L. *Org. Synth. V*, 424.

[1304] Li, J. ; Ye, D. ; Liu, H. ; Luo, X. ; Jiang, H. *Synth. Commun.* **2008**, 38, 567.

[1305] Khurana, J. M. ; Kandpal, B. M. ; Kukreja, G. ; Sharma, P. *Can. J. Chem.* **2006**, 84, 1019.

[1306] See Claesson, A. ; Olsson, L. *J. Am. Chem. Soc.* **1979**, 101, 7302.

[1307] See Noyori, R. ; Hayakawa, Y. *Org. React.* **1983**, 29, 163.

[1308] Lee, S. H. ; Jung, Y. J. ; Cho, Y. J. ; Yoon, C.-O. M. ; Hwang, H.-J. ; Yoon, C. M. *Synth. Commun.* **2001**, 31, 2251.

[1309] Ren, P.-D. ; Hin, Q.-H. ; Yao, Z.-P. *Synth. Commun.* **1997**, 27, 2577.

[1310] Park, L. ; Keum, G. ; Kang, S. B. ; Kim, K. S. ; Kim, Y. *J. Chem. Soc. Perkin Trans. 1* **2000**, 4462.

[1311] Oriyama, T. ; Mukaiyama, T. *Chem. Lett.* **1984**, 2069.

[1312] Ranu, B. C. ; Chattopadhyay, K. ; Jana, R. *Tetrahedron* **2007**, 63, 155.

[1313] Lee, S. H. ; Cho, M. Y. ; Nam, M. H. ; Park, Y. S. ; Yoo, B. W. ; Lee, C.-W. ; Yoon, C. M. *Synth. Commun.* **2005**, 35, 1335.

[1314] Aelterman, W. ; Eeckhaut, A. ; De Kimpe, N. *Synlett* **2000**, 1283.

[1315] Kim, S. ; Ko, J. S. *Synth. Commun.* **1985**, 15, 603.

[1316] Hutchins, R. O. ; Kandasamy, D. ; Maryanoff, C. A. ; Masilamani, D. ; Maryanoff, B. E. *J. Org. Chem.* **1977**, 42, 82.

[1317] See Ohsawa, T. ; Takagaki, T. ; Haneda, A. ; Oishi, T. *Tetrahedron Lett.* **1981**, 22, 2583. See also, Brandänge, S. ; Dahlman, O. ; Ölund, J. *Acta Chem. Scand. Ser. B* **1983**, 37, 141.

[1318] Bryce-Smith, D. ; Wakefield, B. J. ; Blues, E. T. *Proc. Chem. Soc.* **1963**, 219.

[1319] See Curran, D. P. *Synthesis* **1988**, 417, 489.

[1320] Abbas S. ; Hayes, C. J. ; Worden, S. *Tetrahedron Lett.* **2000**, 41, 3215.

[1321] Ranu, B. C. ; Samanta, S. ; Guchhait, S. K. *J. Org. Chem.* **2001**, 66, 4102.

[1322] Kdota, I. ; Ueno, H. ; Ohno, A. ; Yamamoto, Y. *Tetrhaedron Lett.* **2003**, 44, 8645.

[1323] See Kraus, W. ; Chassin, C. *Tetrahedron Lett.* **1970**, 1443. See Omoto, M. ; Kato, N. ; Sogon, T. ; Mori, A. *Tetrahedron Lett.* **2001**, 42, 939.

[1324] Ashby, E. C. ; Deshpande, A. K. *J. Org. Chem.* **1994**, 59, 3798. See however Park, S. ; Chung, S. ; Newcomb, M. *J. Org. Chem.* **1987**, 52, 3275.

[1325] Chung, S. *J. Org. Chem.* **1980**, 45, 3513.

[1326] Hatem, J. ; Waegell, B. *Tetrahedron* **1990**, 46, 2789.

[1327] Bell, H. M. ; Brown, H. C. *J. Am. Chem. Soc.* **1966**, 88, 1473.

[1328] Matsumura, S. ; Tokura, N. *Tetrahedron Lett.* **1969**, 363.

[1329] Hutchins, R. O. ; Bertsch, R. J. ; Hoke, D. *J. Org. Chem.* **1971**, 36, 1568.
[1330] For an exception, see Carey, F. A. ; Tramper, H. S. *Tetrahedron Lett.* **1969**, 1645.
[1331] Tanner, D. D. ; Singh, H. K. *J. Org. Chem.* **1986**, 51, 5182.
[1332] For a review, see Müller, P. in Patai, S. *The Chemistry of Functional Groups*, Supplement E, pt. 1, Wiley, NY, **1980**, pp. 515-522.
[1333] See Rylander, P. N. *Hydrogenation Methods*, Academic Prss, NY, **1985**, pp. 157-163, *Catalytic Hydrogenation over Platinum Metals*, Academic Press, NY, **1967**, pp. 449-468. For a review of the stereochemistry of hydrogenolysis, see Klabunovskii, E. I. *Russ. Chem. Rev.* **1966**, 35, 546.
[1334] Avendaño, C. ; de Diego, C. ; Elguero, J. *Monatsh. Chem.* **1990**, 121, 649.
[1335] See Gribble, G. W. ; Nutaitis, C. F. *Org. Prep. Proced. Int.* **1985**, 17, 317. Also see, Nutaitis, C. F. ; Bernardo, J. E. *Synth. Commun.* **1990**, 20, 487.
[1336] For a list of reagents, with references, see Larock, R. C. *Comprehensive Organic Transformations*, 2nd ed., Wiley-VCH, NY, **1999**, pp. 44-46.
[1337] Cain, G. A. ; Holler, E. R. *Chem. Commun.* **2001**, 1168.
[1338] Orfanopoulos, M. ; Smonou, I. *Synth. Commun.* **1988**, 18, 833; Smonou, I. ; Orfanopoulos, M. *Tetrahedron Lett.* **1988**, 29, 5793; Wustrow, D. J. ; Smith, III, W. J. ; Wise, L. D. *Tetrahedron Lett.* **1994**, 35, 61.
[1339] Kusuda, K. ; Inanaga, J. ; Yamaguchi, M. *Tetrahedron Lett.* **1989**, 30, 2945.
[1340] Yasuda, M. ; Onishi, Y. ; Ueba, M. ; Miyai, T. ; Baba, A. *J. Org. Chem.* **2001**, 66, 7741.
[1341] Krafft, M. E. ; Crooks, III, W. J. *J. Org. Chem.* **1988**, 53, 432. For another catalyst, see Parnes, Z. N. ; Shaapuni, D. Kh. ; Kalinkin, M. I. ; Kursanov, D. N. *Bull. Acad. Sci. USSR Div. Chem. Sci.* **1974**, 23, 1592.
[1342] See Elphimoff-Felkin, I. ; Sarda, P. *Org. Synth.* VI, 769; *Tetrahedron* **1977**, 33, 511. For another reagent, see Lee, J. ; Alper, H. *Tetrahedron Lett.* **1990**, 31, 4101.
[1343] Ho, T. L. ; Wong, C. M. *Synthesis* **1975**, 161.
[1344] Ho, T. L. *Synth. Commun.* **1979**, 9, 665.
[1345] Corey, E. J. ; Achiwa, K. *J. Org. Chem.* **1969**, 34, 3667.
[1346] Morita, T. ; Okamoto, Y. ; Sakurai, H. *Synthesis* **1981**, 32.
[1347] See Garbisch, Jr., E. W. ; Schreader, L. ; Frankel, J. J. *J. Am. Chem. Soc.* **1967**, 89, 4233; Mitsui, S. ; Imaizumi, S. ; Esashi, Y. *Bull. Chem. Soc. Jpn.* **1970**, 43, 2143.
[1348] Mitsui, S. ; Imaizumi, S. ; Esashi, Y. *Bull. Chem. Soc. Jpn.* **1970**, 43, 2143.
[1349] Shukun, H. ; Yougun, S. ; Jindong, Z. ; Jian, S. *J. Org. Chem.* **2001**, 66, 4487.
[1350] For a list of reagents, with references, see Larock, R. C. *Comprehensive Organic Transformations*, 2nd ed., Wiley-VCH, NY, **1999**, pp. 44-52ff.
[1351] Shuikin, N. I. ; Erivanskaya, L. A. *Russ. Chem. Rev.* **1960**, 29, 309, see pp. 313-315. See also, Bagnell, L. J. ; Jeffery, E. A. *Aust. J. Chem.* **1981**, 34, 697.
[1352] Cacchi, S. ; Ciattini. P. G. ; Morera, E. ; Ortar, G. *Tetrahedron Lett.* **1986**, 27, 5541. See also, Cabri, W. ; De Bernardinis, S. ; Francalanci, F. ; Penco, S. *J. Org. Chem.* **1990**, 55, 350.
[1353] Wang, F. ; Chiba, K. ; Tada, M. *J. Chem. Soc. Perkin Trans.* 1 **1992**, 1897.
[1354] Welch, S. C. ; Walters, M. E. *J. Org. Chem.* **1978**, 43, 4797. See also, Rossi, R. A. ; Bunnett, J. F. *J. Org. Chem.* **1973**, 38, 2314.
[1355] Sajiki, H. ; Mori, A. ; Mizusaki, T. ; Ikawa, T. ; Maegawa, T. ; Hirota, K. *Org. Lett.* **2006**, 8, 987.
[1356] Mori, A. ; Mizusaki, T. ; Ikawa, T. ; Maegawa, T. ; Monguchi, Y. ; Sajiki, H. *Tetrahedron* **2007**, 63, 1270.
[1357] Ranu, B. C. ; Bhar, S. *Org. Prep. Proceed. Int.* **1996**, 28, 371.
[1358] Bailey, W. J. ; Marktscheffel, F. *J. Org. Chem.* **1960**, 25, 1797.
[1359] Krishnamurthy, S. ; Brown, H. C. *J. Org. Chem.* **1979**, 44, 3678.
[1360] For a review of ether reduction, see Müller, P. in Patai, S. *The Chemisry of Functional Groups*, Supplement E, pt. 1, Wiley, NY, **1980**, pp. 522-528.
[1361] For a list of reagents, with references, see Larock, R. C. *Comprehensive Organic Transformations*, 2nd ed., Wiley-VCH, NY, **1999**, pp. 1013-1019.
[1362] Rao, G. V. ; Reddy, D. S. ; Mohan, G. H. ; Iyengar, D. S. *Synth. Commun.* **2000**, 30, 3565.
[1363] Tweedie, V. L. ; Barron B. G. *J. Org. Chem.* **1960**, 25, 2023. See also, Hutchins, R. O. ; Learn, K. *J. Org. Chem.* **1982**, 47, 4380.
[1364] Shi, L. ; Xia, W. J. ; Zhang, F. M. ; Tu, Y. Q. *Synlett* **2002**, 1505. See also, Olivero, S. ; Duñach, E. *Tetrahedron Lett.* **1997**, 38, 6193.
[1365] Majetich, G. ; Zhang, Y. ; Wheless, K. *Tetrahedron Lett.* **1994**, 35, 8727.
[1366] Lautens, M. ; Chiu, P. ; Ma, S. ; Rovis, T. *J. Am. Chem. Soc.* **1995**, 117, 532.
[1367] Mikami, K. ; Yamaoka, M. ; Yoshida, A. *Synlett* **1998**, 607.
[1368] See Rerick, M. N. in Augustine, R. L. *Reduction*, Marcel Dekker, NY, **1968**, pp. 1-94.
[1369] Eliel, E. L. ; Badding, V. G. ; Rerick, M. N. *J. Am. Chem. Soc.* **1962**, 84, 2371.
[1370] Ashby, E. C. ; Prather, J. *J. Am. Chem. Soc.* **1966**, 88, 729; Diner, U. E. ; Davis, H. A. ; Brown, R. K. *Can. J. Chem.* **1967**, 45, 207.
[1371] See Takano, S. ; Akiyama, M. ; Sato, S. ; Ogasawara, K. *Chem. Lett.* **1983**, 1593.
[1372] See Hojo, M. ; Ushioda, N. ; Hosomi, A. *Tetrahedron Lett.* **2004**, 45, 4499; Larock, R. C. *Comprehensive Organic Transformations*, 2nd ed., Wiley-VCH, NY, **1999**, pp. 931-942.

[1373] Srikrishna, A. ; Viswajanani, R. *Synlett* **1995**, 95.
[1374] For a list of substrate types and reagents, with references, see Larock, R. C. *Comprehensive Organic Transformations*, 2nd ed., Wiley-VCH, NY, **1999**, pp. 46-52.
[1375] See Goodenough, K. M. ; Moran, W. J. ; Raubo, P. ; Harrity, J. P. A. *J. Org. Chem.* **2005**, 70, 207.
[1376] Hutchins, R. O. ; Hoke, D. ; Keogh, J. ; Koharski, D. *Tetrahedron Lett.* **1969**, 3495.
[1377] Janssen, C. G. M. ; Hendriks, A. H. M. ; Godefroi, E. F. *Recl. Trav. Chim. Pays-Bas* **1984**, 103, 220.
[1378] Ueno, Y. ; Tanaka, C. ; Okawara, M. *Chem. Lett.* **1983**, 795.
[1379] Kogan, V. *Tetrahedron Lett.* **2006**, 47, 7515.
[1380] Krishnamurthy, S. *J. Org. Chem.* **1980**, 45, 2550.
[1381] Barton, D. H. R. ; Jaszberenyi, J. Cs. ; Tang, D. *Tetrahedron Lett.* **1993**, 34, 3381.
[1382] See Robins, M. J. ; Wilson, J. S. ; Hansske, F. *J. Am. Chem. Soc.* **1983**, 105, 4059; Lopez, R. M. ; Hays, D. S. ; Fu, G. C. *J. Am. Chem. Soc.* **1997**, 119, 6949; *The Merck Index*, 14th Ed. Merck & Co., Inc., Whitehouse Station, New Jersey, **2006**, p ONR-6; Mundy, B. P. ; Ellerd, M. G. ; Favaloro, Jr., F. G. *Name Reactions and Reagents in Organic Synthesis*, 2nd Ed. Wiley-Interscience, New Jersey, **2005**, pp. 68-69.
[1383] Barton, D. H. R. ; Jang, D. O. ; Jaszberenyi, J. Cs. *Tetrahedron* **1993**, 49, 2793.
[1384] Barton, D. H. R. ; Jang, D. O. ; Jaszberenyi, J. Cs. *Tetrahedron* **1993**, 49, 7193.
[1385] Lopez, R. M. ; Hays, D. S. ; Fu, G. C. *J. Am. Chem. Soc.* **1997**, 119, 6949.
[1386] Oba, M. ; Nishiyama, K. *Tetrahedron* **1994**, 50, 10193.
[1387] Spiegel, D. A. ; Wiberg, K. B. ; Schacherer, L. N. ; Medeiros, M. R. ; Wood, J. L. *J. Am. Chem. Soc.* **2005**, 127, 12513.
[1388] Park, H. S. ; Lee, H. Y. ; Kim, Y. H. *Org. Lett.* **2005**, 7, 3187.
[1389] See Hartwig, W. *Tetrahedron* **1983**, 39, 2609.
[1390] Barrett, A. G. M. ; Godfrey, C. R. A. ; Hollinshead, D. M. ; Prokopiou, P. A. ; Barton, D. H. R. ; Boar, R. B. ; Joukhadar, L. ; McGhie, J. F. ; Misra, S. C. *J. Chem. Soc. Perkin Trans.* 1 **1981**, 1501. See Garst, M. E. ; Dolby, L. J. ; Esfandiari, S. ; Fedoruk, N. A. ; Chamberlain, N. C. ; Avey, A. A. *J. Org. Chem.* **2000**, 65, 7098.
[1391] Barrett, A. G. M. ; Prokopiou, P. A. ; Barton, D. H. R. ; Boar, R. B. ; McGhie, J. F. *J. Chem. Soc. Chem. Commun.* **1979**, 1173.
[1392] Deshayes, H. ; Pete, J. *Can. J. Chem.* **1984**, 62, 2063.
[1393] Also see, Barton, D. H. R. ; Crich, D. *J. Chem. Soc. Perkin Trans.* 1 **1986**, 1603.
[1394] Jackson, R. A. ; Malek, F. *J. Chem. Soc. Perkin Trans.* 1 **1980**, 1207.
[1395] See Barton, D. H. R. ; Jang, D. O. ; Jaszberenyi, J. C. *Tetrahedron Lett.* **1990**, 31, 4681, and references cited therein. For similar methods, see Nozaki, K. ; Oshima, K. ; Utimoto, K. *Bull. Chem. Soc. Jpn.* **1990**, 63, 2578; Kirwan, J. N. ; Roberts, B. P. ; Willis, C. R. *Tetrahedron Lett.* **1990**, 31, 5093.
[1396] Oba, M. ; Nishiyama, K. *Synthesis* **1994**, 624.
[1397] Hutchins, R. O. ; Learn, K. ; Fulton, R. P. *Tetrahedron Lett.* **1980**, 21, 27. See also, Ipaktschi, J. *Chem. Ber.* **1984**, 117, 3320.
[1398] Tabuchi, T. ; Inanaga, J. ; Yamaguchi, M. *Tetrahedron Lett.* **1986**, 27, 601, 5237. See also, Kusuda, K. ; Inanaga, J. ; Yamaguchi, M. *Tetrahedron Lett.* **1989**, 30, 2945.
[1399] Ballestri, M. ; Chatgilialoglu, C. ; Cardi, N. ; Sommazzi, A. *Tetrahedron Lett.* **1992**, 33, 1787.
[1400] See Rowley, A. G. in Cadogan, J. I. G. *Organophosphorus Reagents in Organic Synthesis*, Academic Press, NY, **1979**, pp. 318-320.
[1401] Rebeller, M. ; Clément, G. *Bull. Soc. Chim. Fr.* **1964**, 1302.
[1402] Freerksen, R. W. ; Selikson, S. J. ; Wroble, R. R. ; Kyler, K. S. ; Watt, D. S. *J. Org. Chem.* **1983**, 48, 4087.
[1403] Dai, P. ; Dussault, P. H. ; Trullinger, T. K. *J. Org. Chem.* **2004**, 69, 2851.
[1404] Horner, L. ; Jurgeleit, W. *Liebigs Ann. Chem.* **1955**, 591, 138. See also, Rowley, A. G. in Cadogan, J. I. G. *Organophosphorus Reagents in Organic Synthesis*, Academic Press, NY, **1979**, pp. 320-322.
[1405] Harpp, D. N. ; Gleason, J. G. *J. Am. Chem. Soc.* **1971**, 93, 2437. For another method, see Comasseto, J. V. ; Lang, E. S. ; Ferreira, J. T. B. ; Simonelli, F. ; Correi, V. R. *J. Organomet. Chem.* **1987**, 334, 329.
[1406] See Reusch, W. in Augustine, R. L. *Reduction*, Marcel Dekker, NY, **1968**, pp. 171-211.
[1407] See, however, Bailey, K. E. ; Davis, B. R. *Aust. J. Chem.* **1995**, 48, 1827. Also see, Rosnati, V. *Tetrahedron Lett.* **1992**, 33, 4791.
[1408] Seee Vedejs, E. *Org. React.* **1975**, 22, 401. For a discussion of experimental conditions, see Fieser, L. F. ; Fieser, M. *Reagents for Organic Synthesis*, Vol. 1, Wiley, NY, **1967**, pp. 1287-1289.
[1409] See Todd, D. *Org. React.* **1948**, 4, 378.
[1410] Huang-Minlon *J. Am. Chem. Soc.* **1946**, 68, 2487; **1949**, 71, 3301.
[1411] Jaisankar, P. ; Pal, B. ; Giri, V. S. *Synth. Commun.* **2002**, 32, 2569.
[1412] Cram, D. J. ; Sahyun, M. R. V. ; Knox, G. R. *J. Am. Chem. Soc.* **1962**, 84, 1734.
[1413] Gadhwal, S. ; Baruah, M. ; Sandhu, J. S. *Synlett* **1999**, 1573.
[1414] Toda, M. ; Hayashi, M. ; Hirata, Y. ; Yamamura, S. *Bull. Chem. Soc. Jpn.* **1972**, 45, 264.
[1415] See Buchanan, J. G. S. ; Woodgate, P. D. *Q. Rev. Chem. Soc.* **1969**, 23, 522.
[1416] Galton, S. A. ; Kalafer, M. ; Beringer, F. M. *J. Org. Chem.* **1970**, 35, 1.
[1417] Pyrazolines can be converted to cyclopropanes; see Reaction 17-34.
[1418] See, however, Banerjee, A. K. ; Alvárez, J. ; Santana, M. ; Carrasco, M. C. *Tetrahedron* **1986**, 42, 6615.
[1419] Barton, D. H. R. ; Ives, D. A. J. ; Thomas, B. R. *J. Chem. Soc.* **1955**, 2056.

[1420] For a list, with references, see Larock, R. C. *Comprehensive Organic Transformations*, 2nd ed., Wiley-VCH, NY, **1999**, pp. 61-66.
[1421] Yato, M.; Homma, K.; Ishida, A. *Heterocycles* **1995**, 41, 17.
[1422] Bandgar, B. P.; Nikat, S. M.; Wadgaonkar, P. P. *Synth. Commun.* **1995**, 25, 863.
[1423] Olah, G. A.; Wang, Q.; Prakash, G. K. S. *Synlett* **1992**, 647.
[1424] Pashkovsky, F. S.; Lokot, I. P.; Lakhvich, F. A. *Synlett* **2001**, 1391.
[1425] Ishimoto, K.; Mitoma, Y.; Negashima, S.; Tashiro, H.; Prakash, G. K. S.; Olah, G. A.; Tahshiro, M. *Chem. Commun.* **2003**, 514.
[1426] Ram, S.; Spicer, L. D. *Tetrahedron Lett.* **1988**, 29, 3741.
[1427] West, C. T.; Donnelly, S. J.; Kooistra, D. A.; Doyle, M. P. *J. Org. Chem.* **1973**, 38, 2675. See also, Olah, G. A.; Arvanaghi, M.; Ohannesian, L. *Synthesis* **1986**, 770.
[1428] Zaccheria, F.; Ravasio, N.; Ercoli, M.; Allegrini, P. *Tetrahedron Lett.* **2005**, 46, 7743.
[1429] Gevorgyan, V.; Rubin, M.; Liu, J.-X.; Yamamoto, Y. *J. Org. Chem.* **2001**, 66, 1672.
[1430] Li, Z.; Deng, G.; Li, Y.-C. *Synlett* **2008**, 3053.
[1431] van Tamelen, E. E.; Gladys, J. A. *J. Am. Chem. Soc.* **1974**, 96, 5290.
[1432] See Zahalka, H. A.; Alper, H. *Organometallics* **1986**, 5, 1909.
[1433] Mayer, R.; Hiller, G.; Nitzschke, M.; Jentzsch, J. *Angew. Chem. Int. Ed.* **1963**, 2, 370.
[1434] Reusch, W.; LeMahieu, R. *J. Am. Chem. Soc.* **1964**, 86, 3068.
[1435] Meyer, K. H. *Org. Synth.* I, 60; Macleod, L. C.; Allen, C. F. H. *Org. Synth.* II, 62.
[1436] Cormier, R. A.; McCauley, M. D. *Synth. Commun.* **1988**, 18, 675.
[1437] Hatano, B.; Tagaya, H. *Tetraehedron Lett.* **2003**, 44, 6331.
[1438] Hutchins, R. O.; Natale, N. R. *J. Org. Chem.* **1978**, 43, 2299; Greene, A. E. *Tetrahedron Lett.* **1979**, 63.
[1439] Szmant, H. H. *Angew. Chem. Int. Ed.* **1968**, 7, 120. Also see Taber, D. F.; Stachel, S. J. *Tetrahedron Lett.* **1992**, 33, 903.
[1440] See Di Vona, M. L.; Rosnati, V. *J. Org. Chem.* **1991**, 56, 4269.
[1441] Burdon, J.; Price, R. C. *J. Chem. Soc. Chem. Commun.* **1986**, 893.
[1442] Talukdar, S.; Banerji, A. *Synth. Commun*, **1996**, 26, 1051.
[1443] Ager, D. J.; Sutherland, I. O. *J. Chem. Soc. Chem. Commun.* **1982**, 248. See also, Dias, J. R.; Pettit, G. R. *J. Org. Chem.* **1971**, 36, 3485.
[1444] Baldwin, S. W.; Haut, S. A. *J. Org. Chem.* **1975**, 40, 3885. See also, Kraus, G. A.; Frazier, K. A.; Roth, B. D.; Taschner, M. J.; Neuenschwander, K. *J. Org. Chem.* **1981**, 46, 2417.
[1445] Kim, J.-G.; Cho, D. H.; Jang, D. O. *Tetrahedron Lett.* **2004**, 45, 3031.
[1446] Yato, M.; Homma, K.; Ishida, A. *Tetrahedron* **2001**, 57, 5353.
[1447] Morra, N. A.; Pagenkopf, B. L. *Synthesis* **2008**, 511.
[1448] Sakai, N.; Moriya, T.; Fujii, K.; Konakahara, T. *Synthesis* **2008**, 3533.
[1449] Iwanami, K.; Seo, H.; Tobita, Y.; Oriyama, T. *Synthesis* **2005**, 183.
[1450] See Pettit, G. R.; Kasturi, T. R.; Green, B.; Knight, J. C. *J. Org. Chem.* **1961**, 26, 4773; Edward, J. T.; Ferland, J. M. *Chem. Ind. (London)* **1964**, 975.
[1451] Hansen, M. C.; Verdaguer, X.; Buchwald, S. L. *J. Org. Chem.* **1998**, 63, 2360.
[1452] Baxter, S. L.; Bradshaw, J. S. *J. Org. Chem.* **1981**, 46, 831.
[1453] Jang, D. O.; Song, S. H. *Synlett* **2000**, 811; Jang, D. O.; Song, S. H.; Cho, D. H. *Tetrahedron* **1999**, 55, 3479.
[1454] Eliel, E. L.; Daignault, R. A. *J. Org. Chem.* **1964**, 29, 1630; Bublitz, D. E. *J. Org. Chem.* **1967**, 32, 1630.
[1455] Morand, P.; Kayser, M. M. *J. Chem. Soc. Chem. Commun.* **1976**, 314. See also, Hara, Y.; Wada, K. *Chem. Lett.* **1991**, 553.
[1456] Bailey, D. M.; Johnson, R. E. *J. Org. Chem.* **1970**, 35, 3574.
[1457] Bloomfield, J. J.; Lee, S. L. *J. Org. Chem.* **1967**, 32, 3919.
[1458] Matsuki, K.; Inoue, H.; Takeda, M. *Tetrahedron Lett.* **1993**, 34, 1167.
[1459] See Soucy, C.; Favreau, D.; Kayser, M. M. *J. Org. Chem.* **1987**, 52, 129.
[1460] Soai, K.; Yokoyama, S.; Mochida, K. *Synthesis* **1987**, 647.
[1461] See Wheeler, O. H. in Patai, S. *The Chemistry of Acyl Halides*, Wiley, NY, **1972**, pp. 231-251. For a list of reagents, with references, see Larock, R. C. *Comprehensive Organic Transformations*, 2nd ed., Wiley-VCH, NY, **1999**, pp. 1263-1264.
[1462] Myers, A. G.; Yang, B. H.; Kopecky, D. J. *Tetrahedron Lett.* **1996**, 37, 3623.
[1463] Moody, H. M.; Kaptein, B.; Broxterman, Q. B.; Boesten, W. H. J.; Kamphuis, J. *Tetrahedron Lett.* **1994**, 35, 1777.
[1464] Sharma, R.; Voynov, G. H.; Ovaska, T. V.; Marquez, V. E. *Synlett* **1995**, 839.
[1465] See Wann, S. R.; Thorsen, P. T.; Kreevoy, M. M. *J. Org. Chem.* **1981**, 46, 2579; Mandal, S. B.; Giri, V. S.; Pakrashi, S. C. *Synthesis* **1987**, 1128; Akabori, S.; Takanohashi, Y. *Chem. Lett.* **1990**, 251.
[1466] Prasad, A. S. B.; Kanth, J. V. B.; Periasamy, M. *Tetrahedron* **1992**, 48, 4623.
[1467] Tanaka, H.; Ogasawara, K. *Tetrahedron Lett.* **2002**, 43, 4417.
[1468] See Bonnat, M.; Hercourt, A.; Le Corre, M. *Synth. Commun.* **1991**, 21, 1579.
[1469] Bhandari, K.; Sharma, V. L.; Chatterjee, S. K. *Chem. Ind. (London)* **1990**, 547.
[1470] Brown, H. C.; Kim, S. C. *Synthesis* **1977**, 635.
[1471] Hutchins, R. O.; Learn, K.; El-Telbany, F.; Stercho, Y. P. *J. Org. Chem.* **1984**, 49, 2438.

[1472] See Challis, B. C. ; Challis, J. A. in Zabicky, J. *The Chemistry of Amides*, Wiley, NY, **1970**, pp. 795-801; Gaylord, N. G. *Reduction with Complex Metal Hydrides*, Wiley, NY, **1956**, p. 544. For a list of reagents, with references, see Larock, R. C. *Comprehensive Organic Transformations*, 2nd ed. , Wiley-VCH, NY, **1999**, pp. 869-872.

[1473] Aoun, R. ; Renaud, J. -L. ; Dixneuf, P. H. ; Bruneau, C. *Angew. Chem. Int. Ed.* **2005**, 44, 2021; Magro, A. A. N. ; Eastham, G. R. ; Cole-Hamilton, D. J. *Chem. Commun.* **2007**, 3154.

[1474] Nagata, Y. ; Dohmaru, T. ; Tsurugi, J. *Chem. Lett.* **1972**, 989. See also, Benkeser, R. A. ; Li, G. S. ; Mozdzen, E. C. *J. Organomet. Chem.* **1979**, 178, 21.

[1475] Igarashi, M. ; Fuchikami, T. *Tetrahedron Lett.* **2001**, 42, 1945.

[1476] Hanada, S. ; Motoyama, Y. ; Nagashima, H. *Tetrahedron Lett.* **2006**, 47, 6173.

[1477] Sakai, N. ; Fujii, K. ; Konakahara, T. *Tetrahedron Lett.* **2008**, 49, 6873.

[1478] Das, S. ; Addis, D. ; Zhou, S. ; Junge, K. ; Beller, M. *J. Am. Chem. Soc.* **2010**, 132, 1770.

[1479] Hanada, S. ; Ishida, T. ; Motoyama, Y. ; Nagashima, H. *J. Org. Chem.* **2007**, 72, 7551.

[1480] Franco, D. ; Duñach, E. *Tetrahedron Lett.* **2000**, 41, 7333.

[1481] Barbe, G. ; Charette, A. B. *J. Am. Chem. Soc.* **2008**, 130, 18.

[1482] Pedregal, C. ; Ezquerra, J. ; Escribano, A. ; Carreño, M. C. ; García Ruano, J. L. G. *Tetrahedron Lett.* **1994**, 35, 2053.

[1483] Colllins, C. J. ; Lanz, M. ; Singaram, B. *Tetrahedron Lett.* **1999**, 40, 3673.

[1484] Flaniken, J. M. ; Collins, C. J. ; Lanz, M. ; Singaram, B. *Org. Lett.* **1999**, 1, 799.

[1485] See Akula, M. R. ; Kabalka, G. W. *Org. Prep. Proceed. Int.* **1999**, 31, 214.

[1486] Witkop, B. ; Patrick, J. B. *J. Am. Chem. Soc.* **1952**, 74, 3861.

[1487] See Issa, F. ; Fischer, J. ; Turner, P. ; Coster, M. J. *J. Org. Chem.* **2006**, 71, 4703.

[1488] Benkeser, R. A. ; Foley, K. M. ; Gaul, J. M. ; Li, G. S. *J. Am. Chem. Soc.* **1970**, 92, 3232.

[1489] Benkeser, R. A. ; Ehler, D. F. *J. Org. Chem.* **1973**, 38, 3660.

[1490] Benkeser, R. A. ; Mozdzen, E. C. ; Muth, C. L. *J. Org. Chem.* **1979**, 44, 2185.

[1491] Cerny, M. ; Málek, J. *Collect. Czech. Chem. Commun.* **1970**, 35, 2030.

[1492] Chatani, N. ; Tatamidani, H. ; Ie, Y. ; Kakiuchi, F. ; Murai, S. *J. Am. Chem. Soc.* **2001**, 123, 4849.

[1493] See Le Deit, H. ; Cron S. ; Le Corre, M. *Tetrahedron Lett.* **1991**, 32, 2759.

[1494] Attanasi, O. ; Caglioti, L. ; Gasparrini, F. ; Misiti, D. *Tetrahedron* **1975**, 31, 341, and references cited therein.

[1495] Sassaman, M. B. *Tetrahedron* **1996**, 52, 10835.

[1496] Kang, H. -Y. ; Hong, W. S. ; Cho, Y. S. ; Koh, H. Y. *Tetrahedron Lett.* **1995**, 36, 7661.

[1497] Tobisu, M. ; Nakamura, R. ; Kita, Y. ; Chatani, N. *J. Am. Chem. Soc.* **2009**, 131, 3174.

[1498] Hartung, W. H. ; Simonoff, R. *Org. React.* **1953**, 7, 263.

[1499] du Vigneaud, V. ; Behrens, O. K. *J. Biol. Chem.* **1937**, 117, 27.

[1500] Bull, S. D. ; Davies, S. G. ; Fenton, G. ; Mulvaney, A. W. ; Prasad, R. S. ; Smith, A. D. *J. Chem. Soc. Perkin Trans.* 1 **2000**, 3765.

[1501] Doldouras, G. A. ; Kollonitsch, J. *J. Am. Chem. Soc.* **1978**, 100, 341.

[1502] Nickon, A. ; Hill, R. H. *J. Am. Chem. Soc.* **1964**, 86, 1152.

[1503] Guziec, Jr. , F. S. ; Wei, D. *J. Org. Chem.* **1992**, 57, 3772.

[1504] Chandrasekhar, S. ; Ahmed, M. *Tetrahedron Lett.* **1999**, 40, 9325.

[1505] Hutchins, R. O. ; Cistone, F. ; Goldsmith, B. ; Heuman, P. *J. Org. Chem.* **1975**, 40, 2018.

[1506] See Katritzky, A. R. ; Bravo-Borja, S. ; El-Mowafy, A. M. ; Lopez-Rodriguez, G. *J. Chem. Soc. Perkin Trans.* 1 **1984**, 1671.

[1507] Molander, G. A. ; Stengel, P. J. *Tetrahedron* **1997**, 53, 8887.

[1508] Schwan, A. L. ; Refvik, M. D. *Tetrahedron Lett.* **1993**, 34, 4901.

[1509] Coulter, J. M. ; Lewis, J. W. ; Lynch, P. P. *Tetrahedron* **1968**, 24, 4489.

[1510] Singaram, B. ; Goralski, C. T. ; Rangaishenvi, M. V. ; Brown, H. C. *J. Am. Chem. Soc.* **1989**, 111, 384.

[1511] For example, see Pojer, P. M. ; Ritchie, E. ; Taylor, W. C. *Aust. J. Chem.* **1968**, 21, 1375.

[1512] Cooke, Jr. , M. P. ; Parlman, R. M. *J. Org. Chem.* **1975**, 40, 531.

[1513] See Fessard, T. C. ; Motoyoshi, H. ; Carreira, E. M. *Angew. Chem. Int. Ed.* **2007**, 46, 2078.

[1514] Kornblum, N. ; Carlson, S. C. ; Smith, R. G. *J. Am. Chem. Soc.* **1979**, 101, 647; Kornblum, N. ; Widmer, J. ; Carlson, S. C. *J. Am. Chem. Soc.* **1979**, 101, 658.

[1515] See Ono, N. in Feuer, H. ; Nielsen, A. T. *Nitro Compounds: Recent Advances in Synthesis and Chemistry*, VCH, NY, **1990**, pp. 1-135, 1-45; Rosini, G. ; Ballini, R. *Synthesis* **1988**, 833, see pp. 835-837; Ono, N. ; Kaji, A. *Synthesis* **1986**, 693. See Kamimura, A. ; Ono, N. *Bull. Chem. Soc. Jpn.* **1988**, 61, 3629.

[1516] Tanner, D. D. ; Harrison, D. J. ; Chen, J. ; Kharrat, A. ; Wayner, D. D. M. ; Griller, D. ; McPhee, D. J. *J. Org. Chem.* **1990**, 55, 3321; Bowman, W. R. ; Crosby, D. ; Westlake, P. J. *J. Chem. Soc. Perkin Trans.* 2 **1991**, 73.

[1517] Suzuki, H. ; Takaoka, K. ; Osuka, A. *Bull. Chem. Soc. Jpn.* **1985**, 58, 1067.

[1518] See Kniel, P. *Helv. Chim. Acta* **1968**, 51, 371. For another method, see Ono, N. ; Tamura, R. ; Kaji, A. *J. Am. Chem. Soc.* **1983**, 105, 4017.

[1519] Azzena, U. ; Dessanti, F. ; Melloni, G. ; Pisano, L. *Tetrahedron Lett.* **1999**, 40, 8291.

[1520] Geoffroy, O. J. ; Morinelli, T. A. ; Meier, G. B. *Tetrahedron Lett.* **2001**, 42, 5367.

[1521] Wang, Y. ; Guziec Jr. , F. S. *J. Org. Chem.* **2001**, 66, 8293.

[1522] Barton, D. H. R. ; Bringmann, G. ; Motherwell, W. B. *Synthesis* **1980**, 68.

[1523] See Yadav, J. S. ; Reddy, P. S. ; Joshi, B. V. *Tetrahedron Lett.* **1988**, 44, 7243.
[1524] Ohsawa, T. ; Mitsuda, N. ; Nezu, J. ; Oishi, T. *Tetrahedron Lett.* **1989**, 30, 845.
[1525] Kamimura, A. ; Kurata, K. ; Ono, N. *Tetrahedron Lett.* **1989**, 30, 4819.
[1526] See Albini, A. ; Pietra, S. *Heterocyclic N-Oxides*, CRC Press, Boca Raton, FL, **1991**, pp. 120-134; Katritzky, A. R. ; Lagowski, J. M. *Chemistry of the Heterocyclic N-Oxides*, Academic Press, NY, **1971**, pp. 166-231.
[1527] See Newbold, B. T. in Patai, S. *The Chemistry of the Hydrazo, Azo, and Azoxy Groups*, pt. 2, Wiley, NY, **1975**, pp. 602-603, 614-624.
[1528] See Rowley, A. G. in Cadogan, J. I. G. *Organophosphorus Reagents in Organic Synthesis*, Academic Press, NY, **1979**, pp. 295-350.
[1529] Ram, S. R. ; Chary, K. P. ; Iyengar, D. S. *Synth. Commun.* **2000**, 30, 3511.
[1530] Han, J. H. ; Choi, K. I. ; Kim, J. H. ; Yoo, B. W. *Synth. Commun.* **2004**, 34, 3197.
[1531] Yoo, B. W. ; Choi, K. H. ; Choi, K. I. ; Kim, J. H. *Synth. Commun.* **2003**, 33, 4185.
[1532] Yadav, J. S. ; Reddy, B. V. S. ; Reddy, M. M. *Tetrahedron Lett.* **2000**, 41, 2663.
[1533] Balicki, R. ; Maciejewski, G. *Synth. Commun.* **2002**, 32, 1681.
[1534] Balicki, R. ; Cybulski, M. ; Maciejewski, G. *Synth. Commun.* **2003**, 33, 4137.
[1535] Bjørsvik, H.-R. ; Gambarotti, C. ; Jensen, V. R. ; González, R. R. *J. Org. Chem.* **2005**, 70, 3218.
[1536] Yoo, B. W. ; Choi, J. W. ; Yoon, C. M. *Tetrahedron Lett.* **2006**, 47, 125.
[1537] Ilias, Md. ; Barman, D. C. ; Prajapati, D. ; Sandhu, J. S. *Tetrahedron Lett.* **2002**, 43, 1877.
[1538] See Torssell, K. B. G. *Nitrile Oxides, Nitrones, and Nitronates in Organic Synthesis*, VCH, NY, **1988**, pp. 55-74; Grundmann, C. *Fortschr. Chem. Forsch.* **1966**, 7, 62.
[1539] Grundmann, C. ; Frommeld, H. D. *J. Org. Chem.* **1965**, 30, 2077.
[1540] Baldwin, J. E. ; Derome, A. E. ; Riordan, P. D. *Tetrahedron* **1983**, 39, 2989.
[1541] Imamoto, T. ; Kikuchi, S.-i. ; Miura, T. ; Wada, Y. *Org. Lett.* **2001**, 3, 87.
[1542] Lee, H. ; Sabila, P. ; Saha, A. ; Sarvestani, M. ; Shen, S. ; Varsolona, R. ; Wei, X. ; Senanayake, C. H. *Org. Lett.* **2005**, 7, 4277.
[1543] Wu, H.-C. ; Yu, J.-Q. ; Spencer, J. B. *Org. Lett.* **2004**, 6, 4675.
[1544] See Zollinger, H. in Patai, S. ; Rappoport, Z. *The Chemistry of Functional Groups*, Supplement C pt. 1, Wiley, NY, **1983**, pp. 603-669.
[1545] For lists of some of these, with references, see Larock, R. C. *Comprehensive Organic Transformations*, 2nd ed., Wiley-VCH, NY, **1999**, pp. 39-41; Tröndlin, F. ; Rüchardt, C. *Chem. Ber.* **1977**, 110, 2494.
[1546] Shono, T. ; Matsumura, Y. ; Tsubata, K. *Chem. Lett.* **1979**, 1051.
[1547] See Korzeniowski, S. H. ; Blum, L. ; Gokel, G. W. *J. Org. Chem.* **1977**, 42, 1469.
[1548] Nakayama, J. ; Yoshida, M. ; Simamura, O. *Tetrahedron* **1970**, 26, 4609.
[1549] Hendrickson, J. B. *J. Am. Chem. Soc.* **1961**, 83, 1251. See also, Threadgill, M. D. ; Gledhill, A. P. *J. Chem. Soc. Perkin Trans. 1* **1986**, 873.
[1550] Doyle, M. P. ; Dellaria, Jr., J. F. ; Siegfried, B. ; Bishop, S. W. *J. Org. Chem.* **1977**, 42, 3494.
[1551] Cadogan, J. I. G. ; Molina, G. A. *J. Chem. Soc. Perkin Trans. 1* **1973**, 541.
[1552] See Broxton, T. J. ; Bunnett, J. F. ; Paik, C. H. *J. Org. Chem.* **1977**, 42, 643.
[1553] See Levit, A. F. ; Kiprianova, L. A. ; Gragerov, I. P. *J. Org. Chem. USSR* **1975**, 11, 2395.
[1554] König, E. ; Musso, H. ; Záhorszky, U. I. *Angew. Chem. Int. Ed.* **1972**, 11, 45.
[1555] Smith III, M. R. ; Hillhouse, G. L. *J. Am. Chem. Soc.* **1988**, 110, 4066.
[1556] See König, E. ; Musso, H. ; Záhorszky, U. I. ; König, E. ; Musso, H. ; Záhorszky, U. I. *Angew. Chem. Int. Ed.* **1972**, 11, 45; Broxton, T. J. ; McLeish, M. J. *Aust. J. Chem.* **1983**, 36, 1031.
[1557] Shinkai, S. ; Mori, S. ; Araki, K. ; Manabe, O. *Bull. Chem. Soc. Jpn.* **1987**, 60, 3679.
[1558] For a review of the reduction of thioethers, see Block, E. in Patai, S. *The Chemistry of Functional Groups*, Supplement E, pt. 1, Wiley, NY, **1980**, pp. 585-600.
[1559] For reviews, see Belen'kii, L. I. in Belen'kii, L. I. *Chemistry of Organosulfur Compounds*, Ellis Horwood, Chichester, **1990**, pp. 193-228; Pettit, G. R. ; van Tamelen, E. E. *Org. React.* **1962**, 12, 356; Hauptmann, H. ; Walter, W. F. *Chem. Rev.* **1962**, 62, 347.
[1560] See Baxter, S. L. ; Bradshaw, J. S. *J. Org. Chem.* **1981**, 46, 831.
[1561] See Nakata, D. ; Kusaka, C. ; Tani, S. ; Kunishima, M. *Tetrahedron Lett.* **2001**, 42, 415.
[1562] Fishman, J. ; Torigoe, M. ; Guzik, H. *J. Org. Chem.* **1963**, 28, 1443.
[1563] For lists of reagents, with references, see Larock, R. C. *Comprehensive Organic Transformations*, 2nd ed., Wiley-VCH, NY, **1999**, pp. 53-60. See Luh, T. ; Ni, Z. *Synthesis* **1990**, 89; Becker, S. ; Fort, Y. ; Vanderesse, R. ; Caubère, P. *J. Org. Chem.* **1989**, 54, 4848.
[1564] See Ikeshita, K.-i. ; Kihara, N. ; Ogawa, A. *Tetrahedron Lett.* **2005**, 46, 8773.
[1565] Schoenebeck, F. ; Murphy, J. A. ; Zhou, S.-z. ; Uenoyama, Y. ; Miclo, Y. ; Tuttle, T. *J. Am. Chem. Soc.* **2007**, 129, 13368.
[1566] Smith, M. B. ; Wolinsky, J. *J. Chem. Soc. Perkin Trans. 2* **1998**, 1431.
[1567] Back, T. G. ; Baron D. L. ; Yang, K. *J. Org. Chem.* **1993**, 58, 2407.
[1568] Guo, H. ; Ye, S. ; Wang, J. ; Zhang, Y. *J. Chem. Res. (S)* **1997**, 114.
[1569] Wang, J. ; Zhang, Y. *Synth. Commun.* **1996**, 26, 1931.

[1570] Schut, J.; Engberts, J. B. F. N.; Wynberg, H. *Synth. Commun.* **1972**, 2, 415.
[1571] Kikugawa, Y. *J. Chem. Soc. Perkin Trans.* 1 **1984**, 609.
[1572] Clive, D. L. J.; Chittattu, G.; Wong, C. K. *J. Chem. Soc. Chem. Commun.* **1978**, 41.
[1573] Back, T. G. *J. Chem. Soc. Chem. Commun.* **1984**, 1417.
[1574] Ogawa, A.; Ohya, S.; Doi, M.; Sumino, Y.; Sonoda, N.; Hirao, T. *Tetrahedron Lett.* **1998**, 39, 6341.
[1575] For a review, see Bonner, W. A.; Grimm, R. A. in Kharasch, N.; Meyers, C. Y. *The Chemistry of Organic Sulfur Compounds*, Vol. 2, Pergamon, NY, **1966**, pp. 35-71, 410-413. Also see Friend, C. M.; Roberts, J. T. *Acc. Chem. Res.* **1988**, 21, 394.
[1576] Owens, P. J.; Ahmberg, C. H. *Can. J. Chem.* **1962**, 40, 941.
[1577] See Wardell, J. L. in Patai, S. *The Chemistry of the Thiol Group*, pt. 2, Wiley, NY, **1974**, pp. 216-220.
[1578] Oae, S.; Togo, H. *Bull. Chem. Soc. Jpn.* **1983**, 56, 3802; **1984**, 57, 232.
[1579] See Narayana, C.; Padmanabhan, S.; Kabalka, G. W. *Synlett* **1991**, 125.
[1580] Meshram, H. M.; Bandyopadhyay, A.; Reddy, G. S.; Yadav, J. S. *Synth. Commun.* **1999**, 29, 2705.
[1581] Yoo, B. W.; Baek, H. S.; Keum, S. R.; Yoon, C. M.; Nam. G. S.; Kim, S. H.; Kim, J. H. *Synth. Commun.* **2000**, 30, 4317.
[1582] Wang, L.; Li, P.; Zhou, L. *Tetrahedron Lett.* **2002**, 43, 8141.
[1583] See Kukushkin, V. Yu. *Russ. Chem. Rev.* **1990**, 59, 844; Madesclaire, M. *Tetrahedron* **1988**, 44, 6537; Drabowicz, J.; Togo, H.; Mikolajczyk, M.; Oae, S. *Org. Prep. Proced. Int.* **1984**, 16, 171; Drabowicz, J.; Numata, T.; Oae, S. *Org. Prep. Proced. Int.* **1977**, 9, 63. See Block, E. *Reactions of Organosulfur Compounds*, Academic Press, NY, **1978**.
[1584] Kozuka, S.; Furumai, S.; Akasaka, T.; Oae, S. *Chem. Ind. (London)* **1974**, 496.
[1585] Ogura, K.; Yamashita, M.; Tsuchihashi, G. *Synthesis* **1975**, 385.
[1586] Khurana, J. M.; Ray, A.; Singh, S. *Tetrahedron Lett.* **1998**, 39, 3829.
[1587] Karimi, B.; Zareyee, D. *Synthesis* **2003**, 335.
[1588] Harrison, D. J.; Tam, N. C.; Vogels, C. M.; Langler, R. F.; Baker, R. T.; Decken, A.; Westcott, S. A. *Tetrahedron Lett.* **2004**, 45, 8493.
[1589] Fernandes, A. C.; Romão, C. C. *Tetrahedron Lett.* **2007**, 48, 9176.
[1590] Yoo, B. W.; Song, M. S.; Park, M. C. *Synth. Commun.* **2007**, 37, 3089.
[1591] See Yoo, B. W.; Choi, K. H.; Kim, D. Y.; Choi, K. I.; Kim, J. H. *Synth. Commun.* **2003**, 33, 53.
[1592] Yadav, J. S.; Subba Reddy, B. V.; Srinivas, C.; Srihari, P. *Synlett* **2001**, 854.
[1593] Hua, G.; Woollins, J. D. *Tetrahedron Lett.* **2007**, 48, 3677.
[1594] Gardner, J. N.; Kaiser, S.; Krubiner, A.; Lucas, H. *Can. J. Chem.* **1973**, 51, 1419.
[1595] See Weber, W. P.; Stromquist, P.; Ito, T. I. *Tetrahedron Lett.* **1974**, 2595.
[1596] Kiso, S.; Oae, S. *Bull. Chem. Soc. Jpn.* **1967**, 40, 1722. See also, Oae, S.; Nakai, M.; Tsuchida, Y.; Furukawa, N. *Bull. Chem. Soc. Jpn.* **1971**, 44, 445.
[1597] Still, I. W. J.; Ablenas, F. J. *J. Org. Chem.* **1983**, 48, 1617.
[1598] See Denis, J. N.; Krief, A. *J. Chem. Soc. Chem. Commun.* **1980**, 544.
[1599] Taniguchi, T.; Ogasawara, K. *Tetrahedron Lett.* **1998**, 39, 4679.
[1600] Lemaire-Audoire, S.; Savignac, M.; Dupuis, C.; Genêt, J.-P. *Bull. Soc. Chim. Fr.* **1995**, 132, 1157; Lemaire-Audoire, S.; Savignac, M.; Genêt, J.-P.; Bernard, J.-M. *Tetrahedron Lett.* **1995**, 36, 1267.
[1601] Talukdar, S.; Banerji, A. *Synth. Commun.* **1995**, 25, 813.
[1602] Murahashi, S.-I.; Naota, T.; Miyaguchi, N.; Nakato, T. *Tetrahedron Lett.* **1992**, 33, 6991.
[1603] Bull, S. D.; Davies, S. G.; Mulvaney, A. W.; Prasad, R. S.; Smith, A. D.; Fenton, G. *Chem. Commun.* **2000**, 337.
[1604] Haddach, A. A.; Kelleman, A.; Deaton-Rewoliwski, M. V. *Tetrahedron Lett.* **2002**, 43, 399.
[1605] Routier, S.; Saugé, L.; Ayerbe, N.; Couderet, G.; Mérour, J.-Y. *Tetrahedron Lett.* **2002**, 43, 589. For a related debenzylation see Meng, G.; He, Y.-P.; Chen, F.-E. *Synth. Commun.* **2003**, 33, 2593.
[1606] Kok, G. B.; Pye, C. C.; Singer, R. D.; Scammells, P. J. *J. Org. Chem.* **2010**, 75, 4806.
[1607] Nandi, P.; Dye, J. L.; Jackson, J. E. *Tetrahedron Lett.* **2009**, 50, 3864.
[1608] Baker, S. R.; Parsons, A. F.; Wilson, M. *Tetrahedron Lett.* **1998**, 39, 331.
[1609] Mahalingam, A. K.; Wu, X.; Alterman, M. *Tetrahedron Lett.* **2006**, 47, 3051.
[1610] Katohgi, M.; Togo, H. *Tetrahedron* **2001**, 57, 7481.
[1611] Xu, L.; Zhang, S.; Trudell, M. L. *Synlett* **2004**, 1901.
[1612] Wan, Y.; Wu, X.; Kannan, M. A.; Alterman, M. *Tetrahedron Lett.* **2003**, 44, 4523.
[1613] See Newbold, B. T. in Patai, S. *The Chemistry of Hydrazo, Azo, and Azoxy Groups*, pt. 2, Wiley, NY, **1975**, pp. 629-637.
[1614] Tan, Z.; Qu, Z.; Chen, B.; Wang, J. *Tetrahedron* **2000**, 56, 7457.
[1615] Brown, H. C.; Subba Rao, B. C. *J. Am. Chem. Soc.* **1960**, 82, 681.
[1616] Zhang, C.-R.; Wang, Y.-L. *Synth. Commun.* **2003**, 33, 4205.
[1617] Mobinikhaledi, A.; Foroughifar, N.; Jirandehi, H. F. *Monat. Chemie* **2007**, 138, 755.
[1618] See Wardell, J. L. in Patai, S. *The Chemistry of the Thiol Group*, pt. 2, Wiley, NY, **1974**, pp. 220-229.
[1619] Reddy, G. V. S.; Rao, G. V.; Iyengar, D. S. *Synth. Commun.* **2000**, 30, 859.
[1620] Overman, L. E.; Smoot, J.; Overman, J. D. *Synthesis* **1974**, 59.
[1621] See Danehy, J. P.; Hunter, W. E. *J. Org. Chem.* **1967**, 32, 2047.
[1622] Chary, K. P.; Rajaram, S.; Iyengar, D. S. *Synth. Commun.* **2000**, 30, 3905.

[1623] Sridhar, M.; Vadivel, S. K.; Bhalerao, U. T. *Synth. Commun.* **1997**, 27, 1347.
[1624] Maiti, S. N.; Spevak, P.; Singh, M. P.; Micetich, R. G.; Narender Reddy, A. V. *Synth. Commun.* **1988**, 18, 575.
[1625] Huang, X.; Wu, L.-L.; Xu, X.-H. *Synth. Commun.* **2001**, 31, 1871.
[1626] See Fürstner, A.; Csuk, R.; Rohrer, C.; Weidmann, H. *J. Chem. Soc. Perkin Trans.* 1 **1988**, 1729. Also see Bian, Y.-J.; Liu, S.-M.; Li, J.-T.; Li, T.-S. *Synth. Commun.* **2002**, 32, 1169.
[1627] Gomberg, M.; Bachmann, W. E. *J. Am. Chem. Soc.* **1927**, 49, 236; *The Merck Index*, 14th Ed. Merck & Co., Inc., Whitehouse Station, New Jersey, **2006**, p ONR-74; Mundy, B. P.; Ellerd, M. G.; Favaloro, Jr., F. G. *Name Reactions and Reagents in Organic Synthesis*, 2nd Ed. Wiley-Interscience, New Jersey, **2005**, pp. 512-513. See Wang, J.-S.; Li, J.-T.; Lin, Z.-P.; Li, T.-S. *Synth. Commun.* **2005**, 35, 1419; Wang, S.-X.; Wang, K.; Li, J.-T. *Synth. Commun.* **2005**, 35, 2387; Li, J.-T.; Chen, Y.-X.; Li, T.-S. *Synth. Commun.* **2005**, 35, 2831.
[1628] For a list of reagents, with references, see Larock, R. C. *Comprehensive Organic Transformations*, 2nd ed., Wiley-VCH, NY, **1999**, pp. 1111-1114.
[1629] Hélion, F.; Lannou, M.-I.; Namy, J.-L. *Tetrahedron Lett.* **2003**, 44, 5507. See Banik, B. K.; Banik, I.; Aounallah, N.; Castillo, M. *Tetrahedron Lett.* **2005**, 46, 7065.
[1630] Aspinall, H. C.; Greeves, N.; Valla, C. *Org. Lett.* **2005**, 7, 1919.
[1631] Drapo, J. R.; Priefer, R. *Synth. Commun.* **2009**, 39, 85.
[1632] Hou, Z.; Takamine, K.; Fujiwara, Y.; Taniguchi, K. *Chem. Lett.* **1987**, 2061.
[1633] Lim, H. J.; Keum, G.; Kang, S. B.; Chung, B. Y.; Kim, Y. *Tetrahedron Lett.* **1998**, 39, 4367.
[1634] Mori, K.; Ohtaka, S.; Uemura, S. *Bull. Chem. Soc. Jpn.* **2001**, 74, 1497.
[1635] Wang, C.; Pan, Y.; Wu, A. *Tetrahedron* **2007**, 63, 429.
[1636] Li, J.-T.; Lin, Z.-P.; Qi, N.; Li, T.-S. *Synth. Commun.* **2004**, 34, 4339.
[1637] Xu, X.; Hirao, T. *J. Org. Chem.* **2005**, 70, 8594.
[1638] Rieke, R. D.; Kim, S.-H. *J. Org. Chem.* **1998**, 63, 5235. See Groth, U.; Jeske, M. *Synlett* **2001**, 129.
[1639] Hekmatshoar, R.; Yavari, I.; Beheshtiha, Y. S.; Heravi, M. M. *Monat. Chem.* **2001**, 132, 689.
[1640] For a discussion of the mechanism, see Hashimoto, Y.; Mizuno, U.; Matsuoka, H.; Miyahara, T.; Takakura, M.; Yoshimoto, M.; Oshima, K.; Utimoto, K.; Matsubara, S. *J. Am. Chem Soc.* **2001**, 123, 1503. See Duan, X.-F.; Feng, J.-X.; Zi, G.-F.; Zhang, Z.-B. *Synthesis* **2009**, 277. Also see Li, T.; Cui, W.; Liu, J.; Zhao, J.; Wang, Z. *Chem. Commun.* **2000**, 139; Kagayama, A.; Igarashi, K.; Mukaiyama, T. *Can. J. Chem.* **2000**, 78, 657.
[1641] Clerici, A.; Porta, O. *J. Org. Chem.* **1982**, 47, 2852; *Tetrahedron* **1983**, 39, 1239. See Delair, P.; Luche, J. *J. Chem. Soc. Chem. Commun.* **1989**, 398; Takahara, P. M.; Freudenberger, J. H.; Konradi, A. W.; Pedersen, S. F. *Tetrahedron Lett.* **1989**, 30, 7177.
[1642] Freudenberger, J. H.; Konradi, A. W.; Pedersen, S. F. *J. Am. Chem. Soc.* **1989**, 111, 8014.
[1643] Zhang, W.-C.; Li, C.-J. *J. Chem. Soc. Perkin Trans.* 1 **1998**, 3131.
[1644] Gansäuer, A.; Bauer, D. *Eur. J. Org. Chem.* **1998**, 2673. Also see, Barden, M. C.; Schwartz, J. *J. Am. Chem. Soc.* **1996**, 118, 5484; Gansäuer, A. *Chem. Commun.* **1997**, 457; Gansäuer, A. *Synlett* **1997**, 363.
[1645] Tsuritani, T.; Ito, S.; Shinokubo, H.; Oshima, K. *J. Org. Chem.* **2000**, 65, 5066.
[1646] Hayakawa, R.; Shimizu, M. *Chem. Lett.* **2000**, 724. For a syn-selective coupling with conjugated aldehydes see Shimizu, M.; Goto, H.; Hayakawa, R. *Org. Lett.* **2002**, 4, 4097.
[1647] Szymoniak, J.; Besançon, J.; Moïse, C. *Tetrahedron* **1994**, 50, 2841.
[1648] Chatterjee, A.; Bennur, T. H.; Joshi, N. N. *J. Org. Chem.* **2003**, 68, 5668.
[1649] Shi, L.; Fan, C.-A.; Tu, Y.-Q.; Wang, M.; Zhang, F.-M. *Tetrahedron* **2004**, 60, 2851. See also Luanphaisarnnont, T.; Ndubaku, C. O.; Jamison, T. F. *Org. Lett.* **2005**, 7, 2937.
[1650] Matsukawa, S.; Hinakubo, Y. *Org. Lett.* **2003**, 5, 1221.
[1651] Dunlap, M. S.; Nicholas, K. M. *Synth. Commun.* **1999**, 29, 1097.
[1652] For a review, see Chatterjee, A.; Joshi, N. N. *Tetrahedron* **2006**, 62, 12137.
[1653] Enders, D.; Ullrich, E. C. *Tetrahedron Asymmetry* **2000**, 11, 3861.
[1654] Kumagai, N.; Matsunaga, S.; Kinoshita, T.; Harada, S.; Okada, S.; Sakamoto, S.; Yamaguchi, K.; Shibasaki, M. *J. Am. Chem. Soc.* **2003**, 125, 2169.
[1655] Yang, H.; Wang, H.; Zhu, C. *J. Org. Chem.* **2007**, 72, 10029.
[1656] Maekawa, H.; Yamamoto, Y.; Shimada, H.; Yonemura, K.; Nishiguchi, I. *Tetraheron Lett.* **2004**, 45, 3869.
[1657] See Takenaka, N.; Xia, G.; Yamamoto, H. *J. Am. Chem. Soc.* **2004**, 126, 13198.
[1658] See Handa, S.; Kachala, M. S.; Lowe, S. R. *Tetrahedron Lett.* **2004**, 45, 253.
[1659] McMurry, J. E.; Siemers, N. O. *Tetrahedron Lett.* **1993**, 34, 7891. See Raw, A. S.; Pedersen, S. F. *J. Org. Chem.* **1991**, 56, 830; Chiara, J. L.; Cabri, W.; Hanessian, S. *Tetrahedron Lett.* **1991**, 32, 1125.
[1660] Baek, H. S.; Lee, S. J.; Yoo, B. W.; Ko, J. J.; Kim, S. H.; Kim, J. H. *Tetrahedron Lett.* **2000**, 41, 8097.
[1661] Studer, A.; Curran, D. P. *Synlett* **1996**, 255.
[1662] See Schönberg, A. *Preparative Organic Photochemistry*; Springer, NY, **1968**, pp. 203-217; Neckers, D. C. *Mechanistic Organic Photochemistry*, Reinhold, NY, **1967**, pp. 163-177; Calvert, J. G.; Pitts, Jr., J. N. *Photochemistry*, Wiley, NY, **1966**, pp. 532-536; Turro, N. J. *Modern Molecular Photochemistry*, W. A. Benjamin, NY, **1978**, pp. 363-385; Kan, R. O. *Organic Photochemisty*, McGraw-Hill, NY, **1966**, pp. 222-229.
[1663] See Cohen, S. G.; Parola, A.; Parsons, Jr., G. H. *Chem. Rev.* **1973**, 73, 141.

[1664] See Huyser, E. S. ; Neckers, D. C. *J. Am. Chem. Soc.* **1963**, 85, 3641.
[1665] Porter, G. ; Suppan, P. *Proc. Chem. Soc.* **1964**, 191.
[1666] Elinson, M. N. ; Feducovich, S. K. ; Dorofeev, A. S. ; Vereshchagin, A. N. ; Nikishin, G. I. *Tetrahedron* **2000**, 56, 9999. See Fry, A. J. *Synthetic Organic Electrochemistry*, 2nd ed. , Wiley, NY, **1989**, pp. 174-180; Shono, T. *Electroorganic Chemistry as a New Tool in Organic Synthesis*, Springer, NY, **1984**, pp. 137-140; Baizer, M. M. ; Petrovich, J. P. *Prog. Phys. Org. Chem.* **1970**, 7, 189; Baizer, M. M. in Baizer, M. M. ; Lund, H. *Organic Electrochemistry*, Marcel Dekker, NY, **1983**, pp. 639-689.
[1667] See Alexakis, A. ; Aujard, I. ; Mangeney, P. *Synlett* **1998**, 873, 875.
[1668] Kalyanam, N. ; Rao, G. V. *Tetrahedron Lett.* **1993**, 34, 1647.
[1669] Dutta, M. P. ; Baruah, B. ; Boruah, A. ; Prajapati, D. ; Sandu, J. S. *Synlett* **1998**, 857.
[1670] Zhong, Y.-W. ; Izumi, K. ; Xu, M.-H. ; Lin, G.-Q. *Org. Lett.* **2004**, 6, 4747.
[1671] Shono, T. ; Kise, N. ; Fujimoto, T. *Tetrahedron Lett.* **1991**, 32, 525.
[1672] Kise, N. ; Ueda, N. *Tetrahedron Lett.* **2001**, 42, 2365.
[1673] Mojtahedi, M. M. ; Saidi, M. R. ; Shirzi, J. S. ; Bolourtchian, M. *Synth. Commun.* **2001**, 31, 3587.
[1674] Zhong, Y.-W. ; Dong, Y.-Z. ; Fang, K. ; Izumi, K. ; Xu, M.-H. ; Lin, G.-Q. *J. Am. Chem. Soc.* **2005**, 127, 11956.
[1675] Yoshimura, N. ; Mukaiyama, T. *Chem. Lett.* **2001**, 1334.
[1676] Selvakumar, K. ; Harrod, J. F. *Angew. Chem. Int. Ed.* **2001**, 40, 2129.
[1677] Kim, M. ; Knettle, B. W. ; Dahlén, A. ; Hilmersson, G. ; Flowers III, R. A. *Tetrahedron* **2003**, 59, 10397.
[1678] Su, W. ; Yang, B. *Synth. Commun.* **2003**, 33, 2613.
[1679] Ortega, M. ; Rodríguez, M. A. ; Campos, P. J. *Tetrahedron* **2004**, 60, 6475.
[1680] Jin, W. ; Makioka, Y. ; Kitamura, T. ; Fujiwara, Y. *J. Org. Chem.* **2001**, 66, 514.
[1681] See Rele, S. ; Chattopadhyay, S. ; Nayak, S. K. *Tetrahedron Lett.* **2001**, 42, 9093.
[1682] McMurry, J. E. ; Fleming, M. P. ; Kees, K. L. ; Krepski, L. R. *J. Org. Chem.* **1978**, 43, 3255. For an optimized procedure, see McMurry, J. E. ; Lectka, T. ; Rico, J. G. *J. Org. Chem.* **1989**, 54, 3748.
[1683] See McMurry, J. E. *Chem. Rev.* **1989**, 89, 1513; *Acc. Chem. Res.* **1983**, 16, 405; Lenoir, D. *Synthesis* **1989**, 883; Betschart, C. ; Seebach, D. *Chimia* **1989**, 43, 39; Lai, Y. *Org. Prep. Proceed. Int.* **1980**, 12, 363. For related reviews, see Kahn, B. E. ; Rieke, R. D. *Chem. Rev.* **1988**, 88, 733; Pons, J. ; Santelli, M. *Tetrahedron* **1988**, 44, 4295. See Duan, X.-F. ; Zeng, J. ; Lü, J.-W. ; Zhang, Z.-B. *J. Org. Chem.* **2006**, 71, 9873.
[1684] For a list of reagents, with references, see Larock, R. C. *Comprehensive Organic Transformations*, 2nd ed. , Wiley-VCH, NY, **1999**, pp. 305-308.
[1685] Tyrlik, S. ; Wolochowicz, I. *Bull. Soc. Chim. Fr.* **1973**, 2147.
[1686] Carroll, A. R. ; Taylor, W. C. *Aust. J. Chem.* **1990**, 43, 1439.
[1687] Dams, R. ; Malinowski, M. ; Geise, H. J. *Bull. Soc. Chim. Belg.* **1982**, 91, 149, 311; Bottino, F. A. ; Finocchiaro, P. ; Libertini, E. ; Reale, A. ; Recca, A. *J. Chem. Soc. Perkin Trans.* 2 **1982**, 77. This reagent has been reported to give capricious results; see McMurry, J. E. ; Fleming, M. P. *J. Org. Chem.* **1976**, 41, 896.
[1688] Rele, S. ; Talukdar, S. ; Banerji, A. ; Chattopadhyay, S. *J. Org. Chem.* **2001**, 66, 2990.
[1689] Dams, R. ; Malinowski, M. ; Geise, H. J. *Bull. Soc. Chim. Belg.* **1982**, 19, 149, 311. See also, Chisholm, M. H. ; Klang, J. A. *J. Am. Chem. Soc.* **1989**, 111, 2324.
[1690] Stuhr-Hansen, N. *Tetrahedron Lett.* **2005**, 46, 5491.
[1691] McMurry, J. E. ; Fleming, M. P. ; Kees, K. L. ; Krepski, L. R. *J. Org. Chem.* **1978**, 43, 3255.
[1692] Baumstark, A. L. ; McCloskey, C. J. ; Witt, K. E. *J. Org. Chem.* **1978**, 43, 3609.
[1693] McMurry, J. E. ; Miller, D. D. *J. Am. Chem. Soc.* **1983**, 105, 1660.
[1694] Fürstner, A. ; Hupperts, A. *J. Am. Chem. Soc.* **1995**, 117, 4468.
[1695] Fürstner, A. ; Hupperts, A. ; Ptock, A. ; Janssen, E. *J. Org. Chem.* **1994**, 59, 5215.
[1696] Fürstner, A. ; Jumbam, D. N. *Tetrahedron* **1992**, 48, 5991.
[1697] See Chisholm, M. H. ; Klang, J. A. *J. Am. Chem. Soc.* **1989**, 111, 2324.
[1698] Curini, M. ; Epifano, F. ; Maltese, F. ; Marcotullio, M. C. *Eur. J. Org. Chem.* **2003**, 1631.
[1699] Dams, R. ; Malinowski, M. ; Westdorp, I. ; Geise, H. Y. *J. Org. Chem.* **1982**, 47, 248. See Villiers, C. ; Ephritikhine, M. *Angew. Chem. Int. Ed.* **1997**, 36, 2380; Stahl, M. ; Pindur, U. ; Frenking, G. *Angew. Chem. Int. Ed.* **1997**, 36, 2234.
[1700] See Bloomfield, J. J. ; Owsley, D. C. ; Nelke, J. M. *Org. React.* **1976**, 23, 259. For a list of reactions, with references, see Larock, R. C. *Comprehensive Organic Transformations*, 2nd ed. , Wiley-VCH, NY, **1999**, pp. 1313-1315.
[1701] Also see Daynard, T. S. ; Eby, P. S. ; Hutchinson, J. H. *Can. J. Chem.* **1993**, 71, 1022.
[1702] Fadel, A. ; Canet, J,-L. ; Salaün, J. *Synlett* **1990**, 89.
[1703] Olah, G. A. ; Wu, A. *Synthesis* **1991**, 1177.
[1704] See Finley, K. T. *Chem. Rev.* **1964**, 64, 573.
[1705] Bloomfield, J. J. ; Irelan, J. R. S. *J. Org. Chem.* **1966**, 31, 2017.
[1706] Cram, D. J. ; Gaston, L. K. *J. Am. Chem. Soc.* **1960**, 82, 6386.
[1707] For a review, see Cram, D. *J. Rec. Chem. Prog.* **1959**, 20, 71.
[1708] Schräpler, U. ; Rühlmann, K. *Chem. Ber.* **1964**, 97, 1383. See Rühlmann, K. *Synthesis* **1971**, 236.
[1709] Bloomfield, J. J. *Tetrahedron Lett.* **1968**, 591.
[1710] Bloomfield, J. J. ; Martin, R. A. ; Nelke, J. M. *J. Chem. Soc. Chem. Commun.* **1972**, 96.

[1711] Another mechanism has been proposed: Bloomfield, J. J.; Owsley, D. C.; Ainsworth, C.; Robertson, R. E. *J. Org. Chem.* **1975**, 40, 393.
[1712] For the preparation of high-surface sodium, see Makosza, M.; Grela, K. *Synlett* **1997**, 267.
[1713] Vogel, I. A. *A Textbook of Practical Organic Chemistry*, 3rd ed., Wiley, NY, **1966**, p. 856.
[1714] Karaman, R.; Fry, J. L. *Tetrahedron Lett.* **1989**, 30, 6267.
[1715] For reviews of the synthesis of catenanes, see Sauvage, J. *Acc. Chem. Res.* **1990**, 23, 319; *Nouv. J. Chim.* **1985**, 9, 299; Dietrich-Buchecker, C. O.; Sauvage, J. *Chem. Rev.* **1987**, 87, 795.
[1716] Osuka, A.; Shimizu, H.; Suzuki, H. *Chem. Lett.* **1983**, 1373. See Ohe, K.; Uemura, S.; Sugita, N.; Masuda, H.; Taga, T. *J. Org. Chem.* **1989**, 54, 4169.
[1717] Ogata, Y.; Mibae, J. *J. Org. Chem.* **1962**, 27, 2048.
[1718] Bunyan, P. J.; Cadogan, J. I. G. *J. Chem. Soc.* **1963**, 42.
[1719] See Hutton, J.; Waters, W. A. *J. Chem. Soc. B* **1968**, 191. See also, Porta, F.; Pizzotti, M.; Cenini, S. *J. Organomet. Chem.* **1981**, 222, 279.
[1720] Srinivasa, G. R.; Abiraj, K.; Gowda, D. C. *Tetrahedron Lett.* **2003**, 44, 5835.
[1721] Hutchins, R. O.; Lamson, D. W.; Rufa, L.; Milewski, C.; Maryanoff, B. *J. Org. Chem.* **1971**, 36, 803.
[1722] Bae, J. W.; Cho, Y. J.; Lee, S. H.; Yoon, C. M. *Tetrahedron Lett.* **2000**, 41, 175.
[1723] Furst, A.; Moore, R. E. *J. Am. Chem. Soc.* **1957**, 79, 5492.
[1724] Olah, G. A. *J. Am. Chem. Soc.* **1959**, 81, 3165.
[1725] See Geissman, T. A. *Org. React.* **1944**, 2, 94.
[1726] Abaee, M. S.; Sharifi, R.; Mojtahedi, M. M. *Org. Lett.* **2005**, 7, 5893.
[1727] Basavaiah, D.; Sharada, D. S.; Veerendhar, A. *Tetrahedron Lett.* **2006**, 47, 5771.
[1728] An exception is cyclopropanecarboxaldehyde: van der Maeden, F. P. B.; Steinberg, H.; de Boer, T. J. *Recl. Trav. Chim. Pays-Bas* **1972**, 91, 221.
[1729] Yoshizawa, K.; Toyota, S.; Toda, F. *Tetrahedron Lett.* **2001**, 42, 7983.
[1730] See Thakuria, J. A.; Baruah, M.; Sandhu, J. S. *Chem. Lett.* **1999**, 995.
[1731] See Reddy, B. V. S.; Srinivas, R.; Yadav, J. S.; Ramalingam, T. *Synth. Commun.* **2002**, 32, 219.
[1732] Bergens, S. H.; Fairlie, D. P.; Bosnich, B. *Organometallics* **1990**, 9, 566.
[1733] Russell, A. E.; Miller, S. P.; Morken, J. P. *J. Org. Chem.* **2000**, 65, 8381.
[1734] Russell, G. A.; Mikol, G. J. *J. Am. Chem. Soc.* **1966**, 88, 6498; Prey, V.; Berbdk, H.; Steinbauer, E. *Monatsh. Chem.* **1960**, 91, 1196; **1962**, 93, 237.
[1735] Thompson, J. E. *J. Org. Chem.* **1967**, 32, 3947.
[1736] See Ashby, E. C.; Coleman, III, D. T.; Gamasa, M. P. *J. Org. Chem.* **1987**, 52, 4079; Fuentes, A.; Marinas, J. M.; Sinisterra, J. V. *Tetrahedron Lett.* **1987**, 28, 2947.
[1737] See Swain, C. G.; Powell, A. L.; Sheppard, W. A.; Morgan, C. R. *J. Am. Chem. Soc.* **1979**, 101, 3576; Watt, C. I. F. *Adv. Phys. Org. Chem.* **1988**, 24, 57, pp. 81-86.
[1738] Fredenhagen, H.; Bonhoeffer, K. F. *Z. Phys. Chem. Abt. A* **1938**, 181, 379; Hauser, C. R.; Hamrick, Jr., P. J.; Stewart, A. T. *J. Org. Chem.* **1956**, 21, 260.
[1739] See Swain, C. G.; Powell, A. L.; Lynch, T. J.; Alpha, S. R.; Dunlap, R. P. *J. Am. Chem. Soc.* **1979**, 101, 3584. See, however, Chung, S. *J. Chem. Soc. Chem. Commun.* **1982**, 480.
[1740] For a review, see Seki, T.; Nakajo, T.; Onaka, M. *Chem. Lett.* **2006**, 35, 824.
[1741] Seki, T.; Hattori, H. *Chem. Commun.* **2001**, 2510.
[1742] See Saegusa, T.; Ueshima, T.; Kitagawa, S. *Bull. Chem. Soc. Jpn.* **1969**, 42, 248; Ogata, Y.; Kishi, I. *Tetrahedron* **1969**, 25, 929.
[1743] For a list of reagents, with references, see Larock, R. C. *Comprehensive Organic Transformations*, 2nd ed., Wiley-VCH, NY, **1999**, p. 1653-1655.
[1744] Ito, T.; Horino, H.; Koshiro, Y.; Yamamoto, A. *Bull. Chem. Soc. Jpn.* **1982**, 55, 504.
[1745] Andrea, T.; Barnea, E.; Eisen, M. S. *J. Am. Chem. Soc.* **2008**, 130, 2454.
[1746] Crimmin, M. R.; Barrett, A. G. M.; Hill, M. S.; Procopiou, P. A. *Org. Lett.* **2007**, 9, 331.
[1747] DeMico, A.; Margarita, R.; Parlanti, L.; Vescovi, A.; Piancatelli, G. *J. Org. Chem.* **1997**, 62, 6974.
[1748] Yamashita, A.; Watanabe, Y.; Mitsudo, T.; Takegami, Y. *Bull. Chem. Soc. Jpn.* **1976**, 49, 3597.
[1749] Seki, T.; Akutsu, K.; Hattori, H. *Chem. Commun.* **2001**, 1000.
[1750] Ooi, T.; Miura, T.; Takaya, K.; Maruoka, K. *Tetrahedron Lett.* **1999**, 40, 7695.
[1751] Simpura, I.; Jevalainen, V. *Tetrahedron* **2001**, 57, 9867.
[1752] Simpura, I.; Nevalainen, V. *Tetrahedron Lett.* **2001**, 42, 3905; Cavazzini, M.; Pozzi, G.; Quici, S.; Maillard, D.; Sinou, D. *Chem. Commun.* **2001**, 1220.
[1753] See Bur, S. K.; Padwa, A. *Chem. Rev.* **2004**, 104, 2401.
[1754] For a review, see Feldman, K. S. *Tetrahedron* **2006**, 62, 5003. Also see Smith, L. H. S.; Coote, S. C.; Sneddon, H. F.; Procter, D. J. *Angew. Chem. Int. Ed.* **2010**, 49, 5832.
[1755] See De Lucchi, O.; Miotti, U.; Modena, G. *Org. React.* **1991**, 40, 157; Warren, S. *Chem. Ind. (London)* **1980**, 824; Block, E. *Reactions of Organosulfur Compounds*, Academic Press, NY, **1978**, pp. 154-162.
[1756] See Sugihara, H.; Tanikaga, R.; Kaji, A. *Synthesis* **1978**, 881.

[1757] See Dilworth, B. M. ; McKervey, M. A. *Tetrahedron* **1986**, 42, 3731.

[1758] Kita, Y. ; Shibata, N. ; Kawano, N. ; Tohjo, T. ; Fujimori, C. ; Matsumoto, K. *Tetrahedron Lett.* **1995**, 36, 115; Kita, Y. ; Shibata, N. ; Fukui, S. ; Fujita, S. *Tetrahedron Lett.* **1994**, 35, 9733.

[1759] Wladislaw, B. ; Marzorati, L. ; Biaggio, F. C. *J. Org. Chem.* **1993**, 58, 6132.

[1760] See Kita, Y. ; Shibata, N. ; Yoshida, N. ; Fukui, S. ; Fujimori, C. *Tetrahedron Lett.* **1994**, 35, 2569.

[1761] Oae, S. ; Kitao, T. ; Kawamura, S. ; Kitaoka, Y. *Tetrahedron* **1963**, 19, 817.

[1762] See Itoh, O. ; Numata, T. ; Yoshimura, T. ; Oae, S. *Bull. Chem. Soc. Jpn.* **1983**, 56, 266; Oae, S. ; Itoh, O. ; Numata, T. ; Yoshimura, T. *Bull. Chem. Soc. Jpn.* **1983**, 56, 270.

[1763] See Marino, J. P. *Top. Sulfur Chem.* **1976**, 1, 1.

[1764] Sharma, A. K. ; Swern, D. *Tetrahedron Lett.* **1974**, 1503.

[1765] See Block, E. *Reactions of Organosulfur Compounds*, Academic Press, NY, **1978**, pp. 154-156; Oae, S. ; Numata, T. *Isot. Org. Chem.* **1980**, 5, 45, p. 48; Wolfe, S. ; Kazmaier, P. M. *Can. J. Chem.* **1979**, 57, 2388, 2397; Russell, G. A. ; Mikol, G. J. *Mech. Mol. Migr.* **1968**, 1, 157.

[1766] Kirpichenko, S. V. ; Suslova, E. N. ; Albanov, A. I. ; Shainyan, B. A. *Tetrahedron Lett.* **1999**, 40, 185.

[1767] For a review, see Brown, E. V. *Synthesis* **1975**, 358.

[1768] See Mayer, R. in Oae, S. *The Organic Chemistry of Sulfur*, Plenum, NY, **1977**, pp. 58-63; Lundstedt, T. ; Carlson, R. ; Shabana, R. *Acta Chem. Scand. Ser. B* **1987**, 41, 157, and other papers in this series. See also, Kanyonyo, M. R. ; Gozzo, A. ; Lambert, D. M. ; Lesieur, D. ; Poupaert, J. H. *Bull. Soc. Chim. Belg.* **1997**, 106, 39.

[1769] See Asinger, F. ; Offermanns, H. *Angew. Chem. Int. Ed.* **1967**, 6, 907.

[1770] Amupitan, J. O. *Synthesis* **1983**, 730.

[1771] Schroth, W. ; Andersch, J. *Synthesis* **1989**, 202.

[1772] See Dutron-Woitrin, F. ; Merényi, R. ; Viehe, H. G. *Synthesis* **1985**, 77.

[1773] For a review, see Poupaert, J. H. ; Bouinidane, K. ; Renard, M. ; Lambert, D. ; Isa, M. *Org. Prep. Proceed. Int.* **2001**, 33, 335.

[1774] Higgins, S. D. ; Thomas, C. B. *J. Chem. Soc. Perkin Trans. 1* **1982**, 235. See also, Higgins, S. D. ; Thomas, C. B. *J. Chem. Soc. Perkin Trans. 1* **1983**, 1483.

[1775] King, J. A. ; McMillan, F. H. *J. Am. Chem. Soc.* **1946**, 68, 632.

[1776] See Asinger, F. ; Saus, A. ; Mayer, A. *Monatsh. Chem.* **1967**, 98, 825.

[1777] Asinger, F. ; Halcour, K. *Monatsh. Chem.* **1964**, 95, 24. See also, Nakova, E. P. ; Tolkachev, O. N. ; Evstigneeva, R. P. *J. Org. Chem. USSR* **1975**, 11, 2660.

[1778] Mayer, R. in Janssen, M. J. *Organosulfur Chemistry*, Wiley, NY, **1967**, pp. 229-232.

附录 A

有机化学文献

在实验室里的所有发现要被外界获知，就必须在某些地方发表。未经发表的新实验结果很可能不为人知晓，更不用说为整个化学世界带来利益了。全部化学知识体系（称为文献）位于世界上所有化学图书馆的各个书架上。当今，虽然各种书籍仍要从图书馆书架上查阅，但是许多的（即使不是大多数的）化学杂志都可以在线获取。然而，随着电子书籍变得越来越普及，人们也可以在线获取各种书籍，并保存在个人电子阅读设备上使用。如果希望知道某些化学问题的答案，只能求助于这些化学文献，包括书籍和杂志中的原始论文（article）。实际上所谓的"已知的"、"已经完成"等，其真正的意思是"已经发表过"。科学文献的内容似乎多得可怕，但从有机化学文献中提取信息的过程通常并不难。附录 A 将不仅列举印刷版的有机化学文献[1]，还将在尽可能大的范围内列举一些电子文献。

很显然，有机化学文献可以分为两大类：一级资源和二级资源。一级资源发表实验室研究的原始结果。这些结果通常发表在科学杂志中。事实上，两类主要的一级资源是杂志和专利。书、索引以及记载那些在一级资源中已经发表过的材料的其它出版物，称为二级资源。利用一级资源作为数据库的电子搜索引擎也被认为是二级资源。正是由于有机化学二级资源〔特别是化学文摘（Chemical Abstracts）和 SciFinder〕的优势，使文献检索相对容易。

A.1 一级资源

A.1.1 杂志

一百多年来，几乎所有新的有机化学工作（除了以专利公开形式之外）都发表在刊物上。有成千上万种发表化学论文的刊物，它们分布在许多国家，采用许多种语言。当今，虽然不是所有的，但是绝大部分的刊物都采用英文。有些刊物发表包括所有科学领域的论文，有些限制在化学，有些限制在有机化学，还有一些杂志则更专业。正如前面所指出的，许多刊物现在都有电子版[2]。实际的论文通常以 html 文件或 PDF 文件形式出现，而且常常与引用的参考文献链接。绝大多数重要的"纯粹"有机化学论文（相对于"应用的"）发表在相对较少的几种刊物上，这些杂志大约五十种或更少。"纯粹"有机化学的概念在当今已经失去了意义，因为有机化学在许多领域都很重要，跨学科领域的研究常常与有机化学有关。对有机化学家有重要意义的文献也常常出现在生物有机、有机金属、材料科学、高分子科学、分离科学、药物化学、药物科学，以及一些与药物相关领域的刊物和专利中。因而读者应当注意：本节所列举出来的刊物将有机化学作为其首要的关注点，但它们绝非只是与有机化学相关的信息资源。有机化学文献的数目非常巨大，许多杂志是周刊，有些是半月刊。

普通论文，即通常所指的全文，包含全部的实验细节，这些实验或者作为论文本身的一部分，或者作为论文的补充信息。这些细节构成了现代研究的主要部分，使人了解已经完成的工作，而且能够重复实验。随着化学文献数量的增加，特别是电子刊物的激增，也正如前面指出的，许多刊物将全部的实验细节放在"补充信息"中。对于美国化学会出版的杂志，它为每篇论文提供了一个 URL 链接，这个链接包含了实验细节、光谱数据、光谱数据的可视谱图、X 射线晶体衍射数据等补充信息。其它的出版社也提供了类似的链接。一旦论文被接受，那么在包含页码的印刷版或完整电子版出现之前，我们就可以获得在线版本（例如，美国化学会的 ASAP 论文）。

除了普通论文外，还有其它两类出版物报道原始工作，即纪要（*Notes*）和通讯（*Communications*）。纪要是简要的论文，通常没有概要（几乎所有发表的论文都有作者写的概要或摘要）。否则，纪要就与论文相似了[3]。有些杂志只发表纪要。通讯（也称为通信，*Letters*）也是简要的，通常没有概要（有些杂志现在与通讯一起发表概要）。有些杂志只发表通讯。

通讯与纪要以及论文有以下三点不同：

（1）它们是简要的，并不是因为其所做工作范围小，而是因为它们是被压缩的。通常它们只包括最重要的实验细节或根本没有实验细节。

（2）它们具有即时意义。发表通讯的刊物在通讯被接收后，尽一切努力尽可能早地发表它们。采用现代计算机技术，通讯常常可以在几个星期之内发表。

（3）通讯是初步报道，其中的材料在日后还可以以论文形式再发表。相反，论文和纪要中的材料则不能再发表。

虽然化学出版物以多种语言发表，但是绝大多数的重要有机化学论文英文发表。例如：六个主要的欧洲杂志（*Chemische Berichte*，*Liebigs Annalen der Chemie*，*Bulletin de la Société Chimique de France*，*Bulletin des Sociétés Chimie Belges*，*Recueil des Travaux Chimiques des Pays-Bas*，and *Gazzetta Chimica Italiana*）已经停刊，取代它们的是欧洲有机化学杂志（*European Journal of Organic Chemistry*），以英文出版。大多数以其它语言发表的论文也刊印有英文概要。还有相当数量的重要论文以德语和法语发表已超过二百年，这些论文通常不提供翻译版，因此有机化学家还应该至少具有这些语言的阅读知识。大约 1920 年之前，超过一半的重要化学论文以这些语言发表。然而近些年来，很少有论文以法语或德语发表而不提供英文翻译版。必须意识到，原始文献从来不会过时的。随着中国科学界的不断扩大，有些杂志也以中文出版，还有一些杂志及重要的化学发现以日文发表。当然，由中国和日本科学家所做的研究工作通常还是发表在英文杂志中。虽然二级资源已经废弃或过期，但是 19 世纪的科研刊物在大多数化学图书馆还能看到，仍然被人们查阅。表 A.1 列举了当前发表有机化学原始论文和通讯的比较重要的杂质[4]。其中有些杂志也发表综述论文、书评及其它材料。1999 年，有机化学杂志（*Journal of Organic Chemistry*）停止发表通讯，通讯现在发表在有机通讯（*Organic Letters*）中。

近年来，美国化学会刊物，包括 *J. Am. Chem. Soc.* 和 *J. Org. Chem.*，还以缩微胶片或缩印版的形式提供某些论文的补充材料。正如前面指出的，这些材料现在可以在线获取。对于较老的文献，这些材料可以从位于 ACS 华盛顿办公室的 Microforms and Back Issues Office，以缩微胶片或复印件的形式得到。这些做法尚没有从本质上降低一级化学文献的总卷数。因为许多新的刊物不断出现，另外，大多数刊物每年的页数为往年的两倍或三倍。

表 A.1 当前发表有机化学原始论文的较重要期刊

序号	期刊名	论文或通讯	每年期数
1	**Angew**andte **Chem**ie（1887）[5]	C[6]	12
2	**Angew**andte **Chem**ie International **Ed**ition（1962）[5]	C[6]	48
3	**Aus**tralian **J**ournal of **Chem**istry（1948）	P	12
4	**Bio**organic **Chem**istry（1971）	P[5]	4
5	**Bio**organic & **Med**icinal **Chem**istry **Lett**ers（1991）	C	12
6	**Bull**etin of the **Chem**ical **So**ciety of **Jap**an（1926）	P	12
7	**Can**adian **J**ournal of **Chem**istry（1929）	P, C	12
8	**Carbohydr**ate **Res**earch（1965）	P, C	22
9	**Chem**istry, a **Eu**ropean **J**ournal（1995）	P	24
10	**Chem**istry, an **Asian J**ournal（2006）	P	24
11	**Chem**istry and **In**dustry（**Lond**on）（1923）	C	24

续表

序号	期刊名	论文或通讯	每年期数
12	Chemistry Letters (1972)	C	12
13	Chimia (1947)	C [5]	12
14	ChemPlusChem	New	
15	Doklady Chemistry (1922)[5]	C	12
16	European Journal of Organic Chemistry (1998)	P	12
17	Helvetica Chimica Acta (1918)	P	8
18	Heteroatom Chemistry (1990)	P	6
19	Heterocycles (1973)	C [5]	12
20	India Journal of Chemistry (Section B)	P	12
21	International Journal of Chemical Kinetics (1969)	P	12
22	Israel Journal of Chemistry (1963)	P [7]	4
23	Journal of the American Chemical Society (1879)	P,C	52
24	Journal of Carbohydrate Chemistry (1981)	P,C	6
25	Journal of Chemical Research, Snopses (1977)	P	12
26	Chemical Communications (1965)	C	24
27	Journal of Combinatorial Chemistry (1965)	P,C	6
28	Journal of Computational Chemistry (1979)	P	16
29	Journal of Fluorine Chemistry (1971)	P,C	12
30	Journal of Heterocyclic Chemistry (1964)	P,C	12
31	Journal of Indian Chemical Society (1924)	P	12
32	Journal of Lipid Research (1959)	P	12
33	Journal of Medicinal Chemistry (1958)	P,C	12
34	Journal of Molecular Structure (1967)	P,C	16
35	Journal of Organometallic Chemistry (1963)	P,C	48
36	Journal of Organic Chemistry (1936)	P,C	26
37	Journal of Photochemistry and Photobiology, A: Chemistry (1972)	P	12
38	Journal of Physical Organic Chemistry (1988)	P	12
39	Journal of Polymer Science Part A (1962)	P	24
40	Journal of für Praktische Chemie (1834)	P	6
41	Macromolecules (1968)	P,C	26
42	Liebigs Annalen der Chemie (1832)	P	12
43	Mendeleev Communications (1991)	C	8
44	Monatshefte für Chemie (1870)	P	12
45	New Journal of Chemistry (1977)[7]	P	11
46	Organometallics (1982)	P,C	12
47	Organic and Biomolecular Chemistry (2003)	P	24
48	Organic Letters (1999)	C	24
49	Organic Mass Spectrometry (1968)	P,C	12
50	Organic Preparations and Procedures International (1969)	P [5]	6
51	Organic Process Research & Development (1997)	P	6
52	Photochemistry and Photobiology (1962)	P [5]	
53	Polish Journal of Chemistry (1921)[8]	P,C	12

续表

序号	期刊名	论文或通讯	每年期数
54	**Pure** and **Applied Chem**istry（1960）	[9]	12
55	**Res**earch on **Chem**ical **Interm**ediates（1973）[10]	P[5]	6
56	**Rus**sian **J**ournal of **Or**ganic **Chem**istry（1984）	P，C	12
57	**Sulf**ur **Lett**ers（1982）	C	6
58	**S**y**nlett**（1989）	C[5]	12
59	**S**y**nth**etic **Commun**ications（1971）	C	22
60	**S**y**nthesis**（1969）	P[5]	12
61	**Tetrahedron**（1958）	P[5]	52
62	**Tetrahedron**：**As**y**mmetr**y（1990）	P，C	12
63	**Tetrahedron Lett**ers（1959）	C	52

A.1.2　专利

在包括美国在内的许多国家，为一个新化合物或制备一个已知化合物的新方法（实验室或者工业方法）申请专利都是可能的。当得知相当比例的批准专利（约 20％～30％）是化学专利后，许多人感到惊讶。化学专利是化学文献的一部分，美国和外国专利都被 *Chemical Abstracts* 和 SciFinder 正常收录。除了从这个资源获知专利内容外，化学家还可以查阅美国专利办公室的政府公报。该公报每周公布专利，在许多图书馆都可以获得那个星期发布的所有专利的目录。许多大图书馆保存了所有美国专利的装订本，包括纽约公共图书馆，这个图书馆还广泛收集外国专利。从美国专利和商标局（Wshington DC，20231）可以便宜地得到任何美国专利和多数外国专利的复印本。许多专利现在还可以在线获取，或以 PDF 文件获取。另外，专利也可以通过 SciFinder（以前是通过在线的 CAS）获取。

专利对实验室化学家常常很有用，且忽略相关专利的文献检索也是不完全的，但原则上专利不像论文那样可信。这有两方面的原因：

（1）发明者从其利益出发会尽可能多地宣称其专利。因此，例如，他实际上以乙醇和丙醇做了反应，但是他会宣称以所有的伯醇，或许甚至以仲醇和叔醇、甘油醇和苯酚做了反应。研究者以发明者没有用过的醇重复反应，可能发现反应根本无法获得产物。一般来讲，重复专利中给出的实际例子是最安全的，大多数化学专利都包含一个或多个例子。

（2）即使在法律上专利给发明者垄断权，任何声称的侵害必须受到法律保护，但是这要花费很多钱。因此，有些专利书写时隐含或完全删除了某些必要的细节。因为专利要完全公开，但是专利律师通常在书写专利时有技巧，所提供的操作并不总是足以重复结果。

所幸的是以上说法并不适用于所有化学专利：许多化学专利完全公开，并只公布真正完成的工作。还必须指出，并非杂志的每一篇论文所报道的工作都能重复，这可能由于催化剂的特性差异、仪器或过程的差异等。然而，照着专利从世界各地供应商那里购买到一个关键反应原料并非难事。值得注意的是，有些工作并不被发表或申请专利，而是作为公司的商业机密而保存。当然，公众无法获得这些资料。

A.2　二级资源

杂志文章和专利实质上包含了有机化学的几乎所有原始工作。然而，如果只有这些原始资料而没有索引、摘要、综述文章和其它二级资源，那么这些文献将不可利用。因为太多了，以至于没有人能找到任何所需东西。所幸的是，二级资源很优秀。有各种各样的二级资源和分类目录相继出现。此书中我们所用的分类方法可能有些武断。

A.2.1　标题列举

原始论文太丰富了，因而只列举当前论文标题的出版物用途更大。这种列举，是使化学家转向杂志中他平常没有阅读过的有用论文的基本方法。标题列举这种二级资源模式目前已经不再使用印刷版形式。大多数刊物都可在线获得，许多刊物都以 HTML 和 PDF 形式提供原文和支撑材料（supplemental material）[11]。文献的 PDF 文件可以下载到研究者的计算机上，当然这通常要付费，但却很方便。Chemical Abstracts 可从 CAS OnLine 上在线获取。但是这项服务已经被 SciFinder 取代（参见附录 A．4．3）。许多大学图书馆和公司付费购买了这些数据库，因此通过这些机构也可以很容易地获得这些刊物。搜索引擎可以让搜索者在家里或办公室里快速检索到极多数量的文献。此外，大多数浏览器具有采用不同搜索引擎进行在线搜索的功能。搜索时只需要输入作者名，或主题，或化合物名称，或一些关键词，即可搜出重要的文章或信息。"Google® 搜索"（Google® searching）[12] 通常被用于"快速粗略的"检索，若要想进行正规的检索，我们强烈建议使用标准的科学搜索引擎。更重要的在线技术将在后面讨论。一些重要的资源[13]包括：Specialty Citation Indexes，Science Citation Index Expanded™，Web of Science®，Science Citation Indexes®，ISI ProceedingSM，Reaction Citation Index™，以及 Derwent Innovations IndexSM。

我们先开始介绍旧的印刷版资源。一种涵盖了整个化学的"标题"印刷版出版物是"物理、化学和地球科学当前内容"（*Current Contents Physical, Chemical & Earth Sciences*）[14]，该刊物始于 1967 年，每周出版一次，包含了化学、物理、地球科学、数学和相关科学在内的约 800 种刊物所有期卷的目录页。每期包含重要词语的索引和作者索引，重要词语是从列举在该期上的论文标题中提取出来的，而作者索引只列出每篇论文的第一作者。它也给出了作者的地址，因而可以写信索取单印本（reprint）。一个网上服务系统是 Current Contents Connect®，它涵盖了国际上八千多种重要学术刊物和两千多本专著[15]。

另一个类似的"标题"出版物是"化学标题"（*Chemical Titles*），由化学文摘服务部出版。后面将讨论的 SciFinder 可以搜索各种各样的数据库，其中包括刊物标题。

A.2.2 摘要

从一定意义上来说，列出标题是有用的。但是除了标题隐含的内容之外，它们并没有告诉我们论文里写的是什么。大多数当今的刊物配有图形摘要，以及标题和刊印的研究简介。图形摘要对于浏览某一刊物中的文献极其有用。大多数刊物的刊印版及图形摘要都可以在线获取。

较早时期开始，有机化学论文摘要已经能广泛得到，通常作为主要兴趣出现在其它刊物的某个位置[16]。现在，只有两个出版物完全致力于包含化学整个领域的摘要。一个是 *Referativnyi Zhurnal, Khimiya*，它开始于 1953 年，以俄语发表，主要是讲俄语的化学家对此感兴趣。另一个是化学文摘（*Chemical Abstracts*™，*CA*）。一直出版至 2010 年。化学文摘现在可以通过 SciFinder 在线检索。虽然化学文摘停止出版了，但是对于正规的文献检索还是很重要，因为其中涉及一些较老的文献。化学文摘每周出版一次，用英语刊印发表在世界各地的纯粹或应用化学领域的原始工作论文[17]。包含了大约 18000 多种学术刊物，涉及多种语言的刊物。此外 CA 也发表来自 18 个国家的每个化学相关专利的摘要，以及其它国家的一些专利的摘要。化学文摘列举和索引综述文章和书，但并不给出摘要。目前文摘分 80 个部分，其中 21～34 部分为有机化学部分，有以下主题：非环化合物、生物碱、物理有机化学、杂环化合物（含一个杂原子）等。每篇文章的摘要以这样的主题开始：（1）文摘号[18]；（2）论文标题；（3）作者姓名，与论文中所给的一样完全；（4）作者地址；（5）刊物的简称（参见表 A.1 黑体部分）[19]；（6）年、卷、期和页码；（7）论文的语种。早些年，只有当原文采取不同于刊物题目的语言时，CA 才给出语种。专利的摘要以文摘号、标题、发明者和公司（如果有）、专利号、专利分类号、专利发布日期、优先权国家、专利申请号、专利申请日期和专利所含的页数开始。摘要的主体是论文信息的简明概要。对于许多常见杂志，作者写的概要（如果有）被直接用在 CA 中，与原始论文中所显示的一样，但有时也许经过一些编辑或附加了一些信息。每期 CA 都包含有作者索引、专利索引和关键词索引，关键词是从论文标题和正文或摘要的内容中提取出来的。专利索引根据专利号的顺序列出了所有专利。同一化合物或方法常常在好几个国家被授予专利。CA 只提供第一个专利的摘要，但在专利索引中列举了重复专利的专利号，还有与之相应的先前的专利号。1981 年前，分别有独立的专利号索引和专利索引（后者从 1963 年开始）。在 CA 每部分的结尾，列举了在其它部分相关论文的交叉引用。

化学文摘作为化学信息的仓库更有用,从这个库中可以找出过去所做过的工作。这个价值源于其优秀的索引,在大多数情况下,它使化学家能快速确定所需的信息在哪里。CA 从 1907 年创立直到 1961 年,每年都出版年度索引。自 1962 年起,每年出版两卷,并且每卷都有独立的索引。每卷有主题、作者、分子式和专利号索引。自 1972 年开始,主题索引又分成两部分发布,化学物质索引和普通主题索引,普通主题索引包括非单个化学物质名称的所有条目。然而,当累积索引(collective index)发布后,每卷的索引就可废弃了。第一个累积索引是 10 年索引,但自 1956 年开始是 5 年索引。至今出版的累积索引如表 A.2 所示。

前面已经指出,*Chemical Abstracts* 的印刷版已经被 SciFinder 取代(参见附录 A.4.3)。

自第 8 累积索引开始,CA 还出版了索引指南(*Index Guide*)。这个出版物提供结构式和/或成千上万种化合物的别名,还有许多其它的交叉引用。这样设计是为了帮助使用者高效快速地在普通主题、分子式和化学物质索引中找到感兴趣主题的参考文献。每个累积索引都有自己的索引指南。索引指南是必要的,因为 CA 普通主题索引是一个"受控"索引,即它只限于某些术语。例如,人们在普通主题索引中不能找到术语"refraction"。索引指南包括这个术语,引导读者到"Electromagnetic wave, refraction of","Sound and ultrasound, refraction of",和其它术语,而这些词在普通主题索引中都能找到。相似地,化学物质索引通常只列出只被 CA 认可名称命名的化合物。而不太重要的和其它名称在索引指南中能找到。例如,术语"Methyl carbonate"不出现在化学物质索引中,但索引指南中有这个术语,并告诉我们在标题为"Carbonic acid, esters, dimethyl ester"(Me_2CO_3)和"Carbonic acid, esters, monomethyl ester"($MeHCO_3$)的化学物质索引中寻找它。此外,索引指南还提供与所选术语相关的术语,让使用者拓宽检索范围。例如,在索引指南中查找"Atomic orbital",会发现"Energy level"、"Molecular orbital"、"Atomic integral"和"Exchange, quantum mechanical, integrals for"等术语。所有这些术语都是受控制的索引术语。

表 A.2 已出版的 CA 累积索引

累积索引	主题和普通主题	化学物质	作者	分子式	专利
1	1907—1916		1907—1916		
2	1917—1926		1917—1926		1907—1936
3	1927—1936		1927—1936	1920—1946	
4	1937—1946		1937—1946		1937—1946
5	1947—1956		1947—1956	1947—1956	1947—1956
6	1957—1961		1957—1961	1957—1961	1957—1961
7	1962—1966		1962—1966	1962—1966	1962—1966
8	1967—1971		1967—1971	1967—1971	1967—1971
9	1972—1976	1972—1976	1972—1976	1972—1976	1972—1976
10	1977—1981	1977—1981	1977—1981	1977—1981	1977—1981
11	1982—1986	1982—1986	1982—1986	1982—1986	1982—1986
12	1987—1991	1987—1991	1987—1991	1987—1991	1987—1991
13	1992—1996	1992—1996	1992—1996	1992—1996	1992—1996
14	1997—2001	1997—2001	1997—2001	1997—2001	1997—2001
15	2002—2006	2002—2006	2002—2006	2002—2006	2002—2006

与每个索引(每年的、半年的或累积的)在一起的还有环系索引。这个有用的索引让使用者能立即确定是否有环体系出现在相应的主题或化学物质索引中,并确定在什么名称下。例如,有人想确定

在 1982—1986 年的累积索引中是否报道过包含下面这个环体系的化合物：

苯并异喹啉
(Benz(*h*)isoquinoline)

那么应该到标题"3-环体系"条目 **6，6，6** 下（因为这个化合物有三个六元环），在这里将发现小条目 C_5N-C_6-C_6（因为一个环包含五个碳和一个氮原子，而其它都是碳），其下列举了名称 benz(*h*)iso-quinoline，还有 30 个其它 C_5N-C_6-C_6 体系的名称。以这些名称检索化学物质索引，将得到出现在 1982—1986 年 *CA* 中的这些环体系的所有参考文献。

现在，我们可以使用 SciFinder（参见附录 A.4.3）的作图工具画出这个结构，而后进行检索。

1967 年前，*CA* 使用两栏的页面，每栏独立编号。一排字母从 *a* 到 *h* 沿着页面中心向下排列。这些字母是使用者的向导。因此 7337*b* 指的是 7337 栏的 *b* 部分。在早些年，采用上标数字表示类似的含义（如 4327^5）。在更早的年代，这些数字根本不刊印在页面上，但是它们在十年索引中被给出来，因此使用者必须有意识地将页面分成 9 个部分。1967 年开始，摘要单独编号，栏编号取消。因此，自 1967 年开始，索引入口给出文摘号而不是栏号。文摘号后面有个字母，作为检查字符用，防止在计算机操作中发生错误。要灵活地掌握 *CA* 普通主题、化学物质和分子式索引，需要练习，学生应当熟悉这些索引代表性的卷和对这些卷的介绍部分，还有索引指南。

在 *CA* 的分子式索引中，分子式排列的顺序为：(1) 碳原子数；(2) 氢原子数；(3) 以字母顺序顺排的其它元素。因此所有 C_3 化合物排列在所有 C_4 化合物之前，所有 C_5H_7 化合物在所有 C_5H_8 化合物之前；$C_7H_{11}Br$ 在 $C_7H_{11}N$ 之前；$C_9H_6N_4S$ 在 C_9H_6O 之前，等。氘和氚分布用 D 和 T 代表，仍按字母顺序处理（如 C_2H_5DO 在 C_2H_5Cl 之后，在 C_2H_5F 或 C_2H_6 之前）。

自从 1965 年起，*CA* 给每个不同的化学物质分配了一个登录号[20]。这是一个形式为 [766-51-8] 的数字，无论在文献中作者使用了什么名称，这个登录号都保持不变。超过六千四百万的登录号已经被分配出去，并且每星期增加好几千个。登录号主要为计算机使用。化学品供应商则利用 CAS 登录号进行在售化学品的识别。

许多早期的文摘出版物现在停刊了，其中最重要的是 *Chemisches Zentralblatt* 和 *British Abstracts*。这些出版物目前仍有价值，因为它们出现在 *CA* 之前开始，因此能提供 1907 年前出现的论文摘要。而且，甚至对于 1907 年后发表的论文，*Chemisches Zentralblatt* 和 *British Abstracts* 通常更详细。*Zentralblatt* 从 1830—1969 年以各种各样的名称出版过[21]。*British Abstract* 在 1926—1953 年是独立出版物，但是这个资源的较早摘要可在 1871—1925 年的 *Journal of the Chemical Society* 中查到。

A.2.3 *Beilstein*（贝尔斯坦）

这个出版物对有机化学很重要，它单独成为一部分。Beilstein 的 *Handbuch der Organischen Chemie*，通常称为 *Beilstein*，它列举了所有 *Beilstein* 出版期间文献报道的已知有机化合物。我们首先介绍印刷版的 *Beilstein*，它对于较老的文献来说特别重要。每个化合物都提供了：所有的命名、分子式、结构式、所有制备方法（简单描述，如"1-丁醇与 NaBr 和硫酸一起回流"）、物理常数如熔点、折射率等，还有其它物理性质、化学性质，包括反应、天然条件下的产生（即，从什么物质分离出来）、还有生物性质（如果有的话），此外还有衍生物的熔点、分析数据和任何在文献中报道的信息[22]。每一条信息都一样重要，原始文献给出了参考文献。而且，其数据经过了精密的评估。也就是说，所有的信息都经过认真研究和记录，删除重复和错误的结果。有些化合物只用两三行讨论，而有些需要几页。

印刷版的 *Beilstein* 对于老文献的检索具有非常宝贵的作用，甚至对于当今我们每天使用的许多化合物，它仍能提供有用的数据。因而，讨论 *Beilstein* 的使用十分必要。

前三版的 *Beilstein* 已经作废。第 4 版（*vierte Auflage*）包含了从开始到 1909 年的文献。这个部分被称为 *das Hauptwerk*（正篇），由 27 卷组成。化合物的排列顺序很精细，不能在此全部讨论[23]。化合物分成三"部分"（division），每部分又进一步细分为"体系"（system）：

部分(division)	卷(volumes)	体系编号(system numbers)
Ⅰ.非环化合物	1～4	1～499
Ⅱ.碳环化合物	5～16	450～2359
Ⅲ.杂环化合物	17～27	2360～4720

das Hauptwerk 仍然为 *Beilstein* 的基础，没有被废弃。之后刊出的文献包含在与 *das Hauptwerk* 平行安排的补篇中。它们使用了相同的体系，因此化合物以相同的顺序处理。第一补篇（*erstes Ergänzungswerk*）包括 1910—1919 年间的文献，第二补篇（*zweites Ergänzungswerk*）包括 1920—1929 年间的文献，第三补篇（*drittes Ergänzungswerk*）包括 1930—1949 年间的文献，第四补篇（*viertes Ergänzungswerk*）包括 1950—1959 年间的文献，第五补篇包括 1960—1979 年间的文献。如同 *das Hauptwerk*，每个补篇包括 27 卷[24]，除了第三补篇和第四补篇合并为 17～27 卷，因此合并的第三补篇和第四补篇包括了 1930—1959 年的文献。每个补篇用与 *das Hauptwerk* 一样的方式分为卷，例如，在 *das Hauptwerk* 中第 3 卷体系号为 199 的化合物，在每个补篇的第 3 卷体系号为 199 也能找到。为了使交叉引用更加容易，每个补篇都给每个化合物注明了能在较早的书中找到相同化合物的页码。因此，在第四补篇第 6 卷的第 554 页，在条目"苯乙醚"下找到符号（H 140；E Ⅰ 80；E Ⅱ 142；E Ⅲ 545），表明在 *das Hauptwerk* 的第 6 卷第 140 页、第一补篇的第 80 页、第二补篇的第 142 页和第三补篇的第 545 页给出了有关苯乙醚的早期信息。而且，补篇中的每页在顶端中央都注明相应的 *das Hauptwerk* 页码。由于所有六个系列遵循相同的体系顺序，因此任何一个系列中化合物的位置也是它在其它五个系列中的位置。例如，如果在 *das Hauptwerk* 的第 5 卷发现了一个化合物，那么就必须注意这个页码，去浏览每个补篇的第 5 卷，直到在页面的顶端中央出现了这个页码（同样的页码常常包含好几页）。当然，许多化合物只在其中一个、两个、三个、四个或五个系列中能找到，因为在这些系列所涵盖的特定时期，可能并没有关于那个化合物的工作发表。从 *das Hauptwerk* 到第四补篇均以德文出版，但是并不难阅读，因为大多数单词是化合物的名称（在许多图书馆都有出版社免费提供的 *Beilstein* 德-英词典）。第五补篇（包括 1960—1979 年）是英文的，部分Ⅲ先于其它部分出版。在写这个部分的时候，该补篇的 17～22 卷（除了索引卷外总共 70 个独立的单元）就已经出版了，同时还出版了 17～19 卷的综合索引。这个索引只涵盖第五补篇。该索引的主题部分只列出了化合物名称，以英文形式给出。

Beilstein 的第 28 卷和 29 卷分别是主题索引和分子式索引。这两卷的最近完整版是第二补篇的一部分，只包含 *das Hauptwerk* 和前两个补篇（虽然在后来的几年中，包含 *das Hauptwerk* 和前四个补篇的完整索引已经宣告出现）。对于第 1 卷，有累积主题和累积分子式索引，它们将 *das Hauptwerk* 和前四个补篇综合在一起[25]。对于其余第 2～27 卷，也发表了包含所有四个补篇的相似索引卷。有些卷是综合的（如第 2～3 卷，12～14 卷和 23～25 卷）。对于说英语的化学研究人员（以及可能对于许多说德语的化学研究人员），分子式索引比较方便的。当然（除了第五补篇索引），化学研究人员还必须懂一些德语，因为多数分子式列表中包含了许多异构体的名称。如果一个化合物只在 *das Hauptwerk* 中发现，那么索引列表仅仅是卷号和页码（如 **1**，501）。罗马数字用于代表补篇（如 **26**，15，Ⅰ 5，Ⅱ 7）。因此主题和分子式索引很快指向 *das Hauptwerk* 和前四个补篇中的位置。*Beilstein* 分子式索引创建的方式同 CA 索引一样（参见 A.2.2）。

Beilstein 第四部分（系列 4721～4877），涵盖不确定结构的天然产物如橡胶、糖等。这些归入第 30 卷和 31 卷，不超过 1935 年，涵盖在累积索引中。这些卷不进行更新。所有这样化合物现在都包括在定期的 *Beilstein* 卷中。

近些年来，Beilstein 在线可得，通常通过有用的搜索引擎 CrossFire。然而，这些数据库现在已被合并到 Reaxys（参见附录 A.4.6）。

A.2.4 信息表

除了 *Beilstein* 外，还有许多其它针对有机化学参考文献的工作，它们对数据进行基本的编辑。这些书非常有用，常常为检索者节约大量时间。在这一部分，我们讨论一些较重要的这类工作。

（1）第六版的 *Heilbron's Dictionary of Oraganic Compounds*，（J. Buckingham 编辑，共 9 卷，Chapman and Hall 出版社出版，London，*1996*），包含了多于 150000 个有机化合物的简单列表。给出了名称、结构式、物理性质和衍生物，还列有参考文献。对于许多条目，还给出了有关产生、生物活性和毒性危险信息的附加数据。按字母顺序排列。这本词典包含了名称、分子式、杂原子和 CA 登录号索引。自 1983 年开始出现年度的补篇，并带有累积索引。有一个相似的工作针对有机金属化合物，这就是第二版的"有机金属化合物词典"，共 6 卷，在第五补篇中，由 Chapman and Hall 出版社于 *1989* 年出版。另一个是"甾体词典"，共 2 卷，*1991* 年，也是由 Chapman and Hall 出版社出版。

（2）关于物理数据的多卷纲要，这是 Landolt-Börnsteins 的 *Zahlenwerte und Funktionen aus Physik, Chemie, Astronomie, Geophysik, und Technik*（第六版，Springer 出版社出版，Berlin，*1950*-）。还有一个"新系列"，其卷的英文标题为 *Numerical Data and Functional Relationships in Science and Technology*，还有德文标题。这个纲要列举了大量的数据，尽管不完整，但有些却是有机化学家感兴趣的（如，折射率、燃烧热、旋光度和光谱数据）。所有的数据都给出了参考文献。

（3）*The Handbook of Chemistry and physics*（CRC 出版社出版，Boca Raton，FL）（称为"橡胶手册"），每年修订一次（第 92 版，*2011—2012*），是一个有价值的能迅速找到所需信息的数据库。对于有机化学家最重要的表格是 "Physical Constants of Organic Compounds"，它列举了成千上万种化合物的名称、分子式、颜色、溶解度和物理性质。然而，还有许多其它有用的表格。有一个相似的工作是 *Lange's Handbook of Chemistry*（第 16 版，McGraw-Hill 出版社出版，New York，*2004*），另一个这样的手册，但只限于有机化学家感兴趣的数据，是 *Dean's Handbook of Organic Chemistry*（第 2 版，McGraw-Hill 出版社出版，New York，*2003*）。这本书也包含了"有机化合物物理常数"表格，并且还有许多其它信息，如热力学性质、光谱峰、pK_a 值、键长和偶极矩表格。

（4）Devon 和 Scott 的 *Handbook of Naturally Occurring Compounds*，（共 3 卷，Academic Press 出版，New York，*1972*），列出了大多数结构已经指认的已知天然产物（如萜烯、生物碱、糖）的列表信息，包括结构式、熔点、旋光度和参考文献。

（5）Dreisbach 的 *Physical Properties of Chemical Compounds*（Advances in Chemistry 系列第 15,22,29 期，美国化学会，Washington，*1955—1961*），列举了 1000 多种有机化合物的许多物理性质。

（6）五大纲要：在上面第 1 项中提到的"金属有机化合物词典"（*Dictionary of Organometallic Compounds*）；Dub 的"金属有机化合物"（*Organometallic Compounds*）（第二版，共 3 卷，Springer 出版社出版，New York，*1966—1975*），带补篇和索引；Hagihara，Kumada 和 Okawara 的"金属有机化合物手册"（*Handbook of Organometallic Compounds*）（W. A. Benjamin，New York，*1968*）；以及 Kaufman 的"金属有机化合物手册"（*Handbook of Organometallic Compounds*）（Van Nostrand，Princeton，NJ，*1961*）；"综合金属有机化学 Ⅱ"（*Comprehensive Organometallic Chemistry* Ⅱ）（共 14 卷，Pergamon 出版社出版，*1995*），它们收集了成千上万种金属有机化合物的物理性质，并附有参考文献。

（7）"Merck 索引"（*Merck Index*）（第 14 版，Merck 公司，Rahway，NJ，*2006*）是有关具有药用性质的化学物质的很好信息来源。许多药物都给出了三类名称：化学名称（chemical name，有机化学家给的名字；当然，有可能不止一个）；通用名（generic name），这个名称必须标注在药品的所有容器上；以及商品名（trade name），每个公司给出的商品名各不相同。例如，1-(4-chlorobenzhydryl)-4-methylpiperazine 的通用名是氯环嗪（chlorcyclizine）。这个抗组胺药物的商品名有 Trihistan，Perazyl 和 Alergicide。Merck 索引给出了每个化合物的所有已知的三种名称，而且这些名称是交叉索引的，因此特别有用。Merck 索引还给出了每个化合物的结构式、CA 优先名称和登录号、物理性质、药物和其它用途、毒性数据和合成方法的参考文献。有分子式索引和登录号索引和综合表格。Merck 索引还包括了长长的有机人名反应列表，并附有参考文献。

（8）有两个列举共沸混合物的出版物。Timmermans 的"二元体系浓溶液的物理化学常数"

(*The Physicochemical Constants of Binary Systems in Concentrated Solutions*)（共 4 卷，Interscience 出版社出版，New York，*1959—1960*）是至今为止比较全面的。此外还有"共沸混合物数据"（*Azeotropic Data*）（共 2 卷，化学前沿系列 6 和系列 35，美国化学会，Washington，*1952*，*1962*）。

（9）在 McClellan 的"偶极矩实验数据表"（*Tables of Experimental Dipole Moments*）（第 1 卷，W. H. Freeman 著，San Francisco，CA，*1963*；第 2 卷，Rahara Enterprises，El Cerrita，CA，*1974*）中收集了成千上万个结构的偶极矩，并附有参考文献。

（10）"分子和离子中原子间距离和构型表"（*Tables of Interatomic Distances and Configurations in Molecules and Ions*）（London Chemical Society 专业出版物第 11 期，*1958*）及其补篇（专业出版物第 18 期，*1965*），包括成百上千个化合物的键长和键角，并附有参考文献。

（11）"环系手册"（*Ring System Handbook*），1988 年由 Chemical Abstracts Service 出版，提供 CA 中发表的环和笼体系的名称和分子式。该书的环系基本与 CA 环系索引相同（参见附录 A.2.1，A.2.2）。每个条目都给出了 CA 索引名称和那个环系的登录号。在许多情况下还给出 CA 参考文献。该手册有一个独立的分子式索引（针对母环体系）和环名称索引。累积补篇每年发表两次。"环系手册"取代了较早的"母体化合物手册"和"环索引"。

（12）Sadtler 研究实验室（Sadtler Research Laboratories）以活页簿形式出版 IR、UV、NMR 和其它谱图的大本全集，并索引。

（13）"CRC 有机化合物数据手册"（*CRC Handbook of Data on Organic Compounds*）（第二版，共 9 卷，CRC 出版社出版，Boca Raton，FL，*1988*，由 Weast and Grasselli 编辑）收集了 30000 多个有机化合物的 IR、UV、NMR、Raman 和质谱数据，还有熔点、沸点、溶解度、密度以及其它数据。这个手册不同于 *Sadtler* 光谱集，因为其数据以表格形式给出（峰的列表），而不是真实谱图的复制。但是这本书的优点是：一个给定化合物的所有谱图和物理数据都在同一地方出现。此手册还给出了 Sadtler 和其它光谱集的参考文献。第 7~9 卷包含了 IR、UV、^{1}H NMR、^{13}C NMR、质谱和 Raman 光谱峰的索引，还包含了其它名称、分子式、分子量和物理常数的索引。自 1990 年开始，每年都进行更新（更新的第一本称为第 10 卷）。

（14）"Aldrich 红外谱图库"（*Aldrich Library of Infrared Spectra*）（第三版，Aldrich 化学公司，Milwaukee，WI，*1981*，Pouchert 编）包含了 12000 多个 IR 谱图，它们排列得很好，当分子结构发生微小的变化时，使用者很容易看到一个给定光谱中的变化。该公司还出版了"Aldrich FT 红外图谱"（*Aldrich Library of FT-IR Spectra*）和"Aldrich NMR 谱图库"（*Aldrich Library of NMR Spectra*），这两本也都是由 Pouchert 编写的。此外，有一个相似的手册，具有大约 1000 个化合物的 IR 和 Raman 光谱，是"有机化合物 Raman/IR 谱图集"（*Raman/Infrared Atlas of Organic Compounds*）（第二版，VCH 出版社出版，New York，*1989*，由 Schrader 编写）。

（15）"有机化合物电子谱数据"（*Organic Electronic Spectral Data*）（Wiley 出版社出版，New York）给出了物质的可见和紫外峰的扩展列表。到目前为止出版了 26 卷，包括了到 1984 年为止的文献。

（16）Johnson 和 Jankowski 的"^{13}C NMR 谱图"（*Carbon-13 NMR Spectra*）（Wiley 出版社出版，New York，*1972*）收集了 500 个 ^{13}C NMR 谱。

A.3 综述

综述文章是对相当窄的一个领域的深入审视，例如，一些近期综述的标题为"Metathesis of Alkanes and Related Reactions"[26]，"Potassium Organotrifluoroborates: New Perspectives in Organic Synthesis"[27] 和"Asymmetric Addition of Allylic Nucleophiles to Imino Compounds"[28]。一篇好的综述文章具有很多价值，因为它是对所讨论领域内所有工作的全面审视。综述文章刊印在综述期刊和某些书中。有机化学方面最重要的综述期（但是大多数期刊并非只专注于有机化学）刊列在表 A.3 中。有些列在表 A.1 中的期刊有时也发表综述文章，例如，*Chemical Reviews*，*Accounts of Chemical Research*，*Synlett*，*Tetrahedron*，*Synthesis*，*Organic Preparations and Procedures International* 和 *J. Organomet. Chem.*。与其它期刊一样，发表综述文章的期刊也可以在线查阅。

Synlett，*Tetrahedron*，*Synthesis*，*Organic Preparations and Procedures International* 和 *J. Organomet. Chem.*。

表 A.3 综述期刊，同时给出创建年代和每年的期数

期刊	年代	期刊	年代
Accounts of Chemical Research（1968）	12	Soviet Scientific Reviews，Section B，Chemistry Reviews（1979）	不定期
Aldrichimica Acta（1968）	4		
Angewandte Chemie（1888）	12	Sulfur Reports（1980）	6
及其英文版：Angewandte Chemie，International Edition（1962）	12	Synlett（1989）	12
		Synthesis（1969）	12
Chemical Reviews（1924）	8	Tetrahedron（1958）	52
Chemical Society Reviews（1947）[29]	4	Topics in Current Chemistry（1949）[30]	不定期
Heterocycles（1973）	12	Uspekhi Khimii（1932）	12
Natural Product Reports（1984）	6	及其英文版：Russian Chemical Reviews（1960）	12
Organic Preparations and Procedures International（1969）	6		

有几个开放式的系列出版物，其内容与综述期刊相似，但是不定期出版（很少超过一年一次），而且是精装的。有些发表所有化学领域的综述；有些只涉及有机化学领域；有些更专业。其范围从标题可看出来。表 A.4 用 CA 缩写列出了一些较重要的此类出版物。

表 A.4 不定期系列出版物

Advances in Carbonation Chemistry	Fortshritte der Chemie Organischer Naturstoffe
Advances in Carbohydrate Chemistry and Biochemistry	Isotopes in Organic Chemistry
Advances in Catalysis	Molecular Structure and Energetics
Advances in Cycloaddition	Organic Photochemistry
Advances in Free Radical Chemistry	Organometallic Reactions
Advances in Heterocyclic Chemistry	Organic Reactions
Advances in Metal-Organic Chemistry	Organic Synthesis：Theory and Applications
Advances in Molecular Modeling	Progress in Heterocyclic Chemistry
Advances in Organometallic Chemistry	Progress in Macrocyclic Chemistry
Advances in Oxygenated Processes	Progress in Physical Organic Chemistry
Advances in Photochemistry	Reactive Intermediates（Plenum）
Advances in Physical Organic Chemistry	Reactive Intermediates（Wiley）
Advances in Protein Chemistry	Survey of Progress in Chemistry
Advances in Theoretically Interesting Molecules	Topics in PhySical Organometallic Chemistry
Fluorine Chemistry Reviews	Topics in Stereochemistry

另一个出版物是"有机化学综述索引"（*Index of Reviews in Organic Chemistry*）（由位于伦敦的 Chemical Society 的 Lewis 编辑），分类列举综述文章。第 1 卷，1971 年出版，以主题字母顺序列举出了约从 1960 年（有些更早）到 1970 年的综述。其中有 4 篇综述是关于 "Knoevenagel condensation" 的，5 篇是关于 "Inclusion Compounds" 的，以及 1 篇关于 "Vinyl ketones" 的。没有索引。第二卷（1977 年出版）包含了到 1976 年的文献。从 1979 年开始每年或每两年出版补篇，直到 1985 年该出版物中止。关于金属有机化学的综述文章分类列表在 Smith 和 Walton 的文章[31]以及 Bruce 的文章[32]中能找到。关于杂环化学的相似列表在 Katritzky 和其他人的文章中

能找到[33]。参见 *Index of Scientific Reviews* 的讨论（A.4.4）。

A.3.1 年度综述

前面部分表 A.3 讨论的综述文章每篇都只关注一个很窄的主题，包括那个领域在过去几年所做的工作。而年度综述是覆盖较宽领域的一个出版物，但只限于一段时期，通常是一年或两年。

（1）还在出版的最老的年度综述出版物是 *Annual Reports on the Progress of Chemistry*，由皇家化学会（Royal Society of Chemistry）（原为 Chemical Society）出版，自 1905 年开始，包含了整个化学领域。从 1976 年起该出版物分成几部分，有机化学在 B 部中。

（2）因为化学论文的数量变得很大，因此皇家化学会出版了较小范围的年度综述卷，称为 *Specialist Periodical Reports*。其中有机化学家感兴趣的有 "Carbohydrate Chemistry"（第 22 卷，覆盖 1988 年），"Photochemistry"（第 21 卷，包括 1988—1989 年）和 "General and Synthetic Methods"（第 12 卷，包括 1987 年）。

（3）*Organic Reaction Mechanisms*（由 Wiley 出版社出版，New York），是一个关于机理研究领域最新进展的年度报告。第 1 卷涉及 1965 年发表的机理研究，1966 年出版。

（4）有两个关注有机合成进展的年度综述。Theilheimer 的 *Synthetic Methods of Organic Chemistry*（S. Karger Verlag, Basel）始于 1946 年，对有机化合物合成的新方法进行年度汇编，按照基于键形成和键断裂的体系进行编排。汇编给出了方程式、简要步骤、产率和参考文献。其中第 44 卷于 1990 年发表。第 3 卷和第 4 卷只有德文版，但是其余的都是英文版的。每卷都有一个索引。每五卷有累积索引。从第 8 卷开始，每卷包括一篇关于合成有机化学趋势的短概述。一个近期的系列是 *Annual Reports in Organic Synthesis*（Academic Press 出版，New York），包括了自 1970 年以来每年的文献。方程式用相对简单的系统列出，附有产率和参考文献。

A.3.2 认知服务

除了前面提到的年度综述以及标题和摘要服务外，还有许多出版物旨在使读者对有机化学或其某一专门领域的新进展有清醒的认识。

（1）"化学跟踪：有机化学"（*Chemtracts: Organic Chemistry*）是双月刊，1988 年开始，刊印某些最近发表论文（编辑认为最重要的）的摘要，还附有著名有机化学家对这些论文的评论。每期都涉及生物有机、金属有机、有机合成、物理有机和理论化学以及医药化学等领域的最新重要研究，通过总结和评论当前和以往的研究工作，让读者了解有机化学的最新趋势与发展。

（2）"科学信息所"（the Institute for Scientific Information ISI），除了出版当前内容（*Current Contents*）（参见 A.2.1）和科学引文索引（*Science Citation Index*）（参见 A.2.1）外，还出版 *Index Chemicus*（原来称为 *Current Abstracts of Chemistry and Index Chemicus*）。这个出版物自 1960 年开始，每周出版一次，致力于刊印在 100 多种期刊中出现的所有新化合物的结构式，同时还有表明它们是如何合成的方程式以及作者对关于这个工作的摘要。每期包含五个索引：作者、期刊、生物活性、标记化合物和未分离中间体。这些索引每年进行累积。

（3）在前面部分提到的 Theilheimer 和 "Annual Reports on Organic Synthesis" 中每年一次列出新的合成方法。还有几个出版物每月做这样的工作。它们是 Current Chemical Reactions（1979 年开始，由 ISI 出版），*Journal of Synthetic Methods*（1975 年开始，由 Derwent 出版社出版）和 *Methods in Organic Synthesis*（开始于 1984 年，由皇家化学会出版）。Methods in Organic Synthesis 还列举有关有机合成的书和综述文章。

（4）*Natural Product Updates*，一个 1987 年开始的月刊，由皇家化学会出版，列举天然产物化学方面的最新结果，还有结构式。包括新化合物、结构确定、新性质和全合成以及其它主题。

A.3.3 一般论述

有许多包括有机化学整个领域或其大部分领域的大型多重卷的论述。

(1) *Rodd's Chemistry of Carbon Compounds*（由 Coffey 编辑，Elsevier 出版社出版，Amsterdam），是一个由五个主卷构成的论述，每卷包括好几部分。这个出版物 1964 年开始，还没有完成。其组织与大多数教科书没有很大不同，但是覆盖的范围要宽广和深入得多。许多卷都有补篇。较早的版本称为"*Chemistry of Carbon Compounds*"，由 Rodd 编辑，从 1951—1962 年出版了 10 部分。

(2) Houben-Weyl 的 *Methoden der Organischen Chemie*（Georg Thieme Verlag 出版社出版，Stuttgart）是一个德文的专论，主要关于实验室方法。其第 4 版由 E. Muller 编辑，1952 年开始，由 20 卷组成，大多数卷有好几个部分。该系列出版物包括了补篇卷。前四卷包含一般实验室方法、分析方法、物理方法和一般化学方法。后几卷主要关于特殊类型化合物的合成（如，烃、含氧化合物和含氮化合物）。从 1990 年开始，部分的系列以英文出版。

(3) *Comprehensive Organic Chemistry*（Pergamon 出版社出版，Elmsford，NY，*1979*），是一个关于有机化合物合成和反应的六卷专论。前三卷包括各种各样的官能团，第 4 卷关于杂环化合物，第 5 卷是生物化合物，如蛋白质、糖和脂质。最有用的可能是第 6 卷，它包含分子式、主题和作者索引，还有反应和试剂索引。后两个索引不仅指出在专论中的页码，还直接给出了参考的综述文章和原始论文。还有几个相似的专论，包括第 9 卷的 *Comprehensive Organometallic Chemistry*（1982 年）、第 8 卷的 *Comprehensive Heterocyclic Chemistry*（1984 年）和第 6 卷的 *Comprehensive Medicinal Chemistry*（1989 年），它们也是 Pergamon 出版的。这些专论的索引也包括了参考文献。

(4) 有一个主要关于化学实验方法的专论，是 *Techniques of Chemistry*（先由 Weissberger 编辑，后由 Saunders 编辑，Wiley 出版社出版，New York 编辑）。这个专论自 1970 年开始，到目前为止由 21 卷构成，大多数卷有好几个部分，覆盖了如电化学和光谱方法、动力学方法、光反应变色和有机溶剂等主题。*Techniques of Chemistry* 是较早的 *Techniques of Organic Chemistry* 的继承，从 1945 年至 1969 年，出版了 14 卷，有些还不止一个版本。

(5) *Comprehensive Chemical Kinetics*（由 Bamford 和 Tipper 编辑，Elsevier 出版社出版，Amsterdam，*1969*）是一个多重卷的专集，包含的是反应动力学领域。其中六卷（在写此书时还没有全部出版）以完全和综合的方式处理有机反应的动力学和机理。

(6) 有三个涉及特殊领域的多重卷专论，它们是 Elderfield 的 *Heterocyclic Compounds*（Wiley 出版社出版，New York，*1950*）、Manske 和 Holmes 的 *The Alkaloids*（Academic Press 出版，New York，*1950*）和 Simonson, Owen, Barton 和 Ross 的 *The Terpenes*（剑桥大学出版社出版，London，*1947—1957*）。

(7) "有机合成试剂大百科"（*Encyclopedia of Reagents for Organic Synthesis* 由 Paquette 编辑，Wiley 出版社出版，New York），1995 年出版。它有 8 卷，按字母顺序将有机化学中使用的试剂进行编排，并有制备、用途和化学性质的描述和参考文献。每个试剂都是由活跃在有机化学领域的有机化学家研究出来的，他们对全部这本书作出了贡献。

该书的网络版为 **eEROS**（*The Encyclopedia of Reagents for Organic Synthesis*），它提供了大约 3800 种试剂以及约 50000 个化学反应的信息。每个试剂条目基本上包括：物理性质、溶解性、提供的形式、纯度，以及制备方法、反应中的应用实例、参考文献。检索选项包括：名称、CAS 登记号、结构和反应。

(8) "有机合成大全"（*Comprehensive Organic Synthesis*）（Trost 和 Fleming 编辑，Pergamon 出版社出版），1991 年出版。这是一部九卷的汇编。

(9) "有机官能团转换大全"（*Comprehensive Organic Functional Group Transformations*）（Katritzky, Meth-Cohn 和 Rees 编辑，Pergamon 出版社出版），1995 年出版。这是一部七卷的汇编。

A.3.4 专论和特定领域的专集

有机化学受益于大量专门涉及整个特定领域范围的书。这些书的大部分是很长的综述文章，与普通综述文章只在篇幅和范围上有所不同。有些书由一系列的文章组成，由某一特定研究领域的有机化学家编辑。有些书由一个作者完成，有些则是由不同的作者完成不同的章，但是所有的书都是精心设计成覆盖一个特定领域的。本书适当地方的脚注都标注了许多这些类型的书都在。有好几个系列的专论，其中一个值得特别指出的是"The Chemistry of Functional Groups"（最早由 Patai 主编，Wiley 出版社出版，New York）。每卷涉及含有特定官能团化合物的制备、反应和物理、化学性质。该系列出版物有 130 多卷，包含了到目前为止已出现过的官能团，包括关于烯烃、氰基化合物、胺、羧酸及其酯、醌等的书。从 2003 年起，该系列出版物既有印刷版也有网络版。

A.3.5 教科书

有许多有机化学的优秀教科书。我们只列出其中的一些，这些教材大多数在 1985 年后出版。有些是一年级教材，有些是高等教材（高等教材一般都给出参考文献，初等教材没有，但是它们可能都给出一般的书目，对进一步阅读的建议等），有些包含整个领域，有些只包含反应、结构和机理。所有在这里列出来的书不仅是好的教科书，还是研究生和实验化学家有用的参考书。

Bruckner, *Advanced Organic Chemistry: Reaction Mechanisms*, Academic Press, NY, **2001**.

Bruice, *Organic Chemistry*, 6th ed., Prentice-Hall, NJ, **2010**.

Carey, *Organic Chemistry*, 8th ed., McGraw-Hill, NY, **2010**.

Carey and Sundberg, *Advanced Organic Chemistry: Structure and Mechanisms (Part A)*, 4th ed. Springer, **2004**.

Carey and Sundberg, *Advanced Organic Chemistry: Structure and Mechanisms (Part B)*, 4th ed. Springer, **2001**.

Carruthers and Coldham, *Some Modern Methods of Organic Synthesis*, 4th ed., Cambridge University Press, Cambridge, **2004**.

Ege, *Organic Chemistry: Structer and Reactivity*, 5th ed., D. C. Houghton Mifflin, Boston, **2003**.

Fox and Whitesell, *Organic Chemistry*, 3rd ed., Jones and Bartlett, Sudbury, MA, **2004**.

Grossman, *The Art of Writing Reasonable Organic Reaction Mechanisms*, 2nd ed., Springer, **2005**.

House, *Modern Synthetic Reactions*, 2nd ed., W. A. Benjamin, New York, **1972**.

Ingold, *Structure and Mechanism in Organic Chemistry*, 2nd ed., Cornell University Press, Ithaca, NY, **1969**.

Isaacs, *Physical Organic Chemistry*, Wiley, NY, **1987**.

Jones, *Organic Chemistry*, 4rd ed. W. W. Norton, NY, **2009**.

Klein, *Organic Chemistry*, Wiley, New York, **2011**.

Loudon, *Organic Chemisty*, 5th ed., Oxford University Press, Cambridge, **2009**.

Lowry and Richardson, *Mechanism and Theory in Organic Chemistry*, 3rd ed., Harper and Row, New York, **1987**.

McMurry, *Organic Chemistry*, 8th ed., Brooks/Cole, Monterey CA, **2012**.

Maskill, *The Physical Basis of Organic Chemistry*, Oxford University Press, Oxford, **1985**.

Maskill, The Physical Basis of *Organic Chemistry*, Oxford University Press, Oxford, *1985*.

Mundy, Ellerd and Favaloro, Jr. *Name Reactions and Reagents in Organic Synthesis*, 2nd ed, Wiley, **2005**.

Ritchie, Physical *Organic Chemistry*, 10th ed., Marcel Dekker, New York, **2011**.

Solomons and Fryhle, *Organic Chemistry*, 7th ed., Wiley, NY, **2000**.

Smith, *Organic Synthesis*, 3rd ed., Wavefunction Inc. and Elsevier, New York/London, **2010**.

Smith, *Organic Chemistry: An Acid-Base Approach*, CRC Press, Boca Raton, FL, **2011**.

Streitwieser, Heathcock and Kosower, *Introductory Organic Chemistry*, 4th ed., Prentice-Hall, Saddle River, NJ, **1998**.

Sykes, *A Guidebook to Mechanism in Organic Chemistry*, 6th ed., Longmans Scientific and Technical, Essex, **1986**.

Vollhardt and Schore, *Organic Chemistry*, 6th ed., W. H. Freeman, New York, **2010**.

Wade, *Organic Chemistry*, 7th ed., Prentice-Hall, Upper Saddle Rive, NJ, **2009**.

A.3.6 其它书籍

在这个部分，我们将介绍一些不适合前面分类的几本书。除了最后一本，其它各本都与实验室合成有关。

（1）*Organic Syntheses*，由 Wiley，New York 出版，是制备特殊化合物操作的专集。*Organic Syntheses* 现在可以在线查阅[34]。自 1921 年来每年出版薄薄的年度卷。前 59 卷中，每十（或九）年的操作合并在累积卷中。从第 60 卷开始，每 5 年出一个累积卷。到目前为止出版的累积卷有：

年度卷	累积卷	年度卷	累积卷
1～9	Ⅰ	60～64	Ⅶ
10～19	Ⅱ	65～69	Ⅷ
20～29	Ⅲ	70～74	Ⅸ
30～39	Ⅳ	75～80	Ⅹ
40～49	Ⅴ	81～84	Ⅺ
50～59	Ⅵ		

与从原始期刊中找到的合成方法相比，该书的优点是所列出的合成方法都是经过验证的。每个制备方法先由其作者操作，然后又由许多 *Organic Syntheses* 的编委们去操作，只有产率基本可以重复的合成过程才出版。尽管书中给出的操作大多数是能够重复的，但也并非总是如此。所有 *Organic Syntheses* 制备方法都在 *Beilstein* 和 *CA* 注明。为了找到 *Organic Syntheses* 中给定的反应的位置，读者可以使用当前卷中给出的 OS 参考文献（通过 OS 69）、*Organic Syntheses* 自身的索引、Shriner 和 Shriner 的 *Organic Syntheses* 累积卷 Ⅰ，Ⅱ，Ⅲ，Ⅳ，Ⅴ的累积索引（Wiley，New York，***1967***）、Sugasawa 和 Nakai 的 *Reaction Index of Organic Syntheses*（Wiley，New York，***1967***）（通过 OS **45**）。另一本书将几乎所有的 *Organic Syntheses*（合集 Ⅰ～Ⅶ 和每年的卷 65～68）中的反应分成 11 类：成环、重排、氧化、还原、加成、消去、取代、C—C 键形成、断裂、保护/脱保护和混合反应。这就是 *Organic Syntheses*：*Reaction Guide*（由 Liotta 和 Volmer 编辑，Wiley，New York，***1991***）。有些类别还进一步分类，而且有些反应出现在不止一个分类中。每个条目给出的是方程式和参考 *Organic Syntheses* 的卷和页码。

（2）*Reagents for Organic Synthesis* 的第 1 卷（Fieser and Fieser 编著，Wiley 版，New York，1967），共 1457 页，在不同部分讨论了约 1120 种试剂和催化剂。这本书告知每个试剂如何在有机合成中使用（参考文献），还告知哪个公司出售或如何制备，或两者都告知。按照字母顺序编排。至 2009 年总共出版了 25 卷，它们沿用第 1 卷的格式，增加了最近的内容。1990 年出版了第 1～12 卷的累积索引，这是由 Smith 和 Fieser 编辑的。2005 年 M. B. Smith 编辑出版了第 1～22 卷的完整的累积索引。第 1～18 卷的累积索引由 Mary Fieser 编辑出版。Mary Fieser 过世后，最近这些系列又由 T.-L. Ho 重新恢复出版，目前已出版至 19～25 卷。

（3）*Comprehensive Organic Transformation*（第二版，由 Larock 编辑，VCH，New York，***1999***）经常在这本书第二部分的脚注中引用。这本纲要列举了将一个官能团转化为另一个官能团的方法，包含了到 1987 年为止的文献。它分为 9 个部分，包括烷烃和芳烃、烯烃、炔烃、卤化物、胺、醚、醇和酚、醛和酮和腈、羧酸及其衍生物的制备。每个部分里都以合理的逻辑体系编排，给出了合成给定类型化合物的许多方法。每个方法都给出了一个示意方程式，然后列出了参考文献（为了节约空间，没有列出作者名字），以方便找到使用那个方法的例子。当采用不同试剂对相同的官能团进行转换时，特别的试剂会显示在每个参考文献中。有一个 164 页的基团转换的索引。第二版最近才出版，并没有引用这个版本，而且现在可以得到 CD-ROM 版本。

（4）"有机合成报告"（*Survey of Organic Synthesis*），由 Buehler 和 Pearson 编辑，Wiley，New

York 出版，共 2 卷，分别于 1970 年、1977 年出版，讨论了成百上千个用于制备主要类型有机化合物的反应。按照章节形式编排，每章涉及一个官能团（如酮、酰卤、胺）。对每个反应进行了深入讨论，并给出了简要的合成步骤，附有许多参考文献。

（5）一个相似的出版物是 Sandler 和 Karo 的 *Organic Functional Group Preparations*（第二版，共 3 卷，由 Academic Press，New York 出版，*1983—1989*）。这个出版物比 Buehler 和 Pearson 的合成报告包含更多的官能团。

（6）"有机合成方法概要"（*Compendium of Organic Synthetic Methods*）（由 Wiley，New York 出版），内容包括描述成千上万个单官能团和双官能团化合物制备方法的方程式，并有参考文献。至今已出版了十二卷（第 1~2 卷由 I. T. Harrison 和 S. Harrison 主编；第 3 卷由 Hegedus 和 Wade 主编；第 4~5 卷由 Wade 主编；第 6~12 卷由 Smith 主编）。第 13 卷于 2014 年出版。

1971 年和 1974 年由 Harrison 和 Harrison 编辑出版了第 1~2 卷；1977 年由 Hegedus 和 Wade 编辑出版了第 3 卷；1980 年和 1984 年由 Wade 编辑出版了第 4~5 卷；1988 年、1992 年、1995 年和 2000 年和 2001 年由 Smith 编辑出版了第 6~11 卷；第 12 卷将于 2007 年出版。

（7）"有机化学词典"（*The Vocabulary of Organic Chemistry*）（由 Orchin，Kaplan，Macomber，Wilson 和 Zimmer 编辑，Wiley，New York，1980），定义了 1000 多个有机化学的许多分支中用到的术语，包括立体化学、热力学、微波机理、天然产物和化石燃料。还列举了有机化合物分类、反应机理类型和人名反应（并附有机理）。按主题编排而不是按字母顺序，但是有一个很好的索引。"化学术语概要"（*Compendium of Chemical Terminology*）[由 Gold，Loening，McNaught 和 Sehmi 编辑（"金书"，Gold book），1987 年由 Blackwell Scientific Publication，Oxford 出版]，对包括有机化学在内的化学各领域中的术语进行了权威的 IUPAC 定义。

A.4 文献检索

不久之前，检索化学文献还仅仅意味着寻找印刷版材料（有些可能是微胶片或缩印版）。然而现在，基本上所有很多文献可以在线检索，包括一些最重要的文献。无论是在线检索或查找印刷版教材，都不外乎进行两种基本类型的检索：（1）检索一个或多个特定化合物或几类化合物信息，和（2）其它类型的检索。首先我们将讨论用印刷版材料检索文献，然后讨论在线检索[35]。

A.4.1 用印刷版材料检索文献

（1）检索特定化合物　有机化学家常常需要知道一个化合物是否已经制备出来，如果制备出来，又是如何制备的，或者检索其熔点、IR 光谱或一些其它性质。获得关于任何化合物的已经发表的信息可从查询 *Beilstein*（参见 A.2.3）开始。现在有两个途径：（1）第 2 补篇的分子式索引（第 29 卷，参见 A.2.3）迅速地显示该化合物是否在 1929 年以来的文献中提到过。如果提到，检索者翻到指示的页面，在那里给出了所有制备这个化合物的方法，以及物理性质，并附有参考文献。然后，如果有，可用 A.2.3 描述的页面标题方法找到该化合物在第三补篇及后面补篇中位置。（2）如果知道化合物在 *Beilstein* 的哪个卷中（卷前面的内容表可以帮助获得相关信息），可以检索该卷累积索引。如果不确定，可以查询几个索引。两个方法之一将找到所有从 1959 年来提到的化合物的位置。如果化合物为杂环化合物，则可能在第五补篇中。如果在第 17~19 卷（或在后面已经出版索引的卷中），可以查询相应的索引。否则如果它是在 1960 年前报道的[36]，那么页面标题方法可以找到它。此外有一个方法，通过这个方法，可以避免上面提到的所有麻烦。通过用鼠标画出要查找化合物的结构式，一个称为 SANDRA 的计算机程序（从 Beilstein 出版社可以得到），让用户可以找到 *Beilstein* 中该化合物的位置。此时调查者将知道：（1）自 1959 年或 1979 年来出版的所有信息[35]，或（2）这个化合物在自 1959 年或 1979 年来文献中没有提到[37]。在有些情况下，可能只需要沸点或折射率，详细查阅 *Beilstein* 就够了。在有些情况下，特别是需要特殊的实验室操作细节时，调查者必须求助于原始论文。

要进行较近发表文章 1959（或 1979）年之后文献的检索，化学家要借助于 *Chemical Abstracts*™

的累积分子式索引，以及之后出版的此类累积索引和半年索引。然而此类检索现在可以使用 SciFinder。

如果化合物还没有报道，调研者也可以知道。实际上，在关注一个新的研究领域时，这或许是最需要做的事情。应当指出，对于普通化合物，如苯、醚和丙酮等，文献中与之相关的不重要的信息则不能查询（因此通过这个步骤不能找到），只能检索到重要的提法。例如：如果丙酮转化为另一个化合物，那么将能检索到该条目，但是如果丙酮作为普通操作中的溶剂或洗脱剂，则不能查到。

虽然在线检索非常强大，但也应当指出，用计算机检索存在两个问题。首先，计算机反馈回来太多的检索"结果"。例如，对标题"macrolactones from hydroxy acids"进行 2011 research 的标题搜索，得到的结果如下：

Research Topic Candidates	References
159 references were found containing the two concepts "macrolactones" and "hydroxy acids" closely associated with one another	159
474 references were found where the two concepts "macrolactones" and "hydroxy acids" were present anywhere in the reference	474
35157 references were found containing the concept "macrolactones"	35157
193323 references were found containing the concept "hydroxy acids"	193323

显然，只有第一行中的一百多个参考文献才是有用的。因而，应当且必须对检索进行重新限定。根据检索的范围，这其实是一个限制。第二个问题与所用的检索词（关键词）有关。如果检索词太宽泛，则将很少得到有用的信息。如果关键词范围太狭窄，则许多有用的参考文献可能会被忽略。在选择关键词时，这两点都要引起注意。另一方面，通过 SciFinder 可以很容易使用多个相关的关键词，进行多重搜索，这可能是一个很好的策略。

常常是，一个化合物的所有信息在某一本手册（A.3.1）内就能找到，或在"有机化合物词典"（A.3.1）中找到，或者在本章列举的其中一个概略中找到。这些手册中大部分都给出了原始参考文献。

(2) 其它检索 只用印刷材料进行其它文献的检索没有确定的程序。任何化学家想了解所有关于醛和 HCN 之间反应机理、或具有通式为 Ar_3CR 的哪个化合物是否已经制备、或萘衍生物与酸酐发生 Friedel-Crafts 酰基化反应的最佳催化剂是什么、或基团—$C(NH_2)=N$—在 IR 中的吸收峰位置在哪里，能否有效地获得这些信息取决于他们的天赋和文献知识。如果只需要一条特殊的信息，可以从前面提到的概要之一中找到。如果主题比较普遍，那么最佳的方法常常是从查询一个或多个专论、论述或教科书开始，它们将给出一般的背景信息，并常常提供综述文章和原始论文的参考文献。在很多时候这就足够，但是当需要完全的检索时，有必要查询 CA 主题和/或化学物质索引，也可以使用 SciFinder，此时最需要调研者施展其才智，因为必须决定查询哪个词。正如前面指出的，这一观点与计算机检索所用的关键词有关。如果对醛和 HCN 反应机理感兴趣，则要查询"醛"或"氢氰酸"，甚至"乙醛"或"苯甲醛"等，但是这样检索时间可能会很长。此时一个较好的做法是查询"氰醇"，因为这是正常的产物而且参考文献会较少。查询"mechanism"通常很浪费时间。在一些情况下，许多摘要没有什么参考价值。此类文献检索是一个费时的过程。当然，检索者也可以不查询 CA 年度索引，只查询他们能够查到的累积索引和半年索引。如果有必要检索 1907 年前的文献（或者是 1920 前的，因为 CA 在 1907 年至 1920 年之间不很完整），检索者通常要求助于 *Chemisches Zentralblatt* 和在 *Journal of the Chemical Society* 中的摘要。

A.4.2 在线文献检索[20]

大多数 *Chemical Abstracts* 文献可以使用附录 A.4.3 中的 SciFinder 经 CAS 在线获得。CAS 是目

前世界上最大最新的化学物质信息数据库,该数据库建在 Ohio 的 Columbus,是美国化学会的一个分部。可通过 2540 Olentangy River Road, P. O. Box 3012, Columbus, Ohio 43210 的化学文摘服务社联系 CAS,其 e-mail 为 help@cas.org。CAS 拥有一支为科学研究和发现提供电子信息环境的科学家团队,提供获得自 20 世纪初以来已经在世界各种刊物和专利文献发表的研究工作的途径。自 1907 年以来,CAS 从 40000 多个学术期刊,与化学、生命科学及许多其它领域相关的专利、会议论文集以及其它资料中索引并概述了化学相关的文献。通过印刷版 CA、CD 版 CA、STN、特许代售点销售的 CAS 文件、SciFinder 和 SciFinder Scholar 桌面搜索工具以及 STN Easy 或网络服务器上的 STN,分布在世界各地工业界、政府研究机构及研究院所的研究人员都可以很容易地查询 CAS。

CAS 的特殊优势是能进行物质识别。广为人知的 CAS 登录号是现有的最大物质识别体系。当文献中新出现一个化学物质时,要经过 CAS 处理,其分子结构示意图、系统命名、分子式以及其它识别信息将被加入到 CAS 登录系统中,并被分配一个唯一的 CAS 登录号。

CAS 登录系统几乎包含了 1957 年至今的科学文献中确定的化学物质,有些类别如含氟化合物和含硅化合物甚至可以追溯至 20 世纪初。CAS 登录号是帮助进行物质检索的重要信息。在 CAS 登录系统中每个物质都用一个唯一的数字识别码进行识别,该数字称为 CAS 登录号[38]。CAS 登录号是由化学文摘服务社分配给化学物质的唯一编码[39]。CAS 登录号是一个巨大的集合,与许多化学品的安全数据相关,可通过 CAS 登录号从牛津大学物理和计算化学实验室安全主页上的化学品列表中找到[40]。CAS 登录号是分配给一个物质的唯一数字识别码,并没有化学意义,它与一个特定化学物质的信息相关联。一个 CAS 登录码包含以连字符"-"分为三部分的 9 个数字,9 个数字中从左边开始的第一部分最多有 6 位数字,第二部分有 2 位数字,第三部分有 1 位数字作为校验码[41]。

在线检索是指利用计算机终端检索数据库。虽然从许多机构都能得到化学数据库,但是至今最重要的机构是 STN International(科学技术信息网,The Science & Technical Information Network),它在许多国家都可以得到。STN 有数十个数据库,包括许多覆盖化学和化学工程的数据库。要进入这些数据库,化学系、图书馆或个人需要订阅 STN(作为名义费),这样就可以收到登录系统的密码。通常通过台式计算机登录系统。

A. 4. 3　Sci Finder®：CAS 数据库[42]

有指南可以指导 SciFinder 的使用[43]。SciFinder 可以搜索一个研究主题[44],或者通过结构搜索一个化合物[45]。搜索引擎被称为带有 Discover! 的 STN Express(STN Express with Discover!)[46],它可以通过 STN® 方便、高效地在线搜索 200 多个科学和技术数据库[47]。带有 Discover! 的 STN Express® 分析版(Analysis Edition)可以利用其建立表格分析物质的性质以及与相关物质的共同亚结构的能力,帮助搜索者搜索、分析、可视化以及发现科技信息。对作者/发明者名字及公司名进行分组归类,有利于更好地分析和可视化搜索结果。该工具还可以将单次或多次搜索的结果文献进行分析和列表,创建数据表和 3D 图标。可以将从 CAplusSM、PCTFULL 以及 USPATFULL 等数据库中搜索得到的结果与 STN AnaVist Wizard 中的搜索结果一同保存,而后导入 并在 STN® AnaVistTM 中打开。通过 CAS 登录号创建所有的或仅仅是 CAS 登录号查询结果及其 CAS 作用的相互关联的文件。通过 Upload Query Wizard,在 DGENE 和 PCTGEN 中自动搜索上载的长长的基因序列。STN Express 在与 Hampden Data Services 的合作中得到了发展。

为了图示如何使用 STN,可以利用在线指南[48]。SciFinder 搜索中的几个窗户截图可以很好地图示搜索过程。当然,这个讲稿不能完全替代实际的指南。有可能某些读者在阅读完本说明后仍不知道如何正确使用 SciFinder。本说明只是要图示搜索的特点,并给出如何使用这个重要工具。可以利用 SciFinder 进行多种途径的搜索,包括利用研究专题、利用物质或利用反应进行搜索。其中后两种搜索利用 SciFinder 自身的画图工具进行搜索。我们用一个例子来显示通过研究主题进行的搜索[49]。图 A. 1 所示的例子就是要搜索氨基烯烃的分子内氢胺化反应。开始时点击"Explore by Research Topic",输入适当的信息。

附录 A　　　　　　　　　　　　　　　　　　　　　文献检索　　**997**

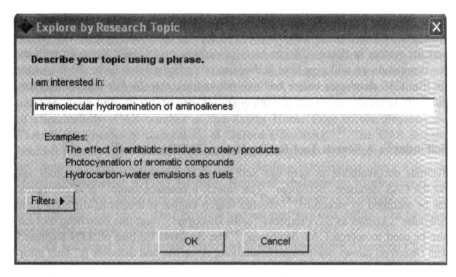

图 A.1　通过研究专题检索

可以使用过滤器（参见图 A.1）将搜索限制在一定年份、文献类别（刊物、专利、综述等）、作者或公司，以便缩小检索范围。搜索结果的窗口将显示含有按照与搜索信息的关联程度顺序排列的文献归类，如图 A.2 所示。搜索者只要简单选择感兴趣的文献即可。

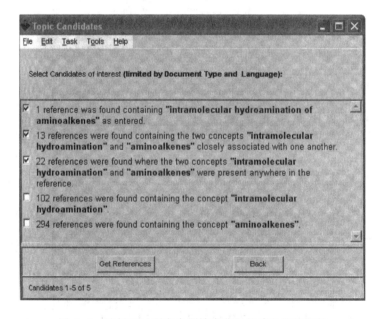

图 A.2　选择通过研究专题搜索获得的感兴趣的文献

当点击"get references"之后，出现图 A.3 所示的窗口，显示出原始文献。通过阅读屏幕上所显示的信息，搜索者可以进一步缩小检索范围。对于大多数浏览器而言，可以阅读每一篇文献的摘要或全文（HTML 格式或 PDF 格式）。但是，你所在的图书馆必须支付适当的费用，这样才能在线查询你所感兴趣的期刊及其卷。否则，就要支付馆际费用或者直接订购文章。

利用 SciFinder 的另一种典型的搜索方式是搜索作者名[50]，图 A.4 所示的为利用作者名搜索 K. Barry Sharpless 教授的工作。也可以利用结构进行搜索[51]，例如图 A.5 所示的例子，此时采用 SciFinder 的绘制结构工具。一旦结构绘制出来，SciFinder 就可进行与此结构匹配的搜索。

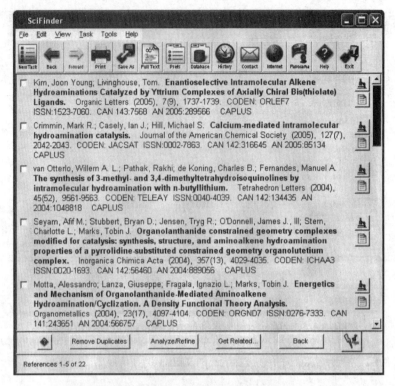

图 A.3 通过研究专题搜索获得的原始文献

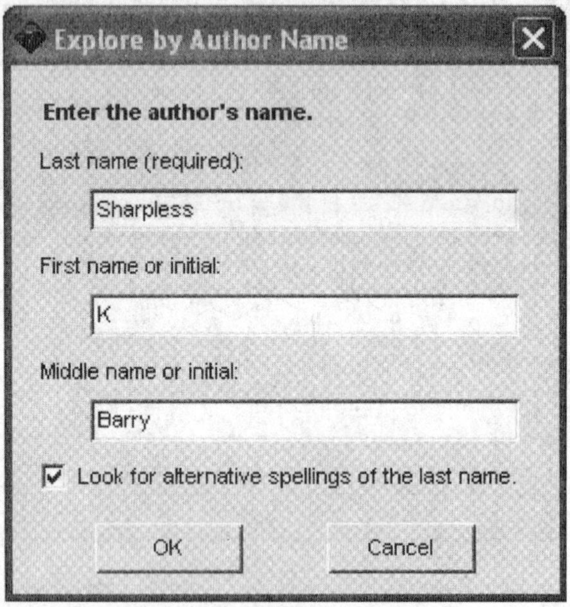

图 A.4 作者搜索的起始界面

也可以利用绘制结构工具绘制并搜索反应,搜索得到的反应信息如图 A.6 所示。通常搜索获得的刊物文章和/或专利都可以直接链接到原文。

A.4.4 科学引文索引

从对 SciFinder 的介绍中可以看出,有可能搜索到引用某篇文章或作者的文献。一个可以大大便利文献检索的出版物是科学引文索引(Science Citation Index,SCI),开始于 1961 年。这

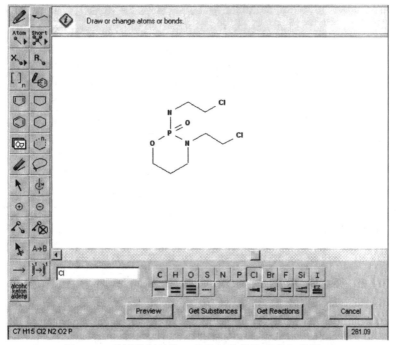

图 A.5 利用绘制结构工具进行结构搜索的起始界面

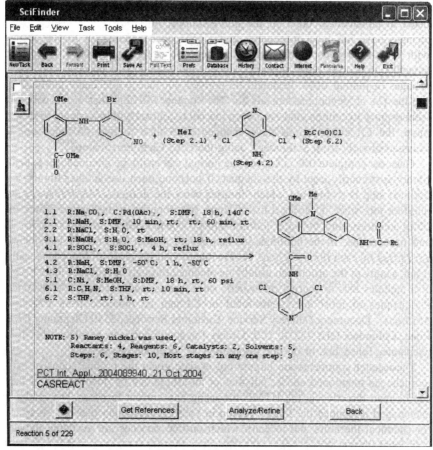

图 A.6 利用绘制结构工具绘图搜索的结果

个出版物与本章中提到的任何其它出版物完全不同,它列出在给定年中引用指定文章、专利或书的所有文章。其用途在于使用户从给定的论文或专利向前检索文献,而不是通常情况下的向后检索。例如,某个化学家对 Jencks 和 Gilchrist 的题为 "Nonlinear Structure-Reactivity Correlations. The Reactivity of Nucleophilic Reagents toward Esters" 的文章($J. Am. Chem. Soc.$,**1968**,90,2622)熟悉。这个化学家就可以很容易地用文中提供的参考文献检索较早的论文,然后在这些论文的帮助下再进一步向后检索,依此类推。但是由于显然的原因,文章本身决不会提供其后的文章。SCI 弥补了这个空白。SCI 的引文索引列出了在给定年或 2 个月期间被引用的所有论文、专利或书(只列出第一作者),然后列出引用这些论文的论文。该索引每两个月出版一次,每年累积一次。例如,1989 年引文索引的 43901 栏显示,上面提到的 Jencks 的论文在 1989 年发表的 16 篇论文中作为脚注被引用。有理由认为多数引用 Jencks 论文的论文具有与之密切相关的主题。每一篇论文都列出了第一作者、期刊简称、卷、页码和年。类似地,如果查询从 1968 年来的所有各年的 SCI,将得到引用那篇论文的完整引文列表。显然通过查询 SCI(从 1989 年起)中引用这 16 篇论文的论文,可以拓宽检索范围,以此类推。例如,列在 1989 年 SCI 中的论文、专利或书可以追溯到许多年前(如包括了 1905 年和 1906 年爱因斯坦发表的论文)。这仅需要 1989 年(或 1988 年末)发表的论文在脚注中提到较早的论文。被引用的论文或书是按被引用第一作者的字母顺序排列的,然后根据引用年份排列。被引用的专利以专利号的顺序列在独立的表格中,但是也提供发明者和国家。

SCI 覆盖了约 3200 种物理和生物科学,以及药物、农业和技术的期刊。除了引文索引外,每两月和每年的 SCI 还包括三个其它的索引。其中一个是来源索引(Source Index),与 CA 的作者索引类似。它列出了给定作者在 2 个月期或一年内发表的所有论文的标题、期刊简称、卷、期、页码和年。列出了所有作者,而不只是第一作者。第二个索引称为社团索引(Corporate Index),根据第一作者列出了一个给定机构发表的所有论文。例如,1989 年的社团索引列出了来自 Rutgers 大学化学系 New Brunswick,NJ. 的 45 个不同作者发表的 63 篇论文。社团索引的主要部分(地区部分)按照国家或州(对美国)列出机构。还有组织索引,它以字母顺序列出机构的名称,给出每个机构的所在位置,因此可以在地理部分中找到。SCI 的第三个索引是交换主题索引(Permuterm[52] Subject Index)。这个索引以字母顺序列出某年或两个月发表的所有论文标题中每个重要的词。(与同一标题中的其它重要词语配对)。因此,例如,具有 7 个重要词语的标题出现在索引中的 42 个不同的地方。7 个词语中每个作为主要词语出现六次,每次与一个不同的词配对作为共同词语。然后用户转向来源索引,在那里给出了全部的文献。SCI 也是在线可得的(但是不是通过 STN),也可以通过在 CD-ROM 盘检索。仅限于化学而且包括可检索的摘要 SCI 版本,只有 CD-ROM 格式。

SCI 出版商还出版另一个出版物,即 "科学综述索引"(Index to Scientific Reviews),每半年出版一次。这个出版物始于 1974 年,与 SCI 非常相似,但仅限于给出综述文章的引文。引文来自于 SCI 所覆盖的一般领域相同的约 2500 种期刊。被引用的综述文章来源于约 215 种综述期刊和书,以及那些偶尔发表综述文章的期刊。与 SCI 一样,科学综述索引包括引文、来源、社团和交换主题索引。它还有一个 "研究前沿专题索引"(Research Front Specialty Index),它将综述根据主题分类。

A. 4. 5　怎样找到期刊文章

已经从各种来源或搜索中获得参考文献,常常需要查询原始期刊(专利的出处已在 A. 1. 2 中讨论)。第一步是确定期刊的全名,因为通常给的是其缩写。当然,每个人应当熟悉非常重要期刊的缩写,如 $J. Org. Chem.$,$Chem. Ber.$,等,但是也常常发现有些参考文献的期刊名称很陌生(如 $K. Skogs Lantbruksakad. Tidskr.$ 或 $Nauchn. Tr. Mosk. Lesotekh. Inst.$)。在这种情况下,可查询 1989 年出版的化学文摘来源索引(Chemical Abstracts Service Source Index,CASSI),它包括了 1907 年到 1989 年 CA 所覆盖的所有期刊的名称(甚至那些不再出版的期刊),而且最新的缩写是加粗印刷的。CASSI 还列出从 1830—1969 年 $Chemisches Zentralblatt$ 及其前身所覆盖的期刊和 1907 年之前被

Beilstein 引用的期刊。这些期刊是以缩写的而不是标题的字母顺序排列的。期刊标题不常变化，CASSI 还包括了所有以前的名称，与当前的名称交叉参考。自 1990 年来每年出版一次累积的 CASSI 每季度的补篇，它列出了新期刊和期刊标题的最近变化。应当指出，虽然许多出版物用 CA 缩写，但并不完全如此。学生将会发现各个国家的用法不一样，甚至同一国家的期刊与期刊的用法也不一样。后面这一情况在进行关键词搜索时特别重要。使用 SciFinder 的结构搜索可以解决这个问题。

一旦知道完整的刊名后，在化学家通常利用的图书馆中就很容易得到该刊物。如果该刊物不在图书馆，则必须利用另外的图书馆，下一步是找到哪个图书馆收藏这个期刊。CASSI 也能回答这个问题，因为它附带列举了约 360 个美国和其他国家的图书馆。对于每个期刊，它会告诉读者哪个图书馆收藏这个期刊。而且如果馆藏不完整的话，它会告诉期刊的哪些卷收藏在哪个图书馆中。当然，大多数图书馆提供馆际互借服务，可以帮助获得期刊中的文章。读者就有可能亲自去最近的图书馆查阅。CASSI 还列举了期刊出版商、销售代理和文档储藏商。CA 中引用的多数文档的复印本可以从位于美国 Columbus OH，43210，Olentangy River 路 2540 号的顾客服务部的化学文摘文档邮递服务处得到。文档的订购可以通过邮件、电话、传真、通过 STN 在线或其它方式。

由于许多刊物都可在线获得，因此上一段中的提示显得有些过时。正如之前已经提到的，可以直接下载文章的 PDF 文档，或者利用各种浏览器阅读 HTML 文档。建议读者与相关图书馆的化学文献负责人联系，请教可在线获得哪些资源。

A.4.6 Reaxys®[53]

2009 年推出的 Reaxys 是通过将已有的 CrossFire 数据库（A.2.3）合并成一个数据库而建立的，具有全新直观的用户界面。Reaxys 是一个内容完全整合的信息资源，详尽包含了摘录自适当刊物和专利文献的无机、有机和金属有机小分子化学信息[54]。利用绘制结构的工具可在线检索 Reaxys，可以检索单个结构或检索反应式中的多个结构。一旦结构绘制出来，Reaxys 可提供多个搜索选项。

通过提供详尽的涉及无机、有机和金属有机小分子化学信息，Reaxys 为从事研究的化学家提供了独特的工作流方案。这个数据库由化合物及其经过实验验证的相关性质、化学反应及合成信息、相关目录资料构成，所有这些资料均从精心挑选的刊物和专利列表中摘录得到，而专利则是从精心挑选的专利分类及专利机构中获得来源。这些资料通过专为化学家设计的基于网页的界面显示，具有强大的功能，可以灵活直观的方式显示资料内容，有利于化学家完成其主要的信息收集任务。

Reaxys 的核心思想是"以化学作为编排原则"。这就意味着数据库中的数据以化合物或反应为中心的方式进行编排。这与以刊物或专利记录作为中心的目录数据库具有本质上的不同。这种以化学为中心的方式可以使从多个来源获得的所有数据整合在一起，使给定的化合物或反应出现在一个不重复的记录中。也就是说，一个化合物或反应可以有多个引用来源，而目录数据库则对每个出版条目都有一个记录，因而相同的化合物或反应可能出现在多个记录中。

Reaxys 对有机化学家的价值可能是使其对化合物的合成达到最佳的认识，而化合物的合成是有机化学的核心。为特定的结构设计新的合成路线需要能够计划并实施多步合成技巧，需要能够独立使用方法学中工具箱的技巧。当然，即使最好的设想合成计划可能也需要修正、微调或完全重新设计。化学家每天面临的挑战是为完整的解决方案选择正确的试剂或模块组合，即用哪些模块最好？以什么顺序组装这些模块？完成这个任务的最佳反应是什么？通过利用刊物及专利文献的信息和数据进行大量可能的合成路线分析，Reaxys 的合成设计工具已经使这些选择工作变得尽可能轻松愉快了。

以检索已经发表的吲哚 C-3 位芳基化的文章为例，创建一个图形搜索查询（采用常见的化学结构编辑器，如 ChemDraw），在吲哚氮原子上引入 GH，同时在 5 位和 6 位上也引入 GH。图 A.7 的窗口显示了检索所需的入口信息。

这次查询检索到了 45 个引文中的 164 个反应（检索结果于 2012 年 2 月获得）。

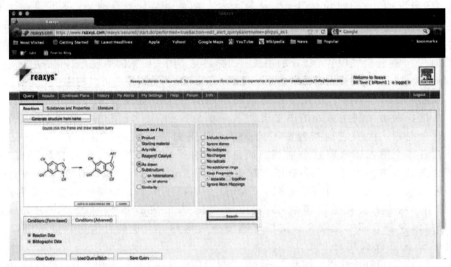

图 A.7　搜索吲哚 C-3 位直接芳基化

上例中使用的是 Reaxys 应用版 1.0.9619，其内容最近更新是在 2012 年 2 月，有 31681788 个反应、20286045 个物质、4504504 个引文。图 A.8 显示了这次检索所得的其中一个反应的详细内容。图中也显示了检索这个例子的各种参数。发表这个反应的原始文献已经很容易地得到了。

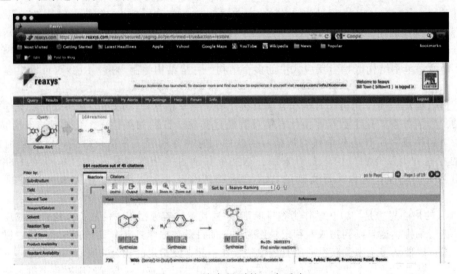

图 A.8　搜索得到的一个反应

也可以通过详细查看所有近期发表的引用所得原始文献的文章而扩大文献查询范围。这可以通过点击"查看引用文章"（view citing articles）的超链接很方便地完成。图 A.8 所示的反应在专利文献中被引用过，也在 *Journal of Organic Chemistry* 中被引用过，如图 A.9 所示。

按照这种方式，使用 Scopus 的引文数据可以分析查看更多近期的相关文章。图 A.10 显示了一些这种类型的引文。

Reaxys 合成设计工具还可以使人们进行更加深入地研究。通过搜索刊物及专利文献，Reaxys 合成设计工具可以为用于制备前体分子的反应方便地在合成设计中加入更多地反应步骤。图 A.11 图示的是如何创建符合原始搜索参数的目标物的合成。化学物质的扩展性质参数在此过程的每一阶段都可以得到。因而 Reaxys 是对合成化学家所用信息资源的一个有力补充。

要注意的是，Reaxys 和 Reaxys® 商标版权归 Elsevier Properties SA 所有，经注册才能使用。

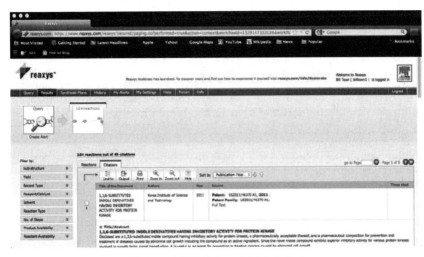

图 A.9 引用图 A.8 中反应的文章

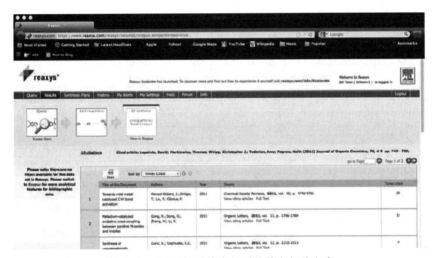

图 A.10 通过扩展检索得到的其它相关文章

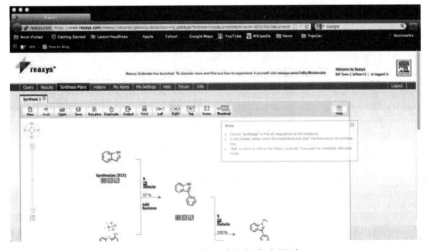

图 A.11 3-苯基吲哚的合成设计

参 考 文 献

[1] For books on the chemical literature, see Wolman *Chemical information*, 2nd ed.; Wiley: NY, **1988**; Maizell *How to Find Chemical Information*, 2nd ed.; Wiley: NY, **1987**; Mellon *Chemical Pubilications*, 5th ed.; McGraw-Hill: NY, **1982**; Skolnik *The Literature Matrix of Chemistry*; Wiley: NY, **1982**; Antony *Guide to Basic Information Sources in Chemistry*; Jeffrey Norton Publishers; NY, **1979**; Bottle *Use of the Chemical Literature*; Butterworth: London, **1979**; Woodbum *Using the Chemical Literature*; Marcel Dekker; NY, **1974**. For a three-part article on the literature of organic chemistry, see Hancock *J. Chem. Educ.*, **1968**, *45*, 193, 260, 336.

[2] In some journals, notes are called "short communications", an unfortunate practice, because they are not communications as that term is defined in the text.

[3] In Table A. 1 notes are counted as papers.

[4] These journals are available in English translation.

[5] These journals also publish review articles regularly.

[6] Each issue of this journal is devoted to a specific topic.

[7] Beginning with 1966 and until 1971, *J. Chem. Soc.* was divided into three sections: A, B, and C. Starting with 1972, Section B became *Perkin Trans.* 2 and Section C became *Perkin Trans.* 1. Section A (Physical and Inorganic Chemistry) was further divided into *Faraday* and *Dalton Transactions*.

[8] Before 1987 *J. Chem. Soc. Perkin Trans.* 2 was called *Nouveau journal de Chimie*.

[9] Before 1978 this journal was called *Roczniki Chemii*.

[10] *Pure Appl. Chem.* publishes IUPAC reports and lectures given at IUPAC meetings.

[11] Before 1989 this journal was called *Reviews of Chemical Intermediates*.

[12] Title pages of organic chemistry journals are also carried by *Current Contents Life Sciences*, which is a similar publication covering biochemistry and medicine.

[13] For example, *Chem. Ind. (London)* Publishes abstracts of papers that appear in other journals. In the past, journals such as *J. Am. Chem. Soc.*, *J. Chem Soc.*, and *Ber.* also did so.

[14] For a guide to the use of CA, see Schulz *From CA to CAS ONLINE*; VCH: NY, **1988**.

[15] Beginning in 1967. See p. 1612.

[16] These abbreviations are changed from time to time. Therefore the reader may notice insistercies.

[17] It is possible to subscribe to *CA Selects*, which provides copies of all abstracts within various narrow fields, such as organofluorine chemistry, organic reaction mechanisms, organic stereochemistry, and so on.

[18] An "obituary" of *Zentralblatt* by Weiske, which gives its history and statistical data about its abstracts and indexes, was published in the April 1973 issue of *Chem. Ber.* (pp. I—XVI).

[19] For a discussion of how data are processed for inclusion in Beilstein, see Luckenbach, R.; Ecker, R.; Sunkel, J. *Angew. Chem. Int. Ed. Engl.*, **1981**, *20*, 841.

[20] For descriptions of the Beilstein system and directions for using it, see Sunkel, J; Hoffmann, E; Luckenbach, R. *J. Chem. Educ.* **1981**, *58*, 982; Luckenbach, R. *CHEMTECH* **1979**, 612. The Beilstein Institute has also published two English-language guides to the system. One, available free, is *How to Use Beilstein*; Beilstein Institute; Frankfurt/Main, **1979**. The other is by Weissbach *A Manual for the Use of Beilstein's Handbuch der Organischen Chemie*; Springer: NY, **1976**. An older work, which many students will find easier to follow, is by Huntress *A Brief Introduction to the Use of Beilstein's Handbuch der Organischen Chemie*, 2nd ed.; Wiley: NY, **1938**.

[21] In some cases, to keep the system parallel and to avoid books that are too big or too small, volumes are issued in two or more parts, and, in other cases, tow volumes are bound as one.

[22] Most page number entries in the combined indexes contain a letter, for example, CHBr₂Cl 67f, II33a, III87d, IV, 81. These letters tell where on the page to find the compound and are useful because the names given in the index are not necessarily those used in the earlier series. The letter "a" means the compound is the first on its page, "b" is the second, and so on. No letters are given for the fourth supplement.

[23] Nájera, C.; Yus, M. *Tetrahedron*, **1999**, *55*, 10547.

[24] Broggini, G.; Zecchi, G. *Synthesis*, **1999**, 905.

[25] Pfaltz, A. *Synlett* **1999**, 835.

[26] Successor to *Quarterly Reviews* (abbreviated as Q. Rev. ,Chem. Soc.).

[27] Formerly called *Fortschritte der Chemischen Forschung*.

[28] Smith J. D; Walton D. R. M. *Adv. Organomet. Chem.*, **1975**, *13*, 453.

[29] Bruce M. I. *Adv. Organomet. Chem.*, **1972**, *10*, 273; **1973**, *11*, 447; **1974**, *12*, 380.

[30] Belen'kii L. I. *Adv. Heterocycl. Chem.*, **1988**, *44*, 269; Katritzky A. R.; Jones P. M. *Adv. Heterocycl. Chem.*, **1979**, *25*, 303; Katritzky A. R.; Weeds S. M. *Adv. Heterocycl. Chem.*, **1966**, *7*, 225.

[31] For a monograph that covers both online searching and searching using printed materials, see Wiggins, G. *Chemical Information Sources*; McGraw-Hill: NY, **1991**.

[32] Compounds newly reported in the fifth supplement that are in a volume whose index has not yet been published will not be found by this procedure. To find them in Beilstein it is necessary to know something about the system (see Ref. 25), but they may also be found by consulting CA indexes beginning with the sixth collective index, or by using Beilstein online.

[33] This discussion is necessarily short. For much more extensive discussions, consult the books in Refs. 1 and 15.

[34] There is also a file called CAOLD that has some papers earlier than 1967.

[35] For a discussion of CA online, see Ref. 15.

[36] There is also a file, LCA, which is used for learning the system. It includes only a small fraction of the papers in the CA File, and is not updated. There is no charge for using the LCA File, except for a small hourly fee.

[37] For those heterocyclic compounds that would naturally belong to a volume for which the fifth supplement has been published.

[38] Available at http://www.cas.org/EO/regsys.html

[39] Available at http://www.cas.org/

[40] Available at http://ptcl.chem.ox.ac.uk/MSDS/glossary/casnumber.html

[41] Available at http://www.cas.org/EO/checkdig.html

[42]　Available at http://www.cas.org/
[43]　Available at http://www.cas.org/SCIFINDER/SCHOLAR/interact/
[44]　Available at http://www.cas.org/SCIFINDER/SCHOLAR/page2a.html
[45]　Available at http://www.cas.org/SCIFINDER/SCHOLAR/scholstruc.html
[46]　Available at http://www.cas.org/ONLINE/STN/discover.html
[47]　Available at http://www.cas.org/stn.html
[48]　Available at http://www.cas.org/ONLINE/STN/expressmac.pdf
[49]　Available at http://www.cas.org/SCIFINDER/topic.html
[50]　Available at http://www.cas.org/SCIFINDER/author.html
[51]　Available at http://www.cas.org/SCIFINDER/structure.html
[52]　Registered trade name.
[53]　Available at https://www.reaxys.com/info/
[54]　Available at Reaxys_whitepaper_2011_whatsinReaxys.pdf

附录 B

反应分类（按化合物合成的类型）

吖丙啶（氮杂环丙烷）
- 10-31　卤代胺的反应
- 10-32　羟胺的反应
- 10-36　环氧化物的反应
- 10-43　叠氮基醇的反应
- 15-09　丙二烯酰胺的反应
- 15-45　卤代叠氮化物的反应
- 15-54　烯烃和卤素及卤代胺反应
- 15-54　烯烃和烷基叠氮反应
- 15-58　三唑啉的反应
- 16-32　亚胺的反应
- 16-32　亚胺和重氮化合物的反应
- 16-47　C═N 化合物和硫叶立德反应
- 17-34　三唑啉挤出氮的反应

氨基甲酸酯
- 10-17　卤代烷和胺反应
- 12-53　胺和卤代烷及 CO_2 反应
- 12-53　胺和 CO_2 反应
- 12-53　氮杂环丙烷的反应
- 16-08　异氰酸酯和醇反应
- 16-72　卤代甲酸酯和胺反应

氨基酸
- 16-75　内酯和氨或胺反应

氨基醇
- 10-35　环氧化物和胺或氨
- 10-35　硝基醇的反应
- 10-36　氨基环氧化物的反应
- 10-37　氧杂环丁烷和胺或氨反应
- 10-40　异腈的反应
- 15-52　烯烃和胺反应
- 18-10　卤代胺的重排
- 19-76　C═N 和 C═O 的还原偶联

氨基腈
- 10-32　氰醇的反应
- 12-19　胺的反应
- 16-53　HCN 或氰化物和 C═N 化合物反应

氨基硫醇
- 10-35　环硫化物和胺或氨反应

氨基硫醚
- 15-55　烯烃和磺酰胺反应
- 15-55　烯烃和巯盐及胺反应

氨基醚
- 10-14　氮杂环丙烷和醇反应

氨基醛
- 16-31　醛和 C═N 化合物反应

氨基酮
- 16-19　酮和 HCHO 及胺的反应
- 18-12　磺酰肼在碱作用下的重排
- 16-19　Mannich 反应

氨基酯
- 15-64　重氮酯和胺反应

铵盐
- 10-31　卤代烷和胺反应

胺
- 10-13　Pictet-Spengler 反应
- 10-31　胺的反应
- 10-31　胺的烷基化
- 10-31　醇的反应
- 10-31　卤代胺的反应
- 10-31　卤代烷和胺反应
- 10-31　硼烷的反应
- 10-32　醇的反应
- 10-32　醚的反应
- 10-32　氰醇的反应
- 10-33　胺的反应
- 10-33　转氨基反应
- 10-34　胺的反应
- 10-34　胺和重氮化合物反应
- 10-39　烷烃的胺化
- 10-39　烷烃的反应
- 10-62　胺基-腈的反应
- 10-62　氰基的取代
- 10-64　胺基-醚的反应
- 10-66　氮杂环丙烷和 RM 反应
- 10-71　胺的反应

10-71	甲脒的烷基化		18-15	异氰酸酯的水解
10-71	亚硝基胺的烷基化		18-16	Schmidt 反应
10-71	腙的反应		18-16	异氰酸酯的水解
11-06	胺和二芳基碘反应		18-21	Stevens 重排
11-06	芳香化合物和叠氮酸反应		18-21	季铵盐的重排
11-06	芳香化合物和芳基叠氮反应		18-40	Hofmann-Löffler 反应
11-06	芳香化合物和卤代胺反应		18-40	卤代胺的环化
11-22	苯酚的反应		19-02	脱氢反应
11-22	芳香化合物的氨基甲基化		19-16	亚甲基的胺化
11-22	酰胺基甲基化		19-42	C=N 化合物的还原
11-28	硝基胺的反应		19-43	腈的还原
11-29	亚硝基胺的反应		19-45	硝基化合物的还原
11-32	季铵盐的反应		19-47	羟胺的还原
12-12	活泼亚甲基化合物的胺化		19-47	亚硝基化合物的还原
12-12	烷烃的胺化		19-48	肟的还原
12-12	烯丙基胺化		19-50	叠氮化物的还原
12-13	氮烯的插入		19-51	亚硝基的还原
12-13	氮烯的反应		19-51	异硫氰酸酯的还原
12-32	叠氮化物和卤代硼烷反应		19-51	异氰酸酯的还原
12-32	金属有机化合物的反应		19-64	胺的还原
12-32	硼烷和氨及 NaOCl 反应		19-64	内酰胺的还原
12-32	硼烷和氯胺反应		19-64	酰胺的还原
12-32	羟胺和烷基金属有机化合物反应		19-68	胺氧化物的还原
13-05	胺和芳基卤反应		19-73	胺的脱烷基化
13-05	芳基卤和胺反应		19-74	肼的还原
13-06	苯酚的反应		19-74	偶氮化合物的还原
13-06	酚和胺或氨反应		19-74	氧化偶氮化合物的还原
13-18	芳香化合物和胺基碱反应		**胺氧化物**	
13-18	杂环的胺化		19-29	胺的氧化
13-31	Sommelet-Hauser 重排		**苯酚**	
13-31	Stevens 重排		11-26	芳香化合物的氧化
13-31	季铵盐的重排		11-26	芳香化合物和过氧酸反应
13-32	芳基羟胺的重排		11-27	Fries 重排
13-32	羟胺的反应		11-27	芳基醚的重排
15-08	二炔烃和胺反应		13-01	芳基卤和氢氧化物反应
15-08	烯烃和胺或氨反应		13-01	芳基硼酸的氧化
15-16	烯胺和硼烷反应		13-01	芳基硼酸酯的氧化
15-31	N 亲核试剂的 Michael 加成		13-02	芳基磺酸和氢氧化物反应
16-17	醛或酮的还原烷基化		13-20	芳基重氮盐和水反应
16-31	硅烷对 C=N 的加成		13-32	芳基羟胺的重排
16-31	金属有机化合物对 C=N 的加成		14-05	芳香化合物和过氧化物反应
16-51	亚胺和烯丙基硅烷反应		18-05	二烯酮的重排
16-56	对 C=N 化合物的自由基加成		18-33	Claisen 重排
16-82	酰胺和金属有机化合物反应		18-33	烯丙基芳基醚的重排
18-13	Hofmann 重排		18-43	Wallach 重排
18-13	酰胺的反应		**苯醌**	
18-13	异氰酸酯的水解		18-44	双位移重排
18-14	Curtius 重排		19-04	芳香化合物的氧化
18-15	Lossen 重排		19-19	芳香化合物的氧化
18-15	芳基卤和羟胺-O-硫酸反应			

19-04	苯酚的氧化

丙二烯
10-60	炔丙基酯和有机铜酸酯反应
16-44	Wittig 反应
17-22	二卤化物的消除
18-03	卤代环丙烷在碱作用下的重排
18-32	二炔烃的 Cope 重排
18-33	Claisen 重排
19-53	炔烃的还原

BUNTE 盐
10-28	卤代烷的反应

重氮化合物
12-10	活泼亚甲基化合物的反应
16-89	酰卤和重氮甲烷反应
17-33	N-亚硝基化合物在碱作用下消除
19-06	腙的氧化

重氮盐化合物
11-05	芳香化合物和 HONO 反应
12-10	活泼亚甲基化合物和磺酰基叠氮反应
12-10	醛和磺酰基叠氮反应
13-19	芳香胺和 HONO 反应

醇
10-01	卤代烷的水解
10-01	硼烷的反应
10-04	磺酸酯的水解
10-04	无机酸酯的水解
10-06	缩醛或缩酮的水解
10-06	乙烯基醚的水解
10-13	醚的反应
10-16	硅烷的反应
10-16	硅烷的氧化
10-17	醇的反应
10-23	胺的反应
10-23	胺和 KOH 反应
10-49	醚的裂解
10-55	环氧化物和硅烷反应
10-65	环氧化物的反应
10-65	环氧化物和金属有机化合物反应
11-12	芳香环的羟甲基化
11-12	芳香环和羰基反应
11-12	酮的芳香基化
12-25	金属有机化合物和氧反应
12-27	硼烷的反应
12-27	硼烷的氧化
15-03	烯烃羟汞化
15-03	烯烃水合
15-14	共轭还原
15-16	硼烷的氧化
15-33	烯烃和醇反应

15-44	共轭酮的还原
16-24	格氏试剂对醛或酮的加成
16-24	格氏试剂对羰基的还原
16-24	金属有机化合物对醛或酮的加成
16-25	其它金属有机化合物对羰基的加成
16-26	硅烷和醛或酮反应
16-51	醛和烯丙基硅烷反应
16-54	烯烃和醛或酮反应
16-56	自由基对羰基化合物的加成
16-82	酸酐和金属有机化合物反应
16-82	羧酸酯和金属有机化合物反应
16-82	酰胺和金属有机化合物反应
18-03	胺的环扩张
18-20	过氧化物的重排
18-22	Wittig 重排
18-22	醚的重排
18-23	硼酸酯的反应
18-23	硼烷的反应
18-23	硼烷的氧化
18-23	硼烷和 CO，氧化
18-24	硼烷和 CO，还原
19-14	脂肪族碳上的羟基化
19-15	亚甲基的氧化
19-35	环氧化物的还原
19-36	醛或酮的还原
19-37	羧酸的还原
19-38	羧酸酯的还原
19-60	过氧化物的还原
19-63	酰卤的还原
19-65	羧酸酯的还原
19-81	Cannizzaro 反应
19-81	醛的缩合

氮杂环丙烯
15-54	炔烃和氨基氮烯反应

叠氮化物
10-43	酰卤的反应
10-43	卤代烷的反应
12-49	肼和 HONO 或亚硝酰化合物反应
12-11	酰胺和磺酰基叠氮
15-10	烯烃和叠氮酸反应
15-53	烯烃和金属叠氮化物反应
16-78	醛和金属叠氮化物反应

叠氮基胺
10-38	吖丙啶的反应

叠氮基醇
10-43	环氧化物的反应

叠氮基酰胺
12-11	酰胺的反应

二胺
- 10-38　吖丙啶和胺或氨反应
- 10-38　叠氮基胺的反应
- 15-53　烯烃的二氨基化
- 19-76　亚胺的还原偶联

二醇
- 16-54　烯烃和甲醛反应
- 15-48　烯烃和卤素及金属羧酸盐反应
- 16-43　Tollens 反应
- 15-48　烯烃的二羟基化
- 15-48　卤代酯的反应
- 18-41　环氧化物的负氢迁移
- 10-07　环氧化物的水解
- 16-43　酮和甲醛的反应
- 15-49　芳香化合物的氧化
- 19-76　频哪醇偶联
- 19-38　内酯的还原
- 19-76　醛或酮的还原偶联

二腈
- 10-67　烷基化反应
- 13-14　芳基化反应

二硫醇
- 15-51　烯烃和硫试剂反应

二硫代氨基甲酸酯
- 16-22　胺和二硫化碳反应

二硫代缩醛
- 10-26　二卤化物的反应
- 16-11　醛和硫醇的反应

二硫代缩酮
- 10-13　二硫代缩酮的反应
- 10-13　二硫醇的反应
- 10-71　二硫代缩酮的烷基化
- 15-07　乙烯基硫化物和硫醇反应
- 16-42　酮和 CS$_2$ 反应
- 16-11　酮和硫醇反应

二硫化物
- 13-04　芳基卤和硫化物反应
- 10-27　卤代烷的反应
- 19-34　硫醇的氧化
- 19-71　磺酰卤的还原

二卤化物
- 15-02　炔烃和 HX 反应
- 15-39　烯烃的二卤化
- 10-57　卤代烷和三卤化物反应

(偕) 二卤化物
- 16-23　烯烃和卤化剂反应

- 16-23　酮和卤化剂反应

二醛
- 10-67　烷基化反应

二炔烃
- 13-13　炔烃的金属偶联
- 14-16　Cadiot-Chodkiewicz 偶联
- 14-16　Glaser 偶联
- 14-16　Sonogashira 偶联
- 14-16　炔烃的金属偶联
- 14-16　炔基硼酸酯的反应

二羧酸
- 11-21　芳基异硫氰酸酯的反应
- 15-24　Michael 加成
- 19-10　环烯烃的氧化裂解
- 19-08　酮的氧化裂解

共轭二酸
- 16-38　Knoevenagel 反应

二酮
- 16-84　酰卤和活泼 H 化合物反应
- 10-69　烯胺的酰化
- 10-67　烷基化反应
- 13-14　芳基化反应
- 15-24　Michael 加成
- 15-32　酰卤的共轭加成
- 15-32　RM 和金属羰基化合物的共轭加成
- 10-56　共轭酮和金属反应
- 16-83　酰卤的偶联
- 19-33　硅基烯醇醚的二聚
- 16-86　酯和酮反应
- 16-86　二硫代缩酮的反应
- 10-06　呋喃的水解
- 12-21　酮和重氮酮反应
- 19-26　炔烃的氧化
- 19-17　亚甲基的氧化
- 19-10　环烯烃的氧化裂解

(共轭) 二酮
- 16-38　Knoevenagel 反应

二烯烃
- 10-56　烯丙基卤和金属反应
- 10-56　乙烯基卤和金属反应
- 10-59　乙烯基卤和 RM (其它金属) 反应
- 12-15　Stille 偶联
- 12-15　乙烯基-X 和乙烯基-M 反应
- 12-15　乙烯基化合物的反应
- 12-16　二烯烃和酰基金属化合物反应
- 14-26　乙烯基硼烷的偶联
- 15-11　二炔烃的氢化

15-13	芳香化合物的氢化		芳基氰酸酯	
15-20	炔烃对炔烃的加成		10-08	苯酚和卤化氰反应
15-20	炔烃和丙二烯的偶联		芳烃	
15-20	烯烃对二烯烃的加成		10-57	卤代烷和 ArM（Li，Na，K）反应
15-60	Diels-Alder 反应		10-57	卤代烷和芳基金属有机化合物反应
15-63	环丁烷的裂解		10-58	α-卤代酮和有机铜酸酯反应
15-66	二烯烃的环加成		10-58	芳基卤和有机铜酸酯反应
15-66	其它环加成反应		10-58	卤代烷和有机铜酸酯反应
16-44	Wittig 反应		10-59	芳基卤和 RM（其它金属）反应
17-01	炔-醇的脱水		10-59	硼烷的反应
17-20	亚砜的热解		10-59	烷基硼酸酯的反应
17-22	卤化物的消除		11-01	氢交换
17-28	二环烯-酮的热解		11-11	Friedel-Crafts 烷基化
18-27	芳香化合物的反应		11-11	芳香化合物和醇反应
18-27	环烯烃的开环反应		11-11	芳香化合物和卤代烷反应
18-27	三烯烃的关环反应		11-11	芳香化合物和烯烃反应
18-29	σ-H 迁移		11-12	芳香化合物和酮反应
18-30	σ-碳迁移		11-13	羰基化合物环化脱水
18-32	Cope 重排		11-13	酮的反应
18-32	二烯烃的重排		11-15	芳香化合物的偶联
18-37	烯烃复分解反应		11-32	N-烷基芳基胺的重排
二酰亚胺			12-40	脱羧反应
16-93	异氰酸酯和膦氧化物反应		13-09	芳基卤和三氟硼酸酯反应
二亚氨酰基亚胺			13-09	芳基卤和乙烯基硼酸酯反应
16-21	二腈和氨或胺反应		13-09	卤代烷和芳基硼酸反应
二乙酸酯			13-10	芳基卤和烯烃反应
19-13	二羧酸的氧化		13-14	芳基卤和活泼亚甲基化合物反应
二酯			13-17	芳香化合物和活泼 H 化合物反应
10-67	活泼亚甲基化合物和卤代烷反应		13-17	卤代烷和金属有机化合物反应
15-56	烯烃和酰氧基盐反应		13-25	芳基重氮盐和金属有机化合物反应
10-67	烷基化反应		13-25	芳基重氮盐和烷基金属有机化合物反应
13-14	芳基化反应		13-26	芳基重氮盐和烯烃反应
10-64	缩醛的二聚		13-29	芳基硝基的取代
芳基卤			14-17	芳香化合物和过氧化物反应
11-10	芳香化合物和卤素反应		14-17	芳香化合物和酰基过氧化物反应
11-10	芳香化合物和卤代琥珀酰亚胺反应		14-19	芳香化合物和羧酸反应
11-32	芳基铵盐和卤素负离子反应		15-21	芳基卤和炔烃反应
13-07	芳基卤和卤化剂反应		15-21	芳基卤和烯烃反应
14-20	芳基重氮盐和金属卤化物反应		15-30	自由基环化
13-22	芳基重氮盐和金属碘化物反应		**芳香化合物**	
14-20	Sandmeyer 反应		11-33	芳烃的裂解
14-20	芳胺的反应		11-33	芳香化合物的反应
13-22	苯酚的反应		11-34	芳基醛的脱羰基化
13-23	加热四氟硼酸芳重氮盐		11-34	醛的反应
13-07	酚和卤化鏻盐反应 phosphonium		11-35	芳基羧酸的脱羧反应
11-31	N-卤代酰胺的重排		11-37	芳基醚的脱氧作用
11-38	磺酰卤和过渡金属卤化物反应		11-37	芳基烷基醚的裂解
			11-38	芳基磺酸的脱磺酰化
			11-39	芳基卤的还原

11-39	芳基卤的脱卤化反应		12-29	金属有机的反应
11-41	芳基金属有机化合物的质子化		14-07	烷烃和氧反应
11-41	芳香金属有机化合物的水解		14-08	烷烃和过氧化物反应
14-19	杂芳烃的烷基化		15-62	二烯烃的光氧化
15-64	芳香化合物和卡宾反应		15-62	二烯烃和氧反应
15-65	炔烃的环化三聚		15-62	烯烃和氧反应
17-28	二环二烯酮的热解		19-24	羧酸的氧化
18-27	烯-二炔的环化			
18-28	芳香化合物的反应		**环丙烷**	
19-01	苯醌的还原		15-58	吡唑啉的反应
19-01	环烷烃的脱氢		15-64	烯烃和卡宾反应
19-01	六元环的芳构化		15-58	烯烃和重氮酯反应
19-55	苯酚的还原		15-64	Simmons-Smith 反应
19-69	芳基重氮盐的还原		16-49	共轭羰基和硫叶立德反应
19-69	芳香化合物的脱氨基化		17-34	吡唑啉中氮的挤出
			17-35	环丁酮中 CO 的挤出
砜			17-34	吡唑的反应
10-29	卤代烷和磺酰卤反应		18-39	二烯烃的重排
10-29	卤代烷和亚磺酸盐反应			
10-61	砜和金属有机反应		**环丁烷**	
10-67	砜的烷基化		15-63	[2+2] 环加成
10-71	砜的烷基化		17-36	SO_2 的挤出
11-09	芳香化合物和磺酸反应			
11-09	芳香化合物和磺酰卤反应		**环丁烯**	
13-04	芳基卤和磺酸酯反应		18-27	二烯烃的关环反应
15-31	Michael 加成			
15-42	烯烃和磺酰卤反应		**环硫化物**（见环硫乙烷）	
16-105	磺酰卤和芳基硼酸反应			
16-105	磺酰卤和金属有机反应		**环硫乙烷**	
19-31	硫醚的氧化		10-09	卤代醇的反应
19-31	亚砜的氧化		10-09	卤代酮的反应
			10-26	环氧化物的反应
硅基醚			15-50	烯烃和硫试剂反应
18-44	Brook 重排		16-48	重氮化合物和硫反应
10-49	醚的裂解		16-48	硫代酮和硫叶立德反应
10-08	醇和卤代硅烷反应			
18-44	羟基硅烷的重排		**环氧化物**（环氧乙烷）	
			16-24	醛或酮和卤代金属有机化合物反应
硅烷			16-46	重氮盐化合物和醛或酮反应
10-55	金属化芳基的反应		15-50	烯烃的环氧化反应
13-16	芳基卤和硅烷反应		10-09	卤代醇的反应
15-19	硅烷对烯烃的加成		16-95	酮和烯烃反应
18-44	双位移重排		16-46	硫叶立德和醛或酮反应
过氧化物			**环氧基醇**	
10-21	卤代烷和氢过氧根离子反应		15-50	烯丙基醇和过氧化物反应
10-21	卤代烷和氢过氧根离子反应		10-14	环氧基醇的反应
10-21	酸酐和过氧化氢反应			
10-21	酸卤和过氧化氢反应		**环氧基腈**	
10-21	酸卤和烷基氢过氧化物反应		15-50	共轭腈的环氧化反应
12-25	氧和烷基金属有机反应			
			环氧基羧酸	
12-25	氧和有机硼烷反应		15-50	共轭酸的环氧化反应
			环氧基酮	
			15-50	共轭酮的环氧化反应

环氧基酰胺
- 15-50　共轭酯的环氧化反应

环氧基酯
- 15-64　重氮酯和醛反应
- 15-50　共轭酯的环氧化反应
- 16-40　卤代酯和醛或酮反应

环氧乙烷（见环氧化物）

黄原酸酯
- 16-10　二硫化碳和醇反应

磺酸
- 11-07　芳香化合物的磺化
- 11-07　芳香化合物和硫酸反应
- 11-36　芳香化合物的磺化
- 11-36　芳香化合物和硫酸反应
- 13-04　芳基卤和磺酸酯反应
- 13-33　芳基砜的重排
- 16-100　磺酰卤的水解
- 16-104　磺酰卤的还原
- 19-16　亚甲基的磺化
- 19-30　硫醇的氧化
- 19-30　硫化合物的氧化

磺酸酯
- 10-22　醚的反应
- 15-06　烯烃和磺酸反应
- 16-101　磺酰胺和醇反应
- 16-101　磺酰卤和醇反应

磺酰胺
- 16-31　芳基硼酸酯对 C=N 化合物的加成
- 16-102　磺酰卤和氨或胺反应
- 19-50　磺酰基叠氮的的还原
- 19-64　酰基磺酰胺的还原
- 19-73　磺酰胺的脱烷基化

磺酰卤
- 14-10　烷烃和 SO_2 及卤素反应
- 11-08　芳香化合物和磺酰卤反应
- 14-22　芳基重氮盐和二氧化硫反应
- 16-103　磺酸和卤化剂反应

磺酰亚胺（见卤化物，磺酰基）
- 16-18　磺酰胺和醛反应

甲酰胺
- 10-40　胺和三卤化物反应

金属有机
- 11-40　芳基卤和 R-M（M＝金属）反应
- 11-40　芳基卤和金属反应
- 12-22　烷烃和烷基金属有机反应
- 12-23　烷烃和金属反应
- 12-23　烯醇负离子的形成
- 12-35　金属和 RM（M＝金属）反应
- 12-35～12-37　金属交换反应
- 12-36　金属卤化物和 RM（M＝金属）反应
- 12-38　卤代烷和金属反应
- 12-39　卤代烷和烷基金属有机反应
- 13-17　芳香化合物的金属化
- 14-28　硫醚和金属有机反应
- 15-17　炔烃和金属氢化物反应
- 15-17　烯烃和金属氢化物反应
- 15-21　烯烃和烷基金属有机反应
- 16-99　异腈和有机锂试剂反应

腈
- 10-75　卤代烷的反应
- 10-75　卤代烷和氰化物反应
- 11-25　芳基三氟甲磺酸酯和金属氰化物反应
- 11-25　芳香化合物和三卤化腈反应
- 11-25　亚胺盐的反应
- 12-19　氮的 α-氰基化
- 12-19　活泼氢化合物的 α-氰基化
- 12-34　金属氰化物和烷基金属有机反应
- 12-34　氰基硼酸盐和金属氰化物反应
- 12-40　脱羧反应
- 13-08　芳基卤和金属氰化物反应
- 13-08　金属氰化物和芳基金属有机反应
- 14-20　Sandmeyer 反应
- 14-20　芳基重氮盐和金属氰化物反应
- 15-24　Michael 加成
- 15-38　烯烃和 HCN 反应
- 16-16　醛和羟胺反应
- 16-94　羧酸和卤化氰反应
- 17-29　醛的反应
- 17-29　肟的脱水
- 17-29　腙的消去（碱性）
- 17-30　酰胺脱水
- 18-21　异腈的重排
- 19-05　胺的脱氢化
- 19-06　腙的氧化
- 19-49　硝基化合物的还原

（共轭）腈
- 16-38　Knoevenagel 反应

肼
- 19-51　偶氮化合物的还原
- 19-51　重氮化合物的还原

累积烯烃
- 17-22　炔丙基卤的消除

联芳烃
- 11-15　Scholl 反应

11-15	芳香化合物的偶联		硫代酮	
11-16	芳香化合物和芳基金属有机化合物反应		16-11	酮和硫试剂反应
11-16	芳香化合物和芳基硼酸酯反应		硫代酰胺	
13-05	芳基磺酸和芳基硼酸反应		16-04	腈的反应
13-09	芳基卤和烷基或芳基金属有机化合物反应		16-11	酰胺和硫试剂反应
13-09	芳基卤和芳基硼酸反应		16-70	酰胺和硫试剂反应
13-11	芳基卤的偶联		硫化物（见硫醚）	
13-11	芳基卤和金属反应		硫醚（硫化物）	
13-11	Ullmann 偶联		10-26	铵盐的反应
13-12	Suzuki-Miyaura 偶联		10-26	醇的反应
13-12	芳基磺酸酯的偶联		10-26	醇和硫醇反应
13-12	芳基卤和三氟硼酸酯反应		10-26	二卤化物的反应
13-12	芳基卤和芳基硼酸反应		10-26	卤代烷的反应
13-27	芳基重氮盐和芳香化合物反应		10-26	卤代烷和硫醇负离子反应
13-28	芳基重氮盐的偶联		11-23	苯酚的反应
13-28	芳基重氮盐和金属盐反应		11-23	芳香化合物的硫甲基化
14-17	芳香化合物和芳基金属有机化合物反应		11-23	芳香化合物和砜反应
14-18	芳香化合物和芳基卤反应（$h\nu$）		12-30	金属有机的反应
18-36	联苯胺重排		12-30	硫和烷基金属有机反应
磷酸酯（见无机酯）			13-04	芳基卤和烷基硫化物反应
鏻盐			13-04	硫醇和芳基硼酸反应
10-31	卤代烷和胺反应		13-04	硫酚和芳香化合物反应
10-31	膦和铵盐反应		13-21	芳重氮盐和硫醇反应
膦			13-21	芳基重氮盐和硫化物反应
13-05	膦和芳基卤		15-07	烯烃和硫醇反应
15-08	烯烃和膦		15-31	与 S 亲核试剂 Michael 加成
19-68	膦氧化物的还原		18-21	锍盐的重排
膦烷			19-72	砜的还原
16-43	Wittig 反应		19-72	亚砜的还原
硫醇			**硫醚-醛**	
10-25	醇的反应		12-14	醛和二硫化物反应
10-25	卤代烷和硫化氢或 HS^- 反应		**硫醚-酮**	
10-28	Bunte 盐的反应		12-14	烯醇醚和二硫化物反应
10-28	Bunte 盐的水解		12-14	酮和二硫化物反应
13-04	芳基卤和硫化物反应		**硫脲**	
13-21	芳基重氮盐和 H_2S 反应		16-22	胺和 CS_2 反应
19-71	磺酰卤的还原		16-20	异硫氰酸酯和胺反应
19-75	二硫化物的还原		**硫氰酸酯**	
12-30	硫和烷基金属有机反应		10-30	胺的反应
硫代氨基甲酸酯			10-30	卤代烷的反应
16-04	硫氰酸酯的水解		13-04	芳基卤和硫氰酸酯反应
16-08	异氰酸酯的反应		13-21	芳基重氮盐和硫氰酸酯反应
硫代内酰胺			15-42	烯烃的反应
16-11	内酰胺和硫试剂反应		**硫酯**	
16-11	内酯和硫试剂反应		16-11	酯和硫试剂反应
硫代羧酸			16-69	酰卤和硫醇反应
16-69	酰卤和硫试剂反应			

锍盐
- 10-26　卤代烷和硫醚反应

卤代胺
- 15-43　烯烃和 N-卤代胺反应
- 12-52　胺的反应

卤代醇（haloalcohols）
- 10-49　环醚的裂解
- 16-24　醛或酮的反应
- 15-40　烯烃的反应

卤代醇（halohydrins）
- 15-40　烯烃和醇及卤素反应
- 15-40　烯烃和次卤酸反应
- 10-50　环氧化物的反应

卤代叠氮化物
- 15-45　烯烃和 X—N$_3$ 反应

卤代砜
- 12-06　砜和卤化剂反应

卤代硅烷
- 10-16　硅烷的反应
- 14-02　硅烷的反应
- 14-02　硅烷和卤素反应

卤代醚
- 15-51　烯-醇的反应

卤代内酰胺
- 15-41　卤代内酰胺化

卤代内酯
- 15-41　卤代内酯化

卤代醛
- 12-04　醛和卤素反应
- 12-04　醛和卤化剂反应
- 15-47　烯烃和甲酰胺反应

卤代炔烃
- 12-31　炔烃的反应

卤代羧酸
- 12-05　羧酸和卤素反应
- 12-05　羧酸和卤化剂反应
- 10-52　氨基酸的反应

卤代酮
- 10-52　重氮酮的反应
- 12-04　烯醇硼酸酯的反应
- 12-04　酮和卤化剂的反应
- 12-04　酮和卤素的反应
- 15-47　烯烃和酰卤的反应

卤代烷
- 10-14　醛和芳香化合物反应
- 10-46　卤代烷的反应
- 10-46　卤代烷的卤素交换反应
- 10-47　磺酸酯的反应
- 10-47　无机酸酯的反应
- 10-48　醇的反应
- 10-48　醇和 HX 反应
- 10-48　醇和无机酸卤化物反应
- 10-48　硅基醚的反应
- 10-49　醚的裂解
- 10-49　氧鎓盐的裂解
- 10-51　酯的反应
- 10-53　胺的反应
- 10-53　胺的裂解
- 10-53　酰胺的裂解
- 11-14　芳烃的卤甲基化
- 12-31　卤素和硼烷反应
- 12-31　卤素和烷基金属有机化合物反应
- 14-01　烷烃和卤化剂反应
- 14-03　烯烃和卤化剂反应
- 14-30　Hunsdiecker 反应
- 14-30　羧酸盐和卤素反应
- 15-02　烯烃和 HX 反应
- 15-46　烯烃和卤代烷反应
- 16-23　醛和卤代硼烷反应
- 16-71　酸的卤代-脱羧反应

卤代酰胺
- 10-50　吖丙啶的反应
- 12-53　酰胺的反应

卤代硝基化合物
- 15-44　烯烃和 NOX 反应

卤代亚砜
- 12-06　亚砜和卤化剂反应

卤代亚硝基化合物
- 15-44　烯烃和 NOX 反应

卤代酯
- 10-50　环氧化物的反应

醚
- 12-26　酰基过氧化物和烷基金属有机化合物反应
- 10-11　醇和重氮化合物反应
- 10-13　醇和醚反应
- 10-15　醇和鎓盐反应
- 10-10　醇和磺酸酯反应
- 16-07　醛和醇反应
- 15-05　烯烃和醇反应
- 15-05　烯烃烷氧汞化反应
- 10-71　醚的烷基化
- 13-03　芳基卤和醇盐反应

10-49	氧鎓盐的裂解	18-16	环酮和 HN₃ 反应
14-15	硅烷的偶联	18-16	环酮和硅基叠氮化物反应
10-12	醇的脱水反应	18-17	Beckmann 重排
10-08	醇的反应（Williamson 醚合成）	18-17	肟的重排
10-12	醇和苯酚反应	19-17	胺中亚甲基的氧化
14-06	醇的反应	19-64	酰亚胺的还原
10-08	卤代烷的反应（Williamson 醚合成）	**β-内酰胺**	
10-10	卤代烷的反应	15-63	重氮-[2+2] 环加成
10-10	烷基磺酸酯的反应	16-96	酮和 C═N 化合物
10-10	羧酸酯的反应	16-96	烯胺和烯酮亚胺反应
10-10	二卤化物的反应	16-96	烯酮和 C═N 化合物反应
10-13	醚的反应	18-18	羟基-卤代胺的重排
10-08	卤代醚的反应	**内酯**	
10-09	卤代醇的反应	10-17	卤代羧酸的反应
16-30	内酯和金属有机化合物反应	15-06	丙二烯羧酸的环化
13-33	苯酚的反应	15-31	Michael 加成
10-10	三氯亚氨酯的反应	15-57	烯烃和羧酸反应
16-07	酮和醇反应	16-63	羟基酸的反应
15-31	O 亲核试剂的 Michael 加成	18-19	Baeyer-Villiger 重排
12-26	金属有机化合物和过氧化物反应	18-19	环酮的重排
14-06	醇的氧化环化反应	18-40	卤代酰胺的光解
10-11	酚和重氮化合物反应	18-44	内酯的重排
13-33	芳基砜的重排	19-17	醚中亚甲基的氧化
19-62	酯的还原	19-63	酸酐的还原
19-62	内酯的还原	19-81	二醛的缩合
19-56	缩醛或缩酮的还原裂解	**β-内酯**	
13-33	Smiles 重排	16-95	酮和醛或酮反应
10-13	醚交换反应	**脲**	
醚-胺		16-20	异氰酸酯和胺反应
18-18	卤代胺的重排	16-22	胺和 CO₂ 反应
醚-酯		**脲基甲酸酯**	
15-05	共轭酯和醇反应	16-08	氨基甲酸酯和异氰酸酯反应
醚-酮		**偶氮化合物**	
10-64	缩醛和乙烯基醚反应	11-04	芳基重氮盐和芳香化合物反应
19-15	亚甲基的氧化	11-30	芳基三氮烯的重排
脒		13-24	芳基胺和亚硝基化合物反应
15-08	烯酮亚胺和胺反应	13-28	芳基重氮盐的反应
16-21	腈和氨或胺反应	18-43	Wallach 重排
内酰胺		18-43	氧化偶氮化合物的重排
10-41	N-芳基化	19-05	肼的氧化
10-41	N-乙烯基化	19-68	氧化偶氮化合物的还原
10-41	卤代烷，酰胺的反应	19-80	硝基化合物的还原
10-41	卤代酰胺的反应	**硼酸**	
15-31	Michael 加成	12-28	烷基硼酸酯和烷基金属有机化合物反应
16-74	氨基酸的反应	**硼酸酯**	
16-75	内酯和氨或胺反应	12-28	醇和硼烷反应
16-76	内酰胺和胺反应	12-27	硼烷的氧化
18-16	Schmidt 反应		

硼酸酯（三氟）
- 12-28　硼烷和 KHF_2 反应

硼烷
- 15-16　烯烃和硼烷或烷基硼烷反应
- 18-11　硼烷中硼的热迁移

羟胺（见氨基醇）
- 16-31　金属有机对肟的加成
- 18-21　胺氧化物的重排
- 19-27　胺的氧化
- 19-46　硝基化合物的还原

羟基吖丙啶（氮杂环丙烷）
- 10-36　氨基环氧化物的反应

羟基腈（见氰醇）

羟基醚
- 10-14　环氧化物和醇反应

羟基醛
- 10-72　二氢噁嗪和环氧化物反应
- 16-34　羟醛缩合
- 16-34　亚胺和酮反应
- 16-35　Mukaiyama 羟醛
- 16-35　硅基烯醇醚和醛反应
- 19-20　环氧化物的氧化

羟基酸
- 18-06　1,2-二酮的重排
- 19-81　Cannizzaro 反应

羟基酮
- 10-05　重氮酮的水解
- 10-07　环氧基酮的光解
- 15-32　醛和氰化物反应
- 16-27　Baylis-Hillman 反应
- 16-34　羟醛缩合
- 16-35　Mukaiyama 羟醛
- 16-35　硅基烯醇醚和酮反应
- 16-43　Tollens 反应
- 16-43　酮和甲醛反应
- 16-55　醛和氰化物反应
- 18-02　硅氧基环氧化物的重排
- 18-04　羟基酮的重排
- 19-15　亚甲基的氧化
- 19-20　环氧化物氧化
- 19-35　环氧基酮的还原
- 19-78　羧酸酯的偶联
- 19-78　酮醇缩合

羟基酰胺
- 15-52　烯烃和酰胺反应
- 15-52　烯烃和磺酰胺反应
- 16-18　醛和酰胺反应

羟基硝基化合物
- 10-35　环氧化物的反应
- 16-37　Henry 反应

羟基磷酰胺
- 16-44　磷酰胺和羰基化合物反应

羟基膦酸酯
- 16-44　膦酸酯和羰基化合物反应

羟基硫醚
- 10-26　环氧化物的反应
- 15-51　烯烃、二硫化物和羧酸反应
- 16-36　Claisen 缩合

羟基硫氰酸酯
- 10-14　环氧化物和硫氰酸酯反应

羟基酯
- 10-14　环氧化物和羧酸盐负离子反应
- 10-18　环氧化物和 RCOOH 反应
- 16-27　Baylis-Hillman 反应
- 16-28　Reformatsky 反应
- 16-36　Claisen 缩合
- 16-64　内酯的酯交换反应

氰胺（另见氨基腈）
- 10-54　胺和卤化氰反应

氰醇
- 16-52　醛或酮和 HCN 反应
- 16-52　醛或酮和 R_3SiCN 反应

氰亚胺
- 16-42　亚硝基化合物和腈反应

醛
- 10-02　偕二卤化物的水解
- 10-04　乙烯基卤化物的水解
- 10-05　缩醛的水解
- 10-06　乙烯基醚的水解
- 10-64　卤代烷的反应
- 10-67　烷基化反应
- 10-68　醛的烷基化
- 10-68　亚胺的烷基化
- 10-71　二噻烷的反应
- 10-72　噁嗪的反应
- 10-72　二氢噁嗪的反应
- 10-76　卤代烷的反应
- 10-76　卤代烷和有机铁化合物反应
- 11-18　芳基亚胺的反应
- 11-18　芳香化合物：Friedel-Crafts 反应
- 11-18　芳香化合物的甲酰化
- 11-18　芳香化合物的羰基化

12-03	酮-烯醇互变异构		17-20	硫杂环丙烯二氧化物的热解
12-33	金属有机化合物的反应		18-26	炔烃和硼烷反应
12-33	烃的羰基化		18-37	炔烃复分解
12-40	脱羧反应		19-32	二卤化物的二聚
13-14	醛的芳基化			
15-04	炔的水合		**炔烃-醇**	
15-24	Michael 加成		16-25	炔烃对羰基的加成
15-33	烯烃和醛反应			
15-37	氢甲酰化		**脎**	
15-37	烯烃的羰基化		16-14	肼和羟基醛或羟基酮反应
16-02	C=N 化合物的水解			
16-03	硝基化合物的水解		**三卤化物**	
16-11	二硫代醛的反应		12-44	甲基酮的裂解
18-04	醛的重排		16-23	酰卤和卤化剂反应
18-24	硼烷和 MeO(ArS)CH$_2$Li 反应		**三噁烷（三氧杂环己烷）**	
19-03	醇的氧化		16-92	醛的反应
19-07	二醇的氧化裂解			
19-07	环氧化物的氧化裂解		**三烯烃**	
19-09	烯烃的臭氧分解		15-64	芳香化合物和卡宾反应
19-18	芳基甲基的氧化		15-66	二烯烃的环加成
19-20	伯卤代烷的氧化		18-27	环二烯烃的开环
19-21	硝基化合物的氧化			
19-25	Wacker 反应		**三唑**	
19-39	酰卤的还原		15-58	烯烃和卤代烷反应
19-40	酐的还原			
19-40	酸酐的还原		**三唑啉**	
19-40	羧酸的还原		15-58	烯烃和烷基叠氮化物反应
19-40	羧酸酯的还原			
19-41	酰胺的还原		**双胺**	
19-44	腈的还原		18-36	联苯胺重排
(共轭) 醛			**双酰胺**	
16-34	羟醛缩合		16-18	醛和酰胺的反应
炔烃			**水合物**	
10-57	卤代烷和炔丙基 RM 反应		16-01	酮或醛的反应
10-74	芳基卤和炔烃反应			
10-74	卤代烷的反应		**酸酐**	
10-74	卤代烷和炔负离子反应		14-09	醛和酰基过氧化物
10-74	炔烃的反应		16-66	酰卤和羧酸反应
12-02	炔烃在碱作用下异构化		16-67	羧酸和乙烯基酯反应
12-26	高价碘和金属炔化物反应		16-67	羧酸脱水
13-13	Sonogashira 偶联		16-67	二羧酸脱水
13-13	Stephens-Castro 偶联		**羧酸**	
13-13	芳基卤和金属炔化物反应		10-03	三卤化物的水解
13-13	炔烃和芳基碘盐反应		10-06	原酸酯的水解
17-07	双季铵盐的热解		10-51	内酯的反应
17-10	叶立德的热解		10-51	酯和金属卤化物反应
17-13	卤化物的消除（在碱作用下）		10-57	RM 和芳烃的反应
17-16	二卤化物的消除（在碱作用下）		10-67	丙二酸酯合成
17-16	烯烃的消除		10-70	羧酸的反应
			10-70	羧酸的烷基化
			10-72	噁唑酮的反应
			10-77	有机铁化合物的氧化
			11-19	芳香化合物的羧基化

11-20	芳香化合物和 CO_2 反应		10-17	烷基卤代亚硫酸酯的反应
11-20	芳香化合物和 CO_2 反应		10-17	鎓盐 (onium salts) 的反应
11-20	酚盐和 CO_2 反应		10-18	醚和酸酐反应
12-26	酰基过氧化物和烷基金属有机化合物反应		10-18	酯和醚反应
12-40	脱羧反应		10-19	羧酸和重氮化合物反应
12-43	二酮的裂解		10-60	烯丙基碳酸酯和丙二酸酯反应
12-43	酮酯的裂解		10-60	烯丙基酯和丙二酸酯反应
12-44	甲基酮的裂解		10-61	活化酯的偶联反应
12-44	卤仿反应		10-72	噁唑烷的烷基化
12-45	酮的裂解		10-77	醇的反应
13-30	芳基硝基化合物和氰化物反应		10-77	醇和 CO 及卤代烷反应
15-24	Michael 加成		10-77	醇和有机铁化合物反应
15-35	烯烃的羰基化		10-77	卤代烷的反应
16-04	腈的水解		10-77	卤代烷和醇的羰基化
16-30	金属有机化合物和 CO_2 反应		12-21	重氮酯的插入
16-44	膦和 CO_2 反应		12-29	金属有机化合物的氧化
16-57	酰卤的水解		12-43	酮酯的裂解
16-58	酸酐的水解		13-15	芳基卤和醇及 CO 反应
16-59	羧酸酯的水解		13-15	芳基卤和醇及金属羰基化物反应
16-60	酰胺的水解		14-09	过氧化物的反应
17-04	酯的裂解		14-09	烷烃的反应
18-07	Favorskii 重排		14-09	酰基过氧化物的醇解
18-08	酰卤和重氮化合物反应		15-05	醇和烯酮反应
18-08	重氮酮的水解		15-06	烯烃和羧酸反应
18-19	酮的重排		15-24	Michael 加成
18-19	酮和过氧酸反应		15-26	Sakurai 反应
18-24	硼烷和醚-羧酸的反应		15-26	烯丙基硅烷的共轭加成
19-09	烯烃的臭氧分解		15-33	烯烃和羧酸酯反应
19-10	Barbier-Wieland 方法		15-36	醇和 CO 及烯烃反应
19-10	芳香环的氧化		16-09	Pinner 合成
19-10	炔烃的氧化裂解		16-09	腈的醇解
19-10	烯烃的氧化裂解		16-61	酰卤和醇反应
19-11	芳香侧链的氧化		16-61	酰卤和醚反应
19-22	伯醇的氧化		16-62	酸酐和醇反应
19-23	醛的氧化		16-63	羧酸的酯化
19-59	脱酰氧基化		16-64	酯交换反应
19-81	Cannizzaro 反应		16-65	酰胺的醇解

(共轭) 羧酸

			16-65	酰基噁唑烷酮的醇解
15-22	CO_2 和乙烯基-金属反应		18-07	Favorskii 重排
16-38	Knoevenagel 反应		18-07	卤代酮的重排
16-39	醛和酸酐反应		18-08	重氮酮的环收缩

羧酸酯

			18-19	Baeyer-Villiger 重排
10-03	三卤化物的醇解		18-19	酮和过氧化物反应
10-06	原酸酯的水解		19-12	氧化脱羧
10-17	Mitsunobu 偶联		19-17	醚中亚甲基的氧化
10-17	甲苯磺酰胺的反应		19-22	伯醇的氧化
10-17	卤代烷的反应		19-23	醛的氧化
10-17	卤代烷和羧酸负离子反应		19-25	乙烯基醚的氧化
10-17	羧酸盐的反应		19-82	Tishchenko 反应

19-82	醛的缩合		10-71	二噻烷的反应
19-84	酮的缩合		10-72	二氢噁嗪的反应

（共轭）羧酸酯

16-27	Baylis-Hillman 反应		10-73	重氮酮的反应
16-36	Claisen 缩合		10-73	重氮酮和硼烷反应
16-38	Knoevenagel 反应		10-73	卤代酮的反应

缩醛

			10-73	卤代酮和硼烷
10-08	二卤化物的反应		10-73	硼烷的反应
10-13	酯交换		10-76	卤代烷的反应
10-64	缩醛和 RM 反应		10-76	卤代烷和有机铁化合物反应
10-64	原酸酯和 RM 反应		11-17	Friedel-Crafts 酰基化
14-06	羟基醚的反应		11-17	芳香化合物和酸酐反应
16-05	醛和醇反应		11-17	芳香化合物和羧酸反应
19-56	原酸酯的还原裂解		11-17	芳香化合物和酰卤反应
			11-17	酸酐的反应
			11-17	酰卤和芳香化合物反应

缩水甘油酸酯（见环氧基酯）

			11-24	芳香化合物和腈反应

缩酮

			11-24	腈的反应
10-64	缩酮和 RM 反应		11-27	Fries 重排
16-05	酮和醇反应		11-27	芳基酯的重排
19-56	原酸酯的还原裂解		12-03	酮-烯醇互变异构

碳酸酯

			12-03	烯醇的互变异构化
16-10	醇和膦反应		12-14	羰基移位

锑化物

			12-18	醛的反应
10-26	卤代烷的反应		12-18	醛和过渡金属配合物反应

酮

			12-18	醛和硼烷反应
10-01	乙烯基卤的水解		12-21	重氮酮的插入
10-02	二卤代烯烃的反应		12-33	过渡金属羰基和 RM（M＝金属）反应
10-02	偕二卤化物的水解		12-33	金属有机的反应
10-05	缩酮的水解		12-40	脱羧反应
10-06	二硫代缩酮的反应		12-41	醇盐的裂解
10-06	二硫代缩酮的水解		12-43	二酮的裂解
10-06	呋喃的水解		12-50	胺和 HONO 反应
10-06	烯醇醚的水解		13-14	芳基化反应
10-06	乙烯基醚的水解		13-14	酮的芳基化
10-06	原酸酯的水解		13-15	芳基卤的反应
10-67	酮亚砜的反应		13-15	烷基金属的羰基化
10-67	酮酯和卤代烷反应		14-19	芳香化合物和醛反应
10-67	烷基化反应		14-19	醛和杂环化合物反应
10-68	硅基烯醇醚和卤代烷反应		14-23	芳基重氮盐和肟反应
10-68	氰醇的反应		14-31	脱羧烷基化
10-68	酮的反应		15-04	丙二烯的水化
10-68	酮的烷基化		15-04	炔烃的水化
10-68	腙的烷基化		15-24	Michael 加成
10-69	烯胺的反应		15-25	金属有机化合物的共轭加成
10-69	烯胺的烷基化		15-26	Sakurai 反应
10-69	亚胺的反应		15-26	烯丙基硅烷的共轭加成
10-69	亚胺和 RM 反应		15-27	硼烷的共轭加成
10-71	二硫代缩酮的水解		15-28	共轭酮的自由基加成
			15-28	卤代烷的共轭加成

15-33	烯烃和酮反应			酮醇（见羟基酮）
15-34	醛和烯烃反应			酮-砜
15-34	烯烃和醛反应		16-84	酰卤和活泼 H 化合物反应
15-36	烯烃和烯烃及 CO 反应			酮-磺酸
15-63	烯酮和烯烃反应		12-14	酮和三氧化硫反应
16-02	C═N 化合物的水解			酮-腈
16-03	Nef 反应		12-19	酮的反应
16-03	硝基化合物的水		16-50	Thorpe 重排
16-11	二硫代缩酮的反应		16-50	腈的缩合
16-29	羧酸和有机锂试剂反应		16-84	酰卤和活泼 H 化合物反应
16-33	金属有机化合物对腈的加成		16-86	酯和腈反应
16-33	亚胺的水解			酮-硫化物
16-64	乙烯基酯的酯交换反应		12-14	酮和二硫化物反应
16-81	酰卤和金属有机化合物反应			酮-醛
16-82	Weinreb 酰胺和金属有机化合物反应		12-16	缩酮和甲酰胺反应
16-90	两分子酸的脱羧偶联			酮-炔烃
17-25	二醇的 1,3-消除		17-27	环氧基腙的消除
17-25	卤代胺的 1,3-消除			酮-羧酸
17-25	卤代醇的 1,3-消除		16-42	活泼氢化合物和 CO_2 或 CS_2 反应
17-32	羟基烯烃的热解		16-87	羧酸和酯反应
18-02	二醇的重排			酮-酰胺
18-02	环氧化物的重排		15-56	烯烃、酰氧基盐和腈反应
18-02	频哪醇重排		12-42	氨基酸和酸酐反应
18-03	氨基醇的扩环			酮-酯
18-03	卤代醇的扩环		10-67	烷基化反应
18-04	酮的重排		12-18	醛和重氮酮反应
18-09	酮的同系化		15-56	烯烃和酰氧基盐反应
18-09	酮和重氮甲烷反应		16-28	卤代酯和酯反应
18-20	过氧化物的重排		16-28	卤代酯和腈反应
18-23	氰基硼烷和酸酐反应		16-84	酰卤和活泼氢化合物反应
18-26	乙烯基硼烷的氧化		16-85	Claisen 缩合
19-03	醇的氧化			（共轭）酮酯
19-07	二醇的氧化裂解		16-38	Knoevenagel 反应
19-09	烯烃的臭氧分解			烷烃
19-10	烯胺的氧化裂解		10-55	硅烷的反应
19-10	烯烃的氧化裂解		10-55	卤代烷和硅烷反应
19-13	二羧酸的氧化		10-55～10-59	卤代烷的反应
19-17	亚甲基的氧化		10-56	磺酸酯和金属反应
19-21	伯胺的氧化		10-56	卤代烷和金属反应
19-21	硝基化合物的氧化		10-57	卤代烷和 RM（Li，Na、K）反应
19-25	Wacker 方法		10-57	卤代烷和金属反应
19-25	烯烃的氧化		10-58	磺酸酯和有机铜酸盐反应
	（共轭）酮		10-58	卤代烷和有机铜酸酯反应
12-16	烯烃和酰卤反应		10-59	卤代烷和 RM（其它金属）反应
12-33	乙烯基-M（M═金属）的羰基化		10-59	硼烷的反应
15-20	二烯酮的偶联		10-59	烷基硼酸酯的反应
15-36	Pauson-Khand 反应			
16-34	羟醛缩合			
19-17	亚甲基的氧化			

10-61	含 S 化合物的反应		19-52	硅烷的还原
10-61	含硫化合物和金属有机化合物反应		19-53	卤代烷的还原
10-61	无机酸酯和 RM 反应		19-54	醇的还原
10-63	醇的反应		19-56	醚的还原裂解
10-63	醇和 RM 反应		19-57	磺酸酯的还原
10-71	二噻烷的还原		19-58	Barton-McCombie 反应
12-01	氢交换		19-58	醇的反应
12-20	烷烃的反应		19-58	黄原酸酯的还原
12-21	卡宾的插入		19-59	酰卤的还原
12-21	烷烃的反应		19-61	羰基还原成亚甲基
12-22	金属交换反应		19-65	酸酐的还原
12-22	金属有机化合物的反应		19-65	羧酸酯的还原
12-23	金属有机化合物的反应		19-66	腈的还原
12-24	RM 中金属被氢置换		19-67	硝基化合物的还原
12-24	金属有机化合物的反应		19-70	含硫化合物的还原
12-24	卤代烷的反应		19-70	硫醇的还原
12-40	脱羧反应		**肼**	
12-46	酮的裂解		10-24	肼的 O-烷基化
12-47	烷烃的裂解		12-08	羰基化合物和亚硝酸反应
12-48	腈的反应		14-23	芳基重氮盐和肼反应
12-48	脱氰化		15-44	烯烃和 NOX 反应
14-14	烷烃的自由基偶联		16-15	醛或酮和羟胺反应
14-15	两个烷烃的偶联		18-40	Barton 重排
14-24	格氏试剂的偶联		18-40	醇和 NOCl 反应
14-24	格氏试剂和金属化合物反应		19-49	硝基化合物的还原
14-24	有机铜酸盐的自偶联		**无机酯**	
14-25	有机铜酸盐的偶联		10-22	醇的反应
14-26	硼烷的偶联		10-22	磺酰卤的反应
14-27	含 S 化合物的反应		16-44	亚磷酸酯和卤代烷反应
14-27	硫醇的还原		**烯胺**	
14-27	硫醚的还原		10-71	烯胺的烷基化
14-29	Kolbe 反应		15-08	炔烃和胺反应
14-29	羧酸盐的偶联		16-13	羟胺的反应
14-32	醛的脱羰基化		**烯丙醇**	
15-11	炔烃的氢化		16-25	烯丙基金属有机化合物对羰基的加成
15-11	烯烃的氢化		16-54	烯烃和甲醛反应
15-12	烯烃和二酰亚胺反应		16-26	烯丙基硅烷和醛或酮反应
15-12	烯烃和金属反应		17-03	环氧化物的去质子化
15-12	烯烃或炔烃的还原		18-35	烯烃亚砜的重排
15-13	芳香化合物的氢化		**烯丙基卤**	
15-15	环丙烷的还原裂解		14-03	烷烃和卤代琥珀酰亚胺反应
15-18	烷烃对烯烃的加成		14-03	烯烃和卤素反应
15-21	烯烃和金属有机化合物反应		**烯醇**	
15-29	烯烃和烷基自由基反应		12-03	酮-烯醇互变异构
15-29	自由基对烯烃的加成		**烯醇醚**（见乙烯基醚）	
15-30	烯烃的自由基环化		**烯烃**	
15-59	[3+2] 环加成		10-55	硅烷的反应
15-63	[2+2] 环加成			
17-37	过氧化物的热解			
18-38	σ 键重排			

10-55	卤代烷的反应	16-44	Wittig 反应
10-56	烯丙基卤和金属反应	16-44	亚胺的反应
10-59	硼烷的反应	16-45	Petasis 烯基化
10-60	烯丙基硅烷和酯反应	16-45	Tebbe 烯基化
10-60	烯丙基酯的反应	16-48	环砜的反应
10-60	烯丙基酯和 RM 反应	17-01	醇的脱水
10-60	酯和金属有机化合物反应	17-02	醚的裂解
10-63	醇的反应	17-02	乙烯基醚的裂解
10-71	硒砜的反应	17-03	环硫化物（环硫乙烷）的去质子化
12-02	硼烷的迁移	17-03	环氧化物（环氧乙烷）的去质子化
12-02	双键的迁移	17-03	环氧化物或环硫化物的反应
12-02	双键迁移	17-04	酯的热解
12-15	乙烯基卤和烷基（芳基）硼酸反应	17-05	黄原酸酯的热解（Chugaev 反应）
12-20	烯烃和碳正离子反应	17-06	磺酸酯的碱性消除
12-21	卡宾的反应	17-07	季铵盐的碱性消除
12-40	脱羧反应	17-07	季铵盐的热解（Hofmann 反应）
13-10	Heck 反应	17-08	季铵盐的碱性消除
13-10	烯烃和芳基卤反应	17-09	胺氧化物的热解（Cope 反应）
13-10	烯烃和芳基硼酸反应	17-11	磺酰腙的碱性消除
13-10	烯烃和芳基重氮盐反应	17-12	砜的热解
13-10	乙烯基卤和芳基硼酸反应	17-12	亚砜的热解
13-26	芳基重氮盐和烯烃反应	17-13	卤化物的碱性消除
13-26	烯烃的反应	17-14	磺酰的碱性消除
15-01	双键异构化	17-15	硼烷的消除
15-11	炔烃氢化	17-17	酰卤的脱羰基化
15-12	炔烃和金属或金属氢化物反应	17-18	1,2-二醇的脱氧反应
15-13	芳香化合物氢化	17-18	双黄原酸酯的反应
15-16	烯胺和硼烷反应	17-19	硫代碳酸酯的热解
15-18	烷烃对炔烃的加成	17-20	Ramberg-Bäcklund 反应
15-20	烯烃对烯烃的加成	17-20	卤代砜在碱作用下消除
15-22	炔烃和卤代烷及 RM 反应	17-21	吖丙啶（或氮杂环丙烷）的亚硝化
15-23	烯反应	17-22	1,2-二卤化物的消除
15-26	Sakurai 反应	17-24	卤代醚的消除
15-26	烯丙基硅烷的共轭加成	17-25	二醇的 1,3-消除
15-59	[3+2] 环加成	17-25	卤代胺的 1,3-消除
15-60	Diels-Alder 反应	17-25	卤代醇的 1,3-消除
15-61	杂原子 Diels-Alder 反应	17-26	β-内酯的热解
15-63	[2+2] 环加成	17-26	羟基-羧酸的脱羧反应
15-64	烯烃和卡宾反应	17-32	羟基-烯烃的热解
15-64	重氮烷和醛反应	17-35	环酮挤出 CO
15-66	其它环加成反应	17-38	氧硫杂环戊烷挤出反应
16-24	酮或醛和双格氏试剂反应	18-01	醇的 Wagner-Meerwein 重排
16-25	金属有机化合物和酮反应	18-01	卤化物的 Wagner-Meerwein 重排
16-38	Knoevenagel 反应	18-25	炔烃硼氢化
16-38	金属有机化合物和甲苯磺酰腙反应	18-25	乙烯基硼烷的质子解作用
16-38	醛或酮和活泼 H 化合物反应	18-25	乙烯基硼烷和卤素/碱反应
16-41	Peterson 烯基化	18-26	乙烯基硼烷的质子解作用
16-41	硅基金属有机化合物和醛或酮反应	18-29	σ-H 迁移
16-44	Horner-Wadsworth-Emmons 反应	18-30	σ-碳迁移

18-31	乙烯基环丙烷重排
18-37	二烯的反应
18-37	烯烃复分解
18-39	二烯烃的重排
19-02	脱氢反应
19-12	羧酸的氧化脱羧
19-13	二羧酸的双脱羧
19-32	卤代烷的二聚
19-35	环硫乙烷的还原
19-35	环氧化物的还原偶联
19-53	乙烯基卤的还原
19-59	脱酰氧基反应
19-61	乙烯基亚胺的还原
19-61	腙的还原
19-67	烯胺的还原
19-70	噻吩衍生物的还原
19-77	McMurry偶联
19-77	醛或酮的还原偶联

烯烃-醇

| 18-35 | 烯烃-醚的重排 |

烯烃-醛

18-32	Cope重排
18-33	Claisen重排
18-33	烯丙基乙烯基醚的重排

烯烃-炔烃

| 15-20 | 炔烃对炔烃的加成 |

烯烃-胺

| 18-35 | 烯烃-季铵盐的重排 |

烯烃-羧酸

| 18-33 | Claisen重排 |
| 18-33 | 烯烃-酯的重排 |

烯烃-酮

| 18-33 | Claisen重排 |
| 18-33 | 烯丙基乙烯基醚的重排 |

烯烃-硫醚

| 18-35 | 烯烃锍盐的重排 |

烯酮

17-14	碱促进的酰卤的消去
17-01	羧酸脱水
17-23	卤代酰卤的消去

烯酮亚胺

| 16-44 | Wittig反应 |
| 17-01 | 酰胺脱水 |

烯酰胺

| 12-32 | 胺和乙烯基卤反应 |

硒化物

| 10-26 | 卤代烷的反应 |

| 13-04 | 芳基卤和硒化物反应 |

硒代碳酸酯

| 16-08 | 异氰酸酯的反应 |

硒醚-醛

| 12-14 | 醛和二硒化物反应 |

硒醚-酮

| 12-14 | 酮和二硒化物反应 |

硒亚砜

| 10-71 | 硒亚砜的烷基化 |

酰胺

10-41	Mitsunobu反应
10-41	N-芳基化
10-41	N-烷基化
10-41	醇的反应
10-41	芳基卤和酰胺反应
10-41	卤代烷和酰胺反应
10-41	酰胺和醛反应
10-53	胺和卤代甲酸酯反应
10-77	胺和有机铁化合物反应
11-06	芳香化合物和异羟肟酸反应
11-19	芳香化合物的反应
11-21	芳基卤、DMF和POCl$_3$反应
11-21	芳香化合物和异氰酸酯反应
11-22	芳香化合物和酰胺反应
11-31	N-卤代酰胺的反应
12-13	氮烯的反应
12-13	酰基氮烯的插入
12-21	重氮酰胺的插入
12-33	亚胺和硼烷及CO反应
12-46	Haller-Bauer反应
12-46	酮的裂解
12-46	酮和$^-$NH$_2$反应
12-53	胺和CO反应
13-05	芳基卤和酰胺反应
14-11	醛和铵盐及氧化剂反应
14-12	烷烃和腈反应
15-08	烯酮和胺反应
15-09	烯烃和酰胺反应
15-24	Michael加成
15-36	胺和CO及烯烃反应
16-04	腈的水解
16-09	醇和卤化氰反应
16-21	腈和胺反应
16-33	金属有机化合物对异氰酸酯的加成
16-70	转酰胺反应
16-72	酰卤和氨或胺反应
16-73	酸酐和氨或胺反应
16-74	羧酸和氨或胺反应
16-74	羧酸和氨基硼烷反应

16-75	胺和乙烯基酯反应		硝基化合物
16-75	羧酸酯和氨或胺反应	10-42	醇的反应
16-76	酰胺和胺反应	10-42	卤代烷的反应
16-91	Ritter 反应	11-02	芳香化合物的反应
16-91	腈和醇反应	11-02	芳香环的硝化
16-91	烯烃和腈反应	11-28	硝胺的重排
16-97	异腈的水解	12-09	烷烃和烷基硝酸酯反应
18-16	酮和 HN₃ 反应	12-09	烷烃和硝鎓盐反应
18-17	Beckmann 重排	12-09	烯烃和硝酸反应
18-17	肟的重排	14-13	共轭羧酸的反应
18-17	肟和卤化剂或氧化剂反应	14-20	芳香化合物的反应
18-42	亚胺基酯的热解	14-21	芳基重氮盐和金属亚硝酸盐反应
19-17	胺中亚甲基的氧化	15-24	Michael 加成
19-64	酰亚胺的还原	19-28	胺的氧化
19-73	酰胺的脱烷基化	19-28	肟的氧化
19-84	Willgerodt 反应	19-28	异氰酸酯的氧化
19-84	甲基酮的缩合		硝酸酯（见无机酯）
（共轭）酰胺			硝酮
15-22	异氰酸酯和乙烯基-M（金属）反应	10-24	肟的反应
酰胺-酯		19-06	羟胺的氧化
10-14	氮杂环丙烷和酰胺反应		亚胺
酰胺-醇		10-13	Bischler-Napieralski 反应
15-52	烯烃和酰胺反应	10-69	亚胺和 RMgX 的反应
酰基缩醛		12-08	活泼亚甲基化合物和亚硝基化合物反应
16-06	醛和酸酐反应	15-08	炔烃和胺反应
酰基氰		16-13	醛和胺或氨反应
16-88	酰卤和金属氰化物反应	16-13	酮和胺或氨反应
香豆素		16-17	醛或酮还原烷基化
11-11	酚的反应	16-33	金属有机对腈的加成
酰肼		18-14	烷基叠氮化物的热重排
10-41	酰亚胺和肼反应	18-31	环丙基的重排
16-75	羧酸酯和肼反应	19-05	胺的脱氢化
酰卤		19-21	伯胺的氧化
16-80	酰卤和 HF 反应		亚胺酯
14-04	醛和卤素反应	18-42	卤代亚胺和芳氧离子反应
16-80	酸酐和 HF 反应		亚砜
16-79	羧酸和卤化剂反应	10-67	亚砜的烷基化
19-22	伯醇的氧化	11-09	芳香化合物和磺酰卤反应
酰亚胺		19-31	硫醚的氧化
10-41	醇的反应		亚磺酸
10-41	卤代烷和酰亚胺反应	12-30	RM（M=金属）和磺化试剂反应
11-21	芳基酰基异硫氰酸酯的反应		亚硫酯氢盐
16-73	酸酐和氨或胺反应	16-12	金属亚硫酸氢盐和羰基化合物反应
16-77	胺的酰化		亚硝基化合物
16-93	异氰酸酯和膦氧化物反应	11-03	芳香环的亚硝化
硝醇（见羟基硝基化合物）		11-29	亚硝胺的重排
		12-08	活泼亚甲基化合物的反应

18-40	Barton 反应		10-44	卤代烷的反应
19-27	胺的氧化		12-53	胺和 CO 反应

亚硝胺

12-50	胺和 HONO 反应		16-72	光气和胺反应
			18-14	Curtius 重排

亚硝酸酯（见无机酯）

18-14	酰基叠氮化物的热重排
18-15	异羟肟酸在碱促进下的重排

氧化偶氮化合物

10-45	卤代烷的反应		18-16	Schmidt 反应
12-51	亚硝基化合物和羟胺的反应		18-16	羧酸和 HN_3 反应
19-79	硝基化合物的还原		18-13	酰胺和次卤酸盐反应
			18-13	Hofmann 重排

氧鎓盐

18-44	腈氧化物的反应

10-20	卤代烷和醚反应

异腈（异氰化物）

乙烯基膦

15-08	炔烃和膦反应		10-40	胺和三卤化物反应
			10-40	环氧丙烷的反应

乙烯基硅烷

10-75	卤代烷和氰化物反应
17-31	甲酰胺的脱水

15-19	硅烷对炔烃的加成

异硫氰酸酯

乙烯基硫醚

15-07	炔烃和硫醇反应		10-44	酰卤的反应
16-11	酮和硫醇反应			

异硫脲盐

乙烯基卤

10-25	卤代烷的反应

17-22	二卤代物的消除
17-13	卤代物的消除（在碱作用下）
11-23	醛或酮的反应
12-31	炔烃的反应
10-46	乙烯基卤的卤素交换反应
12-31	卤素和乙烯基硼烷反应
12-31	卤素和乙烯基-M（M＝金属）反应

异羟肟酸

16-75	羧酸酯和羟胺反应

有机-无机酸酐

16-68	酸酐和无机酸反应

原酸酯

10-08	三卤化物的反应
10-13	醚交换反应
16-05	羧酸和醇

乙烯基醚（包括硅基烯醇醚）

杂环化合物

10-08	苯酚的反应		11-13	喹啉（二氢）：胺的反应
10-13	醇和烯醇酯反应		11-13	喹啉（二氢）：亚胺的环合脱水
10-13	醇和烯醇醚反应		11-13	喹啉（四氢）：胺的反应
10-13	烯醇酯或烯醇醚的反应		11-13	喹啉（四氢）：酰胺的环合脱水
12-17	醛的反应		15-58	[3+2] 环加成
12-17	酮的反应		15-58	吡咯烷、吖丙啶的裂解
12-26	过氧化物和乙烯基-M（M＝金属）反应		15-58	吡唑啉：烯烃和重氮烷烃反应
15-05	醇和炔烃反应		15-58	吡唑烷：烯烃和偶氮甲碱亚胺
16-44	Wittig 反应		15-61	吡啶衍生物：杂原子 Diels-Alder 反应
16-45	Petasis 烯基化		15-61	杂原子 Diels-Alder 反应
16-45	Tebbe 烯基化		15-63	Paternò-Büchi 反应
16-45	酯的反应		15-63	环氧丙烷（氧杂环丁烷）：烯烃和酮反应
17-02	缩醛或酮的裂解		16-05	吡喃：二酮的反应

乙烯基砜

16-05	呋喃：二酮的反应
16-13	氨基酮或醛的环化反应

10-29	亚磺酸的反应
15-42	炔烃和磺酰卤反应

16-14	吡唑：肼和二酮反应
16-14	吡唑啉：肼和酮酯反应

异氰酸酯

16-21	二腈和氨或胺反应

10-44	酰卤的反应

16-77	胺的酰化		**酯-硫化物**
16-92	醛的缩合反应	19-83	Pummerer 重排
16-95	环氧丙烷（氧杂环丁烷）：Paterno-Büchi 反应	19-83	亚砜的重排
16-95	环氧丙烷（氧杂环丁烷）：烯烃和醛或酮反应		**酯-酰胺**
18-14	叠氮化物的热重排	16-98	异腈和羧酸及醛反应
18-31	吡咯啉：环丙基亚胺的重排	16-98	异腈和羧酸及酮反应
18-31	酰基吖丙啶的重排		**腙**
18-34	吲哚：Fischer 吲哚合成	12-07	活泼亚甲基化合物和芳基重氮盐反应
18-40	卤代胺的环化反应	12-07	偶氮化合物的反应
19-01	六元环的芳构化	12-07	酮的反应
19-02	脱氢反应	16-14	肼和醛或酮反应
		16-14	肼和腙的交换反应

酯（见羧酸酯）

主题词索引

A

吖丙啶化,芳香化合物的扩环,580
 对映选择性,405
 烯烃,对映选择性,580
 烯烃,有机催化剂,580
 烯烃,在离子液体中,580
 酰胺,405
 相对于重氮基转移,405
吖丙啶,来自烯胺,269
 来自氨基醇,297
 来自丙二烯-酰胺,540
 来自重氮乙酸酯和亚胺,580
 来自氮烯和烯烃,580
 来自碘代叠氮,573
 来自叠氮基醇,273
 来自环氧化物,271
 来自磺酰亚胺和缺电子烯烃,580
 来自卤代胺,268
 来自三唑啉的光解,580
 来自肟,924
 来自烯烃,580
 来自烯烃和氯胺-T,580
 来自亚胺,685,700
 来自亚胺和硫叶立德,700
吖丙啶,卤化,277
 被亲核试剂开环,288
 甲苯磺酰基,573
 甲苯磺酰基,频哪醇重排,831
 金属催化的开环,271
 开环成偶极子,583
 通过 Te 叶立德,700
 通过亲核取代,242
 乙烯基,[1,5] 氢迁移,853
 与金属催化剂开环,263
吖丙啶,手性的,来自吖丙因的还原,580
 对映选择性的开环,263
 对映选择性的制备,273
 构象稳定性,76
吖丙啶,羰基化,726

吖丙啶,通过三唑啉氮的挤出,806
 通过内磺酰胺中二氧化硫的挤出,807
 通过三唑啉的热解,580
 通过肟的还原,924
吖丙啶,酰基,重排,855
 不对称的,来自烯烃,580
 对炔烃的加成,583
 离去基团,249
 氯胺-T,580
 四面体机理,242
 作为两可底物,256
吖丙啶盐,氨基的迁移,836
 来自胺卤化物,836
 与水,836
 与溴离子,277
吖丙啶,与醇,263
 与 CO_2,426
 与 mCPBA,801
 与 TBAF(四丁基氟化铵),288
 与胺,271
 与格氏试剂,288
 与金属有机,288
 与硼酸酯,296
 与醛,263
 与锑化合物,409
 与烯丙醇,288
 与烯烃或炔烃,583
 与亚硝酸,801
 与有机锂试剂,583
 与有机铜酸盐,288
吖丙因,来自炔烃,580
 金属催化的 [4+2] 环加成,591
 稳定性,580
 与水,837
吖丁啶(氮杂环丁烷),来自胺和二甲苯磺酸酯,268
 来自内酰胺,696
吖嗪,来自醛和酮,669
吖嗪酸(氮酸),44
吖嗪烯(1-氮杂环丙烯),作为 Neber

重排的中间体,162,837
安息缩合反应中的供体-受体原子,704
安息香,见羟基酮
安息香缩合,703
 HCN 对羰基的加成,701
 对映选择性,704
 供体和受体,704
 供体-受体原子,704
 混合的,704
 机理,704
 醛去质子化,704
 酮醇,704
氨,对氰基胺的加成,674
 Bucherer 反应,453
 超临界,214
 对腈的加成,673
 键角,3
 钠,炔烃的还原,544
 烯烃的胺化,538
 形成烯醇负离子,291
 液体,烯醇盐烷基化,290
 与共轭酮,291
 与环氧化物,270
 与磺酰卤,728
 与金属,环丙烷的裂解,547
 与金属,炔烃的还原,544
 与金属,脱氰基化,424
 与金属,形成烯醇负离子,460
 与卤代烷,268
 与醛或酮,668
 与酸酐,714
 与羧酸,715
 与酰卤,714
 与酯,716
 杂质,Birch 还原,545
 锥形翻转,76
 作为溶剂,447,450,460,797
氨基-Cope 重排,856
氨基吡啶,卤化,360
氨基醇,环糊精,271
半频哪醇重排,830

对映选择性地生成, 271
来自氨基酸, 920
来自胺, 271
来自叠氮化物-醇, 271
来自叠氮基醇, 271
来自环氧丙烷, 271
来自环氧化物, 270,271
来自环氧化物, 氨基碱, 271
来自内酰胺, 720
酮与 O-甲基肟偶联, 935
微波辐照, 270
无溶剂制备, 270
形成吖丙啶, 297
与高氯酸锂在醚中, 270
与亚硝酸, 832
质子化和断裂, 803
氨基醇, 见羟胺
氨基氮烯, 对烯烃的加成, 580
氨基酚（苯酚）, 来自肟, 469
来自 Bamberger 重排, 469
氨基汞化, 烯烃, 539,579
氨基环化酶 I, 酶, 716
氨基磺酸酯, 见酯
氨基磺酸酯, 邻位金属化, 463
Suzuki-Miyaura, 458
氨基甲基芳香化合物, 468
氨基甲基化, 芳基卤, 371
氨基甲酸, 通过异氰酸酯的水解, 666
氨基甲酸酯, 对烯烃的加成, 539
Knoevenagel 反应, 693
共轭加成, 564
邻位金属化, 462
羟胺化, 579
叔丁氧基, 稳定性, 714
通过 Hofmann 重排, 838
通过胺的电解羧基化, 426
通过胺的羰基化, 与醇, 426
通过氮烯的插入, 406
氨基甲酸酯, 环状的, 烷基化, 272
来自烯烃-氨基甲酸酯, 540
来自异氰酸酯和环氧丙烷, 666
通过 Hofmann 重排, 838
氨基甲酸酯, 来自醇与异氰酸酯, 666
来自胺, 264,295
来自醇, 426
来自卤代烷, 453
来自氯化氰和醇, 667
来自氯甲酸酯和胺, 714
来自碳酸酯, 715
来自碳酸酯和胺, 716
来自酮酯, 906

来自异氰酸酯, 274
氨基甲酸酯, 锂化的烯丙基, 693
金属催化的共轭加成, 564
锂化, 295
扭转能垒, 98
与 NBS 和 DBU, 838
与醛或酮, 对映选择性, 693
与炔, 297,417
与烯丙基硅烷, 671
与异氰酸酯反应, 666
氨基甲酸酯, 水解, 708
机理, 707,708
加成-消除机理, 708
在 Suzuki-Miyaura 反应中, 458
氨基甲酰胺, 713
氨基甲酰氮烯, 406
氨基甲酰氯, 370
氨基甲酰内酰胺, 在 Friedel-Crafts 酰基化中, 367
氨基碱, 268
Chichibabin 反应, 463
Haller-Bauer 反应, 423
Stevens 重排, 842
聚合物负载, 687
镁, 409
羟醛反应, 688
羟醛反应的立体选择性, 688
手性的, 401
羧酸的卤化, 403
烯醇负离子的生成, 409
与铵盐, 797
与苄基铵盐, 468
与芳基卤, 272,451
与环氧化物, 271
与卤代烷, 272
与酮, 406
转氨基反应, 270
氨基碱, 二烷基, 聚集, 198
HMPA, 198
螯合, 198
羧酸的卤化, 403
作为碱, 198
作为碱, 在羟醛反应中, 688
氨基腈, 702
Bruylants 反应, 286
Strecker 合成, 702
氰醇, 702
与格氏试剂, 286
氨基卡宾, 141
氨基硫醇, 来自环氧化物, 271
氨基硫醚, 来自吖丙啶, 263

氨基卤化, 572
氨基氯化, 572
氨基醚, 来自醇, 263
来自吖丙啶, 263
氨基钠, Haller-Bauer 反应, 423
炔烃的重排, 400
作为碱, 288
氨基钠, 也见氨基化物
氨基, 钠, 也见氨基钠
氨基脲, 与醛或酮, 670
氨基硼氢化物, 酰胺的还原, 930
氨基硼烷, 转化为胺, 269
与羧酸, 716
氨基羟基化, (DHQ)$_2$PHAL, 579
Sharpless 不对称, 579
对映选择性, 579
烯烃, 579
氨基酸, 405
Dakin-West 反应, 422
半频哪醇重排, 830
重氮化, 277
来自叠氮酸, 405
来自酰卤, 406
手性, 80
通过 Sorenson 方法, 289
脱羧基化, 422
N-烷基化, 671
与亚硝酸, 重排, 830
转化为内酰胺, 715
氨基酸-硼酸, 拆分, 88
氨基酸替代物, 292
氨基羰基化, 461,567
烯烃, 567
氨基酮, Michael 加成, 720
来自 Eschenmoser 盐, 673
通过 Mannich 反应, 672,673
通过 Neber 重排, 837
通过 O-甲苯磺酰基亚胺的重排, 837
消除, 673
氨基烷基化, 杂芳香化合物, 452
芳香化合物, 371
氨基亚磺酰化, 烯烃, 580
氨基-有机铜酸盐, 558
氨基酯, 环化生成内酰胺, 716
烷氧基-烯烃的胺化, 579
重氮酸与胺, 598
氨基自由基, 563
氨基-自由基环化, 269
氨中的钠, 季盐的还原, 931
铵盐酮, Robinson 成环, 690
铵盐, 烷基重排, 374

主题词索引 **1029**

Hofmann-Martius 反应，374
Hofmann 规则，788
Hofmann 降解，796
Knoevenagel 反应，692
Stevens 重排，468,842
　苄基的，Sommelet-Hauser 重排，468
　苄基的，重排，468
　重排，468
　季铵盐，Emde 还原，931
　季铵盐，聚合物负载的，577
　季铵盐，热稳定性，253
　季铵盐，外-内异构体，93
　加热，形成卤代烷，278
　间接水化，535
　碱促进的重排，842
　来自胺，424
　来自胺和卤代烷，268
　裂解，264
　裂解成烯烃，796
　卤代，重排，865
　卤代，光解，865
　手性催化剂，726
　手性的，460,702
　手性的，与 HCN，702
　顺式（syn）消除，782
　四烷基，还原成胺，931
　脱甲基化，267
　脱烷基化，270
　烯丙基重排，860
　烯烃的胺化，538
　酰胺水解，708
　相转移催化，253
　形成氮叶立德，797
　形成醛，534
　与 $LiAlH_4$，931
　与氨基碱，797
　与酰胺，717
　与有机锂试剂，413,796
　与有机锂试剂，Ei 机理，797
　酯化，710
胺-Claisen 重排，859
胺，α-羟基化，与 Pseudomonas oleovoran，906
胺，α-羟基化，与 Sphingomonas sp HXN-200，906
胺，α-烷基化，295
胺，氨基甲酸酯的生成，264
　Gabriel 合成，268
　Hofmann-Löffler 反应，865
　Ing-Manske 方法，272
　Michael 加成，563

不同的水合作用，198
共振，195
甲醚的裂解，270
金属催化的烯烃的胺化，539
离去基团，249
生成 Schiff 碱，669
生成氨基甲酸酯，295
生成醇，266
生成甲脒，295
生成磷酰胺，295
生成氧鎓盐，193
羰基化，567
外消旋化，77
相转移催化剂，268
质子转移，190
转酰胺反应，713
锥形翻转，76
胺，氨基甲酰基，714
胺，苯胺，硝化，356
胺，重氮化，822,831
　重排，822
　与烷基亚硝酸酯，465
胺，二芳基，358,452
胺，二环的，通过烯烃的胺化，538
　桥头，手性，77
胺，二级（仲）的，来自一级（伯）胺，452
　硅基烷基，269
　硅基，与芳基卤，452
　取代，芳基卤，445
　取代，芳基卤，碱催化，445
胺，二羰基，作为亲核试剂，255
　彻底烷基化，268
　二甲苯磺酰基，与卤离子，278
　氟化，425
　生成，通过金属催化，268
　生成酰胺，295
　锥形翻转的能垒，76
胺，反应，与醛或酮，668
　与 KOH，266
　与芳香化合物，371
　与亚硝酸，128
胺，芳基，Bucherer 反应，453
　来自芳基磷酸酯，453
　芳基化，微波，452
　与芳基硼酸，452
胺，芳基，也见苯胺
胺，芳香性的，见苯胺
胺，芳香性的，脱胺化，932
　甲基化，363
　与环氧化物，270

与烷基亚硝酸酯，360
胺，分子内芳基化，452
胺，高烯丙基，684,685
胺，共轭加成，563
　对硫代内酰胺，564
　对映选择性，565
　过渡金属，563
　无溶剂的，564
胺，光化学，173
　炔丙基，684
　炔丙基，与 CuI 和 Pd 催化剂，802
胺，还原胺化，与醛或酮，671,672
胺，还原，叠氮化物，297
　生成胺，试剂，922
　生成烃，试剂，931
　肟，试剂，924
　肟，与硼烷，922
　酰亚胺，931
胺，还原裂解，933
胺，环烷基，与亚硝酸，831
胺，环状的，氨基自由基环化，269
von Braun 反应，278
α-氧化，生成内酰胺，907
α-氧化，生成内酰胺，试剂，907
扩环，羰基化，426
来自二醇，269
来自卤代胺，865
来自卤代胺，268
来自烯胺，268
羟基化，906
通过 S_N2' 反应，268
通过 Steven 重排扩环，842
通过胺的共轭加成，564
通过内酰胺的还原，931
通过酰亚胺的还原，931
与溴化氰裂解，278
胺，加成到，烯烃，565,579
腈，673
异硫氰酸酯，673
异氰酸酯，673
胺，加成，格氏试剂到亚胺，683
金属有机，在离子液体中，684
有机锂试剂到亚胺，683
胺，碱性，189
胺，金属催化的，对腈的加成，674
丙二烯的胺化，539
芳基化，452
芳基化，S_NAr 机理，452
芳基化，机理，452
芳基化，离子液体，452
芳基化，微波，452

共轭加成, 564
偶联生成二胺, 935
羰基化, 425
烯烃的胺化, 538
与芳基卤反应, 358
胺, 金属还原, 硝基化合物, 924
胺, 金属介导的, 芳基化, 452
胺, 腈的脱氢, 试剂用于, 898
胺, 来自酰卤, 839
　来自吖丙啶, 288
　来自胺对烯烃的加成, 538
　来自氨基甲酸酯, 708
　来自氨基醚, 287
　来自氨基硼烷, 269
　来自铵盐, 842
　来自胺, 842,897,933
　来自胺对烯烃的加成, 538
　来自胺氧化物, 843
　来自重氮化合物, 270
　来自醇, 269
　来自叠氮化物, 416,925
　来自格氏试剂, 286,287
　来自环氧丙烷, 272
　来自金属有机, 288,416
　来自鏻盐, 297
　来自卤代烷, 269
　来自卤化物, 催化剂, 269
　来自醚, 269
　来自硼酸, 269
　来自羟胺, 924
　来自氰醇, 297
　来自三氯化氮, 271
　来自碳正离子, 271
　来自肟, 试剂, 924
　来自烯胺的烷基化, 295
　来自烯烃, 271
　来自酰胺, 921
　来自酰胺, Grignard 重排, 720
　来自硝基化合物, 923
　来自亚胺, 684,898
　来自亚硝基化合物, 924
　来自异氰化物, 272
　来自异氰酸酯, 838,839
　来自异氰酸酯的水解, 838
胺, 卤代, Grob 断裂, 803
胺, 卤代, 断裂, 803
　来自胺, 425
　与酸, 865
胺, 氯代, 来自胺, 425
胺, 气相碱性, 198
胺, 迁移, 836

N-Boc, 金属催化的锂化, 295
N-芳基化, 451
金属有机化合物与亚胺, 683-685
萘基, 来自萘酚, 453
亚硝化, 424,425
亚硝化, 机理, 425
胺, 氢解, 931
胺, 氰基化, 410
胺, 取代, 被烷基, 463
　与烷基, 466
胺, 去甲基化, 267
胺, 试剂, 用于醛或酮的还原烷基化, 671
胺, 试剂, 用于酰基化, 715
胺, 手性的, 292,726
　Mannich 反应, 673
　来自甲脒, 295
　有机锂试剂与亚胺, 684
胺, 酸性, 195
胺, 羰基化, 299,425
　电解, 426
　与醇, 426
胺, 通过碱促进的铵盐的重排, 842
通过 C=N 化合物的还原, 922
通过 CH 氧化, 906
通过 Hofmann 重排, 838
通过胺的脱烷基化, 933
通过胺氧化物的还原, 试剂, 932
通过重氮盐的还原, 925
通过叠氮化物的还原, 试剂, 925
通过腈的催化氢化, 922
通过偶氮化合物的还原, 925,934
通过羟胺的金属还原, 924
通过氢化偶氮化合物的还原, 934
通过氰基胺 (氨腈) 的水解, 665
通过烃的 CH 氧化, 906
通过烯胺的还原, 922
通过烯胺的氢化, 539,541
通过酰胺的还原, 930
通过酰胺的还原, 试剂, 921,930
通过硝基化合物的金属还原, 机理, 923
通过亚胺的还原, 对映选择性, 922
通过亚胺的还原, 试剂, 922
通过氧化偶氮化合物的还原, 934
通过异硫氰酸酯的还原, 925
通过异氰酸酯的还原, 925
通过异氰酸酯的水解, 838
通过腙的还原, 922,924
胺, 通过腈的还原, 试剂, 922
通过 Buchwald-Hartwig 反应, 452

通过 Gabriel 合成, 272
通过 Katritzky 吡喃鎓盐-吡啶鎓盐方法, 268
通过 Schiff 碱的还原, 922
通过 Stevens 重排, 842
通过还原烷基化, 671,672
通过磺酰胺的还原, 931
通过季铵盐的还原, 931
通过氰基的还原, 922
通过缩氨基脲的还原, 924
通过肟试剂的还原, 922,924
通过酰胺的硅烷还原, 930
通过硝基化合物的还原, 试剂, 923,924
通过硝基化合物的还原, 与在酸中的金属, 923
通过亚胺盐的还原, 922
通过亚硝基化合物的还原, 925
胺, 通过酶羟基化, 906
胺, 脱胺化, 930
　间接方法, 931
　立体化学, 931
　试剂, 931
胺, 脱烷基化试剂, 933,934
胺, 烷基化, 268,270
　金属催化的, 268
　通过 Delépine 反应, 269
　与醇, 268,269
胺, 烯丙基, Claisen 重排, 859
　CH 胺化, 906
　来自醛和磺酰胺, 682
　来自烯丙醇, Pd 催化剂, 269
　来自烯丙基碳酸酯, Pd 催化剂, 269
　生成共轭酰胺, 426
　碳负离子, 烷基化, 295
　异构化, 533
胺, 烯烃的胺化, 538
胺, 烯烃的胺化, Markovnikov 规则, 538
胺, 酰胺的 α-氧化, 907
胺, 酰基化, 714
　Merrifield 合成, 716
　Schotten-Baumann 方法, 714
　氨基硼烷, 716
　胺与酯, 催化剂用于, 716
　聚合物负载的, 715
　离子液体, 715
　微波, 715
　与酯, 716
胺, 氧化, 898
　二氧化锰, 898

生成胺氧化物，试剂，912
生成腈，897
生成羟胺，试剂，912
生成羟胺，与 Caro 酸，912
生成醛或酮，909
生成硝基化合物，试剂，912
生成硝酮，898
生成亚胺，909
  试剂用于，909
  与 TPAP，909
  与氯胺-T 及 O_2，907
胺，异氰酸酯的水解，839
胺，与醇氧化偶联，272
胺，与卤化物反应活性的差异，268
胺，与内酰胺，高压，717
  与 Lewis 酸，271
  与 Mannich 碱，270
  与 Na 或 Li，543
  与 Sanger 试剂，452
  与 β-内酯，角张力，717
  与吡咯鎓离子，669
  与光气，714
  与环硫乙烷，271
  与环氧丙烷，271
  与磺酰胺，717
  与磺酰卤，728，799
  与磺酰卤，生成磺烯，727，799
  与锂，芳香化合物的还原，545
  与锂，羧酸酯的还原裂解，928
  与硫代光气，714
  与三氟芳基硼酸酯，452
  与三碳酸酯，426
  与叔丁氧酸酐，714
  与微波辐照，268
  与硝酮，424
  与硝鎓盐，425
  与亚磷酸酯，674
  与亚硝酸，250，424，832
  与亚硝酸，pH，464
  与亚硝酸，动力学，464
  与亚硝酸，机理，464
  与亚硝酸酯，909
  与氧鎓盐，426
  与有机锂试剂，409，843
  与有机铜酸盐，417
胺，与酰卤，714，799
  与 CS_2，674
  与 Hünig 碱，893
  与吖丙啶，271
  与苄基氯甲酸酯，714

与丙二烯，538，539，568
与丙二烯，分子内的，539
与重氮化合物，270
与重氮甲烷，270
与重氮酯，598
与次卤酸盐，425
与次硝酸盐，466
与二甲基（甲硫基）锍盐，580
与二硫化碳，674
与二酮，669
与二烯烃，538
与二氧化碳，426
与芳基卤，Goldberg 反应，452
与芳基卤，Pd 催化剂，452
与芳基卤，烷基的取代，451
与芳基三氟甲磺酸酯，451
与钙，芳香化合物的还原，545
与胍，272
与环丙烷，272
与环酸酐，715
与环氧化物，270
与环氧化物，微波，270
与甲醛，371
与甲酸和碘，714
与肼，272
与卤代烷，268
与卤代烷和六亚甲基四胺，268
与氯仿，272
与氯甲酸酯，714
与氰基胺，269
与醛，365，704，910
与醛，NBS-AIBN，504
与醛和炔烃，684
与醛或酮，293，668，671
与炔烃，538
与炔烃，Pd 催化剂，543
与炔烃，分子内的，539
与炔烃，金属催化的，539
与三氟化硼，717
与酸酐，714
与酸酐，机理，715
与羧酸和 DCC，715
与羧酸酯，机理，716
与碳酸酯，715，716
与烯烃，Markovnikov 规则，538
与烯烃，硫醇，580
与烯烃，温度和压力，538
与烯酮，672，835
与酰胺，713
与酰卤，得到烯酮，799
与酰卤，形成烯酮，592

与溴代苯乙酮，245
与溴化氰，278
与酯，716
与酯，IUPAC 机理，717
与酯和酶，716
胺，在 Bruylants 反应中，286
  在 Hinsberg 检测中，728
  在 Mannich 反应中，672，673
  在 Mentshutkin 反应中，268
  在 Mitsunobu 反应中，269
  在 Pictet-Spengler 反应中，365
  在 Staudinger 反应中，925
  在 von Braun 反应中，278
  在中断的 Nazarov 反应中，556
胺，作为离去基团，782
  作为配体，22
  作为溶剂，543
胺醇，来自卤化胺，836
胺化，氨基磺酸酯，406
  电化学的，504
  金属催化的，417
  三氮唑，463
胺化，丙二烯，539
  分子内的，539
  金属催化的，539
胺化，还原，671，672
  金属催化剂，671
  试剂，671
胺化，还原，也见还原
胺化，炔烃，金属催化的，539
胺化，烯丙基 CH，906
  CH，烃，906
  吡啶，463
  芳香化合物，358
  芳香化合物，σ-取代，358
  格氏试剂，416，453
  金属有机，416
  喹啉，463
  有机锂试剂，453
  杂环，463
  杂环，代理取代，463
胺化，烯烃，406，538
  Markovnikov 规则，538
  金属催化的，406
  硼氢化，539
  温度效应，538
胺基离去基团，在 Mannich 碱中，250
胺盐，拆分，88
  与酰胺，717
胺盐，乙烯基环丙烷重排，855
胺盐自由基离子，358

主题词索引

胺氧化物，Cope 消除，797
　　Boekelheide 反应，843
　　Meisenheimer 重排成肟，843
　　共振，26
　　还原成胺，试剂，932
　　热解成烯烃，797
　　通过胺的氧化，试剂，912
　　叶立德，26
　　与醛和 TMSCN，701
胺氧基自由基，137
螯合，羟醛产物，688
　　二烷基氨基碱，198
螯键反应，环砜，801
薁（茂并芳庚），芳香性，32
　　非交替烃，32
　　分子轨道计算，32
　　甲酰化，368
　　偶极矩，32
　　碳正离子，126
　　稳定性，32
　　荧光，176
　　自由基正离子，140
薁基硝酮，自由基，135
薁双负离子，32

B

八氢轮烯，37
八羰基合二钴硅烷，环氧化物，288
　　Pauson-Khand 反应，567
　　芳基卤的羰基化，461
　　氢甲酰化，568,569
　　炔烃的环化三聚，599
　　形成酮，417
　　与金属有机，417
巴比妥酸，717
巴基球（buckybowls），41
柏木烷二醇硼酯，415
摆动，碳负离子，131
　　在有机铜酸盐复合物中，558
半胆红素，氢键，60
半胱氨酸-脱氨酸相互转化，914
半坚果壳分子，卡宾，141
　　环丁二烯，34
半经验计算，19
半径，氢键，59
半醌，自由基离子，140
半联胺，861
　　[1,5] σ 重排，862
半偶苯酰机理（semibenzilic），834
半频哪醇重排，830
　　底物，830
半球形的，95

半球形配体，63
半衰期，247
　　定义，165
　　动力学，165
　　平伏的椅式构象，98
　　烯醇互变异构，400
半瞬烯，865（文献 910）
　　Cope 重排，857
半缩硫醛，667
半缩醛，665
　　水解，842
　　缩醛水解，258
　　稳定性，666
　　形成缩醛，665
　　转化为酮，842
半缩醛胺，形成烯胺，669
　　NMR 检测，668
　　亚胺的形成，668
　　亚胺形成，669
半椅式构象，环戊烷，101
包含化合物，64
　　硫脲，64
　　轮烷，67
保护基，缩醛或缩酮，665
　　二硫代缩醛和二硫代缩酮，667,668
　　硅基，锂化炔丙基化合物，281
保护，醛和酮，醇，260
杯芳烃，63
　　对映体纯的，63
　　手性的，79
　　手性的，氧化膦，88
　　烯醇盐烷基化的催化剂，292
　　抑制脱重氮化反应，932
　　阻转异构体，78
杯芳烃，芳香性，32
杯芳烃-质子配合物，63
杯间苯二酚芳烃，NMR，27
背面进攻，S_N2，224,393
　　取代，224
本位（ipso），定义，350
本位分速率因子，355
本位进攻，350
　　Boyland-Sims 氧化，372
　　苯酚的形成，372
　　芳基自由基，496
　　卡宾，369
　　在亲电芳香取代中，353
本位取代，Wallach 重排，866
本位碳和重排，351
　　S_NAr 机理，444
　　取代基迁移，351

苯，键级，19
　　HMO 理论，20
　　NMR，27
　　船式构象，26
　　二烯烃-环丁烯相互转化，849
　　反应活性，348
　　芳香六隅体，19,27
　　芳香性，20
　　分子轨道（MO），18
　　共振，18,19
　　共振能，20,29
　　环电流，27
　　价异构体，595
　　键能，20
　　金属配合物，62
　　静电势能图，18
　　离域，20
　　离域，MO，20
　　离域，价键理论，20
　　六异丙基，107
　　平面性，24,25
　　氢化热，20
　　取代的，UV 光谱，表，174
　　取代的位点，348
　　碳正离子，345
　　弯曲的，108
　　相对的芳香性，20
　　原子化热，20
　　在亲电的芳香取代反应中，354
　　质子化，350
　　作为溶剂，419
苯，卡宾或亚甲基的加成，597
苯，烷基，气相质子化，348
苯胺，N-硝化，重排，自由基，373
苯胺，N-亚硝化，重排，374
苯胺，pK_a，196
　　氨基被烷基取代，463,466
　　关环，与醛或酮，669
苯胺，铵盐，光解，374
　　电子密度势能图，24
　　共轭，24
　　极限式，24
　　间位硝化，356
　　酸性条件下的硝化，356
　　衍生物，形成芳基叠氮化物，273
　　与 CS_2，674
苯胺，铵盐，重排，374
　　Hofmann-Martius 反应，374
　　金属介导的重排，374
苯胺，共轭加成，564
苯胺，来自胺和芳基三氟甲磺酸

酯，451
  来自 N-硝胺，373
  来自胺，360，451-453
  来自重氮化合物，922
  来自叠氮酸，358
  来自芳基卤，451-453
  来自芳香化合物，358
  来自格氏试剂，452
  来自肟，469
  来自有机锂试剂，452
苯胺，卤化，360
苯胺，卤化，Lewis 酸，360
苯胺，脱胺化，通过重氮盐的还原，932
  重氮化，464
  重氮化，机理，464
苯胺，烷基亚硝酸酯，507
  Boyland-Sims 氧化，372
  Fischer-Hepp 重排，374
  Friedel-Crafts 烷基化，363
  Hofmann-Martius 反应，374
  Mannich 反应，672
  Mills 反应，466
  Reilly-Hickenbottom 重排，374
  硫代亚硝酸酯，507
  羟基化反应，372
  形成芳基卤，507
苯胺，酰基，卤化，374
  Orton 重排，374
苯胺，硝化，356
苯胺，氧化，生成偶氮化合物，898
  生成亚硝基化合物，912
  与 Caro 酸，机理，912
苯胺，与烯烃，538
  与 Caro 酸，912
  与芳基亚硝基化合物，466
  与连二次亚硝酸酯和烯丙基卤，466
  与偶氮化合物，374
苯胺衍生物，来自醇，269
  来自芳基卤，452
苯丙醇胺（去甲麻黄碱），苯甲酰，重排，209
苯并[a]并环戊二烯，通过联苯烯的重排，851
苯并苯，芳香性，38
苯并噁嗪，互变异构，45
苯并蒽，25
苯并菲，29，41
  电子分布，29
  芳香性，29
  溶解性，29
苯并呋喃，来自炔烃，536

金属催化的裂解，287
在 Friedel-Crafts 环化反应中，365
苯并呋喃酮，401
苯并环丙烯，26
  张力，106
苯并环丁烷衍生物，键长，11
苯并环丁烯，26
  电环化开环，846
  环电流，26
  通过二氧化硫的挤出，807
苯并环庚三烯负离子，35
苯并环轮烯，41
苯并轮烯，芳香性，37
苯并三氮唑，酰基，酰基化试剂，721
  与烯胺，293
  转化为叠氮化物，273
苯重氮盐，也见重氮盐
苯二胺，氧化裂解，902
苯酚-二烯酮重排，833
苯酚，光化学，猝灭，177
  Tl 盐，形成酯，709
  还原成芳香化合物，927
  用于双羟基化的试剂，927
  与三氯氧磷，453
  与酮酯，365
  与烯烃，536
  与烯酮，537
苯酚，互变异构，44
  碘化，361
  来自苯基烯丙基醚，Pd 催化剂，270
  氢键，59
  烯醇式，44
苯酚，环酮的芳构化，893
  催化氢化，927
  甲酰化，369
  通过 Fries 重排，372
  通过 Reimer-Tiemann 反应，369
  通过电解，372
  通过芳香化合物的氧化，897
  脱羟基化，927
  形成乙烯基醚，260
  转化为磺酸酯，还原，927
苯酚，来自烯丙基芳基醚，858
  来自芳基重氮盐，465
  来自芳基卤，450
  来自芳基铊化合物，463
  来自芳香化合物，372，501
  来自过氧酸，372
  来自醚，269
  来自硼烷和 Oxone，450
  来自有机锂试剂，450

来自酯，372
邻位甲基化，363
邻位氯化，360
羟基甲基化，364
氢化生成环己酮，544
苯酚，醚形成，261
Bucherer 反应，450
Fenton 试剂，501
醚形成，262
微波辐照，450
苯酚，2-烯丙基，通过 Claisen 重排，858
对烯酮的加成，537
芳基磺酸的碱熔融，450
酸催化的二烯酮的重排，833
酰基，Fries 重排，372
苯酚，氧化，892
  生成醌，试剂，897
  微波，897
  与 Fremy 盐，897
  与高碘酸钠，897
苯酚-醌互变异构，858
苯酚-酮互变异构，也见互变异构
苯酚盐，作为碱，695
  与芳基卤，450
  与芳基卤，微波，450
  与氯仿，369
苯酚酯，372
苯铬三羰基，62
苯环型烃，芳香性，28
苯基锂，61
  聚集状态，133
苯基氰酸酯，见氰酸酯
苯基碳正离子，126
苯基溴化镁，X 射线晶体学，133
苯基亚硒酰氯，氯化，499
苯基乙醇酸，不对称合成，86
苯基正离子，347
  NMR，347
  化学位移，347
苯基正离子，电子势能图，347
  光谱分析，347
苯基自由基，139，495
苯基自由基，也见自由基
苯甲硫醚，与丁基锂，294
苯甲酸，场效应，195
  pK_a，195
  取代基和 pK_a，194
  取代基效应，195
苯甲酸，间氯，过氧基，见 mCPBA
苯甲酰胺，水解，662
苯甲酰苯丙醇胺，重排，209

苯甲酰化，苯，速率，产物分布，354
　　速率和产物分布，354
苯肼，与醛或酮，860
苯氯化重氮盐，键长，464
苯偶酰，677
苯偶酰-二苯基乙醇酸重排，833
苯偶酰-二苯基乙醇酸重排，机理，833
苯频哪醇，来自二苯甲醇，179
苯炔，446
　　稠环，447
　　定义，446
　　形成，卤化物的反应活性，446
　　在 Diels-Alder 反应中，163
　　作为中间体，450
苯炔，芳香性，446
　　E1cB 反应，785
　　芳炔，446
　　机理，163
　　在 Diels-Alder 反应中，584
　　在 [2+2] 环加成反应中，592
　　作为中间体，163
苯炔，机理，446，447，448，451
　　反应，场效应，449
　　反应，酸性，449
　　反应，碳负离子稳定性，449
　　芳香卤与活泼亚甲基化合物偶联，460
　　格氏试剂与芳基卤，455
　　卤化物的反应活性顺序，446
　　区域选择性，446
　　同位素标记，446
　　移位取代，446
苯炔，也见芳炔
苯四氟硼酸重氮盐，467
苯鎓离子，235
　　NMR，236
　　标记，236
　　亲电芳香取代，236
　　溶剂解，236
　　速率，235
　　同位素效应，236
　　稳定的，236
苯烯，扭船式化合物，25
苯衍生物，Dewar 苯，850
　　通过环化三聚，599
苯氧化物，来自氧杂䓬（oxepin），857
苯氧离子，羧基化，370
　　与卤代烷，255
苯乙烯，经过 Suzuki-Miyaura 偶联，458
比旋光度，定义，75
比旋光度，浓度，75
　　对映体，75

对映体过量，89
光的波长，75，82
摩尔旋光度，75，82
天冬氨酸，75
温度，75
比旋光度，也见对映体，手性化合物
吡啶-HF，缩醛或缩酮，259
吡啶 N-氧化物，来自吡啶，912
吡啶，Suzuki-Miyaura 偶联，458
　　Birch 还原，545
　　Friedel-Crafts 酰基化，367
　　来自二氢吡啶，893
　　来自二炔烃和杂环卡宾，599
　　羟基甲基，通过 Boekelheide 反应，843
　　通过腈和炔烃的环化三聚，599
吡啶，酰卤与醇，709
　　Collins 试剂，894
　　Doebner 改进，692
　　重氮盐偶联反应，357
　　醇的氯化，239
　　芳香性，28
　　共振，18
　　亲核催化，705
　　酸酐水解，705
吡啶，作为催化剂，709，710
　　碱性，30
　　邻位锂化，463
　　亲电芳香取代，352
　　与羧酸，506
　　在轮烷中，67
　　作为酸酐水解的催化剂，705
吡啶环芳烃，25
吡啶基离去基团，消除，786
吡啶硫醇，互变异构，44
吡啶-2-硫酮，互变异构，44
吡啶酮，互变异构，44
　　通过环化三聚，599
吡啶，烷基化，金属有机，463
　　胺化，463
吡啶鎓多氟化氢，674
吡啶鎓二氯铬酸盐，360
吡啶鎓化合物，离去基团，249
吡啶鎓离子，消除，786
　　来自吡喃鎓离子和胺，669
　　亲电取代，352
吡啶鎓氯铬酸盐，见 PCC
吡啶鎓溴铬酸盐，芳香化合物的卤化，360
吡啶鎓盐苯酚内盐，253
吡啶鎓盐，自由基环化，563
　　在离子液体中，214

吡啶鎓重铬酸盐，见 PDC
吡咯，卡宾的加成，597
　　Birch 还原，545
　　B 类似物，491
　　Friedel-Crafts 烷基化，362
　　Friedel-Crafts 酰基化，367
　　电子势能图，30
　　芳香性，30
　　共振能，30
　　环绕重排，853
　　极限式，30
　　碱性，30
　　金属催化的与芳基卤偶联，455
　　来自丙二烯-胺，539
　　来自二酮和胺，669
　　来自金属催化的二炔烃的胺化，539
　　来自炔基亚胺，539
　　来自炔烃，539
　　卤化，361
　　亲电芳香取代，351
　　通过环化三聚，599
　　通过氢胺化，538
　　通过烯烃的胺化，538
　　烷基化，268
　　烷基化，金属有机，463
　　在 Reimer-Tiemann 反应中，369
　　阻转异构体，77
吡咯啉，通过烯烃的胺化，538
　　经过氮杂-Wittig 反应，699
　　来自环丙基苯磺酰亚胺，855
　　来自环丙基亚胺，855
吡咯烷，[3+2] 环加成，583
　　Hofmann-Löffler 反应，865
　　来自吖丙啶，583
　　来自卤代胺，268，865
　　通过氢胺化，538
　　乙烯基，来自烯烃-酰胺，540
吡咯烷酮，453
　　N-甲基，见 NMP
　　N-烷基化，254
2-吡咯烷酮，烷基化，272
吡喃，芳香性，28
　　Friedel-Crafts 酰基化，367
　　二氢，复分解，863
　　来自二酮，666
　　来自炔烃，536
吡喃糖，互变异构，44
吡喃鎓离子，28
　　离去基团，249
　　与胺，669
吡唑啉，通过 [3+2] 环加成，583

氮的挤出，806
　来自 [3+2] 环加成，583
　来自酮酯，670
　热解，583
　稳定性，583
吡唑，双自由基，806
　氮的挤出，806
　来自二酮，670
铋化合物，缩醛裂解，259
边界机理，取代，231
边质子化的环丙烷，532
苄基 CH 氧化，生成醛，908
苄基 α-羟基化，905
苄基底物，S_N2 反应速率，244
　取代反应，244
苄基化合物，自动氧化，502
　Étard 反应，908
　α-羟基化，905
苄基卤化，自由基，499
苄基氯甲酸酯，见氯甲酸酯
苄基氢化，与自由基，495
苄基碳负离子，130,295
　极限式，130
　能级，33
苄基碳正离子，126
　极限式，126
　能级，33
苄基自由基，136,495
　能级，33
苄氧基化，烯丙基 CH，905
变色自旋捕获，135
标记，缩醛水解，258
　苯鎓离子，236
　插入反应，411
　对映异位的原子，94
　离子对，229
　溶剂解，229
　同位素的，机理，163
　脱羧反应，376
　与过氧酸酯，503
　与环戊二烯负离子，30
　与水，468
　在 Friedel-Crafts 烯丙基化中，364
　在 von Richter 重排中，468
　在炔基碳正离子中，242
　在乙烯基醚水解中，259
表面活性剂，醚的裂解，276
表面位点，非均相催化剂，542
表，物理数据，987,988
冰点降低，格氏试剂，133
　金属有机，132

冰片，与硼烷，681
丙氨酸，80
2-丙醇，超临界的，作为溶剂，918
丙二酸，93
丙二酸，脱羧反应，420,713
　脱羧反应相对于酸酐的形成，713
丙二酸酯，对映异位的原子，94
　衍生物，与烯烃，562
　与砜，461
　与烷基硅烷，551
丙二酸酯合成，289,295,296
　芳基化，365
　脱羧反应，289
丙二酸酯，见丙二酸酯
丙二烯胺，539
丙二烯醇，互变异构化，241
丙二烯醇，羰基化，568
丙二烯，还原，544
　与 Dibal，544
　与钠和氨，544
丙二烯，[2+2] 环加成，592,593
　与炔烃，592
　与烯烃，592
丙二烯环氧化物，578
丙二烯，加成反应，529
　Cahn-Ingold-Prelog 体系，81
　Heck 反应，456
　Markovnikov 规则，530
　Meyer-Schuster 重排，241
　Simmons-Smith 方法，598
　镜面，78
　累积双键，78
　炔烃的重排，400
　炔烃异构化，400
　生成共轭酮，241
　生成烯丙基碳正离子，530
　手性，77,78
　烯炔的重排，400
　阻转异构体，78
丙二烯，金属催化的，酰胺的加成，540
　胺化，539
　与烯烃环化，552
丙二烯，来自二氧化碳和磷叶立德，698
　来自格氏试剂，281,284
　来自格氏试剂，炔丙基卤，281
　来自炔丙基化物，802
　来自炔丙醇，400
　来自炔丙醇，与硼酸，802
　来自炔丙基卤，281
　来自炔丙基醚，287
　来自炔丙基酯，284

　来自酮，704
　来自有机铜酸盐，282,284
丙二烯，邻基，234
　加成的取向，531
　重排，400
丙二烯，卤化，570
　氢胺化，539
　氢胺化，分子内的，539
　水化，535
　杂化，78
　在 Nazarov 环化反应中，556
丙二烯，氯甲酸酯的加成，574
丙二烯，手性的，283,399
　单烯反应，555
　对映选择性，399
　环氧化，与氧杂氮杂环丙烷盐，577
　环状的，107
丙二烯，通过烯丙基重排，241
丙二烯，与醇，生成四氢呋喃，536
　与胺，538,539,568
　与胺，分子内的，539
　与 1,5-二烯，Cope 重排，856
　与卤代叠氮，573
　与氯磺酰异氰酸酯，726
　与亲电试剂，530
　与醛，680,703
　与醛或酮，680
　与炔烃，553
　与酮，680
　与有机锰化合物，554
　与自由基，531
丙二烯，作为邻基，234
　催化氢化，541,544
　通过环丙烯的重排，597
丙二烯羧酸，环化成丁烯酸内酯，537
丙二烯-烯烃，羰基化，567
丙二烯锡化合物，与芳基卤，457
丙二烯酯，环化成丁烯酸内酯，537
丙酮，互变异构，溴化，167
丙烷，偶极矩，9
　键能，13
丙烯，来自环丙烷，熵，159
丙烯醛，极限式，24
并苯，38
　折线型的，38
并环戊二烯，芳香性，31
并环戊二烯衍生物，34
波动方程，3
　共振，18
波动力学，2
波动力学计算，2

波函数，2
玻色子，74（文献 6）
卟啉，轮烷，66
　　CH 胺化，906
　　互变异构，44
卟烯（porphycene），互变异构，44
补充信息，杂志，980
补篇，Beilstein，986
捕获中间体，163
不对称 Heck 反应，456
不对称催化剂，氢化，546
不对称催化氢化，919
不对称的 [3,3] σ 重排，856
不对称的氮杂 Michael 反应，564
不对称反应，也见对映选择性
不对称还原，前手性酮，919,920
不对称合成，85-87
不对称合成，也见合成
不对称环氧化，见环氧化
不对称硼化，548
不对称氢甲酰化，569
不对称氢键，59
不对称双羟基化，575
　　Sharpless，575
不对称诱导，87
　　也见对映选择性
　　与烯丙基碳酸酯偶联，285
不对称原子，见手性的，立体中心
不可避免的张力，99
不同的溶解性，87
不同的水合作用，胺，198
　　碱性，198
不同的吸收，非对映体，88
　　拆分，88
不完全同步原理，190
不依赖核的化学位移（NICS），28
布克敏斯特富勒烯（buckminsterfullerene），40

C

残余偶极偶合，85（文献 133）
草酸盐，酯的消除，796
草酰氯，DMSO，醇的氧化，896
　　Friedel-Crafts 酰基化，367
　　与羧酸，718
　　与酰胺，718
草酰溴，与羧酸，718
草酰乙酸，94
侧链氧化，芳香化合物，372
侧链，在芳香化合物上，氧化，902
　　氧化，侧链反应活性，903
　　氧化，结构限制，902

插入，C—H，与二甲基二氧杂
　　环丙烷，577
　　重氮羰基化合物，411
　　重氮酯，411
　　分子内的，410,411
　　机理，410
　　金属卡宾，411
　　亚甲基，411
　　直接的，卡宾，412
插入，氮，406
　　氮烯，氨基甲酸酯的形成，406
　　硅烯，411
　　卡宾，142,596
插入，氮烯，环化，406
　　对映选择性，406
插入，卡宾，扩环，411
　　超声，411
　　对映选择性，411
　　分子内的，411
　　机理，411
　　金属催化的，411
　　同位素标记，411
插入，醛，411
　　环丙烷化，411
　　类卡宾，412
　　卤代卡宾，411
　　碳正离子，410
　　羰基氮烯，406
　　通过氮烯，406
　　通过卡宾，411
　　有机锌化合物，412
　　自由基，412
插入反应，双铑催化剂，411
　　标记，411
　　氮烯，143
　　对映选择性的，261
　　机理，411
　　卡宾，142
　　氧，836
插烯的 Mannich 反应，672
插烯的 Michael 反应，556
插烯的 Nazarov 环化，556
插烯的共轭加成，556
插烯的手性羟醛反应，689
插烯作用，烯醇负离子，292
　　E2 反应，782
　　对映选择性的羟醛反应，689
　　羟醛反应，687
差向异构化，手性酮，401
差向异构体，定义，84
拆分，77

拆分，动力学，79,89
　　见动力学
　　环氧化，578
　　烯烃，89
　　烯烃的环氧化，89
　　烯烃的双羟基化，89
拆分，方法，87-89
拆分，机械的，88
　　七螺烯，88
拆分，生物化学法，88
　　去外消旋化，89
　　转化为非对映体，87
拆分，手性添加剂，89
　　不同的吸收，88
　　反应速率，89
　　分步结晶法，87,88
　　分馏，88
　　冠醚，88
　　合成，85
　　环糊精，88
　　金属复合物，79
　　气相色谱（GC），88
　　色谱，88
　　升华，88
　　手性识别，88
　　穴状配体，88
　　制备液相色谱（LC），88
拆分，烯烃，87
　　氨基酸-硼酸，88
　　胺盐，88
　　对映体，75
　　反-环辛烯，88
　　含硫化合物，77
　　晶体，88
　　亚砜，913
拆分，有机汞化合物，394
　　自发的，88
拆分，与番木鳖碱，87
　　与 Sphingomonas pauchimobilis，89
　　与胆酸，88
　　与麻黄碱，87
　　与马钱子碱，87
　　与吗啡，87
　　与酯水解酶，88
　　与猪肝酯水解酶，88
产物分布，240
产物鉴别，机理，162
产物量子产率，179
常数，Planck，2
常数，平衡，见平衡
常数，速率，见速率

场效应，9,10,24
　　Hammett 方程，209
　　"+I 和 −I"，10,207
　　"+M 和 −M"，207
　　pK_a，194
　　σ^* 值，211,212
　　σ 值，211,212
　　苯甲酸，195
　　苯炔反应，449
　　反应活性，207
　　芳基正离子，348
　　芳香化合物，10
　　基团，10
　　碱强度，194
　　键极化，9,10
　　金属有机，413
　　亲电芳香取代，350
　　取代基效应，244
　　醛或酮的卤化，403
　　酸强度，194
　　羧酸，9
　　碳负离子，131
　　叶立德，131
　　杂化，10
场效应常数，211
超分子形式，67
超高速离心机，Diels-Alder 反应，584
超共轭，22,41
　　Baker-Nathan 效应，41
　　p 特征，41
　　s 特征，42
　　UV 光，41
　　X 射线晶体衍射分析，42
　　电荷分离，42
　　端基异构效应，100
　　二炔烃，21
　　芳香取代，350
　　芳香性，41
　　共振，42,125
　　轨道，42
　　互变异构体，42
　　环戊二烯，42
　　环张力能，43
　　极限式，25
　　键增长，42
　　键长，25,42
　　离域，42
　　溶剂解，167
　　四面体机理，242
　　碳负离子稳定性，131
　　碳正离子，41,125,127,167,244

同位素效应，167
温度，167
烯烃稳定性，787
消除反应，787
自由基，41,136
超共轭，芳基卤，23
等价的，41
负的，100
亲电芳香取代，350
牺牲的，42
超共轭拉伸作用，42
超共轭稳定化，42
超级芳烷，40
超级芳香性，38
超级氢化物（Super Hydride），916
　　卤代烷的还原，925
超碱，189,412
酯交换反应，712
超临界的，醇，酮的还原，929
氢，214
超临界的，二氧化碳，醇的氧化，894
　　Heck 反应，456
　　2-丙醇，还原，918
　　芳基卤的羰基化，461
　　芳基卤与胺，451
　　水，Beckmann 重排，840
　　水，频哪醇重排，830
　　乙烷，芳香化合物的氢化，544
　　用于酶法还原，918
　　用于酶法羧化，370
　　用于烯烃的异构化，Heck 反应，456
　　在 Kolbe-Schmidt 反应中，370
超临界的，二氧化碳，也见二氧化碳
超亲电性，227
超声，180
超声，烷基化，卤代烷，254
　　Baylis-Hillman 反应，681
　　DDQ，醇的氧化，897
　　Diels-Alder 反应，584
　　Knoevenagel 反应，692
　　Michael 反应，557
　　Pauson-Khand 反应，568
　　Reformatsky 反应，682
　　$S_{RN}1$ 反应，447
　　醇的高锰酸盐氧化，895
　　反应活性，254
　　芳基卤与胺，452
　　芳香化合物的卤化，360
　　芳香卤化，360
　　金属和频哪醇偶联，934
　　卡宾插入，411

卡宾生成，411
空穴，254
锂，721
硫氰酸酯，268
脉冲的，180
内酯化，581
双羟基化，574
羧酸的酰基化，713
羧酸酯的水解，705
酮 α-氧化生成二酮，907
酮醇缩合，936
烷基叠氮化物的形成，273
烯烃的内酯化，581
酰基氰化物，723
硝基化合物的还原，923
锌，682
液体，180
与高锰酸钾，双羟基化，574
杂原子 Diels-Alder 反应，591
自由基，254
超声，也见超声作用
超声，也见空穴
超声，也见声化学
超声波，超声空穴，180
声化学，180
超声波分子喷射光谱，构象，95
超声作用，环化三聚，599
醇的卤化，275
超酸，126,187,398
　　Gatterman 反应，369
　　苯基正离子，347
　　重氮盐，250
　　芳香化合物的卤化，360
　　非经典碳正离子，237,829
　　离子化，228
　　联苯的异构化，376
　　氢交换，398
　　炔烃的水化，535
　　碳正离子，227,238,825
　　碳正离子的形成，398
　　碳正离子结构，851
　　烷烃的裂解，424
　　烯烃的偶联，410
　　与烯烃，410
超酸，见酸
超氧化钾，见超氧化物
超氧化物，钾，与卤代烷，265
超氧化物，与卤代烷或磺酸酯，265
彻底烷基化，胺，268
[6+2] 成环，600
[8+2] 成环，600

[6+2] 成环，Brook 重排，867
成环反应，Robinson，见 Robinson
成键，电荷转移，62
  P-P，93
  电子，18
  定域的化学，2
  共价的，2
  轨道，2,3
  轨道，烯丙基碳正离子，22
  偶极诱导，62
  在二茂铁中，31
  在茂金属化合物中，31
  最大配位数，5
持久的自由基，135
齿轮分子，107
赤式/苏式，亲电加成，523
赤式命名，85
重氮化合物，烷基化，261
  光氧化，901
  还原，922
  来自苯胺，464
  来自活泼亚甲基化合物，405
  来自亚硝基氨基甲酸酯，806
  来自亚硝基脲，806
  来自亚硝基酰胺，806
  膦酸酯，597
  通过 Bamford-Stevens 反应，798
  烷基化，羧酸，264
  相对于重氮盐，464
  与胺，270
  与磺烯，700
  与金属，596
  与硫，700
  与硫代酮，700
  与硼烷，296
  与酮，704
  与烯烃，685
  与酰胺，273
  与亚胺，685
  质子化，250
重氮化，亚硝酰正离子，464
  氨基酸，277
  胺，822,831
  苯胺，464
  机理，464
  脲，464
  酰胺，709
  与金属卤化物，278
重氮基转移反应，405,596
  相对于叠氮基化，405
  形成重氮酮，405

重氮基转移反应，形成卡宾复合物，596
重氮甲烷，胺的烷基化，270
  Arndt-Eistert 合成，723
  光分解，140
  光化学分解，597
  光解，411
  醛的同系化生成甲基酮，836
  醛转化为酮，412
  三甲基硅基，Li 衍生物，409
  闪光光解，141
  羧酸的烷基化，264
  形成卡宾，141
  形成亚甲基，597
  亚甲基，411
  用于制备的试剂，806
  与醇，261
  与磺酰卤，700
  与金属，596
  与醛或酮，700,835
  与酰卤，723
重氮离子化合物，作为离去基团，250
  来自胺和亚硝酸，250
  偶联，404
  重氮化合物的质子化，250
重氮离子基，作为离去基团，464
重氮离子，亲电性，464
  芳香的，357
  作为离去基团，507
重氮氢氧化物，357
重氮酸盐，烷基，与卤代烷，274
重氮羰基化合物，插入，411
重氮酮，264
  Arndt-Eistert 合成，834,835
  Wolff 重排，835
  重排成羧酸，834
  分解，726
  构象，s-E/s-Z，835
  光解，环收缩，835
  来自酰卤，834
  来自酰卤和重氮烷，723
  水解，258
  通过 Arndt-Eistert 合成，723
  通过重氮基转移，405
  通过重氮基转移反应，405
  与无机酸，277
重氮酮，Wolff 重排，726
  与亚胺，微波辐照，726
重氮烷，碱促进的亚硝基化合物的消除，806
重氮烷，裂解成醚，261
  Rh 催化的分解，142

分解成卡宾，141
来自亚硝基化合物，806
与 CuCN，270
与 Rh 化合物，596
与卡宾反应，142
与醛，598
与醛或酮，机理，700
与肟，261
与无机酸（矿物酸），277
与烯醇，261
在 [3+2] 环加成反应中，581
重氮盐，425
重氮盐，芳基
Gatterman 反应，507
Gatterman 方法，467
Gomberg-Bachmann 反应，467
Sandmeyer 反应，507
Schiemann 反应，465
碘化，465
氟化，465
氟化和碘化，507
氟化，自由基机理，465
共振，464
冠醚，464
还原，试剂，932
甲基化，466
类 Heck 反应，466
羟基化，465
与二氧化硫，508
与硅基烯醇醚，508
与活泼亚甲基化合物，404
与金属卤化物，507
与金属有机，466
与硫醇负离子，465
与硫负离子，465
与硫氢根负离子，465
与硫氰酸酯，465
与三氟硼酸盐，466
与烯烃，466
在 Heck 反应中，456
制备，465
重氮盐，芳香的，分离，250
重氮盐，芳香取代，445
Heck 反应，456,464
IUPAC 机理，250
Meerwein 芳基化，466
S_N1 反应，250
Sonogashira 偶联，460
超酸，250
金属催化，464
偶氮化合物，357

三碘化物，465
碳正离子，250，410
自由基，464
重氮盐，还原成胺，925
　生成芳香化合物，932
　试剂用于，932
　稳定性，250，464
　相对于重氮化合物，464
　与酰胺，708
　与亚硫酸钠，机理，925
重氮盐，极限式，464
重氮盐，金属催化的，羰基化，508
　甲基化，466
　硝化，507
　与烯烃偶联，466
重氮盐，金属介导的，偶联，467
重氮盐，来自苯胺，464
　来自重氮酮，258
　来自对氨基苯磺酸，464
　来自芳香化合物，357
　来自脲，464
　来自亚硝酸，357，464
重氮盐，偶联，357
　芳香化合物的氟化，361
　环丙烯正离子，250
　偶联，机理，404
　偶联，与三烷基氟硼酸酯，297
重氮盐，也见苯重氮盐
重氮盐，用硝酸硝化，508
　亲核芳香取代，SN1，445
重氮盐，与芳香化合物，466
　与过渡金属催化剂，464
　与硫，700
　与硼酸，458，466
　与肟，508
　与亚硝酸根负离子，508
　与亚硝酸钠，507
重氮盐，在 Heck 反应中，464
　重氮化的机理，464
　在 Sandmeyer 反应中，464
重氮乙酸乙酯，409
重氮乙酸酯，金属催化的对烯烃的加成，580
　与亚胺，580
重氮乙酸酯，乙基，409
　与酮，836
重氮酯，插入，411
　金属催化的对亚胺的加成，685
　与 Cu 催化剂，596
　与胺，598
　与醛，409

重氮酯，与酮，836
重叠式构象，97
重铬酸盐，醇的氧化，894
　吡啶鎓盐，见 PDC
　氢醌的氧化，897
重合性，手性，74，76
　对映体，80
　光学活性，74
重结晶，分步，非对映体，88
　拆分，88
重排，1,4-，827
重排，1,5-，827
重排，1,6-，827
重排，1,3-，更大，825
重排，1,2-烷基，炔负离子，从头算研究，827
重排，Neber，837
　中间体的分离，162
重排，Orton，374
　光化学的，374
　过氧化物，374
重排，Reilly-Hickenbottom，374
　Schleyer 金刚烷化，829
　Schmidt，840
　σ 键，金属催化的，864
　按顺序的 1,2-迁移，825
　半频哪醇，830
　逆-Claisen，858
　迁移基团的共振，822
重排，Stevens，468，842，860
　Stieglitz，841
　Stone-Wales，851
重排，Truce-Smile，469
　von Richter，468
　乙烯基环丙烷，855
　乙烯基环丙烷，速率，胺盐，855
重排，Wagner-Meerwein，841
　Wallach，866，937
　Willgerodt，828
　Wittig，295，843，860
　Wolff，726，835
　σ-参与，829
　"错误"，827
重排，Wagner-Meerwein，也见
　Wagner-Meerwein
重排，[2,3] Wittig，860
重排，σ 迁移，852-862
　定义，852
　迁移基团的构型，854
重排，氨基-Cope，856
重排，[2,3]σ 重排，468，844，860

重排，氮杂-Cope，856
　Baeyer-Villiger，841
　Bamberger，469
　Beckmann，804，822，837，840
　Beckmann，基团的迁移能力，823
　Brook，867
　B 到 O，844
　Carroll，859
　Chapman，866
　Claisen，372，858-860
　Cope，855-858
　Cope，也见 Cope
　Curtius，835，838
　C 到 N，837
　Dakin 反应，842
　Demyanov，831
　苯偶酰-二苯乙醇酸，833
　催化的 Wagner-Meerwein，829
　氮杂-Payne，263
　氮杂-Wittig，844
　二-π-甲烷，864
　二烯酮-苯酚，833
　环丙基甲基，与 Ag，Au，Ru 或 In，831
　环丙基甲基，在离子液体中，831
　环绕的，128，853
　简并的，821
　卡宾到卡宾，835
　联苯胺，372，861
　硼到碳，844
　双位移的，867
　正离子迁移，820
重排，电环化的，846-851
　Favorskii，833
　Fischer-Hepp，374
　Fries，372，373
　Grovenstein-Zimmerman，830
　Hofmann，838
　Hofmann，机理，162
　共存的，831
　轨道对称性，850
　卡宾，597
　来自 N-卤代酰胺的卤素，374
　亲电的，157，820，827
　亲电的烯丙基，几何结构，397
　氢，1,3-，或更大，825
　氢，825
　氢作为迁移基团，823
　烯醇烯，859
重排，非碳正离子机理，364
　亲核的，157

亲核的，机理，820-826
亲核的烯丙基，399
重排，分子间的，定义，820
  Lossen，839
  Meinwald，831
  Meisenheimer，843
  Meyer-Schuster，241,837
  Mislow-Evans，861
  α-酮醇，833
  多步1,2-迁移，829
  分子内的，838
  分子内的，定义，820
  分子内的，光化学的，178
  内部夺取，827
  迁移的本质，821
  迁移基团的性质，820
  迁移起点，820
  迁移终点，820
  长程，825
重排，硅-Pummerer，938
  Smiles，469
  Sommelet-Hauser，468,843
  迁移基团的立体化学，821,822,823
重排，跨环的，825
  氢迁移，827
  烷基，826
重排，立方烷，864
  重氮基醇盐，836
  二醇，迁移能力，823
  二烯烃-醇，854
  二乙烯基环丁烷，856
  环丙基甲基，238
  环丙基炔丙醇，831
  环己二烯酮，833
  环氧化物，830
  环氧基醇，263
  锂化环氧化物，271
  锂化醚，843
  卤代铵盐，865
  卤代胺，841
  氢过氧化物生成酮，842
  双键，398
  酮，酸催化的，832
  乙烯基环丙烷，856
  酯，372
重排，硫叶立德，468
  叔戊基碳正离子，821
  乙烯基环氧化物，831
  有机镁化合物，418
重排，卤代烃对烯烃的加成，573
  Friedel-Crafts 酰基化，367

S_N1 机理，822
S_N1 型过程，822
Whitmore 1,2-迁移，820
胺的重氮化，822
本位（ipso）碳，351
传导旅行机理，399
醇的卤化，275
氮烯的形成，821
加成-消除机理，241
甲基参与，238
卡宾对芳香化合物的加成，597
离子，825
离子对，825
邻基机理，232
迁移基团的记忆效应，824
迁移基团的邻位协助，822
迁移能力，823
迁移能力，H 相对于烷基相对于芳基，823,824
溶剂解，238
双自由基，826
碳正离子的形成，820
同位素效应，822,824
外消旋化，822
重排，σ 迁移，也见 σ 迁移
重排，[1,2] σ 氢迁移，831
重排，氢迁移，827
  卡宾，142,596,827
重排，1,2,3-三氧桥化合物，901
重排，酸催化的，环氧化物，830
重排，碳正离子，124,128,299,410,424,534,536,550
  Friedel-Crafts 烷基化，363
  氘标记，823
  重排的方向，821
重排，烷基卡宾，411
  氨基酸，亚硝酸，830
  铵盐，468
  铵盐，碱促进的，842
  苯甲酰苯丙醇胺，209
  苄基铵盐，468
  芳基，过渡态，827
  芳基卤，377
  芳基三氮烯，374
  芳基羧酸负离子，376
  芳基肟，469
  联苯烯，851
  硼烷，400
  炔烃，400
  碳负离子，134
  烯丙基碳正离子，244

重排，烷基，来自铵盐，374
  来自苯胺铵盐，374
  在 Friedel-Crafts 反应中，374
  在 Hofmann-Martius 反应中，374
  在苯胺铵盐的光解反应中，374
重排，烯丙基，239,396
  S_N1' 反应，240
  丙二烯的形成，240
  金属复合物，399
  卡宾，411
  烯丙醇的还原，927
  烯丙基硼烷的酰基加成，680
  烯丙基氧化，904,905
  烯丙基自由基，495
  与铵盐，860
  与烯丙醇，286
  与乙烯基环氧化物，287
  在 S_N2' 反应中，240
  在 Stille 偶联中，407
  在 Wurtz 反应中，279
  在卤化反应中，500
  在炔丙基体系中，241
重排，烯烃，光敏化的氧，502
  π-烯丙基复合物，399
  光化学的，399
  金属催化的，399
  碳正离子，399
  与醇，536
重排，酰基吖丙啶，855
  醛，酸催化，832
  酰基磷叶立德，797
重排，亚甲环丙烷，831
  N-亚硝基，447
  N-亚硝基苯胺，374
  O-甲苯磺酰基腈，804
  O-甲苯磺酰基肟，804
  苯鎓离子，235
  氮烯，143
  降冰片基碳正离子，828
  肟磺酸酯，841
  硝基，373
  新苯丁基体系，828
  新戊基碳正离子，822
  亚硝基酰胺，467
  质子化的环丙烷，822
重排，氧-二-π-甲烷，864,865
  Payne，263
  苯酚-二烯酮，833
  对位-Claisen，858
  频哪醇，基团的迁移能力，823
  频哪醇，见频哪醇

羟基-Cope, 855
炔丙基, 241
氧桥-Cope, 855
质子迁移的, 399, 828, 938
周环 σ 重排, 858
准-Favorskii, 834
重排, 在 Friedel-Crafts 烷基化中, 364
　与 PCC 氧化反应, 894
　在 Diels-Alder 反应中, 585
　在 Heck 反应中, 456
　在 Jacobsen 反应中, 376
　在肟的 Dibal 还原中, 924
　在烯烃的臭氧分解反应中, 900
重排, 自由基, 139
　自由基, β-取代基, 826
重排, 自由基, 157, 495, 826, 827
　芳基, 826
　迁移基团, 827
　氢夺取, 826
　同位素标记, 826
　稳定性, 827
σ 重排, 399, 852-862
　[i, j] 命名, 852
　σ 键迁移, 852
　定义, 852
　迁移基团的构型, 854
　双自由基机理, 854
　碳迁移, 853
　同面迁移, 852, 853
　乙烯基环丙烷, 855
　异面重排, 852, 853
[1, 3] σ 迁移, 轨道运动, 854
[1, 5] σ 迁移, 轨道运动, 854
σ 迁移, 环丙烷, 853
[1, 2] σ 氢迁移, 831
σ 取代机理, 358
[1, 3] σ 烷基迁移, 854, 855
[1, 5] σ 烷基迁移, 854, 855
σ 值, 场效应, 211, 212
　F 值和 R 值, 212
　Swain-Lupton, 212
　反应活性, 209, 210
　共振效应和场效应, 212
[2, 3] σ 重排, 468, 860
　Mislow-Evans 重排, 861
　SeO₂ 氧化, 904
　Sommelet-Hauser 重排, 468, 861
[1, 3] σ 重排, HOMO, 852
　Möbius-Hückel 方法, 853
　光化学的, 同面的, 853
　假想的过渡态, 852

氢的迁移, 852
热的, 853
热的, 异面的, 853
碳, 乙烯基环丙烷, 855
[3, 3] σ 重排, 氨基-Cope 重排, 856
　Claisen 重排, 858-860
　Cope 重排, 855-858
　Fischer 吲哚合成, 860
　对映选择性, 856, 859
　羟基-Cope, 855
　烯丙基乙烯基醚, 854
[1, 5] σ 重排, 半蒎胺, 862
　Möbius-Hückel 方法, 853
　高二烯基, 859
　光化学的, 异面的, 853
　氢, 852
　氢, 单烯反应, 852
　热的, 853
　热的, 同面的, 853
　烷基, 854
[5, 5] σ 重排, 联苯胺重排, 862
稠合作用, 29
　环戊二烯, 30
　张力, 26
稠环芳香化合物, 25
　共振能, 29
　键长, 28
稠环芳香化合物, Friedel-Crafts 烷基化, 362
稠环, 亲电芳香取代, 351
臭氧, 芳香化合物的氧化, 902
臭氧化物的形成, 900
菲, 29
烃氧化生成醇, 904
氧化裂解, 见臭氧分解作用
　在 [3+2] 环加成反应中, 582
臭氧分解作用, 899-901
　Criegee 机理, 900, 901
　重排, 900
　臭氧化物形成的区域化学, 900, 901
　臭氧化物形成和反应活性, 900, 901
　机理, 900, 901
　离子对, 900, 901
　立体化学和, Criegee 机理, 901
　1,3-偶极加成, 900, 901
　气相, 901
　三氧桥化合物, 900
　双自由基, 900
　羰基氧化物, 900
　同位素标记, 901
　微波辐照, 900

烯烃, 899-901
烯烃结构, 900
烯烃相对于炔烃, 900
乙烯, 二氧杂环丙烷的形成, 901
臭氧化物, 通过重氮化合物的光氧化, 901
　结构变化, 901
　来自臭氧和烯烃, 900
　三氧桥化合物, 900, 901
　形成的立体化学, 901
　形成的区域化学, 900, 901
　形成和反应活性, 900, 901
　氧化, 900
出版物, 纪要 (notes) 和通讯 (communications), 980
初级量子产率, 179
氚标记, 242
　双自由基, 重排, 826
氚代, 芳香化合物, 355
氚-氢交换, 398
氚-衰减, 用于生成碳正离子, 242
氚, 同位素效应, 167
传导旅行机理, 396, 399
船式构象, 98
苯, 26
　环庚三烯正离子, 31
串联复分解, 863
串联邻位双官能团化, 558
　有机铜酸盐, 558
窗格型化合物, 64
　氢醌作为主体, 65
窗格型化合物, H₂S, 频哪酮, 64
纯度, 光学的, 89, 90
醇, 胺的烷基化, 268, 269
　与 Me₃Al, 286
醇, 苄基的, 阻转异构体, 78
　卤化剂, 276
　氧化, 微波, 897
　与 MnO₂ 氧化, 895
醇, 丙二烯的, In 化合物, 286
醇, 对醛或酮的加成, 665
　对羰基, 665
　对烯烃, 565
　对烯酮, 537
　对异氰酸酯, 666
醇, 二烯烃, 重排, 854
醇, 高锰酸盐氧化, 超声, 895
　PPh₃ 和 CCl₄, 275
　对烯烃的光化学加成, 536
　光化学, 173
醇, 高炔丙基, 680

Moffatt 氧化，896
Oppenauer 氧化，895
苄基化合物的 α-羟基化，905
芳香化合物的羟烷基化，364
间接还原成烃，927
金属催化的脱水，793
金属催化下被 TEMPO 氧化，896
金属催化下被氧化氧化，金属用于，895
金属催化下与烯丙基硅烷的偶联，286
卡宾的插入，411
烯丙基化合物的 α-羟基化，905
烯烃的分子内加成，536
酯的水解，295
酯化反应，710,711
醇，高烯丙基，烯丙基金属有机，678
　来自烯丙基硅烷和醛，701
　来自烯烃和三氯乙醛，703
　醛，703
　热解，805
　手性的，来自环氧化物，287
醇，格氏试剂，醛或酮，675-677
醇，铬（Ⅵ）氧化，机理，895
　环丙基甲基，FVP，855
　环丙基甲基，来自环丁基胺，831
　环丙基甲基，卤化，276
　环丙基炔丙基，重排，831
　环丁基，来自环丙基甲基胺，831
　环烷基，来自环烷基胺和亚硝酸，831
　环状的，来自二烯醛，680
　环状脱水，365
醇，来自醛或酮，687-691
　来自胺，266
　来自重氮酮，258
　来自二烯烃或三烯烃，844
　来自格氏试剂，287,675-677
　来自格氏试剂和氧气，414
　来自过氧化物，928
　来自环氧化物，287,916
　来自卤甲基醚，845
　来自醚，276
　来自醚，Wittig 重排，843,844
　来自硼烷和一氧化碳，844
　来自氢过氧化物，928
　来自醛，364
　来自酸酐和格氏试剂，719
　来自酸酐和金属有机，719
　来自羧酸，920
　来自羧酸酯，Bouveault-Blanc 方法，920
　来自羧酸酯和格氏试剂，719
　来自羧酸酯和金属有机，719

来自烃和臭氧，904
来自酮，364
来自烷基硼烷，414
来自无机酯，258
来自烯烃，534,844
来自酰胺和格氏试剂，719
来自有机锂试剂，287
来自酯，920
醇，卤代，LiAlH₄-TiCl₃，802
　α-卤代，675
　高烯丙基，678,680,703,794
　卤化剂，275
　卤化，重排，275
醇，卤代烷，In，Ir 或 Ru 催化剂，260
醇，卤代烷羰基化生成酯，299
　催化氢化，927
　铬（Ⅵ）氧化，机理，895
　共轭加成，564
　浓度和平衡，710
　手性的高烯丙基，287
　手性的，格氏试剂，676
　手性的，烯酮，537
　手性的，有机锂试剂，676
　羰基化，299
　转化成苯胺衍生物，269
　转化成磺酸酯，还原，927
醇，偶联，286
　与 LiAlH₄ 和 TiCl₃，286
　与芳基硼酸，536
　与金属有机，286
醇，羟汞化，见烷氧基汞化
醇，炔丙基，酸催化重排，836
　Friedel-Crafts 烷基化，363
　Meyer-Schuster 重排，837
　碱促进的重排，837
　金属催化剂作用下的异构化，837
　生成丙二烯，400
　与硼酸，802
醇，生物氧化，897
醇，酸催化加成到腈，666,724
醇，酸催化脱水，E1 机理，794
醇，酸性量度，191
　Friedel-Crafts 烷基化，
　Koch-Haaf 反应，299
　Mitsunobu 反应，710
　Pinner 合成，667
　Ritter 反应，724
　Schotten-Baumann 方法，709
　$S_N i$ 机理，239
　Swern 氧化，895
　胺的羰基化，426

芳基卤化物的羰基化，461
碱催化下对炔烃的加成，536
经过硼氢化进行反 Markovnikov 制备，844
卤代烷的羰基化，299
醚交换反应，262
硼到碳重排，844
生成碳正离子，125
羰基化，567
烷氧基汞化，536
相转移，275
酯交换反应，712
作为溶剂，543
醇，通过对烯烃的反 Markovnikov 加成，535
通过 Barbier 反应，675
通过 Bouveault-Blanc 方法，917
通过 Cannizzaro 反应，937
通过 Meerwein-Ponndorf-Verley 还原，917
通过 Tamao-Fleming 氧化，263
通过对映选择性的硼氢化，548
通过环氧化物的还原，试剂，916
通过-1,3-二氧杂环戊烷的氧化，844
通过硼酸酯的水解，918
通过硼烷的还原，845
通过硼烷的氧化，548,844
通过羟汞化，534
通过醛或酮的还原，916-920
通过羧酸的还原，920
通过羧酸酯的还原，917
通过羧酸酯的还原，试剂，920
通过烃的氧化，904
通过烃的氧化，对映选择性，904
通过烃的氧化，试剂用于，904
通过酰胺的还原，930
通过与 Grignard 试剂还原，677
醇，脱羟基化，试剂，927
　环氧基，重排，831
　来自金属有机对醛或酮的加成，677
　酶法氧化，897
　醛的酯化，910
　生成胺，269
　生成叠氮化物，297
　生成烯醇醚，262
　酰胺，金属有机，719
　酯化，也见酯化
醇，脱水，261
　Hofmann 规则，793
　Mitsunobu 反应，262
　Zaitsev 规则，793

超临界二氧化碳, 214
生成烯烃, 400
酸催化, 793, 794
碳正离子, 262
脱水剂, 793
与金属氧化物, 793
在超临界二氧化碳中, 214
醇, 烷基叠氮化物, Mitsunobu 反应, 840
醇, 烯丙基与吖丙啶, 288
  Baylis-Hillman 反应, 681
  PPh_3 和 CCl_4, 275
  Sharpless 不对称环氧化, 578
  半频哪醇重排, 830
  不对称环氧化, 578
  还原, 重排, 927
  碱促进的环氧化物消除, 对映选择性, 795
  金属催化剂作用下的异构化, 836
  来自烯丙基砜, 861
  来自烯丙基烃, 904, 905
  卤化作用, 275
  偶联和重排, 286
  生成金属有机化合物, 681
  生成烯丙基胺, Pd 催化剂, 269
  通过 Prins 反应, 702
  通过共轭羰基的还原, 916
  通过烯烃的氧化, 904, 905
  通过与二氧化硒进行烯丙基氧化, 904
  烯丙基硅烷与醛, 681
  氧化成羧酸酯, 909
  异构化成烯醇, 399
  与 Cr 试剂氧化, 894
  与 MnO_2 氧化, 895
  与 Re 催化剂, 836
  与二烷基锌和 Pd 催化剂, 678
  与芳基硼酸偶联, 286
  与格氏试剂, 286
  与硫叶立德, 701
  与硼烷, 548
  与炔烃, 554
  与亚胺, 685
  与有机铜酸盐, 286
醇, 烯丙基酯, Pd 催化剂, 260
醇, 烯基, 696
醇, 酰基化, 709, 710, 712
醇, 氧化, 催化脱氢, 896
  Cr(IV), 895
  DDQ 和超声, 897
  Grubbs 催化剂, 895

NBS, 897
Oxone, 896
环糊精, 897
生成环醚, 501
生成醛, 501
生成醛而不是酸, 试剂, 894
生成醛或酮, 894-897
生成羧酸, 501, 909
生成羧酸, 试剂用于, 909
生成酮, 试剂用于, 895
生成酰氟, 909
微波辐照, 895
相转移, 895
与 Bobbitt 试剂, 896
与 Collins 试剂, 894
与 Dess-Martin 高碘烷, 896
与 DMSO 和 DCC, 896
与 DMSO 和草酰氯, 896
与 DMSO 和三氟乙酸酐, 896
与 DMSO 和三氧化硫, 896
与 DMSO 试剂, 895
与 Fremy 盐, 897
与 Jones 试剂, 894
与 Oxone, 897
与 TEMPO, 共试剂, 896
与 TPAP, 895
与重铬酸盐, 894
与二氧化锰, 895
与高碘酸盐, 897
与高价碘, 896
与高锰酸钾, 895
与混合试剂, 896
与空气和沸石, 897
与三甲基硅基铬酸酯, 894
与替代的高价碘试剂, 896
在超临界二氧化碳中, 894
在离子液体中, 214
在水中与 TEMPO, 896
自由基机理, 895
醇, 以醚作为保护, 260
  TEMPO 氧化, 在离子液体中, 896
  超临界, 酮的还原, 929
  超临界, 作为溶剂, 929
  铬酸盐结构类似物, 用于氧化, 895
  还原生成烃, 试剂, 927
  氢过氧化物的还原, 928
  醛的还原烷基化, 666
  溶剂解, 824
  无溶剂氧化, 894
  酰卤的还原, 930
  乙烯基环丙基, σ 迁移, 853

用于脱氧化的试剂, 927
与 DMSO 共用的试剂, 用于氧化, 896
与光气反应, 667
与硫醇反应, 266
与醛或酮反应, 可兼容的官能团, 665
与亚硫酰卤反应, 267
与有机钛试剂反应, 286
质子解作用, 生成碳正离子, 128
自由基二聚, 504
醇, 用于生成环醚的氧化剂, 501
醇, 与胺氧化偶联, 272
醇, 与醛, 666
  与 DAST, 275
  与 DMF, 712
  与 HBr 或 HI, 276
  与 Lawesson 试剂, 266
  与 Michael 型烯烃, 536
  与 NaOH 和 CS_2, 795
  与 PPh_3 和碘, 275
  与吖丙啶, 263
  与丙二烯, 生成四氢呋喃, 536
  与重氮甲烷, 261
  与叠氮酸, 269
  与二硫化碳, 667
  与负载在聚合物上的氧化剂, 894
  与环氧化物, 262
  与磺酰胺, 728
  与磺酰卤, 728
  与金属卤化物, 275
  与硫化氢, 266
  与卤代烷, 260
  与卤素, 571
  与卤素和烯烃, 571
  与氯化氰, 667
  与硼氢化物, 919
  与炔烃, 536
  与三氟硼酸盐, 261
  与三氯化硼, 415
  与三氧化硼, 415
  与四乙酸铅, 501
  与酸酐, 710
  与酸酐, 催化剂用于, 710
  与酸酐, 微波辐照, 710
  与羧酸, 710, 711
  与羧酸和 DCC, 711
  与羧酸, 平衡, 710
  与羧酸, 酸催化, 710
  与无机酸, 265
  与无机酸, 274
  与烯醇醚, 536
  与烯烃, 536

与烯烃，Markovnikov 规则，536
　与烯烃，对映选择性，536
　与烯烃和叠氮酸，839
　与烯烃，区域选择性，536
　与烯酮，537，835
　与酰胺，272
　与酰亚胺，272
　与亚硫酰氯，239，274
　与氧化剂和叶立德，696
　与氧鎓盐，263
　与异硫氰酸酯，666
醇，与酰卤和 Zn，709
　与醛或酮及 HX，675
　与酰肼，712
　与酰卤，709
　与酰卤，S_N1 或 S_N2 机理，709
　与酰卤，四面体机理，709
醇解，金属催化，536
　环状酸酐，710
　腈，666
　酸酐，对映选择性，710
　烯烃，536
　酰胺，712
醇铝，Oppenauer 氧化，895
醇镁，来自 Grignard 反应，675
醇-炔烃，氢键，60
醇脱氧化，机理，927
醇盐，1,3-消除，803
　Grignard 反应，675
　Grob 断裂，803
　LIDAKOR，795
　金属催化下与芳基卤反应，450
　金属，通过 Ei 机理顺式（syn）消除，794
　金属，烯烃的热解，794
　来自酮或醛，134
　裂解，395，421
　气相裂解，130
　醛或酮的还原，918
　热裂解，422
　热裂解，机理，422
　水解，919
　与二卤化物，260
　与卤代烷，260
　与烷基硫酸酯，261
　与无机酯，261
醇盐碱，酯的烯醇负离子，723
　羟醛反应，687
　与卤代砜，700
　与卤代酯，694
磁场，ESR，135

微波，181
磁感应，Étard 反应，908
磁各向异性，ESR，135
　NMR，9
次碘酸盐，叔丁基，烯烃的碘化，498
次氟酸盐，酰基，与烯醇负离子，402
次氟酸盐，乙酰基，361
次磺酸，Smiles 重排，469
次磺酸酯，形成，406
次级轨道相互作用，用于 Diels-Alder 反应，585
次磷酸，芳基重氮盐的还原，932
　共振，26
　叶立德，26
次磷酸酯，还原剂，925
次卤酸，对炔烃的加成，571
　与烯烃，571
次卤酸盐，N-卤代胺，425
　芳香化合物的卤化，361
　酰基，作为中间体，510
次氯酸钠，Jacobsen-Katsuki 环氧化，578
次氯酸钠，见次氯酸盐
次氯酸钠，烯烃的环氧化，578
次氯酸盐，环酮的氧化裂解，899
　与胺，425
　与有机硼烷，416
次氯酸盐，烷基，分解成自由基，490
　硅烷的自由基卤代，499
　环氧化，578
　卤化，500
　与叠氮化物和醛，718
从头算计算，19，134
E2 机理，780
Mukaiyama 羟醛缩合反应，690
S_N2 反应，226
反芳香性，33
非经典碳正离子，234
环丙基甲基自由基重排速率，494
降冰片基正离子，237
立方烷基正离子，228
炔负离子中 1,2-烷基迁移，827
酸性，187
碳正离子稳定性，524
质子化的环丙烷，532
自由基氢夺取的过渡态，493
从头算研究，347
E1 机理，345
Hammond 假设，348
Lewis 酸，347
σ-复合物，345
氘离子，346

芳香性，345
共振，345
活化基团，348
空位位阻，脱质子化，346
平衡，348
碳正离子，345
硝化，357
硝鎓离子，347
遭遇复合物，348
自由基，356
猝灭，动力学，165
　在光化学中，177
催化，Lewis 酸，磺酰卤与卤代酯，283
催化，醇和重氮化合物，261
Brønsted 催化方程，192
Diels-Alder 反应，584
超临界二氧化碳，214
机理，163
自由能，163
催化，碱，192
Marcus 方程，192
芳基卤与活泼亚甲基化合物偶联，460
形成肟，670
催化，胶束的，Williamson 反应，260
催化，金属，胺烷基化，269
吖丙啶开环，271
环氧化物的卤化，277
磺酰胺的芳基化，272
金属有机偶联，283，284
醚的裂解，276
形成乙烯基酯，264
与格氏试剂偶联，282
催化，亲核的，705
催化，酸，环氧化物醇解，262
环氧化物，260
缩醛，258
催化，酸或碱，酯水解，705
催化，酸-碱，192
催化，特殊酸，192
催化，相转移，见相转移
催化，一般的，192
催化，一般的，192，259
催化的 Claisen 重排，858
催化的 Sakurai 反应，560
催化的 Wagner-Meerwein 重排，829
催化剂，Mn 配合物，578
Pd，22
Pybox，673
Ti，酰基加成，679
TPAP 氧化，895
吡啶，709，710

噁唑烷，557
光学活性，74
磺酰胺，690
聚合物负载的，863
可回收利用的，用于烯烃复分解反应，863
奎尼定，725
奎宁环，682
磷酰胺，690
磷酰胺，687
膦，556
噻唑盐，566，704
四氮杂磷酰二环烷（proazaphosphatrane），681
相转移，556，723
有机催化剂，701
有机的，手性的，702
有机的，也见有机催化剂
催化剂，Wilkinson，22
催化剂，非均相的，氢化，540
  表面位点，542
  微粒位点，542
催化剂，过渡金属，701
  Claisen 重排，859
  Mukaiyama 羟醛反应，690
  格氏试剂与亚胺，684
  与烯丙基锡化合物，679
催化剂，金鸡纳生物碱，673，692，726
  DBU，564
  定义，163
  二胺质子酸，用于羟醛反应，689
  核黄素，575
  来自烯烃的双羟基化，574
  氯化亚铁，$S_{RN}1$，242
  树枝状的，转移氢化，544
  树枝状分子，726
  用于 Friedel-Crafts 反应，卤代烷对烯烃的加成，573
  用于 Friedel-Crafts 反应，与光气，370
  用于 Friedel-Crafts 酰基化，367
  用于 Dieckmann 缩合，722
  用于 Grignard 偶联，455
  用于 Tischenko 反应，938
  用于胺的酰化，714
  用于胺的酰化，与酯，716
  用于从三甲基氰硅烷生成氰醇，701
  用于对映选择性的烯烃环氧化，577
  用于光化学的 [2+2] 环加成，592
  用于环氧化，577
  用于氢化，540
  用于酸酐的醇解，710

用于羧酸酯的水解，705
用于羧酸酯化，710
用于烯烃复分解反应，862，863
用于酯交换反应，712
杂环卡宾，701，858
催化剂，金属，环氧化物醇解，262
Cope 重排，856
Heck 反应，456，457
催化剂，手性的，702
环氧化物和胺，271
形成环胺，296
用于醇的脱氢，896
用于炔烃的环化三聚，598
与硅烷偶联，278
与酰卤，800
催化剂，均相的，540
  类型，541
  氢化，540
催化剂，氢离子，四面体机理，660
  Lewis 酸，703
  Lindlar，炔烃的氢化，541
  MABR，679
  碘，712
  咪唑烷酮，585
  咪唑盐，704
  氢化，可溶性的，540
  在 Mukaiyama 羟醛反应中，690
  在杂原子 Diels-Alder 反应中，591
催化剂，三相，254
催化剂，手性的，197，564，673，690，701，725，842
催化剂，手性的，双噁唑啉，558
  Baylis-Hillman 反应，682
  Diels-Alder 反应，586
  Friedel-Crafts 烷基化，363
  Mannich 反应，673
  Michael 反应，557
  Mukaiyama 羟醛反应，690
  Prins 反应，703
  Suzuki-Miyaura 反应，458
  氨基甲酸酯的共轭加成，564
  氮杂-Michael 反应，564
  过渡金属，690，702
  还原，919
  磷酸，684
  硫脲，Pictet-Spengler 反应，365
  羟醛反应，689
  氢化，87
  三甲基氰硅烷，形成氰醇，701
  双膦，546
  烯烃的双羟基化，575

杂原子 Diels-Alder 反应，591
催化剂，氧化铝，709
BINOL，678
铵盐，726
不对称的，合成，87
氮杂二茂铁，835
卡宾，564
硼酸，564，715
硼烷，922
炔烃的氢化，541
生物催化剂，701
催化氢化，见氢化
催化脱氢，醇，896
"错误"重排，827

D

达玛二烯醇，551
大环化合物，索烃，67
  通过酮醇缩合，936
大环内酯，通过复分解反应，863
  来自羟基酸，711
大环，陀螺烷，67
  冠醚，63
  通过 Story 合成，807
大环，张力，106
大角张力，见张力
带，分子，66
带状，分子，66
单电子转移（SET）及机理，见 SET
单分子取代，见取代，SN1
单过氧邻苯二甲酸镁，见 MMPP
单过氧硫酸盐，与 O_2，对映选择性，897
单配合体，61
单烯反应，555
单烯反应，氢的 $[1,5]\sigma$ 重排，852
  Lewis 酸，555
  Prins 反应，703
  SeO_2 氧化，904
  氮杂-，555
  典型的官能团，555
  对映选择性，555
  对映选择性的，555
  分步机理，555
  分子内的，555
  机理，555
  金属催化的，555
  空间因素加速，555
  立体选择性的，555
  逆-，555
  亲双烯体，555
  羰基，555
  微波辐照，180

温度需求, 555
亚氨基, 555
与氧, 502
在离子液体中, 555
单烯合成, 见单烯反应
单线态, 在光化学中, 173
单线态氮烯, 143, 580
单线态氮烯离子, 143
单线态卡宾, 140, 597
单线态卡宾, 见卡宾
单线态羰基, 725
单线态亚甲基（卡宾）, 141
单线态氧, 自动氧化, 502
　单烯反应, 555
　对二烯烃的环加成, 591
　二氧杂环丁烷的生成, 591
　光敏化剂, 502
　氢过氧化物, 502
　双自由基, 503
　烯烃的光氧化, 578
　用于制备的试剂, 502
　与菲环加成, 591
　与烯烃, 502, 578
　与烯烃环加成, 591
　与烯烃, 机理, 502
　在 Diels-Alder 反应中, 591
单线态自由基, 138
单氧化酶, 细菌, 硫醚的氧化, 913
胆固醇, 生物合成, 552
胆酸, 拆分, 88
　作为主体, 65
氮-15, 446, 860
氮的固定, 三酮, 599
氮的热挤出, 806
氮酸, 44
氮酸酯, O-烷基化, 255
氮酸酯, 来自硝基化合物, 692
　与醛, 692
氮烯, 143, 580
　氨基, 见氨基氮烯
　插入, 143, 406
　插入, 氨基甲酸酯的形成, 406
　从头算计算, 143, 821
　单线态, 143
　单线态, 也见单线态
　定义, 143
　对烯烃的加成, 143
　对映选择性的生成, 580
　二聚, 143
　芳基, 143
　放电, 143

光解, 143
焰, 143
来自胺和亚硝酸, 250
来自叠氮化物, 143
氢夺取, 143
三线态, 143
三线态, 也见三线态
羰基, 见羰基氮烯
通过 O-磺酰胺的消除, 143
酰胺的形成, 406
酰基, 821
　与芳香化合物, 580
　与烷烃, 406
在基质被捕获, 143
重排, 143, 821
氮烯插入, 环化, 406
　对映选择性, 406
　机理, 406
氮烯离子, 143, 469
　单线态和三线态, 143
氮, 氩, 烯烃的氟化, 570
PES 谱, 6
插入, 406
从吡唑啉中挤出, 806
从吡唑中挤出, 806
从三唑啉中挤出, 806
电子结构, 6
键角, 3
金属催化的与有机锂试剂的反应, 452
可裂解的基团, 373
亲电试剂, 404
亲核试剂, 268
叶立德, 26, 698
　作为离去基团, 250, 464, 582, 798, 806, 898, 929
氮氧化物, TEMPO, 自由基, 137
氮氧化物自由基, 138
　不对称的, 138
氮氧化物自由基, 137
Bobbitt 试剂, 896
Fremy 盐, 897
TEMPO, 137
X 射线衍射, 137
化合物, 醇的氧化, 896
氮叶立德, 也见叶立德
氮杂 Baylis-Hillman 反应, 681, 685
　对映选择性, 685
氮杂 Bergman 环化, 849
氮杂 Brook 重排, 867
氮杂 Claisen 重排, 三氯乙酰亚胺酯, 859

金属催化剂, 859
氮杂 Cope 重排, 856, 859
　对映选择性, 856
　金属催化的, 859
氮杂 Cope 重排, 859
氮杂 Diels-Alder 反应, 591
　在离子液体中, 591
氮杂 Henry 反应, 692
氮杂 Michael 反应, 563
　DBU 催化剂, 564
　对映选择性, 564
　微波辐照, 564
氮杂 Payne 重排, 263
氮杂 Wacker 方法, 911
氮杂 Wittig 反应, 699
氮杂 Wittig 重排, 844
氮杂宝塔烷, 合成, 105
氮杂单烯反应, 555
氮杂二茂铁, 作为催化剂, 835
氮杂二茂烯, 手性的, 591
　在 Diels-Alder 反应中, 591
氮杂冠醚, 63
　光异构化, 179
　氮杂冠醚, 也见醚, 氮杂冠
氮杂金刚烷酮, 张力, 105
　Wittig 反应, 106
氮杂轮烯, 36
氮杂十一环二十烷（azadodeca-hedranes）, 105 (文献 459)
氮杂瞬烯, 857
当归酸, 396
氘, 标记, E2 反应, 782
Hofmann 降解, 796
Shapiro 反应, 797
在正离子重排中, 823
氘, 键长, 11
二级同位素效应, 246
互变异构, 401
氢交换, 355
质子, 186
氘离子, 同位素效应, 346
氘-氢交换, 398
氘, 同位素效应, 166
E1cB 反应, 784, 785
E2 反应, 782
离解能, 166
氘, 与烷烃交换, 542
氘, 与烯烃反应, 543
导电聚合物, 214
导电性, 芳镓离子, 399
德拜, 偶极矩, 9

主题词索引

登录号，CAS，985
等翻转，396
等分构象，97
等价超共轭，41
等键反应，20
低聚甲醛，甲酰化，369
　　Eschweiler-Clarke 方法，671
　　来自甲醛，724
低聚索烃，66
低聚碳二亚胺，725
低温基质，34
底物，两可的，烯丙基化合物，256
　　S_N1 反应，256
　　S_N2 反应，256
　　吖丙啶，256
　　定义，256
　　环硫酸酯，257
　　环氧化物，256
底物，亲电取代，397
　　Michael 型，526
　　定义，156
　　用于 Mukaiyama 羟醛反应，690
碲化物，来自卤代烷，267
碲盐，与六甲基二硅基氨基，700
碲叶立德，697,700
碲，与格氏试剂，416
碘，高价的，酮的 α-乙酰氧基化，906
　　CH 氧化，905
　　Dess-Martin 高碘烷（periodinane），896
　　醇的氧化，896
　　醇的氧化，微波辐照，896
　　醇的氧化，在离子液体中，896
　　醇氧化的可供选择试剂，896
　　碘酰苯甲酸，896
　　聚合物固定的，与 TEMPO，896
　　烃的氧化，904
　　形成内酯，264
　　与碘催化剂，896
碘，光，形成自由基，498
　　Prins 反应的促进，703
　　与 $NaBH_4$，920
　　与环辛二烯，106
　　与环氧化物，277
　　与甲酸和胺，714
　　与联芳烃，851
　　与炔烃-硼烷，846
碘，烯烃，570
　　Friedel-Crafts 烷基化，362
　　Hunsdiecker 反应，510
　　$PhI(OAc)_2$，498
　　催化剂，712

共催化剂，与高价碘，896
碘代苯胺，与环糊精形成复合物，66
碘代苯磺酸，与 Oxone，896
碘代醇，与 HgO 或 $AgNO_3$，830
N-碘代琥珀酰亚胺，见 NIS
碘代环戊烷，与高氯酸银反应，35
碘代内酰胺化，563,571,572,581
碘代硼烷，中间体，846
碘代醛，自由基环化，563
碘代三硝基苯（苦味基碘），共振，24
N-碘代糖精，醇的卤化，276
碘代酮，自由基环化，563
碘代乙酰基加成，对烯烃，571
碘化，498
　　芳香化合物，361
　　醛和酮，402
碘化锂，可力丁，277
　　与内酯，277
　　与羧酸酯，277
碘化钠，见碘化物
碘化试剂，361,402
碘化物，芳基，与 Pd 催化剂偶联，278
　　芳基，来自芳基重氮盐，465,507
　　乙烯基，来自乙烯基溴，274
　　与硼烷和碱，845
　　在 Finkelstein 反应中，274
碘化物，放射性的，在 SN2 反应中，226
碘化物，钠，氯胺-T，465
　　在 DMF 中，800
碘甲基锌磷酸酯，598
碘离子，氧化，465
碘咯（四碘吡咯），胺化，358
碘试剂，芳香卤化，361
碘鎓盐，碘代叠氮化物对烯烃的加成，573
　　Heck 反应，456
　　Sonogashira 偶联，460
　　芳基，Heck 反应，456
　　芳基，S_N1 反应，445
　　芳基，与三氟硼酸酯，536
　　与芳基卤，Pd 催化剂，452
　　与硫酚，451
　　与炔烃，460
碘酰苯甲酸，见 IBX
　　醇的氧化，896
电场，微波，181
电磁波，微波，181
电动序，金属交换反应，418
　　金属，418
电负性，8
　　C 和 H，9

I 效应，10
NMR，8
　　表，8
　　电子密度，9
　　电子云变形，8
　　公式，8
　　共振，24
　　化学位移，9
　　基团，8
　　基团电负性，8
　　价层电子，8
　　键能，8,13
　　离子化能，8
　　离子键，9
　　量度，8
　　酸性或碱性，196
　　自由基 E/Z 翻转的能垒，136
电负性大小，Pauling，8
电负性大小，Sanderson，8
电负性的 Pauling 标度，8
电负性的 Sanderson 标度，8
电荷分布，在共轭碳正离子中，125
电荷分离，超共轭，42
　　共振，24
电荷分散，消除相对于取代，791
电荷转移，成键，62
　　光谱，61,395
　　配合物，61
　　配合物，UV，溶剂，253
电化学，乙酸烯丙酯与酮，680
　　Michael 反应，557
　　Michael 加成，557
　　Pschorr 关环，467
　　$S_{RN}1$ 反应，447
　　Ullmann 反应，458
　　胺化，504
　　二醇的氧化裂解，899
　　芳基卤与硫亲核试剂，451
　　芳基卤与醛，680
　　硅烷的偶联，505
　　硫醇氧化成二硫化物，914
　　卤代烷的羰基化，299
　　卤仿反应，423
　　频哪醇偶联，935
　　肟脱水生成腈，804
　　烯烃的二羧基化，566
　　硝基化合物还原为羟胺，924
　　锌，420
　　形成卡宾，141
　　乙烯基卤的还原，926
　　酯转化为酰胺，716

自由基环化, 563
电环化反应, 形成芳香化合物, 851
    Möbius-Hückel 方法, 848, 849
    烯-二炔, 849
电环化开环, UV 光, 846
    苯并环丁烯, 846
    环丁烯, 846
    环二烯烃, 846
    取代基效应, 846
    顺旋相对于对旋, 847
    转矩选择性, 846
电环化关环, 二丙烯, 856
电环化试剂, 焦钙化醇, 849
电环化重排, 846-851
    Dewar 苯, 850
    HOMO 轨道的重叠, 847
    $4n$ 相对于 $4n+2$, 850
    定义, 847
    轨道对称性, 850
    交替的芳香化合物, 851
    金属催化的, 850
    禁阻的, 金属催化剂, 850
    卡宾, 597
    立体化学, 847
    前线轨道方法, 847
    顺旋相对于对旋, 847, 850
    允许的相对于禁阻的, 850
电解, 胺的羰基化, 426
    Collman 试剂, 298
    Friedel-Crafts 烷基化, 362
    Hofmann 重排, 838
    Stephens-Castro 偶联, 459
    芳基卤的自偶联, 455
    羧酸的卤化, 403
    羧酸盐, 509
    脱羧反应, 807
    形成苯酚, 372
    形成卤代炔烃, 416
    亚砜还原, 289
    与硅烷偶联, 278
电离能, 7
    PES, 106
    电负性, 8
    烯烃和加成反应, 529
    硬度, 193
    在酮-胺中, 106
电喷雾离子化质谱, 见质谱
电势, 离子化, 见离子化能
电子, 电子结构, 7
    ERS, 135
    波, 2

成键, 18
非键的, 卡宾, 140
共振, 23
孤对电子对, 12
孤对电子对, 碳负离子稳定性, 131
价, 7
价电子层, 电负性, 8
空间需求, 12
溶剂化的, 447
未成对的, ESR, 135
未成对的, 自由基, 135
未共用的, 芳基正离子, 349
跃迁, 4
自由基, 134
电子给体-受体复合物, 61
电子构型, 硼, 4
电子构型, 硼, 碳, 4
电子激发, 173
电子结构, 7
    PCl_5 和 SF_6, 7
    P 和 S 的化合物, 7
    氮, 6
    电子, 7
    汞, 4
    共价化合物, 7
    甲基自由基, 8
    硫酸, 8
    三氟化硼, 8
    亚胺, 8
    氧, 7
    乙烯, 7
    元素周期表, 7
电子离域, 42
电子离域, 烯醇稳定化, 400
    酰胺, 43
电子密度, 环丙烷, 103
    电负性, 9
    共振, 24
    节, 3
    邻基, 234
电子密度势能图, 苯胺, 24
电子密度图, 乙炔, 6
电子能谱, 172
电子排斥, 亲核强度, 248
电子亲和力, 有机锂试剂, 193
电子势能图, 苯基正离子, 347
    吡咯, 30
电子顺磁共振, 见 EPR
18 电子体系, 茂金属化合物, 31
电子效应, 反应活性, 207
电子效应, [2+2] 环加成, 594

Diels-Alder 反应, 584
E2 反应, 785
电子需求环化, 587
电子需求增加原理, 233
电子衍射, 136
电子衍射, 烯丙基自由基, 136
    构象, 95
    键长, 10
电子异裂机理, 582
电子跃迁, 172
    光化学, 172
电子云变形, 电负性, 8
电子转移, 格氏试剂, 677
    光敏化, 177
    金属交换, 420
    自由基, 490
电子转移机理, 463
电子转移, 氧化-还原, 892
电子自旋, 2
电子自旋共振, 见 ESR
叠氮胺, 来自硅基叠氮化物, 271
叠氮醇, 环化为吖丙啶, 273
叠氮化碘, 对烯烃的加成, 573
叠氮化钠, 碘化钾, 573
叠氮化物, 芳基, 来自烷基亚硝酸酯, 273
    扩环, 839
    来自苯胺衍生物, 273
    与卤代烷基硼烷, 417
叠氮化物, 硅基, 与环氧化物, 271
叠氮化物, 还原, 416
    还原成胺, 297
    还原成胺, 试剂, 925
    还原, 烯烃的酰胺化, 540
叠氮化物, [3+2] 环加成反应, 581, 583
    负载在聚合物上, 596
    负载在聚合物上, 重氮基转移试剂, 596
    金属催化下与环氧化物的反应, 271
    金属, 与环氧化物, 273
叠氮化物, 磺酰基, 重氮基转移反应, 405
    还原成磺酰胺, 925
    与活泼亚甲基化合物, 405
    与酰胺, 405
叠氮化物, 甲苯磺酰基, 与有机锂试剂, 416
叠氮化物, 来自卤代烷, 273
    来自苯并三氮唑, 273
    来自苄醇, 297

主题词索引 **1049**

来自叠氮离子的反应，273
来自肼，424
来自硼酸，273
叠氮化物，卤代，通过卤化叠氮对烯烃的加成，573
　还原，573
　与 LiAlH$_4$，573
　与丙二烯，573
　与烯烃，573
叠氮化物，羰基化，425
　共轭加成，564
叠氮化物，烷基，酸催化扩环，839
　超声，273
　对烯烃的加成，580
　来自醇，烯烃和叠氮酸，839
　热解成亚胺，839
　通过 Mitsunobu 反应，与醇，840
　通过叠氮酸对 Michael 型烯烃的加成，540
　相转移催化，273
　与卤代烷基硼烷，417
　在 [3+2] 环加成反应中，582
　在金属催化的 Schmidt 反应中，839
　在 1,3-偶极加成反应中，580
叠氮化物，酰基，821
　Curtius 重排，838
　分解，821
　来自醛，718
　来自酸酐，273
　来自酰卤，273
　来自亚硝酸和肼，838
　来自酯，273
叠氮化物，酰基，在 Curtius 反应中，273
　对烯烃的加成，580
　热解成异氰酸酯，838
叠氮化物，形成氮烯，143
　Dess-Martin 高碘烷（periodinane），273
　Staudinger 反应，925
　三氮烯，416
叠氮化物，与醛，718
　与 CO，425
　与格氏试剂，452
　与金属有机，416，720
　与炔烃，573
　与羧酸，716
　与亚碘酰苯，579
叠氮基汞化，烯烃，540
叠氮离子，反转，231
　离子化速率，230
　与环氧化物，271
　与环氧化物，Mitsunobu，271

作为离去基团，416
叠氮酸，对烯醇醚的加成，540
Schmidt 反应，670，839
对 Michael 型烯烃的加成，540
对硅基烯醇醚加成，540
芳香化合物，358
腈的形成，670
与醇，269
与醇，和烯烃，839
与酮，839
与烯烃，和醇，839
叠氮羧酸，还原和环化，715
叠氮酰胺，405
丁二炔，21
丁二烯，交叉共轭，23
MO 键级，21
共振能，20，21
轨道，20，21
键长，21
静电势图，21
离域，20
离域，21
能量，20，21
与 HCl，528
原子化热，21
杂化，21
丁二烯-环丁烯，轨道对称性，850
丁基锂，二噻烷，294
　与二甲基脒，292
　与膦烷，698
　与硫代苯甲醚，294
丁基锂，也见有机锂
丁基锂-TMEDA，462
丁烷，构象，97
　邻位交叉式构象，97
丁烯酸内酯，Claisen 重排-Conia 反应，859
　来自丙二烯-羧酸，537
定位效应，在硼氢化反应中，549
定向羟醛缩合反应，689
动力学，S_N1，228
　离去基团，227
动力学，S_N2，225
动力学拆分，79，89
　对映体纯度，90
　环氧化，578
　酮，401
动力学拆分，也见拆分
动力学，二级反应，164
　HBr 与烯烃，533
动力学反应，自由能，161

动力学，光谱读取，165
　非常快的反应，165
　硫酯水解，661
　在硫上取代，727
动力学和热力学控制，芳基正离子，348
动力学控制的反应，161
动力学控制，硫叶立德，700
　酯烯醇负离子，722
动力学，气相反应，165
Heck 反应，457
Mannich 反应，673
测定方法，165
二醇的四乙酸铅裂解，899
芳香化合物的硝化，356
芳香环的亚硝化，357
环丙基甲基自由基的重排，494
逆同位素效应，167
消除，784
亚硝酸与胺，464
周期地读取，165
准一级，165
自由基环化，562
自由基链式反应，491
自由基异裂，493
总的速率，165
动力学酸性，见酸性
动力学同位素效应，259，373
动力学，酰胺水解，708
Ei 反应，791
ESR，165
E1 反应，783
Marcus 理论，164
NMR，166，228
S_N1 反应中的离子对，228
半衰期，165
淬灭，165
等份反应液，165
二级同位素效应，167
反应，158
分子数，164
光谱方法，165
焓，158
机理，163，166
键的旋转，166
决速步，164
均相反应，163
快速反应，165
联苯胺重排，862
量热方法，165
频率因子，166
溶剂同位素效应，168

熵，166
速率常数，164
速率定律，163,164
稳态，164
烯烃的环氧化，576
压力，165
盐效应，227
动力学，一级的，227
  S_E1 机理，395
  反应，164
  速率定律，165
动态 NMR，101
动态核极化，见 DNP
毒性，环糊精，66
端基异构效应，100
  超共轭，100
  第二周期杂原子，101
  平行偶极子，100
  溶剂化，100
  自由基，138
断裂，非正常 Beckmann 反应，804
  定义，802
  二烷基氨基卤化物，803
  环氧基脎，碱促进的，803
  机理，802
  卡宾，143
  卡宾到自由基，143
  氧鎓离子，803
对氨基苯磺酸，重氮盐，464
对苯醌，350
对称禁阻跃迁，173
对称歧化，烷烃对烯烃的加成，550
对称性，手性，79
  不对称垂直平面，77
  单环化合物，92
  电负性，8
  对映体，74
  芳香性，33
  轨道，3
  轨道，见轨道对称性，
  轨道，在二烯烃中，847-849
  立体中心原子，76
  联芳烃，77
  偶极矩，9
  平面，对映体，75
  平面，手性，75
  氢键，59
  手性，76
  手性化合物，74
  圆偏振光，84
  轴，手性，75

阻转异构体，77
对称中心，手性，75
对称轴，手性，75
对二环庚二烯并萘，经向性的，39
对环芳烷，25
  X 射线晶体学，25
  共振，25
  光谱，25
  平面性，25
  手性，79
  受限制的转动，79
  杂环的，25
  张力，25
对环芳烷，NMR，27
对环戊二烯并萘，Stones-Wales 重排，851
  经向性的，39
对角杂化，4
对位/邻位比率，Fries 重排，372
对位-Claisen 重排，858
对位迁移，Fries 重排，372
对位选择性，芳基偶氮化合物，374
对位与间位因子的比率，354
对位重排，Wallach 重排，866
对硝基苯磺酸酯，离去基团，249
对溴苯磺酸酯，溶剂解，229,234
  离去基团，249
对旋，$4n$ 相对于 $4n+2$，850
  电环化重排，847
  环丁烯开环，849
对旋运动，环己二烯-三烯相互转化，848,849
  立体化学，Diels-Alder 反应，585
对映面的，95
对映体，74
对映体，称作对映体，74
  IUPAC 名称，85
  定义，74
  左旋和右旋，74
对映体，方向盘模型，81
对映体，见对映体
对映体，金刚烷，77
  丙二烯，78
  单环化合物，92
  分子结，67
  甘油醛，80
  酒石酸，75
  联苯，77
  螺烷，78
  索烃，66
对映体，绝对构型，80

Fischer 投影，79
$Mo_2(OAc)_4$，83
Tröger 碱，77
比旋光度，75
玻色子，74（文献 6）
催化剂，74
电子优先，74
动力学拆分，89
对称面，75
对称性，74
对映异位的原子/基团，94
反应速率，84
核子，74（文献 6）
极化性，76
镜面，75
螺旋分子，78
平面偏振光，80
前手性，94
三价手性原子，76
四价手性原子，76
外消旋体，75
温度，75
异构体，74
圆偏振光，74
重合性，76
锥形翻转，76
阻转异构体，77
对映体纯度，发光圆偏振光法，90
  NMR，90
  动力学拆分，90
  高效液相色谱（HPLC），90
  气相色谱（GC），90
  同位素稀释法，90
对映体富含的，89
对映体过量（% ee），定义，89
  NMR，89
  酰胺，89,90
对映体形成，Grignard 反应，675
对映体，也见手性
对映体，也见手性化合物
对映选择性，插入反应，411
  还原，919
  开环，吖丙啶，263
  羟胺化，579
  烯烃的还原，544
  与 salen 复合物，298
  与砜和钯催化剂，267
  与硅基烯醇醚和脎，685
  与硅烷，920
  与自由基，492
对映选择性，对于醇对烯酮的加

成，537
金属卡宾复合物对烯烃，597
金属有机对羰基，678
对映选择性，对于醇，来自胺，266
　　对于 CH 氧化，905
　　对于 Friedel-Crafts 烷基化，363
　　对于吖丙啶化，烯烃，580
　　对于吖丙啶形成，580
　　对于氨基甲酸酯，与醛或酮，693
　　对于氨基羟基化，579
　　对于胺与环氧化物，271
　　对于醇解，酸酐，710
　　对于催化氢化，541，546
　　对于叠氮基化，405
　　对于环丙烷化，597，701
　　对于环氧化物形成，261
　　对于环氧化物与金属有机，287
　　对于环氧化，烯烃，576，577，578
　　对于甲脒烷基化，295
　　对于卡宾插入，411
　　对于卡宾对烯烃的加成，597
　　对于卤代硼烷与叠氮化物，417
　　对于硼氢化，烯烃，549
　　对于硼酸，与醛，680
　　对于硼酸，与亚胺，684
　　对于氢胺化，烯烃，579
　　对于氢化，共轭化合物，546
　　对于氢化，吲哚，545
　　对于氰醇形成，701，702
　　对于氰基化，569
　　对于醛或酮的卤化，402
　　对于醛，与硼烷，681
　　对于炔负离子，与醛或酮，678
　　对于炔烃的面包酵母还原，544
　　对于炔烃，硼氢化，846
　　对于炔烃-硼烷，846
　　对于水解，环氧化物，260
　　对于水解，酯，705
　　对于酸酐与金属有机，720
　　对于烃的双羟基化，904
　　对于烯丙醇，通过碱促进的环氧化物
　　　的消除，795
　　对于烯丙基 CH 氧化，905
　　对于烯丙基硅烷与腙，685
　　对于烯烃的面包酵母还原，544
　　对于烯烃的双羟基化，575
　　对于烯烃，与醇，536
　　对于亚胺烷基化，292
　　对于亚胺与硝基化合物，685
　　硼烷，与环氧化物，277
　　对映选择性，对于单过氧硫酸钾与

O_2，897
　　对于 Michael 加成，557
　　对于氮烯形成，580
　　对于烯酮对羰基的环加成，725
　　对于有机铬的酰基加成，679
　　对于有机锂化合物与鹰爪豆碱，280
对映选择性，对于分子内环丙烷
　化，597
对映选择性，对于分子内羟醛反
　应，689
对映选择性，对于环氧化物的卤
　化，277
对映选择性，对于金属有机对亚胺的加
　成，684
　　对于 Claisen 重排，858，859
　　对于二醇的氧化裂解，898
　　对于还原烷基化，672
　　对于金属有机，与亚胺，684
　　对于羟醛反应，688，689
　　对于酮的 α-羟基化，905
　　对于亚磺酸酯制备，265
　　对于与二氧杂环丙烷 α-羟基化，906
　　对于与氧杂吖丙啶 α-羟基化，906
　　对于转移氢化，544
　　金属有机，413
对映选择性，对于酰基加成，硼
　烷，680
　　有机锡化合物，679
　　与 Ti 催化剂，679
　　与二烷基锌，679
对映选择性，对于有机锂试剂与烯
　烃，553
　　酰基加成，676
　　与二氧化碳，683
对映选择性，金属有机与醛或酮，678
对映选择性，双羟基化，575
对映选择性，形成烯醇负离子，403
　　Lossen 重排，839
　　Meerwein-Ponndorf-Verley 还原，918
　　Michael 加成，557
　　卤代内酯化，571
　　氢甲酰化，569
　　烯醇负离子的质子化，401
　　形成 β-内酰胺，725
　　形成吖丙啶，273
　　形成丙二烯，399
　　形成高烯丙醇，287
　　形成氰胺，702
　　自由基加成，561，704
对映选择性，与烯醇负离子，烷基
　化，290

芳基卤，460
对映选择性，与烯烃复分解，863
　　与 BINAP，561
　　与 BINOL，678
　　与氨基酸的替代物，292
　　与二烷基锌试剂和羰基，678
　　与联芳烃，Suzuki-Miyaura 偶联，458
　　与手性醇，烯酮，537
　　与手性噁唑啉，295
　　与手性硼烷，549
　　与手性脒烷基化，292
对映选择性，在 Sharpless 氨基羟基化
　反应中，579
　　在 Arndt-Eistert 合成中，835
　　在 Baeyer-Villiger 反应中，842
　　在 Baylis-Hillman 反应中，681，685
　　在 Carroll 重排中，859
　　在 Claisen 反应中，691
　　在 Darzens 缩合反应中，694
　　在 Diels-Alder 反应中，584，585，586
　　在 Eschenmoser-Claisen 重排中，859
　　在 Heck 反应中，456，457
　　在 Henry 反应中，692
　　在 Ireland-Claisen 重排中，859
　　在 Mukaiyama 羟醛反应中，690
　　在 Nazarov 环化中，556
　　在 Pauson-Khand 反应中，568
　　在 Pictet-Spengler 反应中，365
　　在 Prins 反应中，703
　　在 Pummerer 重排中，938
　　在 Robinson 成环中，689
　　在 Sharpless 不对称环氧化中，578
　　在 Simmons-Smith 方法中，598
　　在 Stevens 重排中，843
　　在 Stille 偶联反应中，408
　　在 Stork 烯胺合成中，293
　　在 Strecker 合成中，702
　　在 Ullmann 反应中，458
　　在 Wagner-Meerwein 重排中，829
　　在 Weitz-Scheffer 环氧化反应中，577
　　在 [2,3] Wittig 重排中，860
　　在安息香缩合反应中，704
　　在插烯型羟醛反应中，689
　　在氮杂 Baylis-Hillman 反应中，685
　　在氮杂 Cope 重排中，856
　　在氮杂 Michael 反应中，564
　　在硫醚氧化生成亚砜的反应中，913
　　在硝基羟醛反应中，692
对映选择性，在吖丙因（氮杂环丙烯）
　的还原中，580
　　环氧化物，916

膦氧化物, 932
    手性膦氧化物, 932
    酮, 919, 920
    肟, 924
    硝基化合物, 923
    亚胺, 922
    与硼烷, 918
对映选择性, 在单烯反应中, 555
    在 Grignard 反应中, 675
    在 Jacobsen-Katsuki 环氧化反应中, 578
    在 Julia-Colonna 环氧化反应中, 577
    在 Mannich 反应中, 673
    在氮烯插入反应中, 406
    在共轭酰胺的自由基偶联中, 504
    在环氧化物水解中, 260
    在金属催化的环丙烷化反应中, 597
    在金属催化的偶联中, 283
    在金属催化的酮的卤化反应中, 402
    在硼氢化反应中, 549
    在频哪醇偶联中, 934
    在与氧的反应中, 502
    在杂原子 Diels-Alder 反应中, 591
    在自由基环化反应中, 563
对映选择性, 在共轭加成中, 557, 564
    胺, 564, 565
    格氏试剂, 558
    有机铜酸酯, 558
    有机锌试剂, 559
对映选择性, 在还原胺化中, 672
对映选择性, 在烯醇烷基化中, 290
    手性碱, 291
对映选择性, 在 [2,3] 重排中, 860
    在 [3,3] σ 重排中, 856, 859
    在共轭加成中, 557
    在 [3+2] 环加成反应中, 583
    在 [2+2] 环加成反应中, 592
    在联芳烃的形成中, 455
对映选择性, 插入反应, 261
对映选择性, 反应, 87
对映选择性, 见对映选择性
对映选择性, 烷基化, 290
对映选择性, 质子化, 259
对映异构化, 自由能, 413
对映异位的, 93
    Cahn-Ingold-Prelog 规则, 94
    定义, 94
对映异位的原子, 93
    同位素标记, 94
对映异位面, 94
钝化基团, 多重取代基, 351
    芳香取代, 349, 448

硝基, 356
    在 S_NAr 反应中, 448
    在芳香化合物中, 348
    在光化学中, 177
多并苯, 稠合作用, 29
    Kekulé 结构, 29
    UV, 29
    苯并菲, 29
    蒽或菲, 29
    有规则角度的和线型的, 29
多重键, 见键
多氟化氢-吡啶, 烯烃的硝化, 573
    氟化, 718
    与烯烃, 533
多环芳香化合物, 见芳香化合物
多聚磷酸, 365, 371
    Friedel-Crafts 酰基化,
    与芳基磺酸, 359
多卤代化合物, 对烯烃的加成, 573
多卤化, 自由基卤代, 498
多米诺 Mukaiyama 羟醛反应, 690
多米诺复分解反应, 863
多烯烃, 环化, 552
    UV, 174
    通过炔烃偶联, 552
夺取, 乙烯型氢化, 495
    被自由基, 412, 526
    被自由基, 过渡态, 492
    苄基型氢, 被自由基, 495
    二价原子, 494
    来自烷烃, 被自由基, 494
    来自烯烃, 被自由基, 495
    氢, 被自由基, 重排, 826
    被氮烯, 143
    被卤素自由基, 498
    被自由基, 从头算研究, 494
    被自由基, 过渡态, 494
    被自由基, 速率, 494
    光化学, 179
    立体选择性, 496
    溴自由基相对于氯自由基的选择性, 498
    选择性, 被自由基, 494
    自由基, 立体电子效应, 496
    原子, 被自由基, 492
    原子, 来自自由基, 139

E

锇复合物, 双羟基化, 574
锇酸酯, 574
噁嗪, 烷基化, 295
    还原, 295

环氧化物, 295
亚胺盐, 295
与有机锂试剂, 295
1,3-噁嗪-2-酮, 来自异氰酸酯和环氧丙烷, 666
噁噻嗪烷, 406
噁唑啉, 烷基化, 295
    Dakin-West 反应, 422
    单烯反应, 555
    来自酮, 693
    羧酸, 295
    与有机锂试剂, 295
噁唑硼烷, 手性的, 在还原中, 919
噁唑-2-酮, 烷基化, 噁唑烷酮, 272
噁唑烷, 来自酰基吖丙啶, 855
    来自吖丙啶, 426
    水解, 295
    酰胺, 与醇, 712
噁唑烷酮, 405
    芳基化, 453
    手性的, 烯醇盐烷基化, 291
    作为催化剂, 557
苊烯, DBr 的加成, 525
苊烯, 自由基离子, 140
蒽, 烷基化, 与金属有机, 462
    催化氢化, 544
    共振, 25
    共振能, 29
    亲电的芳香取代, 351
蒽化合物, 作为主体, 65
蒽衍生物, Bradsher 反应, 365
儿茶酚 (邻苯二酚), 与 $KMnO_4$ 氧化, 897
儿茶酚硼烷, 415, 491, 549
    共轭加成, 561
    与炔烃, 416, 549
    与手性添加剂, 在还原反应中, 919
    与烯烃, 561
尔万氧基自由基 (Galvinoxyl), 自由基抑制剂, 561
二-π-甲烷重排, 865
二氨基芳香化合物, 氧化裂解成二腈, 902
二氨基菲, 作为质子海绵, 197
二氨基萘, 作为质子海绵, 197
二氨基氰基铜酸盐, 287
二氨基芴, 作为质子海绵, 197
二胺化, 炔烃, 579
    烯烃, 579
二胺, 通过亚胺盐的偶联, 935
二酮的氧化裂解, 898

来自吖丙啶，271
来自胺对烯烃的加成，579
来自叠氮甲苯磺酰胺，271
来自二叠氮化物，579
手性的，673,685
通过金属催化的亚胺的偶联，935
与 LDA 和 DBU，环氧化物的消除，795
二胺质子酸，用于羟醛反应的催化剂，689
二苯并[g,p]䓛，来自联二亚芴基，851
二苯并半瞬烯，热异构化，179
二苯并轮烯，37
二苯基氮氧化物，506
二苯基二硒化物，407
二苯基膦锂，270
二苯基三硝基苯肼基自由基，137
二苯甲醇，还原成苯频哪醇，179
二苯基碳正离子，130
二苯甲酮，交叉共轭，23
  作为自由基抑制剂，492
二苯乙炔，通过二卤代甲苯的氧化偶联，913
二苯乙炔，也见炔烃
二苯乙烯，光化学转化为菲，851
二吡咯烯酮化合物，氢键，60
二丙二烯，转化为二亚甲基环丁烯，856
  来自二炔烃，856
二醇，重排，830
  醛或酮的还原偶联，试剂，934
二醇，来自醛，934
  来自环氧化物，260,574
  来自环氧化物，过氧酸，866
  来自内酯，721
  来自炔烃，576
  来自酮，934
  来自烯烃，574-576
  形成的机理，S_N2，574
  原位产生，氧化裂解，898
二醇，酸催化重排成酮，830
  被四乙酸铅裂解，环状过渡态，899
  芳香的，氧化成醌，897
  环状的，通过二醛的偶联，935
  环状的，通过频哪醇偶联，935
  环状脱水，264
  生成，Grignard 反应，677
  手性的，665
  碳正离子，重排，823
  通过 Gomberg-Bachmann 频哪醇合成，934
  通过 Prins 反应，702

通过 Tollen 反应，695
通过频哪醇偶联，830,934,935
通过酮的光化学二聚，935
脱氧化，机理，800
脱氧化，生成烯烃，800
烯烃的双羟基化，574-576
形成环状硫酸酯，257
用四乙酸铅裂解，机理，899
转化为环氧化物，261
二醇，氧化，574
  生成内酯，909
  与 NBS 和手性 Cu 催化剂，895
二醇，氧化裂解，898,899
  电化学，899
  对映选择性，898
  机理，899
  试剂用于，898
  与高碘酸，898
  与四乙酸铅，898
二醇，与酸，830
  与 DEAD，261
  与高碘酸，机理，899
  与硫代光气，800
  与硫代光气，DMAP，800
  与硫酸，830
二醇化硼烷，415
二氮硼衍生物，手性的，691
1,8-二氮杂二环[5.4.0]十一碳-7-烯，见 DBU
二氮杂二环十一烷，93
二氮杂二环辛烷，见 DABCO
二氮杂硼烷衍生物，手性的，691
二碘化物，羰基化，300
二碘甲烷，Simmons-Smith 方法，598
  环丙烷化，598
  与甲基锂，676
二丁基膦，与有机铜酸盐复合，282
二(二苯基膦)茂，297,452
二(1,2-二甲基丙基)硼烷，547
  与烯烃，548
二芳基胺，358,452
二芳基卡宾，140
二氟化物，偕-，674
  来自肟，674
二硅烷，510
  与芳基卤，462
二环[5.1.0]辛二烯，Cope 重排，857
二环丁基正离子，238
二环丁烷，重排成二烯烃，864
二环庚二烯，光化学，179
二环化合物，[2+2]环加成，593

Bredt 规则，421
S_N1 反应，228
通过 Wurtz 反应，279
脱羧反应，421
二环己基并-18-冠-6,253
二环己基脲，Moffatt 氧化，896
二环己基脲，见 DHU
二环己基碳二亚胺，见 DCC
二环桥化合物，92
二环戊二烯并苯，反芳香性，38
二环烯烃，Bredt 规则，107
二级的，Beckmann 重排，804
  动力学，164
  速率常数，166
二级反应，164
二级同位素效应，167,786
  在取代反应中，246
二级资源，979,982-988
二甲苯磺酸酯离去基团，249
二甲苯磺酸酯，形成吖丁啶，268
二甲基氨基铝，酯转化为腈，671
二甲基苄胺，绝对构型，83
二甲基二茂钛，699
二甲基二茂钛，也见 Petasis 试剂
二甲基二氧杂环丙烷，577
二甲(甲硫基)锍盐，胺，580
二甲基甲酰胺二甲基缩醛，羟基酸的消除，803
二甲基锍甲基负离子，699
  共振，699
二甲基锍离去基团，790
二甲基锍代锍甲基负离子，699
  共振，699
  与 Michael 烯烃，700
二甲基氧代锍甲基负离子，见叶立德
二甲基乙酰胺二甲基缩醛，Claisen 重排，859
二甲基腙，见腙
二甲硫醚，见硫醚
二甲亚砜，见 DMSO
2,4-二(4-甲氧基苯基)-1,3,2,4-二硫二膦-2,4-二硫，见 Lawesson 试剂
二甲氧基乙烷，见 DME
二价原子，夺取，494
二金刚烷基化合物，转动所需能垒，96
二金刚烯，106
二金属化合物，555
二腈，Thorpe 反应，701
  Thorpe-Ziegler 反应，701
  来自苯二胺，902
  来自共轭二腈，534

来自氰胺和 HCN, 702
通过邻二氨基芳香化合物的氧化裂
　解, 902
形成二亚氨酰基亚胺, 674
用 SmI_2 还原, 931
二聚硼烷, 547
二聚体机理, S_NAr 反应, 445
二聚, 烯烃, 553
　氮烯, 143
　芳基重氮盐, 467
　还原的, 666
　卡宾, 142
　炔烃, 552
　炔烃, 金属催化的, 552
　缩醛, 287
　缩酮, 287
　烯烃, 551
　烯酮, 592,594,725
　叶立德, 698
　乙烯基铝试剂, 508
　自由基, 136,506
二铑催化的插入反应, 411
二铑催化剂, 插入, 411
二锂化的羧酸, 414
二邻甲苯基萘, 张力, 108
二膦, 见双膦
二硫醇, 来自羰基, 667
二硫代氨基甲酸盐, 来自二硫化碳和
　胺, 674
二硫代羧酸, 683
二硫代羧酸, 来自酮和二硫化碳, 695
二硫代羧酸酯, 硫代乙酸钾, 264
　与有机铜酸盐, 683
二硫代缩醛, 烷基化反应, 294,295
　Corey-Seebach 方法, 668
　催化氢化, 509
　还原, 933
　来自二卤化物, 267
　来自醛, 667
　来自炔烃, 538
　水解, 667,668
　烯酮, 见烯酮
　用于水解的试剂, 668
　用于形成的试剂, 668
　与 Lewis 酸, 用于制备, 667,668
　与 Raney 镍, 294
　与碱反应, 667,668
　作为保护基, 667,668
二硫代缩酮, Corey-Seebach 方法, 668
　Lewis 酸, 用于制备, 667,668
　来自炔烃和硫醇, 537

水解, 667,668
水解, 通过 Corey-Seebach 方法, 668
通过烷基化, 294,295
用 Raney 镍脱硫化, 668
用于水解的试剂, 668
用于形成的试剂, 668
与 Raney 镍, 294
与碱反应, 667,668
作为保护基, 667,668
二硫代碳酸酯, 自由基, 562
　单烯反应, 555
二硫负离子, 与卤代烷, 267
二硫化碳, Friedel-Crafts 酰基化, 367
　碱催化下对酮的加成, 695
　与胺, 674
　与胺或苯胺, 674
　与醇, 667
　与醇和 NaOH, 795
　与二卤化物, 267
　与格氏试剂, 683
　与羟胺, 924
　与有机锂试剂, 683
二硫化物, 267
　Smiles 重排, 469
　还原成硫醇, 试剂, 934
　来自 Bunte 盐, 267
　来自芳基卤, 451
　来自硫醇, 914
　来自卤代烷, 267
　硫化, 668
　卤代, 与碱, 572
　通过磺酰卤的还原, 933
　通过硫醇的氧化, 913,914
　通过硫醇的氧化, 机理, 914
　通过硫醇的氧化, 试剂, 914
　与烯醇负离子, 406
　与烯烃, 579
二硫化物, 芳基, 与烯烃, 金属盐, 578
二硫化物, 与金属有机, 415
二硫氰基烯烃, 572
二卤代砜, 金属催化的与酮的反应, 699
二卤代砜, 与酰亚胺, 699
二卤代环丙烷, 形成卡宾, 832
二卤代腈, 与硼烷, 296
二卤代烯烃, 见烯烃
二卤代酯, 硼烷, 296
二卤化, 酮, 402
二卤化物, 来自烯烃, 500
　来自卤代烷, 498
　来自炔烃, 533
　来自烯烃的卤化, 570

二卤化物, 羟醛, 257
　Cannizzaro 反应, 257
　二烷基化, 硼烷, 296
　碱促进的消除反应, 799
　脱卤化, 802
　脱卤化, 机理, 802
　脱卤化, 微波辐照, 802
　脱卤化, 与金属, 802
　形成二硫代缩醛, 267
　形成二酯, 264
　形成格氏试剂, 419
　酯的烯醇盐, 289
　转化为醛, 257
　转化为酮, 257
二卤化物, 偕-, 来自醛和金属卤化
　物, 674
　来自胺, 909
　来自醛或酮, 674
　水解, 257
二卤化物, 与活泼亚甲基化合物, 289
　与 HMPA, 802
　与醇盐 (烷氧化物), 260
　与金属, 676
　与镁, 676
　与酮, 291
　与烯醇负离子, 289
　与有机铜酸盐, 282
二卤甲烷, 与二烷基锌试剂, 598
二氯二茂钛, 酯的还原, 931
2,3-二氯-5,6-二氰基-1,4-苯醌, 见 DDQ
二氯硫硫, 氯硫化, 503
二氯卡宾, 140,141,369
二氯亚甲基, 140
二氯亚甲基, 卡宾, 141
二茂钛, 二甲基, 699
二茂铁, 31,61
　成键, 31
　甲酰化, 368
　结构, 61
二镁化合物, 419
二镁化合物, 与羧酸衍生物, 719
二面角, 反式消除, 782
　E2 反应, 782
　构象, 97
二面角, 见角
二硼化, 烯烃, 575
二硼卡宾, 141
二硼烷, 547
二嗪丙因, 卡宾, 141
二氢吡喃, 见吡喃
二氢吡喃, 通过 Prins 反应, 703

酸催化的醇解，536
二氢菲，氧化裂解，903
二氢呋喃，与格氏试剂，794
二氢奎尼定，不对称双羟基化，575
二氢奎宁，不对称双羟基化，575
二氢硫草-1,1-二氧化物，热消除生成
　　三烯，801
二氢哌嗪，580
二氢噻吩-1,1-二氧化物，热消除生成
　　二烯，801
二氢异喹啉，Friedel-Crafts 环化，365
二氢吲哚，452
二醛，Cannizzaro 反应，937
　　光化学偶联，935
　　通过环氧化物的氧化裂解，899
　　自由基偶联，935
1,5-二炔烃，Cope 重排，856
二炔烃，Eglinton 反应，505
　　Glaser 反应，505
　　Hay 反应，505
　　催化氢化，542
　　共轭的，20
　　环化，552
　　环化，金属催化的，552
　　环化三聚，599
　　金属催化的氨化，539
　　金属催化的炔烃的偶联，505
　　来自炔基硼酸酯，506
　　来自炔烃，505
　　来自炔基-炔基硼酸酯，509
　　热转化成二丙二烯，856
　　通过 Cadiot-Chodkeiwicz 反应，505
　　通过 Glaser 反应，505
　　通过 Hay 反应，505
　　通过 Sonogashira 偶联，506
　　通过 Suzuki-Miyaura 偶联，458
　　形成过程中的问题，460
　　与亚磺酰亚胺，684
二炔烃，胺化，金属催化的，539
　　DABCO，506
　　超共轭，21
　　复分解，863
　　环化三聚，600
　　形成二亚甲基环丁烯，856
二噻烷，667
　　Brook 重排，294,867
　　丁基锂，294
　　氟化，674
　　负离子延迟化学，294
　　构象，100
　　关环反应，294

环氧化物，294
极性反转，294
来自二硫化碳和二卤化物，267
来自醛，294
水解，294
烷基化，294,295
酰化，723
与 NBS 或 NCS 氧化水解，723
与 Raney 镍，294
与环氧化物，867
与有机锂试剂，867
二色性，78
二羧酸，370
环化，722
环烯烃的氧化裂解，902
来自环酮，试剂用于，899
裂解为酮，904
卤化，498
氢键，59
热解，723
双脱羧基化，机理，904
双脱羧基化生成烯烃，904
通过环酮的裂解，899
脱水，713
脱羧反应相对于酸酐的形成，713
烯烃的电化学羧基化，566
与 Pb(OAc)$_4$，904
与醇，710
二羧酸，双脱羧反应，904
二羧酸，机理，904
二羧酸酯，Stobbe 缩合，691
1,3-二酮的氧化裂解，899
二同芳香化合物，40（文献 384）
二同立方烷，864
二酮，被碱裂解，423
烯醇，氧化裂解，899
酰基腈的偶联，935
与酰卤偶联，721
二酮，来自酮和酯，722,723
O$_2$，氧化裂解，899
pK_a，195
重排生成羟基酸，833
分子内羟醛反应，689
环烯烃的氧化裂解，902
通过 Wurtz 偶联，280
与胺，669
二酮，来自酰卤共轭加成，564
来自二噻烷，723
来自呋喃，259
来自炔烃，试剂，911
来自咪唑草酸衍生物，720

来自酰卤和酰化，721
二酮，酸催化，666
酸催化的吡喃的形成，666
酸催化的呋喃的形成，666
通过酰卤的偶联，721
酮的 α-氧化，试剂用于，907
二酮，通过炔烃的氧化，911
通过二胺的氧化裂解，898
通过硅基烯醇醚的氧化偶联，914
通过环烯烃的氧化，911
通过环氧基酮的重排，831
通过炔烃的氧化，试剂，911
通过酮的 α-氧化，907
通过烯醇负离子的氧化偶联，913
二酮，与二烯烃，554
与低价钛，935
与肼，669
1,3-二酮，与重氮甲烷，836
1,4-二酮，565
1,4-二酮，来自呋喃，259
二烷基氨基碱，见酰胺，二烷基
二烷基镁，675
二烷基镁化合物，格氏试剂，132,133
二烷基硼烷，见硼烷
二烷基酰胺，作为碱，795
羟醛反应，688
作为碱，手性的，799
二烷基锌化合物，1,6-加成，559
Pd 催化剂，与烯丙醇，678
Reformatsky 反应，682
对醛或酮的加成，678
共轭加成，565
共轭加成，559
卤代醇的重排，830
酰基加成，金属复合物，679
与 Cu 化合物，284
与二卤甲烷，598
与羰基，对映选择性，678
与亚胺，684
与乙酸炔丙酯（与炔丙基乙酸
　　酯），679
二烷基锌，与卤代烷，284
二烷氧基化，烯烃，575
二硒化合物，来自烯烃，579
二硒化物，267
催化氢化，509
还原成硒醇，934
二硒化物，与烯烃，579
二烯羧酸，环化成内酯，537
1,5-二烯烃，丙二烯的，Cope 重排，856
二烯烃，分子内复分解，863

主题词索引

s-顺（s-cis），Diels-Alder 立体化学，585
反式（transoid），Diels-Alder 反应，584
分子轨道，587
分子内复分解，863
光化学，864
光化学的，关环，864
光化学的，关环生成环丁烯，846
环丁烯的热开环，846
金属催化的，Cope 重排，856
金属催化的，格氏试剂的偶联，508
金属催化的，羰基化，566,567
金属催化的与芳基硼酸的环化，554
经过金属有机偶联，283
开环，来自环烯烃，通过复分解反应，863
热力学稳定性，Cope 重排，855
通过 Shapiro 反应，797
通过 Stille 偶联，407
有机锂试剂，二氧化碳，568
与正离子反应，527
在 Diels-Alder 反应中的反应活性，584
自由基加成，530
二烯烃，共轭的，408
  来自炔烃，554
  区域选择性，530
  水化，535
  碳正离子，125
  与格氏试剂，553
  与亲电试剂，530
二烯烃，关环，轨道重叠，848
  Heck 反应，456
  Prins 反应，703
  Simmons-Smith 方法，598
  UV 光，174
  二环的，张力，107
  轨道对称性，847-849
  键的旋转，584
  氢的 σ 迁移，852
  同面迁移，852
  异面迁移，852
二烯烃-环丁烯相互转化，轨道需求，848,849
  与芳香环，850
二烯烃，环化，551
二烯烃，环己基，见环己二烯
二烯烃，[3+4] 环加成，583
  E/Z 命名，90
  光化学，174
  环加成，单线态氧，591
  环加成，氧，591

环加成，与炔烃，584
环加成，与烯烃，584-591
1,4-加成，534
顺/反（cis/trans）命名，90
匀共轭，23
自由基，527
二烯烃，环状的，来自单环烯烃，863
  光化学开环生成三烯烃，846
  形成内酯，581
  一氧化碳的热挤出反应，804
  在 Diels-Alder 反应中，585
二烯烃，加成，527
  S_N2' 机理，527
  卡宾，596
  烷烃，550
  溴，环状中间体，527
1,5-二烯烃，来自 1,5-二烯烃，855
二烯，来自二烯烃和烯烃，552
  来自金属催化的偶联，279
  来自金属有机，与烯丙基卤，283,284
  来自金属有机，与乙烯基卤，283,284
  来自炔丙基醚，794
  来自噻吩-1,1-二氧化物，801
  来自乙烯基磺酸酯，407
  来自乙烯基金属有机，407
  来自乙烯基卤，279
  来自乙烯基硼烷，NaOH，碘，845
  来自有机铜酸盐，282
二烯烃，来自醛，697
  来自二环丁烷，864
  来自共轭酯，699
  来自环胺，796
  来自环丁烯，846
  来自硼酸，407
  来自炔烃，554
  来自烯丙基砜，798
  来自烯丙基卤，279
  来自烯丙基锡和 Pd 催化剂，284
  来自烯基硼烷，845
  来自烯烃-卤代砜，801
二烯烃，偶联，炔烃生成烯丙基硅基醚，552
  偶联，炔烃，552
二烯烃，通过炔烃偶联，553
  催化氢化，541
  通过 Stille 偶联，407
  通过螯键反应，801
  通过从内酯中二氧化碳的挤出，804
  通过二炔烃的氢化，542
  通过环丁烯砜的热解，586
  通过环氧化物的消除，795

通过碱促进的卤代砜的消除，801
通过金属介导的偶联，279
通过炔丙基醚的热解，794
通过炔醇的脱水，794
通过炔烃二聚，552
通过乙烯基偶联反应，457
通过乙烯基氢化铝的二聚，508
通过有机铜酸酯的偶联，508
二烯烃，酰化，408
π-烯丙基复合物，408
二烯烃，也见 Diels-Alder
二烯烃，与醛，680
  与胺，538
  与二酮，554
  与硅烷，Pd 催化剂，550
  与硅烷，Zr 催化剂，550
  与硅烷，有机催化剂，550
  与氯磺酰异氰酸酯，726
  与脲，579
  与炔醇盐，721
二烯烃，杂化，20
  硼氢化，541,549,844
  在［3+2］环加成反应中，583
  在与醛的 Diels-Alder 反应中，591
二烯烃，在 Kolbe 反应中二聚，510
CO 的挤出，804
电子效应，在 Diels-Alder 反应中，584
环氧化，577
亲电加成，528
乙烯基硼烷的二聚，509
1,5-二烯烃，重排，855
1,5-二烯烃，在 Cope 重排中，855
二烯酮，399
  光解，865
二烯酮-苯酚重排，833
二酰胺，通过酰胺的自由基偶联，504
  二聚的，来自共轭酰胺，504
二酰亚胺，来自肼，543
  来自羟胺，543
  稳定性，543
  烯烃的还原，543
  烯烃的还原，机理，543
  硝基化合物的还原，925
  与烯烃，543
二硝基氟苯，与胺，452
二硝酸酯，来自环氧化物，266
  来自环氧丙烷，266
二溴-二甲基乙内酰脲，见 DBDMH
二(4-溴-2,6-二叔丁基苯氧)甲基铝，见 MABR
二溴化物，偕-，来自醛和溴-三苯基亚

磷酸酯，674
二溴甲烷，偶极矩，9
　构象，96
二溴硼烷，与炔烃，549
二溴异氰脲酸，芳香化合物的卤化，360
二亚氨酰亚胺，来自腈，674
二氧化硫，超酸，125
　Reed 反应，503
　液体，247
　与硅基烯醇醚，728
　与金属有机，415
　与烯烃和卤素，503
　作为客体，65
　作为离去基团，801,807
　作为溶剂，228
二氧化碳，胺的加成，674
　从内酯中挤出，807
　金属催化的炔烃羰基化，537
　来自脱羧反应，376
　离电活性，376
　临界温度，214
　形成羧酸盐，370
　有机锂试剂和二烯烃，568
　作为客体，65
　作为离去基团，376,713,723,725,
　　803,804,807
二氧化碳，超临界的，烯烃异构化，
　Heck 反应，456
　Diels-Alder 反应，585
　Glaser 反应，505
　Heck 反应，456
　S_N2，251
　Stille 偶联，407
　Suzuki-Miyaura 偶联，458
　醇的氧化，894
　醇脱水，214
　催化，214
　反应活性，214
　芳基卤与胺，451
　合成，214
　金属催化的羰基化，567
　腈氧化物的环加成，582
　聚合物，214
　酶法还原，918
　亲核性，253
　取代反应，253
　羰基化，214
　烯烃复分解，863
　形成氨基甲酸酯，426
　作为溶剂，505,918
二氧化碳，来自内酯的热挤出，804

二氧化碳，与酰胺，426
　与吖丙啶，426
　与胺，426
　与芳基卤，683
　与芳香化合物，370
　与格氏试剂，683
　与金属有机，417
　与金属有机试剂，683
　与磷叶立德，698
　与叶立德，698
　与有机锂试剂，683
二氧化硒氧化，[2,3] σ 重排，904
　单烯反应，904
　二氢吡啶的芳构化，893
　醚的 α-CH 氧化，机理，907
　酮的 α-氧化，907
　脱氢化，894
　烯丙基羟基化，904
　烯丙基氧化，904
　烯烃的烯丙基氧化，机理，904
　用于烯丙基氧化的 Sharpless 方法，904
二氧六环，构象，100
　通过 Prins 反应，703
二氧六环，氧鎓离子，231
　溶剂解，231
二氧螺环化合物，725
二氧戊环，665
二氧杂环丙烷，二甲基，烯烃的环氧
　化，577
　二胺的氧化裂解，899
　硫醇的氧化，913
　异氰酸酯氧化成硝基化合物，912
二氧杂环丙烷，烯烃的环氧化，577
　CH 氧化，905
　Oxone，577
　α-羟基化，906
　插入反应，577
　过亚胺酸，577
　手性的，577
　乙烯的臭氧解反应，901
　张力，103
二氧杂环丙烷，酯，来自硅基烯酮
　醚，906
　CH 氧化成醇，906
　α-羟基化，对映选择性，906
　异氰酸酯的氧化，912
二氧杂环丁烷，裂解，591
　单线态氧对烯烃的环加成，591
二乙氨基锂，290
二乙氨基三氟化硫，见 DAST
二乙基汞，134

二乙基膦酰氰，298
二乙基镁，133
二乙基锌，Simmons-Smith 方法，598
二乙酸酯，偕-，904
　与烯丙基硅烷，681
二乙烯基环丙烷，重排，856
二乙烯基环丁烷，重排，856
二乙烯基氯化铟，457
二乙烯基醚，交叉共轭，23
二乙烯基乙二醇 或二甘醇，262
　Wolff-Kishner 还原，929
　黄鸣龙改进，929
二乙酰胺，579
二乙酰氧基化，烯烃，576
二异丙胺基锂，见 LDA
二异丙基碳二亚胺，醇的卤化，276
二异丙基酰胺，锂，见 LDA
二异丙基乙胺，409
二异丙基乙胺，见 Hünig 碱
二异丁基氢化铝，见 Dibal
二异松茨基硼烷，89,548
二长叶烷基硼烷，549
二酯，来自二卤化物，264
　与炔烃，554

F

发光圆偏振性，90
发热，微波，181
发色团，定义，173,174
发色团吸收，174
发射，NMR，135
发烟硫酸，与芳香化合物，358
番木鳖碱，拆分，87
翻转能垒，巴基球，41
　乙烯基自由基的 E/Z，136
翻转，碗-碗，41
翻转，锥形的，76
　N，P，As，Sb，77
　对映体，77
　能垒，76
　桥头原子，77
碳负离子，131
钒 (V) 复合物，22
反-Bredt 烯烃，通过 Wittig 反应，696
反 Friedel-Crafts 烷基化，362
反 Markovnikov 加成，用于烯烃胺化和
　硼氢化，539
　Lewis 酸催化，硅烷对炔烃，551
　Lewis 酸催化，硅烷对烯烃，550,551
　氨基汞化，539
　氰化物，569
　炔烃的水化，535

主题词索引

用于 HBr，过氧化物，烯烃，533
用于硅烷对烯烃的加成，551
用于膦和炔烃，金属催化剂，539
用于硫醇对烯烃的加成，537
用于硼烷对烯烃的加成，548
用于水对烯烃的加成，534
用于自由基对烯烃的加成，561
反 Markovnikov 取向，530
  Schwartz 试剂，569
  硼氢化，416，844
  炔烃的胺化，539
  用于酯与烯烃，567
反 Markovnikov，烯烃的水化，535
反错构象，96
反芳香性，34
  NMR，35，39
  从头算计算，33
  对二环庚二烯并萘，39
  二环戊二烯并苯，38
  分子轨道计算，33
  环吖嗪，38
  环丁二烯，34
  环庚三烯负离子，35
  环氧乙烯，577
  经向性的化合物，39
  轮烯，34，38
  稳定性，34
  亚甲基轮烯，38
  用于环丁二烯，20
反芳香性的化合物，键长，28
反芳香性体系，环电流，28
反键轨道，2，3
  $S_N Ar$ 反应，448
  烯丙基碳正离子，22
反馈，碳正离子，524，535
反离子，碳正离子，124
反扑试剂，278
反式（entgegen），烯烃命名，90
反式 Pd 复合物，407
反式二烯烃，在 Diels-Alder 反应中，584
反式环硫乙烷化（硫杂环丙烷化），578
反式加成，523
  烯烃，525
反式命名，85
反-顺（trans-cis）异构体，92
反应，Hammond 假设，161
  等键的，20
  动力学控制的，161
  对映选择性的，87
  多步的，决速步，164
  二级的，164

分子数，164
根据合成化合物的类型，
光化学的，172，178
光化学的，表，178
很快的，动力学，165
均键的，20
快速反应的动力学，165
扩散控制的，159
气相，动力学，165
亲电的，156
亲核的，156
热力学控制，161
稳态，164
一级的，164
质子转移，190
准一级的，165
反应参数，甲苯，354
反应活性，Friedel-Crafts 烷基化中的烷基，362
  芳香化合物，348-353
  基团，在 S_N1 反应或 S_N2 反应中，246
  卤代烷与醇，208
  四面体中间体，208
  有机锂试剂，413
  自由基，497
  自由基，底物变化，494
  自由基，结构，494
反应活性，定量处理，209
反应活性，空穴，254
Hammett 方程，209
ρ 值，209
σ 值，209，210
超声，254
底物结构，243
电子效应或场效应，207
高压，213，254
共振，207
构象，209
构象传递，209
介质，213
空间效应，208
扩散速率，213
离子溶剂，214
溶剂极性，213
微波辐照，254
反应活性，在超临界二氧化碳中，214
  在水中，214
反应进程，158
反应器，微波，181
反应速率，S_N2，烯丙基底物，244
反应速率，卤代烷与醇，208

反应速率，手性化合物，74
  Smiles 重排，469
  S_N1 反应，227，243
  S_N2 反应，225，243
  拆分，89
  对映体，84
  共振，244
  结构，243
  介质，213
  离子强度，227
  邻位效应，213
  亲核试剂，248
  亲核性，271
  溶剂，251
  溶剂化，248
  溶剂解，236
  微波辐照，180，254
  盐效应，227
  甾类化合物，209
  质量定律效应，227
  自由基钟反应，140
反应速率，同离子效应，227
Diels-Alder 反应，586，587
Ei 反应，792
E2 反应，781
$S_N Ar$ 反应，448
S_N1，B 张力，243
S_N1，烷基甲苯磺酸酯，244
S_N1，与芳基重氮盐，445
S_N2 反应，243，244
S_N2，溶剂效应，251
S_N2，烯丙基底物，244
对烯烃的自由基加成，562
芳香取代中的氚交换，355
芳香取代中的选择性，354
离子化和 B 张力，208
卤代烷水解，208
形成肟，670
溴代烷的溶剂解，243
酯的水解，208
自由基，抑制剂，492
反应中间体，160
范德华半径，Charton v 值，212
范德华力，58
包含化合物，64
分子力学，101
客体-主体相互作用，64
方程，Brønsted 催化，192
Grunwald-Winstein，溶剂解，244
Grunwald-Winstein，溶剂效应，252
Hammett，见 Hammett

Schrödinger，2
Swain-Lupton，212
Swain-Scott，248
Taft，212
波，3
双取代参数，212
方向盘模型，81
方向性，亲核试剂向羰基的接近，661
方形酸，27
　pK_a，40
　双负离子，芳香性，40
芳胺，与烷基亚硝酸酯，360
芳构化，金属催化剂，893
　六元环，893
　试剂用于，893
　通过 Bergman 环化，849
　通过 DDQ，893
　通过氯醌，893
　通过与苯醌反应，893
　通过与苯醌反应，机理，893
　硒或硫，893
　烯胺，893
　形成杂环，893
芳环，消除，787
　键长，20
　作为邻基，235，236
芳基，活化用于亲电芳香取代，350
　迁移和自由基离域，827
　在碳正离子中的迁移，830
　重排的过渡态，827
　自由基重排，826
芳基吡啶鎓盐，与炔烃偶联，460
芳基铋化合物，452
芳基重氮盐，Heck 反应，456
芳基重氮盐，氟化，465
　制备，465
芳基叠氮化合物，见叠氮化物
芳基负离子，932
芳基汞化合物，284
芳基硅氧烷，462
芳基化，酯，460
　Heck 反应，456，457
　Meerwein，466
　胺，451
　胺，分子内的，452
　胺，微波，452
　丙二酸酯合成，365
　芳香化合物，462，463，467
　分子内的，506
　硅烷，金属催化的，462
　磺酰胺，272

活泼亚甲基化合物，460，461
卤代炔烃，金属催化的，297
内酰胺，453
脲，453
肼，金属催化的，508
烯醇负离子，460，461
烯醇负离子，光化学的，461
烯烃，456，466
酰胺，453
自由基，366
自由基，芳香化合物，506
芳基化反应，声化学，180
芳基磺酸的脱磺化，377
芳基金属有机，质子化，346
芳基锂化合物，定向的邻位金属化，281
　芳基硅烷的制备，279
　金属卤素交换，280
芳基锂，见有机锂，芳基
芳基膦盐，偶联，453
芳基卤，超共轭，23
　共振，23
　脱卤化，试剂用于，377
芳基钠，132
芳基钯盐，284
芳基硼酸，见硼酸
　Friedel-Crafts 酰基化，368
　Pd 催化的偶联，366
　芳香磺酰化，359
　与炔烃，555
芳基硼烷，酰基加成，680
芳基三氟硼酸酯，Friedel-Crafts 烷基化，365
芳基铯，132
芳基铊化合物，芳基化反应，506
　生成氟化物，463
　转化为苯酚，463
　转化为芳基氰化物，463
　转化为芳基酯，463
　转化为硝基化合物，463
芳基碳正离子，见碳正离子
芳基硝基化合物，与氟离子，467
芳基锌化合物，Negishi 偶联，283
芳基正离子，125，345
芳基正离子，+I 和−I 效应，348
芳基正离子，极限式，352，355
　本位，351
　场效应，348
　动力学控制相对于热力学控制，348
　钝化基团，348
　分离，346
　分配效应，346

分配因数，346
机理，证据支持，346-348
来自自由基，354
取代的，共振，348
去稳定化，349
去稳定化基团，349
同位素效应，346
稳定的溶液，347
稳定化，348
稳定化基团，349
稳定性，347
与亲核试剂反应，351
芳基正离子机理，345，346
芳香化合物的汞化，463
速率，346
芳基自由基，465，496，932
芳基自由基，也见自由基
芳炔，芳香性，446
　IR，446，447
　Pauling 共振能，447
　底物结构和取代，448
　定义，446
　非芳香环，447
　杂芳炔，447
　在 Diels-Alder 反应中，446
　在形成过程中的区域选择性，449
芳烃，见芳香化合物
芳烃，交替的，电环化重排，851
　与烯烃，554
芳烃，烯丙基的，异构化，533
　侧链卤化，360
　金属催化的对烯烃的加成，554
　通过 Friedel-Crafts 烷基化，362
　通过 Friedel-Crafts 酰基化，363
芳香 π-电子云，18
芳香变色龙（chameleons），32
芳香侧链，氧化，试剂，903
芳香重氮盐，见重氮盐
芳香化合物，并苯，29
Baker-Nathan 效应，41
Benkeser 还原，545
Birch 还原，545
Dakin 反应，903
DEAD，358
Duff 反应，369
Gatterman-Koch 反应，369
Gatterman 酰胺合成，370
Gomberg-Bachmann 反应，467
Haworth 反应，367
Mills-Nixon 效应，26
Schiemann 反应，361，465

Wurtz-Fittig 反应, 279
π-π 相互作用, 61
氨基甲基, 468
氨基烷基化, 371
胺化, 358
胺化, 卤代胺, 358
苄基氢, 与自由基, 495
场效应, 10
齿轮状的分子, 107
稠合作用, 29
电子供体-受体复合物, 61
钝化基团, 348
芳香性, 26, 28
分子轨道计算, 18, 19
格氏试剂的加成, 559
各向异性, 27
共振, 18, 19, 25
环化脱水, 365
活化基团, 348
卡宾的加成, 597
逆-二醇-Alder 反应, 804
氢交换, 355
受限制的旋转, 108
脱羧基化, 375
烷基化, 462, 463
烷基取代基, 也见苄基
酰胺化, 358
酰胺基甲基化, 371
酰氧基化, 503
形成苯胺, 358
形成腈, 372
形成联芳烃, 366
形成硫醚, 371
形成醛, 368
一氧化碳的热挤出反应, 804
与三氯胺胺化, 358
张力, 107
自由基芳基化, 506
自由基烷基化, 506
芳香化合物, 侧链的氧化, 烷基反应活性, 903
 与 Fremy 盐, 897
 与酞菁, 897
芳香化合物, 碘化, 361
 氧化剂, 361
芳香化合物, 反应活性, 348, 353, 354
芳香化合物, 芳基化, 462, 463, 467
 机理, 467
 与三羧酸芳基铅, 506
 自由基, 467
芳香化合物, 芳香特性, 27

六元环的芳香化, 893
芳香化合物, 极限式, 29
 Friedel-Crafts 酰基化, 359
 Friedel-Crafts 酰基化, 还原, 363
 催化氢化, 544
 氚化, 355
 电解, 形成苯酚, 372
 电子效应, Birch 还原, 545
 钝化的, 胺化, 358
 钝化的, 溴化, 360
 氟化, 361, 465
 甲酰化, 368
 邻位定位的金属化, 462
 氯化, 350, 400
 扭曲的, 25
 氰基化, 371
 双羟基化, 576
芳香化合物, 键交替, 25
 溴化, 400
芳香化合物, 来自醇, 362
 稠合的, 键长, 28
 稠合的, 碳负离子, 130
 稠环, 25
 来自芳基磺酸, 377
 来自芳基金属有机, 377
 来自芳基卤, 377
 来自芳基醚, 377
 来自芳基酮, 375
 来自芳香化合物, 506
 来自金属有机与芳基卤, 283, 284
 来自卤代烷, 362
 来自烯-二炔, 849
 来自烯烃, 362
芳香化合物, 锂化, 462, 463
 汞化, 463
 甲基, 见甲基芳基
 金属催化的对烯烃的加成, 554
 金属催化下氢交换, 355
 金属化, 372, 462, 463
 硝化试剂, 356
芳香化合物, 邻-, 间-, 对-取代, 348
芳香化合物, 卤化, 359
 Lewis 酸, 361
 NBS, 360
 离子液体, 360
 卤代胺, 360
 温度相关, 361
芳香化合物, 羟基化, 372, 501
 Elbs 反应, 372
 与 Udenfriend 试剂, 501
 与过硫酸钾, 372

芳香化合物, 羟烷基化, 364
芳香化合物, 通过 Bergman 环化, 849
 通过 Friedel-Crafts 烷基化, 362
 通过苯酚的还原, 927
 通过苯酚的双羟基化, 927
 通过重氮盐的还原, 932
 通过重氮盐的还原, 试剂, 932
 通过电环化关环, 851
 通过环化三聚, 599
 通过逆向的 Friedel-Crafts 烷基化, 375
 通过炔烃的环化三聚, 598
 通过脱羧反应, 376
 通过与芳基卤的光化学偶联, 506
 通过与芳基卤偶联, 506
芳香化合物, 硝化, 348, 355, 400
 芳基硼酸, 356
 与硝鎓离子, 356
芳香化合物, 硝基被烷基取代, 467
 UV 和 IR, 张力, 107
 氚代, 355
 磺酰化, 358
 磺酰化, 机理, 359
 扩环, 580
 硫烷基化, 371
 六元环, 28
 扭曲的, 25
 有张力的, 26
 有张力的, 转动能垒, 107
芳香化合物, 硝基, 来自 N-硝基苯胺, 373
芳香化合物, 亚硝基, 374
芳香化合物, 氧化裂解, 试剂, 902
 苯烯, 25
 多环的, FVP, 851
 与胺反应, 371
 与氮烯反应, 580
 与卤代烷反应, 362
 与烯烃反应, 362
 与自由基的反应活性, 496
芳香化合物, 与锂和氨还原, 545
 与钾和氨, 545
 与金属和氨, 545
 与钠和氨, 545
芳香化合物, 与酰卤, 366, 375
 与 DMSO, 371
 与 Fenton 试剂, 501
 与苯鎓离子, 235
 与叠氮酸, 358
 与多聚磷酸, 359
 与芳基重氮盐, 466

与芳基金属有机,366
与钙和胺,545
与光气,370
与过氧酸,372
与磺酰卤,359
与甲醛,366
与甲氧基乙酰氯,366
与假单胞菌,576
与金属和胺,545
与腈,371
与雷酸汞,372
与锂和胺,545
与硫酸,358
与醛,364
与三氯乙腈,371
与三氧化硫,358
与碳正离子,375
与酮,364
与烷烃,362
与酰基过氧化物,506
与硝酸酯,356
与硝鎓盐,356
与亚砜,371
与有机锂试剂,462,463
与自由基,机理,492
芳香磺化,见磺化
芳香基团,β,邻基,236
芳香六隅体,27,28
 苯,19
 杂环,30
芳香卤化,光化学,360
 卤素的活性,360
芳香醚,还原裂解,927
芳香羧酸,见羧酸
芳香碳正离子,445
芳香特性,27
芳香性,26
芳香性,绝对的,20
芳香性,绝对硬度,30
 Bader 电子离域指数,30
 Baird 的理论,32
 Herndon 模型,28
 Hess-Schaad 模型,28
 Hückel 规则,33,35
 Hund 规则,33
 SCF 方法,28
 杯烯,32
 苯并菲,29
 苯并轮烯,37
 苯环型的烃,28
 苯炔,446

吡啶,28
吡咯,30
吡喃鎓离子,28
变形,25
超共轭,41
稠合作用,29
氮杂环,28
氮杂轮烯,36,37
对称,33
多并苯,29
芳基正离子,345
芳炔,446
芳香化合物,26,28
芳香性,NMR,27,36,37
菲,29
菲烯,29
分子折射,30
呋喃,30
富烯,32
庚间三烯并庚间三烯,31
共轭环模型,28
共振能,30
化学位移,27
环丙烯负离子,35
环电流,27
环丁二烯,33
环芳烷,25
环庚三烯负离子,35
环共振能,28
环癸五烯,33
环戊二烯负离子,30
环戊二烯正离子,35
环辛四烯,33,35
键部分固定化,28
键级,30
键交替,31
键长,33
抗磁性的环电流,27,28,33
轮烯,25,33,35,36,37,38
萘,29
芘,37
平面性,33,37
噻吩,30
顺磁性的环电流,27
同位素标记,31
纬向性的,27
亚甲基轮烯,36
硬度模型,28
杂芳香化合物,28,30
杂化,25
草鎓离子,31

芳香性,轮烯,36
C-,42
Möbius,40
Y,21(文献 38)
薁,32
苯,20
苯并苯,38
并环戊二烯,32
参数,33
超级芳香性化合物,38
稠环芳香化合物,30
定域的,30
方形酸双负离子,40
芳香六隅体,28
芳香特性,27
非芳香体系,33
富勒烯,40
庚间三烯并庚间三烯,32
环丙烯正离子,33
环庚三烯酮,31
介离子化合物,40
球形的,40
球形的,同芳香性,40
三同芳香性,40(文献 384)
双同芳香性的,40(文献 384)
同芳香性化合物,40,41
悉尼酮,40
相关的,对于苯,20
杂环,30
芳香性指数,30,31
富烯,32
杂环,30
芳香指数,见芳香性指数
放射性碘,S_N2,225
放射性腈,163
放射性羧酸盐,163
非常快的反应,动力学,165
非常弱的酸,187
非对称偶联,见偶联
非对映化合物,NMR,94
非对映选择性,有机铜酸盐的共轭加成,558
合成,86
与格氏试剂,675
与硫叶立德,699
在 Diels-Alder 反应中,214
在 Friedel-Crafts 烷基化反应中,362
在 Grignard 反应中,675
在 Mannich 反应中,673
在 Paterno-Büchi 反应中,725
在羟醛反应中,688

在双羟基化反应中,575
在酮的还原反应中,920
在氧桥-Cope 重排中,856
在用 Selectride 的还原中,917
自由基环化,563
非对映异构复合物,88
非对映异构体,epi 和 peri,前缀,85
　　HPLC 分离,90
　　差向异构体,84
　　赤式/苏式(erythro-/threo-) 命名,85
　　假不对称碳,84
　　酒石酸,84
　　内消旋化合物,92
　　内消旋式,84
　　扭转的,78
　　顺/反(syn/anti) 命名,85
　　物理性质,84
非对映异构体,2n 规则,84
　　Cahn-Ingold-Prelog 规则,85
　　E2 反应,781
　　GC,88
　　NMR,94
　　X 射线晶体学,85
　　不同的吸收,88
　　拆分,87
　　非对映的,94
　　非对映的原子/基团,94
　　非对映选择性,86
　　分步结晶,88
　　分馏,88
　　绝对构型,85
　　命名,85
　　手性识别,88
　　顺/反(cis/trans) 异构体,90
　　索烃,66
　　制备 LC,88
非对映异构体,"r" 和 "s",85
非对映异构体,定义,84
非对映异构体,卤代烷,消除反应的立
　　体化学,789
非对映异位的,Cahn-Ingold-Prelog 规
　　则,94
非对映异位的原子/基团,93
非对映异位的原子,94
非对映异位,定义,94
非对映异位面,94
非芳香环,芳炔,447
非芳香体系,Hückel 规则,33
非环状分子,熵,158
非环状化合物,构象,96
非极性溶剂,见溶剂

非键轨道,21
　　碳正离子,21
非键相互作用,102
非交替烃,32
　　环丙烯正离子,33
　　拓扑极化,32
非经典碳正离子,128,233
　　超酸,237
　　邻基参与,234
　　温度,237
　　稳定的溶液,237
非经典碳正离子,也见碳正离子
非均相催化剂,氢化,540
非均相的 Pauson-Khand 反应,568
非离子碱,712,798
非平面自由基正离子,140
非同芳香化合物,40
非相邻 π 键,碳负离子的稳定化,131
非协同的 Cope 重排,857
非协同性,373
非正常 Beckmann 重排,804,840
非正常 Claisen 重排,860
非正常 Beckmann 反应,837
非质子性溶剂,251
　　烯醇负离子,409,687
菲,烷基化,与金属有机,462
　　Dewar 苯结构,29
　　臭氧,29
　　芳香性,29
　　分隔区,29
　　共振能,29
　　极限式,29
　　键部分固定化,28
　　来自二苯乙烯,851
　　亲电芳香取代,351
　　溴,29
　　与单线态氧环化,591
菲并菲(fulminene),38
菲烯,芳香性,29
菲烯,酸性,29
菲烯正离子,共振能,29
菲烯自由基,共振能,29
沸点,Beilstein,985
　　氢键,59
　　酯交换反应,712
沸点升高,格氏试剂,133
沸石,硫醇对烯烃加成,537
　　Diels-Alder 反应,585
　　Friedel-Crafts 酰基化,367
　　Knoevenagel 反应,692
　　Meerwein-Ponndorf-Verley 还原,918

醇的氧化,895
催化氢化,541
芳香化合物的卤化,361
醛转化为腈,671
四氢吡喃基醚的氧化,897
脱水,793
形成碳正离子,126
酯化,710
沸石 Y,126
分步结晶,拆分,87-89
分叉键,构象,97
分叉氢键,59
分隔区,菲,29
分解温度,过氧化物,490
分解,酰基叠氮,821
　　AIBN,490
　　过氧化物,490
　　氯甲酸酯,239
　　自由基,139
分离,烯醇,399
中间体,Neber 重排,162
分馏,非对映体,88
拆分,88
拆分,88
非对映体,88
分配效应,SNAr 反应,445
　　与芳基正离子,346
分配因数,芳基正离子,346
分速率因子,芳基自由基,496
本位,355
定义,352
分子带,66
分子动力学,酯的水解,705
分子构象,几何结构,102
分子轨道,2,3,18
　　苯,18
　　[1,5] 苯基迁移,854
　　二烯烃,587
　　同面迁移,853
　　烯烃,587
　　异面迁移,853
　　杂化,4
分子轨道,也见 MO
分子轨道方法,3
分子轨道(MO) 理论,活化硬度,353
　　共振,18
　　亲电芳香取代,353
分子轨道(MO) 能量,28
分子轨道(MO) 研究,酰胺水解,708
分子间氢键,58
分子结,66,67,79

分子开关，66
分子力学，101,102
　　构象，95
　　热化学数据，102
分子力学，扭转张力，102
分子螺旋桨，手性轴，81
分子内 Baylis-Hillman 反应，682
分子内 Diels-Alder 反应，586
分子内 Heck 反应，456
分子内 McMurry 偶联，935
分子内 Michael 反应，556,557
分子内 Mukaiyama 羟醛反应，835
分子内 Paterno-Büchi 反应，725
分子内 Schmidt 反应，839
分子内 Stille 偶联，407
分子内 Thorpe 反应，701
分子内 Wittig-Horner 反应，697
分子内 Wittig 反应，698
分子内的，Friedel-Crafts 烷基化，362
分子内的，Gomberg-Bachmann 反应，467
分子内的，Grignard 反应，676
分子内插入，410,411
分子内重排，光化学的，178
分子内重排，机理，375
分子内单烯反应，555
分子内的，光化学 [2+2] 环加成，594
分子内的，硅连接的 Heck 反应，456
分子内的，[2+2] 环加成，592
分子内的，[3+2] 环加成，583
分子内的，卡宾插入，411
分子内的，酮与烯烃反应，554
分子内的，烯烃的氢胺化，538
分子内的，酰基加成，565
分子内对烯烃或炔烃的 Grignard 加
　　成，553
分子内反应，Scholl 反应，366
分子内芳基化，506
分子内环化，550
分子内环化三聚，599
分子内加成，醇对烯烃，536
分子内频哪醇偶联，935
分子内羟醛反应，689
　　酸催化的，689
分子内羟醛，也见羟醛
分子内亲核取代，469
分子内氢胺化，炔烃，539
分子内氢转移，493
分子内水化，535
分子内烯烃偶联，552
分子内消除，791
分子内氧-Michael 反应，564

分子内质子转移，190
分子内自由基加成，530
分子筛，胺的形成，268
　　Jones 试剂，894
　　环氧化，578
　　酰胺的形成，715
　　形成亚胺，669
　　作为脱水剂，710
分子识别，63
分子数，速率定律，164
分子梭，67
分子线，66
分子项链，66
分子，有张力的，见有张力的分子
分子折射，芳香性，30
　　硬度，30
酚醛树脂（bakelite 聚合物），365
封盖型的环糊精，66
封装技术，Diels-Alder 反应，584
砜，芳基，离子液体，359
　　Smiles 重排，469
　　来自芳香化合物，359
　　来自磺酰卤，359
　　通过 Friedel-Crafts 酰基化，359
砜，还原，289
　　二氧化硫的同面消除，801
　　取代，经过消除-加成，242
　　生成硫醚，933
　　四价离子，801
砜，来自烯代烷，267
　　来自芳基卤，451
　　来自格氏试剂和磺酰卤，729
　　来自磺酸盐，267
　　来自磺酸酯，727
　　来自磺酰卤，267
　　来自磺酰卤，和硼酸，729
　　来自磺酰氯和炔烃，572
　　来自金属有机和磺酰卤，729
砜，热解成烯烃，798
砜，通过亚砜的氧化，913
　　通过硫醚的氧化，913
　　通过亚砜的还原，试剂，933
砜，烷基化，294
　　二氧化硫的异面消除，801
　　共振，26
　　手性缺失，76
　　烯丙基乙烯基，硫-Claisen 重排，859
　　烯丙基，与亲核试剂，285
　　叶立德，26
砜，乙烯基，526,694
砜，与格氏试剂，455

与丙二酸酯，461
与酮，693
砜，与酮卤代，700
　　Ramberg-Bäcklund 反应，801
　　碱促进的消除生成二烯烃，801
　　碱促进的消除生成烯烃，801
　　与醇盐碱，700
砜，与有机锂试剂偶联，286
　　二甲基，溶剂，454
　　二氧化硫的挤出，807
　　环状的，螯键反应，801
　　环状的，与有机锂试剂，807
　　脱硫化，试剂，933
呋喃，Birch 还原，545
　　来自二酮，666
　　来自炔烃，536
　　卤化反应，415
　　水解，259
　　通过与炔基酮在金属催化下的反
　　　应，666
　　形成 1,4-二酮，259
　　在 Diels-Alder 反应中，591
　　在 Friedel-Crafts 烷基化反应中，362
　　在 Friedel-Crafts 酰基化反应中，367
呋喃，芳香性，30
　　催化氢化，544
　　共振能，30
　　亲电芳香取代，351
呋喃糖化合物，互变异构，44
氟，对烯烃的加成，570
　　电子途径相对于自由基途径，498
　　对氟的操作，498
　　芳香化合物，361
　　芳香化合物的卤化，361
　　碳负离子的稳定化，413
　　酮-烯醇互变异构，43
氟苯，465
　　来自硝基化合物，467
氟代化合物，烯醇含量，43
氟代磺酸-SbF_5，超酸，187
氟代硫酸，碳正离子稳定性，125
氟代溶剂，Heck 反应，456
氟化，498
　　胺，425
　　多聚氟化物吡啶盐，674
　　二噁烷，674
　　芳基重氮盐，465
　　芳香化合物，361
　　硼酸，416
　　亲电的，499
　　醛或酮，402

试剂，263, 274, 402
　羧酸，403
　羧酸酯，403
　酰胺，403, 425
　与 SF$_4$，674
　与多氟化氢-吡啶，718
氟化钾，在乙酸中，酰氟的形成，718
氟化氢，见 HF
氟化铯，作为碱，268
氟化物，芳基，Schiemann 反应，465
　来自 HF，466
　来自芳基重氮盐，507
　与酮酯，460
氟化物，氟化试剂，274
　磺酰基，359
　来自芳基铊化合物，463
　来自四氟硼酸盐，415
　偕，DAST，674
　乙烯基，来自碘鎓盐，416
氟化物，格氏试剂，419
　Finkelstein 反应，274
　Schiemann 反应，465
氟化物，烷基，碱促进的消除，Hofmann 规则，799
　来自羧酸，510
氟化物，酰基，705, 718
　来自 HF 和酸酐或酰卤，718
　来自 KF 和酰卤，718
　来自酸酐，718
　来自酰卤，718
　水解，705
　通过醇的氧化，909
　与胺，452
氟离子，硅烷，560
　Tamao-Fleming 氧化，263
　金属，氟化试剂，274
　与吖丙啶，288
　与芳基硝基化合物，467
　与硅醚反应，261
氟硼酸盐，酰基，乙酸酐，581
　重氮离子，465
氟氧三氟甲烷，氟自由基，498
俘精酸酐，螺旋手性，79
符号改变，轨道重叠，588
辐解，脉冲的，自由基溶液，497
负的超共轭，100
负离子，对烯烃的加成，525
　N-硝基，重排，同位素标记，373
　对共轭羰基的加成，526
　芳基，932
负离子 Snieckus-Fries 重排，373

1,3-负离子环加成，负离子裂解，421
负离子配体，醇的氧化，895
负离子羟基-Cope 重排，855
负离子延迟化学，294
负氢重排，825
负氢离子，还原，892
负氢迁移，409
负氢转移，866
　Wagner-Meerwein 重排，828
　[1,3]，更大的，825
　跨环的，866
　[1,3]，明显的，825
　形成硅基烯醇醚，409
负氢转移，氧化-还原，892
　Cannizzaro 反应，937
负载在硅胶上，Heck 反应，456
　膦 Pd 复合物，281
负载在聚合物上，酸催化剂，氨基甲酸酯的共轭加成，564
　Heck 反应，456
　Pd 催化剂，452
　Suzuki-Miyaura，458
　催化剂，460
　催化剂，用于 Heck 反应，456
　催化剂，与丙二酸酯负离子，289
　叠氮化物，596
　叠氮化物，重氮基转移试剂，596
　二烯烃，在 Diels-Alder 反应中，591
　反应物，Sonogashira 偶联，460
　过氧酸，Baeyer-Villiger 重排，841
　合成，716
　合成，产物的分离，716
　甲酸盐，共轭醛的还原，546
　膦配体，偶联，285
　硫叶立德，699
　配体，二烷基锌，679
　碳二亚胺，715
　碳二亚胺，酰胺的形成，来自酸，715
　氧化剂，894
　叶立德，在 Wittig 反应中，695
负载在离子聚合物上的 OsO$_4$，575
负增强，NMR，135
复分解，烷烃，863
复分解，烯烃，862-864
　Grubbs 催化剂，863
　Mo 催化剂，862
　PEG，863
　Ru 催化剂，862
　Shrock 催化剂，863
　串联，863
　对映选择性，863

多米诺（domino），863
反应活性，863
反应中结构的变化，862
关环，862-864
官能团的兼容性，863
合成上的变化，863
合成上的意义，863
环二烯烃的形成，863
机理，863, 864
交叉，863
交叉，炔烃，863
金属环丁烷，863
金属卡宾复合物，863, 864
聚合反应，863
聚合物固定的催化剂，863
开环，863
可兼容的官能团，863
链式复分解，864
茂金属，863
炔烃，863
三重的，863
双重的，863
同-，863
烯炔，863
烯烃稳定性，862
形成内酯，863
与二炔烃，863
与二烯烃，863
在超临界二氧化碳中，863
在离子液体中，863
复合物，有机锂试剂，共轭加成，559
复合物，在氢化物还原中，919
富勒烯，芳香性，40
　分子轨道（MO）计算，40
　合成，41
　轮烷，66, 67
　同富勒烯，41
　碗-碗翻转，41
富马酸（反-丁烯二酸），91
富烯，32
　芳香性指数，32

G

改进的忽略双原子微分重叠法，19
钙，在胺中，芳香化合物的还原，545
钙离子，冠醚，63
甘脲，与甲醛，67
甘油，见二醇
甘油醛，绝对构型，80
　氧化成甘油酸，手性，80
甘油酸，手性，80
　手性，来自甘油醛，80

干冰，见二氧化碳
干燥剂，形成缩醛，665
　　形成缩醛或缩酮，665
　　形成亚胺/烯胺，669
高薁，X 射线衍射，36,37
高薁，芳香性，36
[1,5] 高 σ 重排，859
高碘酸，二醇的氧化裂解，898
　　Lemieux-von Rudloff 试剂，902
　　与二醇，机理，899
高碘酸盐，醇的氧化，897
　　$RuCl_3$，与胺，907
　　氧化脱羧反应，903
高碘烷，Dess-Martin，见 Dess-Martin
高度稀释，Friedel-Crafts 环化，368
高二烯基 [1,5] σ 氢迁移，859
高二烯基 [1,5] 迁移，853
高二烯基 [1,5] 迁移，乙烯基环丙烷重排，855
高级的混合有机铜酸盐，282
高价碘，264
　　苄基 CH 氧化，905
　　腈的形成，671
　　双羟基化，575
　　与磺酰胺，934
　　与烯烃，571
高价碘，见碘
高价芳基碘衍生物，联芳烃，366
高立方烷基自由基，826
高立方烯，108
高氯酸锂，S_N1 反应，252
　　特殊盐效应，252
　　在醚中，Diels-Alder 反应，584
　　在醚中，氨基醇的形成，271
　　作为 Lewis 酸，193
高氯酸盐，锂，TMSCN 与醛，701
高氯酸银，与碘代环戊烷反应，35
高锰酸钾，二醇的氧化，574
　　烯烃的双羟基化，574
　　烯烃的双羟基化，超声，574
　　烯烃的氧化裂解，902
高锰酸钾，也见高锰酸盐
高锰酸盐，在 [3+2] 环加成中，581
　　儿茶酚的氧化，897
　　钾，Lemieux-von Rudloff 试剂，902
　　钾，醇的氧化，895
　　钾，亚砜的氧化，913
　　烃的氧化，904
　　与冠醚，902
　　与烯烃，574
高羟醛，693

高羟醛反应，Knoevenagel 反应，693
高炔丙醇，680
高烯丙醇，680
高烯丙基碳正离子，233
高烯丙基烯烃，234
高烯丙基乙酸酯，681
高烯醇负离子，131
高效液相色谱，见 HPLC
高压，胺与内酰胺，717
　　Diels-Alder 反应，584
　　Knoevenagel 反应，692
　　反应活性，213
　　过渡态，213
　　活化体积，213
　　扩散速率，213
　　形成肟，670
高压，见压力
高压质谱，见质谱
锆催化剂，硅烷与二烯烃，550
　　Schwartz 试剂，549
　　酰基，与烯丙基卤，298
格氏试剂，280,284
　　胺复合物，419
　　胺化，416,452
　　对芳香化合物的加成，559
　　对醛或酮的加成，机理，676,677
　　对烯烃的加成，549
　　1,2-加成相对于 1,4-加成，675
格氏试剂，胺的芳香化，452
　　成键，132
　　电子转移，677
　　二氧六环和卤化镁，132
　　非对映选择性，675
　　分子内的，676
　　氟化物，419
　　干扰基团，419
　　共轭加成，558,675
　　环状机理，560
　　碱性，675
　　来自二卤化物，419
　　来自卤代烷，419
　　卤代烷的偶联，279,282
　　氢-金属交换，420
　　去质子化，412
　　生成热，133
　　手性的，420
　　水解，414
　　水解，卤代烷的还原，926
　　烯丙基醚的裂解，287
　　消除，419
　　形成苯酚，450

形成复合物，132,133
形成机理，420
乙烯基醚的裂解，287
引发剂，419
与芳基卤偶联，281
与乙烯基卤偶联，281
在 THF 中，133
在苯或甲苯中，419
在三乙胺中，133
作为碱，189
格氏试剂，芳基，133
　　偶联，282
　　水解，377
　　形成，800
　　自偶联，366
格氏试剂，芳香化合物的烷基化，462
　　Bouveault 反应，720
　　Bruylants 反应，286
　　CIDNP，420
　　Cu，281
　　ESR，677
　　Fe 配合物，552
　　HMPA，133,719
　　NMR，133
　　Schlenk 平衡，132,133
　　SET 机理，420
　　Wurtz 反应，508
　　Wurtz 偶联，419
　　冰点降低，133
　　二烷基镁，675
　　芳基卤化物的脱卤化，377
　　沸点升高，133
　　复合，677
　　构象稳定性，133
　　官能团，419
　　环丙烷化，598
　　环化三聚，599
　　金属添加剂，677
　　金属盐，自由基环化，562
　　卤代酯，682
　　醚溶剂，132,133
　　溶剂，133
　　烷基化或芳基硝基化合物，462
　　温度，419
　　消除，802
格氏试剂，金属催化的，对烯烃的加成，553
　　对炔烃的加成，553
　　环化，508
　　偶联，282,508
格氏试剂，金属介导的，偶联，281

对共轭加成的结构限制,558
粉末状的,419
光学活性,394
还原,机理,677
含氮的,419
降冰片基,394
结构,132
结构和浓度,133
溶剂化,133
稳定性,419
乙烯基,形成乙烯基硼酸酯,415
用于偶联反应的金属,455
与 $TiCl_4$ 进行 Mg 的迁移,418
与金属盐预先混合,678
质子化,413
格氏试剂,也见有机镁
格氏试剂,与共轭化合物,675
 X 射线衍射,133
 与 CuBr,287
 与 Ni 催化剂,脱卤化,802
 与 Weinreb 酰胺,720
 与 Yb 化合物,287
 与碲,415
 与二氢呋喃,794
 与砜,455
 与干冰,683
 与格氏试剂,苯炔机理,455
 与共轭二烯,553
 与环氧化物,286,287
 与磺酸酯,279,727
 与磺酰卤,729
 与甲酸,417
 与甲酰胺,417,720
 与金属卤化物,418,508
 与金属卤化物,机理,418
 与腈,686
 与膦酸酯,286
 与硫,415
 与硫酰氯,415
 与卤代腈,686
 与卤素,415
 与醚,287
 与内酰胺,287
 与炔丙基卤,281
 与炔丙基酯,284
 与水,419
 与酮,675-677
 与肟,685
 与五羰基合铁,417
 与硒,415

与硝基化合物,685
与硝酮,685
与亚胺,683
与亚胺,过渡金属催化剂,684
与亚胺盐,685
与亚胺正离子,286
与氧,419
与氧,自由基,414
与乙烯基环氧化物,287,553
与乙烯基卤,282
与异硫氰酸酯,686
与异氰化物,727
与异氰酸酯,686
与原酸酯,286
与酯,719
与腙,685
格氏试剂,与缩醛,286
与 CO,417
与吖丙啶,288
与氨基甲酰卤,720
与氨基醚,287
与叠氮化物,452
与二硫化碳,683
与二氧化碳,683
与芳基卤,281
与卤代烷,281
与氯甲酸酯,719
与氯亚胺盐,685
与偶氮化合物,416
与醛,675-677
与炔烃,377,412,552
与三氟化硼,418
与手性醇,676
与手性模板,558
与酸酐,719,720
与烷基硼酸酯,414
与烯丙醇,286
与烯丙基卤,280,292
与烯丙基乙酸酯,284
与酰胺,719,720
与酰基过氧化物,414
与酰卤,719
与酰卤,金属催化剂,719
与溴仿,420
各向异性,烯烃,27
磁的,NMR,8
芳香化合物,27
环芳烷,27
各向异性的,UV,82
各向异性的,轮烯,39
铬(Ⅳ),醇的氧化,895

机理,895
醇的氧化,894,895
烃的氧化,904
铬化合物,醇氧化成羧酸,909
铬配合物,22
 Fischer 卡宾配合物,600
铬试剂,烯烃的氧化裂解,901,902
 环酮的氧化裂解,899
铬酸,醇的氧化,894
 烃的氧化,904
铬酸盐,结构改变,用于醇的氧化,895
铬酸盐,三甲基硅基,醇的氧化,894
铬酰氯,Étard 反应,908
铬酰氯,芳基甲基的 CH 氧化,908
铬,氧化态,895
给电子基团,10
σ 值,209,210
取代基效应,245
四面体机理,245
庚间三烯并庚间三烯,31
手性,78
庚间三烯并庚间三烯衍生物,稳定性,32
公式周期表,苯型多芳基烃类,28
汞,sp 轨道,4
汞化,苯,速率和产物分布,354
 芳香化合物,463
 甲苯,速率和产物分布,354
汞化合物,Corey-Seebach 方法,668
汞化合物,缩醛裂解,259
汞盐,炔烃的水化,535
 与炔烃复合,535
共催化剂,Suzuki-Miyaura 偶联,459
共存重排,831
共轭,环丁烷,碳正离子,126
 p 轨道与双键或叁键,21
 环丙烷,碳正离子,126
 简单的,碳正离子,125
 能量,21
 稳定化,21
 杂原子与碳正离子,126
共轭,交叉的,也见交叉共轭
共轭,吸收,174
S_N1 反应,228
构象,103
光的波长,174
红移,174
环丙烷,103
交叉的,23
离域,20
树状烯,23

双键的重排，399
碳负离子，130
碳正离子，125
酮-烯醇互变异构，43
 烯醇含量，43
 消除，787
 匀共轭，23
 自由稳定性，137
共轭二酮，通过烯烃的 α-氧化，907
共轭二烯烃，408
共轭还原，硅烷，546
 试剂用于，546
共轭化合物，酰基化，564
 Baylis-Hillman 反应，681
 Stork 烯胺反应，293
 格氏试剂，675
 光化学［2+2］环加成，594
 卤化，570
 氢过氧根负离子的加成，892
 通过 Knoevenagel 反应，692
 通过脱氢反应，893
 有机锂试剂，675
 与硫叶立德，700
 与醛，681，701
 与酰卤，564
 自由基加成，528
共轭环模型，芳香性，28
共轭加成，555-557
共轭加成，1,6-，559
共轭加成，胺，563
 对共轭硫代酰胺，564
 对映选择性，564，565
 金属催化的，564
共轭加成，苯胺，564
 HCN，569
 氨基甲酸酯，564
 氨基甲酸酯，金属催化的，564
 叠氮化物，564
 二烷基锌化合物，559
 高级铜酸盐，565，680
 格氏试剂，558，675
 内酰胺，564
 硼酸，559，561
 硼酸酯，561
 硼烷，560
 羟胺，564
 氢过氧根负离子，577
 氰化物，569
 烯醇负离子，557
 酰亚胺，564
 亚胺，564

杂原子亲核试剂，563
共轭加成，光化学，564
 插烯的，556
 对炔烃，559
 与硼化合物，559
共轭加成，环状机理，560
 Michael 加成，555
 定义，526
 对映选择性，557，564
 分子内的，556，557
 金属催化的，556
 金属介导的，559
 烯醇负离子的生成，558
 有机铜酸酯的局限性，557
 在离子液体中，564
 在手性离子液体中，559
共轭加成，见加成
共轭加成，氢化铝（铝烷），559
 醇，564
 醛，微波，565
 炔基氢化铝，559
 烯丙基硅烷，560
共轭加成，醛与氰根离子，565
共轭加成，酸酐，565
 HMPA，565
 PEG，564
 Sakurai 反应，560
 SET 机理，560
 二烷基锌，565
 共轭炔烃，559
 光解，561
 金属催化的胺的加成，564
 金属催化的硅基烯醇醚的加成，557
 金属催化剂，564
 离子液体，556
 磷酸酯，565
 硫酸酯，565
 硼酸酯，559
 三烷基氢化铝，559
 微波辐照，564，565
 烯胺，293
 乙烯基硼烷，561
 有机催化剂，564
 自由基，560
共轭加成，1,2-相对于 1,4-，有机铜酸酯，558
共轭加成，有机铋化合物，559
 硅基烯酮缩醛，560
 硅烷，564
 过氧根负离子，564
 金属有机，557-560

金属有机，机理，560
金属有机，自由基，560
膦，564
硫醇，564
硫醇盐负离子，564
硫代氨基甲酸酯，564
硫酚，有机锂试剂，564
硒醇/有机锂试剂，564
亚磷酸酯，564
有机锂试剂，559
有机锂试剂，金属催化的，565
有机钛化合物，679
有机铜试剂，419
有机铜酸酯，557
有机铜酸酯，烯醇负离子的生
 成，558
有机锌化合物，559
自由基，561
共轭碱，E1 反应中的碱，783
共轭碱，定义，186
共轭碱，见碱
共轭酸，定义，186
共轭羧酸，见羧酸
共轭羰基，氢化物还原，试剂，916
 与硫叶立德，699
共轭体系，交替的，非交替烃，32
共轭体系，离域，20
共轭酮，见酮
 Nazarov 环化，556
共轭消除，793
共沸，形成硼酸酯，415
共沸蒸馏，形成缩醛或缩酮，665
 酸的酯化，710
 形成烯胺，669
 形成亚胺，669
共价化合物，电子结构，7
共价键，软酸和软碱，193
共振，18
共振，分子轨道（MO）理论，18
 Hammett 方程，209
 pK，195
 π 键，24
 波动方程，18
 对环芳烷，25
 反应活性，207
 反应速率，244
 非等价的极限式，24
 砜或亚砜，26
 轨道，18
 空间效应，24
 磷叶立德，695

膦氧化物，26
氯乙烯（乙烯基氯），21
平面性，24,25
推拉效应，137
未成对电子，24
叶立德，26
张力，24
质子转移，190
中介效应，24
自由基，136,492
共振，能量，极限式，24
 积分，20
 在迁移基团中，在重排中，822
共振，1,3-偶极，582
 Dewar 结构，18
 胺，195
 苯，18
 苯胺，24
 超共轭，125
 超共轭拉伸，42
 次磷酸，26
 电负性，24
 电荷分离，24
 电子，23
 电子密度，24
 蒽，25
 二甲基锍甲基负离子，699
 二甲基氧代锍甲基负离子，699
 芳基卤，23
 芳基正离子，345
 芳香化合物，18,19,25
 共轭加成，528
 极限式，18
 计算，19
 键级，18
 键角，24
 键长，24
 卡宾，411
 双自由基，24
 碳负离子，130,132,395
 碳正离子，128,244,530
 推拉效应，137
 烯丙基碳负离子，396
 烯丙基碳正离子，244,527
 烯丙基自由基，495
 烯醇负离子，130
共振，碳酸盐，22
 Dewar 结构，25
 吡啶，18
 萘，18
 取代的芳基正离子，348

羧酸负离子，376
酮-叶立德，696
共振，稳定性规则，24
 σ 键，18
 规则，23
 结构，富烯，32
 空间抑制，357
 稳定化，推拉效应，34
共振，烯丙基碳负离子/正离子/自由基，22
 胺氧化物，26
 烯丙基碳正离子，239
共振贡献体，平面性，24
共振能，18,103
 苯，20
 吡咯，30
 并苯，38
 稠环芳香化合物，29
 从头算，20
 丁二烯，20,21
 芳香化合物，29
 芳香性，30
 菲烯自由基和正离子，29
 呋喃，30
 环戊二烯负离子，30
 键，30
 交叉共轭，23
 噻吩，30
 树状烯，23
 杂化，21
共振能，也见能量
 σ 值，212
 静电势大小，20（文献 25）
 取代基效应，244
 酸性，195
供体-受体复合物，电子，61
供体，在安息香缩合反应中，704
构象，$aa/ee/ae$ 命名，99
构象，$A^{1,3}$ 张力，99,100
 Meldrum 酸，197
 Newman 投影，96
 NMR，大环，101
 Pitzer 张力，105
 pK，197
 重叠键，97
 对极性基团的轴向优先，100
 二极矩，96
 二面角，97
 反应活性，209
 分叉键，97

分子力学，95
共轭，103
光学活性，96
硅基取代基，100
极化性，96
极性基团，100
假旋转，101
溶剂效应，97
酸性，197
同端基异构相互作用，100
酮-烯醇互变异构，400
酰胺，97
自由基，495
阻转异构体，98
构象，定义，95
能量，环己烷，98
数目的估算，96
重叠式，97
构象，反式的或背斜的或反叠的，96
船式，98
丁烷，96,97
反式共平面的（反叠的），E2 试剂，780
分叉的，97
构象，非环状化合物，96
氨基甲酸酯，扭转能垒，98
二噻烷，100
二烯烃，Diels-Alder 反应，585
二氧六环，100
环丙基烯烃，104
环丙烷，101
环丁烷，101
环庚烷，101
环癸烷，101
环己酮，100
环己烯，100
环戊酮，101
环戊烷，101
环戊烷，半椅式构象，101
环戊烷，信封式构象，101
己内酰胺，101
联芳，98
轮烯，36
糖苷，端基异构效应，100
烯酰胺，扭转能垒，98
酰胺，扭转能垒，98
构象，邻位交叉式，96,97
丁烷，97
溶剂效应，97
消除，783
构象，扭船式，98

降冰片烷，98
扭烷，98
构象，扭船式，也见扭船式构象
构象，溶剂，97
　E2 反应，780
　3^n 规则，96
　X 射线晶体学，97
　吖丙啶的稳定性，76
　端基异构效应，100
　光谱分析，95
　空间位阻，97
　跨环张力，105
　取代的环己烷，99
　顺式（syn）或反式（anti）消除，782
　顺式（syn）消除，782
　四面体机理，661
　温度，38
　稳定性，光学活性，77
　亚砜，101
　张力，209
构象，顺式的，852
　Diels-Alder 反应，585
构象，椅式，98
　半衰期，98
　大取代基，100
　观察，98
　环己烷，E2 反应，781
　邻位交叉，99
　碳正离子，127
　直立的和平伏的，98
构象，椅式到椅式的能垒，100
　椅式到椅式相互转化，98
构象，杂原子取代环，100
　大环酮，101
　环氧丙烷，101
　硫代酰胺，扭转能垒，98
　六元环，98
　内酯，101
　四氢呋喃，101
　氧杂环辛烷，101
　异羟肟酸，扭转能垒，98
　中环（中等大小环），105
构象，在固态下，107
　分子轨道计算，197
　构象异构体的分离，97
构象，在取代环己烷中直立，100
构象，正交的，98
　s-E/s-Z 重氮酮，835
　对位交叉式，96
　邻位交叉式，96
　盆状，79

盆状，环辛四烯，79
全重叠式，96
顺式共平面（全重叠式），E2 反应，781
稳定性，97
赝直立，赝平伏，101
折叠的，101
构象传递，209
构象分析，95-101
构象可变性，轮烯，38，39
构象能量，取代乙烷，96
构象异构体，95
　分离，97
构象自由基钟，553
构型，绝对的，见绝对构型
保持，碳负离子，132
重排过程中迁移基团的构型保持，821
重排过程中迁移基团的外消旋化，822
电子，见电子构型
定义，95
格氏试剂，133
碳正离子，234
在 σ 重排中的迁移基团，854
构型保持，醇的氯化，239
$S_{E}i$ 机理，394
$S_{N}i$ 反应，239
$S_{N}1$ 反应，230
$S_{N}2$ 反应，225
苯鎓离子，235
邻基参与，234
消除-加成反应，242
酯的水解，707
重排过程中迁移基团的保持，821
自由基，492
构型翻转，加成反应，530
$S_{N}2$ 反应，225
醇的氯化，239
叠氮离子，231
磷，93
溶剂解，231
烯醇负离子的烷基化，289
有机铜酸盐，282
在硫上，77，727
自由基，492
构型稳定性，有机锂试剂，132
孤对，键角，12
　电子，12
古柯间二酸，手性，75
钴-salen，260
固定化的 Cu，Ullmann 偶联，457
固态自由基，137
固相，Grignard 反应，675

Claisen 重排，858
Fischer 吲哚合成，860
合成，716
形成酸酐，713
固相，氨基碱，羟醛反应，687
　Diels-Alder 反应，584
反应，263
构象，108
光解，725
频哪醇重排，830
酯化，710
胍，氨对氰基胺的加成，674
卤代烷，272
胍基硝酸，356
胍，形成吖丙啶，271
超临界氢，214
来自胺，674
[2+2] 关环，864
关环反应，速率常数，表，159
　Baldwin 规则，160，161
　dig 命名，160
　Friedel-Crafts 酰基化，367
　tet 命名，160
　trig 命名，160
　不利的或有利的，160，161
　二噻烷化学，294
　活化熵，159
　三烯烃的硼氢化，549
关环复分解，862-864
关环复分解，见复分解
观察到的旋光度，α，定义，75
观察到的旋光度，也见对映体，手性化合物
官能团，活泼亚甲基化合物，288
　CIP 规则，81
　催化氢化，540
　格氏试剂，419
　还原的容易性，915
　类型，合成，
　硼氢化，548
　亲核强度，248
　氧化态，891
　用于 Knoevenagel 反应，692
　与 Suzuki-Miyaura 偶联反应兼容，458
　与硼氢化钠的反应活性，917
　与有机铜酸盐兼容，558
官能团兼容性，Darzens 缩合，694
冠醚，254
冠醚，见醚
冠醚，酰卤与胺，799
胺的酰化，715

胺化反应，452
从胺制备醇，266
动力学拆分，88,89
芳基重氮盐，464
金属离子，62
手性的，62,88
脱氰基化，424
消除反应，783
与 KMnO₄，902
与 LiAlH₄，919
与高锰酸盐，烯烃的氧化裂解，902
与金属，424
与氰根离子偶联，298
在 Gabriel 合成中，272
在消除反应中的离子对，783
光，自动氧化，502
　光学活性，83
　平面偏振，74,80
　平面偏振，旋转，74
　圆偏振，74
　圆偏振，不对称合成，87
光-Fries 重排，373
　CIDNP，373
　闪光光解，373
光的波长，键能，175
　比旋光度，75,82
　二烯烃的光解，846
　共轭，174
　光化学，172
　光化学 [2+2] 环加成，594
　微波辐照，181
光的发射，声化学，180
光电子能谱，见 PES
光度计，光化学机理，180
光二聚，178
　环戊烯酮，179
光还原，酮，179
光化学，86,196
光化学，Jablonski 图，176
　Norrish Ⅱ 型裂解，178
　Norrish Ⅰ 型裂解，178
　Orton 重排，374
　UV 光，172,174
　Wallach 重排，866
　Wigner 自旋守恒规则，177
　单线态，173
　芳香化合物被 O₂ 氧化，897
　光的波长，172
　光解，175
　光敏化，177
　光谱仪（分光光度计），172

轨道重叠，587
激发态的性质，174
可见光，172,174
量子产率，179
三线态，173
烯酮的光解，178
乙炔激发态，174
乙烯基环丙烷重排，855
用苯酚猝灭，177
质子化的喹啉，506
自旋禁阻跃迁，173
自由基，490
光化学，芳香酮，177
重排，178
重排，烯烃，399
猝灭，177
单线态和三线态激发态，174
对称禁阻跃迁，173
二环庚二烯，179
二烯烃，174,846,864
二烯烃，关环，864
反应，178
芳基铊化合物，506
芳基烯烃，851
光还原，179
光敏化剂定义，177
光异构化，178
磺酰基-卤对烯烃的加成，572
联芳烃，851
磷光，176,177
硫醇与炔烃，537
醚，173
敏化，178
偶氮化合物，851
三线态，595
同面的 [1,3] 迁移，854
酮，174
香芹酮，594
跃迁，176
π→π* 跃迁，174
σ→σ* 跃迁，173,174
跃迁，至解离状态，175
光化学，光度计，179
Hund 规则，173
醇对烯烃的加成，536
氮的挤出，806
电子激发，173
电子能谱，172
电子跃迁，172
发色团，173
发色团吸收，174

分子内的 [2+2] 环加成，594
分子内重排，178
共轭键，174
光谱，172
环丁烯的 HOMO，848
环化，178
环加成，氧对二烯烃，591
激发态，174
蓝移，174
裂解，178
裂解，生成自由基，178
裂解，自由基，139
硫醇对烯烃加成，538
氯硫化，503
摩尔吸收系数，173
前线轨道方法，587
氢原子夺取，178,179
醛对烯烃的加成，566
羧酸的酯化，710
脱羰基化，511
烯烃对羰基的环加成，725
消除，780
形成激基复合物，177
助色团，174
光化学，红移，174
g 和 u 跃迁，173
光敏化剂的选择，177
光能，172
基态，172
激发态，172
激发态，甲醛，175
禁阻跃迁，173,175,176
联芳烃的形成，455
内部转化，176
能量的跌落，175
失活（去活化），177
系间窜越，176,865
形成碳正离子，228
荧光，176
用于重氮甲烷的分解，140
用于二聚，178,179
用于二聚，酮，935
用于二醛的偶联，935
用于活泼亚甲基化合物的芳基化，460
用于烃和腈偶联，504
用于脱羧反应，422
用于烯醇负离子芳基化，461
用于酰卤的偶联，721
用于自由基环化，562
用于自由基加成，704

光化学，机理，见机理
 $n \rightarrow \pi^*$ 跃迁，174
 $n \rightarrow \sigma^*$ 跃迁，173,174
 NBS 和芳香卤化，360
光化学，[1,7] 氢迁移，853
 Woodward-Hoffmann 规则，595
 催化剂用于，592
 [2+2] 环加成，592,594
 [2+2] 环加成，Wigner 自旋守恒规则，595
光化学，也见光解
光化学，也见光敏化
光化学，也见激发态
光化学，与醇，173
 Frank-Condon 原理，175
 Pauson-Khand 反应，567
 Prins 反应，703
 Reed 反应，503
 $S_{RN}1$ 反应，447
 Wolff 重排，835
 侧链卤化，360
 环丙烷的还原，547
 用硅烷还原，918
 与胺，173
 与胺，与环丙烷，271
 与卤素，烷烃的卤代，497
 与醛，174
 与烷烃，173
 与烯烃，174
 与烯烃，几何结构，179
 与吲哚和醛，680
 与甾类化合物衍生物，853
光化学，异构化，178
 氮杂冠醚，179
 偶氮化合物，179
 硼烷，400
 肟，178
光化学 Beckmann 重排，841
光化学 Diels-Alder 反应，584
光化学 Wallach 重排，867
光化学反应，172
 表，178
光化学分解，178
 重氮甲烷，597
光化学共轭加成，564
光化学 [2+2] 环加成，592
光化学 [4+2] 环加成，590
光化学机理，179
光化学脱羧反应，羧酸，507
光化学脱羰基化，178
光化学亚硝化，405

光化学异构化，533
光解，175
 Franck-Condon 原理，175
 Norrish II 型，178
 Norrish I 型，178
 能量的跌落，175
 醛，178
 形成自由基，175,178
 跃迁至解离状态，175
光解，共轭加成，561
 苯胺铵盐，375
 苯和 Dewar 苯，850
 芳香化合物与芳基卤，506
光解，卤代铵盐，865
 NBS 和甲苯磺酰胺，278
 激光闪光，124
 酮和重氮甲烷，412
光解，闪光，179
 溴仿，141
光解，羧酸，510
 吡唑，806
 吡唑啉，806
 重氮甲烷，411
 二烯酮，865
 共轭酯，533
 环丁酮，806
 环砜，807
 卤代酰胺，866
 内酯，807
 三唑啉，806,582
 烯酮，178
 氧杂吖丙啶，841
光解，氧-二-π-甲烷重排，865
 重氮酮的环收缩，835
 固相，725
 硅烷和胺，279
 焦钙化醇，849
 硝基化合物的还原，924
光解，也见光裂解
光解卤化，493
光解羟基化，372
光控装置，66
光敏化，177,178,725
 Paterno-Büchi 反应，725
 电子转移，177
 烷烃，504
 氧，与烯烃，502
光敏化剂，单线态氧，502
 单线态氧对二烯烃的环加成，591
 曙红，591
 选择，177

 在 [2+2] 环加成中，594,595
光敏化剂，定义，177
光谱，Aldrich Library，988
光谱，Sadtler Research Laboratories，988
光谱（电磁谱），172
光谱，键长，10
 IUPAC 分类，6
 Paterno-Büchi 反应中的双自由基，725
 电磁（光谱），172
 电子的，172
 动力学，165
 光电子，6
 环丙二烯，107
 碳负离子，130
 重氢四极杆回波谱，64
光谱读取，动力学，165
光谱分析，自由基，135
光谱光度测量，溶剂酸性，191
光谱仪，定义，172
光气，酰胺脱水生成异腈，805
 Vilsmeier-Haack 反应，368
 形成羧酸，370
 与胺，714
 与醇反应，667
 与芳香化合物，370
 与羧酸盐，713
 与酰胺，805
光学拆分，见拆分
光学纯度，89,90
光学活性，74
 N，P，As，Sb，77
 Tröger 碱，77
 丙二烯，78
 不对称垂直平面，77
 测定绝对构型，82
 对称性，83
 对环芳烷，79
 格氏试剂，394
 光，83
 极化性，76
 联苯，77
 联芳烃，77
 溶剂解，236
 手性，74
 手性原子，76
 受限制的转动，79
 原因，83
 圆偏振光，83
 折射率，83
光氧化，重氮化合物，901
光氧化，烯烃，578

烯烃，与单线态氧，578
光异构化，178
　氮杂冠醚，179
　环辛烯，179
　偶氮化合物，179
　肟，178
　烯烃，533
规则，共振，23
　共振式的稳定性，24
硅-Baylis-Hillman 反应，682
硅-Pummerer 重排，938
硅固定的金鸡纳生物碱，575
硅基-Wittig 反应，694
硅基胺，与炔烃，金属介导的，297
　与芳基卤，452
硅基叠氮，叠氮胺的形成，271
硅基二氯（二氯硅烷），与四苯基硼酸钠，462
硅基过氧化物，与乙烯基锂试剂，414
硅基磺酸酯，409
硅基卡宾，141
硅基膦，与烯烃，539
　与炔酮，551
硅基硫醇，537
　对烯烃的加成，537
硅基取代基，构象，100
硅基炔，卤化，416
硅基酮，Robinson 成环，690
硅基烷基，邻基，239
　参与溶剂解，238
硅基烷基胺，269
硅基烯醇醚，见烯醇醚
硅基烯醇醚，也见醚
硅基烯醇酯，来自乙烯基卤，414
硅基烯烃，作为保护基，505
硅基烯酮缩醛，见缩醛
硅基自由基，528，563
硅胶，254
　Claisen 重排，858
　CrO_3 氧化，894
　HCl 对烯烃的加成，533
　Knoevenagel 反应，692
　P_2O_5，Ritter 反应，724
　Wittig 反应，695
　吖丙啶的开环，271
　胺的亚硝化，424
　硫酸浸渍的，804
　缩醛裂解，259
　肟的形成，670
　肟脱水生成腈，804
　硝酸铈铵，355

酯水解，705
作为脱水剂，710
硅胶固定化的手性配体，二烷基锌，679
硅连接的 Heck 反应，456
硅醚，260
硅醚，见醚
硅，顺/反（cis/trans）异构体，6
　双键，6
　与碳的键长，10
硅烷，芳基，279
　去质子化，与有机锂试剂，280
硅烷，芳基化，Suzuki-Miyaura 偶联，462
　Lewis 酸催化的对炔烃的加成，551
　Lewis 酸催化的对烯烃的加成，550
　苄基，279
　分子内对炔烃的加成，551
　共轭加成，564
　还原剂，920
　环状的，通过硅烷对炔烃的加成，551
　金属催化的对烯烃的加成，550
　金属催化的芳基化，462
　金属催化的偶联，278
　金属和还原，546
　来自金属催化的硅烷对烯烃的加成，550
　来自酸酐，931
　锂化，与醛或酮，694
　卤代，与烯醇负离子，409
　卤化，499
　羟基化，263
　氢，见氢硅烷
　脱硅化，925
　与氢氧化物反应，130
　与炔烃偶联，297
　自由基卤代，499
硅烷，还原，对映选择性，920
　醛或酮，918
　生成烃，925
　羧酸酯，921
　酰胺生成胺，930
　亚胺，922
　有机催化剂，920
硅烷，醚的裂解，276
　Brook 重排，867
　TBAF，462
　对映选择性的还原，920
　共轭还原，546
　酮醇缩合，936
　酰基缩醛的形成，666
　自由基环化，562

硅烷，三烷氧基，与芳基卤，462
　三卤代烯丙基，酰基加成，681
　三烷基，酸，与芳基卤，543
硅烷，烷基，自由基，氢转移，491
　与烯烃，416
　与自由基，491
硅烷，烯丙基，四氮杂磷酰二环烷（proazaphosphatrane），681
　Lewis 酸催化的对醛的加成，681
　Sakurai 反应，560
　电解偶联，279
　共轭加成，560
　金属催化的对亚胺的加成，701
　金属催化的与醇偶联，286
　金属介导的卤化，501
　偶联，505
　偶联，与 AIBN，279
　手性的，685
　通过硅烷插入，411
　与环氧化物，279
　与卤代烷，278
　与醛，701
　与醛，氨基甲酸酯，672
　与醛，过渡金属，681
　与缩醛，286
　与酰卤，701
　与亚胺，685
　自由基偶联，279
硅烷，酰基，691
硅烷，乙烯基，416，694
　Stille 偶联，407
　对共轭羰基化合物的加成，551
　来自乙烯基碘，279
　通过硅烷对炔烃的加成，551
　与芳基卤偶联，462
　与烯丙基碳酸酯，278
硅烷，与酰卤，928
　与 AIBN，928
　与 AIBN，还原，930
　与二烯烃，Pd 催化剂，550
　与二烯烃，Zr 催化剂，550
　与二烯烃，有机催化剂，550
　与芳基卤，金属催化的，462
　与氟离子，560
　与金属，酰胺的还原，930
　与氯甲酸酯，928
　与硼烷，928
　与炔烃，金属催化的，297
　与炔烃-醛，680
　与酮，金属催化的，409
　与烯酰胺，550

硅烷化的碳正离子，128
硅烷-烯烃，环化，551
硅烯插入，411
硅烯，自由基离子，140
硅氧-Cope 重排，855
硅氧烷，对烯胺的加成，551
　　还原，546
　　与芳基锂试剂，462
　　与炔烃，544,551
　　与烯胺，551
硅氧烷聚合物，560
轨道，d，7
　　碳负离子稳定性，131
轨道，p，5,6
轨道，p，乙烯基碳正离子，242
　　与双键或叁键共轭，21
轨道，sp，4
　　sp^2 杂化和 sp^3 杂化，4,5
　　同面重叠，589
　　中心反对称的，3
轨道，1s 和 2p，2
　　PES，6,7
　　苯，18,19,20
　　丙二烯，78
　　超共轭，42
　　重排，820
　　对旋开环，849
　　二茂铁，31
　　共轭，21,22
　　共振，18
　　环丙烷，103
　　环丁烯的热开环，848
　　键角，12
　　键长，10
　　交替的和非交替的烃，32,33
　　离域，18
　　茂金属，31
　　三烯烃，23
　　烯丙基碳正离子，22
　　相互排斥，4
　　叶立德，26
　　乙炔，5
　　杂化，4
轨道，σ，3
　　σ，重叠，41
轨道，分子，2,3,18
轨道，分子，也见分子轨道和 MO
　　二烯烃，587-590
　　非键，21
　　汞，4
　　烯烃，587-590

氧原子，3
重叠，[2+2] 环加成，593
轨道，图，2
　　二烯-环丁烯相互转化，848,849
　　五元环杂环，30
　　线性组合，3
　　杂化，4
　　杂化，2p，4
　　中心对称的，3
轨道，异面重叠，589
　　成键，3,5
　　反键，2,3,5
　　反键，S_NAr 反应，448
　　反键，丁二烯，20,21
　　环己二烯-三烯相互转化，848
轨道的重叠，在 HOMO 中，847
轨道对称守恒，832
轨道对称守恒原理，Diels-Alder 反应，587
轨道对称性规则，[2+2] 环加成，593
　　Dewar 苯的稳定性，850
　　Diels-Alder 反应，587
　　Möbius-Hückel 方法，850
　　Woodward-Hoffmann 规则，587
　　电环化重排的立体化学，850
　　光化学 [2+2] 环加成，595
　　环丙烷开环，850
　　环丁烯-丁二烯，850
　　内型加成，590
　　守恒，832
轨道系数，[3+2] 环加成，582
轨道相互作用，键强度，14
轨道运动，热 [1,3] σ 重排，854
轨道运动，热 [1,5] σ 重排，854
轨道重叠，[2+2] 环加成，593
　　Diels-Alder 反应，587,589
　　二烯烃的关环，848
　　符号改变，588
　　光化学，587
　　环丙烷，103
　　[2+2] 环加成，烯酮与环戊二烯，593,594
癸烷，作为溶剂，807
国际纯粹与应用化学联合会，见 IUPAC
过程，SET 机理，135
过渡金属催化剂，Friedel-Crafts 酰基化，367
　　重氮盐，464
过渡金属复合物，463
过渡金属，手性催化剂，690

手性复合物，689
过渡能量，253
过渡态，158
　　Hammond 假设，243
　　从头算研究，自由基氢夺取，494
　　芳基迁移，826
　　高压，213,255
　　活化体积，213
　　计算，19
　　羟醛反应，688
　　氢被自由基夺取，494
　　溶剂极性，250,251
　　碳正离子，消除，789
　　酰胺水解，208
　　酯水解，707
　　质子转移，192
　　中间体，160
过渡态，环状的，Meerwein-Ponndorf-Verley 还原，918
　　二醇的四乙酸铅裂解，899
　　二醇的氧化裂解，899
　　消除，791
过渡态，偶极的，高压，255
　　E2C 反应，787
　　E2C 机理，787
　　Ei 反应，792
　　E2 反应，787
　　S_N2，226,243
　　S_N2 特征，256
　　S_N2，新戊体系，394
　　对于 Barton 反应，866
　　对于 Claisen 重排，858
　　对于 Cope 重排，856
　　对于 Diels-Alder 反应，585
　　对于 Grignard 反应，677
　　对于 Meerwein-Ponndorf-Verley 还原，918
　　对于 [2+2] 环加成，588
　　对于 [4+2] 环加成，588
　　环氧化物的消除，与鳞，794
　　极化的，226
　　假想的，对于 [1,3] σ 重排，852
　　紧密的，S_N2 反应，245
　　离子的，极性溶剂，250
　　六中心，866
　　六中心，Diels-Alder 反应，527
　　取代反应，251
　　热解消除，791
　　寿命，161
　　顺式消除，787
　　酮-叶立德的热解，797

烯烃的过氧酸环氧化，576
烯烃的环氧化，576
在磺酰基硫上的亲核取代，727
自由基，495
自由基夺取，492
自由基形成，492
过渡态几何结构，羟醛反应，688
S_N2反应速率，244
过渡态理论，159
过二硫酸盐，甲酸根离子，928
过硫酸钾，Boyland-Sims 氧化，
　芳香化合物的羟基化，372
过硫酸钠，羧酸盐的二聚，510
过硫酸盐，钾，见钾
过硼酸钠，芳香化合物的羟基化，372
过硼酸盐，钠，见钠
过硼酸盐，硼烷的氧化，414
过热，微波，181
过溴化物，与氯胺-T，573
过亚胺酸，二氧杂环丙烷，577
　与烯烃，577
过氧单硫酸钾，见 Oxone
过氧单硫酸盐，577
过氧根离子，共轭加成，564
过氧化 Mo, 酯烯醇负离子的 α-羟基化，905
　酮烯醇负离子的 α-羟基化，905
过氧化钙二过氧化氢合物，502
过氧化钠，形成氢过氧化物，265
过氧化镍，504
过氧化配合物，Pd, 459
过氧化氢，烯烃，576
　胺氧化生成胺氧化物，912
　金属催化剂, Baeyer-Villiger 重排，841
　硫醇的氧化，913
　硫醇的氧化，914
　氢氧化物，与硼烷，844
　羧酸的氧化，911
　与环酮，807
　与羧酸和 DCC，265
过氧化氢，也见过氧化物
过氧化物，502
过氧化物，二过氧化氢合物，钙, 502
过氧化物，二酰基，139
　过氧化物，139
　来自酰卤，265
过氧化物，来自卤代烷，265
　来自单线态氧对二烯烃的环加成，591
　来自格氏试剂，414
　来自金属有机，414
　来自氢过氧化物，490

来自炔烃，537
来自烃，502,503
过氧化物，裂解，139
分解，490
分解，温度，490
共试剂用于烯烃的环氧化，576
环状的，591
环状的，制备，807
过氧化物，硫醇的氧化，914
硅基，见硅基过氧化物
　与 $P(OEt)_3$ 还原，928
过氧化物，氢，烯烃和甲酸，574
　与 NaOH，硼烷，548
　与硫醇，914
过氧化物，醛对烯烃的加成，566
　Fenton 试剂，501
　Glaser 反应，505
　Orton 重排，374
　Prins 反应，703
　Story 合成，807
　多卤代化合物对烯烃的加成，573
　芳香化合物的羟基化，501
过氧化物，反-Markovnikov 加成，533
硫醚的氧化，913
硫酸亚铁，501
卤化，500
硼烷的共轭加成，560
脱羧基化，511
烷烃的自由基偶联，504
烯烃的环氧化，576,577
在 Baeyer-Villiger 反应中，578
自由基，490
自由基重排，826
过氧化物，叔丁基，Sharpless 不对称
环氧化，578
过氧化物，酰基，来自酰卤，265
来自醇，842
与芳香化合物，506
与格氏试剂，414
与醛，503
与烃，503
过氧化物，也见氢过氧化物
过氧化物，与烯烃和溴，827
　与 HBr 和烯烃，533
　与 HOCl，571
　与 $LiAlH_4$，928
　与碱，与硼烷或硼酸酯，844
　与金属有机，414
　与硫酰氯，496
　与烷基硼烷，414
　与烯烃，533,574

与酰胺，708
过氧化物，自由基的扩散速率，490
　形成自由基，490
过氧环氧乙烷，502
过氧基汞化，537
过氧酸，Baeyer-Villiger 重排，841
　胺氧化生成胺氧化物，912
　芳香化合物的羟基化，372
　通过羧酸的氧化，911
　烯烃的环氧化，576
　烯烃的双羟基化，574
　烯烃，机理，576
　与芳香化合物，372
　与环氧化物，氢迁移，866
　与酮，841
　与烯烃，911
　与烯烃，立体化学，531
　制备，502
过氧酸酯，503
　标记，503
过氧酸酯，也见过氧化物，酰基
过氧亚硝酸，501
过氧乙酸，芳香化合物的碘化，361
过氧自由基，491

H

还原，157
还原 Nazarov 环化，556
还原，不对称的，919,920
　苯甲酰基甲酸酯，86
还原，定义，891
　对映选择性的，919
　空间位阻的影响，917
　溶解金属，545
　在 Cannizzaro 反应中，918
　在 Grignard 反应中，677
　在超临界 2-丙醇中，918
还原，噁嗪，295
　类型，914
还原，共轭的，对映选择性氢化，546
　试剂用于，546
　与硅烷，546
还原，共轭羰基，试剂，916
还原，手性添加剂或手性催化剂，919
官能团容易还原，915
获得氢或失去氧，891
手性配体，919
选择性，914
还原，通过 Barton-McCombie 反应，928
Katritzky 吡喃鎓盐-吡啶鎓盐方法，931
还原，酰卤，试剂，921
　苯酚的磺酸酯，927

丙二烯，544
二噻烷，294
砜或亚砜，289
共轭烯烃，试剂用于，546
环氧化物，对映选择性，916
磺酸酯，来自醇，927
腈生成甲基，与萜烯，925
卤代烷，试剂，925-927
前手性酮，919
醛或酮，916-920
醛或酮，空间位阻，917
羰基，与乙醇中的钠，机理，917
酮，非对映选择性，920
硒化物，933
烯胺，544
酰胺，试剂用于，930
硝基化合物，试剂，925
酯，试剂用于，920
自由基，491
还原，与氢化铝（铝烷），918
 Wolff-Kishner 还原，928，931
 与 LiAlH$_4$，与醛或酮，机理，918
 与 PMHS，921
 与硅烷，918
 与硅氧烷，546
 与甲酸铵，918
 与金属，917
 与硼烷，对映选择性，918
 与硼烷试剂，918
 与氢化物，机理，918
还原胺化，671，672
 Eschweiler-Clarke 方法，671
 Hantzsch 酯，672
 对映选择性，672
 金属催化剂，671
 氢解，671
 醛或酮，试剂用于，671
 微波，671
还原胺化，试剂，671
还原二聚，666
还原剂，手性过渡金属，920
 脱卤化，377
 用于臭氧化物，900
还原裂解，酰胺，934
 胺，933
 环丙烷，547
 磺酰胺，934
还原酶，用于共轭酮的还原，547
 Nicotiana tabacum，547
还原偶联，也见偶联
 醛或酮，试剂，935

还原氢化，671
还原烷基化，671，672
 Wallach 反应，671
 醇，666
 对映选择性，672
 甲酸，671
 偶氮化合物，672
 硝基化合物，672，924
 亚硝基化合物，672
 与 Hantzsch 二氢吡啶，671
 在离子液体中，672
还原消除，Pd 催化剂，459
海绵，质子，见质子海绵
含氮自由基，137
含硫化合物，光学活性，77
含水介质，羟醛反应，689
 Heck 反应，456
 Strecker 合成，702
焓，166
 表观空间的，108
 熵烯，143
 动力学，158
 反应，158
 活化，159
 温度，158
 自由能，158
合成，氮杂宝塔烷，105
 Merrifield，716
 对映选择性的，硼氢化，549
 焦磷酸酯，64
 立体异构的索烃，67
 轮烷，67
 双不对称的，549，689
 索烃，66
 通过官能团类型，
合成，卡宾插入，412
 Cornforth 模型，86
 Cram 规则，86
 Diels-Alder 反应，586
 Felkin-Anh 模型，86
 Robinson 成环，689
 UV 分析，86
 Wittig 反应，698
 不对称诱导，87
 拆分，85
 超临界二氧化碳，214
 对映选择性的反应，87
 芳基重氮盐的还原，932
 非对映选择性，86
 冠醚，62
 合成，不对称的，82，85-87

磺酸酯离去基团，249
活化试剂，86
活性催化剂，87
活性底物，86
活性溶剂，87
卡宾，142
羟醛缩合，87
手性池，85
手性的，来自非手性化合物，86
手性助剂，86
双不对称合成，87
四面体机理，662
羰基的还原，86
脱重氮化，932
微波辐照，181
圆偏振光，87
自牺牲试剂，87
合成，立体选择性的，85，95
 Cornforth 模型，86
 Cram 规则，86
 Felkin-Anh 模型，86
 UV 分析，86
 不对称诱导，87
 对映选择性的反应，87
 活性催化剂，87
 活性底物，86
 活性溶剂，87
 活性试剂，86
 羟醛缩合，87
 手性的圆偏振光，87
 手性助剂，86
 双不对称合成，87
 羰基的还原，86
 自牺牲试剂，87
合成，立体专一的，95
 Brook 重排，867
 烯烃复分解，863
合成目标，Diels-Alder 反应，586
合成上的意义，烯烃复分解，863
合成子，定义，294
核，74
核磁共振，见 NMR
核黄素，用于双羟基化的催化剂，575
核欧沃豪斯效应谱，见 NOESY
红外，见 IR
红移，174
葫芦脲，67
葫芦脲基陀螺烷，67
琥珀酸二乙酯，见琥珀酸酯
琥珀酸酯，Stobbe 缩合，691
琥珀酰亚胺基自由基，500

琥珀酰亚胺，来自 NBS，500
互变异构，42
    Bucherer 反应，453
    Michael 反应，45
    pH，43
    吡啶酮，44
    丙酮的溴化，167
    氚同位素效应，400
    喹唑啉，45
    螺氧代噻烷，45
    羟基吡啶，44
    氢键，43
    羧酸，45
    糖，44
    微观可逆性，400
    肟，44
    烯胺，44
    硝基化合物的酸式，44
    亚胺，44
    亚硝基甲烷，44
    质谱，43
互变异构，苯并噁嗪，45
    十氢喹唑啉，45
    烯胺-亚胺，539
    烯醇-酮，526
    亚胺-烯胺，44，701
互变异构，价，Cope 重排，857
    环庚三烯-降蒈二烯，857
    三叔丁基环丁烯，858
    氧杂䓬-氧化苯，857
互变异构，酮-烯醇，43，400，535
    Fuson 型烯醇，43
    NMR，43
    氟，43
    共轭，43
    构象，400
    机理，43，400
    键能，43
    空间位阻，43
    空间因素稳定化，400
    扭转张力，400
    溶剂效应，44，400
    烯醇含量，43
    酰胺，43
    质子转移，400
互变异构，硝基化合物，44
    苯酚-醌，858
    苯酚-酮，44
    卟啉，44
    卟烯（porphycene），44
    环式-链式，44

理论计算，44
烯醇，400
亚硝基-肟，44
氧代羧酸，44
质子转移，44，45
互变异构化，丙二烯-醇，241
    决速态，166
    酰胺-烯醇，724
互变异构式，瞬烯，857
互变异构体，Cope 重排，857
    Michael 反应，526
    超共轭，42
    肟-亚胺，866
    中介离子，400
化合物 barbaralane，Cope 重排，857
化学位移，9
    苯基正离子，347
    电负性，9
    反芳香性，35
    构象，95
    环电流，27
    环丁二烯，34
    轮烯，38，39
    氢键，59
    顺磁环电流，27
    碳正离子，127
    同芳香化合物，40
    烯烃，27
化学文摘，982-988，996
    SciFinder，979，983
    被 SciFinder 替代，984
    登录号，985
    累积索引，984
    索引，984
    索引指南，984，985
    专利，983
化学性质，Beilstein，985
化学选择性的还原剂，用于醛的还原，
    而不能用于酮的还原，917
化学选择性的还原剂，用于酮的还原，
    而不能用于醛的还原，917
化学选择性，定义，916
    在卤代烷的还原反应中，926
化学诱导动态电子极化，见 CIDEP
化学诱导动态核极化，见 CIDNP
环，Hofmann 规则，796
    大的，张力，106
    普通的，张力，106
    小的，张力，106
    中等的，张力，106
环吖嗪，反芳香性，38

环胺，来自卤代胺，268
环丙苯（苯并环丙烯），26
环丙芳烃，25，26
环丙基，邻基参与效应，235
环丙基，溶剂解，245
环丙基，碳正离子，126
环丙基，作为邻基，235
环丙基负离子，顺旋开环，850
环丙基化物，形成丙二烯，802
环丙基甲醇，见醇
环丙基甲基，见环丙基甲基
    重排，238
    σ 键参与，237，238
    溶剂解，237，238
    速率提高，238
    形成环丁基，238
环丙基甲基，碳正离子，238
    非经典碳正离子，237，238
环丙基甲基，也见环丙基甲基
环丙基甲基碳正离子，126，234
环丙基甲基正离子，NMR，238
环丙基甲基正离子，见碳正离子
环丙基甲基自由基，139，140
    作为自由基钟，139
环丙基甲基自由基，也见自由基
环丙基锂，稳定性，413
环丙基硼酸，与乙烯基卤，407
环丙基炔，自由基，137
环丙基碳正离子，开环，850
环丙基烯烃，构象，104
环丙基正离子，对旋开环，850
环丙酮，通过环丁酮的光解，806
环丙烷，35
环丙烷，[2＋2] 环加成，593
    Markovnikov 规则，532
    S_E2 机理，532
    σ 迁移，853
    二碘甲烷，598
    双自由基，832
环丙烷，加成反应，531
    Markovnikov 规则，532
    机理，531，532
    立体化学，532
环丙烷，加成，碳正离子机理，532
    金属卡宾对烯烃，596
    卤素，UV，532
    自由基机理，532
环丙烷，卡宾对烯烃的加成，596
    边质子化的，532
    二卤代，与有机锂试剂，832
    二乙烯基，重排，856

来自吡唑啉，583
来自二醇，286
来自共轭羰基化合物，699
来自卡宾，596
来自类卡宾，597
来自类卡宾与烯烃，597
来自硫叶立德，699
来自硫叶立德和共轭化合物，700
来自三唑啉，582
来自烯酮，596
来自有机锌化合物，598
用氨中的金属进行裂解，547
环丙烷，氢化，形成偕二甲基，547
  光解，卡宾，141
  还原裂解，547
  热解，832
  溶剂解，851
  溶剂解，速率，851
  碳正离子的稳定化，130
  通过共轭加成，559
  通过硫叶立德，699
  质子化，从头算研究，532
  质子化的，532
  质子化的，重排，822
环丙烷，通过[1+2]环加成，596
  通过Simmons-Smith方法，598
  通过吡唑啉的热解，583
  通过从吡唑啉中挤出氮，806
  通过从吡唑中挤出氮，806
  通过[3+2]环加成，583
  通过卡宾转移，596
环丙烷，弯曲键，103
  UV，103
  电子密度，103
  分子轨道（MO）计算，103
  共轭，103
  轨道，103
  轨道重叠，103
  键角，103
  角质子化的，532
  开环，机理，832
  开环，顺旋相对于对旋，850
  来自烯烃，553
  来自有机锂试剂，553
  热解，103
  生成丙烯，熵，159
  碳正离子的稳定化，233
  溴，103
  异构化，卡宾，142
  与胺，272
  与碳正离子共轭，126

张力，103
质子化的，822
自由基，138
环丙烷，乙烯基，也见乙烯基
环丙烷，乙烯基，也见乙烯基环丙烷
乙烯基，来自二烯烃，864
环丙烷，与HBr，531
  与LiAlH$_4$，544
  与四乙酸铅，532
环丙烷重氮离子，357
环丙烷化，替代方法，598
  C—H插入，411
  Cr催化剂，597
  Cr复合物，596
  对映选择性，701
  二碘甲烷，598
  分子内的，对映选择性，597
  格氏试剂，598
  金属催化的，手性添加剂，597
  金属催化剂，598
  立体选择性，597
  手性Rh催化剂，596
  速率，597
  通过金属催化的重氮烷反应，596
  异构体形成，597
  有机催化剂，701，596
环丙烷中间体，822
  Claisen重排，859
环丙烯，35
  催化氢化，547
  来自二酮，935
  氢交换，35
  通过从吡唑啉中挤出氮，806
  通过挤出反应，806
  通过卡宾对炔烃的加成，597
  与氯磺酰异氰酸酯，726
  重排成丙二烯，597
环丙烯负离子，芳香性，35
环丙烯离子基重氮盐，250
环丙烯酮，33，597
环丙烯，张力，106
环丙烯正离子，芳香性，35
  芳香性，33
  环庚三烯酮，33
环大小，熵，159
  形成内酯，159
环电流，27
  ^{13}C NMR，27
  Pauling共振能，27
  苯，27

苯并环丁烯，26
反芳香体系，28
各向异性，27
环芳烷，27
轮烯，37
顺磁的，28
烯烃，27
环丁二酮，通过烯酮的二聚，725
环丁二烯，594
  NMR，34
  低温的基质，34
  反芳香性，20
  芳香性，33，34
  分子轨道计算，34
  光电子能谱（PES），34
  合成，34
  坚果壳分子，34
  金属复合物，34
  铁复合物，34
  稳定的衍生物，34
  在Diels-Alder反应中，34
环丁二烯，反芳香性，34
  X射线衍射，34
  空间位阻，34
  张力，34
环丁二烯-金属复合物，环化三聚，599
环丁二烯衍生物，推拉效应，34
环丁砜，Baylis-Hillman反应，681
  Diels-Alder反应，586
  作为溶剂，681，926
环丁硅烷，263
环丁基，非经典碳正离子，238
  作为邻基，235
环丁基，速率提高，238
环丁基化合物，溶剂解，238
环丁基甲基自由基，见自由基
  来自环丙基甲基，238
环丁基碳正离子，126
环丁酮，通过烯酮的[2+2]环加成，592
  热解，806
  一氧化碳的挤出，806
环丁烷，[2+2]开环，864
  构象，101
  热解，104
  溴，104
  与碳正离子共轭，126
  张力，104
环丁烷，张力，103
  二乙烯基，重排，856
  来自二烯烃，864

热裂环, 594
　　乙烯基, 重排, 855
环丁烯, 开环, 转矩选择性, 846
环丁烯, 顺旋开环, HOMO 对称, 848
　　来自环丙基卡宾, 142
　　顺旋相对于对旋, 849
环丁烯, 通过 [2+2] 环加成, 592
　　HOMO, 光化学, 848
　　轨道, 热开环, 848
　　来自二丙二烯, 856
　　来自环砜, 807
　　来自环己二烯, 849
　　来自烯烃, 592
　　来自亚甲基环丙烷, 831
　　热开环生成二烯烃, 846
　　通过 [2+2] 环加成, 烯烃和炔烃, 594
环丁烯-丁二烯, 轨道对称性, 850
环丁烯-二烯相互转化, 轨道需求, 848,849
环丁烯砜, 热解, 586
环丁烯开环, Hückel 体系, 848
环二烯烃, 在 Diels-Alder 反应中, 584
环芳烷, 25
　　芳香性, 25
　　各向异性, 27
　　环电流, 27
　　假旋转, 25
　　扭曲的, 25
　　手性, 79
　　手性轴, 81
环芳烯, 见对环芳烷
环砜, Ramberg-Bäcklund 反应, 801
　　合成, 801
　　来自重氮化合物, 700
　　来自磺酰卤和重氮甲烷, 700
环庚二烯, 107
环庚二烯, 通过二乙烯基环丙烷的重排, 856
　　来自二乙烯基环丙烷, 856
环庚三烯, 597
　　芳香性, 30
　　来自卡宾对苯的加成, 597
环庚三烯酚酮, NMR, 31
　　X 射线衍射, 31
　　芳香特性, 31
　　键交替, 31
环庚三烯负离子, 芳香性, 反芳香性, 35
环庚三烯-降莰二烯, 价互变异构, 857
环庚三烯（取代的）正离子, 31

环庚三烯酮, 环丙烯正离子, 33
　　NMR, 31
　　X 射线衍射, 31
　　芳香特性, 31
　　键交替, 31
　　稳定性, 33
环庚三烯衍生物, NMR, 35
环庚三烯正离子, 见䓬鎓离子
环庚烷, 构象, 101
环共振能, 28
环癸烷, 构象, 101
环癸五烯, 芳香性, 33
环糊精, 65,270
　　氨基醇的形成, 271
　　拆分, 88
　　醇的氧化, 897
　　催化 Diels-Alder 反应, 584
　　毒性, 66
　　芳香化合物的氯化, 350
　　封盖型的, 66
　　复合物形成, 65
　　笼状复合物, 65
　　水溶性, 65
　　通道型复合物, 66
　　形状和尺寸, 65
　　与碘苯胺形成复合物, 66
环化, Bergman, 849
环化, Friedel-Crafts 酰基化, 367
　　Friedel-Crafts, 365
　　Friedel-Crafts 烷基化, 363
环化, Johnson 多烯烃, 552
环化, Nazarov, 556
环化, Rauhut-Currier, 682
环化, Ruzicka, 723
环化, 胺的芳基化, 452
环化, 电子需求, 587
环化, 分子内的, 550
环化, 光化学的, 178
　　Prins, 氧桥-Cope 重排, 855
　　Pschorr 关环, 467
　　自由基, 530
环化, 活泼亚甲基化合物, 289
　　Bradsher 反应, 365
　　Dieckmann 缩合, 722
　　Grignard 反应, 676
　　Pauson-Khand 反应, 567
　　Stork 烯胺反应, 293
　　Thorpe-Ziegler 反应, 701
　　Thorpe 反应, 701
　　Wittig 反应, 698
　　Wurtz 反应, 279

挤出反应, 807
金属催化的格氏试剂的偶联, 508
邻基效应, 233
烯烃的胺化, 538
自由基, 573
环化, 金属催化的丙二烯与烯烃的偶联, 552
环化, 醛, 566
　　胺与芳基卤, 452
　　丙二烯醇, 536
　　丙二烯和烯丙基卤, 553
　　二醇, 935
　　二醛, 935
　　二炔烃, 552
　　二炔烃, 金属催化的, 552
　　二羧酸, 722
　　二烯烃, 551
　　芳基卤与烯烃或炔烃, 554
　　芳基酮, 365
　　羟基酸, 710
　　炔醇, 536
　　炔酸, 581
　　炔烃, 553
　　炔烃与烯烃, 551
　　三氟甲磺酰胺烯烃, 540
　　碳酸酯与酮, 723
　　烯醇, 536
　　烯硅烷, 551
　　烯醛, 680
　　烯炔, 552
　　烯炔, 金属催化的, 553
　　烯酸, 537,581
　　烯酰胺, 581
　　亚胺正离子, 365
　　有机锂试剂, 与烯烃, 553
　　有机锂试剂, 与亚胺, 684
　　酯的烯醇负离子, 722
　　自由基, 231,527
环化, 通过酮醇缩合, 936
　　通过氮烯的插入, 406
　　通过分子内羟醛反应, 689
　　通过高烯丙醇的卤化, 571
　　通过氢甲酰化, 569
　　通过烯烃的氢胺化, 538
环化, 烯烃对烯烃的加成, 551
　　氨基自由基, 269
　　醛或酮与胺, 669
　　烯烃的酰胺化, 540
环化, 自由基, 见自由基环化
　　自由基, 生成醛, 704
环化三聚, 反应活性的官能团, 599

固相负载的, 599
结构变体, 599
区域选择性, 599
三酮, 599
与金属卡宾, 形成杂环, 600
环化三聚, 分子内的, 599
金属催化的, 机理, 599
金属催化剂, 598
异喹啉合成, 599
环化三聚, 环丁二烯-金属复合物, 599
Diels-Alder 反应, 599
Dötz 苯芳构化, 600
Fischer 卡宾配合物, 600
超声, 599
二炔烃, 600
格氏试剂, 599
金属复合物, 599
金属挤出, 599
环化三聚, 炔烃, 598
二炔烃, 599
炔烃, 金属催化的, 598
炔烃, 金属催化剂用于, 598
三炔烃, 599
环化三聚, 炔烃, 金属催化的, 599
环己二烯, 通过 Diels-Alder 反应, 584
重排, 833
关环生成环丁烯, 849
来自苯, 545
来自格氏试剂对芳香化合物的加成, 559
环己二烯酮, 互变异构, 44
重排, 833
环己二烯与三烯的相互转化, 856
环己二烯与三烯的相互转化, 轨道需求, 848,849
环己三烯, HOMO, 848
环己烷, $A^{1,3}$-张力, 99,100
苯酚的氢化, 544
构象, 100
立体化学, 85
取代的, 与 $LiAlH_4$, 531
环己烷衍生物, 立体异构体, 99
构象, 98
假旋转, 98
平衡, 98
取代的, 构象, 99
亚甲基, 手性, 78
环己烯, 构象, 100
形成自由基, 选择性, 531
环己烯, 通过乙烯基环丁烷的重排, 855
反式, 849

环加成, 569
Diels-Alder, 584-591
Hückel 规则, 588
Möbius-Hückel 方法, 588
Möbius 带, 589
1,3-负离子, 583
光化学的, 591
金属催化的, 600,601
1,3-偶极子, 581-584
其他的, 600
燃烧热, 表, 106
热的, 592
同面协同的, 600
烯烃对烯烃, 592-595
烯酮与烯酮, 725
[1+2] 环加成, 卡宾, 596
[2+2] 环加成, 592-595
[2+2] 环加成, 光化学的, 592,594, 725
EDA 复合物, 595
Wigner 自旋守恒规则, 595
Woodward-Hoffmann 规则, 595
共轭化合物, 594
光的波长, 594
轨道对称性, 595
[2+2] 环加成反应的催化剂, 592
环氧丙烷的生成, 595
内子内的, 594
双自由基机理, 595
形成激基复合物, 595
[2+2] 环加成, 光敏剂, 594
底物用于, 592
过渡金属催化剂, 856
极性溶剂加速, 593
空间效应, 593
立体化学, 593
热的, 592
溶剂, 592
三线态, 595
速率, 593
无溶剂的, 592
[2+2] 环加成, 环丙烷, 593
Dewar 苯, 595
Diels-Alder 反应, 592
光敏剂, 595
过渡态, 588
价异构体, 595
裂环, 594
前线轨道方法, 587
双自由基, 593,594
[2+2] 环加成, 双离子机理, 594

HOMO-LUMO 重叠, 593
电子效应, 594
对映选择性, 592
分子内的, 592
禁阻的, 850
禁阻的反应, 595
内/外 (endo/exo) 选择性, 593
双自由基, 595
双自由基机理, 594
形成 β-内酰胺, 592
形成内酰胺, 592
亚胺和烯酮, 725
[2+2] 环加成, 烯酮, 与醛或酮, 725
与炔烃, 592
与烯烃, 592
[2+2] 环加成, 压抑立体效应, 593
Paterno-Büchi 反应, 595
丙二烯, 592
轨道重叠, 593
机理, 593
金属催化的, 592
炔烃, 594
叶立德与羰基化合物, 698
[2+2] 环加成, 与烯烃, 592
与苯炔, 592
与丙二烯, 592,593
与丙二烯, 与炔烃, 592
与丙二烯, 与烯烃, 592
与二环化合物 [2+2] 环加成, 593
与环丙烷, 593
与联苯烯, 592
与炔烃, 592
与烯胺, 592
与烯烃, 烯酮, MO, 593,594
与烯烃, 与醛或酮, 725
与烯酮, 592
与亚胺, 592
与有张力的化合物, 593
[2+2+1] 环加成, 601
[2+2+2] 环加成, 601
见环化三聚
[2+6] 环加成, 589
[2+8] 环加成, 589
[3+2] 环加成, 581-584
炔烃, 583
所有的碳, 583
烷基叠氮化物, 582
烯丙基碳正离子, 584
[3+2] 环加成, 抗体催化的, 582
对映选择性, 583
分子内的, 582

机理，582
金属催化的，582
金属催化剂，583
立体选择性，582
区域选择性，582
双离子的中间体，582
速率，582
原位生成的偶极子，583
在超临界 CO_2 中，582
[3+2] 环加成，炔烃，583
    Diels-Alder 反应，582
    Fischer 卡宾配合物，582
    FMO，582
    LDA，583
    轨道系数，582
    䏻，583
    双自由基，583
    烯丙基碳负离子，583
[3+2] 环加成，与叠氮化物，583
    与二烯烃，583
    与高锰酸盐，581
    与腈氧化物，582
    与雷酸，582
    与偶极化合物，581
    与三亚甲基甲烷，583
    与硝酮，583
    与腙，581
[3+2+2] 环加成，600
[3+4] 环加成，600
[3+4] 环加成，与二烯烃，583
[4+1] 环加成，600
[4+2] 环加成，584-591
    Hückel-Möbius 允许的，588
    光化学的，590
    过渡态，588
    前线轨道方法，587,588
[4+2] 环加成，见 Diels-Alder
[4+2+1] 环加成，601
[4+2+2] 环加成，601
[4+3] 环加成，600
    与手性碳正离子，600
[4+4] 环加成，589,600
[4+4+4] 环加成，600
[4+6] 环加成，589
[5+2] 环加成，600,601
[5+2+1] 环加成，601
环加成反应，微波，181
    烯胺，592
环键级，30
环境友好化学，213
环拉胺，197

环累积多烯，107
环磷乙烷，二乙烯基，Cope 重排，856
环硫化物，见环硫乙烷
环硫化物，转化为烯烃，试剂用于，795
    还原，916
    来自重氮盐，700
    与 $LiAlH_4$，795
    与碱，794
环硫乙烷（硫杂环丙烷化），离子液体，267
    二乙烯基，Cope 重排，856
    反式环硫乙烷化（硫杂环丙烷化），578
    还原成烯烃，916
    来自重氮化合物和硫，700
    来自硫氧化物，267,700
    来自硫代酮和重氮化合物，700
    来自硫代酮，卡宾，700
    来自卤代二硫化物，572
    来自卤代硫醚，572
    来自炔烃和一氯化硫，578
    来自烯烃，578
    离去基团，249
    卤化，277
    消除生成烯烃，795
    与胺，271
环六并苯，38
环轮烯，41
环内有环的复合物，66
环炔烃，Pt 配合物，107
    张力，107
环绕重排，128,853
环壬炔，张力，106
环式-链式互变异构，见互变异构
环收缩，酸催化的，831
    Favorskii 重排，834
    重氮酮的光解，835
环烷烃，张力，105,106
环戊二烯，稠合作用，30
    pK_a，30
    [1,5] σ 重排，853
    超共轭，42
    环绕重排，853
    茂金属化合物，31
    与烯酮，在 [2+2] 环加成反应中轨道重叠，593,594
    环戊二烯，与 DCl，528
环戊二烯负离子，30
    芳香性，30
    共振能，30

    共振式，30
    纬向性的，30
环戊二烯负离子，35
环戊二烯钛-二甲基铝复合物，见 Tebbe 试剂
环戊二烯酮，31
环戊二烯正离子，芳香性，35
    非芳香性的和芳香性的，35
    制备和双自由基特性，35
环戊二烯自由基，136
环戊炔，张力，107
环戊酮，构象，101
环戊烷，构象，101
    转化为平面性的能垒，101
环戊烷，通过 [3+2] 环加成，583
环戊烷，亚甲基，583
环戊烯，通过乙烯基环丙烷的重排，855
环戊烯酮，光二聚，179
环戊烯酮，通过 Nazarov 环化，556
    通过 Pauson-Khand 反应，567
环烯，25,41
环烯，张力，106
    通过 Wittig 反应，698
环辛二烯，107
    9-BBN 的制备，548
    与碘，106
环辛二烯，来自二乙烯基环丁烷，856
环辛炔，张力，107
    IR，107
    氢化热，106
环辛三烯，通过辛四烯的环化，850
环辛四烯，芳香性，33,35
    构象和键角，35
    金属复合物，62
    炔烃的环化三聚，599
    手性，79
    脱卤化氢，35
环辛四烯双正离子，31
环辛烯，手性，79
    反式，拆分，88
    反式，手性，79
    反式，张力能，107
    反式双键，106
    光异构化，179
    顺/反（cis/trans）异构体，91
环亚砜，转化为烯烃，795
环氧丙烷，构象，101
环氧丙烷，异氰化物的形成，272
    光化学 [2+2] 环加成，595
    卡宾插入，411

来自烯烃与卤化物或酮，725
裂解，与有机锂试剂，286
通过 Paterno-Büchi 反应，595,725
形成二硝酸酯，265
与胺，271
与异氰酸酯，666
在 Prins 反应中，703
环氧化，不对称的，577
　　Sharpless，578
　　锰-salen 配合物，578
　　烯丙醇，578
　　烯烃结构，578
环氧化，催化剂用于，577
环氧化，环烯烃，立体化学，531
　　Michael 型烯烃，机理，577
　　Sharpless，机理，578
　　Shi-，577
　　Waits-Scheffer，576,577
　　对映选择性，577
　　二烯烃，577
　　降冰片烯，531
　　乙烯基醚，576
环氧化，手性二氧杂环丙烷，577
　　Baeyer-Villiger 反应，578
　　DBU，577
　　Ti 催化剂，578
　　卟啉金属化物，576
　　次氯酸盐，578
　　动力学拆分，578
　　多聚亮氨酸，577
　　分子筛，578
　　光氧化，578
　　金鸡纳生物碱，576
　　金鸡纳相转移催化剂，577
　　酒石酸二乙酯，578
　　可容许的官能团，576
　　氢过氧化物，578
　　手性亚胺盐，576,577
　　水化云母，576
　　烯烃的异构化（顺/反），577
　　氧，577
　　有机催化剂，576
环氧化，替代的方法，576
环氧化，烯烃，576-578
　　动力学拆分，89
　　添加剂，577
环氧化，烯烃，对映选择性，576,577
　　动力学，576
　　对映选择性，催化剂，577
　　金属催化剂，577
　　立体化学，531

试剂用于，576
与 Oxone 和酮，577
与次氯酸钠，578
与二氧杂环丙烷，577
与过氧化物和共试剂，576
与氯胺-M，577
与氧杂氮杂环丙烷盐，577
在离子液体中，576
环氧化，与烷基氢过氧化物，共试剂，577
　　与 Oxone，577
　　与 salen 催化剂，578
　　与催化抗体，576
　　与过亚胺酸，577
　　与过氧单硫酸盐，577
　　与过氧化物，577
　　与酒石酸酯，578
　　与氯酸盐，576
　　与脲-过氧化物，577
环氧化物，反应，与醇，262
　　与硫叶立德，699
　　与亲核试剂，262
环氧化物，负离子延迟化学，294
　　Brook 重排，294
　　Friedel-Crafts 烷基化，287,362
　　离去基团，249
　　邻基机理，233
　　频哪醇重排，831
　　形成内酯，287
　　形成异环化物，272
　　氧化酰胺化，504
　　与膦消除，794
　　张力，103
环氧化物，还原成醇，试剂，916
　　对映选择性，916
环氧化物，金属催化的，叠氮化物开环，271
　　开环，271
　　卤化，277
　　与烯丙基硼烷反应，288
环氧化物，来自醛，676
　　来自二醇，261,264
　　来自二卤化物和羰基化合物，676
　　来自硫叶立德和羰基，699
　　来自卤代醇，233,261
　　来自卤代砜和酮，700
　　来自醛或酮，699
　　来自硒叶立德，700
　　来自烯烃，574
　　来自重氮烷与醛或酮，700
环氧化物，卤化，916

分子内醇解，262
锂化，重排，271
卤化，有机催化剂，277
水解，260,574
水解，对映选择性的，260
在 Stork 烯胺反应中，293
在 Williamson 反应中，261
在 Wittig 反应中，271
环氧化物，区域选择性，卤化，277
　　硅基，279
　　开环，553
　　空间位阻，氢化物还原，916
　　通过硫叶立德，699
环氧化物，试剂，用于消除，795
　　用于卤化，277
环氧化物水解酶，酶，260
环氧化物，酸催化的重排，830
　　丙二烯，578
　　两可底物，256
　　炔基，与 BF_3，802
　　烯丙基，来自烯丙基醇，836
环氧化物，通过改进的 Peterson 烯基化反应，694
　　对映选择性的水解，260
　　对映选择性，与硫叶立德，699
　　非对映选择性，来自硫叶立德，699
　　环状的，消除，生成二烯烃，795
　　卤化反应的对映选择性，277
　　双直立键的开环，531
　　消除，与二胺，LDA，DBU，795
　　消除，与有机锂试剂，醇盐，795
　　形成吖丙啶，271
　　形成二硝酸酯，265
　　形成环硫乙烷，267
环氧化物，乙烯基，S_N2'反应，288
　　重排，831
　　与格氏试剂，288,553
环氧化物，与酰卤，277
与 CO，264
与 $LiAlH_4$，892
与 LTMP，271
与氨，270
与氨基碱，271
与胺，微波辐照，270
与叠氮化钠，273
与叠氮离子，271
与叠氮离子，Mitsunobu 反应，271
与噁嗪碳负离子，295
与二噻烷，294,867
与芳香胺，270
与格氏试剂，287

与硅基叠氮，271
与硅烷，288
与过氧酸，866
与甲苯磺酰胺，271
与金属卤化物，277
与金属有机，287
与膦，697
与硫化膦，267
与硫氰酸铵，硝酸铈铵，700
与硫叶立德，795
与硼酸，296
与硼酸酯，297
与氰根离子，298
与炔烃，287
与无机酸，277
与硒代硅烷，262
与烯胺，293
与烯丙基硅烷，279
与硝酸钠，271
与乙烯基硫化物，294
与有机锂试剂，288
与有机铜酸酯，287
与有机铜酸酯，Lewis 酸，287
环氧化物，重排，830
　　与酸，830
环氧基醇，578
　　Payne 重排，263
　　重排，263
环氧基羧酸，277
环氧基酮，碱促进的断裂，578
　　通过 Julia-Colonna 环氧化，577
　　用硅烷还原，918
　　重排成二酮，831
环氧基酯，来自重氮酯和醛，598
　　来自卤代酯，醛或酮，694
环氧基腙，碱促进的断裂，803
　　通过 Eschenmoser-Tanabe 环裂解，930
环氧乙烷，二乙烯基，Cope 重排，856
环氧乙烯，稳定性，577
环张力能，超共轭，42
　　键能，14
环状淀粉，见环糊精
环状对映异构，67
环状非对映异构，67
环状分子，熵，158
环状化合物，顺/反（cis/trans）异构体，91,92
　　I 张力，209
环状环氧化物，591
环状机理，527,677
　　对烯烃的加成，527

二醇的脱氧，800
共轭加成，559
脱羧反应，421
腙的还原，929
环状钯，411
环状脱水，264,364
环状中间体，525
环状中间体机理，899
缓冲，消除，785
黄鸣龙改进，微波辐照，929
Wolff-Kishner 还原，928
黄原酸酯，Chugaev 反应，795
　　来自醇和二硫化碳，667
　　热解成烯烃，795
黄原酸酯，见酯
磺酸，对烯烃或炔烃的加成，537
　　烷基，与亚硫酰氯生成酰氯，511
磺酸，芳基，碱熔融，450
　　Jacobsen 反应，376
　　金属催化的与芳基硼酸的反应，458
硫酸，376
　　热解，377
　　与 Raney 镍，377
　　与多聚磷酸，359
磺酸，通过磺酸衍生物的水解，728
磺酸，通过磺酰胺的水解，728
　　通过磺酸酯的水解，728
　　通过磺酰卤的还原，729
　　通过磺酰卤的水解，728
　　通过硫醇的氧化，913
　　通过烃的氧化，907
　　通过亚甲基化合物的氧化，907
磺酸，脱磺酰化，377
　　还原成硫醇，933
　　酯，水解，258
磺酸，与酰卤，713
　　与 SOCl₂ 或 PCl₃，728
　　与卤化剂，728
　　与醚，265
　　与炔烃，538
　　与亚硫酰氯，511
磺酸酐，713
磺酸内酯，来自烯烃和磺酸酯卤化物，537
磺酸盐，碱熔融，450
磺酸盐，烷基化，267
　　与芳基卤，451
磺酸酯，与金属有机，415
磺酸酯，来自醇，还原，927
　　来自 Smiles 重排，469
　　来自醇，265

来自芳基砜，469
来自磺酸，265
来自磺酰胺和醇，728
来自磺酰卤，265
来自磺酰卤，和醇，728
来自卤代烷，265
来自醚，265
磺酸酯，溶剂解，231
DMSO 氧化，908
Sonogashira 偶联，460
芳基，还原，927
芳基，金属催化的偶联，芳基三氟甲磺酸酯，458
芳基，偶联，455
芳基，与三氟硼酸酯，536
分解成烯烃，796
环状的，来自烯丙基磺酸盐，537
氰基化，454
与叠氮离子，273
与格氏试剂偶联，279
与三烷基氟硼酸酯偶联，297
作为离去基团，249
磺酸酯，酮基，906
苯酚，还原，927
硅基，409
还原，928
还原成甲基化合物，试剂用于，928
金属催化的偶联，284
金属与金属有机，285
离子化速率，溶剂效应，251
迁移，836
溶剂解，229,234,239,244
形成的机理，265
用于制备的试剂，265
磺酸酯，乙烯基，Stille 偶联，407
Suzuki-Miyaura 反应，458
二烯烃的形成，407
来自炔烃，538
通过磺酸对炔烃的加成，537
与金属有机，417
磺酸酯，与氨基碱，272
与格氏试剂，727
与卤离子，274
与有机铜酸盐，282
磺烯，通过碱促进的磺酰卤的消除，799
来自磺酰卤，700,799
来自磺酰卤，胺，727
与重氮化合物，700
磺烯中间体，727,799
磺酰胺，烷基化的，来自亚胺，684

Hinsberg 检测，728
芳基化，Pd 催化剂，272
高烯丙基，684
还原成胺，931
还原裂解，934
金属催化的芳基化，272
来自磺酰胺，715
来自磺酰卤和氨或胺，728
来自亚磺酰亚胺，684
羟基，通过 Knoevenagel 反应，693
水解，728
通过磺酰基叠氮的还原，925
脱烷基化，934
烷基化，273
与胺，717
与醇，728
与高价碘，934
与卤代烷，273
与醛，672
与酸酐，715
与羧酸，716
与烯烃，539
作为催化剂，690
磺酰氟，359
磺酰化，芳香的，芳基硼酸，359
微波辐照，359
温度，359
在离子液体中，358
磺酰化，芳香化合物，358
机理，359
磺酰化，三氧化硫，358
Jacobsen 反应，377
硫酸，358
磺酰化，酮，406
磺酰基，作为离去基团，727
碳负离子的稳定化，131
磺酰基-氨基-烯烃，与 NBS，572
O-磺酰基胺，消除生成氮烯，143
磺酰基叠氮，与活泼亚甲基化合物，405
磺酰基硫，亲核取代，727
亲核性顺序，728
磺酰基氧杂吖丙啶，硫醚的氧化，913
磺酰基氧杂吖丙啶，烯醇负离子的 α-羟基化，906
磺酰基酯，水解，728
磺酰肼，酰基，McFadden-Stevens 还原，921
酰基，碱性裂解成醛，921
磺酰卤的金属还原，729
磺酰卤，芳香取代，359

混合 Claisen 缩合，也见 Claisen
混合安息香缩合，704
混合的有机铜酸盐，282,558
混合聚集体碱，羟醛反应，688
混合卤化，也见卤素
混合卤素，在芳香卤化中，360
混合羟醛反应，688
混合酸酐，367,508
　与 DMAP，711
活化复合物，158
活化焓，159
活化基，多重取代基，351
　S_NAr 反应，448
　芳香化合物，348
　芳香取代反应，349
　用于芳香取代反应，448
活化金属，420
活化能，Arrhenius，166
活化能，酯的水解，706
活化熵，159
　Ei 反应，792
　Smiles 重排，469
　关环反应，159
　取代反应，232
活化体积，高压，213
　反应活性，213
活化体积，高压，254
活化硬度，353
　亲电芳香取代，353
活化-张力模型，790
活泼亚甲基化合物，酸性，288
　Hurtley 反应，461
　Knoevenagel 反应，692
　重氮化合物，405
　芳基化，460,461
　官能团，288
　卤化反应，402
　双负离子，289
　硝化反应，405
　与丙二酸酯偶联，461
　与对甲苯磺酰叠氮反应，405
　与二卤化物反应，289
　与芳基重氮盐，404
　与芳基卤反应，苯炔机理，460
　与金属有机偶联，461
　与卤代烷反应，288
　与烯丙基碳酸酯偶联，285
　与烯丙基酯反应，285
　与卤反应，721
活性自由基，497

J

机理，393
机理，A_E+D_E，345
机理，A2，缩醛水解，259
机理，E1，见 E1
　IUPAC 机理，783
　芳基正离子，345
　酸催化的醇脱水，794
机理，E1 负离子反应，786
机理，E1cB，784-786
机理，(E1cB)$_{ip}$，786
机理，E2，780-783
　IUPAC 机理，780
机理，E2C，787
　Eglinton 反应，505
机理，Ei，694,791
　Cope 消除，797
　铵盐与有机锂试剂，797
　羧酸的热解，795
机理，Gatterman 方法，467
　Ullmann 反应，458
　Vilsmeier-Haack 反应，368
　von Braun 反应，278
　von Richter 反应，163
　von Richter 重排，468
　Wagner-Meerwein 重排，829
　Waits-Scheffer 环氧化，577
　Walden 翻转，225
　Wallach 重排，866
　Wittig 重排，844
　Wittig 反应，697
　Wolff 重排，835
　Wolff-Kishner 还原，929
　Wurtz 反应，279
　捕获中间体，163
　醇盐的热裂解，422
　类型，156
　氢的替代性亲核取代，463
　亚砜的热消除，798
　乙烯基环丙烷重排，855
　乙烯基醚水解，259
　乙烯基硼烷，与 NaOH 和碘生成烯烃，845
　酯交换反应，712
机理，IUPAC，见 IUPAC
　E1，783
　E2，780
　胺与酯，717
　卡宾，250
　命名，220,221
　酰胺水解，708,709
　酯化，710,711

酯水解，705-708
重氮盐，250
机理，Ramberg-Bäcklund 反应，801
　　Raney 镍脱硫化，509,933
　　有机铜酸盐的反应，282
机理，Reed 反应，503
　　$S_{AL}2$，261
　　Schmidt 反应，840
　　S_E1，345,348,394,395
　　S_E2，345,393
　　S_Ei，393,394
　　S_Ei'，397
　　S_E1，共振，395
　　S_E2，环丙烷，532
　　半偶苯酰，834
　　二级反应，164
　　二氧化硒对烯烃的烯丙基氧化，904
　　逆 Friedel-Crafts 烷基化，375
机理，SET 机理，231
　　CIDNP，231
　　ESR，231
　　Grignard 反应，677
　　Williamson 反应，261
　　格氏试剂，420
　　活泼亚甲基化合物，289
　　金属有机化合物与卤代烷，281
　　链式反应，231
　　卤代烷的 $LiAlH_4$ 还原，926
　　偶联，285
　　羟醛反应，687
　　亲电芳香取代，354
　　取代反应，243
　　烯醇负离子的芳基化，461
　　相对于 S_N2，232
　　氧化-还原，892
　　有机钙试剂，134
　　自由基环化，231
　　自由基探针，231
机理，SF_4 与醛或酮，674
　　Shapiro 反应，797
　　Sharpless 不对称环氧化，578
　　Sharpless 不对称双羟基化，575
　　Simmons-Smith 方法，598
　　Simonini 反应，510
　　S_N(ANRORC)，452
　　六中心，Cope 重排，856
　　六中心，脱羧反应，421
机理，S_N1，226
　　氘，246
　　二级同位素效应，246
　　离子对，228

缩醛的水解，258
酰卤与醇，709
一级碳正离子，243
机理，S_N2，224-226
氘，246
对二烯烃的加成，528
二醇的形成，574
二级同位素效应，246
酰卤的水解，705
酰卤与醇，709
机理，S_N2'，240
机理，S_N1 或 S_N2，酯水解，707
机理，S_NAr，444,445
邻位金属化，462
机理，S_N1cB，258,272
类卡宾的形成，596
机理，S_Ni，239,674
机理，S_Ni'，240
机理，Sneen 离子对，397
机理，Sommelet-Hauser 重排，468
机理，$S_{ON}2$，451
机理，$S_{RN}1$，447,451,452,677
　　Grignard 反应，677
　　烯醇负离子的芳基化，460
机理，$S_{RN}2$，447
机理，π-烯丙基复合物，399
机理，σ-取代，358
机理，胺，与酸酐，715
　　与 HONO，464
机理，被醌芳构化，893
　　A-S_E2，259,525
　　Au 催化的氢胺化，
　　Baeyer-Villiger 重排，842
　　Bamberger 重排，
　　Bamford-Steven 反应，798
　　Barton 反应，866
　　Baylis-Hillman 反应，681
　　Beckmann 重排，840,841
　　安息香缩合，704
　　苯偶酰-二苯基乙醇酸重排，833
　　芳基重氮盐偶联，
　　芳炔，见苯炔
　　芳香化合物的芳基化，467
　　碱促进的砜的消除，798
　　碱促进的醚的消除，794
　　联苯胺重排，861,862
　　自动氧化，502
机理，苯炔，163
　　Brønsted 方程，787
　　Hofmann 重排，162
　　Marcus 理论，162,164

NMR，166
ReactIR，162
von Richter 反应，162
Walden 翻转，163
半衰期，165
催化，163
氘同位素效应，
动力学，163,166
二级同位素效应，167
键的裂解，156
空间位阻，208
立体化学，163
频率因子，166
溶剂解，229
溶剂同位素效应，
闪光光解，179
速率常数，164,166
速率定律，163
同位素标记，163
同位素效应，166
温度，166
烯醇，167
折合质量，167
中间体，162
机理，苯炔，446,447,448,451
　　芳基卤与活泼亚甲基化合物偶联，460
　　卤化物的反应活性顺序，446
　　同位素标记，446
机理，产物的鉴别，162
　　插入反应，410,411
机理，醇，对烯烃的加成，536
　　脱氧化，927
机理，电子异裂，582
　　电子转移，463
　　亲电加成，523
机理，定义，156
　　Diels-Alder 反应，586,587
　　被金属有机脱质子化，412
　　苯胺的重氮化，464
　　测定，162-168
　　测定动力学数据，165
　　测定，对于消除反应，786
　　重氮烷与醛或酮，700
　　二醇氧化裂解，899
　　二聚体，SNAr 反应，445
　　二卤化物的脱卤化，802
　　卤代烷的脱卤化氢，799
　　双离子的，726
　　双离子的，酮与亚胺，726
　　双离子，[2+2] 环加成，594

机理，断裂，802
    Friedel-Crafts 烷基化，363
    Friedel-Crafts 酰基化，368
    Fries 重排，373
    Glaser 反应，505
    Grignard 反应，676，677
    Grob 断裂，803
    格氏试剂，与金属卤化物，418，508
    格氏试剂，与腈，686
    缩水甘油酸脱羧反应，421
    烯烃的卤代酰基化，573
    与芳基卤的 Gatterman 反应，507
    自由基，156
机理，二醇的四乙酸铅裂解，899
    醇的氧化，501
    醇氧化生成环醚，501
机理，芳基正离子，345，346
    芳香化合物的汞化，463
    逆向的 Gatterman-Koch 反应，375
    速率，346
    脱羧反应，376
    遭遇复合物，348
    证据支持，346-348
机理，芳香化合物的 Birch 还原，545
    Boyland-Sims 氧化，372
    Bucherer 反应，453
    Cadiot-Chodkeiwicz 反应，
    Cannizzaro 反应，937
    C 到 N 重排，838
    边界，231
    丙酮的溴化，167
    二羧酸的双脱羧反应，904
    卡宾插入，411
    卡宾加成，597
    类卡宾的形成，596
    硼到碳的重排，844
    硼烷氧化，844
    硼烷与 CO，844
    硼烷，与金属炔化物，846
    硼烷与氧，491
    碳负离子，526
    碳负离子，消除，784
    烯烃的溴化，570
机理，芳香化合物的自由基芳基化，506
机理，芳香化合物的自由基烷基化，506
机理，分步的，单烯反应，555
    Stevens 重排，843
    Stille 偶联，407
    Stobbe 缩合，691

Suzuki-Miyaura 偶联，458
    芳香化合物的磺化，359
    取代，IUPAC，249
    取代基效应，Diels-Alder 反应，587
    三分子加成，524
    亚砜消除，798
    在硫上取代，727
机理，高碘酸与二醇，899
    Petasis 烯基化，699
    Peterson 烯基化，694
    烯烃的过氧酸环氧化，576
机理，光化学的，179
    发射，179
    光能测定仪（光度计），179
    量子产率，179
    酮的二聚，935
    荧光，或磷光，179
机理，还原，羰基，与乙醇中的钠，917
    重氮盐与亚硫酸钠，925
    与格氏试剂，677
    腙，929
机理，环丁烷开环，864
    Dakin-West 反应，422
    Darzens 缩合，694
    DCC 酯化，711
    $D_E + A_E$，395
    $D_E A_E$，393
    环丙基正离子开环，850
    环丙烷开环，832
    环丁烷，关环，864
    醛的脱羧反应，800
    羧酸和胺的 DCC 反应，715
    脱羰基化，与 Wilkinson 催化剂，511
机理，[2+2] 环加成，593
    烯胺与烯酮，594
机理，[3+2] 环加成，582
    烯丙基碳负离子，583
机理，环状的，527，677
    对烯烃的加成，527
    二醇的脱氧化，800
    亲电取代，397
    脱羧反应，421
    烯烃的二酰亚胺还原，543
    腙的还原，929
机理，加成，烯烃对烯烃，550
    胺对烯酮，539
    格氏试剂对醛或酮，676，677
    环丙烷，531，532
    硫醇对烯烃，537，538
    水对羰基，663

有机锂试剂对醛或酮，677
机理，加成-消除，241，408，447，462，707，708
    Bucherer 反应，453
    Heck 反应，457
    IUPAC 命名，241
    氨基甲酸酯的水解，708
    重排，241
    电化学取代，
    芳香化合物的烷基化，462
    醌，241
    氧化还原，892
    乙烯基卤，241
机理，界面，253
    碘代叠氮化物对烯烃，573
    分子内重排，375
    逆同位素效应，167
机理，金属催化的，酰氧基化，503
    环化三聚，599
    环加成，600
    氢羧基化，567
    醛的脱羰基化，511
机理，金属氢化物，加成-消除，399
机理，类 S_N2，在硫上反应，727
机理，离子对，230，396，468，784
    E1 反应，784
机理，邻基，232
    反式双羟基化，574
    环氧化物，233
    立体化学，232
    卤镓离子，233
    内酯，233
    溶剂解，233
    溴鎓离子，232
    重排，232
机理，邻基，也见邻基
机理，邻位协助，
机理，卤代酮与硼烷，296
    Hay 反应，506
    Hoesch 反应，371
    Hofmann-Löffler 反应，865
    Hofmann 降解，796
    Hofmann 重排，838
    Hunsdiecker 反应，510
    非均相有机催化，542
    均裂的，156
    均相催化氢化，542
    硼氢化，548
    氢交换，398
    醛或酮的水化，663
    醛或酮的同系化，与重氮甲烷，836

羰基的氢化物还原,918
机理,卤烷的溶剂解,167
机理,卤化,烯烃,570
　　金属有机,416
　　酮,402
机理,频哪醇重排,830
　　Prins 反应,702
　　Pschorr 反应,467
　　Pummerer 重排,938
　　高烯丙醇的热解,805
　　极性过渡态,联苯胺重排,861
　　热解消除,791-793
　　酯热解生成烯烃,795
　　质子转移反应,190
　　自由基对,844
机理,羟醛缩合,687
　　计算研究,688
机理,亲电的,463,534,573
　　烯烃的卤化,570
机理,亲核的,525,830
　　重氮盐的取代,464
　　重排,820-826
　　芳香取代,444,445
　　加成,525
　　在磺酰基硫上的取代,727
机理,氢过氧化物,亚砜的氧化,913
　　硫醚的氧化,913
机理,取代,氧化-还原,892
　　Duff 反应,369,783,784
　　卤代烷的 DMSO 氧化,908
机理,醛或酮的 LiAlH₄ 还原,918
　　Lossen 重排,839
　　Mannich 反应,673
　　McMurry 偶联,936
　　Meerwein-Ponndorf-Verley 还原,918
　　Meisenheimer 重排,843
　　芳香化合物的锂化,412
　　汞催化的炔烃的水化,535
机理,醛或酮重排,832
机理,醛氧化生成羧酸,910
　　胺生成胺氧化物,912
　　苯胺与 Caro 酸,912
　　苯酚与高碘酸钠,897
　　芳香化合物生成苯酚,501
　　硫醇生成二硫化物,914
　　醛与高锰酸盐,910
　　醛与铬酸,910
　　烷基硼烷,414
机理,醛,与烯丙基三卤硅烷,681
机理,双自由基,[2+2] 环加成,594
　　Cope 重排,857

σ-重排,854
分步的相对于协同的,Diels-Alder,
　　586,587
光化学 [2+2] 环加成,595
卡宾,597
机理,水解,664
　　氨基甲酸酯,707,708
　　卤代烷,257
　　酸酐,705
　　羧酸酯,211,705-708
　　烯醇酯,708
　　酰胺,708,709
　　酰卤,704
　　硝基化合物,664
　　亚胺正离子,664
机理,四面体的,241,660,705,719,727
　　MO 计算,242
　　吖丙啶的形成,242
　　超共轭,242
　　构象,661
　　合成转化,662
　　离去基团,661,662
　　立体电子控制,661
　　氢离子催化剂,660
　　取代基效应,245
　　羧酸酯的水解,705-708
　　羰基底物的反应活性,662
　　同位素标记,660,661
　　酮的碱性裂解,423
　　酰卤与醇,709
　　乙烯基卤,241
　　在酸溶液中,660
　　证据支持,660,661
　　酯水解,705-708
　　中间体的分离,661
　　中间体的光谱检测,661
机理,四中心,对烯烃的加成,527
　　硼氢化,548
机理,酸催化的,羟醛反应,689
　　氢过氧化物重排成酮,842
　　异氰化物的水解,726
机理,羧酸脱羧反应,723
　　Chapman 重排,866
　　Chichibabin 反应,463
　　Chugaev 反应,795
　　Claisen 缩合,Dieckmann 缩合,722
　　Claisen 重排,858-860
　　Clemmensen 还原,929
　　Cope 消除,797
　　Cope 重排,856
　　Curtius 重排,838

Cu-喹啉脱羧反应,
Griegee,臭氧分解作用,900,901
螯键反应,801
传导旅行,396,399
醇的铬(Ⅵ)氧化,895
环状中间体,899
金属有机的共轭加成,559
醛或酮的催化氢化,919
顺式-反式异构化,163
羧酸酯与胺,716
酮的 α-CH 氧化,与二氧化硒,907
烷烃的裂解,与超酸,424
烯烃的正离子异构化,399
协同的,843
溴化氰与羧酸盐,725
组合,157
机理,羧酸氧化脱羧反应,903
　　Passerini 反应,726
　　Pauson-Khand 反应,568
　　臭氧分解作用,900
　　钯催化的胺的芳基化,452
　　形成肟,670
　　氧插入到烷烃中,905
　　周环的,Prins 反应,703
机理,缩醛或缩酮形成,665
机理,碳正离子,烷烃对烯烃的加
　　成,550
　　形成,530
机理,酮醇缩合,936
机理,烷烃的硝化,405
氮挤出反应,806
氮烯插入,406
机理,烷烃,裂解,424
机理,烯胺水解,664
　　Étard 反应,908
　　Favorskii 重排,834
　　Fischer-Hepp 重排,373
　　Fischer 吲哚合成,860
　　Grignard 反应,烯醇化,677
　　单烯反应,555
　　交换,398
　　一级反应,164
机理,烯丙基自由基卤代,500
机理,烯醇负离子的 α-羟基化,与磺
　　酰基氧杂吖丙啶,906
机理,烯基硼烷与碘和 NaOH,846
机理,烯烃的臭氧分解,900,901
　　Kolbe 反应,510
　　Wacker 方法,911
　　取代反应,224
　　铊化反应,463

氧-二-π-甲烷重排，865
有机铜酸盐偶联，284
机理，烯烃的氧化裂解，902
机理，烯烃复分解，863，864
机理，烯烃，来自卤代醚，802
　　与 HOX，571
　　与 NOX，572
　　与单线态氧，502
　　与亚硝酸钠，800
机理，烯酮对烯胺环加成，726
　　Kolbe-Schmidt 反应，370
　　酮-烯醇互变异构，400
机理系列，消除，786
机理，消除反应中的不明确性，786
机理，消除-加成，242，270，285，727，926
　　Mannich 碱，250
　　在饱和碳上，242
　　在乙烯基碳上，242
机理，硝基化合物的金属还原，923
　　Michael 加成，526
　　Neber 重排，837
　　Nef 反应，664
　　混合 S_N1-S_N2，230
　　甲基转移，162
　　金属-氢交换，420
机理，形成，酰基氰化物，723
　　格氏试剂，420
　　偕二卤化物，来自醛或酮，674
　　氧化偶氮化合物，来自肟，425
机理，亚硝化，357
　　胺，425
　　芳香化合物，357
　　酮，404
机理，氧化-还原，891
机理，异氰酸酯，与醇，666
　　与膦氧化物，724
机理，周环的，156
　　高烯丙醇的热解，805
机理，自由基，466，490，500，501，538，903
　　Ei 反应，792
　　$S_{RN}1$ 反应，447
　　醇的氧化，895
　　醇偶联，286
　　二醇的脱氧，800
　　芳基重氮盐的氟化，466
　　环丙烷加成，532
　　金属有机化合物与卤代烷，282
　　硼烷的偶联，509
　　脱卤化氢，799

烯丙基氢的卤代，500
　　与芳香化合物，492
　　酯的还原，928
机理，自由基环化，562
机理，自由基加成，526
　　醛对烯烃，566
　　烷烃对烯烃，550
　　$S_{RN}1$ 反应，447
机理，自由基链，903
机理，自由基邻基效应，493
机理，自由基卤代，烯烃，498
机理，自由基取代，492
机理，自由基消除，792
机械分离，拆分，88
基态，激发态，172
　　光化学，172
基团的诱导去稳定化，244
基质捕获，143
　　捕获卡宾，140
　　环氧乙烷，577
　　氩，107
基组，用于 Möbius-Hückel 方法，588
激发，电子，173
激发态，乙炔，174
　　Jablonski 图，176
　　光化学，174
　　光敏化，177
　　甲醛，175
　　萘酚的 pK，175
　　物理过程，175
　　系间窜越，176
　　性质，174
　　荧光，176
　　跃迁，176
激光闪光光解，124
激基复合物，光化学 ［2+2］环加成，595
极化，微波，181
　　拓扑的，32
　　诱导和场效应，9，10
极化性，构象，96
　　HSAB，256
　　光学活性，76
　　亲核性，256
极限式，18，23
　　+M 和 −M 效应，207
　　Birch 还原，545
　　超共轭，25，41，42
　　芳环，28
　　芳香化合物，29
　　1,3-偶极子，581，582

亲核芳香取代，444
乙烯基氯，21
杂原子稳定化的碳正离子，126
极限式，丙烯醛，24
极限式，丙烯醛，24
N-叶立德，131
苯胺，24
吡咯，30
苄基碳负离子，130
苄基碳正离子，126
重氮盐，464
芳基重氮盐，464
芳基正离子，352，355
菲，29
分子，3
环戊二烯负离子，30
4-氯硝基苯，352
萘，28
三苯甲基自由基，136
树状烯，23
芴碳负离子，396
烯丙基碳负离子，130
烯丙基碳正离子，239
烯醇负离子，44
硝基化合物，44
乙烯，24
极限式，也见共振
极性，环辛四烯，35
　　甲基自由基，495
　　溶剂，见溶剂极性
　　诱导和场效应，9，10
极性的 Diels-Alder 反应，587
极性的亲核芳香取代，447
极性反转，酰基负离子等价体，292
　　定义，292
　　二噻烷，294
　　醛，294
　　亚砜，294
极性过渡态，226
极性过渡态机理，联苯胺重排，861
极性键，8
极性溶剂，也见溶剂
　　反应活性，213
极性质子溶剂，酮-烯醇互变异构，400
几何结构，碳正离子，迁移能力，825
几何结构，烯烃，光化学，179
分子构象，102
卡宾，141
螺桨烷，104
亲电的烯丙基重排，397
氢键，59

自由基, 138
己内酰胺, 构象, 101
挤出, CO, 804, 806
    Diels-Alder 反应, 804
挤出, CO₂, 803, 804, 807
    氮, 机理, 806
    氮, 双自由基, 806
    二氧化硫, 来自砜, 807
    来自内酯, 807
挤出, 氮, 806
挤出反应, 消除, 780
    Ramberg Bäcklund 反应, 801
    定义, 806
    硫杂环丙烯二氧化物, 801
    四面体烷, 807
计算, 从头算, Lewis 碱强度, 193
    氮烯, 143
    非经典碳正离子, 234
    降冰片基碳正离子, 237
计算, 构象, 95
    Möbius 芳香性, 40
    波动力学, 1
    氮杂轮烯, 36
    棱柱烷, 104
    碳正离子稳定性, 126
    同位素效应, 167
    张力能, 103
计算, 酸性, 从头算, 187
计算研究, 活化能, 烯醇负离子, 688
    羟醛反应的机理, 688
记忆效应, 825
    迁移基团, 重排, 824
纪要（notes）, 作为出版物, 980
季铵盐, 相转移催化, 253
    高聚物负载的, 577
    热稳定性, 253
季铵盐, 也见铵盐
季戊四醇, 通过 Tollen 反应, 695
加成, 外型, 二环烯烃, 531
加成反应, 底物的反应活性, 528
    对二烯烃, 527
    对环丙烷, 531
    对降冰片烯, 立体化学, 531
    对炔烃, π-轨道, 529
    对烯烃, 157
    对烯烃, Cieplack 效应, 531
    对烯烃, 氮烯, 143
    对烯烃, 四中心机理, 527
    对烯烃, 张力, 209
    对异氰化物, 726
    反应活性, 528

三分子机理, 524
同时的, 157
1,4-加成反应, 对二烯烃, 534
1,3-加成反应, 偶极, 烷基叠氮化物, 580
加成反应, 亲电的, 157
    S$_N$1 机理, 523
    二烯烃, 528
    环状中间体, 524
    机理, 523
    立体化学, 523
    三分子加成, 524
    同时加成, 524
加成反应, 亲核的, 157
    机理, 525
    四面体机理, 659
    羰基, 659
加成反应, 炔烃, UV, 528
    定位或取向, 529, 531
    周环的, 157
加成反应, 烯烃相对于炔烃, 529
    Markovnikov 规则, 529
    丙二烯, 529
    电子效应, 529
    反式（anti）, 见反式
    共轭, 定义, 526
    共轭, 对烯炔, 528
    共轭, 共振, 528
    共轭, 见 Michael 加成
    共轭, 硫醇, 538
    共轭, 自由基, 528
    共轭, 自由基, 速率常数, 528
    构型翻转, 530
    静电势, 530
    偶极, 1,3-, 581-584
    偶极, 1,3-, 见 [3+2] 环加成
    炔烃, 卤鎓离子, 529
    烯烃, 活化取代基, 528
    烯烃, 离子化能, 529
    自由基, 526
加成反应, 酰基, 659
    I 张力, 209
    反应活性, 209
    金属, 678-680
    张力, 209
加成反应, 自由基, 157
    HX 对烯烃或炔烃, 533
    IUPAC 命名, 221
    分子内的, 自由基, 见自由基环化
加成反应, 自由基, 529, 530, 543

Felkin-Anh 模型, 528
对烯烃, 139
对烯烃, 分子内的, 527
机理, 526
立体效应, 530
与烯烃反应, 495
加成化合物, 61
1,2-加成相对于 1,4-加成, 675
加成-消除机理, 408, 447, 462, 707, 708
    Bucherer 反应, 453
    Heck 反应, 457
    氨基甲酸酯的水解, 708
    芳香化合物的烷基化, 462
    金属氢化物, 399
    氧化-还原, 892
加成-消除机理, 见机理
加速, Diels-Alder 反应, 584
夹烯, 张力, 106
荚醚配体（podand）, 63
甲苯酚, 偶极矩, 9
甲苯磺酸酯, 也见磺酸酯
甲苯磺酸酯, 乙酰基, 羧酸酯的形成, 264
    分解成烯烃, 796
    还原成甲基化合物, 试剂用于, 928
    离去基团, 249
    溶剂解, 229, 234
    烷基, SN1 反应速率, 244
甲苯磺酰胺, 转化为卤代烷, 278
    卤代, 572
    与环氧化物, 271
甲苯磺酰基吖丙啶, 573
甲苯磺酰基吖丙啶, 来自环氧化物, 271
    与烯烃, 580
甲苯磺酰基叠氮, 见叠氮化物
甲苯磺酰基叠氮, 与活泼亚甲基化合物, 405
甲苯磺酰基肼, 形成丙二烯, 400
甲苯磺酰基氰, 298
甲苯磺酰基氰, 见氰化物
甲苯磺酰基异氰, Knoevenagel 反应, 693
甲苯磺酰基腙, 见腙
甲苯磺酰亚胺, 见亚胺, 甲苯磺酰基
甲苯磺酰氧基化, 酮, 906
甲苯, 作为溶剂, 419
    反应参数, 354
    偶极矩, 9
    亲电芳香取代, 354
甲醇盐, 钾, 菲烯, 29

甲醇，作为客体，65,66
甲磺酸酯，作为离去基团，249
甲基，邻基参与，238
甲基吡啶鎓盐，894
甲基吡咯烷酮，见 NMP
N-甲基吡咯烷酮，见 NMP
甲基芳香化合物，Étard 反应，908
 α-CH 氧化生成醛，908
甲基负离子，硫，699
甲基化，芳香胺，363
 芳基重氮盐，466
甲基化合物，来自硅基甲基化合物，931
 甲苯磺酸酯的还原，试剂用于，928
 羧酸酯的还原，931
O-甲苯磺酰亚胺，Neber 重排，837
甲基锂，也见有机锂
甲基锂，与 CH$_2$I$_2$，676
 X 射线晶体学，132
 与硅基烯醇醚，291
 与烯醇乙酸酯，291
甲基硫代炔烃，见炔烃
N-甲基吗啡啉-N-氧化物，见 NMO
甲基迁移，162
甲基三氧化铼，醇脱水，262
甲基三氧化铼，与酮，699
甲基碳负离子，131
甲基碳正离子，X 射线衍射，124
甲基酮，见酮
甲基亚磺酰基碳负离子，667
 与芳基硝基化合物，463
 与酯，723
甲基自由基，ESR，138
 极性，495
甲硫醇盐，作为还原剂，932
甲脒，来自胺，295
甲脒，烷基化，295
 碱，189
甲醛，酸催化下对烯烃的加成，702
 Eschweiler-Clarke 方法，671
 Mannich 反应，672
 Prins 反应，702
 Tollens 反应，695
 胺，371
 激发态，175
 氯甲基化，366
 三噁烷，724
 与芳香化合物，366
 与甘脲，67
 与酮，695
甲酸，Koch-Haaf 反应，566
 Wallach 反应，671

还原烷基化，671
来自氯仿，258
形成甲酸酯，918
与 Pd，与共轭羧酸，546
与碘和胺，714
与格氏试剂，417
与羟胺和醛，670
甲酸铵，Pd-C，杂环的还原，545
甲酸铵，见甲酸盐
甲酸酐，368,710
 稳定性，715
甲酸根离子，与过二硫酸盐，928
甲酸盐，铵，对映选择性还原，920
 醛或酮的还原，918
 与 Pd/C，共轭醛的还原，546
 与胺，425
甲酸盐，氯代，见氯甲酸酯
甲烷，PES，6,7
 光谱，6
 键角，4
 键能，13
 自由基卤代中的决速态，499
 自由基正离子，7
甲烷水合物，65
甲烷正离子，124,398
 质谱，398
甲烷自由基，电子结构，8
甲酰胺，三氯氧磷，408
 Leuckart 反应，671
 Vilsmeier-Haack 反应，368
 Wallach 反应，671
 胺的羰基化，425
 来自氯胺，272
 来自缩醛，408
 来自亚胺，840
 通过异氰化物的水解，726
 通过异氰酸酯的氢化，922
 与芳香化合物，368
 与格氏试剂，417,720
 与亚硫酰氯，805
 与有机锂试剂，417,720
甲酰化，替代的方法，369
 Duff 反应，369
 Friedel-Crafts 酰基化，367
 Gatterman-Koch 反应，369
 Gatterman 反应，369
 Reimer-Tiemann 反应，369
 苯酚，370
 低聚甲醛，370
 对位选择性，369
 芳香化合物，368

甲酰胺，408
卡宾，369
酮，408
烯烃，408
有机锂试剂，370
杂环，368
甲酰基卡宾，寿命，141
甲酰基哌啶，苯酚的甲酰化，370
甲酰氯，368
甲亚胺，[3+2] 环加成，582
甲氧基胺，环状的，563
 来自有机锂试剂，416
甲氧基甲碳正离子，126
甲氧基甲酰胺，见 Weinreb 酰胺
α-甲氧基-α-三氟甲基苯乙酸（MTPA），
 见 Mosher 酸
甲氧基乙酰氯，与芳香化合物，366
钾离子，两可亲核试剂，256
 被冠醚结合，62
 冠醚，63
钾，形成烯醇负离子，413,460
 S$_{RN}$1 反应，447
 钠，936
 酮醇缩合，936
 在氨中，Birch 还原，545
 在氨中，芳香化合物的还原，545
假不对称碳，84
假设，Hammond，161
假旋转，98
 构象，101
 环芳烷，26
 平衡，98
价电子，7
价，电子结构，7
 多重的，3
 硼，4
价互变异构，Cope 重排，857
 环庚三烯-降莰二烯，857
 三叔丁基环丁烯，858
 氧杂䓬-氧化苯，857
价键方法，2,3
 三烯烃，23
价键级数，545
价键键级，最小变动规则，545
价键理论，苯，19
价键异构体，92
价异构体，595
价异构体，也见异构体
坚果壳分子，环戊二烯，34
坚果壳分子（又称分子监狱），65
坚果型复合物（carciplex），65

间接方法，胺的脱胺化，931
间接水化，与铵盐和 TMSCl，534
间氯过氧苯甲酸，见 mCPBA
间位定位基，349
　　Friedel-Crafts 烷基化，363
　　Friedel-Crafts 酰基化，367
间位溴化，试剂，360
间位选择性，芳基自由基，496
检测池长度，比旋光度，74
检索文献，994-1003
α-剪切，141
简并的 Cope 重排，857
简并碳正离子，821
简并重排，821
碱，Hünig，见 Hünig 碱
碱，LDA，198，290
　　Lewis，见 Lewis 碱
　　LHMDS，290
　　LTMP，290
　　Mannich，672
碱，超碱，189
碱，二烷基氨基，198，795
　　羟醛反应，688
碱，非离子的，712，798
　　pK，表，189
　　氨基钠，842
　　苯酚盐，695
　　金属有机，189
　　喹啉并喹啉，189
　　磷腈碱，794，855
　　软的，定义，193
　　软度，193
　　需要生成烯醇负离子，290
　　有机锂试剂，189
　　与磷盐反应，695
　　质子海绵，189，197
　　质子交换反应，190
碱，活泼亚甲基化合物，288
　　pK，189
　　pK，表，189
　　Stetter 反应，566
　　芳香化合物与芳基重氮盐偶联，466
　　卤仿反应，423
　　氢交换，398
　　氢交换，芳香取代，355
　　炔烃的重排，400
　　双键的重排，398
　　酮-烯醇互变异构，400
　　形成磷叶立德，695
碱，碱强度，189
　　表，196

溶剂，189
碱，卤素跳动的催化，377
　　共轭，186
　　共轭，离去基团，784
　　手性的，羟醛反应，689
　　手性的，烯醇盐烷基化，291
碱，烯醇负离子，198
　　Hünig 碱，893
　　IUPAC 术语，186（文献 3）
　　格氏试剂，189
　　甲脒，189
　　硬的，定义，193
　　硬度，193
　　在 Henry 反应中，692
　　在 Perkin 反应中，693
　　在 Wittig 反应中，695
碱，烯烃，189
　　amidinazines，189
　　醇盐，羟醛反应，687
　　醇盐，与卤代酯，694
　　酰胺，268
　　酰胺，也见氨基碱
碱，与卤化铵，797
　　与 DMSO，463
　　与二烷基氨基卤化物，803
　　与硅基烯醇醚，290
　　与环硫化物，794
　　与环氧化物，794
　　与磷盐，695
碱，作为质子受体，186
碱性，两可的亲核试剂，256
　　胺，189
　　吡咯相对于吡啶，30
　　表，189
　　不同的水合作用，198
　　电负性，196
　　芳香化合物，399
　　介质，198
　　空间效应，196
　　离去基团，249
　　离子强度，199
　　气相，198
　　亲核性，247
　　氢键，190
　　氢键，58
　　溶剂效应，198，199
　　相对于亲核性，消除，790
　　液相相对于气相，198
　　有机锂试剂相对于格氏试剂，675
　　在 THF 和水中，189
　　质子亲和性，189

碱促进的酰胺对醛的加成，672
　　卤代烷的消除，798
　　卤代烷的消除，合适的碱，798
　　卤化，烷烃，498
　　醚的消除，794
　　脱氢化，894
　　烯醇负离子，688
　　消除，780-783
碱催化的，192
　　Mannich 反应，673
　　Marcus 方程，192
　　重排，O-对甲苯磺酰亚胺生成氨基酮，837
　　醇的酰基化，709
　　反应，192
　　芳基卤的胺取代，445
　　芳基卤与活泼亚甲基化合物偶联，460
　　芳基正离子分配因子，346
　　烯烃的胺化，538
　　酰胺水解，708
碱强度，186
　　Claisen 缩合，691，722
　　E2C 反应，787
　　E2 反应，788
　　E2 和 E1，786
　　pK，表，189
　　表，196
　　场效应，194
　　超碱，189
　　强度，结构，194
　　氢键，190
　　溶剂效应，189
　　适用于 E2 反应，789
　　适用于 Sevens 重排，842
　　适用于消除反应，790
　　消除相对于取代，790
　　在消除反应中，789
　　酯的烯醇负离子，691
　　质子海绵，197
碱熔融，450
碱-酸反应，消除，788
碱性裂解，酮酯，423
　　酮，423
　　酮，空间效应，423
键，Si═N 双键，6
键部分固定化，28
键的共振能，30
键的固定化，34
　　光电子能谱（PES），34
　　在芳香环中，28
键的极化，8

键的类型，键长，11
　　互变异构，43
　　键能，14
　　键能，表，14
键的旋转，动力学，166
　　E2反应，781
　　受限制的，91
　　在催化氢化中，543
　　在二烯烃中，584
　　在卡宾中，140
　　在碳正离子中，524
　　在自由基中，138
键，电子结构，7
　　C≡N叁键，5
　　C—D，键离解能，167
　　稠合的，25，26
　　多重的，5，6
　　多重的，光电子能谱（PES），6
　　光电子能谱和甲烷，6
　　金属有机，132
　　离域的，20
　　离子的，电负性，9
　　茂金属化合物，61
　　能量，波长，175
　　配位共价的，8
　　弯曲的，环丙烷，103
　　香蕉，环丙烷，103
　　形式电荷，7
　　乙烯中的双键，5
　　与O或N形成的双键，6
　　与S、O、Si形成的双键，6
　　在稠环芳香化合物中，25，26
　　在叶立德中，26
　　长的键，11
键，极性共价的，金属有机，132
　　极化的，8
键级，苯，19
　　环戊二烯负离子，30
　　萘，28
键级，环，30
　　价，545
键级，交叉共轭，23
　　MO，丁二烯，21
　　NMR，29
　　芳香性指数，30
　　共振，18
键交换，Stone-Wales重排，851
键交替，39
　　苯烯，25
　　并环戊二烯衍生物，32
　　环庚三烯酮和环庚三烯酚酮，31

轮烯，39
键角，12
键角，表，12
键角，分子轨道计算，19
键角，构象，101
　　E2反应，782
　　p特征，12
　　s特征，12
　　共振，24
　　孤对电子对，12
　　轨道，12
　　卤代烷的离子化，208
　　稳定性，24
　　有张力的分子，12
　　杂化，12
　　自由基氢夺取，496
键角，溶剂效应，3
键角，烷烃，12
　　BF₃，4
　　O，S，N化合物，12
　　氮，3
　　环丙烯正离子，33
　　环辛四烯，35
　　甲烷，5
　　卤代烷，12
　　水，3
　　四氯化碳，12
　　氧，3
　　乙烯，5
　　有机化合物，表，12
键角，也见角
键角，在轮烯中，36
　　在卡宾中，141
　　在碳正离子中，208
键矩，9
键离解能，也见能量
键离解能，自由基卤化，499
　　C—D键，166
　　C—H，自由基活性，494
　　自由基和活性，497
键裂解，机理，156
　　异裂的，156
键能，13，58
键能，苯，20
　　丙烷，13
　　甲烷，13
　　氢键，58
　　烃，13
　　异丁烷，13
　　异戊烷，13
　　有机化合物，14

键能，键的类型，14
　　在双原子分子中，13
键能，溶剂效应，13
键能，原子被自由基夺取，494
　　Pauli互斥，14
　　s特征，13，14
　　电负性，8，13
　　电子效应，14
　　轨道相互作用，14
　　环张力，14
　　键的类型，14
　　键的类型，表，14
　　键长，14
　　空间因素，13
　　离解能，13
　　离子型构型，14
　　氢键，13
　　燃烧热，13
　　溶剂，14
　　双键，14
　　酮-烯醇互变异构，43
　　原子化热，13
　　杂化，13，14
　　周期表，14
　　自由基，14
键，扭曲的，酰胺水解，708
键，三重的，5
键，乙炔中的叁键，5
键增长，超共轭，42
键长，10
键长，C-D，11
　　C-Si，10
　　表，11
　　分子轨道计算，19
　　在sp³碳化合物中，表，11
　　在苯并环丁烷衍生物中，11
　　在苯并环丁烯中，26
　　在苯氯化重氮盐中，464
　　在稠合芳香化合物中，28
　　在丁二烯中，21
　　在芳环中，20
　　在轮烯中，36，37，39
　　在桥化合物中，108
键长，反芳香性，28
　　s特征，11
　　X射线衍射，10，11
　　π键，11
　　超共轭，25，42
　　电子衍射，10
　　芳香性，33
　　分子力学，101

共振，24
光谱，10
轨道，10
键的类型，表，11
键能，14
交叉共轭，23
离域，20, 27
微波波谱学，10
稳定性，24
杂化，11, 21
张力，108
键长，键能，14
　s 特征，14
　亲电的芳香取代，352
　烯烃，5
键长，周期表，14
降冰片，93
降冰片二烯，光化学［2＋2］环加
　成，595
　与烯烃环加成，586
降冰片基格氏试剂，394
降冰片基化合物，SN1 反应，228
降冰片基磺酸酯，244
降冰片基碳正离子，从头算计算，237
　NMR，237
　经典的论据，237
　稳定性，237
　在稳定的溶液中，237
降冰片基体系，非经典碳正离子，234
　溶剂解，236
降冰片烷，扭船式构象，98
降冰片烯，DCl 的加成，531
　加成的立体化学，531
　与硫醇，826
　张力，107
降莰二烯，597
　光化学开环，846
　来自亚甲基和苯，597
降茋烯酮，金属复合物，62
降茋烯酮，铁-三羰基复合物，62
降三环烷，非经典碳正离子，237
降三环烷基氯，142
降樟脑，93
交叉 Cannizzaro 反应，695, 937
交叉 Claisen 缩合，见 Claisen
交叉 Tischenko 反应，938
交叉二聚，烷烃，505
交叉复分解，863
　炔烃，863
交叉共轭，23
　键长，23

三烯，23
交叉偶联，见偶联
　Hiyama，291
　Sonogashira，506
　金属有机，508
　炔烃，552
　羰基化的，283
　无 Pd 的，458
　与炔烃，297
交叉偶联反应，278
　Buchwald-Hartwig，452
交叉频哪醇偶联，934, 935
交叉羟醛反应，688
交叉实验，226
　Fries 重排，373
　S_N2，226
　重排，820
交叉式构象，96
交换反应，266
　胺盐与酰胺，717
　羧酸，酰卤，718
交换机理，398
交换，卤素-金属，有机铜酸盐，283
　Li-H，有机锂化合物，280
　R_2Mg 和 R_2Hg 化合物，129
　金属卤素，芳基锂化合物，280
　金属卤素，有机锂化合物，280
　锂-卤素，559
　氢，355
　同位素，661
　有机锂化合物，280
交换，羧酸，与酰胺，713, 716
　与酯，713
交替（更迭）对称轴，75
交替烃，32
　芳香亲电取代，352
　能级，32
　偶和奇，32
　拓扑极化，32
胶囊化的四氧化锇，烯烃的双羟基
　化，574
胶束催化，见催化
胶束效应，Diels-Alder 反应，584
胶体金属，Arndt-Eistert 合成，835
胶体，声化学，180
焦钙化醇，电环化试剂，849
　光解，849
焦磷酸酯，合成，64
角动量，系间窜越，176
角，二面的，构象，97
角，二面的，见二面角

角，键，二环［1.1.0］丁烷，104
　环丙烷，103
　环丙烯，106
　甲烷，5
　空间张力，102
　棱柱烷，104
　扭曲的烯烃，108
角，键，见键角
角，扭转，构象，96
　比旋光度，75
　二卤代乙烷，96
　分子力学，101
角鲨烯 2,3-氧化物，甾类化合物，552
角张力，环丁烷，104
　β-内酯与胺，717
角质子化环丙烷，532
教科书，有机化学（Organic Chemistry），992
接触离子对，229
节，电子密度，3
结，分子，66, 67, 79
结构，酸-碱强度，194
　Lewis，见 Lewis 结构
　底物，SNAr 反应，448
　反应活性，207
　格氏试剂，132, 133
　格氏试剂的浓度，133
　金属有机化合物，132
　卤代烷，对消除的影响，790
　卤代烷，对消除反应速率的影响，790
　卤鎓离子，在形成中，525
　氢被自由基夺取的速率，495
　碳负离子稳定性，131
　有机锂试剂，133
结构影响，溶剂解，243
结构状态，过渡的，见过渡态
结晶，分步，拆分，87-89
　晶种方法，88
介导的共轭酮偶联，279
介电常数，溶剂酸性，190
介电加热，微波，181
介电屏蔽效应，算法，251
介电屏蔽效应，在溶剂中，251
介离子化合物，芳香性，40
介质，反应速率，213
　超临界二氧化碳，214
　反应活性，213
　水，214
　在水中的 Diels-Alder 反应，214
介质效应，对于酸和碱，198
界面机理，253

金刚烃，829
金刚烷，498
金刚烷基碳正离子，127，823
金刚烷，手性的，77
　张力，105
金鸡纳生物碱，双羟基化，575
　Grob 断裂，803
　Sharpless 氨基羟基化，579
　催化剂，692
　环氧化，576
　手性添加剂，564
　水化，内酯的形成，535
　相转移催化剂，577
　亚磺酸酯，265
　与铢催化剂，574
　作为手性催化剂，673，726
　作为相转移催化剂，576
金属，表面区域，酮醇缩合，936
　粉末状的，反应活性，419
　金属化，413
　与卤代烷反应活性，419
金属，过渡的，手性催化剂，702
　手性催化剂，690
　手性的，还原剂，920
　自由基反应的促进，496
金属，还原，醛或酮的还原，917
　叠氮化物，925
　卤代烷，926
　硝基化合物，机理，923
金属，活化的，420
　氨，芳香化合物的还原，544
　活泼的，金属有机，412
　碱，自由基离子，140
　烯丙基硅烷与醛，681
　酰卤与醇，709
金属，酸，醛或酮的脱氧化，928
　Barbier 反应，675
　Boord 反应，802
　Michael 反应，556
　Reformatsky 反应，682
　Wurtz 偶联，279，280
　氨，腈的脱氨基化，424
　胺的共轭加成，563
　胺的烷基化，269
　醇，与烯烃，543
　二卤化物消除生成烯烃，802
　芳构化，893
　共轭还原，546
　还原偶联生成二醇，934
　金属有机，412

卤代醚消除生成烯烃，802
硼酸共轭加成，561
氢硅烷化，546
氢化，540
炔烃胺化的催化，539
酸，酸酐的还原，930
脱羧反应，376
烯醇负离子，688
烯烃氧化成醛或酮，911
酰基加成，678-680
形成烯醇负离子，413
与硅烷还原，918
预制的烯醇，688
金属，形成烯醇负离子，460
　C=N 化合物的水解，663
　氢-金属交换，420
　亚胺的氢化，922
金属，用于烯烃复分解，862
　来自炔烃二聚，552
　用于醇的催化脱氢化，896
　用于醇的氧气氧化，895
　用于醇与 TEMPO 的氧化，896
　用于频哪醇偶联，934，935
金属，与醛，酰基自由基的形成，491
　Reformatsky 反应，682
　与 $NaBH_4$，544
　与重氮化合物，596
　与重氮甲烷，596
　与冠醚，424
　与硅烷，酰胺的还原，930
　与卤代烷，419
　与硼烷，560
　与亚胺，684
金属，在催化氢化中作为催化剂，541
　电动势，418
　去质子化，413
　溶解金属还原，545
　手性的，在 Henry 反应中，692
　烯烃的二聚，551
　用于共轭加成的催化剂，564
金属，在酸中，硝基化合物的还原，923
　在氨中，Birch 还原，545
　在氨中，炔烃的还原，544
　在氨中，脱氰基化，424
　在胺中，芳香化合物的还原，545
　在醇水溶液中，杂环的还原，545
　在醇中，乙烯基卤的还原，926
　在酸中，硝基化合物的还原，923
金属-salen 复合物，Michael 反应，557
金属-salen 复合物，环氧化，578
　Michael 加成，557

羟胺，804
金属 Zn
　共轭加成反应，419
　卤代醚消除生成烯烃，802
　炔丙基卤的脱卤化，802
　形成硒化物，267
　与醇和酰氯，709
　与烯丙基卤与腈，686
　在 Reformatsky 反应中，682
　在乙酸中，共轭体系的还原，546
金属促进的卤代醚消除生成烯烃，802
金属促进的酰卤脱卤化生成烯酮，802
金属催化的，Friedel-Crafts 烷基化，362
　Boc-胺的锂化，295
　Fries 重排，372
　Knoevenagel 反应，692
　Kolbe-Schmidt 反应，370
　Mannich 反应，亚胺和烯醇醚，673
　Michael 反应，556
　芳基重氮盐的甲基化，466
　芳香化合物的卤化，360
　分子内的，醇-烯烃，536
　环氧化物的卤化，277
　氢胺化，烯烃，579
　氢甲酰化，568
　氢交换，芳香化合物，355
　氢羧基化，机理，567
　炔烃的水化，535
　酮的卤化，对映选择性，402
　酮和硅烷，409
　烯烃的水化，534
　亚胺和芳卤，358
金属催化的，Nazarov 环化，556
　Pauson-Khand 反应，567
　Prins 反应，703，704
　Rosenmund-von Braun 反应，454
　Stille 偶联，407
　σ-键重排，864
　芳基重氮盐的磺酰卤化，508
　芳基重氮盐的硝化，507
　金属有机偶联，283
　烃与氢过氧化物氧化，503
　烯醇的制备，399
　烯烃的重排，399
　有机锂试剂与氮，452
　自由基卤代，500
金属催化的，氮杂-Claisen 重排，859
　Baeyer-Villiger 重排，841
　氮-Cope 重排，859
　卡宾插入，411
金属催化的，芳基化，烯烃，456

胺，452
胺，S_NAr 机理，452
胺，离子液体，452
胺，微波，452
硅烷，462
磺酰胺，272
炔烃，297
烯烃，Heck 反应，456,457
金属催化的，共轭加成，556
　氨基甲酸酯，564
　对炔烃，559
　有机锂试剂，565
金属催化的，[2+2] 环加成，592
　光化学的，592
金属催化的，[3+2] 环加成，582
金属催化的，加成，醇对烯烃，536
　硼酸，对醛，680
　醛对烯烃，565
　炔丙基金属有机对羰基，678
　炔烃对烯烃，551
　烷烃对烯烃，550
　烯烃对烯烃，551
金属催化的，裂解，苯并呋喃，287
　醚，276
金属催化的，偶联，炔烃与芳基卤，459
　芳基卤和硼酸，458,459
　格氏试剂，282
　金属有机，283,284
　偶氮苯，357
　硼酸，414
　与烯丙基碳酸酯，285
　与有机铜酸盐，284
金属催化的，偶联，炔烃与芳基卤，也见 Sonogashira 偶联
金属催化的，氰基化，410
　Diels-Alder 反应，584
　重氮基转移反应，596
　重氮烃，环丙烷化，596
　醇的脱水，793
　单烯反应，555
　环加成，600,601
　邻位定位的金属化，463
　炔烃的环化三聚，599
　羧酸的消除，795
　脱羰基化，酰卤生成烯烃，800
　烯醇碳酸酯的烷基化，291
　烯醇盐烷基化，290
　烯炔的环化，553
　烯烃的环氧化，与过氧化物，576
　形成烯胺，669

金属催化的，炔烃环化三聚，599
　胺化，417
　胺化，烯烃，406,538
　形成酰胺，371
金属催化的，炔烃偶联，552
金属催化的，炔酮转化为呋喃，666
　Cope 重排，856
金属催化的，羰基化，烯烃，568
　Carroll 重排，859
金属催化的，羰基化，566
　胺，425
　芳基卤，461
　卤代烷，299
　炔烃，567
　烯烃，567
金属催化的，烃的酰氧基化，503
　机理，503
金属催化的，烷基化，芳基卤，291
　乙烯基卤，291
金属催化的，烯醇醚的醇解，536
金属催化的，形成，芳基腈，372
　联芳烃，455
　硼酸，414
金属催化剂，吖丙啶开环，271
　Cope 重排，856
　环化三聚，599
　环氧化物与胺，271
　硼酸酯偶联，366
　硼烷与醛，680
　手性的，702
　烯烃和炔烃的羰基化，567
　烯烃偶联生成烯烃，552
　酰胺的共轭加成，564
金属催化剂，胺，与环氧化物，270
金属催化剂，环胺的形成，296
　Mannich 反应，673
　格氏试剂与酰卤，719
　格氏试剂与亚胺，684
　硅烷与炔烃，551
　还原胺化，671
　腈的水解，665
　硫醇与炔烃，538
　内酯来自烯烃，568
　炔丙醇的异构化，837
　炔烃的水化，535
　酮的 α-氧化，907
　烯丙醇的异构化，836
　有机钢，579
　与烯丙基锡化合物，679
　与酰卤，800
金属催化剂，[3+2] 环加成，583

Claisen 重排，859
Finkelstein 反应，274
Friedel-Crafts 酰基化，367
Grignard 反应，675
Mukaiyama 羟醛反应，690
Oppenauer 氧化，895
Suzuki-Miyaura 偶联，458
重氮盐，464
共轭还原，546
环氧化物的重排，830
禁阻的电环化反应，850
硫酚的形成，465
氰醇的形成，701
酮的 α-羟基化，905
烯醇负离子，688
烯烃的环氧化，577
形成缩醛，665
亚甲基环丙烷，831
乙烯基硫化物的形成，266
金属催化剂，见催化剂
金属催化剂，羧酸的酰基化，713
　炔烃对烯烃的加成，551
金属催化剂，烯烃，偶联，552
　与醇，536
　与甲苯磺酰亚胺，684
　与卤代烷，573
金属催化剂，酰胺，来自醇和胺，272
金属催化剂，用于硅烷对烯烃的加成，550
　用于 Pauson-Khand 反应，567
　用于氢甲酰化，568
　用于炔烃的共轭加成，559
　用于炔烃的环化三聚，599
　用于羰基化，566
　用于脱氢化，893
　用于烯烃的过氧化物环氧化，576
　用于烯烃的羰基化，568
金属复合物，二烷基锌的酰基加成，679
　催化氢化机理，542
　催化脱氢化，896
　对映选择性的硼氢化，549
　光氧化，578
　环化三聚，599
　卤代烷偶联，281
　手性的，689
　烯丙基重排，399
　与卡宾，596
　阻转异构体，78
金属复合物，也见复合物
金属化卟啉，环氧化，576
金属化的炔烃，297

金属化的炔烃，见炔烃，金属化的
金属化的亚胺，727
　　合成上的应用，727
金属化合物，炔烃氧化生成二酮，911
　　打开环氧化物，287
　　用于 Michael 反应的催化，556
　　与烯烃反应，553
金属化，有机锂试剂，412
　　C—H，412
　　芳香化合物，372
　　芳香化合物，462，463
　　邻位定位的，281，462
　　炔烃，412
　　与金属，413
　　与金属有机，412
金属-环丁二烯复合物，环化三聚，599
金属环丁烷，复分解，863
金属挤出，环化三聚，599
金属交换，电子转移，420
金属交换反应，碳负离子稳定性，419
　　Pd 催化剂，458
　　电动势，418
　　高级铜酸盐，419
　　茂金属，418
　　有机锂试剂，418
　　有机铜酸盐形成，418
　　与金属，418
　　与金属卤化物，418
　　与金属有机，418
金属介导的，376
金属介导的，胺的酰基化，714
　　Baylis-Hillman 反应，681
　　Claisen 缩合，691
　　Simmons-Smith 方法，598
　　重排，苯胺，铵盐，374
　　反应，硫醇与芳基硼酸，451
　　芳基化，胺，452
　　芳基化，炔烃，297
　　非对称的偶联，280
　　共轭加成，559
　　加成，HCN 对炔烃，569
　　联芳烃的形成，455
　　卤化，499
　　卤化，芳基重氮盐，507
　　卤化，酮，402
　　卤化，烯丙基硅烷，501
　　卤化，烯醇乙酸酯，403
　　偶联，芳基卤，457
　　偶联，格氏试剂，281
　　偶联，硅基胺与炔烃，297
　　偶联，卤代烷，279，281

　　偶联，烯丙基酯，284
　　偶联，乙烯基卤，279
　　羟基化，芳基重氮盐，465
　　双醇盐的脱氧化，800
　　羰基化，417
　　羰基化，卤代烷，299
　　烯胺烷基化，293
　　氧化脱羧反应，903
　　酯交换反应，712
　　自由基偶联，493
金属，金属交换反应，418
　　蒸气，反应活性，419
金属卡宾，864
　　Fischer 卡宾复合物，600
　　与羧酸酯，699
金属卡宾，插入，411
金属卡宾复合物，582，596
　　对烯烃的加成，对映选择性，597
金属-卡宾复合物，复分解，863，864
金属卡宾，见卡宾
金属离去基团，397
金属离子，S_N1 反应，252
金属锂，与卤代烷，676
金属粒子，作为催化剂，表面和粒子类型，542
金属卤化物，见卤化物
金属卤化物，重氮化，278
金属钠，酮醇缩合，936
　　Bamford-Steven 反应，798
　　表面区域和反应活性，936
金属氢化物，加成-消除机理，399
　　对烯烃的加成，549
　　共轭烯烃的还原，546
　　炔烃的还原，544
金属-氢交换，413
　　CIDNP，420
　　机理，420
　　自由基，420
金属氰化物，形成氰醇，701
金属氰化物，也见氰化物
金属钐，烯丙基卤的酰基加成，678
　　二卤化物的脱卤化，802
　　卤代醇脱水，793
　　在乙酸中，脱硫化，509
金属添加剂，格氏试剂，677
金属盐，有机锡化合物对羰基的加成，679
　　二硫代缩醛和二硫代缩酮的形成，667
　　格氏试剂，自由基形成，562
　　试剂，用于酰基缩醛的形成，666
　　用于 Mukaiyama 羟醛，690

金属阳离子，冠醚，62
金属氧化物，醇脱水，793
　　卤代烷的热解，799
　　氢化，540
金属乙酸盐，烯烃的双羟基化，575
金属有机，胺化，416
金属有机，芳基，联芳烃的形成，366
　　对炔烃的双加成，554
　　芳基，水解，377
　　共轭加成，557-560
　　共轭加成，机理，560
　　含有杂原子，412
　　醚的裂解，287
　　羰基化，298，417
　　烯烃的芳基化，456
　　作为碱，189
金属有机，格氏试剂与金属卤化物，418
　　差的反应活性，与水，413
　　第Ⅱ族，与卤代烷偶联，280
　　第Ⅰ族，与卤代烷偶联，280
　　还原，与硼氢化钠，414
　　金属交换反应，418
　　硫化，415
　　卤化，机理，416
　　炔丙基，金属催化的对羰基的加成，678
　　试剂，酰基加成，678
　　酮的制备，298
　　氧化，415
　　乙烯基，Heck 反应，457
　　乙烯基，二烯烃的形成，407
　　乙烯基，二乙烯基酮的形成，298
　　质子化，413
金属有机，活泼金属，412
　　Heck 反应，456，457
　　S_E1 反应，398
　　Stetter 反应，680
　　吡啶或吡咯的烷基化，463
　　芳基卤的羰基化，461
　　芳香化合物的烷基化，462
　　金属，412
　　金属化，412
　　金属交换反应，418
　　联芳烃的形成，455
　　卤代烷中卤素被取代，420
　　质子转移，412
　　自由基离子，420
金属有机，加成，对醛或酮，677-681
　　对 C=N 化合物，683-685
　　对醛或酮，所用的金属，678

对羰基，对映选择性，678
对羰基，结构兼容性，678
对羰基，在离子液体中，678
对烯烃，553,554
对亚胺，对映选择性，684
金属有机，交叉偶联，508
 对映选择性，413
 二金属化合物，555
 二聚，508
 来自二卤化物，676
 来自金属，413,419
 来自金属有机，412
 来自卤代烷，419
 来自烯烃，549,553
 邻位定位的金属化，462
 亲电取代，394
 去质子化，412
 去质子化，机理，412
金属有机，偶联，与活泼亚甲基化合物，461
 Stille 反应，283
 与 Mannich 碱，285
 与丙二酸酯，461
 与醇，286
 与烯丙基酯，284
金属有机化合物，对烯烃或炔烃的加成，554
 NMR，132
 芳基，377
 结构，132
 碳负离子，129
 与卤代烷，机理，281
 与卤代烷，自由基，282
 与炔烃，554
 与烯烃，554
 与亚胺，683-685
金属有机试剂，酰基取代，720
 各种的，与酸衍生物，720
 结构需求，284
 来自有机锂试剂，284
 水解，413
 与二氧化碳，683
 与卤素，415
 与酰卤，718,719
 转化为羧酸，299
金属有机，与酸，413
 与吖丙啶，288
 与二硫化物，415
 与二氧化硫，415
 与芳基重氮盐，466
 与芳基卤，454

 与共轭羰基化合物，557-560
 与过氧化物，414
 与环氧化物，287
 与磺酸酯，415
 与磺酰卤，729
 与金属磺酸盐，285
 与卤代烷，283,284,298,420
 与氰化亚铜，417
 与醛或酮，87
 与酸酐，719
 与酸酐，对映选择性，720
 与酸酐，或羧酸酯，720
 与酰胺，719,720
 与酰卤，718
 与亚胺，684
 与亚胺，对映选择性，684
 与氧，414
 与酯，719
紧密离子对，229
紧密离子对，229
 $S_N i$ 反应，239
紧密离子对，240
紧密离子对，Friedel-Crafts 烷基化，364
进攻试剂，定义，156
进一步氧化，醇，894
近似效应，配合物诱导的，邻位定位的金属化，462
禁阻的反应，[2+2] 环加成，595
 在光化学中，173,175,176
经向性的化合物，28,39
 NMR，39
 对二环庚二烯并萘，39
 对环戊二烯并萘（pyracyclene），39
 反芳香性，39
 桥连的轮烯，39
晶体，机械拆分，88
晶体结构谱量度，酸性，187
晶种方法，88
腈，pK_a，195
 α-质子，290
腈，催化氢化，922
 共轭的，试剂用于共轭还原，546
 共轭的，质子酸性，292
 共轭，氰基乙基化，526
 环化三聚，599
 脱氰基化，424,931
 与腈缩合，701
 与酯缩合，723
腈，芳基，Rosenmund-von Braun 反应，454
 金属催化的，372

 来自芳基重氮盐，507
 来自芳基卤，454
 来自芳基铊化合物，463
 通过 Sandmeyer 反应，507
腈，芳基酮的形成，371
腈，放射性，163
 还原剂，923
 试剂用于水解，665
 与碳正离子反应，724
腈，光化学辐照，与烃，504
腈，还原裂解生成酮，928
 H 的取代，410
腈，还原，生成醛，试剂，923
 生成胺，试剂，922
 生成甲基，与萜烯，925
 生成烃，931
腈，金属催化的，胺的加成，673
 烯烃的加成，724
腈，来自醛和羟胺，670
 来自胺，897
 来自苯二胺，902
 来自芳基三氟甲磺酸酯，372
 来自芳香化合物，372
 来自金属有机，417
 来自卤代烷，297
 来自羟胺，670
 来自氢硅烷，931
 来自氰根离子，297
 来自醛，670,804
 来自醛，试剂用于，670,671
 来自羧酸根离子和溴化氰，725
 来自肟，804
 来自肟，Burgess 试剂，804
 来自肟，酸，804
 来自酰胺，805
 来自酰胺，通过 von Braun 反应，805
 来自硝基化合物，925
 来自亚胺，804
 来自亚胺，脱氢化，898
 来自亚胺盐，372
 来自异氰化物，843
 来自异氰化物，Schwartz 试剂，569
 来自腙鎓盐，804
腈，卤代，与格氏试剂，686
 卤代，与有机锂试剂，686
腈，氯代磷酸酯，671
Blaise 反应，682
Diels-Alder 反应，590
Ehrlich-Sachs 反应，695
Hoesch 反应，371
Pinner 合成，667

Ritter 反应, 724
Stephen 还原, 923
Thorpe 反应, 701
叠氮酸, 670
高价碘, 671
三甲基硅基酰胺, 671
亚磺酰亚胺, 671
腈, 酶法水解, 665
腈, 水解, 298, 664, 665
　　生成硫代酰胺, 665
　　生成酰胺, 665
　　微波辐照, 664, 665
腈, 酸催化的醇的加成, 724
　　HCN 的加成, 702
　　γ-质子的酸性, 292
　　氨的加成, 673
　　氨基, 702
　　胺的加成, 673
　　醇解, 666
　　酸催化与醇的反应, 666
　　烷基化, 290
　　烯烃和酰基正离子, 581
　　酰基化反应, 371
腈, 通过 HCN 对烯烃的加成, 569
　　通过 S_N2 反应, 297
腈, 通过胺的脱氢, 897
　　胺, 试剂用于, 898
腈, 通过肟的脱水, 804
　　微波辐照, 804
腈, 通过酰胺的脱水, 微波辐照, 805
　　Swern 氧化, 805
　　试剂用于, 805
　　相转移, 805
　　亚硫酰氯, 805
腈, 通过腙盐的消除, 804
　　通过 O-甲苯磺酰基肟的重排, 804
　　通过胺的氧化, 897
　　通过还原, 二腈, 931
　　通过还原, 硝基化合物, 924
　　通过肟的断裂, 804
　　通过腙的氧化, 898
腈, 酰胺的脱水, 805
　　肟, 可选择的方法, 804
　　肟, 试剂用于, 804
　　酰胺, Burgess 试剂, 805
腈, 亚乙烯基, 水化和裂解, 534
腈, 也见二腈
腈, 乙烯基, 来自烯基三氟甲磺酸酯, 417
　　来自烯基金属有机, 417
腈, 与活泼亚甲基化合物, 701

烯醇负离子的 α-羟基化, 906
与 HCl 和醇, 667
与氨中的金属, 424
与胺, 909
与格氏试剂, 686
与格氏试剂, 机理, 686
与过氧化钼,
与金属炔化物, 459
与硼氢化钠, 424
与硼酸, 686
与烯丙基卤, 686
与亚胺, 684
与有机锂试剂, 686
与酯, 723
腈离子, 804
　　Beckmann 重排, 841
　　Friedel-Crafts 环化, 365
　　Schmidt 反应, 840
　　还原成胺, 922
　　通过腈与氧鎓盐反应, 922
　　异喹啉, 365
腈水解酶, 665
腈碳负离子, 130
腈氧化物, 双位移重排生成异氰酸酯, 867
腈亚胺, [3+2] 环加成, 581
腈叶立德, [3+2] 环加成, 581
肼, 对烯烃的加成, 538
　　二芳基, 用于氧化的试剂, 898
　　芳基化, 453
　　芳基, 失去氮, 898
　　芳基, 氧化成偶氮化合物, 898
　　来自醛与脒, 685
　　来自亚硝基化合物, 924
　　手性的, 86
　　通过 Hofmann 重排, 与脲, 838
　　通过偶氮化合物的还原烷基化, 672
　　氧化成偶氮化合物, 试剂, 898
　　与醛或酮, 669
　　与肟反应, 670
　　与亚硝酸, 424, 838
肼, 醛或酮的还原, 929
　　Wolff-Kishner 还原, 928
　　苯基, 见苯肼
　　甲苯磺酰基, 见甲苯磺酰基肼
　　与邻苯二甲酰亚胺, 272
　　与羟胺, 714
　　与醛或酮反应, 669
　　与羧酸酯, 716
　　在复合物中, 65
肼, 酰基, 见酰肼

肼基甲酸酯, 甲基酯, 59
肼基自由基, 137
静电势大小, 共振效应, 20 (文献 25)
静电势, 加成反应, 530
静电势能图, 苯, 18
　　丁二烯, 20
镜面, 丙二烯, 78
九氟丁基磺酸酯, 离去基团, 249
酒石酸, 对映体, 75
　　非对映体, 84
　　机械拆分, 88
酒石酸二乙酯, 环氧化, 578
酒石酸钠铵, 88
酒石酸酯, 二乙酯, Sharpless 不对称环氧化, 578
酒石酸酯, 环氧化, 578
　　铵钠盐, 88
局部芳香性, 30
菊花链, 66
距离, 键, 见键长
聚苯乙烯, Merrifield 合成, 716
聚合反应, 129
　　Kolbe 反应, 510
　　复分解, 863
　　庚间三烯并庚间三烯, 31
　　光化学 [2+2] 环加成, 595
　　甲基乙烯基酮, 690
　　开环复分解, 863
　　硼酸, 415
　　氢甲酰化, 568
　　烯烃的卤代酰基化, 573
　　自由基, 139
聚合物负载的, 氨基碱, 羟醛反应, 687
　　Beckmann 重排, 840
　　Claisen 重排, 858
　　TPAP, 醇的氧化, 895
　　胺的酰基化, 715
　　吡啶鎓盐, 形成 β-内酰胺, 726
　　催化剂, 用于氢化,
　　底物, 还原, 923
　　噁唑硼烷, 还原, 919
　　高价碘, 醛氧化成酸, 910
　　金鸡纳生物碱, 575
　　离子催化剂, 自由基环化, 563
　　磷酰胺基碱, 羟醛反应, 687
　　膦配体, 452
　　膦酸酯, Wittig-Horner 反应, 697
　　三烷基氢化锡, 卤代烷的还原, 926
　　四氧化锇, 烯烃的双羟基化, 574
　　羧酸转化为酰胺, 715

碳二亚胺, 711
聚合物固定的, 氨基碱, 687
　Mo 催化剂, 烯烃复分解, 863
　Ru 催化剂, 烯烃复分解, 863
　吡啶鎓盐, 726
　硅氧烷, 酯交换反应, 712
　季铵盐, 577
　膦配体, 452
　硫化试剂, 与酰胺, 714
　脲, 酯化, 710
　硼酸酯, 与醛, 681
　试剂, 265
　试剂, 酸转化为酰胺, 715
　四氧化锇, 574
　亚砜, Swern 氧化, 896
聚合物, 醛对烯烃的加成, 566
　Pauson-Khand 反应, 568
　Suzuki-Miyaura 偶联, 458
　超临界二氧化碳, 214
　多聚甲醛, 724
　硅氧烷, 560
　来自氨与炔基卤化物, 539
　羟基烷基化, 365
　与二烯烃复分解, 863
聚集, 二烷基氨基碱, 198
　HMPA, 198
　锂化合物, 412
　烯醇负离子, 198
　有机锂试剂, 132,413,676
聚集态, 烯醇负离子, 133
　苯基锂, 133
　从头算研究, 烯醇负离子, 134
　叔丁基锂, 溶剂效应, 132
　有机锂试剂, 133
　有机铜酸盐, 557
聚甲基氢硅氧烷, 还原, 921
聚亮氨酸, 环氧化, 577
聚-炔-二烯烃, 复分解, 863
聚四氟乙烯, 微波化学, 181
聚乙二醇, 作为溶剂, 797
决速步, 164
　E2 机理, 780
　E1 机理, 783
　Stille 偶联, 407
　多步反应, 164
　芳基正离子, 399
　芳香化合物的磺化, 359
　甲烷的自由基卤代, 499
　联苯胺重排, 862
　卤仿反应, 423
　炔烃的质子化, 535

羧酸酯与胺, 716,717
缩醛水解, 259
烷烃卤代, 499
酰胺水解, 709
形成肟, 670
绝对芳香性, 20
绝对构型, 80
绝对构型, 见对映异构体, 手性, 立体中心, 手性的
　Cahn-Ingold-Prelog 体系, 80-82
　D/L 命名, 80
　GC, 82
　Kishi NMR 方法, 83
　Mosher 酸或 Mosher 酯, 82
　NMR, 82
　S_N2 反应, 82
　比旋光度, 82
　测定, 82
　方向盘模型, 81
　光学比较, 82
　摩尔旋光度, 82
　生物化学法, 82
　顺序规则, 80,81
　通用 NMR 数据库, 83
　旋光光谱, 82
　圆二色性, 82
绝对硬度, 193
　表, 194
均键反应, 20
均裂机理, 156
均三甲苯, 可分离得到的芳基正离子, 346
　芳香取代, 347
均相催化剂, 540
均相催化剂, 氢化, 540
　类型, 541
均相催化氢化, 机理, 542
均相反应, 动力学, 163

K

咔啉, 碘化, 361
咔唑, 在 Diels-Alder 反应中, 584
　制备, 370
卡宾, 124,140-143,596
卡宾, 本位进攻, 369
卡宾, 插入反应, 142,596
　插入到 O—H 间, 411
　对映选择性, 411
　机理, 411
　金属催化的, 411
　同位素标记, 411
卡宾, 重排, 142,596

酮, 835
卡宾, 单线态的, 140,597
　插入, 412
　结构, 140
　结构类型, 596
　取代基效应, 597
　溶剂效应, 142
　衰减为三线态, 140
　瞬态烷烯光谱, 141
　稳定的, 142
　稳定性, 140,142
　在 Ar 基质中捕获, 835
　在基质中捕获, 140
卡宾, 反应活性, 142,411
卡宾, 分离, 140
卡宾, 硅基, 141
卡宾, [1+2] 环加成, 595
　CIDNP, 412
　EPR, 141
　Hund 规则, 140
　IR, 141
　IUPAC 机理, 250
　Reimer-Tiemann 反应, 369
　Simmons-Smith 方法, 596
　Wolff 重排, 142
　X 射线晶体学, 142
　半坚果壳分子, 141
　重氮烷, 261
　重氮烷的裂解, 261
　氮挤出反应, 806
　非成键电子, 140
　共振, 411
　合成, 142
　甲酰化, 369,370
　键角, 141
　离去基团, 250
　立体化学, 141
　氢夺取, 411
　取代, 142
　声化学, 180
　手性配体, 680
　双自由基, 597
　顺式（syn）加成, 597
　酰胺化, 504
　消除, 142
　叶立德, 412
　自旋捕获, 141（文献 364）
　自由基, 138,411
卡宾加成, 580
　机理, 597
　卡宾, 加成, 扩环, 张力, 597

卡宾，加成，亚胺，142
　　吡咯，597
　　对苯，597
　　对二烯烃，596
　　对芳香化合物，597
　　对烯烃，140,142,596
　　对烯烃，对映选择性，597
　　对烯烃，空间位阻，596
　　对烯烃，速率常数，596
　　对吲哚，597
卡宾，金属，596,726,864
卡宾，金属配合物，596
卡宾，金属，也见金属卡宾
　　环化三聚，形成杂环，600
卡宾，来自卤代烷，141
　　来自重氮甲烷，140,141
　　来自二氮杂环丙烷（二吖丙因），141
　　来自环丙烷二羧酸物，832
　　来自环丙烷光解，141
　　来自羧酸根离子，141
　　来自烯酮，141
卡宾，咪唑盐配合物，卤代烷偶联，281
卡宾，三线态的，140,143,597
　　插入，412
　　持久的，140
卡宾，双卡宾，141
　　Fischer 卡宾，597
　　Fischer 卡宾配合物，582
　　重氮烷的分解，141
　　电化学生成，141
　　定义，140
　　断裂，142
　　断裂，生成自由基，142
　　二芳基，140
　　二聚，142
　　二卤代，与醛或酮，700
　　二氯代，141
　　二氯卡宾，140
　　二氯亚甲基，140,141
　　二硼，141
　　环丙烷重排，142
　　甲酰基，寿命，141
　　偶联，142
　　亲电的，597
　　取代基的电子效应，597
　　手性的，141
　　寿命，141
　　衰减，单线态到三线态，140
　　直接插入，412
　　自由的，596

卡宾，通过超声产生，411
　　产生，141
　　几何结构，141
　　卤代，596
卡宾，烷基，重排，411
　　氨基，141
　　烯丙基，重排，411
　　亚烷基，141
卡宾，酰基，重排成烯酮，142
卡宾，亚甲基，140,141
　　辛基卡宾，141
　　氧氯代，142
　　与重氮烷反应，142
卡宾，乙烯基，141
　　与硫代酮，700
　　与炔烃，597
　　与烯酮，596
卡宾，杂环的，564
　　Claisen 重排的催化剂，858
　　环化三聚，599
　　有机催化剂，675
卡宾，在氩气基质中，141
卡宾，作为催化剂，564,701
卡宾插入，411
　　超声，411
　　分子内的，411
　　扩环，411
　　酰胺，411
卡宾重排，827
卡宾重排，也见重排
卡宾转移，596
卡宾到卡宾重排，835
卡宾复合物，通过重氮基转移反应，596
　　金属，582
开关，分子，66
[2+2] 开环，864
开环复分解，863
　　聚合反应，863
开环，环丙基正离子，850
凯库勒烯，NMR，38
䓬烷基硼烷，549
茨烯，来自异冰片，828
抗磁性的环电流，27,28
　　芳香性，33
抗坏血酸，Udenfriend 试剂，501
抗体，Michael 反应，557
抗体，催化的，环氧化，576
抗体催化的 [3+2] 环加成，582
抗体催化的羟基-Cope 重排，855
抗氧化剂，自动氧化，501
铑催化剂，与烯基硼烷，287

钪，富勒烯，41
科学引文索引（SCI），983,990,998,1000
可回收利用的催化剂，Heck 反应，456
可见光谱，82
可见光吸收峰，173
可立丁，LiI 与羧酸酯，277
可逆反应，Michael 反应，526
　　自由基对烯烃，527
可逆性，Diels-Alder 反应，586
可逆性，微观的，161,663,703
可循环使用的催化剂，用于烯烃复分解反应，863
　　用于 Suzuki-Miyaura 偶联，458
客体，在客体-主体复合物中的离子，62
客体，在客体-主体相互作用中，65
客体-主体复合物，见复合物
客体-主体相互作用，坚果型复合物，65
　　分子形状，64
　　环糊精，65
　　坚果壳分子，65
　　脲，64
　　水作为主体，65
空间位阻，芳基正离子去质子化，346
　　Grignard 反应，676
　　高压，255
　　构象，97
　　环丁二烯，34
　　机理，208
　　卡宾对烯烃的加成，596
　　邻位/对位比率，350
　　卤代烷的反应活性，208
　　螺旋桨状碳正离子，127
　　亲电芳香取代，350
　　亲核试剂，248
　　双羟基化，575
　　顺/反异构体，91
　　羧酸的酯化，208
　　烯醇含量，43
　　有机锂试剂，677
　　在腈中，Ritter 反应，724
　　酯的水解，705
　　酯化，711
　　自由基反应活性，494
　　自由基稳定性，136
空间相互作用，热解消除，793
空间效应，酸性，196
　　Lewis 酸/碱，196
　　Lewis 酸性，197

Taft 方程，212
催化氢化，541
反应活性，208
共振，24
碱性，196
键能，13
两可亲核试剂，256
硼烷对烯烃的加成，547
亲电芳香取代，353
区域选择性，256
区域选择性，在 Heck 反应中，456
酮的碱性裂解，423
消除，788
在 [2+2] 环加成中，593
在自由基加成反应中，530
自由基，136
空间需求，电子，12
空间抑制，共振，357
空间因素，催化氢化，541
烷烃的裂解，424
空间因素加速，单烯反应，555
空间因素稳定化，烯醇，400
空间拥挤，Dewar 苯，29
五螺烯，79
空间张力，见张力
取代，243
在炔烃氢化中的立体选择性，542
空气，三乙基硼烷，468
沸石，醇的氧化，897
与硫代酮，668
空穴，180
超声，254
声化学，180
声化学，180
声学的，空穴噪声，180
空穴噪声，声波空穴，180
苦味酸，芳基正离子，347
复合物形成，62
苦味酸盐，62
库仑力的相互作用，分子力学，101
跨环重排，825
烷基，826
跨环迁移，氢原子，827
跨环氢迁移，866
跨环氢原子迁移，827
跨环相互作用，106
跨环张力，105
跨环张力，也见张力
快速真空热解，见 FVP
奎尼定，作为催化剂，725
奎宁环，催化剂，手性的，682

喹啉并喹啉，189
碱，189
作为质子海绵，197
喹啉，烷基化，与金属有机，463
Friedel-Crafts 酰基化，368
Friedländer 喹啉合成，669
Rosenmund 催化剂中毒，541
胺化，463
催化氢化，544
光化学烷基化，507
金属催化的与芳基卤偶联，455
来自卡宾对吲哚的加成，597
四氢，见四氢异喹啉
通过醛或酮与胺的反应，669
脱羧反应，376
与羧酸，506
喹喔啉，酰基化，507
喹唑啉，互变异构，45
醌，368
芳构化，893
芳构化，机理，893
芳香化合物的羟基化，372
还原生成氢醌，917
加成-消除机理，241
经过 Bergman 环化，849
来自萘或蒽，908
邻位和对位的稳定性，350
通过苯酚的氧化，试剂，897
通过儿茶酚的氧化，897
通过芳香化合物的氧化，897
通过芳香烃的氧化，908
通过氢醌的氧化，897
通过双位移重排，867
醌-苯酚互变异构，858
扩环，酸催化的，831
Stevens 重排，842
Tiffeneau-Demyanov，831
芳基叠氮化物，839
芳香环，580
复分解，863
环丙基甲基卡宾，832
环酮，836
卡宾插入，411
卡宾加成，张力，597
卡宾与芳香化合物，597
卤代酮，832
内酯，867
烷基叠氮化物，839
自由基，495
扩散控制的反应，159
扩散控制，质子转移反应，190

扩散速率，反应活性，213
扩散速率，高压，213
反应活性，213

L

拉链反应（zip 反应），717
辣根过氧化物酶，硫醚的氧化，913
蓝移，174
篮烷，864
镧位移试剂，82,90
雷酸汞，与芳香化合物，372
雷酸，[3+2] 环加成，582
类 Dieckmann 缩合，722
类 Heck 反应，457,458
类 Heck 反应，烯烃与芳基重氮盐，466
类 S_N2 机理，在硫上，727
类金属，水解，414
类卡宾，596,597
插入，412
重氮烷，261
定义，142
反应，597
扩环，832
手性的，141
同系化，411
消除反应，142
形成，596
形成的机理，596
类似经典静电吸引作用，14
累积多烯，光学活性，78
环状的，107
来自炔丙基卤，802
来自炔基环氧化物，802
通过 1,4-消除，802
棱柱烷，858
张力，104
棱柱烷，Ladenburg 式，595
价异构体，595
离电的酰基，375
离电体，定义，156
离电体活性，CO_2，376
离核能力，E1 机理，785
消除，785
离核体，224
Zaitsev 规则，788
离解状态，光照裂解，175
离解，自由基，光-Fries 重排，373
离去基团，224
离去基团，胺，249,782
氨基，在 Mannich 碱中，250
离去基团，碱性，249
E1cB 机理，785

主题词索引

S_E1 反应, 398
S_N1 反应, 227, 662
S_N2' 反应, 240
S_N2 反应, 662
氮烯的重排, 821
反应, 787
共轭碱, 784
卡宾形成, 250
邻基, 232
亲电芳香取代, 355
亲核芳香取代, 445, 449
亲核取代, 243
取代反应, 249
溶剂离子化能力, 252
顺式消除, 783
四面体机理, 661, 662
速率, 662
消除, 782
元素效应, 241
张力, 249
离去基团, 在饱和碳上, 249
　CO, 804, 806
　CO_2, 376, 713, 723, 725, 804, 807
　E1 反应相对于 E2 反应, 790
　E1 相对于 E2 相对于 E1cB, 791
　H 原子, 493, 494
　吖丙啶, 249
　苯并三氮唑, Ei 反应, 797
　重氮基, 464
　重氮盐, 250
　叠氮化物, 416
　定义, 156
　二甲苯磺酸酯, 249
　二甲基硫醚, 908
　二甲基锍盐, 790
　卤化物, 446
　卤素交换中的卤化物, 芳基卤, 453
　酰胺的形成, 来自酯, 716
　消除相对于取代, 790
　直立的相对于平伏的, 在 E2 反应中, 781, 782
离去基团, 在芳香胺化中, 451
　N_2, 250, 464, 468, 507, 583, 798, 806, 898, 929
　SO_2, 801, 807
　β-取代, 232
　被溶剂化, 395
　吡啶基, 786
　吡喃鎓盐, 249
　动力学, S_N1 反应, 227
　对硝基苯酯, 716

磺酸酯, 249
磺酰基, 727
金属, 397
其他, 在芳香取代中, 375
取代相对于消除, 791
适用于消除的, 790
硝鎓离子, 355
在 E2 反应中, 780
在环硫乙烷中, 249
在环氧化物中, 249
在消除反应中的反应活性, 790
质子, 345
离去基团能力, E1cB 特征, 786
　能力, 表, 250
　消除, 785
离去基团顺序, 亲核芳香取代, 449
离域, 键长, 20
　超共轭, 22, 41, 42
　丁二烯, 20
　非经典碳正离子, 234
　共轭体系, 20
　键长, 28
　迁移的芳基自由基, 827
　碳正离子结构, 125
　乙烯基卤, 21
离域的键, 20
离子, 重排, 泄漏, 825
　被冠醚结合, 62
　氮烯离子, 143, 469
　氮烯离子, 单线态和三线态, 143
　硫杂环丙烷离子, 与烯烃, 580
　桥, 烯烃的卤化, 570
　桥, 也见桥离子
　五配位的, 124
　中介的, 互变异构, 401
　自由基, 见自由基离子
　作为冠醚中的客体, 63
离子, 桥的, 见桥
离子对, 反式消除, 783
Criegee 机理, 900, 901
E1 反应, 784
Friedel-Crafts 酰基化, 368
MO 计算, 230
Sneen 离子对机理, 397
S_Ni' 反应, 241
S_N1 反应, 228, 229, 784
S_N1' 反应, 239
S_N1 机理, 228
重氮盐, 446
重排, 825
臭氧分解作用, 900, 901

机理, 230, 468, 784
接触, 229
紧密的, 229, 240
紧密的, SNi 反应, 239
立体化学, 230
内返, 229
破坏, S_N2 反应, 230
溶剂分离的, 230, 395
溶剂效应, 124
顺式 (syn) 消除, 783
碳负离子, E1cB 反应, 786
同位素标记, 229
烯丙基碳正离子, 239
相转移催化, 254
形成, S_N2 反应, 230
与环丙烷, 532
离子对机理, 396
离子-分子对, S_N1, 229
离子构型, 键能, 14
离子过渡态, 极性溶剂, 250
离子化, 碳正离子, 128
　S_E1 机理, 395
　S_N1 反应, 226
　超酸, 228
　重氮化合物生成碳正离子, 128
　三苯基氯甲烷, 126
　速率, 磺酸酯, 251
　速率, 与叠氮离子, 230
　羧酸, 199
　质子化醇生成碳正离子, 128
离子化率, 191
离子化速率, 磺酸酯, 251
　磺酸酯, 溶剂效应, 251
离子键, 电负性, 8
　硬酸和硬碱, 193
离子交换树脂, 四氧化锇, 574
离子-偶极相互作用, 63
离子强度, 酸性, 199
　S_N1, 227
　反应速率, 227
　碱性, 199
离子溶剂, 见离子液体
离子熔融, Fries 重排, 374
离子液体, 214, 264, 681
离子液体, Sonogashira 偶联, 459
Baeyer-Villiger 重排, 841
Baylis-Hillman 反应, 681
Beckmann 重排, 840
Bischler-Napieralski 反应, 365
Claisen 重排, 858
Dakin 反应, 903

Fischer 吲哚合成, 860
Glaser 反应, 505
Grignard 反应, 675
Heck 反应, 456
Henry 反应, 692
Knoevenagel 反应, 692
Michael 反应, 556
Mukaiyama 羟醛反应, 690
Pechmann 缩合, 365
Rosenmund-von Braun 反应, 454
Suzuki-Miyaura 偶联, 458
Williamson 反应, 260
醇的 TEMPO 氧化, 896
醇的氧化, 214
单烯反应, 555
环硫乙烷形成, 267
硫叶立德, 700
卤代氨基甲酸酯与烯烃反应, 540
取代, 257
手性的, 214, 559
与 DMSO 和 KOH, 700
与芳基卤与胺, 451, 452
与芳基卤与苯酚, 450
与芳基卤与苯酚盐, 450
酯交换反应, 712
离子液体, 酸性, 190
　CH 氧化, 905
　Diels-Alder 反应, 585
　胺的酰基化, 715
　醇的偶联, 286
　催化氢化, 544
　氮杂-Diels-Alder 反应, 591
　叠氮化物的形成, 273
　芳香磺酰化, 358, 359
　共轭加成, 556, 559, 564
　环丙基甲基重排, 831
　金属磺酸盐和金属有机的偶联, 285
　金属有机对羰基的加成, 678
　醚的裂解, 276
　羟基酯的环化, 716
　醛对烯烃的加成, 566
　双羟基化, 214, 575
　双羟基化, 烯烃, 574
　羧酸盐烷基化, 264
　烯烃的吖丙啶化, 580
　烯烃的溴化, 570
　烯烃复分解, 863
　烯烃环化生成烷烃, 550
离子液体, 烯胺, 292
　C=N 化合物的水解, 663
　Friedel-Crafts 烷基化, 362

Friedel-Crafts 酰基化, 366, 367
Lewis 碱, 214
Mannich 反应, 673
Michael 反应, 556
Nazarov 环化, 556
Robinson 成环, 689
S_N2 反应, 251
吡啶鎓盐, 214
吡咯烷基化, 268
醇的还原烷基化, 666
醇的卤化, 275
醇与高价碘的氧化, 896
芳基砜的形成, 359
芳基卤的自偶联, 455
芳香化合物的卤化, 360
芳香化合物的硝化, 356
共轭酸的氢化, 546
还原烷基化, 672
环氧物卤化, 277
金属催化的胺的芳基化, 452
金属催化的与烯丙基酯的偶联, 285
联芳烃的形成, 455
硫叶立德的反应, 701
咪唑盐, 214
醚形成, 260
醛或酮的还原, 919
微波辐照, 214
烯烃的环氧化, 576
烯烃的卤化, 570
形成卤代醇, 571
形成氰醇, 701
形成肟, 670
形成烯胺, 669
形成亚胺, 669
酯化, 710
离子液体, 形成缩醛, 665
　胺与芳基卤, 451
　金属有机对亚胺的加成, 684
　卤代胺对烯烃的加成, 572
　羟醛反应, 687
　烯丙基锡化合物的酰基加成, 679
　烯烃羟基化, 574
离子液体, 也见溶剂
离子-自由基对, SNAr 反应, 445
离子自由基, 氰基化, 410
理论, Marcus, 161, 162
理想气体, 氢键, 59
锂, 形成烯醇负离子, 413
超声, 721
碳的杂化, 412
与卤代烷, 419

在氨中, Birch 还原, 545
在氨中, 芳香化合物的还原, 544
在氨中, 烯烃的还原, 544
在氨中, 与环丙烷, 547
在胺中, 543
在胺中, 芳香化合物的还原, 545
在胺中, 酯的还原裂解, 928
在醇中, 543
锂化, 炔烃, 412
氨基甲酸酯, 295
吡啶, 463
芳香化合物, 462, 463
芳香化合物, 机理, 412
酰胺, 412
杂环, 412
锂化, 也见金属化
锂化的肟, 689
锂化的烯丙基氨基甲酸酯, 693
锂化环氧化物, 重排, 271
锂化炔丙基化合物, 281
与金属, 419
与金属氰化物, 298
与金属氧化物, 799
与金属有机, 283, 284, 419
与金属有机化合物, 机理, 281
与金属有机化合物, 自由基, 282
与锂, 419, 676
与镁, 419
与肟, 266, 704
与硝基化合物, 255
与亚硝酸根离子, 255
与有机钾, 280
与有机锂化合物, 280
与有机锂化合物, CIDNP, 282
与有机锂化合物, ESR, 282
与有机锂试剂, 自由基中间体, 135
与有机钠, 280
与有机铜酸盐, 282, 558
与有机铜锌试剂, 283
与有机锌化合物, 283
锂化炔烃, 与卤代烷偶联, 280
锂离子, 两可亲核试剂, 256
被冠醚结合, 62
锂-卤素交换, 559, 720
锂-氢交换, 与芳香化合物, 462
力学, 波, 2
力学, 分子, 见分子力学
立方烷, 张力, 104
重排, 864
立方烷基化合物, SN1 反应, 228
立方烷基甲基自由基, 826

立方烷基碳正离子, 228
立方烯, 108
立体差异性, 830
立体电子控制, 四面体机理, 661
立体电子效应, 自由基, 496
立体化学, 对环丙烷加成, 532
 NMR 分析, 83
 S_E2 机理, 393
 S_E1 机理, 394
 Zaitsev 规则, 789
 臭氧分解的 Criegee 机理, 901
 臭氧化物的形成, 901
 格氏试剂, 420
 机理, 163
 邻基机理, 232
 桥状自由基, 493
 亲电加成, 523
 亲电取代, 394
 溶剂解, 235, 236
 乙烯基卤, 416
 乙烯基硼酸, 416
 乙烯基硼烷, 416
 有机锂试剂, 420
 在乙烯基碳上的取代反应, 242
立体化学, 对烯烃的加成, 531
立体化学, 对于离子对和内部返转, 229
 对于 S_N2' 反应, 240
 对于乙烯基碳上的 SN1 反应, 242
 在 Cope 重排中, 856
 在 Diels-Alder 反应中, 585
 在 Diels-Alder 反应中, 对旋运动, 585
 在 Diels-Alder 反应中, 内型/外型 (endo/exo) 加成, 585
 在 Stevens 重排中, 843
 在 [2+2] 环加成中, 593
 在硼烷的氧化反应中, 414
立体化学, 烯烃, 来自环氧化物, 794
 Ei 反应, 791
 E1 反应, 789
 E2 反应, 782, 789
 S_E2 反应, 394
 S_E1 反应, 395
 σ 迁移中的烷基迁移基团, 854
 胺的脱胺化, 931
 电环化重排, 847
 环己烷, 85
 环烯烃的环氧化, 531
 环氧化物, 卤化, 277
 内酯烷化, 290

迁移基团, 在 Stevens 重排中, 843
迁移基团, 在重排中, 821, 822, 823
溶剂解中环丙基开环, 245
碳负离子, 溶剂效应, 396
碳正离子, 127
烯烃的卤化, 570
烯烃, 与氧, 502
乙烯基碳, 在 S_E1 反应中, 396
有机铜酸盐与卤代烷, 282
立体控制的, 在自由基反应中, 563
立体选择性, 炔基硼烷与 Bu_3SnCl, 846
 Wagner-Meerwein 迁移, 829
 对烯烃的自由基加成, 527
 硫醇与炔烃, 538
 氢甲酰化, 569
 用 Selectride 还原, 917
 自由基的氢夺取, 495
 自由基氢夺取, 496
立体选择性, 炔烃氢化, 542
 炔烃氢化, 空间张力, 542
 烯醇负离子, 688
 用于溴对烯烃的加成, 524
 在 Michael 反应中, 557
 在 Stille 偶联中, 407
 在 Wittig-Horner 反应中, 697
 在环丙烷化反应中, 597
 在 [2+2] 环加成中, 594
 在 [3+2] 环加成中, 583
 在磺酰基硫上的亲核取代, 727
 在羟醛缩合中, 688, 689
立体选择性, 与 9-BBN 反应, 548
立体选择性单烯反应, 555
立体选择性合成, 85, 95
立体选择性合成, 见合成
立体异构, 74
立体异构体, 烯丙基自由基, 136
 环己烷衍生物, 100
 内消旋化合物, 92
 拓扑的, 索烃, 66
 外-内 (out-in), 93
 自由基, 136
立体中心, 见立体中心原子
立体中心的原子, 也见立体中心, 手性的
立体中心原子, 绝对构型, 80
 Cahn-Ingold-Prelog 规则, 80-82
 D/L 命名, 80
 Fischer 投影, 80
 NMR, 绝对构型, 82
 R/S 命名, 80-82

S_N2 反应, 82
比旋光度, 82
单环化合物, 92
对称性, 76
多个中心, 84
非对映体, 84
甘油醛, 80
光学活性, 76
化学反应, 82
摩尔旋光度, 82
三价的, 76
四价的, 76
羰基的 α 位, 401
通过 Michael 反应形成, 557
通过前手性酮的还原, 919
形成, 80
杂原子, 76
在磷上, 93
锥形翻转, 76
立体中心原子, 也见手性
立体专一性, Heck 反应, 456
 在 Diels-Alder 反应中, 585-587
 在 E2 反应中, 780
 在 Wittig 重排中, 844
立体专一性合成, 95
粒子位点, 非均相催化剂, 542
连二次亚硝酸酯, 对烯烃的加成, 565
 与胺, 466
连接, 在 Diels-Alder 反应中, 586
连接的 Diels-Alder 反应, 586
连接的试剂, 到聚合物上, 458
联苯, 复合物形成, 64
联苯, 转动的活化能, 77
联苯, 阻转异构体, 77
 手性, 77
 异构化, 376
 转动能垒, 77
 转动所需能垒, 96
联苯胺重排, 372, 861
 [5,5] σ 重排, 862
 动力学, 862
 机理, 861, 862
 决速步, 862
 歧化反应, 861
 同位素标记, 862
联苯烯, 411
 重排, 851
联苯烯, [2+2] 环加成, 592
 热解, 双自由基, 851
联苯烯二酚, 氢键, 59
联二亚芴基, 重排, 851

联芳，构象，98
  Friedel-Crafts 酰基化，368
  二氨基，来自氢化偶氮苯，861
  二氨基，通过联苯胺重排，861
  金属有机的二聚，509
  偶联，试剂用于，455
联芳，来自芳香化合物，366,466,506
  来自芳基重氮盐，466,467
  来自芳基重氮盐和芳基三氟硼酸酯，466
  来自芳基磺酸，458
  来自芳基金属有机，366
  来自芳基卤，454,457,462,506
  来自芳基卤，在自由基条件下，509
  来自芳基镁化合物，455
  来自芳基硼酸，458
  来自芳基硼酸酯，366
  来自芳基自由基，492
  来自镍配合物和芳基卤化物，458
  来自三氟硼酸酯和芳基卤，459
联芳，通过 Pd 催化的芳基碘的偶联，278
  通过 Ullmann 联芳合成，450
联芳，杂芳基，455
  非催化的联偶，455
  非对称的，制备，454
  高价芳基碘衍生物，366
  光化学，851
  光化学方法，455
  金属催化下格氏试剂的偶联，508
  金属催化下形成，455
  在离子液体中，455
联芳，阻转异构体，78
  Birch 还原，545
  Cahn-Ingold-Prelog 体系，81
  Friedel-Crafts 反应，366
  Gomberg-Bachmann 反应，467
  Heck 反应，457
  Lewis 酸，366
  Scholl 反应，366
  Suzuki-Miyaura 偶联，458
  Suzuki 反应，536
  Ullmann 反应，457
  碘，851
  对称，77
  芳香化合物的羟基化，501
  手性，77
联芳，阻转异构体，458
联萘酚，手性的，88
链式反应，自由基，491
  IUPAC 机理，492

SET 机理，231
链式机理，复分解，864
链延长，硼烷，560
链延长，通过 Vilsmeir-Haack 反应，369
两可的亲核试剂，见亲核试剂
两可底物，见底物
两性的性质，400
两性离子，形成肟，670
两性离子中间体，羟基酸的消除，803
量度，电负性，8
反应活性，亲电芳香取代，353
亲核性，248
溶剂亲核性，252
量热测定，191
酸性量度，191
量热方法，动力学，165
量热学，皮秒光栅，597
量子产率，自由基，491
产物，179
初级的，179
定义，179
量子力学，超共轭，42
分子力学，102
裂分，ESR，135
裂环，热，环丁烷，594
裂解，酮，423
光化学的，自由基，139
光解的，175
过氧化物，139
还原的，环丙烷，547
甲醚，270
甲酯，与 NaCNHMPA，298
硫醚，509
内酯，266
热的，自由基，138
酮，卤仿反应，423
硒化物，266
氧化的，见氧化的，
氧鎓盐，276
自由基，139,491
裂解，自由基的形成，492
  Eschenmoser-Tanabe，803
  Norrish 类型 I 和 Norrish 类型 II，178
铵盐，264
被醇盐，421,422
醇盐，395
二酮与碱，423
二氧杂环丁烷，591
芳香醚，927

负离子的，420
环丙烷，乙烯基环丙烷重排，855
环醚，276
环氧化物，见环氧化物
醚，265,276
醚，与 HBr 或 HCl，258
醚，与硫酸，258
气相裂解，130
氰醇，421
羧酸酯，266
缩醛，与 Lewis 酸，259
亚乙烯基腈的水化，534
酯，264
裂解酶，氰醇的形成，701
邻苯二甲酸根离子，重排，376
邻苯二甲酸，通过萘的氧化，902
邻苯二甲酰肼，Ing-Manske 方法，272
邻苯二甲酰亚胺，共轭加成，564
胺的形成，272
来自酰胺，708
水解，272
水解，试剂用于，272
与肼，272
在 Gabriel 合成中，272
邻苯醌，350
邻-对位比率，亲电芳香取代，350
邻-对位定位基，349
邻二碘化物，稳定性，570
邻菲啰啉，453
邻基，233
  C═C，234
  C─C 单键，236
  Heck 反应，456
  NMR，235
  S_N2 反应，232
  β-芳基，236
  保持，234
  苯鎓离子，235
  电子密度，234
  芳香环，235
  环丁基或环丙基，235
  环化，233
  离去基团的 β 位，232
  卤鎓离子，233
  亲核试剂，234
  氢，239
  炔烃，234
  溶剂解，233,234,235
  速率提高，235
  烯烃，234
  一级反应速率，232

自由基，493
邻基，π键或σ键参与，233
　σ键，236
　电子需求增加原理，233
　硅基烷基，239
　结构特征，233
　炔丙基，244
邻基，甲基，238
　NMR，238
　Raman，238
邻基参与，非经典碳正离子，234
　速率，232
邻位重排，Claisen 重排，858
邻基机理，232
　反式-双羟基化，574
邻基机理，见机理
邻基效应，速率，235
　钝化，493
邻甲酰胺苯甲酸，水解，662
邻位/对位比率，Fries 重排，372
邻位/对位选择性，芳基自由基，496
邻位定位的金属化，281，462
邻位定位的金属化，也见芳基锂化合物
邻位甲基化，苯酚，363
邻位交叉方向，E2 反应，783
邻位交叉构象，96
　消除，783
邻位交叉构象，也见构象
邻位交叉式构象，96
邻位氯代，苯酚，360
邻位效应，351
　反应速率，213
邻位协助，环丙基，235
　S_N2 反应，232
　溶剂解，234
　在环丙烷开环反应中，850
　重排反应中的迁移基团，822
邻位选择性硝化，356
临界温度，二氧化碳，214
磷，碳负离子的稳定化，131
磷，碳负离子稳定化，132
　构型翻转，93
　光学活性，77
　立体中心原子，93
　在 P 上的手性，93
磷光，176，177
磷腈碱，794
磷腈碱，负离子的羟基-Cope 重排，855
磷腈碱，硫醚的生成，451
磷酸，醇的脱水，793
磷酸催化剂，手性的，684

磷酸酐，713
磷酸酯，265
磷酸酯，三芳基，与芳基卤，450
磷酸酯，手性，76
　芳基，胺化，453
　来自苯酚，453
　乙烯基，416
磷烯-1-氧化物，与异氰酸酯，724
磷酰胺，测定绝对构型，82
　来自胺，295
　与羧酸，716
　作为催化剂，687，690
磷酰胺基碱，羟醛反应，687
磷叶立德，见叶立德
磷杂环戊二烯，环绕重排，853
鏻盐，413
　还原，931
　合适的碱用于叶立德形成，695
　来自醇，296
　来自卤代烷和膦，695
　去质子化，696
　通过 Arbuzov 反应，697
　相转移催化，253
　与碱，695
　与有机锂试剂，695
　转化为叶立德，695
鏻叶立德，413
膦，烷基化，269
　Mitsunobu 反应，263，710
　Reformatsky 反应，682
　α-氢，叶立德形成，695
　芳基，453
　共轭加成，564
　硅基，对炔酮的加成，551
　硅基，见硅基膦
　[3＋2] 环加成，583
　环氧化物的消除，794
　金属催化的，对烯烃的加成，539
　金属催化的，芳基化，453
　金属，环氧化物的消除，794
　聚合物负载的，Mitsunobu 反应，263
　聚合物负载的，金属催化的胺的芳基化，452
　聚合物负载的，作为配体，285
　来自金属催化的膦对烯烃的加成，539
　来自卤代烷，269
　配体，手性的，461
　醛的脱羰基化，800
　手性的，541
　通过鏻盐的还原，931
　通过膦氧化物的还原，932

氧化成膦氧化物，912
用于 Michael 加成的催化剂，556
与芳基卤，453
与环氧化物，697
与卤代烷，695
在催化氢化中作为手性配体，541
酯化，710
作为配体，22
膦化叠氮，叠氮化合物的还原，925
膦基炔，417
膦硫化物，与环氧化物，267
膦酸酯，265，269
　来自醇，265
　通过 Arbuzov 反应，697
　乙烯基，Heck 反应，456
　乙烯基，共轭加成，564
膦酸酯，见酯
膦酸酯，烯丙基，偶联反应，285
　烯丙基，与有机铜酸盐，285
　叶立德形成，697
膦烷，见叶立德，磷
　醚的裂解，276
　乙烯基，重排，855
　与丁基锂，698
　与硫，504
膦酰亚胺，还原，922
膦氧化物，手性杯芳烃，88
　对映选择性，932
　共振，26
　还原成膦，932
　来自 Wittig 反应，695
　来自磷叶立德，695
　手性的，912
　手性还原，对映选择性，932
　通过膦的氧化，912
　叶立德，26
　与炔烃，539
　与烯烃，539
　与异氰酸酯，724
　与异氰酸酯，机理，724
　与异氰酸酯，同位素标记，724
膦氧化物叶立德，698
流式反应器技术，451
硫，
　胺的羰基化，425
　与重氮化合物，700
　与重氮盐，700
　催化氢化的中毒，541
　翻转，构型，77，727
　芳构化，893
　磺酰基，见磺酰基硫

氢键，60
取代，S_N2 机理，727
取代，动力学，727
取代，同位素标记，727
手性的，289
碳负离子的稳定化，131,132
有机锂试剂的稳定化，133
　与格氏试剂，415
　与金属有机，415
　与膦烷，504
　与亲核试剂的反应活性，728
硫-35,933
硫-Claisen 重排，859
硫-Fries 重排，373
硫-Wittig，见 Wittig
硫醇，Chugaev 反应，795
　负离子，与乙烯基卤反应，241
硫醇，对烯烃的光化学加成，538
　催化氢化的中毒，541
　二硫化物的还原，试剂，934
　硅基，537
　无溶剂氧化成二硫化物，914
　与 LiAlH4，933
　与胺和烯烃，580
　与醇反应，266
　与过氧化氢，914
　与降冰片烯，826
　与磷酸酯，713
　与卤代烷，266
　与炔烃，537
　与炔烃，光化学的，537
　与炔烃，金属催化的，538
　与三氟甲磺酸，711
　与羧酸，711,713
　与烯烃，537,579
　与烯酮，538
　与酰卤，709,713
　与乙烯基醚，537
硫醇，芳基，见硫酚
硫醇，芳基，来自芳基卤，451
　催化氢化，509
　共轭加成，538,564
　来自醇，266,795
　通过磺酰卤的还原，933
　通过硫化氢对烯烃的加成，537
　脱官能化，试剂，933
硫醇，加成，对醛，667
　对炔烃，537
　对酮，667
　对烯烃，537
　对烯烃，机理，538

硫醇，来自卤代烷，266
　金属介导的反应，与芳基硼酸，451
　来自 Lawesson 试剂，266
　来自二硫化物，934
　来自硅基硫醇，266
　来自硅基硫醇和烯烃，537
　来自磺酸，933
　来自金属有机，415
　来自硫化氢，266
　来自硫脲，266
　来自硫氢化钠，266
　来自异硫脲盐，266
　来自有机铜试剂，二硫代羧酸，683
　卤化试剂，276
　内部环化，267
硫醇，氧化，二硫化物，微波，914
　生成二硫化物，913
　生成二硫化物，机理，914
　生成二硫化物，试剂，914
　生成磺酸，913
　与氯和水，913
硫醇负离子，见硫醇盐
硫醇负离子，作为还原剂，932
硫醇负离子，作为还原剂，932
硫醇酸，用于酰卤和硫代氢，713
硫醇盐负离子，共轭加成，564
硫醇盐负离子，去甲基化，267
硫醇盐负离子，与芳基卤，451
硫醇酯，来自酰卤和硫醇，713
　来自酯，713
硫代氨基甲酸酯，426
　共轭加成，564
　来自异硫氰酸酯，666
　通过硫氰酸酯的水解，665
硫代二苯乙醇酸，与醛或酮，807
硫代光气，与胺，714
　与 DMAP 和二醇，800
　与二醇，800
硫代甲酰胺，通过异硫氰酸酯的还原，922
硫代膦酸酯，形成叶立德，697
硫代硫酸根离子，与卤代烷，267
硫代内酰胺，胺的共轭加成，564
　来自硫代烯酮，726
　来自异硫氰酸酯，726
β-硫代内酰胺，来自硫代烯酮和亚胺，726
硫代内酯，环醚的形成，有机锂试剂，683
硫代醛，来自醛，668
　稳定性，667,668

硫代醛，也见硫代酮
硫代酸，来自羧酸，713
　与醇，713
硫代羧酸，来自硫醇和三氟甲磺酸，711
硫代缩醛化，668
硫代缩醛，来自缩醛，267
　水解，259
硫代缩酮，水解，259
硫代碳酸酯，Barton-McCombie 反应，928
　还原成烃，928
　硫醇的替代物，538
　与烯烃，538,565
硫代碳酸酯，Corey-Winter 反应，800
　环状的，裂解生成烯烃，800
　来自二醇和硫代光气，800
硫代碳正离子，128
硫代羰基，E/Z 命名，90
　用于制备的试剂，668
硫代羰基，成键，6
硫代羰基化合物，来自 Lawesson 试剂，668
硫代羰基叶立德，[3+2] 环加成，582
硫代烯酮，与亚胺加成，726
　高产率合成，668
　来自 Lawesson 试剂，668
　来自酮，668
　来自酮，硫化氢，667
　三聚，668
　稳定性，668
　稳定性，三聚，667
　与重氮化合物，700
　与卡宾，700
　与硼烷，720
　在 Diels-Alder 反应中，591
硫代酰胺，构象，97
　催化氢化，509
　来自硫代醛和胺，504
　来自氯硫代甲酸酯和胺，728
　来自酮，939
　来自酰胺，714
　来自异硫氰酸酯，370,686
　扭转能垒，98
　通过腈的水解，665
　与有机锂试剂，720
　转化为酰胺，667
　转酰胺反应，713
　阻转异构，91
硫代亚硝酸酯，苯胺转化为芳基卤，507
硫代异羟肟酸酯，510
硫代酯，催化氢化，509

硫代酯，还原成醚，930
硫酚，硫醚的形成，451
　　来自芳基重氮盐，465
　　有机锂试剂，共轭加成，564
　　与烯烃，537
硫化，有机锂试剂，415
　　试剂用于，668
硫化氢，对烯烃的加成，537
　　笼格型化合物（clathrate）的形成，64
　　与羰基，667
　　与酮，667,668
　　与酰卤，713
硫化物，Zinin还原，923
　　二甲基，硼烷，415
　　二甲基，作为离去基团，908
　　降冰片基，826
　　来自二硫化物，415
　　卤代，Ramberg-Bäcklund反应，801
　　卤代，亚砜的Pummerer重排，938
　　炔丙基，678
　　试剂用于氧化，913
　　乙烯基，来自炔烃，537,538
　　乙烯基，烷基化，294
　　乙烯基，与环氧化物，294
　　与mCPBA氧化，801
硫化物，也见硫醚
硫基，自由基环化，562
硫醚，DBU，266
　　Williamson反应，266
　　环状的，来自卤代烷，267
　　裂解，509
　　通过砜的还原，933
　　通过硫叶立德的Stevens重排，843
　　脱硫化，试剂，933
　　相转移，266
硫醚，催化氢化的中毒，541
　　硫化钠和卤代烷，267
　　试剂用于氧化，913
　　亚砜的还原，试剂，933
　　乙烯基，来自硫醇对炔烃的加成，537
　　与卤代烷，267
　　与萘基锂，509
硫醚，来自硫醇对烯烃加成，537
　　来自醇，266
　　来自芳基重氮盐，465
　　来自芳香化合物，371
　　来自金属有机，415
　　来自硫醇，266
　　来自硫酚，451
　　来自硫脲，266
　　来自卤代烷，266

来自碳酸酯，267
硫醚，水化，535
　　锂化，Peterson烯基化，694
硫醚，烷基化，294
硫醚，烯丙基乙烯基，硫-Claisen重排，859
　　来自烯丙基硫叶立德，860
　　通过Wittig重排，860
硫醚，氧化，生成砜或亚砜，913
　　生成亚砜，对映选择性，913
　　与TPAP，913
　　与磺酰基氧杂吖丙啶，913
　　与氢过氧化物，机理，913
硫醚，也见硫化物
硫醚-酯，578
硫脲，烯烃，金属催化的环硫乙烷的形成，578
　　包含化合物，64
　　共轭醛的E/Z异构化，533
　　来自异硫氰酸酯和胺，673
　　硫醚的形成，266
　　手性的，673
　　与卤代烷，266
硫亲电试剂，358,406,415
硫亲核试剂，266,667
硫氢根负离子，与芳基卤，451
硫氢化钠，见硫氢化物
硫氢化物，钠，与卤代烷，266
硫氰酸根离子，S-烷基化，274
　　与卤代烷，268
硫氰酸酯，烯烃与异硫氰酸酯，572
Hoesch反应，371
Katritzky吡喃鎓盐-吡啶鎓盐方法，268
超声，268
芳基，来自芳基重氮盐，465
来自胺，268
来自芳基卤，451
来自硫氰酸根离子，268
来自卤代烷，268
水解，665
硫试剂，手性的，913
硫酸，芳基磺酸，376
Jacobsen反应，376
醇的脱水，793
电子结构，8
发烟的，与芳香化合物，358
芳香化合物的硝化，356
磺酰化，358
叶立德，26
用于Schmidt反应的催化剂，839

用于醚的裂解，258
与二醇，830
与芳香化合物，358
酯化，711
硫酸亚铁，过氧化物，501
硫酸酯，醛的形成，534
　　环状的，来自二醇，257
　　环状的，两可硫酸酯，257
硫酸酯，烷基，醚的形成，261
　　与醇盐，261
　　与卤离子，274
硫烷基化，芳香化合物，371
硫烷基酮，来自烯醇负离子，406
硫酰氯，498
　　芳香化合物的卤化，360
　　与格氏试剂，415
　　与过氧化物，496
　　自由基卤代，498
硫氧杂戊烷酮，挤出生成烯烃，807
　　双重挤出，807
硫叶立德，26,469
　　相转移条件，699
　　在离子液体中，701
硫叶立德，见叶立德
硫杂冠醚，见醚，硫杂冠
硫杂环丙烷离子，与烯烃，580
硫杂环丙烯二氧化物，801
硫酯，通过炔烃的水化，535
　　来自硫代酸，713
　　来自酰卤和硫醇，709
硫酯与醛，691
　　共轭加成，564
　　还原脱硫化，933
　　来自硫氰酸酯，371
　　来自羧酸和硫醇，711
　　水解，661
　　水解，动力学，661
　　与金属有机试剂，720
　　与硼酸，720
　　与有机铜酸盐，720
　　酯交换反应，712
锍盐，Hofmann规则，788
　　Swern氧化，895
　　来自硫醚，267
　　与亲核试剂，580
六氟化硫，电子结构，7
六甲基二硅基氨基锂，见LHMDS
六甲基二硅基氨基，锂，羟醛反应，688
　　与Te盐，700
六甲基二硅基氨基，与羧酸铵，715
　　与卤代酯，694

六甲基二硅基胺［二(三甲基硅基)胺］,
　　与硅基卤化物, 409
六甲基棱柱烷, 光化学［2＋2］环加
　　成, 595
六甲基磷酰胺, 见 HMPA
六螺烯, 张力, 108
六氢哒嗪草-2-酮, 见己内酰胺
六羰基铬, 22
六羰基合钼, 与 Pd 催化剂, 452
六亚甲基四胺, 胺烷基化, 269
　　Delépine 反应, 269
　　Duff 反应, 369
　　苄基卤的氧化, 909
六异丙基苯, 107
六元卟啉, 40（文献 375）
六中心过渡态, 866
六中心机理, Cope 重排, 856
笼型化合物, 64
脲, 88
卤代氨基甲酸酯, 对烯烃的加成, 540
卤代铵盐, 环化, 865
卤代铵盐, 加热, 865
　　重排, 865
卤代胺, 对烯烃的加成, 572
　　Stieglitz 重排, 841
　　重排, 841
　　芳香化合物的胺化, 358
　　芳香化合物的卤化, 360
　　来自胺, 425
　　通过卤代胺对烯烃的加成, 572
　　烯烃的胺化, 538
　　形成吖丙啶, 268
　　形成环胺, 268
　　与酸, 865
　　与酸反应, 865
　　与硝酸银, 841
卤代胺, 也见胺
卤代醇, 见醇
卤代醇, 见醇, 卤代的
卤代醇, 氯胺-T, 571
　　Williamson 反应, 261
　　环氧化物形成, 233,261
　　来自格氏试剂和环氧化物, 287
　　来自环氧化物, 277
　　来自烯烃, 571
　　来自烯烃, 机理, 571
　　试剂, 与烯烃, 571
　　通过环氧化物的卤化, 916
　　脱水, 793
卤代叠氮, 见叠氮化物
卤代芳烃, 447

卤代砜, 见砜
卤代砜, 见砜, 卤代的
卤代硅烷, 见硅烷
卤代环丙烷, 414
卤代环丙烷, 快速真空热解, 832
卤代磺酰基酯, 572
卤代甲苯磺酰胺, 572
卤代甲酸, 来自光气和醇, 667
卤代卡宾, 141,596,597
　　插入, 411
卤代硫化物, 见硫化物
卤代硫醚, 来自烯烃和硅基卤化物, 572
卤代硫氰酸酯, 572
卤代醚, 579
　　来自烯烃, 571
　　与镁, 419
卤代醚, 见醚
卤代内酰胺化, 试剂用于, 571,572
卤代内酰胺, 来自烯烃-酰胺, 572
　　来自磺酰基-氨基-烯烃, 572
卤代内酯, 对烯烃的加成, 573
　　通过自由基卤化, 498
卤代内酯化, 571,581
　　Co-salen 复合物, 571
　　Markovnikov 规则, 571
　　对映选择性, 571
　　试剂用于, 571,572
　　偕二甲基效应, 572
　　有机催化剂, 571
卤代硼烷, 见硼烷
卤代炔烃, 通过电解, 416
　　金属催化的芳基化, 297
　　金属介导的芳基化, 297
　　来自金属有机, 416
　　来自炔烃, 416
　　与硼烷, 846
卤代羧酸, 277
卤代羧酸, 来自羧酸, 403
　　形成内酯, 159
　　在 Hell-Volhard-Zelenskii 反应中, 403
卤代缩醛, 来自乙烯基醚, 571
卤代酮, Favorskii 重排, 833
　　通过烯烃的氧化, 911
　　与三丁基氢化锡, 832
卤代酮, 酰卤对烯烃的加成, 573
　　重排成羧酸酯, 833
　　来自重氮酮, 277
　　来自酮, 401
　　来自乙烯基卤和 NaOCl, 571
　　形成共轭酮, 408
　　与硼烷, 296

　　与硼烷, 机理, 296
　　与三烷基硼烷, 292
　　与有机铜酸盐, 292
卤代烷, Lewis 酸催化的对烯烃的加
　　成, 573
卤代烷基化, 366
　　Friedel-Crafts 反应, 366
卤代烷, 见卤化物
卤代烷, 见卤化物, 烷基
卤代烯烃, 见卤化物, 乙烯基
卤代酰胺, Hofmann 重排, 838
N-卤代酰胺, 见酰胺
卤代酰胺, 酰胺甲基化, 371
　　环化, 273
　　与芳香化合物, 371
卤代酰基化, 烯烃, 573
　　Vilsmeier 反应, 574
卤代硝基化合物, 来自烯烃和硝酰
　　氯, 572
卤代亚胺, 726
卤代亚硝基化合物, 来自烯烃, 572
卤代乙酰氧基化, 烯烃, 581
卤代酯, 对烯烃的加成, 573
　　Reformatsky 反应, 682
　　金属介导的对醛的加成, 682
　　金属介导的对酮的加成, 682
卤代酯, 格氏试剂, 682
　　金属介导的与亚胺的反应, 726
卤仿反应, 423
　　电化学的, 423
　　决速步, 423
卤铬酸甲基吡啶䓬盐, 894
卤铬酸镤盐, 894
卤铬酸四烷基铵盐, 894
卤铬酸盐, 镤盐, 894
卤化, HX 的反应活性, 499
　　Wohl-Ziegler 反应, 497
　　侧链, 光化学, 360
卤化, 氨基, 572
　　DBDMH, 500
　　苯硒酰氯, 500
　　烯醇, 402
　　酰基苯胺, 374
卤化, 芳香化合物, Lewis 酸, 361
　　NBS, 在离子液体中, 360
　　超声, 360
　　碘试剂, 361
　　各种各样的卤化试剂, 360
　　混合卤素, 360
　　金属催化的, 360
　　温度, 360

温度有关的，361
在离子液体中，360
卤化，混合的，570
　　与炔烃，570
　　与烯烃，570
卤化，活泼亚甲基化合物，402
　　醇，在离子液体中，275
　　醛，501
　　醛，对映选择性，402
卤化，内酰胺，426
　　吡咯，415
　　光解的，493
　　硅基炔，416
　　硅烷，499
　　环硫乙烷，277
　　金属有机，机理，416
　　噻吩，361,415
　　亚砜，试剂用于，404
　　乙烯基硼酸，416
　　甾类化合物，498
α-卤化，醛的卤化，501
　　UV 光，500
　　次卤酸盐，500
　　过氧化物，500
　　乙内酰脲，500
　　自由基阳离子，498
卤化，炔烃，416,570
　　吖丙啶，277
　　氨基吡啶，360
　　苯胺，360
　　丙二烯，570
　　二羧酸，498
　　芳香化合物，352,413
　　呋喃，415
　　共轭化合物，570
　　共轭酮，403
　　共轭酮，Dess-Martin 高碘烷，403
　　环丙基甲醇，276
　　环氧化物，277,916
　　硼烷，自由基，416
　　羧酸，403
　　羧酸，NBS，403
　　烯胺，293
　　烯丙醇，276
　　烯醇负离子，416
　　烯醇硼酸酯，403
　　烯炔，570
卤化，酮，微波，402
　　对映选择性，金属催化的，402
　　机理，402
　　金属介导的，402

区域选择性，402,403
试剂用于，401,403
速率，402
卤化，烷烃，497-499
　　UV，497
　　氟自由基，498
　　决速步，498
　　亲电的条件，498
　　区域选择性，498
卤化，烯烃，533,570
　　Prins 反应，573
　　UV，570
　　π-复合物，525
　　机理，570
　　可容许的官能团，570
　　桥离子，570
　　同位素标记，525
　　在离子液体中，570
　　自由基，机理，498
　　自由基引发剂，570
卤化，在烯丙基氢上，与 NCS，500
　　碱促进的，烷烃，498
　　金属介导的，499
　　亲电的，497
卤化，自由基，醛与 NBS，501
　　AIBN，500
　　Hofmann-Löffler 反应，499
　　NBS，498
　　苄基氢，499
　　多卤化，498
　　甲烷，决速步，499
　　键离解能，499
　　金属催化的，500
　　硫酰氯，498
　　烯丙基，机理，500
　　烯丙基氢，499
　　烯烃，499
卤化胺，与水，836
卤化剂，苄醇，276
　　与醇，275
　　与羧酸，718
卤化镁，格氏试剂，132
卤化铜，Hurtley 反应，461
　　活泼亚甲基化合物与芳基卤偶联，461
卤化物，S_N1 反应，227
卤化物，氨基甲酸酯形成，264
　　烯烃芳基化，金属催化的，456,457
卤化物，氨基甲酰，与硼酸，719
　　与格氏试剂，720
　　与有机锂试剂，720
　　与有机铜酸盐，714

卤化物，铵，与强碱，797
卤化物，苯炔机理中的反应活性顺序，446
　　在酰卤水解中，704
卤化物，苄基的，Delépine 反应，269
　　来自醇与微波，254
　　溶剂解，245
　　通过 Kröhnke 反应氧化，909
　　氧化偶联生成二苯乙炔，913
　　氧化偶联生成炔烃，913
　　与六亚甲基四胺氧化，909
卤化物，苄基或烯丙基的，氧化，908
卤化物，二卤代烷，见二卤化物
卤化物，二烷基氨基，断裂，803
　　二芳基甲基，227
　　二卤化物，见二卤化物
　　1,2-，消除，419
卤化物，反应活性，作为卤化物的函数，268
　　在苯炔形成中，446
　　在金属介导的偶联反应中，355
卤化物，芳基，电解，455
　　形成芳基硒化物，267
　　形成酮，461
卤化物，芳基，格氏试剂生成，279
　　分子内的 Heck 反应，456
　　卤素交换，微波，454
　　羟基化，449
　　杂芳基，与烯烃偶联，456
　　自偶联，455
　　自偶联，在离子液体中，455
卤化物，芳基，金属催化的，烷基化，291
　　羰基化，461
　　与醇盐反应，450
　　与硅基炔偶联，460
　　与膦反应，453
　　与烯醇负离子偶联，461
卤化物，芳基，来自胺，烷基被取代，451
　　来自苯胺，507
　　来自芳基重氮盐，507
　　来自芳基磺酰卤，377
　　来自芳基卤，453
　　来自芳基硼酸，454
　　来自磺酰卤，377
　　来自金属有机试剂，416
卤化物，芳基，偶联反应，281
　　Buchwald-Hartwig 反应，452
　　Friedel-Crafts 烷基化，362
　　Gatterman 反应，507

Goldberg 反应, 452
Heck 反应, 456, 457
Hurtley 反应, 461
Orton 重排, 374
Sandmeyer 反应, 507
Sonogashira 偶联, 459
$S_{RN}1$ 机理, 447
Stephens-Castro 偶联, 459
Stork 烯胺反应, 293
Suzuki-Miyaura 偶联, 458
Ullmann 反应, 457
超共轭, 23
共振, 23
卤素交换, 453
卤原子跳动 (halogen dance), 377
卤化物, 芳基, 氰基化, 454
卤化物, 芳基, 脱卤化, 377
 电化学的, 377
 格氏试剂, 377
 光化学的, 377
 与 Friedel-Crafts 催化剂, 377
卤化物, 芳基, 无金属的氰基化, 454
 Pd 催化的 Stille 偶联, 407
 Pd 催化的偶联, 284
 Pd 催化的与硼烷的偶联, 415
 被胺取代, 碱催化, 445
 重排, 377
 非催化的偶联, 455
 光化学, 460
 金属介导的偶联, 457
 乙烯基偶联反应, 458
 用于自偶联的试剂, 455
 与芳香化合物光化学偶联, 506
卤化物, 芳基, 酰基苯胺衍生物, 374
 氨基甲基化, 371
 酰基化, 410
卤化物, 芳基, 也见氟化物, 氯化物, 溴化物, 碘化物
卤化物, 芳基, 与胺, 445, 451-453
 Pd 催化剂, 452
 金属催化的, 358
卤化物, 芳基, 与醇羰基化, 461
 与八羰基二钴羰基化, 461
 转化为苯酚, 450
卤化物, 芳基, 与芳基卤, 苯炔机理, 455
 对映选择性, 460
 与 Lewis 酸, 377
 与碘鎓盐, Pd 催化剂, 452
 与芳基硼酸, 458, 459
 与芳基硼酸酯, 459

与硫氢根负离子, 451
与硫氰酸铜, 451
与内酰胺, 453
与内酰胺烯醇负离子, 461
与氢氧化物, 450
与氰化物, 454
与羧酸盐, 450
与烯醇负离子, 456, 536
与杂环, 453
与腙, 295
卤化物, 芳基, 与活泼亚甲基化合物偶联, 460, 461
与芳香化合物偶联, 506
与格氏试剂偶联, 281
与烯醇负离子偶联, 460, 461
与烯烃偶联, 456, 457
与杂环偶联, 455
卤化物, 芳基, 与金属卤化物, 453
与苯酚盐, 微波, 450
与苯酚, 在离子液体中, 450
与噁唑烷酮, 453
与硅基胺, 452
与磺酸盐, 451
与磺酸酯负离子, 451
与金属, 377
与金属有机, 283, 284, 377, 454
与膦, 453
与硫醇盐离子, 451
与硫亲核试剂, 电化学, 451
与噻吩, 453
与三芳基磷酸酯, 450
与三氟硼酸酯, 459, 536
与硒负离子, 451
与亚砜, 536
与亚硝酸盐, 504
与乙烯基硼酸, 536
与乙烯基三氟硼酸酯, 457
与有机锂试剂, 280, 453, 454
与有机硼烷, 459
与有机锡化合物, 457
与有机锗烷, 457
在离子液体中与苯酚盐, 450
卤化物, 芳基, 与炔烃, 也见 Sonogashira
卤化物, 芳基, 与烯丙基胺, 452
与氨基碱, 272, 451
与烯丙基酯, 285
与酰胺, 453
卤化物, 芳基, 与亚磺酸盐, 359
与醇盐, 450
与活泼亚甲基化合物, 苯炔机理,

460
与醛, 680
与炔烃, 459, 554
与烷基三氟硼酸酯, 457
与烷氧基硅烷, 462
与烯基硼烷, 296
与烯烃, 也见 Heck 反应
卤化物, 芳香的, 脱卤化, 377
卤化物, 硅基, 醚的裂解, 276
与内酯, 277
与羧酸酯, 277
与烯丙基硅烷, 278
与烯烃和 DMSO, 572
卤化物, 环丙基, 414, 832
烯丙基碳正离子, 245
卤化物, 环丙基甲基, 有机铜酸盐, 241
S_N2' 反应, 241
卤化物, 磺酰基, Reed 反应, 503
对炔烃的加成, 572
对烯烃的加成, 572
反应活性, 727
芳基砜的形成, 359
芳香磺酰化, 359
还原成二硫化物, 933
还原成硫醇, 933
磺酸的卤化, 728
碱促进的生成磺烯的消除, 799
来自芳基重氮盐, 508
来自芳香化合物, 359
来自磺酸, 728
来自烃, 503
氯硫酸, 359
水解, 728
形成芳基卤, 377
形成磺烯, 727
与氨或胺, 728
与胺, 700, 799
与重氮甲烷, 700
与醇, 265, 728
与芳基硼酸, 729
与格氏试剂, 729
与金属有机, 729
与卤代烷, 267
与卤代酯, Lewis 酸催化, 283
与炔烃, 572
与烯烃, 572
卤化物, 金属促进的消除生成烯烃, 802
卤化物, 金属, 金属交换反应, 418
与醇, 275

与芳基重氮盐, 507
与芳基卤, 453
与格氏试剂, 418, 508
与格氏试剂, 机理, 418
与环氧化物, 277
与金属有机, 418
与有机锂试剂, 418
卤化物, 金属, 也见金属卤化物
卤化物, 来自烯烃, 568
    来自碘鎓盐, 416
    来自硫醇, 276
    来自醚, 276
    来自三烷基硅基卤化物和烯烃, 533
    锂-内鎓盐, 696
    镁, 格氏试剂, 132
    无机的, 与酸酐, 718
    无机的, 与羧酸, 718
    无机酸, 与羧酸, 718
    偕-, 与有机锂试剂, 676
    杂芳基, Pd 催化的 Stille 偶联, 407
卤化物, 炔丙基, Glaser 反应, 505
    还原成丙二烯, 926
    与格氏试剂, 281
卤化物, 三烷基硅基, 间接水化, 534
    与烯烃或炔烃, 533
    与有机铜酸盐, 557
卤化物, 叔烷基, Stork 烯胺反应中的消除, 293
卤化物, 四卤化碳, 复合物形成, 62
卤化物, 羰基化, 芳基硼酸, 461
    与炔烃, 462
卤化物, 烷基, Gabriel 合成, 268, 272
    Katritzky 吡喃鎓盐-吡啶鎓盐方法, 278
    Lewis 酸催化的对炔烃的加成, 573
    Lewis 酸催化的卤代烷对烯烃的加成, 573
    Lewis 酸和有机铜化合物, 283
    离子化成碳正离子, 128
    卤素被取代, 420
    卤素被自由基夺取, 496
    内消旋的, E2 反应, 781
    氢化物还原, 926
    氢化物还原, Walden 翻转, 926
    水解, 257
    水解机理, 257
    水解机理, S_N1, 208
卤化物, 烷基, S_N1, 在二氧化硫中, 228
卤化物, 烷基, 反式消除, 780
    Arbuzov 反应, 697

B 张力, 208
Collman 试剂, 298
E2 反应, 780-783
Hofmann 消除, 788
Hunsdiecker 反应, 510
I 张力, 209
Kornblum 反应, 908
Mentshutkin 反应, 268
S_N1 机理, 208
von Braun 反应, 278
噁嗪碳负离子, 295
格氏试剂, 133
键角, 12
卤离子, 274
内酰胺, 254
氢氧化物, 257
水, 257
碳负离子, 134
碳正离子, 227
碳正离子形成中的张力, 208
微波辐照, 275
相转移催化, 275
硝酸银, 252
形成碳正离子, 125
异腈, 298
银化合物, 252
卤化物, 烷基, 环己基, E2 反应, 781
E2 反应, 烯烃分布, 788
Finkelstein 反应, 274
电化学羰基化, 299
对映体纯的, E2 反应, 781
非对映体, 消除反应的立体化学, 789
结构对消除反应的影响, 790
结构对消除反应速率的影响, 790
脱卤化氢, 798
脱卤化, 试剂, 925-927
形成胺, 269
与有机锂试剂交换, 129, 676
卤化物, 烷基, 碱促进的消除, 798
Hofmann 规则或 Zaitsev 规则, 799
合适的碱, 798
卤化物, 烷基, 金属催化的羰基化, 299
卤化物, 烷基, 金属介导的, 279
偶联, 非不对称的, 280
羰基化, 299
与炔烃偶联, 297
与烯丙基卤偶联, 281
卤化物, 烷基, 来自醇, 269, 274
来自铵盐, 278
来自胺, 278
来自格氏试剂, 415

来自硅醚, 276
来自硅烷, 416
来自磺酸酯, 274
来自金属有机试剂, 415
来自硫醚, 294
来自卤代烷, 274, 420
来自卤素, 497-499
来自三氯异氰尿酸和烯烃, 533
来自羧酸, 510, 714
来自羧酸, 试剂用于, 510
来自羧酸银, 510
来自羧酸酯, 277
来自烷基磺酸, 511
来自烷基硫酸酯, 274
来自烯烃, 497-499
来自无机酸, 274
来自烯烃与过氧化物, 827
来自溴化氰, 278
来自亚硫酰氯, 274
来自氧鎓盐, 276
卤化物, 烷基, 立体化学, Ei 机理, 791
E2 反应中的取代基效应, 789
空间位阻和反应活性, 208
卤化物, 烷基, 偶联和 Li_2CuCl_4, 282
与 π-烯丙基镍复合物, 279
与芳基硼酸, 458
与格氏试剂, 282
与格氏试剂偶联, 279
与金属, 279
与炔化锂, 280
与烷基硼烷, Ni 催化剂, 284
与有机铜酸盐, 282
卤化物, 烷基, 溶剂解, 397
卤化物, 烷基, 溶剂解, 碳正离子, 167
I 张力, 209
机理, 167
卤化物, 烷基, 三卤化物, 见三卤化物
卤化物, 烷基, 微波辐照, 还原, 926
E2 反应速率, 781
热解, 799
溶剂解速率, 243
水解速率, 表, 208
氧化成醛, 908
氧化成醛, Sommelet 反应, 909
用 DMSO 氧化, 机理, 908
与芳香化合物反应, 362
与碱氧偶联, 913
与乙醇的反应活性, 208
与有机铜酸盐反应, 282
在羰基化反应中的反应活性, 299

在消除反应中的反应活性，789
自由基共轭加成，561
卤化物，烷基，形成卡宾，141
　二卤化物，498
　磺酸酯，265
　鏻盐，193
　异硫氰酸酯，274
　异氰酸酯，274
卤化物，烷基，乙炔负离子，297
　β-氢的酸性，消除，788
　氨基，与水，836
　胺和六亚甲基四胺，268
　醇和 In 催化剂，260
　醇和 Ir 催化剂，260
　醇和 Rh 催化剂，260
　对烯烃的加成，Friedel-Crafts 催化剂，573
　烷基化和超声，254
卤化物，烷基，用三烷基氢化锡还原，926
　生成烃，试剂，925-927
　通过格氏试剂的水解，926
　与 LiAlH₄，SET 机理，926
　与 Raney 镍，926
　与金属，926
卤化物，烷基，与 Pd 复合物，羰基化，299
　Wurtz 偶联，279
　与苯氧离子，255
　与超级氢化物，925
　与碲离子，267
　与磺酸盐，267
　与磺酰胺，273
　与膦，269,695
　与硫醇，266
　与硫代硫酸根离子，267
　与硫化钠，267
　与硫脲，266
　与硫氰酸根离子，268
　与三甲基硅基氰化物，298
　与四羰基合铁酸盐，298
　与硒负离子，267
　与亚磷酸酯，697
　与亚硝酸钠，273
　与银化合物，265
　与自由基，493
卤化物，烷基，与醇羰基化生成酯，299
　催化氢化，926
　化学选择性还原，926
　与醇羰基化，299
　与四羰基合铁酸钠羰基化，299

卤化物，烷基，与活泼亚甲基化合物，288
与 AgCN，256
与 HMPA 中的碱，799
与氨基碱，272
与胺或氨，268
与醇，260
与醇盐，260
与第 I 族和第 II 族的金属有机，280
与叠氮离子，273
与二硫离子，267
与二烷基锌，283
与芳基硼酸，536
与格氏试剂，281
与肼，272
与含水氧化银，257
与碱，798
与醚，264
与氢过氧离子，265
与氰醇，298
与氰根离子，255,297
与炔烃，573
与双负离子，255
与四羰基合铁酸铁，299
与羧酸盐，263
与烷基重氮酯，274
与烯胺，293
与烯醇负离子，198,255,288
与腙，685
卤化物，烷基，与内酰胺，272
卤化物，硒酰基，与烯醇负离子，407
卤化物，烯丙基，Pd 复合物，22
Delépine 反应，269
金属介导的与卤代烷的偶联，281
来自烯丙基酯，277
偶联，279
形成时没有重排，274
与 Mg 的对称偶联，280
与 Sm 和酮，678
与 Zn，酰基加成，679
与苯胺和连二次亚硝酸酯，466
与格氏试剂，292
与过渡金属和酮，678
与环氧化物和 In 化合物，287
与金属 In 和酮，678
与金属有机，283,284
与腈，686
与内酯，721
与炔烃，554
与碳负离子，280
与酰基氰化物，721

与酰基锌化合物，298
卤化物，烯丙基重排，500
卤化物，酰基，碱促进的消除生成烯酮，799
偶联，721
脱羰基化，377,422
形成酰基叠氮，273
与二酮偶联，721
与羧酸交换，718
转化成异氰酸酯或异硫氰酸酯，274
卤化物，酰基，来自醛，501
Lewis 酸催化的对烯烃的加成，573
分子内的 Friedel-Crafts 酰基化，367
过氧化物促进的脱羰基化，511
还原成醇，930
还原成醛，试剂，921
还原试剂，921
金属促进的脱卤化生成烯酮，802
金属催化的脱羰基化生成烯烃，800
来自草酰卤和羧酸，718
来自卤素，501
来自三卤化物和三氧化硫，257
来自羧酸，718
来自羧酸，试剂，718
来自烯酮和 HX，534
氢解，921
水解，704
水解，S_N2 机理，705
水解，机理，705
水解，卤化物的反应活性顺序，704
用硅烷还原，928
卤化物，酰基，酰基碳正离子，368
Arndt-Eistert 合成，723
Friedel-Crafts 酰基化，368
Friedel-Crafts 酰基化，与烯烃，408
O-酰基化，721
Rosenmund 还原，921
Schotten-Baumann 方法，709
Suzuki-Miyaura 偶联，459
Wurtz 反应，721
氨基酸，406
苯胺的硝化，356
四面体机理，244
烯胺，293
卤化物，酰基，与酮，666
酰基化，721
与氨或胺，714
与胺，451,799
与胺，Schotten-Baumann 方法，714
与胺，形成烯酮，592
与醇，709

与醇，S_N1 机理，709
与醇，S_N2 机理，709
与醇，四面体机理，709
与醇和锌，709
与叠氮离子，273
与芳基硼酸，459
与芳香化合物，367，375
与活泼亚甲基化合物，721
与硼酸，718，719
与硼酸，Pd 催化剂，719
与氰化铜，723
与羧酸盐，712
与锑炔烃（炔化锑），719
与烯丙基硅烷，701
与烯烃，408
与酰胺，717
卤化物，酰基，与重氮甲烷，723，834
  与 DMF，714
  与 Grignard-LiNEt2 试剂，719
  与格氏试剂，719
  与格氏试剂，金属催化剂，719
  与过氧化氢，265
  与环氧化物，277
  与磺酸，713
  与金属催化剂，800
  与金属有机试剂，718，719
  与硫醇，709，713
  与硫化氢，713
  与醚，709
  与脲，717
  与羟胺-O-磺酸，839
  与水，704
  与有机镉试剂，719，720
  与有机铅化合物，719
  与有机铜酸盐，718
卤化物，亚磺酰基，与醇，267
卤化物，乙烯基，403
  E2 反应，782
  S_N2 反应，242
  $S_{RN}1$ 反应，242
  Stille 偶联，407
  复分解，863
  加成-消除，241
  硫醇负离子，241
  偶联，Li_2CuCl_4，282
  取代，241
  四面体机理，241
  羰基化，299
  通过卤代烷对炔烃的加成，573
  消除-加成反应，242
  与格氏试剂偶联，281

与烷基偶联，408
元素效应，241
自由基环化，562，563
卤化物，乙烯基，金属催化的，烷基化，291
  偶联，279
  与炔烃偶联，552
卤化物，乙烯基，来自醛或酮与 PCl_5，674
  来自共轭羧酸，511
  来自炔烃，416，533
  来自炔烃，与 R_3SiX，533
  来自羧酸，714
  来自烯醇负离子，416
  来自偕二卤化物，674
  来自乙烯基碘鎓盐，416
  来自乙烯基卤，274
  来自乙烯基硼烷，416
  在 Suzuki-Miyaura 反应中，458
卤化物，乙烯基，羟汞化，257
  还原成烯烃，926
  立体化学，416
  与格氏试剂，282
  与金属有机，283，284
  与烷基硼酸，407
  与烯基硼烷，296
  在醇中与金属还原，926
卤化物，有机锌，与硫酯，721
  经过 Kröhnke 反应氧化，909
磷，Hell-Volhard-Zelinskii 反应，403
一级，S_N1 反应，252
卤化物，与酰卤，719
  与胺，在离子液体中，451
  与二氧化碳，683
  与共轭羰基，682
  与金属有机，718
卤离子反应活性，在 Ei 反应中，792
卤离子离去基团，形成苯炔，446
卤离子，相转移，274
  Finkelstein 反应，274
  与二甲苯磺酰基胺，278
卤素，被自由基夺取，496
  苯胺，Lewis 酸，360
  与烯烃，机理，570
  在 Ramberg-Bäcklund 反应中的反应活性顺序，801
卤素，加成，对烯烃，570
  对环丙烷，UV，532
  对炔烃，570
  对烯烃，在离子液体中，572
卤素，桥离子，570

Reed 反应，503
卤仿反应，423
卤鎓离子，523
卤素，酮的裂解，423
光化学裂解，139
混合的，与烯烃的反应活性，570
酮，对映选择性，402
影响，自由基环化，562
与烷烃反应，497-499
与酰胺反应，838
在芳香卤化中的反应活性，360
卤素，与醇，571
  与醇，烯烃，571
  与芳香化合物，359
  与格氏试剂，415
  与金属有机，415
  与醛，501
  与三烷基硼烷，416
  与羧酸银，510
  与烯烃，500
  与烯烃，二氧化硫，503
  与烯烃，碳正离子，525
  与亚磷酸酯，674
  与有机锆化合物，416
卤素被取代，卤代烷，420
卤素间化合物，与烯烃，570
卤素交换，芳基卤，454
  芳基硼酸，454
卤素-金属交换，有机铜酸盐，283
卤素-锂交换，559，720
卤素-镁交换，675
卤素取代基，钝化基团，349
  邻位/对位定位基，349
  亲电芳香取代，349
卤素自由基，见自由基
桥自由基，493
卤鎓离子，126，523
  结构，525
  开环碳正离子，525
  来自对炔烃的加成，529
  来自烯烃，523
  邻基效应，233
  取代基效应，525
  稳定的，233
  形成卤代醇，571
  与亲核试剂反应，530
卤鎓离子自由基，493
卤原子跳动，377
轮烷，66
  Möbius 带机理，66
  NMR，67

卟啉，66
富勒烯，66,67
  合成，67
  配体交换，66
  平移异构体，66
  手性，79
  手性的，67
  异构体，66
  "珠"和"站点"，67
  作为包含化合物，67
  作为分子开头，66
  作为分子梭，67
  作为光控装置，66
  作为"塞子"，67
轮烯，25
轮烯，芳香取代，36,37
  N 和 O 类似物，36
  定义，33
  芳香性，36,37
  各向异性的，39
  构象，36
  构象可变性，38,39
  键交替，39
  键角，36
  键长，37,39
  平面性，39
  桥连的，39
  燃烧热，39
  纬向性的，36,37
  张力能，36
轮烯，芳香性，36
轮烯，轮烯锱正离子，40
轮烯，炔烃偶联，505
  Eglinton 反应，505
  Hartree-Fock 计算，36
  HPLC，40
  Hückel 规则，35
  Möbius 芳香性，39,40
  NMR，36,37,38,39
  X 射线晶体衍射，37,39
  反芳香性，34,38
  芳香性，33,35-37,38
  平面性，36
轮烯酮，39
螺二烯烃，26
螺环，Nazarov 环化，556
  烯炔的环化，552
螺环酰胺，358
螺桨烷，几何结构，104
  S_N2 反应，246
  X 射线晶体学，104

张力，104
螺四烯，23
螺烷，阻转异构体，78
  对映体，78
  还原剂，922
  螺化合物，23
  螺硼酸酯，918
  手性，78,79
螺戊烷，通过卡宾加成，596
螺烯，79
  手性，78
  手性轴，81
螺旋桨状的碳正离子，127
螺旋，手性，78
螺旋手性，见手性
螺氧代噻烷，互变异构，45
铝，二烷基，与炔烃，549
铝汞齐，亚砜还原，289
铝化合物，Meerwein-Ponndorf-Verley
  还原，917
  水解，413
绿色化学，213
氯胺-M，烯烃的环氧化，577
氯胺-T，形成吖丙啶，580
  NBS，580
  从烯烃生成吖丙啶，573
  碘化钠，465
  形成吖丙啶，580
  形成氯代醇，与烯烃，571
  与 O_2，胺的氧化，907
  与吡啶鎓溴化物，过溴化物，573
  与烯烃，579
氯胺，芳香化合物的卤化，360
  来自胺，425
  与有机硼烷，416
氯胺，形成甲酰胺，272
氯吡啶鎓盐，内酯化，711
氯代胆固醇，85
S-氯代二甲基氯化锍，360
氯代富马酸，不对称合成，87
氯代过氧苯甲酸，间位，硫化物的氧化，见 mCPBA
氯代环丙酮，94
氯代甲酰胺，来自胺，714
氯代磷酸酯，形成腈，671
氯代硫代甲酸酯，与胺，728
氯代硫酸，形成芳基磺酰卤，359
氯代硫酸酯，来自烯烃与氯气和三氧化硫，571
氯代三苯基甲烷，离子化，126
氯代三甲基硅烷，酮醇缩合，936

与烯醇负离子，409
氯代碳正离子，674
氯代亚胺盐，与格氏试剂，685
氯仿，质子转移，190
  水解，257
  与胺，272
  与苯酚盐，369
  在 Reimer-Tiemann 反应中，369
氯铬酸盐，吡啶鎓盐，见 PCC
氯化，498
氯化，烯丙基，500
  苯，速率和产物分布，354
  苯硒酰氯，499
  醇，239
  芳香化合物，350,359,400
  环糊精，350
  甲苯，速率和产物分布，354
  苹果酸，225
  烯烃，试剂用于，570
  自由基，氧化二氯，500
氯化铵，与 Fe，934
氯化汞，轨道，4
  与硼烷，845
  直线的，4
氯化钠，作为主体，65
氯化镍，与 $NaBH_4$，933
氯化氰，与醇，667
氯化三（三苯基膦）铑，Wilkinson 催化剂，540
氯化试剂，用于烯烃，570
氯化物，芳基，钝化的，用于偶联的催化剂，458
氯化物，芳基，来自芳基碘化物，454
氯化物，见卤素
氯化物，来自醇，275
氯化物，烷基，格氏试剂，133
氯化物，烷基，见卤化物
氯化物，酰基，见卤化物，酰基
氯化物，酰基，来自醛，501
氯化物，乙烯基，见乙烯基氯
氯化锌，Fischer 吲哚合成，860
氯磺酰异氰酸酯，见异氰酸酯
氯甲基化，Friedel-Crafts 反应，366
氯甲基酰胺，371
氯甲酸酯，对丙二烯的加成，574
  S_Ni 分解，239
  苄基，与胺，714
  与端炔，719
  与格氏试剂，719
  与硅烷，928
  与烯烃，574

氯醌（2,3,5,6-四氯-1,4-苯并醌），893
氯醌，芳构化，893
氯离子，来自 PCl_6^-，674
氯硫化，503
氯气，水，硫醇的氧化，913
 芳香化合物的氯化，360
 与芳香化合物，359
 与烯烃，570
 在 UV 光照下，570
 在水中，571
氯鎓离子，形成氯代醇，571
 与烯烃，525
氯自由基，490

M

麻黄碱，拆分，87
马来酸（顺-丁烯二酸），91
马来酸酐，在单烯反应中，555
马钱子碱，拆分，87
吗啡，拆分，87
6-麦角甾烯-3-酮，209
7-麦角甾烯-3-酮，209
脉冲超声，180
矛盾的选择性，在 Friedel-Crafts 烷基化中，363（文献 358）
茂金属，31,61
 成键，31,61
 18 电子体系，31
 芳香取代，31
 环戊二烯，31
 金属交换反应，418
 手性，79
 手性轴，81
 烯烃复分解，863
酶，82,94,350
酶，Gossypium hirsutum，CH 氧化，905
 Pisum sativum，CH 氧化，905
 脂肪酶，用于双羟基化，576
酶，氨基环化酶 I，716
 Bacillus megaterium，CH 氧化，905
 醇的 TEMPO 氧化，896
 分子识别，63
 环氧化物水解酶，260
 脱羧酶，安息香缩合，704
酶，用于酯的酰胺化，716
 用于 Baeyer-Villiger 重排，841
 用于 CH 羟基化，905
 用于 α-羟基化，905
 用于胺的羟基化，906
 用于不对称 Michael 反应，557
 用于芳香化合物的双羟基化，576
 用于共轭酮的还原，546

 用于还原，在超临界 CO_2 中，918
 用于环氧化，576
 用于腈水解，665
 用于硫醚氧化成亚砜，913
 用于内酰胺化，715
 用于羟醛反应，687
 用于醛或酮的还原，918,919
 用于羧基化，370
 用于羧酸酯水解，705
 用于酮的 α-羟基化，905
 用于酯交换反应，712
 用于酯水解，705
酶 YNAR-1，NADP-H，硝基化合物的还原，547
酶法，576
 Jacobsen-Katsuki，578
 Julia-Colonna，对映选择性，578
酶法，见酶
美国化学会：ASAP 论文，980
镁，卤代醚的消除，802
 Barbier 反应，675
 Boord 反应，802
 Grignard 反应，675-677
 二烷基，675
 粉末的，420
 格氏试剂的形成，419
 烯醇负离子，689
 与二卤化物，676
 与卤代醚消除，419
蒙脱土，265
 Beckmann 重排，840
 Heck 反应，456
 Hofmann 重排，838
 Meerwein 芳基化，466
 Pechmann 缩合，365
 Prins 反应，703
 Willgerodt 反应，939
 吖丙啶与烯丙醇，288
 胺的酰基化，715
 苯酚的形成，450
 芳香卤化，359
 硫醇对烯烃加成，537
 缩醛裂解，259
 微波辐照，254
 与 $Bi(NO_3)_3$，896
锰-salen 复合物，不对称环氧化，578
锰酸酯，574
咪唑，还原成醛，921
 与羧酸，715
 与溴代炔烃，297
咪唑，作为中间体，711

咪唑基卡宾，手性配体，680
咪唑啉酮催化剂，转移氢化，546
咪唑烷酮，585
咪唑盐，催化剂，704
 离子液体，214
咪唑盐卡宾复合物，卤代烷偶联，281
咪唑盐配体，458
醚，CH 氧化，907
醚，α-CH 氧化生成羧酸酯，907
醚，氮杂冠醚，63
 苄基，氢化，276
 碱促进的消除，794
 碱促进的消除，机理，794
醚，芳基，微波辐照，450
 来自醇盐，450
 来自芳基卤，450
 脱氧化，376
 相转移，450
 与格氏试剂，281
醚，冠醚，62-64
 NMR，客体-主体相互作用，63
 半球形配体（hemispherand），63
 大环，63
 二环的，63
 分子识别，63
 复合物形成，62
 合成，62
 荚醚配体（podand），63
 结合 K^+ 或 Li^+，62
 客体-主体相互作用，63
 离子键，62
 离子-偶极相互作用，63
 两可亲核试剂，256
 氢键，63
 球形配体（spherand），63
 手性，79
 套索醚（lariat ether），63
 相转移催化，254
 星型配体（starand），63
 穴状配体（cryptand），63
 隐含配体（cryptaphane），63
 作为腔状配体（cavitand），63
 作为主体，62
醚，硅基，260
 与氟离子反应，261
 转化为碘代烷，276
醚，硅基烯醇，见烯醇醚
醚，环状的，通过插入反应，411
 α-CH 氧化成内酯，907
 来自醇，501
 来自醇的氧化，501

来自醇，与四乙酸铅，机理，501
来自环氧化物，263
来自硫代内酯，有机锂试剂，683
裂解，276
醚交换反应，262
内酯的还原，930
与有机锂试剂，794
醚，来自缩醛，286
　来自苯酚，261，262，286
　来自重氮化合物，261
　来自重氮甲烷，261
　来自重氮烷，261
　来自醇，261
　来自醇和三氟硼酸酯，261
　来自醇盐，260，261
　来自格氏试剂，286，414
　来自卤代烷，260
　来自醛或酮，666
　来自烷基硫酸酯，261
　来自无机酯，261
　来自烯烃和苯酚，536
　来自烯烃和醇，536
　来自氧镓盐，263，276
　来自有机三氟硼酸酯，414
　来自酯，930
醚，α-卤代，675
醚，离子液体，260
　Mitsunobu 反应，260，262
　Wittig 重排，843
　芳基烯丙基，2-烯丙基苯酚的 Claisen
　　重排，858
　芳香的，还原裂解，927
　微波辐照，260
醚，裂解，264，265，270，276
　与 HBr 或 HCl，258
　与 HI 或 HBr，276
　与 Lewis 酸，276
　与金属有机，286
　与硫酸，258
　与卤代硅烷，276
　与烷基硅烷，276
　在离子液体中，276
醚，卤代甲基，与硼烷，845
　MEM，260
　MOM，260
　醇的保护，260
　高烯丙基，通过硅烷的偶联，505
　光化学，173
　还原成烃，试剂，927
　还原脱烷基化，试剂，927
　还原烷基化，醛，666

金属催化的，裂解，276
羟基，263
水解，261
套索 (lariat)，63
肟，还原，922，924
硒烷基，536
硝酸酯，来自醇，265
氧化裂解，羧酸，909
酯的还原，试剂，930
自由基二聚，505
醚，卤代，用镁消除，802
Boord 反应，802
金属促进的消除生成烯烃，802
来自醇和卤素，571
通过自由基卤代，498
醚，去甲基化，267
醚，四氢吡喃基，氧化，沸石，897
硫杂冠醚，63
醚交换反应，262
三甲基硅基，用 O₂ 氧化，897
醚，酸性，195
炔基，水化，535
烯丙基丙二烯，Claisen 重排，858
烯丙基芳基，重排，858
烯丙基乙烯基，[3,3] σ 重排，854
醚，通过卡宾的插入反应，411
通过 Ullmann 醚合成，450
通过 Williamson 反应，260
通过过氧化物的还原，928
通过硫代酯的还原，930
醚，烯丙基，Wittig 重排，295
热解，806
碳负离子，烷基化，295
用格氏试剂裂解，286
与有机锂试剂，295，844
转化为醛，844
醚，烯醇，见烯醇醚
醚，形成，相转移催化剂，260
胺，269
醚，乙烯基，见烯醇醚
醚，与卤代烷，264
与格氏试剂，286
与磺酸，265
与硫酸，258
与炔烃，微波辐照，550
与酸酐，264
与无机酸，276
与氧鎓盐，265
与有机锂试剂，794，843
与有机锂试剂，Wittig 重排，843，844
与有机钠试剂，794

醚，作为溶剂，格氏试剂，132，133，675
醚，作为溶剂，也见溶剂，醚
醚交换反应，262
　内部的，262
　缩醛，262
　烯醇醚，262
　原酸酯，262
脒类，碱，189
脒，通过胺对腈的加成，673
　来自亚胺酸酯，716
　通过氨对腈的加成，673
密度泛函理论，36
Simmons-Smith 方法，598
面，对映异位的，94
面，非对映异位的，94
面包酵母，醛或酮的还原，918，919
叠氮化物的还原，925
共轭硝基化合物的还原，547
炔烃的对映选择性还原，544
肟的还原，924
烯烃的对映选择性还原，544
硝基化合物的还原，923
面选择性，见选择性
烯烃的过氧酸环氧化，576
面张力，酸性，196
敏化剂，三线态，566
命名，aa/ee/ae，构象，99
Cahn-Ingold-Prelog 规则，90
D/L，立体中心原子，80
IUPAC，124
对角线（dig），160
非对映体，85
顺/反，二烯烃，90
酸和碱，IUPAC，186
碳正离子，124
命名，E/Z，90
二烯烃，90
硫代羰基，90
偶氮化合物，90
烯烃，90
亚胺，90
命名，epi，85
g 跃迁，173
[i, i]，σ 重排，852
IUPAC，机理，221，222
IUPAC，转化，220，221
peri-，85
R/S，立体中心原子，80-82
Re/Si，95
"r" 和 "s"，85
syn/anti，85

主题词索引

u 跃迁，173
赤式/苏式，85
四面体或三角形，160
摩尔旋光度，定义，75

N

纳米粒子，催化氢化，541
 Pauson-Khand 反应，568
 Pd 催化的烯丙基酯偶联，285
 Sonogashira 偶联，459
 烯烃的还原，543
 硝基化合物的还原，923
纳秒时间分辨 Raman 光谱，373
钠
 Wurtz-Fittig 反应，279
 Wurtz 偶联，279
 氨，丙二烯的还原，544
 氨，芳香化合物的还原，545
 汞齐，Gomberg-Bachmann 频哪醇合成，934
 汞齐，季铵盐的还原，931
 钾，936
 卤代烷的偶联，279
 酮醇的形成，936
 脱氰基化，424
 形成烯醇负离子，413, 460
 形成自由基离子，545
 在氨中，Birch 还原，545
 在氨中，烯烃的还原，544
 在氨中，与环丙烷，547
 在胺中，543
 在醇中，543
 在乙醇中，羰基的还原，机理，917
 酯的还原偶联，936
钠离子，冠醚，63
钠离子，来自钠，545
萘胺，Bucherer 反应，453
萘酚盐，烷基化，256
萘酚，与氨，453
萘基锂，与硫醚，509
萘甲酸，来自 2-甲基萘，902
萘，交替烃，32
 Dewar 结构，29
 MO 计算，28
 芳香性，29
 复合物形成，64
 共振，18
 共振能，29
 极限式，28
 键部分固定化，28
 键级，28
 亲电芳香取代，351

氧化成邻苯二甲酸，902
氧化成萘醌，908
在 Friedel-Crafts 烷基化中，362
萘醌，通过萘的氧化，908
萘烷酮，401
内包的金属，富勒烯，41
内部的亲核取代，见取代，SNi
内部偶联，炔烃，553
内部张力，见张力 I
内部转化，176
内返，离子对，229
 S_N1 反应，229
 立体化学，230
内鎓盐，Wittig 反应，696
 X 射线晶体结构，697
 来自膦和环氧化物，697
 与 NCS，698
内鎓盐-卤化锂，696
内鎓盐-卤化锂中间体，在 Wittig 反应中，698
内-内（in-in）异构体，93
内-外（in-out）异构，60
内-外（in-out）异构体，93
内酰胺化，715
 酶法，715
β-内酰胺，芳基化，453
 吖丙啶的羰基化，726
 来自 β-氨基酯，716
 来自羧酸和亚胺，726
 来自烯胺，592
 来自烯烃和氯磺酰异氰酸酯，726
 来自烯酮和腈，726
 来自亚胺和重氮酮，726
 来自亚胺和卤代酯，726
 通过 [2+2] 环加成，592
 通过亚胺和烯酮的环加成，902
 通过自由基环化，563
 形成，对映选择性，726
内酰胺，来自醇与胺或氨，716
 来自氨基酸，715
 来自氨基酯，716
 来自胺，907
 来自叠氮基羧酸，715
 来自环酮，839, 840
 来自环肟，840
 来自卤代酰胺，866
 来自烯烃，581
 来自烯烃-酰胺，540, 581
 来自烯酮，835
 来自烯酮和亚胺，925
 来自氧杂吖丙啶，841

α-内酰胺，来自卤代酰胺，273
内酰胺，水解，708
 N-卤化，426
 α-氧化生成酰亚胺，907
 高压下与胺，717
 还原生成环胺，931
 经过烯烃复分解，863
 扩环，717
 扩环，来自环胺，426
 羟基，通过酰亚胺的还原，931
 亚磺酰化，406
 与 9-BBN 还原，931
 与格氏试剂，287
 与卤代烷，272
 与氢化钠，272
 与叶立德反应，696
 与有机锂试剂，720
内酰胺，通过 [2+2] 环加成，592
 通过 Beckmann 重排，840
 通过 Diels-Alder 反应，591
 通过胺的 α-氧化，907
 通过胺的 α-氧化，试剂，907
 通过卡宾插入，411
 通过卤代内酰胺化，571, 572
 通过烯烃的羰基化，568
 通过烯烃的酰胺化，540
 通过酰亚胺的还原，931
 通过氧杂吖丙啶的重排，831
 通过与环酮的 Schmidt 反应，839
 通过自由基环化，563
内酰胺，烷基化，254, 272
 Friedel-Crafts 酰基化，367
 α-烷基化，290
 氨基甲基，268
 测定绝对构型，82
 二环的，540
 二环的，来自氨基甲酸酯，540
 芳基化，453
 烯丙基硼烷，720
 亚烷基，来自二卤代砜和酰亚胺，699
 亚烷基，来自炔酰胺，540
 张力，105
 质子转移，190
内酰胺，烯烃的羰基化，568
 CH 氧化，907
 共轭的，羟基内酰胺，793
 共轭加成，564
 烯醇负离子，与芳基卤，461
 转化为硫代内酰胺，668
内酰亚胺醚，乙烯基，Diels-Alder 反应，591

内消旋化合物，非对映体，84
　　单环化合物，92
　　定义，84
内型加成，轨道对称性，590
　　在 Diels-Alder 反应中，585
内在能垒，162
内在酸性，199
内在自由能，162
内酯，大环的，来自环酮，423
　　来自羟基酸，710
内酯，二氧化碳的挤出，804，807
　　形成，环大小，159
　　形成，与 DCC，711
内酯，光解，807
内酯，还原，930
　　二氧化碳的热挤出，804
　　硫代，683
　　亚磺酰化，406
　　酯交换反应，712
　　自发成环，705
β-内酯，角张力，与胺反应，717
　　来自羟基酸，710
　　来自烯酮和羰基，725
　　炔丙醇的羰基化，568
　　热解成烯烃，803
　　水解，717
　　脱羧反应，807
　　脱羧反应生成烯烃，803
内酯，来自醛基羧酸，691
　　碘代，与烯烃，573
　　来自丙二烯醇，568
　　来自碘代醇，299
　　来自二醇，909
　　来自二醛和 Cannizzaro 反应，937
　　来自二羧酸酯和 Tischenko 反应，938
　　来自二烯烃-羧酸，537
　　来自环氧化物，287
　　来自环状过氧化物，807
　　来自卤代羧酸，159
　　来自卤代酰胺，866
　　来自羟基三甲基硅基烯烃，535
　　来自羟基酸，710，937
　　来自羟基羧酸盐，264
　　来自羟基羧酯，在离子液体中，716
　　来自炔烃-羧酸，537
　　来自烯烃，581
　　水解，705
　　烯烃-羧酸的水化，535
内酯，热解，795
　　生成烯酸，795
内酯，α-烷基化，290

Mukaiyama 试剂，711
二碘化物的羰基化，300
共轭的，试剂用于还原，546
构象，101
环醚的 α-CH 氧化，907
环酮的 Baeyer-Villiger 重排，841
环状的，经过 Story 合成，807
裂解，266
邻基机理，233
拟酸，711
手性的，金鸡纳啶生物碱，535
手性的，经过 Bayer-Villiger 重排，842
手性的，来自非手性内酯，842
双位移重排，867
通过 Mukaiyama 羟醛反应，690
通过 Stille 偶联，283
通过复分解反应，863
通过卤代内酯化，571
通过卤代酯对烯烃的加成，573
通过酸酐的还原，试剂，930
通过羰基化，烯烃，568
通过羰基化，299
通过羰基化，芳基卤，461
通过自由基环化，563
脱氢化，894
脱羧反应，807
与烯丙基酯偶联，285
转化为硫代内酯，668
内酯，与烯丙基卤，721
与 Petasis 试剂，699
与 Tebbe 试剂，699
与碘化锂，277
与高价碘，264
与磷叶立德，698
与叶立德，696
内酯化，710，711
Yamaguchi 方法，711
超声，581
来自环二烯烃，581
来自酰胺，581
拟酸，711
试剂用于，710
烯烃，581
烯烃，超声，581
能级，交替烃，32
苄基正离子/自由基/负离子，32
自由基负离子，447
能垒，内在的，162
能垒，能量，转动，91
能垒，原因，96
测量，96

二金刚烷基化合物中的转动，96
联苯中的转动，96
平面性，环戊烷，101
乙烷中的转动，96
转动，分子轨道计算，96
锥形翻转，76
能垒，转动，联苯，77
乙醛，97
能量，π，22
能量，共振，见共振能
能量，活化，转动垒，77
超共轭，41
键共振，30
键，见键能
键离解，小环，103
椅式到椅式相互转化，98
能量，离解，13
氘同位素效应，166
键能，13
碳正离子，表，127
自由基，137
自由基，表，137
能量，离解，见离解
能量，势能，见势能
能量，形成叶立德，696
能量，张力，103
反式环辛烯，107
分子力学，102
计算，103
能量，直立取代基和平伏取代基，99
单线态卡宾，140
丁二烯，20，21
共轭，21
光，光化学，172
过渡能量，253
环己烷构象，98
三线态卡宾，140
椅式构象，98
能量，自由的，见自由能
能量的跌落，光解，175
能量曲线，双原子分子，173
取代的乙烷，96
拟酸，711
逆-Barbier 反应，675
逆-Brook 重排，867
逆-Claisen 缩合，423
逆-Claisen 缩合，也见 Claisen
逆-Claisen 重排，858
逆-Diels-Alder 反应，585
　　一氧化碳的热挤出，来自酮，804
逆-Friedel-Crafts 烷基化，见 Friedel-Crafts

逆-Gatterman-Koch 反应，375
逆-Nazarov，556
逆-单烯反应，555
逆-单烯反应，高烯丙醇的热解，805
逆频哪醇重排，Wagner-Meerwein 重排，829
逆羟醛，见逆-羟醛，或羟醛
逆-羟醛缩合，421，687
逆同位素效应，167
逆向电子需求，Diels-Alder 反应，587
脲，64
 Fischer-Hepp 重排，374
 胺的羰基化，425
 芳基化，453
 客体-主体相互作用，64
 笼形结构，88
 与酰卤，717
 作为包含化合物，64
 作为客体，64
脲，Baylis-Hillman 反应，681
 Hoffmann 重排，838
 来自胺对二氧化碳的加成，674
 来自胺和二氧化碳，426
 来自二羧酸酯，与脲，717
 来自异氰酸酯和胺，673
 通过胺的羰基化，425
 通过与氰胺的 Ritter 反应，724
 脱水，805
 脱水剂，805
 脱水生成氰化物，805
 脱水生成碳二亚胺，805
 与二烯烃，579
 重氮化，464
脲复合物，64
脲-过氧化氢，577
 环氧化，577
 在甲酸中，氧化剂，912
脲甲酸酯，来自氨基甲酸酯，666
脲烷，取代的，见氨基甲酸酯
镍，Raney，见 Raney
镍复合物，偶联芳基卤，458
柠檬酸，94
苧基硼烷，549
苧酮，495
凝固点降低，酯水解，707
凝胶夹裹的碱，用于 Henry 反应，692
扭船式构象，98
 氮杂轮烯，36
 轮烯，36
 扭曲的，手性，78
 扭曲的 Diels-Alder 反应，589

扭曲的芳香，25
扭曲的芳香化合物，25
扭曲的化合物，105
扭曲的环芳烷，25
扭曲的双键，108
扭曲的碳正离子，825
扭曲的酰胺键，水解，708
扭曲芳香化合物，25
扭烷，扭船式构象，98
扭转的非对映体，78
扭转的酰胺，105
扭转角，比旋光度，75
 分子力学，102
 酮-烯醇互变异构，400
扭转角，也见角
扭转能垒，酰胺，97
 氨基甲酸酯，98
浓度，芳香重氮盐，445
 比旋光度，75
 格氏试剂的结构，133
 自由基，134

O

偶氮苯，通过硝基化合物的还原，923
 金属催化的偶联，357
偶氮吡啶，酯化，710
偶氮二甲酸二乙酯，见 DEAD
偶氮二甲酸二异丙酯（DIAD），263
偶氮二羧酸酯，263
 胺，来自醇，269
 二乙基，见 DEAD
 手性酰胺，406
 酰胺的烷基化，272
 与二醇，261
偶氮二异丁腈，见 AIBN
偶氮化合物，357，404，467
 E/Z 异构体，179，357
 偶氮化合物，芳基，来自芳基三氮烯，374
 偶氮化合物，芳基三氮烯，357
 E/Z 命名，90
 Mills 反应，466
 亲电的芳香取代，357
 失去氮，898
 形成碳正离子，931
 自由基，138
偶氮化合物，分解成自由基，490
偶氮化合物，来自苯胺，466
 来自芳基重氮盐，467
 来自芳基亚硝基化合物，466
 来自氧化偶氮化合物，866
偶氮化合物，通过胺的氧化，898

通过 Wallach 重排，866
通过苯胺的氧化，898
通过芳基肼的氧化，898
通过肼的氧化，试剂，898
通过硝基化合物的还原，试剂，937
通过氧化偶氮化合物的还原，试剂，932
偶氮化合物，也见 AIBN
偶氮化合物，在 Diels-Alder 反应中，590
 光化学，851
 光异构化，179
 还原成胺，925，934
 还原烷基化，672
 偶氮染料，357
 水溶性的，490
 氧化成氧化偶氮化合物，912
 与芳香化合物，467
偶氮宁，36
偶氮双化合物，自由基引发剂，562
偶合常数，9
 氢键，59
偶极化合物，581，582
偶极加成，见加成
1,3-偶极加成，581-584
 烯烃的臭氧分解，895，900
1,3-偶极加成，也见加成
偶极矩，9
 C—H，9
 Debyes（德拜），9
 薁，32
 对称性，9
 分子轨道（MO）计算，19
 构象，96
 取代的芳香化合物，9
偶极诱导成键，62
1,3-偶极子，极限式，582，704
 结构类型，581，582
偶极子，离子化反应，523
 平行的，端基异构效应，100
 原位产生，583
偶联，SET 机理，285
 Stille 反应，283
 Wurtz 反应，279
 π-烯丙基镍配合物，279
 定义，278
 芳基卤，Ullmann 反应，457
 芳基卤，硼酸，见 Suzuki-Miyaura
 芳基重氮盐与活泼亚甲基化合物，404
 交叉的，烯烃的自由基偶联，504
偶联，醇，286
 重氮盐，357

重氮盐化合物, 404
芳基硼酸, Pd 催化剂, 366
芳基硼烷, 509
格氏试剂, 508
卡宾, 142
卤代烷, 279
烷基炔基硼酸酯, 509
烷烃, 410
烯烃, 553
偶联反应, 504
　交叉偶联, 278
　硼烷, 296
偶联, 光敏化的烷烃, 504
　硅烷, 505
　硅烷, 与卤代烷, 278
　乙烯基三氟甲磺酸酯和苯酚, 260
　自由基, 139, 492
偶联, 金属催化的, 对映选择性的, 283
　与硅烷, 278
偶联, 金属介导的, 卤代烷, 281
　共轭酮, 279
　乙烯基卤, 279
　与烯丙基酯, 284
偶联, 金属有机 (第Ⅰ族和第Ⅱ族) 与卤代烷, 280
偶联, 金属有机, 金属催化的, 283
偶联, 金属有机, 溶剂笼, 282
　与醇, 286
　与卤代烷, 283, 284
偶联, 氧化的, 见氧化偶联
偶联, 氧化的, 见氧化偶联
　Pd 催化的, 与金属有机, 283, 284
　Sonogashira, 459
　Stephens-Castro, 459
　Stille, 407
　Suzuki-Miyaura, 414, 458
　对称的, 烯丙醇或苄醇, 286
　非对称的, 金属介导的, 279
　还原的, 炔烃, 552
　频哪醇, 见频哪醇
　与高聚物负载的膦配体, 285
　与烷基硼酸, 283
　与烯丙基酯, 284
　自由基, Kolbe 反应, 509
　自由基, 酰胺, 504
偶联, 有机锂试剂, 280
　与砜, 285

P

哌啶, 环丙基甲基卤, 241
蒎烯, 对映体, 548
α-蒎烯, 与硼烷, 548

配合物, Fischer 卡宾, 在 [3+2] 环加成中, 582
配合物, Lewis 酸, 醚的裂解, 276
　Lewis 酸-碱, 193
　Lewis 酸-酰卤, 368
配合物, Mn, 双羟基化, 574
　单配合体, 61
配合物, Pauson-Khand, 568
　Pd, 手性的, 859
　过氧基, Pd, 459
配合物, Ti, 酰基加成, 679
　Ti-亚甲基, Tebbe 试剂, 699
　过渡金属, 463
　过渡金属, [2+2] 环加成, 592
配合物, π-和 η, 22
配合物, π-配合物, 芳基正离子, 347
配合物, π-烯丙基, 二烯烃的酰基化, 408
　机理, 399
　烯烃的重排, 399
配合物, π-烯丙基镍, 偶联, 280
配合物, σ-烯丙基铜, 284
配合物, 非对映异构的, 88
　Dibal-胺, 717
　EDA, 395
　EDA, 光化学 [2+2] 环加成, 595
　电子供体-受体, 61
　电子供体-受体, 电荷转移光谱, 61
　电子供体-受体, 亲电取代, 394
　遭遇, 348
配合物, 活化的, 158
　Co-salen, 571
　Cr 卡宾, 亚胺-烯酮环加成, 726
　Cu, Hay 反应, 506
　Kolbe-Schmidt 反应, 370
　杯芳烃-质子, 63
　电荷转移, 61
　电荷转移, UV, 溶剂, 253
　铬酰氯-乙酰缩醛, 908
　环丁二烯-金属, 环化三聚, 599
　环糊精, 65
　环糊精, 碘苯胺, 66
　笼, 65
　氯自由基-溶剂, 497
　硼烷-二甲硫醚, 931
　炔烃-汞盐, 535
　炔烃-金属羰基, Pauson-Khand 反应, 567
　手性 Lewis 酸-亲双烯体, 586
　四卤化碳, 62
　通道型, 66

　烯烃, 62
　溴-烯烃, 570
　盐复合物, 硼烷与醚, 547
配合物, 金属-salen, 环氧化, 578
配合物, 金属催化的, 醛的脱羰基化, 511
配合物, 金属, 二烷基锌对酰基加成, 679
　hapto 复合物, 61
　π-供体, 61
　苯, 62
　二茂铁, 61
　环丁二烯, 34
　环化三聚, 599
　环辛四烯, 62
　与卡宾, 596
　在羰基化反应中, 299
配合物, 金属, 光学拆分, 79
配合物, 金属-卡宾, 复分解, 863, 864
配合物, 客体-主体, 62
　离子-偶极, SN2, 226
　氢键, 192
配合物, 联苯, 64
　锌, 684
　与格氏试剂, 132, 677
　与冠醚, 62
　与肼, 65
　与苦味酸, 62
　与脲, 64
　与芘, 64
　与三硝基苯, 62
　与穴状化合物, 62
　与荧蒽, 63
配合物, 生成, [2+2] 环加成, 594
　Fries 重排, 373
　金属和烯烃, 538
　金属, 均相催化氢化的机理, 542
　与金属, 在催化氢化中, 542
配合物, 铁, 环丁二烯, 34
　Nazarov 环化, 567
　铁-降莰烯酮, 62
配合物, 烯烃的拆分, 95
　环内有环, 66
　速率, 193
　速率, 也见速率, 配合物
　在芳香溶剂中的自由基, 497
配合物诱导的近似效应, 邻位定向的金属化, 462
配体, 胺, 22
　Suzuki-Miyaura 偶联, 458
　η 复合物, 22

配体，手性的，684,685,689,690
  dppf，297
  salen，578
  Suzuki-Miyaura 偶联，458
  卡宾，680
  膦，461
  䏲，22
  膦，聚合物固定的，452
  咪唑盐，458
  双羟基化，575,576
  在对映选择性的催化氢化中，541
配位的，反应，158
配位键，8
盆苯，858
盆状构象，79
  环辛四烯，79
硼，在有机硼烷中的迁移，837
硼到碳的重排，844
硼到碳的重排，硼烷的还原，845
硼到碳的重排，形成醛，845
硼，电子构型，4
硼噁嗪，Suzuki-Miyaura 偶联，459
9-硼二环 [3.3.1] 壬烷，见 9-BBN
硼化合物，酯缩合反应，722
  共轭加成，559
  手性的，还原剂，924
硼化镍，氢化，540
硼-(3-蒎基)-9-硼杂双环 [3.3.1] 壬烷，见 Alpine Borane
硼氢化，529,547-549
硼氢化，共轭的相对于非共轭的，549
  定位效应，549
  对映选择性的，549
  对映选择性的，与金属复合物，549
  二烯烃，549
  二烯烃或三烯烃，844
  构型保持，296
  环状的，与二烯烃，549
  机理，548
  降冰片烯，531
  区域选择性，548
  炔烃，549
  烯烃，543
  形成反-Markovnikov 醇，844
硼氢化，烯烃的胺化，539
  Wilkinson 催化剂，549
  对映选择性的合成，549
  反-Markovnikov 取向，416
  官能团，548
  合成转化，548
  空间效应，529

醚溶剂，547
硼烷的氧化，548
炔烃还原生成烯烃，544
烯烃的还原，543
烯烃的水化，534
硼氢化锂，硼烷和一氧化碳，845
硼氢化钠，见硼氢化物
  Pictet-Spengler 反应，365
  共轭烯烃的还原，546
  金属有机的还原，414
  镍，氢化，540
  歧化反应，919
  羟汞化，534
  炔烃的还原，544
  溶剂效应，916
  脱氰基化，424
  亚胺硝酸酯的还原，724
  异喹啉，366
  与 $NiCl_2$，933
  与碘，920
  与金属，544
  与金属化合物，烯烃的还原，544
  与金属盐，共轭烯烃的还原，546
  与腈，424
  原位氢化，541
  自由基，414
硼氢化物，二甲氨基，锂，腈的还原，922
硼氢化物，钠，微波，916
  共轭羰基的还原，916
  官能团反应活性，917
  环氧化物的还原，916
  腈离子的还原，922
  醛或酮的还原，916
  羧酸酯还原成醇，920
  羰基的还原，歧化反应，919
  酰卤的还原，930
  亚胺的还原，922
  与 Lewis 酸，醚的还原，930
  与醇，919
  与硼酸，羧酸的还原，920
  与手性添加剂，919
  在酸中，醇的还原，927
  在氧化铝上，916
硼氢化物，三乙基，锂，酰胺的还原，931
  环氧化物的还原，916
  甲苯磺酸酯的还原，928
硼氢化物，三仲丁基，钾，见 K-Selectride
硼氢化物，三仲丁基，锂，见 L-Selec-

tride
硼氢化物，四烷基铵，羧酸的还原，920
硼氢化物交换树脂，卤代烷的还原，926
炔烃的还原，544
硝基化合物的还原，923
硼酸，296
硼酸-氨基酸，拆分，88
硼酸，胺的芳基化，452
  聚合反应，415
  形成酰胺，715
硼酸，醇转化为酯，910
  氟化，416
  偶联，与醇，458
  偶联，与烯丙醇，286
  转化为胺，269
  转化为叠氮化物，273
硼酸，催化剂，564
  来自烷基硼烷氧化，414
硼酸，芳基，卤离子交换，454
  芳香化合物的硝化，356
  金属催化的，对炔烃的加成，554,555
  金属催化的，二烯烃的环化，554
  金属催化的，与芳基磺酸的反应，458
  金属催化的，与甲基硫代炔烃的偶联，460
  金属介导的，与硫醇的反应，451
  偶联，458
  水解生成苯酚，450
  氧化，450
  与芳基卤，458,459
  与磺酰卤，729
  与卤代烷，536
  与酰卤，459
  在 Suzuki-Miyaura 偶联中，458,459
  作为催化剂，715
硼酸，共轭加成，559,561
硼酸，金属催化的偶联，414
  对醛的加成，680
  形成，414
  与丙二烯和烯丙基卤偶联，553
硼酸，来自硼酸酯，415
  来自格氏试剂，414
  来自金属有机，414
  来自三氟硼酸酯，414
硼酸，炔基，在 Sonogashira 偶联反应中，460
硼酸，羰基化，芳基卤，461
  羧酸转化为酰胺的催化剂，715
  羰基化，与共轭酮，568

硼酸，烷基，在 Stille 偶联反应中，407
　金属介导的偶联，283
　与炔烃，408
　与乙烯基卤，407
硼酸，烷基化，296
硼酸，亚胺的加成，684
硼酸，氧化，415
　分离的困难，415
硼酸，乙烯基，卤化，416
　立体化学，416
　与芳基卤，536
硼酸，与酰卤，718，719
　与 O_2，Pd 催化剂，910
　与氨基甲酰卤，719
　与重氮盐，458，466
　与环氧化物，297
　与金属，共轭加成，561
　与腈，686
　与硫代酯，720
　与卤代烷，458
　与醛，对映选择性，680
　与炔丙醇，802
　与羧酸，683
　与羧酸，金属催化的，683
　与烯丙基乙酸酯，Pd 催化剂，296
　与酰卤，Pd 催化剂，719
　与亚胺，对映选择性，684
　与异氰酸酯，686
硼酸，在 Suzuki-Miyaura 偶联中，296，414
硼酸，自偶联，458
硼酸酐，与酮酯，422
硼酸盐型合物，偶联反应，280
硼酸酯，296
　对亚胺的加成，684
　炔基，自偶联，506
　烷基化，296
　烯丙基与醛，681
　氧化，844
　乙烯基，单烯反应，555
　乙烯基，与有机锂试剂，286
　与硝酮，684
硼酸酯，共轭加成，561
硼酸酯，来自三氧化硼，415
　还原剂，922
　聚合物负载的，与醛，681
　来自金属有机，414
　水解成酮，918
硼酸酯，炔基，环化三聚，599
　来自儿茶酚硼烷和烯烃，415
　羰基化，417

乙烯基，来自乙烯基格氏试剂，415
用于还原，918
　与有机锂试剂，845
　制备，非水操作，415
硼酸酯，三氟，见三氟硼酸酯
硼酸酯，脱羧反应，422
　芳基，形成联芳，366
　芳基，与芳香化合物，366
硼酸酯，烷基，来自醇，415
　来自三氯化硼，415
　与格氏试剂，414
硼酸酯，烷基-炔基，偶联，509
　芳基，Suzuki-Miyaura 偶联，459
　共轭加成，561
　通过硼烷对醛或酮的还原，918
　硝基化合物的还原，925
硼酸酯，烯醇，羟醛反应，688
硼酸酯，烯醇，也见烯醇硼酸酯，烯醇
Ireland-Claisen 重排，859
　来自硼烷的共轭加成，560
　卤化，403
　羟醛反应，688
　水解，560
　烯醇负离子，291，688
硼酸酯，酰基加成，681
　对醛的加成，681
硼酸酯，与醇，415
　与吖啶，297
　与环氧化物，297
　与有机锂试剂，559
硼烷，氨基，转化为胺，269
硼烷，参照酸，对于碱，197
　合成转化，548
　硫化的，Grignard 重排，418
　热解，837
　热异构化，800
硼烷，对烯烃的反 Markovnikov 加成，548
硼烷，对烯烃的加成，空间效应，547
硼烷，二聚体，547
　二醇，416
硼烷，芳基，手性的，酰基加成，680
　不对称的，549
　手性的，549
　手性硼烷，549
　手性烯丙基，681
　羰基化，845
　酰基，偶联，509
　与醚形成酸根型复合物，547
　作为催化剂，922
硼，共轭加成，560

尔万氧基自由基，561
过氧化物，560
氧，560
硼烷，还原，对映选择性，918
　腈，922
　偶氮化合物，934
　醛或酮，918
　试剂，922
　羧酸，920
　肟，922
　与硼氢化锂，845
　与氢化物试剂，845
硼烷，环状的，来自二烯烃，549
硼烷，来自烯烃，296
　来自硼烷，837
硼烷，卤代，对醛或酮的加成，680
　胺化，对映选择性，417
　与炔烃，509
硼烷，卤代烷基，与叠氮化物，417
硼烷，偶联反应，296
硼烷，氰基，见氰基硼烷
硼烷，炔烃，对映选择性，846
　与碘，846
　与酰胺，720
　质子化，846
硼烷，三烷基，烷基化，296
　暴露在空气中，468
　从烯烃制备，296
　与卤代酮，292
　与卤素，416
硼烷，烷基，烯烃异构化，400
　醇的转化，414
　来自格氏试剂，418
　来自烯烃，414
　卤化，自由基，416
　热稳定性，400
　氧化，机理，414
　银诱导的偶联，572
　与氨和次氯酸盐，416
　与碱性过氧化氢，414
　与氯胺，416
　与羟胺-O-磺酸，416
　与亚胺羰基化，417
　在 Ni 催化剂作用下与卤代烷偶联，284
硼烷，烯醇，86
　暴露在氧气中，490
　形成醛，845
硼烷，烯基，偶联反应，296
　来自炔烃，845
　与 NaOH 和碘，845

与芳基卤，296
与乙烯基卤，296
硼烷，酰氧基，来自羧酸，儿茶酚硼烷，717
硼烷，消除生成烯烃，800
　Zaitsev 规则，800
　平衡，800
硼烷，形成炔烃，800
　H. C. Brown，296
　Markovnikov 规则，547
　Pd 催化的与芳基卤偶联，415
　冰片，681
　官能团，548
　链延长，560
　醚溶剂，547
　硼-碳重排，844
　炔烃，还原成烯烃，544
　烯胺的还原，931
　自由基，490，561
　自由基环化，561，562
硼烷，氧化，414，548
　光化学异构化，400
　氧化，立体化学，414
　氧化，生成醇，548
　氧化，与过硼酸盐，414
　氧化，与过氧化氢和 NaOH，548
　氧化，与氧化三甲基胺，414
　与羰酸质子解，543
　自由基偶联，机理，509
　自由基引发剂，561
硼烷，乙烯基，共轭加成，561
　二聚，509
　来自炔烃，549
　立体化学，416
　卤化，416
　用过氧化物氧化生成酮，846
硼烷，乙烯基，也见硼烷，烯基
硼烷，乙烯基，与碘和氢氧化物，845
硼烷，异构化，837
硼烷，异构化，平衡，837
　金属化的炔烃，846
　硼的迁移，837
　一氯代，与烯烃，548
硼烷，用于还原的试剂，918
硼烷，与醛，对映选择性，681
　对卤代酮，296
　与 CO，844，845
　与 CO，机理，844
　与 ICl，416
　与重氮化合物，296
　与碘代硼烷，846

与碘和 NaOH，845
与二卤代腈，296
与芳基卤，459
与硅烷，928
与过渡金属，561
与环氧化物，对映选择性，277
与金属炔负离子，846
与硫代酮，720
与卤代甲基醚，845
与卤代酮，机理，296
与氯化汞，845
与氰根离子，845
与醛，过渡金属催化剂，680
与炔烃，845
与三卤代酯，296
与三叔丁氧基氢化铝，845
与手性添加剂，还原，919
与羧酸的双负离子，845
与烯丙醇，548
与烯烃，296，414，547-549，800
与氧，机理，491
与一氧化碳，844
硼烷，与氧反应，413
硼烷，与氧反应，自由基，563
皮秒光栅量热法，597
皮秒吸收光谱，溶剂解，229
芘，芳香性，37
　复合物形成，64
芘环芳烷，25
芘自由基，137
芘（即二苯并苯，picene），38
偏摩尔体积，高压，254
偏振光，圆，83
　平面，83
　圆，不对称合成，87
频率因子，速率定律，166
频哪醇，见二醇
频哪醇重排，830，834
　固态，830
　环氧化物，831
　机理，830
　甲苯磺酰基吖丙啶，831
　立体差异性，830
　迁移能力，823，830
　碳正离子稳定性，830
　在超临界水中，830
频哪醇偶联，934，935
　Grignard 反应，677
　超声，934
　电化学，935
　对映选择性，934

分子内的，935
交叉的，934，935
试剂，934
顺式或反式（syn 或 anti）选择性，934
钛介导的，936
亚胺，935
频哪醇钛盐，936
频哪酮，H_2S 窗格型化合物，64
频哪酮，形成，830
　X 射线衍射，作为客体分子，64
平伏键，在椅式构象中，98
平衡，环丙基甲基正离子相对于环丁基正离子，831
平衡，酸-碱，186
　HSBA，194
　S_N1 反应，228
　Wagner-Meerwein 重排，829
　芳基正离子，348
　过量的试剂，710
　互变异构，43
　假旋转，98
　决速步，164
　离去基团，在四面体机理中，662
　溶剂酸性，191
　碳正离子，239
　烯烃的异构化，800
　形成水合物，663
　形成烯醇负离子，687
平衡，烯烃异构化，400
　Claisen 缩合，722
　Cope 重排，855
　Schlenk，132，133
　环己烷构象，98
　硼烷异构化，837
　羧酸、水及醇的反应，705
　羧酸与醇的反应，710
　酮-烯醇，400
　烷基硼烷的热解，800
　烯醇负离子，溶剂效应，687
　有机锂-卤代烷，129
　在 Sommelet-Hauser 重排中，468
　在羟醛缩合中，687
　酯水解，705
平衡常数，78，159
　Brønsted 方程，192
　Hammett 方程，209
　溶剂酸性，191
　自由能，210
　阻转异构体，78
平衡离子，两可亲核试剂，256
　Ireland-Claisen 重排，859

重氮盐，465
亲核试剂，256
溶剂化，247
碳正离子，124
平面，对称，手性，75
　　镜面，手性，75
平面构象，环丙烷，101
平面偏振光，83
　　对映体，80
平面偏振光，也见光
平面性，轮烯，36
　　C=C 键，108
　　苯，25
　　变形，36
　　对环芳烷，25
　　芳香性，33,37
　　庚间三烯并庚间三烯，31
　　共振，25
　　共振贡献体，24
　　环丁二烯复合物，34
　　轮烯，39
　　碳正离子，228
　　亚甲基轮烯，36
平移异构体，轮烷，66
苹果酸，氯化，225
屏蔽效应，在溶剂中，251
脯氨酸，金属有机对亚胺的加成，685
　　对映选择性的 Mannich 反应，673
　　芳基卤的氰基化，
　　羟醛反应，689
　　与烯胺，293
　　作为手性添加剂，906
脯氨酸衍生物，Michael 反应，557
普通环，张力，106

Q

七螺烯，手性，79
　　机械拆分，88
齐敦果烯，Wagner-Meerwein 重排，829
歧化反应，芳基自由基，493
　　芳基羧酸负离子，376
　　联苯胺重排，861
　　联苯胺重排，861
　　醛，938
　　醛或酮的 NaBH$_4$ 还原，919
　　羧酸的脱水，713
　　与 NaBH$_4$，919
　　自由基，139,412,491,495,506
气泡，超声，254
气体空泡，声化学，180
气相 S$_N$2，225
　　自由能曲线图，226

气相臭氧分解，901
气相碱性，198
气相色谱，见 GC
气相酸性，199
气相消除，788
气相质子化，烷基苯，348
迁移，见重排
迁移，[1,3]，同面的，光化学，854
　　本位碳，351
　　对位，Fries 重排，373
　　格氏试剂中的 Mg，与 TiCl$_4$，418
　　1,2-氢，409
　　同面的，852,853
　　烯烃，在炔烃的水化中，535
　　异面的，852
[1,5] 迁移，高二烯基，853
[3,2] 迁移，Wagner-Meerwein 重排，828
迁移基团，氢，在重排中，823
　　重排，记忆效应，824
　　立体化学，在重排中，823
　　在重排中，820
　　在自由基重排中，827
迁移能力，H 相对于烷基相对于芳基，823,824
　　在 Baeyer-Villiger 重排中，842
　　在 Beckmann 重排中，840
　　在 Schmidt 反应中，839
　　在 Sommelet-Hauser 重排中，843
　　在 Stevens 重排中，842
　　在 Wittig 重排中，844
　　在氢过氧化物重排中，842
　　在重排中，823
　　自由基，827
迁移起点，重排，820
迁移终点，重排，820
铅，发火的，酰卤的偶联，721
前手性的，定义，94
前手性酮，还原，919
前线分子轨道，见 FMO
前线轨道方法，587-590
　　Diels-Alder 反应，587,588
　　电环化重排，847
　　光化学反应，587
　　[2+2] 环加成，587
　　[4+2] 环加成，587
　　热反应，587
羟胺，对烯烃的加成，538
　　Stieglitz 重排，841
　　共轭加成，564
　　金属还原成胺，924
　　来自肟，685

来自氧化物，924
通过 Cope 消除，797
通过 Meisenheimer 重排，843
通过胺的氧化，试剂用于，912
通过硝基化合物的还原，923
通过硝基化合物的还原，试剂，924
通过氧化，胺与 Caro 酸，912
氧化，912
氧化，生成亚硝基化合物，898
与 CS$_2$ 还原，924
与金属-salen 复合物，804
与金属有机，416
与肼，714
与醛，670
与醛和甲酸反应，670
与醛或酮，670
与羧酸酯，716
与有空间位阻的酮，670
羟胺，见氨基醇，也见肟
羟胺，来自烯烃，579
　　来自异氰化物，272
羟胺化，氨基甲酸酯，579
　　对映选择性，579
　　烯烃，579
羟胺-O-磺酸，甲酸，Beckmann 重排，840
　　与有机硼烷，416
羟汞化，539
Markovnikov 规则，534
降冰片烯，531
空间效应，529
烯烃，529,534
乙烯基卤，257
与醇，见烷氧基汞化
羟基-Cope 重排，855,859
　　反应速率，855
　　负离子的，855
　　硅氧基，855
　　抗体催化的，855
羟基吡啶，互变异构，44
羟基苄基硅烷，Brook 重排，867
羟基丙酸，质子转移，190
羟基-硅烷，用于锂化硅烷和醛或酮，694
羟基琥珀酰亚胺，内酰胺的 CH 氧化，907
Ritter 反应，724
N-羟基琥珀酰亚胺（NHS），烷烃的硝化，405
羟基化，CH，与酶，905
THF，906

胺，酶，906
苄基型亚甲基，试剂，905
芳基重氮盐，465
芳香化合物，372
芳香化合物，过硫酸钾，372
芳香化合物，通过 Boyland-Sims 氧化，372
芳香化合物，通过 Elbs 反应，372
光解的，372
硅烷，263
烃，904，905
烃，对映选择性，904
烃，氧杂吖丙啶，905
烯丙基亚甲基，试剂，905
烯丙基，与 SeO₂，904
烯烃，534
与苯胺衍生物，372
α-羟基化，烯丙基化合物，905
苄基化合物，905
二氧杂环丙烷，906
二氧杂环丙烷，对映选择性，906
硅基烯醇醚，906
羧酸酯，905，906
羰基化合物，试剂，905
酮，905，906
烯醇负离子，与磺酰基氧杂吖丙啶，906
与酶，905
与氧杂吖丙啶，对映选择性，906
[羟基(甲苯磺酰氧基)]碘代]苯，358
羟基腈，烷基化，292
来自环氧化物，298
羟基硫醇，来自羰基，667
羟基硫化物，见羟基硫醚
羟基-卤代烷，见卤代醇
羟基卤化物，见卤代醇
羟基醚，263
来自环氧化物，262
氧化生成缩醛，501
羟基内酰胺，脱水，793
羟基醛，通过羟醛反应，687-691
通过 Mukaiyama 羟醛反应，690，691
与肼，669
羟基酸，大环内酯，711
关环生成内酯，937
来自酮醛，937
两性离子中间体，803
通过二酮的重排，833
消除生成烯烃，803
形成内酯，711
酯化生成内酯，710

自发形成内酯，705
羟基酮，693
来自二酮，917
来自金属化的亚胺，727
来自醛和氰化钾，703
来自亚胺和酮，689
来自有机锂试剂与酮，676
氰胺的形成，270
通过 Mukaiyama 羟醛反应，690，691
通过安息香缩合，704
通过硅基烯醇醚的 α-羟基化，906
通过 α-羟基化，905
通过羟醛反应，687-691
通过 α-酮醇重排，833
通过烯烃的氧化，911
与肼，669
羟基烷基化，364
Lederer-Manasse 反应，364
芳香化合物，364
聚合反应，364
羟基-硒化物，来自环氧化物，267
羟基酰胺，298，691
双-，手性的，578
羟基酰胺，来自酰胺对醛的加成，672
来自内酯，717
羟基亚磺酰胺，通过 Knoevenagel 反应，693
羟基亚磺酰化，烯烃，578
羟基酯，691
通过 α-羟基化，905
羟醛，687
同-，693
脱水，793
阻转异构体，78
羟醛，Mukaiyama，690，691
催化剂用于，690
底物，690
对映选择性，690
分子内的，690
金属盐作为催化剂，690
在水中，690
羟醛缩合，687-691
Cannizzaro 反应，937
Michael 反应，688
Robinson 成环，689
SET 机理，687
Tischenko 反应，938
螯合稳定化产物，688
不对称合成，87
醇盐碱，687
定向的，689

定义，687
对映选择性，688，689
二胺质子化酸催化剂，689
二卤化物，257
非对映选择性，688
混合聚集体碱，688
交叉的，区域选择性，688
酶促进的，687
平衡，687
氢甲酰化，569
手性催化剂，689
手性反应配对物，689
手性碱，689
手性配体，689
手性助剂，689
双重羟醛，687
双羟醛，688
酸催化，689
脱水产物，793
烯醇负离子，290
烯醇化，688
在含水介质中，689
在离子液体中，687
羟醛缩合，Mukaiyama，689
羟醛缩合，分子内，689
Robinson 成环，689
对映选择性，689
二酮，689
焓，689
区域选择性，689
酸催化，689
羟醛缩合，羟醛产物的异构化，688
混合的，688
混合的，Tollens 反应，695
机理，687
机理，计算研究，688
酸催化反应的机理，689
羟醛缩合，硝基，对映选择性，692
羟醛缩合，有机催化剂，689
插烯，687
插烯的，对映选择性，689
插烯的，手性的，689
范围，687，688
副反应，290
过渡金属催化剂，688
过渡态，688
过渡态几何结构，688
结构变体和手性，689
立体选择性，688，689
立体选择性，氨基碱，688
逆的，421，687

溶剂效应，687
手性有机碱，689
顺/反（syn/anti）异构体，688,689
无溶剂的，215
异构化，688
自身缩合，687
羟醛肟，见肟
羟醛型反应，686
桥环体系，IUPAC 名称，104（文献 446）
桥离子，来自炔烃，529
桥轮烯，见轮烯
桥碳正离子，234
桥头重氮离子，357
桥头氢，与自由基的反应活性，496
桥头碳，亲电取代，393
 S_N2，225,246
 S_N1 反应，228
桥头碳正离子，127,228
桥头烯烃，107
桥头原子，手性，77
桥头自由基，138
桥溴自由基，ESR，527
桥中间体，自由基，溴，527
桥自由基，493
桥自由基，见自由基
亲电重排，157,820,827
亲电的卡宾，597
亲电的自由基，492,529
亲电反应，156
亲电芳香取代，见取代
亲电氟化，499
亲电机理，463,534,573
 烯烃的卤化，570
亲电加成，157
亲电加成，见加成
亲电卤化，497
亲电取代，见取代
亲电试剂，Lewis 酸，345
 定义，156
 硫，358
 三氧化硫，358,359
 与丙二烯，530
 与共轭二烯，530
 与碳负离子，134
 质子，525
亲电硝化，405
亲电性，碳正离子，227
 Diels-Alder 反应，584
 S_N1 反应，226
 重氮离子，464

醛，690
亲电性指数，227,587
亲核重排，157
 机理，820-826
亲核催化，705
 吡啶，705
 酸酐的水解，705
亲核催化剂，吡啶，710
亲核反应，156
亲核辅助作用，溶剂，252
亲核机理，525,830
 重氮盐，464
亲核加成，157
亲核加成，也见加成
亲核强度，247
 表，248
 电子排斥，官能团，248
亲核强度，也见亲核性
亲核取代，见取代
亲核试剂，246
亲核试剂，催化对羰基的进攻，661
 HSAB，247
 Lewis 碱，246,247
 S_N1 反应，228,247
 重氮盐的取代，464
 反应速率，271
 极性反转（Umpolung），292
 邻基，234
亲核芳香取代，449
亲核性，表，248
 取代，224
 正离子亲和性，247
 酯水解，705
亲核试剂，氮，268
 吖丙啶的开环，288
 不带电的，247
 靠近羰基的轨迹，660,661
 硫，266
 强度，247
 与环氧化物反应，262
 与卤鎓离子反应，530
 与碳正离子反应，128
 与碳正离子反应速率，247
 与烯丙基砜，285
 在芳基正离子中，351
 在亲核的芳香取代反应中的反应活性顺序，449
亲核试剂，接近羰基，660,661
 带电荷的，溶剂效应，251
 定义，156
 对本位碳的进攻，444

二羰基负离子，255
接近羰基的方向性，661
平衡离子，256
氰根离子，702
羧酸，704
碳，278
碳，与酯，723
烯醇负离子，255
酰胺水解的催化，708
用于酰基加成的催化剂，661
杂原子，共轭加成，563
在 S_N2 反应中，247
亲核试剂，两可的，255
 Kornblum 规则，256
 苯氧离子，255
 冠醚，256
 碱性，256
 空间效应，256
 类型，255
 平衡离子，256
 氰化物，255,297
 区域选择性，255
 热力学控制，256
 溶剂效应，256
 双负离子，255
 烯醇负离子，255
 硝基化合物，255
 亚硝酸根离子，255,265
亲核试剂，酰基加成，659
亲核烯丙基重排，399
亲核性，两可亲核试剂，255
 Brønsted 关系，248
 Swain-Scott 方程，248
 α-效应，248
 π-，523
 超临界二氧化碳，253
 对硫，727
 反应速率，271
 硅基烯醇醚，690
 硅基烯醇醚，688
 极化性，256
 碱性，247
 空间位阻，248
 量度，248
 亲核试剂，表，248
 溶剂，247,251
 溶剂化，247
 溶剂，量度，252
 顺序，对于 S_N2 反应，248
 顺序，对于磺酰基的硫，728
 未共用电子，248

酰胺，272
　　相对于碱性，消除，790
　　与杂多重键，659
　　在 S$_{RN}$1 反应中，449
　　在亲核芳香取代中，449
　　在羰基上反应，248
　　在羰基碳上，248
　　指数，587
　　周期表，247
亲核自由基，495，529
亲硫的加成，659
亲双烯体，炔烃，584
　　丙二烯，584
　　定义，584
　　内型加成，590
　　与手性 Lewis 酸形成的复合物，586
　　在单烯反应中，555
亲碳的加成，659
氢，作为离去基团，493，494
　　参与溶剂解，239
　　烯烃或二烯烃的 σ 重排，852
　　压力，氢化，541
　　与胺和醛或酮，671，672
　　在重排中的迁移基团，823
　　作为邻基，239
氢胺化，(DHQ) PHAL，579
　　Michael 型底物，539
　　胺，分子内的，538
　　分子内的，金属催化的，538
　　炔烃，539
　　烯烃，对映选择性，579
　　烯烃，金属催化的，579
　　与 Au 催化剂，机理，539
　　与金属催化剂，538
　　与有机镧催化剂，579
氢被夺取，被自由基，立体选择性，495
氢-氚交换，398
氢-氘交换，398
氢的代理亲核取代，463
氢夺取，卡宾，411
　　π-烯丙基复合物，399
　　被自由基，493
氢夺取，也见夺取
氢芳基化，炔烃，553
氢锆化，烯烃，549
氢硅烷化，金属，546
　　炔烃，551
　　烯烃，550
氢硅烷，与环氧化物，288
氢过氧根离子，Michael 加成，577
氢过氧根离子，与卤代烷，265

氢过氧化物，490
　　单线态氧，502
　　还原成醇，928
　　环氧化，578
　　来自格氏试剂，414
　　来自金属有机，414
　　来自卤代烷，265
　　来自羧酸，265
　　硫醚的氧化，机理，913
　　手性的，577
　　叔丁基，烯烃的双羟基化，574
　　酸催化重排成酮，842
　　通过自动氧化，501
　　烷基，共试剂，环氧化，577
　　烯烃，576
　　烯烃的臭氧分解作用，901
　　酰基，来自酸酐，265
　　亚砜的氧化，机理，913
　　与炔烃，537
　　质子化的，842
氢过氧化物的自动氧化形成，501
　　机理，502
　　抗氧化剂，502
　　醛，502
　　烯丙基和苄基氢，502
　　与单线态氧，502
　　与氧，502
　　与氧引发的步骤，502
　　自由基，502
氢过氧自由基，键离解能，138
氢化，C＝C 迁移，543
　　D$_2$，543
　　不对称催化剂，919
　　催化剂中毒，541
　　手性催化剂，87
　　烷烃的裂解，424
氢化，催化的，不对称催化剂，546
　　催化剂类型，540
氢化，催化的，醇，927
　　苯酚，927
　　苄基醚，276
　　丙二烯，541
　　二硫化物，509
　　二烯烃，541
　　芳香化合物，544
　　庚间三烯并庚间三烯，32
　　腈，922
　　硫醇，509
　　硫醚，509
　　卤代烷，926
　　醛或酮，917

炔烃，544
炔烃，Rosenmund 催化剂，541
噻吩，509，933
肟，922
烯胺，539
烯烃，22，540-543
烯烃，立体化学，542
硝基化合物，925
异氰酸酯，922
杂环，544
杂环化合物，544
氢化，催化的，烯烃选择性，540
　　Rosenmund 还原，921
　　Wilkinson 催化剂，540
　　对映选择性，541
　　芳构化，893
　　含硫化合物，509
　　键的旋转，543
　　金属复合物，896
　　金属复合物的形成，543
　　空间效应，541
　　纳米粒子，541
　　氢交换，542
　　烯烃的异构化，542
　　烯烃相对于炔烃，541
　　酰卤，921
　　亚胺的还原，922
　　中毒，541
氢化，催化的，中毒的催化剂，541
　　催化剂的表面和粒子位点，542
　　反应条件，541
　　还原的，671
　　聚合物固定的催化剂，540
　　均相催化剂的类型，541
　　氢过氧化物的还原，928
　　顺式加成，543
　　顺式立体化学，541
　　酰胺的还原，930
　　选择性，与均相催化剂，540
　　与丙二烯，544
　　与均相催化剂，540
　　与可溶性的催化剂，540
　　中毒，541
　　转移，543，544，918，919
　　转移，Hantzch 酯，546
　　转移，有机催化剂，546
氢化，手性催化剂，手性磷，541
　　与烯胺，922
　　与亚胺，922
氢化，手性配体，541
　　催化剂，kink 型原子，542

催化剂，step 型原子，542
催化剂，terrace 型原子，542
对映选择性，541,546
非均相的，机理，542
高压，541
共轭化合物，对映选择性，546
官能团的兼容性，540
环丙烷，547
均相的，机理，542
均相的，金属-复合物形成的机理，542
配体用于对映选择性，541
氢交换，543
热，对于苯，20
手性中毒，541
原位，硼氢化钠，541
在离子液体中，544
氢化钾，与硅基硫醇，266
氢化铝，锂，见氢化铝锂
氢化铝，钠，见硼氢化钠
氢化铝，炔基，共轭加成，559
　　共轭加成，559
　　还原剂，918
　　醛或酮的还原，918
　　三烷基，共轭加成，559
　　烯胺的还原，931
　　烯胺的还原裂解，931
　　乙烯基，二聚，508
　　乙烯基，来自炔烃，549
氢化铝，也见氢化物
氢化铝，与羧酸，920
氢化铝锂，891
　　二卤化物，802
　　砜的还原，933
　　醛或酮的还原，916
　　脱硫化，933
　　酰胺的还原，930
　　酰卤的还原，930
　　硝基化合物的还原，923
　　亚胺的还原，922
　　有空间位阻的酮，916
氢化铝锂，还原，缩醛或缩酮，927
　　胺氧化物，932
　　碘代叠氮化物，573
　　叠氮化物，925
　　二硫化物，934
　　共轭羰基，916
　　共轭烯烃，546
　　环氧化物，916
　　甲苯磺酸酯，928
　　腈，922

硫醇，933
卤代烷，926
咪唑生成醛，921
氢过氧化物，928
取代的环己酮，531
醛或酮，机理，918
炔丙基卤，926
羧酸，920
肟，924
酰胺，930
酰胺生成醛，921
硝基化合物，937
亚硝基化合物，937
酯生成醇，920
氢化铝锂，与氯化铬，679
　　与 Lewis 酸，醚的还原，930
　　与冠醚，919
　　与过氧化物，928
　　与环丙烷，544
　　与环硫化物，795
　　与环氧化物，892
　　与磺酰卤，933
　　与季铵盐，931
　　与氯化铝，醇的还原，927
　　与氯化铝，醚的还原，927
　　与手性添加剂，919
　　与酰胺，921
氢化铝锂，与偶氮和氧化偶氮化合物的反应活性，934
氢化钠，过氧化氢，与硼烷，548
　　与内酰胺，272
氢化偶氮苯，酸催化的重排，861
　　通过硝基化合物的还原，923
氢化偶氮（肼基）化合物，通过硝基化合物的还原，937
　　还原成胺，934
氢化偶氮（肼基）化合物，也见肼，芳基或二芳基
氢化钯，542
氢化热，20
　　对于苯，20
　　环辛炔，107
　　氢化物，845
氢化物，还原，醛或酮，916-920
　　羰基，机理，918
　　酮，Cram 规则，920
氢化物还原，"自由的"负氢离子，919
　　复合物形成，919
　　溶剂，918
　　正离子的作用，919
氢化物，金属，也见金属氢化物

氢化物，铝，见氢化铝
氢化物，铝锂，见氢化铝锂
氢化物，硼氢化钠，见硼氢化钠
氢化物，三叔丁氧基，锂，酰卤还原成醛，921
氢化物，三叔丁氧基铝，与硼烷，845
氢化物，三烷基锡，卤代烷的还原，926
　　AIBN，硫代碳酸酯的还原，928
　　苯基硼酸，醛的还原，918
　　醛的还原，918
　　与自由基，491
氢化物，烷氧基，腈的还原，923
氢化物，锡，醛或酮的还原，918
氢化物，自由的，919
氢化锡，见氢化物
氢甲酰化，八羰基合二钴，568
　　Tishchenko 反应，569
　　π-烯丙基复合物，569
　　对映选择性，569
　　环化，569
　　金属催化的，羰基合成，568
　　聚合反应，569
　　可容许的官能团，569
　　立体选择性，569
　　羟醛反应，569
　　炔烃，569
　　炔烃，金属催化的，569
　　烯烃，568
氢键，58-60
　　C—H，60
　　IR，60
　　NMR 和 IR，59
　　pK，196
　　S—H，60
　　醇-炔烃，60
　　二吡咯烯酮，60
　　沸点，59
　　分子间的，59
　　分子识别，63
　　光谱检测，63
　　化学性质，60
　　键能，13
　　理想气体，60
　　内部的，190
　　偶合常数，59
　　炔烃，60
　　溶解性，60
　　熔点，59
　　弱的，60
　　酸性，58,196
　　羧酸，58

烯醇含量，43
酰胺，60
酰氟，705
协同的，59
与半胆红素，60
与卤化氢，60
与杂原子，59
在二羧酸中，59
在烯醇中，59
在酰胺中，59
质子转移，190
自由基，137
氢键，Diels-Alder 反应的加快，584
氢键，受体碱性，58
　X 射线晶体学，59
　丙酮水溶液，59
　不对称的，59
　对称性，59
　分叉的，59
　分子内的，58
　环大小，59
　几何结构，59
　碱性，189
　客体-主体相互作用，63
　三中心的，59
　烯醇稳定化，400
　中子衍射，59
氢键半径，59
氢键复合物，192
氢键键长，59
氢交换，环丙烯衍生物，35
　反应活性和结构，398
　机理，398
　亲电芳香取代，355
　氢化，543
　烯烃的偶联，410
　与碳负离子，396
　与碳正离子，410
　在超酸中，398
　在催化氢化中，542
　在碱中，398
氢交换试剂，自由基，561
氢解，芳香化合物的氢化，544
　胺，931
　环丙烷，547
　醚的裂解，276
　羟胺，671
　酰卤，921
氢金属化，烯烃，549
　炔烃，549
氢-金属交换，420

CIDNP，420
　机理，420
　自由基，420
氢醌，通过醌的还原，917
　窗格型化合物的主体，65
　氧化生成醌，897
氢-锂交换，与芳香化合物，462
[1,3] 氢迁移，853
[1,5] 氢迁移，853
　与乙烯基吖丙啶，853
氢迁移，卡宾重排，827
[1,7] 氢迁移，异面迁移，853
　光化学的，853
氢氰酸，见 HCN
氢羧基化，酸催化的，566
　CO，566
　Koch 反应，566
　Markovnikov 规则，566,567
　金属催化的，机理，567
　炔烃，566
　羰基合镍，566,567
　烯烃，566
氢锡化，声化学，180
　共轭酯，546
氢溴酸，见 HBr
氢氧根离子，卤代烷，257
　Reimer-Tiemann 反应，369
　与芳基卤，450
　与硅烷反应，130
　与酰胺反应，208
氢氧化钾，见 KOH
氢氧化锂，碱，268
氢氧化钠，Cannizzaro 反应，937
氢氧化铯，作为碱，268
氢氧自由基，493
氢原子，被自由基夺取，495
　被自由基夺取的速率，结构，495
氢原子，氧化或还原，891
　Schrödinger 方程，2
　波函数，2
　跨环迁移，827
氢原子夺取，178
氢原子迁移，跨环的，827
氢原子转移，氧化还原，892
氢转移，过氧环氧乙烷，502
氢转移，[1,4]，在自由基环化中，853
　分子内的，493
　自由基，491
　自由基，三丁基氢化锡，491
　自由基，烷基硅烷，492
　自由基环化，562

氰胺，环化三聚，599
　来自 HCN 对 C＝N 化合物的加成，702
　来自胺，410
　来自羟基酮，270
　来自醛或酮，270
　生成，对映选择性，702
　与三氟乙酸酐，845
　与酸酐，845
氰醇，565
　Kiliani-Fischer 方法，702
　安息香缩合，701
　极性反转，292
　来自 HCN 与羰基，701
　来自金属氰醇，701
　来自裂解酶，701
　来自醛或酮，701
　来自三甲基氰硅烷，701
　来自亚硫酸氢盐加成产物，702
　裂解，421
　水解，665
　形成胺，297
　形成，对映选择性，701,702
　与卤代烷，297
　在离子液体中形成，701
氰根离子，两可亲核试剂，298
　Strecker 合成，702
　从酯到酰胺，716
　二乙基膦酰，298
　共轭加成，569
　钾，安息香缩合，703
　金属，Rosenmund-von Braun 反应，454
　金属，见金属氰化物
　金属，与芳基卤，454
　铜，酰卤，723
　锌，见锌
　异腈，298
　与芳基硝基化合物，468
　与卤代烷，255,297
　与硼烷，845
　与醛，703
　与醛，共轭加成，565
　与醛或酮，702
　与醛或酮，金属催化剂，701
　与醛或酮，生物催化剂，701
　与乙烯基三氟甲磺酸酯，298
　在 Michael 反应中，556
　作为两可亲核试剂，255
　作为亲核试剂，702
氰化钾，与 Lewis 酸，298

氰化铝，与酮，701
氰化钠，Rosenmund-von Braun 反应，454
  与 Lewis 酸，298
  在 HMPA 中，298
氰化铜，Rosenmund-von Braun 反应，454
  与芳基重氮盐，507
氰化物，也见腈
氰化物，三甲基硅基，298
  生成氰醇，701
  生成氰醇，催化剂用于，701
  与烯烃和银盐，569
氰化物，三甲基硅基，见三甲基氰硅烷
氰化物，通过脲的脱水，805
  甲苯磺酰胺，与烯醇负离子，410
  三甲基硅基，Ritter 反应，724
  水解，163
  乙烯基，来自乙烯基卤，298
  乙烯基，来自乙烯基三氟甲磺酸酯，298
氰化物，形成酰基，机理，723
  来自酰卤和氰化铜，723
  与烯丙基卤，721
氰化锌，Gatterman 反应，369
氰化亚铜，与重氮烷，270
  与金属有机，417
氰化银，256
氰基胺，氨的加成，674
  Ritter 反应，724
  水解，665
  脱羧反应，269
  形成胺，269,278
氰基，还原成甲基，与萜烯，925
氰基化，离子自由基，410
  对映选择性的，569
  芳基卤，454
  芳基卤，无金属的，454
  芳香化合物，371
  金属催化的，410
  金属磺酸酯，454
  羰基化合物，410
  烷烃，410
  硝基化合物，410
  自由基，298
氰基甲胺，410
氰基甲烷，pKa，195
氰基硼氢化钠，见氰基硼氢化物
氰基硼氢化物，钠，卤代烷的还原，926
  共轭烯烃的还原，546

氰基铜酸酯，558
氰基酮，701
  氰基被取代，286
  与苯并三氮唑，721
氰基亚胺，来自腈，695
氰基亚胺，通过 Ehrlich-Sachs 反应，695
氰基乙基化，526
氰基乙酸酯合成，289
氰脲酸，与酰胺和醇，712
氰脲酰氟，与羧酸，718
氰酸酯，来自卤代烷和异氰酸酯，255
  苯基，与有机锂试剂，454
  卤代，572
球面，95
球磨，氧化酰胺化，504
球形芳香性，40
球形配体，63
球形同芳香性，40
区域化学，臭氧化物形成，900,901
  E2 反应，787
  消除，787
  在 Heck 反应中，456
区域选择性的，定义，255
区域选择性，对于烯烃与醇，536
  对于金属有机与杂原子反应，412
  对于酮的卤化，402,403
  对于烷烃的卤代，498
  对于烯烃的氢甲酰化，569
  对于烯烃的双羟基化，574
区域选择性，两可亲核试剂，255
  Hofmann 规则，788
  Stille 偶联，407
  Zaitsev 规则，787
  芳炔的形成，448
  非对称的酮，291
  空间效应，256
  卤素自由基，498
  硼氢化，548
  烯醇负离子，291
  形成苯炔，446
区域选择性，在 [3+2] 环加成反应中，582
  在 Dieckmann 缩合中，722
  在 Diels-Alder 反应中，585,586
  在 Heck 反应中，456
  在 Mannich 反应中，672
  在分子内羟醛反应中，689
  在 [3+2] 环加成反应中，FMO，582
  在热解消除中，792

  在酯交换反应中，712
  区域选择性，酯和酮的缩合，723
  定义，529
  共轭二烯，530
  环化三聚，599
  环氧化物卤化，277
  交叉羟醛反应，688
区域异构体，Diels-Alder 反应，585
取代，S_E1，348
  底物的影响，397
  共振，395
  机理，395
  金属有机，397
  离去基团效应，397
  溶剂效应，398
  一级动力学，395
  乙烯基碳，396
  锥形的碳负离子，395
取代，S_Ei'，397
取代，S_Ei，立体化学，394
  机理，393
  溶剂效应，398
取代，S_E2，立体化学，393,394
  底物的影响，397
  机理，393
  溶剂效应，398
取代，S_E2'，393,397
取代，S_N'，240
取代，S_N1，羧酸盐烷基化，263
  伯卤代烷和金属离子，252
  反应速率，B 张力，244
  过渡态，251
  机理，226
  机理，离子对，228
  基团的反应活性，246
  立体化学，在乙烯基碳上，242
  亲核芳香的，445
  三氯胺与烯烃，272
  烯丙基重排，239
  形成亚硝酸酯，273
取代，S_N1，也见 S_N1
取代，S_N1，在乙烯基碳上，242
  丙二烯基团，242
  环丙基，242
  取代基效应，244
  炔基，242
  乙烯基，242
  在乙烯基碳上，244
取代，S_N1，芳香化合物，同位素标记，446
  芳香的，446

主题词索引

取代，S_N1机理，与卤代烷，208
　Baker-Nathan顺序，245
　I张力，209
　MO计算，246
　S_N2，227
　部分保持，230
　重氮盐，250
　重排，822
　醇脱水，262
　二环化合物，228
　反应速率，227，244
　芳基重氮盐，445
　芳基碘鎓盐，445
　高氯酸锂，252
　共轭的取代基，228
　混合S_N2，230
　极限S_N1，227
　降冰片基化合物，228
　接触的离子对，229
　紧密离子对，229
　紧密离子对，229
　离去基团，227
　离子对，229，240
　离子对机理，230
　离子化，226
　离子强度，227
　立方烷基化合物，228
　立体化学，230
　两可底物，256
　卤代烷，在二氧化硫中，228
　内返，229
　平衡，228
　桥头碳，228
　亲电加成，523
　亲电性，226
　亲核试剂，247
　取代基效应，244，245
　溶剂，227
　溶剂极性，251
　碳正离子，226，228
　特殊盐效应，229
　外消旋化，228
　烯丙基底物，244
　盐效应，252
　张力，245
　准一级的，227
取代，S_N1'，239
取代，S_N1'，IUPAC命名
　动力学和离去基团，227
　命名，239，240
取代，S_N2，从头算研究，226

两可底物，256
羧酸盐烷基化，263
取代，S_N2，活泼亚甲基化合物，289
　Baker-Nathan顺序，245
　Brønsted关系，226
　Finkelstein反应，274
　Friedel-Crafts烷基化，364
　Hammond假设，161
　Marcus理论，162
　Mentshutkin反应，226
　Walden翻转，225
　Williamson反应，260
　吖丙啶形成，297
　保持，225
　背面进攻，224
　醇脱水，262
　二环化合物，246
　翻转，225
　反应速率，224，243，244
　高压质谱，225
　过渡态几何结构，244
　环氧化物与金属有机，287
　磺酰卤，265
　混合S_N1，230
　交叉实验，226
　离子对机理，230
　离子-偶极复合物，226
　立体中心原子，82
　邻基，232
　邻位协助，232
　螺桨烷，246
　桥头碳，225，246
　亲核试剂，247
　亲核性顺序，248
　取代基效应，243
　溶剂效应，226
　羧酸酯，251
　同位素效应，167
　外消旋化，226
　新戊基体系，243，394
　形成二醇，574
　杂化，224
　自由能，226
取代，S_N2，见S_N2
取代，S_N2，苹果酸的氯化，225
　苄基卤的溶剂解，245
　反应速率，243
　分子内的，226
　过渡态，226，243，251
　过渡态，新戊基体系，394
　合成反应，表，246

机理，224-226
基团的反应活性，246
紧密过渡态，244
气相，225
溶剂化规则，251
溶剂效应，251
相对于SN2反应，240
形成卤代烷，274
质子溶剂相对于非质子溶剂，251
准一级反应动力学，225
取代，S_N2（中间体），231
取代，S_N2'，240
　环丙基甲基卤，241
　立体化学，240
　协同反应，240
　形成环胺，268
　有机铜酸盐，241
　与乙烯基环氧化物，287
　与有机铜酸盐，288
取代，S_N2'，也见S_N2'
取代，S_NAr，连接基团的活化能力，448
　Hammet关系，448
　Meisenheimer盐，444
　π-复合物，445
　底物结构的影响，448
　二聚体机理，445
　反应速率，448
　分配效应，445
　机理，444，445
　离子-自由基对，445
　溶剂效应，445
取代，S_NAr，也见S_NAr
取代，S_Ni，构型保持，239
　IUPAC命名，239
　机理，239
取代，S_Ni，也见S_Ni
取代，S_Ni'，240
　离子对，240
取代，$S_{RN}1$，芳基卤，447
　超声，447
　机理，447
　机理，自由基，447
　机理，自由基链，447
　金属钾，447
　亲核性，449
　溶剂效应，447
　声化学，180
　烯醇负离子芳基化，460
　乙烯基卤，242
　自由基负离子，447

取代，$S_{RN}1$，也见 $S_{RN}1$
取代，反应，HSAB，256
取代，芳香的，活化基团，448
  Baker-Nathan 顺序，350
  薁，32
  超共轭，350
  钝化基团，448
  芳香性，33
  环庚三烯酚酮，31
  间位定位，349
  邻-对位定位，349
  轮烯，36，37
  茂金属，31
  去稳定化基团，349
  稳定化基团，349
取代，芳香化合物，卤化，359
取代，极性亲核芳香的，447
取代，亲电的，156，466
  单分子的，见取代，SE1
  底物影响，397
  电子供体-受体复合物，395
  环状机理，397
  加成-消除机理，397
  金属有机，394
  立体化学，394
  桥头碳，394
  溶剂极性，395
  溶剂效应，398
  双键迁移，396
  速率，盐效应，394
  烯丙基碳负离子，396
取代，亲电的芳香的，HSAB，353
  EPR，352
  Hammett 方程，353
  Mills-Nixon 效应，352
  SET 机理，354
  π-复合物，347
  胺化，见胺化
  苯鎓离子，236
  重氮离子，357
  多重取代基，351
  反应活性大小，353
  芳基正离子，346
  活化硬度，353
  基团间的共振，352
  键长，352
  交替烃，352
  邻基，236
  萘，351
  选择性关系，353
  张力，352
  自由基，354
取代，亲电的芳香的，蒽，351
  Brown σ^* 值，353
  Friedel-Crafts 烷基化，362
  Hammett σ 值，353
  本位，351
  本位进攻，350，353
  苯甲酰化，354
  呋喃，351
  汞化，354
  离去基团，355
  离去基团能力，355
  卤化，金属催化的，360
  氯化，354
  萘，351
  偶氮化合物，357
  氢交换，355
  硝化，354，356
  溴化，354
  异丙基化，354
  异构体分布，352，353
  杂环，351
  在稠环中，351
  遭遇复合物，354
取代，亲电的芳香的，硝化，也见硝化
  在离去基团中的硝鎓离子，355
取代，亲电的芳香的，硝鎓离子，351
  Schiemann 反应，361
  吡啶或吡咯，352
  底物的反应活性，353
  定位，348
  菲，351
  分速率因子，352
  砜或亚砜，359
  磺酰化，见磺酰化
  空间效应，353
  邻位-对位比率，350
  邻位效应，351
  硫亲电试剂，358
  噻吩，351
  速率，350，352
  相对反应速率比，353
  选择性关系，353
取代，亲核的，156
  芳基底物，244
  分子内的，469
  离去基团，244
  炔基碳，244
  烯丙基取代，239
  相转移催化，254
  乙烯基碳，241，244
  在磺酰基硫上，727
  在乙烯基碳上，元素效应，241
取代，亲核芳香的，Chapman 重排，866
  Meisenheimer 盐，444
  S_N1，445
  S_NAr，444，445
  $S_{ON}2$ 反应，451
  苯炔机理，446，447
  底物结构，448
  芳炔，底物结构，448
  机理，444，445
  离去基团，449
  离去基团顺序，449
  其它机理，447
  亲核反应活性顺序，449
  亲核试剂，449
  声化学，180
  速率，444，445
  一阶段相对于两阶段，447
  移位取代，446
  中间体，444，445
  自由基正离子，451
取代，亲核内部的，见取代，S_Ni
取代，氢的代理亲核取代，463
  代理的，杂环的胺化，463
取代，相对于消除，783，789，790
  电荷分散，791
  碱强度，790
  离去基团，790
  溶剂效应，791
取代，一级反应，227
取代，移位，446，451
  Stille 偶联，407
取代，在酰基碳上，244
  双分子，见取代，SN2
  在硫上，S_N2 机理，727
  在硫上，构型翻转，727
  在硫上，机理，727
  在硫上，同位素标记，727
  在乙烯基碳上，UV，241
  在乙烯基碳上，立体化学，242
  在乙烯基碳上，吸电子基团，242
取代，脂肪族的，224
  E1 反应，783
  SET 机理，244
  Sneen 过程，230
  β-支链，243
  边界机理，231
  苄基底物，244
  卡宾，142
  空间张力，243

亲电的，466
溶剂解，224
烷基化，224
烯丙基底物，244
溴，394
取代，自由基，157
取代，自由基，机理，492
取代反应，活化熵，232
 IUPAC 机理，249
 IUPAC 命名，220
 β-取代基效应，245
 γ-取代基效应，245
 超临界二氧化碳，253
 二级同位素效应，246
 基团，表，246
 离去基团能力，表，250
 离去基团效应，249
 溶剂效应，251
 压力，230
取代反应中的基团，表，246
取代机理，氧化-还原，892
取代基，碳正离子，128
 环己烷，能量，99
 自由基稳定性，136
取代基效应，酸性，194
 Diels-Alder 反应的机理，587
 Hammet $\sigma\rho$ 关系，245
 S_N2 反应，243
 S_N1，在乙烯基碳上，243
 β-和 γ-取代基，245
 场效应，244
 电环化开环，847
 给电子基团，245
 共振效应，244
 硫醇与炔烃，537
 卤代烷，在 E2 反应中，789
 溶剂解速率，235
 四面体机理，245
 吸电子基团，245
 与苯甲酸，195
 与卤鎓离子，525
 在 Heck 反应中，457
 在形成烯醇负离子中，401
 自由基，495
取向，加成反应，529,531
去外消旋化，拆分，89
 Sphingomonas pauchimobilis，89
 生化的，89
去稳定化基团，碳正离子，244
权重因子，波动方程，3
全氘代，烯烃，398

全略微分重叠法，19
全重叠式构象，96
醛，9-BBN，548
 Baylis-Hillman 反应，681
 Cannizzaro 反应，937
 Claisen-Schmidt 反应，688
 Claisen 缩合，691
 Collman 试剂，298
 Dakin 反应，842
 Knoevenagel 反应，692
 Mannich 反应，672
 McMurry 反应，935
 Mukaiyama 羟醛缩合反应，690,691
 Paterno-Büchi 反应，725
 Perkin 反应，693
 Peterson 烯基化，694
 Reformatsky 反应，682
 Stetter 反应，566
 Tischenko 反应，938
 Tollens 反应，695
 安息香缩合，703
 半缩醛胺，668
 插入，411
 互变异构，43
 极性反转，294
 羟醛缩合反应，687-691
 生成缩醛胺，669
 生成烯醇负离子，677
 碳负离子，134
 亚硫酸氢盐加成产物，668
 用于 C=N 化合物水解的试剂，663,664
 自动氧化，501
醛，Friedel-Crafts 环化，365
醛，Henry 反应，692
 Nozaki-Hiyama 反应，679
 Paterno-Büchi 反应，595
 Pictet-Spengler 反应，365
 Prins 反应，581
 在 Reimer-Tiemann 反应中，369
醛，Meyers 醛合成，295
 比酮反应活性大，660
醛，Wolff-Kishner 还原，928
醛，α-卤代，501
醛，醇的加成，665
 重氮甲烷，835
 对烯烃，565
 对烯烃，在离子液体中，566
 二烷基锌试剂，678
 格氏试剂，机理，676,677
 金属有机，677-681

硫醇，667
 水，663
 烯丙基硼烷，680
 酰胺，672
 有机锂试剂，机理，677
醛，催化氢化，917
 化学选择性的还原剂，917
 手性的，689
 缩合，见羟醛
 与酯缩合，691
醛，芳香，Gatterman 反应，369
 安息香缩合，703
 氨和金属过氧化物，504
 来自芳香化合物，368
 逆 Gatterman-Koch 反应，375
 生成腈，669
 试剂，用于苄基氧化，908
 通过苄基 CH 氧化，908
 通过甲基芳香化合物的 α-CH 氧化，908
 脱羰基化，375
 亚胺盐，369
醛，共轭的，复分解，863
 E/Z-异构化，与硫脲，533
 还原，微波，546
 来自烯丙基丙二烯醚，858
 来自乙烯基硅烷，417
 羟醛缩合反应，687-691
 用于共轭还原的试剂，546
 用于烯烃还原的试剂，546
 有机锂试剂，559,675
 有机铜酸盐，558
 与格氏试剂，675
 与硼烷，560
醛，共轭的，见共轭化合物
醛，共轭加成，微波，565
醛，还原，Cannizzaro 反应，918,937
 生成醇，916-920
 生成甲基，试剂用于，929
 相对于酮，917
 与硅烷，918
 与甲酸铵，918
 与金属，917
 与酶，919
 与面包酵母，918
 与硼烷，918
 与氢化铝（铝烷），918
 与氢化物，916
 与氢化锡，918
 与乙醇中的钠，917
 与乙醇中的钠，机理，917

与异丙醇铝, 917
在离子液体中, 919
醛, 还原胺化, 671, 672
醛, 还原二聚, 666
醛, 还原偶联生成二醇, 试剂, 934
醛, 还原偶联生成烯烃, 试剂, 935
醛, 金属催化下对烯烃的加成, 565
　卤代酯的加成, 682
　脱羰基化, 511
　脱羰基化, 机理, 511
　与烯酮环加成, 725
醛, 来自酰卤, 298, 921
　来自 Weinreb 酰胺, 921
　来自胺, 909
　来自醇, 842
　来自单线态氧对烯烃的环加成, 591
　来自噁唑, 295
　来自二卤化物, 257
　来自高烯丙醇, 805
　来自格氏试剂, 461
　来自环氧化物, 830
　来自磺酸酐, 369
　来自甲基, 866
　来自甲酸, 417
　来自金属化的亚胺, 727
　来自金属有机, 417
　来自卤代烷, 298
　来自卤代酰胺, 838
　来自氯仿, 369
　来自氯亚胺盐, 923
　来自硼酸和有机锂试剂, 845
　来自醛, 921
　来自炔烃, 硼氢化, 549
　来自噻唑, 295
　来自噻唑啉, 295
　来自缩水甘油酸, 421
　来自缩水甘油酸酯, 694
　来自烃, 417
　来自烯丙基醚, 844
　来自烯醇, 421
　来自烯醇醚, 794
　来自烯醇硼酸酯, 560
　来自酰胺, 921
　来自亚胺盐, 804
　来自亚砜, 294
　来自亚硝基化合物, 866
　来自乙烯基化合物, 258
　来自有机锂试剂, 461
　来自酯, 921
醛, 立体位阻和还原, 917
　互变异构, 400

互变异构, 糖, 44
结构需求和 Wittig 反应, 696
三聚, 724
乙烯基化, 291
醛, 两性, 401
醛, 卤化, 对映选择性, 402
水化, 663
同系化, 835
烯醇醚的水解, 696
乙酰氧基硫化物的水解, 938
醛, 硼烷还原试剂, 918
醛, 生成吖嗪, 669
醛, 生成氰胺, 270
硅基烯醇醚, 409
腈, 试剂用于, 670, 671
酮, 409, 410
烯醇负离子, 687
氧代碳正离子, 832
醛, 生成缩醛, 665
醛, 酸催化醛的加成, 724
重排, 832
醛-羧酸, 分子内反应, 691
醛, 通过 Reissert 化合物的酸处理, 921
通过 Barton 反应, 866
通过 C═N 化合物的水解, 663
通过 Étard 反应, 908
通过 Kornblum 反应, 908
通过 McFadden-Sevens 还原, 921
通过 Nef 反应, 664
通过 Oppenauer 氧化, 895
通过 Rosenmund 还原, 921
通过 Schiff 碱的水解, 663
通过 Sommelet 反应, 909
通过 Sonn-Müller 方法, 922
通过 Stephen 还原, 923
通过 Vilsmeier-Haack 反应, 368
通过 Wacker 反应, 911
通过胺的氧化, 909
通过醇的 DMSO 型氧化, 896
通过醇的氧化, 894-897
通过醇的氧化, 试剂用于, 895
通过醇盐的水解, 919
通过二醇的氧化裂解, 898
通过高烯丙醇的热解, 805
通过腈的还原, 试剂, 923
通过卤代烷的氧化, 908
通过咪唑的还原, 921
通过硼烷的还原, 845
通过酸酐的还原, 921
通过羧酸的还原, 试剂, 921

通过羧酸酯的还原, 试剂, 921
通过烯丙基醚的热解, 806
通过烯醇醚的热解, 794
通过烯醇醚的水解, 535
通过烯烃的臭氧分解, 900
通过烯烃的氧化, 911
通过烯烃的氧化, 试剂用于, 911
通过酰基磺酰肼的碱性裂解, 921
通过酰卤的还原, 试剂, 921
通过亚胺的水解, 909
通过乙酰缩醛的水解, 908
通过与苄基卤的 Kröhnke 反应, 909
通过与酮的羟醛缩合, 688
通过原酸酯的还原, 927
通过脂肪族的 Vilsmeier 反应, 408
通过酯的 Dibal 还原, 921
醛, 烷基化, 290
醛, 烷基化-还原, 677
醛, 烯胺, 688
与 HCN, 701
与 LDA, 687
与碘, 氨, 504
与高烯丙醇, 703
与格氏试剂, 675-677
与肼, 669
与锂化硅烷, 694
与锂化酰胺, 676
与卤代酯, 694
与羟胺, 670
与羟胺和甲酸, 670
与酮, 695
与烯醇负离子, 134, 687-691
与烯醇负离子, 见羟醛
与烯酮亚胺, 680
与亚胺, 935
与亚胺酯, 289
与异氰化物, 羧酸, 727
与吲哚, 680
与腙, 685
醛, 酰基过氧化物, 503
手性酰胺, 679
与吖丙啶, 263
与胺, 293, 365, 668, 671, 704, 910
与胺和氢气, 671, 672
与重氮甲烷, 700
与重氮甲烷, 生成酮, 412
与重氮烷, 598, 700
与重氮酯, 409
与醇, 666
与醇和 HX, 675
与二卤卡宾, 700

主题词索引

与二烯烃, 680
与芳基卤化物, 680
与芳香化合物, 364
与共轭化合物, 681,701
与共轭酮, 自由基, 704
与共轭酯, Stetter 反应, 680
与硼酸, 680
与硼酸, 对映选择性, 680
与硼烷, 过渡金属催化剂, 680
与硼稳定化的碳, 409
与氰根离子, 702,703
与氰根离子, 共轭加成, 565
与醛, 724
与炔负离子, 678
与炔负离子, 对映选择性, 678
与炔烃, 680
与炔烃和胺, 684
与手性硼烷, 681
与双格氏试剂, 676
与酸催化剂, 689
与酸酐, 693
与碳酸酯, 723
与烯丙基硅烷, 701,671
与烯丙基硅烷, 过渡金属, 681
与烯丙基硼酸酯, 681
与烯丙基三卤硅烷, 681
与烯丙基锡化合物, 679
与烯烃, 680,703
与烯烃或炔烃, 680
与酰胺, 273
与酰胺, Ba 催化剂, 691
醛, 氧化, 醇, 501
  生成羧酸, 895,909-911
  生成羧酸, 机理, 910
  生成羧酸, 试剂用于, 910
  生成羧酸酯, 909,910
  与高锰酸盐, 机理, 910
  与铬酸, 机理, 910
醛, 氧气和烯烃, 578
醛, 与 MeLi 和 CH_2I_2, 676
  与 NBS, 自由基卤化, 501
  与 TMSCN, 胺 N-氧化物, 701
  与 TMSCN, 高氯酸锂, 701
  与 TMSCN, 无溶剂, 701
  与苯肼, 860
  与氮酸酯, 692
  与叠氮化钠, 718
  与各种金属盐, 680
  与硅基烯醇醚, 手性硼烷, 689
  与过渡金属, 酰基自由基, 491
  与磺酰胺, 672

与金属有机, 87
与金属有机, 对映选择性, 678
与聚合物负载的硼酸酯, 681
与磷叶立德, 695
与膦酸酯, 680,697
与硫代二苯乙醇酸, 807
与硫代酯, 691
与硫叶立德, 699,700
与氰化钾, 703,704
与三氟硼酸盐, 681
与硝基化合物, 692
与亚硫酸氢钠, 668
与叶立德, 695-699
与乙酸乙烯酯, 836
与有机铬化合物, 679
与有机锂试剂, 675,693
与有机铝或有机钛, 679
与有机铜酸盐, 680
醛, 与醇还原烷基化, 666
醛, 与共轭酯的分子内加成, 680
  $LiAlH_4$ 还原, 机理, 918
  Meerwein-Ponndorf-Verley 还原, 917
  碘化, 402
  水化机理, 663
  烯丙基硅烷的 Lewis 酸芳基加成, 681
醛, 与羧酸酯偶联, 试剂, 938
  安息香缩合中去质子化, 704
  对烯烃的环加成, 725
  对映选择性的酰基加成, 见酰基加成
  氟化, 402
  环化, 566
  酶法还原, 918
  亲电性, 690
  脱氢化, 894
  脱羰基化, 178,826,800
  烯醇含量, 43
  与 Wilkinson 催化剂脱羰基化, 511
醛, 与烯烃光化学 [2+2] 环加成, 595
  保护, 259
  保护基, 668
  对烯烃的光化学加成, 566
  对烯烃的自由基加成, 机理, 566
  光化学, 174
  与胺反应, 668
  与醇反应, 可兼容的官能团, 665
  与碱反应, 687
  与酸酐反应, 666
醛, 作为亲双烯体, 591
醛-烯烃, 环化, 680

醛-烯烃, 自由基环化, 563
醛亚胺, 见亚胺
炔胺, 水化, 535
炔胺, 也见炔烃-胺
炔丙二烯, 来自炔烃, 552
炔丙基胺, 环化三聚, 599
炔丙基, 锂化, 硅基保护基, 281
  与卤代烷, 281
炔丙基重排, 241
炔丙基锂试剂, 280
炔丙基硫化物, 678
炔丙基碳酸酯, 266
炔丙基碳正离子, 126
炔丙基体系, 烯丙基重排, 241
炔丙基乙酸酯, 见乙酸酯
炔丙基乙酸酯, 与炔烃, 553
炔丙基自由基, 136
炔丙基, 作为邻基, 244
炔醇, 脱水, 794
  来自丙二烯硼烷和醛, 548
  水化, 536
炔醇盐, 与二烯烃, 721
炔-二烯烃, Pauson-Khand 反应, 567
炔负离子, 377
炔负离子, 金属, Stephens-Castro 偶联, 459
  与芳基卤, 459,460
  与芳基卤, 也见 Stephens-Castro
  与硼烷, 845
炔负离子, 也见乙炔负离子
  Favorskii 反应, 678
  Knoevenagel 反应, 692
  Nef 反应, 692
  1,2-烷基迁移的从头算研究, 827
  与醛和酮, 678
  与醛或酮, 对映选择性, 678
炔化合物, 亲核取代, 243
炔硫醚, 水化, 535
炔醚, 水化, 535
炔硼烷, 见硼烷
炔酸, 环化, 581
炔羧酸, 生成内酯, 537
炔烃, Michael 加成, 557
炔烃, Michael 型, 硫醇的加成, 538
炔烃, 重排, 生成丙二烯, 400
炔烃, Pd 催化, 交叉偶联, 297
炔烃, 催化氢化, 541,544
  立体选择性, 542
炔烃, 二胺化, 579
  单烯反应, 555
  二聚, 金属催化, 552

生成桥离子，529
生成乙烯基碳正离子，525
双羟基化，576,904
炔烃，反 Markovnikov 水化，535
炔烃，β-反式（anti）消除，782
炔烃，反应，与二烷基铝试剂，550
　与金属有机，549
　与卤代硼烷，509
炔烃，复分解，863
炔烃，共轭加成，559
　铜介导的偶联，505
　转化成缩酮，536
炔烃，硅基，卤化，416
炔烃，硅基，烷基化，297
　金属催化下与芳基卤偶联，460
　作为保护基，505
炔烃，过氧基汞化，537
炔烃，还原偶联，552
炔烃，还原，与 Dibal，544
　与氨中的金属，544
　与氨中的钠，600
炔烃，环化三聚，598
　金属催化剂和金属催化，598
炔烃，[2+2] 环加成，592,594
　与环丙烷，593
　与烯烃，594
炔烃，[3+2] 环加成，583
炔烃，混合卤化，570
炔烃，加成反应，297
　HCN，569
　HX，525
　HX 酸，533
　Markovnikov 规则，533
　Normant 试剂，554
　UV 光，529
　π-轨道，529
　吖丙啶，583
　次卤酸，571
　硅烷，分子内，551
　磺酸，537
　磺酰卤，572
　金属有机化合物，554
　生成卤鎓离子，529
　通过硼烷，846
　酰基化合物，565
　有机锂试剂，553
　有机铜酸盐，555
炔烃，甲基硫，金属催化下与芳基硼酸
　偶联，460
炔烃，交叉偶联，552
　环丙基，自由基，137

环化，553
环状多聚炔烃，505
交叉复分解，863
与二烯烃环加成，584
炔烃，金属催化，胺化，539
　共轭加成，559
　环化三聚，599
　偶联，505
　氢甲酰化，569
　水化，535
　羰基化，567
　与二氧化碳羧基化，537
　与炔烃偶联，552
　与三芳基锑偶联，460
　与乙烯基卤偶联，552
炔烃，金属催化，酰胺的加成，540
　到烯烃，551
　芳基硼酸，554,555
　格氏试剂，553
　膦，539
　三烷基硼烷，555
　酰亚胺，540
炔烃，金属化，412,413
炔烃，金属化的，偶联反应，297
炔烃，金属化的，与硼烷，846
炔烃，金属介导的，与卤代烷偶联，297
　HCN 的加成，569
　偶联，552
炔烃，来自卤代烷，与 Co 催化剂，799
　来自氮烯和烯烃，580
　来自二卤代砜，801
　来自芳基卤，459,460
　来自芳基卤，见 Stephens-Castro
　来自金属炔负离子，459,460
　来自金属炔负离子，也见 Stephens-
　　Castro
　来自腈，459
　来自硫杂环丙烯二氧化物，801
　来自硼烷，800,846
　来自硼烷，金属炔负离子，845
　来自炔烃，通过复分解，863
　来自烯醇磷酸酯或烯醇三氟甲磺酸
　　酯，794
　来自乙烯基卤，240
炔烃，来自醛，696
　来自卤代烷，297
　来自烯烃，800
　腾基，417
炔烃，卤代，见卤代炔烃偶联反应，297
　与硼烷，846
炔烃，卤化，416,570

炔烃，内部偶联，553
　Lewis 酸催化，硅烷的加成，551
　Lewis 酸催化，卤代烷的加成，573
　分子内 Grignard 加成，553
　分子内偶联，552
　汞催化水化，机理，535
　锂化，412
　锂化，Pd 催化的偶联，280
　锂化，见锂化炔烃
炔烃，偶联，Sonogashira 偶联，506
　生成二炔，506
　与芳基吡啶鎓盐，460
　与硅烷，297
　与烷烃，297
　与有机钐化合物，297
炔烃，硼氢化，549
　还原成烯烃，544
　在烯烃存在下，549
炔烃，氢胺化，539
炔烃，氢芳基化，553
炔烃，氢硅烷化，551
炔烃，氢甲酰化，569
　与 Lindlar 催化剂，541
炔烃，氢金属化，549
炔烃，氢羧基化，566
炔烃，炔丙基，CH 氧化，907
　脱卤化，802
炔烃，三聚，598
炔烃，水化，535
　互变异构，535
　金属催化剂，535
炔烃，水化，无金属的，535
　决速步，536
炔烃，四聚，598
炔烃，酸催化的异构化，400
酰基加成，Barbier 反应，678
酰氧基化，581
炔烃，羰基化反应，567
　与芳基卤，462
炔烃，锑，与酰卤，719
炔烃，通过炔烃烷基化，297
　通过 E2 反应，782
　通过 Wittig-Horner 反应，697
　通过二卤代甲苯的氧化偶联，913
　通过碱促进的二卤化物的消除，799
　通过硼氢化，对映选择性，846
　通过双铵盐的热解，796
　通过脱卤化氢，799
　通过烯烃的脱氢，894
　通过酰基磷叶立德的热解，797
炔烃，α-烷基化，297

炔烃，硒基，水化，535
炔烃，烯烃异构化，535
 Friedel-Crafts 烷基化，362
 Fritsch-Buttenberg-Wiechell 重排，799
 Glaser 反应，505
 氢键，60
 生成烯醇酯，537
 质子转移，190
炔烃，相对于烯烃，催化氢化，541
 在臭氧分解反应中，900
 在加成反应中，529
炔烃，氧化裂解，902
炔烃，氧化，生成二酮，911
 生成二酮，试剂，911
炔烃，与醇，536
 与吖丙啶，583
 与氨基甲酸酯，297，417
 与胺，538
 与胺，分子内的，539
 与胺，金属催化的，539
 与胺和 Pd 催化剂，543
 与丙二烯，553
 与儿茶酚硼烷，416
 与二酯，554
 与芳基卤，459，554
 与芳基卤，也见 Sonogashira
 与芳基硼酸，555
 与格氏试剂，377，412
 与环氧化物，287
 与卡宾，597
 与卤代烷，573
 与氯甲酸酯，719
 与醚，微波辐照，550
 与硼烷，845
 与醛和胺，684
 与醛或酮，680
 与炔烃，551-553
 与烷基硼酸，408
 与烯丙醇，554
 与烯丙基卤，554
 与烯丙基锌试剂，554
 与烯烃，551-553
 与溴，524
 与溴鎓离子，524
炔烃，与汞盐配位，535
炔烃，与亚胺，684
 与 In 试剂，554
 与 Schwartz 试剂，552
 与碘化叠氮，573
 与碘鎓盐，460
 与硅基烯醇醚，551，554

与硅烷，金属催化的，551
与硅氧烷，544，551
与磺酸，538
与磺酰卤，572
与甲苯磺酰亚胺，684
与金属，413
与金属有机化合物，554
与腈烯醇负离子，554
与硫醇，537
与硫醇，光化学的，537
与硫醇，金属催化的，538
与硫醇，可容许的官能团，537
与硫醇，取代基效应，537
与炔丙基乙酸酯，553
与三氟甲磺酰亚胺，535
与三氯异氰尿酸，416
与三烷基硅基卤化物，533
与硝酰氯，572
与氧化膦，539
与一氯化硫，578
与乙烯基碲，554
与异腈，铀复合物，686
与异氰化物，599
与有机锂试剂，553
与有机锌化合物，554
炔烃，在 Sonogashira 偶联中，459
 在 Cadiot-Chodkeiwicz 反应中，505
 在 Eglinton 反应中，505
 在 Hay 反应中，505
 在 Heck 反应中，456
 在 Stephens-Castro 偶联反应中，459
 在 Stille 偶联反应中，407
炔烃，自由基加成，562
炔烃，作为邻基，234
 碱催化的醇加成，536
 金属有机的双加成，554
 面包酵母还原，对映选择性，544
炔酮，399
炔酮，硅基膦的加成，551
 与硅基膦，551
炔酮，通过炔烃和芳基卤的羰基化，462
 共轭加成，硼烷，三氟化硼，561
 来自环氧基腙，803
 来自酰胺和炔基硼烷，720
 通过 Eschenmoser-Tanabe 环裂解，803
炔酰胺，460
炔酯，来自金属化炔烃，414

R

燃烧，热，13
燃烧热，13
 环烷烃，表，106

轮烯，39
顺/反异构体，91
烯烃稳定性，787
热点，声化学，180
热反应，烯烃，592
热化学，前线轨道方法，587
 炔烃的环化三聚，599
热化学数据，分子力学，102
热 [2+2] 环加成，592
热解，卤代烷，799
 Dewar 苯，850
 铵盐，796
 胺氧化物，797
 高烯丙醇，805
 环丙烷，103，832
 环丁烷，104
 环状过氧化物，807
 黄原酸酯，795
 联苯烯，851
 内酯，795
 羧酸，723
 羧酸，Ei 机理，795
 羧酸，也见脱羧反应
 羧酸铵，715
 烯醇醚，794
 腙鎓盐，804
热解，烯烃和硝酸，405
 醇盐，422
 环丁烯，846
 金属醇盐，794
 三烯烃，846
 四氟硼酸盐，415
 有机硼烷，837
 酯生成烯烃，795
热解，也见快速真空热解
热解消除，780
热解消除，也见消除
热力学反应，自由能，161
热力学和动力学控制，芳基正离子，348
热力学控制的反应，161
热力学控制，两可亲核试剂，256
 硫叶立德，700
热力学酸性，见酸性
热力学条件，烯醇盐缩合，290
热力学稳定性，炔烃异构化，400
 烯烃，400
 烯烃的重排，398，400
热裂环，环丁烯，594

热稳定性，季铵盐，253
热效应，微波化学，181
人名反应，220
溶剂，HMPA，451,698,720,867
　　NMP，670
　　非极性的，反应活性，213
　　极性和非极性的，213
　　离子的，214
　　离子化能力，252
　　诱导的手性，84
　　在氰根离子-卤代烷反应中，298
溶剂，超临界的，醇，929
　　氨，214
　　2-丙醇，918
　　二氧化碳，214,253,918
　　水，830
溶剂，醇，543
　　氨，450,797
　　胺，543
溶剂，非手性的，手性分子的 CD，84
　　酸性的，191
溶剂，非质子的，251,687
　　DME，693
　　DMF，454,902,932
　　DMSO，451,454,797,801
　　苯或甲苯，419
　　不对称的，合成，87
　　二甲基砜，454
　　芳香的，形成复合物，自由基，反应
　　　活性，497
　　癸烷，807
　　碱性的，191
　　介电屏蔽效应，251
　　手性的，NMR，90
溶剂的离子化能力，252
溶剂的溶剂化能力，表，252
溶剂分离的离子对，230
溶剂化电子，447
溶剂化，端基异构效应，100
　　反应速率，247
　　格氏试剂，132
　　离去基团，395
　　平衡离子，247
　　亲核性，247
　　碳负离子，131
　　穴状配体，248
　　有机锂试剂，133
　　自由基，491
溶剂化规则，S_N2 反应，251
溶剂化能，Baker-Nathan 效应，41
溶剂，[2+2] 环加成，592

Hammett 酸函数，191
Reformatsky 反应，682
反应速率，251
格氏试剂，419
碱强度，189
键能，14
亲核辅助作用，252
亲核性，247,251
氢化物还原，918
声化学，180
酸强度，189
酮的裂解，423
酮-烯醇互变异构，400
形成烯醇负离子，687
质子转移，190
溶剂，极性的，[2+2] 环加成加速，
　593
反应活性，213
非质子的，烯醇盐缩合，290
非质子的，烯醇盐烷基化，288
离子过渡态，250
相转移催化，253
异氰化物重排，843
溶剂，聚乙二醇，797
溶剂，醚，格氏试剂，132,133,675
硼氢化，547
溶剂，手性的，用于 NMR，90
溶剂，四亚甲基二胺，797
　　THF，932
电荷转移复合物的 UV，253
水，214,858
溶剂，酸性，199
　　DME，694
　　超临界 CO_2，505
　　二氧化硫，228
　　格氏试剂，133
离子化能力和离去基团，252
溶剂，酸性，190
　　自由能，191
溶剂，烯醇盐缩合，290
　　乙醇胺，270
溶剂，效应，自由能，252
离子对，124
叶立德反应，698
自由基，反应活性，497
溶剂，也见离子液体
溶剂，乙二醇，798,845
用于烯醇盐烷基化，290
溶剂，质子性的，251,687
相对于非质子性的，S_N2 反应，251
溶剂，自由基复合物，497

环丁砜，681,926
屏蔽效应，251
溶剂化能力，表，252
溶剂极性，亲电取代，395
S_N1 反应，251
过渡态，250,251
溶剂解，257
B 张力，208
Grunwald-Winstein 方程，244
I 张力，245,209
σ-键参与，236
苯鎓离子，236
边界机理，231
对速率的取代基效应，235
二氧六环，231
翻转，231
反应速率，235,236
芳香环参与，235
非经典碳正离子，234
硅基烷基参与，239
机理，229
甲基参与，238
结构影响，243
立体化学，235,236
邻基，233,235,236
邻基机理，233
邻位协助，234
皮秒吸收光谱，229
氢的参与，239
取代，224
去稳定化基团，244
溶剂的离子化能力，252
速率提高，237,238
碳正离子稳定性，228
特殊盐效应，229
外消旋化，229
烯烃邻基，234
氧鎓离子，231
重排，238
溶剂解，醇，824
溶剂解，卤代烷，397
机理，167
碳正离子，167
溶剂解，烷基甲苯磺酸酯，反应速率，
　244
苄基卤，245
碘代环戊二烯，35
碘代环戊烷，35
对溴苯磺酸酯，229,234
光学活性化合物，236
环丙基，245

环丙基甲基, 238
环丙基开环立体化学, 245
环丙烷, 851
环丙烷, 速率, 851
环丁基化合物, 238
磺酸酯, 229, 231, 234, 239, 244
甲苯磺酸酯, 229, 234
降冰片基体系, 236
速率, 209
速率, 叠氮离子, 230
速率, 对于溴代烷, 243
酯, NMR, 228
溶剂笼, 自由基离子, 231
 Wittig 重排, 843
 金属有机偶联, 281
 硝基苯胺的重排, 373
 在 Stevens 重排中, 843
溶剂亲核性, 量度, 252
溶剂酸性, 质子的酸性, 190
 Bunnett-Olsen 方程, 191
 pH, 190
 介电常数, 190
 平衡常数, 191
 溶剂正离子, 191
溶剂同位素效应, 168
溶剂效应, 芳基卤与硫亲核试剂, 451
 对于 E1 反应相对于 E2 反应, 791
 对于酮的卤化, 402
 对于消除相对于取代, 791
 在 Bamford-Steven 反应中, 798
 在 Claisen 重排中, 858
 在 Cope 消除中, 797
 在 E1 反应中, 784
 在 Gabriel 合成中, 272
 在 Hofmann 降解中, 796
 在 $NaBH_4$ 还原中, 916
 在 S_N2 反应中, 251
 在 $S_{RN}1$ 反应中, 447
 在 Wurtz 偶联中, 280
 在羟醛缩合中, 687
 在亲电取代中, 398
 在烯醇盐烷基化反应中, 288
 在异氰化物重排中, 843
溶剂效应, 酸性, 198
 Grunwald-Winstein 方程, 252
 Lewis 酸, 198, 199
 S_NAr 反应, 445
 S_N2 反应, 226
 带电荷的亲核试剂, 251
 反应, 787
 反应速率, 251

非对称的金属介导的偶联, 280
构象, 97
磺酸酯离子化的速率, 251
极限 S_N1 机理, 227
碱性, 198, 199
键能, 13
卡宾, 142
两可亲核试剂, 256
邻位交叉构象, 97
取代反应, 251
顺式消除, 783
形成羧酸酯, 263
溶剂效应, 作用于碱, 在消除反应中, 789
 对于 Diels-Alder 反应的选择性, 585
 与有机铜酸盐, 557
溶剂正离子 (lyonium ions), 溶剂酸性, 191
溶解金属还原, 545
溶解金属, 醚的裂解, 276
溶解性, 环糊精, 65
 差异的, 87
 氢键, 60
 酯水解, 705
溶纤剂 (纤维素溶剂), 262
熔点, Beilstein, 985
 氢键, 59
乳酸, 绝对构型, 80
软度, 193
软度, Lewis 酸, 193
软碱, 共价键, 193
 定义, 193
软木三萜醇, 829
软木三萜酮, Wagner-Meerwein 重排, 829
软酸, 共价键, 193
 定义, 193
软酸和硬酸, 表, 193
弱氢键, 60
弱相互作用, 74

S

脎, 糖 (碳水化合物), 669
 来自羟基醛或羟基酮, 669
塞子, 轮烷, 67
噻吩,
 Friedel-Crafts 烷基化, 362
 Friedel-Crafts 酰基化, 367
 芳基化, 453
 芳香性, 30
 共振能, 30
 还原, 933

金属催化的与芳基卤偶联, 455
卤化, 361, 415
亲电芳香取代, 351
通过金属催化的硫醇对烯烃的加成, 538
脱硫化, 509, 933
脱硫化, 生成烯烃, 509
噻唑啉, 醛合成, 295
噻唑, 醛合成, 295
噻唑盐, 共轭加成, 565
 催化剂, 566, 704
三苯基膦, 炔醇的脱水, 794
 胺氧化物的还原, 932
 被 Merrifield 树脂清除, 460
 磷叶立德, 696-699
 四羰基合铁酸盐, 298
 消除, 与环氧化物, 794
 氧化成三苯基膦氧化物, 912
 氧化偶氮化合物的还原, 932
 与醇和四氯化碳, 275
 与四氯化碳, 羧酸, 718
 与烯丙醇和四氯化碳, 275
三苯基膦氧化物, 通过三苯基膦的氧化, 912
三苯甲基碳负离子, 130
三苯甲基碳正离子, 126, 127
三苯甲基碳正离子, 126
三苯甲基自由基, 136
 极限式, 136
 稳定性, 497
三层三明治, 31
三重复分解, 863
三氮烯, 425
 叠氮化物, 416
 芳基, 重排, 374
 芳基, 异构化, 357
 顺式-反式异构化, 533
 通过腈的三聚, 724
 与 HF, 466
 与芳香化合物, 467
三碘化物, 芳基重氮盐的碘化, 465
三丁基氯化锡, 与炔烃硼烷, 846
三丁基氢化锡, 也见氢化物
 共轭酯的还原, 546
 亚砜消除, 798
 异氰化物的还原, 932
 与 AIBN, 798
 制备, 561
 自由基环化, 562
三丁基锡二聚体, 自由基环化, 562
三丁基锡氧化物, 与乙烯基卤, 257

三噁烷，烷烃的交叉偶联，505
　来自甲醛，724
三芳基胺，手性，79
三芳基甲基碳正离子，127
三分子加成，机理，524
三氟芳基硼酸酯，与胺，452
三氟过氧乙酸，501
三氟化氯，氟自由基，498
三氟化硼，硼烷对炔酮的共轭加成，561
　电子结构，8
　轨道，4
　烯烃转化为醇，257
　与胺，酰胺，717
　与甲苯磺酰吖丙啶，801
　与炔基环氧化物，802
三氟化物，来自羧酸酯，674
三氟甲磺酸，见三氟甲磺酸
　与芳基重氮盐，465
三氟甲磺酸，与硫醇，711
三氟甲磺酸酐，Vilsmeier-Haack 反应，369
三氟甲磺酸酐，见酸酐
　与酰胺，712
三氟甲磺酸硼，不对称的羟醛反应，689
三氟甲磺酸酯，666
三氟甲磺酸酯，芳基，Suzuki-Miyaura 偶联，458
　芳基腈的形成，372
　来自芳基重氮盐，465
　离去基团，249
　乙烯基，Stille 偶联，407
　乙烯基，钯催化剂，261
　乙烯基，与 LiCN，298
　乙烯基，与乙烯基锡试剂，407
　与胺，451
　与苯酚偶联，260
　与三氟硼酸酯，536
　与三烷基氟硼酸酯偶联，297
三氟甲磺酰亚胺，作为酸，535
三氟离子，674
三氟硼酸钾，见三氟硼酸盐，
三氟硼酸盐，烯烃，Pd 催化的偶联，506
　Sonogashira 偶联，460
　芳基，Suzuki-Miyaura 偶联，459
　芳基，共轭加成，561
　芳基，与芳基重氮盐，466
　钾，来自 KHF$_2$，415
　钾，稳定性，415
　炔基，460

炔烃，Pd 催化的偶联，506
烷基，与芳基卤，457
　形成硼酸，414
　乙烯基，Heck 反应，457
　乙烯基，与芳基卤，457
三氟硼酸盐，与醇，261
　与芳基碘鎓盐，536
　与芳基磺酸酯，536
　与芳基卤，459,536
　与醛，681
　与亚胺，684
2,2,2-三氟乙基磺酸酯，离去基团，249
三氟乙酸酐，666
三氟乙酸酐，见酸酐
三氟乙酸汞，与烯烃-醇反应，536
三高桶烷基碳正离子，127
三环十二碳二烯，108
三甲胺 N-氧化物，8
三甲胺氧化物，硼烷的氧化，414
1,1,2-三甲基丙基硼烷，547
三甲基硅基重氮甲烷锂，409
2-[(三甲基硅基)甲基]2-丙烯基-1-乙酸酯，583
三甲基硅基卤化物，酮醇缩合，936
三甲基硅基氯，俘获酮醇，936
三甲基硅基氰化物，298
　与卤代烷，298
三甲基硅基氰化物，见氰化物
三甲基硅基酰胺，形成腈，671
三甲基铝，叔醇的金属化，286
三甲氧基鎓盐，712
三价手性原子，76
三价碳正离子，398
三角杂化，4
三聚，醛，724
　炔烃，598
　自发的，598
三聚乙醛，乙醛，724
三卤化物，形成酯，257
　来自 CCl$_4$ 和烯烃，257
　水解，257
三氯胺，芳香化合物的胺化，358
　与烷烃，271
三氯化钌，溴胺-T，912
　与 NaIO$_4$，与胺，907
三氯化磷，与磺酸，728
三氯化硼，与醇，415
三氯氧磷，275
　DMF，368
　Friedel-Crafts 环化，365
　来自酰胺，408

与芳基卤，453
三氯氧磷，与 DMAP，277
三氯乙腈，与芳香化合物，371
三氯乙醛水合物，663
三氯乙酰亚胺酸酯，氮杂-Claisen 重排，859
三氯异氰尿酸，醛转化为腈，671
　N-卤代胺，425
　PPh$_3$ 与醇，275
　炔烃的氯化，416
　与羧酸，715
　与烯烃，533
三明治夹心化合物，见茂金属
三炔烃，环化三聚，599,600
三(三甲基硅基)硅烷，561,563
　自由基环化，562
三叔丁基环丁二烯，价互变异构，858
三羧酸盐，芳基铅，芳香化合物的芳基化，506
三碳酸酯，与胺，426
三同芳香性，40（文献 384）
三酮，环化三聚，599
　氮固定，599
　来自二酮双负离子，723
三烷基氟硼酸酯，偶联反应，Pd 催化的，297
　来自硼酸，297
　稳定性，297
三烷基铝，286
三烷基硼烷，见硼烷
三烷氧基硅烷，与芳基卤，462
三烯烃
　轨道，23
　环己二烯相互转化，轨道需求，848,849
　价键方法，23
　交叉共轭，23
　来自环二烯烃，846
　来自硫草-1,1-二氧化物，801
　硼氢化，549,844
　热关环生成环二烯烃，846
　通过螯键反应，801
　与环己二烯相互转化，856
三酰基胺，714
三线态，[2+2] 环加成，595
　光化学，595
三线态，在光化学中，173,175
三线态氮烯，143,580
三线态氮烯离子，143
三线态卡宾，140,143,597
　持久的，140

三线态卡宾，也见卡宾
三线态敏化剂，566
三线态羰基，725
三线态氧，与烯烃，502
三线态自由基，138
三相催化剂，254
三硝基苯，形成复合物，62
三溴化磷，275
三溴化物，烯烃的溴化，570
三亚甲基甲烷，[3+2] 环加成，583
　　与烯烃，583
三亚甲基甲烷自由基，138
三氧化铬，芳香烃的氧化，908
三氧化硫，DMSO，用于醇的氧化，896
　　磺酰化，358
　　羰基化合物的磺酰化，407
　　酮的磺酰化，406
　　与芳香化合物，358
　　与三卤化物生成酰卤，258
　　作为亲电试剂，358,359
三氧化硼，与醇，415
三氧桥化合物，臭氧分解作用，900
　　臭氧化物，900,901
　　来自醛，724
　　水解，900
三乙胺，格氏试剂，133
三乙基硼氢化锂，见硼氢化物
三乙基硼氢化物，锂，545
　　与铵盐，931
三乙基硼烷，自由基，561,563
　　自由基引发剂，561
三乙酸锰，554
　　自由基环化，563
三正离子，126
三中心的氢键，59
三仲丁基硼氢化物，见 Selectride
三唑，胺化，463
　　来自叠氮化物，583
三唑啉，通过 [3+2] 环加成，582
　　氮的挤出，806
　　光解，580,583
　　来自烷基叠氮和烯烃，580
　　热解，580
　　通过烷基叠氮的 1,3-偶极加成，580
叁键，离域，20
　　与 p 轨道共轭，21
色带，见苯并苯
色谱，拆分，88
色谱吸附剂，Diels-Alder 反应，584
钐催化剂，碘化钐，酰卤偶联，721
　　吡啶的还原，545

环酮的扩环，836
亚胺盐的偶联，935
与二腈，931
与环氧基酮，795
与三胺，烯烃的还原，543
钐催化剂，自由基环化，563
Prins 反应，703
与炔烃偶联，297
闪光光解，179
重氮甲烷，141
光-Fries 重排，373
溴仿，141
熵，非环状的和环状的分子，158
动力学，166
反应，158
分子内羟醛反应，689
环丙烷到丙烷，159
环大小，159
酸性，199
温度，158
自由能，158
熵，活化，见活化
砷，光学活性，77
砷，生成叶立德，697
砷叶立德，697
砷叶立德，与甲苯磺酰基亚胺，700
升华，拆分，88
生成热，格氏试剂，133
生物催化剂，羰基与氰化物，701
用于 Henry 反应，692
用于醛或酮的还原，919
生物合成，胆固醇，552
角鲨烯到羊毛甾醇，552
甾族化合物，551
生物化学去外消旋化，89
生物碱，阻转异构体，78
生物氧化，醇，897
声波的空穴，见空穴
声化学，180
重现性，180
光的发射，180
空穴，180
起源，180
气体空泡，180
氢锡化，180
热点，180
商业化仪器，180
声学发光，180
糖，180
有机溶剂，180
准绝热内爆，180

声化学，芳基化反应，180
Diels-Alder 反应，180
Reformatsky 反应，180
$S_{RN}1$ 反应，180
Weissler 反应，180
胶体，180
卡宾形成，180
亲核芳香取代，180
有机锂形成，180
与金属羰基合物，180
声化学，也见空穴
声学发光，180
十二面体型正离子，127
十二面烷，脱氢，894
十氢化萘，顺/反（cis/trans）异构体，92
十氢喹唑啉，互变异构，45
石墨，40
识别，分子，63
势能，反应，158
势能图，乙烷，96
试剂，烯烃的溴化，570
醇的脱氧化，927
二卤化物消除生成烯烃，802
环硫化物生成烯烃，795
通过肼的还原，924
烯烃的氟化，570
烯烃的氯化，570
试剂，烯烃氧化生成酮，911
重氮盐的还原，932
硅烷还原剂，920
炔烃氧化生成二酮，911
亚砜和砜的还原，933
酯还原生成醇，920
自牺牲，87
试剂，用于胺的酰基化，715
用于 Beckmann 重排，840
用于 C═N 化合物的水解，663,664
用于 McMurry 偶联，935
用于胺脱氢化生成腈，897
用于苄基氧化生成醛，908
用于二硫代缩醛和二硫代缩酮的水解，668
用于芳构化，893
用于环氧化物的消除，795
用于烃的羟基化，904
用于酮的卤化，401,403
用于肟脱水生成腈，804
用于烯烃的环氧化，576
用于酰胺脱水生成腈，805
用于酰胺脱水生成异腈，805

用于酰基缩醛的形成，666
试剂，用于羰基化合物的α-羟基化，905
    用于共轭羰基的还原，916
    用于共轭烯烃的还原，546
    用于腈的还原，923
    用于硫代羰基的制备，668
    用于频哪醇偶联，934,935
    用于醛或酮的还原烷基化，671
    用于醛或酮还原生成醇，916-920
    用于烃的远程CH氧化，907
    用于酮的α-氧化，907
    用于烯烃还原生成烷烃，543
试剂，用于氧化，醇生成羧酸，909
    胺，909
    醇，不发生进一步氧化，894
    芳香侧链，902
    硫醚，913
    醛生成羧酸，910
试剂，用于氧化裂解，烯烃，901,902
    二醇，898
    芳香化合物，902
手性，Möbius带化合物，79
    杯芳烃，79
    丙二烯，77,78
    不对称诱导，87
    差向异构体，84
    对称中心，75
    对称轴，75
    对映体，74
    对映选择性反应，87
    非对映异构体，84
    分子结，（或分子扣），79
    冠醚，79
    镜面，75
    绝对构型，80
    累积多烯，78
    螺旋形状，78
    茂金属化合物，79
    摩尔旋光度，82
    内消旋化合物，84
    七螺烯，79
    桥头原子，77
    索烃，79
    碳负离子，132
    烃，79
    同位素，79
    桶烯，79
    亚甲基环己烷，78
    圆偏振光，83
手性，不对称还原，86
    D/L命名，80

不对称垂直平面，77
定义，74
古柯间二酸，75
螺旋的，78
螺旋的，环芳烷，79
扭转的非对映异构体，78
在非手性溶剂中的CD，84
在非手性溶剂中的诱导手性，84
手性，对映体，74
手性，光学活性，74
Cahn-Ingold-Prelog规则，80-82
2^n规则，84
比旋光度，82
拆分，75
重合性，74,75
对称，79
对称面，75,76
对环芳烷，79
反式环辛烯，79
砜，76
极化性，76
磷，93
磷酸酯，76
轮烷，79
螺烷，78
扭曲的，78
平面偏振光，83
取代的环己烷，100
三芳基胺，79
三价手性原子，76
受限制的转动，79
四价立体中心原子，76
五螺烯，79
锥形翻转，76
手性，键的旋转，132
手性，金刚烷，77
手性，也见对映体
手性，也见手性化合物
手性Al配合物，364
手性Lewis酸，586
    Diels-Alder反应，586
手性Lewis酸性，197
手性Lossen重排，839
手性Pd配合物，842,859
手性铵盐，702
    作为催化剂，726
手性胺，726
    与酮，292
手性胺，也见胺
手性苄基型正离子，362
手性丙二烯，283,399

手性池，合成，85
手性氮杂二烯烃，591
手性二胺，673,685
手性二醇，665
手性二烷基氨基碱，799
手性二氧杂环丙烷，577
手性反应，见对映选择性
手性分子，74
    手性有机催化剂，564,689,701,702
    手性原子，76
手性格氏试剂，420
手性冠醚，62,88
手性过渡金属催化剂，702
手性过渡金属，还原剂，920
手性过渡金属配合物，689
手性化合物，丙二烯，78
    Cahn-Ingold-Prelog规则，80-82
    Cornforth模型，86
    Cram规则，86
    Felkin-Anh模型，86
    Fischer投影，79
    GC，90
    HPLC，90
    NMR，89
    2^n规则，84
    比旋光度，82
    不同的反应速率，74
    差向异构体，84
    动力学拆分，88
    对称，74,75
    对称轴，75
    对环芳烷，79
    对映体过量，89
    对映异位面，94
    非对映异构体，84
    非对映异位的，94
    非对映异位面，94
    光学纯度，89,90
    合成，85-87
    极化性，76
    联芳或联苯，77
    摩尔旋光度，82
    扭转非对映异构体，78
    前手性中心，94
    手性池，85
    受限制的转动，79
    外消旋体，74
手性化合物，环辛四烯，79
手性化合物，金刚烷，77
手性化合物，也见对映异构体
手性化合物，也见非对映异构体

主题词索引 1143

手性化合物，也见手性
手性化合物，阻转异构体，77
    D/L 命名，80
    拆分，77
    赤式/苏式，85
    氮氧化物自由基，138
    俘精酸酐，79
    甘油醛，80
    化学反应，82
    环芳烷，79
    环辛烯，79
    假不对称碳，84
    来自前手性化合物，86
    立体选择性合成，85
    螺烷，79
    螺烯或庚间三烯并庚间三烯，78
    螺旋的，78
    茂金属化合物，79
    内消旋体，84
    顺/反 (syn/anti)，85
    与 Lewis 酸，197
    与多重手性原子，
手性季铵盐，461
手性碱，烯醇盐烯丙基化，291
    羟醛反应，689
手性金属催化剂，702
手性肼，与酮，292
手性镧位移试剂，90
手性类卡宾，141
手性离子液体，214, 559
手性联萘酚，88
手性磷，催化氢化，541
手性磷酸催化剂，684
手性膦，541
手性膦配体，461
手性硫，289
手性硫脲，673
手性硫试剂，913
手性硫叶立德，700
手性轮烷，67
手性模板，格氏试剂的共轭加成，558
手性配体，413, 684, 685, 689, 690
    Sharpless 不对称双羟基化，575
    插入反应，411
    还原，919
    咪唑基卡宾，680
    羟醛反应，689
    双羟基化，575
    烯醇盐烷基化，290
    用于 Suzuki-Miyaura 偶联，458
    与有机锌化合物，559

    在催化氢化中，541
手性硼化合物，还原剂，924
手性硼烷，549
手性亲双烯体，586
手性氢过氧化物，577
手性醛，689
手性溶剂，NMR，90
手性溶剂，用于 NMR，90
手性识别，非对映异构体，88
    拆分，88
手性试剂，用于酮的还原，919, 920
手性双羟基酰胺，578
手性羧酸铅，898
手性缩醛，665
手性碳负离子，131
手性添加剂，701
    Claisen 反应，691
    Michael 反应，557
    Michael 加成，557
    Mukaiyama 羟醛，690
    Mukaiyama 羟醛反应，690
    拆分，88
    二氮硼烷啶，691
    共轭加成，557
    金鸡纳生物碱，564
    金属催化的环丙烷化，596
    脯氨酸，906
    烯醇盐烷基化，291
    烯烃的双羟基化，575
    鹰爪豆碱，676
    与硼氢化钠，919
    与氢化铝锂，919
    在还原反应中，919
手性酮，689
手性吸收剂，88
手性硒叶立德，700
手性烯丙基硼烷，681
手性烯醇，689
手性酰胺，与醛，679
手性亚胺，564, 673
手性亚胺盐，577
    环氧化，576
手性氧化膦，912
手性氧杂吖丙啶，α-羟基化，906
手性原子，光学活性，对称，76
    定义，76
手性原子，也见立体中心
手性中毒，在不对称催化中，541
手性助剂，不对称合成，86
    Baylis-Hillman 反应，682
    Diels-Alder 反应，586

    Mannich 反应，673
    Mukaiyama 羟醛反应，690
    定义，86
    羟醛反应，689
手性转移，[2,3] Wittig 重排，860
寿命，碳负离子，526
    氧代碳正离子，128
    自由基，135, 494, 827
受体，在安息香（苯偶姻）缩合中，704
叔丁基锂，溶剂，聚集态，132
疏水加速，在水中，214
疏水效应，Diels-Alder 反应，584
曙红，作为光敏剂，591
树枝状的催化剂，Pauson-Khand 反应，568
    转移氢化，544
树枝状，作为催化剂，726
树脂，聚苯乙烯，254
树状烯，23
双 Baylis-Hillman 反应，685
双 Michael 加成，556
双 Suzuki 偶联，458
双铵盐，Hofmann 降解，796
双不对称合成，87, 549, 689
双超共轭，125
双醇盐，金属介导下烯烃的形成，800
双噁唑啉，手性催化剂，558
2,2'-双(二苯基膦)-1,1'-联萘，见 BINAP
双(二甲氨基)萘，189
双分子取代，见取代，S_N2
双负离子，活泼亚甲基化合物，289
    二酮，酰基化，723
    来自酮，723
    来自酮和 CS_2，695
    羧酸，酰基化，723
    羧酸盐，293
    羧酸，与酯，723
    烷基化，255, 289
双负离子型锌配合物，551
双复分解反应，863
双格氏试剂，676
    与酯，719
双环相扣的索烃，66
双黄原酸酯自由基消除，800
双季铵盐，253
双键，键能，14
    来自碳正离子，128
    累积的，78
    离域，20
    与 p 轨道共轭，21

与碳正离子共轭，125
双键张力，108
双卡宾，141
双离子，Cannizzaro 反应，937
　　Diels-Alder 反应，587
双离子化合物，内鏻盐，696
双离子机理，726
双离子机理，[2+2] 环加成，594
双离子机理，酮与亚胺，726
双离子中间体，[3+2] 环加成，582
双鏻，外-内异构体，93
双鏻，作为催化氢化中的手性配体，541
　　作为手性催化剂，546
双羟基化，Prévost 反应，574
　　Prévost 反应的 Woodward 改良，574
　　Sharpless 不对称的，575
　　超声，574
　　反应，微波，181
　　顺式（syn），574
双羟基化，不对称的，575
　　AD-mix-α，575
　　AD-mix-β，575
　　(DHQD)$_2$PHAL，575
　　(DHQ)$_2$PHAL，575
　　酞嗪，575
双羟基化，非对映选择性，575
　　核黄素催化剂，575
　　在离子液体中，214
双羟基化，烯烃，574-576
　　苯酚，927
　　苯酚，试剂，927
　　芳香化合物，576
　　芳香化合物，酶法的，576
　　炔烃，904
　　烯烃，催化剂用于，574
　　烯烃，动力学拆分，89
　　烯烃，对映选择性，575
　　烯烃，区域选择性，574
　　烯烃，顺式（syn）加成，574
　　烯烃，在离子液体中，574
　　烯烃，脂肪酶，576
双羟基化，烯烃结构，575
　　Os 复合物，574
　　Pseudomonas putida，576
　　反式，574
　　反式，邻基参与机理，574
　　高价碘，575
　　金鸡纳生物碱，575
　　空间位阻，575
　　离子液体，575
　　手性配体，575

酞嗪，575
铁氰化钾，575
微波辐照，576
相转移试剂，574
双羟醛反应，687
双羟醛缩合反应，688
双取代基参数方程，212
N,O-双(三甲基硅基)乙酰胺（BSA），
　　见 BSA
双羰基化，287,300
双烷基化，289
双位移重排，867
　　Brook 重排，867
　　内酯，867
双位移重排，σ-键迁移，867
双酰胺，来自酰胺对醛的加成，672
　　来自 Ugi 反应，727
　　来自羟酰胺，672
双亚胺，来自醛和亚胺，935
双原子分子，键能，13
　　能量曲线，173
双正离子，126
双自由基，138
双自由基，DNP，136
　　Diels-Alder 反应，587
　　Norrish II 型裂解，178
　　寿命，138
　　在 Bergman 环化中，849
双自由基，[2+2] 环加成，583,593,
594
　　吡唑，806
　　臭氧分解作用，900
　　臭氧分解作用的 Criegee 机理，900
　　氘标记，重排，826
　　单线态氧，502
　　氮的挤出，806
　　二-π-甲烷重排，865
　　共振，24
　　环丙烷开环，832
　　环丙烯开环，832
　　卡宾，597
　　重排，826
双自由基机理，[2+2] 环加成，594
　　Cope 重排，857
　　光化学的 [2+2] 环加成，595
　　卡宾，597
双自由基，见双自由基
双自由基，联苯烯热解，851
　　寿命，595
　　氧，502
　　在 Paterno-Büchi 反应中，725

中间体，Cope 重排，856
双自由基中间体，832
水，角，3
　　胺的碱性，189
　　标记，468
　　超临界的，Diels-Alder 反应，585
　　超临界的，作为溶剂，830
　　催化剂，用于烯烃的磺酰化，537
　　键角，3
　　杂原子 Diels-Alder 反应，591
　　作为溶剂，858
水，酰基对羰基的加成，663
　　Claisen 重排的加速，858
　　Diels-Alder 反应，214,584
　　Hofmann 消除，796
　　Mukaiyama 羟醛，690
　　对羰基的加成，机理，663
　　反应活性，214
　　笼状化合物，65
　　烷基，卤化物，257
　　酰基加成，663
　　相转移催化，253
　　一氧化碳，与烯烃，566
水，与酰卤反应，704
　　与吖丙啶盐，836
　　与吖丙因，837
　　与胺卤化物，836
　　与格氏试剂，419
　　与氯气，571
　　与炔烃，535
　　与碳正离子，703
　　与烯酮，835
　　与异氰化物，726
　　与异氰酸酯，838,839
水促进的 Michael 反应，556
水促进的酰胺水解，708
水合物，平衡，663
　　I 张力的释放，663
　　来自醛或酮，663
　　稳定的，663
　　稳定性，663
水化，酸催化的，生成烯烃，529
　　丙二烯，535
　　不同的，见不同的水合作用
　　反-Markovnikov，535
　　分子内的，535
　　汞催化的炔烃的水化，机理，535
　　共轭二烯，535
　　间接的，535
　　醛和酮，663
　　醛和酮，催化，663

炔烃，535
炔烃，金属催化的，535
炔烃，金属催化剂，535
炔烃，决速步，535
炔烃，无金属的，535
烯烃，534
烯烃，反 Markovnikov 加成，535
烯烃，金属催化的，535
亚乙烯基腈，裂解，534
水化云母，环氧化，576
水解，C═N 化合物，663
　金属介导的，663
　离子液体，663
　试剂用于，663，664
水解，氨基甲酸酯，708
　氨基甲酸酯，机理，707，708
　羧酸酯，机理，211
水解，二硫代缩醛，667，668
水解，二硫代缩酮，667，668
　Corey-Seebach 方法，668
　二硫代缩醛，试剂用于，668
水解，腈，298，664，665
　金属催化剂，665
　试剂用于，665
　微波辐照，664，665
水解，卤代烷，257
　S_N1 机理，208
　速率，表，208
水解，铝化合物，413
水解，氯仿，257
　二卤化物，257
　二噻烷，294
　化合物，机理，664
　化合物，微波，664
　氰醇，665
　氰化物，163
　重氮酮，258
水解，醚，261
　半缩醛，842
　呋喃，259
　格氏试剂，414
　格氏试剂，卤代烷的还原，926
　酰肼，708
　酰亚胺，708
　偕二乙酸酯，904
　亚胺，663
　异羟肟酸，664
　腙，663
　腙，试剂用于，664
水解，酸酐，705
　Bunte 盐，266

苯甲酰胺，662
芳基肟，469
酸酐，亲核催化，705
水解，羧酸酯，705-708
　超声，705
　构型保持，707
　机理，705-708
　空间位阻，705
　四面体机理，705-708
　同位素标记，707
　微波辐照，705
　相转移，705
水解，缩醛，258
　A2 机理，259
　Brønsted 系数，259
　S_N1 机理，258
　半缩醛，258
　决速步，259
　酸催化，258
　碳正离子，259
　同位素标记，258
水解，烯胺，259
　烯胺，机理，664
水解，烯醇酯，708
　环氧化物，260
　环氧化物，对映选择性，260
　烯醇负离子，413
　烯醇醚，258，535
水解，酰胺，708，709
　IUPAC 机理，708，709
　MO 研究，708
　动力学，708
　机理，708，709
　碱催化的，708
　扭曲的键，708
　亲核催化，708
　水促进的，708
　速率常数，708
　酸催化的，709
　同位素标记，709
水解，酰氟，705
　醇盐，919
水解，硝基化合物，664
　Nef 反应，664
　试剂用于，664
水解，亚胺盐，293，371，686，804
　β-内酯，717
　内酰胺，708
　内酯，705
　酮，835
　无机酯，258

烯酮二硫代缩醛，259
异硫氰酸酯，667
异氰化物，酸催化的，机理，726
异氰酸酯，667
准金属（metalloid），414
水解，亚胺正离子，664
　Stork 烯胺反应，664
　机理，664
水解，亚硝基化合物，866
　Schiff 碱，663
　噁唑烷，295
　磺酸衍生物，728
　磺酸酯，258
　金属有机化合物，377
　金属有机试剂，413
　邻苯二甲酰亚胺，272
　邻甲酰胺苯甲酸，662
　硫代缩醛，259
　硫代缩酮，259
　硫氰酸酯，665
　硫酯，661
　三卤化物，257
　三氧桥化合物，901
　缩氨基脲，663
　肟，663，866
　乙烯基醚，标记，259
　乙烯基醚，机理，259
　乙烯基酯，705
　有机镉试剂，413
　有机锂试剂，413
　有机锌化合物，413
　原酸酯，259
水解，有机锂试剂的酰基加成，676
　Gabriel 合成，272
　Grignard 反应，675
　Merrifield 合成，716
　Stork 烯胺合成，293
　芳基格氏试剂，377
　芳基金属有机，377
　芳基有机锂试剂，377
　腈水解酶，665
　酶，665
水解，酯，活化能，706
　IUPAC 机理，705-708
　S_N1 和 S_N2 机理，707
　丙二酸酯合成，289
　催化剂，705
　分子动力学，705
　过渡态，707
　速率，208
　速率常数，211

碳正离子，707
　　与酶，705
水平，碳-14，163
顺磁环电流，28
　　经向性的化合物，28
顺-反（cis-trans）异构，见异构体
顺-反异构体，92
顺-反异构体，见异构体
顺式（syn）命名，85
顺式（zusammen），烯烃命名，90
顺式构象，852
顺式加成，523
　　卡宾，597
　　烯烃的双羟基化，574
　　溴对烯烃，525
顺式立体化学，在催化氢化中，541
顺式消除，见消除，顺式
顺式消除，也见消除，Ei
顺序规则，绝对构型，80-82
顺旋，$4n$ 相对于 $4n+2$，850
　　电环化重排，847
　　环丁烯开环，849
顺旋过程，Möbius 体系，848
瞬态烷结光谱，卡宾，141
瞬烯，857
　　Cope 重排，857
　　互变异构式，857
丝氨酸衍生物，脱水，793
四苯基硼酸钠，二氯硅烷，462
四丙基铵钌酸盐，见 TPAP
四氮杂磷酰二环烷（proazaphosphatrane），
　　催化剂，681
四碘化二磷，714
四丁基氟化铵（TBAF），见 TBAF
四氟化硫，与醛或酮，674
四氟化硒，674
　　与醛或酮，674
四氟硼酸碘鎓盐，加热，415
四氟硼酸二苯基碘盐，358
四氟硼酸硝鎓盐，347
　　与烯烃，572
四氟硼酸盐，热解，415
四氟硼酸酯，乙烯基，Rh 催化剂，561
四氟硼酸重氮盐，465
四环烷，通过光化学［2+2］环加成，
　　594，595
四甲基硅烷，9
四甲基哌啶基锂，见 LTMP
四甲基哌啶-1-羟基自由基，见 TEMPO
四甲基乙基二胺，Glaser 反应，505
四价离子，801

四价立体中心原子，76
四聚，炔烃，598
四硫化物，267
2,3,5,6-四氯-1,4-苯并醌，见氯醌
四氯化钛，手性酰胺，与醛，679
四氯化碳，见卤化物
四氯化碳，键角，12
　　偶极矩，9
　　与有机锂试剂，420
四氯铜酸锂，与卤化物偶联，282
四面体机理，660，705，719，727
　　IUPAC 命名，660
　　醇与酰卤，709
　　催化剂中的氢，660
　　构象，661
　　合成转化，662
　　离去基团，661，662
　　立体电子控制，661
　　羧酸酯的水解，705-708
　　羰基底物的反应活性，662
　　同位素标记，660，661
　　在酸溶液中，660
　　证据支持，660，661
　　中间体的分离，661
　　中间体的光谱检测，661
四面体机理，见机理
四面体烷，104，807
　　张力，104
四面体中间体，208
　　I 张力，209
　　反应活性，208
　　同位素标记，661
　　酮的碱性裂解，423
　　亚砜，77
四配位三苯基膦钯（0），22
四氢吡啶，经过氮杂-Wittig 反应，699
四氢吡喃，来自醇-烯烃，536
四氢呋喃，通过呋喃的催化氢化，544
　　构象，101
　　来自丙二烯和醇，536
　　来自醇-烯烃，536
　　来自高烯丙醇的卤化，571
　　来自环氧丙烷，411
四氢喹啉，通过环化三聚，599
四氢异喹啉，制备，366
四羰基合铁酸钠（Collman 试剂），298
　　卤代烷的羰基化，299
　　与卤代烷，298
四羰基合铁酸铁，与卤代烷，299
四羰基合铁酸盐，377
　　Tischenko 反应，938

钠，见钠
四烷基铵，894
四烯，匀共轭，23
四亚甲基二胺，作为溶剂，797
四氧化锇，催化剂，与金鸡纳生物
　　碱，574
　　Sharpless 氨基羟基化，579
　　毒性，574
　　二胺化，X 射线晶体结构，579
　　负载在离子聚合物上，575
　　胶囊化的，574
　　聚合物负载的，574
　　手性添加剂，575
　　微胶囊的，575
　　烯烃的双羟基化，574
　　与 Jones 试剂，902
　　与 Oxone，902
　　与烯烃，574
四氧化钌，烯烃的氧化，905
四氧嘧啶，二烷基，与 Oxone，577
四乙酸二钼，圆二色性，82
　　对映体，82
四乙酸铅，酰氧基化，503
　　醇转化为环醚，501
　　二醇的裂解，环状过渡态，899
　　二醇的裂解，机理，899
　　二醇的氧化裂解，898
　　反应，503
　　羟基亚磺酰化，578
　　双脱羧反应，904
　　氧化脱羧反应，903
　　与二羧酸，904
　　与环丙烷，532
　　自由基机理，903
四异丙醇钛，Sharpless 不对称环氧
　　化，578
四中心机理，对烯烃的加成，527
　　硼氢化，548
苏式（threo）命名，85
速率，芳基正离子机理，346
　　Cope 消除，797
　　H 被自由基夺取，494
　　比率，亲电芳香取代，354
　　分配因数，346
　　邻位/对位/间位取代，芳基自由基，
　　　496
　　羟基-Cope 重排，855
　　亲电芳香取代，350，352
　　亲核芳香取代，444，445
　　溶剂解，209
　　溶剂解反应中的取代基效应，235

酮的卤化，402
脱羧反应，421
烯烃的水化，529
盐效应，亲电取代，394
乙烯基环丙烷重排，胺盐，855
有机汞化合物与卤素，397
与碳负离子同位素交换，396
在［3＋2］环加成反应中，582
在［2＋2］环加成反应中，593
速率，环丙烷化，597
　S_N1，226
　S_N2 反应，226
　苯鎓离子，235
　环丙烷溶剂解，851
　离去基团，662
　邻基参与，232
　邻基效应，235
　温度，166
　消除，785
速率常数，159
　Hammett 方程，209
　Marcus 理论，164
　苯鎓离子，235
　关环反应，表，159
　环丙基甲基自由基，139
　机理，164，166
　加成卡宾，对烯烃，596
　酰胺水解，708
速率常数，脱羧反应，421
　Sandmeyer 反应，507
　二级的，166
　相对于压力，230
　一级的，166
　酯水解，211
　准一级反应，溶剂酸性，191
　自由基共轭加成，528
速率常数，也见动力学
速率定律，164
　E1cB 和 E2，785
　半衰期，165
　动力学，163
　分子数，164
　机理，163
　决速步，164
　频率因子，166
　溶剂同位素效应，168
　稳态，164
　一级的，165
　用于测定动力学的方法，165
　准一级反应，165
速率加快，微波化学，181

对烯烃的亲电加成，525
速率减慢的取代基，244
速率控制步骤，164
速率，卤代烷水解，表，208
　酰胺水解，208
速率提高，邻基，235
　环丙基甲基，238
　羟基-Cope 重排，855
　溶剂解，237，238
　溶剂解，环丙基甲基，238
　溶剂解，环丁基，238
酸，重氮化，464
　IUPAC 术语，186（文献 3）
　超酸-SO_2，125
　催化，醇脱水，261
　含磷的，也见磷酸
　含硫的，也见硫酸
　正常的，定义，190
　作为质子供体，186
酸，酸强度，187，188
　Brønsted，硫醇对烯烃加成，537
　Lewis，见 Lewis 酸
　Lewis，硫醇对烯烃的加成，537
　Michael 反应，557
　Michael 加成，557
　pK_a，187，188
　超酸，125，187
　芳香化合物，脱羧反应，421
　非常弱的酸，187
　共轭的，186
　共轭的，还原反应，546
　共轭的，脱羧反应，421
　环氧化物的重排，830
　磺酸的，见磺酸
　磺酰基，与金属还原，729
　金属有机，412
　类型，pK_a，表，187，188
　卤素，活性和卤化反应，499
　强的，碳正离子的稳定性，125
　强度，186
　强度与结构，194
　氢交换，芳香亲电取代反应，355
　软的，定义，193
　软度，193
　弱的，通过金属去质子化，413
　三氟甲磺酰亚胺，535
　生成碳正离子，125
　羧基的，见羧酸
　缩水甘油酸，见缩水甘油酸
　碳，187
　碳，酸量度，191

碳负离子的质子化，129
碳正离子，125
酮-烯醇互变异构，400
无机的，与酸酐反应，713
无机的，酯，水解，258
亚磺酸的，见亚磺酸
硬的，定义，193
硬度，193
与金属有机反应，413
与烯烃反应，525
质子活性，190
质子转移反应，190
酸，也见 Brønsted-Lowry 酸
酸，也见 Lewis 酸
酸，也见溶剂酸性
酸催化，Friedel-Crafts 烷基化，362
　Knoevenagel 反应，692
　Mannich 反应，673
　羟醛缩合反应，689
　氢化偶氮苯的重排，861
　水对羰基的加成，663
　羧酸的酯化反应，与醚，711
　羧酸对烯烃的加成，537
　烯烃的氢羧基化，566
　烯烃对烯烃的加成，551
　酰胺的水解，708，709
酸催化剂，水对烯烃的加成，534
　丙二烯的水化，535
　二酮的，666
　氢羧基化，566
　烯烃与醇反应，536
　用于 Schmidt 反应，839
　与醛或酮，689
酸酐，醇的脱水，794
　Friedel-Crafts 酰基化，366，367
　Gomberg-Bachmann 反应，467
　苯胺的硝化，356
　叔丁氧基，与胺，714
　羧酸磺酸，367
　通过羧酸对烯酮的加成，537
　通过脱水，羧酸的，713
酸酐，醇解，710
　对映选择性，710
　微波辐照，710
酸酐，环状的，醇解，710
　Friedel-Crafts 酰基化，368
　来自二羧酸，710，713
　与胺，714
酸酐，混合的，367，508
　Friedel-Crafts 酰基化，367
　来自酰卤和羧酸盐，712

与 DMAP, 711
与胺, 714
酸酐, 来自酰卤和羧酸盐, 712
　来自光气和羧酸盐, 713
　来自环氧化物, 287
　来自醛, 503
　来自羧酸, 713
　来自羧酸, 与烯醇酯, 713
　来自酰基过氧化物, 503
　水解, 705
　吡啶, 705
　机理, 705
　亲核催化, 705
　亚胺, 921
　在 Perkin 反应中, 693
酸酐, 磷酸的, 713
　反应, 与醛, 666
　反应, 与亚砜, 938
　还原, 生成内酯, 试剂, 930
　还原, 生成醛, 921
　磺酸的, 713
　磺酸的, Friedel-Crafts 酰基化, 367
　磺酸的, Vilsmeier-Haack 反应, 369
　三氟, 与氰基硼烷, 845
　三氯乙酸, 666
　有机-无机的, 混合的, 来自酸酐, 713
　有机-无机的, 水解, 710
酸酐, 三氟甲磺酸的, 与酰胺和醇, 712
酸酐, 三氟乙酸的, DMSO, 用于醇的氧化, 896
酸酐, 形成酰基叠氮, 273
酸酐, 乙酸的, 与 DMSO, 938
酸酐, 与醇, 710
　与 DCC, 羧酸, 715
　与氨或胺, 714
　与胺, 714
　与胺, 机理, 715
　与醇, 催化剂用于, 710
　与格氏试剂, 720
　与过氧化氢, 265
　与磺酰胺, 715
　与金属有机, 720
　与金属有机, 对映选择性, 720
　与磷叶立德, 698
　与醚, 264
　与醛, 693
　与羧酸, 422
　与羧酸, DCC, 713
　与无机酸, 713
　与酰胺, 708, 717

酸根型配合物, 193
Fries 重排, 373
醚与硼烷, 547
氧鎓盐, 193
与有机锂试剂, 卤代烷的还原, 926
酸-碱反应, 消除反应, 788
被金属有机脱质子化, 412
催化, 192
平衡, 186
生成高烯醇盐, 131
碳负离子与质子反应, 134
酸强度, 129, 186-189
Lewis 酸, 193
场效应, 194
定义, 186
共振效应, 195
晶体结构谱量度, 187
溶剂, 189
无机酸, 187
酸溶液, 四面体机理, 660
酸式硝基化合物, 互变异构, 44
硝基化合物, 664
硝基化合物, Nef 反应, 664
酸酰氯, 与 LiAlH$_4$, 679
酸性, 也见酸强度
F 张力, 196
Hammett 酸函数, 190
$-I$ 效应, 195
IR, 190
Meldrum 酸, 197
PCC, 894
s 特征, 197
β-氢, Zaitsev 规则, 788
β-氢, 消除反应, 788
苯甲酸, 取代基, 195
苯炔反应, 449
电负性, 196
动力学的, 129
菲烯, 29
共轭酯、酮和腈中的质子, 292
共振, 195
构象, 197
光谱光度测量, 191
环戊二烯, 30
活泼亚甲基化合物, 288
碱性溶剂, 191
介质, 198
金属化, 413
空间效应 (立体效应), 196
离子强度, 199
离子液体, 190

量度, 醇, 191
量热测量, 191
面张力, 196
内在的, 199
气相, 199
氢键, 58, 196
取代基效应, 194
热力学, 129
溶剂的, 也见溶剂酸性
溶剂效应, 189, 190, 191, 198, 199
熵, 199
酸式的 pK_a, 187, 188
羧酸, 9
碳硼烷酸, 190
碳素酸, 191
烃, 129
统计效应, 196
五元环, 30
酰胺, 191
酰胺相对于胺, 195
有机锂试剂, 133
诱导和场效应, 9
元素周期表, 196
杂化, 197
杂原子 α 位的质子, 294
指示剂, 191
酯相对于醚, 195
质子, 溶剂酸性, 191
质子转移, 190
自由能, 199
酸性质子, 烷基化, 289
酸衍生物, 与酰胺反应, 717
与各种金属有机试剂, 720
与有机铈试剂, 720
算法, 介电屏蔽效应, 251
梭子, 分子, 67
羧基化, 通过酶, 370
苯酚盐, 370
间接的, 695
酶法的, 在超临界二氧化碳中, 370
酮, 695
烯烃, 金属催化的, 568
乙烯基锂化合物, 396
与 Bacillus megaterium, 370
羧酸, 场效应, pK_a, 194
羧酸, 共轭的, 通过 Doebner 改进, 692
来自炔烃, 566
通过 Perkin 反应, 693
脱羧反应, 421
形成乙烯基硝基化合物, 504
与 NBS 和乙酸锂, 511

与硝酸和 AIBN, 504
在离子液体中氢化, 546
羧酸, 还原, 烃, 931
　生成醇, 920
　生成醛, 试剂, 921
　与硼烷, 920
羧酸, 环氧化的副产物, 576
　甲基酮的裂解, 423
　链延长, 835
羧酸, 交换, 与酰卤, 718
　与酰胺, 713
　与酯, 713
羧酸, 来自酮, 404, 423, 938
　来自丙二酸酯合成, 289
　来自伯醇, 与 Jones 试剂, 894
　来自噁唑啉, 295
　来自过氧酸, 烯烃, 576
　炔丙基, 来自炔烃, 683
　来自金属有机, 二氧化碳, 683
　来自金属有机试剂, 299
　来自腈, 298
　来自卤仿反应, 423
　来自四羰基合铁酸盐, 299
　来自硝基化合物, 468
羧酸, 来自重氮酮, 834
　来自重氮盐, 508
　来自二酮的裂解, 423
　来自二氧化碳和磷叶立德, 698
　来自芳香化合物, 370
　来自格氏试剂, 414
　来自卤代烷, 299, 555
　来自硼烷, 酸双负离子, 845
　来自酸酐和醇, 710
　来自烯酮, 835
　来自酰胺, 708
　来自酰基过氧化物, 414
　来自酰卤, 835
　来自酰卤, 醚, 710
　来自酯, 705
羧酸, 卤代, 277
　形成内酯, 159
　与醛或酮, 694
羧酸, 卤化, 403
　氨基碱, 403
　电解, 403
羧酸, 醚, 711
　Dakin-West 反应, 422
　Japp-Klingemann 反应, 404
　Koch-Haaf 反应, 566
　Koch 反应, 566
　Kolbe-Schmidt 反应, 370
　Mitsunobu 反应, 710

Schmidt 反应, 839
Wolff 重排, 835
场效应, 9
共振效应, pK_a, 195
互变异构, 45
离子化, 199
氢键, 58
诱导效应, 9
自由能, 199
羧酸, 硼氢化, 烯烃的还原, 544
pK_a, 表, 195
Weinreb 酰胺的制备, 715
光化学, 酯的, 710
光解, 510
金属催化的消除, 795
前手性的, 脱卤化氢, 799
炔丙基, 来自炔烃, 683
烯烃的氢羧基化, 566
酰胺的水解, 708, 709
酰卤的水解, 704
氧化生成过氧酸, 911
氧化脱羧, 机理, 903
氧化脱羧生成烯烃, 903
氧化, 与过氧化氢, 911
在 Friedel-Crafts 酰基化反应中, 367
在 Hell-Volhard-Zelenskii 反应中, 403
羧酸, 气相热解, 795
羧酸铅, 手性的, 898
羧酸-醛, 分子内反应, 691
羧酸, 热解, Ei 机理, 795
羧酸, 热解, 见脱羧反应
羧酸, 热解, 与氧化钍, 723
羧酸, 试剂, 用于转化为卤代烷, 510
羧酸, 双负离子, 与硼烷, 845
　与酯, 723
羧酸, 双锂化的, 414
羧酸, 酸酐, 脱羧反应, 422
　苯甲基的, 见苯甲酸
　芳基, von Richter 重排, 468
　芳基, 来自芳基硝基化合物, 468
　芳基, 邻位烷基化, 294
　芳基, 通过芳香侧链的氧化, 902
　芳香的, Hammett 方程, 209
　溴代, 79
作为亲核试剂, 704
羧酸, 酸性, 9
羧酸, 通过醛被铬酸氧化, 机理, 910
　硼烷, 549
　醛, 894, 909-911
　醛, 机理, 910
　醛, 试剂用于, 910

烯醇醚, 911
与高锰酸盐, 机理, 910
羧酸, 通过烯烃的羰基化, 566
　试剂用于, 909
　通过醇的氧化, 501, 894, 909
　通过腈的水解, 664
　通过酸酐的水解, 705
　通过羧酸酯的水解, 705-708
　通过酮酯的裂解, 423
　通过烯酮的水解, 835
羧酸, 通过烯烃的氧化裂解, 902
　醚, 909
　炔烃, 902
羧酸, 通过酯的热解, 795
　通过 Arndt-Eistert 合成, 834, 835
　通过 Barbier-Wieland 方法, 902
　通过 Willgerodt 反应, 938
　通过酯的热解, 机理, 795
羧酸, 脱水剂, 793
　氘代的, 对环烯烃的加成, 531
　脱水, 713, 793
　脱水酰化, 367
　衍生物, 类羟醛反应, 691, 692
羧酸, 脱羧反应, 420, 723
　机理, 723
羧酸, 酰化, 713
　α-烷基化, 295
　加成, 对烯烃, 537
　卤代烷与 $NaNO_2$, 299
　烯烃, 通过内酯的热解, 795
　酰化, 与氨基硼烷, 716
　与重氮化合物烷基化, 264
羧酸, 形成脒, 404
羧酸, 也见二羧酸
羧酸, 与醇和 DCC, 711
　与 Burgess 试剂, 715
　与 DCC 和 H_2O_2, 265
　与 Lawesson 试剂, 713
　与 Li 和胺, 921
　与 Mukaiyama 试剂, 794
　与氨, 715
　与氨基硼烷, 716
　与胺和 DCC, 715
　与吡啶, 506
　与醇, 710, 711
　与醇, 平衡, 710
　与醇, 酸催化的, 710
　与叠氮化物, 716
　与叠氮酸, 839
　与磺酰胺, 716
　与喹啉, 506

与磷酰胺, 716
与硫醇, 711
与卤化试剂, 718
与咪唑, 715
与硼酸, 683
与硼酸, 金属催化的, 683
与氢化铝, 920
与氰尿酸酰氟, 718
与炔烃-硼烷, 846
与三苯基膦和四氯化碳, 718
与三氯异氰尿酸, 715
与酸酐, 422
与无机酸酰卤, 718
与烯醇酯, 713
与酰胺, 716
与亚胺, 726
与异氰化物, 726
与异氰化物和羰基, 727
与有机锂试剂, 683, 720
羧酸, 酯的还原裂解, 928
  结构, 脱羧反应, 421
  可逆的酯化, 710
  脱羧反应的结构限制, 421
  盐, 见羧酸盐,
  乙烯基, 与 NBS, 511
羧酸, 转化为二硫代羧酸酯, 668
羧酸, 转化为氢过氧化物, 265
羧酸, 自由基偶联, 505
羧酸, 自由基烷基化, 杂环, 506
羧酸铵盐, 来自羧酸, 715
羧酸-醇, 见羟基酸
羧酸的气相热解, 795
羧酸的脱水酰化, 367
羧酸-叠氮化物, 还原和环化, 715
羧酸酐, 409
羧酸酐, 也见酸酐
羧酸磺酸酸酐, 367
羧酸-硫醚, 578
羧酸铊, 烯烃的双羟基化, 574
羧酸-酮, 695
羧酸盐, 铵, 来自羧酸和氨, 715
  铵, 热解, 715
  放射性, 163
  铅, 手性的, 898
羧酸盐负离子, 芳基, 重排, 376
  共振, 376
  通过酯的还原, 928
  脱羧反应, 421
  形成卡宾, 141
  重排, Henkel 反应, 376
羧酸盐, 来自羧酸酯, 277

羧酸盐, 烷基化, 293
Kolbe 反应, 509
二胺, 293
来自芳香化合物, 370
形成内酯, 264
有机锂试剂, 683
与 LDA, 723
与 $SOCl_2$, 713
与芳基卤, 450
与酰卤, 712
与溴化氰, 725
与溴化氰, 机理, 725
与有机锂试剂, 720
自由基偶联, 510
羧酸银, 烯烃的双羟基化, 574
羧酸酯, 胺的酰化, 微波, 716
Baylis-Hillman 反应, 681
Claisen 缩合, 691, 722
DBU, 264
DMF 缩醛, 264
Ei 反应, 792
Friedel-Crafts 烷基化, 362
Hunsdiecker 反应, 510
Katritzky 吡喃鎓盐-吡啶鎓盐方法, 264
Pinner 合成, 667
Reformatsky 反应, 682
Schotten-Baumann 方法, 709
S_N2 反应, 251
Stobbe 缩合, 691
硅基烯酮缩醛, 690
碳酸二甲酯, 264
形成酰基叠氮, 273
羧酸酯, 胺和酶, 716
羧酸酯, 苯酚的, 372, 709, 710, 712
  重排, 372
  还原试剂, 920
  炔丙基, 719
  热解, 795
  热解, 机理, 795
  自由基偶联, 505
羧酸酯, 芳基, 通过羰基化, 461
Bouveault-Blanc 方法, 917
芳基化, 460
碱催化的缩合, 722
碱性水解, 四面体机理, 661
碱性水解, 同位素标记, 660, 661
作为酰化试剂, 722
羧酸酯, 共轭的, 醇的 1,4-加成, 536
光解, 533
来自硼酸酯, 417

来自有机汞化合物, 417
醛的分子内加成, 680
与 Petasis 试剂, 699
与甲苯磺酰亚胺, 685
质子酸性, 292
羧酸酯, 还原, 自由基机理, 928
对形成的空间位阻, 208
还原裂解, 生成烃, 928
还原裂解, 与胺中的锂, 928
还原偶联, 生成酮醇, 936
还原酰化, 酮, 666
溶剂解, NMR, 228
溶剂效应, 在烷基化反应中, 263
生成醛, 921
亚磺酰化, 406
与 Dibal, 921
与三丁基氢化锡, 546
羧酸, 酯化, 710, 711
羧酸, 酯化, 共沸蒸馏, 710
催化剂, 710
过量的醇, 710
空间位阻, 208
微波辐照, 710
羧酸, 酯化, 也见酯化
羧酸, 酯, 见羧酸酯
羧酸酯, 环氧化, 生成缩水甘油酸酯, 577
交换, 与羧酸, 713
通过 S_N2 反应生成, 263
形成缩水甘油酸酯, 577
在微波辐照下形成, 263
羧酸酯, 来自酰卤, 醇, 709
来自重氮化合物, 与酸, 264
来自重氮甲烷, 与酸, 264
来自醇, 硼酸, 910
来自噁唑烷酮酰胺, 712
来自芳基卤, 450
来自芳基铊化合物, 463
来自格氏试剂, 与氯甲酸酯, 719
来自甲基酮, 423
来自金属有机, 415
来自卤代酮, 833
来自卤代烷, 263, 299
来自氯甲酸酯和格氏试剂, 719
来自醚, 264
来自醛, 909, 910, 938
来自醛, 试剂, 938
来自三卤化物, 257
来自四羰基铁, 299
来自酸酐, 264
来自酸酐, 与醇, 710

来自羧酸，与醇，710,711
来自羧酸盐，263
来自烃，503
来自酮，与过氧酸，841
来自烯烃，与羧酸，537
来自烯酮，537,666
来自酰胺，与醇，712
来自酰基过氧化物，503
来自酰基甲苯磺酸酯，264
来自酰肼，712
来自酰卤，与酮，666
来自氧鎓盐，264
来自乙烯基金属有机，417
羧酸酯，裂解，266
　与 NaCN-HMPA，298
　与 Zn 和乙酸，264
羧酸酯，卤代，与醛或酮，694
　与醇盐碱，694
　与六甲基二硅基氨基，694
　与亚胺，694
羧酸酯，氢锡化，546
　羟基，691
羧酸酯，生成醇，Bouveault-Blanc 方法，920
　生成醇，试剂，920
　生成甲基化合物，931
　生成醚，试剂，930
　生成醛，试剂，921
羧酸酯，通过 CH 氧化，905
羧酸酯，水解，295,705-708
　IUPAC 机理，705-708
　S_N1 和 S_N2 机理，707
　超声，705
　对映选择性，705
　分子动力学，705
　构型保持，707
　硅胶，705
　过渡态，707
　活化能，706
　机理，211,705-708
　空间位阻，705
　酶法的，705
　凝固点降低，707
　平衡，705
　亲核试剂，705
　溶解性效应，705
　四面体机理，705-708
　速率，208
　速率常数，211
　碳正离子，707

同位素标记，707
微波辐照，705
相转移，705
与酶，705
羧酸酯，水解的催化剂，705
氯甲酸酯，与硅烷，928
醚的 α-CH 氧化，907
羧酸酯，羧酸，见羧酸酯
羧酸酯，缩合，与醛或酮，691
羧酸酯，羰基化，醇和卤代烷，299
卤代烷和醇，298
羧酸酯，通过酰氧基汞化，537
通过 Favorskii 重排，833
通过 Mitsunobu 反应，263
通过 Tischenko 反应，938
通过芳基卤的羰基化，461
通过醛的氧化，909,910
通过炔烃的水化，535
通过酮酯的裂解，423
通过烯丙醇的氧化，909
通过烯烃的羰基化，567
通过亚氨基酯的水解，667
通过酯交换反应，712
羧酸酯，同系化，721
炔醚的水化，535
羧酸酯，酮的 α-乙酰氧基化，906
γ-质子的酸性，292
对烯烃的加成，565
酸性，195
羧酸酯，脱甲基化，266
重氮基，与酮，699
二硫代羧酸，与有机铜酸盐，683
二卤代，与硼烷，296
烯醇含量，43
消除，草酸盐，796
羧酸酯，烷基化，290
羧酸酯，烯丙基的，也见碳酸酯，烯丙基的
π-烯丙基钯，285
金属介导的偶联，284
异构化，837
与 Knoevenagel 碳负离子，285
与芳基卤，284
与活泼亚甲基化合物，362
与金属有机偶联，284
与内酯偶联，285
与酮酸，金属催化的，511
与烯醇负离子，285
与烯醇负离子偶联，285
羧酸酯，烯醇，709

来自炔烃，537
水解，708
水解，机理，708
与羧酸，713
与酮，291
酯交换反应，712
羧酸酯，烯醇负离子，O-酰基化，721
羧酸酯，借二乙酯基，904
缩水甘油酸的，来自共轭酯，577
羧酸酯，亚氨基，见亚氨基酯
羧酸酯，也见酯
羧酸酯，乙烯基，也见乙烯基
羧酸酯，乙烯基，酯交换反应，712
水解，705
水解，通过酯酶，705
与醛，836
羧酸酯，乙酰乙酸的，烷基化，289
羧酸酯，与醛，Stetter 反应，680
与 LDA，691,722
与 Lewis 酸，372
与 MoOPH，烯醇负离子的 α-羟基化，905
与 Petasis 试剂，699
与胺，IUPAC 机理，717
与胺或氨，716
与胺，机理，716
与胺，决速步，716,717
与二镁化合物，719
与格氏试剂，719
与硅烷，921
与过氧化 Mo，烯醇负离子的 α-羟基化，905
与金属卡宾，699
与金属有机，720
与腈，723
与磷酸三甲酯，264
与硫酸二甲酯，264
与三甲基硅基硫化物和 $AlCl_3$，713
与羧酸双负离子，723
与碳亲核试剂，723
与酮，691,722
与乙醇中的钠，917
羧酸酯，杂芳基，通过羰基化，461
来自芳基卤，461
羧酸酯，中间体，氧化-还原，892
丙二酸的，见丙二酸酯
丙二酸的，烷基化，289
碘代，与烯烃，573
金属，烯烃的双羟基化，575
酮基，与低价钛，935
硝基苯基，离去基团，716

缩氨基脲,Wolf-Kishner 还原,929
    还原成胺,924
    来自醛或酮,670
    水解,663
缩合,羟醛,见羟醛
缩合,酮醇酯,936
    Claisen,见 Claisen 或 Claisen 缩合
    Dieckmann,见 Dieckmann 缩合
    Pechmann,365
    Tollen's,937
    安息香,703
    双羟醛,688
    自身的,Claisen 缩合,722
    自身缩合,羟醛反应,687
缩醛,酸催化水解,258
    Lewis 酸,259
    二聚,287
    还原,927
    碱促进下消除生成烯醇醚,794
    来自醇和醛或酮,665
    来自格氏试剂,286
    来自羟基醚的氧化,501
    来自酰胺,408
    来自原酸酯,286
    醚交换反应,262
    炔烃的烷氧基汞化,537
    生成硫代缩醛,267
    手性的,665
    水解,258
    水解,Brønsted 系数,259
    水解,S_N1 机理,258
    水解,决速步,259
    水解,碳正离子,259
    水解,同位素标记,258
    缩醛交换作用,666
    烯醇醚,665
    烯酮硅基,与烯氧基酮,690
    烯酮硅基,与亚胺,685,690
    与硅基烯醇醚,287
    与烯丙基硅烷,287
    与有机三氟硼酸酯,414
    作为保护基,665
缩醛胺,生成烯胺,669
    生成,669
缩醛的形成,干燥剂,665
    共沸蒸馏,665
    机理,665
    微波辐照,665
    在离子液体中,665
缩醛交换作用,666
缩水甘油酸,脱羧反应,421
缩水甘油酸酯,694
缩水甘油酸酯,也见环氧基酯
缩酮,烯醇醚,665
    二聚,287
    还原,927
    来自醇和酮,665
    来自内部炔烃,536
    缩醛交换作用,666
    消除,生成乙烯基醚,794
    形成,机理,665
    与有机铝试剂,794
    作为保护基,665
缩微胶片,980
缩印版,980
所有反应及 SN2 反应速率,244
    取代反应,244
索烃,66,67
    π-π 相互作用,66
    对映体,67
    非对映异构体,66
    分子项链,66
    合成,66
    环状的,66
    结构单元的旋转,66
    菊花链,66
    手性,79
    双环扣,66
    通过 HPLC 进行对映体分离,67
    通过酮醇缩合,936
    酮醇缩合,936
    拓扑立体异构体,66
    相扣,66
    杂原子,66
    质谱,66

T

铊,芳基,见芳基铊
铊化,机理,463
肽,Merrifield 合成,716
肽,标记氨基末端,452
肽合成,716
    DCC,715
    Ugi 反应,727
钛,二醛的偶联,935
    低价的,802,935
钛介导的醛或酮的偶联,935
酞菁,芳香化合物的氧化,897
酞嗪,不对称双羟基化,575
    双羟基化,575
碳,14,823,824
    环戊二烯负离子,30
碳-H 氢键,60
碳,MS,124
碳 NMR,见 NMR
碳-14 标记,163,364,446,677,833,843
碳二亚胺,也见 DCC
    低聚的,725
    负载在聚合物上,715
    来自脲,805
    来自异氰酸酯和氧化膦,724
    通过脲的脱水,805
    与醇和 NBS 或 NIS,276
碳负离子,124
    对正离子的加成,525
碳负离子,芳基的,NMR,545
    苄基的,130
    传导旅行机理,396
    定义,129
    二苯甲基,130
    二噻烷,酰基化,723
    硼稳定化的,与醛,410
    手性的,131
    寿命,134
    芴,396
    形成稳定的盐,130
    与杂原子共轭,130
碳负离子,芳香的,131
碳负离子,共轭,130
    UV,399
    X 射线晶体学,130
    场效应,131
    重排,134
    稠芳香化合物,130
    等翻转,396
    高烯醇盐,131
    共振,395
    共振稳定化,132
    构型保持,132
    光谱分析,130
    环丙基稳定化,130
    金属有机化合物,129
    氢的替代性亲核取代反应,463
    同位素外消旋化,396
    外消旋化,131
    有机镁化合物,129
    杂化,132
    在乙烯基碳上的取代反应,241
    锥形翻转,131
碳负离子对,E1cB 反应,786
碳负离子机理,526
    E1cB 反应,784
碳负离子,来自烯烃,134
    来自 DMSO,463

来自醇盐的裂解，421
来自自由基，140
碳负离子，生成，134
  Knoevenagel，与烯丙基酯，285
  Na 或 K，132
  Rb 或 Cs，132
  摆动，131
  甲基，131
  甲基磺酰基，与酯，723
  甲基亚磺酰基，463,667
  腈，130
  氢交换，396
  寿命，526
  同位素交换速率，396
  氧化成自由基，134
  与 d 轨道重叠，131
  质子化，129
  锥形的，SE1 机理，395
  锥形的，外消旋化，395
碳负离子，稳定化，129,130
  s 特征，129,130
  苯炔反应，449
  超共轭，131
  孤对电子对，131
  金属交换反应，419
  杂化，130
碳负离子，稳定化基团，421
  结构和稳定性，131
  立体化学，溶剂效应，396
  三苯甲基，130
  通过脱羧反应，134
  通过脱质子化，134
  乙烯基，132
  乙烯基和构型稳定性，132
  张力和稳定性，130
碳负离子，稳定化，平衡离子，131
  被 S 或 P，131,132
  被非相邻的 π 键，131
  被氟离子，412
  被磺酰基，131
碳负离子，烯丙基，130,396,399,528
  [3+2] 环加成，583
  [3+2] 环加成，机理，583
碳负离子，与醛，134
  与芳基硝基化合物，463
  与卤代烷，134
  与亲电试剂，134
  与酮，134
  与烯丙基卤，280
碳负离子，与质子反应，134
  共振稳定化的，130,396

溶剂化，131
溶剂化，离去基团，396
碳负离子特征，E2 反应，785
碳负离子中间体，Wolff-Kishner 还原，929
碳 [3+2] 环加成，583
碳-金属键，129
碳离去基团，420
碳硼烷酸，190
碳迁移，[1,j] σ，854
碳亲核试剂，278,454
碳炔，141
碳水化合物（糖），环糊精，65
  脎，669
  声化学，180
碳素酸（含酸），187
碳酸钠，碱，268
碳酸酯，667
碳酸酯，胺，716
  二烷基，来自卤代烷，264
  共振，22
  环状的，丙二烯醇的羰基化，537
  甲基镁，间接羧基化，695
  甲基镁，与酮，695
  金属，与酮，695
  来自醇，264
  来自光气和醇，667
  来自卤代甲酸，667
  来自卤代烷，264
  炔丙基，266
  烯醇，烷基化，291
  与胺，715
  与醛，723
  与酮，723
  在 Suzuki-Miyaura 偶联中，458
碳酸酯，烯丙基，TsujiTrost 反应，285
  Pd 催化剂，与胺，269
  金属催化的，偶联，285
  偶联，不对称诱导，285
  偶联，与活泼亚甲基化合物，285
  偶联，与烯醇负离子，285
  与乙烯基硅烷，278
碳酸酯盐，667
碳-碳键，键旋转，140
碳正离子，124,660
碳正离子，Lewis 酸，375
  Hammond 假设，243,530
  Hofmann-Martius 反应，374
  Lederer-Manasse 反应，364
  Markovnikov 规则，529
  NMR，124,126,127,235,236

pK，126
Prins 反应，702
Raman 光谱，127
S_N1 反应，226,228
S_N1 机理，821
Stieglitz 重排，841
UV 光，228
Wagner-Meerwein 重排，828-830
Zaitsev 规则，828
苯鎓离子，235
超酸，125,227,238,851
重排，410,534,820
重排，烯烃，400
多烯环化，552
反离子，124
非经典碳正离子，237
共振，128,244,530
光电子能谱（PES），127
光谱分析，127
降冰片基化合物，228
扩环，831
卤代烷的溶剂解，167
逆 Friedel-Crafts 烷基化，375
频哪醇重排，830
平衡离子，124
平面性，228
张力，235
碳正离子，α-取代，244
碳正离子，冰片二烯基，NMR，234
碳正离子，反馈，524
  苄基的，126
  苄基的，极限式，126
  二环丁基正离子，238
  极限式，126
  桥的，234
  桥头的，127,228
  手性的，在 [4+3] 环加成中，600
  叔丁基，398
  叔丁基，X 射线衍射，125
  羰基，外侧进攻，828
  稳定性的计算，126
碳正离子，芳基，445
  Gomberg-Bachmann 反应，467
  氪的衰减，242
  芳香化合物的芳基化，467
碳正离子，芳香的，445
碳正离子，非经典的，128,233,829
  NMR，234,235,237,829
  1,3-Wagner-Meerwein 重排，829
  X 射线电子能谱，237
  π 路径，233

σ 路径, 233
　　重排, 237
　　从头算计算, 234
　　反对的论据, 234, 237
　　环丙基甲基, 233, 238
　　环丁基, 238
　　激光拉曼（Raman）, 237
　　降冰片基体系, 233
　　降三环烷, 237
　　离域, 233
　　溶剂解, 234
　　稳定性, 237
　　在超酸中, 829
　　争论, 829
碳正离子, 高烯丙基的, 233
　　多重的, 1,2-迁移, 829
　　芳基迁移, 830
　　记忆效应, 825
　　甲基, X 射线衍射, 124
　　甲氧基甲基, 126
　　可分离的, 244
　　命名, 124
　　内-外型异构, 60
　　失去质子, 128
　　新戊基, 重排, 822
　　在超酸中, 398, 825
　　长程重排, 825
碳正离子, 共轭, 与环丁烷, 126
　　与环丙烷, 126
　　与杂原子, 126
碳正离子, 环丙基甲基, 234, 831
　　Demyanov 重排, 831
　　[1,2] σ 氢迁移, 831
碳正离子, 环丙基甲基, 126
　　重排的方向, 821
　　氚标记, 重排, 823
　　环丙基甲基, NMR, 238
　　检测, 228
　　简并, 821
　　离解能, 表, 127
　　平衡, 239
　　去稳定化基团, 244
　　十二面体, 127
　　寿命, 127
　　双正离子, 126
碳正离子, 见碳正离子
碳正离子, 降冰片基, 从头算计算, 237
　　NMR, 237
　　经典的论据, 237
　　稳定性, 237
　　在稳定的溶液中, 237

碳正离子, 结构, 离域, 125
　　NMR, 851
碳正离子, 金刚烷基, 127, 823
　　炔基, 同位素标记, 242
　　炔基, 稳定性, 242
　　烯烃的加成, 128
　　烯烃邻基, 234
碳正离子, 绝对构型, 234
　　Demyanov 重排, 831
　　ESCA, 239
　　E1 机理, 783
　　Friedel-Crafts 反应, 550
　　Friedel-Crafts 烷基底物, 363
　　Friedel-Crafts 烷基化, 821
　　IR, 124, 127
　　䓛, 126
　　苯, 345
　　插入, 410
　　超共轭, 41, 125, 127, 167, 244
　　重氮盐, 250, 410
　　醇对烯烃的加成, 536
　　醇脱水, 262
　　电荷分布, 125
　　对环丙烷的加成, 532
　　芳基正离子, 125, 345
　　芳香化合物, 375
　　负氢脱除, 892
　　共轭, 125
　　共轭二烯烃, 125
　　化学位移, 127
　　环丙基, 126
　　环丙基甲基, 238
　　环丁烷开环, 864
　　键角, 209
　　键旋转, 524
　　均共轭, 125
　　离子对, 124
　　卤代烷, 125, 227
　　卤代烷的羰基化, 与醇, 299
　　卤代烷对烯烃的加成, 573
　　亲电取代, 398
　　亲电性, 226
　　氢羧基化, 566
　　双重超共轭, 125
　　酸催化的醇脱水, 794
　　缩醛水解, 259
　　酮的裂解, 423
　　烯丙基重排, 239
　　烯烃的水化, 534
　　烯烃重排, 399
　　消除反应过渡态, 789

形成卤代醇, 571
形成双键, 128
椅式构象, 127
酯水解, 707
碳正离子, 来自醇, 125, 128
　　几何结构, 迁移能力, 825
　　来自胺, 128
　　来自重氮化合物, 822
　　来自二环化合物, 重排, 825
　　来自负离子和亚硝酸, 128
　　来自偶氮化合物, 931
　　来自烷基重氮盐化合物, 128
　　来自烯烃, 128
　　来自异冰片, 828
　　来自自由基, 140
　　卤素与烯烃, 525
　　卤鎓离子, 取代基效应, 525
　　生成, 128
　　烷烃, 271, 424, 829
　　杂原子稳定化的, 126, 128
碳正离子, 立方烷基, 228
　　环丙基, 开环, 850
　　环丙烯基, 33
　　环丁基, 126, 831
碳正离子, 立体化学, 127
　　消除, 789
碳正离子, 氯代-, 674
碳正离子, 偶联, 与烯烃, 410
碳正离子, 取代基效应, 127
　　硫代碳正离子, 128
　　扭曲的, 825
　　三苯甲基, 126, 127
　　三芳基甲基, 127
　　三高桶烷基, 127
　　三价的, 398
　　三正离子, 126
碳正离子, 稳定的, 126, 410
碳正离子, 稳定的溶液, 125
碳正离子, 稳定化, 524
　　通过环丙基, 233
　　通过氧, 703
碳正离子, 稳定化基团, 迁移能力, 823
　　重排, 823
碳正离子, 稳定性, 126, 529, 530
　　NMR, 821
　　X 射线晶体学, 124
　　重排的方向, 821
　　从头算分子轨道计算, 524
　　开环的相对于桥的, 524
　　频哪醇重排, 830

溶剂解，228
烷烃的裂解，424
选择性，353
在强酸中，125
碳正离子，烯丙基，22,125,126,397,
531
  HOMO，850
  重排，244
  共振，244,527
  环丙基碳正离子，832
  [3+2] 环加成，584
  极限式，239
  来自丙二烯，530
  来自对二烯烃的加成，527
  来自环丙基卤，245
  来自环丙烷，850
  离子对，240
  质子化，851
碳正离子，酰基，126
  Friedel-Crafts 酰基化，368
  Lewis 酸，368
  来自酰卤，368
  稳定性，126
碳正离子，形成，通过卤代烷的离子
化，128
  稳定的盐，130
碳正离子，形成，在沸石上，126
碳正离子，也见氧代碳正离子
碳正离子，乙烯基，126,242,525
  p 轨道，242
  氘的衰减，242
  来自炔烃，525
  稳定化基团，242
碳正离子，乙酰基，126
碳正离子，与烯烃，523
  X 射线晶体学，124
  与水，703
碳正离子，在沸石 Y 上，126
  苯基，126
  打开的，卤鎓离子，525
  光化学产生，228
  硅基，128
  螺旋桨形，127
  平面的，228
  炔丙基，126
  叔戊基，重排，821
  顺序的 1,2-迁移，825
  氧稳定化的，365
  一级的，S_N1 机理，243
  与腈反应，724
  与亲核试剂反应，128

与亲核试剂反应的速率，247
重排，125,128,299,424,536,550
羰基，α-质子的 pK_a，290
羰基，成键，6
羰基，醇的加成，665
  Cram 规则，659
  共轭的，反应活性，660
  共轭的，负离子的加成，526
  立体中心，401
  卤代醚的断裂，803
  面选择性，659
  亲核加成，659
  亲核进攻的催化，被亲核试剂，661
  亲核进攻的轨迹，660,661
  亲核试剂的靠近，660,661
  亲核试剂靠近的方向性，661
  水的加成，663
  水的加成，机理，663
  形成立体异构体，659
  氧作为碱进行反应，660
  与 Lawesson 试剂，668
  与硫化氢，667
羰基，与卤代烷共轭的，682
羰基单烯反应，555
羰基氮烯，插入，406
羰基二咪唑，胺的酰化，716
  形成酰胺，715
  酯化，711
羰基合成，568
羰基合镍，氢甲酰化，569
  氢羰基化，566,567
  与金属有机，417
  与卤代烷，299
羰基合铁，复合物，399
羰基化，9-BBN，845
  吖丙啶，726
  胺，299
  丙二烯醇，537
  重氮盐，金属催化的，508
  醇，299
  叠氮化物，425
  芳基卤，与金属有机，461
  金属有机，298,417
  卤代烷，299
  卤代烷，金属催化的，299
  卤代烷，金属介导的，298
  硼酸酯，417
  硼烷，845
  炔烃，567
  炔烃，金属催化的，537
  烯烃，567

烯烃-二烯烃，567
亚胺，568
乙烯基汞化合物，417
羰基化，Reppe，566
羰基化，醇，567
  Friedel-Crafts 酰基化，368
  Grignard 反应，676
  Pauson-Khand 反应，567
  胺，567
  超临界二氧化碳，214
  共轭酮，568
  金属催化剂，烯烃，566
  烯烃，567
  形成芳基羧酸，370
  形成脲，425
  形成酰胺，371,425,718
羰基化，反应，金属配合物，299
羰基化，芳基卤与醇，461
羰基化，分子内的，与芳基卤，461
羰基化合物，共轭的，金属有机的加
  成，557-560
羰基化合物，酰基加成，659
  pK_a，α-质子，290
  α-羟基化，试剂，905
  共轭的，乙烯基硅烷的加成，551
  金属催化的有机锡化合物的加成，
  679
  氰基化，410
  与金属有机的结构兼容性，678
  在 Diels-Alder 反应中，590
  在四机体机理中的反应活性，662
羰基化交叉偶联，283
羰基化，金属催化的，566
  AIBN，567
  Stille 偶联，567
  二烯烃，567
  在超临界二氧化碳中，567
羰基化金属，声化学，180
羰基化，双重的，287,300
羰基，金属介导的，417
羰基碳，HSAB，248
  亲核性，248
  亲核性顺序，248
羰基氧化物，[3+2] 环加成，582
  臭氧分解，900
  顺/反 (syn/anti) 异构体，901
羰基叶立德，[3+2] 环加成，582
羰基自由基，羰基的还原，与乙醇中的
  钠，917
Gomberg-Bachmann 频哪醇合成，934
Wittig 重排，844

酮醇缩合，936
自由基离子，140
羰游基中间体，Grignard 反应，677
糖苷，端基异构效应，100
糖，醛型，44
　互变异构，44
桃金娘烷基硼烷，549
(一)-桃金娘烯醛，手性 Lewis 酸，197
套索醚 (lariat ethers)，63
套烷，67
特殊酸催化，192
特殊盐效应，溶剂解，229
锑，光学活性，77
锑，三芳基，金属催化的与炔烃的偶
　联，460
锑化合物，与吖丙啶，409
体积，活化，见活化体积
惕各酸 (E-2-甲基-2-丁烯酸)，396
替代物，氨基酸，292
天冬氨酸，比旋光度，75
添加剂，手性的，701
　手性的，Michael 加成，557
　手性的，共轭加成，557
　烯烃的环氧化反应，577
调聚物，526
萜烯，Robinson 成环，689
　腈还原成甲基，925
铁化合物，缩醛裂解，259
　缩醛裂解，259
铁，见 Fe
铁卡宾，596
铁氰化钾 [$K_3Fe(CN)_6$]，410
铁氰化钾，烯烃的双羟基化，574
铁氰化物，K，双羟基化，575
呫吨 (xanthine) 染料，光敏化剂，591
烃，苄基 CH，羟基化，905
　羟基化，试剂，905
　氧化，905
　氧化，试剂，905
烃，键能，13
烃，来自卤代烷，926
　来自胺，931
　来自芳基肼，898
　来自格氏试剂，926
　来自硅烷，931
　来自腈，931
　来自硫醇，933
　来自硫化物，933
　来自偶氮化合物，898
　来自羧酸，931
　来自硝基化合物，932

来自亚砜或砜，933
来自酯，931
烃，卤代磺酰化，503
　金属催化的，格氏试剂的偶联，508
　金属介导的，羰基化，417
　羟基化，904，905
　羟基化，对映选择性，904
烃，试剂，用于氧化生成醇，904
　远程 CH 氧化，907
烃，手性，79
Kolbe 反应，509
胺的脱胺化，间接方法，931
客体-主体相互作用，64
偶联，硼烷，509
偶联，有机铜试剂，508
羧酸盐的自由基偶联，509
与腈光化学反应，504
自由基，904
烃，酸性，129
交替的和非交替的，32
烯丙基 CH，羟基化，试剂，905
烯丙基 CH，氧化，试剂，905
烃，通过胺的脱胺化，930
通过醇的脱羟基化，试剂，927
通过硅烷的脱硅化，925
通过金属催化的醛的脱羰基化，511
通过卤代烷的脱卤化，试剂，925
通过噻吩的氢化，509
通过脱胺化，试剂，931
通过脱羧反应，421
烃，通过还原，醇，试剂，927
胺，试剂，931
重氮盐，932
砜，试剂，933
硅烷，925
腈，931
硫醇，试剂，933
硫代碳酸酯，927
硫醚，试剂，933
卤代烷，试剂，925
醚，试剂，927
醛，928
羧酸，931
酮，928
亚砜，试剂，933
烃，通过酯的还原裂解，928
CH 胺化，906
CH 氧化，生成胺，906
烃，氧化，904，905
高价碘，904
生成醇，904

生成过氧化物，503
生成磺酸，907
生成氢过氧化物，502
与 Cr(Ⅵ)，904
与高锰酸盐，904
烃，与酰基过氧化物，503
与臭氧，904
与二氯化硫，503
与卤素和二氯化硫，503
与氢过氧化物，503
与氧，502
烃的远程 CH 氧化，907
通道型配合物，66
通用 NMR 数据库，绝对构型，83
同-Brook 重排，867
同-Diels-Alder 反应，586
同-对两分现象，E2 反应，782
同二聚，烷烃，504
同芳香化合物，40
同芳香性的，球形的，40
同分异构，见异构体
同分异构，顺式到反式，有机锂试剂，
　与铵盐，797
同分异构，外-内，60
　Hofmann-Martius 反应，374
　Jacobsen 反应，376
　碳正离子，60
同分异构体分布，亲电芳香取代，352
同-复分解，863
同富勒烯，41
同离子效应，反应速率，227
同面重叠，589
同面重排，迁移基团的构型，854
同面迁移，852，853
　在 σ-重排中，852，853
同面协同环加成，600
同球面的，95
同位素 C-14，677
同位素标记，醛或酮重排，833
Claisen 重排，858
Favorskii 重排，834
Fischer 吲哚合成，860
Fischer 吲哚合成，860
Friedel-Crafts 酰基化，368
NMR，163
Pummerer 重排，938
Stevens 重排，843
Wagner-Meerwein 重排，829
Wallach 重排，866
Wolff 重排，835
苯炔机理，

芳香 S_N1 反应，446
芳香性，31
　机理，163
卡宾插入，411
联苯胺重排，862
膦氧化物与异氰酸酯，724
逆 Friedel-Crafts 烷基化，375
醛或酮的水化，663
手性，79
四面体机理，661
四面体中间体，661
烯烃的臭氧分解作用，901
酰胺水解，709
硝基苯胺的重排，373
溴化氰，163
亚砜的还原，933
与炔烃，242
在 Kolbe-Schmidt 反应中，
在硫上取代，727
酯的水解，707
自由基重排，826
同位素标记，也见标记，
同位素交换，661
　速率，与碳负离子，396
同位素，缩醛水解，258
　S_N2 反应，226
　离子对，229
　取代反应中的二级同位素效应，246
　炔基碳正离子，242
　溶剂解，229
　手性，79
同位素外消旋化，396
同位素稀释法，对映体纯度，90
同位素效应，氘，166-168
　E1cB 反应，785
　E2 反应，782
　离解能，166
同位素效应，芳基正离子，346
　Baeyer-Villiger 重排，842
　Chugaev 反应，795
　Diels-Alder 反应，587
　Ei 反应，792
　E2 反应，780
　Grignard 反应，677
　NMR，167
　S_E1 机理，395
　S_NAr 反应，445
　S_N2 反应，167
　苯镓离子，236
　超共轭，167
　重排，822，824

机理，166
醛或酮的卤化，402
顺式-反式异构化，167
碳正离子，125
温度，167
消除，786
形成烯醇，401
自由基，493
同位素效应，计算，167
氚离子，346
同位素效应，桥自由基，493
同位素效应，烷烃卤代，499
同位素效应，重原子，167
　氚，167
　二级的，167，786
　分配效应，346
　逆的，167
　溶剂，168
　在 Diels-Alder 反应中，587
同系化，对醛或酮的加成，835
　类卡宾，411
　羧酸酯，721
　通过卡宾插入，411
同异头作用，100
铜，烷基溴化镁，Normant 试剂，554
　Gatterman 反应，507
　Ullmann 反应，457
　芳基卤的偶联，457
　芳基重氮盐的偶联，467
铜（Ⅲ）配合物，有机铜酸酯，558
铜化合物，Stryker 试剂，690
　与有机锂试剂，282
铜酸酯，见有机铜酸酯
铜盐，炔烃偶联，505
　Glaser 反应，505
　芳基重氮盐的卤代磺酰化，508
　芳基重氮盐的硝化，508
酮，吖嗪的形成，669
　Baeyer-Villiger 重排，841
　Haller-Bauer 反应，423
　Haworth 反应，367
　Japp-Klingemann 反应，404
　McMurry 反应，935
　Nozaki-Hiyama 反应，679
　Peterson 烯基化，694
　Reformatsky 反应，682
　Strecker 合成，702
　Willgerodt 反应，938
　互变异构，43
　环化脱水，365
　硫代酮的形成，与硫化氢，667

卤代酮的形成，401
氰胺的形成，270
双负离子的形成，723
缩醛胺的形成，669
形成肟，404
形成烯醇负离子，677
形成烯醇负离子，406，687
亚硫酸氢盐加成产物，668
亚硝基化合物的形成，404
氧代碳正离子的形成，832
用于 C═N 化合物水解的试剂，
　663，664
酯的形成，666
酮，醇的加成，665
重氮甲烷，835
二烷基锌试剂，678
格氏试剂，机理，676，677
金属有机，677-681
硫醇，667
水，663
烯丙基硼烷，680
有机锂试剂，机理，677
酮，反应，与醇，可兼容的官能团，665
与胺，668
与碱，687
酮，芳基，亚氨基酯，371
　Hoesch 反应，371
　来自 Friedel-Crafts 酰基化，367
　来自芳香化合物，367
　来自腈，371
　来自羧酸，367
　来自酰卤，367
酮，非不对称的，α-质子的酸性，291
区域选择性，291
烯醇负离子，291
形成硅基烯醇醚，409
酮，共轭的，α-氰氧基化，503
　Meyer-Schuster 重排，241
　Nazarov 环化，556
　来自 Weinreb 酰胺，720
　来自丙二烯，241
　来自环氧基酮，795
　来自卤代酮，408
　来自酮，894
　来自硒烷基酮，407
　来自烯烃，408
　来自酰卤，408
羰基化，568
通过 Wurtz 偶联，279
通过羟醛反应，687-691
通过烯烃的 α-氧化，907

烯醇负离子，291
  与有机锂试剂，675
酮，共轭的，卤化，403
  Dess-Martin 高碘烷，403
酮，共轭的，也见共轭化合物
酮，共轭的，质子酸性，292
  还原，与还原酶，547
  还原，与酶，547
  经过 Weinreb 酰胺，720
  试剂用于共轭还原，546
  与 LDA，461
  与格氏试剂，675
  与硼烷，560
  与醛，自由基，704
酮，还原，Cram 规则，920
  对映选择性，919，920
  非对映选择性，920
  生成醇，916-920
  生成亚甲基，试剂用于，929
  相对于醛，917
  与甲酸铵，918
  与金属，917
  与酶，919
  与面包酵母，918
  与硼烷，918
  与氢化铝（铝烷），918
  与氢化物，916
  与氢化锡，918
  与乙醇中的钠，917
  与乙醇中的钠，机理，917
  与异丙醇铝，917
  在超临界醇中，929
  在离子液体中，919
酮，还原胺化，671，672
酮，还原二聚，666
  单线态，935
  互变异构，400
  磺酰化，406
  结构需求，Wittig 反应，696
  空间位阻，Wolff-Kishner 还原，929
  空间位阻，还原，917
  硫芳基，来自硅基烯醇醚，406
  硫烷基，来自硅基烯醇醚，406
  硫烷基，来自烯醇负离子，406
  区域选择性，卤化，402
  三线态，935
  硒烷基，共轭酮的形成，407
  亚磺酰化，406
  一氧化碳的热挤出，804
  有空间位阻的，LiAlH$_4$，916
酮，还原裂解，腈，928

酮，还原偶联，生成烯烃，试剂，935
  生成二醇，试剂，934
酮，环化，与二卤化物，291
  半缩醛胺的形成，668
  对映选择性的酰基加成，见酰基加成
  二聚，与 UV，935
  二卤代，402
  二酮，见二酮
  二乙烯基，298
  二乙烯基，来自乙烯基金属有机，298
  非对映选择性，用 Selectride 还原，917
  氟化，402
  环丙基，来自共轭酮，700，701
  环加成，对烯烃，725
  环氧基，578
  甲酰化，408
  酶法还原，918
  脱氢化，894
  脱羧反应，羧酸，723
  烯醇负离子保护基团，291
  烯醇含量，43
  重氮基，分解，726
酮，环状的，I 张力，209
  Schmidt 反应，839
  反应活性，209
  芳构化成苯酚，893
  共轭的，通过 Pauson-Khand 反应，567
  共轭的，通过苯酚的氢化，544
  共轭的，通过炔烃的羰基化，567
  经过 Weinreb 酰胺，720
  扩环，836
  来自醛和共轭酯，680
  来自酸催化的氨基醇的重排，831
  来自酮酯，935
  热解，二羧酸，723
  通过 Ruzicka 环化，723
  通过二环酮的扩张，836
  通过与酮酯的 McMurry 反应，935
  氧化裂解，生成二羧酸，899
  氧化裂解，试剂用于，899
  氧化裂解，与次氯酸钠，899
  与叠氮酸，839
  与二卤化物和 Collman 试剂，298
  与过氧化氢，807
  在 Baeyer-Villiger 重排中，842
酮，甲基，卤仿反应，423
  α-甲基化，Simmons-Smith 方法，598
  α-氧化，金属催化剂，907

α-氧化，试剂用于，907
α-氧化，与 SeO$_2$，907
α-氧化生成二酮，907
通过醛的同系化，与重氮甲烷，836
亚硝化，机理，404
酮，间接羧基化，695
  LiAlH$_4$ 还原，机理，918
  Meerwein-Ponndorf-Verley 还原，917
  大环的，构象，101
  碘化，402
  活性比醛小，660
  水化的机理，663
酮，碱催化的对二硫化碳的加成，695
  二环的，金属催化的炔烃羰基化，567
  二环的，来自二烯酮，865
  二环的，一氧化碳的热挤出，804
  二环共轭的，Robinson 成环，689
  碱性裂解，空间效应，423
  碱性裂解，张力，423
酮，金属催化的，偶联，生成肟，935
  与二卤代砜反应，699
  与烯酮环加成，725
酮，金属介导的，卤代酯的加成，682
  卤化，402
酮，经过脱羧反应，422
酮，来自格氏试剂，417
  Weinreb 酰胺，720
  腈，686
  酰卤，719
酮，来自卤代酰胺，838
  来自 Collman 试剂，298
  来自噁唑烷，295
  来自高烯丙醇，805
  来自硅基环氧化物，694
  来自硅基烯醇醚，287，409
  来自金属化的亚胺，727
  来自金属有机，298，417
  来自硫酯，721
  来自硫酯和有机锌卤化物，721
  来自卤代胺，803
  来自卤代醇，830
  来自卤代酮，296
  来自羟基腈，292
  来自氢过氧化物，842
  来自亚胺盐，371，686
  来自氧代碳正离子，689
  来自乙烯基化合物，258
  来自乙烯基卤，257
  来自有机锂试剂，417
  来自有机锂试剂，Weinreb 酰胺，720

来自有机锂试剂，羧酸，720
来自有机硫碳负离子，酯，723
来自有机铈试剂，720
来自腙，86，292
酮，来自醛，294，409，836
  来自八羰基合二钴，417
  来自重氮酮，Wolff 重排，726
  来自醇盐，395，422
  来自二醇，830
  来自二卤化物，257
  来自二噻烷，294
  来自二羧酸，904
  来自芳基卤，461
  来自芳基硼酸，461
  来自环加成，单线态氧对烯烃，591
  来自环氧化物，830
  来自甲酰胺，有机锂试剂，720
  来自卤代烷，298，561
  来自硼酸，719
  来自硼烷，296
  来自氰基硼烷，845
  来自醛，重氮甲烷，412
  来自酸酐，硼酸，719
  来自羧酸，422，683，723
  来自羧酸，有机锂试剂，683
  来自烯胺，293
  来自烯丙醇，836
  来自烯醇硼酸酯，560
  来自烯烃，氧化剂，911
  来自酰胺，368
  来自酯，372，719
  来自酯，有机锂试剂，720
酮，来自酸卤化物，298
酮，1,4-，来自 1,3-酮，836
酮，来自酰卤，368，718
  金属有机，718，719
  硼酸，718，719
  有机镉试剂，720
  有机铜酸盐，718
酮，裂解，碳正离子，423
  卤仿反应，423
  与氨基碱，423
  与碱，423
  与碱，溶剂效应，423
  与卤素，423
酮，卤代，Favorskii 重排，834
  环收缩，834
  来自重氮酮，277
  自由基扩环，832
酮，卤化，微波辐照，402
  对映选择性，402

对映选择性，金属催化的，402
机理，402
区域选择性，403
试剂用于，401，403
速率，402
酮，炔基，见炔酮
  氨基，Michael 反应，720
  两性，400
酮，手性的，689
  差向异构化，401
  手性氨基碱，401
酮，水解，醇盐，919
  C═N 化合物，663
  肟，508
  烯醇醚，535
  亚胺，909
酮，羰基化，695
  α-CH 氧化，与二氧化硒，机理，907
  催化氢化，917
  化学选择性的还原剂，917
酮，缩合，见羟醛
酮，缩合，与酯，691，722
  与亚胺，689
酮，通过 Oppenauer 氧化，895
酮，通过臭氧分解作用，烯烃，900
  热解，烯丙基醚，806
  通过 Nef 反应，664
  通过 Prins 反应，581
  通过 Stork 烯胺反应，293
  通过 Wacker 方法，911
  通过重排，氢过氧化物，842
酮，通过二醇的氧化裂解，898，899
  烯烃，901
酮，通过氧化，醇，894-897
  胺，909
  醇，试剂用于，895
  烯烃，911
  烯烃，试剂用于，911
  乙烯基硼烷，846
酮，通过乙酰乙酸合成，289
  通过 Friedel-Crafts 环化，365
  通过 Fries 重排，372
  通过 Fukuyama 偶联，721
  通过丙二烯的水化，535
  通过醇的 DMSO 型氧化，896
  通过二酮的裂解，423
  通过芳基卤的羰基化，461
  通过醛对烯烃的加成，565
  通过炔烃的水化，535
  通过酸催化的环氧化物的重排，830
酮，烷氧基，与硅基烯酮缩醛，690

烷基化，290
烷基化，Stork 烯胺合成，293
酮，硝基，与胺，424
保护，259
保护基，668
光还原，179
光化学，174
光化学二聚，机理，935
光化学二聚生成二醇，935
光化学［2＋2］环加成，与烯烃，595
光化学裂解，139
甲苯磺酰氧基化，906
前手性的，还原，919
自由基偶联，505
酮，形成缩醛，665
α-酰氧基化，503
α-乙酰氧基化，与高价碘，906
γ-质子的酸性，292
酸催化的重排，832
酮，与烯胺，688
与 HCN，701
与 H_2S 和酸催化剂，668
与 LDA，409，687
与 MoOPH，烯醇负离子的 α-羟基化，905
与叠氮酸，839
与格氏试剂，675-677
与过氧化 Mo，烯醇负离子的 α-羟基化，905
与甲基三氧化铼，699
与甲醛，695
与肼，669
与锂化硅烷，694
与硫化氢，667
与卤代砜，700
与卤代酯，694
与卤素，401
与羟胺，670
与烯醇负离子，134，687-691
与烯醇负离子，见羟醛
与烯醇酯，291
与异氰化物，726
与异氰化物和羧酸，727
与酯，692，722
酮，与酰卤，666
与 9-BBN，548
与氨基碱，406
与胺，293，668，671
与胺和氢，671，672
与丙二烯，680
与重氮硅基烷烃，699

与重氮化合物，704
与重氮甲烷，700
与重氮烷，700
与重氮酯，699,836
与醇和 HX，675
与二卤卡宾，700
与芳香化合物，364
与碱，400
与硼烷还原试剂，918
与氰根离子，702
与氰化铝，701
与醛，695
与炔负离子，678
与炔负离子，对映选择性，678
与炔烃，680
与手性肼，86
与双格氏试剂，676
与酸催化剂，689
与碳负离子，134
与碳酸酯，723
与烯丙基卤，过渡金属，678
与烯丙基锡化合物，679
与烯烃，分子内的，554
与烯烃或炔烃，680
酮，与硝基化合物，692
　与 Oxone，烯烃的环氧化，577
　与 Petasis 试剂，699
　与 Tebbe 试剂，699
　与 Tollens 试剂，695
　与苯肼，860
　与砜，693
　与各种金属盐反应，680
　与硅烷，金属催化的，409
　与甲苯磺酰亚胺，质子海绵，726
　与金属有机，87
　与金属有机，对映选择性，678
　与磷叶立德，695
　与硫代二苯乙醇酸，807
　与硫叶立德，699,700
　与亚硫酸氢钠，668
　与亚硝酸，404
　与叶立德，695-699
　与有机铬化合物，679
　与有机锂试剂，675,693
　与有机铝或有机钛化合物，679
　与有机铜酸盐，680
酮，杂芳基，通过羰基化，462
　Claisen-Schmidt 反应，688
　Claisen 缩合，691
　Henry 反应，692
　Knoevenagel 反应，692

Mannich 反应，672
Mukaiyama 羟醛反应，690,691
Paterno-Büchi 反应，595,725
Wolff-Kishner 还原，928
α-羟基化，905
α-羟基化，mCPBA，906
α-羟基化，对映选择性，905
α-羟基化，金属催化剂，905
α-羟基化，与酶，905
高烯丙基，来自酮酸，511
羟基，693
羟基，来自环氧基醇，831
羟醛缩合，与醛，688
水化，663
同系化，835
有位阻的，与羟胺，670
在羟醛缩合中，687-691
α-酮醇重排，833
酮，转化为酰胺，938
酮醇，也见羟基酮
　安息香缩合，704
　通过酯的酮醇缩合，936
　烯醇醚的制备，409
　用三甲基氯硅烷俘获，936
　酯的还原偶联，936
酮醇缩合，在 Na 表面反应，936
　Dieckmann 缩合，936
　Na 中 K 的重要性，936
　超声，936
　机理，936
　金属的表面区域，936
　三甲基氯硅烷，936
　索烃，936
　与三甲基氯硅烷反应，936
酮醇酯缩合，936
酮的光化学二聚，机理，935
酮-砜，烷基化，289,292
酮磺酸酯，906
酮腈，来自酯和腈，723
酮腈，通过 Thorpe 反应，701
来自酯和腈，723
酮醛，脂肪族的 Vilsmeier 反应，408
　Cannizzaro 反应生成羟羧酸，937
酮酸，695
　Friedel-Crafts 酰基化，367
　环烯烃的氧化裂解，902
　金属催化的脱羧烯丙基化，511
　来自金属化的亚胺，727
　来自酮与金属碳酸盐，695
　通过间接羧基化，695
　脱羧反应，421,422

脱羧反应，421
烯丙基酯，Carroll 重排，859
烯丙基酯，Kimel-Cope 重排，859
酮肟，见肟
酮-烯醇互变异构，526
扭转张力，400
酮-烯醇互变异构，见互变异构
酮酰胺，Friedel-Crafts 酰基化，367
　芳基化，460
　来自酰胺-酸和有机锂试剂，720
酮-亚砜，烷基化，289,292
酮-叶立德，共振，696
酮酯，581
酮酯，乙酰乙酸合成，289
　环状的，Dieckmann 缩合，722
　碱催化的酯的缩合，722
　来自重氮酯，409
　来自醛，409
　来自醛，与碳酸酯，723
　来自羧酸双负离子和酯，723
　来自酮和重氮酯，836
　通过 McMurry 反应生成环酮，935
　通过 Reformatsky 反应，682
　酮的 α-乙酰氧基化，906
脱羧反应，422
　与 DEAD 和 Cu 复合物，胺化，906
　与苯酚，365
　与芳基氟化物，460
　与碱裂解，423
　与肼，670
　与硼酐（硼酸酐），422
统计效应，酸性，196
桶烯，40,865（文献 910）
手性，79
推拉效应，34
推拉效应，34
ESR，137
自由基，136,137
自由基，136,137
托烷（莨菪烷），39
脱胺化，胺，930
芳香胺，932
脱重氮化，芳重氮盐，试剂，932
被杯芳烃抑制，932
重氮盐，932
脱硫化，通过催化氢化，509
二硫代缩醛和二硫代缩酮，668
二硫代缩酮，668
砜，933
硫醇，933
硫醚，933

噻吩, 509, 933
缩硫醛, 933
亚砜, 933
亚甲基单元, 933
与 Raney 镍, 509, 933
与 Raney 镍, 机理, 509, 933
与在酸中的钐, 509
脱卤化氢, 卤烷, 与金属氧化物, 799
　E1 和 E2 机理, 799
　非离子型的碱, 798
　卤代烷, 机理, 799
　卤代烷, 自由基, 799
　卤代烷的热解, 799
　前手性羧酸, 799
　在 HMPA 中, 799
　自由基机理, 799
脱卤化, 酰卤生成烯酮, 金属介导的, 802
　二卤化物, 机理, 802
　芳基卤, 377
　芳基卤, 电化学的, 377
　芳基卤, 格氏试剂, 377
　芳基卤, 光化学的, 377
　芳基卤, 试剂用于, 377
　与格氏试剂和 Ni 催化剂, 802
脱氢苯并轮烯, 37
脱氢苯, 见苯炔
脱氢化, 碱促进的, 894
　胺, 893
　胺, 形成亚胺, 898
　胺生成腈, 897
　催化的, 醇的氧化, 896
　金属催化剂, 893
　内酯, 894
　醛或酮, 894
　与 DDQ, 894
　远程的, 894
脱氢轮烯, 37
脱氰基化, 冠醚, 424
　腈, 424
　与硼氢化钠, 424
脱水, 1,4-, 365
脱水, 醇, 261
　Zaitsev 规则, 793
　酸催化的, E1, 机理, 794
　脱水剂, 793
　微观可逆性, 794
　与金属氧化物, 793
脱水剂, Amberlyst-15, 711
　DCC, 711, 713, 715
　氨基吡啶, 711

从羧酸生成酰胺, 715
分子筛, 710
硅胶, 710
氯硅烷, 711
酸的酯化, 710
羰基二咪唑, 711
五氧化二磷, 713
用于醇的脱水, 793
用于羧酸, 793
用于酰胺生成异腈, 805
脱水, 羟醛, 793
卤代醇, 793
脲, 805
羟基内酰胺, 793
炔醇, 794
丝氨酸衍生物, 793
肟, 804
酰胺, 794, 805
酰胺, 与 PCl5, 805
脱水, 酸催化的, 醇, 793, 794
　DCC, 793
　Henry 反应, 793
　HMPA, 794
　von Braun 反应, 805
　醇, Hofmann 规则, 793
　从醇生成烯烃, 400
　沸石, 793
　羟醛缩合, 793
　试剂, 酰胺生成腈, 805
　试剂, 用于脲, 805
　羧酸, 793
　肟, 腈, 微波, 804
脱羧反应, 氨基酸, 422
　β-内酯, 807
　丙二酸, 421, 713
　芳基羧酸, 376
　芳香酸, 421
　共轭酸, 421
　共轭羧酸, 421
　内酯, 807
　氰基胺, 269
　羧酸, 421, 723, 795
　羧酸, 光解的, 506
　羧酸盐, 与溴化氰, 725
　羧酸银, 510
　缩水甘油酸, 421
　缩水甘油酸, 机理, 421
　酮酸, 421, 422
　酮酯, 422
　自由基, 504, 506
脱羧反应, 光化学的, 422

S_E1 机理, 376
结构局限性, 421
结构, 羧酸反应活性, 421
速率, 421
速率常数, 421
特殊试剂, 422
烯烃和 ArCOOH 反应, 457
脱羧反应, 机理, 421
脱羧反应, 酸酐, 422
　Bredt 规则, 421
　Dakin-West 反应, 422
　Hunsdiecker 反应, 510
　S_E1 机理, 376
　标记, 376
　丙二酸酯合成, 289
　电解, 807
　芳锑离子机理, 377
　环状机理, 421
　喹啉, 376
　六中心机理, 421
　硼酸酯, 422
　羧酸负离子, 421
　形成碳负离子, 134
　乙酸银, 376
脱羧反应, 烯丙基乙酸酯, 与酮酸, 511
脱羧反应, 氧化, 见氧化
脱羧反应, 氧化, 金属介导的, 903
脱羧反应, 氧化, 羧酸生成烯烃, 903
　羧酸, 机理, 903
脱羧酶, 安息香缩合, 704
脱羰基化, 酰卤, 422
　S_E1 机理, 375
　芳醛, 375
　芳香酰卤, 377
　光解, 511
　过氧化物, 511
　金属催化的, 酰卤, 生成烯烃, 800
　醛, 178, 826
　醛, 金属催化的, 511
　醛, 金属催化的, 机理, 511
　醛, 与 Wilkinson 催化剂, 511
　酰卤, 511
　形成异氰酸酯, 718
　自由基, 511
脱烷基化, 酰胺, 试剂, 934
　胺, 试剂, 933, 934
　磺酰胺, 934
　醚的还原, 试剂, 927
　与乙醇胺, 270
脱氧, 醇, 机理, 927
　醇, 试剂, 927

二醇,机理,800
芳醚,376
醛或酮,928
脱氧胆酸,作为主体,65
脱氧核糖核酸,见 DNA
脱质子化,通过金属,413
  芳基正离子,空间位阻,346
  炔烃,377
  形成碳负离子,134
  与格氏试剂,412
  与金属有机,412
  与有机锂试剂,412
陀螺烷,67
拓扑极化,32
拓扑立体异构体,索烃,66

W

外-内异构体,93
外-内异构体,也见异构体
外-外异构体,93
外消旋化,胺,77
  S_E1 机理,395
  S_N2 反应,226
  S_N1 反应,228
  Wittig 重排,844
  重排,822
  构型,重排过程中的迁移基团,822
  溶剂解,229
  碳负离子,131
  外-内异构体,93
  烯醇负离子,401
  一级反应,228
  有机铜酸盐,282
  锥形的碳负离子,395
  自由基,492
外消旋混合物,79
外消旋混合物,见外消旋体
外消旋体,74
  拆分,75
  取代环己烷,100
外型加成,二环烯烃,531
  Diels-Alder 反应,585
弯曲的苯环,张力,108
弯曲键,环丙烷,103
烷基,活化用于亲电芳香取代,350
烷基,跨环的重排,826
烷基氨基氯化铝,生成脒,674
烷基叠氮化物,见叠氮化物
烷基氟化镁,419
烷基硅烷,与丙二酸酯,551
烷基化,O-烷基化,256
  苯氧离子,255

氰酸酯,255
生成酰胺,272
烯醇负离子,255
烯醇负离子,288
烷基化,胺中 N 的 α 位,295
烷基化,光化学的,杂环,506
烷基化,还原的,671,672
替换氨基,463
O-烷基化,见烷基化,O-烷基化
烷基化,末端叁键的 α 位,297
烷基化,双重的,289
  彻底的,胺,268
  对映选择性的,290
  金属催化的,烯醇碳酸酯,291
烷基化,羧酸的 α 位,295
烷基化,通过 Hiyama 偶联,291
通过 Ziegler 烷基化,463
烷基化,酮,290
  N,2-吡咯烷酮,254
  吡啶,金属有机,463
  吡咯,268
  吡咯,金属有机,462
  吡咯,在离子液体中,268
  噁嗪,295
  2-噁唑烷酮,272
  砜,294
  硅基烯醇醚,290
  磺酸盐,267
  磺酸酯,294
  磺酰胺,273
  腈,290
  喹啉,光化学,506
  膦,269
  硫醚,294
  内酰胺,272
  内酯,290
  酮,Stork 烯胺反应,293
  酮-砜,289,292
  酮-亚砜,289,292
  肟,266
  乙烯基硫化物,294
N-烷基化,烯胺,293
S-烷基化,与硫氰酸根离子,274
烷基化,与双负离子,255,289
  与重氮化合物,261
  与烯胺盐,293
烷基化,与烯醇负离子,134,255,288,
290-292
  对映选择性的,291
  金属催化,290
  溶剂,290

手性噁唑烷酮,291
手性碱,291
手性添加剂,291
相转移,290
与萘氧盐,256
烷基化,杂原子的 α 位,295
烷基化,在蒙脱土上,254
烷基化,在碳上,烯醇负离子,255
烷基化,在氧上,烯醇负离子,255
烷基化,自由基,254
Morita-Baylis-Hillman 反应,682
丙二酸酯合成,289
氰基乙酸酯,合成,289
取代,224
三烷基硼烷,296
乙酰乙酸,合成,289
烷基化,自由基,芳香化合物,506
芳香化合物,CIDNP,506
芳香化合物,机理,506
杂环,506
烷基化,腙,292
氨基酸,671
胺,268,270
胺,Delépine 反应,269
胺,金属催化,268
胺,与醇,268
二甲基腙,292
二硫代缩醛,294
二硫代缩酮,294
二噻烷,294
芳香化合物,462,463
芳香化合物,金属有机,462
芳香硝基化合物,463
共轭化合物,557
环状氨基甲酸酯,272
活泼亚甲基化合物,288
甲脒,295
硼酸,296
硼酸酯,296
羟基腈,292
氢过氧化物负离子,265
氰根离子,297
醛,290
炔烃,297,554,846
羧酸盐,293
羧酸酯,290
无机酯,261
烯丙基胺碳负离子,295
烯丙基醚碳负离子,295
烯醇,Lewis 酸,290
烯醇碳酸酯,291

酰胺，272
酰亚胺，272
亚胺，292,672
杂环，268,463
烷基化试剂，Friedel-Crafts 烷基化，362
烷基钾或芳基钾，132
烷基硫酸酯，见硫酸酯
烷基钠，132
烷基硼酸，见硼酸
烷基硼烷，见硼烷
烷基铷或芳基铷，132
烷基三氟硼酸酯，与芳基卤，457
烷基铯，132
烷基铜-溴化镁（Normant 试剂），554
烷基亚硝酸酯，404
烷基亚硝酸酯，与酸，464
烷烃，对烯烃的加成，550
　　超酸，410
　　重氮硅基，与酮，699
　　醇与金属有机偶联，286
　　氘交换，542
　　对烯烃的加成，Friedel-Crafts 反应，550
　　反-Markovnikov 胺化，539
　　构象，97
　　光化学，173
　　光敏化，504
　　键角，12
　　客体-主体相互作用，64
　　来自格氏试剂，414
　　来自金属磺酸盐，285
　　来自卤代烷，282
　　来自醛，511
　　来自有机铜酸酯，282
　　裂解，机理，424
　　邻位交叉（或间扭式）构象，97
　　氢化裂解，424
　　生成碳正离子，271
　　通过对烯烃的自由基加成，561
　　通过环丙烷的还原裂解，547
　　通过腈的脱氰基化，424
　　通过硫醚的氢化，509
　　通过烷烃的偶联，504
　　通过烷烃对烯烃的加成，550
　　脱氢生成炔烃，894
烷烃，卤化，497-499
　　Wurtz 反应，279
　　氮烯的插入，406
　　金属催化的对烯烃的加成，550
　　金属有机与卤代烷，283,284
　　硫醇的氢化，509

卤化，UV，497
氢被自由基夺取，494
三烷基，金属催化的对炔烃的加成，555
通过偶联反应，410
硝化，405
硝化，N-羟基琥珀酰亚胺，405
硝化，自由基，405
硝化机理，405
氧插入，905
与 Lewis 酸，829
与自由基，493,494
自由基偶联，504
烷烃复分解，863
烷烃裂解，立体因素，424
烷氧基胺化，烯烃的，579
烷氧基汞化，Markovnikov 规则，536
烷氧基汞化，烯烃，536
烷氧基羰基化，烯烃的，567
烷氧基自由基，141,490,496
碗-碗的翻转，41
碗形的，41
碗形的烃，41
微波反应器，181
微波辐照，180,181
　　醇盐与芳基卤，450
　　醛共轭加成，565
　　酸酐的醇解，710
　　酰胺生成异氰化物，805
　　酰卤与炔烃，719
微波辐照，461
微波辐照，Friedel-Crafts 酰基化，368
　　Fries 重排，373
　　Heck 反应，181
　　Hunsdiecker 反应，510
　　Knoevenagel 反应，692
　　Meerwein-Ponndorf-Verley 还原，918
　　Mitsunobu 反应，181
　　Rosenmund-von Braun 反应，454
　　Sonogashira 反应，181
　　Suzuki 反应，181
　　Ullmann 反应，181
　　波长，181
　　醇的卤化，275
　　醇的氧化，895
　　磁场成分，181
　　反应器，181
　　金属催化的胺的芳基化，452
　　肼的氧化，898
　　硫醇的氧化，914
　　卤代烷的还原，926

起源，180
热效应，181
酮的卤化，402
与二羧酸，722
与亚胺和重氮酮，726
在胺与二酮的反应中，669
在离子液体中，214
微波辐照，芳香化合物与烯烃，554
苄基卤，来自醇，254
重氮酮与亚胺，726
单烯反应，180
电场成分，181
电磁波，181
二酮与酸，666
芳基卤的羰基化，461
芳基卤与胺，452
芳基卤与苯酚盐，450
环加成反应，181
环氧化物和 HX，277
氯磺酰异氰酸酯与烯烃，726
醚与炔烃，550
双羟基化反应，181
羧酸转化为胺，715
无溶剂的反应，181
酰基缩醛的形成，666
形成烯胺，669
形成亚胺，669
微波辐照，缩醛裂解，259
　　Baylis-Hillman 反应，681
　　Beckmann 重排，840
　　C═N 化合物的水解，664
　　Claisen 重排，858
　　Diels-Alder 反应，180,584
　　Doebner 改进，692
　　Fischer 吲哚合成，860
　　Friedel-Crafts 环化，365
　　Friedel-Crafts 酰基化，367
　　Fries 重排，373
　　Gibbs 自由能，181
　　Heck 反应，456
　　Hunsdiecker 反应，510
　　Kröhnke 反应，909
　　Mannich 反应，672
　　Meerwein-Ponndorf-Verley 还原，918
　　Pauson-Khand 反应，568
　　Pechmann 缩合，365
　　Ritter 反应，724
　　Sonogashira 偶联，459
　　Stille 偶联，407
　　Suzuki-Miyaura 偶联，458,459
　　Vilsmeier-Haack 反应，368

Williamson 反应, 260
氨基醇的形成, 270
胺, 268
胺的芳基化, 452
胺的酰基化, 715
胺的酰基化, 与酯, 716
苯酚的形成, 450
苯酚的氧化, 897
苄醇的氧化, 897
臭氧分解作用, 900
醇的铬酸盐氧化, 894
氮杂-Michael 反应, 564
碘代烷, 275
二硫代缩酮的水解, 668
二卤化物的脱卤化, 802
发热, 181
反应活性, 254
反应速率, 254
芳基甲基的 CH 氧化, 908
芳基卤的氰基化, 454
芳基卤偶联, 284
芳基卤中的卤素交换, 453
芳香磺酰化, 359
高价碘对醇的氧化, 896
共轭加成, 564
共轭加成, 醛, 565
共轭醛的还原, 546
过热, 181
还原胺化, 671
合成, 181
黄鸣龙改进, 929
极化, 181
介电加热, 181
金属催化的胺的共轭加成, 564
腈的水解, 664, 665
膦与卤代烷反应, 695
蒙脱土, 254
醚形成, 260
硼氢化钠还原, 916
醛转化为腈, 670, 671
双羟基化, 576
速率提高, 180, 181
酸酐形成, 713
羧酸的酯化, 710
羧酸酯的水解, 705
缩醛水解, 259
缩醛形成, 665
缩酮水解, 259
酮 α-氧化生成二酮, 907
微波炉, 180, 181

肟脱水生成腈, 804
无机酯, 265
烯烃的过氧化物环氧化, 576
烯烃复分解, 863
酰胺脱水生成腈, 805
酰胺形成, 371
相转移催化, 254
硝基化合物的还原, 923
形成硫代酰胺, 714
形成烯胺, 669
形成酯, 264
亚胺的还原, 922
酯水解, 705, 706
微波光谱, 键长, 10
Fries 重排, 373
构象, 95
微波炉, 微波化学, 180, 181
微观可逆性, 161, 400, 663, 703, 785
醇脱水, 794
微观可逆性原理, 161
微胶囊的, OsO4, 575
微珠, Sonogashira 偶联, 459
纬向性的, 27
环戊二烯负离子, 30
环辛四烯双正离子, 31
轮烯, 36
未共用电子, 亲核性, 248
未溶剂化的芳基锂试剂, 133
位置异构体, 芳香的, 稳定性, 352
位阻, 空间的, 见空间位阻
温度, 对映体, 75
比旋光度, 75
超共轭, 167
对消除的影响, 791
焓或熵, 158
机理, 166
速率, 166
同位素效应, 167
形成烯醇负离子, 688
温度效应, 烯烃的胺化, 538
温度依赖性, 逆 Friedel-Crafts 烷基化, 375
文献, Beilstein, 985, 986
不定期系列出版物, 989
二级资源, 979, 982-988
年度综述, 990
一级资源, 979
杂志, 979-982
文献检索, 994-1003
在线的, 995-1003
在线的, 问题, 995

稳定的卡宾, 142
稳定的自由基, 137
稳定化基团, 亲电芳香取代, 349
碳负离子, 421
稳定化, 离域, 24
碳负离子, 131
稳定体, 829
稳定性, 反芳香性, 34
超共轭, 41
芳香性, 33
构象, 见构象
酮-烯醇互变异构, 43
稳定性, 炔基碳正离子, 242
苯鎓离子, 236
二烯烃, 在 Cope 重排中, 855
芳基正离子, 347
芳香位置异构体, 351
π-复合物, 347
混合酸酐, 713
降冰片基碳正离子, 237
开链碳正离子相对于桥状碳正离子, 524
碳负离子, 129, 130
碳正离子, 126
重氮盐, 464
自由基, 136, 137
自由基, 共轭, 137
自由基, 空间位阻, 137
自由基, 取代, 136
自由基, 取代基效应, 495
稳态, 动力学, 164
鎓盐, 来自胺, 193
与醇, 263
肟, 光异构化, 178
还原剂, 924
试剂, 用于 Beckmann 重排, 840
与肼反应, 670
自由基加成, 704
肟, 还原, 对映选择性, 924
生成吖丙啶, 924
生成胺, 试剂, 922
生成亚胺, 试剂, 924
与 Dibal, 924
与面包酵母, 924
与硼烷, 922
肟磺酸酯, 重排, 841
肟, 来自醛或酮, 670
O-甲苯磺酰基, 重排成腈, 804
O-甲苯磺酰基, 重排成酰胺, 804
O-烷基, 来自肟, 261
金属催化偶联生成酮, 935

来自氰酸酯，255
来自酮，404
来自硝基化合物，685,924
来自硝酮，685
来自亚硝酸，404
锂化的，689
水解，469,508,663,866
肟醚，来自卤代烷，266
 还原，922
 来自肟，266
肟，酸催化腈的形成，804
 Barton 反应，866
 HCN 的加成，702
 催化氢化，922
 芳基，Bamberger 重排，469
 互变异构，44
 环状的，Beckman 重排，840
 金属有机的加成，685
 通过硝基化合物的还原，924
 烷基化，266
 转化为偕二氟化物，674
肟，脱水，生成腈，804
 可供选择的方法，804
 试剂用于，804
 微波辐照，804
肟，脱水，与 Burgess 试剂，804
 断裂成腈，804
 形成，反应速率，670
 形成，机理，670
 形成，在离子液体中，670
 酯，与酸，840
 E/Z 异构体，822
肟，氧化，912
 Beckmann 重排，898
 生成硝基化合物，试剂，912
肟，与卤代烷，266,704
 与重氮烷，261
 与芳基重氮盐，508
 与格氏试剂，685
 与五氯化磷，840
 与亚硝基氯，425
 与有机锂试剂，685
肟-烯烃，自由基环化，563
钨试剂，二醇的脱氧化，800
无 Pd 的交叉偶联，458
无催化剂的，硫醇与乙烯基醚，537
无光学活性，74
无机酯，与醇盐，261
无碱的 Heck 反应，456
无碱的 Suzuki-Miyaura 偶联，459
无介质反应，215

无金属的芳基卤的氰基化，454
无膦的 Heck 反应，456
无膦的 Heck 反应，456
无卤素的 Heck 反应，456
无卤素的 Heck 反应，456
无铝的 Meerwein-Ponndorf-Verley 还原，918
无配体的反应，Sonogashira 偶联，459
 Suzuki-Miyaura 偶联，458
无溶剂的，胺的酰基化，DABCO，714
 碘化，361
 环丙基甲基重排，831
 [2+2] 环加成，592
 金属有机对醛或酮的加成，678
 硫醇氧化生成二硫化物，914
 氰醇的形成，来自三甲基硅基氰化物，701
无溶剂的，反应，214
 Baeyer-Villiger 重排，841
 Beckmann 重排，840
 Claisen 缩合，722
 Diels-Alder 反应，585
 Friedel-Crafts 酰基化，367
 Heck 反应，456
 Henry 反应，692
 Knoevenagel 反应，692
 Robinson 成环，690
 Sonogashira 偶联，459
 Suzuki-Miyaura，458
 胺的共轭加成，564
 胺与环氧化物，270
 醇的卤化，275
 醇的氧化，894
 硫醇与乙烯基醚，537
 硫叶立德反应，699
 醛与 TMSCN，701
 肟脱水生成腈，804
 酰基加成，678
无溶剂的，见无溶剂的
无溶剂反应微波化学，181
无铜的 Sonogashira 偶联，459
无盐的鳞叶立德，695
五氟化锑，FSO_3H，187
 正离子稳定性，125
五硫化物，267
五螺烯，手性，79
 空间拥挤，79
五氯化磷，275
 电子结构，7
 酰胺的脱水，805
 与芳基卤，453

 与醛或酮，674
 与酰胺，866
 与酰胺，Sonn-Müller 方法，923
五配位的离子，124
五羰基合铁，与格氏试剂，417,461
 与有机锂试剂，461
五溴化磷，与醛或酮，674
五氧化磷，硅胶，Ritter 反应，724
芴碳负离子，396
 pK_a，30
 有机锂试剂，412
物理数据，表，987,988
物理性质，Beilstein，985
非对映体，84

X

吸电子基团，10
 σ 值，209,210
 键能，14
 取代基效应，245
 四面体机理，245
 乙烯基取代，241
吸收，共轭，174
 差异，拆分，88
 差异，非对映异构体，88
吸收剂，手性的，88
吸收系数，173
牺牲超共轭，42
硒，胺的羰基化，425
硒醇（RSeH），对烯烃的加成，538
 通过二硒化物的反应，934
 有机锂试剂，共轭加成，564
硒代氨基甲酸酯，667
硒代炔烃，水化，535
硒代酰胺，674
 来自酰胺，714
 转酰胺反应，713
硒，芳构化，893
 与格氏试剂，415
硒砜，通过硒化物的氧化，913
硒化合物，266
硒化物，芳基，来自芳基卤，267,451
 催化剂，自由基氯代，500
 芳基，与三芳基锡氢化物还原，509
 还原，933
 来自卤代烷，267
 来自硒醇对烯烃的加成，538
 裂解，267
 羟基烷基，半频哪醇重排，830
 通过硒亚砜的还原，933
 氧化成硒砜，913
 氧化成硒亚砜，913

硒基硅烷，与环氧化物，262
硒基，自由基环化，562
硒氯化物，自由基氯代的催化剂，500
硒醚，见硒化物
硒酮，407
硒亚砜，烷基化，294
  还原成硒化物，933
  热消除生成烯烃，798
  通过硒化物的氧化，913
  酮基，798
  消除反应，798
硒叶立德，26
  手性的，700
硒酯，709
  来自二硒化物和酰卤，709
  通过羰基化，461
  自由基环化，563
悉尼酮，芳香性，40
烯胺，芳构化，893
  环加成反应，592
  手性的，402
  通过金属催化的炔烃的胺化，539
  通过硝基化合物的还原，538
  与醛或酮的缩合，688
烯胺，还原，544
  还原裂解，931
  还原，生成胺，922
  还原，与硼烷，931
  还原，与氢化铝（铝烷），931
烯胺，来自醛或酮，697
  来自胺，271,893
  来自胺，通过脱氢化反应，893
  来自胺，与酮，668
  来自醛，669
  来自乙烯基三氟甲磺酸酯，417
烯胺，卤化，293
  N-烷基化，293
  氢化，541
  氢化，生成胺，539
  水解，259,293
  水解，机理，664
  在[2+2]环加成中，与烯酮，592
  在离子液体中，292
烯胺，烯丙基胺碳负离子，295
  Michael 加成，293,557
  N-烷基化，293
  Stork 烯胺反应，293
  Thorpe-Ziegler 反应，701
  Thorpe 反应，701
  互变异构，44
  缩醛胺，669

与亚胺互变异构，539
  自由基环化，563
烯胺，酰化，293
  硅氧烷的加成，551
  烷基化，293
  烷基化，金属介导的，293
  烯丙基，Claisen 重排，859
烯胺，形成，共沸蒸馏，669
  金属催化的，669
  微波辐照，669
  在离子液体中，669
烯胺，与 9-BBN，548
  与 Michael 烯烃，592
  与苯并三氮唑，293
  与硅氧烷，551
  与环氧化物，293
  与卤代烷，293
  与脯氨酸，293
  与酰卤，293
  与有机锂试剂，295
烯胺-亚胺互变异构，701
烯胺盐，293
  烷基化，293
烯丙醇和苄醇的二氧化锰氧化，895
  胺的氧化，898
  醇的氧化，895
  卤化，499
烯丙醇，见醇
烯丙基 CH，苄氧基化，905
π-烯丙基钯，烯丙基酯，285
  复合物，22
烯丙基胺，与芳基卤
烯丙基底物，SN1 反应，244
π-烯丙基复合物，二烯烃的酰基化，408
  机理，399
  氢甲酰化，569
  烯烃的重排，399
  与金属，61
烯丙基硅烷，见硅烷
烯丙基化合物，两可底物，256
  α-羟基化，905
  与氧，502
  自动氧化，501
烯丙基化，脱羧，金属催化的，511
烯丙基镓试剂，284
烯丙基锂，61
烯丙基锂试剂，硫稳定化的，133
烯丙基膦酸酯，见膦酸酯
烯丙基卤化，自由基，499
烯丙基卤，见卤化物
π-烯丙基镍，复合物，偶联反应，280

烯丙基 α-羟基化，905
烯丙基碳负离子，130,295,396,399,
  528
  LDA，583
  极限式，130
烯丙基碳负离子，共振，22
烯丙基碳酸酯，见碳酸酯
烯丙基碳正离子，见碳正离子
烯丙基锡，见锡，也见有机锡
烯丙基乙酸酯，也见酯，烯丙基
烯丙基正离子，共振，22
烯丙基重排，288,396
  S_N2'，240
  S_Ni'，240
  Wurtz 反应，279
  金属复合物，399
  卤化，500
  亲核的，399
  炔丙基体系，241
  生成丙二烯，240
  与烯丙醇，286
  与乙烯基环氧化物，287
烯丙基重排，也见重排
烯丙基自由基，共振，22
烯丙基自由基，见自由基
烯醇，二酮的氧化裂解，899
  Bredt 规则，421
  Claisen 重排，859
  Stille 偶联，407
  从二酮形成呋喃，666
  互变异构，43
  机理，167
  羟醛反应，688
  氢键，43,59
  通过丙二烯的水化，535
  通过炔烃的水化，535
  通过烯丙醇的异构化，399
  同位素效应，401
  形成烯醇负离子，44
  亚硝化，404
烯醇，手性的，689
  Fuson 型，43
  不稳定的，43
  电子离域，400
  分离，43,399
  氟化的化合物，43
  互变异构，400,421
  金属催化的制备，399
  空间因素稳定化，400
  卤化，402
  内子内稳定化，400

氢键，400
酸催化羟醛反应的机理，689
稳定的，43,108
稳定化，400
酰胺，脱水生成腈，805
与重氮烷，261
与碱，400
与金属乙酸盐，503
与氧代碳正离子，689
预先形成的，与金属，688
在固态中，43
烯醇，酰氧基化，503
两性，400
烷基化，Lewis 酸，290
烯醇负离子，688
烯醇负离子，Baldwin 规则，160
HSAB（软硬酸碱），194
O-烷基化，288
O-酰化，721
X 射线晶体学，134
共振，130
硅基烯醇醚，688
起始原料的 pK_a，288
区域选择性，291
外消旋化，401
温度影响，688
烯醇，44
烯醇硼酸酯，291,688
烯醇负离子，Mg，689
反应，686
通过 LDA，687
通过有机锂试剂，677
与二卤化物，289
与共轭酮，291
与金属，688
与金属催化剂，688
酯，Claisen 重排，859
烯醇负离子，活化能，688
聚集，从头算研究，134
聚集状态，134
酰化，409
形成聚集体，198
烯醇负离子，来自酰胺，691
来自二烷基酰胺，409
来自非对称的酮，291
来自共轭加成，558
来自共轭酮，461
来自硅基烯醇醚，290
来自羧酸衍生物，691,692
来自羧酸酯，691
来自酮，401,406

来自烯醇，401
来自烯醇乙酸酯，291
来自有机镓试剂，413
来自酯，691
烯醇负离子，卤化，416
Michael 反应，557
Michael 加成，557
单体的，134
动力学，409
光化学芳基化，461
金属催化的与芳基卤的偶联，461
金属的，688
腈，与烯烃，554
锂，688
内酰胺，与芳基卤，461
扭转能垒，98
热力学的，409
水解，413
羧酸衍生物，691,692
酮，721
酰胺，691
硝基化合物，还原成羟胺，924
氧化偶联成二酮，914
与氧杂吖丙啶 α-羟基化，906
预先形成的，556
质子化，413,526
烯醇负离子，烷基化，134,255,290,291,292
金属催化的，290
溶剂用于，290
相转移，290
烯醇负离子，形成，UV 光，460
E/Z 异构体，409
具有 α-氢的化合物，288
来自有机铜酸酯的共轭加成，558
取代基效应，401
双负离子，255
烯醇负离子，形成，来自醛或酮，687
硅基烯醇醚，409
烯醇乙酸酯，409
有机铜酸酯的共轭加成，557
烯醇负离子，与酰基次氟酸盐，402
与 LiBr，134
与二硫化物，406
与芳基卤，对映选择性，460
与甲苯磺酰基氰，410
与卤代硅烷，409
与卤代烷，198,255,288
与氯代三甲基硅烷，409
与醛，134
与醛或酮，687-691

与醛或酮，也见羟醛
与酮，134
与硒酰卤，407
与烯丙基酯，285
与硝基化合物，285
与杂环，507
烯醇负离子，在非质子性溶剂中，409,687
在 Claisen-Schmidt 反应中，688
在 Claisen 反应中，691
在 Claisen 缩合中，722
在 Claisen 缩合中，134,290
在 Michael 反应中，526,556
在 Perkin 反应中，693
在 Robinson 成环中，689
在二甲氧基乙烷中，409
在芳基化反应中，460,461
在芳基化反应中，SET 机理，461
在芳基化反应中，自由基，461
在共轭加成反应中，557
在环化反应中，与二卤化物，291
在偶联反应中，与芳基卤，456
在偶联反应中，与烯丙基碳酸酯，285
在偶联反应中，与烯丙基酯，285
在羟醛缩合中，134,290
在质子性溶剂中，687
烯醇负离子，酯，692,725
醇盐碱，722
动力学控制，722
烯醇负离子，酯，也见 Claisen 缩合
烯醇负离子，酯，也见 Dieckmann 缩合
烯醇负离子，作为碱，198
E/Z 立体化学，688
对映选择性的形成，403
对映选择性的质子化，401
活化能的计算研究，688
极限式，44
碱促进的形成，688
平衡反应，687
通过乙烯基醚的 Wittig 重排，844
通过与金属反应，413
形成对碱的要求，290
转化为乙烯基卤，416
作为亲核试剂，255
烯醇含量，共轭，43
Fuson 型烯醇，43
Meerwein-Ponndorf-Verley 还原，918
空间位阻，43
溶剂效应，44
羰基化合物，表，43

酰胺，43
酯，43
烯醇化，Grignard 反应，676
　Grignard 反应，机理，677
　羟醛缩合，688
烯醇化的二酮，Baeyer-Villiger 重排，842
烯醇磷酸酯，794
烯醇醚，叠氮酸的加成，540
　Fischer 吲哚合成，860
　Mannich 反应，673
　Mukaiyama 羟醛反应，690，691
　Wittig 重排，844
　负氢转移，409
　碱促进的缩醛的消除，794
　金属催化的醇解，536
　醚交换反应，262
　烷基化，290
　烯丙基，Claisen 重排，858
　烯醇负离子，688
　与亚胺 Mannich 反应，673
烯醇醚，硅基，259
　Hiyama 偶联，291
　硅基，亲核性，688
　硅基，与缩醛，287
　烯醇负离子，688
烯醇醚，来自缩醛或缩酮，665
　来自苯酚，260
　来自醇，262
　来自醛，409
　来自醛或酮，693
　来自炔烃和醇，536
　来自缩酮，794
　来自酮，409
　来自酮醇，409
　来自烯醇，261
　来自烯醇负离子，409
　来自乙烯基锂和硅基过氧化物，414
　来自酯，699
烯醇醚，水解，258，535，696
　α-羟基化，906
　动力学，409
　金属催化的共轭加成，557
　亲核性，690
　热解，794
　热解，生成烯烃和醛，794
　水解，机理，259
　氧化偶联二酮，914
　氧化生成羧酸，911
　在单烯反应中，555
烯醇醚，通过 Wittig 反应，696
　被格氏试剂裂解，287

环氧化，576
缩酮的消除，794
形成硫芳基酮，408
形成硫烷基酮，408
形成烯醇负离子，290
烯醇醚，亚磺酰化，407
热力学的，409
烯醇醚，也见醚
烯醇醚，与醇，536
与醇，卤素，571
与二氧化硫，728
与芳基重氮盐，508
与甲基锂，291
与硫醇，537
与醛，690
与醛，手性硼烷，689
与炔烃，551，554
与亚胺，673，690
与质子，525
与脎，对映选择性，685
烯醇硼酸酯，见硼酸酯
烯醇硼酸酯，羟醛反应，688
烯醇硼烷，86
烯醇三氟甲磺酸酯，794
烯醇碳酸酯，见碳酸酯
烯醇烷基化，手性添加剂，291
　Evans 助剂，291
　溶剂效应，288
　手性噁唑烷酮，291
　手性配体，290
烯醇烯重排，859
烯醇盐，见烯醇负离子
烯醇盐，硼，手性的，689
烯醇盐缩合，氨基碱，290
　Grignard 反应，676
　热力学条件，290
　溶剂，290
烯醇乙酸酯，Mukaiyama 羟醛反应，690
　金属介导的卤化，403
　来自烯醇负离子，409
　形成烯醇负离子，291
　与甲基锂，291
　与有机铜酸酯，284
烯醇乙酸酯，与甲基锂，291
烯醇酯，见酯
烯-二炔，Bergman 环化，849
电环化重排，849
烯炔，Pauson-Khand 反应，567，703
重排，400
Rh 催化的环化，552
复分解，863

共轭加成，528
环化，552
环化，与金属催化剂，552
环异构化，853
环状的，来自二炔烃，552
金属催化的炔烃对炔烃的偶联，552
卤化，570
羰基化，Pauson-Khand 反应，567
通过 Stille 偶联，408
与硫醇，538
烯烃，C＝C 迁移和氢化，543
催化氢化，540-543
卡宾加成，对映选择性，597
卡宾加成，速率常数，596
氧化，试剂用于，570
顺式（cis），来自 LDA 和吖丙啶基脎，798
羰基化，567
推拉效应，91
与超酸裂解，424
与高价碘进行 CH 氧化，905
烯烃，Friedel-Crafts 烷基化，362
烯烃，Friedel-Crafts 烷基化，Markovnikov 规则，364
烯烃，Jacobsen-Katsuki 环氧化，578
烯烃，Lewis 酸催化的酰卤加成，573
硅烷的加成，550
卤代烷的加成，573
烯烃，Meerwein 芳基化，466
烯烃，Michael 型，胺的加成，538
叠氮酸的加成，540
硫醇的加成，538
与醇，536
与二芳基磺酰亚胺，580
烯烃，氨基汞化，579
烯烃，氨基碱与铵盐，797
Baeyer 测试，574
Birch 还原，543
Bredt 规则，787
E/Z 命名，90
Friedel-Crafts 烷基化，362
Friedel-Crafts 酰基化，408
Hofmann 规则，788
Julia-Colonna 环氧化，对映选择性，577
Markovnikov 规则，529
NMR，27
Simmons-Smith 方法，598
Stetter 反应，566
Weitz-Scheffer 环氧化，576
X 射线晶体衍射，108

Zaitsev 规则，398，788
动力学拆分，89
各向异性，27
光电子能谱（PES），7
环电流，27
金属催化的重氮烷反应，596
卡宾重排，827
卡宾转移，596
可逆的自由基加成，527
邻基，234
纳米粒子，543
氢的 σ 迁移，852
生成二硒化合物，579
生成复合物，62
生成碳正离子，530
羰基化，567
硝酸，405
匀共轭，23
质子转移重排，400
自由基加成，反应速率，562
自由基加成，立体选择性，527
自由基加成，醛，机理，566
自由基加成，自由基引发，561
自由基引发的多卤化合物加成，573
烯烃，氨基羰基化，567
烯烃，氨基亚磺酰化，580
烯烃，胺化，271，406，538
　Markovnikov 规则，538
　金属催化，406
　硼氢化，539
烯烃，赤式/苏式加成，523
　E-选择性，在 Wittig 反应中，697
　η 复合物，543
　氟化，试剂用于，570
　环外的，696
　酯加成，反 Markovnikov，567
烯烃，重排，398
　π-烯丙基复合物，399
　光化学的，399
　金属催化的，399
　碳正离子，399
烯烃，臭氧分解，899-901
　Criegee 机理，900，901
　臭氧化物形成的区域化学，900，901
　机理，900，901
　1,3-偶极加成，900，901
　生成醛或酮，899
　同位素标记，901
　重排，900
烯烃，醇的光化学加成，536
　硫醇的反应，538
　醛的反应，566
烯烃，碘化，498
　碘代乙酰基加成，571
　离子化能，加成反应，529
烯烃，电子效应，Diels-Alder 反应，584
烯烃，对称的，二酰亚胺还原，543
烯烃，对映选择性的还原，544
烯烃，对映选择性的环氧化，催化剂，577
烯烃-二酮，通过 Claisen 重排，858
烯烃-二烯烃，羰基化，567
烯烃，反-Bredt，通过 Wittig 反应，696
　反-Markovnikov 加成，530
　反-Markovnikov 加成，硼烷，548
　反-Markovnikov 加成，水，535
　反-Markovnikov 加成，自由基，561
　反式双羟基化，574
　芳基，电环化关环反应，851
　芳基，来自烯烃，456
烯烃，反式加成，525
烯烃，反应活性，在烯烃复分解反应中，863
　与 HCN，569
　与混合卤素，570
　与溴，528
　在 Diels-Alder 反应中，584
　在催化氢化中，541
　在金属催化的氢甲酰化反应中，568
　在重氮基转移反应中，596
烯烃，芳基化，456，466
　芳基化，也见 Heck 反应
　金属催化，456-458
　区域化学，456
　与金属有机，456
烯烃，非对称的，来自酮与低价钛，936
烯烃，非对称的，通过 McMurry 偶联，936
烯烃，分子内的，醇的加成，536
　Grignard 加成，553
　Heck 反应，456
　自由基的加成，527
烯烃，高烯丙基，233
　水化，534
　水化，Markovnikov 规则，534
　水化，速率，529
烯烃，给电子基团，Diels-Alder 反应，584
烯烃，共轭的，Birch 还原，545
　还原，试剂用于，546
　与氨中金属还原，544
　与金属氢化物还原，546
烯烃，光化学，174，293
　多卤代，534
　光氧化，578
　光氧化，与单线态氧，578
　光异构化，178，533
　几何结构，179
　推拉，91
　质子解作用，生成碳正离子，128
　自由基卤化，500
　自由基卤化，机理，498
烯烃，光化学［2+2］环加成，与醛，595
烯烃，光化学［2+2］环加成，与酮，595
烯烃，光化学异构化，178
烯烃，光化学异构化，E/Z，533
烯烃-胺，生成环状胺，268
烯烃的烯丙基氧化，与二氧化硒，机理，904
　Sharpless 方法和二氧化硒，904
烯烃，904
烯烃复分解，862-864
　对映选择性，863
　合成上的意义，863
　聚合物负载的催化剂，863
　开环，863
　可兼容的官能团，863
　茂金属化合物，863
　生成环状二烯烃，863
　微波，863
烯烃，还原，CIDNP，543
　生成烷烃，543
　通过硼氢化，543
　与碘化钐和三胺，543
　与二酰亚胺，机理，543
　与硅烷，546
　与硼氢化钠-金属盐，546
　与氢化铝锂-金属盐，546
烯烃，还原剂，543
烯烃，环丙烷化，596
　二胺化，579
　二卤代，碱促进的消除生成炔烃，799
　二卤代，与 DMF，408
　二硼化，575
　二烷氧基化，575
　二乙酰胺化，579
　二乙酰氧基化，576
　区域选择性的定义，529
　与金属乙酸盐双羟基化，575

烯烃，环化，来自有机锂试剂，553
烯烃，[2+2]环加成反应，592
　　与环丙烷，593
　　与炔烃，594
　　与烯酮，MO，593,594
烯烃，环加成，与醛或酮，725
　　与二烯烃，584-591
　　与降冰片二烯，586
　　与烯烃，592-595
烯烃，环氧化，576-578
　　动力学，576
　　对映选择性，576,577,578
　　金属催化剂与过氧化物，576
　　可替代的方法，576
　　立体化学，531
　　试剂用于，576
　　添加剂，577
　　与次氯酸钠，578
　　与二氧杂环丙烷，577
　　与过氧化物作为共试剂，576
　　与氯胺-M，577
　　与酮和 Oxone，577
　　在离子液体中，576
烯烃，环状的，氘代羧酸的加成，531
　　Bredt 规则，107
　　Hofmann 规则，796
　　环氧化，立体化学，531
　　来自环硫化物，801
　　来自烯炔，552
　　通过 McMurry 偶联，935
　　通过 Story 合成，807
　　通过 Wittig 反应，698
　　氧化裂解，902
烯烃，混合卤化，570
　　分子轨道，587
　　硝化，硝鎓盐，405
　　亚硝化-卤化，572
　　在[2+2]环加成中轨道重叠，593
烯烃，活化，温度效应，538
烯烃，机理，生成卤代醇，571
烯烃，加成反应，157
　　Cieplack 效应，531
烯烃，加成反应的活化取代基，528
烯烃，加成，环状机理，527
烯烃，加成，四中心机理，527
烯烃，加成，酰基化合物的，565
　　DBr，525
　　HBr，525
　　HBr，与过氧化物，561
　　HCl，525
　　HCN，569

HX，525
氨基氮烯，580
氨基甲酸酯，540
胺，565,579
醇，565
氮烯，143
碘代叠氮化物，573
碘代叠氮化物，机理，573
叠氮基，579
多卤化合物，573
氟，570
负离子，134,525
格氏试剂，549
磺酸，537
磺酰卤，572
金属有机化合物，554
肼，538
卡宾，140,142,596
卡宾，立体位阻，596
硫醇，537
硫醇，机理，538
硫化氢，537
卤代氨基甲酸酯，540
卤代胺，572
卤代胺，在离子液体中，572
卤代叠氮化物，573
卤代，Friedel-Crafts 催化剂，573
羟胺，538
醛，565
醛，在离子液体中，566
生成碳正离子，128
生成烷烃，550
水，525
羧酸，537
羧酸酯，565
烷烃，在离子液体中，550
硒醇（RSeH），538
酰胺，538
硝酰氯，572
溴，立体选择性，524
亚硝酰卤，572
异硫氰酸酯，572
有机锂试剂，553
质子，525
自由基，139,526,561,565
烯烃，甲酰化，408
烯烃，结构，加成反应，528
Prins 反应，703
不对称环氧化，578
臭氧分解，900
双羟基化，575

烯烃，金属参与的二卤化物消除，802
烯烃，金属参与的腈的加成，724
烯烃，金属促进的卤代醚消除，802
烯烃，金属催化的芳烃加成，554
胺化，538
丙二烯的环化，552
氢胺化，579
氢甲酰化，568
水化，535
羧基化，568
羰基化，566,567
酰卤的脱羰基化，800
与芳基重氮盐，466
烯烃，金属催化的烷烃加成，550
重氮乙酸酯，580
芳香化合物，554
格氏试剂，553
硅烷，550
膦，539
醛，565
炔烃，551
烯烃，551
酰亚胺，540
烯烃，来自二噻烷，294
烯烃，来自酰卤，800
来自 Ti 类卡宾，699
来自吖丙啶，801
来自吖丙啶，亚硝酸，801
来自铵盐，796
来自胺氧化物，797
来自丙二烯，544
来自重氮化合物，798
来自重氮烷，142,598
来自氮叶立德，797
来自二醇，800
来自二羧酸，904
来自二烯烃，527
来自高烯丙醇，805
来自环丁烷，864
来自环砜，801
来自环硫化物，794
来自环硫化物，试剂用于，795
来自环硫乙烷，
来自环醚，794
来自环亚砜，795
来自环氧化物，立体化学，794
来自环氧化物，用硫叶立德，795
来自黄原酸酯，795
来自磺酸酯，796
来自磺烯，799
来自磺酰卤，799

来自甲苯磺酸酯，796
来自卡宾，142
来自锂化硅烷，694
来自磷叶立德，695
来自硫氧杂环戊烷酮，807
来自卤代胺，803
来自卤代醇，802
来自卤代砜，801
来自卤代醚，802
来自卤代烷，280，798
来自醚，794
来自醚的碱性消除，794
来自硼烷，800
来自羟基硅烷，694
来自醛，294，598
来自醛或酮，548，695
来自醛或酮，方法，699
来自酮，548
来自烷烃，894
来自硒亚砜，294，798
来自烯胺，548
来自烯丙基硅烷，278
来自烯丙基乙酸酯，284
来自烯醇醚，794
来自烯基硼烷，845
来自烯烃，540-543，862
来自烯烃，复分解，862
来自烯烃，通过σ迁移，852
来自乙酸炔丙酯和格氏试剂，284
来自乙烯基硼烷，NaOH和碘，845
来自自由基，139
烯烃，立体化学，氢化，541
烯烃，立体选择性加成，硼烷的，548
烯烃，立体因素，催化氢化，541
烯烃，卤代，见卤化物，乙烯基
烯烃，卤代酰基化，573
  Vilsmeir反应，574
  机理，573
烯烃，卤化，533
  Prins反应，573
  UV光，570
  机理，570
  可容许的官能团，570
  桥离子，570
  区域选择性，498
  同位素标记，525
  在离子液体中，570
  自由基引发剂，570
烯烃，卤化，π-复合物，525
烯烃，内酰胺生成，581
  内酯化，581

内酯化，超声，581
烯烃，扭曲的，108
烯烃，偶联反应，553
  金属催化剂，552
  与炔烃，297
  与碳正离子，410
  与烷基，408
  与烯烃，552
  与杂芳基卤化物，456
烯烃，硼氢化，529，543，547-549
  立体化学，531
  水化，535
  在炔烃存在下，549
烯烃，羟胺化，579
烯烃，羟胺化，对映选择性，579
  Markovnikov规则，538
烯烃，羟汞化，529，534
烯烃，氢羧基化，566
  羟基化，534
  羟基亚磺酰化，578
  氢被自由基夺取，495
  氢锆化，549
  氢硅烷基化，550
  氢甲酰化，区域选择性的，569
  氢金属化，549
烯烃，氰基化，410
烯烃，区域选择性，在Heck反应中，456
  Sharpless不对称环氧化，578
  Sharpless不对称环氧化，结构限制，578
  Sharpless不对称双羟基化，575
  Shi环氧化，577
  拆分，95
  选择性，在催化氢化中，541
烯烃，取代的，Heck反应，456
烯烃，取代和Heck反应，456
烯烃，全氘代，398
  过氧化物环氧化，微波，576
  过氧酸环氧化，机理，576
烯烃-醛，通过[2,3] Wittig重排，861
  分子内加成，680
  环化，680
  通过Claisen重排，858，859
  通过羟基-Cope重排，855
烯烃，热力学更稳定的，400
烯烃，热力学稳定性，400，696，788
  复分解，862
烯烃-三氟甲磺酰胺，环化，539
烯烃，生成，二卤化物，802
  Hofmann规则，793

较不稳定的，Wittig反应，696
生成臭氧化物，900
生成二醇，574-576
生成环硫乙烷，578
生成内酯，581
烯烃，生成卤代醇，Markovnikov规则，571
离子液体，571
烯烃，试剂，用于氧化裂解，901，902
烯烃，试剂，用于制备卤代醇，571
烯烃，双羟基化，574-576
  催化剂用于，574
  对映选择性，575
  区域选择性，574
  与脂肪酶，575
  在离子液体中，214，574
烯烃，酸催化，烯烃的加成，551-553
  醇的脱水，793，794
  甲醛的加成，702
  水化，529
烯烃，羧酸的氧化脱羧，903
烯烃，通过Grob断裂，803
  通过Hofmann降解，796
  通过Hofmann消除，788
  通过Peterson烯基化，694
  通过金属催化下醇的脱水，793
  通过金属催化下羧酸的消除，795
  通过卤代烷的氧化偶联，913
  通过炔烃的硼氢化，544
  通过炔烃的氢化，541
  通过乙烯基硼烷的质子化，846
烯烃，通过Tebbe试剂，699
烯烃，通过胺的断裂，803
烯烃，通过环氧化物的消除，794
  二卤化物，试剂用于，802
  环氧化物，试剂用于，795
  硼烷，800
  羟基酸，803
烯烃，通过卤代醚的断裂，803
烯烃，通过双黄原酸酯的自由基消除，800
  通过Bamford-Stevens反应，798
  通过Boord反应，802
  通过Chugaev反应，795
  通过Corey-Winter反应，800
  通过McMurry反应，935
  通过Ramberg-Bäcklund反应，801
  通过Shapiro反应，797
  通过Wittig-Horner反应，697
  通过Wittig反应，695
  通过单烯反应，555

通过硅基-Wittig 反应，694
通过环硫乙烷的还原，916
通过卡宾的重排，596
通过丙烯基卤的还原，926
通过炔烃的还原，544
通过双重挤出反应，807
通过酮和醛的还原偶联，试剂，935
通过乙烯基卤的还原，926
烯烃，通过烯丙基醚的热解，806
　通过 β-内酯的热解，803
　通过铵盐的热解，796
　通过胺氧化物的热解，797
　通过砜的热解，798
　通过高烯丙醇的热解，805
　通过黄原酸酯的热解，795
　通过烯醇醚的热解，794
　通过亚砜的热解，798
　通过酯的热解，及机理，795
烯烃，通过烯烃对炔烃的加成，551-553
　通过 Cope 消除，797
　通过 Ei 反应，791
　通过醇的脱水，400
　通过二醇的脱氧化，800
　通过二聚复分解，863
　通过二羧酸的双脱羧基化，904
　通过环状硫代碳酸酯的裂解，800
　通过金属有机对炔烃的加成，554
　通过卡宾的二聚，142
　通过卤代砜在碱作用下的消除，801
　通过醛的脱羰基化，800
　通过噻吩的脱硫化，509
　通过脱卤化氢，798
　通过脱卤化氢，合适的碱，798
　通过脱氢化，894
　通过无机酸酯的分解，796
烯烃，烷氧基汞化，536
烯烃，烷氧基羰基化，567
烯烃，稳定性，燃烧热，787
　Zaitsev 规则，787
　超共轭，787
烯烃，吸电子基团，Diels-Alder 反应，584
烯烃，酰胺化，581
　酰基化，408
　酰氧基化，581
　与乙酸钯酰氧基化，503
烯烃，酰胺化，539
烯烃，相对于炔烃，在臭氧分解反应中，900
烯烃，相对于炔烃，在加成反应中，529

烯烃，消除反应的立体化学，789
烯烃，溴的顺式（syn）加成，525
烯烃，Z-选择性，在 Wittig 反应中，697
烯烃，氧化裂解，899,900,901,902
　Barbier-Wieland 方法，902
　机理，902
　与 Lemieux-von Rudloff 试剂，902
烯烃，氧化，在 Wacker 方法中，911
　α-氧化，生成共轭酮，907
　氧化，生成醛或酮，911
　氧化生成，醛或酮，试剂用于，911
　氧化生成，烯丙醇，904,905
　与 RuO_4 氧化，905
烯烃，也见 Diels-Alder
烯烃，也见环加成
烯烃，异构化，E/Z 异构体，532
　超临界 CO_2，456
　金属催化剂用于，533
　通过硼烷，400
　位置异构体，532
烯烃，拥挤的，张力，108
烯烃，与 9-BBN，548
　与 CCl_4，生成三卤化物，257
　与 D_2，543
　与吖丙啶，583
　与胺和硫醇，580
　与胺，温度和压力，538
　与苯胺，538
　与醇，536
　与醇，Markovnikov 规则，536
　与醇，叠氮酸，839
　与醇，对映选择性，536
　与醇，区域选择性，536
　与醇，烷氧基胺化，579
　与儿茶酚硼烷，415,561
　与芳基重氮盐，466
　与芳基二硫化物和金属盐，578
　与芳烃，554
　与芳香化合物，362
　与卡宾，立体化学，531
　与类卡宾，597
　与氯胺-T，579,580
　与氯磺酰异氰酸酯，726
　与氯磺酰异氰酸酯，微波，726
　与氯甲酸酯，574
　与氯鎓离子，525
　与硼烷，296,414,547-549,800
　与硼烷，立体效应，547
　与醛和氧气，578
　与醛或酮，680

与炔烃，551-553
与手性二氧杂环丙烷，577
与酸，525
与酸，HX，533
与酸，二聚，551
与酸，反应活性，528
与碳正离子，523
与烷基叠氮化物，580
与烯丙基碳正离子，125
与烯烃，551-553
与烯烃，温度和压力效应，550
与酰胺，539
与酰基鎓离子，408
与酰卤，408
与溴，500
与溴，在甲醇中的反应活性，528
与溴代胺，580
与溴和过氧化物，827
烯烃，与二酰亚胺，543
与 HBr，530
与 HBr 和过氧化物，533
与 HCl，189
与 HX，相转移催化剂，533
与 mCPBA，576
与丙二酸酯衍生物，562
与次卤酸，571
与碘代内酯，573
与碘代酯，573
与叠氮酸，540
与二(1,2-二甲基丙基)硼烷，548
与二硫化物，579
与二硒化物，579
与高价碘化合物，571
与格氏试剂，676
与格氏试剂和氧气，553
与过氧化氢和甲酸，574
与卤素，500
与卤素和碳正离子，525
与酮，分子内反应，554
与亚氨基-硒化合物，406
与乙酸汞，534
与乙酸锰，581
烯烃，与二氧化硒进行烯丙基氧化，机理，904
烯烃，与过氧化物反应，576
与质子反应，525
烯烃，与金属二聚，551
烯烃，与金属氢化物，549
与 Petasis 试剂，699
与苯酚，536
与单线态氧，502,578

与单线态氧，机理，502
与多氟化氢-吡啶，533
与高锰酸钾，574
与高锰酸盐，574
与光敏化氧，502
与硅基膦，539
与硅基硫醇，537
与硅基卤化物，DMSO，572
与过氧化物，533
与过氧酸，576,911
与过氧酸，立体化学，531
与磺酰胺，539
与磺酰卤，572
与甲苯磺酰吖丙啶，580
与甲苯磺酰亚胺，金属催化剂，684
与金属和醇，543
与金属有机化合物，553,554
与腈和酰基锡离子，581
与硫醇，537,579
与硫代碳酸酯，538,565
与硫酚，537
与硫脲，金属催化下生成环硫乙烷，578
与硫杂环丙烷离子，580
与三氯化氮（三氯胺），271
与三氯异氰尿酸，533
与三烷基硅基卤化物，533
与三烷基硅烷和酸，543
与三线态氧，502
与三亚甲基甲烷，583
与水，534
与四氧化锇，574
与亚磺酰亚胺，684
与亚磷酸盐，539
与氧化膦，539
与氧气，535
与氧气，反应活性和结构，502
与有机锂试剂，553
与有机锂试剂，铵盐，796
与有机锰化合物，554
与有机铜酸盐，553
与自由基，491,493,495,531
与自由基，Baldwin规则，527
烯烃，在Heck反应，456,457,466
　在Jacobsen反应中，376
　在Koch-Haaf反应中，566
　在Koch反应中，566
　在Paterno-Büchi反应中，595,725
　在Prevost反应的Woodward改进反应中，574
　在Prins反应中，702

　在Waits-Scheffer环氧化中，577
烯烃，转化，生成炔烃，800
　生成三烷基硼烷，296
烯烃，作为碱，189
　吖丙啶化，对映选择性的，580
　吖丙啶化，有机催化剂，580
　吖丙啶化，在离子液体中，580
　不对称环氧化，与锰-salen复合物，578
　叠氮基汞化，540
　二环的，外向加成，531
　二环的，张力，107
　二硫氰基，572
　碱促进的消除，卤代烷，798
　碱促进的消除，卤代烷，合适的碱，798
　面包酵母还原，对映选择性，544
　桥头，107
　溴化，试剂用于，570
　作为自由基前体，563
烯烃复分解，见复分解
烯烃-硅烷，环化，551
烯烃-硅烷，见硅烷，乙烯基
烯烃化，Peterson，见Peterson
烯烃-硼烷，见硼烷
烯烃-硼烷，见硼烷，乙烯基
烯烃迁移，Heck反应，456
烯烃-羧酸，卤代内酰胺化，571,572
　碘代内酯化，571
　环化，581
　来自内酯，795
　卤代内酯化，571
　卤化，571,572
　通过Claisen重排，859
烯烃-酰胺，环化，581
烯烃-溴复合物，570
烯酮，HX酸的加成，534
　醇和苯酚的加成，537
　加成反应，534
　羧酸的加成，537
烯酮，对羰基的环加成，对映选择性，725
　与亚胺，726
　与亚胺，机理，726
烯酮，二聚，592,594,725
烯酮，来自酰基卡宾，142
　来自Wolff重排，835
　来自卡宾，142
　来自酰卤，799,802
　来自酰卤和胺，592
　水解，835

水解成羧酸，835
烯酮，烯酰胺基化，293
　Friedel-Crafts酰基化，367
　氨基甲酸酯的水解，708
　通过碱促进的酰卤的消除，799
　通过羧酸的脱水，793
　形成卡宾，141
烯酮，与醇，537,835
　与氨或胺，835
　与胺，672
　与环戊二烯，轨道重叠，在[2+2]环加成中，593,594
　与卡宾，596
　与磷叶立德，698
　与硫醇，538
　与醛或酮，537
　与手性醇，537
　与酮，725
　与烯酮，725
　与亚胺，592,925
　与腙，726
烯酮，原位生成，592,799
烯酮，在Diels-Alder反应中，584
　光解，178
　硅基，Claisen重排，859
　金属促进的酰卤脱卤化，802
　金属催化的与羰基环加成，725
　经过Wolff重排，142
　硫，与亚胺环加成，726
　与水反应，835
　与重氮甲烷光解，412
　在[2+2]环加成中轨道重叠，593
烯酮，在[2+2]环加成反应中，592,593
　与炔烃，592
　与烯胺，592
　与烯烃，592
　与烯烃，分子轨道，593,594
烯酮二硫代缩醛，水解，
烯酮硅基缩醛，见缩醛
烯酮硅基缩醛，与亚胺，685
烯酮缩醛，硅基，共轭酮，690
　共轭加成，560
　来自酯，690
烯酮缩醛，与亚胺，690
烯酮亚胺，见亚胺
　通过酰胺的脱水，794
　与醛，680
烯酰胺，来自烯丙基酰胺，533
　扭转能垒，98
　与硅烷，550

锡化合物，见有机锡
锡，见有机锡
锡，炔丙基的，679
锡，烯丙基，酰基加成，679
　　化合物，酰基加成，在离子液体中，679
　　与过渡金属催化剂，679
　　与醛或酮，679
锡，酰基，见酰基化
系间窜越，176
　　光化学，865
　　角动量，176
系数，吸收，173
细菌单氧化酶，硫醚的氧化，913
酰胺，Weinreb，见 Weinreb 酰胺
酰胺，吖丙啶化，405
　　吖丙啶基，乙烯基环丙烷重排，855
　　叠氮基，405
酰胺，重氮化，709
酰胺，二烯丙基，在单烯反应中，555
酰胺，芳基化，453
酰胺，芳基，来自芳香化合物，370
酰胺，共轭的，共轭加成，559
　　来自烯丙基胺，426
　　偶联生成二聚二酰胺，504
　　自由基偶联，504
酰胺，共轭加成，对映选择性，564
酰胺，还原裂解，934
酰胺，还原，生成醛，试剂，921
　　生成胺，试剂，930
　　与 Hantzsch 酯，930
　　与 LiH₂NBH₃，930
　　与硅烷，930
　　与金属和硅烷，930
酰胺，N-卤代，重排，374
　　噁唑烷酮，与醇，712
　　亲核强度，272
　　亚硝基，重排，467
　　用于还原的试剂，930
　　与卤素反应，838
　　与氢氧化物反应，208
　　自由基偶联，505
酰胺，甲氧基甲基，见 Weinreb 酰胺
酰胺，金属催化，370
酰胺，金属催化的，胺对腈的加成，674
　　对丙二烯的加成，540
　　对炔烃的加成，540
酰胺，来自酰卤，与胺或氨，714
　　来自 DMF，370
　　来自氨基碱，272
　　来自铵盐，与酰胺，717

来自胺，295,907
来自氮烯，406
来自叠氮化物，716
来自芳胺，453
来自芳基卤，272
来自格氏试剂，异氰酸酯，686
来自磺酸酯，272
来自磺酰胺，717
来自腈，504,664
来自腈，与醇，724
来自硫代酰胺，667
来自卤代烷，272
来自醛，273
来自醛，与氨，504
来自醛，与胺，910
来自酸酐，与氨或胺，714
来自羧酸，Burgess 试剂，715
来自羧酸，通过脱水剂，715
来自烃，504
来自酮，423,839,938
来自肟，822,840
来自烯烃和腈，724
来自烯酮，与胺，672
来自酰胺，453,934
来自酰胺和胺，713
来自酰胺和醛，504
来自亚胺酯，866
来自异氰酸酯，370,686
来自有机硼烷，417
来自酯，电化学，716
来自酯，与氨或胺，716
酰胺，锂化，412
酰胺，锂，与醛，676
酰胺，卤代，光解，866
酰胺，螺环的，358
扭曲的，105
扭转能垒，98
通过醇与胺的氧化偶联，272
酰胺，炔胺的水化，535
酰胺，手性的，氮杂二羧酸盐，406
酰胺，水解，708,709
　　机理，708,709
　　扭曲的键，708
　　亲核催化，708
　　同位素标记，709
酰胺水解，酸催化的，709
　　IUPAC 机理，708,709
　　MO 研究，708
　　动力学，708
　　碱催化的，708
　　速率，208

速率常数，708
酰胺，酸性，195
醇解，712
对醛的加成，672
对烯烃的加成，538,581
烷基化，272
烷基化-还原，677
烯丙基的，异构化成烯酰胺，533
酰基化，717
酰基化，通过酰胺，717
酰氧基，见酰胺酯
酰胺，酸性量度，191
　　Claisen 缩合，691
　　Haller-Bauer 反应，423
　　Hofmann 重排，838
　　Mannich 反应，371
　　N 叶立德，131
　　Sonn-Müller 方法制备醛，923
　　von Braun 反应，805
　　Wittig 反应，106
　　zip 反应（拉链反应），717
　　电子离域，43
　　对映体过量，89
　　共振，97
　　构象，97
　　氢键，59,60
　　索烃，66
　　异构体，91
　　质子转移，190
　　转酰胺反应，713
　　锥形翻转，76
酰胺，通过烯烃的酰胺化，539
通过 Chapman 重排，866
通过 Gatterman 酰胺合成，370
通过 O-甲苯磺酰基肟的重排，804
通过 Ritter 反应，724
通过 Willgerodt 反应，938
通过胺的羰基化，299
通过固相合成，716
通过环胺的 α-氧化，907
通过金属催化的二烯烃羰基化，566
通过腈的水解，664,665
通过卡宾插入，411
通过内酰胺的 α-氧化，907
通过炔烃的水化，535
通过炔烃羰基化，568
通过羧酸铵盐的热解，715
通过羰基化，371,718
通过肟的重排，840
通过亚胺的羰基化，417
通过异氰酸酯的水解，838

酰胺，酮-烯醇互变异构，43
酰胺，脱水，794
    Swern 氧化，805
    生成腈，805
    生成腈，试剂用于，805
    生成异腈，805
    生成异腈，试剂用于，805
    与 PCl_5，805
酰胺，脱烷基化，试剂，934
酰胺，烯醇含量，43
酰胺，烯醇形式，724
    脱水生成腈，805
酰胺，烯醇盐缩合，290
    与亚胺，292
    与杂环，463
    作为碱，842
酰胺，也见甲酰胺
酰胺，与醇，272，712
    与 Caro 酸，667
    与 Dibal，921
    与 LDA，691
    与 $LiAlH_4$，921，930
    与铵盐，717
    与胺，713
    与草酰氯，718
    与重氮化合物，273
    与重氮盐，708
    与次卤酸盐，838
    与芳基卤，453
    与格氏试剂，720
    与光气，805
    与过氧化物，708
    与磺酰基叠氮，405
    与硫化试剂，714
    与醛，273
    与醛，Ba 催化剂，691
    与炔基硼烷，720
    与三氟甲磺酸酐，712
    与三甲氧基鎓盐，712
    与酸酐，708，717
    与羧酸，716
    与五氯化磷，866
    与烯烃，539
    与亚硝酸，708
酰胺，与羧酸交换，713
    氟化，425
    生成，微波辐照，371
酰胺，在 Friedel-Crafts 环化反应中，365
    在 Friedel-Crafts 反应中，371
    在 Mitsunobu 反应，272

酰胺，转化为酰胺，368
酰胺化，卡宾，504
    芳香化合物，370
    芳香化合物，358
    烯烃，539
    氧化的，504
    氧化的，环氧化物，504
酰胺基甲基化，371
酰胺基甲基化，芳香化合物，371
酰胺基铜酸酯，564
酰胺基自由基，563
酰胺形成试剂，715
酰胺酯，来自异氰酸物，726
酰胺酯，通过 Passerini 反应，726
酰氟，见氟化物
酰基，离电体，375
酰基叠氮，见叠氮化物
酰基负离子等价体，292
    Knoevenagel 反应，693
酰基硅烷，691
酰基化，C 相对于 O，409
    Friedel-Crafts，359，375
    Friedel-Crafts，见 Friedel-Crafts
    O-酰基化，Friedel-Crafts 酰基化，367
    O-酰基化，烯醇负离子，721
    O-酰基化，与酰卤，721
    胺，714
    胺，Merrifield 合成，716
    胺，聚合物负载，715
    胺，离子液体，715
    胺，试剂用于，715
    胺，微波，715
    胺，与酯，716
    醇，712
    二噻烷，723
    二酮双负离子，723
    二烯烃，408
    芳基卤，410
    共轭化合物，564
    羧酸，713
    羧酸双负离子，723
    烯胺，293
    烯醇负离子，409
    烯烃，408，573
    酰胺，717
    酰胺，被酰胺，717
    与腈反应，371
    与酰卤反应，721
    杂环，506
    N-酰基化，Friedel-Crafts 酰基化，367
    O-酰基化，见酰基化

O-酰基化，见酰基化，O-酰基化
酰基化合物，对烯烃或炔烃的加成，565
酰基加成，687-691
    Diels-Alder 反应，586
    Nozaki-Hiyama 反应，679
    Ti 配合物，679
    对映选择性，Ti 催化剂，679
    对映选择性，二烷基锌，679
    分子内的，565
    格氏试剂，675
    金属有机试剂，678
    炔烃，680
    炔烃与醛或酮，680
    水，663
    水解，676
    顺式或反式（*syn* 或 *anti*），659
    无溶剂，678
    烯丙基锡化合物，679
    烯烃，680
    叶立德，701
    有机铬，对映选择性，679
    有机锂试剂，676
    有机锂试剂，对映选择性，676
    有机铝化合物，679
    有机钛化合物，679
    有机锡化合物，679
    有机锡化合物，对映选择性，679
    与各种金属盐反应，680
    与亲核试剂反应，659
酰基加成，也见加成
酰基氧化反应，亚胺，702
酰基取代反应，与金属有机试剂，720
酰基噻唑烷硫酮，手性的，691
酰基碳，取代反应，244
酰基碳正离子，126
酰基酰胺基化，烯烃的，581
O-酰基异羟肟酸，见异羟肟酸
酰基正离子，367，368
酰基正离子，Schmidt 反应，840
    来自羧酸，840
    与腈及烯烃反应，581
    与烯烃反应，408
酰基自由基，见自由基
酰肼，357
    来自肼与酯，716
    来自偶氮二甲酸酯，538
    来自烯烃，538
    水解，708
    酰基，712
    酰基，与醇，712
    与亚硝酸，838

酰肼负离子，杂环的取代，464
酰卤，见卤化物
酰亚胺，酰基，McFadyen Stevens 还
    原的中间体，921
　　Hofmann 重排，838
　　共轭加成，564
　　还原，生成胺，931
　　还原，生成羟基内酰胺，931
　　环状的，715
　　环状的，胺和环酸酐，715
　　金属催化的，对炔烃的加成，540
　　金属催化的，对烯烃的加成，540
　　来自酰卤和酰胺，718
　　来自异硫氰酸酯，370
　　水解，708
　　通过内酰胺的氧化，907
　　通过烯烃的羧基化，568
　　烷基化，272
　　形成，酸酐与胺，715
　　与醇，272
　　与二卤代砜反应，699
酰氧过氧化物，见过氧化物
酰氧基汞化，537
酰氧基化，503
　　Markovnikov 规则，581
　　炔烃，581
　　酮，503
　　烯醇，503
　　烯烃，581
　　与金属乙酸盐，503
　　自由基，503
酰氧基化合物，467
酰氧基酮，581
酰氧基自由基，139
显性的 1,3-氢迁移，825
线，分子，66
线型的多并苯，29
线性自由能关系（LFER），210
线性组合，MO，3
相对反应速率比，芳香取代，354
相互转化，二烯-环丁烯，848
相扣的索烃，66
相转移，醇，275
　　Ullmann 反应，458
　　金鸡纳生物碱，577
　　硫叶立德，699
　　卤离子，274
　　醚的裂解，276
　　形成卤代烷，274
相转移，试剂，双羟基化，574
相转移，用于胺的形成，269

用于胺的氧化，909
用于催化脱氢化，896
用于芳香化合物的羟基化，501
用于卤素交换，与芳基卤，453
用于酸酐形成，713
用于羧酸酯的水解，705
用于酮的 α-羟基化，905
用于烷基叠氮化物的形成，273
用于酰胺脱水生成腈，805
用于形成硫醚，266
用于乙烯基卤的羰基化，299
相转移，与酰卤，与醇，709
　　Finkelstein 反应，274
　　Gomberg-Bachmann 反应，467
　　Julia-Colonna 环氧化，577
　　Michael 反应，556
　　Mills 反应，466
　　Rosenmund-von Braun 反应，454
　　重氮盐偶联，357
　　醇的高锰酸盐氧化，895
　　芳香化合物的催化氢化，544
　　卤代烃在碱促进下的消除，799
　　烯醇盐烷基化，290
　　与醇，与 HCl，275
　　与芳基卤与醇盐，450
　　与烯烃和 HX，533
相转移催化，253，263，264
　　Michael 反应，556
　　Williamson 反应，260
　　铵盐，253
　　冠醚，253
　　极性溶剂，253
　　季铵盐，253
　　界面机理，253
　　金鸡纳生物碱，577
　　离子对，254
　　鏻盐，253
　　卤代烷的氟化，274
　　醚的裂解，276
　　醚形成，260
　　亲核取代，254
　　三相催化剂，254
　　水，253
　　羧酸盐烷基化，263
　　碳酸酯的制备，264
　　微波辐照，254
　　酰基氰化物，723
　　穴状配体，253
相转移试剂，四羰基合铁酸盐，烷基
    化，298
香豆素，Friedel-Crafts 烷基化，365

Pechmann 缩合，365
香蕉键，环丙烷，103
香芹酮，光化学的〔2+2〕环加成，594
　　光化学，594
香芹酮樟脑，通过光化学的〔2+2〕环
    加成，594
　　来自香芹酮，594
向低场移动，27
向高场移动，27，34
项链，分子，66
1,3-消除，803
1,4-消除，793，801
　　烯丙基亚砜，798
　　形成累积烯烃，802
1,6-消除，801
消除，Cope，855
消除，Cope，见 Cope
消除，E1，反应，碱强度，786
　　相对于 E2，784
　　相对于 E2，ρ 值，790
　　相对于 E2，离去基团，790
　　相对于 E2，溶剂效应，791
　　相对于 E2，相对于 E1cB，789
　　消除反应的立体化学，789
消除，E1，机理，783，784
　　Grob 断裂，803
　　IUPAC 命名和 IUPAC 机理，783
　　S_N1 反应，784
　　共轭碱效应，783
　　机理，动力学，783
　　机理，决速步，783
　　离核能力，785
　　溶剂效应，784
消除，E1，烯烃的稳定性，787
　　E2 机理，脱卤化氢，799
　　Zaitsev 规则，784，787
　　离子对，784
　　离子对机理，784
　　取代，783
　　碳正离子，783
　　脱卤化氢，799
消除，E1 阴离子，机理，786
　　反应，机理，786
消除，E2，反式共平面构象，780
　　E1 机理，脱卤化氢，799
　　Hofmann 规则，788
　　Hofmann 降解，796
　　Zaitsev 规则，781，787
　　氘标记，782
　　氘同位素效应，782
　　对映体纯的卤代烷，781

二面角, 782
非对映体, 781
构象, 780
碱强度, 788
键角, 782
离去基团, 780
邻位交叉方向, 783
内消旋的卤代烷, 781
顺式共平面构象, 781
同-对两分现象, 782
同位素效应, 780
脱卤化氢, 799
吸电子基团, 785
张力, 209
消除, E2, 反式消除, 780
　控制因素, 783
　来自乙烯基卤, 782
　卤代环己烷, 781
　形成炔烃, 782
　直立离去基团相对于平伏离去基团, 781, 782
消除, E2, 反应, 烯烃分布, 788
　E1 特征, 786
　Hofmann 方向相对于 Zaitsev 方向, 788
　插烯, 782
　碱强度, 786
　键旋转, 781
　决速步, 780
　碳负离子特征, 785
　张力, 782
消除, E2, 机理, 524, 780-783
　Grob 断裂, 803
　Hofmann 降解, 796
　IUPAC 命名和 IUPAC 机理, 780
　从头算研究, 780
消除, E2, 区域选择性, 787
　Zaitsev 规则相对于 Hofmann 规则, 788
　过渡态, 787
　合适的碱, 789
　立体化学, 782
　立体专一性, 781
　卤代烷中取代基效应, 789
　相对于 S_N2, 783
　与卤代烷, 780-783
消除, E2, 速率方程, E1cB, 785
　反应速率, 781
消除, E1cB, 形成苯炔, 785
　氘同位素效应, 785
　机理, 784-786

机理, 差的离去基团, 785
机理, 来自卤代醚的烯烃, 802
机理, 生成烯烃的定位, 788
机理, 酸性质子, 785
碳负离子机理, 784
碳负离子离子对, 786
特征, 离去基团能力, 786
相对于 E2, 785
质子交换, 785
消除, (E1cB)$_{ip}$ 机理, 786
消除, E2C, Zaitsev 规则, 788
　机理, 787
消除, Ei, 苯并三氮唑离去基团, 797
　动力学, 791
　卤素反应活性, 792
　同位素效应, 792
消除, Ei, 反应, 活化熵, 792
　酯, 792
　自由基机理, 792
　自由基引发剂, 791
消除, Ei, 机理, 694, 791
　Chugaev 反应, 795
　Cope 反应, 792
　Cope 消除, 792, 797
　铵盐与有机锂试剂, 797
　反应速率, 792
　卤代烷的立体化学, 791
　顺式（syn）消除, 791
　羧酸的热解, 795
　有机锂试剂与铵盐, 797
消除, Ei, 立体化学, 791
　过渡态, 792
　顺式消除, 791
消除, Ei, 顺式（cis）β-氢, 792
　Chugaev 反应, 795
　Cope 消除, 797
　Hofmann 降解, 796
　Woodward-Hofmann 规则, 792
　底物结构, 792
　亚砜的热解, 798
　自由基机理, 792
消除, Peterson 烯基化, 694
消除, Zaitsev 产物, 793
消除, 断裂, 803
　Hofmann, 468, 788
　Hofmann 产物, 793
　IUPAC 机理, 791
　IUPAC 命名, 221
　Norrish Ⅱ 型裂解, 780
　动力学的, 784
　分子内的, 791

机理不确定, 786
机理系列, 786
金属诱导的, 二卤化物生成烯烃, 802
来自卤代醚与镁, 419
气相, 788
温度的影响, 791
在 Stork 烯胺合成中, 293
消除, 1,2-二卤化物, 419
　Bredt 规则, 787
　Brønsted 方程, 787
　Grignard 反应, 676
　Hammet 值, 786
　Heck 反应, 457
　Hofmann 规则, 788
　Mannich 反应, 673
　Wagner-Meerwein 重排, 828
　吡啶基离去基团, 786
　吡啶鎓离子, 786
　超共轭, 787
　醇的脱水, 261
　芳香环, 787
　格氏试剂, 419, 802
　共轭, 787
　硅基 Wittig 反应, 694
　缓冲液, 785
　活化熵, 159
　挤出反应, 780
　卡宾, 143
　空间效应, 788
　类卡宾, 142
　离核体能力, 785
　离去基团能力, 782, 785
　膦酯酯, 796
　醛的脱羰基化, 511
　溶剂效应对碱的影响, 789
　顺/反（cis/trans）异构体, 789
　速率, 785
　酸碱反应, 788
　同位素效应, 786
　微观可逆性, 785
　烯烃稳定性, 787
　形成 C=O 和 C≡N, 786
　形成氮烯, 143
　形成热力学烯烃, 788
　有机铜酸酯, 282
　自由基, 792
消除, 二卤化物生成烯烃, 试剂用于, 802
　环氧化物, 与 LIDAKOR, 795
　卤化物, 来自偕二卤化物, 674
　硒亚砜, 294, 798

亚砜，见亚砜
亚磺酸酯，798
消除，反式，离子对，783
　反式，膦与环氧化物，794
　反式消除，780
　共轭，793
　碱促进的，砜，798
　碱促进的醚的消除，机理，794
　碳正离子，过渡态，789
消除，光化学的，780
消除，过渡态，787
　类型，780
消除，活化-张力模型，790
消除，卤代烷结构的影响，790
　碱强度的影响，789
　离去基团的影响，790
消除，β-氢的酸性，788
消除，氰根和卤代烷，297
　环状过渡态，791
　机理的测定，786
消除，热解的，780
　Bredt 规则，792
　Hofmann 规则，792
　Zaitsev 规则，793
　过渡态，791
　机理，791-793
　空间相互作用，793
　区域选择性，792
　顺式 β-氢，792
消除，顺式，782
　Ei 反应，791
　Ei 机理，791
　构象，783
　过渡态，787
　来自环硫乙烷，795
　离去基团，783
　离子对，783
　溶剂效应，783
　同-对两分现象，782
消除，速率，卤代烷结构的影响，790
　底物活性，789
　合适的碱，790
　合适的离去基团，790
　立体化学，非对映异构的卤化物，789
　立体化学，烯烃产物，789
　区域化学，787
消除，相对于取代，783,789,790
　电荷分散，791
　碱强度，790
　离去基团，790

溶剂效应，791
消除，自由基，双黄原酸酯，800
　机理，792
　亚砜，798
消除-加成反应，Mannich 碱，242,249
　砜，242
消除-加成机理，285,727,926
消除-加成机理，也见机理
硝化，苯，中间体，162
　速率和产物分布，354
硝化，芳香化合物，348,355,356,400
　Lewis 酸，356
　Raman 光谱，356
　动力学，356
　芳基硼酸，356
　硝酸乙酯，356
　在离子液体中，356
硝化，活泼亚甲基化合物，405
　苯胺，356
　烷烃，405
　烷烃，N-羟基琥珀酰亚胺，405
　烷烃，硝鎓盐，405
　烷烃，自由基，405
硝化，亲电芳香取代，356
　亲电的，405
　自由基中间体，356
硝化，杂环，356
　N-硝基苯胺，373
　甲苯，速率和产物分布，354
　邻位选择性的，356
　与硝酸酯，356
硝化试剂，芳香化合物，356
硝基，钝化基团，356
　重排，373
硝基-Hunsdiecker 反应，504
硝基-Mannich 反应，673
硝基氨腈钠（NaNCNNO$_2$），274
硝基苯，偶极矩，9
N-硝基苯胺，重排，373
N-硝基苯胺，也见苯胺
硝基-醇，通过 Henry 反应，692
　来自环氧化物，271
硝基化合物，芳基，烷基化，463
　von Richter 重排，468
　碱促进的消除，806
　来自芳基重氮盐，507
　氢的代理亲核取代，463
　烷基取代硝基，468
　与二甲氧代锍甲基负离子，463
　与甲基亚磺酰基碳负离子，463
　与氰化物，468

　与碳负离子，463
硝基化合物，还原，924,937
　UV 光，924
　对映选择性，923
　生成胺，试剂，923,924
　生成偶氮化合物，936
　生成偶氮化合物，试剂，937
　生成羟胺，试剂，924
　生成氢化偶氮化合物，937
　生成烃，932
　生成烃，试剂，932
　生成肟，试剂，924
　生成烯胺，538
　生成氧化偶氮化合物，936
　生成氧化偶氮化合物，试剂，937
　微波辐照，923
　烯烃的胺化，538
　与 Clostridium sporogenes，547
　与 LiAlH$_4$，923
　与金属，机理，923
　与酶 YNAR-1，NADPH，547
　与面包酵母，923
　与酸中的金属，923
　在氧化铝上，923
硝基化合物，还原烷基化，672,924
　硝基的去除，试剂，932
硝基化合物，极限式，44
　重排成羧酸，468
　电解还原成羟胺，924
　共轭的，与面包酵母，547
　光化学重排，178
　光解，924
　来自芳基卤，504
　来自芳基铊化合物，463
　来自卤代烷，273
　来自肟，912
　来自硝酸银，273
　来自亚硝酸钠，273
　来自异氰酸酯，912
　氰基化，410
　试剂，用于还原，925
　试剂，用于水解，664
　水解，664
　烯醇负离子，还原成羟胺，924
　在 Henry 反应中，692
硝基化合物，酸式，44,664
　Nef 反应，664
硝基化合物，通过异氰酸酯的二氧杂环丙烷氧化，912
　通过胺的氧化，试剂，912
　通过羟胺的氧化，试剂，912

通过亚硝基化合物的氧化，912
硝基化合物，烷基化，Katritzky 吡喃
　　鎓盐-吡啶鎓盐方法，290
　Nef 反应，664
　超声，923
　负离子形成，255
　互变异构，44
　硝酸，405
硝基化合物，乙烯基，504
　来自乙烯基甲基，405
　通过自由基的脱羧反应，504
硝基化合物，与醛或酮，692
　与格氏试剂，685
　与磷叶立德，698
　与卤代烷，255
　与烯醇负离子，285
　与亚胺，685
　与亚胺，对映选择性，685
硝基甲苯，偶极矩，9
硝基甲烷，pK_a，130
硝基羟醛反应，对映选择性，692
硝基氰胺，与 mCPBA，274
硝基烷烃，与亚胺，692
硝基烯烃，Michael 加成，556
硝酸，AIBN，共轭酸，504
　胺的亚硝化，424
　芳基重氮盐的硝化，508
　芳香化合物的硝化，355,356
　与烯烃，404
　与乙烯基羧酸，504
硝酸钠，环氧化物，271
硝酸铈铵，缩醛裂解，259
　芳香化合物的硝化，356
硝酸盐，银，见硝酸银
硝酸乙酯，芳香化合物的硝化，356
硝酸银，卤代烷，252,273
　卤代烷，252
硝酸酯，芳香化合物，356
　来自醇，265
硝酸酯，见酯，硝酸酯
硝酸酯，乙基，见硝酸乙酯
硝酮，金属有机的加成，685
　奠基，自由基，135
　来自羟胺，804,912
　来自羟胺和金属-salen 复合物，804
　来自肟，266
　通过胺的氧化，898
　通过羟胺的氧化，898
　与格氏试剂，685
　与硼酸酯，684
　在 Michael 反应中，556

在 [3+2] 环加成反应，582,583
硝鎓盐，347,351,354,356,405
　X 射线衍射，356
　从氮迁移，373
　芳香化合物，400
　芳香化合物的硝化，356
　亲电芳香取代，351
　作为离去基团，355
硝鎓盐，烷烃的硝化，405
　胺的硝化，425
　芳香化合物的硝化，356
硝酰氯，对烯烃或炔烃的加成，572
　与炔烃，572
小环化合物，表，104
楔烷，864
协同反应，587
协同反应，S_N2'，240
协同机理，843
协同加成，157
协同氢键，59
协同（同时）反应，524
偕二氟化物，见氟化物
偕二甲基，通过环丙烷的催化氢化，547
偕二甲基效应，卤代内酯化，572
偕二卤化物，见二卤化物
偕二卤化物，见二卤化物
偕二乙酸酯，904
泄漏，离子的重排，825
辛基卡宾，141
辛四烯，环化成环辛三烯，850
锌
　苯酚的还原，芳香化合物，927
　超声，682
　电化学，420
　二硫化物的还原，934
　二卤化物消除生成烯烃，802
　化合物，亚胺与烯酮硅基缩醛，685
　活化的，Reformatsky 反应，682
　烯丙基，试剂，与炔烃，554
　酰卤脱卤化生成烯酮，802
　硝基化合物的还原，925
　硝基化合物还原成羟胺，924
　在酸中，硝基化合物的还原，923
　酯的裂解，264
　作为复合物，684
锌汞齐，Wolff-Kishner 还原，928
锌配合物，双负离子，551
新苯丁基体系，重排，828
新苯丁基自由基，826
新戊基体系，394

S_N2 反应，243,394
信封构象，环戊烷，101
星型配体（starand），63
形成激基复合物，在光化学中，177
形成肟，高压，670
　pH，670
　碱催化，670
　决速步，670
形成，乙烯基碘鎓盐，415
形式（表观）空间熵，108
形式电荷，成键，7
形状，客体-主体相互作用，64
环糊精，66
溴，丙酮，机理，167
　Hell-Volhard-Zelenskii 反应，403
　醇转化为酯，910
　取代，394
溴，对烯烃的加成，活化取代基，528
　环状中间体，527
　立体选择性，524
溴，与烯烃，500,570
　UV 光照，570
　与芳香化合物，360
　与菲，29
　与庚间三烯并庚间三烯，31
　与环丙烷，103
　与环丁烷，104
　与氢氧化钠，Hofmann 重排，838
　与炔烃，524
　与烯烃，过氧化物，827
　与烯烃，烯烃的反应活性，528
　与烯烃，在甲醇中的反应活性，528
溴胺，与烯烃，580
溴胺-T 和 $RuCl_3$，912
　胺氧化成胺氧化物，912
溴代苯乙酮，与胺，244
S-溴代二甲基溴化锍，360
溴代炔烃，与咪唑，297
溴代噻吩，453
溴代酸，79
N-溴代糖精，醇的卤化，276
溴仿，闪光解，141
溴化，498
溴化，Markovnikov 规则，530
溴化，芳香的，Sandmeyer 反应，360
溴化，通过 Wohl-Ziegler 反应，499
　苯，速率和产物分布，354
　芳香化合物，360,400
　芳香化合物，NBS，360
　甲苯，速率和产物分布，354
　炔烃，524

试剂，用于烯烃，570
烯烃，524
烯烃，试剂用于，570
与 NBS，499
溴化氰，278
同位素标记，163
与胺，278
与羧酸盐，725
与羧酸盐，机理，725
溴化物，见卤素
溴化物，烷基，格氏试剂，133
来自苯酚，453
溶剂解速率，243
溴化物，酰基，见卤化物，酰基
溴化物，酰基，来自醛，501
溴化亚铜，与格氏试剂，287
溴，来自 NBS，500
对烯烃的顺式（syn）加成，525
芳香化合物的卤化，360
溴鎓离子，361，523，531，570
来自烯烃，500，524
邻基机理，232
形成卤代醇，571
与炔烃，524
溴鎓离子自由基，493
溴-烯烃配合物，570
溴自由基，492
旋光，比旋，见比旋光度
旋光光谱，82
构象，95
旋转，受限制的，阻转异构体，78
手性，79
顺/反（cis/trans）异构体，108
旋转，索烃，66
C-S，手性，132
α，75
观察到的，见观察到的旋光度
键，碳正离子，524
摩尔，见摩尔旋光度
在乙烷中，能垒，96
旋转异构体，构象异构体，95
定义，95
旋转坐标系 NOE 谱，见 ROESY
选择性，还原，914
二烷基锌与炔丙基乙酸酯，679
矛盾的，在 Friedel-Crafts 烷基化中，363（文献358）
面，对于羰基上的反应，659
内型/外型（endo/exo），[2+2] 环加成，593
氢化反应中的均相催化剂，540

烯烃的催化氢化，541
溴自由基相对于氯自由基，498
亚硝酸，464
转矩选择性，846
自由基，496
选择性的频哪醇偶联，934
选择性关系，353
穴状化合物，63，93
复合物形成，62
外-内异构体，93
穴状配体，63，254
拆分，88
溶剂化，248
相转移催化，253
有机锂试剂对醛或酮的加成，677

Y

压力，高的，也见高压
Claisen 缩合，254
Diels-Alder 反应，254
Knoevenagel 缩合，254
Menshutkin 反应，254
反应活性，213，254
过渡态，255
活化体积，254
空间位阻，255
偶极过渡态，254
偏摩尔体积，254
在催化氢化中，541
压力，烯烃的氢胺化，538
Heck 反应，456
Strecker 合成，702
动力学，165
取代反应，230
压力，相对于速率常数，230
压抑空间效应，在 [2+2] 环加成中，593
亚氨基单烯反应，555
亚氨基腈，来自 HCN 对腈的加成，702
亚氨基氯化物，365
亚氨基硒化合物，与烯烃，406
亚氨基酯，667，866
Chapman 重排，866
Hoesch 反应，371
Pinner 合成，667
重排成酰胺，866
来自腈和醇，667
来自酰胺和五氧化磷，866
水解，667
酮的形成，371
烯丙基，在 Claisen 重排中，859
与醛，289

亚氨基自由基，491
亚氨酸酯，与氨或胺，716
亚胺，还原，通过硅烷，922
生成胺，对映选择性，922
生成胺，微波，922
与 Escherichia coli，922
与硅烷，922
亚胺，环丙基，重排，855
E/Z 异构体，107
电子结构，8
形成，在离子液体中，669
亚胺，环状的，来自丙二烯胺，539
经过自由基环化，704
来自环烷基叠氮化物，839
来自卤代腈和金属有机，686
亚胺，加成，硼酸酯，684
HCN，702
重氮乙酸酯，580
金属有机，对映选择性，684
卡宾，142
硼酸，684
自由基，685
亚胺，甲苯磺酰基，环丙基，重排，855
与共轭酯，685
与炔烃，684
与三氟硼酸酯，684
与酮和质子海绵，726
与烯烃，金属催化剂，684
与叶立德，700
亚胺，金属催化的，烯丙基硅烷的加成，701
重氮酯的加成，685
亚胺，金属化的，727
合成上的应用，727
亚胺，金属介导的，与卤代酯反应，726
亚胺，腈，在 [3+2] 环加成反应中，581
O-甲苯磺酰基，碱催化重排成氨基酮，837
膦酰亚胺，还原，922
自由基加成，704
亚胺，来自醛，293
来自吖丙啶，801
来自胺，293，898
来自胺，和醛或酮，668
来自胺，通过脱氢反应，893
来自叠氮化物，839
来自格氏试剂与腈，686
来自腈，686
来自羧酸，921
来自酮，293

来自烷基叠氮化物，839
来自亚硝基化合物，405
亚胺，卤代，726
来自酰胺，866
亚胺（双），来自醛和亚胺，935
亚胺，水解，663
生成醛或酮，909
亚胺，羧酸，726
Barton 反应，866
E/Z 命名，90
Mannich 碱，672
Ugi 反应，727
半缩醛胺，668
氮杂-Baylis-Hillman 反应，685
互变异构，44
频哪醇偶联，935
烯胺盐，293
用于催化氢化的金属，922
与烯醇醚 Mannich 反应，673
亚胺，烷基化，292,672
亚胺，酰基氰基化，702
亚胺，有张力的二环，107
磺酰基，672
亚磺酰基，684
亚磺酰基，与烯烃或二炔烃，684
与烯胺互变异构，539
亚胺，与 Lewis 酸，804
与 Te 叶立德，700
与硅基烯醇醚，673,690
与过渡金属，684
与金属有机，对映选择性，684
与金属有机化合物，683-685
与腈，684
与磷叶立德，698
与硫代烯酮，726
与硝基化合物，685
与硝基化合物，对映选择性，685
与硝基烷烃，692
与有机锂试剂，683
与有机锂试剂，分子内的，684
与有机铝化合物，684
与有机锌试剂，684
亚胺，与醛，935
与 Danishefsky 二烯体，591
与氨基碱，292
与重氮化合物，685
与重氮酮，726
与重氮酮，微波，726
与二烷基锌，684
与格氏试剂，683
与格氏试剂，过渡金属催化剂，684

与共轭化合物，对映选择性，685
与卤代酯，694
与氯磺酰异氰酸酯，726
与硼酸，对映选择性，684
与炔烃，684
与烯丙醇，685
与烯丙基硅烷，685
与烯酮，592,925
与烯酮硅基缩醛，685,690
与烯酮缩醛，690
亚胺，与烯酮环加成，725
与硫代烯酮，726
与烯酮，机理，726
亚胺，原位生成，672
亚胺，在 Diels-Alder 反应中，590
α-锂，与酮，689
锂化的，292
镁基，292
在单烯反应中，555
亚胺，在 [2+2] 环加成反应中，592
原位生成，672
亚胺，作为氨基酸的替代物，292
α-碳负离子，与酮，689
共轭加成，564
偶氮甲碱亚胺，在 [3+2] 环加成中，582
氰基，来自腈，695
手性的，564,673
手性添加剂，与有机锂试剂，684
羰基化，417,568
通过胺的脱氢化，898
通过胺的氧化，909
通过肟的还原，试剂，924
与酮缩合，689
亚胺基镁，292
亚胺-烯胺互变异构，701
亚胺-烯胺互变异构，也见互变异构
亚胺盐，来自醛，365
来自 Stork 烯胺反应，293
来自噁嗪，295
来自二烷基氨基卤，803
来自肟，804
来自烯胺，293
亚胺盐，氰化物的加成，702
Fischer 吲哚合成，860
Gatterman-Koch 反应，369
Hoesch 反应，371
Pictet-Spengler 反应，365
胺的断裂，803
胺与醛或酮，669
还原胺化，671

腈的形成，372
醛的形成，369
手性的，577
与 SmI$_2$ 偶联，935
亚胺盐，水解，293
反应活性，673
还原成胺，922
水解，371,686
与 Oxone，577
与格氏试剂，685
在 Diels-Alder 反应中，590
亚胺正离子，Mannich 反应中间体，673
Bruylants 反应，286
Eschenmoser 盐，673
环化，365
水解，664
水解，Stork 烯胺反应，664
水解，机理，664
与格氏试剂，286
质子解作用，128
亚胺酯，与 Hantzsch 酯还原，922
亚碘酰苯，与叠氮化钠，579
亚砜，拆分，913
热消除，机理，798
用酸酐处理，938
与 DAST，404
与 NBS，404
与芳基卤，536
与芳香化合物，371
亚砜，芳基，来自芳香化合物，359
催化氢化，509
来自磺酸酯，415
来自金属有机，415
通过硫化物的氧化，801
通过硫醚的氧化，913
通过硫醚的氧化，对映选择性，913
脱硫化，试剂，933
消除，Hofmann 规则或 Zaitsev 规则，798
消除，机理，798
与有机铜酸盐共轭，558
转化为醛，294
亚砜，还原，289
生成砜，试剂，933
生成硫醚，试剂，933
同位素标记，933
亚砜，卤化，404
翻转，77
卤化，试剂用于，404
热解成烯烃，798

试剂用于氧化，913
酮基，798
用氢过氧化物氧化，机理，913
重排成乙酰氧基硫化物，938
亚砜，烯丙基，[2,3] Wittig 重排，860
1,4-消除，798
亚砜，阻转异构体，78
  NCS，404
  共振，26
  构象，101
  极性反转，294
  手性，77
  四面体中间体，77
  叶立德，26
  自由基消除，798
亚磺酸盐，与芳基卤，359
亚磺酸酯，见酯
亚磺酰胺，二芳基，吖丙啶的形成，580
亚磺酰胺，烯丙基，684
亚磺酰化，羧酸酯，406
  硅基烯醇醚，407
  内酰胺，406
  内酯，406
  酮，406
亚磺酰卤，见卤化物
亚磺酰亚胺，671
  手性的，684 亚磺酰亚胺，
  乙烯基，在 Diels-Alder 反应中，591
亚甲基，见活泼亚甲基
亚甲基，对苯的加成，597
  插入，411
  卡宾，140,141
  卡宾，单线态，141
  来自重氮甲烷，411
  通过脱硫化，933
  重氮甲烷的分解，597
亚甲基，氧化，905
亚甲基氮杂轮烯，36
亚甲基化合物，通过酮的还原，928
  CH 氧化生成胺，906
  氧化成磺酸，907
亚甲基环丙烷，重排，831
亚甲基环己烷，手性，78
亚甲基环戊烷，583
亚甲基轮烯，36
  反芳香性，38
亚甲基-戊二烯，见树状烯
亚磷酸酯，Corey-Winter 反应，800
  共轭加成，564
  过氧化物的还原，928
  三甲基，Mislow-Evans 重排，861

三烷基，与磺酸，728
  与胺，674
  与环硫代碳酸酯，800
  与卤代烷，697
  与卤素，674
  与烯烃，539
亚硫酸钠，与铖酸酯，574
亚硫酸氢钠，与醛或酮反应，668
亚硫酸氢盐加成产物，668
亚硫酸氢盐，钠，见钠
亚硫酸盐，钠，重氮盐的还原，机理，925
亚硫酰氯，274
  S_{Ni} 机理，239
  酰胺脱水生成腈，805
  形成芳基亚砜，359
亚硫酸，728
  与醇，239
  与羧酸，718
  与羧酸负离子，713
  与烷基亚磺酸，511
亚氯酸盐，环氧化，576
亚烷基丙二酸衍生物，共轭加成，559
亚烷基环己烷，手性轴，81
亚烷基环氧丙烷，725
亚烷基卡宾，141
亚烷基酰胺，来自炔酰胺，540
亚硝化，404
  UV 光照，405
  胺，424,425
  胺，机理，425
  芳基正离子，357
  芳香化合物，机理，357
  共振的空间抑制，357
  光化学，405
  机理，357
  酮，机理，404
  烯醇，404
  亚硝鎓离子，357
N-亚硝基，重排，373
亚硝基氨基甲酸酯，碱促进的消除，806
亚硝基胺，424
亚硝基胺，来自胺，424
N-亚硝基化合物，357
亚硝基化合物，芳基，Mills 反应，466
  Fischer-Hepp 重排，373
  N-硝基苯胺的重排，373
  与苯胺，466
亚硝基化合物，还原，924,937
  生成胺，925

亚硝基化合物，还原烷基化，672
  与腈，695
  与肟，425
亚硝基化合物，来自胺，425,912
  N-相对于 C-，357
  重氮甲烷的制备，806
  金属还原成胺，924
  来自硝基化合物，178
  来自亚硝酸，404
  水解，866
  氧化，912
  氧化成硝基化合物，912
  在 Diels-Alder 反应中，590,591
亚硝基化合物，通过苯胺的氧化，与 Caro 酸，机理，912
  苯胺，912
  羟胺，898
亚硝基化合物，形成亚胺，405
  Barton 反应，866
  Ehrlich-Sachs 反应，695
  芳香的，357
  互变异构，44
亚硝基甲烷，互变异构，44
亚硝基-卤化，烯烃，572
亚硝基脲，碱促进的消除，806
亚硝基肟，互变异构，见互变异构
亚硝基酰胺，碱促进的消除，806
亚硝基酰胺，重排，467
  与芳香化合物，467
亚硝基自由基，866
亚硝酸，胺，250
  pH，与胺，464
  重氮盐，357
  芳基重氮盐的形成，464
  形成碳正离子，来自胺，128
  选择性，464
  与吖丙啶，801
  与胺，424,832
  与胺，动力学，464
  与胺反应，128
  与胺，机理，464
  与苯胺，464
  与肼，424
  与酰胺，708
  与酰肼，838
亚硝酸根离子，作为两可亲核试剂，255,265
  与重氮盐，508
亚硝酸钠，与酸，424
  羧酸的制备，299
  与芳基重氮盐，507

主题词索引 **1183**

与卤代烷，273
与烯烃，800
与烯烃，炔烃的形成，800
亚硝酸盐，钠，见亚硝酸钠
亚硝酸盐，与芳基卤，504
亚硝酸异戊酯，464
亚硝酸酯，来自醇，265
　　来自卤代烷，273
亚硝酸酯，烷基，404
　　胺的重氮化，465
　　苯胺转化为芳基卤，507
　　芳香化合物的卤化，360
　　来自胺，265,424
　　与芳香化合物，467
　　与芳香化合物，和自由基，467
　　与酸，464
　　转化为叠氮化物，273
亚硝酸酯，异戊基，464
亚硝酸酯，在 DMSO 中，467
亚硝鎓离子，357,374,404
　　重氮化，464
　　芳香化合物的硝化，357
亚硝酰卤，与烯烃，572
亚硝酰氯，与烯烃，572
亚溴酸钠，与胺，425
亚溴酸盐，钠，见钠
氩和氮，烯烃的氟化，570
氩基质，107
　　卡宾，141
氩，作为客体，65
研磨，球，氧化酰胺化，504
盐，S_N1 反应，252
　　Meisenheimer，444
　　烯胺，293
　　烯胺，烷基化，293
盐酸（氢氯酸），见 HCl
盐效应，动力学，227
　　S_N1 反应，252
　　高氯酸锂，252
　　亲电取代的速率，395
掩蔽试剂，683
赝平伏，101
赝直立，101
氧，与烯烃，535
　　与 Bacillus megaterium，CH 氧化，905
　　与格氏试剂，419,553
　　与格氏试剂，形成醇，414
　　与格氏试剂，形成氢过氧化物，414
　　与庚间三烯并庚间三烯，31
　　与金属有机，414
　　与氯胺-T，胺的氧化，907

与卤代烷，491
与硼烷，机理，491
与烃，502
与烯烃，对映选择性，502
与烯烃，立体化学，502
与有机锂试剂，450
氧，自动氧化，502
Glaser 反应，505
Hay 反应，505
Heck 反应，457
二酮的氧化裂解，899
芳香化合物的光化学氧化，897
金属催化的醇的氧化，催化剂用于，895
金属有机的偶联，508
硼烷的共轭加成，560
氰胺的形成，410
三甲基硅基醚的氧化，897
酮的 α-羟基化，905
酮的脱氢化，894
烯烃的环氧化，577
形成内酯，535
有机铜酸盐的偶联，508
自由基，490
自由基共轭加成，561
氧，作为双自由基，502
单线态，也见单线态氧
单线态，与烯烃，578
电子结构，7
对二烯烃的环加成，591
三线态，也见三线态氧
与硼烷反应，414
在 Diels-Alder 反应中，590
在单烯反应中，502
自动氧化反应活性，502
作为自由基抑制剂，492
氧-Michael 反应，564
　分子内的，564
氧插入，到烷烃中，机理，905
氧插入反应，836
氧代鋶盐化合物，热解成烯烃，798
氧代羧酸，互变异构，44
氧代碳正离子，126,128,660
　Prins 反应，703
　来自醛或酮，689
　寿命，128
　形成，832
　与烯醇负离子，689
氧代戊二酸，94
氧代吲哚，氟化，402
[2,3]氧到硫迁移，861

氧-二-π-甲烷重排，865
　机理，865
氧化，157,892
氧化，CH，芳基甲基，微波辐照，908
　对映选择性，905
　内酰胺，907
　生成醇，与二氧杂环丙烷，906
　通过 Gif 系统，905
　与二氧杂环丙烷，905
　与高价碘，905
　与酶，905
　远程的，烃，907
　在离子液体中，905
氧化，DMSO，908
　Boyland-Sims，372
　通过失去氢或获得氧，891
氧化，Oppenauer，895
Swern，909
Swern，也见 Swern
Tamao-Fleming，263,551
试剂，$KMnO_4$，574
状态，官能团，891
氧化，α-CH，Étard 反应，908
　环醚生成内酯，907
　甲基芳香化合物，908
　醚生成羧酸酯，907
　内酰胺生成酰亚胺，907
　酮，与二氧化硒，机理，907
氧化，胺生成腈，897
　试剂用于，909
　与二氧化锰，898
氧化，苯胺生成偶氮化合物，898
　苯酚，892
　苄醇，微波，897
　苄基 CH，高价碘，905
　苄基卤，Kröhnke 反应，909
　碘离子，465
　二醇，574
　二芳基肼，试剂用于，898
　芳基肼，898
　芳香侧链，902
　芳香侧链，结构限制，903
　芳香侧链，试剂用于，903
　芳香侧链，相对反应活性，903
　芳香化合物，897
　芳香烃，生成醛，908
　2-甲基萘，902
　甲基，通过 Barton 反应，866
　肼，生成偶氮化合物，898
　硫化物或亚砜，试剂，913
　硫醚，试剂用于，913

硫醚与氢过氧化物，机理，913
硼酸，415
硼酸酯，844
硼烷，414,548
硼烷，生成醇，844
羟胺，898
炔丙基CH，907
烃，904,905
烃，高价碘，904
烃，生成胺，906
烃，生成磺酸，907
烃，与Cr（VI），904
烃，与高锰酸盐，904
亚砜与氢过氧化物，机理，913
亚甲基，905,906
腈，生成腈，898
氧化，醇，894-897
　NBS，897
　混合试剂，896,897
　金属催化的，与氧，金属用于，895
　生成醛，而不是酸，试剂，894
　生成酮，试剂用于，895
　试剂，与DMSO一起使用，896
　通过催化脱氢化，896
　与Bobbitt试剂，896
　与Dess-Martin高碘烷（periodinane），896
　与DMSO和三氧化硫，896
　与DMSO试剂，895
　与Fremy盐，897
　与TEMPO，共试剂，896
　与TEMPO，在离子液体中，896
　与TPAP，895
　与高价碘，896
　与铬（VI），894-895
　与铬（VI），机理，895
　与可供选择的高价碘试剂，896
　与酶，897
氧化，定义，891
　醇，也见醇
　酸敏感的化合物，894
氧化，金属有机，416
氧化，卤代烷，Kornblum反应，908
　生成醛，908
　生成醛，Sommelet反应，909
氧化，醛生成羧酸，909-911
　醛生成羧酸，试剂用于，910
　烷烃，904,905
　烯烃生成酮，试剂，911
　烯烃，生成烯丙醇，904,905
氧化，炔烃生成二酮，试剂，911

氧化，烯丙基，见烯丙基氧化
　CH，对映选择性，905
　与二氧化硒，904
α-氧化，烯烃生成共轭酮，907
　胺生成酰胺，907
　环胺生成内酰胺，试剂，907
　酮，生成二酮，超声，907
　酮，生成二酮，微波辐照，907
　酮，试剂用于，907
氧化铂（Adam催化剂），547
氧化氮，自由基，492
氧化二氯，500
　烯基自由基氯化，500
氧化铬，在硅胶上，894
氧化汞，甘油醛的氧化，80
氧化剂，892
　Jacobsen-Katsuki环氧化，578
　芳香化合物的碘化，361
　高价碘，896
　用于臭氧化物，900
　用于醇，894-897
　与醇和叶立德，696
氧化加成，催化氢化，542
　Pd催化剂，458
氧化裂解，苯二胺，902
　与臭氧，见臭氧分解作用
　与二甲基二氧杂环丙烷，899
氧化裂解，芳香化合物，Dakin反应，903
　二胺，898
　二醇，898,899
　二醇，对映选择性，898
　二醇，机理，899
　二醇，通过四乙酸铅，环状过渡态，899
　二醇，通过四乙酸铅，机理，899
　二醇，与高碘酸，898
　二醇，与四乙酸铅，898
　二氢菲，903
　二酮，烯醇，899
　芳香化合物，试剂，902
　环胺生成二羧酸，899
　环酮，试剂用于，899
氧化裂解，烯烃，899,900,901,902
　试剂用于，901,902
　通过Barbier-Wieland方法，902
　与Lemieux-von Rudloff试剂，902
氧化磷叶立德，698
氧化铝，254
　Diels-Alder反应，585
　Meerwein-Ponndorf-Verley还原，918

Suzuki-Miyaura偶联，458
醇的脱水，793
醇消除生成烯烃，794
醚消除生成烯烃，794
内酰胺的氯化，426
硼氢化钠，916
醛转化为腈，670
肟脱水生成腈，804
酰卤与醇，709
硝基化合物的还原，923
乙酰乙酸酯合成，289
作为催化剂，266,709
氧化偶氮苯，通过硝基化合物的还原，923
氧化偶氮化合物，425
氧化偶氮化合物，酸催化重排成偶氮化合物，866
　ESR，425
　Wallach重排，866
　还原成胺，934
　还原成偶氮化合物，试剂，932
　来自卤代烷，274
　来自烷基重氮酯，274
　来自肟，425
　来自亚硝基化合物，425,937
　通过胺的氧化，898
　通过偶氮化合物的氧化，912
　通过硝基化合物的还原，936
　通过硝基化合物的还原，试剂，937
　与LiAlH$_4$，934
　在［3＋2］环加成反应中，582
　自由基，425
氧化偶联，Suzuki-Miyaura偶联，458
　硅基烯醇醚，913
　卤代烷，与碱，913
氧化数，891
氧化水解，与NBS或NCS，723
氧化钍，羧酸的脱羧反应，723
　醇的脱水，793
氧化脱羧反应，与高碘酸盐，903
氧化物，胺，见胺氧化物
氧化物，金属催化的芳基化，508
氧化物，膦，见膦氧化物
N-氧化物，自旋捕获，135
氧化酰胺化，504
　环氧化物，504
氧化银，卤代烃水解，257
　苄基或烯丙基卤的氧化，908
氧离去基团，376
氧鏻烷，NMR，697
　Wittig反应，697

氧氯卡宾, 142
氧桥 (oxonia)-Cope 重排, 856
　非对映选择性, 856
氧亲电试剂, 372
氧三均壬烯 (oxatriquinene), 128
氧鎓离子, 233, 260
　X 射线晶体学, 128
　断裂, 803
　二氧六环, 231
　溶剂解, 231
　烯烃的水化, 534
氧鎓盐, 裂解, 276
　来自卤代烷, 265
　来自醚, 265
　与胺, 426
　与腈, 922
　与醚, 265
　与酰胺, 712
氧原子, 轨道, 3
氧杂吖丙啶, 76
　重排成内酰胺, 831
　光解, 841
　磺酰基, 烯醇负离子的 α-羟基化, 906
　磺酰基, 氧化成硫醚, 913
　α-羟基化, 906
　α-羟基化, 对映选择性, 906
　手性的, α-羟基化, 906
　烃的羟基化, 905
氧杂吖丙啶 (氧杂氮杂环丙烷) 盐, 烯烃的环氧化, 577
　来自 Oxone 和亚胺盐, 577
氧杂环壬四烯, 36
氧杂环辛烷, 构象, 101
氧杂䓬 (oxepin), Cope 重排, 857
叶立德, 氮, 26, 699
　场效应, 131
　来自铵盐, 413, 797
　烯烃的形成, 797
　有机锂试剂, 413
叶立德, 碲, 697, 700
　与亚胺, 700
叶立德, 二甲基氧代锍甲基负离子, 与芳香硝基化合物, 463
叶立德反应, 溶剂效应, 698
叶立德, 负载在聚合物上, 在 Wittig 反应中, 695
　反应活性, 697
　结构类型, 697
　锍盐, 699
　硒, 26

硒, 环氧化物的形成, 700
硒, 手性的, 700
氧代锍盐, 699
与醇反应, 氧化剂, 696
叶立德, 磷, 酰基, 热解成烯烃, 797
共振, 695
官能团性能, 696
合适的碱, 用于叶立德的形成, 695
[2+2] 环加成, 698
结构需求, 696
来自𬭩盐和碱, 695
三苯基膦, 696-699
烷氧基, 698
烷氧基, Scoopy 反应, 698
稳定化的, 696, 697
稳定性和反应活性, 696
无盐的, 695
相对于硫, 700
与二氧化碳, 698
与官能团反应, 698
与醛和酮的反应活性, 696
与醛或酮, 695
在 Wittig 反应中, 695
叶立德, 𬭩盐, 413
叶立德, 膦酸酯, 697
Wittig-Horner 反应, 697
电子效应, 697
叶立德, 膦氧化物, 698
叶立德, 硫, 26, 469
Sommelet-Hauser 重排, 468
Stevens 重排, 843
[2, 3] σ 重排, 860
σ 重排, 468
重排, 468
动力学控制相对于热力学控制, 700
非对映选择性, 699
高聚物负载的, 699
环丙烷的形成, 699
环氧化物形成, 对映选择性, 699
手性的, 700
无溶剂的, 699
与共轭化合物, 700
与环氧化物, 795
与环氧化物反应, 699
与醛或酮, 699, 700
与烯丙醇, 701
在离子液体中, 700
叶立德, 砷, 697
二甲基锍甲基负离子, 699
二甲基氧代锍甲基负离子, 699
二聚, 698

腈, 在 [3+2] 环加成中, 581
砷盐, 与甲苯磺酰亚胺, 700
羰基, [3+2] 环加成, 582
在 Stevens 重排中, 843
作为中间体, 797
叶立德, 酰基加成, 701
Hofmann 降解, 796
场效应, 131
成键, 26
共振, 26
轨道, 26
卡宾, 412
卡宾插入, 412
硫酸, 26
叶立德, 氧化磷, 698
叶立德, 与醛或酮, 695-699
与二氧化碳, 698
与内酰胺, 696
与内酯, 696
叶立德, 在 [3+2] 环加成中, 582
叶立德形成, 能量, 696
液体, 超声, 180
NBS, 芳香化合物的卤化, 360
离子的, 见离子液体
液相色谱, 见 LC
一般酸催化, 192, 259
一级反应, 227
外消旋化, 228
一级反应, 164
一级反应速率, 邻基, 232
一级速率常数, 166
一级速率定律, 165
一级资源, 文献, 979
一氯化硫, 与炔烃, 578
一氯硼烷, 见硼烷
一氧化二氮, [3+2] 环加成, 581
一氧化二氮, 氧化剂, 372
一氧化碳, 胺与炔烃, 568
Heck 反应, 457
Koch 反应, 566
胺的羰基化, 425
醇, 299
从环丁酮中挤出, 806
从内酯中挤出, 804
从酮的热挤出, 804
二烯烃的氢化, 541
二乙烯基酮的制备, 299
金属催化的羰基化, 567
金属催化的烯烃的氢甲酰化, 568
卤代酮, 299
卤代烷的羰基化, 299

偶联反应，287
氢基羰基化，567
氢羧基化，566,567
水和烯烃，566
羰基化反应，567
替代物，461
作为离去基团，804,806
一氧化碳，与丙二烯-烯烃，567
　与叠氮化物，425
　与芳基卤和醇，461
　与格氏试剂，417
　与环氧化物，264
　与硼烷，844,845
胰酯肪酶，内酰胺的形成，715
移位（cine）取代，451
　Stille 偶联，407
　芳香亲核取代，446
乙醇胺，脱烷基化，270
　作为溶剂，270
乙醇解，烷基甲苯磺酸酯，反应速率，244
乙醇解，也见溶剂解
乙醇中的钠，醛或酮的还原，917
乙醇中的钠，亚胺的还原，922
乙二胺四乙酸，Udenfriend 试剂，501
乙二醇，作为溶剂，798,845
乙二醛，安息香缩合，704
乙基氯化汞，134
乙基溴化镁，X 射线衍射，133
乙内酰脲，454
　卤化，500
乙内酰脲，二溴-二甲基，见 DBDMH
乙醛，三聚乙醛，724
　转动能垒，97
乙炔，HCN 的加成，569
　σ 电子，5
　电子密度势能图，6
　轨道，5
　激发态，175
　三线态，141
　叁键，5
乙炔负离子，与卤代烷反应，297
　与环氧化物，297
　与磺酸酯，297
　与硫酸酯，297
乙酸酐，酰基氟硼酸酯，581
　芳香化合物的硝化，355
　共轭加成，564
　肟脱水生成腈，804
乙酸汞，酰氧基化，503
　胺的脱氢化，893

羟汞化，534
　与烯烃，534
乙酸解，也见溶剂解
　有机汞化合物的溶剂解，398
乙酸锰，超声，581
　与烯烃，581
乙酸钯，烯烃的酰氧基化，503
乙酸，顺式构象，97
　二聚的结构，58
　与 Zn，共轭体系的还原，546
　与烯烃，反应活性，528
乙酸银，脱羧反应，376
乙酸酯，高烯丙基，681
　金属，酰氧基化，503
　炔丙基，与二烷基锌反应，679
乙酸酯，烯丙基，也见酯，烯丙基
　与格氏试剂，284
　与硼酸、Pd 催化剂，296
　与亲核试剂，285
　与酮酸，金属催化的，511
　作为碱，186
乙酸酯，烯醇，也见烯醇
　来自烯酮与醛或酮，537
乙烷，取代的，构象能量，97
乙烷正离子，IR，398
乙烷，转动能垒，96
　超临界，芳香化合物的氢化，544
　势能图，96
　原子化热，13
乙烯，电子结构，7
　π 轨道，5
　π 键，22
　臭氧分解作用，生成二氧杂环丙烷，901
　极限式，24
　结构，7
　与银配位，61
　杂化轨道，5
乙烯基醇，43
乙烯基底物，Suzuki-Miyaura 偶联，458
乙烯基碲与炔烃，554
乙烯基碘鎓盐，与磺酸钠，267
乙烯基砜，来自乙烯基碘鎓盐，268
乙烯基硅烷，416
乙烯基硅烷，见硅烷
乙烯基化合物，S_N1 反应，244
　消除-加成机理，242
乙烯基化合物，亲核取代，244
　S_E1 反应，396
　水解，258
乙烯基化，酮，291

乙烯基环丙烷，通过卡宾对二烯烃的加成，596
　σ 重排，855
　来自二烯烃，864
　与酸 HX，533
乙烯基环丙烷重排，855
　高二烯基 [1,5] 迁移，855
　环丙烷的裂解，855
　机理，855
　杂原子，855
乙烯基环丁烷，重排成环己烯，855
乙烯基金属有机，Stille 偶联，407
　二烯烃的形成，407
乙烯基卡宾，141
乙烯基锂试剂，通过去质子化，413
　与硅基过氧化物，414
乙烯基磷酸酯，416
乙烯基膦，Markovnikov 加成，539
乙烯基硫化物，见硫化物
乙烯基硫化物，来自乙烯基卤，266
乙烯基卤，见卤化物，乙烯基
乙烯基卤，乙烯基酯的形成，264
　乙烯基硫化物的形成，266
乙烯基卤鎓离子，126
乙烯基氯（氯乙烯），94
　轨道，21
乙烯基醚，去质子化，413
乙烯基硼烷，见硼烷
乙烯基硼烷，见硼烷，烯基
乙烯基硼烷，来自炔基硼烷和烷基试剂，846
乙烯基氰化物，见氰化物
　来自乙烯基溴，298
乙烯基三氟甲磺酸酯，见三氟甲磺酸酯
乙烯基碳负离子，构型稳定性，132
乙烯基碳，构型保持，132
乙烯基碳，加成-消除机理，241
　S_N1 反应，242
　亲核取代，241
乙烯基碳正离子，126
乙烯基碳正离子，525
乙烯基碳正离子，见碳正离子
乙烯基锡试剂，与乙烯基三氟甲磺酸酯，407
乙烯基乙酸酯，酯交换反应，712
乙烯基酯，来自乙烯基卤，263
　来自乙烯基碘鎓盐，415
乙烯基自由基，见自由基
乙烯酮基自由基，491
乙烯氧化物，张力，103
乙烯，也见乙烯

主题词索引

乙酰苯胺，见苯胺，酰基
乙酰苯酚，Fries 重排，372
乙酰基次氟酸酯，361
乙酰基碳正离子，126
乙酰缩醛，Étard 反应，908
    硅烷，666
    来自醛与酸酐反应，666
    生成，试剂，666
    生成，微波，666
    水解成醛，908
乙酰氧基化，烯烃的，581
乙酰氧基硫化物，通过 Pummerer 重
    排，938
    水解成醛，938
乙酰氧基酮，来自烯醇和酮，503
乙酰乙酸合成，292
乙酰乙酸酯，烯醇含量，43
    合成，289
    烯醇含量和溶剂，44
椅式到椅式的转换，98
椅式构象，98
    二乙烯基环丁烷重排，856
椅式过渡态，Claisen 重排，858
异冰片，与酸反应，828
异丙醇铝，羰基还原，917
异丙基苯，自由基反应，282
异丙基化，苯，速率，产物分布，354
    甲苯，速率和产物分布，354
异丙基锂，X 射线衍射，133
异丁烷，偶极矩，9
    超酸，125
    键能，13
异构化，光化学的，533
    光化学的，环辛烯，179
    热，二苯并半瞬烯，178
异构化，羟醛产物，688
    芳基三氮烯，357
    共轭酰基自由基，491
    卡宾，141
    联苯，376
    硼烷，837
    炔烃，酸催化的，400
    烷基硼烷，800
    烯丙醇，836
    烯丙基胺，533
    烯丙基芳烃，533
    烯烃，经过硼烷，400
    烯烃，烯丙基成丙烯基，
    烯烃，在催化氢化中，542
    烯烃，在炔烃的水化反应中，535
异构化，顺式到反式，同位素效应，167

E 到 Z，偶氮化合物，357
    顺式到反式，光化学的，178
    顺式到反式，机理，163
    顺式到反式，烯烃，环氧化，577
异构体，E/Z，碳-杂环双键，90
    Cahn-Ingold-Prelog 规则，90
    光异构化，533
    偶氮化合物，179
    肟，822
    烯醇负离子，409
    烯烃的光化学异构化，533
    烯烃的异构化，532
    有张力的二环亚胺，
    在 Wittig 反应中的选择性，697
    自由基，136
    自由基促进的异构化，533
异构体，符号 t，92
    价，[2+2] 环加成，595
    价键，92
    平移的，轮烷，66
异构体，构象，95
异构体，构型，95
    2^n 规则，91，92
    对映体，74
    环丙烷化，597
    轮烷，66
    原子化热，13
异构体，内-内，93
    质子转移，190
异构体，内-外，93
    酰胺，91
    左旋，74
异构体，顺/反 ($cis/trans$)，78，90
    稠环体系，92
    单环化合物，91，92
    非对映体，90
    构象，97
    硅，6
    环己烯，849
    环辛烯，91
    空间位阻，91
    燃烧热，91
    三氮烯的异构化，533
    受限制的转动，108
    稳定性，106
    消除反应，789
异构体，顺/反 ($syn/anti$)，羟醛反
    应，688
    来自对羰基的反应，659
    羰基氧化物，901
异构体，外-内，93

季铵盐，93
双膦烷，93
外消旋化，93
穴状化合物，93
质子转移，190
异构体，外-外，93
异构体，外型/内型，自由基环化，563
异构体，位置的，烯烃的异构化，532
符号 r，92
异构体，循变的，92
异构体，右旋的，74
异腈，氰根离子，298
    来自胺，272
    来自氯仿，272
    来自酰胺，试剂，805
    脱水生成异腈，试剂用于，805
    酰胺的脱水，805
    与炔烃，铀复合物，686
    转化为异硫氰酸酯，274
异腈，也见异氰化物
异喹啉，通过环化三聚，599
    二氢，见二氢异喹啉
    来自腈离子，365
    来自炔烃，539
    来自亚胺，539
    通过 Bischler-Napieralski 反应，365
    通过 Pictet-Spengler 反应，
异裂，自由基，493
异裂的键裂解，156
异硫脲盐，来自硫脲，266
异硫氰酸根离子，形成异硫氰酸根离
    子，274
异硫氰酸酯，对烯烃的加成，572
    还原成胺，925
    还原成硫代甲酰胺，922
    环化，370
    来自胺对二硫化碳的加成，674
    来自胺和硫代光气，714
    来自二硫代氨基甲酸盐，674
    来自卤代烷，274
    来自酰卤，274
    来自异腈，S，Rh 催化剂，274
    来自异硫氰酸根离子，274
    硫代酰胺的形成，370
    水解，666
    与醇，666
    与格氏试剂或有机锂试剂，686
    与亚胺，726
异面重叠，589
异面重排，迁移基团的构型，854
异面的，迁移，852

异面迁移，在 σ 重排中，852,853
异羟肟酸，来自肼和羟胺，714
　　O-酰基，Lossen 重排，839
　　O-酰基，碱催化的重排，839
　　来自羟胺和酯，716
　　扭转能垒，98
异羟肟酸，水解，664
异氰化物，256
异氰化物，酸催化的水解，机理，726
　　HCN，569
　　Ugi 反应，727
　　加成反应，726
　　甲苯磺酰基，Knoevenagel 反应，693
　　来自环氧丙烷，
　　来自环氧化物，272
　　来自甲酰胺，805
　　来自烯烃，三甲基硅基氰化物和银盐，569
　　来自酰胺，805
　　来自酰胺，微波辐照，805
　　水的加成，726
　　水解，726
　　与 Bu₃SnH 还原，932
　　与 Schwartz 试剂，569
　　与格氏试剂，727
　　与炔烃，599
　　与酮和羧酸，726
　　与有机锂试剂，727
　　原位生成，727
　　重排成腈，843
异氰化物，也见异腈，
异氰酸根离子，形成异氰酸酯，274
　　与芳香化合物，370
　　与卤代烷，255
异氰酸酯，醇的加成，666
　　胺的加成，673
　　胺的羰基化，
　　二氧杂环丙烷氧化生成硝基化合物，912
　　甲酰胺的催化氢化，922
　　通过 Curtius 重排，838
　　通过 Hofmann 重排，838
　　通过 Lossen 重排，839
　　通过 Schmidt 反应，839
　　通过叠氮化物的羰基化，425
　　通过酰氮烯的重排，821
　　通过酰基叠氮的热解，838
　　酰胺的形成，370
异氰酸酯，来自酰基叠氮，821,838
　　来自 O-酰基异羟肟酸，839
　　来自胺和光气，714

来自叠氮化物，425
来自卤腈化物，867
来自卤代烷，274
来自卤代烷和异氰酸酯，255
来自羧酸和与叠氮酸，839
来自酰胺，718
来自酰胺和次卤酸盐，838
来自酰基氮烯，821
来自酰卤，274
来自异氰酸根离子，274
异氰酸酯，氯磺酰基，与烯烃，微波辐照，726
　　与丙二烯，726
　　与二烯烃，726
　　与环丙烯，726
　　与亚胺，726
异氰酸酯，水解，666,838,839
　　还原成胺，925
　　与氨基甲酸酯反应，666
　　与二氧杂环丙烷氧化，912
异氰酸酯，与硼酸，686
　　与格氏试剂，686
　　与环氧丙烷，666
　　与磷叶立德，698
　　与膦氧化物，机理，724
　　与膦氧化物，同位素标记，724
　　与水，838,839
　　与有机锂试剂，686
异戊烷，键能，13
异硒脲，674
抑制剂，自由基，492
　　自由基，492
易变的异构化作用，92
银化合物，卤代烷，252
　　硼烷的偶联，509
　　与卤代烷，265
银盐，与三甲基硅基氰化物，烯烃，569
银，与乙烯复合，61
引发剂，用于格氏试剂，419
　　自由基，566
　　自由基，偶氮双化合物，562
引发，自由基，490,491
吲哚，卡宾的加成，597
　　Friedel-Crafts 酰基化，367
　　Reimer-Tiemann 反应，369
　　催化氢化，544
　　经过 Neber 重排，837
　　来自炔烃和肼，539
　　来自腙，860
　　通过 Fischer 吲哚合成，860

通过自由基环化，563
酮酰胺的芳基化，460
烯丙基，氮杂-Claisen 重排，859
与醛，680
吲哚，自由基环化，562
　　在 Birch 还原中，545
吲嗪，金属催化的与芳基卤偶联，455
隐含配体，63
茚，525
　　Heck 反应，456
　　pK_a，30
茚酮，411
鹰爪豆碱，Michael 加成，557
　　Michael 反应，557
　　对映选择性，与有机锂化合物，280
　　手性添加剂，676
　　与有机锂试剂，553,676,683
荧蒽，来自苯并联苯烯，851
荧蒽，形成复合物，64
荧光，跃迁，177
　　特征，176
硬度，193
　　Lewis 酸，193
　　S_N1，227
　　芳香性，30
　　活化，353
　　绝对的，193
　　绝对的，表，194
　　离子化能，193
硬度模型，芳香性，28
硬碱，离子键，193
　　定义，193
硬酸，离子键，193
　　定义，193
硬-软酸-碱，见 HSAB
硬酸和软酸，表，193
拥挤的，分子内的，108
优先规则，Cahn-Ingold-Prelog 规则，81
铀复合物，炔烃与异腈，686
有规则角度的多并苯，29
有机铋化合物，共轭加成，559
　　偶联，455
有机催化剂，环丙烷化，596
　　Grignard 反应，675
　　Mukaiyama 羟醛反应，690
　　环氧化，576
　　羟醛反应，689
　　烯烃的吖丙啶化，580
有机催化剂，手性的，689,701,702
　　Mukaiyama 羟醛反应，690
有机催化剂，用于共轭加成，564

N-杂环卡宾，675
Pybox，673
咪唑烷酮，585
　用于 Diels-Alder 反应，585,586
　用于 Henry 反应，692
　用于 Michael 反应，556,557
　用于硅烷还原，920
　用于环丙烷化，701
　用于环氧化物的卤化，277
　用于卤代内酯化，571
　用于酮的卤化，402
　与硅烷和二烯烃，550
有机碲，偶联，455
　与有机铜酸盐，680
有机钙试剂，自由基，134
　SET 机理，134
有机锆化合物，与卤素，416
　与有机锂试剂，552
有机镉试剂，水解，413
　与酰卤，719,720
有机铬化合物，酰基加成，对映选择性，679
有机汞化合物，395,397
　乙酸解，397
　与 R_2Mg 交换，129
　与卤素反应的速率，397
有机硅烷，见硅烷
有机合成 (Organic Syntheses) 文献，222
有机化合物，键能，14
有机镓试剂，烯醇负离子，412
有机钾试剂，412
　与卤代烷，280
有机碱，羟醛反应，689
　Cannizzaro 反应，937
有机镧催化剂，氢胺化，579
有机镧化合物，720
有机锂-TMEDA 复合物，462
有机锂试剂，胺的芳基化，451
　复合，共轭加成，559
　共轭加成，559
　构型稳定性，132
　碱性，675
　作为碱，189
有机锂试剂，芳基，水解，377
　未溶剂化的，133
有机锂试剂，1,2-加成相对于 1,4-加成，675
　胺化，452
　对共轭醛的加成，558
　对醛或酮的加成，机理，677

对烯烃或炔烃的加成，553
聚集体，132,412,413
聚集体形成，676
酰基加成，676
酰基加成，对映选择性，676
有机锂试剂，交换，与卤代烷，129,676
　与有机锂化合物，280
有机锂试剂，聚集状态，133
　Shapiro 反应，797
　TMEDA，133
　Wurtz 偶联，420
　X 射线晶体学，133
　Ziegler 烷基化，463
　氨基碱，451
　胺，409
　电子亲和性，133
　芳香化合物的烷基化，462
　芳香硝基化合物的烷基化，463
　甲酰化，369
　碱促进的二卤代烯烃的消除，799
　金属化，412
　金属交换反应，418
　金属有机的制备，284
　空间位阻，677
　立体化学，420
　邻位定位的金属化，462
　醚的裂解，287
　去质子化，412
　去质子化，芳基硅烷，280
　溶剂化，133
　烯醇负离子，677
　有机铜酸盐的形成，418
有机锂试剂，来自卤代烷和锂，676
　来自硫醚，509
　来自卤代烷，419
　来自有机锡化合物，553
有机锂试剂，偶联，烯烃生成烯丙基硫醚，553
　与砜，285
有机锂试剂，水解，413
　Li-H 交换，280
　安全操作，412（文献 411）
　反应活性顺序，413
　结构，133
　结构变化，676
　结构，去质子化的速率，412
　金属催化的共轭加成，565
　金属催化的与氮反应，452
　金属卤素交换，280
　硫化，415
　声化学制备，180

有机铜酸盐的前体，557
原位生成，720
在 DME 中，133
有机锂试剂，与二烯烃和二氧化碳，568
与 EtI，NMR，135
与 LIDAKOR，795
与 RI，自由基中间体，135
与 TMEDA，676
与 Weinreb 酰胺，720
与苯基氰酸酯，454
与哒嗪，295
与噁唑啉，295
与二卤代环丙烷，832
与二噻烷，867
与硅氧烷，462
与过渡金属，554
与环氧化物，287
与甲酰胺，417
与甲氧基胺，416
与金属卤化物，418
与腈，686
与膦盐，695
与硫代酰胺，720
与卤代腈，686
与醚，794,843
与醚，Wittig 重排，843,844
与内酰胺，720
与肟，685
与五羰基合铁，461
与芴，412
与偕二卤化物，676
与亚胺，683
与亚胺，手性添加剂，684
与乙烯基硼酸酯，286
与异硫氰酸酯，686
与异氰化物，727
与异氰酸酯，686
与鹰爪豆碱，553,676
与鹰爪豆碱，对映选择性，280
与有机锆试剂，552
与酯，720,721
有机锂试剂，与醛或酮，675,693
与 CO_2，417,683
与 CO_2，对映选择性，683
与吖丙啶，583
与氨基甲酰卤，720
与铵盐，Ei 机理，797
与胺，843
与胺，烯烃的胺化，538
与醇盐，环氧化物的消除，795
与二硫化碳，683

与芳胺，重排，843
与芳基卤，280,453,454
与芳香化合物，462,463
与共轭化合物，675
与环砜，807
与环醚，794
与卤代烷，280
与卤代烷，CIDNP，282
与卤代烷，ESR，282
与硼酸酯，559,845
与炔烃，553
与手性醇，676
与四氯化碳，420
与羧酸，683,720
与羧酸盐，683,720
与铜化合物，282
与烯丙基醚，295
与烯烃，553
与穴状配体，677
有机铝化合物，酰基加成，679
有机铝，三烷基，与醇反应，286
  与亚胺，684
有机镁化合物，碳负离子，129
  重排，418
  与 R_2Hg 交换，129
有机镁化合物，也见格氏试剂
有机锰化合物，偶联反应，455
  与烯烃，或与丙二烯，554
有机钠试剂，282
  与卤代烷，280
  与醚，794
有机硼酸酯，见硼酸酯
有机硼酸酯，金属催化的偶联，366
有机硼烷，见硼烷
有机硼烷，烯丙基对醛或酮的加成，680
  金属催化的环氧化物开环，287
  酰基加成，680
  与内酰胺，720
有机铅化合物，454
  与酰卤，719
有机三氟硼酸酯，与缩醛，414
有机铈化合物，与腙，685
  与酸衍生物，720
有机铊化合物，芳基碘，454
  苯酚的形成，450
有机钛化合物，也见 Petasis 试剂
  共轭加成，679
  酰基加成，679
  与叔醇反应，286
有机锑化合物，460
有机铜化合物，Ullmann 反应，458

Lewis 酸和卤代烷，283
有机铜酸盐，复合物形成，560
有机铜酸盐，高级的，282
  共轭加成，565,680
  关于结构的争论，283
  金属交换反应，419
有机铜酸盐，高级的，混合的，282
  共轭加成，557
有机铜酸盐，共轭加成，557
  对映选择性，558,559
  非对映选择性，558
  共轭醛，558
  1,2-加成相对于 1,4-加成，558
有机铜酸盐，氰基，558
  Gilman 试剂，282
  对映选择性，558,559
  二氨基氰基，287
  二丁基膦复合物，282
  假配体（dummy ligands），558
  来自有机锂试剂，418,557
  卤素-金属交换，283
  需要过量的试剂，557
有机铜酸盐，酰基加成，680
  氨基，558
  对炔烃的加成，555
  对映选择性，558,559
  聚集态，557
  酰胺基，564
有机铜酸盐，与卤代烷偶联，282
  Cu（Ⅲ）复合物，558
  构型翻转，282
  卤代烷的结构，282
  外消旋化，282
  消除，282
  形成烯醇负离子，558
有机铜酸盐，与酰卤，718,719
  与吖丙啶，288
  与氨基甲酰卤，714
  与胺，417
  与二硫代羧酸酯，683
  与二卤化物，282
  与共轭亚砜，558
  与环丙基甲基卤，241
  与环氧化物，287
  与环氧化物，Lewis 酸，287
  与磺酸酯，282
  与硫酯，720
  与卤代酮，292
  与卤代烷，282,558
  与卤代烷，立体化学，282
  与醛或酮，680
  与炔丙基酯，284

与三烷基硅基卤化物，557
与烯丙醇，286
与烯丙基膦酸酯，285
与烯醇乙酸酯，284
与烯烃，553
与乙烯基环氧化物，287
与有机碲化合物，680
有机铜酸盐，在 Michael 加成中，557
  对反应活性的限制，282
  对共轭加成的限制，558
  反应机理，282
  混合的，282
  混合的，共轭加成，558
  金属催化的偶联，284
  可容许的官能团，558
  锂，281
  热稳定性，282
  溶剂效应，557
  氧介导的偶联，508
  与卤代烷反应，282
  在 S_N2' 反应中，241,288
  在转化反应中的选择性，558
有机铜锌试剂，与烯丙基卤，283
有机锡化合物，397
  金属催化的对羰基的加成，679
  偶联，455
  酰基加成，679
  酰基加成，对映选择性，679
  与 Selectfluor，679
  与芳基卤，457
  与异氰酸酯，686
有机锌，也见二烷基锌
有机锌化合物，烯烃形成，699
  Reformatsky 反应，283,682
  Simmons-Smith 方法，598
  X 射线晶体学，598
  插入反应，412
  共轭加成，559
  共轭加成的对映选择性，559
  类卡宾，597
  炔烃，554
  水解，413
  与硫酯，721
  与卤代烷，283
  与手性配体，559
  与亚胺，684
有机锌卤化物，420
  与硫酯，721
有机铟化合物，羰基化，299
有机锗化合物，偶联，455
  与芳基卤，457

有循变结构，Cope 重排，857
有张力的化合物，键角，12
 通过 Wurtz 反应，280
 通过 [2+2] 环加成，593
铈化合物，手性位移试剂，90
右（rectus），立体中心，95
诱导效应，9,10
 键极化，9,10
 羧酸，9
 杂化，10
 与 O 或 N 形成的叁键，6
 与格氏试剂，420
预制的烯醇，见烯醇
元素效应，离去基团，241
原甲酸酯，与磺酸，728
原酸酯，缩醛交换作用，666
 还原成醛，927
 醚交换反应，262
 水解，259
原子轨道，4
原子轨道，重叠，2
原子化热，13
 苯，20
 丁二烯，21
 乙烷，13
 异构体，13
原子化，热，13
原子化，热，也见原子化热
原子，手性的，也见手性的，立体中心
原子转移，也见氢转移
原子转移，自由基，491,526
圆二色性，82
 构象，95
 振动的，82
圆偏振光，74,83
圆偏振光，不对称合成，87
远程脱氢化，894
远紫外（UV），174
 光化学，172
跃迁，荧光，177
 电子，
跃迁，在光化学中，173
跃迁，在光化学中，也见光化学
匀共轭，23
 碳正离子，125
允许的反应，在 Hückel 体系中，588
 Möbius 体系，588

Z

杂多钨酸，504
杂芳基正离子，352
杂芳炔，447（文献 54）

杂芳香化合物，28
 氨基烷基化，452
 芳香性，28
 芳香性指数，30
杂富勒烯，41
杂化，4
 S_N2 反应，224
 sp，5
 丙二烯，78
 丁二烯，21
 对角线的，4
 二烯烃，21
 芳香性，26
 共振能，21
 构象，96
 光电子能谱，6
 环芳烷，25
 键的旋转，96
 键角，12
 键能，14
 键长，11
 棱柱烷，104
 氯化汞，4
 硼，4
 芘环芳烷，25
 三角的，4
 酸性，197
 碳，4
 碳负离子，132
 碳负离子稳定性，130
 碳，锂，412
 乙炔，5
 诱导和场效应，9
 自由基，138
杂化轨道，4
 sp，4
 sp^2，4
 sp^3，4
杂环，Birch 还原，545
 Chichibabin 反应，463
 Friedel-Crafts 反应，507
 Gomberg-Bachmann 反应，467
 Heck 反应，456
 Sonogashira 偶联，459
 Suzuki-Miyaura 偶联，458
 代理取代，463
 邻位定位的金属化，463
 自由基化，563
杂环，胺化，463
杂环，芳香性，30
 催化氢化，544

 芳基化，371,453
 还原，546
 还原，与醇水溶液中的金属，545
 经过硼氢化，844
 来自炔烃和醇，536
 锂化，356,412
 亲电芳香取代，351,368
 亲电芳香取代，351
 羰基化和酮的形成，462
 通过 Ullmann 偶联，457
 通过芳构化，893
 通过炔烃的醇解，536
 通过与金属卡宾环化三聚，600
 烷氧羰基化，507
 与 Fenton 试剂，507
 与氨基碱，463
 与醇羰基化，461
 与芳基卤偶联，455
 与羧酸自由基反应，506
 与烯醇负离子，507
 与酰肼负离子，464
 在 Diels-Alder 反应中，591
 质子化的，506
 自由基烷基化，506
杂环，烷基化，268
 Ziegler 烷基化，463
 与金属有机，463
杂环，酰基化，506
杂环的烷氧羰基化，507
杂环化合物，Friedel-Crafts 酰基化，367
 Friedel-Crafts 烷基化，362
 Gatterman 反应，368
 Reimer-Tiemann 反应，369
 互变异构，45
 卤化，360
 氢化，544
杂环卡宾，564
杂轮烯，36
杂双金属复合物，362
杂原子 Diels-Alder 反应，590,591
杂原子，第二周期，端基异构效应，101
 Pauson-Khand 反应，568
 α-质子的酸性，294
 苄基碳负离子，295
 冠醚，63
 金属有机，412
 氢键，58
 索烃，66
 烯丙基碳负离子，295
 与碳负离子共轭，130
 与碳正离子共轭，126

在六元环中，100
杂原子官能团，Diels-Alder 反应，590
杂原子亲核试剂，共轭加成，563
杂原子稳定的碳正离子，128
杂原子乙烯基环丙烷重排，855
杂志，停刊，980
　补充信息，980
　不定期出版物，989
　文献，979-982
　语言，980
　怎样找到文章，1000
　综述，988,989
甾类化合物，85
　Barton 反应，866
　Johnson 多烯烃环化，552
　Robinson 成环，689
　Stork-Eschenmoser 假设，552
　催化氢化，541
　达玛二烯醇，551
　反应速率，209
　构象传递，209
　光化学，853
　生物合成，551
　远程脱氢化，894
　自由基卤代，498
在线 CAS，被 SciFinder 替代，983
在线文献检索，995-1003
　问题，995
遭遇复合物，348
　亲电的芳香取代，354
皂化，705
占位基团，酮，291
　用于烯醇负离子，291
张力，$A^{1,3}$，99,100
　Bredt 规则，107
　E2 反应，209
　苯并环丙烯，106
　稠合，26
　稠环芳香化合物，25
　氮杂金刚烷酮，105
　对烯烃的加成，209
　二环二烯烃，107
　二氧杂环丙烷，103
　构象，209
　环丙二烯，107
　环丙烯，106
　环丁二烯，34
　环丁烷，103,104
　环炔烃，107
　环壬炔，106
　环烷烃，105,106

环戊炔，107
环烯烃，106
环辛炔，106
环氧化物，103
夹烯，106
键长，108
金刚烷，105
立方烷，104,108
亲电芳香取代，352
碳负离子稳定性，130
酮的碱性裂解，424
弯曲的苯环，108
形成碳正离子，208
形式（表观）空间焓，108
拥挤的烯烃，108
张力，B，离子化速率，208
B，S_N1 反应速率，243
B，卤代烷的溶剂解，208
张力，Baeyer，102
I，反应活性，209
I，环酮，209
I，溶剂解，209,245
I，水合物形成，663
I，酰基加成，209
二环烯烃，107
分子内拥挤，108
环丙烷，103
环氧乙烷（氧化乙烯），103
卡宾加成，扩环，597
双键，108
由于无法避免的拥挤，107
在小环内，103
张力，齿轮分子，107
E2 反应，782
MO 计算，103
PES，106
S_N1 反应，245
s 特征，103
X 射线衍射，105
不饱和环，106
对环芳烷，25
非成键相互作用，102
非成键原子，102
分子力学，101
高立方烯，108
共振，24
环大小，106
降冰片烯，107
棱柱烷，104
离去基团，249
六螺烯，108

卤代烷的 S_N1 反应，208
螺桨烷，104
内酰胺，105
取代的芳香化合物，107
三环十二碳二烯，108
四面体烷，104
自由基，494
自由基的反应活性，496
张力，大的角度，105
Pitzer，105
不可避免的，99
大的，张力，106
空间的，102-108
空间的，NMR，102
空间的，键角，102
跨环的，105,106
小环，106
小环化合物，表，104,105
小角，102,106
中环，106
张力能，103
S_N2 的内在能垒，233（文献 117）
稠环芳香化合物，25
轮烯，36
张力能，见能量
樟脑（莰酮），92
长程重排，825
长春米定型质子海绵，189
长春米定型质子海绵，见质子海绵
长度，池（皿），比旋光度，74
长度，键，见键长
长键，11
折叠式构象，101
折合质量，机理，166
折射率，光学活性，83
折线型的并苯，38
振动能级，光化学，175
振动圆二色谱，82
蒸馏，分步的，非对映体，88
拆分，88
正交构象，98
正离子，交替烃，32
轮烯正离子，40
与冠醚分离，62
与碳负离子反应，525
在氢化物还原反应中的作用，919
自由基，493,494
正离子-π 相互作用，61
正离子-分子对，230
正离子迁移重排，820
正离子亲和性，247

正离子型 Diels-Alder, 584
正酸,定义, 190
脂肪酶,烯烃的双羟基化, 576
　　内酰胺的形成, 715
　　酯交换反应, 712
直立取代基,在椅式构象中, 98
指示剂,酸性量度, 191
　　光谱光度测量, 191
　　溶剂酸性, 190
酯, Hantzsch, 见 Hantzsch
酯,氨基磺酸酯,胺化, 407
酯,铼酸酯, 574
　　铼, 574
　　肟,与酸, 840
酯,黄原酸酯,也见 Chugaev
　　Chugaev 反应, 795
　　来自醇, 795
酯,磺酸酯,见磺酸酯
　　甲苯磺酰氧基化, 906
酯,见羧酸酯
酯,磷酸酯, 265
　　来自叶立德, 697
酯,膦酸,与格氏试剂, 286
　　与硫醇, 713
酯,硫代的,见硫代酯
酯,硫代的,炔烃的水化,硫醚, 535
酯,硫代异羟肟酸, 510
酯,螺硼酸酯, 918
　　还原剂, 922
酯,锰酸酯, 574
酯,硼酸,羰基化, 417
　　还原, 918
酯,硼酸酯,氧化, 844
酯,三氟甲磺酸酯, 666
酯水解酶,拆分, 88
　　Marchantia polymorpha, 乙烯基乙酸
　　　酯的水解, 705
　　猪肝,酯的水解, 705
酯,碳酸酯,见碳酸酯
酯,无机的,分解成烯烃, 796
　　来自醇, 265
酯,无机的,水解, 258
酯,硒代, 709
　　通过羰基化, 461
酯,硝酸酯,来自卤代烷, 265
　　来自醇, 265
酯,亚磺酸的,烷基化, 294
　　对映选择性的制备, 265
酯,亚磺酸酯,二醇的脱羟基, 800
　　来自醇, 267
　　来自亚磺酰氯, 267

消除反应, 798
酯,亚膦酸酯, 265,269,697
　　胺的共轭加成, 564
　　重氮化合物, 597
　　芳基,还原, 927
　　来自醇, 265
　　消除, 796
　　与 DBU, 698
　　与 HMPA, 698
　　与 Lawesson 试剂, 796
　　与醛, 680
酯,也见乙酸酯
酯,乙烯基膦酸酯, Markovnikov 加
　　成, 539
酯,原,见原酸酯
酯化,铵盐, 710
　　IUPAC 机理, 710-711
　　Mitsunobu 反应, 264,710
　　Mukaiyama 试剂, 711
　　沸石, 710
　　固相, 710
　　聚合物负载的脲, 710
　　空间位阻, 711
　　膦, 710
　　硫酸, 711
　　偶氮吡啶, 710
　　羧酸, 710-711
　　羧酸, DCC, 711
　　羧酸,催化剂, 710
　　羧酸,光化学, 710
　　羧酸,微波, 710
　　羧酸,与 DCC,机理, 711
　　形成内酯, 710
　　在离子液体中, 710
酯化,烯丙型亚甲基, 905
酯交换反应, 712
　　Lewis 酸催化剂, 712
　　超碱, 712
　　沸点, 712
　　高聚物负载的硅氧烷, 712
　　机理, 712
　　金属介导的, 712
　　硫酯, 712
　　酶法的, 712
　　内酯, 712
　　区域选择性, 712
　　烯醇酯, 712
　　乙烯基乙酸酯, 712
　　在离子液体中, 712
　　酯肪酶, 712
　　制备 LC,非对映体, 88

拆分, 88
质量定律效应,反应速率, 227
质谱,见 MS
　　电喷雾电离, Suzuki-Miyaura 偶联,
　　　458
　　高压, S_N2 反应, 225
　　互变异构, 43
　　甲烷正离子, 398
　　索烃, 66
　　碳正离子, 124
　　自由基, 135
质子,对烯烃的加成, 525
质子,作为离去基团, 345
　　作为亲电试剂, 525
质子 NMR,见 NMR
质子被夺取, Heck 反应,
质子供体,酸, 186
质子海绵, 189,197
　　Friedel-Crafts 烷基化, 363
　　二氨基菲, 197
　　二氨基萘, 197
　　二氨基芴, 197
　　碱强度, 197
　　碱性, 197
　　喹啉并喹啉, 197
　　螺烯, 78
　　与甲苯磺酰亚胺和烯酮, 726
　　长春米定, 189
　　质子亲和性, 197
质子化,炔烃-硼烷, 846
质子化,烯丙基碳正离子, 851
　　苯, 350
　　重氮化合物, 250
　　对映选择性的, 259
　　对映选择性的,烯醇负离子, 401
　　格氏试剂, 413
　　金属有机, 413
　　气相,烷基苯, 348
　　羰基, 660
　　烯醇负离子, 413,526
　　乙烯基硼烷, 846
　　自由基离子, 545
质子化的环丙烷, 532,822
质子交换, E1cB 机理, 785
质子解作用,醇, 128
　　硼烷,与羧酸, 543
　　烯烃, 128
　　亚胺正子, 128
质子迁移互变异构, 44
质子亲和性,碱性, 189
　　碱性,质子海绵,

质子溶剂，251
质子溶剂，烯醇负离子，687
质子受体，碱，186
质子酸，Friedel-Crafts 烷基化，362
　　逆 Friedel-Crafts 烷基化，375
质子转移，氢键，190
　　到碳，190
　　分子内的，190
　　内-内异构体，190
　　外-内异构体，190
质子转移，酸性，190
　　HCN，190
　　Marcus 理论，192
　　pK，190
　　不完全同步原理，190
　　共振，190
　　过渡态，192
　　金属有机，412
　　氯仿，190
　　内酰胺，190
　　羟基丙酸，190
　　炔烃，190
　　溶剂，190
　　酮-烯醇互变异构，400
　　酰胺或胺，190
质子转移，酮-烯醇互变异构，401
质子转移重排，399，820
质子转移反应，扩散控制，190
　　机理，190
中等大小的环，I 张力，208
中毒，催化氢化，541
中毒，催化氢化，541
　　手性的，在不对称催化中，541
　　手性的，在氢化反应中，541
中断的 Nazarov，556
中环，张力，106
中间体，丙二烯，400
　　CIDNP，162
　　IR，162
　　NMR，162
　　Raman，162
　　捕获，163
　　反应，160
　　芳基正离子，345
　　分离，162
　　环丙烷，822，823
　　环状的，525
　　环状的，溴对二烯烃的加成，527
　　磺烯，799
　　机理，162
　　检测，162

卤鎓离子，523
四面体的，208
碳正离子，703
溴鎓离子，523
氧代碳正离子，703
叶立德，797
在 Friedel-Crafts 烷基化中，363
在 Reformatsky 反应中，682
自由基，135，162
自由基，CIDNP，135
自由基，Grignard 反应，677
自由能，160
中间体的检测，162
中介离子，互变异构，400
中介效应，24
中介效应，也见共振
中心对称的轨道，3
中心反对称的轨道，3
中子衍射，氢键，59
钟，自由基钟，495
重氢四极杆回波谱，64
周环 σ 重排，858
周环反应，Cope 重排，856
周环机理，156
　　Prins 反应，703
　　高烯丙醇的热解，805
周环加成，157
周期表，酸性，196
　　Lewis 酸，193，196
　　电子结构，7
　　键能，14
　　亲核性，247
周期地读取，动力学，165
轴，手性的，螺烯，81
　　R/S 命名，81
　　分子螺旋桨，81
　　环芳烷，81
　　轮烯，81
　　茂金属化合物，81
　　亚烷基环己烷，81
　　阻转异构体，81
猪鼻烷，864
猪肝酯水解酶，酯的水解，705
拆分，88
主体，冠醚，在客体-主体复合物中，62
助剂，Evans，烯醇盐烷基化，291
助剂，手性的，Mukaiyama 羟醛反应，690
助剂，手性的，羟醛反应，689
助色团，174
专利，982

转氨基反应，270
转动能垒，也见能垒
　　有张力的芳香化合物，108
　　自由基，138
转化，IUPAC 命名，220
转矩选择性，846
转烯，857
　　Cope 重排，857
转酰胺反应，713
　　zip 反应（拉链反应），717
　　硫代酰胺，714
转移氢化，543，544，918，919
　　Hantzch 酯，546
　　有机催化剂，546
锥形翻转，76
锥形翻转，也见翻转
准-Favorskii 重排，834
准绝热内爆，180
准一级反应，165
准一级反应动力学，S_N2，225
准一级反应速率常数，溶剂酸性，191
草鎓离子，芳香性，31
　　Friedel-Crafts 烷基化，364
　　形成和稳定性，30
草鎓溴，30
紫外，见 UV
自发拆分，88
自发反应，自由能，158
自发三聚，598
自偶联，烯烃三氟硼酸酯，506
　　芳基格氏试剂，366
　　芳基卤，455
　　芳基卤，试剂用于，455
　　硼酸，458
　　炔基硼酸酯，506
　　炔烃三氟硼酸酯，506
自洽场法（SCF），19，20
自身缩合，Claisen 缩合，722
自牺牲试剂，87
自旋，Pauli 原理，173
　　电子，2
自旋捕获，137
　　NMR，135
　　N-氧化物，135
　　变色的，135
自旋捕获，卡宾，141（文献 364）
　　自由基，135
自旋禁阻跃迁，173
自旋守恒，Wigner 规则，177
自旋状态，自由基，135
自由的负氢离子，919

主题词索引

自由基，1,2-迁移，832
自由基，1,2-迁移，826
自由基，Ei 反应，792
    ENDOR，135
    ESR/EPR，135
    ESR，137,231,425
    Grignard 反应，137,677
    Hofmann-Löfflerg 反应，865
    Jacobsen-Katsuki 环氧化，578
    Meerwein 芳基化，466
    Michael 加成，557
    NCS，500
    NMR，135,136
    NMR 发射，135
    Norrish I 型反应，807
    插入，412
    超共轭，41,136
    对映选择性，492
    芳基重氮盐的氟化，466
    芳基重氮盐的羟基化，465
    芳香化合物的硝化，357
    金属催化的酰氧基化，503
    卤代酮，832
    卤代烯烃，环化，562,563
    硼烷的卤化，416
    亲电芳香取代，354
    氢键，137
    氢-金属交换，420
    烷烃的硝化，405
    无机分子，135
    吸电子取代基，495
    消除，792
    形成格氏试剂，420
    一氧化碳的挤出，来自酮，807
    抑制剂，492
    杂化，138
    质谱，135
自由基，H 被夺取，493
    H 被夺取，过渡态，494
    H 被夺取，来自烷烃，494
    H 被夺取，来自烯烃，495
    H 被夺取，立体选择性，495
    H 被夺取，速率，494
    H 被夺取，重排，826
自由基，H 转移，491
    卤素被夺取，496
自由基，Michael 反应，557
    H 被夺取的速率，结构，495
    苯基，139,493,495
    重排的速率，139
    持久的，135

臭氧和烃，904
氮氧化物，137,138
氮氧化物，137,
芳基，826
光化学裂解，139
过氧基，491
含氮的，137
极性过渡态，495
聚合反应，139
邻基协助，493
脉冲辐解，497
芘基，137
平面的相对于锥形的，138
迁移能力，827
亲核的，495,529
炔丙基，136
推拉，136
戊二烯基，136
戊烯基，494
新苯丁基，826
亚硝基，866
氧化成碳正离子，140
在重排中的迁移基团，827
增长步骤，491
自由基环化，见自由基环化
自由基钟反应，139
自由基，重排，139,157,495,826,827
    CIDNP，827
    ESR，827
    同位素标记，826
    稳定性，827
自由基，端基异构效应，138
    对烯烃的反-Markovnikov 加成，561
自由基对机理，844
自由基，夺取，412,526
    AIBN，490
    Baldwin 规则，527,865
    CIDNP，135,231
    胺盐，855
    奠基硝酮，135
    变色自旋捕获，135
    重氮盐，464
    对烯烃的加成，565
    二硫代碳酸酯，562
    二羧酸的双脱羧反应，904
    二烯烃，527
    芳基化，366
    芳香 H，495
    芳香化合物的芳基化，467
    共轭加成，560,561
    构象，495

硅烷对烯烃的加成，551
过渡态，492
过氧化物的分解，490
环丙基炔，137
环化，573
键的旋转，138
键能，14
金属有机的共轭加成，560
卡宾，138,411
卡宾插入，411
硫醇对烯烃加成，537
卤代烷的脱卤化氢，799
偶联，492
偶联，二醛，935
硼烷，490,561
歧化反应，491,495
桥状中间体，527
醛对烯烃的加成，565
羧酸脱羧反应，723
推拉效应，137
脱羧卤化，510
脱羰基化，507,511
烷基化，254
烯醇负离子芳基化，461
氧化偶氮化合物，425
用于原子夺取的键能，494
原子，139
原子转移，526
自动氧化，502
自由基，反应活性，497
底物，494
结构，494
空间位阻，494
与芳香化合物，496
在芳香性溶剂中，复合物形成，497
自由基促进的异构化，E/Z，533
自由基反应，异丙基苯，282
    $\sigma\rho$ 关系，213
    过渡金属促进，496
    立体控制的，563
    引发，490
自由基，芳基，465,496,507,932
    CIDNP，493
    本位进攻，496
    分速率因子，496
    共振，492
    极限式，492
    间位选择性，496
    邻位/对位选择性，496
    偶联，492
    歧化反应，493

自由基环化, 563
自由基, 芳基化, 506
　芳香化合物, 506
自由基负离子, Birch 还原, 140
　SRN1 反应, 447
　能级, 447
自由基, 共振稳定的, 492
　Schiemann 反应, 466
　对烯烃的可逆加成, 527
　卤代酮的扩环, 832
　转动能垒, 138
自由基, 硅基, 528,563
　SOMO-LUMO, 563
　单线态, 138
　固相, 137
　光谱分析, 135
　溶剂和反应活性, 497
　自旋捕获, 137
自由基, 还原, 491
　硫代碳酸酯, 928
　卤代烷, 926
　生成碳负离子, 140
自由基, 环丙基甲基, 139,494
　重排的速率, 494
　重排的速率, 从头算研究, 494
自由基, 活性, 497
自由基, 加成, 157,530,543
　对 C＝N 化合物, 704
　对二烯烃, 530
　对共轭化合物, 528
　对硫代羰基, 704
　对炔烃, 562
　对肟, 704
　对烯烃, 139,526,561
　对烯烃, 反应速率, 562
　对烯烃, 立体选择性, 527
　对亚胺, 685,704
　对映选择性, 561,704
　多卤代化合物对烯烃, 573
　光化学, 704
　机理, 526
　醛对烯烃, 机理, 566
　羰基, 704
自由基, 加成反应, 526,529
　空间效应, 530
自由基, 加成, 也见加成
自由基, 甲基, 138
　ESR, 138
　IR, 138
　极性, 495
自由基, 见自由基

自由基, 交替烃, 32
氨基, 自由基环化, 563
胺氧基, 137
酰胺基, 自由基环化, 563
自由基, 来自醛, 139
　来自卡宾, 143
　来自卤代烷, 496
　来自偶氮化合物, 490
　来自酮, 139
　来自烷基次氯酸酯, 490
　来自自由基, 139
自由基, 卤素, 139
　H 被夺取的速率, 495
　与烯丙基氢和苄基氢, 499
自由基, 偶联, 139
　Kolbe 反应, 510
　环丙基, 138
　环丁基甲基重排, 494
　环化, 231
　环化反应, 527
　环己基, 形成, 531
　立方烷基甲基, 826
　氰基化, 298
　与烯丙基硅烷, 279
自由基, 桥状的, 493
　ESR, 493
　反应活性, 496
　立体化学, 493
　同位素效应, 493
　溴, ESR, 527
自由基, 桥头的, 138
自由基, 醛与共轭酮, 704
　丙二烯基, 自由基环化, 563
　烷基亚硝酸酯与芳香化合物, 467
　烷氧基, 141,490,496
　杂环的烷基化, 506
自由基, 三苯甲基, 136
　稳定性, 497
自由基, 三线态, 138
自由基, 脱羧反应, 504
　E/Z 异构体, 136
　二苯基三硝基苯肼基, 137
　二聚, 136,506
　分解, 139
　氟, 498
　卡宾的断裂, 143
　快速自由基反应, 495
　扩散速率, 490
　离解, 光-Fires 重排, 373
　离解能, 137
　离解能, 表, 137

平衡, 562
歧化反应, 139,506
迁移芳基的离域, 827
亲电的, 492,529
寿命, 138
通过裂解形成, 492
消除, 139
消除, 机理, 792
消除, 亚砜, 798
中间体的检测, 162
自由的, 124
自由的, 来自碳负离子, 134
自由基, 稳定的, 137
　Strecker 合成, 702
　TEMPO, 137
　β-取代基, 重排, 826
　琥珀酰亚胺基, 500
　结构, 135
　结构和反应活性, 494
　空间效应, 136
　立体电子效应, 496
　热裂解, 138
　三亚甲基甲烷, 138
　张力和反应活性, 496
　终止状态, 491
自由基, 稳定性, 135,136,530
　共轭, 137
　空间位阻, 136
　取代, 136
自由基, 烯丙基, 136,499,531
　电子衍射, 136
　共振, 495
　立体异构体, 136
　重排, 495
自由基, 酰基, 491,563,565
　共轭的, 重排, 491
　来自醛与过渡金属, 491
　自由基环化, 563
自由基, 酰氧基, 139
自由基, 酰氧基化, 503
自由基, 溴, 492
　表征, 135
　丁烯基, 494
　共轭加成, 528,561
　链式反应, 491
　链式机理, 903
　链式机理, S_RN1 反应, 447
　裂解, 139,491
　氯, 490
　浓度, 135
　时钟, 139,495

时钟，构象，553
手性的，138
通过光化学裂解，178
通过氢原子夺取，179
通过羧酸的光脱羧反应，507
推拉的，136
与溶剂复合，497
自由基，选择性，496
  氢被夺取，494
自由基，一般反应活性，492
  格氏试剂和氧，414
  几何结构，138
  生成，138
  自由基的生成，用于对烯烃的加成，561
自由基，乙烯基，自由基环化，563
  E/Z 翻转能垒，136
自由基，有机钙试剂，134
  Gatterman 反应，507
  Gatterman 方法，467
  Hammett 方程，496
  Hunsdiecker 反应，493,510
  Kolbe 反应，510
  Orton 重排，374
  Pauli 原理，135
  Prins 反应，703
  Schmidt 反应，839
  SET 过程，135
  SET 机理，231
  $S_{RN}1$ 机理，447
  Stone-Wales 重排，851
  Strecker 合成，702
  UV，136
  Wittig 重排，844
  α-杂原子，496
  超声，254
  对称歧化，550
  多烯烃环化，552
  分步扫描时间分辨红外，135
  共振，136
  关环，573
  光还原，179
  光化学，490
  光解，175
  硅烷，499
  过氧化物，490
  过氧化物形成，503
  金属有机化合物，与卤代烷偶联，282
  扩环，495
  量子产率，491

硫醇对炔烃的加成，537
硫醇氧化生成二硫化物，914
硼氢化钠还原，414
溶剂化，491
三乙基硼烷，561,563
羧酸的氧化脱羧反应，903
调聚物，526
推拉效应，137
外消旋化，492
未成对电子，135
稳定性，137
N-硝基苯胺的重排，373
氧，490
氧化-还原，892
氧自动氧化，502
张力，494
自旋捕获，135
自旋状态，135
自由基钟，495
自由基，与烷烃，493,494
  与丙二烯，531
  与芳香化合物的苄基氢，495
  与芳香化合物，机理，492
  与卤代烷，493
  与三丁基氢化锡，491
  与烷基硅烷，491
  与烯烃，491,493,495,531
自由基，杂原子，563
  碘，光，498
  分子内对烯烃的加成，527
  高立方烷基，826
  甲烷，8
  金属介导的，493
  肼基，137
  离子，氰基化，410
  离子，生成环丙烷，532
  离子-自由基对，SNAr 反应，445
  氢氧化物，493
  寿命，134,135,495,827
  羰基自由基基，677
  同位素效应，493
  亚氨基，491
  乙烯酮基，491
  异裂，493
  抑制剂，尔万氧基自由基，561
  引发，490,491
  在芳香化合物的硝化中，356
  在含水介质中，137
  中间体，二卤化物的脱卤化，802
  自由基链式反应的动力学，491
自由基，作为中间体，162

苄基，136,495,499
苄基 σ 标度，495
键离解能和反应活性，497
偶氮化合物，139
硼烷和氧，563
原子夺取，492
原子转移，491
自由基重排，157
自由基环化，527,530,562,563
  Baldwin 规则，530,562
  Sm 化合物，563
  TEMPO，563
  丙二烯基自由基，563
  碘代内酯化，563
  电化学，563
  芳基自由基，563
  光化学，562
  硅烷，562
  环大小，562
  内酰胺，563
  硼烷，561,562
  [1,4] 氢转移，853
  氢转移，562
  醛-烯烃，563
  三丁基氢化锡，562
  三丁基锡二聚体，562
  三乙酸锰，563
  外型/内型（$exo/endo$）异构体，563
  硒酯，563
  酰基自由基，563
  杂环，563
自由基环化，非对映选择性，563
  动力学，562
  对映选择性，563
  多烯烃，552
  格氏试剂和金属盐，562
  官能团的兼容性，563
  机理，562
  扩环，563
  卤素的影响，562
  内酰胺的形成，563
  内酯的形成，563
  生成醛，704
  肟-烯烃，563
  乙烯基自由基，563
  与硫或硒基团，562
  与卤代醛或酮，563
  与亚胺，704
自由基机理，156,466,490,500,538,903
Ei 反应，792

醇氧化，895
二醇的脱氧，800
金属有机化合物与卤代烷，282
硼烷的偶联，509
脱卤化氢，799
烷烃对烯烃的加成，550
烯丙基氢的卤化，500
酯的还原，928
自由基加成，157
自由基离子，140，231
 Birch 还原，545
 胺盐，358
 半醌，140
 苊烯，140
 硅烯，140
 碱金属，140
 金属有机，420
 来自 Na，545
 溶剂笼，231
 羰基自由基，140
 正离子，140
 正离子，蒽，140
 正离子，非平面的，140
自由基卤代，甲烷，决速态，499
自由基卤代，见卤代
自由基取代，见取代
自由基探针，231
自由基抑制剂，492
自由基引发剂，537，566
 Ei 反应，791
 Michael 加成，557
 对 Michael 底物的加成，534
 磺酰卤对烯烃的加成，572
 三乙基硼烷，561
 烯烃的卤化，570
自由基正离子，493，494，498
 Diels-Alder 反应，584
 Diels-Alder 反应，587
 PES，6
 甲烷，6
 亲核芳香取代，451
自由基正离子，也见自由基离子
自由卡宾，596
自由能，158
自由能，酰胺水解，208
 Brønsted 方程，192
 Grunwald-Winstein 关系，211
 S_NAr 反应，449
 S_N2 反应，226
 催化，163
 动力学的相对于热力学的，161

动力学控制，161
对映异构化，413
反应中间体，160
方程，158
焓或熵，158
活化，158
内在的，162
平衡常数，210
曲线，气相 S_N2，226
热力学控制，161
溶剂酸性，191
溶剂效应，252
酸性，199
羧酸，199
线性的，210
中间体，160
自发的反应，158
综述，年度的，文献，990
综述，文献，988，989
腙，HCN 的加成，702
 Fischer 吲哚合成，860
 Japp-Klingemann 反应，404
 吖丙啶基，LDA 促进的消除生成顺式（cis）烯烃，798
 二甲基，烷基化，292
 二甲基，与丁锂，292
 金属有机的加成，685
 手性的，86
 通过肼的卤化，675
 烷基化，292
 作为衍生物，670
腙，甲苯磺酰基，Bamford-Steven 反应，798
 Knoevenagel 反应，693
 Shapiro 反应，797
 碱促进的消除，797
 用于消除的合适的碱，798
 与有机锂试剂，797
腙，来自活泼亚甲基化合物，404
 来自芳基重氮盐，404
 来自肼和醛或酮，669
 来自醛或酮，860
 来自羧酸，404
 来自肟，670
腙，水解，663
 还原，机理，929
 还原，生成胺，922，924
 还原，生成烃，929
 氧化，生成腈，898
 氧化，微波辐照，898
 氧化，与 Oxone，898

用于水解的试剂，664
在 [3+2] 环加成中，581
腙，未取代的，670
腙，与酸，86
 与 Lewis 酸，860
 与芳基卤，295
 与格氏试剂，685
 与硅基烯醇醚，685
 与硅基烯醇醚，对映选择性，685
 与卤代烷，685
 与醛，685
 与烯丙基硅烷，685
 与烯酮，726
腙盐，苯胺，357
消除生成腈，804
总的速率，165
阻转异构，Friedel-Crafts 偶联，364
 吡咯，78
 苄醇，78
 构象，98
 金属配合物，78
 硫代酰胺，91
 平衡常数，78
 受限制的旋转，78
 亚砜，78
阻转异构体，分离，78
阻转异构体，与手性轴，81
 与 BINAP，78
 与杯芳烃，78
 与丙二烯，78
 与联苯，77
 与联芳烃，77，458
 与螺烃，78
 与生物碱，78
组合化学，716
最大配位数，成键，5
最低未占有分子轨道，见 LUMO
最高占有分子轨道，见 HOMO
最小变动规则，545
左旋异构体，74
唑类，金属催化下与芳基卤的偶联，455

其它

Acid-Base Approach to Organic Chemistry，992
Adam 催化剂，547
AD-mix-α，不对称的双羟基化，575
AD-mix-β，不对称的双羟基化，575
Ag 催化剂，环丁烷开环，864
 重氮化合物，411
 乙烯基环丙烷重排，855
AIBN（偶氮异丁腈），490

NBS，胺和醛，504
Schmidt 反应，839
胺的羰基化，299
分解，490
共轭酸，与硝酸，504
硅烷对烯烃的加成，551
金属催化的羰基化，567
硫代碳酸酯的还原，928
卤代烷的还原，926
卤化物与肼，704
醛与氯气反应，501
生成内酯，299
生成自由基，490
烷烃与炔烃偶联，297
硒酯，563
烯丙基锡偶联反应，283
亚砜消除，798
乙烯基羧酸和硝酸，504
与硅烷，928
与硅烷，还原，930
与硅烷自由基环化，562
与烯丙基硅烷偶联，279
自由基共轭加成，561
自由基环化，562
自由基卤化，500
自由基消除，798
Aldrich Library of Spectra（Aldrich 光谱库），988
Alpine-Borane（硼-(3-蒎基)-9-硼杂双环[3.3.1]壬烷），还原，920
Al 化合物，见有机铝
Al，乙烯基化合物，283
Amberlyst 15，263
  醇的卤化，275
  环氧化物的卤化，277
  缩醛裂解，259
  亚胺与烯酮硅基缩醛，685
Annual Reports in Organic Synthesis（有机合成年度报告），990
Annual Reports on the Progress of Chemistry（化学进展年度报告），990
Arbuzov 反应，697
Arndt-Eistert 合成，723，834，835
  Wolff 重排，835
  对映选择性，835
Arrhenius 活化能，166
Ar 基质，捕获卡宾，835
ASAP 论文，980
A-S_E2 机理，259，525
Au/Ag 催化剂，Friedel-Crafts 环化，366
Austin 模型，19

Au 催化剂，醇与烯烃，536
  Sonogashira 偶联，460
  氨基甲酸酯的环化，540
  胺的烷基化，269
  磺酸与炔烃，538
  炔酸的环化，581
  炔烃的水化，535
  烯丙基乙酸酯的异构化，837
  烯烃的卤化，570
  重氮化合物，411
A2 机理，缩醛水解，259
A^{1,3}-张力，99，100
Bacilllus megaterium，羧基化，370
  α-羟基化，905
  与 O_2，CH 氧化，905
Bader 电子离域指数，30
Baeyer-Villiger 反应，Dakin 反应，903
  对映选择性，842
  环氧化，578
Baeyer-Villiger 重排，841
  反式迁移相对于邻位交叉迁移，842
  芳基迁移，842
  机理，842
  金属催化的，842
  可烯醇化的二酮，842
  离子液体，841
  酶促进的，841
  迁移能力，842
  同位素效应，842
  无溶剂的，841
Baeyer 张力，102，103
Baird 的理论，32
Baker-Nathan 顺序，芳香取代，350
  取代反应，245
Baker-Nathan 效应，超共轭，41
Baldwin 规则，烯醇负离子，160
  对烯烃的自由基加成，527
  用于关环，160，161
  自由基环化，530，562
Balz-Schiemann 反应，见 Schiemann 反应
B_{AL}2 机理，261
Bamberger 重排，469
  机理，469
Bamford-Stevens 反应，798
  合适的碱，798
  机理，798
  溶剂效应，798
  形成重氮化合物，798
Barbier 反应，675
  Grignard 反应，675
  金属 In，678

可兼容的金属，675
逆-，675
炔烃酰基加成，678
Barbier-Wieland 方法，烯烃的氧化裂解，902
Barton 反应，866
  H 被夺取的过渡态，866
  机理，866
  亚硝基化合物，866
Barton-McCombie 反应，928
Bayer 检测，烯烃的双羟基化，574
Baylis-Hillman 反应，681
  DABCO，681，682
  PEG，681
  Rauhut-Currier 环化，682
  超声，681
  环丁砜，681
  离子液体，681
  脲，681
  手性催化剂，682
  手性助剂，682
  微波，681
Baylis-Hillman 反应，氮杂-，681，685
  对映选择性，685
Baylis-Hillman 反应，双重的，685
  对映选择性，681，685
  分子内的，682
  官能团的兼容性，682
  硅基的（sila-），681
  机理，681
  金属介导的，681
  离子液体，681
  在含水介质中，681
9-BBN，548
  共轭加成，560，561
  内酰胺的还原，931
  羰基化，845
  与烯烃，548
Beckmann 重排，804，822，837，840
Beckmann 重排，非正常的，804，837，840
  Ritter 反应，841
  Vilsmeier-Haack 反应，369
  二级的，804
  光化学的，841
  机理，840，841
  基团的迁移能力，823
  氰根离子，841
  迁移基团的立体化学，822
  迁移能力，840
  试剂用于，840

肟的氧化,898
无溶剂的,840
在超临界水中,840
在离子液体中,840
Beilstein,985,986
Beilstein 补篇,986
Beilstein 部分,986
Benkeser 还原,545
Beilstein,Ergänzungswerks,986
Beilstein CrossFire,被 Reaxy 替代,986
Beilstein, Handbuch der Organischen Chemie,985
Bergman 环化,849
　Cope 重排,857
Bergman 环化,氮杂-,849
BF_3,见三氟化硼
Bi 催化剂,硅烷与醛及氨基甲酸酯,671
Bi,内酰胺的烷基化,272
Bijvoet,X 射线分析,80,82
BINAP [2,2′-双(二苯基膦)-1,1′-联萘]
　对映选择性,561
　酮的还原,919
　阻转异构体,78
BINOL,炔烃酰基加成,678
　形成氨基醇,270
　作为催化剂,678
Birch 还原,140,543
　氨中的杂质,545
　电子转移,892
　芳香化合物,545
　芳香化合物,机理,545
　共轭烯烃,545
　极限式,545
　烯烃的还原,544
　杂芳香化合物,545
　作用于底物的电子效应,545
Bischler-Napieralski 反应,365
　在离子液体中,365
Blaise 反应,682
Bobbitt 试剂,醇的氧化,896
Boekelheide 反应,843
Boord 反应,802
　使用的金属,802
　与镁,802
Borodin, Alexander, 510 (文献 466)
Bouveault 反应,720
Bouveault-Blanc 方法,917
　酯还原成醇,920
Boyland-Sims 氧化,372

Bradsher 反应,365
BrCl,与烯烃,570
Bredt,反-,见反-Bredt
Bredt 规则,热裂消除,792
　定义,107
　二环烯烃,107
　环烯烃,107
　脱羧反应,421
　消除反应,787
　形成烯醇,421
British Abstracts,985
Brønsted α,192
Brønsted-Lowry 酸,芳醛的脱羰基化,375
　Friedel-Crafts 烷基化,362
　Friedel-Crafts 酰基化,367
　N-硝基苯胺的重排,373
　芳香化合物的卤化,361
　烯烃的重排,400
Brønsted 催化方程,192
Brønsted 方程,平衡常数,192
　Marcus 方程,192
　机理,787
　自由能,192
Brønsted 关系,211
Brønsted 碱,189,190
Brønsted 理论,186
Brønsted 曲线,亲核性,248
　S_N2,226
Brønsted 酸,186-189
　二胺,不对称羟醛反应,689
　频哪醇重排,830
Brønsted 酸性,Lewis 酸性,196
Brønsted 系数,缩醛水解,259
Brook 重排,294,867
　氮杂-,867
　二噻烷,867
　合成上的应用,867
　逆向的,867
　同-,867
Brown, H. C., 硼氢化,296
Brown σ* 值,亲电的芳香取代,353
Bruylants 反应,286
　亚胺正离子,286
BSA,Tsuji-Trost 反应,285
Bucherer 反应,450,453
Buchwald-Hartwig 交叉偶联反应,452
Bunnett-Olsen 方程,溶剂酸性,191
Bunte 盐,形成二硫化物,267
　来自卤代烷,267
　水解,266

Burgess 试剂,羧酸转化为酰胺,715
　结构,804
　肟脱水生成腈,804
　酰胺脱水生成腈,805
B 到 O 的重排,844
B 张力,见张力
Cadiot-Chodkeiwicz 反应,505
　机理,505
Cahn-Ingold-Prelog 规则,绝对构型,80-82
　E/Z 异构体,90
　R/S 命名,80-82
　对映异位的氢原子,94
　非对映异构体,85
　非对映异位的氢原子,94
　烯烃,90
Cambridge 结构数据库,氢键,58
Cannizzaro 反应,937
　Tollens 缩合,937
　二卤化物,257
　负氢转移,892
　机理,937
　交叉的,937
　交叉的,Tollens 反应,695
　交叉的,Tollens 缩合,937
　羟醛反应,937
　醛的还原,918
　双离子,937
　四面体中间体,937
　有机碱,937
　在 D_2O 中,938
Carbon-13 NMR Spectra (^{13}C NMR 谱图),988
Caro 酸,硫代酰胺转化为酰胺,667
　胺氧化成羟胺,912
　胺氧化成氧化胺,912
　苯胺氧化成亚硝基化合物,912
　苯胺氧化,机理,912
　与硫代酰胺,667
Carroll 重排,对映选择性,859
CASSI,1000
CAS 登录号,985,996
CD,见圆二色性
CD,在非手性溶剂中的手性分子,84
Chapman 重排,866
　机理,866
Charton ν 值,212
Chemical Abstracts Service Source Index CASSI (化学文摘服务资源索引),1001
Chemisches Zentralblatt,985

Chemtracts: Organic Chemistry, 990
Chichibabin 反应, 机理, 463
(CH)$_n$ 化合物, Cope 重排, 857
Chugaev 反应, 795
 E^i 机理, 795
 同位素效应, 795
CIDEP（化学诱导动态电子极化）, 135
 NMR, 135
 SET 机理, 231
 Steven 重排, 843
 芳基自由基, 493
 芳香化合物的自由基烷基化, 506
 格氏试剂, 420
 光-Fries 重排, 373
 卡宾, 412
 氢-金属交换, 420
 烯烃的还原, 543
 有机锂化合物与卤代烷, 282
 中间体, 162
 自由基, 135, 231
 自由基重排, 827
Cieplack 效应, 对烯烃的加成, 531
CIP 规则, 基团, 81
 方向盘模型, 81
CIP 规则, 见 Cahn-Ingold-Prelog
CIP 规则, 见手性
Claisen-Schmidt 反应, 688
Claisen 反应, 722
 Robinson 成环, 692
 对映选择性, 691
 结构变体, 691
 金属介导的, 691
 与酰胺, 691
Claisen 反应, 也见 Claisen 缩合
Claisen 缩合, 691, 722
 Dieckmann 缩合, 722
 Evans 助剂, 691
 Hünig 碱, 722
 LDA 或 LICA, 722
 Reformatsky 反应, 691
 分子内的, 722
 高压, 254
 混合的, 722
 混合的, 动力学控制条件, 722
 机理, 722
 碱强度, 722
 交叉的, 722
 逆, 722
 逆向的, 423
 无溶剂的, 722
 烯醇负离子, 134, 290, 722
 自身缩合, 722
Claisen 缩合, 也见 Dieckmann 缩合
Claisen 重排, 372, 858-860
Claisen 重排, Carroll 重排, 859
 Diels-Alder 反应, 858
 Kimel-Cope 重排, 859
 催化的, 858
 二甲基乙酰胺, 二甲基缩醛, 859
 同位素标记, 858
 微波, 858
Claisen 重排-Conia 反应, 859
Claisen 重排, 对映选择性, 858, 859
 Ireland-Claisen, 859
 Lewis 酸催化剂, 858
 对位-, 858
 反式-, 858
 固相, 858
 机理, 858, 859
 结构变体, 859
 聚合物键, 858
 邻位重排, 858
 硫代-, 见硫-Claisen
 同位素标记, 858
 无溶剂的, 858
 与手性 Lewis 酸, 859
 杂环卡宾催化剂, 858
 在硅胶上, 858
 在离子液体中, 858
 酯的烯醇负离子, 859
Claisen 重排, 非正常的, 860
 被水加速, 858
 烯丙基丙二烯醚, 858
 烯丙基烯醇醚, 858
Clemmensen 还原, 928
 机理, 929
Clostridium sporogenes, 硝基化合物的还原, 547
Collman 试剂, 298
 电解, 298
 醛或酮的制备, 298
 羰基化, 298
Communications（通讯）, 出版物类型, 980
Compendium of Chemical Terminology, 994
Compendium of Organic Synthetic Methods, 994
Comprehensive Chemical Kinetics, 991
Comprehensive Heterocyclic Chemistry, 991
Comprehensive Medicinal Chemistry, 991
Comprehensive Organic Chemistry, 991
Comprehensive Organic Functional Group Transformations, 991
Comprehensive Organic Synthesis, 991
Comprehensive Organic Transformations, 993
Comprehensive Organometallic Chemistry, 991
Conia 反应-Claisen 重排, 859
Cope 反应, 792, 797
Cope, 羟基-, 见羟基-Cope
Cope 消除, 792, 797, 843, 855
 Ei 机理, 797
 反应速率, 797
 机理, 797
 溶剂效应, 797
 在 DMSO 中, 797
Cope 重排, 855-858
 (CH)$_n$ 化合物, 857
 氨基, 见氨基-Cope
 1,5-丙二烯型的二烯, 856
 1,5-二炔, 856
Cope 重排, Bergmann 环化, 857
 二环 [5.1.0] 辛二烯, 857
 高压, 255
 价互变异构, 857
 双自由基中间体, 856
 瞬烯, 857
Cope 重排, 船式过渡态, 856
 二烯稳定性, 855
 二乙烯基环磷乙烷, 856
 二乙烯基环硫乙烷, 856
 二乙烯基环氧乙烷, 856
 非协同的, 857
 机理, 856
 简并的, 857
 金属催化的, 856
 双自由基机理, 857
 椅式过渡态, 856
 有循变结构, 857
Cope 重排, 氮氧杂-, 见氮氧杂-Cope
Cope 重排, 氮杂-, 见氮杂-Cope
Cope 重排, 负离子型的氧-, 855
Cope 重排, 可逆性, 855
 半瞬烯, 857
 二烯烃的热力学稳定性, 855
 非催化的, 856
 硅氧基, 855
 过渡金属催化剂, 856
 过渡态, 856
 立体化学, 856

六中心机理，856
平衡移动，855
Cope 重排，氧桥-，见氧桥-Cope
Corey-Seebach 方法，用于二硫代缩酮的水解，668
Corey-Winter 反应，800
Cornforth 模型，不对称合成，86
　非对映选择性，86
Corporate Index（社团索引），1000
Co-salen 配合物，卤代内酯化，571
Co 催化剂，卤代烷与格氏试剂，281
　Pauson-Khand 反应，567,568
　从卤代烷生成炔烃，799
　环氧化，578
　偶联反应的催化剂，284
　炔烃的环化三聚，598
　羰基化反应，299
　烯炔的环化，553
CO_2，见二氧化碳
Cram 规则，不对称合成，86
　非对映选择性，86
　酮的还原，920
　在羰基上反应，659
CRC Handbook of Data on Organic Compounds（有机化合物数据的 CRC 手册），988
Criegee 机理，离子对，900,901
　臭氧分解作用，900,901
　臭氧分解作用，立体化学，901
Cr 催化剂，环丙烷化，597
Cr 化合物，芳香烃氧化成醌，908
Cr 化合物，见有机铬
Cr 卡宾配合物，亚胺-烯酮环加成，726
Cr 配合物，环丙烷化，596
CS_2，见二硫化碳
Current Abstracts of Chemistry and Index Chemicus，990
Current Chemical Reactions，990
Current Contents Connect，983
Current Contents（当前内容），983,990
Curtius 反应，273
Curtius 重排，821,835,838
　Lewis 酸催化，838
　机理，838
Cu 催化剂，烯丙基硅烷与醛，681
　Gatterman 反应，507
　Meinwald 重排，831
　芳基重氮盐的羟基化，465
　硫醇盐与芳基卤，451
　炔酸的脱羧反应，422
　炔烃的偶联，505

手性的，二醇的氧化，895
酰胺的芳基化，453
硝基化合物与亚胺，685
与重氮酯，596
Cu，格氏试剂，281
Cu，固定化的，Ullmann 偶联，457
Cu 化合物，手性羟醛反应，689
　二烷基锌试剂，284
Cu-喹啉脱羧反应，机理，376
Cu 配合物，Hay 反应，506
Cu 试剂，乙烯基，二聚，508
Cu，重氮化合物，411
C-芳香性，42
C-烷基化，苯氧离子，255
C-烷基化，烯醇负离子，255
　烯醇，290
C-亚硝基化合物，357
DABCO，93
　Baylis-Hillman 反应，681,682
　Michael 加成，556
　Morita-Baylis-Hillman 烷基化，682
　二炔烃，506
　甲苯磺酰亚胺和共轭酯，685
　无溶剂的胺的酰化，714
Dakin 反应，842,903
　Baeyer-Villiger 反应，903
　在离子液体中，903
Dakin-West 反应，422
Danishefsky 二烯烃，591
Darzens 缩水甘油酸酯合成，见 Darzens 缩合
Darzen 缩合，687,694
　Knoevenagel 反应，694
　对映选择性，694
　官能团的兼容性，694
　机理，694
　结构变体，694
DAST（二乙基氨基三氟化硫），674
　醇的氟化，275
　数据库，CAS，996
　亚砜的氟化，404
　与醛或酮，674
　与酰卤，718
DBDMH，卤化，500
DBN（1,5-二氮杂二环[3.4.0]壬-5-烯），798
　卤代烷的消除，烯烃，脱卤化氢，798
DBN（1,8-二氮杂二环[5.4.0]十一碳-7-烯），565,798
　Hofmann 重排，838
　NBS，与氨基甲酸酯，838

丙二酸酯合成，289
催化剂，564
芳基卤的羰基化，461
环氧化，577
硫醚，266
卤代烷的消除，烯烃，脱卤化氢，798
脲-过氧化氢，577
氢羧基化，566
形成酰胺，371
亚胺和腈，684
与 NBS，838
与环氧化物和二胺，795
与膦酸酯，698
DBr，对烯烃的加成，525
DCC（二环己基碳二亚胺）
DHU，711
DMSO，371,896
Merrifield 合成，716
Moffatt 氧化，896
胺与 CS_2，674
羧酸的酯化，机理，711
羧酸与 H_2O_2，265
羧酸与胺，715
肽合成，715
脱水，793
脱水剂，713
酰胺生成异氰化物，805
形成内酯，711
形成酸酐，713
与羧酸和胺，715
与羧酸和醇，711
酯化，711
DCl，与戊二烯，528
DDQ（2,3-二氯-5,6-二氰基-1,4-苯醌），893
超声，醇的氧化，897
芳构化，893
腈，298
醚的裂解，276
脱氢化，894
形成烷基叠氮化物，273
DEAD（偶氮二甲酸二乙酯），酰胺的烷基化，261,273
Mitsunobu 反应，262
羧酸盐的烷基化，263
酮酯，胺，906
脱羧反应，803
与芳香化合物，358
DEAD，也见偶氮二甲酸酯
Dean's Handbook of Organic Chemis-

try，987
Delépine 反应，269
Demyanov 重排，831
Dess-Martin 高碘烷（periodinane），259
　醇的氧化，896
　共轭酮的卤化，403
　稳定性和敏感性，896
　形成叠氮化物，273
Dewar 苯，595,598,858
　[2+2] 环加成，595
　空间拥挤，29
　通过苯的光解，850
Dewar 苯，苯的衍生物，850
　电环化重排，850
　光化学的 [2+2] 环加成，595
　炔烃的环化三聚，599
　热解，850
　稳定性，849
Dewar 苯结构，29
Dewar 结构，18
　共振，25
　萘，29
(DHQ)₂PHAL，氨基羟基化，579
　不对称的双羟基化，575
　羟胺化，579
(DHQ)₂PHAL，不对称的双羟基化，575
DHU（二环己基脲），酯化，711
　来自 DCC，711
　来自 DCC 和酯化，711
　来自 DMSO-DCC 氧化，896
DIAD，263
Dibal-胺复合物，717
Dibal（二异丁基氢化铝），化学选择性，917
　丙二烯的还原，544
　砜的还原，933
　甲苯磺酸酯的还原，928
　金属介导的烯烃的还原，544
　腈的还原，923
　醚的还原，927
　炔烃的还原，544
　肟的还原，924
　酰胺还原成醛，921
　与酰胺，921
　酯还原成醛，921
Dictionary of Organic Compounds（有机化合物词典），995
Dictionary of Organometallic Compounds（金属有机化合物词典），987
Dieckmann 缩合，722

　催化剂用于，722
　环大小，722
　机理，722
　区域选择性，722
　酮醇缩合，936
Dieckmann 缩合，也见 Claisen 缩合
Diels-Alder 反应，584-591
Diels-Alder 反应，被氢键加速，584
Diels-Alder 反应，氮杂-，见 氮杂-Diels-Alder 反应
Diels-Alder 反应，分子内的，586
　Lewis酸催化剂，584
　反应速率，586,587
　光化学的，584
　机理，586,587
　极性的，587
　金属催化的，584
　逆向电子需求，587
　区域选择性，585,586
　同位素效应，587
　自由基阳离子，587
Diels-Alder 反应，轨道的异面重叠，589
Diels-Alder 反应，[1,2] 环加成，586
　Claisen 重排，858
　Lewis 酸，584
　Möbius-Hückel 方法，588-589
　Woodward-Hoffmann 规则，587
　苯炔中间体，163
　超声，584
　重排，585
　次级轨道相互作用，585
　二烯烃构象，584,585
　反式二烯烃，584
　沸石，585
　高压，254,584
　轨道的同面重叠，589
　轨道对称守恒，587
　轨道对称性，587
　轨道重叠，587,589
　环丁烯砜，586
　环化三聚，599
　[2+2] 环加成，592
　环加成，600
　[3+2] 环加成，见 [3+2] 环加成
　胶囊化，584
　胶束效应，584
　六元环过渡态，527
　逆-Diels-Alder 反应，804
　前线轨道方法，587,588
　取代基电子效应，584
　色谱填充物，584

声化学，180
手性 Lewis 酸，586
手性催化剂，586
手性助剂，586
疏水加速，214
疏水效应，584
双离子，587
双自由基，587
顺式构象，585
同位素效应，587
微波辐照，180,584
氧化铝，585
自由基阳离子，584
Diels-Alder 反应，可逆性，586
　固相的，584
　过渡态，585
　合成上的应用，586
　立体化学，585
　立体化学，s-顺-二烯烃，585
　立体专一性，585-587
　连接，586
　扭曲的，589
　取代基效应和机理，587
　无溶剂的，584
　选择性，溶剂效应，585
Diels-Alder 反应，逆-，584
Diels-Alder 反应，同型-，586
Diels-Alder 反应，也见 Diels-Alder 反应，杂原子
Diels-Alder 反应，与醛，591
　氮杂二烯烃，591
　与苯炔，584
　与单线态氧，591
　与芳炔，446
　与呋喃，591
　与环丁二烯，34
　与环二烯烃，584,585
　与醚中的高氯酸锂，584
　与亚硝基化合物，591
　与有机催化剂，585,586
　与杂环，591
Diels-Alder 反应，杂原子的，590,591
　超声，591
　催化剂用于，591
　对映选择性，591
　负载在聚合物上，591
　手性催化剂，591
　在水中，591
Diels-Alder 反应，在超高速离心机中，584
　在超临界二氧化碳中，585

在超临界水中，585
在离子液体中，214，585
在水中，214，585
Diels-Alder 反应，正离子的，584
　对映选择性，585，586
　非对映选择性，214
　可兼容的官能团，584
　内型加成，585，590
　双自由基分步机理相对于协同机理，586，587
　外型加成，585
　协同的，587
dipamp（双膦配体），催化氢化，541
DMAP [4-(N,N-二甲氨基)吡啶]
　$POCl_3$，277
　混合酸酐，711
　甲碘盐，377
　与硫代光气和二醇，800
DMEAD（偶氮二甲酸二(2-甲氧基乙基)酯，263
DME（1,2-二甲氧基乙烷）
　溶剂，693，694
　烯醇负离子，409
　有机锂试剂，133
DMF（二甲基甲酰胺）
　Gabriel 合成，272
　三氯氧磷，369
　与 NaI，800
　与醇，712
　与二卤代烯烃，408
　与酰卤，714
　作为溶剂，902
　作为溶剂，454，932
DMSO（二甲亚砜），碳负离子立体化学，396
　DCC，371
　DCC，醇的氧化，896
　Gomberg-Bachmann 反应，467
　HBr，360
　KOH，在离子液体中，700
　Moffatt 氧化，896
　pK_a，187
　Swern 氧化，895
　二卤代砜挤出反应，801
　卤代烷的氧化，机理，908
　卤代烷氧化成醛，908
　三氟乙酸酐，用于醇的氧化，896
　三氧化硫，用于醇的氧化，896
　试剂，醇的氧化，895
　亚硝酸酯，467
　用于醇氧化的试剂，896

与芳香化合物，371
与碱，463
与卤代硅烷和烯烃，572
与乙酸酐，938
作为溶剂，451，454，797，801
DNA，分子结，67
DNP（动态核极化），NMR，136
双自由基，136
D_2O，Cannizzaro 反应，938
Doebner 改进，微波，692
　Knoevenagel 反应，692
DOSP 配体，在 Rh 催化剂中，597
Dötz 苯芳构化，600
Duff 反应，369
　机理，369
d 轨道，7
d 轨道，见轨道
D-异构体（右旋异构体），74
E/Z 命名，定义，90
E1cB，见消除，E1cB
E2C，见消除，E2C
EDA 复合物，395
EDTA，内酰胺的 CH 氧化，907
ee，见对映体过量
eEROS，991
Eglinton 反应，505
　范围，505
　机理，505
Ehrlich-Sachs 反应，695
E^i，见消除，E^i
Elbs 反应，372
Emde 还原，931
Encyclopedia of Reagents for Organic Synthesis，991
ENDOR，自由基，135
EPR，卡宾，141
　亲电的芳香取代，352
　自由基，135
Ergänzungswerks，Beilstein，986
EROS，991
ESCA（X 射线光电子能谱），碳正离子，263
Eschenmoser-Claisen 重排，对映选择性，859
Eschenmoser-Tanabe 环裂解，803
Eschenmoser 盐，Mannich 反应，673
Escherichia coli，亚胺的还原，922
Eschweiler-Clarke 方法，671
ESR（电子自旋共振光谱）
ESR，Birch 还原，545
　Grignard 反应，677

磁场，135
磁各向异性，135
动力学，165
卡宾，141
裂分，135
桥自由基，493
推拉效应，137
未成对电子，135
自由基，135，137，231，425
自由基重排，827
ESR，氧化偶氮化合物，425
　甲基自由基，138
　桥状溴自由基，527
　研究，Étard 反应，908
　有机锂化合物与卤代烷的反应，282
Étard 反应，908
　ESR 研究，908
　磁感应，908
　铬酰氯，908
　机理，908
　乙酰缩醛，908
Evan 助剂，Claisen 缩合，691
E1，见消除，E1
E2，见消除，E2，
Favorskii 反应，678
　与 Nef 反应联合，692
Favorskii 重排，833
　机理，834
　同位素标记，834
　准-Favorskii 重排，834
Felkin-Anh 模型，自由基的加成，528
　不对称合成，86
　非对映选择性，86
Fe 催化剂，醇盐与芳基卤化物，450
　Sonogashira 偶联，460
　交叉偶联，508
　与溴代炔，297
Fe，形成酰胺，273
　复合物，格氏试剂，552
　茂金属化合物，31
　纳米粒子，281
　在氯化铵中，934
Fenton 试剂，501
　杂环，507
Fieser 试剂，用于有机合成，993
Finkelstein 反应，274
　金属催化，274
　相转移，274
Fischer，Emil，79
Fischer-Hepp 重排，374
　脲，374

Fischer 卡宾, 597
Fischer 卡宾复合物, 600
　　Dötz 苯芳构化, 600
　　在［3+2］环加成反应中, 582
Fischer 投影, 定义, 79
Fischer 吲哚合成, 860
　　NMR, 860
　　固相, 860
　　机理, 860
　　同位素标记, 860
　　微波, 860
　　与乙烯基醚, 860
　　在离子液体中, 860
　　[3,3] 重排, 860
FMO（前线分子轨道）, 582
　　［3+2］环加成, 582
　　［3+2］环加成的区域选择性, 582
Franck-Condon 原理, 175
Fremy 盐, 芳香化合物的氧化, 897
　　苯酚的氧化, 897
　　醇的氧化, 897
Friedel-Crafts 催化剂, 卤代烷对烯烃的加成, 573
　　芳基卤的脱卤化, 377
　　卤代, 573
Friedel-Crafts 反应, 463,554
　　Bradsher 反应, 365
　　Duff 反应, 369
　　卤烷基化, 366
　　氯甲基化, 366
　　形成酰胺, 371
　　与烯烃, 408
　　杂环, 507
Friedel-Crafts 芳基化, Hoesch 反应, 371
Friedel-Crafts 环化, 醛, 365
　　Bischler-Napieralski 反应, 365
　　Pictet-Spengler 反应, 365
　　高度稀释方法, 368
　　酮, 365
　　酰胺, 365
Friedel-Crafts 偶联, 阻转异构, 364
　　与醛和酮, 364
Friedel-Crafts 烷基化, 362,821
　　产物中的活化基团, 363
　　烷基化试剂, 362
　　烷基迁移, 374
Friedel-Crafts 烷基化, Lewis 酸的协同, 363
　　Lewis 酸的反应性顺序, 363
　　多烷基化, 363
　　非对映选择性, 362

　　分子内的, 362
　　环化, 363
　　机理, 363
　　金属催化的, 362
　　矛盾的选择性, 363（文献 358）
　　在 Pechmann 缩合反应中, 365
　　在离子液体中, 362
Friedel-Crafts 烷基化, 紧密离子对, 364
Friedel-Crafts 烷基化, 逆向的, 375
　　分子内的, 375
　　机理, 375
　　温度依赖性, 375
　　同位素标记, 375
　　同位素标记的, S_N2 机理, 375
Friedel-Crafts 烷基化, 炔烃, 362
　　机理, 364
　　标记, 364
　　碘, 362
　　环化脱水, 365
　　逆向的, 375
Friedel-Crafts 烷基化, 与环氧化物, 287
　　与 Lewis 酸, 363
　　与 Lewis 酸催化剂, 363
　　与苯胺, 363
　　与稠环芳香化合物, 362
　　与醇, 362
　　与钝化（不活泼的）的化合物, 363
　　与芳基三氟硼酸酯, 365
　　与官能团底物, 364
　　与环氧化物, 362
　　与卤代烷, 362
　　与萘, 362
　　与手性催化剂, 362,363
　　与烯烃, 362
　　与香豆素, 365
　　与杂环化合物, 362
　　与质子酸, 362
Friedel-Crafts 烷基化, 重排, 364
　　碳正离子, 363
Friedel-Crafts 酰基化, 359,367,375
　　替代的甲酰化方法, 369
Friedel-Crafts 酰基化, 羰基化, 368
　　催化剂, 367
　　分子内的, 367
　　过渡金属催化剂, 367
　　机理, 368
　　没有重排, 367
　　溶剂效应, 367
　　形成芳基酮, 371
　　形成醛, 368

　　形成羧酸, 370
　　在离子液体中, 366,367
Friedel-Crafts 酰基化, 酰基碳正离子, 368
Fries 重排, 367,372
Gatterman 反应, 368
Gatterman 酰胺合成, 370
Haworth 反应, 367
IR, 368
Vilsmeier-Haack 反应, 368
沸石, 367
甲酰化, 367
间位定位基团, 367
金属催化剂, 367
同位素标记, 368
烷基苯, 363
微波辐照, 367
酰基正离子, 367
Friedel-Crafts 酰基化, 与酸酐, 367
　　用微波辐照, 368
　　与光气, 370
　　与环酸酐, 368
　　与磺酸酐, 367
　　与混合酸酐, 367
　　与甲酰胺, 368
　　与联芳烃, 368
　　与酸酐, 367,368
　　与羧酸, 367
　　与酮酸, 367
　　与烯酮, 367
　　与吲哚, 367
　　与杂环化合物, 367
Friedel-Crafts 正离子, 环化, 367
　　甲酰化, 368
Friedländer 喹啉合成, 669
Fries, 光, 见光-Fries
Fries 重排, 372
　　Friedel-Crafts 酰基化, 367
　　LDA, 373
　　UV 光, 373
　　对位/邻位比率, 372
　　对位迁移, 372
　　分子内的, 373
　　负离子的, 373
　　负离子型 Snieckus-, 373
　　机理, 373
　　交叉实验, 373
　　金属催化的, 372
　　离子熔融, 373
　　硫-, 373
　　微波辐照, 373

形成酸根型复合物,373
Fritsch-Buttenberg-Wiechell 重排,799
Fukuyama 偶联,721
Fuson 型烯醇,43
FVP（快速真空热解）,
　　多环芳香化合物,851
　　环丙基甲醇,855
　　交替的芳香化合物,851
　　磷叶立德,797
　　卤代环丙烷,832
　　乙烯基环丙烷重排,855
F 张力,酸性,196
F 值,σ 值,212
F 值和 R 值,212
Gabriel 合成,268,272
　　Ing-Manske 方法,272
　　肼,272
　　水解试剂,272
Gatterman 反应,369,371,507
　　超酸,369
　　与芳基卤,机理,507
　　杂环化合物,368
Gatterman 方法,467
Gatterman 酰胺合成,370
Gatterman-Koch 反应,369
　　逆向的,375
Ga 化合物,乙烯基环氧化物的重排,831
Ga,烯丙基试剂,284
GC（气相色谱）
　　测定绝对构型,82
　　拆分,88
　　对映体纯度,90
　　非对映体,88
Gibbs 自由能,微波辐照,181
Gif 系统,CH 氧化,905
　　烷基取代基的反应活性,905
Gilman 试剂,见有机铜酸盐
Girard 试剂 P,腙,670
Girard 试剂 T,腙,670
Girgnard-LiNEt2 试剂,719
Glaser 反应,505
　　Hay 反应,505
　　机理,505
　　在超临界二氧化碳中,505
　　在离子液体中,505
Goldberg 反应,452
Gomberg-Bachmann 反应,467
　　Pschorr 关环,467
　　芳基碳正离子,467
　　分子内的,467

Gomberg-Bachmann 频哪醇合成,934
Gomberg 反应,见 Gomberg-Bachmann
Google 搜索,983
Gossypium hirsutum,CH 氧化,905
　　α-羟基化,905
Grignard-Barbier 反应,675
Grignard 反应,675-677
Grignard 反应,非对映选择性,675
　　对映选择性,675
　　分子内的,676
　　过渡态,677
　　机理,676,677
　　水解,675
　　羰游基中间体,677
　　形成对映体,675
　　形成三氮烯,416
　　在离子液体中,675
　　质子化,926
Grignard 反应,羰基化,676
　　Barbier 反应,675
　　Michael 加成,675
　　Reformatsky 反应,682
　　SET 机理,677
　　Wittig 型反应,676
　　Wurtz 型偶联,677
　　还原,677
　　金属催化剂,675
　　空间位阻,676
　　卤素-Mg 交换,675
　　烯醇化,676
　　烯醇盐缩合,677
　　消除,677
　　有机催化剂,675
　　自由基,137,677
Grignard 偶联反应,281
Grob 断裂,803
Grob 断裂,803
　　机理,803
　　金鸡纳生物碱,803
　　卤代胺,803
Grovenstein-Zimmerman 重排,830
Grubbs 催化剂,醇的氧化,895
　　Ⅰ和Ⅱ,用于复分解反应,863
　　开环复分解,聚合反应,863
Grunwald-Winstein 方程,溶剂效应,252
　　溶剂解,244
Grunwald-Winstein,关系,210
Haller-Bauer 反应,423,717
Hammett-Brown $\sigma+\rho$ 关系,354
Hammett 方程,211,213
　　不适用的反应,210

　　场效应,210
　　反应活性,209
　　芳香取代,353
　　芳香羧酸,209
　　共振效应,210
　　平衡常数,209
　　速率常数,209
　　线性自由能关系,210
　　自由基,496
Hammett 酸函数,溶剂,190
Hammet $\sigma\rho$ 关系,取代基效应,245
Hammet σ 值,亲电芳香取代,353
Hammet 关系,S_NAr 反应,448
Hammet 值,消除,786
Hammond 假设,芳基正离子,348
　　Markovnikov 规则,530
　　定义,161
　　过渡态,243
　　碳正离子,243,530
Handbook of Chemistry and Physics,987
Handbook of Naturally Occurring Compounds,987
Handbook of Organometallic Compounds,987
Hantzsch 二氢吡啶,893
　　还原烷基化,671
Hantzsch 酯,酰胺的还原,930
　　还原胺化,672
　　酰胺的还原,930
　　亚胺酯的还原,922
　　转移氢化,546
hapto 复合物,环丁二烯,34
hapto 前缀,金属复合物,61
Hartree-Fock 方法,19,36
Hartree-Fock 计算,轮烯,36
Hauptwerk（das Hauptwerk），Beilstein,986
Haworth 反应,367
Hay 反应,505
　　Glaser 反应,505
　　机理,506
HBr,DMSO,360
过氧化物,与烯烃,533
醚的裂解,258,276
氢键,60
与醇,275,276
与环丙烷,532
与烯烃,530,533
自由基,对烯烃加成,561
HCl,对烯烃的加成,525
醚的裂解,258

氢键，60
与醇，275
与丁二烯，528
与烯烃，189,533
作为酸，186
HCN，Sandmeyer 反应，507
　Ritter 反应，724
　对 C═N 化合物的加成，702
　对 HCN 的加成，569
　对腈的加成，702
　对烯烃的加成，569
　对亚氨基腈的加成，702
　共轭加成，569
　氰醇，565,701
　异氰化物，569
　与醛或酮，701
　质子转移，190
Heck 反应，407,411,456,457
　Meerwein 芳基化，466
　Pd 催化剂，456,457
　Pd 迁移，456
　微波辐照，181,456
　烯烃迁移，456
　烯烃取代，456
　质子被夺取，457
Heck 反应，分子内的，456
　分子内的，与硅连接，456
Heck 反应，机理，457
　负载在硅胶上，456
　负载在聚合物上，456
　硅烷连接，456
　可回收利用的催化剂，456
　可容许的官能团，456
　立体专一性，456
　邻基效应，456
　区域化学，456
　区域选择性及空间效应，456
　取代基效应，457
　速率限制步，457
　无膦的，456
　在固相载体上，456
　重排，456
Heck 反应，气体氛围的变化，457
　催化剂用于，456
　对映选择性的，456,457
　高压，456
　无碱的，456
　无卤素的，456
　与烯烃浓度的关系，457
Heck 反应，与负载在聚合物上的催化剂，456

与丙二烯，456
与重氮盐，464
与重氮盐底物，456
与碘鎓盐，456
与二烯烃，456
与芳基碘鎓盐，456
与均相催化剂，456
与钯以外的金属催化剂，457
与取代的烯烃，456
与炔烃，456
与无膦的催化剂，456
与乙烯基金属有机，457
与乙烯基三氟硼酸酯，457
Heck 反应，含有水介质中，456
　在超临界 CO_2 中，456
　在离子液体中，214,456
　在全氟代溶剂中，456
Heilbron's Dictionary of Organic Compounds，987
Hell-Volhard-Zelenskii 反应，79,403
Henkel 反应，376,692
Henry 反应，脱水，793
　氮杂-，692
　对映选择性，692
　合适的碱，692
　生物催化剂，692
　手性金属，692
　无溶剂的，692
　有机催化剂，692
　在离子液体中，692
Herndon 模型，28
Hess-Schaad 模型，28
Heterocyclic Compounds，991
HF-吡啶，缩醛或缩酮，259
HF，氢键，58
　Merrifield 合成，716
　氟化试剂，274
　与三氮烯，466
　与酸酐，718
　与酰卤，718
　在吡啶中，芳基氟化物的形成，466
Hinsberg 检测，磺酰胺，728
Hiyama 偶联，291
HI，氢键，60
　醚的裂解，276
　与醇，276
　与烯烃，533
HMO（Hückel 分子轨道理论）
　环丙烯负离子，35
　理论，苯，20
HMPA（六甲基磷酰胺）

Normant 试剂，554
丙二烯与酮反应，680
二烷基氨基碱，198
格氏试剂，133,719
共轭加成，565
共轭加成，559
氢键，59
氰化钠，298
脱卤化氢，799
脱水，794
与二卤化物，802
与膦酸酯，698
作为溶剂，451,698,719,867
HOBr，与烯烃，571
HOCl，与烯烃，571
与过氧化物，571
Hoesch 反应，371
　机理，371
　硫氰酸酯，371
　硫酯，371
　亚氨基酯，371
Hoesch 合成，Gatterman 反应，371
Hofmann 产物，消除，793
Hofmann 彻底甲基化，796
Hofmann 重排，821,838
　DBU，838
　机理，162,838
　试剂，838
　酰亚胺，838
Hofmann 规则，消除，788
　Hofmann 降解，796
　环，796
　亚砜消除，798
Hofmann 规则，消除反应中 β-氢的酸性，788
　Hofmann 降解，796
　醇的脱水，793
　热解消除，792
　消除，788
Hofmann 降解，796
　Ei 机理，796
　E2 机理，796
　E1 机理相对于 E2 机理，796
　Hofmann 规则，796
　Zaitsev 规则，796
　氘标记，796
　机理，796
　溶剂效应，796
　双铵盐，796
　叶立德，796
Hofmann 取向，消除，788

Hofmann 消除，468,788
　　Sommelet-Hauser 重排，468
　　Stevens 重排，843
　　在水中，796
Hofmann-Löffler-Freytag 反应，865
Hofmann-Löffler 反应，865,866
　　机理，865
　　自由基卤代，499
Hofmann-Martius 反应，374
HOF，爆炸，571
HOI，与烯烃，571
HOMO，烯丙基碳正离子，850
　　Diels-Alder 反应，584
　　电环化反应中的轨道重叠，847
　　环己三烯，848
　　内型加成，590
　　前线轨道方法，587
　　四烯，23
　　烯丙基正离子的对称性，850
　　消除，790
　　乙烯，5
HOMO-LUMO 重叠，[2+2] 环加成，593
Hooke 定律，分子力学，101
Horner-Emmons，见 Wittig-Horner
Horner-Wadsworth-Emmons，见 Wittig-Horner
Houben-Hoesch 反应，见 Hoesch 反应
Houben-Weyl's Methoden der Organischen Chemie，991
HPLC，轮烯，40
　　对映体纯度，90
　　对映异构的索烃，67
　　非对映体分离，90
HSAB，193
HSAB，羰基碳，248
　　极化性，256
　　平衡，194
　　亲电芳香取代，353
　　亲核试剂，247
　　取代反应，256
　　酸碱表，193
　　烯醇负离子，194
HSAB 原理，194
Hückel-Möbius 方法，588
Hückel 分子轨道计算，19,20
Hückel 规则，34
　　芳香性，33,35
　　环加成，588
　　轮烯，36
Hückel 体系，588

[1,5] σ 重排，853
　　环丁烯开环，848
　　允许的反应，588
Hund 规则，芳香性，33
　　光化学，173
　　卡宾，140
Hünig 碱，羟醛反应，689
　　Claisen 缩合，722
　　与胺，893
Hunsdiecker 反应，510
　　Simonini 反应，510
　　催化的，510
　　机理，510
　　微波辐照，510,511
　　自由基，493
Hurtley 反应，461
HX，与炔烃，525
H 被夺取的速率，卤素自由基，495
IBr，与烯烃，570
IBX（邻碘酰苯甲酸），IBX 与醛，671
ICl，硼烷，416
　　与烯烃，570
Index Chemicus，990
Index of Scientific Reviews，990,1000
Ing-Manske 方法，272
In 催化剂，醇和卤代烷，260
　　芳香磺酰化，359
　　环丙烷化，598
　　卤代烷与腙，685
　　炔烃的水化，535
　　烷氧基硅烷与醛，666
　　烯丙基硅烷与偕二乙酸酯，681
　　与炔烃，554
In，酰基氰化物与烯丙基卤，721
　　Barbier 反应，678
　　二卤化物的脱卤化，802
　　环氧化物与溴代烷，287
　　喹啉和吲哚的还原，545
　　逆-Claisen 缩合，722
　　羟胺的还原，924
　　缩醛裂解，259
　　烯丙基卤的酰基加成，678
　　形成硒化物，267
　　形成酰胺，273
　　与丙二烯醇，286
　　与甲苯磺酰基吖丙啶，801
Ireland-Claisen 重排，859
　　对映选择性，859
　　平衡离子的影响，859
Ir 催化剂，醇和卤代烷，260
　　Claisen 重排，858

Oppenauer 氧化，895
胺的烷基化，269
芳基卤的氰基化，454
醛的脱羰基化，800
醛的酯化，与醇，910
　　用于醇偶联，286
　　在 [2+2] 环加成中，592
IR（红外），酸性，190
　　Friedel-Crafts 酰基化，368
　　ReactIR，162
　　芳炔，446,447
　　分步扫描时间分辨，135
　　构象，95
　　环辛炔，107
　　甲基自由基，138
　　甲烷，988
　　卡宾，141
　　氢键，59,60
　　碳正离子，124,127
　　乙烷正离子，398
　　有张力的芳香化合物，107
　　中间体，162
IUPAC，光谱，
IUPAC 机理，酰胺水解，708,709
　　E1，783
　　E2，524,780
　　Schmidt 反应，840
　　S_E2，393,394
　　S_Ei 机理，393
　　S_Ei' 机理，397
　　S_E2' 机理，397
　　S_N1，523
　　S_NAr 机理，444
　　胺与酯，717
　　重氮盐，250
　　对烯烃的亲核加成，
　　芳香 S_N1 机理，445
　　芳香取代，348
　　卡宾，250
　　链式反应，492
　　取代反应，249
　　三分子加成，524
　　四面体机理，660
　　消除，791
　　酯化，710,711
　　酯水解，705-708
IUPAC 名称，桥环体系，104（文献 446）
　　Schleyer 金刚烷化，829
　　对映体，85
IUPAC 命名，加成-消除机理，

S_N1', 239
S_N2', 240
S_Ni, 239
机理, 221, 222
碳正离子, 124
用于转化反应, 220
IUPAC, 用于酸和碱的术语, 186
$+I$ 效应, 10
芳基正离子, 348
$-I$ 效应, 10, 195, 349, 350
芳基正离子, 348
I 张力, 见张力
Jablonski 图, 176
Jacobsen 反应, 376
重排, 376
分子内过程, 376
磺酰化, 376
异构化, 376
Jacobsen-Katsuki 环氧化, 578
Japp-Klingemann 反应, 404
Johnson 多烯烃环化, 552
Jones 试剂, 醇的氧化, 894
与 OsO_4, 902
Journal of Synthetic Methods, 990
Julia-Colonna 环氧化, 577
Kamlet 反应, 692
Kamlet 反应, 见 Henry 反应
Katritzky 吡喃鎓盐-吡啶鎓盐方法, 264, 931
硫氰酸酯, 268
卤代烷, 278
硝基化合物的烷基化, 290
KBr, Oxone, 芳香化合物的卤化, 360
Kekulé 结构, 29
多并苯, 29
KHMDS, 活泼亚甲基化合物的芳基化, 460
Kiliani-Fischer 方法, 702
Kimel-Cope 重排, 859
Kindler 改进, Willgerodt 反应, 938
kink 型原子, 催化氢化, 542
Kishi NMR 方法, 绝对构型, 83
Knoevenagel 缩合, 686, 692
Darzens 缩合, 694
Doebner 改进, 692
Nef 反应, 692
Wittig 反应, 692, 693
氨基甲酸酯, 693
铵盐, 692
产物, 692
超声, 692

高羟醛反应, 693
高压, 254, 692
合适的官能团, 692
甲苯磺酰基异氰化物, 693
甲苯磺酰腙, 693
结构变化, 692
金属催化的, 692
羟基磺酰胺, 693
酸催化剂, 692
特殊应用, 692, 693
微波辐照, 692
无溶剂的, 692
酰基负离子等价体, 693
在沸石上, 692
在硅胶上, 692
在离子液体中, 692
Knoevenagel 碳负离子, 与烯丙基酯, 285
Koch-Haaf 反应, 299, 566
Koch 反应, 566
KOH, 含水的, Stille 偶联, 407
与胺, 266
Kolbe-Schmidt 反应, 370
机理, 370
金属催化的, 370
同位素标记, 370
在超临界二氧化碳中, 370
Kolbe 电化学合成, 见 Kolbe 反应
Kolbe 反应, 509, 807
电子转移, 892
机理, 510
Kornblum 反应, 908
Kornblum 规则, 两可亲核试剂, 256
Krebs 循环（三羧酸循环）, 对映异位的, 94
Kröhnke 反应, 微波辐照, 909
Ladenburg 式, 595
Lange's Handbook of Chemistry, 987
Lawesson 试剂: 2,4-双（4-甲氧基苯基）-1,3,2,4-二硫二磷-2,4-二硫化物, 668
酰胺的形成, 715
与醇, 266
与膦酸酯, 796
与羧酸, 713
与酮, 668
La 催化剂, 醛与胺, 910
LCAO（原子轨道线性组合）, 3
LC（液相色谱）, 制备的, 非对映体, 拆分, 88
LDA（二异丙氨基锂）, 290

Claisen-Schmidt 反应, 688
Claisen 缩合, 722
X 射线晶体学, 198
负离子的 Fries 重排, 373
[3+2] 环加成, 583
聚集体, 198
醚的消除, 794
羟醛反应, 688
羧酸, 293
烯丙基碳负离子, 583
烯醇硼酸酯, 291
形成烯醇负离子, 687
形成烯醇负离子, 413
与共轭酮, 461
与环氧化物和二胺, 795
与羧酸负离子, 723
与酮, 409
与酰胺, 691
与酯, 691
酯, 722
Lederer-Manasse 反应, 364
Lemieux-von Rudloff 试剂, 烯烃的氧化裂解, 902
Leuckart 反应, Wallach 反应, 671
Lewis 碱, 从头算计算, 碱强度, 193
定义, 193
空间效应, 196
亲核试剂, 224, 246
在离子液体中, 214
Lewis 结构, 3, 7, 18
苯, 20
共振, 23
Lewis 酸催化, Prins 反应, 703
磺酰卤与卤代酯, 283
在 Diels-Alder 反应中, 584
Lewis 酸, 芳香化合物的硝化, 356
Beckmann 重排, 804
Gatterman-Koch 反应, 369
Johnson 多烯烃环化, 552
Prins 反应, 703
芳香化合物的硫烷基化, 371
空间效应, 196, 197
逆 Friedel-Crafts 反应, 375
溶剂效应, 198, 199
软度, 193
烯丙基硅烷与醛的反应, 701
烯烃的重排, 400
氧鎓离子的形成, 265
周期表, 193, 196
Lewis 酸, 缩醛裂解, 259
Brønsted 酸性, 196

Friedel-Crafts 烷基化，362
醇脱水，262
芳基卤，377
芳基酮的形成，367
芳基正离子，399
芳香化合物的卤化，360
环氧化物醇解，262
联芳烃的形成，366
卤代烷对烯烃的加成，573
亲电试剂，345
羧酸的酯化，711
缩醛，259
碳正离子的形成，375
酮酯的形成，409
烯胺与醛或酮的缩合反应，688
烯醇烷基化，290
酰基碳正离子，368
亚氨基酯，371
硬度，193
Lewis 酸，酰卤对烯烃的加成，573
硫醇对烯烃加成，537
Lewis 酸，用于醇对羰基的加成，665
 用于 Beckmann 重排，840
 用于 Friedel-Crafts 酰基化，367
 用于苯胺的卤化，360
 用于芳香化合物的卤化，361
 用于环醚的裂解，276
 用于环氧化物重排生成酮，830
 用于硫醇与醛或酮的反应，667,668
 用于醚的裂解，276
 用于醚与酸酐，264
 用于逆 Friedel-Crafts 烷基化，375
 用于羧酸酯，来自醚，264
 用于烯丙基硅烷对醛的加成，681
 用于烯烃与酰卤的偶联，408
Lewis 酸，与酰卤，367
 与 Danishefsky 二烯烃，591
 与 LiAlH$_4$，酯的还原，930
 与胺，271
 与芳基卤，377
 与芳基酯，372
 与环氧化物和有机铜酸盐，287
 与甲基磺酰基吖丙啶，801
 与腈，371
 与氰化钾，298
 与氰化钠，298
 与醛和重氮酯，409
 与炔烃和醛或酮，680
 与烷烃，829
 与烯丙基硅烷和环氧化物，279
 与烯烃和醛或酮，680

与烯烃，在 Friedel-Crafts 烷基化中，364
与亚胺，804
与有机铜化合物，卤代烷，283
Lewis 酸，在 Diels-Alder 反应中，584
 反应类型，193
 高氯酸锂，193
 强度，193
 用于 Prins 反应，703
 用于 Ritter 反应，724
 用 Diels-Alder 反应中，584
 在 Friedel-Crafts 烷基化中的反应活性顺序，363
 在 Nazarov 环化中，556
 在单醇反应中，555
Lewis 酸，作为催化剂用于 Curtius 重排，838
 催化，羧酸对烯烃的加成，537
 催化氢过氧化物重排，842
 催化烯酮对羰基的环加成，725
 定义，193
 手性的，197
 手性的，Claisen 重排，859
 用于 Claisen 重排的催化剂，858
 用于芳基砜形成的催化剂，359
 用于酯交换反应的催化剂，712
 与官能团协同，363
Lewis 酸-碱复合物，193
Lewis 酸-碱，酸根型配合物，193
Ley 试剂，见 TPAP
LHMDS（六甲基二硅基氨基锂），290
 聚集体，198
 烯醇负离子，688
 作为碱，198
LiAH$_4$ 氢化铝锂
LiBr，与烯醇负离子，134
LICA，290
 Claisen 缩合，722
 酯，722
 酯烯醇负离子，Claisen 重排，859
LICKOR，412
LiCN，与乙烯基三氟甲磺酸酯，298
LIDAKOR 试剂，环氧化物的消除，795
Lindlar 催化剂，炔烃的氢化，541
LiTMP-丁基锂混合聚集体，688
Li 粉末，420
Lossen 重排，821,839
 对映选择性，839
 机理，839
LTMP，290
 烯醇负离子，290

与环氧化物，271,795
LTMP（六甲基二硅基氨基锂），198
LUMO，Diels-Alder 反应，584
 内型加成，590
 前线轨道方法，587
 四烯，23
 烯烃，Pauson-Khand 反应，568
 消除，790
 乙烯，5
MABR，作为催化剂，679
Mannich 反应，371,672,673
 Eschenmoser 盐，673
 Robinson 成环，689
 Strecker 合成，702
 插烯的，672
 动力学，673
 对映选择性，673
 非对映选择性，673
 机理，673
 碱催化的，673
 金属催化剂，673
 区域选择性，672
 酸催化的，673
 硝基，673
 亚胺正离子，673
 与超过等量的胺，672
 在离子液体中，673
Mannich 碱，672
 氨基离去基团，250
 来自酮，672
 消除-加成反应，242,250,270
 与胺，270
 与金属有机偶联，285
Marchantia polymorpha，酯水解，705
Marcus 方程，碱催化，192
 Brønsted 方程，192
Marcus 理论，162
 S$_N$2 反应，162
 Swain-Scott 方程，248
 机理，162
 速率常数，164
 质子转移，192
Markovnikov 规则，反-，见 反-Markovnikov
Markovnikov 规则，烯烃的酰基化，408
 Hammond 假设，530
 Prins 反应，703
 Wacker 方法，911
 丙二烯，530
 醇对烯烃的加成，536
 次卤酸对烯烃的加成，571

定义，529
对环丙烷的加成，532
对炔烃的加成，533
硅烷对炔烃的加成，551
环丙烷，532
硫醇对烯烃加成，537
卤代内酯化，571
卤代烷对烯烃的加成，573
硼氢化，547
羟汞化，534
氢羧基化，566,567
羧酸对烯烃的加成，537
烷氧基汞化，536
烯烃，Friedel-Crafts 烷基化，364
烯烃的胺化，538
烯烃的氢胺化，538
烯烃的水化，534
酰氧基化，581
溴化，530
亚硝酰氯与烯烃，572
Markovnikov 加成，膦和炔烃，金属催化剂，539
醇对烯烃，536
乙烯基膦，539
乙烯基膦酸酯，539
McFadden-Stevens 还原，921
McMurry 偶联，935
　分子内的，935
　机理，936
　交叉偶联，935
　试剂，935
　形成非对称的烯烃，936
mCPBA（间氯过氧苯甲酸），576
　硫化物的氧化，801
　硼烷的氧化，549
　酮的 α-羟基化，906
　与吖丙啶，801
　与硝基氰胺，274
　与亚胺，840
Meerwein 芳基化，466
　机理，466
Meerwein-Eschenmoser-Claisen 重排，859
Meerwein-Ponndorf-Verley 还原，无铝的，918
　Oppenauer 氧化，895
　对映选择性，918
　过渡态，918
　环状过渡态，918
　机理，918
　羰基，917

微波辐照，918
烯醇含量，918
氧化铝，918
Meinwald 重排，831
Meisenheimer-Jackson 盐，444
Meisenheimer 盐，444
　NMR，444
　X 射线晶体学，444
Meisenheimer 重排，843
Meldrum 酸，酸性，197
　构象，197
MEM 醚，260
Menshutkin 反应，226,268
　S_N2，226
　高压，255
Merck Index（Merk 索引），987
Merrifield，R.B.，716
Merrifield 合成，716
　HF，716
　产物的分离，716
Merrifield 树脂，Sonogashira 偶联，460
　清除 PPh_3，460
Methods in Organic Synthesis，990
Meyer V 值，212
Meyer-Schuster 重排，837
Meyers 醛合成，295
Mg，与杂原子配位，553
　烯丙基卤的对称偶联，280
Michael 底物，556
Michael 反应，氮杂-，563
　电化学，557
　对映选择性，557
　共轭底物，556
　氰根离子，556
　手性催化剂，557
　手性添加剂，557
　双重的，556
　烯胺，557
　烯醇负离子，556,557
　在离子液体中，556
Michael 反应，分子内的，556,557
　插烯的，556
　超声，557
　底物用于，556
　对共轭烯烃，555-557
　金属-salen 复合物，557
　金属催化的，556
　可逆性，526
　立体选择性，557
　硫叶立德，700
　脯氨酸衍生物，557

水促进的，556
相转移催化剂，556
硝酮，556
氧-，见氧-Michael
鹰爪豆碱，557
有机催化剂，557
自由基，557
Michael 反应，加成反应，534
　Robinson 成环，689
　过渡金属，556
　互变异构，45
　互变异构体，526
　抗体，557
　酶，557
　羟醛反应，688
　烯醇负离子，526
　相转移催化，556
　有机铜酸盐，557
Michael 反应，酸性条件，557
　炔烃，557
Michael 加成，氨基酮，720
　DABCO，556
　Grignard 反应，676
　Nazarov 环化，556
　Ramberg-Bäcklund 反应，801
　氮杂-，见氮杂-Michael
　电化学，557
　对映选择性，557
　分子内的，556,557
　机理，526
　膦催化剂，556
　氢过氧根离子，577
　双重的，556
　烯胺，293
　烯醇负离子，557
　有机催化剂，556
　与共轭腈，526
　自由基，557
　自由基引发剂，557
Michael 加成，酸性条件，557
　胺对共轭羰基化合物，538
Michael 烯，Wittig 反应，695
Michael 型底物，526,569
　氢胺化，538
Michael 型机理，环氧化，577
Michael 型加成，785
Michael 型烯烃，HCN 的加成，569
　烯胺，592
Mills-Nixon 效应，26
　亲电芳香取代，352
Mills 反应，466

Mislow-Evans 重排，861
Mitsunobu 反应，醇脱水，262
 Williamson 反应，260
 胺的形成，269
 叠氮化物和环氧化物，271
 磷酸酯，265
 醚形成，260,262
 烷基叠氮化物的形成，来自醇，840
 微波辐照，181
 酰胺，273
 酯化，263,710
Mitsunobu 环化脱水，264
Mizoroki-Heck 反应，见 Heck
MM4,102
 分子力学，102
MMFF,102
 分子力学，102
MMPP（单过氧邻苯二甲酸镁），576
 腙的氧化，898
MM3,分子力学，102
MM40 计算，超共轭，42
Mn-salen 复合物，羟胺的脱水，804
Mn 复合物，双羟基化，574
 作为催化剂，578
Möbius-Hückel 方法，588,589,858
 Diels-Alder 反应，588
 电环化反应，848,849
 轨道对称性，850
 环丙烷开环，832
Möbius 带化合物，手性，79
Möbius 带，环加成，589
Möbius 带配体交换，轮烷，66
Möbius 芳香性，39,40
Möbius 体系，[1,3] σ 重排，853
Möbius 体系，顺旋过程，848
Möbius 体系，允许的反应，588
Moffatt 氧化，醇，896
MOM 醚，260
MoOPH，酯烯醇负离子的 α-羟基化，905
 腈烯醇负离子，906
 酮烯醇负离子，905
Morita-Baylis-Hillman 反应，见 Baylis-Hillman
Morita-Baylis-Hillman 烷基化，682
Mosher 酸：α-甲氧基-α-三氟甲基苯乙酸（MTPA），82
 绝对构型，82
Mosher 酯，绝对构型，82
Mo 催化剂，复分解，862,863
 聚合物固定的，烯烃复分解，863

MO 计算，3
 AM1,19
 CNDO,19
 Hückel 规则，33
 MINDO,19
 PM3,19
 S_N1 反应，246
 S_N2 反应的自由能，226
 半经验的，19
 从头算，19,20
 二茂铁，31
 反芳香性，33
 芳香化合物，19
 富勒烯，40
 构象，197
 环丙基正离子开环，850
 环丙烷，103
 环丁二烯，34
 键角，19
 键长，19
 交叉共轭，23
 离子对形成，229
 萘，28
 偶极矩，19
 四面体机理，242
 烯烃和烯酮的［2+2］环加成，593
 䓬，32
 张力，103
 转动能垒，96
MTPA，见 Mosher 酸
Mukaiyama 羟醛，也见羟醛
Mukaiyama 羟醛反应，689
 从头算研究，690
 多米诺（domino）反应，690
 过渡金属催化剂，690
 手性的有机催化剂，690
 手性添加剂，690
 手性助剂，690
 有机催化剂，690
 在离子液体中，690
Mukaiyama 试剂，内酯化，711
 羧酸脱水，794
+M 和 −M 效应，207
 场效应，207
4n 体系，电环化重排，850
 顺旋相对于对旋，850
4n+2 体系，电环化重排，850
 顺旋相对于对旋，850
$NaBH_4$，见硼氢化钠
Nafion-H，359
炔烃的水化，535

Nafion，醇脱水，262
 Ritter 反应，724
Nametkin 重排，Wagner-Meerwein 重排，829
Natural Products Updates，990
Nazarov-Wagner-Meerwein 次序，556
Nazarov 环化，417,556,567
 Fe 复合物，567
 Michael 加成，556
 插烯的，556
 对映选择性，556
 还原的，556
 金属催化的，556
 逆-，556
 与 Lewis 酸，556
 与丙二烯，556
 在离子液体中，556
Nazarov，中断的，556
NBS（N-溴代琥珀酰亚胺），AIBN，氢，醛，504
 Pummerer 重排，938
 Wohl-Ziegler 溴化，499
 氨基酸的脱羧反应，422
 醇的氧化，897
 二醇的氧化，895
 二噻烷的氧化水解，723
 芳香化合物的卤化，360
 芳香化合物的溴化，360
 卤代胺的形成，425
 卤代醇的形成，571
 氯胺-T，580
 醛或酮的卤化，403
 羧酸的卤化，403
 缩醛裂解，259
 酮的卤化，402
 形成卤代烷，来自羧酸，714
 与 DBU，838
 与 DBU，氨基甲酸酯，838
 与醇和碳二亚胺，276
 与甲醇钠，Hofmann 重排，838
 与烯醇硼酸酯，403
 与亚砜，404
 与乙烯基硼烷，416
 与乙烯基羧酸，511
 在离子液体中，360
 自由基卤代，499
 自由基卤代，498
 作为溴的来源，500
NCS（N-氯代琥珀酰亚胺）
 Pummerer 重排，938
 二噻烷的氧化水解，723

卤代胺的形成，425
酮的卤化，401
烯丙基氯化，500
与内鏻盐，698
与亚砜，404
与乙烯基硼烷，416
自由基氯代，催化剂用于，500
Neber 重排，837
　吖嗪烯，837
　吖嗪烯中间体，162
　机理，837
　中间体分离，162
Nef 反应，664
　Knoevenagel 反应，692
　机理，664
　炔负离子与酮，678
　硝基化合物的酸式，664
　与 Favorskii 重排联用，692
Negishi 偶联，283
Newman 投影，构象，96
　定义，96
　顺式和反式消除，783
Nicotiana tabacum，还原酶，547
NIS，卤代醇的形成，571
　与醇和碳二亚胺，276
　在含水介质中，571
Ni 催化剂，用于 [3+2] 环加成，583
　来自丙二烯与醛或酮，680
　用于 Sonogashira 偶联，460
　用于 Suzuki-Miyaura 偶联，459
　用于芳基卤的偶联，455
　用于芳基卤的氰基化，454
　用于芳基卤的形成，453
　用于芳基卤或乙烯基卤的偶联，281
　用于芳基三氟甲磺酸酯与格氏试剂，281
　用于格氏试剂与酰卤，719
　用于环化三聚，599
　用于炔烃环化三聚，598
　用于碳酸酯偶联，286
　用于烷基硼烷与卤代烷偶联，284
　与格氏试剂，286
Ni 催化剂，与氰根离子偶联，298
　Corey-Winter 反应，800
　Hiyama 偶联，291
　Negishi 偶联，283
　Ullmann 反应，458
　氨基酸的脱羧反应，422
Ni 复合物，硼烷与醛，680
NMO（*N*-甲基吗啡啉-*N*-氧化物），574
　腈的形成，670

溶剂，670
烯烃的双羟基化，574
作为溶剂，670
NMR（核磁共振），988
　CIDNP，135
　Cope 重排，857
　半缩醛胺的检测，668
　苯，27
　苯基正离子，347
　测定绝对构型，82
　大环的构象，101
　动态核极化，135
　反芳香性，35，39
　芳基碳负离子，545
　芳香性，28
　非对映异构化合物，94
　分析，立体化学，83
　构象，95
　冠醚，客体-主体相互作用，63
　化学位移，9
　环丙基甲基碳正离子，238
　环丙基甲基正离子，238
　环庚三烯负离子衍生物，35
　键级，28
　绝对构型，82，83
　抗磁性的环电流，27
　喹啉的胺化，463
　轮烯，35-37，38
　偶合常数，9
　手性化合物，89
　手性内酰胺，82
　手性溶剂，90
　手性位移试剂，90
　瞬烯，857
　碳正离子，124，126，235，236
　碳正离子稳定性，821
　纬向性的，27
　烯烃，27
NMR，电负性，8
　Fischer 吲哚合成，860
　Meisenheimer 盐，444
　Mosher 酸，82
　动力学，166，228
　对映纯度，90
　对映体过量，89
　发射，135
　格氏试剂，133
　机理，166
　甲基邻基，239
　甲烷，6
　凯库勒烯，38

氢键，59
同芳香化合物，40
同位素标记，163
同位素效应，167
酮-烯醇互变异构，43
烯醇含量，43
中间体，162
NMR，非经典碳正离子，234，235，237，829
　苯鎓离子，236
　降冰片二烯基碳正离子，234
　降冰片基碳正离子，237
　金属有机，132
　经向性的化合物，28，39
　顺磁环电流，28
　形成肟，670
　氧膦烷，696
NMR，各向异性，构象，95
　^{13}C，环电流，27
　EtI+EtLi，135
　杯间苯二酚芳烃，27
　动态的，101
　对环芳烷，25，27
　二环 [5.1.0] 辛二烯，857
　负增强，135
　庚间三烯并庚间三烯，31
　环丁二烯衍生物，34
　环庚三烯酮和环庚三烯酚酮，31
　镧位移试剂，82
　轮烯，38，39
　三叔丁基环丁烯，858
　手性溶剂，90
NMR，自由基，135，136
　Wittig 反应，697
　环电流，27
　价互变异构，858
　金属有机的共轭加成机理，560
　空间张力，102
　轮烷，67
　四甲基硅烷，9
　碳正离子的结构，851
　酯的溶剂解，228
　自旋捕获，135
NOESY，π-π 相互作用，61
Normant 试剂，对炔烃的加成，554
Norrish Ⅱ 型裂解，178
　消除，780
Norrish Ⅰ 型反应，自由基，807
　环丁酮的光解，807
Norrish Ⅰ 型裂解，定义，178
Nozaki-Hiyama 反应，酰基加成，679

Numerical Data and Functional Relationships in Science and Technology, 987
Official Gazette of the Patent Office（美国专利办公室的政府公报）, 982
Oppenauer 氧化, 895
　　Meerwein-Ponndorf-Verley 反应, 895
　　超临界条件, 895
　　醇, 895
　　非催化的, 895
　　金属催化剂, 895
ORD, 见旋光光谱
Organic Electronic Spectral Data, 988
Organic Functional Group Preparations, 994
Organic Reaction Mechanisms, 990
Organic Syntheses Collective Volumes（合集）, 993
Organic Syntheses Indexes, 993
Organic Syntheses, Reaction Guide, 993
Organic Syntheses, 992,993
Orton 重排, 374
　　分子内的, 374
　　光化学的, 374
　　过氧化物, 374
　　烯烃的二胺化, 579
Oxone（过氧单硫酸钾）, 577
　　KBr, 芳香化合物的卤化, 360
　　胺氧化生成羟胺, 912
　　醇的氧化, 896,897
　　醇的氧化, 生成酯, 909
　　二烷基四氧嘧啶, 577
　　二氧杂环丙烷的形成, 577
　　卤代胺, 425
　　硼烷的氧化, 548
　　硼烷的氧化, 生成苯酚, 450
　　肟氧化生成硝基化合物, 912
　　烯烃的羰基化, 567
　　烯烃或炔烃的氧化裂解, 902
　　氧化酰胺化, 504
　　与碘代苯磺酸, 896
　　与四氧化锇, 574,902
　　与酮, 烯烃的环氧化, 577
　　与亚胺盐, 577
　　腙的氧化, 898
Passerini 反应, 726
　　机理, 727
Pasteur, Louis, 拆分, 88
Patent Office, Official Gazette, 982
Paterno-Büchi 反应, 595,725
　　非对映选择性, 725
　　分子内的, 725

双自由基中间体, 725
Pauling 共振能, 芳炔, 447
　　环电流, 27
Pauli 不相容原理, 2
Pauli 互斥, 键能, 14
Pauli 原理, 173
　　自由基, 135
Pauson-Khand 反应, 567,568
　　超声, 568
　　对映选择性, 568
　　非均相的, 568
　　官能团的兼容性, 568
　　光化学的, 567
　　机理, 568
　　金属催化剂, 567
　　微波辐照, 568
　　杂原子成分, 568
Payne 重排, 263
PCC（吡啶鎓氯铬酸盐）, 醇的氧化, 894
　　酸性, 894
PDC（吡啶鎓重铬酸盐）醇的氧化, 894
Pd, π-烯丙基, 285
Pd, π-烯丙基复合物, 22
Pd 催化剂, Mannich 反应, 673
　　Stille 偶联, 芳基卤, 407
　　Stille 偶联, 杂芳基卤, 407
　　胺的制备, 269
　　吡咯和乙烯基三氟甲磺酸酯, 417
　　多烯烃环化, 552
　　负载在聚合物上, 452,460
　　硅烷与二烯烃, 550
　　硅烷与芳基卤, 462
　　还原消除, 459
　　金属有机偶联, 283
　　可回收利用的, 455
　　膦与炔烃, 539
　　硫醇盐与芳基卤, 451
　　硫代氨基甲酸酯的形成, 426
　　噻吩, 来自烯炔, 538
　　三氟硼酸酯与甲苯磺酰亚胺, 684
　　羧酸的热解, 795
　　酮的乙烯基化, 291
　　氧化加成, 458
　　与 Mo (CO)$_6$, 452
　　与炔烃-羧酸, 537
Pd 催化剂, 吖丙啶化, 580
Pd 催化剂, 苯胺, 与烯烃, 538
　　重氮盐的芳基化, 467
　　芳基碘与炔烃, 554
　　芳基卤和 KOH, 450
　　芳基卤与 CO_2, 683

芳基卤与胺, 452
芳基卤与碘鎓盐, 452
芳基硼酸, Friedel-Crafts 酰基化, 368
芳基三氟甲磺酸酯与格氏试剂, 281
芳醛与芳基三氟硼酸酯, 681
芳香化合物与烯烃, 554
磺酰胺的芳基化, 272
酰胺的芳基化, 453
Pd 催化剂, 不对称的 Heck 反应, 456
　　Heck 反应, 456,457
　　Hiyama 交叉偶联, 291
　　Lindlar 催化剂, 541
　　Rosenmund 还原, 921
　　Sonogashira 偶联, 459
　　Stille 反应, 283
　　Stille 偶联, 407
　　Suzuki-Miyaura 偶联, 458
　　Tsuji-Trost 反应, 285
　　Wacker 方法, 911
　　芳基卤与硼酸偶联, 458,459
　　硼酸, 458
　　氢化, 540
　　三氟硼酸酯, 459
　　酮的脱氢化, 894
　　烯醇负离子与芳基卤偶联, 461
　　烯烃氧化成醛或酮, 911
　　形成硒化物, 267
　　氧化酰胺化, 504
　　乙烯基三氟甲磺酸酯, 261
　　酯交换反应, 712
Pd 催化剂, 氯甲酸酯与炔烃, 719
　　Cope 重排, 856
　　胺的共轭加成, 564
Pd 催化剂, 偶联, Sonogashira 偶联, 459,460
　　芳基卤, 455
　　锂化炔烃, 280
　　乙烯基, 283
　　乙烯基三氟甲磺酸酯和苯酚, 260
　　有机锂试剂, 280
　　与三烷基氟硼酸酯, 297
　　与有机锡试剂, 284
Pd 催化剂, 硼酸, 与烯丙基乙酸酯, 296
　　与 O_2, 910
　　与重氮盐, 466
　　与腈, 686
　　与羧酸, 683
　　与异氰酸酯, 686
　　与酯, 720
Pd 催化剂, 硼烷, 醇, 414
　　芳基碘, 415

Pd 催化剂，氰基化或芳基三氟甲磺酸
　酯，372
　Heck 反应，456，457
　LiCN 和乙烯基三氟甲磺酸酯，298
　氨基甲酸酯的环化，540
　丙二烯的形成，来自炔丙基胺，802
　二烯烃羧酸的环化，537
　二烯烃与二酮，554
　二乙酰氧基化，576
　环胺，来自炔烃，539
　环丁烷开环，864
　咪唑盐配体，458
　氰化物与芳基卤，454
　炔烃的氢化，541
　炔烃的水化，535
　酮与烯烃，554
　烯烃的异构化，533
　烯烃三氟硼酸酯的自偶联，506
　形成硫醚，266
　亚胺与硼酸，684
　氧代吲哚的氟化，402
　用于偶联反应，284
Pd 催化剂，羰基化，芳基卤，461
　乙烯基汞化合物，417
Pd 催化剂，酰卤与硼酸，719
　胺化反应，417
　胺，与芳基卤，358
　胺，与腈，674
　胺，与醚，270
　醇和烯丙基酯，260
　醇盐与芳基卤，450
　醇与烯烃，536
　炔烃和胺，543
　炔烃交叉偶联，297
　炔烃与丙二烯，553
　烯丙醇与二烷基锌，678
　烯丙醇与亚胺，685
　烯丙基胺，来自烯丙醇，269
Pd 复合物，22
　Eschenmoser-Claisen 重排，859
　Stille 反应，407
　反式-，407
　芳基碘与炔烃，554
　卤代烷的羰基化，299
　手性的，842，859
Pd，过氧化配合物，459
Pd，金属交换反应，458
Pd 迁移，Heck 反应，456
Pechmann 缩合，365
　离子液体，365
　微波辐照，365

PEG 400，298
PEG-碲化物，Reformatsky 反应，682
PEG（聚乙二醇），烯烃复分解，863
　Baylis-Hillman 反应，681
　二酮与酸，666
　共轭加成，564
　腈的水解，664
　可回收的氢化催化剂，541
　溶剂，455
Perkin 反应，693
Perkin 缩合，686
Permuterm Subject Index（交换主题索
　引），1000
PES（光电子能谱），甲烷，6，7
　并环戊二烯衍生物，32
　氮，6
　多重键，5
　构象，95
　轨道，5，6
　环丁二烯，34
　键的固定化，34
　离子化能，106
　碳正离子稳定性，127
　推拉效应，34
　烯烃，7
　杂化，7
　张力，106
　自由基正离子，8
Petasis 试剂（二甲基二茂钛），699
　反应活性，699
　结构变化，699
　与内酯，699
　与醛或酮，699
Petasis 烯基化，699
　机理，699
Peterson 反应，686
Peterson 烯基化，694
　改进的，环氧化物形成，694
　硅基-Wittig 反应，694
　机理，694
　结构改变，694
Peterson 烯烃化，见 Peterson 烯基化
Physical Constants of Organic Compounds，987
Physical Properties of Chemical Compounds，987
pH 和重氮盐，357
　互变异构，43
　溶剂酸性，190
　形成肟，670
　亚硝酸和胺，464

Pictet-Spengler 反应，365
　对映选择性的，366
Pinner 合成，667
Pisum sativum（豌豆），CH 氧化，905
　α-羟基化，905
Pitzer 张力，见张力
pK_a，酸，187，188
　苯胺，196
　苯甲酸，195
　测量，187
　场效应，194
　二酮，195
　方形酸，40
　共轭碱，在烯醇负离子反应中，290
　环戊二烯，30
　腈，195
　腈化合物的 α-质子，290
　萘酚，基态对激发态，175
　氰基甲烷，195
　取代苯甲酸，194
　酸的类型，187，188
　羧酸，195
　羧酸中的共振效应，195
　羰基化合物的 α-质子，290
　芴，30
　硝基甲烷，130
　形成烯醇负离子，288
　茚，30
　在 DMSO 中，187
pK，碱，表，189
　UV，197
　超碱，189
　共振，195
　构象，197
　碱，表，189
　氢键，196
　形成碳正离子，126
　指示剂，191
　质子转移，190
Planck 常数，2，172
PMHS（聚甲基氢硅氧烷），921
P-P 成键，93
Prevost 反应，574
　Woodward 改进，574
Prins 反应，581，702
　Lewis 酸，703
　Lewis 酸催化剂，703
　Lewis 酸用作催化剂，703
　Markovnikov 规则，703
　Sm 化合物，703
　被碘促进，703

单烯反应，703
对映选择性，703
二氧六环的形成，703
光化学，703
过渡金属，703
机理，702
结构变化，703
可逆的，703
烯烃的卤化，573
烯烃结构，703
氧代碳正离子，703
与二烯烃，703
与过氧化物，703
与环氧丙烷，703
与烯炔，703
自由基，703
Prins 环化，氧桥-Cope 重排，855
Pschorr 反应，506
  机理，467
Pschorr 关环反应，467
  Gomberg-Bachmann 反应，467
Pseudomonas oleovorans，胺的 α-羟基化，906
Pseudomonas putida，芳香化合物的双羟基化，576
Pt 催化剂，氢化，540
  烯烃的异构化，533
Pt 化合物，阻转异构体，77
Pt 配合物，环炔烃，107
  拆分烯烃，95
Pummerer 重排，828,938
  对映选择性，938
  机理，938
  同位素标记，938
Pummerer-硅，938
p 特征，键角，12
  超共轭，41
Raman 光谱，碳正离子，127
  Fries 重排，373
  芳香化合物的硝化，356
  构象，95
  激光，非经典碳正离子，237
  甲基邻基，238
  纳秒时间分辨，373
  氢键，63
  中间体，162
Ramberg-Bäcklund 反应，801
  Michael 加成，801
  环砜，801
  机理，801
  挤出反应，801

卤素反应活性顺序，801
与卤代硫化物，801
Raney 镍，也见镍
  Zinin 还原，923
  二硫代缩酮的脱硫化，668
  二噻烷，294
  砜基的还原，377
  含硫化合物的还原，923
  硫醇的氢化，509
  硫醚的氢化，509
  卤代烷的还原，926
  氢化，540
  脱硫化，509,668,933
  与二硫代缩醛和二硫代缩酮，294
  转氨基反应（或胺交换反应），270
Rauhut-Currier 环化，682
R-camp，手性配体，541
Re/Si 命名，95
Reaction Index of Organic Syntheses，993
ReactIR，162
Reagents for Organic Synthesis，993
Reaxys，986,1001-1003
Red-Al，916
Reed 反应，503
Reed 反应，机理，503
Referativnyi Zhurnal，Khimiya，983
Reformatsky 反应，284,682,726
Reformatsky 反应，活化的锌，682
  Claisen 缩合，691
  Grignard 反应，682
  PEG-碲化物，682
  Wittig 反应，682
  超声，682
  二烷基锌试剂，682
  过渡金属，682
  膦，682
  溶剂，682
  声化学，180
  水解，682
  锌，682
  与金属，682
  与羧酸酯，823
  中间体，682
  中间体的 X 射线衍射结构，682
Reformatsky 反应，形成 β-内酰胺，726
Reformatsky 型锌衍生物，284
Reilly-Hickenbottom 重排，374
Reimer-Tiemann 反应，369,370
Reissert 化合物，与硫酸生成醛，921
Reppe 羰基化，566
Rh 催化剂，硅基烯醇醚的形成，409

DOSP 配体，597
手性的，环丙烷化，596
Rh 催化剂，用于 1,6-加成，559
用于 Cannizzaro 反应，937
用于插入反应，411
用于重氮烷的分解，142
用于重氮烷环丙烷化，596
用于芳香化合物的氘化，355
用于芳香化合物与烯烃，554
用于环加成，601
用于硼酸与异氰酸酯，686
用于氢化，540
用于炔烃的氢甲酰化，569
用于炔烃环化三聚，598
用于烯胺的氢化，541
用于烯炔的环化，552
用于烯烃的卤代酰基化，573
用于形成异硫氰酸酯，来自异腈，274
用于亚胺的芳基化，684
用于亚胺与硼酸，684
用于亚硝基化合物和异氰酸酯，426
Rh 催化剂，与酰卤，800
  不对称环丙烷化，597
  与重氮烷，596
  与醇和卤代烷，260
  与亚硝基烯胺，798
  与乙烯基四氟硼酸酯，561
Rh 催化剂，在 [2+2] 环加成反应中，592,593
Rh 催化剂，在重氮烷的 [3+2] 环加成中，583
  在 Reformatsky 反应中，682
  在 Scholl 反应中，366
Ring Systems Handbook，988
Ritter 反应，724
  Beckmann 重排，841
  HCN，724
  Nafion，724
  醇，724
  腈中的空间位阻，724
  羟基琥珀酰亚胺，724
  微波辐照，724
  与氰胺，724
Robinson 成环，689
  Claisen 反应，692
  Mannich 反应，690
  Michael 反应，689
  Stryker 试剂，690
  铵基酮，690
  底物的聚合，690
  对映选择性，689

分子内羟醛反应，689
硅基酮，690
无溶剂的，690
在离子液体中，689
Rodd's Chemistry of Carbon Compounds，991
ROESY，π-π 相互作用，61
Rosenmund-von Braun 反应，449，454
Rosenmund 催化剂，炔烃的氢化，541
Rosenmund 还原，酰卤，921
Ruzicka 环化，723
Ru 催化剂，脱羧反应，422
　复分解，862，863
　氢化，541
　氧化酰胺化，504
Ru 催化剂，形成酰胺，273
　高聚物负载的，烯烃复分解，863
　用于胺的烷基化，268，269
　用于胺与腈，674
　用于醇的偶联，286
　用于硼酸与酯，720
　用于炔烃的水化，535
　用于炔烃的氧化裂解，902
　用于炔烃与烯丙醇，554
　用于烯丙基硅烷与醛，681
　用于烯炔的环异构化，853
　用于烯烃的甲酰化，567
　用于烯烃的氧化裂解，902
　与炔丙基醚，794
　与炔烃-羧酸，537
　与肟，804
　在 Scholl 反应中，366
　在 Suzuki-Miyaura 偶联中，459
　在乙烯基环丙烷重排中，855
Ru 复合物，Tischenko 反应，938
R 值，σ 值，212
R 值和 F 值，表，212
s 特征，酸性，197
　超共轭，42
　键角，12
　键能，13，14
　键长，11，14
　碳负离子稳定性，129，130
　张力，103
Sadtler Research Laboratories，光谱，988
Sakurai 反应，560
　催化的，560
salen 催化剂，催化氢化，541
　钴，260

环氧化，578
salen 复合物，形成腈，298
salen-金属复合物，环氧化，578
salen 配体，578
Sandmeyer 反应，360，464，465，507
　芳基腈的形成，507
　速率常数，507
　与氰化铜，507
Sanger 试剂，452
SCF 方法，芳香性，28
Schiemann 反应，361，465
　自由基中间体，466
Schiff 碱，HCN 的加成，702
　还原成胺，922
　手性的，环氧化物与金属有机，287
　水解，663
　形成，669
Schlenk 平衡，132，133
Schleyer 金刚烷化，829
Schmidt 反应，839
　IUPAC 机理，840
　叠氮基酮，在自由基条件下，839
　叠氮酸，670
　分子内的，839
　合成上的变化，839
　机理，840
　迁移能力，839
　氰离子，840
　酸催化，839
　酰基正离子，840
Schmidt 重排，821，840
Scholl 反应，366
　分子内的，366
Schotten-Baumann 方法，709
　胺的酰基化，714
Schrödinger 方程，2，5
Schwartz 试剂，549
　反-Markovnikov 加成，569
　与炔烃，552
　与异氰化物，569
Schwesinger 质子海绵，见碱
Schwesinger 质子海绵，见质子海绵
SciFinder，979，983，996-998
　画图工具，985
SCI，见科学引文索引（Science Citation Index）
Scoopy 反应，698
SDS，C=N 化合物的水解，663
SEC，395
Selectfluor，498
　醛或酮的氟化，402

与有机锡化合物，679
Selectride，还原的非对映选择性，917
　还原的立体选择性，917
　醛或酮的还原，917
SET（单电子转移）
SET 过程，探针，135
SET，过程，自由基，135
SET，机理，231
　格氏试剂，677
　共轭加成，560
　活泼亚甲基化合物，289
　金属有机的共轭加成，560
　金属有机化合物与卤代烷，281
　链式反应，231
　卤代烷的 LiAlH4 还原，926
　羟醛反应，687
　亲电芳香取代，354
　烯醇负离子芳基化，461
　氧化-还原，892
　自由基，231
SET，机理，也见机理
SET，有机钙试剂，134
S_E1 机理，345，348
　卤原子跳动，377
　脱羧反应，376，421
　脱羰基化，375
　与金属有机，卤化，416
S_E2，见取代
S_E2 机理，345
　Stille 偶联，407
　脱羧反应，421
　与金属有机，卤化，416
Shapiro 反应，797
　氘标记，797
　二烯烃的形成，797
　机理，797
Sharpless 不对称氨基羟基化，579
Sharpless 不对称环氧化，578
　机理，578
　烯丙醇，578
Sharpless 不对称双羟基化，575
　机理，575
Sharpless 方法，烯丙基氧化，与二氧化硒，904
Shi 环氧化，577
Shrock 催化剂，用于复分解，863
Simmons-Smith 方法，卡宾，596
　对映选择性，598
　二烯烃，598
　机理，598
　金属介导的，598

密度泛函理论，597
酮的 α-甲基化，598
与丙二烯，598
与二乙基锌，598
与烯烃，598
中间体的 X 射线衍射，598
Simonini 反应，510
　　Hunsdiecker 反应，510
　　机理，510
sinister（左），立体中心，95
Smiles 重排，469
　　Truce-Smile 重排，469
　　次磺酸，469
　　二硫化物，469
Sm，见钐
S_N（ANRORC），机理，452
S_NAr 反应，同位素效应，445
S_NAr 机理，444,445
　　邻位金属化，462
S_N1cB 机理，258,272
Sneen 过程，230
Sneen 离子对机理，397
S_Ni 反应，674
　　紧密离子对，239
　　氯甲酸酯，239
S_Ni 反应，见取代
S_N1-S_N2 混合的反应，230
S_N2 的内在能垒，张力能，233（文献 117）
S_N1 反应，226-230
　　E1 反应，784
　　IUPAC 系统，227
　　IUPAC 系统，227
　　动力学，228
　　硅基烯醇醚烷基化，290
　　决速步，226
　　离去基团，662
　　离子对，228
　　离子-分子对，229
　　卤代烷水解，208
　　卤代烷与醇，260
　　亲核试剂，228
　　硬度，227
　　质子转移，355
S_N2 反应，524
　　Hofmann-Martius 反应，374
　　Menshutkin 反应，226
　　从头算研究，226
　　离去基团，662
　　离子对的形成或破坏，230
　　内在能垒，张力能，233（文献 117）

气相，225
气相，自由能曲线图，226
氰化物与卤代烷，297
形成酯，263
乙烯基卤，242
在 Williamson 醚合成中，261
S_N2'反应，高级铜酸盐，283
与有机铜酸盐，282
S_N1 反应，见取代
S_N2 反应，见取代
S_N2'反应，见取代
S_N'反应，见取代，S_N'
S_N1 机理，醇与酰卤，709
重氮盐，464
重排，822
醇的烷基化，286
活泼亚甲基化合物的烷基化，290
卤代烷的氢化物还原，926
碳正离子，821
酯水解，707
S_N2 机理，醇与酰卤，709
酯水解，707
S_N1 取代，见取代
S_N2 特征，过渡态，256
S_N1 条件，异冰片，828
S_N2 相对于 E2，783
S_N2（中间体）反应，见取代
Sommelet-Hauser 重排，468,843
　　Hofmann 消除，468
　　Stephen 重排，468,843
　　[2,3] σ 重排，861
　　机理，468
Sommelet 反应，卤代烷氧化成醛，909
SOMO-LUMO，自由基，563
Sonn-Müller 方法，来自酰胺，923
Sonogashira 交叉偶联，506
Sonogashira 偶联，459
　　Au 催化剂，460
　　Fe 催化剂，460
　　Ni 催化剂，460
　　变化，460
　　碘鎓盐，460
　　反应条件，459
　　负载在聚合物上的催化剂，460
　　磺酸酯，460
　　硼酸，460
　　其它金属催化剂，460
　　炔烃偶联，506
　　三氟硼酸酯，460
　　微波辐照，181,459
　　问题，460

无过渡金属的，459
无配体的，459
无铜的，459
与重氮盐，460
杂环，459
在含水介质中，459
在离子液体中，459
$S_{ON}2$ 机理，451
Sorenson 方法，氨基酸合成，289
Source Index（来源索引），1000
Soxhlet（索氏）提取器，羟醛反应，688
sp 轨道，4
sp 杂化，5
sp^2 杂化轨道，4
sp^3 杂化轨道，4
Specialist Periodical Reports of the Royal Society，990
Sphingomonas pauchimobilis，去外消旋化，89
拆分，89
Sphingomonas sp HXN-200，胺的 α-羟基化，906
$S_{RN}2$ 反应，447
$S_{RN}1$ 反应，见取代
$S_{RN}1$ 反应，自由基负离子，447
机理，677
氯化亚铁催化，243
$S_{RN}1$ 机理，447,451,452
$S_{RN}1$ 机理，活泼亚甲基化合物的芳基化，460
Staudinger 反应，925
Steiglitz 重排，碳正离子，841
Stephens-Castro 偶联，459
电解，459
Stephen 还原，923
step 型原子，催化氢化，542
Stetter 反应，566
Stevens 重排，468,842,860
　　CIDNP，843
　　Hofmann 消除，843
　　Sommelet-Hauser，843
　　Sommelet-Hauser 重排，468
　　对映选择性，843
　　合适的碱，842
　　环胺的扩环，842
　　机理，843
　　扩环，843
　　硫叶立德，843
　　迁移基团的立体化学，843
　　迁移能力，842
　　同位素标记，843

协同机理，843
叶立德形成，843
自由基相对于离子对，843
Stieglitz 重排，841
与羟胺，841
Stille 反应，283
Stille 偶联，407
超临界二氧化碳，407
对映选择性，408
分子内的，407
机理，407
金属催化的，407
金属催化的羰基化，567
立体选择性，407
区域选择性，407
烷基硼酸，407
微波辐照，407
烯丙基重排，407
烯-炔的形成，408
移位取代，407
乙烯基硅烷，407
乙烯基卤，407
与炔烃，407
与烯醇，407
在 KOH 溶液中，407
STN，996
Stobbe 缩合，691
机理，691
Stone-Wales 重排，851
Stork-Eschenmoser 假设，552
Stork 烯胺反应，255，293
N-烷基化，293
对映选择性，293
分子内的，293
水解，293
亚胺离子的水解，664
Story 合成，807
Strecker 合成，702
对映选择性，702
压力，702
在含水介质中，702
自由基，702
Stryker 试剂，Robinson 成环，690
Survey of Organic Synthesis，993
Suzuki-Miyaura 偶联，414，458
可供选择的金属催化剂，459
可供选择的试剂，459
添加剂，458
Suzuki-Miyaura 偶联，无碱的，459
催化剂用于钝化的卤化物，458
对映选择性，联芳烃，458

反应条件，458
负载在聚合物上，458
机理，458
结构变化，458
可兼容的官能团，458
可循环使用的催化剂，458
连接到聚合物上的试剂，458
联芳烃，阻转异构体，458
溶剂效应，458
手性催化剂，458
双偶联，458
无 Pd 的交叉偶联，458
无配体的，458
无溶剂的，458
氧化加成，458
在超临界二氧化碳中，458
在含水介质中，458
在氧化铝上，458
Suzuki-Miyaura 偶联，酰卤，459
重氮盐，464
电喷雾质谱，459
芳基磺酸酯，458
芳基硼酸，459
芳基硼酸酯，459
芳基三氟甲磺酸酯，458
硅烷的芳基化，462
离子液体，458
三氟硼酸酯，459
微波辐照，458，459
Suzuki-Miyaura 偶联，与芳基重氮盐，466
与氨基磺酸酯，458
与氨基甲酸酯，458
与碳酸酯，458
与乙烯基底物，458
与杂环，458
Suzuki 反应，467，536
微波辐照，181
Suzuki 偶联，297
Suzuki 偶联，见 Suzuki-Miyaura
Swain-Lupton σ 值，212
Swain-Scott 方程，248
Marcus 理论，248
Swern 氧化，909
醇，895
高聚物固定的亚砜，896
硫取代基，896
锍盐，895
酰胺脱水，805
酰胺脱水生成腈，805
与温度有关，895

SYBYL，102
Synthetic Methods of Organic Chemistry，990
Tables of Experimental Dipole Moments，988
Tables of Interatomic Distances and Configurations in Molecules and Ions，988
Taft 方程，211，212
Tamao-Fleming 氧化，263，551
TBAF，与吖丙啶，288
与硅烷，462
Tebbe 试剂，699
钛-亚甲基复合物，699
与内酯，699
与醛或酮，699
Techniques of Chemistry，991
TEMPO（2,2,6,6-四甲基哌啶-1-羟基自由基）
高聚物固定的高价碘，896
金属催化的醇氧化，896
醛氧化生成酸，910
醛转化为腈，671
稳定自由基，137
用于醇氧化的共试剂，896
用于醇氧化的金属，896
在离子液体中进行醇的氧化，896
在水中氧化，896
自由基环化，563
terrace 型原子，催化氢化，542
The Alkaloids，991
The Chemistry of Functional Groups，992
The Physico-chemical Constants of Binary Systems in Concentrated Solutions，988
THF，格氏试剂，133
羟基化，906
与硼烷复合，与烯烃，547
作为溶剂，932
THF，见四氢呋喃
Thorpe-Ziegler 反应，701
Thorpe 反应，701
分子内的，701
Thorpe 缩合，687
$TiCl_3$ 和 $LiAlH_4$，偶联醇，286
$TiCl_4$，环氧基醇的重排，831
Tiffeneau-Demyanov 扩环，831
Tischenko 反应，938
催化剂，938
交叉的，938
羟醛反应，938

氢甲酰化，569
Tischenko-羟醛转换反应，938
Ti 催化剂，酰基加成，679
　　环氧化，578
　　烯烃的二胺化，579
　　亚氨基酯与醛，289
Ti，低价的，934
Ti 复合物，酰基加成，679
Ti 化合物，见有机钛
TMEDA-丁基锂，462
TMEDA，有机锂试剂，133，676
Tollen 反应，687，695
　　混合羟醛反应，695
　　交叉 Cannizzaro 反应，695
Tollen 缩合，937
　　Cannizzaro 反应，937
　　交叉 Cannizzaro 反应，937
ToSMIC，形成酰胺，273
TPAP（四丙基铵钌酸盐），醇的氧化，895
　　Ley 试剂，895
　　胺的氧化，909
　　催化剂的回收，895
　　催化氧化，895
　　聚合物负载的，895
　　硫醚的氧化，913
Tröger 碱，手性，77
Truce-Smile 重排，469
Tsuji-Trost 反应，285
Udenfriend 试剂，芳香化合物的羟基化，501
Ugi 反应，727
　　没有异氰化物的，727
　　亚胺，727
Ugi 三组分反应，727
Ugi 四组分反应，727
Ullmann 反应，279，457
　　Wurtz 反应，457
　　不对称的，458
　　机理，458
　　可供选择的，458
　　微波，181
Ullmann 联芳烃合成，450
Ullmann 醚合成，450
Ullmann 偶联，杂环化合物，457
UV，二烯烃，174
　　对环芳烃，25
　　多烯烃，174
　　各向异性的，82
　　取代苯，表，174
　　远 UV，174

远 UV，光化学，172
UV（紫外），988
　　EDA 复合物，61
　　Fries 重排，373
　　pK，197
　　不对称合成，86
　　超共轭，41
　　稠合作用，29
　　电环化开环，846
　　多卤化物对烯烃的加成，573
　　二苯乙烯的电环化反应，851
　　反应，86
　　构象，95
　　光化学，172，174
　　环丙烷，103
　　磺酰卤对烯烃的加成，572
　　活泼亚甲基化合物的芳基化，460
　　甲烷，6
　　腈和烯烃，504
　　醌的取代，241
　　卤化，500
　　卤素对环丙烷的加成，532
　　醛对烯烃的加成，566
　　炔烃的加成反应，529
　　碳负离子，399
　　碳正离子的检测，228
　　酮的二聚，935
　　烷烃的卤代，497
　　吸收峰，172
　　烯烃的卤化，570
　　烯烃与卤代胺，572
　　硝基化合物的还原，924
　　形成醇负离子，460
　　溴或氯，570
　　亚硝化，404
　　亚硝酰卤，404
　　有张力的芳香化合物，107
　　在乙烯基碳上的取代反应，241
　　助色团，174
　　自由基，136
Vilsmeier-Haack 反应，368
Vilsmeier-Haack 反应，Beckmann 重排，368
　　磺酸酐，369
　　机理，368
　　微波辐照，369
Vilsmeier 反应，脂肪族的，408
　　酮醛的形成，408
　　烯烃的卤代酰基化，574
Vitride，916
Vocabulary of Organic Chemistry，994

von Braun 反应，278，805
　　反扑试剂，278
　　机理，278
von Richter 反应，449
　　机理，162
　　反向进攻试剂，163
von Richter 重排，468
　　N_2 离去基团，468
　　标记，468
　　机理，468
Wacker 方法，911
　　Markovnikov 规则，911
　　氮杂-，911
　　机理，911
Wadsworth-Emmons，见 Wittig-Horner
Wagner-Meerwein 重排，828-830，841
　　Nametkin 重排，829
　　Nazarov 环化，556
　　Zaitsev 规则，828
　　催化的，829
　　对映选择性，829
　　非经典碳正离子，829
　　机理，830
　　离去基团，828
　　立体选择性，829
　　逆频哪醇重排，829
　　平衡，829
　　齐敦果烯，829
　　[3,2] 迁移，828
　　迁移能力，823
　　氢迁移，828
　　软木三萜酮，829
　　同位素标记，830
　　烷烃，829
　　消除，828
Waits-Scheffer 环氧化，577
　　机理，577
Walden 翻转，卤代烷的氢化物还原，926
　　机理，163
　　在 S_N2 反应中，225
Wallach 反应，671
　　Leuckart 反应，671
　　与甲酰胺，671
Wallach 重排，866，937
　　对位重排，866
　　光化学的，867
　　机理，866
　　同位素标记，866
Web of Science，983
Weinreb 酰胺，689

Wittig 反应，696
 分子内取代，720
 还原成醛，922
 来自羧酸，715
 与格氏试剂，720
 与有机锂试剂，720
 制备，715
Weissler 反应，声化学，180
Weitz-Scheffer 环氧化，576
Wheland 中间体，345
Whitmore 1,2-迁移，820
Wigner 自旋守恒规则，177
 光化学［2+2］环加成，595
Wilkinson 催化剂，22
 对映选择性，催化氢化，541
 均相氢化机理，542
 硼氢化，549
 氢化，540
 醛的脱羰基化，511
 脱羰基化机理，511
Willgerodt 反应，938
 Kindler 改进，938
 蒙脱土，939
Willgerodt 重排，828
Williamson 反应，260
 Mitsunobu 反应，260
 SET 机理，261
 环氧化物，261
 胶束催化，260
 离子液体，260
 硫醚形成，266
 微波辐照，260
 相转移催化，260
Williamson 醚合成，S_N2 反应，261
Williamson 醚合成，见 Williamson 反应
Wittig-Horner 反应，697
 分子内的，697
 立体选择性，697
 叶立德中的电子效应，697
Wittig，氮杂-，也见氮杂-Wittig
Wittig 反应，687,695-699
 E/Z-选择性，697
 E-选择性，697
 Knoevenagel 反应，693
 Michael 烯酮，695
 NMR，697
 Peterson 烯基化，694
 Reformatsky 反应，682
 Scoopy 反应，698
 Z-选择性，697
 氮杂金刚烷酮，105

 对羰基的结构需求，696
 反-Bredt 烯烃的形成，696
 分子内的，698
 合成，698
 环外烯烃的形成，696
 环氧化物，271
 机理，696
 可兼容的官能团，696
 内鏻盐，696
 内鏻盐-卤化锂中间体，698
 砷叶立德，697
 酰胺，105
 氧膦烷，696
 叶立德形成的能量，696
 与 Weinreb 酰胺，696
 在硅胶上，695
 在含水介质中，695
Wittig，硫-，697
Wittig 试剂，见叶立德，磷
Wittig 型反应，Grignard 反应，676
Wittig 重排，295,843,860
 机理，844
 立体专一性，844
 迁移能力，844
 羰游基的形成，844
 与乙烯基醚，844
［2,3］Wittig 重排，860
 对映选择性，860
 分子的变形，860
 结构变化，860
 结构需求，860
 手性转移，860
Wohl-Ziegler 溴化，497,500
Wolff-Kishner 还原，928,931
 黄鸣龙改进，929
 机理，929
 缩氨基脲，929
 碳负离子中间体，929
Wolff 重排，142,726,835
 Arndt-Eistert 合成，835
 重氮酮，726
 光化学的，835
 机理，835
 同位素标记，835
 形成酮，835
Woodward-Hoffmann 规则，587,600
 Ei 反应，792
 电环化反应，850
 光化学［2+2］环加成，595
 金属催化的环加成，600
Woodward 改进，Prevost 反应，574

Wurtz-Fittig 反应，279
Wurtz 反应，279,457
 Ullmann 反应，457
 二环化合物的形成，280
 分子内的，280
 格氏试剂，508
 环化，279,280
 机理，280
 烯丙基重排，279
 酰卤的偶联，721
Wurtz 偶联，282,419
 不同的金属，280
 共轭酮，279
 溶剂效应，280
 有机锂试剂，420
Wurtz 型偶联，Grignard 反应，677
X 射线电子能谱，非经典碳正离子，237
X 射线光电子能谱，见 ESCA
X 射线结构，内鏻盐，697
X 射线晶体学，氢键，59
 Bijvoet，81,82
 D/L 命名，80,82
 LDA，198
 Meisenheimer 盐，444
 Reformatsky 反应中间体，682
 Simmons-Smith 中间体，598
 超共轭，42
 氮氧化物自由基，137
 锇催化剂，596
 非对映体，85
 高烯，36,37
 构象，95,97
 环丁二烯，34
 环丁二烯复合物，34
 甲基锂，132
 甲基碳正离子，124
 键长，11
 卡宾，142
 联苯烯，25
 轮烯，37,39
 螺桨烷，104
 扭曲的烯烃，108
 氢键，59
 叔丁基碳正离子，125
 四氧化锇，二胺化，579
 碳负离子，130
 烯醇负离子，134
 硝鎓离子，356
 氧鎓离子，128
 异丙基锂，133
 有机锂试剂，133

X 射线衍射，键长，10
  并环戊二烯衍生物，32
  对环芳烷，25
  格氏试剂，133
  环庚三烯酮和环庚三烯酚酮，31
  中环的张力，105
Yamaguchi 方法，711
Yb，胺与环氧丙烷，271
Y-芳香性，21（文献 38）
Z/E 命名，定义，90
Zahlenwerte und Funktionen aus Physik, Chemie, Astronomie, Geophysik, und Technik，987
Zaitsev 产物，消除，793
Zaitsev 规则，烯烃稳定性，787
  E2C 反应，788
  E1 反应，784
  E2 反应，781
  Hofmann 降解，796
  Wagner-Meerwein 重排，828
  醇的脱水，793
  离核体，788
  立体化学，789
  硼烷的消除，800
  热解消除，793
  碳正离子，828
  烯烃的重排，399
  消除反应，不发生，787
  亚砜消除，798

Zaitsev 取向，热力学烯烃，788
Ziegler 催化剂，烯烃与烯烃偶联，552
Ziegler 烷基化，463
Zinin 还原，923
Zn-Cr，炔烃，552
Zn-Cu，羰基化，298
α-CH 氧化，环醚氧化成内酯，907
  Étard 反应，908
  甲基芳香化合物，908
  醚氧化成羧酸酯，907
  内酰胺氧化成酰亚胺，907
  酮，与二氧化硒，机理，907
α-消除，780
α-效应，亲核性，248
α-质子，烯醇负离子，288
  Sommelet-Hauser 反应，468
  与烯烃反应，525
β-取代基，取代反应，245
β-消除，141,157
γ-取代基，取代反应，245
η 配合物，22
η 配合物，氢化，542
π-π 相互作用，60
  索烃，66
π 堆积，61
π 轨道，5
π 轨道，炔烃的加成反应，529
π 键，键长，11
  非邻近的，碳负离子的稳定化，131

共振，24
π 键，邻基参与，233
π 路径，生成非经典碳正离子，233
π-配合物，22
  S_NAr 反应，445
  芳基正离子，347
  稳定性，347
  烯烃的卤化，525
  遭遇复合物，349
π-亲核性，523
π-相互作用，与正离子，61
  与 CH，61
ρ 值，E1 相对于 E2，790
ρ 值，反应活性，209
σ^* 值，场效应，211
$\sigma\rho$ 关系，自由基反应，213
σ 参与，重排，829
σ 复合物，芳基正离子，345
σ 轨道，形状，5
σ 轨道，重叠，41
σ 键，重叠，42
σ 键，共振，18
  参与，环丙基甲基，238
  邻基参与，233
  迁移，σ 重排，852
  迁移，双位移重排，867
  重排，金属催化的，864
  作为邻基，236
σ 路径，生成非经典碳正离子，233